现代科学技术知识词典

A TERMINOLOGICAL DICTIONARY OF MODERN SCIENCE AND TECHNOLOGY

第三版
（上卷）

彩图本

王济昌 主编

中国科学技术出版社
·北京·

图书在版编目(CIP)数据

现代科学技术知识词典/王济昌主编. —3版. —北京:中国科学技术出版社,2010

ISBN 978-7-5046-5713-8

Ⅰ.①现… Ⅱ.①王… Ⅲ.①科学技术-词典 Ⅳ.①N61

中国版本图书馆CIP数据核字(2010)第187523号

责任编辑 许 慧 单 亭 张 莉
责任校对 林 华
责任印刷 李春利
装帧设计 周 明

中国科学技术出版社出版
北京市海淀区中关村南大街16号 邮政编码:100081
电话:010-62103210 传真:010-62183872
http://www.kjpbooks.com.cn
科学普及出版社发行部发行
郑州美联印刷有限公司印刷

*

开本:787毫米×1092毫米 1/16 印张:210.5 字数:7 000千字
2010年10月第3版(彩图本)
定价:1980.00元
ISBN 978-7-5046-5713-8/N·144

《现代科学技术知识词典》

编　委　会

第 3 版说明

《现代科学技术知识词典》2008 年版出版以来，受到业内人士的关注和广大读者的好评。随着社会的发展和科学技术的进步，新的科研成果和专业术语不断涌现。为适应这种新变化，满足读者的要求，我们对 2008 年版词典进行了修订和增补。主要内容是：（1）对 2008 年版词典的内容进行了通审和修改，纠正一些不当之处，删去已经过时的内容。（2）加强一些较薄弱的学科板块，充实了农业科学、医药科学、食品科学技术、土木建筑工程、水利工程、计算机科学技术等学科的词条；完善了必需的上位、等位词条；增补了近两年新出现并为人们特别关注的新术语、新知识。（3）对部分词目附以图表，使相关词目的释义简明直观。（4）在附录中增加了古今中外著名科学家简介、全球地质年代表、中国地震烈度表和国际原子量表等内容。

《词典》2010 年版共收录词目近两万条，附录 24 个，共计 7 000 余千字。较 2008 版增加词目万余条、附录 6 个和插图 6 000 余幅。词典在总体上反映了自然科学 38 个一级学科和科技管理学、军事科学技术的发展水平，基本能够满足广大读者查考的需要。

在这次修订工作中，始终得到了中国科学技术出版社领导和中国辞书学会专家的大力支持。在此，谨向他们表示衷心的感谢。由于词典所涉内容广泛，虽经修订，也难免有不足甚至错误之处，恳请读者批评指正。

2010 年 9 月

前　言

《现代科学技术知识词典》是一部综合性辞书，内容侧重于科学技术领域的基础知识及最新成果，可供各级党政机关干部、企事业单位管理人员、新闻工作者、工程技术人员以及中等文化程度以上的科技爱好者查阅。

本词典共收录词目 8 651 个，计 260 万字。分为基础学科篇、高新技术篇、工程科技篇、科技管理篇。正文内容涉及自然科学 38 个一级学科中的 34 个，还包括管理科学、军事科学等的部分内容。附录有《中国世界文化遗产一览表》、《中国世界自然遗产一览表》、《中国国家重点保护野生动物名录》、《中国国家重点保护野生植物名录》、《常用基本常数》、《常用天文数据》和《中华人民共和国法定计量单位表》等。

本词典的编纂工作历时近四年之久。编写者是来自中国科学院、中国工程院、北京大学、清华大学等 40 余家科研院所和高等院校的专家、教授。

本词典的主要特点是：

一、时代性强。在收录自然科学的基础知识的同时，注意了反映现代科学研究中的最新成果。

二、实用性强。语言通俗易懂，简练流畅，力求把深奥复杂的专业理论或技术，表述成简明的知识。

三、查检方便。本词典备有多种检索方法。

由于我们的水平和条件有限，本词典粗疏错误之处在所难免，真诚希望广大读者提出宝贵意见，以便在以后的修订中进一步完善提高。

在本词典编纂过程中，中国科学技术出版社的领导和编辑给予我们大力支持和帮助，在此，谨向他们表示衷心的感谢！

2008 年 12 月

目　录

凡　例

词　目

一、本词典第三版共收录词目 18 600 个，计 7 000 千字。所涉及的知识与公众日常工作、学习和生活密切相关，并力求反映现代科学技术的最新成果。

二、词目多数为一个词，例如“科学”、“技术”；部分是固定词组，例如“国防现代化”、“药品缓释技术”。

三、词目附有对应的英文。英文放在括号内；有缩写的，放在全称的后面，用逗号隔开；无对应英文的词目，不附英文。

四、为了让读者了解本词典的总体框架和知识的系统性，在书后另附“词目分类索引”，依次为基础学科篇、高新技术篇、工程科技篇、科技管理篇。

编排与检索

五、正文中词目按汉语拼音音序排列。

1. 首字音节相同时，按声调顺序（阴平、阳平、上声、去声）排列；同音同调时，按汉字笔画顺序（少的在前，多的在后）排列；笔画相同时，按起笔笔形顺序（横、竖、撇、点、折）排列。

2. 首字相同时，按第二个字的音节、声调、笔画、笔顺排列，依次类推。

六、词目以阿拉伯数字开头的，按其对应汉字的读音分别排在相应位置。词目以外文字母开头的，另设“外文字母开头的词条”专项，按希腊字母和英文字母顺序，排在正文的尾部。

七、有两种以上常用称谓的词目，只列一个主词目，其余词目在释文中以“又称 × ×”表述。需要特别说明的，采取副条的形式单列词目，释文用“见 × ×”表示。如：【内水】见“内海”。

八、本词典正文前有汉语拼音音节表；正文后附词目首字笔画索引、词目首字部首索引、词目分类索引和外文字母开头的词目索引。

释　文

九、释文使用规范的现代汉语。

十、一个词目的内容涉及其他词目并需由其他词目的释文补充的，采用参见的方式表述。参见词目用“见××”表示。

十一、词目释文中出现的外国人名、地名，一般在其后不标注外文。

十二、词目释文不分段落。多义项词目用❶❷…分项；释义需要分述的，则用（1）（2）…分项；一律接排。

十三、本词典插图选素描、彩色两种；其规格为 $2 \times 5cm^2$ 和 $3 \times 5cm^2$。

其　他

十四、本词典一律采用简化字。

十五、本词典所用的科学名词，以全国科学技术名词审定委员会公布的各学科名词为准。未经审定和尚未统一的，遵从习惯。

十六、本词典的编纂工作遵照《辞书编纂的一般原则与方法》（GB/T19103－2008）的要求进行；本词典中的数字用法，以“GB/T 15835－1995 出版物上数字用法的规定”为准；计量单位，以国务院公布的《中华人民共和国法定计量单位》和“GB 3101－93 有关量、单位和符号的一般原则”为准；编排词目首字部首检字表是根据教育部、国家语委组织制定的《汉字部首表》（GF0011－2009）和《字符集汉字部首归部规范》（GB13000.1；GF0012－2009）进行的。

十七、本词典第三版于 2010 年 8 月底截稿。

汉语拼音音节表

（音节右边的号码指词典正文的页码）

部首检字表

【说明】 1. 本表采用的部首依据是中华人民共和国教育部、国家语言文字工作委员会于2009年1月12日发布、2009年5月1日起实施的《汉字部首表》（GF0011－2009）和《字符集汉字部首归部规范》（GB13000. 1；GF0012－2009），按笔画由少到多顺序排列，同画数的，按起笔笔形横（一）、竖（丨）、撇（丿）、点（丶）、折（乛）顺序排列，第一笔相同的，按第二笔，依次类推。2. 在《部首目录》中，主部首的左边标有部首序号，副形部首大多加圆括号单立，其右边的部首序号加有方括号。3. 使用本部首检字表，一般应以主部首为主。《检字表》中一律采用简化字。4. 检字时，需先在《部首目录》中查出待查字所属部首的页码，然后再查《检字表》。

（一）部首目录

（部首左边的号码是部首序号；右边的号码是指检字表的页码）

(二)检字表

(字右边的号码指词典正文页码)

现代科学技术知识词典

上卷

第三版　彩图本

A–J

0001–1232

中国科学技术出版社

A

【阿波罗载人登月飞行】(Apollo manned lunar landing flight) 美国的载人登月计划。1969~1972年,美国的阿波罗号宇宙飞船搭乘运载火箭,共进行了17次飞行,先后有7次、共12名航天员顺利登上月球进行实地探测。登月飞行分六个阶段:(1)把飞船送入180km的环地球停泊轨道。(2)变轨进入距月球表面110km的环月轨道。(3)登月。两名航天员进入登月舱,登月舱与指令舱分离,登月舱在月球表面软着陆,指令舱与辅助舱继续在环月轨道上飞行。(4)月面活动。两名登月人员离开登月舱在月面进行各项探测和试验活动。(5)飞回环月轨道。完成任务后,两名航天员乘登月舱上升段飞离月面,上升到环月轨道与指令舱对接。(6)返回地面。指令舱飞往地球,接近地表时降落伞打开,在地表(海洋)降落。自世界时1969年7月20日22时56分20秒(北京时间21日12时56分20秒)美国航天员阿姆斯特朗的左脚在月球表面印上第一个脚印起,人类迎来了探测月球的新纪元。

阿波罗载人登月飞行

【阿狄森综合征】(Addison's syndrome) 又称原发性慢性肾上腺皮质机能减退症。有多种原因引起的双侧肾上腺皮质破坏或萎缩,造成皮质醇与醛固酮分泌减少所导致的病症。其临床表现是:(1)色素沉着,可见于全身皮肤和黏膜,但以体表暴露部位、乳晕、掌纹、疤痕、会阴和肘膝等处为著。(2)消瘦乏力及胃肠功能失常。(3)心血管系统疾病,引起低血压和心脏缩小。患者感头昏目眩、心悸,可出现直立性低血压,心电图低电压、T波低平或倒置、P-R间期与Q-T时间可延长。(4)神经精神症状,表现为易激动、记忆力减退和淡漠。(5)低血糖,在空腹、胃肠功能失常及其他应激状态下尤易出现。(6)肾上腺危象,多在应激情况下发生。表现为高热、周围循环衰竭,严重者昏迷、死亡。

【阿伏伽德罗常量】(Avogadro's constant) 表示1mol物质中所含基本单元(分子、原子或离子)数的物理量。因意大利化学家阿伏伽德罗得名。单位为mol^{-1},符号为L或N_A,数值为$(6.022\ 136\ 7 \pm 0.000\ 003\ 6) \times 10^{23}$。$N_A$可用单分子膜法、布朗运动法、电解法、X射线衍射法等测出。

【阿里安运载火箭】(Ariane carrier rocket) 又称阿丽亚娜运载火箭。1973年由法国提议并联合西欧11个国家成立欧洲空间局着手研制的火箭。阿里安火箭系列有五种型号,分别是:(1)阿里安-1。一种三级火箭,全长47m,能把1 850kg的卫星送入地球同步转移轨道,1979年12月24日首次发射,共发射11次。(2)阿里安-2和阿里安-3是在阿里安-1的基础上加以改进的运载火箭。二者的地球同步转移轨道运载能力分别为2 170kg和2 700kg,二者的总发射次数分别为6次和11次。(3)1982年1月欧洲成功研制了阿里安-4,通过采用固体或液体助推器和不同类型的有效载荷支架与整流罩,应用6种固体液体助推器组合形式和两类七种卫星支架与整流罩的搭配方式,使其地球同步转移轨道的运载能力可在2 130~4 820kg范围内变化,发射形式采用双星或单星。该火箭于1988年6月试飞成功后立即投入商业运营,占有近50%的世界商业卫星发射市场,是目前世界上最成功的商业运载火箭。(4)阿里安-5是重型运载火箭,能把质量为6 800kg的单颗卫星或总质量5 900kg的两颗卫星送入地球同步转移轨道。该火箭1996年6月4日首次试飞失败,1997年10月30日第二次试飞只获部分成功,直

阿里安运载火箭

至 1998 年 10 月 21 日第三次发射才获成功。

【阿姆斯特计划】(AMSTE) 经济上可承受的对地(海)面移动目标打击计划。美国国防高级研究计划局和美国空军研究实验室联合出资、为期三年的研究项目。旨在验证机载武器系统用来探测、跟踪和摧毁地面活动目标的快速、价廉的技术途径。该系统可对运动速度最高为 80km/h 的地(海)面移动目标进行定位和跟踪,然后用一种成本较低的精确武器进行攻击。计划的目标是要开发并证实一种新的打击能力,即从远处跟踪移动目标并使用精确武器迅速对其进行打击。“阿姆斯特”计划将打击敌人的移动庇护所,不仅是在其短暂的停顿间隙,还包括它被传感器发现的整个过程中,都可实施精确打击。

【阿片受体】(opium receptor) 在人脑脊髓以及回肠、输精管等部位存在的一种能与吗啡及人工合成的镇痛药发生立体专一性结合使其兴奋的受体。在神经系统分布广泛但不均匀。在脑内、丘脑内侧、脑室及导水管周围灰质密度高,这些结构与痛觉的整合及感受有关;边缘系统及蓝斑核的密度最高,这些结构涉及情绪及精神活动。与缩瞳相关的中脑盖前核,与咳嗽反射、呼吸中枢和交感神经中枢有关的延脑的孤束核,与胃肠活动(恶心、呕吐反射)有关的脑干极后区、迷走神经背核等结构均有分布。在脊髓胶质区、三叉神经脊束尾端核的胶质区也有分布,这些结构是痛觉冲动传入中枢的重要转换站,影响着痛觉冲动的传入。肠肌本身也有阿片受体存在。阿片受体体内至少存在 8 种亚型,在中枢神经系统内至少存在 4 种亚型:μ、κ、δ、σ。吗啡类药物对不同型的阿片受体,亲和力和内在活性均不完全相同。阿片类药物可以使神经末梢释放乙酰胆碱、去甲肾上腺、多巴胺及 P 物质等神经递质减少。阿片类作用于受体后,引起膜电位超极化,使神经递质释放减少,从而阻断神经冲动的传递而产生镇痛等各种效应。镇痛药能作用于阿片受体,然后作用于内源性镇痛物质。一般来讲,吗啡是 μ、κ、δ 三种受体的激动剂,对三种受体亚型的作用强度依次减弱。

【阿氏曼综合征】(Asherman's syndrome) 因人工流产刮宫过度或产后、流产后出血刮宫损伤(尤其伴有子宫内膜炎时),导致宫腔粘连或闭锁引起的继发闭经。是子宫性闭经中最常见原因。近年来由于人工流产人数增多,宫腔粘连,发病率逐渐增加。宫腔完全粘连时表现为闭经;宫腔部分粘连时,表现为月经量明显减少;宫颈管粘连时有月经产生,但经血不能流出,表现为周期性下腹痛和闭经。

【阿－斯综合征】(Adams-Stoke's syndrome) 又称心源性脑缺血综合征。由于房室传导严重阻滞、心动过缓、心搏血量显著减少而产生的脑缺血、神志丧失和惊厥等症状。一般突然发生。昏厥可发生在直立位或卧位,随着心脏停搏即出现意识丧失。若时间稍长,可出现惊厥。惊厥或昏厥发作后,可不遗留神经症状。心脏停搏前可先有室性心动过速、室性扑动或心室颤动的短暂性发作。

【阿托品化】(atropinization) 抢救有农药(多为有机磷农药)中毒时,应用阿托品后机体一些观察指标应发生的变化。使用阿托品剂量应根据中毒程度适当掌握。由于有机磷农药中毒后对阿托品的耐受量增大,重度中毒必须早期给予足量,由静脉注射,以求速效。以后根据情况,定时给药,使之阿托品化。阿托品化的指标为:瞳孔较前散大;口干,皮肤干燥;颜面潮红;肺部啰音减少或消失;心率加快等。判定这些情况时应考虑下述特殊情况:如眼部受染,注射足量阿托品后,瞳孔可仍然小;而晚期严重中毒病人,由于缺氧瞳孔反而散大;并发肺炎时,肺部啰音可不消失;晚期昏迷病人颜面可不出现潮红;有时中毒后心率很快,应用足量阿托品后,心率反而减慢。当患者出现阿托品化后即应减量,延长给药间隔时间。另一方面要注意避免阿托品过量引起中毒。阿托品中毒表现为:瞳孔散大、颜面潮红、皮肤干燥、高热、意识模糊、狂躁不安、幻觉、谵妄、抽搐、心动过速和尿潴留等;严重者可陷入昏迷和呼吸瘫痪。应立即停药观察和补液,以促进毒物的排出,必要时应用毛果芸香碱解毒。

【锕系元素】(actinide element) 化学元素周期表ⅢB 族中原子序数为 89 ~103 的 15 种化学元素的统称。包括锕(Ac)、钍(Th)、镤(Pa)、铀(U)、镎(Np)、钚(Pu)、镅(Am)、锔(Cm)、锫(Bk)、锎(Cf)、锿(Es)、镄(Fm)、钔(Md)、锘(No)、铹(Lr)。均为放射性金属。锕、钍、镤、铀自然界天然存在,其余 11 种全部用人工核反应合成。其价层电子构型为 $5f^{0-14}6d^{0-2}7s^2$。元素之间的性质非常相似,也存在着离子半径收缩现象。化学性质比较活泼,空气中易氧化而自燃。常见价态为 3 ~6 价,个别可为 2 或 7 价。能发生 α 衰变和自发裂变。随着原子序数的增大,半衰期逐渐缩短,U^{238} 的半衰期为 44.68 亿年,而 Lr^{260} 的半衰期只有 3min。毒性和辐射危害

美国核化学家西博格提出了锕系元素概念

较大,必须注意防护。钍主要用于原子能工业,因为 Th^{232} 为中子照射后可蜕变为裂变原料 U^{233}。由于钍有良好的发射性能,故用于放电管和光电管中。铀和钚用作核燃料。

【埃博拉病毒】(Ebola virus) 能引起人类和灵长类动物产生埃博拉出血热的烈性传染性病毒。迄今发现的致死率最高的病毒之一。病毒的名称出自非洲扎伊尔(现为刚果金)的埃博拉河地区。发病后出现高热、腹泻、肌肉疼痛以及口腔、鼻腔和肛门出血等症状。主要通过血液和体液传播,潜伏期为两周左右。由其引发的疾病被称为埃博拉马尔堡病,患者可在24h内死亡。目前尚无杀灭埃博拉病毒的有效药物。

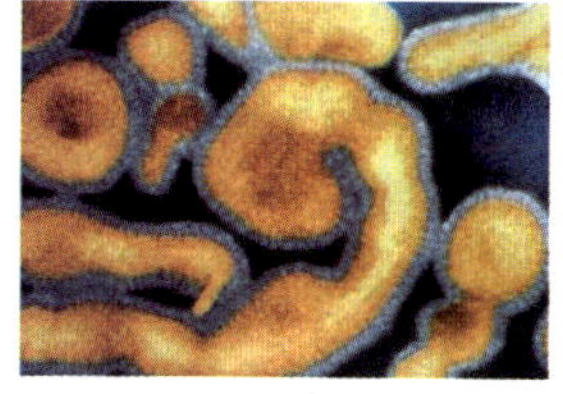

埃博拉病毒

【埃菲尔铁塔】(the Eiffel Tower) 法国巴黎的著名建筑和标志之一。耸立在巴黎市区塞纳河畔战神广场的北端。1889年为庆祝法国大革命胜利100周年而建。设计者是法国建筑师居斯塔夫·埃菲尔。塔高300m,1930年前系全世界最高建筑。1959年顶部增设天线,总高增至320m。在距地面57.6m、115.7m和276.1m处三楼设有平台供游览,俯视巴黎市容。自底部到塔顶的步梯共1 711级。塔身采用钢铁构架。塔重7 000t。4条石砌礅座支承的塔腿在底部向外撑开,形成边长100m的正方形,地下有混凝土基础。整个塔身自下而上逐渐收缩,形成优美的轮廓线。塔身有12 000多个构件,用250万个螺栓和铆钉连接成为整体。铁塔在设计、零件生产、组装到修整过程中,均采用科学、经济方法。它的建成证明,采用金属结构会大大增加建筑物高度。

埃菲尔铁塔

【埃克曼漂流】(Ekman drift current) 理想化的海洋(无边界、无限深和密度均匀的海洋)因海面受稳定的风长时间吹刮,出现铅直湍流而产生的水平湍流摩擦力,与地转偏向力平衡时出现的海流。1893~1896年,挪威海洋调查船“前进”号横跨北冰洋时,F.南森观察到冰山不是顺风漂移,而是沿着风向右方20°~40°方向移动。1905年,V.W.埃克曼研究了这种现象,得出了著名的埃克曼漂流理论。海面风力对海水的搅拌混合,使风的动力通过海面传给表面海水后,因海水的黏滞性,依次传给下层海水。在北(南)半球,埃克曼海流表面流,偏于风向右(左)方45°。表层以下的海水随着深度的增加,流向不断右(左)偏,流速也不断减小。直至某深度处流向和表面流完全相反时,流速便约为表面流速的4%。埃克曼漂流的流速,虽然随深度的增加而改变其方向,但在埃克曼层中总流量的方向,在北(南)半球则于方向的右(左)方并与风向垂直。埃克曼漂流虽然是一种理想海流,但它能近似地反映出大洋近表层海水在行星风系作用下的风海流,且能近似地反映出大洋深厚的下层海水中密度流和地转流同时存在。

【癌蛋白】(oncoprotein) 癌基因的表达产物。广泛存在于原核细胞和真核细胞基因组内的高度保守的基因被逆转录病毒转导,变成有致癌活性的病毒癌基因,相应的蛋白即为癌蛋白。其作用是使细胞增殖、分化失常而癌变。

【癌基因】(oncogene) 能引起细胞癌变的基因。是人类或其他动物固有的基因。按其来源的不同可分为细胞癌基因和病毒癌基因。其正常的生物学功能主要是刺激细胞正常生长,满足细胞更新要求。在受到致癌剂激活后,癌基因发生突变,才会在没有接收到生长信号的情况下,仍然不断地促使细胞生长或使细胞免于死亡,最后导致细胞癌变。

【癌抗原19-9】(cancer antigen19-9) 用结肠癌培养细胞制备的单克隆抗体识别的糖类抗原。相对分子质量3 000 000~5 000 000(3 000~5 000kDa)。在血中以唾液酸黏液形式存在,血清正常值<25u/ml。升高最常见于胰腺癌,一般>100u/ml,结肠直肠癌、胆道癌及肝、胃等癌也有较高的阳性率。主要用于胰腺癌的诊断及胰腺癌与其他消化系统肿瘤的疗效观察。

【癌胚抗原】(carcino embryonic antigen, CEA) 一种含糖量约60%的具有人类胚胎抗原特性决定簇的单链酸性糖蛋白。相对分子质量约20 000(20kDa)。体内半衰期约2天。存在于2~6个月龄的胎儿胃肠道组织中,到胚胎发育后期及出生后,在血中明显减少。正常成人的体液中仅有微量存在,成人血清CEA的含量为<3μg/L(提取法)或<5μg/L。其对肿瘤的特异性不强,主要见于消化管恶性肿瘤,以结肠癌的阳性率最高,此外是小细胞肺癌。其升高程度与肿瘤的浸润程度和有无转移密切相关,是判定疗效、预测复发的敏感指标。恶性胸、腹水及胃液等体液中CEA的升高常早于血清,对于怀疑恶性肿瘤但体液脱落细胞检查阴性患者的诊断

尤有帮助。非肿瘤情况下 CEA 的升高主要见于吸烟者和有上皮不典型增生者,但不应大于 40μg/L。

【癌前病损】(precancerous lesion) 一种已有形态学上改变的组织。较其外观相应正常的组织具有更大的发癌可能。有的病理学家把癌前病损分为超癌前病、真性癌前病和潜在性癌前病三类。临床医师认为:超癌前病事实上已经是癌;真性癌前病是临床上所指的癌前病损;潜在性癌前病损系指癌前状态。从临床角度讲,癌前病损和癌前状态都能发生癌变,只是在发生率及时间上的差别有所不同。因此,及时处理癌前病损和癌前状态是预防和阻断发生癌瘤的重要环节。口腔颌面部最常见的癌前病损有白斑和红斑。口腔黏膜白斑被认为是最常见的癌前病损之一,其癌变率在 5% 左右。红斑的癌变危险性比白斑尤甚。临床上发现,80% 的红斑患者的病理切片证实为浸润癌或原位癌。

【癌前状态】(precancerous condition) 容易演变为癌肿的人体的某些增生性病变。在病理学上称为癌前病变。其常见的有:(1)黏膜白斑。是黏膜上皮的局限性增生,在口腔与外阴处较易癌变。(2)宫颈糜烂。其修复过程中再生的鳞形上皮可能发展为癌。(3)囊性乳腺病。是乳腺小叶以及腺上皮的增生及囊性变,有时可发生癌变。(4)老年日光性角化病。又称色素性干皮病。可癌变为鳞形上皮细胞癌或基底细胞癌。(5)多发性家庭性结肠息肉症。甚至多个息肉可同时发生癌变。(6)慢性萎缩性胃炎。尤其是伴肠上皮化生和间变者,可发生癌变。对以上早期症状应提高警惕,并密切随访。

【癌症】(cancer) 又称恶性肿瘤。来源于机体组织细胞异常增生所形成的新生物。其特征为异常细胞的失控生长,并由原发部位侵袭周围组织或经淋巴及血液循环向远处扩散,引起器官衰竭,导致机体死亡。癌多见于 40 岁以上的人群。癌症的发生与遗传、环境等多种因素有关。不良生活方式,大量烟酒刺激,高脂饮食,也可能引发癌症。

【嗳气】(eructation) 又称噫气。胃中气体上出咽喉发出的声响。其声长而缓,属胃气失和上逆。饱食之后,偶有嗳气,无其他兼症,不属病态,多可自愈。中医临床上根据嗳声和气味的不同辨别虚实。嗳气酸腐,兼脘腹胀满者,多为宿食停滞,属实证;嗳声频作而响亮,嗳气后脘腹胀减,嗳气发作因情志变化而增减者,多为肝气犯胃,属实证;嗳声低沉断续,无酸腐气味,兼见纳呆食少者,多为胃虚气逆,常见于老年人或久病体虚之人,属虚证;嗳气频作,无酸腐气味,兼见脘痛者,多为寒邪客胃,属胃寒证。

【嗳气障碍】(disturbance of eructation) 反刍兽因嗳气反射紊乱所致的嗳气次数减少、嗳气量减少或嗳气停止的生理现象。正常反刍兽于嗳气时在左侧颈部沿食道沟处可看到由颈基部向上的气体移动波或可听到嗳气声。在嗳气障碍时,这种移动波减弱或消失。嗳气障碍见于各种前胃疾病、真胃疾病、食道梗塞、热性病等。

【矮败小麦育种技术】(breeding technology of abortive dwarf wheat) 利用大群体测交筛选和现代细胞遗传学方法,创造的具有矮杆基因标记的太谷不育小麦的技术。具体作法是将中国独有的太谷核不育小麦的 Ms2 败育基因与矮变一号小麦的 Rht10 矮秆基因紧密连锁。应用这项技术能够获得常规方法不能获得的大规模优良基因群体,增加变异范围,提高选择效率。中国农业科学院 2002 年 7 月 15 日创造的矮败育种技术和育成的新品种已经通过国家鉴定。

【矮化栽培】(dwarfing culture) 利用化控和栽培技术等措施促进果树等作物矮化,以便进行密植的一种栽培方法。有利于作物提早结果,增加产量,改善品质,减少投入,提高土地利用率。常采用矮化砧、矮生品种、改变栽植方式和树形、控制根系、控制树冠、生长调节剂控制等措施。矮化栽培在苹果栽培上应用较多,梨、桃、柑橘、香蕉、椰子、番木瓜等的栽培也常采用此法,已成为现代果园集约栽培的方法。

苹果矮化栽培

【矮化砧】(dwarfing rootstock) 能使果树品种的长势较弱导致树冠矮小的砧木。如苹果的乐园苹果砧、洋梨的温悖砧等。使用矮化砧能使果树结果早,便于密植,易于管理等。通常用无性繁殖成为砧木无性系。苹果和洋梨已有许多无性系矮化砧,如苹果的 M9、M27,洋梨的温悖无性系砧 QA、QB 和QC 等。

【矮林作业】(coppice system) 以生产小径材、木浆、饲料等为目的的营林方式。林分一般由无性繁殖方法形成。轮伐期很少超过 20 ~ 40 年,一般为 5 ~ 15 年左右。只能应用于萌芽力强的树种。如阔叶树种中的栎树、杨树、桦树、柳树以及针叶树中的杉木等。在矮林作业中,保持林木萌芽的更新能力和生长速度,萌芽条的质量等是作业成败优劣的关键。一般应以林木停止生长时期为采伐期,但需避开严寒,以免冻坏伐根。伐根高度,以接近地面为宜,因根际的不定芽最多,萌芽力最强,且易形成独立根系。伐根切面宜平滑、略倾斜,以减少积水和腐朽。伐根上萌芽条过多时,除选优保留 2 ~ 3 条外,其余可除去,以减少养分的消耗。矮林作业中的头木作业是在树干的一定部位伐去树冠,留下高1 ~ 4m的树干。在砍伐断面附近,每年或定期采伐后会增大呈瘤状,形似人头。截枝作业是截去分枝以上的枝条,而不是整个树冠。中国南部施行的鹿角桩作业也属矮林作业的一种形式。矮林作业简单,生长快,适于短轮伐期经营;具有生长周期短,生产高峰期和成熟期到来早的特点。但消耗地力大,老林木采伐过晚时,新生萌芽条易罹霜冻及病、虫之害。适用于培育编织材料林、柞蚕林、薪炭林,也用以培育小径材,供作农具柄、栅栏杆、椽材。

【矮星系】(dwarf galaxy) 亮度很弱且质量较小一类星系。绝对星等 $-8 \sim -16$,质量约为 $1\times10^6 \sim 1\times10^9$ 太阳质量,直径不到 1 000 光年。多分布于椭圆星系中,也包括不规则星系中星族Ⅱ的恒星。椭圆矮星系是椭圆星系中质量最小的星系,它的亮度很弱,非常难以测出,但数量上却超过大星系。在银河系近旁有许多矮星系,其数量比其他所有类型星系之和都多。尽管矮星在宇宙中属小天体,但其在宇宙进化中起着至关重要的作用。天文学家认为,也许宇宙最先形成的就是矮星系,它们组成了最基本的宇宙。

【矮行星】(dwarf planet) 又称侏儒行星。是 2006 年 8 月 24 日国际天文联合会重新对太阳系内天体分类后新增加的一组独立天体。此定义仅适用于太阳系内。在捷克首都布拉格举行的第 26 届国际天文学大会中确认了矮行星的称谓与定义,决议文件对矮行星的描述如下:(1)以轨道绕着太阳的天体。(2)有足够的质量以自身的重力克服固体应力,使其达到流体静力学平衡的形状(几乎是球形的)。(3)未能清除在近似轨道上的其他小天体。(4)不是行星的卫星,或是其他非恒星的天体。根据国际天文联合会的最新数据,矮行星共有 5 颗:谷神星、冥王星、阋神星、鸟神星、妊神星。矮行星质量和大小的上下限,在国际天文联合会会员大会的 5A 决议案中并没有规范,没有严谨的上限,即使一个比水星还大的天体,若未能将邻近轨道的小天体清除掉,也许仍然会被归类为矮行星。下限则是以能否达到流体静力平衡的形状概念来规范,但是对这类物体的大小和形状尚未定义完成。根据部分天文学家的说法,新定义可能会使矮行星的数量增至超过 45 颗。

矮行星

【艾灸养生】(moxibustion health) 在人体某些特定穴位上施艾灸,以达到和气血、调经络、养脏腑、益寿延年目的的养生方法。中国独特的养生方法之一。艾灸养生的主要作用是温通经脉,行气活血,培补先天、后天和调阴阳,从而达到强身、防病、抗衰老的目的。

【艾叶】(leave of Chinese mugwort) 又称蕲艾。中药名。药性:辛,苦,温,有小毒。归肝、脾、肾经。功效:温经止血,散寒调经,安胎。用于出血证(吐血,衄血,崩漏经多,妊娠下血)、少腹冷痛、经寒不调、宫冷不孕、痛经、胎动不安;外治皮肤瘙痒。醋艾炭温经止血,用于虚寒癥性出血。用法与用量:3 ~ 9g。外用适量,供灸治或熏洗用。

【艾真体】(agent) 通过传感器感知其环境,并通过执行器作用于该环境的实体。研究方向是:(1)信念、愿望和意图的关系及其形式化描述。(2)建立信念、愿望和意图模型。在计算机系统中,艾真体相当于一个独立的功能模块、独立的计算机应用系统。它含有独立的外部设备、输入/输出驱动装备、各种功能操作处理程序、数据结构和相应输出。艾真体不仅与分布式人工智能系统一样具有协作性、适应性等特性,而且还具有自主性、交互性以及持续性等重要性质。

【艾滋病】(acquired immune deficiency syndrome,AIDS) 又称获得性免疫缺陷综合征。由人类免疫缺陷病毒(HIV)感染引起的、以 T 细胞免疫缺陷为主的一种混合免疫缺陷病。艾滋病主要通过输血、母婴、不洁性行为等传播,普通接触不传染。其临床表现是:原因不明的长期发热;颈、腋下、腹股沟的淋巴结肿大;长期腹泻;顽固性干咳、呼吸困难;口腔黏膜霉菌生长;皮肤上新出现可疑的紫褐斑等。目前,治疗艾滋病最成功的方法是同时使用几种不同的药物,即"鸡尾酒疗法"。

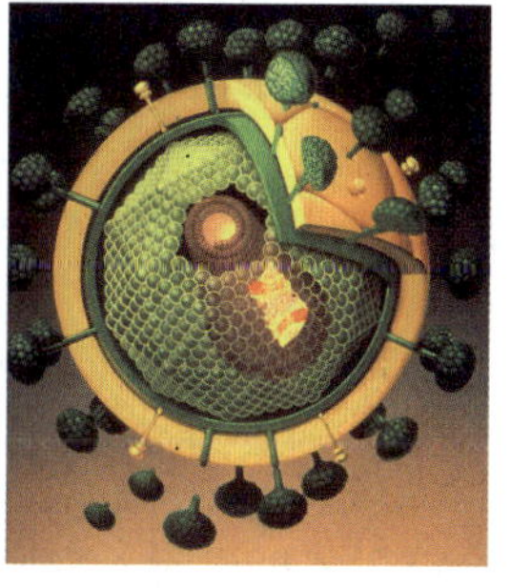

艾滋病病毒解剖图

【爱因斯坦观测台】(Einstein observatory) 又称高能天文观测台2号。由美国国家航空航天局研制和发射的X射线天文卫星。1978年11月13日,爱因斯坦观测台发射升空,进入到一条355km×364km的轨道。1982年3月25日再入大气层。这是继"小型天文观测台"之后制定的"高能天文物理观测台"计划的一颗卫星。它的主要探测仪器是一台大型X射线望远镜,焦距长达3.4m,口径0.6m。其他仪器还有:高分辨率成像器、晶体分光计、成像正比计数器和固体分光计。其主要任务是:测绘X射线源天图,并测定其能谱、强度和时间变化;测量弥漫X射线的辐射与吸收;对选定的X射线源进行位置、结构和大小的精确测定;对硬X射线源和γ射线源位置、强度、能谱和时间变化等特性进行研究。它在工作期间,获得了一系列重要成果:完成了第一幅X射线图像,观测到极弱的X射线源,观测到大量大质量年轻的恒星的X射线流;拍摄到一些快速爆发的X射线源。它的新发现修改了以前关于恒星X射线产生的模型。它还对许多超新星遗迹进行了详细观测。

【安防监控系统】(security monitoring system) 应用光纤、同轴电缆或微波在其闭合的环路内传输视频信号,并从摄像到图像显示和记录构成独立完整的安全监控系统。能实时、形象、真实地反映被监控对象,不但极大地延长了人眼的观察距离,而且扩大了人眼的机能。它可以在恶劣的环境下代替人工进行长时间监视,让人能够看到被监视现场实际发生的一切情况,并通过摄像机记录下来。同时报警系统设备对非法入侵进行报警,产生的报警信号输入报警主机,报警主机触发监控系统录像并记录。安防监控系统由前端部分、传输部分、防盗报警部分和系统供电等构成。在实际应用中会有不同类型的方案出现。安防监控系统方案一般会根据用户的不同要求而量身订制。

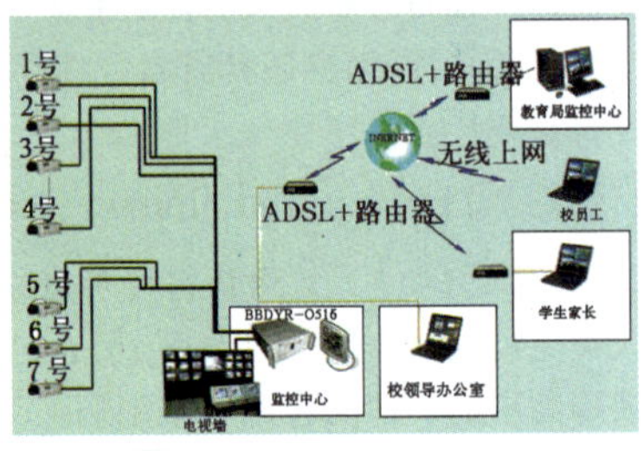

安防监控系统

【安宫牛黄丸】(angong niuhuang pellet) 方剂名。组成:牛黄100g、水牛角浓缩粉200g、麝香25g、珍珠50g、朱砂100g、雄黄100g、黄连100g、黄芩100g、栀子100g、郁金100g、冰片25g。制法:以上十一味,珍珠水飞或粉碎成极细粉,朱砂、雄黄分别水飞成极细粉;黄连、黄芩、栀子、郁金粉碎成细粉;将牛黄、水牛角浓缩粉、麝香、冰片研细,与上述粉末配研,过筛,混匀,加适量炼蜜制成大蜜丸600丸,即得。用量:口服,一次1丸,一日1次;小儿3岁以内一次1/4丸,4~6岁一次1/2丸,一日1次,或遵医嘱。功能主治:清热解毒,镇惊开窍。用于治疗热病、邪入心包、高热惊厥、神昏谵语等。孕妇慎用。

【安乐死】(euthanasia) 对无法救治的病人停止治疗或使用药物,让病人无痛苦地死去。包括两层含义:(1)无痛苦地死亡,安然去世;(2)无痛致死术,为结束患者的痛苦而采取的致死措施。安乐死对于社会来说,一方面是为了尊重病人的权利,给予病人尊严死去的自主权;另一方面也是为了节约有限的卫生资源,用于更需要和更有希望的病人。各国对安乐死是否合法存在争论。持肯定态度的认为安乐死必须符合下列条件:(1)病人患不治之症,已临近死期。(2)病人极端痛苦,不堪忍受。(3)必须是为解除病人死前痛苦,而不是为亲属、国家、社会利益而实施。(4)必须有病人神志清醒时的真诚嘱托或同意。(5)原则上必须由医师执行。(6)必须采用社会伦理规范所承认的妥当方法。应否使用安乐死,在中国尚未取得一致的意见。

【安培定律】(Ampere's law) 安培环路定律的简称。在磁场中通过任何闭合线磁场强度的环流正比于闭合线所围电流的代数和。在电磁系单位制中,闭合线的环流是闭合线内电流代数和的4π倍。安培定律是磁作用的基本实验定律。

【安全】(safety) 人的身体与精神免受危险、危害因素伤害、威胁的存在状态、健康状况及其保障条件。最早进入人类大脑的意念之一。❶没有伤害、没有损失、没有威胁、没有事故发生。其内涵是:预知、预测、分析危险,限制、控制、消除危险,使人的生命、健康、精神状态均处于人们在当时社会发展条件下普遍可接受的安全状态。其本质是人、物和环境三大要素及其相互关系和谐并达到预定的安全目标。❷在生产领域,人们在生产活动中免遭不可接受的风险和伤害的存在状态。这种状态消除了可能导致人员伤亡、职业危害、设备及财产损失或危及环境的潜在因素。不能预知、掌握、控制或消除危险的所谓平安无事,是虚假的安全,不可靠的安全。仅凭人们自我感觉的安全,是危险的安全。❸安全的维护、安全措施和安全机构。一个国家处于没有危险的客观状态。国家既没有外部的威胁、侵害、内部的混乱和疾患的客观状态。人类社会经济、生产和科研活动不存在绝对安全。具有严格的时间、空间界限,具有确切的对象。危险是普遍存在的一种物变趋势。其问题存在的原因是:(1)人类在探索自然、改造自然的过程中有盲区、无知和冒险。(2)人的智力、知识的贫乏而引起的种种失误。(3)社会的、心理的、教育的等因素影响会不自觉地制造各种危险。安全问题不仅对生命个体非常重要,而且对社会稳定和经济发展产生重要影响。随着人类社会的发展,安全已经成为人类生存和发展的基本条件。

【安全本质】(security nature) 通过设计等手段使生产设备或生产系统本身具有安全性,即使在误操作或发生故障的情况下也不会造成事故的功能。具体包括失误-安全(误操作不会导致事故发生或自动阻止误操作)、故障-安全功能(设备、工艺发生故障时还能暂时正常工作或自动转变安全状态)。本质安全源于按GB3836.1-2000标准生产,专供煤矿井下使用的防爆电器设备的分类,防爆电器分为隔爆型、增安型、本质安全型等种类。本质安全型电器设备的特征是其全部电路均为本质安全电路,即在正常工作或规定的故障状态下,产生的电火花和热效应均不能点燃规定的爆炸性混合物的电路。也就是说该类电器不是靠外壳防爆和充填物防爆,而是其电路在正常使用或出现故障时产生的电火花或热效应的能量小于0.28mJ,即瓦斯浓度为8.5%(最易爆炸的浓度)最小点燃能量。本质安全,就是通过追求企业生产流程中人、物、系统、制度等诸要素的安全可靠、和谐统一,使各种危害因素始终处于受控制状态,进而逐步趋近本质型、恒久型安全目标。

【安全闭锁】(safety locking) 矿井轨道斜巷人车用于防止保护装置在其他异常运行方式下误动作的系统。主要由人员检测装置、分控制箱、主控制箱、声光警示等部分组成。其作用是:(1)人员检测装置固定在斜巷人行道出入口处,用于检测巷道内人员出入信息,并将信息传递给主控制箱,供主控制箱的信息处理使用。(2)主控制箱安放在绞车控制室内。电源开关上电后,LED默认显示为零,当进出口人员检测装置的信息传递至主控制箱后,LED发光二极管的显示将实时刷新。复位按钮用来将统计的斜巷人数清零,在计数显示错误时,可按下此按钮。闭锁输出旋钮有两个状态,开状态始终保持闭锁输出有效,不受其他因素影响;关状态闭锁输出受人员检测结果的影响。此时"斜巷内没有人或者有人但绞车已运行"两种情况下,闭锁输出也有效。(3)声光警示系统用于行车过程及人员进入巷道的警示,提醒车辆正在运行或巷道内人员的进入。其系统主要功能是:(1)准确测定人员进出巷道及巷道中的人员数量。(2)当巷道中有人时,与绞车控制系统实现安全闭锁,无法开车。(3)当正在行车时,有人进入巷道,可以实现自动停车及声光警示。(4)在特殊情况下,可以通过主控箱的功能旋钮解除闭锁,开车运行。(5)在特殊情况下,可以通过复位按钮进行数据清零。

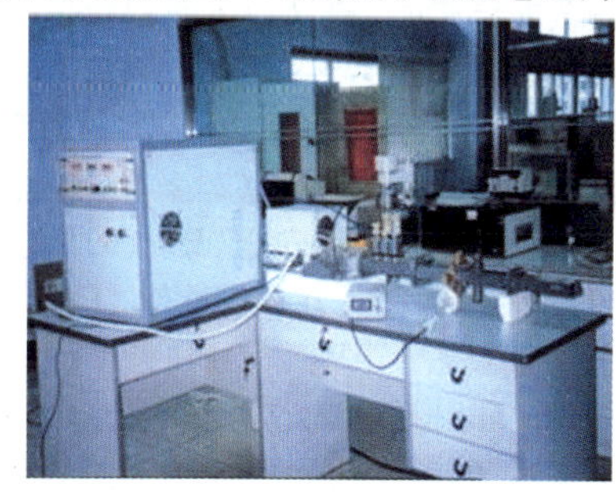

安全闭锁系统装置

【安全标杆管理】(benchmarking of safety) 又称安全基准管理。以事故预防,确保生产、生活安全为目标的标杆管理。一个组织瞄准一个比其绩效更高的组织进行比较,以便取得更好的绩效(含安全绩效),不断超越自己,超越标杆,追求卓越,组织创新和流程再造的过程。是在20世纪70年代末由美国施乐公司首先提出,后经美国生产力与质量中心加以系统化和规范化,在此基础上形成的一种新的管理方法。按其应用层次范围的不同可分为:(1)内部安全标杆管理。(2)竞争安全标杆管理。(3)职能安全标杆管理。(4)流程标杆管理。实施安全标杆管理,将安全绩效较好的企业、部门等组织作为安全标杆,通过对安全标杆的学习、模仿,从安全组织管理、安全设施改进、科学制定安全管理制度、控制员工不安全行为、提升安全文化等方面实现不断创新和持续改进。

【安全标志】(safety mark) 及时提醒、警告人员注意,以预防事故、危害发生的一类图形标志。由安全色、几何图形和图形、符号构成。根据《安全标志》(GB2894-1996),国家规定了四类传递安全信息的安全标志。其内容是:(1)禁止标志表示不准或制止人们的某种行为。(2)警告标志使人们注意可能发生的危险。(3)指令标志表示必须遵守,用来强制或限制人们的行为。(4)提示标志示意目标地点或方向。正确使用安全标志,可以使人员能够及时得到提醒,以防止事故、危害发生。

安全标志

【安全标准化作业】(safety standardization operation) 结合生产实际制定班组各项安

全标准,实行作业程序标准化。是通过对作业开始到终结的科学推敲,在保证安全的前提下,制定出具有紧密衔接性的框图式工作程序,以便在作业的全过程中,能一个步骤一个步骤地模式化、程序化操作。这样可以防止因随意简化工作步骤而在安全上出漏洞,防止由于考虑不周,造成工作上的返工,也可避免因不必要的繁琐而产生的危险性,从而增加作业中的安全可靠度。严格执行"标准化安全作业程序"是建立正常生产秩序的重要手段。安全作业标准化的实施是企业规避风险、减少事故、实现本质安全的有效方法之一。

【安全玻璃】(safety glass) 一类经剧烈振动或撞击不破碎,即使破碎也不易伤人的玻璃。其主要品种有钢化玻璃、夹层玻璃、防弹玻璃、防盗玻璃、防火玻璃、夹丝玻璃及防护玻璃等。通常用在汽车、飞机和特殊建筑物的重要设施,如银行大门、贵重物品陈列柜、监狱和教养所的门窗等。这些部位有可能遭到持各式各样凶器的群匪连续袭击。而高强度安全玻璃能在一段时间内抵御穿透,为其他装置作出反应赢得足够的时间。世界上一些最著名的文物,就是用安全玻璃保护的。鉴别安全玻璃的方法是:(1)看安全玻璃上有没有3C认证标志。按照规定,安全玻璃上必须要3C认证标志。(2)靠听。用手敲击玻璃,如果玻璃发出清脆响声,则说明玻璃是钢化玻璃;反之则为普通玻璃。(3)使用偏振光片。钢化玻璃可以透过偏振光片在玻璃的边部看到彩色条纹,而在玻璃的面层观察,可以看到黑白相间的斑点。偏振光片可以在照相机镜头或者眼镜中找到。观察时注意光源的调整,以便更容易观察。

安全玻璃

【安全成本】(safety cost) 企业在从事生产经营活动过程中发生的与安全生产有关的一切费用的总和。由企业为保证安全与健康而发生的费用和未达到安全生产而发生的费用两部分组成。前者属于控制成本,后者属于故障成本。控制成本是安全的保证费用,与安全管理和防护水平成正比关系。控制成本越大,安全生产越好。故障成本为损失性费用,与安全管理和防护水平成反比关系。故障成本越大,安全生产越差。

【安全出口】(safety escape) 建筑物和公共场所安全疏散人员的逃生出口。从消防角度看,安全出口是保证人员安全疏散的楼梯或直通室外地平面的出口。公共场所的安全出口数目、疏散宽度和距离应当符合国家有关建筑设计防火规范。疏散通路上应设紧急照明灯、疏散方向指示灯和安全出口灯。安全出口处不得设置门槛、台阶,不得采用卷帘门、转门、吊门和侧拉门。疏散门应向外开启,门口不得设置屏风等影响疏散的遮挡物。公共场所在使用期间必须确保安全出口和疏散通道畅通无阻。

【安全传输层协议】(safe transport layer protocol) 一种在两个通道应用程序数据加密和数据传输安全的协议。位于TCP/IP协议与各种应用层协议之间的一个可选层,是对SSL的标准化,目前版本号1.0,与SSL3.0差别很小。TLS协议由两层组成:(1)TLS记录协议。(2)TLS握手协议。TLS的最大优势就在于它独立于应用协议、高层协议,可以透明地分布在TLS协议上面。

【安全措施】(security measure) 为了达到保障人民生命财产安全、维护社会公共秩序稳定、防范生产安全事故发生等目的而采取的举措与行动。安全技术措施的主要内容是:(1)电工设备安全技术。(2)厂房和工作场所安全技术。(3)电工设备操作安全技术。(4)电工设备运行维护和检修试验安全技术。(5)防雷防火安全技术。(6)触电紧急救护方法。安全组织措施的主要内容是:(1)安全措施计划。(2)建立安全工作制度。(3)制备安全资料。(4)进行安全教育和培训。(5)组织事故分析。安全措施的安全色标分为安全色和安全牌两种。用不同颜色表示不同信息,使人们能迅速发现或分辨出安全标志和不安全因素,预防发生事故。按其安全色标的不同可分为:(1)红色。表示禁止,如紧急停机按钮,禁止触动,禁止靠拢。(2)黄色。标志注意危险,如"当心触电"、"注意安全"等。(3)绿色。标志安全无事,运行正常,如"在此工作"、"已接地"等。(4)黑色。标志文字、图像、符号和警告的几何图形。电网中母线和引下线规定A相为黄色,B相为绿色,C相为红色,也是为了防止运行和检修人员的误操作。安全牌由不同几何图形和安全色构成,并加上相应的图像、符号和文字。安全牌提醒人们"当心触电"、"注意安全"、"禁止烟火"、"禁止开动"等。

【安全第一原理】(first principle of security) 要求在进行生产和其他活动时把安全工作放在一切工作的首位的理念。当生产和其他工作与安全发生矛盾时,要以安全为主,生产和其他工作要服从安全,这就是安全第一原则。是安全管理的基本原则。也是中国安全生产方针的重要内容。贯彻安全第一原则,就是要求一切经济部门和生产企业的领导者要高度重视安全,把安全工作当作头等大事来抓,要把保证安全作为完成各项任务、做好各项工作的前提条件。在计划、布置、实施各项工作时首先想到安全,预先采取措施,防止事故发生。该原则强调,必须把安全生产作为衡量企业工作好坏的一项基本内容,作为一项有"否决权"的指标,不安全不准进行生产。采取强制管理的手段控制人的意愿和行动,使个人的活动、行为等受到安全管理要求的约束,从而实现有效的安全管理。

【安全电子交易】(secure electronic transaction,SET) 一种国际公认的、用来保护网络上信用卡交易的开放式安全规格标准。由电子持卡人、特约商店、收单行、发卡行、签字管理中心构成。常用于保护开放性网络上个人和金融信息的隐秘性。持卡人、商店透过网络交易的消费者的角色认定,确保交易信息的正确性、完整性和私密性。其特点与作用是:(1)信息可信。由商家和银行保证交易信息安全,防止被拦截修改。(2)信息完整。确认信息在传送过程中没有被修改。(3)商家认证。确认使用者是有效账号的合法使用者。(4)相互操作性。消费者可与商家软件互相沟通。

【安全阀】(safety valve) 又称溢流阀。根据压力系统的工作压力自动启闭,一般安装于封闭系统或管路上保护系统安全的设备。当设备或管道内压力超过安全阀设定压力时,即自动开启泄压,保证设备和管道内介质压力在设定压力之下,保护设备和管道正常工作,防止发生意外,减少损失。按其整体结构及加载机构的不同可分为:重锤杠杆式、弹簧式和脉冲式三种。按其阀瓣开启的最大高度与安全阀流道直径之比的不同可分为:弹簧微启封闭高压式安全阀和弹簧全启式安全阀两种。按其作用原理的不同可分为:直接作用式安全阀和非直接作用式安全阀。按其压力是否能调节可分为:固定不可调安全阀和可调安全阀。

安全阀

【安全法学】(science of safety law) 安全科学的一个分支。研究与职业安全健康相关的法律、法规、标准的起源、现状与发展规律的科学。关于通过法律的控制手段保障人的身心健康免遭外界因素危害的科学活动及认识成果的总称。其内容是:安全法学基本理论、国内外职业安全健康法律法规与监察执法状况、安全法律法规及其标准的作用、安全执法与监察、用人单位的安全保障职责、工人及其组织的监督、安全生产的法律责任追究、安全生产行政许可制度等。人类最早的安全卫生立法,可追溯到13世纪德国的《矿工保护法》,1802年英国的《保护学徒的身心健康法》。经过数百年的发展,安全立法经过了工业安全立法和职业安全立法(1970年以后)两个阶段。现在大多数国家已经建立了完善的职业安全健康法制体系。具有完善的职业安全健康法制体系是一个国家有良好的安全纪录的根本原因。中国的安全法学研究和安全生产法制建设将促进职业安全健康工作的不断完善。

【安全方法论】(methodology of security) 各类安全方法的集成。是各类安全方法整合后的新境界。其任务是不断总结、更新方法,针对变化了的情况提出新的方法。现阶段,包括人类对安全事故的预测、预报、评价、辨识和控制措施等。其方法主要是:(1)人机匹配方法。为了防止人的不安全行为和物的不安全状态应充分考虑人和机的特点,使人和机相互匹配 。(2)生产安全管理一体化方法。充分认识人的生命价值和人力资源的重要性,避免和减少经济损失,加强事故和职业病预防及其安全管理。主要通过全面安全管理和安全目标管理来实现。(3)系统方法。人类的安全系统是人、社会、环境、技术、经济等因素构成的大协调系统。(4)以人为本的安全教育方法。教育是培养人的一种社会活动。教育是有目的、有计划的社会活动过程,对人的发展具有必要性和主导性。安全教育是安全活动的重要形式。安全教育的四原则是:教育的目的性原则,理论与实践相结合的原则,教与学互动性原则和巩固性与反复性原则。(5)奖惩相结合的经济激励法。随着人类社会的发展和经济水平的不断提高,用社会有限的投入,去获得人类尽可能高的安全水准。在获得人类可接受的安全水平下,尽力去节约社会的安全投入。于是有了安全经济法。(6)高技术系统安全管理方法。

【安全费用】(safety expense) 企业按照规定标准提取,在成本中列支,专门用于完善和改进企业安全生产条件的资金。由企业按月自行提取,计入生产成本,专户储存,专项用于安全生产。

【安全感】(sense of security) 人在社会生活中所具有的稳定的不害怕的感觉。是人们对社会安全与否的认识的整体的反映。它是由社会中个体的安全感来体现的。是反映社会治安状况的重要标志之一，也是衡量社会运行机制和人们生活安定程度的标志。安全感作为一种心理现象是心理学的一项重要课题。是一种感觉、一种心理。是来自一方的表现所带给另一方的感觉。是一种让人可以放心、可以舒心、可以依靠、可以相信的言谈举止等方面表现带来的。是否能产生安全感，来自多方面的因素，有主观的和客观的。与人们的经济收入有紧密的联系。只有人们的生活水平提高，物质方面得到改善，社会安全感才能有更大的提高。

【安全隔离变压器】(safety isolating transformer) 通过至少相当于双重绝缘或加强绝缘，使输入绕组与输出绕组在电气上分开的变压器为隔离变压器。其中，副边供给安全特低电压的称为安全隔离变压器。隔离变压器是实施安全电压、电气隔离等防护方式的基本单元。为了防止触电，安全隔离变压器的外壳应该封闭，结构应该能够防止偶然触及带电部分的可能性。触电防护部件应该保持牢固，并有足够的机械强度。

安全隔离变压器

【安全工程】(safety engineering) 将安全科学的原理、技术手段、实践经验运用到各个生产部门中去，研究各种资源、技术手段的整合、优化的一般规律，而形成的各种预知、预测、预防和控制、消除各种危险、危害的直接和间接的保障措施的工程技术学科的总称。以人类生产、生活活动中发生的各种事故为主要研究对象，综合运用自然科学、技术科学和管理科学等方面的有关知识和成就，辨识和预测生产、生活活动中存在的不安全因素，并采取有效的控制措施防止事故发生或减轻事故损失的工程领域。安全工程并不等于安全技术，含有丰富的技术内涵。安全技术存在于安全工程之中。在学科体系中，归属安全科学技术的二级学科之一。包含五个三级学科，其内容是：消防工程、爆炸安全工程、安全设备工程、安全电气工程和部门安全工程。其目的是：为保证人们在生产和生活中，生命、健康和设备、财产、环境等不受或少受损害，提供直接和间接的保障。

【安全工程学】(science of safety engineering) 安全科学的一个分支。运用工程技术和有关学科的原理和方法，预知、控制和消除生产过程、科学实验中的危险，减少、避免和防止事故的发生，减轻事故损失和危害，实现生产、科研过程的正常运转的学科。其内容是：(1)介质的危险特性研究，以及危险介质在生产、储运、使用、转换过程中的有关安全技术及其工程领域的管理措施。(2)在生产、科学实验过程中，能够保证和维持正常运转，预知、控制和消除危险，减少、避免和防止事故发生和减轻事故损失和危害的过程条件、过程机理、过程技术和过程管理。(3)符合危险介质变化规律，满足特定工艺条件和目标，并能满足安全要求的装备技术和控制技术。(4)作业过程的安全技术及防护、保护技术。(5)预知、限制事故扩大、蔓延、发展的装备技术、检测技术和处理技术及其工程领域。(6)属于本学科范围内社会防灾保障体系中有关的技术工程领域。(7)安全工程学科的基础理论研究与应用。(8)与相邻交叉学科有关理论和工程技术的研究和应用。(9)安全工程学的历史沿革、发展趋势、战略位置、学科任务与作用等方面的研究。(10)安全工程学自身的结构、分支学科的研究。安全工程的科学内核是过程安全，而过程安全的关键在于本质安全、基础安全。透视过程机理，掌握平衡、平稳、正常运行的条件(状态)。

【安全工具】(security tools) 为确保人身安全，在进行电工设备操作、检修时所用的工具。按其绝缘程度的不同可分为绝缘和非绝缘两种。有的绝缘安全工具能长期承受电工设备的工作电压，可与带电部分直接接触，如绝缘棒、绝缘夹钳、验电器和携带型电压/电流指示器等。有的绝缘安全工具本身的绝缘强度较低，不能保证安全，但与前者配合使用时能保证工作人员免受接触电压(见触电)或跨步电压的危险；在低电压设备上工作时使用这种安全工具也能保证安全，如橡胶绝缘手套、绝缘垫、绝缘台和绝缘靴等。非绝缘的安全工具是指不具有绝缘性能的安全工具。主要用来防止停电工作的设备突然来电或出现感应电压，防止误碰带电设备，防止电弧灼伤等。如携带型接地线，隔离板、临时遮栏、安全工作牌和护目眼镜等。绝缘夹钳 用电木、胶木或亚麻仁油中浸过的木材制成。用于安装或拆卸高压保险器或做其他类似的工作。通常只用于35kV及以下电压级。绝缘手套和绝缘靴用特种橡胶制成，

安全工具箱

并经过严格的耐压试验。绝缘垫用特种橡胶制成。操作人员站在绝缘垫上操作可增强对地绝缘,防止接触电压和跨步电压对人体的伤害。绝缘台用木纹直而无节的木条拼成,用绝缘瓷瓶做台脚。可用于室内或室外,代替绝缘垫或绝缘靴。

【安全功能】(safety function) 一项安全措施在某系统中所起的作用和所担负的职能。❶安全保护功能,如常用办公软件文档加密和权限设定,不必要开放的服务和端口管理以及规范性的安全操作和定期检查等。另有先进安全功能的器件,以安全功能结合加密软件库,便可确保核心的安全,防范在现场韧体升级和应用部署过程中出现篡改事故。适用于汽车、工业和消费电子应用,如汽车引擎中的电子装置。❷安全经济功能,能直接减轻、免除事故或危害事件给人、社会和自然造成的损害,实现保护人类财富、减少无益消耗和损失的功能;能保障劳动条件和维护经济增值过程,实现其间接为社会增值的功能。

【安全管理】(safety management) 为实现安全目标,运用管理学的相关原则,对安全生产及其所涉及的人力、物力、财力、信息等安全资源进行计划、组织、指挥、协调和控制的一系列活动。是在人类社会的生产实践中产生的,并随着生产技术水平和企业管理水平的发展特别是安全科学技术及管理科学的发展而不断发展。在安全工作中,通过实现管理职能,得以消除或控制人的不安全行为、物的不安全状态和环境的不安全因素,以防止事故的发生。保障生活或生产的顺利进行,保障人的生命安全和健康,保护国家、集体的财产不受损失。安全管理有宏观和微观之分。宏观安全管理是指社会宏观层面,国家或某一地区的安全管理;微观安全管理是指企业的安全管理。通常安全管理是指企业的安全生产管理,是依法进行的,具有强制性。是企业管理的一个重要组成部分,其基本对象是企业的全体员工,此外,还包括设施、物料、环境、财务、信息等各个方面。安全管理的内容包括:安全生产机构和安全生产管理人员、安全生产档案、安全生产管理规章制度,如安全生产责任制、安全技术措施计划、安全教育培训、安全生产检查等。其作用是:(1)是防止事故和职业危害的根本对策。(2)是实现“安全第一,预防为主,综合治理”安全方针的基本保证。(3)是安全技术和职业健康措施能够发挥预期作用的保证,是生产得以持续进行的前提。(4)有助于改进企业管理,提升企业形象,促进和保障经济效益和社会效益的提高。(5)有助于企业的安全发展、和谐发展和可持续发展。

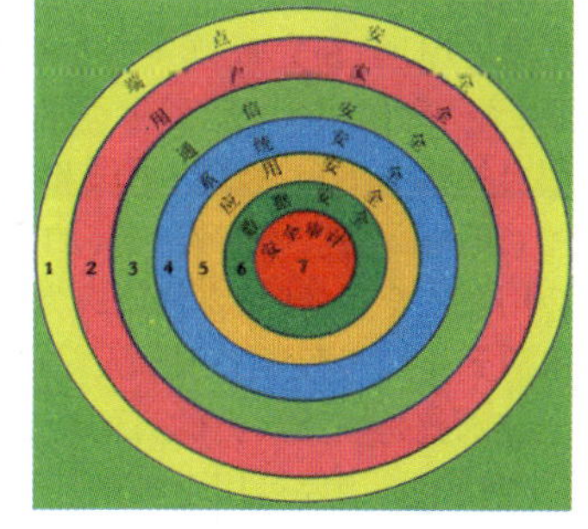

安全管理层次

【安全管理计划】(safety management plan) 安全管理行动的方案。在危险源辨识的基础上,确定安全目标,并将其进行分解,进而计算并配置人力、物力、财力等资源,拟定实施步骤、方法,同时提出保障目标实现的相应策略、措施等一系列安全管理活动的筹划安排。计划内容包括目标、措施和步骤三要素。目标不仅是安全管理计划产生的导因,而且是安全管理计划的奋斗方向;措施和方法是实现安全管理计划的保证;步骤则是对工作程序与时间的安排。计划的形式按时间的不同可分为长期计划、中期计划和短期计划。按计划内容的不同可分为:企业安全生产发展计划、企业安全文化建设计划、安全教育发展计划、隐患整改措施计划、班组安全建设计划等。按计划性质的不同可分为:安全战略计划和安全战术计划。按计划具体化程度的不同可分为:安全目标、安全策略、安全规划、安全预算等。按计划管理形式和调节控制程度的不同可分为:指令性计划和指导性计划等。其作用是:(1)通过安全管理计划的顺利实施,保证安全决策目标的实现。(2)作为安全工作的实施纲领,促使安全管理活动按时间、有步骤地顺利进行。(3)协调、优化一切安全资源的配置,使安全管理活动尽量取得最佳效果。

【安全管理学】(science of safety management) 安全科学的一个分支。研究安全管理活动规律的学科。即研究以事故和职业危害的预防、损失控制为目的而进行的决策、计划、组织、领导和控制等活动的规律。其内涵既涉及管理学的一般问题,又涉及安全科学与工程的特殊现象,是管理学的理论和方法在安全领域的具体应用。20 世纪 30 年代由美国安全工程师海因里希提出 1:29:300 事故法则和多米诺事故因果连锁论。以多米诺事故因果连锁论为代表的系列事故致因理论,奠定了安全管理学的基础。1962 年提出的安全系统工程是运用系统论的观点和方法,结合工程学原理及有关专业知识来研究生产安全管理和工程的新学科。到 20 世纪 90 年代中后期具有现代理念的安全管理学理论逐渐形成。以社会、人、机系统中的人、物、信息、环境等要素之间的安全关系为研究对象,通过合理有效配置诸要素及其之间的关系,在保证安全目标实现的前提下,对达到安全所需的人、物、信息、环境、时间等要素进行科学有效地协调和配置。基本内容包括:事故致因理论、安全管理的基本原理及安全管理方法(包括安全目标管理、系统安全管理、体系化安全管理、安全信息管理、安全评价、事故统计分析、事故调查与处理、应急管理、安全法规及安全文化建设等)。安全管理学的研究与推广有利于安全方针政策、法规制度的科学制定,有利于提升安全管理水平,有利于降低事故发生率。

【安全管理组织】(safety management organization) 又称安全管理部门、安全管理机构。是组织实施安全管理活动的职能部门或机构。其职能主要体现在安全技术管理与指导、安全监督和安全培训教育三个方面。职能可集中于组织的一个部门或分散于多个部门。其核心工作是:围绕保障安全生产,针对事故预防和应急,通过安全管理机构的管理监督,合理协调、调配各种安全资源,保障安全生产顺利进行以及紧急情况的妥善处置和事故后的恢复。在安全管理组织中,安全管理决策错误、组织失误等不安全因素被称为第三类危险源。后者主要由管理制度、管理职能、管理缺陷等安全管理组织风险构成。设置科学、高效的安全管理组织,不仅可以防止和减少安全生产事故的发生,保障人民群众的生命和财产安全,维护人民群众的根本利益,而且直接关系到企业的发展和社会的稳定;同时,合理高效的安全管理组织也是树立企业形象的重要组成部分。对安全生产起着不可替代的作用。安全管理组织的设立应有合理的结构,且具有一定的权威性和相对独立性,合理的安全管理组织结构是有效地进行安全生产指挥、检查和监督的组织保证。

【安全规律】(security law) 在生产活动中发生的安全问题现象与安全本质联系普遍性的表现形式和趋势。有狭义和广义之分。狭义指某一领域或系统中的安全规律,如生产安全规律、交通安全规律等。广义指自然界和人类社会中的安全,即大安全的普遍规律,其内在本质联系,即人与物在其置于的系统中的符合客观规律的运动,具有的安全必然性,是安全规律的根本规律。它是事物发展过程中的本质联系和必然趋势,具有普遍性、重复性等特点;它是客观的,是事物本身所固有的,是不以人的意志为转移的,人们不能创造、改变和消灭它,但人们能够认识它,利用它来改造自然界和人类社会;规律一般可分为自然规律、社会规律和思维规律;科学的任务就是要揭示客观规律,指导人们的实践活动。社会主义市场经济条件下的生产安全规律,承认生产中的潜在危险,并对制定安全条例及其实施创造了原则上的可能性。这一规律将在安全生产有组织有系统的机构中,在有目的的活动过程中付诸实现。

【安全航速】(safety aviation speed) 在采取有效的避碰行动后,能在适合当时环境和情况的距离以内把船舶停住的速度。船舶在航行中所采用的速度是否安全是以能否采取有效的避让行动、防止发生碰撞为前提的,而在某种特定的环境和条件下采取何种安全航速,则没有定量的要求。这就需要船舶驾驶员在航行中正确地分析所处环境,准确地判断周围船舶的动态,及时调整航速,确保航行安全。受能见度、通航密度、船舶操纵性能、夜间背景亮光、吃水与可航水深、风浪和水流的情况等多种不确定因素的影响,并无固定值的限制。是个变量。它随着船舶和环境状况的改变而改变。是缓速、增速,还应是全速,在实践中应依据具体条件灵活应用。

安全航速指示仪

【安全绩效】(safety performance) 基于职业健康安全方针和目标,与组织的职业健康安全风险控制有关的,职业健康安全管理体系的可测量的结果。既可以用组织安全目标的满足程度来表示,也可用对某类安全风险控制效果来表示。组织为实现其目标而展现在不同层面上的有效输出。包括个人绩效和组织绩效两个方面。组织绩效实现应建立在个人绩效实现的基础之上。但是个人绩效的实现并不一定保证组织有绩效。安全绩效是对一个人,一个作业区,一个车间、分厂等的肯定。

【安全技术】(safety technology) 运用安全科学的原理,在完成既定目标的同时,为了预知、预测、预防和控制、消除危险、危害,实现过程安全而利用自然界的本领、技能、手段和知识的总和。是技术体系的一部分。不存在纯粹的安全技术。当把技术应用于安全目的时,自然就成为安全技术。把安全技术放到生产过程中去理解人对自然的能动关系,则安全技术就是按照人类的目的使自然界人工化过程的安全技术。当要运用全部的科学知识、能力和经验,按照人们设定的目的,在运用知识和物质手段实现对自然界的控制改造的过程中,为了安全而采用的一切技术手段和技术措施,都可以视为安全技术。

【安全技术标准】(standard of safety technology) 以保护人的生命健康和物的安全为目的而制定的技术标准。为实现安全生产,保障作业人员人身安全和健康,避免人员伤亡和设备财产损坏,防止作业场所的职业危害，所制定并实施的行为规则。其内容是：(1)安全通用标准。包括安全标志和报警信号标准、危险和有害因素分类分级标准。(2)产品安全标准。包括电器、机械、医药、食品、儿童玩具安全标准；压力容器、锅炉安全标准；特种设备安全标准。(3)工程安全标准。包括储运安全标准、爆破安全标准、燃气安全标准、建筑安全标准、防火防爆安全标准。(4)生产过程安全标准。包括安全操作规程、特殊工作环境（如矿井、高温、酸碱等腐蚀环境、易燃、易爆环境等）安全标准、设备安全标准。(5)劳动防护用品技术标准。是从事生产、建设和商品流通过程中必须共同遵循的安全技术依据和行为规则。

【安全价值】（safety value）　安全功能与安全投入的比值。其表达式是：安全价值 = 安全功能/安全投入。其特点是：保护人类的安全和健康；避免和减轻财产的损失；保障技术功能的利用和发挥；维护企业信誉、提高产品质量和产量，提高劳动生产效率；维护社会经济持续、健康地发展，促进社会进步；避免因事故造成有关人员的心灵创伤、家庭痛苦；维护社会的稳定；保护环境和资源，使其免遭破坏和危害。

【安全价值工程】（safety value engineering）　一种运用价值工程的理论和方法，依靠集体智慧和有组织的活动，通过对某措施进行安全功能分析，力图用最低安全寿命周期投资，实现必要的安全功能，从而提高安全价值的安全技术经济方法。其特点是：以安全功能分析为核心，以充分、可靠地实现必要安全功能为目的，以依靠群众、集体的智慧和组织的活动为手段。主要用于新安全措施的研究设计及对现有安全措施的分析和改进。

【安全价值观】（security value）　一个人对自身安全的认知程度。是每个人自身安全意识、安全观念、所处环境、安全技能等自身安全问题的综合反应。主要体现在安全的社会价值和安全的经济价值。其内容是：(1)安全意识是安全价值观的基础。(2)安全技能是安全价值观的体现。(3)自身行为是安全价值观的运用。(4)保障安全是安全价值观的本质。从理论上讲，安全价值可以参照一般价值工程的计算方法来表述：安全价值(Vs) = 安全功能(Fs)/安全投入(Cs)。上式表明：安全价值工程是一种运用价值工程的理论和方法，通过对某技术管理措施进行安全功能分析，力图用最低安全寿命周期投资，实现必要的安全功能，从而提高安全技术经济，即安全价值的方法。安全价值工程，是以安全功能的优化分析为重点，同时要尽量降低安全寿命周期投资，以充分、可靠地实现必要的安全功能为目标。

【安全监察】（safety monitor）　安全监察机构对生产企业进行的监督检查。中国企业安全管理的体制是：实行国家安全监察、行业安全管理和群众安全监督相结合。根据这一原则，设立国家、地方的安全监察机构，并向有关行业企业派驻安全监察机构或安全监察员。国家安全监察是企业生产发展到一定阶段的必然产物，是保证企业安全生产的法律保障。安全监察具有国家监督、外部监督、法律监督和专业监督四种基本属性。其任务是：监督劳动保护和安全法规的贯彻执行，保护劳动者在生产过程中的安全、健康，保护国家和社会财产，促进企业的生产发展。

【安全检测】（safety detection）　借助于仪器、仪表、探测设备等工具，准确地了解生产系统与作业环境中危险因素的类型、危害程度、危害范围及其动态变化的活动总称。有时也把尘毒检测称为狭义的安全检测。安全检测的对象是劳动者作业场所空气中可燃或有毒气体或蒸气、漂浮的粉尘、物理危害因素，以及反映生产设备和设施安全状态的温度、压力、流速、壁厚等参数。其作用是获取有害气体、可燃气体、粉尘浓度及噪声分贝值等因素的安全状态信息，为安全管理决策提供数据或为控制系统提供基础参数。

【安全检测报警系统】（safety detection and alarm system）　又称气体检测报警系统。能够对场所空气中有毒气体或可燃气体浓度响应，将浓度信号转换成相应电信号，并在其浓度达到或超过预先设定的报警浓度值时发出报警信号的装置系统。其基本构成包括：检测器和报警器组成的可燃/有毒气体报警仪或由检测器和指示报警器组成的可燃/有毒气体报警仪，也可以是专用的数据采集系统与检测器组成的检测报警系统。根据检测报警功能的不同可分为两类：第一类由检测器和报警器组成，当气体浓度达到报警浓度时，发出报警信号，但不能显示浓度的具体值；第二类由检测器和指示报警器组成，不仅能发出报警信号，还能随时指示出气体的浓度值。在可能泄漏有毒气体、可燃气体、易挥发性有毒及易燃液体场所，设置安全检测报警系统可起到防止有毒气态

安全检测报警系统

物质浓度超过职业卫生限值和形成爆炸性混合气体的作用。

【安全检测仪器】(safety detection instrument) 用于作业场所空气中有毒气体、可燃气体浓度和粉尘浓度及组成测定的仪器总称。按照使用场所的不同可分为实验室型检测仪和便携式检测仪。实验室型检测仪只能对现场采集来的气体样品进行测定,如气相色谱仪、高效液相色谱仪、原子吸收光谱仪等;便携式检测仪能够被携带到现场,采样和测定两个过程同时进行,可实现实时检测,如手持式可燃气体检测仪、手持式有毒气体检测仪和粉尘测定仪等。根据可检测气体种类的多少,便携式检测仪有单一式气体检测仪和复合式气体检测仪。主要用于作业场所、受限作业空间、事故现场气体的检测和泄漏源追踪等。

气体安全检测仪器

【安全检查】(safety inspection) 国家安全生产监察部门、企业主管部门或企业自身对企业贯彻国家安全生产法规的情况、安全生产状况、劳动条件、事故隐患等所进行的检查。其目的是:(1)及时发现与揭露、制止与消除、纠正与控制人类生活、生产活动过程中人的不安全因素,物(设备、设施、机具、物质、环境等)的不安全状态和管理缺陷,保证安全生产责任制度与管理措施落实到位。(2)宣传、贯彻、落实安全生产方针政策、安全生产法律法规和企业安全生产管理规章制度,增强领导和群众安全生产意识的群众性的安全教育活动。(3)通过安全检查,可以治理、整顿、建立良好的安全生产秩序,促进安全生产工作正常有序进行,防止和减少生产安全事故的发生;还可以达到互相学习、总结经验、吸取教训、取长补短的作用,有利于进一步促进安全生产。其内容是:查思想(安全生产理念)、查人(领导安全意识、员工安全教育培训、操作行为、劳动防护用品的发放与使用)、查物(设备、设施、机具、物质、环境等)、查管理制度、查隐患整改、查事故处理等。按其形式的不同可分为:经常性、定期制度性、突击性、专业性、季节性、调查性、针对性、自查、互查、抽查等方式。随着安全管理的科学化、规范化、标准化,安全检查基本上都采用定性与定量相结合的科学检查方法。

【安全检查表】(safety check list) 又称安全检查表技术。采用安全系统分析方法,把检查对象(生产系统或设备)分成若干子系统、组件或元件,查验其在整个生产活动全过程中可能存在的人的不安全因素,物(设备、设施、机具、物质、环境等)的不安全状态和管理缺陷和其他为预防事故发生而需要查验的项目,以正面提问的形式逐一列出问题清单,并赋予每个检查项目一定的标准(权重)的表格。其目的是:进行科学分析,从中找出各种危险、危害因素。该表在使用时,对各检查项目用"是"或"否"、"√"或"×",或者其他简单参数,或者评为一定的"分"来评判该项目与有关法律法规、标准规范的符合程度。表后还可设"备注"栏,以填写检查情况及处理意见。最末是检查日期及检查人员的签字。安全检查表根据检查目的和对象的不同可分为:设计用安全检查表、厂级安全检查表、车间(部门)级安全检查表、岗位安全检查表、专业安全检查表和事故分析检查表等。

【安全绞车】(safety winch) 防止采煤机械下滑的矿用绞车。《煤矿安全规程》规定:工作面倾角在15°以上时,采煤机必须有可靠的防滑装置。为满足要求,采用有链牵引采煤机时,必须配有安全绞车,以保证安全工作。常用的液压安全绞车是-种液压传动的滚筒式小绞车,安装在工作面轨道平巷中,绞车钢丝绳的放出端固定在采煤机上。安全绞车具有以下特点:绞车不需要任何操作,当采煤机启动时,安全绞车先于采煤机电动机自动启动;当采煤机停止时绞车电动机同时停止,绞车制动闸对绳筒制动;当采煤机向下牵引时,通过钢丝绳带动绞车向外放绳,绞车放绳的速度始终保持与采煤机的牵引速度一致,并随着采煤机牵引速度的变化而自动调节钢丝绳的速度,使钢丝绳的张力始终保持不变。

安全绞车

【安全教育】(safety education) 又称安全生产教育。一项为提高职工安全技术水平和防范事故能力而进行的教育工作。其目的是:有计划地向管理人员和从业人员、新职工进行生产法律法规教育,灌输劳动保护方针政策和安全知识,通过典型经验和事故教训教育,促使群众不断认识和掌

小学生交通安全模拟

握企业不安全、不卫生因素和伤亡事故规律。是实现安全文明生产，进行智力投资，全面提高企业素质的一项重要工作。其任务是：(1)通过教育使整个社会对安全的本质含义以及当代安全问题的重要性有一个新的、深刻的理解，树立全社会的安全意识。(2)通过安全教育提高作业(操作、设计、管理等)者的技术素质和反事故的能力，不断改善技术装备和提高人员技术素质。(3)通过教育培养出安全工程方面的专门人才，以适应经济发展的需要。按其内容及形式的不同可分为：(1)对新工人进行安全生产的入厂教育、车间教育和班组级三级教育，在经过考试合格后，才能准许其进入操作岗位。(2)对于从事特种作业的人员必须经过专门的安全知识与安全操作技能培训，并经过考核，取得特种作业资格，方可上岗工作。(3)企业职工调整工作岗位或离岗一年以上重新上岗时，必须进行相应的车间级或班组安全教育。(4)企业在实施新工艺、新技术或使用新设备、新材料时，必须对有关人员进行相应的有针对性的安全教育。

【安全接地】(safety ground touching) 又称保护接地。将正常情况下不带电，而在绝缘材料损坏后或其他情况下可能带电的电器金属部分用导线与接地体可靠连接起来的一种保护接线方式。使电工设备的金属外壳接地的措施。可防止在绝缘损坏或意外情况下金属外壳带电时强电流通过人体，以保证人身安全。一般用于配电变压器中性点不直接接地(三相三线制)的供电系统中，用以保证当电气设备因绝缘损坏而漏电时产生的对地电压不超过安全范围。如果家用电器未采用接地保护，当某一部分的绝缘损坏或某一相线碰及外壳时，家用电器的外壳将带电，人体一触及到该绝缘损坏的电器设备外壳(构架)时，就会有触电的危险。相反，若将电器设备做了接地保护，单相接地短路电流就会沿接地装置和人体这两条并联支路分别流过。一般来讲，人体的电阻大于1 000Ω，接地体的电阻按规定不能大于4Ω，所以流经人体的电流就很小，而流经接地装置的电流很大。这样就减小了电器设备漏电后人体触电的危险。实践证明，采用保护接地是当前中国低压电力网中的一种行之有效的安全保护措施。保护接地又分为接地保护和接零保护。两种不同的保护方式使用的客观环境有不同。因此如果选择使用不当，不仅会影响客户使用的保护性能，而且还会影响电网的供电可靠性。

【安全经济学】(safety economics) 研究安全的经济形式和条件，通过对人类安全活动的合理组织、控制和调整，达到人、技术、环境的最佳安全效果的科学。以安全工程技术活动为特定应用领域的应用经济学。其研究内容主要包括：安全经济原理、安全经济预测、安全经济统计分析、安全成本核算、安全投资决策与优化、事故损失计算等。其任务是：(1)应用辩证唯物主义基本原理以及系统科学和一般经济学的科学方法、理论，对人类公共安全的安全经济规律进行考察研究。(2)结合当代世界经济发展和中国现代化、工业化建设的具体实践，阐明在社会主义市场条件下经济规律在安全活动领域的表现形式，探讨实现经济的安全生产(劳动)、安全生活、安全生存的途径、方法和措施。(3)为国家、政府和企业提供科学制定安全方针和政策的理论依据，从而有效地保障人的身心安全和社会经济发展。

【安全距离】(safe distance) 为了防止人体触及或接近带电体，防止车辆或其他物体碰撞或接近带电体等造成的危险，在其间所需保持的一定空间距离。对于交流电压的最小安全距离，其规定数值为：10kV及以下－0.70m；35kV－1.00m，110kV－1.50m，220kV－3.00m，330kV－4.00m，500kV－5.00m，750kV－8.0m，1 000kV－7.00m。该安全距离规定值是指在移开设备遮栏的情况下，并考虑了工作人员在工作中的正常活动范围内。对带电设备所必须保持的安全距离其规定数值如下：10kV及以下－0.4m，35kV－0.6m，110kV－1.5m，220kV－3.0m，500kV－5.0m。如工作人员在正常工作中对带电导体的安全距离小于上列数值时，带电部分必须停电；当安全距离大于上列数值且又小于第一种安全距离数值时，在工作地点和带电部分之间加装牢固可靠的遮拦后，允许在该带电部分不停电的情况下进行工作。在带电作业时，人身与带电体的安全距离的规定数值如下：10kV及以下－0.4m，35kV－0.6m，110kV－1.0m，220kV－1.8m(1.6m)，500kV－3.6m。如220kV设备进行带电作业时，人身与带电设备的安全距离，受设备条件限制不能满足1.8m的要求时，可使用1.6m的安全距离。它是进行特别需要的带电作业时所作的适当放宽数值。在作业前，必须在技术上采取可靠的措施并经企业主管领导批准后，方可作业，否则就不宜进行带电作业。

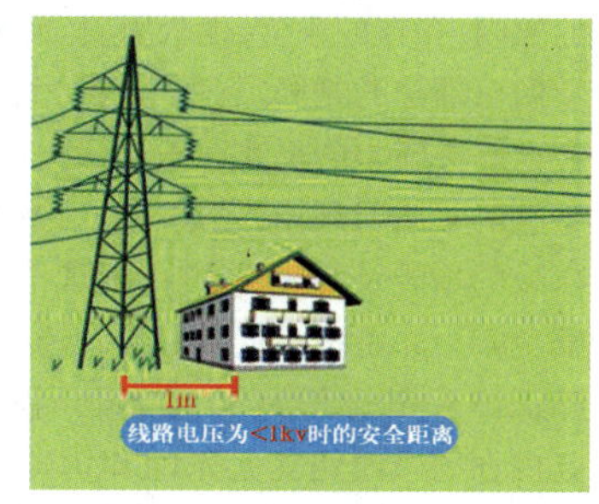

安全距离

【安全开采深度】(safe working depth) 地

下采矿造成的地面移动对建筑物不发生有害影响的深度。在开采埋藏较深矿体时，由于采动的影响地表会出现连续变形带。随着开采深度的增加，连续变形带（地面移动范围）会逐渐增大，但变形值则逐渐减少。当开采达到一定深度、地表变形值小于地表建筑物允许的临界变形值时，地面移动将不再对地面建筑物发生有害影响。这一开采深度称为安全开采深度。它取决于矿体的厚度、开采跨度、岩性及崩落角等。

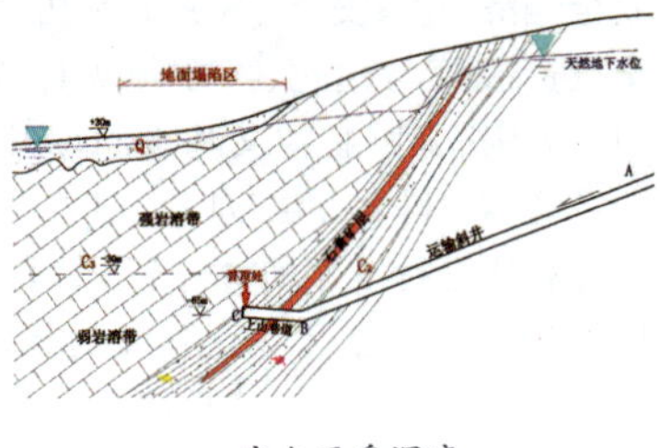

安全开采深度

【安全科学】（safety science） 又称安全科学技术。研究人类在生产和防御各种灾害的过程中所采用的、以保证人的身心健康和生命安全、减少物质财富损失为目的的安全技术理论及专业技术手段的综合科学。其目的在于：揭示安全技术的一般规律，直接指导安全工程技术的研究与发展。其研究对象是：各种不安全因素，不安全因素的内在联系和作用规律，探寻防止灾害和事故的有效措施。是人类探索自然，改造自然，求得生存和发展的必不可少的一种知识体系。其特点是：(1)对安全问题的准确判断。在人类活动中，会遇到各种危险，为探索其出现的原因、存在的条件，以求得安全，需要借助于安全科学做出准确的判断。(2)安全、危险以及事故规律等在人们头脑中的反映和正确认识。了解、掌握危险和事故的本质与规律，经过概括，系统地描述危险以及事故的本质及其规律，并形成理论体系。这种规律在安全知识体系中占据中心位置，安全是知识的骨架和知识体系的枢纽。(3)是安全问题的知识单元通过其内在联系而建立起来的知识体系。(4)是当代社会经济、科学技术高度发展而出现的一种科学方法、科学理论，也是在人类已经具有创造出足以毁灭自我和现存财富的能力时，聪明地掌握自然规律，求得继续发展和有效发展的武器和工具。只有把安全科学看成是一种方法、一种手段，并为人们所运用时才有实际意义。(5)整个科学体系的延续和发展，是科学体系中不可缺少的一部分，是一种必然的社会现象。具有社会文化和社会进步功能，是社会和经济发展的一种推动力。(6)在学科体系中，安全科学技术是归属工程技术科学门类的一级学科之一。有六个二级学科，32个三级学科。(7)在建立、发展和学科整体化过程中，必须充分运用化学、物理学、教育学、系统科学以及各个工程技术领域的相关理论、知识，对安全科学的理论体系及工程技术进行系统的综合研究，与相关学科交叉形成安全科学的分支学科。例如，安全经济学、安全法学、安全心理学、安全系统科学、安全教育学和安全工程学等。

【安全科学原理】（safety science principle） 通过安全系统论、安全控制论、安全信息论、安全协调学、安全行为科学、安全环境学、安全文化建设等科学理论研究，提出在本质安全认识论基础上的全面、系统、综合的安全科学理论。以安全系统作为研究对象，建立人、物、能量、信息的安全系统要素体系，提出系统组织的思路，确立系统本质安全的目标。安全科学原理系统体系有：安全的哲学原理、安全控制论原理、安全经济学原理、安全管理学原理、安全工程技术原理。目前还在发展中的安全理论还有：安全仿真理论、安全专家系统、系统灾变理论、本质安全化理论、安全文化理论等。安全原理是人类安全活动的基本理论和策略，是安全科学以及安全管理科学发展的基石，是人类预防事故的理论核心。在现代企业制度下，随着安全管理科学的发展，以及职业安全管理体系标准的推行，人们将不断探求先进、适用、有效的安全科学原理。

【安全壳氢复合系统】（complex system of containment hydrogen） 又称消氢系统。反应堆失水事故后使安全壳内大气中由于燃料组件金属包壳与水反应及水的辐射分解反应产生的氢气浓度不超过最低可燃极限，以防止发生氢爆的系统。在一回路发生失水事故后，安全壳内由于锆-水反应、金属材料腐蚀以及水的辐照分解而产生氢气。该氢气积聚在安全壳内浓度达到4%就有可能引起爆炸。为此设置安全壳氢复合系统以便将氢气经过氢氧复合而被消除，使安全壳内的氢气体浓度控制在2.5%以下。系统一般在氢浓度大于或等于1.5%即投入工作，抽吸含氢的气体经空气洗涤器除去可控性的放射性微尘及悬浮在大气中的NaOH和硼酸等杂质，然后进入消氢器。在消氢器内先由电加热器加热到180℃后进入钯-银催化床将氢复合，热空气再经冷却后送回安全壳。

【安全矿柱】（safety pillar） 又称保安矿柱。采矿过程中为维护矿井、巷道及地面建筑安全而设置的永久性或暂时性柱状矿体。按其使用目的的不同可分为：顶柱（地下采场顶部的终止回采水平与上邻运输巷道之间的安全矿柱）、底柱（阶段运输巷道顶板至本阶段采场的柱底水平之间的安全矿柱）、房间矿柱（采区内的安全矿柱）和场内矿柱（采场内的安全矿柱）。矿柱的大小由采矿方法、坑道种类、矿体厚度、矿石和围岩的物理特性及生产要求决定。当地表有铁路、河流、工厂或居民区时,要保留相当大的永久性安全矿柱,以保证地面建筑物不受开采的影响。当采区或矿井报废时,在兼顾采区的安全的前提下,留在采区及阶段平巷之间的安全矿柱应尽可能地回采其中的一部分,以减少矿石的损失。

【安全6σ管理】(6σ safety management) 又称6σ安全管理法。一种以提高质量为主线,以客户要求为中心,采用统计评价手段,对业务流程进行定义、测量、分析、改进、控制,以提升业务流程能力,提高品质水平的综合性管理方法。"6σ"中文译为"6西格玛",用来表示标准偏差,即数据的分散程度。6σ表示每一百万个机会中有3.4个出错的机会,即合格率是99.999 66%。6σ管理法于1981年由美国摩托罗拉公司开始实施。在安全管理过程中,随时跟踪考核操作与企业自身所制订的安全标准的偏差,不断改进,最终达到6σ。提高企业安全管理工作的质量,降低企业的安全成本,合理利用企业安全资源,创造安全经济效益,增强企业竞争力。企业在实施安全6σ管理时的任务是:(1)创建一个实施组织,提供给该组织确保提高企业安全绩效活动所必备的资源。实施组织要根据企业自身资源结合市场和生产反馈信息制定自身的安全标准。(2)量化市场、客户和员工的安全需求并对过去和当前的安全数据进行分析,明确要取得的安全目标。确定关键问题所在,制订方案。根据分析结果建立可靠的输入与输出数据的数学模型,追踪和核查解决方案的有效性。(3)应用适当的安全原则和技术方法,解决实施方案过程中出现的问题。对关键变量进行控制,修订标准操作程序和作业指导书。建立测量体系,监控安全工作流程,并制订应对突发事件的措施。

【安全目标管理】(safety objective management) 又称安全成果管理。在组织各个部门及各成员的积极参与下,自上而下地确定工作目标,并在工作中实行自我控制,自下而上地保证组织目标实现的一种管理办法。是目标管理在安全管理方面的应用。是组织内部各个部门及各成员为实现组织安全总目标及各个分目标,自上而下地层层展开各自的目标,确定行动方针,安排安全工作进度,制定实施有效组织措施,自下而上地保证目标实现,并对安全成果进行严格考核的一种管理制度。按领域类型的不同可分为:安全技术目标管理、安全教育目标管理、安全检查目标管理、安全活动目标管理和安全文化目标管理等。按其管理职能的不同可分为:安全目标决策、安全目标计划、安全目标组织、安全目标协调、安全目标监督、安全目标控制等。按其管理层次的不同可分为:高层安全目标管理、中层安全目标管理和基层安全目标管理。其内容包括:(1)安全管理总体目标的制定。(2)建立层次化的目标管理体系。(3)目标实施过程的管理与控制。(4)目标成果的考核与评价。其特点是:(1)重视人的因素,能充分调动人的主观能动性。(2)建立目标连锁与目标体系。(3)重视成果。实施安全目标管理,有利于从根本上调动各级组织及组织成员搞好安全生产的积极性;有利于贯彻落实安全生产责任制。有利于改善组织成员的业务素质,提高企业安全管理水平;有利于安全管理工作的全面展开及现代安全管理方法的推广和应用,促进安全生产状况的持续改进。

【安全棚】(safe shed) 在建筑施工或掘进天井、竖井及大断面硐室施工时,为保护平台施工人员安全而设置的棚状构筑物。其目的是预防高处坠落事故的发生。其预防措施是:(1)在竖井、天井、溜井和漏斗口上方及地面以上进行空中作业,应在距坠落基准面2m以上的地点下方设防坠保护平台或安全网。作业人员必须佩带安全带,吊桶升降人员也要佩带安全带和保险绳。(2)当施工人员施工高度超过8m时,应设隔板和安全棚。安全棚距工作面的高度不得超过6m。(3)天井、溜井和漏斗口必须设有标志、照明、护栏或格筛、盖板。(4)上、下人员梯子或扒钉的支持点应位于井框横梁上,梯子的倾角不得大于80°。

安全棚

【安全评价】(safety evaluation) 又称危险度评价、风险评价。采用系统科学的方法,辨识和分析系统存在的危险性,并根据其形成事故的风险大小,采取相应的安全措施,以达到系统安全的分析过程。以实现系统安全为目的,应用安全系统工程原理和方法,对系统中存在的危险因素、有害因素进行辨识与分析,判断系统发生事故和职业危害的可能性及其严重程度,从而为制定防范措施和管理决策提供有科学依据的现代安全管理模式。其一般过程是:辨识危险性,评价风险,采取措施,直至达到安全指标。按其基本内容的不同可分为:安全预评价、安全验收评价和安全现状评价。其目的是:(1)系统地对计划、设计、制造、运行、储运和维修等全过程进行控制。(2)建立使系统安全的最优方案,为决策提供依据。(3)为实现安全技术、安全管理的标准化和科学化创造条件,以实现本质安全化,寻求最低事故率、最少损失和最优的安全投资效益。其作用是:(1)可使系统有效地减少事故和职业危害。(2)可全面、系统地进行安全管理。(3)可用最少投资达到最佳安全效果。(4)可促进各项安全标准的制定和可靠性数据积累。(5)可迅速提高安全技术人员业务水平。从19世纪80年代开始,中国先后制定并颁布了一系列法规,以期在安全生产监督管理工作中建立安全评价制度。包括安全预评价、安全验收评价和安全现状评价在内的安全评价体系。已成为安全生产重要的技术保障措施之一。

【安全评价单元】(security assessment unit) 在危险、有害因素分析的基础上,根据评价目标和评价方法的需要,将系统分为若干有限、范围确定和需要评价的单元。评价单元的划分和确定是系统评价的基础。对于一般意义上的工程项目,其评价单元划分原则为:(1)简化评价工作又避免评价漏项。(2)提高不同定性、定量评价方法的应用准确性。(3)得出单元危险度的比较概念,突出评价对象的系统危害特征,同时不夸大整体危险性。(4)提高评价精度,强化对策措施针对性,合理估算安全投入。

【安全评价导则】(safety evaluation guide) 根据安全评价通则的总体要求制定的安全评价的基本原则。是安全评价通则的具体化。导则使细化后的规范更具有可依据性和可实施性,为安全评价提供了易于遵循的规定。目前已发布的安全评价导则,按安全评价种类的不同可分为:安全预评价导则、安全验收评价导则、安全现状评价导则和专项安全评价导则。按行业的不同可分为:煤矿安全评价导则、非煤矿山安全评价导则、陆上石油和天然气开采业安全评价导则、水库大坝安全评价导则等。由于各类安全评价导则都是依据安全评价通则制定的,所以它们采用的格式和提出的基本要求是一致的。其内容主要包括:主题内容与适用范围,评价目的和基本原则,定义,评价内容,评价程序,评价报告主要内容,评价报告要求和格式,附件(评价所需主要资料清单、常用评价方法、评价报告封面格式、著录项格式等)。

【安全评价方法】(safety evaluation method) 对系统的危险因素、有害因素及其危险、危害程度进行分析、评价的方法。以实现安全为目的,应用安全系统工程原理和方法,辨识与分析工程、系统、生产经营活动中的危险、有害因素,预测发生事故或造成职业危害的可能性及其严重程度,提出科学、合理、可行的安全对策措施建议,做出评价结论。可针对一个特定的对象,也可针对一定区域范围。目的和对象不同,评估的内容和指标也不同。目前,安全评价方法有很多种。每种评价方法都有其适用范围和应用条件。在进行安全评价时,应该根据安全评价对象和要实现的安全评价目标,选择适用的安全评价方法。按其实施适用阶段的不同可分为:安全检查表法、专家评价法、预先危险性分析法、故障假设分析法、危险与可操作性研究、故障树分析法、事件树分析法、日本劳动省化工企业六阶段安全评价法等。按其特性的不同可分为定性安全评价和定量安全评价。

【安全评价机构】(safety evaluation institution) 独立于生产经营单位、合作和争议各方利益之外,以法定身份在资质证书规定的资质等级和许可范围内接受客户委托,独立、公正从事安全评价技术服务的非政府机构。这种技术服务机构被定位为提供社会中介服务的第三方。为生产经营单位提供服务,从整体上改善安全生产条件,消除事故隐患,提高生产经营单位的安全生产意识,发挥安全监管部门和企业之间的桥梁作用。国家对安全评价机构实行资质许可制度,并据其专业特长、安全评价人员数量、专业结构、层次资格比例和工作能力等资质条件确定其业务范围。该机构应当有健全的内部管理制度和安全评价过程质量控制体系,并且得到切实有效运行;安全评价人员应当取得相应的法定资格。国家根据社会经济发展水平、区域经济结构、发展水平和安全生产工作的实际需要,对安全评价机构的设置实行统筹规划、合理布局、优化结构、适度发展和总量控制。

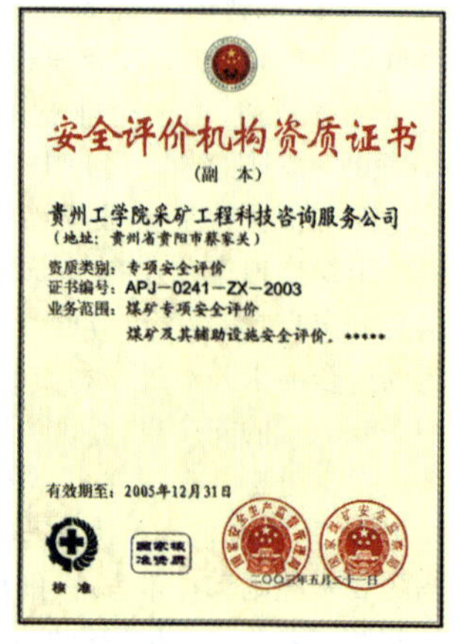
安全评价机构资质证书
(副　本)
贵州工学院采矿工程科技咨询服务公司
(地址:贵州省贵阳市蔡家关)
资质类别:专项安全评价
证书编号:APJ-0241-ZX-2003
业务范围:煤矿专项安全评价
煤矿及其辅助设施安全评价,……
有效期至:2005年12月31日
核准
国家核准资质

安全评价机构资质证书

【安全评价模式】(security evaluation mode) 使企业管理者了解企业的综合安全状况,明确企业的最高风险所在而找到改善企业安全状况的有效安全评价方法。到目前为止,国内外已研发并应用的安全评价方法达几十种,每种方法都有一定的适用范围。安全评价模式是一个真实系统以及在该系统内某些现象发生方式的解析表达式或数学表达式。在性能评价中,模式是用数学方法连接情景和后果的一种工具。根据放射性元素模式过程的不同,完整的安全评价模式可分为释放模式、迁移模式和剂量模式三类。安全评价模式是以实现系统安全为目的,应用有关的原理和方法，对系统中存在的危险因素、有害因素进行辨识与分析，判断系统发生事故和职业危害的可能性及其严重程度，从而为制定防范措施和安全管理决策提供科学依据的安全评价的范本。

【安全评价师】(safety assessment engineer) 依法取得相应的法定资格，采用安全系统工程的方法与手段，对建设项目和生产经营单位在生产安全方面存在的风险进行安全评价的人员。需通过国家举办的资格考试才能取得《安全评价人员资格证书》。是国家认可的新职业。是服务业领域中10个新职业之一。劳动和社会保障部将安全评价师职业化，分别设为三级安全评价师(国家职业资格三级)、二级安全评价师(国家职业资格二级)和一级安全评价师(国家职业资格一级)。其工作内容是：(1)对现场进行实地勘查，收集有关资料。(2)对存在的危险有害因素进行辨识和分析。(3)进行定性、定量评价。(4)依据安全生产法规及评价结果，提出降低风险的安全对策措施。(5)对评价结果进行跟踪服务并负责。安全评价师这一新职业的设立，将为促进从业人员业务素质和技能水平的提高，保证安全评价规范发展，确保《安全生产法》等法律法规的贯彻执行，从源头上建立安全生产长效机制，促进企业提高安全生产水平发挥重要作用。

【安全评价体系指标】(security assessment system index) 基于安全内涵的广泛性和复杂性，按照评价指标的选取应具有科学性、代表性、可比性及可量化性的原则指标。针对化工生产和安全评价体系指标，应充分考虑各评价方法的优势和特点，并考虑工艺复杂、范围广泛、重大危险源多的实际情况。选用安全检查表法，预先危险性分析法，危险与可操作性分析法，火灾、爆炸指数法，故障树分析法等五种方法综合形成评价体系。该体系包含了评价领域最常用的五种评价方法。运用该评价体系可以从不同角度、不同方面对石化行业安全评价得出比较准确的评价结论。其目的是：找到事故的引发原因和预防措施，对可能引发事故的基本因素采取有效的管理和控制，争取防患于未然。对预先危险性分析得出的高风险事件，可操作性研究中确定的主要危害事件，火灾、爆炸指数分析确定的危险等级较高单元中可能发生的重大事件等，利用故障树分析法，逐次分析每一事件的引发原因，形成逻辑层次分明的故障树分析图，通过计算出最小割集和最小径集，找出消除事故的有效途径。

【安全评价通则】(safety evaluation of general rule) 为促进安全评价工作的发展，规范安全评价行为，根据《中华人民共和国安全生产法》、《中华人民共和国行政许可法》、《安全生产许可证条例》等有关法律法规制定的安全评价法则。本通则自2007年4月1日起执行。规定了安全评价的基本原则、目的、要求、程序和方法。适用于工程、系统的安全评价。安全评价基本原则是具备国家规定资质的安全评价机构科学、公正和合法的自主开展安全评价。安全评价的目的是：查找、分析和预测工程、系统存在的危险、有害因素及危险、危害程度，提出合理可行的安全对策措施，指导危险源监控和事故预防，以达到最低事故率、最少损失和最优的安全投资效益。安全评价内容包括危险性识别和危险度评价。安全评价程序主要包括：准备阶段，危险、有害因素辨识与分析，定性定量评价，提出安全对策措施，形成安全评价结论及建议和编制安全评价报告。

【安全评价原理】(security assessment principle) 安全评价的思维方式和依据理论的统称。其基本原理可归纳为：(1)相关性原理。是指一个系统，其属性、特征与事故和职业危害存在着因果的相关性。这是系统因果评价方法的理论基础。(2)类推原理。它是根据两个或两类对象之间存在着某些相同或相似的属性，从一个已知对象具有某个属性来推出另一个对象具有此种属性的一种推理过程。(3)惯性原理。任何事物在其发展过程中，从过去到现在以及延伸至将来，都具有一定的延续性，这种延续性就叫惯性。利用惯性原理进行评价时应注意惯性的大小和惯性的趋势。(4)量变到质变原理。任何一个事物在发展变化过程中都存在着从量变到质变的规律，同样，在一个系统中许多有关安全的因素也都存在着从量变到质变的过程。

【安全气囊】(air safety bag) 利用空气发生器吹胀形成气垫，保护汽车司乘人员免受伤害的装置。平时折叠在驾驶员方向盘中央或乘客前方一个易扯破的小盒子里。当汽车发生撞击时，空气发生器在25～30ms将气囊吹胀，在司乘人员前形成一个安全气垫，顶住人体的胸部和头部，防止受到伤害。

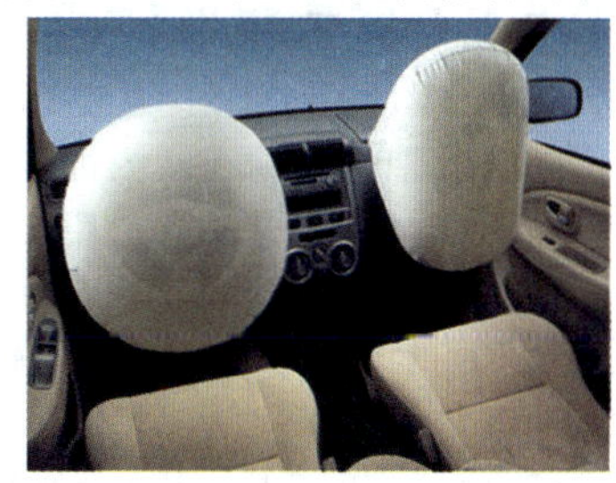
安全气囊

【安全气囊织物】(air safety bag fabric)

用以制作安全气囊的纺织品。一般用尼龙纤维制造，可分为涂层型和非涂层型。前者透气率低，能精确控制气体泄漏，但成本较高；后者省去了涂料和涂层工艺，加工简单，但透气率较高。

【安全器】（safety device） 爬罐的主机或辅机自重下降速度超过预定极限速度时能使其制动的装置。爬罐法的特点是：上向掘进，导轨用锚杆固定在井壁上。导轨上的无缝钢管当作高压风水管，爬罐在高压风的驱动下沿导轨上下运行，人员站在罐笼平台上凿岩。爬罐主要由主机、辅机、安全保护装置及软管绞车等组成。安全器与变速器、凸轮制动器、安全栏杆以及保护伞等共同构成爬罐的安全装置。在爬罐的传动系统中装有三部分安全装置：（1）主机上的离心节速器。（2）构梁上的安全器，即下降速度超过极限值时的制动装置。（3）手制动器。此外还在主机架上装有防坠落脱轨的固定支板保险装置。

【安全确认系统】（security confirmation system） 针对过程中各阶段可能存在的不安全因素和危险性，对即将进行的操作行为可能带来的危险性以及是否存在误操作、违章操作等一系列行为可能产生的风险进行综合评价的系统。其核心内容是：（1）操作确认制。在作业前按照“想、看、动、查”的确认程序对操作对象的名称、作用、程序等确认无误时才能操作。（2）联系呼应确认制。在长线作业时，应由一人指挥。指挥者发出的指令一定要简明扼要，在被指挥者重复无误后，才能进行作业，并作好记录。（3）行走确认制。在生产现场行走时，确定安全通道无危险时方可行进，即严格执行“查看、判断、通过”的程序，对现场是否具备安全通行条件予以确认。（4）开停车确认制。在设备的检修作业前后开车、停车时，指挥者、操作者对设备安全状况应进行确认。制定安全确认系统标准要本着简明扼要、内容具体、责任明确的原则。

【安全人机工程学】（safety ergonomics） 人机工程学的一个分支。从安全的角度，运用人机工程学的原理和方法去解决人机结合面的安全问题的一门新兴学科。研究人、机、环境三者之间的相互关系，探讨如何使机、环境符合人的形态学、生理学、心理学方面的特征，使人、机、环境相互协调，以求达到人的能力与作业活动要求相适应，创造舒适、高效、安全的劳动条件的学科。其主要研究内容是：人机系统中人的各种特性、人机功能合理分配、各种人机界面、作业方法与作业负荷、作业空间的分析、事故及其预防。安全人机工程学可以对人机系统建立合理的方案，更好地在人机之间合理地分配功能，使人和机有机结合，有效地发挥人的作用，最大限度地为人提供安全、卫生和舒适的工作条件，保障人的健康、舒适和愉快地活动，同时带来活动效率的提高。

【安全认识论】（safety theory） 探讨安全认识的本质、结构，认识与客观实在的关系，认识的前提和基础，认识发生、发展的过程及其规律，认识的真理标准等问题的哲学学说。是基于科学理论中的认识安全哲学。20 世纪初至 50 年代，随着工业社会的发展和技术的不断进步，人类的安全认识论进入了系统论阶段，从而在方法论上能够推行安全生产与安全生活的综合型对策，进入了近代的安全文化阶段；20 世纪 50 年代以来，人类的高技术的不断应用，如宇航技术、核技术的利用、信息化社会的出现，随着安全认识论进入了本质论阶段，超前预防型成为现代安全文化的主要特征。这种高技术领域的安全思想和方法论，推进了传统产业和技术领域的安全手段和对策的进步。

【安全认证体系】（security certification system） 通过提供中心认证服务，并应用传统的加密方法，在客户机和服务器之间构造了一个安全桥梁，在很大程度上能够消除常规的许多潜在安全问题的系统。用户对每个向服务器所要求的服务及其权限，预先经过认证中心服务器认证合格后，才能被指定服务器所执行。是解决网上购物、交易和结算中的安全问题。其中包括建立电子商务各主体之间的信任问题，选择安全标准（如 SET、SSL、PKI 等）问题，采用加、解密方法和加密强度问题而建立的认证体系。现代信息安全体系是由认证、授权和可追究责任（审计）三个主要的部分组成。其中认证是这三个因素中最基本的一个，因为它发生在其他两个因素之前。

【安全色】（security color） 表达安全信息的颜色，应用安全色使人们能够对威胁安全和健康的物体和环境尽快地作出反应，以减少事故的发生。安全色用途广泛，如用于安全标志牌、交通标志牌、防护栏杆及机器上不准乱动的部位等。其应用必须是以表示安全为目的和有规定的颜色范围。安全色应用红、蓝、黄、绿四种。其含义是：（1）红色表示禁止、停止、消防和危险的意思。表示禁止、停止的标志和有危险的器件设备或环境涂以红色的标记。如禁止标志、交通禁令标志、消防设备、停止按钮和停车、刹车装置的操

安全色

纵把手、仪表刻度盘上的极限位置刻度、机器转动部件的裸露部分、液化石油气槽车的条带及文字、危险信号旗等。(2)黄色表示注意、警告的意思。需警告人们注意的器件、设备或环境涂以黄色标记。如警告标志、交通警告标志、道路交通路面标志、皮带轮及其防护罩的内壁、砂轮机罩的内壁、楼梯的第一级和最后一级的踏步前沿、防护栏杆及警告信号旗等。(3)蓝色表示指令、必须遵守的规定。如指令标志、交通指示标志等。(4)绿色表示通行、安全和提供信息的意思。表示可以通行或安全情况之处涂以绿色标记。如表示通行、机器启动按钮、安全信号旗等。在民爆行业正确使用安全色,可以使人员能够迅速发现或分辨安全标志,及时得到提醒,以防止事故、危害发生。

【安全社会】(safe society) 通过人-机-环境的和谐运作,社会生产活动中危及劳动者生命健康和财产价值的各种事故风险与伤害因素处于被有效控制的状态。但任何一个社会在其处于急剧变迁(社会转型)时期,社会问题、安全事故的发生总是表现得更加突出(如1848年前后的欧洲)。目前中国安全生产事故的频发性和重大特大事故的发生,比计划经济时期绝对数在上升(相对数在下降)。比如中国目前煤矿安全事故死亡率是美国的100多倍,是印度的10多倍。安全社会学即把安全看作一种社会过程,探讨安全问题发生的社会性原因、社会效应、社会对策及其安全问题发生的本质规律。安全事故是社会发展过程中出现的非正常状况。

【安全社会原理】(safety social principle) 以安全科学为基础,论述人的因素、物的因素和环境的因素的控制原理和方法。其内容是:(1)安全文化与企业。(2)安全的社会效应。(3)安全科学与社会科学。(4)安全法规与法制。其中,安全文化指人类在生产、生活、生存活动中,为保护身心安全与健康所创造的有关物质财富和精神财富的总和。包含三方面:(1)安全的物质文化。它是安全文化的物质部分,包括安全的吃、穿、住、行方面的产业产品。(2)安全的行为文化。它是安全文化的动态部分,包括个人和集体(群体)的行为方式,即人的生活方式和工作方式等。(3)安全的观念文化。它是安全文化的心理部分,包括人的安全知识、安全意识、安全态度、安全价值体系和安全认识观等。

【安全审计产品】(security audited product) 又称网络安全审计产品。对网络或特定信息系统的运行状态进行跟踪监控、记录证据,并能对某些非安全因素给出及时反应的工具性应用软件系统。产品类型有:(1)行为审计。针对网络应用中涉及人的各种行为。(2)内容审计。针对所采用的网上信息内容本身。(3)主机审计。针对主机资源的应用情况。(4)数据库审计。主要针对数据库的访问权限和操作。通过网络安全产品可提供计算机及其网络被非法入侵或违规操作的证据,并为维护网络安全提供有效的支撑。

【安全生产】(safety production) 在生产经营活动中,为避免造成人员伤害和财产损失的事故而采取的相应预防和控制措施,以保证从业人员的人身安全、生产经营活动得以顺利进行。“安全生产”是指在社会生产活动中,通过人、机、物料、环境、动物的和谐运作,使生产过程中潜在的各种事故风险和伤害因素始终处于有效控制状态,切实保护劳动者的生命安全和身体健康。安全生产是安全与生产的统一。其宗旨是安全促进生产,生产必须安全。搞好安全工作,改善劳动条件,可以调动职工的生产积极性;减少职工伤亡,可以减少劳动力的损失;减少财产损失,可以增加企业效益,无疑会促进生产的发展。而生产必须安全,则是因为安全是生产的前提条件,没有安全就无法生产。

安全帽

【安全生产保障制度】(guarantee system of safety production) 生产经营单位在进行生产经营活动时,必须具备或达到规定的安全生产条件,否则不得从事生产经营活动,以保障生产经营活动安全的制度。其主要内容是:生产经营单位的安全生产条件保障、安全责任人的责任保障、安全生产的资金投入保障、专职管理机构和管理人员的配置保障、经营者和从业人员的安全教育与培训保障、新建(扩建)项目的安全设施“三同时”制度保障及特殊项目的安全论证与评价制度保障等。按其安全生产保障基础条件的不同可分为:安全生产设施、设备等物质条件,各种责任制、规程等制度条件,经营者及从业人员的安全意识、安全技术和心理、技能的条件等。只有这些基本的安全条件具备了,才能使正常的安全生产得以进行。

【安全生产标准】(safety production standard) 为规范生产作业行为,改善生产工作场所或领域的环境条件、劳动条件,消除、限制和预防各种现实的或潜在的危险和有害因素,保障作业人员人身安全和健康，避免事故、人员伤亡和设备财产损坏，防止作业场所的职业危害，实现安全生产，所制定并实施的相关准则和规定。这些准则和规定的最终表现为“文件”。其载体最初为纸质的文件，现在也有磁盘、光碟等电子（数码）版的文件。标准是法律的延伸。安全生产标准是安全生产法律法规体系的重要组成部分，是贯彻实施安全生产法律法规的重要手段和技术支撑，也是国家安全生产监管监察部门对安全生产进行预防性和经常性监督管理，依法行政的重要依据和市场准入的必要条件。中国安全生产标准分为国家标准、行业标准、地方标准和企业标准。保障人体健康、人身、财产安全的标准和法律、行政法规、规定是强制执行的强制性标准。其特点是：(1)政治性强。从有关安全生产的法律、条例、政令、规定中演变和延伸出来的，具体地体现国家安全生产的方针政策。(2)综合性强。一般包括管理性内容、设备本质安全要求、场所环境条件、不同生产工艺过程危险性和有害因素的控制要求、原材料的安全卫生特性等综合内容。(3)涉及面广。各行各业的生产过程都存在着安全生产问题，故其所涉及的学科、专业范围以及生产、生活的领域广泛。(4)现实性强。都是根据当前的生产力发展水平、生产技术手段、技术装备水平等现实情况制定的。

【安全生产标准化】(standardization of safety production)　安全生产的规范化和标准化。国家安全生产法制建设的重要组成部分，也是保障安全生产的重要手段和技术支撑。企业在生产经营和全部管理过程中，依据法律、法规、规程、规章和标准制定本企业安全生产方面的规章、制度、规程、标准、办法，并在企业生产经营管理工作的全过程、全方位、全员中、全天候地切实得到贯彻实施。其目的是：使企业的安全生产工作得到不断加强并持续改进，使企业的本质安全水平不断得到提升，使企业的人、机、环境始终处于和谐和保持在最好的安全状态下运行，进而保证和促进企业在安全的前提下健康快速发展。其特点是：(1)凡是需要统一的工业产品的安全、卫生、技术要求，工业产品的生产、储存、运输过程中的安全、卫生技术要求，建设工程的安全技术要求，都应当制定标准。(2)对需要在全国范围内统一的劳动安全、卫生技术要求，由国务院标准化行政主管部门制定国家标准。(3)没有国家标准而又需要在全国某个行业范围内统一的劳动安全、卫生技术要求，可以由国务院有关行政主管部门制定行业标准。(4)没有国家标准和行业标准而又需要在省、自治区和直辖市范围内统一的工业产品的安全、卫生技术要求，由省、自治区、直辖市的标准化行政主管部门制定地方标准。(5)企业生产的产品没有国家标准和行业标准的，应当制定企业标准，作为组织生产的依据。(6)国家鼓励企业制定严于国家标准或者行业标准的企业标准，在企业内部适用。国家标准和行业标准分为强制性标准和推荐性标准。

安全生产标准

【安全生产标准化技术委员会】(Safety Production Standardization Technical Committee)　在国家安全生产监督管理总局、国家标准化管理委员会领导下的全国性的从事安全生产标准化工作的技术组织。于2006年6月27日正式成立。负责安全生产国家标准、行业标准的总体规划、设计、研究；组织有关标准的制修订、审查、宣贯、复审；开展有关安全生产标准化的科学研究等。由34名委员组成，秘书处设在中国安全生产科学研究院。下设煤矿安全、非煤矿山安全、化学品安全、烟花爆竹安全、粉尘防爆、涂装作业和防尘防毒7个分技术委员会。其工作任务是：(1)遵循国家有关安全生产的法律、法规、方针、政策，向国家标准委和主管部门提出安全生产标准化工作的方针、政策和技术措施的建议。(2)按照国家制修定标准的原则，以及采用国际标准和国外先进标准的方针，负责组织制修订安全生产标准体系表，并在此基础上提出安全生产方面的国家标准和行业标准制修订的年度计划与长远规划的建议。(3)根据国家标准委、主管部门批准的计划，组织安全生产方面的国家标准和行业标准的制修订和复审工作。(4)组织安全生产方面的国家标准和行业标准送审稿的审查工作，提出审查结论意见。对标准中涉及的技术内容、采用国际标准情况等提出审查结论意见，提出强制性标准或者推荐性标准的建议。定期复审相关国家标准和行业标准，提出确认有效或修订、补充、废止的意见。(5)根据国家标准委的有关规定，作好本专业国家标准的通报和咨询工作。(6)受国家标准会、主管部门及标准制定部门的委托，负责组织安全生产方面的国家标准和行业标准的宣讲、解释工作；协助国家标准委和主管部门开展相关国家标准、行业标准的实施监督工作；对安全生产方面已颁布的标准实施情况进行调查和分析，做出书面报告，向国家标准委和主管部门提出安全生产标准化成果奖励项目的建议。(7)受国家标准委员会的委托，承担国际标准化组织相应技术委员会对口的标准化技术业务工作。

【安全生产标准体系】(standard system of safety production) 为维持生产经营活动，保障安全生产而制定颁布的一切有关安全生产方面的技术、管理、方法、产品等标准的总称。由煤矿安全、非煤矿山安全、电气安全、危险化学品安全、石油化工安全、民爆物品安全、烟花爆竹安全、涂装作业安全、交通运输安全、机械安全、消防安全、建筑安全、个体防护装备与特种设备安全、通用生产安全等多个子体系组成。每个子体系又由若干部分组成。非煤矿山安全标准体系又由冶金安全、有色金属安全等下一层级标准组成。其特点是：(1)按其需要、从属关系、左右分工关系、作用、对象、分类和适用范围而组成的完整系统。(2)完整的配套性、广泛的协调性和适当的比例关系。(3)对于促进安全科学技术发展，提高安全生产科学管理水平，有效地利用安全生产标准化方面的人力、物力、财力和时间，充分发挥标准化的作用，加速安全生产标准化事业的发展具有重要意义。

【安全生产调度统计信息系统】(scheduling and statistical information system of production safety) 一个依托安全管理信息系统，利用视频宽带网技术，对安全生产调度与统计信息进行收集、分析、存储、传输、统计并实现其数据、语音、视频、图文四位一体网络化运行的管理信息系统。一般包括安全信息调度、事故统计、行政执法统计、职业健康统计、经济运行统计和安全生产辅助决策支持等子系统。对安全生产调度信息、安全生产统计信息、安全生产行政执法统计信息、职业健康统计信息文件及报表、报告等信息资料进行集中的数字化管理。能够对安全生产信息进行统计分析和预测，反映安全生产的倾向性、代表性和区域性、时段性的问题。增强调度统计信息的可靠性、前瞻性和预见性，为安全生产监管提供科学可靠的信息支持和决策依据。

【安全生产动态信息】(dynamic information of production safety) 为预防生产过程中发生人身、设备事故，形成良好劳动环境和工作秩序而采取的一系列措施和活动的现实状态反映。具有监督安全生产法规、安全工作计划、安全生产指标执行情况的作用。表现为安全生产信息生命周期规律，即信息价值的有效时间会不断延长，死亡的信息随时有可能被新信息激活，达到再利用的目的。具有运动性、依托载体性、生命周期性、频繁使用性、循环性的特点。其运动性是指信息总以一种具有特定功能的具体载体形式出现。依托载体性是当某种信息载体形态受到外因或内因制约而有所改变时，必然使信息原有的负载、保存和传播信息功能降低或消失。生命周期性是信息经历从产生到成熟再到衰弱的不同阶段。频繁使用性是信息在新的信息产生之前被频繁使用到达一个峰值，再到信息使用频率逐渐降低几乎不再使用为止。循环性是信息根据人类需要被激活，进入下一个生命周期，不断循环。

【安全生产法】(law of safety production) 国家为加强安全生产监督管理，专门调整涉及安全生产的相关关系，防止和减少生产安全事故，保障人民群众生命和财产安全，促进经济发展的法律规范。具有丰富的内涵。其核心内容是：(1)重在预防，规定了许多制度、机制。(2)突出生产经营单位的安全生产保障责任，对生产经营单位提出了要求。(3)强化监督，包括生产经营单位的内部监督，也包括政府、有关部门、监察机构、中介机构(技术监督)、公众、社区和新闻媒体等外部监督。(4)责任追究，明确规定国家建立生产安全事故责任追究制度。包括民事责任、行政责任、刑事责任。适用于中华人民共和国领域内从事生产经营活动的单位的安全生产，包括各种所有制的生产经营单位、各级政府及其有关部门以及各类事业单位和其他中介机构等单位。

安全生产法

【安全生产法律法规体系】(law and regulation system of safety production) 国家为了保护劳动者在劳动过程中的安全和健康而制定的各种法律法规以及标准和规范的总和。按其层次的不同可分为：宪法、安全生产法律、行政法规、规章、地方性法规、国家标准以及行业标准等。(1)宪法。关于"改善劳动条件，提高福利待遇"的规定具有最高的法律效力。(2)安全生产法律。由全国人民代表大会常务委员会制定的安全生产法律规范性文件的统称，包括《安全生产法》、《矿山安全生产法》等。(3)行政法规。由国务院制定的有关的各类条例、办法等，包括《安全生产许可证条例》、《煤矿安全监察条例》等。(4)规章。由国务院所属部委以及有关地方政府规定有关安全生产的规范性文件，如《煤矿安全生产许可证条例实施办法》、《生产经营单位安全培训规定》等。(5)地方性法规。省、自治区、直辖市的人民代表大会及其常务委员会在法定权限内制定、发布的规范性文件。(6)安全生产标准。安全生产法律法规体系中的一个重要组成部分，有国家标准、行业标准等。（7）全国人大常委会已批准的国际劳工安全公约，也是中国安全生产法律法规体系的组成部分。

【安全生产方针】（safety production policy） 国家防止人的不安全行为，消除机械或物的不安全状态及终端事故连锁进程从而避免事故的发生，对安全生产工作总的方向要求。中国的安全生产方针是“安全第一、预防为主、综合治理”。1952 年，第二次全国劳动保护工作会议提出了劳动保护工作必须贯彻安全生产的方针。1958 年初，全国安全生产委员会正式提出将“安全第一、预防为主”作为安全生产方针。1987 年 4 月，劳动人事部正式提出将“安全第一、预防为主”作为安全生产和劳动保护的方针。2002 年，《安全生产法》第一次以法律形式将这一方针予以确定。2006 年，第十六届全国人大第五次会议提出“安全第一、预防为主、综合治理”的安全生产 12 字方针，反映了安全生产工作的规律和特点。其基本含义是：（1）安全第一。就是在生产过程中把安全放在第一重要的位置上，不允许以生命为代价来换取经济的发展。（2）预防为主。就是超前防范，改善安全状况，增强安全保障能力。（3）综合治理。是指综合运用经济、法律、行政等手段，充分发挥社会、职工、舆论的监督作用，有效解决安全生产领域的问题。

【安全生产管理台账】（management account of production safety） 反映一个单位安全生产管理的整体情况的资料记录。台账就是明细记录表。是企业为了加强某方面的管理、更加详细地了解某方面的信息而设置的一种辅助账簿，没有固定的格式和账页。企业可根据实际需要自行设计，尽量详细，以全面反映某方面的信息。现在也把一些资料或者整理成册、成本的资料也称之为台账，如人口和计划生育台账、外来人口管理台账等。随着科学技术的进步和计算机的广泛应用，现在很多单位再不用手工做账，而用计算机做账，并把数据录入软件。后者称为“电子台账”。安全生产管理台账就是利用台账记录原理，并结合计算机技术实现安全生产管理。实行安全生产管理台帐资料的记录、整理和积累过程能起到自我督促、强化安全生产管理的作用，是企业规范管理上档次，提高企业管理水平的需要，对单位和安全管理人员起到自我保护的作用。

【安全生产经济激励机制】（economic incentive mechanism of safety production） 以经济手段调动企业安全生产积极性和创造性，使其提高安全生产的原动力，真正建立起预防为主、持续改进的安全生产自我管理机制，从而提高安全生产水平的政策措施。按激励持续时间的不同可分为长期激励和短期激励。借助市场经济杠杆的调节作用，促进安全损失内部化，促使企业致力于改善自身的安全管理水平。政府政策可以通过增加企业发生事故的成本，如提高事故赔偿金等引导企业重视安全生产，约束其不安全生产行为；或对主动进行安全生产的企业给予经济上的奖励，激发其安全生产行为。

【安全生产决策】（safety production decision） 运用科学的理论和方法，针对特定的安全问题，所拟定的各种安全对策。包含两种意义：一种是指作出的安全决定，即安全决策的结果；另一种是指作安全决定和选择，是一种活动过程。其特点是：（1）程序性。安全生产决策不能是随意的决定。它要求在正确的安全生产理论的指导下，按照一定的工作程序，充分依靠安全管理专家和广大职工群众，选用科学的安全决策技术和方法来选择行动方案。（2）创造性。安全生产决策是一种创造性的安全管理活动。是针对需要解决的安全问题和安全工作任务而作出的抉择。（3）民主性。强调建立科学的决策体制，注重集体决策。依靠各种智囊组织，集中群体的智慧，完成决策任务。（4）科学性。强调将决策建立在科学分析的基础上，从传统的依靠经验进行决策，转变为依靠科学分析进行决策。在决策前，必须在正确理论的指导下，采用科学的方法，对客观事物的现状、发展趋势进行分析和判断，为科学决策提供依据。在决策中，要运用科学的理论和方法，将定性分析和定量分析结合起来，确保决策的正确性。

【安全生产决策支持系统】（decision support system of production safety） 以信息技术为手段，应用决策科学及安全生产相关学科的理论和方法，针对某一类型结构化或非结构化的安全生产决策问题的人机交互式信息系统，通过提供背景材料，协助明确问题，修改和完善模型，列举可能的安全生产解决方案，进行分析和比较等方式，帮助管理者作出快速、正确的安全生产决策。以安全生产信息管理系统为基础，通常包括对话子系统、数据库管理子系统、方法库管理子系统、模型库管理子系统等。也可以根据实际情况添加一些可选模块进行扩展使用，如系统

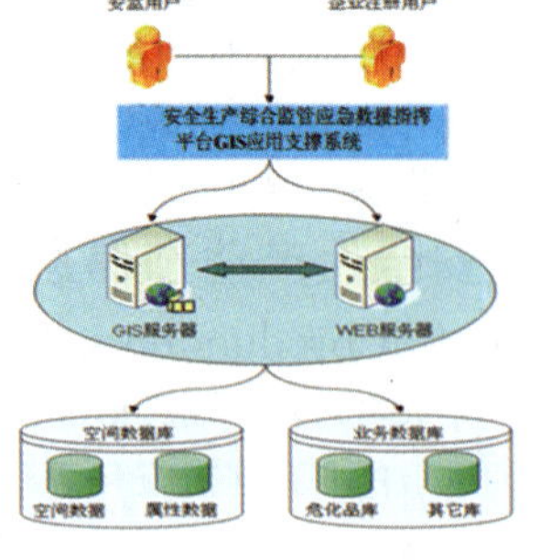

安全生产决策支持系统

训练模块、报表生成模块、模型字典模块等。具有相当于某一领域安全专家水平的知识,能从事故信息数据库中提取安全和环境信息,为管理者在企业安全状况评价、大型复杂系统事故趋势动态预测预报、安全措施计划编制、安全投资最优分配等方面提供支持。按发展方向的不同可分为:群体决策支持系统、分布式决策支持系统及智能决策支持系统。其中,智能决策支持系统因其优秀的人工智能特性和强大的自学习功能而被认为是决策支持系统中最有前途、最值得研究的课题。

【安全生产投入产出原理】(input-output principle of safety production) 研究安全生产经济体系中各种投入与产出之间经济数量关系的理论与方法。在进行安全投入产出分析时要遵循两个原则:一是安全投入最低消耗原则,二是安全经济效益最大化原则。安全涉及的成本由预防费用和事故费用两部分组成,要使其和最低。遵循安全投入最低消耗原则,就是在人类可接受的安全水平下,尽力去节约社会的安全投入;遵循安全效益最大原则,就是用社会有限的投入,去实现人类尽可能高的安全水准。

【安全生产信息】(production safety information) 在生产过程中为消除或控制危险及有害因素,保障人身安全健康、设备完好无损及生产顺利进行的相关信息。如生产过程安全信息、设备和材料安全信息、运行操作安全信息、日常安全生产管理信息等。包括知识、资料、情报、图像、数据、文件、语言、声音等。经过收集、加工、传输、存储、反馈、维护形成闭合的信息流动过程,成为安全生产决策的依据,对整个生产过程起指挥、协调、支持和保障作用。具有真实性、时效性、共享性、层次性、不完全性、滞后性、转换性。其特点是:(1)作为文化效果为主,具有非纯物质属性;(2)市场效应弱,具有非纯盈利属性;(3)具有社会共享效果,非垄断属性。作为安全管理五要素之一,处于劳动者及管理者、安全法规、安全技术和安全检查四要素之中心。具有保护和解放生产力、超前预防事故和间接控制事故的功能。通过充分利用安全生产信息,合理进行安全投资,预防事故,把伤亡减少到最低限度,保护和发展生产力。

【安全生产信息管理技术】(information management technology of production safety) 能够扩展和加强人的安全信息能力的技术总称。包括安全信息的获取、识别、接受、储存、利用、创造和沟通能力等。就其模式而言,主要是指安全信息生命周期管理。就其技术主体而言,包括数据处理技术、计算机网络技术、文件与数据库技术、多媒体技术、通信与传感技术等。其特点是:(1)通过实施安全生产信息管理技术,预测可能发生的事故和灾害演变趋势,在消除隐患、预防事故、促进生产、保障效益方面发挥重要作用。(2)信息(数据)的完整性。(3)信息处理的准确性。(4)信息管理的时效性。(5)信息使用的安全性。

【安全生产信息管理系统】(production safety information management system) 一个以人为主导,利用计算机硬件、软件、网络通信设备以及其他办公设备,结合先进的信息技术和多学科知识,进行安全生产信息的收集、传输、加工、存储、更新维护,以实现生产与非生产的全过程安全管理为目的,支持安全管理者的高层安全决策、中层安全控制、基层安全管理运作的集成化的人机系统。包括电子数据处理系统部分、分析部分、决策部分、数据库部分、接口部分和界面部分。实现安全生产信息管理自动化,提高日常安全工作的效率和工作质量;建立安全生产信息沟通平台,提高人的安全信息能力,并为安全管理和决策工作提供有效的生产信息支持。按服务对象的不同可分为:企业安全生产信息管理系统、政府安全生产信息管理系统和特定领域安全生产管理信息系统。广泛应用于石油、化工企业生产和政府管理等方面,有效地提高了企业和政府的安全生产信息管理信息化、自动化和工作效率。

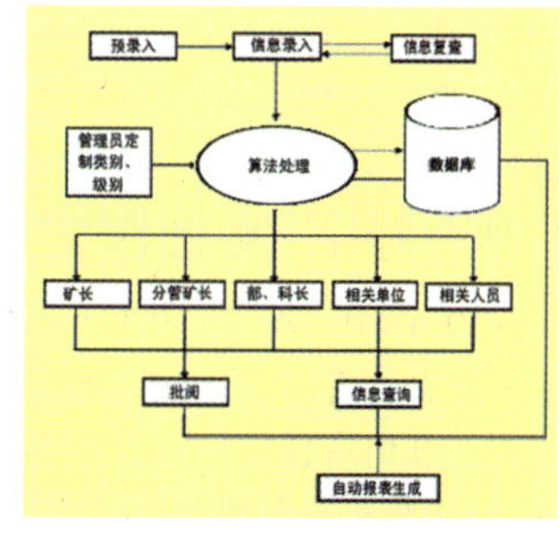

安全生产信息管理系统

【安全生产信息管理系统评价】(evaluation on production safety information management system) 对整个安全生产信息管理系统的性能进行全面评估、检查、测试分析和评审。包括对实际指标和计划指标进行比较,以确定目标的实现程度,同时对系统建成后产生的效果进行全面评估。包含若干分系统(子系统)和外界的其他系统存在着横向的联系。为了达到现代化管理的优化目标,运用系统理论,并借助经济指标(包括系统费用、系统后备需求的规模与费用)、性能指标(包括系统的可靠性、效率、可维护性、实用性、移植性等)和管理指标(包括用户对系统管理等的满意程度、外部环境对系统的评价、领导和管理人员对系统的态度)对系统进行全面评估。具有全面、具体的特点。能检查系统目标、功能、质量是否达到要求，各种资源的预期利用程度，系统的使用效果，评审和分析的结果，并找出系统的薄弱环节，提出改进意见。

【安全生产信息系统总体规划】(general plan of production safety information system) 制订用户在一定时期内关于信息系统的发展方向和目标方面的计划。是安全生产信息系统建设的主要内容之一。包括总体规划准备、组织机构调查、确定管理目标与功能、信息结构、计算机逻辑配置、确定总体结构优先顺序、提出开发计划。总体规划准备是做好系统调查计划以及调查对象和调查大纲的准备。机构组织调查是为了解各部门职责以及物流、资金流及信息流的流动情况。确定管理目标和功能是明确各级管理的统一目标，使部门目标服从总体目标。选定信息结构是子系统划分，然后确定系统网络结构，优先安排子系统开发计划。其作用是：根据用户目标和发展战略以及信息系统建设的客观规律、系统建设的内外环境，制定安全管理信息系统的总体发展战略和总体开发方案，合理安排系统建设进程。

【安全生产信息应用】(application of production safety information) 对大量安全生产信息进行加工、整理和综合分析以利应用的系统工程。利用信息反映安全生产中存在状态差异的功能，从中获知安全教育与安全检查的效果、安全法规和安全技术装备使用的情况和存在隐患、事故发生情况，并用于指导实践，改进工作，达到预防、控制事故的目的。以信息处理为基础，按照应用需求，采用一定的方法和手段对安全生产信息进行收集、加工、传输、存储、反馈、维护的过程。其主要作用是：管理控制能量及建立事故预测为中心的安全管理机制。具体应用于：(1)对物质、设备、生产工艺、人员等危险因素分析与风险水平评价。(2)研究事故发生规律。(3)对事故预防和控制措施制定的突发事件应急处理。(4)调整各种安全管理活动。(5)制定安全法规和安全标准。

【安全生产行政许可制度】(system of safety production administrative permit) 又称安全生产行政审批制度。行政机关根据国家对安全生产准入许可的法律法规规定，依照公民、法人或者其他组织的申请，依法审查安全生产条件，准予其从事特定生产经营活动的行为。是中国安全生产监督管理的主要手段之一。是一项带有市场准入性质的许可。按照《安全生产许可证条例》的规定，现行法律、行政法规设定和实施安全生产行政许可的主体，是安全生产条件较差、重大安全生产隐患较多、重大特大生产安全事故高发的矿山、建筑、危险化学品、烟花爆竹、民用爆破器材五类生产企业。这五类企业必须取得安全生产许可证，方可在许可规定的时间内进行生产活动。生产经营单位不具备安全生产条件的，不得从事生产经营活动。依法建立健全安全生产行政许可制度，有利于提升企业的安全生产条件，从而实现本质安全。

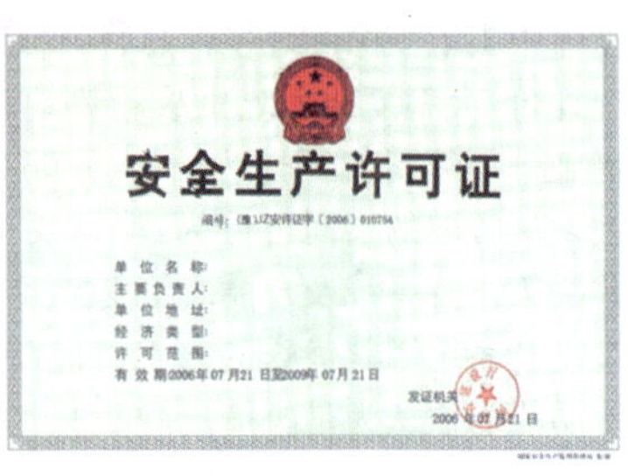

安全生产许可证

【安全生产责任制】(responsibility system of safety production) 根据安全生产法规建立的各级领导、职能部门、工程技术人员、岗位操作人员在劳动生产过程中对安全生产层层负责的制度。是生产经营单位岗位责任制和经济责任制度的重要组成部分，是生产经营单位各项安全生产、职业健康等规章制度的核心，同时也是生产经营单位最基本的安全管理制度。属于安全生产五要素之一。其主要内容是：(1)建立、健全本单位安全生产责任制。(2)组织制定本单位安全生产规章制度和操作规程。(3)保证本单位安全生产投入的有效实施。(4)督促、检查本单位的安全生产工作，及时消除生产安全事故隐患。(5)组织制定本单位的生产安全事故应急救援预案。(6)及时、如实报告生产安全事故。其意义在于：落实中国安全生产方针及有关安全生产法规、政策的具体要求；通过明确责任使各级各类人员真正重视安全生产工作，对预防事故和减少损失、进行事故调查和处理、建立和谐社会等均具有重要作用。

【安全生产指标体系】(safety production target system) 安全生产状况的客观量的综合体系。是将安全生产工作的目标变成量化的指标，落实到实际工作中。属于社会学宏观管理和控制方面的内容。可分为事故发生状况指标和事故预防指标。事故发生状况指标为记录安全事故情况的各种绝对量和相对量，如死亡人数、事故起数、千人死亡率、百万工时伤害频率等；事故预防指标指反映预防事故措施方面的水平指标，如安全生产达标率、安全投资比例、安全生产专业人员配备率等。

【安全生产主体责任】(main responsibility of safety production) 生产经营主体为达到国家规定的安全生产条件标准，必须承担的安全生产责任。其基本内容是:(1)落实安全生产的法律、法规和规程、标准,建立以主要负责人为核心的安全生产责任制。(2)建立健全安全生产管理机构,配备专兼职安全生产管理人员。(3)保证安全生产的资金投入,及时排查整改消除事故隐患。(4)保证本单位具备国家规定的基本安全生产条件。(5)主要负责人、安全生产管理人员和特种作业人员经考核合格,持证上岗;组织开展从业人员安全生产教育培训,保证从业人员具备必要的安全生产知识;为职工提供符合国家或行业标准的劳动防护用品;为职工交纳工伤社会保险。(6)积极采用先进适用的安全生产技术、工艺、设备,不断提高和改善劳动条件。(7)建立应急救援组织或指定专兼职的应急救援人员,配备必要的应急救援器材、设备并保证正常运转。(8)切实发挥工会在安全生产中的民主管理和民主监督作用。国家依法对生产经营单位履行安全生产主体责任的情况进行行政许可、监督检查和责任追究。

【安全寿命设计】(safe life design) 使承力结构在规定的寿命期内不进行检查和维修的条件下疲劳失效概率极小的设计。主要设计方法有:(1)名义应力法。包括局部模拟试验、线形累积损伤计算。(2)应力严重系数法。包括应力严重系数计算和寿命估算。(3)局部应力应变法。包括材料疲劳特性试验和载荷应变标定曲线法。安全寿命设计是航空器设计中重要的设计内容之一。

【安全寿命周期】(safety life cycle) 一项安全措施的构思、设计、实施和使用,直到它基本上丧失了必要的安全功能而需要进行新的投资为止的时期。设计产品不仅是设计产品的功能和结构,而且要设计产品的规划、设计、生产、经销、运行、使用、维修保养、直到回收再用处置的全寿命周期过程。全寿命周期设计意味着,在设计阶段就要考虑到产品寿命历程的所有环节,以求产品安全寿命周期所有相关因素在产品设计阶段就能得到综合规划和优化。按安全寿命周期阶段系统安全工作的不同可分为:(1)技术指标论证阶段。(2)方案论证及初步设计阶段。(3)工程研制阶段。(4)生产阶段。(5)使用和保障阶段。(6)报废或退役处理阶段。

【安全疏散】(safe evacuation) 引导人们向安全区域撤离。例如发生火灾时,引导人们向不受火灾威胁的地方撤离。为保证安全地撤离危险区域,建筑物应设置必要的疏散设施以及疏散保护区域等。建筑中的人通过专门的设施和路线,安全地撤离着火的建筑。其目的是保证建筑中的所有人员在烟气、火焰热、恐慌及其他因火灾造成的各种危险中的安全。在建筑设计中,采取主动的与被动的消防安全措施,来保证建筑中的所有人员在危险来临之前疏散至安全地点。建筑物的安全疏散设施包括:安全出口、疏散楼梯、走道、门、疏散阳台、缓降器、救生袋、避难层(间)和屋顶直升飞机停机坪等。

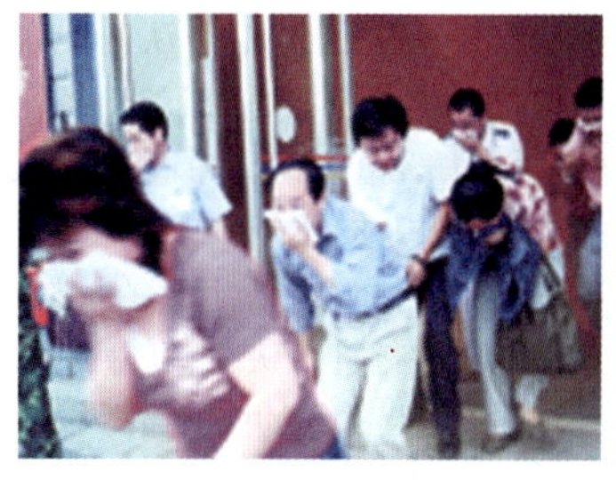

安全疏散

【安全数码卡】(secure digital memory card) 闪存卡的一种。由日本的松下公司、东芝公司和 SanDisk 公司共同开发的一种利用闪存制造的存储电子信息的小型存储器。特点是通过加密功能,保证数据资料的安全保密。SD 卡的结构能保证数字文件传送的安全性,也很容易重新格式化,所以有着广泛的应用领域。音乐、电影、新闻等多媒体文件都可以方便地保存到 SD 卡中。SD 卡多用于 MP3 随身听、数码摄像机、数码相机等,也有用于笔记本电脑上。其投影面积与 MMC 卡相同,只是略微厚一点,为 2.1mm,但是 SD 卡的容量大得多,且读写速度也比 MMC 卡快 4 倍。同时,SD 卡的接口与 MMC 卡是兼容的,支持 SD 卡的接口大多支持 MMC 卡。

【安全逃生路线】(safe escape route) 企业或人员聚居场所发生火灾和爆炸等重大紧急事故后,人员安全撤离的路线。例如:在煤矿企业编制的事故应急救援预案当中就明确制定了井下采掘工作面等工作地点如发生火灾、瓦斯爆炸、煤与瓦斯突出和水灾等事故,井下工作人员应按照规定的避灾路线进行逃生,在每个逃生叉口都设置有安全标示牌,标明逃生方向及前方逃生地点。企业根据生产状况变化,定期绘制井下避灾线路图。图中标示出的各种灾害的避灾路线,即为安全逃生路线。又例如,人员聚居场所如电影院、大型商场等地点的安全出口即为发生火灾等事故时的安全逃生路线。

安全逃生路线

【安全套接字层】(secure sockets layer, SSL) 一种在因特网上管理信息保障数据传输安全的协议。位于 TCP/IP 协议与各种应用层协议之间的一个可选层,目前版本号为 3.0。广泛地用于浏览器与服务器之间的身份认证和加密数据传输。SSL协议可分为两层:(1)SSL记录协议:建立在可靠的传输协议,如TCP之上,为高层协议提供数据封装、压缩、加密等基本功能的支持。(2)SSL握手协议:建立在SSL记录协议之上,用于在实际的数据传输开始前,通信双方进行身份认证、协商加密算法、交换加密密钥等。SSL协议提供的服务主要有:(1)认证用户和服务器,确保数据发送到正确的客户机和服务器。(2)加密数据以防止数据中途被窃取。(3)维护数据的完整性,确保数据在传输过程中不被改变。SSL应用广泛,比如为了提高HTTP协议的安全性,可以在HTTP下加入安全套接字层,建立安全的HTTP传输通道。

【安全特低电压】(safety extra-low voltage, SELV) 用安全隔离变压器或具有独立绕组的变流器与供电干线隔离开的电路中,导体之间或任何一个导体与地之间有效值不超过50v的交流电压。主要有安全隔离变压器或与其等效的具有多个隔离绕组的电动发电机组。其绕组的绝缘至少相当于双重绝缘或者加强绝缘;电化电源或与高于安全特低电压回路无关的电源,如蓄电池及独立供电的柴油发电机等;即使在发生故障时仍能够确保输出端子上的电压不超过特低电压的电子装置电源。SELV回路的带电部分严禁与大地或其他回路的带电部分或保护导体相连接。外露可导电部分不应有意地连接到大地或其他回路的保护导体和外露可导电部分,也不能连接到装置外可导电部分。若设备功能要求与装置外可导电部分进行连接,则应采取措施,使这部分所能出现的电压不超过安全特低电压。如果SELV回路的外露可导电部分容易偶然或被有意识地与其他回路的外露可导电部分相接触,则电击保护就不能再仅仅依赖于SELV的保护措施,还应依靠其他回路的外露可导电部分的保护方法、如发生接地故障时自动切断电源等。若标称电压超过25V交流有效值或60V无纹波直流值,则应装设必要的遮拦或外护物,或者提高绝缘等级;标称电压不超过上述数值,除某些特殊应用的环境外,一般无须装设直接接触电击防护。

安全梯

【安全梯】(safety ladder) 在凿井时,悬吊于井筒工作面上方、供紧急情况下人员安全升井的金属梯子。当井筒停电或发生突然冒水等其他意外事故时,工人可借助井内所设置的安全梯迅速撤离工作面。安全梯用角钢制作,由若干节拼装而成。安全梯的高度应能使井底全部人员在紧急状态下都能登上梯子,然后提至地面。安全梯必须采用专用凿井绞车悬吊。

【安全停堆地震】(safe shutdown earth-quake) 在分析核电厂所在区域的地质和地震条件、当地地表下物质特性的基础上所确定的、可能发生的最大地震。通常取历史上发生过的最大地震,再加上一个安全裕量。当发生这种地震时,重要的构筑物、系统和部件仍须保证履行其功能。确定核电站安全停堆地震荷载一般常用定数法,并以在厂址约320km范围内最大的历史地震对厂址的最大影响为依据。由于它过分地强调了最大历史地震而未考虑其重复率及发生更大地震的可能性,因而近来又提出了采用概率法,即以预期地震重复周期的方法来确定安全停堆地震荷载。安全上重要的构筑物、系统和设备地震荷载功能是:(1)反应堆冷却剂压力边界的完整性。(2)具有关停反应堆并将其保持在安全停堆状态下的能力。(3)在事故所引起的厂外照射水平达到规范容许的限值时,具有防止或减轻这类事故后果的能力。

【安全投入】(safety input) 企业为保障生产经营活动的正常开展,更好地实现企业经营目标而投放到安全领域的一系列经济活动和资源的总称。是企业一切可以调动的资源与劳务。按其投入类型的不同可分为主动安全投入和被动安全投入。主动安全投入是从过程的安全目的出发,预先采取的各种措施而进行的投入。这种投入是主动的、积极的、有意识的和必不可少的。一般包括安全技术措施、安全检测、安全教育、劳动保护用品、保健费用、安全奖励及其他与安全有关的主动投入。被动安全投入一般是指在事故发生后造成的经济损失及产生恶劣社会影响和危害后的投入。主动安全投入和被动安全投入在一定条件下可以相互转化。

【安全网】(safety net) 用来防止人、物坠落,或用来避免、减轻坠落及物击伤害的网具。在高空进行建筑施工、设备安装或技艺表演时,在其下或其侧设置的起保护作用的网,以防因人或物件坠落而造成的事故。一般由网体、边绳、系绳等构件组成。具有强度高、安装方便、抗老化、耐冲击、耐腐蚀等特点。适用范围极广。大多用于各种高空作业。高空作业坠落隐患,常发生在架子、屋顶、窗口、悬挂、深坑、深槽等处。坠落伤害程度,随坠落距离大小而异,轻则伤残,重则死亡。按其用途的不同可分为平网(P)、立网(L)和密目式安全网(ML)。平网的作用是挡住坠落的人和物,避免或减轻坠落及物击伤害;立网的作用是防止人或物坠落。安全网受力强度必须经受住人体及携带工具等物品坠落时的重量和冲击距离纵向拉力、冲击强度。安全网是涉及国家财产和人身安全的特种劳动防护用品。其产品质量必须经国家指定的监督检验部门检验合格并取得生产许可证后，方可生产。每批安全网出厂，都必须有监督检验部门的检验报告。每张安全网应分别在不同位置，附上国家监督部门检验合格证及企业自检合格证。同时应有标牌。标牌上应有永久性标志。标志内容应包括：生产企业名称、制造日期、批号、材料、规格、质量及生产许可证编号。

安全网

【安全文化】（safety culture）　有广义、狭义之分。❶广义。在人类生存、繁衍和发展的历程中，在其从事生产、生活乃至实践的一切领域内，为保障人类身心安全（含健康）并使其能安全、舒适、高效地从事一切活动，预防、避免、控制和消除意外事故和灾害（自然的、人为的）；为建立起安全、可靠、和谐、协调的环境和匹配运行的安全体系；为使人类变得更加安全、康乐、长寿，使世界变得友爱、和平、繁荣而创造的安全物质财富和安全精神财富的总和。❷狭义。人类在社会发展过程中，为实现安全所形成的安全价值观、安全理念、安全习俗等安全精神财富。属于意识形态范畴。按其层次结构内涵的不同可分为：（1）安全观念文化。即安全文化的核心层，是人们在长期的生产、生活、实践活动过程中所形成的一切反映人们安全价值观、安全意识形态、安全思维方式、安全理念、安全道德观等精神因素的统称。（2）安全行为文化。是指导人们安全地生产、生活、生存实践的行为方式、行为规范、行为准则及技术思想的文化。（3）安全制度文化。是保障人类安全地生产、生活和生存的安全体制、安全机构、安全制度等。（4）安全物质文化。指人类为了安全、舒适、高效地生产、生活、生存的需要而创造并使用的各种安全防护设备设施、安全生产工艺、安全材料和安全环境等能够见之于形、闻之于声的文化。按其社会组织单元的不同可分为企业安全文化、校园安全文化、街道安全文化、社区安全文化、部队安全文化和家庭安全文化等。它产生于人类群体，并被有意识或无意识地传给人类群体的成员。其发展不仅要内化于心、外践于行、固化于制，而且要贯穿于人类安全生产、生活、生存过程中的全体人员、全过程、全方位之中。具体表现为规范作用、凝聚作用、导向作用、激励作用和辐射作用等。目的是为人类创造更加安全健康的工作、生活、生存环境和条件。

【安全5S管理】（5S safety management）　又称5S安全管理法。在生产现场中对人员、机器、材料、方法等安全生产要素进行有效的管理。5S管理起源于日本。是日本工业成功的管理方法之一。“5S”是整理（Seiri）、整顿（Seiton）、清扫（Seiso）、清洁（Seikeetsu）和素养（Shitsuke）。因为这5个词中第一个字母都是“S”，简称为“5S”。开展以整理、整顿、清扫、清洁和素养为内容的活动，称为“5S”活动。其内容是：（1）将5S管理精髓与安全管理融合，将安全与不安全的人、事、物分开，使安全的合理配置发挥最大效用；对不可回避的不安全的人、事、物进行风险评估，采取整改措施；对可替代或可回避的予以替代或回避；提倡“五想五不干”：一想安全风险，不清楚不干；二想安全措施，不完善不干；三想安全工具，未配备不干；四想安全环境，不合格不干；五想安全技能，不具备不干。（2）推行5S管理法，提高安全生产执行力：整理是彻底地把需要与不需要的人、事、物分开并加以处理，排除安全隐患；整顿是把需要的人、事、物加以定量和定位，对生产现场需要留下的物品进行科学合理的布置和摆放，以便在最快速的情况下取得所要之物；清扫是将工作场所、环境、仪器设备、材料、工具等上的灰尘、污垢、碎屑、泥沙等清扫、擦拭干净，对出现异常的设备立刻进行修理，使其恢复正常的工作状态；清洁是在整理、整顿、清扫之后，认真维护，保持设备的安全状态，营造安全的工作环境并形成制度；素养就是培养全体员工良好的工作习惯、组织纪律和敬业精神，养成严格遵守规章制度的习惯和作风，提高人员的素质，营造团队精神。安全管理科学与5S管理思想的融合，有助于安全管理体系的形成与完善。推行安全5S管理，有利于保证物处于安全状态、杜绝出现不安全行为、营造安全的工作环境。

【安全物质文化】（safety matter culture）　企业安全生产的硬件和软件建设。主要体现在新工艺、新技术、新设备的应用上。硬件具体涉及安全生产的设施、设备、装置、仪器、检测手段、安全信息手段、物化环境及灾害防治的应急手段等物质条件。是安全文化的表层部分，它是形成观念文化和行为文化的条件。反映出的是企业安全管理的理念和哲学，折射出的是安全行为文化的成效。企业生产过程中的安全物质文化主要体现在：（1）人类技术和生活方式与生产工艺的本质安全性。（2）生产和生活中所使用的技术和工具等人造物及与自然相适应有关的安全装置、仪器、工具等物态本身的安全条件和安全可靠性。安全物质包括:个人防护用品和安全设施。通过安全物质文化的实施可以有效地改善劳动条件,保障工作环境的安全性。它是整个企业安全文化的外部形象。

【安全系数】(factor of safety) 进行土木、机械等工程设计时,为了防止因材料的缺点、工作的偏差、外力的突增等因素所引起的后果,工程的受力部分实际上能够担负的力与其容许担负的力的比值。即极限应力与许用应力之比。也指做某事的安全、可靠程度。在机械设计中,零件或构件所用材料的失效应力与设计应力的比值。大多数结构钢和铝合金等塑性材料的应力-应变曲线有明显的屈服,由塑性材料制成的零件或构件的失效应力为屈服极限,称为屈服准则。铸铁和高强钢等脆性材料的应力-应变曲线没有明显的屈服。由脆性材料制成的零件或构件的失效应力为强度极限,称为断裂准则。在疲劳强度设计中,失效应力采用疲劳极限。安全系数在很大程度上根据设计经验来确定。影响安全系数的因素很多。按其影响因素的不同可分为:(1)失效的形式是否弄清,是静载破坏还是疲劳破坏,是屈服准则还是断裂准则。(2)建立的强度判据是否合理,是应力判据还是寿命判据。(3)采用的计算方法是否精确。(4)制造时的质量控制是否严格。(5)零件本身的重要性和要求达到的可靠程度等。对于台数少而将来需要不断增大载荷的机械,应采用较大的安全系数。

电液伺服疲劳试验台

【安全系统】(security system) 由与生产安全问题有关的相互联系、相互作用、相互制约的若干个因素结合成的具有特定功能的有机整体。在工业企业中,人-机系统、安全技术、职业卫生和安全管理构成了一个安全系统。它除了具有一般系统的特点外还有其自身为结构特点:(1)以人为中心的人机匹配、有反馈过程的系统。因此,在系统安全模式中要充分考虑人与机器的互相协调。(2)工程系统与社会系统的结合。在系统中处于中心地位的人要受到社会、政治、文化、经济和家庭的影响,要考虑以上各方面的因素,系统的安全控制才能更为有效。(3)安全事故(系统的不安全状态)的发生具有随机性。首先是事故的发生与否呈现出不确定性;其次是事故发生后将造成什么样的后果在事先不可能确切得知。(4)事故识别的模糊性。在安全系统中存在一些无法进行定量描述的因素,因此对系统安全状态的描述无法达到明确的量化。要根据以上这些特点来开展安全系统工程的研究工作,寻求处理安全问题的有效方法。

【安全系统工程】(safety system engineering) 系统工程学的一个分支。运用系统论的理论和方法,结合工程学原理及有关专业知识来研究生产安全管理和工程的学科。其科学基础是:系统论、控制论、信息论、运筹学优化理论、可靠性工程、人机工程、行为科学和工程心理学等。其研究内容主要是:(1)危险的识别、分析与事故预测。(2)消除、控制导致事故的危险。(3)分析构成安全系统各单元间的关系和相互影响,协调各单元之间的关系,取得系统安全的最佳设计等。其目的是:根据其生产工艺、设备、操作、管理、生产周期和投资等因素,使系统可能发生的事故得到控制,并使系统安全性达到最好状态;使生产条件安全化,使事故减少到可接受的水平。安全系统工程概念有狭义和广义之分。狭义的主要关注的对象是经济系统安全,尤其是经济系统中的生产安全。广义的则属社会系统工程范畴,涉及任何社会主体关于安全与发展的双层目标架构,涵盖任何社会主体(如个人、家庭、组织、政党、民族、国家、人类)的所有的安全领域,如经济安全(物质文明)、文化安全(精神文明)、政治安全(政治文明,包括军事)、环境安全(生态文明)、人本安全(人本文明)等。

【安全系统学】(science of safety system) 安全科学技术学科中重要的三级学科。运用系统论、信息论、控制论的基本观点和相关的科学技术知识,对人类在社会经济活动、生产科研过程中遇到的安全问题中的具有安全功能的要素、结构以及转化条件等进行系统分析、论述、决策和改善安全系统的知识体系。是研究安全系统规划、设计、管理方法和手段的技术科学。其内容是:(1)安全系统分析、安全系统方法、安全系统处理等。(2)安全目标、可选用方案、系统模式、评价标准、方案选优等基本要素和程序。其研究对象是:过程危险的形成、分布、转化和事故的孕育、产生、发展以及终点变化规律。其一般步骤是:(1)系统地提出问题,确定明确的范围。(2)选择评价系统功能的指标或顶端事件。(3)明确系统的组成要素或提出各种可选用的方案。(4)建立数学模式或进行数学模拟。(5)分析模式的特点,确定终端事件,以使系统数量化或定型化。(6)根据模式结论及因果关系,确定可行的措施方案,建立消除危险、防止危险转化或条件偶合的控制系统。

【安全现状评价】（safety assessment in operation） 通过查找某一生产系统或某一生产地区存在的危险、有害因素并确定其程度，提出合理、可行的安全对策措施的工作。针对生产经营活动中、工业园区的事故风险、安全管理等情况，辨识与分析其存在的危险、有害因素，审查确定其与安全生产法律法规、规章、标准、规范要求的符合性，预测发生事故或造成职业危害的可能性及其严重程度，提出科学、合理、可行的安全对策措施建议，做出安全现状评价结论的活动。安全现状评价既适用于对一个生产经营单位或一个工业园区的评价，也适用于某一特定的生产方式、生产工艺、生产装置或作业场所的评价。

【安全效益】（safety benefit） 通过安全投资实现的安全条件，在生产和生活过程中的保障技术、环境及人员的能力和功能，并通过提高其潜能，为社会经济发展所带来的利益。具有间接性、滞后性、长效性、多效性、潜在性和复杂性。按照所产生利益形式的不同。可分为安全经济效益和安全非经济效益（又称安全社会效益）。安全经济效益具体表现为无益消耗和经济损失的减轻，生产经营的增值。安全非经济效益是指在安全条件实现的情况下，对国家和社会发展、企业或集体生产的稳定、家庭或个人的幸福所起的积极作用。其中安全经济效益又可分为安全直接经济效益和安全间接经济效益。安全直接经济效益指企业等社会单元采取安全措施所获得的经济效益，主要表现为事故经济损失的降低。安全间接经济效益指通过安全的投资，使技术的功能或生产能力得以保障和维护，从而使生产的总值达到应有量的增加部分。

【安全协议】（security protocol） 建立在密码体制基础上的一种交互通信协议。运用密码算法和协议逻辑达到认证和密钥分配的目的。可用于保障秘密信息在计算机网络系统中的安全处理与传输，确保网络用户能够安全、方便、透明地使用信息系统中的资源。随着网络化、信息化进程的加快，安全协议在金融、商务、政务、军事和社会生活等领域的应用日益普遍。但安全协议的安全性分析验证仍是一个悬而未决的问题。尚有不安全的协议被人们作为正确的协议长期使用，造成大量损失。因此，对安全协议进行深入的研究与分析是一项重要的课题。

【安全心理测评】（safety psychology evaluation） 依据从业人员履行工作职责所必需心理水平的基本要求，用心理学方法建立感知觉 、认知能力、个性特点、职业态度倾向的心理测评指标，通过心理测试手段评价从业人员在履行安全职责方面的基本心理倾向和心理特点，为安全管理提供人员选拔与调配工作的心理学依据的科学化的心理测试和测验的总称。中国安全事故发生的原因是：(1)绝大多数都与人为因素有关，管理不善、人员素质低下是事故发生的根本原因。(2)从业人员心理素质与履行工作职责之间的矛盾，是引发各类安全事故的主要原因之一。事故的预防，必须解决人员素质与工作职责之间的匹配问题。研究结果表明，安全心理测评需要专业人员在特定情景下采用科学的程序实施，所取得的具有可靠信度和较高效度的心理测评指标，经过合理解释和使用，可以作为煤矿安全从业人员心理选拔与调配的重要依据。这一技术，为在煤矿安全管理中防控人为因素造成的事故提供了一种科学的手段。

安全心理测评

【安全心理分析】（safety psychoanalysis） 为了对人的不安全行为进行科学的预防和控制，研究导致事故的心理因素并进行研究以便用于安全管理的方法。以普通心理学、工程心理学、劳动心理学等为基础，以安全事故为研究对象。重点分析生产过程中人们的心理特征和行为规律，以及劳动科学组织的心理学问题。安全心理状态受诸多因素影响。如身体素质、情绪状况、思想观念、工作环境、家庭状况等。不安全心理的产生就有可能产生不安全行为。其研究方向是：(1)已知的不安全行为。如有意违章和无意违章行为，安全操作能力低等。(2)可能成为直接的人为事故的原因。如没有经验，心理缺陷，疲倦等。(3)心理上影响行为的不利原因。如冲动、喜冒险、心绪不佳、冒险逞能等。通过分析，找出人们的心理特征和行为规律，制定合理的事故预防途径。

【安全心理学】（safety psychology） 安全科学的一个分支。研究劳动中意外事故发生的心理规律并为防止事故发生提供依据的科学。是以生产劳动中的人为对象，从保证生产安全、防止事故、减少人身伤害的角度，研究人的心理活动规律的一门学科。其研究内容是：(1)意外事故的人的因素的分析。如疲劳、情绪波动、注意力分散等对事故发生的影响。(2)工伤事故肇事者的特性研究。如智力、性别、情绪状态、个性等与事故发生率的关系的研究。(3)防止意外事故的心理学对策。如从业人员的选拔，机器的设计要符合工程心理学要求，开展安全教育和安全宣传，以及培养安全观念和安全意识等。随着中国现代化建设的进行，安全心理学的应用领域日趋广泛。

【安全心理研究方法】（research method of safety psychology） 针对特定研究对象的安全心理与行为，为获取所需的材料、证据、结论而采取的研究方法。研究的是一种最复杂的现象，有着许多不同的水平、层次、方面和相互作用的关系。具有跨学科的性质，几乎涉足了所有科学研究的领域。其特点是：(1)运用物理的、生物的、药理的、临床的、数学的方法。(2)运用心理学本身实验的、准实验的、非实验的、思辨推论的各种各样的方法。(3)具有综合性、系统性、可操作性和预测力的研究方法体系。其发展趋势是：研究思路的生态化、研究方式的多学科化、研究方法的综合化、研究手段的现代化和研究结果的数量化。作为一门实验科学，研究的方法在安全心理学的发展中占有特别重要的地位，对于分析、评价和改进在安全心理学研究中所应用的各种方法和提高研究的水平具有积极的意义。

【安全行为规范】（safety behavioral criterion） 程序化、可考核的职工安全行为操作的要求。根据生产经营单位岗位设置情况分专业、分工种并依据国家有关安全生产条例、规范以及生产经营单位管理体系的要求。其内容是：(1)涉及由人操作或使用的机器系统中的行为规范。(2)环境控制和安全行为规范。(3)安全行为规范的整体要求。事故的发生大多与管理因素有关，与职工的素质有关。职工素质主要体现在履行工作的水平上，尤其是行为规范的执行上。其目的是：规范职工安全行为，以减少人的行为因素带来的安全风险，将各类伤害事故降到最低乃至从根本上杜绝人身伤害事故的发生，有效减少安全管理成本，提高管理效率。通过规范人的行为，使整个安全系统的工效达到最优。

安全生产设施

【安全行为模拟】（safety behavio simulation） 又称安全情景模拟。一种在控制的危险情景模拟状态下进行的行为试验。是通过建立和运行系统的计算机模拟模型，来模仿实际系统的安全行为状态及其随时间变化的规律，以实现在计算机上进行试验的全过程。在这个过程中，可以得到被模拟安全行为的模拟输出参数和基本特征，以此来估计和推断实际的真实参数和真实性能。由于安全上、经济上、技术上、伦理上或时间上的原因，在对实际系统进行真实的行为试验很困难或不可能时，行为模拟技术就成了十分重要，甚至是必不可少的工具。包含行为对象、行为模型以及计算机工具三个基本要素。按其研究行为对象性质、行为模拟的不同可分为连续行为模拟和离散事件行为模拟。常用于对还不明确什么是构成事故的主要原因进行技术分析。在工业设计中，广泛应用于安全行为分析和安全设计方案评价。

【安全行为学】（safety behavioral science） 关于在生产经营以及其他人类活动中，与安全生产和人员安全健康有关的人的行为现象及其规律的学科。运用行为科学、安全科学、组织行为学、心理学、管理学以及工程心理学等学科的原理、方法及研究手段，研究有关人的行为与安全的问题，揭示人在工作、生产、生活环境中的行为规律，从安全生产和保障人员安全健康的角度分析、预测和正确引导人的行为，确保人员安全和生产经营活动的安全。与安全心理学关心内在心理的因素相比，更加重视外显的安全行为表现及其管理和控制。其内容包括社会学、人类学（考古学、专门的语言学、体质人类学除外）、心理学（生理心理学除外）、生物学、生态学、地理学、法学、精神病学、政治科学等多门学科。其研究方法既不同于物理学、生物学等自然科学的定量研究，也不同于社会学、人类学、政治学等社会科学的定性研究，对行为的研究采取定性研究和定量研究相结合的方法。

【安全性】（security） 人们在某一种环境工作时或生活中感受到的危险或危害是已知的，并且是可控制在可接受水平上的一种态势。虽不同于可靠性，但它们之间有密切关系。例如火车在运行时发生故障，造成运行中断或误点，人们都认为是可靠性问题，但飞机发生故障，起落架放不下来，则认为是安全性的问题。设 S 代表安全性，D 代表危险性，则有 $S=1-D$。为防止把计算机内的机密文件泄露给无关的用户，必须采取某种安全保密措施。这些措施的有效程序如何就称为计算机系统的安全性或保密性。结构在正常施工和正常使用条件下，承受可能出现的各种作用的能力，以及在偶然事件发生时和发生后，仍保持必要的整体稳定性的能力。在临床上，有时也用药物的最小有效量和最小中毒量之间的距离表示药物的安全性。其距离愈大愈安全。

【安全学】（security） 研究可能威胁人类健康与生产性能发挥、影响环境安全的有害因素的种类、性质、含量、毒性与危害及其控制措施,以提高安全质量,保护安全,提高生态环境安全性的学科。其目的是研究人的身心存在状态及其变化规律,安全的本质及运动变化规律,建立起安全、高效的有组织的人机系统,形成保障人身安全健康的思维方法和知识体系,从而达到保护人的身心安全和健康。比较安全学是从人体免受外界因素危害的角度出发,并以在生产、生活、生存过程中创造保障人体健康条件为着眼点,通过对安全体系中彼此有某种联系的不同时空的事、物、环境、人的行为、社会文化、知识等进行对照,从而揭示它们的共同点和差异点并提供借鉴和相互渗透的一种安全科学方法,也是人类认识客观事物最原始、最基本的方法之一。在安全科学研究中,人们为了要认识某一种事物的本质,就必须对事物的内部矛盾及其矛盾着的每个方面进行比较,把握事物间的内部联系,进行抽象与概括,以求认识事物的本质,做出准确的判断和推理,得出科学的一般规律。

【安全验收评价】(safety assessment upon completion) 通过对建设项目的设施、设备、装置实际运行状况及管理状况的安全评价,查找该建设项目投产后存在的危险、有害因素,确定其程度并提出合理、可行的安全对策措施的工作。在建设项目竣工后正式生产运行前或工业园区建设完成后,通过检查建设项目安全设施与主体工程同时设计、同时施工、同时投入生产和使用的情况或工业园区内的安全设施、设备、装置投入生产和使用的情况,检查安全生产管理措施到位情况,检查安全生产规章制度健全情况,检查事故应急救援预案建立情况,审查确定建设项目、工业园区建设满足安全生产法律法规、标准、规范要求的符合性,从整体上确定建设项目、工业园区的运行状况和安全管理情况,做出安全验收评价结论。其程序是:前期准备,危险、有害因素辨识,划分评价单元,选择评价方法,定性、定量评价,提出安全风险管理对策措施及建议,做出安全验收评价结论,编制安全验收评价报告等。是一种检查性安全评价。是为安全验收进行的技术准备。主要判断系统在安全上的符合性和配套安全设施的有效性。

【安全药理学】(safety pharmacology) 从药理学、生理学和毒理学派生出来的一门独立的综合性学科。研究目的是:识别、监控并确定非临床研究中出现潜在的不期望的药效活性。是新药非临床安全性评价的一项重要内容。主要研究药物在治疗范围内或治疗范围以上剂量时,出现潜在的不期望的不良影响,并研究观察到的或推测的药物不良反应机制。从而最大限度地保障新药进入临床研究之前或上市之后,及早发现可能出现的治疗作用之外的不良反应。安全药理学研究概念最早出现于1997年人用药品注册技术国际协调会(ICH)的实施新药临床研究所需非临床安全性试验的时间安排(M3指导原则)和生物技术药物的临床前安全性评价(S6指导原则)中,要求在非临床安全性评价中必须进行安全药理学研究,用于支持药物的人体临床研究。ICH于2000年发布的《人用药品安全药理学研究指南》促进了该学科的快速发展,使安全药理学的设计原则、研究内容、动物模型选择、观察指标确定等有了规范的要求。根据需要可能进行追加和/或补充的安全药理学研究。追加的安全药理学研究内容是:根据药物的药理作用和化学类型,估计可能出现的不良反应。如果对已有的动物和临床试验结果产生怀疑,可能影响人的安全性时,应进行追加的安全药理学研究,即对中枢神经系统、心血管系统和呼吸系统进行深入的研究。补充的安全药理学研究内容是:评价受试药物对中枢神经系统、心血管系统和呼吸系统以外的器官功能的影响,包括对泌尿系统、自主神经系统、胃肠道系统和其他器官组织的研究。

药品安全标志

【安全意识】(safety consciousness) 在生产活动中,对各种有可能造成自身及他人伤亡或其他意外事故的各种条件所保持的戒备和警觉的心理状态。人的安全意识的高低取决于人的安全需要和对危险因素的认识能力。是人的意识的有机组成部分,受到诸多因素的影响,如环境、气候、个性、实践经验和接受安全教育的程度等。其形式是:自我观察,自我评价,自我体验,自我监督,自我教育,自我支配和自我控制等。自觉能动性的行为表现方式就是安全意识的展现。其内容包括:(1)善待生命、珍惜生命的健康意识。(2)事故严重、灾害频繁的风险意识。(3)预防为主、防范在先的超前意识。(4)行为规范、技术优先的科学意识。(5)每时每刻、每处每地注意安全的警觉意识。每个人的安全意识有明显的差异。这种差异具体体现在每个人的行为表现上。如在同一时间、同样环境、条件和状态下,遇有事故隐患时,有的人就能够发现并合理排除,化险为夷;有的人却由于自己的不安全行为,导致了事故的发生。

【安全预评价】(safety pre-assessment) 根据建设项目可行性研究报告的内容,分析和预测该建设项目可能存在的危险、有害因素的种类和程度,提出合理可行的安全对策措施及建议。在建设项目可行性研究阶段、工业园区规划阶段或生产经营活动组织实施之前，根据相关的基础资料，辨识与分析建设项目、工业园区、生产经营活动潜在的危险、有害因素，确定其与安全生产法律法规、标准、行政规章、规范的符合性，预测发生事故的可能性及其严重程度，提出科学、合理、可行的安全对策措施建议，做出安全评价结论。其程序是：前期准备，辨识与分析危险、有害因素，划分评价单元，定性、定量评价，提出安全对策措施建议，做出评价结论和编制安全预评价报告等。是以拟建建设项目为研究对象的一种预测性评价。其核心是：对系统存在的危险、有害因素进行定性定量分析，用有关标准对系统进行衡量、分析，说明系统的安全性。最终目的是：确定采取哪些优化的技术、管理措施，使各子系统及建设项目整体达到安全标准的要求。

【安全炸药】（safe explosive） 无论运输或使用都十分安全而且可控制的高效能炸药。19 世纪下半叶，瑞典化学家诺贝尔发明的硝化甘油炸药受到了广泛的欢迎，在许多领域得到了使用。但是好景不长，由于运输人员和用户对炸药的安全问题认识不足，致使爆炸事故屡次发生。诺贝尔的工厂因此受到了沉重打击。诺贝尔经过大量实验，把硅藻土和硝化甘油二者的比例确定为 1∶2，制成了被称为黄色炸药的安全炸药，大幅度减少了爆炸事故。

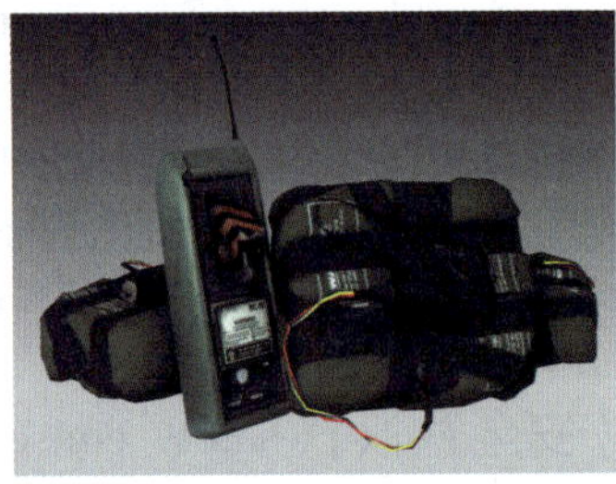

安全炸药

【安全证书】（security certificate） 在进行网上交易时开启交易业务的唯一身份证明。其特点与作用是：(1)交易者开启交易业务的一把“钥匙”，与他人的证书都不相同。(2)为确保证书自身的安全，有关部门在发放安全证书时不保留副本。(3)采用信息加密技术。(4)可保证交易信息的机密性和完整性。(5)可保证交易实体的真实性和签名信息的不可否认性。(6)即使信息被窃取，也无法知悉交易内容。

【安全支付结算体系】（security payment and settlement system） 使支付结算体系能够顺应经济、金融健康发展的内在需要的安全、稳定的运行系统。是一个国家最重要的金融基础设施之一。银行业务的电子化，使得电子货币正在逐步取代传统纸币，发挥越来越重要的作用。随着网上交易的增多，网络银行、数字货币等全新的概念也应运而生。无论是完全依赖于网络的银行，还是传统银行利用网络开展银行业务，安全问题都是十分重要的。在新的经济金融环境下，支付结算体系的运行效率和安全性，不仅直接影响着公众对货币及其转移机制的信心，而且对中央银行实施货币政策、推进金融市场发展、维护金融稳定至关重要。支付结算体系的发展是一个持续而复杂的过程，其中有许多问题需要深入研究。因此，还需要不断关注发展动态，跟踪新的趋势，采纳新的技术。为促进国家支付体系各组成部分的协调和长期发展，一些国家成立了专门的支付结算体系发展委员会。其人员构成也各不相同，有的全部来自于中央银行，有的则由来自央行、相关监管机构和商业机构的人员共同组成。

【安全指标】（safety index） 在一定的条件下，一个生产或生活系统，在实现其功能的过程中所发生的事故损失的可接受水平。在安全管理工作中经常用到的重要安全经济指标有：国民（生产）产值安全投资指数，发达国家高达 3.5%；安措投资增长率，一般应高于经济增长率；人均安措费，中国工业企业 20 世纪 90 年代初仅为 100 余元；人均安全成本；专职人员人均安全投资；经济损失达标率；危险源（隐患）现存率；事故损失之间比，客观有 1∶2 至1∶100 之间，经济损失严重度，工日损失严重度，经济损失重要度，工日（时）损失率，人均经济损失，万元安措费保护职工人数，安全专职人员人均保护职工数，安全专职人员人均安全生产率，百万产值损失率，百万产值伤亡率，单位产量损失率，单位产量伤亡率，安全生产指标是根据安全生产目标管理得来的。确切地讲，企业现在一般都是对安全生产工作施行目标管理，即在年初分解各项生产指标时，要同步层层分解安全生产指标，如全年员工伤亡人数、伤亡率等。

【安全制动器】（safety brake） 绞车正常停止后向主轴施加制动力矩的安全装置。直接作用于制动轮或制动盘上产生制动力矩的部分。分为盘式闸和块式闸。其作用是：在提升机停止工作时，能可靠地闸住提升机，正常停车。同时，在减速阶段及下放重物时，参与提升机的控制和工作制动。当发生紧急事故时，安全制动器能迅速而又合乎要求地闸住提升机，安全制动。在双滚筒提升机更换水平、调节绳长或更换钢丝绳时，能闸住游动滚筒。

【安全制动装置】（safety brake apparatus） 利用其自身内部结构人为地制止汽车、列车和机电升降设备的运动，有效地保证不发生失控状况的装置。其作用是：当设备出现异常现象（如声音异常、零部件松动、振动剧烈、有人进入危险区等），可能导致设备损坏或造成人身伤害的紧急时刻，立即将运动零部件制动，中断危险事态的发展。汽车制动装置是按照需要使汽车减速或在最短的距离内停车，在保证安全的前提下尽量发挥出高速行驶的性能的装置。按其制动方式的不同可分为：鼓式制动器、盘式制动器、机械制动装置和电力制动装置。机械制动是摩擦力产生的制动力或制动力矩来实现制动，而电力制动则是使电动机产生一个与转子转向相反的制动转矩来实现制动。

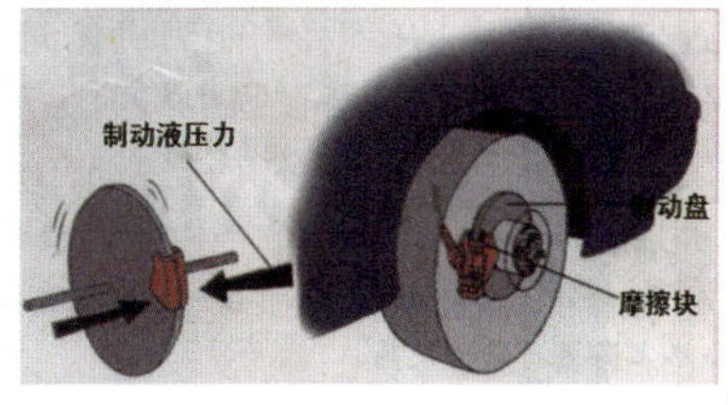

安全制动装置

【安全质量标准化】(safety quality standard) 为在一定范围内获得最佳安全质量秩序，对实际的或潜在的问题制定共同的和重复使用的标准规则。建立煤矿安全长效机制的主要内容和根本途径。是煤矿安全生产的基础。是规范企业生产流程各环节，规范安全生产行为，指导各类企业建立健全各环节、各岗位的安全质量标准，推动企业安全质量管理上等级、上水平。安全质量标准化管理使安全质量管理由被动式转为自动化，也是管理理念和管理模式的转换。标准化是现代化企业自动化的依据。标准化管理在现代企业中使系统最优化、行为自动化。

【安全专篇】(safety article) 在工程初步设计的基础上对安全设施和条件的设计。包括工程初步设计安全专篇说明书和附图两部分。主要内容包括设计依据、工程概述、建筑及场地布置、生产过程中的危险危害因素分析、安全设计中采用的主要防范措施、安全机构设置及人员配备情况、专用投资概算、建设项目安全预评价的主要结论、预期效果及存在的问题与建议。写《安全专篇》应该要实事求是。主要依据是：建设项目依据的批准文件或相关的合法证明，国家、地方政府和行业的有关安全规定，采用的国家和行业主要安全技术规范、规程、标准，建设项目安全预评价报告及其审查意见、备案文书，简述本项目安全预评价报告及其审查意见、备案文书的主要结论、安全措施要求，其他设计依据或参考资料，设计单位资质、可行性研究报告、其他有关说明文件等。

【安全专项评价】(safety evaluation) 针对某一项活动或场所以及一个特定的行业、产品、生产方式、生产工艺或生产装置等存在的危险、有害因素进行的安全评价。其目的在于查找其存在的危险、有害因素，确定其程度并提出合理、可行的安全对策措施及建议。如果生产经营单位是生产或储存、销售剧毒化学品的企业，评价所形成的专项安全评价报告，则是上级主管部门批准其获得或保持生产经营营业执照所要求的文件之一。

【安山岩】(andesite) 一种中性喷出岩。颜色浅灰、灰色或灰绿色。具斑状结构，斑晶为斜长石、角闪石及辉石组成，基质由细小斜长石微晶及玻璃质组成。安山岩在地表的分布很广，仅次于玄武岩，与其有关的矿产主要有铜，其次有金、银、铅、锌等。

安山岩

【安慰剂】(placebo) 由既无药效、又无不良反应的中性物质构成的外形似药而使受试者或病人相信其中含有某种药物的药丸或制剂。比如，用没有药物活性的淀粉等制成与真实药物一样的剂型作为安慰剂。药物的安慰效应，是通过服药者对药物的认识、感受，以及服药行为本身，心理和生理的相互作用而产生效果的。

【安装损失】(installation loss) 发动机安装在飞机上，与进气道、尾喷管构成推进系统后，进气道和尾喷管内、外流阻力造成的推力损失。安装损失与飞行条件、发动机空气流量、发动机直径、喷管直径和喷射气流的参数等有关。

【氨】(ammonia) 分子式 NH_3，分子量 17.03。无色气体。有特别的刺激性气味。密度 0.771 0g/L (1大气压)。液态密度 0.817g/cm³ (79℃)。熔点 77.7℃。沸点 33.35℃，易溶于水(常温常压下1体积水可溶解700倍体积氨)和乙醇。溶于乙醚和有机溶剂。有腐蚀性。液氨能溶解碱金属和钙、锶、钡，生成含有自由电子的蓝色溶液，可导电，但不稳定，会逐渐褪色放出氢气并生成金属氨合物。氨有孤对电子，是路易斯碱，与酸作用生成铵盐。易与大多数过渡金属离子生成配合物。还可作为还原剂。在高温下和氧气反应生成氮气或在铂催化下生成一氧化氮。实验室可用铵盐和强碱加热，或由离子型氮化物水解制备。工业上用氮气和氧气在500℃、300～700大气压和催化剂作用下制备。大多数含氮有机物质分解后也可产生。是制造硝酸、铵盐和胺类化合物的主要原料。广泛用于化肥、塑料、染料、医药等工业，也可作洗涤剂、循环制冷剂。

【氨化秸秆】(animated straw) 用氨水、无

水氨、尿素溶液等处理过的秸秆。氨化法是一种化学处理秸秆及其他粗饲料以提高其营养价值的有效方法。氨化秸秆饲料常用堆垛法或氨化炉法制取。氨还可分解秸秆中连接在木质素上的部分酯键，软化植物纤维，从而提高适口性和可消化性，尤其可改善粗蛋白质和粗纤维等有机物质的消化率及能量利用率。氨化秸秆含大量的非蛋白质氮，可较大幅度地提高反刍家畜的生产性能。

【氨基聚糖】(aminoglycan, GAG) 由重复二糖单位构成的无分支长链多糖。按其组成糖基、连接方式、硫酸化程度及位置的不同可分为：(1)透明质酸。(2)硫酸软骨素。(3)硫酸皮肤素。(4)硫酸乙酰肝素。(5)肝素。(6)硫酸角质。其溶液具有酸性、高度亲水性及黏弹性（因多阴离子的静电排斥作用使其分子结构呈高度伸展状）。对关节腔内和腔道器官黏膜表面的蛋白聚糖有润滑及保护作用，可以缓冲机械力，减轻冲撞造成的损伤，并使组织具有抗压性。

【氨基酸】(amino acid) 含有一个碱性氨基和一个酸性羧基的有机化合物。氨基一般连在α-碳上，是构成蛋白质分子的基本单位，与生物的生命活动有着密切的关系。它在抗体内具有特殊的生理功能，是生物体内不可缺少的营养成分之一。组成蛋白质的氨基酸有20多种，除了非必需氨基酸和必需氨基酸（须从食物中供给）外，还有根据化学性质分类的酸性、碱性、中性、杂环类氨基酸。

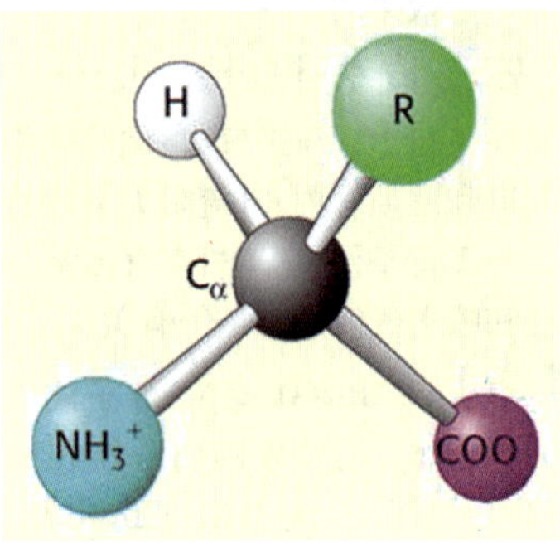

氨基酸结构通式

【氨基酸互补】(amino acid complementation) 通过对氨基酸组成不同的食品或饲料的合理配制和互补，使必需氨基酸组成符合人或动物体的需求。各种食品或饲料中氨基酸组成不尽相同，将多种食品或饲料原料合理配制，使蛋白质中的必需氨基酸取长补短，相互补偿，接近或达到人或动物对各种必需氨基酸的要求，以提高蛋白质利用率。人或动物需在一定时间内将所需的各种氨基酸均能得到满足，才能实现氨基酸互补。

【氨基酸模式】(amino acid pattern) 又称氨基酸构成比例、氨基酸相互比值。某种蛋白质中各种必需氨基酸的构成比例。食物蛋白的氨基酸模式与人体蛋白越接近，才能为机体充分利用，其营养价值也相对越高。当食物中任何一种必需氨基酸缺乏或过量时，都会造成体内氨基酸的不平衡，使其他氨基酸不能被利用，影响蛋白质的合成。人体对于各种必需氨基酸的需要，既要求数量合理，又要求其间的比例适宜。

【氨基酸平衡】(amino acid balance) 食品或饲料中提供的各种必需氨基酸的种类和数量与人或动物体的需要量相符合。在食品或饲料中蛋白质氨基酸各组分间的相对含量与人或动物体氨基本需要量之间的相对比值一致或很接近时，可提高蛋白质及氨基酸的利用率，且氨基酸的利用率最高。必需氨基酸的完全平衡是理想的人类食物或动物饲料。虽然要使必需氨基酸完全平衡难以实现，但应力求使食品或饲料中的必需氨基酸基本达到平衡。如果氨基酸比例失衡，一种或几种必需氨基酸过多或过少，与人或动物体的需要量不一致，就会造成蛋白质食物或饲料的利用率降低、人或动物生长迟缓和繁殖力下降等现象。

【氨基酸评分】(amino acid score, AAS) 又称蛋白质化学评分。被测蛋白质每克氮（或蛋白质）中必需氨基酸量（毫克）与理想模式或参考蛋白质中每克氮（或蛋白质）中必需氨基酸量（毫克）的比值。反映蛋白质构成和利用率的关系。不同年龄的人群，其氨基酸评分模式不同，不同的食物其氨基酸评分模式也不相同。

【氨基糖甙类抗生素】(aminoglycoside antibiotic) 由氨基糖分子和非糖部分的甙元结合而成的一类抗生素。包括链霉素、庆大霉素、卡那霉素、西索米星以及人工半合成的妥布霉素、阿米卡星、奈替米星等。其共同特点是：水溶性好，性质稳定；在抗菌谱，抗菌机制，血清蛋白结合率，胃肠吸收，经肾排泄，及不良反应等方面也有共性。其抗菌作用机制是阻碍细菌蛋白质的合成。作用于细菌蛋白质合成过程，使之合成异常的蛋白，阻碍已合成蛋白的释放，使细菌细胞膜通透性增加而导致一些重要生理物质外漏，引起细菌死亡。本类药物对静止期细菌的杀灭作用较强，是静止期杀菌剂。其抗菌谱主要是革兰阴性杆菌，包括大肠杆菌、克雷白菌属、肠杆菌属、变形杆菌属、沙雷菌属、枸橼酸杆菌属等。有的品种对绿脓杆菌或金葡菌，以及结核杆菌等也有抗菌作用。本类抗生素对亲瑟菌属、链球菌属和厌氧菌常无效。此外，对沙雷菌属、产碱杆菌属、布氏杆菌、及分枝杆菌也具有抗菌作用。对革兰阴性球菌如淋球菌、脑膜炎球菌的作用较差。流感杆菌及肺炎支原体呈中度敏感，但临床疗效不显著。绿脓杆菌只对庆大霉素、妥布霉素敏感，其中以妥布霉素为最强。对各型链球菌的作用微弱，肠球菌对之多属耐药，但金葡菌包括耐青霉素菌株对之甚为敏感。结核杆菌对链霉素、卡那霉素、阿米卡星和庆大霉素均敏感，但后者在治疗剂量时不能达到有效抑菌浓度。耐药性主要是细菌通过质粒传导产生钝化酶而形成的。其不良反应有以下方面：(1)耳毒性及前庭功能失调。多见于卡那霉素、庆大霉素。耳蜗神经损害，多见于卡那霉素、丁胺卡那霉素。孕妇注射本类药物可致新生儿听觉受损，应禁用。(2)肾毒性。主要损害近端肾小管曲段，可出现蛋白尿、管型尿，继而出现红细胞、尿量减少或增多，进而发生氮质血症、肾功能减退、排钾增多等。(3)神经肌肉阻断作用。其作用与剂量及给药途径有关，如静脉滴注速度过快或同时应用肌肉松弛剂与全身麻醉药。重症肌无力者尤易发生，可致呼吸停止。当出现神经肌肉麻痹时，可用钙剂或新斯的明治疗。(4)过敏反应。包括过敏性休克、皮疹、荨麻疹、药热、粒细胞减少、溶血性贫血等。不良反应与药物浓度密切相关，在用药过程中直进行血药浓度监测。其他有：血象变化、肝脏转氨酶升高、面部及四肢麻木、周围神经炎、视力模糊等。口服本类药物可引起脂肪性腹泻。菌群失调和二重感染也有发生。

【氨碱法】(ammonia-soda process) 又称索尔维法。比利时人索尔维(Ernest Solvay)发明的一种纯碱(碳酸钠)制造工艺。以食盐(氯化钠)、石灰石(经煅烧而成石灰和二氧化碳)和氨为原料，先将氨通入饱和氯化钠溶液生成氨盐水，再通入二氧化碳生成碳酸氢钠沉淀和氯化铵溶液，沉淀经过滤、洗涤和煅烧而得纯碱。滤液与石灰乳混合加热蒸发出的氨及煅烧碳酸氢钠时产生的二氧化碳可回收循环使用。氨碱法成本低廉，连续性大规模生产纯碱，产品纯度高。其缺点是食盐的利用率只有72%～74%，造成浪费。

【氨纶】(polyurethane fiber) 学名聚氨酯纤维。商品名斯潘得克斯和莱卡。由柔性的长链段(软链段)和刚性的短链段(硬链段)交替组成的嵌段共聚物纺丝。具有橡皮筋那样的良好弹性，能伸长5～8倍，弹性回复性好。在伸长200%时，回缩率为97%；

氨纶

在伸长50%时，回缩率超过99%。断裂强度只有0.044～0.088N/tex，且吸湿率较小，一般为0.3%～1.2%。在90～150℃范围内短时间存放，纤维不会受到损伤。安全熨烫温度为150℃以下，150℃时纤维发黄，170℃时发枯。可以加温干洗或湿洗。染色性能较优，可适应绝大多数品种的染料，并对大多数化学试剂、有机溶剂、干洗剂和漂白剂有较好耐性。但氯化物易使纤维变黄、强力降低。含氨纶的富有弹性的面料，穿着贴身适体，手感、光泽较好。主要用于内衣、紧身衣裤、运动服、连裤袜、芭蕾舞服、体操服、游泳服、滑雪服、登山服、医用绷带、袜口和袖口等。

【铵油炸药】(ammonium nitrate fuel oil mixture, ANFO) 又称铵油爆破剂。由硝酸铵、燃料油和少量木粉等组成的硝酸铵类炸药。其配制以零氧平衡为准。加入少量木粉的作用是减少结块。在煤矿用的铵油炸药中，须加入15%左右的食盐，并严格控制为零氧平衡，以减少爆温和有毒气体量。影响铵油炸药性能的主要因素有：(1)硝酸铵颗粒。当粒度减小到0.2～0.5mm时，可用普通雷管起爆。此时爆速、猛度值较高；而粒度由0.5mm增至2mm时，猛度下降25%。(2)燃料油与木粉含量。(3)含水量的影响。铵油炸药吸水后，大大降低硝酸铵吸附柴油的能力，阻碍两者紧密结合，不利于爆炸反应。(4)装药密度。在一定范围内，炸药性能随着密度增大而有所改善。但超过最佳密度以后，则爆速下降直至拒爆。一般要求密度为0.9～1.0g/cm^3。(5)起爆方式与起爆药量的影响。

【岸礁】(fringing reef) 又称边礁、裙礁。由大陆或岛屿四周浅水区大量生长的石珊瑚分泌形成的一类珊瑚礁。紧靠陆地分布，没于海水平面，好像一条花边镶在海岸上。如中国海南岛南岸与东南岸的珊瑚礁。

岸礁

【岸塔式进水口】(tower intake on abutment) 在水工隧洞首部，依傍岸坡设置塔架、安装闸门，用以控制水流的取水建筑物。包括进水喇叭口、岸塔、闸门和闸门启闭机室、通气孔、平压管，以及门后的渐变段。属深式进水口，闸门置于塔的底部。

塔顶设闸门启闭机室,一般不需或只需很短的连系岸边的交通桥。进水塔架用钢筋混凝土结构。分封闭式与框架式两种。(1)封闭式塔架可在不同高程设进水口,可随水位升降引取水库表层温度较高的清水。(2)框架式塔架结构轻便,但只有一个进水口,取水时门槽顶孔进水,流态不好,易引起结构空蚀和振动。进水喇叭口顶部高程要在库水位变化范围以下,并有一定的淹没深度,以防进流时将空气卷入,引起振动。闸门距进口较近,进口上唇短,可采用圆弧曲线连接,根据需要可在进口前端设置拦污栅,并沿塔架设清污机运行及起吊拦污栅的轨道。在连通检修闸门前后,设置由阀门控制的平压管,并在检修闸门后设通气孔。当向二道闸门之间充水时,可由通气孔排气。这种进水口施工、安装及维修都较方便,自身稳定性好,对岸坡也有一定的支撑作用。在岸坡较陡、岩石坚固的地区得到广泛应用。

【按揭贷款】(mortgage loan) 购房者以所购住房做抵押并由其所购买住房的房地产企业提供阶段性担保的个人住房贷款业务。楼宇按揭在美国、日本、新加坡等地相当普遍,已成为发达国家和地区广为流行的一种融资购楼方式。在中国大陆,按揭近几年才在一些城市开始推行。在房地产市场上提供按揭的楼盘,其销售业绩明显优于其他楼盘。购房者办理楼宇按揭的具体程序是:(1)选择房产。(2)办理按揭贷款申请。(3)签订购房合同。(4)签订楼宇按揭合同。(5)办理抵押登记、保险。(6)开立专门还款账户。银行在确认购房者符合按揭贷款条件,履行《楼宇按揭抵押贷款合同》约定义务。办理相关手续后,一次性将该贷款划入开发商在银行开设的银行监管账户,作为购房者的购房款。其优点是:(1)花明天的钱圆今天的梦。(2)把有限的资金用于多项投资。(3)银行替你把关。其缺点是:背负债务和不易迅速变现。因为是以房产本身抵押贷款,所以房产再出售困难,不利于购房者退市。

【暗反应】(carbon reaction) 又称碳反应。通过还原性戊糖磷酸循环及相关途径进行的碳的同化反应。包括 C4 循环和 C5 光合呼吸循环。暗反应可由叶绿体基质中的可溶性酶来催化,以光合作用中光反应生成的 ATP 和 NADPH 作为能量和还原力的来源。此反应原认为是在黑暗中进行,后来发现在有光和无光条件都可以发生。光合作用是光反应和暗反应的综合过程。在这个过程中,光能先转化为电能,再转化为活跃的化学能储存在 ATP 和 NADPH 中,最后经过碳同化转变为稳定的化学能,储存在光合产物中。光反应为暗反应作准备,两者联系密切,不可分割。

【暗河】(underground river) 又称地下河。在岩溶地区的岩溶地下通道中,具有河流主要特征的水流。由地下河的干流和支流组成地下通道系统称为地下河系。当地下河的入口和出口与地表水系相连通时,地下河段也称潜流或伏流。暗河与潜流是石灰岩分布地区常见的一种水文地质现象。

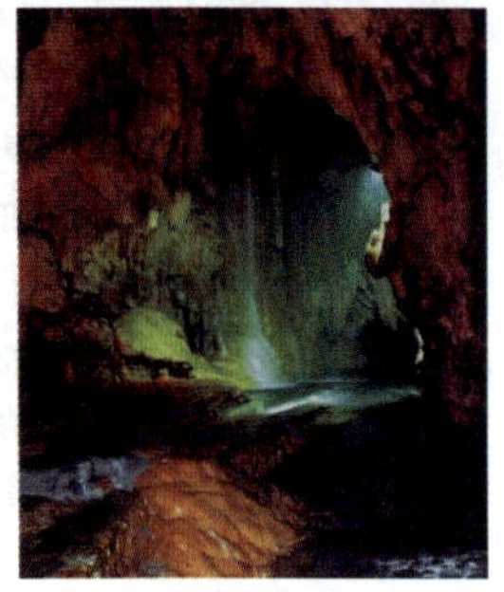
暗河

【暗能量】(dark energy) 一种不可见的、能推动宇宙运动变化的能量。宇宙中所有的恒星和行星的运动皆是由暗能量的斥力和万有引力来推动的。之所以暗能量具有如此大的力量,是因为它在宇宙的结构中约占 73%,占绝对统治地位。暗能量是近年宇宙学研究的一个里程碑性的重大成果。支持暗能量的主要证据有两个:一是对遥远的超新星所进行的大量观测表明,宇宙在加速膨胀。按照爱因斯坦引力场方程,加速膨胀的现象推论出宇宙中存在着压强为负的“暗能量”。另一个证据来自于近年对微波背景辐射的研究精确地测量出宇宙中物质的总密度。科学家知道,所有的普通物质与暗物质加起来大约只占其 1/3 左右,所以仍有约 2/3 的短缺。这一短缺的物质称为暗能量,其基本特征是具有负压,在宇宙空间中几乎均匀分布或完全不结团。“暗能量”与暗物质相比,更是奇特。因为它只有物质的作用效应而不具备物质的基本特征,所以都称不上物质而将其称之为“暗能量”。暗能量与物质不同,它无处不在,均匀分布,不会在某个地方聚集成团。不论是在你家的厨房,还是在星际空间,暗能量的密度都是完全一样,约为 $1\times10^{-26}\mathrm{kg/m^3}$,相当于几个氢原子的质量。太阳系中所有的暗能量加起来,与一颗小行星的质量差不多,几乎起不了作用。只有在巨大的空间尺度上和时间跨度上,才能体现出暗能量的影响力。值得注意的是,对于通常的能量(辐射)、重子和冷暗物质,压强都是非负的,所以必定存在着一种未知的负压物质主导当今的宇宙。

【暗挖法】(hidden digging method) 与明挖法相对应。适用于城市中不能采用明挖法施工的地方和松散层及含水松散层地层的开挖方法。一般应按照“新奥法”原理设计和施工,采用较强的初期支护,先注浆后开挖。其施工原则是:管超前、严注浆、短开挖、强支护、快封闭和勤量测。一般用 30~50 mm钢管超前棚顶导管,然后注入水泥或化学浆，形成“结石体”，以增强围岩自稳能力。每次开挖进尺0.75 m左右，先进行环状开挖，留核心土，预喷5～8 cm混凝土，架拱架和钢筋网，再喷25～30 cm混凝土，形成初期支护，做防水层后再做二次衬砌。按其工艺的不同可分为：单拱单跨、多拱多跨和平直墙暗挖施工技术。地铁车站为多拱多跨。也有三连拱、四连拱、五连拱地铁车站、公路隧道和地下商场。国际上传统的暗挖法其顶部都是拱形结构。中国创造出平顶直墙超浅埋暗挖施工技术。在岩石中进行暗挖施工时，一般采用钻爆法。为了保护围岩的自承能力，普遍采用光面爆破技术。为了减少对地面的振动影响，还采用微差爆破和合理设计爆破参数等减振技术。

【暗物质】（dark matter） 不发射任何光及电磁辐射的物质。人们目前只能通过引力产生的效应得知宇宙中有大量暗物质的存在。暗物质存在的最早证据来源于对球状星系旋转速度的观测。现代天文学通过对引力透镜、宇宙中大尺度结构形成、微波背景辐射等研究表明：我们目前所认知的部分大概只占宇宙的4%，暗物质占了宇宙的23%，还有73%是一种导致宇宙加速膨胀的暗能量。暗物质无法直接观测得到，但它却能干扰星体发出的光波或引力，其存在能被明显地感受到。科学家曾对暗物质的特性提出了多种假设，但直到目前还没有得到充分的证明。暗物质刚被提出来时仅仅是理论的产物，但是现在我们知道暗物质已经成为了宇宙的重要组成部分。暗物质的总质量是普通物质的6.3倍，在宇宙能量密度中占1/4。同时更重要的是，暗物质主导了宇宙结构的形成。不了解暗物质的性质，就不能说已经了解了宇宙。现在已经知道了两种暗物质——中微子和黑洞。但是它们对暗物质总量的贡献是非常微小的，暗物质中的绝大部分现在还不清楚。据国外媒体报道，美国科学家最新实验发现在0.75km深的铁矿中存在着暗物质，强有力地证实了暗物质的存在。暗物质被认为占据宇宙90%的质量。

【螯合】（chelate） 具有两个或两个以上能提供孤对电子的配位原子与中心离子配位而形成化合物的化学过程。在化学化工、环境科学、医药等领域应用广泛。

【螯合肥料】（chelate fertilizer） 具有螯合能力的有机化合物与作物营养元素发生作用而形成的螯合物肥料。螯合态营养元素肥料是水溶性的，对作物有效性较高。最常用的螯合剂是乙二胺四乙酸，此外还有羧乙基乙二胺三乙酸、乙二胺二邻位苯酚乙酸等。这些螯合剂可以与铁、锌、铜、锰等微量元素形成螯合物。施入土壤后，能减少营养元素被土壤固定的概率，作为基肥施用，效果比普通无机盐类肥料好，同时适宜根外追肥。

【螯合物】（chelate complex） 又称内配合物或内络合物。具有环状结构的配位化合物（或络合物）。通常是由具有两个或两个以上能提供孤对电子的配位原子与中心离子配位而形成。两个配位原子之间一般相隔两个或三个其他原子，以便于中心离子形成稳定的五原子环或六原子环。螯合物可以是不带电荷的中性分子，如二氨基乙酸合铜；也可以是带电荷的离子，如二乙二胺铜离子。由于它形成环状结构，远较简单络合物稳定。例如，铜离子与甘氨酸、半胱氨酸等都能生成稳定的二环螯合物。螯合物易溶于有机溶剂。广泛用于金属元素及环境化学中污染物的分离和分析。

【坳陷】（depression） 地壳上不同成因的下降构造。即地台、地槽以及过渡带中的负性构造。这种下降的直接起因一般也都是地壳的垂向运动。少数情况下，坳陷也可以由侧向挤压或伸展形成。

山间坳陷

【奥尔特云】（Oort cloud comet） 大多数彗星成群聚集在距离太阳3～10万天文单位的区域而形成的一个彗星云。这一现象因荷兰天文学家奥尔特于1950年指出而得名。他从彗星轨道统计中得出长周期彗星的轨道半径为3～10万天文单位（1天文单位=1.46亿千米），其轨道半长径分布的峰值为5万天文单位。粗略计算，奥尔特云中估计有1×10^{11}颗彗星，其总质量与地球的质量相当。

【奥氏体】（Austenite） 一种铁碳合金在显微镜下的微观金相组织。是碳溶解在γ－Fe中的间隙固溶体。常用符号A或γ表示。其晶格为γ－Fe的面心立方晶格。溶碳能力较强，在727℃时为$\omega_c=0.77\%$，1 148℃时为2.11%。除了部分含锰、镍较多的奥氏体类钢（如1Cr18Ni9等）在常温下就是奥氏体金相组织外，奥氏体是高温下（大于727℃）才能稳定存在的金相组织。奥氏体强度低，塑性好，是绝大多数钢种在高温下压力加工（轧制、锻造等）和淬火等热处理要求的金相组织。

【奥氏体本质晶粒度】（austenitic inherent grain size） 为判断钢的奥氏体晶粒长大的

倾向，在规定条件下测得的奥氏体晶粒尺度。用不同的钢种或不同冶炼方法炼制的同一钢种，在同一加热条件下，具有不同的晶粒长大倾向。晶粒长大倾向小的称为本质细晶粒钢；晶粒长大倾向大的称为本质粗晶粒钢。一般来讲，细晶粒钢大多具有较好的力学性能。在冶炼时使用铝脱氧，以及加入适量的钒、钛和锆，可以获得本质细晶粒钢。钢在轧制或热处理后的实际晶粒大小称为实际晶粒度。如果工艺不当，本质细晶粒钢的实际晶粒度有时会比本质粗晶粒钢的实际晶粒度还要大。

【奥陶纪】（Ordovician Period） 地质年代中古生代的第二个纪。“奥陶”一词源于英国北威尔士一古代奥陶部族（Ordovices）的居住地区。该地区奥陶系地层发育较好。奥陶纪始于距今4.9亿年，延续时间约5 200万年。这一时期是海浸分布范围最广的时期，大部分地区为海水所覆盖，浅海广布，气候温和，海生无脊椎动物空前发展。除自寒武纪发生的生物种群以外，又以笔石类和鹦鹉螺类十分繁盛为其特征，还出现了最早的脊椎动物无颚类。植物仍以藻类为主。奥陶纪可分为早、中、晚三个世，代表符号为“O”。

【奥托循环】（Otto cycle） 又称四冲程循环、定容加热理想热力循环。内燃机热力循环的一种。是19世纪德国工程师N. D. 奥托提出来的，因而得名。奥托循环的一个周期，由吸气过程、压缩过程、膨胀做功过程和排气过程这四个冲程构成。是汽油发动机的理想循环。实际上汽油发动机的效率要比奥托理想循环的效率低很多，只有一半或更小，约25%左右。增大压缩比是提高其循环热效率的主要手段。

B

【八段锦】 中国从北宋起便开始流传的一项健身运动。是古人创编的由八节不同动作组成的一套医疗、康复体操。其口诀是：双手托天理三焦，左右开弓似射雕，调理脾胃须单举，五劳七伤往后瞧，摇头摆尾去心火，两手攀足固肾腰，攒拳怒目增气力，背后七颠百病消。八段锦的动作柔和缓慢，能够导气引体，调畅气血。柔和缓慢的运动能让生命机体充分放松自然，更好地发挥人体自身的调节功能，因而有利于机体的全面康复。古人把这套动作比喻为“锦”，意为动作舒展优美，如锦缎般优美、柔顺。又因为功法共为八段，每段一个动作，故名为“八段锦”。八段锦动作简单，易记易学，适合男女老少等不同人群习练。传统医学认为，八段锦柔筋健骨、养气壮力，具有行气活血、协调五脏六腑之功能。现代研究也已证实，八段锦能改善神经体液调节功能和加强血液循环，对腹腔脏器有柔和的按摩作用，对神经系统、心血管系统、消化系统、呼吸系统及运动器官都有良好的调节作用，是一种较好的体育健身运动。

八段锦

【八法】(eight therapeutic methods) 中医的八种治疗方法。即汗、吐、下、和、温、清、补、消。古人在长期的医疗实践中，通过八纲辨证，对各种病证的治疗概括而制定出来的基本方法。一般来讲，病邪在表用汗法；病邪在里、在上属实用吐法；病邪在里、在中属实用下法；病邪半表半里、气机不调用和法；病的性质属寒用温法；病的性质属热用清法；正气虚弱、机能不足的虚证用补法；积聚、积滞属实用消法。早在东汉张仲景所著《伤寒杂病论》中已介绍了八法的内容，至今仍有现实意义。后世确立的各种治法，基本上都由八法演变而来。

【八纲】(eight principles) 阴、阳、表、里、虚、实、寒、热八个基本的辨证纲领。较为突出地反映了中医学的辨证思想。表里反映病位的浅深；寒热反映病证的性质；虚实反映邪正的盛衰；阴阳则是统摄其他六纲的总纲。表、热、实属阳，里、寒、虚属阴。八纲的四对矛盾，是相互联系、相互转化的，临床上错综复杂的症候都可以用它分析归纳。

【八纲辨证】(syndrome differentiation in accordance with the eight principles) 中医判断疾病的基本方法。将四诊中获得的感性材料加以综合归纳，找出其共性和个性，整理概括为阴阳、表里、寒热、虚实八个具有普遍性的类型，以判断疾病的属性、部位、轻重和个体的强弱，使治疗有纲可循。

【八会穴】 中医穴位分类名。脏、腑、气、血、筋、脉、骨、髓等精气聚会的八个腧穴。即脏会章门、腑会中脘、气会膻中、血会膈俞、筋会阳陵泉、脉会太渊、骨会大杼、髓会绝骨。

【八脉交会穴】 中医穴位分类名。十二经脉与奇经八脉相通的八个腧穴。即脾经的公孙（通冲脉）、心包经的内关（通阴维脉）、小肠经的后溪（通督脉）、膀胱经的申脉（通阳跷脉）、胆经的足临泣（通带脉）、三焦经的外关（通阳维脉）、肺经的列缺（通任脉）、肾经的照海（通阴跷脉）。合称“八脉交会穴”。

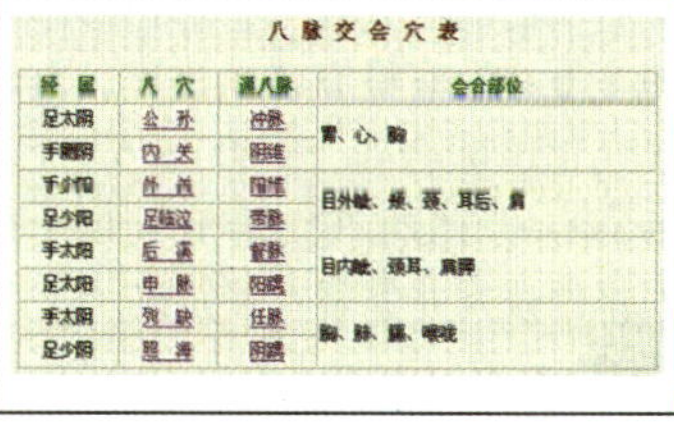

八脉交会穴表

经属	八穴	通八脉	会合部位
足太阴	公孙	冲脉	胃、心、胸
手厥阴	内关	阴维	
手少阳	外关	阳维	目外眦、颊、颈、耳后、肩
足少阳	足临泣	带脉	
手太阳	后溪	督脉	目内眦、项耳、肩胛
足太阳	申脉	阳跷	
手太阴	列缺	任脉	胸、肺、膈、喉咙
足少阴	照海	阴跷	

八脉交会穴

【八益】(eight right sexual behaviours) 在房事生活中对人体有益的八种做法。马王堆出土的古医书《天下至道谈》载：“一曰治气，二曰致沫，三曰智(知)时，四曰蓄气，五曰和沫，六曰窃气，七曰寺(侍)赢，八曰定顷(倾)。”其具体做法是：(1)调治精气。(2)致其津液。(3)掌握适宜的交接时机。(4)蓄养精气。(5)调和阴液。(6)聚积精气。

(7)保持盈满。(8)防止阳痿。

【巴比特合金】(babbitt alloy) 又称白色合金。一种易熔化的轴承合金。因由美国人巴比特(Isaac Babbitt)发明而得名。具有高耐磨性。因不需加工,故可节约金属;但因强度低,不能作为自受载荷的结构,故通常浇铸在铸铁或青铜轴瓦上使用。常用品种有:(1)锡巴比特,即锡锑铜合金,性能最优。用于特大载荷的轴承。但因含锡量高,价贵。(2)铅巴比特,即以铅部分或全部代替锡。前者性能较锡基的为差,但应用甚广。后者只能在小的载荷和速度下使用。此外,有铅和碱土金属(钙、钡、锶等)所组成的铅巴比特,其性能在某些方面并不亚于铅锑,甚至优于锡锑合金。其应用甚广。

【巴基球】(buckyball) 见富勒烯。

【巴厘路线图】(Bali line) 《联合国气候变化框架公约》缔约方第13次会议(2007年12月15日)在印度尼西亚的巴厘岛通过的一项计划。会议主要成果有:确定了依照“共同但有区别的责任”的原则,世界各国今后加强落实《联合国气候变化框架公约》的具体领域;考虑社会、经济条件以及其他相关因素,与会各方同意长期合作共同行动;坚持减缓气候变化、适应气候变化、技术转让和资金支持同举并重的基本原则,以实现《公约》的最终目标。路线图为2012年《京都议定书》第一承诺期到期后的温室气体减排谈判设定了议程,并就谈判结束时间等达成一致。发展中国家表示,愿意在可测量、可汇报、可核实的技术转让和资金支持的前提下采取可测量、可汇报、可核实的减缓气候变化的行动。但是,在2012年后发达国家应进一步承担的温室气体减排指标等问题上并未取得突破性进展。会议决定加强应对气候变化国际合作,于2009年年底前完成《京都议定书》第一承诺期2012年到期后全球应对气候变化新安排的谈判并签署有关协议。

【巴黎圣母院】(Goddess' Palace of Paris) 法国巴黎著名天主教大教堂。其平面宽47m,长125m。位于法国巴黎市中心塞纳河中的西岱岛上。1163年巴黎大主教莫里斯·德·苏利决定兴建。1345年全部建成。历时180多年。是欧洲建筑史上一个划时代的标志。该教堂以其哥特式的建筑风格,祭坛、回廊、门窗等处的雕刻和绘画艺术,以及堂内所藏的13~17世纪的大量艺术珍品而闻名于世。其正外立面风格独特,结构严谨,看上去雄伟庄严。它被壁柱纵向分隔为三大块;三条装饰带又将它横向划分为三部分。最下面有三个内凹的门洞。门洞上方为“国王廊”,上有代表以色列和犹太国历代国王的28尊雕塑。1793年,巴黎人民误认是丑化法国国王形象而将其捣毁,后复原。“国王廊”上面为中央部分,两侧是两个巨大的石质中棂窗子,中间开玫瑰花形大圆窗,直径约10m,建于1220~1225年。中央供奉着圣母圣婴,两边立天使塑像,两侧立亚当和夏娃塑像。教堂内部极为朴素,几乎没有什么装饰。大厅可容纳9 000人。

巴黎圣母院

【巴拿马运河】(Panama Canal) 跨越巴拿马地峡,连接大西洋和太平洋,巴拿马共和国拥有管理权的水闸型运河。总长82km,宽的地方达304m,最窄的地方也有152m。位于北纬9°,北美大陆分水岭在该处剧降至其最低点。运河的水闸靠加通湖、阿拉胡埃拉湖和米拉弗洛雷斯湖等各湖的重力水流运作;运河入口航道附近都筑有很长的防波堤。该运河是世界上一条具有重要战略意义的航运要道,被誉为“世界七大工程奇迹之一”和“世界桥梁”。

巴拿马运河

【巴士底狱遗址】(site of Bastille) 昔日巴士底监狱所在地。位于巴黎市区东部、塞纳河右岸。曾是公元1369~1382年建立的一座军事堡垒。后改为皇家监狱。“巴士底”一词的法文原意是“城堡”。占地2 670m²,由高墙和8座高约30m的塔楼围护,四周沟壕宽24m,有吊桥进出。16世纪起主要囚禁政治犯,法国启蒙思想家伏尔泰曾两次关押于此。1789年7月3日,巴黎人民英勇起义,14日攻占巴士底监狱,揭开法国大革命序幕。1791年拆毁并改建为巴士底广场,是消灭法国封建专制统治罪恶的象征。

巴士底狱遗址

【巴氏杀菌奶】(pasteurized milk) 见冷藏奶。

【巴氏涂片】(Pap smear) 从子宫颈部取少量的细胞样品,放在玻璃片上,然后在显微镜下研究是否异常的一种实验室检查方法。是希腊医生Papanicolaou对宫颈阴道细胞学的研究方法。巴氏理论和技术对恶性肿瘤以及癌前病变的诊断起了重要作用。由于巴氏涂片的广泛应用,过去50多年在世界范围内将宫颈癌的发病率降低了70%。宫颈细胞学巴氏分类五级:(1)Ⅰ级,正常。(2)Ⅱ级,炎症。临床上分为Ⅱa、Ⅱb。Ⅱb指个别细胞核异质,但不支持恶性。(3)Ⅲ级,可疑癌。性质难肯定,核异质明显,表现为核大深染,核形不规则。(4)Ⅳ级,高度可疑癌。细胞有恶性特征,但涂片中恶性细胞较少。(5)Ⅴ级,癌。具有典型的多量癌细胞。

【巴氏消毒法】(pasteurization) 见食品巴氏杀菌。

【巴斯德效应】(Pasteur effect) 厌氧型和需氧型能量代谢的转换过程。这个过程由细胞的能量状况和氧气的供给决定。这个现象由法国微生物学家巴斯德发现,因此以他的名字命名。在厌氧条件下,向高速发酵的培养基中通入氧气,则葡萄糖消耗减少,发酵产物积累被抑制。原因是有氧时丙酮酸氧化,产生大量三磷酸腺苷,抑制酵解和三羧酸循环。如在酵母菌酒精发酵时通入氧气,发酵速度减慢,停止产生乙醇,葡萄糖消耗速率下降。利用巴斯德效应可合理控制发酵速度,减少葡萄糖消耗。

【扒皮鱼】(skin-stripped skin fish) 又称马面鱼、象皮鱼、孜孜鱼、皮匠刀、面包鱼、羊鱼、烧烧鱼、老鼠鱼。硬骨鱼纲,鲀形目单角鲀科,马面鲀属。体较侧扁,呈长椭圆形,与马面相象。一般体长10~20cm、体重400g左右。头短。口小。牙门齿状。眼小,位高,近背缘。鳃孔小,位于眼下方。鳞细小,绒毛状。体呈蓝灰色,无侧线。第一背鳍有2个鳍棘。第一鳍棘粗大并有3行倒刺。腹鳍退化成一短棘附于腰带骨末端不能活动。臀鳍形状与第二背鳍相似,始于肛门后附近。尾柄长,尾鳍截形,鳍条墨绿色。第二背鳍、胸鳍和臀鳍均为绿色,故而得名。扒皮鱼除了那根突出于鱼背的硬骨外,最特别的是身上那张粗糙如砂纸的鱼皮,因为这一缘故,必须把皮扒掉才能烹煮,也因此换来了"扒皮鱼"这一俗称。分布于太平洋西部。中国主要产于东海及黄、渤海。东海产量较大。为中国重要的海产经济鱼类之一。其年产量仅次于带鱼。营养丰富,除鲜食外,经深加工制成美味烤鱼片畅销国内外,是出口的水产品之一。

扒皮鱼

【拔罐】(cupping) 以罐为工具,利用燃火、抽气等方法排除罐内空气,产生负压,使其吸附在腧穴或局部体表,以疏通气血、防治疾病的治疗方法。中国传统医学的一种外治方法。古代有以兽角或竹筒为工具的,所以又称角法、吸筒疗法及拨筒法。适用于治疗感冒、咳嗽、肺炎、哮喘、头痛、胸胁痛、风湿痹痛、扭伤、腰腿痛、消化不良、胃痛、高血压、疮疖痈肿、毒蛇咬伤(排除毒液)等症。使用时应注意:(1)选用的罐口应光滑,大小要适宜。(2)拔罐的部位,要以肌肉丰满和毛发稀少的地方为宜。(3)拔罐的时间不宜过长,每次10~15min。

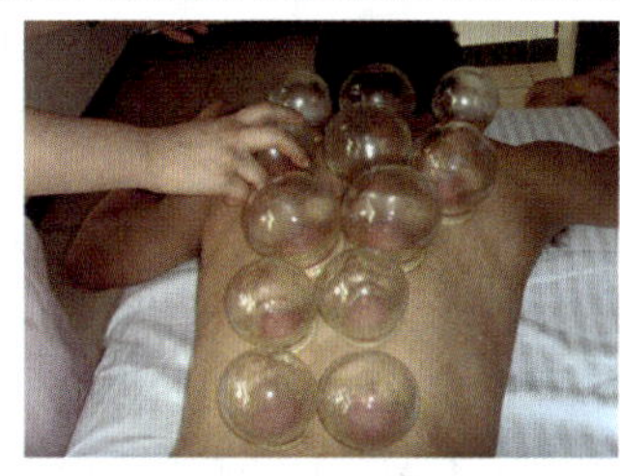
拔罐

【靶基因】(target gene) 又称目的基因、外源基因。即所要研究的基因。目的基因片段来源有以下几种:(1)从限制性内切酶直接分离获得。(2)化学合成。(3)从基因组文库中筛选。(4)用PCR(聚合酶链反应)技术获得。

【靶浓度控制输注】(target-controlled infusion, TCI) 又称靶控输注。以药动学和药效学原理为基础,以血浆或效应室的药物浓度为指标,由计算机控制给药输注速率的变化,达到按临床需要调节麻醉、镇静、镇痛深度目的的药物输注方式。传统上,静脉麻醉药的注射是通过人工推动注射器来实现的。随着计算机的发展和麻醉自动化的进步,以及麻醉科医师对静脉麻醉药药动学更深入的了解,静脉麻醉开始普及靶控输注。在TCI时,麻醉科医师将决定病人药动学参数的主要决定因素,如年龄、体重和性别等;所选择的静脉麻醉药;所需要的血浆药物浓度输入注射泵。TCI的注射泵将根据已嵌入的相应群体药动学参数和医师所要求的血药浓度,自动实施注射速度不断变化的输注方案,使血药浓度尽快达到并维持预计的浓度。

【靶细胞】(target cell) 受激素、抗体等生理活性物质作用的对象细胞。是在表示特异性时常用的一种术语。具有与激素特异性结合的受体。含氮激素的受体位于靶细胞膜上,类固醇激素的受体位于靶细胞质内。它们通过靶细胞内不同的信号传递系统,作用于细胞核内相应的基因,从而调节、控制该基因的表达,并产生相应的功能物质。

【坝内廊道】(gallery in dam) 为满足施工和运用要求,设置在坝体内的通道。按其用途的不同可分为:坝基灌浆排水廊道、排水廊道、观测检查廊道、交通廊道以及其他用于闸门操作、电缆敷设的专用廊道等。按其布置的不同可分为纵向廊道、廊道轴线与坝轴线平行和横向廊道。纵、横廊道及竖井互相连通形成廊道系统,由进出口与坝外相通。有时廊道还伸向两岸岩体,如某些灌浆廊道。坝内廊道的断面多为圆顶矩形,也有的采用椭圆形,底部再用二期混凝土填平。骑缝横向排水廊道可做成三角形顶矩形断面。坝基灌浆排水廊道属于操作廊道,其断面尺寸根据设备及操作要求确定,一般宽约2~3m,高约3~4m,其他廊道最小宽度1.2m,最小高度2.2 m。在坝内设置廊道后,其周边可能产生局部应力集中,故在受拉区需适当配置钢筋。一般可采用有限单元法计算廊道周边应力。在廊道尺寸不大时,可先不考虑廊道的存在,用材料力学法计算廊道形心处的应力,然后作为无限域内均匀应力场中的小孔口应力集中问题求解。对于有些定型的圆顶矩形廊道,已根据偏光弹性试验成果,编制有现成的应力系数表,可供使用。

【坝式水电站】(dam type hydropower station) 由河道上的挡水建筑物壅高水位而集中发电水头的水电站。由挡水建筑物、泄水建筑物、引水系统、厂房及机电设备等组成。由坝作挡水建筑物时多为中高水头水电站。由闸作挡水建筑物时多为低水头水电站。当水头不高且河道较宽时,可用厂房作为挡水建筑物的一部分。这类水电站又称河床式水电站,也属坝式水电站。坝式水电站和引水式水电站是水电开发的两种基本方式。适宜建在河道坡降较缓且流量较大的河段。由挡水建筑物形成的水库可调节径流,其调节能力取决于调节库容与入库径流比值的大小。有的坝式水电站水库容积较大,具有多年调节和年调节的水库。有的坝式水电站水库容积很小,只能进行日调节甚至不能调节径流。不能调节径流的水电站称为径流式水电站。坝式水电站的特点是:(1)具有日调节以上性能时,适宜担任电力系统的调峰、调频和备用任务,可增大电站的电力效益和提高供电质量。(2)枢纽布置集中,便于运行管理。(3)库区河道水深增加,有利于通航。(4)对调节性能好的水电站,库水位变幅较大,低水位时减少了利用水头。在水轮机选择时要考虑水头的影响。(5)需处理好水库淹没损失和移民。

坝式水电站

【白矮星】(white dwarf star) 体积很小、光度很低的一类白色恒星。体积与行星相近,密度是行星的万倍至千万倍,内部压力非常高。已发现的1 000多颗白矮星中,最有名的是天狼星的伴星。其内部物质为简并态的电子气和原子核,密度高达$1.0\times10^5\sim1.0\times10^7 g/cm^3$。有些白矮星表面磁场很强,被称为“磁白矮星”。

【白菜类蔬菜】(cabbage vegetable) 十字花科芸薹属芸薹种草本植物。芜菁亚种、白菜亚种和大白菜亚种的通称。芜菁亚种有明显叶柄,叶片深裂或全裂,具有膨大的肉质根,属根菜类蔬菜。白菜亚种叶片开张,株型较小,有明显的叶柄,无明显的叶翼,包括普通白菜变种、乌塌菜变种、薹菜变种等。大白菜亚种株型大,有明显的叶柄和叶翼,有散叶变种、半结球变种、结球变种和花心变种。原产于中国。有绿叶、叶球、花薹、嫩茎等产品类型。喜冷凉的气候条件。种子萌动后或幼苗在15℃以下的低温下,经过一定时期可完成春化过程。在长日照及较高的温度条件下有利于抽薹、开花和种子成熟。根系浅而吸水力弱,叶片蒸腾量大,要求较高的土壤含水量和空气湿度。其生长快,产量高。其需肥量大,以氮肥为主,配合施用磷钾肥。

白菜类蔬菜

【白菜型油菜】(pakechoi rape) 又称小白菜、矮油菜、甜油菜等。因其叶形和株型与白菜酷似,故名。其生育期短,适应性较强,属异花授粉作物。角果肥大,菜籽无辛辣味。蔬菜和油料兼用。全中国均有分布。北部和西部高寒山区以此类油菜为主。在中国栽培历史悠久。其春性品种幼苗直立,冬性品种株型匍匐,半冬性品种介于二者之间。

【白点】(white flake) 又称发纹。在钢材的纵向断口上,表现为圆形或椭圆形的银色斑点。钢的一种宏观缺陷。多出现在钢材的轴心区。是由于钢中含氢及在冷却时速度过快形成的。当钢在某一温度范围较快冷却时,过饱和的氢原子脱溶析集到疏松等空隙中合成氢分子,产生压力,并与钢的相变应力相结合,致使钢材内部产生细裂缝。马氏体钢、半马氏体钢容易产生白点;珠光体钢次之;奥氏体钢及铁素体钢不产生白点。合金钢白点色泽较光亮,碳钢较暗。在淬火后的断口上检验,是识别白点的有效方法。白点对钢的危害很大。是不允许有的缺陷。其防止产生白点的方法是对工件进行合理的去氧退火处理;提高冶炼质量,严格筛选烘烤炼锅炉料,并采用真空除气技术,最大限度地去除氢气。

【白癜风】(leucoderma) 又称白蚀病。一种获得性皮肤色素脱失性疾病。表现为局部或泛发性色素脱失。此病世界各地均有发生。其发病率约为0.5%~2%。印度发病率最高。男女发病无显著差别。一般肤色浅的人发病率较低,肤色较深的人发病率较高。中国约有1 200万人发病。近年发病率逐年上升。其发病机制是:患部黑色素减少或消散。皮肤黑色素存在于皮肤及毛囊内的黑色素细胞内。黑色素细胞产生的黑色素在酪氨酸酶的作用下,由酪氨酸酶转化为多巴,再经一系列复杂的生化过程而生成。当这个过程发生障碍时,将导致酪氨酸酶活性减少,甚至消失,继而使黑色素生成减少、消失。其病因学说有:(1)遗传学说。各地报道有3%~40%患者有阳性家族史。(2)神经因子学说。白癜风皮损可在精力紧张时产生或扩大。(3)免疫学说。白癜风患者常产生其他自身免疫病,如甲状腺功能亢进、甲状腺炎、系统性红斑狼疮等。其治疗特点是:白癜风的治疗方法很多,但大部分效果不明显。有的反而出现皮肤过敏,建议采用中药治疗。

【白垩纪】(Cretaceous Period) 地质年代中中生代的第三个纪。"白垩"一词来自拉丁语 Creta,意指极细富含钙质的白垩层。白垩纪始于距今1.37亿年,延续时间约7 200万年。这一时期是生物界又一次大变革的时期,动物界出现了真正的鸟类,脊椎动物、爬行动物由盛而衰,大型爬行动物(如恐龙)在本时期末相继绝灭。植物界中被子植物出现,并逐步取代裸子植物而占据主要地位。这一时期中国东南地区岩浆活动异常活跃,成为重要的成矿期。白垩纪可分为早、晚两个世,代表符号为"K"。

【白腐菌】(white-rot fungi) 又称白色腐朽菌。树木或倒木受真菌侵染而引起木材受侵染部位呈现白色腐朽的真菌。主要是担子菌类的多孔菌。这类真菌能降解木材中的木质素,保留下颜色浅而呈白色的纤维素。这种现象即为白色腐朽。热带雨林白色腐朽菌物种类很多,如韧革菌、皱孔菌、猴头菌、干酪菌、云芝、灵芝等。木质素经这类真菌降解,可能化为二氧化碳和水。因此在治理污水,消除污染等环境保护中具有开发应用价值。

杨柳白腐菌

【白岗岩】(alaskite) 一种超酸性深成岩浆岩。化学成分与花岗岩相似。其中二氧化硅(SiO_2)的含量大于75%。主要矿物为石英和长石组成,几乎不含深色矿物。与其有关的矿产主要有锡(Sn)、钨(W)、铌(Nb)、钽(Ta)等。

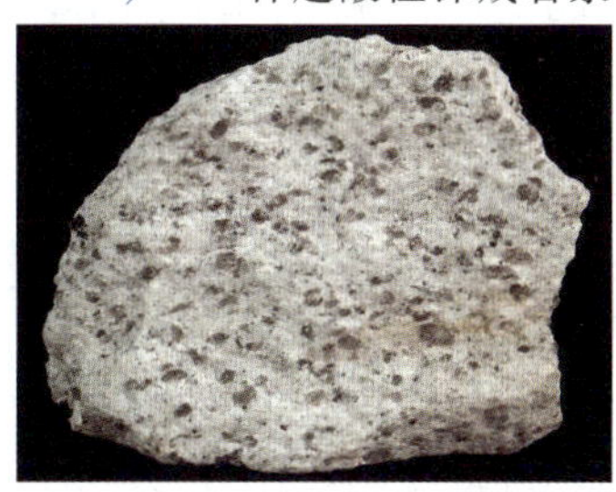
白岗岩

【白宫】(White House) 美国总统官邸。位于首都华盛顿市宾夕法尼亚路的南侧。始建于1792年。爱尔兰籍建筑师詹姆斯·霍本所设计。是一座乔治亚风格的建筑。1800年竣工。1814年英军攻占后,被付之一炬,后几经修复扩充与改建,形成目前规模。其中最大一次扩建和修缮是在1948~1953年,加修了一座二层阳台,安装了电视系统和空调设备,增建了双层地下室和坚固的地下防空室,把原来的125间房屋扩建为132间。连同庭园共占地7 300m^2,分为主楼和东西两翼三部分,有底层、一楼和二楼三层。主楼长170ft,南北宽85ft。其南面是一座宽大的门廊,外面有四根气势壮观的高大支柱。门厅正前方是"总统花园"的白宫南草坪。建筑两翼内侧是椭圆形总统办公室。一楼东端有白宫最大房间-东大厅,可容纳200多人。宴会厅可同时招待140名客人进餐,以它华丽装饰和精致餐厅著称。第一个住进白宫的主人是美国第二届总统亚当斯。此后历届总统都以它为官邸,成为美国政府的代名词。原称"总统住宅"、"总统宫"。白宫的名称是1901年由第26届总统西奥多·罗斯福正式命名的。

白宫

【白光瞄准镜】(white light aiming device) 又称白光瞄具。通过物镜光轴和分划,赋予武器射角和射向的瞄准镜。主要在白天使用。分开普勒望远瞄准镜、伽利略望远瞄准镜、准直式瞄准镜和其他形式的白光瞄准镜。开普勒望远瞄准镜是最早应用于轻武器的白光瞄准镜,是在开普勒望远系统的基础上增加一个瞄准标记后组成,对目标有放大作用,瞄准精度高。伽利略望远瞄准镜是利用伽利略望远系统的基本原理研制的一种望远式瞄准镜,光学系统结构简单,瞄准镜径向尺寸小,重量轻。准直式瞄准镜的特点是瞄准标记来自准直管,对目标没有放大作用。

【白盒测试】(white-box testing) 又称结构测试、逻辑驱动测试。根据开发人员对代码和程序的熟悉程度,对需要部分在软件编码阶段所进行的软件测试。按照规格说明书的规定检测产品内部动作是否正常进行。按照程序内部结构检测程序中的每条通路是否都能按预定要求正确工作,而不需测试软件产品的功能。白盒测试以软件开发人员为主。其主要特点是:测试对象进入代码内部,发现问题最早,测试效果最好。主要方法有:代码检查法、静态结构分析法、静态质量度量法、逻辑覆盖法、基本路径测试法、域测试、符号测试、Z 路径覆盖和程序变异。目前主要应用于具有高可靠性要求的软件领域,例如军工软件、航天航空软件和工业控制软件等。

【白鹤滩水电站】(Baihetan Hydropower Station) 位于四川省凉山彝族自治州宁南县与云南省巧家县交界的金沙江峡谷。其上游与乌东德梯级电站相接,下游与溪洛渡梯级电站相连。是金沙江下游河段 4 个梯级开发的第二级,距宁南县城 75km。工程以发电为主,兼有拦沙、防洪、航运、灌溉等综合效应。工程枢纽由拦河坝、泄洪消洪设施、引水发电系统等组成。拦河坝为双曲拱坝,高 277m,坝顶高程 827m,顶宽 13m,最大底宽 72m。最大水头228.8m。地下厂房装有16 台 7.5×10^{5}kW的混流式机组。总装机容量 1.2×10^{7}kW。年发电量 5.15×10^{10}kW·h,保证出力 3.55×10^{6}kW。在上游虎跳峡龙头水库建成后,可扩机至 1.5×10^{7}kW,年发电量 5.687×10^{10}kW·h,保证出力4.926×10^{6}kW。

【白化病】(Albinismus) 一种较常见的皮肤及其附属器官黑色素缺乏所引起的疾病。属于常染色体上的隐性遗传性疾病。其临床表现是:病人全身皮肤、毛发、眼睛缺乏黑色素,皮肤、眉毛、头发及其他体毛都呈白色或白里带黄;眼睛视网膜无色素,虹膜和瞳孔呈现淡粉色,怕光,并往往有眼球震颤及散光。由于缺乏黑色素的保护,病人的皮肤对光线高度敏感,易发生日光性皮炎,而皮肤却从来不被晒黑。另外还可引起光照性唇炎或光照性角化病或皮角,日后有可能发展成基底细胞癌或鳞状细胞癌。白化病的病因是:正常人体控制酪氨酸酶的基因位于第 11 号常染色体上,而白化病的患者机体缺少酪氨酸酶,因此体内的黑色素细胞就不能将酪氨酸酶最终变成黑色素。白化病在群体中的发病率为 1/20 000 ~ 1/10 000。病人应该尽量避免日晒,必要时涂抹防晒护肤品。

【白暨豚】(Yangtze river dolphin) 又称白豚、白鳍豚、白旗。哺乳纲,鲸目,白鳍豚科。中国国家Ⅰ级保护野生动物。濒危等级:极危。其体形呈纺锤形,身长约 2 ~ 2.5 m,体重可达 200 kg 以上。是鲸类家族中小个体成员。嘴部细长,背呈浅灰色或蓝色,腹面为纯白色。背鳍形如一个小三角,胸鳍宛如两只手掌,尾鳍扁平,中间分叉。善于游水,时速可达 80 km 左右。视听器官退化。但大脑特别发达,声呐系统极为灵敏,能将江面上几万米范围内的声响迅速传入脑中。耐寒。体温通常在 36℃ 左右。在长江里大约生活了2 500万年。是中新世及上新世延存至今的古老生物。是世界上现有 5 种淡水豚(拉河豚、亚河豚、恒河豚、印河豚、白鳍豚)中存活头数最少的一种。

白暨豚

【白介素 - 1】(interleukin-1, IL-1) 主要由活化的单核 - 巨噬细胞产生的一种单核细胞因子。其他多种细胞亦可合成分泌 IL - 1,如树突状细胞、朗格汉斯细胞、成纤维细胞、上皮细胞、NK 细胞、活化的 B 细胞等。IL - 1 可作用于机体的各个系统,具有广泛的生物学活性,即参与免疫调节,介导炎症反应和影响组织代谢;能促进 T 细胞和 B 细胞的增殖与分化,增强 NK 活性,对中性粒细胞、巨噬细胞和淋巴细胞具有一定的趋化和增强作用,能刺激骨髓多能干细胞增殖,诱导其他多种细胞因子,如 IL - 2、IL - 6、NKF 等分泌。其作用无种属特异性。其体内生物学作用的表现受其浓度影响,在生理浓度时(1×10^{-2} ~ 1×10^{-14} mol/L),其主要在局部起免疫调节作用;但高浓度的 IL - 1(如机体发生革兰阴性菌毒血症时)可以进入血液循环,以内分泌形式作用于全身,引起发热。IL - 1 本身是一种内源性热原物质,能诱导肝脏合成急性期蛋白,引发代谢性消耗,亦可导致恶液质发生。由此可见，IL－1 可望用于肿瘤和造血障碍等治疗。其拮抗剂可用于治疗炎症。

【白介素－2】(interleukin-2，IL-2) 主要由活化的 Th1 细胞或 CD4⁺T 细胞产生的一种细胞因子。在正常状态下，在细胞内合成并释放至细胞外后，以自分泌和旁分泌方式作用于局部靶细胞，表现其免疫效应。其效应表现取决于 IL－2 分子与靶细胞上 IL－2 受体(IL－2R)的结合。其作用敏感的细胞，必须在受到其作用约 5h 后才出现增殖反应主要是通过自分泌方式促进 T 细胞生长，使 T 细胞由细胞周期的 G_1 期进入 S 期。还能促进 B 细胞的增殖和分化，合成相应抗体。此外，尚能诱导多种其他细胞因子的产生以及细胞因子受体的表达；并能激活巨噬细胞、刺激 NK 细胞增殖、增强 NK 细胞杀伤功能或诱导新型杀伤细胞、LAK 细胞的产生等。

【白介素－3】(interleukin-3，IL-3) 主要由CD4⁺T细胞产生，其最主要的作用是作为一种造血因子促进造血干细胞的定向分化和增殖的一种细胞因子。其生物学活性相当广泛。其作用的靶细胞很广，几乎包括来源于多能造血干细胞的所有各系的处于不同分化阶段的前体细胞。表现为对多种血细胞包括淋巴细胞、巨噬细胞、中性粒细胞、嗜酸性粒细胞、肥大细胞、巨核细胞等的分化成熟均有一定的促进作用。对某些分化成熟的终末细胞也表现出一定的调节作用。如能增强巨噬细胞的吞噬功能和抗原呈递能力，促进巨噬细胞分泌 IL－1、IL－6 和 TNF，加强嗜酸性粒细胞的抗体依赖的细胞毒作用，促进 IL－2 受体表达，协同 IL－2 维持大颗粒淋巴细胞在体外长期存活。可用于治疗各种原因造成的急性或慢性骨髓造血功能低下，主要包括大剂量化学治疗或放射治疗后导致的骨髓造血受损的肿瘤患者，骨髓增生异常综合征和再生障碍性贫血患者。

【白介素－4】(interleukin-4，IL-4) 主要由CD4⁺T细胞产生的，主要作用于 B 细胞、T 细胞、巨噬细胞、肥大细胞等，能促进 B 细胞增殖，增强 B 细胞表达 MHC－Ⅱ类分子，诱导 IgG 和 IgE 类抗体产生，促进 T 细胞增殖与 CTL 产生，激活单核－巨噬细胞的杀伤功能，协同 IL－3 刺激肥大细胞增殖等的一种细胞因子。由于 IL－4 对 IgE 的产生具有选择性地促进作用，而 IgE 是速发型变态反应的重要介质，故 IL－4 与变态反应的发生有关。IL－4 可用于肿瘤、免疫缺陷病的治疗。

【白介素－5】(interleukin-5，IL-5) 主要由CD4⁺T细胞产生的，能诱导 B 细胞的增殖与分化，促进 Ig 免疫球蛋白尤其是 IgA 的产生，促进 CTL 分化成熟，特别是能够促进嗜酸性粒细胞的增殖与分化，并能激活已成熟的嗜酸性粒细胞杀伤寄生虫的一种细胞因子。可用于体液免疫缺陷和寄生虫感染的治疗。

【白介素－6】(interleukin-6，IL-6) 多种淋巴细胞和非淋巴细胞可自发地和在不同刺激下产生的一种细胞因子。Th2 细胞是主要的产生细胞，其他的还有成纤维细胞、内皮细胞、单核－巨噬细胞、某些 T 细胞株、B 细胞和某些传代的 B 细胞株等。可作用于多种靶细胞，且可与其他细胞因子相互作用。除了具有免疫增强和造血促进作用外，还可参与炎症反应。具体表现为可以促进 B 细胞增殖分化和分泌抗体；促进 T 细胞增殖分化和表达 IL－2 受体，协同 IL－3促进干细胞分化和巨噬细胞的成熟，加速肝细胞合成急性期蛋白等。但其活性具有比较明显的双重性，即一方面具有很重要的生理意义；另一方面则参与多种疾病的病理过程。如参与多发性骨髓瘤、类风湿关节炎、膜增生性肾小球肾炎等的发病过程，且其产生的水平与此类疾病病情的严重程度有关。可以治疗经放射治疗或化学治疗后导致的血小板减少症、某些肿瘤患者；抗 IL－6 疗法对于多发性骨髓瘤有一定的治疗作用。

【白介素－7】(interleukin-7，IL-7) 由基质细胞(如骨髓基质细胞、胸腺基质细胞)产生的一种细胞因子。能促进前 B 细胞增殖与分化，而对成熟 B 细胞无作用，这是IL－7 比较独特的生物学活性。也可促进前 T 细胞和成熟 T 细胞的增殖，诱导 CTL 和 LAK 细胞的产生等。可用于肿瘤免疫治疗。

【白介素－8】(interleukin-8，IL-8) 多种细胞(如单核巨噬细胞、内皮细胞、成纤维细胞等)受到一定刺激后产生的具有趋化并激活中性粒细胞，促进中性粒细胞的溶酶体酶活化和吞噬作用的一种细胞因子。同时对嗜碱性粒细胞和 T 细胞也有一定的趋化作用。上述生物学活性与炎症反应密切相关。目前认为 TNF、IL－1、IL－6 诱发的炎症反应在很大程度上是通过诱导产生的以 IL－8 为代表的趋化因子所介导的。并发现其水平的升高与某些疾病局部浸润的单核细胞和中性粒细胞的数量相平行，如类风湿关节炎的关节滑液中均含有较高水平的 IL－8，表明 IL－8 参与这些疾病的病理发生过程。若与其他造血生长因子合用，有可能对中性粒细胞减少症、免疫缺陷症、肿瘤等有

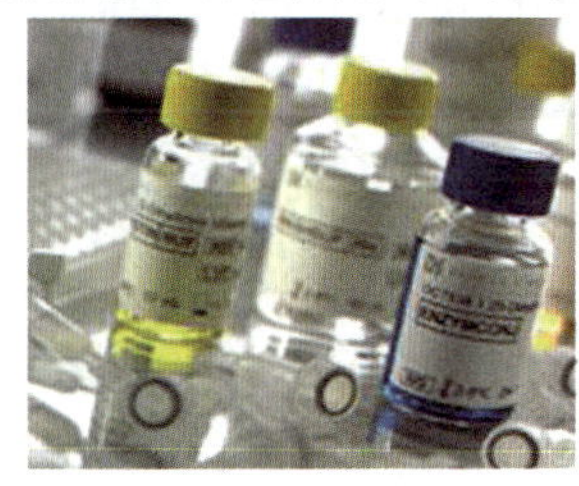

白介素－8

一定的治疗效果。

【白介素－9】(interleukin-9, IL-9) 主要由活化的 CD4$^+$ T 细胞产生的能通过非 IL－2 和非 IL－4 途径,促进 Th 细胞在无抗原刺激的条件下长期存活的一种细胞因子。与 IL－2 协同促进胸腺细胞增殖,与 IL－3 和IL－4共同作用后,促进肥大细胞生长,并增强其活性。

【白介素－10】(interleukin-10, IL-10) 主要由 Th2 细胞产生的一种细胞因子。除了能在一定程度上促进 CTL 诱导、增强 B 细胞增殖分化外,其主要生物学活性是免疫抑制作用,能抑制 Th1 细胞的增殖及 IL－2、IL－3、IFN－r、GM－CSF、INF 等细胞因子的合成,故其免疫调节作用是依靶细胞的不同而表现出双向性。可能对于移植排斥、炎症等有一定的治疗作用。

【白介素－11】(interleukin-11, IL-11) 主要由间质来源的黏附细胞如骨髓基质细胞、基质成纤维细胞等产生的一种细胞因子。主要生物学活性是单独或与其他细胞因子协同刺激骨髓造血干细胞的增殖和分化成熟;促进巨核细胞系和红细胞系造血生成;在促进造血恢复、抗感染等方面有潜在的应用价值。可望用于血小板减少症以及放射治疗、化学治疗所致的造血损害、防治感染和出血。

【白介素－12】(interleukin-12, IL-12) 主要由单核－巨噬细胞、B 细胞及肥大细胞所产生的对 T 细胞和 NK 细胞具有显著的生物学作用的一种细胞因子。能促进活化的 NK 细胞、CD4$^+$ 和 CD8$^+$ T 细胞的增殖,增强 NK 细胞和 CTL 的杀伤活性,诱导活化的 T 细胞和 NK 细胞分泌IFN－r,从而间接地激活巨噬细胞,协同 IL－2 诱导 LAK 细胞活性的产生。可应用于肿瘤免疫治疗,当与 IL－2 合用时可以显著降低 IL－2 的应用剂量。

【白介素－13】(interleukin-13, IL-13) 主要由活化的 Th0、Th1 样、Th2 样和 CD8$^+$ T 细胞产生,可作用于单核－巨噬细胞和 B 细胞,对 T 细胞无明显调节作用的一种细胞因子。能延长单核细胞在体外存活时间,增强单核、巨噬细胞表达 CD23 分子和抑制其分泌前炎性细胞因子。通过抑制炎性细胞子的产生,可望应用于类风湿关节炎等炎性疾病的治疗。

【白介素－14】(interleukin-14, IL-14) 由活化的 T 细胞产生的是一种 B 细胞生长因子。可诱导活化的 B 细胞增殖,但对静息状态的 B 细胞无刺激作用,能抑制活化的 B 细胞分泌免疫球蛋白。

【白介素－15】(interleukin-15, IL-15) 主要由黏附性外周血单个核细胞产生的一种细胞因子。表皮细胞、成纤维细胞亦可产生 IL－15。具有与 IL－2 相似的结构与功能。可刺激活化的 T 细胞增殖,诱导 CTL 和 LAK 细胞产生,促进 B 细胞分泌 IgM、IgG、IgA。

【白介素－16】(interleukin-16, IL-16) 又称 T 细胞特异性趋化吸引因子。在抗原、丝裂原、组胺或 5－羟色胺的作用下,由外周血单个核细胞中的 CD8$^+$ T 细胞产生并释放的一种细胞因子。是以 CD4 分子作为其与之相互作用的受体。对于 CD4$^+$ T 细胞、T 细胞株、单核细胞以及嗜酸性粒细胞均有趋化吸收作用。也是 CD4$^+$ T 细胞的一种刺激生长因子,能诱发 G_0 至 G_1 细胞周期的变化,但不能诱导细胞分裂。目前认为其可能是一种前炎症反应细胞因子,这是因为它在炎症反应形成的过程中,可能起一定的作用。如在支气管哮喘病例的气道上皮细胞中发现有 IL－16,在经抗原攻击 4h 后的支气管抽取液中即可检出有 IL－16。

【白金汉宫】(Buckingham Palace) 英国的王宫。建造在威斯敏斯特城内。位于伦敦詹姆士公园的西边。1705 年白金汉宫因由白金汉公爵兴建而得名,最早称白金汉屋。1761 年由英王乔治三世购得,一度曾做过帝国纪念堂、美术陈列馆、办公厅和藏金库。1825 年英王乔治四世加以重建,改建成王宫建筑。1837 年维多利亚女王继位起正式成为王宫。现仍是伊丽莎白女王的王室住地。女王召见首相、大臣,接待和宴请外宾及其他重要活动,均在此举行。1931 年用石料装饰了外墙面,使其重放异彩。皇宫是一座四层正方体灰色建筑物,悬挂着王室徽章的庄严的正门,是英皇权力的中心地,四周围上栏杆,宫前广场上竖有胜利女神金像和维多利亚女王坐像。胜利女神金像站在高高的大理石台上。维多利亚女王像上的金色天使,代表皇室希望能再创造维多利亚时代的光辉。宫内有典礼厅、音乐厅、宴会厅、画廊等六百余间厅室,收藏有许多绘画和精美的红木家具。艺术馆大厅内专门陈列英国历代王朝帝后的 100 多幅画像和半身雕像,营造出浓厚的 18 和 19 世纪英格兰的氛围。此外还有一座占地约 18hm^2 的御花园,为英王乔治四世所设计。园内有湖泊、草地、小径,花团锦簇、美不胜收。

白金汉宫

【白酒】(distilled spirit) 又称烧酒、老白干

等。由淀粉或糖质原料制成酒醅或发酵醪经蒸馏而得的一种酒精含量较高的酒。以高粱、玉米、薯类、麦类、大米和糯米等为主要原料，大曲、小曲或麸曲及酒母等为糖化发酵剂，经蒸煮、糖化、发酵、蒸馏、储存和勾兑而制成。具有无色透明、芳香馨鼻、酒味醇厚和回味悠长等特点。酒精度数(体积百分数)较高，一般在50~60度。也有一些较低度数的白酒，通常都在30度以上。使用不同的原料，采取不同的糖化发酵剂和生产工艺，可酿制出种类繁多、各有特色的产品。按其酒香型的不同可分为：浓香、清香、酱香、米香、兼香、芝麻香、特香、凤香和药香等。除饮用外，也可以用作浸制中药材和食品糕点的调味增香等。

【白藜芦醇】(resveratrol) 从蓼科虎杖植物中提取制备的一种生物活性很强的天然多酚类物质。别名：虎杖甙元。化学名：(E)-5-[2-(4-羟苯基)-乙烯基]-1,3-苯二酚、3,5,4′-三羟基芪、芪三酚。分子式：$C_{14}H_{12}O_3$。无味。白色晶体粉末。难溶于水。易溶于乙醇和丙酮等有机溶剂。是蒽醌萜类化合物。主要来源于蓼科植物虎杖的根茎提取物。虎杖是多年生灌木状草本植物。高达1m以上。根茎横卧地下，木质黄褐色。节明显，茎直立。圆柱形，表面无毛。散生着多数红色斑点，中空。白藜芦醇是一种天然的抗氧化剂。可降低血液黏稠度，抑制血小板凝结和血管舒张，保持血液畅通，并可预防癌症的发生及发展。具有对脉粥样硬化、冠心病、缺血性心脏病和高血脂的防治作用。还具有抑制肿瘤和雌激素的作用。可用于治疗乳腺癌等疾病。

【白内障】(cataract) 眼内晶状体发生浑浊使视力逐渐下降以至于失明的一类疾病。引起白内障的原因是多方面的，除外伤性、放射性、先天性、糖尿病性白内障等有比较明确的病因外，还有相当多的白内障没找到明确的病因。在临床上，白内障可分为老年性白内障、先天性白内障、外伤性白内障、并发性白内障及全身疾病引起的白内障等几种类型。最常见的是老年性白内障。白内障现已成为世界范围内首位致盲眼病。目前，手术摘除浑浊晶状体并植入人工晶体，是唯一有效的治疗方法。人工晶体具有眼镜、角膜接触镜所没有的优点，是白内障手术后视力恢复的最有效方法。人工晶体材料要求质地轻，透明度好，化学性能稳定，无刺激性，无毒性。人工晶体植入全部在显微镜下操作，采用白内障囊外摘除，同时安放后房型人工晶体。近些年来，开始采用比较先进的超声乳化白内障吸出，可折叠人工晶体植入手术，切口更小，无需缝合，愈合快，视力恢复好，已在世界范围内普及。

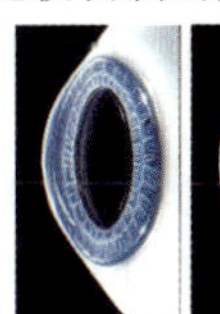
健康晶体

混浊晶体

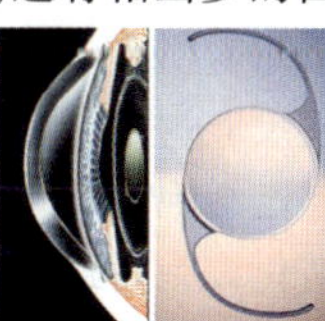
植入一枚人工晶体

人工晶体植入

【白乳胶】(polyvinyl acetate emulsion) 由醋酸乙烯单体在引发剂作用下经聚合反应而制得的一种热塑性黏合剂。白乳胶可常温固化，固化较快，黏接强度较高，黏接层具有较好的韧性和耐久性，且不易老化。广泛用于印刷装订和家具制造，用作纸张、木材、布、皮革、陶瓷等的黏合剂，还可作酚醛树脂、脲醛树脂等黏合剂的改性剂，用于制造聚醋酸乙烯乳胶漆等。

【白塞病】(Behcet's disease) 一种非细菌微生物感染引起的以血管炎为基本病变的慢性、进行性、复发性并导致多系统损害的疾病。以土耳其皮肤科医生白塞的名字命名。该病的血管炎涉及全身不同部位的大中小动脉、静脉，但一般以侵犯小动脉、小静脉及遍布全身的、极微小的微血管为主。血管的炎症可引起血管坏死、破裂或者管腔狭窄、血栓形成，从而进一步造成与病变血管有关的器官或组织的损害。本病可以累及皮肤、黏膜、眼、心血管、胃肠、肾、关节、神经等许多器官，以眼部、口腔、外阴炎症和溃疡为主要表现。本病在世界许多国家均有出现，东方国家略多，尤其是丝绸之路上的土耳其、伊朗等国较多见。

【白色硅酸盐水泥】(white portland cement) 以氧化铁含量低的石灰石、白泥、硅石为主要原料，经烧结制成的以硅酸钙为主要成分且在氧化铁含量低的熟料中加入适量石膏并共同磨细制成的水硬性胶凝材料。一种白色装饰水泥。其适用标准为GB2015-91。磨制白水泥时允许加入不超过水泥重量5%的石灰石或窑灰。水泥熟料中的氧化铁的含量一般要求小于0.5%。在煅烧时，最好采用天然气或重油作燃料。如用煤时，要求灰分中氧化铁含量低，制造过程须避免杂质混入。如在白水泥中掺入耐碱的颜料，可制得各种色彩的水泥。白水泥的常规物理性能和普通硅酸盐水泥相似，分为325、425、525、625四个标号。白水泥按白度(特级、一级、二级和三级)又可分为优等品、一等品和合格品。该水泥主要用于建筑装饰材料，如地面、楼板、阶梯、庭柱等的饰面，也可用作雕塑工艺制品。

【白色念珠菌病】(candida atbicana) 由念珠菌感染所引起的各部位疾病的统称。健康小儿带菌率为5%~30%。婴幼儿中，营养不良、免疫低下、常期应用广谱抗生素及皮质醇、免疫抑制剂等均易感染念珠菌。其主要表现是：(1)皮肤黏膜型。主要是局部感染，多发生于新生儿及小婴儿。口腔黏膜感染，称鹅口疮。表现为口腔颊黏膜，上下腭，齿龈表面有白色乳凝块样、膜样附着物，不易擦去，强行擦去黏膜面溢血；重者病变可从舌延至咽喉、气管、食道。另一好发部位在肛门周围、臀部外阴及腹股沟处。皮肤皱褶处潮红，糜烂，边界清楚，上有白色脱屑，周围皮肤红色皮疹，小水疱及脓疱。(2)内脏型。是全身感染。最多见于消化道感染，称念珠菌性肠炎。表现为低热，大便每日3～10次不等，水样、豆腐渣样便，发酵气味，严重者血便。呼吸道感染，称念珠菌性肺炎。表现为发热，咳嗽，呼吸困难，有无色胶胨痰，有时带血丝，有或无肺部啰音，肺部CT有特殊表现。侵犯泌尿系、脑膜及全身播散者少见。除临床表现外，查到念珠菌孢子和菌丝可诊断。局部用制霉菌素涂口腔及臀部，效果快而好。深部感染需口服氟康唑、酮康唑，重者需静脉点滴抗霉菌药物，要注意副作用。

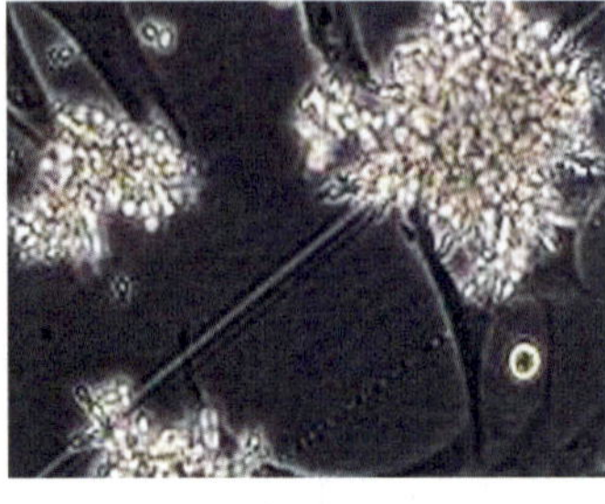
白色念珠菌

【白色农业】(white agriculture) 微生物资源产业化的工业型新农业。包括高科技生物工程的发酵工程和酶工程。因其生产环境高度洁净，生产过程不存在污染，产品安全、无毒副作用，以及工作人员在车间穿戴白色工作服、帽从事劳动生产，故形象地称之为“白色农业”。其研究应用领域包括：微生物食品、微生物饲料、微生物肥料、微生物农药、微生物兽药、微生物能源和微生物生态环境保护剂等。

【白色污染】(white pollution) 日常生活和其他活动中产生的废弃塑料制品造成的污染。最常见的有日用塑料制品(如塑料鞋、台布、购物袋、垃圾袋、餐具、化妆品瓶、药瓶等)和废弃的农用塑料制品(如棚膜、地膜、育苗钵、渔网、管材等)。尤其是塑料包装物以及一次性使用的塑料制品，已成为城市垃圾的主要组成之一。它们容易被人们随意乱扔，且又不易被环境降解，从而对城市、陆地、海洋造成景观污染，破坏环境生态平衡，甚至危及野生动植物的生命安全。中国政府从2008年6月1日起禁止生产、销售、使用厚度小于0.025mm的超薄塑料袋。

白色污染

【白铜】(cupronickel) 含镍量低于50%的铜镍合金。因具有银白色光泽而得名。在白铜中如加入锰、铁、锌、铝等合金元素，则分别称为锰白铜、铁白铜、锌白铜和铝白铜。不含此类元素的白铜称为普通白铜。上述白铜中除锰白铜可作热电偶及精密电阻材料外，其余主要用作耐蚀合金。

【白细胞】(white blood cell) 又称白血球。血液中一类呈球形的无色有核的血细胞。按其形态的不同可分为颗粒白细胞和无颗粒白细胞。前者含有特殊染色颗粒，用瑞氏染料染色可分辨出三个类型，即中性粒细胞、嗜酸粒细胞和嗜碱粒细胞；后者包括单核细胞和淋巴细胞。各类白细胞的防御保护作用各不相同。中性粒细胞具有变形运动和吞噬活动的能力，是机体对抗入侵病菌，特别是急性化脓性细菌的最重要的防卫系统。当中性粒细胞数显著减少时，机体发生感染的机会明显增高。嗜酸粒细胞具有粗大的嗜酸颗粒，颗粒内含有过氧化物酶和酸性磷酸酶。它具有趋化性，能吞噬病原体复合物，减轻其对机体的损害及对抗组胺等致炎因子的作用。嗜碱粒细胞中有嗜碱颗粒，内含组胺、肝素与5－羟色胺等生物活性物质，在抗原－抗体反应时释放出来。单核细胞是血液中最大的血细胞。目前认为它是巨噬细胞的前身，具有明显的变形运动，能吞噬、清除受伤、衰老的细胞及其碎片。单核细胞还参与免疫反应，在吞噬抗原后将所携带的抗原决定簇转交给淋巴细胞，诱导淋巴细胞的特异性免疫反应。它还是对付细胞内致病细菌和寄生虫的主要细胞防卫系统，具有识别和杀伤肿瘤细胞的能力。淋巴细胞则是具有特异性免疫功能的细胞。T淋巴细胞主要参与细胞免疫反应，而B淋巴细胞参与体液免疫反应。人体内白细胞的总数和其种类的百分比是相对稳定的。正常人每升血液中的白细胞为5×10^{9}～1.0×10^{10}个。各种白细胞的百分比为：中性粒细胞50%～70%，嗜酸粒细胞1%～4%，嗜碱粒细胞0～1%，淋巴细胞20%～40%，单核细胞1%～7%。机体发生炎症或其他疾病时，都可引起白细胞总数及各种白细胞的百分比发生变化。检查白细胞总数及其分类数，是辅助诊断的一种重要方法。

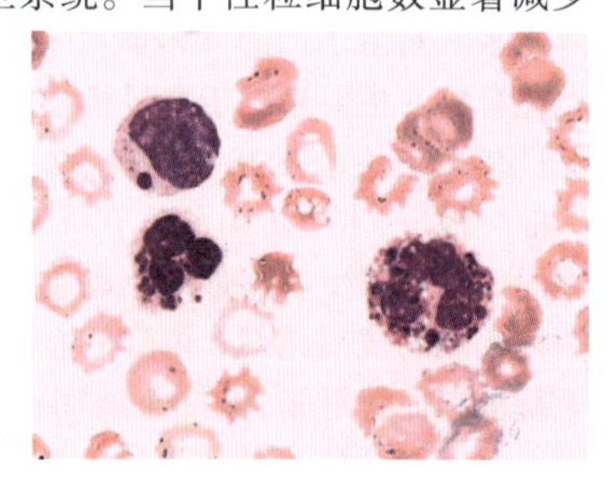
白细胞(HE染色－紫色者)

【白细胞介素】(interleukin) 一组具有介导白细胞间相互作用的细胞因子。在免疫系统中发挥重要的生理功能。自1979年第一个白细胞介素被命名后,发现和克隆新的白细胞介素一直是国际免疫学研究的热点。1996年发现了白介素IL-18,1999年11月至2000年底,又有五个新的白细胞介素和一些白细胞介素的同源因子被发现。其中,白细胞介素-2已经在某些肿瘤临床治疗方面开始应用,并取得了一定的疗效。

【白血病】(leukemia) 又称血癌。发生于造血组织的恶性疾病。其特点是骨髓及其他造血组织中有大量白血病细胞无限制地增生,浸润各种组织,而正常血细胞的制造被明显抑制。按病程和细胞分化程度的不同可分为急性白血病和慢性白血病;按其增生细胞类型的不同可分为急性淋巴细胞白血病和非淋巴细胞白血病。此外,还有特殊类型的白血病。白血病在发病过程中,大多伴有不同程度的出血,可发生在任何部位,多见于造血组织、皮肤黏膜、心包膜、脾、胃及中枢神经等。该病居年轻人恶性疾病中的首位。病因至今仍不完全清楚,病毒可能是主要的致病因子,但还有许多因素如放射、化学毒物(苯等)、药物、染色体变异、遗传素质等可能是致病的辅因子。常用化疗和骨髓移植方法治疗。

【白鲟】(Chinese paddlefish) 又称象鱼、箭鱼、柱鲟鳇、琵琶鱼。古时称鲔。为半溯河洄游性鱼类。属鲟形目,匙吻鲟科,白鲟属。濒危等级:濒危。中国国家Ⅰ级保护野生动物。体长梭形。吻长剑状,前端狭而平扁,基部肥厚。口大,下位,能伸缩,口前具短须1对。眼小。鳃孔大。体光滑无鳞,在尾鳍上叶具有8个棱形鳞板,向后延至尾鳍上叶。背部浅紫灰色、腹部及各鳍略呈白粉色 。分布于长江干流,黄海、东海沿岸亦有发现,古时达汾渭盆地。栖息于长江干流,偶进入沿江大型湖泊。最重可达500 kg以上。但一般在100 kg以上。大型凶猛性鱼类,成鱼和幼鱼均以鱼类为主食,亦食少量的虾、蟹等动物。春季溯江产卵,怀卵量可达2×10^5个。原产卵场在长江上游的宜宾一带。

白鲟

【白羊座】(Aries) 黄道十二星座之一。位于双鱼座和金牛座之间。中心位置:赤经2时40分,赤纬+21°,面积约441平方度。座内有亮于四等的星5颗,其中α星为二等星。α、β、γ星在黄道带组成一个细长斜三角形。每年12月中旬晚八九点钟,白羊座正位于中天。

【白云岩】(dolomite) 一种以白云石为主要矿物组分的碳酸盐岩。常混入方解石、黏土矿物、石膏等杂质。颜色白、浅黄或浅粉红。外貌与石灰岩很相似。滴稀盐酸(5%)极缓慢地微弱发泡或不发泡。形成于某些特殊的沉积环境或由石灰岩白云石化作用而成。白云岩风化面常有白云石粉及纵横交叉的刀砍状溶沟,且较石灰岩坚韧。按其成因的不同可分为原生白云岩、成岩白云岩及后生白云岩。前者为化学沉积岩,后二者称交代白云岩或次生白云岩。按其结构的不同可分为结晶白云岩、残余异化粒白云岩、碎屑白云岩、微晶白云岩等。在中国南方的奥陶系中有广泛分布。白云岩在冶金工业中可作熔剂,部分也用来提炼金属镁;在化学工业中用以制造钙镁磷肥、硫酸镁等。此外,还可做陶瓷、玻璃的配料和建筑石材。

白云岩

【白噪声】(white noise) 功率谱密度在整个频域内均匀分布的噪声。所有频率具有相同能量的随机噪声。它是一种功率频谱密度为常数的随机信号或随机过程。此信号在各个频段上的功率是一样的,由于白光是由各种频率(颜色)的单色光混合而成,因而此信号的这种具有平坦功率谱的性质被称作是“白色的”,此信号也因此被称作白噪声。相对的,其他不具有这一性质的噪声信号被称为有色噪声。理想的白噪声具有无限带宽,因而其能量是无限大,这在现实世界是不可能存在的。实际上,我们常常将有限带宽的平整讯号视为白噪声,因为这让我们在数学分析上更加方便。白噪声在数学处理上比较方便,因此它是系统分析的有力工具。一般来讲,只要一个噪声过程所具有的频谱宽度远远大于它所作用系统的带宽,并且在该带宽中其频谱密度基本上可以作为常数来考虑,就可以把它作为白噪声来处理。例如,热噪声和散弹噪声在很宽的频率范围内具有均匀的功率谱密度,通常可以认为它们是白噪声。白噪声的应用领域之一是建筑声学,为了减弱内部空间中分散人注意力并且不希望出现的噪声(如人的交谈),使用持续的低强度噪声作为背景声音。一些紧急车辆的警报器也使用白噪声,因为白噪声能够穿过如城市中交通噪声这样的背景噪声并且不会引起反射,所以更加容易引起人们的注意。在电子音乐中也有白噪声的应用,它被直接或者作为滤波器的输入信号以产生其他类型的噪声信号,尤其是在音频合成中,经常用来重现类似于铙钹这样在频域有很高噪声成分的打击乐器。白噪声也用来产生冲击响应。

【白术】(atractylodes) 又称於术、山蓟、山芥、山连。中药名。药性:甘、苦、温。归脾、胃经。功效:健脾益气,燥湿利尿,止汗,安胎。用于脾虚食少、腹胀泄泻、痰饮眩悸、水肿、自汗、胎动不安。用法与用量:6~12g,煎服。

【百白破疫苗】(DPT vaccine) 由百日咳疫苗、精制白喉和破伤风类毒素按适量比例配制而成,用于预防百日咳、白喉、破伤风三种疾病的混合疫苗。其接种对象是3月龄至6周岁的儿童。一般3~12个月完成3针,两针间隔4~6周,18~24个月可加强注射第4针。中国现行的免疫程序规定,新生儿出生后3足月就应开始接种百白破疫苗第一针,连续接种3针,每针间隔时间最短不得少于28天。在1岁半至2周岁时再用百白破疫苗加强免疫1针,7周岁时用精制白喉疫苗或精制白破二联疫苗加强免疫1针。吸附百白破疫苗采用肌内注射。接种部位在上臂外侧三角肌附着处或臀部外上1/4处。其免疫效果是:百白破疫苗经国内外多年实践证明,对百日咳、白喉、破伤风有良好的预防效果。目前,一般认为对破伤风、白喉的免疫效果更为满意。

【百草枯中毒】(paraquation poisoning) 由百草枯引起的全身中毒症状。百草枯是目前最常用的除草剂之一。属中等毒类。正常使用时对动物及环境不产生危害。当进入人体后,即迅速分布到全身各器官组织,以肺和骨骼中浓度最高。其大部分5天内经肾脏,由尿排出。人的经口致死量为20%百草枯溶液5~15ml。中毒死亡率高达30%~50%,多系口服所致。其临床表现是:皮肤接触部位发生接触性皮炎,眼睛接触则引起结膜、角膜灼伤;经口吞服后,口腔黏膜糜烂,甚至呕血、便血。中毒时,肺部病变最突出,出现进行性呼吸困难和发绀。严重者,24h内出现肺水肿、肺出血,1~3天内可因急性呼吸窘迫综合征死亡。一些患者在急性中毒控制后的1~2周内发生肺间质纤维化,并进行性加重,以致呼吸衰竭死亡。

【百合病】(lily disease) 以神志恍惚、精神不定为主要表现的情志病。因其治疗以百合为主药,故得此名。多继发于急性热病,或中毒、脑部疾患之后,余邪未尽,阴液亏损,气血失调,经脉失养,心神惑乱。以神情恍惚和行、卧、饮食等皆感不适为主要表现特征。此病可分为阴虚内热型、痰热内扰型和心肺气虚型三种类型。宜用小柴胡汤加百合、知母和粳米治疗,也可以用百合地黄汤、百合滑石散、百合鸡子汤或百合知母汤治疗。对患者应避免不良精神刺激,多向患者做思想工作,耐心地说服、开导,以消除患者疑虑或紧张。

【百会】 中医穴位名。属督脉。定位:在头部,当前发际正中直上5寸,或两耳尖连线的中点处。主治:头痛眩晕,耳鸣,鼻塞,健忘,胃下垂,脱肛,久泄久痢,痔疮,中风失语,精神分裂症,休克,神经性头痛,高血压等。刺灸法:平刺0.5~0.8寸;艾炷灸3~5壮,或艾条灸5~10min。研究证实:针刺百会穴对血压有调整作用,对垂体性高血压,针刺可降压;对动物失血性休克,针刺可升压。脑电图检查,针刺百会穴可使大部分癫痫大发作病人的脑电波电位降位,脑电图形趋于规则化。

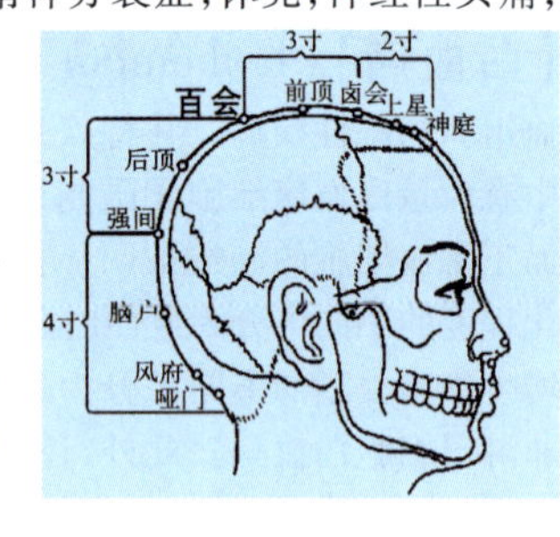

百会

【摆渡问题】(ferry problem) 在一条河的一边岸上,有一只狼、一只羊和一棵白菜。狼吃羊和羊吃白菜。在河中只有一条小舟且每次只能够载它们三者之一。问如何用最少的次数将它们安全摆渡到对岸?这就是所谓的摆渡问题。也可将其推广到一般的其他情况。

【败血症】(septicemia) 因细菌进入血液循环系统并在其中生长繁殖、产生毒素及代谢物等而引起的全身性炎症反应综合征。其诊断标准是:(1)体温>38℃或<36℃。(2)心率>94次/分钟。(3)呼吸>24次/分钟或$Pa\ CO_2 < 42.56$kPa。(4)白细胞计数$>1.2\times10^{10}$/L或$<4\times10^{9}$/L或不成熟细胞$>1\times10\%$。临床上达到上述两条或两条以上者,即可视为败血病。其临床表现为发热、严重毒血症状、皮疹淤点、肝脾肿大和白细胞计数增高等。革兰阳性球菌败血症易发生迁徙病灶,革兰阴性杆菌败血症易合并感染性休克或发生弥散性血管内凝血和多器官衰竭。当败血症伴有多发性脓肿时称为“脓毒败血症”。

【班轮公会】(Liner Conference) 两家以上在同一航线上经营班轮运输的船公司,为避免相互间的竞争,维护共同利益,通过在运价和其他经营活动方面签订协议而组成的国际航运垄断组织。班轮公会成立的目的是:一方面是属于限制和调节班轮公会内部会员相互间竞争的业务活动;另一方面则是为了防止或对付来自公会外部的竞争,以达到垄断航线货载目的的业务活动。1875 年,在印度加尔各答贸易中成立的“加尔各答班轮公会”是世界上第一个班轮公会。它专门经营从英国至加尔各答班轮航线。此后,班轮公会的组织发展很快,世界各航线都有班轮公会成立。其中较有代表性的是 1887 年成立的“远东水脚公会”。班轮公会是按照特定的航线划分和组织的。它订有公会规则,按照规则规定组成公会的执行机构—公会总部。

【班轮运输】(liner service) 又称提单运输。船舶按固定的航线或船期表在固定港口间运送旅客和货物的运输方式。运费按照该公司运价表的费率计算。其特点是:(1)承运人和货主之间不签订租船合同,仅按航运公司签发的提单,处理运输中有关问题。(2)通常要求托运人送货至承运人指定的码头仓库交货,收货人在承运人指定的码头仓库提货。(3)班轮承运人负责装、卸货物及理舱在内的作业,并负责全部费用。(4)班轮运输一般有固定港口、固定航线和固定开航时间,不计滞期费、速遣费,班轮运费相对稳定。适合于旅客运输和货流稳定、货种多、批量小的杂货运输。

【斑点叉尾鮰】(channel catfish) 俗称钳鱼、美国鮰鱼。硬骨鱼纲,鲇形目,鮰科。体型较长。体前部宽于后部。头较小,吻稍尖,口亚端位。体表光滑无鳞,黏液丰富。侧线完全,皮肤上有明显的侧线孔。头部上下颌具有深灰色触须 4 对。其中鼻须 1 对,颌须 1 对,颐须 2 对。其长短各异,以颌须为最长,末端超过胸鳍基部,而鼻须最短。鳃孔较大。鳃膜不连于峡部。颐部有较明显而不规则的斑点,体重大于 0.5kg 的个体斑点消失。具有脂鳍一个,尾鳍分叉较深。各鳍均为深灰色。杂食性。原产于北美洲,后广泛地进入大西洋沿岸。为美国主要淡水养殖品种之一。斑点叉尾鮰是湖北省水产科学研究所于 1984 年与云斑鮰同时引进的一种鮰科鱼类。经过移殖、驯化及养殖试验后,于 1987 年人工繁殖成功。目前已推广到 20 多个省(市)。是中国引进水产口品种中最成功的品种之一。据不完全统计,中国斑点叉尾鮰年产量为 10 万吨左右。以池塘养殖为主,还有网箱养殖、流水养殖等其他养殖模式。中国斑点叉尾鮰主产区在湖北、湖南、江西、安徽等中部省份。中国鮰鱼出口企业一直致力于美国市场的开发,年出口量逐年递增,由 2003 年的 20 多个柜(1 个 40 英尺冷柜平均装 20 吨鱼片)增加到 2006 年的 300 多柜。

斑点叉尾鮰

【斑点杂交】(dot hybridization) 又称斑点印迹杂交、狭线印迹杂交。在 DNA 印迹杂交基础上发展出来的一种快速检测特异 DNA 或 RNA 分子的核酸杂交技术。其基本原理是:通过抽真空的方式,将加样在多孔过滤进样器上的 DNA 或 RNA 样品,一次同步转移到硝酸纤维素滤膜或尼龙膜上,并有规律地排列成点阵或线阵。若是 DNA 样品,则按照 DNA 印迹杂交程序进行核酸的杂交,若是 RNA 样品,则按照 DNA 印迹杂交程序进行核酸杂交。最后采用放射自显影检测,判断是否有杂交及其杂交强度。

【斑马鱼】(zebra fish) 又称蓝条鱼、花条鱼、斑马担尼鱼等。鲤形目,鲤科,鱼丹属的淡水鱼类。因其体侧有像斑马一样蓝银相间的条纹而得名。身体细长、尾部稍侧扁微尖。臀鳍较长。尾鳍呈叉形。体侧有像斑马一样的纵向条纹,其背部橄榄色,条纹为银蓝色。在体侧从鳃盖后直伸到尾末,在臀鳍上也有与体侧相似的条纹。卵生。体外受精,体外发育。孵出后约 3 个月达到性成熟。成熟鱼每隔几天可产卵一次。适宜水温 18 ~ 26℃。原产于孟加拉、印度、巴基斯坦、缅甸、尼泊尔的溪流。斑马鱼的品种约有 10 多种。其主要区别在条纹和色彩上,也有鳍行上的变化。如有长鳍斑马鱼、金丝斑马鱼、闪电斑马鱼、大斑马鱼等。斑马鱼是研究发育生物学的新兴模式动物。其最大的优点就是具有多达 6 000 多种的遗传突变种。这些突变种的表征包含如胚层分化、器官发育、生理调适与行为表现等多方面。所以可提供研究人员极佳的正向遗传学材料来进行发育机制上的研究。斑马鱼也是非常受欢迎的观赏鱼。

斑马鱼

【斑岩】(porphyry) 中酸性和酸性具有斑晶的火山岩、浅成岩和超浅成侵入岩的统称。此词原指任何具有斑状结构或斑晶的岩石,但常指基质为细粒、隐晶—玻璃质,主要由碱性长石、石英和似长石为斑晶的浅成岩和喷出岩。按岩石类型的不同火山岩可分为:流纹斑岩、粗面斑岩和白榴斑岩;浅成岩分为花岗斑岩、正长斑岩、石英正长斑岩等。

斑岩

【搬运作用】(transportation) 风化和侵蚀形成的破碎物质在介质中的迁移过程。如流水搬运作用、风力搬运作用等。其中以流水搬运作用最为明显和普遍。流水搬运物质的方式和能量与地面坡度有关。平缓地面上的散流势能和动能均较小，只能携带细小的物质沿坡向下滚动，运移距离有限。而坡度较大的集中线状流水可把物质搬运到很远的地方。其中，溶解于水中的物质颗粒极细，可随水运移极长距离。较细的碎屑物在水的紊流作用下呈悬浮状态移动，紊流越强烈，悬浮物越多，流水的搬运量也越大。较粗重的砾石，水流的动力只能使其沿河床底部推移（滚动、滑动）和跃移（跳动）。根据水力学的艾里定律，水底推移的个体物质质量与水流速度的6次方成正比，即：$M = CV^6$。式中 V 为流速，C 为砾石与河床的摩擦系数，M 为砾石的质量。据此，若流速增加1倍，河流搬运的个体碎屑物质量可增加64倍。故平原河流只能搬运细小的砂粒，山区河流可推移巨大砾石。

【板材建筑】（plate construction） 又称大板建筑。由预制的大型内外墙板、楼板和屋面板等板材装配而成的建筑。是工业化体系建筑中全装配式建筑的主要类型。可以减轻结构重量，提高劳动生产率，扩大建筑的使用面积和防震能力。其内墙板多为钢筋混凝土的实心板或空心板；外墙板多为带有保温层的钢筋混凝土复合板，也可用轻骨料混凝土、泡沫混凝土或大孔混凝土等制成带有外饰面的墙板。建筑内的设备常采用集中的室内管道配件或盒式卫生间等，以提高装配化的程度。板材之间的连接方法主要有焊接、螺栓连接和后浇混凝土整体连接关键问题是节点设计。在结构上应保证构件连接的整体性。在防水构造上要妥善解决外墙板接缝的防水，以及楼缝、角部的热工处理等问题。主要缺点是：对建筑物造型和布局有较大的制约性；小开间横向承重的部分隔缺少灵活性等。

【板块构造学说】（plate tectonics hypothesis） 一种关于全球构造形成、演化的学说。是当前最有影响的的地质构造学说。其发展演化历史始于20世纪20年代德国气象学家魏格纳提出的大陆漂移学说。此后，20世纪60年代初赫斯和迪茨提出海底扩张理论、1965年威尔逊提出转换断层和板块构造概念，由此产生板块构造学说。该学说将地球表层的岩石圈分为六大刚性板块：欧亚板块、太平洋板块、美洲版块、非洲板块、印澳板块和南极板块。板块之间以大洋中脊、转换断层、造山带、海沟－岛弧－盆地体系、缝合带等为边界；刚性板块浮于上地幔软流层之上，进行大规模的水平运动，使板块间发生离散、汇聚和走滑作用，导致大洋的扩张与大陆的裂解与碰撞，并使板块边界发生地震、火山活动。多数学者认为板块运动的动力是海底扩张作用和地幔对流。板块构造学说将第一次大陆地质的研究与海洋地质的研究统一起来，比较圆满地解释了许多地质构造现象。

【板蓝根颗粒】（banlangen particles） 方剂名。组成：为板蓝根经加工制成的颗粒。制法：取板蓝根1 400g，加水煎煮二次。第一次2h，第二次1h，合并煎液，滤过。滤液浓缩至相对密度为1.20（50℃），加乙醇使含醇量为60%，静置使沉淀，取上清液，回收乙醇并浓缩至适量。取稠膏，加入适量的蔗糖和糊精，制成颗粒，干燥，制成1 000g；或取稠膏，加入适量的糊精和甜味剂，制成颗粒，干燥，制成600g（无糖型），即得。用量：开水冲服，一次5～10g（含糖型），或一次3～6g（无糖型），一天3～4次。功能主治：清热解毒，凉血利咽，消肿。用于治疗热毒壅盛、咽喉肿痛等。

【板式换热器】（spiral-plate exchanger） 由多块金属薄板按一定间隔用框架和压紧螺栓重叠压紧而成的间壁式换热器。换热器的板片和垫片的四个角孔形成流体的分配管和汇集管，可合理地将冷热流体分开，使其分别在每块板片两侧的流道中流动，通过板片进行热交换。其特点是：换热效率高，物料流阻损失小，结构紧凑，温度控制灵敏，操作弹性大，装拆方便及使用寿命长等。按其结构的不同可分为：（1）螺旋板式换热器。（2）板壳式换热器。（3）板翅式换热器。应用于加热、冷却、蒸发、冷凝、杀菌消毒、热力回收等场合。

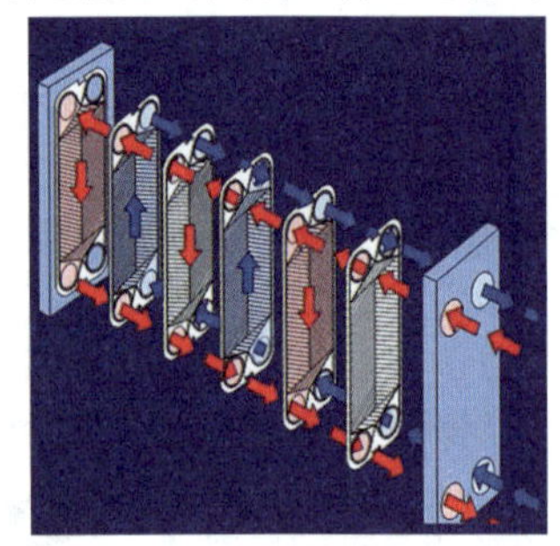
板式换热器

【板式建筑】（pannel building） 又称条式建筑。建筑平面外廓基本成矩形，其长边与短边之比大于或等于2的建筑。一般短边长度小于或等于16m。一般有多个单元。它在朝向、通透性、建筑密度、人均绿化率等方面都有很严格的要求。具有进深小、面宽大，南北通透、采光性较好的优点。而目前市场上为了保证一定的容积率，开发商必须缩短楼距，以建造相对多的住房，由此造成了低楼层房间

板式建筑

受前面楼房遮挡，日照较差，有的仅能满足最低的规划标准。同时，不少开发商一味地追求板式结构，在一些南北较长、东西较短的地块中为了达到板式效果，拉长房屋的进深或通过一些采光井来达到“明”的效果，从而削弱了板式结构本身的优点。特别是在市区范围内，由于容积率相对较高，板式住宅容易出现楼距较小和影响城市风貌等问题。

【板式塔】（plate tower） 在圆筒形塔体内将许多塔板按一定间距水平安装组成的塔状气－液或液－液分级接触传质设备。精馏塔的一种类型。塔内装有一定数量的塔板，操作时液体在重力作用下，自上而下依次流过各层塔板，至塔底排出；气体自塔底在压力差推动下，自下而上以鼓泡喷射的形式穿过塔板上的液层，每块塔板上保持着一定深度的液层，气体通过塔板分散到液层中去，相继密切接触传质，两相的组分浓度沿塔高呈阶梯式变化。广泛应用于精馏和吸收，有些类型也用于萃取，还可作为反应器用于气－液相反应过程。

【板条激光器】（slab laser） 采用激光工作物质作成板条形状的固体激光器。与普通固体激光器相比，具有以下特点：(1)在温度梯度上，板条激光器发生在板条厚度方向上，呈锯齿形光路在两泵浦面之间传播，光传播方向近似与温度梯度方向平行。(2)工作物质是板条形状。(3)在热负荷条件下运转时，板条激光器可基本避免热透镜效应和热光畸变效应，极大地提高了激光输出功率。其缺点是：(1)技术要求高。(2)结构复杂。(3)发散角大。其单根板条激光器脉冲输出已超过百焦耳，连续输出功率超过千瓦。研究方向是通过大功率半导体列阵激光器侧向泵浦面进一步提升效率并获得更好的光束质量。

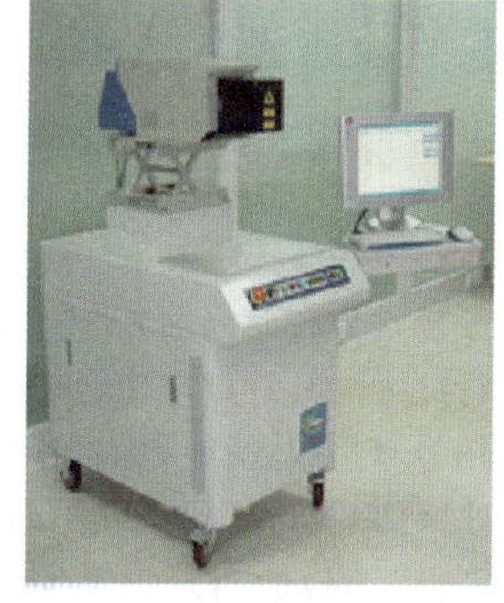

板条激光器

【板岩】（slate） 一种具有板状构造的浅变质岩石。由黏土岩、粉砂岩经轻微变质而成。原岩因脱水硬度增高，但矿物成分基本上没有重结晶。根据原岩类型的不同可分为：黏土板岩、硅质板岩和粉砂质板岩等。

板岩

【办公信息系统】（office information system） 由工作人员和电子信息设备组成，以提高办公效率为目的的人机信息系统。它所处理的数据包括文本、语音、图形、图像、动画、视频等。通过数据的收集、存储、传递、处理等综合管理手段，为办公人员提供准确、高效、快捷的信息服务。

【半保留复制】（semi-conservative replication） DNA分子两条链解开螺旋形成了两条单链，然后分别以这两条单链中的一条为模板进行复制，从而得到两条新链的复制方式。DNA生物合成时，母链DNA解开为两股单链，各自作为模板按碱基配对规律，合成与模板互补的子链。子代细胞的DNA，一股单链从亲代完整地接受过来，另一股单链则完全重新合成，两个子代细胞的DNA都和亲代DNA碱基序列一致。半保留复制对了解DNA的功能和物种的延续性有重大意义。DNA双链两股单链有碱基互补的关系，双链中的一股可以确定其对应股的碱基序列。按半保留复制的方式，子代保留了亲代DNA的全部遗传信息，体现在代与代之间DNA碱基序列的一致性上。半保留复制是DNA复制的基本特征之一。DNA生物合成的这一特点使子代细胞得到和亲代相一致的遗传物质。DNA的遗传信息通过转录和翻译，即基因表达，决定细胞的蛋白质结构与功能，包括酶、代谢类型、免疫特性等。即DNA通过和基因表达这两种功能决定了生物的特性和类型。例如某种生物的后代只能是它的同种生物而不可能是其他。这就体现了遗传过程的相对保守性。

【半导式气敏元件】（semiconductor gas sensitive component） 由气敏陶瓷制成的半导体元件。半导体陶瓷与某种气体接触，其电阻或功函数会发生变化，利用此特性来检测特定气体的陶瓷即为气敏陶瓷。按作用方式的不同可分为电阻式和非电阻式两种。前者是敏感元件，一接触气体，电阻就发生变化。这类元件以金属氧化物为主，结构有烧结型、厚膜型、薄膜型和集成电路型数种。气敏陶瓷主要是电阻式。后者用半导体硅元件加上用钯(Pd)制作的栅极，或用金属半导体二极管制成。半导式气敏元件的主要缺点是气体选择性差、元件参数分散、长期稳定性差等。主要采用较难还原的氧化物制取，通常还掺入少量钯(Pd)和铂(Pt)、铱(Ir)等贵金属作增感剂。最常用的是SnO_2、ZnO和Fe_2O_3三种对还原性气体及乙醇敏感的气敏陶瓷。

【半导体】（semiconductor） 介于导体和绝缘体之间的材料。电阻率介于金属和绝缘体之间并有负的电阻温度系数的物质。半导体在室温时电阻率约在 $1\times10^{-5}\sim1\times10^{7}\Omega\cdot m$ 之间，温度升高时电阻率指数则减小。按化学成分的不同可分为元素半导体和化合物半导体两大类。锗和硅是最常用的元素半导体；化合物半导体包括Ⅲ－Ⅴ族化合物（砷化镓、磷化镓等）、Ⅱ－Ⅵ族化合物（硫化镉、硫化锌等）、氧化物（锰、铬、铁、铜的氧化物），以及由Ⅲ－Ⅴ族化合物和Ⅱ－Ⅵ族化合物组成的固溶体（镓铝砷、镓砷磷等）。按结构的不同可分为：单晶体、多晶体和非晶体三类。使用最广泛的是硅和砷化镓等，特别是硅单晶及其外延片，是高技术信息产业——电子计算机制造业的核心材料。

【半导体超晶格材料】（material of semiconductor superlattice） 一种人工改性新型半导体材料。将两种或两种以上组分不同或导电类型不同的极薄（几十纳米到上千纳米）半导体单晶薄膜交替地外延生长在一起而形成周期结构的材料。广泛用于各种结构新颖、性能优良的半导体器件，如量子阱激光器、高电子迁移率晶体管、远红外器件、光学双稳态器件等。

【半导体钝化玻璃】（passivation glass of semiconductor） 生长或涂覆在半导体表面，以减少其表面氧化层内各种电荷，稳定其表面电特性及PN结电特性的玻璃。其原理是利用硼、磷等玻璃网络形成体或调整体与氧离子形成电价不平衡配位多面体结构而进入玻璃网络中，形成带负电荷的离子陷阱，使玻璃可吸收和捕获污染半导体材料的可动电荷（主要为钠离子），从而明显提高半导体器件的可靠性。钝化玻璃具有防止半导体器件受到外部污染、损伤的作用。

【半导体二极管】（semiconductor diode） 又称晶体二极管。由半导体掺入适当杂质后制成的一种器件。有正、负两个端子。正端称为阳极，负端称为阴极。二极管最重要的特性就是单方向导电性。在电路中，电流只能从二极管的正极流入，负极流出。其分类有：（1）按照所用的半导体材料的不同可分为锗二极管和硅二极管。（2）根据其用途的不同可分为检波二极管、整流二极管、稳压二极管、开关二极管、隔离二极管、肖特基二极管、发光二极管等。（3）按照管芯结构的不同可分为点接触型二极管、面接触型二极管及平面型二极管。点接触型二极管是用一根细金属丝压在光洁的半导体晶片表面，只允许通过较小的电流，适用于高频小电流电路，如收音机的检波等。面接触型二极管允许通过较大的电流，主要用于把交流电变换成直流电的整流电路中。平面型二极管是一种特制的硅二极管，不仅能通过较大的电流，而且性能稳定可靠，多用于开关、脉冲及高频电路中。二极管广泛应用于通信、广播和传媒等各种电子领域。

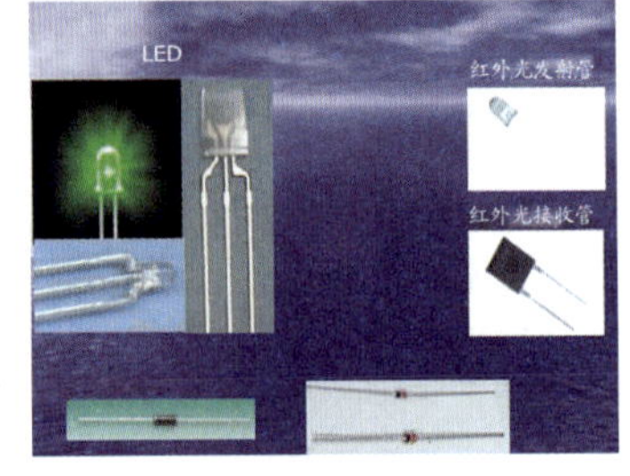

二极管

【半导体功能复合材料】（semiconductor functional composite） 具有半导体性质的超薄多层复合材料。分子束外延技术的进步已把薄膜的厚度控制到原子水平，而且直接在硅衬底上生长砷化镓及其有关化合物的极性、非极性复合半导体异质结已经获得成功，并制出优质的器件。用先进的金属有机化合物气相沉积方法可以在 GaAs 衬底上生长出 CdTe 薄膜单晶，也可以制备 GaAs/Al－GaAs/GaAs 多层复合结构的半导体材料。这种材料的特点在于具有范围较宽的禁带和迁移率，能满足某些半导体技术上的特殊要求，如制造霍耳效应的器件以及微波器等。

【半导体光放大器】（semiconductor laser amplifier） 以半导体材料作为光增益介质的光放大器。在结构上与半导体双异质结构激光器相同。在一定的注入电流下，光增益介质因其内部出现载流子反常分布而提供光增益，因此可对外来的光信号进行放大。其特点与功能是：（1）将在传输中衰减的光信号直接放大，能取代光纤通信系统中的光－电－光中继方式，可延长中继距离。（2）体积小，重量轻，功耗低。（3）能与其他半导体光电子器件特别是半导体激光器集成。

【半导体激光器】（semiconductor laser） 由肖克莱二极管和半导体激光二极管组合而成的一类半导体激光器。其伏安特性受二极管控制，具有负阻区；其激光发射特性由激光二极管来决定。其优点有：（1）具有很低的阈值电流。（2）在电学上完全导通，在足够低的维持电压下能给出足够大的通态电流并发射激光。它不但可以作为光源，而且可以作为光增强器件、光开关器件、光双稳器件等。在光信息处理、光

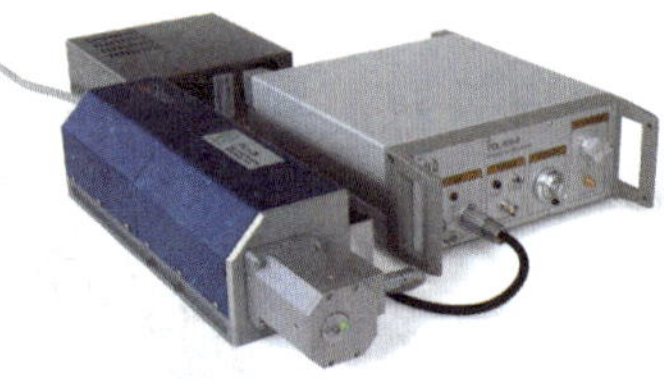
半导体激光器

存储、光整形等方面具有广阔的应用前景。

【半导体加工技术】(semiconductor machining technology) 在以硅为主要材料的基片上进行分割、沉积、光刻、腐蚀与封装的工艺技术。是对半导体的表面和立体的微细加工。半导体加工技术使微型机电制作系统具有低成本、大批量生产的潜力。

【半导体金刚石】(semiconductor diamond) Ⅱb型金刚石。具有半导体性质且主要杂质是硼的非本征P型的半导体。这种金刚石外观呈蓝色或灰色,自然界中蕴藏量极少。它是一种间接带隙的宽禁带材料,室温下带隙(Eg)为5.45eV。与常规的半导体材料硅和砷化镓比较,其饱和电子速度快,介电常数低,有利于提高器件的工作频率;其介电击穿电场和热导率均比硅和砷化镓高数十倍,可提高器件的功率承受能力。金刚石器件的工作温度可达1 000℃,抗辐射能力很强,能在空间和核反应堆等极端恶劣条件下正常工作。晶体制备十分困难,通常采用高压、高温合成或化学气相沉积法生长。

半导体金刚石

【半导体膜】(semiconductor membrane) 由半导体材料制成的薄膜。大规模集成电路芯片上元件的集成度越来越高,元件的尺寸越来越小。半导体薄膜是构成这类器件的基本材料。按其结构的不同可分为:单晶、多晶和无定形薄膜。同质或异质外延生长的硅和砷化镓半导体薄膜,是构成大规模集成电路的重要材料。由于单晶薄膜中载流子自由程长,迁移率大,通过扩散掺杂可以制得高质量的PN结,因此可以制造高质量的微电子器件。在分子束外延技术中,可以交替外延生长周期排列的超晶格薄膜,成为量子电子器件的基础材料。多晶半导体薄膜是尺寸大小按某种规律分布的晶粒构成的。这些晶粒的取向是随机分布的。在晶粒内部原子按周期排列,在晶粒边界存在着大量缺陷,这样就形成了多晶半导体膜。它具有不同的电学和光学特性。当膜中原子的排列短程有序而长程无序时,称为无定形半导体薄膜。例如,射频或微波等离子体化学气相沉积的非晶硅α-Si:H薄膜,是非晶硅太阳能电池的主要材料。

【半导体器件】(semiconductor device) 用半导体材料制成的具有一定功能的器件。一般器件主要有二端器件和三端器件两大类。特殊器件主要有单结晶体管、电荷耦合器件、微波半导体器件等。其特点是:(1)绝大部分二端器件的基本结构是一个PN结,利用不同的半导体材料,采用不同的工艺和几何结构,已研制出种类繁多、功能用途各异的多种晶体二极管。(2)三端器件一般是有源器件,典型代表是各种晶体管。这些器件既能把一些环境因素的信息转换为电信号,又有一般晶体管的放大作用,可得到较大的输出信号。(3)单结晶体管可用于产生锯齿波,可控硅可用于各种大电流的控制电路。(4)电荷耦合器件可用作摄像器件或信息存储器件等。(5)微波半导体器件可用作高灵敏度、低噪声接收微弱信号。(6)半导体器件具有性能优异、体积小、重量轻和功耗低等特性。在电子线路及通信、广播、电视、雷达、导航、电子对抗、计算机等系统中应用广泛。

【半导体陶瓷】(semiconductor ceramic) 导电性能介于导体和绝缘体之间、电导率因外界条件(如温度、光照、电场和湿度等)变化而发生显著变化的陶瓷材料。可将外界环境的物理量变化转变为电信号,因此可用于制成各种用途的敏感元件,如用掺杂钛酸钡半导体陶瓷可制作PTC发热元件。PTC发热元件的一个显著特征,就是有一个人为设计的相变温度。在这个温度区以下,PTC元件通电后电阻随温度的升高而上升,且电阻上升速度非常快。当温度高于相变温度之后,电阻随着温度的升高而急剧增加几个数量级。根据电阻增加的速度即曲线的斜率,PTC元件可分为平缓型和开关型。平缓型上升得慢,开关型上升得快。PTC元件的用途十分广泛,根据它的特性,开发出许多二次产品。其缺点是容易老化,即随着使用时间的增加,发热功率下降。这是由它的内部结构决定的。如果质量控制得好,老化速率可以限制在较低的水平上。

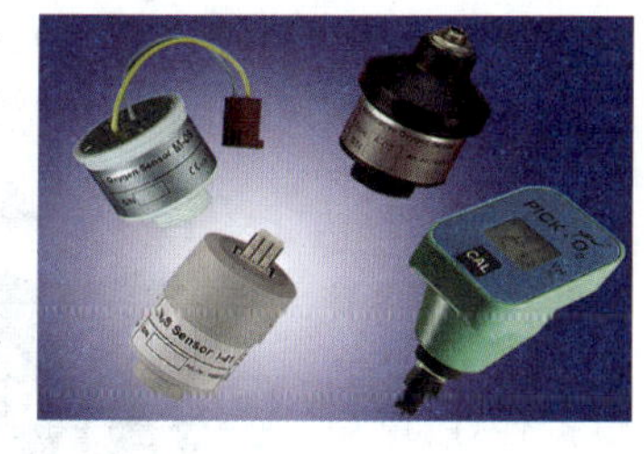
半导体陶瓷发热元件

【半导体温差发电器】(semi conductor thermoelectric generator) 由一系列半导体温差电偶经串联和并联制成的直流发电装置。每个电偶由一个N型半导体和一个P型半导体串联而成,两者连接着的一端和高温热源接触,另一端则和散热装置接触。由于两端间有温度差存在,P型半导体的冷端有负电荷积累,成为发电器的阴极;而N型半导体的冷端有正电荷积累,成为发电器的阳极。如与外电路相接，就有电流流通。这种发电器虽装置简单，又可利用废热，但功率不大，效率较低。

【半导体物理学】(semi conductor physics) 固体物理学的一个分支。研究半导体的物理现象及其内部结构的一门学科。主要内容包括：(1)本征半导体的物理性质。(2)杂质、缺陷和各种外界条件(如光照、加热等)对半导体性质的影响。(3)半导体的表面性质以及半导体同金属或介质接触时的电现象。(4)半导体缺陷的形成过程以及其中各种杂质的相互作用与半导体器件内部的电子过程等。

【半导体异质结材料】(semiconductor heterojunction material) 在界面上能够形成异质结的材料。在禁带宽度为 Eg1 的半导体材料上生长禁带宽度为 Eg2 的材料时，这两种材料的交界面就形成异质结。异质结分为同型(PP 或 NN)异质结和异型(PN 或 NP)异质结。按制备方法的不同又可分为突变异质结和缓变异质结。异质结材料在高速电子器件和高效光电子器件方面得到广泛的应用。半导体激光器是异质结成功应用的首例。由于异质结结构的特点，还在光波导、光开关、光调制、光放大、光电探测、光电池等方面得到广泛的应用。

【半导体纸】(semiconductor paper) 电导率介于导体与绝缘体之间的新型纸状电工材料。它不同于单向导电的半导体材料，而是超高压电缆及其他高压电气设备屏蔽的专用纸。可用于变压器、互感器、电缆等代替金属箔。在半导体橡胶、表面型半导体材料上具有屏蔽静电、均衡电场的功能。半导体纸质地均匀、耐折性好、电阻稳定且有良好的封闭性。用不同的原料配比及不同的加工方法，可以做成不同电导率的纸张，也可做成增加伸长率的皱纹型纸张。

半导体皱纹纸

【半导体制冷器】(semiconductor cryostat) 又称电制冷器。利用半导体材料的温差电效应实现制冷的一门新兴技术。把不同极性的两种半导体材料(P 型、N 型)连接成电偶对，通过直流电流时就发生能量的转移；电流由 N 型元件流向 P 型元件时便吸收热量，这个端面为冷面；电流由 P 型元件流向 N 型元件时便放出热量，这个端面为热面。改变直流电源的极性，同一制冷器可实现加热和制冷两种功能。其优点是：(1)没有滑动部件。应用在一些空间受到限制，可靠性要求高，无制冷剂污染的场合。(2)通过热电的原理，它由两片陶瓷片组成，其中间有 N 型和 P 型的半导体材料。这个半导体元件在电路上是用串联形式联结组成。(3)可使用常规电源。制冷器对电源要求不高，可使用一般直流电源，工作电压和电流可在大范围内调整。(4)可实现点制冷。可只冷却一专门的元件或特定的面积。(5)控温精度高。有电即工作，无废物产生，故对环境无任何污染。广泛应用于各种民用、军用、科研等方面的小型制冷场合。

【半岛】(peninsula) 伸入海洋或湖泊中的陆地。三面环水，一面同大陆相连。半岛通常都在大陆的边缘地带，如中国的山东半岛、辽东半岛、雷州半岛等。世界上最大的半岛是位于亚洲西南部的阿拉伯半岛，面积约 3×10^6 km²，为大规模的地壳运动的产物。面积较小的半岛多为海岸沉降或海水沿河谷侵入形成。

半岛

【半冬性小麦】(semi-winterness wheat) 又称弱冬性小麦。通过春化阶段时要求的温度和天数，介于冬性和春性小麦之间(温度为 0～12℃，时间为 15～30 天)的一种小麦类型。如春季较晚播种，抽穗延迟或不能正常抽穗成熟。幼苗半匍匐。分蘖力、抗寒性、叶色、叶片数等均介于冬性和春性类型之间。中国中部冬麦区大都利用半冬性小麦品种。

【半干法烟气脱硫技术】(flue gas desulfurization by a semidry process technology) 脱硫剂在干燥状态下脱硫、在湿状态下再生或者在湿状态下脱硫、在干状态下处理脱硫产物的烟气脱硫技术。如旋转喷雾干燥法。其工作机理是：将吸收剂浆液雾化喷入吸收塔，在与烟气中的二氧化硫发生化学反应的同时，吸收烟气中的热量使吸收剂中的水分蒸发干燥，完成脱硫反应后的废渣以干态形式排出。在其生产中一般用生石灰作吸收剂。生石灰经过熟化变成具有良好反应能力的熟石灰。熟石灰浆液经高达 15 000～20 000 r/min 的高速旋转雾化器喷射成均匀的雾滴。其雾粒直径可小于 100 μm，具有很大的表面积。雾滴一经与烟气接触，便发生强烈的化学反应和热交换，迅速将大部分水分蒸发，产生含水量很少的固体废渣。半干法烟气脱硫技术具有设备简单、投资和运行费用低、占地面积小等特点，烟气脱硫率达75%～90%。

【半干性油】(semi-drying oil) 在空气中氧化干燥的性能介于干性油和非干性油之间的油脂。如豆油、米糠油和向日葵油等。碘值在100～130。干燥速度比干性油慢得多，比非干性油快得多。在空气中氧化后仅局部固化，形成并非完全固态而有黏性的膜。其主要成分是油酸和亚油酸。可以作为食用油，也可以用于制造肥皂、油漆和油墨等。

【半刚性基层】(semi-rigid base) 用无机混合料修筑的路面基层。这些混合料(水泥土、石灰土、石灰煤渣等)能结成板体，使基层在后期具有一定的抗弯曲强度，但比水泥混凝土的刚性差，故称半刚性基层。半刚性基层是沥青路面结构的主要承重层。其结构强度较高，荷载分布均匀，水稳性可靠，施工成本低廉，在高速公路及高等级路面建设中广泛应用。由半刚性基层组成的沥青路面称为半刚性基层沥青路面(简称半刚性路面)。

摊铺半刚性基层

【半钢化玻璃】(semi-tempered glass) 介于普通平板玻璃和钢化玻璃之间的一个玻璃品种。兼具普通平板玻璃和钢化玻璃的优点，强度高于普通平板玻璃，平整度介于两者之间，没有自爆现象。生产过程与钢化玻璃相同，只是在淬冷时的风压较低。在破碎时，不像钢化玻璃那样整体粉碎，而是沿裂纹源呈现放射状径向开裂，一般无切向裂纹扩展，破坏后仍能保持整体不塌落。碎片相对较大，含有尖锐的边角。故其不属于安全玻璃。在建筑中只能用于幕墙和外窗，不能用于天窗和其他有可能发生人体撞击的场合。

【半工业性试验】(pilot plant test) 又称半工业性选矿试验。在实验室试验的基础上，利用工业性实验厂中的半工业生产的工艺设备，进行一定时间的连续性选矿试验。其试验对象是那些在生产上无先例而又要进行工业设计或工业评价的新矿种、新方法、新流程、新设备和大型矿床。通过这种规模的试验，可取得较完全的各项技术经济指标，为工业性生产提供技术支持。其试验结果一般可作为投资建设选矿厂的依据。

【半固态发酵】(semisolid state fermentation) 发酵用原料呈半固态状的一种发酵类型。中国白酒生产常采用的方法之一。具有悠久的历史。半固态发酵生产的小曲酒具有独特风格，酒质醇和。与固态发酵生产的大曲酒相比，具有用曲量少，出酒率较高，发酵周期短等优点。但与液态发酵法比较，发酵速度慢，手工操作多，劳动强度大。采用此法生产的白酒，主要盛行于福建、广西、广东等南方地区，东南亚一带的华侨和港澳同胞均喜爱饮用，还习惯以这种酒作“中药引子”或浸泡药材，借以提高药效。

【半合成抗生素】(semi-synthetic antibiotic) 在天然抗生素或其类似物的基础上进行结构改造而制得的抗生素。是以半合成或生物合成的方法得到的天然抗生素或其类似物为原料，用化学合成的方法改造其部分结构而制成的新型衍生物；或是利用微生物某些酶的作用，在抗生素分子中改变或引进取代基(即微生物取代法)而获得的。这种抗生素具有活性强、抗菌谱广、对耐药菌仍有效、化学性能稳定和药效长等特点。

【半金属】(semi metal) 物理、化学性质介于金属与非金属之间的一类固体物质。包括硅、硒、碲、砷和硼。硅是主要的半导体材料，也可用作钢的脱氧剂和钢的合金元素。硅钢片具有良好的电磁性能。其中硒也是半导体材料，也可用制作整流器、静电复印机，以及用于玻璃工业、橡胶工业和金属添加剂。碲是合金元素，可制作半导体器件、太阳能电池，也用于化学、石油、电子和电气工业。砷是半导体材料和激光材料。硼是合金元素。钢渗硼能使工件表面具有很高的硬度和耐磨性。普通碳钢渗硼后可以代替许多高合金钢使用。

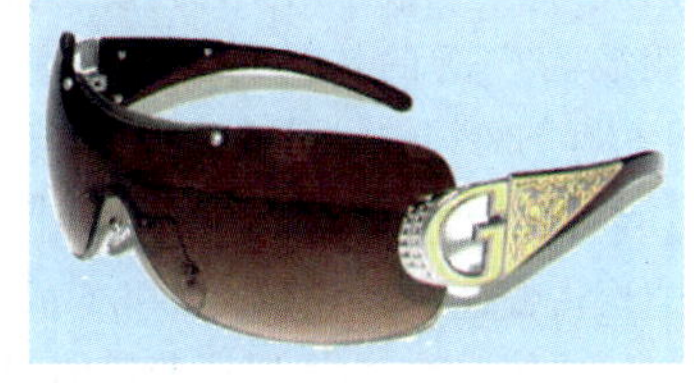
半金属太阳镜

【半精加工】(semi-finish machining) 对工件的加工面在粗加工以后、精加工以前所进行的加工。精度和表面粗糙度要求较高的工件在粗加工后都需要进行半精加工，以便在最后精加工时，只需切除很小的加工余量。这样可以减少切削力、切削热和内应力等不利影响，达到所需要的精度和表面粗糙度。

【半连续发酵】(semi-continuous fermentation) 见补料分批培养。

【半连续式轧机】(semi-continuous rolling mill) 由横列式机组和连续式机组混合组成的型材轧机。最初的半连续式线材轧机其粗轧机组为连续式轧机,中轧、精轧机组为横列式轧机。是横列式线材轧机的一种改良形式。连续式粗轧机组采用集体传动,因为粗轧对成品尺寸精度影响小,可以用较大的张力进行拉钢轧制,以维持各机架之间的秒流量相同,提高了效率,缩短了轧制周期,温降较小。为了便于调整,中轧、精轧机组布置成横列式,轧件重量小,产品尺寸精度较差。改进的半连续式轧机其粗轧机组为横列式布置,是为了使粗轧道次可以灵活调整。中轧、精轧机组为连续式布置。中国的半连续式轧机粗轧机组为横列式,而中轧、精轧机组则为复二重式。多用于小型型材、线材的生产。

【半连铸】(semi continuous casting) 间歇式地将金属液导入结晶器进行冷凝结晶的铸造方法。结晶器外壁用水冷却。金属液在结晶器内壁形成一层凝固壳,通过铸锭机的牵引作用,已经凝固的部分缓慢下降。脱离结晶器后立即进行强烈的二次水冷。铸锭内的凝固结晶不断向中心扩展,直至所需长度的铸锭已完全凝固,即完成一个铸次。可采用较高的铸造速度,获得细微的结晶组织,提高了力学性能。并且可以多流浇注,最多可同时浇注 72 根棒锭。已成为生产压力加工用铝、镁、铜及其合金锭坯而使用最为广泛的铸造方法。但是只能浇铸长度为 3 ~ 8m的铸锭,并且裂纹倾向大。

【半煤岩巷道】(semi coal and rock lane) 岩层占掘进工作面积 1/5 ~ 4/5 的巷道。当巷道在薄煤层中掘进时,为了保证巷道的使用高度,必须挑顶或卧底。因此,在巷道断面上既有煤层,又有岩层。当半煤岩巷道掘进时,首先,应综合考虑满足生产要求、便于维护和施工等因素,在挑顶、卧底、挑顶兼卧底三种情况下,尽可能采取卧底,以保证顶板的稳定性。只有煤层上部有假顶时,才将假顶挑去。在生产中,为了保证巷道的顺直和有一定的坡度,上述挑顶、卧底或挑顶兼卧底的三种情况往往在一条巷道中都可能出现,甚至暂时脱离煤层进行全岩掘进的情况也是有的。其次,炮眼布置时因煤层较软,掏槽眼应布置在煤层部分。在半煤岩巷道掘进选择钻机时,尽量做到动力单一化,但也可根据情况选择两种不同动力的钻机。半煤岩巷道的施工组织有两种方式:一种是煤、岩不分掘分运,全断面一次掘进;另一种是煤、岩分掘分运。

【半耐寒性花卉】(half-hardy flower) 耐寒和耐热性均较弱的一类花卉。多产于温带较暖处。在北方冬季需用防寒措施才能越冬。在北京如金盏花、紫罗兰、桂竹香等。通常在秋季露地播种育苗,在早霜到来前移于冷床(阳畦)中,以便保护越冬,春季晚霜过后定植于露地。此后在春季冷凉气候下迅速生长开花,在初夏较高温度中结实,夏季炎热气候到来后死亡。

金盏菊

【半耐寒性蔬菜】(half-hardy vegetable) 耐寒性和耐热性都比较弱的蔬菜。根据各种蔬菜对温度条件的要求及耐受温度的不同,可将其分为 5 类(不包括藻类、菌类和蕨类植物)。这是安排蔬菜栽培季节的重要依据。半耐寒性蔬菜在17 ~ 20℃时同化作用最旺盛,超过 20℃同化能力减弱。它们适宜和适应的温度范围较小。能耐短期的 -1 ~ -3℃的低温,不能忍受长期 -1 ~ -2℃的低温。这类蔬菜包括一二年生草本蔬菜,如大白菜、白菜、萝卜、胡萝卜、结球甘蓝、豌豆、蚕豆等。半耐寒性蔬菜只能耐轻霜,春季可在严霜已过轻霜未终前直播或栽植,秋季可在严霜前收获。

【半平面】(half plane) 复平面被平面上任一直线 L 分割成两部分后其中的每一部分。直线 L 可以属于两个半平面中的任一个。

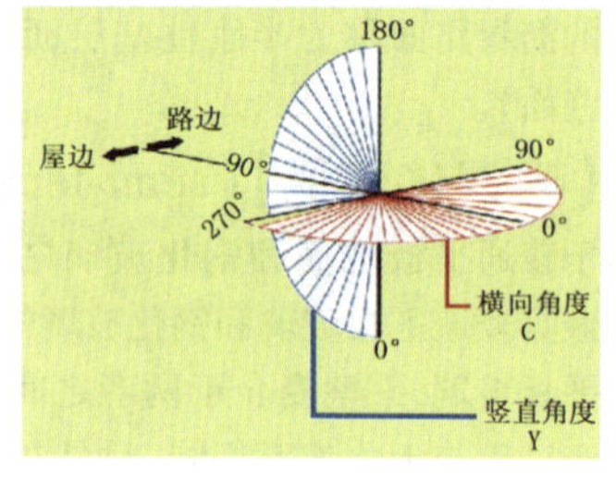

半平面应用

【半坡遗址】(Ban Po Villige Remains) 黄河流域典型的新石器时代仰韶文化母系氏族聚落遗址。位于西安东郊灞桥区半坡村北。距今约 6 000 年。是全国重点文物保护单位。遗址分布面积 5 万平方米,1954 ~ 1957 年,5 次挖掘面积 1 万平方米左右,发现房屋遗址 45 座,围栏 2 座,储藏窖穴 200 多个,陶窑遗址 6 座,墓葬 250 座,以及生产工具和生活用具万件之多。整个遗址由居住区、制陶作坊区和氏族公墓区组成,居住外围设有壕堑,兼作防护和排水之用。房址大小不等,多

半坡遗址

为半地穴式，其中有公共仓库和家庭住房，面积较大的房屋为氏族首领的住房，兼作氏族成员聚会处。遗址墓葬集中，排列有序。墓中的随葬品主要有钵、盆、碗、壶、瓮、罐、瓶等，主要是陶器。许多陶器底部有席纹和布纹，细泥陶器上多施以红底黑花彩绘，以几何图形最多，也有动植物形象。对研究中国原始社会历史和仰韶文化的分期具有重要的科学价值。1958 年在半坡村建立了中国第一座遗址博物馆，“西安半坡博物馆”。其中有一个遗址保护大厅、两个文物陈列室和一个陶窑遗址室。展出复原的房屋及各种生产、生活用具等。

【半潜式平台】（semi-submersible platform） 平台主体部分沉没于海面以下的钻井平台。由平台甲板、立柱和下体（或沉箱）组成。平台甲板为钻井工作场所，立柱连接平台甲板和下体，起支撑作用，下体控制平台沉没水下。在钻井作业时，沉箱中注入压载水，使平台大部分沉没于水面以下，以减小波浪的扰动力；在作业结束时，抽出沉箱中的压载水，平台上升，浮至水面，进入自航或拖航状态。这种平台在钻井作业时，还需要锚泊定位或动力定位，以增加其稳定性。它适宜在 300～600m 水深的海域钻井作业。是发展前景很好的一种石油钻井平台。

【半球谐振陀螺】（hemispherical resonator gyroscope） 利用半球谐振原理而使运动体转动的一种惯性传感器。其原理是采用静电吸力对薄壁半球形振子进行激振，进动角与基座转角成比例关系，用电容传感器可检测进动角，从而获得基座及运动体的转角。20 世纪 90 年代，半球谐振陀螺开始装在惯性导航系统上使用。

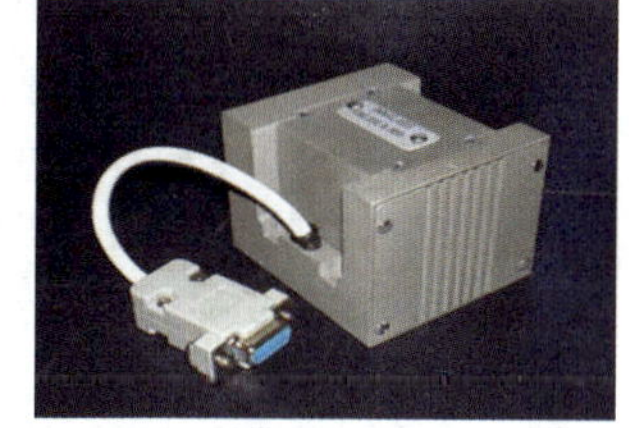

半球谐振陀螺

【半人马座】（Centaurus） 南天星座之一。位于天赤道南侧，天秤座和室女座之南。中心位置：赤经 13 时，赤纬 −47°，面积约 1 060 平方度。座内有亮于四等的星 28 颗，其中 α 星（中名“南门二”）亮度仅次于天狼星和老人星。是距离太阳系最近（4.3 光年）的恒星之一。

半人马座 α 星

【半实物仿真】（hardware-in-loop simulation） 将控制器实物与在计算机上实现的控制对象的仿真模型联接在一起进行试验的技术。在这种试验中，控制器的动态特性、静态特性和非线性因素等都能真实地反映出来，因此它是一种更接近实际的仿真试验技术。这种仿真技术可用于修改控制器设计（即在控制器尚未安装到真实系统中之前，通过半实物仿真来验证控制器的设计性能。若系统性能指标不满足设计要求，则可调整控制器的参数，或修改控制器的设计）。同时也广泛用于产品的修改定型、产品改型和出厂检验等方面。其特点是：(1) 只能是实时仿真，即仿真模型的时间标尺和自然时间标尺相同。(2) 需要解决控制器与仿真计算机之间的接口问题。例如，在进行飞行器控制系统的半实物仿真时，在仿真计算机上解算得出的飞机姿态角、飞行高度、飞行速度等飞行动力学参数会被飞行控制器的传感器所感受，因而必须有信号接口或变换装置。这些装置是三自由度飞行仿真转台、动压－静压仿真器、负载力仿真器等。(3) 半实物仿真的实验结果比数学仿真更接近实际。

【半数感染量】（median infective dose, ID50） 表示在规定时间内，通过指定感染途径，使一定体重或年龄的某种动物半数感染所需最小细菌数或毒素量。

【半数免疫量】（median immunizing dose, ID50） 又称半数保护量（PD50）。能使 50% 的试验动物获得保护的抗原或疫苗的剂量。使动物获得自动免疫效果所需接种疫苗或抗原的剂量称为免疫量。多数以动物接种疫苗后再用强毒攻击，以发病死亡和存活值测定。在生物学测定时，常用最小免疫量或能使 50% 试验动物得到保护的半数免疫量（IMD50）、半数保护量（PD50）表示。在生物制品特别是在疫苗的实际应用中，多数都采取几个免疫量作为使用剂量，以保证免疫效果。

【半数有效量】（median effective dose, ED 50） 在动物实验中，使一群动物中半数动物产生药效的药物剂量。在量反应中指能引起 50% 最大反应强度的药量；在质反应中指引起 50% 实验对象出现阳性反应时的药量。以此类推，如效应为惊厥或死亡，则称为半数惊厥量或半数致死量（LD 50）。药物的 ED 50 越小，LD 50 越大说明药物越安全。表示药物的安全性的指标有两个，即治疗指数和安全范围（更可靠）。一般常以药物的 LD 50 与 ED 50 的比值称为治疗指数（TI），用以表示药物的安全性。但如果某药的量效曲线与其剂量毒性曲线不平行，则 TI 值不能完全反映药物安全性,故有人用 LD 5与 ED 95值或 LD 1与 ED 99之间的距离表示药物的安全性,即安全范围。

【半数致死量】(median lethal dose, LD50) 在实验生物的群体中产生50%的死亡率的某一药物或毒物的剂量。测试化学物急性的重要参数,即 LD_{50}值愈小,则毒性越高。常根据 LD_{50}的大小,将药物的毒性分级为剧毒、高毒、中毒、低毒、微毒等。当化学物为气体,蒸汽或挥发性物质,通过呼吸道吸入时,以半数致死浓度(LD_{50})表示。

【半衰期】(half-life period) 在放射性衰变过程中,放射性原子核衰减到原来数目的一半时所需要的时间。是放射性元素的一个特性常数,一般不随外界条件、元素所处状态和元素质量多少而变化。放射性元素经历一个半衰期后其核数剩余一半,再经历一个半衰期仅剩余四分之一,依此类推。放射性元素的半衰期长短差别很大,短的千万分之一秒,长的可达数亿年。半衰期长的核稳定。半衰期短的核的放射性强。

【半双工】(half duplex) 通信双方虽然可以在两个方向进行传送接收操作,但通信双方不能同时收发数据的传送方式。通信系统的每一端都设置了发送器和接收器,因此能控制数据在两个方向上传送。但需要切换开头切换传送方向,因此存在切换操作所产生的时间延迟。典型的例子如对讲机,一方讲话时,另一方只能接听。

【半透膜】(semipermeable membrane) 对溶液或气体混合物能有选择地透过某种组分,一般指能透过溶剂而不能透过溶质的膜。如动物的膀胱,允许水透过,而不允许乙醇分子透过。人工制造的半透膜可用多种高分子材料制成,包括超滤膜、反渗透膜、透析膜等。用以分离不同相对分子质量的物质、测定渗透压和气体分压等。

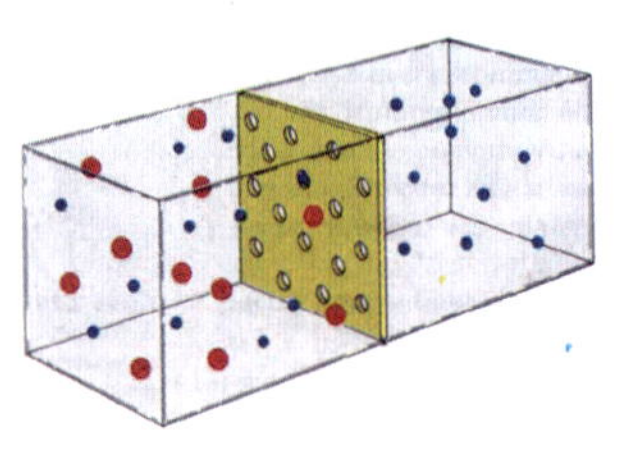

半透膜原理

【半夏】(pinellia) 又称地文、守田、羊眼半夏、蝎子草、麻芋果、三步跳、姑。中药名。药性:辛、温、有毒。归脾、胃、肺经。功效:燥湿化痰,降逆止呕,消痞散结;外用消肿止痛。用于湿痰、寒痰、痰多咳喘、痰饮眩悸、风痰眩晕、痰厥头痛;呕吐反胃;心下痞、结胸、梅核气。生用外治痈肿痰核、毒蛇咬伤。姜半夏多用于降逆止呕。用法与用量:3~9g。外用适量,磨汁涂或研末以酒调敷患处。不宜与乌头类药材同用。

【半咸水鱼类】(brackish water fishes) 又称河口鱼类。栖息于河口淡水和海水交汇区低盐度水域的鱼类。河口水域的盐度多在0.5‰~16‰之间,故这里的鱼类大多是浅海鱼类以及适应于低盐度中生活的咸淡水鱼类。对盐度的变化有较大的忍耐力,为广盐性鱼类。河口地区是富有营养的水域,许多经济鱼类,包括一些溯河鱼类和降河鱼类也经过这里,成为重要的渔场。种类很多。有一定经济价值。如鲻、梭鱼、遮目鱼、斑鰶、花鲈等,也是半咸水养殖的重要对象。

【半最大效应浓度】(concentration for 50% of maximal effect ,EC50) 引起受试对象50%个体产生特定效应的药物剂量。当试验不以死亡作为试验生物对毒物的反应指标,而是观察测定受试物对生物的某一影响,如鱼类失去平衡、畸形、酶活变化及藻类生长受抑制,常用有效浓度即 EC_{50}来表示受试物对试验生物的毒性。

【伴孢晶体】(parasporal crystal) 芽孢杆菌在形成芽孢时其旁形成的碱溶性蛋白晶体。其特性是:不溶于水,对蛋白酶类不敏感,溶于碱性溶剂,对人畜毒性较低,但对许多种鳞翅目昆虫的幼虫有毒杀作用,可导致其全身麻痹而死。常用于制作生物杀虫剂。

【伴生树种】(asoeiation species) 又称杂交树种。混交林中与主要树种相伴而生,并为其生长创造有利条件的乔木树种。可分为辅佐树种和次要树种。伴生树种是次生树种,经济价值较低,在林内数量上一般不占优势,多为中小乔木,林分生长中后期占据第二林冠层。主要有辅助、护土和改良土壤等作用。辅助作用是给主要树种造成侧方庇荫,使树干长得通直、自然整枝良好,抑制其萌条和侧枝发育。在防护林带中,可增加树冠层的厚度和紧密度,提高防护效益。护土作用是以自身的树冠和根系,遮蔽地表,固持土壤,减少水分蒸发,防止杂草丛生等。改良土壤作用是将森林枯落物回归土壤,或利用某些树种的生物固氮能力,提高土壤肥力,改善其理化性质。一般每种伴生树种可兼有以上三种作用,但侧重点有所不同。

【伴性遗传】(sex-linked inheritance) 性染色体上的基因所控制的性状的遗传方式。其特征是:(1)隔代遗传现象,即外祖父的性状通过女儿在外孙身上表现出来。(2)交叉遗传现象,母亲的性状遗传给儿子,父亲的性状遗传给女儿。伴性遗传在优生优育、伴性遗传病诊断治疗中广泛涉及。

【绑扎骨架】(binding framework) 将纵向钢筋与横向钢筋通过绑扎而构成的平面或空间的钢筋骨架。钢筋绑扎搭接长度应满足设计要求。有绑扎接头的受力钢筋截面面积占受力钢筋总截面面积百分率,应符合下列规定:(1)受拉区不得超过25%。(2)受压区不得超过50%。绑扎接头中钢筋的横向净距不应小于钢筋直径且不应小于25mm。焊接骨架和焊接网在构件宽度内,其接头位置应错开。在绑扎接头区段内,受力钢筋截面面积不得超过受力钢筋总截面面积的50%。

绑扎骨架

【棒旋星系】(barred spiral galaxy) 由棒状结构贯穿星系核的漩涡星系。在全天的亮星系中,棒旋星系约占15%。但统计包括较暗的星系时,所占比例可达25%。该星系在质量、光度、光谱,在成员天体的星族类型、气体和尘埃的分布,星系盘和星系晕的结构及空间分布特点等方面,都与正常的旋涡星系相似。按照哈勃的分类法可分为:(1)正常棒旋星系。棒状结构明显,旋臂从棒端伸出,与棒体呈90°。棒体和旋臂上都有明显的亮星或亮星团。(2)透镜型棒旋星系。它与椭圆星系的不同之处是具有棒旋结构,与正常棒旋星系的不同之处是没有旋臂。(3)不规则棒旋星系。其棒状结构不一定在星系中心位置上。棒旋星系在运动方面的主要特征是:星系核心常为一个大质量的快速旋转体,其运动状态和空间结构复杂;棒状结构内部和附近的气体和恒星都有非圆周运动;星系盘在星系外部似居于主要地位,占星系质量的很大一部分,其转动可能为自转。

【包缠纱】(wrapped spinning) 又称平行纱。利用空心锭子由长或短纤维组成纱芯,外缠单股或多股长丝而纺制的纱。属于双组分纱线。其强力、耐磨等品质均比环锭纱好。特别蓬松柔软的全棉毛巾、灯芯绒、天鹅绒、针织物等新产品,由可溶性聚乙烯醇作缠绕丝。以毛、棉或其他纤维为纱芯织成的织物经整理后将外包长丝溶解,剩下的无捻纱芯织物格外柔软。

【包覆纱】(cover-spun yarn) 以短纤维为芯、长丝为皮层的皮芯结构纱。粗细与同号的短纤纱相当,可以用空心锭子纺纱机加工。粗纱经过牵伸后,在无捻的状况下长丝的一端与牵伸后的须条一起进入空心锭子。锭子不转,当长丝筒子转动时,随包覆纱被引出的过程中,长丝就包缠在须条上,形成与纱芯的纤维基本平行的包覆纱。长丝和短纤维的颜色、粗细发生变化,使包覆纱可产生很多新颖效果。

【包过滤路由器】(packet filter router) 见筛选路由器。

【包涵体】(inclusion body) 寄主细胞经病毒感染后形成的蛋白质结晶体。一般是由完整的病毒颗粒或尚未装配的病毒亚基聚集而成;少数则是宿主细胞对病毒感染的反应产物。其特点是:无定型,非水溶性,只溶于变性溶剂如尿素、盐酸胍等。按其病毒名称的不同可分为:(1)天花病毒包涵体,位于细胞质中。(2)疱疹病毒包涵体,位于细胞核中。(3)麻疹病毒包涵体,细胞质、细胞核中均有。(4)狂犬病毒包涵体。

【包合物】(clathrate compound) 一种分子(客体分子)被包嵌于另一种分子(主体分子)的空穴结构内形成的复合物。主体分子与客体分子之间通常以范德化力或氢键相结合。主体分子(包合剂)组成结构骨架,形成空穴或孔道;客体分子被囚禁在包合剂结构的空穴或孔道中。客体分子的大小受包合剂空穴的几何尺寸及形状的限制。主、客体分子保持各自原有的化学性质。可分为三类:结晶包合物,如直链烃被包在尿素晶体结构中形成的管道状包合物;分子包合物,如淀粉的降解物环糊精与烃、碘、卤代烷、芳烃等形成的包合物;大分子包合物,如分子筛、蛋白质的吸附化合物和蓝色的淀粉–碘化合物等。

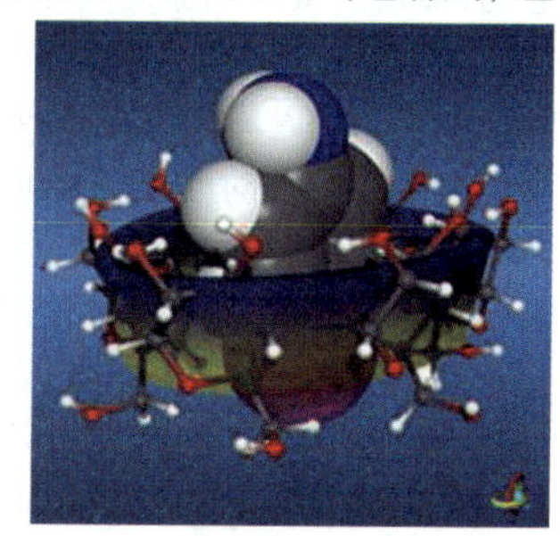
包合物结构模型

【包气带】(aeration zone) 又称非饱和带。地面以下、潜水面以上的地带。为岩土颗粒、水、空气三者同时存在并相互作用的复杂系统,也是大气水、地表水和地下水发生联系并进行水分交换的地带。包气带具有吸收水分、保持水分和传递水分的能力,其中的植物根系活动层与外界也有强烈的水分交换。包气带可以进一步划分成三个亚带:土壤水带(毛细管悬着水带)、毛细管活动水带(由毛细管

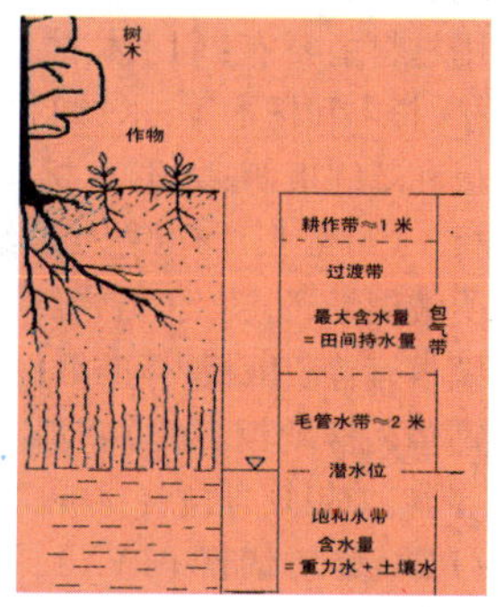

包气带示意图

上升水形成的水带)和介于二者之间的中间带。在地下水埋藏较浅时,土壤水带与毛细管活动水带可能相互衔接。这时中间带就会消失,整个包气带会比较湿润。

【包芯纱】(core-spun yarn) 由两种纤维组成的皮芯结构纱线。一部分被限制在成纱的轴线上,被称为“芯纱”,一般是长丝;另一部分包覆在纱的外层,称“纱皮”,一般采用短纤维。在环锭纺、摩擦纺、气流纺、涡流纺或特种纺纱设备上进行。在外观上具有皮层纤维的全部特性,内在强力上有芯纱纤维的特点,在服装服饰上有独特的优越性。常见的有氨纶包芯纱、涤纶包芯纱和缝纫线等。

【包运租船】(leasing ship in fixed port) 船舶所有人提供给租船人一定运力,在确定的港口之间,以事先约定的期限、航次周期和每航次较均等的货运量,完成运输合同规定的总运量的租船方式。对船舶所有人而言,采用包运租船方式,由于货运量大且时间较长,从而能保证船舶有充足的货源,在运费收入方面有较稳定的保障。更为有利的是,运力安排可由船舶所有人灵活控制,只要保证按合同规定完成货运任务便可。对于租船人而言,采用包运租船方式,可在较长时间内满足对货物运输的需要,不必担心有无运力将货物运往最终市场的问题,在很大程度上可摆脱因租船市场行情波动产生的直接影响。其主要特点是:(1)船舶所有人只需提供能够完成合同规定的每航次货运量的运力即可,调度和安排船舶极为便利。(2)船舶出租期限的长短,完全取决于货物的总运量及船舶航次周期所需的时间。(3)船舶所运输的货物,主要是货运量大的干散货或液体散装货,租船人往往是业务量大和实力强的综合性公司集团。(4)以每吨货物的运费率作为基础,运费按船舶实际装运的货物数量计收。

【包装材料】(packing material) 用于制造包装容器和构成产品包装的材料的总体。食品包装用材料主要有:(1)木材。原材有红松、白松、马尾松、杉木和杨木等,木材制品分胶合板、纤维板、木丝板和革制板等;人造木材有合成木材和人造复合木材。(2)纸张。有鸡皮纸、纸袋纸、中性包装纸、半透明玻璃纸、防潮纸(石蜡纸、油纸、沥青纸)和防锈纸;纸板有包装纸板、标准纸板、牛皮箱纸板、瓦楞纸板和钙塑瓦楞纸板。(3)塑料。用于制作各种类型包装容器,加工复合包装材料、缓冲材料。主要有:聚乙烯(PE)、聚乙烯醇(PVA),聚丙烯(PP)和聚苯乙烯(PS)、聚氯乙烯(PVC)、尼龙(N)、酚醛树脂(PF)、赛璐玢(PT)等。(4)金属。用于制作外包装容器、木箱包装的加固材料和加工成复合包装材料等。主要有薄钢材、镀锌薄钢板、马口铁和铝箔。(5)玻璃与陶瓷。用于制作瓶、罐等包装容器。(6)复合包装材料。用于制作各种包装容器。有复合塑料薄膜、铝箔复合塑料薄膜和纸铝复合塑料薄膜。(7)辅助包装材料。主要有防锈剂、干燥剂、黏合剂、防锈油脂和缓冲材料等。

【孢子】(spore) 真菌经有性或无性繁殖过程所产生的繁殖体。在担子上产生的有性繁殖体称为担孢子,如蘑菇等;在子囊菌中产生的有性繁殖体称为子囊孢子。另外,不同种类的还可产生无性孢子,如分生孢子;草菇还产生具有厚壁能抵抗不良环境的无性孢子,称为厚垣孢子。

显微镜下的孢子

【孢子生殖】(sporogony) 又称孢子发生。真菌和很多低等植物的一种无性生殖方式。导致孢子的产生。孢子在一定的环境下发育成新的个体。植物界中的藻类、菌类、苔藓、蕨类等植物都能用孢子繁殖,所以称这几类植物为孢子植物。动物界中的孢子虫类也有这种繁殖方式。

【孢子印】(spore print) 发育成熟的伞菌类蘑菇子实体,其菌褶或菌管上的孢子掉落下来堆集在一起形成的印迹。取一朵新鲜、完整的菌盖,将菌柄从顶部切掉,使菌褶向下放在纸面上,移至无风处或用玻璃杯罩住菌盖,随后菌褶上的孢子就会掉落下来,在纸上形成像菌褶一样放射状的图纹——孢子印。由于不同种类的孢子颜色不同,其孢子印颜色亦不同。一般呈白色、粉红色、褐色、褐棕色及黑色等。依据孢子印及孢子形状、大小、颜色等特征,可进一步鉴别蘑菇的种类。

【胞内菌感染】(intracellular bacteria) 胞内菌入侵机体后,需在宿主细胞内生长和繁殖而引起的感染。在人类的致病菌中,只有少数为胞内菌。抗胞内菌感染的免疫主要是以T细胞为主的细胞免疫。这些T细胞并不直接与胞内菌作用,而是同其入侵宿主的感染细菌发生反应。胞内菌自身的毒性小,有利于细菌与宿主细胞的长期共存。病变主要由病理性免疫损伤引起。其潜伏期较长,病程缓进呈慢性化。引起的组织反应主要是肉芽肿,它具有双重作用,既有阻挡病菌向四周或全身扩散的保护效应,也可在局部造成一定的病理损害。胞内菌感染常伴有迟发型变态反应,其机制是胞内菌诱发的主要是细胞免疫应答,而 DTH 的本质就是病理性的细胞免疫应答。按其寄居情况的不同,可分为兼性胞内菌和专性胞内菌两种。前者主要寄居在细胞内生长繁殖(喜爱寄居在单核－吞噬细胞中),主要有结核杆菌、麻风杆菌、伤寒杆菌等;后者只能在细胞内生存和繁殖,它们喜爱非职业的吞噬细胞如内皮细胞、上皮细胞作为寄居细胞。对人类重要的专性胞内菌有普氏立克次体、立氏立克次体等。胞内菌致病的第一步,是必须与靶细胞黏附后通过侵袭素的作用才能入侵宿主细胞。而胞外菌一般被吞噬细胞吞噬后5～10min 内被胞内菌物质杀死,1h 内为胞内菌溶酸体酶水解破坏。胞内菌进入宿主细胞后会有多种对抗机制保其在靶细胞内生存,其致病性一般较胞外菌弱,但因其能长期隐藏在宿主体内,一旦宿主免疫功能降低,就可繁殖发病。其治疗和预防免疫接种都不如胞外菌。

【胞内酶】(endoenzyme) 与胞外酶相对应。细胞内产生并在细胞内部起作用的酶。水解酶类以外的其他酶类都属于胞内酶。这些酶在细胞内常与颗粒体结合并有着一定的分布,正常情况下不会扩散到细胞周围介质中去。如线粒体上分布着三羧酸循环酶系和氧化磷酸化酶系,而蛋白质合成的酶系则分布在内质网的核糖体上。

【胞吐作用】(exocytosis) 运输小泡通过与细胞质膜的融合将内容物释放到细胞外基质的过程。在组成性型分泌(运输小泡持续不断地从高尔基体运送到细胞质膜,并立即进行膜的融合,将分泌小泡中的蛋白质释放到细胞外)活动中,胞吐作用是自发进行的。在调节型分泌(分泌小泡通过出芽聚集在细胞质膜附近,当细胞受到细胞外信号刺激时,就会与细胞质膜融合将内含物释放到细胞外)作用中,胞吐作用必须有信号触发。触发信号可以是神经递质、激素或者 Ca^{2+} 等。胞吐作用的结果一方面将分泌物释放到细胞外,另一方面小泡的膜融入质膜,使质膜得以补充。

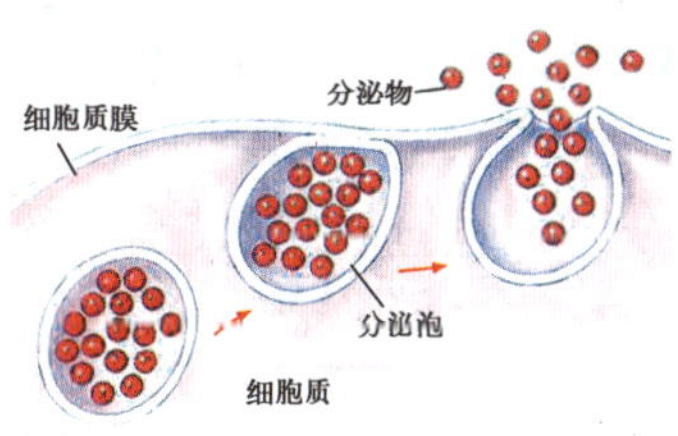

胞吐作用

【胞外菌感染】(extracellular bacteria) 胞外菌入侵机体后,主要寄生于宿主细胞外的血液、淋巴液和组织液中而引起的感染。如葡萄球菌、链球菌、肺炎球菌、白喉杆菌、破伤风杆菌、百日咳杆菌等。占病原菌的大多数。其引起疾病主要通过两种机制:一种是引起局部化脓性炎症,损害和破坏组织细胞;另一种是许多胞外菌能产生内毒素、外毒素和侵袭性胞外酶等,直接或间接地造成组织细胞损害或坏死。其感染的免疫主要是皮肤黏膜的屏障作用、吞噬细胞的吞噬作用、补体的溶菌与调理作用,目的在于清除细菌和中和毒素。有些经胞外菌感染后,机体可获得持久的甚至终身的保护性免疫,如白喉等;而另一些则不能获得,如破伤风等。有多种因素可影响保护性免疫的获得,从病原菌方面来说包括抗原性的强弱、型别的多少与变异性等因素。

【胞外酶】(exoenzyme) 与胞内酶相对应。细胞内产生后分泌到细胞外面起作用的酶。主要是水解酶类,如淀粉酶、脂肪酶、人体消化道中的各种蛋白酶等。酶是由生物体活细胞产生的。但在许多情况下,细胞内生成的酶可以分泌到细胞外或转移到其他组织器官中发挥作用。

【胞饮作用】(pinocytosis) 又称内吞、吞饮。物质被吸附在质膜上,然后通过膜的内折而转移到细胞内的攫取物质及液体的过程。胞饮作用的具体过程是:当物质吸附在质膜时,质膜内陷,液体和物质便进入,然后质膜内折,逐渐包围着液体和物质,形成小囊泡,并向细胞内部移动。胞饮作用是非选择性吸收,它在吸收水分的同时,把水分中的物质一起吸收进来,如各种盐类和大分子物质甚至病毒。胞饮作用是植物细胞吸收水分、矿质元素和其他物质的方式之一。

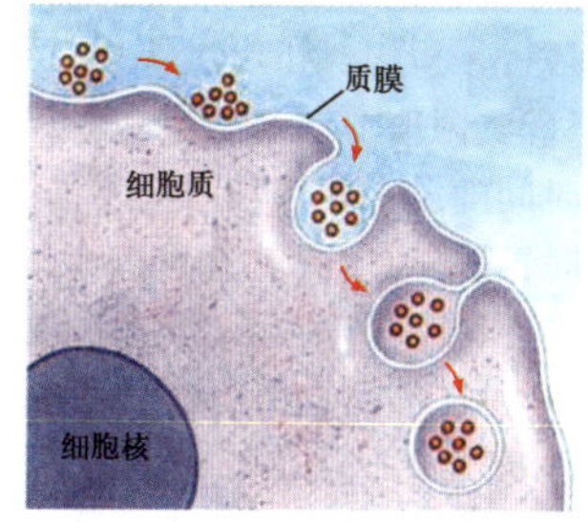

胞饮作用

【雹】(hail) 透明球形或略呈圆锥形的冰状固体。俗称雹子、冷子、冷蛋子、响雨等。小冰雹直径2～5mm,大的直径大于 5mm,形成于猛烈发展的积雨云中。一般由“霰”与“冻滴”在积雨云中随气流升降,不断与途中雪花和其他冷却小水滴合并,形成具有透明和不透明交替层次的冰块。其增大到上升气流无法支撑其重量时就降落到地面。

冰雹

【雹灾】(hail damage) 降雹给农业生产造成的灾害。使农作物、蔬菜和果树遭受机械损伤和冻伤,同时冰雹对牲畜和农业设施也会带来危害。雹灾的轻重,取决于作物的生育时期和冰雹的破坏力。作物抽穗、灌浆和成熟期遇到雹害,可导致绝收或严重减产。冰雹的破坏力,决定于冰雹的大小和密度。

【饱和含水量】(saturated moisture content of soil) 又称全持水量。土壤全部孔隙被水充满时土壤中的水量。土壤能达到的最大含水量。土壤物理性质的一个重要指标。在研究灌溉排水问题时,常用到这一土壤水分常数。例如对水稻田进行晒田和湿润处理时,常用饱和含水量作为稻田相对含水量的基数。

【饱和潜水】(saturation diving) 在一定深度人体内溶解气体达到饱和状态的潜水活动。潜水员在水下工作一段时间后,高分压氮气或氦气会随血液循环进入体内。当体内溶解的气体处于饱和状态时,人就可在深水高压下长期生活。潜水人员返回海面时,需经过减压过程,使体内溶解的氮气或氦气慢慢析出。析出过快会在人体组织和血液内形成气泡,阻塞血管和压迫神经,导致潜水减压病。减压时间随潜水深度和时间增加而增加。达到饱和潜水时,减压总时间就不再随水下停留时间的延长而增加。饱和潜水可分为空气、氮氧、氦氧、氦氮氧、氢氧等方式。在饱和潜水方面,人体最大模拟实验深度已达701m。

【饱和脂肪酸】(saturated fatty acid) 不含—C＝C—双键的脂肪酸。动物油含有较多的饱和脂肪酸。饱和脂肪酸的化学性质较稳定,所构成的脂肪熔点高。不容易被氧化,常温下呈固体状态。

【宝瓶座】(Aquarius) 黄道十二星座之一。位于天蝎座与双鱼座之间。中心位置:赤经22时40分,赤纬-13°,面积约980平方度。座内有亮于四等的星17颗,其中α、β、θ、δ四颗星排成“Y”形,似宝瓶口;β星是中国古代秋季初昏星空的主要标志。

【宝石】(gemstone) 自然界产出的,具有美观、耐久、稀少性,并可加工成装饰品的矿物。绝大多数宝石为矿物单晶体,如钻石、红蓝宝石、祖母绿、电气石(碧玺)等,也有少数为非晶质体,如欧泊(蛋白石)。随着技术的进步,大量物美价廉的人工宝石也出现在市场上。珠宝首饰行业常将天然珠宝玉石和人造珠宝玉石合称为“宝玉石”。

宝石

【宝石改色】(gem color alteration) 用人工方法改变宝石颜色以使宝石增值的技术方法。常用的方法有加热、高能粒子或射线辐照等物理方法。如无色水晶、黄玉和锆石,均可借加热或辐照呈色;有色的水晶、黄玉、锆石也可经加热或辐射而改变色调;暗蓝色调的蓝宝石也可经高温加热而变为鲜亮的蓝色。在改色同时,透明度也可能得到改善。

【宝石品级】(gem grade) 宝玉石的质量等级。一般按颜色、净度、切工或加工特性、单晶粒度或玉石块度大小等分级。任何一个宝玉石品种,都可概略分为三个等级:宝石级,有保值或收藏价值;首饰级,有观赏和收藏价值;商品级,无保值、收藏价值,仅具观赏性。但实际工作中,不同种类宝玉石划分品级的标准并不相同,不同国际组织或大公司对同一种宝玉石的划分标准也不相同。譬如,钻石分级用4C标准;有色宝石分级用4C+T(透明度);玉石分级用4C+2T(透明度和结构、构造);珍珠分级则采用颜色、皮光、形状、大小、珍珠层厚度和结构紧密度等。

【宝石色带】(gem color zone) 宝石晶体内部显示出的颜色不均匀分布的现象。晶体生长过程中,由于介质成分及生长环境变化,生长层的成分或混入物的成分有所改变时,其生长层的颜色会有变化。这些色带的方位即生长线、生长层、生长锥的方位。如蓝宝石、碧玺、紫晶的色带,其对称性与晶体的对称性相一致或相呼应。当外部光线射入时,晶体内部的这些部位就会以各自的方式对入射光线进行反射和吸收,形成由晶体内部显现出来的颜色不均匀分布的现象。不定向分布的包裹体集中处也可出现色斑或不规则的色带。辐照改色的晶体中,粒子或射线轰击产生的伞形色带与轰击方向相关;它们的对称性就未必与晶体本身的对称性一致或呼应。

【宝石色形】(gem color shape) 玉石中不同色调的矿物的结晶程度、形态、粒度、排列方式和不同矿物集合体间的排列方式所反映出的颜色分布特征。中国玉石行业形容玉石中颜色分布形态的一个术语。与岩石的结构和构造相呼应。如在玛瑙、翡翠、和田玉、鸡血石等玉石各具特色的颜色分布,不仅向人们提供了观赏美,也是判别宝石品种的辅助依据之一。

【宝石色泽】(gem tincture) 宝石颜色、光泽、透明度的总体外现表现。宝石行业惯用术语。其中颜色泛指

宝石色泽

宝石的色带(由宝石晶体内部显示出来的颜色不均匀分布的现象)、火彩(指刻面宝石内部反射出来的彩色光芒)和变彩(又称游彩,从特定结构构造的宝石中反射或透射出的光线因干涉和衍射所形成的一种随角度而变化的晕彩);光泽包括宝石表面对光线反射形成的光泽和宝石内部对光线折射、反射、干涉、衍射所形成的宝石的闪光;宝石的透明度也称水头,透明度好的水头就好。

【宝塔式繁育体系】(pagoda breeding system) 在畜牧生产过程中,为充分利用少量优良种畜,通过繁殖扩群,由点到面建立的一种繁育体系。如商品蛋鸡的生产过程中,首先引进少量祖代鸡建立祖代鸡场(即一级原种场)。由它生产的后代称父母代,分散到地方,建立父母代繁殖鸡场。再由繁殖鸡场生产出大量的商品化蛋用鸡,供生产者饲养,从而生产大量鸡蛋,形成一个由小到大的宝塔形繁育体系。

【保持器】(mechanical retainer) 由于牙矫正后有退回到原来位置的倾向、骨骼及邻接组织的改建需要一定的时间,以及𬌗平衡尚未建立等多方面的原因,为使牙或颌骨稳定于矫治后的特定位置,保持临床矫治效果,需要戴用的防止牙或颌骨退回到原始位置的装置。其应具备的条件有:(1)尽可能不妨碍各个牙齿的正常生理性活动。(2)对于正在生长期的牙列,不能妨碍牙颌的生长发育。(3)不妨碍咀嚼、发音等口腔功能,不影响美观。(4)便于清洁,不易引起牙齿龋蚀或牙周组织的炎症。(5)结构简单,容易摘戴,不易损坏。(6)容易调整。其种类有:活动保持器、固定保持器和功能性保持器。常见的活动保持器有:标准 Hawley 保持器、改良式 Hawley 保持器、牙正位器以及负压压膜保持器;常见的固定保持器主要有:下前牙区舌侧固定保持器和黏固式前牙固定舌侧保持器。保持器的戴用是矫治过程不可或缺的一个重要阶段和组成部分,可以有效地防止畸形复发和维持形态与功能的稳定。

【保和丸】(baohe pellet) 方剂名。其组成是:山楂(焦)300g、六神曲(炒)100g、半夏(制)100g、茯苓 100g、陈皮 50g、连翘 50g、莱菔子(炒)50g、麦芽(炒)50g。制法:以上八味,粉碎成细粉,过筛,混匀,用水泛丸,干燥,制成水丸;或每 100g 粉末加炼蜜125~155g制成大蜜丸,即得。用量:口服,水丸一次6~9g,大蜜丸一次 1~2 丸,一日 2 次;小儿酌减。功能主治:消食,导滞,和胃。用于治疗食积停滞、脘腹胀满、嗳腐吞酸、不欲饮食等。

【保护地栽培】(protected culture) 见设施栽培。

【保护电路】(protective circuit) 以保护为目的的特殊电路或控制电路的一部分。常用的有过电压保护和过电流保护。过电压保护一般是解决对绝缘有危险的电压升高及电位差升高,包括内部过电压(操作过电压)和外部过电压(大气过电压)。内部过电压保护电路有阻容吸收电路、硒堆吸收电路、压敏电阻以及整流式阻容吸收电路等。外部过电压保护包括避雷线、避雷器等。按其保护部分的不同可分为:交流侧保护电路、直流侧保护电路和器件保护电路。过流保护电路具有两种功能。一是在过载情况下具有反时限的保护特性;二是在短路情况下具有瞬时动作保护特性。如果需要,还应该具有长延时动作、一般短路延时动作和特大短路瞬时动作的三段式保护特性。常用的过流保护是快速熔断器和快速开关等。

【保护继电器】(protective relay) 用于继电保护装置中,能在一个或多个输出回路中产生预定跃变的一种控制器件。当输入参量达到某一预先设定值时,输出量便发生跳跃式变化。通常由感受部件、比较部件和执行部件三个主要部分组成。其工作原理为:感受部件将反应的输入量综合后送至比较部件,比较部件将所得的参量与预先设定值相比,并作出判断,由执行部件实现输出量的跃变。反应电气量动作的保护继电器应用最为广泛,种类也最多。其分类有:(1)按反应的输入参量而动作的继电器,主要用于实现故障的判别。(2)按输入参量的有无而动作的逻辑继电器,主要用于构成保护装置的逻辑电路。

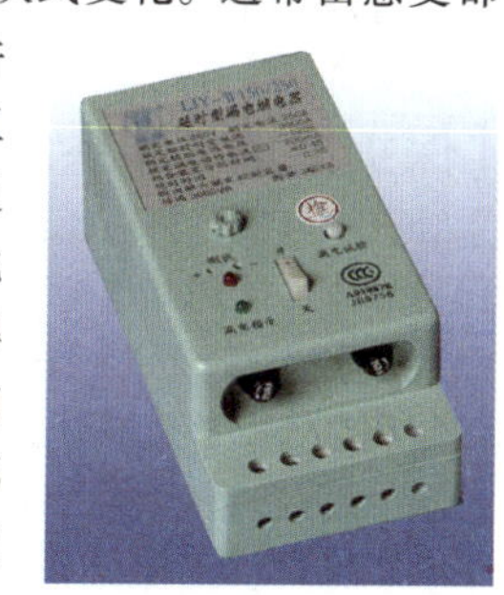

保护继电器

【保护浇铸】(protective pouring) 在连铸过程中使钢水不发生氧化的技术。钢水在连铸中,与钢包和中间包的耐火砖接触以及与空气接触的时间相对比模铸长,因而容易产生氧化夹杂。尤其是不锈钢因含有极易氧化的合金元素,例如铬,更需要采用无

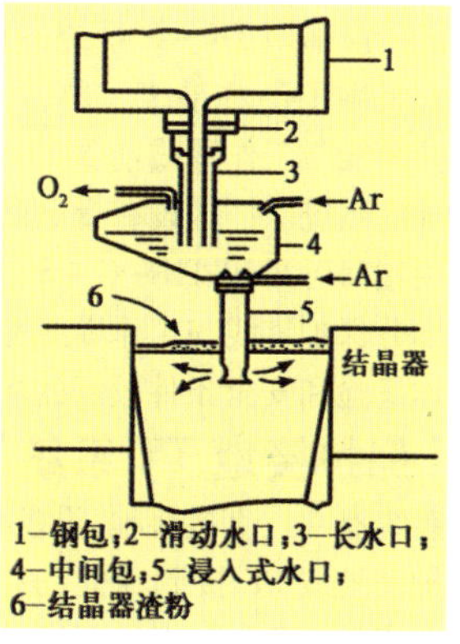

保护浇铸

氧化保护浇铸。按照保护方式的不同可分为:(1)长水口保护。即较长水口的一端安装在盛钢桶下部,另一端插入中间包。同时向中间包内吹入氩气。使中间包钢水液面形成惰性气体保护层。(2)氩气保护。即在盛钢桶与中间包之间造成氩气保护气氛。其中氧气浓度应在0.2%以下。(3)液氮保护。即在中间包到结晶器的钢流和结晶器的钢水液面用液氮保护。(4)保护渣。即在结晶器的钢水液面上覆盖保护渣,使钢液与空气隔离。

【保护接地IT系统】(IT system) 电源系统的带电部分不接地或通过阻抗接地,电气设备的外露导电部分接地的系统。第一个大写"I"表示配电网不接地或经高阻抗接地、第二个大写"T"表示电气设备金属外壳接地。IT系统安全原理:保护接地的原理是给人体并联一个小电阻,以保证在发生故障时,减小通过人体的电流和承受的电压。电动机采用保护接地后,当一相绕组因绝缘损坏而碰壳,即与外壳短路时,此时若工作人员触及带电的设备外壳,因人体的电阻远较接地极的电阻大,大部分电流流经接地极入地,而通过人体的电流极其微小,从而保证了人身的安全。

【保护接地TN系统】(TN system) 电源系统有一点直接接地,负载设备的外露导电部分通过保护导体连接到此接地点的系统。采取接零措施的系统。字母"T"和"N"分别表示配电网中性点直接接地和电气设备金属外壳接零。设备金属外壳与保护零线连接的方式称为保护接零。在这种系统中,当某一相线直接连接设备金属外壳时,即形成单相短路。短路电流促使线路上的短路保护装置迅速动作,在规定时间内将故障设备断开电源,消除电击危险。如图所示,TN系统有三种类型,即TN-S系统、TN-C-S系统和TN-C系统。其中,TN-S系统是有专用保护零线(PE线),即保护零线与工作零线(N线)完全分开的系统;爆炸危险性较大或安全要求较高的场所应采用TN-S系统;有独立附设变电站的车间宜采用TN-S系统。TN-C-S系统是干线部分保护零线与工作零线前部共用(构成PEN线),后部分开的系统。厂区设有变电站,低电进线的车间以及民用楼房可采用TN-C-S系统。TN-C系统是干线部分保护零线与工作零线完全共用的系统,用于无爆炸危险和安全条件较好的场所。

【保护接地TT系统】(TT system) 电源系统有一点直接接地,设备外露导电部分的接地用保护接地线PE接到独立的接地体上的系统。前后两个字母"T"分别表示配电网中性点和电气设备金属外壳接地。配电网俗称三相四线配电网。这种配电网引出三条相线(L1、L2、L3线)和一条中性线(N线,工作零线)。在这种低压中性点直接接地的配电网中,如电气设备金属外壳未采取任何安全措施,则当外壳故障带电时,故障电流将沿低阻值的低压工作接地(配电系统接地)构成回路。由于工作接地的接地电阻很小,设备外壳将带有接近相电压的故障对地电压,电击的危险性很大。因此,必须采取间接接触电击防护措施。

【保护接零】(protective connecting neutral) 将设备在正常情况下不带电的金属部分,用导线与系统进行直接相连的方式。采取保护接零方式,保证人身安全,防止发生触电事故。把电工设备的金属外壳和电网的零线连接,以保护人身安全的一种用电安全措施。在电压低于1 000V的接零电网中,若电工设备因绝缘损坏或意外情况而使金属外壳带电时,形成相线对中性线的单相短路,则线路上的保护装置(自动开关或熔断器)迅速动作,切断电源,从而使设备的金属部分不至于长时间存在危险的电压,这就保证了人身安全。多相制交流电力系统中,把星形连接的绕组的中性点直接接地,使其与大地等电位,即为零电位。由接地的中性点引出的导线称为零线。在同一电源供电的电工设备上,不容许一部分设备采用保护接零,另一部分设备采用保护接地(见接地)。因为当保护接地的设备外壳带电时,若其接地电阻r′D较大,故障电流ID不足以使保护装置动作,则因工作电阻r′D的存在,使中性线上一直存在电压U_0=IdrD。此时,保护接零设备的外壳上长时间存在危险的电压U_0,危及人身安全。

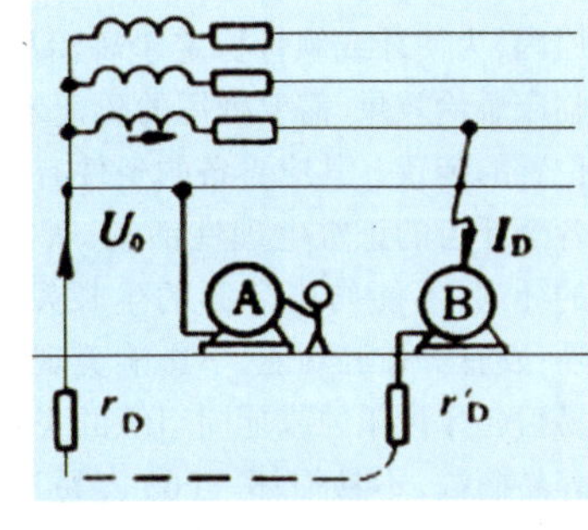

接地接零

【保护性耕作】(conservation farming) 一种兼顾农田生态效益、经济效益及社会效益的可持续耕作技术。通过少耕、免耕、地表微地形改造技术及实施地表覆盖、合理种植等综合配套措施,来减少农田土壤侵蚀,保护农田生态环境。根据对土壤影响程度的不同可划分为三种类型:(1)以改变微地形为主。包括等高耕作、沟垄种植、垄作区田、坑田等。(2)以增加地面覆盖为主。包括等高带状间作、等高带状间轮作、覆盖耕作(包括留茬或残茬覆盖、秸秆覆盖、砂田、地膜覆盖等)等。(3)以改变土壤物理性状为主。包括少耕(含少耕深松、少耕覆盖)、免耕等。

【保护岩柱】(protective rock plug) 井筒延深段的顶部为保护延深作业安全而暂留的一段岩柱。作为保护设施一般必须选用比较坚固、致密且无裂缝的岩石。比较松软的岩石,或遇水膨胀与多裂缝透水的岩石,不宜暂留岩柱作为保护设施。保护岩柱的位置一般是在生产水平的井底水窝下部。根据井筒延深方法的不同,它可能是占有井筒全部断面,也可能只占有井筒中部分断面。保护岩柱的高度目前国内外尚无准确的计算方法,一般都是根据岩石的性质而定。近年来的立井延深经验表明,在砂岩和比较致密的砂页岩中,保护岩柱的高度一般是在8m左右。在个别非常坚固的岩石中,亦有取为6m的。采用保护岩柱的优点是简单可靠、可节省构筑人工保护盘的钢材和木材。其缺点是拆除保护岩柱工作较复杂。

【保花保果】(technology of protecting the growth of flower and fruit) 为提高坐果率,提高产量,所采取的技术措施。在果树生产中,当果树出现花芽数量较少、有些品种坐果率较低、落花落果现象普遍存在时采取的措施。(1)搞好头年果园管理,形成饱满花芽。(2)加强来春管理,保证授粉受精。其具体做法是:花前施肥、灌水;搞好人工授粉和果园放蜂;花期环剥、喷肥和使用调节剂;预防花期冻害。(3)控制新梢生长,防止幼果脱落。(4)喷生长促进剂,防止采前落果。(5)注意防治病虫害。

【保健食品】(healthy food) 具有特定保健功能,适宜于特定人群食用,用以调节机体功能,不以治病为目的的食品。其特点是:(1)具备食品的基本特征,无毒无害,符合应有的营养卫生要求,长期服用不会产生不良反应。(2)特定的保健功能,这种功能必须是明确的,具体的,有针对性的,经科学验证是肯定的。(3)针对特定人群设计,食用范围不同于一般食品。(4)以调节机体功能为主要目的,而不以治疗疾病为目的。

保健食品标志

【保健添加剂】(healthy additives) 在家畜饲料中人工加入的低浓度抗菌或驱虫保健药物。可预防疾病,提高家畜抗病能力,还兼具促进家畜生长的作用。常用的磺胺类和呋喃类药物用于防治猪的菌痢、流行性肺炎、鸡的慢性呼吸道病、沙门氏菌病等。抗球虫的有氨丙啉、氯苯胍、莫能菌素和盐霉素等药物。驱除寄生虫的哌嗪、吩噻嗪等药物,亦可作为这类添加剂使用。

【保健医学】(health care medicine) 医学的一个分支。研究促进健康、避免不健康状态发生的一门新兴医学学科。其基本理念是:健康需要计划、需要投资、需要经营、需要管理、需要提早储蓄,并在健康评估的基础上制订出系统的健康干预方案。主要研究内容包括:生活方式、营养、心理、运动等方面对健康的影响,如何对实施对象进行健康维护、提供就医绿色通道,如何进行专家会诊、就医指导从而保障就医的效率和效果。其目的是:尽可能地使人们保持精力旺盛、体格强健,避免亚健康状态发生。

【保守力】(conservative force) 对物体做功只与其始、末位置有关,而与物体运动路径无关的力。由于保守力所做的功与物体的运动路径无关,因此物体沿闭合路径运行一周,保守力做功为零。在只有保守力作用情况下才可以定义势能。例如,重力,静电力都是保守力。

【保水剂】(equaous agent) 吸水聚合物的统称。一种强吸水性树脂。主要成分为聚丙烯酰胺。有四种类型:(1)以有机单体(丙烯酸、丙烯酰胺)为原料的全合成型。(2)以纤维素为原料的纤维素接枝改性型。(3)以淀粉为原料的淀粉接枝改性型。(4)以天然矿物质等(如蛭石、蒙脱石、海泡石等)为原料的天然型。具有抗旱、节水、保水、调理土壤等功效。可在植物根部土壤及其周围吸水形成水凝胶,并可几百甚至上千倍地提高土壤对水的保持性,防止植物根系腐蚀,改善干旱地区土壤蓄水能力及土壤结构,从而促进植物生长。同时,土壤水流失量的降低也使用水量和浇水次数减少,提高水分利用率。

保水剂

【保温材料】(thermal insulation material) 导热系数小于或等于0.2的材料。在建筑和工业中采用良好的保温技术与材料,能起到事半功倍的效果。统计表明,建筑中每使用1t矿物棉绝热制品,1 年可节约 1t 石油。单位面积节煤率每年为 11.91kg/m^2。工业设备与管道的保温,采用良好的绝热措施与材料,可显著降低生产能耗和成本,改善环境,同时有较好的经济效益。保温材料有很多种类,应用范围也很广。按其用途的不同可分为:玻璃棉制品、维耐隔热毯、绝热泡沫玻璃和聚氨酯等。其中,玻璃棉制品主要用于空调保温、风管保温、钢结构保温、锅炉保温、除尘器和蒸汽管道保温等。维耐隔热毯主要用于石油、化工、热电、钢铁、有色金属、工业炉等行业热工设备的隔热保温与保护。屋面保温材料应选用孔隙多、表观密度小、导热系数小的材料。矿物棉是一种优质的重量轻的保温材料。硅酸钙绝热制品,具有抗压强度高,导热系数小,施工方便,可反复使用的特点。泡沫塑料是以合成树脂为基础制成的,内部具有无数小孔的塑料制品,它具有导热系数低等优点。

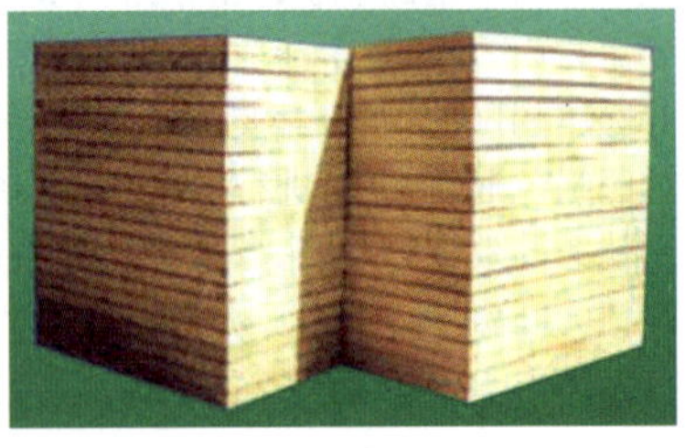
保温材料

【保温帽】(heat insulating cap) 安置在钢锭模上的框形保温装置。与钢液接触部分为耐火材料。用以保持钢液缓慢冷却,使缩孔集中帽内和获得致密的钢锭。在浇满时,常向帽内加入发热剂(硅铁粉、木炭粉、铝粉等混合物)、保温粉(火砖粉、白渣粉等),或采取电弧加热等措施,以加强保温作用。

【保形映射】(conformal mapping) 又称保形映照。是解析函数所确定的映射。复变函数论中最重要的概念之一。在物理学的许多领域有重要的应用。例如,应用保形映射成功地解决了流体力学与空气动力学、弹性力学、磁场、电场与热场理论以及其他方面的许多实际问题。不但如此,20 世纪中亚音速及超音速飞机的研制促成了从保形映射理论到拟保形映射理论的发展。

【保幼激素】(juvenile hormone, JH) 又称返幼激素。昆虫在发育过程中由咽侧体所分泌的一种激素。保幼激素在幼虫期,能抑制成虫特征的出现,使幼虫蜕皮后仍保持幼虫状态。将人工合成的保幼激素喷洒在昆虫幼虫上,可使幼虫增加蜕皮次数;喷洒在成虫上,则产生不孕现象;喷洒在卵上,能阻止胚胎发育,引起昆虫各期的反常现象。故其可作为防治害虫之用。

【堡礁】(barrier reef) 又称堤礁。平行于海岸或岛屿,与海岸间有宽的浅海区或泻湖相隔的一类珊瑚礁。世界上最著名的堡礁是澳大利亚东北部长达2 400km 的大堡礁。

堡礁

【报废机动车】(abandoned vehicle) 达到国家报废标准,或者虽未达到报废标准,但发动机或者底盘严重损坏,不符合国家机动车运行安全技术条件或者国家机动车污染物排放标准的机动车。必须及时办理注销登记。不得上路行驶。报废的大型客、货车及其他营运车辆应当在公安机关交通管理部门的监督下解体。国家实行机动车强制报废制度。任何单位或个人不得将报废机动车出售、赠与、自行拆解或者使报废机动车继续上路行驶。这一制度有效地保障了公共交通安全和减轻了环境污染。

【报告基因】(reporter gene) 又称报道基因。编码产物能被快速检测,常用来判断外源基因是否成功地导入寄主细胞、器官或组织的一类特殊基因。在实验中,把报道基因编码区连接在目的基因的下游位置,并共用目的基因的启动子。最常用的报道基因有氯霉素乙酰转移酶(CAT)基因、β-葡萄糖醛酸糖苷酶(GUS)基因以及荧光素酶基因等。

【刨削加工】(plane shaping processing) 在刨床上用刨刀进行平面、沟槽的加工方法。可分为粗刨和精刨。常用的有牛头刨床和龙门刨床。前者主要用于加工中小型零件,后者则用于加工大型零件或同时加工多个中型零件。刨削加工的精度、表面粗糙度与铣削加工大致相当,但在加工燕尾槽时,表面粗糙度 *Ra* 值要稍小于铣削。刨削主运动为往复直线运动,只能采用中低速切削。刨削加工范围不如铣削加工广泛。但对于加工窄长平面,刨削的生产率则高于铣削。因此窄平面如机床导轨等的加工多采用刨削。刨削的成本一般比铣削低。

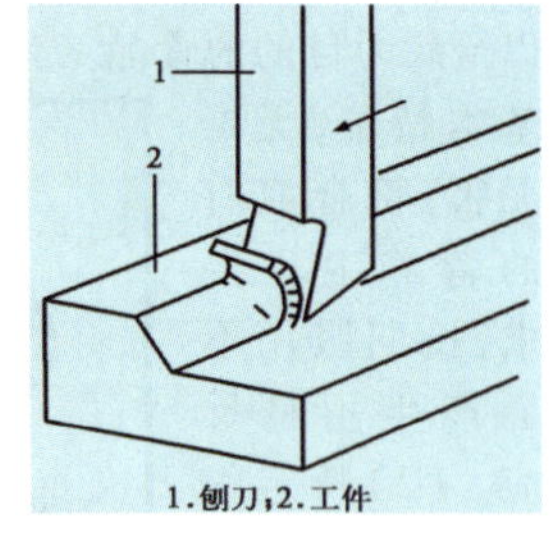

刨削

【刨削运动】(shaping movement) 刨刀与工件在水平方向上作相对的往复直线运动。在牛头刨床或龙门刨床上采用刨削运动所进行的切削加工方法为刨削。在牛头刨床上,刨刀作往复运动,每次回程后工件作间歇的进给运动,用于加工较小的工件;在龙门刨床上,工件作往复运动,每次回程后刨刀作间歇的进给运动,用于加工较长和较大的工件。刨削主要用于加工工件的平面和沟槽。如果采用成形刨刀或仿形装置,也可以加工成形面。

【鲍鱼】(abalone) 又称九孔螺。古称鳆、石决明。腹足纲鲍科贝类的统称。海洋中的单壳软体动物。壳坚厚,低扁而宽,呈耳状,螺旋部只留痕迹,占全壳极小的部分。壳的边缘有一列呼吸小孔。壳表面粗糙,内面具有美丽的珍珠光泽。多栖息于外海岩礁潮间带。中国沿海有耳鲍、杂色鲍、皱纹盘鲍等。肉肥美,为海味珍品。鲜食,或加工成罐头或鲍鱼干。某些种能产珍珠,称“鲍珠”。壳是中药“石决明”,还可作工艺品的材料。

鲍鱼

【暴风雪号航天飞机】(Buran Space Shuttle) 苏联研制的部分可重复使用的航天运输系统。1988 年 11 月 15 日进行了首次不载人飞行。1993 年俄罗斯政府宣布停止该计划。与美国的航天飞机相比,其特点为:(1)暴风雪号与能源号火箭相互独立,能降低事故发生率,提高可靠性和安全性。(2)暴风雪号没有主发动机,降低了发射重量,安全性高,发射和回收载荷能力强,准备及运行工作得到简化。(3)进场着陆相对比较容易,横向机动距离较大,可进行二次着陆。(4)能源号火箭全部使用液体推进剂,能做到带故障飞行,安全性有所提高。(5)在大气层滑翔时,能像普通飞机那样借助副翼、操纵舵和减速板来控制。

【暴力死】(unnatural death) 又称非自然死亡。由于各种物理、化学因素作用于人体所引起的死亡。在法医学上,根据死因和死亡性质的不同分为暴力死和非暴力死。暴力死是最常见的死亡类型之一。如各种机械性损伤致死、机械性窒息致死、烧死、冻死、电击死、雷击死,以及各种不同的外源性毒物所致中毒死等。也包括因生物学因素引起暴力死亡者。按死亡情节和方式的不同又可分为自杀死、他杀死和意外死。正确区别暴力死与非暴力死,有助于案件分析和鉴定。

【暴雨】(rainstorm) 降雨强度和总量均相当大的雨。除个别地区外,统指日(24h)降水量大于或等于 50mm 的降雨。其中,日降水量大于 50mm,小于或等于 199mm 的称大暴雨;大于或等于 200mm 的称特大暴雨。中国位于世界上著名的季风气候区域,夏季风盛行的时期是暴雨季节。

【暴雨等值线图】(isohyet map of rainstorm) 地面上一次暴雨或时段暴雨的降雨量相等各点的连线图。是进行面平均雨量计算、暴雨洪水计算和洪水预报的依据。根据历时的不同可分为逐日暴雨、时段最大暴雨以及一次暴雨的等值线图。根据用途的不同可分为实测暴雨、设计暴雨以及可能最大暴雨等值线图。在暴雨季节,通过绘制逐日暴雨等值线,结合大范围环流形势状况的分析,可预估未来暴雨发展的趋势和量级。根据大暴雨资料绘制的逐日(时)暴雨等值线图,以及一次暴雨总量和设计时段最大暴雨量等值线图,可分析暴雨的走向、中心位置、时程变化、笼罩范围、量级、面分布梯度和地区分布规律。并可为设计暴雨提供典型雨图,以便进行暴雨时面深关系和设计暴雨雨型的分析。绘制暴雨等值线图,主要依据雨量站观测资料。首先,按雨区分析范围,选定适当比例尺的地形图,将各雨量站同时段的雨量数值,点注于图上;其次,对两站间雨量值,按直线内插原则,计算和确定各等雨量线的位置;最后,用光滑曲线连接雨量相等的各点,注明各线的雨量数值,即得暴雨等值线图。在绘制时,应结合暴雨天气形势、暴雨成因、移动路线以及地形的抬升作用等因素,对成果进行合理性检查和修正。等值线的间距,一般暴雨可采用 5mm 或 10mm;大暴雨和特大暴雨可采用 50~200mm;雨量变化大的地区,等值线密度可大些,反之则可小些。在绘制特大暴雨等值线时,一般还应进行实地暴雨调查,以弥补站网资料的不足。

【暴雨洪水】(storm flood) 由暴雨通过径流、汇流在河道中形成的洪水。暴雨在较短时间内集中降落,流域扣除植被截留和湿润土壤后的雨水在坡面和河网中流动并向下游汇集,形成洪水。洪水大小不仅同暴雨量级关系密切,而且与流域面积、土壤干湿程度、植被、河网密度、河道坡降以及水利工程设施有关。在相同的暴雨条件下,流域面积越大,承受的雨水越多,洪水越大;在相同暴雨和相同流域面积下,河道坡度越陡,河网越密,雨水汇流越快,洪水越大。还有影响暴雨洪水的其他因素。如暴雨发生前土壤干旱,吸水较多,形成的洪水就小;在久旱得雨的北方干旱与半干旱地区这种现象尤为突出。水库工程和水土保持工程可以拦蓄部分暴雨洪水,而开挖河道则可使水流通畅,增加沿河洪峰流量,减少洪涝灾害。

【暴雨时面深关系】(storm depth-area-duration relationship) 暴雨深度随降雨历时和面积而变化的综合关系。常用于研究不同气象成因的暴雨在地域上的变化规律和时程分配上的集中程度。在设计上,可以根据已知的点暴雨量计算不同时段的面暴雨量,它是通过分析每场暴雨的深度与时间和深度与面积之间关系建立起来的。(1)暴雨深度与时间的关系。用于描述时段最大降雨量或最大平均暴雨强度随降雨历时变化的特性关系。(2)暴雨深度与面积的关系。常用的分析方法为:

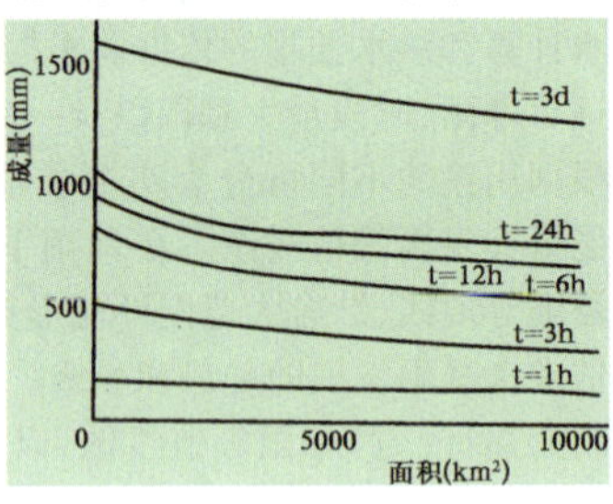

暴雨时面深关系

①在面积不等的流域上,适用频率法分析各种历时的面平均雨量,找出它与流域固定点同频率雨量之间的关系,简称定点定面关系。②应用各场实测的大暴雨资料,围绕暴雨中心计算各条闭合等雨量线所包围的面积及各面积内的平均雨量,点绘面积与雨量的相关图,简称动点动面关系。(3)暴雨时面深关系。将动点动面的雨深与历时,雨深与面积的关系综合起来,绘成以降雨历时为参数的雨深与面积的关系曲线。

【暴胀宇宙模型】(explode cosmic model) 又称暴胀宇宙学。认为宇宙在极早期经历过一个极度膨胀时期的宇宙模型。赞成宇宙大爆炸模型的宇宙学家一直被两个疑难问题——视界疑难和平直性疑难所困扰。到1981年,首先由顾斯提出暴胀宇宙模型,对原来的宇宙大爆炸模型进行补充和修改。该模型认为,在大统一时期的后期,随着宇宙膨胀温度下降到1×10^{28}K,宇宙经历了一次从对称到破缺的真空相变。但由于量子涨落,宇宙的某些部分在堆成的假真空状态停留一个短暂时间,其能量密度不为零,巨大的压力导致宇宙指数式的膨胀:在1×10^{-32}s内宇宙的大小增加1×10^{50}倍,所以被称作"宇宙暴胀"。这一瞬间后,宇宙的这些部分回到真空状态,暴胀停止,宇宙仍按照原来的宇宙大爆炸模型所预言的速度膨胀。该模型作为对宇宙大爆炸模型极早期解释的局部修改,克服了困扰原来模型的疑难问题。

暴胀宇宙模型

【爆轰】(detonation) 爆炸波在炸药中自行传播的现象。其反应区向未反应物质中推进速度大于未反应物质中的声速。爆轰是一种以每秒几千米的超音速传播的化学反应过程,是猛炸药爆炸的主要形式。其反应过程通常可在十万分之一秒内完成。在爆炸的瞬间,气体产物被加热到2 000~3 000℃,锋面压力达10~40万个大气压,从而对周围物体产生强大的破坏作用。爆轰波就是伴有高速化学反应的冲击波。炸药处于理想爆轰状态时,其化学反应最完全,释放出最多的能量,爆速和爆轰波压力也达到最大值。如果爆轰波能以不变的最大速度传播,称为理想爆轰;如爆速仅以一定的常速传播,称为稳定爆轰;如果爆轰波不能维持恒速传播,传播衰减以致中断,就称为不稳定爆轰。炸药不稳定爆轰,不仅爆炸能量得不到充分利用,而且对安全极为不利。在实际工作中,要求稳定爆轰是十分重要的。

【爆裂型玉米】(pop corn) 子粒用做爆制膨化食品的玉米。是玉米分类上的亚种或变种。果穗和子实均较小,子粒几乎全为角质淀粉,质地坚硬。粒色白、黄、紫或有红色斑纹。有麦粒型和珍珠型两种。子粒含水量适当时加热,能爆裂成大于原体积几十倍的爆米花。但产量较低,种植规模较小。有些一株多穗类型的可作观赏植物种植。

【爆破采煤】(blasting mining) 又称炮采。回采工作面采用爆破法落煤和装煤的采煤方法。爆破落煤包括打眼、装药、填炮泥、连线和爆破等工序。爆破装煤就是利用爆破的冲力将碎煤自动装入输送机,以减轻人工装煤。炮采工作面应当采用可弯曲刮板输送机运煤,配合金属支柱及铰接顶梁进行支护。炮采工作面的工人劳动强度大,生产效率低、安全条件差。目前应用的比较少。但对地质条件复杂多变和倾角大的煤层,仍有使用价值。一般适用于小型或不具备机械化采煤条件的矿井。

【爆破防护】(blasting protection) 在进行爆破作业时确保安全的防护设施。其具体要求是:(1)爆前应严格进行标孔、钻孔、清孔和验孔,保证炮孔质量达到设计要求。(2)爆前应认真检查、检测爆破器材、起爆器、电雷管检测仪、导线等器材,确保使用合格产品。(3)在进行一次较大规模爆破时,爆前应对设计的起爆网络进行1:1的模拟试验。(4)在同一起爆网络中,应使用同厂、同批、同型号的电雷管;电雷管之间的电阻差应符合产品说明书的规定;通过每个电雷管的电流强度应大于等于 2A。(5)检测电雷管时,应将被测电雷管置于土坑内或遮蔽物后,连接不少于 10m 长的导线,使用输出电流 <30A的专用检测仪表。(6)在爆区附近有射频源、高压线且达不到安全距离,现场存在的杂散电流 ≥30A时,需要采用非电导爆系统。(7)爆破作业人员进行爆破作业或接触爆破器材时,不得穿化纤服装,以防静电引起早爆事故。(8)进行电爆网络作业,必须关闭现场使用的手机、对讲机等无线通信工具,以防射频电引起电雷管早爆。(9)装药作业开始,应在井口设专人看护,非作业人员不得靠近。(10)装药填塞时必须使用木、竹质炮棍,严禁使用铁器。(11)要保证填塞达到设计的长度和质量,以防冲炮。(12)桩井爆破应严格控制超挖量,不能过量装药,掏槽眼、扶助眼、周边眼不能同时起爆。(13)在桩井爆破时,必须由专人指挥,爆破工程技术人员、爆破员、保管员应持证上岗,临近桩井不得有人。(14)在井深不足 10m,爆破时进口覆盖不少于 4 层胶质炮被防护;井深超过 10 米爆破时,井口覆盖不少于 2 层胶质炮被,以防飞石冲出。(15)在爆前,应在爆区四周的各个方向和路口的危险区边界设置警戒岗哨和标志。(16)在爆破时,人员、设备的安全距离为 100m。(17)在爆破时,以哨子作爆破信号的音响器材。预警信号:哨音一长两短(危险区内人员、设备均撤至安全地点,警戒岗哨到位);起爆信号:哨音连续短声(指挥员确定危险区内无人员、设备时,方可发出);解除信号:哨音一长(待爆破员检查现场确认安全后发出)。(18)在炮响后,应等 5min 以后才可接近现场进行检查,如无法确认有无盲炮时必须等 15min 后方可接近现场检查,人员下井之前必须先用机械通风。(19)爆后发现盲炮,应在当日及时排除,如因特殊情况无法在当日排除时,应在井口作一明显标记,并向有关人员交代清楚和派员看护。(20)在处理盲炮时,严禁打残眼。(21)爆破作业人员必须佩戴安全帽,不得赤背和穿拖鞋作业。(22)严禁酒后上岗和非爆破作业人员进行爆破作业。(23)距爆破作业点和爆破器材 50m 范围内严禁吸烟和动火。(24)在爆破作业中遇有雷雨、暴风雨时,应立即停止作业,全部人员撤至安全地点。

【爆破警戒】(blasting warning mark) 在进行爆破时,为保证所有人员的安全,在放炮危险区边界上布设的岗哨、路障或警戒标志。正确地确定爆破警戒距离、布设岗哨、路障或警戒标志不仅是保证人身安全的问题,而且还可减少对生产的影响,提高劳动生产率。

【爆破漏斗】(explosive funnel) 炸药爆炸时在最小抵抗线表面形成一个以药包为顶点的倒锥体。指当埋置于地平面以下的药包爆破后,药包上面的土石被炸成碎块,并抛散在其周围地面上形成一个漏斗形状的爆破坑。爆破漏斗的实际形状,受土石的性质、炸药的品种、性能和药包量的大小以及药包埋的深度等影响。爆破漏斗的大小一般与爆破作用指数有关。爆破作用指数是爆破设计规划中的一个重要参数。不同的爆破作用指数值,会获得不同的爆破漏斗。当爆破作用指数大于 1 时,称为加强抛掷爆破漏斗;当爆破作用指数等于 1 时,称为标准抛掷爆破漏斗:当爆破作用指数小于 1 而大于 0.75 时,称为减弱抛掷爆破漏斗;当爆破作用指数 ≤0.7 时,称为松动爆破漏斗。

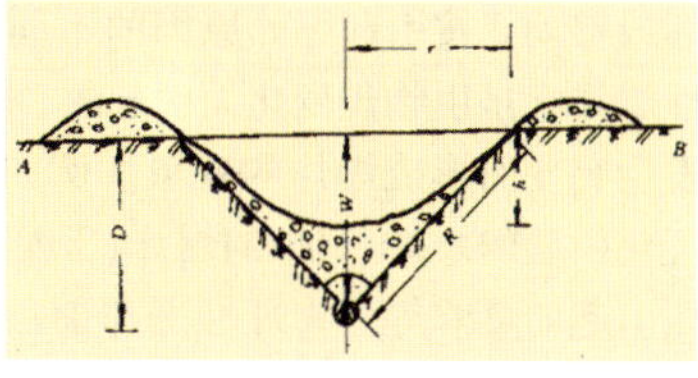

爆破漏斗示意图

【爆破作用指数】(blasting action index) 爆破漏斗的半径与最小抵抗线的比值。其大小决定爆破的强度,如强掷爆破、标准抛掷爆破、减弱抛掷爆破、松动爆破等。在工程爆破中,爆破作用指数值,包括抛掷爆破作用指数和松动爆破作用指数两部分。平坦地形或缓斜坡地形抛掷爆破的可见漏斗,一般反映出抛掷爆破作用指数。在斜坡地形,则可见漏斗无论是抛掷爆破还是抛坍爆破、松动爆破都是反映出松动爆破作用指数。作为破坏范围来说,应以松动爆破作用指数为标准。否则,不能保证工程爆破的质量。

【爆燃】(deflagration) 火炸药或燃爆性气体混合物快速燃烧的现象。其反应区向未反应物质中推进速度小于未反应物质中的声速。由于火炸药或燃爆性气体混合物中含有较丰富的氧元素或氧气、氧化剂等,在燃烧时无须外界的氧参与反应,所以能够发生自身燃烧反应。燃烧时若非在特定条件下,其燃速是很快的,会在“轰”的一瞬间而燃尽,甚至会从燃烧转变为爆炸。例如,黑火药的燃烧爆炸,煤矿井下巷道中甲烷气或煤尘与空气混合物发生燃烧爆炸事故(即所谓瓦斯爆炸)等情况。通常燃烧速度受压力的影响很大,在每秒几毫米到数百米之间,低于爆炸中的音速。爆燃和爆轰的传播机理是不同的。爆燃是通过热的传导、扩散和辐射在炸药中传播的,而爆轰则是通过冲击波传播的。

【爆炸】(explosion) 物质由一种状态迅速转变成另一种状态,并在瞬间放出大量能量,同时产生具有声响的现象。物质的一种非常急剧的物理、化学变化。在变化过程中,伴有物质所含能量的快速转变,变为该物质本身、产物或周围介质的压缩能或运动能。内部特征是气体和能量在极短时间和有限体积内产生、积累,造成高温、高压。外部特征是对外部形成急剧突跃的压力的冲击,造成机械性破坏作用,周围介质受震动产生声响。一般将爆炸现象区分为两个阶段:先是某种形式的能量以一定的方式转变为原物质或产物的压缩能;随后物质由压缩态膨胀,在膨胀过程中作机械功,进而引起附近介质的变形、破坏或移动。按引起爆炸原因的不同可分为:(1)物理性爆炸。是由物理变化而引起的,物质因状态或压力发生突变而形成爆炸的现象。例如容器内液体过热气化引起的爆炸、锅炉的爆炸、压缩气体、液化气体超压引起的爆炸等。物理性爆炸前后物质的性质及化学成分均不改变。(2)化学性爆炸。由于物质发生极迅速的化学反应,产生高温、高压而引起的爆炸。例如原子弹、氢弹的爆炸等。化学爆炸按爆炸时所产生的化学变化又可分简单分解爆炸、复杂分解爆炸和爆炸性混合物爆炸。

【爆炸成型】(explosive forming) 利用炸药爆炸瞬间产生的巨大能量和冲击力,使金属板材受热、受压产生塑性流动成型为特定形状的技术。除了用于板材成型外,也可以进行金属粉末的烧结爆炸成型,以及使不同金属板材瞬间完成焊接复合成型。爆炸成型可分为有模爆炸成型和无模爆炸成型。因有模爆炸成型模具寿命短,故无模爆炸成型成为更有前途的成型工艺。爆炸成型可简化模具结构,甚至无需模具就可加工各种形状复杂及刚性模难以加工的空心零件。其加工件具有回弹小、精度高、质量好、无焊缝和加工成型速度快、不需要冲压设备等优点。在宇航、军工、化工等方面得到一定的应用。

爆炸成型弹丸

【爆炸动力学】(explosion dynamics) 又称爆炸力学。研究爆炸发生、发展和对周围环境力学作用规律的学科。流体力学、固体力学和物理学、化学之间的一门交叉学科,是终点弹道学的主要基础学科之一。其研究内容为爆炸冲击波所引起的介质流动、变形、破坏和抛掷等现象。爆炸是指能量在较短时间和较小空间内,从一种形式向另一种(或多种)形式转化并伴有强烈机械效应的过程。它具有很大的功率密度。如装药密度为1.65g/cm^{3}的TNT炸药,爆炸时功率密度可达9.32×10^{5}kw/cm^3。爆炸分为化学爆炸、核爆炸、电爆炸、粒子束爆炸(辐射爆炸)和高速碰撞等多种形式。爆炸对周围介质(空气、水或各种固体)的力学作用,具有强脉冲载荷的形式,并以波的形式沿介质传播。因此会出现高应变率、高压、大变形、局部变形、层裂和崩落等现象。爆炸对介质的作用,不仅与爆炸本身有关,而且还与介质的性质有关。例如,TNT炸药爆炸时,反应阵面上的压力峰值约为2.0×10^{10}Pa;贴在钢板表面上爆炸时,钢板上的压力峰值可达2.8×10^{10} Pa;而水中爆炸时,界面上的压力峰值只有1.3 × 10^{10}Pa。爆炸动力学的研究成果,在军事上主要应用于武器弹药的研究、试验、发展及其防护;也可用于爆破作业和为航天工程等提供多种轻便可靠的控制装置。在生产建设方面也有广泛的应用,如爆炸加工(爆炸成型、爆炸切割、爆炸焊接等),爆破工程(矿山爆破、建筑物的爆破拆除、航道疏浚等),爆炸防护以及防止爆炸事故发生等。

【爆炸焊】(explosive welding) 利用炸药的爆炸冲击能使两金属构件的接头产生局部熔化并焊接在一起的工艺技术。也可以利用局部的点状或线状布药的方法进行局部点焊或线焊,即点爆和线爆。采用这种技术可使两种金属间获得点状或线状的连接。此外也可以利用爆轰波的边界性和局部性,在双金属板的局部位置有选择地布药,获得有限面积的局部焊接。爆炸焊所需装置简单,操作方便,成本低廉,适用于野外作业。爆炸焊对工件表面清理要求不太严格,而结合强度却比较高。适合于异种金属,如铝、铜、钛、镍、钽、不锈钢与碳钢的焊接,铝与铜的焊接等。爆炸焊已广泛用于导电母线过渡接头、换热器管与管板的焊接和制造大面积复合板等。

【爆炸极限】(explosive limit) 可燃物质与空气或氧气必须在一定的浓度范围内均匀混合,形成预混气,遇着火源才会发生爆炸的浓度范围。分为爆炸浓度极限和爆炸温度极限。爆炸浓度极限是指在一定的温度和压力下,气体、蒸气或粉尘、纤维与空气形成的能够被引燃并传播火焰的浓度范围。该范围的最低浓度称为爆炸下限、最高浓度称为爆炸上限。气体和蒸气的爆炸极限常用所占体积的百分数表示。粉尘和纤维的爆炸极限常用每立方米的克数(g/m^3)表示。爆炸温度极限是可燃液体蒸发至浓度达到爆炸浓度极限时的相应温度,也分为上限和下限。可燃液体的爆炸温度下限即其闪点。在可燃性物质的生产、贮运和使用时,必须注意爆炸极限,以保证安全和防止损失。

【爆炸喷涂】(explosion spraying) 利用爆炸产生的高温、高速气流将粉末喷射到工件表面形成涂层的方法。在爆炸喷涂时,产生的温度可达3 300℃,流速可达700 ~ 760m/s,爆炸频率达

4～8次/秒。其形成的涂层具有高结合强度和高致密度的特点。爆炸喷涂主要用于金属陶瓷、氧化物及特种金属合金。这种方法在航空产品上得到了广泛的应用。

【爆炸性环境用电气设备】(electrical apparatus for explosive atmosphere) 又称防爆电气设备。按规定条件设计制造、不会引起周围爆炸性混合物爆炸的电气设备。除具备矿用一般型电气设备的特点外,还增加了防爆性能,因而能在井下任何有瓦斯、煤尘爆炸危险的场所使用。根据国家标准的规定,爆炸性环境用电气设备分为两种类别:(1)有沼气爆炸危险的煤矿井下用电气设备为Ⅰ类。(2)除沼气矿井以外的其他有爆炸危险场所使用的电气设备为Ⅱ类。按防爆原理和防爆结构的不同,防爆电气设备可分为:隔爆型、增安型、本质安全型、正压型、充油型、充沙型、无火花型和特殊型。其中常用的是隔爆型、增安型和本质安全型。防爆电气设备应能从外观上明显地区别其型式、类别、级别和组别。

【爆炸学】(detonics) 又称爆炸物理学。研究各种爆炸的发生、爆炸效应及其应用与防护的学科。爆炸是自然界常见的一种现象,如闪电、火山爆发等。爆炸是在有限空间和极短时间内,大量能量迅速释放或急骤转化的物理、化学过程。爆炸对炸点周围物体作用,产生杀伤破坏效应。主要的杀伤破坏因素是爆炸形成的激波,有的还伴有热辐射、光辐射和固体分散物,甚至核辐射、核电磁脉冲和放射性沾染等。按能量释放或转化过程的不同可分为:(1)化学爆炸。普通炸药爆炸是化学能向机械能的转化。(2)核爆炸。核反应(蜕变或聚变)引起的核能释放。(3)物理爆炸。包括电爆炸、激光和其他强粒子束照射以及物体高速碰撞等引起的爆炸。电爆炸是电能向机械能的转化;粒子束爆炸是粒子束能转化为被照射体的内能;物体高速碰撞则是一种形式的机械能(动能)向另一种机械能的转化。爆炸学主要研究各种爆炸的物理、化学过程;用各种现代测试技术对爆炸作用过程进行实验研究;对爆炸过程及所引起的物质响应和破坏进行理论研究、数值分析及模拟;提出对爆炸的各种安全防护措施。爆炸学不仅对于军事技术的发展、武器弹药研制及爆炸防护等方面起着重要的作用,而且在民用爆破工程、隧道工程、城市建筑、爆炸加工、采矿、筑路以及医学等方面也发挥了巨大作用。

【爆震波染色】(wave dyeing) 利用激烈震动产生惯性能量进行染色的技术。激烈震动使纺织物纤维表面染液形成微气泡,利用其爆裂瞬间产生的惯性能量,借助周期性的激烈震动获得小液量、高浓度、高效率、低浴比、低污染的染色。

【爆震性耳聋】(explosion deafness) 由于突然发生的强大压力波和强脉冲噪声所引起的听觉器官急性损伤。鼓膜和耳蜗是听觉器官最易受损伤的部位。当人员暴露于90dB以上噪声,即可发生耳蜗损伤;若强度超过120dB以上,则可引起永久性耳聋。鼓膜损伤与压力波强度有关,表现为鼓膜充血或鼓膜穿孔。耳聋的程度与噪声强度、暴露次数以及压力波的峰值、脉宽、频谱、个体差异等因素有关。耳聋性质多为感音神经性聋或混合性聋。

【杯突试验】(cupping test) 又称延伸试验、艾利克森试验。用一个规定的钢球或球形冲头,向夹紧于压模内的试样施加压力,直到开始产生裂缝为止,检验板状或带状金属冲压变形性能的方法。此时压入深度(mm)即为金属的杯突深度。其显著特点是试验过程同薄板加工成成品的工艺过程相似,所以成为薄板的主要工艺试验。一般适用于厚度≤2mm的板材和带材。是在专门仪器上进行的。类似杯突试验的,还有深冲试验,但试验方法不完全相同。

【北大西洋涛动】(Northern Atlantic oscillation, NAO) 三大涛动之一。北大西洋地区大气中年代际尺度气候变化的一种特征类型。它是北大西洋地区海平面气压场南北方向上的持续反相振荡,通常用靠近冰岛和靠近亚速尔群岛的海平面气压场来描述,具有固定的基本空间型。北大西洋涛动是由沃克在20世纪20年代首先提出的,近代的研究不仅进一步证实了它的存在,而且揭示了它与大范围海洋和大气状况的联系。一般用冰岛低压与亚速尔高压之间的气压差定义北大西洋涛动指数。高指数时冰岛低压强,北冰洋冷气团对北美洲东岸影响增强,而较暖湿的偏西气流则大量进入欧洲,从而对大范围天气气候造成严重的持续影响。北大西洋涛动指数,不仅具有明显的年代际变化特征,而且这种变化有增强的趋势。

【北斗】(Big Dipper) 又称北斗七星、勺星。大熊星座的七颗亮星排列成“斗(勺)”状,中国自古称作“北斗”。北斗七星从斗口开始,中国的传统名称依次为天枢、天璇、天玑、天权、玉衡、开阳和摇光,也称作北斗一、北斗二、……北斗七。对应大熊星座的α、β、γ、δ、ε、ζ和η星。前四颗星排成方形,称作“斗魁”;后三颗星形成

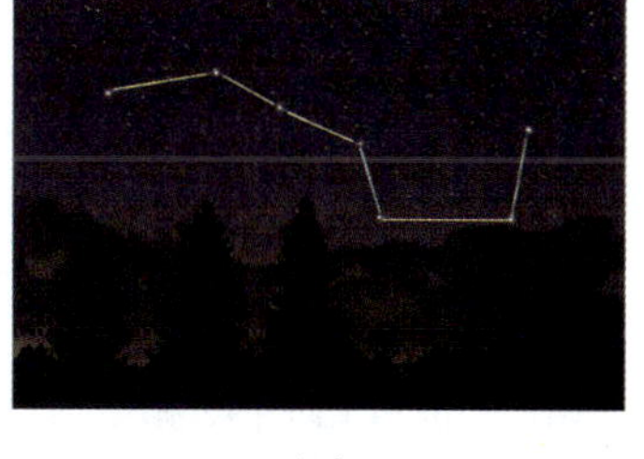

北斗

"斗柄"。天枢与天璇与北极星大致排成一条直线,在前二星的连线延长约5倍处,即可找到北极星。故此两星又被称作"指极星"。北斗星是指示方向和认识星座的重要标志。

【北斗导航卫星】(Beidou navigation satellite) 向用户连续发播北斗导航信号以实现高精度导航定位及位置报告服务的人造地球卫星。中国北斗卫星导航系统的空间部分。分别工作在地球同步轨道、倾斜同步轨道和中圆地球轨道,完成卫星无线电测定(RDSS)和卫星无线电导航(RNSS)两种业务的信号发播。2000年10月31日、12月21日,中国成功发射了两颗北斗导航卫星,组成了中国第一代卫星导航基本星座。2003年5月25日,成功发射了第三颗北斗导航卫星,作为系统星座的备份星,并成功实现了第二代卫星无线电导航系统RDSS和RNSS两类载荷的集成试验。上述3颗卫星均工作在地球同步轨道,设计在轨寿命8年。北斗导航卫星由卫星平台和有效载荷组成。卫星平台采用三轴稳定平台技术,包括测控、数据管理、供配电、姿态与轨道控制、推进、热控及结构等分系统,并采用了C、S频段统一测控体制;有效载荷分RDSS和RNSS两类载荷。前者包括S频段大功率转发器、L频段低噪声放大器、频率综合器以及L/S大口径偏置抛物面天线和C频段抛物面天线等;后者包括原子钟、L频段的发射机、导航任务处理器、阵列发射天线和接收L频段上行注入的天线、激光反射棱镜及时差测量仪等。北斗导航卫星具有双向激光时间同步测量和双向无线电时间同步测量能力,实现了卫星与地面及卫星间的高精度时间同步。随着卫星数量的增加和卫星技术的进步,正朝着降低对地面运行控制系统的依赖、实现自主导航的方向发展并逐步组成全球卫星导航星座。

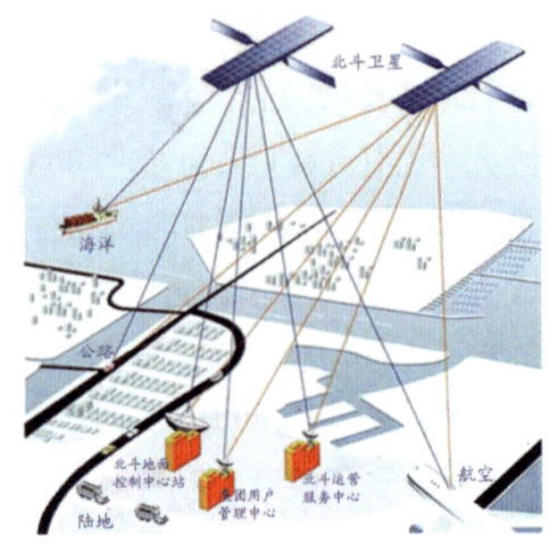

北斗导航卫星

【北斗导航用户机】(Beidou satellite navigation user equipment) 中国北斗卫星导航系统的应用终端。主要由收发天线、电源、射频信号处理、基带信号处理、信息处理等部件组成。广泛用于国民经济和国防建设领域。分为第一代和第二代。前者工作于RDSS体制,为用户提供导航、定位、定时、短电文通信等服务。按其使用功能的不同可分为:普通型用户机、定时型用户机和指挥型用户机;按其运载方式的不同可分为:手持式用户机、车载式用户机、舰载式用户机和机载式用户机;按其响应时间和服务频度的不同可分为:一类用户机、二类用户机和三类用户机。后者工作于RNSS和RDSS体制(见"卫星导航定位"),既可为用户提供连续实时导航、定位、定时功能,也可以进行位置报告、短电文通信等服务。按其功能的不同可分为:基本型用户机、双模型用户机、定时型用户机和兼容型用户机等。其中,双模型用户机除实现自主导航、定位和测速功能外,还能够实现短电文通信和位置报告功能;兼容型用户机是北斗卫星导航系统和GPS导航系统的兼容终端,可同时处理这两个系统的卫星导航信号,实现导航定位功能。

【北斗地面运控系统】(Beidou ground operation and control system) 中国北斗卫星导航系统相应的地面监测、处理、管理与控制系统。是北斗卫星导航系统的核心组成部分。其主要任务是:实施对导航卫星的发射、入轨、星座组网全过程进行管理控制;建立与维持系统时间基准,进行系统时间同步及卫星钟差监测与处理;建立与维持系统空间坐标基准,进行卫星精密轨道测定和广播星历预报处理;进行系统电离层延迟监测及改正参数预报;进行系统广域差分改正及完好性监测与处理;实施卫星导航电文及广域增强信息的上行注入;对卫星星座及有效载荷、各地面站进行运行管理与控制。按其功能的不同可分为:(1)主控站。系统的运行管理中心。由测量与通信、信息处理、管理与控制、时间频率、数据管理与应用、供配电等多个分系统组成。其任务是:收集系统所有卫星全频段导航观测数据和时间同步比对数据,进行系统时间同步及卫星钟差预报、卫星精密定轨及广播星历预报、电离层改正、广域差分改正、系统完好性监测等信息处理,拟定卫星调度策略,确保系统稳定运行。(2)监测站。主要配备高性能监测接收机、高精度原子钟、数据处理设备、数据通信终端以及气象仪、电源等附属设备。其任务是:通过对卫星多频段导航信号连续监测,为系统精密轨道测定、电离层校正、广域差分改正及完好性处理提供实时观测数据。(3)注入站。主要包括星地时间同步/上行注入分系统、站间时间同步/数据传输分系统、时间频率分系统、数据处理与监控分系统等。其任务是:配合主控站完成星地时间比对观测,向卫星注入导航电文等参数,并与主控站保持高精度时间同步。该系统采用综合原子时的方法定义系统时间,通过地面站间时间比对观测与处理进行站间时间同步,通过卫星与地面站间时间比对观测与处理进行星地时间同步。它是第一、第二代卫星导航系统地面运控系统高度集成,并向着使本导航系统与其他系统导航卫星联合运行控制、区域增强服务与全球兼容服务相结合的方向发展。

【北斗卫星导航系统】(Beidou navigation system) 中国自主研发的有源三维卫星导航定位和通信系统。该系统由卫星网、地面中心控制站、校标站和众多的用户机组成。正在建设的卫星网由5颗静止轨道卫星和30颗非静止轨道卫星组成,提供开放式和授权式两种服务方式。该系统有三大功能:(1)快速定位。在服务区为用户提供全天候、高精度、快速实时定位服务。(2)短文通信。系统具有双向通信功能,一次可传送40~60个汉字短文信息。(3)精密授时。可向用户提供精度为20~100ns的时间同步服务。系统有五大特点:(1)同时具备定位与通信功能。(2)24h全天候服务,无通信盲区。(3)适合集团用户大范围监控与管理。(4)同时解决"你在哪"和"我在哪"问题。(5)高强度加密设计,安全,可靠,稳定。适合关键部门应用。

【北斗指挥型用户机】(Beidou command user equipment) 用于集团用户的北斗卫星导航系统应用终端。主要由收发天线、电源、射频信号处理、基带信号处理、信息处理、地图数据库等组成。除具有导航定位、定时和短电文通信功能外,还可实现对集团内用户的位置、短电文通信信息监收,实施对集团内用户的信息通播、位置查询、信息调阅、跟踪识别、地图设置等功能。指挥型用户机具有多用户地址、多波束多通道并行处理能力、多集团用户管理嵌套能力,从而实现集团内或集团间的用户管理和指挥调度。其发展方向是向多功能集成、与应用平台嵌套和指挥关系多层化。

北斗指挥型用户机

【北方涛动】(northern oscillation, NO) 北太平洋纬度带上大致以国际日期变更线为界东部与西部气压反相振荡的现象。20世纪80年代,中国气象学者陈烈庭等在分析北太平洋各区海平面气压变化的关系时发现的这一现象。它反映了北太平洋副热带反气旋与菲律宾低压槽两个大气活动中心之间气压变化的内在联系。陈烈庭首先提出了北方涛动的概念,并对其进行了系统而深入的研究。在应用大量历史资料证实北方涛动存在的基础上,分析了它的结构和时空变化特征,揭示了它与热带太平洋厄尔尼诺——南方涛动现象的关系,比较了南、北方涛动同北半球大气环流的遥相关以及对中国和北美气候异常影响的差异,探讨了南、北方涛动形成的过程和产生的物理原因并提出了一系列新的观点和研究结果。指出东赤道太平洋之所以是全球热带海洋中海温年际变化最大的地区,以及该地区的海-气相互作用之所以能够产生世界范围年际气候异常最强的信号,与南-北方涛动在3~7年这一周期存在强烈的耦合有密切的联系。

【北极】(Arctic) 地球北半球表面与地球自转轴的交点。地球表面的最北端,地理坐标为北纬90°。广义的北极指北极圈(北纬66°34′)以北地区的总称。北极以北冰洋为主要组成部分,还包括斯瓦尔巴德群岛、法兰士约瑟夫地、北地群岛、新西伯利亚群岛、格陵兰岛的大部以及亚洲、欧洲、北美洲深入北极圈以内的大陆部分地区。和南极地区最大的差别就是北极地区的陆地都有领土归属,只有北冰洋大部分冰海水域属于人类共有资源。由于海冰的覆盖,人类进入和考察北极极点只能在浮冰上进行。当人们宣布自己到达北极极点时,他有可能离开了极点,因为北极点的浮冰总是处于运动之中。北极地区的格陵兰冰盖是仅次于南极冰盖的世界第二大冰川分布地,冰川面积达$1.80\times10^6\text{km}^2$,冰盖平均厚度2 300m,最厚可达3 408m。和南极另外最大不同的是北极地区有人类永久居住,而且分布有大片森林、草原及苔原。中国在挪威的斯匹次卑尔根群岛的新奥尔松地区建有北极科学考察站黄河站。

北极

【北极科学考察】(research and expedition in Arctic) 在北极地区进行的有组织的科学考察活动。人类对北极的考察、探险活动始于1909年。根据中国政府1925年签署的《斯瓦尔巴条约》,中国人有权进入北极圈从事科学考察和生产活动。1999年7月至9月,中国政府组织了首次北极科学考察。从海洋学、气象学、生物学、海冰学、大气化学、高空物理学、地质学、地理学、测绘学、地球物理学以及环境与人文科学、水产资

中国科学考察队到达北极点

源等方面对北极地区进行调查,取得很多科研成果。2004年7月28日,中国政府在挪威北部海域的斯匹次卑尔根岛的新奥勒松镇建立了中国北极长年考察站——黄河站,重点开展围绕全球变化及其区域响应、极区空间环境与空间气候、极地环境中的生命特征与过程等方面的研究。中国的北极科学考察从此走上了正规化、常态化的道路。

【北极星】(Polaris) 又称北辰。小熊座α星。为一颗星等从1.97到2.12的变星,也是一颗双星。距它18″还有一颗九等星,所以实际上是由三颗星构成的聚星。北极星距地球400光年。真实位置并不准确在天球北极,现距天球北极相差约1°。天球北极每年向北极星接近约15″,推算到2095年,两者角距将达到最小(26′30″),之后将逐渐远离。

【北京古观象台】(Beijing ancient observatory) 又称古观象台。位于北京市建国门附近的古代进行天文观测的建筑。世界现存最完整的古观象台之一,全国重点文物保护单位。始建于明代正统年间(1436~1449)。原有天文仪器15件,其中浑仪、简仪、圭表、漏壶(2只)、小地平经纬仪和折半天平仪等7件于1931年迁往南京,现陈列在南京紫金山天文台和南京博物院内。留存的8件观测仪器天体仪、赤道经纬仪、黄道经纬仪、地平经仪、象限仪、纪限仪、地平经纬仪和玑衡抚辰仪留在原址,现改为北京古代天文仪器陈列馆。

【北京军事博物馆】(the Beijing Military Museum) 为收藏、研究和陈列展览中国人民革命武装斗争文物、史料而建造的建筑物。中国最大的综合性军事博物馆。位于北京西郊复兴路9号,占地8.04hm²,建筑面积60 557m²。由陈列厅、兵器馆、电影厅、接待厅、露天陈列场和其他附属建筑组成。主体建筑平面呈“山”字型。整个建筑物东西长214.4m,南北宽144.4m。建筑两翼为陈列厅,3~4层的中央部分为7层,1~5层为900m²的中央大厅,6~7层为办公室。建筑立面采取渐次升高的体形,墙面呈浅灰的花岗石色,屋檐部分用黄色琉璃饰面。屋顶呈塔形,塔顶安装了一个直径为6m的中国人民解放军军徽标志。整个建筑总高度94.7m,外形庄严、挺拔。博物馆正门两旁有两座白色群雕像。其中右边一座是陆海空三军战士准备战斗姿态的群雕,左边一座是以工人、农民和青年为代表的象征全民皆兵的群雕。主楼前面为广场,总面积10 588m²,除作为参观群众聚集及休息之用外,还兼作迎接世界各国军界领导人检阅三军仪仗队的场所。在广场东西位置矗立着两座喷铜雕像。一座表现军民合作关系,另一座表现官兵关系。军事博物馆于1958年由北京市城市规划管理局设计院和中国人民解放军总后勤部营房管理部设计院共同负责设计,调有关部队承担施工。该工程于1958年10月开始施工,到1959年7月底建成,是为迎接中华人民共和国建立十周年而建造的首都十大建筑物之一。

北京军事博物馆

【北京时间】(Beijing time) 中国通用的标准时间,即东8区区时。它的正午12时,相当于世界时同日的4时。北京时间来自陕西省蒲城县的国家授时中心。

【北京四合院】(quadrangle) 以正房、东西厢房围绕中间庭院形成平面布局的传统住宅的统称。在中国民居中历史最悠久,分布广泛。是汉族民居形式的典型,已有3 000多年历史。在西周时,其形式就已初具规模。其中以山西、陕西、北京、河北的四合院最具代表性。北京四合院是由东、西、南、北四面房子围合起来形成的内院式住宅,作为老北京人世代居住的主要建筑形式,驰名中外。辉煌的紫禁城与郊外的普通农民家都是四合院。其特征是外观规矩,中线对称。四合院的大门一般开在东南角或西北角,院中的北房是正房。正房建在砖石砌成的台基上,比其他房屋规模大,是院主人的住室。院子的两边建有东西厢房,是晚辈们居住的地方。在正房和厢房之间建有走廊,可以供人行走和休息。四合院的围墙和临街的房屋一般不对外开窗,院中的环境封闭而幽静。四合院蕴含着深刻的文化内涵,是中华传统文化的载体。其营建讲究风水。风水学说,是中国古代的建筑环境学,是中国传统建筑理论的重要组成部分。四合院的装修、雕饰、彩绘也处处体现着民俗民风和传统文化,表现出人们对幸福、美好、富裕、吉祥的追求,如以蝙蝠、寿字组成的图案,寓意“福寿双全”;以花瓶内安插月季花

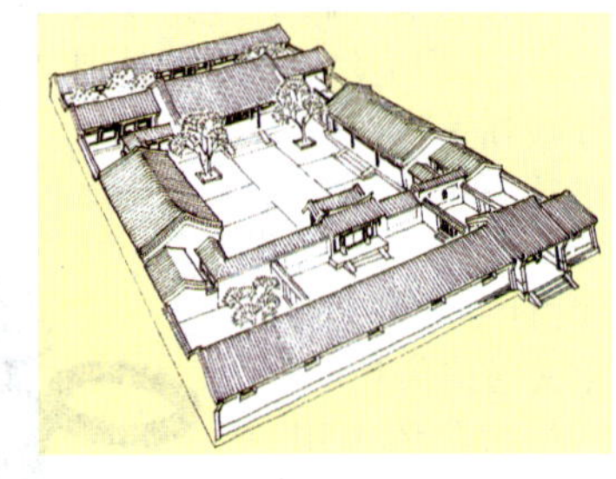

北京四合院

的图案寓意“四季平安”；而嵌于门簪、门头上的吉辞祥语，附在抱柱上的楹联，以及悬挂在室内的书画佳作，更是集贤哲之古训，采古今之名句，或颂山川之美，或铭处世之学，或咏鸿鹄之志，风雅备至，充满浓郁的文化气息，犹如一座中国传统文化的殿堂。

【北桥芯片】(north bridge wick) 主板芯片组中起主导作用的最重要的组成部分。一般位于 CPU 插槽附近，带有散热片。负责与 CPU 的联系并控制内存、AGP 数据在北桥内部传输，提供对 CPU 的类型和主频、系统的前端总线频率、内存的类型和最大容量、AGP 插槽、ECC 纠错等支持。整合型芯片组的北桥芯片还集成了显示核心。目前主流的 INTEL 平台，则有 915、865PE、PT880、845PE、848P 等；对于 AMD 平台上，可选的芯片组有：KT600、NF2、K8T800、NF3 等。

北桥芯片

【北太平洋涛动】(Northern Pacific oscillation) 三大涛动之一。北太平洋地区海平面气压场南北方向上的持续反相振动现象。主要与阿留申低压和北太平洋副热带高压的年际变化相联系。北太平洋涛动由沃克在 20 世纪 20 年代首先提出。最近有人根据较完整的资料进一步证实了它的存在，并分析了它与大范围气候变化的关系。当高压增强和低压加深时称为强涛动(相当于北太平洋高指数)。这时北美北部气温偏高，太平洋北部到亚洲东岸的气温偏低。涛动弱(相当于北太平洋低指数)时，情况相反。

【北原渔况法则】(Kitahara Tasaku's law) 日本学者北原多作在总结大量海洋鱼类习性后，于 1918 年提出了海洋鱼类聚集的三条法则。渔场学的经典理论之一。其法则的内容主要是：(1)鱼类都聚集在两海流交汇区或锋面附近。(2)由于外海洋流逼近沿岸，能驱赶鱼群浓密集结。(3)在相通两海流的水道区，由于双方面流来的海流的逼近而使水道鱼群聚集。

【贝克莱悖论】(George Berkeley paradox) 见第二次数学危机。

【贝尼奥夫带】(Benioff Zone) 又称毕乌夫带、俯冲带、消减带。由岛弧外侧的海沟向下往大陆方向倾斜、下延的现代活动地震震源带。当两个板块相向运动，一个板块插入另一个板块下部而消减的地带。由于地幔对流，地幔物质从海岭处涌出，并向两侧扩张，推动老的海底水平运动，在岛弧地带俯冲到另一个板块之下而形成消减带。其规模宽数十千米，倾角 30°～60°不等，深度可达 300～700km。不少大地震都发生在俯冲带上。

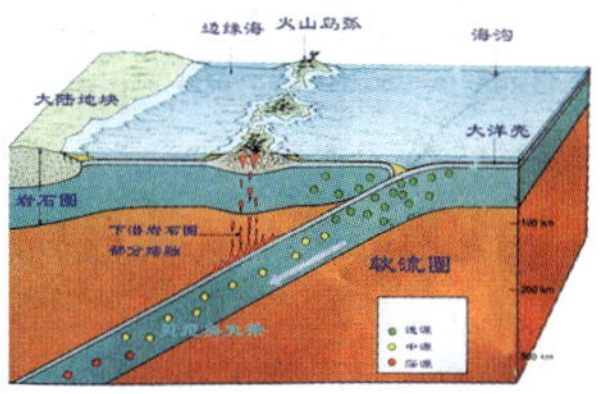

贝尼奥夫带

【贝氏口疮】(Bednar's aphthae) 一种常见的婴幼儿上腭黏膜创伤性溃疡。婴儿喜欢吮吸拇指、异物(如玩具等)，以及用奶瓶喂养，因其橡皮奶头过大过硬，喂养时伸到口腔内过深且多次反复，加之上腭黏膜较薄，在上腭形成的圆形或椭圆形溃疡。一般较为表浅且左右对称。上腭翼钩处易致糜烂溃疡，用指轻压即可触翼钩。明确病因后，去除刺激因素，局部涂用消炎防腐类药物如 1% 龙胆紫或美蓝，可促使损害愈合。

【贝叶斯定理】(Bayes theorem) 又称贝叶斯推理。是概率论中的一个结果。它和随机变量的条件概率以及边缘概率分布有关。通常，事件 A 在事件 B(发生)条件下的概率与事件 B 在事件 A 条件下的概率是不一样的；然而，这两者是有确定的关系，贝叶斯定理就是这种关系的陈述。贝叶斯定理可用于投资决策分析是在已知相关项目 B 的资料，而缺乏论证项目 A 的直接资料时，通过对 B 项目的有关状态及发生概率分析推导 A 项目的状态及发生概率。

【备用容量】(reserve capacity) 为担负电力系统计划外负荷而设置的容量。包括事故备用容量和负荷备用容量。前者指担负电力系统由于机组事故或线路故障而甩掉的负荷容量，与运行机组台数及其被迫停运率(即事故率，等于机组故障时间除以故障总时间的商值)有关。后者是为适应电力系统频繁的负荷变化，使电力系统的频率稳定在允许值的范围内，以保证供电质量而预留的发电容量。其数值一般为电力系统最大负荷的 2%～5%。有时由于机组计划检修导致系统容量不足，把需要增加的容量称为检修备用容量。

【备用系统】(backup system) 为了控制事故的发生概率，提高设备或系统的可靠性，在一定条件下，增加一个或若干个作为备用的系统。每个系统都能够完成同样的功能，一旦其中一个系统发生故障，就启用备用系统，使生产得以正常运行。企业中的一些关键设备，如供电线路、通风机、电动机、水泵、安全监控主机等均配置一定量的备用设备。在规定的时间内，多台设备同时全部发生故障的概率等于每台设备单独发生故障的概率的乘积。因此，增加备用系统在一定程度上可以提高系统的可靠性，从而可以提高其抗灾能力。

【备用着陆场】(alternate landing site) 又称副着陆场。航天器主着陆场的气象备份着陆场。根据返回舱着陆安全的要求，当主着陆场出现雷电或风力大于某一速度的天气情况时，返回舱就不能在主着陆场着陆，而需转至备用着陆场。备用场的选址，应使其和主着陆场不同时受到同一有害天气系统的影响，即二者的气象相关性要小。场区的选择条件、技术装备规模应基本和主着陆场相同。但考虑到其使用概率相对较小，某些要求可以适当放宽，装备规模可适当从简。备用着陆场往往远离主着陆场一定距离，且与主着陆场在同一返回轨迹上。

【背板】(lagging) 铺设在支架、井圈外围将地压均匀传给支架并防止碎石掉落的构件。通常采用板皮、次木材或柴束。其作用是使地压均匀地分布到顶梁和棚腿上，并防止碎矸石下落。根据围岩坚固程度，背板有密集布置的，也有间隔放置的。背板后面和围岩间若有空隙，应用废木料或矸石填实。

【背光性】(phototropism) 与向光性相对应。植物的根受到光线的刺激，背离光线方向生长的现象。此种现象可让植物的根向下生长，可固定植物体并接近地下水源。

【背鳍】(dorsal fin) 小型军用飞机机身上从凸起的座舱盖后部一直向后延伸到垂直尾翼根部的突出部分。从座舱盖后部向后延伸一部分，从垂直尾翼根部向前延伸一部分，再将这两端延伸部分平直连通起来即形成背鳍。背鳍可以改善座舱罩后部的流线型，减小飞机阻力；还可增加机身后部侧向投影面积，使侧力中心后移，从而改善飞机的航向稳定性。也可利用其内部空间将某些操纵系统、电缆、管路与其他小部件放入。由于背鳍不参与机身整体受力，可采用快卸口盖，以方便其内部布置的设备和系统的安装和维修。

【背俞穴】 又称“俞穴”。中医穴位分类名。脏腑之气输注于背腰部的腧穴。位于背部足太阳膀胱经第一侧线上，即背部正中线旁开1.5寸处。背俞穴的命名是在各脏腑名称后分别加一“俞”字，分别是肺俞、心俞、肝俞、脾俞、肾俞、大肠俞、小肠俞、胃俞、胆俞、膀胱俞、三焦俞，其中心包俞命名为厥阴俞。背俞穴主要治疗相应脏腑的疾患。

【背投电视机】(rear projector television) 一种假借投影和反射原理将屏幕和投影系统置于一体的电视显像系统。是将录像机、LD影碟机、VCD、DVD、摄像机等设备输出的视频信号，再现在大屏幕投影屏幕上。在投影显示设备中，按投影方式的不同可分为正投影和背投影两种。正投影最直接的应用就是投影机，是指光线投射到屏幕正面显像。背投影是将投影机安装在机身内的底部，信号经过反射，投射到半透明的屏幕背面显像。背投电视根据内部利用的投影机种类不同可分为LCD(液晶)和DLP(数码光路处理器)两种。其优势是：

背投电视机

(1)左右两个声道的扬声器、重低音音箱、一个中置扬声器、两个外接的后置环绕音箱，使视听效果更佳。(2)成熟的高亮度和长寿命使用技术。(3)拥有VGA、SVGA接口、高保真音响等，为消费者提供了更多更好的增值服务。(4)用三只投影管先把光束投射在机内镜面上，再由镜面反射到屏幕上成像，没有辐射的危害。(5)使用寿命达到20 000h以上，是接收和显示终端设备中性价比最高的产品。主要应用在办公、学校多媒体、家庭影院中。

【背斜】(anticline) 岩层褶曲构造的一种基本形式。指核部为老岩层、翼部为新岩层的褶曲。正常情况下，背斜的外形是岩层向上的弯曲变形，岩层自核部向翼部倾斜。如果两翼岩层发生倒转，形成扇形褶曲，则岩层自翼部倾向核部，看似向斜，实际上仍然是背斜。

背斜

【背压】(back pressure) 又称塑化压力。螺杆式注塑机螺杆头部的熔料在螺杆转动后退时所受到的压力。背压的大小，依据螺杆的设计、塑件质量的要求以及塑料的种类而确定，并可通过液压系统中的溢流阀调整。如果这些情况和螺杆的转速都不变，增加背压即可提高熔体的温度，并使熔料的温度和色料混合更趋均匀、有利于排除熔料中的气体。但增加背压会降低塑化速率、延长成型周期，甚至可能导致塑料的降解。

【钡水泥】(barium silicate cement) 以重晶石和黏土为主要原料经烧结得到以硅酸二钡为主要矿物熟料，再加适量石膏，共同磨细而成的一种防辐射水泥。其密度较一般硅酸盐水泥高，可达4.7～5.2g/cm^3。用钡水泥配制的生混凝土容重可达3.5～3.8t/m^3，混凝土强度高，增匀性和密实度都较好。可与重质集料配制成均匀、密实的防γ射线或X射线的混凝土。但钡水泥的热稳定性和热传导性较差，只适于制作不受热辐射的防护墙。

【倍捻机】(double twisting machine) 锭子每转一周可以加两个捻回的捻线机。该机产量高，可做成大卷装。采用无钢丝圈的机构，锭速不受限制，可省一道络筒工序。但其锭子结构复杂，成本高，能耗高。

短纤倍捻机

【倍增时间】(doubling time) 对数生长期细胞数量增加一倍所用的时间。在这一时间内，有些细胞分裂，有些细胞可能不分裂，有些细胞可能分裂两次或多次，但细胞总数量增加一倍。细胞倍增时间与细胞周期是两个不同的概念。后者仅指一个细胞的分裂生长周期时间，一般都短于细胞的倍增时间。

【被动靶向药物】(passive targeting drug) 又称自然靶向。利用药物载体将药物制成微粒，通过正常生理过程选择性地积集、运送至肝、脾、肺等器官，达到高效而又降低不良反应的靶向目的药物制剂。药物载体是指将药物导向特定部位的生物惰性载体。制成的药物微粒有乳剂、脂质体、微囊、微球等。被动靶向并非针对肿瘤细胞特定靶点，而是改变药物的药代动力学特性，使之在肿瘤积聚，同时降低其非特异性毒性。随着药剂学研究的不断深入，其在治疗学、药剂学方面具有的优势已受到人们的广泛关注。

【被动免疫】(passive immunity) 在天然或人工免疫过程中获得的免疫。与主动产生的自动免疫不同。其特点是：效应快，不需经过潜伏期，一经输入，立即可获得免疫力，但维持时间短。按其获得方式的不同可分为天然被动免疫和人工被动免疫两种。前者是胎儿在子宫内接受母体的IgG(免疫球蛋白G)，或出生后从初乳(富含抗体IgA)中获得的；后者是经注射免疫血清获得的，如注射白喉或破伤风毒素免疫的动物血清、人γ球蛋白制剂、马抗兔病毒抗体等。用注射抗血清或γ球蛋白获得的被动免疫是短暂的(人免疫球蛋白中IgG半寿期最长，为25天)，免疫有效期约6周，一般用于治疗，或在特殊情况下用于紧急预防。输入致敏的T细胞也可使机体被动获得免疫力称为继承免疫。继承免疫维持的时间比较长，已试用于结核、麻风、某些病毒性和真菌性感染、红斑狼疮、恶性肿瘤和免疫缺陷病的治疗。

【被动吸收】(passive absorption) 与主动吸收相对应。养分离子移入植物根内沿电化学势梯度扩散符合道南平衡的吸收方式。无机养料的被动吸收主要方式是：离子交换、截获、扩散和质流等。离子交换的方式有两种：一种是根系和土壤溶液间的离子交换；另一种是根系表面与土壤黏粒表面间的离子交换。后者又称接触代换和离子表面迁移。

【被动运输】(passive transport) 与主动运输相对应。物质顺着浓度梯度，由高浓度向低浓度转运的过程。物质在细胞内外浓度不同形成梯度，运输的动力来自浓度梯度，不需要消耗细胞代谢能或其他能量。它是物质通过质膜的主要途径。浓度差越大，物质通过质膜的速度越快。其运输方式有简单扩散和易化扩散。如人们闻到的饭菜的香味，就是通过被动运输传到人的鼻子中的。

【被动转运】(passive revolving) 药物由生物膜高浓度一侧通过物理扩散转运到生物膜低浓度一侧的过程。该过程不消耗能量，无饱和现象，药物间无竞争性抑制现象。药物通过膜的能力主要取决于药物分子的大小、脂溶性、解离度及极性。一般来讲，分子小、脂溶性高、解离少、极性低者易通过细胞膜。按其转运方式的不同可分为滤过和简单扩散两种。大部分药物是弱酸及弱碱性盐，环境pH值的改变可影响药物解离的多少，从而影响药物的跨膜转运。一般来讲，弱酸性药物在pH值低时解离少，易通过细胞膜；在pH值高时解离多，不易通过细胞膜。弱碱性药物则在pH值低时解离多，不易通过膜；而在pH值高时则解离少，易通过细胞膜。因此，可用改变环境pH的方法来影响药物的转运。如在弱酸性药物苯巴比妥中毒时，作为处理措施之一，可用碱化尿液，使苯巴比妥在通过肾小管时解离多，不易被回吸收，从而增加排泄，以达到降低血浓度的目的。

【被动姿态稳定】(passive attitude stabilization） 与主动姿态稳定相对应。利用航天器本身的动力特性和环境力矩实现姿态稳定的方法。是姿态稳定控制方法的一种。采用主动、被动或二者结合类型的稳定方法，取决于飞行任务对定向和稳定的要求、功率要求、重量限制、轨道特性、控制系统和航天器上仪器设备的相互配合等因素。为了使细长型双自旋卫星姿态稳定，可采取被动章动阻尼，也可采用主动章动控制。被动章动阻尼是在不旋转部分设置阻尼器，以耗散能量使章动角减小。主动章动控制可以使用推力器，但这样消耗燃料比较多。对于长期运行的细长型卫星，通常是利用卫星质量分布的不平衡性质，并通过电动机控制，来消除章动角的。被动姿态控制系统的主要优点是：几乎不消耗或者很少消耗航天器上的能源，结构简单，适合于较长寿命的航天器。但是其控制精度一般不高。

【被膜剂】（coating agent） 用于食品外表涂抹，起保质、保鲜、上光、防止水分蒸发等作用的物质。水果表面涂一层薄膜，可以抑制水分蒸发，防止微生物侵入，形成气调层，可延长水果保鲜时间。有些糖果如巧克力等，表面涂膜后，不仅外观光亮、美观，而且还可以防止粘连，保持质量稳定。常用的被膜剂有蜂蜡、石蜡、紫胶等，此外也有吗啉脂肪盐等某些人工合成品。

【被迫休眠】（forced to dormancy） 植物由于不利的外界环境条件（低温、干旱等）的胁迫而暂时停止生长的现象。消除逆境后，植物即可恢复生长。落叶果树的根系休眠属于被迫休眠。落叶果树的芽在自然休眠结束后，由于当时的温度较低而不能萌发生长时也处于被迫休眠状态。

【被筒炸药】（sheathed explosive） 以煤矿许用炸药为药芯、外包以消焰剂做的被筒而制成的安全度较芯药更高的煤矿许用炸药。因外套有安全被筒而得名。当药卷爆炸时，安全被筒的食盐被炸碎，在高温下形成一层食盐薄雾，起到消焰作用。按安全被筒活性的不同可分为：（1）惰性被筒。有刚性被筒、半刚性被筒、软性被筒、粉状被筒和液体被筒等。（2）活性被筒。用消焰剂和具有爆炸性材料制成。被筒炸药可用于瓦斯和煤尘爆炸危险突出的矿井。整个装药的消焰剂含量可高达50%以上。与3号煤矿炸药在爆炸性能、爆破效果和安全性方面相比，爆破效果相当，但被筒炸药更安全。不过由于被筒制作复杂，效率低，被筒易破，药包之间不易传爆等原因，推广较为困难。

【被子植物】（angiosperm） 又称有花植物。胚珠（受精后发育成种子）生在子房内的植物。是植物界种类最多、分布最广、结构最复杂最完善也最高级的一类种子植物。用生成种子进行繁殖。被子植物种子内胚发育的早期阶段相同，但进一步发育却以不同的方式进行：（1）双子叶植物。茎原基两侧的侧生子叶均发育。（2）单子叶植物。仅一个原生子叶得到发育，并向顶端移动。被子植物的种子藏在富含营养的果实中，提供了生命发展很好的环境。被子植物数量占植物界的一半以上，有着广泛的适应性。是最重要的食物来源，如禾谷类、甘蔗、马铃薯、块茎蔬菜和果品等。为人类提供住所、衣料、药品和花卉等。

被子植物

【焙烤食品】（baked food） 又称烘烤食品、面糖食品。以小麦等谷物粉料为基本原料，通过发面和高温焙烤过程而熟化的一大类食品。以面粉、酵母、食盐、砂糖和水为基本原料，添加适量油脂、乳品、鸡蛋、添加剂等，经一系列复杂的工艺手段烘焙而成的方便食品。大部分产品都是以面粉配加不同比例的糖料制成的。品种很多。一般分为面包、饼干和糕点三类。不同的焙烤食品，对原料与辅料的品种和特性有不同的要求。原料与辅料质量的优劣，直接影响成品的质量。其原料主要有：小麦粉、发面剂、起酥油脂、蛋和面团改良剂等。焙烤是高温处理过程。在面团坯体骤然受热时，其中所含的气体或化学发面剂受热而释放的气体顿时膨胀，使食品的组织疏松。尤其是食品表面达到的温度更高，其中所含的还原糖与氨基酸和蛋白质会发生一种褐变的化学反应。使产品表面带上悦目的棕黄色，并产生特有的香味物质。焙烤食品的水分含量相对较低，营养较丰富，具有较好的保存性，便于携带、存放。可以在饭前或饭后作为茶点，又能作为主食，还可以作为馈赠之礼品。

【焙烧】（roasting） 在物料熔点以下加热的一种过程。其目的在于改变物料的化学组成和物理性质，以便于下一步处理。按焙烧在冶金过程中作用的不同可分为：氧化焙烧、还原焙烧、硫酸化焙烧和氯化焙烧等。按焙烧设备和方法的不同又可分为：在多层焙烧炉中的不动层焙烧和在沸腾焙烧炉中的沸腾焙烧。焙烧后的产品称焙砂。烧结焙烧后的产品称烧结块。

【焙烧选矿】(roasting and selecting ore) 对矿物原料先进行热化加工的预处理、之后再使不同矿物实现分离的选矿方法。多用于物理选矿难以分离富集的矿物原料。其具体做法是:将矿物原料加热到一定的温度(低于其熔点),使其发生物理化学变化,改变成分以适应下一步的处理要求。焙烧后的产物称焙砂。按焙烧添加物的不同焙烧预处理方法可分为还原焙烧(将矿物原料与还原剂混合进行焙烧的预处理方法)、氯化焙烧(矿物原料与氯化剂混合进行焙烧、使金属转变为气相或凝聚相的金属氯化物与物料中的其他组分相分离的预处理方法)、焙解(又称煅烧,使化合物受热离解成更简单的化合物或气体以达到有用成分分离出来的预处理方法)、氧化焙烧(将矿物原料与氧化剂混合进行焙烧的预处理方法)和硫酸化焙烧(金属硫化物经焙烧氧化生成硫酸盐、再用水浸出的预处理方法)。

【本草】(medicinal herb) ❶中药的统称。在中医理理论指导下用以防治疾病的药物。主要是天然药及其加工品。❷古代中药文献多称“本草”。其文献中包括图谱之类。始见于《汉书·平帝纪》。五代·韩保升谓:“按药有玉石、草木、虫兽,而直云本草者,为诸药中草类最多也。”《汉书·郊祀志》中记“……古代的药物,有植物、动物、矿物,其中以草类为多,故名本草”。记载中药的书,又称本草。如《神农本草经》、《新修本草》、《本草原始》、《证类本草》、《本草纲目》、《本草图经》等。历代都对“本草”修订增补。明李时珍博采诸家之说,删繁补缺,勘订讹误,著《本草纲目》五十二卷。根据《本草纲目》和赵学敏《本草纲目拾遗》记载,共有药物二千六百余种。

【本初子午线】(primc mcridian) 又称零度经线。为确定地理经度和协调时间的计量而建立的标准参考子午线。地球上有天然的零度纬线-赤道,没有天然的零度经线,因此本初子午线只能从无数子午线中人为选出。最初的本初子午线是各国因确定位置的需要而分别设置的。1767年,根据格林尼治天文台提供的观测数据绘制的英国航海历出版。并为其他国家所仿效。1850年,美国政府决定在航海中采用格林尼治子午线作为本初子午线。1853年,俄国海军大臣宣布不再使用专门为俄国制订的航海历,而代之以格林尼治为本初子午线的航海历。从1870年起,各国开始为全世界的经度测定寻找一个公认的国际起算点。1883年在罗马召开的第七届国际大地测量会议,考虑到当时90%的航海家已根据格林尼治来计算经度,因而建议各国政府应采用格林尼治子午线作为本初子午线。

本初子午线标志

【本底】(background) 空白实验时测定的数值。包括没有进样时检测器的信号值(仪器本底)、使用的试剂中含有被测物造成的信号值(试剂本底)、以及天然环境中存在的背景值(环境本底)。在分析测定时,需要从结果中扣除本底。

【本地电话网】(local telephone network) 依据行政或经济区划需要,在城市电话网的基础上扩展形成的、有统一长途编号的电话网。由若干端局、局间中继线、长途中继线、市话中继线及端局用户线组成。在同一个本地网内的用户使用本地电话号码通话;当呼叫本地网以外的用户时则需在对方电话号码前加拨对方长途区号。中国本地电话网的类型有:(1)京、津、沪、穗等特大城市本地网。(2)大城市本地网。(3)中等城市本地网。(4)小城市本地网。(5)县级本地网。

【本地多点分配业务】(local multipoint distribution service, LMDS) 一种利用高容量微波宽带传输技术实现的一点对多点无线通信业务。工作在28GHz附近的频段上,可在较近的距离双向传输话音、数据和图像等信息。本地多点分配业务把要服务的区域划分成若干小服务区,在每个小区内设立基站,通过基站到多点的无线链路与区内用户通信。其区域半径可由几千米至十几千米不等,区与区之间可相互重叠,用户可以接收到包括音频、视频在内的多媒体信息。组建本地多点分配业务无线网络,方便快捷,投资较少,已经得到广泛应用。

【本体感觉】(proprioceptive sense) 又称运动觉。肌肉、肌腱、韧带和关节的本体感受器对压力和肌肉、关节形状的改变非常敏感,使机体能感觉到身体的位置和运动状态。包括位觉、运动觉和振动觉。是人体感觉之一。因位较深,又称深部感觉。此感受器产生的冲动,使机体在完成某一动作时,有关的各肌肉均能相互协调。本体感觉包含静态和动态两种状态。静态的本体感觉让我们能觉知肢体彼此间所在位置;而动态的本体感觉则能从神经系统当中,去调节机体活动的速度和方向。

【本质安全】(intrinsic safety) ❶狭义是指设备、设施或技术工艺含有内在的能够从根本上防止发生事故的功能。其具体内容是:(1)设计-安全功能。保证设备或系统安全不是从外部采取附加的安全装置和设施,而是依靠自身的安全设计,选用安全材料、安全电压或设计安全接触限值等,进行本质方面的改善,使设备或系统在发生故障或误操作的情况下,也能保证安全。(2)失误-安全功能。操作者即使是操作失误,也不会发生事故或伤害,或者说设备、设施和技术工艺本身具有自动防止人的不安全行为的功能。(3)故障-安全功能。指设备、设施和技术工艺发生故障或损坏时,还能暂时维持正常工作或自动转变为安全状态。❷广义是指"人-机-环境-管理"系统所表现出的安全性能。在一定的技术经济条件下,系统内的人员具有较高的安全意识,能够保证行为安全性;机械设备具有相当的安全可靠性,具备完善的预防和保护功能;作业环境方面不但能够辨识出系统中的危险有害因素,还能够有效地实现对系统危险有害因素的监测和控制;安全生产管理上能够做到制度规范、方法科学,基本上无明显漏洞。其特点是:(1)人有安全可靠性。(2)机有安全可靠性。(3)环境可控性。(4)管理科学,制度规范。作为一种理念,本质安全是个动态的、相对概念。系统本质安全化是系统安全性的极限。

【本质安全电路】(intrinsically safe circuit) 又称本安电路。在规定的试验条件下,正常工作或在规定的故障状态下产生的电火花和热效应均不能点燃规定的爆炸性混合物的电路。其防爆原理是通过限制电路的电气参数,进而限制该电路的放电能量以实现防爆。这种电路不需要专门的隔爆外壳或其他的防爆措施,大大缩小了设备的体积和重量,简化了结构。其外部传输线可以用一般的胶质线甚至裸线。这对于相互连接距离较长的通信、信号和控制装置来说尤为适宜。随着煤矿生产的电气化、自动化程度的提高,对通信、信号和控制装置的要求不断提高。电子技术和自动控制技术的发展使得电子线路应运而生,为通信、信号和控制装置提供了大量价格低、体积小、重量轻、工作可靠、安全性能好、能适应各种不同需要的本质安全电路组成的设备。本安电路内部导线的绝缘应能承受2倍电路的电压,且不低于500V介电强度试验。

本质安全电路接线盒

【本质安全化】(essential safety) 在一定的技术经济条件下,生产系统具有完善的安全防护功能,系统本身具有相当可靠的质量,系统运行中同样具有相当可靠的质量。源于20世纪50年代世界宇航技术的发展并被广泛接受,和科学技术的进步以及人类对安全文化的认识密切相连是人类在生产、生活实践的发展过程中,对事故由被动接受到积极事先预防,以实现从源头杜绝事故和人类自身安全保护需要。这是在安全认识上取得的一大进步。狭义的概念是指通过设计手段使生产过程和产品性能本身具有防止危险发生的功能,即使是在误操作的情况下也不会发生事故。广义的概念是指通过各种措施(包括教育、设计、优化环境等)从源头上堵住事故发生的可能性,即利用科学技术手段使人们生产活动全过程实现安全无危害化,即使出现人为失误或环境恶化也能有效阻止事故发生,使人的安全健康状态得到有效保障。

【本质安全设计措施】(inherently safe design measure) 通过改变机器的设计或机器的工作特性来消除危险或减小与危险相关风险的保护措施。不包括使用防护装置或保护装置。是风险减小过程的第一步,也是最重要的一步。这是因为尽管采取保护措施可能有效,但实际经验表明,即使是设计再好的防护装置或保护装置也有可能失去作用或没有按照要求使用而产生危险。本质安全设计措施不仅需要考虑机器的几何因素和物理特性,机器的稳定性、可维护性,合适的技术条件,如机械应力、材料、有害物质排放、电气危险等,并且还需遵循人类工效学的原则。

【苯】(benzene) 一种最简单的芳烃。分子式C_6H_6。在常温下是一种无色、油状、具有特殊芳香气味的液体。是一种致癌物质。在常温下易燃,易挥发。苯蒸气有毒。人在短时间内吸入高浓度的苯及其衍生物甲苯或二甲苯,会出现中枢神经麻醉的症状,轻者头晕、恶心、胸闷、乏力,严重的会出现昏迷甚至因呼吸循环衰竭而死亡;慢性中毒能损害造血功能。苯、甲苯和二甲苯等是有机化学工业的基本原料。

【苯胺点】(aniline point) 等体积的石油与苯胺相互溶解时的最低温度。其高低与化学组成有关:烷烃含量愈多,苯胺点愈高;芳烃含量愈少,苯胺点愈低。

【苯丙酮尿症】(phenylketonurics, PKU) 由于体内苯丙氨酸羟化酶缺陷,尿排出大量苯丙酮酸而产生的一系列症状。本病是氨基酸代谢病,常染色体隐性遗传。苯丙氨酸是人体内必须的氨基酸,正常情况 1/3 合成蛋白质,2/3 在苯丙氨酸羟化酶(PAH)作用下,转化为酪氨酸,参与肾上腺素、甲状腺素和黑色素等合成。同时需要四氢生物蝶呤(BH_4)作为辅酶参于。PAH 和 BH_4 缺乏均可发病。BH_4 缺乏很少见,仅占 1%。肝内 PAH 缺乏,使苯丙氨酸不能转化为酪氨酸,导致苯丙氨酸在组织中、血中、脑脊液中、尿中等浓度很高。旁路代谢产生大量苯丙酮酸,苯乙酸等,从尿中排出。其主要症状是:(1)神经系症状。智力进行性减退,兴奋不安,多动,肌力增强,腱反射亢进,惊厥等。如果是 BH_4 缺乏不引起神经系症状。(2)由于黑色素合成不足,患儿皮肤白,毛发黄,虹膜颜色变浅。(3)由于苯乙酸从尿中排出,故尿味臭,如鼠尿味。其诊断依据是:主要根据以上三大症状,即智力落后、皮肤白、鼠尿味尿等,再做尿三氯化铁筛查,进一步做血浆氨基酸分析及尿有机酸分析可确诊。其治疗原则是:越早越好,生后立即治疗可避免智力障碍;主要是饮食控制,食低苯丙氨酸食物,如淀粉类、蔬菜、水果为主,需喂特制的低苯丙氨酸奶粉;肉类,羊肉含量稍低。维持血中苯丙氨酸浓度为 0.12~0.6mmol/ml(2~10mg/dl),至少维持到青春期后才能放松饮食治疗。智力障碍已存在,再进行控制饮食,智力障碍不会好转,将永远成残疾。

【苯并[α]芘】(benzo [α] pyrene) 有机化合物。常温下为淡黄色的针状晶体。不溶于水。微溶于乙醇、甲醇。可溶于苯、甲苯、二甲苯、氯仿、丙酮。存在于一切含碳燃料和有机物热解过程的产物中。汽车尾气、香烟、烤肉以及重复煎炸的食品中均含有。有极强的致癌性。会通过遗传导致胎儿畸形。其允许极限为:居民区大气中为 0.001μg/m³;水中为 0.01μg/L。

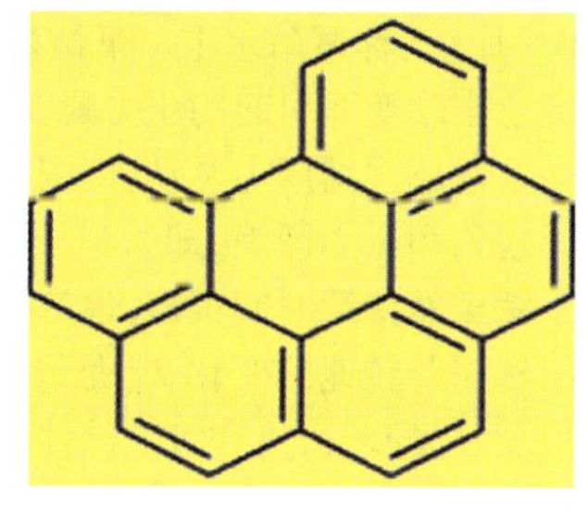

苯并芘结构示意图

【苯甲醚】(phenyl methyl ether) 又称茴香醚。由甲基化试剂硫酸二甲酯在碱性水溶液中与苯酚反应制得的具有芳香气味的化合物。分子式 $C_6H_5OCH_3$。熔点 -37.5℃,沸点 155℃,相对密度 0.996 1(20/4℃),折射率 1.517 9。溶于热硝基苯、甲苯、二甲苯、乙醚、醋酸、氯仿、苯。微溶于冷乙醇。不溶于水。容易发生芳核上的亲电取代反应。与氯化磷反应主要生成对氯苯甲醚及少量邻氯产物;与硫酰氯反应生成 2,4,6-三氯苯甲醚。苯甲醚与氢溴酸或氢碘酸一起加热,发生碳-氧键断裂,生成酚和卤代甲烷。这是测定苯环上甲氧基的重要方法。用于生产香料、染料、医药、农药,也用作溶剂、香料和驱虫剂。

【苯中毒】(benzene poisoning) 经呼吸道吸入苯蒸气或皮肤接触苯而引起的中毒。短时间内吸入大量高浓度苯蒸气后会引起急性苯中毒。中毒程度和接触苯的浓度及接触时间有关。较轻者表现为兴奋或酒醉状,怕光、流泪和视力模糊,并有头昏、头晕、恶心、呕吐和步态蹒跚等。严重时发生昏迷、抽搐和血压下降,以至呼吸和循环衰竭。慢性中毒表现为神经系统和血液系统的损害,出现神经衰弱症候、造血系统再生不良或中毒性再生障碍性贫血。同时还会有皮肤和黏膜的出血倾向、皮肤干燥皲裂等。

【崩岗】(slope collapse) 在水力和重力作用下,山坡土(石)体受到破坏而崩坍和受冲刷的侵蚀现象。其形成与发展,同气候、土壤、地质及人类活动有密切关系。在雨量充沛、日照强、气温高、温差大、岩石物理风化和化学风化强烈的地区容易发生。按其外形的不同可分为:瓢形崩岗、条形崩岗和箕形崩岗;按其发展程度的不同可分为:活动型崩岗、半稳定型崩岗和稳定型崩岗。崩岗多从山麓或山腰开始,进而发展到山坡以上。崩岗的深度和宽度在 5m 以上,有的深达数十米,面积达数公顷。崩岗不仅破坏土壤肥力,而且使泥沙直接淤埋农田、淤塞河道和水利设施,同时恶化生态环境,加剧洪涝灾害。

崩岗

【崩岗治理】(control of slope collapse) 控制崩岗的发生和恶化、恢复植被、消除危害、改善生态环境和促进山区生产发展的水土保持治理技术。控制崩岗采取预防为主、治管并重的办法。预防措施主要是在崩岗危险区严禁不合理开荒、采石、挖矿,防止人为破坏地貌和植被,并将山洼地带形成的小股径流安全引下山坡,防止形成冲沟。按崩岗发展不同阶段、不同程度,因害设防,综合治理。其具体措施是:(1)在崩岗顶部开挖截流沟,减少坡面径流流入崩岗内。(2)在崩岗下部谷口修建谷坊拦截泥沙,减少埋压下游农田。(3)在崩岗陡壁削坡开级,造林绿化,在崩口周围种植适应性强的树草。(4)稳定塌积堆，防止发生二次侵蚀。

【崩塌】(rock fall) 边坡上部岩(土)体突然向外倾倒、翻滚、坠落的现象。发生在岩体中称岩崩；发生在土体中称土崩；规模巨大、涉及大片山体的称山崩。崩塌主要出现在地势高差较大，斜坡陡峻的高山峡谷区，特别是河流强烈侵蚀的地带。崩塌发生后，坡顶后退，崩落的块石(土)堆积在坡脚，形成坡度较缓的崩积斜坡，并给产生崩塌的陡坡以侧向压力，发生再次崩塌。崩塌大都多虽是瞬时爆发，但从裂隙张开到发生崩塌，有很长的变形发展过程。崩塌可能毁坏各类建筑物及公用设施，危及人民生命财产安全，造成河道堵塞或阻碍航运，其引起的涌浪亦可造成灾害。兴建水利工程要尽量避开可能发生崩塌的地段。崩塌堆积物的密实度与渗透性变化较大，作为地基时要认真查明其性状，并进行工程处理。发现边坡变形迹象应进行监测，根据变形速率的变化，提出预报和预警，及时转移人畜和财物，以减少损失。对于位置重要、危害严重的崩塌体，应在失稳破坏前采取工程措施予以治理。

【泵】(pump) 把机械能转换成液体的压力能的装置。主要用来输送液体介质。在特殊情况下，泵的能量转换可以在流体之间进行，如喷射泵、水锤泵等。泵输送的介质亦可以是气液或固液两相介质或气液固三相介质。泵属于通用机械，在国民经济中用途很广。

增压泵

【泵房】(pumping house) 安装水泵、动力机及其辅助设备的厂房。泵站建筑物的主体工程。泵房结构按其基础形式的不同可分为分基型、干室型、湿室型和块基型等四种。(1)分基型泵房。泵房基础与主机组基础分开建筑。常见于中小型泵站。(2)干室型泵房。机组基础、泵房底板和侧墙构成一封闭干室。(3)湿室型泵房。泵房下部为与前池相通并蓄水的地下室。(4)块基型泵房。水泵机组的基础、泵房底板和进水流道浇筑成一块状整体。按泵房是否直接挡水以及与堤防关系的不同可分为堤身式和堤后式；按出水流道的形式及断流方式的不同可分为虹吸式、驼峰式和蜗壳式等；按水泵类型及安装方式的不同可分为立式、卧式和贯流式。在泵房设计时应遵循下述原则：(1)在满足设备安装、检修和运行的前提下，内部布置紧凑合理，尺寸最小。(2)在遇到最不利荷载组合时，能满足泵房整体稳定要求，构件符合强度和刚度要求，水下结构部分应满足抗裂和防渗要求。(3)满足通风、散热、采光、防火和低噪音的要求。(4)省材料，投资少，整齐美观。

【泵送混凝土】(pumped concrete) 其拌合物的坍落度不低于100mm，并采用泵送方式施工的混凝土。除需满足工程所需的强度外，还需要满足流动性，不离析和少泌水的泵送工艺的要求。规范规定泵送混凝土应选用硅酸盐水泥，普通水泥，矿渣水泥和粉煤灰水泥，不宜采用火山灰水泥。可用混凝土泵通过管道输送拌和物的混凝土，要求其流动性好，骨料粒径一般不大于管径的1/4。应加入防止混凝土拌合物在泵送管道中离析和堵塞的泵送剂，以及使混凝土拌和物能在泵压下顺利通行的外加剂，如减水剂、塑化剂、加气剂以及增稠剂等。加入适量的混合材料，如粉煤灰等，可避免混凝土施工中拌和料分层离析、泌水和堵塞输送管道。在泵送混凝土的原料中，粗骨料宜优先选用。

泵送混凝土

【泵站水锤】(water hammer in pump unit) 又称泵站水击。泵站过流系统中因水流速度的急剧改变而引起的压力瞬变现象。从广义上讲，泵站水锤还包括压力脉动，即按一定频率交替发生的水锤现象和压力涌浪，即管道中水柱整体的振荡现象。水锤虽然持续时间很短，但产生的冲击力和引起的机组转速及转速的变化，却是设计管道强度、确定管线坡度、选配动力机和管道阀件类型，以及确定水泵开、停和工况转换方式的依据。按起因的不同，泵站水锤可分为关(开)阀水锤、启泵水锤，事故停泵水锤等三种。按引起水锤的边界条件变化历时长短的不同又可分为直接水锤和间接水锤两种。

【鼻病毒】(rhinovirus) 一类引起普通感冒最重要的病原体。属小RNA病毒科。现发现有144个血清型。新型还在不断地被发现。约有50%的上呼吸道感染是由该病毒引起。其生物学特性与肠道病毒基本相似，但又有不同。可在人胚肾、人胚肺及二倍体细胞系WI－26或人胚气管器官培养中增殖。最宜条件是33℃、pH7.0旋转培养；不耐酸，pH3.0时可迅速被灭活；但比肠道病毒耐热，4℃可存活1周。

鼻病毒感染，成人主要引起普通感冒等上呼吸道感染；婴幼儿和慢性呼吸道疾病患者，除上呼吸道感染外，还能引起支气管炎和支气管肺炎。主要通过接触和飞沫传播，经鼻、口、眼黏膜进入体内，在鼻咽腔内增殖。潜伏期1～2天。临床症状有流涕、鼻塞、喷嚏、头痛、咽痛和咳嗽等，体温不增高或略有增高。为自限性疾病，一般1周左右自愈。感染后可产生局部SIgA，对同型病毒有免疫力。但持续时间短，因此常发生再感染。

【鼻疽】（glanders） 鼻疽杆菌引起单蹄兽多发的一种人兽共患传染病。病原为假单胞菌属中的鼻疽假单胞菌，为多形性革兰氏阴性杆菌。流行无季节性，呈缓慢地方性流行。人不慎感染，多呈急性经过。临诊可分为急性鼻疽和慢性鼻疽两种。前者多见骡和驴，表现为肺鼻疽（肺疽）、鼻腔鼻疽（鼻疽）和皮肤鼻疽（皮疽）；后两型经常向外排菌，又称开放性鼻疽，三型鼻疽可相互转化，常以肺疽开始，后继鼻疽和皮疽。慢性鼻疽较常见，经过缓慢，大多由急性转化。特征病变为在上呼吸道黏 膜、肺、皮肤及其他实质器官形成鼻疽结节、溃疡及疤痕。症状明显的病畜根据流行病学和病变可作出初步诊断，症状不明显的病畜，可采用变态反应、补体结合反应及细菌学检查进行确诊。对鼻疽尚无疫苗免疫。采用定期检疫，扑杀阳性马属动物可防止流行。

【鼻饲法】（nasogastric gavage） 将导管经鼻腔插入胃内，从管内灌注流质食物、水分和药物的方法。适用于不能由口进食的病人，如昏迷、口腔疾患及口腔手术后或不能张口者（如破伤风）；拒绝进食的病员；早产儿和病情危重的婴幼儿。如有食道下段静脉曲张、食道梗阻、胃底静脉曲张者禁用鼻饲法。鼻饲病人需要一个适应过程，开始时鼻饲量应少、清淡，以后逐渐增多。鼻饲食物有米汤、混合奶等流质食物。鼻饲液温度要保持在38～40℃，每次鼻饲量不超过200ml，间隔时间大于2h。鼻饲前要检查胃管有无脱出、松动或盘于口腔；鼻饲后用温水20ml冲洗胃管，避免食物残留在胃管内发酵或变质，引起病人胃肠炎或堵塞管腔，保持原卧位20～30min。长期鼻饲者应每天进行口腔护理2次，并定期更换胃管。普通胃管每周更换一次，硅胶胃管每月更换一次。

【鼻息肉】（nasal polyps） 由于慢性炎症刺激引起的鼻腔或鼻窦黏膜高度水肿或肥厚所致的一种疾病。其症状以鼻塞为主，口干口臭、鼻涕不易擤出、嗅觉丧失、头昏及头痛等也是常伴发症状。此外，对于某些鼻息肉表面不光滑、触之质脆、易出血或鼻涕中带血者，尤其是40岁以上的病人，少数可发生癌变，应尽早摘除。

【鼻咽癌】（nasopharyngeal carcinoma, NPC） 发生在鼻咽部的恶性肿瘤。病例见于世界各地。有明显的种族差异，多发于黄种人。在东南亚和中国华南地区相对高发，尤其以广东省更为突出。其发病的一般规律是幼年感染EB病毒，20岁左右发病，高峰在50岁前后，男性多于女性。其病死率占全部恶性肿瘤的2.81%。其发病还与环境、饮食和遗传等因素有关。鼻咽癌的远处转移率较高。因此在治疗前应先做详细检查，有无远处转移的证据后才能作出根治性的治疗计划。常见远处转移的部位有骨、肺、肝，而骨转移中又以脊柱、骨盆、四肢为多见。临床上有回缩性鼻涕、单侧性耳鸣、听力减退、耳内闭塞感，不明原因的颈淋巴结肿大、面部麻木、复视、伸舌偏斜、舌肌萎缩、头痛等症状者，都应仔细做鼻咽镜和临床检查。

【比表面】（specific surface area） 又称比表面积。单位质量物质所具有的总面积。可分为：外表面积和内表面积两部分。单位为m^2/g。对于多孔性物质，其内表面积通常比外表面积要大几个数量级。比表面是表征物质特性的重要参量。其大小与颗粒的粒径、形状、表面缺陷及孔结构密切相关；同时，比表面积大小对物质其他的许多物理及化学性能会产生很大影响，特别是对于粒径很小的物质。如广泛应用的纳米材料。测定比表面的方法有气体吸附法、气体透过法、溶液吸附、浸润热、消光、热传导、阳极氧化原理等。比表面是研究固体吸附机理，推测复相催化反应历程的依据。

比表面仪

【比尔-朗伯定律】（Beer-Lambert law） 当一束准直的单色光经过各向同性的均匀介质时，其吸光度与吸收层厚度l和介质浓度c成正比。即$A = -\log(I/I_0) = \varepsilon lc$。式中的A为吸光度，$I_0$为入射光强度，I为透射光强度，c为吸光物质的浓度，l为吸收层厚度，ε称作摩尔吸光系数，单位为L/(mol·cm)。该定律成立的前提是：(1)入射光为平行单色光且垂直照射。(2)吸光介质为均匀非散射体系。(3)吸光质点之间无相互作用。(4)吸光介质中仅发生光吸收，无荧光和光化学现象发生。比尔－朗伯定律是光度法定量分析的基础。

【比活】(specific activity) 酶纯化程度指标。每分钟每毫克蛋白在25℃下转化底物的微摩尔数。酶纯化度越高,比活越高。当酶已被纯化至纯酶时,比活是个恒定值。在研究一种酶的作用时,常以比活(酶活力单位/毫克蛋白)表示酶活力大小及酶制剂纯度。

【比较病理学】(comparative pathology) 病理学的一个分支。研究各类动物疾病和病理过程之间的异同,动物和人类之间疾病和病理进行比较的学科。所得知识和研究结果,除应用于控制动物疾病外,还可用来阐明人类各种疾病和病理过程的本质,为防治疾病和增进人类健康服务。

【比较生物学】(comparative biology) 对地球生物圈内的不同生物族群之间进行比较分析,从而把握其根本属性,以利于建设和谐世界的实践型学科。是一门新兴的综合性应用科学,包括进化生物学、古生物学、动物行为学、人类学、基因组学、生理学、生态学等诸多领域。

【比较医学】(comparative medicine) 研究所有动物基本生命现象的学科。对动物和人的基本生命现象,特别是各种疾病进行类比研究,是这门学科的主要特征。已形成比较解剖学、比较生理学、比较病理学、比较外科学等。可采用其异同点,通过建立实验动物疾病模型来研究人类相应的疾病。即可采用人工实验性的和动物自发性的动物疾病作模式,研究人类疾病的发生、发展过程和诊断治疗、宿主抗力机制、临床变化、药物、致癌物质、残留毒物试验等,直接为保护与增进人类健康服务。

【比例量表】(ratio scaling) 又称比率量表。一种有计量单位、也有基准起始点的显示制图对象绝对值的表示方法。在构成比率量表时,需先知道两个对象之间的差别及其比率。一般用于地图上制图对象的分类、分级和数量差别的表示。例如,在中国地形图上,可以用比例量表的方法分出不同地区(陆地与海洋)的具体高程,某个城市具体的人口数是多少等。

【比邻星】(Proxima Centauri) 又称南门二。半人马座α星。全天空第三亮的恒星。为目视三合星。甲星是黄矮星,乙星是红矮星,丙星是耀星。距太阳系约4.3光年。在天球上的具体位置约为赤经12时40分,赤纬-63°。属中国古代二十八宿中的角宿。

比邻星

【比容】(specific volume) 又称比体积。单位质量物质所占的体积。单位体积物质的质量,称为密度。比容与密度互为倒数。

【比萨斜塔】(the Leaning Tower of Pisa) 位于意大利托斯卡纳省比萨城北面的奇迹广场上。始建于1173年,历经200年。于1372年建成。塔体8层,塔高55m。由于奠基不慎,造成塔基局部下沉,使塔垂线已偏离底脚约4.5m。相传意大利物理学家伽利略曾在塔顶做过著名的自由落体实验。1987年4月,国际古迹遗产理事会提名比萨城的奇迹广场(包括大教堂、洗礼堂、比萨斜塔和墓园)为世界遗产。

比萨斜塔

【比色法】(colorimetry) 通过比较或测量有色物质溶液的颜色深度来确定待测组分含量的方法。通常以生成有色化合物的显色反应为基础。显色反应具有较高的灵敏度和选择性。反应生成的有色化合物的组成恒定、较稳定,且和显色剂的颜色差别较大。比色法作为一种定量分析的方法,始于19世纪30~40年代。常用的比色法有目视比色法和光电比色法。目视比色法是根据待测试样溶液与标准溶液系列作比较,目视找出色泽最相近的标准溶液,从而确定试样中待测组分的含量;光电比色法则是通过光电比色计来测量。光电比色法比目视比色法准确度高,选择性好。在测量的准确度、灵敏度和应用范围上都不如紫外-可见分光光度计。在工业分析、环境分析等领域有一定的应用。

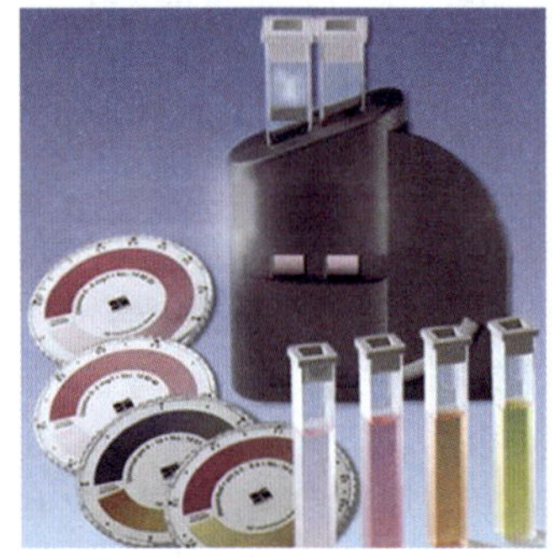
目视比色法

【比湿度】(specific humidity) 又称含湿量。1kg干空气中所含水蒸气的质量。空气湿度的一种表示方式。是融化在空气中的水的质量与湿空气质量之比。假如没有凝结或蒸发的现象发生,一个封闭的空气在不同的高度下的比湿是相同的。

【比特差错概率】(bit error rate) 在传输的比特总数中发生差错的比特数所占的比例。当统计的比特数很大时，它与理论上的比特差错概率很接近，故用同一符号 Peb 表示。例如 $P_B = 10^4$，意味着平均传送 10 000 个比特，要发生一个比特的差错。在二进制传输中，码元差错率即是比特差错率，而在多进制传输中可以由码元差错率计算出比特差错率。

【比值控制系统】(ratio control system) 实现两个或两个以上参数符合一定比例关系的控制系统。可分为：(1)开环比值控制系统。(2)单闭环比值控制系统。(3)双闭环比值控制系统。(4)变比值控制系统。(5)串级和比值控制组合的系统。(6)流量比值控制系统。在化工、炼油及其他工业生产过程中，工艺上常需要两种或两种以上的物料保持一定的比例关系，比例一旦失调，将影响生产或造成事故。通常把保持两种或多种物料的流量为一定比例关系的系统，称为流量比值控制系统。

【必需营养素】(essential nutrients) 为维持机体正常生长和生理功能所必需的而机体自身又不能合成，必须从食物中获得的营养素。已证实人类必需营养素多达 40 余种。这些营养素必须通过食物摄入来满足人体需要。其中蛋白质、脂类和碳水合物不仅是构成机体的成分，而且还可以提供能量。在人体必需的矿物质中，有钙、磷、钠、钾、镁、氯、硫等必需常量元素和铁、锌、硒、铜、铬、钼、钴等微量元素。维生素可分为脂溶性维生素和水溶性维生素。维生素 A、维生素 D、维生素 E、维生素 K 为脂溶性维生素；维生素 B_1、维生素 B_2、维生素 B_6、维生素 B_{12}、维生素 C、泛酸、叶酸、烟酸、胆碱和生物素是水溶性维生素。除了这些营养素外，水也是人体必需的。另外，还有膳食纤维及其他植物化学物质等膳食成分对维持健康也是必要的。

【毕－萨定律】(Boit-Savart law) 电流激发磁场的基本规律。是 1820 年毕奥和萨伐尔两人研究、分析了许多实验资料，从不同形式的电流产生不同的磁场分布中总结抽象出来的。具体内容可表述为：在载流导线上取电流元 $I\vec{dl}$ 和空间任一点 P，则 P 点处的磁感应强度 $d\vec{B}$ 为：

$$dB = k\frac{Idl\sin\theta}{r^2}$$

写成矢量形式：

$$d\vec{B} = \frac{\mu_0}{4\pi}\frac{Id\vec{l}\times\vec{r}}{r^2}$$

式中，$\vec{r}$ 为电流元到点 P 的矢径。毕－萨定律是求解电流磁场的基本公式。利用该定律，原则上可以求解任何稳恒载流导线的磁感应强度。该定律是在实验的基础上抽象出来的，虽不能由实验直接证明，但由该定律出发得出的一些结果，却与实验符合得很好。

【闭海】(enclosed sea) 由两个或两个以上国家所环绕、只有一个狭窄出口连接到另一个海或洋的海域。比如黑海。它由俄罗斯、乌克兰和土耳其等国所包围，出口仅有博斯普鲁斯海峡与地中海连通。中国大陆东部的黄海，是中国、朝鲜、韩国等三国的领海和专属经济区的共同海域，大部分为三国所包围，它西北部与渤海相连，南部与东海相通，属于半闭海。

黑海

【闭合高度】(shut height) 模具在最低工作位置时下模座底面至上模座顶面之间的距离。压力机的闭合高度是指滑块在下止点位置时，滑块下端面至压力机垫板面之间的距离。冲裁模总体结构尺寸必须与所用的压力机相适应，即冲模的平面尺寸应该适应于压力机垫板平面尺寸。冲模总体闭合高度必须与压力机闭合高度相适应。否则就不能保证正常的安装与工作。大多数压力机的连杆长度可以在一定范围内调节，即压力机的闭合高度可以在一定范围内调整。当连杆调至最短时，压力机闭合高度最大，称为最大闭合高度；连杆调至最长时，压力机闭合高度最小，称为最小闭合高度。

【闭环控制系统】(close-loop control system) 与开环控制系统相对应。又称反馈控制系统。由信号正向通路和反馈通路构成闭合回路的自动控制系统。是基于反馈原理建立的自动控制系统。所谓反馈原理，就是根据系统输出变化的信息来进行控制，即通过比较系统行为(输出)与期望行为之间的偏差，并消除偏差以获得预期的系统性能。在反馈控制系统中，既存在由输入到输出的信号前向通路，也包含从输出端到输入端的信号反馈通路，两者组成一个闭合的回路。系统由控制器、受控对象和反馈通路组成。其优点是：利用反馈原理可自动纠正或减小输出量与被控制量间的偏差，抗干扰能力强，可用较低廉的元件构成精度较高的控制系统。

【闭经】(amenorrhea) 从未有过月经或月经周期已建立后又停止的现象。妇科疾病中常见症状。分为原发性和继发性两类。(1)原发性闭经。年龄超过 16 岁，第二性征已发育；或年龄超过 14 岁，第二性征尚未发育，且无月经来潮者。(2)继发性闭经。以往曾建立正常月经周期，以后因某种病理性原因而停经 3 个周期以上者。前者较少见，往往由于先天发育缺陷或遗传原因导致。如:(1)先天性无子宫或始基子宫、无阴道。患者外生殖器、输卵管和卵巢发育正常。女性第二性征正常。(2)特纳综合征(性腺发育不全)。(3)雄激素不敏感综合征(男性假两性畸形)。后者常见,其病因复杂。按控制正常月经周期的4个环节的不同可分为:下丘脑性闭经、垂体性闭经、卵巢性闭经、子宫性闭经。按其发生原因的不同又可分为生理性和病理性闭经。青春期前、妊娠期、哺乳期、绝经后的月经不来潮均属生理性闭经。

【闭坑地质】(geological work for mine closure) 矿山关闭时的地质工作。矿山地质工作的一个阶段。对矿山矿产资源进行的最终系统评价和对矿山开发全过程地质工作进行的全面总结。矿产资源的开发过程是对矿床赋存规律的认识不断深化的过程,也是矿山生产技术、科研能力和管理水平不断提高的过程。采掘工程对各种地质现象的充分揭露,为进行矿床综合地质研究和综合评价提供了良好的条件。通过对地质资料的系统分析和整理、研究,既可丰富和发展矿床成矿理论,又有助于合理开发、利用矿产资源。

【闭路电视】(closed circuit television) 信号从源点只传给预先安排好的与源点相通的特定电视机。它通过导线传送电视信号,将音视频信号转变成某一射频信号后进行传输。广泛用于监视、教育、电视会议等。

【闭路电视监控系统】(closed circuit television monitoring system) 通过遥控摄像机及其辅助设备直接观看被监视场所一切情况的监控系统。一种先进的、防范能力极强的综合系统。安全技术防范体系中的重要组成部分。由前端设备、传送信道、终端设备和控制设备组成。能在人们无法直接观察的场合,实时、形象、真实地反映被监视控制对象的画面,以及对被监控对象的可视性、实时性及客观性的记录,因而已成为当前安全防范领域的主要手段,被广泛应用于银行、教育、海关、监狱、居民小区等各种领域。

【闭锁繁育】(close breeding) 将畜群严加封闭,并在相当长时间内不从外引进种畜的一种繁育方法。当采用群体继代选育法建系时,所选的基础群必须严格封闭至少4~6个世代,不能引入任何其他来源的种畜。更新用的后备畜禽,都应从基础群的后代中进行选择。这是因为引入种畜必然会影响畜群遗传性的稳定,不利于品系的建成。

【闭锁综合征】(locked-in syndrome) 主要表现为不动,不语,睁眼视线可随物体移动,对命令无反应,仅对强刺激有反应,但意识清楚的一组综合症状。患者可用瞬目和眼球运动等面部表情来作是或非的反应,多伴有四肢瘫痪。大部分病因为脑血管疾病。其病变仅局限于脑干底部,特别是脑桥的腹侧面。本病脑电图正常。藉此可与运动不能性缄默等类似疾病鉴别。

【泌阳驴】(Biyang donkey) 中国中型驴种之一。产于河南省泌阳县一带,而以唐河以东所产的驴为最好。体质结实,结构紧凑,外形美观。头方正,额微突出,颈长适中。躯干短、平直而有力,腰尻结合良好,后躯发育好。四肢端正,筋腱明显,蹄小而圆,质坚实。公驴平均体高约125.4 cm,母驴约120.7cm。被毛细密,有光泽。毛色以粉黑为主,而在耳的内侧多生有白毛。耐粗饲,适应性强。役用性能好,步伐轻快,特别善于驮载。

泌阳驴

【哔叽】(beige) 一种天然羊毛颜色的斜纹毛织物。一般为2/2斜纹组织,正反两面斜纹线明显程度相似。呢面光洁平整,纹路清晰,质地较厚而软,紧密适中,悬垂性好,以藏青色和黑色为多。可用各种品质羊毛为原料。纱支范围较广,一般为双股30~60公支,经密稍大于纬密,斜纹角度右斜约45°。哔叽通常采用匹染。棉哔叽以棉或棉混纺纱线为原料,组织结构与毛哔叽相似。按其使用纱线种类的不同可分为:纱哔叽、半线哔叽和全线哔叽三种。纱哔叽为左斜纹,半线哔叽和全线哔叽为右斜纹。按其原料的不同可分为:全毛、毛混纺和纯化纤三大类。哔叽的经纬向紧度均比较小,织物比较松软,适用做各类工装、学生服、军服、男女套装服料和裙料等。

服装用哔叽

【铋-锡低熔点合金模】(low melting point alloy of bismuth and tin) 用铋-锡低熔点合金为材料制作的模具。熔点在150℃以下的合金称为低熔点合金。以铋、锡为主要元素的合金称为铋基合金、锡基合金或铋-锡低熔点合金。铋-锡低熔点合金由于其熔点只有70~150℃,现场加热方便,流动性好,可以采用铸造的方法制模。制模周期短，机加工工时少，尤其是制作形状复杂的拉延模，其优越性更明显。铋－锡低熔点合金模具用过之后，能重熔再铸，可节省大量模具材料。低熔点合金由于有冷胀性能，亦可用来做凸模、凹模、导柱、导套等。低熔点合金在冲压工艺中应用广泛。

【秘鲁寒流】（Peru cold current） 又称洪堡海流。南太平洋东部的寒流。沿南美洲西海岸约南纬40°处自南向北流动，至南纬4°附近折向西行，具有补偿流的性质。流速不大，每昼夜10～12km，宽约900km，表层水温15～19℃，沿岸附近有下层海水上升现象。对处于热带、亚热带的南美洲低纬度沿岸地区有显著的降温和减湿作用。由于寒流内营养物质丰富，利于浮游生物生长和鱼类汇集，海流经过的洋面，形成了世界著名的渔场。

【痹证】（arthralgia） 由于外感风、寒、湿邪后，气血不畅所引起肢体、关节等处疼痛、酸楚、重着、麻木等一类的疾患。痹即闭塞不通之意。本病的发生除与气候、地理环境有关外，与人体的体质和抗病能力的强弱也有很大关系。其常见的病因有：风痹、寒痹、湿痹、热痹，临床也常相互兼见。其治法以祛邪通络为主。

【碧玺】（touemaline） 质量达到宝石级的电气石晶体。化学成分为$(Na,Ca)(Mg,Al)_3Al_6[BO_3]_3[Si6O_{18}](OH)_4$。三方晶系。电气石有热电性，日晒后c轴两端异号静电可吸引灰尘。电气石为玻璃光泽。硬度7～7.5。无解理，但有时平行(0001)有裂开。参差状断口。密度3.00～3.26g/cm^3。折光率1.615～1.655。彩色的电气石有明显的二色性和吸收性。颜色极丰富。红或粉色的称红碧玺，各种蓝色的称蓝碧玺，各种黄色到褐色的称黄碧玺，以绿色为主色调的，除绿碧玺之外，尚有亮绿色（铬或钒致色的）铬碧玺。颜色平行c轴分带：外圈绿色、内部红色的称西瓜碧玺，颜色垂直c轴分带的双色碧玺或多色碧玺更具观赏性。无色透明的白碧玺辐照后可变浅粉或红色。辐照还可使蓝或深绿色的变紫红、使黄色变桃红、使浅黄变黄、使蓝绿变黄绿、使粉色变红或变橙。加热处理可去除碧玺中的粉或红色，使某些褐、紫红色变蓝，使橙色变黄，可使蓝、蓝绿变浅或变得更绿。有些由辐照产生的粉色可经热处理消除。黑碧玺也用于珠宝服饰业。

碧玺

【壁式采煤法】（wall mining method） 又称长壁采煤法。回采工作面长度较长的采煤方法。长度少则30～40m，多则200m左右甚至更长；两端有可供运输、通风和行人的巷道。工作面向前推进时必须不断支护；采空区要随工作面推进按一定方法及时处理；回采工作面内煤的运输方向与工作面煤壁平行。其优点是：工作面产量大，巷道掘进率低，煤柱损失少，回采工作的连续性强，通风良好，通风运输系统简单；其缺点是：回采工艺过程较复杂，循环工作组织要求较高。20世纪初刮板输送机开始使用后，该方法已成为各国的主要采煤方法。

【避雷器】（lighting arrester） 一种能释放过电压能量、限制过电压幅值的保护设备。使用时将避雷器装在被保护设备附近，与被保护设备并联，在正常情况下避雷器不导通。当作用在避雷器上的电压达到避雷器的动作电压时，避雷器导通，通过大电流，释放过电压能量，并将过电压限制在一定水平，以保护设备的绝缘。在释放过电压能量后，避雷器会自动恢复到不导通的正常工作状态。按作用方式的不同避雷器可分为阀式避雷器和管式避雷器两大类。

避雷器

【避雷网】（lightning network） 又称暗装避雷网。利用钢筋混凝土结构中的钢筋网作为雷电保护的方法。必要时还可以辅助避雷网。它是根据古典电学中法拉第笼的原理达到雷电保护的金属导电体网络。暗装避雷网是把最上层屋顶作为接闪设备。根据一般建筑物的结构，钢筋距面层只有6～7cm，面层愈薄，雷击点的洞愈小。但有些建筑物的防水层和隔热层较厚，入毂钢筋距面层厚度大于20cm，最好另装辅助避雷网。辅助避雷网一般可用直径为6mm或以上的镀锌圆钢，网格大小可根据建筑物的重要性，分别采用5m′5m或10m′10m

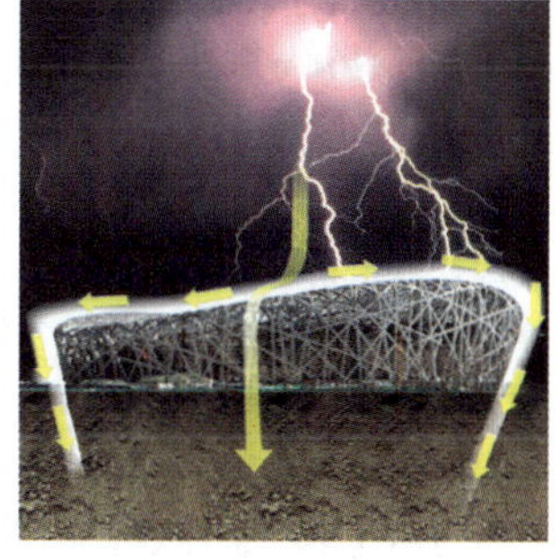

避雷网

的圆钢制成。避雷网又分明网和暗网。其网格越密可靠性越好。

【避难硐室】(refuge chamber) 当灾害发生、人员无法撤出时,为防止有毒、有害气体的侵袭而设立的避难场所。在矿工自救中,设置避难硐室是十分必要的。由于自救器有效时间较短,当佩戴自救器后,在其有效作用时间内不能到达安全地点;撤退路线无法通过;若有自救器而有害气体含量又较高时,避难硐室可以发挥作用。避难硐室有两种:(1)预先设置的避难硐室。如中央避难硐室,可设在井底车场附近,与井下保健站硐室结合在一起。采区避难硐室设于采区安全出口的路线上,距人员集中工作地点不超过500m。其容积应能容纳一个工作班的采区全体人员。在有煤与瓦斯突出危险的矿井的掘进工作面附近,也应设避难硐室。各硐室中应装备有一定数量的自救器。避难硐室必须构筑严密,以免有害气体侵入,使避难人员受害。永久避难硐室有过滤和制氧装置,有的能形成封闭式小循环以及必要的救护器材。(2)临时避难硐室。是利用工作地点的临时巷道,硐室或两道风门之间的巷道,在事故发生后临时修建的。临时避难硐室机动灵活,修筑方便,正确地选择修建临时避难硐室的地点,往往能对受难人员发挥很好的救护作用。在进入临时避难硐室前,应在硐室外留有衣物、矿灯等明显标志,以便救护队发现。待避时,应保持安静,避免不必要的体力消耗和空气消耗,借以延长避灾时间。硐室内除留有一盏灯照明外,其余矿灯应全部关闭。在硐室内可间断地敲打铁器、岩石等,发出呼救信号。全体避难人员要坚定信心,相信在各级领导和职工的努力下,一定会安全脱险。

避险硐室标志

【避炮掩体】(blast shelter) 为保护人身安全在飞石危险区域设置的建筑物。掩体观察口应可视爆炸点全景。掩体入口方向应与爆炸点相背。掩体到爆炸点的距离按空气冲击波安全允许距离计算。掩体大小以能容纳三人为宜。

【避孕】(contraception) 采用科学手段使妇女暂时不受孕。是计划生育的重要组成部分。对妇女的生殖健康有直接影响。其主要控制生殖过程中三个关键环节:(1)抑制精子与卵子产生。(2)阻止精子与卵子结合。(3)使子宫环境不利于精子获能、生存,或不适宜受精卵着床和发育。理想的避孕方法应符合安全、有效、简便、实用、经济的原则,对性生活和性生理无不良影响,为男女双方均能接受并乐意持久使用。女性常用的不孕方法有宫内节育器、避孕药;男性在中国主要是避孕套。永久性避孕方法有输卵管结扎术。

【避孕药】(contraceptive drug) 具有避孕效果的一类人工合成药。有女性避孕药和男性避孕药。其避孕原理主要是通过抑制排卵,并改变子宫颈黏液,使精子不易穿透,或使子宫腺体减少肝糖的制造,让囊胚不易存活,或是改变子宫和输卵管的活动方式,阻碍受精卵的运送。使精卵无法结合形成受精卵,从而达到避孕目的的一种药物。主要分为两类:(1)主要抑制排卵的避孕药。通过抑制排卵、阻碍受精卵着床、使宫颈黏液黏稠度增加不利于精子进入宫腔、影响子宫和输卵管平滑肌的正常活动等作用,达到避孕效果。本类药物包括短效口服避孕药(复方炔诺酮片、复方甲地孕酮片)、长效口服避孕药(仰诺孕酮)、长效注射避孕药(复方己酸孕酮注射液)、埋植剂(炔诺孕酮)、多相片剂(炔诺孕酮双相片)等。使用时有类早孕反应、子宫不规则出血、闭经、乳汁减少、凝血功能亢进、轻度损害肝功能等不良反应。充血性心力衰竭或有其他水肿倾向者慎用。(2)其他避孕药。包括抗着床避孕药(甲地孕酮)、男性避孕药(棉酚)、外用避孕药(孟苯醇醚)及抗早孕避孕药(米非司酮)。

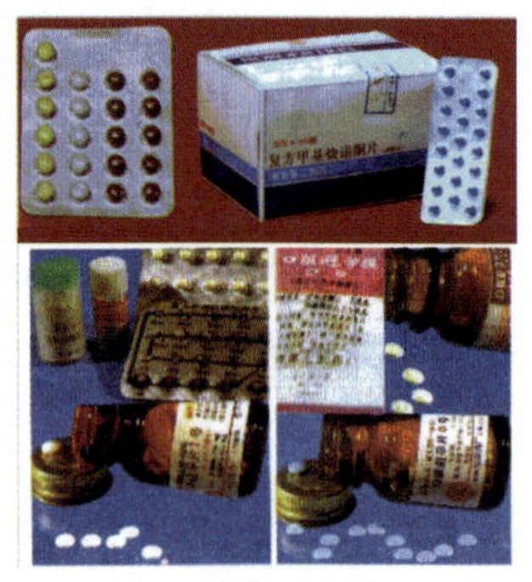
避孕药

【边墩】(abutment pier) 闸室岸边的闸墩。除支承闸门、启闭台和交通桥等上部结构外,还有导流、挡土和阻止侧向绕渗等作用。其布置型式有两种:(1)边墩直接挡土。适用于孔数不多的箱框型闸室。在闸室高度不大或闸室高度虽大,但地基较为坚实的情况下,也可用以直接挡土。当高度较大时边墩宜用空箱式结构。(2)边墩不挡土,在边墩后另设挡土岸墙。岸墙多做成空箱式。这种型式适用于闸室较高,地基承载能力较差的大型水闸,用以改善边墩和底板的受力条件。空箱式岸墙可以起到减小水闸边荷载的作用,从而减小闸室的不均匀沉降。直接挡土的边墩,其受力条件与挡土墙相似。由于还承受闸门传递的水压力,墙底地基反力的分布,需考虑两个方向荷载的计算。但沿建基面抗滑稳定性的核算可以省略。因直接挡土的边墩四面嵌固,不可能产生滑动。不挡土边墩的受力条件与闸墩相同。

【边际成本】(marginal cost) 在一定产量水平下,增加或减少一个单位产量所引起成本总额的变动数。随着产量的增加,边际成本会先减少,后增加。当产量很小时,可视为企业的设备没有得到充分利用。随着企业雇佣更多的员工进行生产,生产设备的利用率也开始变大。假设增加的第一个工人对产量的贡献为10,那么增加的第二个工人对产量的贡献可能是15甚至更高。这对应生产函数曲线的第一个阶梯,即边际产品随着投入的增加,以递增的比例增加。在这一阶段产量的增加速度超过成本的增加速率,从而边际成本随着产量的增加而减少。随着员工增加到一定程度时,企业变得拥挤,这时候每增加的一个员工依然会提高生产设备的利用率,但是这个利用率的提高会慢慢减慢,这对应生产函数的第二个阶梯,即生产函数的斜率逐渐从第一个阶梯时的最大值减少到0。当员工增加到某一程度,再增加一个员工时,这个员工对产量的贡献将会是0,即边际产量为0。在这一阶段,产量的增加速率从最大值逐渐减小到零,而成本的增加速率大于产量的增加速率,从而边际成本增大。从边际成本曲线可以看出它是一条向右上方倾斜的曲线,表示随着产量的增加边际成本递增。而边际成本递增的根本原因就是边际产品的递减原则。

【边界网关协议】(border gateway protocol,BGP) 一种在自主系统之间动态交换路由信息的路由协议。是互联网工程任务组制定的一个加强的、完善的、可伸缩的协议。与其他BGP系统之间交换网络可到达信息。这些信息包括数据到达这些网络所必须经过的自主系统中的所有路径。这些信息足以构造一幅自主系统连接图。然后,可以根据连接图删除选路环,制订选路策略。边界网关协议的最新版本是BGP4,允许网络管理员在策略描述下配置跳数的规格。按执行路由的不同可分为:(1)自主系统间路由。(2)自主系统内部路由。(3)贯穿自主系统路由。按消息类型的不同可分为:(1)初始消息。(2)更新消息。(3)通知消息。(4)保持活动消息。是为取代最初的外部网关协议EGP设计的。它也被认为是一个路径矢量协议。

【边坡稳定性观测】(observation of slope stability) 为判明各种工程的边坡或自然边坡的稳定性而进行的测量工作。如露天矿的开采、山区道路切开岩(土)体施工等,都需要按规定周期对边坡进行变形观测,对其稳定性作出评估。观测后如发现边坡稳定性较差时,应立即缩短观测周期,以监测其变形发展趋势;若边坡稳定性较好时,则可逐渐增长观测周期。

【边缘检测】(edge detection) 用于获取图像内物体轮廓的分割方法。一般采用曲线拟合、轮廓跟踪或边缘点连接等技术求出物体的边界。此外,若对像素的类别给以某种概率度量或隶属度,则可以对像素反复进行分类。这种方法效果较好。在图像分析中广泛应用。

【边缘效应】(edge effect) 在两个或两个不同性质的生态系统交互作用处,由于某些生态因子或系统属性的差异和协同作用,引起系统某些组分及行为的较大变化的现象。其特征是:(1)边缘效应带群落结构复杂,某些物种特别活跃,其生产力相对较高。(2)边缘效应以强烈的竞争开始,以和谐共生结束,从而使各种生物由激烈竞争发展为各司其能,各得其所,相互作用,形成一个多层次、高效率的物质、能量共生网络。按其性质的不同可分为动态边缘效应和静态边缘效应。前者是移动型生态系统边缘,外界有持久的物质、能量输入,相对稳定,能长期维持其高生产力;后者是相对静止型生态系统边缘,外界无稳定的物质、能量输入,是暂时的,不稳定的。

【边缘学科】(interdisciplinary science) 又称交叉学科。在两个或两个以上不同学科的交叉领域产生的新学科。如天体物理学、射电天文学、生物力学和技术经济学等。

【边缘增强】(edge enhancement) 将遥感图像或影像相邻像元或区域的亮度值或色调相差较大的边缘处(即影像色调突变或地物类型的边界线)加以强调并予以突出处理的技术方法。图像增强处理的一种。经边缘增强后的图像能更清晰地显示出不同地物类型或现象的边界,或线形影像的行迹,以便于不同地物类型的识别及其分布范围的圈定。例如利用相关掩膜技术,将原图像(影像)拷制成一张正膜片和一张负膜片,并使两张不同性质的膜片精确重叠,在曝光冲印时,将两张膜片相互错动很小的距离,这样得到一张相应影像有稍许错位"镶边"的图像,其大部分影像正负抵消,而其边缘部分出现一亮线(或暗线),达到从背景中突出影像边界线的显示效果,使图像达到增强。

【砭石】(stone needle) 又称针石、石针、砭针。一种楔形石块。中国最古老的医疗工具。约起源于新石器时代,用以砭刺患部治疗各种疼痛和排脓放血等。《素问 · 宝命全形论篇》:"四曰制砭石小大。"王冰注:"古者以砭石为针,故不举九针,但言砭石尔。"全元起云:"砭石者,是古外治之法,有三名。一针石,二砭石,三鑱石,其实一也。"随着生产力的发展，这种医疗工具逐渐被九针代替。

【编程器】(programmer) 又称烧录器。在可编程的集成电路芯片上写入数据的工具。既可将代码写进单片机内，也可将代码从单片机内读出（加密情况除外）。主要用于单片机、存储器之类的芯片的编程。由于是把编译好的文件烧写到MCU芯片上去的，一般编程器都用其相应的编程器软件配合使用。编程器在功能上可分通用编程器和专用编程器。专用编程器价格最低，适用芯片种类较少，仅适合某一种或者某一类专用芯片编程的需要。通用编程器一般能够涵盖大部分当前可编程的芯片。由于其设计麻烦，成本较高，限制了它的销量。大部分编程器的功能处于上述两类编程器之间。

读写编程器

【编程调节器】(programmable adjustor) 以微处理器为核心部件的一种新型调节器。其各种功能可以通过改变程序的方法来实现。其特点是：(1)具有常规模拟仪表的安装的操作方式，可与模拟仪表兼容。(2)具有丰富的运算处理功能。(3)一机多能，可简化系统工程，缩小控制室盘面尺寸。(4)具有完整的自诊断功能，安全可靠性高。(5)编程方便，无需计算机软件即可操作，便于推广。(6)通信接口能与计算机联机，扩展性好。

【编程语言】(programming language) 见程序设计语言。

【编码器】(coder) 与译码器相对应。将信号或数据进行编码，转换为可用于传输和存储的信号形式的设备、电路、程序或算法。其目的是将某种形式的信息转换成另一种形式的信息，从而对信息进行标准化、增加安全性、增加传输速率等。如脉冲编码器，通过抽样、量化和编码，将音频、视频等模拟信号每隔一定时间进行取样，使其离散化，将抽样值按分层单位四舍五入取整量化，将抽样值按一组二进制码来表示抽样脉冲的幅值，以实现音频、视频的数字化。

机械编码器

【编码信道】(code channel) 数字通信中信号从编码器输出，经过调制器、发送转换器、媒质、接受转换器、解调器，然后到译码器的信道部分。在编码信道中，信号通过数字序列的变换，把一种数字序列变成另一种数字序列。因此，编码信道可以用数字的转移概率来描述。转移概率完全由编码信道的特性所决定。特定的编码信道有确定的转移概率。

【编码序列】(coding sequence) 基因(DNA)分子中编码蛋白质氨基酸的序列。在基因表达的过程中，不同区段所起的作用并不相同。有的区段能够转录为相应的信使RNA，进而指导蛋白质的合成。这样的区段为编码区。有的区段不能转录为信使RNA，即不能编码蛋白质。这样的区段为非编码区。非编码序列虽然不能编码蛋白质，但因为其具有调控遗传信息表达的功能，所以对于基因的表达是不可缺少的。

【编译码器】(translation coder) 又称编码译码器。数字通信、数据交换、数据处理中具有编码、译码功能的器件或程序。如对音频信号进行压缩与解压缩的音频编译码器，对视频信号进行压缩与解压缩的视频编译码器。编译码器可以是完成音频或视频信号在模拟格式和数字格式之间转换的硬件设备；实现压缩和解压缩音频或视频数据的硬件或软件；或是编码器/解码器和压缩/解压缩的组合硬件设备或软件。编译码器的一个重要功能是能够压缩未压缩的数字数据，以减少内存使用量。如最基本的VGA显示器就有640×480像素。这意味着如果视频需要以每秒30帧的速度播放，则每秒要传输高达27MB的信息，1GB容量的硬盘仅能存储约37秒的视频信息。因而必须对信息进行压缩处理。通过抛弃一些数字信息或容易被我们的眼睛和大脑忽略的图像信息的方法，使视频的信息量减小。这个对视频压缩解压的软件或硬件就是视频编译码器。视频编译码器的压缩率从一般的2:1～100:1不等，使处理大量的视频数据成为可能。

编译码器

【编译系统】(compilling system) 把高级语言书写程序翻译成汇编语言或机器语言的系统软件。由高级语言的程序作为输入和机器语言或汇编语言表示的程序作为输出构成。通常翻译过程分为词法分析、语法分析、语义分析、代码优化和代码生成等阶段。编译技术已成为计算机软件特别是系统软件中的一项基本技术。它随着计算机语言的发展而不断进步。

【编织机】(knitting machine) 纱线经络筒、卷纬形成纬线管后，插在固定齿座上，纬纱管沿“8”字形轨道回转移动，以牵引纱线相互交叉的机器。是既不同于针织机又不同于梭织机的纺织机械。通常锭数为偶数时，织成的带子为管状；锭数为奇数时，织成的带子为扁片状。锭织工艺在中国早就开始应用。锭数因设备不同，一般为9～100锭不等。编织的基本工艺流程为：漂染－卷纬－织造－落机开剪－包装。编织不仅可织带，还可织绳。管状带是编织绳的一种，直径1～4cm的称绳或绳线，直径大于4cm的称绳索，直径大于40cm的一般称为缆或缆绳。

编织机

【编组站】(marshalling station) 为铁路网上集中办理大量货物列车到达、解体、编组出发、直通和其他列车作业的车站。其主要任务和作用是：(1)解编各种类型的货物列车。(2)组织和取送本地区的车流。(3)供应列车动力以及整备、检修机车。(4)对车辆进行日常维修和定期检修等。分为路网性编组站、区域性编组站和地方性编组站。路网性编组站设置在有三条以上主要铁路干线的交汇点，编组两个以上远程技术直达列车，每昼夜编解车辆在6 000辆以上；区域性编组站设置在有三条以上铁路干线的交汇点，主要编组相邻编组站直通列车，每昼夜编解车辆在4 000辆以上；地方性编组站设置在有三条以上铁路干、支线的交汇点或工矿区、港湾区、终端大城市地区附近，主要编组相邻编组站、区段站等之间的直通运转列车，每昼夜编解车辆在2 000辆以上。

编组站

【鞭毛】(flagellum) 微小生命体上生长的细长并呈波状弯曲的丝状物。鞭毛的长度常超过菌体若干倍。数目为1～10条。大多数动物的精子和植物都有鞭毛。具有鞭毛的细菌大多是弧菌、杆菌和个别球菌。其主要功能是：有助于细菌向营养物质处前进，逃离有害物质。可用于细菌的鉴定和分类。

【扁平上皮癌关联抗原】(squamous cell carcinoma reated antigen, SCC-Ag) 一种相对分子质量约45 000(45kDa)，由扁平上皮癌组织产生的糖蛋白。血清正常值为1.5μg/L(IRMA法)。其升高常见于：宫颈癌、肺鳞癌、皮肤癌、食道癌和舌癌，头颈部癌也有一定的阳性率。对扁平上皮癌有较强的特异性。该抗原在肿瘤诊断中存在一定的假阳性率和假阴性率，故只是辅助诊断的一种重要手段。在病理诊断确诊前，必须结合临床症状及体征、X线、B超、CT及内镜等各种检查方法才能最后下结论。但是在恶性肿瘤的诊断成立后，其在恶性程度及预后的判断、疗效观察及复发监测上的价值是肯定的。

【变胞机构】(metamorphic mechanism) 具有可变自由度和可变构件数目的机构。是空间多自由度多环机构的新分支。该概念自从1998年被提出来之后，改变了传统的机构概念和机构设计方法，开始运用变胞机构理论讨论变胞机构的结构模型、自由度、构型变换及相关的矩阵运算。研究和分析变胞机构的数学工具是拓扑学、图论、李代数、矩阵、旋量等。变胞机构在卫星天线、太阳能阵列接收板、发射架、折叠臂等，特别是在运载工具载荷仓的受限几何空间中获得了较好的应用，并有望在海底勘探、传统食品的机械化与自动化生产、农业收获机械等方面获得应用。

【变电所】(substation) 变换电压、交换功率和汇集、分配电能的设施。电力网中的线路连接点。在变电所中，不同电压的配电装置有：电力变压器、控制、保护、测量、信号和通信设施以及二次回路电源等。在有些变电所中，由于无功平衡、系统稳定和限制过电压等因素，还装设并联电容器、并联电抗器、静止无功补偿装置、串联电容补偿装置和同步调相机等。

变电所

【变电所防火防爆】(prevention of fire and explosion in substation) 对变电所可能发生火灾、爆炸所采取的预防措施。变电所中充油电器设备、电缆、建筑物和构筑物均需考虑防火与防爆。主要措施有：(1)在设备选型上从防火、防爆要求出发，贯彻设备无油化的原则，选择气体、绝缘金属封闭开关设备、金属封闭开关设备、干式变压器等电气设备。(2)采用非燃烧体或难燃烧体的建筑材料。(3)保持所需的防火、防爆距离。(4)用沙和化学灭火器进行灭火。(5)设置防火、防爆墙或门,以及蓄油、挡油、排油设施,以防止火蔓延扩大。(6)考虑发生火灾时人员的安全疏散条件。(7)设置报警装置,以便能及时发出信号。对重要的变电所需要设置自动灭火系统。

【变电所防雷】(prevention of thunder in substation) 保证变电所正常运行采取的防止雷害的技术安全措施。包括直击雷防护和侵入波防护两个方面。在雷直接击中变电所的各种设施及电力设备时,就可能对其产生损害。当雷电击中架空输电线路时,就可能有雷电波沿着该线路侵入变电所,进而有可能使变电所中的电力设备受到损害。发电厂防雷与变电所防雷有许多共同之处。

【变电所污秽闪络】(substation dunghill flashover) 变电所中电气设备的瓷件和绝缘子,由表面上的污秽物所引起的绝缘闪络停电事故。变电所周围各种污染源排放出的污秽物沉降在电气设备瓷件和绝缘子的表面上,当它吸收了潮湿空气中的水分后,使外绝缘强度急剧下降,承受不住工作电压而发生绝缘闪络。防止污秽闪络是选择变电所所址、选择电气设备形式和影响变电所安全运行的一个重要因素。造成变电所污秽闪络的污染源种类很多,化工厂、化肥厂、冶金厂、燃煤发电厂等排放的煤烟和粉尘是主要污染物。在各种气象条件中,雾和毛毛雨是造成污秽闪络的主要原因。

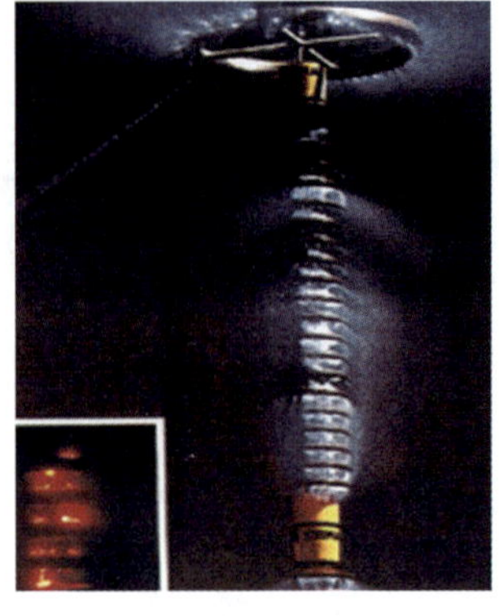
变电所污秽闪络

【变电所自动化】(substation automation) 利用计算机对变电所的设备运行状况进行自动监控、测量和管理的系统。其功能主要有:(1)巡回监测和召唤测量。(2)对输入数据进行检验和软件滤波,对脉冲量进行计数,对开关量的状态进行判别,对被测量数据、功率总和、电能累计等。(3)彩色显示网络接线图及实时数据、计划负荷和实际负荷、潮流方向以及电压等。(4)报表打印。(5)具有汉字人机对话及提示功能,可随机方便地在线修改断路器和隔离开关的状态,修改工程有关系数和限值,可随机打印和显示测量数据与图形画面。

【变动成本】(variable cost) 随着产量变动而成比例变动的成本。如产量增加一倍,成本增加一倍;产量减少一倍,成本减少一倍,但一定时期的单位产品成本是不变的。

【变构调节】(allosteric regulation) 小分子化合物与酶蛋白分子活性中心以外的某一部位特异结合,引起酶蛋白分子构像变化、从而改变酶的活性的现象。生物体内一些代谢物,常对其代谢途径中关键酶(又称限速酶)起调节作用。这些代谢物可与关键酶活性中心外某个部位可逆地结合,使该酶发生变构从而改变其催化活性。酶分子中的结合部位称为变构部位或调节部位。受变构调节的酶称变构酶或别构酶。这些变构酶大多处于各代谢途径的关键部位,对代谢速度、方向、强度等的调控具有十分重要的作用,故又称为调节酶。导致变构调节的的代谢物分子称为变构效应剂。变构效应剂可以是底物、代谢中间产物、代谢终产物、其他小分子代谢产物等。如果某效应剂使酶对底物的亲和力增加,从而加快反应速率,此效应称为变构激活效应;该效应剂称为变构激活剂。反之降低反应速率者称为变构抑制剂。酶的变构调节是体内代谢途径重要快速调节方式之一。

【变构效应】(allosteric effect) 又称别构效应。蛋白质与配体结合改变其构象,导致蛋白质生物活性改变的现象。蛋白质构象是其功能活性的基础。构象发生变化,其功能活性也发生改变。当蛋白质与 O_2 结合,引起蛋白质空间构象改变,从而导致其生理功能改变。如血红蛋白(Hb)的功能是运输 O_2。但在未结合氧时,Hb 的四个亚基靠盐键连接,其构象较为紧密,称为紧张态(T 态)。T 态 Hb 与 O_2 亲和力小,与 O_2 结合速度慢,而只要第一个亚基一旦与 O_2 结合后,Hb 与 O_2 的亲和力就有所增强。随之其他亚基依次与 O_2 结合,四个亚基之间的盐键断裂,构象变得松弛,称为松弛态(R 态)。R 态对 O_2 的亲和力高,是氧合血红蛋白(Hb O_2)形式。在肺毛细血管,O_2 分压高,促使 T 态转变成 R 态。在组织毛细血管,O_2 分压低,促使 R 态转变成 T 态。O_2 称为 Hb 的变构剂或效应剂,Hb 则被称为变构蛋白。变构效应不仅发生在 Hb 与 O_2 之间,某些酶与其变构剂结合,配体与受体结合也存在变构效应,所以它具有普遍的生物学意义。

【变后掠翼飞机】(variable-geometry airplane) 机翼后掠角在飞行中可以改变的飞机。目的是解决超声速飞行与低速飞行的矛盾。现代超音速飞机广泛采用的小展弦比大后掠机翼,超音速阻力较小,但升力特性不好。用低速性能好的小后掠角的大展弦比机翼又会使超音速性能变坏。变后掠翼飞机通过机翼后掠角的变化可以解决高、低速性能要求的矛盾。飞机在起飞着陆和低速飞行时用较小的后掠角，这时机翼展弦比最大，因而具有较高的低速巡航效率和较大的起飞着陆升力。在超音速飞行时用较大的后掠角，机翼展弦比和相对厚度随之减小，对于减小超音速飞行的阻力很有利。因此，多用途战斗机、歼击轰炸机和超声速轰炸机常设计为变后掠翼飞机。如苏联的米格23、西欧的“狂风”和美国的F－14、B－1等。机翼由小后掠角变到大后掠角位置时，机翼气动中心比飞机重心后移得多，因而影响飞机的平衡。要解决这一问题需把机翼分为两部分：固定的内翼和活动的外翼。活动外翼绕固定翼上的枢轴转动，改变后掠角。这就造成了变后掠翼飞机的机翼转动机构复杂，重量大。此外，还要有一套强有力的驱动装置，在飞行中能快速地改变后掠角。先进飞机采用自动无级变后掠装置，后掠角可随飞行马赫数和高度变化，自动保持在最有利的状态。

变后掠翼飞机

【变粒岩】(leptynite) 一种区域变质岩石。含石英和长石较多、含云母和其他暗色矿物较少、具细粒等粒变晶结构（原岩矿物在固体状态下由重结晶作用形成的结晶结构）。岩石中长石含量大于25%。变粒岩与片麻岩的主要区别是：矿物粒度较细，不具明显的片麻构造。但二者之间常有过渡类型存在。

变粒岩

【变量】(variable) 反映个体特征或属性的量。之所以称为变量，是因为不同个体可能有不同的结果；否则，称为常量。按其资料收集方式的不同可分为定量变量和定性变量两大类。后者又包括名义变量（包括二分类资料和多项无序分类资料）和有序变量（又称为等级资料）。根据研究目的需要，变量在一定条件下可以转化。但这种转化是有方向性的，只能由信息多的方向向信息少的方向转化，即定量资料转化为等级资料，等级资料转化为二分类资料。如年龄、脉搏、红细胞计数等是定量变量；性别和患病状态为二分类资料；血型（A、B、AB和O型）和职业为多项无序分类资料；某种疾病的治疗结果（痊愈、好转、未愈和死亡）和疾病严重程度（轻、中、重）为等级资料。

【变频电动机】(variable frequency motor) 变频器驱动的电动机的统称。实际上为变频器设计的电机为变频专用电机。电机可以在变频器的驱动下实现不同的转速与扭矩，以适应负载的需求变化。是一个电器系统。它是由变频控制器接收负载端实时的信号（压力、流量、负载力等），与变频控制器设定的值相比较，然后输出设定值所需要的交流电的频率，再由这个“可变频率”的交流电流（电能）提供给专用的变频用电动机或普通的交流异步电动机。因为电源的频率可以影响交流异步电动机的转速，所以电动机就在调频控制器的控制下工作，使电动机输出的转速符合需要的值。这样也就使被测量端（负载端）保持在变频控制器所设定值的范围内。

【变频调速】(frequency conversion speed control) 改变交流电动机定子供电电源频率实现调速的技术。交流电动机的极对数一定时，其同步转速与供电电源频率成正比，改变频率就能调节电动机的转速。变频调速是比较合理和理想的一种调速方式，具有高效率、高精度和可平滑调速的优点，能实现恒转矩和恒功率调速，以扩大调速范围。20世纪90年代以来，调速节能受到重视，不少用电设备，特别是驱动风机和水泵的一些大、中型笼式感应电动机，采用变频调速技术，都能获得较好的效果。变频调速系统包括变频电源装置、控制系统及电动机负载等。其关键技术是变频器的构成、控制系统的控制方式及电动机的运行方式。

【变色纤维】(polychromatic fiber) 在受到光、热、水或辐射等外界刺激后自动改变颜色的纤维。具有特殊的组成或结构。有光敏变色纤维和热敏变色纤维两种。变色纤维多用于娱乐服装、安全服、装饰品及防伪制品等方面。

【变色织物】(color-changed textile) 把显色材料封入微胶囊，分散于聚氨酯液中涂于织物表面而形成的织物。当外部刺激源为光、热、电、压力时，分别称为光致变色、热致变色、电致变色、压致变色材料。光致变色材料主要用于信息通信领域；热致变色材料主要用于染料、涂料、油墨等领域；电致变色材料主要用于电气领域。将光致变色或热致变色材料涂于纤维或织物上，经感光

变色织物

或感温后产生可逆变色。已开发出温度每差10℃即能瞬时变色的深色型和浅色型的热致变色纤维制品。

【变态反应】(allergy) 已致敏的机体再次接触相同抗原时所发生的生理功能失调和(或)组织损伤。是一大类病理性免疫反应过程。按其发生机制的不同可分为:(1)Ⅰ型。主要由血清中IgE抗体介导,可通过病人血清把致敏状态转移给正常人。其特点是:发生快,可在接触变应原后几秒钟或几分钟内,或数小时发生;消退也快;由生理功能失常引起的临床症状明显,但严重的组织细胞损伤却少见;有明显的遗传倾向和个体差异。临床上常见的有:血清或药物型全身过敏性休克、食物所致的消化道过敏反应、药物性皮疹及花粉或尘螨引起的支气管哮喘等。诊断速发性变态反应的主要方法是:皮试和血清IgE的检测。(2)Ⅱ型。又称细胞溶解型和细胞毒型变态反应。其特点是:抗原致敏产生的抗体(IgG或IgM)直接与靶细胞膜表面相应的靶抗原结合,在补体、吞噬细胞和NK细胞参与下,导致靶细胞损伤、溶解或功能障碍。临床上常见的的有:输血反应,新生儿溶血症,肾-肺出血性综合症,器官移植时超级性排斥反应,免疫性血细胞减少症,抗受体病(毒性甲状腺肿、重症肌无力、胰岛素抗体型糖尿病)等。诊断此类疾病的主要方法是:检验血液中存在的相应抗体,如Coombs实验。(3)Ⅲ型。又称免疫复合物型或血管炎型变态反应。是由血液中游离的抗原和相应的抗体结合后形成中等大小可溶性免疫复合物,沉积于全身或局部血管基底膜,而出现一系列的炎性病理改变过程。在临床上常见的有:免疫复合物型肾小球炎、血清病、持续慢性感染、自身免疫病(类风湿关节炎,系统性红斑狼疮等)和过敏性肺炎(吸入抗原性物质,如农民肺和养鸽肺)等。诊断免疫复合性疾病的方法是:用免疫荧光法显示沉积的免疫复合物。(4)Ⅳ型。又称迟发性超敏反应。是由致敏T淋巴细胞与相应的抗原相互作用而引起的。其特点是:局部以单个核细胞浸润为主的炎症反应,一般在致敏个体再次接触相应抗原后48~72h达高峰。该反应通常发生在病毒、细胞内寄生菌感染所致的疾病,如麻风、结核、血吸虫病、结节病、节段性回肠炎等。同种组织器官移植的急性排斥反应、化学物品所致的接触性皮肤炎和虫咬性皮肤炎等也是由该型变态引起的。临床上的一些与免疫有关的疾病,往往有多种免疫损伤的机制共同参与,即使在同一疾病过程的不同阶段,参与免疫损伤的机制也可能不同。如青霉素的过敏就有可能通过所有的四种型变态反应而发挥作用。

【变态心理学】(abnormal psychology) 又称病理心理学。研究和揭示心理异常现象的发生、发展和变化规律的一门学科。研究病人的异常心理或病态行为的医学心理学分支学科。人的心理与行为的异常包括认知活动、情感活动、动机和意志行为活动、智力和人格特征等方面的异常表现。变态心理学用心理学原理和方法研究异常心理或病态行为的表现形式、发生原因和机制及其发展规律;探讨鉴别评定的方法及矫治与预防的措施。变态心理学始于公元前4~5世纪古希腊医生希波克拉底,后逐渐得到发展与完善。在20世纪20年代末,欧美各国有关变态心理学的著作被陆续介绍到中国。其后,不少学者相继撰写有关变态心理学的著作,并开展了实验与临床研究。自70年代以来,随着整个心理学、特别是医学心理学在中国的迅速发展,变态心理学受到重视,取得了较大的进展。变态心理学以普通心理学(包括实验心理学的基本知识和实验技术)为基础,其研究成果又可为普通心理学开辟新的工作领域,提出新的研究课题,从而充实、丰富普通心理学。

【变温动物】(poikilothermic animal) 又称冷血动物。体温在一定范围内随环境温度变化而变化的动物。如爬行类、两栖类。地球上的动物大部分都是变温动物。变温动物并不是需要外部环境的冷热变化,而是其体温与其所生活的环境类似,例如蚯蚓的体温等于所住土壤的温度;鱼的体温等于其四周的水温。变温动物通常在外界温度改变时,靠调整自己的行为来适应环境,而不会任凭环境摆布,这种行为方式称为行为体温调节。

蚯蚓

【变星】(variable star) 光度一直在变化的恒星。在银河系中,已发现的变星约有3万颗。它们大体上可以分为三种类型:食变星、脉动变星和爆发变星。食变星又称“食双星”或“交食双星”,是由两颗很接近的恒星相互掩食引起亮度变化,已发现约4 000颗。脉动变星是体积作周期性膨胀和收缩引起亮度变化,已发现14 000余颗。主要分为四种类型:长周期造父变星,光变周期为1~50天,光变幅约1星等;短周期造父变星,光变周期为0.05~1.5天,光变幅约0.2~2星等;长周期变星,光变周期为80~1 000天,光变幅超过2.5星等;半规则变星,光变周期为几十天到几年,光变幅小于1~2星等。爆发变星是一种亮度突增的变星,光度突变前,星体处于相对稳定或缓变状态。爆发变星包括新星、超新星、矮新星和耀星等非几何因素引起的亮度突然增加的恒星。

【变形观测】(deformation observation) 又称变形监测。对建筑物、构筑物及其地基或一定范围内岩体、土体在建筑物荷重和外力作用下随时间而变形的量值、方向和规律所进行的测量工作。其内容包括:(1)沉降观测。测定建筑物上一些点的高程或一定范围内地面高程随时间的变化量及其规律。(2)位移观测。测定建筑物位置随时间而移动的量及其规律。(3)倾斜观测。测定建筑物倾斜度随时间的变化量及其规律。(4)裂缝观测。测定建筑物裂缝的发展情况及量值。(5)挠度观测。测定建筑物构件受力产生的弯曲变形的量值及规律。

【变形铝合金】(deformed aluminum) 其成分在铝合金二元相图中单相固溶体区的最大溶解度点左边的合金。加热到固溶线以上时,可以得到均匀的单相固溶体。其塑性变形能力较大,易于进行锻造、压延和挤压,所以称为变形铝合金。按照其成分和性能特点的不同可分为:(1)防锈铝合金。代号为LF。具有优良的抗蚀性。主要是Al－Mg系和Al－Mn系合金。Al－Mg系合金主要用于制造油路管道、容器、铆钉和承受中等载荷的零件。Al－Mn系合金主要用于制造焊接零件以及需要用深拉伸、弯曲等方法成形的低载荷零件,例如制造焊接油箱、油管、油管铆钉等。(2)硬铝合金。代号为LY。是AL－Cu－Mg系合金的总称。能够通过热处理进行强化。常用硬铝又分为:①低强度硬铝。又称铆钉硬铝。塑性好,常用作铆钉。②中强度硬铝。强度较高,塑性较好,用于制造中等强度的结构部件,例如螺旋桨等。③高强度硬铝。时效处理后强度高,塑性低,用于制造高强度结构部件,如航空模锻件和重要的梁和轴等。④耐热硬铝。用于制造在250～300℃下工作的零件。(3)超硬铝合金。代号为LC。属于Al－Cu－Mg－Zn系合金。其硬度超过硬铝。其特点是:室温强度高,耐热性能低,应力腐蚀影响大,疲劳强度低。为了提高其抗腐蚀性,通常在板材两面包铝。适于制造工作温度在120℃以下的重要受力零件,例如飞机的壁板、大架、隔框和起落架等。(4)锻造铝合金。代号为LD。属于Al－Mg－Si－Cu系合金。其热塑性好,适于用锻造、模压和其他压力加工方法生产形状复杂的零件,如航空发动机活塞、直升机桨叶等。

【变形纱】(textured yarn) 由变形纤维组成具有卷曲、螺旋、环圈等外观特性而呈现膨松性、伸缩性的纱线。一类是以膨松性为主的,称为膨体纱。其特征是外观体积膨松,以腈纶为主要原料,主要用于针织外衣、内衣、绒线和毛毯等。另一类是以弹性为主,称弹力丝。其特征是纱线伸长后能快速弹回。弹力丝又分高弹和低弹两种:高弹丝以锦纶为主,弹性回复率在35%以上,用于弹力衫裤、袜类等;低弹丝有涤纶、丙纶、锦纶等,弹性回复率在30%以下。涤纶低弹丝多用于外衣和室内装饰布,而锦纶、丙纶低弹性丝多用于家具织物和地毯。

空气变形纱

【变形椭圆】(indicatrix ellipse) 地球面上一个微小的无穷小圆(微分圆)在地图平面上的投影。一种显示投影变形的几何图形,是用来概括和直观地表达变形特征的几何图形。假设考虑地面是微分圆,在投影中发生变形后,往往不能保持为圆形,而是一个椭圆。根据变形椭圆的形状和大小,能反映出投影中变形的质和量的差别,同时具有直观的明晰形。如在等角投影中,变形椭圆保持正圆形,但在不同的位置上,面积差异很大;而在等积投影中,则变形椭圆形状变化很大,但面积大小相等。

变形椭圆

【变性淀粉】(modified starch) 经加工处理改变其原有的化学物理特性的淀粉。淀粉深加工产品的重要组成部分。是以原淀粉为主要原料,采用化学方法、物理方法或生物方法进行变性处理,改变原淀粉的物理、化学特性,提高其使用性能,扩大其适用范围。变性的主要作用是改变糊化和蒸煮特性。不同来源的淀粉,采取不同的变性方法、不同的变性程度,相应可得到不同性质的变性淀粉产品。根据处理方式的不同可分为:物理变性淀粉、化学变性淀粉、酶法变性淀粉和复合变性淀粉。变性淀粉广泛应用于现代食品工业,可作为食品添加剂或食品加工助剂,起到增稠、稳定、乳化、黏结、填充、赋型等功效,并能节约成本,改善加工性能,赋予产品特有的质构,在一定程度上可提高产品的品质。

【变压器差动保护】(transducer ammeter） 用来对双绕组或三绕组变压器绕组内部及其引出线上发生的各种相间短路故障进行的保护。同时也可以用来保护变压器单相匝间短路故障。它是变压器的主保护。变压器差动保护的范围是构成变压器差动保护的电流互感器之间的电气设备，以及连接这些设备的导线。由于差动保护对保护区外故障不会动作，不需与保护区外相邻元件保护在动作值和动作时限上相互配合，所以在保护区内发生故障时，可以瞬时动作。

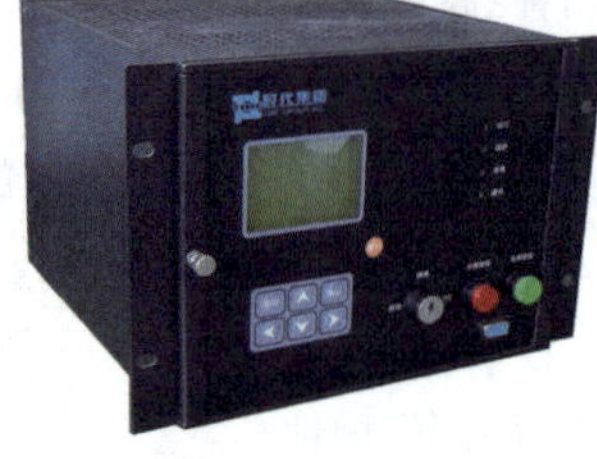
变压器差动保护装置

【变压器节电技术】（transformer dimout technique） 降低电力变压器电能损耗的措施与方法。电力变压器是电力系统中实现电能转换与分配的电器设备。电力变压器在进行电能转换过程中，存在电能的损耗。虽然其效率已达98%以上，但由于在电力系统中变压器的拥有量很大，其电能损耗的总量十分可观。降低变压器的损耗是节能的重要课题。变压器的节电技术主要分为设计制造和生产运行两方面。在设计制造方面，是利用新型电磁材料、新型生产工艺开发研制出高效节能变压器，用以更新改造低效变压器；在生产运行方面，则是利用新的技术手段或加强运行管理，使变压器经常保持在高效区运行状态。

【变压器瓦斯保护】（transformer gas protection） 用瓦斯发生的状况提醒人们对变压器内部故障进行及时排除的措施。分轻气体继电器和重气体继电器两种。轻气体继电器由开口杯、干簧触点等组成，作用于信号。重气体继电器由挡板、弹簧、干簧触点等组成，作用于跳闸。在正常运行时，气体继电器充满油，开口杯浸在油内，处于上浮位置，干簧触点断开。当变压器内部发生故障时，故障点局部发生过热，引起附近的变压器油膨胀，油内溶解的空气被逐出，形成气泡上升，同时油和其他材料在电弧和放电等的作用下电离而产生瓦斯。当故障轻微时，排出的瓦斯气体缓慢上升而进入气体继电器，使油面下降，以开口杯产生的支点为轴逆时针方向转动，使干簧触点接通，发出信号。当变压器内部故障严重时，产生强烈的瓦斯气体，使变压器的内部压力突增，产生很大的油流向油枕方向冲击。因油流冲击挡板，挡板克服弹簧的阻力，带动磁铁向干簧触点方向移动，使干簧触点接通，作用于跳闸。瓦斯保护反应灵敏，能反映铁心过热烧伤、油面降低等状态。

【变压器运行维护】（transformer running attention） 保持变压器正常的工作状态或对已暴露出的缺陷所进行的技术处理。对变压器运行的要求是安全可靠、高效经济。正常负荷下输出电压保持在规定的范围值内，紧急情况下能按规定的方式超铭牌出力运行。当单台变压器容量不够时，可以采用两台以上并联运行的方式。为实现对变压器运行的要求，有关标准规定了变压器的使用条件、允许温升、超铭牌出力、并联运行、运行监视和维护检修等事项。

【变异】（variation） 生物在亲代与子代之间，以及在子代与子代之间表现出一定差异的现象。按其与进化有无关系可分为可遗传的变异和不遗传的变异。前者与进化有关，是由于遗传物质的改变所致。其方式有突变与重组。后者与进化无关。生物的变异为生物的发展提供了最基本的形态来源。生物之所以能够由简单到复杂、由低级向高级发展，其根本原因就是生物存在的变异。

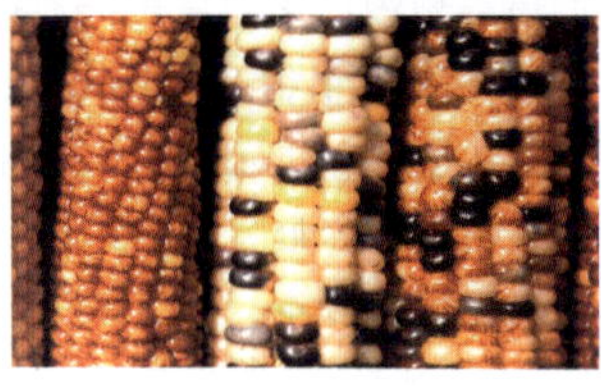
玉米颜色变异

【变异系数】（variation of coefficient，*VC*） 同一组资料算术均数（$\bar{X}$）和标准差（*S*）之间的比值。是反映定量变量变异程度的指标。是相对数。没有量纲，用百分数表示。*VC* 越大，说明资料的变异程度越大。其作用是：可以反映量纲不同变量之间的变异程度，或者量纲相同但均数水平相差悬殊的变量之间的变异程度。如比较红细胞和血红蛋白何者变异程度更大，或者比较新生儿体质量和成人体质量何者的变异程度更大，就选用 *VC*。

【变质程度】（metamorphic degree） 又称变质级。变质过程中原岩受到改造的程度。由于温度和压力是变质作用的主要因素，因此可分别按温度和压力条件的变化作为划分变质程度的依据。一般情况下，温度越高，原岩被改造的越强烈。按温度高低的不同可将变质作用分为很低级、低级、中级和高级变质作用。变质程度不同，形成的矿物组合也不同。如黏土质岩石从低级到高级可分别形成板岩、千枚岩、片言和片麻岩。一定温度条件下，按压力大小的不同也可以分出低压、中压、高压和

黑云母边部变质成绢云母

超高压变质作用。

【变质处理】(metamorphic treatment) 将少量经过选择的元素或化合物加入金属或合金中,用以细化合金的显微组织,从而提高铸件性能的工艺方法。铝合金常用的变质剂是 25% NaF + 62% NaCl + 13% KCl,或 25% NaCl + 60% NaF + 15% Na_3AlF_6(冰晶石)。向铝合金中加入硼、钛、锆等元素也有很好的变质效果。在进行变质处理时,先加入2% ~3% 的变质剂,然后浇注,可以使其显微组织由粗变细,强度和韧性提高。对于 ZL102 合金,变质处理前后的抗拉强度分别是 15MPa 和 18MPa,伸长率分别是 2% 和 8%。

【变质矿床】(metamorphic deposit) 在变质作用下岩石或早期形成的矿床中原来的物质成分发生强烈的改造或活化转移而富集成的矿床。变质矿床改变了原完成原矿床的形状、结构、构造和物质成分。按其成因的不同可分为:(1)变质生成矿床(又称变成矿床)。岩石经受变质作用生成具有工业价值的矿床,以及原有矿床经显著变化而成为另外一种矿床。如煤矿受变质作用生成石墨矿床。(2)受变质矿床。原已存在的矿床受到高温、高压、岩浆活动和构造运动等多种因素的影响,使原矿床矿物构成、化学成分、物理性质以及结构构造发生显著变化,但还没有从根本上该改变原矿床性质的矿床。如沉积变质铁矿床。

【变质相】(metamorphic facies) 在一定的温度和压力范围内,不同成分的原岩经变质作用后形成某种稳定的矿物共生组合。在时间上和空间上重复出现和紧密伴生,每一个矿物共生组合与岩石化学成分之间有着固定的对应关系。按形成时温度和压力条件的不同,可将所有的变质矿物组合划分为若干变质相。不同的变质相常以代表性的矿物组合或相当于该矿物的特征岩石来命名。如浊沸石相、蓝闪石 - 硬柱石片岩相、绿片岩相、角闪岩相、麻粒岩相、榴辉岩相等。研究一个变质地区内每一个变质相的特点,能确定这一地区变质作用的温度和压力范围及其时空变化规律。

【变质岩】(metamorphic rock) 组成岩石圈的三大岩类之一。深部地壳的主要组成部分。占地壳总体积的 27.4%。变质岩是早先形成的岩石,后期主要受地球内应力作用引起矿物成分、化学成分和结构发生变化而形成的一种新的岩石类型。早先形成的岩石称为变质岩的原岩,可以是火成岩、沉积岩或原已存在的变质岩。由它们转变而成的变质岩分别称为正变质岩、负变质岩和复变质岩。研究变质岩可以了解深部地壳的组成和早期地壳演化历程,也有助于大陆造山带的研究及寻找与变质岩有关的矿产资源。

变质岩

【变质作用】(metamorphism) 地壳中已存的岩石,受到构造运动、岩浆活动或地壳内热流变化以及陨石冲击地球表面的影响,在新的物理和化学条件下原岩的矿物成分和结构构造(有时还有化学成分)发生不同程度的变化过程的总称。一方面由于是在风化带和胶结带以下,在较高温度和一定压力下进行的(有时可出现部分熔融),而不同于表生作用(包括沉积作用);另一方面由于基本上是在固体状态下进行的(有时可出现部分熔融),而不同于岩浆作用。但它与这些作用之间都存在有过渡现象。按引起变质的主要因素(温度、压力、具化学活动性的流体)的不同可分为:接触变质、气成热液变质、动力变质和区域变质等类型。

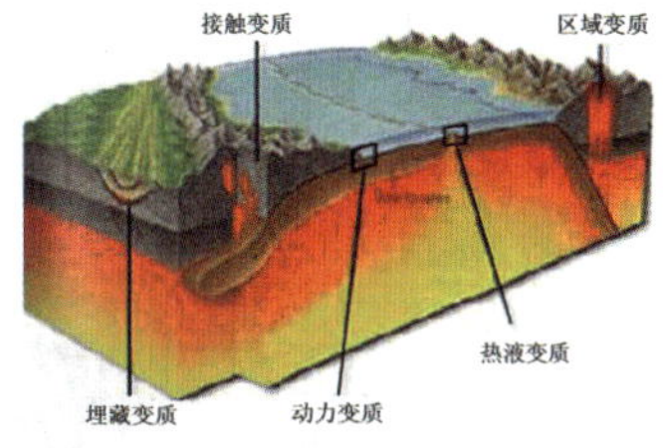

变质作用

【便携式计算机】(portable computer) 一种重量较轻、便于携带的个人计算机。主要有笔记本型和掌上型。其主要功能是:(1)用于文字处理。(2)保证通信。其特点是:集成度更高,功耗更低,体积更小,重量更轻和便于携带。主要应用在现代商务领域。

便携式计算机

【辨证论治】(pattern identification) 又称辨证施治。将四诊(望、闻、问、切)所收集的资料、症状和体征,通过分析、综合,辨清疾病的病因、性质、部位和邪正之间的关系,概括、判断为某种证,再确定相应的治疗方法。将理、法、方、药运用于临床的过程,为中医学术的基本特点。辨证是确定治疗方法的前提和依据,论治是辨证的目的。根据辨证论治的效果,可以检验辨证论治是否正确。辨证和论治是诊疗疾病过程中相互联系不可分割的两个方面。

【辨证施护】(dialectical nursing) 在中医基本理论指导下,运用四诊的方法,全面收集患者的有关资料,加以综合分析,判断疾病的证候属性,并有针对性地采取具体护理措施。辨证是决定施护的前提和依据;施护是与施治结合的解决疾病的重要手段之一,是辨证的最终目的,同时是对辨证准确性的检验。辨证施护是中医护理的基本特点,是中医学对疾病的一种特殊的研究和护理方法。

【辩证法】(dialectics) 与形而上学相对应。关于事物发展的基本观点之一。关于普遍联系和发展的哲学学说。源于希腊文 dialego,意思是进行谈话、展开论战。古希腊哲学家把辩论时能够揭露和克服对方议论中的矛盾以取得胜利的方法叫辩证法。苏格拉底是最早系统运用这种方法的哲学家。后来,辩证法指和形而上学相对立的发展学说。辩证法认为,世界上一切事物都是发展、变化的,没有绝对静止和永恒不变的东西,静止只是相对的,是运动的一种特殊表现形式;事物的运动和发展不仅仅是量的增加或减少,而且也包含着飞跃和质变;事物运动的根源主要不在事物外部,而在于其自身所包含的矛盾性。列宁说:"就本来的意义说,辩证法就是研究对象的本质自身中的矛盾。"(《列宁全集》第 38 卷,第 278 页)由此可见,辩证法是从对立面的统一去看待一切事物的本质和一切概念的本性的,它由此揭示出了事物运动和发展的规律。

唯物辩证法创始人

【辩证逻辑】(dialectical logic) 关于辩证、思维的形式及其规律的科学。研究概念的矛盾和转化是作为现实的矛盾运动在思维过程中的反映形态,是作为人对客观世界认识的总和与结论来考察的。它不是关于思维的外在形式的学说。它认为具体概念及其展开的逻辑范畴体系是把握具体真理的形式,要求人们客观、全面地看问题,从事物的运动变化中对具体事物进行具体分析,并把分析与综合、归纳与演绎结合起来。它和形式逻辑从不同的侧面以不同的形式来研究思维的规律。二者均为正确的思维方式,不能相互排斥,更不能相互代替。

【辩证思维】(dialectical thinking) 以发展变化的视角来认识事物的一种思维方式。是唯物辩证法在思维中的运用。以世间万物之间是互相联系、互相影响的观点为基础,对世界进行认识和感知,并在思考的过程中感受人与自然的联系,进而得到某种规律性的结论。其方法是:(1)联系法。即运用世间万物普遍联系的观点去考察思维对象。(2)发展法。即运用客观事物总是在发展变化的观点去考察思维对象。(3)全面法。即运用全面、系统的观点去考察思维对象。它是正确认识、把握客观事物本质及其发展变化规律的科学思想方法。

【辩证唯物主义】(dialectical materialism) 关于自然界、人类社会和思维发展的最一般规律的哲学学说。马克思主义哲学的组成部分。马克思和恩格斯在总结无产阶级革命斗争经验、吸收科学发展最新成果的基础上,继承前人的理论成果而创立的哲学体系,是唯物主义和辩证法的有机统一。它的产生意味着以往旧哲学的终结,从而使哲学进入新的发展阶段。"辩证唯物主义"一词是德国工人哲学家狄慈根(1828 ~ 1888)最先使用的。后来,俄国马克思主义哲学家普列汉诺夫(1856 ~ 1918)和列宁也都使用过"辩证唯物主义"一词。按照列宁的观点,辩证唯物主义已经内在地包括了历史唯物主义的基本原则。马克思和恩格斯的辩证唯物主义把唯物主义哲学应用到历史领域,应用到社会科学领域,从而克服了旧唯物主义不能唯物主义地解释社会历史的缺陷。辩证唯物主义为自己确定了特有的研究对象,在哲学与科学之间建立了一种新的统一关系。它不再像以往的哲学那样,企图成为囊括所有科学知识在内的包罗万象的知识总汇,也不再像以往的哲学那样脱离科学基础,仅凭主观虚构去为世界建立统一的体系,以便成为"科学的科学"。它仅以外部世界和主观思维的运动和发展的一般规律为研究对象,是关于这种一般规律的科学性理论。其基本观点是:世界统一于运动着的物质,时间和空间是物质存在的形式,而意识、思维则是物质高度发展的产物,是对客观物质世界的反映;这种反映是以实践为基础的能动的辩证的过程,它依赖于实践,反过来又为实践服务;对立统一规律是宇宙的最根本的规律,事物的运动是由于内部矛盾的对立面又统一又斗争;人类历史是一个自然历史过程,生产力与生产关系的矛盾是这一历史过程中的基本矛盾。

【辩证唯物主义认识论】(dialectical materialism epistemology) 关于认识发生、发展基本规律的哲学理论。基本和首要的观点是实践论,即能动的反映论。它认为,实践是认识的基础,认识是从实践中产生,并随着实践的发展而发展的,认识的目的是指导实践或为实践服务。认识的真理性必须由实践来检验。实践检验真理的过程不是一步完成的,而是经过由认识到实践的多次反复才能完成。

人对外部对象的认识，是在实践基础上，从感性认识能动地飞跃到理性认识，再从理性认识能动地飞跃到实践的过程。由于主客观条件的限制，这一过程往往要反复多次，才能达到对对象的正确掌握，这是就具体对象而言的；而就整个客观世界而言，其发展和联系的无限性决定了人们对它的认识也只能是一个无限发展、无限深入的过程。认识过程的反复性和无限性表明，它的发展既不是封闭式的循环，也不是直线式的积累，而是螺旋式的曲折上升运动。

【标底】(base bidding) 又称底标。由招标单位或委托招标单位自主编制的、对标的物的造价进行估算作为审核投标报价的依据和评标、定标的尺度。在国际承包市场上，一般并不强调招标单位必须编制标底。即使其编有标底，也仅对评标、定标起参考作用。标底价必须控制在有关上级部门批准的总概算或投资包干的限额以内。如有突破，除严格复核外，还应先报经原批准单位同意，方可实施。另外，一个招标项目只准确定一个标底。除实行“明标”招标外，标底一旦确定即应严格保密，直至公布。采用“暗标”方式招标的项目，标底宜在开标时公布，也可参照国际承包市场惯例，不予公布。但公布与否，应在招标文件中预先申明。根据有关条例规定，为确保招标投标双方经济利益，标底应经工程所在当地政府的预算合同或定额管理机构审查通过，方为有效。影响标底编制的因素有投资环境、基本建设管理体制、设计深度和规模、预算编制人员的业务素质等。

【标记基因】(marker gene) 见遗传标记。

【标量】(scalar) 又称无向量。那些仅有数值大小便可以表示的物理量。标量运算遵循一般的代数法则。如质量、密度、温度、功、能量、路程、速率、体积、时间、热量、电阻等这些物理量都是标量。

【标签图像文件格式】(tagged image file formal, TIFF) 一种由Aldus公司与微软公司为PostScript打印开发的基于标签的图像格式。主要用来存储包括照片和艺术图在内的图像。是一个适应性强的文件格式。通过在文件标头中使用“标签”，能够在一个文件中处理多幅图像和数据。标签能够标明图像的大小，或定义图像数据是如何排列的，或是否使用了各种图像压缩选项。标签图像文件格式文件使用TIFF作为文件扩展名，称TIFF图像。

【标志层】(key bed) 某一组岩层中有一层或一套具有明显特征的地层。可以作为区域上地层对比的标志。标志层具有的明显特征包括岩性（岩石的物理、化学性质及结构特征）和所含化石等，而且易于识别，层位稳定，分布范围广。

【标志放流】(tagged release) 将捕获的野生或培育的鱼类等个体加上标志，再回放水域中研究鱼类等水生动物洄游路线及监察渔业资源的方法。根据重捕数量、时间、地点和海况等数据，与原放流记录进行分析，可判断其分布区域、洄游路线和生长状况，评估渔业资源量以及利用状况等。按其标记方式的不同可分为：(1)在生物体器官上做标记的标记放流。如剪鳍、烙印等。(2)将特制的标志物附加在生物体上的标牌放流。如体外标志、体内标志、无线电跟踪标志、同位素标记法和卫星跟踪标志等。

【标志酶】(mark enzyme) 细胞中某细胞器或亚细胞结构所特有的酶。根据此酶的特异反应，可以对亚细胞结构进行定位或定性。如内质网的标志酶为葡萄糖－6－磷酸酶，高尔基体的标志酶为糖基转移酶，溶酶体的标志酶为酸性磷酸酶等。这些标志酶为研究细胞器的结构与功能、细胞器的相互关系以及细胞的鉴别等提供了新的途径。

【标志性建筑】(symbolic construction) 又称地标建筑。能够表现一个地区、一个城市、一个国家某一特征的建筑物。是一个地方和一个城市的形象代表。如埃及金字塔、悉尼歌剧院、巴黎埃菲尔铁塔和北京天安门等。它是属于主观评价的范畴。对一座建筑来讲，要成为城市标志，关键在于人们能在长久的日常生活中潜移默化地对其产生价值认同感。能否作为标志性建筑，并不在其本身到底有多少高度、多大体积、多少投资这样简单的数字，而在于其在城市发展中所起到的效应。应具有鲜明的城市品质，浓厚的文化背景，丰富的精神内涵。是民族文化的载体，是一个城市的名片，是整个城市中所有建筑的主角。与普通建筑相比，不仅要体现地理区域优势，本身还应该是出类拔萃，独树一帜；在市场运作方面，应该是文化活动和经济活动的一个平台；在功能方面，应有一定的社会影响力。是它们共同创造了一个地域的经典。

北京天安门

【标准差】(standard deviation) 离均差平方和($\Sigma(X-\mu)^2$)平均值的算术平方根。其计算公式为：

$$\sigma = \sqrt{\frac{\sum(X-\mu)^2}{N}}$$

式中 σ 为总体标准差,X 为某随机变量的取值,μ 为总体均数,N 代表总体中的观察单位数。其作用是:(1) 反映定量变量,尤其是正态分布资料的变异程度。标准差越大,说明资料的变异程度越大。(2) 用于医学参考值范围的制定。(3) 和样本含量结合起来,估计标准误差。(4) 和算术均数结合起来,计算变异系数。在实际工作中,往往不能算出总体均数 μ,只能用样本均数 $\bar{X}$ 来估计 μ。若用 $\bar{X}$ 代替 μ,样本中的个体偏离 $\bar{X}$ 的程度比其偏离 μ 的程度缩小一些,以致离均差平方和的平均值也缩小一些。

【标准大气】(standard atmosphere) 垂直方向上气温、气压、密度等大气物理属性按假定接近实际大气的规律分布的模式大气。是应飞行器设计和飞行器试验的需要而提出的。国际标准大气的主要内容:(1)假定大气是静止的,空气为理想气体,以大气静力学方程和气体状态方程作为基本方程。(2)海平面大气物理属性的常数。温度:t_0 = 150℃或 T_0 = 288.15K;密度:ρ_0 = 1.225kg/m³;气压:p_0 = 1 013.25hPa;重力加速度:g_0 = 9.806 65m/s²;干空气的气体常数:R = 287.052 78J/(K · kg)等。(3)气温、气压、密度等随高度变化的计算公式。按高度排列的标准大气表可作为飞行器性能计算、设计制造、飞行试验、弹道制表和气象图表绘制所需大气数据的基准。标准大气通常由权威性机构制订和颁布。国际性组织(如国际民航组织、国际标准化组织)颁布的称为国际标准大气;国家标准机构颁布的称为国家标准大气。20 世纪 20 年代美国首次制定“标准大气”。1976 年美国国家海洋和大气局、美国国家航空航天局、美国空军部合作制定了新的美国国家标准大气。中国国家标准总局于 1980 年 5 月 1 日起颁布实施 30km 以下的中国标准大气(GB1920 - 80)。

【标准地】(sample plot) 在林分内,按照典型选取的能够充分代表林分平均水平的调查地块。根据标准地调查结果按面积比例推算整个林分结果的调查方法为标准地调查法。其用途是:(1)用于某些专业性的调查研究工作,例如编制森林调查或森林经营数表等、可以研究分析比较不同营林措施效果。(2)用于林分调查。如林分主要测树因子测定、蓄积量、生长量、材种出材量和生物量测定。标准地按其设置目的和保留时间的不同,可分为临时标准地和固定标准地。前者用于林分调查或编制营林数表,只进行一次调查,取得调查资料后不再保留。后者适用于较长时间内进行科学研究试验,有系统地长期重复多次观测,获得定期连续性的资料。标准地的面积应依据调查目的和林分状况而定。标准地面积不宜过小,一般以林木株数来控制。要保证能反映林分的结构规律和调查精度。一般来讲,幼龄林 250 株以上,中龄林 200 株以上,成熟林 150 株以上。

【标准电池】(standard cell) 用于保存电磁单位制中电压单位伏特的量值的标准量具。国际上规定的作为电势(位)测量标准的电池。是由美国电气工程师韦斯顿(E. Weston)在 1892 年发明的,故又称韦斯顿电池。标准电池的正极是硫酸亚汞/汞电极,负极是镉汞齐(含有 10% 或 12.5% 的镉),电解液是酸性的饱和硫酸镉水溶液,溶液中留有适量硫酸镉晶体,以确保溶液饱和。其标准电动势为1.018 32V(25℃)。标准电池一般做电动势校验用。它具有稳定的电动势,且其温度系数很小(温度变化对电动势的影响很小)。标准电池的等级一般由国家计量部门制定的国家计量检定系统表和有关的国家标准所规定。中华人民共和国规定,作为计量标准用的标准电池,按其在计量检定系统表中的位置不同可分为计量基准、计量标准和工作计量器具三档。按计量检定系统表的规定,较低档标准电池的量值由较高档传递。直流电动势基准是最高档的标准电池,保存在国家计量技术机构,用于复现和保存法定电压单位。为了提高电动势基准量值的稳定性,通常用多个高质量标准电池组成基准组,取其电动势值的平均值作为所保存的电动势量值。直流电动势基准组的年变化为 1×10^{-7} 量级。其电动势值的绝对值需用绝对测定的方法来确定(见电单位的绝对测定)。绝对测定的不确定度(见电磁测量误差)为 1×10^{-6} 量级。为了使用方便,标准电池的稳定度也常用级别来表示。例如 0.01 级标准电池,表示其年变化在规定的参考条件下小于 0.01%。中国的标准电池从 0.000 2 ~ 0.02 级,共分 7 个级别。由于标准电池有脆弱、不易运输、温度系数较大等缺点,自 20 世纪 70 年代以来发展了一系列可用作电压标准的精密稳压二极管。其端电压为 1 ~ 10V,温度系数小于 1×10^{-6}K,年变化可小于 2×10^{-6},在很多场合下可取代传统的标准电池。

标准电池

【标准海水】(standard sea water) 氯度被测定并用作测定氯度的标准的天然海水。其氯度值在 19.4×10^{-3} 左右。在确定氯度定义时,为了避免由于原子量的修订而影响氯度测定结果,同时为了统一分析标准而避免由于分析工作发生的误差,在

1901年第二次国际海洋学会议期间，在柯纽森领导下制备了第一批原始标准海水200瓶。其制备方法是，水样一般采自不受陆地水影响的大洋海水，经过放置和精细过滤，封装在容量为280ml特制的玻璃安瓿中，并准确地测定其氯度值。已经证明，在几年之内贮放在这种安瓿中的水的氯度不会改变。国际第一批"原始标准海水"是以KCl为标准进行的。使用的测定方法是哈德法，当时使用的原子量是Cl:35.453，K:39.136，Ag:107.9。

【标准化石】(index fossil) 能够确定地层地质年代的古生物化石。为便于地层的划分与对比，标准化石具备的条件是：地质时代分布短、特征显著、数量众多、地理分布范围广泛。如寒武纪地层中的蝙蝠虫化石。但标准化石的标准性是相对的、可变的。它取决于所定地层年代的范围要求和对化石的研究程度。同时，这种标准还会随着化石资料的不断丰富和研究程度的不断深入而有所修改和补充。

三叶虫化石

【标准剖面】(standard section) 又称典型剖面。能够反映一个地层单位所有主要特征的典型地层。厚度较大，地层出露齐全，化石含量丰富，顶底界线清楚，与上覆和下伏地层接触关系明晰。标准剖面是不同地区进行地层对比的依据。

标准地质剖面

【标准溶液】(standard solution) 已知溶质的准确浓度的溶液。常用的标准溶液包括在滴定分析中使用的滴定剂、仪器分析中绘制工作曲线用的标准溶液以及标准缓冲溶液。配制方法有两种：一种是直接法，对于符合基准物质要求的试剂，可以直接配制标准溶液；另一种是间接法，对于不符合基准物质要求的试剂，则先配成近似于所需浓度的溶液，然后再用基准物质准确地标定其浓度。

【标准时】(standard time) 以某一子午线的时间作为邻近地区使用的共同时间。由于地球自西向东自转，经度不同的地方，时间便有差异。为了管理上的方便，便将整个地球分成24个时区，同一时区内部都采用统一的区时，即标准时。

【标准纬线】(standard parallel) 地图上经投影后保持无变形的纬线。在正轴圆锥投影和正轴圆柱投影中，当圆锥面或圆柱面与地球椭球体相切时，有一条标准纬线；在相割时，有两条标准纬线。在方位投影中，标准纬线即为割纬线(或割等高圈)。标准纬线可根据制图区域而定，也可根据投影条件图解求得。编制中国全图时，通常采用双标准纬线圆锥投影，两条标准纬线一般取25°00′和47°00′。

【标准误】(standard error, SE) 反映抽样误差大小的指标。样本均数的标准误计算公式为：

$$\sigma_{\bar{X}} = \sigma/\sqrt{n}$$

样本频率的标准误为：

$$\sigma_p = \sqrt{\frac{\pi(1-\pi)}{n}}$$

如果总体标准差σ未知，可采用样本标准差S估计σ，此时标准误的估计值为$S_{\bar{X}} = S/\sqrt{n}$；如果总体率π未知，则用样本频率P代替，此时标准误的估计值为：

$$S_P = \sqrt{\frac{P(1-P)}{n}}$$

其作用是：(1)反映抽样误差的大小。标准误越大，说明抽样误差越大，用样本均数(或率)估计总体均数(或率)越不可靠。(2)用于置信区间的估计。(3)用于假设检验。如两组或多组样本均数(或样本率)的比较，其统计量的大小都与标准误有关。当其他条件不变时，标准误越小，统计量越大；标准误越大，统计量反而越小。

【标准误差】(standard error) 又称均方误差。各测量值误差的平方和的平均值的平方根。其计算公式为：

$$\sigma = \sqrt{\frac{\varepsilon_1^2 + \varepsilon_2^2 + \cdots + \varepsilon_n^2}{n}}$$

其中$\varepsilon_1, \varepsilon_2, \cdots, \varepsilon_n$为n个测量值的误差，n为测量的次数。由于被测量的真值是未知数，各测量值的误差也都不知道，因此不能按上式求得标准误差。测量时能够得到的是n次测量的算术平均值$\bar{x}$，它最接近真值x，而且也容易算出测量值和算术平均值之差，称为残差(记为δ)。理论分析表明，可以用残差δ表示有限次(n次)观测中的某一次测量结果的标准误差σ，其计算公式为：

$$\sigma = \sqrt{\frac{(x_1-\bar{x})^2 + (x_2-\bar{x})^2 + \cdots + (x_n-\bar{x})^2}{n-1}}$$

这表明标准误差常用实验标准偏差代替。标准误差不取决于个别误差的符号，对观测之中的较大或较小误差感觉比较灵敏，是表示精密度的较好方法。

【标准预防】(standard precautions) 认定病人血液、体液、分泌物、排泄物均具有传染性,需进行隔离,不论是否有明显的血迹污染或是否接触非完整的皮肤与黏膜,对接触上述物质者必须采取的防护措施。由美国疾病控制中心1995年提出。于1996年在全美实施。中国于1999年引入并在2000年编入卫生部颁布的《医院感染治理规范》中。是预防医院感染成功而有效的措施。其基本特点是:(1)既要防止血源性疾病的传播,也要防止非血源性疾病的传播。(2)强调双向防护,即防止疾病从病人传至医务人员,又防止疾病从医务人员传至病人。(3)根据疾病的主要传播途径,采取相应的隔离措施,包括接触隔离、空气隔离和微粒隔离。其措施有:(1)重视洗手。(2)重视口罩、手套、工作服、隔离衣的正确使用。(3)正确使用锐利器械,防止刺伤,以确保自身安全。掌握标准预防知识,对防止疾病在患者与医务人员之间的相互传播,提高双向防护意识,加强标准预防知识教育,做好医院感染控制工作有着重要意义。

【表达序列标签】(expressed sequence tag, EST) 将从cDNA文库中随机挑取的克隆进行测序得到的cDNA 5′-末端或3′-末端的部分序列。从cDNA文库中所得到的许多EST集合组成EST数据库,代表在一定的发育时期或特定的环境条件下,特定的组织细胞基因表达的序列。其主要用途是:(1)可以将两端具有重叠序列结构的EST片段组装成全长的cDNA序列。(2)可作为分子探针,用来分离完全的基因组基因。

【表达载体】(expression vector) 按照特殊要求设计构建的、具有调节外源基因正确表达的转录及翻译控制信号、并能使克隆基因在转化的寄主细胞中得到有效表达的专门载体。以大肠杆菌的表达载体为例,可分为表达型质粒载体和表达型噬菌体载体两种类型。将外源真核基因cDNA,在保持正确读码结构与取向的情况下,插入在大肠杆菌表达载体的适当位点,置于原核表达信号的控制下,从而便能够在大肠杆菌细胞中正确的转录和翻译,并表达出外源蛋白质。

【表观分布容积】(apparent volume of distribution, VD) 体内药物总量待平衡后,按测得的血浆药物浓度计算时所需的体液总容积。即理论上药物均匀分布所占有的体液容积。其计算公式为Vd=给药量×生物利用度/血浆药物浓度。Vd是一个假想的容积,不代表体内具体的生理性容积。但从Vd可以反映药物分布的广泛程度或与组织中大分子的结合程度。Vd≈5L表示药物大部分分布于血浆;Vd≈10~20L表示药物分布于全身体液;Vd>40L表示药物分布于组织器官;Vd >100L表示药物集中分布至某个组织器官或大范围组织内。Vd越小,药物排泄越快,在体内存留时间越短;Vd越大,药物排泄越慢,在体内存留时间越长。反映各组织器官与血浆对外来化合物浓度的影响,因此表观分布容积能提供外来化合物在体内分布的重要信息。如外来化合物在人体内分布只限于血浆、细胞外液或全身的水分中,则相应的Vd分别约为40ml/kg、170ml/kg和580ml/kg;如脂溶性外来化合物主要分布在富含脂肪的组织和器官中,则Vd可大于1 000ml/kg。当Vd已知时,可根据血浆浓度来推算体内外来化合物的总量。

【表面安装技术】(surface mount technology, SMT) 一种把表面安装器件及其他适合于表面贴装的电子元件,以自动化贴装后再焊接的形式安装在印制电路板或陶瓷基板上的组装技术。与传统使用的通孔插装技术相比,可使电路的尺寸减小,重量减轻,电性能改善,成本降低。这些优点使其逐步成为电路组装技术的主流。

【表面保护压敏黏胶带】(surface pressure sensitive tape) 以聚烯烃(聚乙烯、聚丙烯)薄膜为基材和橡胶型胶浆为涂层所组成的压敏胶带。该种胶带透明度良好,使用方便。主要用于电子工业中印制电路板、金属抛光表面、标牌等的表面保护。其作用是防止产品在运输、施工、储存中发生损害及提高使用周期。使用时将金属表面擦净,然后用手工或机械操作将表面保护压敏胶黏带贴上。

【表面处理仿金工艺】(surface treatment gold imitation process) 在物体表面镀覆视觉效果似金镀层的方法。达到节约与代用黄金的目的。按镀覆工艺的不同,主要分为电镀仿金和离子镀仿金两种。电镀仿金工艺用于提高商品的装饰性。镀覆18K金色、玫瑰金色、绿金色和淡金色等。可以在导体基体上全部或部分镀覆。一般先在商品上镀一层光亮镍层,整平基体,然后镀覆装饰性黄铜或添加锡、镍、钴、银和铅等三元及多元合金仿金层。使用不同的溶液成分与工艺条件可以获得不同

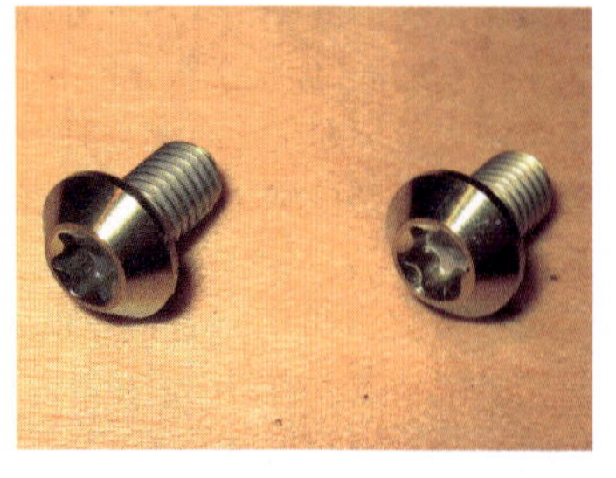

表面处理仿金工艺

的仿金色泽。离子镀仿金工艺利用物理气相沉积的原理,在充氩气的离子镀膜机中进行。用于手表表壳、眼镜架、钢笔等需要耐磨和耐蚀的零件。被镀件接阴极,镀层材料接阳极。通入5 000V直流电流,使蒸发的镀层材料被电离,离子沉积在被镀件表面形成仿金镀层。使用不同的镀层材料,可以获得不同的仿金色泽。此外,把不锈钢制品放入铬酸-硫酸着色液中处理也是一种新的仿金工艺。不同的溶液成分、温度以及不同的处理时间,可以获得不同的仿金生色泽。

【表面粗糙度】(surface roughness) 工件加工表面具有的较小间距和微小峰谷的不平度。由于其两波峰或两波谷之间的距离(波距)很小,用肉眼难以区别,因此属于微观几何形状误差。表面粗糙度数值越小,则表面越光滑。表面粗糙度的大小,对机械零件的使用性能影响很大。具体体现在:(1)零件的耐磨性。表面粗糙度越大,磨损就越快。(2)配合性能的稳定性。对间隙配合,表面越粗糙,越易磨损;对过盈配合,装配时微观凸峰被挤平,有效过盈减小,使联结强度降低。(3)零件的疲劳强度。粗糙表面存在较大的波谷,对应力集中很敏感,影响了零件的疲劳强度。(4)零件的抗腐蚀性。粗糙表面易使腐蚀性气体或液体渗入金属内层,造成腐蚀。(5)影响零件的密封性。(6)降低零件的接触刚度。此外,对零件的外观、测量精度也有影响。在生产中,被加工零件的表面粗糙度,是按图纸上所规定的粗糙度参数值来限定的。表面粗糙度用下列三种方式表示:(1)Ra(中心线平均粗糙度)。(2)Rymax(最大高度粗糙度)。(3)Rtm(十点平均粗糙度)。一般情况下用Ra表示。

【表面粗糙度测量】(measurement of surface roughncss) 针对工件表面的微观几何形状进行测量的技术。表面粗糙度是衡量工件表面加工质量的重要指标,影响到机械产品的寿命和可靠度。其测量方法的研究已受到普遍重视。测量方法主要有:(1)比较法。将被测表面与已知粗糙度的样板进行比较以确定其级别的测量方法。这种方法需要检验人员有一定的经验,所选用的样板应和被检工件的加工方法相同,且样板的材质、形状、表面色泽等也应与被检工件一致。(2)光切法。根据光切原理,采用光切显微镜(又称双管显微镜),测量和计算表面粗糙度值的测量方法。(3)干涉法。根据光波干涉原理,采用干涉显微镜测量表面粗糙度的测量方法。(4)针描法。利用触针在被测表面上移动,感受表面的高低不平,并把触针的感受通过机械装置、光学装置或电子装置加以放大,测出表面粗糙度值。其中,采用电子信号放大装置的称为电动轮廓仪,其应用最广。

表面粗糙度测量

【表面淬火】(surface hardening) 将工件表层通过快速加热到临界温度以上迅速冷却,使表层淬透到一定深度而心部不变化的热处理工艺。它不改变工件的化学成分,只改变其金相组织。采用火焰加热、感应加热和激光等热源,使工件表层快速达到高温,在热量还没有传到心部前就迅速冷却,使工件表层淬成硬度高的马氏体,而心部仍保持足够的塑性和韧性。常用优质中碳钢(40、45、40Mn等)和中碳合金钢(40Cr、40MnB等),正火或调质后再表面淬火,大量用于轴、齿轮等重要工件的热处理。也可对高碳工具钢(T7、T8等)和低合金工具钢(9Mn2V等)以及铸铁件(机床导轨等)进行表面淬火。

表面淬火

【表面发射半导体激光器】(surface emitting semiconductor laser) 发射光束垂直于芯片表面的半导体激光器。包括衬底、衬底上的半导体层叠层、在叠层上形成并具有激光发射窗的台体等部分。它是唯一能够实现单片集成二维列阵的器件。按其腔体结构的不同可分为:弯折腔、水平腔和垂直腔表面发射半导体激光器三种类型。可用于光计算和光神经网络。

【表面覆层技术】(surface cladding technology) 利用表面工程技术的各种手段,在零件表面制备各种特殊功能覆层的技术。通过综合应用物理、化学、金属学、高分子化学、电学、光学、材料学、机械学等多种学科的最新知识与技术,对零件(材料)表面进行处理,赋予其减磨、耐磨、耐蚀、耐(隔)热、抗疲劳、耐辐射以及光、热、磁、电等特殊功能,从而达到提高产品质量、延长使用寿命、改善环境的目的。采用这种技术,用极少量的功能材料就能起到大量的、昂贵的整体材料所能起到或难以起到的作用，同时极大地降低了制件的加工成本。该技术的主要特点是具有很强的实用性，无论采用哪种方法，哪种材料，都是在工件表面产生一层符合要求的功能材料。这层表面材料与工件相比，厚度薄，数量少，仅占工件整体厚度的几百分之一至几分之一，却承担着工件的主要功能。

表面覆层及水转印技术

【表面改性技术】（surface modification technology） 采用化学、物理的方法改变材料或工件表面的化学成分或组织结构，以提高其性能的处理技术。它包括化学热处理（渗氮、渗碳、渗金属等）、表面涂层（低压等离子喷涂、低压电弧喷涂、激光重熔复合等）、薄膜镀层（物理气相沉积、化学气相沉积等）和非金属涂层技术等。这些用以强化零件或材料表面的技术，赋予零件耐高温、防腐蚀、耐磨损、抗疲劳、防辐射、导电、导磁等各种新的特性，使其在高速、高温、高压、重载、腐蚀介质环境中，可改进工作性能，提高可靠性，延长使用寿命。此种技术具有工程应用价值、经济价值和推广价值。

【表面工程技术】（surface engineering technology） 通过改变固体金属表面或非金属表面的形态、化学成分和组织结构，以获得所需要表面性能的工程技术。广义地说是直接与各种表面现象或过程有关的、能为人类造福或被人们利用的技术集成，是一个涉及面极广泛的综合性边缘学科。表面工程技术采用的方法包括：(1)施加各种覆盖层的技术，包括电镀、电刷镀、化学镀、涂装、黏结、堆焊、熔结、热喷涂、塑料粉末涂敷、热浸涂、搪瓷涂敷、陶瓷涂敷、真空蒸镀、溅射镀、离子镀、化学气相沉积、分子束外延制膜、离子束合成薄膜技术等。(2)用机械、物理、化学等方法，改变材料表面的形貌、化学成分、相组成、微观结构、缺陷状态或应力状态。(3)综合运用两种或更多种的表面技术的复合表面处理，如等离子喷涂与激光辐射复合、热喷涂与喷丸复合、化学热处理与电镀复合、激光淬火与化学热处理复合、化学热处理与气相沉积复合等。

【表面化学】（surface chemistry） 又称界面化学。化学的一个分支。研究各种表（界）面现象实质的学科。物质的两相之间密切接触的过渡区称为界面。若其中一相为气体，这种界面通常称为表面。其研究内容包括吸附作用、润湿作用、黏附作用、表面电现象、膜化学、表面活性剂、液体与固体的表面性质等。表面化学的大量研究成果被广泛应用于各生产部门，如涂料、建材、冶金、能源、半导体、农药、食品、日用品等行业。

【表面化学吸附】（surface chemisorption） 固体表面原子或分子与被吸附分子发生电子的转移、交换或共有的现象。化学吸附的主要特点是：吸附所涉及的力与化学键力相当，比范德华力强得多；仅发生单分子层吸附；吸附热与化学反应热相当，约为80～400kJ/mol，且随吸附量增加而变化；有选择性，且大多为不可逆吸附；吸附层能在较高温度下保持稳定等。部分化学吸附不需活化能，吸附速度较快；一些吸附则需要活化能，吸附速度较慢。化学吸附是多相催化反应的重要步骤，气体分子在固体表面化学吸附时可能引起离解、变形等，可以大大提高它们的反应活性。因此，化学吸附的研究对阐明催化机理十分重要，对实现催化反应工业化有重要意义。

【表面活性剂】（surface active agent） 能够降低液体表面张力、具有表面活性的化合物。按其溶于水后是否电离成离子可分为：(1)离子型（溶于水后电离成离子），包括阴离子型（如：磺酸盐、羧酸盐等）、阳离子型（如各类胺盐）、两性型（如氨基酸）。(2)非离子型（溶于水不电离），如多元醇、聚氧乙烯等。表面活性剂溶于液体（特别是水）后，能降低溶液的表面张力或界面张力，并能改进溶液的乳化、分散、渗透、润湿、发泡和洗净等能力。主要用于制作合成洗涤剂、乳化剂、破乳剂、渗透剂、发泡剂、消泡剂、润湿剂、分散剂、浮选剂、柔软剂、抗静电剂、防水剂等助剂。广泛应用于纺织、食品、医药、农药、化妆品、建筑、采矿等工业领域。

【表面技术】（surface technology） 通过一些措施改变或赋予材料表面某种功能特性的工艺技术。常用的方法是施加覆盖层或改变表面的形貌、化学组分、相组成、微观结构及缺陷状态，提高材料抵御环境作用能力或赋予材料表面某种功能和特异能力。按照作用原理的不同可分为四种类型：(1)原子沉积。沉积物以原子、分子、离子和粒子集团等原子尺度的粒子形态在材料表面上沉积形成外加覆盖层，如电镀、化学镀、物理气相沉积、化学气相沉积。(2)颗粒沉积。沉积物以宏观尺度的颗粒形态在材料表面上形成覆盖层，如热喷涂。(3)整体覆盖。例如包箔、贴片、热浸镀、涂刷、堆焊。(4)表面改性。例如磷化、离子注入、离子渗、扩散渗、激光表面处理。由于该技术可在不改变材料基本组成、工艺前提下用较少费用大幅度提高材料的性能，因而在国民经济各行业中得到广泛应用，发展十分迅速。

【表面麻醉】(topical anesthesia) 将穿透力强的麻醉药物施用于黏膜表面，使其穿透黏膜作用于黏膜下神经末梢而产生的局部麻醉作用的麻醉方式。适用于眼、耳鼻喉、气管、尿道等部位的浅表手术或内镜检查术。有多种给药方法。如眼部用滴入法，鼻腔用涂敷法，咽喉、气管用喷雾法以及尿道用灌入法等。不同部位的黏膜，对局麻药的浓度和剂量有不同的要求。表面麻醉也容易发生毒性反应，应予以高度重视。

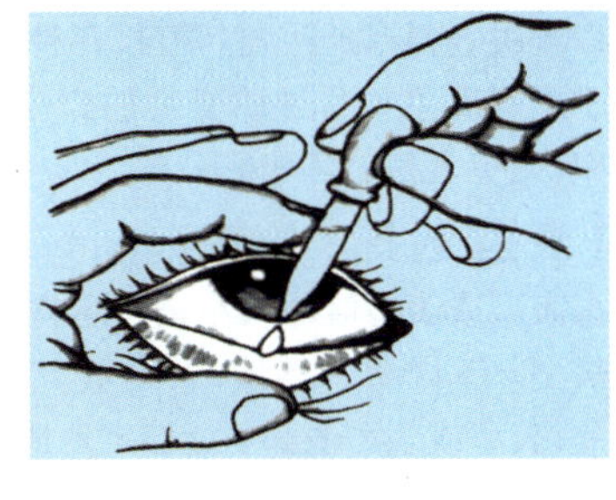
眼结膜麻醉

【表面热处理】(surface heat treatment) 为解决工件表层和心部的不同使用特点而造成选材困难所采用的热处理工艺。高碳钢硬度高，但心部韧性不足。低碳钢心部韧性好，但表面硬度低，不耐磨。通过改变其表层的组织和化学成分，提高表层硬度、耐磨性和获得某些特殊理化性能，而仍然保持心部韧性好的特点来满足使用要求。表面热处理包括表面淬火和化学热处理两类。

【表面涂层】(surface coating) 在金属材料或工件表面涂敷一定厚度的特定金属或非金属材料层的表面改性技术。常用工艺有火焰喷涂、电弧喷涂、等离子喷涂、爆炸喷涂等。涂层材料有防腐蚀的镍、铝、锌、不锈钢等；有耐磨的钴基、镍基合金及非晶态合金；有作为热障(由气动加热引起的危险障碍)的陶瓷、二氧化锆陶瓷等。该项技术在工业上的应用成效显著，比如隔热型的陶瓷热障涂层，可降低零件基体表面温度，提高发动机涡轮叶片寿命、降低油耗；在零件表面涂敷聚四氟乙烯可以改善其摩擦学特性等。

火焰喷涂

【表面微机械加工技术】(surface micromachining technology) 在硅表面可生长多层薄膜，采用选择性腐蚀技术，去除部分不需要的膜层，形成所需形状的工艺。所生长的薄膜为二氧化硅(SiO_2)、多晶硅、氮化硅、磷硅玻璃膜层(PSG)等。去除的部分膜层一般称为“牺牲层”。整个加工过程都是在硅片表面层上进行的。其核心技术是“牺牲层”技术。表面微机械加工技术的优点在于：在制造过程中所使用的材料和工艺与常规集成电路生产有很强的兼容性，不必另外投资；再者，只要在制膜时略加改动，就可以用同样的方法制造出大量不同结构。其最大优势在于把机械结构与电子电路集成一起的能力，从而使微型产品具有更好的性能和更高的稳定性。

【表面物理】(surface physics) 固体物理学的一个分支。研究固体表面的微观结构及其物理、化学性质的学科。建立于20世纪60年代。表面是指固体表层一个或数个原子层的区域。由于表面层所处的特殊位置，使其各方面的性质与固体内部有明显差别。例如：由于偏析造成化学成分与内部不同，原子排列情形不同，表面能吸附外来原子或分子形成有序或无序的覆盖层等。主要研究内容有：(1)表面结构，即表面层的原子排列情况。(2)表面化学成分的分析。(3)外来原子或分子在表面的吸附和脱附过程，以及由此而引起的化学成分和结构的变化。(4)表面原子的横向输运过程。(5)表面电子态和声子态。表面物理包括实验和理论两方面。实验上主要是以粒子束或射线束入射到固体表面，收集并分析入射束与表面相互作用后的产物，以得到关于表面区的各方面的信息。理论研究是把传统的固体量子理论和量子化学理论应用到表面区，对其微观粒子的运动状态及相互作用进行理论计算，并与实验结果作比较。实验和理论两种方法相辅相成。

【表面张力】(surface tension force) 液体表面相邻两部分间单位长度内的相互牵引力。是分子力的一种表现。液面上的分子受液体内部分子吸引而使液面趋向收缩。这表示在液面任何两部分间具有相互牵引力(张力)，其方向和液面相切，并与两部分的分界垂直。表面张力的单位为N/cm。它的大小与液体的性质、纯度和温度有关。由于表面张力的作用，液体表面总是趋向于尽可能缩小，因此空中的小液滴往往呈圆球状。

水滴的表面张力

【表面质量】(surface quality) 零件在加工后表面层的状况。任何机械加工方法所得到的零件表面，实际上都不是完全理想的表面。它们的微观几何性质和物理性质都与理想表面有所差异。尽管这些差异值只是在很小的尺寸范围内，却严重影响着机械零件的使用性能（耐磨性、配合质量、抗腐蚀性和疲劳强度等），从而影响产品的寿命。零件经机械加工后的表面质量包括：表面粗糙度和已加工表面的加工硬度和残余应力。对于一般零件，主要规定其表面粗糙度的数值范围。对于重要零件除了限制其表面粗糙度外，还要控制其表面层的加工硬化程度和深度，以及表面层残余应力的性能和大小。

【表皮生长因子】（epithelial growth factor，EGF） 又称上皮生长因子。人体内分泌的一种重要的生长因子。是由53个氨基酸残基组成的单链多肽。其作用是极微量即能强烈刺激细胞生长，抑制衰老基因的出现，延缓表皮衰老，使肌肤的各组织成分达到一个最佳的生理状态。此外，它还能刺激细胞外一些大分子（如透明质酸和糖蛋白等）的合成和分泌，滋润皮肤。因此表皮生长因子可用作化妆品的添加剂，也可在医药上治疗皮肤外伤、术后创口、褥疮、口腔溃疡以及放射治疗引起的皮炎等。

【表皮生长因子受体】（epidermis growth factor receptor） 一条含有1 186个氨基酸残基的多肽链。一种糖蛋白。广泛分布于哺乳动物的上皮细胞、人的成纤维细胞、胶质细胞、角质细胞等。相对分子质量为170kDa。由三个部分组成：（1）很大的细胞外结构域。约621个氨基酸残基，富含半胱氨酸（51个），并形成多对二硫键。其上结合有糖基，是EGF结合的位点。（2）跨膜区。由23个氨基酸残基组成。（3）细胞质结构域。由542个氨基酸残基组成，含有无活性的酪氨酸激酶和几个酪氨酸磷酸化的位点。

【表示层】（presentation layer） 为不同计算机体系结构的计算机之间通信提供一种公共语言，以便能进行互操作的层。这种类型的服务之所以需要，是因为不同的计算机体系结构使用的数据表示法不同。如IBM主机使用EBCDIC编码，而大部分PC机使用的是ASCII码。在这种情况下，便需要会话层来完成这种转换。开放系统互联参考模型的第六层。

【表现型】（phenotype） 与基因型相对应。具有特定基因型的个体在一定环境条件下所表现出来的性状特征的总和。它包括：（1）基因的产物（如蛋白质和酶）。（2）各种形态特征和生理特性。（3）各种动物的习性和行为。基因型相同的个体，在不同的环境条件下，可以显示出不同的表现型。例如，以金鱼草的红花品种与浅黄花品种杂交，其子一代如果培育在低温、强光照的条件下，花表现为红色；如果在高温、遮光的条件下，花表现为浅黄色。

【表型迟延】（phenotypic lag） 突变基因出现并不等于突变表型的出现，表型的改变落后于基因型改变的现象。按其产生迟延原因的不同可分为：分离性迟延现象和生理性迟延现象。通过诱变处理可以解决表型迟延问题。植物育种过程中常会遇到表型迟延现象。通过诱变剂的作用，可以提高突变频率，避免表型迟延现象。

【表型选择】（phenotypic selection） 根据表型或表型值的大小进行选择的育种方法。由于表型＝基因型＋环境，表型值＝基因型值＋环境偏差，表型或表型值都不能稳定地遗传给后代。在纯种繁育过程中，为防止近交后退而引入与本种群无亲缘关系的种畜进行选种的措施。当某性状的表型值中环境偏差很小时，能取得较好的效果；如遗传力低、效果就差。是一种较原始的选择方法。

【表型值】（phenotypic value） 群体数量性状的表型估计值及其变异程度和范围。群体某一数量性状表型值（P）是遗传与环境共同作用的产物。可用$P=G+E$表示。式中G为遗传原因产生的值，称为遗传值，或基因型值；E为环境原因产生的值，称为环境效应，或环境偏差。群体中各个体的表型值表现为一个变异量，一般用方差表示。根据独立变量的方差可加性原理，当遗传与环境无相关时，群体的表型值方差可剖分成遗传值（或基因型值）方差和环境效应方差，即$б2P=б2G+б2E$，或写成$VP=VG+VE$。如果一个群体中所有个体的某一性状表型值总和除以N个个体，就可求得平均数，即$\sum P/N=\sum G/N+\sum E/N$。由于环境对个体表型值的影响有正有负，平均的环境偏差正负相消，即$\sum E/N=0$，则$\sum P/N=\sum G/N$，或$P(-)=G(-)$。这表明个体的基因型值虽不能度量，但群体平均基因型值可通过群体平均表型值测定而得知。

【表压力】（gauge pressure） 测定介质压力的压力表所指示的压力。当介质压力高于当地大气压时压力表的读数为所测介质压力与大气压力之差。表压力不仅与介质压力有关，也与当地大气压有关。

压力表

【鳔】(swim bladder) 在绝大多数硬骨鱼类消化管背方及腹膜外方的一大而中空的囊状器官。囊内充满氧、二氧化碳及氮等气体。大多呈单个的囊状构造，也有不少分成两室或三室。鲱形目、鲤形目等的鳔有鳔管与食道相通，称这类鱼为“管鳔类”；鲈形目等的鳔管退化，称这类鱼为“闭鳔类”。是一种重要的密度调节器官，在感压、发声方面有一定作用。少数鱼类，如肺鱼等的鳔有呼吸作用。

【鳖】(soft-shelled turtle) 俗称甲鱼、水鱼、团鱼、王八。爬行纲，龟鳖目，鳖科，鳖属。体形扁平，略呈圆形或椭圆形。体表披以柔软的革质皮肤。有背腹二甲。背甲稍凸起，周边有柔软的角质裙边，腹甲则呈平板状，二甲的侧面由韧带组织相连。背面通常为暗绿色或黄褐色，上有纵行排列不甚明显的疣粒。为水陆两栖，用肺呼吸。杂食性。4～5 龄以上性成熟。腹面为灰白色或黄白色。鳖颈长而有力，能伸缩，转动很灵活。吻尖而突出，吻前端有一对鼻孔，便于伸出水面呼吸。眼小，位于头的两侧。口较宽，位于头的腹面，上下颚有角质硬鞘，可以咬碎坚硬的食物。口内有短舌，肌肉质，但不能自如伸展，仅能起到帮助吞咽食物作用。鳖的四肢扁平粗短，位于身体两侧，能缩入壳内。前肢五指，后肢五趾。四肢的指和趾间生有发达的蹼膜，第 1～3 指、趾端生有钩状利爪，突出在蹼膜之外。变温动物，当温度降至 15℃ 以下时，停食冬眠。鳖有三十多种。其中山瑞鳖是我国二级保护动物。山瑞鳖与甲鱼的明显区别是：体形比较肥厚，背面有黑斑，大部分面积长有分布不匀但大小基本一致的疣粒，这些疣粒在后半部的边缘上较多；后半部边缘较宽厚；颈基部两侧各有一团大瘰疣，背甲前缘有一排明显的粗大疣粒。

鳖

【别构蛋白】(allosteric protein) 具有别构效应的蛋白质。当调节物与酶分子中的变构中心结合后，诱导出或稳定酶分子的某种构象，使酶活性中心对底物的结合与催化作用受到影响，从而调节酶的反应速度及代谢过程。例如血红蛋白(Hb)。Hb 是红细胞中运输氧的主要物质，是由两种各两个亚基组成，每个亚基含一分子血红素(结合一分子氧)。Hb 氧合过程中氧是逐个分子结合到 Hb 的四个亚基上的，第一个亚基结合氧后，通过亚基之间的界面将信息传递到相邻亚基，引起分子变构，使随后的亚基对氧的亲和力比第一个亚基大约 500 倍，这种现象称为协同效应。由于存在协同效应，使 Hb 的饱和曲线呈现 S 型。H^+ 或 2,3 - 二磷酸甘油酸(DPG)与 Hb 分子上的不同部位结合后引起变构，表现抑制效应即别构效应，使 Hb 对氧的亲和力降低，促使氧合血红蛋白释放氧。这里氧、H^+、DPG 都是变构剂，它们同 Hb 结合的部位不同，引发的效应亦不同。

【滨海砂矿】(seashore arenaceous mine) 滨海地带海底沙滩上沉积的矿床。当陆上碎屑物质被径流搬运至河口、海滨地带，或者原地残存的物质和海底产物经波浪、潮流、沿岸流反复分选，其中一些化学性能稳定和密度较大的有用矿物，在特定地形部位，富集到具有经济意义时便成为滨海砂矿。滨海砂矿分为非金属砂矿、重金属砂矿、宝石及稀有金属砂矿三大类。

滨海砂矿

【濒死期】(agonal stage) 又称临终状态。生命活动的最后阶段。此期由于疾病末期或意外事故造成机体各主要器官系统的生理功能趋于衰竭，中枢神经系统脑干以上部位处于深度抑制或丧失状态。表现为意识模糊或消失，各种反射减弱或迟钝，心跳减弱，血压下降，呼吸微弱或出现周期性呼吸，脉搏渐次停止而过渡到临床死亡。因机体健康情况及死亡原因不同，濒死期的持续时间长短不一，可能从几秒钟到几小时。年轻力壮者濒死期长；年老体弱者濒死期短。一般慢性病死亡者濒死期多较长；而急(猝)死患者，严重颅脑损伤、心脏刺伤及氰化物中毒等案例，则濒死期短暂或完全缺如，直接进入临床死亡期。此期若得到及时、有效的治疗及抢救，生命仍可复苏。

【冰川】(glacier) 又称冰河。地球上高寒地区沿地表运动的巨大冰体。是第四纪以来一定地形条件下气候变化的产物。大气降水(雪)沉积在高寒地带，先由雪花圆化变为粒雪，再由粒雪变质成冰。在地球引力作用下，冰川冰以极其缓慢的速度向下游流动。冰川主要分布在地球的南北两极。但在包括赤道附近在内的地球上各大高山、极高山和极高海拔的高原上都有各类冰川分布发育。地球上最大的冰川是南极冰盖。其面积达

冰川

$1.3\times10^7km^2$，厚度可达2 000～4 000m。北极地区的格陵兰冰盖位居第二。其面积达$1.8\times10^7km^2$，厚度达2 000m以上。中国是世界上山地冰川最发育的国家。在新疆、西藏、青海、甘肃、四川和云南等西部五省区，共分布发育了46 252条冰川，总面积约为59 400 km^2。现代冰川具有三大功能：淡水资源，气候变化的检测器，地球气温变化的调节器。地球表面80%以上的淡水资源存储在冰川中。由于冰水的相变温度为0℃，地球的寒暑变化十分敏感地反映在冰川的进退变化中。当地球气温持续升高变暖时，冰川将会以提高自身的冰温和增加融化消耗热量而抑制地球增温的速度和强度。

【冰川堆积】（glacial deposit） 冰川在运动过程中形成的一系列独特的堆积过程及地貌景观。冰川在运动中将侵蚀作用产生的冰碛物堆积在冰川两侧和冰川的前端。当气候变暖、冰川后退时便在前端形成了冰川终碛，在两侧形成了侧碛，在冰川原来覆盖的地方留下底碛。在一些大型冰川曾流经地势比较平缓的谷地中，还会堆积数量很多的圆锥形冰碛丘。由于冰川的运动和冰川融水的搬移，一些冰碛石砾零星地堆积在冰川和融水流过的地方，被称为冰川漂砾。和所有冰川侵蚀地貌一样，冰川堆积地貌也具有较好的景观欣赏价值。

冰川堆积

【冰川弧拱】（glacial arch） 发育在现代山岳冰川上的弧拱状运动—构造景观。当冰川运动到冰瀑布下方区域时，由于谷床坡度变小，冰川运动速度会突然减缓。这时，冰体由原来的伸张流变为压缩流，加上冰川运动与河流类似，中间速度快，两侧速度慢，在差别消融的作用下，冰面表现出半圆弧形构造形态。冰川弧拱构造是冰川运动的直接证明和标志。由于弧拱与水波相似，又被称为凝固了的波涛。冰瀑布下方最容易发育出现冰川弧拱构造。如果冰川出现两座或两座以上冰瀑布，就会发育双拱或多拱弧拱构造。在中国西藏东南部、横断山脉和喜马拉雅山脉南坡的尼泊尔、喀喇昆仑山南坡的巴基斯坦、北美加拿大和北极斯瓦尔巴德地区，都可以观察到壮观而美丽的冰川弧拱构造。

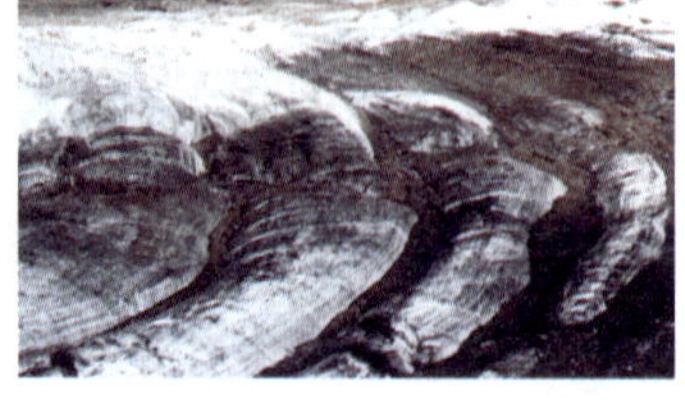
冰川弧拱

【冰川湖泊】（glaciation lake） 由冰川作用形成的湖泊。按其成因和分布形态的不同可分为冰面湖、冰内湖、冰蚀湖和冰碛湖：（1）冰面湖和冰内湖。冰川在运动过程和太阳辐射作用下，其表面会形成锅穴状地貌以及冰内穹窿。冰川融水注入其中则形成冰面湖和冰内湖。由于冰川总是处于运动之中，加之以湖水融蚀和冲蚀，湖的大小和位置都处于不停地变化中。一旦冰堤洞穿，湖水便宣泄一空，湖泊旋即消失。（2）冰蚀湖。冰川运动会对冰下基岩谷床产生挖蚀作用。在冰川后退后，融水注入冰蚀洼地而形成冰蚀湖。冰蚀湖是冰川湖泊中最稳定的湖泊。（3）冰碛湖。冰川运动时会在冰川的两侧和前端形成侧碛和终碛垄。如果侧碛和终碛具一定的封闭性，冰川融水和雨雪水储留其间便形成侧碛湖和终碛湖。冰川前端往往会形成冰蚀冰碛双重成因的冰川湖。冰川湖泊是发展旅游观光的好地方。

冰川湖泊

【冰川迹地】（glacial slash） 冰川退缩后随即产生的有植物种类进入并且不断演替的土地。主要指气候相对湿润温暖的季风暖性冰川区，如中国西藏东南部及横断山一带冰川区。这一带许多大型山谷冰川消融区深入到了原始森林带。当气候变暖、冰川后退时，附近各种植物种子便相继进入新的土地中。由于这里不具备所有植物尤其高等植物移植生长的N（氮）、P（磷）、K（钾）、C（碳）及相关的营养成分，所以起初只有一些藻类、苔藓类、地衣类率先进入，然后是一些草本、禾本如菊科、黄芪一类植物进入。上述菌物和植物的进入和生长改变了新生土地的土壤环境，为更高级植物种类的进入提供了条件。据研究，在中国西藏东南部和横断山冰川退缩形成的土地上，完成顶级植物群落（包括冷杉、云杉和铁杉组成的暗针叶林）的演替大约需要一百年。

【冰川磨光面】（glacial polished face） 由冰川作用形成的典型的侵蚀地貌形态。当一条冰川流经基岩谷床时，会将谷床底部和两侧的基岩面磨蚀成比较光滑的形状，冰川退缩后便会有磨光面显露出来。冰川规模越大，形成的基岩磨光面数量越多；冰川面积越大，磨光面形态越典型。如果冰川在对基岩面的磨光过程中夹有硬度较大的石碛，还会在冰川磨光面上形成一些冰川擦痕。当基岩硬度参差不齐时，在较软的部位还会形成冰蚀凹槽。在冰川主流谷地中凸起的基岩磨光面往往表现出动物背脊形态，小的称为羊背石，大的称为鲸背石。

【冰川泥石流】(glacial debris) 与冰川动态密切相关的泥石流。在冰川谷地中，分布有大量的可以形成泥石流的冰碛物。同时，冰川融水，冰川湖泊（冰湖溃决）和冰川（包括雪崩、冰崩和冰川跃动）运动又能提供形成泥石流必备的水流和动力条件。当冰碛物在冰水（加上大、暴雨的参与）浸润下处于动态平衡临界点时，一旦受到冰川运动、天气变化、地震、冰雪崩等因素的诱发，即可形成冰川泥石流。冰川泥石流可以冲毁道路、桥梁、森林、农田和村庄，还能堵塞河流，是一种灾害破坏性极强的自然现象。中国西藏东南部及横断山脉现代冰川区是冰川泥石流的高发地区。

【冰川前进】(glacial advance) 当积累量大于消融量时冰川长度向前向下延伸的空间形态变化。冰川无不处于运动之中。但其末端达到某一海拔高度的空间位置时，由于该处冰体拥有的流动能量趋近于零会停止运动。当气候变冷或者积累区的降雪量增加，冰川的积累量大于消融量，冰川末端会得到更多来冰量而向下运动，于是便发生冰川前进。冰川前进并非偶然和个别现象，它往往和地球一定尺度周期性气候变化相关联。第四纪以来地球上曾经发生过三次大的冰川前进（又称三次大冰期），每次延续时间都在数万年或10万年以上。最近1万年以来的全新世也发生过两次明显的冰川前进，一次是3 000多年前，一次是300多年前，分别称为新冰期和小冰期。在20世纪50年代，发生过一次小小的冰川前进，但延续时间仅仅十多年，不少冰川还未转入明显的前进状态便进入了新的退缩。

【冰川侵蚀】(glacial erosion) 冰川在运动过程中对地表地貌形态机械作用的过程。主要包括对山体的溯源侵蚀，对基岩谷床及两侧岩壁的磨光、挖蚀和碎裂等。如果冰流中夹有硬度较大的石砾，便会对下伏和两侧岩壁产生刻擦作用。冰川侵蚀形成的重要地貌形态有角峰、刃脊、U形谷、冰斗、羊背岩、磨光面、冰蚀湖、刻蚀凹槽、擦痕等。冰川侵蚀地貌具有较好的景观欣赏价值。

【冰川乳】(glacial milk) 对冰川末端流出的冰川融水的一种形象称谓。一些冰川，尤其是一些大型冰川在运动过程中对富含碳酸钙的基岩谷床磨蚀产生的细粒物质与冰川融水混合，看上去其状如牛奶，科学家称之为冰川乳。冰川融水被“乳化”的程度越深，说明冰川的地质地貌作用越强烈。在冬季，因为冰川运动速度变缓，消融强度减弱甚至停止，不仅冰河水流量大为减少，而且乳白状态基本消失。冰川乳只出现在基岩有碳酸钙成分的冰川上。

【冰川退缩】(glacial recession) 当消融量大于积累量时冰川长度向后向上退缩的空间形态变化。由于地球气候持续变暖、变干，冰川消融量大于积累量，冰川末端将会向后向上退缩而且冰体变薄。第四纪以来地球上发生过至少三次明显的冰川退缩（又称三大间冰期）。距今1万2千多年前地球气候开始断续变暖，冰川也处于间断性退缩状态。最近300多年以来由于人类活动的增加，尤其是工业化的影响，加剧了全球气候变暖的趋势，冰川退缩速度和范围明显增加。

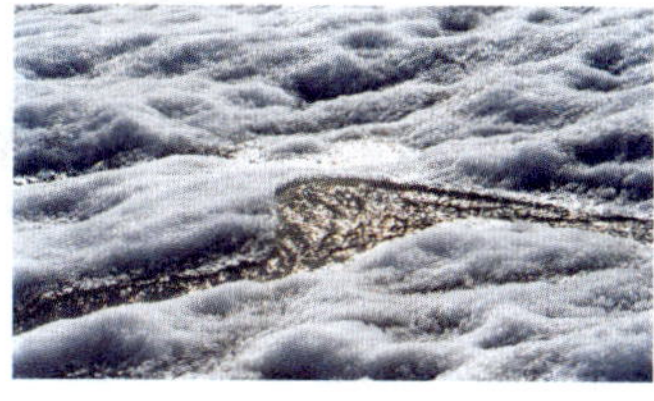

冰川融蚀景观

【冰川物质平衡】(glacial mass balance) 研究现代冰川的变化和发展趋势的重要内容和方法。冰川由两大区域组成：雪线以上为积累区，雪线以下为消融区。在其演变过程中，积累区的冰雪积累量和消融区的冰体消融量在气候环境的影响下，总是处于此消彼长的变化之中，这就称冰川物质平衡。当积累区的积累量大于消融区的消融量时，冰川处于正物质平衡，冰体变厚，冰川末端一般表现为前进状态；当消融区的消融量大于积累区的积累量时，冰川处于负物质平衡，冰体减薄，冰川末端一般表现为退缩状态；当它们相当时，冰川处于平衡状态。科研人员利用对冰川物质平衡的研究对冰川未来的前进、后退变化趋势进行预测。

【冰川雨林】(glacial rain forest) 分布在季风暖性冰川区附近的原始森林。在中国西藏东南部及横断山脉地区，生长着大片以暗针叶林为顶级群落的原始森林。这里年平均气温10℃左右，年降水量高达2 000mm以上。越靠近代冰川的第四纪古冰川堆积物如侧碛垄和终碛垄，雨林生长得越好。上层为铁杉、冷杉和云杉共生的高大乔木林，平均高度达30m以上；中上层多为桦、栎、杨、柳等乔木生长；中下层有杜鹃、花楸、高山柳等分布；底层生长着菌类和苔藓、藻类、蕨类等植物。林中藤蔓攀爬，松萝飘拂，湿度大，幽闭度高。冰川雨林的发育与岩性复杂的古冰川冰碛物可提供丰富的矿物元素有关；融水和高强度降水也为冰川雨林提供了良好的气候条件。季风暖性冰川的活动层冰温为零度，在冬季可以为周围林区散发一定的热量，在一定程度上改善了冰川雨林生长的热量环境。

【冰川作用】(glaciation) 冰川对陆地表面

的改造作用。包括侵蚀作用、搬运作用和堆积作用。其结果产生的地表形态称为冰川地貌。侵蚀作用形成冰川侵蚀地貌，如角峰（岩壁陡立的金字塔形山峰）、悬谷（以陡崖与主谷相汇的支谷）、刀脊（像刀刃或锯齿一样的山脊）、冰斗（由冰川侵蚀造成的三面环山、后壁陡峭的半圆形凹地）、U形谷（指冰川在山谷运动时，将山谷改造成的宽底谷地）等。堆积作用形成冰川堆积地貌，如冰川侧碛（冰川暂时稳定时两侧形成的条状岗地）、冰川底碛（冰川底部因冰川融化形成的物质堆积）和冰川终碛（冰川末端的冰川侵蚀物堆积，常形成弧形垄堤）。

冰川作用

【冰蛋】（frozen eggs） 由鲜蛋蛋液冻结而成的制品。可分为冷冻冰全蛋、冰蛋黄、冰蛋白三类。其加工工艺是：鲜蛋→照蛋→洗蛋→消毒→晾蛋→打蛋→蛋液→搅拌→预冷→装听→急冻→成品。主要用于制作面包、饼干、糕点、鸡蛋面、冰淇淋、糖果和蛋卷等。

【冰冻（雪）圈】（cryosphere） 由雪、冰以及陆地冻土带和海冰等组成的系统。地球气候环境系统的组成部分。通常位于极地高纬度带和较高海拔地区。主要包括：（1）冰川。分布在两极和高山地区、能自行运动、长期存在的天然冰体。是陆地表面的重要水体之一。由大气固体降水的积累演变而成。《世界冰川目录编辑指南》把面积超过0.1km²的冰体作为冰川编目和统计的对象。以雪线（或称平衡线）为界把冰川划分为积累区（又称粒雪区）和消融区（又称冰舌区）。积累区的积雪变成冰，经过运动输送到消融区，逐渐融化消失，由此构成一个冰川系统。（2）冰盖。分布于极地或高纬度地区的连续的大面积冰川。可以在许多方向向外流动，厚度往往超过千米，足以覆盖其下陆地表面的岩床地形。冰盖表面大致平缓，中部略厚，呈盾形，间有冰原石山凸出冰上。在海岸一带，往往伸出巨大的冰舌，断裂后入海成为漂浮于海洋上的冰山。冰盖常用来描述具有冰期特征的巨大冰体。世界上现今只有两个大的冰盖——格陵兰岛冰盖和南极冰盖。（3）海冰。特指海水冻结而成的冰。它最早是形成松冰团（粒状冰晶），逐渐变厚成为小块的浮冰，而后凝结在一起变成一大块冰域，或成为多种形状和大小的浮冰。因此，海冰可以发展成为相互重叠的浮冰块和（或）变成高低起伏的冰体。海冰通常指漂浮在海洋上的所有冰。北冰洋是世界上最大的海冰区。（4）冰原。大面积的平坦的冰。可以是海冰、冰帽、高山冰，直径通常超过10km。

【冰毒】（methamphetamine，MA） 又称甲基苯丙胺。小剂量时具为有短暂的兴奋抗疲劳作用。在麻黄碱化学结构基础上改造而来，故又有“去氧麻黄素”之称。因其原料外观为纯白结晶体，晶莹剔透，故被吸毒、贩毒者称为“冰”；又由于它具有剧烈的毒性，人们便称之为“冰毒”。该药丸剂有“大力丸”之称。又因苯丙胺有译音为“安非他明”或“安非他命”，故甲基苯丙胺也有甲基安非他明之称。此外，甲基苯丙胺药用为片剂，作为毒品用时多为粉末，也有液体与丸剂。冰毒是严重危害人类健康的毒品，被世界各国严厉禁止。

加工成型的冰毒

【“冰河”】（glacier） 具有远程监控功能的著名木马程序。具体功能包括：（1）自动跟踪目标机屏幕变化，同时可以完全模拟键盘及鼠标输入。（2）记录各种口令信息。包括开机口令、屏保口令、各种共享资源口令及绝大多数在对话框中出现过的口令信息，且在1.2以上的版本中允许用户对该功能自行扩充，2.0以上版本还同时提供了击键记录功能。（3）获取系统信息。包括计算机名、注册公司、当前用户、系统路径、操作系统版本、当前显示分辨率、物理及逻辑磁盘信息等多项系统数据。（4）限制系统功能。包括远程关机、远程重启计算机、锁定鼠标、锁定系统热键及锁定注册表等多项功能限制。（5）远程文件操作。包括创建、上传、下载、复制、删除文件或目录、文件压缩、快速浏览文本文件、远程打开文件等多项文件操作功能。（6）注册表操作。包括对主键的浏览、增删、复制、重命名和对键值的读写等所有注册表操作功能。（7）发送信息。以四种常用图标向被控端发送简短信息。（8）点对点通信。以聊天室形式同被控端进行在线交谈。

【冰荷载】（ice load） 海冰对海洋工程建筑物的作用力。其作用形式一般有：（1）在风和水流推动下流冰产生的冲击力或摩擦力。（2）在风和水流作用下大面积冰块产生的挤压力。（3）由于水位升降而引起冰层对透空式建筑物的竖向作用力。（4）冰块在建筑物上堆积引起的竖向静荷载。（5）水体结冰膨胀而产生的膨胀力。冰荷载作用的形式应根据当地冰情及建筑物结构型式来确定。冰荷载取决于冰厚、冰块结构和尺寸，冰的物理力学性质，建筑物形状尺寸和刚度、建筑物与冰相互作用特点等。目前冰荷载的计算方法多属半经验性。减少冰荷载和提高建筑物防冰能力的方法有缩小建筑物迎冰面的尺寸，改变其水位线附近的结构形状，受冰凌作用部分采用高标号混凝土、花岗石镶面或包钢板，结冰期采取破冰措施等。

【冰架】(ice shelf) 与海岸连在一起相当厚的漂浮或搁浅的大冰原。其厚度从岸边向冰前沿方向逐渐减小，高出海面2～50m或更高。苏联科学家认为，其根部厚度为200～1 300m，前沿处厚度为50～400m。通常，冰架的水平范围很大，其表面平滑或略有起伏，冰架是陆地冰川向海的延伸，并通过冰上积雪的硬化而增加厚度。世界上最大的冰架是南极洲的罗斯陆缘冰和菲尔希纳陆缘冰，其面积均为数十万平方千米。

冰架

【冰力学特征】(ice mechanical characteristic) 冰承受荷载的性能。海冰的力学强度比海洋工程建筑物的材料强度要小得多，因而海冰作用在结构物上的冰压力，主要取决于海冰自身的强度极限。其力学性能参数主要有密度、抗压强度、抗张强度、弹性模量、泊松比、温度膨胀系数、摩擦系数、附着力强度、抗弯强度等。海冰为弹、塑性体，其强度明显低于淡水冰。海冰的强度除与其温度、含盐度及结晶构造、龄期和成长条件有关外，还与试验冰样的加载速度(加载率)及应变率密切相关。冰体的上、下部强度不同。在工程应用中常用冰体强度的垂直分布的平均值来代表冰的强度参数。因为影响海冰强度的因素很多，各海区实测资料都有一定的地区性和局限性，变化范围很大。在海洋工程设计时，应尽可能进行实地观察和冰样的力学性能试验。

【冰砾阜】(kame) 一种大致呈圆锥形态的冰碛物。分布在比较宽阔平缓的古冰川谷地或宽尾冰川退缩后的山前冰水扇形地中和冰盖冰川退缩后的平缓地区。当冰川流经上述地段时，由于差别消融在冰面上形成一个个锅穴状的冰面湖泊，周围的冰碛石砾不断滚入湖泊中。当气候变暖、冰川大规模后退消融时，湖泊中的冰碛物便堆积而成为大致呈圆锥形状的冰砾阜。冰砾阜的规模、范围和数量与原冰川的长度和大小有关。在中国西藏波密县的波得臧布江流域的则普冰川下游至林穷一带的冰水阶地上还存留有上千个上万年之前形成的冰砾阜，最大的高达50m，一般高5m以上，分布绵延数十千米。可以想象当年冰川那十分壮观的景象。此外，在北美、北欧和中国的天山、喜马拉雅山一些古冰川地区也可以观察到冰砾阜现象。

【冰凌洪水】(ice flood) 河流中因冰凌阻塞和河道内蓄冰和蓄水量的突然释放，而引起的显著涨水现象。它是热力、动力、河道形态等因素综合作用的结果。水在0℃或低于0℃时，凝结成的固体称为冰。流动的冰称为凌。有时冰、凌通用，没有严格区别。按洪水成因的不同冰凌洪水可分为冰塞洪水、冰坝洪水和融冰洪水3种。(1)冰塞洪水。河流封冻后，冰盖下冰花、碎冰大量堆积，堵塞部分过水断面，造成上游河段水位显著壅高。当冰塞融解时，蓄水下泄形成洪水过程。(2)冰坝洪水。冰坝一般发生在开河期，大量流冰在河道内受阻，冰块上爬下插，堆积成横跨断面的坝状冰体，严重堵塞过水断面，使坝的上游水位显著壅高。当冰坝突然破坏时，原来的蓄冰和槽蓄水量迅速下泄，形成凌峰向下游演进。(3)融冰洪水。封冻河流或河段的冰盖主要因热力作用逐渐融解，河槽蓄水缓慢下泄而形成的洪水。

【冰蘑菇】(glacial mushroom) 发育在中低纬度大陆性山岳冰川消融区的一种蘑菇状地貌景观。因其形态与蘑菇相近而得名。当冰川消融区的冰体在太阳辐射作用下发生消融时，若冰面上正好有一块石碛覆盖，周围的冰体因辐射消融而下切，石碛下面的冰体却受到保护，在这种差别消融的过程中石碛被其下的冰柱顶托而形成“冰蘑菇”景观形态。随着冰川的运动和消融，石碛可能发生滑落、翻滚，其下的冰柱会被迅速夷平，但在石碛滚落的地方还有可能形成新的冰蘑菇景观。冰蘑菇的规模可以大到如房屋，小到如桌几。在大多数山岳冰川的消融区中尾位，都可以观察到冰蘑菇的分布。

冰蘑菇

【冰瀑布】(ice fall) 发育在现代山岳冰川上的瀑布状运动－构造景观。冰川向下游运动时，如果谷地突然狭窄造成冰体雍高，或者下伏地形坡度突然增大使冰流变陡，于是就形成了十分壮观的冰川瀑布景观。在世界各高山、高原边缘冰川区，都可以观察到冰瀑布景观。中国西藏东南部和横断山区是冰瀑布分布的高密区。位于林芝地区的阿扎冰川冰瀑布、卡钦冰川冰瀑布、米堆冰川冰瀑布的垂直高度都在700m以上。米堆冰川更以两条垂直高差近1 000m的复式冰瀑布横亘在冰川的消融区上部而著称于世。目前发现的世界上最大的冰瀑布,位于中国四川省甘孜州贡嘎山东坡的海螺沟冰川上,其垂直高度为1 080m。

冰瀑布

【冰期与间冰期】(ice age and interglacial period) 冰期指有大面积冰川覆盖且有强烈冰川作用的重要地质时期。有广义和狭义之分。广义的冰期又称大冰期。大冰期中气候较寒冷的时期称冰期。气候较温暖的时期称间冰期。在地质史中至少出现过三次大冰期。最早的一次发生于寒武纪的晚期。第二次发生于石炭纪至二叠纪。最后一次为第四纪冰期。

【冰淇淋】(ice cream) 又称雪糕。用乳和乳制品、蛋或蛋制品、甜味剂、香味剂、稳定剂及食用色素做原料,经冷冻加工而成的冷食品。按其坯料有无添加不溶性颗粒原料和坯外是否复合其他坯料分为清型、混合型和复合型;按其脂肪含量的不同又可分为高脂、中脂和低脂。根据辅料的不同每一种类型又可分为若干种。高脂型含脂肪不少于14%,中脂型不少于10%,低脂型不少于4%。按其软硬程度的不同可分为硬冰淇淋和软冰淇淋;按其包装形式的不同可分为:砖型、杯形、锥形、异型和蛋糕型等。色泽均匀,组织细腻,营养价值高。其生产工艺流程是:配料→杀菌→均质→冷却→老化→凝冻→灌装→硬化→成品。

冰淇淋

【冰碛物】(moraine) 冰川在形成、发育和运动过程中所形成的碎屑岩石物质堆积。运动过程中的冰川会对流经的山坡和谷床产生侵蚀作用。侵蚀产生的石砾、砂碛连同谷地上游和山坡高处滚落到冰川上的风化石碛一起,随同冰川运动到下游。其中一部分富集在冰川消融区中下部位的冰川表面,称为表碛;一部分堆积在冰川消融区两侧,称为侧碛;一部分堆积在冰川末端,称为终碛。如果一条冰川由两条以上冰流汇合而成,那么在汇流以后的冰流之间还会形成和冰流方向一致的条带状表碛,称为中碛。受冰川运动和消融的影响,表碛和中碛的形态随时处于变动之中。终碛和侧碛则是冰川物质平衡处于相对稳定的时间尺度中形成的有固定形态的堆积体。只有当冰川重新处于前进状态时,超厚和前进的冰体才有可能覆盖或夷平老的侧碛和终碛体。如果冰川处于间断性的后退,就会在冰川后退的谷床中形成间断的终碛体和侧碛体。冰川的终碛、侧碛体和自然界中诸如泥石流、滑坡、洪水、山坡滚落物等的堆积形态具有明显的区别:终碛和侧碛体呈垄岗状,极像一座座小的山丘,而其他堆积物或者呈水平状(如一些河流阶地),或者只向一个方向倾斜。通过冰碛物的形态、规模和空间分布的研究,可以对冰川过去的地质历史进行复原并对历史气候进行研究,从而对未来气候环境的变化进行分析和预测。

【冰山】(iceberg) 从南极或北极冰川末端断裂跌入海洋中的巨大冰川冰体。极地冰川冰体运动到海－冰交界处时,或因地形陡峭,或因冰体深入海面受海水浪蚀顶托而发生断裂。一些规模巨大的断裂冰体漂浮在两极附近的洋面上,形成了十分壮观的冰山群。冰山是极地冰川物质平衡中物质支出的重要方式。由于冰和海水的密度比大约为0.9∶1,所以每座冰山隐藏在海水中的冰体是海面之上可见部分的9倍。由于洋流作用,冰山会缓慢地向低纬度方向飘动。随着水温和气温的升高,冰山的规模也会越来越小,最后完全融于大洋之中。冰山是宝贵的淡水资源。有科学家设想:如果快速将它们拉运到比如非洲干旱国家沿岸,将可缓解那里的缺水问题。

冰山

【冰舌】(glacier tongue) 山谷冰川的消融区。因其像舌状一样蜿蜒于山谷之中,故名。一般要比积累区长,但其宽度却远小于积累区。若一条冰川有两个以上积累盆地,汇流之后的冰舌将表现出条带状分布,且彼此间有中碛区隔,在平面上显得十分规律而美丽。冰舌中上游比较洁净,中下游会有表碛分布甚至被表碛覆盖。冰

冰舌

舌厚度及末端位置的变化(前进、后退或稳定),敏感而明显地反映了气候变化的现状和趋势,是研究环境变化的重要对象。

【冰塔林】(serac) 发育在中低纬度大陆性山岳冰川消融区的一种塔林状地貌景观。典型的冰塔林分布在喜马拉雅山中部和喀喇昆仑山中国、尼泊尔、巴基斯坦境内一些大型冰川以及中国境内西昆仑山的大型冰川上。此外,中国的唐古拉山、长江源头格拉丹东峰、天山主峰托木尔峰大型冰川上也有分布。单个冰塔下大上小,全由冰川冰构成。冰塔林高度从几米到几十米不等,最高可达30m以上。分布从海拔6 000m左右的雪线开始可一直延伸到冰川末端。其形成之初源于雪线附近冰川的的张性裂隙,中低纬度高角度太阳辐射沿着冰裂隙对冰壁产生辐射融蚀。随着冰川向下游的运动,辐射融蚀的深度加大,冰塔的高度越来越大,冰塔的型态也越来越完善。冰塔林无时无刻都处在消融作用的影响之中。当冰川运动到海拔更低的地方时,由于消融强度增大,冰塔林的规模将会越来越小以至于最终被夷平。中国境内珠穆朗玛峰绒布冰川、喀喇昆仑山的迦雪布鲁姆冰川、乌尔多克冰川和音苏盖提冰川,都发育分布着规模巨大且非常壮观的冰塔林景观。

冰塔林

【冰蓄冷技术】(ice refrigeration technology) 电网低谷时,制冰蓄冷,在用冷负荷高峰时,将储存冷量进行释放的成套技术。是近年来在国内外兴起的一门实用综合技术。经济增长对电力需求量加大,一天内用电高峰与低谷差距不断拉大,电网运行的不均匀情况日趋严重。经常出现高峰时段局部拉闸限电,而低谷时段发电厂与输配电设施负荷率又偏低的现象,影响了发电的成本和电网的安全运行。实施电力负荷的移峰填谷,可以对电网调剂电力起到一定作用,有利于资源优化配置,同时用户的电费也大幅下降。

【冰岩芯】(ice core) 在冰川上钻取的柱状冰体样品。在南极和北极的大型冰盖上,科学家选择下伏地形平缓甚至低洼的地方钻取冰芯样品,通过层位学、微量元素、冰晶结构、气泡成分和含量及稳定同位素等研究,对冰川成冰作用、形成及演变、古气候环境等进行分析研究,并通过这些研究对未来地球气候环境的变化进行推测。但在中国的高山高原上的冰川上,钻取的冰岩芯却由于浑圆且倾斜的下伏地形,无法科学而准确地从中提取到长时段系列地质历史变化的连续信息资料。因为年复一年的冰川运动将存有古老信息的冰体移动到下游融化消失了。

【冰洋气团】(arctic air mass) 形成于极地冰雪覆盖下的陆地和海洋的气团。在北极和南极分别称为“北极气团”和“南极气团”。按其形成的源地的不同又可分为海洋性冰洋气团和大陆性冰洋气团。它们在发源地的一般特征为低温、干燥、晴朗、能见度好、层结稳定。

【丙氨酸–葡萄糖循环】(alanine-glucose cycle) 丙氨酸和葡萄糖周而复始地转变,以完成肌肉和肝之间氨(NH_3)的转运过程。肌肉中的氨基酸经转氨基作用,把氨基转给丙酮酸生成丙氨酸,丙氨酸经血液运至肝脏,在肝脏中通过联合脱氨基作用,生成丙酮酸,并释放氨,氨即在肝脏内合成尿素。而丙酮酸经糖异生转变成葡萄糖,葡萄糖又随血液运往肌肉,沿糖酵解途径转变为丙酮酸,再接受氨又生成丙氨酸。由于氨具有毒性,特别是脑对氨的作用尤为敏感,而体内氨基酸及其他物质,每时每刻都在进行代谢产生氨,氨从肠道吸收进入血液后形成血氨。正常生理情况下,血氨水平在47~65μmol/L。通过这一循环,一方面是肌肉中的氨以无毒性的丙氨酸形式运输到肝脏,以便进一步代谢;另一方面,又使肝脏为肌肉提供了葡萄糖,作为肌肉活动的供能物质。所以,丙氨酸–葡萄糖循环是血氨的运输形式之一,对人体的健康、防止氨中毒的发生具有重要的意义。

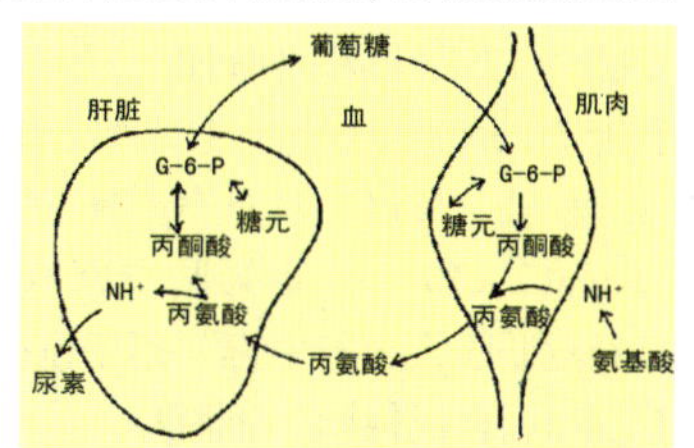

丙氨酸–葡萄糖循环

【丙纶】(polypropylene,PP) 等规聚丙烯纤维的中国商品名。1955年研制成功。1957年由意大利开始工业化生产。丙纶的品种较多,有长丝、短纤维、膜裂纤维、鬃丝和扁丝等。丙纶的密度仅为$0.91g/cm^3$,只有棉纤维的3/5,是目前所有合成纤维中最轻的纤维。丙纶的强度较高,约5.0cN/dtex。断裂伸长达到30%~60%。

丙纶绳

初始模量接近涤纶,但蠕变伸长大于涤纶。具有较好的耐化学腐蚀性,不霉不蛀。具有良好的电绝缘性能。标准状态下回潮率接近0,但导湿性能好。丙纶的耐热性和耐光性较差,染色困难,手感差,欠挺括,易老化。一般用作产业用纺织品和室内装饰织物如地毯。

【丙烷燃料电池】(propane fuel cell) 以丙烷为动力的固体氧化燃料电池。固体氧化燃料电池通常利用燃料与氧气的混合物来工作。丙烷燃料电池是以丙烷气为燃料。其结构简单,致密紧凑,有一个氧气、燃料入口和一个排气口。一般的燃料电池利用氢或甲醇工作;而丙烷燃料电池利用丙烷工作。丙烷具有很大的能量密度,因此能以紧凑压缩状态保存,大大增加燃料电池的容量,更适合于日常电子仪器供电。

【丙烯腈】(acrylonitrile) 又称氰基乙烯。由丙烯、氨和空气通过催化剂而生成的化合物。微溶于水。易溶于乙醚、乙醇、丙酮、苯和四氯化碳等有机溶剂。遇火种、高温、氧化剂有燃烧爆炸的危险。其蒸气与空气混合能形成爆炸性混合物,爆炸极限为3.1%~17%(体积百分比)。易挥发。有腐蚀性。沸点为77.3℃。闪点为-1.1℃(开杯)。熔点-82℃。自燃点481℃。空气中的容许浓度为20ppm(2×10^{-5})。丙烯腈有剧毒,不仅蒸气有毒,而且经皮肤吸入也能中毒。用于制造聚丙烯腈、丁腈橡胶、染料、合成树脂、医药等。

【丙烯酸酯建筑密封膏】(acrylic latex building sealant) 以丙烯酸酯乳液为主要成分,掺以少量表面活性剂、增塑剂、改性剂及填充料和色料等配制而成的非定型密封材料。该密封膏具有黏结性能好、延伸率高等优点。适用于各种材料门窗的接缝密封以及建筑、装修等材料间的密封。

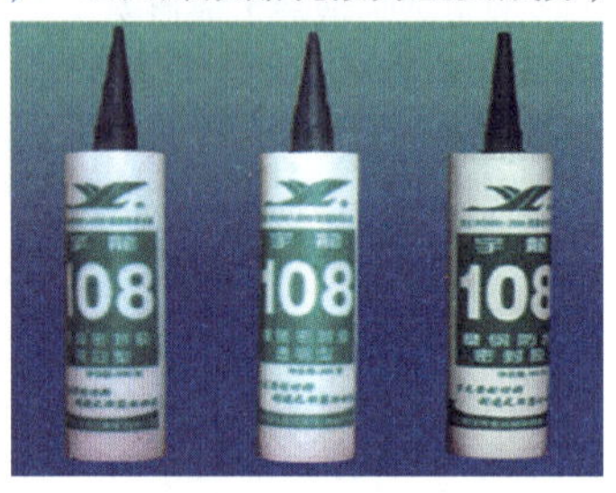

丙烯酸酯密封膏

【丙烯酸酯类高分子共聚物】(copolymer of acrylate) 甲基丙烯酸甲酯、丙烯酸酯等单体的共聚物。新开发的抗冲击改性剂。可使材料的抗冲击强度增大几十倍。属于核壳结构的冲击改性剂。与其他改性剂相比,具有加工性能好、表面光洁、耐老化、焊角强度高等特点。适用于需要良好耐候性的不透明PVC制品,如管道、建筑材料(壁板、门窗异型材、管件、百叶窗、雨水槽等)以及注塑、吹塑制品等。

【丙型肝炎病毒】(hepatitis C virus, HCV) 引起人类急慢性丙型肝炎的RNA病毒。病毒体呈球形,直径小于80nm。为单股正链RNA病毒。在核衣壳外包绕含脂质的囊膜,囊膜上有刺突。HCV体外培养尚未找到敏感有效的细胞培养系统,但黑猩猩对HCV很敏感。HCV-RNA大约有9.5kb组成。在5′非编码区下游紧接一开放的阅读框(ORF),能编码一长3 014个氨基酸的多聚蛋白前体。可经宿主细胞和病毒自身蛋白酶作用后,裂解成各自独立病毒蛋白。即三种结构蛋白:核衣壳蛋白(或称核心蛋白,C),E1、E2/NS1的糖蛋白,及非结构蛋白NS2、NS3、NS4、NS5。丙型肝炎的传染源主要为急性临床型和无症状的亚临床病人、慢性病人和病毒携带者。一般病人发病前12天,其血液即有感染性,并可带毒12年以上。主要经血源传播。国外30%~90%输血后肝炎为丙型肝炎,中国输血后肝炎中丙型肝炎占1/3。此外还可通过其他方式如母婴垂直传播,家庭日常接触和性传播等。

【丙种射线】(gammaray) 又称伽马射线、γ射线。镭和其他一些放射性元素的原子放出的射线。是波长短于0.2A(1A = 1x10^{-10}m)的电磁波。当γ射线通过物质并与原子相互作用时,会产生光电效应、康普顿效应和正负电子对效应其穿透能力比X射线更强。能穿透几十厘米厚的钢板。当人体受到γ射线照射时,γ射线可以进入到人体的内部,并与体内细胞发生电离作用。电离产生的离子能侵蚀复杂的有机分子,如蛋白质、核酸和酶。这些都是构成活细胞组织的主要成分,一旦遭到破坏,就会导致人体内的正常化学过程受到干扰,严重的可以使细胞死亡。在工业上,可用来探伤或流水线的自动控制;在医学上,用来消毒、治疗肿瘤等。

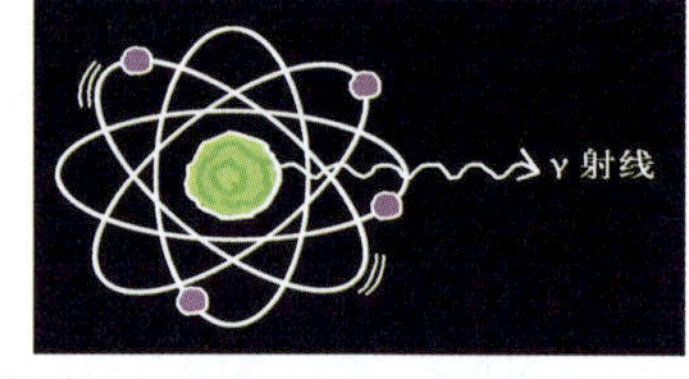

丙种射线

【饼干】(biscuit) 一种松脆干制面食品。用油、糖、面及牛奶、蛋黄等辅料经和面、压片、成型和烘烤而成。口感酥、脆,有奶香、蜜香和可可香风味。按其原料配比的不同可分为:粗饼干、韧性饼干、酥性饼干、甜酥性饼干和发酵饼干;按其成型方法与油糖用量的不

饼干

同可分为：苏打饼干、冲印硬饼干、辊印饼干、冲印软性饼干和挤条饼干。花色品种繁多，有长、方、圆及动物、玩具等多种形状。饼干中的香料和色素对人体健康有一定损害，不宜多用。

【屏气发作】(breath nolding spell) 又称呼吸暂停征。由于啼哭发生呼吸暂停的一种临床特征。多发生于6~18个月婴儿。发病的主要原因是：中枢神经系统发育不完善，神经调节功能不良。受到诱发因素，如疼痛或神经刺激，痛苦、害怕、恐惧、发怒、受挫折等，出现强烈的情感爆发，大声哭叫，张大嘴深吸气及过度换气，不能呼出，接着出现屏气；呼吸停止，口唇发绀，四肢僵直，意识丧失，全身僵直，角弓反张，四肢抽动；大约1min，最长2~3min后，全身肌肉松弛，出现呼吸，甚至恢复。这是1次完整的发作。屏气次数不定，重者一日数次发作。随着年龄的增长，发作次数减少，5~6岁以后停止发作。其预防与治疗：创造良好的家庭关系，宽松和睦的环境，避免患儿情绪不快。在屏气发作时，使小儿侧卧，避免头部损伤及异物吸入，清理呼吸道。

【并励直流电动机】(shunt-excited and direct-current motor) 励磁绕组与转子绕组相并联的直流电动机。其励磁电流较恒定。再启动转矩与电枢电流成正比。启动电流约为额定电流的2.5倍左右。转速则随电流及转矩的增大而略有下降。短时过载转矩为额定转矩的1.5倍。转速变化率较小，为5%~15%。可通过磁场的恒功率来调速。其特点是：(1)励磁绕组与电枢共用同一电源。(2)与其他励直流电动机的性能相同。(3)绕组两端电压就是电枢两端电压，励磁绕组用细导线绕成，通过它的励磁电流较小。广泛应用于收录机、录像机、影碟机等。

并励直流电动机

【并联】(parallel connection) 将两个或两个以上电路元件中每个元件的二端口，分别接到一对公共节点上的连接方式。其电路的特点是：(1)所有并联元件的端电压相同。(2)并联电路的总电流是所有元件的电流之和。(3)若干电阻并联时，并联电路的总电导是所有电阻的电导之和，即总电阻倒数是所有电阻的倒数之和。

【并联机构】(parallel mechanism) 在运动平台与固定平台之间由两个或两个以上的分支机构相连，且运动平台自由度大于或等于2，并以并联方式驱动的机构。根据驱动方式和分支机构的不同，并联机构可分为完全并联机构和非完全并联机构。若运动平台与固定平台之间由若干个分支相连接，每个分支上仅有一个驱动力或驱动力矩，则该机构称为完全并联机构；否则，称为非完全并联机构。此外，将多节并联机构经串接而构成的机构称为串并联机构，也属于并联机构的研究范畴，是超多自由度系统。并联机构虽形式各异，但它们具有共同的特点：刚度好，负载能力强，微动精度高，工作空间小。并联机构典型的应用实例是飞行模拟器和并联结构数控机床。

【并条机】(doubling and drawing machine) 将梳棉机生产的生条进一步并合、牵伸、混合，并将其规则地圈放在棉条筒内的设备。主要机构有导条罗拉、给棉罗拉、牵伸罗拉、喇叭口、紧压罗拉和圈条器。其原理是：任何两根粗细不等的棉条相并合，会使并合后棉条的均匀度得到改善。一般将6~8根棉条并合喂入并条机制成一根棉条。该条子经过牵伸装置抽长拉细到原来的长度，用反复并合的方法制成熟条，卷绕在棉条筒内。

并条机

【并行程序设计】(parallel programming) 能同时执行两个以上运算或逻辑操作的程序设计。分为控制并行性和数据并行性。按照不同的并行程序设计方法，与其相适应的硬件类型有：多处理机、向量机、大规模并行机和机群系统等。其特点是：(1)同时性。即平行性，两个或多个事件在同一时刻发生。(2)并发性。两个或多个事件在同一时间间隔内发生。(3)基本计算单位是进程。并行程序有多种模型，包括：共享存储、分布存储(消息传递)、数据并行和面向对象。

【并行处理系统】(parallel processing system) 由多个可同时工作的处理部件或处理机构成的计算机系统。其作用是：(1)同时运行同一程序内的多个任务或过程。(2)同时运行多个作业或大型计算问题的多个独立程序。(3)提高系统的运算速度、吞吐量或有效地利用系统资源。(4)利用不同处理机同时运行同一个程序，以便提高系统的可靠性。按照并行处理形式的不同可分为:共享存储多处理机系统、消息传递并行处理系统、分布式共享存储并行处理系统、阵列处理机系统、多线程并行处理系统、数据流计算机系统等。该系统在天气预报、空气动力学计算、石油勘探、核反应模拟、基因分析与遗传工程研究、海洋动力学与天体物理计算、超大规模集成电路设计、模式识别与人工神经网络计算等领域广泛应用。

并行处理系统

【并行传输】(parallel transmission) 一种在计算机之间或计算机与外部设备之间传送数据的方法。其特点是:以成组的方式传送数据,将构成一个字符代码的几位二进制码,分别在几个并行信道上进行传输。传输速度快。其优点是:(1)一次传送一个字符,收发数据不存在字符的同步问题。(2)不需要另加起、止信号或其他同步信号来实现双方的字符同步。(3)传输速度快。常见的计算机与打印机的连接就是并行传输。

并行传输

【并行工程】(concurrent engineering, CE) 对产品及其生产与支持过程进行并行、一体化设计的系统方法。并行工程也可看做是计算机集成制造的第二阶段,即产品开发过程的集成。其特征是:(1)缩短产品开发时间。(2)减少设计反复及变更的次数。(3)及时解决在设计、开发过程中出现的矛盾。(4)减少做原型的次数。(5)不同专业密切合作,易于产生新的思想和概念。实行并行工程的关键,是对产品开发过程进行建模、分析与设计。并行工程在机械制造业中广泛应用。

【并行计算】(parallel computing) 一种同时使用多种计算资源解决计算问题的过程模式。是在串行计算的基础上演变而来的。分为时间上的并行和空间上的并行。前者指流水线技术,后者指用多个处理器并行的执行计算。其功能是:可充分利用非本地资源,节约成本;能使用多个普通计算机资源取代大型计算机,同时克服单个计算机上存在的存储器限制等。其特征是:(1)将工作分离成离散部分。(2)及时地执行多个程序指令。(3)在多计算资源下解决问题。用于快速解决大型且复杂的计算问题。

【并行接口】(parallel interface) 计算机与外围设备之间进行数据传送的接口。通常能在多条线上一次同时传输一组二进制数字位,将给定的所有信息,使用各自的数据线同时传输。其特征是:(1)具有一个或多个数据端口。(2)每个端口应具有计算机与外设进行联络控制的功能。(3)计算机、端口及外设之间能够以中断方式进行通信。(4)接口可有多种工作方式,并且能够由用户编程控制。其优点是:(1)不需在接口中应用其他的卡。(2)无限制连接数目(只要你有足够的端口)。(3)设备安装及使用容易。(4)传输速率高。并行接口常用于快速、近距离的设备与主机的连接。

【并行设计】(concurrent design, CD) 产品设计一开始,就考虑到产品在整个生命周期中从概念形成到报废处理的所有因素的设计活动。是面向产品的全生命周期的设计。它包括产品质量、制造成本、进度计划和充分利用企业内的一切资源,最大限度地满足用户的要求。在并行设计中,应及时运用已有标准规范、知识等评价产品设计,尽早发现后续各环节过程中可能存在的问题,及时提出改进,保证产品设计、工艺设计、制造的一致性和效率。它能够使现代产品设计具有高度预见性和预防性。具体地讲,由于在设计阶段不仅设计出产品,同时也确定了与生产、工艺、资源保障有关的计划,充分考虑到产品的制造技术、制造质量、可维修性等问题,使产品能够满足用户要求,具有较高的可靠性和实用性,一次达到设计目的。并行设计可缩短产品投放市场的时间,降低产品的成本,提高产品质量,符合市场和用户的需要,增强产品的市场竞争力。

【病残率】(disability rate) 在某一人群中,在一定期间内实际存在的病残人数所占的比例。即指通过询问调查或健康检查确诊的病残人数与调查人数之比。病残率 = 病残人数/调查人数 × K,K = 100%、1 000‰……。用于说明病残在人群中发生的频率。可对人群中严重危害健康的任何具体病残进行单项同级评估。

【病虫害预测预报】(forecast of plant diseases and inset pest) 用来估计病虫害未来发生趋势并提供情报信息和咨询服务的一种应用技术。按预测预报内容的不同可分为:发生期预测、发生量预测、分布预测和估计损失预测;按预测期限长短的不同可分为:短期预测、中期预测和长期预测;按预测的空间范围的不同可分为:本地病虫源预测和外地病虫源预测。

【病毒】(virus) 在活细胞内寄生并复制的非细胞结构的微小生命体。主要由核酸和蛋白质外壳组成。较大的病毒直径为300~450 nm。较小的病毒直径仅为18~22 nm。其形态有:(1)球状病毒。(2)杆状病毒。(3)砖形病毒。(4)有包膜的球状病毒。(5)具有球状头部的病毒。(6)封于包涵体内的昆虫病毒。病毒的主要特点是:(1)含有单一核酸DNA或RNA(核糖核酸)的基因组和蛋白质外壳,没有细胞结构。(2)在感染细胞的同时或稍后释放其核酸,然后以核酸复制的方式增殖,而不是以分裂方式增殖。(3)严格的细胞内寄生性。

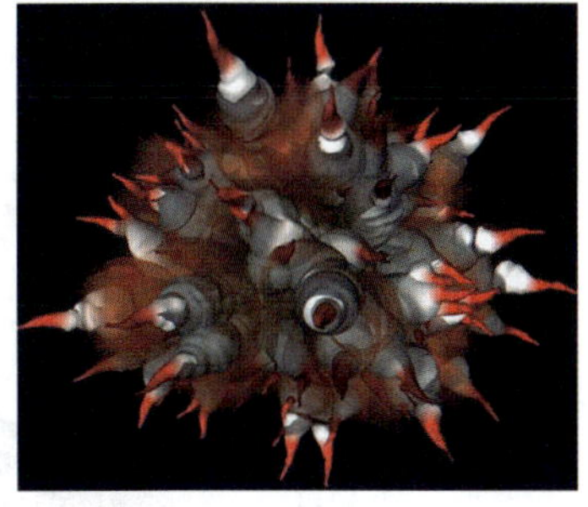
蠕虫病毒

【病毒癌基因】(viral oncogene) 病毒携带着的致转化基因。癌基因是指在自然或实验条件下,具有潜在诱导细胞恶性转化的基因。现直接观察到一种能诱导宿主细胞转化的RNA病毒颗粒,携带了使正常细胞转化为肿瘤的遗传信息,该病毒称为肿瘤病毒。在正常情况下,这些病毒基因并无活性,但一旦受到外界刺激,如辐射、化学致癌剂等的影响,就会全部或部分活化,而具有诱发肿瘤的作用。按其转化功能的不同可分为快转化病毒和慢转化病毒两类。前者真正携带着直接诱发肿瘤的遗传信息(癌基因);后者并不携带癌基因,只不过以它的基因插入到某些细胞基因附近,改变其插入部位基因的表达,从而使细胞癌变。

【病毒变异】(viral variation) 由于各种原因致使病毒的遗传物质发生改变的现象。是病毒在复制过程中保持其种属特征和改变其特性现象的总称。核酸复制时,产生与原核酸完全相同的新核酸分子,保持其遗传稳定性。由于病毒没有细胞结构,缺乏独立的酶系统,其遗传结构受周围环境的影响,尤其是宿主细胞内环境的影响。加之,病毒增殖迅速,短时间内产生许多世代的大量后代病毒,变异的概率相应增加,这又决定了病毒遗传的较大动摇性-变异性。病毒自身基因型发生改变引起的变异称为突变。病毒引起细胞病变性状的变化,主要为蚀斑或病斑的大小、色泽和形状的变化。这些变化已被作为判定病毒变异的重要指标。病毒变异后,有的毒力增强,有的毒力减弱,称之为毒力变异。因此,病毒变异还包括抗原变异、基因产物相互作用以及重组等。病毒的自然变异是非常缓慢的。但这种变异过程可通过外界强烈因素的刺激而加快变异。许多化学和物理因素均可以用来诱发突变,如亚硝酸、羟胺、高温等。

【病毒蛋白】(viral protein) 病毒颗粒中的蛋白和包括在某些类型病毒的颗粒中所含的酶(内在酶)。在病毒颗粒的组成中,蛋白质占的比例最大,多位于病毒的外层。病毒的蛋白质,尤其是核壳蛋白,可保护病毒核酸,使之不被核酸酶等外界因子所破坏。病毒表面的结构蛋白与病毒的宿主特异性有很大关系,如脊髓灰质炎病毒只对灵长类动物的细胞有亲和性。病毒进入机体后,病毒蛋白能使机体产生多种免疫反应,借此可诊断疾病或鉴定病毒。在某些有包膜的病毒中,含有一种无糖基的蛋白质,它位于核蛋白和脂层之间,称为间质蛋白。它一方面与核蛋白连接,另一方面与包膜的脂层相连接,起到固定包膜的作用。在DNA病毒及负链RNA病毒复制时,首先需要经过转录产生mRNA,然后转译病毒特异的蛋白质。在这些病毒颗粒中,有的本身含有转录酶,有的需借助于宿主细胞的转录酶,用以合成mRNA。大致有三类与mRNA合成有关的酶,如转录酶、RNA 5′末端修饰酶、聚A转移酶。另外,在某些类型病毒的颗粒中还有与mRNA有关的其他酶。如以多作用子形式转录mRNA时,有一些特异性很高的核酸酶,把多作用子mRNA切成单作用子mRNA。而在RNA肿瘤病毒中则含反转录酶。

【病毒复制周期】(viral replicative period) 病毒从吸附到宿主细胞再到其生成新的病毒颗粒所需要的时间。病毒的复制周期包括吸附、侵入、脱壳和病毒大分子的合成、装配与释放等过程。研究病毒的复制周期特性,对防治人类和动植物的疾病具有重要意义。如抗病毒疫苗的发展、利用昆虫病毒作为杀虫剂防治植物病虫害等。

【病毒干扰现象】(virus interference) 两种病毒感染同一种细胞或机体时,一种病毒抑制另一种病毒复制的现象。可在同种以及同株的病毒间发生。后者如流感病毒的自身干扰。异种病毒和无亲缘关系的病毒之间也可以干扰,且比较常见。病毒间干扰的机制还不完全清楚,概括起来包括:病毒作用于宿主细胞,诱导产生干扰素。除干扰素外,还有其他因素也能干扰病毒的增殖。如第一种病毒占据或破坏了宿主细胞的表面受体,或者改变了宿主细胞的代谢途径,因而阻止另一种病毒的吸附或穿入,如黏病毒等;也可能是阻止第二种mRNA的转译,如脊髓灰质炎病毒干扰水疱性口炎病毒;还有可能是在复制过程中产生了缺陷性干扰颗粒,能干扰同种的正常病毒在细胞内复制,如流感病毒在鸡胚尿囊液中连续传代,则缺陷性干扰颗粒逐渐增加而发生自身干扰。

【病毒免疫学】(viral immunology) 由病毒学和免疫学发展而来的一门学科。其研究的范围包括:(1)病毒感染和复制的分子机制及其对机体免疫功能的作用。(2)病毒致病的免疫学机制。(3)病毒抗原的特性及抗原表位在病毒感染和免疫中的作用和地位。(4)病毒诱发的免疫应答的特点及其在抗病毒感染中的不同作用和分子机制。(5)病毒感染导致的免疫异常。(6)快速、敏感、特异的新型免疫学检测方法的研制。(7)新型病毒疫苗及免疫技术预防病毒感染的研究。(8)病毒性疾病的分子免疫治疗新途径及其作用机制的研究。由于病毒本身缺乏生物复制及合成所必需的某些酶类及相关功能的生物大分子,其复制必须通过感染活细胞,并借助这些宿主细胞才能实现。因此病毒感染实际上是病毒基因组的释放、转录、转译及复制的结果。它不仅导致了子代病毒的产生,同时也影响着宿主细胞蛋白质和核酸代谢,从而造成宿主细胞不同程度的损伤而引起疾病。感染时机体会通过各种特异性免疫和非特异性免疫机制来抵抗和清除病毒感染。最后能否导致疾病的发生,取决于病毒的毒力、病毒的感染量,病毒侵入机体的途径及在体内扩散的方式等。皮肤是病毒入侵机体的一个重要途径。另外还有各类黏膜组织,包括呼吸道黏膜、消化道黏膜以及泌尿生殖道黏膜。病毒在体内扩散的方式有:(1)感染的局部扩散。(2)经血液、淋巴或神经扩散。(3)经细胞携带扩散。按病毒在感染体内存在时间的长短的不同,可将感染分为急性感染和持续性感染。决定病毒感染类型的主要因素有病毒的毒力和宿主的抵抗力。病毒感染机体后,可诱生特异性的细胞及体液免疫。激发及维持这种反应的物质基础是病毒的抗原。不同的病毒具有不同的抗原结构。受病毒感染后,病毒在宿主细胞中进行复制及繁殖。病毒基因转录翻译的许多不同结构及非结构蛋白可刺激机体产生特异性的免疫应答。参与病毒免疫应答的主要免疫细胞有:(1)抗原呈递细胞。包括单核-巨噬细胞、树突状细胞及B细胞。(2)免疫调控细胞。包括Th细胞及Ts细胞。(3)免疫效应细胞。包括T细胞、B细胞、NK细胞及K细胞。传统概念上的病毒疫苗(减毒活疫苗及灭活疫苗)多为全病毒疫苗。这些疫苗的获得主要依赖病毒的细胞和组织培养及动物接种。在长期的传代及对人群的接种中,这些疫苗有可能发生毒力回复突变,而且有些病毒目前尚不能体外培养,也缺乏常规的易感动物模型。近几年建立、发展的DNA体外重组技术、多肽人工合成技术、裸露DNA免疫技术等,从不同角度解决了上述问题。病毒感染导致的疾病,是病毒与机体双方相互作用的结果。病毒性疾病的分子免疫治疗,也主要从这两方面着手。即抑制病毒的复制、调整免疫应答反应。

【病毒性出血热】(viral hemorrhagic fever) 一组由虫媒病毒所引起的自然疫源性疾病。以发热、出血和休克为主要临床特征。此类疾病在世界上分布很广。临床表现多较严重,且病死率很高。世界上已发现十多种。其病原、寄生宿主和传播途径各不相同,临床表现也有一些差异,并常在一定地区流行。按其传播途径的不同可分为:克里米亚刚果出血热、埃博拉出血热、马堡出血热、拉沙热、裂谷热、登革出血热、黄热病及天花等。各种病毒性出血热目前均无特效治疗方法,对大多数出血热病人,早期使用皮质类固醇治疗,可获得较好的疗效。应积极合理地对症处理。对确有弥漫性血管内凝血(DIC)时,应争取尽可能早期进行抗凝治疗。此外,还应积极预防及治疗休克、大出血、肾功能衰竭、肺水肿和心力衰竭等。

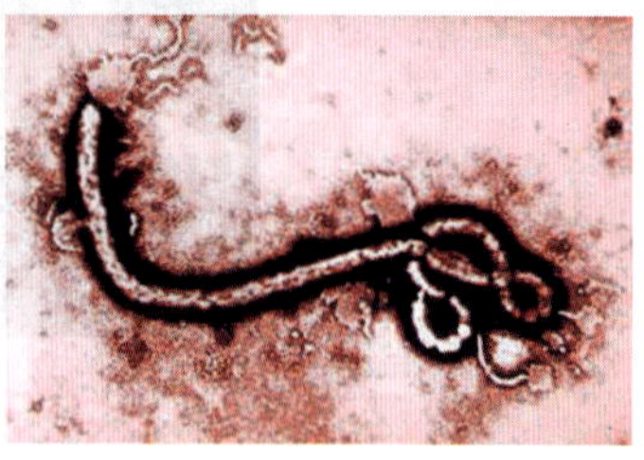

出血热病毒

【病毒性肝炎】(viral hepatitis) 由病毒引起的肝脏炎症及肝细胞坏死。其临床表现轻重不一。可毫无症状,有轻微不适,直至严重肝功能衰竭。一般分为5种类型:(1)甲型。由甲型肝炎病毒(HAV)引起的肠道传染病。其传播途径为粪-口。食入被HAV污染的水源和食物是暴发性流行的最主要传播方式。人对HAV普遍易感,以儿童及青少年多见,但绝大多数为隐性或亚临床型感染。其潜伏期平均30天(5~45天)。在有甲肝流行的地区,绝大多数成年人血清中含有甲肝抗体(抗-HAV IgG)。母亲通过胎盘传给胎儿,出生后在体内持续半年,故新生儿6个月以内不易感染甲肝病毒。6个月以后,血中抗-HAV逐渐消失,成为易感者。其病后获得的抗体一般认为可维持终生。甲肝预后良好,大多3个月痊愈,几乎不发展为慢性。随着灭活疫苗在全世界的使用,该病的流行已得到有效的控制。(2)乙型。由乙型肝炎病毒(HBV)引起。其潜伏期平均70天(30~180天)。是主要通过血液途径传播的肝脏急病。流行于亚洲、非洲、南欧及拉丁美洲。全球有3.5亿慢性HBV感染者。表面抗原的携带率在2%~20%。其中15%~25%的患者死于HBV相关的终末期肝硬化和肝癌。该病主要通过血液、母婴、性接触和密切生活接触等途径传播。人群对 HBV 普遍易感。其临床类型多样化。可表现为:急性肝炎、慢性肝炎、重型肝炎、淤胆型肝炎或 HBV 慢性携带者。成年人免疫系统健全,当感染 HBV 后,一般会清除病毒,形成抗-HBs(乙肝病毒表面抗体),只有 6% 左右的患者转为慢性。初次感染 HBV 的年龄越小,慢性化的比例越高。(3)丙型。由丙型肝炎病毒(HCV)引起。以往称为输血后体液传播型非甲非乙型肝炎病毒。其潜伏期平均 50 天(15~150 天)。急性丙型肝炎症状较轻。有黄疸者仅占 25%,约有 50% 转为慢性。凡未感染过 HCV 的人,不分年龄、性别,均对 HCV 易感。抗-HCV 在发病后 2 周方始出现,为非保护性抗体(抗-HCV 对丙肝病毒无清除作用)。其阳性表示有传染性。抗病毒治疗抗-HCV 不会短期消失。(4)丁型。由丁型肝炎病毒(HDV)引起。其潜伏期尚不明确。HDV 是一种缺陷 RNA 病毒。必须有 HBV 或其他嗜肝 DNA 病毒的辅助才能复制、表达抗原及引起肝脏损害。与 HBV 同时感染时,其临床表现与急性乙肝相似,仅 5% 转为慢性;在 HBV 的基础上重叠感染 HDV 时,病情加重,易转为重症肝炎,恢复期 70% 转为慢性。慢性丁型肝病患者肝组织中 HDAg(丁肝病毒抗体)的检出率为 5.33%~19.7%。目前,对 HDV 的免疫情况了解不多,但已知抗-HDV IgG 为非保护性抗体。(5)戊型。由戊型肝炎病毒(HEV)引起。又名肠道传播非甲非乙型肝炎病毒。其潜伏期平均 40 天(10~70 天)。以急性患者为主,很少形成慢性。隐性感染(无症状感染)多见于儿童。成人感染 HEV 多为显性感染(有临床症状)。30 岁以上隐性感染者增加,提示易感人群随年龄增长而下降。凡未感染过 HEV 的人群对 HEV 均易感。抗-HEV 在血液中仅存留 1 年,提示免疫力不持久。但未发现第二次感染的报道。急性戊肝的表现与甲肝相似,但淤胆较常见,病情较重。尤其妊娠合并戊肝,易发展为重症肝炎。HBV 感染者重叠 HEV 或 HCV 时,也容易发展为重症肝炎。

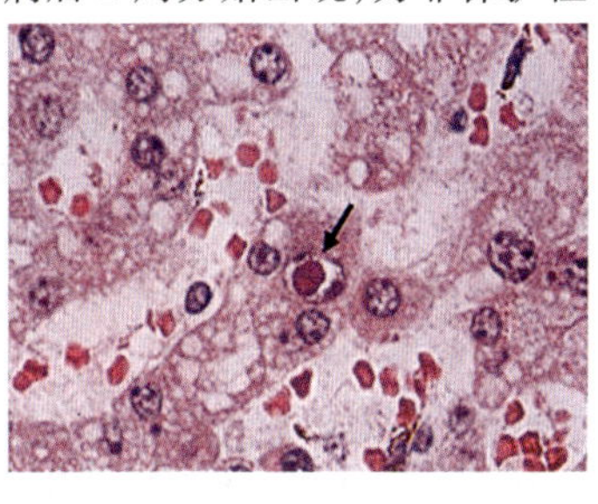

巨细胞病毒性肝炎

【病毒性脑膜炎】(viral meningitis) 由病毒引起的中枢神经系统感染。主要侵袭脑膜。多种病毒均可侵犯中枢神经系统,其中 80% 是肠道病毒,如柯萨奇病毒等;其次是腺病毒,单纯疱疹病毒,腮腺炎病毒等。一般临床症状较轻,急性起病,发热、呕吐、软弱、嗜睡,很像上呼吸道感染。年长儿可诉说头痛;婴儿烦躁,易激惹。很少出现意识障碍、惊厥等。脑膜刺激征(+),无局限性神经系统症状。是自限性疾病,大约 1~2 周内好转并治愈。脑脊液病毒分离及特异性抗体检查可诊断。但脑脊液检查具有重要意义:脑脊液中白细胞数有几十个到 1 百多个每立方毫米,分类以淋巴细胞为主,有少量蛋白,糖正常。主要是对症治疗,可用抗病毒药物。

【病毒性胃肠炎】(viral gastroenteritis) 又称病毒性腹泻。一组由多种病毒引起的急性肠道传染病。与急性胃肠炎有关的病毒种类较多,其中较为重要的、研究较多的是轮状病毒和诺沃克类病毒。此外,嵌杯样病毒、肠腺病毒、星状病毒、柯萨奇病毒以及冠状病毒等亦可引起胃肠炎。轮状病毒胃肠炎是病毒性胃肠炎中最常见的一种。普通轮状病毒主要侵犯婴幼儿,而成人腹泻轮状病毒则可引起青壮年胃肠炎的暴发流行。其临床特点是:起病急,恶心,呕吐,腹痛,腹泻,排水样便或稀便。也可有发热及全身不适等症状。病程短,病死率低。各种病毒所致胃肠炎的临床表现基本类似。

【病毒学】(virology) 以地球上最微小的非细胞生物病毒为研究对象的一门学科。作为地球生物圈中的一类生物因子,人类对病毒的本质及其生命规律的认识,已经历了一个世纪。病毒学获得了巨大的发展,现已成为生命科学领域中一门重要的分支学科。其内容涉及病毒的类型、成分、结构、新陈代谢、生长繁殖、遗传、进化以及分布等生命活动的各个方面,以及病毒与其他生物和环境的相互关系等。病毒学的研究与生命科学及生物技术密切相关。因为病毒是研究生命活动最简单的模型,为近代研究生物大分子结构及其功能、基因组高效表达与调控提供了有力工具,在人类认识生命现象的过程中提供了许多基本的信息。同时,病毒一方面能够引启动物、植物及人类各种疾病,如艾滋病,对人类的生存至今仍是巨大的威胁;另一方面,它又可被用来消除害虫、用作外源基因的表达载体,可以为人类所利用。病毒学又涉及医学、兽医、环境、农业及工业等广阔领域,相应发展成为噬菌体学、医学病毒学、兽医病毒学、环境病毒学、植物病毒学及昆虫病毒学等分支学科。已成为人们认识生命本质,发展国民经济和保证人畜健康而必须深入研究的重点学科。

【病毒增殖】(viral multiplication) 又称病毒复制。病毒核酸通过复制方式进行增殖的现象。病毒在易感活细胞内增殖的方式,不同于其他微生物二分裂方式繁殖,而以复制的方式增殖。是病毒学研究的中心问题之一。是与研究病毒如何感染、如何致病等问题有着密切关系的。病毒增殖和细菌不同,不是有丝分裂,而是复制。复制可以反复进行多次。病毒的整个复制周期,一般包括下列几个阶段:吸附和穿入,脱壳,转录病毒 mRNA,转译病毒蛋白和复制病毒 DNA 或 RNA,装配,成熟和释放。

【病害循环】(disease cycle) 又称侵染循环、侵染链。一种病害从寄主的上一个生长季节开始发生,到下一个生长季节再度发生的过程。包括 3 个主要环节:病原物越冬、越夏的方式或场所;病原物的传播途径和介体;病原物的初侵染和再侵染。各种病害循环不同。同一种病害在不同地区,其病害循环也可不同。植物病害的病害循环的特点是制定防治措施的主要依据。

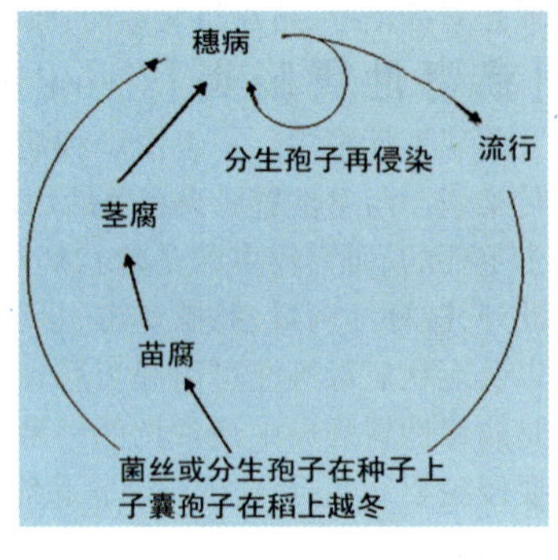

小麦赤霉毒病害循环

【病机】(pathogenesis) 疾病发生、发展的变化机制。即病因作用于人体,致使机体某一部位或层次的生理状态遭到破坏,产生形态、功能、代谢等方面的失调、障碍或损害,且自身又不能一时自行康复的病理变化。病机是疾病的临床表现、发展转归和诊断治疗的内在根据。

【病理解剖学】(pathoanatomy) 病理学的一个分支。又称病理形态学。研究罹病时器官、组织形态和结构变化的学科。基本内容包括大体病理解剖学、病理组织学和细胞病理学三部分。研究材料主要来源于尸体剖检、活检及动物实验。可用各种手段包括肉眼、光学和电子显微镜检查,以及组织化学、免疫组织化学、免疫电镜等技术研究形态上发生的病理变化。

【病理生理学】(pathophysiology) 病理学的一个分支。研究疾病原因、病理发生、发展和结局的一般规律,以及各种病理过程、疾病机能和代谢动态变化的学科。研究内容包括:疾病论、病因和发病论,各种基本病理过程如缺氧、物质代谢障碍、发热、水肿、脱水的机能和代谢变化,及各系统器官在疾病时酸碱平衡障碍应激、弥散性血管内凝血、休克等主要机能和代谢改变。

【病理性发热】(fever) 由于致热原的作用使体温调定点上移而引起的调节性体温升高超过 0.5℃或一天内体温相差 1℃以上现象。每个人的正常体温略有不同,而且受许多因素(时间、季节、环境、月经等)的影响。腋窝体温(检测 10 分钟)超过 37.4℃可定为发热。人在发热时自我均会感到全身不适、乏力、畏寒、四肢关节酸痛等表面症状。引起发热的原因很多。最常见的是感染(包括各种传染病),其次是结缔组织病(胶原病)、恶性肿瘤等。发热本身不是疾病,而是一种症状。是体内抵抗感染的机制之一。发热对人体有利也有害。发热时人体免疫功能明显增强,有利于清除病原体和促进疾病的痊愈。发热可能有缩短疾病时间、增强抗生素效果、降低感染的传染性。发热也是疾病的一个标志。因此,体温不太高时不必用退热药。但如体温超过 40℃(小儿超过 39℃)则可能引起惊厥、昏迷,甚至严重后遗症,故应及时应用退热药及镇静药(特别是小儿)。按温度高低(腋窝温度)的不同可分为:低热型(<38℃)、中热型(38~39℃)、高热型(39~40℃)、超高热型(>40℃)等热型;按体温曲线形态的不同可分为:稽留热、弛张热、间歇热、双峰热、消耗热、波状热、不规则热等热型。大多认为热型与病变性质有关。决定病变性质的因素为内生致热原产生的速度、量和释放入血的速度。这些均影响体温调定点上移的高度和速度。

【病理性反射】(pathologic reflex) 在椎体束病损时,因大脑失去了对脑干和脊髓的抑制作用而出现的异常反射。是巴彬斯基征及其有关的一组体征。其表现为反射减弱或消失和反射亢进两种形式。其反射阳性出现的反应要由刺激下肢不同部位而产生,即踝和母趾背伸的反射动作。是生理性浅、深反射的反常形式。其中多数属于原始的脑干和脊髓反射。出现病理反射为中枢神经系统受损所致。但一岁以内的婴幼儿由于椎体束发育不完善,可以出现此反射。以后随着神经系统的发育成熟,锥体束和锥体外逐渐完善起来形成髓鞘,使这些反射被锥体束所抑制。当锥体束受损,抑制作用解除,病理反射即出现。常见的病理反射有:巴彬斯基征、高尔登征、卡道克征、欧本海姆征、吸吮反射、强握反射和掌额反射等。其中以巴彬斯基征最为常见。

【病理学诊断】(pathological diagnosis) 把有一定病理变化的患各种传染病而死亡的畜禽尸体作为依据的诊断。病理剖检时,应先观察尸体外表,注意其营养状况、皮毛、可视黏膜及天然孔的情况。再按剖检的程序,作认真的系统观察,包括皮下组织、各部淋巴结、胸腔和腹腔的各器官、头部和脑、脊髓的病理变化,进行详细的记录,找出其主要的特征性变化,作出初步的分析和诊断。如需要作病理切片检查和病原学诊断，应按情况留下病料送实验室检查。病畜死亡或急宰后剖检的时间越早越好，以免尸体发生腐败，有碍于正确的观察和诊断。

【病理状态】(pathological state) 相对稳定或局部形态变化发展极慢的病理过程或病理过程的后果。如皮肤烧伤治愈后形成的瘢痕。有些病理状态在一定条件下可转化为病理过程。人类如风湿病导致的心瓣膜改变是一种病理状态，当心脏负荷过度增加时可转化为心力衰竭，这就是病理过程。如慢性猪丹毒引起的赘生性心瓣病变。

【病理组织学】(pathologic histology) 又称组织病理学。病理学的一个分支。研究动物患病时各系统器官组织变化的学科。长期以来应用组织切片技术、染色技术、光学显微镜观察研究病变组织。其结果有助于诊断疾病。

【病例对照分析】(case-control study) 通常经过比较目标人群中患有某种研究疾病的人和未患该病的人过去暴露于某个或某些可疑因素(或保护因素)的频度，来判断暴露因素与该病有无关联以及关联强度大小的一种观察性研究方法。其使用样本量较小，研究耗费时间较短，能较快得出结论。

【病圃】(disease nursery) 在一定面积上种植感病品种的寄主植物，并进行人工接种病原体或天然诱发病害的植物园地。植物抗病育种的基础设施。分天然病圃和人工病圃两种。天然病圃常设在病害常发流行区的重病田块，依靠自然发病进行鉴定。通常要在自然条件和病菌小种区系不同的地点分设多个病圃，进行联合鉴定。若病圃按统一的要求设在多个国家，则称为国际病圃。人工病圃需进行病原物接种，创造适宜病害流行的条件。分别接种多个病原物小种的人工病圃，称为"小种圃"。人工病圃应设在无病地区或无病田块，以避免外来气传接种体或当地自然菌源的干扰。

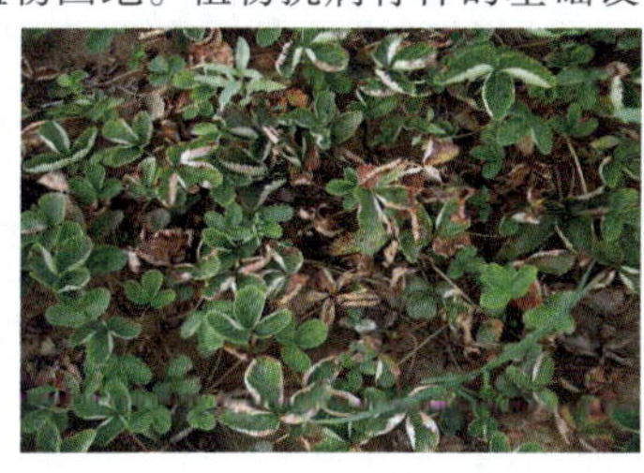
褐斑病圃

【病情指数】(disease index) 又称发病指数。表示单位面积上病害的严重程度。事先应将病株样本按照病情轻重定出分级标准，每一级用一个数值表示，一般划分为4～5级。以5级为例，即用0,1,2,3,4为代表值，0级代表无病，4级代表最严重的发病程度。

【病人角色】(sick role) 又称病人身份。有疾病行为、求医行为以及治疗行为的社会人群。在现实生活中，并非每个患病的人都按病人角色行事，而往往表现为角色行为缺如、角色行为冲突、角色行为减退、角色行为强化以及角色行为异常等。影响病人角色行为变化的因素有：(1)对疾病或症状的主观感受。(2)症状质和量的影响。(3)心理社会因素影响。

【病人角色冲突】(sick role conflict) 病人不能很好地从其他角色转变为病人角色的现象。在现实生活中，人们总是承担着多种社会角色。当病人从其他角色转变为病人角色时，其他角色则处于从属地位。如由于对某种需要的迫切追求，或某种动机的强烈程度超过求医治病的动机，病人会出现心理冲突，表现为焦虑不安甚至痛苦。这对治疗、康复非常不利，甚至导致病情加重。此外，社会舆论对病人过度关注，也可导致病人角色行为冲突加剧。

【病人角色减退】(sick role decrescence) 病人虽然进入病人角色，但由于强烈的其他角色需要，病人往往忽视自己目前占主要地位的病人角色，而偏重于其他角色的现象。病人角色减退会影响治疗和休息，使病情加重，甚至危及生命。

【病人角色强化】(sick role reinforcement) 病人因为患病而导致自信心减弱，依赖性加强，安于"病人角色"的现状，而长期留在医院疗养或在家休养的一种不正常状态。病人这种角色变化，可能是因为病后体力和工作能力下降、原工作生活环境比医院差，以及因病享受到身体健康时所享受不到的精神和经济利益所致。

【病人角色缺如】(sick role absence) 患者未能进入病人角色，根本没有意识到或不愿承认自己是病人的现象。这类患者，虽然医生已作出正确的诊断，但其本人却否认自己有病。出现这种情况的原因，除病人本人真的对自己所患疾病缺乏认识外，还与病人患病后觉得自我价值贬值，影响工作、学习、就业以及婚姻等原因有关。病人角色行为缺如对治疗、康复非常不利。

【病人角色异常】(sick role anomaly) 又称角色行为异常。病人因受病痛折磨而感到精神沮丧、失落、烦恼、忧愁、悲观、失望或绝望等异常现象。如自暴自弃，不愿配合医院治疗或谩骂攻击医务人员，破坏公物和自毁家具，有的甚至逃离医院或离家出走，极少数病人可出现自虐、自残，甚至以自杀寻求解脱。

【病人自控镇痛】(patient controlled analgesia, PCA) 通过一种特殊的注射泵,允许病人自行给药的一种止疼治疗方式。较好地克服了传统的肌肉注射方法的镇痛效果不稳定、不持续、不及时、需依赖医护人员的处方和给药等缺点,因而已成为术后镇痛的主要方法。PCA 广泛应用于各种情况的镇痛治疗。包括:(1)术后急性疼痛的治疗。(2)分娩镇痛治疗。(3)烧伤和创伤疼痛治疗。(4)神经病理性疼痛,如带状疱疹后神经痛、灼痛等。(5)内科疼痛患者,如心绞痛、镰状细胞危象的治疗。(6)癌性疼痛的治疗等。

病人自控镇痛泵

【病死率】(fatality rate) 一定时期内(通常为一年),因某病死亡者占该病患者的比例。病死率 = 某时期因某病死亡人数/同期某病的病人数 × 100%。表示确诊疾病的死亡概率。可反映疾病的严重程度,也可反映医疗水平和诊断能力。常用于急性传染病,较少用于慢性病。

【病态窦房结综合征】(sick sinus syndrome, SSS) 又称病窦综合征。由于窦房结病变导致心脏功能减退、产生多种心律失常的综合表现。在正常情况下,窦房结是正常心脏窦性心律起搏点,60~100 次/分钟的频率发放冲动,通过结间束到房室结然后传到心房、心室肌,完成一次心动周期。一旦窦房结受到损害,必然导致窦房结起搏和窦房传导功能障碍。患者可在不同时间出现一种或多种心律失常。常见的心电图包括:(1)持续而显著的窦性心动过缓(50 次/分钟以下,排除药物所致)。(2)窦性停搏与窦房传导阻滞。(3)窦房传导阻滞与房室传导阻滞并存。(4)心动过速及心动过缓综合征。(5)房室交界区逸搏心律。病窦综合征患者的临床表现轻重不一,常表现为发作性的头晕、黑蒙、乏力等,严重者晕厥等。对症状较重的心动过缓患者应装起搏器,而对于快慢综合征者,除装起搏器外,同时还应使用抗心律失常药物。

【病因】(pathogen) 引起疾病的原因。中医认为主要包括六淫、疠气、七情、饮食、劳倦、外伤、寄生虫、药邪、医过以及先天因素等。病因可分为外感病因、内伤病因、病理产物形成的病因,以及其他病因四大类。

【病因分值】(etiologic fraction) 又称归因分值、归因危险度百分比。通过流行病学病因的初步研究,可以基本确定一些发病因素。对于一种疾病而言,其所有病因因素的集合构成了这种疾病的全病因,而对于其中一个病人来讲,可能是该病全部病因因素的一部分导致发病。某个人或某个群体包含(或暴露)的病因因素越多,他(他们)发病的概率就越大。病因分值分为暴露人群归因分值和人群归因分值。前者指暴露者中由该暴露所致的发病占其全部发病的比例,即假设去除该暴露因素,暴露者中发病降低的比例。后者反映暴露对人群发病的影响,表示由于暴露所致的发病占人群中全部发病的比例。假如去除该暴露因素,人群中发病降低的比例。该指标是一个具有公共卫生意义的指标。

【病因学】(etiology) 研究疾病发生的原因和条件及其在发病中作用的学科。研究内容包括:外界致病因素,即物理、化学、生物、营养等环境因素;内部致病因素,如遗传、免疫及内分泌等因素。引起疾病发生的因素称为病因,指引起疾病必须存在和决定疾病特征的致病因素;条件是指影响疾病发生的内外环境中的各种因素。疾病的发生常是原因和条件综合作用的结果。

【病因学诊断】(etiological diagnosis) 根据致病原因和病原体作出诊断的一种诊断方法。以探究致病因子为基础,往往需要特殊的试验手段,多适用于传染病、寄生虫病和中毒病的诊断。可为特效治疗提供依据。是较理想的诊断方法。

【病因因素】(causal factor of disease) 使人们某病发病概率增加的因素。对于一种疾病而言,其所有病因因素的集合构成了这种疾病的全病因。但在诸多病因因素中,有些因素是必需的,则这些因素称为该病的必要病因因素。如霍乱弧菌与霍乱的关系,霍乱发生必须具有霍乱弧菌,没有霍乱弧菌不可能发生霍乱,即霍乱弧菌是霍乱的必要病因因素。有些因素不是必要病因因素,但它们的存在可以引起疾病发生概率增加。如霍乱,仅有霍乱弧菌存在并不一定都发生霍乱,还需要有其他因素,如饮用生水、胃酸被稀释、缺乏免疫力等。这些因素可能会在部分病人中出现,而且导致他们所在群体发病概率增加,这一类病因因素称为该病的促成病因因素。除必要病因因素以外,其他任何能引起发病概率增加的因素都是促成病因因素,只是它们在决定疾病发生概率中的作用大小或出现概率不同。

【病原菌】(pathogenic bacteria) 见致病菌。

【病原体】(pathogen) 能够引起宿主致病的各类微生物。如细菌、病毒、支原体、衣原体、寄生虫等。病原体侵入宿主机体后能否致病，取决于病原体的特征、数量及其侵入门户。其特点是：(1)传染力。病原体引起易感宿主发生感染的能力。(2)致病力。指病原体侵入宿主后引起临床疾病的能力。其大小取决于病原体在体内的繁殖速度、组织损伤的程度以及病原体能否产生特异性毒素。(3)毒力。指病原体感染机体后引起严重病变的能力。毒力和致病力的差别在于，毒力强调的是疾病的严重程度，可用病死率和重症病例比例来描述。(4)变异性。病原体可因环境条件或遗传因素的变化而发生变异，包括耐药性变异、抗原性变异、毒力变异和适应新宿主等。(5)抗原性或免疫原性。病原体引起宿主机体产生特异性免疫的能力。不同病原体的免疫原性各异。

【病原物传播】(pathogen dissemination) 病原物从侵染源传送至健康植物上的过程。病原物中仅有寄生线虫以及少数病原细菌或真菌的游动孢子和寄生性的真菌（如菟丝子）等可主动传播。植物病毒和绝大多数病原菌都是依靠外界动力而被动传播的。被动传播的动力有：(1)气流。多数真菌孢子借气流扩散。(2)雨水。多数细菌及部分真菌孢子借雨水传播或经雨滴反溅作用而传播；真菌的菌核随灌溉水流传播。(3)昆虫和其他生物。多数植物病毒由昆虫传播。植物线虫可传播棉花枯萎病菌。菟丝子和少数真菌均可传播植物病毒等。(4)人为因素。是指人类在生产和商业活动中转运带病种苗。其传播范围不受自然和地理条件的限制。后果常很严重。田间的农事活动，如间苗、移栽、施肥、灌溉、整枝、脱粒等及使用带菌的工具均可传播病原物。

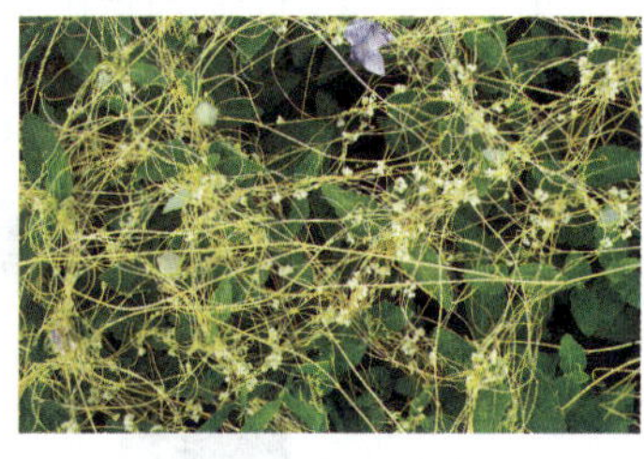
菟丝子

【病原携带者】(carrier of pathogen) 没有任何临床症状而能排出病原体的人。按其携带状态和临床分期关系的不同可分为三类：(1)潜伏期病原携带者。即在潜伏期内携带病原体者。如霍乱、痢疾等。可在潜伏期内携带病原体的疾病较少。(2)恢复期病原携带者。指临床症状消失后继续排出病原体者。相关的疾病包括：痢疾、伤寒、白喉、流行性脑脊髓膜炎和乙型肝炎等。凡临床症状消失后病原携带时间在三个月以内者，称为暂时性病原携带者；超过三个月者，称为慢性病原携带者。少数人甚至可携带终身。慢性病原携带者因其携带病原时间长，具有重要的流行病学意义。(3)健康病原携带者。指整个感染过程中均无明显临床症状与体征而排出病原体者。如白喉、脊髓灰质炎等。其作为传染源的意义取决于，其排出的病原体量、携带病原体的时间长短、携带者的职业、社会活动范围、个人卫生习惯、环境卫生条件及防疫措施等。

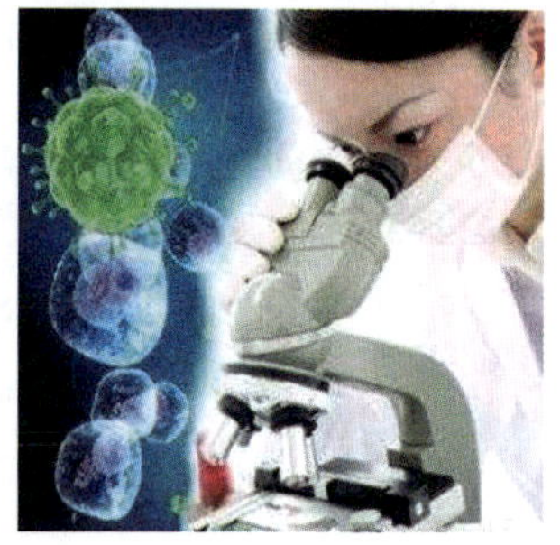
病原体检验

【病灶】(focus of infection) 机体上发生的一个局限的、具有病原微生物的病变组织。人体中的病灶除自身给人体造成损害外，还经常引发远隔器官的病变，这在医学上称为“病灶感染”。病灶一般是以慢性炎症的形式存在。它可以是静止的，也可能是活动性的感染“基地”。人体中任何组织器官的病变都会成为病灶。如牙周病、牙龈炎、牙根周围炎、骨髓炎、慢性扁桃体炎、鼻窦炎、胆囊炎、慢性阑尾炎等。病灶内虽然有病原体，但平时仅危害所在部位的组织。当人体抵抗能力下降时，开始扩散。其扩散途径有两条：(1)通过血液及淋巴液。病原体顺着血管和淋巴管扩散到远隔器官和组织，造成新的感染。(2)释放毒素。病灶中病原体产生的毒素及代谢产物，成为“抗原”，刺激人体产生相应的“抗体”。抗原和抗体反应给人体带来严重的损害。病灶引发的常见疾病有：亚急性心内膜炎、风湿病、类风湿关节炎、多形红斑、慢性肾炎等。临床上许多疾病找不到确切的病因时，应寻找体内隐藏的病灶，并对可疑的病灶进行相应的处理。如患有急性肾炎时，可能的起源是扁桃体发炎。因此在治疗急性肾炎的同时，应给病人注射青霉素，控制咽喉附近的炎症。治疗病灶并不容易。对于如牙痛、扁桃体发炎等疾病应该积极治疗，以防形成慢性炎症，成为病灶。

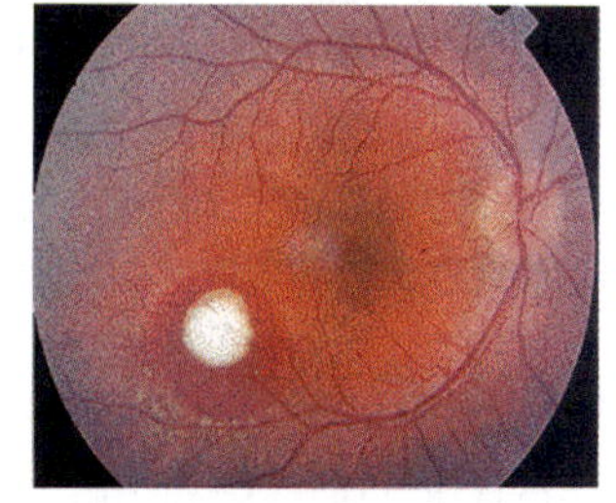
脉络膜病灶

【波】(wave) 振动在介质中的传播过程。一般的物体都是由大量相互作用着的质点所组成的。当物体的某一部分发生振动时，其余各部分由于质点的相互作用也会相继振动起来。这种机械振动在弹性媒质中的传播叫做机械波。机械波的产生需要两个条件：波源即振动的物体，以及能够传播机械振动的弹性物质即媒质。两个条件缺一不可。根据质点振动的方向和波的传播方向之间的关系,波可以分为横波和纵波。质点振动的方向跟波的传播方向垂直的波叫横波;质点振动的方向跟波的传播方向平行的波叫纵波。在波动过程中,媒质的各个质点只是在平衡位置附近振动,并不沿着振动传播的方向迁移。波是振动状态的传播,不是物质本身的传播。除机械波外,还有其他形式的波。例如电磁波,包括无线电波、光波、X 射线等。

波

【波长】(wavelength) 沿着波的传播方向,相邻的两个振动状态一样的点之间的距离。在横波中波长通常是指相邻两个波峰或波谷之间的距离。在纵波中波长是指相邻两个密部或疏部之间的距离。波长是指介质中波动在一个周期内传播的距离。波的速度等于频率和波长的乘积。

【波动光学】(wave optics) 光学的一个分支。以光的波动性为基础,研究光在媒质中的传播规律及光与物质相互作用规律的学科。在波动光学中,光被看作是一种电磁波。根据光的电磁理论,光和物质的相互作用应理解为经典电磁场与经典谐振子之间的相互作用。从这个前提出发,既能解释光的直线传播规律,也能解释光的干涉和衍射现象。对光的吸收、散射和色散等现象也能给出经典的解释。

【波尔效应】(Bohr effect) 浓度的增加以及相应的 pH 降低使得红细胞内血红蛋白的氧亲和力下降的现象。其生理意义是:有利于活动组织(酸性代谢产物与 CO_2 增加)从血液中获得更多的 O_2,也有利于肺泡毛细血管中的血红蛋白与 O_2 结合。

【波浪动力船】(wave dynamic ship) 以海洋波浪能为推进动力的船舶。其工作原理是:航船在波浪作用下起伏运动,依靠设在船两侧的鳍板,将船体升降的势能转换成推动船只前进的动能。由于海洋波浪的随机性,单纯以波浪能为动力推进的船舶目前还难以实用。当前的研究,多是围绕利用波浪能为船舶提供助航动力。

波浪动力船

【波浪能】(wave energy) 又称海浪能。海浪所蕴藏的动能和势能。波浪的高度产生势能。波浪的运动产生动能。波浪能的大小与波浪的高度、波浪的运动速度和运动周期以及波面的宽度有关。波浪能是海洋能源中最不稳定的一种能量。

波浪能

【波浪能发电】(generation by wave energy) 把波浪能收集起来转换成电能的一种发电方式。波浪能转换系统一般有三个环节:第一级是集能,吸入入射波能,利用聚波和共振的方法将分散的入射波聚集到较小的区域,提高波浪的强度和能量密度。第二级是能量传递,将低速头和低压头的波浪能转换成高速和高压的机械能,有的伴随着远距离传输、稳压、稳速和贮能过程。按采用方式的不同可分为:(1)机械式。采用曲柄联杆或齿轮转动机构。(2)气动式。产生高压、高速气流驱动空气涡轮机。(3)液压式。采用液压传动的方式驱动油马达。(4)水力式。获得一定水头的海水驱动水轮机。第三级是最终驱动发电机发电。波浪能发电装置主要有波面筏式、点头鸭式、整流器式、海蚌式、气袋式、浮子式、振荡水柱式、摆板式、波流式和环礁式等 10 余种。由于输入的波浪能随机变化大,波浪能发电的输出电压不稳定。

波浪能发电机

【波浪绕射】(wave diffraction) 一种波动现象。波浪在传播过程中遇到防波堤或岛屿等障碍物时,一部分受阻反射,另一部分可以绕过障碍物而传至其几何掩蔽区域之内的现象。在设计海港和构筑防波堤等水工建筑物时,为满足船舶航行、靠泊及作业的泊稳要求,必须考虑波浪绕射情况。波浪绕射与光波、声波、电磁波绕射类似,参照有关计算绕射的方法,通过求解满足绕射边界条件的液体波动微分方程,可求得掩蔽区域内部和外部的波浪要素。在实际工作中,常对一些典型的掩蔽物(如单堤、双堤等)绘出绕射图解,可简便计算出绕射后任意点处的波浪要素。

【波粒二象性】(wave-particle duality) 在不同条件下,微观客体既具有粒子的特性又具有波动的特性。物理学中研究对象分为实体物质和波两大类。实体物质运动时有确定的轨道、动量等,波动则具有干涉、衍射等特性。两类运动规律截然不同。但在微观世界里实物粒子(质子、电子等)也能干涉、衍射,光波也具有粒子的特性。所以微观客体有时像波那样运动传播,可以叠加产生干涉和衍射图形,不像粒子那样沿一条轨道运动。有时又像粒子一样表现出具体的动量能量。对微观客体描述时,不能用简单的波或粒子的概念。微观客体既不是经典物理中的波,也不是经典物理中的粒子,也不是二者简单的混合。

【波罗的海和国际海事协会】(Baltic Sea and International Maritime Association) 成立于1905年,总部设在哥本哈根的非官方的国际航运组织。协会成员有航运公司、经纪人公司以及保赔协会等团体或俱乐部组织。该协会的宗旨是:防止运价投机和不合理的收费与索赔;拟订和修订标准租船合同和其他货运单证;保护会员的利益,为会员提供情报咨询服务;出版航运业务信息资料等。情报咨询是协会的基本活动。其服务项目包括:提供港口及航线情况,提供港口费用和使费账单等具体资料,解释租船合同条款或在发生争议时提供建议。它共出版协会每周通告、专门通告、双月通信等9种协会刊物。该协会在联合国贸发会议及海协组织中享有咨询地位。

【波美度】(baume degree) 溶液浓度的一种表示方式。波美密度计浸入溶液中所测得的度数。用符号Be′(Baume′的缩写)表示。波美密度计有两种:(1)重表。用于测量密度大于水的液体。(2)轻表。用于测定密度小于水的液体。溶液的波美浓度与百分浓度间常有一定的关系。测得波美浓度后就可从化学手册相应的对照表中查得相应的百分浓度。

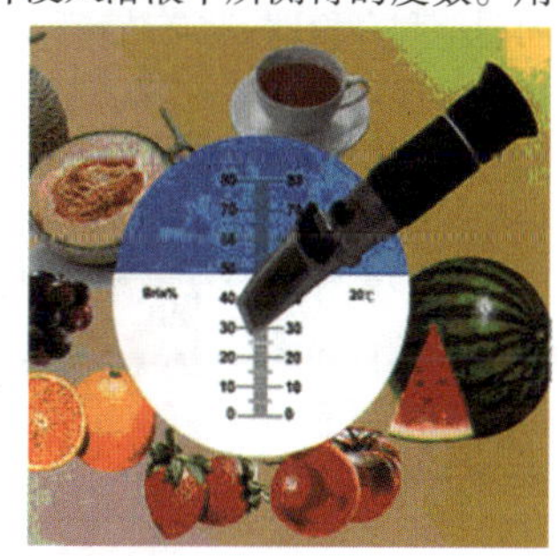

波美密度计

【波谱分辨率】(spectrum resolution) 又称光谱分辨率。遥感器所能记录的电磁波谱中最小光谱带宽度或分辨最小波长间隔的能力。遥感器的一项性能指标。对某一特定的波长范围值,波长范围值越宽,波谱分辨率越低。在一般情况下,遥感器记录的波段数越多、波段宽度越窄,目标的信息越容易区分和识别。

【波纹管补偿器】(corrugated expansion joint) 见膨胀节。

【波纹管压力表】(bellows pressure gauge) 以波纹管作为感压元件的压力表。表面上有许多同心环状波纹的薄壁圆管,当受轴向压力作用时或在其内腔与周围介质的压差作用下,能产生明显的位移(伸长或缩短),故常做成记录仪表。可以测量对铜及其合金不起腐蚀作用的介质的压力,有直接指示、记录和超限报警等功能。波纹管具有弹性,在压力、轴向力、横向力或弯矩作用下能产生位移。波纹管在仪器仪表中应用广泛。主要用途是作为压力测量仪表的测量元件,将压力转换成位移或力。波纹管管壁较薄,灵敏度较高,测量范围为数十帕至数十兆帕。另外,波纹管也可以用作密封隔离元件,将两种介质分隔开来或防止有害流体进入设备的测量部分。它还可以用作补偿元件,利用其体积的可变性补偿仪器的温度误差。有时也用作为两个零件的弹性连接接头等。按构成材料的不同可分为:金属波纹管、非金属波纹管两种。按结构的不同可分为单层和多层。多层波纹管强度高,耐久性好,应力小,用在重要的测量中。波纹管的材料一般为青铜、黄铜、不锈钢、蒙乃尔合金和因康镍尔合金等。

【波形编码】(waveform coding) 将时间域信号直接变换为数字代码,力图使重建语音波形保持原语音信号波形形状的一种编码方式。波形编码的基本原理是在时间轴上对模拟语音按一定的速率抽样,然后将幅度样本分层量化,并用代码表示。解码是其反过程,将收到的数字序列经过解码和滤波恢复成模拟信号。它具有适应能力强、语音质量好等优点。但所用的编码速率高,在对信号带宽要求不太严格的通信中得到应用,而对频率资源相对紧张的移动通信来讲,这种编码方式显然不合适。脉冲编码调制(PCM)和增量调制(△M),以及它们的各种改进型自适应增量调制(ADM),自适应差分编码(ADPCM)等,都属于波形编码技术。

【波形玻璃】(corrugated glass) 具有波形断面的板状玻璃制品。具有强度高、透光度好、安全、能减轻结构自重等特点。是将用连续压延法成型的、尚处于可塑状态的玻璃带,通过一对波形压辊或者一排球形压制装置压成单向波

波形玻璃

形制品。波形断面垂直方向上的刚度比一般平板玻璃大数倍，透光度在70%～75%。在建筑上，多用于需要采光的工业厂房的屋面、天窗以及墙面等。

【波阻】(wave drag) 激波阻滞气流而产生的阻力。激波是一种强压缩波。通过激波时产生的阻力特别大。正激波波面与气流方向垂直，此时空气被压缩得最厉害，激波强度也最大。波阻的大小受超声速度条件下物体形状的影响。物体前缘越尖，气流受阻滞越小，产生的波阻越小。某些超声速飞机的机身、机翼的前缘设计成尖锐的形状，就是为了减少激波强度，进而减少波阻。

【玻尔半径】(Bohr radius) 玻尔理论中氢原子处于基态时其核外电子绕核所作圆运动的轨道半径。即 $r_B =$ A(1A = 1×10^{-10} m)。为氢原子距核最近的电子轨道半径。是原子物理学中常用于衡量原子大小的长度单位。

【玻尔理论】(Bohr theory) 由丹麦物理学家玻尔(Bohr)于1913年提出的关于原子结构的一种半经典量子理论。是建立在卢瑟福原子模型与普朗克量子概念基础之上的理论。其理论核心为三条基本假设：(1)定态假设。原子只能处于一系列不连续的能量状态 $E_1, E_2, \cdots E_i, \cdots$，在这些状态中原子是稳定的。(2)跃迁假设。原子只有从一个定态跃迁到另一个定态时，才能向外辐射一定频率的光子，光子的能量由这两种定态的能量差决定，即 $h\nu_{ji} = E_j - E_i$。(3)量子化假设。绕核运动的电子轨道不是任意的，只有其角动量 L 为 $\hbar$($=h/2\pi$)整数倍的轨道(量子化条件)才是允许的。即 $L = n\hbar$，其中 n = 1,2,3⋯，称为量子数。

【玻尔兹曼－普朗克公式】(Boltzmann-Planck formular) 1900年普朗克在玻尔兹曼研究基础上提出的公式。表达式为：$S = k_B lnW$。S 表示孤立系统的熵，W 表示热力学概率，k_B 为玻尔兹曼常量，其值为 1.381×10^{-23} J/K。该公式揭示了宏观态与微观态之间的联系，指出了热力学第二定律的统计本质：熵增加原理所表示的孤立系统中热力学过程的方向性，正相应于系统从热力学概率小的状态向热力学概率大的状态过渡，平衡态热力学概率最大，对应于 S 取极大值的状态；熵自发减小的过程不是绝对不可能的，不过概率非常小而已。

【玻化砖】(tile) 又称通体砖、玻化石、抛光砖。采用高温烧制而成的瓷质砖。近年来，大规格的瓷质花岗石、大理石玻化砖已成为居室装饰的主流。它具有天然石材的质感，而且更具有高光度、高硬度、高耐磨、吸水率低、色差小以及规格多样化和色彩丰富等优点。用陶瓷砖铺贴装饰的建筑具有更加高雅的品味，能将古典与现代风格兼容并蓄。装饰在建筑物外墙壁上能起到隔音和隔热的作用。而且比大理石轻便、质地均匀致密、强度高和化学性能稳定。该材料主要由无数微粒级的石英晶粒和莫来石晶粒构成网架结构。由现代工艺制作的瓷质玻化砖，其色彩、图案、光泽等都可以人为控制，具有极佳的装饰效果。并且产品兼融欧式和中式风格，色彩多姿多样，无论装饰于室内或是室外，均具有现代气息。

玻化砖地坪

【玻壳模具钢】(glass steel die steel) 显像管玻壳模具用的新型耐热合金钢。显像管玻壳模具钢曾使用过耐热铸铁，但寿命低。新研制的4Cr13Ni耐热不锈钢，抗氧化性、抗冷热疲劳性和综合力学性能比耐热铸铁优越，使用寿命达15万次以上，比原用的3Cr13MoV玻壳模具钢寿命提高1.5倍以上。

【玻璃】(glass) 采用熔体急冷法制备的一种较为透明的非晶态的非金属材料。具有原子或分子排布的近程有序、远程无序的特点，无固定熔点，具有各向同性和介稳性，没有晶界和固定形态，可设计性能。传统的玻璃有硅酸盐、硼酸盐、硼硅酸盐、铝硅酸盐玻璃等，而新型的玻璃包括氧化物、卤化物和硫化物玻璃等。它们一般透明，易碎，化学性能稳定，具有特殊的电学、磁学、光学、非线性光学等特性，可制成激光玻璃、红外玻璃、电子玻璃、吸热玻璃、耐辐照玻璃等，是材料科学研究的热点。主要用熔制工艺制备，也可采用溶胶－凝胶法、化学气相沉积、真空蒸发等工艺制备，可通过掺杂、提纯、改变组分、表面处理等手段来获得所要求的各种性能。广泛用于建筑、日用、医疗、化工、电子、仪表、科学研究等领域。

玻璃

【玻璃钢】(glass fiber reinforced plastic） 一种由玻璃纤维与一种或数种热固性或热塑性树脂复合而成的材料。常用的树脂有酚醛树脂、环氧树脂、聚酯树脂、聚酰亚胺树脂等。它们具有质量轻、强度高、防腐、保温、绝缘、隔音等诸多优点。普通玻璃是一种强度不高的脆性材料。如果将玻璃熔融并拉成很细的玻璃纤维之后，其性能就发生了很大变化。玻璃纤维很柔软，甚至可以织成布。玻璃纤维越细，其强度越高。在玻璃钢中，玻璃纤维的作用犹如钢筋，而酚醛树脂起着混凝土的作用，两者的结合使玻璃钢具有很好的强度。其强度可以与钢筋混凝土媲美。玻璃钢还有优良的耐腐蚀性，是一种重要的耐腐蚀材料。玻璃钢用于阀门、泵、风机，适宜做运输腐蚀性液体的汽车槽车和火车槽车。在化工厂制作贮腐蚀性液体的贮槽、废酸废液池衬里和大面积防腐蚀的地面。石油的腐蚀性也很强。玻璃钢可以代替钢管用来制造输油管、输油车，可大大节约钢材。

玻璃钢储存罐

【玻璃钢装饰板】（decorative plate of glass fiber reinforced resin） 用玻璃纤维织物为增强材料、以不饱和聚酯树脂为胶黏剂、在固化剂和催化剂的作用下加工而成的一种建筑装饰板材。具有色彩丰富、美观大方、漆膜亮、硬度高、耐磨、耐酸碱、耐高温等性能。适用于粘贴在各种基层、板材上作建筑装饰和家具之用。

【玻璃棉制品】（glass woolly product） 把熔融的玻璃用火焰法、高速离心法或高压载能气体喷吹法等纤维化成型技术制成的棉絮状材料。具有很好的绝热保温性能、化学稳定性较高、不燃和吸湿性极小的优点。是很好的高级建筑绝热材料。同时，玻璃棉加工成的吸声用玻璃棉制品，是极好的建筑吸声材料。

【玻璃幕墙】（glass curtain wall） 由支承结构体系与玻璃组成的、可相对主体结构有一定位移能力、不分担主体结构所受作用的建筑外围护结构或装饰结构。分单层玻璃和双层玻璃两种。反光绝缘玻璃厚6mm，墙面自重约40kg/m^2，具有轻巧美观、不易污染、节约能源等优点。幕墙外层玻璃的里侧涂有彩色的金属镀膜，从外观上看整片外墙犹如一面镜子，将天空和周围环境的景色映入其中，光线变化时，影像色彩斑斓、变化无穷。在光线的反射下，室内不受强光照射，视觉柔和。现代化高层建筑的玻璃幕墙还采用了由镜面玻璃与普通玻璃组合，隔层充入干燥空气的中空玻璃。中空玻璃有两层和三层之分。两层中空玻璃由两层玻璃加密封框架，形成一个夹层空间；三层玻璃则是由三层玻璃构成两个夹层空间。中空玻璃具有隔音、隔热、防冻霜、防潮、抗风压强度大等优点。据测量，当室外温度为－10℃时，单层玻璃窗前的温度为－2℃，而使用三层中空玻璃的室内温度为13℃。在夏天，双层中空玻璃可以挡住90%的太阳辐射热。阳光依然可以透过玻璃幕墙，但晒在身上不会感到炎热。使用中空玻璃幕墙的房间可以做到冬暖夏凉，改善了生活环境。按其支承构成的不同可分为：（1）明框玻璃幕墙。它以特殊断面的铝合金型材为框架，玻璃面板全嵌入型材的凹槽内。其特点在于铝合金型材本身兼有骨架结构和固定玻璃的双重作用。（2）隐框玻璃幕墙。其构造特点是：玻璃在铝框外侧，用硅酮结构密封胶把玻璃与铝框粘结。幕墙的荷载主要靠密封胶承受。（3）点支式玻璃幕墙。是近年来新出现的一种支承方式。

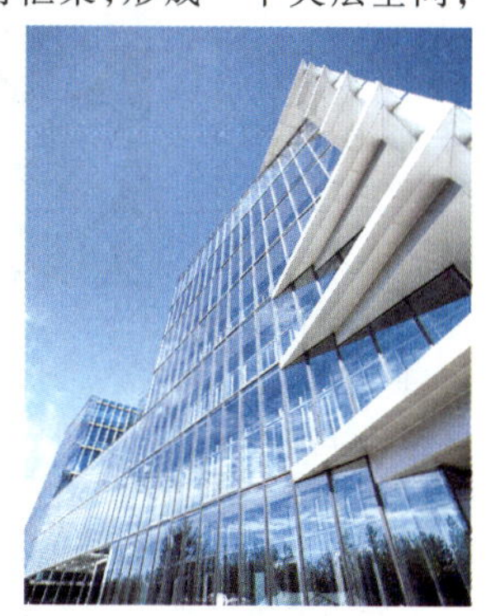
玻璃幕墙

【玻璃深加工制品】（glass intensive processing product） 利用平板玻璃为基本原料，采用不同的加工工艺制成具有特定功能的玻璃产品。如钢化玻璃、夹层玻璃、中空玻璃、镀膜玻璃、电热玻璃、电磁屏蔽玻璃、防火夹层玻璃、磨花彩绘玻璃、冰花玻璃等，都是适应不同需要而开发的深加工玻璃制品。其主要功能是：（1）提高玻璃的强度，增强玻璃的安全性；（2）改变平板玻璃的几何形状；（3）玻璃表面处理；（4）增加隔热隔音功能。玻璃深加工制品用途广泛，如现代建筑中的玻璃幕墙、弧形玻璃窗、汽车

玻璃深加工制品

挡风玻璃、地铁车窗玻璃等。

【玻璃微球储氢器】(glass globe storage of hydrogen) 一种直径在几十微米至几百微米之间储存氢气的中空玻璃球。在高压(10～200MPa)条件下,将加热至200～300℃的氢气扩散进入玻璃球空心内,然后等压冷却。由于氢的扩散性能随温度的下降而大幅度下降,从而使氢稳固地储存于空心微球中。

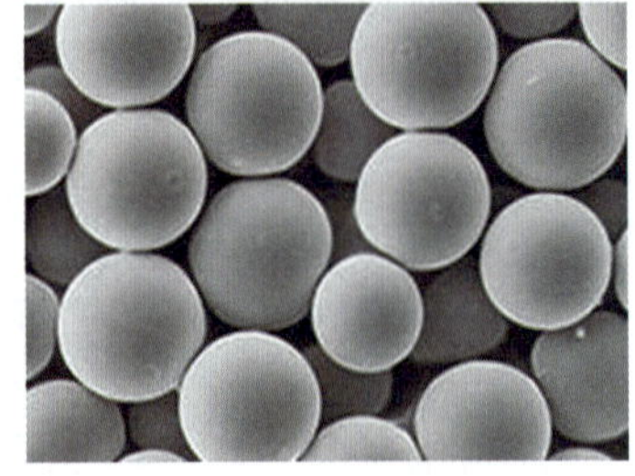
玻璃微球储氢器

【玻璃纤维】(glass fibre) 用熔融玻璃制成的极细的无机纤维。具有绝缘性、耐热性、抗腐蚀性好、机械强度高、吸湿小、伸长低、性脆易碎、电绝缘性能好等特点。一般用作电绝缘材料、过滤材料、吸声减震材料、防潮材料和纤维增强复合材料的基体。其主要成分为二氧化硅、氧化铝、氧化钙、氧化硼、氧化镁、氧化钠等。根据玻璃中碱含量的多少,可分为无碱玻璃纤维、中碱玻璃纤维和高碱玻璃纤维。特种玻璃纤维分为高强度玻璃纤维(又称S纤维)、高模量玻璃纤维和高硅氧玻璃纤维等。

玻璃纤维

【玻璃纤维增强水泥板】(fiberglass reinforced cement wall panel) 用玻璃纤维增强而成的轻质水泥墙体材料。重量轻,板材薄,防潮,不燃,隔音,保温,并具有良好的加工性。适用于框架建筑的内外隔墙、各类建筑的非承重墙、卫生间、厨房等分隔墙等。

【玻璃纤维增强水泥聚酯波纹瓦】(GRC polyester wave tile) 又称玻璃钢波形瓦。以玻璃纤维粗纱及其制品和不饱和聚酯树脂为主要原料加工而成的瓦。截面近似正弦波。重量轻,强度高,耐冲击,耐高温,耐腐蚀,介电性能好,透微波性好,不反射雷达波,透光率高,色彩鲜艳,成型方便,工艺简单,适用于各种建筑的屋面、遮阳以及车站月台、凉棚等建筑物。

【玻璃真空管集热器】(glass vacuum tube heat collector) 利用玻璃真空管收集太阳能的集热设备。把外表面涂有选择性吸收涂层的玻璃管封入同心的玻璃管内,然后将两管的间隔腔抽成真空并密封好,流体在内玻璃管里面流动并收集太阳能。由于玻璃夹层中维持高度真空隔热,基本上消除空气传导和对流的热损失。

玻璃真空管集热器

【玻璃纸】(glassine) 又称玻璃膜。一种以棉浆、木浆等天然纤维为原料,用胶黏法制成的薄膜。透明。无毒无味。对油性、碱性和有机溶剂有强劲的阻力。用天然纤维制成,在垃圾中能吸水而被分解,不至于造成环境污染。有防潮、不透水 、不透气、可热封等性能,对商品起到良好保护作用。与普通塑料膜比较,它有不带静电、防尘、扭结性好等优点。具有多种花色、隔热、防红外线、防紫外线、防爆等作用。按其成分的不同可分为:(1)非氧化物玻璃。品种和数量很少,主要有硫系玻璃和卤化物玻璃。硫系玻璃的阴离子多为硫、硒、碲等,可截止短波长光线而通过黄 、红光 ,以及近、远红外光。其电阻低,具有开关与记忆特性。卤化物玻璃的折射率低,色散低,多用作光学玻璃。(2)氧化物玻璃。分为硅酸盐玻璃、硼酸盐玻璃和磷酸盐玻璃等。广泛应用于建筑物、商品的内衬纸和装饰性包装用纸。

【玻璃砖】(glass brick) 用透明或颜色玻璃制成的块状、空心的玻璃制品或块状表面施釉的制品。其品种主要有玻璃空心砖、玻璃饰面砖和玻璃锦砖(马赛克)等。是一种隔音、隔热、防水、节能和透光良好的非承重装饰材料。装饰效果高贵典雅、富丽堂皇。可应用于外墙或室内间隔,提供良好的采光效果,并有延续空间的感觉效果。不论是单块镶嵌使用,还是整片墙面使用,均有画龙点睛之效。具有良好的耐火和防火性能。其款式有透明玻璃砖、雾面玻璃砖和纹路玻璃砖。可供选择的颜色有多种。纯度越高的玻璃砖,价格也就越高。没有经过染色的透明玻璃砖,如果纯度不够,其玻璃砖色会呈绿色,缺乏自然透

玻璃砖

明感。空心玻璃砖以烧熔的方式将两片玻璃胶合在一起，再用白色胶搅和水泥将边隙密合，可依玻璃砖的尺寸、花样、颜色做不同的设计表现。在墙面、门板装饰、灯墙和嵌灯的很多设计中，都可以变化出新。

【玻色-爱因斯坦凝聚】（bose-Einstein condensation） 当温度冷却到绝对零度附近时，理想玻色气体中具有宏观数量的原子由于最终聚集到单一的量子基态而呈现出一种气态超流性的物态。1995年，人们首次在 1.7×10^{-7}K的极低温条件下实现了气态铷原子的玻色－爱因斯坦凝聚态。在这种凝聚状态下，几乎全部原子都聚集到能量最低的量子态，从而形成一种宏观的量子效应。

【剥蚀作用】（erosion effect） 又称侵蚀作用。岩石在外部营力作用下分解成碎屑并从高处向低处移动的作用过程。包括岩石转变为疏松状态的风化过程和把风化破碎物移去的搬运过程。剥蚀作用搬运松散物质运动的方式有线状（如河流、山岳冰川）和面状（坡流、土流、地滑、山崩、溶塌）两种。其作用强度与重力或摩擦力有关。地面坡度越陡，质量越大，物质沿坡向下运动的强度也越大。

剥蚀作用

【菠萝纤维】（pineapple fiber） 从菠萝叶片中提取的纤维。属叶脉纤维。菠萝纤维经深加工处理后，强度比棉花高，外观洁白，柔软爽滑，手感如蚕丝，适宜做衬衫、裙袍、领带以及各种装饰织物等。

菠萝纤维

【播客】（podcasting） 一种借助互联网平台发布多媒体文件的数字广播方式。其特点为：(1)从网上选择所需要的多媒体文件下载到自己的播放设备中，以便在离线状态下享用文件的内容。(2)采用一种描述和同步其他网站内容的格式，制作多媒体文件并在网上发布与网友分享。

【伯杰氏手册】（Bergey's manual） 全称《伯杰氏系统细菌学手册》。1923年由美国宾夕法尼亚大学细菌学教授伯杰及其同事编写。该书问世以来，国际上细菌分类学家不断进行修订，相继出版了不同版本，反映了当时细菌学发展的新成就，由此逐渐确立了该书在细菌分类上的权威地位。20世纪70年代以来，该书提出的分类系统已被各国普遍采用。

【驳船】（barge） 内河运输货物的主要运载工具。船体结构和类型都比货船简单。本身一般无推进动力装置，依靠推船或拖船等机动船带动形成船队运输。驳船上的设备比较简单，一般用于顶推船队的驳船上没有驾驶室、船员住舱和救生等设备，也没有舵、锚和起重设备。目前建造最多的有以下几种类型的驳船：(1)甲板驳。其特点是没有货舱，在平坦的甲板上堆装货物，主要用作装运各种大件货物、车辆以及不怕雨湿的桶装货和其他包装货。(2)油驳。具有类似于油船的舱室结构及管系。(3)舱口驳。具有分隔的货舱舱室，设有较大的货舱口和水密舱口盖，主要用于装运怕水湿的大件杂货。(4)敞口驳。具有连续的直通货舱和舱口，没有舱口盖，舱口宽度大。一般两舷设置垂直的内舱壁，主要用作装运散装货。

驳船

【柏拉图主义】（Platonism） 数学历史上影响最大的数学哲学观点。其基本观点是：数学的对象就是数、量、函数等数学概念，而数学概念作为抽象一般或“共相”是客观存在着的。它起源于古希腊的柏拉图，此后在西方数学界一直有着或明或暗的柏拉图主义观念。19世纪，它在数学界几乎占据统治地位。20世纪初，柏拉图主义观点又成为讨论的热点之一。由于认为数学概念是一种真实的存在，所以现代柏拉图主义也被称为“实在主义”。柏拉图主义在西方近现代数学界有相当大的影响，在哲学上则是一种客观唯心主义。

【勃莱登循环】（Brayton cycle） 又称定压加热理想循环。由两个等压过程和两个可逆绝热（等熵）过程组成的热力学循环。即，绝热压缩过程、定压加热过程、绝热膨胀过程和定压放热过程。该循环的热效率主要取决于循环增压比，且随增压比的增大而增大。

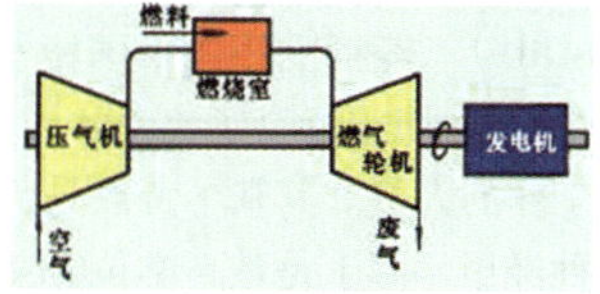

勃莱登循环

【铂族元素矿床】（platinum group element deposit） 铂族元素的含量达到工业开采要求的自然状态下的地质体。贵金属矿床之一。主要有含铂铜－镍硫化物矿床物矿床、含铂铬铁矿矿床及砂床等类型。其中，含铂铜－镍硫化物矿床是铂和钯的最重要的矿床。铂族矿物主要是砷、硫、锑化物及金属互化物。主要有粗铂矿、铁铂矿、锇铱矿、钯铂矿，砷铂矿等。

【博客】(blog) 一种以互联网为平台的个人信息发布方式。采用这种方式，任何人都可以把自己的思想观点、工作经历、创新见解、人生故事及心得体会通过一定的媒体形式制成作品，借助网络发布出去并运用超文本链接手段与网友实现信息互动、资源共享和更新。因此，又被看成是为人们的个性化作品提供的一种简便易行的网络出版形式。博客也指使用特定软件，在网络上出版、发表和张贴个人文章的人。

【博士后科研工作站】(postdoctoral research station) 在企业、科研生产型事业单位和特殊的机构内，经批准可以招收和培养博士后研究人员的组织。设立博士后科研工作站的高新技术企业、高新技术开发区、经济技术开发区、留学人员创业园区等单位须具备以下基本条件：(1)具有国家级企业技术中心或健全的研发机构，有高水平的科研人员队伍和高水平的科研项目。(2)具有较强的经济技术实力，重视人才工作，能为博士后研究人员提供较好的科研生活条件。

【博士后科研流动站】(postdoctoral research mobile station) 在高等学校或研究院所的某个一级学科范围内，经批准设立的可以招收博士后研究人员的组织。设立该单位应具备的条件是：(1)具有授予博士学位的学科、专业和一定数量的博士生导师，并已培养出取得博士学位的人员。(2)具有较强的科研实力和较高的学术水平，承担着高水平的研究项目，科研工作水平处于国内前列。(3)具有必需的科研条件(包括经费)，并能为博士后研究人员提供必要的生活条件。

【博士后研究人员】(postdoctoral research staff) 经批准并在中国博士后管理委员会办公室注册，在博士后科研流动站或工作站从事博士后科研工作的人员。其基本特点是：(1)博士后表明的是一种经历。博士是最高学位，不能把博士后看成比博士更高一级的学位。对博士后研究人员不能再授予其他任何名义的学位称号。博士后不是专业技术或行政职务。(2)博士后研究人员主要从事科学研究，而这种科研工作往往具有探索、开拓、创新性质。(3)博士后研究人员是国家正式工作人员，而不再是学生。他们在博士后研究期间要与其他正式职工一样计算工龄，除享受国家规定的优惠待遇外，还享受同本单位正式职工一样的各种待遇。(4)对设站单位来讲，博士后是有期限的工作人员，不列入正式编制，工作期满后必须流动出站，在其获得固定工作岗位前，实际上处于流动状态。

【薄板坯连铸连轧】(thin slab continuous casting and continuous rolling) 利用高温连铸坯的显热将其直接轧制的工艺技术。与铸坯冷却后再加热工艺相比，具有降低能耗、提高成材率、缩短生产周期和节约成本的优点。其工艺特点是：工艺流程由电炉或转炉炼钢－炉外精炼－薄板坯连铸－物流的时间与温度衔接－热连轧等工序组成，将原来的炼钢厂和热轧厂有机地组合为一体。为了充分发挥热连轧机组的效率，炼钢炉、炉外精炼装置及薄板坯连铸机的生产能力需要与之相互匹配。由于连铸连轧过程中不能对板坯进行精整，所以生产无表面缺陷和内部缺陷的高温铸坯是其必要的条件。20世纪80年代以来，世界上开发了多种各具特色的工艺技术，包括：CSP、ISP、FISRQ、CONROLL等。薄板坯连铸连轧生产线的板卷厚度主要是在1.0～3.0mm范围内，已经覆盖了冷轧带钢的主要厚度范围。形成的趋势是用薄板坯连铸连轧技术直接生产薄带钢而进一步取替冷轧产品，使传统热轧带钢轧机主要生产1.0mm以下连轧带钢坯料和3.0mm以上的厚带卷。

薄板坯连铸连轧

【薄壁型钢结构】(steel framing) 采用1.5～5mm的薄钢板或带钢冷弯加工成各种截面的型钢所构成的结构。其待点是：(1)用钢量一般较普通热轧钢结构节省25%左右，有时还可以做到比同等条件下的钢筋混凝土结构(如大型屋面板)的用钢量少。(2)结构重量轻，运输安装方便，可降低结构及基础的造价。(3)与截面面积相同的热轧型钢相比，薄壁型钢回转半径要大50%～60%，惯性矩和截面抵抗矩也大为加大，更能充分地利用材料的力学物理性能，增加了结构的刚度和稳定性。(4)成型灵活性大，可根据不同需要设计出最佳的截面形状。其缺点是刚度和稳定性较差，防腐要求较严，维护费用较高。此种结构一般用于民

薄壁型钢结构

用建筑和跨度不大、屋面荷载较小、设备较轻的工业厂房。除用做承重结构构件外,也可用于楼、屋面板、幕墙结构等。使用时,构件需彻底除锈和涂刷防腐性能良好的涂料。

【薄层色谱法】(thin layer chromatography) 将适宜的固定相涂布于玻璃板上成一均匀薄层,待点样展开后与适宜的对照物按同法所得的色谱图作对比来进行药品鉴别、杂质检查或含量测定的方法。其特点是:(1)分离速度快。(2)效率高。(3)适用性强。(4)操作简便。薄层色谱法在植物成分研究、生物化学、药物化学、卫生化学、毒物检验中,广泛用来分离、精制和鉴定化学物质等。

【薄拱坝】(thin arch dam) 坝体最大厚度与坝高之比小于0.2的拱坝。多建于狭窄的河谷。20世纪30年代始建于法国和意大利,以后其他国家也陆续修建。薄拱坝体积小,工程量少,造价较省,工期较短。由于坝的厚度较薄,拱或壳体结构的作用较大。必须妥善选择坝的体型,以改善坝体应力分布。还需保证混凝土浇筑和岩基处理,特别是两岸坝肩部位地基处理的施工质量,以满足强度、防渗和耐久性等方面的要求。其轮廓布置要经过多种方案比较,优化选定。混凝土标号根据坝体应力选定,一般在200号以上。为了不使坝内渗透坡降增大,坝体不设排水管,廊道也较少。薄拱坝可以采用坝顶溢流。20世纪60年代以后,采用坝内孔口泄流的逐渐增多。水电站厂房可布置在坝后或岸边。混凝土薄拱坝只设临时性横缝。

薄拱坝

【薄壳建筑】(shell building) 由曲面形薄板与边缘构件组成的大跨度空间构件建筑。按其面形状的不同可分为:球壳、圆柱壳、双曲面壳、圆锥壳、扁壳和旋转壳等。龟壳的背甲呈拱形,跨度大,包括许多力学原理。虽然它只有2mm的厚度,但是使用铁锤敲砸也很难破坏它。建筑学家模仿它进行了薄壳建筑设计。这类建筑,用料少,跨度大和坚固耐用。薄壳建筑也并非都是拱形,举世闻名的悉尼歌剧院则像一组泊港的群帆。

悉尼歌剧院

【薄壳结构】(shell structure) 一种顶面像凸起的薄贝壳,而承受各种作用产生的中面内力的曲面薄壁构件。材料大都采用钢筋和混凝土。壳体能充分利用材料强度,同时又能将承重与围护两种功能融合为一。实际工程中还可利用对空间曲面的切削与组合,形成造型奇特新颖且能适应各种平面的建筑,但费工时和费模板。按其曲面生成形式的不同可分为:(1)筒壳(柱面薄壳)。是单向有曲率的薄壳,由壳身、侧边缘构件和横隔组成。横隔间的距离为壳体的跨度,侧边构件间距离为壳体的波长。(2)圆顶薄壳。是正高斯曲率的旋转曲面壳,由壳面与支座环组成,壳面厚度做得很薄,一般为曲率半径的1/600,跨度可以很大。支座环对圆顶壳起箍的作用,并通过它将整个薄壳搁置在支承构件上。(3)双曲扁壳(微弯平板)。一抛物线沿另一正交的抛物线平移形成的曲面,其顶点处矢高(f)与底面短边边长之比不应超过1/5。双曲扁壳由壳身及周边四个横隔组成,横隔为带拉杆的拱或变高度的梁。适用于覆盖跨度为20~50m的方形或矩形平面的建筑物。(4)双曲抛物面壳。一竖向抛物线沿另一凸向与之相反的抛物线平行移动所形成的曲面。工程中常见的各种扭壳也为其中一种类型。因薄壳结构容易制作,稳定性好,容易适应建筑功能和造型需要,故应用较为广泛。

典型的薄壳结构

【薄膜电路】(film circuit) 将整个电路的晶体管、二极管、电阻、电容和电感等元件以及它们之间的互连引线,全部用厚度在1μm以下的金属、半导体、金属氧化物、多种金属混合相、合金或绝缘介质薄膜,并通过真空蒸发、溅射和电镀等工艺制成的集成电路。按源器件材料结构形式的不同可分为:(1)薄膜场效应硫化镉或硒化镉晶体管。(2)薄膜热电子放大器。更多的实用化的薄膜集成电路采用混合工艺,即用薄膜技术在玻璃、微晶玻璃、镀釉和抛光氧化铝陶瓷基片上制备无源元件和电路元件间的连线,再将集成电路、晶体管、二极管等有源器件的芯片和不使用薄膜工艺制作的功率电阻、大容量的电容器、电感等元件用热压焊接、超声焊接、梁式引线或凸点倒装焊接等方式,就可以组装成一块完整的集成电路。其主要特点是:制造精度比较高(薄膜线宽和线间距较小),可实现小孔金属化,可集成电阻、电容、电感、空气桥等无源元件,并且根据需要,可以方便地采用介质制造多层电路。

【薄膜镀层技术】(thin film coating technology) 采用物理气相沉积、化学气相沉积、物理化学气相沉积等方法,使金属材料或工件表面获得具有各种不同性能薄膜层的技术。其中物理气相沉积主要包括真空蒸发镀膜、溅射镀膜及离子镀膜等技术;化学气相沉积主要有化学气相渗涂工艺;物理化学气相沉积多用等离子化学气相沉积技术。利用薄膜镀层技术可在高速钢刀具表面沉积 TiC、TiN,以提高其使用寿命。Al_2O_3 及 NiCrAl 等表面镀层可防腐蚀,Au、Ag、石墨、MoS_2 等薄膜可降低表面摩擦系数,TiN、Al、Ag 等薄膜可得到各种颜色光泽的镜面材料。

【薄膜育秧】(raising seedling with membrane) 一种水稻育秧技术。落谷后,在秧田畦面搭支架,覆盖塑料薄膜以提高秧田温度。这种方式可对水稻起到透气、保温、保湿作用,可促进秧苗生长,防止烂秧死苗现象的发生,有利于早播、早栽、早熟、增产。使用这种育秧方式时应注意做到:(1)落谷至二叶期要密闭保温,膜内温度保持在28~35℃,超过时,需通风降温;(2)畦面保持湿润,促使扎根立苗;(3)二至三叶期,膜内温度应保持在20~25℃,不超过30℃,注意灌水,促使秧苗健壮生长,防止死苗;(4)三叶期后,逐步加大通风,揭膜炼苗,遇寒流时仍需盖膜防冷,并保持浅水灌溉。

薄膜育秧

【薄膜蒸发器】(film evaporator) 通过旋转、液体喷淋等方法使液体分布成均匀薄膜而进行蒸发或蒸馏的设备。按其结构的不同可分为:(1)管式薄膜蒸发器(包括升膜式蒸发器、降膜式蒸发器、升降膜式蒸发器)。(2)刮板式薄膜蒸发器。(3)离心薄膜蒸发器。薄膜蒸发器的特点是:传热系数大,蒸发强度高,过流时间短,操作弹性大,非常适宜热敏性物料、高黏度物料及易结晶含颗粒物料的蒸发浓缩、脱气脱水、蒸馏提纯等。在化工、石化、医药、农药、日化、食品、精细化工等行业广泛应用。

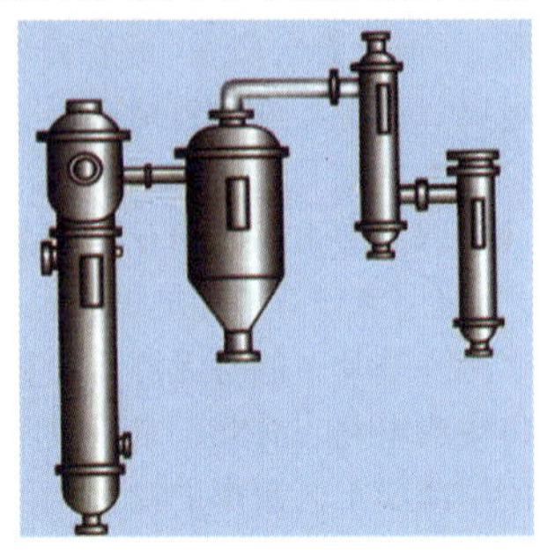
薄膜蒸发器

【薄性物体分层制造法】(laminated object manufacturing, LOM) 利用背面带有黏胶的箔材或纸材通过相互黏结并由激光切割、叠加成型的快速原型制造技术。LOM 是在计算机控制下先行排布(叠加)箔材,再由激光束按设定的零件截(剖)面轮廓对箔材进行切割,重复此叠加黏接及激光切割过程,即可快捷地制作出三维立体的零件原型。该工艺具有成型速度快、成型材料便宜、无相变、无热应力、形状和尺寸精度稳定等优点,但其成型后废料剥离较费时。此工艺适用于航空、汽车等行业中体积较大制件的原型制造。

【薄荷】(mint) 中药名。药性:辛、凉。归肺、肝经。功效:疏散风热,清利头目,利咽透疹,疏肝行气。用于风热感冒、风温初起、头痛、目赤、喉痹、口疮、风疹、麻疹、胸胁胀闷。用法与用量:煎服,3~6g,入煎剂宜后下。

薄荷

【补偿流】(compensation current) 海面下降后邻近海区的海水流前来补充而形成的海流。分垂直方向和水平方向两种。前者称“升降流”,后者称“坡度流”。升降流指海洋表层海水水平辐散或辐合造成表层之下的海水上升或表层海水下降的流动。下层海水一般水温较低,盐度较高,营养物质丰富,大量浮游生物繁殖,上升后容易形成鱼群集中的渔场。中国夏季著名的东海舟山渔场,就是由上升的补偿流形成的。

【补偿深度】(compensation depth) 光合作用减弱到与呼吸消耗量平衡时的水深。单位为 m。水体中光照强度随水深的增加而迅速递减。水越深处光合作用越弱。此深度的辐照度即为光补偿点。其单位为 μE。是根据养殖水体溶氧的垂直分布而建立的一个层次结构。补偿深度以上的水层,称为增氧水层。随着水层变浅,水中浮游植物光合作用的净产氧量逐步增大。补偿深度以下的水层,称为耗氧水层。随着水层变深,水中浮游生物(包括细菌)呼吸作用的净耗氧量逐步增大。不同的养殖水体和养殖方法,其补偿深度差异很大。水体中有机物越高,其补偿深度也越小。海洋、水库和湖泊的补偿深度较深。如地中海为200m，冰岛附近为88m，丹麦附近为38m等。池塘的补偿深度较浅，特别是精养鱼池，其补偿深度最浅。补偿深度为养鱼池塘的最适深度提供了理论依据。据测定，在鱼类主要生长季节，精养鱼池的最大补偿深度一般不超过1.2 m；北方冬季冰下池水的最大补偿深度为1.52 m。

【补偿网络】(compensation network) 为了同时满足系统的稳态和动态性能的要求，引入某种装置对系统进行补偿的一种控制设备。有许多种。按补偿类型的不同可以分为：超前、滞后、滞后－超前三种。应用其对系统进行校正的，分别称为超前校正、滞后校正、滞后－超前校正。超前补偿网络是具有超前相位的补偿网络，也称为超前网络。应用超前网络补偿，使带宽增加，还可以加大相位裕量，改善了系统的瞬态响应性能，减小超调量，但高频噪声增大。滞后补偿网络是具有滞后相位的补偿网络，也称为滞后网络。应用滞后网络补偿，可以显著改善系统的稳态精度，但减缓了系统的瞬态响应。滞后－超前补偿网络在不同频段表现出滞后或超前网络特性。用滞后一超前网络补偿，既改善了系统的稳态精度，又提高了瞬态性能。

【补料分批培养】(fed-batch culture) 又称半连续发酵。在分批培养过程中，间歇或连续地补加新鲜培养基的培养方法。其特点是：(1)可以维持低的基质浓度。(2)可以通过补料控制达到最佳的生长和产物合成条件。(3)还可以利用计算机控制合理的补料速率，稳定最佳生产工艺。为保持细菌生长所需的良好环境，延长对数生长期，获得高密度菌体，通常把溶氧控制和补料措施结合起来，根据生长规律来调节补料速率。它是介于分批培养和连续培养之间的培养方法。在发酵工业中广泛应用。

【补料-分批式操作】(fed-batch operation) 见流加式操作。

【补体】(complement) 新鲜血清中的一种不耐热的、有辅助特异性抗体介导的溶菌作用的因子。这种因子是抗体实现溶细胞作用的必要补充条件，故称作补体。它并非单一成分，而是存在于人和脊椎动物血清与组织液中一组具有酶活性的蛋白质。补体广泛参与机体抗微生物防御反应以及免疫调节，也可介导免疫病理的损伤性反应，是体内具有重要生物学意义的效应系统和效应放大系统。

【补体系统】(complement system) 一组存在于人和脊椎动物正常新鲜血清中的非特异性球蛋白。与酶活性有关。19世纪末，在研究免疫溶菌和免疫溶血反应中，认为这种球蛋白是对抗体的溶细胞有辅助作用的物质，因而得名补体。其由9种成分组成，依次命名为C1、C2、C3、…、C9。C1又有3个亚单位，即C1q、C1r和C1s。除C1q外，其他成分大多是以酶的前体形式存在于血清中，需经过抗原－抗体复合物或其他因子激活后，才能发挥生物学活性作用，是补体的经典激活途径。近20年来，又发现了替代激活途径和其他的一些激活途径，同时也发现血清中的许多其他因子参与这些途径的激活过程。此外，还发现有许多灭活补体的因子。因此，将与补体活性及其调节有关的因子统称为补体系统。目前认为，补体系统是由20多种不同的血清蛋白组成的多成分系统，至少有两种以上的不同激活途径。

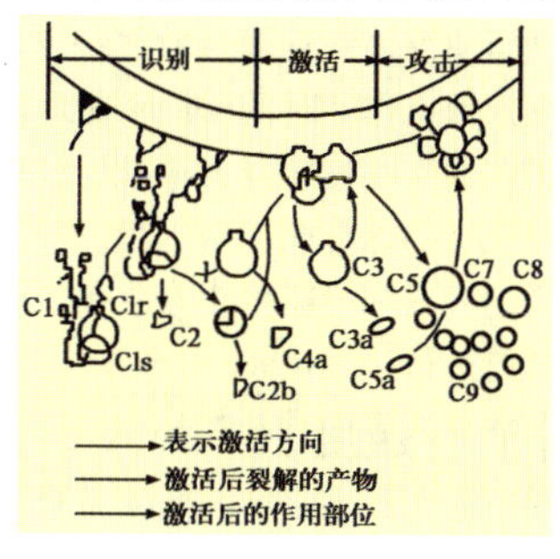

补体系统

【补中益气丸】(buzhongyiqi pellet) 方剂名。组成：炙黄芪200g、党参60g、炙甘草100g、白术(炒)60g、当归60g、升麻60g、柴胡60g、陈皮60g。制法：以上八味，粉碎成细粉，过筛，混匀。另取生姜20g、大枣40g加水煎煮二次，滤过。取上述细粉，用煎液泛丸，干燥，制成水丸；或将生姜和大枣的煎液浓缩，每100g粉末加炼蜜100～120g及生姜和大枣的浓缩煎液，制成小蜜丸；或每100g粉末加炼蜜100～120g制成大蜜丸，即得。用量：口服，水丸一次6g，小蜜丸一次9g，大蜜丸一次1丸，一天2～3次。功能主治：补中益气，升阳举陷。用于治疗脾胃虚弱、中气下陷证引起的体倦乏力、食少腹胀、久泻、脱肛、子宫脱垂等。

【捕捞过度】(overfishing) 在某些海区的捕捞生产中，捕捞强度超过渔业资源的恢复能力，导致资源衰退的现象。因捕捞量超过最大持续产量时，使平均单位捕捞力量渔获量和总渔获量都持续下降的称为生物学捕捞过度。因捕捞量超过最大经济产量时，使经济效益下降的称为经济学捕捞过度。在生物学捕捞过度中，捕捞导致平均个体体重下降而造成渔获量下降，但不使补充量减少的称为生长型捕捞过度。因捕捞导致产卵亲体数量下降而造成平均补充量不足的称为补充型捕捞过度。是渔业资源评估和管理中重要指标之一。

【捕捞能力】(fishing capacity) 在一定资本投入下，渔船或船队能够产出渔获量的能力。是渔业资源管理指标之一。影响渔船产出渔获量的因素是：(1)渔船的自然特性，如吨位和功率。(2)作业特性，如出海天数。(3)作业方式。(4)作业海域。(5)技术装备。(6)管理方式和技术水平等。

【捕捞努力量】(fishing effort) 在特定区域和一定时间内投入捕捞生产工具的数量或强度。是渔业资源评估和管理参数之一。通常采用作业船数、投网次数或作业时间(小时或天)等表示。包括有实际投入的实际捕捞努力量,以及对实际捕捞努力量经标准化后的标准捕捞努力量。因捕捞方式的不同,同一类的渔具和渔船性能等也有差异,只有实行标准化后,才能进行正确比较。

【捕捞强度】(fishing intensity) 单位时间、单位面积投入水域的标准捕捞努力量。主要取决于生产时间的长短、渔船性能、劳动力、技术和渔具特性等。当超过渔业资源自身的承受能力时,产生过度捕捞,造成资源衰退。是渔业资源评估和管理参数之一。

【捕捞学】(fishing science) 水产学的一个分支。根据捕捞对象种类、生活习性、数量、分布、洄游,以及水域自然环境的特点,研究捕捞工具、捕捞方法的适应性、捕捞场所的形成和变迁规律的应用学科。按其研究内容的不同可分为:研究捕捞工具设计、材料性能、装配工艺的渔具学;研究捕捞对象的行为、捕捞方法的渔法学;研究捕捞场所形成机制和变迁的渔场学等。为可持续开发利用渔业资源和发展水产捕捞业提供依据。

【捕虏体】(xenolih) 岩浆侵入过程中所捕获的围岩碎块。其形状和大小不一,有的为不规则棱角形,有的为长圆形、透镜形;有的很大,如某些矽卡岩矿体就产生在捕虏体中。捕虏体由于围岩崩落时发生移动,因此其构造方向与围岩整体的构造方向常不一致。围岩崩落于岩浆中,大部分都被岩浆所熔化及交代,只有少数在岩体边缘还可残存。因此,捕虏体多分布于火成岩的边缘部分。若呈平行排列,其扁平面方向与岩浆流面方向一致,其长轴常为岩浆流动的方向。

【捕食】(predation) 一种生物以另一种生物或同类为食的现象。按其捕食对象的不同可分为:(1)传统捕食。如肉食动物吃草食动物或其他肉食动物。(2)草食。动物取食绿色植物的营养体、种子和果实。(3)拟寄生。寄生昆虫把卵产在其他昆虫(寄主)体内,卵孵化为幼虫后便以寄主的组织为食,直到寄主死亡。(4)同种相残。捕食者和猎物均属同一物种。

捕食

【哺乳动物】(mammal) 一种恒温脊椎动物。身体有毛发,胎生,并藉由乳腺哺育后代的动物。是动物发展史上最高级的阶段。哺乳动物特征是:(1)智力和感觉能力进一步发展。(2)保持恒温,繁殖效率提高。(3)获得食物及处理食物的能力增强。(4)体表有毛、胎生,一般分头、颈、躯干、四肢和尾五个部分。(5)用肺呼吸,体温恒定。(6)脑较大而发达。此外牙齿和消化系统的特化有利于食物的有效利用;四肢的特化增强了活动能力,有助于获得食物和逃避敌害;呼吸、循环系统的完善和独特的毛被覆盖体表有助于维持其恒定的体温,从而保证它们在广阔的环境条件下生存。哺乳和胎生是哺乳动物最显著的特征,保证其后代有更高的成活率及一些种类的复杂社群行为的发展。

哺乳动物

【不安全行为】(unsafe behaviour) 生产经营单位从业人员在进行生产操作时的违反安全生产规程、规定等有可能直接导致事故的行为。人有自由意志,容易受环境的干扰和影响,生理、心理状态不稳定,其安全可靠性比较差,往往会由于一些偶然因素而产生事先难以预料和防止的错误行为。按其行为的不同可分为:(1)有意的不安全行为。有目的、有企图、明知故犯的不安全行为,是故意的违章行为;(2)无意的不安全行为。无意识、非故意、不存在需要和目的的不安全行为。要确保生产安全就必须提高人行为的安全性,而要提高人行为的安全性,就要控制人的不安全行为。对作业场所进行安全行为调查,有助于提高通过预防事故发生和疾病出现的管理措施的制定。通过安全行为调查,可以识别和记录危害因素,以便于采取纠正措施,对安全情况进行计划、指导、报告和监控。对作业场所定期进行安全行为调查,是安全管理程序中一个很重要的组成部分。

【不饱和聚酯树脂】(unsaturated polyester resin,UPR) 由饱和的或不饱和的二元酸与饱和的或不饱和的二元醇缩聚而成的线型高分子化合物,溶解于单体(通常用苯乙烯)中而形成的黏稠状聚合物溶液。是一种热固性树脂。当其在热或引发剂的作用下,可固化成为一种高分子网状聚合物。但这种聚合物机械强度低,不能使用。而用玻璃纤维增强时却可成为一种机械强度很高的复合材料,俗称玻璃钢。其特点是:工艺性能优良,可以在室温下固化，常压下成型，特别适合大型和现场制造玻璃钢制品；固化后树脂综合性能好。

【不饱和脂肪酸】(unsaturated fatty acid) 在其分子中至少含有一个 - C═C - 双键的脂肪酸。分为单不饱和脂肪酸和多不饱和脂肪酸。单不饱和脂肪酸是指只含有一个 - C═C - 双键的脂肪酸。多不饱和脂肪酸是指含有两个或两个以上 - C═C - 双键的脂肪酸。其中，亚油酸和亚麻酸为人体必需脂肪酸，人体不能合成，必须从膳食中获得。不饱和脂肪酸的化学性质不稳定。它在脂肪中含量越高，则脂肪的熔点越低，越容易氧化变质。

【不定积分】(indefinite integral) 设 $F(x)$ 是函数 $f(x)$ 的一个原函数，把函数 $f(x)$ 的所有原函数 $F(x)+C\{C$ 为任意常数$\}$ 叫做函数 $f(x)$ 的不定积分，记作 $\int f(x)dx = F(x)+C$。求已知函数的不定积分的过程叫做对这个函数进行积分。积分是知道函数的导函数，反求原函数。在应用上，积分的作用不仅如此，还被大量应用于求和，即求曲边梯形的面积。该求解方法是由积分特殊的性质决定的。

【不定式】(indeterminate) 又称待定型。在某一极限过程中两个无穷小(大)量的比的极限没有统一的一般的结论。即不同的两个无穷小(大)量的比，其极限可以不同。因此两个无穷小量的比的极限称为 $\frac{0}{0}$ 型不定式；两个无穷大量比的极限称为 $\frac{\infty}{\infty}$ 型不定式。

【不定形耐火材料】(unshaped refractory) 又称散状耐火材料。由一定级配的骨料、粉料、结合剂和外加剂组成的无定形的、不经烧成可供直接使用的耐火材料。具有生产工艺简单、周期短、节约能源、使用时整体性好、适应性强、便于机械化施工等特点。这类材料无固定的外形，呈松散状、浆状或泥膏状。耐火度一般不低于 1 500℃(有些隔热用不定形耐火材料的耐火度允许低于 1 500℃)。由于可以制成预制件使用或构成无接缝的整体构筑物，也称为“整体耐火材料”。按使用类型的不同可分为：耐火浇注料、耐火喷涂料、耐火喷补料、耐火可塑料、耐火捣打料、耐火压注料、耐火投射料、耐火涂抹料、耐火泥浆和干式振动料。不定形耐火材料主要应用于冶金工业、机械工业、能源、化学工业和建筑材料工业的各种窑炉和热工构筑物。

不定形耐火材料

【不对称三相电路】(anisomerous three-phase circuit) 三相交流电源电流不对称的电路。有三相电源电压不对称或三相负载不对称的电路。三相电源电压是对称或接近对称的。当电源有故障时，才使三相电源电压出现不对称。三相负载不对称许多是单相负载，由于负载阻抗的不对称，相电流、负载相电压也自然不能对称，造成电灯、电冰箱等家用电器不能正常工作。从电力系统运行看，总是希望负载尽可能对称。把单相负载尽可能均匀地接于各相电压上。实际上多个单相负载接到三相电路中构成的三相负载不可能完全对称。在这种情况下，中线显得特别重要。有了中线每一相负载两端的电压总等于电源的相电压，不会因负载的不对称和负载的变化而变化，就如同电源的每一相单独对每一相的负载供电一样，各负载都能正常工作。

【不对称转录】(asymmeteic transcription) 包括两方面的含义。一方面双链 DNA 一股链作为模板指引转录，另一股链不转录；另一方面模板链并非总是在同一单链上。转录的模板是 DNA 单链。转录与复制相比是有选择性的，在细胞的不同发育时期，按生存条件和需要进行转录。在基因组的 DNA 链上，不是任何区段都可以转录，能转录出 RNA 的 DNA 区段，称为结构基因。结构基因与转录起始部位、终止部位的特殊序列共同组成转录单位。在原核生物中，一个转录单位可以含有一个、几个或十几个结构基因。在结构基因的 DNA 双链中，只有一条链可作为模板。这条能指导转录的链称为模板链；与其互补的另一条链称为编码链。在一个包含多个基因的 DNA 双链分子中，各个基因的模板链并不总在同一条链上。在某个基因节段以其中某一条链为模板进行转录，而在另一个基因节段上可反过来以其对应单链为模板。

【不规则星系】(irregular galaxy) 没有明显的核和旋臂、没有盘状对称结构或看不出有旋转对称星的星系。该星系由巨星、超巨星、气体星云、疏散星团以及大量星际气体和尘埃组成。按形状特征的不同可分为：(1)Ⅰ型。隐约可见不规则的棒状结构，质量小($1\times10^{8}\sim1\times10^{9}$ 太阳质量)，体积小(直径0.65 万～3 万光年)，属矮星系。(2)Ⅱ型。星系无

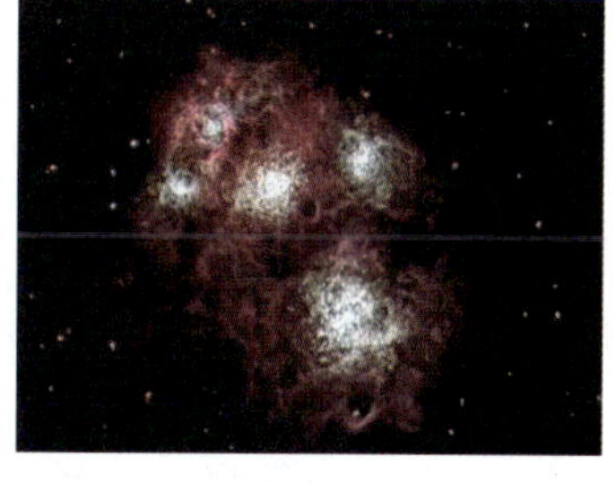
不规则星系

定形,无法分辨出恒星和星团等组成天体,但有明显的尘埃带。麦哲伦云和小麦哲伦云是最为著名的不规则星系。

【不间断电源】(uninterrupted power supply, UPS) 连接在计算机和电源之间以保证电流不受干扰的设备。有联机设备和旁置设备两种类型。前者固定地为计算机提供电源,后者只在电源没电时才启动。主要由换能、储能和传输等部分构成。作为保护性的电源设备,其性能参数具有重要意义,是选购时的考虑重点。主要用于给单台计算机、计算机网络系统或其他电力电子设备提供不间断的电力供应。

不间断电源

【不可保风险】(uninsurable risk) 发生危险而不予赔偿,保险人不能承保的风险。凡不具备可保风险条件的风险都属于不可保风险。在危险发生后,经过保险公司调查,发现所发生的事故属于难经预测的事故、故意行为造成的事故以及违反道德或违反法律的行为造成的事故,保险公司一般不予赔偿。人身险中不可保的风险是:(1)被保险人在犯罪活动中所受的意外伤害。(2)被保险人在寻衅斗殴中所受的意外伤害。(3)被保险人在醉酒、吸食或注射毒品后发生的意外事故。财产保险中不可保的风险是:(1)战争、敌对行为、军事行动、武装冲突、罢工暴动。(2)由被保险人及其代表的故意行为纵容所致。(3)核反应、核辐射以及放射性污染。(4)地震、暴雨、洪水、台风、暴风、龙卷风、雪灾、雹灾、冰凌、泥石流、崖崩、滑坡、水暖管爆裂、抢劫、盗窃。(5)保险标的本身缺失,保管不善导致的变质、霉烂、受潮、虫咬、自然磨损、损耗、自燃、烘熔所造成的损失。(6)保险财产遭受承保危险引起的各种间接损失。(7)由于行政或执法行为所造成的损失。(8)不属于保险责任范围内的损失。

【不可逆过程】(irreversible process) 与可逆过程相对应。不能使工质沿相同的路径逆行回复到原来状态的过程。当热力系统经历了某一热力过程后,如果能使工质沿相同的路径逆行回复到原来状态,且使热力过程所涉及的环境也回复到原来的状态,称该过程为可逆过程。反之,为不可逆过程。自发进行的热力过程均为不可逆过程,如自由膨胀、自由混合等。不可逆过程总会产生一些不可回复的效应。这种效应一旦产生,就不会彻底消失。参见可逆过程。

【不可逆性抑制】(irreversible inhibition) 与可逆性抑制相对应。酶的抑制剂以共价键与酶活性中心的必需基团相结合使酶失活,而这种抑制剂不能用透析或超滤等物理方法予以去除,只能靠某些化学物质才能解除抑制而使酶的活性恢复的现象。农药如敌百虫、敌敌畏1 059等有机磷化合物,能与胆碱酯酶活性中心的羟基结合,使酶失活,乙酰胆碱积蓄,造成迷走神经毒性兴奋状态。在临床上常采用有机化合物解磷定治疗有机磷中毒。某些重金属离子如Hg^{2+}、Ag^{+}、Pb^{2+}等和砒霜、化学毒气路易士气中的As^{3+}可与酶分子中的巯基结合,而使巯基酶失活造成人、畜等中毒,可用二巯基丙醇或二巯基丁二酸钠解毒。这两种有机化合物分子中均含两个巯基,在体内达到一定浓度后,可与毒剂结合使巯基酶恢复活性。

【不良反应】(adverse reaction) 又称副作用。不符合用药目的并为患者带来不适或痛苦反应的总称。

【不耐寒性花卉】(unhardy flowers) 生长期间要求高温的花卉。不能够承受0℃以下的温度,其中一部分甚至在5℃左右的温度下,就停止生长或死亡。这种花卉多是原产于热带和亚热带的一年生花卉以及不耐寒的多年生花卉。这类花卉的生长发育只能在无霜期内进行。在秋季早霜来临时死亡。

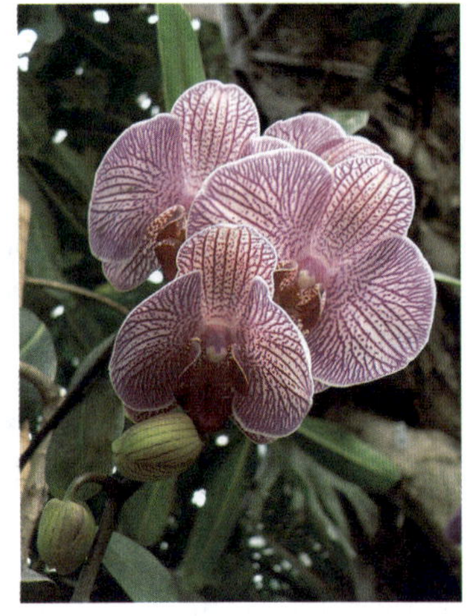

蝴蝶兰

【不起皮钢】(non-scaling steel) 在高温下长期工作时,具有特别强的抗氧化性,并保持足够的抗蠕变能力和持久强度的一类特种钢。其特性是在表面不生成疏松而又易剥落的氧化皮,因而得名。品种繁多。大都以铁铬合金为基础,还含有其他合金元素如镍、硅、铝、锰、钼、钒、钛等。在氧化性气体中,铬能在钢的表面形成一层坚固而致密的氧化膜,起保护作用。硅和铝也有同样的作用,故可部分地代替价贵的铬。

【不完全蛋白质】(imperfectness protein) 缺乏一种或多种必需氨基酸的蛋白质。即劣质蛋白质。生物价低。如用作膳食中唯一的蛋白质来源时,既不能维持生命,也不能促进生长。例如玉米中的醇蛋白、动物结缔组织的明胶及豌豆中的豆球蛋白等。如给动物饲喂这样的饲料,体重会迅速下降。大豆清蛋白、麦胶蛋白、豇豆球蛋白、大麦醇溶谷蛋白、白明胶、玉米胶蛋白、芸豆球蛋白都属于不完全蛋白质。

【不完全肥料】(incomplete fertilizer) 相对于完全施肥而言的一类肥料。尤指其中含氮、磷、钾三要素中一种或两种的肥料。绝大多数化学肥料都是不完全肥料;个别的有机肥料,如骨粉,也属不完全肥料。

【不完全抗原】(incomplete antigen) 又称半抗原。能与对应抗体结合出现抗原-抗体反应、又不能单独激发人或动物体产生抗体的抗原。只有反应原性,不具有免疫原性。大多数多糖和所有的类脂质都属于半抗原。在体内单独存在时不引起抗体产生,当其与蛋白质或胶体颗粒结合后,则可引起抗体形成。可与其特异性抗体结合,如细菌的多糖和类脂质等。在半抗原与蛋白质结合物中,一般是蛋白质使结合物具有抗原性,而半抗原则决定结合物的抗原特异性。如以半抗原 α 与蛋白质 a 结合免疫动物,产生抗半抗原 α 的抗体,不仅可以和结合在蛋白质 a 上的 α 抗原结合,也可以和结合在蛋白质 b 上的 α 抗原结合。如果用化学方法把半抗原与某种纯蛋白的分子(载体)结合,纯蛋白会获得新的免疫原性,并能刺激动物产生相应的抗体。半抗原一旦与纯蛋白结合,就构成该蛋白质的一个抗原簇。一些比一般半抗原分子量小,但有特异结构的化学活性基团物质(如青霉素、磺胺剂等),称为简单半抗原。当简单半抗原进入过敏体质的机体时,能与体内组织蛋白结合,成为完全抗原。这种完全抗原可引起超敏反应。

【不完善粒】(unsound kernel) 籽粒未成熟、被虫蛀蚀、发芽、生霉、变色、破损达 1/3 或 1/4 以上以及具有病斑、冻伤等缺陷但仍有食用价值的粮食、油料颗粒的统称。包括未熟粒、虫蚀粒、生芽粒、病斑粒、破损粒、霉变粒等。是检验粮食、油料质量的重要指标之一。

不锈钢

【不锈钢】(stainless steel) 具有抵抗大气、酸、碱、盐等腐蚀作用的合金钢种。一般含铬量不低于 12%。常用的有铬不锈钢(含铬 2% 或更多)和铬镍不锈钢(一般含铬 18%,镍 8%)两类。后者抗蚀性较好,并具有良好的机械和工艺性能。用途极广。由于镍比较稀缺,已开发出以锰、氮代镍的不锈钢种。

【不孕症】(infertility) 婚后有正常性生活,未避孕 1 年未妊娠者。未避孕而从未妊娠者称为原发不孕;曾有过妊娠而后未避孕连续 1 年未孕者称为继发不孕。不孕原因女方约占 40%,男方占 30% ~ 40%,男女双方因素占 10% ~ 20%。女性不孕因素有:(1)排卵障碍。占 25% ~ 35%,(2)输卵管因素。输卵管阻塞和慢性输卵管炎(通而不畅)占 50%。(3)子宫畸形、子宫肌瘤、子宫内膜炎、宫腔粘连等。(4)宫颈炎症、宫颈黏液免疫环境异常影响精子通过。男性不孕因素有:(1)精液异常。无精、弱精、少精,精子发育畸形,精液液化不全。(2)性功能异常。勃起障碍、早泄、不射精等。(3)免疫因素。产生抗精子抗体,使精子凝集不能穿过宫颈黏液。男女双方不孕因素:性生活不正常、免疫因素(血清中含多种自身抗体)。不孕症应系统检查,针对病因治疗。

【布达拉宫】(the Potala) 中国著名的古代建筑。历世达赖喇嘛的住地。位于西藏自治区首府拉萨市区西北的玛布日山(红山)上。是一座规模宏大的宫堡式建筑群。7 世纪吐蕃松赞干布与唐文成公主联姻,乃建此宫而居。以后两次毁于兵火。1645 年五世达赖喇嘛进行扩建,历时半个世纪始具规模。布达拉宫主体建筑分白宫和红宫。白宫,是达赖喇嘛的冬宫,也曾是原西藏地方政府的办事机构所在地。高七层。位于第四层中央的东面有寂圆满大殿(措庆夏司西平措),是布达拉宫白宫最大的殿堂,面积 717 m^2,第五、六两层是摄政办公和生活用房等。最高处第七层是两套达赖拉喇嘛冬季的起居宫。由于这里终日阳光普照,故称东、西日光殿。红宫是达赖喇嘛的灵塔殿和各类佛殿,共有八座存放各世达赖喇嘛法体的灵塔。其中以五世达赖喇嘛的灵塔最大。西有寂圆满大殿(措达努司西平措),是五世达赖喇嘛灵塔殿

布达拉宫

的享堂,也是布达拉宫最大的殿堂,面积725 m^2,内壁满绘壁画。其中五世达赖喇嘛去京觐见清顺治皇帝的壁画最著名。殿内达赖喇嘛宝座上方高悬清乾隆皇帝御书"涌莲初地"匾额。法王洞(曲吉竹普)等部分建筑是吐蕃时期遗存的布达拉宫最早的建筑物,内有极为珍贵的松赞干布、文成公主、尺尊公主和禄东赞等人的塑像。殊胜三界殿是红宫最高的殿堂,现供有清乾隆皇帝画像及十三世达赖喇嘛花费万余两白银铸成的一尊十一面观音像。十三世达赖喇嘛灵塔殿是布达拉宫最晚的建筑,1933 年动工,三年建成。此外还有上师殿、菩提道次第殿、响铜殿、世袭殿等殿堂。1961 年,被中华人民共和国国务院公布为第一批中国重点文物保护单位。1994 年,被列入《世界文化遗产名录》。

【布丁】(pudding) 英文 Pudding 的音译。一类用面粉、牛奶、鸡蛋、水果等制成,松软而质地匀和的食品。其品种繁多。有开胃布丁、速煮布丁、煮制布丁和黑白布丁等。其加工方式有蒸、煮、炸等。加工原料为牛奶、果汁、玉米粉、蜜饯、面包渣和鸡蛋等。

蛋奶布丁

【布尔巴基学派】(Bourbaki group) 19 世纪 20 年代末一些法国数学家的笔名。该学派认为数学就是研究结构的学问。所谓结构,是指用一组公理确定下来的一种关系模式。他们当时准备用三年的时间,写出一部《数学原本》,建立起自己的体系。结果他们写了 40 年,至今还没有完成。但是布尔巴基学派却在这一过程中形成了。他们在数学界独树一帜,把全部数学看作按不同结构进行演绎的体系,因而以结构主义的思想蜚声国际,赢得了数学界的赞扬。

【布丰投针问题】(Buffon needle problem) 是法国学者布丰(Buffon, G. L. L. de)于 1777 年给出的第一个关于几何概率的例子。它用投针试验方法求得 π 的近似值,被称为"投针问题"。平面上画有等距离为 a 的一些平行线,向平面任意投一长度为 $l(l<a)$ 的针,利用针与平行线之一相交的概率这一结果可近似计算 π 的值。其方法是投针 n 次,记录针与线相交的次数 m,以 m/n 作为上述概率的近似值,得到 π 的近似值为:$2ln/am$。

【布告栏系统】(bulletin board system, BBS) 借助一块公共电子白板,供用户进行书写、发布信息、表达意见的一种电子信息服务系统。主要用于通告、特殊兴趣组、文件传输、联机游戏等。它为用户提供了一个交流信息的手段,使用户能有效地获取所需信息。

【布拉格方程】(Bragg equation) 反映晶体衍射方向与晶胞大小、形状关系的方程。表达式为 $2d\sin\theta = n\lambda$。其中 d 为晶面间距,θ 为入射束与反射面的夹角,即掠过角或布拉格角,λ 为 X 射线的波长,n 为衍射级数(正整数)。其含义是:只有照射到相邻两点阵面的光程差是 X 射线波长的 n 倍时才产生衍射。布拉格方程简明扼要地给出了 X 射线的衍射方向。该方程是晶体衍射的理论基础。

【布朗运动】(Brownian motion) 悬浮在流体中的微粒受到流体分子与粒子的碰撞而不停地做无规则运动的现象。是 1827 年英国植物学家布朗用显微镜观察悬浮在水中的花粉时发现的。温度越高,运动越激烈。作布朗运动的粒子非常微小,直径约 1～10μm。如果布朗粒子相互碰撞的机会很少,可以看成是巨大分子组成的理想气体,则在重力场中达到热平衡后,其竖密度按高度的分布应遵循玻尔兹曼分布。1905 年爱因斯坦根据扩散方程建立了布朗运动的统计理论。爱因斯坦的理论成果为证实分子的真实性找到了一种方法,同时也圆满地阐明了布朗运动的根源及其规律性。贝兰等由此相当精确地测定了阿伏伽德罗常量及一系列与微粒有关的数据。布朗运动的发现、实验研究和理论分析间接地证实了分子的无规则热运动,为分子运动论和统计力学的发展奠定了基础。

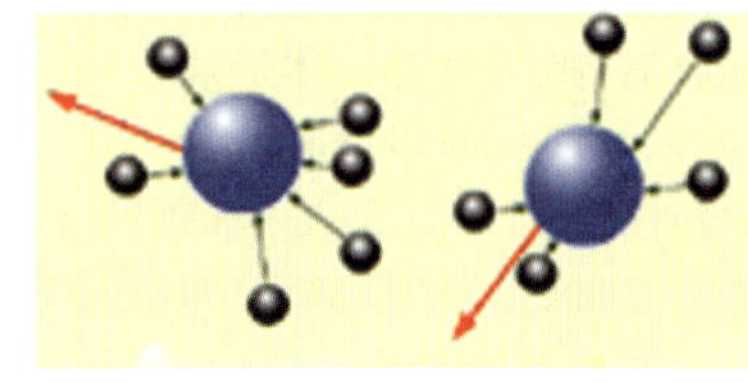

布朗运动

【布雷火箭】(mine-laying rocket) 又称布雷火箭弹。用于布设地雷的火箭。由火箭发动机和布雷弹头组成。弹头包括整流罩、抛撒机构和地雷(或水雷)。布雷火箭飞临目标上空时,先打开头部整流罩,然后抛撒地雷,每个地雷常带有降落伞,落地后形成一定范围的雷场。火箭布雷有多种。杀伤人员时使用反步兵雷,一般为破片型地雷。反坦克及装

布雷火箭车

甲车时使用反坦克车底雷,用于穿透坦克、装甲车的底甲;有时使用反坦克弹雷,下落时打坦克顶甲,如未碰到目标,则落地后打坦克底甲。上述地雷一般有自毁装置。布雷火箭布雷时间短,有突袭性,并可在敌占区布雷,因此得到广泛应用。

【布鲁氏菌病】(brucellosis) 由布鲁氏菌引起的人畜共患性传染病。其临床特点为长期发热、多汗、关节痛及肝脾肿大等。病原为革兰阴性短小杆菌,初次分离时多呈球状、球杆状和卵圆形,传代培养后渐呈短小杆状。菌体无鞭毛,不形成芽孢,毒力菌株可有菲薄的荚膜。目前已知有60多种家畜、家禽和野生动物是布鲁氏菌的宿主。与人类有关的传染源主要是羊、牛及猪,其次是犬。染菌动物首先在同种动物间传播,造成带菌或发病,随后波及人类。病畜的分泌物、排泄物、流产物及乳类含有大量病菌。本病一年四季均可发病,但以家畜流产季节为多,该病以羊、牛、猪顺序多发,其他动物也有感染,以患病羊对人的威胁最大。布氏杆菌病最危险之点是患畜几乎不表现症状,但能通过分泌物和排泄物(乳、精子、阴道分泌物、粪、尿)不断向外排菌,特别是能随流产胎儿、胎衣和羊水排出大量病原菌而成为最危险的传染源。排出的病原菌对外界环境有相当强的抵抗力。生活和生产环境一旦遭病原污染,不论人或畜,在几个月内都有被感染的可能。人感染布氏杆菌后,表现出乏力、全身瘫软、食欲不振、失眠、咳嗽、有白痰等症状,肺部干鸣,多呈波浪热或稽留热,不规则热或不发热,盗汗或大汗,睾丸肿大,一个或多个关节发生无红肿热的疼痛,肌肉酸痛,且应用一般镇痛药不能缓解。

【布儒斯特定律】(Brewster's Law) 当自然光入射至两种不同介质界面,且入射角满足关系式 $\mathrm{tg}\theta_b = n_2/n_1$ 时,反射光线和折射光线互相垂直,反射光为只有垂直振动的线偏振光的现象。这种规律首先由英国物理学家D.布儒斯特于1815年发现。

【步进电动机】(stepping motor) 定子绕组按一定程序励磁时,其转子按一定角位移做增量运动的一种多相同步电动机。能够直接把电脉冲信号转换成直线运动或者旋转运动。它每接到一个数字脉冲信号,就准确地跨进一步,所以又称脉冲电动机、数字电动机。步进电动机的转子做成多极的,定子上嵌装有多相控制绕组,由专用电源供给电脉冲。步进电动机可以在较大的范围内通过改善脉冲频率来实现调速、快速启动、反转和制动。步进电动机是根据定位电磁铁的理论设计的,并尽一切可能去减少绕组之间的互感。

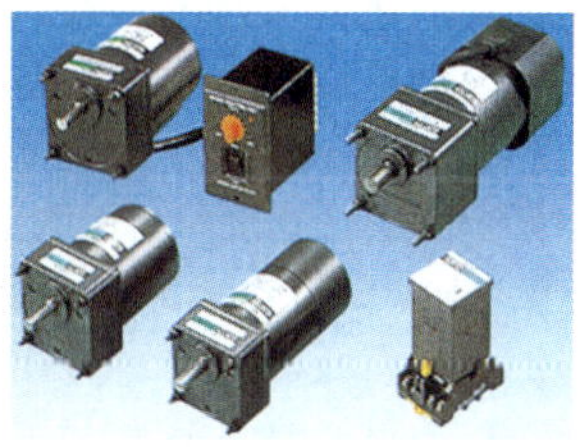
步进电动机

【步进控制】(step-by-step control) 一种将电脉冲转化为角位移的执行机构行程和速度的控制方法。其基本原理是:当步进驱动器接收到一个脉冲信号时,就驱动步进电机按设定的方向转动一个固定的角度(步进角),就可以通过控制脉冲个数来控制角位移量,从而达到准确定位的目的;同时也可以通过控制脉冲频率来控制电机转动的速度和加速度,从而达到调速的目的。对于某些低功率应用,内在控制简单,微电机及驱动器、高密度转矩步进系统构成了伺服电机可行的选择。步进是唯一可以在开环情况下运行,而不需位置反馈的运动控制方法。这使得步进电机系统比伺服运动系统简单得多,成本也较低。

步进控制器

【步态分析】(gait analysis) 利用生物力学、人体解剖学、生理学等知识,借助或不借助专门的步态分析仪器,对人体行走的状态进行对比分析的方法。步态是人类步行的行为特征。正常步行并不需要思考,然而步行的控制十分复杂,包括中枢命令、身体平衡和协调控制,涉及足、踝、膝、髋、躯干、颈、肩、臂的肌肉和关节协同运动。任何环节的失调都可能影响步态,而某些异常也可能被代偿或掩盖。康复医学临床步态分析旨在通过生物力学和运动学手段,揭示步态异常的关键和影响因素,从而协助康复评定和治疗,也有助于协助临床诊断、疗效评估、机制研究等。步态分析的内容有步长、跨步长、步宽、足角、步速、步频、步态周期、支撑相以及摆动相等。

【部分液体通气治疗】(partial liquid ventilation) 利用液体潘氟隆作为携氧介质通入肺内的机械通气治疗方法。其灌注量相当于功能残气量氧及二氧化碳在潘氟隆中溶解度,其密度是水的2倍,但表面张力较低。由于其密度高,液体通气时,气道分泌物和细胞碎片可飘浮在液面上而排出体外,起清除作用。其作用机制是:(1)降低肺泡表面张力,维持肺泡稳定性。(2)可依靠重力作用使下垂肺的不张及萎陷区域的肺泡重新复张,通气-血流比值失调得以改善。其适用于:全身麻醉术后、麻醉后恢复室(PACU)、术后低氧血症、急性呼吸窘迫综合征(ARDS)、肺水肿、肺栓塞等。

C

【材料】(material) 可以用来制造有用的构件、器件或物品的物质。按其组成和结构特点的不同可分为:金属材料、无机非金属材料、有机高分子材料和复合材料;按其性能特征的不同可分为:结构材料(以力学性能为主)和功能材料(以物理、化学、生物学等特性为主);按其材料用途的不同可分为:建筑材料、能源材料、航空材料和电子材料等。材料的发展状况取决于社会生产力的水平和科学技术的进步。材料的发展又会推动社会生产力的发展和科学技术的进步。

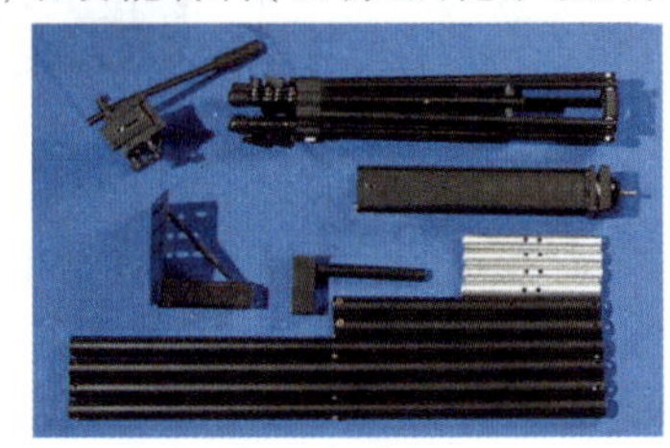

金属材料

【材料安全系数】(material safety factor) 材料在工作温度下的强度性能指标与构件工作时允许产生的最大应力之比值。在机械设计过程中,必须保证构件、机构和装置在载荷作用下所产生的应力不会达到材料的强度指标,即必须留有适当的安全余量。安全系数一旦选定,即可根据材料的强度指标除以相应的安全系数来确定构件的许用应力。确定安全系数需考虑几个因素:(1)材料性能的稳定性可能存在的偏差。(2)估算载荷状态及数值的偏差。(3)计算方法的精确程度。(4)制造工艺及其允许偏差。(5)检验手段及其要求严格程度。(6)使用操作经验等。

【材料化学】(material chemistry) 材料学的一个分支。研究材料的制备、组成、化学结构、性质及其应用的学科。是材料学和化学交叉的一个新兴的边缘学科。涉及国民经济的各个领域。材料化学重点研究超导材料、磁性材料、分子电子学材料、功能高分子材料、薄膜材料、金属和合金材料、非线性光学材料和发光材料的制备、结构、性质及其在各个领域中的应用。

【材料科学】(material science) 一门有关物质及其特性的学科。主要研究材料的组成、结构、性能及相互之间的关系及规律。是由多个学科交叉形成的应用学科。材料科学与工程技术的联系密切。人们往往把材料科学与工程并列在一起,称之为“材料科学与工程”,又称为“材料科学技术”。

【材料力学】(mechanics of material) 力学的一个分支。主要研究材料及各种类型构件的强度、刚度及其变化的计算、分析和实验,研究物体受力和变形,以及材料在不同受力情况和不同温度下的力学性能的学科。它可以确定外力与构件的几何形状尺寸、应力和变形之间的关系,并根据这些关系和材料的力学性能,为构件选择适当的材料和几何形状尺寸。

【材料设计】(material design) 设计材料的组分和结构、并预测为达到这一目的所应选择的工艺和参数的设计方法。在材料科学理论知识和已有实验的基础上,按照预定的性能要求,利用计算机技术进行设计。其目的是减少耗时费资的实验工作。设计分为演绎法和归纳法。前者根据基本理论,采用“从头算起”等方法进行理论计算;后者根据已有经验总结出规律,并利用数据库、知识库和推理机等工具,解决材料设计中的问题。材料设计可以帮助研究人员获得所需的新材料。

【材料数据库】(material database) 以存取材料性能数据为主要内容的数值数据库。计算机化的材料性能数据库具有如下优点:(1)存储信息量大,存取速度快,查询方便,使用灵活。(2)具有多种功能,如单位转换及图形表达等。(3)应用广泛,可以与CAD、CAM配套使用,也可与知识库及人工智能技术相结合,构成材料性能预测或材料设计专家系统等。中国大陆已建立的材料数据库有:化学材料数据库、材料腐蚀数据库、材料磨损数据库、合金钢数据库、航空材料数据库、机械工程用材料数据库、稀土材料数据库以及新材料数据库等。国际上材料数据库正朝着智能化和网络化的方向发展。

【材料信息源】(material information source)

获取各种材料信息的渠道和来源。材料科学技术的发展是建立在及时和正确获取信息的基础上的。从事材料研究、实验、生产和应用的科学技术工作者,对于材料信息源的了解和熟练使用,是保证材料科学技术发展的一个重要环节。

【财务比率】(financial ratio) 以财务报表资料为依据,将两个相关的数据进行相除而得到的比率。按其风险和收益关系的不同可分为:(1) 偿债能力。反映企业偿还到期债务的能力。(2) 营运能力。反映企业利用资金的效率。(3) 盈利能力。反映企业获取利润的能力。上述这三个方面是相互关联的。例如,盈利能力会影响短期和长期的流动性,而资产运营的效率又会影响盈利能力。因此,财务分析需要综合应用上述比率。短期偿债能力是指企业偿还短期债务的能力。短期偿债能力不足,不仅会影响企业的资信,增加今后筹集资金的成本与难度,还可能使企业陷入财务危机,甚至破产。

【采伐迹地】(cutting site) 森林经采伐后尚未长起新林或采伐后保留木达不到疏林地标准且未超过五年的迹地。以东北地区面积最大,黑龙江省采伐迹地面积最多。其次是中南地区。据第五次(1994 ~ 1998 年)森林资源清查数据显示,全国采伐迹地面积为 25 060 亿公顷,占林地总面积的 4.39%;第七次(2004 ~ 2008 年)全国森林资源清查结果显示,全国天然林采伐量下降,人工林采伐量上升,占全国森林采伐量的 39.44%,上升 12.27%。采伐后,对迹地要因地制宜地进行更新,以尽快恢复森林植被,防止因地表长期裸露造成水土流失而导致土地退化。

采伐迹地

【采精】(semen collection) 用人工采集公畜精液的方法。是人工授精的重要环节。理想的采精方法应具备四个条件:(1) 可以全部收集公畜一次射出的精液。(2) 不影响精液品质。(3) 不会损伤或影响公畜的生殖器官和性机能。(4) 方法简单、使用方便。常用的方法有假阴道法、手握法、筒握法、电刺激法和按摩法。

【采掘机械】(coalwinmining machinery) 在掘进作业和回采作业中用于采掘或采剥工作的机器和设备的总称。根据所开采矿岩的坚固程度和矿体赋存条件,以及采矿工艺对各个环节的要求,在矿山应用着各种类型的采掘机械。包括有供钻凿炮孔用的钻孔机械,挖掘土壤和装载矿岩用的挖掘机械,装载和转运矿岩用的装载机械,以及钻凿天井、竖井和平巷用的岩巷掘进机械等。

采掘机械

【采空区处理】(disposition of mined-out area) 对矿体中因开采而形成的采空区的技术处理。采空区又称老塘,为井下采矿后所废弃的空间。为了防止采空区地表陷落,消除生产隐患,确保坑内作业人员的安全,需及时地、有计划地对采空区进行各种处理(如充填或放顶封闭等)。其处理方法有:(1)全部垮落法。按计划有步骤地将已采空间顶板岩层放落,利用垮落岩石的碎胀性将采空区填满,支撑与控制上覆岩层活动。(2)缓慢下沉法。当采高不大时,利用顶板岩层具有的塑性弯曲能力,使之缓慢下沉,从而充满采空区并控制上覆岩层的活动。(3)采空区充填法。为了控制、减小上覆岩层的移动下沉,利用人工或机械方法将充填料充入采空区,将其填满以支持和控制上覆岩层的活动。分为全部充填法和部分充填法两种。前者是用充填料将采空区已采空间全部填满。后者仅用充填料将采空区部分空间填满,剩余空间用顶板冒落来充填。(4)矿柱支撑法。在已采空间内留下矿柱支撑顶板以上的岩层。采空区处理一般采用全部垮落法。每当工作面推进一定距离,及时回柱放顶,使顶板岩层垮落下来,以减轻顶板的压力。

【采煤工作面】(coal work face) 又称回采工作面。直接用来采取煤炭的井下巷道。当煤层被开拓并掘进了必需的采准巷道构成生产系统后,便可进行采煤(回采)。为了使矿井有计划和不间断地进行生产,在采区内不仅要安排一个或几个采煤工作面,同时还要安排一个或几个掘进工作面。在采区内,为保证生产顺利进行,各采煤工作面之间、各掘进工作面之间以及采掘工作面之间,在空间上要布置得当,在时间上要配合合理。

采煤工作面

【采煤工作面监控】(coal work face supervision) 对采煤工作面的采煤机、输送机和液压支架等机械进行的集中监控。对采煤工作面监控可以完成:(1)在线监测采煤机、转载机、破碎机、工作面前部刮板输送机、工作面后部刮板输送机等主要生产设备的工作电流、电压、功率。(2)在线监测工作面后部刮板输送机的机头、机尾减速器主轴等设备的轴承振动情况。(3)在线监测工作面后部刮板输送机的机头、机尾减速器主轴,工作面前部刮板输送机的机头、机尾减速器主轴。带式输送机的电机、减速器主轴等的轴承温度。(4)在线监测工作面后部刮板输送机的减速器、工作面前部刮板输送机的减速器、带式输送机的减速器的润滑油温度。(5)在线监测带式输送机电机绕组温度。(6)在线监测支架工作阻力,预测顶板压力的活动,避免顶板事故和及时发现支架的故障。(7)在线监测工作面上隅角(瓦斯易聚区域)的瓦斯浓度、温度和一氧化碳浓度,回风巷的瓦斯浓度、温度和风速,一旦出现异常情况能够及时发现并采取有效处理措施,及时消除安全隐患。

【采煤机防滑装置】(anti-skid device) 防止采煤机下滑的装置。骑在输送机上工作的采煤机,当煤层倾角大于10°时,就有下滑的危险。在煤层倾角大于16°的缓倾斜煤层和倾斜煤层中使用链牵引采煤机时,常常因牵引链被拉断而发生采煤机下滑的“跑车”事故,严重危及安全作业。因此,《煤矿安全规程》规定:当倾角大于10°时,采煤机应设防滑装置。当倾角大于16°时,采煤机必须设置防滑绞车。最简单的办法是在采煤机下面顺着煤层倾斜向下的方向装设防滑杆。它可利用手把操纵。在采煤机上行采煤时,须将防滑杆放下,万一断链下滑,防滑杆即顶在刮板输送机上,只要及时停止输送机,即可防止机器下滑。在下行采煤时,由于滚筒顶住煤壁,机器不会下滑,因而将防滑杆抬起。这种装置只用于中小型采煤机。

【采区车场】(mining district station) 采区上(下)山与区段平巷或阶段运输大巷连接处一组巷道和硐室的总称。采区巷道布置系统中的重要组成部分。其主要作用是:在采区内运输方式改变或过渡地区完成转载工作,布置得合理与否直接影响着采区掘进工程量和采区生产。其设计应与采区运输方式和生产能力相适应,且必须保证车场调车简单、安全方便、尽可能提高机械化自动化水平和工作效率,减少工程量。按所处位置的不同采区车场可分为:(1)采区上部车场。采区上山与采区上部区段回风平巷或阶段回风大巷之间的一组联络巷道和硐室。它的基本形式有甩车场和平车场两种。(2)采区中部车场。指联系上山和中部区段平巷的一组巷道,一般为甩车场。按甩入地点的不同可分为平巷式、石门式和绕道式三种。(3)采区下部车场。是采区上山与阶段运输大巷相联结的一组巷道和硐室的总称。通常设有装车站、绕道、辅助提升车场和煤仓等。据装车站位置的不同,下部车场可分为大巷装车式、石门装车式和绕道装车式。

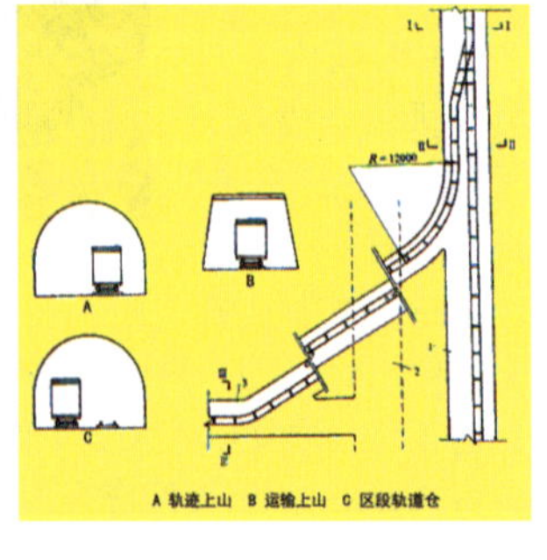

采区中部车场示意图

【采区设计】(mining area design) 采区内准备巷道布置、采煤方法的方案设计和采区施工图设计。要为矿井合理集中生产和持续稳产、高效创造条件;要尽量简化巷道系统,减少巷道掘进和维护工作量;要有利于采用新技术,发展机械化和自动化;要煤炭损失少,安全条件好等。进行采区设计需要以下依据:已批准的采区地质报告,矿井生产、接替和发展对所设计采区的要求。采区设计一般是根据矿井设计和矿井改扩建设计以及生产技术要求,由矿主管单位提出设计任务书,报局批准,而后由矿或局的有关部门、单位根据批准的设计任务书进行设计。采区设计通常分为两个阶段进行,即确定采区主要技术特征的采区方案设计和根据批准的方案设计而进行的采区单项工程施工图设计。采区设计被批准后,在采区的施工及生产过程中,不能任意改变。

【采食量】(feed intake) 动物在一定时间内摄入饲料的量。用重量或能量表示。采食量是24h内动物的实际的饲料摄入量,是保证动物获得足够营养的重要因素。合理配制的饲粮必须与相应的采食量结合,才能获得良好的生产和经济效果。饲料的适口性、养分浓度和平衡程度、饲养方法、环境条件,动物的品种、健康状况、生理阶段等,都能影响采食量,必须认真调控。使动物保持足够的采食量和摄入能以充分发挥其生产潜力的各种养分。

【采穗圃】(cutting orchard) 提供优质插穗或接穗的林木良种基地。和林木种子园同为良种繁殖的主要场所。包括普通采穗圃和改良采穗圃。前者是无性系只经表型选择而未经子代测定的园圃;后者是经过测定后选择的无性系培育苗木的园圃。采穗圃宜建在

采穗圃

气候适宜、土壤肥沃、地势平坦、便于排灌和交通方便的地方,一般尽可能设在苗圃附近。若在山地设置,宜选坡度缓小、光照不强和冬季可避寒风之处。采穗圃不需隔离,但要按品种、品系或无性系分区,使同一个品种、品系或无性系栽在一个小区里。采穗圃营建面积根据需要确定,一般按苗圃育苗面积的1/10设置。采穗圃生产的穗条生长健壮,粗细适中,发根率较高,遗传品质有保证。采穗圃的集约管理方式可提高产量,降低成本。

【采样】(sampling) 又称波形离散化过程。将时间上、幅值上都连续的模拟信号,通过采样脉冲的作用转换成时间上离散但幅值上仍连续的离散模拟信号的一种信号转换方式。采样方式很多。常见的有过采样、平等采样、冲击采样等。其中,过采样是使用远大于奈奎斯特采样频率的频率对输入信号进行的采样。假设数字音频系统原来的采样频率为fs,通常为44.1kHz或48kHz。若将采样频率提高到$R \times fs$,R称为过采样比率,并且$R>1$。在这种采样的数字信号中,由于量化比特数没有改变,故总的量化噪声功率也不变,但这时量化噪声的频谱分布发生了变化,即将原来均匀分布在$0 \sim fs/2$频带内的量化噪声分散到了$0 \sim Rfs/2$的频带上。在过采样时,采样频率每提高一倍,则系统的信噪比提高3dB,换言之,相当于量化比特数增加了0.5个比特。由此可看出提高过采样比率可提高A/D转换器的精度。但是单靠这种过采样方式来提高信噪比的效果并不明显,所以,还得结合噪声整形技术。平顶采样是实际系统中的语音采样脉冲有一定的持续时间。平顶采样可看成是理想采样后,再经过一个冲激响应是矩形的网络来形成的。平顶采样使信号频谱发生变化,造成语音信号高频分量有所损失,语音回放时失真。

【采样定理】(sampling theorem) 见奈奎斯特定理。

【采油废水处理】(waste-water disposal) 使采油废水重新达到复用水质要求的技术。其方法有物理法、化学法、物理化学法和生物法。根据排放标准或对回用水质不同的要求,治理方法又分初级治理、二级治理和三级治理。初级治理属于预处理,用于去除悬浮固体与浮油,同时还可以中和处理废水中的酸或碱。二级治理通常采取生物化学法除掉废水中大量有机污染物,采用的方法有活性污泥法、生物滤池及厌氧处理、氧化塘法等。经二级处理后,废水中大部分悬浮物已被去除、BOD和COD已明显减少。三级治理又称为深度治理,多采用化学法和物理化学法。主要有离子交换、电渗析、超滤、反渗透、活性炭吸附、臭氧氧化等方法。经三级治理后的水可重复利用。

【采准】(bench preparation) 又称采矿准备。采矿前所做的采矿准备工作。采矿工作程序之一。是在采矿开拓工程的基础上为获得采准矿量而按规定方法进行的坑道掘进工作,如采区的运输、通风、提升及采区行人道等构成的生产系统。

【彩钢复合板】(color composite plate) 在彩色钢板中加入保温、隔音、防火类的轻质材料而制成的建筑围护材料。彩色钢板是将有机涂料或塑料薄膜在连续生产线上涂覆或压合在镀锌板、冷轧板或镀铝板的表面而制成。夹层可采用岩棉或玻璃纤维毡等轻质保温无机材料。彩钢复合板具有优良的装饰性、成型性、抗腐蚀性和耐气候性,可长期保持彩涂产品色泽鲜亮。是当今建筑、运输制造、轻工及办公家具等行业理想的材料。

彩钢复合板

【彩色大白菜】(colour cabbages) 内层叶色为金黄色和橙黄色,在太阳光下叶色稍红的大白菜。外叶为绿色,从外观来看与普通白菜基本相同。炒食、煮食颜色不变,腌渍色泽更加美观。彩色大白菜粗纤维少,质地脆嫩,味甜,口感好,可生食和凉拌。结球紧实,净菜率高,口感品质好。生育期60天左右。在肥水充足的情况下,亩产净菜可达6 500~7 000kg以上。喜温和冷凉的气候,最适宜在10~22℃左右的温度下生长。对光照要求不太严格,在适当的弱光条件下亦能正常生长发育。具有推广价值。

彩色大白菜

【彩色公路】(color highway) 在路面涂上多种不同颜色的公路。长期以来,城市道路的路面只有灰色的水泥路面和黑色的沥青路面。在公路上涂上颜色是希望通过使用暖色(红色)、冷色(蓝色)等各种颜色的变化,替代普通公路路面和交通标志的单调颜色,有助于消除驾驶员产生的乏味、紧张、烦躁的感觉。彩色路面绘制着蓝色斜条、红色方块、红、黄、蓝三色组成的六边形等图案,可以使路面产生凸起或凹陷障碍的三维视觉效果，诱导司机主动减速慢行。驾驶员随时可以根据沿途路面的色彩和图形作出正确判断，采取必要的措施，确保交通安全。由于使用了新材料和新技术，彩色路面具有耐磨损、耐高温、高弹性、低噪音、透水性好等优点。铺筑彩色路面不仅可以起到美化环境，而且可以提高交通安全性。彩色路面作为一种新型铺面技术，逐渐引起了人们的重视。

彩色公路

【彩色硅酸盐水泥】(color portland cement) 用白色硅酸盐水泥熟料、颜料和石膏共同磨细而制得的硅酸盐水泥。对颜料的性能要求是：露置于光和空气中能耐久，分散度要细，化学组成既不会受到水泥影响也不会对水泥的组成和性能起破坏作用，也不能含有可溶性盐。常用的无机颜料有氧化铁(可制红、黄、褐、黑色)、二氧化锰(黑、褐色)、钴蓝(蓝色)、群青蓝(蓝色)和炭黑(黑色)等。常用的有机颜料有孔雀蓝(蓝色)、天津绿(绿色)等。还可以在生料中加入少量着色剂，直接煅烧成彩色熟料后再磨成水泥。如：加入氧化铬可得绿色；加入氧化钴在还原焰下可得浅蓝色，在氧化焰下可得玫瑰红等。彩色水泥主要用于建筑装饰材料。

【彩色红外片】(color infared film) 又称假彩色片。能感受红外线、红光和绿光并以假彩色显示物体影像光的感光片。这种图像，色彩鲜明，地物轮廓清楚，易于判读。例如，绿色植物可强烈反射红外能量，在彩色红外片上成红色图像。长势好，枝叶茂盛的植物呈亮红色，而有病的植物则呈暗红色。因此很容易判读植物的分布范围和生长情况。彩色红外片广泛用于资源调查、专题制作、地学研究和环境监测等方面。

彩色红外片

【彩色混凝土】(color concrete) 以白色水泥、彩色水泥或白色水泥掺入彩色颜料，以及彩色骨料和白色、浅色骨料按一定比例配制的混凝土。是一种防水、防滑、防腐的绿色环保建筑工程装饰材料。在未干的水泥地面上加上一层彩色混凝土，然后用专用的模具在水泥地面上加压制成。能使水泥地面永久地呈现各种色泽、图案、质感。逼真地模拟自然的材质和纹理，随心所欲地勾划各类图案。使人们轻松地实现建筑物与人文环境、自然环境和谐相处，融为一体的理想。适用于装饰室外、室内水泥基等多种材质的地面、墙面和景点，如园林、广场、酒店、写字楼、房屋、人行道、车道、停车场、车库、建筑外墙以及各种公用场所或旧房装饰改造工程。同时可根据业主需要，开发出独特而适用的彩色艺术混凝土制品及浮雕。

【彩色混凝土瓦】(color concrete tile) 又称水泥彩瓦。将彩色混凝土砂浆经辊压或模压成型而制成的屋面材料。是工业与民用建筑中首选的屋面材料之一。在欧美已有100多年的历史，20世纪80年代末引进到中国。近年来，城市建筑盖瓦大都采用该瓦。有圆形脊瓦、梯形脊瓦、山墙边瓦、平脊封头、斜脊封头、边瓦封头、避雷天线脊瓦、二通脊瓦、三通脊瓦、四通脊瓦、水沟瓦和百页窗等。与传统屋面材料相比，其特点是：(1)属于混凝土构件，强度高，密实度好，吸水率低，寿命长。由于瓦的单片面积大，单位面积的盖瓦量要比黏土瓦和琉璃瓦少得多。重量要轻得多，盖瓦的效率高。(2)仅需在40℃左右养护，无须高温焙烧，故变形极小，盖在屋面上平整美观。(3)瓦型多种多样，生产设备和工艺五花八门，彩瓦颜色几乎可以随心所欲，不仅可以做成表面单色、表面多种色彩叠加，也可以做成通体单色和通体混合迷彩。(4)表面喷一层密封剂，以防止混凝土表面产生二次泛碱。这种密封剂一般具有防霉和自洁作用，可使彩瓦表面长期不发黑、不长苔。采用氧化铁颜料与水泥混合配成的色彩可保持几十年基本不变。(5)生产效率较高。目前世界上最高的生产速度已达到每分钟120片。(6)生产过程中能耗低，无烟尘污染产生，主要原材料为水泥、河沙，故不侵占土地农田资源。

【彩色激光转印】(color laser conversion) 见静电印花。

【彩色沥青路面】(color asphalt pavement) 添加颜料的沥青混凝土路面、使用彩色石料的沥青路面和使用石油树脂添加颜料的沥青路面的统称。该路面主要有

彩色沥青路面

以下五类:(1)沥青结合料着色。(2)使用彩色集料着色。(3)彩色沥青结合料。(4)无色沥青结合料。(5)表面涂敷着色材料。彩色沥青路面在促进道路交通安全和美化街路空间环境方面发挥重要作用,如划分不同性质的交通区间、警示、缓解疲劳、提高路面亮度和美化街路空间环境等。

【彩色涂层钢板】(color coated steel sheet) 以冷轧钢板、电镀锌钢板或热镀锌钢板为基板、经过表面脱脂、磷化、铬酸盐等处理后涂上有机涂料经烘烤而成的钢板。是一种复合材料。既有钢板的高强度和良好的加工成型性能,又有有机材料良好的耐腐蚀性和装饰性。广泛适用于建材、电器、家具、船舶、卫生间内装修、电器设备、汽车外壳、挡水板以及其类似构件和设备中。

【彩色小麦育种】(breeding technology of color wheat) 以培育特殊小麦子粒颜色为目标的选育过程。通常采用化学诱变、物理诱变、远缘杂交等育种方法培育出具有黑色、紫色、绿色、咖啡色、蓝色等小麦子粒颜色新品种。新培育出来的绿色小麦较罕见。彩色小麦因富含碘、硒、钙、铁、锌等多种元素,种皮呈现不同色彩。由于上述多种元素能起到保健作用,因而又被称为"保健小麦"。

【彩色羊毛】(color wool) 改良培育后的绵羊身上生长的具有天然彩色的毛。给绵羊喂不同配方的微量金属元素,就能改变绵羊的毛色。如铁元素可使绵羊毛变成浅红色;铜元素可使绵羊毛变成浅蓝色等。现已培育出浅红色、浅蓝色、金黄色、浅灰色、棕色和橙色等彩色羊毛。这些长有彩色羊毛的绵羊经过配种繁殖,能把遗传基因传给下一代,培育繁殖彩色绵羊。彩色羊毛经风吹、日晒、雨淋,不易褪色。

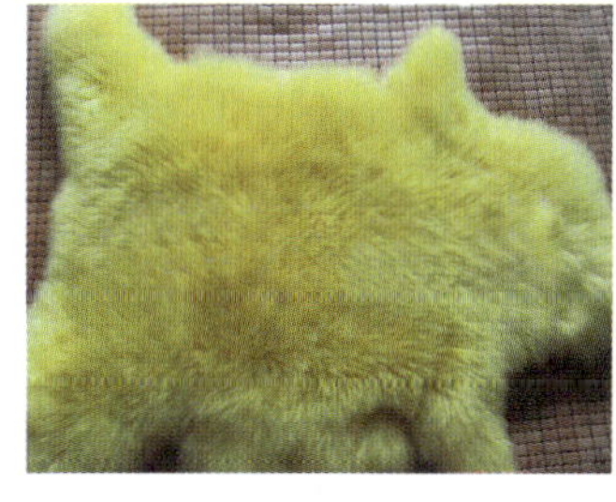

彩色羊毛

【彩色液晶】(color liquid crystals) 含有显色染料的液晶。每种彩色液晶的每个单质化合物(包括液晶及液晶染料)都经过多个化学反应单元合成,经过高纯处理,再进行拼混,达到器件所需指标。这类材料适用于各类彩色液晶显示器,如汽车、眼镜、复印机、指示牌等。

【彩釉墙地砖】(color-glazed tiles for floor and wall) 吸水率在0.5% ~10%之间的施釉陶瓷砖的总称。由干压法成型。材质为炻瓷质、细炻质和炻质。主要作为外墙砖和地砖使用,特殊场合也可用于内墙铺贴。在寒冷地区,应选用吸水率小的产品作为外墙铺贴材料。其特点是:各种图案随意配套,强度高,耐磨损,经久不裂,性能稳定,釉面色彩丰富。

彩釉墙地砖

【菜鸟】(green hand) 与大虾相对应。互联网用语,计算机初学者、生手、水平比较低的人。后来广泛运用于现实生活中,指对于某些事务操作不熟悉或是刚刚进入某些圈子的人。意思是说某人某方面比较差,在其他人眼里,也就是一盘菜,吃定你了。带有戏谑的成分。网上见"菜鸟"的字样,是"计算机初学者"的意思。菜鸟一词是从台湾方言的闽南语而来,菜鸟 = 菜鸟仔,也就是生手。对于某件事情不熟悉操作的代称。刚学飞行的小鸟会飞得跌跌撞撞,甚至会掉到地上。人们就称这种鸟就叫菜鸟仔。引申到人,对于某些事务操作不熟悉或是刚刚进入某些圈子的人都被称为菜鸟。

【菜田晒垡】(drying soil in vegetable land) 在高温季节,利用蔬菜收获后至接茬蔬菜种植的间隔期进行翻耕、晒白风化土壤的菜田休闲方式。是恢复菜田生产能力,实现菜田可持续生产的一项重要耕作措施。通过太阳光暴晒,提高了土壤的通透性、杀灭土壤中的有害病菌、土壤中固定的矿质元素被风化分解成可利用的速效养分等,使土壤的理化性状、耕性及土壤微生物活动、土壤养分含量等得到改善,提高了土壤肥力,减轻了病虫害对下茬作物的危害,进而提高农作物产量和品质。休闲时间的长短,与栽培作物和茬口安排有密切的关系。

【菜田休闲】(leisure of vegetable field) 菜田在可以种植的季节内耕而不种或不耕不种,暂时空闲而自然恢复地力的一种耕作措施。菜田是人工培育的肥沃土壤,具有交通便利、接近水源、远离污染的特点,土地利用率高,休闲期短或不休闲。北方露地菜田多采用冬闲和夏闲等季节性休闲,塑料大棚等简易保护地栽培多采用冬闲,日光温室很少采用休闲或只在一茬蔬菜拉秧和接茬蔬菜种植之前进行短期休闲。休闲有利于菜田轮作倒茬,改良土壤结构,提高土壤肥力,减轻病、虫、草害和连作障碍的发生,持续保证菜田的生产水平和提高单位面积蔬菜产量。

【参考系】(reference point) 又称参照系。为确定一个物体的位置和描述其运动而选作基准的另一个物体。由于运动具有相对性,同一物体的运动状态从不同参考系来看是不相同的。宇宙间不存在绝对静止的物体,所有的参考系都在运动。但在具体问题中,常将某个选定的参考系视为静止,并称其为“定参考系”或“基本参考系”。如在日常生活中取地球为定参考系,在天文学上取太阳或某个恒星为定参考系。相对于定参考系运动的其他参考系则称为“动参考系”。如以地球为定参考系时,在地面上行驶的车辆、船只等都可以取作动参考系。为了定量描述物体的运动,常在参考系上建立坐标系。

【参量编码】(parameter coding) 又称声源编码。将信源信号在频率域或其他正交变换域提取特征参量,并将其变换成数字代码进行传输的一种编码方式。解码为其反过程,将收到的数字序列经变换恢复特征参量,再根据特征参量重建语音信号。具体来讲,参量编码是通过对语音信号特征参数的提取和编码,力图使重建语音信号具有尽可能高的可靠性,即保持原语音的语意,但重建信号的波形同原语音信号的波形可能会有相当大的差别。这种编码技术可实现低速率语音编码,比特率可压缩到2~4.8kbit/s,甚至更低,但语音质量只能达到中等,特别是自然度较低,连熟人都不一定能听出讲话人是谁。线性预测编码(LPC)及其各种改进型都属于参量编码。

【参数】(parameter) 根据总体信息计算出来的,用于描述总体特征的统计指标。其特点是:总体一旦确定下来,参数便是固定不变的常量。总体参数常用希腊字母表示,如总体均数 μ(读作 mu),总体标准差 σ(读作 sigma),总体率 π(读作 pi)。

【参数估计】(parameter estimation) 用样本统计量来估计总体参数的方法。包含点值估计和区间估计。前者不考虑抽样误差,直接用样本统计量作为总体参数的估计值。后者是按照事先给定的置信水平 $1-a$,结合抽样误差的大小,估计包含未知总体参数的一个置信区间,该范围称为参数的置信区间。在通常情况下,估计 95% 的置信区间。总体均数的 95% 置信区间的含义是:如果从同一总体中重复抽取 100 份样本含量相同的独立样本,每份样本分别计算 1 个置信区间,在 100 个置信区间中,大约有 95 个置信区间覆盖总体均数,大约有 5 个置信区间不覆盖总体均数。对于某一次估计的置信区间,通常认为这个区间覆盖了总体均数,但未必真的覆盖了总体均数。因此,应该说置信度为 95%。

【参数化设计】(parameterization design, PD) 将零件或机构的计算机辅助设计模型中的定量信息改变为变量化参数,使其可任意调整,从而使设计模型成为易修改的柔性设计模型的一种计算机辅助设计技术。在这种参数化设计模型中,当赋予变量化参数不同数值时,可得到不同大小和形状的零件或机构模型。利用这种设计模型,通过改变零件的变量化信息参数,可提高零件或机构模型的建立速度,还可通过虚拟运行来检验和验证整个机构或机器结构的可制造性和可装配性,以及产品的使用性能、可靠性与可维修性,从而判断设计产品对功能要求的满足程度、产品设计的合理性和经济性,并可及时修改设计方案,提高整个产品的开发效率,缩短产品的开发周期。

【残髓炎】(residual pulpitis) 发生在经牙髓治疗后的患牙,由于残留了少量炎性根髓或多根牙遗漏了未作处理的根管,患者出现牙髓炎的症状者。属于慢性牙髓炎。其临床表现是:症状与慢性牙髓炎的疼痛特点相似,常表现为自发性钝痛、放射性痛、温度刺激痛。因炎症发生于近根尖孔处的根髓组织,所以患牙多有咬合不适感。患牙均有牙髓治疗病史。其治疗方法是:重新做根管治疗。

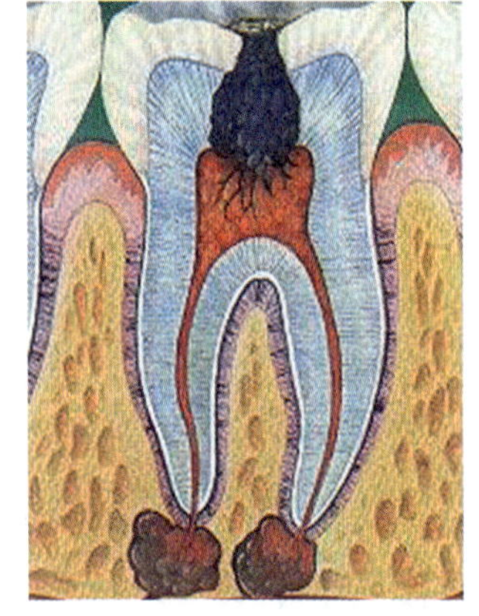
残髓炎

【残效】(residual effect) 化学药剂施于农作物或土壤中以后,在一定时期内仍对有害生物所具有的毒杀作用。药剂和种类不同,其残效期不同;同一种药剂的剂型和使用方法不同,残效期也有差异。气温、风、雨等气象条件对残效有一定影响。从施药到不能有效地防治病、虫或杂草所经历的天数,称残效期。

【残眼】(socket) 又名残孔,俗名炮窝子。爆破后残留的下一段炮眼。其形成原因是:装药不当,降低了炮眼装填密度,影响炸药传爆,使炸药的爆炸能量不能充分发挥,导致半炮、拒爆、爆燃的产生,爆破后残留的下一段炮眼。在下一循环的打眼作业前,未能仔细检查残眼,容易发生打入残眼,引起残药爆炸事故。

【残余奥氏体】(retained austenite) 淬火后未能转变为马氏体而保留到室温的奥氏体。含碳量超过 0.4% 的钢,淬火后都会以一定数量存在。与淬火速度以及冷却中是否停顿有关。在冷却速度大时残余奥氏体量少。所以大部分钢在水中淬火比在油中淬火的残余奥氏体量要少。冷处理可以使残余奥氏体转变为马氏体。当存在数量较多或分布不均匀时,会引起钢的硬度和强度降低以及力学性能变坏。同时,因其为不稳定组织,所以在室温下长期使用也会向马氏体转变,造成精密工具或零件的尺寸变化。如果数量不多并且分布均匀,对钢的力学性能不但不会带来大的坏处,反而能缓和应力集中、提高钢的韧性、降低脆性转变温度和减少钢的脆性。高速钢在回火时残余奥氏体转变为马氏体能使回火硬度提高,称为回火二次硬化。

【残余应力】(residual stress) 各种生产工艺过程完成后工件内部或表面仍然存在着的应力。在机械加工、热处理、焊接、冲压、冷弯、铸造、锻造等生产过程中,由于工件各部分受力不同、受热程度不同、冷却速度不同等原因,都会产生不同程度的残余应力。是引起工件变形、翘起以及开裂的原因之一。残余应力可能会导致工程构件或产品发生严重的质量事故。常用退火、回火、时效等方法消除残余应力。零件的精度愈高,要求残余应力消除愈彻底。

【蚕丝】(silk) 又称家蚕丝、柞蚕丝、茧丝。由蚕体内的丝液经吐丝口吐出后凝固而成的连续长丝纤维。一根茧丝由两根平行的单丝和外包丝胶构成。丝素是蚕丝纤维的主体,其基本组成是蛋白质。单丝截面呈三角形。蚕有人工家养和野生两种。桑蚕丝为家蚕丝,由桑蚕茧缫得的丝。由外向内为茧衣、茧层和蛹衬三部分组成。其中茧层可用来做丝织原料,茧衣与蛹衬因细而脆弱,只能用做绢纺原料。桑蚕丝纤细而柔软,平均细度3dtex,强力高,约3cN/dtex。平滑而富有弹性,伸长率约20%,吸湿性强。在含水率30%的情况下,手感仍然不觉潮湿。夏天易吸收和散失水分而穿着凉爽,冬季因蚕丝多孔而保暖。桑蚕丝截面成三角形的层状结构,光泽高雅,悬垂性优良,具有特殊的“丝鸣”效应,被誉为“纤维皇后”。野蚕丝主要为柞蚕丝,由柞蚕茧缫制而成。柞蚕茧丝的平均细度为6.16dtex(5.6旦),比桑蚕丝粗。柞蚕茧的春茧为淡黄褐色,秋茧为黄褐色,而且外层较内层颜色深。柞蚕丝的横截面形状为锐三角形,扁平呈楔状。

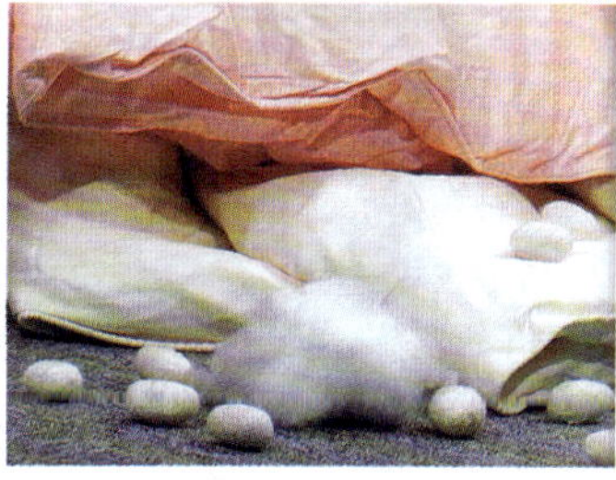

蚕丝

【苍术】(herb) 中药名。药性:辛,苦,温。归脾、胃、肝经。功效:燥湿健脾,祛风散寒。用于脘腹胀满、泄泻、水肿、脚气萎痹、风湿痹痛、风寒感冒、雀目夜盲。用法与用量:煎服,5~10g。阴虚内热、气虚多汗者忌用。

【沧海桑田】(interchange of sea and land) 海洋变成陆地、陆地变成海洋的现象。海陆变迁是中国古代有关地表升降变化的卓越认识。《诗经》中有“百川沸腾,山冢卒崩;高岸为谷,深谷为陵”的诗句。东晋葛洪(约281~341年)的《神仙传》中也记载有“已见东海三为桑田”、“海中皆扬尘”。唐代的颜真卿(708~784)、北宋的沈括(1031~1095)及南宋的朱熹(1130~1200),均对海陆变化有过深刻的论述。中国古代先人们的这种科学见解和辩证认识,较西方国家至少早了1 000年。

【舱外活动】(extravehicular activity, EVA) 航天飞行中航天员身着舱外航天服走出航天器的密闭座舱进入宇宙空间从事的各项活动。包括航天器的检修、装配、试验、生产、回收及对人员的救援和空间探险与考察等。进行舱外活动首先应该满足人的基本生理要求,必须提供加压航天服系统。它应具有合适的压力、氧分压和消除二氧化碳能力,要有足够的通风散热能力以排除航天员所产生的热量和湿气。必须提供6~7h以上保障生命安全的便携式环境控制与生命保障系统。对于压力较低的航天服,必须提供在出舱前进行吸氧排氮的设备和措施,避免或减少航天员发生减压病的危险。出舱活动时必须提供实时而有效的医学监测手段(包括生理指标遥测、通信和电视摄像)。在舱外活动时,除了配备必需的舱外活动航天服和生命保障系统外,还必须有气闸舱及其泄压和复压设备、吸氧排氮设备、便携式生命保障系统的充气和充电设备、空间行走支持设备、通信和监测系统以及舱外活动使用的工具等。舱外活动尽管危险性很大,但它是载人航天中一种重要的活动和工作方式。

舱外活动

【舱效应】(cabin effect) 受机舱影响使发动机测量推力小于试车推力的现象。由于机舱的直径限制及机舱内支架设备设施等,使舱内气流受阻产生阻力损失,从而使得在高空模拟试车台的高空舱内,发动机测量推力要比在大气条件下试车测得的推力小。

【操纵基因】(operator gene) 位于编码基因上游与阻遏蛋白结合的DNA。一般呈反向重复对称。这使得多聚体阻遏蛋白中的两个亚单位可以同时与操纵基因进行特异性结合。当操纵基因被特定阻遏蛋白识别并结合后,可阻止转录的起始,从而控制操纵子中结构基因的转录。

【操纵子】(operon) 细菌基因的表达调节单位。在原核生物中,功能相关的若干基因往往聚集在一起,形成受同一启动子调控的单一转录单位。一个操纵子含有若干个结构基因,一个或数个调节基因,以及调节基因转录作用的控制单元(包含操纵单元和启动子)。例如乳糖操纵子、半乳糖操纵子、阿拉伯糖操纵子、色氨酸操纵子等。其作用是:控制基因的开启、关闭和活性的大小;影响基因的转录和翻译,从而保证基因表达的高度有序。

【操作系统】(operating system,OS) 负责管理计算机系统中的各种资源并控制各类程序运行的系统软件。通过接受来自用户的操作命令,按照用户的要求对计算机的工作进行控制。计算机配备操作系统后,能够提高效率,便于使用。其特点与作用是:(1)具有进程与处理机管理、作业管理、存储管理、设备管理、文件管理等五大功能。(2)具有并发性、共享性、虚拟性和不确定性四个基本特征。常见的操作系统有DOS、OS/2、UNIX、XENIX、LINUX、Windows、Netware等。

【草本花卉】(herbaceous flower) 茎木质部不发达,支持力较弱的草质茎花卉。草本花卉品种繁多。按其生育期长短的不同可分为:一年生、二年生和多年生几类。

【草本植物】(herb plant) 木质部不发达,茎柔软多汁,植株较小的植物。按其生命周期的不同可分为:(1)一年生。(2)二年生。(3)多年生。草本植物的生长习性随地理纬度及栽培习惯的改变而变异,如小麦和大麦秋播时为二年生草本,春播时则为一年生草本;又如棉花及蓖麻在江浙一带为一年生草本,而在低纬度的南方可为多年生草本。

蓖麻

【草场经营】(grassland management) 天然草场和人工草场的合理利用、改良和管理。合理利用草场资源是草场经营管理工作的核心。必须通过植物与环境、植物与植物以及植物与家畜关系的协调和科学管理来合理利用草地资源,防止草场退化,并采用综合技术措施,改良、培育草场,提高草场生产力。按自然条件、草场资源、草场牧业生产发展水平与草场经营水平的不同可分为三类:(1)国土面积大,草场资源丰富,草场畜牧业生产全部实现机械化,生产水平较高,牧业产值占农业总产值的50%左右,但经营管理仍较粗放,以美国、俄罗斯、澳大利亚等国为代表。(2)草原牧业生产采用现代科学技术,集约利用草场,生产水平很高,产值占农业总产值的70%以上,以新西兰、荷兰、英国等国为代表。(3)草场资源少,但充分利用耕地、田地边埂等种草发展畜牧业,以法国、德国、日本等国为代表。中国有4亿公顷草场,资源丰富,居世界第2位,发展牧业生产历史悠久。但现在还存在如下问题:(1)草场退化、沙化、碱化严重。(2)草场超载,牲畜质量下降,冬春死亡严重。(3)大面积缺水草场尚未得到充分利用。(4)草场使用权属尚未彻底解决。(5)草场鼠害和病虫害严重。为改善草场经营粗放水平落后状况,退耕还草、退牧还草、封禁保护、轮封轮牧、固定草场使用权、以草定畜、划区轮牧、飞播与人工种草以及及半舍饲、舍饲牧业等开始实施,草原生态牧业建设逐步开展。中国草场经营开始向现代化迈进。

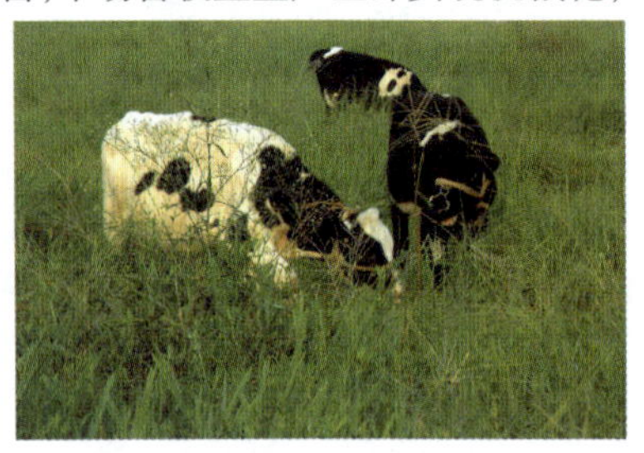
草场经营

【草地果园】(grassland orchard) 一种栽培密度极高、应用生长调节剂控制营养生长、促进开花结果的试验性果园。草地果园的得名除了栽培密度大之外,还因为采果后需要在一定的高度剪留主干,仅留短桩,像收割牧草一样。草地果园起源于英国朗艾什顿果树试验站。

【草地农业】(grassland farming) 又称有畜农业。以土地-植物-动物三位为一体,草地、农田、林地相结合的农业生产方式。具有生产的系统性、稳定性和丰富性。这种农业以草地为主体,以畜牧为纽带,以土地为基础,能充分发挥牧草特别是豆科牧草的作用。把草地牧草、农作物产品和副产品、林地牧草、树木嫩枝叶等有机物质,通过家畜转化为人们必需的畜产品。通过农业系统本身的物质能量循环、流动,以维护系统的生态环境,提高土壤肥力,充分发挥自然资源的优势，获取最大的经济效益和最佳生态效益。典型草地农业模式，人工草地面积不少于农用面积的25%，畜牧生产密度占农业总产值的50%左右，并有与不同生产部门结合联系的功能。

【草地水土保持】(soil and water conservation of grassland) 对草地水土流失的预防和治理。以预防为主，生物措施与工程措施相结合。根据草地植被生长状况及不同条件采取如下相应措施：(1)对植被生长状况良好、无明显水土流失的，应明确权属，承包到户，以草定畜，划区轮牧，科学经营。(2)对生长较差、严重退化、存在严重水土流失的应明确权属，实行承包，采取封禁保护、恢复植被与划区轮牧相结合的措施，恢复草地生态系统；同时采取农业技术措施改良退化草场，在草地植被恢复后进行适度利用，防止再度退化；大力发展人工种草造林，实行半舍饲和舍饲，保护和恢复草地生态系统。(3)干旱区半荒漠、荒漠草地，只能轻度利用，必要时长期保护；在水利条件较好地段建设人工集约草地，压缩过量的牧畜头数，坚持草畜平衡，把牧业重点逐步转移到灌溉草地或实行异地育肥等措施，防止过牧。(4)青藏高寒草原，应以草定畜，压缩过量家畜，对退化草地要休牧养草，恢复植被。(5)对严重裸露或变成流沙、沙堆沟壑的草地进行重点治理，采用封禁、飞播、人工造林种草等措施重建草地生态系统。(6)森林草原区、半草原区全面建设防护林，形成完善的防护体系。

【草甸】(meadow) 中度湿润气候条件下以多年生草本植物为主体的植物群落类型。以地面草植物占优势，具有浓密的草群，土壤完全草化。一般不呈地带性分布，属隐域植被或跨带植被，但高山草甸和亚高山草甸可组成植被垂直带。中国的草甸主要分布于北方温带平原低地及山地、高山上。青藏高原中东部有高山草甸的广泛分布。

草甸

【草甸土】(meadow soil) 直接受地下水浸润、在草甸植被下发育的半水成土壤。自然肥力高，且地形平坦，是重要的农业土壤资源。广泛分布在世界各大河泛滥地、冲积平原、河流三角洲及湖滨、海滨。草甸土的形成具有明显的腐殖质累积过程和潴育化(潜水升降或季节性积水造成的干湿作用)过程。受地下水浸润，草甸植物每年留给土壤大量的有机残体，在湿度较大的土壤环境中分解较慢，有利于腐殖质的累积。不同生物气候条件下的草甸土性状有较大差别：温带、寒温带湿润地区的草甸土腐殖质累积强度大、土壤呈中性反应；热带、亚热带湿润地区的草甸土腐殖质累积弱，呈酸性反应；干旱地区的草甸土则常有盐化或碱化特征。中国草甸土主要分布在东北平原、华北平原、内蒙古及西北地区河谷平原。

【草腐菌】(straws-rot fungi) 生长在草本植物干枯的根茎叶上的大型真菌。利用其纤维素等的分解物作为营养。有的专门利用禾本科植物。草菇是典型的草腐菌。古时广东南花寺的和尚观察到稻草堆上能生长出蘑菇后，便开始用稻草培养蘑菇并延续到今天。因为是由稻草中培养出的蘑菇，故也叫“草菇”。又因它出自南花寺，所以又称为南花菇。草菇是由中国最早人工培养成功的食用菌品种。现在中国很多地方都在利用麦草、玉米秸秆作培养料人工培养双胞蘑菇、大肥蘑菇等食用品种。

草菇

【草棉】(herbaceous cotton) 又称非洲棉。锦葵科，棉属。栽培棉种之一。原产于非洲南部，是非洲大陆栽培较早的棉种。分为五个种系，即暗色棉、库尔加棉、威地棉、槭叶棉和阿非利加棉。前三个为一年生，后两个为多年生。中国西北地区曾种植的草棉属于库尔加棉种系。栽培的草棉，一年生，植株矮小，在100 cm以下，叶小。其生育期120～150天。其叶片、花冠和棉铃均较小，产量低，纤维短，品质亦差。但其耐旱性强。印度、巴基斯坦等国仍有少量种植。

【草坪】(lawn) 由植株低矮、分蘖力强、营养生长旺盛、适应性强的草种植物形成的绿地。按其作用的不同可分为：(1)观赏草坪。这类草坪利用低矮、茎叶细密、色泽浓绿、绿色期长的草坪建成。不许游人践踏，且管理精细。(2)缀花草坪。以草坪为背景，间以观花地被植物。但观赏花卉不超过其总面积的1/3。(3)游憩草坪。供人们工作、学习之余休息或康复疗养活动，无固定形式，面积较大，管理粗放。坪内点缀石景，种植树木。坪边配置花带，中间有宽广空地。(4)运动场草坪。由禾本科草按照一定组合建植的专供竞技体育使用的草坪，如足球、网球和赛马场草坪等。(5)固土护坡草坪。其作用是为了防止公路与铁路的护坡、水库的堤坝及其他坡地的水土流失。

【草坪植物】(lawn plant) 用以构成园林草坪的植物。草坪除具有一般绿化功能外,还能减少尘土飞扬、防止水土流失、缓和阳光辐射,并可作为建筑、树木、花卉等的背景衬托,形成清新和谐的景色。草坪覆盖面积是现代城市环境质量评价的重要指标之一,常被誉为“有生命的地毯”。因其独特的开阔性和空间性而在园林绿地艺术布局中占有十分重要的位置。在园林绿化布局中,它不仅可单独作主景,而且能与山、石、水面、坡地以及园林建筑、乔木、灌木、花卉、地被等密切配合,组成各种不同类型的空间景观。因而草坪植物能给人们提供游憩活动的良好场地。草坪植物主要属禾本科和莎草科,如紫羊茅、早熟禾等。草坪植物种类的选择应根据当地的气候、土壤等条件确定。

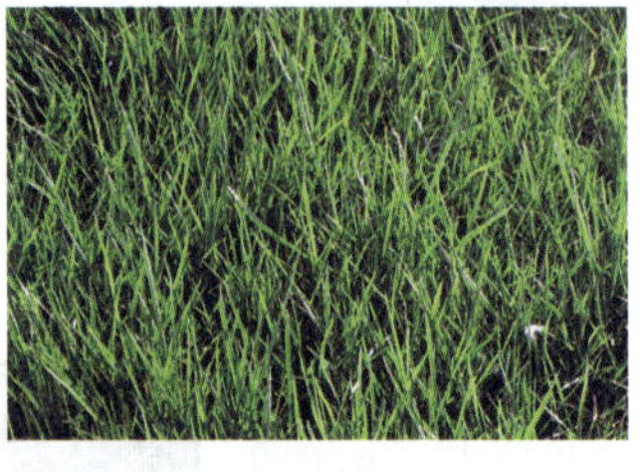
草坪植物

【草鱼】(grass carp) 俗称鲩、油鲩、草鲩、白鲩、草根、混子、黑青鱼。属鲤形目鲤科雅罗鱼亚科草鱼属。是中国淡水养殖的四大家鱼之一。其体较长,略呈圆筒型,腹部无棱。头部平扁,尾部侧扁。口端位,呈弧形,无须。下咽齿二行,侧扁,呈梳状,齿侧具横沟纹。背鳍和臀鳍均无硬刺。背鳍和腹鳍相对。体呈茶黄色,背部青灰略带草绿,偶鳍微黄色。为中国东部、广西至黑龙江等平原湖泊、江河的特有鱼类。一般喜居于水的中下层和近岸多水草区域。性活泼。游泳迅速。常成群觅食。为典型的草食性鱼类。在干流或湖泊的深水处越冬。生殖季节亲鱼有溯游习性。在自然条件下,不能在静水中产卵。产卵地点一般选择在江河干流的河流汇合处、河曲一侧的深槽水域、两岸突然紧缩的江段。1958 年人工催产授精孵化成功。已移殖到亚、欧、美、非各洲的许多国家。在当地形成了一定的生态灾害。

草鱼

【草原】(grass land) 在温带半干旱气候条件下,由旱生、半旱生多年生草本植物组成的植被类型。植被主要有:旱生窄叶丛生禾草如羽茅、针茅,以及部分根茎禾草和莎草科、豆科、菊科植物等。草原植被结构简单、季相(不同植物群落在不同季节显示出的不同特点)明显。草原还可以根据水热条件分为典型草原、荒漠化草原和草甸草原等。

【草原蘑菇】(field mushroom) 繁殖、生长在草原环境中的蘑菇。通常说的草原是指以草本植物为主而缺乏森林树木的植被类型。这一生态环境适宜喜草原植被、土壤的蘑菇等真菌生长。如内蒙古草原是中国多种口蘑的产地。青藏高原产黄绿蜜环菌、冬虫夏草及大马勃。草原牧场牛、羊、马牲畜粪肥多,又是喜粪生蘑菇繁殖生长的区域。

大马勃

【侧槽式溢洪道】(side channel spill way) 过堰水流进入与堰轴线大致平行的侧槽,在槽内转向约 90°,再经泄槽或隧洞流入下游的开敞式溢洪道。多为中小型水库所采用。其水流特点是:(1)过堰水流由侧向进入,产生横向旋滚,同时在重力作用下沿侧槽纵向流动,形成螺旋流。(2)流量沿程增加,侧槽内的水流为空间变量流。侧槽式溢洪道适用于两岸山坡陡峻,无适宜的天然垭口而坝身又不宜泄洪的水利枢纽。顺岸坡等高线布置侧槽式溢洪道,较采用其他形式可减少挖方量。在挖方量增加不多的情况下,适当增加溢流堰的长度,可减小溢流水深,从而降低水库的最高洪水位和坝的高度。侧槽式溢洪道一般由溢流堰、侧槽、泄槽或泄水隧洞、消能工和泄水渠等部分组成。

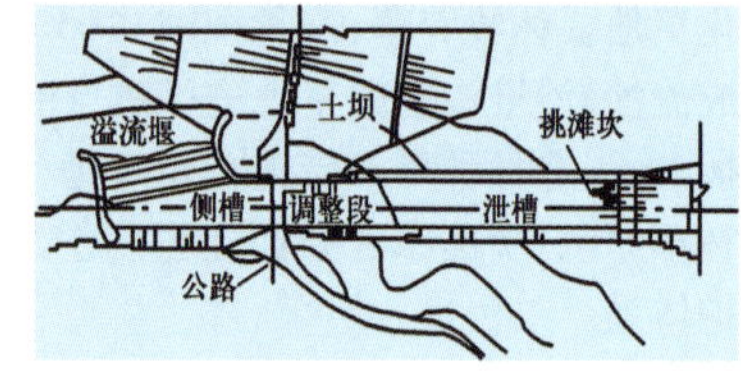

侧槽式溢洪道示意图

【侧风飞行】(flying in side wind) 飞行中的飞机受到水平面上与飞机飞行方向垂直的风力作用下的飞行。在实际飞行过程中,飞行员可以调整飞机向侧风上风方向倾斜机身或调整航向使机头转向侧风上风方向来抵抗侧风的影响。在侧风气象条件下,飞机着陆时容易向侧风下风方向飘移而横过跑道或引起机翼与发动机罩擦地事故。

【侧浇口】(side gate) 在塑模型腔侧面的分型面上开的进料口。侧浇口截面形状多为矩形狭缝。调整其长度、截面厚度、宽度可以分别调节熔体压力、剪切速率、浇口封闭时间、流动性能。这类浇口加工容易,进料位置选择灵活,适用于中小型塑件的多型腔模具，且对各种塑料的成型适应性强。但是有浇口痕迹存在，会形成熔接痕、缩孔、气孔，且注塑压力损失大、深型腔塑件排气不便等。

【侧扫声呐】（side-scan sonar） 用海洋声学方法探测海底地形、地貌及水下物体的设备。安装在船上或拖曳体中。船在航行时以一定倾角向两侧发射水平开角很窄和垂直开角很宽的扇形声脉冲波束。声波接触海底后产生回波。回波信号的强弱与地形有关。接收换能器接收回波信号，记录纸上的灰度会随回波信号强度而变。随着船舶在待测海域航行用声脉冲波束扫描海底并记录，就构成海底地貌声图。经识别，可分辨出海底表层结构、礁石、沉船、沙丘等。按其探测能力的不同可分为近程、中程和远程三类。近程侧扫声呐作用距离约 2×(50～100)m；中程侧扫声呐作用距离约 2×(500～1 000)m；远程侧扫声呐作用距离约 20～30km。

【侧视雷达】（side-looking radar，SLR） 依靠遥感器自身携带的辐射源，向垂直于遥感平台运行方向的侧下方发射微波脉冲波束，并逐点接收波束照射地面后的回波信号的主动式遥感系统。一种微波遥感雷达。是可以获取遥感平台一侧或两侧地带遥感图像的微波成像遥感雷达。按其天线孔径差异的不同可分为：真实孔径雷达和合成孔径雷达；按其计划方式或波段的不同可分为：单极化、多极化侧视雷达或单波段、多波段测试雷达。测试雷达常用的工作波段有 X 波段（波长 2.75～5.21cm）、C 波段（波长 5.21～7.69cm）和 L 波段（波长 19.4～76.9cm）。由于微波具有穿透云雾的能力，因此，侧视雷达是一种全天候、全天时的主动式遥感系统。

【测不准原理】（uncertainty principle） 又称测不准关系、不确定关系。在一对共轭的微观力学量（如位置和动量，时间和能量等）不确定度之间存在一种无法克服的排斥性，即不可能同时对它们进行精确观测，且其中一个量越确定，另一个量的不确定度就会越大。由德国物理学家海森堡于 1927 年提出的一个量子力学的基本原理。该原理强调，若假定一对共轭力学量 $\hat{A}$，$\hat{B}$ 的不确定度分别为 $\triangle A$ 与 $\triangle B$，则二者的乘积满足

$$\triangle A \cdot \triangle B \geqslant \hbar/2, \hbar = \frac{h}{2\pi}$$

h 为普朗克常数。这一有关共轭力学量不确定度之间关系的原理叫测不准原理。测不准原理反映了微观粒子运动的基本规律，是物理学中一条重要的原理。

【测地卫星】（geodetic satellite） 专门用于大地测量的人造地球卫星。卫星测地系统的空间部分。作为地面观测设备的观测目标或定位基准，能精确测量地球的形状、大小、重力场和地磁场分布、地球表面诸点精确地理坐标和相对位置，以及地球板块运动和极移等。按照卫星上是否载有专门的有源测地系统，测地卫星可分为主动式和被动式两类。目前大多是主动式测地卫星。按照测地任务和方法的不同，测地卫星可分为几何学测地卫星和动力学测地卫星。几何学测地是用卫星作为基准点或控制点来进行大地测量。动力学测地是利用已知卫星轨道参数或卫星的瞬时位置，依轨道摄动理论来获得地球引力参数，从而定出观测点位置的地理坐标。

测地卫星

【测度】（measure） 测量几何区域的尺度。是区间的长度，平面上长方形的面积，空间中长方体的体积，物体的重量等概念的推广。为了推广积分概念，1893 年，约当提出了“约当容度”的概念并用来讨论积分。1898 年，法国数学家波莱尔改进了容度的概念，并把它叫做测度。波莱尔的学生勒贝格后来发表《积分、长度、面积》的论文，提出了“勒贝格测度”、“勒贝格积分”的概念。勒贝格还证明了有界函数黎曼可积的充分必要条件是不连续点构成一个零测度集。这就完全解决了黎曼可积性的问题。

【测绘学】（cartography） 研究与地球及其外层空间有关的地理空间信息的采集、处理、显示、管理、分析与利用的科学和技术。涵盖大地测量、摄影测量与遥感、地图制图与地理信息工程、卫星导航定位、海洋测绘、工程测绘、测绘仪器等分支学科。其主要功能是：确定地球性状和地球重力场；获取地球表面自然形态和人工设施的几何分布及与其属性有关的信息；编制全球或局部地区的各种比例尺的普通地图和专题地图；建立地球信息系统，处理、发布和应用地理空间信息，为国民经济和国防建设以及地学研究服务。

【测交】（test cross） 测定未知基因型个体的基因型或配合的一种杂交方式。遗传学奠基人孟德尔（G. J. Mendel）于 19 世纪 50 年代所首创。在测定杂交子代是显性纯合子或杂合子时，采用已知性状为隐性纯合子的个体作测验品系，与之杂交。对配合力的测定，是以被测品系与测验品系杂交。在遗传研究和育种工作中，广泛用于验证性状遗传规律和基因定

位,以及杂交组合试验等方面。

【测井】(well logging) 又称钻井地球物理勘探、地球物理测井。在钻孔中使用的地球物理勘探方法的通称。地球物理勘探的一个分支。按所利用的岩石物理性质的不同可分为电测井、放射性测井、磁测井、声波测井、热测井和重力测井等。根据地质和地球物理条件,合理地选用综合测井方法,可详细研究钻孔地质剖面、探测有用矿产、详细提供计算储量所必需的数据,如油层的有效厚度、孔隙度、含油气饱和度和渗透率等,以及研究钻孔技术情况等任务。测井方法在石油、煤、金属与非金属矿产及水文地质和工程地质的钻孔中广泛应用。特别在油气田与煤田勘探工作中,已成为不可缺少的勘探方法之一。应用测井方法可以减少钻井取心工作量,提高勘探速度,降低勘探成本。在油田,有时把测井称为矿场地球物理、油矿地球物理或地球物理测井。

【测距加常数】(distance measuring addition constant) 因电磁波测距仪的相位起算位置与仪器的几何对中位置不一致所产生的测量结果与实际距离的差值。是一个不随距离长短变化的常数。在进行距离测量时,测量结果需加上此项改正值。

【测距雷达】(range-only radar) 用以测量距离的雷达。利用波长为0.8~10cm的微波作为载波进行距离测定。测距雷达只提供从雷达到目标的距离,而不提供所测目标的方位角度信息。

【测量标志】(surveying mark) 为开展大地测量、工程测量、地形测量,在陆地和海洋所设置的用于标定点位的标记。按其用途和使用期限的不同可分为永久性测量标志和临时性测量标志。前者指设有固定标志物以供长期使用的需永久保存的测量标志,包括标石、觇标及其他固定设施。标石通常用混凝土或岩石制成,埋于地下或稍露地面。其顶部中央嵌入一个瓷质或金属的标志,标志上的十字中心表示点的实地位置。标石用于测量和标定控制点地理坐标、高程、重力、方位、距离等。觇标是建在地面上或其他建筑物顶部的测量专业标架,用钢材、木材或者其他材料制成,高达几米到几十米。觇标作为观测照准目标和供升高仪器位置之用。临时性测量标志是指在测量过程中设置和使用、工作结束后不需要长期保存的标志物和标记。如测站点木桩、活动觇标、测旗、测杆、航空摄影测量地面标志、绘在地面或建(构)筑物上的标记等。

觇标

【测量船】(survey ship) 执行水域测量和调查任务的船舶。按照吨位区分,有中远海测量船、近海测量船、沿岸测量船和测量艇。中远海测量船排水量为3 000t以上,比较典型的为5 000t左右,最大达10 000t以上,航速10~16节,有较大的续航力和自持力,能长时间在海上进行作业;近海测量船的排水量为500~2 000t,主要作业范围在大陆架近海海域;沿岸测量船的排水量为50~500t,主要作业范围是沿岸海域和航道;测量艇的排水量50t以下,主要在沿岸浅水区和岛礁水域作业。现代测量船最突出的特点是:具有很强的综合作业能力,装备有多种精确导航、定位和测量的电子仪器,通过综合测量控制系统完成数据记录、传输和处理。有的测量船自备有相应的测量计算室、制图室、照相室和印刷车间等设施,对获取的各种专业数据及时进行技术处理,实时提供测量海区经初步校正的数据和图件。较大的测量船上还配有测量艇和直升机。

测量船

【测量平差】(survey adjustment) 依据最小二乘法准则,由一系列带有观测误差的测量数据,求定未知量最佳估值及其精度的理论和方法。对于含有误差的观测数据,一方面要估计它们的可靠程度,并作出合理的解释;另一方面还要对这些观测数据作适当处理,以便得出待求量的最佳估值。前者涉及有关观测误差性质的基础知识,如误差出现的规律性、精度指标及其含义、误差的传播规律等;后者涉及推求未知量最佳估值的准则、数据处理的基本方法,以及它们的函数模型等。常用的平差方法有:(1)参数平差。又称间接平差。利用观测值和待求参数之间的线性函数关系,按最小二乘法进行平差。(2)条件平差。根据各观测元素间的几何、物理条件或附加条件和约束条件,按最小二乘法进行平差。(3)秩亏平差。解决法方程系数矩阵秩亏问题的一种平差方法。(4)相关平差。顾及观测值相关因素的最小二乘法平差。(5)天文大地网平差。按最小二乘法求定天文大地网中各要素(角度、边长、方位角、坐标)的最佳估值和评定其精度所进行的平差计算。

【测量误差】(survey error) 在测量过程中产生的误差。由于观测者感觉器官鉴别能力有限、观测仪器结构不十分完善、外界自然条件的不可确知,以及观测目标本身的结构、状态和清晰程度的限制等,观测值中必然含有误差。观测者、测量仪器、外界环境及观测对象四个因素合称为测量条件,是使测量产生误差的主要来源。按误差性质的不同可分为:(1)粗差。明显歪曲观测结果的误差。主要是由失误引起的,一般以异常值或孤值形式表现出来。如测错、读错、记录错、计算错、仪器故障等所引起的偏差。(2)系统误差。由测量条件中某些特定因素的系统性影响而产生的误差。在同等测量条件下的一系列观测中,系统误差的大小和符号常固定不变,或呈系统性变化。对于一定的测量条件和作业程序,系统误差在数值上服从一定的函数性规律。系统误差对测量结果的影响一般具有积累性,对成果质量的影响也特别显著。所以在测量结果中,应尽量消除或减弱系统误差对观测成果的影响。(3)偶然误差。由测量过程中各种偶然因素影响而产生的误差。就单个偶然误差而言,其数值可正可负,可大可小,无任何规律。但从大量偶然误差的整体来看,却存在着下面统计规律性:在一定条件下,偶然误差的数值不超出一定的限值;绝对值小的偶然误差比绝对值大的偶然误差出现的可能性大;绝对值相等的正负偶然误差出现的可能性相同。

【测量准确度】(accuracy of measurement) 测量结果与被测量的真值间的一致程度。一个定性的概念,不能将其定量化。被测量的真值,实质上就是被测量物体本身。它是一个理想化的概念,一般无法准确地给出。可以说准确度高低、准确度等级或准确度符合某标准等,而不宜将准确度与数字直接相连。在有些情况下,被测量真值的含义是明确的。这时,测量准确度可以用测量结果对被测量真值的偏移来估计。

【测深仪】(sounder) 用于水深测量的仪器或装置。按测量手段的不同可分为:(1)单波束测深仪。又称回声测深仪。是根据超声波在水中具有的良好传播特性,在不同介质面上产生反射或散射的原理设计的一种测深仪器。其发射机产生定时脉冲电信号,激励发射换能器将电信号转换成声信号发射到水中,接收换能器接收水底反射回来的声信号并转换成电信号,回波信号经过模/数转换,通过标准接口送至数据记录装置。(2)多波束测深系统。采用发射、接收指向性正交的两组换能器阵的回声测深仪器,可同时获得垂直测量船航向分布的数十个乃至上百个水深值。换能器基阵可安装在船底或拖曳在船后。(3)机载激光测深仪。采用钇-铝-石榴石激光发生器,在飞机上发射红外及其倍频后的绿光两束光脉冲,根据激光从海面和海底反射至激光接收器的时间差测得深度。手工实施水深测量的装置有测深杆、水铊等。

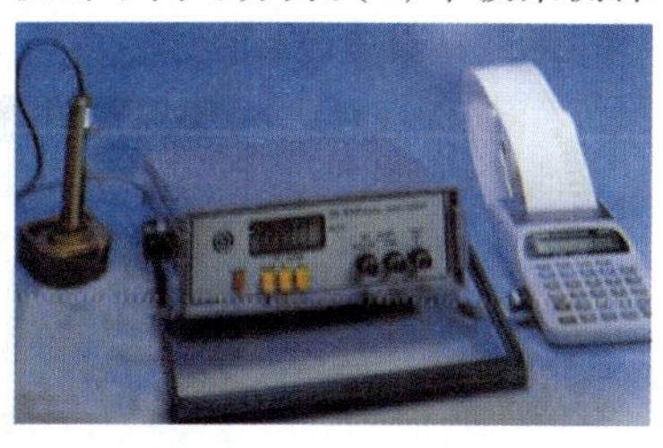

测深仪

【测试发-控系统】(test sending-control system) 火箭发射前人机对话的主要接口系统。通过箭地通信,掌握箭上设备的工作情况和各种参数,也可将飞行参数装入箭上设备,控制火箭发射。

【测试管理系统】(test-management system) 生产中为统一管理各类集成电路的测试程序,收集与处理大量测试数据,提高各类测试仪的利用率而实现测试集中管理的系统。由主机完成测试程序的管理和测试数据的收集处理,随时检查各测试工位的作业情况和下达作业任务,达到监督和调度生产的目的;由测试仪完成电路的测试和必要数据的采集,及时将数据送至主机,并由中央数据库收集、储存,以便随时进行对比、统计、分析和编制报表等处理。主要应用于工业生产管理中。

【测试用例】(test case) 为特定的软件产品执行测试任务而设计的一组测试输入、执行条件和预期的结果。是执行的最小实体。体现测试方案、方法、技术和策略。其内容包括测试目标、测试环境、输入数据、测试步骤、预期结果、测试脚本等,并形成文档。其特征是:(1)最有可能抓住错误的。(2)不是重复的、多余的。(3)一组相似测试用例中最有效的。(4)既不是太简单,又不是太复杂。其主要作用是:(1)指导测试的实施。(2)规划测试数据的准备。(3)编写测试脚本的设计规格说明书。(4)评估测试结果的度量基准。(5)分析缺陷的标准。

【测土配方施肥】(testing soil for formulated fertilization) 国际上通称平衡施肥。根据测定的土壤养分含量,按照不同作物需要的营养,制订施肥配方。这项技术是联合国在全世界推行的先进农业技术。其技术实施步骤是:(1)测土,即取土样测定土壤养分含量。(2)科学配方,即经过对土壤的养分诊断,按照庄稼需要的营养“开出药方,按方配药”。(3)合理施肥,即在农业科技人员的指导下,科学施用配方肥。

【测站】(survey station) 外业测量时安放仪器进行观测的地点。一般设置在已知坐标和高程的控制点上。通过用测量仪器的观测和计算,测定其他的控制点、地形点或施工放样点的坐标和高程。三角测量和导线测量的测站需埋设标石,以示该点的位置;水准测量的测站仅指安放仪器的位置,不需另加标志。

测站

【层次数据库】(hierarchical database) 一种采用层次模型建立的数据库。常用树形结构表示各类实体及其相互间的层次关系。每个节点表示一个记录,节点之间的连线表示相互间的联系。它能够提供群集、多路数据共享的支持。其主要的特点与作用是:(1)层次间的联系是一对多点联系。每个记录可包含若干个字段。(2)记录用于描述实体,字段用于描述实体之属性。(3)层次数据库中每个记录只有一个双亲记录,即从一个记录到其双亲记录的映射是唯一的。(4)每一个记录只需指出它的双亲记录,即可表示出层次模型的整体结构。在现实中,有许多实体间的联系就是层次关系,如学科体系、行政机构等。

【层理】(bedding) 岩石沿垂直方向变化所产生的层状构造。岩石的物质成分、结构及颜色的突变或渐变显现,是沉积岩和某些火山碎屑岩的重要成因标志。层理可按细层和层系的几何形态、层系厚度及成因进行分类。目前常用的有两种划分法:一种按细层形态及其与层系界面的关系的不同划分为水平层理、波状层理、交错层理三种基本类型;另一种按细层、层系的形态的不同并结合成因划分为板状层理、楔状层理、槽状层理等。

层理

【层流】(laminar flow) 流体质点互不掺混、运动轨迹有条不紊、层次分明的流动。黏性流体的流动以两种截然不同的状态出现:层流状态和紊流状态(见紊流)。层流时的剪切应力和热导率均比紊流时小得多。如能使飞行的附面层保持层流状态,则可大大减小飞行器的摩擦阻力。对于再入飞行器,如能使边界层(见附面层)在较长时间内保持层流,就可以减小再入飞行器的总加热量。

【层流病房】(laminar flow ward) 通过空气净化设备保持室内无菌的病房。一般分四室,一、二室为缓冲间,三室为相对无菌室,四室为100级层流洁净室(病人居住)。洁净室内装有改变局部环境空气洁净度的重要设备。病人入室前,要用肥皂水、清水、洗必泰、酒精擦洗四个室,然后用40%甲醛加高锰酸钾熏蒸24h两次。经细菌培养合格后,方可收病人入洁净室。工作人员入室前必须修剪指甲、清洁漱口、刷手、洗澡、换无菌衣服、戴无菌帽子、戴口罩,换拖鞋后进入一室,依次每进入下一室须更换一次拖鞋。进二、三室分别用1∶2 000洗必泰液泡手两次,各5min。进三室穿无菌隔离衣、袜,进洁净室再加穿一层无菌衣、袜,并戴无菌帽子、口罩和手套。物品传递入层流室前,必须经过无菌处理。另外,无菌病房内每室均应安装有紫外线灯管,要求每日照3次,每次1h。还要用过氧乙酸喷雾消毒。层流病房用于血液治疗,能保证造血干细胞移植及大剂量化疗患者治疗期间的安全。由于病房的清洁程度极高,基本可以保证病人治疗期间的生活空间中没有细菌生长,因而大大降低了患者的感染概率,特别是严重感染的机会,是干细胞移植不可缺少的硬件条件。

【层流控制】(laminar flow control) 在边界层控制中尽可能推迟湍流而保持层流的各种技术。包括被动式控制和主动式控制两类。层流翼型是被动式层流控制的典型技术。20世纪40年代初首次用于P-51战斗机上,之后已广泛应用于超声速飞机上。在20世纪60年代,主动层流控制进入初步实用阶段。主动层流控制技术有吹气法和吸气法。吹气襟翼是研究较早、较成熟的一种,已在一些轻型战斗机上得到应用。在20世纪90年代,美国利用F-16战斗机开始试验新的微孔吸气技术。其原理是:在机翼前缘局部、后襟翼或全翼表面钻大量微孔,利用机翼内的抽气管路不断地将机翼上的边界层吸入,从而达到边界层控制保持层流的目的。利用层流控制技术,可提高飞机的经济性,使燃油效率提高45%。其研究方向是:吸气式层流控制、优化被动层流控制、吸气与吹气组合和超声速层流控制。

【层面构造】(bedding plane structure) 保留在沉积岩层面上的一种原生构造未固结的沉积物,由于机械成因或由于生物活动在其表面造成的痕迹,被后来的沉积物覆盖而保留在层面上的构造现象。层面构

波纹构造

造种类繁多,有波痕、泥裂、雨痕、虫迹和各种印痕。借助于它可以恢复古地理环境以及判断地层是否倒转等。

【层析】(chromatography) 按照移动相和固定相之间分配比例的不同,将混合成分分开的技术。其种类很多。可分为:(1)高压液相层析。(2)离子交换层析。(3)凝胶过滤层析。(4)亲和层析。(5)吸附层析。(6)分配层析。层析技术的应用与发展,对于物质中各类化学成分的分离鉴定工作起到积极推动作用,如从中药丹参的化学成分中分离脂溶性色素等。

【层压技术】(lamination technology) 将织物与织物叠层组合,以纺织品为基材压制复合材料的技术。它是在涂层技术基础上发展起来的。按照层压方式的不同可分为干热层压和低温层压。其生产工艺包括加热、冷却和黏合。其压力和线速度,可自动控制。其特点是:(1)损耗低。在任何时间,生产线可随时停车或重新启动,黏合剂涂层量可预先设定,在整个幅宽内连续保持良好的黏合。(2)较低的生产成本和更安全的工作环境。(3)生产批量不限。(4)一次可传送一种或多种基质,生产时间短。

【层云】(stratus) 云底低而均匀、底部不接地、呈均匀的白色、灰白色的云层。属低云族。似雾。平均厚度0.5km。主要由小水珠组成。足以遮蔽日、月,仅薄的部分能见到日、月轮廓。冬季也可由过冷却水及冰晶混合组成。多由雾抬升或由层积云转变而成。

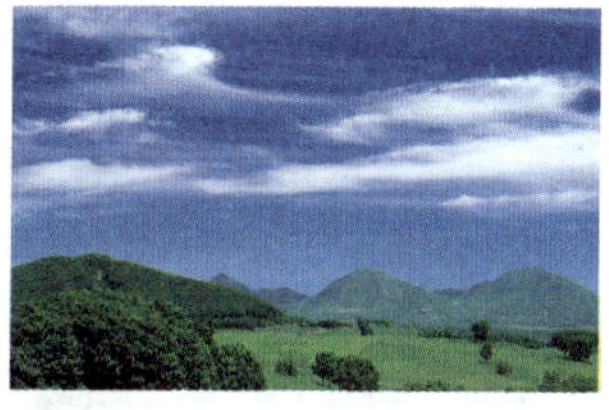

层云

【层粘连蛋白】(laminin, LN) 细胞外基质成分中的非胶原性糖蛋白。其主要功能是:(1)作为基膜的主要结构成分,对基膜的组装起重要作用,在细胞表面形成网络结构并将细胞固定在基膜上。(2)在细胞发育过程中刺激细胞运动。(3)刺激胚胎中神经轴的生长,并促进成年动物的神经损伤后再生。(4)在原生殖细胞的迁移中起关键作用。它还参与体内的炎症反应、免疫效应和肿瘤转移等生理、病理过程。在医疗卫生等方面应用广泛。

【层状农业】(stereo farming) 见立体农业。

【差别化纤维】(differential fiber) 对常规纤维进行物理或化学的改性处理,使其性能改善或具有新特征的纤维。常规纤维改性方法有:(1)以纤维截面形态异形化来改善性能。(2)以纤维表面的绒毛化和纤维内的多孔化,改善纤维的染色性和吸湿性。(3)以纤维直径的细旦化改善纤维织物的外观和手感。(4)以纤维的混纤技术和复合技术,赋予纤维多种性能。(5)以化学改性、共聚、接枝或交联方法改变纤维的化学结构,赋予纤维难燃、阻燃、抗静电、抗紫外线和易染等性能。(6)以物理和机械方法改变纤维性能,如假捻、吹气、网络等。在生产中,也可几种方法同时使用,以改善纤维的综合性能。

【差错控制】(error control) 一种保证接收的数据完整、准确的控制方法。在通信过程中,按差错类型的不同可分为:(1)由热噪声引起的随机错误。(2)由冲突噪声引起的突发错误。由于差错的存在,使得数据在实际传输过程中可能变得紊乱或丢失,为了捕捉这些错误,发送端调制解调器对即将发送的数据执行一次数学运算,并将运算结果连同数据一起发送出去,接收数据的调制解调器对它接收到的数据执行同样的运算,并将两个结果进行比较。如果数据在传输过程中被破坏,则两个结果就不一致,接收数据的调制解调器就请发送端重新发送数据。突发性错误影响局部,而随机性错误影响全局。

【差分脉冲编码调制】(differential pulse-code modulation, DPCM) 简称差值编码。对样本端点之间的差别进行编码以便于压缩数字数据的PCM技术。由于音频波是以可预见的方式传播的,所以差异脉冲编码调制可以预计下一个样本并对预计端点和实际端点之间的差别进行编码。与全幅状态下的每一个样本的数字值相比较,此种差别是较小的数字,因此可以减少最终的比特流。是对模拟信号幅度抽样的差值进行量化编码的调制方式。这种方式是用已经过去的抽样值来预测当前的抽样值,对它们的差值进行编码。差值编码可以提高编码频率。这种技术已应用于模拟信号的数字通信之中。

【差热分析】(differential thermal analysis, DTA) 在程序控制温度下,通过测量未知物质和惰性参比物的温度差和温度关系以鉴别未知物质的成分及物理化学性质的分析方法。在操作时,将不断发生相变化的惰性参比物和待测样品放在一个易导热的金属容器中,在相同的条件下升温或降温,利用热电偶记录两者的温度差别。当样品未发生相变时,两者温度一致;当样品发生相变时,伴随热效应的产生,两者产

差热分析仪

生温差；当相变过程结束后，两者的温差逐渐减小。根据物质的相变和化学反应所产生的吸热或放热现象，来鉴别样品（如硅酸盐、铁氧体、黏土、陶瓷、水泥等）的组成成分。此法也可用于测定物质的比热容、相转变、磁性转变和绘制相图，以及对聚合物、混合物的定性分析。

【差速离心法】(dispersion and differential centrifugation) 交替使用低速和高速离心手段，用不同强度的离心力使具有不同质量的物质分级分离的方法。此法适用于混合样品中各沉降系数差别较大组分的分离。其操作方法较简单，但分辨率不高，沉淀系数在同一个数量级内的各种粒子不容易分开。常用于其他分离手段之前的粗制品提取，如用差速离心法分离已破碎的细胞各组份等。

【差压式流量计】(differential pressure flowmeter) 又称节流式流量计。基于流体流动的节流原理，利用管道中流量检测件产生的压力差，从已知的流体条件和检测件与管道的几何尺寸来计算流量的仪表。由检测件、差压转换和流量显示仪表组成。按其检测件形式的不同可分为：(1)孔板流量计。(2)文丘里流量计。(3)均速管流量计。其优点是：(1)结构牢固，性能稳定可靠，使用寿命长。(2)应用范围广泛。(3)检测件与变送器、显示仪表分别由不同厂家生产，便于规模经济生产。其在封闭管道内各种对象的流量测量中都有应用，如流体方面包括单相、混相、洁净、脏污、黏性流等；工作状态方面包括常压、高压、真空、常温、高温、低温等；管径方面从毫米级到米级；流动条件方面包括亚音速、音速、脉动流等。

差压式流量计

【插层复合法】(inserting synthesis method) 将塑料与片状硅酸盐在纳米尺度上复合而制备新型复合材料的技术。是将单体或聚合物插入经插层剂处理后的层状硅酸盐（如蒙脱土，俗称黏土）之间，进而破坏片状硅酸盐紧密有序的堆积结构，使其剥离成厚度1nm左右、长与宽均为30～100nm的层状基本单元，并均匀分散于塑料基体树脂中，使塑料与层状硅酸盐在纳米尺度上复合而制备纳米材料的方法。该技术是目前制备纳米级材料的主要方法。按制作步骤的不同可分为插层聚合法和聚合物插层法。前者先将聚合物单体分散，插层进入层状硅酸盐中，然后原位聚合，并利用聚合时放出的热，克服硅酸盐片层间的作用力而使其剥离，从而使硅酸盐片层与塑料基体以纳米尺度复合；后者将聚合物熔体或溶液与层状硅酸盐混合，利用化学和热力学作用使层状硅酸盐剥离成纳米尺度的片层并均匀地分散于聚合物基体中。插层复合法的优点，是易于实现无机纳米材料能以纳米尺度均匀分散在塑料基体树脂中。

【插干造林】(planting trunk afforestation) 利用杨、柳、榕树等易萌芽生根树种的粗枝或幼树树干直接插植于宜林地的造林方法。是分殖造林法的一种。所用插穗规格长而粗，多用2～4年生粗枝或幼树树干，干长视树种和立地条件而定需深栽至地下水位。此法适用于“四旁”（村旁、屋旁、路旁、湖旁）绿化、绿篱、河滩造林及薪炭林的营造。为防止失水，可在其顶端切口处涂蜂蜡或沥青。

插干造林

【插花】(flower arranging) 能再现大自然美和生活美的花卉。将剪切下来的植物枝叶、花和果作为素材，经过修剪、整枝、弯曲和艺术构思、造型、设色而重新配置成精制完美、富有诗情画意的艺术品。按其功能的不同可分为：(1)礼仪插花。用于庆典仪式、婚丧嫁娶、探亲访友等社交场合。其造型整齐简洁，花色鲜丽明快，插作繁密。常用花篮、花环等形式。在其创作过程中，要特别注意尊重不同民族或地域的风俗习惯，以免引起误会。(2)艺术插花。供人们欣赏和美化装饰环境的一类插花。有明确的主题。在花材选择、设计构思、造型布局等方面有较高的要求。

插花

【插入失活】(insertional inactivation) 因外源DNA的插入而导致基因失活的现象。例如将外源DNA片段插入到载体的选择标记基因中会使此基因失活，丧失其原有的表型特征。常用于筛选含有外源DNA的重组载体。

【插入突变】(insertional mutation) 由外源的或游离的核苷酸或核苷酸短序列，插入到基因编码序列的内部而导致的基因突变。插入可以是自发的(如染色体交换)、感染导致的(如前病毒插入基因组)或人工引起的(如基因工程)。在基因鉴定方面,该方法利用已知的插入序列作为标记,不必事先确定基因表达和基因产物,即可对未知基因进行研究。

【插头】(plug) 与插座配套使用带阳性接触体的元器件。用于移动式低压小容量电气设备、仪器和家用电器等引接电源。根据其电源极数的不同可分为:单相两极式和三相四极式。按照其使用要求的不同可分为:插接式插头、分路式插头、不可重接式插头、引挂式插头等。中国大陆生产的插头,工作电压为50V、250V、500V,最大工作电流三相式不超过25A,单相式不超过15A。为保证用电安全,除有绝缘外壳及采用安全电压的用电器具可采用两极插头外,其他有金属外壳及可触及金属部件的电器都应采用有接地线的单相三极式插头。

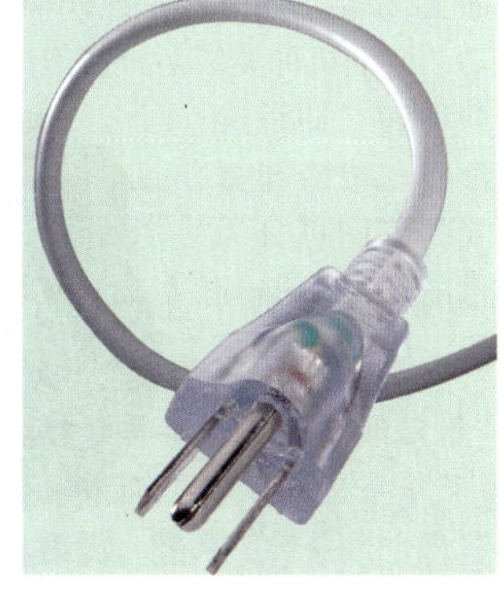
插头

【插削加工】(slot machining) 在插床上用插刀对工件作垂直相对直线往复运动的切削加工方法。此加工是立式刨削加工,主要用于单件小批量生产中加工零件的内表面,如孔内键槽、方孔、多边形孔和花键孔等。也可以加工某些不便于铣削或刨削的外表面(平面或成形面)。其中用得最多的是插削各种盘类零件的内键槽。插削时,工件安装在工作台上,插刀装在滑枕的刀架上。滑枕带动刀具在垂直方向的往复直线运动为主切削运动,工作台带动工件沿垂直于主运动方向的间歇运动为进给运动。圆工件台还可绕垂直轴线回转,实现圆周进给和分度。滑枕导轨座可绕水平轴线在前后小范围内调整角度(10°以内),以便加工斜面和沟槽。

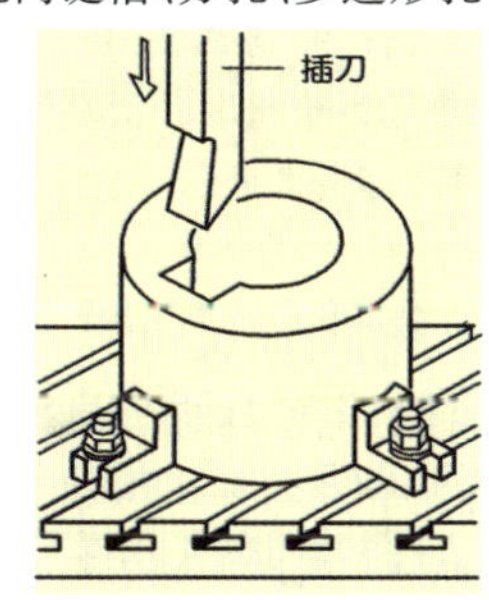

插削加工

【插削运动】(slotting) 插刀与工件在垂直方向上作相对的往复直线运动。在插床上采用插削运动所进行的切削加工方法为插削。工作时,插刀装夹在插床滑枕下部的刀杆上,由机床的滑枕带动,上下作切削运动。插刀向下是工作行程,向上是回程。工件安装在工作台上,根据零件表面的加工需要,由工作台带动作纵向、横向或圆周方向的间歇进给运动。插削的生产率较低,一般在单件小批生产中使用。主要用来加工平面、孔中的键槽、内外非圆形的封闭面等。对于不通孔或有障碍台肩的内孔键槽,插削几乎是唯一的加工方法。

【插值方法】(interpolation method) 由已知的离散数据补插出连续函数的方法。是数值逼近的基本方法之一。它利用给定的一批离散样本点的数据,作出通过这些样本点的、连续的、有一定光滑性的曲线(或曲面)。插值方法的意义在于,按照某种规则构造一个相对简单的函数作为复杂函数的近似,用该简单函数代替复杂函数进行数值计算、解析表达、图形显示等。常用的插值方法有多项式插值(代数插值)、三角插值和样条插值等。

【插座】(socket) 带阴性接触体与插头连接,装在出线盒上供插接用的元器件。直接与电源连接,安装在车间、实验室、办公室或居室的固定或移动的电气出线盒上,供各种低压电气设备引取电源。分为单相两极式、单相三极式、三相四极式。按其使用条件和安装要求的不同可分为:移动式插座和固定装置式插座。按其功能的不同可分为:线路连接插座、电源分路插座、插销式转换插座等。

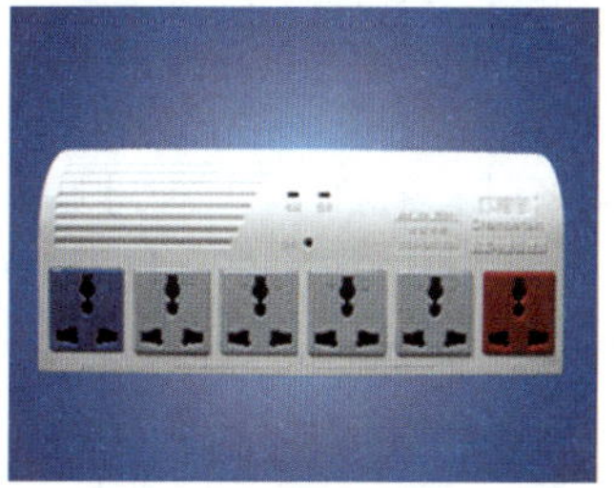
插座

【茶多酚】(tea polyphenols) 茶叶中多酚类物质的总称。包括黄烷醇类、花色苷类、黄酮类、黄酮醇类和酚酸类等。以黄烷醇类物质最为重要,约占茶多酚类总量的70%。它具有清除体内有害自由基、抗老防衰、抗辐射、抑制癌细胞生长、抗菌和杀菌等功能。

【茶马古道】(ancient tea route) 中国西南地区汉族和藏族等少数民族之间长期以来进行经济、文化、贸易和民族融合交往的古代道路系统。因具有茶、马互市的贸易功能而得名。根据西藏昌都卡诺遗址出土的文物可知,这条古道的存在可以追溯到史前时代。而作为具有茶马

茶马古道

互市等贸易功能的通道大约始于公元6世纪以后的唐代，盛于明清。茶马古道东起始于四川的成都、雅安和云南的昆明、大理、丽江等地，向西先后经过川西的甘孜、阿坝和云南的迪庆、西藏的昌都到达拉萨；也有经过四川阿坝先后到达甘肃的甘南藏区和青海藏区以及西藏藏区的。在历史上，自拉萨向西向南这条古道还曾经通向喜马拉雅山南坡的不丹、尼泊尔和印度等国家。如今茶马古道的贸易和交通功能早已被现代航空、公路和铁路所取代，但是作为内地和西藏，汉、藏等多民族长期融合交往的历史载体的茶马古道文化并未消失，尤其是茶马古道所经过的主要是大香格里拉地区，茶马古道不仅丰富了大香格里拉生态旅游的文化内容，而且大香格里拉又赋予了茶马古道以新的时代活力。

【茶饮料】（tea drink） 用水浸泡茶叶，经抽提、过滤、澄清等工艺制成的茶汤或在茶汤中加入水、糖液、酸味剂、食用香精、果汁或植、谷物抽提液等调制加工而成的制品。按其原辅料的不同可分为茶汤饮料和调味茶饮料。茶汤饮料又分为浓茶型和淡茶型；调味茶饮料又可分为果味茶饮料、果汁茶饮料、碳酸茶饮料、奶味茶饮料和其他茶饮料。含有蛋白质、脂肪、多种维生素、天然茶多酚、咖啡碱和多糖等近300种成分，具有调节生理功能，兼有营养、保健功效和药理作用，风味独特，是清凉解渴的多功能饮料。

【柴油发电机组】（diesel generating set） 柴油机驱动发电机运转、将柴油的能量转化为电能的发电设备。主要由柴油机、发电机以及控制系统三部分组成。根据用途的不同可分为陆用柴油发电机组及船用柴油发电机组。其基本原理是：在柴油机汽缸内，经过空气滤清器过滤后的洁净空气与喷油嘴喷射出的高压雾化柴油充分混合，在活塞上行的挤压下，体积缩小，温度迅速升高，达到柴油的燃点。柴油被点燃，混合气体剧烈燃烧，体积迅速膨胀，推动活塞下行。各汽缸按一定顺序依次做功，作用在活塞上的推力经过连杆变成了推动曲轴转动的力量，从而带动曲轴旋转。将无刷同步交流发电机与柴油机曲轴同轴安装，就可以利用柴油机的旋转带动发电机的转子，利用电磁感应原理，发电机就会输出感应电动势，经闭合的负载回路就能产生电流。

柴油发电机组

【柴油机】（diesel engine） 用柴油作燃料的内燃机。属于压缩点火式发动机。常以主要发明者狄塞尔的名字命名为狄塞尔引擎。柴油机在工作时，吸入柴油机气缸内的空气，因活塞的运动而受到较高程度的压缩，达到500～700℃的高温。然后将燃油以雾状喷入高温空气中，与高温空气混合形成可燃混合气，自动着火燃烧。燃烧中释放的能量作用在活塞顶面上，推动活塞并通过连杆和曲轴转换为旋转的机械功。柴油机种类繁多。按工作循环的不同可分为：四冲程和二冲程柴油机。按冷却方式的不同可分为水冷和风冷柴油机。按进气方式的不同可分为增压和非增压（自然吸气）柴油机。按转速的不同可分为：高速、中速和低速柴油机。按燃烧室的不同可分为：直接喷射式、涡流室式和预燃室式柴油机。按气体压力作用方式的不同可分为：单作用式、双作用式和对置活塞式柴油机等。按气缸数目的不同可分为单缸和多缸柴油机。按用途的不同可分为船用柴油机、机车柴油机、汽车柴油机、发电柴油机、农用柴油机、工程机械用柴油机等。柴油机具有热效率高的显著优点。其应用范围越来越广。随着强化程度的提高，柴油机单位功率的重量也显著降低。为了节能，各国都在注重改善燃烧过程，研究燃用低质燃油和非石油制品燃料。此外，降低摩擦损失、广泛采用废气涡轮增压并提高增压度、进一步轻量化、高速化、低油耗、低噪声和低污染，都是柴油机的重要发展方向。

柴油机

【蟾蜍】（toad） 又称癞蛤蟆、癞刺。两栖纲，无尾目，蟾蜍科动物的统称。两栖纲无尾目的成员统称蛙和蟾蜍。一般来讲，皮肤比较光滑、身体比较苗条而善于跳跃的称为蛙；而皮肤比较粗糙、身体比较臃肿而不善跳跃的称为蟾蜍。蟾蜍科约有35属450种左右，以蟾蜍属 *bufo* 的种类最多，达220种以上。除澳大利亚至巴布亚新几内亚、斯加和大洋洲无分布外，广泛分布于全球温带和热带地区。中国已知3属，18种左右，遍布中国各省。蟾蜍白天多栖息于泥穴或石下、草丛内，夜晚出来捕食昆虫等。气温低于10℃即进入冬眠。雌雄异体。体外授精。变态前在水中生

蟾蜍

活。变态后主要在陆地上。蟾蜍非常贪食，人们用其来消灭害虫。但盲目引进也会带来生态灾害。澳洲及其他很多种植甘蔗的热带地区曾引进海蟾蜍来防治蔗田的害虫，但海蟾蜍排挤本土的龟蟾类，捕食当地的小动物，其分泌的毒素又对想捕食它们的当地的捕食者造成了威胁。蟾蜍的毒腺在背部的疣内，主要集中在突出于两眼后的耳后腺内。耳后腺和皮肤腺的白色分泌物可制成“蟾酥”，做药用，可治疗多种疾病。

【蟾蜍毒中毒】(bufo poisoning) 机体被蟾蜍毒液损伤而造成的一系列症状。蟾蜍俗称癞蛤蟆，其耳后腺和皮肤腺内含有毒素。毒素的主要成分有：(1)蟾蜍毒素和蟾蜍配基。作用类似洋地黄。(2)儿茶酚胺类化合物。可使血管收缩，引起血压升高。(3)吲哚烷基胺类化合物。可引起幻觉。多因摄食污染蟾毒素的蟾肉或服用过量含蟾蜍毒的中成药(如六神丸、金蟾丸等)引起。一般在进食后0.5～2h发病。出现剧烈的恶心等消化道症状，神经系统表现有头痛，嗜睡，口唇、四肢麻木，膝反射迟钝或消失；可出现各种心律紊乱，心电图改变酷似洋地黄中毒；临床上可发生心源性脑缺血综合征、血压下降和休克。

【产程图】(partogram) 表示分娩过程中宫颈口扩张和胎头下降程度的图表。为了认真细致观察产程，做到检查结果记录及时，用产程图观察产程简单、实用，只需一张图表，便可一目了然看到产程经过，及时发现异常及早处理。产程图以临产时间(h)为横坐标，以宫颈口扩张程度(cm)为纵坐标(在左侧)，胎头下降程度在右侧，划出宫颈口扩张曲线和胎头下降曲线。

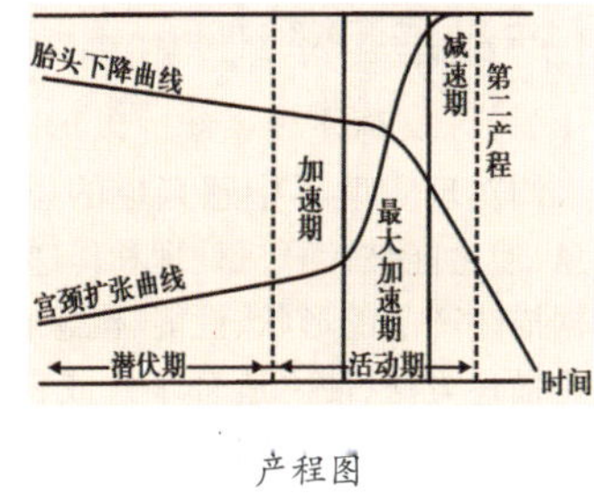

产程图

【产地检疫】(quarantine of producing area) 畜禽检疫机关对要出售和调运的畜禽产品在原产地进行的检疫。作好这些地区的检疫是直接控制畜禽传染病的有效办法。产地检疫分为两种：一种是乡镇内的集市检疫，主要是在集市上对农民饲养出售的畜禽进行检疫。由乡镇兽医对进入集市的畜禽进行健康检查，禁止病畜及危害人畜健康的肉食品上市；遇有病畜则进行隔离、消毒、治疗或扑杀处理；对未预防注射的畜禽进行预防接种。另一种是畜禽收购检疫，是集体、农户或国营农、牧场饲养的畜禽在出售时，由收购的商业部门与当地检疫部门配合进行的检疫。

【产地认定】(origin certificate) 商品生产主管部门对特定产品的产地进行认证的一种制度。是国家主管部门对特定商品进行跟踪监管的一种方式。产地认定后，颁发产地认证证书，证明该产品具有某种品质特性。中国在安全食品生产中，各省均制定了安全食品产地认证办法和标准，实施了产地认证管理制度。

【产地植物检疫】(field plant inspection) 植物检疫机关对要调运的植物和植物产品在产地进行的检疫工作。检疫工作在植物的生长期间进行。在调运时，检疫机关只须凭产地合格证就可以出具植物检疫证书。产地检疫可将检疫对象杜绝在种苗调运之前，避免在调运时因发现检疫对象而采取一系列处理措施所造成的巨大经济损失；还可避免因检疫处理造成的压车、压场、压仓、压站，甚至延误农时等情况的发生。大多数植物检疫对象和应检病虫都能在其寄主生长季节造成明显的危害症状，易于发现和识别。因此，产地检疫比调运检疫更加快速、准确、简便易行。

产地植物检疫

【产后出血】(postpartum hemorrhage) 胎儿娩出后24h内失血量超过500ml者。是分娩期严重并发症。在中国，占孕产妇死亡原因的首位。其原因有：(1)子宫收缩乏力。是最常见原因。包括孕妇自身因素(精神过渡紧张、体质虚弱)、妊娠并发症(前置胎盘、胎盘早剥、妊娠期高血压疾病、双胎等)、子宫肌瘤、前次剖宫产影响子宫收缩、临产后过多使用镇静剂或麻醉剂等。(2)胎盘因素。如胎盘粘连、胎盘滞留或胎盘残留等。(3)软产道裂伤。如会阴、阴道或宫颈裂伤未及时发现及缝合等。(4)凝血功能障碍。如原发性血小板减少、再生障碍性贫血等。产后出血重在预防，加强产前检查，积极治疗妊娠并发症，产后仔细观察产妇生命体征、子宫收缩及阴道流血情况。发现异常及时处理。

【产甲烷菌】(generating methane bacterium) 一类能够代谢产生甲烷的特殊的微生物。严格厌氧，对氧和氧化剂非常敏感，即使存在微量的氧都会对产甲烷菌造成不利影响。产甲烷菌只能利用比较简单的有机化合物和无机化合物，而不能利用大多数生物赖以生存的碳水化合物、蛋白质和脂肪。在代谢H_2、CO_2、甲酸、乙酸、甲醇、甲胺时，从中获得碳源和能源来维持细胞的生长繁殖。根据这一特点，有人认为产甲烷菌是更为古老的生物。原始的产甲烷菌出现时,碳水化合物还未被选择用来作为能量代谢的基质。它们只能靠简单的有机酸、醇分子或 H_2、CO_2 来生活。由于它们专门以形成甲烷的代谢方式生活于厌氧环境中,靠其他微生物代谢的最终产物而生存,没有菌类与它们竞争,因而得以长期生存下来。有机物发酵时,产甲烷菌靠其他细菌代谢的产物而生存。这就使其对各种复杂有机物具有广泛的适应性。产甲烷菌有中温类型,也有高温类型。其适宜的 pH 值为 6.5~7.6。它们都以氨态氮为氮源。

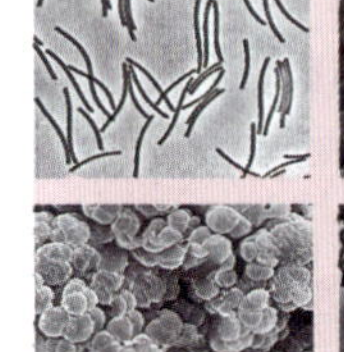
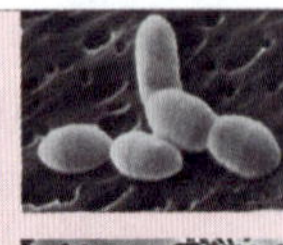
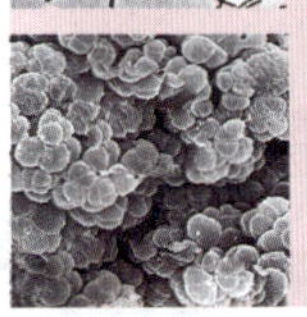
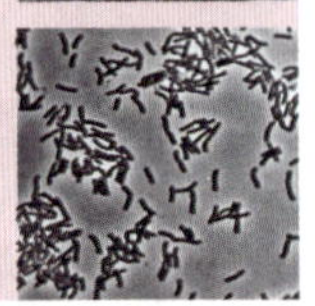
产甲烷菌

【产卵池】(spawning pond) 为水产养殖动物亲体提供类似江河、湖泊等天然产卵场相关条件的水池。利于亲体完成发情产卵或借助人工注射催产剂的方法诱导亲鱼发情产卵。最好建在交通便利、靠近亲鱼培育池和孵化池(器)、环境安静、注排水方便的地方。按各种鱼类对产卵条件的不同要求,其面积、结构、形状和设备等有所不同。自然产卵鱼类的产卵池,可以用土池,面积 200~2 000m^2,水深0.8~1m;人工催产鱼类的产卵池,一般采用结构坚固的砼结构,池壁光滑,池底平坦,形状有圆形、椭圆形和长方形等几种,面积 50~100m^2,水深约 1m。产卵池的设备还包括:排灌设备和收卵设备(集卵箱、网箱)等。

【产卵洄游】(spawning migration) 又称生殖洄游。鱼类每年在其性成熟发育过程中,按一定的路径向适宜于产卵的水域所做的集群移动。这种洄游的情况有:(1)大黄鱼、小黄鱼、鲳鱼、鲐鱼等鱼类由外海游向近海或近岸的产卵洄游。(2)大马哈鱼、鲥鱼、银鱼、鲚鱼等鱼类由海洋游向江河的产卵洄游。(3)鳗鲡等鱼类由江河游向海洋的产卵洄游。另外,对虾等也有产卵洄游的习性。

【产品概念设计】(concept design of products) 由分析用户需求到生成概念产品的一系列有序的、可组织的、有目标的设计活动。表现为一个由粗到精、由模糊到清晰、由抽象到具体、不断进化的创新产品概念构思的过程。概念设计是一种以用户为中心的设计理念,是一个发散思维和创新设计的过程。产品设计过程中的关键环节,是在详细设计之前完成的。概念设计一旦确定,也就完成了产品设计工作的60%~70%。概念设计需要以下基本技能:问题捕捉-对问题的敏锐观察和发现;概念扩展-从一个问题或概念引申出多种相应或相对的信息,如何全面涵盖可能涉及的内容,以及如何关联这些信息之前的交互;数据分析-对不断扩展的概念范围和信息,进行相应整理和过滤,提取最终需要的数据;概念描述-通过图形、文字等表达方式,让别人更容易地理解你想传达的概念。

概念车

【产品数据管理】(products data management,PDM) 以软件技术为基础,以产品为核心,实现对产品相关的数据、过程、资源一体化集成管理的技术。其主要功能是:(1)电子仓库。(2)工作流程或过程管理。(3)查看和圈阅。(4)产品结构和配置管理。(5)扫描与成像。(6)设计的检索和零件库。(7)项目管理。(8)电子协作。(9)工具与"集成件"。许多国际大企业正逐渐将它作为支持经营过程重组、并行工程、质量认证和保持企业竞争力的关键技术。

【产品造型系统】(products modeling system) 又称建模系统。以形式化方法准确地描述人们对现实世界中感兴趣的思想、事实或过程的信息,使之能被计算机处理和传递的软件系统。利用数据描述产品的形状、性能、概念和标准要求,采用形式化描述方法,使之适合于人或自动化作业的通信、解释或处理。目前,国际标准化组织正在制定产品数据的表达与交换标准。

【产品噪声发射标准】(noise emission standards for products) 为控制工业产品的辐射噪声、减少噪声污染并促进产品质量的提高,对一些工业产品辐射噪声作出的规定。包括对声压级、声功率级以及相应的测试方法都有具体的标准。其依据是:(1)国家权力机关所制定的关于职业卫生标准和环境保护标准,例如,中国劳动卫生标准规定,生产车间的噪声不应高于 90dB。(2)目前噪声控制技术和设备可能达到的水平,以及经济上的合理性。

【产前检查】(antenatal care) 妊娠期分娩前对孕妇进行的各项检查。在妊娠期,由于胎儿的生长发育,孕妇全身各系统出现一系列相适应变化,若超越生理范围或孕妇患病不能适应妊娠的变化,孕妇和胎儿均可出现病理情况。为保障孕妇和胎儿的健康,应定期进行产前检查,以便指导孕期营养和用药,及时发现和治疗妊娠并发症(如妊娠期高血压疾病、前置胎盘等),纠正胎位异常,监护胎儿发育,结合孕妇和胎儿具体情况,确定安全分娩方式。首次产前检查的时间应从确诊早孕开始。首次产前检查未发现异常者,在妊娠20~36周期间每4周检查1次,妊娠36周以后每周检查1次。对高危孕妇应酌情增加检查次数。

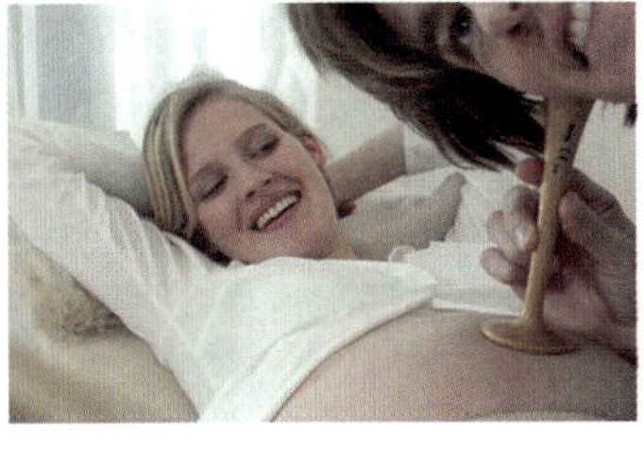

产前检查

【产前筛查】(prenatal) 产前对发病率高、病情严重的遗传性疾病或先天畸形进行的筛查。可检出子代具有出生缺陷高风险人群。如筛查出可疑者,需再进一步确诊。是防治出生缺陷的重要步骤,但不是确诊试验。筛查阳性结果,意味着患病风险升高;筛查阴性,提示低风险,但并非正常。因此筛查阴性患者需进一步检查。目前广泛应用产前筛查的疾病有唐氏综合征和神经管畸形。前者属染色体病(21-三体综合征),其筛查方法分为孕妇血清学检查和超声波检查,按筛查时间的不同可分为孕早期筛查和孕中期筛查。后者患者95%没有家族史,应在孕中期进行血清甲胎蛋白(AFP)检查和超声波检查。

【产前诊断】(prenatal diagnosis) 在胎儿出生之前利用检查手段,对孕妇进行检查,以了解胎儿在子宫内的发育情况,及对先天性和遗传性疾病等作出的诊断。常采用影像、细胞遗传学、生物化学以及分子生物学等技术。如异常情况诊断明确,可进行选择性流产。其对象是:35岁以上的高龄孕妇;生育过畸形儿或染色体异常儿的孕妇;夫妇一方有染色体平衡易位者;有遗传性家族史或近亲婚配者;在妊娠早期接受较大剂量化学毒剂、辐射和严重病毒感染的孕妇;原因不明流产、死产和有新生儿死亡史的孕妇;本次妊娠羊水过多,疑有胎儿畸形的孕妇。产前诊断主要从四方面检测:(1)B超观察胎儿体表畸形。(2)利用羊水、绒毛细胞、胎儿血细胞行染色体核型分析。(3)利用DNA分子杂交检测基因。(4)利用羊水、绒毛细胞检测基因产物。

【产褥感染】(puerperal infection) 分娩时及产褥期因生殖道受病原体感染而引起的局部和全身炎性变化。其临床表现是:(1)急性外阴、宫颈炎。(2)急性子宫内膜炎、子宫肌炎。(3)急性盆腔结缔组织炎、急性输卵管炎。(4)急性盆腔腹膜炎及弥漫性腹膜炎。(5)血栓性静脉炎。(6)脓毒血症及败血症。其处理应以预防为主。预防应在孕期即开始;孕期最后的两个月内禁止房事;避免盆沐及阴道冲洗;在分娩期应杜绝细菌侵入产道的机会,分娩环境严格消毒;感染后要有支持治疗、对症治疗及抗感染治疗。

【产褥期】(puerperum) 从胎儿胎盘娩出至产妇全身各器官(除乳腺外)恢复到正常非孕状态所需的时间。一般为6周。由于妊娠和分娩的影响,产褥期子宫变化最大。其主要变化是子宫体肌纤维缩复使子宫体积逐渐缩小。产后1天子宫底平脐,以后每天下降1~2cm;产后10天子宫降至骨盆腔内,腹部检查时摸不到;产后6周子宫恢复正常。在胎盘排出后,子宫胎盘附着面立即缩小,其后创面表层坏死脱落,随恶露自阴道排出,残留的子宫内膜基底层逐渐再生新的功能层。约产后3周,除胎盘附着部外,子宫腔表面均有新生内膜修复。胎盘附着部全部修复需在产后6周。

【产褥期保健】(puerperum) 产后42天内对产妇进行的各项保健指导。产褥期母体各系统变化很大,虽属生理范畴,但子宫内有创面,乳腺分泌功能旺盛,容易发生感染和其他病理情况。为保证母婴健康,产褥期保健指导非常必要。产后2h应注意观察阴道出血量,子宫收缩。若子宫收缩乏力,应于腹部按摩子宫并用子宫收缩剂。以后每天在同一时间进行腹部按摩子宫后,测量子宫底高度,了解子宫复旧情况,同时观察恶露量、颜色及气味。产后饮食应富有营养,多进蛋白质和汤汁,并适当补充维生素和铁剂。在便秘时,应多食蔬菜,适当下床活动,必要时用开塞露或肥皂水灌肠。主张母乳喂养。产后早哺乳,通过婴儿吸吮动作刺激泌乳。若无异常情况,于产后42天母婴去医院进行健康检查。

【产褥中暑】(puerperal heat stroke) 在产褥期因高温环境,体内余热不能及时散发而引起中枢性体温调节功能障碍的急性热病。当外界气温超过35℃时,机体靠汗液蒸发散热,而汗液蒸发需要空气流通。但旧风俗习惯怕产妇"受风",要求关门闭窗,穿长袖衣、长裤,居室和身体处在高温、高湿状态,严重影响产妇出汗散热,导致体温调节中枢功能衰竭而出现高热,发生中暑。产妇出现口渴、多汗、恶心、胸闷、面色苍白、痱子等症状,若不及时抢救,可因呼吸、循环衰竭死亡。产褥中暑关键在于预防,作好卫生宣教破除旧风俗习惯;居室保持通风,避免室温过高;产妇衣着应宽大透气,有利于散热。一旦发生产褥中暑,首先将产妇置于阴凉、通风处,用冷水或酒精擦浴物理降温。严重者需及时送医院抢救。

【产业用纺织品】(industrial textiles) 用于土木建筑、文化体育、医疗卫生、农林渔牧、交通运输、航空航海、国防军工等领域各类纺织产品的总称。多采用涤纶、锦纶、丙纶等各种化纤为原料织造。产品按照用途的不同可分为13大类:(1)农副业用纺织品,如丰收布、遮阳材料、寒冷纱、渔网、育秧布等。(2)工程用纺织品,如各种土工布、堤坝布、路基布、地膜布等。(3)传动和管带类骨架材料,如涂塑水管、消防水带、运输带、轮胎等骨架材料。(4)篷盖布,用于交通、仓库、码头等场所。(5)工业用毡毯,如造纸毛毯、针布毡、各种坐垫毡、过滤毡、吸油毡等。(6)线、带、绳、缆,如导带、吊索、缆绳、工业缝线、绣花线、各种安全带等。(7)人造革、涂层织物底布,用作建材、箱包、帐篷、屋顶材料、服装装饰等。(8)过滤材料,如过滤布、过滤网、过滤袋等。(9)包装用纺织品,用于各类工业产品、食品、邮件等的包装材料。(10)防护服,具有隔热、阻燃、防油、防毒、耐寒、防辐射、防水透湿等特种功能的各种工作服,如屏蔽服、油田服、防化服、登山服、炼钢服、钓鱼服等。(11)文体用纺织品,如网球拍网线、球类衬里、帆船篷帆、热气球、降落伞等。(12)医疗卫生用纺织品,如抗菌布、药纱布、医用胶带、绷带、药膏布、人造血管、人造脏器等。(13)国防尖端工业用纺织品,用于火箭、宇航、核工业等军事工业的各种高功能纺织材料。产业用纺织品可以是无纺布、针织、机织或编织品,具有特定的品质和物理力学性能指标要求。

帆船篷帆

【铲车】(forklift truck) 又称装载机。在行进中铲装、运送和卸载的自行式土方机械。不仅能对散状物料进行铲装、搬运、卸载及平整,而且还可进行少量的挖掘工作。换装相应的工作装置,可以推土、起重、装卸线材。铲车种类很多。根据发动机功率的不同可分为:小型(功率小于74kW)、中型(功率在74~147kW)、大型(功率在147~515kW)和特大型(功率大于515kW)四种。根据行走方式的不同可分为轮胎式和履带式两种。轮胎式铲车按其车架结构和转向方式的不同可分为:铰接车架折腰转向、整体车架偏转车轮和差速转向铲车三种。根据卸载方式的不同可分为:前卸式铲车和回转式铲车两种。根据作业过程的不同可分为:间歇作业式和连续动作式铲车。广泛应用于建筑、道路、桥梁、水电、港口、矿山及国防建设等工程之中。

铲车

【颤振】(flutter) 航空器结构在均匀气流中由于受到气动力、弹性力和惯性力耦合作用而发生的振幅不衰减的自激振动。是飞行器在飞行中较多发生的一种气动弹性现象。往往会造成结构性破坏。常见的颤振多发生在机翼、操纵面和调整片等处,有时尾翼、机翼外挂物也会发生颤振。飞行器的蒙皮在超音速气流的作用下,也会产生类似旗帜随风飘扬式的颤振。

【猖獗性龋】(rampant caries) 突然广泛发生而快速地使不易患龋的下颌乳前牙也受到的侵及,且随着乳牙龋蚀很快发生牙髓感染的龋。由Massler最早命名。临床上常见在同一个体的大多数乳牙,甚至全部乳牙在短时期内同时患龋,且在同一牙上亦有多个牙面患龋,牙冠很快被破坏,甚至成为残冠和残根。Massler认为其常出现于瘦弱型儿童,也有认为与情绪不稳定有关,特别喜食甜物,影响唾液的质和量,故即使易受唾液自洁作用的下颌乳前牙也发生龋蚀。其治疗方法是:(1)病因治疗。积极治疗全身性疾病,搞好口腔卫生,保持牙面清洁,努力控制菌斑。(2)充填法治疗。因龋损严重,其治疗应按以下步骤进行:①尽快在短期内将全部龋齿腐质去净并行暂时充填,以及时终止龋病发展。②去腐时应予适当的预防性扩展,并将洞缘扩展至自洁区,以防再次发生龋损。③当病因治疗奏效、龋病进展得到控制时,换行永久充填,恢复患牙的形态和功能。

【长波】(long wave) 频率为300kHz~30kHz、波长为1 000~10 000m的无线电波。在传播时,具有传播稳定和受核爆炸、大气骚动影响小等优点。其传播方式主要是绕地球表面以电离层波的形式传播。其作用距离可达几千到上万千米。在近距离(200~300km以内)也可以由地面波传播。其特点是:(1)该波段的电场强度夜晚比白天增大,波长越短,增加越甚。(2)电场强度随季节的影响小。(3)传播条件受电离层骚动的影响小,稳定性好,不会产生接受强度的急剧变化和通信突然地中断现象。适用于无线电测向,无线电导航等方面。主要用于对潜艇的通信和远洋航行的舰艇通信等。

【长城】(the Great Wall) 春秋战国时各国

为了互相防御在形势险要处修筑的屏障。公元前221年，秦始皇统一中国，派遣蒙恬率领30万大军北逐匈奴后，把原来分段修筑的长城连接起来，并继续修建，形成穿山越岭的北方边界的屏障，长达5 000km。汉武帝也曾多次修筑长城，长度达到了10 000km。用以保护河套、陇西等地。明代也不断修筑北方长城，全长7 300km。到公元17世纪中叶明代末年，长城前后修筑长达2 000多年。现存的长城，修建于明代，东起山海关，西止嘉峪关，穿越河北、天津、北京、内蒙古、山西、陕西、宁夏、甘肃等八个省、市、自治区，全长约6 300km。大部分至今基本完好。居庸关一带墙高8.5m，厚6.5m。是中国伟大的军事建筑。其规模浩大、工程艰巨，被誉为世界人类建筑史上的伟大奇迹。1987年，中国长城作为春秋至明时期古建筑被列入《世界文化遗产名录》。

长城

【长毛绒】(plush) 俗称海虎绒。布面起毛、状似裘皮的立绒毛织物。分为机织长毛绒和针织长毛绒。机织长毛绒正面有密集的毛纤维均匀覆盖，绒面丰满平整，富于膘光、弹性，保暖性能良好；重量为430～850g/m²；绒毛高度一般在3～20mm之间。主要用于制做大衣、衣里、衣领、冬帽、绒毛玩具，也可作室内装饰和工业用。针织长毛绒则是把纤维或纱线直接织入针织物的地组织中，形成表面较长的绒毛。用毛纱做经，棉纱做纬织成。正面有挺立平整的长绒毛。保暖性良好。适宜做冬季服装。根据用途的不同服用长毛绒可分为：衣面绒和衣里绒两种。

长毛绒

【长末端重复序列】(long terminal repeat, LTR) 位于反转录病毒核酸末端的长约几百个碱基的重复序列。含有控制病毒基因组的整合作用和调节转录反应的必需序列，例如转录增强子和启动子等。其作用是：研究证实长末端重复序列能够激活肿瘤基因，加快恶性肿瘤的增长速率。

【长期毒性试验】(long-term toxicity test) 在一段时间内通过连续反复多次给药，观察实验动物出现的毒性反应、血液学、血液生化及病理学的改变的试验。给药时间的长短根据该药拟临床应用的情况决定，一般1个月以上。用以分析剂量毒性效应的关系，主要靶器官，毒性反应的性质和程度，毒性反应的可逆性，动物的耐受量，无毒反应剂量，毒性反应剂量及安全范围等；还可以了解产生毒性反应的时间，达峰时间，持续时间；是否有迟发性毒性反应，是否有蓄积毒性，是否有耐受性等。是药物安全评价的主要内容之一。是能否过渡到临床试用的主要依据。如该药能够用于临床，则长期毒性试验能为临床安全用药的剂量设计提供参考依据，同时为临床毒性反应的监护以及生理生化指标的监测提供依据。长期毒性试验要求用两种动物。啮齿类首选大鼠；非啮齿类动物当药物为化学品时首选比格犬，当药物为生物药品时，应选用猕猴。

【长期试车】(endurance test) 又称持久试车。为检查发动机的性能、结构可靠性和耐久性，并验证新工艺、新材料和新油料的可用性，在地面试车台上进行的长时间试车。如一台新型航空燃气涡轮在研制过程中，必须对大量的主要零部件及系统进行试验。全台发动机试验总时数可达2×10^4～4×10^4h。长期试车分定期抽查的长期试车和不定期的工艺性试车。用以检验新工艺、新材料的效果。

【长期天气预报】(long-range weather forecast) 半个月至一年之间各种时段的天气预报。国外又把一个月以上的天气预报称为气候预报。中国一般有月预报、季预报和年预报。预报的内容主要是旱涝和冷暖趋势，以及对风和连阴雨天气做较长时期的展望。

【长日照处理】(long-day treatment) 长日照的花卉在短日照的季节里，用人工光源补充光照以促进其提早开花的技术措施。如果长期给予短日照处理，对长日照花卉具有抑制开花的作用。春天开花的花卉多为长日照花卉，如唐菖蒲是感光花卉，长日照促使花芽分化，要求阳光必须充足并维持每天14h的光照。又如小苍兰，若冬季生产鲜切花，需增加人工光照。满天星是长日照花卉，光照应达到16h以上，设施栽培冬春季开花应补光，每天光照补足16h即可。

【长日照动物】(long-day animal) 在日照增长期内配种的动物。春夏日照逐渐增长和气温升高时，某些动物的生殖机能受刺激而发情配种。如马、驴、雪貂、獾、浣熊、狐、猫、野兔、仓鼠、田鼠和一般食肉、食虫兽及所有的鸟类。根据动物的这种生理特性,可加以利用,如部分长日照动物的妊娠期在10个月以上,可使仔畜在翌年春季出生后有较好的营养条件和适宜的环境温度;将南半球动物迁移北半球,能使动物适应北半球的繁殖季节。使用人工光照模拟自然光照的规律,亦可改变动物繁殖季节。

【长日照花卉】(long-day flower) 。要求较长时间的光照才能成花的花卉一般要求每天有14~16h的日照。在较短的日照下,便不能开花或延迟开花。如令箭荷花、唐菖蒲、风铃草类、天竺葵、大岩桐和黑蔓藤等。

令箭荷花

【长日照蔬菜】(long-day vegetable) 与短日照蔬菜相对应。又称短夜蔬菜。光照时间一般在12~14h以上的条件下,才能开花结实的蔬菜。日光照时间越长,开花越早。如果延长日照时间,可促进其提早开花。而在较短的光照下,不开花或延迟开花。常见的长日照蔬菜有:白菜、甘蓝、芥蓝、萝卜、胡萝卜、芹菜、菠菜、茼蒿、蚕豆、豌豆以及大葱、大蒜等。在春天长日照下抽薹开花。长日蔬菜,光照是重要的,而黑暗是不重要的,甚至是不必要的。

【长日照作物】(long-day crop) 又称长日性作物。在较长日照条件下能正常发育、开花,而在日照时间短于一定程度时便延长发育,推迟开花或不能开花的作物。这类作物,在一天24h的周期中,需要14h以上连续光照的条件才能形成花芽,且延长日照时数,缩短黑暗时数能加速发育,促进开花。属于长日照作物的有大麦、小麦、黑麦、燕麦、豌豆、亚麻、甜菜、萝卜、芜青等。

【长石】(feldspar) 结晶呈单斜或三斜晶系的钾、钠、钙和钡的无水架状结构的一族铝硅酸盐矿物的统称。包括钾长石、斜长石和钡长石等。在长石成分中类质同像置换的现象十分普遍。其中钾长石[$K(AlSi_3O_8)$]为三个同质多像变体,是透长石(900℃以上高温的稳定变体)、微斜长石(低温变体)和正长石(低温下不稳定变体,会向微斜长石转变)的统称。斜长石是由钠长石[$Na(AlSi_3O_8)$]和钙长石[$Ca(Al_2Si_2O_8)$]两种矿物组分构成的连续类质同像系列矿物的统称。按二者含量比例的不同可分为:钠长石(钠长石分子占90%以上,钙长石分子占10%以下)、奥长石(钠长石分子占70%~90%,钙长石分子占10%~30%)、中长石(钠长石分子占70%~50%,钙长石分子占30%~50%)、拉长石(钠长石分子占50%~30%,钙长石分子占50%~70%)、培长石(钠长石分子占30%~10%,钙长石分子占10%~30%)和钙长石(钠长石分子占10%~0.9%,钙长石分子占90%~100%)。其中,又按二氧化硅(SiO_2)含量,把钠长石、奥长石统称为酸性斜长石。中长石称为中性斜长石。拉长石、培长石和钙长石统称为基性斜长石。它们分别存在于酸性、中性和基性火成岩中。钠长石还能与钾长石一起共生构成碱性长石,出现在碱性火成岩中。长石是自然界最重要的造岩矿物。广泛出现在火成岩、沉积岩和变质岩中。特别是在火成岩中,长石几乎是所有火成岩的主要矿物成分,因而对岩石分类具有重要意义。富含钾或钠的长石,可以用作陶瓷和玻璃工业的原料。

长石

【长途电话网】(long distance telephone network) 用通信设备和通信线路把分散在各地电话局的电话交换设备相互连接起来的一种电话通信系统。该系统通常在每一个长途电话区号局设立长途电话交换中心,负责汇集本区内的长途电话,完成与区内、外长途电话的接续与交换业务。

【长效肥料】(enduring effect fertilizer) 又称缓效肥料。由于化学成分改变或表面有了包膜,而溶解慢、肥效长的肥料。由于易溶养分不直接与水接触,养分溶解释放慢、流失少。因此,长效肥料利用率往往较高,并能有效防止作物的后期脱肥。例如,普通氮肥施后7~10天见效,肥劲猛,肥效持续仅10~15天,肥料利用率仅为35%~40%;而长效肥料施用后10~20天见效,肥效可持续一两个月,甚至更长,肥料利用率可达75%左右。

【长征系列运载火箭】(ChangZheng Carrier Rocket) 中国自主研制的运载火箭。自1970年长征1号运载火箭诞生至今,已发展成有十多种型号、能适应不同发射要求的运载火箭系列。按发展时间的先后和技术规格的不同可分为:(1)长征1号。一种三级火箭,1970年研制成功,并于1970年4月24日将中国第一颗人造地球卫星东方红一号发射升空。火箭全长29.86m,直径2.25m,起飞重量81.6t,能把

300kg 的卫星送入 440km 的近地轨道。(2)长征 2 号。1975 年研制成功。全长 31.17m,直径 3.35m,起飞重量 190t,能把 1.8t 的卫星送入地球椭圆轨道。(3)长征 3 号。1984 年成功研制。全长 44.86m,一、二级直径 3.35m,三级直径 2.25m,起飞重量 204.88t,能把 1.6t 的卫星送入地球同步转移轨道。长征 3 号运载火箭首次采用液氢液氧推进剂,首次实现火箭多次启动,标志着中国的运载火箭技术已跨入世界先进行列。发展有长 3、长 3A、长 3B 三种型号,适合多种发射任务。(4)长征 4 号。全长 45.58m,用于发射太阳同步轨道对地观测应用卫星。正在研制的长征 5 号运载火箭是中国运载火箭发展的新的里程碑。它有五大特点:无毒、无污染、高性能、低成本、大推力,有效载荷 25t,到 2015 年将形成直径分别为 5m、3.35m、2.25m的"通用化、系列化、组合化"的新一代运载火箭。

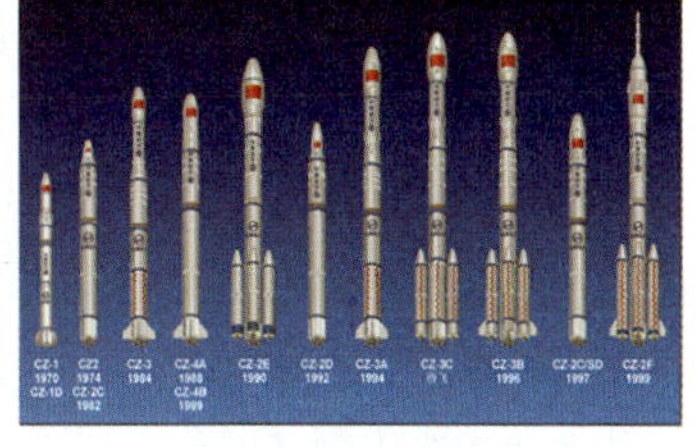
长征系列火箭

【长轴井泵】(well pump with long shaft) 具有长传动轴的井用泵。类型较多。按扬程高低的不同可分为浅井泵和深井泵两种。浅井泵的扬程在 60m 以下,适用于井径较大的机井或大口径水井,主要提取浅层地下水。深井泵的扬程范围在 60~300m 之间,专用于井径较小的深井,主要提取深层地下水。中国常用的长轴井泵有 JD 型(深井多级泵)、JC 型(长轴深井泵)、JC/Q 型(Q 代表浅井)、JC/S 型(S 代表深井)、JC/K 型(K 代表叶轮为半开式)和 J 型等种类。长轴井泵的流量约为 550 m^3/h。广泛运用于中国北方井灌地区。

【肠道病毒感染】(enteric viruses infection) 由肠道病毒属引起的一种传染病。肠道病毒包括脊髓灰质炎病毒(Ⅰ、Ⅱ、Ⅲ型)、柯萨奇病毒 A 组 23 个型和 B 组 6 个型以及埃可病毒的 31 个型。均可引起中枢神经系统感染。儿童多发。通过直接或间接的接触粪便而由消化道传染。柯萨奇病毒 B 组能通过胎盘传播,致新生儿感染。多于夏秋季节流行。散发病例亦不少见,绝大多数为隐性感染。其神经系统的临床表现复杂而多样化,同一型的病毒可以产生多种症状,而不同型的病毒又可以产生相似的临床表现。常表现为无菌性脑膜炎、脑炎或肢体弛缓性麻痹。无特效疗法。主要应注意休息、加强护理和对症支持疗法。

【肠内营养】(enteral nutrition) 一种经鼻胃管、鼻肠管或胃肠造瘘管滴入体内营养制剂的治疗方法。能提供各种必需的营养素以满足患者的代谢需要。在消化道尚有部分功能时可取得与肠外营养相同的效果,且较符合患者生理状态。同时,由于膳食的机械刺激与消化道激素的分泌,可促进胃肠道功能与形态的恢复。

【肠溶衣】(enteric coating) 包在丸剂或片剂表面的胃液不溶、肠液可溶的薄膜。可使丸或片剂完整通过胃部,不致刺激胃黏膜或被胃液破坏,到达肠内才开始崩解而发挥作用。可用苯二甲酸乙酸纤维素、紫胶等制成。

【肠外营养】(parenteral nutrition) 又称全胃肠外营养。患者通过胃肠外的静脉途径连续获得机体所需的全部营养物质的治疗方法。适用于腹部大型手术患者等需要多日禁食的人。分为中心静脉营养和周围静脉营养。将配制好的营养液置于特制的营养大袋内混合后输注。幼儿可依赖肠外营养得以生长发育,成人能据此生存并恢复正常的生活。但长期禁食或肠外营养支持,会使胃肠道处于无负荷的"休眠状态",缺乏食物刺激会使胃肠功能下降,可能导致并发症。所以应尽快恢复进食或改用肠内营养。

【肠易激综合征】(irritable bowel syndrome, IBS) 一组包括腹痛、腹胀,以及大便习惯改变为主要特征,并伴大便性状异常,持续存在间歇发作的综合症状。是临床上最常见的一种胃肠道功能紊乱性疾患。近年已被公认为一类具有特殊病理生理基础的心身疾病,其形态学和生物化学的异常并不能用器质性疾病来解释。该病大致可分为腹泻型、便秘型、腹泻便秘交替型和腹痛型。患者多以年轻人和中年人为主,多在 20~50 岁,年老后初次发病者少见。以女性为多。病因尚不明确,可能存在多种因素。目前受到广泛重视的有精神(心理)和食物两大因素。故不少学者认为 IBS 是一种心身疾病。急性感染是诱发 IBS 的危险因素之一。胃肠道动力学异常是症状发生的主要病理学基础,常可涉及全胃肠道(包括胆管系统);呈高反应性,并反复发作。症状无特异性。腹痛为主要症状,并多伴有排便异常,疼痛能于排便后缓解。不少患者有排便习惯的改变,如腹泻、便秘或两者交替。通常仅在晨起时发生,粪便可带较多黏液,近半数患者有烧心、早饱等上消化道症状。其症状的出现或加重常与精神因素或遭遇应激事件有关。

【常规岛】(conventional island) 核电装置中汽轮发电机组及其配套设施和所在厂房的总称。主要功能是将核岛产生的蒸汽热能转换成汽轮机的机械能,再通过发电机转变成电能。厂房主要包括汽轮机厂房、冷却水泵房和水处理厂房、变压器区构筑物、开关站、网控楼、变电站及配电所等。常规岛是和核岛相对应的说法。因为核电站的汽轮发电机组及其配套设施和普通火电站并无太大区别。

【常规监测】(conventional monitor) 见监视性监测。

【常规潜水】(conventional diving) 见非饱和潜水。

【常规战争】(conventional war) 使用常规武器进行的战争。传统的常规战争通常是指部队在地面、水面、水下和空中使用枪炮、坦克、飞机、舰艇、导弹等武器装备进行的战争。第二次世界大战后,世界各地爆发的几次战争,使用的都是常规武器装备。常规战争能够以比核战争小的代价获取经济、政治上的利益,达到战争的目的。

常规战争

【常绿果树】(evergreen fruit tree) 生长在热带和亚热带地区,叶片终年常绿,春季新叶长出后老叶逐渐脱落的果树。在年周期活动中无明显的休眠期。对果树来讲,其开花、新梢生长、花芽分化、果实发育可同时进行。老叶的脱落多发生在新叶展开之后。在一年内能够多次萌发新梢,分化形成花芽。例如,柑橘树可形成春梢、夏梢、秋梢和冬梢。其春梢和从春梢上长出的夏梢和秋梢均可发生花芽分化,开花结果。如柑橘类、荔枝、龙眼、芒果、椰子、榴莲、菠萝和槟榔等。在中国南方栽培的果树,一般均属常绿果树。

【常绿阔叶林】(evergreen broad leaf forest) 亚热带湿润地区典型的木本植物群落。该群落的树木叶子多革质,具有光泽,叶片与光线垂直,群落层次结构清晰,藤本植物稀少。优势树种主要由壳斗、樟树、山茶、木兰等科树木组成,分布范围广。

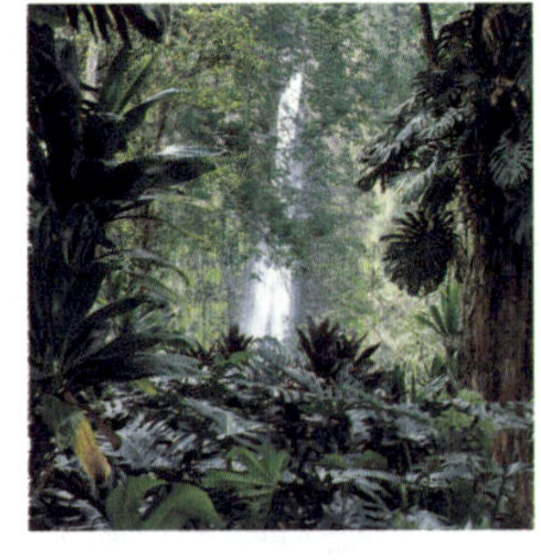
常绿阔叶林

【常染色体】(autosome) 在生物体细胞中成对存在、与性别无关的染色体。如人体中除一对性染色体(X、Y)之外,其余22对染色体为常染色体。常染色体决定人类的性状和特征;性染色体决定人类的性别。男性:XY,女性:XX。

【常染色体显性遗传】(autosomal dominant inheritance) 与常染色体隐性遗传相对应。一种性状或遗传病基因位于常染色体上的显性遗传方式。其特点是在杂合状态下表现出相应症状。其表现方式为:(1)完全显性。(2)不完全显性。(3)共显性。(4)延迟显性。(5)不规则显性与外显不全。(6)从性显性。(7)限性显性。由它引起的疾病称为常染色体显性遗传病,如先天性软骨发育不全、遗传性慢性舞蹈病等。半数以上单基因遗传病属于常染色体显性遗传。

【常染色体隐性遗传】(autosomal recessive inheritance) 与常染色体显性遗传相对应。一种性状或遗传病基因位于常染色体上的隐性遗传方式。其特点是在杂合状态下不能表现出相应症状。由它引起的疾病称为常染色体隐性遗传病,如白化病等。大部分遗传性代谢病属于常染色体隐性遗传。

【常微分方程】(ordinary differential equation) 数学的一个分支。只含一个自变量的微分方程。研究常微分方程的求解方法和解的性质。主要内容有定性理论、稳定性理论、解析理论、摄动理论及初值问题、边值问题。牛顿和莱布尼茨在创立微积分的同时研究了常微分方程。

【常异花授粉作物】(often cross-pollinated crop) 又称常异交作物。在自然条件下,以同一植株上的花粉授粉为主,且能正常受精结实,在群体中有少部分个体异花授粉的一类作物。其天然杂交率通常在5%～50%,如棉花、蚕豆等。为保持这类作物的品种纯度,常须隔离或自交繁殖。也有人将天然杂交率小于50%,且自交不衰退的一类作物归为常自花授粉作物;而将天然杂交率高于50%,且自交衰退的一类作物归为常异花授粉作物,如玉米。

蚕豆

【偿债备付率】(debt coverage ratio) 项目在借款偿还期内,各年可用于还本付息资金与当期应还本付息金额的比值。偿债备付率分年计算。偿债备付率表示可用于还本付息的资金偿还借款本息的保证倍率。偿债备付率在正常情况应当大于1，且越高越好，但应结合债权人的要求确定。根据中国历史数据统计分析，不宜低于1.3。当指标小于1时，表示当年资金来源不足以偿付当期债务，需要通过短期借款偿付已到期债务。

【嫦娥工程】（Chang'e Project） 中国第一个月球探测工程。2004年2月工程立项并开始实施，主要分"绕、落、回"三个阶段。2004～2007年为"绕"阶段，发射中国第一颗月球探测卫星。2007年10月24日，中国第一颗月球探测卫星"嫦娥1号"已经顺利升空并准确进入绕月轨道。2008～2012年为"落"阶段，即发射月球软着陆器，突破地外天体着陆技术，携带月球车对月面进行自动巡视探测，进行月岩现场探测与采样分析和日－地－月空间环境月基天文观测。2013～2017年为"回"阶段，突破自地外天体返回地球的技术，进行月球样品自动取样并带回地球分析研究，为载人登月进行技术准备。

发射嫦娥二号

【厂矿道路】（factory and mine road） 为工厂、矿山、油田、港口、仓库等企业修筑的道路。分为厂外道路、厂内道路和露天矿山道路三种。厂外道路是厂矿企业与公路、城市道路、车站、港口原料基地及其他厂矿企业相衔接的对外道路，或本企业分散的厂（场）区、居住区等之间的联络道路及通往本企业外部各辅助设施的道路；厂内道路是厂（场）区、库区、站区、港区的内部道路；露天矿山道路为矿区范围内采矿场与卸车点之间、厂（场）区之间的道路，或通往附属厂、辅助设施的道路。厂矿道路的等级和主要技术指标依据厂矿规模、企业类型、道路性质、使用要求（包括道路服务年限、交通量、车型等）和当地地形地质等因素而定，考虑到将来的发展，尽量做到沿线厂矿企业共同使用，并兼顾地方交通运输的需要。

【厂用电源】（power supply for the plant itself） 向电站发电机组和主变压器的附属设备、生产辅助设备、厂坝区公用设施以及暖通和照明负荷供电的电源。应在满足电站不同运行工况下，在数量、电压、容量等方面符合厂用电负荷供电可靠的要求。其特点是：（1）厂用电源的数量，通常根据电站规模及运行方式确定。（2）厂用电源的电压，当厂用电设备负荷相对较集中，全厂用电负荷不大，且无高压电动机负荷时，可减少变压器重复容量、损耗和厂用配电装置数量，有利于厂房布置。（3）厂用电源容量，一般按用电负荷特性统计分析后选取。（4）对采用变频启动装置作为发电电动机抽水启动方式的抽水蓄能电站，要考虑变频启动过程中谐波的影响，必要时应采取滤波措施。

【场】（field） 空间或部分空间上分布的某种物理量。如形成场的物理量为数量，则称该场为数量场；如形成场的物理量为向量，则称该为向量场。

【场地类别】（site category） 根据场地覆盖层厚度和场地土刚度等因素，按有关规定对建设场地所做的分类。用以反映不同场地条件对基岩地震震动的综合放大效应。判定场地类别是岩土工程勘察要解决的主要问题之一。科学地确定场地类别可以用来指导建筑抗震设计。判定场地类别的方法目前主要依据规范法进行。

【场效应晶体管】（field effect transistor, FET） 根据场效应原理工作的晶体管。所谓场效应，即改变外加垂直于半导体表面上电场的方向或大小，以控制半导体导电层中的多数载流子的浓度或类型。其特点有：（1）输入阻抗高。（2）功耗小。（3）抗辐照能力强。（4）功能多。（5）制造工艺简单。常用的有结型场效应晶体管、金属－氧化物－半导体场效应晶体管和肖特基势垒栅场效应晶体管三种。

场效应晶体管

【抄网类】（dip net） 由网囊、框架和手柄组成，以舀取方式作业的网状渔具。其结构多采用分兜状类型。多采用舀取方式作业。框架有三角形、圆形和椭圆形等。如古代的网罟。多数在浅滩、浅水区作业，也有倚山抄捞。采用推移或舀取方式作业而专列为一大类网渔具。在围网作业中，作为副渔具从取鱼部中舀取渔获物。

【超超临界燃煤发电技术】（ultra-super-critical coal-fired power generation technology） 一种先进、高效、减少污染物排放的发电技术。超超临界参数是指锅炉内的蒸汽压强达到27～32MPa、温度达到570～649℃或者更高。根据朗肯循环原理，蒸汽参数越高热力循环的热效率就会越高。一般认为，亚临界火电机组的典型参数为：16.7MPa/538℃/538℃，发电效率38%；超临界火电机组的典型参数为：24.1MPa/538℃/538℃，发电效率41%；超超临界火电机组的典型参数为：25～31MPa/580℃/580℃，发电效率45%。使用超临界机组可实现节能降耗，减少环境污染。与亚临界参数火电机组相比，采用超临界机组可使 CO_2 的排放量减少10%；采用600℃/620℃超超临界机组可使 CO_2 的排放量减少15%；采用700℃/720℃超超临界机组可使 CO_2 的排放量减少30%。超超临界火电机组都在锅炉尾部安装了烟气脱硫脱硝和高效除尘装置，可以实现较低的废物排放，满足日益严格的排放标准。超临界技术的发展趋势是：进一步提高容量和蒸汽参数（蒸汽压强和蒸汽温度），提高效率，降低煤耗和污染排放；开发燃煤变压运行与带中间负荷机组，方便启停和在低负荷时运行的稳定。

【超纯金属】（super pure metal） 杂质总含量不大于百万分之几的金属的统称。任何金属都不可能达到绝对纯。"超纯"只具有相对含义，即指在技术上需要达到的标准。由于技术的发展，也常使"超纯"的标准升级。例如，过去高纯金属的杂质含量为 1×10^{-6} 级（百万分之几），而高超纯半导体的杂质含量达 1×10^{-9} 级（十亿分之几），并将逐步发展到杂质含量 1×10^{-12} 级（一万亿分之几）。广义的杂质是指化学杂质（元素）及物理杂质（晶体缺陷）。只有当金属纯度达到很高的标准时，物理杂质的概念才是有意义的。目前，工业生产的超纯金属仍是以化学杂质的含量为标准，即以金属中杂质总含量为百万分之几来表示。表示方法有两种：（1）以材料的用途来表示，如"光谱纯"、"电子级纯"等。（2）以某种特征来表示，如半导体材料用载流子浓度，即 $1cm^3$ 的基本元素中起导电作用的杂质个数（原子数/cm^3）来表示。金属则可用残余电阻率表示。现代科学技术的发展对金属纯度要求越来越高。金属纯度越高，其特征才能越明显。

【超纯净钢】（super clean steel） 又称超洁净钢。减少大夹杂物的存在概率，具有高稳定疲劳性能的硅镇静钢。通过用硅脱氧，调整非金属夹杂物的成分，用最低数量的、小的、熔点低的、可变形的非金属夹杂物代替硬的不易变形的氧化铝夹杂物和高熔点的钙铝酸盐夹杂物，减少了对疲劳性能有害的夹杂物。日本神户制钢公司研究了制造汽车发动机阀门弹簧及悬架弹簧用SiCr钢（SAE9254）的疲劳寿命与夹杂物的关系。将试样夹杂物成分标注在Si－CaO－AL_2O_3 三元相图中，从而找出最佳夹杂物成分。于是在钢包精炼之前，把氧气转炉的渣除去，然后加入专门的渣，对钢液加热并充分搅拌。利用渣与金属之间的反应把夹杂物成分调整到最佳状态。同时把钢液中的夹杂物搅拌离散，使之在轧制时被拉长而变得更小，改变了过去钢包精炼单纯减少夹杂物的常规做法。用光学显微镜观察超纯净钢（SAE9254）直径8mm盘条可知：尺寸 $<5\mu m$ 的夹杂物在表面及心部均占80%；在表面2mm内的平均尺寸为3.8μm，在心部的为4.1μm。而在常规SiCr钢中，尺寸 $<5\mu m$ 的在表面和心部分别占40%和15%；表面的平均尺寸为5.8μm，心部的为7.5μm。

【超大规模集成电路】（super-large scale integrated circuit，VLSIC） 在一块芯片上集成的元件数超过10万个，或门电路数超过万门的集成电路。64k位随机存取存储器是第一代，大约包含15万个元件，线宽为3μm。目前集成度已达到600万个晶体管，线宽达到0.3μm。用它制造的电子设备，体积小，重量轻，功耗低，可靠性高。利用其技术可以将一个电子分系统乃至整个电子系统集成在一块芯片上，完成信息采集、处理、存储等多种功能。主要用于制造存储器和微处理机。

超大规模集成电路

【超大牵伸技术】（super large drawing technology） 在熟条纺中，细号纱线的总牵伸倍数在100～280倍之间的牵伸工艺。提高牵伸机构总牵伸倍数的方法有：增加牵伸区和提高每个牵伸区的牵伸能力两种。采用该技术，可省略粗纱工序，节约厂房和设备费用，降低生产成本。

【超大型客机】（super large airliner） 载客量为550～800人、航程为13 000～18 500km的客机。由欧美几家大飞机公司在20世纪90年代初提出并开始研制。波音公司的波音787客机、空中客车公司的A380客机均为超大型客机。

超大型客机

【超导材料】（superconducting material）

在特定温度下可转变为完全无电阻状态，并在零电阻性出现时伴有完全抗磁性的材料。其特性有:(1)零电阻性。(2)完全抗磁性。(3)显现约瑟夫森效应。这些特性构成了超导材料在科学技术领域越来越引人注目的各类应用的依据。判断超导材料性能的指标有:(1)临界温度。物质从有电阻变为无电阻的温度。(2)临界磁场。在一定的温度和无电流存在的情况下，超导体超导电性消失时的磁场阈值。(3)临界电流。使超导体由超导态转变为正常态的电流密度值。此三者的数值越大，超导体的性能越好。按其化学成分的不同可分为:元素材料、合金材料、化合物材料和超导陶瓷材料。其应用领域包括:(1)利用材料的超导电性可制作磁体，应用于电机、高能粒子加速器、磁悬浮运输、受控热核反应、储能等;可制作电力电缆，用于大容量输电;可制作通信电缆和天线，其性能优于常规材料。(2)利用材料的完全抗磁性可制作无摩擦陀螺仪和轴承。(3)利用约瑟夫森效应可制作一系列精密测量仪表以及辐射探测器、微波发生器、逻辑元件等。

【超导传输线】(superconductive transmission line) 由超导体和电介质构成的微波、毫米波和亚毫米波传输线。其优点有:(1)低损耗。(2)高密度。(3)响应快。(4)无畸变。有同轴线、带状线、微带和共面波导四种。利用在液氮温度下，高温超导体的微波表面电阻远低于相同温度下正常导体铜等的微波表面电阻这一特性，开发高温超导传输线。高温超导传输线研究已取得重要突破，各种传输线型无源微波器件的性能已达到实用水平。许多用常规导体铜无法实现的微波器件，采用高温超导体之后可以得到实现。

超导传输线

【超导磁选】(superconducting magnetic separation) 在磁法选矿中应用超导技术进行矿物分离的一种新的磁分离方法。超导磁选机采用超导电材料作线圈，线圈通入电流后，可在较大的选分空间产生 $2\times10^7/4\pi$A/m 以上的强磁场，且线圈不消耗电能，磁场可长时间保持恒定不衰减。这种磁选机体积小，重量轻，磁场强度大，单机处理效率高，对弱磁性矿物的分选有独特的优势，为磁法选矿开辟了新的应用途径。

【超导电机】(superconducting motor) 用超导线圈取代常规铜线绕组作为它的励磁绕组或电枢绕组的电机。由于其采用超导线圈，绕组提高了载流能力，产生比常规线圈大数倍的磁场而又几乎无焦耳热损耗，因而具有一系列先进的技术经济特性。例如，用于同步发电机可提高电机效率，比常规的电机提高0.5%～0.8%。超导电机体积小，重量轻，整机重量可比常规电机减轻1/3～1/2，且电机电抗可减少到1/4，从而提高电机运行稳定性。此外，它还可以节省铁芯，使电机的电枢绕组对地绝缘水平大大提高。由于气隙磁通密度可比常规电机大4～5倍，单机容量可达百万千伏安以上。超导电机的研究方向主要是超导同步发电机和超导单极电机。超导同步发电机的转子励磁绕组采用超导线圈。超导单极电机是一种没有换向器的低压大电流直流电机，其静止的励磁线圈是超导的，而旋转电枢是常规铜线圈。由于超导单极电机的功率大，重量轻，比功率可达746W/kg以上，具有广泛应用前景。

超导电机原理图

【超导电子学】(superconducting electronics) 超导体物理与电子技术相结合的一门学科。以超导体的约瑟夫森效应等为基础，主要研究物体处于超导状态下超导电子所具有一系列效应的理论、技术和应用。其理论以超导体的两个基本特性即零电阻的理想导电性和迈斯纳效应的完全抗磁性为基础，以超导微观理论和超导约瑟夫森效应为核心。超导电子学在超导基本理论的研究中，还发现有同位素效应和库柏对的重要规律和概念。

【超导计算机】(superconductive computer) 利用超导元件组装而成的计算机。具有高运算速度和低电能消耗等优越特性。高速计算机集成电路芯片上的元件和连接线排列密集，散热是超大规模集成电路面临的难题。超导计算机的优点是:在其所用的超大规模集成电路中，元件间的互连线用接近零电阻和超微发热的超导器件制作，不存在散热问题。运算速度是一般电子计算机的100倍，电能消耗仅是一

超导计算机

般电子计算机的1/1 000。

【超导临界温度】(superconductor critical temperature) 超导体从正常态转变为超导态(零电阻)时的温度。对于转变温度范围较宽的超导体(如高温超导体),其临界温度可分为起始转变温度、中转变温度和零电阻温度。

【超导器件】(superconductive device) 用超导体材料制成的固态电子器件。其核心是超导隧道器件和超导量子干涉器件。其特点是:(1)功耗低。(2)集成度高。(3)灵敏度、精度、响应速率和分辨能力高。可完成电子技术中检测、放大、逻辑、存储等最基本的功能。其应用范围是:(1)在电磁频谱的最低端,可用于极高精度的电流比较仪、极低温度的测温技术、地磁与生物磁测量、引力波探测等。(2)在频谱的中段,可用于功率和衰减的精密测量、超导稳频腔、快速瞬态信号波形的精密测量、模拟-数字变换器、逻辑与存储用集成电路等。(3)其工作频率可延伸到毫米波、红外波段,用于高灵敏度探测和接收、宽带频率综合、激光频率下的精密测量、基础研究等方面。

【超导三极管】(superconductive triode) 由超导体或超导体与半导体构成的类似于晶体管的具有电流或电压增益作用的超导有源器件。具有功耗小、速度快的特点。主要有约瑟夫森场效应管、准粒子注入超导三极管、超导基极三极管、超导基极热电子三极管、磁通流三极管等。它是近年来发展起来的器件。已应用到超导电子学的各个方面。

【超导隧道效应】(superconductive tunnel effect) 又称约瑟夫森效应。电子能通过两块超导体之间薄绝缘层的量子隧道效应。是超导电子学的理论基础。当两块超导体通过一绝缘薄层连接起来,绝缘层对电子来说是一势垒,一块超导体中的电子可穿过势垒进入另一超导体中。利用超导隧道效应制成的超导电子器件,具有功耗低、噪声小、灵敏度高、反应速度快等特点,可进行高精度、弱信号的电磁测量,也可用作超高速电子计算机元器件等。已在电子学领域广泛应用。

【超导体】(superconductor) 超导态的物体的通称。荷兰科学家昂内斯用液氦冷却汞,当温度下降到4.2K时,水银的电阻完全消失。这种现象称为超导电性。此温度称为临界温度。根据临界温度的不同,超导材料可以分为:高温超导材料和低温超导材料。但这里所说的高温,其实仍然是远低于冰点0℃的极低的温度。后来发现,如果把超导体放在磁场中冷却,则在材料电阻消失的同时,磁感应线将从超导体中排出,不能通过超导体,这种现象称为抗磁性。经过科学家们的努力,超导材料的磁电障碍已被跨越,下一个难关是突破温度障碍,即寻求高温超导材料。

【超导性】(superconductivity) 在温度和磁场都小于一定数值的条件下,许多导电材料的电阻和体内磁感应强度都突然变为零的性质。具有超导性的物体称为"超导体"。1911年荷兰物理学家卡曼林-昂尼斯(Heike kamerlingh - Onnes 1853 - 1926)首先发现汞在4.173K以下失去电阻的现象,并初次称之为超导性。现已发现,许多金属(如铟、锡、铝、铅、钽、铌等)、合金(如铌-锆、铌-钛等)和化合物(如Nb_3Sn、Nb_3Al等)都是具有超导性的材料。物体从正常态过渡到超导态是一种相变。发生相变时的温度称为此超导体的转变温度(或临界温度)。现有的很多材料仅在很低的温度环境下才具有超导性。当磁场达到一定强度时,超导性就将消失,这个磁场限值称为"临界磁场"。目前所发现的超导体有两类。第一类只有一个临界磁场(约几百高斯);第二类超导体有下临界磁场Hc_1和上临界磁场Hc_2。当外磁场达到Hc_1时,第二类超导体内出现正常态和超导态相互混合的状态,只有当磁场增大到Hc_2时,其体内的混合态消失而转化为正常导体。现在已制成上临界磁场很高的超导材料(如Nb_3Sn的Hc_2达22万高斯,$Nb_3Al_{0.75}Ge_{0.25}$的Hc_2达30万高斯),用以制造产生强磁场的超导磁体。超导体已用在加速器、发电机、电缆、贮能器和交通运输设备等方面。1962年发现了超导隧道效应即约瑟夫森Josephson)效应,并已用于制造高精度的磁强计、电压标准、微波探测器等。

【超低温奥氏体沉淀硬化不锈钢】(super cryogenic Austenitic ph-stainless steel) 一种超低温、高强高韧的无磁不锈钢。使用温度可达-269℃,并且具有良好的强韧性与无磁性。其典型代表是钢号为A286的不锈钢。它在超导磁体、磁流体发电机等方面有广泛的用途。

【超低温马氏体时效不锈钢】(super cryogenic Maraging stainless steel) 一种具有良好的超低温强度和韧性的不锈钢。代表是钢号为000Cr10Ni10Mo2TiA1的不锈钢。可在液氮甚至近于液氢下的低温条件下使用。超高洁净度、超细组织对这种不锈钢在超低温下的强韧性有重大影响。

【超分子化学】(super molecule chemistry) 研究两种或两种以上的化合物通过分子间的弱相互作用形成复杂有序并有特定功能体系的学科。研究超分子或分子超结构的形成、性质及应用分子组装和分子间键，重点探索分子间弱相互作用的本质。其中包括：分子识别原理、受体化学、分子自组装、超分子光化学、超分子电化学、超分子催化化学、超分子工程学、超分子生命科学等。其涉及的学科有：无机及配位化学、分析化学、有机化学、物理化学、生物化学以及材料科学学等。超分子化学在分离金属混合物、增加抗癌药物疗效等方面有许多应用。

【超辐射二极管】(super luminescence diode) 产生超辐射的半导体 PN 结二极管。包含自发辐射和受激辐射，主要是受激辐射。超辐射二极管无论在结构上还是在性能上，均介于半导体激光器和发光二极管之间。在超辐射二极管内，只产生光放大，不建立光振荡。其特点是：(1)光谱宽度比激光器的大，比发光二极管的小。(2)输出功率比激光器的小，比发光二极管的大。主要用于光纤陀螺、光纤传感器和中小容量、中短距离的光纤通信系统。

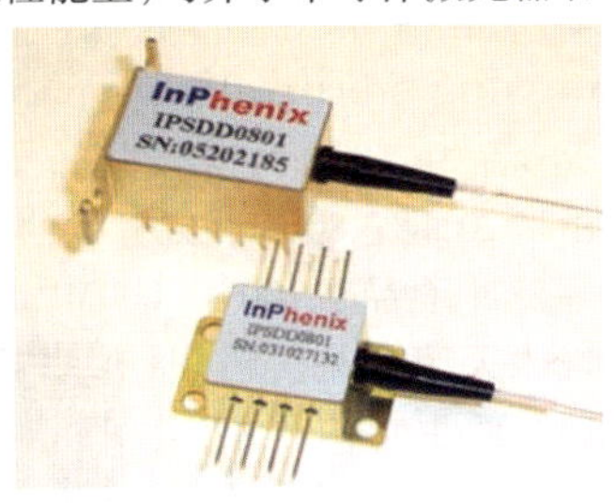

超辐射二极管

【超高层住宅】(ultra-high-rise residence) 40 层以上，高度超过 100m 的住宅。是解决土地资源紧缺的一种有效手段。已越来越多崛起于中国的大城市及二线城市。在对土地集约利用、节约市级工程投资和增加城市吸引力上，发挥着重要作用。但对其建处和高度有一定限制。如摩天大楼使周围的道路及低层建筑物所受风荷载加大，形成所谓的“高楼峡谷风”。这种“高楼峡谷风”就是摩天大楼的“狭管”效应。据有关测试结果表明，在城市刮 6～7级大风时，由于“狭管”效应，通过高楼之间的瞬间风力可达 12 级以上。因此，在城市建设中，应充分考虑到高楼强风的危害，有意识加大建筑物间距，留出风道，减少风压。同时，超高层建设，尤其是大规模的板式超高层建设也可能造成空气流通障碍，进而对周边的密集人居环境形成威胁。景观视野好，被认为是超高层住宅最大的吸引力。超高层住宅适合布置在城市开阔地段，也可布置在能形成干道主景的地段。

超高层住宅

【超高洁净度轴承钢】(super cleanliness bearing steel) 氧含量 $<4\times10^{-6}$的特殊轴承钢。严格防止杂质和污染物进入轴承钢中，以提高其耐热性。主要用于生产耐热性高及使用寿命长的轴承、齿轮和发动机的曲轴等。例如，成功应用于汽车的无级变速齿轮箱。在有特殊要求时，还需控制氮含量，氮含量控制在 15 ppm($1ppm = 1\times10^{-6}$)以下。

【超高空飞机】(super high altitude aircraft) 能在数万米高度持续飞行几天甚至更长时间的无人驾驶飞机。是在 20 世纪 80 年代中期提出的设想。主要用于军事侦察、气象监测、对地观测以及大地测量等。它的速度为 400～600km/h，载重量 90kg 左右。最主要的技术要求是长时间飞行。其关键技术问题有：轻型发动机、超轻结构和材料、大能量贮存器。

超高空飞机

【超高强度钢】(super-strength steel) 强度极限在 $200kg/mm^2$ 以上、屈服强度在 $140kg/mm^2$ 以上的合金结构钢。种类日益增多。常含有镍、铬、锰、铜、硅、钒、铌等合金元素。经淬火、回火或时效，或形变热处理后使用。广泛用于飞机、火箭等方面。在国防工业上具有重要的意义。

【超高强高模聚乙烯纤维】(ultra high molecule weight polyethylene fiber) 分子形状为线型伸直链结构、取向度接近 100% 的高强高模伸长链聚乙烯纤维。20 世纪 90 年代初开发成功。相对分子质量在1×10^{10}～6×10^{10}之间，与其他材料如碳纤维、玻璃纤维、芳纶、硼纤维、钢纤维、尼龙等相比，其比强度和比模量明显高出许多。在重量相同时，UHMWPF 的强度是钢的 10～15 倍，比芳纶纤维的强度高 40%。具有较高的断裂伸长率，材料的断裂比功较大。具有突出的耐冲击性能、很高的勾结和结节强度、较好的柔曲性能、良好的耐疲劳性和耐摩擦性、耐紫外线辐射、耐光学性能好、耐化学腐蚀等特点。但其成本高，界面结合性差，蠕变

超高强高模聚乙烯纤维缆

高,耐热性能较差。用于制作软质防弹服、防刺衣、轻质防弹头盔、雷达罩、运钞车防弹装甲、直升机防弹装甲、舰艇及远洋船舶缆绳、轻质高压容器、航天航空结构件、深海抗风浪网箱、渔网、赛艇、帆船和滑雪橇等。

【超高速集成电路】(super speed integrated circuit) 一类在极高速度下执行运算的超大规模集成电路。为满足高速信号处理、抗核辐射、故障容限和芯片自检测要求而研制。其目标是:芯片的微加工线宽达到0.5μm、门电路运算速度比民用的提高100倍,可靠性提高10倍。现已制成硅超高速集成电路和砷化镓超高速集成电路。用超高速集成电路制造的微型和小型超高速计算机,已广泛用于美国多种先进的武器系统。

超高速集成电路

【超高速加工技术】(superspeed machining technology) 采用超硬材料的刀具、磨具和能可靠地实现高速运动的高精度、高自动化、高柔性的制造设备所进行的制造加工技术。可以通过提高切削速度来达到提高材料切除率、加工精度和加工质量的目的。其显著标志是:当被加工塑性金属材料在切除过程中的剪切滑移速度达到或超过某一域限值时,开始趋向最佳切除条件,使得被加工材料切除所消耗的能量、切削力、工件表面温度、刀具或磨具磨损、加工表面质量等明显优于传统切削速度下的指标,而加工效率则大大高于传统切削速度下的加工效率。

【超高温灭菌】(ultra-high temperature sterilization) 目前尚无明确定义。习惯上指加热温度为135~150℃,加热时间为2~8s,加热后产品达到商业无菌要求的杀菌过程。超高温灭菌系统所用的加热介质大都为蒸汽或热水。按物料与热介质接触与否,可分为直接加热系统和间接加热系统。其理论基础涉及微生物热致死的基本原理和如何最大限度地保持食品的原有风味及品质等两个方面。

超高温灭菌机

【超高温灭菌奶】(ultra-high temperature sterilization milk) 在135~150℃下进行4~15s的瞬间杀菌处理,然后迅速冷却至室温条件下的奶产品。高温杀菌过程配合先进的无菌包装技术,完全破坏其中可生长的微生物和芽孢,能有效保存乳品或饮料的营养和味道。超高温杀菌奶的优点是常温下可保存数月,有助于以较低的成本将高质量的液体食品运送至较远的地方,为消费者提供更多的便利和选择。相对于冷藏奶,其缺点是高温下杀菌会破坏一些营养物质。

【超高压杀菌】(ultra-high pressure processing sterilization) 利用超高压处理食品,杀灭食品中微生物的技术方法。超高压(≥100MPa)杀菌是20世纪80年代末开发的杀菌新技术。研究结果表明,食品在100~1 000MPa的超高压力下具有良好的灭菌效果。超高压对微生物的致死作用,主要是通过破坏其细胞壁,使蛋白质凝固,抑制酶的活性和DNA等遗传物质的复制等实现的。一般而言,压力越高杀菌效果越好。在相同压力下延长受压时间并不一定能提高灭菌效果。在400~600MPa的压力下,可以杀灭细菌、酵母菌、霉菌。与传统高温热力杀菌方法相比,超高压杀菌技术的先进性在于超高压、常温灭菌。采用此技术对食品饮料处理后,不但具备高效杀菌性,而且能完好地保留食品饮料中的营养成分。此法处理的产品口感佳,色泽天然,安全性高,保质期长。它可应用于水果、蔬菜、奶制品、鸡蛋、鱼、肉、禽、果汁、酱油、醋、酒类等所有含液体成分的固态或液态食物。

超高压杀菌设备

【超基性岩】(ultrebasite) 火成岩中的一个大类。在火成岩的全碱-二氧化硅分类中SiO_2含量小于45%的一类岩石。主要矿成分为橄榄石、辉石,不含石英。根据国际地科联火成岩分类学分会推荐的火成岩分类及术语,认为超基性岩为一集合名称,建议不再使

超基性岩

用，通常用超镁铁质岩来代替它。超铁镁质岩是指铁镁矿物（橄榄石、辉石等）含量达90%以上的一类火成岩。但超基性岩不等于超铁镁质岩。前者是按SiO_2含量为标准分类的岩石，后者是按铁镁矿物含量为标准确定的岩石。二者分类标准不同，所以不能等同。如辉石岩类，其铁镁矿物含量在90%以上，但SiO_2含量大于45%，所以它是超铁镁质岩而不是超基性岩；再如斜长岩，主要由含钙的硅铝酸盐矿物组成，SiO_2含量小于45%，而铁镁矿物含量远低于90%，所以它是超基性岩但又不是超铁镁质岩。常见的超基性深成岩有辉橄石岩、橄榄岩等。

【超基因家族】（super gene family） 又称基因超家族。由多基因家族及单基因家族组成的更大的基因家族。由一个共同的祖先基因通过各种各样的变异，产生的结构上有程度不等的同源性，但功能却不尽相似的一大批基因。如免疫球蛋白超基因家族。基因组中几乎所有的基因可归属于一个或更多的基因超家族。其用途是：（1）分析不同基因间的进化关系。（2）剖析基因家族不同成员的相关性。（3）澄清基因拷贝数增加或基因重复的历史，为识别不同种属同源基因提供有益信息。

【超级稻】（super rice） 通过理想株型塑造与杂种优势利用相结合，选育出的单产大幅度提高、品质优良、抗性较强的新型水稻品种。其品种有籼稻型、粳稻型和杂交稻组合。其生育特征是：分蘖适中，剑叶挺直，植株矮中求高，茎秆坚韧抗倒，穗大粒多，灌浆至成熟期较长，结实率高。1981年日本率先提出并开展大规模协作攻关，中国、韩国等国家相继开展了超级稻育种和推广。中国1995年提出超级稻的高产目标分为三个阶段，即1995～2000年要求大面积达到10 500kg/hm²，2001～2005年要求大面积达到12 000kg/hm²，2006～2010年要求大面积达到13 500kg/hm²。中国目前在超级杂交稻和粳型常规超级稻育种方面居国际领先水平。

超级稻

【超级电池】（super battery） 含有钛酸钡电介质陶瓷的超级电容器的发电装置。将电荷作为能量存储，能够快速释放和吸收能量。它不仅集中了电池的超级存储能力及超级电容器较高的功率和放电特性，而且不含任何有毒化学品，能取代电化学电池。具有非爆炸性、无腐蚀性、无危险性的特点。广泛用于混合动力和电动汽车、电动工具、便携式电子用品以及可再生能源系统等方面。

【超级台风】（extreme typhoon） 中心风速超过240km/h的台风。台风是指在北半球太平洋上生成的热带气旋，而在北半球大西洋上生成的热带气旋称为飓风。当飓风中心风速超过250km/h时也被称为超级飓风。作为极端天气现象的超级台风（超级飓风）会对所过之处人们的生命财产带来巨大的损失。2005年8月，5级超级飓风“卡特里娜”给美国南部路易斯安娜州和密西西比州造成1 000多人死亡；2007年10月，超级台风“罗莎”袭击中国台湾及浙江、福建等沿海地区；在2009年8月8日的一次超级台风（莫拉台风）中，中国台湾省发生100年以上一遇的强暴雨和洪水泥石流，造成多处村镇被毁，大量人员死亡，数万人无家可归，经济损失达千亿元。

超级台风

【超级铁素体不锈钢】（super ferrite stainless steel） 超纯的铁素体不锈钢。钢中的碳氮总量（C＋N）＜220ppm（$1ppm = 1\times10^{-6}$）、Cr≤30、Ni≤4.0、Mo≤4。其性能特点：是脆性转变温度低，耐氯化物和氢氧化钠的应力腐蚀性能好，焊接性能及冷、热加工性能比一般铁素体不锈钢有较大的改进。国内外常用的牌号有000Cr27Mo1、000Cr17Mo2Ti、000Cr17Ni等。

【超级文本预处理语言】（hypertext preprocessor） 一种跨平台的服务器端的嵌入式脚本语言。语言风格类似C语言，并拥有自己的特性，使WEB开发者能够快速地写出动态网页。开发的网页文件使用PHP扩展名，称PHP网页。目前版本号为5，支持目前绝大多数数据库以及操作系统。PHP还可以执行编译后代码，且代码执行效率高。目前PHP解释器是完全免费的，不仅可以从PHP官方站点自由下载，而且可以不受限制地获得源码，甚至可以从中加进你自己需要的特色。

【超级吸水纤维】（super absorbing fiber） 能够吸收比自重大数十倍、数百倍乃至数千倍水分的纤维。吸水速度快，加压力也难将水分挤出。当外界温度降低时,所吸水分可自行扩散出来。主要有改性纤维素类、聚羧酸类、聚丙烯酯类、改性聚乙烯醇类等种类。在卫生用品领域应用广泛。如在尿布和卫生巾中掺入一定量的超级吸水纤维,可使产品更轻薄而不漏液;可改进原来纱布和绷带的吸水性,使之快速吸收体液,不粘伤口。

超级吸水纤维

【超级细菌】(superbug) 一种对绝大多数抗生素都具有抗药性的新型细菌。这种细菌复制能力强、传播速度快,容易出现基因突变,又由于滥用抗生素,致使该菌对大部分抗生素都出现抗药性。超级细菌还指耐甲氧苯青霉素金黄色葡萄球菌,是皮肤细菌的一种。主要通过接触传播,感染发病的主要是抵抗力低的人群,对普通人群不会产生大的危害。一旦感染这种病菌后,常常会引起败血症、肺炎等并发症,危及生命。英国研究人员通过检测基因的变化,绘制出"超级细菌"耐甲氧西林金黄色葡萄球菌在各大洲间的传播路线图;利用新一代基因检测技术,可以对细菌基因组进行完整的分析,并根据基因变异情况得出各地细菌间的家族谱系图。研究人员已经发现,目前对这种超级细菌有效的抗生素主要是替加环素和黏菌素。但是,一旦细菌继续扩散,这两种药物的药效将被削弱。其主要预防措施是:(1)合理规范使用抗菌药物,尤其应限制万古霉素的滥用,以减少多重耐药菌株的出现。(2)严格执行无菌技术操作,加强消毒隔离,切断传播途径。(3)洗手是防止病原菌蔓延的简单而有效的措施。(4)减少或缩短侵入性装置的应用,如中心静脉导管留置和导尿管插管,从而减少耐药菌株定植。(5)发现细菌感染患者,应及时予以隔离;医务人员进入病房时戴手套,接触患者时应穿隔离衣,防止细菌广泛传播。(6)清除感染源,对耐药菌株患者使用的医疗用品,如听诊器、血压计等应相对固定,并有消毒措施。(7)提高菌检率,加强对耐药菌的监测。

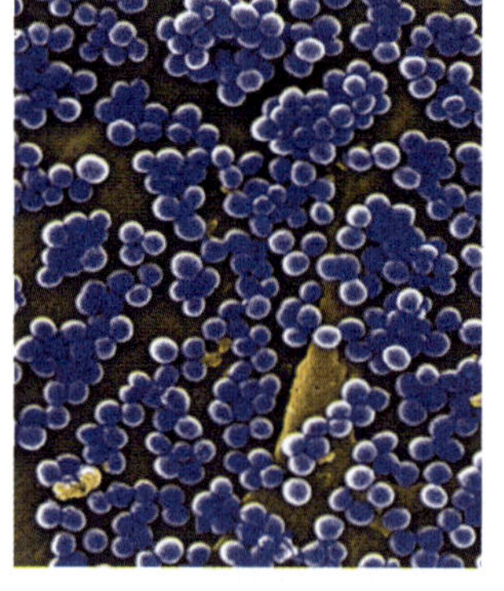
超级细菌

【超洁净工作服】(dust-free overall) 用于超洁净车间的工作服。采用超细聚酯涤纶长纤维与有机复合导电纤维溶边的封边工艺制成。表面光滑,无纤维脱落,具有洁净、防静电、耐穿、可高温消毒、可反复洗洁等优点。用于电子信息行业的服装,具有防静电功能,耐洗次数在100次以上。超洁净工作服分连体服和分体服两类。连体服装,可防止微尘从身体各部位逸出,与帽子、靴套配合使用,能满足1 000级洁净车间(指1cm^{3}空气内微粒的个数为1 000的工作间)的要求。主要在普通电子行业、继电器行业、精密制造业、电路板制造业中应用。对于要求更高的10级洁净车间,必须采用连帽带鞋型的连体服,与口罩配合使用,用于磁头生产业、芯片制造业等对净化等级有极端严格要求的生产区域。超洁净工作服主要用于电子、医药、彩色显像管、半导体、精密机械、塑胶、喷漆、医院及环保等领域。

【超精密加工】(ultraprecision machining) 又称亚微米加工。机械加工尺寸精度范围在0.3~0.03μm、表面粗糙度Ra为0.03~0.005μm的先进加工技术。是衡量一个国家科学技术水平的重要标志之一。超精密加工要求超稳定的加工环境,包括恒温、恒湿、防振、超净等方面的要求。被加工件本身也必须满足一定的要求,才能保证获得要求的加工质量。它所达到的高精度是综合应用精密机械、精密测量、精密伺服系统、计算机控制及误差补偿等各种先进技术的结果。它是一项包含内容广泛的系统工程。其加工方法有:(1)超精密切削,如用金刚石刀具进行超精密车削,成功地解决了激光核聚变系统中的非球面反射镜和天体望远镜中大型抛物面不易加工的难题;(2)超精密磨削和研、抛加工,可用于高密度硬磁盘的涂层表面及大规模集成电路基片的加工;(3)超精密特种加工,如用电子束、离子束、激光束等进行大规模集成电路的光刻加工等。

【超精密加工刀具】(ultraprecision machining cutting tool) 确保实现超精密加工工艺所采用的刀具。必须能均匀地去除不大于工件加工精度要求的极薄的金属层。进行超微量切削是其重要特点之一。常用于超精密切削加工的刀具主要为金刚石刀具。在使用时,既要正确选择单晶金刚石的晶面,又要使其刀刃的钝圆半径尽量小。至20世纪末,刀刃钝圆半径已小到5nm,成功地实现了纳米级切削厚度的稳定切削。

【超精密加工设备】(ultraprecision machining equipment) 实现超精密加工工艺所采

用的设备。常见的有超精密机床、电解加工车床、衍射光栅刻机、电子束刻蚀装备、X射线刻蚀装备和离子束加工设备等。超精密加工设备具有极高的运动精度，对其导轨的直线度和主轴的回转精度以及微量进给与定位精度可控制在0.1～0.01μm量级。例如，某型超精密车床，主轴采用高压液体静压轴承，具有刚度大、动态性能好的特点；采用恒温油淋浴系统，可有效地消除加工中的热变形；采用压电晶体误差补偿系统，位移误差可控制在0.013μm/m以内。

超精密加工设备

【超精密磨削加工】(ultraprecision grinding machining) 利用细粒度的磨粒和微粉对黑色金属、硬脆材料等进行加工的技术。对于铜、铝及其合金等软金属材料，用金刚石刀具进行超精密车削是十分有效的；而对于黑色金属、硬脆材料等，用超精密磨削加工是主要的精密加工手段。超精密磨削可分为固结磨料和游离磨料两类加工方式。

【超精密切削加工】(ultraprecision cutting machining) 采用金刚石刀具进行的使零件的加工精度和表面质量达到极高程度的加工工艺。主要用于加工软金属材料，如铜、铝等非铁金属及其合金，以及光学玻璃、大理石和碳素纤维等非金属材料。主要加工对象是精度要求很高的镜面零件。目前，超精密切削刀具用的金刚石为大颗粒、无杂质、无缺陷、浅色透明的优质天然单晶金刚石。这种金刚石虽然价格昂贵，但却是理想的、不能代替的超精密切削的刀具材料。超精密切削实际能达到的最小切削厚度与金刚石刀具的锋锐度、使用的超精密机床的性能状态、切削时的环境条件等直接相关。

【超抗原】(superantigen, SAG) 一类可与抗原呈递细胞组织相溶性复合体抗原－Ⅱ类分子和T细胞受体(TCR)Vβ区结合而刺激T细胞活化增殖的抗原。其特征是：(1)不需在抗原呈递细胞胞内处理。(2)非主要组织相容性交合抗原限制性。(3)TCRVβ特异性。分为细菌性超抗原与病毒性超抗原两大类。前者主要是一些致病菌的毒性产物，如金黄色葡萄球菌肠毒素A、B、C、D、E，葡萄球菌表皮剥脱毒素A和B。后者是内源性或外源性鼠乳腺肿瘤病毒的产物。其生物学特点是：刺激T细胞释放大量细胞因子如IL－2、IFN－γ和TNF等，可引起发热、休克、甚至死亡。因此超抗原参与一些感染性疾病的发病机制；也可激活自身反应性T细胞、B细胞、单核细胞和NK细胞等。与一些自身免疫病的发病机制有关，如TSS患者常伴有关节炎和滑膜炎等。细菌性超抗原可引起多种疾病，包括食物中毒、毒性休克综合征、猩红热、小肠结肠炎和一些自身免疫病。此外，其慢性接触可导致机体免疫无反应状态。

【超空泡鱼雷】(super-cavitation torpedo) 又称低阻超高速鱼雷。依据空化理论而制成的一种鱼雷。研究结果表明，当液体内局部压力降低到一定程度时，其内部和固体与液体的交界面上，会形成蒸气或气体空穴。航行时，表面及其附近区域能够形成气体空穴包层，从而降低航行阻力，使航行速度大幅度提高。超空泡鱼雷利用其特殊的外形设计，随着动力系统的不断加速，使其表面及附近区域处于空化状态，并辅以适当的人为充气，使鱼雷处于气体包层中，并保持气体包层在鱼雷航行中的稳定性。超空泡鱼雷一般具有多个(或多级)动力推进装置，以满足初始、加速及巡航(超空化)等不同航行阶段的需要。超空泡鱼雷属于直航鱼雷。其最大优点在于速度快，不受各种水声与电子对抗器材的干扰。

超空泡鱼雷

【超宽带通信】(ultra-wide band communication, UWC) 利用纳秒至微微秒级的非正弦波窄脉冲传输数据的一种无载波通信技术。其基本思路是：用极大的带宽，但非常小的发射功率传输信号。通过在较宽的频谱上传送极低功率的信号，UWC能在10m左右的范围内实现数百兆比特至数千兆比特的数据传输速率。UWC具有抗干扰性能强、传输速率高、带宽极宽、消耗电能小、发送功率小等诸多优势。主要应用于室内通信、高速无线LAN、家庭网络、无绳电话、安全检测、位置测定、雷达等领域。相对于其他通信方式，其特点是：(1)抗干扰性能强。(2)传输速率高。(3)系统容量大。(4)带宽极宽。(5)消耗电能小。(6)保密性好，发送功率非常小。UWC技术最初是被作为军用雷达技术开发的，早期主要用于雷达技术领域。2002年2月，美国联邦通信委员会(FCC)批准了UWC技术用于民用，UWC的发展步伐开始逐步加快。UWC在家庭数字娱乐领域大有用武之地。目前 UWC 标准化的工作还没有完成，一些技术问题需要不断完善，但它将可能成为新一代 WLAN（无线局域网络）和 WPAN（无线个人局域网）的技术基础，从而实现超高速宽带无线接入。

【超连续谱光源】（light source of supercontinuum） 由激光器和光学非线性介质构成的新型光源。其特点有：(1)具有超宽频带。(2)输出超短脉冲。(3)具有连续光谱。超连续谱是在单色高强度超短脉冲通过光学非线性介质时产生的。它是超高速、大容量光纤传输系统的理想光源。

【超链接】（hyperlink） 从网页指向其他目标的连接。此目标可以是另一个网页，也可以是同一网页上的不同位置、图片、电子邮件地址、文件或应用程序等。当浏览者单击已经链接的文字或图片后，链接目标显示在浏览器上，并根据目标类型打开或运行。按照链接路径的不同可分为：内部链接、锚点链接和外部链接。按照使用对象的不同可分为：文本超链接、图像超链接、E－mail链接、锚点链接、多媒体文件链接和空链接等。

【超临界 CO_2 流体染色】（super critical CO_2 fluid dyeing） 不用水而以超临界 CO_2 流体作为介质的染色新工艺。把 CO_2 置于封闭装置中升温加压，当温度和压力分别超过 CO_2 的临界温度(31.1℃)和临界压力(7.39MPa)时，CO_2 就转变为超临界流体状态。此时的 CO_2 密度接近于液体，是气体的数百倍。其黏度又和气体相等。它的扩散系数是气体的1%左右。体积却比液体大数百倍。因此染料溶解分散在超临界 CO_2 流体中易扩散，易渗透。超临界 CO_2 流体染色，主要适用于非离子类的难溶性分散染料。适用纤维包括涤纶、锦纶、醋酸纤维、丙纶、芳纶、羊毛和棉等。其优点是：(1)无废水污染。(2)染后不必水洗、烘干，染色过程短。(3)上染速度快，匀染，透染，染色的重现性好。(4)CO_2 本身无毒，无味，不燃，来源广泛，价格低廉。(5)染料可重复利用。(6)适用的纤维品种多。

【超临界机翼】（supercritical wing） 采用一种适用于超临界马赫数飞行的特殊翼型的机翼。这种特殊翼型称作超临界翼型，由美国的 Whitcomb（惠特科姆）于1967年首先提出。其形状特征是前缘较普通翼型钝圆，上表面平坦，下表面接近后缘处有反凹，后缘薄，而且向下弯曲。在超过临界马赫数飞行时，虽然有激波产生但很弱，接近无激波状态，强烈的激波，会引起气流分离，使机翼阻力急剧增加。超临界翼型可使机翼在高亚音速飞行时阻力急剧增大的现象推迟发生。超临界机翼已经在波音757和波音767等现代运输机上采用。

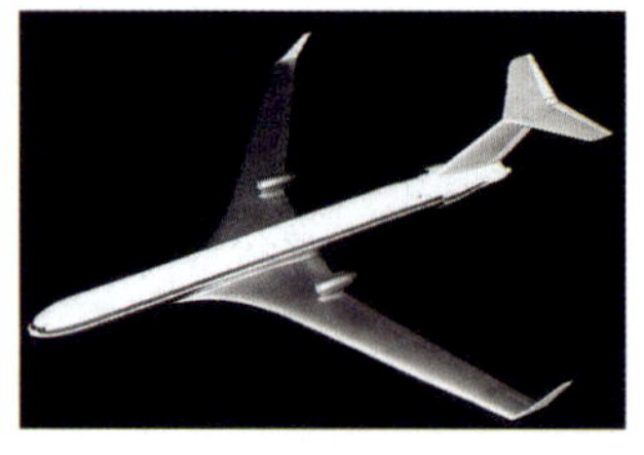

超临界机翼

【超临界流体】（supercritical fluid） 温度及压力均处于临界点以上的液体。例如，当水的温度和压力升高到临界点($t=374.3$℃，$p=22.05$MPa)以上时，就处于一种既不同于气态，也不同于液态和固态的新的流体态－超临界态。该状态的水称为超临界水。超临界流体的性质有：(1)基本上仍是一种气态，但又不同于一般气体，是一种稠密的气态。(2)其密度比一般气体要大两个数量级，与液体相近。(3)黏度比液体的小，但扩散速度比液体的快，所以有较好的流动性和传递性能。(4)介电常数随压力而急剧变化(如介电常数增大有利于溶解一些极性大的物质)。

【超临界流体萃取技术】（supercritical fluid extraction，SCFE） 利用超临界流体及其对溶质溶解能力随压力和温度变化而在相当宽的范围内变化来实现溶质溶解、分离的技术。一般采用 CO_2 作为萃取剂。其特点是：(1)具有广泛的适应性。(2)萃取效率高，过程易于调节。(3)分离工艺流体简单。(4)分离过程可在接近室温下完成，特别适用于过敏性天然产物。(5)必须在高压下操作，设备及工艺技术要求高，投资比较大。利用超临界流体，可从多种液态或固态混合物中萃取待分离的组分。在食品、医药等工业中的广泛应用。比如从可可豆、大豆、咖啡豆、棕榈籽、向日葵籽中提取植物油脂；从鱼油和肝油中提取高营养价值和药物价值的不饱和脂肪酸；从油炸食品中脱除脂肪；从乳脂中脱除胆固醇等。

【超临界流体色谱法】（supercritical fluid chromatography，SFC） 又称高密度气相色谱法、高压气相色谱法。以超临界流体作流动相的色谱法。是20世80年代以来发展起来的一个色谱分支。所谓超临界流体，是指在高于临界压力和临界温度时的一种物质状态。它既不是气体，也不是液体，但兼有气体的低黏度、液体的高密度以及介于气、液之间较高的扩散系数等特性。超临界流体色谱法能分析气相色谱法所不能或难于分析的许多沸点较高、热稳定性较差的物质，也能分析很多大分子生物物质。具有气态流动相传质快、黏度小的性能，又具有液态流动相溶剂化效应强的特点，兼有 GC（气相色谱）与

HPLC(高效液相色谱)的某些优点。是一种新型分析、分离的方法。目前已实现超临界流体色谱法与傅里叶红外光谱仪、质谱等的在线联结,应用领域愈来愈广。

【超临界水氧化技术】(supercritical water oxidation) 简称SCWO技术。一项利用水在超临界条件下($Pc \geqslant 22MPa$, $Tc \geqslant 374℃$)的特性,处理有机化合物、有毒废物以及进行有机反应研究的技术。超临界水的独特性质为:低黏度、高扩散性、几乎无界面扩散阻力,包括有机物和O_2都可以按照任意比例完全溶于超临界水中,相界面消失,形成单一相,使有机物与氧气能够自由均相反应。超临界水氧化反应具有极快的反应速度,对难分解性有机物的处理效率达到99.999 9%以上。然而,无机盐的溶解度急剧降低。经过超临界氧化反应,C转化为CO_2,H转化为H_2O,有机物中的Cl转化为氯化物离子,硝基化合物转化为硝酸盐,S转化为硫酸盐,P转化为磷酸盐。反应完成后,即生成了包括水、气体和固体的混合物,排放的气体中无NO_x、酸气(如HCl或SO_x等)和粉尘微粒等,CO的含量低于1×10^{-6}。完全符合水排放标准和气体排放标准。由于SCWO技术的处理费用较高,反应器的材质对防腐蚀问题的要求过高,限制了此项技术的规模化应用。

【超流体】(superfluid) 液态氦在超低温条件下所表现出的黏滞性消失,内摩擦系数变为零的奇特现象。例如,处于超流状态的流体可以自由流过半径极小的孔或毛细管而不受到黏滞阻力。超流体可以定性地看作是统计系统因为发生了所谓玻色-爱因斯坦凝聚而表现出的宏观量子效应。

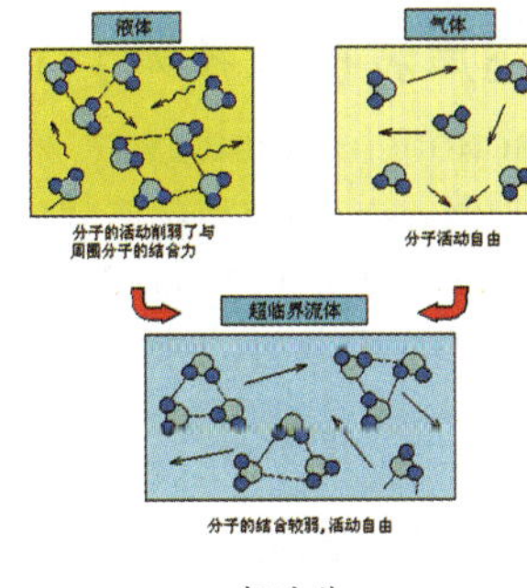

超流体

【超滤】(ultrafiltration) 利用多孔材料的拦截能力,以物理截留的方式去除水中一定大小的杂质颗粒的膜分离技术。其工作机理是:在压力驱动下,溶液中的水、有机低分子、无机离子等尺寸小的物质可通过纤维壁上的微孔到达膜的另一侧,溶液中的菌体、胶体、颗粒物、有机大分子等大尺寸物质则不能透过纤维壁而被截留,从而达到筛分溶液中不同组分的目的。应用于锅炉给水处理、工业废水处理、饮用水的生产及高纯水制备等。在给水处理中常作为反渗透、离子交换的预处理。

【超前切断电源装置】(quick interruption device of short-circuits) 在电缆或电气设备发生故障时,能在电火花(或高温)点燃爆炸性混合物前将电源切断的保护装置。是一种有效的漏电保护装置,可以提高馈电开关的动作速度,使漏电故障存在的时间缩短,缩短人身触电时间,减少爆炸的可能性。按其断电方式的不同可分为:(1)采用有双屏蔽层(或有监视线和接地线)的矿用橡套电缆与电源开关中的漏电保护装置配合。当电缆绝缘降低到危险值或受外力损伤时,首先导通屏蔽层断电,达到超前切断电源的目的。(2)采用保护装置中的载频信号或检漏继电器对线路和电气设备的绝缘状况进行安全火花性预检测。当绝缘电阻降低到危险值(漏电)时,闭锁开关,送不出电,达到超前切断电源的目的。(3)采用瞬间断电的方法避免爆炸性混合物体与电源接触,如放炮器。(4)当井下瓦斯浓度达到一定值时(未达到爆炸界限),能自动切断电源,如瓦斯断电仪。

【超轻型飞机】(ultralight aircraft) 重量最轻的一类飞机。按中国民航总局1996年12月发布的超轻型飞机设计标准(AC-21-06)规定:陆上单座起飞重量不超过285kg,双座不超过480 kg;用螺旋桨驱动;乘员不超过2人;限于作非特技运行等。超轻型飞机自20世纪70年代以来发展迅速。由于其制造简单、重量轻、价格便宜、易于驾驶,受到人们喜爱。初级超轻型飞机多用铝合金管作骨架,蒙以聚酯纤维织物并以钢索加强。这种构造重量较轻,但阻力大。气动外形较好的超轻型飞机常用泡沫塑料和玻璃纤维制造流线型的机翼和机体。20世纪80年代以后,各国不同程度地加强了对超轻型飞机的管理,如规定了这种飞机的适航条例、要求飞行人员有驾驶执照等。在中国,自北京航空航天大学于1982年8月研制出"蜜蜂"系列超轻型飞机以后,在不长的时间内,多种超轻型飞机脱颖而出,并逐步发展成为在农业、林业、牧业、渔业领域和在侦察、巡逻、商务广告、短途运输及娱乐和体育运动等方面具有广泛用途的飞机。

超轻型飞机

【超声波】(ultrasonic wave) 频率大于20 000Hz,不能引起人耳听觉的弹性波。其主要特性是:波长短,近似直线传播;在固体和液体中的衰减比电磁波小；传播特性和介质的性质密切相关；能量集中，强度大，振动剧烈。超声波具有方向性好、穿透能力强、易于获得较集中的声能和在水中传播距离远等特点。可用于测距、测速、清洗、焊接、碎石等。超声波的应用范围很广。主要用在医疗诊断、化学反应、处理植物种子、探索鱼群、自动导航及测定液体流量等方面。同时诞生了多个超声波应用学科。虽然人类听不见超声波，但不少动物却有利用超声波的本领。它们可以利用超声波“导航”、追捕食物和避开危险物。另外超声波还可用于工业探伤。

【超声波焊接】(ultrasonic welding) 在进行超声波振动的同时施加压力使待焊的焊件局部因激烈摩擦产生高温软化而焊接在一起的方法。在超声波焊接过程中，没有电流流经焊件，也没有火焰或弧光等热源的作用，是一种摩擦、扩散、塑性变形等综合作用的焊接过程。超声波焊接分点焊和缝焊。特别适合于高熔点、高导热性、难熔金属、异种材料以及厚薄相差悬殊、多层箔片等特殊结构材料的焊接。目前，超声波焊接主要用于微小薄件材料的焊接（如2μm 的金箔）、集成电路引线的焊接，也可用来焊接塑料和有机玻璃等。

【超声波加工】(ultrasonic machining) 利用超声波的能量，通过机械装置对工件进行加工的方法。其加工原理是：工具作超声波振动，使加工液中悬浮的微小磨粒高速运动冲击工件表面，致使工件表面材料逐步粉碎脱落并随加工液流走。与此同时，工具缓慢向工件送进，最终工件被加工出与工具相同横截面的孔或凹槽。超声波加工适合加工各种不导电的硬、脆材料（如玻璃、陶瓷、宝石、金刚石等），也可加工硬、脆的金属材料（如硬质合金、淬火钢等）。超声波加工能加工出各种形状的内表面或成型面；加工时热效应小，应力小，可制出薄壁、窄缝及低刚度零件；还可比较容易地用软材料制作复杂形状的工具，常用不淬火的 45[#] 钢。其缺点是生产效率低。超声波加工主要应用于硬质合金模具的型孔、型腔的加工以及金刚石、半导体、石英、宝石等材料的切割、开槽、雕刻和微细孔加工，还可用于清洗及复合加工等。

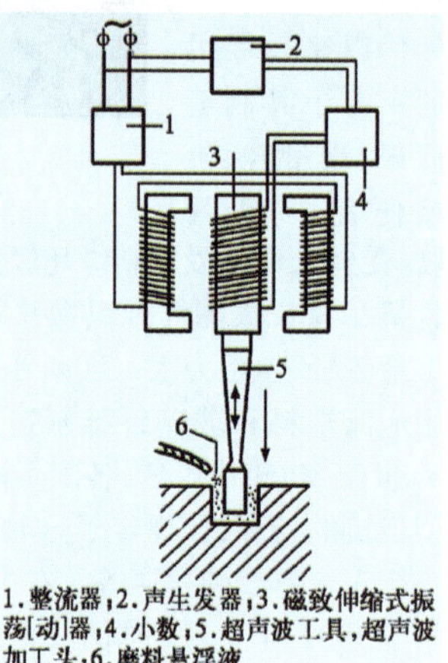

超声波加工

【超声波检测】(ultrasonic testing) 利用超声波具有的穿透和传播能力，以及能产生反射和折射现象的特征，对物体中的缺陷进行检测的技术。五种常规无损探伤技术中的一种检测方法。检测设备中的探头兼有发射及接收功能，一般发射 400 次/秒左右。除发射时间外，其余时间为接收。根据缺陷回波到达时刻与发射时刻之间的时间差以及缺陷的回波强度，就可确定缺陷的位置及其大小。这种检测对平面形缺陷，如裂纹、未焊透等反应灵敏，而对体积形缺陷的反应没有 X 射线灵敏。在工业上对金属板材、大锻件、角焊缝等常采用超声波检测，而对重要的焊缝则采用 X 射线和超声波两法并用来检测。

【超声波疗法】(ultrasonic therapy) 应用超声波治疗疾病的方法。超声波是频率在 20kHz 以上的机械弹性振动波，有与光波相似的物理性质。医疗应用的超声波频率为 800～1 000kHz。中国传统的超声波频率为 800kHz，声强在 3W/cm^2 以下，一般对组织不产生损害。其作用机制是：(1) 镇痛解痉。(2)促进结缔组织分散。(3)溶栓作用。(4)减轻或消除血肿。(5)促进组织再生、骨痂生长，加速骨折修复。(6)通过作用于神经、体液的反射途径影响全身。(7)治癌作用。其临床应用于神经痛、神经炎、软组织损伤、注射后硬结、瘢痕粘连、血肿机化、狭窄性腱鞘炎、骨折延迟愈合、血栓性静脉炎以及冠心病等。

【超声波提取技术】(ultrasonic wave extraction technology) 利用超声波的空化作用和次级效应，加速植物有效成分的浸出和提取的技术。其特点是：(1)无需高温。(2)常压萃取，安全性好，操作简单易行，维护保养方便。(3)萃取效率高。(4)适用性广。(5)与溶剂和目标萃取物的性质（如极性）关系不大。(6)减少能耗。(7)原料处理量大，可成倍或数倍提高，且杂质少，有效成分易于分离、净化。(8)萃取工艺成本低，综合经济效益显著。适用于中药材有效成分的萃取。中药材中的药效物质，在超声波场的作用下，不但作为介质质点获得自身的巨大加速度和动能，而且通过“空化效应”获得强大的外力冲击，所以能高效率并充分地分离出来。

【超声波武器】(ultrasonic weapon) 利用高能超声波来减弱或摧毁武装人员作战能力的武器。利用高能超声波发生器产生高频声波，造成强大的空气压力，使人产生视觉模糊、恶心等生理反应，从而使武装人员战斗力减弱或完全丧失作战能力。这种武器甚至能使门窗玻璃破碎。

【超声电火花磨削】(ultrasonic electrospark

grinding） 将超声加工和电火花加工同时用于磨削过程的复合加工方法。这种方法仅适用于导电材料的加工。采用超声电火花磨削时，磨削抗力的变化与其他加工方法大不相同。随着磨削量的增加，在普通磨削时，磨削抗力急剧上升，很快使砂轮失效；在电火花磨削或超声磨削时，磨削抗力上升的幅度有所降低；而在超声电火花磨削加工时，磨削抗力增加极小，砂轮锋利度保持性好，可取得极好的磨削效果。超声电火花磨削适于各种导电性陶瓷材料和超硬材料的磨削加工。

【超声复合加工】（ultrasonic complex machining） 以超声加工为主，辅以其他加工方法，应用机械、电、磁、流体等多种能量进行的综合加工技术。与电火花加工、电解加工等其他加工方法相比，具有精度高、表面粗糙度低、不受工件材料的电与化学特征限制、工件无热损伤和残余应力等优点，可以提高加工效率，减小工具磨损。它是加工玻璃、陶瓷、石英、宝石以及半导体等硬脆材料工件的有效方法。

【超声切割】（ultrasonic cutting） 利用超声振动的工具在有磨料的液体介质中或干磨料中，产生磨料的冲击、抛磨、液压冲击及由此产生的气蚀作用去除材料的加工方法。其特点是：（1）适合切割各种硬脆材料，尤其适合不导电非金属硬脆材料。也可加工淬火钢、硬质合金、不锈钢、钛合金等硬质或耐热导电的金属材料。（2）工件表面的宏观切削力很小，切割应力、切削热更小，不会产生变形及烧伤，表面粗糙度也较低，适于加工薄壁、窄缝、低刚度零件。（3）可用较软的材料做成较复杂的形状，不需要工具和工件作比较复杂的相对运动，便可加工各种复杂的型腔和型面。

【超声数控分层仿铣加工】（ultrasonic numerical control multilevel milling machining） 简称超声仿铣。借鉴快速成型技术中分层制造和利用数控铣削运动的分层加工方法。对于三维曲面的型腔，在采用成型工具进行超声成型加工时，由于工具损耗严重和加工间隙中悬浮磨料不均匀，从而影响复杂型面的加工精度。采用超声旋转加工只能加工圆形孔和简单型腔。超声数控分层仿铣采用简单工具分层加工，由于每层厚度很小，使工具磨损只产生在端面，极大地简化了工艺过程。同时由于工具损耗的补偿是在每一平面层的加工过程中进行的，简化了数控工具补偿的难度，从而能保证加工过程的可控性以及被加工工件的精度。这种技术可以用于加工那些传统成型加工有困难、甚至无法加工的工件，特别是具有三维型腔的零件。为陶瓷等硬脆材料的推广应用提供有力的技术支持，是硬脆材料加工的发展方向。

【超声速燃烧】（ personic combustioh ） 在超声速气流中直接喷射燃料并通过激波来实现稳定燃烧的燃烧过程。是靠激波将燃料和氧化剂混气的温度急剧升高到自燃温度，并维持其稳定燃烧。超声速燃烧冲压喷气发动机无需将超声速气流减速为亚声速气流，从而大大减小进气道的总压损失，降低燃烧室中的静温，从而降低金属材料承受的温度，并提高燃烧室的加温比。超声速燃烧冲压发动机可在马赫数 5～16 的范围内工作，可以最大限度地利用大气中的氧气，具有很高的比冲和很好的经济性 。

【超声速巡航战斗机】（ultrasonic cruise fighter） 发动机不开加力就能持续作超声速飞行的战斗机。在 20 世纪 80 年代，美国空军根据大规模远程作战的经验提出，第四代战斗机应具备超声速巡航性能。超声速飞行时间短，耗油量大，限制了持续飞行的时间和远程作战能力。因此普通超声速战斗机在作超声速飞行时，发动机必须开加力燃烧室。实现超声速巡航必须从气动设计和发动机两方面入手。前者最重要的是降低超声速飞行的阻力，后者主要是提高推重比和增加载油量。美国的 F－22是第一种能够以超声速巡航飞行的战斗机。超声速巡航是未来战斗机的基本性能指标之一。

超声速巡航战斗机

【超声旋转加工】（ultrasonic rotating machining） 将超声振动工具的锤击运动和工具旋转运动的磨削作用结合在一起的复合加工技术。超声旋转加工方法按其工艺特征的不同可分为两类：（1）采用离散磨料和固结磨料磨具的超声旋转磨料加工。（2）采用切削工具（如铣刀、钻头、冲头、压头之类工具），或利用超声高频振动特征，与其他机械加工方法相结合的超声旋转加工。超声旋转加工可用于脆性材料（例如玻璃、石英、陶瓷、碳纤维复合材料等）的钻孔、套料、端铣、内外圆磨削及螺纹加工等。

【超声医学】（ultrasonic medicine） 医学的一个分支。研究超声技术在医学方面应用的学科。人耳能听到的声音频率在 20～20 000Hz之间。频率在 20 000Hz 以上的声音为超声。超声医学主要研究内容包括超声诊断、超声理疗和超声外科三部分。超声诊断是利用回声原理,经过放大器放大,在荧光屏上显像而进行诊断。现已使用的有A超、B超及彩超等。具有无损伤的特点。对软组织有较好的鉴别能力,能探测许多脏器或肿块的大小、形状、厚度、深度和区别液体、囊性、实质性、含气性等物理特性。

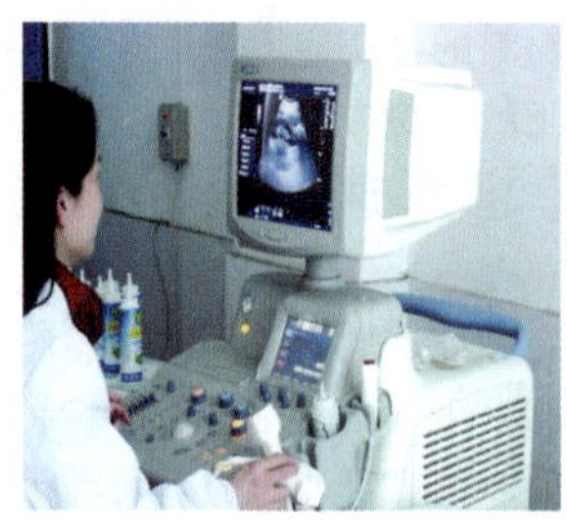
彩超

【超视距雷达】(over horizon radar) 用于对战略轰炸机、巡航导弹、水面舰艇以及从地面发射的洲际导弹早期预警的一种雷达。工作在短波波段。主要用于探测地平线以下区域内的目标。按电磁波传播方式的不同可分为:天波超视距雷达和地波超视距雷达。由于其工作频率很低(2~30MHz),为了获得良好的分辨力和测角精度,超视距雷达采用大型天线阵,发射天线和接收天线阵列各长达数百米至数千米,在方位上电扫描,监视60°的扇形空间。通常采用调频连续波体制或脉冲多普勒体制。超视距雷达探测距离远,预警时间长,是低空防御的一种有效手段。但其设备庞大复杂,测量精度低,分辨力差,易受太阳耀斑、极光和流星余迹的影响,电波通道也不稳定。国外已有超视距雷达部署使用。

超视距雷达

【超数排卵技术】(superovulation technology) 应用外源性促性腺激素诱发卵巢多个卵泡发育,并排出具有受精能力的卵子的方法。该技术是在进行胚胎移植时,对供体母畜必须进行的工作。其目的是为了得到多数量的胚胎。诱使单胎家畜产双胎也是超数排卵的目的之一。

【超速传动】(overdrive) 变速箱的输出轴转速超过引擎转速,使燃料消耗量、噪声、震动均随之减少的传动系统。一般称为O/D档,即第五档。有的自动变速箱加装此装置。

【超塑性等温模锻】(superplastic isothermal forging) 将具有超塑性的金属毛坯与模具一起加热并保持在材料的超塑性温度范围内,以蠕变方式使之模锻成型的工艺。钛合金和高温合金等用于超塑性等温模锻的毛坯应具有超细晶粒。这种毛坯可以用合金的超细粉末经等热静压方法制成。超塑性等温模锻因变形抗力小,设备的功率仅为普通模锻的1/5~1/10,锻件尺寸精确,组织均匀,适用于制造发动机涡轮盘和压气机盘等零件。

【超塑性锻造】(superplastic forging) 使金属处于超塑性条件下进行塑性变形的锻造技术。超塑性是指某些金属材料在特定的组织结构和工艺条件(温度和应变速率)下,具有极高拉伸、延伸率的能力。超塑性状态,一般以拉伸、延伸率超过200%或超塑性敏感性指数 $m \geqslant 0.3$ 来定义。含22%铝的锌铝共析合金,在常温下延伸率可达到2 000%,可实现常温态超塑性锻造。超塑性锻造是一种等温模锻,金属坯料和锻模均加热和保持在使金属具有超塑性的温度。直径为0.5~5μm的细微晶粒易显示出超塑性。在超塑性锻造时,金属的流动性好,不仅可获得复杂形状锻件,并且它所需要的锻造压力可比普通锻造降低约一个数量级。超塑性锻造已广泛用于制造钛合金和高温合金航空零件等。

【超塑性合金】(superplastic alloy) 在一定温度和变形速率下伸长率可达百分之几百甚至百分之几千的合金。这时所需要的流动应力却降低为通常变形的几分之一到几十分之一,且不出现颈缩和加工硬化现象。由于此类合金易于加工成型,只要很小的压力就能获得形状非常复杂的制品。这种超塑性的合金有铝合金、铜合金、钛合金、镍合金和合金钢等。在合金零部件的加工中用途广泛。

超塑性合金

【超塑性铝合金】(superplastic aluminium alloy) 塑性值超过100%的铝合金。包括铝铜系合金、铝镁系合金、铝锂系合金、铝锌镁系合金以及纯铝。合金具有特定的组织,并在一定变性条件下塑性异常高(塑性值>100%)。可以用气体吹塑法制成各种形状复杂的壳体,在航空工业、建筑业、车辆、电气工业仪表、计算机和装饰业中广泛应用。

【超甜玉米】(supersweet maize) 嫩子粒的甜度远大于普通甜玉米的一种玉米。甜玉米的一种。具有shzshzsusu基因型。由于存在sh2基因,阻抑了蔗糖转化为糊精而使蔗糖积累于子实中。刚采收时的子实蔗糖含量为普通甜玉米的2倍。在48 h后,普通甜玉米的蔗糖量减少2/3,而超甜玉米的蔗糖量仅下降1/15。此时其蔗糖含量相当于普通甜玉米的4倍。采收嫩子粒或果穗,以受精20天后为宜。制作玉米笋罐头,于出苗后50～60天为宜,幼嫩雌穗长至10～15 cm而尚未开花受精时采收最好。

超甜玉米

【超微化石】(nannofossil) 需要在电子显微镜下进行研究的微小化石的统称。大部分是钙质的,也有硅质及有机质的。包括的生物种类很多,主要是超微浮游生物。其大小有两种主张:一是限于10μm以下,一是限于25μm以下。超微化石在前寒武纪地层中即有发现,如细菌和蓝藻等。后期地层中也均有发现,甚至在砂岩、砾岩中也有保存。超微化石对研究前寒武纪地层及不含大化石的地层很有价值,并可用于古环境的推断。

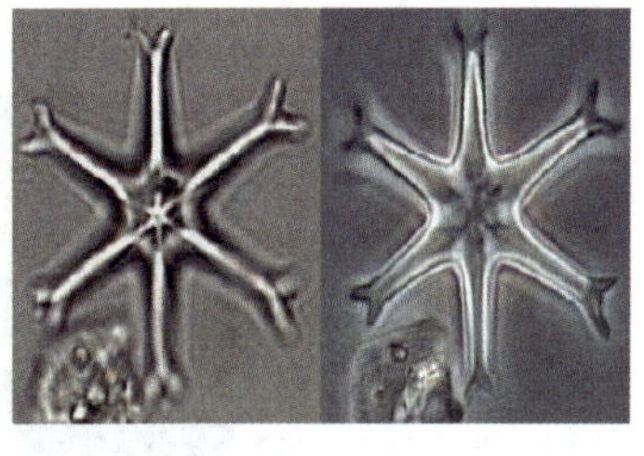

超微化石

【超微粒子直接分散法】(ultracorpuscule direct decentralization method) 利用共混技术将经过表面处理的纳米级粒子均匀分散,防止团聚的方法。包括乳溶共混法、溶液共混法、机械共混法、熔融共混法等。有实际意义的为熔融共混法,其他方法难于达到理想的分散效果。将塑料与纳米级粒子在塑料熔点以上熔融混合的难点和关键是要防止纳米级粒子团聚,故一般要对纳米级粒子进行表面处理。表面处理剂有相溶剂、分散剂、耦联剂等。实际上常同时用两种以上表面处理剂。在制作中,还要优化熔融共混装置结构参数,以达到最佳分散效果。该分散法工艺简单,纳米级粒子与复合材料制备分步进行,易于控制纳米级粒子的形态和尺寸。

【超文本传输协议】(hyper text transfer protocol,HTTP) 用于在互联网上发布与接收超文本信息的协议。属于TCP/IP协议簇中应用层的协议,目前版本号为1.1。采用"客户机/服务器"方式。用户本地计算机运行的支持超文本传输协议的客户端程序,称为HTTP客户端,如常用的IE浏览器。支持超文本协议的服务器就是HTTP服务器。超文本传输协议采用"请求/应答"方式。本地计算机上的HTTP客户端,向HTTP服务器提出请求。远程HTTP服务器响应并处理相应的请求,从而实现HTTP客户端与HTTP服务器之间的超文本信息的发布与接收。超文本传输协议定义了八种方法来指示确认的资源执行所需的行为:(1)HEAD方法,获取某个资源的头部信息。(2)GET方法,获取某个资源的信息。(3)POST方法,向确定的资源提交需要处理的数据。(4)PUT方法,上传特定资源。(5)DELET方法,删除特定资源。(6)TRACE方法,返回接收的请求。(7)OPTIONS方法,返回服务器所支持的HTTP方法。(8)CONNECT方法,将请求的通道转换成透明的TCP/IP通道。为了提高HTTP协议的安全性,可以在HTTP下加入安全套接字层。建立安全的HTTP传输通道,称为超文本传输协议安全版,即HTTPS协议。HTTP协议与HTTPS协议主要的区别有:(1)HTTPS协议需要到认证中心申请证书,一般免费证书很少,需要交费。(2)HTTP协议的信息是明文传输,HTTPS则是通过具有安全性的安全套接字层加密传输协议。(3)HTTP协议和HTTPS协议使用的是完全不同的连接方式,HTTP协议默认端口为80,HTTPS协议默认端口为443。(4)HTTP协议的连接很简单,无状态的,而HTTPS协议是可进行加密传输、身份认证的网络协议。

【超文本和超媒体】(hypertext and hypermedia) 通过超级链接组织和管理信息的一种技术。超文本的对象主要是文字。它不同于传统上的线性方式组织的文本,而是以非线性的方式链接组织文本中的内容,对信息的检索和利用更接近于人们的思维方式和工作方式。超媒体技术除了对文字表述的信息进行链接和组织之外,还包括对图形、图像、声音、动画和影视作品信息的链接和组织。它把各种媒体表达的信息集合为视频节点,通过节点间的有向链接把各种信息内容组织在一个非线性的网状结构中。该技术在与多媒体有关的软件系统研发中广泛应用。

【超稳试车】(overtemperature test) 完成超转试车后的超稳态试车。为考核发动机转子结构的完整性,在试车时用同一台发动机在一定温度值上,在超过最高允许稳态气体,并在不低于最高允许稳态转速下继续进行一定时间的试车。

【超细晶高强螺栓钢】(superfine grain and high strength bolt steel) 高强度螺栓用超细晶合金钢。合金成分为42CrMoVNb。具有高洁净度(S、P分别<0.010%)和超细晶(奥氏体晶粒直径约

6μm)。在1 300MPa的强度下,具有比42CrMo钢更高的耐延迟断裂性能。通过循环淬火热处理后,钢的晶粒尺寸降到2.07mm,强度可达1 500MPa,并具有良好的韧性。

【超细纤维】(superfine fiber) 单丝细度小于0.44dtex(0.4旦,相当于1g重量的纤维长度达22.5km长)的化学纤维。直径在5μm以下。超细纤维以热塑性高聚物(聚酯、聚酰胺、聚丙烯等)为原料,采用复合纺丝法(海岛型和剥离型)和熔(溶)喷法制得,最细可制得0.000 1旦的纤维。直径小使纤维的比表面积明显增大,因而使其具有许多独特性能,如手感柔软而细腻,韧性和悬垂性能好,光泽柔和,吸附能力强,具有高清洁能力,高吸水性,吸油性和保暖性强。通常用作仿真丝织物、仿桃皮绒织物、人造麂皮、高吸水材料、吸湿透气织物、洁净布和无尘服装、保温材料、过滤材料、人造血管、人造皮肤和渗透膜等。

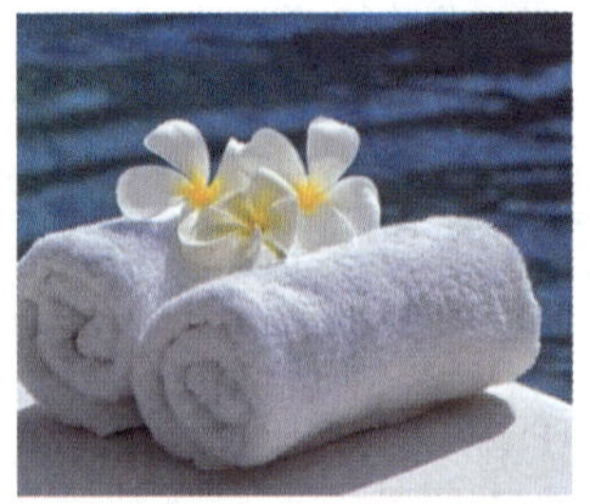

超细纤维制品

【超细纤维止血敷料】(styptic swatches of superfine fiber) 由吸收能力强、无毒、与伤口亲和良好并有利于伤口愈合的专用超细功能纤维制成的布料。其表面积大,吸附能力强,比较柔软,毛细管效应强,便于血浆蛋白和血小板的吸附、凝聚,起到凝血和止血作用。

【超限高层】(beyond the height limited) 超过规范要求限制的高层建筑。在项目的初步设计阶段,应按中国国家建设部要求,申请全国超限高层审查委员会组织专家从技术角度进行多方论证,力求在抗震、消防等方面保证建筑物的质量安全。10层以上的建筑被称为高层建筑。其中包括超限高层建筑。超限高层的高度和层数并没有统一的“定数”。对混凝土框架剪力墙结构的高层建筑,超过120m为超限高层;混合剪力墙结构为100m以上;有错层的为80m以上;网架结构的为55m以上;而网架无盖结构为28m以上。建筑无论多高,超限高层都对工程技术质量提出了更高的挑战。中国建设部早在2002年就发布了111号令《超限高层建筑工程抗震设防管理规定》,不仅明确了在各省、自治区、直辖市对此类工程,应由相应省级建设行政主管部门负责管理,而且规定若在抗震设防区内要进行超限高层建筑工程建设时,建设单位应在初步设计阶段向当地省级建设行政主管部门提出专项报告。

【超限运输车辆】(vehicles over load) 超过公路、公路桥梁、公路隧道或者汽车渡船的限载、限高、限宽、限长标准的车辆。按照中华人民共和国交通部2000年第2号通令的规定,在公路上行驶的、有下列情形之一的运输车辆称为超限运输车辆:(1)车货总长18m以上。(2)车货总宽度2.5m以上。(3)车货总高度从地面算起4m以上(集装箱车货总高度从地面算起4.2m以上)。(4)单车、半挂列车、全挂列车车货总质量40 000kg以上;集装箱半挂列车车货总质量46 000kg以上。

超限运输车辆

【超新星】(supernova) 一种爆发时光度突然增加到原来的1 000万倍以上的爆发性变星。能放出比新星爆发多几个数量级的能量。在爆发中,其全部或大部分物质被抛散。已观测到大约有1 400颗超新星。它们绝大部分在银河系外的星系中。

超新星

【超雄鱼】(supermale fish) 性染色体为YY型的雄鱼。大多数鱼类的性染色体为XX(♀)和XY(♂)型。日本学者于1955年用雌酮处理金鱼和青鳉获得性转化的雌鱼(基因型仍是XY),然后与XY型雄鱼交配,首次获得YY型超雄鱼。中国学者于1980年应用性反转与杂交相结合的方法,得到莫桑比克罗非鱼超雄鱼。超雄鱼性成熟后再与同种或异种罗非鱼交配,可得到大批量纯种或杂交种全雄鱼,从而达到罗非鱼性别控制的目的。超雄鱼的存在,表明雌激素能使XY合子实现性转化,并且证实上述鱼类的雄性配子为XY型,雌性配子为XX型。加强超雄鱼的研究,对人工培育新鱼种、渔业规模生产养殖超雄鱼、保护种质资源具有巨大的作用。

【超氧化物歧化酶】(superoxide dismutase, SOD) 生物体内能催化超氧阴离子歧化反应的金属酶。按其结合金属离子种类的不同可分为:(1)含铜与锌超氧化物歧化酶;(2)含锰超氧化物歧化酶;(3)含铁超氧化物歧化酶。其功能有:(1)超氧阴离子自由基专一清除剂,在维持生物体内阴离子自由基产生与消除的动态平衡中起着重要作用；(2)可以抵抗大脑或心脏由于缺血后再灌注造成的损伤；(3)具有抗衰老和消炎效果。在防御过氧化物游离基的毒性、抑制老年疾病等方面起着重要作用。

【超硬材料】(superhard material) 硬度远远超过其他材料的一类材料。通常是指金刚石和立方氮化硼(CBN)。金刚石是目前已知的世界上最硬的物质(维氏硬度约10 000N/mm^2)。立方氮化硼为人造材料，硬度(维氏硬度约8 000N/mm^2)仅次于金刚石。而其他材料的硬度则低得多(硬质材料为800～3 000N/mm^2，普通材料在800N/mm^{2}以下)。金刚石有单晶、聚晶和薄膜。金刚石单晶有天然和人造之分，又有Ⅰ型和Ⅱ型之分。Ⅰ型占绝大多数，杂质较多，是绝缘体；Ⅱ型很少，很纯净，其中的Ⅱa型具有半导体性能。人造金刚石单晶是在高压高温和触媒作用下由石墨转变而成的。金刚石聚晶通常由金刚石单晶微粉经高压高温聚结而成。人造金刚石用于制造现代加工业所需的新型工具(如磨具、刀具、锯切工具、钻进工具等)。主要加工硬而脆的难以加工材料，如硬质合金、半导体、磁性材料、光学玻璃、陶瓷、玉器、石材等。金刚石薄膜可用作具有特殊声、光、电、热性能的功能元件(如激光窗口、冷阴极、半导体、热沉电阻，航天防辐射材料等)。立方氮化硼以六方氮化硼为原料，也采用高压高温技术，在触媒作用下制成。其产品有单晶和聚晶两类。可用作数控机床自动加工线上配套的新型磨具和刀具材料。立方氮化硼对过渡金属无化学作用，比金刚石更适合加工各种硬而韧的合金钢。此外，新近发现的富勒烯，硬度极高，与金刚石相当。富勒烯具有C_{60}笼形结构。在超导、催化、生物等领域应用前景十分广阔。

【超硬刀具】(ultrahard cutting tool) 用超硬的材料制造的刀具。所用的材料主要有：(1)金刚石类。包括天然和人工合成的单晶金刚石、聚晶金刚石及其复合片、化学气相沉积(CVD)金刚石三种。(2)立方氮化硼类。包括聚晶立方氮化硼和CVD立方氮化硼。其中以人造金刚石复合片刀具及立方氮化硼复合片刀具占主导地位。广泛应用于各个行业的机械加工，如汽车零部件的切削加工、强化木地板的加工等。以车代磨、以铣代磨、硬态加工、高速切削、干式切削等切削加工和先进制造技术的飞速发展，实现了有色金属及耐磨非金属材料的高精度、高效率、高稳定性和低的表面粗糙度加工。超硬刀具加工已成为切削加工中不可缺少的重要手段。

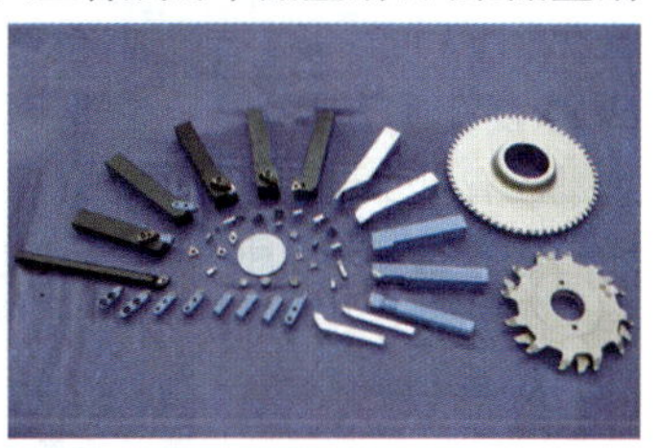
超硬刀具

【超硬膜技术】(ultrahard film technology) 以化学气相沉积方法在工件表面制备硬度大于40GPa的固体薄膜的技术。超硬膜具有优异的抗摩擦磨损性能、高的热导率、低的摩擦系数和热膨胀系数等特点。其类型主要有金刚石薄膜、类金刚石薄膜和立方氮化硼薄膜等。利用超硬膜技术，可以大大提高材料的表面硬度、耐磨性、耐热性等性能，从而使刀具、模具、硬盘、光盘、有机光学镜片及其他一些制品具有特殊功能、高的耐磨性和使用寿命。

【超硬磨料磨具】(superabrasive grinding tool) 由金刚石、立方氮化硼等超硬磨料制成的磨具。因超硬磨料本身具有极高的硬度，故可加工各种高硬度材料，特别是普通磨料所难以加工的材料。如用金刚石磨具可加工硬质合金、陶瓷、玛瑙、光学玻璃、半导体材料、石材、混凝土等非金属材料和有色金属材料等。用立方氮化硼磨具可加工工具钢、模具钢、不锈钢、耐热合金等，特别是加工高钒高速钢等黑色金属材料可获得满意的加工效果。超硬磨料磨具具有磨损低、使用周期长、磨削比高、其形状和尺寸在使用中变化缓慢、节约工时、提高被加工零件精度、降低表面粗糙度和动力消耗低于切削加工等特点。

超硬磨料磨具

【超硬磨料磨削技术】(superabrasive grinding technology) 用超硬磨料制成磨具进行磨削的加工技术。主要用于高硬度的材料进行精加工磨削。磨具由基体、过渡层和工作层构成。工作层中含有超硬磨料。在选择磨具时，须考虑磨料的材质、粒度，以及结合剂、硬度、浓度等诸多因素。所谓浓度是指工作层单位体积中超硬磨料的含量，是磨具的重要特性之一。磨具修整用对滚、电火花、电化学腐蚀和研磨等方法。每个磨具应配专用法兰盘并进行校正，严格控制径向跳动在允差范围内；高档、高速磨具要进行静、动平衡实验；树脂结合剂磨具存放不能超过一年，否则树脂会老化；搬运和存放时不能碰撞。

【超越育种】(transgression breeding) 又

称超亲育种。杂交育种中利用的一种遗传组合方式。通过杂交,杂种后代中出现某些性状超越亲本的个体,再通过选择、鉴定,培育成优于亲本的新品种。它所利用的是基因的加性效应,所解决的主要是数量、品质或生理性状问题。通常采取复合杂交方式实现育种目标。

【超窄带通信】(ultra-narrow band, UNB) 提供一种高频带利用率的信息调制和解调方法,通过对调制效率的提高,能在更窄的带宽内传输数据流,以节省或合理利用频率资源的一种通信技术。特别适合应用于通信频带受限的场合。现有二进制频率调制通信技术要求两个频率不能靠得太近,否则这两个频率调制信号的频谱就会重叠,而频谱重叠信号是不能够分离的,因此进一步的带宽压缩也就不可能了。UNB 技术正是为了解决这个矛盾问题而提出的,即希望在单位频带内传输更高的码率。这是一个有着巨大发展前景的研究方向,很有可能会对整个通信体系作出变革性的巨大贡献。

【巢式病例对照研究】(nest case-control study) 又称套叠式病例对照研究。病例对照研究与队列研究相结合的一种研究方法。研究开始时,首先选择一研究队列,如可选择某社区人群、某职业人群等为研究队列,收集暴露和疾病的有关资料,随访观察研究疾病的病例出现,并达到所设计的样本,将这些病例作为病例组,并在此队列中用随机的方法选择未患该病者作为对照组,进行病例对照研究,探讨暴露与疾病的关系。

【潮波变形】(deformation of tidal wave) 潮波在河口传播过程中,因受两岸地形的约束和反射、河底的摩阻作用以及径流的影响而产生变形的一种水流现象。主要表现在潮差变化,潮波波形变化,流速和潮位相位差变化。当潮波传播到浅水区或河口区时,一方面因过水断面收缩造成能量集中和局部反射,使潮差加大;另一方面因受摩擦阻力影响和径流顶托,能量逐渐耗损而使潮差减小。在断面急骤缩小的河口或海湾的近海侧,潮波能量的集聚多于耗损,潮差具有从口门向里递增趋势,再向河口上游,能量损耗逐渐大于集聚,潮差沿程减小。在断面逐渐收缩的河口,潮差增加不甚显著。出现最大潮差的部位在口门附近或口外海滨,进口门后潮差逐渐减小。当潮波进入河口后,由于波峰水深大,传播快,波谷水深小,传播慢,使潮波在上溯过程中发生变形,前坡变陡,后坡趋缓。反映在潮时上,涨潮历时缩短,落潮历时延长。当潮波自口外向口内传播时,水位和流速过程线的相位发生变化:第一阶段是潮波开始变形,但涨落潮历时仍较接近;第二阶段是潮波既衰减,又继续变形;第三阶段有二种情况,一种是有一定径流下泄,河道阻力较大,潮波能量以衰减为主;另一种是径流很小,或受堤坝等建筑物阻挡,潮波受反射作用。

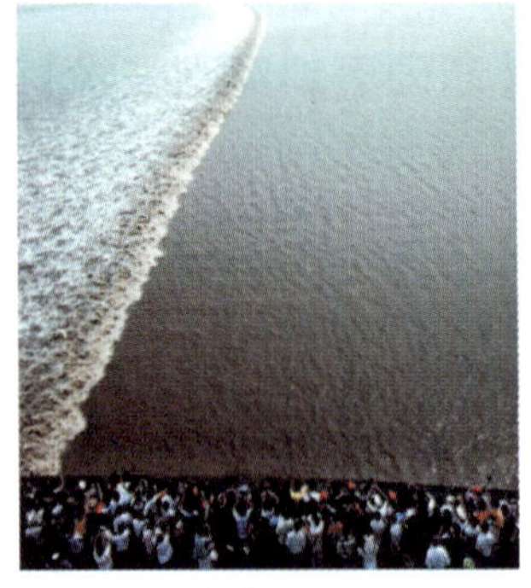

潮波变形

【潮间带生物】(intertidal zone organism) 息于有潮区最高高潮线至最低低潮线之间海岸带生物的总称。该地带在涨潮时淹没在海水中,退潮时又裸露在空气中。潮间带受海陆双重影响,泥砂质海滩泥沙活动频繁,侵蚀、淤积变化复杂,沉积物自低潮水边线向岸由粗渐细。潮间带生物具分带性和活动节律性。根据潮间带生物生存和分布生活环境及其基质性质,岩礁海岸为潮间带生物最繁茂区域,有蓝藻、马尾藻、海带等海藻,还有滨螺、藤壶、贻贝、蟹等。砂质海岸附(固)着生物及藻类少,底内动物能很好生存,主要有虾、蟹、蛤类等。泥质海岸泥内富含有机质,为食底泥生物提供了饵料,主要栖息有软体动物、多毛类等。河口区潮间带生物具广盐性、广温性及耐低氧性,以碎屑食性为主。

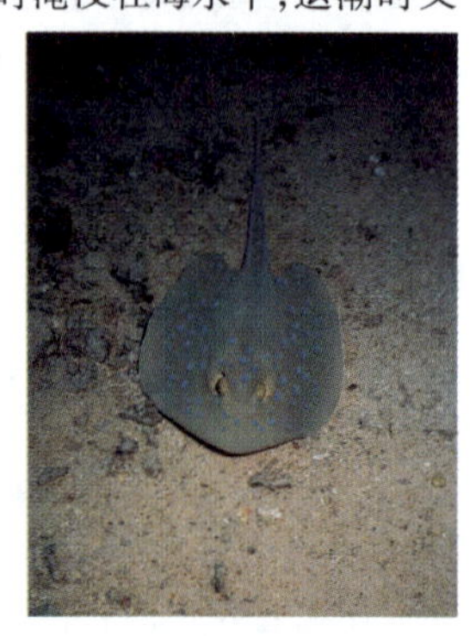

海螺

【潮流】(tidal current) 在日、月等天体引潮力作用下产生的海水周期性的水平运动。与潮汐(海水的周期性升降运动)有相同的周期。是海水在日、月等天体引潮力作用下的两种表现形式。潮流按周期分半日周潮流、全日周潮流和混合潮流(不正规半日潮流和不正规全日潮流)。按运动形式的不同可分为旋转流和往复流。潮流流向和流速在 12h25min 或 24h50min(即半日周潮流或全日周潮流)周期内不断变化。大洋和外海潮流大多有旋转流的特点。在海

潮流

峡、海湾和河口,受两岸地形限制,潮流流向主要在两个相反的方向上往复运动,即为往复流。

【潮流计算】(load flow calculation) 按给定的电力系统接线方式、参数和运行条件,确定电力系统各部分稳态运行状态参量的计算。通常给定的运行条件,有系统中各电源和负荷节点的功率、枢纽点电压、平衡节点的电压和相位角。待求的运行状态参量,包括各节点的电压及其相位角以及流经各元件的功率、网络的功率损耗等。潮流计算是研究电力系统稳定运行状态的一种最主要的基本计算。对规划中的电力系统,通过潮流计算可以检验所提出的电力规划方案能否满足各种运行方式的要求;对运行中的电力系统,通过潮流计算可以分析机组发电出力和复合的变化以及网络结构的改变对系统电压质量和安全经济运行的影响。例如系统中所有母线的电压是否在允许范围以内,系统中各种元件是否会出现过负荷,以及可能出现过负荷时应事先采取哪些预防措施等。此外,潮流计算的结果为电力系统稳定计算提供初始运行方式。电力系统经济运行和调度自动化的实现,也需要潮流计算来支持。

【潮热】(tidal fever) 按时发热或按时热更甚、发热如潮汐有定时的现象。下午5时开始发热者称为日晡潮热;下午1时后开始发热者称为午后潮热;夜里九点后开始发热者称为夜间潮热。

【潮式呼吸】(tidal breathing) 又称陈-施氏呼吸。呼吸运动呈潮水涨落般状态的一种呼吸方式。呼吸由浅慢,以后逐渐加快加深,达高潮后,又逐渐变浅变慢,而后呼吸暂停数秒(约5~20s)后,再次出现上述状态的呼吸,如此周而复始。其发生机理是:当呼吸中枢兴奋性减弱时,呼吸减弱变慢,造成缺氧及血中二氧化碳潴留,通过颈动脉体和主动脉弓的化学感受器反射性地刺激呼吸中枢,引起呼吸由弱到强。随着呼吸的进行,二氧化碳排出,使二氧化碳分压降低,呼吸再次减弱至停止,从而形成周期性呼吸。多见于中枢神经系统疾病,如脑炎、脑膜炎、颅内压增高及巴比妥类药物中毒等患者。

【潮土】(fluvo-aguic soil) 河流沉积物受地下水影响、经旱耕熟化而形成的土壤。土层深厚,成土物质颗粒分选明显。耕作层上部沉积层理消失,结构改善,养分丰富;耕作层之下常有砂、黏土间隔层,中下部有锈斑、锈纹。潮土呈中性至碱性反应,可分为黄潮土与灰潮土。前者强石灰性,矿化度较高,主要分布在黄淮海平原及汾河、渭河谷地;后者石灰性弱,矿化度低,主要分布在长江中下游部分地区。

潮土断裂面

【潮汐动力发电】(tidal energy generation) 一种利用潮汐能发电的方式。潮汐发电的原理是选择潮差大、地形条件好的海湾(或河口)构筑大坝,将海湾(或河口)与海洋隔开,构成水库,利用潮汐涨落使水库与海面形成落差即水头,使潮水流过安装在坝体内的水轮机,带动发电机发电。按利用潮水的形式的不同可分为:(1)单库单向型。构筑一座大坝,形成一个水库,涨潮时打开闸门向水库充水,平潮时将闸门关闭,等潮水退下去,水库内外有了一定水位差时,开启闸门,启动水轮机发电。这种方式发电间歇时间长,但水工建筑和水轮发电机组的结构简单,投资少,属单向发电。小型潮汐电站都采用这种方式。(2)单库双向型。其特点是在涨潮和退潮时都发电。实现单库双向发电的方法有两种。第一种是采用普通的单向旋转的水轮发电机组,设两条引水管道,两个闸门。涨潮时,海水从一条管道进入转轮室,退潮时,海水从另一条水道进入转轮室,使水轮机向同一方向旋转。这种方式水工建筑比较复杂。第二种是采用双向水轮发电机组,正反转都能正常运行发电,适应潮汐涨落时水流方向的变化。双向发电时间虽比单向发电长30%~40%,但相应投资较大。

潮汐动力发电站

【潮汐河口治理】(tide estuary improvement) 为综合开发河口资源、兴利除害而采取的工程措施。河口地区经济发达,人口稠密,进行河口治理应兼顾各行各业利益,并考虑生态平衡。潮汐河口治理措施主要包括:(1)河口航道整治。河口航道是沟通河运和海运的纽带,又是泥沙极易落淤的场所,为增加和维护航道水深,一般采用疏浚与整治相结合的办法,即以疏浚迅速增加航深,以整治巩固和稳定疏浚效果。(2)河口围垦。河口地区是海相泥沙与河相泥沙交会处。由于河床断面展宽,潮水顶托促使泥沙落淤,形成滩涂并不断向外海延伸,可围海造地,发展工农业和渔业生产。对有通航要求的河口,围垦应与航道整治相结合。(3)河口建闸。用于挡潮拒卤、泄洪排涝、蓄淡灌溉,保证工农业生产和生活用水质量。

【潮汐能】(tidal energy) 因海水涨落及潮水

流动所产生的能量。由月球和太阳的引潮力周期性的变化引起。是指海水潮涨和潮落形成的水的势能。海洋的潮汐中蕴藏着巨大的能量。在涨潮的过程中，汹涌而来的海水具有很大的动能，而随着海水水位的升高，就把海水的巨大动能转化为势能；在落潮的过程中，海水奔腾而去，水位逐渐降低，势能又转化为动能。潮汐能的能量与潮量和潮差正相关。与水力发电相比，潮汐能的能量密度低，相当于微水头发电的水平。世界上潮差的较大值为13～15m。但一般来讲，平均潮差在3m以上就有应用价值。潮汐能是因地而异的，不同的地区常常有不同的潮汐系统。

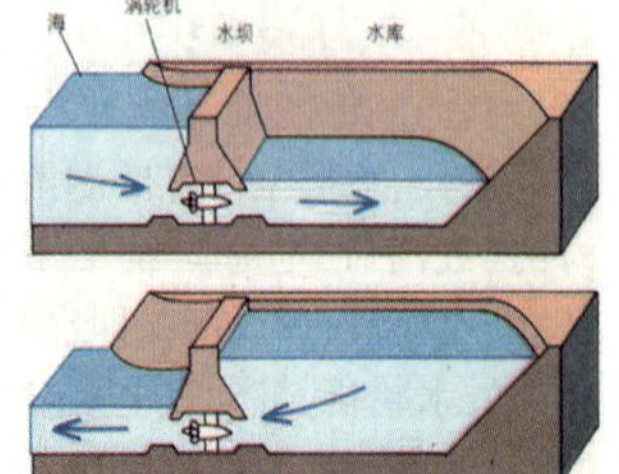

潮汐能

【潮汐能资源】（tidal energy resource） 在现有技术条件下可以利用或者理论上可以利用的潮汐能的总和。据海洋学家计算，世界上潮汐能发电的资源量在 1×10^9kW 以上。潮汐能普查计算的方法是，首先选定适于建潮汐电站的站址，再计算这些地点可开发的发电装机容量，叠加起来即为估算的资源量。中国潮汐能的理论蕴藏量达到 1.1×10^8kW 以上。在中国沿海，特别是东南沿海有很多地区潮汐能量密度较高，平均潮差4～5m，最大潮差7～8m。其中浙江、福建两省蕴藏量最大，约占中国的80.9%。

【潮汐现象】（tide phenomenon） 海水在天体（主要是月球和太阳）引潮力作用下产生的周期性运动。通常把海水垂向涨落称为“潮汐”，水平方向的流动称为“潮流”。海水完成一次涨落所需的时间称为“潮汐周期”，平均时间约12h25min。通常一昼夜有两次涨落，平均每次12h25min。发生在白天称“潮”，发生在夜里的称“汐”。潮汐的变化与月球的位置及运行规律关系密切。地球椭球体的长轴向着月亮时，其两端较原来的球面凸起，相当于海面上升，即发生高潮。相反，则发生低潮。

【车床】（lathe） 为车削加工提供成型运动、辅助运动和切削动力，保证加工过程中工件、夹具与刀具的相对正确位置的工艺装备。传统的机械传动式车床有许多类型。根据结构布局、用途和加工对象的不同，主要分为卧式车床、落地车床、立式车床和转塔车床。除上述较常见的几类车床外，还有机械式自动与半自动车床、液压仿形车床及多刀/多轴半自动车床、数控车床和数控车削加工中心等。车床尽管类型很多，结构布局各不相同，但其基本组成大致相同，包括电动机、基础件（如床身、立柱、横梁等）、主轴箱、刀架（如方刀架、转塔刀架、回转刀架等）、进给箱、尾座、溜板箱等部分。

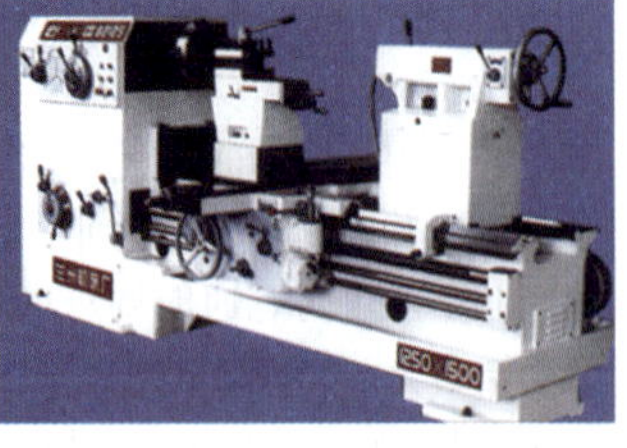
车床

【车刀】（turning tool） 在车床上完成切削加工所用的刀具。直接参与从工件上切除加工余量的车削加工过程。在金属切削加工中使用最广泛。其性能取决于刀具的材料、结构和几何参数。车刀有许多种类，按其用途的不同可分为外圆车刀、内孔车刀、成形车刀、端面车刀、切断刀、螺纹车刀等；按其材料的不同可分为：高速钢车刀、硬质合金车刀、陶瓷车刀、金刚石车刀、立方氮化硼车刀等；按其结构的不同可分为整体式、焊接式、机夹式和可转位式车刀等。

车刀

【车辆主动安全技术】（vehicle active safety technology） 在车辆上安装规避系统使其能够自己“思考”，主动采取措施，避免事故发生的技术。包括装在车身各部位并由计算机控制的防撞雷达、多普勒雷达、红外线雷达等传感器、盲点探测器等设施。采用了车辆主动安全技术，在超车、倒车、换道、大雾、雨天等易发生危险的情况下，车辆随时以声、光形式向驾驶者提供车体周围的重要信息，并自动采取措施，及时防止事故发生。另外在计算机内还可存储大量有关的信息，对驾驶者和车辆进行监测控制。

【车台】（car sill） 一种具备接收和发射功能，用来与其他人联络的通信工具。其功能与特点是：（1）不依赖现有电信网络，彼此通信联络不需要费用。（2）使用地点不受限制。（3）功率较大，在空间无阻隔的地方，相距几十千米依然可以联络。（4）使用简单方便。安装车台必须严格遵守国家的相关法规，未经批准使用是违法行为。使用车台的人员要先考取“中华人民共和国业余无线电台操作证书”，申请加入中国无线电运动协会后才能使用电台。车台的购买需要验机审查，合格后取得设台许可才能使用。

【车削加工】(turning machining) 在由车床、车刀、夹具和工件共同构成的工艺系统中完成对工件的加工。在一般情况下,车削加工是以主轴带动工件做回转运动为主运动,以刀具的直线运动为进给运动。根据所用机床的精度不同,车削加工可以达到的加工精度级别也不相同。车削加工可以加工各种回转体内外表面,如内外圆柱面、圆锥面、内外螺纹、内外沟槽和成形回转表面等。还可以钻孔、铰孔、滚花、绕弹簧等。采用特殊的装置或技术后,在车床上还可车削非圆零件表面,如凸轮、端面螺纹等。借助于标准或专用夹具,还可完成非回转体零件上的回转表面的加工。在一般机械制造企业中,车床占机床总数的 20% ~35%。车削加工在机械加工方法中占有重要的地位。

【车削加工中心】(turning machining center) 有自动换刀装置,能实现多工序连续车削加工的机床。机床备有刀库,对一次装夹的工件,能按加工要求预先编制的程序,由控制系统发出数字信息指令,自动选择更换刀具,自动改变车削的切削用量和刀具相对工件的运动轨迹以及其他辅助机能,依次完成多工序的车削加工。它适用于工件形状较复杂、精度要求高、工件品种更换频繁的中小批量的生产。在一台加工中心上能实现原来多台数控车床才能实现的加工功能。

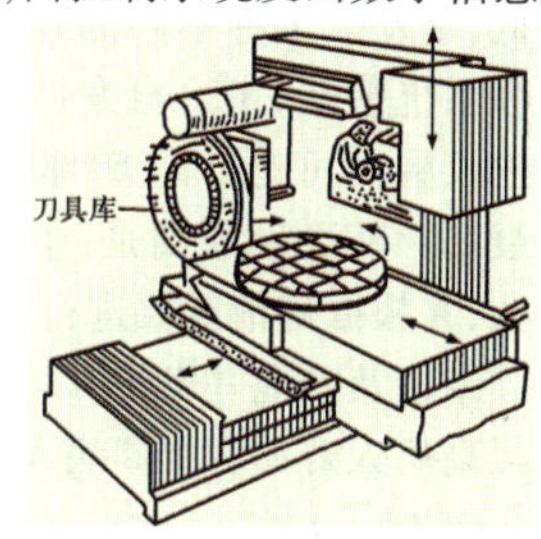

车削加工中心

【车削夹具】(turning jig) 在车削加工中用来定位并夹紧工件所使用的夹具。其基本组成包括夹具体、定位元件、夹紧装置、辅助装置几部分。前三者是各种夹具所共有的。在车床夹具中,夹具体一般为回转体形状,通过一定的结构与车床主轴定位连接。它根据定位和夹紧方案设计将定位元件和夹紧装置安装在夹具体上。辅助装置包括用于消除偏心力的平衡块和用于高效快速操作的气动、液动和电动操作机构。典型车削夹具包括三爪卡盘、四爪卡盘、花盘、花盘角铁式夹具、定心夹紧夹具、组合夹具、自动车削夹具等。

卡盘

【车削运动】(turning) 在车床上进行的主运动和进给运动。主运动是提供切削可能性的运动,是车刀切下切屑所需要的最基本的运动。其主要特点是:速度最高、消耗动力最多。车床只有一个主运动。进给运动是提供连续切削可能性的运动。进给运动有一个或几个。

【车用安全保护带】(car safety belt) 由高强涤纶长丝制成、可以保证汽车司乘人员人身安全的厚型带状织物。一般由斜纹与平纹复合织成,宽度 46mm,耐磨性好。其强力达到 24 ~30kN,伸长率为 14%。

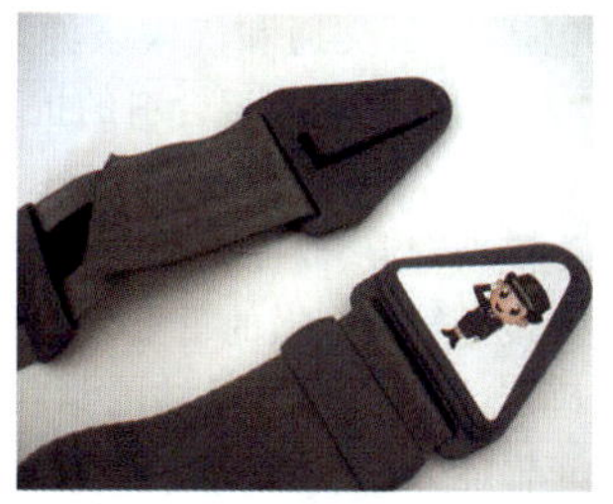
车用安全保护带

【车站改编能力】(sorting capacity at station) 在合理使用技术设备条件下,车站调车设备一昼夜能够解体和编组的货物列车数或车数。分别按驼峰解体能力和调车场尾部编组能力进行确定。驼峰解体能力是在既有技术设备、作业组织方法及调车机车台数条件下,一昼夜能解体的货物列车数或辆数。在纵列式编组站上,驼峰一般只进行解体作业。其解体能力可根据不同调车机台数和作业组织方法采用直接计算方法进行计算。调车场尾部编组能力主要受编组列车、摘挂列车和枢纽小运转列车编组作业的控制。提高调车场尾部编组能力一般由调车场尾部调车集中控制、设置带迂回线的简易驼峰、设置辅助调车场、调车场直接发车(编发线)、调车场尾部燕尾式布置和箭翎线布置等。

【车站通过能力】(carrying capacity of station) 在车站现有设备条件下,采用合理的技术作业手段,一昼夜能够接发各方向的货物或旅客列车数量。包括咽喉通过能力和到发线通过能力。前者是指车站某咽喉区各方向接、发车进路咽喉道岔组通过能力之和。咽喉道岔组通过能力是指在合理固定到发线使用方案及作业进路条件下,某方向接、发车进路上最繁忙的道岔组一昼夜能够接、发该方向的货物(旅客)列车数。后者是指到达场、直通场或到发场内办理列车到发作业的线路,采用合理的技术作业过程固定使用方案,一昼夜能够接、发各方向的货物(旅客)列车数和运行图规定的旅客(货物)列车数。

【车辙】(rut) 车辆长时间在路面上行驶后留下

的车轮永久压痕。路面车辙是路面周期性评价及路面养护中的一个重要指标。路面车辙深度的检测为决策者提供重要的信息,使其为路面的维修、养护及翻修等作出优化决策。路面车辙深度直接反映了车辆行驶的舒适度及路面的安全性和使用期限。其种类主要有:结构性车辙、流动性车辙、磨损性车辙和压实不足引起的车辙。车辙的产生受内因和外因的综合影响。内因包括沥青混合料和路面结构设计;外因包括施工、交通和气候条件。防治车辙的主要办法有:(1)提高沥青混合料的抗车辙能力是防治车辙最有效的途径,应从沥青、集料、矿粉、级配四方面入手,提高沥青混合料的抗车辙能力。(2)沥青混合料的厚度是影响车辙的重要因素。一般来说路面厚度的确定,既要保证有足够的承载能力,又要有较好的抗车辙能力。在低于临界厚度时,沥青面层越厚,车辙越严重,而当超过临界厚度时,车辙随厚度变化较小。(3)大量重型超载车辆在主车道路上行驶,速度慢且渠道化现象严重。由于其单轴荷载加大,甚至翻倍,从而使车辙更容易产生。(4)由于沥青混合料是弹塑性材料,沥青路面是黑色路面,吸收热量能力强,所以在气温较高时,路面在行车荷载反复作用下极易产生车辙。(5)在施工过程中要加强碾压,切忌片面追求平整度而放松压实。保证压实度,把空隙率控制在规范要求范围内,是避免压实度不足引起车辙的有效途径。

【砗磲】(giant clam) 又称车渠。软体动物门瓣鳃纲砗磲科动物的统称。共有2属9种。砗磲属8种。砗蚝属1种。其中库氏砗磲是中国国家一级保护动物贝壳大而厚,略呈三角形,壳面很粗糙,具有隆起的放射肋纹和肋间沟,有的肋上长有粗大的鳞片。壳顶弯曲。壳缘呈波形弯曲。表面灰白色。内面白色。外套膜大,颜色鲜艳。呈孔雀蓝、粉红、翠绿、棕红等色彩。砗磲常与大量虫黄藻共生。这种单胞藻可在砗磲体内循环,并可进行光合作用,供给砗磲丰富的营养。砗磲的外套膜边缘有一玻璃体的结构,能聚合光线,可使虫黄藻大量繁殖。此外,也食浮游生物。砗磲是双壳类中最大的种类。最大的其壳长可达1.8m,重量可达500kg。栖息于热带海域。中国台湾南部、海南岛及南海诸岛海域均产。砗磲肉可食。大贝壳可用作储水器或贝雕原料。同时具有极高的药用价值。为佛教七宝之一(砗磲、金、银、玛瑙、珊瑚、琉璃、琥珀)。和珊瑚、珍珠、琥珀并列为西方四大有机宝石。目前,有的国家已对鳞砗磲和无鳞砗磲进行人工养殖并获成功。

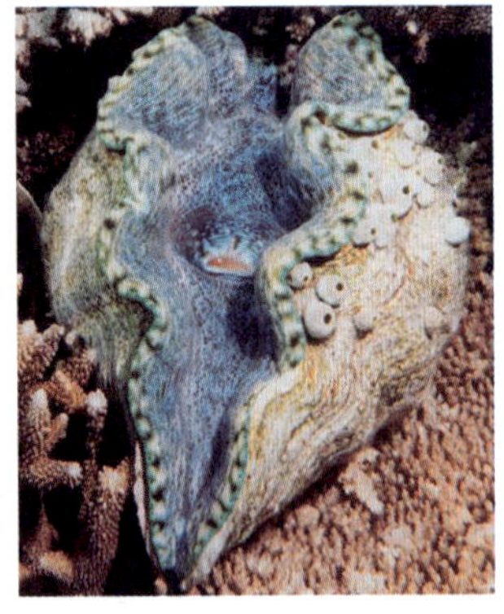
砗磲

【尘肺病】(pneumoconiosis) 在职业活动中长期吸入生产性粉尘,并在肺内潴留而引起的以肺组织弥漫性纤维化为主的全身性疾病。按其吸入粉尘种类的不同可分为无机尘肺和有机尘肺。前者是指在生产劳动中吸入无机粉尘所致的尘肺。尘肺大部分为无机尘肺。后者是指吸入有机粉尘所致的尘肺,如棉尘肺、农民肺等。中国法定十二种尘肺有:矽肺、煤工尘肺、电墨尘肺、碳墨尘肺、滑石尘肺、水泥尘肺、云母尘肺、陶工尘佛、铝尘肺、电焊工尘肺和铸工尘肺。尘肺病无特异的临床表现。其基本表现有:咳嗽、咳痰、胸痛、呼吸困难、咯血等。其临床表现多与合并症有关。尘肺病人由于长期接触生产性粉尘,使呼吸系统的防御机能受到损害,病人抵抗力明显降低,常发生多种不同的并发症。其并发症有:(1)呼吸系统感染。(2)自发性气胸。(3)肺结核。(4)肺癌及胸膜间皮瘤。(5)慢性肺源性心脏病。(6)呼吸衰竭。其治疗原则是:尘肺病人应及时调离粉尘作业,并根据病情需要进行综合治疗,积极预防和治疗肺结核及其他并发症,以期减轻症状、延缓病情进展、提高病人寿命和提高病人生活质量。

【辰砂】(cinnabar) 又称丹砂、朱砂。化学成分为硫化汞(HgS)的一种矿物。是提炼汞(水银)的最主要的矿物原料。三方晶系。晶体多呈细小的厚板状或菱面体。集合体呈粒状、致密块状,猩红色,有时表面呈铅灰色的锖色。有一个方向的完全解理。条痕红色。金刚光泽。摩氏硬度2~2.5。密度$8.09g/cm^3$。是低温热液成因的矿物,有时也可有外生成因的辰砂形成于氧化带的下部,系由含汞的黑黝铜矿矿物分解而成。辰砂的单晶可做激光调制晶体,还可作为染料、中药药材使用。中国是辰砂的主要出产国之一。著名的产地有贵州、湖南等,而以湖南的辰州(今湖南沅陵)所产的最佳,最有名。

辰砂

【沉淀】(precipitation) 发生化学反应时生成的不溶于溶剂的物质。多为难溶物(20℃时溶解度

<0.01g),从过饱和溶液中析出的溶质也可称为沉淀。按其形态的不同可分为:(1)晶形沉淀。(2)非晶形沉淀。前者内部排列较规则,结构紧密,颗粒较大,易于沉降和过滤;后者颗粒很小,没有明显的晶格,排列杂乱,结构疏松,体积庞大,易吸附杂质,难以洗净和过滤。沉淀类型和颗粒大小,既取决于物质的本性,又取决于沉淀的条件。通过控制沉淀的条件,可得到符合要求的沉淀。沉淀反应是化学中常用的分离方法,既可以将欲测组分从溶液中沉淀出来,也可以将其他共存的干扰组分沉淀除去。在经典的定性分析中,几乎一半以上的检出反应是沉淀反应。在定量分析中,它是重量法和沉淀滴定法的基础。

【沉淀池】(settling tank) 沉淀废水中的固体状物质的设施。用来降低废水在池内的流速、使废水中的固体状物质在其本身重力的作用下下沉,达到与水分离的目的。按池中水流方向的不同可分为平流式沉淀池、辐流式沉淀池、竖流式沉淀池和斜板(管)式沉淀池。

沉淀池

【沉淀反应】(precipitation reaction) 可溶性抗原与相应抗体在合适条件下结合而出现沉淀的现象。其所用抗原多是蛋白质、多糖、类脂等可溶性物质,体积小、数量多,与抗体结合的总面积远大于颗粒性抗原。为避免反应系统中因抗原过多而形成不出现沉淀的可溶性抗原抗体复合物,试验中常将抗原作不同程度的稀释,一般宜用属"R"型的兔或羊抗血清。由于抗原抗体结合后使反应系统的透光度发生了改变,据此建立了以测定光密度为特征的免疫浊度法,以此来测定抗原的含量。免疫浊度法有免疫透射浊度测定法,免疫散射浊度测定法和免疫胶乳测定法。其中免疫胶乳浊度测定法的精确度和灵敏度已超过放射免疫测定法,因其操作简便,易于实现自动化,所用仪器又可与临床实验室中常用仪器设备通用,试剂低廉,稳定性好,易于标准化生产,已在常规分析中占重要地位。

【沉淀强化】(precipitation strengthening) 又称沉淀硬化。溶质沉淀在合金或合金基体中,从而使其强度与硬度提高的方法。在回火或时效处理时,随着温度下降,会从过饱和固溶体中析出碳化物、氮化物、金属间化合物及其他亚稳定的中间相等。这些新相以超显微细粒均匀、弥散分布在基体中阻碍了位错的运动,从而使金属或合金产生强化。沉淀相的部位、形状对强度都有影响:沉淀相分布在整个基体上优好于在晶界上沉淀;球状优于片状。沉淀相的溶解度及凝聚性越低,在各种温度下越稳定,强化作用越好。形变热处理能使沉淀相更加弥散,也有利于强化。

【沉淀脱氧】(sedimentation deoxidizing) 将脱氧剂加入到金属熔体中,使之与整个熔体中的氧反应,并使脱氧产物排出的方法。铜、镍及其合金常用的脱氧剂有磷、硅、锰、铝、镁、钙、钛和锂等。这些元素可以是纯物质,更多的是以中间合金的形式加入。例如铜-磷、铜-硅、铜-镍等。磷是铜及铜合金使用的主要脱氧剂。磷加入后很快溶解,脱氧反应会在整个熔池中进行。反应式为:$5Cu_2O + 2P = P_2O_5 + 10Cu$ 。利用两种以上脱氧剂同时加入金属熔体中,或采用多元脱氧剂进行复合脱氧,可以增强脱氧能力。沉淀脱氧反应是在熔体内部进行的,速度快,脱氧彻底。脱氧剂的加入量取决于铜液中的含氧量。过多加入会使剩余部分残留在铜液中成为夹杂物,所以要控制脱氧剂的加入量。

【沉积构造】(sedimentary structure) 沉积岩各个组成部分之间的空间分布和排列方式。是在沉积物沉积时及沉积之后,由物理作用、化学作用及生物作用的同时作用下形成的构造形式。在沉积物形成过程中及沉积固结成岩之前形成的构造,叫原生构造,例如层理及层面构造;固结成岩之后形成的构造为次生构造,例如缝合线等。研究沉积岩的原生构造,可以确定沉积介质的营力及流动状态,从而有助于分析沉积环境,有的还可确定地层的顶底层序等。

沉积构造

【沉积环境】(sedimentary environments) 发生沉积作用的环境。自然地理景观的一种地貌单元。它在物理、化学及生物上均明显有别于相邻的地区。如河流、湖泊、沙漠、冰川、海洋等沉积环境。

【沉积基质】(matrix) 又称杂基。充填于较大碎屑之间的机械沉积物,如砂岩中的细粉砂及黏土物质。在砂岩中,基质的粒度上限为0.03mm左右。而在研究砾岩时,粒度的上限要提高很多,且无统一、严格的规定。常见的基质成分主要有绢云母、水云母、绿泥石、石英、长石以及隐晶结构的岩屑颗粒等。由于黏土矿物成因复杂,杂基有多种类型。按其成因的不同可分为:(1)原杂基。指从水介质中沉积下来的细粒碎屑物质。(2)正杂基。指重结晶的原杂基。(3)沉淀杂基。指成岩期从孔隙水中沉淀形成的黏土矿物。(4)假杂基。指在成岩压实作用的影响下泥质岩屑挤压形变而成的一种类似于杂基的填隙物质。上述四种杂基统称为似杂基。只有原杂基含量的多少,才能反映搬运介质的流体性质、流体强度及岩石的结构成熟度。

【沉积间断】(sedimental hiatus) 地质时期沉积过程中出现的沉积中断的现象。是地壳上升、海陆变迁的标志。短时间的沉积间断,不会在地层中留下记录,也很难在地层中找到发生侵蚀作用的痕迹。长期的沉积间断,代表了不同的地质时期,反映了不同的地质环境,常在地层中留下地层缺失、上下地层间接触关系不整合的记录。

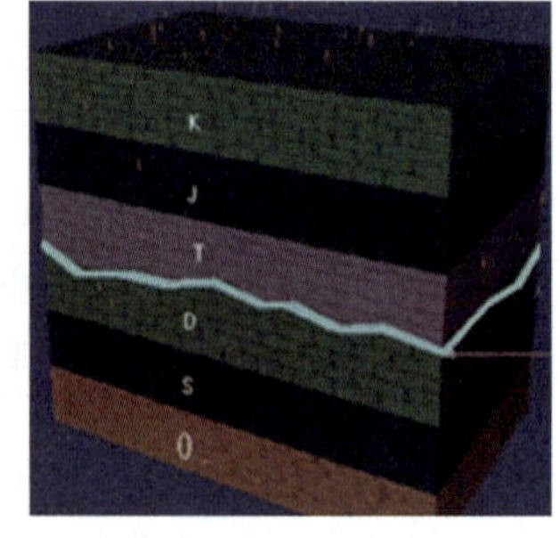

沉积间断

【沉积矿床】(sedimentary mineral deposit) 由各种沉积作用形成的矿床。按搬运和沉积方式与特征的不同可分为:机械沉积矿床(耐风化的岩石或矿物,主要是重矿物,以机械方式进行搬运、分选和富集形成的矿床,如砂矿床等)、蒸发沉积矿床(指溶于水的盐类物质经过长期蒸发作用形成的矿床)、化学沉积矿床(成矿物质在河、湖、海的盆地中通过化学作用沉积形成的矿床)、胶体化学沉积矿床(成矿物质以胶体溶液的形式在地表水盆地中凝聚和沉积而形成的矿床)、生物和生物化学沉积矿床(由生物活动及其影响形成的矿床)、喷流沉积矿床(与火山活动直接或间接有关的流体在活动过程中富集有用物质形成的矿床)或火山沉积矿床(含有成矿物质的火山喷气和热液经过运动在水盆地发生各种反应使有用物质沉积形成的矿床)等。按沉积环境和地点的不同可分为:河流沉积矿床、沼泽沉积矿床、湖泊沉积矿床、滨海沉积矿床、浅海沉积矿床和深海沉积矿床。其特点是:与其同时沉积的岩层整合,有一定的层位,与一定的沉积建造(一定构造背景条件下所形成的一套特定的岩相组合的沉积岩系)相联系。矿体呈层状或大的透镜状,矿层一层到几十层不等,规模大小不一,大的可达数百甚至数千平方千米。有关的矿床有:能源矿产,如煤、石油、天然气;金属矿产,如铁、锰、铝、铜、铅、锌等;非金属矿产,如磷、黄铁矿、石盐、石膏、石灰岩、白云岩和耐火黏土等。

【沉积碎屑分选】(sorting of detrital sediment) 沉积碎屑物在水、风等动力作用下,按粒度、形状或密度的差别发生分别富集的现象。其作用是表示颗粒大小的均一性。这种分选主要在搬运过程中完成。碎屑岩中粒度的分选性好坏,可用粒度参数中的分选系数、标准偏差等表示。当粒度集中在某一范围较狭窄的数值间隔内时,就可以大致定性地说它是分选较好。福尔克和沃德提出的关于标准偏差与分选等级关系的方案为:小于 0.35 分选极好;0.35~0.50 分选好;0.50~0.71 分选较好;0.71~1.00 分选中等;1.00~2.00 分选较差;2.00~4.00分选差;大于 4.00 分选极差。

【沉积碎屑粒度分析】(grain size analysid of detrital sediment) 又称粒度分析。一种研究碎屑沉积物或碎屑岩中各种粒度的百分含量(质量百分数或数目百分数)及粒度分布的方法。对于易解离的岩石,通常采用筛析法、沉速法;对于固结得较紧密不易解离的岩石,常采用薄片法;对粗大的砾石则采用直接测量法。粒度分析常用于沉积环境和沉积相的研究中。

【沉积碎屑圆度】(roundness of detrital sediment) 又称磨圆度。岩石或矿物颗粒在搬运过程中经流水冲刷、互相撞击之后棱角被磨圆的程度。颗粒棱角越多越尖锐则圆度越差;反之棱角圆滑,圆度就好。碎屑颗粒圆度可用公式 $P=\Sigma r/N\cdot R$ 计算求出。式中 $\Sigma r=r_1+r_2+r_3\cdots\cdots+m$ 为颗粒各角的曲率半径总和,R 为该颗粒轮廓内最大内接圆半径,N 为所测角的曲率半径的数目。卢赛尔等曾分出五种颗粒类型:棱角状、次棱角状、次圆状、圆状、极圆状,并提出相应的圆度数值。当对碎屑沉积物的圆度作整体分析时,要求出所有碎屑的平均圆度。这时,可统计各类圆度等级的颗粒数.按加权平均法求其平均圆度。

【沉积相】(sedimentary facies) 在一定的沉积环境中形成的沉积物(岩石)与古生物的组合。是沉积环境的物质表现。指一个沉积环境中所有的原生沉积特征的总和。包括岩石、古生物和岩石地球化学等特征。现代沉积环境可以根据物理的、化学的、生物的参数加以划分。古代的环境只能根据当时环境的物质表现加以推测。1838 年瑞士学者格列斯利在研究法国东部侏罗纪地层时,首先把"相"的概念引入沉积学,并理解为"具有相同岩性特征和古生物标志的岩石单位"。相是古代沉积环境的产物,又是沉积环境的物质表现。通常按其自然地理环境划分为陆相、海相及海陆过渡相。20 世纪以后,由于沉积岩石学、古地理学的发展,相的概念已广为流行,并为世界上大多数学者所接受。

【沉积岩】(sedimentary rock) 由堆积的沉积物固结而成的岩石。组成岩石圈的三大类岩石之一。在地球表面分布最广的岩石类型,沉积物主要为砾石、砂、黏土、灰泥和生物残骸等。其形成原因有母岩风化、火山碎屑和生物遗体等。在洋底,几乎全部被沉积物或沉积岩覆盖。各地的沉积岩厚度是不一样的,大陆沉积岩层平均厚度要比洋底沉积岩厚。

沉积岩

【沉积作用】(sedimentation) 被搬运物质因搬运介质性能改变而发生的沉淀或堆积过程。堆积下来的物质称沉积物。固体状态被搬运物质,因搬运介质动能减小,或因被搬运物质的量超过其搬运能力,受重力作用而发生沉积,称机械沉积,如河谷中的砂、砾石沉积;呈真溶液或胶体溶液状态的被搬运物质,因介质的物理化学条件改变而沉积,称化学沉积,如海水中的盐类物质通过海水的蒸发浓缩而发生沉淀,及胶体溶液通过胶体的凝聚作用而发生沉积;通过生物的生命活动发生的沉积称为生物沉积,如海水中生物吸取各种物质而生长繁殖,同时制造沉积物,或以其遗体堆积下来成为沉积物。

化学沉积

【沉降缝】(settlement joint) 从基础到屋顶全部分开的竖直缝。设置的目的是为防止建筑物或构筑物各部分由于地基不均匀沉降引起房屋的破坏。当一幢建筑物建造在不同土质且性质差别较大的地基上,或建筑物相邻部分的高度、荷载和结构形式差别较大,以及相邻墙体基础埋深相差悬殊时,为防止建筑物出现不均匀沉降,以至发生错动开裂,应在差异处设置贯通的该种缝隙,将建筑物划分为若干个可以自由沉降的独立单元。

【沉井基础】(open caisson foundation) 将上下敞口带刃脚的空心井筒,下沉到水中设计标高处,以井筒作为结构外壳而形成的基础。沉井是用混凝土(或钢筋混凝土)等建筑材料制成的井筒结构物。施工时,先就地制作第一节井筒,然后用适当的方法在井筒内挖土,使沉井在自重作用下克服阻力而下沉。逐步加高井筒。当沉到设计标高后,在其下端浇筑混凝土封底。若沉井作为地下结构物使用,在其上端再接筑上部结构。只作为建筑物基础使用的沉井,常用素混凝土或砂石填充井筒。

建筑物基础

【沉没成本】(sunk cost) 过去已经支付而现在已无法得到补偿的成本。由于它在投资决策前就已经支出,不因当前的决策而变动。例如,某企业现在决定接受一笔生产订单。那么在生产规模以内,原有的固定资产投资就是沉没成本。它不会因为是否接受生产订单而发生变化,它在建厂初期就已经发生了。沉没成本一旦形成就不可避免。

【沉砂池】(grit chamber) 在水处理过程中负责分离水中密度较大的无机颗粒的构筑物。通常设在倒虹吸管、泵站和沉淀池前。按其沉砂方式的不同可分为:平流式沉砂池、竖流式沉砂池、曝气沉砂池、旋流式沉砂池和多尔沉砂池等。工程中较多采用曝气沉砂池和旋流式沉砂池。其作用是:保护水泵和管道免受磨损。防止后续水处理构筑物管道堵塞,缩小污泥处理构筑物的容积,提高污泥有机成分含量和作为肥料的利用价值。广泛应用于高浊度原水处理和城市污水处理厂的预处理生产环节。

【陈醋】(mature vinegar) 酿成后存放时间较久的醋。醋味醇厚。区别于其他醋的一个重要方面是酿造方法。山西老陈醋是中国四大名醋之一。它的生产至今已有300余年的历史,素有天下第一醋的盛誉。是以高粱、麸皮、谷糠和水为主要原料,以大麦、豌豆所制大曲为糖化发酵剂,经酒精发酵后,再经固态醋酸发酵、熏醅、陈酿等工序酿制而成。其主要酿造工艺特点为:以高粱为主的多种原料配比,以红心大曲为主的优质糖化发酵剂,低温浓醪酒精发酵,

陈醋

高温固态醋酸发酵,熏醅和新醋长期陈酿。与其他名优食醋工艺的主要不同点有:(1)以曲带粮,原料品种多样。(2)曲质优良,微生物种丰富。(3)熏醅技术源于山西,熏香味是山西食醋的典型风味。(4)突出陈酿,以新醋陈酿代替簇醅陈酿。镇江香醋、四川保宁麸醋等均为醋醅陈酿代替新醋陈酿。陈酿期分别为20~30天和一年左右;唯有山西老陈醋是以新醋陈酿代替醋醅陈酿,陈酿期一般为9~12个月,有的长达数年之久。传统工艺称为夏伏晒,冬捞冰,新醋经日晒蒸发和冬捞冰后,其浓缩倍数达三倍以上。山西老陈醋总酸在9~11度,其密度、浓度、黏稠度、可溶性固形物以及不挥发酸、总糖、还原糖、总酯、氨基酸态氮等质量指标,均可名列中国食醋之首。并由于陈酿过程中酯酸转化,醇醛缩合,不挥发酸比例增加,使老陈醋陈香细腻,酸味柔和。

【陈皮】(citeus) 中药名。药性:辛、苦、温。归脾、肺经。功效:理气健脾,燥湿化痰。用于脾胃气滞、胸痹、胸脘胀满、呕吐、呃逆、食少吐泻、湿痰、寒痰咳嗽、咳嗽痰多。用法与用量:3~10g。本品辛散苦燥、温能助热,舌赤少津、内有实热者须慎用。

陈皮

【晨间护理】(morning care) 为给病人创造良好的休养环境,使病人清洁舒适,便于观察病情,每天早晨所进行的保护、管理、照顾工作。应于清晨诊疗工作前完成。通过晨间护理使患者清洁舒适,预防并发症;保持床单位、病室整洁、舒适、美观;观察和了解病情;进行心理护理及卫生宣教,满足病人身心需要。其内容包括:问候病人;协助病人排便、留取标本,更换引流管;协助进行口腔护理、洗脸、洗手、梳头、翻身,检查皮肤受压情况,50%乙醇按摩;床铺整理,需要时更换床单;注意观察病情,了解病人睡眠情况;进行心理护理和卫生宣教;酌情开窗通风,患者的生活护理。

【衬砌】(tunnel lining) 为防止围岩变形或坍塌,沿隧道洞身周边用水泥混凝土等材料修建的永久性支护结构。通常应用于一些构筑物、地下工程、隧道工程和水利渠道中。一般可用毛石或条石砌筑。也可以用预应力高压灌浆素混凝土衬砌。在毛洞开挖后,一般进行两次衬砌。如在烟囱内衬砌耐火砖时,就是在砖或砼的烟囱内层再砌一层规定厚度的耐火砖。在沟渠上用砖或石做一层防渗层也称衬砌。其作用是:(1)承受山岩压力、内水压力和其他荷载。(2)填塞岩层裂隙,防止水流、空气和温度变化及干湿度变化对岩石的破坏作用。(3)防止漏水和减小洞身表面糙率。

衬砌

【衬砌支护】(lining support) 为防止围岩变形或坍塌,保证地下洞室围岩稳定的工程措施。即在地下洞室内用条石、混凝土或钢筋混凝土砌筑一定厚度的"墙"来"被动"地承受荷载。分为半衬砌、有边墙的衬砌或全衬砌。为了更有效地加固围岩,一定要使衬砌与硐室紧密接触,使它与围岩形成一个整体。衬砌做成后常需要通过预留的灌浆孔进行回填灌浆,以填塞由于混凝土冷凝收缩而在围岩与衬砌间形成的空隙。衬砌厚度应根据山岩压力来确定。在水工隧道衬砌的设计中,常直接按岩石的坚固系数来估算需要采用的衬砌厚度。

【成本效益分析法】(cost-benefit analysis method) 通过分析、比较各个技术方案的成本与效益的关系,选出最佳方案的分析方法。该分析法作为一种经济决策方法,用于计划决策之中,以寻求在投资决策上如何以最小的成本获得最大的收益。成本效益分析评价的基本准则是:(1)在一定费用目标(费用目标应小于或等于方案费用限额)下,求效果目标最大值。(2)在一定效果目标(效果目标应大于或等于方案应得效果的最低限)下,求费用目标最小值;(3)效益与成本之比最大者为最优方案。成本效益分析是现代决策技术、系统工程中常用的基本分析方法。

【成冰作用】(ice formation function) 积雪变质成为冰川冰的物理过程。当大气中的雪花降落到冰川积累区后,受气温的影响及地球引力作用产生的自重压力,使质量仅为0.1~0.3g/cm^{3}的雪晶发生圆化变质作用。圆化后的雪称为粒雪。在压力和温度的共同作用下,粒雪颗粒渐渐变大,质量随即增大。当密度达到0.3~0.5 g/cm^{3}时,即变为

成冰作用

粒雪冰。粒雪冰在向下游运动的过程中，发生动力变质而最终形成密度为 0.9 g/cm^3 的冰川冰。在一定条件下，完成由雪-粒雪-粒雪冰-冰川冰的成冰作用过程较短，一般为几年到几十年。纯粹在自重压力条件下完成由雪到冰川冰的时间可达百年以上，如南极内陆积雪的成冰作用长达千年以上。

【成分输血】（blood component transfusion） 用物理或化学方法把全血分离制备成纯度高、容量小的血液成分（红细胞、白细胞、血小板和血浆蛋白制品等），然后根据病情需要有选择地输血的方法。有些病人并不是因为全血的缺乏而需要输血，只是缺乏血液中的某种成分。成分血的浓度和纯度高，疗效好，不良反应少。成分输血可以一血多用，节省血资源。目前用于临床的主要血液成分有浓缩红细胞、悬浮红细胞、洗涤红细胞、浓缩少白细胞红细胞、悬浮少白细胞红细胞、解冻红细胞、浓缩血小板、新鲜冰冻血浆、冷沉淀凝血因子和少白细胞血小板。

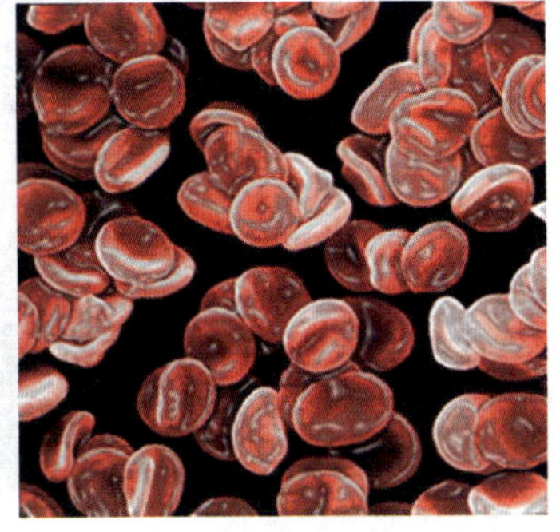

成分血

【成矿因素】（metallogenic factors） 控制和影响矿床形成的地质构造条件和地球化学等因素的总称。还包括成矿过程中的时空分布特征。对于不同成因、不同类型的矿床来说，成矿过程中起主要控制作用的因素也不同。控制内生矿床的因素有：大地构造、区域地质构造、矿区地质构造、区域地球化学特点、火山-岩浆活动和成矿母岩的物理化学性质；控制外生矿床的因素，除了大地构造和区域构造特征外，还与地层、岩相、古地理、古地貌、古气候、古水文地质条件等因素有关。

【成矿作用】（mineralization） 导致地壳中一种或几种有用成分（元素或矿物）富集形成矿床的各种地质作用。按其能量来源的不同可分为：（1）内生成矿作用。与地球内部热能密切相关并导致矿床形成的各种地质作用。除到达地表的火山成矿作用外，其他各种内生成矿作用都是在地壳内部较高的温度和压力条件下进行的，包括岩浆成矿作用和气化-热液成矿作用。（2）外生成矿作用。发生在岩石圈表层、水圈、大气圈和生物圈之中或相互之间的各种物理、化学、生物作用过程中成矿作用。主要包括风化、沉积以及生物和生物化学的成矿作用。（3）变质成矿作用。变质过程中有用矿物形成或富集的作用，或是早期形成的矿床发生改造的作用。内生成矿作用、外生成矿作用和变质成矿作用三大成因类型，在许多情况下，是相互联系的。有的矿床是由多种成矿作用形成的，称多成因矿床。

【成煤作用】（coal-forming process） 自然界植物遗体从堆积到转变为煤的一系列过程。分为两个阶段：第一阶段是泥炭化阶段和腐泥化阶段。在地表条件下，植物遗体堆积在沼泽和湖泊中，在微生物参与下进行生物化学作用。植物遗体不断发生分解、化合，使高等植物形成泥炭和腐泥。第二阶段是煤化阶段。泥炭或腐泥被沉积物覆盖后，在温度、压力等因素作用下发生一系列物理化学变化过程。早期进行的变质作用，使泥炭转变为褐煤、腐泥转变为腐泥褐煤；后期进行变质作用，使褐煤转变为烟煤和无烟煤、腐泥褐煤转变为腐泥烟煤和腐泥无烟煤。

【成品油管道】（products pipeline） 将炼油厂生产的油品送至各分输站、转运站或油库，向市场直接供应商品油的管道。由站场、线路和辅助系统组成。由于成品油种类、牌号很多，若为每一种油品单独敷设一条管道，例如输送汽油、煤油、柴油，就需要三条较小管径的管道。当它们流向相同，只铺一条较大口径管道，连续地按一定顺序输送几种油品，则投资和运行费比前者会有较大降低。因此，成品油管道均采用顺序输送的工艺。其特点是：（1）输送油品的品种多，变化大。（2）所输介质进入油库后可直接销售给用户使用，直接为市场服务，故必须是合格的商品油。其运行管理要比原油管道更为严格。（3）首站和末站油库的油罐所需储存天数多，油罐个数多。（4）混油界面跟踪是成品油管道特有的需要。

成品油管道

【成人正畸治疗】（adult orthodontics） 生理年龄18岁以上存在错㕮畸形的患者，希望通过正畸的方法来达到一定程度改变的正畸治疗理念。成人正畸涉及青年、壮年到老年的各年龄段。说明能否正畸的关键不在年龄。按其目的不同可分为综合性正畸治疗、辅助性矫治和外科正畸治疗。成年正畸患者具有诊断明确、配合主动、口腔卫生保健自觉等有利因素。但成年人受社会职业、心理素质、体质状况、口颌形态等因素影响,其治疗目的、要求及矫治方法等方面均不同于生长发育期中的青少年和儿童,治疗范围和限度也大有差别。成年正畸治疗对医师的专业技术要求更高、风险更大。其适应证是:(1)全身健康。无全身系统性疾病,如糖尿病、肝炎等。(2)局部健康。常规洁牙,牙周病患者应在炎症得到控制(3~6个月后),牙周炎处于静止期后才可开始矫治;有颞下颌关节病症状表现者应有动态检查及资料记录。(3)心理健康。应特别强调并高度重视成人正畸患者的心理健康。其禁忌证是:(1)错𬌗畸形程度轻微。预期疗效无明显改变,不能达到患者期望。(2)轻度错𬌗畸形。患者精神负担重,夸大了畸形程度。(3)缺乏准备。对治疗缺乏心理、时间、经济的准备,对治疗方法毫无认识。(4)偏执。将生活期望全部寄托于容貌改变者。(5)有多次治疗及美容史,对以往的治疗效果过分挑剔或不满意者。(6)有心理障碍或精神病史者。治疗中需要注意社会心理、疗程、保持、美观以及治疗方案个体化设计等方面的问题。其治疗疗程与青少年没有明显的区别。其追求的目标是:(1)个体化的最佳关系。(2)前牙区美观和协调。(3)保障牙周的健康。(4)维护颞下颌关节功能。

【成绳机】(closer) 又称合绳机。将股捻制成钢丝绳的设备。其机体的结构型式同捻股机一样,主要有筐篮式、管式和无管式。成绳机在捻制原理和结构上与捻股机无显著区别。不同的只是成绳机的工字轮上装载的不是钢丝而是制绳用的股。成绳机必须有工字轮的翻身装置,可正、反两方面翻身,且翻身具有独立的动力和机械传动系统。另外根据工艺需要,配置了预变形器、后变形器、涂油装置和预张拉装置等辅助设备。筐篮式成绳机一般有6~8个工字轮,其直径为500~1 250mm,个别捻制直径大于100mm钢丝绳的工字轮直径超过1 600mm,转速25~80r/min,是捻制中、粗规格钢丝绳的主要设备。管式成绳机一般有4~8个工字轮,其直径为300~800mm,转速为150~500r/min,一般捻制直径小于40mm的钢丝绳。无管式成绳机与无管式捻股机的结构相同,用于捻制钢帘线和钢绞线。制绳生产线一般包括:绳芯的放线装置、成绳机、预变形器、压瓦装置、后变形器、牵引装置、涂油装置以及收线装置组成。成绳机的型号用工字轮数及其直径表示,如6/500型。

成绳机

【成熟林】(mature forest) 达到最大极限地满足某种经营目的时的林分。林木经过近熟林阶段,在形态、生长、发育等方面发生了质的变化。其特点是:(1)从形态上看,林木个体和树冠最大,高生长停止,冠形钝圆形或伞状。林下透光率增大,有利于次林层及林下幼树的生长发育。下木层及活地被物层更加发育良好,林内生物多样性处于高峰。(2)从生长发育上看,林木高生长、直径生长停滞,材积年生长量达到高峰。(3)林木大量结实且种子质量最佳。在这个阶段,林分与周围环境处于充分协调状态。其环境功能无论是水源涵蓄、水土保持,还是吸收和储存 CO_2,改善周边小气候环境都处于最佳期。成熟林阶段对于用材林来说是个十分重要的时期,此时林分大部分材种达到尺寸要求,可以开始采伐利用。成熟林对于其他林种来说,也可发挥防护和美化作用。要充分利用这个阶段的优势并设法适当延长其发挥高效的时间。这个阶段也是开始考虑下一代更新的重要时期。

成熟林

【成体干细胞】(adult stem cell) 成熟机体组织中具有高度自我更新和分化潜能的未分化细胞。可分化成发育上与其无关的其他组织的细胞类型。但其多向分化能力往往局限在同一胚层或同一系统内的多种细胞类型。成体干细胞在正常情况下大多处于休眠状态,在病理状态或在外因诱导下可以表现出不同程度的再生和更新能力。成体干细胞因其来源多样,具有多向分化潜能,对人类发育生物学研究具有重要的价值。在临床上,因其无免疫排斥问题,可用于细胞移植,治疗各种疾病和构建人工组织或器官。

【成纤维细胞】(fibroblast) 又称成纤维细胞样细胞。体外培养起源于中胚层组织的细胞。如纤维结缔组织、平滑肌、心肌、血管内皮等在体外培养条件下都为成纤维细胞样。本型细胞的形态似在体内生长的成纤维细胞,具有长短不等的数个细胞突起,多呈梭形、不规则三角形或扇形,核为卵圆形位于靠近细胞质的中央。其生长特点是:细胞一般并不紧靠相连成片,而是排列为旋涡状、放射状,或似栅栏状。

【成像光谱仪】(imaging spectrometer) 在特定光谱域以高光谱分辨率同时获得连续的地物光谱图像的仪器。这使得遥感应用可以在光谱维上进行空间展开,定量分析地球表层生物物理化学过程与参数。

成像光谱仪

【成形法加工齿轮】(gear machining by forming) 用与被切齿轮齿槽形状相符的成形刀具加工出齿面的方法。如铣齿、拉齿和成型磨齿等。与展成法加工齿轮相比,齿形的加工精度和表面粗糙度要低些。

【成型】(molding) 利用模具对材料变形加以约束得到所需零件的加工方法。比如塑料注塑成型、金属件冲压成型或铸造成型以及粉末冶金压制成型等。制件的成型加工形状与模具的工作型面形状是型面与反型面的关系。成型加工是一种先进的加工方法,与其他加工方法(比如切削)比较有如下优点:(1)是无屑加工,材料利用率高,一般为70% ~85%。(2)在压力机作用下,能得到形状较复杂的零件,且适合大批量生产,而这些零件用其他的方法是不可能或者很难得到的,如薄壳件。(3)制得的零件一般不需要进一步加工,可直接用来装配,并具有一定精度和互换性。

【成型冲模】(forming die) 将金属毛坯或半成品工件按凸、凹模的形状直接复制成型的冲压模具。冲压成型时被加工材料本身仅产生局部塑性变形,如胀形、缩口、扩口、起伏成型、翻边和整型等。

【成型刀具】(formed cutting tool) 加工成型表面的专用刀具。其刃形根据被加工零件表面的廓形进行设计和制造。工件的廓形取决于切削基面内刀刃形状的投影轮廓。其中,平体成型刀具只能用来加工外成型表面,重磨次数少,主要用于加工宽度不大,成型表面比较简单的工件。棱体成型车刀也只能用来加工外成型表面,但可重磨次数较多。圆体成型车刀可用于内外回转体成型表面的加工,重磨次数最多,制造比较容易,应用较多。

【成型刀具法】(formed cutter method) 又称成型法。用与工件的最终表面轮廓相匹配的成型刀具或成型砂轮等加工出成型面的方法。如成型车削、成型铣削、成型刨削和成型磨削等。由于成型刀具的制造比较困难,因此一般只用于加工小的成型面或较大成型面的精加工。

【成釉细胞瘤】(ameloblastoma) 一种起源于造釉器官,有局部侵袭性的良性上皮性多形性真性肿瘤。其来源多认为是造釉器或牙板残余上皮,也有人认为是牙周膜内的上皮剩余、口腔黏膜的基底细胞、始基囊肿或含牙囊肿的衬里上皮转变而来。极少数发生于硬骨或脑垂体内者,可能是由于口腔黏膜基底细胞或牙源性上皮异位而引起。可发生于20~60岁,多见于青壮年。无性别差异。以下颌角和下颌升支多见。其生长缓慢,初期无自觉症状。逐渐发展可使颌骨膨大,膨胀多向唇颊向发展,造成面部不对称。可侵犯牙槽骨引起牙齿松动、移位、脱落。继续膨大可使外骨板变薄如牛皮纸样,按压时如捏乒乓球样感。巨大肿瘤可能影响下颌骨运动,甚至影响吞咽和呼吸。其表面常见有被对颌牙咬成的压迹,如果咀嚼时发生溃疡,可能造成继发性感染而化脓、溃烂、疼痛。当肿瘤压迫下牙槽神经时,患侧下唇及颊部可能感觉麻木不适。如肿瘤发展很大,骨质破坏较多,还可发生病理性骨折。临床中可以根据病史、临床表现和X线特点作出初步诊断。典型成釉细胞瘤的X线表现:早期呈蜂房状,后呈多房性囊肿样阴影,单房较少。其治疗方法主要为手术治疗。

【成组技术】(group technology) 一种合理组织同类型零件的中、小批量生产系统的技术。成组技术所研究的问题是如何改善多品种、小批量生产的组织管理,以获得如同大批量那样高的经济效果。其基本原则是根据零件的结构形状特点、工艺过程和加工方法的相似性,打破多品种界限,对所有产品零件进行系统的分组,将类似的零件合并、汇集成一组,再针对不同零件的特点组织相应的机床并形成不同的加工单元,对其进行加工。经过这样的重新组合可以使不同零件在同一机床上用同一个夹具和同一组刀具,稍加调整就能加工,从而变小批量生产为大批量生产,提高生产效率。成组技术可以利用计算机自动进行零件分类、分组,不仅应用到产品设计标准化、通用化、系列化及工艺规程的编制过程,而且在生产作业计划和生产组织等方面也有较多的应用。

【成组运输】(unitized transport) 将零散件杂货集成大货件,提高装卸作业效率的一种运输方式。是运输组织管理的发展方向。通常使用货板、网络、绳扣等工具。其优点是:(1)充分利用

成组运输

机械进行作业,提高装卸效率。(2)缩短船舶、车辆的周转时间。(3)便于理货交接,减少货损,提高货运质量。发展成组运输的关键是实行装卸作业的科学管理,特别是管好成组运输的工具,发展成组运输的船型、车型,制定成组运输工具的标准,规定堆码类型,制定有关成组工具制备、维修和管理的各项办法。

【承包经营管理】(contract management) 企业将其经营管理权全部或部分在一定期限内交给承包者,由承包者对企业进行经营管理,并承担经营风险及获取企业收益的行为。是解决部分企业因经营管理不善导致亏损的一种补救措施,但只能对所承包企业的税后利润实行承包,不允许企业投资各方仅就管理或利润签订承包合同。由于承包只是企业经营管理的一种补充措施,不能消灭、变更原有企业或创设新的企业,也不能改变合资企业的法人地位、名称和经营范围。承包者与被承包的企业间所存在的是一种合同关系。因此,承包经营可采取公开招标方式进行,也可根据董事会决议由合资企业直接与承包者(合资一方或第三方)签订承包经营协议。

【承包人】(contractor) 通过合约,接受发包人的委托,承担完成某项特定的经济事务责任,并取得一定报酬的法人或自然人。按承包对象的不同可分为以下三种类型:(1)建设工程勘察、设计、施工的承包人。(2)物资买卖的承包人。(3)中国国营企业实行承包经营责任制后的承包人。其共同特点是:包死基数,确保上缴,超收多留,欠收自补。其责、权、利紧密结合在一起。

【承压水】(confined groundwater) 充满于上下两个隔水层之间的承受静压力的地下水。承压水上面的隔水层,称为隔水顶板;下面的隔水层,称为隔水底板。顶板和底板之间的垂直距离,称为承压含水层厚度。承压蓄水构造由补给区、承压区、排泄区3部分组成凿井时,一旦揭穿承压水的隔水顶板后,水位将上升到隔水顶板以下某高度后稳定下来。稳定水位高出含水层顶板的垂直距离,称为承压水头。井中稳定水位的高程,称为含水层在该点的承压水位。承压水位高出井口(地表)时,可自喷形成自流水。承压含水层通常以上升泉的形式向地表排泄,当相邻含水层间存在水头差时,使其水通过非含水层向取水含水层补给,称为越流补给。与潜水相比,承压水有以下特征:(1)分布区与补给区不一致,非经补给区不能直接接受大气降水和地表水的补给。承压水补给受到限制,被开采后不易恢复。(2)水质、水量、水温受气候影响较小,随季节变化不明显。(3)不易受污染。但是一旦遭受污染,则难以治理。(4)稳定水位高于初见水位。在干旱、半干旱地区,承压水是重要的水资源之一,但对于水利工程建设,承压水则常常对建筑物的稳定和施工带来不利影响。

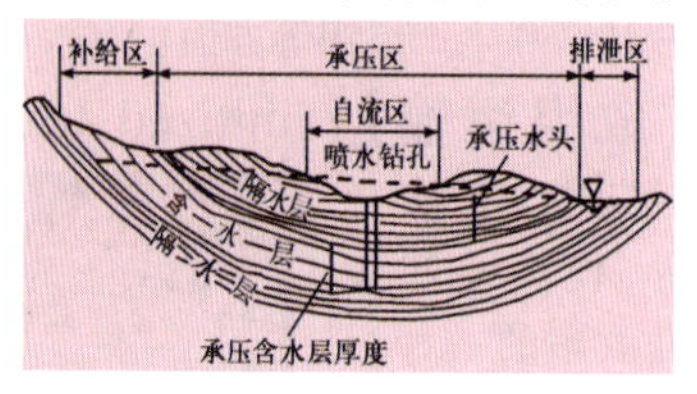

承压含水层构造

【承重墙】(load-bearing wall) 与非承重墙相对应。在砌体结构中支撑上部楼层重量的墙体。如去掉会破坏整个建筑结构。如在承重墙上打孔装修,就会影响建筑结构的稳定性。改变建筑结构的体系,是非常危险的事情。非专业设计人员最好不要改变承重墙。如何辨别墙体是否是承重墙,关键看墙体本身是否承重。建筑施工图中的粗实线部分和圈梁结构中非承重梁下的墙体都是承重墙。墙体上无预制圈梁的肯定是承重墙。具体到房屋结构本身,应仔细研究原建筑图纸并到现场实际勘察后才能确定。识别承重墙的方法是:(1)从房屋结构上。一般来讲,砖混结构的房屋所有墙体都是承重墙。(2)从房屋档次上。一般的中低档的住宅楼、别墅都是砖混结构的。高档的都是框架结构的多。(3)从墙砖的材质上。一般标准砖的墙是承重墙。(4)根据梁与墙的结合处。一般墙与梁间紧密结合的是承重墙。

【城际轨道交通】(intercity rail transit) 在城市密集地区,供城市之间运送中短途旅客的新型快速轨道交通。主要承担沿线各个城市、主要中心城镇之间的客流,以及城市组团、次中心城镇之间的客流。它与其他交通运输方式共同构筑了现代化综合交通运输体系。其主要特征是:需要公交化的行车组织方式;需要较高的运行速度;需要便捷的换乘条件和经营上的公益性。其发展原则是:(1)与区域发展战略目标相统一,与区域内总体规划相衔接。(2)结合城市群内不同城市的特点,因地制宜选择合理线网。(3)坚持以人为本,做好与其他交通运输方式的衔接。(4)优化设计,提高土地利用效率和环境保护意识。(5)提高城际轨道交通装备水平。

轻轨

【城郊型农业】(suburb agriculture) 在城市周围,专为城区市民提供蔬菜、肉、蛋、奶等副食品,并受城区市民收入水平制约的农业。具有机械化、集约化、设施化及高效化的鲜明特点。

【城市】(city) 一定区域经济、政治、科学技术与文化教育的中心。是一种有别于乡村的社会组织形式。是人类发展到一定阶段的产物。在人类发展史上,城市的产生被认为是人类文明的象征。马克思、恩格斯指出:"物质劳动和精神劳动的最大一次分工,就是城市和乡村的分离。"列宁指出:"城市是经济、政治和人民精神生活的中心,是前进的主要动力。"从城市的起源来看,设有防御墙垣的居民点是"城"的雏形;而"市"是集中做买卖的场所。筑城守民,设市易货。设防居民点需要有充足的商品交换维持物质供应;发达的市场也需要完备的防卫设施保证。"城"与"市"遵循着不同的功能发展,最终走到空间上的融合,成为非农业人口和非农产品的集聚地。依照1989年颁布的《中华人民共和国城市规划法》,中国的城市是指按国家行政建制设立的直辖市、市和镇。

【城市安全管理】(urban security management) 城市政府针对危害城市安全的日常性和突发事件进行的安全管理。城市政府及社会通过运用行政、法律、经济、教育和科学技术等手段建立城市安全管理体系,协调社会经济发展与安全生产的关系,采用监测、预警、预控、预防、应急处理、评估恢复等措施,杜绝或降低城市灾害的发生,提高对城市突发事件发生的预见能力、及时有效处理突发事故的能力及在突发事件发生后的救治能力,尽可能减轻突发事件造成的损失,保证社会经济活动和生产科研活动顺利进行、有效发展,增进公众对城市管理者的信任。目前中国城市安全管理实行的是政府统一领导、部门依法监管、企业全面负责、群众参与监督和全社会广泛支持的方法。

【城市安全通道】(urban safe channel) 城市发生自然灾害、人为灾害或恐怖袭击等突发事件时,引导市民安全避灾或安全疏散的路线和突发事件期间应急救援及保障物质输送的路线。包括从建筑物受灾区域疏散到安全区域,从城市受灾区疏散到城市安全区域或城市以外安全区域。它由城市防灾减灾部门、城市应急救援办公室和市政规划部门设计,应该保证有一定宽度,配备导向标志和照明设施,确保安全避灾或安全疏散的速度与效果。

安全通道标志

【城市安全应急体系】(system of urban security emergency rescue) 适用于城市灾害事故和重大突发事件快速反应、应急救援、灾害处置的比较稳定的指挥系统与组织架构、操作标准与程序、技术支撑与物质保障等系统的整体架构。建立这种体系是加强城市灾害事故和重大突发事件应急工作的重要内容。美国早在20世纪70年代,就组建了国家层面的应急体系,成立专门应急机构-联邦应急管理局(FEMA)。它为整个美国的应急管理设定全部操作标准和指导纲要。其职责还包括开展各种应急培训,为各州及灾害发生地提供财政支持,协助联邦划分州和地方各级政府及部门的职责,明确灾害事故发生时的联系方式等。中国于2006年1月8日,由国务院正式发布《国家突发公共事件总体应急预案》。

【城市安全战略】(urban safety strategy) 城市政府与社会为在较长时期内预防可能发生的城市人民生命伤害、经济财产损失、环境污染、减少社会危害与秩序破坏等各种重大事件、事故、灾害和重大社会危害发生,通过对城市发展的各种因素、条件和可能变化的趋势预测,做出关系城市经济与社会建设、安全与发展全局的根本性谋划和对策。其目的是:使社会保持长期稳定,真正形成经济和社会的协调发展与全面进步。其依据就是城市制定发展战略时的基础、发展条件、安全状况和战略地位,包括城市的环境,气象、地形、地貌与自然条件,城市的经济、社会资源禀赋情况和城市在整个国民经济发展中的战略地位等。它们需要通过认真的调查研究和充分论证来确认。这也是城市性质定位的基本依据。

【城市安全指数】(index of urban safety) 用来衡量一个城市自然灾害和人为灾害发生的可能性和发生后实际危害的最终结果严重程度的参数。包含两方面内容。一是城市不安全因素造成自然灾害和人为灾害影响力的大小,即其对城市侵袭能量的大小;二是受灾后城市系统抵抗灾害、消除灾害、维持自我稳定、恢复安全能力的大小,即城市抵御灾害侵袭能力的大小。城市安全指数是城市安全评价的数字化体现,也是城市安全的总体表现。其取决于城市政府及社会的经济实力,更取决于城市政府及社会的整体防灾抗灾意识。

【城市测量】(urban survey) 为城市建设的规划设计、施工和经营管理等进行的测量工作。包括城市控制测量、城市地形图测绘、各种专题地图的编绘、兴建市政工程时的施工放样以及重要建筑物的变形观测等。在许多国家将地籍测量工作也列为城市测量的

城市测量

一项重要内容。

【城市道路】(urban road) 通达城市各街道,供市内运输及行人使用,并与市外道路连接的道路。按其在城市道路系统中的地位和交通功能的不同可分为:快速路、主干路、次干路和支路。由这些道路组成城市道路网。为使城市的人流、车流顺利通行,城市道路应满足如下要求:(1)具备适当的路幅以容纳繁重的交通。(2)具有坚固耐久、平整抗滑、少扬尘、少噪声的路面(水泥混凝土路面、沥青混凝土路面)以利于行车和环境卫生。(3)具有便利的排水设施。(4)为地震、火灾提供隔离地带、避难处所和抢救通道。(5)为城市绿化、美化提供场地,配合重要公共建筑物前庭布置。(6)为城市环境需要的光照通风提供空间。(7)为市民散步、休闲和体育锻炼提供方便。

【城市道路系统】(urban road system) 由连接城市各部分的所有道路组成的交通网络。包括干道、支路、交叉口以及同道路相连接的广场等。在一些现代城市中还包括地下铁道、地下街等设施。同一般公路相比,其主要特点是:(1)道路交叉点多,区间段短,交通流速较低,通行能力较小。(2)道路上行人和公共交通车辆、机动车和非机动车等各种交通流相互交织,交通组织比较复杂。(3)道路的布局、线形、路型和宽度,除了满足城市交通运输的要求外,还要满足许多非交通性的要求,如排除地面水、埋设工程管线、通风、日照、绿化、防火、防震以及城市景观等。(4)在交通安全和交通管理方面要求较高。按照道路系统平面形状的不同可分为:方格形系统和放射形系统、放射-环形组合式系统。此外,还有三角形、六角形、鱼骨形、枝节形,以及结合地形自由布置的各种形式。

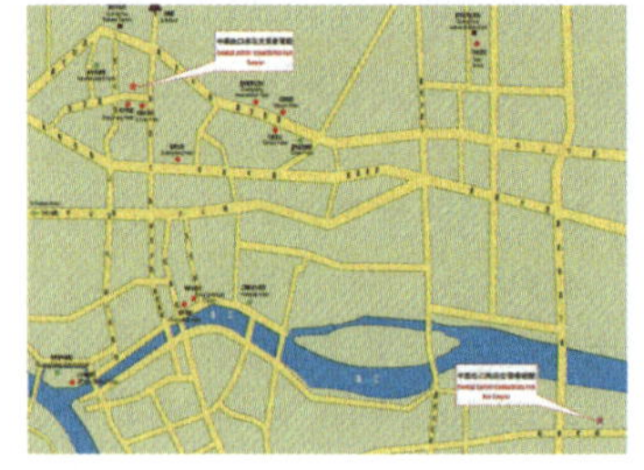
地铁交通图

【城市地下空间利用】(application of urban underground space) 对城市地下空间进行研究开发应用的技术和措施。是现代化城市空间向地下延伸的发展方向之一。地下空间开发利用有其独特之处。其恒温性、恒湿性、隔热性、遮光性、气密性、隐蔽性、空间性、安全性等诸多方面远远优于地上空间。但是,地下空间一经建成,对其再度改造与改建的难度很大,不可能恢复原样,有相当强的不可逆性。地下构筑物的建设成本高,工期长,难于利用太阳光及天然景观,方向性感观较差。对地下空间利用计划应进行多方缜密论证、认真评估后才能实施。北欧各国如瑞典在地下空间利用方面,除了住宅的地下室及城市设施外,还利用坚固的岩石洞穴建设城市构筑物。其中有地下街道、地铁隧道、公用设施沟、停车场、空调设施及地下的污水处理场。除地下工厂外,还有地下核电站、石油储罐、食品仓库、地下避难所及地下商城。美国将城市地下空间以点、线、面整体网络型组合起来。其城市设施除地下街道、地下铁道、道路隧洞外,还有半地下式大学以及作为交通设施的道路隧洞、地下停车场等。

城市地下空间利用

【城市地下空间形态】(conformation of urban underground space) 由地下空间设施的形状所构成的与城市形态相协调的地下空间构架系统。是构成城市地下空间所表现的发展变化着的空间形式。其形态有点状、线状、网络状、面状等几种基本类型。

【城市地下水取水构筑物】(city water intake structures) 从地下含水层取集表层渗透水、潜水、承压水和泉水等地下水的设施。有管井、大口井、辐射井、渗渠、泉室等。(1)管井。目前应用最广的形式。适用于埋藏较深、厚度较大的含水层。一般用钢管做井壁,在含水层部位设滤水管进水,防止砂砾进入井内。管井口径通常在500mm以下,深几十米至百余米,甚至几百米。单井出水量一般为每日数百至数千立方米。管井的提水设备一般为深井泵或深井潜水泵。管井常设在室内。(2)大口井。又称宽井。适用于埋藏较浅的含水层。井的口径通常为3~10m。井身用钢筋混凝土、砖、石等材料砌筑。取水泵房可以和井身合建也可分建。也有几个大口井用虹吸管相连通后合建一个泵房的。大口井由井壁进水或与井底共同进水。井壁上的进水孔和井底均应填铺一定级配的砂砾滤层,以防取水时进砂。单井出水量一般较管井大。中国东北地区及铁路方面供水应用较多。(3)辐射井。适用于厚度较薄、埋深较大、砂粒较粗而不含漂卵石的含水层。从集水井壁上沿径向设置辐射井管借以取集地下水。其口径一般为100~250mm,长度为10~30m。单井出水量大于管井。(4)渗渠。适用于埋深较浅、补给和透水条件较好的含水层。利用水平集水渠以取集浅层地下水或河床、水库底的渗透水。由水平集水渠、集水井和泵站组成。集水管可以为穿孔的钢筋混凝土管或浆砌块石暗渠。口径一般为0.5～1.0m,长度为数十米至数百米。管外设置由砂子和级配砾石组成的反滤层。出水量一般为20～30m/(d·m)。(6)泉室。取集泉水的构筑物。对于由下而上涌出地面的自流泉,可用底部进水的泉室,其构造类似大口井。对于从倾斜的山坡或河谷流出的潜水泉,可用侧面进水的泉室。泉室可用砖、石、钢筋混凝土结构,应设置溢水管、通气管和放空管,并应防止雨水的污染。

【城市地形测量】(urban topographic survey) 为城市规划和设计所进行的地形测绘工作。其主要内容包括城市平面与高程控制测量、城市各种大比例尺地形测图以及对已有地形图保持现实性的修测等测量工作。城市地形测量成果的质量,主要以满足城市规划、设计和城市建设的要求为准。

【城市防护带】(urban shelter belt) 又称城市防护绿化带。保护城市或城市居住区不受风沙、烟尘、噪声以及邻近地区工业企业排放的有害物质危害而建立的绿化带。为了保持良好的生态环境,在城市规划和城市建设时,规定在城市外围某些地带营造或保留森林、草地、农田、果园、菜地等,形成环绕城市的绿化防护带,在带内禁止建造任何建筑物、禁止伐树和破坏草地。

城市防护带

【城市废水处理系统】(urban wastewater treatment system) 对城市居民生活污水、工业废水和自然降水等进行无害化处理的水处理系统。由收集和运输城市污雨水的排水管道系统,污水无害化处理系统,污水深度处理和再利用系统三部分组成。(1)城市排水管道系统。包括污水处理厂管道系统和受纳水体的管道系统。由于体制不同,城市排水管道系统又分为污水管道系统、雨水管道系统和合流制管道系统。(2)污水无害化处理系统。采用物理、化学和生物处理法,通过二级处理将城市废水中所含各种形态的污染物质分离去除,或转为无害稳定的固态无机物质,使污水得到净化。(3)污水深度处理和再利用系统。以二级处理出水作为原水,采用多种处理技术进一步深度去除水中的污染物,达到回收利用的目的。

城市废水处理系统

【城市分区规划】(urban district planning) 在城市总体规划的基础上,对城市土地利用、人口分布和城市公共设施、基础设施配置的规划安排。为详细规划的编制和规划管理提供依据。其编制年限与城市总体规划相一致。编制的结果由政府批准后方可实施。其主要内容是:(1)确定分区内土地使用的性质,对居住人口的规模与分布、建筑用地的容量提出控制标准。(2)确定市、区级公共设施的分布与用地规模。(3)确定城市主、次干道的红线位置、断面、主要控制点坐标与标高,以及主要交叉口、广场、停车场的位置和控制范围。(4)确定绿化系统、风景名胜、江河湖水面、对外交通设施、高压供电走廊,以及区域性引水(或供水)设施的用地界线。(5)确定文物古迹、文化名城、历史街区和历史地段的保护范围,提出遗产环境与空间形态的保护要求。(6)确定分区内各类工程干管的位置、走向、管径、服务范围以及主要工程设施的位置和用地范围。分区规划一般适用于大城市、特大城市或特定地区,如开发区规划、大学城规划、科技园区规划等。

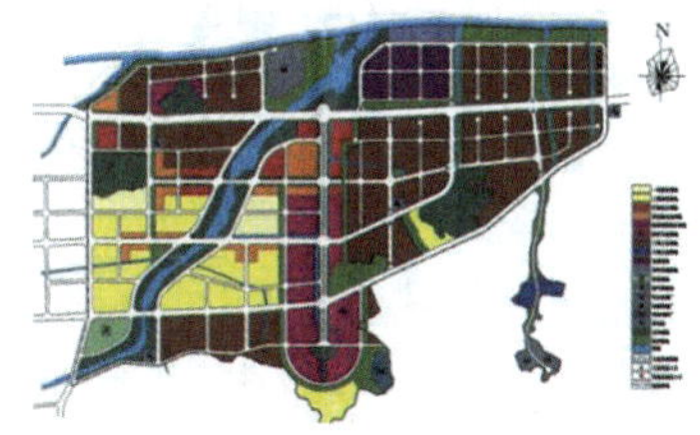

城市分区规划

【城市风】(urban wind) 由城市热岛效应引起空气上升,到郊区下沉,在城市与郊区之间造成微型热力环境而形成的风。能使城区的污染物随上升气流笼罩城市上空,流向郊区并下沉。下沉气流又从近地面流向城市中心。城市本身也能制造局地大风,形成灾害。城市粗糙的下垫面好比地形复杂的山区一样,街道中及两楼之间,就像风口,流线密集,风速加大,造成局地大风。另外,在一幢高层建筑物的周围也能出现大风压。高楼前的涡流区和绕大楼两侧的角流区风速比平地风速高30%左右。风速与高度成正比。当高空大风被高楼阻挡而被迫急转直下时,造成高楼底部风道口的风速比平地风速高两倍以上。当环境风为6m/s时,风道风可达18m/s(8级大风)。

【城市公共安全】(urban public safety)

由城市政府及社会提供的各类有效的监督、预防和控制技术,避免发生人民生命伤害、经济财产损失、环境污染及社会危害与秩序破坏等各种重大灾害和重大社会危害的发生。是由政府主导和提供的一种公共产品,是面向全社会的安全保障。是城市可持续发展的宏观表征。是国家安全的重要组成部分。是社会进步和文明的标志。城市公共安全建设是社会公益事业,既关系到个人的切身利益,也关系到城市本身乃至国家的稳定与发展。城市公共安全体系建设的主要矛盾是:相对有限的城市公共安全资源和日益增长的公共安全需求之间的矛盾以及相对较强的公共安全管理子系统和较弱的公共安全综合管理水平之间的矛盾。

【城市公共危机】(urban public crisis) 在城市社会运行过程中,由于自然灾害、社会运行机制失灵引发的不可控制或未加控制,发生时将对城市系统中的生命财产、物质财富造成损失和重大危害或危及城市公共安全和正常秩序的自然和社会重大事件。不同于一般的误解性危机、事故性危机、假冒性危机和灾害性危机,它具有公共性,其指向对象是城市或特定区域的所有市民,易引发社会恐慌,加剧破坏性。其实质是危及城市公共安全,破坏社会秩序和生存空间,侵犯人身安全和财产安全。目前中国将公共危机分成自然灾害、事故灾难、社会安全和公共卫生等四类。其祸因分别是自然灾害(火灾、风暴、地震、洪水)、公共安全突发事故、恶性刑事案件、恐怖事件、疾病传播(公共卫生问题)和自然环境恶化。在一定历史时期内,城市社会无法根除这六种祸因,难免遭遇公共性危机。因此,处理好城市公共性危机是考验政府执政能力的重要指标。

【城市供热供燃气工程】(urban heat and gas supply project) 以集中方式向城市用户供应蒸汽、热水和燃料气体,以满足其热能需求的工程技术和设施。包括城市集中供热和城市供燃气两个部分。各以热(气)源、网路和用户三个部分组成完整的系统。是城市现代化的一个重要标志,也是国家能源合理分配和利用的一个重要措施。其主要用途有采暖、制冷、热水、食品加工及生产上各种加热过程和动力操作等。随着近代大工业的发展,19世纪相继出现了集中供煤气和集中供蒸汽两种集中供应热能的方式;后来又逐步发展到集中供应热水和其他燃气,以及利用电厂汽轮机排汽和抽汽供热等,使居民生活和生产都有了很大的改善,能源消费构成逐步起了变化。19世纪以来,许多工业发达国家的城市实现了集中供热和供燃气。中国的城市供燃气事业,始于19世纪60年代,20世纪50年代以来发展很快。其特点是:(1)采用热水和蒸汽为供热介质,可充分利用各种低位热能,包括工业余热和天然地热等。(2)蒸汽、热水和燃气都是洁净能源,可以大大降低城市环境的污染。(3)便利居民生活。(4)便于调节和控制,易于实现生产过程自动化。

城市燃气工程

【城市广场】(city square) 具有一定的主题思想和规模的结点型城市户外公共活动空间。由多种软、硬质景观构成。其类型及特点是:(1)公共活动广场。一般是政治性广场,应有较大场地供群众集会、游行、节日庆祝联欢等活动之用,通常设置在有干道联通,便于交通集中和疏散的市中心区,其规模和布局取决于城市性质、集会游行人数、车流人流集散情况以及建筑艺术方面的要求,如北京天安门广场。(2)集散广场。供大量车流、人流集散的各种建筑物前的广场,一般是城市的重要交通枢纽,应在规划中合理地组织交通集散。在设计中要根据不同广场的特性使车流和人流能通畅而安全地运行。(3)交通广场。为几条主要道路汇合的大型交叉路口。常见形式为环形交叉路口,其中心岛多布置绿地或纪念物以形成城市景观,如长春市人民广场有六条道路相交,中心岛直径220m。(4)纪念性广场。建有重大纪念意义的建筑物,如塑像、纪念碑、纪念堂等,在其前庭或四周布置绿化园林,供群众瞻仰、纪念或进行传统教育,如南京中山陵广场。设计时应结合地形使主体建筑物突出、比例协调、庄严肃穆。罗马圣彼得广场是比较著名的纪念性广场。

城市广场

【城市规划线】(urban planning line) 在城市规划区内,对需要保护的资源和设施所划定的保护和控制地域界线。按其内容的不同可分为:(1)保护城市地表水的规划蓝线。(2)保护历史文化建筑的规划紫线。(3)确定和保护各类城市绿化用地的规划绿线。

【城市规模】(urban scope) 人口、经济和科学技术、文化教育等在一定地域的聚集规模的大小。

广义地讲，是指人口规模、用地、建筑和设施，以及生产力规模和消费能力的规模；狭义地讲，仅指某一个城市中的人口规模。按照《中华人民共和国城市规划法》的规定，中国城市规模分为三级，即大城市、中等城市和小城市。大城市是指市区非农业人口在50万以上的城市；中等城市是指市区非农业人口在20万以上，不足50万的城市；小城市是指市区非农业人口在20万以下的城市；市区非农业人口在100万以上的城市称为特大城市。

【城市轨道交通安全设计】(urban rail transmit safety design) 综合结构安全、轨道交通安全和环境安全的广义、系统的安全设计理念。贯穿于从轨道交通规划到运营过程的整个周期。其原则是：按照“安全第一、预防为主、综合治理”的方针，采取有效措施，避免因设计不合理导致城市轨道交通工程在施工和运营中发生安全事故，或在这些事故发生时有相应措施能将人身伤亡和财产损失降低到最低限度。其目标是：(1)在正常使用时，必须防止因乘客使用系统而造成对乘客的伤害与危险；必须防止系统对运营人员及其他人员的伤害与危险；必须防止运营设施及车辆遭受损害与损失。(2)城市轨道交通车辆和运营设备的选择，必须做到技术成熟，安全可靠，满足功能，维修方便，经济合理。(3)乘客使用或操作的设备，必须易于识别，设置在便于触及的地方，并保证不当的操作或使用也不会导致系统发生危险。(4)在车辆与运营设备中必须提供必要的措施与手段，保证在发生误操作时，避免导致人身伤害或设备损坏。必须提供可以及时采取妥善处理各种不当行为、故障及防止事故发生的措施及手段。车辆及运营设备发生的任何故障或问题，必须能及时指示给运营人员或控制中心。(5)必须为残疾人、老人、孕妇及带领儿童的人在使用该系统时提供安全舒适的措施。(6)应当在轨道线路、隧道及车站站台、站厅、疏散通道、出入口、通风亭、列车车厢内及其他运营场所的醒目位置设置保障城市轨道交通安全运营的各类发光导向、疏散、提示、警告、限制、禁止等安全标志。(7)在城市轨道交通系统中，所使用材料和部件的防火，必须是采用当前先进的工艺技术。材料和部件必须具有良好的阻燃性能；应加强安全控制，以防蓄意破坏的行为；对于起火风险大的设施必须加以围护，减少可能的火情蔓延；在对火情及有害燃烧气体与热量控制的基础上，应保障有效疏散措施；铺设在地下车站、隧道及车辆上的电缆应不含卤化物，并避免燃烧时产生有毒气体；所有电气回路必须有熔断保险或其他保护，防止由于过热和短路、接地等产生的危险；在正常运行或发生故障情况下，轻易产生表面高温的设备或元件，或可能产生严重故障的设施应进行隔离，以减少发生火灾的危险；一旦发生火灾，通风排烟系统应能进入火灾运行模式，以保障人员疏散或灭火。

安全屏蔽门

【城市轨道交通安全预警】(urban rail transmit safety early warning) 在顺境状态下，在轨道交通安全负变量检测和评估的基础上，对城市轨道交通安全系统接近负向质变临界值的程度所做出的不确定的早期预报。其实质是对系统安全运行稳定性程度的评判。其目的和作用是防患于未然，超前预控。包括明确警情、确定警源、分析警兆和预报警度四个方面。要实现城市轨道交通安全预警就要建立城市轨道交通的安全预警体系，包括预警指标体系的构建、预警界限的确定和预警结果的输出三个步骤。

【城市环境工程】(urban environmental project) 控制城市污染、美化城市环境的工程设施。主要有废水污水城市管网系统的建设与改造工程、污水处理厂和废水处理工程、消烟除尘工程、工业废渣的回收利用工程、城市垃圾的焚烧、卫生填埋、堆肥和倾海工程以及区域绿化工程、噪声防治工程、汽车尾气治理工程等。构建城市环境工程的原则是：最大限度地减少进入环境的污染物种类和数量，并进行无害化处理，变废为宝，综合利用，优化环境。

城市绿化带

【城市基础设施系统】(urban infrastructure system) 城市赖以存在和发展的物质基础。是城市生产和市民生活不可缺少的基本条件。包括城市市政基础设施系统和社会设施系统。前者包括能源系统、给排水系统、交通运输系统、邮电通信系统、城市防灾系统、城市环境卫生和园林绿化系统；后者由文化教育设施、医疗卫生设施、商业服务设施、行政管理设施所构成。城市基础设施由城市人民政府负责统一规划并监督规划实施，而生产、建设和运营，则由有关主管部门分别管理。

【城市集中供热管网】(urban heat supply network) 由市政部门集中供热热源向热用户输送和分配供热介质的管线系统。由输热干线、配热干线和支线等组成。在大型管网中,有时为保证管网压力工况,集中调节和检测供热介质参数,而在输热干线或输热干线与配热干线连接处设置热网站。在热网的布局中,主要根据城市热负荷分布情况、街区现状、发展规划和地质地形条件等确定,一般布置成枝状。当由多热源供热时,为了互相备用提高供热的可靠性和灵活性各热源的输热干线间可设连通管,也可布置成环状。市区管线多沿街道一侧与其他地下管线平行布置。热网的布置应尽量使管线走在热负荷中心,供热半径最短,对城市干扰最少,施工和运行管理方便。供热管线有地下敷设和地上敷设两种方式。地下敷设又分为有沟敷设和直埋敷设。地上敷设,也称架空敷设。其造价便宜,维修方便,多用于工业区、郊区、地下水位高、永久冻土区、湿陷性土壤区等地质构造特殊的地区,以及跨越铁路、公路、河流等地段。多数设专用支架。根据支架高度不同,分为高支架、中支架、低支架和地面敷设。城市集中供热管网布置与热媒种类、热源和热用户相互位置有一定的关系,其布置应考虑系统的安全性和经济性。

城市集中供热管网

【城市给水工程规划系统】(urban water supply engineering system) 对城市给水统一安排,从时序上保证给水建设与城市发展相协调的工程系统。是城市整体开发建设目标的一个重要组成部分。重点是对水资源进行优化配置和合理利用。按其规划阶段的不同可分为:城市给水总体规划、城市给水分区规划和城市给水详细规划等层次。总体规划的主要内容是:(1)确定用水量标准,预测城市总用水量。(2)平衡供需水量,选择水源,确定取水方式和位置。(3)确定给水系统的形式、水厂供水能力、厂址选择和处理工艺。(4)布置输配水干管、输水管网、供水重要设施和估算干管管径。(5)确定水源地卫生防护措施。详细规划内容是:(1)计算用水量,提出对水质、水压的要求。(2)布置给水设施和给水管网。(3)计算输水管渠管径,校核配水管网水量及水压。(4)选择管材。(5)进行造价估算。

【城市减灾应急】(urban disaster reducing emergency) 在发生重大灾害时政府所采取的紧急措施、管理办法和行动指导方案。主要有以下应急对策:(1)本地区灾情预测。(2)紧急救灾指挥系统的机构设置、职能分工和运作方式,与其他部门的联络方式。(3)各类救灾队伍的数量、配置和调用方案。(4)灾害信息网络的设计和启用,灾情监测与快速评估。(5)紧急通信系统的启用,各类通信设施在紧急情况下的统筹分工,灾区通信的恢复。(6)交通运输设施及能力恢复,救灾物资的运输方案,紧急情况下的交通工具征用和管制。(7)工程抢险和生命线的抢救与恢复。(8)灾民的抢救、疏散、转移和安置。(9)危险物品的处理和防护。(10)专业及群众性消防队伍的组织协调,消防器材的配置和调用,军队和武警队伍的调动与任务分配。(11)救灾物资的储藏和紧急调用。(12)医疗卫生队伍的调动和任务分配,抢救危重伤病员和防疫工作的组织。(13)紧急治安管制的措施及实施办法,群众治安组织与军民联防组织的运作,重要场所的安全保卫。(14)各单位的救灾活动应根据本单位的情况,制订更具体的抢灾救灾预案。

【城市建筑物理学】(urban construction physics) 建筑学的一个分支。研究城市建筑中声、光、热等物理现象和运动规律的一门学科。任务在于提高建筑功能质量,创造适宜的生活和工作环境。城市建筑物理学的分支学科有建筑声学、建筑光学、建筑热工学等。是研究人在建筑环境中对声、光、热作用,通过听觉、视觉、触觉所产生的反应,从而采取技术措施,调整建筑的物理环境设计,使建筑物理达到特定的使用效果。城市建筑物理学研究环境领域和与城市建设有关的环境,研究各种物理因素对人的作用和对环境的影响。它特别重视从建筑学的观点研究物理功能和建筑艺术的统一。不少国家已建立了系统的声、光、热环境设计与计算的理论和方法,制定了完整和配套的国际标准及国家标准,以保证建筑物具有良好的声、光、热环境。

【城市交通规划】(urban traffic planning) 对城市交通布局、土地利用模式和发展前景进行预测、分析、评估而制订的专项规划。一般包括城市综合运输规划、城市交通规划和城市道路系统规划三部分,还包括城市道路近期改造规划和道路交通工程项目建议。

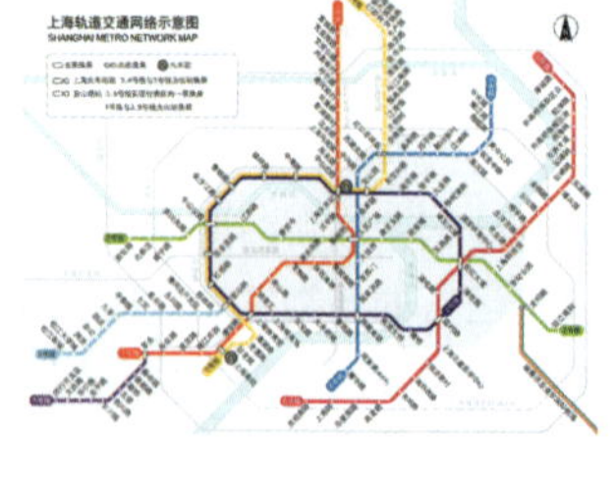

城市交通规划

其具体内容是:(1)开展交通调查和交通流量数据处理,进行交通流量预测分析。(2)确定城市交通发展战略和城市交通运输形式,选择城市轨道交通与公共交通方式。(3)开展城市交通方案评价。(4)规划城市道路交通网络;(5)制定城市道路交通设计标准。(6)确定城市道路断面和交叉口,以及道路附属设施。(7)停车设施。(8)交通管理设施。(9)提出主要交叉口和主干道的红线坐标。

【城市景观】(cityscape) 城市中由街道、广场、建筑物、园林绿化等形成的空间形态。包括自然景观要素和人文景观要素。其中自然景观要素主要是指自然风景,如大小山丘、古树名木、石头、河流、湖泊、海洋等。人文景观要素主要有文物古迹、文化遗址、园林绿化、艺术小品、商贸集市、建筑物、构筑物、广场等。这些景观要素为创造高质量的城市空间环境提供了大量的素材,但是要形成独具特色的城市景观,必须对其要素进行系统组织,使其形成完整和谐的景观体系,有序的空间形态。

杭州西湖

【城市竞争力】(urban competition power) 一个城市经济实力和资源有效利用率的综合反映。是城市的凝聚力、吸引力和辐射力的体现。其大小是通过城市之间的横向比较产生的。由经济的发展质量、效率和可持续发展能力所决定。国与国之间、地区与地区之间的竞争,主要表现为城市与城市之间的竞争。城市的竞争力从某种意义上也代表着国家或地区的竞争力。

【城市空间结构】(urban spacial structure) 城市要素在空间范围内的分布和联结状态。是城市经济结构、社会结构的空间投影,是城市社会经济存在和发展的空间形式。一般表现形式是:(1)城市密度。城市是由分属于经济、社会、生态等系统的诸要素构成的社会经济综合体,城市各类要素在城市空间范围内表现为一定数量,形成各自的密度。城市密度是城市各构成要素密度的一种综合。合理的城市密度,有利于发展生产的专业化和社会化,提高社会劳动生产率;有利于基础设施和公共服务设施的建设,节约使用土地和资源,降低生产成本;有利于信息的传递和交流,刺激竞争,培养和提高劳动者的文化和技能;有利于缩短流通时间,降低流通费用,加速资本周转;有利于城市政府进行管理,降低管理成本,提高管理效能。(2)城市布局。合理的城市布局,能缩短人流、物流、信息流、资金流的流动空间和时间,提高城市效益;能合理地利用城市的土地和自然条件,建立合理、便捷的交通联系;能避免城市各物质实体或要素相互干扰。(3)城市形态。是城市空间结构的整体形式,是城市内部密度和空间布局的综合反映,是城市三维形状和外瞻的表现。沿海城市则多以港口为中心向腹地扩展。平原地区的城市则以中心城区为中心向四周均匀扩展。

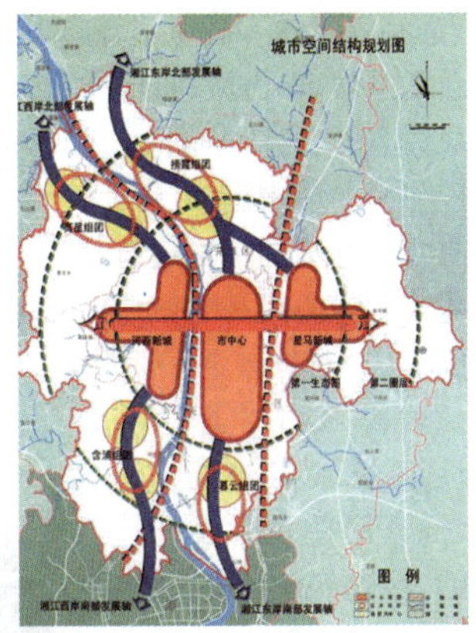

城市空间结构规划图

【城市控制测量】(urban control survey) 为城市地形测量和工程测量提供基本控制参数的测量工作。多用于建立城市的平面控制网与高程控制网。常用三角测量、导线测量、边角测量或全球定位系统测量等方法测定控制点的平面坐标,用水准测量、三角高程测量或全球定位系统测定控制点的高程。

【城市垃圾无害化处理】(urban garbage treatment) 将城市生活垃圾进行资源化和减量化的综合处理,最终置于符合环境保护规定要求的填埋场的活动。其基本方案包括:每个地区都必须具备的最终处置方式-卫生填埋技术;在有效控制二恶英排放的前提下,优先发展焚烧处理技术;在实行生活垃圾分类收集的基础上的综合处理、回收利用等。实现垃圾的减量化必须重视从源头抓起,坚持因地制宜、技术可行、设备可靠、规模适度、综合治理和利用的原则,合理选择不同的生活垃圾处理技术。

【城市历史建筑保护】(conservation of historic buildings) 在城市规划中,为保存和保护有历史价值的地区、建筑群和建筑物甚至整座城镇所制定的措施。对继承和发扬优秀文化传统,对研究国家和民族政治、社会、经济、思想、文化、艺术、工程技术等方面的发展历史,均有重要意义。1964年,在联合国教科文组织倡导下通过的《威尼斯宪章》,推进了全世界的历史建筑保护工作。中国1982年11月19日公布的《中华人民共和国文物保护法》和

1984年1月5日颁布的《城市规划条例》,都对保护城市历史建筑作出规定。1982年,中国国务院发出了保护历史文化名城的通知,要求在逐步实现城市现代化的过程中充分保存和发扬其固有的历史文化特点,并把两者有机地结合起来。对于集中反映历史文化的老城区、古城遗址、文物古迹、名人故居、古建筑、风景名胜、古树名木等,要采取有效措施,严加保护。应保护的历史建筑为:(1)在城市发展史、建筑史上有重要意义的历史建筑,即代表某一历史时期建筑技术或艺术的最高成就或某种建筑艺术风格的代表作品。(2)具有较强个性特点的历史建筑,长期以来被认为是城市的标志性建筑或建筑群。(3)著名建筑师设计的、在建筑史上有一定地位的优秀建筑。(4)艺术价值较高、造型优美、对丰富城市建筑面貌有积极意义的某些外来艺术形式的建筑。(5)代表城市发展某一历史时期传统的民居建筑,通常保留较完整的典型街区。(6)城市历史上同某一重大事件或某种社会现象有关的纪念性建筑。(7)一些同城市文化传统有关的街区,如北京的琉璃厂文化街和大栅栏商业街等。

城市历史建筑保护

【城市林业】(urban forestry) 以服务城市为宗旨,将园林与林业融为一体,城郊一体化,集生态、经济、社会效益为一体的林业。既是园林的扩大和延伸,又是传统林业的凝练与升华。城市林业的范畴是:凡是城市范围内森林、树木及其他植物生长的地域,以及地域内的野生动物与必需相关设施等都属于城市林业的范畴。包括城市水域、野生动物栖息地、户外娱乐场所、城市污水处理场、公园、花园、植物园、城市街、道、路旁的树木及其他植物;居民区、机关、学校、医院、厂矿、部队等庭院绿化;街头绿地、林带、片林、郊区森林、风景林、森林公园,以及为城市造林绿化提供苗木与花草的苗圃、花圃、草圃等生产绿地等。城市林业的功能与作用是:吸收有害气体、维持二氧化碳平衡、净化城市空气;调解和改善小气候;吸滞烟尘和粉尘、监测有害气体;减菌、杀菌,减弱和消除噪声;防风固沙、美化环境;涵养水源、防止土蚀;维护生物多样性;产生经济效益、社会效益。

【城市绿地】(urban greenbelt) 城市中以栽植树木花草为主的土地。目的是为改善城市生态,保护环境,美化市容,供居民户外游憩。城市绿地有三种含义:(1)广义的绿地。指城市行政管辖区范围内的公共绿地、专用(单位附属)绿地、防护绿地、园林生产绿地、郊区风景名胜区、交通绿地等所构成的绿地系统。(2)狭义的绿地。指小面积的绿化地段,如街头绿地、居住小区绿地等。(3)作为城市规划专门术语,是指在用地平衡表中的绿化用地,是城市建设用地的一个大类,分公共绿地和生产防护用地。

城市绿地

【城市绿化覆盖率】(urban afforestation coverage) 在城市用地范围内园林植物的垂直投影面积所占的百分比。是评价城市或部分市区环境质量的标准之一。乔木、灌木和地被植物重叠的地方,覆盖面积只计算一层。现代航空遥感和电子计算技术可以较准确地测算出绿化覆盖率。

【城市燃气】(urban gas) 天然气、石油液化气、焦炉气、煤制气、油制气、矿井瓦斯气等气体燃料的总称。取代煤炭、石油等固体液体燃料,成为城市的新能源。城市生活、生产大量采用燃气,不仅可以减少城市的大气污染,改善环境,而且可以节约能源,提高经济效益,提高居民的生活质量。燃气除用于工业生产之外,主要用于城镇居民的炊事及热水供应等方面。

【城市燃气门站】(urban gas gate station) 设在长距离输气管线与城市燃气输配系统交接处的燃气调压计量设施。来自长距离输气管线的燃气,先经过滤器清除其中机械杂质,然后通过调压器、流量计进入城市燃气输配系统。如燃气需要加臭(使燃气具有明显气味,以便漏气时易于察觉),则调压、计量后要经过加臭装置。当燃气进站或出站压力超过规定压力时,安全装置自动启动。在站内发生故障时,可通过站旁通管供气。长距离输气管线如采用清管器清管,则可将清管器接收装置设在燃气门站内,以利集中管理。

城市燃气门站

【城市燃气质量调整】(city gas quality adjusting) 将供应城市使用的不同燃气,按适当比例掺混,使之符合质量指标的措施。有时也需要掺入非燃气体,如氮或空气。各种燃气分别由若干可燃组分(氢、一氧化碳、各种气态烃等)和非燃组分(二氧化碳、氮、氧等)组成。各种可燃组分的燃烧特性差异很大,并受非燃组分的影响。作为城市燃气,需要加以控制的燃烧特性是发热量、比重和火焰传播速度。调整城市燃气的质量,首先是指发热量,因为发热量不仅是燃烧特性的一项重要参数,还反映着燃气的放热能量和经济价值。发热量和燃气的比重,是决定燃具热输出的两个重要因素。火焰稳定性则主要取决于火焰传播速度。因此,华白指数和火焰传播速度是燃气分类和控制质量的基本指标。当城市燃气采用单一气源时,比重和火焰传播速度的波动值一般都在允许范围之内,只需对发热量稍加调整即可。但以多种燃气混合输配时,要通过分析计算,选择有可能混配合格的燃气作为配合的原料气。多种燃气的混配调整工作比较复杂,须采用自动分析、测定和调节设备进行过程的连续控制和监视。

【城市热岛效应】(urban hotisland effect) 城市化导致城市中气温高于郊区气温的现象。郊区的气温变化很小,如同平静的海面;城区则是一个明显的高温区,如同突出海面的"岛屿",被形象地称之为城市热岛。在夏季,城市局部地区的气温比郊区高6℃以上。其形成的主要原因是:(1)城市下垫面(大气底部与地表的接触面)恶化,绿地减少,裸地增加,吸热植被减少,放热装置增加,形成巨大热源。(2)工厂、汽车等产生的二氧化碳等有害气体,造成城市污染,引起大气升温。(3)工厂、居民燃烧煤、气等排放大量热量。(4)城市道路、建筑物增加,绿地、水体减少,缓解热岛效应的能力被削弱。

【城市设计】(urban design) 对城市环境形态所作的合理安排和三维空间的艺术处理。既包含物质空间的设计,也包含人类社会生活以及精神文明方面的设计。其特点是:(1)建筑学和城市规划之间的桥梁(建筑设计－地段规划－城市设计－城市规划)。(2)创造了事物之间相互关系的新价值。这种关系不仅表现在空间上,还表现在时间上;不仅表现在静态上,还表现在动态上。

【城市生活用水】(city living water) 城镇居民用水和公共用水的总称。其用水标准与城市规模、城市性质、水源条件、生活水平、生活习惯等因素有关。居民人均用水量与住宅类型的关系密切,可分为平房、无沐浴设备的楼房、有沐浴设备的楼房、高级住宅等四类。城市公共用水一般可分为商店、宾馆、旅店、饮食、医疗、机关、部队、学校、科研、建筑、绿化、消防、环境卫生等十几个行业。衡量城市生活节水水平的主要指标有:(1)空调冷却水的重复利用率。(2)卫生设备的节水措施普及率。城市生活用水多直接关系到人们的生活与直接利益,其节水问题具有许多不同于工业节水的特点。目前城市生活用水已占城市用水量的55%左右,随着城市的发展还将进一步增加。城市生活用水与人民群众日常生活密切相关。在各种生活用水节水途径中,运用经济杠杆,宣传教育、加强节水观念,推广应用节水器具和设备具有普遍意义。

城市生活用水

【城市生命线系统】(urban life line system) 与民生息息相关的交通、通信、供电、供水、供气等系统工程的总称。还包括容易引起次生灾害的易燃、易爆、有放射性或有毒的工程设施等。由各种建筑物、构筑物、管路等组成。这些设施一旦发生意外,所造成的次生灾害就非常严重。包括多种多样的结构类型,情况复杂难以统一处理。生命线系统由若干环节组成,部分在草坪下,但更多的穿越楼宇、桥梁、地铁等设施。其中任何一个环节被破坏,都可能影响到整个系统的功能。生命线系统中构件的破坏,一方面是由于地面运动和传播波所造成;另一方面是它对地基变形、失效十分敏感所致。关键问题是不断增强生命线系统的自我保障能力。

【城市生态公厕】(urban ecological toilets) 建于城市的新型的干式公共厕所。其特点是:节水或免冲水,无臭味,无污染,免清淘,可就地对粪便进行无害化或资源化处理,从而实现安全卫生和无害化。目前,已经开发应用的生态公厕有打包袋型、泡沫封堵型、干式微生物堆肥型、微生物循环水型和收集净化小便来冲洗大便的智能型等。它将污染物的末端治理改为源头治理,减轻了城市污水处理的压力,节省了城市污水管网的投入。例如:微生物循环水型就是利用生态技术实现粪尿分开收集,形成固体垃圾及灰水自成体系的收集处理系

城市生态公厕

统,整体达到零排放。

【城市水土保持】(soil and water conservation in urban area) 对城市、乡镇区域内水土流失的预防和治理。城市建设,如市政建设与改造项目,房地产开发、取土、采石活动等使水土资源布局改变,并增加了大量的废弃土、石、渣,还使一些地区受到连片扰动,造成大量水土流失。其特点是:(1)人口密度越大,经济建设活动越多,水土资源受影响越大。(2)水土流失一旦形成灾害,经济损失极大,甚至引起灾难性后果。(3)发展速度太快,易形成突发性灾害。城市水土保持的原则与措施是:(1)正确处理与城市经济社会发展关系,相互协调,互相促进。(2)与城市功能划分相适应,为城市经济发展服务,根据不同开发建设目标,采取相应的水土保持措施。(3)实行严格分类管理,划分水土流失重点监督区、重点治理区和重点预防保护区,对整个城市区域进行系统、全程管理。(4)与城市防洪、水资源保护相结合,与城市水系布局、河道整治、排洪工程相结合,减轻水土流失产生的洪涝灾害和城市水源污染等。(5)治理与开发利用相结合,变废为宝。中国城市水土保持工作始于20世纪90年代中期,在辽宁大连、山东青岛、广东深圳、安徽黄山、云南景洪、山西太原、重庆等城市开展了水土保持试点,已初见成效。

【城市水系统】(urban water system) 城市水的自然循环及水资源的开发利用和保护的动态系统。从水循环的角度看,城市水系统是水的自然循环与社会循环的耦合系统;从水资源的开发利用和保护行为看,城市水系统是指在一定地域内以城市水源为主体,以水资源开发利用和保护为过程,并与自然环境和社会经济环境密切相关,且随时空而变化的动态系统。该系统由水源、供水、用水和排水等四个子系统组成。其规划是对一定时期内城市的水源、供水、用水、排水、污水处理等子系统及其他各项元素的统筹安排、综合布置和实施管理。规划的主要目的是:协调各子系统的关系,优化水资源配置,促进水系统工程的良性循环和城市的健康持续发展。规划的主要任务是:做好水资源的供需平衡分析,确定水系统的建设规模;搞好水系统的空间分析,制订水系统及其设施的建设、运行和管理方案。

【城市网格化安全管理】(network of urban security management) 将安全管理区域作为一整个网格并按照精细化管理需要进行的地理空间划分。如将全市或某区划分为若干个万米见方单元网格,统一编码后在电子地图上予以标注,并绑定单元内的管理对象和网格监督员,以实现辖区管理的全时段、无缝隙精细化管理。其具体做法是:按照属地管理与分级管理相结合、以属地管理为主的原则,将全市或某区视为网格化管理一级网格,以街道办事处为单元建立二级网格,以社区为单元建立三级网格;鼓励各街道办事处、专项监管部门以企事业单位、居民楼院(小区)和商业楼宇为单元,建立基层网格,作为网格化管理终端节点,形成安全管理网络,把网格化管理科学涵盖到每个点。城市网格化管理在中国最早出现于网格巡逻领域。伴随信息与通行技术的发展,网格化管理的应用实践已逐步拓展到城市管理、卫生服务、工商管理、市场监管、劳动保障等领域,形成网格化的安全管理体系。

【城市维护建设税】(urban maintenance and construction tax) 对从事工商经营,缴纳增值税、消费税、营业税的单位和个人征收的一种税。是一种附加税。其税率根据城镇规模设计。纳税人所在地在市区的,税率为7%;纳税人所在地在县城、镇的,税率为5%;纳税人所在地不在市区、县城或镇的,税率为1%。以纳税人实际缴纳的增值税、消费税、营业税税额为计税依据,在其缴纳增值税、营业税和消费税的同时缴纳城市维护建设税。

【城市污水处理技术】(urban sewerage treatment technology) 对城市工业废水和城镇居民生活废水进行无害化处理达到再利用指标的技术。按其处理程度的不同可分为一级、二级和三级处理工艺。污水一级处理应用物理方法,如沉淀等,去除污水中不溶解的悬浮固体和漂浮物质。二级处理主要应用生物处理方法,

城市污水处理技术

即通过微生物的代谢作用进行物质转化,将污水中的各种复杂的有机物氧化降解为简单的物质。生物处理对污水水质、水温水中的溶氧量、pH等有一定的要求。三级处理是应用混凝、过滤、离子交换、反渗透等理化处理方法去除污水中的有机物,对磷、氮等污染物做深度处理。污水一级处理为预处理、;二级处理为主体处理,处理后的污水一般能达到排放标准;三级处理为深度处理,出水水质较好,可达到饮用水质标准。但三级处理费用高,应用较少。污水中的污染物组成非常复杂,需要以上几种方法组合共用,才能达到处理要求。城市污水处理工艺一般根据城市污水的利用或排放去向,并考虑水体的自然净化能力,

来确定污水的处理程度及相应的处理工艺。处理后的污水，无论是排放，或者回用于工业、农业，或是回灌补充地下水，都必须符合国家颁发的有关水质标准。

【城市屋顶绿化】(urban roof garden) 将植物栽植于城市建筑物顶部或高出地面以上、不与大地土壤连接的绿化。城市绿化的重要形式之一。适用12层以下、40m高度以下的高层和多层非坡屋顶建筑。适合使用人工轻质保水营养土壤。适宜栽培适应性强、耐干旱、耐瘠薄、喜光的草本植物、地被植物、小灌木、小型藤本植物、水生植物等，如无花果、木槿、棕榈、结缕草、马蹄金、水仙、鸢尾、菊花、佛甲草、九重葛、油麻藤、迎春、地锦(爬山虎)等。城市屋顶绿化使植物与建筑物有机地结合，增加了人与自然的亲密度，还能够储蓄部分天然降水。夏季可以减轻太阳辐射强度，缓解城市局部热岛效应；冬季有保温作用，降低能源消耗。

城市屋顶绿化

【城市无障碍规划系统】(urban barrier-free planning system) 在城市总体规划和设计中，设置供残疾人使用的各类建筑及相关的辅助设施。如在通行道路上铺设盲道及在人行道与横道交接处，设置供残疾人使用机动、手动轮椅所需要的牙坡道；在广场与地下连通的下沉广场处设置坡道，使残疾人能从广场直接到达地下层；在站房、高架候车、地铁大厅及站台层设置专用电梯，以方便残疾人从地铁，经地下大厅到高架候车厅和各站台的交通线路。

【城市系统分析】(urban system analysis) 对城市组织内部整体管理状况和信息处理过程进行的研究。包括建立城市系统模型，确定城市发展目标和指标体系，系统仿真，系统优化，技术评审，风险分析和决策分析。城市系统模型往往是模型体系，包括结构模型、功能模型和时间序列模型。为了确定城市发展目标和指标体系，要从城市的区域观点和中心作用出发，着重研究分析的问题是：(1)城市的自然负担能力。即城市的气候、土地、水资源、矿藏等自然资源对城市人口、生产活动、城市功能特点以及发展速度与规模的影响。(2)城市所处的社会、地理环境及其对城市的支持能力。(3)城市已有的人力、物力、科学技术和文化资源对城市发展的影响。在目标分析的基础上建立一系列指标来衡量每一方案、政策与措施对预定目标的满足程度。城市系统分析一般采用层次分析法，它通过对城市系统诸要素间相对重要性和从属关系的分析，建立一系列判断矩阵与层次排列矩阵，从而选出最优方案。

【城市系统工程】(urban system engineering) 用系统工程的理论和方法进行城市发展战略研究，制定城市发展规划和实施城市组织管理的技术。20世纪60年代中期美国就开始建立城市管理信息系统，70年代日本在大阪等城市开发城市交通管理系统和给水自动化管理系统。80年代各国在城市发展规划、最优规模、基础设施、环境保护、交通管理系统和公共事业系统等方面进行了大量的开发研究工作。中国在制定城市发展规划、建立城市管理信息系统和实现城市交通管理现代化等方面正在进行大量的研究工作。城市发展战略研究是城市系统工程的一项重要任务。它的主要内容是研究城市的最优布局、最优规模和最优发展速度。当城市的规模，特别是人口增加到一定程度后，由此造成的不良的社会后果将超过集聚经济效益。城市在一定时空下的规模问题，是城市系统优化的一个重要方面。因此制订城市发展规划就要从城市的区域观点和中心作用出发，研究城市发展的最优布局，探讨城市系统的最优模式，并根据国力确定城市发展速度，使城市在现代化建设中发挥更大的作用。城市系统工程的实施在城市发展战略研究和城市系统分析的基础上制定切实可行的城市发展规划，并在城市发展规划的指导下进行城市系统设计。城市系统工程的实施是在城市长期发展的过程中逐渐实现的，但可以通过最优排序由社会实体分期分批进行。

【城市园林绿化】(urban afforestation) 运用工程、艺术手段，种植树木花草、布置园林、设置水景构筑而成的自然环境和游憩境域。城市绿化是运用栽培植物的手段改善城市生态环境的活动。它包括城市绿地的建设以及对原有植被的保护，但不包括以经营生产为目的的果园、花圃、苗圃等。园林的含义与内容随着社会的发展而不断变化。其类型也随着社会生活需要的不断丰富，由最早的宫苑、庭园发展为城市公园绿地；由公园、游园、广场、道路、单位居住区和绿地组成城市园林绿地系统；由城市园林绿地又延伸到郊外风景名胜区、自然保护区，

城市园林绿化

形成风景园林;由城市、省与国家的各级风景园林绿地形成多层次、多类型的园林绿地系统。其功能是:(1)净化空气。(2)调节气候。(3)杀灭细菌。(4)减弱噪声。(5)防风,防火,防止水土流失。(6)优化环境。

【城市灾害】(urban disasters) 由不可控制或未加控制的因素造成城市系统中的功能、人的生命财产和社会物质财富重大危害的自然事件和社会事件。导致城市灾害的因素,既有大风、暴雨、地震、瘟疫等自然因素,也有交通事故、化学事故,火灾与爆炸、医疗事故、职业病及假冒伪劣质产品引起的伤害事故等人为或技术原因造成的灾害隐患。具有危害性、相关性、多样性、地区性、突发性、群发性、模糊周期性、社会性和链状性等特点。当城市中一种灾害发生后,时常会直接导致一连串的其他灾害。这种情形称为灾害链,又称次生灾害。如强地震引起的火灾、水灾,有毒有害物质泄漏及放射性污染;洪水引起的能源供给及交通中断,重大灾害造成的社会秩序混乱等都能加重灾害的损失,使城市功能丧失。可能在某一城市的不同地点同时爆发,从而造成群灾齐至的情形。

城市交通事故

【城市制图】(urban mapping) 为反映城市状况和发展规划而开展的具有测制立体空间和地下建设等专门技术的测制城市地图以及编制各种城市专题地图的各项技术活动。其特点是成图快。以编印出版城市总体规划图集为例,规划部门编制和修订总体规划方案通常需要花费几年的时间。但规划方案一旦被政府批准,立即就要出图。传统的制图制印方法,不仅工序多,工作繁重,效率低、成图周期长,而且差错概率也高,与城市规划部门急需用图的要求不适应。与其相比,应用计算机技术,从图形输入到激光照排、四色软片的输出,实现了全数字化工艺流程,即制图制印一体化。它不仅成图质量好,而且成图速度快,成本低,体现了高新技术支持下的高效率服务。

【城市重大危险源】(urban major dangerous resource) 引发火灾、爆炸和有毒物质的扩散、泄漏、蒸发及建筑物坍塌或其他意外事件的源头。城市的重大事故多属人为灾害。控制事故的有效对策是:(1)研究重大事故危险源本身如城市工业事故、重大建设工程质量事故、重大环境公害等。(2)进行案例分析并制定整改对策,对各种危险进行事故风险排序,首先选择那些最危险的事故隐患预先制定出治理方案。(3)按《重大事故隐患管理规定》,落实城市应急规划、管理责任、治理进度等项工作。(4)学习借鉴发达国家做法,建立城市重大危险源的风险分析机制,提高科学减灾的可靠性及应急水平。

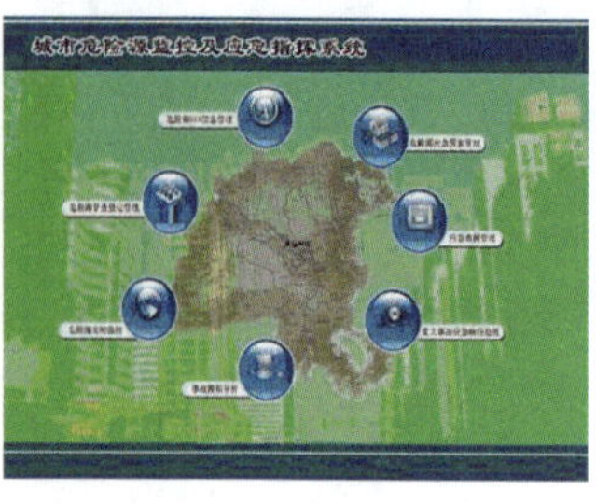
城市重大危险源监控

【城市住宅环境】(urban resident environment) 城市住宅区的人为环境和天然环境的有机合成。是历史成果的集成。城市住宅环境既是生活环境、居住环境,又是生产环境、经济发展环境和建筑环境。不能只追求艺术美化效果,还要重视当时经济力量的承受能力。城市住宅环境(包括建筑环境)美必须体现为整体美、动态美、特色美和充实美。住宅设计研究应关注住宅多样化、系列化、功能化、功能质量、厨房、卫生间、危房改建、节地和住宅经济等。

城市住宅环境

【城市专业规划】(urban professional planning) 在总体规划指导下编制的某一领域的专项规划。专业规划是为了更深入、更具体、更全面地研究解决规划中的专门问题,为城市规划的实施提供更科学、更具体的指导和管理依据。遵循的原则是:(1)与城市总体规划相一致的原则。即在专业规划中发现的重大问题要及时向总体规划反馈并做好协调。(2)要符合本行业的产业政策和最新颁布的技术标准的原则,解决在城市总体规划指导下的行业发展的重大问题。(3)与其他专业或专项规划协调一致的原则,做到与城市发展的其他市场要素相协调相支持,寻求城市发展的合力。(4)对不可再生资源和短缺资源的节约、保护、科学合理利用的原则。规划的主要内容是:城市发展战略、城市人口规模、城市用地规模、城市道路与交通规划、环境保护规划、城市住宅建设规划、水资源与污水处理规划、城市历史文化名城保护规划等。

【城市总体规划】(urban general program) 政府对一定时期内城市性质、发展目标、发展规模、土地利用、空间布局,以及各项建设与发展的综合部署。结合国民经济长远规划国土规划、区域规划以及省域城镇体系规划和当地自然、历史、现状,综合研究和确定城市的性质、规模和发展战略,统筹安排城市各项建设用地,合理配置城市各项基础设施,指导城市的可持续发展。其主要内容是:(1)根据城市规划区内的人口及用地规模,确定城市建设用地的空间布局、功能分区,以及市中心、区中心位置。(2)确定城市对外交通系统的布局,以及车站、铁路枢纽、港口、机场等主要交通设施的规模、位置、容量。(3)综合协调并确定城市供水、排水、防洪、供电、通信、燃气、供热、消防、环卫等设施的总体布局和发展目标。

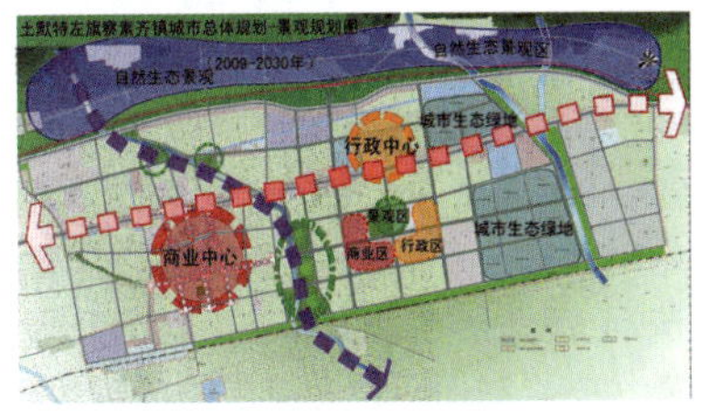

城市总体规划

【城市综合管理】(urban comprehensive management) 对城市社会、经济的服务手段和治理措施。对城市大系统中的众多子系统及功能要素进行整合,通过组织机构、法规及信息等手段,进行全面治理。其基本职能是:规划与计划、组织与指挥、控制与协调、统计与监督。有效实施城市管理,关键在于发展城市自动化管理。其特点是:(1)管理的事物和服务内容不断增加。(2)组织管理所涉及的时空域越来越大。(3)管理的范围和影响在不断扩大,管理后果影响日益深远。(4)对管理的实量性、科学性和系统性要求更高。(5)管理信息的数量越来越大,信息内容越来越广,对信息的科学性、准确性的要求越来越高。城市管理需要现代科技,尤其是计算机辅助管理技术。

【城市组织管理系统】(urban organization and management system) 由城市组织管理者与管理对象组成的并由管理者负责控制的网络。现代化城市系统的核心问题,是对社会事务的组织管理。为了及时作出正确的决策,城市系统的组织管理应包括:(1)管理信息系统。城市的管理信息系统是一个多层次的信息采集、信息传输和信息处理系统,由计算机、数据库和数字通信网组成。它的最高层次是市政府管理机构的管理信息系统。(2)专家咨询系统。现代城市的组织管理问题,涉及多方面的知识和经验,必须调用各方面的专家进行咨询。同时形成一系列的文件、报告、方案、政策和模型,存入计算机内,以便随时调用。城市系统工程要建立的模型有社会经济模型、城市基础设施模型、环境生态模型、人口模型、资源模型、区域国民经济环境模型、管理决策模型等。(3)决策支持系统。它使决策者便于发现问题和提出问题,帮助决策者提出达到预定目标所需要的指标和约束条件,调用有关模型和检索相关资料进行方案选择,进行分析、评估、表决或制定行动准则,生成文件和发布命令等。

【城镇化】(urbanization) 又称城市化。人口分布和人类聚居地结构的变化过程。人类社会在从农业社会向工业社会发展变化的过程中,随着产业结构的调整,人口向城镇聚集促进产业结构向高级阶段不断演化,城市物质文明和精神文明向周围延展。城镇化过程是一种影响深广的社会经济变化过程。它的复杂性,使其几乎成了整个社会共同的研究对象。人口学、人类学、历史学、地理学、社会学、经济学、政治学、规划学等,都将城镇化作为自己的热门课题。不同学科对城镇化的理解,也有所不同。一般认为,城镇化具有以下内涵:(1)农村富裕劳动力向城镇转移,向各种类型的城镇地域空间聚集。(2)城镇建设促进城镇环境的改善和城镇景观地域的拓展或更新。(3)城市文明和城市生活方式的传播与扩散。

【乘波飞机】(waverider aircraft) 利用激波产生升力的飞机。20 世纪 90 年代已由理论研究转向设计、试验甚至试飞研究。乘波飞机的飞行原理是:当超声速气流流过乘波飞机底部时,会产生一个从前缘开始的激波面,激波骤然升高的压力会产生向上的升力,从而使飞机上升。乘波飞机有许多优点:升阻比高,不会发生分离和失速现象;外形布局简单,防热方法简易以及速度高、航程远等。乘波飞机最适于高超声速飞行。其巡航速度可达声速的 4~8 倍,最大可达声速的 12 倍。其航程可达20 000km以上。

乘波飞机

【乘员舱大气环境】(atmospheric environment of crew cabin) 载人航天器密封舱内为航天员提供的适于生存的大气环境条件。乘员舱大气环境条件主要包括舱内气体成分、压力、温度和湿度等。通过航天医学研究,对乘员舱大气环境参数规定允许限值。工程上由密封舱结构和环境控制与生命保障系统来保证。乘员舱的气体成分控制,主要包括保证合适的氧分压,使二氧化碳及其他有害气体和化学污染物在人体允许的安全限值内。从人体生理学的角度，氧分压的最佳值为21.2kPa（地球表面标准大气氧分压）。现代航天器乘员舱的氧分压一般控制在20.0～26.0kPa。温度和湿度也是乘员舱大气环境的重要参数。一般规定舒适的舱温为20～26℃。航天员还会通过呼吸和出汗排出大量的水汽，舱内的供水和食品系统等也会散发出水汽，应设法排除，维持舱内合适的湿度水平。一般规定舱内相对湿度为30%～70%。

【程控电话交换机】（program controlled telephone switch） 又称程控数字交换机。采用集成电路技术、信息技术、通信技术和软件技术，通过存储程序控制方式来完成电话接续线操作以实现数字通信的电话交换设备。以其具有信息处理速度快、容量大、服务项目多、体积小等优点，已成为当今电话交换机的主流设备。当前，由数字交换设备、数字传输设备和传输线路相结合组建的综合业务数字网所提供的服务，已从单一语音服务扩展到文字、数据、图像和可视电话等综合服务。

程控电话交换机

【程控数字交换机】（digital SPC switch） 见程控电话交换机。

【程序】（program） 为实现特定目标或解决特定问题而用计算机语言编写的命令序列的集合。分为应用程序和操作系统两大类。前者直接为用户执行某项功能；后者管理计算机和与之相连的各种资源和设备，以便使其他程序可以使用。程序是软件的组成部分。其质量决定软件的质量。

【程序飞行控制系统】（program flight control system） 使航空器按预定方案自动飞行的控制系统。该控制系统根据飞行器的运动规律预先设定飞行器的飞行轨迹和飞行姿态，使飞行器随时间的推移或某个飞行参数（如飞行高度、飞行速度等）的变化自动完成飞行任务。

【程序设计方法学】（programming methodology） 研究计算机运算程序的性质、程序设计的理论和方法的学科。研究内容包括结构化程序、程序正确性证明、结构化程序的正确性证明、递归程序及其正确性证明、程序的形式推导技术、程序变换技术、面向对象的设计方法和大型程序设计方法学基础等。作为一门学科，它对程序设计人员选用具体的程序设计方法起指导作用，而具体的程序设计方法对程序设计工作及所设计程序的质量影响很大。

【程序设计语言】（program language） 又称编程语言。一组用来定义的语法规则。分为低级、中级和高级三种类型。系统软件设计人员多用低级语言和中级语言。一般用户多使用高级语言和中级语言。它能够使程序员准确地定义出计算机所需数据，以及在不同的情况下应当采取的行动。

【澄清池】（clarifiers） 一种将絮凝反应过程和澄清分离过程综合于一体的构筑物。其工作原理是：沉泥被提升起来处于均匀分布的悬浮状态，在池中形成高浓度的稳定的活性泥渣层。原水由下向上流动，泥渣层在重力作用下在上升水流中处于动态平衡状态。利用活性泥渣层的接触絮凝作用，将通过的原水中的悬浮物阻留下来，使原水获得澄清，清水在澄清池上部被收集。按其澄清方式的不同可分为：泥渣悬浮澄清池、脉冲澄清池和泥渣循环澄清池等。具有生产能力强、处理效果好的优点。广泛应用于给排水工程中。

【吃水】（draught） 船舶浸在水里的深度。根据船舶设计的差异而不同。吃水的深浅，不仅取决于船舶和船载所有物品的重量，而且取决于船舶所处水位的密度。通过读取标在船首和船尾的水尺可以确定船舶的吃水度。船舶的吃水分为设计吃水和结构吃水。结构吃水比设计吃水大。船舶之所以设立设计吃水和结构吃水，是因为船舶设计的时候需要进行稳性计算和结构计算两大块计算。前者保障船舶运营过程中的稳性安全；后者保障船舶运营过程中的结构安全。设计吃水用于船舶稳性计算，而结构吃水用于船舶结构计算。

【痴呆综合征】（dementia syndrome） 又称慢性脑病综合征。慢性全面性精神功能失常。以缓慢出现的智力减退为主要临床特征，包括记忆、思维、理解、判断、计算等功能的减退和不同程度的人格改变，但没有意识障碍。多见于起病缓慢、病程较长的脑器质性疾病。该病可发于各年龄阶段，但以老年阶段为最常见。据统计，在65岁以上老人中，明显痴呆者占2%～5%。80岁以上者增加到5%～20%。其中半数为痴呆综合征。其确切的病因未明，推断与神经元退行性病变有关，其次为血管性痴呆（约占30%）。

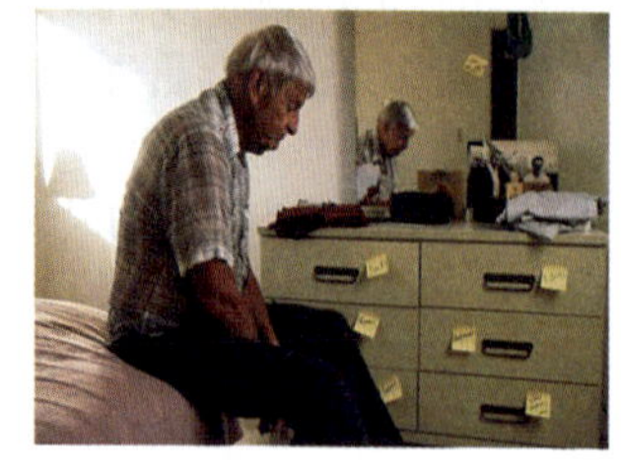
痴呆综合征

【池火燃烧】（pool fire combustion） 盛装

在某种敞口容器内的可燃液体所发生的液面扩散燃烧。火焰直接在液体表面上生成。由于液体蒸气与周围空气的混合条件不良，其燃烧状况是很不完全的，烟气中含有大量炭黑颗粒，形成滚滚浓烟。可燃液体一旦着火，火焰就会迅速蔓延到整个液池表面。池火燃烧的热释放速率可迅速达到很高的值。液池的面积（或当量直径）是决定池火燃烧强度的一个主要参数。可以根据某种液体可能形成池火的面积估计其燃烧强度。在火灾实验研究中，有时为了迅速获得较准确的热释放速率数据，也经常采用池火作为火源，通过改变液池的面积，便可形成多种预想强度的火源。

【池塘养殖】（pond culture） 利用人工开挖的或天然的池塘进行水生经济动、植物养殖的一种生产方式。在中国已有3 000多年的历史。这种静水养鱼方式具有投资小、收益大、见效快、生产稳定、水体不易流失等特点。适宜不同习性和食性的鱼类品种进行混养，以便充分利用水体和饵料资源。中国池塘养殖面积约占水产养殖总面积的35%左右，而其产量却占总产量的65%以上。中国的池塘养殖对象主要是鲤科鱼类（如鲤、鲫、鲂、鲢、鳙等），也有一些鲻科（如鲻鱼、梭鱼等）、鲑科（如虹鳟）、丽鱼科（如罗非鱼）、鳗鲡科（如鳗鲡）、鳢科（如乌鳢）等鱼类。其中大部分属于温水性鱼类，也有少数是热带（罗非鱼）或冷水性鱼类（虹鳟）。

池塘养殖

【池塘鱼产力】（productivity of pond fish） 池塘提供鱼类再生产速率的一种性能。可分为实际鱼产力和潜在鱼产力。前者指池塘单位面积或单位水容积在一定时间内所生产的鱼类生物量或能量。一般以出塘时的总增重来表示，其中不包括死亡的部分。后者指可能提供最高鱼产量的能力。鱼的生长率取决于环境因子。其中食物、溶氧和鱼本身的代谢产物，影响尤为突出。

【池塘鱼载力】（pond carrying capacity） 鱼池单位面积或单位水容积所能负载的最大生物量。池鱼随着鱼体的长大，每尾鱼得到的食物与氧气呈减少趋势，而其代谢产物却因存量的增大而增多。当鱼类达到一定密度时，由于每尾鱼得到的食物逐渐减少，导致生长缓慢。而当每尾鱼从食物得到的热量仅能维持自身生存而不增重，生长停滞时，即达到了环境因子负载的最大限度。是环境条件的一种性能，随环境条件和鱼类状况改变而发生变化。人工增氧，是提高鱼载力的有效措施。

【弛豫】（relaxation） 物质系统由非平衡状态自发地趋于平衡状态的过程。其所需时间称为弛豫时间。弛豫过程是核磁共振中的基本概念：在外磁场的作用下，处于低能态的核数目比处于高能态的核数目多。但由于两个能级之间能差很小，前者比后者只占微弱的优势。如高能态核无法返回到低能态，随着跃迁的不断进行，这种微弱优势将逐步减弱直至消失。此时处于低能态的核数目与处于高能态核数目相等，这种现象称为饱和。弛豫的方式有两种，处于高能态的核通过交替磁场将能量转移给周围的分子，本身返回低能态。这个过程称为自旋晶格弛豫。自旋晶格弛豫降低了磁性核的总体能量，又称纵向弛豫。两个处在一定距离内，进动频率相同、进动取向不同的核互相作用，交换能量，改变进动方向的过程称为自旋－自旋弛豫。自旋－自旋弛豫未降低磁性核的总体能量，又称为横向弛豫。

【弛豫铁电体】（relaxor ferroelectric） 具有复合钨钛矿结构、表现出不同于通常铁电体的介电特性的铁电体。具有扩散相变和频率弥散特性。其单晶和陶瓷表现出优异的介电、铁电和压电性能。是重要的介电、压电和电致伸缩材料。典型的弛豫铁电体有 $Pb(Mg_{1/3}Nb_{2/3})O_3$、$Pb(Zn_{1/3}Nb_{2/3})O_3$ 等。近年来，在铁电材料研究中取得的一个重大进展，是大尺寸弛豫铁电单晶材料的制备及其异常压电性能的发现。

【弛豫振荡】（relaxation oscillation） 见固体激光器。

【迟发型超敏 T 细胞】（delayed type hypersensitivity T cells） 决定机体产生迟发型超敏反应（DTH）的 T 细胞亚群。其表型基本上与 Th 细胞相同。由其所介导的 DTH 反应严格地受到 MHC（组织相溶性复合抗原）的限制。DTH 反应的发生，实际上是 T_{DTH} 和抗原多肽以及巨噬细胞在体内相互作用的结果。大致可分为如下两个阶段：（1）T_{DTH} 细胞被抗原致敏而活化。（2）致敏细胞再遇到相应抗原时成为效应细胞，并释放多种淋巴因子。淋巴因子是活化的 T_{DTH} 细胞所合成和分泌的具有多种生物活性的蛋白分子。其活性极强，作用时间短暂。可作用于巨噬细胞、粒细胞、淋巴细胞以及其他细胞，由这些细胞来表现非特异性生物学效应，成为慢性炎症中的主要细胞。

【持家蛋白】（house-keeping protein） 又称管家蛋白。管家基因编码的、很多组织和细胞中都稳定表达的蛋白。参与个体的一种细胞或一系列细胞的基本功能，例如参与 DNA、RNA、蛋白质合成或主要代谢途径的酶。持家蛋白多用于检测整个免疫蛋白印迹实验过程及体系是否正常工作，并作为半定量检测目的蛋白表达量时的标准对照。

【持家基因】（housekeeping gene） 又称管家基因、看家基因。能进行表达、维持细胞的基本结构，并为所有类型细胞的生存提供必需的基本功能的基因。例如：编码组蛋白、核糖体蛋白、线粒体蛋白、糖酵解酶等基因。无论表达水平高低，管家基因较少受环境因素影响，而且在个体各个生长阶段的大多数或几乎全部组织中持续表达，或变化很小，所以这类基因的表达被视为组成性基因表达。

【持久性有机污染物】（persistent organic pollutants） 人工合成的、能持久存在于环境中并能通过食物链（网）累积、对人体健康造成有害影响的化学物质的统称。与常规污染物不同，它们在自然环境中滞留时间长，极难降解，毒性极强，能导致全球性的传播。被生物体摄入后不易分解，并沿着食物链浓缩放大，对人类和动物危害巨大。很多持久性有机污染物不仅具有致癌、致畸、致突变性，而且还会干扰内分泌系统。持久性有机污染物对人类的影响会持续几代人，对人类生存繁衍和可持续发展构成重大威胁。首批列入《关于持久性有机污染物的斯德哥尔摩公约》受控名单的 12 种持久性有机污染物为：(1)有意生产的有机氯杀虫剂有滴滴涕、氯丹、杀白蚁剂、灭蚁灵、艾氏剂、狄氏剂、异狄氏剂等。(2)有意生产的工业化学品有六氯代苯、七氯和多氯联苯。(3)无意排放的工业生产过程或燃烧产生的副产品有二恶英、呋喃。

持久性有机污染物

【持续性感染】（persistent infection ） 某些微生物感染机体后持续存在于宿主体内很长时间的现象。短则几个月，长则可达数年甚至数十年。尤其有些病毒的感染可使病人长期带病毒，引起慢性进行性疾病，并可成为重要的传染源。在动物体内，其表现有三种形式：(1)潜伏感染。在感染过程中一般无临床症状，不能检出病毒。如感染被激发，则出现急性发作，有临床症状，并能检出病毒。(2)慢性感染。病毒仅感染小部分组织细胞并将其杀伤，释出的病毒又感染另一小部分细胞。症状和缓，能检出病毒。乙型肝炎等属于此类。(3)慢性病毒感染。此类疾病的潜伏期极长，发展缓慢，最终宿主死亡。

【持续植物状态】（persistent vegetative state，PVS） 持续 1 个月以上而未出现任何觉醒迹象的植物生存状态。处于植物生存状态的患者，可以进行自主呼吸，通常机体的循环系统、消化系统和泌尿系统功能正常。存在睡眠清醒周期，清醒时可睁眼。疼痛刺激也可使其睁眼，此时患者心率加快，可伴有疼痛表情或肢体的移动。患者能做出一些自发性的动作如咀嚼、咬牙和吞咽等，甚至可毫无原因地哭笑、尖叫或呻吟。头眼甚至会随物体的移动而转动。神经系统检查显示：脑干反射、瞳孔对光反射、角膜反射、头眼反射等均正常；疼痛刺激时肢体可出现伸直或屈曲；一些原始反射如握持反射可被引出。植物生存的重要特征是无认知和思维能力。因此，一旦发现患者能对外界刺激做出反应，即有意识地完成某一动作，即可认为患者已脱离植物生存状态。随 PVS 持续时间的延长，康复的可能性越来越小。持续 3 个月以上即诊断为永久性 PVS。超过上述期限的 PVS 患者也偶有康复的报道，但都处于重残状态。

【尺寸公差】（size tolerance） 简称公差。尺寸的允许变动量。公差值等于最大极限尺寸与最小极限尺寸之代数差，也等于上偏差与下偏差之代数差。某个尺寸的公差值越小，精度越高，越不容易制造；反之亦然。

【尺寸链】（dimension chain） 在零件加工或机器装配过程中，由相互联系的、按一定顺序排列组成的尺寸封闭链。其中在装配或加工过程最终被间接保证精度的尺寸称为封闭环，其余尺寸称为组成环。组成环可根据其对封闭环的影响性质分为增环和减环。若其他尺寸不变，那些本身增大而封闭环也增大的尺寸称为增环；那些本身增大而封闭环减小的尺寸则称为减环。尺寸链的主要特征：一是封闭性，由相关尺寸首尾相接而形成；二是关联性，尺寸链中有一个尺寸精度是由其他精度直接保证的尺寸决定的。尺寸链分类很多。其中，按其用途的不同可分为：零件尺寸链、工艺尺寸链、装配尺寸链等。利用尺寸链可以分析确定机器零件的尺寸精度，保证加工精度和装配精度。

【齿式】（dental formula） 记录动物某种齿的数目和排列的方式。动物分类的重要依据之一。按动物类型的不同可分为：(1)鲤形目鱼类下咽齿（又称咽喉齿、咽齿)特别发达。排列成1~3行。其数目按一定的齿式记载。如鲤的齿式为1.1.3/3.1.1即左右各有3行齿,从外侧依次向内侧记录。左侧咽骨外侧第一行1枚,第二行1枚,第三行3枚;右侧咽骨外侧第一行1枚,第二行1枚,第三行3枚。(2)在软体动物中,多数种类口腔内具颚片和齿舌。齿舌上小齿成横排,每一横排有中央齿一个,左右侧齿一或数对,边缘有缘齿一对或多对。如中国圆田螺的齿式为2.1.1.1.2。(3)哺乳类的牙齿。一般都是异形齿。不同的哺乳类,其各种牙齿的数目是有一定的。如犬的齿式为:$\frac{3.1.4.2}{3.1.4.3}$。式中横线的上下,分别为上颌和下颌,从左至右半侧的门齿、犬齿、小臼齿和大臼齿的数目即所谓齿式。鲤形目鱼类的下咽齿。

【赤潮】(red tide) 又称红潮。一些微小的浮游生物急剧繁殖、高密度分布导致海水变色和水质恶化的自然现象。多发生于晚春至晚秋季节。在赤潮发生时,海水有黏性,有腥臭味,以红色、棕红色及棕黄色常见,也有呈黄色、绿色的赤潮。赤潮多发生在近海。中国沿海发现的爆发式生长的赤潮生物,主要有甲藻、蓝藻、硅藻、裸藻、金藻等门类的单细胞藻类和原生动物如红色中缢虫等。向海洋大量排放污水、使海水富营养化是诱发赤潮的重要因素。由于发生赤潮时海水严重缺氧,加上有些赤潮生物产生的毒素,会造成鱼虾的大量死亡与中毒,威胁到渔业生产和人类的健康。控制污水排放是预防赤潮发生的主要方法。

赤潮

【赤道】(equator) 和地球自转轴中心点相垂直的面与地球表面的交线。地球表面自转线速度最大的点的连线。是地球南、北半球的分界线,是地球纬度的基线,也是地球上最长的纬度线。其纬度为零度。地球赤道的半径和周长分别为6 378.140km和40 075.2km(一说为40 073.7km。由于地球表面并非均匀平面,无论半径还是周长都是近似值)。若无高山地貌的影响,由于受太阳光高角度的照射,赤道是地球上最炎热的地方,也是地球热带的核心部位。赤道通过的大陆有亚洲、非洲、南美洲;赤道通过的海洋有太平洋、大西洋和印度洋。位于赤道以南约300km的非洲肯尼亚的乞力马扎罗山虽然距赤道不远(仅3个纬度),但其海拔高达5 895m,已经深入到赤道上空冰冻圈以内的高度,山顶最低温度可达-30℃以下,那里还发育着一些小型冰川。这是地球热带和赤道附近因特殊地形地貌产生的气候特例。

赤道标志

【赤道板】(equatorial plate) 又称核板。在细胞有丝分裂中期,染色体的着丝粒准确地排列在纺锤体的赤道平面上的一种状态。如果将分裂期的细胞看作地球,过细胞中央(相当于地球的赤道位置)横切出的平面即为赤道板。

【赤道气团】(equatorial air mass) 形成于赤道附近洋面上的气团。其内部非常潮湿、温度很高,气层不稳定。在其控制下,中国华东、华南一带夏季常出现潮湿、闷热的强对流性天气,多雷阵雨,带来大量降水。也可为中国北方降水输送潮湿气流。

【赤道潜流】(equatorial undercurrent) 出现在赤道附近海域的次表层海流。处在赤道流之下、中层水上部,与表层南北赤道流的流向相反,自西向东流动,流速比表层大,所分布的海域几乎对称于赤道,所在的次表层是一个温跃层。1952年,T.克伦威尔首次在太平洋发现了赤道潜流,命名为克伦威尔海流。1961年,苏联的"罗蒙诺索夫"号调查船发现了大西洋的赤道潜流,称为罗蒙诺索夫海流。后来在印度洋中也发现有赤道潜流。就太平洋而言,赤道附近海域从海面至深度50~100m的表层,是温度均匀的暖水层,其下至深度约300m为温跃层。即赤道潜流所在的次表层。赤道潜流的厚度约200m,流幅(宽度)约300km,大约介于南北纬2°之间,流轴几乎与所在的温跃层一致,最大流速1.5m/s,流长约14 000km,几乎横跨了太平洋。大西洋赤道潜流的特点与太平洋相似。印度洋主要受季风所控制,在赤道处的风主要是经向的,且随季风更替而改变方向。每年从11月至次年3月吹北风,5~9月吹南风,因此不能产生赤道潜流。只有在3~4月时,才发现次表层中有微弱的向东的水平压强梯度力,在它的驱动下产生了印度洋赤道潜流。

【赤道坐标系】(equatorial system of coordinates) 天球坐标系之一。以天赤道为基圆,以春分点为原点,用赤经和赤纬表示

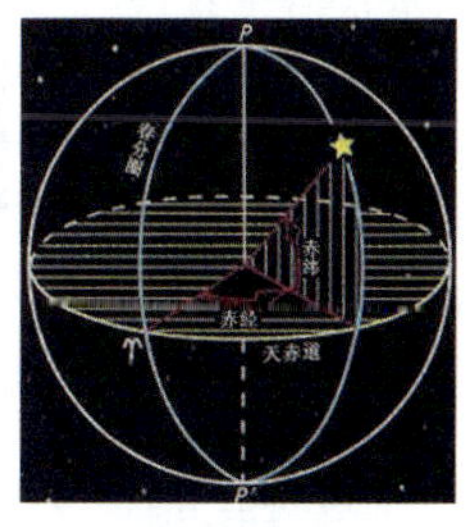

赤道坐标系

天体在天球上的位置。

【赤芍】(chishao) 中药名。药性：苦、微寒。归肝经。功效：清热凉血，散淤止痛。用于温毒发斑、吐血衄血、目赤肿痛、肝郁胁痛、经闭痛经、癥瘕腹痛、跌扑损伤、痈肿疮疡。用法与用量：煎服，6～12g。血寒经闭不宜用。

赤芍

【充电电池】(rechargeable battery) 又称蓄电池、二次电池。可以反复充电使用的电池。其原理是电能和化学能的相互转换。使用时，化学能转变为电能使用电器做功；充电时，外加的直流电源的电能又转换成电池的化学能，储备在电池中以备使用。常见的充电电池有：(1)铅酸蓄电池(用于汽车时，俗称“电瓶”)。其极板是用铅合金制成的格栅，电解液为稀硫酸。充电后，正极处极板上硫酸铅转变成二氧化铅，负极处硫酸铅转变成金属铅。放电时，则发生反方向的化学反应。铅蓄电池的电动势约为2V，常用串联方式组成6V或12V的蓄电池组。其优点是：放电时电动势较稳定。其缺点是：比能量(单位重量所蓄电能)小，对环境腐蚀性强。铅蓄电池的工作电压平稳，使用温度及使用电流范围宽，能充放电数百个循环，储存性能好(尤其适于干式荷电储存)，造价较低，因而应用广泛。(2)铅晶蓄电池。采用硅酸盐取代硫酸溶液作电解质，从而克服了铅酸电池使用寿命短，不能大电流充放电的一系列缺点，更加符合动力电池的要求。铅晶蓄电池的优点是：使用寿命更长，相当于铅酸电池寿命的两倍；高倍率放电性能好；可深度放电到0V；耐候性能好，从－20～50℃都能适应；环保性好，不存在酸雾等挥发的有害物质，对土地、河流等不会造成污染，更加符合环保要求。(3)银－锌蓄电池。正极为氧化银，负极为锌，电解液为氢氧化钾溶液。蓄电池的比能量大，能大电流放电，耐震，用作宇宙航行、人造卫星、火箭等的电源。充、放电次数可达约100～150次循环。其缺点是：价格昂贵，使用寿命较短。(4)铁－镍蓄电池。又称爱迪生电池。其电－解液是氢氧化钾溶液，是一种碱性蓄电池。其正极为氧化镍，负极为铁。电动势约为1.3～1.4V。其优点是：轻便，寿命长，易保养。其缺点是效率不高。(5)镍－镉蓄电池。正极为氢氧化镍，负极为镉，电解液是氢氧化钾溶液。一种碱性蓄电池。其优点是：轻便，抗震，寿命长，常用于小型电子设备。

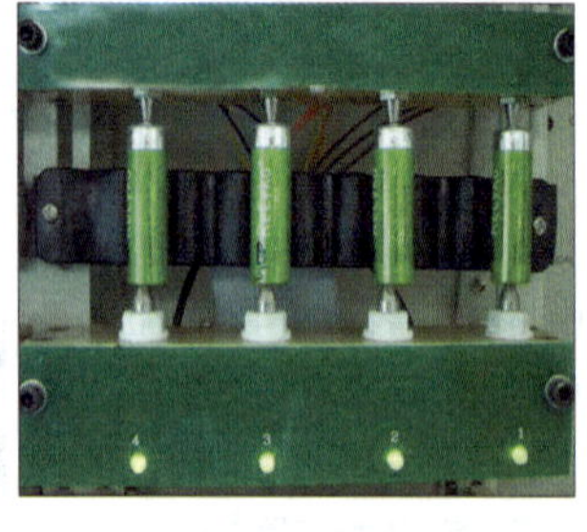

充电电池测定

【充气结构】(inflatable structure) 又称充气膜结构。在以高分子材料制成的薄膜制品中充入空气后而形成的房屋结构。20世纪40年代，在体育场、展览厅、仓库和战地医院等方面开始应用。特别适宜于轻便流动的临时性建筑和半永久性建筑。具有重量轻、跨度大、构造简单、施工方便和建筑造型灵活等优点。其缺点是：隔热性、防火性较差和需要持续供气等。按其结构的不同可分为：(1)气承式膜结构。通过压力控制系统向建筑物内充气，使室内外保持一定的压力差，使覆盖膜体受到上浮力，并产生一定的预张应力，以保证体系的刚度。室内设置空压自动调节系统，来及时地调整室内外气压，以适应外部荷载的变化。跨中不需要任何支撑，适用于超大跨度的建筑，如大型体育馆等。(2)气胀式膜结构。是向单个膜构件内充气，使其保持足够的内压，多个膜构件进行组合可形成一定形状的一个整体受力体系，这种结构对膜材自身的气密性要求很高，或需不断地向膜构件内充气。最典型的充气膜结构建筑是水立方，水立方的内外立面充气膜结构共由3 065个气枕组成，最大的达到70平方米，覆盖面积达到10万平方米，展开面积达到26万平方米，是世界上规模最大的充气膜结构工程。

充气结构示意图

【充水通道】(water filling channel) 水流入矿井的通道。如导水断层、岩层裂隙、溶隙等。按其构造形式的不同可分为：(1)孔隙型通道。常存在于疏松未胶结成岩的岩石中。其透水性能取决于孔隙大小和形态。当巷道穿过时，岩石孔隙大，其涌水量也大。涌水量的大小根据空隙的大小和形状的不同而发生变化。(2)裂隙型通道。在由岩石裂隙构成的充水通道中，风化裂隙及成岩裂隙所含水量不大。但当它们与其他水源联通时，会使矿井充水。其中，对矿井涌水有严重威胁的是构造裂隙(断裂)。包括各种节理、断层和巨大的断裂破碎带等。是形成矿井涌水和矿井突水的主要通道。(3)溶洞型通道。

由可溶性的碳酸盐类岩石被溶蚀而形成。可以是细小的溶孔直到巨大的溶洞,彼此可以连通,也可以形成单独的管道。其内可储存大量的水或沟通其他水源。当巷道接近和揭露它们时,易造成灾害性的冲溃。(4)人工通道。崩落法采矿和勘探钻孔都可造成裂隙形成涌水通道。

【冲沟侵蚀】(gulch erosion) 水流经过切沟进一步集中,使沟道继续向宽度和深度方向发展的侵蚀过程。是切沟侵蚀向河沟侵蚀发展的一种过渡形式。一般情况下冲沟位于切沟与水文网之间。冲沟侵蚀形成的沟道横断面常为弧形,沟底纵断面与原坡面坡度已经不相一致,除上部坡降较大外,一般已经逐渐变得较为平缓或接近平衡剖面。此时冲沟已经形成一个完整的侵蚀沟系统,尤其是在中国的黄土高原,其规模相当庞大。在中国南方花岗岩地区、第四纪红土阶地地区以及黄土高原地区,常可见到较为典型的冲沟。在黄土高原的黄土涧地和黄土掌地等处有一种特殊冲沟形式,当局部侵蚀基准面发生变化时,在冲沟内的洪水下泄注入水文网的过程中,已产生淤积并趋于稳定的沟谷底部被再次冲刷形成更深的谷道。冲沟沿着水文网底部溯源伸展,形成很长的沟槽。黄土高原地区的冲沟深度一般在数十米左右,最深可达百米以上。

【冲击波】(shock wave) ❶在物理学中,冲击波特指在流体中以高于声速的速度传播并对流体产生压缩作用的波。在爆炸、冲击、超声速流动等过程中会出现冲击波。在空气中飞行的飞行器,当其速度大于空气中声速时,即会产生冲击波。受到压缩的气体与未受到压缩的气体之间有一个很薄的波阵面隔开。这个波阵面的前后的压力不同,具有突然变化的特点。冲击波的破坏力很大,对建筑物和生物可造成毁灭性损害。❷在计算机中,"冲击波"(worm blaster)是一种利用 Windows 操作系统的 RPC 漏洞进行传播的蠕虫病毒。其特征是:(1)使用通信协议、程序向网络中的另一台计算机操作系统进行病毒传播并随机发作,破坏力强。(2)不需要通过电子邮件(或附件)来传播,更隐蔽,不易察觉。(3)使用 IP 扫描技术查找网络上有漏洞的计算机,并利用 RPC 缓冲区漏洞植入病毒体以控制和攻击该系统。在计算机遭受攻击后,会使计算机出现系统资源紧张、网络速度缓慢、莫名其妙地死机或系统无故重启等症状。

【冲击大电流测量】(measurement of high current impulse) 冲击大电流的峰值和波形的测量。常用分流器或罗戈夫斯基线圈与数字存储示波器组成的测量系统来实现,还可应用磁光效应的光电法来进行测量。根据中国国家标准,对认可的测量系统要求测量峰值的总不确定度在 3% 范围,测得的时间参数不确定度在 10% 范围内。冲击电流的标准测量系统在其使用范围内的总不确定度为:对于峰值电流应为 1% 范围,对于时间参数应为 5% 范围。确定认可的测量系统标定刻度因数及动态特性时,应采取与标准测量系统比对的方法,对动态特性的校核也可采用阶跃波相应测量法。

【冲击镀】(strike plating) 又称闪镀。在特定的溶液中以高的电流密度,短时间电沉积出金属薄层,以改善沉积镀层与基体间结合力的方法。例如,可用于改善铸铁制品表面镀层的牢固性。镍、铬、锌,以及银、金、钯等贵金属,均可作为冲击镀层的材料。

冲击镀饰品

【冲击负荷】(impact load) 运行中的用电设备突然短时间从电力系统取用的大功率。出现的时间很短,但其峰值往往是其平均值的数倍甚至数十倍,因而会引起电力系统的频率波动、公共供电点的电压陡降、灯光闪烁、电视机图像畸变、图文失真等。有时电压陡降还会影响电网自动装置的正常工作。其中周期性冲击负荷还会造成闪变。冲击负荷出现于炼钢电弧炉熔化期间、电力机车爬坡期间、压延机车坯料送入轧辊期间、电焊机引弧期间等。由于主要产生冲击负荷的用电设备大多电功率因数较低,因此冲击负荷对无功功率影响尤为严重。消除冲击负荷对电力系统影响的主要措施有:加大电力系统短路容量,采用快速调节的无功功率补偿装置,对产生冲击负荷的用电设备提高供电电压等级,采取专线供电等。

【冲击矿压】(burst of rock pressure) 又称冲击地压。在煤岩力学系统达到极限强度时,聚积在煤岩体中的弹性能量以突然、急剧、猛烈的形式释放并造成破坏为特征的动力现象。矿山开采中发生的煤岩动力现象之一。在矿山开采过程中,由于应力重新分布使得采掘工作面处于高应力状态下积聚了大量弹性能的围岩达到强度极限时,聚积在围岩中的弹性能量以突然、急剧、猛烈的形式释放,造成煤岩体振动和破坏,动力将煤岩体抛向井巷,同时发出强烈声响,造成支架与设备、井巷的破坏以及人员的伤亡等。其特点表现为突然性、多样性、破坏性。按其原岩(煤)体应力状态的不同可分为:重力型冲击矿压、构造应力型冲击矿压和中间型或重力构造型冲击矿压。按其显现强度的不同可分为:弹射、矿震、弱冲击和强冲击。按其震级强度和抛出的煤量的不同可分为轻微冲击(Ⅰ级)、中等冲击(Ⅱ级)、强烈冲击(Ⅲ级)。按其发生地点和位置的不同可分为煤体冲击和围岩冲击。其发生成因和机理非常复杂。防治措施的基本原理有强度理论、刚度理论、能量理论、冲击倾向理论、三准则理论和变形系统失稳理论等。

【冲击韧性】(impact toughness) 又称冲击值。材料抵抗冲击载荷能力的参考性指标。其数值需经过试验得出。是将一定尺寸和形状的材料标准试样(常见的是带有V型缺口的材料试样),放在摆锤式试验机上一次冲击打断,试样缺口处单位面积上所消耗的冲击功,称为冲击值,以符号 α_k 表示,单位为 J/cm^2。冲击值与试验温度有关。在低温状态下材料的冲击值会降低。

【冲击韧性试验】(impact toughness test) 一种动态力学性能试验。将标准形状的试样用拉、扭或弯曲的方法使之迅速断裂,以测定断裂所需要的功。根据试样的形状和断裂方式不同可分为拉伸冲击、扭转冲击和弯曲冲击试验等。这里指的是弯曲冲击试验。该试验主要用来控制冶炼和热加工工艺的质量,判定工艺规范的执行情况等。另外,人们一般把在很短的时间突然施加在构件上的载荷称冲击载荷。把构件受冲击载荷作用而产生的应力叫冲击应力。

【冲击式水轮机】(impulse turbine) 利用具有动能的高速水流直接冲击转轮做功,将水流能量转换为旋转机械能的水轮机。按其水流冲击转轮部位方向的不同可分为:水斗式、斜击式和双击式。(1)水斗式水轮机,又称切击式水轮机。主要部件有:输水管(又称配水环),为引水部件;喷流机构,包括喷嘴、喷针及其操作机构,用以调节流量和功率;转轮,由轮盘和沿其圆周均匀布置的水斗式轮叶组成;折向器又称偏流器,用以在负荷骤减时迅速隔断水流。(2)斜击式水轮机。喷嘴的射流方向不在转轮的旋转平面上,而是成某一角度。此角一般为22°~25°。(3)双击式水轮机。水流向心地射向转轮并充满部分叶片的流道后,再离心地射到另一部分叶片上,前者利用70%~80%的功能,后者利用功能的20%~30%。由于水流两次冲击到叶片上,因而称为双击式水轮机。斜击式和双击式水轮机由于效率低、使用水头有限,只用于小型水电站。水斗式水轮机应用最为广泛,是冲击式水轮机中最具有代表性的机型。其使用水头范围一般在300m以上。对于300~700m水头范围,在选择机型时需要对混流式和冲击式两种机型进行全面的技术、经济论证后优选确定。水头高于500m时,一般采用水斗式水轮机。按其水轮机轴布置方式的不同可分为卧式和立式。

冲击式水轮机

【冲积岛】(alluvial island) 河流搬运的泥沙在入海口附近堆积成的沙岛。中国最大的冲积岛是位于长江入海口的崇明岛,总面积达1 060.5km^2,为中国第三大岛。冲积岛地势平坦,一般由砂和黏土等碎屑物质组成,可以开发成良田。

【冲积平原】(alluvial plain) 河流搬运的碎屑物因流速减缓而逐渐堆积形成的平原。地势平坦,沉积深厚,面积广大。冲积平原一般分为三部分:(1)山前平原。是从山区到平原的过渡带,地面仍具有一定的坡降。(2)中部平原。是冲积平原的主体。表面平坦,常有数条河流甚至几个水系流经。(3)滨海平原。沼泽面积大,有周期性海水侵入,并残留一些海岸地貌形态,如贝壳堤、湖、海湾等。河流上游有持续而丰富的泥沙供给及堆积地区地壳的不断沉降(或相对沉降)是冲积平原形成的必要条件。中国的华北平原为典型的冲积平原,主要由黄河、淮河和海河等合力堆积而成。黄河和海河上游的黄土高原提供了丰富的碎屑物质。每年经黄河下泄的泥沙近 1.6×10^9t。同时,华北平原地区从第三纪以来即持续沉降,故形成了沉积层厚度数百米乃至上千米、总面积超过 $3\times10^5km^2$ 的大平原。

冲积平原

【冲积扇】(alluvial fan) 山地河流流出山口时挟带的碎屑物堆积形成的、从出口顶点向外辐射的扇形堆积体。因河床坡降骤减、水流搬运能力减弱、挟带的碎屑物就快速堆积下来。在纵向上,其剖面呈凹形,坡降上陡下缓,组成物质也由粗变细;但在横向上,剖面呈凸形。冲积扇的规模变化很大,小的纵向长度仅数十米,由于体小坡陡,形态上具明显的锥形。若干个小型冲积扇连成一体,在山麓成带状分布。大型冲积扇纵向长度可超过数十千米乃至上百千米，堆积物厚度也超过数百米，称为冲积扇平原。如中国的黄河冲积扇平原，永定河、滦河冲积扇平原等。冲积扇部位的地下水资源丰富，排水条件也好，是发展农业生产的有利地区。许多城市也分布于此。

冲积扇

【冲量】(impulse) 作用在物体上的力和力的作用时间的乘积。其作用使受力物体的动量发生变化。冲量的数学公式为 $\vec{I} = \vec{F}\Delta t$。冲量是矢量，它的方向和力的方向一致。因为冲量是力对时间的累积效应。只要有力，而且作用了一段时间，就是力的冲量。冲量的单位是 N·S。

【冲量矩】(moment of torqus) 又称力矩的冲量、角冲量。作用在刚体上的合外力矩与作用时间的乘积。即 M 。其作用引起刚体转动状态的变化。刚体所受的冲量矩等于这个刚体在这段时间动量矩的增量。是矢量，方向与力矩方向一致。其单位为N·m·s。

【冲沙闸】(scouring sluice) 又称排沙闸、冲刷闸。渠首及渠系工程中，用以冲刷淤沙的水闸。无坝取水渠首中的冲沙闸，常设置在沉沙池或沉沙渠的末端靠近河流一侧。按正面取水，侧面排沙的原则布置，与进水闸之间的夹角取30°~60°。有坝取水中的冲沙闸，常布置在进水闸一侧的河床上，与拦河闸(坝)同一轴线，用以冲走进水闸前及沉沙槽中的淤沙。冲沙闸底槛高程宜低于进水闸底槛高程1~1.5 m。为了更好地把粗颗粒泥沙引向冲沙闸，常在进水闸前设置导沙坎，在冲沙闸上游沿水流方向设置潜没分水墙，以利集中水量分孔冲沙。冲沙闸有连续冲沙和间歇冲沙两种运用方式。当河道来水仅能满足进水闸引水需要时，采用间断冲沙，即关闭冲沙闸以保证引水。当沉沙槽中淤沙达到一定厚度，使过量泥沙进入渠道时，关闭进水闸停止引水，开启冲沙闸排沙。冲沙闸常用开敞式水闸。当河道水位变幅大、闸室较高时，为减小闸门高度和控制高水位的过闸单宽流量，也可采用胸墙式水闸。

【冲施肥料】(fluid multinutrient fertilizer) 可溶于水并可随之施用，具有使用简便、肥效迅速等特点的一类肥料。适合作冲施肥的原料一般都是水溶性较好、营养成分不易被土壤固化、不板结土壤、易被植物吸收、肥效体现快且无毒害残留的原料。多为含有多种营养成分的复合制剂。在作物生长期作为追肥品种应用。主要在一些经济作物如各种蔬菜、果树等速长或大量结果期需要养分多时施用。

【冲突检测】(collision detect, CD) 发送站点在发送数据之前先进行信道中是否存在冲突的检测，只在无冲突时才能进行数据传输的机制。是通过监听信道是否有干扰信号来进行的。如果信道中存在干扰信号，则表示产生了冲突；如果没有，则代表没有发生冲突。当发生冲突时，发送站点就停止发送数据，并计算出退避等待时间。计算退避等待时间采用的是“二进制指数退避算法”：(1)将冲突发生后的时间划分长度为51.2μs时隙。(2)发生第一次冲突后，各个站点等待0或1个时隙再开始重传。(3)发生第二次冲突后，各个站点随机地选择等待0，1，2或3个时隙再开始重传。(4)第 N 次冲突后，在0至2的 N 次方减一间随机地选择一个等待的时隙数，再开始重传。(5)10次冲突后，选择等待的时隙数固定在0至1 023间。(6)16次冲突后，发送失败，报告上层。

【冲突域】(collision domain) 在网络中，连接在同一导线上的所有工作站的集合。能接收集合内任一设备发出的数据帧的所有设备的集合。在该集合中的任何一个节点发送一个数据帧，则集合内的所有设备都能够接收到这个帧，除目的站点外，其他站点就发生冲突。它被认为是OSI第一层中的概念。集线器设备等共享设备所连接的节点被认为是一个冲突域。而交换机、网桥、路由器可以分隔冲突信号，一个端口是一个冲突域。

【虫媒】(entomophily) 以昆虫为媒介将花粉带到柱头上进行受精的现象。这种花称为虫媒花。一般虫媒花多具有极其美丽的花瓣，发达的蜜腺和强的味，花粉有黏液、黏丝、凸起等，具有容易附着在昆虫身体上的性质。在植物的进化历史上，一般认为虫媒的形式比风媒出现得晚。

虫媒

【虫生菌】(entomogenic fungi) 又称虫生真菌。与各类虫发生寄生、腐生、共生等关系的真菌。

这里所指的是广义的虫生菌。多属于昆虫的病原菌，最终导致昆虫被真菌致死。虫生菌多为子囊菌类的半知菌，而担子菌较少。冬虫夏草主产于中国青藏高原及周边地区，是世界著名的珍稀虫生菌。白僵菌、绿僵菌也是分布较广泛而用于杀虫的真菌。蛹虫草、古尼虫草、蝉花、冬虫夏草均是药用真菌，在中国有数千年的入药史。

冬虫夏草

【重氮化合物】(diazo-compound) 分子中含有-N═N-基团的有机化合物。该基团只有一端与烃基相连时称为重氮化合物；两端都与烃基相连时称为偶氮化合物。重氮化合物的化学性质很活泼，能发生多种反应，在有机合成中有着重要作用；偶氮化合物具有各种鲜艳的颜色，多数可用作染料，称为偶氮染料。偶氮染料是染料中品种最多、应用最广的合成染料。

【重氮丝印感光胶】(diazo silkscreen printing photosensitive emulsion) 以重氮树脂为感光剂的一种感光胶。由重氮树脂感光剂和乳胶-成膜主体（蓝色乳液）两部分组成。感光剂为光敏树脂，遇光分解，与乳胶混合后会产生光敏胶联。利用这一性能可作为制备丝网印制电路板或其他直接感光法制版用感光材料。由于用水显影，不会污染环境。

【重返井口装置】(reentry well-head assembly) 又称再进钻孔装置。钻探作业的船只在一个钻井位置更换磨损钻头后再次返回到原来钻孔位置的技术装备。由一个安放在海底的再进钻孔漏斗（又称导向喇叭口）、三个安放在导向盘四周的被动式声呐反射器、一根连接钻孔漏斗下部的钻探导管和一个声呐扫描器等组成。钻探导管通过自动锁紧装置连接在钻孔漏斗下部。声呐扫描器安装在钻头的前端，能接收声呐反射器的回波，寻找钻孔位置。在重返井口作业时，先操纵船只，用动力定位设备调整船位，再通过声呐扫描器进行扫描。声呐反射器对钻头和钻杆导向，并依靠安装在钻杆上的液体喷嘴喷射水流，使钻头和钻杆向再进钻孔漏斗上的声呐反射器的中部移动，然后对准漏斗的中心，钻头和钻杆便巧妙地再次进入原有钻孔，继续钻井作业。

【重复接地】(repeated grounding) 中性线和保护线的公共线或保护线每隔一定距离的接地方式。重复接地可以降低保护线或公共线断线或电气设备短路时，电气设备的对地电压，从而减少触电危险。此外，重复接地还有减小中性点偏移引起的三相电压不平衡的作用。中国国家标准规定，重复接地电阻应小于10 Ω。国际标准中则推荐等电位接地，即如有其他有效接地体时，保护线应合理地、尽可能地与这些接地体相连接，以形成与地位接近的等电位。

【重结晶】(recrystallization) 在已有晶体的基础上发生的再次结晶的过程。主要有两种形式：一是已形成的晶体在所处的物理化学条件变化时部分地熔融或溶解而转入母液，然后又重新成长形成新的结晶体；二是已形成的晶体，在变化了的温度、压力影响下，在固体状态下通过原子或离子的扩散而再次生长，使结晶颗粒由细变粗，如石灰岩变成大理岩时，方解石晶粒的变粗。

重结晶产品

【重整】(reforming) 对烃类分子结构进行重新排列而生产化工原料的石油加工过程中重要的二次加工手段。可生产高辛烷值汽油或者苯、甲苯以及二甲苯等化工原料，并副产大量氢气。可分为热重整和催化重整两类。催化重整的反应有六元环的脱氢反应、五元环的异构脱氢反应、烷烃的环化脱氢反应、异构化反应、加氢裂化反应和烯烃的加氢饱和反应等。重整催化剂可分为单金属（铂）、双金属（如铂-铼、铂-锡）和多金属催化剂（如铂-铼-钛）三类。

【重组DNA技术】(recombinant DNA technique) 把不同来源包括不同种属生物的DNA片段拼接成一个新的DNA分子，并将其引入活细胞内使其大量复制或表达的技术。其步骤是：(1)产生DNA片段。(2)DNA片段与载体DNA分子相连接。(3)将重组DNA分子导入宿主细胞。(4)选出含有所需要的重组体DNA分子的宿主细胞。其功能是：(1)能使生物技术中的转化环节更加优化。(2)可分离得到高产量的微生物菌株、原核生物细胞和真核细胞，也可作为生物工厂以大量生产胰岛素、干扰素、生长激素、病毒抗原等外源蛋白。(3)简化许多化合物和大分子的生产过程。该技术在能源、农业、食品、工业化学和药品制造等方面具有广阔的发展空间。

【重组蛋白质】(recombinant protein) 用基因工程手段、由重组核酸编码所表达的蛋白质。常在蛋白质名称前加r表示，例如rBMP指用基因工程手段获得的重组骨形成蛋白。大肠杆菌是重组蛋白生产的首选体系,但基因重组蛋白在大肠杆菌中表达时,由于表达量高,往往形成无生物活性的包涵体。包涵体必须经过变性和复性的过程才能获得有活性的重组蛋白,如何提高基因重组蛋白质的复性率,是生物工程技术的一个研究热点。

【重组近交系】(recombinant inbred species) 两个无关高质近交系杂交后,用其 F2 代进行全同胞兄妹交配 20 代以上而育成的新近交系。具有双亲近交系特性和重组后新近交品系特性。被广泛应用于机体寿命、基因重组与连锁关系、基因效应等方面的研究。重组近交系表示方法是在两个亲代品系名的缩写中间不留空隙地加一个大写 X 分开,同一系列的不同重组近交系用阿拉伯数字予以区分。为了和品系数字区分,可使用连接符,如:CXB6－2。对已有的人们熟悉的名字的重组近交系不受此限,如 CXBD。

【重组修复】(recombination repair) 在 DNA 复制过程或复制之后,不切除 DNA 损伤部位的修复。其修复步骤是:(1)DNA 是双链结构,其中一条受损伤的 DNA 链复制时,产生的子代 DNA 在损伤的对应部位出现缺口。(2)另一条完整的母链 DNA 与有缺口的子链 DNA 进行重组交换,将母链 DNA 上相应的片段填补子链缺口处,而母链 DNA 出现缺口。(3)以另一条子链 DNA 为模板,经 DNA 聚合酶催化合成一新 DNA 片段填补母链 DNA 的缺口,最后由 DNA 连接酶连接,完成修补。重组修复不能完全去除损伤,损伤的 DNA 段落仍然保留在亲代 DNA 链上,只是重组修复后合成的 DNA 分子是不带有损伤的,但经多次复制后,损伤就被"冲淡"了,在子代细胞中只有一个细胞带有损伤 DNA。

【重组组织型纤溶酶原激活剂】(recombinant tissue-type plasminogen activator) 可激活纤溶酶原成为纤溶酶的一种糖蛋白。当静脉使用时,在循环系统中只有与其纤维蛋白结合后才表现出活性。它与纤维蛋白亲和性很高。该制剂和纤维蛋白结合后被激活,诱导纤溶酶原还原成为纤溶酶,溶解血块。但对整个凝血系统各组分的系统性作用是轻微的,因而不会出现出血倾向。该制剂可用于急性心肌梗死的溶栓治疗,用于血流不稳定的急性大面积肺栓塞的溶栓疗法。用于急性缺血性脑卒中的溶栓治疗时,必须在脑梗死症状发生的 3h 内进行治疗,且需经影像检查(如 CT 扫描)排除颅内出血的可能。该制剂不具抗原性,所以可重复使用。

【冲裁】(blanking) 利用冲模使部分材料或工序件与另一部分材料、工序件或废料分离的一种冲压工序。是切断、落料、冲孔、冲缺、冲槽、切边、切舌、切开等分离工序的总称。切断是将材料沿敞开轮廓分离的一种冲压工序,被分离的材料成为工件或工序件;落料是将材料沿封闭轮廓分离的一种冲压工序,被分离的材料成为工件或工序件,大多数是平面形的;冲孔是将废料沿封闭轮廓从材料或工序件上分离的一种冲压工序,在材料或工序件上获得需要的孔;冲缺是将废料沿敞开轮廓从材料或工序件上分离的一种冲压工序,敞开轮廓形成缺口,其深度不超过宽度;冲槽是将废料沿敞开轮廓从材料或工序件上分离的一种冲压工序,敞开轮廓呈槽形,其深度超过宽度;切边是利用冲模修边成型工序件的边缘,使之具有一定直径、一定高度或一定形状的一种冲压工序;切舌是将材料沿敞开轮廓局部而不是完全分离的一种冲压工序,被局部分离的材料,具有工件所要求的一定位置,不再位于分离前所处的平面上;切开是将材料沿敞开轮廓局部而不是完全分离的一种冲压工序,被切开而分离的材料位于或基本位于分离前所处的平面。

【冲裁成型】(blanking forming) 利用冲模将预先剪切好的金属板条料沿封闭轮廓线分离的加工方法。包括冲孔、落料等工序。是生产各种形状复杂、精度要求较高,以及需要量较多的中、小平面零件和展开毛料的主要加工方法。在冲孔和落料工序中,板料变形过程和所有模具结构一样,都是由凸模凹模相互冲切完成。两者的区别在于落料是从板料上分离出所需的裁件,而冲孔则是从板料上分离出废料,即冲出孔洞。

冲裁成型

【冲裁模】(blanking die) 沿封闭或敞开的轮廓线使板材产生分离的冲压模具。如落料模、冲孔模、切断模、切口模、切边模、剖切模等。

【冲床】(punch) 冲压成型的机械设备。冲压加工一般可完成剪断、落料、折弯、拉伸、冲压成型等工艺过程。冲床既可以是机械传动,也可以是液压传动,但是在深冲时用液压传动,因为液压冲床在冲程全长上都能提供满载压力。

冲床

【冲压】(stamping) 靠压力机和模具对板材、带材、管材和型材等施加外力,使之产生塑性变形或分离,从而获得所需形状和尺寸的工件(冲压件)的成型加工方法。冲压的坯料主要是热轧和冷轧的钢板和钢带。在全世界的钢材中,有60% ~70%是板材,其中大部分经过冲压制成成品。汽车的车身、底盘、油箱、散热器片,锅炉的汽包、容器的壳体、电机、电器的铁芯硅钢片等都是冲压加工的。仪器仪表、家用电器、自行车、办公机械、生活器皿等产品中,也有大量的冲压件。

【冲压机器人】(pressing robot) 在冲压生产中,为压力加工机械提供毛坯和卸下成品的专用工业机器人。是工业机器人的一种。冲压生产的特点是:工作频率高而动作简单、重复,因而要求冲压机器人具有比通用型机器人更高的速度和运动平稳性,但运动自由度较小。其控制通常为点位控制,比通用型机器人简单。用于大型闭式压力机的冲压机器人,通常采用悬挂方式安装在压力机的横梁上。压力机之间采用输送装置互相连接,可组成冲压生产线。用于中小型开式压力机的冲压机器人,通常采用落地式,安装在两台压力机之间。每台压力机配用一台机器人,同时完成前一台压力机的下料和后一台压力机的上料。多台压力机和机器人可以组成冲压自动线。

冲压机器人

【冲压件】(pressed parts) 通过冲压处理及预处理而加工制得的零件。冲压制得的零件具有表面质量好、重量轻、成本低的优点。冲压工艺是一种经济的加工方法。在制造业中得到了广泛的运用。在现代汽车、拖拉机、电机、电器、仪器、仪表以及飞机、导弹、枪弹、炮弹和各种军、民用轻工行业中已成为主要的生产工艺之一。

【冲压模具】(stamping die) 在室温下冷冲压加工中,将金属或非金属材料加工成零件或半成品的特殊工艺装备。是冲压生产必不可少的工艺装备。是技术密集型产品。冲压件的质量、生产效率以及生产成本等,与模具设计和制造有直接关系。模具设计与制造技术水平的高低,在很大程度上决定着产品的质量、效益和新产品的开发能力。冲压模具的形式很多。按其工艺性质的不同可分为冲裁模、弯曲模 、拉深模和成型模等;按其工序组合程度的不同可分为单工序模、复合模和级进模等。

【冲压喷气发动机】(ramjet engine) 使空气静压提高的一种空气喷气发动机。飞行器高速飞行时,相对气流进入发动机进气道后减速,动能转变成压力能,空气被压缩而静压提高。与燃气涡轮发动机的不同在于它没有专门的压气机和涡轮,因此结构简化。冲压发动机产生的推力与进气速度有关。飞行速度越大,冲压越大,产生的推力也越大。但静止时不能产生推力,要靠其他动力装置将其加速,达到一定速度后才能正常工作。所以冲压发动机通常要和其他发动机组合使用,形成组合式动力装置。

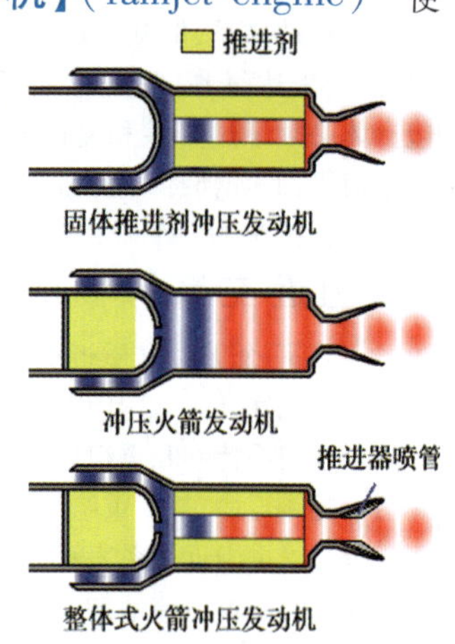

冲压喷气发动机

【抽出式通风】(exhaust ventilation) 又称负压通风。把主通风机安设在出风井口附近,利用风硐使之与出风井筒连通的通风方式。当主通风机运转时,风硐内的空气稀薄,造成低于大气压的气压,使空气在大气压力作用下自进风井口进入井下,经由各用风场所后,从出风井排出。井下任一点的空气压力都小于井外同标高的大气压力。与压入式通风相比,其优点是:(1)抽出式通风在主要进风道不需要安设风门,利于运输和行人,通风管理工作方便、容易。(2)在瓦斯矿井顶内积聚的瓦斯向巷道或其他工作空间涌出,有利于矿井安全生产。目前中国大部分矿井都采用抽出式通风。其缺点是:(1)在开采煤田上部第一水平时,因地面往往塌陷严重,采用抽出式通风,会把大量污浊、有害气体吸入井下风道。(2)使一部分风流短路,降低有效风量。(3)容易引起煤炭自然发火。

抽出式通风机

【抽搐-秽语综合征】(tics of tourette syndrome) 又称多发性抽动症、进行性抽搐。以面部、四肢、躯干部肌肉不自主抽动伴喉部异常发音及污秽语言为特征的综合症候群。1885年法国的Tourett's首先报道。是儿童较常见的行为障碍综合征。多发生于5~6岁儿童,男女比为3:1。病因多为早产、难产、产伤、窒息、外伤、感染及环境因素等。多有中枢神经递质代谢异常和神经如纹状体、苍白球、豆状核基底节拉伤等。其主要表现是：先从头部开始，逐渐到颈→躯干→四肢，出现多发性运动肌突然、快速、重复抽动，如眨眼、皱眉、咧嘴、点头、摇头、扭脖、耸肩、扭腰、甩手、抖腿、踢脚、神态异常等。同时伴有喉发出不自主怪声、干咳、吼叫、狂叫声。口出脏话，骂人，学习成绩下降，冲动行为；自残，攻击行为，甚至裸体等。在过度疲劳及感冒时加重。儿童智力正常。每天抽动的次数不等。不经治疗不会自愈。要把病情告诉患儿，使其知道经过治疗可以康复。可中西医结合治疗或进行心理治疗。

【抽动障碍】（tick disorder） 一种起病于儿童和青少年时期、具有明显遗传倾向的神经精神性疾病。主要表现为不自主地、反复地、快速地一个部位或多部位肌肉运动抽动和发声抽动，并伴有注意力不集中、多动、强迫性动作和思维或其他行为症状。该病病程不一，可呈短暂性的或慢性的，也可持续终生。抽动通常以眼部、面部或头部的运动抽动为首发症状，而后向颈、肩、肢体或躯干发展。按临床特征和病程特征的不同可分为：(1)短暂性抽动障碍。儿童期一种最常见的抽动障碍类型。临床表现为突然的、重复的、刻板的一种或多种运动性抽动和(或)发声性抽动。病程持续不超过一年。(2)慢性运动或发声抽动障碍。病程至少持续一年以上，有些患者症状甚至可持续终生。(3)发声和多种运动联合抽动障碍或称为冲动性抽动症。

【抽水蓄能】（pumping energy storage） 又称水电蓄能。一种可以大量蓄存可用能的方法。其原理是通过泵将大量水从低位水库抽到高位水库，利用水的势能来储存机械能或电能。水在那里可以长期储放，当需要机械能或电能时，高位水库中的水经过水轮机放入低位水库中，从而将水的势能转变为机械能或电能。目前在技术上直接储存大量电能是困难的，所以采用抽水蓄能这种间接方法。在电网中建设一定数量的抽水蓄能电站，可以在用电负荷低时用高位水库来蓄能；而当用电负荷高时用水轮机将水库所蓄势能转化为电能，使火电机组或核电机组可以在昼夜之间维持较高的运行效率和安全性。抽水蓄能还为紧急情况下迅速供电提供了一条途径。

【抽水蓄能水电站】（pumping storage power station） 利用电力系统低谷负荷时的剩余电力抽水到高处蓄存，在高峰负荷时放水发电的水电站。是电力系统唯一的填谷调峰电源。抽水蓄能电站在日、周负荷的运行过程是：在负荷低谷时，吸收电力系统的有功功率抽水。这时它是用户。在负荷高峰时，向电力系统送电。这时它是发电厂。常规水电机组和燃气轮机组也是调峰性能较好的电源，但都没有填谷作用。抽水蓄能电站抽水是把电能转换为水能的过程；发电是把水能转换为电能的过程。在每一次抽水发电的能量转换循环中，都有能量损失，使发电量小于抽水的能耗电量，二者之比是抽水蓄能电站循环效率，或称抽水蓄能电站综合效率，一般为0.7～0.75。抽水蓄能电站与火电、核电配合运行。因其填谷作用，可节省火电机组低出力运行的高燃料耗费和机组起停的额外燃料耗费，减少火电机组开停机次数，使核电站平稳运行，因而增长火电和核电机组运行寿命。在以火电、核电为主的电力系统中，修建适当比例的抽水蓄能电站是经济的。抽水蓄能电站有起停灵活、增减工作出力快的优点，从全停到满载发电约5min，从全停到满载抽水约8min，以满载发电或满载抽水到与电网解列约1min。此外，抽水蓄能电站还可承担电力系统的负荷备用、事故备用和调频、调相任务。不但可提高电力系统运行的经济性，而且有助于降低系统事故率，提高供电可靠性。

【抽薹】（bolting） 叶菜类、根菜类、鳞茎类等二年生蔬菜在花芽分化以后，花茎从叶丛中伸长生长的现象。是进入生殖生长的形态标志。在蔬菜的采种栽培中，应创造适宜花芽分化和抽薹开花的环境条件，使植株及时地正常抽薹；而采收食用器官的，则要求抑制抽薹。按其生长过程的不同可分为：(1)完全抽薹，在充分满足植株低温和长日照诱导条件后，遇抽薹适温时的抽薹，采种栽培必须达到完全抽薹。(2)不完全抽薹，由于未能满足植株通过春化的低温条件，或春化后遇到高温而抽薹开花，形成的花器畸形，易脱落，结实少，种子小。(3)抽薹终止，花茎已经开始伸出，但中途停止生长而恢复营养生长的现象。

抽薹

【抽屉原则】（drawer principle） 又称鸽笼原则。确定一些组合对象的存在性的基本定理。其简单形式是：若把 $n+1$ 件东西分放到 n 个抽屉里，则至少有一个抽屉里有 2 件东西。抽屉原理的一般形式是：设有 $q_1, q_2, \cdots, q_n$ 是正整数，若把 $q_1+q_2+\cdots+q_n$ 共 $n+1$ 件东西放入 n 个抽屉里，则或者第一个抽屉里含有 q_1 件东西，或者第一个抽屉里含有 q_2 件东西……或者第一个抽屉里含有 q_n 件东西，以上情形必有一种成立。抽屉原则的简单形式是取 $q_1 = q_2 = \cdots = q_n = 2$时的特例。

【抽象法】(abstract method) 在获得大量感性材料的基础上,舍弃其现象的、表面的、偶然的和孤立的成分,抽取其本质的、内在的和必然的东西,以揭示事物的本质和规律的思维方法。在科学研究中,对观察和实验所获得的感性材料进行科学的抽象,是更深刻地反映自然本质、形成科学概念和理论的决定性环节。从对事物的完整认识来说,科学抽象法的运用过程,一般分为从感性的具体到抽象的概念规定,再从抽象的概念规定上升到思维中的具体这样两个阶段。抽象法的形式是多样的,自然科学研究中的理想化方法,就是其中具有代表性的一种形式。

【抽象数据类型】(abstract data type) 一个数学模型以及定义在该模型上的一组操作过程。其特征是:(1)数据抽象。强调的是其本质的特征、其所能完成的功能和外部用户的接口。(2)数据封装。将实体外部特性和内部实现细节分离,对外部用户隐藏其内部实现细节。通过固有数据类型(高级编程语言中已实现的数据类型)来实现。对其描述包括给出抽象数据类型的名称、数据的集合、数据之间的关系和操作的集合等方面。其设计者根据这些描述给出操作的具体实现方法,使用者依据这些描述进行使用。使人们更容易描述现实世界。使用它的人可以只关心它的逻辑特征,不需要了解它的存储方式。

【抽样误差】(sampling error) 由抽样方法本身所引起的样本指标值与被推断的总体指标值之差。当由总体中随机抽取样本时,哪个样本被抽到是随机的,由所抽到的样本得到的样本指标与总体指标之间的偏差,称为实际抽样误差。当总体相当大时,可能被抽取的样本非常多,不可能列出所有的实际抽样误差,而用平均抽样误差来表征各样本实际抽样误差的平均水平。抽样误差来源于登记性误差和代表性误差(系统性误差,偶然性误差)。抽样误差特指偶然性误差。影响抽样误差的因素是:抽样单位数的多少,总体中被研究标志的变动程度的大小。

【丑小鸭阶段】(ugly duckling stage) 在第一恒磨牙萌出完成,恒前牙相继萌出阶段,由于恒切牙初萌时的歪斜不齐,加之刚萌出的恒切牙牙冠与儿童面型、相邻乳牙、牙弓不协调的现象。其形成原因是:由于上颌恒中切牙初萌时,恒侧切牙的牙胚挤压中切牙根端,使中切牙根向近中,而冠向远中倾斜,以致两中切牙间常出现较大的间隙。同样道理,上颌侧切牙萌出时,根端受恒尖牙牙胚的挤压,牙冠向远中歪斜。待侧切牙、尖牙完全萌出后,间隙会自行消失,切牙的长轴可以调整而排齐,故此阶段不需要做正畸矫治。

【臭氧】(ozone) 氧的同素异形体。分子式 O_3。常温下是一种有特殊臭味的蓝色气体。空气中的臭氧,当发生在高空平流层时,它保护地面上的生物免受太阳强紫外线的照射损害;当发生在地面上的时候,它本身是一种刺激性的物质,会影响人体健康,还会影响经济作物的生长,缩短电线电缆的寿命,影响文物保存等。地面上的臭氧是氮氧化物和碳氢化合物等一次污染物在紫外光照射下,发生化学反应生成的二次污染物。臭氧是夏季的主要污染物之一。通常把臭氧浓度作为光化学烟雾污染的重要指标之一来实施监测。

【臭氧层】(ozone layer) 臭氧浓度较高的大气层。位于大气平流层中距地面 20 ~ 40 km 的范围内。在这层大气中,臭氧含量接近 1×10^{-5}(大气中臭氧平均含量大约是 3×10^{-7}),高空大气层中 90% 的臭氧都集中在这里。臭氧层中的氧原子(O)、氧分子(O_2)和臭氧(O_3)处于动态平衡之中。臭氧层中的臭氧能吸收太阳辐射向地球的 99% 的紫外线,构成地球的一道天然保护屏障,使地球上的生物免遭紫外线的伤害,被誉为是地球上的生命保护伞。同时,臭氧层还能将能量贮存在上层大气中,起到调节气候的作用。

臭氧层

【臭氧层破坏】(ozone layer depletion) 由人类活动造成臭氧层成分构成改变和出现大面积臭氧层空洞的现象。科学家经长期研究得出结论:臭氧层的破坏和臭氧空洞的出现,是人类在生产和生活中大量地生产和使用"消耗臭氧层物质(ODS)"以及向空气中排放大量废气造成的。ODS 主要包括下列物质:CFCs(氯氟烃)、哈龙(全溴氟烃)、四氯化碳、甲基氯仿和溴甲烷等。ODS 常用作制冷剂、喷雾剂、发泡剂和清洗剂等。废气主要是汽车尾气、超音速飞机排出的废气和工业废气等。破坏臭氧层

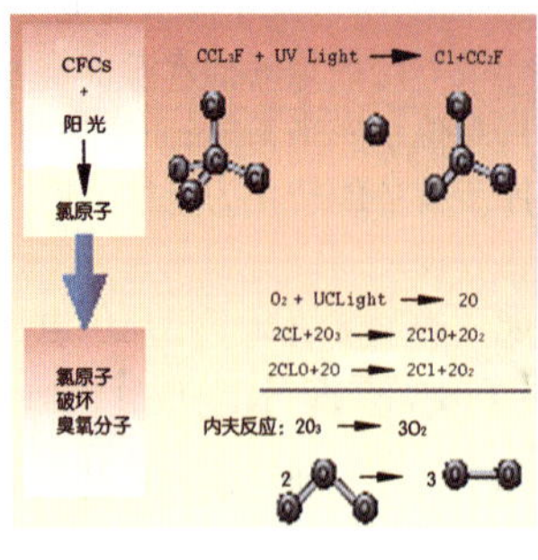

臭氧层破坏

的罪魁祸首－CFCs在强烈的紫外辐射作用下光解出氯原子和溴原子，成为破坏臭氧的催化剂。一个氯原子可以破坏10万个臭氧分子，使臭氧层逐渐变薄，出现空洞。CFCs很容易稳定地聚集在大气同温层中，其影响将持续一个世纪或更长的时间。臭氧层的破坏会使过量的紫外线辐射到达地面，对人类健康造成危害(包括引发和加剧眼部疾病、皮肤癌和传染性疾病等)；使平流层温度发生变化，导致地球气候异常，影响植物生长和破坏生态平衡等严重后果。

【出入口管理系统】(system of entry and exit management) 对海港、航空港、高速公路等出入口进行控制的智能管理系统。其组成部分是：(1)直接与人员打交道的设备。接受人员输入的信息并转换成电信号送到控制器中，同时根据来自控制器的信号，完成开锁、闭锁工作。(2)控制器。接收底层设备发来的信息，与存储的信息比较以作出判断，然后再发出处理的信息。(3)装有门径系统的管理软件管理着系统中所有的控制器，向它们发送控制命令，对它们进行设置，接收其发来的信息，完成系统中所有分析与处理。其功能是：(1)允许或拒绝人员进入。(2)对人员出入状况、在场人员名单等资料进行实时统计和查询。

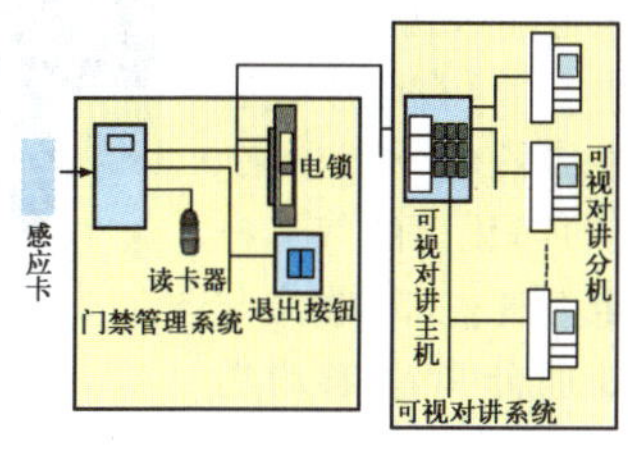

出入口管理系统

【出生缺陷】(birth defects) 由于在形态发生和发育阶段的失误所致结构异常，于出生时即存在的形态和结构异常的一种婴儿缺陷。可以是某一脏器、脏器的一个部分或人体较大区域的异常。据各国的调查资料，出生缺陷占总出生率的2%～7%。其病因有：(1)单个孤立性的缺陷多由多因子遗传所致(即环境因素和多个微效基因异常相互作用的结果)。(2)多发畸形综合征则由单基因突变、染色体异常或致畸原(感染、药物和化学品)所致。(3)变形系发生于胚胎的围生期以后，由于受到内外因素的影响，使其正常分化的部分发生变形。

【初步设计】(preliminary design) 设计工作的第一阶段。工程设计的控制性设计。它以批准的可行性研究报告和设计基础资料为依据，把经过论证的建设方案，用设计文件描绘建设项目的基本蓝图和实施构想，阐明在指定的地点、时间和投资控制数内，拟建项目建成的技术可行性和经济合理性。为详尽的技术设计和施工图设计奠定基础并提出标准和依据。与初步设计相对应的建设总概算是控制建设投资的根据。初步设计的内容与深度，视不同建设项目的性质与特点决定。一般应包括：(1)设计总说明。阐述项目的规模、生产能力、设计方案的基本依据；产品方案和原材料、能源的解决办法；工艺流程和主要设备的选型与配置；外部协作配合条件、环境保护和抗震防灾措施等；生产组织、劳动定员和各项技术经济指标及建设周期和顺序。(2)建筑总平面图和主要建筑物的建筑结构方案设计图，及有关设计标准的说明。(3)建设总概算文件。初步设计一经审查批准，一般不得随意修改和变更。

【初等数学】(elementary mathematics) 与高等数学相对应。以研究常量及不变空间形式为基本内容的数学分支。通常认为初等数学包括算术、初等几何(平面的和立体的)、初等代数、平面三角、解析几何(平面的和空间的)、球面几何与球面三角等基本知识。将数学划分为初等数学和高等数学两大部分只是相对的，它们之间并无严格的分界线。虽然初等数学的基本内容在17世纪微积分诞生之前已基本形成，其丰富的内容和理性思维方式也已体现了数学的基本特征，即它内容的抽象性、逻辑的严谨性和应用的广泛性。但其内涵和外延是随着时代的发展而改变的。在理论方面，初等数学是整个数学的"土壤"和源泉，许多高等数学分支都从这里发育形成。电子计算机和数字技术的发展，更使许多原来并非计算性的问题，可以用算术的计算－逻辑运算来解决，扩大了初等数学应用的范围。初等数学是人类生存和发展不可缺少的一门学科。

勾股定理

【初级代谢】(primary metabolism) 与次级代谢相对应。某些微生物所进行的使营养物质转化为细胞结构物质、生理活性物质或能量的代谢。其产物有小分子前体物、单体、多聚体等。是微生物自身繁殖所必需的物质，其中任何一种的合成受阻都会影响微生物的正常生命活动，甚至导致其死亡。初级代谢产物的合成贯穿于生命的全过程。

【初级生产力】(primary productivity) 又称原始生产力。生态系统中自养生物通过光合作用或化学合成制造有机物或积累能量的速率。通常单位为折合碳量克/(平方米·年)或克/(平方米·天)分总初级生产力和净初级生产力。前者是指自养生物生产的总有机碳量；后者是指总初级生产量扣除自养生物在测定阶段中呼吸消耗掉的量。是估计水域生产力和渔业资源潜力大小的重要标志之一。

【初配年龄】(age at first mating) 又称配种适龄。家畜第一次配种的理想年龄。应在性成熟以后,体重达到成年体重70%时进行。母畜的初配年龄是:马、驴2.5~3.0岁;牛1.5~2.0岁;水牛2.5~3.0岁;羊1.0~1.5岁;猪8~10月龄。种公畜的初配年龄是:大家畜可迟于母畜1岁,小家畜可迟于母畜半岁。

【初轧开坯】(blooming) 将炼钢厂生产的重量大的钢锭经过初轧机,轧成型材轧机所需要的合适尺寸的钢坯。在连铸比不到50%的情况下,一半以上的坯料是由初轧开坯提供的,因此在冶金生产中占有重要地位。从炼钢角度看,只浇铸规格少的大型钢锭有利于生产和组织。而型材轧机根据型材规格不同,需要不同的坯料,就需要由开坯来满足。初轧坯供给大、中型轧钢车间,由二辊可逆式轧机生产。断面形状可以是方形或矩形。中小型钢坯供给中小型和线材轧钢车间,由钢坯连轧机或三辊轧机开坯和生产。供给中厚板轧机和连续薄板轧机的板坯由板坯初轧机提供。无缝管坯由管坯轧机提供。

【除草剂】(herbicide) 除去农田杂草,但不影响农作物正常生长和人畜安全的药剂。按其作用方式的不同可分为内吸传导型除草剂和触杀型除草剂;按其对植物选择性的不同可分为选择性除草剂和灭杀型除草剂;按其作用方式的不同可分为土壤处理剂和茎叶处理剂;按其化学成分和结构的不同可分为无机除草剂和有机除草剂。无机除草剂由于选择性差,用量大,已趋淘汰;有机除草剂选择性强,用量少,除草活性大。有机除草剂可分为苯氧羧酸类、均三氮苯类、取代脲类、酰胺类、二硝基苯胺类、氨基甲酸酯类、酚类、二苯醚类、苯甲酸类、季胺盐类、脂肪酸类、有机磷类和杂环类等。

【除尘技术】(dustcleaning technology) 从含尘气体中分离并捕获粉尘、炭粒、雾滴以减少其向大气排放量的技术措施。常用的技术有:(1)过滤除尘技术。使气流通过多孔滤料将气流中颗粒污染物截留下来,主要代表有袋式除尘及颗粒层过滤除尘两种方式。(2)机械力除尘技术。借助机械力的作用达到除尘目的的,主要有重力除尘器、惯性力除尘器和离心力除尘器等。(3)静电除尘技术。利用高压电场产生的静电力的作用,从气流中分离带电悬浮粒子的一种方法。按除尘过程中是否用水,又可以分为干式和湿式两大类。湿式除尘技术又称洗涤除尘,是用液体(一般为水)洗涤含尘气流,使尘粒与液膜、液滴或气泡碰撞而被吸附,凝聚变大,尘粒随液体排出,气体得到净化。

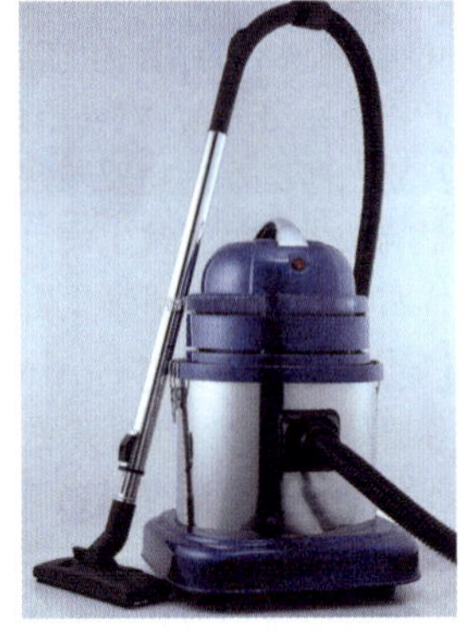
吸尘器

【除尘系统】(dedusting system) 捕获和净化生产工艺过程中产生的粉尘的局部机械排风系统。由排尘罩、风管、风机、除尘设备和收集输送粉尘设备组成。其工作过程是:(1)用排尘罩捕集工艺过程产生的含尘气体。(2)捕集的含尘气体在风机的作用下,沿风道输送到除尘设备中。(3)在除尘设备中将粉尘分离出来。(4)净化后的气体排至大气。(5)收集与处理分离出来的粉尘。常见的除尘系统有:机械工业中的铸造、混砂、清砂、振动落砂、抛光、表面处理、木工、喷漆等工艺的通风除尘系统;冶金工业中的转炉、回转炉、手炉、电弧炉、工频电炉以及烧结、耐火材料、焦化等工艺的除尘系统;建材工业中的水泥、石棉、玻璃、陶瓷、云母加工以及工业窑炉等设备的除尘系统;纺织工业中开清棉、梳棉、纺纱等过程的除尘系统;轻工业中的橡胶加工、茶叶加工、羽绒制品、羊毛加工等工艺的除尘系统等。

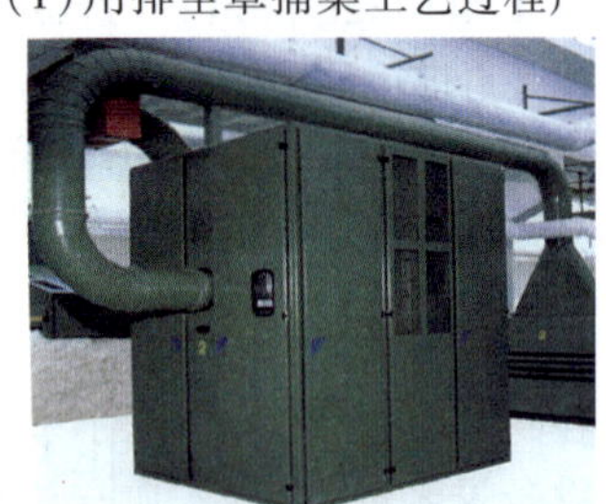
除尘系统

【除涝】(drainage of surface water) 又称排涝或治涝。排除农田内因降雨过多而产生危害作物正常生长的多余地表水分的工程技术措施。发生涝灾的原因是降雨过多或过于集中,不能及时外排,造成地面积水。除涝的根本措施是排水。除涝排水工程必须及时排除由于暴雨产生的田面积水,减少淹水时间和淹水深度,以保证作物正常生长。排涝要根据地形条件,将高地和低地分开,实行高水高排、低水低排,使高处水不向低处汇集。充分利用外河低水位时抢排低洼地带的涝水,以便使更多的涝水能自流排出。只有在外河水位较高的低洼地区,才进行抽水排水。

【除涝标准】(criteria for drainage of surface water) 易涝地区通过采取治理措施达到的防止涝灾能力的技术指标。已经达到的防涝能力称为现有除涝标准;计划达到的防涝能力称为设计除涝标准。除涝标准包含三方面的因素:(1)设计暴雨,包括设计暴雨历时和暴雨量。(2)作物耐淹能力,包括允许淹没历时和允许淹没水深。(3)外河设计水位或设计水位过程。除涝标准的表达方式是:(1)以治理区发生一定重现期的暴雨,农作物不受涝表示。即当实除暴雨不超过设计暴雨时农田淹水深度、历时不超过允许值。该方法反映因素比较全面,使用最为普遍。(2)以治理区农作物不受涝的保证率表示。该保证率是指除涝工程实施后作物能正常生长的年数与水文系列总年数之比。(3)以某一定量暴雨或涝灾严重的典型年作为排涝设计标准。选择定量暴雨或典型年时需做频率分析。除涝标准是确定设计排涝流量及各项除涝工程规模的重要依据。除涝标准的高低,关系到除涝工程的投资和经济效益。要根据治理区的自然条件和经济条件、涝灾的严重程度和影响大小等因素,通过对除涝工程的费用、效益分析和经济技术论证来确定。

【除微尘机】(dedusting machine) 进一步除去开松和除杂后纤维中部分细小杂质、微尘和过短纤维的设备。一般安装在清棉机(或开棉机)和棉箱之间。由进棉风机、出棉风机、机架、纤维分配器和过滤网板组成。风机的转速一般由变频器控制调节。

【处方药】(prescription drugs) 凭执业医师或执业助理医师处方才可调配、购买和使用的药品。处方药不是药品本质的属性,而是经过国家药品监督管理部门批准的管理上的一种界定。处方药大多为:(1)对其活性或不良反应还应进一步观察的上市的新药。(2)可产生依赖性的某些药物,例如吗啡类镇痛药及某些催眠安定药物等。(3)药物本身毒性较大,例如抗癌药物等。(4)用于治疗某些疾病所需的特殊药品。

【处理器主频】(main frequency of processor) 又称时钟频率。表示中央处理器的运算速度频率。单位是赫兹。包括倍频与外频两部分。外频是中央处理器的基准频率。倍频即主频与外频之比。主频 = 外频 × 倍频。主频仅是中央处理器性能表现的一个方面,不代表中央处理器的整体性能。

【储集岩层】(reservoir rock bed) 有孔隙和渗透性、具备流体储存和流通空间条件的岩石或岩层。目前已知储集层的岩性类型很多,主要有两类,即碎屑岩和碳酸盐岩储集层。其他储集岩类有岩浆岩、变质岩、黏土岩等。其储集油气储量仅占全部储集量的 0.2%,不是主要的储集岩类。按储集物质的不同可分为储油岩层(储藏有石油的储集岩层)和储气岩层(储藏有天然气的储集岩层)。

长石石英砂岩

【储粮安全】(safety of stored grain) 存储的粮食处于稳定的生命活动状态。粮食没有发热、霉变和害虫危害等情况,储存品质良好,变化缓慢。随着社会的进步和物质生活水平的不断提高,人们对减少粮食及其产品中有害残留物的要求也越来越高。它不仅是社会发展的需要,也是粮食储藏发展和人们生活水平提高的需要,是确保储粮安全、卫生和环保的必然选择。为了确保储粮安全,必须加强储粮围护结构的检查和管理,并按规定进行粮情检查,及时掌握储粮生态环境的变化,发现问题随即处理。在储藏过程中,达到保持其新鲜、优质、营养和安全的目的。使人们吃到新鲜、营养、可口和无毒的放心粮。

储粮技术

【储粮害虫生态学】(ecology of grain storage pests) 应用生态学的一个分支。研究储粮害虫和储粮生态因子相互关系的学科。其研究包括储粮害虫基本特征及其相互关系、生态系统变化状况的预测和有效控制措施的实施。是运用生态学和系统论的原理和方法,研究储粮害虫生态系统中的相互联系、协同演变、调节控制和持续发展规律的学科。是生态学在储粮领域的应用。储粮害虫在长期的进化过程中,逐渐形成对周围环境某些物理条件和化学成分(如空气、光照、水分、热量和无机盐类等)的特殊需要。各种生物所需要的物质、能量以及其所适应的理化条件是不同的。这种特性称为物种的生态特性。任何生物的生存都不是孤立的;同种个体之间有互助有竞争;植物、动物和微生物之间也存在复杂的相生相克关系。按储粮害虫系统结构层次的不同可分为个体生态学、种群生态学、群落生态学和生态系统生态学等。

【储粮害虫生物学】(life biology of grain storage pests) 生物学的一个分支。研究储粮害虫的种类、结构、发育和起源进化及其与周围环境关系的学科。按其研究对象的不同可分为储粮害虫生物学、生理学、生态学、遗传学、病理学、毒理学以及储粮害虫抗药性的机理与对策和储粮害虫的天敌等;按其研究内容的不同可分为储粮害虫区系、分类、鉴定、形态、生化、生态、进化和防治等;按其研究方法的不同可分为储粮害虫实验生物学和储粮害虫系统生物学等体系。储粮害虫生物学不仅有它自己的生物学规律,而且包含并遵循物理和化学的规律。因此,储粮害虫生物学同物理学和化学有着密切的关系。

【储粮生态系统】(ecosystem of stored grain) 由与储粮生态相互联系和相互制约的要素所组成的具有一定结构和功能的有机整体。以粮堆生态系统为基础,研究粮食与围护结构、生物因子和非生物因子的相互关系,物质与能量变化的规律的总和。是由粮堆围护结构,粮食籽粒,有害生物和物理因子四部分组成的生态体系。各组成部分之间有着密切的联系,相互影响和相互作用,构成了一个独特的生态系统。在一定的空间和时间范围内,通过不同的手段,有意识地改变储粮生态因子(如温度、水分和气体成分等),控制有害生物的活动,延缓粮食品质变化,达到安全储粮的目的。但随着储粮技术的发展,已经能够对该系统实现有效控制。无论是生物群落及环境因子都是可控的。如可以通过气调储藏改变粮堆内气体组成,以低温储藏调节温湿度,并可对粮堆中的有害生物进行人为地控制。这不仅是储粮生态系统的一个显著特点 ,而且也是区别于自然生态系统的一个重要标志。

【储能技术】(energy storage technology) 主要指电能的储存技术。按储能方式的不同主要分为:(1)机械储能。包括抽水储能、压缩空气储能、飞轮储能。抽水储能是在电力负荷低谷期将水从下池水库抽到上池水库,将电能转化成重力势能储存起来,在电网负荷高峰期释放上池水库中的水发电。压缩空气储能是在电网负荷低谷期将电能用于压缩空气,将空气高压密封在报废矿井、沉降的海底储气罐、山洞、过期油气井或新建储气井中,在电网负荷高峰期释放压缩的空气推动汽轮机发电。飞轮蓄能是利用电动机带动飞轮高速旋转将电能转化成机械能储存起来,在需要时飞轮带动发电机发电。(2)电磁储能。包括超导储能、超级电容器储能。超导储能系统利用超导体制成的线圈储存磁场能量,功率输送时无需能源形式的转换,其响应速度快,转换效率高、比容量/比功率大,可以实现与电力系统的实时大容量能量交换和功率补偿。超级电容器储能根据电化学双电层理论研制。充电时,在处于理想极化状态的电极表面,电荷吸引周围电解质溶液中的异性离子,使其附于电极表面,形成双电荷层,构成双电层电容。可提供强大的脉冲功率,而且使用寿命长,充电时间极短,安全,无污染。(3)电化学储能。包括铅酸电池、液流电池、钠硫电池等。目前可用于大规模储能的电池主要是液流电池。储能技术是构建智能电网的重要环节。现阶段储能技术集中在抽水蓄能、镍氢动力电池、锂离子动力电池和以液流电池、钠硫电池为代表的新型电化学储能技术。

【储氢材料】(hydrogen storage material) 在一定的温度和氢气压力下能可逆地吸收、存储和释放大量氢气的无机材料。其中最重要的是一些金属化合物。它们通常由一种吸氢量大并能形成稳定的氢化物的金属与另一种易于吸放氢的金属组成,也可掺入其他金属以改变合金性能。其原理是氢在金属表面分解,氢原子渗入金属晶格的间隙中,并与金属形成氢化物。其优点是易活化、容量大(如 $LaNi_5$ 的储氢密度为 6.2×10^{22} 原子/立方厘米,而液氢的密度只有 4.2×10^{22} 原子/立方厘米)、具备高度的反应可逆性,吸放氢速度快且平衡氢压差小、化学性稳定、不易老化等。但价格昂贵,且易“中毒”失效,大多数储氢合金自重大。自重低的镁基合金很难常温储放氢。目前有五类:稀土系(如 $La-Ni_5$)、钛系(如 TiFe)、锆系(如 $ZrMn_2$)、镁系(如 Mg_2Ni)、钒系(如 VNi_2)。配位氢化物和碳纳米管的可逆储放氢在进一步开发研究。可用于精炼及回收氢、氢同位素分离、氢燃料发动机、电池、空调、热压缩机等。

【储水灌溉】(irrigation for soil water storage) 在一定深度的土层中储存水分,以供作物生长期内利用的灌溉方法。冬小麦的播前灌溉,春小麦、棉花、春玉米的冬灌以及棉花的春灌都是储水灌溉。储水灌溉的湿润层越深,灌溉定额也越大。其灌水方法多用畦灌法或块灌法。其灌水时间以昼消夜冻、日平均气温在3℃左右时为宜。灌水定额一般为 $750\sim1\,200m^3/hm^2$。冬季储水灌溉是中国北方地区的一项重要增产措施。具有储水保墒、改善作物生长环境等作用,为作物播种出苗提供水分条件。

【畜群更新】(herd replacement) 畜群中以后备畜更换淘汰劣畜的技术措施。其目的是保持或提高畜群的数量和质量,维持畜群的合理结构。须逐年进行。更新数量视牧场规模、家畜种类和品种而定。一般大牲畜年更新率为8%~16%,小家畜为16%~33%。种畜场内的更新率较大,以加速畜群的改良。每淘汰一头基本种畜,应有3~4头的后备幼畜,以保证更新的质量。种公畜应用经后裔测定的同品系的优秀个体取代,须避免亲缘较近的个体。

【畜群结构】(structure of animal-flock) 牲畜群体内部不同畜种、不同品种或不同性别、年龄的畜组在总头数中所占的比重。通常包括基本母畜、种公畜、仔幼畜、后备畜、育肥畜等畜组。畜群结构的状况,影响畜群的发展和畜产品的产量、质量,也关系到畜牧企业的收益多少。在饲养管理中,应科学合理地划分畜群结构。

畜群

【畜群品系繁育】(line breeding) 对某个品种群,在保持其原有生产性能和体质外形基本特点的基础上,按预定目标进行定向培育和选种、选配,形成具有个别或少数经济有益特性的独特高产种畜群的繁殖方式。纯种繁育的有效措施之一。所谓种高群即品系。还要适时进行品系间的结合,消除旧的品系后再建立新品系。如此反复进行,以经常保持品种复杂结构,促使品种不断发展更新。品系繁育的主要作用是:改进现有品种;促进新品种的培育;利用杂种优势等。建系方法有始祖建系法、近交建系法和群体继代选育等。

【畜群易感性】(herd susceptibility) 畜群对于某种传染病病原体容易感染的特性。畜群中易感个体所占的百分率和易感性的高低,直接影响到传染病是否能造成流行以及疫病的严重程度。

【触变】(thixotropy) 物质在接触外力时引起性状变化的现象。如涂料在受到剪切力时,稠度下降,剪切力越大,下降的幅度也越大;当剪切力撤除后,稠度又慢慢恢复到原来的状态。

【触变剂】(antisagging agent) 能使物质产生触变现象的助剂。在有机体系中,用有机膨润土、氢化蓖麻油、聚乙烯醇、气相法二氧化硅等为增稠触变剂。在水性体系中,则用羟乙基纤维素等纤维素衍生物和聚乙烯醇、聚丙烯酸等水溶性树脂为增稠触变剂。在涂料中使用触变剂,可使涂料呈触变结构而表现出触变性,也称假厚现象。即在涂料受剪切力作用时(如搅拌或涂刷时),黏度暂时下降;不受剪切力作用时,又逐渐恢复到原来黏度。这种特性能使涂料在储存时防止颜料沉淀,改善涂刷性;在涂装时能使涂膜较厚而不流挂;在多孔性底材施工时,可防止涂料的渗透。

【触电急救】(first aid of electric shock) 对触电者进行的紧急抢救。人体触电后,会导致严重的病理损害,触电时间越长,危险性越大。当通过人体的电流达100mA以上时,可使心脏立即停止跳动和呼吸停止,呈现昏迷不醒的“假死状态”。进行迅速而正确的抢救,可使触电者得救。抢救效果随着抢救时间的拖延而迅速下降。抢救开始距触电时间小于1min,复苏效果为60%;若抢救开始距触电时间大于12min,复苏可能性很小。发生触电事故后,首先应立即使触电者脱离电源。触电者脱离电源后须立即用心肺复苏法进行抢救,并及时与医疗部门联系,争取医务人员接替救治。在医务人员未接替救治前,不能放弃现场抢救,更不能根据有无呼吸或脉搏跳动擅自判定伤员死亡。

【触觉地图】(tactual map) 又称盲人地图或弱视觉者地图。根据盲人和弱视觉者的触感特征,用专门设计的凹凸符号和盲文系统揭示空间实体的分布规律及相互联系的地图。属于专用地图的范畴。20世纪40年代在苏联最先出现,以后美国、英国、瑞典、澳大利亚和日本等国出版了大量触觉地图和触觉地图册。其特点是:(1)主题内容比较单一。太多的内容、多层次的显示,会导致盲人触感灵敏度的降低,影响盲人触识主题内容。(2)幅面较小。由于盲人全靠手指触识地图,因此触觉地图的幅面不能太大。(3)符号系统需专门设计。其符号系统由简单明晰的凹凸符号和盲文点阵组成。(4)其制作材料一般采用玻璃砂纸、聚酯纤维和热膨胀粉末树脂。(5)一般为素图。为兼顾弱视觉者的需要,有时在触觉地图上印以饱和度较高的色彩。(6)印量较少。其制作具有社会福利的性质。其制作方法有丝网印刷法、胶印法、尼龙版印刷法、光敏树脂感光版制作法和计算机辅助制图法。

【触觉识别】(haptic perception) 触觉传感器与目标或环境接触,获取触觉信息并进行处理,实现对目标或环境识别或描述的技术。其研究始于20世纪70年代。理论基础为计算机视觉、人工智能和心理生理学。被动触觉信息的处理、分析是在计算机视觉方法的基础上,结合触觉的空间分辨率的特点进行的。包括基于模型、计算机辅助设计、神经元网络等多种识别方法。统计模式识别是研究早、应用广的典型触觉识别方法。

盲文识别

【触觉显示器】(tactual display) 利用触觉通道向人传递信息的装置。通常采用电脉冲或机械振动作为刺激。电脉冲是通过电极来刺激人的皮肤。电极可以分布在人的不同部位，分别代表不同的信号。用振动也可以在皮肤上造成刺激，组成不同的信号。电刺激比较强，作为告警信号比较有利，但易于适应，因此不宜长时间使用。振动刺激适应性小，适合长时间使用。手触摸也是用触觉来传递信息的一种方式。例如，当控制器按形状编码时，便可凭手触摸进行辨别。触觉显示器目前主要用于视觉和听觉通道负担过重或这两个感觉通道的使用受到限制的场合。此外，它对盲、聋人有很大帮助。例如，盲文使盲人能够阅读，助听器使聋人能够利用有声语言。由于微电子技术的发展，已有几种将视觉信息转换成盲人可直接感知的触觉信号的显示装置。

【触媒材料】（catalyst material） 固体催化剂材料。目前工业上得到应用的主要是人工合成金刚石或立方氮化硼用的触媒材料。前者以 Ni－Mn－Co、Ni－Mn－Fe、Fe－Ni等为主成分，可添加微量其他合金元素。后者主要有两类：一类是合成黑色立方氮化硼用的镁合金或锂合金触媒，另一类是合成琥珀色立方氮化硼用的钙、铝等金属的氮硼化合物触媒。

【触摸屏技术】（touch screen technology） 一种通过直接触摸显示屏实现人机交互的输入方式。本质是一种传感器技术。由触摸检测部件和触摸屏控制器组成。前者安装在显示器屏幕前面，用于检测用户触摸位置，接受后送触摸屏控制器；后者的主要作用，是从触摸点检测装置接收触摸信息，并将它转换成触点坐标送给中央处理器，同时能接收中央处理器发来的命令并加以执行。与传统的键盘和鼠标输入方式相比，触摸屏输入更直观。

触摸屏技术

【川贝枇杷糖浆】（chuanbei pipa syrup） 方剂名。组成：川贝母流浸膏 45ml、桔梗 45g、枇杷叶 300g、薄荷脑 0.34g。制法：以上四味，川贝母流浸膏系取川贝母 45g，粉碎成粗粉，照流浸膏剂与浸膏剂项下的渗漉法，用 70% 乙醇作溶剂，浸渍 5 天后，缓缓渗漉。收集初漉液 38ml，另器保存。继续渗漉，俟可溶性成分完全漉出，续漉液浓缩至适量，加入初漉液，混合，继续浓缩至 45ml，滤过；将桔梗和枇杷叶加水煎煮二次。第一次 2.5h，第二次 2h，合并煎液，滤过，滤液浓缩至适量，加入蔗糖 400g 及防腐剂适量，煮沸使溶解，滤过，滤液与川贝母流浸膏混合，放冷。加入含薄荷脑和适量杏仁香精的乙醇溶液，随加随搅拌，加水至 1 000ml，搅匀，即得。用量：口服，一次 10ml，一日 3 次。功能主治：清热宣肺，化痰止咳。用于治疗风热犯肺、内郁化火所致的咳嗽痰黄或吐痰不爽，咽喉肿痛，胸闷胀痛等。

【川崎病】（Kawasaki disease，KD） 又称皮肤黏膜淋巴结综合征。以皮肤黏膜出疹，淋巴结肿大和多发动脉炎为特点的急性发热疾病。1967 年由日本医学家川崎富首先报道。亚裔人发病率高。病因不清。可能和感染有关。其主要表现是：突发高热，达 39～40℃，弛张或稽留热，持续1～2 周或更长。常在第 1 周出现皮肤猩红热样皮疹或多形红斑。起病 3～4 天双眼结膜充血，口唇充血皲裂，口腔黏膜充血，草莓舌。手足硬性水肿，有红斑，发病 10～15 天甲周、手掌及足底脱皮。颈淋巴结肿大、硬、有压痛。发病 1～6 周内出现全心炎，大约 20% 发生冠状动脉炎，引发冠状动脉狭窄、冠状动脉瘤，可出现心肌梗塞症状。冠状动脉瘤破裂发生心源性休克，甚至猝死。其诊断依据是：(1)皮肤皮疹。(2)口唇皲裂，口腔充血，草莓舌。(3)眼结膜充血。(4)淋巴肿结大。(5)手足硬肿，恢复期指趾端膜状脱皮，发热5 天以上。以上 5 条中的 4 条排除其他疾病后可诊断。超声检查有冠状动脉损伤也可诊断。其治疗方法是：阿司匹林每日 30～50mg/kg，热退后 3 天减量，2 周后减为每日 3～5mg/kg，维持 6～8 周。静脉点滴免疫球蛋白，应在发病 10 天内应用，可迅速退热，可预防冠状动脉病变发生。最好不用皮质激素，因其易促进血栓形成及易发生冠状动脉瘤，影响冠状动脉瘤变的修复。

【传播途径】（sick comtracted body spreading way） 病原体从传染源排出后，借助一定的传播因素到达另一个易感机体所经历的途径。是传染病流行的 3 个基本环节之一。按传播方式的不同可分为水平传播和垂直传播两大类。前者有经空气传播、经水传播、经食物传播、经接触传播、经节肢动物传播和经土壤传播等方式。传染源病原体可以通过一种或数种途径传播，如炭疽；也可在传播过程中改变传播途径，如伤寒和痢疾等。后者主要指母体所患疾病或所带病原体可经卵巢、胎盘直接传播给子代的现象。

【传代】（passage） 传代培养的简称。将培养细胞从一个培养器转移到多个培养器中再进行培养的过程。培养细胞的“一代”，不表示细胞分裂一次，而是指培养细胞从接种到再次转移培养的过程。

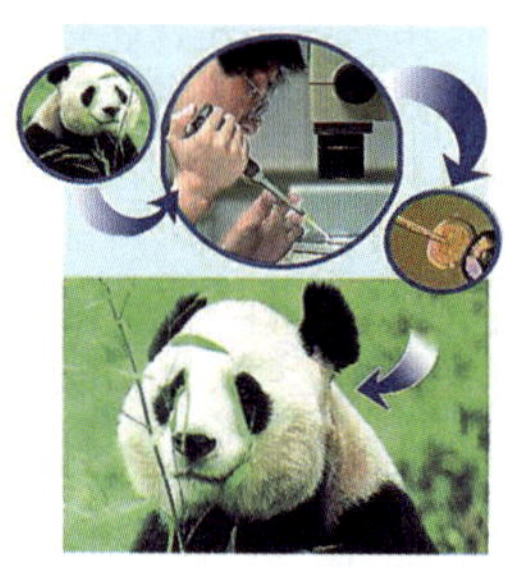
传代

【传代细胞】(passage cell) 适合在体外培养条件下继续培养的细胞。在细胞的生长过程中，繁殖到一定密度后，将其分开而移至新的培养皿或培养瓶中(称为接种)，使之继续繁殖生长称为传代。细胞自接种到新的培养皿或培养瓶中至下一次再传代接种的时间为细胞一代。细胞已被传代培养的次数称为传代数。每代细胞的生长过程可分为三个阶段：细胞首先进入生长缓慢的滞留期，然后为增殖迅速的指数生长期，最后到达生长停止的平台期。

【传导电流】(conduction current) 带电粒子在电场作用下在导体内部做定向运动而形成的电流。如金属中的自由电子、电解质溶液中的正负离子、气体中的离子和电子。都是带电粒子。传导电流仅存在于导体中。其幅值与外加电场的频率无关。传导电流通过导体时能够产生焦耳热现象，并在电流周围空间内能够激发磁场。

【传递过程】(transmission process) 操作单元或反应装置中进行的动量传递、热量传递和质量传递等过程。在化工生产中所处理的物料主要是流体，所涉及的只是动量、热量和质量。因此，化工中的传递过程指流体中的动量传递、热量传递和质量传递这三种传递过程的总称。动量传递过程包括流体反应物和气体反应物的流动，如过滤、沉降等；热量传递过程即换热操作，如反应釜的加热和冷却；质量传递属于传质分离过程，包括吸收、蒸馏和萃取等。三种传递过程既可单独存在，也可两种或三种同时存在。传递过程的研究通常有分子尺度研究、微团尺度研究和设备尺度研究等三种。

【传动机械学】(transmission mechanology) 以传动机械为对象进行综合研究的一个分支学科。主要研究传动机械的基本理论与基本技术，包括传动机械的几何学、运动学、动力学、摩擦学、失效机理、承载能力、结构、设计与实验方法、控制及制造等有关理论和技术问题。传动分为机械传动、流体传动和复合传动三类。机械传动按构件类别有齿轮、带、链、螺旋、摩擦、凸轮导杆传动等，以及由它们组合而成的各种机械传动；流体传动包括液压传动、气压传动、液力传动、液体黏性传动和电控流变传动等形式；复合传动包括机－电结合传动、机－液结合传动，如电磁谐波传动、非圆行星齿轮液压电机传动等形式。其发展趋势是：(1)传动机械设计方法的现代化，逐步采用动态设计、优化设计、可靠性设计、摩擦学设计等新方法和计算机辅助设计、计算机辅助制造、计算机辅助测试等新技术。(2)开拓新型的传动方式。(3)传动机械转矩和转速的调节趋向无级化、自适应化、微机控制化和智能化。(4)开发复合传动新装置。(5)采用组合技术实现传动产品系列化。

传动机械

【传感技术】(sensing technology) 从自然信息源获取信息，并对其进行处理和识别的一门多学科交叉的工程技术。涉及传感器、信息处理和识别的规划设计、开发、建造、测试、应用及评价改进等活动。传感技术遵循信息论和系统论。它作为现代科学技术发展的基础条件之一，包含了大量的高新技术，被许多的产业采用。

【传感器】(sensor) 把被测量的非电信号转换为与之有确定关系的、易于处理的电信号输出的一类感知器件。是实现自动检测和自动控制的重要器件。其分类有：(1)按传感器的物理量不同可分为位移、力、速度、温度、流量、气体成分等传感器。(2)按传感器工作原理的不同可分为电阻、电容、电感、电压、霍尔、光电、光栅、热电偶等传感器。(3)按传感器输出信号性质的不同可分为输出为开关量的开关型传感器、输出为模拟信号的模拟型传感器、输出为脉冲或代码的数字型传感器。在电子行业应用广泛。

【传染病】(infectious disease) 由各种病原体引起的能在人与人、动物与动物或人与动物之间相互传播的一类疾病。病原体中大部分是微生物，小部分为寄生虫。寄生虫引起者又称寄生虫病。其特点是：有病原体，有传染性和流行性，感染后常有免疫性；有些传染病还有季节性或地方性。其传播途径有：(1)空气传染。(2)飞沫传染。(3)粪口传染。(4)接触传染。(5)垂直传染。(6)血液传染。传染病的传播和流行必须具备三个环节，即传染源(能排出病原体的人和/或动物)、传播途径(病原体传染他人的途径)及易感者(对该种传染病无免疫力者)。若能完全切断其中的一个环节，即可防止该种传染病的发生和流行。有些传染病，防疫部门必须及时掌握其发病情况，及时采取对策，发现后应按规定时间及时向当地防疫部门报告，这些传染病称为法定传染病。中国目前的法定传染病有甲、乙、丙3类，共38种。

【传染病报告时限】(communicable disease reporting time limit) 各种传染病发生后向上级主管部门报告的最长时限。中国《传染病防治法》规定责任报告单位对甲类传染病和乙类传染病中的传染性非典型肺炎、艾滋病、肺炭疽、脊髓灰质炎的病人、病原携带者和疑似病人,城镇应于2h内、农村应于6h内通过传染病疫情监测信息系统进行报告。对其他乙类传染病病人、疑似病人和伤寒、副伤寒、痢疾、梅毒、淋病、乙型肝炎、白喉、疟疾的病原携带者,城镇应于6h内、农村于12h内通过传染病疫情监测信息系统进行报告。对丙类传染病和其他传染病,在24h内进行报告。

【传染病分类】(infectious disease classification) 根据传染病的危害程度和应采取的监督、监测、管理措施,参照国际上统一分类标准,结合中国的实际情况,将全国发病率较高、流行面较大、危害严重的38种急性和慢性传染病所进行的分类,并根据其传播方式、速度及其对人类危害程度的不同,将传染病分为甲、乙、丙三类,(1)甲类传染病。也称为强制管理传染病。包括鼠疫、霍乱。对此类传染病发生后报告疫情的时限,对病人、病原携带者的隔离、治疗方式以及对疫点、疫区的处理等,均强制执行。(2)乙类传染病。也称为严格管理传染病。包括:传染性非典型肺炎、人感染高致病性禽流感、病毒性肝炎、细菌性和阿米巴痢疾、伤寒和副伤寒、艾滋病、淋病、梅毒、肺结核、脊髓灰质炎、麻疹、百日咳、白喉、流行性脑脊髓膜炎、猩红热、流行性出血热、狂犬病、钩端螺旋体病、布鲁菌病、炭疽、流行性乙型脑炎、黑热病、疟疾、登革热和新生儿破伤风等。对此类传染病要严格按照有关规定和防治方案进行预防和控制。其中,传染性非典型肺炎、炭疽中的肺炭疽和人感染高致病性禽流感这三种传染病虽被纳入乙类,但可直接采取甲类传染病的预防、控制措施。(3)丙类传染病。也称为监测管理传染病。包括:血吸虫病、丝虫病、包虫病、麻风病、流行性感冒、流行性腮腺炎、流行性和地方性斑疹伤寒、风诊、急性出血性结膜炎、手足口病,以及除霍乱、痢疾、伤寒和副伤寒以外的感染性腹泻病等。对此类传染病要按国务院卫生行政部门规定的监测管理方法进行管理。《传染病防治法》还规定,国务院和国务院卫生行政部门可以根据情况,分别依权限决定传染病病种的增加或者减少。

流行性感冒典型症状

【传染病学】(lemology) 研究传染病发生、发展的规律以及预防和消灭传染病方法的科学。其研究内容包括:传染病的发生和发展规律、预防和消灭传染病的一般性措施,以及各种传染病的分布、病原、流行病学、发病机理、病理变化、临诊症状、诊断和预防措施等。根据传染病学研究内容的不同可分为:基础研究和应用研究。基础研究主要针对传染病的发生发展规律、传染病病原的生态学、分子流行病学及致病、免疫机理。应用研究主要立足于解决疾病防治中的关键技术问题。

【传染性单核细胞增多症】(infection mononuleosis) 人类疱疹病毒(EB)感染引起的,以发热、咽喉炎、淋巴结及肝脾肿大、外周血发现异型淋巴细胞为特征的急性传染病。EB病毒是嗜淋巴细胞的DNA病毒,有5种抗原成分。(1)衣壳抗原。(2)早期抗原。(3)核心抗原。(4)淋巴细胞决定膜抗原。(5)膜抗原。1968年Henle等确定为本病病原体。本病世界各地均有发生。多为散发,也可小流行。多是口-口传播。多是儿童及青年患病,6岁以下多是隐性及轻型,15岁以上为典型表现。80%以上患者鼻咽部有EB病毒存在,恢复期后15%~20%可持续或间断排毒达数周、数月、甚至数年之久。病后持久免疫,第2次发病罕见。发病潜伏期5~15天。其临床表现多样化。其典型表现是:(1)发热。38.5~40℃,热型不定,数日或数周。中毒症状不严重。(2)咽痛。半数自述咽痛,咽出血,少数有溃疡及膜形成,严重者出现呼吸困难及吞咽困难。(3)淋巴结肿大。70%患者存在。颈部多见,其次腋下。直径1~4cm,质中等硬,无粘连及压痛,肠系膜淋巴结肿大可有腹痛及压痛,大约数周数月消失。(4)肝脾肿大。10%肝大,50%以上肝轻中度大,偶见脾破裂。(5)10%病人在病程1~2周出现皮疹。严重者可有无菌性脑膜、脑炎等神经系症状。除临床表现外,EBV(人类疱疹病毒)IgM(+),周围血有异型淋巴细胞≥10%,嗜异性凝集实验(+)即可诊断本病。是自限性疾病,预后良好。主要是对症治疗:休息,支持疗法,咽部并发细菌感染者可用抗生素。早期可用抗病毒药物:阿昔洛韦、阿糖腺苷等。忌用氨苄青霉素及阿莫西林,以免发生皮疹。

【传染性法氏囊病】(infectious bursal disease) 又称甘布啰病。由传染性法氏囊病毒引起的一种主要危害雏鸡的免疫抑制性传染病。3~6周龄的鸡最易感。也有15周龄以上鸡发病的报道。本病全年均可发生,无明显季节性。病鸡的粪便中含有大量病毒。病鸡是主要传染源。鸡可通过直接接触污染了其病毒的饲料、饮水、垫料、尘埃、用具、车辆、人员以及衣物等间接传播。老鼠和甲虫等也可间接传播。本病毒不仅可通过消化道和呼吸道感染，还可通过污染了病毒的蛋壳传播。潜伏期为2～3天。易感鸡群感染后发病突然，病程一般为1周左右。典型发病鸡群的死亡曲线呈尖峰式。发病鸡群的早期症状之一是，有些病鸡有啄自己肛门的现象。随即病鸡出现腹泻，排出白色黏稠或水样稀便。随着病程的发展，食欲逐渐消失，颈和全身震颤，病鸡步态不稳，羽毛蓬松，精神萎顿，卧地不动，体温常升高，泄殖腔周围的羽毛被粪便污染。此时病鸡脱水严重，趾爪干燥，眼窝凹陷，最后衰竭死亡。急性病鸡可在出现症状1～2天后死亡，鸡群3～5天达死亡高峰，以后逐渐减少。在初次发病的鸡场多呈显性感染，症状典型，死亡率高。以后发病多转入亚临诊型。近年来发现部分I型变异株所致的病型多为亚临诊型，死亡率低，但其造成的免疫抑制严重。使用疫苗对本病有较好的预防作用，目前主要应用血清I型的疫苗实施免疫接种。中国生产的“鸡传染性法氏囊精制蛋黄抗体”，可用于本病的早、中期感染的治疗和紧急预防。

【传染性喉气管炎】(infectious iaryngotracheitis of chicken)　由疱疹病毒引起的鸡的一种急性呼吸道传染病。其特征是呼吸困难、咳嗽和咯出含有血液的渗出物。本病传播快，死亡率高，危害养鸡业的发展。该病毒对外界环境的抵抗力很弱，加热55℃存活10～15min，37℃存活22～24min，水煮沸后立即死亡。用3%来苏尔或1%苛性钠消毒液消毒，1min可以杀死。在自然条件下，本病主要侵害鸡，而且各种年龄及品种均可感染，但以成年鸡症状最具特征。病鸡及康复后的带毒鸡是主要传染来源。一般经呼吸道及眼内传染。被呼吸器官及鼻腔分泌物污染的垫草、饲料、饮水及用具，可成为传染媒介。人及野生动物的活动，也可机械地传播。种蛋也可能传播。有少部分的康复鸡，带毒时间可长达两年。鸡群拥挤、通风不良、饲养管理不好、缺乏维生素和寄生虫感染等，都可促进本病的发生和传播。本病一旦传入鸡群，则迅速传开，感染率可达90%以上。死亡率因饲养条件和鸡群状况不同而异，低则5%左右，高则可达50%～70%。秋、冬季节多发。发病突然，群内传播迅速，群间传播速度较慢，感染率高，但致死率较低。病鸡初期有鼻液，呈半透明状，眼流泪，伴有结膜炎。其后表现为特征性的呼吸道症状，即呼吸时发生湿性啰音，咳嗽，有喘鸣音。病鸡蹲伏地面或栖架上。每次吸气时头和颈向前、向上、张口，呈尽力吸气的姿势，有喘鸣叫声。严重病例，高度呼吸困难，痉挛咳嗽，可咯出带血的黏液。若分泌物不能咯出而堵住气管时，可窒息死亡。病鸡食欲减少或消失，迅速消瘦，鸡冠发紫，有时还排出绿色稀粪，最后多因衰竭死亡。产蛋鸡的产蛋量迅速减少或停止，康复后1～2个月才能恢复。病程5～10天或更长。不死者多经8～10天恢复，有的可成为带毒鸡。剖检时可见喉部、气管黏膜肿胀、出血和糜烂。本病无特效药物治疗，多采用对症疗法的药物，以缓解呼吸困难的症状。坚持严格隔离、消毒措施是防止本病流行的有效方法。

【传染源】(source of infection)　体内有病原体生长、繁殖并能排出病原体的人和动物。病人、病原携带者、被感染的人和动物均可成为传染源。是传染病流行的3个基本环节之一。各种传染病的不同传染源，其重要性各不相同。如麻疹的传染源以患者为主，脊髓灰质炎的传染源以隐性感染者为主，鼠疫的传染源则以受传染的啮齿类动物为主。一般传染源分为患病和携带病原的人或动物两种类型。患病的人或动物是重要的传染源，不同病期其作为传染源的意义也不同。病程前期作为传染源具有明显的症状，可排出大量毒力强大的病原体，病程后期是否具有传染源的作用根据病种不同而定。病原体携带者是指外表无症状但能排出病原体的人或动物，一般不易发现，有时可成为十分重要的传染源。研究病原体的存在形式不仅有助于了解传染病的流行，而且对控制传染源、防止传染病的蔓延具有重要意义。

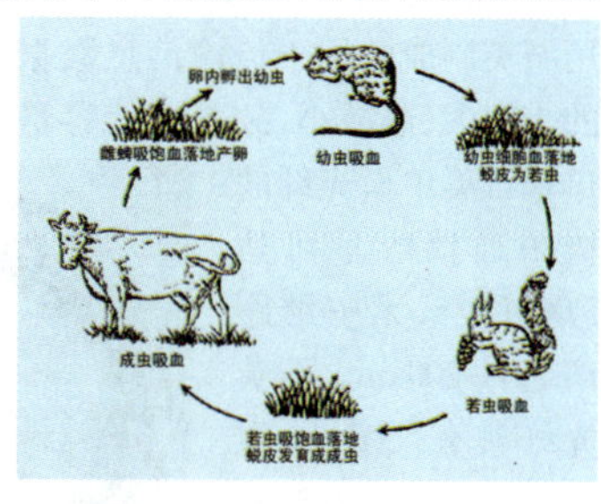

传染病流行环节

【传热】(heat transfer)　热量传递的方式。有热传导、热对流和热辐射三种。只有出现温差时才可以传热。热量只向着温度降低的方向传递。传热是常见的自然现象，也广泛存在于工程技术领域中。实际传热过程一般不是单一的传热方式，而是不同的传热方式同时存在，各自遵循不同的规律。如在锅炉中，火焰对炉壁的传热是以辐射为主，而管壁与工质的传热是以热对流和热传导为主。

【传热学】(science of heat transfer)　物理学的一个分支。研究热量传递规律的学科。传热是自然界和工程实践中普遍存在的现象之一。热力学第二定律指出，热量总是自发地由高温传向低温。因此，哪里有温度差，哪里就有热量传递。传热学正是研究这一现象的一门学科。在热能工程中，传热的问题占据特别重要的地位。典型的传热措施有：(1)提高锅炉的蒸汽产量。(2)提高循环水冷却塔和凝汽器的效率，以缩小尺寸和降低成本。(3)防止燃气轮机燃烧室和燃气透平工作叶片的过热毁坏。(4)减小内燃机缸盖的热应力。(5)确定热电厂供热用换热器的型式与换热面积等。在热能工程中的传热问题，通常可归为两类：确定热量传递的多少和求出物质内部温度的分布状况。

【传输层】(transport layer) 又称运输层。介于低三层的通信子网系统和高三层的资源子网之间的层。为源主机和目标主机之间提供可靠的价格合理的透明的端到端的数据传输服务，使高层服务用户在相互通信时不必关心通信子网实现的细节。对网络层提供可靠的目的地站点信息。在这一层，信息传送的协议数据单元称为段或报文。其基本功能是：(1)分割与重组数据。(2)按端口号寻址。(3)连接管理。(4)差错控制和流量控制。开放系统互联参考模型的第四层。

【传输光纤】(transmission optical fiber) 用石英制成的用于传输信息数据的光纤。石英光纤的带宽大，衰减小，故其通信容量大，无中继距离长。单根石英单模光纤的极限通信容量可达3 000Gb/s，无中继距离超过200km。石英光纤具有尺寸小、重量轻，抗电磁干扰及耐化学腐蚀性强等特点。使得光纤有很强的环境适应性。但其制造成本高，对光源的要求高。传输光纤主要应用于局域网数据传输。

传输光纤

【传输控制协议】(transmission control protocol，TCP) 一种面向连接的、可靠的、基于字节流的协议。属于TCP/IP协议簇中传输层的协议。向应用层提供一个可靠的、像管道一样的数据连接。TCP连接包括三个状态：连接建立、数据传送和连接终止。TCP用三路握手过程建立一个连接，用四路握手过程来拆除一个连接。TCP的数据传送状态，采用了很多重要的机制保证连接的可靠性和强壮性。它们包括：使用序号，对收到的TCP报文段进行排序以及检测重复的数据；使用校验和来检测报文段的错误；使用确认和计时器来检测和纠正丢包或延时。TCP所使用的包头格式中主要含有以下字段：(1)源端口。(2)目的端口。(3)序列码。(4)确认码。(5)数据偏移量。(6)控制位。(7)窗口。(8)校验。TCP包头格式中端口都是16比特，可以有在0～65 535范围内的端口号。对于这65 536个端口号有以下的使用规定：(1)端口号小于256的定义为常用端口，服务器一般都是通过常用端口号来识别的。任何TCP/IP实现所提供的服务都用1～1 023之间的端口号。(2)客户端只需保证该端口号在本机上是唯一的就可以了，客户端口号因存在时间很短暂又称临时端口号。(3)大多数TCP/IP实现给临时端口号分配1 024～5 000之间的端口号，大于5 000的端口号是为其他服务器预留的。

【传统安全】(traditional security) 又称传统安全威胁。国家面临的军事威胁及威胁国际安全的军事因素。是以国家主权的维护为核心，涉及政治、军事、外交、情报等领域。从行为主体讲，主要是指来自他国的主权侵犯行为。从行为方式讲，主要是指针对本国政权组织实施的政治颠覆活动或由他国军队实施的武装入侵。按其威胁程度大小的不同可分为军备竞赛、军事威慑和战争三类。传统安全威胁由来已久，自从有了国家也就有了国家间的军事威胁。1943年，美国专栏作家李普曼首次提出了国家安全概念。美国学界把国家安全界定为有关军事力量的威胁、使用和控制，几乎变成了军事安全的同义语。自20世纪70年代以来，人们便把以军事安全为核心的安全观称为传统安全观，把军事威胁称为传统安全威胁。旧安全观往往以国家为单位来划分敌友界限，合作成员国相互间常以结盟等方式搞集体防卫或集团安全，注重以威慑、遏制等手段来制约潜在对手。这种安全观经常以牺牲他国的安全利益来实现部分国家自身的安全，具有很强的排他性。

【传统技术】(traditional technology) 在近代第一、第二次技术革命中发展起来的工业技术。它在生产应用中已成为完善的定型化技术，是现代工业生产的基础。特点是：以能源、交通、土木工程、机械加工、采矿冶金等物质生产技术为主体，以大量消耗能源、原材料、污染环境来换取高产值、大型化的经济效益。广义的传统技术还包括农业技术。传统技术不等于落后技术，但它应随着新兴技术的发展而改造。如何运用新兴技术改造传统技术，是当今发展中国家技术发展中的重要课题。

【传统能源】(traditional energy resources) 又称常规能源。在现阶段科学技术水平条件下，人们已经广泛使用、技术上相对比较成熟的能源。如煤炭、石油、天然气、水能、柴草秸秆等。相对而言，核能、风能、潮汐能、太阳

传统能源

能、可燃冰、液态氢、乙醇等则称为新能源。大多数传统能源属于不可再生能源,在简单利用过程中会产生多种有害气体和粉尘,造成大气污染和水体污染。特别是燃烧过程排放的二氧化碳等温室气体,是导致全球气候变暖的主要因素之一,对人类的生存环境影响很大。

【传统农业】(traditional agriculture) 采用历史上沿袭下来的耕作方法和农业技术的农业。从石器和铁器时代交替时期到19世纪末期开始使用农业机器以前,主要是使用铁木农具,凭借直接经验从事生产活动。其基本特征是:生产工具由原始的石器发展为铁木农具;畜力逐渐成为生产的主要动力;一整套农业技术措施逐步形成,如选育良种、改革农具、利用能源、实行轮作制等,但基本上还停留在经济的落后阶段,生产规模小,商品率低,自给自足的自然经济占统治地位。中国传统农业的内容十分丰富,精华是精耕细作夺高产。其中很多技术对今天农业生产的发展仍有重要作用。继承发扬传统农业的成功经验,并进一步加强科学总结和提高,对于实现适合中国国情的农业现代化具有重要意义。

【传统中药】(Chinese traditional medicine) 在中医药理论指导下组方,并以传统工艺(保持传统的治疗疾病的物质基础不变的工艺)制成的药品。处方中药材具有法定标准,其功能主治用传统中医术语来表达。

【传音性耳聋】(transmission hearing loss) 又称传导性耳聋。由于外耳或中耳疾病,使到达内耳的声能减弱而引起听觉减退的现象。患者内耳的结构正常,但毛细胞底部的神经末梢所受到的刺激微弱,产生的神经冲动微小,因此出现听力减退现象。其常见的病因有:(1)先天性或后天性畸形。如外耳道闭锁,鼓膜、听骨、蜗窗、前庭窗发育不全等。(2)外耳道机械性堵塞。如外耳道异物、耵聍栓塞、肿瘤等。(3)由于创伤或中耳炎症所引起的鼓膜穿孔。(4)中耳炎症。如中耳黏膜肿胀,耳硬化症等。(5)头部外伤引起外耳道血块堵塞、中耳积血或积脑脊液等。其特点是:(1)低频率比高频率的听力损失大。(2)气导听力损失与骨导听力损失之间的差距大。大多数患者可通过手术或药物治疗恢复或部分改善听力。配戴助听器很有帮助。

【传质】(mass transfer) 由于物质浓度不均匀而发生的质量转移过程。体系中熵自动向最大值移动(趋向均匀),如果各部分温度不均匀,会趋向一个平均温度。如果浓度不均匀,也会趋向一个平均浓度,但浓度的传递只能发生在流体之间。可以是在两种流体之间,也可以是在一种流体和固体之间传质(如萃取),但不可能在两种固体之间发生传质过程(虽然可以发生传热过程)。在化学工业中,应用于气-液系统、液-液系统和固-液系统之间的传质过程。

【船舶】(ship) 能航行或停泊于水域内,用以执行作战、运输、作业等任务的运载工具。是各类船、舰、舢板、筏及水上作业平台等的统称。一般有如下几种分类方法及主要船种:(1)按船舶用途的不同可分为军用舰艇和民用船舶两大类。军用舰艇又可分为战斗舰艇、登陆舰艇和辅助舰船。民用船舶可分为运输船舶、工程船舶、渔业船、港务船、海洋调查船及深潜器和海洋钻井平台等。(2)按航区的不同可分为极区船、远洋船、沿海船及内河船等。(3)按航行方式的不同可分为排水型船、半潜船、潜水船、滑行船、气垫船、水翼船、冲翼艇等。(4)按有无自航能力可分为机动船、非机动船及机帆船等。(5)按推进动力的不同可分为蒸汽机船、内燃机船、汽轮机船、电力推进船、核动力船、人力船及帆船等。(6)按推进器形式的不同可分为螺旋桨船、平旋推进器船、明轮船、喷水推进船、喷气推进船、空气螺旋桨船。(7)按螺旋桨数目的不同可分有单桨船、双桨船、三桨船等。(8)按上层建筑形式的不同可分为遮蔽甲板船、长首楼船、长尾楼船、长桥楼船等。(9)按建造材料分类的不同可分为钢船、木船、铁木船、铝合金船、玻璃钢船(艇)、水泥船、皮船(艇)等。(10)按机舱位置及连续甲板层数的不同可分为中机型船、尾机型船、中尾机型船以及单甲板船、双甲板船等。船舶总的发展趋势是大型化、高速化、自动化、专用化和节能环保化。

船舶

【船舶登记】(ship registry) 对船舶享有某种权利的人,向国家授权的船舶登记机关提出申请并提交相应的文件,经船舶登记机关审查,对符合法定条件的船舶予以注册,并以国家的名义签发相应证书的法律活动。一般来讲,取得国籍和所有权、设置抵押权或以光船租赁形式租入船舶后,均需到国家授权的机关进行登记。船舶必须经过登记才能取得国籍并悬挂登记国的国旗在海上航行。船舶登记从不同的角度可划分成不同的种类;按登记条件宽严程度的不同可分为开放登记与正常登记;按登记船舶的权利的不同可分为船舶所有权登记、船舶抵押权登记及光船租赁权登记;按登记目的的不同可分为取得登记、变更登记和注销登记;按登记的有效期的不同可分为通常登记和临时登记等。

【船舶动力装置】(marine power device) 从广义的角度来讲,是指保证船舶航行、作业、停泊及船员旅客正常工作和生活所需的机械设备的总和。包括推进系统、电力系统、船舶系统、空调冷藏通风系统、甲板机械等几个方面。从狭义的角度来讲,船舶动力装置则主要是指船舶的主机及配套的轴系、齿轮箱、联轴节等机械设备。按其产生动力的原理不同大致可分为五种形式:蒸汽动力装置、汽轮机动力装置、柴油机动力装置、燃气轮机动力装置和核动力装置。

船舶动力装置

【船舶舵设备】(rudder equipment of ships) 保证船舶安全航行并使船舶按照设定航线航行的主要设备。主要由操纵机构、舵机、转舵机构以及舵等几部分组成。操纵机构包括操舵装置和传动装置。操舵装置是将驾驶台舵轮的动作通过传动装置传递给舵机,从而控制舵机运转的一套装置;传动装置是将舵轮转动后的输出信号传递给舵的一套过渡装置。操纵机构的形式主要有机械式、液压式和电动式等。舵机是使转舵机构与舵产生运动的原动机。其形式主要有人力操舵机械、蒸汽舵机、电动舵机和电动液压舵机等。转舵机构是将舵机的动作传递给舵的装置。其形式主要有舵柄式、舵扇式和螺杆式等。舵是利用水流作用在舵叶上产生的作用力,使船舶保持或改变航向的设备。

【船舶国籍】(ship nationality) 船舶所有人按一定国家的船舶登记章程进行登记,取得该国签发的国籍证书,悬挂该国国旗航行,船舶隶属于登记国的一种法律上的身份。船舶国籍证书是船舶国籍法律上的证明。船舶悬挂的国旗,是该船国籍的外部象征或标志。在国际法上,船舶国籍关系到对航行于海洋上、特别是公海上的船舶行使管辖权的问题,关系到国家对船舶行使外交保护权。船舶在海上航行时应服从船旗国管辖,船内的犯罪行为和违法行为应适用船旗国的法律制度;同时,船舶国籍还是国家海运政策调控的标准。

船舶国籍

【船舶航行性能】(ship navigation performance) 为了确保船舶在各种条件下的安全和正常航行所具有的性能。主要包括浮性、稳性、抗沉性、快速性、适航性和操纵性。(1)浮性是指船舶在各种装载情况下,保持一定浮态,漂浮于水面一定位置的能力。浮性是船舶最基本的性能。(2)稳性是指船舶受到外力作用离开原来平衡位置而发生倾斜,当外力消除后,仍能回到原来平衡位置的性能。它是使船舶抵抗一定的外力作用不致倾覆的一种性能,是保证船舶安全航行的重要性能。(3)抗沉性是指船舶在一舱或数舱破损进水后,仍能漂浮于水面,并保持一定浮态和稳性的能力。是关系到船舶安全的一个重要性能。主要是通过使船舶具有足够的储备浮力和稳性以及将船舶用水密横舱壁合理地分隔成若干水密舱室来保证的。(4)船舶的快速性就是指对一定排水量的船舶,主机以较小的功率消耗达到较高航速的性能,是船舶的一项重要技术性能,对船舶的经济性能影响很大。(5)适航性是指船舶在多变的海况中的运动性能。(6)操纵性也称耐波性是指船舶在航行时能够保持原来方向或按照驾驶员意图改变到所需航向的性能。其中船舶能够保持原来航向的性能称为航向稳定性;能够按照驾驶员意图改变航向的性能称为回转性或灵敏性。

【船舶检验】(ship inspection) 为使船舶及其有关设施具备正常的技术条件,以保障海上航行船舶、有关设施和人命的安全,以及使海洋环境免受污染而对船舶进行的检验。就船舶营运的基本条件来讲,船舶检验也是保证船舶适航的法定程序之一,其中包括船舶建造检验、初次检验、船级检验、法定检验、临时检验、公证检验等。(1)船舶建造检验。适用于新建船舶试验检验,其中包括开工前检验、建造中检验和交船时检验。完成上述检验后领取的船舶建造检验证书属于船舶的必备证书之一。(2)船舶初次检验。适用于新购入的船舶,其中包括新建船舶和旧船,但仅指由国外购入、未经中国验船机构监督建造的船舶。这类船舶在投入营运前必须接受初次检验。(3)船舶法定检验。对于国际航行的船舶,所有人或经营人必须遵照有关国际公约的规定,接受对其船舶技术状态进行的全面监督和检查,其中包括定期检验和期间检验。(4)船舶临时检验。凡是船舶在营运活动中发生以下情况之一的,如改变航区,改变使用目的,发生海损,有关证书临时展期,临时增载乘客等，必须按照有关公约和法规的要求，向验船机构申请临时检验。(5) 船舶公证检验。是指验船机构根据有关利益方，如保险人、船方、保赔协会及第三利益方的申请，为船舶和海上设施提供的技术鉴定。

【船舶救生设备】(life saving equipment of ship) 为了救助落水人员或当船舶遇险时撤离乘员而在船上设置的专用设备及其附件的总称。包括救助艇、救生艇、救生筏、救生浮具、个人救生设备、救生抛绳器、通信、烟火信号、救生艇筏的登乘和降落设备等。其中救生艇是在船舶遇难后不得不弃船时供乘员撤离险船用的小艇，是船上最重要的救生设备；救生筏是仅次于机动救生艇的救生设备，在某些方面甚至优于救生艇，当船舶遇难产生严重纵倾和横倾时，救生艇往往无法吊放，而救生筏却可有效地发挥作用。船舶救生设备的技术要求及配备数量需满足相应的规范、标准和公约。

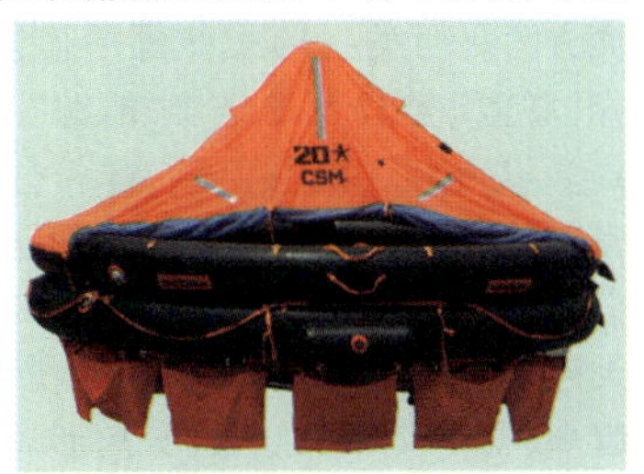

船舶救生设备

【船舶配积载】(cargo storage) 根据货物托运计划向船舶具体航次分配的货载任务。即确定船舶某一航次开往什么港口，装什么货，装多少货。配载通常以“装货通知单”或“装货清单”的形式表示。船舶积载则是在配载的基础上，研究和确定配载货物具体装舱位置和堆装技术，即把装货清单上的货物往船舶各舱进行分配，并具体决定货物在舱内的堆码位置。船舶配载和积载是两个不相同的概念。配载是积载的前提和依据，积载则是配载的继续和实施。船舶配积载是货物装船前必须进行的一项工作，其优劣直接关系到航行安全，货物运输质量，船舶的合理使用，以及港口装卸组织。从某种意义上讲，配积载工作又是港航贯彻运输政策，完成运输任务的具体步骤。

【船舶绕航】(activity of changing course of a ship) 船舶改道航行或偏离约定的或习惯上航线的行为。如果船舶因避免海上危险、天灾和火灾等，救助或企图救助海上人命、财产而发生绕航，是属于合理绕航。除此之外，其他原因导致的绕航均属于不合理绕航。船舶不得进行不合理绕航的时间从预备航次开始，直至整个航次在卸货港结束。船舶进行不合理绕航是船方的根本违约，可能导致如下后果：无法援引合同或法律规定的免责条款及赔偿责任限制；租船人解除合同，船方要承担由此造成的租船人的一切损失；船东保赔协会也将中止其保险责任等。

【船舶入级】(ship classification) 由核定船级的行业组织对船舶进行检验并确定其等级的技术活动。是对船舶进行经常性技术监督和检验的重要手段。对于国际航行的船舶来说，是否取得船级或取得何家船级社的船级，对船舶的营运活动会有很大的影响。在国际航运市场上，时常会根据船舶是否持有船级来决定运费率及保险费率。船级是船舶技术性能良好的一种符号，而船级社则是核定船级的行业组织。国际上的主要船级社有中国船级社、意大利船级社、美国船级社、英国劳氏船级社、法国船级社、挪威船级社、德国劳氏船级社、日本海事协会等。其中，中国船级社就有关船舶入级划分了新造船的入级检验、初次入级检验和保持船级检验。

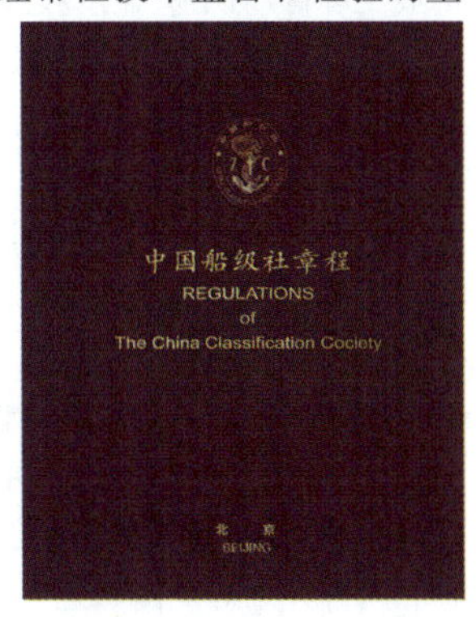

船级社章程

【船舶营运指标】(ship operation index) 从船舶在空间位移与时间利用的角度，反映航运企业生产活动成果及运用效率的指标。由数量指标和质量指标两部分组成。船舶营运数量指标表示船舶营运活动应达到的数量要求。它包括船舶运输量指标与船舶生产能力指标。船舶营运质量指标包括船舶装载率指标、船舶航行速度指标、船舶时间利用指标和船舶生产率指标。对航运企业生产活动具有多方面的作用：(1) 是考核和评价船舶生产活动成果和经济效益的依据。(2) 是编制船舶运输生产计划的基础。(3) 是分析船舶生产活动、改进工作的必要手段。(4) 是船舶运行组织优化决策时比选方案的依据。(5) 是领导了解运输生产情况和指导运输工作的工具。

【船舶营运组织】(ship operation organization) 对运输船舶运行活动的合理安排。有航次形式和航线形式两种。船舶为了安全、迅速、经济、方便地运送旅客与货物，除了必须与港口、航道等环节在技术条件、营运管理上相互适应外，还应与其他运输方式，如铁路、公路、管道运输的运输过程，甚至包括承运货物的生产过程和消耗过程以及旅客的旅行活动协调配合。因此，对船舶运行活动进行合理安排与适时调整，是非常重要的。

【船舶自动避碰系统】(ship automatic collision-avoidance system) 为解决在能见度不良情况下发现来船并采取避免发生碰撞措施的一种船舶导航设备。主要由船用雷达和自动雷达标绘装置构成。可自动识别、显示和跟踪邻近船舶航行状况及属性。其内容包括:(1)船舶位置、航向、航速、相对运动和碰撞危险数据等信息。(2)可用图像方式自动显示相遇船舶运动矢量线、可能碰撞点、预测危险区等信息。(3)可以进行避碰试操作。在雾天、黑夜、暴雨雪等不良天气条件下航行时,这一系统的作用尤其明显。在20世纪末,避碰自动化技术进一步得到发展。开发的船舶自动识别系统,可连续向其他船舶传送船舶自身数据,并可连续接收其他船舶的数据。如船名、船舶种类、船舶尺度、装载情况、航行状态和航行计划等。使邻近船舶及岸台能及时掌握附近海(河)面所有船舶之动静态资讯,得以立刻互相通话协调,采取必要避让行动,对船舶安全有很大帮助。

【船舶自动化】(ship automation) 利用自动化设备取代人工操作管理船舶的技术。可以保证船舶操作的准确性,提高安全性,改善劳动条件,减少船员,提高经济效益。主要包括轮机自动化、导航自动化和舾装自动化三个方面。20世纪70年代,电子计算机开始在船上应用。它除用于自动调节、顺序控制、显示、报警、自动记录外,还处理一些较为复杂的问题,如测算主机功率,预报维修期限,诊断动力装置故障,根据周围船舶的动态确定本船的航速、航向及实现组合导航等。为了应用机动灵活,倾向于用多台微处理机代替一台较大存贮量的计算机承担全船自动化的任务。船舶自动化是船舶科技进步的重要组成部分。其系统及设备发展迅速,正朝着数字化、智能化、模块化、网络化和集成化方向迅速发展。

【船舶自动识别系统】(automatic identification system, AIS) 船舶交通管理中用于识别和定位船只的数字助航系统。船舶自动识别系统主要由岸基(基站)设施和船载的甚高频(VHF)接收器、全球定位系统接收器等设备共同组成。采用船舶全球唯一编码体制作为识别手段,将船位、船速、改变航向率及航向等船舶动态信息以及船名、呼号、吃水及危险货物等船舶静态资料,按相应技术标准所规定的时间段和信息格式,由甚高频(VHF)频道向附近水域船舶及岸台广播。这些信息可以被邻近船只或管理站自动接收并显示在屏幕和电子海图上。船舶自动识别系统的正确使用有助于加强海上生命安全、提高航行的安全性和效率,以及对海洋环境的保护。国际海事组织(IMO)和国际海上人命安全公约(SOLAS),要求排水量300t以上的国际航行船舶上必须装备此系统。

【船箭连接分离系统】(shipand rocked connecting separation system) 执行航天器与火箭的连接与分离任务的对接结构。是由航天器底部的对接框、连接与释放机构和运载火箭上的支架组成的组合体。连接与释放机构的功能是在地面和火箭动力飞行时,保证船箭可靠地连接;进入预定轨道时,保证船箭按规定要求可靠地分离。船箭连接分离方案有两类:(1)爆炸螺栓连接解锁,弹簧分离。如“联盟”号载人飞船与“能源”号火箭的连接与分离。(2)包带式连接解锁、弹簧分离。如中国的“神舟”号飞船与“长征”2号火箭的连接与分离。常用的分离机构(或装置)有分离弹簧和固体分离火箭。两类连接解锁(释放)机构与两类分离机构(装置)组合起来,可形成四种连接与分离形式。

【船闸】(ship-lock) 借助闸室内水位升降,使船舶克服上下游水位差而安全过坝的水工建筑物。通常由闸室、上下游闸首及闸门、输水系统、上下游引航道、导航建筑物、靠船建筑物等组成。船只下行时,先通过输水系统将闸室充水,待闸室水位与上游相平时,开启上游闸门,船只从上游进入闸室,随即关闭上游闸门,通过输水系统闸室放水,待闸室水位降至与下游水位相平时,开启下游闸门,船只出闸。上行时则程序相反。按其并列闸室数目的不同可分为:(1)单线船闸。只有一条可以过坝的航线。(2)多线航闸。有多条可以过坝的航线。按其纵向排列闸室数目的不同可分为:(1)单级船闸。是将全部水头(上下游水位差)作为一级,船舶经一次升降即可通过的船闸,它只有一个闸室。(2)多级船闸。则将全部水头分为多级,有多个闸室逐级升降过船。多级船闸又可分为:闸室首尾直接衔接的连续式和闸室之间有中间渠道的分离式两种类型。按其设计过闸船舶吨级的不同,船闸可以分为不同的级别。

船闸

【喘振】(surge) 透平式压缩机在非正常工况下的振动。当压缩机中气流以大迎角流入叶片排形成严重的分离时,引起压缩机出口气流压力和流量强烈脉动。喘振本质上是气流中压缩机出现的一种沿轴向的自激振荡。其典型现象是:(1)压缩机出口压力先升高后急剧下降并呈现出周期性的大幅波动。

(2)压缩机流量急剧下降并大幅波动，严重时空气会倒灌进吸气管道。(3)压缩机产生强烈震动并发出异常的气流噪声。喘振对压缩机危害严重，消除的办法是使用双转子或三转子压缩机、使用可调节式叶片和在压气机上增加放气活门，使多余气体能够排出。

【串级萃取理论】(theory of cascade extraction) 20世纪70年代国际上流行的串级萃取理论是L. Alders提出来的。该理论假定“在串级过程中萃取比保持恒定”。1976年，中国物理化学家徐光宪发现此假设在稀土推拉体系串级萃取过程中是不成立的，并在此基础上总结出新的串级萃取理论，利用数学计算方法来解决萃取工艺设计最优化问题，以计算机模拟代替传统的串级萃取小型试验，实现了不经过小试、扩试，一步放大到工业生产规模，大大缩短了新工艺设计到生产的周期，减少了化工试验的消耗，特别是能适应原料和设备不同的工厂，具有明显的经济效益，使中国稀土分离技术达到国际先进水平。适用于恒定混和萃取比体系(如皂化酸性萃取剂体系)。广泛应用于稀土萃取分离工艺。

【串励直流电动机】(series-excited and direct-current motor) 励磁绕组与转子绕组之间通过电刷和换向器相串联的电动机。励磁绕组与电枢绕组串联后，再接于直流电源。功能与特点是：(1)励磁电流与电枢电流成正比，定子的磁通量随着励磁电流的增大而增大；(2)转矩近似与电枢电流的平方成正比，转速随转矩或电流的增加而迅速下降；(3)其启动转矩可达额定转矩的五倍以上，短时间过载转矩可达额定转矩的四倍以上；(4)转速变化率较大，空载转速甚高。可通过用外用电阻器与串励绕组串联(或并联)，或将串励绕组并联换接来实现调速。励磁电流就是电枢电流。内磁场随着电枢电流的改变有显著的变化。为了使励磁绕组不致引起大的损耗和电压降，励磁绕组的电阻越小越好，通常用较粗的导线绕成。广泛应用于家用电器等领域。

串励直流电动机

【串联】(series connection) 电路中将两个或两个以上元件排成一串，每个元件的首端和前一个元件的尾端连成一个节点，而这个节点不再同其他节点连接的连接方式。其电路的特点是：(1)所有串联元件流过同一个电流。(2)元件串联后的总电压是所有元件的端电压之和。(3)若干电阻串联时，元件串联的总电阻是所有电阻之和。

【串联补偿】(cascade compensation) 在长距离输电线路中，使用串联电容器来抵消线路电感影响的一种电压补偿方法。输电线路的电感可能会引起电压的升高或降低。当线路中流过容性电流时，输电线路的电感会引起电压升高。当线路中流过感性电流时，输电线路的电感会引起电压降低。因此，采用串联补偿来消除电压的过高或过低。当串联电容器的容抗与线路电感的感抗相等时，线路电感的电压就与电容电压完全抵消，于是电网的输电能力大大提高，电压稳定性也大大提高。

【串行传输】(serial transmission) 数据在一条信号线路上按位进行的传输方式。传输方式有同步传输和异步传输两种。其特点是：(1)线路简单，利用简单的线缆就可实现数据传输。(2)成本降低，只需一个信道。(3)传输的速度比并行传输的速度要慢得多，一次一位。(4)支持长距离传输。计算机网络中所用的传输方式均为串行传输。适用于远距离通信。

串行传输板

【串行高级技术附件】(serial advanced technology attachment, SATA) 一种基于行业标准的串行硬件驱动器接口规范。主要是硬盘、光驱与主机系统之间的系统级接口标准。是由Intel、IBM、Dell、APT、Maxtor和Seagate公司共同提出，最新版本号为3.0。采用串行连接方式，结构简单，支持热插拔。使用嵌入式时钟信号，具备更强的纠错能力。不仅对传输数据进行校验，而且对传输数据的指令进行校验，数据传输可靠性高。SATA1.0数据传输速率可达150MBps，SATA2.0数据传输速率可达300MBps，SATA3.0数据传输速率可达600MBps。使用SATA接口的硬盘称为串口硬盘。使用IDE接口的硬盘称为并口硬盘。SATA硬盘采用新的设计结构，数据传输快，节省空间，相对于IDE硬盘具有很多优势，因而正在逐步取代IDE接口。

【串行计算】(parallel computing) 相同任务在多个处理器或多台计算机上并发执行的过程。中央处理器逐个使用一系列指令解决问题，但其中只有一种指令可提供随时并及时的使用。它基于一个问题通常被划为几个更小的任务来解决的事实，并同时协调完成。串行计算机只有单分处理器，按顺序执行程序。其特点是:数据位传送,速度慢。

【串行接口】(serial interface) 计算机与外围设备之间按顺序逐位进行数据传送的一种通信接口。设备主要用于远程通信和低速输入输出。常用接口是 RS－232C。此接口标准由美国电子工业联合会 1969 年制定公布。在微型计算机系统中常使用串并交换电路,其数据与外设连接的一侧按串行传送,与中央处理器连接的一侧按字节并行传送。

【串行外设接口】(serial peripheral interface,SPI) 一种高速同步串行外设接口。是满足某种服务标准的供应商提供的符合该标准的应用程序接口。它可以使单片微型计算机与各种外围设备以串行方式进行通信以交换信息。其简单易用的特性,使越来越多的芯片集成了这种通信协议。主要应用在 EEPROM、FLASH、实时时钟、数模转换器、数字信号处理器和解码器之间。

【窗口治疗时间】(window treatment time) 临床上对缺血性脑血管病的超急性期所发生的脑血栓需进行溶栓药物治疗的 6h 时间。早期脑梗死的脑组织尚未发生坏死,脑 CT 表现正常,梗死处的血栓较新鲜,易于溶解,这时的脑组织还处于可逆性损害期,故临床特别强调急性脑梗死从发病到溶栓治疗结束应控制在 6h 之内。脑组织耗氧量很高,对缺血缺氧十分敏感。脑组织如能在一定时间范围内重新得到血液供应,便可恢复其生理功能。超过窗口治疗时间溶栓,脑组织往往已发生坏死,造成不可逆性损伤,其溶栓治疗就会失去意义。

【创伤性溃疡】(traumatic ulcer) 口腔内因残根、残冠、牙齿的锐利边缘、错位牙、不良修复体等长期慢性机械损伤所形成的局部溃疡或儿童因不良习惯如习惯性长期咬腮、咬颊、咬唇等软组织或以手指、异物等刺激上述软组织造成的局部溃疡。早期损害色鲜红,糜烂状,逐渐发展成溃疡,且有渗出液,周围显示程度不等的红晕。陈旧性损害呈紫红或暗红色,中央凹陷,溃疡底部可有灰白色或黄白色膜状物。长期未治疗者,边缘呈不均匀隆起,基底稍硬。溃疡的形状与刺激因子完全契合。其治疗方法是:(1)去除致病的刺激因素和去除不良习惯。(2)局部应用消毒、抗感染药物。

【创新】(innovation) 人类为了满足自身的需要,不断拓展对客观世界、自身认知与行为过程和结果的活动或以新思维、新发明为特征的概念化过程。其含义主要有三层:(1)更新。(2)创造新的东西。(3)改变。创新本质就是弃旧图新后人超越前人;就在于以新的眼光去观察,去发现一种新现象,找到一种新方法,创造一种新流程,启发一种新领悟,达到一种新境界。它是人类特有的认识能力和实践能力的主观能动性的高级表现形式,是综合国力竞争的关键,推动民族进步和社会发展的不竭动力。

【创新绩效】(innovation performance) 创新主体或创新系统在创新方面取得的成绩和创新的效率。包括个人创新绩效和组织创新绩效两个方面。取决于创新主体或创新系统对现有创新资源的配置能力。是资源状况与配置能力相综合的结果。其中,资源状况是创新主体或创新系统通过开发或创造过程积累的创新资源;配置能力指创新中各种资源(资金、知识、人力资源和设备)在不同使用方向之间的分配。是一个组织或个人在一定时期内的投入产出情况。投入指的是人力、物力、时间等物质资源;产出指的是工作任务在数量、质量及效率方面的完成情况。

【创新精神】(spirit of innovation) 进行创新活动必须具备的勇于抛弃旧思想旧事物、创立新思想新事物的心理特征。属于科学精神和科学思想范畴,包括创新意识、创新思维和创新能力,也即综合运用已有的知识、信息、技能和方法,提出新方法、新观点的思维能力和进行发明创造、改革、革新的意志、信心、勇气和智慧。创新精神的培养主要决定因素有:(1)对所学习或研究的事物有好奇心。(2)对所学习或研究的事物有怀疑态度,有求异的观念,不认为被人验证过的都绝对是真理,不"人云亦云",即不迷信前人。(3)对所学习或研究的事物有追求创新的欲望。(4)在学习或研究事物过程中要有冒险精神。(5)学习或研究事物做到永不自满。

经济学家熊彼特

【创新能力】(innovation ability) 又称创新力。运用知识和理论,在科学、艺术、技术和各种领域中不断提供具有经济价值、社会价值、生态价值的新思想、新理论、新方法与新发明的能力。通常有国家创新能力、区域创新能力、企业创新能力之说,是民族进步的灵魂、经济竞争的核心。现代科学技术的飞速发展,使其愈加成为一个国家或地区国际竞争力和国际地位的重要决定因素。其对青少年有着重要意义:(1)随着现代科学技术的发展,现在和未来文明的真正财富，将越来越决定于人的创造性。(2)未来社会生产的特点对培养青少年的创新能力提出了新的更高的要求。(3)培养青少年的创新能力，对于中国具有更为重大的现实和历史意义，中国要实现到2050年左右赶上或超过世界发达国家这一宏伟目标，必须不断提高创新能力。

【创新思维】(innovative thinking) 以新颖、独特的方法解决问题的思维方式。是人类创造力的核心和思维的最高形式。是人类思维活动中最积极、最活跃和最富有成果的一种思维方式。它不仅能揭示客观事物的本质及其内外在的有机联系，并在此基础上产生新颖、独创、具有明显积极意义的思维成果。和其他的思维方式相比，创新思维更能体现人的主观能动性。其主要特征是：虽然离不开逻辑思维，也应运用概念、判断、推理的思维方式，但是它并不是逻辑上循序渐进地从经验材料导出假说、概念和理论，而是通过形象化构思、想象和直觉等思维方式，跳跃式地直接抓住事物本质的过程。它依据经验，又超越经验，是一种顿悟、直觉性的思维。人们应在已有知识和经验的基础上，通过对某些事物的深入考察、思索、寻找新联系与新答案的过程，来培养自己的创新思维能力，出色完成各项任务。

【创新体系】(innovative system) 融创新主体、创新环境和创新机制于一体，促进全社会创新资源合理配置和高效利用，促进创新机构之间相互协调和良性互动，体现政府创新意志和战略目标的系统。加快创新体系建设，是迎接新挑战的基础性工作，具有重要和深远意义。经济全球化带动世界经济竞争格局的变化，凸显出创新体系建设的重要性。创新体系政策在各国的纷纷采用，是创新战略普遍化的突出表现。创新体系建设可以看作是当代技术与经济突飞猛进的产物。创新体系的核心要素包括产业界、大学和研究机构、中介组织和政府。

【创新文化】(innovative culture) 有利于开展创新活动的一种氛围，是科技活动中产生的与核心价值准则相关的群众创新精神及其表现形式的总和。园区环境、整体形象和规章制度是创新文化的外在表现形式。创新精神、科学思想、价值导向、伦理道德、爱国主义精神是创新文化建设的核心内容。

创新文化

【创新型国家】(innovation-oriented country) 把科技创新作为基本战略，大幅度提高科技创新能力，形成日益强大的竞争优势的国家。目前，世界上公认的创新型国家有20个左右，包括美国、日本、芬兰、韩国等。这些国家的共同特征是：创新综合指数明显高于其他国家，科技进步贡献率在70%以上，研发投入占GDP的比例一般在2%以上，对外技术依存度指标一般在30%以下。此外，这些国家所获得的三方专利(美国、欧盟和日本授权的专利)数占世界的绝大多数。目前，中国科技创新能力较弱，处于世界中等水平。在全面建设小康社会步入关键阶段之际，根据特定的国情和需求，中国提出，要把科技进步和创新作为经济社会发展的首要推动力量，把提高自主创新能力作为调整经济结构、转变经济增长方式、提高国家竞争力的中心环节，把建设创新型国家作为面向未来的重大战略。

【创新型科技人才】(innovative scientific and technological talent) 具有较强的科技创新能力，直接参与科技创新活动并为科技发展和社会进步做出创造性贡献的人才。是国家发展最重要的战略资源，先进生产力的集中体现，社会进步的主导因素和促进地区发展不可替代的力量。随着经济全球化进程的加快，创新型科技人才的竞争日益成为国家间、区域间竞争的焦点。创新型科技人才培养是一个系统工程，需要全社会的共同努力。为此应抓好如下几个重要环节：(1)完善培养体系，从教育源头抓起。根据中国经济社会和科学技术事业发展的要求，继续深化教育改革，加强素质教育，努力建设有利于创新型科技人才生成的教育培养体系。(2)建立健全一套有针对性的管理制度和方法。坚持在公平竞争中识别人才、发现人才、培育人才，为优秀人才特别是年轻的创新型科技人才施展才干提供更多机会。(3)完善制度和政策保障。继续深化科技体制改革，建立健全人才培养、使用、评价、分配、流动等方面的体制机制，坚决破除束缚人才成长和限制人才发展的观念、做法和体制。(4)进行开放式培养。加强同国际科技界多种形式的交流合作，有效利用全球科技资源，积极吸收人类创造的一切文明成果。(5)营造鼓励科技创新的社会氛围。大力倡导和弘扬崇尚创新、鼓励创新的精神，创造一个有利于创新人才成长的社会环境，为建设创新型国家提供强有力的智力支撑和人才保证。

【创新型科技团队】(innovation-oriented technology team) 以某一优势产业、重点学科和研究基地为基础，以优秀领军人才为核心，以科技创新为宗旨和目的而组建的科技研发团队。是研究型科技队伍的延伸和发展,把创新作为团队的灵魂和核心竞争力,注重各成员的创新意识和创新潜能的激发,把个人创新和集体创新作为使命和内在驱动力,突出自主创新和集成创新,形成优秀人才的团队效应和资源的有效凝聚。其基本条件是:(1)团队的学科方向必须是国家或地方确定的重要创新方向、优先发展的领域、重点学科和优势产业;是重大科学前沿热点问题,是经济社会发展关键、重点、难点问题;团队学术水平在国内外同行中处于优势地位,已取得突出成绩或具有明显的创新潜力。(2)团队必须具备良好的工作基础和实验条件,所在单位有良好的科研环境,能提供必要的支撑条件。一般以国家或省工程(技术)研究中心、重点实验室等为依托。(3)团队必须是国家或地方重大科技项目的主要执行者,并具有一定的经费支持和持续发展能力。(4)团队带头人应具有明确的创新性学术思想,较高的学术造诣和较强的组织协调能力,在创新团队中发挥凝聚作用,并具有充分的时间从事创新团队的科研和组织管理工作。团队成员应具有合理的专业结构和年龄结构,有相对集中的研究方向和共同研究的科学问题,是在长期合作的基础上自然形成的研究整体。

【创意产业】(creative industry) 将人们平时常说的“点子”、“主意”或“想法”产业化,并带来就业机会的产业。英国在18世纪率先开始实践文化创意产业。初期,创意并没有被看做产业,或者产业化程度还不高。1986年,著名经济学家罗默曾撰文指出:新创意会衍生出无穷的新产品、新市场和创造财富的新机会。新创意是推动经济成长的一种原动力。作为一种国家产业政策和战略的创意产业理念的明确提出者,是英国创意产业特别工作小组。1998年,英国创意产业特别工作小组首次对创意产业进行了如下定义:“源于个人创造力与技能及才华、通过知识产权的生成和取用、具有创造财富并增加就业潜力的产业。”在实际的政策运用和政府的产业统计中,由于各个国家和地区的经济社会发展阶段及文化背景不同,对创意产业的内涵与外延界定也存在一定的差异。概括起来大致有三种类型:(1)以英国和美国为代表的欧美型,其创意产业以文化产业为主体,较多地涵盖精神产品层面。(2)以日本、韩国为代表的亚太型,其创意产业以文化产业和产业服务为主体,兼顾了精神产品和物质产品两个层面。(3)以中国为代表的本土型,其创意产业以产业服务为主体,更突出地强调物质产品层面。与以英国为主导的“创意产业”相对应的,是在1990年美国国际知识产权联盟(简称IIPA),利用“版权产业”的概念来计算这一特定产业对美国整体经济的贡献。澳大利亚、加拿大等国也多以“版权产业”来统计该产业对各国经济的贡献。

【吹炼】(air refining) 向熔融的锍或粗金属鼓入空气或工业纯氧,使杂质氧化成气体(如二氧化硫、一氧化碳)逸出,或成氧化物与加入的熔剂造渣,而获得较纯的金属或高锍的冶炼过程。火法冶金的一项重要过程。通常在转炉中进行。其特点是:所需热量靠杂质氧化和造渣的化学反应热来维持,不需外加燃料。广泛用于钢和铜、镍的冶炼。

【吹塑成型】(blow molding) 借助于气体压力使闭合在模具中的热熔型坯吹胀而形成中空制品的方法。它是最常用的也是发展较快的一种塑料成型方法。吹塑用的模具只有阴模(凹模),与注塑成型相比,设备造价较低,应力低,适应性较强,成型性能好,可成型具有复杂起伏曲线形状的制品。中空制品的吹塑包括挤出吹塑、注塑吹塑、拉伸吹塑三个主要方法。吹塑制品的75%用挤出吹塑成型,24%用注塑吹塑成型,1%用其他吹塑成型。吹塑用的塑料包括聚烯烃、工程塑料与弹性体。吹塑制品的应用涉及饮料、汽车、办公设备、家用电器、医疗设备等方面。

吹塑成型机

【吹塑模具】(plastics blow mould) 用来生产塑料容器类中空制品的成型模具。吹塑模具结构较为简单,所用材料多以碳素钢为主。所对应的设备通常称为塑料吹塑成型机。吹塑成型只适用于热塑性塑料制品的生产。

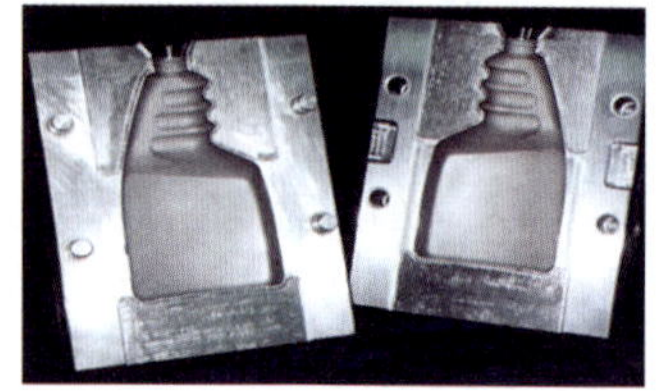
吹塑模具

【吹损率】(convertor blowing loss ratio) 转炉冶炼的一项技术经济指标。用装入的金属料和成品金属熔液的差额占装入金属料的百分比表示。因为,转炉吹炼时有杂质和金属的氧化、喷溅、气化和排渣时夹带金属等损耗。故吹损率反映出转炉吹炼技术水平的高低,从而导致其成本的高低。

【吹药法】(blow drug therapy) 将研制成极细粉末的药物,用喷吹的方法直接喷布于患处的一种治疗方法。常用制剂有锡类散、珠黄散、冰硼散、通关散、西瓜霜等。根据所用药物的不同,吹药法具有清热解毒、消肿止痛、疏风除痰、祛腐生肌及通关开窍等作用。适用于口腔、咽喉、牙龈、鼻腔、耳道等部位急慢性黏膜炎症、肿痛、溃烂,亦可用于中暑、晕厥、热盛神昏等闭证。

【垂体兴奋试验】(pituitary stimulation test) 了解垂体功能减退是否起因于垂体或下丘脑的诊断性试验方法。其方法是:将黄体生成素释放激素(LHRH)100μg 溶于 0.9% 生理盐水 5ml 中,30s 内静脉注射完毕,注射前、注射后 15、30、60、120min 分别抽血 2ml,用放射免疫法测定 LH 含量。若注射后 15~60minLH 值较注射前增高 2~4 倍以上,说明垂体功能正常,对 LHRH 反应良好,病变在下丘脑;若注射后 15~60minLH 值无升高或增高不明显,提示病变在垂体。

【垂线偏差】(deflection of the vertical) 垂线方向(重力方向)与椭球面法线方向之间的夹角。也是垂线与该点的正常水准面法线之间的夹角。反映了实际重力场与正常重力场的差别。其大小与地形起伏和地壳密度有密切关系。一般来讲,在地形平坦地区只有几角秒或更小,且变化缓慢;而在地形起伏的山区,可达 1 角分左右,且变化剧烈。垂线偏差采用格网形式组织数据文件,以格网等间隔经纬线所围面积角点的垂线偏差值为数据单元,称为格网垂线偏差。垂线偏差可用于计算高程异常、大地水准面高,进行地球椭球定位和确定地球形状、大小,并用于把地面测得的角度和长度归算到椭球面上,也用于远程武器发射的定向和精密军事工程测量。

【垂直和短距起落飞机】(airplane taking off and landing in short distance vertical-ly) 能垂直或接近垂直并在短距离内起飞、着陆的飞机。飞机从停机点开始起飞,能在 15m 距离内飞越 15m 障碍高度为垂直起飞。垂直起落飞机水平飞行时与常规飞机相同,但起飞和着陆时,不靠机翼升力,而是直接由动力装置或动力装置驱动的旋翼、螺旋桨、风扇等产生垂直于地面的向上推力,实现垂直起飞或着陆。它能完成常规飞机不能完成的一些机动飞行,如垂直机动、空中悬停、后退飞行和原地转向等。能在 150m 或150~900m 距离内飞越 15m 障碍高度为短距起飞。短距起落飞机主要采用各种增升方法(空气动力增升装置或偏转推力方向提供部分升力)来缩短起降距离。垂直起落和短距起落飞机降低了对机场的要求,起降方便。

垂直和短距起落飞机

【垂直洄游】(vertical migration) 水产动物为追逐饵料或适应不同生活阶段的要求及本身的生活习性所做的昼夜垂直移动。如东海的绿鳍马面鲀在产卵季节白天上浮,夜晚下沉。而产卵阶段的带鱼却相反。

【垂直角】(vertical angle) 又称竖直角或高度角。视准线(观测目标的方向线)在垂直面内与其水平视线之间的夹角。也可定义为,观测目标的方向线与水平面间在同一竖直面内的夹角。某一照准点的垂直角与天顶距的和是90°。当视准线在水平面之上时,称为仰角,为正;反之,称为俯角,为负。

【垂直绿化】(upright greening) 利用攀缘植物绿化墙壁、栏杆、棚架及对陡直的山石等特殊绿化方式。攀缘植物有缠绕类、卷须类、攀附类和吸附类。其攀缘方式各不相同。在不同的场合,应选植适合的种类。栏杆、棚架应根据拟种植的攀缘植物种类采用不同的结构。攀附类可利用其钩刺或枝杈固定在水平的栏杆或墙头上,必要时需人工引领。欲绿化墙面时需另设格栅。吸附类利用吸盘或气根固定在坚固的墙面或石面上。在房屋外壁进行垂直绿化能降低墙面温度升降的幅度,对室内起降温或保温作用,并可减少噪声的反射,减缓墙面本身的风化。但吸附类植物对坚实度差的墙面会造成不同程度的损害。

垂直绿化

【垂直起落发动机】(engine of vertical takeoff and landing) 一种可转动发动机喷口方向的涡轮风扇发动机。其结构的主要特点是:发动机装有四个可转喷口和阀门机构,压缩机在非正常状态能改变发动机的推力方向。在飞机垂直起飞时,喷口逐渐旋转向下,燃气向下喷出,产生向上的推力。巡航飞行时,喷口转向后面,产生向前的推力。这种发动机的优点是一台发动机可同时满足升力和推力要求,发动机利用率高,使用维护方便;缺点是起飞升力较小。

【垂直轴风力发电机】(vertical shaft wind

generator） 风轮围绕垂直轴旋转的风力发电机。其风轮轴与风向垂直。其优点是可以接受来自任何方向的风，因而当风向改变时无需调向通风。由于不需要调向装置，使它的结构设计简化。垂直轴风力机的另一个优点是齿轮箱和发电机可以安装在地面上，便于维修。但其风能利用系数相对较低。

【锤上模锻】（hammer forging） 在模锻锤上进行模锻生产锻件的方法。锤上模锻因其工艺适应性较强，且模锻锤的价格低于其他模锻设备，是应用最广泛的模锻工艺。

【春花生】（spring peanut） 春季播种，夏季收获的花生品种。适期播种，可提高土地、光能利用率，使植株生长矮壮、节间密、分枝多、根系生长好，干物积累多，开花、结果多，饱果率高，易于达到高产优质的要求。适宜春播栽培的花生品种类型较多，一般北方寒冷和高寒无霜期短的地区种植多粒型品种为主；北方花生区多种植普通型品种，其次为珍珠豆型品种；长江流域花生区以种植珍珠豆型品种为主。南方花生区生育季节长，各种类型均可种植。

春花生

【春化阶段】（vernalizing stage of vernalization） 又称感温阶段。某种植物播种后所经过的低温时期。是植物个体发育的一个必要阶段。植物在对外界条件的要求中，以特定的温度条件（适当低温）为主要因素。只有满足这些条件，植物才能继续正常生长发育。春化的有效温度为－1～9℃。其中1～2℃最有效。一般秋、冬播越冬作物春化阶段较明显，春播作物不明显。

【春化作用】（vernalization） 低温诱导和促进植物开花的现象。中国农民早就有用低温处理种子的经验。1918年，加斯纳（G. Gassner）发现冬黑麦播后只有经过一段时期的低温后，才能开花的现象。1928年，李森科（Т. Д. Лысенко）将冬麦种子经人工低温处理后春播，当年正常抽穗结实的作用称为春化。需低温春化的植物有：冬性一年生植物如冬性谷类作物；大多数二年生植物（如甜菜、芹菜、白菜等）和某些多年生植物如牧草等。春化有效温度为－1～9℃，其中1～2℃最佳。此外，还需要氧、水分和糖类。春化只能发生在能够进行分裂的细胞内，如萌动的胚或幼苗的茎端。嫁接试验证明，春化作用的刺激可以传递。

【春小麦】（spring wheat） 又称春播小麦。早春播种，同年夏末或早秋成熟收获的一种小麦类型。其生育特性多属于春性小麦。与冬小麦相比生育期较短，分蘖力较弱，成熟较早，产量较低。中国长城以北，大雪山、岷山以西地区以及西北、西南高原，冬季严寒，小麦秋播不能安全越冬，须进行春播。大多用春性及少数弱冬性品种。

【春性小麦】（springness wheat） 通过春化阶段时要求较短时间相对较高低温的一种小麦类型。低温为5～20℃，时间为5～15天。春季平均气温10℃以上时播种，即使在海拔较高的凉爽山区夏播，仍能完成阶段发育而正常抽穗成熟。中国南方麦区的秋播小麦，大都为春性或弱冬性品种；春麦区的春播小麦均为春性品种。春性小麦幼苗直立，叶色较淡，叶片较宽，分蘖力较差。秋播过早，易冬前拔节，冻害较重。

【春玉米】（spring maize） 春季播种的玉米。因播种期早，中国北方农民又称之为早玉米。在中国种植地域较广。主要分布在东北、西北和华北北部地区，西南丘陵山区亦有分布。春玉米的播种期和收获期地域间相差很大。一般由南向北，从二月中旬开始至五月上旬均有播种春玉米的地区。一般以10㎝土层温度稳定在10℃以上时播种为宜。收获期亦由南向北，从七月下旬到九月中旬，先后相差达50多天。它的生育特点是苗期生长缓慢，基部节间较短，穗位低，植株健壮，抗倒伏能力较强，果穗大，单株产量较高。在盛夏高温、多雨季节，易感染大斑病、小斑病；在冷凉山区则易感染丝黑穗病和黑粉病。主要害虫有地老虎、玉米螟等。栽培方式有单作或与豆类、薯类等间、套作。

春玉米

【纯合体】（homozygote） 由两个基因型相同的配子结合形成的合子，或由这种合子发育而成的生物个体。基因型能稳定地遗传，自交的后代基因型也是纯合体，不会出现性状分离。基因是控制生物性状的基本单位，有显、隐性之分。比如在农业的杂交育种中，如果优良性状受隐性基因控制，则性状一出现便是纯合体，且能稳定遗传；如果优良性状受显性基因所控，则难以确定个体的基因型。需要经多次自交，达到一定纯度后才可在生产中应用。否则会出现性状分离，影响产量和质量。

【纯金熔铸】(pure gold smelting and casting) 将含金原料进行熔炼提纯及铸锭的工艺方法。冶炼厂提炼纯金的原料包括：选矿厂产出的精矿，铜、铅、锌、镍和钴等冶金过程中产出的电解阳极泥，及湿法浸出渣等。金精矿品位只有1%左右，一般是与铜或铅矿石一起熔炼，再从电解阳极泥中熔炼纯金。铜阳极泥中含铜10%～30%，含金、银等贵金属5%～15%。镍、铅阳极泥含金较少，一般与铜阳极泥一同进行混合熔炼。从阳极泥中熔炼纯金的工艺过程是：(1)对阳极泥配入浓硫酸后在回转窑内进行硫酸化焙烧，使其中的铜转化为水溶性硫酸铜。(2)将焙烧产生的焙砂送入浸出槽，注入清水并通蒸汽加热至90℃左右，通入压缩空气进行搅拌，使硫酸铜溶于水中，金则留在渣中。(3)将脱铜后的渣配入石灰、炭屑等熔剂并在贵铅炉中进行还原熔炼，将脱铜渣中的铅还原出来，炉温为1 200℃左右。产出的合金中金银含量达20%～50%，称为贵铅。然后在炉中加入溶剂和氧化剂，鼓入空气，使杂质氧化成不熔于金银的氧化物，进入炉渣除去。得到金银含量达95%的合金，浇注成阳极板后进行电解除银或用其他方法精炼提纯。金的精炼提纯方法包括硫酸浸煮法、硝酸分银法、王水分金法。其原理均是使除金以外的元素生成化合物而除去，可获得99%以上品位的纯金。金的熔炼铸锭是在柴油加热的地炉或电炉中进行的。炉温在1 300℃左右，加入化学纯硝酸钾和硼砂进行氧化和造渣。除渣后在1 300～1 400℃时将金液浇注于温度为120～150℃的铸模中。金锭纯度99.99%。铸模为敞口、水平、直方倒梯形铸铁模。浇注时将铸模用水平尺校准为水平状态，以免金锭厚薄不匀。凝固后用稀盐酸浸泡、水洗、揩干、酒精清擦，然后打上纯度等标记。

纯金熔铸碗

【纯净水】(purified water) 不含杂质的水。化学纯度极高。饮用纯净水是以符合生活饮用水卫生标准的水为原料，通过电渗析法、离子交换法、反渗透法、蒸馏法及其他适当的加工方法制得的，不含任何添加物可直接饮用的水。主要应用在生物、化工、冶金、宇航、电力等领域。由于纯净水失去了饮用水应有的活性成分，经常饮用有损身体健康。

【纯林】(pure growth) 又称单纯林。由一种树种组成的人工林。由于树种单一，一般只形成单层林冠，生态关系比较简单。在林分群体中只有种类个体之间的竞争，解决这个问题的方法主要是抚育间伐。营造纯林从造林设计到栽植、抚育间伐、主伐更新等技术措施都比较简单。纯林一般为同龄林，生长比较稳定。其优点是：(1)抚育方便。单位面积目的树种产量高。(2)林相整齐。个体的水平分布均匀，布局较合理。(3)伐期一致。生产周期较短，速生丰产，能一次提供同一树种较多的林产品。(4)对立地条件要求没有混交林严格。但也存在一些缺点：首先是林木对营养空间的利用不合理，光能利用率较低。根系分布在大致相同深度范围，消耗土壤养分单一，易引起地力衰退。其次，纯林对改善立地条件，发挥森林多种防护效益都比较有限。抵抗病虫害和多种自然灾害能力较弱。中国目前人工林保存面积为6 168.84万公顷，居世界首位，人工林蓄积19.61亿立方米。中国90%人工林为单一品种的纯林，而且幼龄占82%。尽管人工林居世界之首，却未能在维护生态安全和木材供应方面发挥主导作用。

纯林

【纯平彩电】(flat screen colour TV) 屏幕是全平面的彩电。显示屏幕的每个角落都能忠实地再现逼真图像，并能正确地显示图形和文字。纯平彩电是相对于超平彩电、平面直角彩电、球面彩电而言的。它采用的全平显像管，应用了高性能的聚集电子枪和高精度偏转线圈，整个屏幕的聚焦均匀度提高了30%，避免了色彩的失真、屏幕边缘影像扭曲现象以及超平彩电由于屏幕和曲率不同所造成的图像上轻微的扭曲和变形，使画面图像更趋逼真。由于其高新技术含量、雍容华贵的外观品质，代表了时尚潮流的特质，在彩电市场份额中占据很大密度。

【纯水液压传动技术】(hydraulic drive technology with water power) 以纯水为液压传动工作介质的液压传动技术。具有清洁、阻燃性高、安全性好、可避免污染环境或产品、有利于工作人员身体健康等特点。该技术的使用有利于解决矿物型液压油存在的环境污染、易燃烧、价格高、资源浪费等问题。新材料的发展、精密加工技术的进步和新结构液压元件的研制成功,基本克服了纯水液压介质存在的易腐蚀、易产生气蚀、易磨损、泄漏大、效率低等缺点,使其进入了现代液压传动的应用范畴。

【纯系实验动物】(pure – line laboratory animal) 为在遗传学、肿瘤学、免疫学及生理学等广泛领域中进行医学生物学研究而培育的纯系动物。以小鼠最多,有A系、CBA系等数百个系统。此外,也曾培育出兔、土拨鼠、狗和鸡的纯系。在古典的遗传学中常用果蝇或蚕蛾为纯系。为了培育纯系,要连续作20代以上的同亲雌雄间的交配(兄妹交配),使99%以上的基因保持同型状态。这种把继续保持同亲个体间交配的系统,称为近交系。作为纯系来讲其可靠度最高,因在纯系内个体间没有基因变异。因此,可进行组织或肿瘤的移植。另外,在纯系中有的可发生特定的疾病(各种肿瘤、自身免疫病、高血压及糖尿病等),这也是人工选择的结果,是医学上基础研究的重要材料。

【纯氧顶吹转炉】(pure oxygen top-blown convertor) 用工业纯氧吹炼的转炉。炉衬多为碱性,状似直桶。氧气经由炉口插入的水冷喷管喷向液面,可迅速提高熔体温度,强化冶炼。因炉温高,可用大量废钢或矿石。其优点是:钢的质量高(磷、硫、氮含量均低)、品种多(可炼各种碳素钢或合金钢)、耐火材料省,并适于不同成分铁液的吹炼。

纯氧顶吹转炉

【纯种繁育】(pure breeding) 同一品种内公母畜之间进行交配繁殖的选育方法。其目的是为保持和发展该品种的优良品质,克服其缺点,增加品种内优良个体数量。纯种繁育一般在优良品种中采用。优良品种可以是国外引进的良种,也可以是地方良种和新培育品种。这些品种总体优良或某一性状特别突出,但还存在某些缺陷。这些缺陷可通过在纯种繁育过程中进行选择,淘汰不良基因,降低不良基因频率。在纯种繁育过程中还可采用品系繁育,强度选择,适度近交,对纯种进一步提高和提纯,使控制主要性状的基因座,特别是增效等位基因座达到纯合状态。亲本越纯,则杂交效果越明显。

【纯种家畜】pedigree stock) 由同品种公母畜繁殖的后代组成的群体。所有个体的外貌特征、生产性能、适应性及抗病性等都具有该品种的特点,并能稳定地遗传给后代。广义的纯种还包括通过级进杂交四代以上,其特征与改良品种基本相同的高血杂种。

纯种家畜

【唇腭裂】(chilopalatognathus) 口腔颌面部先天性畸形。胎儿在发育过程中由于受到某种因素的影响而使唇腭部各胚突的正常发育及融合受到阻挠而发生各种不同的裂隙状畸形。确切原因和发病机制尚未完全明了。可能与下列因素有关:(1)遗传因素。(2)营养因素。(3)感染因素。(4)内分泌因素。(5)药物因素。(6)物理因素。(7)烟酒因素。新生儿唇腭裂发病率大约为1∶1 000,但各地资料并不完全一样。中国1987年调查患病率为1.8∶1 000。治疗为以手术修复为主的序列治疗。手术年龄:单侧唇裂整复术最合适的年龄为3~6岁,双侧一般宜6~12岁,腭裂在2岁左右较好。

【醇类燃料】(alcohol fuel) 可以替代石油燃料用于汽车等动力发动机的醇类物。醇类燃料一般与石油燃料掺合使用。其常用的掺合比例为3%~20%。掺合后仍保持原石油燃料的基本性质,不必改造发动机。

【疵点】(faults) 带纤维的杂质及织物表面出现的瑕疵斑点的统称。是影响纺织产品质量的重要因素。分纺纱疵点和织物疵点两大类:(1)纺织疵点。除了带纤维的杂质,还有妨碍纺纱的纤维。根据《棉花–细绒棉标准》的规定,疵点包括破籽、不孕籽、索丝、软籽表皮、僵片、带纤维籽屑及棉结七种。疵点是带有纤维的杂质,体微质轻,难以清除,危害极大,严重影响成纱质量。(2)织物疵点。织物织造过程中由于原料、半成品、生产设备和制作因素形成的影响织物外观的各类瑕疵或斑点。如纺线本身造成的条干不匀;织前准备造成的错经;机械本身不良造成的跳纱;工艺不当导致的纬缩和管理不善造成的油污等。

【瓷全冠】(all ceramic crown) 以陶瓷材料制成的覆盖整个牙冠表面的修复体。其特点是:色泽稳定自然,导热低,不导电,耐磨损,生物相容性好,并对于金属熔附烤瓷全冠而言无需金属结构,不透金属色，加工工艺相对简单，是较为理想的修复体。但是，由于其脆性大，限制了它的应用。瓷全冠的制作方法有烧结法和切削法两大类。瓷全冠修复应从严控制适应证，严格进行牙体预备，使用专门车针进行肩台预备。修改时选用合适的磨切工具。必要时上𬌗架，采用专用黏结剂黏固，并使患者明确瓷全冠修复的维护与使用知识。

【磁】(magnet) 某些物质具有的能吸引铁、镍、钴等金属及其合金物质的属性。古代就已发现一种称为磁石的天然矿物(Fe_3O_4)具有磁性。中国古代四大发明之一的指南针即利用磁石制成。后来发现，磁体和电流之间，电流和电流之间也都有同样的相斥或相吸的作用，因而确认磁和电有紧密联系，磁性起源于电流或物质内部电荷(电子、原子核)的运动。

【磁场】(magnetic field) 传递运动电荷或电流之间相互作用的物理场。由运动电荷或电流产生，并对场中其他运动电荷或电流发生力的作用。运动电荷或电流之间的相互作用是通过磁场和电场来传递的。电磁场是电磁作用的媒递物，是统一的整体。电场和磁场是紧密联系、相互依存的两个侧面。变化的电场产生磁场。变化的磁场产生电场。变化的电磁场以波动形式在空间传播。磁现象是最早被人类认识的物理现象之一。比如中国人利用磁现象发明了指南针。它是中国古代的四大发明之一。磁场广泛存在于地球、恒星(如太阳)、星系(如银河系)、行星、卫星以及星际空间和星系际空间。在现代科学技术和人类生活中，处处可遇到磁场。发电机、电动机、变压器、电报、电话、收音机以至加速器、热核聚变装置、电磁测量仪表等都与磁现象有关。甚至在人体内，伴随着生命活动，一些组织和器官内也会产生微弱的磁场。

【磁场强度】(magnetic field strength) 由磁感应强度和磁化强度线性组合而成的物理量。常用符号 H 表示。其表达式

$$H=\frac{B}{\mu_0}-M$$

式中 B 为磁感应强度，M 为磁化强度，μ_0 为真空磁导率。在稳恒电流的磁场情况下，当均匀磁媒质充满磁场所在空间时，磁感应强度 B 与实际存在的所有电流(包括自由电流和磁化电流)的分布有关；磁化强度 M 仅与磁化电流的分布有关；磁场强度仅与自由电流的分布有关。

【磁畴】(magnetic domain) 在铁磁质中存在的自发磁化的小区域。一个磁畴中的所有原子的磁矩(铁磁质中起主要作用的是电子的自旋磁矩)可以不靠外磁场而通过一种量子力学效应(交换耦合作用)取得一致方向。磁畴和磁畴之间由磁壁隔开。磁畴的线度约为 $1\times10^{-2}\sim1\times10^{-4}$mm。其中包含约 1×10^{15} 个原子。在电解抛光的铁磁质表面，若涂一层含有铁粉的悬浮或胶状溶液，这些铁粉将聚集在畴壁处。这种现象在金相显微镜下可观察到。分子场使每个磁畴中各原子的磁矩排列在同一方向，但各个磁畴的磁矩方向彼此不同。因此在没有外电场时，整个铁磁质不呈现磁性。当外磁场不断增加时，起初自发磁化方向与外磁场方向接近一致的那些磁畴体积将扩大，而自发磁化方向与外磁场方向接近相反的磁畴体积将缩小。这个过程称为畴壁运动。当外磁场增加到一定程度时，磁畴中的自发磁化方向将转向外磁场方向。这个过程称为畴壁转向。直到最后全部磁畴方向都转向外磁场的方向。从而达到"磁饱和状态"。

【磁带存储器】(magnetic tape storage) 以磁带为存储介质，以顺序方式存储大量数字信息的装置。是计算机的一种辅助存储器。通常由磁带控制器和磁带驱动器组成。前者是连接计算机与磁带机之间的接口设备，可控制磁带机执行写、读、进退文件等操作；后者是以磁带为记录介质的数字磁性记录装置。其特点是：存储容量大、价格低廉、携带方便等。其功能与用途是：(1)广泛用于各类计算机中，保存不经常存取的带有永久性的文件资料。(2)作为磁盘等直接存取存储设备的备份。(3)用于计算机间的数据交换。

磁带存储器

【磁电阻材料】(magnetic-resistance material) 具有显著磁电阻效应的一类磁性材料。强磁性材料在受到外加磁场作用时引起的电阻变化，称为磁电阻效应。不论磁场与电流方向平行还是垂直，该材料都将产生磁电阻效应。二者方向平行称为纵磁场效应，垂直称为横磁场效应。一般强磁性材料的磁电阻率(磁场引起的电阻变化与未加磁场时电阻之比)在室温下小于8%，在低温下可增加到10%以上。利用磁电阻效应制成的换能器和传感器，装置简单，对速度和频率不敏感。磁电阻材料已用于制造磁记录磁头、磁泡检测器和磁膜存储器的读出器等。

【磁法勘探】(magnetic prospecting) 简称磁法。利用自然界岩石和矿石所具有的不同磁性寻找磁性矿体和研究地质构造的一种地球物理勘探方

法。自然界中具有不同磁性的岩石和矿石,可以产生各不相同的磁场。它使地球磁场在局部地区发生变化,出现地磁异常。利用仪器发现和研究这些磁异常,就可以寻找磁性矿体和研究地质构造。磁法勘探包括地面、航空、海洋磁法勘探及井中磁测等。磁法勘探主要用来寻找和勘探有关矿产(如铁矿、铅锌矿、铜镍矿等);进行地质填图;研究地质构造及大地构造等问题。新中国建国以来大多数铁矿区、多金属矿区及油气田等都进行了大量的磁法勘探工作,取得了良好的地质效果,尤其是在探明铁矿资源方面地质效果显著。

【磁粉检测】(magnetic powder inspection) 五种常规无损探伤技术中的一种检测方法。利用磁粉在工作表面产生磁阻变化作用,对工件表层缺陷进行的检测。用于检测铁磁性材料。在操作时,首先对被检工件进行外磁磁化处理,再在其表面上均匀喷撒细微颗粒磁粉(平均粒度为 5 ~ 10μm)。如果磁导率均匀无变化,工件表面上的磁粉分布均匀,被检工件不存在缺陷。若被检工件表面存在缺陷,则会产生磁阻变化,使缺陷处产生漏磁场,并形成一个小小的 N - S 磁极,磁粉在缺陷处形成堆积现象。这种检测的优点是:可有效地查出铁磁性材料的表面缺陷,且比其他无损检测方法简单、显示直观、结果可靠。磁粉检测的缺点是无法测出表面以下的缺陷,而且无法检测有色金属、奥氏体钢、非金属以及非导磁材料等。

【磁粉制动器】(magnetic powder brake) 以磁粉为工作介质,以激磁电流为控制手段,达到控制制动或传递转矩目的的自动控制元件。其输出转矩与激磁电流呈良好的线性关系,不仅与转速或滑差无关,并具有响应速度快、结构简单等优点。它广泛应用于印刷、包装、造纸、纸品加工、纺织、电线、电缆、橡胶、皮革、金属、箔带加工等有关卷取装置的张力自动控制系统中;还可作为模拟加载器使用,与转矩转速传感器及转矩转速功率测量仪配套,组成成套测功装置。广泛用于电机、内燃机、变速箱等动力及传动机械的功率、效率测量。

磁粉制动器

【磁浮轴承】(magnetic bearing) 利用磁力实现无接触运行的新型轴承。主要由悬浮物体、传感器、控制器和执行器四部分组成。其执行器包括电磁铁和功率放大器两部分。在外力作用下,一旦悬浮件(轴)偏离平衡位置,传感器就会测出位移偏离参考值,并反馈给控制器。控制器随即将该位移信号变换成控制信号,通过功率放大器调整流过电磁绕组上的电流,使电磁铁的吸力相应改变,从而驱动悬浮物体迅速回到原来的平衡位置。磁浮轴承从原理上可分为两种:(1)主动磁浮轴承,简称 AMB。(2)被动磁浮轴承,简称 PMB。磁浮轴承具有无接触、不需要润滑和密封、振动小、使用寿命长、维护费用低等优良性能,可满足高转速的要求。

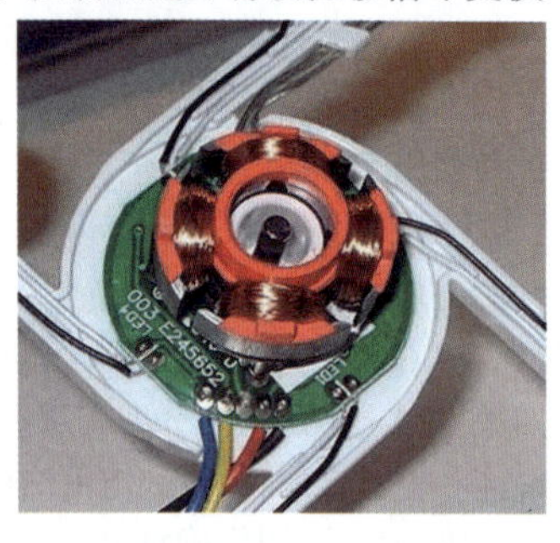

磁浮轴承

【磁共振成像】(magnetic resonance imaging,MRI) 利用人体组织中某种原子核的核磁共振现象,经过电子计算机处理,重现人体解剖结构细节和发现微小病灶的诊断技术。一种为早期或超早期临床医学诊断提供证据的技术。其脉冲序列不仅使扫描时间大为缩短,而且有较高的空间分辨率和信噪比。分辨率最高达 18 线,可以分辨小至1.0mm 的微细结构。其特殊功能有:MR 透视、MR 电影、中切层,还可使心电遥控、磁共振血管造影、磁共振介入放射升级。磁共振成像在临床上可对头部、脊柱、四肢、盆腔、胸部和腹部等进行诊断扫描,在许多方面优于 CT。其磁场强度不会对人体健康带来不良影响。主要用于肝、胰、脾、肾等实质脏器的检查。

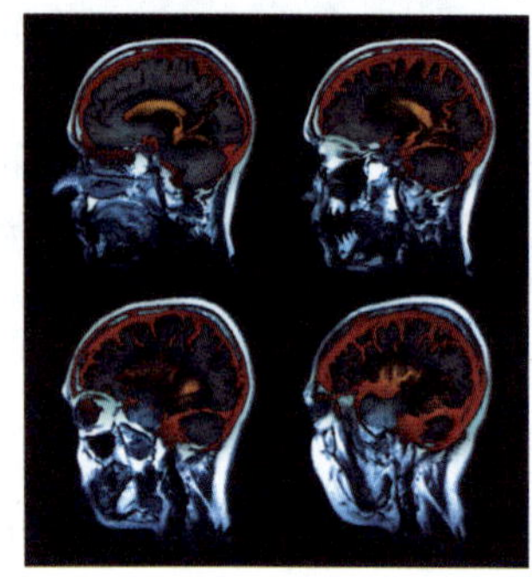

磁共振成像

【磁化率】(magnetic susceptibility) 磁化强度 M 与磁场强度 H 之比。即 $c_m = M/H$。是表征磁介质属性的物理量。常用符号 c_m 表示。对于顺磁质,一般物质的磁化率都很小。对于铁磁质,c_m 很大,且还与 H 有关(即 M 与 H 之间有复杂的非线性关系)。对于各向同性磁介质,c_m 是标量;对于各向异性磁介质,磁化率是一个二阶张量。在国际单位制(SI) 中,磁化率 c_m 是一个无量纲的纯数。某一物质的磁化率可以用体积磁化率 κ 或者质量磁化率 χ 来表示。体积磁化

率 κ 是一个无量纲参数。体积磁化率除以密度即为质量磁化率，亦即 $\chi = \kappa/\rho$，其单位为 m^3/kg。

【磁矩】(magnetic moment) 描述载流线圈和微观粒子磁性的物理量。平面载流线圈的磁矩定义为：$m = iSn$。式中 i 为电流强度，S 为线圈面积，n 为与电流方向成右手螺旋关系的单位矢量。在均匀外磁场中，平面载流线圈受力矩作用使线圈的磁矩 m 转向外磁场 B 的方向；在均匀径向分布外磁场中，平面载流线圈受力矩偏转。许多电机和电学仪表的工作原理即基于此。微观上，在原子中电子因绕原子核运动而具有轨道磁矩，电子还因自旋具有自旋磁矩，原子核、质子、中子以及其他基本粒子也都具有各自的自旋磁矩。这些对研究原子能级的精细结构，磁场中的塞曼效应以及磁共振等有重要意义，也表明各种基本粒子具有复杂的结构。分子磁矩就是电子轨道磁矩以及电子和核的自旋磁矩构成的。磁介质的磁化就是外磁场对分子磁矩作用的结果。

【磁力线】(magnetic induction line) 又称磁感线。图示磁场分布的虚设的有向闭合且互不交叉的曲线族。曲线上每一点的切线方向与该点磁场方向一致。一般约定在磁场中的任意一点，小磁针 N 极的受力方向，为那一点的磁场方向。磁力线的概念是著名物理学家法拉第最先提出的。在电场中可以用电场线形象地描述各点的电场方向，在磁场中也可以用磁感线形象地描述各点的磁场方向。磁力线是为了形象地研究磁场而人为假想的曲线，并不是客观存在于磁场中的真实曲线。

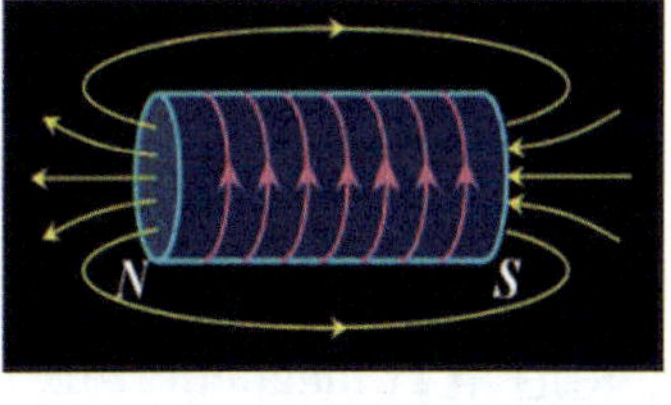

磁力线

【磁力选矿】(magnetic separation, magnetic concentration) 又称磁选。利用被分选矿物颗粒间磁性的差异及其在磁场中所受磁力的大小分离矿物的选矿方法。按磁选机的磁场强弱的不同可分为强磁选和弱磁选；按分选时所采用介质的不同可分为湿式磁选和干式磁选。只要被分离的矿物或矿物集合体具有适当的磁性差异及适合的粒度，几乎都可进行磁力选矿。该方法最常用于磁铁矿和含铁矿物同其他矿物的分离，如各种铁矿物、锰矿物和黑钨矿、石榴子石、黑云母、角闪石等。对于弱磁性矿物，为增强其磁性，有时需将此类矿物磁化焙烧，再进行磁选以提高分选效果。

【磁力研磨】(magnetic abrasive finishing) 利用磁性磨料在磁场中形成的磁性刷子，对工件表面进行精加工的一种方法。磁力研磨适用于零件表面的光整加工、棱边倒角和去毛刺。既可用于加工外圆表面，也可用于平面或内表面，甚至齿轮表面、螺纹和钻头等复杂表面的研磨抛光。利用磁力研磨方法可去除精密机械零件的毛刺，通常用于液压元件和精密耦合件的去毛刺。磁力研磨效率高，质量好，是其他工艺方难以实现的精整加工方法。

【磁流体发电】(magneto hydrodynamics power) 又称磁流体发电技术、等离子体发电技术。用燃料(石油、天然气、燃煤、核能等)将工质直接加热成易于电离的气体，并使之在2 000℃的高温下电离成导电的离子流，然后让其在磁场中高速流动切割磁力线，产生感应电动势。由于无需经过机械转换环节，所以称之为“直接发电”。因此其燃料利用率得到显著提高。在能源的梯级利用中，磁流体发电属于高温区的发电方式。当流体温度降低到使气体离开等离子状态后，可用燃气－蒸气联合循环作为它的中低温区的发电循环。这样可以使发电装置的整体效率提高。但是由于受材料耐热性能的限制，这种发电方式的商业化运作还有许多困难。

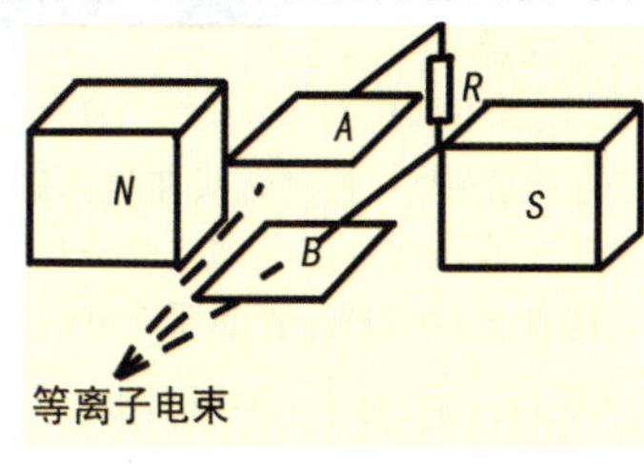

磁流体发电

【磁流体选矿】(magnetic-fluid separation) 以特殊的流体如顺磁性溶液、铁磁性胶粒悬浮液和电解质溶液作为分选介质使不同矿物实现分离的选矿方法。是磁法选矿的新工艺。其原理是以特殊的磁流体作为分选介质，利用流体在磁场或磁场和电场的联合作用下产生的“加重”作用，按矿物之间的磁性和密度的差异或磁性、导电性和密度的差异，而使不同矿物实现分离。包括磁流体静力分选和磁流体动力分选。前者与重液分选具有相似之处，是以顺磁液体和铁磁性胶体(水基液或有机溶剂液)悬浮液作为分选介质对有用矿物进行分离。该方法可作为金刚石选矿中精选方法之一。后者是在磁场(均匀或不均匀)与电场的联合作用下，以强电解质溶液作为分选介质，根据矿物之间密度、比磁化系数和导电率的差异，使不同矿物分离。该方法适用于对回收率要求不高的矿石的粗选。

【磁盘操作系统】(disk operating system, DOS) 储存在磁盘上用来控制计算机信息处理过程中各种资源管理的程序集合一种面向磁盘的系统软件。分为核心启动程序和命令程序两部分。核心启动程序是构成磁盘操作的基础部分，用于启动系统。命令程序分为内部命令和外部命令。内部命令是一些常用而所占空间不大的命令程序；外部命令是一些应用程序，在使用时才被调入内存。常见的有 IBM 公司的 PC－DOS 和微软公司的 MS－DOS 两种。它能有效地管理各种软硬件资源，对其进行合理的调度。

【磁盘机】(disk unit) 见磁盘驱动器。

【磁盘驱动器】(disk driver) 又称磁盘机。以磁盘作为记录信息媒体的存储装置。由磁头、磁盘、读写电路及机械伺服装置等组成。它作为电子计算机中磁盘存储器的一部分，用来驱动磁盘稳速旋转，并控制磁头在盘面磁层上按一定的记录格式和编码方式记录和读取信息。分为硬盘驱动器、软盘驱动器和光盘驱动器三种。

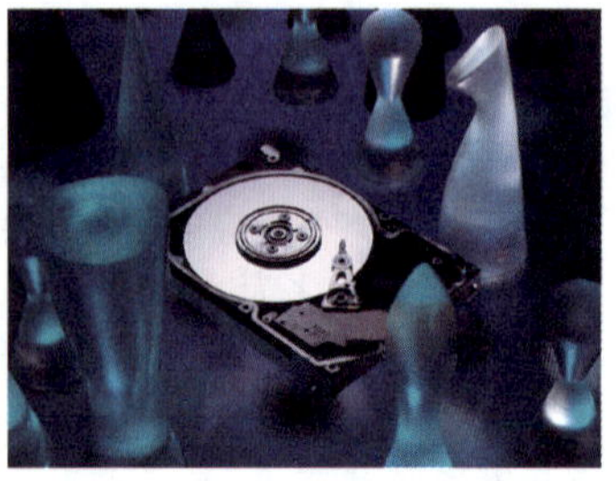

磁盘驱动器

【磁盘阵列】(redundant array of independent disks, RAID) 由多台磁盘存储器和阵列控制器构成的一种大容量、快速的联机存储系统。其原理是利用数组方式来作磁盘组，配合数据分散排列的设计，提升数据的安全性。由很多便宜、容量较小、稳定性较高、速度较慢的磁盘，组合成一个大型的磁盘组。利用个别磁盘提供数据所产生的加成效果来提升整个磁盘系统的效能。与单台大容量磁盘存储器相比，具有存储容量大、传输率高、吞吐量大、可靠性高、存取速度快等优点。为满足存储容量大与速度高的要求，不但巨型计算机、大型计算机，而且小型计算机、工作站都广泛采用磁盘阵列。

【磁屏蔽】(magnetic shielding) 闭合的铁磁质壳体有效地减弱外界磁场对壳内空间影响的功能。由磁导率大的软磁材料做成的罩壳具有这种性质。罩壳壁与空腔中的空气可以看成并联磁路。由于罩壳壁的磁阻比空腔的磁阻小很多，所以外界磁场的磁感应通量绝大部分将沿罩壳壁通过，进入腔内的磁感应通量很少，这样就达到了磁屏蔽目的。这种磁屏蔽方法的效果，决定于屏蔽罩的磁导率与沿外磁场方向的磁阻。罩壳越厚，与磁感应线方向垂直的接缝越小，则磁屏蔽效果就越好。在精密的磁测量实验中，常采用多层屏蔽的方法，将漏进空腔内的残余磁场一次次地屏蔽掉，以避免由于外磁场（包括地磁场）的干扰而引起的误差。

磁屏蔽

【磁体】(magnet) 具有或可使其具有外磁场的物体或器件。依照物质在磁场作用下所呈现的性质，可将其分为顺磁性、抗磁性、铁磁性及反磁性等几大类。它们统称为磁体。物质在磁场作用下磁化后，内部产生了附加磁场。若附加磁场的方向和外磁场相同，则呈现顺磁性；反之，呈现抗磁性。实际上，这两类物质的附加磁场和导致磁化的磁场相比，都非常弱，属于弱磁性物质。在电工和电子技术中，广泛应用的硅钢、磁钢等铁磁性物质，可用于制造机电设备或仪器仪表中的磁路、铁芯及永久磁铁等。铁氧体应用于高频场合及磁记录、磁记忆等领域，推动了电子计算机及智能机器人的发展。铁磁体磁化所产生的附加磁场，远大于其他磁化的磁场，并且方向一致，从而导致铁磁体的强磁性。

磁体

【磁通量】(magnetic flux) 简称磁通。通过任意面元的磁力线的条数。是表征磁场分布情况的物理量。通常磁场中某处面元 dS 的磁通量 $d\Phi_B$ 定义为该处磁感应强度的大小 B 与 dS 在垂直于场强方向的投影 $dS\cos\theta$ 的乘积，即 $d\Phi_B = BdS\cos\theta$。式中 θ 是 dS 的法线方向与电场强度矢量之间的夹角。磁通量是标量，$\theta < 90°$ 为正值，$\theta > 90°$ 为负值。通过任意闭合曲面的磁通量 Φ_B 等于通过构成该曲面的面元的磁通量的代数和。磁通量密度是通过垂直于磁场方向的单位面积的磁通量。它等于该处磁感应强度的大小 B。磁通量密度精确地描述了电力线的疏密。在国际单位制中，磁通量的单位是韦伯。符号是 Wb。$1Wb = 1T \cdot m^2 = 1V \cdot s$。

【磁性材料】(magnetic material) 能显示磁性或可由磁场感应改变磁化强度的物质。按其磁性强弱的不同可以分为抗磁性、顺磁性、铁磁性、反铁磁性和亚铁磁性等。铁磁性和亚铁磁性物质为强磁性物质。其余为弱磁性物质。在现代工程上使用的磁性材料多属强磁性物质。通常所说的磁性材料即指强磁性材料。磁性材料按其功能的不同可分为永磁、软磁、矩磁和旋磁性材料；按其化学成分的不同可分为金属和铁氧体磁性材料；按其结构的不同可分为单晶、多晶和非晶磁性材料；按其形态的不同可分为磁性薄膜、塑性磁体、磁性液体和磁性块体。

【磁性合金】(magnetic alloy) 又称磁合金。具有磁性的合金材料。一般可分为硬磁合金和软磁合金。硬磁合金又称永磁合金。永磁合金品种繁多。永磁(充磁后能恒定地保持磁性)特性较好，以铝镍钴铁系和铝镍铁系应用最为普遍。常用于仪器、仪表中作为恒定的磁源。近年来发展起来的稀土-钴金属键化合物，性能更为优良，用于航空仪表、精密仪器、微型电机及电子手表等。软磁合金具有高的磁导率和低的矫顽力与磁滞损耗。常用的有铁铝、铁钴和铁镍合金等。主要用作电器、电信工业中的各种铁芯元件(如变压器铁芯、继电器铁芯和扼流圈等)。其他软磁材料有硅钢片、工业纯铁和导磁合金等。其中导磁合金又称高导磁合金。是具有高的起始导磁率和最大导磁率的合金。如坡莫合金(英文 permalloy 的译名)、含镍 45% ~80% 并添加少量钼、铜、铬、钒或锰等元素的镍铁合金等。常用于电信、仪表或自动化装置等方面。

电子手表

【磁性控释制剂】(magnetic controlled release dosage form) 通过控释衣膜定时、定量、匀速地向外释放药物的一种载药磁性微粒。使血药浓度恒定，无“峰谷”现象，从而更好地发挥疗效。一般是先制成含药片芯，然后在片芯外面包上一定厚度的半透膜，再采用激光技术在膜上打若干小孔。病人服用后，药片与体液接触，水从半透膜进入片芯，使药物溶解。当药片内部的渗透压高于外部时，药物便从小孔中徐徐流出而起作用。

【磁性磨料精整加工】(magnetic abrasive finishing, MAF) 利用磁性作用使磁性磨料在磁极 N-S 之间沿着磁力线有序地聚集成一层弹性磨料刷，并与工件作相对运动，对工件进行研磨抛光的精整加工技术。MAF 法不用抛光液，磁性磨料是在铁磁材料中加入粒度为1 ~10μm 的磨料，聚集的磁性磨料刷厚度为 50 ~100μm。磁性磨料的磁性物质采用铁、铁合金和铁的氧化物，而磨料通常用氧化铝(Al_2O_3)、碳化物(TiC、Cr_3C_2、WC、ZrC)和金刚石。磨料的容积比例约为20% ~50%。该技术可以加工磁性或非磁性材料的圆柱形工件，如陶瓷轴承滚柱或钢滚柱。由于聚集的磁性磨料刷具有自动成型特征，故当采用不同的磁极形状和设备结构时，可实现对内圆、平面、球面和异形曲面的精整加工。此加工法具有较高的材料去除率。其精加工的效果取决于工件的圆周速度、磁通量密度、工作间隙、工件材料、磁性磨料聚集层的尺寸以及相关的磨粒尺寸和所占的容积比例等。

【磁性纳米载体靶向技术】(magnetic nanometer carrier target-direction technology) 一种对肿瘤组织定向给药的技术。按其导向原理的不同可分为物理化学导向和生物导向。前者是利用药物载体的 pH 敏、热敏、磁性等特点在外部环境的作用下(如外加磁场)，对肿瘤组织实行靶向给药，从而减小正常组织的药物暴露，降低不良反应，提高药物的疗效。磁性靶向纳米药物载体主要用于恶性肿瘤、心血管病、脑血栓、冠心病、肺气肿等疾病的治疗。后者是利用抗体、细胞膜表面受体或特定基因片段的专一性作用，将配位子结合在载体上，与目标细胞表面的抗原性识别器发生特异性结合，使药物能够准确地送到肿瘤细胞中。

【磁性塑料】(magnetic plastics) 一种具有磁性的高分子功能材料。是重要基础材料之一。其主要优点是密度小，耐冲击强度大，制品可进行切割、切削、钻孔、焊接、层压和压花等加工，且使用时不会发生碎裂。它采用一般塑料通用的加工方法(如注射、模压、挤出等)进行加工，易于加工成尺寸精度高、薄壁、复杂形状的制品。按其组成的不同可分为结构型和复合型两种。前者是指聚合物本身具有强磁力的高分子材料。这类材料还处于探索阶段，离实用化还有一定的距离。后者是指以树脂为黏合剂加工而制成的高分子材料，已实现商品化。目前用于填充的磁粉主要是铁氧体磁粉和稀土永磁粉。广泛应用于电子、电气、仪器仪表、通信、文教、医疗卫生和日常生活中。

【磁性陶瓷】(magnetic ceramics) 具有亚铁磁性的铁氧体陶瓷材料。是以氧化铁为主要组分的复合氧化物。可分为软磁材料、硬磁材料、矩磁材料以及微波铁氧体材料等。NiZn 铁氧体、MnZn 铁氧体是最常用的软磁材料。Ba 铁氧体是最常用的永磁材料。$Y_3Fe_5O_{12}$石榴石铁氧体是最重要的微波铁氧体材料。广泛应用于各种磁性元器件中。

【磁性纤维】(magnetic fiber) 在纤维中加入纳米级磁性微粉制成的纤维。可以制成磁性护膝、护腕、头套、衣服、枕头等保健用品。是传统磁疗织物的替代产品。经临床应用证明,对关节退变疼痛、滑膜炎、挫伤、腱鞘炎、骨关节寒冷感、偏头痛、风湿、高血压等病症具有一定的理疗保健作用。

磁性纤维

【磁性药物制剂】(magnetic medicinal preparations) 将药物与铁磁性物质共同包裹于高分子聚合物载体中制成的药剂。进入体内后,利用体外磁场的效应,引导药物在体内定向移动和定位集中。主要用作抗癌药物载体。这种磁性载体由磁性材料和具有一定通透性但又不溶于水的骨架材料所组成。用体外磁场将其固定于肿瘤部位,释放药物,杀伤肿瘤细胞。这样既可避免伤害正常细胞,又可减少用药剂量,减轻药物毒副作用,加速和提高治疗效果,显示特有的优越性。此制剂还可运载放射性物质进行局部照射,进行局部定位造影;用其阻塞肿瘤血管,使其坏死。通常用的铁磁性物质有:磁铁矿羰基铁、正铁酸盐、铁镍合金、铁铝合金、γ-三氧化二铁和三氧化二锰等。

【磁性液体】(magnetic fluid) 具有被磁铁吸引性质的液体。它是利用表面活化剂包裹直径为几个或几十个纳米的铁磁性微粒,然后稳定分散在各种所需载液中的胶体溶液。磁性液体广泛用于航空航天、电子、遥控遥测、化工、能源、冶金、仪表、环保、医疗、卫生等多个领域。

【磁悬浮列车】(maglev train) 利用磁极吸引力和排斥力运行的交通工具。其工作原理是:利用电磁力将列车悬浮于轨道之上,由直流电机驱动前进。即排斥力使列车悬起,吸引力让列车开动。列车的支承、驱动、导向和制动都由电磁力实现。列车与轨道之间在垂向与横向都通过自动控制系统保持一定的间隙,不存在机械接触。其优点是:(1)车线界面荷载强度低,降低了材料要求。(2)轨道的磨耗与损坏小。(3)克服了车地黏着力限制。(4)可较好地适应地形,降低工程投资,减少对环境的破坏。(5)列车运行的噪声、振动等环境指标显著低于同等速度水平的其他地面交通工具。在实际应用中,可将其分为普速(小于125km/h)、中速(250km/h左右)、高速(500km/h左右)几个档次。

磁悬浮列车

【磁选机】(magnetic separator) 在磁力选矿作业中所使用的选矿机械。它利用矿物或矿物集合体的磁性差异,使矿物在其形成的磁场中得到分离。磁选机中产生磁场的元件叫磁系。按磁系产生磁场的方式的不同可将磁选机分为永磁磁选机和电磁磁选机。后者又可根据磁场特点的不同分为恒定磁场和交变磁场两种磁选机。按磁场强度的不同,磁选机又可分为强磁场磁选机和弱磁场磁选机。强磁场磁选机包括干式或电磁圆盘式强磁选机;弱磁场磁选机包括磁力脱水槽、永磁圆筒式磁选机。按结构特点的不同还可分为:筒式、盘式、辊式、带式、对极式和环式磁选机等。不同的磁选机常用于不同选矿条件、不同选矿要求的工艺过程中。

磁选机

【磁致伸缩】(magnetostriction) 由铁磁质磁化方向的改变引起介质晶格间距的改变,从而使之长度和体积发生改变的现象。对于多数铁磁质来说,磁致伸缩的长度形变很小,只有约十万分之一。它和电致伸缩一样,可用于微小机械振动的检测和超声波换能器、机械滤波器等。对它的研究,有助于阐明强磁性体内各种互作用和磁化过程。

【磁滞同步电动机】(synchronous motor hysteresis) 利用磁滞材料产生磁滞转矩而工作的同步电动机。转子是由磁滞材料制成。定子上开槽,槽内根据需要可以分布不同形式的绕组。按其反应槽结构的不同可分为内转子式磁滞同步电动机、外转子式磁滞同步电动机和单相罩极式磁滞同步电动机。旋转是靠定子旋转磁场的作用,使转子产生磁滞转矩,将电动机启动并牵入同步运行。与其他同步电动机相比具有良好的启动性能。其特点是:(1)力能指标不高,启动电流与额定工作电流相差不多。(2)在电源电压和负载发生波动时,仍能保证转速不变。(3)结构简单,运行可靠,噪声很低。广泛用于启动性能好、转速保持不变的同步传动装置中。

【磁阻同步电动机】(reluctance synchronous motor) 又称反应式同步电动机。利用转子交轴与直轴磁阻不等而产生磁阻转矩的同步电动机。其定子与异步电动机的定子结构类似,只是转子结构不同。转子上开设有与定子极数相对应的反应槽,用来产生磁阻同步转矩。按其反应槽结构的不同可分为:(1)内反应式转子。(2)外反应式转子。(3)内外反应式转子。按其工作类型模式的不同可分为:(1)单相电容运转式。(2)单相电容启动式。(3)双值电容式等。其特点是:(1)外反应式转子反应槽开在转子外圆,使其直轴与交轴方向气隙不等。(2)内反应式转子的内部开有沟槽,使交轴方向磁通受阻,磁阻加大。(3)内外反应式转子结合以上两种转子的结构特点,直轴与交轴差别较大,使电动机的力能较大。该电动机广泛应用于录像机、影碟机等。

【雌二醇】(estradial, E_2) 主要由卵巢发育卵泡中的内泡膜细胞和颗粒细胞协同分泌的人体内生物活性最强的雌激素。绝经后主要在外周转化而成。男性主要来源于脂肪、毛囊和神经组织。其主要降解区是肝脏。因此肝脏病变可使体内 E_2 升高。其生理作用主要为促进女性生殖系统的生长发育,维持生育力并激发和维持女性第二性征,对物质代谢重要的影响是促进骨的钙化。血清正常值是:青春期前 < 146.8μmol/L,男性成人 110.1 ~ 264.24 μmol/L,排卵期 440.4 ~ 1 284.5 μmol/L,绝经期 < 91.75 μmol/L,妊娠期可达 73 400 μmol/L。其增高主要见于:女性真性性早熟、多胎妊娠、乳腺癌及男性女性化、肝硬化等;其降低使女性性发育不全、出现多囊卵巢综合征,妊娠时降低常见于异位妊娠及葡萄胎。

【雌核生育技术】(gynogenesis technology) 见单倍体育种。

【雌黄】(orpiment) 化学成分为三硫化二砷(As_2S_3)的一种矿物。单斜晶系。其晶体呈短柱状、板状或片状,有时呈梳状、块状及粉末状集合体。柠檬黄色,有时微带浅褐色。暴露于空气中易变暗淡。金刚光泽至油脂光泽,解理面上呈珍珠光泽。硬度 1.5 ~ 2。密度 3.5g/cm³。灼烧时有强烈的蒜臭味。属低温热液矿物,常与雄黄共生。此外,也见于火山喷发物中与自然硫等共生。是制取砷和砷化物的主要矿物之一。中医药上用作药用矿物。

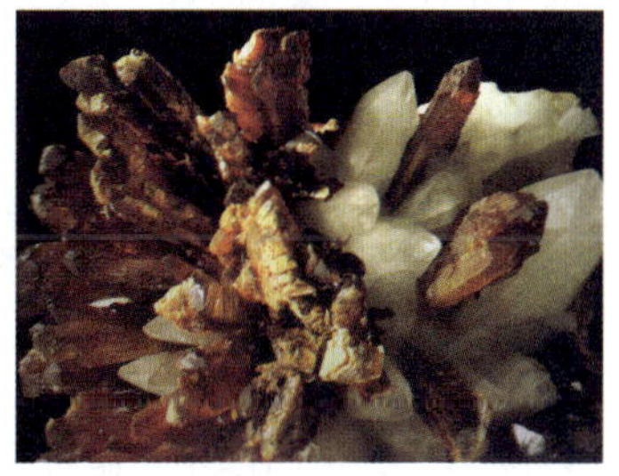
雌黄

【雌激素】(estrogens) 又称动情激素。促进和维持雌性生殖器官和第二性征的生理作用的一类激素。是由卵巢和胎盘产生、肾上腺皮质也能少量产生的具有广泛生物活性的类固醇化合物。它不仅能维持雌性的正常功能,而且对内分泌系统、心血管系统、机体代谢、骨骼生长和成熟及皮肤等各方面均有明显的影响。女性进入青春期后,卵巢开始分泌雌激素,以促进阴道、子宫、输卵管和卵巢本身的发育,同时因子宫内膜增生而产生月经。雌激素还能促进皮下脂肪堆积,使体态丰满;促使乳腺增生,乳头乳晕着色,产生性爱和性欲;促使体内钠和水潴留,骨中钙的沉积等。雌激素除对美容方面具有重要作用外,与人类健康也有着密切的关系。更年期综合征,动脉硬化,骨质疏松,早老性痴呆,倦怠,性冷淡,月经不调,不规则经血,无月经,不孕症,乳房发育不良,皮肤干燥、粗糙、失去弹性,出现皱纹、黄褐斑等都与体内雌激素分泌低下导致内分泌失调有关。

【雌激素拮抗药】(estrogen antagonist drugs) 可竞争性拮抗雌激素受体,从而抑制或减弱雌激素作用的一类药物。常用的有氯米芬、他莫西芬、雷洛昔芬等。氯米芬与乙烯雌酚的化学结构相似,为三苯乙烯衍生物,有较弱的雌激素活性和中等程度的抗雌激素作用,可阻断下丘脑的雌激素受体,消除雌二醇的负反馈抑制,促进垂体前缘分泌促性腺激素,诱发排卵。临床用于功能性不孕症、功能性子宫出血、月经不调、晚期乳腺癌和长期应用避孕药后发生的闭经等。长期大量应用可引起卵巢肥大。卵巢囊肿者禁用。

【雌激素类药】(estrogen medicine) 人工合成的具有雌激素效应的一类药物。天然雌激素是性腺分泌的性激素的一种,属甾体化合物。卵巢分泌的天然雌激素主要是雌二醇,从孕妇尿中提出的雌酮、雌三醇及其他雌激素,多为雌激素的肝脏代谢产物。雌激素对未成年女性能促进女性性器官的发育和成熟,维持女性第二性征;对成熟女性能继续保持其女性第二性征,并在孕激素的协同下使子宫内膜产生周期性变化,形成月经周期,提高子宫对缩宫素的敏感性,使阴道上皮增生,浅表细胞角化。小剂量时能促进垂体前叶催乳激素分泌,促使泌乳;较大剂量时,可以抑制促性腺激素分泌,抑制排卵,对抗雄激素的作用,干扰催乳素的作用,抑制泌乳;有促进骨质致密的作用,增加骨质钙化,加速骨骺愈合;可使胰岛素的水平升高,但葡萄糖的耐量下降,促进胆固醇的降解和排泄，因而降低血中胆固醇，促进正氮平衡，直接促进子宫和肝脏合成蛋白。在临床上有以下用途：(1)治疗绝经期综合征。用雌激素抑制促性腺的分泌而使其症状减轻。(2)治疗子宫发育不全，闭经或月经过少。可与孕激素配合使应用。(3)治疗功能性子宫出血。(4)治疗乳房胀痛和回乳。大剂量雌激素抑制乳汁分泌，缓解胀痛。(5)治疗老年性阴道炎和女阴干枯。(6)治疗前列腺癌和青春期痤疮。(7)用于老年女性骨质疏松症。

【雌三醇】(estriol, E3) 雌二醇和雌酮的代谢产物。非孕妇在肝内合成；妊娠时则主要由胎儿的肾上腺合成前体并经胎肝羟化和胎盘芳香化而成，故其可反映胎儿、胎盘的功能。半衰期为20min。其生理作用主要是：竞争性抑制 E_2 的活性，降低子宫对催产素的敏感性，从而维持妊娠。其血清正常值是：正常女性0.11～0.62 μmol/L，妊娠后逐渐增高，至正常足月时应＞31.2 μmol/L。以13.88 μmol/L为警戒界限，如6.94 μmol/L示胎儿将或已宫内死亡，6.94～13.88μmol/L示胎儿危急。其变化趋势及不正常的次数与胎儿预后有关。尿 E_3 的测定一般可反映血清 E_3 的水平，至妊娠末期如＜6.94 μmol/L则示胎儿已死亡，6.94～13.88μmol/L胎儿有死亡危险，13.88～41.64 μmol/L示胎盘功能不良。当孕妇有肾及肝功能损害时，E_3 的清除减少，以至血 E_3 升高，而尿 E_3 下降，此点在检测时必须予以注意。

【雌孕激素试验】(estrogen progesterone test) 为进一步了解孕激素试验阴性的闭经患者闭经原因的诊断性试验方法。其方法是：结合雌激素0.625～1.25mg口服，每晚1次，连续21天，最后10天加服甲羟孕酮每日10mg。停药后3～7天出现撤药性出血，为雌孕激素序贯试验阳性，提示子宫内膜功能正常，对甾体激素有反应，闭经是由于患者体内雌激素水平低落，应进一步寻找原因。若撤药性出血为阴性，则应重复1次试验；若仍无出血，提示子宫内膜有缺陷或被破坏，可诊断为子宫性闭经。

【次贷】(subprime) 又称次级按揭贷款。一些贷款机构向信用程度较差和收入不高的借款人提供的贷款。与传统意义上的标准抵押贷款的区别在于，次级抵押贷款对贷款者信用记录和还款能力要求不高，贷款利率相应地比一般抵押贷款高很多。那些因信用记录不好或偿还能力较弱而被银行拒绝提供优质抵押贷款的人，会申请次级抵押贷款购买住房。在房价不断走高时，次级抵押贷款生意兴隆。即使贷款人现金流并不足以偿还贷款，他们也可以通过房产增值获得再贷款来填补缺口。但当房价持平或下跌时，就会出现资金缺口而形成坏账。次级按揭贷款是国外住房按揭的一种类型，银行把款贷给收入不多或个人信用记录较低的人。以收取比良好信用等级按揭更高的按揭利息。

【次贷危机】(subprime crisis) 又称次级房贷危机、次债危机。一场发生在美国，因次级抵押贷款机构破产、投资基金被迫关闭、股市剧烈震荡而引起的金融风暴。致使全球主要金融市场出现流动性不足而发生危机。美国次贷危机是从2006年春季开始逐步显现的。2007年8月开始席卷美国、欧盟和日本等世界主要金融市场。次贷危机目前已经成为国际上的一个热点问题。许多投资银行为了赚取暴利，采用20～30倍杠杆操作，假设银行A自身资产为30亿元，30倍杠杆就是900亿元。银行A以30亿元资产为抵押去借900亿元的资金用于投资，假如投资盈利5%，那么A就获得45亿元的盈利，相对于A自身资产而讲，这是150%的暴利。反过来，假如投资亏损5%，那么银行A赔光了自己的全部资产还欠15亿元。

【次干路】(secondary trunk road) 城市中数量较多的一般交通道路。配合主干路组成城市干道网，起连接各部分和集散交通的作用，并兼有服务的功能。一般可设4条车道，可不设单独非机动车道，交叉口可不设立体交叉，部分交叉口可以作扩大处理，在街道两侧允许布置吸引人流的公共建筑，并应设停车场。

次干路

【次级代谢】(secondary metabolism) 与初级代谢相对应。某些微生物所进行的非细胞结构物质和非必需物质的代谢。其产物有抗生素、酶抑制剂、毒素、甾体化合物等。它与生命活动无关，不参与细胞构成，也不是酶活性所必需的物质，但对人类有用。初级代谢和次级代谢的关系是先初后次。初级代谢和次级代谢两类代谢产物可在同一阶段产生。

【次级生产力】(secondary productivity) 生态系统中，异养生物产生有机物的能力。即自养生物制造的有机物经过食物链，被各种动物所利用，其中除排泄外，部分用于动物的生长和繁殖而形成次级产量。通常单位为g/(m^2·a)，其中a为年。其影响因素较多。其中，主要有水温高低、饵料的质与量、鱼类等水生动物的个体大小等。

【次临界实验】(subcritical experiment) 实验装置中的核装料(武器级铀或钚)始终被控制在

次临界状态、不发生自持链式核反应因而不发生核爆炸的一种实验。核装料的临界质量,是指在一定条件下实现自持链式核反应所需的最小质量。大于这个质量的称为超临界;小于这个质量的称为次临界。进行次临界实验的目的是:(1)评估库存核武器的安全性与可靠性。(2)检验用于模拟核武器性能的计算机程序。(3)在禁止核试验后维持核武器研究机构及核试验基地正常工作,保留一批有经验的核武器设计和试验人才。

【次氯酸钙】(calcium hypochlorite) 一种弱酸弱碱盐。白色粉末。其分子式为 $Ca(ClO)_2$。具有极强氯臭味。溶于水。其溶液为半透明黄绿色。含有效氯约28%~35%。其危害是:对眼结膜及呼吸道有刺激性;可引起牙齿损害;皮肤接触可引起损伤。受热、遇酸或日光照射会分解放出剧毒的氯气。燃烧(分解)产物有氯化物和氧化钙。常用作织物的漂白剂、去臭剂和杀菌剂。在饮用水中用作水质的净化消毒剂。

【次氯酸钠】(sodium hypochlorite) 一种强氧化剂。黄色。不稳定的固体物质。其分子式为 NaClO。溶于水。水溶液呈碱性,并逐渐分解为氯化钠、氯酸和氧。在光的作用下或加热时,其分解特别迅速。常用于漂白纸张、织物,并用作氧化剂和水的消毒剂等。

次氯酸钠

【次生环境问题】(secondary environmental problem) 人为扰乱生态系统后所产生的环境问题。人类的生产和生活引起生态系统破坏和环境污染,反过来又危及人类自身的生存和发展的现象。包括生态环境破坏、环境污染和资源浪费等方面。

【次生林】(secondary forest) 原始森林经过多次不合理采伐和严重破坏以后自然形成的森林。与原始林一起同属天然林。但它是在不合理的采伐、樵采、火灾、垦殖和过度放牧后,而失去了原始林的森林环境,为各种次生群落所代替。人工林采伐迹地上栽培树种的萌生林、入侵树种形成的混交林也属次生林范畴。次生林处于不稳定性演替阶段,大多起源于无性繁殖。初期生长迅速,但成熟早,寿命短,不宜培育大径材。如喜光的先锋群落继续受到人为破坏,将发生逆向演替而退化为灌丛、稀树草地,甚至荒地。如人为干扰停止,随着进展演替的进程,不断发生树种更替,原始群落中的主要种类开始出现,次生林就由不稳定演替向着更加稳定的类型发展。次生林按经营需要划分类型。按发生时间的不同可分为:早期次生林、中期次生林和晚期次生林。一般用以区别大范围内次生林的性质及恢复速度,供经营规划时参考。按发生地区的不同可分为:远山次生林和近山次生林。一般反映人为活动的强弱及经营次生林与农业的关系。按经营措施的不同可分为:抚育型、改造型、利用型和封护型等。按森林自然特征分类的方法较多,有按优势树种和树种组成划分的,有以生因子划分的,有以地形作为主导因子进行划分的,还有以立地条件和优势树种划分的。

次生林

【次声波】(infrasonic wave) 频率小于20Hz的声波。次声波在自然界中广泛存在。比如地震、火山爆发、风暴、海浪冲击、枪炮发射、热核爆炸等都会产生次声波。次声波不容易衰减,不易被水和空气吸收。次声波的波长较长,因此能绕开某些大型障碍物发生衍射。次声波还具有很强的穿透能力,可以穿透建筑物、掩蔽所、坦克、船只等障碍物。7 000 Hz 的声波用一张纸即可阻挡,而7 Hz 的次声波可以穿透十多米厚的钢筋混凝土。地震或核爆炸所产生的次声波可将岸上的房屋摧毁。次声如果和周围物体发生共振,能放出相当大的能量,如4~8 Hz的次声能在人的腹腔里产生共振,可使心脏出现强烈共振和肺壁受损,对人体有很强的伤害性。

次声波

【次声波武器】(infrasound weapon) 利用次声波减弱或摧毁武装人员作战能力的武器。一种能发射20Hz以下低频声波即次声波的大功率武器。在空中,它能以1 200km/h的速度传播;在水中,能以6 000km/h的速度传播。可穿透十多米厚的建筑物混凝土构件。按照产生原理的不同次声波武器可分为气爆式、炸弹式、管式、扬声器和频率差拍式等。按照杀伤效应的不同,次声波武器主要分为神经型和器官型两种。前者的声波振荡频率与人脑的节律(8~12Hz)相近,可使人脑产生共振而导致神经错乱;后者的声波振荡频率与人体内脏器官的固有频率(4~8Hz)相近,能使人的五脏六腑发生强烈共振而导致死亡。

【刺激剂】(irritant agent) 主要用以刺激眼、鼻、喉及皮肤感觉神经末梢的化学物质。能使人迅速出现流泪、眼痛、喷嚏、咳嗽、恶心、呕吐、胸痛、头痛以及皮肤灼痛等症状。刺激剂可分为:(1)催泪剂。以眼的刺激症状为主,有苯氯乙酮;喷嚏剂,以鼻、喉刺激症状为主,有亚当氏气。(2)复合型刺激剂。对眼及鼻,喉均有明显的刺激作用,有西埃斯、西阿尔。刺激剂通常装填于发烟罐、手榴弹、炮弹、火箭弹、航空炸弹和布撒器材内使用,分散成气溶胶或粉末状态,主要造成空气染毒。其特征为低浓度下即可见效,潜伏期极短,仅有局部和暂时的效应且毒性很低。在战斗浓度下,人员暴露1至数分钟即可引起各种刺激症状而影响战斗力,但在脱离接触几分钟至几小时后症状就可消失,一般不需要特殊治疗。防毒面具可有效地防护。许多国家作为警用装备,称之为控暴剂、防暴剂或抗暴剂。

【刺络放血】(pricking collateral vessels for bloodletting) 用三棱针、皮肤针或小眉刀等针具刺破浅表小静脉放出少量血液以治疗疾病的一种方法。其操作方法是:常规消毒,被刺部位上端用橡皮管结扎,左手拇指压于下端,右手持三棱针对准被刺部位静脉,迅速刺入静脉中2~3mm深,使其流出少量血液。出血停止后,以消毒棉球按压针孔。当出血时也可轻按静脉上端,以助淤血排出,宣泄毒邪。此法常用在肘窝、腘窝及太阳穴等处的浅表静脉,排放淤血、毒邪。可用于治疗中暑、急性腰扭伤、急性淋巴管炎等疾病。

【刺墙】(lateral key wall) 从水闸、坝、溢洪道等档水建筑物的侧面,沿垂直水流的方向插入土体的截水墙。其作用是阻滞水沿边墩绕渗,延长渗径,减小边墩上的渗透压力。一般用于两岸填土透水性大、侧向渗径长度不足的情况。当填土的透水性远大于地基的透水性时,尤为必要。刺墙位置以及插入土体的长度应在进行边墩绕渗计算的基础上确定。要求它与地下轮廓线的布置相适应,使边墩后各点的侧向渗压水头与相应位置的地基渗压水头一致或接近。刺墙的顶面应高出边墩绕渗的自由水面,底部高程常与边墩底面高程一致。如果基底的相对不透水层的层面向两岸逐渐抬高,刺墙底部高程亦可相应提高。刺墙多用弱透水性土填筑,有时采用混凝土或浆砌石墙。其厚度需满足渗透坡降和强度要求。因其只有两侧渗压水头差引起的水压力,且埋于土中,故刺墙的荷载不大,强度要求不高。

【刺突】(spike) 病毒包膜上嵌有病毒基因编码的蛋白质钉状突起物。是多糖与蛋白质的复合物。其主要功能是:(1)保护病毒,维持病毒结构的完整。(2)可吸附易感宿主细胞表面的受体,决定病毒感染的宿主范围。(3)具有抗原性,可刺激机体产生保护性免疫应答或病理性免疫应答。(4)病毒鉴定的依据。刺突因病毒的种类而异,是这些病毒的显著特征。可将其特征功能作为鉴定的依据,如检测包膜的抗原性可诊断病毒感染等。

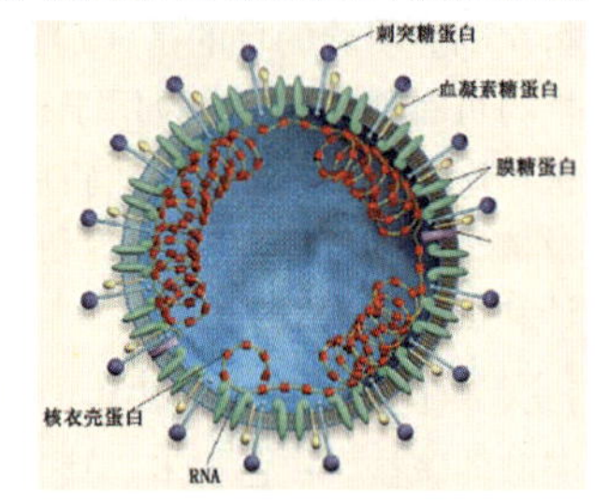

刺突

【刺网类】(gill nets) 以网目刺挂或网衣缠络原理作业的网具。按其结构的不同可分为单片、双重、三重、无下纲和框架五种类型;按其作业方法的不同可分为定置、漂流、包围和拖曳四种形式。是海洋和内陆水域常用渔具。设置在水域中,依靠沉浮力使网衣垂直张开,拦截鱼、虾类等捕捞对象的通道,以网目刺挂或网衣缠络进行捕捞。因公海大型流刺网对渔业资源和生态造成影响,联合国第46届大会通过决议,1993年1月1日起在大洋和公海海域禁止使用。其中,双重刺网由一片大网和一片小网衣构成的二层刺网;三重刺网一般指由两片外层网衣和一片内层网衣构成的三层刺网;框格刺网是在单层刺网和增加一系列的垂直和水平细缆绳,形成万形框格。尽管捕各种鱼虾、蟹类几乎都有专用流网,但在20世纪60年代,由于优质鱼不优价,片面发展高产网具,流网作业大量减少。自1979年调整作业和市场鱼价开放以来,流网作业恢复发展很快。据1986年渔船调查,沿海流网机动渔船达6.6万多艘,占总船数的44%左右,成为数量最多的作业渔船。广东发展中深海流网作业,效益较好。

【葱蒜类蔬菜】(bulb vegetables) 又称鳞茎类蔬菜。百合科葱属中以嫩叶、假茎、鳞茎或花薹为食用器官的二年生或多年生草本植物。包括韭菜、洋葱、葱、大蒜、细香葱、胡葱等。其

葱蒜类蔬菜

茎盘短缩，具有喜湿的根系、耐旱的叶型和具有贮藏功能的鳞茎或假茎，以及对气候适应性强等生物学特性。属绿体春化作物。在低温下通过春化后，在长日照和适温下生长、开花、结子。以叶和叶的变态器官为产品。鳞茎和假茎的形成依赖叶的生长势强弱。适于在疏松、肥沃、保水力强的土壤中种植。植株叶丛直立，适合密植。单位面积株数多，要求水肥充足。应避免连作。该类蔬菜不仅含有丰富的碳水化合物、蛋白质、矿物质及多种维生素，而且含有白色油脂状挥发性物质硫化丙烯，具特殊辛辣味，有杀菌消炎、增进食欲之功效。

【从动件】(driven member) 机构中除机架和主动件之外的被迫作强制运动的构件。如曲柄压力机的滑块。

【丛枝病】(witch's broom) 发病时发病枝条不断长出侧条，形似扫帚或鸟巢的木本植物特有的一类病害。此病多发生在多种针、阔叶树种和竹类上，主要由类菌原体和真菌所致。前者引起的丛枝病是系统性的，病害由个别枝条开始，逐渐扩及全株；后者所致病害只在局部扩展，丛枝症状仅表现在直接受侵染的个别枝条上。枝条受害后，因顶芽生长受到抑制而刺激侧芽提前萌发成小枝。小枝不仅生长缓慢，而且其顶芽在受到病原物的抑制下，又刺激其侧芽再萌发成小枝。如此反复进行，使枝条呈丛生状。有些真菌中的锈菌侵害枝条后，先是引起局部肿瘤，其上形成许多不定芽，并萌发成小枝而呈丛枝状。各种丛枝远看似大小鸟巢，故丛枝病又称“鸟巢病”。丛枝病的危害程度因病原性质而异。类菌原体所致丛枝病往往是致命的。枣疯病和泡桐丛枝病是中国栽培这两树种最严重的障碍；桑萎缩病也是桑树栽培的大害。真菌性丛枝病通常对林木无大影响，但过分严重的感染会引起树木衰弱甚至死亡。真菌性丛枝病可通过剪除病枝的途径来防治。类菌原体所致丛枝病主要通过选育抗病品系和选用无病繁殖材料加以防治。

丛枝病

【粗差】(gross error) 一般是指绝对值大于3倍中误差的观测误差。包括内外业中因疏忽大意而造成的差错在内测量误差的种类之一。其产生的最普遍原因是观测时的仪器精度达不到要求、技术规格的设计和观测程序不合理以及观测者粗心大意和仪器故障或技术上的疏忽等。粗差的存在将大大影响平差结果的可靠性，甚至导致完全错误的结果。因此，含有粗差的测量数据，绝不能采用，必须制定有效的操作程序和检核方法去发现并将其剔除。

【粗加工】(rough machining) 一种用大的切削深度、大的走刀量经一次或几次走刀，从工件上切去大部分加工余量的加工方法。如粗车、粗刨、粗铣、钻削和锯切等。粗加工效率高但精度较低，一般用作工件的预先加工。

【粗纱机】(roving frame) 与细纱机相对应。将并条机生产的熟条，经过牵伸成铅笔芯粗细的须条后，再加弱捻并卷绕在筒管上的机器。分为锭翼粗纱机和搓捻搓纱机。须条进入粗纱机经罗拉牵伸拉细5~12倍，再利用锭翼和筒管的速度差加捻，最后卷绕在筒管上。粗纱机由导条辊、牵伸罗拉、锭翼、筒管、龙筋等组成。加捻机构一般有竖锭式、悬吊式和封闭式三种。锭翼粗纱机可用于各类纤维的纺纱工序。搓捻搓纱机用一对皮板对纱条夹持搓动形成正反捻向相间的假捻。其产生的纤维伸直度差，纱条蓬松。

粗纱机

【粗饲料】(roughage) 又称粗料。体积大、粗纤维含量高，而可消化养分含量低的一类饲料。通常按营养价值分类，凡每千克饲料干物质含消化能在10 992.2kJ以下，粗纤维含量达到或超过18%，天然水分含量在45%以下者均属粗饲料，包括干草、秸秆和秕壳。也有把一些糟渣饲料、青饲料、根茎瓜类饲料归入粗料之列。粗饲料可使猪有饱腹感，并具有通便作用。粗料中的可溶性纤维物质也可给猪提供一定的能量。

【粗纤维】(crude fibre) 又称膳食纤维。粮食和果蔬中不溶于水、乙醚、酒精、稀酸和稀碱的物质。是植物细胞壁的主要组成成分，包括纤维素、木质素、角质、木栓质和部分半纤维素等。其中纤维素是由β-1,4葡萄糖聚合而成的同质多糖；半纤维素是葡萄糖、

富含粗纤维食物

果糖、木糖、甘露糖和阿拉伯糖等聚合而成的异质多糖；木质素则是一种苯丙基衍生物的聚合物，是动物利用各种养分的主要限制因子。虽然粗纤维中营养含量较少，且不易消化。但膳食纤维摄入少，也会出现一些疾病，如肥胖、高血脂和糖尿病等。多吃粗纤维食物好处是：(1)改善胃肠功能，能够防治便秘和预防肠癌。(2)改善血糖生成反应，降低餐后血糖含量和帮助治疗糖尿病。(3)降低血浆中的胆固醇含量，防治高脂症和心血管疾病。(4)控制体重，减少肥胖病的发生。粗纤维的推荐摄入量是每人每天20～35g，多吃反而会降低其他营养素的利用率。粗纤维能够增加粪便的体积，减少肠中食物残渣在人体内停留的时间，让排便的频率加快。含粗纤维的粮食有玉米和豆类等，含粗纤维数量较多的蔬菜有油菜、韭菜和芹菜等。粗纤维的含量较丰富的还有花生、核桃、桃和枣等。

【促凝血药】(procoagulant drugs) 能加速血液凝固或降低毛细血管通透性，使出血停止的药物。血液系统中存在着凝血和抗凝血两种对立统一的机制，并因此保证了血液的流动性。此过程极为复杂，必须在许多成分(凝血因子)的参与下方能进行。其主要过程可概括为以下四个步骤：(1)在血管或组织损伤后，经一系列凝血因子的递变而形成因子Ⅹa。(2)在后者与Ca^{2+}、因子v和血小板磷脂的作用下，使凝血酶原(因子Ⅱ)变成凝血酶(Ⅱa)。(3)在凝血酶的作用下，纤维蛋白原(因子Ⅰ)，变成纤维蛋白(Ⅰa)，产生凝血块而止血。(4)纤维蛋白在纤维蛋白溶酶的作用下，成为纤维蛋白降解物，而使纤维蛋白(凝血块)溶解。止血药主要适用于各部位出血病症，如咯血、衄血、吐血、尿血、便血、崩漏、紫癜及创伤出血等。使用这类药物可能会出现面色苍白、心悸、出汗、恶心、腹痛、呼吸困难等不良反应。患有冠心病、肺心病、高血压、动脉硬化者应禁止使用这类药物。本类药物包括维生素K、凝血酶等。

【促皮质素】(corticotrophin) 维持肾上腺正常形态和功能的重要激素。其合成和分泌是垂体前叶在下丘脑促皮质素释放激素(CRH)的作用下，在腺垂体嗜碱细胞内进行的。糖皮质激素对下丘脑及垂体前叶起着长负反馈作用，抑制促皮质素释放激素及促皮质素的分泌。在生理情况下，下丘脑、垂体和肾上腺三者处于相对的动态平衡中，促皮质素缺乏，将引起肾上腺皮质萎缩、分泌功能减退。促皮质素还有控制本身释放的短负反馈调节。一般在促皮质素给药2h后，肾上腺皮质开始分泌氢化可的松。临床上可将此效应用于诊断脑垂体前叶－肾上腺皮质功能状态及检测长期使用糖皮质激素的停药前后的皮质功能水平，以防止因停药而发生皮质功能不全。

【促染剂】(accelerating agent) 加强染料和组织细胞结合能力的物质。与媒染剂不同，有时为了加快染色过程，可在染液中加入接触剂促进染料与组织细胞着色，但其本身并不参与染色反应。促染剂犹如化学反应中的催化剂，少量存在就有明显的促染作用。它们的作用机制是降低表面张力或是改变染液的pH值。其具有优良的染料分散性、低起泡性与良好的移染性。该类助剂为阴离子型与非离子型表面活性剂的复配物，如匀染剂GS，属苯基醚硫酸酯及烷基醚酯的复配物；促染剂PPO-PEO，属聚氧丙烯－聚氧乙烯嵌段共聚物；促染剂HDF，属脂肪酸衍生物。

【猝灭剂】(quencher) 使处于激发态的分子失活的物质。失活可通过能量转移、电子转移或某种化学途径。它能迅速而有效地将吸收能量的激发态聚合物分子猝灭(回复到平衡态)，从而避免引发光化学反应。猝灭剂大多是镍有机络合物，如AM-101，NBC等。对聚烯烃有突出的稳定效果，多用于薄膜和纤维。它们在溶剂中溶解度很小。用于纤维时耐洗性优良。与二苯甲酮类、苯并三唑类等紫外线吸收剂并用，有良好的协同效应。由于镍络合物呈绿色，因此不适于作透明制品。

【猝死】(sudden death) 自然发生的出乎意料的突然死亡。世界卫生组织规定发病后6h内死亡为猝死。但大多数学者倾向于发病1h内，也有人认为24h之内。各种心脏病都可以导致猝死。但心脏病的猝死一半以上为冠心病所致。所以冠心病就成为猝死的一个重要诱因。其特点是：(1)以隆冬为多发季节，患者年龄不大，在家中或公共场所突然发作，死亡急骤。(2)多数患者生前无症状，其死亡出人意料。(3)少数患者有先兆症状，但往往并非特异性的。如疲劳、情绪改变等，不被本人及医师重视。病理改变有冠状动脉粥样硬化，多数患者冠状动脉内无血栓形成，动脉未完全闭塞。心脏骤停的发生是在动脉粥样硬化的基础上发生冠状动脉痉挛或栓塞，导致心肌急性缺血，造成局部电生理失常，但梗死未形成。如及时进行心脏复苏抢救，可以挽救患者生命。

【醋】(vinegar) 用发酵或化学方法制成、含醋酸的液体调味品。以粮食、糖、酒等原料经醋酸菌发酵酿制而成。其中乙酸(醋酸)含量约为3%～5%。按其生产方法的不同可分为酿造醋和配制醋。按其原料的不同可

苹果醋

分为糙米醋、糯米醋、米醋、水果醋、乙醇醋等。因原料和制作方法的不同,醋的风味迥异。每 100mL 醋中的乙酸含量,普通醋为 3.5g 以上,优级醋为 5g 以上。醋是不可缺少的调味品。质量好的醋,酸而微甜,带有香味。在调拌各种热、冷菜时,只要用量适当,做法精巧,就能烹饪或凉拌出色香味俱佳的美味佳肴。醋含有酿造时形成的丰富的醋酸以及能促进消化的有机酸类,具有促进新陈代谢的功效,可以帮助休息,消除疲劳,预防动脉硬化、高血压。能在 30min 内,杀死化脓性葡萄球菌、沙门菌、大肠菌、赤痢菌、腐败中毒菌、好盐性菌等。由于醋能改善和调节人体的新陈代谢,作为饮食调料,需要量不断增长。

【簇绒地毯】(tufting carpet) 采用簇绒工艺制成的地毯。簇绒工艺类似于缝纫工艺,数百只机针带着纱线穿过轻质的衬背,按照需要的长度形成绒毛或绒圈,将绒纱植入已经制造好的第一层底布上。在后整理中,进行涂胶形成二层底布或附加泡沫背衬材料以保证簇绒地毯尺寸的稳定性。其制造流程,产量高,生产成本低。主要用于客房、办公室以及汽车内。

簇绒地毯

【催产素】(oxytocin) 脑垂体后叶分泌的一种多肽类物质。是在下丘脑的视上核合成的一种激素。合成后沿神经束储存在脑垂体后叶,在一定条件和刺激下释放进入血循环。临床上应用最多的为合成催产素。催产素的主要作用为加强子宫收缩。一般小剂量能使子宫肌张力增加、收缩力加强、收缩频率增加,但仍保持节律性、对称性及极性。若剂量加大,可引起张力持续增加,乃至舒张不全导致强直性收缩。由于催产素与加压素(抗利尿激素)的结构极为相似,因此,大剂量使用时可能引起血压升高、脉搏加速及出现水潴留等现象。催产素在产科主要用于产后止血、引产与催产。

【催化剂】(catalyst) 能够改变化学反应速度或使化学反应在较低温度条件下进行,并使反应选择定向而其本身在整个反应过程中不会消耗的物质。按其催化机制的不同可分为:(1)均相催化剂(与反应物同相)。(2)非均相催化剂(与反应物异相)。(3)正催化剂(使化学反应加快的催化剂)。(4)负催化剂(使化学反应减慢的催化剂)。80% 以上的现代化工过程都离不开催化剂。

【催化抗体】(catalytic antibody) 见抗体酶。

【催情饲养】(flushing) 配种前加强饲养以促进母畜发情、排卵的措施。使母畜及时配种,减少空怀,提高畜群的繁殖率。如绵羊的营养条件对繁殖力影响很大,加强饲养是提高绵羊繁殖力的有效措施。在全年抓膘的基础上,配种前 2 ~ 3 周的短期催情饲养,常能提高母羊的排卵率,增加双羔率。

【催乳素】(prolactin, PRL) 由垂体前叶分泌,能促进乳汁分泌并抑制排卵的一种雌激素。在平时主要受下丘脑分泌的抑制激素和释放激素的调节,产后主要通过神经调节。血清 PRL 的正常值是:青春期前 <0.4 μmol/,正常女性 0.16 ~ 0.92 μmol/L,妊娠期逐渐升高,产后若哺乳可达峰值(一般 > 8μmol/L),以后逐渐降低,哺乳 12 个月时已回到正常水平。其升高主要见于:垂体肿瘤、溢乳闭经综合征、不孕症、口服避孕药;降低主要见于席汉综合征及其他原因引起的垂体前叶功能减退等。

【催吐药】(emetic drugs) 引起呕吐的药物。按其作用部位的不同可分为两类:(1)通过兴奋催吐化学感受区部位催吐。临床应用仅有阿朴吗啡,它直接刺激延脑催吐化学感受区,进而兴奋呕吐中枢,产生催吐作用。本品作用强,皮下注射起效迅速。用于难以洗胃的服毒者,可迅速排出毒物。严重心脏病、动脉硬化、开放型肺结核、胃、十二指肠溃疡等患者忌用。(2)通过刺激消化道反射性地兴奋呕吐中枢而催吐。应用较多的有吐根糖浆、中药瓜蒂、硫酸铜、硫酸锌、酒石酸锑钾等。但后三药可产生溶血及肾毒性,用量过大还可引起休克和死亡。目前,临床主要用于中毒急救时催吐胃中毒物。

【催芽】(accelerating germination) 通过机械擦伤、酸蚀、水浸、层积或其他物理、化学方法,解除种子休眠,促进种子萌发的措施。种子催芽方法很多,常规的有浸种催芽、层积催芽、药剂催芽等。浸种催芽是用水或某些溶液在播种之前浸泡种子,使种子吸水膨胀加速发芽的措施。浸种有冷水浸种、温汤浸种、变温浸种、

浸种催芽

药剂浸种、激素浸种、肥料浸种等。层积催芽是将种子与湿润物(河沙、泥炭、锯末等)混合或分层放置,解除种子休眠,促进种子萌发的一种催芽方法;适用于生理休眠的种子,也广泛用于强迫休眠的种子。药剂催芽是通过采用某种化学药剂浸泡播种前的种子,促其萌发的方法。催芽时要根据种子发芽特性,调节好水分、温度和氧气三个条件,以充分满足种子发芽需要。经过催芽的种子,播种时要避免土壤缺水,以免芽干枯死。

【脆骨症】(brittle bones) 又称成骨不全症。由于结缔组织紊乱即胶原形成障碍而引起的,以骨质脆弱、蓝巩膜、耳聋、关节松弛等为主要表现的一种先天性遗传疾病。有的胎儿在子宫内就会发生骨折,有的婴儿出生不久即夭折。其发病几率为两万分之一。双亲中如一方患有脆骨症,则遗传给孩子的几率为50%,男女受侵犯的几率大致相同。按其遗传基因或骨骼脆度及骨骼系统外表征的不同,一般可分成四种类型。第一型及第四型为染色体显性遗传造成。第一型有明显的蓝眼球现象,或有听力障碍;第四型则极为轻微或者无明显症状。第二型通常在子宫内即有多发性骨折,常造成并发症死亡,甚至死产。第三型临床表现为多发性骨折,身长较短小或发育迟缓,头脸部为较典型的三角形脸,有蓝眼球,但随年龄增长而颜色变浅;患儿常因各种并发症,使生存期变短。孕妇怀孕5个月左右时,可通过三维或四维彩超,观察胎儿骨骼发育是否正常。如果有家庭病史,可进一步通过羊水穿刺进行基因检查,能更加精确地诊断。已生育一胎先天性成骨不全症的患者,下一次再怀有此症胎儿的概率平均约为6%。该病没有确切疗效的治疗方法,只能尽量预防其发生骨折。

【萃取】(extraction) 使溶质从一种溶剂中转移到另一种溶剂中以分离混合物中不同组分的方法。溶质在两种互不相容且相对密度差异较大的溶剂中溶解度不同。按其萃取方式的不同可分为:(1)液-液萃取(利用溶剂分离液体混合物中的组分的萃取)。如用苯分离煤焦油中的酚;用有机溶剂分离石油馏分中的烯烃等。(2)固-液萃取(用溶剂分离固体混合物中组分的萃取)。如用水浸取甜菜中的糖类;用酒精浸取黄豆中的豆油以提高油产量等 。(3)渗沥(用水从中药中浸取有效成分以制取流浸膏)。其主要作用是:从固体或液体混合物中提取出所需要的化合物。它是有机化学实验中用来提纯和纯化化合物的常用手段之一。化工生产中的一个基本操作单元。

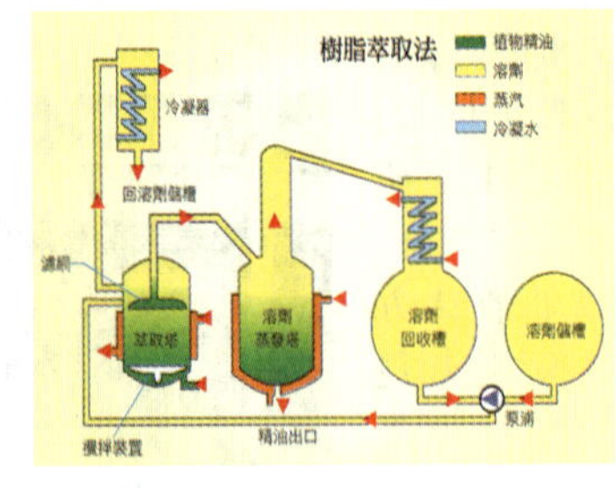

萃取原理示意图

【萃取剂】(extracting agent) 对液体或固体混合物中的组分具有选择性溶解能力的溶剂。如果是液-液萃取,则要求萃取剂不溶或仅稍溶于被萃取的溶液中,须具有较高的热稳定性和化学稳定性、较小的毒性和腐蚀性等。例如,用烧碱水溶液为萃取剂以除去石油馏分中的硫化物;用苯为萃取剂以分离煤焦油中的酚等。

【萃取精馏】(extractive distillation) 向原料液中加入萃取剂以改变原有组分间的相对挥发度而达到分离要求的特殊精馏方法。其中萃取剂在萃取精馏中起关键作用。萃取剂的选择原则是:(1)选择性高。即加入少量萃取剂就可大幅度增加组分间的相对挥发度。(2)挥发度小。即具有比料液组分高得多的沸点。(3)与原料液有足够的互溶度。在塔板上不出现液体分相现象。(4)来源充足。价格便宜,水和某些极性有机化合物是最常用的萃取剂。萃取精馏是近沸点混合物分离的主要方法。在化学工业特别是石化行业中,为了达到产品的升级,采用萃取精馏技术解决油品脱硫、芳烃工艺改进、裂解汽油中副产品的分离等生产难题。

【淬火】(quenching) 一种最常用的热处理工艺。将工件(常指钢件)加热到其临界温度(Ac_1或Ac_3)以上30~50℃(碳钢)或50 ~70℃(合金钢),并保温一段时间,再根据其材质和用途,在水、油或盐水等冷却介质中快速冷却下来。目的是将奥氏体化的工件淬成马氏体,再与不同温度的回火相配合,得到所需的力学性能。淬火后钢件变硬、变脆,并产生内应力,必须及时回火。

淬火

【淬火介质】(harding media compond) 又称淬火冷却介质、淬火剂。淬火工艺中使工件迅速冷却的物质。为了满足对冷却速度的不同要求,可采用不同的淬火介质。普通淬火采用水、水溶液(如盐水)和油。在分级淬火和等温淬火时,用热油、熔融金属、熔盐或熔碱。在淬火过程中若导致工件变形、开裂或硬度不足等,往往与淬火介质的选择不当有关。从等温转变曲线可知,在曲线的鼻部奥氏体最不稳定的稳定区域500~600℃必须快冷。防止非马氏体转变，例如转变为珠光体或贝氏体。而在500℃以下应缓慢冷却减少内应力。理想的淬火介质应该是高温时冷却足够快，而在低温时冷却尽量慢。但是天然水和矿物油都不具备这样的性质。因此根据不同需要，以水为基或以油为基，加入不同的添加剂，选择不同的使用温度，以提高其高温的冷却速度，降低其低温的冷却速度。淬火介质的冷却能力可以用热电偶探头法、银球法等方法测试。

【淬火时效】（quenching ageing） 低碳钢或纯铁高温冷却后，其性能随时间而变化的现象。把低碳钢或纯铁加热到接近开始形成奥氏体的温度时保温后淬火，得到含碳0.02%左右的过饱和固溶体。在室温下放置一段时间后，于固溶体中的淬火应力区、位错及其他点阵缺陷处易发生碳化物和氮化物的析出，形成不均匀固溶体。这种偏聚阻碍位错运动从而使钢的硬度和强度增高，而塑性和冲击韧性降低。淬火时效后硬度尤其显著提高。其提高的程度与时效的温度与时间有很大关系。淬火时效会降低硅钢片等软磁材料的磁学性能，扩大磁滞回线的面积，增加磁滞损耗，因而降低变压器效率。其防止方法是采用在700～900℃湿氢气中退火，以减少碳氮含量。另外，加入铝、钛和钒等元素，使其与碳氮形成稳定化合物，或加入硼来固定氮。在铜、铝和镁等有色金属合金的热处理中，淬火时效对提高合金强度和改善合金性能具有重要作用。

【淬透性】（quenching degree） 又称可淬性。钢奥氏体化后接受淬火的能力。是奥氏体向马氏体转变的倾向。可用标准尺寸的钢棒，经过标准淬火条件处理后，由表面到具有50%马氏体的距离来表示。所以，淬透性就是淬火深度的一种度量。与淬硬性不同，后者又称可硬性，指钢经过淬火后所得到的淬硬层的最高硬度值的大小，主要由钢中的碳含量来决定。淬透性不仅影响工件淬火后的力学性能，也标志着材料热处理性能的好坏。淬透性高，在淬火冷却时可使用比较缓和的冷却剂，有利于减少工件在淬火时的变形和开裂。含碳量和合金元素含量的增多，有利于淬透性的提高。提高奥氏体化温度或适当延长保温时间，可使晶粒较大，成分均匀。有助于增加过冷奥氏体的稳定性，从而提高淬透性。但要防止晶粒过于粗大。小工件容易淬透。大工件要选择淬透性好的钢种来制造。同样的工件在水中的淬透层的深度比在油中的要大。

【存储器】（memory） 计算机系统中用来存放程序和数据的记忆器件。它根据控制器指定的位置存入和取出信息。存储信息包括输入的原始数据、计算机程序、中间运行结果和最终运行结果。存储器由若干个存储单元构成。一个存储器包含许多存储单元，每个存储单元可存放一个字节。每个存储单元的位置都有一个编号，一般用十六进制表示。按其存储介质的不同可分为半导体存储器、磁带存储器、光盘存储器、磁光存储器和磁表面存储器；按其存储方式的不同可分为随机存储器和顺序存储器；按其存储器的读写功能的不同可分为只读存储器和随机读写存储器；按其信息的可保存性不同可分为非永久记忆的存储器和永久记忆性存储器；按其使用方式的不同可分为移动存储器和非移动存储器；按其所起的作用不同可分为主存储器、辅助存储器、高速缓冲存储器、控制存储器等。通常将不经常访问的数据存放在离线的外存储器，而将要求传输速度或经常访问的数据存放在在线的内存储器。其发展趋势是：移动存储器逐渐取代软盘。其容量大，速度快，成本低，断电时它所存放的信息不会丢失，可以长久保存，且复制、操作和携带方便。广泛应用于各类计算机中。

移动存储器

【存储论】（inventory theory） 又称库存论。研究物资存储最优策略的理论和方法的一门学科。是运筹学最早获得成功应用的领域之一。存储是系统随机聚散现象，在许多情况下可直接用排队论的理论与方法求解，但存储论更侧重于研究存储策略。存储的作用在于缓冲调节供求之间的不平衡，以避免由需求大于供应而造成的损失；但存储也有损失，需要支付存储费用。研究最优存储策略，有利于保持合适的库存水平。近年来，将存储论应用于计算机管理，并在信息管理系统方面提出了许多新的研究课题。

【寸口】（wrist pulse） 又称气口、脉口。两手桡骨内侧桡动脉的诊脉部位。《难经·一难》：“寸口者，脉之大会，手太阴之脉动也。……五脏六腑之所终始，故法取于寸口也。”《难经·二难》：“从关至鱼际是寸口。”《素问·经脉别论篇》：“气口成寸，以决死生。”

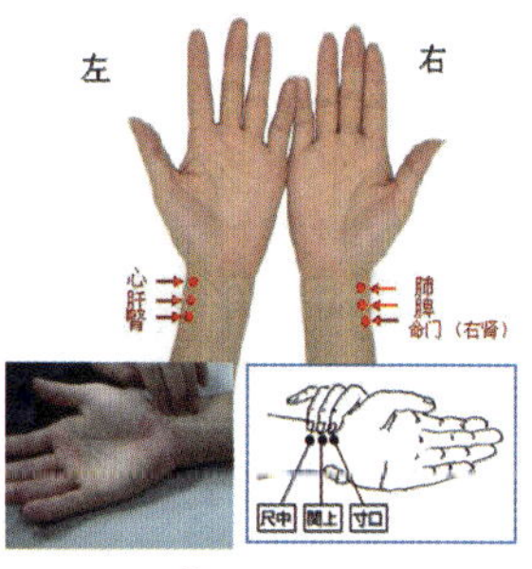

寸口疗法

【措施项目】（measurement item） 发生于工程施工准备和施工过程中有关技术、生活、安全、环境保护等方面的非工程实体项目。其清单的编制除考虑工程本身的因素外,还涉及水文、气象、环境、安全等因素。措施项目主要包括安全文明施工、夜间施工、二次搬运、冬雨季施工、大型机械设备进出场及安拆、施工排水和施工降水、建筑物的临时保护设施和已完工程及设备保护

【错䶮畸形】(malocclusion) 在儿童生长发育过程中,由各种先天或后天因素所导致的牙、䶮、面畸形。世界卫生组织将错䶮畸形确定为口腔三大疾病之一(龋病、牙周病和错䶮畸形),并将其正式命名为牙颌面异常。其临床表现是:个别牙齿错位;牙弓形态和牙齿排列异常;牙弓、颌骨、颅面关系的异常。错䶮的发病率因人种和地域不同而异,差别较大。发达国家的发病率较发展中国家要高,美国的错䶮发病率稍高于世界其他地区。错䶮畸形影响口腔和颌面部硬软组织的正常发育、口腔正常功能、容貌外观和全身健康,有损心理健康。发现错䶮畸形后应及时正畸矫治。

【错䶮畸形的早期矫治】(early orthodontic treatment) 儿童早期生长发育阶段,即青春生长发育高峰期前及高峰期阶段,对已表现出的牙䶮畸形、畸形趋势以及导致牙䶮畸形的病因进行的预防、阻断、矫正和导引的一类治疗。包括预防性矫治、阻断性矫治和生长改良等三方面的内容。其时间一般指真正进行口腔正畸治疗的早期,大多从已有错䶮表现的乳牙列完成期,约3岁以后开始,直至替牙列早期和替牙列后期,即第二恒磨牙建䶮前,约10~12岁左右为止。其特点是:(1)矫治时机十分重要。乳牙列,4岁左右;混合牙列,8~9岁左右;颌骨畸形的早期矫形治疗,青春生长高峰期前1~3年,约10~12岁前进行(男性高峰期约晚于女性2年左右);上颌基骨宽度的扩大者;应在腭中缝完全融合前进行,一般不应大于15~17岁。(2)矫治力应适宜。(3)矫治疗程不宜太长:选用的装置应简单,在口内戴用的时间一般不超过6~12个月。(4)矫治目标比较有限。因其仅在牙颌面某一生长阶段进行,可能只是整个治疗计划的一部分,大多数患儿常需替牙后再进行后期常规正畸治疗。其方法包括简单矫治器治疗,序列拔牙治疗,功能矫治器治疗,口外矫形力装置治疗,以及肌功能训练。

【错台】(slab displacement) 两板体在水泥混凝土路面的接缝或裂缝处产生相对竖向位移的现象。是影响水泥混凝土路面平整度的一个重要因素。主要是基层湿软、接缝脱粘开裂、损坏或路基下沉所造成的。错台会降低行车的平稳性和舒适性。采用水硬性结合料稳定的基层以及在接缝内设置传力杆等,可减少错台现象。

错台

D

【搭边】(scrap) 在板料上排样时冲裁件之间以及冲裁件与条料侧边之间留下的工艺留量。搭边的主要作用是:(1)补偿定位误差和剪板误差,确保冲裁出合格零件。(2)增加条料刚度,方便条料送进,提高劳动生产率。(3)避免冲裁时条料边缘的毛刺被拉入模具间隙,从而提高模具寿命。搭边值对冲裁过程及冲裁件质量有很大的影响,因此应合理确定搭边数值。搭边过大,材料利用率低;搭边过小,搭边的强度和刚度不够,冲裁时容易翘曲或被拉断,不仅会增大冲裁件毛刺,有时甚至单边拉入模具间隙,造成冲裁力不均,损坏模具刃口。正常搭边比无搭边冲裁时的模具寿命高50%以上。

【达氏鲟】(Dabry's sturgeon) 又称长江鲟。一种淡水定居性鱼类。常在江河中下层活动,在长江的沙市以上至金沙江下游较常见。中国国家Ⅰ级保护野生动物。体延长,梭形,横断面略成五边形。头楔形,吻端尖细,稍向上扭。尾部细长,胸部平直。眼小,侧位。鼻孔大,位于眼的前方。口下位,横裂,能自由伸缩;上下唇具有细小的乳突。须2对,位于吻的腹面。鳃孔大,鳃膜与峡部相连。身体被有5纵行骨板,背部的一行骨板最大。尾鳍歪形,上叶特别发达。肛门靠近腹鳍基部。鳔大,一室。肠内有7~8个螺旋瓣。头背部灰褐色,腹面灰白色,各鳍呈青灰色。在长江中、上游的深水区生活。性成熟时雄性4~7龄,雌性5~8龄。一般体长0.8~1.0 m。体重5~10kg。产卵季节在10~11月,少数延至12月。性成熟的个体就在长江上游繁殖。食物以底栖无脊椎动物为主。

【打底套色法】(bottoming chromatography method) 中药丸剂、散剂等剂型对药粉进行混合的一种经验方法。所谓"打底",是指将量少的、质重的、色深的药粉先放入乳钵中(混合之前应首先用其他色浅的、量多的药粉饱和乳钵)。然后将量多的、质轻的、色浅的药粉逐渐地、分次地加入乳钵中轻研、使之混合均匀,即是"套色",直至全部药粉混匀。此法的缺点是:侧重色泽,而忽略了粉体粒子等比容积易混合均匀的机理。

【打印终端接口】(terminal interface) 计算机上常用的连接打印机、扫描仪或者数字照相机的并行端口。有LPT1、LPT2、LPT3等类型。每台计算机至少拥有一个LPT端口,可通过安装并口卡的方式来增加端口。其特点是:(1)操作简单方便。(2)界面友好,能够提供图形界面、文字说明提示用户操作。应用于银行、电信、移动等需要打印对账清单或发票的领域,实现账户查询和清单打印的功能。

【打桩机】(pile driver) 利用冲击力将桩贯入地层的桩工机械。由桩锤、桩架及附属设备组成。桩锤依附在桩架前部两根平行的竖直导杆(又称龙门)之间,用提升吊钩吊升。桩架为一钢结构塔架,其后部设有卷扬机,用以起吊桩和桩锤。桩架前面有两根导杆组成的导向架,使桩按照设计方位准确地贯入地层。塔架和导向架可以一起偏斜,用以打斜桩。导向架还能沿塔架向下引申。桩架能转动,能移行。主要技术参数是冲击部分重量、冲击动能和冲击频率。按其桩锤运动的动力来源不同可分为落锤、气锤、柴油锤、液压锤等。常用于建筑工地、堤岸和码头的施工中。

打桩机

【大安全观】(general outlook of safety) 整个社会即国民安全文化观念。不仅包括传统的劳动保护和职业卫生,更有现代科技、文化的全部内容,突出以质量、安全、环保、减灾、保险等保障技术为一体的科学精神及世界观的方法论。是人生存发展的内在和环境的良好状态。它包括自身的躯体和心理方面，也包括身体以外的环境（社会秩序、文化、经济、制度、国家、自然、生态等）。是由政府统一领导，社会多部门参与，合理整合可用社会资源，对造成人、家庭、社会公共秩序、生产秩序和国家的各种危害或威胁给予全面、系统的预防和控制的观念。其特征是：(1)以人为本，紧紧围绕人这个中心开展安全工作。(2)实事求是，从实际出发。(3)政府主导社会综合安全工作，并对所有安全工作承担领导责任。(4)全社会共同参与，促进社会的稳定和进步。(5)社会资源的整合与共享，降低成本，提高效率，受益面广，与国民经济快速发展相关联。(6)各界对各自的直接安全负责，对公共安全承担义务。(7)涵盖社会所有安全以及安全相关的内容。(8)既要预防和控制近期或当前突出的各种安全隐患和危害，而且还要预防和控制长久的、以后可能发生的各种安全隐患和危害。(9)安全理念融入个人、家庭、社会和政府的所有行为当中。

【大坝】(dam) 截断河谷或溪谷，用以拦蓄水流或壅高水位的挡水建筑物。抬高水位，形成水库，调节径流，以满足防洪、灌溉、发电、航运、给水等需要的称为蓄水坝；所形成的蓄水容积很小，无调节径流功能，仅用来壅高上游水位，以改善饮水或航运条件的称为壅水坝。习惯上，把修建工程形成的库容用以储存矿渣的称为尾矿坝；把储存火电厂煤灰的称为储灰坝。另外，中国把某些起挡水和调整水势作用的河道整治建筑物，如丁坝、顺坝、锁坝、格坝、潜坝、分流坝等，也称为坝。但它们与蓄水、壅水的坝性质不同。

大坝

【大本钟】(Big Ben) 又称威斯敏斯特宫报时钟。英国伦敦著名古钟。在1859年时的建造者是本杰明爵士(Benjamin Hall)，故名“大本”。安装在西敏寺桥北议会大厦东侧高95m的钟楼上。钟楼四面的圆形钟盘，直径为6.7m，重13.5t，时针和分针长度分别为2.75m和4.27m，钟摆重305kg。作为伦敦市的标志以及英国的象征，大本钟巨大而华丽。四个钟面的面积有2m^2。从1859年就为伦敦城报时，根据格林尼治时间每隔一小时敲响一次，至今将近150年。虽然这期间大本钟曾两度裂开而重铸，但是现在钟声仍然清晰、动听。英国政府每隔五年就要对大本钟实施维护。

大本钟

【大肠癌】(colorectal carcinoma) 原发病灶在大肠部位的恶性肿瘤。在经济发达的地区如北美、西欧、北欧等，大肠癌往往是第一、第二位常见的内脏恶性肿瘤。在中国约居第4～6位。患者的大肠原发癌较为常见。其中直肠癌占60%～75%，而直肠癌中81%～98%距肛门7cm左右，可经直肠指检发现。其扩散途径有直接浸润、种植播散、淋巴道播散、血道转移。大肠癌极少侵及动脉，但侵入静脉十分常见。其临床表现是：由肿瘤出血引起的症状有便血、贫血；由肿瘤阻塞引起的症状有腹痛、腹胀、便秘，甚至梗阻；由肿瘤继发炎症引起的症状有排便次数增多等。此外还有其原发灶及转移引起的症状等。

【大肠菌群】(coliforms) 与粪便污染有关的具有某些特性的一组革兰阴性杆菌群。该菌群可包括大肠埃希氏菌、柠檬酸杆菌、产气克雷伯氏菌和阴沟肠杆菌等。大肠菌群分布较广，多存在于温血动物粪便、人类经常活动的场所以及有粪便污染的地方。粪便中多以大肠杆菌为主，而外界环境中则以大肠菌群的其他型别较多。大肠菌群作为粪便污染指示菌，主要是以该菌群的检出情况来表示食品中是否有粪便污染。大肠杆菌数的高低，表明了粪便污染的程度，也反映了对人体健康危害性的大小，是评价食品卫生质量的重要指标之一。

【大肠俞】 中医穴位名。属足太阳膀胱经，大肠背俞穴。定位：在腰部，当第四腰椎棘突下，旁开1.5寸。主治：肠鸣，腹胀，腹痛泄泻，便秘，脱肛，遗尿，痢疾，腰脊强痛；急、慢性肠炎，细菌性痢疾，前列腺炎，盆腔炎，腰肌劳损，骶髂关节炎等。刺灸法：直刺0.5～1.2寸；艾炷灸5～10壮或艾条灸10～20min。

【大带桥】(long belt bridge) 又称大伯尔特桥，斯托伯尔特桥。一座横穿丹麦大贝尔特海峡，连接丹麦西兰岛和菲英岛的三跨悬索桥。大桥工程由跨越东航道的铁路隧道、高速公路高架桥和公铁两用桥三个部分组成。1998年6月14日竣工通车。桥面4车道，全长17.5km，主跨为1 624m，混凝土桥塔高度254m，它将丹麦第一大

大带桥

城市首都哥本哈根所在的西兰岛和第三大城市欧登塞所在的菲英岛连接在一起。大带桥分为东、西两段,中间以斯普奥人工岛作为中间站。以 1988 年价格计算,大带桥实际耗资 337 亿丹麦克朗,约合 48 亿美元。是欧洲当时预算最高的桥梁工程。是连接丹麦大城市阿彻波拉格与首都哥本哈根"贯通工程"的一个重要组成部分。

【大地测量】(geodetic surveying) 测绘学的一个分支。精确确定地面点位及其变化,测定地球重力场、地球形状和地球动力学现象的理论和技术。其内容包括:空间大地测量、边角测量、高程测量、大地天文测量、重力测量、惯性大地测量和大地测量数据处理等。其用途是:为地图测绘、工程测量提供平面和高程控制;为远程武器试验和作战及空间技术应用提供地面点坐标和地球重力场数据;为地球形状、大小和地球动力学研究提供高精度实测数据。

大地测量

【大地控制点】(geodetic control point) 在国家大地坐标系中为布设大地控制网而建立的具有精确位置和高程的地面点。通过设置固定的标志来标识。其标志的结构及设置方法以适合永久保留和便于观测为原则。在各控制点上通过观测使各点相互联系构成大地控制网。对网中所有观测值进行计算处理,便能获得各点在统一坐标系中的坐标值。

【大地控制网】(geodetic control network) 在广大范围内测量大地控制点间的相对几何量所构成的网。相对几何量是指坐标差、高差、距离、角度等。大地控制点(简称大地点)是通过大地测量获得精确位置的地面点。点上设有固定标志,以便长期保存。按测量方法的不同大地控制网可分为高程大地控制网(布设的主要形式是水准网)、水平大地控制网(布设的主要形式是天文大地网)和空间大地控制网(布设的主要形是 GPS 网)三类。

【大地热流】(terrestrial heat flow) 又称大地热量。单位时间内从地球内部向单位面积的地表传播的热量。大地热流量与地壳运动、构造单元、岩石圈厚度等地质因素有明显关系。

【大地热流值】(earth heat flux) 单位时间内通过地球表面单位面积所散失的热量。衡量地热正常区(接近大地平均热流值和地温梯度的地区,较高温度的热水和蒸汽埋藏在地壳的较深处)和地热异常区(热流值和地温梯度超过平均值的地区,由于地热增温率较大,较高温度的热水或蒸汽埋藏在地壳的较浅部位,有的甚至露出地表)的重要指标。从全球来看,地表大地平均热流值为 5.9 ~ 6.3W/m^2。其中,凡接近大地平均热流值和地温梯度的地区为地热正常区。在地热正常区,较高温度的热水和蒸汽埋藏在地壳的较深处。而大地热流值和地温梯度超过平均值的地区则为地热异常区。在地热异常区,由于地热增温率较大,较高温度的热水或蒸汽埋藏在地壳的较浅部位,有的甚至露出地表。

【大地水准面】(terrestrial geoid) 与平均海水面重合并伸展到大陆内部形成的水准面。平均海水面是海水涨落的平均位置,通过验潮方法获得。水准面是处处与重力方向正交的曲面。同一水准面上的重力位相等。因此水准面也称重力等位面。当海水处于静止状态时,其表面就是水准面。地球空间处处都有重力存在,通过不同高度的点就有不同的水准面。大地水准面形状是综合利用空间大地测量技术和地面大地测量技术确定的。前者包括卫星测高、卫星重力测量、卫星激光测距等;后者包括重力测量、天文大地测量等。大地水准面的形状反映了地球内部物质结构、密度和分布等信息,对海洋学、地震学、地球物理学、地质勘探、石油勘探等相关地球科学领域研究和应用具有重要作用。确定大地水准面是国家基础测绘中的一项重要工程。

【大地天文测量】(astronomical survey of geodesy) 利用天文方法观测天体(主要是恒星)的位置来确定地面点在地球上的位置(天文经度和天文纬度)和某一方向的天文方位角的技术。其主要作用是:为中、远程导弹提供垂线偏差、方位及天文坐标;为航天器发射提供垂线偏差、方位及天文坐标;有效应用于中国天文大地网的建立和维护;局域坐标控制网及三角锁网起始方位确定;用于炮兵精确定向;为陀螺仪等提供高精度初始方位;用于子午线标定等。

【大地原点】(geodetic origin) 国家水平大地控制网中推算各点大地坐标的起算点。其大地坐标值 L_0、B_0、H_0 以及它对某一方向的大地方位角 A_0,称为大地起算数据。是经典大地测量的基准。中国 1980 西安坐标系的大地原点位于陕西省泾阳县永乐镇。

大地原点

【大地坐标系】(geodetic coordinate system) 又称地球参考系。大地测量中参考椭球面为基准面建立起来的坐标系。地面点的位置用大地经度、大地纬度和大地高度表示。大地坐标系的确立包括选择一个椭球,对椭球进行定位和确定大地起算数据。一个形状、大小和定位、定向都已确定的地球椭球称为参考椭球。一旦被确定,标志着大地坐标系已经建立。大地测量主要任务是测量和绘制地球的表面形状。为表示描绘和分析测量成果,必须建立大地坐标系。现行的大地坐标系统分为局部坐标系和地心坐标系。以参考椭球和局部地区大地水准面最为密合为原则建立的大地坐标系,原点与地球质心不重合,称为局部坐标系或参心坐标系;以空间大地测量为主要手段建立大地坐标系,要求坐标系原点与地球质心重合,称为地心大地坐标系。根据《中华人民共和国测绘法》,中国自2008年7月1日起启用2000年国家大地坐标系。为此,国家测绘局于2008年6月18日发布公告,提供了新坐标系的技术参数。同时对旧坐标系的转换和使用作出说明:2000年国家大地坐标系与现行的1980年西安大地坐系(含1954年北京大地坐标系)转换、衔接的过渡期为8~10年。2008年7月1日后新产生的各类测绘成果和新建设的地理信息系统,均应采用2000年国家大地坐标系。该坐标系为地心坐标系。

【大豆蛋白食品】(soy bean protein food) 以大豆蛋白为主要原料加工的食品。按其加工方法的不同可分为:传统豆制食品、大豆发酵食品和新兴豆制食品。新兴豆制食品又可分:(1)营养豆奶。一种新型的大豆蛋白饮料。以豆浆和牛奶为主要原料,并添加微量营养成分而制成。营养成分较全,价廉物美。(2)豆腐粉。一种生豆粉,可煮豆浆、做豆腐,使用方便。(3)大豆组织蛋白。利用低温脱脂豆粕(脱脂大豆)经粉碎、调和、挤压等工序加工而成的高蛋白食品。黄色或浅黄色,无异味,吸水膨胀成海绵状浮于水面。含粗蛋白约56%,脂肪一般低于0.4%,不含胆固醇。(4)大豆浓缩蛋白。蛋白质含量为70%。是将豆粕中的碳水化合物、矿物质和水溶性物质除去后制成。(5)大豆分离蛋白。蛋白质含量为90%以上。可用于肉制品、糕点、面包、糖果、冷饮等。

大豆蛋白食品

【大豆蛋白纤维】(soybean protein fiber) 利用现代纺丝设备,经湿纺法将一定浓度的大豆蛋白质纺丝溶液制成的纤维。该大豆蛋白质纺丝溶液是由大豆榨油后的豆粕中提取的蛋白质,通过助剂与羟基高聚物接枝相溶共聚共混制成的。它不仅具有单丝细度细、密度小、强度高、耐酸碱性能好、外观华丽、吸湿导湿性好等特点,而且具有羊绒般的柔软手感、蚕丝般的柔和光泽、棉花般的吸湿透气和羊毛般的保暖性能。该纤维被誉为"人造羊绒"。

大豆蛋白纤维

【大豆分离蛋白】(soybean protein isolation) 见大豆组织蛋白。

【大豆磷脂】(soybean phospholipid) 含一个或多个磷酸基的脂类化合物。广泛存在于动植物中的一种混合磷脂。是由磷脂酰胆碱、磷脂酰乙醇胺、磷脂酰肌醇和磷脂酰丝胺酸等组成的混合物。通常从大豆油中提取。纯净的大豆磷脂是无嗅无味的。在常温下,为一种白色的固体物质。当与油脂共同存在时,呈淡黄色至棕色。按其组分的不同可分为:卵磷脂、脑磷脂、神经鞘磷脂、肌醇磷脂和磷脂酸等。含有磷、胆碱、肌醇、维生素E和生物素等。是人体细胞(细胞膜、核膜和质体膜)的基本成分,并对神经、生殖、激素等功效有重要关系。具有优良的乳化、分散、润湿、增容、起泡、脱模和抗氧化等作用。在食品中,可以用作乳化剂、润湿剂、分散剂、抗老化剂和稳定剂等。在医药上,可以作为乳化剂和药物载体;同时,也具有降低血脂、治疗脂肪肝和肝硬化、增强动脉血管壁等功效。对老年痴呆症等疾病,均有一定的预防作用。

【大豆肽】(soy peptides) 以大豆、豆粕或大豆蛋白为原料,用酶解法或微生物发酵法生产的,主要成分为肽,且相对分子质量分布在10 000以下的产品。按其总蛋白质和肽含量的不同可分为:(1)Ⅰ型。总蛋白质含量≥90.0%,大豆肽含量≥80.0%,灰分≤6.5%。(2)Ⅱ型。总蛋白质含量≥88.0%,大豆肽含量≥70.0%,灰分≤8.0%。(3)Ⅲ型。总蛋白质含量≥85.0%,大豆肽含量≥55.0%,灰分≤8.0%。产品要求的指标是:90%

大豆肽

以上的大豆肽的相对分子质量≤10 000；浓度 10.0% 的为水溶液 pH 值为 7.0 ± 0.5；干燥失重≤7.0%；呈粉末状；无结块现象；白色或淡黄色；有特有的滋味和气味；无其他异味和无正常视力可见的外来杂质；其溶解性好、黏度低和抗凝胶形成性好；在体内消化吸收快，蛋白质利用率高；具有低抗原性、不会产生过敏反应和促进肌红细胞复原、脂肪代谢等生理作用。

【大豆异黄酮】（soy isoflavones） 存在于大豆中的一类抗氧化剂。主要成分有大豆苷、大豆苷元、染料木苷、染料木素、黄豆黄素、黄豆黄素苷元等。它具有与雌激素类似的分子结构，可以与女性体内的雌激素竞争性结合雌激素受体，发挥弱雌激素效应，具有双向调节女性体内雌激素水平的作用。同时，大豆异黄酮是一种植物多酚，可以清除人体内多余的自由基，发挥抗氧化作用。在改善女性更年期综合征、骨质疏松、心血管疾病等方面具有一定的功效。经常摄入富含大豆异黄酮的人群，其乳腺癌、前列腺癌、结肠癌的发病率明显低于摄入较少的人群。是天然的癌症预防剂。

【大豆皂苷】（soy saponin） 从豆科植物中提取出来的一种生物活性物质，一组三萜类或甾类的配糖物。广泛存在于植物和海洋动物体内。按其皂苷元结构的不同可分为：A 族、B 族、E 族和 DDMP 族。呈酸性。相对分子质量在1 000左右。分子极性大。可溶于水。易溶于热水、含水稀醇、热甲醇和热乙醇中。难溶于乙醚、苯等极性小的有机溶剂。熔点很高。常在熔融前就分解了，因此无明确熔点。属于酸性皂苷，在其水溶液中加入硫酸铵、醋酸铅或其他中性盐类即生成沉淀。利用这一性质，可以对其进行分离和提取。与苯反应生成红棕色沉淀。在冰醋酸－乙酰氯溶液中显红色。在氯仿－硫酸中呈现绿色荧光。与五氯化锑反应呈蓝紫色。可利用这些性质，检测大豆皂苷的含量。具有抗脂氧化、抗自由基、增强免疫调节能力、抗肿瘤和抗病毒等多种生理功能。目前，已经应用在食品、药品和化妆品方面。

【大豆组织蛋白】（extruded soybean protein） 又称植物蛋白肉。一种大豆蛋白食品。利用低温脱脂大豆经粉碎、调和、挤压膨化而成的一种大豆蛋白食品。高蛋白食品。黄或浅黄色。无异味，稍有豆味。吸水膨胀成海绵状。含粗蛋白约 56%，脂肪一般低于 0.4%，不含胆固醇。适合做多种菜肴。

腐竹

【大都市农业】（metropolis agriculture） 在大都市特殊地域和特殊社会经济背景下产生的现代化农业。它融合了现代都市的高新技术和企业化的经营管理模式，不仅具有生产性功能，还具有生活性功能、生态性功能和教育性功能等，集中体现了大农业的思想。要实现多元化拓展，除了要具备最基本的商品生产功能以外，还应当具备生态建设、休闲旅游、文化教育、出口创汇、示范辐射等直接和间接的多重功能。

【大敦】 中医穴位名。属足厥阴肝经，本经井穴。定位：在足拇指末节外侧，距趾甲角 0.1 寸。主治：疝气，崩漏，阴挺经闭，月经不调，癃闭，尿血，遗尿，癫狂，痫证，腹痛，小儿惊风，睾丸炎，功能性子宫出血等。刺灸法：斜刺 0.1～0.2 寸或三棱针点刺出血；艾炷灸 3～5 壮，或艾条灸5～10min。现代研究证明：针刺大敦穴对大肠运动有明显的调整作用，可使不蠕动或蠕动很弱的降结肠下部及直肠的蠕动加强。

【大功率镍氢动力电池】（maximum charge and discharge power of nickel-metal hydride battery） 由镍、氢组成的能循环充放电、寿命长的蓄电池。其单体电池常规充放电循环寿命超过 3 000 次，模块电池（12V）循环寿命超过 2 600 次。电池整体寿命在 2 000 次以上（国家标准为大于等于 500 次）。该动力电池的定型产品可用于电动自行车、电动摩托车、电动小轿车、电动公交车、电动越野车、装甲车、潜艇以及高尔夫球场运输车等。

大功率镍氢电池

【大骨节病】（kashin beck disease） 一种地方性变形性骨关节病。在地域上主要分布于西伯利亚东部和朝鲜北部。在中国主要发生于黑龙江、吉林、辽宁、陕西、山西等省，多分布于山区和半山区。该病主要发生于骨骼生长发育期的儿童和青少年，年龄一般为 3～15 岁，无明显性别差异。临床表现为四肢关节对称性疼痛、变形、增粗、屈伸活动受限以及四肢肌肉萎缩。足和踝部发病率高。病情发展较缓慢，无炎症反应。严重障碍者可出现手足短粗、身材矮小、关节活动困难，以致形成残疾。

【大化石】（macyofossil） 个体较大、一般不

需要利用显微镜就能进行研究的古生物化石。如腕足类、头足类、三叶虫、鱼类、古脊椎、古人类化石及植物的茎、叶化石等。但有些大化石的细部构造也还需要借助显微镜的帮助进行观察和研究。

【大环内酯类抗生素】(macrolide antibiotic) 具有大环内酯的一类抗生素。多为碱性亲脂性化合物。对革兰阳性菌及支原体抑制活性较高。大环内酯基团和糖衍生物以苷键相连形成的大分子抗生素。由链霉菌产生的一类弱碱性抗生素。目前沿用的大环内酯类有红霉素、麦迪霉素、螺旋霉素、乙酰螺旋霉素、交沙霉素、柱晶白霉素;大环内酯类新品种(新大环内酯类)有阿奇霉素、克拉霉素、罗红霉素等。其对流感嗜血杆菌、肺炎支原体或肺炎衣原体等的抗微生物活性增强,口服生物利用度提高,给药剂量减小,不良反应亦较少,临床适应证有所扩大。红霉素(含琥乙红霉素、依托红霉素、乳糖酸红霉素)等沿用大环内酯类抗生素临床多用于以下方面:(1)作为青霉素过敏患者的替代药物,用于β溶血性链球菌、肺炎链球菌中的敏感菌株所致的上、下呼吸道感染,敏感β溶血性链球菌引起的猩红热及蜂窝织炎,白喉及白喉带菌者。(2)军团菌病。(3)衣原体属、支原体属等所致的呼吸道及泌尿生殖系统感染。(4)其他。口腔感染、空肠弯曲菌肠炎、百日咳等。麦迪霉素、螺旋霉素、乙酰螺旋霉素及交沙霉素,主要用于革兰阳性菌所致呼吸道、皮肤软组织、眼耳鼻喉及口腔等感染的轻症患者。除上述适应证外,阿奇霉素可用于军团菌病,阿奇霉素、克拉霉素尚可用于流感嗜血杆菌、卡他莫拉菌所致的社区获得性呼吸道感染,与其他抗菌药物联合用于鸟分枝杆菌复合群感染的治疗及预防。克拉霉素与其他药物联合,可用于幽门螺杆菌感染。在使用中须注意:(1)禁用于对红霉素及其他大环内酯类过敏的患者。(2)红霉素及克拉霉素禁止与特非那丁合用,以免引起心脏不良反应。(3)肝功能损害患者如有指征应用时,需适当减量并定期复查肝功能。(4)肝病患者和妊娠期患者不宜应用红霉素酯化物。(5)妊娠期患者有明确指征用克拉霉素时,应充分权衡利弊,决定是否采用,哺乳期患者用药期间应暂停哺乳。(6)乳糖酸红霉素粉针剂使用时必须首先以注射用水完全溶解,加入生理盐水或5%葡萄糖溶液中,药物浓度不宜超过0.1%~0.5%,缓慢静脉滴注。

【大黄】(rhubarb) 中药名。药性:苦、寒。归脾、胃、大肠、肝、心包经。功效:泻下攻积,清热泻火,凉血解毒,逐瘀通经。用于实热便秘、积滞腹痛、泻痢不爽、湿热黄疸、血热吐衄、上消化道出血、目赤、咽肿、肠痈腹痛、痈肿疔疮、瘀血经闭、跌打损伤、外治水火烫伤。酒大黄善清上焦血分热毒,用于目赤咽肿、齿龈肿痛。熟大黄泻下力缓、泻火解毒,用于火毒疮疡。大黄炭凉血化瘀止血,用于血热有瘀出血症。用法与用量:煎服,5~15g,用于泻下不宜久煎。外用适量,研末调敷患处。脾胃虚弱者慎用;妇女怀孕、月经期、哺乳期应忌用。

大黄

【大火】(Amtares) 又称心宿二。天蝎座α星。全天空最亮的21颗恒星之一。为目视物理双星,甲星为一红超巨星,乙星为蓝矮星。是一变星。距太阳系约410光年。在天球上的具体位置约为赤经16时30分,赤纬-16°。属中国古代二十八宿中的心宿。

【大角】(Arcturus) 全夜空最亮的橙色红巨星。即牧夫座的α星。星等为-0.04等。在天球上的位置为:赤经14时13.4分,赤纬+19°27′。距离地球35光年。有强烈的色球活动,属于光谱变星。在中国古代曾作为确定季节、确定方向的恒星。

大角

【大科学】(big science) 具有国家或国际规模的现代科学技术活动。它是高度社会化的产物,并不意味着要产生大量知识,而是要解决大问题。其特点是:(1)人力、物力、财力投入的大规模性。(2)协作的广泛性。(3)科学、技术、生产一体化。(4)科技、经济、社会协调发展。(5)多学科相互渗透、综合、汇流和协作。在中国,由科技部和其他政府部门组织的“863”、“973”等项目,以及目前国家中长期科研规划的巨型项目,均属于“大科学”研究项目。

【大科学装置】(installment of big science) 通过较大规模投入和工程建设来完成,建成后通过长期的稳定运行和持续的科学技术活动实现重要科学技术目标的大型设施。其科学技术目标必须面向科学技术前沿,为国家经济建设、国家安全和社会发展作出战略性、基础性和前瞻性贡献。按其应用目的不同可分为公共实验平台、专用研究装置和公益基础设施三种类型。大科学装置的建设和利用与一般的科学仪器及装备有很大的不同,也有别于一般的基本建设项目。其主要特点是:(1)意义重大,影响面广且长远，同时建设规模和耗资大，建设周期长。(2)技术综合、复杂，需要在建设中研制大量非标设备，具有工程与研制的双重性。(3)其产出是科学知识和技术成果，而不是直接的经济效益，建成后要通过长时间稳定的运行、不断的发展和持续的科学活动才能实现预定的科学技术目标。(4)从立项、建设到利用的全过程，都表现出很强的开放性、国际化的特色。

大科学装置

【大科学装置科学研究联合基金】(joint fund for large research facilities) 中国国家自然科学基金委与中科院于2009年2月共同出资设立的一项专项基金。是落实《中共中央国务院关于实施科技规划纲要增强自主创新能力的决定》，有效整合全社会科技资源，深化科技体制改革，推进国家创新体系建设的一项重要举措。其宗旨是：在通过国家自然科学基金评审、资助和管理系统，面向全国高等院校和研究院所等科研机构，充分发挥中国科学院在大科学装置领域已建成的国家研究平台的功能和作用，促进高等院校和其他科研院所的研究人员有效地利用大科学装置设施开展研究，打破中国科研设施和科研活动中条块分割、相互封闭、重复分散的格局，促进科研院所之间以及科研院所与高等院校之间的资源集成和科研互动，推进中国大型科学仪器和设施的共享与建设。该联合基金按照"突出大科学装置共用性、弱化专用性、促进开放性、提升创新性"的思路，主要依托北京正负电子对撞机(北京谱仪和北京同步辐射装置)、兰州重离子加速器与冷却储存环装置、上海光源装置、合肥同步辐射装置等大型科学仪器和设施来实施。其支持重点主要是：(1)基于平台装置的研究。(2)基于专用装置的研究。(3)提升大科学装置研究能力的实验技术、方法及小型专用仪器发展研究和关键技术研究。

【大孔混凝土】(hollow concrete) 又称无砂混凝土。以粒径相近的粗骨料、水泥、水和加入外加剂配制而成的混凝土。主要适合墙体材料。为了提高大孔混凝土的强度，有时也加入少量细集料(普通砂)。按其所用集料品种的不同可分为：(1)普通大孔混凝土。用普通碎石、卵石或硬矿渣配制而成，容重为1 500 ~ 1 900kg/m^3，抗压强度为3.5 ~ 10 MPa，主要用于承重及保温外墙体。(2)轻集料大孔混凝土。用陶粒、浮石、碎砖等轻集料制成，容重为500 ~ 1 500kg/m^3，抗压强度为0.3 ~ 7.5 MPa，通常用于非承重和承重的保温外墙。其强度和容重除与集料品种有关外，还与集料级配有关。采用单一粒级的集料，如5 ~ 10mm或10 ~ 15mm粒级等配制成的大孔混凝土，其容重较轻、强度较低，但质量较均匀。采用混合粒级的集料，如5 ~ 15mm或5 ~ 20mm时，容重稍大，但强度较高。其热导率小，保温性能好，吸湿性较低，收缩也较小。抗冻标号可耐100次冻融循环以上。抗拉强度较低。若采用先搅拌水泥浆，再与粗集料混合搅拌的工艺，水泥用量还可进一步降低。可用于制作墙体用小型空心砌块和各种板材，包括用轻集料大孔混凝土和普通混凝土制成的复合墙板，也可用于现浇墙体。在现浇墙体时，灌筑后不需振捣，模板侧压力小，可采用五合板或钢丝网作模板。在用于配筋墙体时，钢筋必须作防腐处理，例如用水泥浆作涂层或镀锌等，内外墙面必须作饰面层。还可用以制作市政工程中的滤水管和滤水板等。

大孔混凝土砌块

【大口井】(large-opening well) 用以开采浅层地下水的大口径取水建筑物。其结构形式有圆筒形、阶梯圆筒形和缩径形。可根据水文地质和工程地质条件、施工条件、施工方法和建筑材料等不同条件选用适宜的结构形式。其井径一般按设计出水量、施工条件、施工方法和造价等，进行经济技术比较后确定；通常为2 ~ 8m。其大口径的井深在松散沉积物中根据含水层厚度、岩性、地下水埋深、水位变幅和施工条件等因素确定；一般不超过20m。基岩中的大口井，应尽可能将井底设在富水段下部。在中国北方多用于农田灌溉和城镇居民生活供水。

【大跨度结构】(long-span structure) 建筑物中，梁、屋架、拱券两端的支柱、桥墩或墙体等承重结构之间的距离横向跨越30m以上空间的各类结构。多用于影剧院、体育馆、展览馆、大会堂、航空港候机大厅及其他大型公共建筑及工业建筑中的大跨度厂房、飞机装配车间和大型仓库等。是一种具有三维空间形体，且在荷载作用下具有三维受力特性的结构。具有受力合理、自重轻、造价低以及结构形式多样等特点。被认为是一个国家建筑科技水平的重要标志之一。20世纪初，金属材料的进步和钢筋混凝土技术的发展,促使大跨度建筑出现很多新的结构形式。如1912～1913年在波兰布雷斯劳建成的百年大厅,采用钢筋混凝土穹窿顶,直径达65m,覆盖面积5 300m²。第二次世界大战后,大跨度建筑又有新的发展,以欧洲国家、美国和墨西哥发展最快。这个时期的大跨度建筑广泛地应用各种高强轻质材料(如合金钢、特种玻璃)和化学合成材料,减轻了大跨度结构的自重,使新颖的空间结构不断出现,覆盖面积日益扩大。其结构类型有:折板结构、壳体结构、网架结构、悬索结构、充气结构和篷帐张力结构等。

大跨度结构

【大理岩】(marble) 一种碳酸盐矿物含量占50%以上的变质岩。由石灰岩、白云岩(以含镁矿物白云石为主的碳酸盐岩)经区域变质或热接触变质形成。原岩中的碳酸盐矿物经重结晶等变质作用,可形成特殊的块状构造或条带状构造。根据碳酸盐矿物的种类与构造的不同可进一步分为大理岩、白云质大理岩、条带状大理岩等。中国云南省大理市是最著名的大理岩产地,大理岩也由此而得名。

大理岩

【大量元素肥料】(macroelement fertilizer) 可为植物提供氮、磷、钾三要素的肥料。按其养分元素的多寡,分为单元肥料和复合肥料。

【大陆岛】(continental island) 地质构造与大陆相连,原属大陆的一部分,由于地壳下降或海水上升将其与大陆相隔离而形成的岛屿。按成因的不同可分为构造岛和冲蚀岛。构造岛原为大陆的一部分,后因陆地沉降、海面上升而与大陆分离,如中国的台湾岛。冲蚀岛因海蚀作用而形成。其生命较短,在海蚀作用下会很快消失。世界上最大的大陆岛是格陵兰岛,面积超过2.17×10^6km²。大陆岛大多分布在大陆边缘,在地史时期曾经是大陆的一部分。海南岛在100万年以前是雷州半岛的一部分,后因局部地壳下陷,出现琼州海峡,才成为岛屿。

大陆岛

【大陆架】(continental shelf) 又称大陆棚。靠近海岸浅水领域的海底平缓地形,即陆地向海洋的自然延伸部分。大陆架总面积占海洋面积的7.5%,地面向深海方向微微倾斜,坡度一般不超过2°。其平均水深130m,有些地方可超过200m。大陆架宽窄不一,平均宽度78km。美洲太平洋沿岸的大陆架宽仅30～40km,有的地方甚至没有大陆架,而亚洲北冰洋沿岸的大陆架宽达1 300km。大陆架表面大多覆盖有厚度不一的松散沉积物,并广泛分布有陆地上发育的地形,如有沉溺河谷、冰川谷和多级海成阶地等。在海洋环境下还发育有由潮流冲刷而成的深槽。大陆架的外缘常有堤状隆起,称为陆架边缘堤。堤外即为大陆坡。关于大陆架的成因,多数学者认为大陆架主要是冰后期由于海面上升淹没的大陆边缘部分。也有一些大陆架是由地壳下沉、海蚀平台被淹没,或在地壳下沉的基础上由海底沉积物堆积形成的。大陆架自然资源十分丰富。现已发现海底蕴藏有石油、天然气、煤、铁、锰、锡、铜等多种矿藏。大陆架浅水部分,阳光可透过水层,营养物质丰富,对海洋动植物生长很有利。世界上的大型海洋渔场,大多分布在大陆架海区。

【大陆漂移】(continental drift) 一种大地构造学说。该学说1912年由德国著名气象学家魏格纳提出并经多人补充。该学说认为,大陆彼此之间及大陆相对于大洋盆地间存在大规模的水平运动。地球形成之后,陆块几经分合,到中生代之前形成统一的巨大陆块,称为泛大陆。到中生代中期,泛大陆分裂并漂移,各部分逐渐达到现在的位置。大陆漂移的动力机制与向西漂移的引潮力和指向赤道的离极力有关。较轻的硅铝质大陆块漂浮在较重的黏性的硅镁层之上,在引潮力和离极力的作用下向西、向赤道作大规模的水平运动。

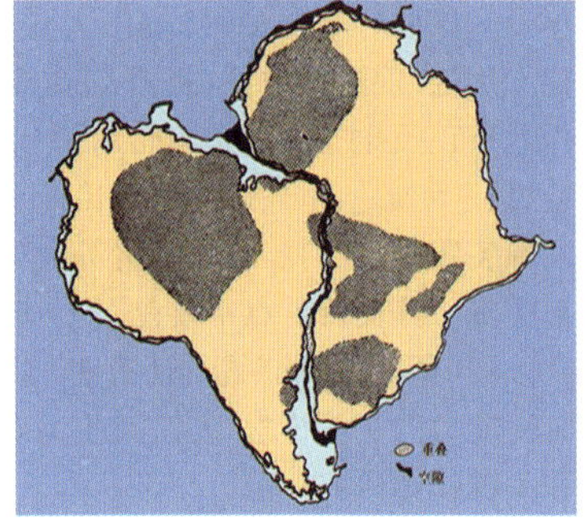

大陆漂移

【大陆坡】(continental slope) 大陆架外缘

向大洋更深部分倾斜直到深海盆地或海沟为止的斜坡地带。其坡度为3°~6°,平均4°,深度100~3 200m,宽度为20~100km。若以水深2 000m作为大陆坡的平均深度界线,则全球大陆坡面积约占大洋总面积的8.5%。在地质构造上,大陆坡是大陆地壳向海洋地壳的过渡地区。受板块运动影响,与深海沟相邻的大陆坡地带多火山、地震。

【大陆桥运输】(transportaion by railway or high way through continent) 以横贯大陆上的铁路或公路运输系统作为中间桥梁,把大陆两端的海洋连接起来的集装箱连贯运输。大陆桥的意思是在海洋间把一块大陆当作桥梁,组成一个海—陆—海的运输方式。因此,这是一种地理上形象的叫法。大陆桥运输一般都是以集装箱作为媒介,采用国际铁路系统来运送,故又称大陆桥集装箱运输。大陆桥运输的优越性是:充分体现集装箱运输的优越性;加快运输速度,降低运输成本;缩短运输里程,节省运输时间;简化货运手续,利于资金周转。在20世纪50年代初期,日本货运公司从日本把货箱装船运到美国太平洋沿岸港口上陆,再利用横贯美国东西的大铁路运到美国大西洋沿岸港口,再装船继续运往欧洲。这是把美国大陆比喻成一座桥梁,于是人们把这条路线的运输称为"大陆桥"运输。这是历史上第一条大陆桥运输路线。在20世纪70年代初,日本货运公司把货箱用船运到苏联远东港口纳霍德卡上陆,经西伯利亚铁路和东欧、西欧、北欧各国的铁路运到欧洲港口装船,最后运到最终目的地—英国。人们把欧亚大陆比作一座桥梁,这是历史上第二条大陆桥运输路线,即西伯利亚大陆桥。第三条大陆桥运输路线是加拿大大陆桥。它是与美国大陆桥平行的、利用横贯东西的两条铁路干线,即温哥华—温尼伯—哈利法克斯以及鲁珀特港—温尼伯—魁北克,将远东地区的货物运往欧洲。第四条大陆桥运输路线是中荷大陆桥,又称新欧亚大陆桥。它东起中国连云港和日照,经新疆阿拉山口,西至荷兰的鹿特丹。

【大陆型冰川】(continental glacier) 又称冷冰川。在大陆性气候条件下发育形成的冰川。成冰过程以浸渗冻结成冰为主。主要标志为温度低。其内部温度终年处于负温状态,雪线附近年平均温度多在-8℃以下。由于气候干燥、降雪、降水量少,温度低,冰川活动性弱,消融慢,尾端进退幅度小,冰川运动也缓慢,年移动量约为30~50m。大陆型冰川侵蚀作用较弱,堆积地形比侵蚀地形发育。中国西部以及中亚地区高山区的冰川多属大陆型冰川。

【大陆性气候】(continental climate) 大陆内部受海洋影响不明显的地区的气候。主要特征为冬季严寒,夏季炎热,气候干燥少雨,气温的年、日较差大,极值气温出现的时间比海洋性气候地区早,春季气温高于秋季。区内降水量有明显季节性特点,多集中在夏季,且变率化较大。有些地区因全年雨量稀少而形成沙漠。中国西北新疆、内蒙古等地区的气候为典型的大陆性气候。

【大麻哈鱼】(big pacific-salmon) 又称麻哈鱼、马哈鱼、大马哈鱼、鲑鱼、麻糕鱼。硬骨鱼纲,幅鳍亚纲,鲑形目,鲑亚目,鲑科,麻哈鱼属。经济价值很高的食用鱼类。身体长而侧扁。吻端突出,形似鸟喙,生殖期雄鱼尤为显著。口大,内生尖锐的齿。是凶猛的食肉鱼类。眼小。鳞也细小。脂鳍小,位置很后。尾鳍深叉形。冷水性溯河产卵洄游鱼类。原栖息于太平洋北部。在海洋里生活3~5年后(通常4龄达性成熟)才在夏季或秋季成群结队进入江河作生殖洄游。生活在海洋时体色银白,入河洄游不久色彩则变得非常鲜艳,背部和体侧先变为黄绿色,逐渐变暗,呈青黑色,腹部银白色。体侧有8~12条橙赤色的横斑条纹,雌鱼色较浓,雄鱼条斑较大。全世界有6种及4个亚种色,中国有3种。

大麻哈鱼

【大米色选机】(rice colour sortor) 利用光电原理,从大米中除去异色粒、垩白粒、病虫害粒以及异物的设备。由振动喂料机构、溜板(槽)、光电探测器、气流喷射阀和电脑控制系统组成。当物料经由振动喂料机构均匀地通过溜板(槽)进入选别区域时,光电探测器测得反射光光量,并与基准色板反射光量相比较,将其差值信号放大处理,当信号大于预定值时,驱动气流喷射阀剔出异色粒子。应用于稻谷加工成品处理工段,也适用于其他颗粒物料的夹杂物分离。溜板(槽)数量的多少决定了产量的高低。

大米色选机

【大鲵】(giant salamander) 又称娃娃鱼、人鱼、孩儿鱼、狗鱼、鳕鱼、脚鱼、啼鱼、腊狗等。中国国家二级保护野生动物。濒危。是有尾两栖类。成体分为头、躯干、四肢和尾四部分。大鲵头部扁平、钝圆,口大,眼不发达,无眼睑。身体前部扁平,至尾部逐渐转为侧扁。体两侧有明显的肤褶，四肢短扁，指、趾前五后四，具微蹼。尾圆形，上下有鳍状物。体表光滑，布满黏液。身体背面为黑色和棕红色相杂，腹面颜色浅淡。大鲵是现存有尾目中最大的一种，体长可达1m～1.5m，体重最重的可超50kg。属变温动物。有冬眠习性。肉食性。性成熟年龄须达5龄以上，产卵季节为夏末秋初。大鲵栖息于海拔200～800m山区的溪流之中。在中国，北起山西、陕西，南至两广，西至青海，东临滨海，遍及18个省市区。主产于长江、黄河、珠江流域的中上游支流中。资源较多的地区有贵州、湖北、湖南、陕西等省。

大鲵

【大屏幕彩电】(colour TV of broad screen) 屏幕对角线在64cm以上的彩色电视机。常见的有宽高比为16∶9的宽屏幕和宽高比为4∶3的标准屏幕两类。其特征与功能是：(1)双高频的画中画彩电具有两个高频头，同时收看两套电视节目。(2)在屏幕上将画质、音质的选择和调节项目等各种功能，用文字、图形、符号显示，可用遥控器进行人机对话选择或设定。(3)采用电脑自动识别、自动转换制式，以接收不同制式的电视节目。(4)用遥控器配合菜单控制选台、音量、色彩、静音等。(5)按下浏览键后彩电会将所存储的电视频道节目逐个放映出来，一旦选中要看的节目，只要再按一下浏览键即可。(6)设置有个人选择功能，可预置、存储自己满意的亮度、对比度、色彩及音量。(7)交替播放：按下此键，调到前一个电视节目，再按一下，又回到现在的节目。(8)定时开、关机和无信号关机。(9)可以将某些频道编上密码，只有用遥控器输入密码才能开启这些频道。(10)采用数码人工智能电路，画质提高电路。(11)环绕立体声等。

大屏幕彩电

【大气】(atmosphere) 围绕地球的气体。其全部称为大气圈或大气层。临近地球表面，大气有确定的化学成分，按体积划分有分子氮(N_2,78.03%)、分子氧(O_2,20.948%)和氩(Ar,0.934%)等。大气中还含有少量二氧化碳(CO_2)和水蒸气以及微量的甲烷(CH_4)、氨(NH_3)、氧化亚氮(N_2O)、硫化氢(H_2S)、氦(He)、氖(Ne)、氪(Kr)、氙(Xe)和其他气体等，也有一些悬浮的固态(如尘埃、孢子、花粉等)与液态(如云滴、雾滴)颗粒。大气中的悬浮物常称为气溶胶粒子。大气的底界为地面，愈向上密度愈稀，最后极其稀薄地逐渐向星际空间过渡。大气总质量为5.14×10^{18} kg，其中50%集中在6km以下，99.9%集中在50km以下。对地面气候有直接影响的大气厚度约为20～30km。大气按热力结构不同，在铅直方向上可分为近地层、边界层、对流层、平流层、中层、热层和外层等。大气圈与岩石圈、水圈、生物圈和冰冻(雪)圈共同组成了地球气候环境系统。

【大气边界层】(atmospheric boundary layer) 又称行星边界层。由大气底层、地表以上约1～2km厚度，受下垫面动力和热力等影响而湍流化了的大气层。该层的空气运动明显地受地面摩擦作用的影响。其性质主要决定于地表面的动力和热力作用。大气边界层与一般流体边界层不同，要考虑大气温度层结、地球重力场和地球自转等的影响。边界层大气中湍流是主要的运动形态。其厚度与外层气流(远离地面的自由大气中的气流)的速度有关，随地面动力学粗糙度和风速的增大或不稳定度的增强而增加。地面和大气间的热量、能量和物质的交换通过这一层的湍流实现。大气边界层分为内层(或近地层，包括惯性副层和内界面副层)和外层(或Ekman层)。湍流运动和日照等热力作用是引起大气边界层强周日变化的主要原因。准确了解大气边界层结构和变化，为数值预报模式提供可靠的边界参数和初始场数据，是提高气象预报的准确率和预测气候变化的基础。

【大气层核试验】(atmospheric nuclear test) 爆炸高度在海拔30km以下的空中、地(水)面核试验。是最早被采用的一种核试验方式。大气层核试验的目的是：测量核爆炸的反应过程，分析核爆炸产物，测定核爆炸威力，以确定被试验的核装置的性能；对核爆炸产生的力学、光学、核辐射、电磁脉冲和放射性沾染等效应进行观测和研究，为核爆炸防护和核武器使用提供数据。后一目的是其他核试验方式不便实现的。试验的核装置可用飞机、火箭或气球送到预定高度实施爆炸，也可置于铁塔、地面和水面上实施爆炸。大气层核试验方法简单、易于实施，特别是能直接观测、研究核爆炸效应等。但是，每次大气层核试验的规模都较大，

大气层核试验

会造成一定程度的放射性沾染，不便于在近距离进行射线物理测量，也不利于核装置性能的保密。为了确保安全，大气层核试验要求有确保试验安全的场地和适宜的气象条件。大气层核试验造成的放射性沾染程度，与爆炸高度有关，当比高大于60米/(千吨梯恩梯当量)$^{1/3}$时，爆炸气浪掀起的地面尘柱不与烟云相接，可以大大减少近区放射性沾染。低空核爆炸、地面核爆炸和水面核爆炸，由于有大量尘土或水进入烟云，会造成比较严重的近区放射性沾染。

【大气窗口】(atmospheric window) 地球大气对电磁波传输不产生强烈吸收和散射衰减作用，透过率较高的特定的电磁波段。即电磁波穿越大气层时透过率较高、可以用于遥感的电磁波段。影响透过率的主要因素是水汽、二氧化碳、臭氧等对电磁波段的选择性吸收。主要的大气窗口有：(1)近紫外－可见光－近红外波段，0.3～2.5μm。(2)热红外波段，3.5～4.2μm、8～14μm。(3)微波波段，0.5～1.8mm、2.0～5.0 mm、300～1 000 mm。大气窗口是应用遥感技术进行地面探测波段设置的重要依据。常用的大气窗口有：可见光至近红外波段(0.3～2.5μm)和红外波段(3.5～4.2μm、8～14μm)。

【大气氮循环】(atmospheric nitrogen cycle) 大气中的基本循环过程之一。含氮化合物从源地(地表和生物圈)进入大气，在大气中转换并从大气中被清除，然后返回源地的全过程。大气中的主要含氮化合物可分为氮氧化物和氮氢化合物。这两类物质分别形成两个子循环。一氧化二氮(N_2O)是含量较多的自然成分。其主要来源是地表土壤，在对流层中比较稳定。一部分在干湿沉降过程中被送回地表，一部分被输送到平流层并在那里被光化学过程转化成氮氧化物(NO_x)。NO_x 可与氨等碱性物质反应生成硝酸盐。这些硝酸盐被干湿沉降过程送回地表，构成一个子循环。气相氨和铵盐粒子可被干湿沉降过程送回地表并构成另一个子循环。人类活动对全球氮循环的影响，目前还不明显。

【大气电学】(atmospheric electricity) 大气物理学的一个分支。研究在电离层以下大气中所发生的各种电现象及其相互作用规律的学科。经典大气电学主要由晴天电学和扰动天气电学两部分构成。前者主要研究晴空地区发生的电现象及其变化规律和原因。后者主要研究云雨等扰动天气，特别是暴雨天气时伴随发生的电现象及其活动过程。它又可细分为：(1)云中起电。研究云中电荷生成、分离和形成一定分布的过程。(2)雷电物理学。研究自然闪电与雷的物理特性、形成机制和发展规律。它是大气电学中研究得最多且最集中的课题。(3)人工消除或诱发闪电。随着空间技术的发展，大气电学的研究范围得以扩大。尤其是最近20多年来发现了高层大气起源电场的重要性。因此，现代大气电学的测量已从地面直到磁层(甚至磁层以上)范围内进行所谓空间电的测量，并将这种范围内大气电学的研究称为大气电动力学。

云中起电

【大气动力学】(atmospheric dynamics) 大气物理学的一个分支。用流体力学方法研究与天气、气候有关的大气运动的学科。在大气动力学中，流体被看成是连续的介质。按照热力学和流体力学原理把大气流体的速度、密度、气压和温度等用偏微分方程来表达。它从分析大气中的作用力入手，研究这些力与大气运动的关系，探索大气运动的基本规律和物理机制。大气运动的基本作用力主要有：重力、科里奥利力、气压梯度力和黏性力(摩擦力)。由于作用力的不同，大气运动形式多样。不同的运动形式则有不同的特点。大气动力学的首要任务，在于区分不同类型的大气运动的主要因子和次要因子，然后根据不同情况，将大气动力方程组作合乎实际的简化，以求出方程组的解。这些解就反映了特定大气运动的基本状态，并反映了这些运动状态演变的物理过程。随着近代数学和电子计算机及计算技术的发展，大气动力学的研究已深入到更加广泛的领域，成为天气学、气候学和数值天气预报的基础。

【大气飞行环境】(environment of atmospheric flight) 航空器周围的大气环境。包围地球的大气层是航空器唯一的飞行环境。大气在地球引力作用下聚集在地球周围。其总质量的99.5%集中在距地球表面50km的高度以内。大气层没有上限。在距地表2 000km的高空，大气极为稀薄，并逐渐向行星际空间过渡。其各种特性沿铅垂方向上变化很大。根据大气中温度随高度变化的情况，可将大气层分为对流层(距地表10km以下)、平流层(距地表10～50km)、中间层(距地表50～85km)、热层(距地表在中间层之上约至800km)和散逸层(距地表超过800km)。航空器主要在对流层和平流层中飞行。

【大气辐射】(atmospheric radiation) 大气本身发射的辐射。大气的平均温度为－73℃～－23℃，发射的辐射光谱波长主要分布在4～120μm范围内，即红外区。因辐射波长比太阳辐射的波长长，故称作长波辐射。大气辐射分为向上和向下两部分。向上部分最终逸向太空；向下部分称为大气逆辐射，参与地面和大气间的辐射热交换。大气辐射与气温、湿度、云况有关。温度越高，湿度越大，云中含水量越多，其辐射值也越大。

【大气光通信】(atmospheric laser communication) 通过光通信技术和无线通信技术相结合实现的，以激光为载体的宽带光无线通信。其特点是：(1)抗电磁干扰。(2)信息传输量大。(3)保密性好。(4)不需铺设线路，建设成本低，建设周期短。(5)不危害环境。其未来的发展和应用有赖于激光器等光学设备和元器件性能在技术上的突破，需要拥有克服大气质量等诸多外部因素给大气光通信造成干扰的手段。

【大气光学】(atmospheric optics) 大气物理学的一个分支。研究光通过大气时的相互作用及由此产生的各种低层大气光象的学科。主要研究内容包括：(1)大气光学基本规律的研究，如大气折射、大气散射等。(2)大气光学特性的研究，如大气消光、大气吸收、大气能见度、大气浑浊度、天空亮度等。(3)大气光象研究，包括朝霞、晚霞、曙光、暮光、天空蓝色等大气光象以及虹、晕、华等云中光象。研究它们的成因及与大气状态、天气过程之间的联系，使之在大气探测和天气预报中发挥作用。(4)光学大气遥感研究。大气光学的研究和发展与光学的研究进展密切关联，激光的出现则有力地促进了光学大气遥感的发展。

大气光象

【大气化学】(atmospheric chemistry) 大气科学的一个分支。是环境科学的重要研究内容。研究大气圈中各种大气成分的形成、输送、扩散、转化与沉降等的机制和变化规律的学科。其研究内容包括：地球大气的形成和演化，大气中碳(C)、氮(N)、氢(H)、氧(O)和硫(S)等物质的自然循环过程以及人类活动对这些自然循环过程的冲击，大气气溶胶粒子的生成、演变过程及其在大气化学过程中的作用，大气中的光化学过程及其在微量气体循环过程中的作用，平流层及其以上大气层中所发生的辐射吸收和光化学演变过程，特别是臭氧(O_3)的光化学平衡过程，二氧化硫(SO_2)在大气中的氧化转化途径和转化速率。此外还包括云、雾、降水化学和大气边界层化学等。大气化学领域包括外场观测、数值模拟以及实验室实验等。

【大气环境学】(atmospheric environmental science) 环境科学的一个分支。大气科学与环境科学的交叉学科。主要研究内容包括：大气污染的种类、来源、成因、扩散和输送、物理和化学过程、管理和治理等；大气对污染物的稀释、自净、纳污过程和能力，温室效应，臭氧层破坏和酸雨等全球性的大气环境问题；沙尘暴和污染物的远距离输送等空气污染的综合防治和大气环境保护的技术和方法等。主要研究方向为：大气扩散规律(包括城市与区域多源扩散的模式等)；大气扩散的实验室模拟；大气环境影响评价及其方法的规范化、标准化、程序化。

【大气环流】(general circulation) 大气层中形式多样、时间、空间尺度不同的气流运动的统称。通常指范围大、变化慢、持续时间长、具有一定稳定性的大气运动。主要包括全球规模的东风带、三圈经向环流、常定分布的平均槽脊、行星尺度的高空急流、季风环流及西风带中的大型扰动等。它既是地－气系统进行热量、水分、角动量交换及能量转换的重要机制，又是这些物理量输送、平衡和转换的结果。太阳辐射能在地球上的非均匀分布，是大气环流的原动力。大气环流构成了全球大气运行的基本形势，是全球气候特征和大范围天气形势的主导因素，也是各种尺度天气系统活动的背景。

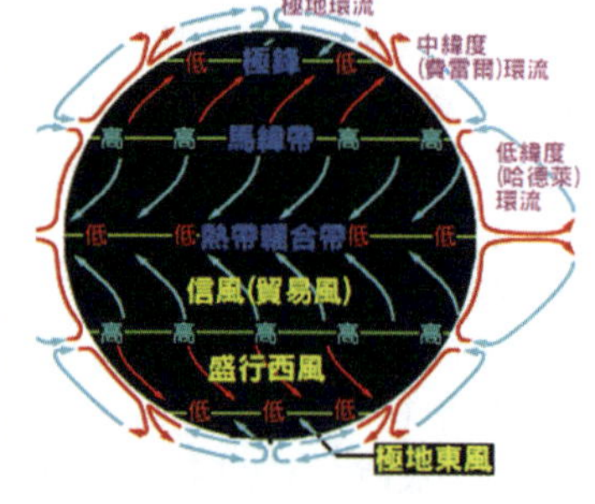

大气环流

【大气降水监测】(atmospheric precipitation monitoring) 对降雨(雪)过程中沉降到地球表面沉降物的主要成分和性质进行的监测。目的是分析大气污染状况，为找出控制途径提供基础的数据和资料。大气降水监测项目有 pH 值、电导率、钾离子、钠离子、钙离子、镁离子、硫酸根、氯离子等。

【大气科学】(atmospheric science) 研究地球大气的成分、结构、物理和化学特性及其动力过程、地球大气中各种现象的学科。地球大气包括近地层、边界层、对流层、平流层、中间层、热层和外层，以及地球大气圈及相关的边界圈层即岩石圈、水圈、生物圈和冰冻(雪)圈等组成的地球气候环境系统。研究范围包括大气探测、天气学、气候学、动力气象学、大气物理学、大气化学、大气电学、人工影响天气、应用气象等方面的内容。

【大气硫循环】(atmospheric sulphur cycle) 大气中的基本循环过程之一。含硫化合物从源地(地表和生物圈)进入大气,在大气中转化并从大气中被清除,然后返回源地的全过程。硫是大气中的一种重要微量元素,主要以硫化氢、二氧化硫、硫酸盐以及少量的亚硫酸盐的形式存在。其源和汇都在地球表面。地表和生物圈不断向大气排放硫化氢和二氧化硫,海洋表面则通过复杂的交换过程向大气输送硫酸盐。进入大气的硫化氢,一部分被氧化成二氧化硫,或通过一系列化学反应转换成硫酸盐;另一部分则通过干、湿沉降到地表,或越过对流层顶层进入平流层,在那里逐步转化成硫酸盐并形成平流层中的硫酸盐层。平流层中的硫酸盐层,在大气动力的作用下,有一部分回到对流层,随大气降水过程被带回到地球表面。

【大气圈】(atmosphere) 地球气候环境系统的一部分。包围在地球表面(包括岩石圈、水圈、生物圈和冰冻圈)的大气。厚度约1 000km的大气层。大气圈提供氧气给动物、人类呼吸,提供二氧化碳给植物进行光合作用,是维系地球上生命存在的重要环节。同时大气能对地球起到保温的作用,使地球昼夜温差不至于过大,吸收了大部分太阳辐射中的紫外线,通过各种天气、气候过程参与地球系统的物质和能量循环等。另外,大气圈又受到生物活动的影响,例如人类社会发展产生的大气污染,使大气成分发生变化、臭氧层被破坏、温室气体过多。所有这些过程都说明,大气圈是气候系统中重要的部分,广泛地参与了气候系统的物质、能量交换过程。大气组成成分按其浓度的不同可分为三类:(1)主要成分。其浓度1×10^{-2}以上,它们是氮(N_2)、氧(O_2)和氩(Ar)。(2)微量成分。其浓度在$1\times10^{-6}\sim1\times10^{-2}$之间,包括二氧化碳($CO_2$)、甲烷($CH_4$)、氦(He)、氖(Ne)、氪(Kr)等空气成分以及水汽。(3)痕量成分。其浓度在1×10^{-6}以下,主要有氢(H_2)、臭氧(O_3)、氙(Xe)、一氧化二氮(N_2O)、一氧化氮(NO)、二氧化氮(NO_2)、氨气(NH_3)、二氧化硫(SO_2)、一氧化碳(CO)以及气溶胶等。此外,还有一些人为产生的污染成分,它们的浓度多更小。

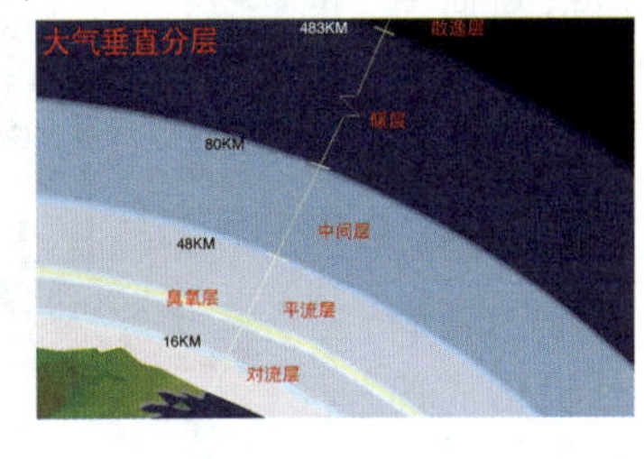

大气圈

【大气生物监测】(biological monitoring of atmosphere) 利用植物生态调查、观察指示植物受大气污染的伤害症状和对植物体内污染物含量测定来检测大气污染的方法。指示植物是一种对大气污染物反应灵敏、可靠的植物。可以通过观察指示植物茎叶受伤害的程度来分析大气污染的情况。

【大气生物污染】(atmospheric biological pollution) 大气中因生物因素造成的对生物、人体健康以及人类活动的影响和危害。主要包括:(1)由许多飘浮在大气中的微生物所造成的大气微生物污染。这些微生物包括对环境抵抗力较强的迭球菌、细球菌、枯草芽孢杆菌以及各种霉菌和酵母菌的孢子等。(2)由许多能引起人体变态反应的生物物质造成的大气污染。这些物质有花粉、真菌孢子、尘螨、毛虫的毒毛等。(3)某些绿化植物在种子成熟或秋季落叶时,所造成的生物性尘埃对大气的污染。如杨柳生有细毛的种子、梧桐生有绒毛的叶片等。

【大气探测】(atmospheric observing) 大气科学的一种研究手段。运用大气物理和大气化学的原理和方法研究、探测天气现象。可分为直接探测和间接探测(遥感)两种。前者是将感应元件置于测量位置上直接测量大气要素的变化,根据元件感受大气某种作用而产生反应,构成直接探测。例如电阻温度表在大气中,元件与大气进行热交换取得该处大气的温度状态。直接探测包括地面观测、高空观测以及飞机和火箭探测等。后者是根据声、光、电等信号在大气中传播时性质的变化反演出大气要素的时空变化。间接探测分为主动遥感和被动遥感两种。主动遥感设备具有声、光、电磁波发射源,在其测量空间中大气特性对其传播信号产生相应的吸收、散射、反射等形成带有大气特征的回波信号,最典型的设备是测云雨雷达;被动遥感则是直接测量来自大气的声、光、电磁波信号,例如水汽在1.35cm波长处有强辐射信号,接收其微波辐射可反演出大气中水汽的含量。间接探测包括微波雷达、激光雷达、声雷达和气象卫星探测等。

大气探测

【大气碳循环】(atmospheric carbon cycle) 大气中的基本循环过程之一。碳以二氧化碳、碳酸盐及有机化合物等形式在自然界中的循环。含碳化合物由源地(地表和生物圈)进入大气,在大气中转化并从大气中被清除,然后又返回源地的全过程。大气中的碳化合物，主要是甲烷(CH_4)、一氧化碳(CO)、二氧化碳(CO_2)以及少量的有机或无机含碳颗粒。它们的源和汇都在地球表面。CH_4 来自植被和土壤，在大气中被氧化变成 CO 和 H_2；来自地表和大气化学过程产生的 CO，一部分被氧化生成 CO_2，另一部分则被地表吸收。地面生物呼吸、有机物的腐烂、燃料燃烧以及低纬度地区的海洋都是 CO_2 的源。它的汇是植物的光合作用和中、高纬度地区的海洋。在工业革命以前，大气中的碳化合物(主要是 CO_2，占大气中碳化物的 99.8%)的源和汇相当，且含量基本保持不变，对保护地面生态环境起了重要作用。在工业革命之后，大量化石燃料的使用使这种平衡遭到了破坏。人为排放到大气中的 CO_2 远远超过了自然界的吸收能力，因而大气中 CO_2 的含量逐年增加。这种持续上升的变化趋势引起了全球气候变暖。

【大气湍流】(atmospheric turbulence) 空气质点或团块的一种随机变化的不规则运动状态。常由一系列大小不一的涡旋运动组成。常见的大气湍流有大气边界层中的边界层湍流、高空急流附近的晴空湍流和卷云区湍流，以及与强对流活动有关的对流云湍流等。大气湍流直接影响飞行器的飞行性能、飞行品质和飞行器结构所受的载荷。飞行器在大气湍流中飞行时会产生颠簸，影响乘员的舒适程度和某些飞行任务(如空中加油、照相、投弹、发射武器等)的完成质量，同时也增加驾驶员的工作负担。大气湍流还会造成飞行器结构的疲劳损伤，严重时会导致飞行器失事。国际民航组织航空委员会规定了湍流强度等级。(见表)

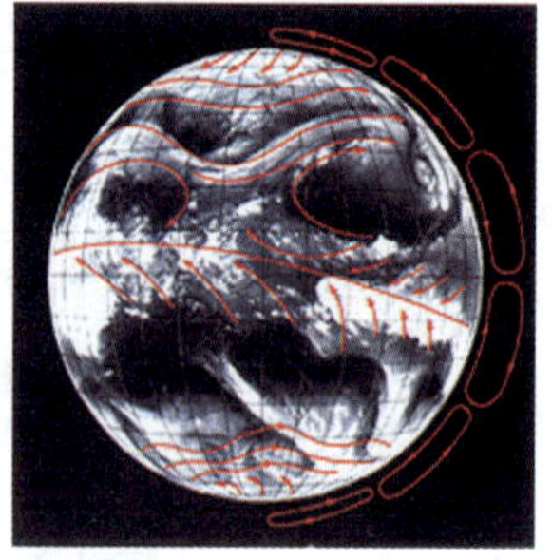

大气湍流

湍流强度等级表

等级		加速表指示(g)	气流的恶劣程度
无	0	1.0	感觉不到任何颠簸
弱	1	1.1～0.9	稍有颠簸，容易修正
	2	1.3～0.7	稍有颠簸，但腰部尚不致浮起
中	3	1.6～0.4	有相当的颠簸，腰部浮起
强	4	1.9～0.1	颠簸较大，身体上浮，操纵困难
	5	1.3～0.7	颠簸十分强烈，操纵十分困难

【大气污染】(atmospheric pollution) 见大气污染物。

【大气污染防治】(air pollution prevention and treatment) 防治大气污染的具体措施和方法。其主要措施有：(1)能源革新。开发利用无污染能源(太阳能、风能、地热水能、电能和蒸气)，或低污染能源(燃气和油类)替代煤。(2)设备和操作革新。革新除尘设备有助于烟尘量的降低，提高燃烧设备的效率可以降低一氧化碳和碳氢化合物的污染量。控制火焰温度，可以减少氮的氧化和二氧化碳的分解；(3)废气处理。包括过滤、洗涤、离心分离、静电沉降、声波沉降等方法分离烟气中的粉尘；利用碱性物质吸收或吸附烟气中的二氧化硫，或利用催化剂燃烧烟气，使二氧化硫转化为三氧化硫；利用化学方法去除烟气中的氮氧化物等。

【大气污染物】(air pollutant) 由于人类活动或自然现象排入大气、并对人和环境产生有害影响的物质。人类的生产、生活活动向空气中排出的各种物质(包括颗粒悬浮物和有害气体，以及由它们转化成的光化学氧化剂、硝酸雾、硫酸雾等)在数量、浓度和持续时间上，都超过大气环境所容许的限度。当污染物并达到有害程度时，就构成了大气污染。

大气污染

【大气压】(atmospheric pressure) 又称大气压强。❶重要的气象要素之一。由于地球周围大气的重量而产生的压强。其数值与高度、纬度、温度等条件有关。一般随高度的增大而减小。如，高山上的大气压比地面上的大气压小得多。在水平方向上，大气压的差异引起空气的流动。❷压强的一种单位，是“标准大气压”的简称，用 atm 表示。实用上规定 1.01325×10^5 Pa(760mmHg)。工程上为方便起见，规定1kg/cm^2 (735.6 mmHg)为压强单位，称为“工程大气压”或“大气压”。

【大气组成变化】(change of atmospheric composition) 地球大气在其形成之后的演变过程。直到 250 多年以前的工业革命，这种演化主要由自然原因支配。之后，特别是最近几十年以来，由于人类生产和社会活动的急速发展，地球大气的组成已经发生并正在发生着引人注目的变化。地球大气组成，虽然仍受着地球物理、生物和化学等过程的控制，但是人为过程的影响愈来愈大。人类活动影响最突出的例子是大气 CO_2 和 CH_4 等温室气体以及硫酸盐气溶胶的增加。这种变化通过大气辐射过程有可能对人体、生态环境以及社会、经济环境造成严重的影响。目前，这一演化过程仍在继续。

【大犬座】(Canis Major) 南天低纬度主要星座之一。位于猎户座东南方。其中心位置是赤经 6 时 40 分，赤纬 -22°，面积约 380 平方度。座内有亮于四等的星 18 颗，其中 α 星（中名“天狼星”）是天空中最亮的恒星，白色，为双星。在北半球黄昏，出现在南方天空。

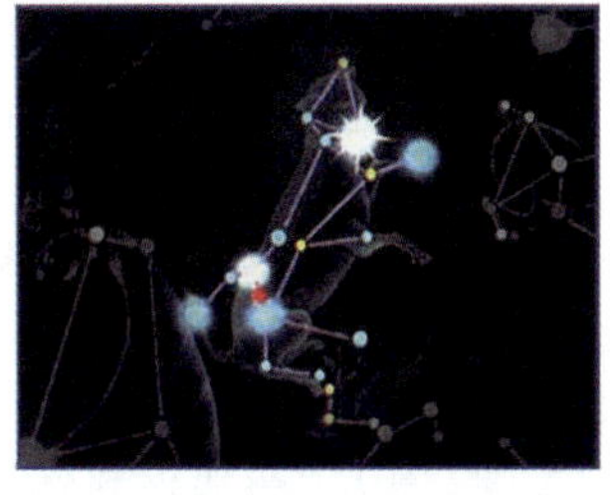
大犬座

【大容量光盘】(ultra density optical，UDO) 一种采用激光刻录装置生产的容量可高达数百吉比特的双面信息存储盘。其主要类型有：(1)防止数据更改的单次追加型碟片。(2)可擦写 1 万次以上的高稳定可擦写型碟片。大容量光盘均采用了防灰尘、防指纹及防静电等保护措施。大容量光盘在图书资料存储中应用广泛。

【大树移植】(big tree transplanting) 易地栽植规格较大树木的技术措施。除栽植的时间和移栽技术外，与其他一般树木栽植类似。由于大树（干径 10cm 以上，高度 4m 以上的乔木）的树龄与树体较大，移植时必须采取某些特殊措施，如断根缩坨、包装等。大树移植后立即用支柱固定树体并及时灌水。为减少新植大树的水分蒸发，还可采取临时遮荫等措施。此外，施用萘乙酸等生长素滴灌可促使受伤根系迅速长出新根；在树叶和枝干上喷涂蒸腾抑制剂，可减少树体蒸发，有利于提高移植成活率。大树移栽对迅速发挥园林树木的绿化功能有重要作用。

大树移植

【大树移植吊瓶注射液】(solution for big tree transplanting) 为了尽快给移植后的大树补充营养和水分向树体木质部注射的一种营养液。其目的是：直接快速地提供树体水分，避免其根系恢复以前没有吸水能力导致叶片和枝条失水枯萎、甚至死亡的现象。其方法是：在大树的干部用微型电钻向木质部打洞，再将滴瓶的输液针头插入洞口，并挂在树体的较高位置，便于其液体输入。

大树移植吊瓶注射

【大体积混凝土】(massive concrete) 混凝土结构物实体最小尺寸等于或大于 1m，或预计会因水泥水化热引起混凝土内外温度差过大而导致裂缝的混凝土。日本建筑学会标准（JASS5）规定：“结构断面最小厚度在 80cm 以上，同时水化热引起混凝土内部的最高温度与外界气温之差预计超过 25℃的混凝土。”美国混凝土学会（ACI）规定：“任何就地浇筑的大体积混凝土，其尺寸之大，必须要求解决水化热及随之引起的体积变形问题，以最大限度减少开裂。”其特点是：结构厚实、混凝土量大、工程条件复杂、施工技术要求高、水泥水化热较大和易使结构物产生温度变形。除了最小断面和内外温度有一定的规定外，对平面尺寸也有一定限制。平面尺寸过大，约束作用所产生的温度力也愈大。如采取控制温度措施不当，温度应力超过混凝土所能承受的拉力极限值时，易产生裂缝。

【大田育苗】(seeding in farmland) 在农田进行育苗的方式。苗圃作业方式之一。分垄作和平作两种：(1)垄作。中国东北、华北地区在培育生长迅速、管理技术要求不严的阔叶树苗木时多用。寒冷地区有利于提高土壤的通透性，改善垅内的温热状况，有利于种子发芽、插穗生根和苗木生长。垄作规格与高床比较相似，但更有利于机械化操作，一般垄底宽度为 50 ~ 80cm，垄面宽 30 ~ 40cm，垄高 15 ~ 20cm，垄面窄于高床，苗木行距较大，土地有效利用率较低。其优点除具有高床的优点外，还有苗木行距大，通风透光好，苗木根系发达，质量好，便于实行机械化和马拉工具经营。做垄现在用机引犁作垄，小面积苗圃可用耕地犁作垄，高垄起苗省工。缺点是单位面积的产苗量比高床低。适用树种与高床相同，对速生树种尤为适宜，适用于北方。(2)平作。指将苗圃地平整后直接进行播种或移植育苗,不设苗床或垄。一般苗木采取多行带式配置,株行距较小,对气候和土壤条件有较高要求。但因株行距较小,不适于速生树种。适用条件与低床相近,土地利用率和单位产量较高,便于机械化作业。但是苗木的质量不如高床质量好。

大田育苗

【大西洋航线】(Trans-Atlantic Line) 跨越大西洋的国际贸易航线。主要包括以下六条航线:(1)南美东海－好望角－远东航线。是一条以石油、矿石为主的运输线,处在西风漂流海域,风浪较大。一般西航偏北行,东航偏南行。(2)西北欧、北美东海岸－加勒比航线。西北欧－加勒比航线的船只大多出英吉利海峡后横渡北大西洋。西北欧和北美东海岸各港出发的船舶,一般都进入加勒比海。还可经巴拿马运河到达美洲太平洋岸港口。(3)西北欧－北美东海岸航线。是西欧,北美两个世界工业最发达地区之间的原燃料和产品交换的运输线,两岸拥有世界1/5的重要港口,运输极为繁忙,船舶大多走偏北大洋航线。(4)西北欧、北美东海岸－地中海、苏伊士运河－亚太航线。是世界最繁忙的航段,是北美、西北欧与亚太海湾地区间贸易往来的捷径。一般途经亚速尔、马德拉群岛上的航站。(5)西北欧、地中海－南美东海岸航线。一般经西非大西洋岛屿－加纳利、佛得角群岛上的航站。(6)西北欧、北美东海－好望角、远东航线。一般是巨型油轮的油航线,主要航站有佛得角群岛和加拿利群岛等。

【大西洋环流】(the Atlantic Ocean circulation) 大西洋中首尾相接的独立海流系统。大西洋横跨南北半球,在低、中纬度海域,以赤道为界,北大西洋的顺时针环流和南大西洋的逆时针环流被称为亚热带环流系统。前者由北赤道流,安的列斯暖流、圭西那海流、墨西哥暖流、北大西洋暖流、加纳利寒流构成;后者由南赤道流、巴西暖流、南大西洋西风漂流和本格拉寒流构成。在中、高纬度海域,北大西洋的逆时针方向环流,称为“亚寒带环流系统”。其东部海流经北上进入北冰洋,为北冰洋带来大量暖热海水;其西部海流又来自北冰洋,沿格陵兰南下,在加拿大东岸形成拉布拉多寒流。再南下与纽芬兰外的湾流汇合,使寒暖流交汇形成世界上著名的大渔场。而在中、高纬度南大西洋,因与印度洋和太平洋相连通,无法形成独立环流。

【大系统理论】(large scale system theory) 以大规模系统为研究对象的理论和方法的集合。从20世纪70年代以来,为了研究规模日趋庞大、结构越来越复杂的系统而产生并快速发展,已经成为一种全新的理论体系。大系统一般指高维数的系统,描述系统的方程数目多。较为通用的定义是:为了便于计算或实际应用,能将系统分解成多个互联的子系统的系统称为大系统。随着计算机技术的发展,人们把分散在不同地方的计算机连接起来,构成了计算机网络。网络中的各台计算机能够完成自己的特定任务;而且在完成自己的任务时,可以分享同一网络中其他计算机所存储的信息,实现了信息共享,资源共享。人们可以用网络技术管理和控制更大的系统。其特点是:(1)信息的采集和处理。(2)系统的多级结构模型及控制、反馈。(3)过程模型的复杂性。其分析方法是:(1)结构建模和分析。(2)分解－协调。(3)简化和次优。(4)多指标方法等。目前,大系统理论广泛应用于电力系统控制、化工行业、冶金行业及水泥生产工业系统中,而且还实现了跨行业远距离的应用。

【大虾】(knowbie) 与菜鸟相对应。互联网用语,指那些善于应用网络、具有一定网络技术水平的人。后来广泛运用于现实生活中,指在某领域水平高超、声誉好的。实际上就是大侠的意思。大虾是大侠的谐音。也可能大侠坐在电脑前的时间长了,背就会像大虾。戏谑成分较重。大虾不同于黑客,不具有攻击性。一般来讲,大虾的的网龄都比较长,多见于论坛中,当新手遇到问题时常常现身帮忙。

【大型飞机红外对抗系统】(LAIRCM) 一种为加油机和运输机提供防御能力以对付便携式防空导弹威胁的系统。与以前使用曳光来模拟飞机发动机使导弹偏离轨道不同,该系统采用无色、对人眼安全的多波段激光来照射防空导弹的制导寻的器,使寻的器失效。一旦启动,可自动工作,不需要人工参与。

【大型真菌】(macrofungi) 通常指能产生大型子实体的一类真菌。形色多样,结构比较复杂。因子实体大,人用肉眼很容易看清楚。按科学分类主要包括担子菌门的层菌纲、腹菌纲的真菌以及子囊菌亚门盘菌纲中的部分种类。常见的如担子菌类的蘑菇、木

灵芝

耳、银耳、灵芝、香菇、马博、牛肝菌等。子囊菌类的羊肚菌、马鞍菌和灵芝等。中国古代典籍中把这些大型真菌多称之“蕈”或“菌”,现通称为“蕈菌”。

【大熊猫栖息地】(panda habitat) 专指中国四川大熊猫生长、繁衍的地区。中国四川大熊猫栖息地已于2006年7月12日被批准成为世界自然遗产。大熊猫栖息地包括四川境内的卧龙沟、四姑娘山和夹金山脉。行政区划包括四川省成都市属的都江堰市、崇州市、邛崃市、大邑县;雅安市的芦山县、天全县和宝兴县;阿坝藏族自治州的汶川县、小金县和理县;甘孜藏族自治州的康定县和泸定县。总面积约9 245km²。这里地形复杂,气候温凉多雨,植被繁茂,尤其生长着大熊猫喜欢吃食的各种竹类植物。这里是世界上最大的大熊猫野生栖息地。不过更准确地讲,大熊猫栖息地还应该包括中国四川省的阿坝州的九寨沟县,广元市的青川县,雅安市的石棉县,西昌地区的部分地方;甘肃省白龙江流域的文县以及陕西省秦岭山脉南坡的佛坪县等区域。

大熊猫栖息地

【大熊座】(Ursa Major) 北天主要拱极星座之一。位于北半球天空。其中心位置是赤经11时30分,赤纬+55°,面积约1 280平方度,是北半球天空最明亮、最重要的星座。座内有亮于四等的星24颗,其中主要7颗亮星排列成勺子形状,被称为“北斗七星”。在北半球春、夏、秋季的黄昏,中国各地均可看到。

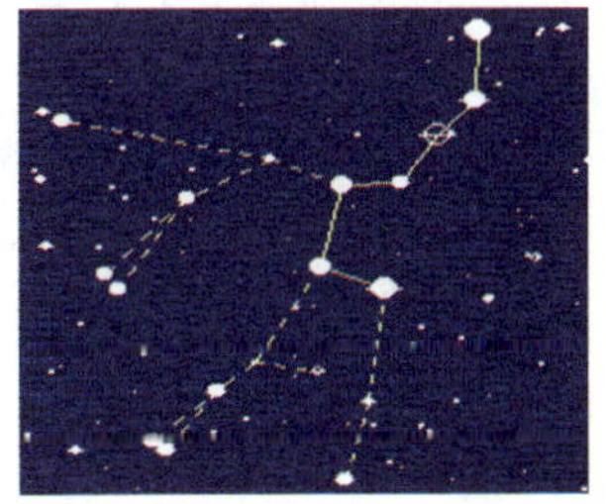
大熊座

【大学科技园】(university science park) 以大学,特别是研究型大学为依托,以转化科技成果、孵化高新技术企业、培养复合型人才为主要任务的科技企业孵化器组织形式。是在新经济迅速兴起的大背景下大学功能的延伸。中国科技部、教育部于1999年开始组织开展国家大学科技园的建设试点工作。

【大雁塔】(Dayan Pagoda) 唐高僧玄奘为储藏从印度取回的佛经和佛像而建的阁式砖塔。位于西安市“慈恩寺”内,始建于公元652年。塔高五层。唐高宗在位时增为十层,后经兵火,只存七层。砖墙上显示出棱柱,可以明显分出墙壁开间,具有中国传统建筑艺术风格。它是西安现存最著名的古塔。慈恩寺第一任住持方丈玄奘法师自印度归来,带回大量梵文经典和佛像舍利,为了供奉和储藏这些宝物,亲自设计并指导施工。该塔尽收佛学经典之作,有着显赫的地位和宏大的规模。高64.517m,底层边长25m,塔身呈方形角锥体,坐落在底面积为2 068m²,高4.2m的方形砖台上,青砖砌成的塔身磨砖对缝,结构严整,外部由仿木结构形成开间,大小由下而上按比例递减,塔内有螺旋木梯可攀登而上。每层的四面各有一个拱券门洞,可以凭栏远眺。整个建筑气魄宏大,格调庄严古朴,造型简洁稳重,比例协调适度,是唐代建筑艺术的杰作。为中国重点文物保护单位。

大雁塔

【大洋岛】(ocean island) 地质结构上与大陆没有任何联系的岛屿。一般远离大陆边缘。周围的海洋通常都很深。岛屿面积一般都比较小。其水下部分往往是海底高耸的锥状海山或链状山脊。按成因的不同可分为大洋火山岛和大洋珊瑚岛。前者是海底火山喷发的产物,主要分布在太平洋西南部、印度洋西部和大西洋中部;后者由珊瑚礁构成,其基础是海底火山或岩石基底,主要分布在热带、亚热带海洋上。

大洋岛

【大洋环流】(ocean circulation) 海水在大洋范围内形成首尾相接的独立海流系统。可分为大洋表层环流和大洋深层环流。大洋表层环流为风生环流,位于赤道南北低纬度海域。受东南信风和东北信风的影响,在赤道两侧形成自东向西的赤道海流。海流遇到大洋西边界陆地海岸的阻挡,主流分别向南北方向流动。到达中纬度海域遇到盛行西风驱动的由西向东的海流,一起向东流去。到大洋东边界再分成两支海流分别向赤道和极地流去。向赤道的海流在赤道附近与南北赤道海流汇合,构成一个首尾闭合的反气旋环流系统,称为亚热带大洋环流。大洋深层环流为热盐环流。位于极地海洋中的海水,因表层冷却而下沉,之后流向各大洋,各自构成南北大洋的深层环流系统。大洋环流对各海区的水文气象要素有很大影响。

【大洋中脊】(mid-oceanic ridge) 又称中央海岭、洋脊。大洋中伴有地震和火山活动的巨大海底山系。纵贯太平洋、印度洋、大西洋和北冰洋。总长度约70 000km。为地球上最大最长的山系。大洋中脊顶部地形平缓,称为"洋隆"。与洋盆的地壳相比较,大洋中脊处地壳较薄,其壳下有异常地幔存在。中脊内部发育有裂谷与断裂带。岩石成分由地幔上升的超基性岩(SiO_2含量少于45%,铁、镁含量很多的岩石,如橄榄岩、辉石岩等)和基性岩(SiO_2含量45%~52%,铁、镁含量较多的岩石,如辉长岩、玄武岩等)组成。大洋中脊是板块的主要扩张边界,也是大洋型地壳不断生长的地方。

大洋中脊

【大洋钻探计划】(ocean drilling program) 国际性海洋钻探计划。该计划成员国有美、英、法、德、日、加、澳、韩、中及欧洲科学基金会的比利时、丹麦、西班牙、土耳其、瑞典和瑞士等国。从1985年开始,学术目标有五个:(1)全球气候与环境演变。(2)地壳与地幔的相互作用。(3)地壳中的流体循环和全球地球化学平衡。(4)岩石圈的应力和变形。(5)生物圈的演化过程。计划由地球深部取样海洋研究联合国机构进行学术领导,由海洋研究联合公司负责管理,利用"JOIDES"号钻探进行钻探施工,取得了不少的科技资料。

【大样图】(master drawing) 针对某一特定区域进行特殊性放大标注并将其详细地表示出来的样图。某些形状特殊或连接复杂的零件或节点,在整体图中不便表达清楚时,可移出另画。具体的构造尺寸,相对于平面图是全局性的,且尺寸标注表较详细。建筑设计施工图中的局部放大图称为详图,如楼梯详图、卫生间详图和墙身详图等。在墙体大样图中,就是画细部的幕墙板与什么构件连接和怎么连接的。每个构件的材料、尺寸,甚至有的细到每个螺栓等。这样更利于细部施工。一般节点图表现物体的具体构造,而大样图相对节点图更为细化,即具有放大节点图所无法表达的效果。节点图常用于指导施工方法等。节点大样图某些形状特殊、开孔或连接较复杂的零件或节点,在整体图中不便表达清楚时,可移出另画大样图。立体感很强。

【大衣呢】(overcoating) 粗纺呢绒中一种厚重的冬季大衣面料。呢面柔软丰厚,手感顺滑,弹性良好,保暖舒适。组织变化复杂,有单层、纬二重、经二重、双层和纬起毛组织。按织物风格、组织结构和外观的不同可分为平厚大衣呢、立绒大衣呢、顺毛大衣呢、拷花大衣呢和花式大衣呢等;按织物表面特征的不同可分为:纹面、呢面和绒面等;按原料的不同可分为:全毛大衣呢、混纺大衣呢和少数纯纤大衣呢等。平厚大衣呢呢面平整,丰满,匀净,不露底,手感丰厚和保暖性强,不板硬,耐起球;立绒大衣呢绒面丰满,绒毛密立平齐,手感柔软,有弹性,不松烂,光泽柔和;顺毛大衣呢绒面均匀,绒面平顺,整齐,不脱毛,手感顺滑柔软,不松软,膘光足;拷花大衣呢绒面丰满,有烤花纹路,手感丰厚,有弹性,耐磨;花式纹面或呢面大衣呢常用色纱排列,组织变化或花式纱线等组成人字、点、条、格等粗犷的几何花纹,纹面或呢面均匀,色调柔和,花纹清晰,手感不燥应有弹性;花式绒面大衣呢绒面丰满平整,绒毛整齐,手感柔软,不松烂。

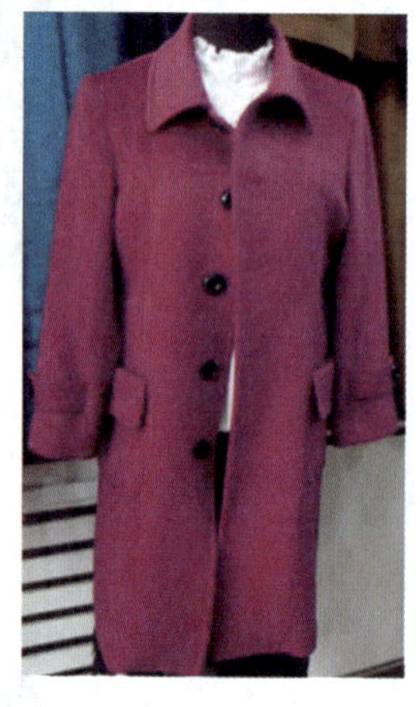
大衣呢

【大迎角空气动力学】(aerodynamics of big angle of attack) 空气动力学的一个分支。专门研究飞行器大迎角飞行时的气动特性的学科。20世纪70~80年代,机翼摇滚成为危害飞行安全的大敌,促使人们深入研究大迎角下空气的绕流问题。主要研究内容包括:(1)体涡的不对称发展及其效应。(2)翼前缘涡的不对称和破裂。(3)体涡、翼涡相互干扰,涡与壁面干扰。(4)物体运动和流动的耦合效应。(5)控制、飞机动力学耦合效应。(6)非定常涡控制。大迎角空气动力学的研究和实验,是保证战斗机高机动性、良好飞行品质和飞机稳定与安全的最主要的关键技术。

【大椎】 中医穴位名。属督脉。定位:在第七颈椎棘突下。主治:热病,疟疾,恶寒发热,咳嗽,气喘,骨蒸潮热,癫狂痫证,小儿惊风,项强,脊痛,风疹,痤疮等。刺灸法:针尖向上斜刺0.5~1寸;艾炷灸3~7

壮，或艾条灸 5 ~ 15min。研究证明：针刺大椎穴能提高机体免疫功能。针刺大椎穴可促进凝集素或溶血素以及抗体的产生，使凝集素、溶血素、抗体、补体效价普遍升高，白细胞数增加，并有明显的左移现象。针刺大椎穴对血小板和白细胞都有双向调节作用，可使低者升高，高者降低。

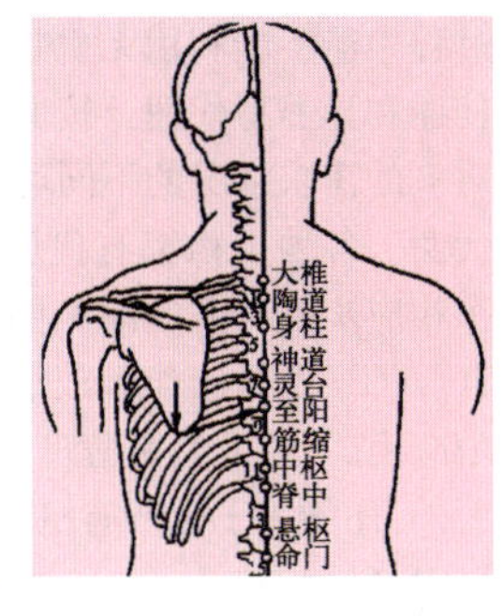

大椎

【大宗蔬菜】（staple vegetable） 种植面积和市场需求量较大的蔬菜的总称。如白菜、番茄、黄瓜、甘蓝、辣椒等，在蔬菜市场销售中始终占主导地位，是日常餐桌上必不可少的蔬菜。在计划经济年代，像白菜等是计划种植和定量供应的冬储菜。中国政府一直很重视这类蔬菜的新品种选育、栽培技术和储藏加工技术研究和推广工作。在“六五”期间开始列入国家重点科技攻关计划项目，以后又相继被列入“863 计划”、“973 计划”和“科技支撑计划”项目等，培育和推广了大量抗病、抗逆、优质、丰产蔬菜新品种及栽培新技术，实现了丰产、稳产和“周年供应”，基本满足了消费需求。随着蔬菜生产的发展和市场需求量的增加，出现了严重的菜田土壤连作障害、肥水利用效率和病虫害安全控制技术水平低、优良品种供应不足等问题，严重制约了蔬菜产品的产量和质量，急需研究解决。为此，2008 年成立了“国家大宗蔬菜产业技术体系”，针对大白菜、番茄、黄瓜、甘蓝、辣椒、茄子、小白菜、花椰菜、青花菜等 9 种蔬菜的技术需求，从大棚蔬菜、高纬度高海拔地区夏季栽培蔬菜、加工用蔬菜、出口专用蔬菜、传统露地栽培品种、高效种质创新和品种改良技术、高质量的良种繁育技术等 7 个方面，围绕中国蔬菜产业中品种、栽培、病虫防控、设施设备、采后处理与加工、产业经济等各个环节的技术需求进行综合攻关研究，旨在提高中国蔬菜生产水平、提高产品质量、增强国际竞争力，引领中国蔬菜产业发展方向。

【代代木体育场】（Yoyogi Sports Centre，Toky） 由日本建筑师丹下健三为第 18 届奥林匹克东京运动会所设计的体育场馆。位于东京代代木公园内。占地约 91hm^2。于 1961 ~ 1964 年建造，包括一幢游泳馆和一幢球类馆。由于创造性地把新结构形式和建筑功能有机地统一起来，并且体现了日本风格，而受到国际建筑界的广泛重视。游泳馆用于游泳、滑冰、拳击等比赛，1 500 个座位，平面为两个对称的新月形，长边 240m，短边 120m，屋顶采用悬索结构，长轴方向有两根钢筋混凝土桅杆柱，高 404m，跨度 126m，用以支承两根主索。主索两端所形成的三角形入口，自然地把观众导入馆内。利用两根主索之间的缝隙设置顶光，勾划出屋脊的轮廓，在视觉上有助于形成一个流线型的宏伟别致的内部空间。球类馆 400 座位，平面为蜗牛形，直径 70m，屋顶采用单根主索螺旋形布置，两馆相映成趣，协调而有变化。是当代仿生建筑的杰出代表。这一个由瞬间的海浪漩涡而引发灵感的设计，其类似海螺的独特造型给人很强的视觉冲击。两座馆都用悬链形的钢屋面悬挂在混凝土梁构成的角上，状似蜗牛。建筑采用了悬索结构这一来源于蜘蛛网的灵感，用数根自然下垂的钢索牵引主体结构的各个部位，从而托起了这座总面积达两万多平米的超大型建筑，成为建筑艺术的经典作品。

代代木体育场

【代可可脂】（cocoa butter alternatives） 以棕榈油等植物油脂为原料，经过特殊工艺加工，可替代可可脂的特种油脂。其物理性质与可可脂类似，但口感却相差很多。其特性是结实且脆，无臭无味，抗氧化力强，无皂味，杂质、溶解速度快。外观呈鲜明的淡黄色或白色，质地均匀、细腻。其产品分为：(1)月桂酸代可可脂（CBS）。指月桂酸含量≥35%的食用油脂，原料是棕榈仁油、椰子油及其他改性产品。(2)其他型代可可脂（CBR）和类可可脂（CBE）。CBR 以棕榈油、豆油、棉籽油、米糠油等植物油脂为原料制成。CBE 以牛油脂、双罗果脂、棕榈油、波罗脂和芒果脂等原料制成。代可可脂是替代可可脂生产巧克力及巧克力制品的主要原料。由代可可脂制成的巧克力产品，表面光泽良好，保持性好，入口无油腻感，不会因温度差异产生表面霜化。是一种非常复杂的脂肪酸。代可可脂口感较差，没有香味，一般溶点要比可可脂高一些。氢化油脂是反式脂肪酸的一种。反式脂肪酸可能会引起人体胆固醇升高，并对胎儿体重和 II 型糖尿病具有潜在影响，甚至是老年痴呆症的诱因之一。由于反式脂肪酸对人体的危害是潜在、渐进的，专家也称这些代可可脂巧克力为“慢性杀手”。

代可可脂

【代理服务器】（proxy server） 介于客户端

和服务器之间，接受客户机的请求，对服务器提出请求并得到响应，将服务器上传来的数据转给客户机的中转站服务器。其主要作用有：(1)提高访问速度。(2)起防火墙的作用，提高安全性。(3)访问一些不能直接访问的服务器。(4)节省 IP(互联网协议)开销。其类型有：(1)HTTP(超文本传输协议)代理，能够代理客户机的 HTTP 访问，主要是代理浏览器访问网页。(2)FTP(文件传输协议)代理，能够代理客户机上的 FTP 软件访问 FTP 服务器。(3)POP3(邮局协议第 3 个版本)代理，代理客户机上的邮件软件用 POP3 方式收发邮件。(4)SOCKS(防火墙安全会话转换协议)代理，与其他类型的代理不同，它只是简单地传递数据包。

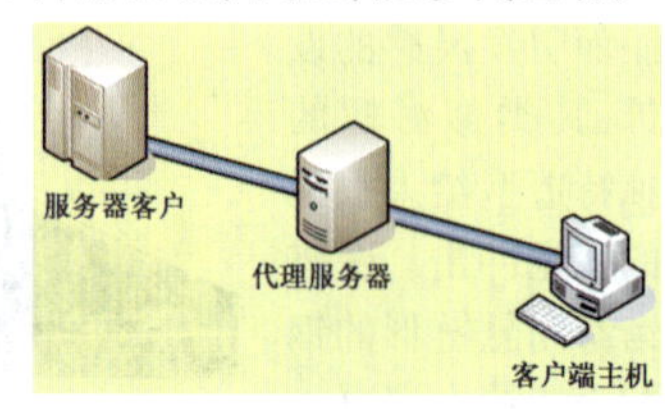

代理服务器

【代数基本定理】(fundamental theorem of algebra) 对于复数域，每个次数不少于 1 的复系数多项式在复数域中至少有一个根。由此推出，一个 n 次复系数多项式在复数域内有且只有 n 个根，重根按重数计算。高斯在 1799 年给出了这个定理第一个实质证明，但仍欠严格。后来他又给出另外三个证明。高斯研究代数基本定理的方法，开创了探讨数学中存在性问题的新途径。20 世纪以前，由于代数学所研究的对象都是建立在实数域或复数域之上的，因此代数基本定理在当时曾起到核心的作用。

【代数数】(algebraic number) 满足形如 $a_nx^n+a_{n-1}x^{n-1}+\cdots+a_1x+a_0=0(n\geqslant1,a_n\neq0)$ 整系数代数方程的复数。例如，$\sqrt{2}$ 满足方程 $x^2-2=0$；$\sqrt{5}$ 满足方程 $x^2-5=0$；$i=\sqrt{-1}$ 满足方程 $x^2+1=0$ 等。因此 $\sqrt{2}$、$\sqrt{5}$、$\sqrt{-1}$ 都是代数数。此外，全体有理数是代数数，因为 $a/b(a,b$ 为整数，$b\neq0)$ 满足方程 $ax-b=0$。由于代数数可与自然数建立一一对应的关系，所以是可数集合。而实数是不可数集合。因此无理数并非都是代数数。在数学上把不是代数数的数称作超越数。要证明某数是超越数并不是一件简单的事，需要有很高的数学功底。当今，虽然人们知道超越数的数目远远多于代数数，但对具体的超越数却知之甚少。而已证明的无理数 $\pi=3.141\,592\,6\cdots$、$e=2.718\,28\cdots$ 等堪称是超越数中的佼佼者。

【代谢】(metabolism) 又称新陈代谢。发生在活细胞中全部化学反应的总称。包括物质代谢和能量代谢。按其代谢产物在微生物中作用的不同可分为初级代谢和次级代谢。按其生物体在同化作用过程中能不能利用无机物制造有机物可分为自养型代谢和异养型代谢。按其生物体在异化作用过程中对氧的需求情况的不同可分为：需氧型代谢和厌氧型代谢。各种生物都有代谢。基本代谢途径相似。各个相应步骤所需的酶相同。各种生物都以三磷酸腺苷(ATP)为其储能和放能的中心物质。代谢在生产中应用广泛，尤其是酵母菌的厌氧型代谢，除酿酒、发面外，还能用于生产有机酸、提取多种酶等。

【代谢工程】(metabolic engineering) 基因工程的一个分支。通过基因工程方法改变细胞代谢途径的过程。细胞代谢的网络至少是由上千种酶、膜传递系统所组成，同时又是受到精密调控且互相协调的复杂系统。代谢工程通过基因工程的手段来改变分叉代谢途径的流向或阻断有害代谢产物的合成，改变微生物代谢的流向，增加某些产物的产量；也可通过引入外源基因来延伸原来的代谢途径，产生新的末端代谢产物；或者利用新底物作为生物合成的原料；也可以通过构建新的代谢途径合成具有新化学结构的代谢产物。

【代谢控制发酵】(metabolite controlled fermentation) 以遗传学或生物化学为基础，人为地在 DNA 的分子水平上改变和控制微生物的代谢，使目的产物大量生成和积累的发酵方法。关键取决于微生物代谢调控机制是否被解除，能否打破微生物正常的代谢调节，人为地控制微生物的代谢。其特点是直接发酵。代谢控制发酵需要许多条件，如营养物的类型和浓度、氧的供应、pH 值的调节、表面活性剂的存在等。用于核苷酸、有机酸和部分抗生素的生产中。

【代谢控制育种】(metabolite controlled strategy for breeding) 以遗传学或生物化学为基础，通过遗传变异来改变微生物的正常代谢，使目的产物形成和积累的育种方法。其调节体系主要包括：(1)诱导。(2)分解阻遏。(3)分解抑制。(4)反馈阻遏。(5)反馈抑制。(6)细胞膜透性调节。其分类是：(1)改变代谢通路的育种。(2)改变代谢自动调节系统的育种。其结果是：(1)退化，产量或质量下降。(2)正变，产量增加。其缺点是效率低。可通过与诱变选育交替使用来克服。

【代谢能】(metabolizable energy) 又称表观代谢能。饲料总能中真正能利用于动物体代谢的能量。即总能减去粪能、尿能和消化道中发酵产生的可燃气体能后的生理有效能。大多数单胃动物可燃气体产量极少，可忽略不计，只需将总能减去粪能和尿能即得。猪的尿能约占总能的 2% ~3%。反刍动物尿能和甲烷能合计约占消化能的 18%。家禽的粪和尿混合一起排出，测定较为方便。代谢能是家畜（禽）饲料能值评定和能量需要的国际通用指标。

【代谢调节】（metabolic regulation） 生物自行改变体内代谢活动的速度和方向的调节。当细胞所处的环境发生变化时，生物通过自身的调节系统实现代谢过程的自动调节来适应改变的环境，达到新的代谢平衡。根据生物的进化程度的不同可分为：(1)神经水平调节。(2)激素水平调节。(3)酶水平调节。酶水平调节是最基本的调节，神经和激素水平调节最终通过酶起作用。细胞内的各类代谢反应都是在酶的催化下进行的。代谢反应性质、方式、速度，均决定于酶的性质。细胞内的代谢，除受酶的调节外，还包括细胞区域化及能荷的调节。

豆制品促进脂肪代谢

【代谢性碱中毒】（metabolic alkalosis） 与代谢性酸中毒相对应。由各种原因造成血浆 $NaHCO_3$ 浓度原发性增多。当血浆 $NaHCO_3$ 浓度升高时，血浆 pH 值升高，抑制呼吸中枢的兴奋性，使呼吸变慢、变浅，保留较多的 CO_2，使血浆 H_2CO_3 浓度升高；同时，肾小管细胞泌 H^+ 和泌 NH_3 作用减弱，减少 $NaHCO_3$ 碱中毒的重吸收；结果仍能使血浆 $NaHCO_3/H_2CO_3$ 的比值维持在 20∶1，血浆 pH 值仍维持在正常范围内，称为代偿性代谢性碱中毒。当超出代偿能力时，血浆 $NaHCO_3/H_2CO_3$ 的比值增大，血浆 pH 值随之升高至7.45以上，即称为失代偿性代谢性碱中毒。代谢性碱中毒的特点是：血浆 $NaHCO_3$）浓度升高，血浆 H_2CO_3 浓度也相应升高。

【代谢性酸中毒】（metabolic acidosis） 与代谢性碱中毒相对应。人体内固定酸产生过多，固定酸排出障碍，造成血浆 $NaHCO_3$ 浓度原发性降低。是临床最常见的一种酸碱平衡失调。固定酸来源过多：如严重糖尿病、严重饥饿状况下，体内脂肪动员加强，产生酮体增多；机体缺氧时糖酵解途径增强，其终产物乳酸堆积；酸性药物摄入过多等。或肾功能不全，固定酸排出和重吸收 $NaHCOm_3$ 障碍；碱性消化液丢失过多等原因，均会造成血浆 $NaHCO_3$ 浓度原发性降低；通过血液缓冲体系、肺及肾的调节作用，使血浆 $NaHCO_3$ 和 H_2CO_3 的绝对浓度都有所减少。二者的比值仍为 20∶1 时，血浆 pH 值仍维持在正常范围内，称为代偿性代谢性酸中毒。超出机体的代偿能力时，血浆 $NaHCO_3/H_2CO_3$ 的比值则变小，pH 值随之降低至 7.35 以下时，则称为失代偿性代谢性酸中毒。代谢性酸中毒的特点是：血浆 $NaHCO_3$ 浓度降低，H_2CO_3 浓度相应降低。

【代谢综合征】（metabolic syndrome） 又称胰岛素抵抗综合征、X 综合征。以“六高一脂”为主要表现的一系列代谢异常疾病。“六高一脂”，即高体重（肥胖）、高血压、高血脂（血脂异常）、高血糖（糖尿病）、高尿酸血症（痛风）、高胰岛素血症（胰岛素抵抗）和脂肪肝。代谢综合征重在预防。一般应以早诊、早治为原则。对于缺乏营养的要补充相对应的营养素。因酶缺陷以致与维生素辅酶因子亲和力降低，补充相应的维生素可纠正代谢综合征。在临床治疗方面，主要采用青霉素胺促进肝豆状核变性患者铜排除；用别嘌呤醇抑制尿酸生成治疗痛风；用双胍类抑制葡萄糖的吸收等。但对于有遗传因素的代谢病，大多不能彻底根治。

【玳瑁】（hawksbill turtle） 又称瑇瑁、蝳蝐、瑇玳、文甲、鹰嘴海龟、十三鲮龟、十三鳞、十三棱龟、明玳瑁、千年龟、玳。脊椎动物，爬行纲，属于海龟科。分为太平洋玳瑁和大西洋玳瑁两个亚种。此物种分布非常广泛。其中太平洋玳瑁分布于印度洋－太平洋地区，大西洋玳瑁分布于大西洋中。一般长约 0.6m，大者可达1.6m。头顶有两对前额鳞，上颌钩曲。背面的角质板覆瓦状排列，表面光滑。具褐色和淡黄色相间的花纹。四肢呈鳍足状。尾短小，通常不露出甲外。性强暴，以鱼、软体动物、海藻为食。产于黄海、南海、东海及热带、亚热带沿海。为国家二级保护动物。中国物种名录及IUCN（世界自然保护联盟）列为极危（CR）等级。濒危野生动植物种国际贸易公约（CITES）附录 I 物种。

玳瑁

【带化石】（zone fossil） 用于划分生物带的重要标准化石。一般根据其延伸范围或其延伸范围中的极盛阶段等作为生物带的划分标志，并以其种名或属名作为带的名称。如纤细丝笔石是纤细丝笔石带的带化石。有时也可根据若干具有一定特征的化石组合来划分生物带，并以其中的典型种、属来命名。

【带宽】（bandwidth） 在不同的应用场合，带宽概念的内涵并不尽相同，大体上有两种情况：一种是基于频率的概念，指的是能使电子线路、电子设备和网络通信业务正常工作的频率范围;另一种则是基于信息传输速度的概念,指的是在各类信息通道中数据传输的速率。网络通信中人们习惯用带宽表示数据传输速率。但带宽和数据传输速率并不是一回事。它们之间存在着一定的换算关系。对它们之间关系的精确描述是:(1)对无噪声传输由奈奎斯特准则给出。(2)对于存在噪声干扰情形,则由香农定律给出。在有电子线路、电子设备和信息传输业务的地方,带宽一词被普遍使用。

【带式输送机】(belt conveyor) 靠摩擦驱动、以连续方式运输物料的机械设备。由驱动装置、拉紧装置、输送带、中部构架和托辊组成。输送带作为牵引和承载构件借以连续输送散碎物料或成件物品。除进行纯粹的物料输送外,还可以与工业企业生产流程中的工艺过程相配合,形成有节奏的流水作业运输线。可进行水平运输或倾斜运输。广泛应用于各种现代化工业企业、矿山的井下巷道、矿井地面运输系统、露天采矿场、选矿厂、港口物料输送等作业过程中。

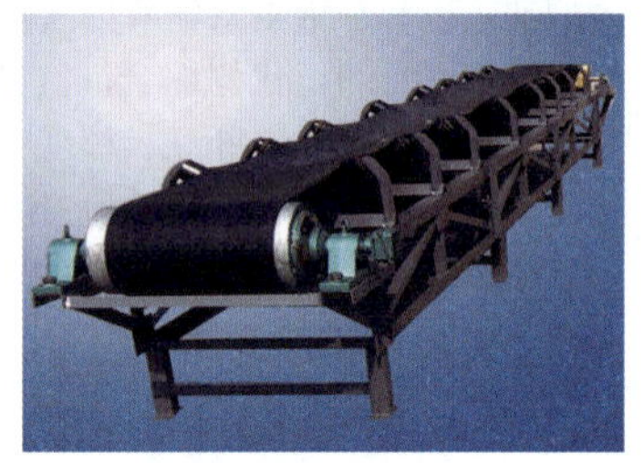
带式输送机

【带头学科】(leading science) 在一定历史时期内,对其他学科以及整个科学的发展都起到先导作用的学科。具有三个特点:(1)学科的更替性。即单一带头学科→一组带头学科→另一更高阶段的单一带头学科→另一组更高阶段的带头学科。(2)周期的加速性。即单一学科或一组带头学科占主导地位的时间不断缩短。例如力学领先200年后,让位于化学、物理、生物学这一组学科,这一组学科领先了100年,其后的微观物理学领先了50年,接着控制论、原子能科学、宇宙航行学这一组学科领先25年。(3)对其他学科的发展产生巨大影响。

【带状抚育法】(strip cutting) 将林地分成若干带,在带内保留主要树种,清除次要树种的抚育方式。是透光抚育实施方法之一。带宽1.0~2.0m,抚育带之间距离为3~4m,在那里不进行抚育,称为间隔带或保留带。经带状抚育以后的林分,形成交互排列的透光廊状带与间隔带。在带内施行抚育5~10年之后,如果间隔带上的林木妨碍抚育带上林木的生长,则应将其砍去。在进行带状抚育时,应考虑当地的气候与地形条件,以决定带的方向。一般在缓坡及平地,可南北向设带,使幼林能获得较多的光照,利于林木生长;在气候条件恶劣,土壤干燥地区宜东西向;在经常有大风的地区,带的方向应与主风方向垂直,以防风倒、风折和树干偏斜和弯曲;在山地陡坡,带的方向与等高线平行,以利于水土保持。

【带状耕作】(strip cropping) 将坡耕地上下分成若干等高条带或将风蚀地与主风向垂直分成平行条带,相间种植疏生与密生作物、夏熟与秋熟作物或作物与牧草的农业技术。按条带的宽度和用途的不同可分为:(1)各条带等宽型。便于不同种植带互相轮换。(2)相邻条带不等宽型。一般疏生或夏熟作物带较宽,密生或秋熟作物带较窄;或作物带较宽,牧草带较窄;或作物带等宽,牧草带随地形变化宽窄不等。并且比较固定。(3)作物带与乔灌林带间作型。各条带长期固定,不进行轮换。其技术要点是:(1)各条带宽度因耕地坡度、土壤及降水条件、植物种类不同而异。一般坡度越大,流失越严重,则条带应较窄,以免坡面过长,径流集中,加大冲刷量。(2)带状间作与沟垄种植、间作套种等农业技术相结合,保土增产。(3)实行合理轮作。(4)与水土保持工程措施相结合。其作用是减少径流冲刷,改良土壤,增加产量和减缓地面坡度。

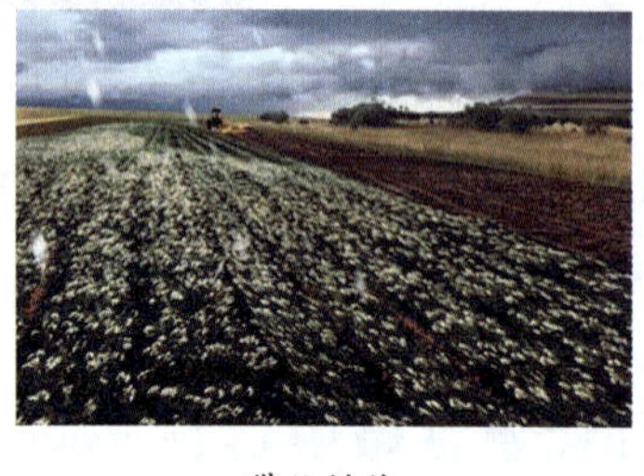
带状耕作

【带状疱疹】(herpes zoster) 又称缠腰火龙、蜘蛛疮。由病毒引起的疱疹呈带状的急性炎症性皮肤病。主要特点为簇集水疱,沿一侧周围神经作群集带状分布,伴有明显神经痛。长期服用类固醇皮质激素或免疫抑制剂者多见。初次感染者表现为水痘,以后病毒可长期潜伏在脊髓后根神经节,使免疫功能减弱,诱发水痘带状疱疹病毒再度活动,生长繁殖,引起发病。易发部位为肋间神经及三叉神经可支配的皮肤区域。发病时,患者自觉疼痛,剧烈难忍。疼痛可发生在皮疹出现前,表现为感觉过敏,轻触即诱发疼痛。疼痛常持续至皮疹完全消退后,有时可持续数月之久。病程一般为半个月左右。带状疱疹患者一般可获得对该病毒的终生免疫。其治疗原则是:止痛,消炎,保护局部,防止感染。

【带状碳化物】(banded carbide) 高碳钢钢液凝固时形成的偏析引起的碳及合金元素富集,在热加工变形中延伸而成的碳化物富集带。钢的一种内部缺陷。是奥氏体中析出的二次碳化物。钢液中的碳化物偏析越严重,热加工中又未经充分扩散,钢中带状碳化物的颗粒与密集程度也越大。严重时会造成钢件淬火、回火后硬度和组织不均匀以及力学性能呈现各向异性等缺陷。可对照评级图对其评级。扩散退火可使这种缺陷减少。

【带状组织】(banded structure) 金属及合金经锻造或热轧等加工变形后,其中夹杂物和偏析物沿变形方向所形成的带状分布。例如,存在着严重偏析的亚共析钢,经热轧或锻造后,即产生珠光体和铁素体相间分布的带状组织。带状组织一般不能通过热处理消除。对金属及合金的性能有不良影响。

【待机】(standby) 计算机系统将当前状态保存在内存中,然后退出系统的一种状态。此时只向内存供应电源,电耗降低,仅需维持中央处理器、内存和硬盘最低限度的运行需要。移动鼠标或者敲击键盘即可激活系统,电脑迅速从内存中调入待机前状态的信息进入系统运行。这是重新开机最快的方式,但系统并未真正关闭。

【袋式除尘器】(fabric filter) 使含尘气流通过圆筒形过滤材料将粉尘分离、捕集的一种过滤除尘装置。含尘气体从下部引入圆筒形滤袋,在穿过滤布的空隙时,尘粒因惯性、接触和扩散等作用而被拦截下来。袋式除尘器可清除粒径0.1μm以上的尘粒。其除尘效率达99%。布袋材料可用天然纤维或合成纤维的纺织品或毡制品。净化高温气体时,可用玻璃纤维作过滤材料。按照从滤布上清灰方法的不同,又可分为间歇清洁型、周期清洁型和连续清洁型。

袋式除尘器

【戴维南定理】(Thevenin theorem) 把一个复杂的有源线性非时变二端网络等效为一个最简单的有源二端网络的定理。该定理,是对任一有源线性非时变二端网络,对外可用一电压源和一等效阻抗的串联组合来等效;此电压源的电压等于二端网络的开路电压,等效阻抗等于二端网络的全部独立电源置零后的输入阻抗。电压源和阻抗的串联组合也称戴维南等效电路。戴维南定理可以用来简化有源二端网络,是常用的一条电路定理。如,计算电路中某一支路的电压和电流时,可将该电路除去该支路后的其他部分用戴维南定理等效电路替代,有时计算则很方便。

【丹毒】(erysipelas) 皮肤及其网状淋巴管的急性炎症。好发于下肢和面部。其临床表现是:起病急,局部出现界限清楚的片状红疹,颜色鲜红,并稍隆起,压之褪色;皮肤表面紧张炽热,迅速向四周蔓延,有烧灼样痛;伴高热畏寒及头痛等。其病原菌为A族B型溶血性链球菌,偶见C型链球菌。多由皮肤或黏膜的破损处侵入,也可由血行感染。故鼻部炎症、足癣、抠鼻和掏耳等因素常成为丹毒的诱因。病原菌可潜伏于淋巴管内引起复发。

【丹田】(cinnabar field) ❶人体部位名。脐下三寸处。道家认为这里是男子精室、女子胞宫的所在处。❷经穴别名。其说有三:一是指气海穴(《普济本事方》);二是指石门穴(《针灸甲乙经》);三是指关元穴(《针灸资生经》)。❸气功术语。《黄庭内景经》:丹田之中精气微。《抱朴子内篇》认为丹田有三:上丹田在两眉之间;中丹田在心之下;下丹田在脐之下。

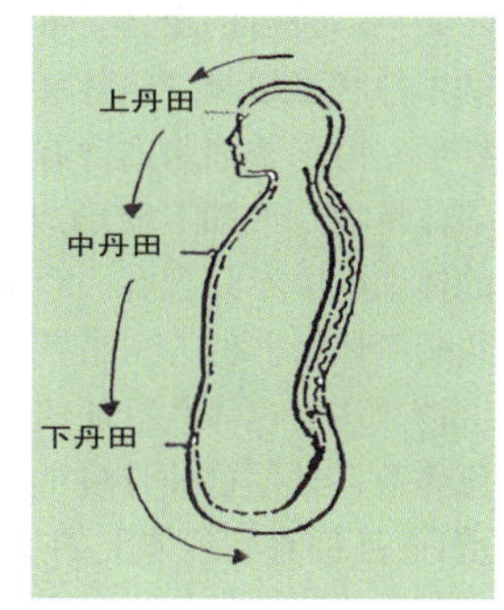

丹田

【丹霞地貌】(Danxia landform) 由在巨厚红色砂岩上发育的方山、奇峰、赤壁、岩洞和巨石构成的特殊地貌。在差异风化、重力崩塌、侵蚀、溶蚀等综合作用下,产状平缓的红色砂岩被塑造成城堡状、柱状、宝塔状、棒状、平顶山等不同形态。在中国广东省仁化附近的丹霞山,此类地形发育最为典型,故名为丹霞地貌。福建省的武夷山、浙江省的方岩、四川省的青城山等,均是比较典型的丹霞地貌。丹霞地貌所在地区常成为自然风光优美的旅游胜地。

丹霞地貌

【单摆】(simple pendulum) 由一根不可伸长且不计质量的绳子与一质点构成的振动系统。在摆角小于5°的条件下振动时,可近似认为是简谐运动。单摆做简谐运动的周期跟摆长的平方根成正比,跟重力加速度的平方根成反比,跟振幅、摆球的质量无关。其振动方程为:$\theta = A\cos(\omega t + \phi)$。式中 A 为单摆的振幅,$\omega = \sqrt{g/l}$ 代表单摆摆动时的角相频率,l 为单摆的摆长。

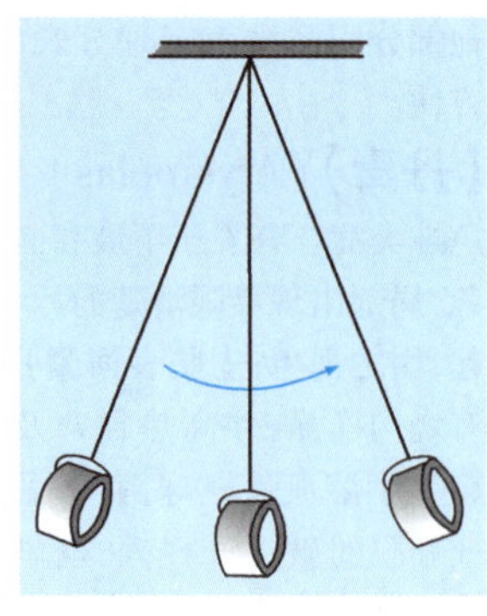
单摆

【单倍体】(haploid) 体细胞中含有本物种配子染色体数目的个体。相当于二倍体的半数体。其基本性状虽然和二倍体相同,但一般比较小,也比较纤弱。由于子细胞内含有的染色体组不完全,所以单倍体植物几乎都不能形成种子。但有的单倍体植物的体细胞中不只含有一个染色体组,育种工作者常用花药离体培养的方法来获得单倍体植株,然后经过人工诱导使染色体数目加倍,重新恢复到正常植株的染色体数目。用这种方法得到的植株,不仅能够正常生殖,而且每对染色体上的成对基因都是纯合的,自交产生后代不会发生性状分离。利用单倍体植株培育新品种,只需要两年时间,就可以得到一个稳定的纯系品种,与常规的杂交育种方法相比,缩短了育种年限。

【单倍体育种】(haploid breeding) 通过单倍体培育形成纯系植物的育种方法。即利用植物组织培养技术诱导产生单倍体植株,再进行染色体人工加倍如秋水仙素处理或自然加倍,使植物恢复正常染色体从而恢复正常育性,迅速获得稳定的新品种。利用各种有效方法生长出来的单倍体植物,因其不能生殖,必须使其染色体组分加倍,才能继续繁殖,获得稳定一致的后代。一般是利用花药、花粉作外殖体进行组织培养,从小孢子经愈伤组织或胚状体产生植株,或以孤雌生殖、人工诱变等方式产生具有配子体染色全数的植株,经染色体加倍后产生纯合二倍体,再经过田间育种试验,获得优良新品种。单倍体育种可以缩短育种年限,提高选育效果。自从 20 世纪 60 年代用曼陀罗的花粉培养成植株后,单倍体育种首先在烟草上取得成功。70 年代以来,通过花药培养先后诱导出单倍体的蔬菜有结球甘蓝、芥蓝、石刁柏、番茄、茄子、辣椒、甜椒、马铃薯、大白菜等。中国首次育成水稻、烟草、小麦、茄子、甜椒等作物的新品种或品系。单倍体植株经染色体加倍后,在一个世代中即可出现纯合的二倍体,从中选出的优良纯合系后代不分离,表现整齐一致,可缩短育种年限。单倍体植株中由隐性基因控制的性状,虽经染色体加倍,但由于没有显性基因的掩盖而容易显现。这对诱变育种和突变遗传研究很有好处。在诱导频率较高时,单倍体能在植株上较充分地显现重组的配子类型,可提供新的遗传资源和选择材料。中国首先应用单倍体育种法改良作物品种,已育成了一些烟草、水稻、小麦等优良品种。单倍体育种只是常规育种中有关环节的一个补充和发展。如能进一步提高诱导频率并与杂交育种、诱变育种、远缘杂交等结合应用,在作物品种改良上的作用将更加显著。

【单兵综合装备】(integrated individual-soldier equipment) 数字化士兵的装备系统。世界上第一套单兵综合装备是美国的"陆地勇士"。由综合头盔、计算机/无线电控制、软件、武器、防护服和单兵装备六个子系统组成。综合头盔子系统以一个重量很轻的头盔为平台,安装观察、瞄准和通信设备的相关部件,如能进行热成像显示、智能信息显示、位置显示等的显示器及微型对话器(麦克风)、激光窥测仪等。计算机/无线电控制子系统装在一个用两层帆布包装的框架内,有两套无线电通信设备和一套计算机,以及一个全球定位系统接收器。两套通信设备是士兵无线电通信设备和班长无线电通信设备;计算机的配置是比特 32M 随机存取存储器处理器、340M 硬盘和 85M 光学存储器;定位系统接收器是五个通道的全球定位系统编码接收器。这一系统可以记录和传输屏幕上经压缩的图像,也可以处理激光测距仪和数字罗盘输入的信息,还可以显示由全球定位系统接收器所确定的操作者的位置数据。武器子系统计划采用理想单兵战斗武器系统。防护服子系统有防潮、防生化武器、防核辐射和空调功能。

单兵综合装备

【单兵综合作战系统】(integrated individual soldier combat system) 集防护、战斗武器和观瞄与通信器材于一体的单兵作战系统。由多功能头盔、防护装具、战斗武器、通信导航设备、士兵计算机和电池等部分组成。装备该系统的士兵,既是独立的作战单元,又是战场数字化网络中的一个节点。士兵通过该网络实现与上级和同级的实时信息连通,可提高协同作战能力。

【单播传输】(unicast) 主机之间点对点的数据传输方式。封包在网络的传输中,目的地址为目标主机的单一地址。是现今网络应用最为广泛的传输方式。通常的网络协议或服务大多采用单播传输,如基于 IP 的协议。其特点是每次只有两个实体相互通信,发送端和接收端都是唯一确定的。其优点是:(1)服务器及时响应客户机的请求。(2)服务器针对每个客户不同的请求发送不同的数据,容易实现个性化服务。其缺点是:(1)在客户数量大、每个客户机流量大的流媒体应用中服务器不堪重负。(2)城际省际主干带宽仅仅相当于其所有用户带宽之和的5%。如果全部使用单播协议,将造成网络主干不堪重负。

【单层排架】(single bent) 具有特制框架结构的单层厂房。在自身的平面内承载力和刚度都较大,而排架间的承载能力则较弱。通常在两个支架之间应该加上相应的支撑,避免风载的推动,发生侧向移动。适合用于单层的工业厂房。在排架结构中,柱子与梁的连接不能是两端全部焊接,防止温度应力造成结构损坏。建筑物上部结构采用框架结构或单层排架结构承重时,基础常采用方形或矩形的独立式基础,如高烟囱,水塔基础等结构柱基的形式。独立基础的形式很多,常见的有承台式和杯形式。地质复杂的地区,也要用独立的灌注桩或管桩等基础。

单层排架

【单纯疱疹】(herpes simplex) 又称发热性水疱。一种由单纯疱疹病毒所致的病毒性皮肤病。中医称为热疮。是由 DNA 病毒的单纯疱疹病毒(HSV)所致的疼痛性感染。人类单纯疱疹病毒分为两型,即单纯疱疹病毒Ⅰ型(HSV-Ⅰ)和单纯疱疹病毒Ⅱ型(HSV-Ⅱ)。Ⅰ型主要引起生殖器以外的皮肤、黏膜(口腔黏膜)和器官(脑)的感染;Ⅱ型主要引起生殖器部位皮肤黏膜感染。此两型可用荧光免疫检查及细胞培养法鉴别。人是单纯疱疹病毒的唯一自然宿主。病毒经呼吸道、口腔、生殖器黏膜以及破损皮肤进入体内,潜居于人体正常黏膜、血液、唾液及感觉神经节细胞内。原发性感染多为隐性,大多无临床症状或呈亚临床表现,仅有少数可出现临床症状。原发感染发生后,病毒可长期潜伏于体内。正常人群中约有50%以上为本病毒的携带者。在人体内不产生永久免疫力,每当机体抵抗力下降时,如发热、胃肠功能失常、月经、妊娠、病灶感染和情绪改变时,体内潜伏的 HSV 被激活而发病。单纯疱疹可以在全身出现。但最常见于牙龈上、口腔外侧、嘴舌外侧、鼻子、颊或手指上。水疱形成后,破损产生渗出液,其后产生黄白色的痂壳,最终脱落。在痂壳的下面产生新的皮肤。溃疡通常持续7~10天。

【单纯随机抽样】(simple random sampling) 先将调查总体的全部单位编号,然后采用抽签、随机数字表或计算机模拟抽样等技术,随机抽取一定数量的观察单位的抽样方法。是最基本的抽样方法。其重要特点是总体中每个对象被抽到的概率相等。其优点是抽样误差计算比较简单。但在实际工作中,往往由于总体数量大,编号、抽样麻烦,以及抽到个体分散而导致资料收集困难等原因,限制了单纯随机抽样的应用。主要用于总体不太大时。

【单纯性肥胖】(obesity) 摄入的能量超过身体的消耗,多余的能量转化为脂肪,堆积在体内,致使体重超重的现象。肥胖是指体重比同年龄、同性别、同身高的均值超过20%或均值加二个标准差。可分为二类:一类是单纯性肥胖,占95%~97%;另一类是代谢性病变及内分泌失常所导致的肥胖,称为继发性肥胖。前者的主要原因是:长期进食过多,摄入营养超出人体的消耗;缺乏运动和合理的锻炼,肥胖后更不愿意活动,长期下去越来越肥胖。其次是遗传因素。父母双方肥胖,大约2/3子女出现肥胖;父母一方肥胖,大约40%的可肥胖;父母无肥胖,子代有10%~14%肥胖。肥胖的人食欲旺盛,喜欢食甜食及油脂类食品,不喜欢吃蔬菜、水果等。肥胖后脂肪多堆积肩、乳、腹及髋部。腹部可出现粉色的皮肤花纹,比如男孩的外生殖器被耻骨联合皮肤掩盖,看上去很小,错认为外生殖器发育障碍。不积极治疗会并发心肺功能异常,成年后引起高血压、冠心病以及糖尿病等。合理的饮食,低糖、低脂、高蛋白和加强锻炼,使体重降到合理范围,是预防和治疗肥胖的有效方法。临床上应与垂体下丘脑病、甲状腺机能减低以及糖原累积病等相鉴别。

单纯性肥胖

【单电子理论】(single-electron theory) 用于研究晶体中电子运动的近似理论。由于晶体中存在有大量电子,并且这些电子时刻受到众多晶格粒子以及其余电子的作用,因而需要处理包含不同粒子的多体问题。为此,单电子理论采取静近似或绝热近似方法,将电子运动与晶格粒子运动分开考虑,从而视单个电子运动为其在晶格粒子的周期场与其他所有电子的平均场中的独立运动。

【单方造价】(per square meter cost) 单位建筑面积所消耗的一次性投资。计算公式为:每平方米建筑造价 = 建筑总造价 ÷ 建筑总面积(元/ 平方米)。其中土建部分造价又分为:(1) ±0.00 以上造价(即不包括基础),(元/ 平方米)。(2) ±0.00 以下造价(即基础),(元/平方米);单方造价指标是衡量建筑物技术经济效果的重要指标之一,由土建、水暖、电、通风、卫生、煤气等部分组成。

【单工】(simplex communication) 通信双方只能支持在一个方向上进行传送接收操作的传送方式。通信系统的一端为发送器,另一端为接收器。发送端只能发送信息,不能接收信息;接收端只能接收信息,不能发送信息。因此,数据信号仅从一端传送到另一端,即信息流是单方向的。典型的例子如传呼机,遥控器等。

【单工序模】(simple press tool) 又称简单模。只能完成一种工序的模具。如落料、冲孔、切边等。单工序模可以由一个凸模和一个凹模洞口组成,也可以是多个凸模和多个凹模洞口组成。

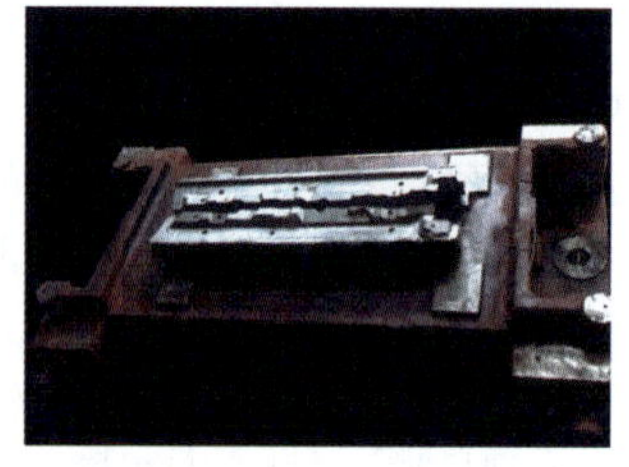

单工序模

【单核苷酸多态性】(single nucleotide polymorphism,SNP) 在基因组水平上由单个核苷酸的变异所引起的 DNA 序列多态性带。是人类可遗传的变异中最常见的一种,占所有已知多态性的 90% 以上。SNP 在人类基因组中广泛存在。平均每 500 ~ 1 000个碱基对中就有一个。估计其总数可达 300 万个甚至更多。SNP 自身的特性是:(1)数量多,分布广泛。(2)适于快速、规模化筛查。(3)等位基因频率容易估计。(4)易于基因分型。它的特性适合于对复杂性状与疾病的遗传解剖以及基于群体的基因识别等方面的研究。

【单基因病】(single-gene diseese) 由于单个突变基因代间传递所导致的遗传病。其传递符合孟德尔遗传规律,故又称孟德尔遗传病。按突变基因所在染色体部位的不同可分为常染色体和性染色体遗传病;按突变基因导致性状(表型)改变的不同可分为显性和隐性。常染色体显性遗传病的特征是:(1)家系中每代或多代人均有患者。(2)男性和女性发生概率相同。(3)男性和女性向子代传递的概率相同。(4)至少有 1 例显示出有男性与男性间的传递。子女的发病率为 50%。常染色体隐性遗传病的特征是:(1)男、女均发病。(2)发病者常集中在家系某一代的某一支系。(3)常有亲代为近亲婚配。患者与正常人婚配,其子代均为携带者。两个携带者婚配,其子代的发病率为 25%,携带者为 50%。患者与携带者婚配,其子代发病率为 50%,这称为“假显性”现象。由性染色体传递的遗传病称性联遗传病。X 连锁隐性遗传病的特征是:绝大部分为男性病人;由女性携带者传递给下一代男性;未见男性间传递;男性患者可能通过第二代的女性携带,并使第三代男性发病。X 连锁显性遗传病少见,其特征是:男性患者的女儿均为患者;男性患者的儿子全部正常;女性患者的子女均为患者;家族中女性患者明显多于男性。Y 连锁遗传病的特征是:外耳道多毛症。与精子发育有关的基因大部分定位在 Y 染色体上。

【单基因抗病性】(monogenic resistance) 由单个或少数几个主效基因控制的植物抗病性。抗病性的遗传可直接用孟德尔定律分析。抗病性多为显性,少数为不完全显性或隐性。显性效应常因其遗传背景而异,具有复等位性和抗病基因连锁现象。单基因抗病性多表现为过敏性坏死等质量性状,可降低病害流行的初始菌量,抗病效能高,不易因环境条件改变而变化,易于鉴定和利用。但多具小种专化性,病原菌小种的改变可导致抗病性变异或丧失。所有单基因(或寡基因)抗病性并非都是垂直抗病性。

【单价疫苗】(univalent vaccine) 由同一种微生物中的单一血清型菌株或一种菌株的培养物制备的疫苗。仅能使接种动物获得不完全的免疫保护。如国产的禽霍乱氢氧化铝疫苗系是由 5: A 血清型禽源多杀性巴氏杆菌强毒株制备的;猪肺疫氢氧化铝疫苗是用 6: B 血清型猪源多杀性巴氏杆菌强毒株生产的。但对 A 型多杀性巴氏杆菌引起的猪肺疫无效。

【单交】(single cross) 又称单杂交、成对杂交。两个不同品种或种质资源作为亲本进行成对交配的杂交方式。因为两个亲本可以互为父母本,所以又有正交和反交的区别。正交和反交是相对而言。若甲品种为母本、乙品种为父本的杂交称正交;则乙为母本、甲为父本的杂交就称反交。记录时常以

玉米

甲×乙或甲/乙表示杂交组合；在“×”或“/”号前者为母本。在不涉及胞质遗传时，正交与反交的遗传效果相同，所以配制组合多不考虑正反交问题。但如某些性状牵涉到胞质遗传，则需根据育种目标要求决定采用正交或反交。单交简便易行，在育种工作中应用最广。只要预计单交组合可望得到符合育种目标的杂种后代，应力求避免采用复交。

【单交种】(single cross hybrid) 两个自交系杂交产生的杂交种。其群体是同质的，而个体基因型是杂合的，所以具有最大的杂种优势。如玉米单交种，是中国主推的玉米杂交种。

【单结晶体管】(unijunction transistor) 又称基极二极管。一种只有一个PN结和两个电阻接触电极的半导体器件。它的基片为条状的高阻N型硅片，两端分别用欧姆接触引出两个基极 b_1 和 b_2。在硅片中间略偏 b_2 一侧用合金法制作一个p区作为发射极e。主要参数有：(1)基极间电阻 R_{bb} 发射极e开路时，基极 b_1、b_2 之间的电阻，一般为2~10kΩ，其数值随温度上升而增大。(2)分压比 η 由管子内部结构决定的常数，一般为0.3~0.85。(3)eb_1 间反向电压 V_{cb1} b_2 开路，在额定反向电压 V_{cb2} 下，基极 b_1 与发射极e之间的反向耐压。(4)反向电流 I_{eo} b开路，在额定反向电压 V_{cb2} 下，eb_2 间的反向电流。(5)发射极饱和压降 V_{eo} 在最大发射极额定电流时，eb_1 间的压降。(6)峰点电流 I_p 单结晶体管刚开始导通时，发射极电压为峰点电压时的发射极电流。

【单晶硅】(monocrystalline silicon) 与多晶硅相对应。元素硅的半导体材料。熔融的硅在子晶上凝固生长而成的单晶体。常压下其晶体结构为金刚石型。与化合物半导体材料相比，其热导率、熔点和硬度均较高，线膨胀系数小。其电学性能优良，导电性可以通过掺入微量的杂质来控制。广泛应用于二极管、三极管、集成电路、电力电子器件、太阳能电池、电荷耦合器件等。

【单晶硅抛光片】(monocrystalline silicon polished wafer) 单晶硅经抛光加工而成的半导体元件。几何尺寸准确、精度高、内在质量好、表面洁净、无色斑、适用性能稳定。应用于可控硅整流元件、高压硅堆、硅钯摄像管、晶体管、电力电子器件、太阳能电池、集成电路等。

【单晶炉】(single crystal furnace) 用单晶拉制法制备单晶体的一种设备。主要由四个部分组成：(1)加热系统和熔池。为使物质熔化，可采用高频加热、电阻加热、聚光加热或电子束加热等方式。熔体可盛放在坩埚中，也可以直接在该物质的多晶棒顶端熔化(此即基座法或自坩埚法)，形成熔池。(2)拉杆提升、旋转和坩埚旋转的传动系统。(3)真空及充气、放气系统。由于所制单晶体物质的性质活泼，拉制在真空下进行，有时应充入常压甚至高压保护气体。(4)冷却系统。籽晶杆、坩埚杆、电极和炉壁等均需通水冷却。

单晶炉

【单晶体】(single crystal) 简称单晶。与多晶体相对应。由单个晶体构成的物体。在单晶体中所有晶胞均呈相同的位向。可在自然界中存在，例如，金刚石的晶体等。也可由人工制成，例如，科学研究用的金属单晶体，电子器件用的锗及硅的单晶体等。单晶体具有各向异性。

【单克隆抗体技术】(monoclonal antibody technique) 用细胞融合技术将免疫的B淋巴细胞和骨髓瘤细胞融合成杂交瘤细胞，经单个细胞无性繁殖后，使每个克隆细胞能持续地产生只作用于某一个抗原决定簇的技术。其原理是：B淋巴细胞能够产生抗体，但在体外不能进行无限分裂；而瘤细胞虽然可以在体外进行无限传代，但不能产生抗体。将这两种细胞融合后得到的杂交瘤细胞，具有两种亲本细胞的特性。单克隆抗体特点是：(1)特异性。(2)均一性。(3)高效性。(4)无限供应性。(5)纯化性。该技术在生物学、临床医学等领域应用广泛。生物学上分离纯化酶、蛋白质和多肽等生物大分子，用单克隆抗体可以从混合物中一步纯化某种所需的物质。干扰素是治疗病毒病和癌症的非常有希望的药物，但难以分离提纯，用抗干扰素单克隆抗体做成免疫吸附柱，可一步把干扰素纯化5 000倍。

【单利】(simple interest) 只对本金计算利息，而每期的利息不计入下一计息期的本金的计息方式。每期的利息是固定不变的。若利率为 i，计息期数 n，则第 n 期期末的本利为：$F = P(1 + i \times n)$。单利法虽考虑了资本的时间价值，但没有考虑每期所得利息进入社会再生产过程而实现增值的可能性，这不符合资金流动的客观情况，也未能完全反映资金的时间价值。

【单链抗体】(single chain Fv；scFv) 利用DNA重组技术将抗体重链可变区和轻链可变区基因通过一短肽链连接后融合表达出来的抗体片断。scFv

穿透力强，易于进入局部组织发挥作用。具有分子量小、免疫原性低、组织穿透力强、保持了亲本抗体的抗原亲和力和特异性等优点。可将细胞因子、毒素、药物，以及放射性核素等导向肿瘤，对肿瘤实现靶向性诊断和治疗。

【单路单载波卫星通信系统】(single-channel per-carrier satellite communication system, SCPC) 每一个载波仅传送一路电视信号的卫星通信系统。此技术与在人口聚集区使用频分复用和频分多址技术相比，更加适合用于业务量小、路由稀少的农村和边远地区。地面站中的单路单载波卫星通信系统设备，可以按模块方式根据需要扩充容量，组网灵活，经济实用。

【单脉冲雷达】(monopulse radar) 能从单个回波脉冲信号中获得目标全部角坐标信息的跟踪雷达。按提取角误差信息方法的不同可分为：(1)幅度比较单脉冲雷达。其测角系统通常由四个天线馈电单元与三个接收支路组成。在发射射频脉冲时，四个天线馈电单元合成一个发射波束。在接收回波信号时，四个天线馈电单元可形成五个接收波束。其中一个为和波束，由四个天线馈电单元的接收信号全部相加而成，其中心轴即天线的瞄准轴。和波束的接收信号经放大、检波以后，用以提供目标的距离、速度等信息。处于同一水平面上的两个波束为方位测角波束，由此可得方位误差信号，误差信号送到天线控制系统，驱动天线向减小方位误差信号的方向转动，直到瞄准轴对准目标，方位误差信号为零时天线停止转动，从而使天线在方位上精确地跟踪目标。另两个处于同一垂直平面上(与方位波束垂直)的为仰角测角波束，其工作原理与方位测角波束类似。(2)相位比较单脉冲雷达。在水平和垂直平面上各采用两个相同而略为分离的天线。处于远场区的目标与二波束轴所形成的角度几乎相等，因而接收的回波信号幅度也相等。当目标在方位上位于天线瞄准轴上时，这两个波束接收的回波信号相位相同，其差信号为零。当目标在方位上偏离天线瞄准轴时，由于两天线相隔一段距离，两天线所接收的回波信号由于存在波程差而相位不同，产生相位差，经相位检波器检测出方位误差信号，用以驱动天线在方位上精确跟踪目标。单脉冲雷达测角精度高、速度快，反角度欺骗干扰的能力强。单脉冲测角技术在三坐标雷达和相控阵雷达中也广泛采用。

单脉冲雷达

【单母线分段接线】(single bus connection by stage) 装设分段断路器将单母线接线中的母线分成两段，将变压器和线路分别接到两段母线上的电气主接线的接线方式。当一段母线上发生故障、母线隔离开关发生故障或断路器拒绝动作时，分段断路器将自动断开故障母线段，或断开连接有拒绝动作断路器的母线段，使无故障母线段能继续运行。此外，还可以在不影响一段母线正常运行的情况下，对另一段母线或其母线隔离开关进行停电检修。不仅具有简单、方便和占地少的优点，而且提高了供电的可靠性。除了发生分段断路器故障外，其他设备发生故障时都不会使整个配电装置停电。

【单母线接线】(single bus connection) 由线路、变压器回路和一组母线所组成的电气主接线。只采用一组不带分段断路器的母线，每一回路都通过一台断路器和一组母线隔离开关接到这组母线上。其优点是：简单清晰，设备较少，操作方便，占地少。但因为所有线路和变压器回路都接在一组母线上，所以当母线、母线隔离开关进行检修或发生故障，或继电保护装置动作，而断路器拒绝动作时，都会使整个配电装置停电，因而运行可靠性不高。为了提高单母线接线的可靠性，有时在母线中间增设一组分段隔离开关，将母线分成两段。在正常运行时，将分段隔离开关合上，线路和变压器分别接到两段母线上。这样，当一段母线或母线隔离开关进行检修或发生故障，或继电保护装置动作而断路器拒绝动作时，整个配电装置虽然停电，但当断开分段隔离开关后，无故障或需检修母线段上线路和变压器即可恢复供电。

【单目标决策】(single objective decision-making) 见多目标决策。

【单片计算机】(single-chip computer) 又称微控制器或单片微型计算机。将计算机的主要部件集中在单个芯片上的微型计算机。在20世纪70年代初，出现了四位单片计算机和八位单片计算机。80年代出现16位单片机，性能得到很大提升。90年代又出现32位单片机和使用FLASH存储的微控制器。具有集成度高、体积小、功耗低、控制功能强、扩展灵活、微型化和使用方便等优点。广泛应用于智能仪器仪表的制造、

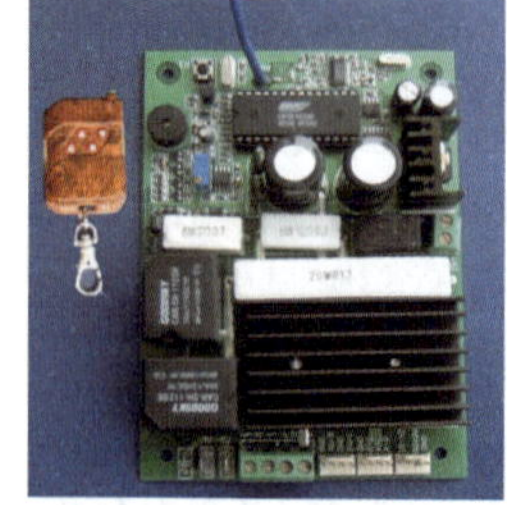

微控制器

工业控制、家用智能电器、网络通信设备和医疗卫生行业。

【单色光】(monochromatic light) 只有一个频率或波长的光。实际上频率范围很窄的光,就可认为是单色光。利用单色光源(如气体放电,激光器)、滤光器或根据分光原理制成的单色器可以获得各种纯度的单色光。

单色光

【单糖】(monosaccharide) 与多糖相对应。不能再水解为更简单形式的糖类。一般指含有3~6个碳原子的多羟基醛或多羟基酮。最简单的单糖是甘油醛和二羟基丙酮。按其所含碳原子数目的不同分为:(1)丙糖。(2)丁糖。(3)戊糖。(4)己糖。自然界中的单糖主要为戊糖和己糖。按其构造的不同可分为:(1)醛糖。(2)酮糖。多羟基醛称为醛糖;多羟基酮称为酮糖。例如,葡萄糖为己醛糖,果糖为己酮糖。葡萄糖是生命体组织所利用的最主要的糖,来自淀粉、蔗糖、麦芽糖及乳糖的水解产物。

【单位捕捞努力量渔获量】(catch per unit of effort,CPUE) 在特定区域和一定时间内的捕捞努力量除以渔获量的比值。衡量鱼类等水生动物资源量变动的具体指标。一般采用标准捕捞渔获量更为正确。其值可作为相对资源量指标或资源分布密度指数,判断资源状况的盛衰程度,在渔业资源评估中广泛运用。

【单位产值能耗】(consumption of energy per unit of output value) 一个国家(或地区)、部门或行业单位产值在一定时间内所消耗的能源量。通常以吨/万元或千克/万元、油当量(或煤当量)/万元来表示。单位产值能耗受一系列因素的影响,包括经济结构、经济体制、技术水平、能源结构、人口等。单位产值能耗反映了经济对能源的依赖程度。

【单位估价表】(unit valuation table) 用表格形式确定定额计量单位建筑安装分项工程直接费用的文件。是以建筑安装工程预算定额规定的人工、材料及施工机械消耗量指标为依据,以货币形式表示预算定额中每一分项工程单位预算价值的计算表格。它是根据国家现行的建筑安装工程预算定额,结合各地区工资标准,材料预算价格和机械台班预算价值编制的。具有地区性和时间性,是地区编制施工图预算确定工程直接费的基础资料。经当地主管部门审核、批准后,即成为工程计价依据,在规定的地区范围内执行,并且不得任意修改。一般分为建筑工程单位估价表和设备安装工程单位估价表。建筑工程单位估价表是以一般在建工程为对象编制的;设备安装工程单位估价表是以设备安装工程为对象编制的。由额定计量单位和预算价格两部分组成。工程单位估价表也称为工程定额单位估价表,它是以货币形式表示预算定额中各分项工程或结构件的预算价值的计算表,又称单价表。

【单位面积产量】(yield per unit area) 又称单产、收获率。平均单位面积上所收获的农产品数量。等于总收获量除以播种面积或收获面积。按播种面积计算的单位面积产量,可用来说明计划的完成情况和工作的好坏。按收获面积计算的单位面积产量,可用来说明在没有严重自然灾害的情况下能达到的单位面积产量水平。此外,还有按耕地面积计算的单位面积产量,是指某类作物全年各季收获量之和除以该类作物所占用的耕地亩数所求得的平均收获量,如粮食亩平均年产量等。

【单位线】(unit hydrograph) 又称单位过程线。在指定时段内,时空均匀分布的单位净雨深,在流域出口断面处形成的地表径流过程线。是一种由净雨过程推求洪水过程的方法。在设计洪水和水文预报中广泛应用。在水文史上占有重要地位。单位线的概念和方法,是L. R. K. 谢尔曼于1932年提出的,称经验单位线,属时段单位线。有三个基本假定:(1)对一个给定的流域,同历时、匀强净雨产生的地表径流过程线的底宽为常值,不随净雨深而变。(2)对给定流域,如两场匀强净雨的历时相同,则在净雨开始后的相同时刻,两条过程线上的流量值,与各自相应的净雨深成正比。(3)不同时段净雨所产生的洪水过程,彼此互不干扰。上述假定,把流域汇流视作线性系统,可施行倍比叠加。单位线应用范围,一般从数十到数千平方千米。控制单位线形状特征的主要指标有:洪峰流量(qm)、洪峰滞时(T_p)和总历时(T_D)。三者合称单位线三要素。图中坐标h为净雨,q为流量,t为时间、Δt为单位时段。

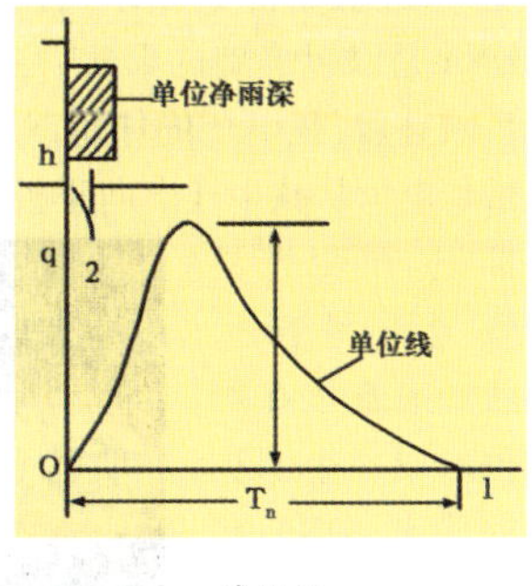

单位线

【单位作业耗油量】(oil cost of per unit) 又称耗油量。机组完成单位工作量所消耗的燃油量。衡量机械作业技术水平和机务管理水平的指标。其计量单位因作业种类的不同而异。如田间作业用千克/公顷(kg/hm²),运输作业用吨/千米(t/km)等。也可以用千克/公顷(kg/hm²)作为统一的计量单位。油料费是单位作业成本的重要组成部分。降低单位作业耗油量的途径是:建立农机生产责任制,选择耗油率低的内燃机,合理配套和编组农机具并正确操作、运行,认真维护保养,使机组保持良好的技术状态等。

【单细胞蛋白发酵生产】(ferment production of unicellular protein) 对富含蛋白质的藻类、酵母、细菌、真菌等微生物进行大规模发酵培养,并从中提炼出蛋白质资源的生产技术。微生物细胞中含有丰富的蛋白质、碳水化合物、脂类、维生素、矿物质,营养价值很高,是应用前景较好的蛋白质新资源之一。与传统动植物蛋白质生产相比较,发酵技术生产单细胞蛋白不受季节影响和耕地的制约,具有生产效率高等特点。

【单细胞凝胶电泳】(single cell gel electrophoresis,SCGE) 一种可以在单个细胞水平上检测DNA断裂的技术。对观察细胞全部DNA损伤情况提供了直观的信息,可以获得细胞DNA损伤的整体状况,对评价DNA损伤和细胞自身DNA修复能力,或评价其他介入因素的作用是一个较好的方法,可以获得药物对DNA分子损伤及修复影响的有价值的信息。由于其所用细胞数少、灵敏度高,操作简便而得到广泛应用。能够在几乎所有的真核细胞中快速检测单链断裂、双链断链和碱基受损的DNA损伤。其基本原理是:将单个细胞包埋在低熔点琼脂糖中,经裂解除去膜结构,使DNA解旋。正常细胞DNA是以超螺旋的形式存在。当DNA受到损伤发生断裂后,在电场的作用下,断裂的DNA片段,因携带负电荷从核中迁出向正极移动。DNA用荧光染料标记,在荧光显微镜下呈彗星状。细胞核在原位形成一个明亮的头部,DNA碎片形成尾部,无损伤DNA的细胞核呈明亮的球形。按其酸碱度的不同可分为中性SCGE和碱性SCGE,并可根据实验目的进行选择。一般来讲,DNA双链断裂可采用中性SCGE,而碱性SCGE(pH>12)可检测到DNA单链断链和碱基损伤。由于碱性SCGE的灵敏度远高于中性SCGE,因此常被采用。

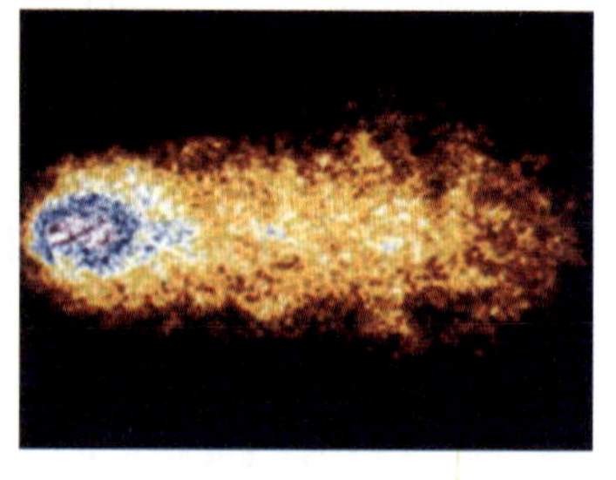

单细胞凝胶电泳

【单细胞培养】(single cell culture) 从多细胞生物体中取出一个细胞进行的无菌培养。单细胞的获得方法有许多种。主要有:酶分割法和愈伤组织分散法。培养方法有:看护培养法、平板培养法和微室培养法。利用单细胞培养可以在人工控制条件下有方向地增加无性变异频率,创造人们所需的无性变异株,获得单细胞无性系。这是人工创造变异的重要途径之一。

【单相触电】(single-phase electrical shock) 在中性点接地电网中,人体接触一根相线时,电流通过人体、大地和中性点的接地装置形成的闭合回路所造成的触电事故。在中性点不接地的电网中,如果线路对地绝缘不良,也会造成单相触电。在触电事故中,大部分属于单相触电。在使用家用电器中,如果不注意使用安全,很容易发生单相触电。

单相触电

【单相感应电动机】(single-phase induction motor) 又称单相异步电动机。用单相交流供电的感应电动机。与同容量的三相感应电动机相比,体积较大,启动和运行性能较差。若只做成功率从几瓦到几千瓦小容量的电动机,则所述缺点就不太突出。单相感应电动机由于具有结构简单、成本低廉、运行可靠等诸多优点,因而被广泛应用于家庭、办公室、医院和商店等只有单相交流电源的场所,以及各行各业的小功率驱动设备中。

单相感应电动机

【单项工程】(single project) 具有单独设计文件,建成后可以独立发挥生产能力或效益的一组配套齐全的工程项目。是建设项目的组成部分。从施工的角度来讲,是一个独立的系统。在工程项目总体施工部署和管理目标的指导下,形成自身的项目管理方案和目标。依照其投资和质量要求,如期建成并交付使用。如良种繁育基地建设项目中的实验室、种子加工车间、晒场,良种种植田间工程等;畜牧养殖项目中的饲料加工车间、畜禽养殖场、屠宰加工车间等。如加工厂中的生产车间、办公楼、住宅;学校中的教学楼、食堂、宿舍等,它是基建项目的组成部分。如生产车间这个单项工程是由厂房建筑工程和机械设备安装工程等单位工程所组成。建筑工程还可以细分为一般土建工程、水暖卫工程、电器照明工程和工业管道工程等单位工程。两者的区别主要是看它竣工后能否独立地发挥整体效益或生产能力。

【单芯双向光纤收发器】(single core doubleaction receiver) 用于双绞线与光缆之间的数据通信设备。支持用户利用单模光纤扩展网络的规模,通过光纤链路实现网络的扩展和延伸。其功能有:(1)自动选择工作状态。(2)通过设备本身提供状态指示灯。(3)用户可实时监测设备当前工作状态。(4)可为宽带专网、光纤域宽带网的信息传输提供高性能的硬件支持。其特点是:(1)电源保护,设置有低辐射、防浪涌电源,超低功耗,超低发热。(2)技术先进,采用 IC IP113 集成电路解决方案,芯片温升低,摆脱加散热系统。(3)光电转换套件,超高接受灵敏度光头。(4)缓存技术,可有效抵御网络风暴。(5)简单易用,分离式收发器卡片,支持热插拔,在机架系统中实现互换。(6)支持全双工或半双工工作,并带有自动协商能力。广泛应用于以太网数据通信需扩展传输距离的地方。

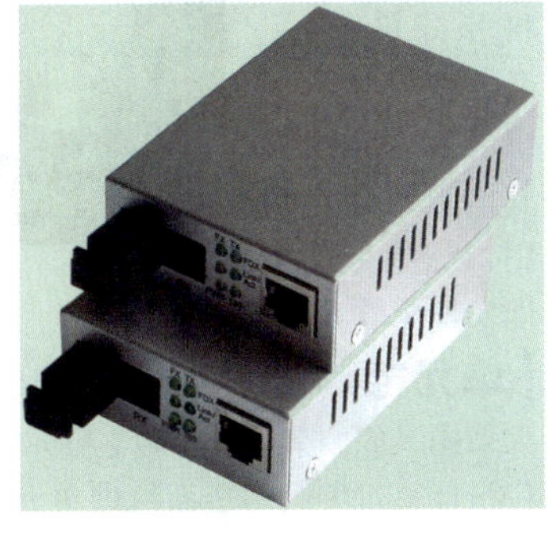

单芯双向光纤收发器

【单性发育】(parthenogenesis) 又称单性生殖、处女生殖。一些植物无需授粉就可结出种子或果实的特性。很多植物在长期的演化过程中,由于鸟媒、虫媒与风媒等传粉形式都不起作用时,植物独立进化的生存策略。单性生殖在两方面最具优势:一是可保持传统品种的遗传稳定性,二是可保持杂交子一代 F1 的优良品质。分子遗传学家还可在其中加入转基因新特性,像“特制的”抗病毒特性以及高干材基因或有利健康的有效成分,如抗氧化剂。单性生殖简单地利用了有性繁殖的古老机制,但由于抛弃了两个早期关键环节:减数分裂和受精,从而偏离了经典途径。单性生殖产生的种子没有来自父本花粉基因的成份。将按遗传复制品的方式发育或者可称为母本的克隆。在不经减数分裂的单性生殖中,没有染色体配对交换,这就减少了遗传重组和变异的机会,不利于种群的进化和繁衍。除兼备有性生殖和单性生殖特点的周性单性生殖和雄裔单性生殖外,通常单性生殖世系对环境的适应能力和生活力都较差。在自然界中,两性生殖居支配地位,而单性生殖则有很大的局限性。不过育种者利用它可培育出具有杂交一代(F1)所有优点的优良品种,而且这些品种的种子会重复母本植物的遗传品质。单性生殖又被称为是遗传黄金,可将植物育种技术带进 21 世纪的一个全新领域。

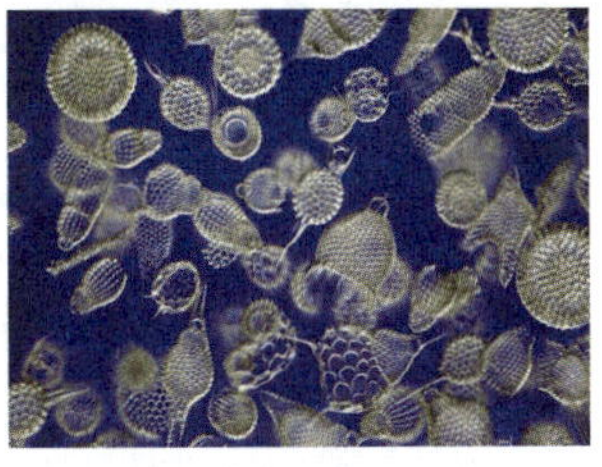

单性繁殖的水蚤

【单液淬火】(single-stage quenching) 把奥氏体化后的工件淬入水或油等淬火剂中,直至工件冷却到与淬火剂的温度大致相同为止的操作。是最简单,而且应用最广泛的淬火方法。缺点是工件易变形和开裂。因此只适用于形状简单,无尖锐棱角和截面形状无突然变化的工件。淬透性低的钢种多用水淬。淬透性较高或尺寸较小的工件则用油淬。

【单因素方差分析】(one way analysis of variance) 适用于多个独立样本定量资料的假设检验,以推断单一因素各水平分组所对应的总体均数是否相同的分析方法。如果单因素设计所得资料不仅满足每组资料均来自正态分布的总体,而且总体方差齐,则可以采用单因素方差分析来处理。由于方差分析的理论和方法最早由英国统计学家 Fisher. R. A 创立,为示纪念,后人又将方差分析称为 F 检验。单因素方差分析即为其中最简单的一种。之外,还有双因素方差分析、重复测量数据的方差分析以及析因设计的方差分析等。其基本思想是:将总变异按其来源分为组间变异和组内变异($SS_{总}=SS_{组间}+SS_{组内}$),其自由度也进行相应的分解($v_{总}=v_{组间}+v_{组内}$),然后进行比较,以判断某种因素所引起的变异是否有统计学意义。

【单因素理论】(single factor theory) 认为人的性格特征是事故频繁发生的唯一因素,而与工作任务、生活环境和经历等无关的早期的事故致因理论。这种理论用某种方法将有事故倾向的工人与其他人区别开来,只确认事故原因的一个侧面,未对事故过程作进一步的分析,并且只提出单一的补救措施。这类理论包括事故倾向理论、心理动力理论、社会环境模型、连锁反应论等。这种论点的持有者为英国的格林伍德和伍兹,他们认为事故频发倾向者的存在是事故发生的主要原因，如果企业中减少了事故频发倾向者，就可以减少事故。由于单因素理论的片面性，过分夸大了人的性格特点在事故中的作用，现在已很少被人们所应用。但是在事故致因理论的发展历程中，单因素理论仍有着重要的历史地位。

【单域抗体】(single domain antibody) 又称纳米抗体、重链抗体。仅由重链构成的一种抗体。是从骆驼科动物和鲨鱼的血清中分离出的一种抗体。其体积约为传统抗体的1/10。其抗原结合区不仅是一个通过铰链区与恒定区连接的单结构域，而且这个抗原结合区自抗体上分离后仍具有结合抗原的功能，这就为抗体的分子构建提供了一个新方法。基于单域抗体的一系列优点，在免疫实验、诊断与治疗中，将发挥超乎想象的巨大功能。

【单元操作】(unit operation) 化学工业中进行的物料粉碎、输送、加热、冷却、混合和分离等一系列使物料发生预期的物理变化的基本操作的总称。化工生产中常用的单元操作已有20多种。按其所依据的基本原理的不同可分为：(1)流体动力过程，包括流体输送、过滤、固体流态化等。(2)传热过程，包括热传导、蒸发、冷凝等。(3)传质过程，即物质的传递，包括气体吸收、蒸馏、萃取、吸附、干燥等。(4)热力过程，即温度和压力变化的过程，包括液化、冷冻等。(5)机械过程，包括固体输送、粉碎、筛分等。单元操作广泛应用于化工、冶金、能源、轻工、核能和环保等部门。对这些部门生产的大型化和现代化起着重要的作用。

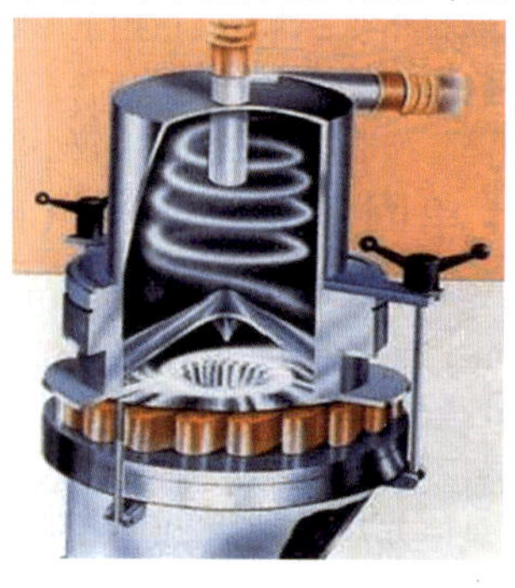
单元操作

【单元测试】(unit test) 对软件中的基本组成单位进行的测试。检验软件基本组成单位的正确性。是在软件开发过程中要进行的最低级别的测试活动。在单元测试活动中，软件的独立单元将在与程序的其他部分相隔离的情况下进行测试。在一种传统的结构化编程语言中，比如C语言，要进行测试的单元一般是函数或子过程。在C++这样的面向对象的语言中，要进行测试的基本单元是类。单元测试不仅是作为无错编码一种辅助手段在一次性的开发过程中使用，而且必须是可重复的，无论是在软件修改，或是移植到新的运行环境的过程中。因此，所有的测试都必须在整个软件系统的生命周期中进行维护。经常与单元测试联系起来的另外一些开发活动包括代码走读、静态分析和动态分析。静态分析就是对软件的源代码进行研读，查找错误或收集一些度量数据，并不需要对代码进行编译和执行；动态分析就是通过观察软件运行时的动作，来提供执行跟踪，时间分析，以及测试覆盖度方面的信息。

【单元房】(unit house) 又称单元楼。住户由楼梯平台直接进入分户门的一种住宅建筑形式。住宅设计为点式、各层住户围绕一个楼梯分布的住宅，称为“独立单元式住宅”；住宅的平面是条形设计，可有多个楼梯，称为“连续单元式住宅”。每套房一般由卧室、餐厅、厨房、过道、阳台连成整体，卫生间和房间的数量不限，但必须在同一整体之内。房内设施相对完备，自成体系，除了楼梯、走道、垃圾道等公共使用面积之外，住户无需和别人共用空间，互不干扰。

【单元肥料】(single element fertilizer) 仅含氮、磷和钾等其中任一营养成分的肥料。此类肥料养分单一，一般根据作物与土壤实际情况，与其他肥料配合使用，以最大限度地发挥肥效。

尿素

【单元控制器】(cell controller) 按某种要求来操纵或调节的一个独立整体装置。在计算机中，特指计算机集成制造系统中单元级的控制器。其主要功能是：(1)制订作业计划。(2)进行生产的静态调度和动态调度。(3)生产情况统计及报文。(4)加工过程控制。(5)工况监控与质量保证。

【单值函数】(single-valued function uniform function) 一个函数f对其定义域内任一复自变量z，其对应的值$\omega=f(z)$是唯一的复数。在中学数学及大学非数学专业所学的数学中所涉及的数学，都是单值函数。

【单质】(elementary substance) 与化合物相对应。由同种元素的原子组成的纯净物质。同一种元素可以形成几种不同的单质，如磷元素可以形成白磷、红磷、黑磷；碳元素可以形成金刚石和石墨等。由同种元素形成的不同单质互称同素异形体。单质是元

硫磺

素的存在形式之一。一种元素形成的不同单质，在物理和化学性质上明显不同。如氧气(O_2)和臭氧(O_3)，同是氧元素组成的单质，但分子组成不同，性质也不同。氧气无色无味，臭氧是淡蓝色有鱼腥臭味的气体；臭氧比氧气的氧化性更强。

【单轴补偿】(single axes equalize) 在使用经纬仪进行测量时，只检测竖轴在视准轴方向的倾斜量，并对垂直角测量值进行的改正。在使用经纬仪进行角度测量时，如果仪器整平有误差，会造成竖轴偏离铅垂线位置，对角度测量造成影响。在电子经纬仪和全站仪测量中，通过加入自动补偿装置，使倾斜传感器检测到的竖轴偏离铅垂线的角度对角度读数自动进行改正。双轴补偿还同时检测竖轴在视准轴方向和水平轴方向的倾斜量，对垂直角、水平角测量值同进行改正。

【单轴抗拉强度】(uniaxial tensile strength) 简称抗拉强度。岩石在单向拉破坏(断裂)时的最大拉应力。岩石破坏常与拉应力有关。拉破坏是工程岩体及自然界岩体的主要破坏型式之一。岩石抵抗拉应力的能力最低。抗拉强度是一个重要的岩体力学指标。影响岩块抗拉强度的因素与抗压强度的影响因素基本相同，也包括岩石本身性质和试验条件两方面。但起决定性作用的是岩石本身性质方面的因素，诸如矿物成分、粒间连接及孔隙、裂隙情况等。岩块的抗拉强度是通过室内试验测定的。其方法包括直接拉伸法和间接法两种。前者是将圆柱状试件两端固定在材料试验机的拉伸夹具内，然后对试件施加轴向拉荷载至破坏。后者又有劈裂法、抗弯法及点荷载法等。其中以劈裂法和点荷载法最常用。

【单轴抗压强度】(uniaxial compressiv estrength) 简称抗压强度。煤岩试样在单向压缩时所能承受的最大压力。即煤岩单向受压时，抵抗压碎破坏的最大轴向应力。煤岩的抗压强度是反映煤岩性质的一个基本力学指标，主要受岩石的矿物成分、颗粒大小、胶结程度、层理、片理、岩石风化程度和裂隙发育情况、含水状况等因素的影响和控制。它是煤岩分类、确定强度破坏判据以及工程设计时的一个重要的力学特性参数。抗压强度测试方法简单，且与抗拉强度和剪切强度之间有着一定的比例关系，如抗拉强度为它的3% ~30%，抗弯强度为它的7% ~15%，从而可借助它大致估算其他强度参数。煤岩的抗压强度通常是采用标准试件在压力机上加轴向荷载，直至试件破坏。试件破坏时的荷载与横断面面积的比值即为该岩块的单轴抗压强度。

【单轴自动车床】(single spindle automatic lathe) 只有一根主轴，经调整和装料后，能按一定程序自动上下料、自动完成工件的多工序加工循环，并能重复加工一批同样工件的车床。主要用于对棒料或盘状线材进行加工，适用于大批量生产。

单轴自动车床

【单子叶植物】(monocotyledon) 种子的胚只有一个子叶的植物。叶脉笔直，有细毛根，主根不发达。绝大多数为草本。极少数为木本。花叶基本上为3数。如小麦、玉米、水稻等禾谷类植物。

【胆固醇】(cholesterol) 又称胆甾醇、5-胆烯-3β-醇。一种环戊烷多氢菲的固醇类衍生物。化学式 $C_{27}H_{46}O$。相对分子质量 386.66。密度 1.069g/cm^3。熔点 148.5℃。360℃分解。不溶于水。微溶于醇。易溶于乙醚、氯仿、苯等有机溶剂。广泛存在于动物体内，尤以脑及神经组织中最为丰富。在肾、脾、皮肤、肝和胆汁中含量也高。胆固醇是动物组织细胞必需的重要物质。它不仅参与形成细胞膜，还可作为胆酸和类固醇激素的前体。胆固醇在体内过量时会导致高胆固醇血症，可能形成动脉粥样硬化、静脉血栓与胆石症；但体内胆固醇水平过低时，也会造成贫血、免疫力下降等后果。胆固醇是配制人工牛黄、激素类药物的主要原料，也可用作乳化剂。可从牛、羊等牲畜的脊髓和脑组织中用石油醚提取。

【胆碱能危象】(cholinergic crisis) 因乙酰胆碱蓄积而引起的一系列症状。在治疗过程中，抗胆碱酯酶用量过大，乙酰胆碱在神经-肌肉接头处蓄积过多，持续作用于乙酰胆碱受体，使突触后膜持续去极化，复极过程受阻，神经-肌肉接头发生阻滞，信号传递障碍，除有呼吸困难等呼吸肌麻痹症状外，还有毒碱样中毒症状和烟碱样中毒症状。如呕吐、腹痛、腹泻、瞳孔缩小、多汗、流涎、气管分泌物增多、心率变慢、肌肉震颤、痉挛和紧缩感等。应用新斯的明可使肌无力症状加重。应停用胆碱酯酶抑制剂，用抗胆碱药阿托品、6542等肌肉注射缓解症状。

【胆碱酯酶】(cholinesterase) 以多种同功酶形式存在于体内的一类糖蛋白。一般可分为真性胆碱酯酶和假性胆碱脂酶两种。前者又称乙酰胆碱酯酶，主要存在于胆碱能神经末梢突触间隙，特别是在运动神经终板突触后膜的皱褶中聚集较多；也存在于胆碱能神经元内和红细胞中。其对于生理浓度的乙酰胆碱作用最强，特异性也较高。一个酶分子可水解 3×10^5 个分子乙酰胆碱。一般常称为胆碱酯酶。后者广泛存在于神经胶质细胞、血浆、肝、肾、肠中。其对乙酰胆碱的特异性较低，可水解其他胆碱酯类，如琥珀胆碱等。在临床中，测定血清胆碱酯酶活性，是协助诊断有机磷中毒和评估肝实质细胞损害的重要手段。

【胆色素】(bile pigment) 体内铁卟啉类化合物血红蛋白、肌红蛋白、细胞色素、过氧化物酶、过氧化氢酶等的主要分解代谢产物。包括胆绿素、胆红素、胆素原及胆素。衰老的红细胞在肝、脾、骨髓等单核－吞噬细胞作用下破坏释放出血红蛋白。血红蛋白又分解成珠蛋白和血红素。血红素在酶的催化下生成胆绿素。胆绿素转变为胆红素。这是人体内胆红素的最主要的来源，约占体内铁卟啉类化合物的80%。胆红素形成后，进入血液，与血浆清蛋白结合成胆红素－清蛋白复合体而被运输。当胆红素－清蛋白复合体随血液运输到肝时，胆红素与清蛋白分离，被摄入肝细胞，在胞质中与其配体蛋白 Y 蛋白或 Z 蛋白结合，转运至内质网。再与葡萄糖醛酸结合，形成葡萄糖醛酸胆红素，称为结合胆红素。由于结合胆红素能与重氮试剂直接起反应所以又称直接胆红素。结合胆红素极性较强，溶于水，不易透过细胞膜进入其他组织，可通过肾小球滤过，主要随胆汁排泄。排入肠道后，在肠道细菌作用下脱去葡萄糖醛酸基，逐步还原成无色的胆素原族。大部分胆素原随粪便排出体外，在肠道下段与空气接触后被氧化为胆素。胆素呈黄褐色，是粪便颜色的主要来源。

【胆素原肠肝循环】(bilinogen enterohepatic circulation) 胆素原在肝和肠之间的不断循环过程。肠道中生成的胆素原约 10% ~20% 可被肠黏膜细胞重吸收，经门静脉入肝。其中大部分再次随胆汁排入肠腔，只有小部分胆素原进入体循环并经肾随尿排出称为(尿)胆素原。正常人每天随尿排出(尿)胆素原约 0.5 ~4.0 mg。(尿)胆素原被空气氧化后生成(尿)胆素，成为尿的主要颜色。

【胆俞】 中医穴位名。属足太阳膀胱经，胆的背俞穴。定位：在背部，当第十胸椎棘突下，旁开 1.5 寸。主治：黄疸，口苦，呕吐，胁痛，舌干，咽痛，食不下，肺痨，潮热，腋下肿；胆囊炎，胆结石，胆道蛔虫症，肝炎，胃炎，胃痉挛，胃扩张，失眠，癔病等。刺灸法：斜刺0.5 ~0.8 寸(不宜深刺)；艾炷灸 3 ~5 壮，或艾条灸5 ~15min。现代研究证明：针刺胆俞穴对胆囊的影响非常明显。在胆囊 X 片上，可见到胆囊阴影缩小，胆囊收缩，奥狄括约肌舒张，胆囊内压力下降，其为治疗急、慢性胆囊炎、胆结石的有效穴。

【胆汁酸肠肝循环】(enterohepatic circulation of bile acid) 胆汁酸在肝和肠之间的不断循环过程。胆汁酸具有乳化作用，能促进脂类消化吸收、抑制胆汁中胆固醇析出。排入肠道的胆汁酸(包括初级、次级游离型与结合型)中 95% 以上被重吸收入血，其余随粪便排出。结合型胆汁酸在小肠下段被主动重吸收，少量游离型胆汁酸在肠道各部被动重吸收。这种由肠道重吸收的胆汁酸经门静脉重新入肝。在肝细胞内，将游离型胆汁酸重新结合成结合型胆汁酸，并与新合成的结合型胆汁酸一同再随胆汁排入肠道，胆汁酸在肝和肠之间形成不断循环过程。胆汁酸肠肝循环可以补充肝合成胆汁酸能力的不足和人体对胆汁酸的需要。机体内胆汁酸储备的总量称为胆汁酸库。

【担子菌】(basidiomycete) 真菌中有性孢子生长在棒状的担子顶端上的菌类。如蘑菇、多孔菌和马勃等。

【淡水鱼类】(fresh-water fishes) 栖息于江河、湖泊、水库等淡水水域中的鱼类。淡水盐度一般低于 0.5‰。生活在高原水系中的鱼类，适应寒冷、水流湍急的环境，体较修长，有较强的游泳能力。如裂腹鱼类、条鳅类。生活在江河上游溪河中的鱼类，往往个体不大，不少种类腹部有“吸盘”状器官，使其紧贴在急流中的石砾上而不致被水冲走，如腹吸鳅类。生活在平原地区水系中的鱼类，种间关系复杂，食性也各异。许多鱼类产漂浮性卵，如青鱼、草鱼、鲢、鳙等。据最近出版的《中国脊椎动物大全》和正在编印的《中国动物志》，分布在中国的淡水(包括沿海河口)的鱼类共有1 050种，分属于 18 目 52 科 294 属。其中纯淡水鱼类 967 种，海河洄游性鱼类 15 种，河口性鱼类 68 种。

淡水鱼类

【弹道导弹】(ballistic missile) 在火箭发动机推力作用下按预定程序飞行、发动机关机后按自由抛物体轨迹飞行的导弹。前段飞行称为主动段，后段飞行称为被动段。其发动机工作段较短，而关机后自由抛物体轨迹飞行段长。按射程长短的不同可分为洲际弹道导弹(射程大于8 000km)、远程弹道导弹(射程5 000 ~8 000km)、中程弹道导弹(射程1 000 ~

5 000km)和近程弹道导弹(射程小于1 000km);按发动机类型的不同可分为使用液体推进剂的弹道导弹和使用固体推进剂的弹道导弹;按推进级数的多少可分为单级弹道导弹和多级弹道导弹;按作战任务的不同可分为战略弹道导弹和战术、战区弹道导弹。

弹道导弹

【弹道导弹预警雷达】(ballistic missile early warning radar) 用于探测洲际、中程与潜射弹道导弹的雷达。它能测定导弹的瞬时位置、速度、发射点、弹着点等弹道参数。雷达多采用相控阵体制,探测距离可达数千千米,并能同时跟踪数百个目标。

【弹道修正弹】(trajectory correctable projectile) 在飞行过程中接收外部或弹上部件发出的信息,能对弹丸进行局部弹道修正的炮弹。对于大口径远射程炮弹,在飞行过程中,受风向等因素影响可能偏离预定弹道。弹道修正就是为克服这些偶然因素影响、提高命中精度采取的措施。它不同于全程都有引导与控制的导弹,也不同于在弹道末段能进行引导与控制的制导炮弹。其命中精度不及两者,但比普通炮弹要高。

【弹道学】(ballistics) 研究各种弹丸或其他发射体从发射开始到终点的运动规律及伴随发生的有关现象的学科。弹道,是指弹丸或其他发射体质心运动的轨迹。弹道学起初仅限于研究质心的运动轨迹。随着武器的进步、基础科学和测试技术的发展,弹道学的研究对象已逐步扩展到发射全过程的各个方面。从发射装药到点火、燃烧、高温高压燃气的产生与膨胀作功,弹丸或其他发射体的运动,对目标的作用,以及伴随出现的各种现象等,大大丰富了弹道学的研究内容,使之逐渐发展成为涉及刚体动力学、气体动力学、空气功力学、弹塑性力学、化学热力学以及燃烧理论、爆炸动力学、撞击动力学,优化理论和现代计算技术等学术领域的综合性学科。弹道学是武器设计和应用的理论基础。研究弹道学的目的在于本着全弹道的观点,从理论和实践上指导武器的设计、使用和改进,以使武器在优化条件下达到预期的射程、射击精度和毁伤效果,同时保证射击的安全性。此外,弹道学还可以在新型武器的研制、新发射方式的探讨以及新能源的利用等方面发挥应有的指导作用,并促使本身向新的学术领域扩展。

【弹用空气喷气发动机】(air breathing jet engine for missile) 供各类导弹使用的一次性的空气喷气发动机。利用大气中的氧与导弹携带的燃料燃烧所产生的高温燃气经喷管喷出形成反作用推力。与航空喷气发动机相比,结构简单,尺寸小,成本低,工作寿命较短(一般不超过60h)。设计上要求迎面推力大,工作状态稳定,发动机控制系统与导弹控制系统一体化,实现闭环自动控制。使用空气喷气发动机的导弹只需携带燃料,不必携带氧化剂,大大减轻了推进剂的总质量。弹用空气喷气发动机常用作在大气层内飞行的各种有翼导弹的动力装置。按空气引进装置的不同分为冲压喷气发动机、弹用涡轮喷气发动机和弹用涡轮风扇发动机。

【蛋氨酸循环】(methionine cycle) 蛋氨酸在腺苷转移酶催化下与ATP(三磷酸腺苷)反应,生成S-腺苷蛋氨酸(SAM),再经甲基转移酶催化,将甲基转移到需要甲基化的物质上,脱去腺苷形成同型半胱氨酸,后者再接受甲基重新形成蛋氨酸的过程。其生理意义是由N5-甲基四氢叶酸供给甲基合成蛋氨酸,再通过S-腺苷蛋氨酸提供甲基以进行广泛存在的甲基化反应。人体内约有50余种物质需要S-腺苷蛋氨酸提供甲基,生成甲基化合物,如DNA、RNA、蛋白质的甲基化,肌酸、胆碱、肾上腺素、肉碱等的合成。同型半胱氨酸在蛋氨酸合酶催化作用下接受甲基后生成蛋氨酸。维生素B_{12}是蛋氨酸合酶的辅酶,参与甲基的转移,当维生素B_{12}缺乏时,N5-甲基四氢叶酸上的甲基不能转移给同型半胱氨酸,这不仅影响了蛋氨酸的合成,同时也影响了蛋氨酸的再生,导致了游离的四氢叶酸减少,致使核酸合成障碍,影响细胞分裂。因此,可引起巨幼红细胞性贫血,同时同型半胱氨酸在血液中的浓度升高,可能成为动脉粥样硬化和冠心病的独立危险因子。

【蛋白多糖】(proteoglycan) 见黏蛋白。

【蛋白激酶A】(protein kinase A,PKA) 又称依赖于环状核苷酸的蛋白激酶A。由四个亚基组成的四聚体的酶类。一种结构最简单、生化特性最清楚的蛋白激酶。其中两个是调节亚基(简称R亚基),另两个是催化亚基(简称C亚基)。全酶没有活性。在大多数哺乳类细胞中,至少有两类蛋白激酶A,一类存在于胞质溶胶,另一类结合在质膜、核膜和微管上。其功能是将ATP(三磷酸腺苷)上的磷酸基团转移到特定蛋白质的丝氨酸或苏氨酸残基上进行磷酸化。被蛋白激酶磷酸化了的蛋白质可以调节靶蛋白的活性。一般认为,真核细胞内几乎所有的cAMP的作用都是通过活化PKA,从而使其底物蛋白发生磷酸化而实现的。

【蛋白激酶C】(protein kinase C,PKC) 鸟苷酸结合蛋白偶联受体系统中的效应物。在非活性状态下是水溶性的，游离存在于胞质溶胶中；激活后成为膜结合的酶。其激活是脂依赖性的，需要膜脂DAG的存在；同时又是Ca^{2+}依赖性的，需要胞质溶胶中Ca^{2+}浓度的升高。当DAG在质膜中出现时，胞质溶胶中的蛋白激酶C被结合到质膜上，然后在Ca^{2+}的作用下被激活。同蛋白激酶A一样，蛋白激酶C属于多功能丝氨酸和苏氨酸激酶。能激活细胞质中的靶酶参与生化反应的调控，同时也能作用于细胞核中的转录因子，参与基因表达的调控。其所调控的基因多与细胞的生长和分化相关。

【蛋白聚糖】(proteoglycan) 由蛋白质和氨基聚糖(除透明质酸外)通过共价键结合而构成的复合糖。相对分子质量很高，不同的蛋白聚糖之间相对分子质量差别较大，多肽链长度、多糖链的数目、分布、长度和硫酸基团分布上差别也很明显。主要存在于软骨、腱和各种黏液中，性质与多糖更为接近。是结缔组织主要成分之一。由结缔组织特化细胞或纤维细胞和软骨细胞产生。其主要功能是：作为结缔组织的纤维成分(胶原和弹性蛋白)埋置或被覆的基质，也可当作垫组织使关节滑润。除减少摩擦、抗冲击和机械支持功能外，还能作为生物活性物质参与细胞识别，调节生理活动。

【蛋白酪氨酸激酶】(protein tyrosine kinase, PTK) 一类催化三磷酸腺苷上γ-磷酸转移到蛋白酪氨酸残基上的激酶。能催化多种底物蛋白质酪氨酸残基磷酸化。在细胞生长、增殖、分化中具有重要作用。按其存在细胞膜受体的不同可分为受体型和非受体型两种。现在已知，蛋白酪氨酸激酶信号通路与肿瘤细胞的增殖、分化、迁移和凋亡有关，干扰或阻断酪氨酸激酶通路可用于治疗肿瘤。因此筛选PTK抑制剂成为开发抗肿瘤药物的新途径。目前已开发出多种PTK抑制剂。它们对各种实质性肿瘤，如非小细胞肺癌、乳腺癌、卵巢癌、头颈部鳞癌、结肠癌、胃肠道间质癌、口腔癌和白血病等癌症都有不同程度的疗效。

【蛋白酶】(protease) 能催化蛋白质水解的酶类。其种类主要有：(1)胃蛋白酶。(2)胰蛋白酶。(3)组织蛋白酶。(4)木瓜蛋白酶。(5)枯草杆菌蛋白酶。对其所作用的反应底物有严格的选择性。在人体内的主要功能是催化食物中蛋白质分解和分解一些快要死亡的细胞。

【蛋白饮料】(protein beverage) 用蛋白质含量较高的植物的果实、种子或核果类、坚果类的果仁为原料制成的一种软饮料。其制作过程为：磨制、抽提，去除部分粗渣，再加入糖等配料。它是呈乳白色至淡黄色的乳状液体。成品中蛋白质含量不低于5g/L。植物蛋白饮料主要包括以下几种类别：豆乳类饮料；椰子乳(汁)饮料；杏仁乳(露)饮料；核桃、花生、南瓜子、葵花籽等其他蛋白饮料。

蛋白饮料

【蛋白质-能量营养不良】(protein-energy malnutrition, PEM) 又称蛋白质-热卡营养不良。由于缺乏能量和(或)蛋白质所导致的一种营养缺乏症。临床上以体重明显减轻、皮下脂肪减少和皮下水肿为特征，严重者常有脏器功能失常。临床常见三种类型：能量供给不足为主的消瘦型；以蛋白质供应不足为主的浮肿型以及介于两者之间的消瘦-浮肿型。

【蛋白质-热卡营养不良】(protein-energy malnutrition,) 见蛋白质-能量营养不良。

【蛋白质】protein) 由一条或多条的多肽链按照其特定方式结合而成的高分子化合物。组成蛋白质的基本单位是氨基酸。氨基酸通过脱水缩合形成肽链。蛋白质既是生命活动的主要载体，又是功能执行者。是人体细胞内含量最丰富的一种生物大分子。约占人体固体成分的45%。在细胞中可达细胞干重的70%以上。生物体越复杂所含蛋白质种类和功能越繁多。按其组成的不同可分为：(1)单纯蛋白质。(2)结合蛋白质。前者只含氨基酸不含其他组分；而后者除蛋白质部分外还含有称为辅基的非蛋白质部分。蛋白质在生物体中的功能有：(1)催化功能。(2)运动功能。(3)运输功能。(4)机械支持和保护功能。(5)免疫和防御功能。(6)调节功能。由于组成人体蛋白质的氨基酸只有20种，而蛋白质的分子量较大，因此蛋白质多肽链中氨基酸的排列顺序即一级结构和空间构象即二、三、四级结构是不同的。一般认为具有三级及四级结构的才称为蛋白质。蛋白质结构极其复杂、瞬息万变，完成了生命所赋予的数以千万计的生理功能。

蛋白质

【蛋白质氨基酸评分】(protein amino score) 又称蛋白质化学评分。评定一种食物蛋白质营养价值的方法。按下式计算：

$$蛋白质的氨基酸评分 = \frac{每克待评蛋白质中某种必需氨基酸的质量(mg)}{每克参考蛋白质中某种必需氨基酸的质量(mg)} \times 100\%$$

评分越接近 100，其含量越接近人体需要。在理论上，评定一种蛋白质的营养价值，应根据其 8 种必须氨基酸的构成比例计算。其氨基酸评分，最低者即为该氨基酸评分。在实际工作中，采用赖氨酸、含硫氨基酸或色氨酸的一种即可。这三种氨基酸，在普通食物中或膳食中是主要限制性氨基酸。几种食物蛋白质的氨基酸构成比例评分为：全蛋 100，人奶 100，牛奶 95，大豆 74，花生 65，芝麻 50，玉米 49，小米 63，稻米 67，全麦 53。

【蛋白质沉淀】(protein precipitation) 蛋白质分子凝聚从溶液中析出的现象。即破坏蛋白质分子的水化作用或者减弱分子间同性相斥作用，使蛋白质在水中的溶解度降低而沉降下来转化为固体的分离方法。根据沉淀作用的结果不同可分为：(1)可逆沉淀作用。在发生沉淀作用时，虽然蛋白质已经沉淀析出，然而其分子内部结构并没发生明显的改变，仍保持原有的结构和性质。如除去沉淀因素，蛋白质可重新溶解在原来的溶剂中。因此，这种沉淀作用称为可逆沉淀作用。属于此类的有盐析作用，低温下丙酮、乙醇使蛋白质沉淀的作用，以及利用等电点的沉淀。(2)不可逆沉淀作用。一些物理化学因素往往会导致蛋白质分子结构，尤其是空间结构破坏，因而失去其原来的性质。这种蛋白质沉淀不能再溶解于原来的溶剂中。重金属盐，生物碱试剂、过酸、过碱、震荡、超声波和有机溶剂等都能使蛋白质发生不可逆沉淀。

蛋白质沉淀

【蛋白质等电点】(protein isoelectric point) 蛋白质在溶液中电离生成的两性化合物分子所带的正电荷数和负电荷数相等时的溶液的 pH 值。以 pI 表示。一般来讲，溶于水的一个两性化合物，其解离情况与该溶液的 pH 值有关。当它处于等电点时，该分子本身的净电荷数为零。在电场中，既不向阴极移动，也不向阳极移动。此时，化合物的某些理化性质也会改变，如电导率、渗透压、溶解度和黏度等，均处于最低值。氨基酸、蛋白质和核酸等都是两性化合物，均有其不同的等电点。处于等电点的蛋白质颗粒，在电场中并不移动。蛋白质溶液的 pH 值大于等电点，该蛋白质颗粒带负电荷；反之带正电荷。各种蛋白质分子所含的碱性氨基酸和酸性氨基酸的数目不同，因而有各自的等电点。凡碱性氨基酸含量较多的蛋白质，等电点偏碱性，如组蛋白、精蛋白等；反之，凡酸性氨基酸含量较多的蛋白质，等电点偏酸性。

【蛋白质分类】(protein classification) 依据蛋白质的化学成分、理化性质、溶解度及其氨基酸组成等进行的分类。蛋白质的功能繁多，类型复杂。按其化学成分复杂程度的不同可分为：单纯蛋白质、结合蛋白质和衍生蛋白质；按其理化性质的不同可分为：单纯蛋白、核蛋白、糖蛋白、脂蛋白、磷蛋白、色蛋白和金属蛋白；按其溶解度的不同可分为：清蛋白、球蛋白、谷蛋白、醇溶谷蛋白、碳蛋白、组蛋白和精蛋白；按其蛋白质在食物中含有氨基酸种类的不同可分为：完全蛋白质、不完全蛋白质和半完全蛋白质。

【蛋白质分子设计】(protein molecular design) 为有目的的蛋白质工程改造提供的方案设计。可分为：(1)在已知立体结构基础上所进行的直接将立体结构信息与蛋白质的功能相关联的高层次的设计。(2)在未知立体结构的情形下借助于一级结构的序列信息及生物化学性质所进行的分子设计。按其改造部位的多寡可分为：(1)小改。可通过定位突变或化学修饰来实现。(2)中改。对来源于不同蛋白质的结构域进行拼接组装。(3)大改。完全从头设计全新的蛋白质。其设计过程是：(1)首先建立所研究对象的结构模型。(2)进行结构-功能关系研究。(3)提出设计方案。(4)通过实验验证后进一步修正设计。蛋白质分子设计往往需要几次循环才能达到目的。

【蛋白质复性】(protein renaturation) 只有极少数变性蛋白质，去除变性因素后，可自发地恢复其原有的空间构象和生物学功能的现象。如在牛核糖核酸酶溶液中，加入尿素和 β－巯基乙醇，可使该酶空间构象遭到破坏，丧失催化活性而变性。但经透析方法去除小分子有机化合物变性剂——尿素和 β－巯基乙醇。牛核糖核酸酶又恢复其原有的空间构象，生物学活性也几乎完全重现，仍具有催化核糖核酸(RNA)水解的作用。但绝大多数蛋白质，在某些理化因素作用下，其特定空间结构被破坏,发生变性之后,不能恢复至天然状态保持原来的生物活性。空间构象严重被破坏,不能复原,即称为不可逆变性。

【蛋白质改性】(protein modification) 用物理、化学或酶法改变蛋白质的构象和结构,从而改变其理化性质的方法。用生化因素(如化学试剂、酶制剂等)或物理因素(如热、射线、机械振荡等),改变天然蛋白质分子的结构或对天然蛋白质分子进行修饰,使其氨基酸残基和多肽链发生某种变化,引起蛋白大分子空间结构和理化性质的改变,从而获得较好功能特性和营养特性的蛋白质。按其改性方法的不同可分为:(1)物理改性。是利用各种物理场效应改变蛋白质的功能特性的改性方法。主要包括:反应型挤出、高静压、水热处理、超声改性、高频电场改性和微波改性等。(2)化学改性。主要是针对蛋白质的一些氨基($-NH_2$)、羟基($-OH$)、巯基($-SH$)和羧基($-COOH$)进行化学修饰,改变蛋白质的结构、静电荷和疏水基团,而起到改变其功能性质的目的。食物蛋白质的化学改性方法很多。主要包括:酰化、脱酰胺化、磷酸化、糖基化、羧甲基化、磺酸化、硫醇化、化学接枝、共价交联、水解和氧化等。(3)酶法改性。在酶的催化作用下,蛋白质分子肽链发生水解、聚合和磷酸化等反应,使蛋白质的性质发生改变。具有专一性强、效率高和毒副作用小等优点。因而,成为目前最主要的改性手段。为了达到更好的改性目的,有时将这几种改性方法联用。

【蛋白质工程】(protein engineering) 按照人类需要利用基因工程手段定向改造天然蛋白质从而获得具有优良特性的蛋白质分子的工程技术。其主要内容有:(1)蛋白质的分离纯化。(2)蛋白质结构和功能的分析、设计和预测。(3)通过基因重组或其他手段改造或创造蛋白质。蛋白质是由许多氨基酸按一定顺序连接而成的。每一种蛋白质都有自己独特的氨基酸顺序。改变其中关键的氨基酸就能改变蛋白质的性质。在医学、食品工业、日用品工业等方面应用广泛。比如用经过改造的稳定性好的酶,以价格便宜的棕榈油为原料生产出价格昂贵的可可脂,获得良好的经济效益。

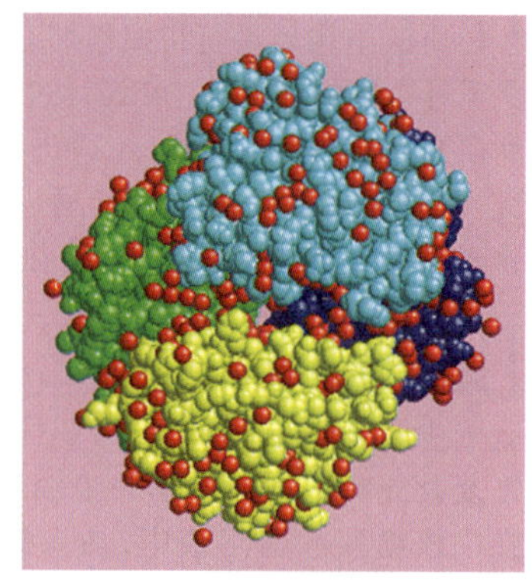
蛋白质工程

【蛋白质功能性】(functional property of protein) 在食品加工、烹调、储藏和消费过程中蛋白质与蛋白质间、蛋白质与食品中其他成分间相互作用时所呈现出的物理、化学性质的总称。蛋白质是生命的象征。是构成人体最重要的物质。按其作用类型的不同可分为:(1)蛋白质-水相互作用。包括吸水性、水分保持性、湿润性、膨胀性、黏着性、分散性、溶解性和黏度等。(2)蛋白质-蛋白质相互作用。包括沉淀作用、凝胶性、蛋白质面团和纤维结构的形成。(3)蛋白质-空气或蛋白质-油脂相互作用。关系到蛋白质的表面张力、乳化性质和泡沫特性。其功能作用很多。其中最重要的是:组成和修复组织、调节生理功能、担当载体和供给能量。

【蛋白质功效比值】(protein efficiency ratio,PER) 实验动物在规定的实验条件下每摄取1g蛋白质体重增加的量。是用处于生长阶段中的幼年动物在实验期内,其体重增加和摄入蛋白质数的比值来反映蛋白质的营养价值的指标。被用来评价婴幼儿食品中蛋白质的营养价值。

【蛋白质构象】(protein conformation) 蛋白质分子中所有原子在三维空间的排布。即蛋白质的空间结构。主要包括:(1)蛋白质的二级结构。肽链的主链在空间的排列,或规则的几何走向、旋转及折叠。(2)蛋白质三级结构。肽链在二级结构基础上进一步盘绕、折叠形成的包括主链和侧链构象在内的特征三维结构。(3)蛋白质的四级结构。由多条亚基通过非共价键聚合而成的特定的蛋白质构象。维系其稳定的主要作用力有共价键:二硫键、配位键、酯键;非共价键:氢键、离子键;疏水作用;范德华力。蛋白质分子的构象改变(如蛋白质的错误折叠)将导致蛋白质构象病的发生。

【蛋白质合成】(protein synthesis) 在多种因子辅助下,核糖体结合mRNA(信使核糖核酸)模板,通过tRNA转移(核糖核酸)识别该mRNA的三联体密码子和转移相应氨基酸,进而按照模板mRNA信息一次连续合成蛋白质肽链的过程。除体内细胞中可以合成蛋白质外,离体条件下亦可进行蛋白质的合成,即利用生物学技术进行的体外翻译,或人工有机合成蛋白质的多肽链。以氨基酸为原料,用化学方法合成多肽或蛋白质的目的是:(1)确证天然多肽或蛋白质的结构。(2)生产天然的、在生物体内含量极微但有医疗或其他生物效用的多肽。(3)改变部分结构,研究其结构与功能的关系,并设计更有效的药物。

【蛋白质互补作用】(protein complementarity) 来源不同食物的蛋白质的营养价值与人体需要的氨基酸的种类及含量整体一致时相互间产生的一种互为补充作用。当必需氨基酸的含量与比值接近人体组织蛋白质氨基酸的组成和比值时,其利用率较高,营养价值就大。但是,有些蛋白质,因一种或几种必需氨基酸的含量过低或过高,比值与人体组织不接近,则利用率低,生物学价值低。若将几种生物学价值较低的食物蛋白质混合食用,取长补短,则混合后蛋白质的总体生物学价值就能大大提高,使其接近人体需要,提高了其营养价值。这种效果就称为蛋白质的互补作用。在实际生活中人们常将多种食物混合食用,不仅可以调整口感,也符合营养科学的原则。谷类食物蛋白质内赖氨酸含量不足,蛋氨酸含量较高,而豆类食物的蛋白质含量恰好相反,因而混合食用时两者的不足可以得到补偿。平时五谷杂粮掺和食用,氨基酸的互补作用会使营养组分更为全面,也可提高食品的营养价值。

蛋白质互补作用

【蛋白质化学】(protein chemistry) 研究蛋白质的结构(一级结构、二级结构、三级结构、四级结构)、组成(单体氨基酸、肽键、二肽、三肽、四肽、多肽、单纯蛋白质、结合蛋白质)、理化性质(两性电解质性质、水化性质、凝胶作用、沉淀作用、变性作用、呈色作用)的学科。是化学、物理学、高分子化学、数学等多学科渗入生物科学而形成的一门边缘学科。其发展是层析、X光衍射、超离心、电泳、光谱、酶的应用等各种研究技术不断革新的结果。蛋白质化学在人造纤维、多肽抗生素、激素、国防化学、病毒、免疫、遗传病等有关的生产和医疗方面都开展了广泛的应用研究。

【蛋白质化学评分】(protein maternalmilk) 见氨基酸评分。

【蛋白质剪接】(protein splicing) 蛋白质内含肽介导的一种在蛋白质水平上翻译后的加工过程。由一系列分子内的剪切－连接反应组成。在蛋白剪接过程中,被切除的序列称为蛋白质内含肽。处于蛋白质内含肽两侧、相互首尾相连以产生成熟蛋白产物的蛋白序列称为蛋白质外显肽。其剪接过程是:(1)从前体蛋白内切除蛋白质内含肽。(2)将蛋白质外显肽以肽键连接,产生成熟蛋白质。切除蛋白质内含肽和连接蛋白质外显肽二者缺一不可。与酶原活化不同,蛋白质剪接有新的肽键形成。蛋白质剪接是一个自催化的过程。其结果由一个单一的前体蛋白产生两个或多个蛋白质分子。

【蛋白质结构】(protein structure) 蛋白质中氨基酸的排列顺序及其空间构象。共分四级:一级结构,组成蛋白质分子的多肽链中氨基酸残基的排列顺序;二级结构,肽链主链原子的局部空间排布,有α-螺旋、β-折叠层、β-转角或称β-回折;三级结构,蛋白质分子或亚基内所有原子的空间排布,但不包括亚基间或分子间的空间排列关系;四级结构,蛋白质亚基的立体排布,亚基间的相互作用与接触部位的布局,但不包括亚基内部的空间结构。

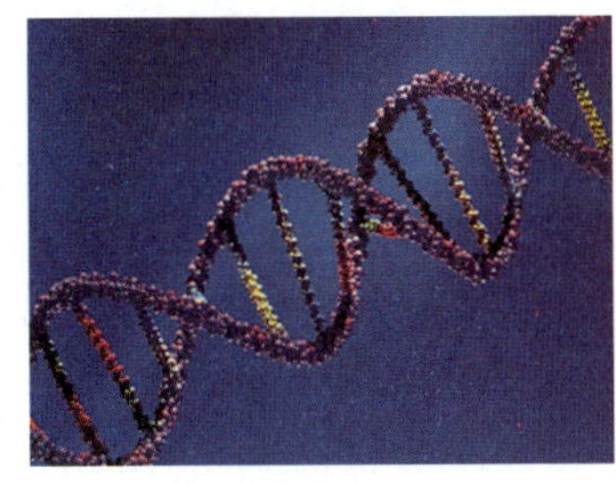

蛋白质结构

【蛋白质结构数据库】(protein data bank, PDB) 以文件形式记录蛋白质结构基本信息的软件系统。一个文件包含了蛋白质结构的名称、物种、参考文献、序列、二级结构和原子坐标等基本信息。

【蛋白质净利用率】(net protein utilization, NPU) 摄入蛋白质在体内的利用情况。即在一定条件下,体内储留的蛋白质在摄入蛋白质中所占的比例。它是体内储留氮量与摄入氮量的比值。用于反映食物中蛋白质被利用的程度,评价食物蛋白质的营养价值。

【蛋白质内含肽】(intein) 存在于蛋白质前体中的多肽序列。靠自我催化的方式从蛋白质前体中断裂并释放出来,使两侧的外显肽连接成成熟的蛋白质。蛋白质内含肽的发现,从理论上丰富了遗传信息翻译后加工的理论,在蛋白质纯化方面有着广泛的应用前景。

【蛋白质能量比】(protein-caloric ratio) 又称蛋能比。饲料中所含粗蛋白质与代谢能的比值。表示动物日粮和配合饲料中蛋白质指标同能量指标间的比例关系。国外早期用能量蛋白比:饲料中消化能(MJ/kg)与粗蛋白质(g/kg)的比值。以表示能量与蛋白之间的营养关系。但这一参数无法给出确切的单位。中国在1986年发布营养标准,采用蛋白能量比来代替能量蛋白比作为参数。

【蛋白质融合】(protein fusion) 将不同蛋白质基因的片段组合在一起,经基因克隆和表达产生新的蛋白质的方法。该方法可以将不同蛋白质的特性集中在一种蛋白质上,改变其特性。现在研究较多的“嵌合抗体”和“人源化抗体”等,就是采用的这种方法。

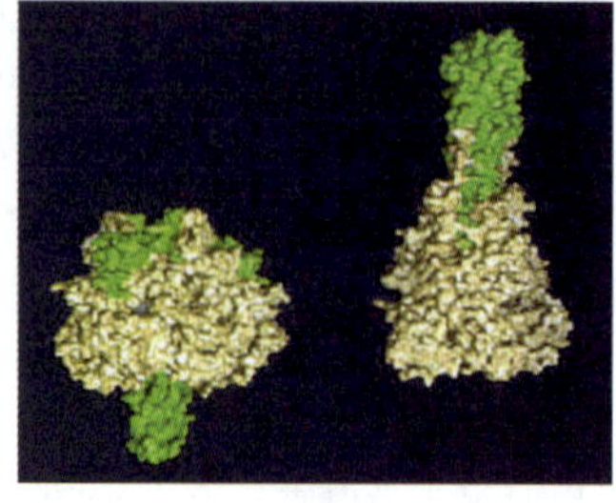
蛋白质融合

【蛋白质生理活性】(protein biological activity) 蛋白质所具有的影响生命活动的特性。其生理活性包括:催化作用(酶的特性,影响一切生命物质变化的新陈代谢过程)、激素作用(调节和影响正常生理活动)、肌肉收缩作用(影响运动能力)、载体特性(影响氧气和二氧化碳的交换作用及营养物质的输送)、免疫作用(影响机体防御各种外来抗原侵害能力)、生物膜特性(保护作用、物质的选择性吸收和通透特性)、保护和结缔功能(生物形体的维持、对外界侵害的防御功能)、信息传递作用(思维和记忆的功能、对外界刺激作出反应的功能)、器官生长分化的控制、凝血作用和营养作用等。上述各种生理活动,不仅分别由特定的蛋白质决定,而且与其结构、组成和存在状况密切相关。

【蛋白质生物价】(biological value of protein, BV) 食品中蛋白质被吸收后在体内被利用的程度。生物价越高,其被机体利用程度越高。表明食物蛋白质中氨基酸主要用来合成人体蛋白,极少有过多的氨基酸经肝、肾代谢而释放能量或由尿排出多余的氮。一般情况下,生物价越高,食品蛋白质的营养价值就越高。

【蛋白质生物学价值】(protein biological value) 食物或饲料在人或动物体内沉积的蛋白质占消化吸收的蛋白质的百分数。是衡量食物或饲料蛋白质营养价值的常用指标。生物学价值越高,说明食物或饲料蛋白质在人或动物体内转化为体内蛋白质的效能越高,因而其营养价值越高。主要是由氨基酸,尤其是必需氨基酸的平衡与否所决定的。必需氨基酸越平衡,即其比例越接近机体蛋白质的氨基酸配比,则其生物学价值越高。机体是固定比例按氨基酸的合成体蛋白质的。在氨基酸比例不平衡时,就按其中比例最小的氨基酸的量来利用其他氨基酸。超过的部分不能被利用,造成氨基酸即蛋白质的浪费。此时,其生物学价值就低。用以下公式表示:蛋白质的氮生物学价值(%)=〔食入食物或饲料中氮-(粪中氮-代谢氮)-(尿中氮-内源氮)〕/〔食入食物或饲料中氮-(粪中氮-代谢氮)〕×100%。

【蛋白质水解】(proteolysis) 蛋白质在酸、碱或蛋白酶催化作用下水解为氨基酸的过程。蛋白质是由一条或多条多肽链组成的生物大分子。每一条多肽链有20至数百个数量不等的氨基酸残基。各种氨基酸残基按一定的顺序排列。蛋白质水解使蛋白质的结构遭到破坏,羧基中的碳原子与氨基中的氮原子相连的肽键被断裂,最终得到水解产物氨基酸。

蛋白质水解后易吸收

【蛋白质外泌】(protein export) 外源蛋白质与细菌细胞的外泌系统相容,穿过细胞质膜进入周质的过程。其特征是:(1)革兰阴性菌周质中的内环境比细胞质内氧化性强,适于含二硫键蛋白质的正确折叠。(2)从细胞质中外运到周质中克服了外源毒性蛋白,如水解酶及DNA结合蛋白对细胞的损害。(3)通过信号肽酶加工,使外源蛋白有正确的N端。(4)蛋白的外泌,特别是分泌到培养基中,使其后的纯化更简化。

【蛋白质消化率】(protein digestion rate) 食物中的蛋白质在机体消化酶的作用下分解的程度。消化率越高,则被机体吸收利用的可能性越大,其营养价值也越高。可以用蛋白质中能被消化吸收的氮量与该蛋白质氮总量的比值来表示:

$$\text{蛋白质消化率}=\frac{\text{食物中被消化吸收的氮量}}{\text{食物中的含氮总量}}=\frac{\text{食物中含氮总量}-(\text{粪便中排出氮量}-\text{肠道代谢氮})}{\text{食物中的含氮总量}}\times100\%$$

粪便中排出的氮量为食物中不能消化吸收的氮,其中一部分来自脱落肠黏膜细胞核死亡的肠道微生物及代谢废氮,称为“肠道代谢氮”。这部分并未消化吸收的氮,不能计入其内。在受试人完全不吃蛋白质食物时,测得其粪便中含氮量,则为“肠道代谢氮”。24h的“肠道代谢氮”是0.9~1.2g。在测定食物蛋白质消化率时,如将“肠道代谢氮”略去不计算,则测得的结果称为“表观消化率”。因此种测定方法简便,一般多采用表观消化率。食物中蛋白质消化率受许多因素的影响。在植物食品中,蛋白质因被纤维物质包围,难与消化酶接触,因而其消化率通常比动物性蛋白质消化率低。若经过烹调,使其纤维物质被破坏、软化或去除,则其消化率也可适当提高。

【蛋白质芯片】(protein chip) 通过微电子技术和微加工技术将蛋白质固定到固相载体的表面而构建的蛋白质功能分析系统。其工作原理是:先把蛋白质固定到固相物体上,然后与要检测的组织或细胞等进行杂交,再通过自动化仪器分析得出结果。其主要功能是对蛋白质进行筛选、分析。按其固定生物分子的不同可分为:(1)受体配体检测芯片。(2)抗原芯片。(3)抗体芯片。按芯片载体的不同可分为:(1)普通玻璃载玻芯片。(2)多孔凝胶覆盖芯片。(3)微孔芯片。其特点是:(1)高通量。(2)微型化。(3)集成化。作为检测蛋白质存在和变化的高效工具,蛋白质芯片在生物工业等领域应用广泛。

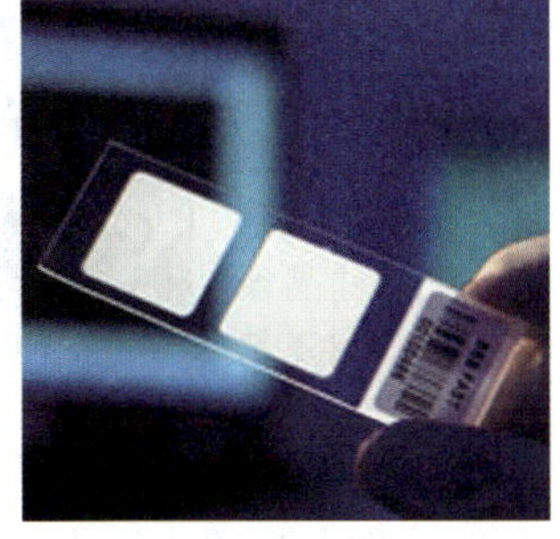
蛋白质芯片

【蛋白质修饰】(protein modification) 由mRNA(信使核糖核酸)翻译合成的多肽链经过加工成为有功能的蛋白质的过程。细胞内蛋白质翻译后需经多种修饰,以使蛋白质的结构更为复杂,功能更为完善,调节更为精细,作用更为专一。按蛋白质翻译后修饰过程的不同可分为:(1)泛素化对于细胞分化与凋亡、DNA修复、免疫应答和应激反应等生理过程起着重要作用。(2)磷酸化涉及细胞信号转导、神经活动、肌肉收缩以及细胞的增殖、发育和分化等生理病理过程。(3)糖基化在许多生物过程中如免疫保护、病毒的复制、细胞生长、炎症的产生等起着重要的作用。(4)脂基化对于生物体内的信号转导过程起着非常关键的作用。(5)组蛋白上的甲基化和乙酰化与转录调节有关。

【蛋白质序列分析】(protein sequence analysis) 测定构成肽或蛋白质的氨基酸序列。通常使用专一化学试剂或具有不同水解专一性蛋白酶,得到有可能重叠的序列的肽段,从而推断出蛋白质的氨基酸序列。其工作可以确定组成蛋白质的氨基酸的种类,确定蛋白质N-末端的氨基酸序列,确定新的蛋白质,还是获得有关高级结构信息的重要基础。

【蛋白质营养价值】(nutrition value) 又称蛋白质的生理价值。食物蛋白质在体内的利用率。其高低,主要取决于食物蛋白质中必需氨基酸的种类、数量和比例。所谓必需氨基酸是指体内需要而又不能自身合成、必须由食物供应的氨基酸。人体内有八种必需氨基酸,包括赖氨酸、色氨酸、苯丙氨酸、蛋氨酸、苏氨酸、缬氨酸、亮氨酸和异亮氨酸。一般来讲,动物性蛋白质,所含必需氨基酸的种类、数量和比例与人体需要相近,营养价值高;反之,营养价值则低。若将营养价值较低的蛋白质混合食用,它们的必需氨基酸可以相互补充从而提高营养价值,称为食物蛋白质的互补作用。例如,谷类蛋白质含赖氨酸较少而含色氨酸较多,豆类蛋白质含赖氨酸较多而含色氨酸较少,两者混合使用可提高蛋白质的营养价值。

【蛋白质折叠】(protein folding) 蛋白质凭借相互作用在特定的环境下自我组装的过程。帮助其折叠的酶有:(1)蛋白质二硫键异构酶。(2)肽基脯氨酸顺反异构酶。蛋白质分子中的二硫键与新生肽段的折叠密切相关,对维系蛋白质分子的结构稳定性和功能发挥重要作用。某些细胞内的重要蛋白质发生突变,会使蛋白质聚沉或错误折叠,导致疾病的发生,如阿兹海默症、疯牛病、帕金森症等。深入了解蛋白质折叠与错误折叠的关系,对于阐明这些疾病的致病机制以及寻找治疗方法将大有帮助。

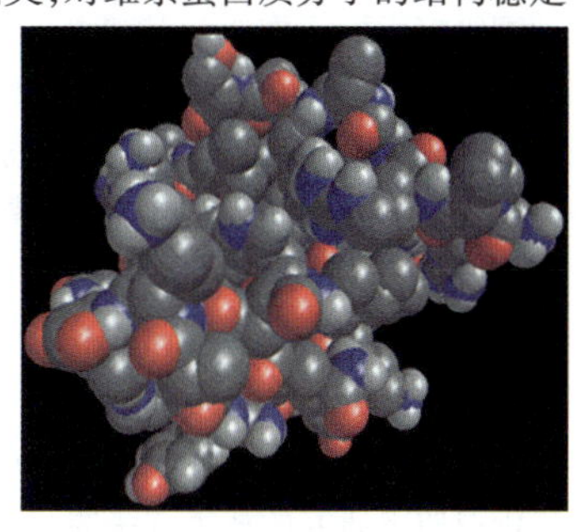
蛋白质折叠

【蛋白质周转代谢】(metabolism of protein turnover) 机体组织在合成新的蛋白质时,不断更新旧的组织蛋白质的合成和降解的可逆过程。动物机体蛋白质的合成和分解是同时进行的。被更新的组织蛋白质降解为氨基酸,其中大部分又重新合成组织蛋白质,少部分通过其他途径进行转化。蛋白质周转代谢的生物学意义是:(1)可以及时清除动物生命过程中翻译错误的蛋白质。(2)在异常环境条件或特定生理功能下,通过蛋白质周转代谢,能优先满足动物某些组织或特定生理功能对氨基酸的需要。(3)通过蛋白质周转代谢能及时降解和清除参与机体代谢作用后的某些活性物质如蛋白质、酶、激素等。

【蛋白质组】(proteome) 由一个基因组编码或是在一个细胞或组织中表达的全部蛋白质。基因组全部基因表达的是所有蛋白质及其存在方式。蛋白质组的概念与基因组的概念存在许多差别,随着组织、甚至环境状态的不同而改变。在转录时,通过不同的剪接,一个基因可以产生多种mRNA分子,同一蛋白质还能进行多种翻译后的修饰,即有不少基因可以表达出多种不同的蛋白质。所以蛋白质组的复杂程度比基因组的复杂程度高得多,其研究不仅为生命活动规律提供物质基础,也为众多种疾病机理的阐明及攻克提供理论根据和解决途径。蛋白质组学是在蛋白质组基础上产生的新学科,其以蛋白质组为研究对象,对组织、细胞的整体蛋白进行检测,包括蛋白质表达水平、氨基酸序列、翻译后加工和蛋白质的相互作用,在蛋白质水平上了解细胞各项功能、各种生理、生化过程及疾病的病理过程等。蛋白质组学有两种研究策略:一种是高通量研究技术,把生物体内所有的蛋白质作为对象进行研究,并建立蛋白质数据库,从大规模、系统性的角度来看待蛋白质组学。另一种策略是研究不同状态或不同时期细胞或组织内蛋白质组成的变化,主要目标是研究有差异蛋白质及其功能,如正常组织与肿瘤组织间的差异蛋白质,寻找肿瘤等疾病标记物并为其诊断治疗提供依据。目前蛋白质组学已经在研究细胞的增殖、分化、异常转化、肿瘤形成等方面进行了深入的探索,鉴定了一批肿瘤相关蛋白,为肿瘤的早期诊断、药靶的发现、疗效判断和预后提供了重要依据。

【蛋白质组学】(proteomics) 以蛋白质组为研究对象在整体水平上研究细胞内全部蛋白质的组成及其活动规律的学科。其主要内容有:在建立和发展蛋白质组研究的技术方法的同时,进行蛋白质组分析。即通过二维凝胶电泳得到正常生理条件下的机体、组织或细胞的全部蛋白质的图谱。相关数据将作为待检测机体、组织或细胞的二维参考图谱和数据库。利用蛋白质组学可寻找和疾病相关的单个蛋白;整体研究某种疾病引起的蛋白质表达或修饰的变化;寻找一些致病微生物引起的疾病的诊断标记和疫苗等。

【蛋粉】(dehydrated egg) 蛋液经喷雾干燥而成的粉状或易松散块状的粉末。干蛋品的一种。在高温段时间内脱去蛋液大部分水分,而得到的含水量不超过4.5%的粉末状产品。其脱水方法有离心式喷雾干燥和喷射式干燥两种。其加工工艺过程为:蛋液(全蛋液和蛋黄液)→经搅拌过滤→巴氏消毒→喷雾干燥得蛋粉(全蛋粉和蛋黄粉)→再经过筛→包装得成品。干蛋粉可分为:(1)全蛋粉。呈淡黄色粉末状。气味正常。无杂质。溶解性良好。含油量不低于43%,游离脂肪酸不超过5.6%。(2)蛋黄粉。黄色。水分不超过4%。含油量不低于60%。其他指标同全蛋粉。将鲜蛋加工成蛋粉后,体积缩小,包装容易,不会破损,储存期也延长,可使运输和储存费用大幅度下降。一般在干燥通风的条件下,保鲜期可长达一年。实践证明,将一时难以销售出去的鲜蛋,转化加工成蛋粉,可解决积压禽蛋的出路问题。

【氮化硅晶须补强碳化硅陶瓷基复合材料】(silicon nitride whisker reinforced silicon carbide ceramic matrix composite) 一种以碳化硅陶瓷为基体、以氮化硅晶须为增强体的复合材料。既保留了碳化硅陶瓷优良的耐高温、抗蠕变、抗氧化、抗化学腐蚀、耐磨等性能,又具有比碳化硅陶瓷更高的强度和韧性。最高使用温度可达1 400℃以上。氮化硅晶须与碳化硅陶瓷基具有较好的物理相容性,化学性质相近,界面的结合力较强。但该复合材料的烧结温度和界面控制困难,成本高。主要用于航天领域的耐高温部件。

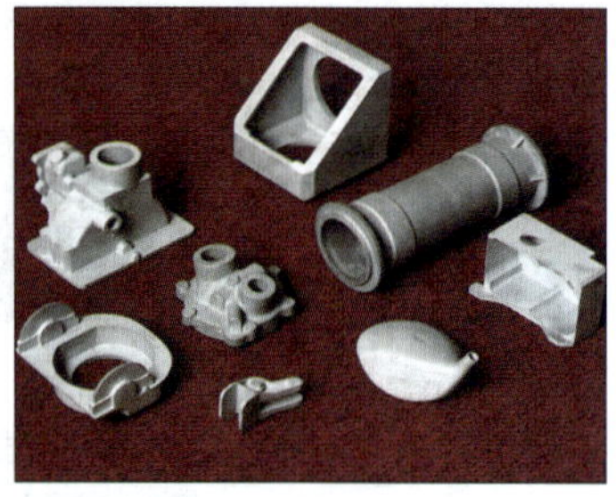

氮化硅晶须补强碳化硅陶瓷基复合材料

【氮化铝-玻璃复合材料】(nitrogen aluminum glass composite material) 由氮化铝和玻璃两种材料组成的复合材料。其热导率是氮化铝、玻璃的5~10倍,烧结温度在1 000℃以内,可与银、铜等布线材料共烧,制造出具有良好导热和导电性能的多层配线板。氮化铝-玻璃复合材料热导率达到10.8 W/(m·K),很好地满足了大规模集成电路小型化、密集化的要求。现已成为当代电子封装材料领域的研究热点。

【氮平衡】(nitrogen balance) 人体氮的摄入量与排出量之间的动态平衡状态。由于蛋白质的含氮量平均约为16%。摄入氮量绝大部分来源于食物中的蛋白质,且主要用于体内蛋白质的合成。而排出氮量主要是蛋白质分解代谢所产生的由尿、粪排出的含氮化合物。因此体内蛋白质代谢概况可根据氮平衡实验来确定。人体氮平衡包括:(1)氮的总平衡。(2)氮的正平衡。(3)氮的负平衡。氮的总平衡为摄入氮=排出氮。反映体内蛋白质合成代谢与分解代谢呈动态平衡,即氮的“收支”平衡,见于正常成人。氮的正平衡为摄入氮>排出氮。反映体内蛋白质合成代谢大于分解代谢,儿童、孕妇及恢复期的病人属于此种情况。氮的负平衡为摄入氮<排出氮。反映体内蛋白质合成代谢小于分解代谢,常见于蛋白质需要量不足,例如饥饿、消耗性疾病、严重烧伤、出血等患者。根据氮平衡实验计算,在不进食蛋白质时,成人每天最低分解约20g蛋白质。由于食物蛋白质与人体蛋白质氨基酸组成的差异,不可能全部被利用,故成人每天最低需要30~50g蛋白质。为了长期

维持氮的总平衡,仍需增量才能满足要求。中国营养学会推荐成人每天蛋白质需要量约为80g。

【氮气】(nitrogen) 元素周期表第二周期第VA族元素。单质为无色双原子分子。约占空气总量的78%。原子序数7。相对原子质量14.006 747。元素符号N。分子量28.013 4。气态密度为1.250 46 g/dm^3(0℃和1大气压)。液态密度为0.080 81 g/cm^3(-195.8℃),熔点-209.86℃,沸点-195.798℃,临界温度-146.95℃,临界压力33.54大气压。微溶于水和乙醇。化学性质非常稳定。对许多试剂呈现惰性。加热时能与锂、镁、钙、钛等反应,高温时与氧生成一氧化氮。大气中在雷电时也能与氧化合,豆科植物的根瘤菌也能直接把N_2转化成NH_3。氮在化合物中通常以共价键与其他元素结合。在高温高压并有催化剂的情况下,氮气和氢气反应生成氨。工业上可由液态空气分馏制备;实验室用加热分解亚硝酸铵,或将饱和亚硝酸钠溶液滴加进热的饱和氯化铵溶液制备;叠氮化钠或叠氮化钡热分解可得很纯的氮气;在铂催化下分解氨可生成氮和氢。是有机生命的重要组成部分。可用于制造氨、氮化物、氰化物、联胺、硝酸及其盐类。可作保护性气体。液氮可作冷凝剂。

【氮素肥料】(nitrogen fertilizer) 又称氮肥。以氮为主要养分的肥料。其肥效的大小取决于氮的含量。根据氮来源的不同可分为:(1)天然氮肥。如粪尿、厩肥、堆肥和饼肥等。(2)化学氮肥。如硫酸铵、硝酸铵、氯化铵、碳酸氢铵、液氨和尿素等。根据氮的化合形态的不同又可分为:(1)铵态氮肥。如硫酸铵、氯化铵、碳酸氢铵、液氨等。(2)硝酸态氮肥。如硝酸钠、硝酸钙等。(3)酰胺态氮肥。如尿素、人尿等。(4)氰氨态氮肥。如氰氨(基)化钙。(5)蛋白质态氮肥。如腐熟粪尿、鱼肥、饼肥、毛屑等。适量施用氮肥时,能促进作物茎叶繁茂、分蘖增多和籽实饱满,提高作物的产量及其蛋白质含量;过量时,会使茎叶嫩弱,易生虫、生病、倒伏及延迟成熟。

【氮碳共渗】(nitrocarburizing) 又称软氮化。在工件表面同时渗入氮和碳,并以渗氮为主的化学热处理工艺。在气体介质中进行的氮碳共渗称为气体氮碳共渗;在盐浴中进行的氮碳共渗称为液体氮碳共渗。氮碳共渗工艺具有处理温度低、时间短、污染少和零件畸变小等优点。处理后的零件,可获得优良的耐磨性、耐蚀性、抗黏附性和疲劳强度性能。氮碳共渗是一种应用很广的化学热处理工艺。常用来处理模具、量具和刀具等。氮碳共渗层较薄,不宜用来处理在重载荷条件下工作的工件。

【氮氧化物】(nitro-oxygen substance) 一氧化二氮(N_2O)、一氧化氮(NO)、三氧化二氮(N_2O_3)、二氧化氮(NO_2)、四氧化二氮(N_2O_4)和五氧化二氮(N_2O_5)等的统称。造成大气污染的主要是一氧化氮和二氧化氮。主要来自燃煤、汽车尾气和其他工业的化石燃料燃烧及硝酸、氮肥、炸药的工业生产过程。一氧化氮与血液中血红蛋白的亲和力比一氧化碳还强。通过呼吸道及肺进入血液后,会使其失去输氧能力。二氧化氮具有腐蚀性和生理刺激作用,是形成光化学烟雾、酸雨的主要原因之一。氮氧化物污染不仅会影响人类的健康,还会影响到生物多样性和臭氧水平。

【当归】(angelica) 又称干归。中药名。药性:甘、辛、温。归肝、心、脾经。功效:补血调经,活血止痛,润肠通便。用于血虚萎黄、眩晕心悸、月经不调、经闭痛经、虚寒腹痛、肠燥便秘、风湿痹痛、跌扑损伤、痈疽疮疡。酒当归活血通经,用于经闭痛经、风湿痹痛、跌扑损伤。用法与用量:6~12g,煎服。

当归

【挡水建筑物】(water-retaining structure) 为拦截水流、抬高水位、调蓄水量、阻挡河水泛滥和海水入侵而兴建的各种闸、坝、堤防、海塘等水工建筑物。主要包括河床式水电站的厂房、河道中船闸的闸首、闸墙和临时性的围堰等。仅用以抬高水位、高度不大的闸、坝也称壅水建筑物。挡水建筑物用混凝土、钢筋混凝土、钢材、木材、橡胶等构筑而成,也可用土料填筑或石料砌筑和堆筑。其主要形式有重力式和拱式两种。其形式、轮廓尺寸、建筑材料、地基处理等的设计,需遵照规定的设计程序,通过水力、结构等的计算分析和方案比较来确定。

挡水建筑物

【挡土墙】(retaining wall) 抵挡土压力和防止土体塌滑的结构物。水闸的岸墙和翼墙、渡槽的槽台、桥梁的桥台等都是挡土墙。常用的型式有三种。(1)重力式挡土墙。依靠自重维持墙体的稳定。墙身体积较大,常在挡土高度不大时采用。为减少工程量,可做成衡重式、半重力式或空心重力。(2)悬臂式挡土墙与扶壁式挡土墙。依靠自重和底板上的填土重维持墙体的稳定,在挡土高度较大时采用。

(3)空箱式挡土墙。利用自重和箱内填土和充水重维持墙体的稳定,同时可利用空箱内填土和充水位置和高度的变化,调节基底压力的分布,减小沉降和不均匀沉降,常在地基软而挡土高度很大时采用。此外,还有板桩式挡土墙,包括拉锚板桩式、悬臂板桩式和支撑板桩式等。挡土墙在水利、道路、桥梁、工业及民用建筑工程中广泛应用。

【刀尖轨迹法】(tongue rail) 依靠刀尖相对于工件表面的运动轨迹,来获得工件所要求的表面几何形状的加工方法。如车削外圆、刨削平面、磨削外圆和用靠模车削成型面等。刀尖的运动轨迹,取决于机床所提供的切削工具与工件的相对运动。

【刀具】(cutting tool) 对工件进行切削加工的工具。直接参与切削过程,从工件上切除多余的材料层。金属切削刀具分为刀柄和刀体两部分。刀柄是指刀具上的夹持部分。刀体部分是刀具上直接参加切削工作的部分。刀具品种很多。有的简单,容易制造;有的复杂,不易制造。是切削加工中影响生产率、加工质量与成本的重要因素。根据其用途和加工方法的不同可分为:切刀类、孔加工刀具、拉刀类、铣刀类、螺纹刀具、齿轮刀具、磨具类、组合刀具、石材刀具、自动线刀具、数控机床刀具及特种加工刀具等。刀具切削性能的好坏,由构成刀具切削部分的材料、几何形状和结构尺寸所决定。在机床的自身技术性能不断提高的情况下,刀具的性能直接决定机床性能的发挥。

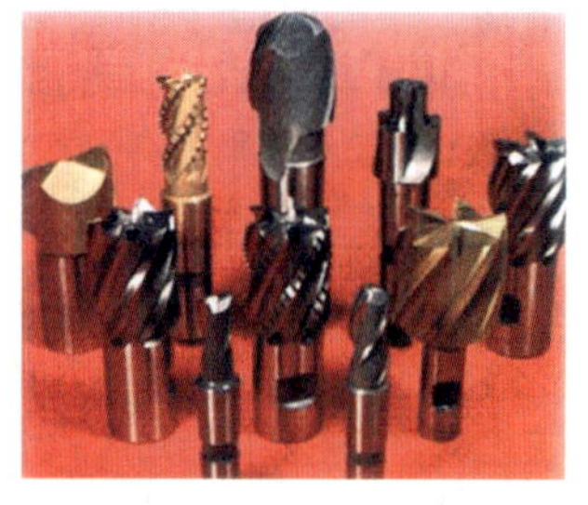

刀具

【刀具表面涂层技术】(coating technology of tool surface) 在韧性较好的硬质合金或高速钢刀具基体上,采用化学气相沉积、物理气相沉积等方法,涂覆一层厚4～5μm耐磨性高的难熔金属化合物的表面改性技术。其目的是提高刀具的切削性能。化学气相沉积温度为1 000℃左右。高速钢刀具涂层采用物理气相沉积法。其沉积温度为500℃左右。涂层既可选用单层,也可采用双层或多层。涂层刀具的特点是:(1)涂层硬度比基体高得多,如在硬质合金基体上,TiC涂层硬度可达HV2 500～HV4 200。(2)涂层有较高的抗氧化和抗黏结性能,且摩擦系数低,故可大大提高刀具耐用度(如涂层高速钢刀具耐用度可提高2～4倍)和切削速度(如Al_2O_3、TiC涂层刀具切削速度可提高20%～40%)。(3)不会降低刀具基体的强度和韧性。其缺点是锋利性、抗剥落性和抗崩刃性不及未涂层刀具。

【刀具材料】(cutting tool material) 刀具切削部分的用材。在切削时要承受高温、高压,以及剧烈的磨擦、冲击和振动等。常用刀具材料有碳素工具钢、合金工具钢、高速钢、硬质合金等。近年来又研发出陶瓷、立方氮化硼和聚晶金刚石等新型刀具材料。它们在硬度、耐磨性、耐热性等方面都超过上述传统的刀具材料,但价格也相对昂贵。刀具材料应具备高硬度、高耐磨性、高耐热性、足够的强度和韧性,以及良好的工艺性等基本性能。

【刀具角度】(cutting tool angles) 刀具在静止参考系中各坐标平面(主剖面、基面、切削平面等)内定义的角度。如前角、后角、主偏角、副偏角、刃倾角等。刀具角度是影响切削过程、刀具耐用度以及加工质量和生产效率的重要因素。

【刀库】(magazine) 数控加工中心在加工过程中,满足自动储刀及换刀需求的一种装置。包括储刀机构和换刀机构。储刀机构一般安装十几把、几十把、甚至上百把不同种类的刀具。加工时,依靠预先编制的程序,依靠换刀机构实现自动快速换刀,从而在保证加工质量的前提下,提高加工效率和效益。通常采用的刀库有斗笠式刀库、圆盘式刀库和链条式刀库三种形式。斗笠式刀库只能存16～24把刀具,圆盘式刀库可存20～30把刀具,而链条式刀库则可存20～120把刀具。

【刀片服务器】(blade server) 又称母板。在标准高度的机架式机箱内插装多个卡式的服务器单元。母板可以插入专用机箱中,自身构成一个独立的计算机系统。管理员可以使用系统软件将数个母板集合成一个服务器集群。在集群模式下,所有的母板可以连接起来提供高速的网络环境,并同时共享资源,为相同的用户群服务。它能够最大限度地节约服务器资源,为用户提供便捷的扩展升级手段。

【刀鱼】(estuarine tapertail anchovy) 俗称毛花鱼、野毛鱼、凤尾鱼。鲱形目、鳀科、鲚属。体延长,侧扁而薄,向后渐细尖呈镰刀状,故而得名。头短小。吻短圆。口大而斜,下位,斜裂。体侧两边被大而薄的圆鳞。腹具棱鳞。无侧线。胸鳍上部有丝状游离鳍条6根。臀鳍基部极长,与尾鳍相连,具91～123鳍条。尾鳍小而成尖刀形。银白色。刀鲚是洄游性鱼类,生活于海洋,每年2～3月入江河产卵。其肉质细嫩,但多细毛状骨刺。因其肉味鲜美,肥而不腻,兼有微香,时令性强而著名。中国“长江四鲜”之一。尤其雌鱼怀卵丰满季节,其肉和卵肥嫩鲜美。鲜食以清蒸或红烧最佳。1985年前,中国黄河花园口以上仍然有鱼汛，现仅在河口区存在。与刀鲚同属的鱼有13种，中国有4种。七丝鲚胸部有7枚游离鳍条，分布于中国南海，中印半岛和菲律宾。风鲚，河口性洄游性鱼类。短颌鲚，生长、发育、繁殖均在江河湖泊内，分布于中国长江、黄河中下游及附属湖泊。

刀鱼

【导带】(conduction band) 具有导电性能的电子最高能带。对于低温半导体，由于电子占有的最高能带是满带，因而不呈现导电性；然而在热激发、光照以及原子掺杂的条件下，半导体靠近最高满带的空带往往会因为出现少量电子而使之导电。在金属中，由于其最高能带未被占满，因而金属能够呈现良好的导电性能。

【导弹】(missile) 依靠自身动力推进、能控制其飞行弹道(轨迹)并将弹头或战斗部导向并毁伤目标的武器。通常由弹头或战斗部、控制系统、推进系统和弹体等部分构成。其任务是：把炸药弹头或核弹头送到打击目标附近引爆，并摧毁目标。按飞行轨迹的不同可分为弹道式导弹和飞航式导弹；按作战任务的不同可分为战略导弹和战役战术导弹；按射程远近的不同可分为洲际导弹、远程导弹、中程导弹和近程导弹；按发射点和目标位置的不同可分为地地导弹、地空导弹、空地导弹、舰舰导弹、舰空导弹、潜地导弹和空空导弹；按攻击目标的不同可分为反坦克导弹、反舰导弹、反潜导弹、反卫星导弹、反辐射导弹和反导弹导弹等。此外，按发动机推进剂种类的不同，还可分为固体导弹、液体导弹和固液导弹；按发动机装置级数的多少可分为单级导弹和多级导弹等。导弹摧毁目标的有效载荷是战斗部(或弹头)，可以填装核炸药、常规炸药、化学战剂、生物战剂，或者使用电磁脉冲战斗部。有的导弹则利用高速飞行的动能，采用直接碰撞的方式摧毁目标。导弹是20世纪40年代开始出现的武器。自20世纪50年代起，导弹得到了大规模的发展，出现了一大批中远程液体弹道导弹及多种战术导弹，并相继装备了部队。20世纪70年代中期以来，导弹进入了全面更新阶段。导弹的使用，使战争的突然性和破坏性增加，规模和范围扩大，进程加快，从而改变了过去常规战争的时空观念，给现代战争的战略战术带来巨大而深远的影响。导弹技术是现代科学技术的高度集成。它的发展既依赖于科学与工业技术的进步，同时又推动科学技术的发展，因而导弹技术水平成为衡量一个国家军事实力的重要标志之一。如今，导弹正向精确制导化、机动化、隐形化、智能化和微电子化的层次发展。

防空导弹

【导弹弹道】(trajectory missile) 导弹质心运动的轨迹。弹道按飞行过程中有无推力分为主动段和被动段两段。主动段是有推力作用的，被动段的推力为零。地空导弹弹道的大部分甚至全部是主动段。弹道按制导方法的不同分为自主弹道和导引弹道两种。自主制导时，导弹按发射前预先确定的、飞行过程中不改变的方案所飞经的路线称自主弹道。巡航导弹的初始段和巡航段弹道等都是自主弹道。导引弹道不是预先确定的，而是根据目标运动特性以某种方法导引导弹飞经的路线。空空导弹、空地导弹的弹道以及巡航导弹的末段弹道等都是导引弹道。兼有自主段和导引段的弹道叫复合弹道。弹道按力学特征和用途的不同又可分为弹道式弹道、滑翔弹道、巡航弹道等。战略导弹、远程火箭、航空火箭弹的弹道多是弹道式弹道。弹道特性，如弹道的高度、射程、弹道上飞行速度和过载的分布以及弹道相对于目标的关系(如脱靶量等)，是导弹战术技术性能的重要指标。因此在导弹的初步设计阶段就必须进行弹道设计，研究和初步确定弹道特性。导弹的弹道因导弹类型、制导方法和动力装置的不同而异。对于某一确定的导弹，其弹道还决定于运动的初始条件、受力情况和所选取的坐标系。

【导弹地理保障】(missile geographical support) 为使导弹在储存、试验、部署、训练演习及作战中有效地运用地理条件而采取的措施和行动。导弹武器作战保障的组成部分。其目的是：为导弹遂行作战任务服务，提高导弹武器系统的可靠性，增强其生存能力与突防能力。其内容有：导弹作战区地理环境因素分析与保障，导弹作战区战场容量分析与保障，导弹阵地配置及综合防护地理因素分析与保障，导弹机动能力地理因素分析与保障，导弹武器系统可靠性环境因素分析与保障，导弹作战区军事行为环境因素分析与保障，核作战环境分析与保障，目标区区域地理环境因素综合分析与保障，空间环境影响因素分析与保障，导弹飞行轨迹映射区域分析与保障，射击精度地理因素分析与保障等。

【导弹发射井】(missile launching silo) 用于战略弹道导弹储存、发射准备和实施发射的地下防护工程设施。按发射方式的不同可分为井内储存井口发射的发射井(简称井口发射井)和井内储存井内发射的发射井(简称井内发射井)。井内发射井又可分为热发射发射井(简称热发射井)和冷发射发射井(简称冷发射井)。热发射井按燃气排出的方法分为有排焰道的发射井和无排焰道的发射井。有排焰道的发射井可分为单排焰道、双排焰道、偏心排焰道、同心排焰道发射井。无排焰道热发射井有的利用导弹与井筒之间的环形空隙排焰,有的利用抑焰池或蓄焰池吸收燃气。导弹发射井由三部分组成:(1)井筒。是导弹发射井的工程主体,通常用钢筋混凝土现场浇灌而成,也可用分段预制的钢筋混凝土管或金属管装配而成,或在多层同心钢圈之间浇灌混凝土制成。为防止水通过井筒渗透到井内,在井筒内壁或外壁设一层或几层防水材料,或在井筒外壁上设金属防水层。热发射井的井筒内表面还附有降低声振的消音层。设备室通常为钢筋混凝土结构,与井筒可建成一个整体,也可分开建筑,用管廊与井筒相连,用于安装专用技术设备和工程设备。(2)设备。其中,专用技术设备包括导弹的装配、储存、维护、测试、瞄准、发射控制、减震等设备,液体推进剂导弹发射井还有加注设备;工程设备指保证导弹长期处于戒备状态,保持发射井内必要温度和湿度所需的设备,包括恒温、降湿、通风、给排水、电源设备等。(3)井盖。由防护盖和开启机构组成,用以保护井内导弹和设备。防护盖用碳钢或合金钢骨架、钢筋混凝土等材料制成。导弹发射井的组成和配备的设备取决于导弹的种类、发射方式和对抗力,抗震、抗核辐射,抗电磁脉冲等核爆炸效应的防护要求。为了克服导弹发射井因位置固定而生存能力低的弱点,导弹发射井将向超加固和深地下发展。

导弹发射井

【导弹飞行试验】(missile flight test) 在专门的试验场区发射导弹,为获取导弹的飞行弹道和工作状态等有关数据的试验。其基本任务是检验导弹武器系统的总体方案的正确性、战术技术性能或成批生产的武器质量。按实验目的的不同导弹飞行试验可分为:(1)导弹研制飞行试验。是在通过大量的各种导弹地面试验之后进行的。主要目的是在飞行条件下检验武器系统设计方案的正确性,导弹各系统工作的协调性和发射条件下武器系统与靶场发射设施之间的适应性。(2)导弹定型飞行试验。是在导弹研制飞行试验取得成功的基础上进行的。主要目的是鉴定导弹武器系统的射击能力、命中精度、杀伤威力、制导精度和使用可靠性等战术技术性能指标,为武器系统的定型提供主要依据。(3)导弹检验性飞行试验是在导弹武器系统定型后,对成批生产的产品,根据抽样理论进行的抽检试验。(4)导弹战斗使用性飞行试验。是在导弹定型后进行的。基本任务是检验武器的作战效能,考核武器的作战适应性。导弹飞行试验的基本工作内容包括检测发射、测量控制、数据处理和结果分析。

导弹飞行试验

【导弹可靠性】(missile reliability) 导弹在规定的条件下能正常发射,命中目标区,实现爆炸并达到预定威力的概率。导弹品质的重要标志和导弹的设计指标之一。规定的条件包括:在发射架(台)上的安装条件;发射和飞行的环境条件,如温度、湿度、风力、风向、振动、噪声、辐射等;操作人员的技术水平等。就常见的“串联系统”而言,导弹的可靠性等于其组成部分可靠性的乘积。假设1枚导弹由1 000个部件组成,每个部件的可靠性为0.999,则导弹的可靠性为0.999^{1000},即0.367 7。假设1枚导弹由10 000个部件组成,每个部件的可靠性仍为0.999,则导弹的可靠性仅为4.517×10^{-5}。由此可见,组成部件愈多,导弹的可靠性愈低。导弹发射后完成任务的可靠性等于命中概率与爆炸、毁伤概率的乘积。导弹可靠性的作用首先在于确保不贻误战机,其次要具有巨大的经济效益。例如,敌方轰炸机来袭,要求以99%的概率予以击落。如果地空导弹的可靠性为99%,发射1发即可;如果可靠性为90%,则需要发射2发;如果可靠性只有80%,则大体上要发射3发。采用最好的设计与制造方法是可靠性的基础。在制造过程中应努力做到不降低设计可靠性,在使用中要通过正常的使用和维护来保证使用可靠性。重要的设计准则是:采用适合于实际使用环境的成熟的设计;力求简单,减少零部件数量;标准化。所谓受控的工程实践,其核心问题是预防故障(及偏差)和控制故障概率,控制各种硬件、软件和人为因素对导弹可靠性的影响。在研制中,要建立导弹的系统可靠性模型,对系统、分系统和弹上设备的可靠性做出数字估计和分配;把各项可靠性指标分配给各分系统和以下各级组成部分,作为可靠性保证的目标,做出系统、分系统和弹上设备的可靠性预测,并检查设计是否能达到可靠性要求。分析研究是可靠性工作的核心。要分析试验成功后的参数变化趋势,尽量选用质量波动小的制造方法。导弹是长期存放、一次使用的产品。要在储存和运输以后保持可靠性,需要分析研究并进行储存和运输试验,确定其储存寿命。

【《导弹及其技术控制制度》】(missile technology control regime, MTCR) 以美国为首的西方国家制定的旨在限制各国导弹和导弹技术出口的规章制度。是在美国倡导下,由美国、加拿大、英国、法国、联邦德国、意大利、日本七国秘密磋商后于1987年4月16日达成的一项协议。其"准则"规定:控制转让除有人驾驶飞机以外的其他核武器运载工具;限制转让射程在300km以上、有效载荷在500kg以上的导弹及相关的技术与设备;除特许外,禁止转让"完整的火箭系统"和"完整的分系统";各类导弹部件等需经成员国发放许可证后方可转让。此后,《导弹及其技术控制制度》作了重新修订,并增加了新的成员国。

【导弹命中精度】(missile hitting accuracy) 又称导弹射击精度。导弹射击准确度和导弹射击密集度的统称。导弹的主要战术技术性能指标之一。影响导弹命中精度的干扰因素很多。按其性质的不同可分为系统干扰和随机干扰两类。前者引起导弹射击的系统偏差,用导弹射击准确度表示;后者引起导弹射击的随机偏差,用导弹射击密集度表示。提高导弹命中精度的主要途径有:根据导弹的种类和特点选择适当的制导方案;提高测量和制导器件的精度;减小导弹的制造误差;增强弹体和制导系统的抗干扰能力;提高导弹武器系统自动化水平和操作人员的技术素质,尽量减小操作误差等。战略弹道导弹在主动段制导的基础上增加中段制导和末段制导,可修正初始误差、主动段制导误差和后效误差等引起的弹道偏差,能有效地提高导弹命中精度。选择技术先进的制导方案和采用高精度的惯性器件,是提高导弹命中精度的根本措施,但受技术、经济等因素的制约。因此,在误差分析和误差系数分离的基础上修正系统误差和制导工具误差,是提高导弹命中精度较为现实、经济而有效的技术途径。导弹命中精度通常用圆概率偏差(CEP)或概率偏差表示。打击活动目标的导弹,用脱靶量评定。

【导弹武器系统】(missile weapon system) 由导弹及其配套的技术装备和设施组成的能够独立执行作战任务的武器系统。由导弹,地面(机载、舰载)设备,侦察瞄准(探测跟踪)系统和指挥控制通信系统组成。导弹是武器系统的核心。不同类型和不同发射方式的导弹武器系统,其组成有很大差别。其主要任务是:运输、装卸、安装、检测导弹,发现(侦察)、识别目标,确定目标位置,瞄准、跟踪目标,发射以及引导导弹飞向目标。其战术技术性能指标因导弹类型而异,地地弹道导弹武器系统的战斗性能主要取决于射程、命中精度、战斗部威力、发射准备时间、机动性、可靠性、抗核加固和突防能力等。导弹武器系统可按多种方法分类。按发射方式的不同通常分为陆基、海基和空基导弹武器系统。陆基发射方式有固定式、半固定式和机动式。固定式的又可分为地上、半地下(壕沟,隧道)及地下井(井上,井下)固定发射。机动式有地上、地下及半地下机动发射。地上发射的有铁路、野外(自行、牵引、车载、便携)机动发射。海基发射方式有水面舰艇和潜艇发射。空基发射方式有飞机、直升机发射。地地远程弹道导弹,由于质量大,地面设备多,通常采用固定发射。随着侦察手段的进步和导弹命中精度的提高,固定发射阵地易受袭击,虽可加固,但代价高,因而地地远程弹道导弹也向机动发射发展。早期的中、近程弹道导弹虽可车载机动发射,但设备多,车辆多,有时需要同时采用固定或半固定发射,地空、反坦克等战术导弹多采用机动发射。导弹技术的进步大大减少了导弹和技术装备的体积和质量,有的战术导弹武器系统可用2~3辆车装载,有的甚至只用1辆车装载。有些小型战术导弹,如反坦克导弹和便携式超低空地空导弹,由于系统简单、轻便,采用便携式发射。空基和海基发射的导弹不仅增加了机动发射手段,还在很大程度上延伸了导弹的射程。

导弹武器系统

【导弹再入测量】(missile reentry observation) 对弹道导弹再入大气层飞行过程的测量和监视。目的是为评定导弹再入系统设计方案,弹头再入散布(受再入干扰产生的落点偏差),引爆控制的可靠性和准确性等提供弹道和遥测数据,为研究战略进攻与防御技术提供目标特性等有关资料。再入测量通常包括测量再入段弹道、接收遥测数据、观测目标特性与再入物理现象、测定弹头落点位置等。导弹再入测量是随着战略弹道导弹的再入试验、战略进攻与防御研究等方面的需要发展起来的。再入测量系统由下列技术系统组成:由无线电和光学设备为主组成的外测系统;由雷达和红外辐射测量设备为主组成的目标特性测量系统;无线电遥测系统;磁记录系统的软、硬回收装置;弹头落点观测系统;计算机及时统通信系统等。再入测量的特点是:(1)在再入过程中,由于再入体与空气摩擦而产生强烈的气动加热,再入体表面都会程度不同地发光,形成等离子鞘套,再入体的光学视见外形与辐射能量、雷达反射截面积将相应地发生变化。(2)由于弹头周围存在着等离子鞘套,将导致无线电信号衰减,严重时将造成信号中断,影响无线电遥测、通信和信标式雷达的跟踪测量。这种现象称为“黑障”。(3)导弹再入体是多目标系统,除了可能有多个真弹头外,还有弹体、仪器舱、假弹头、诱饵等。再入观测设备需具有目标识别选择能力和多目标跟踪测量能力。随着相控阵雷达、多站制脉冲雷达、激光雷达、毫米波雷达、红外和电视跟踪测量,以及微波成像等先进技术的应用,再入“黑障”、多目标跟踪测量等问题将进一步获得解决。

【导弹战】(missile warfare) 以导弹武器为主要攻防手段的作战行动。是现代陆战、海战和空战的最重要的作战方式之一。按导弹武器性质的不同可分为核导弹战和常规导弹战。按导弹攻击类型的不同可分为:地地导弹战、地空导弹战、空空导弹战、空地导弹战、空舰导弹战、空潜导弹战、岸舰导弹战、舰空导弹战、潜地导弹战和舰舰导弹战。按其攻击目标的不同可分为反:坦克导弹战、反雷达导弹战和反卫星导弹战等。按其作战方式的不同可分为:导弹袭城战、导弹破袭战、导弹突击战、导弹防空战、导弹压制战、导弹威慑战、导弹袭船战、导弹警告战和导弹游击战等。其目的是:通过袭击,破坏和摧毁敌方的交通枢纽、机场、港口、输油管线、通信指挥中枢、工程设施等,给敌方的行动、联络、补给与保障等造成困难;消灭敌有生力量,剥夺敌赖以继续进行战争的能力;为己方地面部队和空、海军作战提供火力支持,夺取战争主动权,影响战争的进程与结局;对敌方进攻性导弹进行拦截;利用导弹武器的巨大杀伤破坏力,给敌方的政治、经济和战争潜力造成难以承受的损失,动摇其军心民心,使其经济和社会功能瘫痪,从根本上动摇其赖以进行战争的基础,慑服和制胜对方。

【导弹制导系统】(missile guidance system) 导引和控制导弹按选定的导引规律飞向目标的全部装置和软件的总称。其功能是探测、计算导弹相对于目标的坐标或导弹实际飞行弹道相对理论飞行弹道的偏差,形成制导指令,通过处理,驱动操纵元件(舵面或转动喷管等)偏转或转动,改变导弹的姿态角和飞行方向,以允许的误差接近或命中目标。制导系统因导弹的类别和要完成的任务不同而有很大差异。但所有的制导系统,按其功能的不同均可分为三个部分:(1)测量装置。用来测量导弹和目标的相对位置或速度(包括角度、角速度等)。攻击活动目标时,一般用雷达、可见光、红外、激光或电视等探测器;攻击地面固定目标时,通常用加速度表、陀螺仪表等组成惯性测量装置。(2)计算装置。将所测得的导弹和目标的位置或速度,按选定的导引规律加以计算处理,形成制导指令信号。(3)执行装置。对制导指令信号进行放大、变换,通过舵机驱动操纵元件动作,使导弹按制导指令的要求运动。同时对导弹的姿态进行稳定,消除外界干扰的影响。导弹制导系统按制导原理的不同可分为自主式制导系统、遥控制导系统、寻的制导系统和复合制导系统4类。其中,自主式制导系统是根据导弹内部或外部固定参考基准,导引和控制导弹飞行的制导系统。有关目标的特征信息是在制导开始以前就确定好的,制导过程中不需要提供目标的直接信息,也不需要导弹以外的设备配合;复合制导是采用两种以上制导方式组合的制导系统。单一的制导系统可能出现制导精度低、作用距离近、抗干扰能力弱或不能适应各飞行阶段要求等情况,采用复合制导可以发挥各种制导系统的优势,取长补短,互相搭配,可解决上述问题。组合方式依导弹类别,作战要求和目标等不同而异。通常有自主式–寻的,自主式–遥控,遥控–寻的和自主式–遥控–寻的等复合制导系统。此外,也有由某–类制导系统的多种不同制导方式组合的复合制导系统,如惯性–地形匹配制导组合的复合制导系统等。导弹制导系统还可分为无线电制导、红外制导、激光制导、电视制导和雷达制导系统等。

【导电玻璃】(conductive glass) 电阻率较低,具有导电能力的玻璃。主要产品为表面导电玻璃。这种玻璃是表面涂有金属或者金属氧化物薄膜而使其具有导电性能的玻璃。有透明、半透明和不透明等品种。其中透明导电玻璃应用最为广泛。透明导电玻璃的应用方式主要有三个:(1)直接作为发热体使用。当通电时,玻璃发热,能够防止在玻璃表面结露、结霜,提升周围温度。最重要的是制作飞机风挡玻璃,在恶劣天气中保持风挡玻璃的视野和光学性能,也可以制成电暖气工艺画框在家庭中使用,具有极好的装饰效果。(2)制作透明平板电极。在液晶显示、场致发光、硅太阳电池和等离子显示等领域中应用广泛。(3)制作屏蔽电磁波的门窗。可防止信息泄密和干扰。

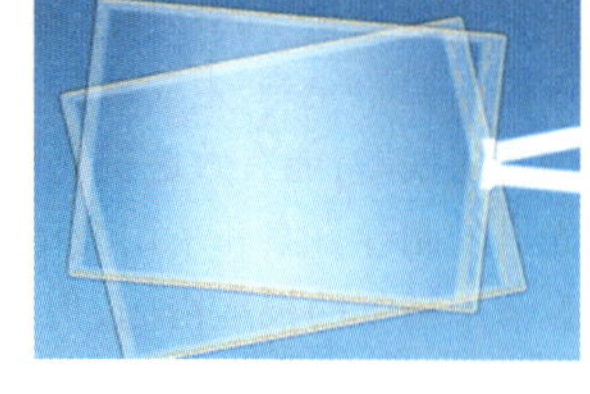
导电玻璃

【导电玻璃纤维】(conductive fiber glass) 采用玻璃镀金属技术和玻璃纤维表面处理技术相结

合而开发出来的具有导电性能的玻璃纤维。其制作方法是:在玻璃纤维表面镀上镍合金,或者在其上面包敷导电性能良好的金属,并在其最外层覆上耐腐蚀性能好的金属材料保护膜。其主要特点是:导电性能好、密度小。在集成电路和电磁设备上有广泛的应用。现已将导电玻璃纤维成功用于隐身材料。

【导电材料】(conductive material) 在电场作用下能传导电流的材料。分为良导体、不良导体和超导体三类。在临界温度以上的超导体也属于不良导体,甚至绝缘体。良导体主要用于传输电能和电信号。要求在传输过程中能量损失尽可能少。金属以其导电性能优劣排序为银、铜、铝、金。其中金和银是贵金属,只用于特殊场合。铜的导电性能和机械加工性能都优于铝。但它在自然界的蕴藏量远少于铝。因此在应用中,往往以铝代铜。

【导电高分子】(conductive polymer) 又称导电聚合物。具有一定导电性能的高分子。按其结构的不同可分为四类:(1)共混型(掺杂型),聚合物与金属粉或导电性碳纤维经共混制得的树脂配合物。其导电率约为1×10^{-1}S/m(西门子/米)。(2)结构型,分子中含有大π键的高分子,经掺杂处理后可具有类似金属的导电性。电导率已能达$1\times10^{2}\sim1\times10^{4}$数量级。(3)高分子固体电解质,是碱金属(如锂盐)与聚醚类的络合物。其电导率约为10^{-3}数量级。(4)聚电解质,是主链或侧基上带有离子基团的化合物,如聚合物磺酸盐、高分子季铵盐和离子交换树脂等,其电导率最低。

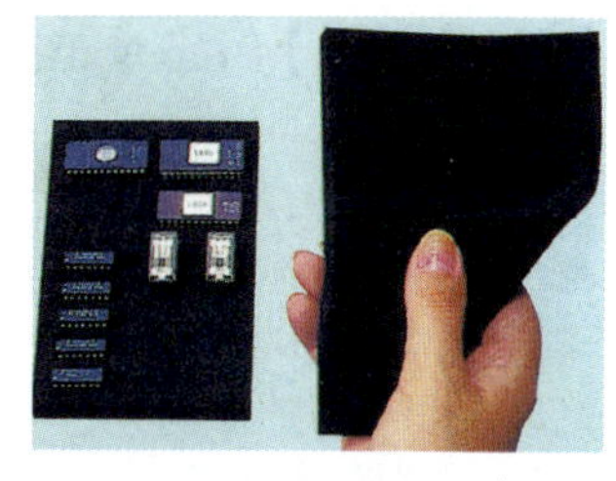
导电海绵

【导电高分子隐身材料】(conductive polymer stealth material) 一种能够吸收雷达波的新型功能材料。主要是利用某些具有共轭主链的高分子聚合物,通过化学或电化学方法与掺杂剂进行电荷转移,实现阻抗匹配和电磁损耗,从而能够吸收雷达波。这类材料主要应用于国防工业领域。

【导电塑料】(conductive plastic) 具有导电性能的塑料。通过在塑料内掺入某些物质,改变其物理化学特性,使其具有较好的导电性能,如在聚乙炔的塑料中添加碘后,聚乙炔便像金属一样能导电。按其导电性能的不同可分为:(1)绝缘体。(2)防静电体。(3)导电体。(4)高导体。按其制作方法的不同可分为:(1)结构型导电塑料。(2)复合型导电塑料。与金属相比,其具有质轻、防腐蚀、防生锈、容易加工等特点。已开发的导电塑料品种有聚苯胺、聚对亚苯醛等。另外,聚苯硫醚、聚吡咯、聚噻吩和聚噻唑等一些高分子聚合物加入掺杂剂后也可成为导电塑料。导电塑料已应用于保护用户免受电磁辐射的电脑保护屏幕以及可减弱太阳光的智能窗户等新产品中。

导电塑料

【导电塑料电池】(conductive plastic battery) 用导电塑料作电极的电池。它的一个电极是金属锂,另一个电极是聚苯胺导电塑料。其圆片外形类似硬币大小,不仅可以多次重复充电,而且使用寿命长。由于该电池是用两种不同材料做电极,经过几次充放电后,在电极表面易形成覆膜,使电池效率降低或失效。经过对其进行改进,将阴极和阳极换成相同的导电塑料薄膜,可使电池的使用寿命大大提高,充放电次数可达1 000次以上。导电塑料电池体积小,重量轻,不仅可以提供相当于同体积普通铅蓄电池10倍的电力,而且每次充电时间较短。已被用在电子计算机和摄、录像机中,以代替较笨重的镍镉蓄电池。

【导电纤维】(electro-conductive fiber) 电阻率小于$1\times10^{-9}\sim1\times10^{-11}\Omega\cdot m$的纤维。不受湿度的影响。抗静电效果耐久。包括钢、铝、镍等金属纤维、碳纤维和有机导电纤维等;普通合成纤维可通过化学电镀法、真空蒸发吸附法、隙缝式机械涂敷法、嵌碳法、渗入法、络合法和吸附法等多种手段涂敷导电物质制成有机导电纤维,也可通过复合纺丝法增加导电芯层制成导电纤维。其特性是:(1)有消除静电能力。(2)具有稳定的物理、化学性质。(3)具有较好的抱合性能,容易同一般纺织纤维混纺和交织而不影响织物的柔软性和外观。用于制作轮船电磁波的吸收罩、导电工作服、发热覆盖材料、电磁波屏蔽罩、导电过滤材料等。用混有各种导电纤维的纤维制品可制成各种防静电工作服、手套、帽子、毛巾、窗帘、地毯、缝纫线等。

防静电工作服

【导电橡胶】(conductive rubber) 具有一定导电性能的橡胶及其制品的总称。导电性能较好的有丁腈橡胶和氯丁橡胶。导电橡胶制品主要采用交联性石墨粉胶子为基料,以乙炔炭黑或导电炭黑,也可采用石墨粉或金属粉等作填料和助剂制成。导电橡胶具有较好的电磁密击和水气密封性能。广泛应用在电子、电信、化工、军工、航空和舰船等领域。

【导函数】(derived function) 单变量函数 $y=f(x)$ 的导数。如果 $y=f(x)$ 在区间 D 上每一点都可导,则对任一 $x\in D$ 都可唯一对应一个实数 $f'(x)$,于是得到定义在 D 上的函数。$f(x)$ 在 D 上的导函数,记为 $f'(x)$ 或 y' 或 $\frac{dy}{dx}$ 或 $\frac{df}{dx}$。

【导航时钟】(navigation clock) 飞行器上供领航计算用的计时仪器。能指示格林尼治时间、地方时间或法定时间(如北京时间)以及飞行时间。老的导航时钟都是机械式的。现代飞行器上已采用了精度很高的电子时钟。导航时钟应具有年、月、日、星期等显示功能,还应有按规定时间报时的功能,以便于航天员安排工作和休息。其工作原理与普通时钟无异,但其结构要保证其能经受得住航空和航天的恶劣环境条件。

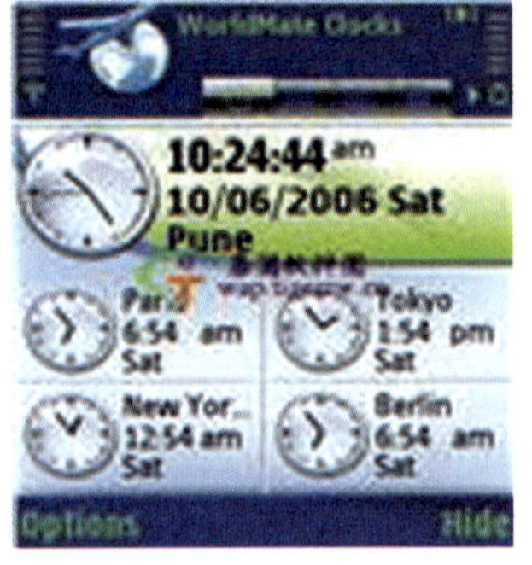

导航时钟

【导航台】(navigation station) 见导航系统。

【导航卫星】(navigation satellite) 为地面、海洋、空中和空间用户导航定位的人造地球卫星。无线电导航设备由高稳定度时钟、播发导航信号的双频发射机、定向天线、遥控接收机和导航电文存储器(或计算机)组成。导航卫星按轨道高度的不同可分为:近地轨道导航卫星、中高轨道导航卫星和地球静止轨道导航卫星;按用户是否需要向卫星发射信号分为主动式导航卫星和被动式导航卫星;按用途的不同可分为军用导航卫星和民用导航卫星等。由数颗导航卫星构成的导航卫星网,具有全球和近地空间的立体覆盖能力。美国的GPS全球卫星定位系统、中国的"北斗"卫星导航系统,都是正在运行的导航卫星网。

导航卫星

【导航卫星精密定轨】(navigation satellite orbit precise determination) 精确确定导航卫星位置、速度状态矢量的技术。导航卫星的精密轨道信息是实现用户高精度定位、通信和时间同步的前提。按其定轨方法的不同可分为:(1)几何法。利用各种观测数据直接进行卫星定位计算。轨道位置确定精度取决于观测数据的精度和观测几何因子。(2)动力法。一般采用扩展弧段观测数据来估计某一历元的卫星位置和速度,通过对卫星运动方程进行积分,使不同时间的观测值联系于某一历元的卫星状态参数。(3)约化动力法。将几何法与动力法有机结合,能充分利用低轨卫星的几何信息和动力学信息,通过引入模型误差参数来平衡几何观测信息和动力学模型信息的贡献。它综合考虑了卫星的几何观测信息和动力学信息,定轨精度优于几何法定轨和动力法定轨。卫星定轨精度取决于卫星动力学模型及参数的精度、观测数据的精度以及定轨方法对各种误差的控制能力。其中,观测数据的精度是决定卫星定轨精度高低的前提。

【导航系统】(navigation system) 用于确定运动平台在某一坐标系中的位置,引导它按预定路线运动并到达目的地的电子信息系统。导航是一个技术门类的总称。最基本的作用是引导飞机、舰船、车辆(运载体)和个人,安全准确地沿着所选定的路线,准时到达目的地。导航由导航系统完成。驾驶员或自动驾驶仪根据导航设备的仪表指示或输出的信号,便能在陌生环境中操纵运载体正确地向目的地前进。如果装在运载体上的设备能单独产生导航信息,便称为自主式导航系统。但现在更多使用的导航系统是,除了要有装在运载体上的导航设备之外,还需要有设在其他地方的一套设备与之配合工作,才能产生导航信息。此时装在运载体上的设备分别称作机载、船(舰)载或车载导航设备,而设在其他地方的设备叫导航台。导航台一般设在陆上,也有设在舰上的,个别也有设在飞机上的。导航台与运载体上的导航设备用无线电联系,形成一个导航系统,称作陆基导航系统或它备式导航系统。运载体(可以是许多)进入导航台所发射的电磁波的覆盖范围,其导航设备便能输出导航信息。如果导航台设

导航台

在人造地球卫星上,则构成卫星导航系统。

【导航星测时测距全球定位系统】(navigation satellite timing and raging global positioning system, GPS) 又称导航星全球定位系统。美国的卫星导航系统。由三部分组成:(1)卫星网。由布设在均匀间隔的6个轨道平面半同步轨道上的24颗卫星组成,轨道高度20 200 km,运行周期12h,倾角55°。(2)地面控制网站。由设在美国的主控站和分布在世界各地的5个监控站、3个注入站组成。(3)用户设备。即接收机。该系统分精码(PC码)和粗码(C/A码)两种信号。精码供美国军用,定位精度1m;粗码供民用,精度为100m。系统测速精度0.1m/s,授时精度1μs。其主要特点是:(1)精度高,速度快。(2)被动接受,隐蔽性好。(3)用户数量不受限制。(4)具有统一坐标和时间标准。(5)提供全球范围、全天候授时和定位服务。

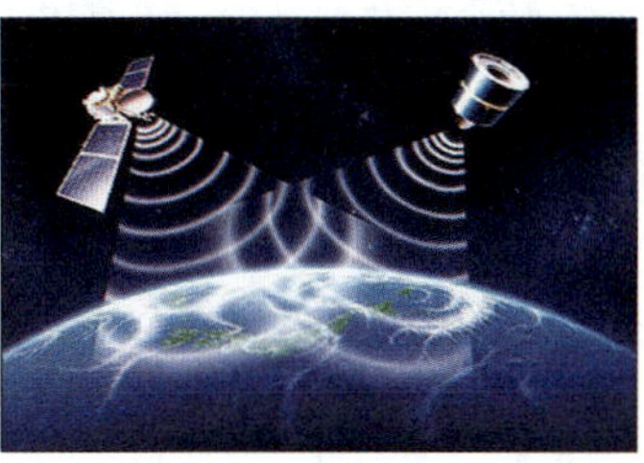
全球定位系统

【导航战】(navigation war) 电子对抗作战拓展到导航领域里的作战。主要指在海上作战环境中,干扰破坏敌方的导航定位系统,使其不能正确接收使用卫星导航系统的信息,为己方各类作战平台和武器的机动、精确攻击服务,并确保己方和友军的作战平台和制导武器有效利用导航定位信息与敌方对抗。

【导流隧洞】(diversion tunnel) 以施工导流为目的的水工隧洞。隧洞导流多为河床外导流。用于山区河流,山高谷窄,两岸陡峻,地形不利于开挖明渠而有利于布置隧洞,并要求全年施工的工程。分期导流的后期导流也常用隧洞导流。隧洞的造价较高,通常将导流隧洞与永久性建筑物结合,达到一洞多用的目的。

导流隧道

【导尿术】(catheterization) 在严格无菌操作下,将导尿管经尿道插入膀胱引出尿液的一种方法。通过导尿术可解除尿潴留等排尿困难病人的痛苦,进行泌尿系统疾病的辅助诊断,注入药物进行膀胱疾病的治疗等。导尿容易引起医源性感染,因此,为患者导尿时必须严格遵守无菌技术操作原则,熟悉男、女性尿道解剖特点,避免增加病人的痛苦。

【导墙】(guide wall) 用以引导水流或分隔不同流态水流的墙形构筑物。溢流坝或泄水闸的上、下游导墙,其主要作用是引导水流平顺地进入泄水建筑物和使下泄水流不影响其他建筑物的安全和正常运行。位于岸边的导墙同时起翼墙的作用,是河岸连接建筑物的组成部分。导墙的布置主要取决于水流条件,重要工程通过水工模型试验决定。当采用底流消能时,导墙至少要延伸到护坦末端,且与护岸建筑物连接,以防止水流冲刷岸坡;当采用挑流消能时,导墙至少要延伸到挑流鼻坎末端;当与水电站厂房或通航建筑物相邻时,导墙还要延伸到使得下泄水流对电站尾水和航道水流的影响不超过允许限度。溢流坝与非溢流坝,电站或船闸之间的导墙一般可布置在溢流坝段两侧。当溢流前缘较长,必要时也可在中间设置一道或多道导墙。导墙承受的荷载有自重、静水压力、动水压力、土压力等。一般可参照挡土墙进行设计。导墙较长时需设置伸缩缝及沉陷缝。缝的位置可与护坦的伸缩缝一致,且缝内设止水。

【导入杂交】(introductive crossing) 又称引入杂交。针对生产性能上存在某些重要缺点的品种,选择有突出优点的品种杂交一次,以后再从所生后代杂种中挑选比较优良的杂种公母畜与原需改良的品种的公母畜进行回交的杂交方式。当一个品种基本上可满足需要,但在生产性能上还存在某一重要缺点,采用纯种选育很难在短期内见效时,可有针对性地选择在被改良品种的缺陷性状上具有突出优点的优良品种杂交一次,以后在所生一代杂种中挑选比较优良的杂种公母猪与原需要改良品种的公母猪进行回交。此时所生后代会含1/4引入品种"血液"和3/4原来品种"血液"。如果已经符合需要,就可选择其中最好的公猪与合乎要求的母猪进行横交固定。有时为了避免被改良品种的优点过多的丧失,也常用含1/4外血的回交后代,再一次与原来的被改良品种回交,获得含1/8引入品种"血液"和7/8原来品种"血液"的杂种,进行横交固定。导入杂交在当代养猪业中用得较多。例如当代人们很青睐双肌臀性状,可考虑用双肌臀性状明显的大白猪(或长白猪)进行导入杂交,从而使经改良的大白猪在保持原有的生长快、饲料利用率高、肉质优良等优点的基础上,进一步提高瘦肉率和具有较明显的双肌臀特征。因此,导入杂交是加快品种改良的一项重要措施。

【导湿排汗面料】(humid transmitting and perspiring textile) 迅速将人体散发的汗液排出且没有潮湿感的织物。将制作该面料的原材料丙纶纤维,经细特化和差别化处理后变得细软。在纤维表面形成沟槽、凹坑,使毛细水得以传递,纤维导湿性增大。由于丙纶的疏水性,纤维内不保留水分,使皮肤接触面保持干燥,抑制细菌的繁殖,保持人体和服装卫生。若采用特细丙纶为内层,棉纱为外层的双面效应织物——棉盖丙面料,具有优良的导湿排汗功能。

导湿排汗面料

其双面色差效应及丙纶丝光滑柔软的丝质风格,可用来生产T恤衫、夏季时装等。除棉盖丙面料外,还有丝盖丙和毛盖丙面料。

【导数】(derivative) 又称微商变化率。当自变量的增量趋于零时,因变量的增量与自变量的增量之商的极限。是由速度问题和切线问题抽象出来的数学概念。导数是微积分中的重要概念。一个函数存在导数时,称这个函数可导或者可微分。可导的函数一定连续。不连续的函数一定不可导。物理学、几何学、经济学等学科中的一些重要概念都可以用导数来表示。如导数可以表示运动物体的瞬时速度和加速度,可以表示曲线在一点的斜率,还可以表示经济学中的边际和弹性。

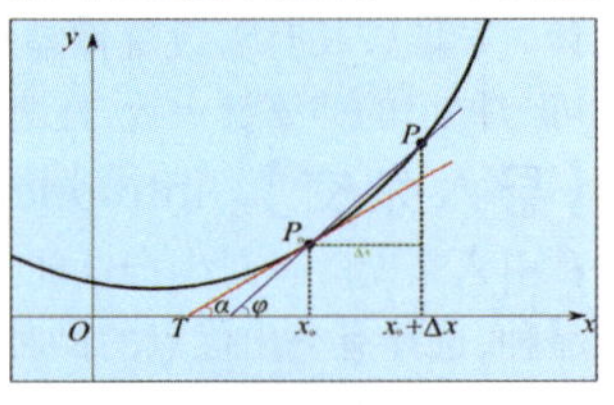

导数的几何意义

【导数法求极值】(acquired extreme with derivative method) 利用连续函数经过极值点时导数值改变符号的特性求函数极值的方法。设函数f(x)在定义域(闭区间或开区间)内连续,若函数f(x)的图像在某点 x_i 附近呈现下凹,则在 x_i 的左、右两侧都有 $f(x) < f(x_i)$,且左侧有 $f'(x)>0$,而右侧有 $f'(x)<0$(即在 x_i 两侧导数异号),这不仅说明 x_i 是极大值点,而且有 $f'(x_i)=0$。类似的,若函数f(x)的图像在某点xi附近呈现上凹,则在 x_i 的左、右两侧都有 $f(x) > f(x_i)$,且左侧有 $f'(x)<0$,而右侧有 $f'(x)>0$(即在 x_i 两侧导数异号)。这不仅说明 x_i 是极小值点,而且有 $f'(x_i)=0$。反过来,如果在某点 x_i 处导函数值为零,且满足在这个点两侧导数异号的条件,那么 x_i 一定是极值点。因此,只要求出导函数方程 $f'(x)=0$ 的根即得到极值点 x_i。其实,两侧导数异号的条件相当于 $f''(x_i)\neq 0$。例如,求函数 $f(x)=x^3+3x^2-1$ 在开区间 $(-\infty,+\infty)$ 内的极大值和极小值。令 $f'(x)=3x^2+6x=0$,由 $3x(x+2)=0$ 解得极大值和极小值点分别为:$x_1=0,x_2=-2$,代入函数 $f(x)=x^3+3x^2-1$ 中有极小值和极大值分别为:$f(0)=-1$ 和 $f(-2)=3$。可以看到在本例中有 $f''(0)=6\neq 0$,$f''(-2)=-6\neq 0$。再如,对于函数 $f(x)=x^3$ 来说,令 $f'(x)=3x^2=0$,能解得 $x_i=0$,但 $f''(0)=0$,所以 $x_i=0$ 不是极值点。实际上它是函数 $f(x)=x^3$ 的拐点。

【导体】(conductor) 在电场作用下具有流动的自由载流子的物质。包括金属导体、非金属导体及超导体。其特点是:内部含有在电场作用下能定向移动的带电粒子,通常是电子或离子。在电工技术中金属导体应用范围最广。主要用于制造传输电能或电信号的各种电线、电缆。此外,电热材料、电极材料、磁性材料、电阻材料和电机电器绕组都需用导体制作。

【导线测量】(traverse survey) 在地面上选定相邻点间相互通视的一系列点连成折线,以测边、测角方式确定点的水平位置的测量技术。由测量点连成的折线称为导线;测量点称为导线点。导线测量是建立大地平面控制网的主要方法之一,也是军事工程测量的常用方法。按布测目的的不同可分为:(1)基本控制导线测量。国家一、二、三、四等导线测量。(2)图根控制导线测量。指专为测绘地形图而进行的导线测量。按测距方法的不同可分为:精密测距导线测量、经纬仪导线测量、视差导线测量、视距导线测量、电磁波测距导线测量等。与三角测量方法相比,具有布设灵活机动,推进迅速,工作量小,边长精度均匀等优点;但控制面积小,检核条件少。

【岛弧】(island arc) 大陆边缘呈弧状延伸或排列的岛屿或群岛。岛屿以山地为主,外临深海沟。可进一步分为内岛弧和外岛弧。前者靠近大陆一侧,是大洋板块与大陆板块接触带,火山和地震集中于此;后者靠近大洋一侧,无火山地震带。岛弧以西太平洋岛弧最为典型,分为南北两段:北段由千岛群岛、日本群岛、琉球群岛、台湾岛和菲律宾群岛构成,面向太平洋,称东亚太平洋岛弧;南段由安达曼群岛、尼科巴群岛、苏门答腊岛、爪哇岛和努沙登

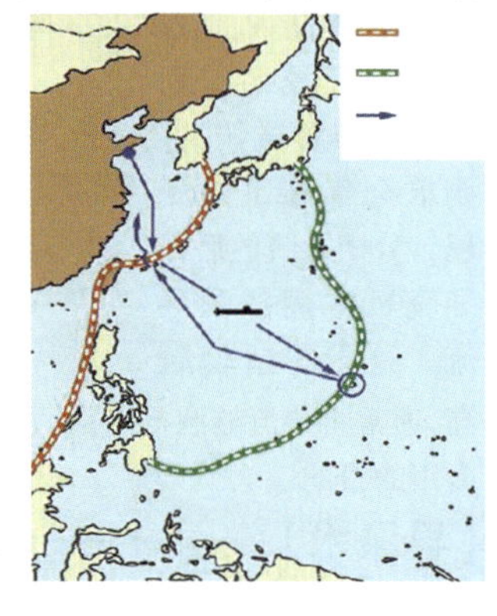

西太平洋岛弧

加拉群岛组成,向印度洋突出,称印度洋巽他岛弧。两段岛弧在苏拉威西岛衔接。西太平洋岛弧处在太平洋板块、亚欧板块和印度洋板块的嵌合带,地壳不稳定,多火山地震。据统计,全世界有活火山500余座,一半以上集中在该岛弧带;全球地震能量的95%也在此释放。频繁的火山活动引起的岩浆喷发,使岛弧带成为世界上矿产最丰富的地区。

【岛屿】(islands) 散布在海洋、河流或湖泊中的小块陆地。按地质成因的不同可分为:大陆岛、泥沙岛、大洋岛和构造混杂岩岛。彼此相距较近的一群岛屿称为群岛。呈弧形延伸或排列的岛屿或群岛称为岛弧。海洋中的岛屿分布很不均匀。西太平洋大陆边缘外围的岛弧、西南太平洋的火山–珊瑚群岛、北美洲北部的群岛是岛屿相对集中的区域。中国沿海岛屿众多。台湾岛是中国的第一大岛。海南岛是中国的第二大岛。

岛屿

【倒虹吸管】(inverted siphon) 敷设在地面或地下用以输送渠道水流穿过河渠、溪谷、洼地、道路的下凹式压力管道。是一种较常用的交叉建筑物。渠道水流在上下游水位差的作用下,由上游渠道经过倒虹吸管流向下游渠道。倒虹吸管的材料有浆砌石、混凝土、钢丝网水泥、钢板、钢筋混凝土及预应力混凝土等,可根据水头、管径和供应情况选用。倒虹吸管由进口段、管身段及出口段三个部分组成。(1)进口段。一般包括渐变段、进水口、拦污栅、闸门、挡水墙及沉沙池等。(2)出口段。与进口段基本相同。单管可不设闸门,多管可设闸门以便按流量控制运行的管数。出口段一般设消力池,用以调整出口水流的流速分布。对于小流量倒虹吸管,出水口可用梯形断面直接与下游渠道连接;大、中流量倒虹吸管,出口应设置渐变段;其长度需大于进口渐变段。(3)管身段。管身断面型式可为圆形、矩形或城门洞形。圆形受力条件较好,常用于大、中水头的倒虹吸管。根据过水流量大小、运用要求及经济比较,可以设计成单管、双管或多管。

倒虹吸管

【倒相式音箱】(acoustical phase inverter) 见低音反射式音箱。

【倒置梁法】(method of inverted beam) 将水闸闸室底板切取单宽板带,视为倒支于闸墩(或边墩)上的梁,进行内力计算的方法。由于闸底板受刚性很大的闸墩约束,其顺水流方向的弯曲变形远小于垂直水流方向的弯曲变形,可视闸底板与闸墩固结。因此,可把闸底板简化为单向受弯的板,并从闸门上游段和下游段适当位置分别切取有代表性的单宽板带作为梁进行内力分析。倒置梁法的基本假定是:(1)视闸墩(或边墩)为底板的不动支座,墩与墩之间无相对垂直位移,板带为支承在闸墩上的简支梁或连续梁。(2)地基反力顺水流方向呈直线分布,用偏心受压公式计算;在垂直水流方向呈均匀分布,其值为计算板带所在位置地基反力沿水流方向的分布强度。倒置梁法是闸室底板内力计算的近似方法,多用于建在良好地基上的小型水闸。其缺点是:(1)没有考虑底板与地基间的变形协调条件,假定的地基反力分布与实际情况有差别。(2)将闸墩作为不动支座,忽视了各支座间可能发生扣对位移这一重要因素。(3)所求得的倒置梁的支座反力,与相应位置闸墩及墩上荷载作用在底板上的力值不相等。

【倒置式屋面】(inverted roof) 将憎水性保温材料设置在防水层上的屋面。与普通保温屋面相比有如下优点:(1)构造简单,避免浪费。(2)不必设置屋面排气系统。(3)防水层受到保护,避免热应力、紫外线以及其他因素对防水层的破坏。(3)出色的抗湿性能使其具有长期稳定的保温隔热性能与抗压强度。(4)如采用挤塑聚苯乙烯保温板能保持较长久的保温隔热功能,持久性与建筑物的寿命等同。(5)憎水性保温材料可以用电热丝或其他常规工具切割加工,施工快捷简便。(6)以后屋面检修不损材料,方便简单。(7)采用高效保温材料,符合建筑节能技术发展方向。其保温层和保护层的常见做法是:(1)采用发泡聚苯乙烯水泥隔热砖用水泥砂浆直接粘贴于防水层上。(2)采用挤塑聚苯乙烯保温隔热板直接铺设于防水层上。(3)采用保温板直接铺设于防水层,再敷设纤维织物一层,上铺卵石或天然石块或预制混凝土块。

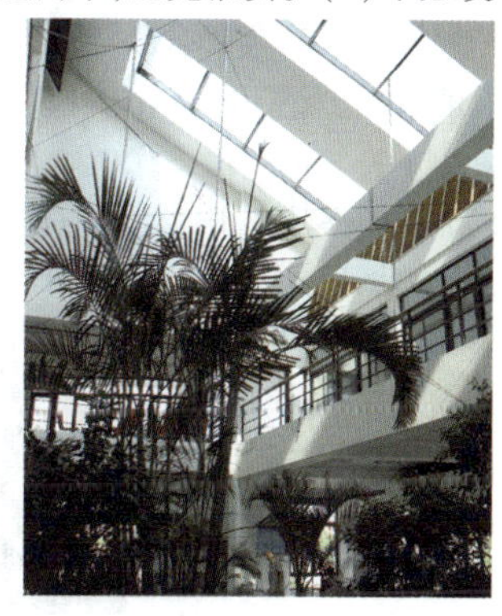
倒置式屋面

【盗版软件】(pirated software) 未经授权,或超出授权非法制造、复制、销售与使用的软件。软件所有人在完成软件设计后,向国家版权局计算机软件登记部门申请依法认证并核发的版权所有证明。一个公司销售的正版软件存在两种版权所有形式:一种是公司自主产品,版权所有者为该公司所有;另一种是销售别人的产品,版权所有者是为该公司提供软件的公司或个人。如果不能提供以上合法的版权所有证明,那么就存在未经授权非法制造、复制与销售的可能。而用户使用盗版软件的主要的形式是使用非法获得的注册码激活软件,或使用只适于一台或少量电脑的注册码激活超出授权允许范围的多台电脑中的软件,或使用被修改破解后的破解版本。它对用户的危害是:(1)没有售后服务。(2)软件不可能再升级。(3)发现缺陷和错误后,软件出售者无能为力。(4)使用者无意间也充当了盗版者的帮凶 。

【盗汗】(night sweat) 入睡之后汗出、醒后汗止的病理状态。多见于阴虚内热证或气阴两虚证。因入睡之时,卫阳入里,肌表不固,虚热蒸津外泄,故睡时汗出;醒后卫阳复归于表,肌表固密,虽阴虚内热,但不能蒸津外出,故醒后汗止。

【道班】(gang) 对公路或铁路进行日常保养和维护的作业小组。包括公路道班和铁路道班。公路道班主要养护公路,清扫,小规模维修,修剪道旁树木,除草和画线等;铁路道班的职责是职守路口和沿铁路巡查排除安全隐患等。

【道岔】(mine tranover) 线路和线路间连接和交叉设备的总称。其作用是使车辆由一条线路上转到另一条线路上。主要由导钢轨、转辙器与辙叉组成。根据用途和平面形状的不同可分为:单开道岔、双称道岔、三开道岔、交叉渡线、复式交分道岔等。按道岔转辙机械操作形式的不同又分为手动道岔、弹簧道岔、电动道岔等。煤矿用道岔主要是单开道岔。在井巷施工中的临时轨道,有时还采用简易道岔(也称驴尾巴道岔)、十字道岔、菱形道岔等非标准道岔。道岔的轨距应与铺设的线路的轨距一致,标准轨距为1 435mm,窄轨轨距为 762mm、600mm、900mm 和1 000mm等。道岔轨型的选择。原则上应与线路钢轨选型一致。在确保安全运输和节约钢材的条件下,亦可使用不同轨型的道岔和线路钢轨相接。在特殊情况下,轨型不一致时,其道岔钢轨强度应不低于线路钢轨强度,并需在道岔前后各铺一节与道岔同类型的钢轨。

道岔

【道地药材】(genuine Chinese medicine material) 传统中药材中生产历史悠久、具有特定的种质、特定的产区或采用特定的生产技术和加工方法所生产的货真价实的中药材。是经长期自然选择和人工选择形成的。是中药行业传统评价药材真伪优劣的综合性标准。即在一特定自然条件、生态环境的地域内所产的药材,因生产较为集中,栽培技术、采收加工也都有一定的讲究,以致较同种药材在其他地区所产者品质佳、疗效好。作为专有名词始见于明朝太医院院判刘文泰所著《本草品汇精要》(1505)一书。中国各地都有一些著名药材,如河南的地黄、山药、牛膝;四川的黄连、附子;甘肃的当归、大黄;云南的茯苓、三七;浙江的菊花、玄参、浙贝母;福建的泽泻;广西的蛤蚧等。

【道化学公司评价方法】(Dow Chemical Evaluation Methods) 由道化学公司开发的一种火灾、爆炸危险指数评价法。1964 年美国道化学公司根据化工生产的特点,首先开发出的火灾爆炸危险指数评价法。应用于对化工生产装置安全性评价。该方法经过多次修订,不断完善。它是以以往的事故的统计资料、物质的能量和现行的安全防护措施的状况为依据,以单元重要危险物质在标准状态下的火灾、爆炸或释放出危险性潜在能量大小为基础,同时考虑工艺过程的危险性,计算单元火灾爆炸指数,确定危险等级。还对特定物质、一般工艺及特定工艺的危险修正系数,求出火灾爆炸指数。定量地对工艺过程和生产装置及所含物料的实际潜在火灾爆炸和反应性危险逐步推算进行客观的评价。再根据指数的大小分成几个等级,按等级的要求及火灾爆炸危险的分组采取相应的安全措施。由于该评价方法切合实际,科学合理,并提供了火灾爆炸总体的关键数据,因此已经被世界化学工业及石油化学工业公认为最主要的危险指数评价法。

【道路】(road) 供车辆和行人通行的带状工程构筑物。按其使用性质的不同可分为公路、城市道路、厂矿道路、林区道路及乡村道路等。按服务范围及其在国家道路网中所处的地位和作用的不同可分为:(1)国道(国家级公路),包括高速公路和主要干线。(2)省道(区域性公路)。(3)县、乡道(地方性公路)。(4)城市道路等。

乡村道路

【道路防护林】(forest for road protection） 在公路、铁路、乡村道路、农田机耕路等道路两侧营造的人工林带。由一行到多行树木组成，配置形式多样，结构各异。根据适地适树原则，选择春季发芽早、秋季落叶晚、枝叶茂密、树冠冠幅较大、观赏性较高、气味芳香、深根、抗风能力强、耐干旱瘠薄和生长较快的树种。其作用是：防止道路及周围的水土流失，防风固沙，巩固路基，保护路面，维护交通环境，延长道路使用期限，美化道路景色，减少司机驾驶疲劳，增加行车安全。

道路防护林

【道路工程】（road project） 以道路为对象进行的规划、勘测、设计、施工等技术活动的全过程及其所从事的工程实体。按道路性质的不同可分为：公路工程、城市道路工程和厂矿道路工程等。按道路构筑物类型的不同可分为：路基工程、路面工程、桥涵工程和排水工程等。

【道路工程学】（road engineering） 土木工程学的一个分支。研究道路规划、勘测、设计、施工、养护的一门应用学科。包括路基工程学、路面工程学、道路勘测和设计学、道路建筑材料学、道路经济和管理学等。

【道路供给车速】（supply speed for road） 道路线形所能提供的、与线形取值相适应的车速。是以车速指标反映出来的道路信息。是与道路线形相对应的、相匹配的车速。对于某一种线形形式而言，可以理解为多数道路区段、多数车辆在合理的交通流、交通环境之中所呈现出的规律性车速。因而，采集道路供给车速，可以通过统计分析的方法得到具有广泛代表性的统计规律，并以此作为道路供给车速的取值。随着机动车的进一步发展，一是道路交通供给不足的矛盾将更加突出；二是道路交通管理任务日益繁重，而管理设施和手段却相对落后。由此造成的交通拥堵、秩序混乱和事故频发，严重制约了城市经济和社会发展。道路供给车速理论应用于改善交通状况，建立快速路网、主干道路网和次干道路网，构成的层次分明、功能明确的道路交通网络体系，提高道路通行率。

【道路硅酸盐水泥】（portland cement for road） 适合修筑道路的硅酸盐水泥。是将适当成分的生料烧至部分熔融得到的以硅酸钙为主要组分和较多铁铝酸钙的熟料，与0～10%活性混合材料和适量石膏磨细制成。其适用标准为GB13693，共分425、525、625三个标号。水泥所用混合材料应为符合GB1596的一级粉煤灰、GB203的粒化高炉矿渣，或符合GB6645的粒化电炉磷渣。道路水泥的特殊技术要求有：道路硅酸盐水泥熟料中C4AF铁铝酸四钙大于等于16.0%，C3A铝酸三钙小于等于5.0%；道路硅酸盐水泥熟料中的游离氧化钙，旋窑生产的不得大于1.0%，立窑生产的不得大于1.8%；28天干缩率不得大于0.10%；磨损量不得大于3.60kg/m^2。在生产道路水泥时，应控制水泥的细度为0.08mm，方孔筛筛余物以5%～10%为宜。为提高道路混凝土的耐磨性，可加入5%以下的石英砂。其优点是：早期强度高，耐磨性好，收缩小，水化热低，抗冻性好，抗冲击性能好和抗折强度高。用其配制的路面混凝土具有良好的施工性能和优良的耐久性。该类水泥适用于不同等级的公路路面，特别是高等级公路路面工程、重要交通公路路面工程、飞机跑道道面工程、城市道路路面工程及其他水泥混凝土面板工程等。

【道路红线】（red line of road） 规划道路的路幅边界线。包括通行机动车或非机动车和行人交通所需的道路宽度；敷设地下、地上工程管线和城市公用设施所需增加的宽度；种植行道树及绿化带所需的宽度。建筑红线可与道路红线重合，应退于道路红线之后，绝不许超越道路红线。在道路红线内不允许建任何永久性建筑。道路红线的划定需要充分考虑城市规模、道路性质、两侧用地、交通流量等因素。在大城市级别以上的城市，快速路道路红线以大于80m为宜，主干道道路红线以大于60m为宜，次干路以大于40m为宜。同时在具体的道路红线确定时，主干道要考虑道路是交通性还是生活性、过境性还是区域性、是否为景观性道路、流量对道路机动车道数的要求、两侧用地对人行道、自行车道宽度的要求等。美国的路权相当于中国的道路红线，其红线宽度应为30m，居民区支路的应为15m，对于商业区与工业区支路的应为20m。日本城市主干路的道路红线宽度为50m，干线路的为25～40m，次干路12～25m，住宅区支路和商业区支路的为6～20m，工业区支路的为8～20m。

道路红线

【道路交通法规】（law of road traffic） 国家依法制定的用以规范人们的道路交通行为，调整人们在道路交通活动及与道路交通有关的活动中所产生的各种社会关系的法律规范的总和。主要是指国家权力机关和行政机关颁布的有关道路交通管理的专门法律、法规、规章、技术规范和标准,也包括其他法律法规中涉及道路交通活动的相关规定。中国现行道路交通法规由道路交通管理法律规范、道路交通管理行政法规、道路交通管理地方性法规、道路交通管理规章和道路交通管理技术规范和标准组成。总体来讲,道路交通法规调整的是人们在进行道路交通活动和在道路上从事与道路交通活动有关的活动中所产生的社会关系。具体来讲,道路交通法规的调整对象主要包括:(1)调整公安机关与其他国家机关在道路交通管理中的相互关系。(2)调整公安交通管理本部门之间的关系。(3)调整道路交通管理者与道路交通活动参与者之间的相互关系。(4)调整道路交通活动参与者之间在道路交通活动中的相互关系。(5)调整人们在道路上进行与交通有关的活动中所产生的社会关系。(6)调整因道路交通而产生的人、车辆及道路之间的关系。

【道路交通法律关系】(relationship between road traffic law) 道路交通法规在调整道路交通管理活动以及与道路交通有关的活动中所产生的行为主体之间的权利和义务关系。由主体、内容和客体三部分构成。道路交通法律关系的主体(或称当事人),是指在道路交通法律关系中依法享有交通权利和承担交通义务的自然人、法人或其他组织。道路交通法律关系的内容就是道路交通法律关系的主体之间,在进行道路交通活动及与道路交通有关的活动中,依照法规规定享有的交通权利和承担的交通义务。它是道路交通法律关系的基础,是联系主体和客体的纽带。离开主体间特定的交通权利和交通义务,道路交通法律关系就不可能存在。道路交通法律关系的客体,是指道路交通法律关系主体之间的权利和义务所指向的对象。客体以其所载的利益作交通权利和交通义务中介,成为道路交通法律关系的一个构成要素。

【道路交通管理执法监督】(supervisor of traffic management) 有广义和狭义之分。广义的是指对道路交通管理立法、司法、执法活动所进行的检查和监督。法律授权的国家机关及社会组织和公民个人,是其主体。基于宪法和法律赋予的权利,对道路交通管理的立法、司法和执法活动进行全面的监督。其中,全国人大及其常委和有立法权的地方人大及其常委会、国务院、人民检察院和人民法院对交通管理的立法、司法活动实行监督。狭义的是指有关国家机关、社会组织和公民个人,依法对公安机关及人民警察的道路交通管理行政立法、执法活动和遵守纪律的情况所实施的监督活动。其特征是:监督的主体具有广泛性、监督对象具有特定性、监督的形式具有多样性和监督过程的持续性。根据实施监督时间的不同,道路交通管理执法监督可以分为事前监督、事中监督和事后监督。根据监督主体与监督对象的隶属关系的不同,道路交通管理执法监督可分为外部监督和内部监督。根据监督主体的不同,道路交通管理执法监督可分为国家权力机关的监督、检察机关的监督、审判机关的监督、行政监察机关的监督、公安机关内部的监督、公民和其他社会组织的监督等。根据监督主体的监督行为是否具有法律效力,道路交通管理执法监督可以分为直接监督和间接监督。

【道路交通事故】(accident of traffic) 车辆在道路上因过错或者意外造成的人身伤亡或者财产损失的事件。构成道路交通事故必须具备以下四个条件:(1)道路交通事故限于车辆造成的人身伤亡或者财产损失的事件。这里所说的车辆包括机动车和非机动车。因此,按交通事故发生形态上的不同可分为机动车与非机动车、机动车与机动车、机动车与行人或者乘车人以及非机动车与非机动车、非机动车与行人或乘车人之间发生的事故。(2)道路交通事故必须是在道路上发生的。道路是指公路、城市道路和广场、公共停车场等用于公众通行的场所。(3)道路交通事故必须要有人身伤亡、财产损失的后果,否则不属于交通事故。(4)行为人因过错或者意外造成损害。道路交通事故并不仅以违反道路交通管理法律法规作为构成要件,即使事故不是因为行为人违反法律法规而引起的,而是因为其他意外原因引起的人员伤害和车辆损失,也属于交通事故。

道路交通事故

【道路交通事故处理】(treatment of traffic accident) 公安机关交通管理部门依据道路交通安全法及有关行政法规、规章的规定,对发生的交通事故进行现场勘查、收集证据、认定责任、处罚责任人、对损害赔偿进行调解的过程。对因果关系明确,案情简单,当事人争议不大的轻微事故,可以采用简易处理程序进行处理。包括自行处理程序和快速处理程序两种。但有下列情形之一的,应采用交通事故一般处理程序进行处理,如无检验合格标志、无保险标志的、机动车无号牌、驾驶人饮酒、驾驶人无有效机动车驾驶证的、服用国家管制的精神药品或者麻醉药品等。道路交通事故处理作为交通管理工作的重要组成部分,是以保护自然人和其他组织的合法权益及国家集体财产不受侵害为目的,依照国家法律、法规来调整人们的道路交通关系,保护遵纪守法者,处罚违法肇事者。正确处理道路交通事故可以加强交通管理,提高人们遵守交通法规、维护交通秩序的自觉性,保障道路交通安全与畅通,促进社会经济的发展。

【道路交通违法行为】(illegal activity of traffic) 违反《道路交通安全法》其他道路交通管理法律法规,妨碍交通秩序,影响交通安全的行为。按违法主体的不同可分为自然人违法、法人违法和其他组织违法;按违法行为人实施违法行为时主观心态的不同可分为故意违法和过失违法;按道路交通行为类型的不同可分为车辆行驶违法、车辆设备违法、车辆装载违法、行人违法、占用道路违法;按违法轻重程度的不同可分为轻微违法、严重违法和重大违法。因道路交通违法引起的法律责任可分为:行政责任、民事责任和刑事责任三种。其中,刑事责任是道路交通违法最为严重的责任形式。

【道路立体交叉】(road over crossing) 道路不在一个平面上的交叉,如立交桥。其一般设计原则是:立体交叉的选型应根据交叉口设计小时交通量、流向、地形、地质和地下管线等具体情况的综合分析,进行技术、经济和环境效益的比较后确定。应保证主要方向交通顺畅。对于交通量小的次要交通方向,可保留部分平面交叉或限制某些方向交通。当交叉口转弯流量较小,附近有可供转弯车辆绕行的道路时,可采用分离式立体交叉。立体交叉匝道口处机动车与非机动车的设计小时交通量较大,互相干扰造成交通阻塞影响正常运行时,可采用机动车与非机动车分行的立体交叉。

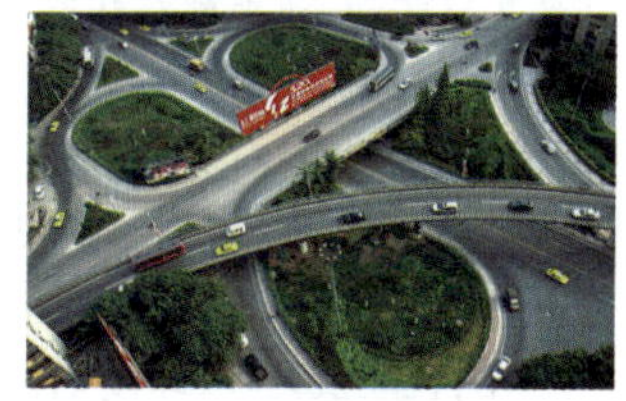

道路立体交叉

【道路平面交叉】(road level crossing) 道路在同一平面内的交叉。交叉位置的选择应综合考虑公路网现状和规划、地形、地物和地质条件、经济与环境因素等。交叉形式应根据相交公路的功能、等级、交通量、交通管理方式、用地条件和工程造价等因素而确定。平面交叉几何设计应结合交通管理方式并考虑相关设施的布置。平面交叉范围内相交公路线形的技术指标应能满足视距的要求。相交公路在平面交叉范围内的路段宜采用直线;当采用曲线时,其半径宜大于不设超高的圆曲线半径。纵面应力求平缓,并符合视觉所需的最小竖曲线半径值。

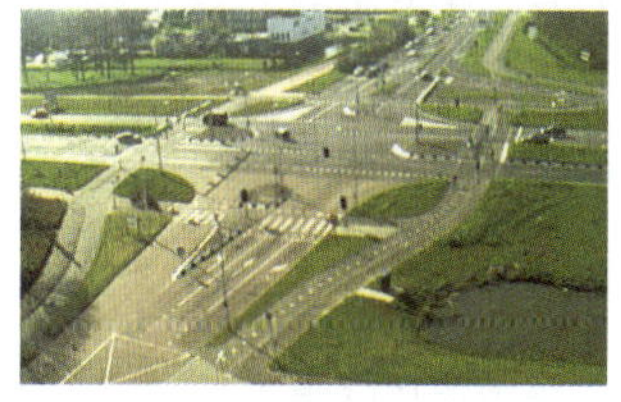

道路平面交叉

【道路平面图】(road plan) 综合反映道路的平面位置、线性和尺寸,以及沿线建筑物、构筑物和工程设施的布置、道路与周围环境、地形、地物关系的设计文件。一般采用的比例尺为1:500~1:1 000,两侧范围应在红线以外各20~50m,应标明路中心线,远、近期的规划红线、车行道线、人行道线、停车场、绿带、交通岛、人行横道线、沿街建筑物出入口、各种地上地下管线的走向位置、雨水进水口、窨井等。注明交叉口及沿线里程桩。弯道及交叉口处应注明曲线要素和交叉口侧石的转弯半径等。

道路平面图

【道路水土保持】(soil and water conservation for road) 针对道路工程建设区范围内各种开挖、堆弃活动可能造成的水土流失而采取的预防和治理措施。道路建设开挖和产生废弃物占压,破坏林草植被,使地表失去原有保护,形成很多松散的裸露地面,在降水、大风等作用下极易产生水土流失;道路建设穿山过岭,使原地貌发生变化,形成许多不稳定、易产生水土流失的地段和边坡;在道路建设周边地区因建设活动加重水土流失。采取的措施主要是:(1)路基、路堑、路堤的防护。(2)对取土场、采石场、弃渣场的边坡进行防护和排水。(3)建设施工场地、临时占地的土地整治工程。(4)建设裸露面的林草植被恢复工程和道路两侧、站场的绿化工程。(5)对施工过程中水土流失进行临时控制和导流。

【道路网】(road network) 在一定区域内,由各种道路交织成网状分布的道路系统。包括公路网和城市道路网。公路网是在一定区域内根据交通的需要,由各级公路组成的四通八达的相互联络、交织成网状分布的公路系统。城市道路网是在城市范围内由不同功能、等级、区位的道路,以一定的密度和适当的形式组成的网状城市道路系统。

【稻田渗漏】(seepage in paddy field) 稻田淹水期水分的垂直下渗和侧渗现象。通过田面的垂直下渗水量比较多,通过田埂的侧面渗漏水量比较少,特别是在大片稻作区更是如此。主要受土壤透水性质、水文地质条件和稻田所处的地貌等因素的影响。会造成灌溉水量的损失和部分肥料的流失。因而在渗漏严重的沙漏田常采用改善土质的方法来减少渗漏。另一方面，稻田水的渗漏可以起到土壤中水分的交换作用，改善土壤水质，排除土壤中某些对稻根有害的硫化氢、氧化亚铁等物质，改善土壤的通气和水质状况。为了给水稻生长创造良好的条件，稻田必须有一定的下渗水量。在透水性弱的水稻田设置一定密度的排水设施，增加稻田的下渗水量，是水稻增产的一项重要措施。

稻田渗漏

【稻田适宜水层深度】(suitable water depth of paddy field) 有利于水稻生长发育的稻田田面淹水深度。根据水稻的生理特性，在不同的生育阶段维持不同的稻田田面水层深度，可满足水稻的生理要求。具有调节土壤温度、便于根系吸收营养物质、抑制某些杂草滋生等作用。但长期淹水对水稻生长亦有不利影响，如土壤空气缺乏，微生物活动困难，有机质分解缓慢，有毒物质增加，从而导致水稻生长不良，吸收养料的能力减弱。高产稻田常采用保持水层、湿润灌溉和短期晒田相结合的办法，抑制枝秆的旺长，提高稻谷产量。为充分利用降雨，在不妨碍水稻生长条件下应尽量蓄存雨水，水层深度可以在此时期内超过稻田的适宜水层深度。根据长期的水稻用水经验和灌溉用水试验，对不同的稻作，各地区均有适宜的水层控制标准。

【稻田养殖】(paddy field aquaculture) 根据某些动物可与水稻互利共生的生态学原理而设计的一种稻田立体种养模式。常见的稻田养殖模式有稻田养蟹、养鱼、养鸭等。稻田养殖一般选择灌水畅通、水质清新、地势平坦、盐碱度较轻、保水性好和无污染的地块；选择株型较好、耐深水、抗病和抗倒伏的水稻高产优质品种。实施稻田养殖可充分利用自然资源，显著增加经济效益。稻田养殖与绿色食品稻米生产相结合，有利于减少水稻病、虫和草害。

稻田养殖

【得气】 针刺术语。毫针刺入腧穴后，施以提插或捻转等手法，使针刺部位获得经气感应。针下是否得气，可以从患者对针刺的感觉反应和医者刺手指下的感觉两个方面来分析判断。当针刺得气时，患者的针刺部位有酸胀、麻重等感觉，有时还出现热、凉、痒、痛、抽搐、蚁行感，或沿着一定的方向和部位传导和扩散；少数患者还会出现循经性肌肤跳动、震颤等反应；有时还可见到针刺腧穴部位的循经性皮疹带呈红或白线等现象。当患者有自觉反应时，医者的刺手也能体会到针下沉紧、涩滞或针体颤动等反应。

【灯用三基色荧光粉】(the phosphor of rare earth) 用稀土元素制成的能发出红、绿、蓝三基色的荧光灯用的粉末材料。稀土三基色荧光粉有铝酸盐、磷酸盐和硼酸盐等系列。使用较多的为铝酸盐系列。它由能发出红、绿、蓝三色的三种稀土离子激活的荧光粉组成。将这三种荧光粉按不同的比例混合均匀后可制成各种荧光灯。这类荧光灯具有发光效率高、显色性好和体积小等优点。

灯用三基色荧光粉

【登革热】(dengue fever) 由登革热病毒引起、依蚊传播的一种急性传染病。其临床特征是：起病急骤，高热，全身肌肉、骨髓及关节痛，极度疲乏，部分患者可有皮疹、出血倾向和淋巴结肿大。本病于1779年，在埃及开罗、印度尼西亚雅加达及美国费城发现，并据症状命名为关节热和骨折热。在1869年，由英国伦敦皇家内科学会命名为登革热。在20世纪，登革热在世界各地发生过多次大流行，病例数百万计。在东南亚一直呈地方性流行。中国于1978年在广东流行，并分离出第Ⅳ型登革热病毒。此后，于1979年、1980年、1985年小流行中分离出Ⅰ、Ⅱ、Ⅲ型病毒。该热病毒属B组虫媒病毒，现在归入披盖病毒科，黄热病毒属。病毒颗粒呈哑铃状、棒状或球形。髓核为单股线状核糖核酸(RNA)。病毒颗粒与乙型脑炎病毒相似，最外层为两种糖蛋白组成的包膜。包膜含有型和群特异性抗原，用中和试验可鉴定其型别。可分为4个血清型。与其他B组虫媒病毒，如乙型脑炎病毒可发生交叉免疫反应。

【登陆作战】(landing operation) 见两栖战。

【登陆作战舰艇】(anphibious warfare ship) 又称两栖作战舰艇。专门用于登陆作战的舰艇的统称。其主要任务是运载登陆兵、登陆工具、战斗车辆及其他武器装备和物资，以及提供火力支援和指挥登陆编队作战等。按其功能的不同可分为：(1)登陆艇、坦克登陆舰。登陆作战中最基本的、数量最多的一个舰种。一般都具有直接登滩能力,有特殊的登陆船型和登陆装置,主要用于较小规模的由岸到岸登陆作战。登陆艇还可作为换乘工具。(2)船坞登陆舰、武装运输舰、两栖货船、船坞登陆舰。分别运载登陆兵、物资、登陆艇为主的单一装载的运输舰,连同坦克登陆舰组成战时平面登陆的运输体系。(3)两栖船坞运输舰。是综合武装人员运输舰、两栖货船和船坞登陆舰的特点设计建造的,能按一定比例装载登陆兵、战斗车辆和登陆工具,实施由舰到岸登陆作战。(4)两栖攻击舰。主要运载直升机,进行垂直登陆,同武装运输舰、两栖货船、船坞登陆舰、两栖船坞运输舰协同作战,以构成现代立体登陆的运输体系。(5)通用两栖攻击舰。具有以上登陆作战舰艇综合功能,是最新最大的一种登陆作战舰艇。(6)两栖火力支援舰。专门用于在登陆作战中对登陆部队进行直接火力支援,用以摧毁敌岸设施,扫清登陆滩头和一些纵深障碍。(7)两栖指挥舰。专门用于登陆作战中对整个登陆编队实施统一指挥。登陆作战舰艇,除两栖指挥舰和两栖火力支援舰外,实质都是运输舰船,不是以攻击能力和防御能力作为主要设计要素,而是以运输、装载和两栖能力作为主要设计要素。同一般作战舰艇相比,武器装备弱、航速较低、船型肥满,与普通客货船有许多共同之处,在需要时经改装可互相代用。

登陆作战舰艇

【等电点】(isoelectric point) 两性离子所带正负电荷相等时溶液的 pH 值。在等电点上,两性离子既不向正极移动也不向负极移动。如蛋白质溶液的许多性质,像膨胀、黏度、渗透压等都具有最小值。蛋白质等两性离子在溶液中溶解度最小。利用此性质可分离或提纯氨基酸和蛋白质。也可以用于油水乳液等的工业废水处理等。

【等电子体】(isoelectronic species) 原子数和价电子数均相同的分子、离子或基团。通常具有相似的化学键和构型,如 CO_2、SCN^-、NO_2^+、N_3^- 具有相同的原子数,且价电子总数都为 16,均为直线型结构。可用以推测某些物质的构型以及合成新化合物,如 N_2、CO 和 NO^+ 互为等电子体。它们都有一个 σ 键和两个 π 键,且都有空的反键 π* 轨道。既然存在大量的金属羰基配位化合物,推测双氮配位化合物也应存在,因此推动了双氮配位化合物的合成与研究,且双氮、羰基、亚硝酰配位化合物的化学键和结构有许多类似之处。

【等高耕作】(contour farming) 在坡地上沿等高线进行耕作的水土保持农业技术。其特点是:(1)坡耕地坡度越小效果越好,一般在 15°以下为宜。(2)种植行偏离等高线的坡降不超过 3%。(3)缓坡地上可自下而上犁耕,在陡坡地上可自上而下犁耕,以免留土埋压犁沟。(4)与伏、秋翻耕结合进行。(5)雨量较多的湿润地区,等高犁沟应有一定坡降,以 0.5% ~ 1% 为宜,并结合草皮水道或灌木水道排除多余的径流。(6)在土层较薄或降水量较多的坡耕地上,用多次套犁的办法开挖上下间隔 2 ~ 3m 的水平防冲沟,拦蓄较多径流,防止犁沟被冲垮。(7)可加宽作物的行距,缩小株距,实行密植。(8)应与沟垄耕作、间作套种、草田轮作等其他农业技术相结合,以发挥更大的保持水土、抗旱增产作用。

等高耕作

【等高线】(contour line) 地面上高程相同的邻点相连而成的闭合曲线。即设想水准面与地表面相交形成的闭合曲线。可视为不同海拔高度的水平面与实际地面的交线。其主要特性是:(1)等高性曲线。同一条等高线上的各点的高程相等。(2)闭合性。等高性是闭合曲线,不能中断;如不在同一幅图内闭合,必定在相邻的其他图幅内闭合。(3)非交性。等高线只有在绝壁或悬崖处才会重合或相交。(4)正交性。等高线经过山脊或山谷时改变方向,山脊线与山谷线和改变方向处的等高线的切线垂直相交。(5)密陡稀缓性。在同一幅地形图上,等高距是相同的。等高线平距大表示地面坡度小;等高线平距小则表示地面坡度大;平距相等则坡度相同。等高线按其作用的不同可分为:首曲线、计曲线、间曲线和助曲线四种。

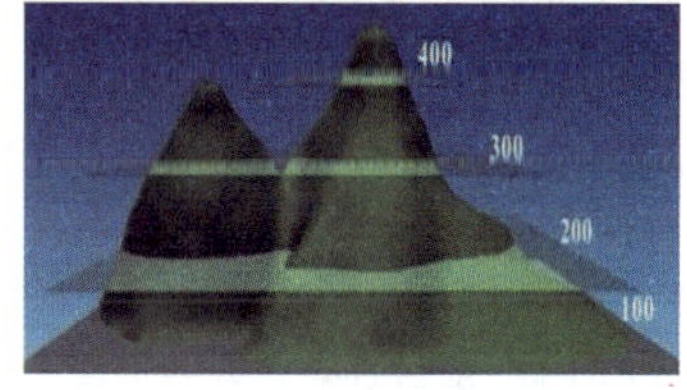

等高线

【等积投影】(equivalent projection) 使投影面积与实地面积相等的投影。满足等积条件,在地图投影中最容易达到。其特点是:用这种投影编制的地图,因为面积没有变化,所以有利于在地图上进行面积对比;但形状变形比其他投影大。多用来绘制经济图、行政区图和人口图。

【等角投影】(conformal projection) 在一定范围内,投影面上任何点上两个微分线段组成的角度在投影前后保持不变的投影。是角度和形状保持正确的投影,也称正形投影。其特点是:投影的经纬线正交,即成90°,图上任意两个方向的夹角与实地相对应的角度相等;但面积变形比其他投影大,只有在小面积内可保持形状和实际相似。用等角投影编制的地图有航海图、洋流图、风向图等。常用的墨卡托投影就是一种等角投影。

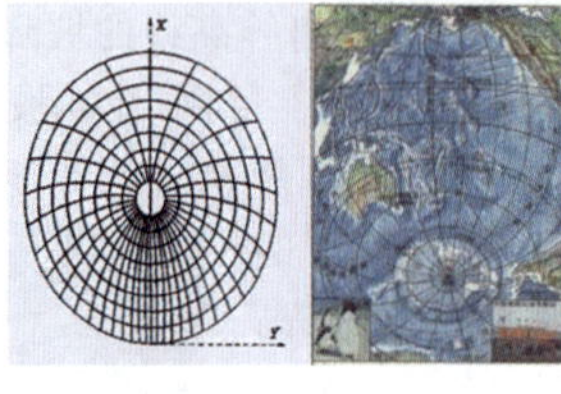
等角投影

【等距量表】(interval scaling) 又称间距量表。将制图对象的数据按一定计量单位确定间隔、划分等级并表示在图上的方法。在构成等距量表之前,要先提供测量的标准或确定单位。一般用于地图上制图对象的分类、分级和数量差别的表示,例如在中国粮食产量分布图上,可以用等距量表的方法分出不同地区小麦、玉米或大豆的产量差别等。

【等距投影】(equidistant projection) 沿某一特定方向的距离在投影前后保持不变的投影。即沿该特定方向长度之比等于1。是一种任意投影。在实际应用中多把经线绘成直线,并保持沿经线方向距离相等,面积和角度有些变形,多用于绘制交通图。其特点是:既有角度变形又有面积变形,两种变形量值近似相等,且介于等角和等积投影之间。适用于沿某一特定方向量测距离的地图、教学地图和交通地图等。

【等离子电视】(plasma display panel TV) 一种以等离子管作为发光元件的平板显示装置。利用惰性气体在一定电压的作用下产生气体放电,形成等离子体,发射真空紫外线进而激发三基色光致发光荧光粉而发射可见光。大量的等离子管排列在一起构成屏幕。每个等离子管对应的每个小室内都充有氖氙气体。在等离子管电极间加上高压后,封在两层玻璃之间的等离子管小室中的气体会产生紫外光,并激发平板显示屏上的红绿蓝三基色荧光粉发出可见光。它不受磁力和磁场影响,具有机身纤薄、重量轻、屏幕大、色彩鲜艳、画面清晰、亮度高、失真度小、视觉感受舒适和节省空间等优点。

等离子电视

【等离子弧焊】(plasma arc welding) 具有压缩效应的钨极气体保护焊。按使用电流大小的不同可将其分为大电流等离子弧焊和微束等离子弧焊。大电流等离子弧焊焊接电流大于30A,借助小孔效应使焊缝成型。通常用于焊接厚度为2.5~13mm的材料。微束等离子弧焊的焊接电流在30A以下,可以焊接厚度为0.02~2.5mm的箔材及薄板。等离子弧焊可用来焊接难熔、易氧化、热敏感性强的材料,如钼(Mo)、钨(W)、铍(Be)、铬(Cr)、钽(Ta)、钛(Ti)及其合金和不锈钢等,也能焊接一般钢材或有色金属。12mm左右厚的工件不开坡口,不留间隙,可实现单面焊双面成型。等离子弧焊电弧稳定,热量集中,热影响区小,焊接变形小,生产率高。主要应用于化工、原子能、电子、精密仪器仪表、火箭、航空和空间技术中。

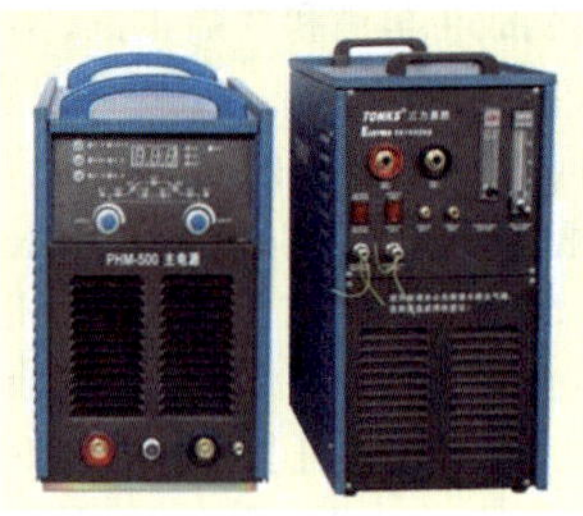

等离子弧焊机

【等离子弧切割】(plasma arc cutting) 又称等离子切割。利用等离子弧的热能实现被切割材料熔化的方法。其切割原理是利用高速、高温和高能的等离子体来迅速加热熔化被切割的材料,并借助内部或外部的高速气(水)流,将熔化的材料排开,直至等离子气流束穿透工件背面而形成切口,从而达到切割的目的。等离子弧的温度极高,可达10 000~30 000℃,远远超过了所有金属或非金属材料的熔点。其切割的适用范围比氧-乙炔切割大得多,几乎能切割所有的金属、非金属、多层及复合材料。其切口窄(中薄板材),切割面的质量好,切割速度快,切割厚度可达160mm。由于等离子弧的高温、高速的特点,在切割薄板(≤0.5mm)时也不会变形。特别是在切割不锈钢、钛合金及有色金属材料等领域,选用等离子弧切割不但能达到满意的切割质量,还能获得比原工艺增加数以十倍计的经济效益,已在各行业广泛应用。

【等离子弧熔炼炉】(plasma eletric arc melting furnace) 一种利用等离子体电弧加热的高温熔炼炉。其工作原理是:利用氩气作炉内工作气体,在高频作用下使其电解,产生的电子、离子流从环形喷枪口高速喷出。在钨钍电极(阴极)与阳极(水冷铜电极)间形成等离子体电弧,炉料从底部开始逐步熔化。电弧最高温度可达30 000℃以上。等离子弧熔炼炉具有熔炼速度快、脱气去杂好等优点。可用以熔炼高温合金、耐热钢、钨、钼以及非金属水晶等。

【等离子喷涂】(plasma spraying) 利用等离子焰流,将喷涂材料加热到熔融或高塑性状态,在高速等离子焰流引导下高速撞击基体表面,并沉积在经过粗糙处理的工件表面形成薄涂层的技术。当等离子焰流温度高达10 000℃以上时,可喷涂几乎所有固态工程材料,包括各种金属和合金、陶瓷、非金属矿物及复合粉末材料等。当等离子焰流速度达到1 000 m/s以上,喷出的粉粒速度可达180 ~ 600m/s,得到的涂层致密性和结合强度均比火焰喷涂高。等离子喷涂有大气等离子喷涂、可控气氛等离子喷涂和液体稳定等离子喷涂等方法。

等离子喷涂

【等离子体】(plasma) 通过外界高能作用使物质的原子或分子被离解为阳离子、阴离子或电子,且正负电荷粒子数相等的混合体。因为它是电离了的气体,所以称它是除固态、液态、气态外,物质存在的第四态。由离子、电子以及未电离的中性粒子的集合组成。在太阳等恒星及闪电中都存在等离子体。等离子体可分为高温的和低温的两种。高温等离子体是在温度足够高时产生的等离子体;低温等离子体是在常温下产生的等离子体(虽然电子的温度很高)。广泛运用于诸多生产领域。例如,等离子体冶炼、等离子体喷涂、等离子体焊接、等离子体切割、等离子体显示和等离子体武器等。

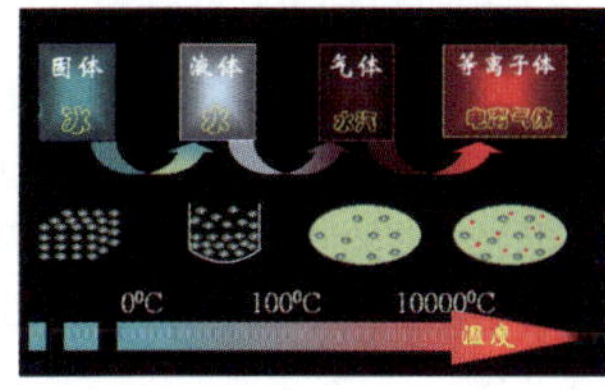

等离子体

【等离子体发电】(plasma electric generation) 见磁流体发电。

【等离子体光源】(plasma source) 利用激发粒子的自发跃迁、异种带电粒子的复合和带电粒子在电场中的减速使等离子体发光形成的光源。等离子体是一种电离度大于0.1%的电离气体,由电子、离子、原子和分子所组成。其中电子数目和离子数目基本相等,整体呈现中性。最常用的等离子体光源有:(1)直流等离子光源(DCP)。(2)电感耦合高频等离子光源(ICP)。(3)容耦微波等离子光源(CMP)。(4)微波诱导等离子光源(MIP)。其特点是:(1)工作温度高,在4 000K ~ 12 000K之间,有利于分析元素原子化和激发电位高的谱线激发,因此对大多数元素有很高的灵敏度。(2)稳定性好。(3)不会产生谱线吸收现象,线性范围宽(4 ~ 6个数量级)。(4)无极放电,没有电极污染。(5)可同时测多种元素。(6)各种干扰(电离干扰、化学干扰、光谱背景干扰等)较小。(7)应用面广,分析速度快。是发射光谱分析中发展迅速、极受重视的一种新型光源。

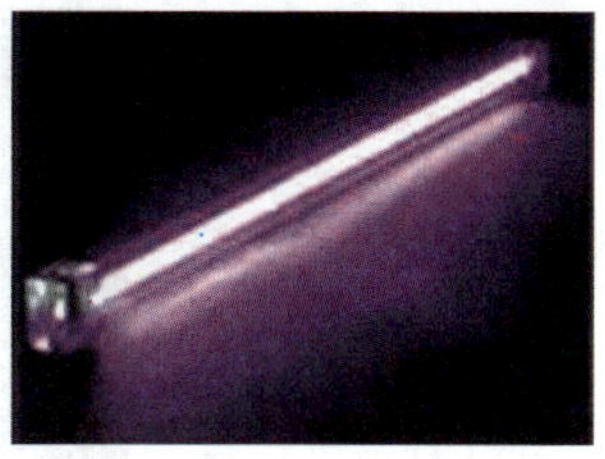

等离子体光源

【等离子体加工】(plasma machining) 利用高能量的等离子体(电子、离子及部分原子和分子的混合物),对材料进行加工的方法。连续通气(氩、氮、氢或压缩空气)放电的电弧,通过一个喷嘴孔,受到机械压缩效应、电流趋向中心的热缩效应和磁收缩效应的作用,产生高温等离子体流。等离子体流以极高速度喷出,具有很大的动能及冲击力,到达工件表面时,迅速加热和熔化金属并可将被熔金属吹除。按其导电方式的不同可分为三种类型:转移型(工件接电源正极)、非转移型(喷嘴接电源正极)和混合型(电源正极同时接工件与喷嘴)。等离子体具有能量集中、温度高的特点;有很高的导电和导热性;产生的焰流稳定且可调节控制。等离子体加工主要应用于:(1)不锈钢、耐热钢、铜、铝、钛、铸铁及钨、锆、钼等难加工金属和稀有金属的切割,也可切割花岗岩及混凝土等非金属材料。(2)等离子电弧焊接不锈钢及各种合金钢,还可进行合金钢的熔炼。(3)在金属表面堆焊金属或喷涂薄层金属(或非金属)。(4)进行等离子体表面处理,提高材料硬度、耐磨性和强度。(5)进行热处理及等离子弧切削加工等。

【等离子体加工技术】(plasma processing technology) 利用低温等离子体对纤维表面刻蚀、交联和化学改性的新技术。该技术清洁,节能,快速,适用面广。既保持纺织品原有的优点,又赋予其新的特征。等离子体加工技术可提高纤维可纺性,改变纤维表面自由和润湿性能,提高纤维增强复合材料的黏结强度,改进纤维染色性能,起抗静电、抗皱褶等作用,提高羊毛防毡缩性能。还可用于织物的上浆、退浆和麻的脱胶、织物轧光、织物阻燃和卫生等功能性整理。

【等离子体武器】(plasma weapon) 利用人工技术产生的等离子体执行作战任务的武器。安装在地面的发生器和天线,发出超高频电磁能束或激光束并在大气中聚焦,可形成高电离化空气云——等离子团。将其投射在目标前方和两侧,就相当于给飞行物(导弹、飞机或其他飞行物、流星等)下一个“脚绊子”,使之产生旋转力矩,偏离飞行轨道,并在巨大的超重压差和惯性影响下销毁。

等离子体武器

【等离子体显示】(plasma display) 一种利用等离子气体放电发光的有源平板型显示技术。分为直流型和交流型两种。具有亮度大、对比度高、寿命长、视角大和功耗低等优点。用于计算机终端显示以及各种图形、符号和数字的显示,还可用于壁挂式彩色电视和大屏幕显示等。

【等离子体隐身技术】(plasma stealth technology) 利用等离子体来规避探测系统的一种新技术。其原理是利用等离子体发生器、发生片或放射性同位素在飞行器表面形成一层等离子云。控制等离子体的能量、电离度、振荡频率等特征参数,使照射到等离子体云上的雷达波在遇到等离子体的带电离子后,一部分电磁波因能量被带电粒子吸收而逐渐衰减,另一部分电磁波受一系列物理作用的影响而绕过等离子体或产生折射改变传播方向。返回到雷达接收机的能量很小,使雷达难以探测,达到隐身目的。等离子体隐身技术不需要改变飞行器的外形结构便可大幅度降低飞行器的雷达反射面积,使被发现的概率几乎为零。等离子体还能通过改变反射信号的频率,使敌方雷达测出错误的飞行器位置和速度数据,以实现隐身的目的。

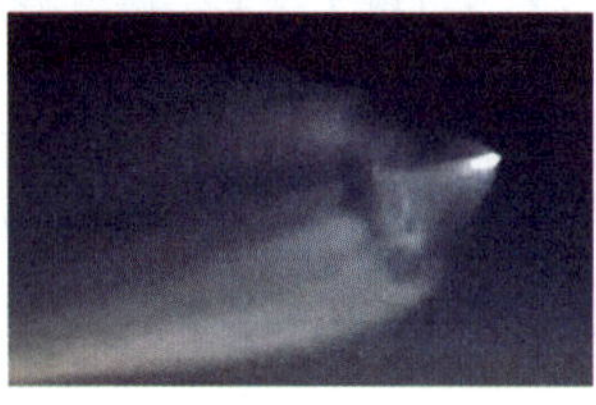

等离子体隐身技术

【等量递增法】(equal incremental) 又称配研法。当药物比例量相差悬殊而使其混合均匀,所采用的方法。即取量小的组分与等量的量大组分混匀,再加入与混合物等量的量大组分再混匀,如此倍量增加直至加完量大的药粉为止,混匀、过筛。此法工时少,效果好,是混合操作的重要技术。

【等流时线】(isochrone) 流域上的净雨量以相等汇流时间到达出口断面的诸水流质点的连线。两相邻等流时线间包围的面积称为等流时面积。等流时线是在水体以刚体形式运动、汇流速度不变的假定下提出的,是降雨面分布不均匀时,汇流计算的一种工具。用等流时线求得的流量过程线为漫流过程线。对于面积较小的山溪性河流,漫流过程近似于实际出流过程。对于面积较大或平原河流,水体内部流速分布的不均匀及河槽的调蓄作用,使漫流过程往往与实际出流过程相差很远,需经调蓄改正后,才能用于实际。

【等速运动疗法】(uniformmotion therapy) 用仪器从外界向肢体提供一种可随收缩过程而变化的阻力,使收缩引起的角速度保持恒定的运动方式的一种治疗方法。其优点是:运动时在关节活动范围的每一个点上都遇到“最大”的阻力,锻炼效果因而最佳;可以刺激所有肌纤维类型,从而全面地锻炼肌肉;定量准确,从力矩和角度曲线上可以测出多项指标,重复性好。其缺点是:仪器复杂昂贵,治疗费用高,费时间。

【等体过程】(isochoric process) 又称等容过程。热力学系统在体积保持不变的情况下所发生的状态变化过程。理想气体在经历等体过程时,其压强与绝对温度的比值保持不变,即 P/T = 恒量。由于在等体过程中,系统对外不做功,因而根据热力学第一定律,系统从外界吸收(或向外界放出)的热量将全部表现为内能的增加(或减少)。密闭容器内的各种热力学过程都可以近似地看作等体过程。

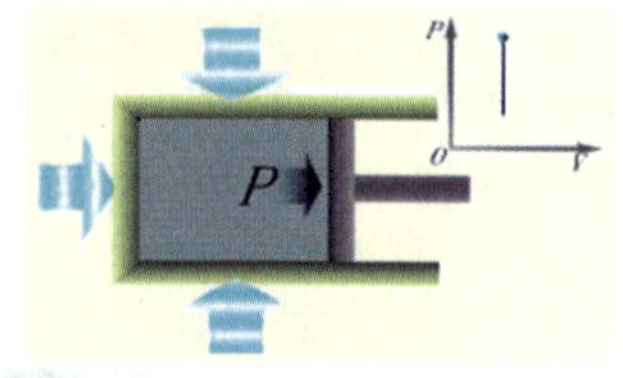

等体过程

【等位基因】(allelomorph) 位于染色体同一座位的一种基因的两种或数种改变型。以不同的途径控制其编码产物的表达。其中产生野生型性状特征的,称为野生型等位基因;产生突变型性状特征的,则称为突变型等位基因。不同的等位基因产生例如发色或血型等遗传特征的变化。一个二倍体生物如果具有一对不同的等位基因,则这种生物为该基因的杂合子,反之则为纯合子。若杂合子的一对等位基因中只有一个能表达出性状,另一个不表达,则前者称为显性基因,后者称为隐性基因。如果一对等位基因同时表达,则称为共显性。等位基因研究的意义是:(1)连锁分析。(2)家系分析。(3)致病基因相关性分析等。

【等位面】(equipotential surface) 连接重力位值相等的点所构成的曲面。在这个面上任一点的重力方向都与曲面正交。处于均衡状态的液体表面，又称水准面。用下列方程表示：

$$W(X,Y,Z)=C$$

式中，X,Y,Z 为三维直角坐标；C 为正的常数。给 C 以不同的数值，就得到不同等位面的方程。等位面有互不平行和互不相交的特性。

【等温成型】（isothermal forming） 将坯料、模具加热到变形温度，并在成型过程中，使坯料和模具温度基本上保持不变的一种成型方法。常见的等温成型方法有：等温锻造、等温挤压、超塑性等温锻造、超塑性等温挤压等。

【等温淬火】（isothermal quenching） 将奥氏体化后的工件放入温度稍高于 Ms 点（马氏体转变开始温度）的一定温度的热浴（熔盐）中，恒定温度保持足够的时间，使奥氏体转变为下贝氏体，然后取出进行空冷的操作。其目的是获得高硬度的同时，还应保持良好的塑性和韧性。由于等温淬火时工件截面上的温度基本一致，所以淬火应力小，变形量也小。除性能要求较高的工件以外，等温淬火后的工件不需要回火。这就避免了具有回火脆性的钢面临回火的问题。等温淬火适宜于截面不大的中、高碳钢工件。对于硬度要求很高的工件，往往达不到要求。在线材制品行业，采用熔铅为淬火介质对高碳钢钢丝进行等温淬火热处理，又称焙炖处理或索氏体化处理。有利于钢丝进一步拉拔。同时获得较高的抗拉强度和优良的塑性和韧性。

【等温锻造】（isothermal forging） 在整个成型过程中坯料温度保持恒定值的锻造工艺。等温锻造充分利用某些金属在特定温度下所具有的高塑性，从而获得特定的组织和性能。等温锻造需要将模具和坯料一起保持恒温，所需费用较高，仅用于特殊的锻造工艺，如超塑成型。

等温锻造

【等温过程】（thermostatie process） 热力学系统在温度恒定情况下所发生的状态变化过程。在整个等温过程中，系统与外界处于热平衡状态。对一定质量的理想气体，其等温过程的特征是气体压强 P 与体积 V 的乘积保持不变，即 PV = 恒量。

【等温模锻】（isothermal die forming） 将金属毛坯与模具一起加热到模锻温度，在保持等温状态下使毛坯慢速变形的模锻工艺。它所需的设备功率仅是普通模锻工艺的 1/3 ~ 1/10。适用于制造要求严格控制变形温度范围的高温合金零件和钛合金整体叶轮、压气机盘和飞机结构件等。

【等温退火】（isothermal annealing） 应用于钢和某些非铁合金的一种控制冷却的退火方法。常用于亚共析钢铸件、锻件退火和过共析钢及合金钢件的球化退火等。与重结晶退火基本相同。但其工艺操作和所需设备都比较复杂。通常主要应用于过冷奥氏体在珠光体型相变温度区间转变相当缓慢的合金钢。等温退火也可在钢的热加工的不同阶段来应用。例如，若让空冷淬硬性合金钢由高温空冷到室温时，当心部转变为马氏体之时，在已发生了马氏体相变的外层就会出现裂纹；若将该类钢的热钢锭或钢坯在冷却过程中放入 700℃ 左右的等温炉内，保持等温直到珠光体相变完成后，再出炉空冷，则可免生裂纹。含 β 相稳定化元素较高的钛合金，其 β 相相当稳定，容易被过冷，为了缩短重结晶退火的生产周期并获得更细、更均匀的组织，亦可采用等温退火。

【等温转变曲线】（isothermal transformation curve） 过冷奥氏体在恒温下发生奥氏体转变的数量与转变时间的关系曲线。该曲线能够反映和说明奥氏体等温转变规律，是奥氏体等温转变的综合动力学曲线。因为曲线的形状很像字母 C 和 S，所以又称 C 曲线或 S 曲线。又因为等温转变曲线的三个英文单词词头均为 T，所以又称 TTT 曲线。等温转变曲线是制定合理的热处理工艺的重要依据，可以确定等温淬火、等温退火、分级淬火的条件和制度。还可以确定连续冷却时，保证获得珠光体组织的最大冷却速度以及保证获得马氏体组织的最小淬火冷却速度。不同钢的化学成分不同、奥氏体晶粒度不同、均匀度以及冶炼条件不同，因此各种钢的等温转变曲线形状和位置也各不相同。研究奥氏体转变规律的方法是利用参加转变的不同组织具有不同的物理性能和金相形态的原理进行的。利用仪器测得各种物理性能的变化，就可以找出在某一温度等温时，转变开始时间与终了时间及其转变数量的关系。各种碳钢及合金钢的等温转变曲线，可以在相关的“合金钢手册”中查到。

【等效原理】（principle of equivalence） 关于引力场与惯性力场的动力学效应在局部不可分辨的原理，即引力场与非惯性系等效。是广义相对论的基础之一。它强调在一个不存在引力场的非惯性系中的物理规律，与一个基本存在引力场的惯性系中的物理规律是不可区分的。换句话讲引力场与惯性力场在物理上是完全等效的。由于实际中的引力场都是非均匀的场，因而等效原理只能在很小的时空范围内成立，是一个局部等效原理。

【等压过程】(isobaric process) 又称定压过程。热力学系统在压强保持不变的情况下所发生的状态变化过程。理想气体在经历等压过程时，其体积与绝对温度的比值保持不变，即 V/T = 恒量。在等压过程中，系统能量转化的特点是其吸收热量等于内能的增加与对外做功之和。

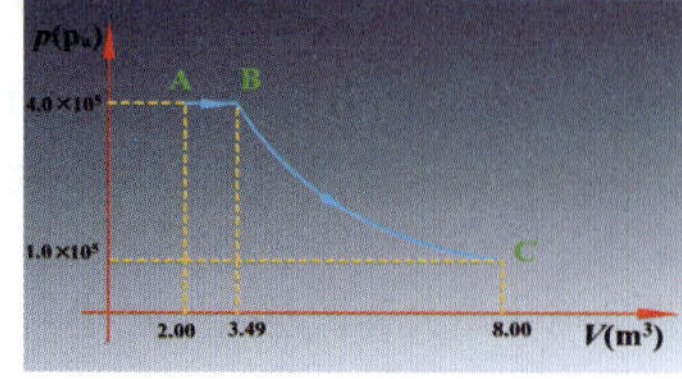

等压过程

【等渔获量曲线】(yield isoline) 在动态综合模型中，用来描述捕捞死亡系数与开捕年龄之间关系的一组渔获量等值线。在等渔获量曲线中，横坐标为开捕年龄，横坐标为捕捞死亡系数。为分析渔业资源开发利用和合理调整提供依据。其中 AA′线以上空白区表示资源利用不足；AA′线与 BB′线之间的黑点区表示资源最适利用；BB′线以下的斜线区表示资源捕捞过度。

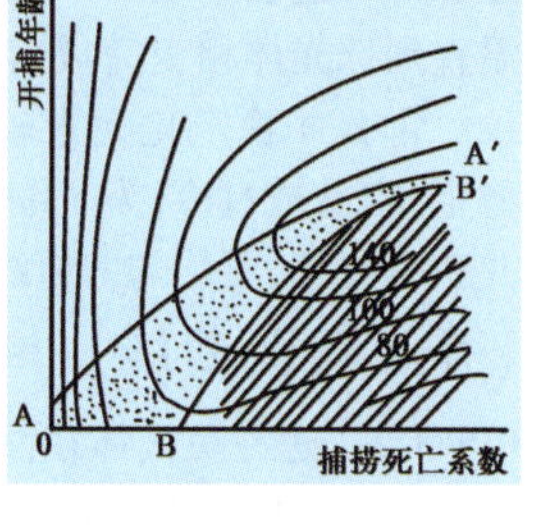

等渔获量曲线

【等张溶液】(isotonic solution) 药剂学上与红细胞张力相等的溶液。即与细胞接触时，使细胞功能和结构保持正常的溶液。由于决定溶液是否等张时使用的生物细胞种类的不同，对某一类细胞等张的溶液，而对另一类细胞就不一定是等张。一般讲的等张溶液是相对红细胞而言。

【等值线地图】(isoline map) 又称等值线图。以相等数值的连线表示制图对象数量、特征的一种图型。如年平均气温图、年降水量图。最先用于描述地形的专题地图的重要图型。1791 年，杜朋 - 特里尔首次采用等值线(等高度线)显示了法国的地形。等值线图除了用等值线反映制图对象的数量特征外，还常以分层设色作补充，提高地图的直观效果。如气温等值线图以红色表现温暖、灰紫色表现寒冷，突出冷暖地区的对比及其之间的渐变关系，更形象地表现气温的区域变化。

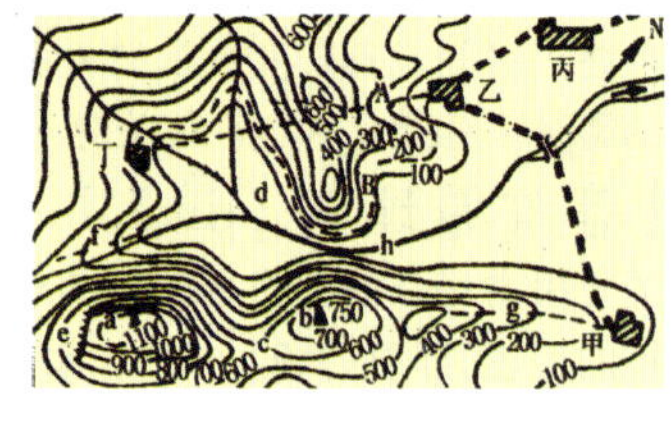

等值线地图

【等值线法】(isoline method) 又称等量线法。用一组等值线来表示连续面状分布的制图对象数量特征渐变的方法。等值线是制图对象某一数量指标值相等的各点连成的平滑曲线，由地图上标出的表示制图对象数量的各点，采用内插法找出各整数点绘制而成。每两条等值线之间的数量差额多为常数，可通过等值线的疏密程度来判断对象的数量变化趋势。该方法往往与分层设色的表示手段配合使用。即采用改变颜色深浅、冷暖和阴暗来表示对象的数值变化趋势，使图面更清晰、易读。另外，往往在等值线上加数字注记，便于直接获得数量指标。等值线法除用于表示空间对象数量的连续而逐渐变化的特征外，还可表示对象随时间变化、对象的重复性(频度)等。

【等轴晶】(equiaxed grain) 结晶过程中形成的在晶体学各个晶轴方向均等生成的晶体或晶粒。晶体形态的一种。铸件凝固结晶通常是从表面向内部进行的。到了心部，伴随着溶质的逐渐富集，液相的温度降低，并且有充足的晶核来源，形核后晶粒按晶体学最优方向在周围的液相中自由生长，于是获得了等轴晶。其力学性能趋于各向同性。属于较为理想的晶体状态。在常温下使用的铸件中，细小的等轴晶有利于铸件力学性能的提高。在结晶过程中，促进形核和抑制晶核长大，可以获得细小等轴晶。常用的方法包括选择较低的温度浇铸、电磁搅拌、机械搅拌、添加晶粒细化剂以及快速冷却等。

等轴晶

【低 NO_X 燃烧技术】(low NO_X combustion technology) 用改变燃烧条件或燃烧工艺来降低燃烧产物中的氮氧化物生成量的技术。高温燃烧过程中生成的氮氧化物主要是一氧化氮(NO)和少量的二氧化氮(NO_2)。通常把它们统称为 NO_X(其量皆按转换为 NO_2 计)。低 NO_X 燃烧技术一般是燃料在高温(峰值 1 000℃以上)情况条件下采用的技术方法，尤其常指煤粉燃烧方式采用的方法。按燃料燃烧过程中所生成的 NO_X 机理的不同可分为热力型、燃料型和快速型三种类型。它们的生成机理有所不同：(1)热力型 NO_X。是助燃空气中的氮气在高温条件下氧化的产物。(2)燃料型 NO_X。是燃料中含氮化合物在燃烧过程中再氧化的产物。(3)快速型 NO_X。又称瞬态 NO_X。是助燃空气中的氮分子在火焰前沿区域有碳氢化合物参与的条件下，通过中间产物转化成的 NO_X；从其氮的来源讲，类似热力型 NO_X，其反应机理则与燃料型 NO_X 相似。

【低床育苗】(seeding with low bed) 在低于步道的苗床上进行的育苗方式。苗圃作业方式之一。苗床一般低于步道15～25cm;床面宽度为1～1.5m左右,步道宽度为40～50cm左右;苗床的长度的确定与高床一致。其优点是:做床比高床省工,蓄水保墒性能好,灌溉比漫灌省水。其缺点是:灌溉后床面易板结,妨碍土壤的通透性,中耕松土费工较多;不利于排水,起苗比高床费工。低床使用范围是:(1)广泛应用于降水量较少,无积水的地区。(2)适用于对土壤水分条件要求不严的树种,如杨、柳等大部分阔叶树种和部分针叶树种。目前在大型苗圃,多用机械作床。

低床育苗

【低淬透性钢】(shallow-hardening steel) 一种淬透性比普通碳素钢低的钢。常用的含碳量为0.50%～0.65%,硅、锰含量低于碳素钢所规定的下限,另加微量变质剂(如0.08%～0.10%钛等)。经感应加热淬火后,沿工件轮廓的表面能获得硬化层,可达到一般结构钢渗碳后的性能,从而提高质量,节约合金元素,简化热处理工序,降低成本。目前已在拖拉机齿轮上使用。

【低辐射玻璃】(weak emissivity glass) 对近红外线辐射具有低反射率和对远红外辐射具有高反射率而又保持良好透光性能的平板玻璃。通过热喷涂镀膜法或真空磁控溅射镀膜法在玻璃表面上镀一层或几层金属、合金或金属氧化物薄膜而制得。一般用于制造中空玻璃,而不单片使用。配有低辐射玻璃的中空玻璃,主要用来制作寒冷地区的工业与民用建筑的门、窗和幕墙等,能够起到保温作用,还可节省能源、降低采暖费用。

低辐射玻璃

【低轨道】(low orbit) 离地球表面200～1 000km之间的航天器运行轨道。目前在轨的空间站、载人飞船、航天飞机和部分对地观测卫星都在这一轨道上运行。低轨道便于对地球观测,对发射能力要求较低,但航天器要承受较大的大气阻力。为了保持轨道高度,在低轨道上运行的航天器必须携带较多的推进剂,利用轨道机动发动机的工作来维持轨道高度。

【低轨道卫星移动通信】(satellite mobile communication of low orbit) 由一组在高度700～1 500km的低轨道上运行的小卫星群或星座组成的移动通信系统。主要采用时分多址和码分多址方式进行通信。低轨道卫星对地面形成了许多快速移动并不断进行切换的覆盖区。处在覆盖区里的用户可以接受到相应的移动通信服务。移动用户与一颗卫星能保持的通信时间约为10min。低轨道卫星信号传输衰减小,通信延时短,适合手机等轻便移动终端用户使用。

【低焊接裂纹敏感性钢】(cf-steel) 0.8Mn-NiCrMoVB钢。其特点是:具有优良的焊接性和低温韧性。其性能与进口同级别CF钢相当。厚度小于或等于38mm的钢板,焊前可不预热,焊后不处理。目前供应规格有厚度为14～50mm的宽板。用于城市煤气及石油化工等大型球罐(≥2 000m^3,压力1.7MPa)。除大型压力容器外,还用于水电站高压钢管、水轮机涡壳、海上采油平台等。

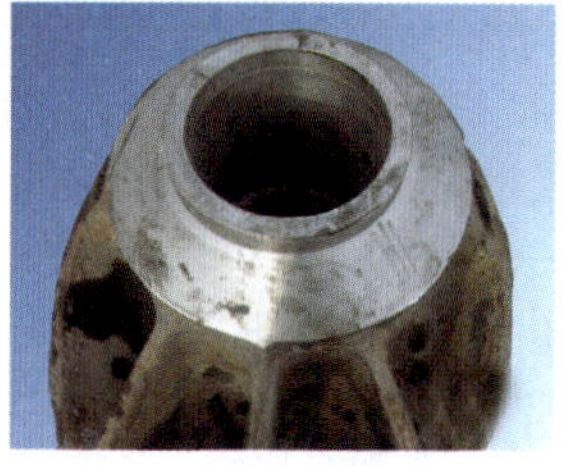
船舶铸件

【低合金高强度钢】(Low-alloy high-strength steel) 含碳量较低,同时还含有少量的一种或几种合金元素的合金结构钢。通常在热轧、正火或调质状态下使用。常用的合金元素有:锰、硅、镍、铬、铜、钼、磷、钛或钒等。具有较高的屈服强度和足够的塑性和韧性,并有良好的可焊性和抗蚀性。主要用于桥梁、船舶和其他重要结构方面。

【低甲醛树脂整理】(low formaldehyde and formaldehyde-free resin treatment) 以甲醛捕捉剂降低甲醛含量的整理技术。天然纤维洗后易缩水,易褶皱,可穿性差。通常采用2D树脂、三羟甲基三聚氰胺等甲醛类整理剂进行化学整理对其进行改性。此类整理剂防缩防皱性能良好,原料易得,成本低廉,但在储存、穿着过程中会释放出甲醛。为了防止污染生态环境,减少对人体的伤害,在整理剂中加入甲醛捕捉剂,改进催化系统,从源头上降低甲醛含量。另外,在整理加工过程中,增加整理后皂洗、水洗或对整理后织物进行蒸气处理以减少织物的甲醛含量。

【低钾血症】(hypokalemia) 血清钾<3.5mmol/L时引起的一系列症状。钾离子(K^+)为机体最重要的

阳离子之一。正常人体内钾总量约为50mmol/kg，其中98%在细胞内，主要分布于肌肉、肝脏、骨骼以及红细胞等。细胞外液中钾的含量仅占总钾量的2%，其中约1/4在血浆中。正常人血清钾浓度在3.5～5.0mmol/L之间。正常血钾水平相对恒定的维持，是依靠钾的摄入、细胞内外钾的转移以及肾脏对钾排泄的调节。钾的摄入主要是通过饮食。肾脏对钾的排泄无法降至零，机体每日从尿及粪便中丢失的钾约5～10mmol。单纯由摄入不足所致的低钾血症很少，大多都合并有腹泻、吸收障碍等慢性消耗性疾病。其临床表现是：(1)对中枢神经系统的影响。轻度低钾血症患者常表现为精神萎靡，重者则反应迟钝，嗜睡甚至昏迷。(2)对肌肉的影响。表现为四肢软弱无力，严重时可出现软瘫。一般先从下肢开始，严重时可影响呼吸肌。(3)对心脏的影响。主要为心律失常，轻度多表现为窦性心动过速，重者可致室上性或室性心动过速及室颤。心电图有较特异的诊断价值。一般最早表现为ST段压低，T波压低、增宽、倒置，并出现U波，QT时间延长；进一步出现P波幅度增高，QRS增宽。补钾后，上述改变很快可以获得改善。(4)对肾脏的影响。长期慢性缺钾时，会有肾间质纤维化，并出现多尿和低密度尿。

【低截获概率雷达】(low intercept probability radar) 探测信号难以被敌方雷达对抗侦查设备和反辐射导弹导引头截获与识别的雷达。包括在功率域、频率域、时间域和空间域等多方面采用降低截获概率的多种技术来实现低截获概率。功率域低截获概率技术主要是降低雷达发射机的峰值功率并保持其平均功率。通常采用加宽脉冲宽度、扩展信号频谱等脉冲压缩技术。频率域低截获概率技术主要是超宽带雷达技术，使雷达的信号带宽大于雷达对抗侦查设备的瞬时信号带宽，使其只能收到雷达信号的部分频率成分，难以查明雷达的全部技术参数，从而降低截获概率。时间域低截获概率技术主要包括频率捷变、脉冲宽度与重复频率捷变和脉内调制波形捷变等技术。利用雷达波形在时间域内的快速变化，使雷达对抗侦查设备在短时间内难以查明雷达的全部参数，以降低其截获概率。空间域低截获概率技术主要有降低天线的副瓣电平，采用多基地雷达技术和稀布阵天线技术等，使雷达对抗侦查设备不能测定接收机的方位，从而难以实施电子干扰。作为低截获概率雷达的典型，稀布阵综合脉冲孔径雷达将雷达的大功率发射机分解成很多小功率发射机，并分散配置在不同地点，利用数字波束，将各发射机分散辐射的小功率在空间又合成为具有一定指向的大辐射功率。这种技术既保证了雷达的探测距离，又降低了被雷达侦察设备截获的概率。

【低聚糖】(oligose) 以2～10个糖单基组成，属于寡糖的低聚物。由淀粉通过酶的催化作用生成的新型淀粉糖。它集营养、保健、食疗于一体。主要包括水苏糖、棉籽糖、异麦芽酮糖、乳酮糖、低聚果糖、低聚木糖、低聚半乳糖、低聚异麦芽糖、低聚异麦芽酮糖、低聚龙胆糖、大豆低聚糖和低聚壳聚糖等。分营养型和功能型两类。营养型的低聚糖如普通的二糖、麦芽三糖、麦芽四糖，可被机体消化吸收，不是肠道益菌双歧杆菌的增殖因子，一般只能作甜味剂使用；功能型的低聚糖，又称功能性低聚糖，人体肠道内没有水解这类低聚糖的酶，因而不能被消化吸收而优先被肠内双歧杆菌利用，是双歧杆菌的增殖因子。广泛应用于食品、保健品、饮料、医药和饲料添加剂等领域。

【低聚物】(oligomer) 见预聚物。

【低空突防】(low altitude penetration) 飞行器以低空或超低空飞行方式突破敌人的地空防御系统，实施对地面目标的侦察和攻击行为。飞行器利用地球曲率和地形起伏造成的地空雷达盲区，以及地杂波对雷达的干扰作掩护，达到低空突防的目的。其飞行方式包括地形跟随、地形回避、地形防撞和地形匹配等。20世纪50年代，机载雷达可以显示出前方预定高度以上的山峰分布情况，驾驶员可以绕开山峰飞行，形成了早期的人工地形回避方式。随着航空电子技术、红外夜视等技术的发展，提高了低空飞行能力，使低空突防进一步发展成为现代空军进行空袭和空战的有效手段。20世纪70年代以后的军机都开始配备各种低空突防系统。地形跟随是目前应用较多的超低空突防方式。

低空突防

【低密度聚乙烯】(low density polyethylene, LDPE) 在高压下乙烯自由基聚合而形成的热塑性塑料。具有透明、化学性能稳定、密封能力好和易于成型加工等良好性能。是当今高分子工业中最广泛使用的材料之一。常规的生产方法有管式法和釜式法。LDPE可以满足大部分热塑性成型加工技术的要求，如薄膜吹制、薄膜铸制、挤压贴胶、

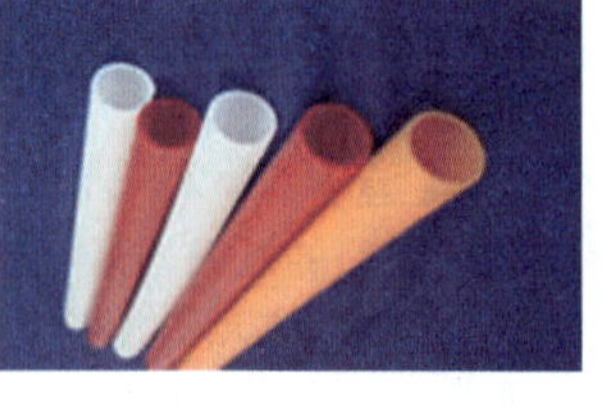
低密度聚乙烯管

电线电缆贴胶、注射成型和吹塑成型等。广泛应用于包装、建筑、农业、工业和消费市场。

【低密度脂蛋白】(low-density lipoprotein, LDL) 一种低密度血液复合蛋白质。由多种物质组成,其中甘油三酯约12%,蛋白质约25%,胆固醇酯约35%,游离胆固醇约9%,磷脂约18%,游离脂肪酸约1%,糖类约1%。它是动脉粥样硬化的主要致病因素。当低密度脂蛋白升高时,患心脑血管疾病的危险性增加。

【低频功率放大器】(low-frequency power amplifier) 一种将直流电源提供的能量转换为交流输出能量的转换器。按其工作状态的不同可分为:甲类功率放大器和乙类功率放大器;按其电路形式的不同分为:双端推挽电路、单端推挽电路和平衡无变压器。其电路特点是:(1)输出功率大,效率高。(2)工作频率低,相对频带宽度宽。(3)可工作于甲类、甲乙类或乙类状态。高频功率放大器工作于丙类。(4)与高频功率放大器的工作频率与相对频宽不同,负载网络和工作状态也不同。(5)信号的频率覆盖系数大,不能采用谐振回路作负载,一般工作在甲类状态。(6)采用推挽电路时可以工作在乙类状态。

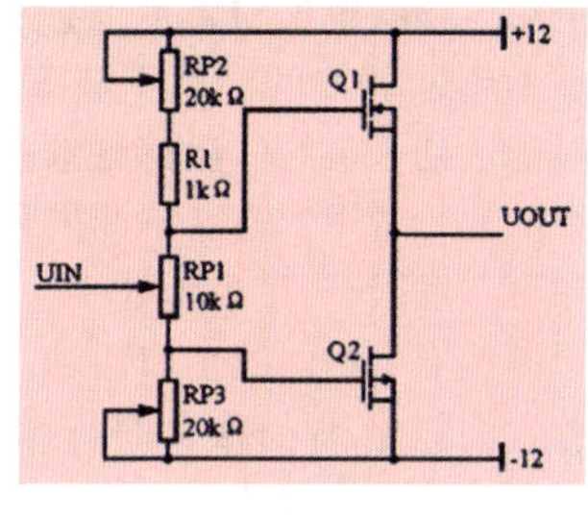

功率放大电路

【低热粉煤灰硅酸盐水泥】(low heat flying ash portland cement) 在适当成分的硅酸盐水泥熟料中加入适量的粉煤灰和石膏,磨细制成的具有低水化热的水硬性胶凝材料。按其重量百分比计,水泥中粉煤灰掺加量约为20% ~40%,允许用不超过混合材总量50%的矿渣或磷渣代替部分粉煤灰。主要用于要求水化热低的大体积混凝土工程。在水利建筑工程中广泛使用。

【低热矿渣硅酸盐水泥】(low heat slag portland cement) 在适当成分的硅酸盐水泥熟料中加入适量矿渣、石膏,磨细制成的具有低水化热的水硬性胶凝材料。水泥中矿渣选用量按重量百分比计为20% ~60%,允许用不超过混合材料总量50%的磷渣或粉煤灰代替部分矿渣。该类水泥适用标准为GB200－2003。具有抗硫酸盐性能好、收缩小和耐磨性能好等优点。该类水泥3天水化热不得超过197kJ/kg,7天水化热不得超过230kJ/kg。由于掺入了一定量的混合材料,低热矿渣硅酸盐水泥的水化热很低,特别适用于大体积混凝土的内部施工。

【低热值】(lower heating value) 又称低位热值。燃料完全燃烧,其燃烧产物中的水蒸气仍以气态存在时的发热量。燃料热值有高位热值与低位热值两种。前者指燃料在完全燃烧时释放出来的全部热量,即在燃烧生成物中的水蒸气凝结成水时的发热量,称为毛热;后者指燃料完全燃烧,其燃烧产物中的水蒸气以气态存在时的发热量,称为净热。二者的区别在于燃料燃烧产物中的水呈液态还是气态,低位热值等于从高位热值中扣除水蒸气的凝结热。

【低热值煤利用技术】(utilization technology of lower grade coal) 采用循环流化床燃烧低热值煤的技术。低热值煤是指灰分大于40%,低位发热量不大于14 653.8kJ/kg的各种煤、洗煤泥、煤矸石、油页岩、褐煤和无烟煤。常规层燃烧和煤粉燃烧技术不能实现对低热值煤的利用,而利用循环流化床燃烧技术燃烧低热值煤,能生产蒸气供热和发电。产生的灰渣含碳量低并且活性好,可用来提取稀有金属和作水泥及水泥制品的掺料。含硫高的低热值煤,采用循环流化床燃烧技术时,以石灰石作床料可实现炉内燃烧过程脱硫,不需采用常规燃烧技术所用的炉内喷钙脱硫和昂贵的烟气湿式脱硫技术。低热值煤的循环流化床燃烧技术,具有对燃料适应性好、燃烧效率高和污染物排放量少等优点。是一种较为廉价的清洁煤燃烧技术。

【低松弛预应力钢绞线】(steel wire with low relaxation) 绞线专用新型高性能钢材。具有强度高、韧性好、耐疲劳、低松弛等特点。国内产品的断裂负荷、屈服负荷、伸长率、松弛性能,均达到国际标准ISO6934/4的水平。用于高层建筑、桥梁、核电安全壳、水利、水电等工程。与普通钢绞线相比,可节约钢材7% ~8%。

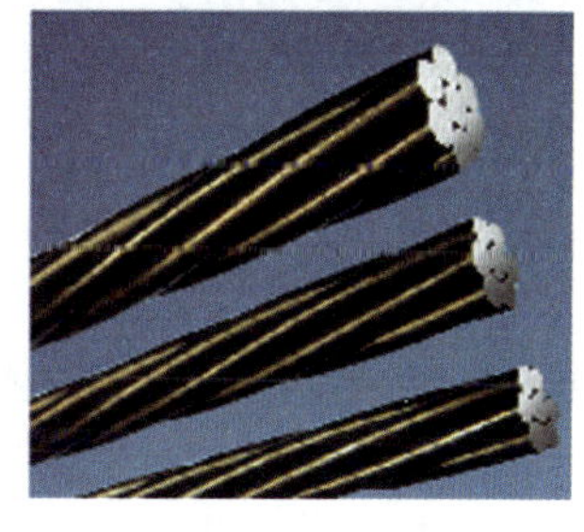
低松弛预应力钢绞线

【低碳技术】(low-carbon technology) 有效控制温室气体排放、节约能源和提高能效的新技术。包括可再生能源、新能源、煤的清洁高效利用、油气资源和煤层气的勘探开发、二氧化碳捕获与埋存、控制温室气体排放的新技术等。低碳技术涉及电力、交通、建筑、冶金、化工和石化等行业。包括在这些领域优化能源结构,积极发展可再生能源(太阳能、风能、地热能和潮汐能等)和先进核能技术,以及高效、洁净、低碳排放的煤炭利用技术和减少能源消费中二氧化碳排放量技术的应用。在生态学中用单位面积中的碳来衡量生态系统生产力的高低。生物的呼吸与分解作用称为碳源，光合作用称为碳汇。前者向大气输出二氧化碳，后者将大气中的二氧化碳汇集到碳库中。通过保护生态环境，科学、合理、有效地植树造林、增加碳汇，也是低碳技术的重要内容。

太阳能办公大楼

【低碳经济】(low-carbon economy) 以低排放、低能耗、低污染为特征的新型经济发展模式。随着全球人口和经济规模的不断增长，能源使用带来大气中二氧化碳(CO_2)浓度升高所引起的全球气候变化不仅是环境问题，也是能源问题。单纯减排不是根本出路，只有低碳经济模式与低碳生活方式，才能实现可持续发展。通过能源技术创新、制度创新，实现高效能源利用和清洁能源结构，是人类生存发展观念的根本性转变，也是应对全球气候变化的根本途径。是人类社会继农业文明、工业文明之后的又一次重大进步。在2007年末，中国的《能源白皮书》把能源战略概括为：坚持节约优先、立足国内、多元发展、依靠科技、保护环境、加强国际互利合作，努力构筑稳定、经济、清洁、安全的能源供应体系，以能源的可持续发展支持经济社会的可持续发展。

【低碳生态城市】(low-carbon eco-city) 以低能耗、低污染、低排放为标志的节能、环保型城市。建立在人类对人与自然关系更深刻认识的基础上，以降低温室气体排放为主要目的，高效、和谐、健康、可持续发展的城市发展模式。世界自然基金会的定义为：低碳城市是指城市在经济高速发展的前提下，保持能源消耗和二氧化碳排放处于较低的水平。中国社科院公布了评估低碳城市的新标准体系。该标准具体分为低碳生产力、低碳消费、低碳资源和低碳政策等四大类共12个相对指标。根据该标准，如果一个城市的低碳生产力指标超过全国平均水平的20%，即可被认定为“低碳”。其基本内容包括：科学的城市规划；工业产业低碳化、循环化；发展第三产业；新能源利用；构建绿色交通体系；构建绿色市政体系，促进资源的循环再生和利用；发展绿色建筑；倡导绿色消费。低碳生态城市已成为世界各地城市发展的新模式。中国现阶段发展低碳生态城市有三种模式：第一种是新建的低碳生态城；第二种是已有城镇向低碳生态城镇转化；第三种就是灾后重建城市的生态城建设。2009年世界自然基金会已经在中国选择保定和上海作为发展低碳生态城市的试点城市。

【低温储粮技术】(technical criterion for low temperature storage) 利用冷源降低储粮温度达到要求的低温状态，并维持这一温度的低温储藏技术。是现代储藏技术中较常采用的一种储粮技术。按其冷源的不同可分为自然低温储藏和人工制冷低温储藏。主要是通过控制“温度”这一物理因子，使粮食处于一定的低温状态，增加了粮食的储藏稳定性。研究结果表明，15℃是粮食低温储藏的理想温度。可以有效地限制粮堆中生物体的生命活动，延缓储粮品质变化。特别是能使面粉、大米、油脂和食品等安全渡夏，保鲜效果显著。具有不用或少用化学药剂，避免或减少了污染，保持储粮卫生的特点。同时，可以有效抑制储粮害虫生长和繁殖。对粮食所携带的微生物的生长和繁殖也有一定的抑制作用。粮食在不超过20℃的温度下储藏，称为准低温储藏。此时能达到一定的低温储藏效果。还可以减少低温储藏的运行费用。通过空调机和谷物冷却机来调节储粮温湿度因子，使粮食处于一定的低温状态，有效地限制粮堆生物体的生命活动，减少储粮的损失，延缓粮食的陈化，保持粮食的新鲜度的储粮技术，近年来发展较快。在保持成品粮的色、香、味方面更具有其他储粮技术不可比拟的优越性。因此，随着中国现代化的实现，国民生活水平的提高，人们对粮食、食品品质的日益重视，低温储藏必将成为一种具有发展前途的储粮技术。

【低温风洞】(low temperature wind tunnel) 利用低温介质产生接近或达到实际飞行环境的风洞。其主要特点是：动压和驱动功率低，建设投资少，最大功率和总能耗低，运转特性好，试验段气流噪声较低，试验时间长。1971年，美国宇航局兰利中心首先研制了一座0.28m×0.18m低温风洞，并在此基础上，又建造了一座0.3m低温跨声速风洞，为低温风洞研制积累了经验。20世纪80年代以后，其他国家纷纷开始研制低温高雷诺数风洞。中国也建有自己的低温风洞。早期的低温风洞，使用氟利昂使气流降温，后来又发展到使用液氮使气流降温。

【低温金属材料】(cryogenic metallic material) 适合低温下(0℃以下至绝对零度)使用的金属及合金材料。主要包括奥氏体不锈钢、镍钢、低合金铁素体钢、铝合金、铜及铜合金、钛及钛合金、铁镍基超合金和双相钢等。该类材料广泛应用于石油化工、制冷等行业，如石油与天然气深冷分离设备；储存、处理及输运液化气的设备与装置；低温冷却装置、空分设备和冷冻设备；寒冷地区户外作业的机械设备与工程结构；采用液氦作冷却介质的超导磁体、超导机械；航天飞机、火箭及飞船的液体燃料储箱；磁悬浮列车；超低温贮能环等工程及高技术领域。

【低温生物学】（cryobiology） 生物学的一个分支。研究在0℃以下或接近0℃时的生命现象的学科。以往主要研究植物的冻害、细菌或昆虫的耐寒性等。现在主要有两个比较明确的研究方向：(1)阐明自然状态下生物的耐寒性、耐冻性的机制。(2)研究包括高等动物在内的生物的细胞、组织、器官和整体等的人工冷冻保存方法。

【低温钛合金】（low temperatured titanium alloy）具有良好低温性能的一类钛合金。主要有纯钛及 Ti-5Al-2.5 Sn，Ti-6Al-4V 等钛合金。在-253℃低温下，仍保持良好的塑性、焊接性和抗疲劳性能，延伸率保持在16%。适合制造液体燃料储存器。主要用于航空航天工业、化学工业和能源工业等部门。

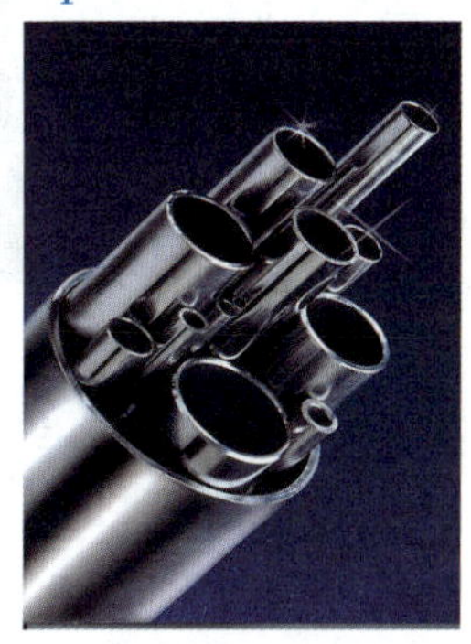

低温钛合金管

【低温综合征】（hypothermia syndrome） 深部体温<35℃而引起的机体一系列症状。常分为原发性(意外低温)和继发性低温两种。前者是因寒冷环境引起体温自发下降至低于35℃而体温调节中枢并未受损；后者是由于下丘脑体温调节中枢功能受损所引起的，常存在潜在的疾病或药物作用。其临床表现是：低温患者在受寒冷初期有头痛、不安、四肢肌肉和关节僵硬，表现为皮肤苍白冰冷、心跳呼吸加快、血压升高。当体温持续下降，患者因嗜睡而陷于精神错乱状态。体温低于32.2℃时，患者心跳、呼吸减慢，脉搏细弱，心律失常，出现幻觉，并进一步进展至木僵和昏迷。心电图显示基线抖动，为肌肉快速的颤抖所致。如体温继续下降至29~24℃，则将因心脏停搏或室颤致死。其并发症主要有：横纹肌溶解、上消化道出血、肺水肿、肢体坏疽及感染。实验室检查可见代谢性酸中毒，血液浓缩及消耗性凝血病。

【低温作业环境】（cold workplace） 工作地点平均气温等于或低于5℃的作业环境。在寒冷季节从事室外及室内无采暖的作业，或在冷藏设备的低温条件下以及在极区的作业。低温是一种不良气象条件。在低温环境中，机体散热加快，引起身体各系统一系列生理变化，可以造成局部性或全身性损伤，如冻伤或冻僵，甚至引起死亡。在低温环境下工作时间过长，超过人体适应能力，体温调节机能发生障碍，则体温下降，从而影响机体功能，可能出现神经兴奋与传导能力减弱，出现痛觉迟钝和嗜睡状态。长时间低温作业可导致循环血量、白细胞和血小板减少，而引起凝血时间延长，并出现协调性降低。低温作业还可引起人体全身和局部过冷。全身过冷常出现皮肤苍白、脉搏呼吸减弱、血压下降；局部过冷最常见的是手、足、耳及面颊等外露部位发生冻伤，严重的可导致肢体坏死。

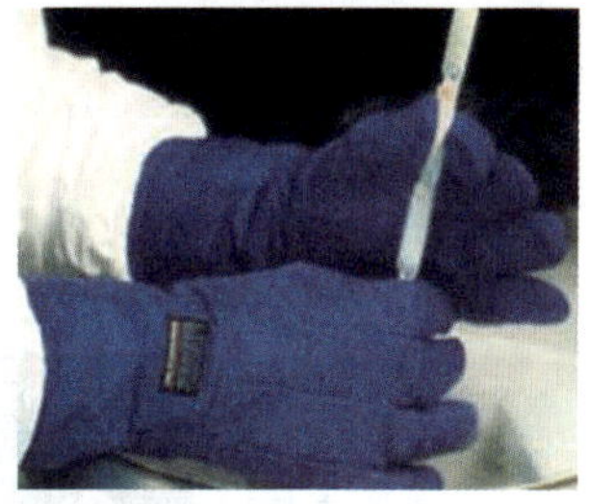

低温液氮防护手套

【低血容量休克】（hypovolemic shock） 各种原因导致循环血容量减少到一定量时所引起的休克。麻醉中常见于创伤出血、手术大出血、严重脱水等。如果出血缓慢，机体可动员代偿机制，如组织间液进入血管内，补充循环血容量，并不致引起休克。短时间内失血超过全身血容量的20%即可引起休克。特别要注意体腔内出血，易导致漏诊或误诊。低血容量休克经及时有效地止血，积极地输血、输液可以明显降低死亡率。

【低血糖】（hypoglycaemia） 与高血糖相对应。空腹测血糖浓度低于3.0mmol/L。出现低血糖常见的原因：(1)饥饿或不能进食时，外源性血糖的来源断绝、内源性肝糖原已经枯竭、糖异生作用也相应减弱，造成低血糖。(2)胰岛β-细胞功能亢进，胰岛素分泌过多或胰岛α-细胞功能低下等。(3)严重肝疾患，肝功能低下，糖原合成、分解、糖异生等代谢过程受损，肝不能有效地调节血糖浓度。(4)内分泌功能异常，致使与胰岛素相拮抗的激素分泌减少引起低血糖。血糖浓度过低时，会影响脑细胞的功能，因为脑细胞所需要的能量主要来源于葡萄糖的氧化。低血糖可引起头昏、心悸、出冷汗、倦怠无力等症状，严重时出现昏迷(低血糖休克)，若不及时给患者静脉补充葡萄糖，可导致死亡。

【低血糖症】（hypoglycemia） 一组由多种病因引起的以血中葡萄糖浓度过低为特点的综合征。不是一个独立的疾病。正常人血糖波动在3.3~8.9mmol/L之较窄范围内，并保持相对稳定性。是机体在糖的消化、吸收和代谢过程中受多种酶、激素和神经的控制和调节，使血糖的来源和利用之间维持动态平衡的结果。低血糖病因复杂。按其发生与进食关系的不同可以分为空腹低血糖和餐后低血糖；按其进展速度的不同可以分为急性、亚急性和慢性低血糖；按其病因的不同可分为器质性、功能性及外源性低血糖等。当血浆葡萄糖低于 2.8mmol/L 时，可作为低血糖症的标准。其临床症状主要是交感神经兴奋和神经缺糖症状，尤其以对脑影响为主。其临床症状的严重程度与病因、年龄、血糖下降速度和程度、低血糖持续的时间等相关。血糖在2.8～3.0 mmol/L时可出现交感神经兴奋症状；血糖低至 2.5～3.0mmol/L时则开始出现认知障碍。自主神经多汗、饥饿感和感觉异常、震颤、焦虑、收缩压增高等症状。当大脑皮层受抑制时，可发生意识朦胧、定向力与识别力渐丧失、肌张力低下、精神失常等；当皮层下中枢受抑制时可有阵挛性及舞蹈样动作、瞳孔散大，甚而强直性惊厥；当中脑累及时可有阵发性惊厥、眼轴歪斜等；当波及延脑时则进入严重昏迷阶段，各种反射消失，如历时较久，常不易逆转。

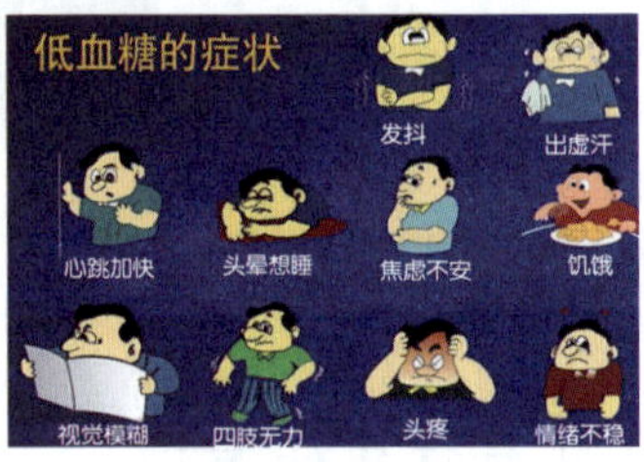

低血糖症

【低压槽】(trough) 简称槽。水平气压场上等压线(或等压面上的等高线)向气压较高一方伸出的的区域。槽中气压高度比两侧低。在天气图上，低压槽一般从北向南伸展。向北伸展的称为“倒槽”；东西向延伸的则称为“横槽”。槽的种类很多。按其波长的不同可分为长波槽和短波槽；按槽前后气流方向的不同可分为前倾槽和后倾槽；按其温度场、湿度场的特征可分为冷槽、暖槽、干槽和湿槽。一般情况下，槽前有上升气流，多云雨天气；槽后有下沉气流，多晴好天气。

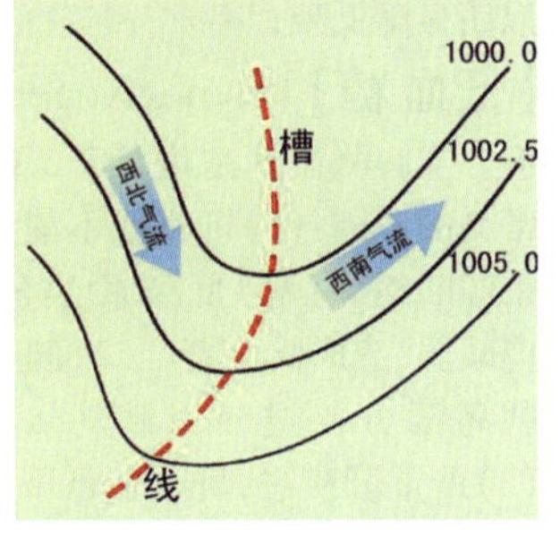

低压槽

【低压成型】(low pressure moulding) 以很小的注射压力将封装材料注入模具并快速固化成型(5～50s)的封装工艺方法。采用此种工艺方法可以使加工材料具有绝缘、耐高低温、抗冲击、减振、防潮、防水、防尘、耐油和耐化学腐蚀等功能。低压成型工艺的优势在于：(1)提高终端产品的性能。(2)缩短产品设计开发周期，提高生产效率。(3)节约生产成本。低压成型工艺主要应用于：手机电池、印刷线路板(PCB)、汽车电子产品、汽车线束、防水连接器、传感器、微动开关、天线和电感器等电子产品。低压成型工艺可以适应那些应用于恶劣环境的电子产品的封装保护等需要。

【低压电器】(low voltage device) 工作在规定的较低电压下电路中的电器设备。国际电工委员会在 20 世纪 70 年代所制定的标准规定：交直流电压为1 000V 及其以下的电器属低压电器。中国规定：交流电压1 200V，直流电压1 500V 及以下的电器属于低压电器。其分类有：(1)按其应用类别的不同可分为配电电器和控制电器。(2)按其用途的不同可分为一般用途的低压电器、牵引低压电器和矿用低压电器等。(3)按其功能的不同可分为开关电器和非开关电器。(4)按其有无接触头可分为有触头电器和无触头电器。

低压电器

【低压断路器】(low voltage electric apparatus) 又称自动空气开关。一种既有手动开关作用，又能自动进行失压、欠压、过载和短路保护的电器。用来分配电能，频繁地启动异步电动机，对电源线路及电动机等实行保护。当它们发生严重的过载或者短路及欠压等故障时能自动切断电路。按其操作方式的不同可分为电动操作、储能操作和手动操作；按其结构的不同可分为万能式和塑壳式；按其使用类别的不同可分为选择型和非选择型；按灭弧介质的不同可分为油浸式、真空式和空气式；按其动作速度的不同可分为快速型和普通型；按其极数的不同可分单级、二级、三级和四级等；按其安装方式的不同可分有为插入式、固定式和抽屉式等。其重要参数有：额定电流、额定电压、额定极限分断能力和额定运行断路分断能力等。

【低压管道灌溉】(irrigation with low-pressure pipe) 简称管道灌溉。管道系统的工作压力一般不超过 0.2 MPa 的地面灌溉。低压管道可以设置在地上或地下，用以代替输水明渠或田间临时渠道，以减少输水损失，便于灌溉用水管理。与渠道灌溉相比，具有节水和省地的优点。由于灌水及时、均匀，有利于作物增产；输水快，供水及时，省工省时。与喷灌微灌相比，不仅比较节能，而且投资及运行费用低。低压管道灌溉在本质上仍属于地面灌溉，一般单个工程控制的范围较小。

【低压配电】(low voltage distribution) 电力系统向用户或用电设备输送较低额定电压的供电方法。在中国大陆低压配电电压一般是指三相380V和三相四线制380/220V的交流电压。设计低压配电系统的原则是:变电所要深入负荷中心,以最短的距离分配低压电能,达到降低损耗、提高电压质量、节约投资和减少维修工作量等。低压配电系统一般由电源低压配电装置、低压线路、用户侧低压配电装置和用电设备组成。采用不同的用电方式,向用户或用电设备供电,可满足用户或用电设备对供电的不同要求。

【低压燃烧试验】(low pressure combustion test) 在燃烧室低于大气压的压力条件下进行的燃烧室试验。在高空中发动机在低转速状态运行时,或空中停车再启动时,主燃烧室的工作压力可能低于大气压。低压条件下燃烧室的燃油雾化、油气混合、化学反应和火焰传播等都会恶化。为研究低压条件下燃烧室的工作状态和变化规律,需要在低压条件下模拟主燃烧室或加力燃烧室的燃烧过程。在试验器上,往往通过装设引射器等装置来造成低压燃烧条件。

【低压线路】(low voltage distribution) 额定电压为1kV以下的电力线路。包括低压架空线路、低压架空绝缘线路、低压电缆线路和室内配电线路。它直接向低压用电设备输送电能,是低压配电系统的重要组成部分。低压线路可以从公用低压配电网接入,通过低压配电室引出,也可以由用户自备的变配电室的低压配电装置引出。由于在一定的容量范围内,采用低压电设备安全和经济,因此用户中低压用电设备数量较多,使用频繁,相应低压线路也比较多,分布较广。但由于低压线路的额定电压比较低,功率损耗和电压损失都比较大,所以它只能应用于短距离和小容量的低压配电。

【低压铸造】(low pressure casting) 液体金属在较低的压力(0.02~0.06MPa)作用下,自下而上充满铸造型腔,并在压力下凝固而获得铸件的铸造成型方法。低压铸造充型平稳,铸造缺陷少,组织致密,力学性能高,有利于成型加工大型薄壁铸件。其材料利用率可达80%~95%。主要用于生产质量要求较高的铝、镁合金铸件,如汽缸体、缸盖、活塞和曲轴箱等。

低压铸造机

【低压作业环境】(low voltage workplace) 从事低压电气设备操作的工作环境。中国的安全规程规定低压指设备对地电压在250V及以下。电气安装、检修、试验、维护等工作电压在250V及以下。不同的环境对用电设备有不同的要求,选择或安装不当,便会造成事故。对低压作业的要求是:(1)工作中应有专人监护,使用的工具必须带绝缘柄,严禁使用锉刀、金属尺、带金属物的毛刷和手掸等工具。(2)工作时应站在干燥的绝缘物上进行,要戴手套和安全帽,且必须穿长袖衣服。(3)从事低压接护线工作,应随身携带低压试电笔。(4)高、低压线路同杆架设,应采取防止误碰带电高压线路的措施。(5)上杆前应分清火线、地线和路灯线,并选好工作位置。在断开导线时,应先断火线,后断地线;在搭接导线时的顺序与之相反。人体不得同时接触两根线头。

【低盐染色】(low salt dyeing) 采用胺或季铵盐对棉织物改性后进行染色的方法。用传统方法染色需要消耗大量的盐和水。经过改性后的棉织物,在酸性条件下带正电,可吸附染料中的阴离子。织物可以在任何pH条件下染色,阳离子化的棉织物染色时间大大缩短,并获得100%的上浆率。盐用量降低10g/L,可防止高浓度的硫酸根离子或氯离子所引起的管道腐蚀。纤维改性会导致牢度性能变差。

【低音反射式音箱】(bass-reflex enclosure) 又称倒相式音箱。一种有低音装置和声导管的音箱。它的负载中有一个出声口,在箱体一个面板上开孔。开孔位置和形状有多种,大多数在孔内还装有声导管。箱体的内容积和声导管孔的关系,根据兹共振原理,在某个特定频率时产生反共振频率。向箱体辐射的声波经导声管倒相后,由扬声器声口辐射到前方,并与扬声器前向辐射声波进行同相叠加。能提供比密闭式更宽的带宽,具有更高的灵敏度,较小的失真。在理想状态上,低频重放频率的下限可比扬声器共振频率低20%之多。这种音箱用较小箱体就能重放出丰富的低音。是目前应用最为广泛的类型。

【低阻超高速鱼雷】(low resistance super high speed torpedo) 见超空泡鱼雷。

【堤】(dike) 又称堤防。沿江河、渠道、湖、海岸边或分洪区、围垦区边缘修筑的挡水建筑物。按其位置的不同可分为河(江)堤、湖堤、海堤、渠堤和围堤。堤身一般由土料建造。在江河通过城镇地段,为少占土地或因潮汐、风浪太大,也可采用钢筋混凝土或浆砌块石堤即防洪墙。堤线宜选在地势较高,土质较好的地段。河堤的堤线要适应河势流向，避免急弯，少占耕地，与中常水域之间留有足够的距离，以满足堤身稳定和维修取土的要求。土堤横断面呈梯形，边坡陡缓与堤高、筑堤土料和堤基性质有关。堤顶宽度根据堤高、交通和防汛抢险要求确定。堤顶高程与堤的工作条件有关，如海堤一般不允许越浪，堤顶高程应考虑风暴潮的增水；河堤、湖堤可按防洪水位加风浪爬高和安全加高确定。其中河堤的防洪水位还与两岸堤线之间的堤距紧密相关。选定的断面应能满足稳定和防渗要求。对易受风浪冲刷的部位应做砌石护坡。钢筋混凝土和浆砌块石防洪墙的断面，可根据设计荷载，由结构计算确定。筑堤可抵御洪水泛滥，挡潮防浪，保护堤内居民和工农业生产的安全，是世界上最早广为采用的防洪工程措施。

【滴定分析】(titrimetric analysis) 又称容量分析。将已知准确浓度的标准溶液滴加到被测物质的溶液中以测定被测物质含量的方法。当所加标准溶液物质与被测物质按化学计量关系恰好反应完全时，根据所加标准溶液的浓度和所消耗的体积，计算出被测物质含量。按其反应类型的不同可分为：(1)酸碱滴定法。(2)配位滴定法。(3)氧化还原滴定法。(4)沉淀滴定法。(5)电导滴定法等。按其滴定方式的不同可分为：(1)直接滴定法。(2)返滴定法。(3)置换滴定法。(4)间接滴定法。

【滴定突跃】(titration jump) 滴定过程中，在化学计量点前后滴加少量滴定剂即可引起反应物浓度发生急剧变化，测量的溶液参数(如酸碱滴定中的pH)相应地发生突然改变的现象。通常把化学计量点±0.1%范围内的突跃称为突跃范围，可据此选择指示剂。

【滴灌】(drip irrigation) 以微灌系统尾部毛管上的灌水器为滴头，或滴头与毛管制成一体的滴灌带，将有一定压力的水消能后，滴入作物根部进行灌溉的方法。在使用中，可以将毛管和灌水器放在地面上，也可以埋入地下30～40cm处。前者称为“地表滴灌”，后者称为“地下滴灌”。滴头流量一般为2～12L/h。使用压力为50～150kPa。

滴灌

【滴灌带】(drip irrigation tape) 薄壁上压有扁平滴头的一种滴灌毛管。滴头间距为20～100cm。管壁厚度为0.1～0.9mm。管壁较薄故使用寿命较短，一般为2～6年。其管壁较薄，但对加工的工艺及塑料要求比较高。价格比厚壁滴管便宜，故得到广泛应用。

【狄拉克方程】(Dirac equation) 1928年英国物理学家狄拉克(Dirac)提出的一个用于描写电子运动的相对论性量子力学方程。利用这个方程可以很好地给出氢原子能级的精细结构，并可自动导出电子的自旋量子数1/2；从而为这些过去从实验结果中总结出来的性质提供了理论依据。狄拉克方程的建立是物理理论上的重大进展。它不仅完美地将相对论与量子力学统一在一起，而且还成功预言了反粒子的存在。随后安德森便于1932年证实了正电子的存在。重要的是，利用狄拉克方程可以讨论高速运动的相对论性电子的许多性质，其分析结果与实验符合得很好。所有这些成就使人们相信，狄拉克方程是一个正确描写了电子运动的相对论性量子力学方程。

【狄拉克海】(Dirac sea) 由英国物理学家狄拉克于1928年为解释自由电子的狄拉克方程负能解而提出的真空理论假说。该假说强调，真空中充满着无限多具有负能量的粒子态，并且这些负能态都被占满，从而形成所谓的狄拉克海。与此同时，狄拉克还在真空中假想了正电子的存在，而作为电子的反粒子，正电子被认为是狄拉克海中的一个空穴。1932年，安德森在实验中证实了狄拉克的设想，即发现了正电子。

【狄塞尔循环】(Diesel cycle) 一种利用压缩产生热量使燃料着火的内燃机循环。由绝热压缩、定压加热、绝热膨胀和定容放热过程组成的气体可逆循环。是为描述内燃机工质的热力学过程建立的理想循环。柴油机按这种模式工作，通过分析狄塞尔循环的工作过程，可以预测其性能。

【迪拜塔】(Dubai Tower) 又称迪拜大厦或比斯迪拜塔。阿拉伯联合酋长国迪拜的摩天大楼。160层。总高828m。比台北101大楼高出320m。耗资15亿美元。可容纳1.2万人。2004年9月21日开始动工，2010年1月4日竣工启用，同时正式更名“哈利法塔”。是当今世界第一高楼。由美国芝加哥公司的美国建筑师阿德里安·史密斯(Adrian Smith)设计，韩国三星公司负责

迪拜塔

实施。建筑设计采用了一种具有挑战性的单式结构，由连为一体的管状多塔组成，具有太空时代风格的外形。基座周围采用了富有伊斯兰建筑风格的几何图形——六瓣的沙漠之花。迪拜塔加上周边的配套项目，总投资超70亿美元。37层以下是一家酒店，45层至108层作为公寓。第123层是一个观景台，站在上面可俯瞰整个迪拜市。建筑内有1 000套豪华公寓，周边配套项目包括龙城、迪拜休闲草地及配套的酒店、住宅、公寓、商务中心等项目。大厦内设有56部升降机，速度最高达17.4m/s。另外还有双层的观光升降机，每次最多可载42人。为了修建迪拜塔，共调用了大约4 000名工人和100台起重机。

【敌我识别对抗】(identification of friend or foe confrontation) 能致自相残杀的一种重要作战手段。它一方面可通过向对方的敌我识别器施放干扰，使对方敌我识别器“视线”模糊，“看”不清敌我；另一方面，可通过向对方的敌我识别器发送相应的模拟应答信号，欺骗对方，使对方的敌我识别器认敌为“友”，掩护己方的作战平台安全执行有关作战任务。

【涤纶】(terylene) 学名聚对苯二甲酸乙二醇酯纤维。以精对苯二甲酸或对苯二甲酸二甲酯和乙二醇为原料经酯化、酯交换和缩聚反应而制得的成纤高聚物(聚对苯二甲酸乙二醇酯)，经纺丝和后处理制成的纤维。其优点是：具有极高的压缩弹性、抗皱性、耐热性、耐光性、化学稳定性、回弹性、绝缘性和极小的吸湿性。其缺点是染色性差。按其物理性能的不同可分为：(1)高强低伸型。(2)中强中伸型。(3)低强中伸型。(4)高模量型。(5)高强高模量型。按其后加工要求的不同可分为：(1)棉型。(2)毛型。(3)麻型。(4)丝型。按其用途的不同可分为：(1)服装用。(2)絮棉用。(3)装饰用。(4)工业用。常用于纯纺或混纺，以制造快干免烫织物(如的确良等)、轮胎帘子布、电绝缘材料、传动带、水龙带、绳索、滤布和人造血管等。还可以制成与真丝媲美的高收缩性的长丝。

涤纶线

【涤纶短纤后处理联合机】(post-processing joint machine for polyester staple fibre) 经一系列后加工，使纤维结构和性能发生显著变化的联合设备。其工艺流程是：集束架→前导丝架→导丝机→浸浴槽→第一牵伸机→第二牵伸机→蒸气加热箱→紧张热定型机→冷却喷淋装置→丝束上油装置→第三牵伸机→叠丝机→三辊牵引机→张力架→蒸气预热箱→卷曲机→铺丝机→松弛热定型机→导丝装置→曳引张力机→切断机→分料器→打包机→成包输送装置。生产线的产量，已从最初的4×10^3吨/年发展到目前5×10^4吨/年。丝束总纤度达4.65×10^6 dtex。丝束工艺速度达270m/min。其有效工作宽度达480mm。

【底鼓】(floor heave) 由于矿山压力或水的影响，巷道底板出现隆起的现象。受采掘影响，巷道顶底板和两帮岩体产生变形并向巷道内产生位移导致巷道底板向上隆起。底鼓导致巷道断面缩小，阻碍运输和行人，妨碍矿井通风，因此许多矿井不得不投入大量人力、物力做“挖底”等临时处理工作，甚至造成整条巷道报废，严重影响矿山的生产与安全。防治底鼓的主要措施有：(1)加固法。包括底板锚杆、底板注浆、封闭式可缩金属支架以及混凝土反拱等。(2)卸压法。包括围岩切缝、钻孔、松动爆破压槽等。

【底孔导流】(bottom outlet diversion) 在混凝土坝施工过程中，采用坝体内预设临时或永久泄水孔洞，使河水通过孔洞导向下游的施工导流方式。多用于分期修建的混凝土闸坝工程中。在一次拦断导流法的后期施工中，也常采用底孔导流。在导流流量很大的条件下，底孔常与坝体预留缺口等联合泄流。底孔断面有方圆形、矩形或圆形。底孔的数目、尺寸、高程设置，主要取决于导流流量、截流落差、坝体削弱后的应力状态、工作水头、封堵条件等因素。提高底孔泄流能力的措施是：(1)正确设计进水口体型，尽量避免进口水面出现空气漏斗。(2)减小底孔糙率。(3)合理布置闸槽。(4)溢流坝段下的底孔应正确处理溢流与孔流的交汇。(5)防止底孔进入漂浮物而堵塞。(6)出水口体型恰当，与下游尾水衔接流畅。

底孔导流

【底流消能】(energy dissipation by hydraulic jump) 又称水跃消能。利用底流流态衔接中的水跃，消耗分散过水建筑物下泄水流能量的消能方式。是一种应用广泛的消能方式。为使所有过流条件下都能形成水跃，并防止水跃区以及下游一定范围内河渠遭受水流的冲刷破坏。一般在水跃区修建护坦或消力池。当河渠为土基或较差的岩基时，在水跃区后还需修建海漫、护坡以及防冲槽、防冲堵等。底流消能适用于水闸、泄水坝、溢洪道、跌水、陡坡、水工隧洞、涵管等过水建筑物。它既适用于软基,又适用于岩基;既适用于低水头、又适用于高水头。在较宽的河道中,水闸或溢流坝孔数较多时,可在护坦或消力池及其下游设隔墙,形成若干个单独的底流消能区。这样可防止或减轻主流折冲,减弱立轴回流,控制水跃位置,并便于对消力池、辅助消能工等进行分区检修。

【底土层】(substratum) 又称母质层。位于心土层以下的土层。是受成土作用极轻微的土壤母质,为风化物的碎屑层。在自然土壤剖面中为C层。母质层对于土壤的吸收、排水以及养分的供应等都有一定的影响。母质层和表土层对土壤的水、肥、气、热诸肥力因素是相互联系不可分割的整体。底土层对整体土壤的发生演变与肥力形成也有重要影响。

【骶残留】(sacral sparing) 传导至骶部的神经束未完全损伤,保留有运动或感觉功能的现象。即存在肛门黏膜皮肤交界处和肛门深部的感觉(骶部感觉),或者肛门外括约肌有自主收缩(骶部运动功能)两者之一。是脊髓不完全损伤的重要特征。骶残留应在脊髓休克期过后检查才具意义。“球－肛门反射”可确定脊髓是否过了休克期。但必须指出,球－肛门反射在正常人中,也有15%左右不出现。因此除球－肛门反射以外,损伤平面以下肌肉痉挛的出现,也可以作为评定脊髓休克消失的证据。

【地板玻璃】(floor glass) 采用三片或三片以上玻璃和防撕裂的PVB胶片制成的夹层玻璃。依据玻璃所承受载荷稳定性的要求不同,合成夹层玻璃可以是普通玻璃,也可以是钢化玻璃,或者是表面镀有一层滑膜的半钢化玻璃。地板玻璃一般用于玻璃地面、玻璃天桥、楼梯踏步和平台等。

地板玻璃

【地被花卉】(ground cover flower) 经简单管理即可代替草坪覆盖在地表的低矮植物。不仅包括多年生低矮草本植物,而且包括一些适应性较强的低矮、匍匐型的灌木和藤本植物 。如百里香、二月兰和白三叶等。

【地被植物】(ground-cover plant) 有一定观赏价值,铺设于大面积裸露平地或坡地的多年生草本和低矮丛生、枝叶密集的灌木以及藤本植物。“低矮”是一个模糊的概念,有学者将地被植物的高度标准定为1m。有些植物在自然生长条件下,植株高度超过1m。但是,它们具有耐修剪或苗期生长缓慢的特点,通过人为干预,可以将高度控制在1m以下,也视为地被植物。国外的学者则将高度标定为从2.5cm～1.2m。地被植物的种类很多,可以从不同的角度加以分类。一般多按其生物学、生态学特性,并结合应用价值将其分为灌木类地被植物,如杜鹃花、栀子花、枸杞等;草本地被植物,如三叶草、马蹄金、麦冬等;矮生竹类地被植物,如凤尾竹、鹅毛竹等;藤本及攀缘地被植物,如常春藤、爬山虎、金银花等;蕨类地被植物,如凤尾蕨、水龙骨等;其他一些适应特殊环境的地被植物,如适宜在水边湿地种植的慈姑、菖蒲等,以及耐盐碱能力很强的蔓荆、珊瑚菜和牛蒡等。中国具有丰富的地被植物种质资源。但到目前为止,对于地被植物生物学、生态学特性,尤其是保护和净化环境的功能以及经济用途等方面的研究还很不够。通过今后更深入的研究,将会逐步从现有地被植物和地被植物资源中选育出更多更好、能够应用于不同地区、不同环境条件和不同需要,具有良好环境效益和一定经济价值、科学价值的新地被植物。

绞股蓝

【地表径流】(ground surface runoff) 沿地表向河流、湖泊、沼泽、海洋等汇集的水流。径流的组成部分。当降雨强度大于下渗能力时,不能下渗的那一部分雨水堆积地表,在重力作用下沿流域坡面流动,形成的地表径流,称为超渗坡面流。当土层有分层结构且下层土壤的下渗能力明显小于上层土壤时,下渗水流在土层间的界面附近产生饱和带。饱和带逐渐增厚并达到地表。此时,土层中已无空隙,降雨在地表直接形成径流。后者,称为饱和坡面流。超渗坡面流和饱和坡面流形成后,迅速流入大小沟汊,称为坡面汇流。沟汊中的水流汇入各级支流,支流中的水流汇入干流,干流中的水流向流域出口断面汇集,称为河网汇流。地表径流是侵蚀地表、溶解地球化学物质、塑造地貌形态的重要地质营力。

地表径流

【地表水】(ground surface water) 储存于陆地表面的各种水体。例如江、河、湖、沼泽、冰川、积雪等。地表水是人类生产、生活的重要资源之一。中国大小河流总长度约 4.2×10^5km,流域面积在 100km^2 以上的河流有 5 万多条,河川径流总量在 $2.711\,5\times10^{12}\text{m}^3$。中国的冰川总面积约 $5\times10^4\text{km}^2$,年融水量约 $5\times10^{10}\text{m}^3$。中国面积 1km^2 以上的湖泊有 2 800 多个。人工湖泊、水库 8.6 万座,也储蓄有大量地表水。中国的河流除一小部分流入封闭的内陆湖沼或消失于沙漠外,大部分属于外流河,河水分别注入太平洋、印度洋和北冰洋。其中太平洋流域面积占中国总面积的 56.7%;印度洋流域面积占6.5%,分布于青藏高原东南部、南部和西南一角;北冰洋流域面积只占中国总面积的0.5%,偏处中国新疆的西北一隅。中国多年降水量平均值为 $6.189\,9\times10^{12}\text{m}^3$,折合平均降水深度为 648mm。但年蒸发总量高达 $3.477\,4\times10^{12}\text{m}^3$,表明一多半降水均通过蒸发又重新回到大气中。

【地表水灌溉】(surface-water irrigation) 与地下水灌溉相对应。以地表水体为水源的农田供水方式。根据水源条件与灌区相对位置的不同,地表水灌溉可分为蓄水灌溉、引水灌溉、提水灌溉以及蓄引提结合灌溉等方式。(1)蓄水灌溉。当河川径流与灌溉用水在时间分配上不相适应时,在河流适当地点修建水库或塘堰等蓄水设施,对径流进行调节的农田供水方式。(2)引水灌溉。当水源在时间和数量分配上能满足灌溉用水要求时,可直接在河段的适宜位置修建无坝或有坝引水枢纽,使通过进水口引入渠道的流量和水位,能适应灌溉要求的农田供水方式。(3)提水灌溉。当水源水位低、灌区位置较高、不能自流引水或修建引水工程不经济时,可在适当位置修建泵站,利用水泵等抽水设备提水灌溉的农田供水方式。(4)蓄引提结合灌溉。为了充分利用地表水资源,最大限度地发挥各种取水工程的作用和优势,将蓄水、引水和提水设施结合起来使用的农田灌溉方式。

地表水灌溉

【地表位移观测】(observation of ground surface displacement) 测定地表观测点随时间而发生水平位移的位置、量值和移动方位的测量工作。它与地表沉降观测(测定一定范围内地表观测点高程随时间的变化量的测量工作)一起,构成了对一定范围地表变形的监测。

【地表移动】(ground surface movement) 因采矿引起的岩层移动波及地表,使地表产生移动、变形和破坏的现象和过程。研究地表移动和变形的规律,须绘制移动曲线和变形曲线。二者有实测的和预计的两种类型。实测曲线是按地表岩移观测站的综合成果资料绘制的。预计曲线是根据所采用的理论方法,在开采前预先计算出地表移动盆地主断面各点的移动值和变形值绘制的。实测曲线可以检验预计方法及预计曲线的准确程度,并可通过分析获得反映地表移动盆地特征的各种参数。这些实测得到的岩移参数就是绘制预计曲线的依据。

【地表移动盆地】(subsidence trough) 又称地表下沉盆地。由采矿引起的采空区上方地面因地表移动而形成一个比采空区范围大的洼地。矿层开采后,采动影响波及地表,引起地表的下沉。其形状主要取决于采空区的形状及矿层的倾角。当采空区为矩形时,移动盆地大致呈椭圆形。与采空区的相对位置,取决于矿层的倾角。水平矿层沿走向方向及倾斜方向都和采空区对称。倾角大的矿层沿倾斜方向移动盆地偏离采空区,其方向为偏向矿层下山方向。倾角越大,偏离得越多。

【地槽】(geosyncline) 又称地向斜。长期持续沉降并接受巨厚沉积的带状地壳活动构造单元。与地台相对立的基本大地构造单元。地槽是地壳上强烈坳陷部分,其中有很厚的沉积物,并形成强烈的褶皱。地槽中有不同于地台的特有的沉积建造序列,并有较强烈的岩浆活动和变质作用。德国地质学家按地槽的形状、岩浆活动、沉积物来源和地槽所在位置的不同将其划分为:(1)正地槽。位于各地台之间的地槽,进一步可分为优地槽(距地台较远,沉降迅速的长条形地带,沉积物很厚,含有大量火山岩)和冒地槽(靠近地台,是狭长的强烈下沉区,一般缺少火山活动物质)。(2)准地槽。指稳定地带内的地槽或地槽延伸到地台内部的狭长沉降带。

【地层】(stratum) 在地壳发展过程中,在一定地质时期形成的各种成层的或非成层的岩石和堆积物。成层岩石是主要的,它包括沉积岩和变质岩;非成层岩石主要是指火成岩,它与成层岩石有一定穿插交错关系。地层与一般岩层不同,它加进了时代的概念,有下与上、老与新、早与

地层

晚之分。17 世纪,丹麦的斯泰诺提出了地层层序律,即成层积叠的岩石有新老之分。在未受剧烈地壳运动扰动的正常顺序下,下面的地层较老,上面的地层较新。18 世纪末,英国人史密斯提出了与地层层序律相统一的化石顺序律,认为化石是与一定的地层层位相联系的。在正常层序下,下面地层所含化石时代较老,上面地层所含化石时代较新。化石顺序律为地质年表的建立奠定了基础。

【地层产状】(stratigraphic occurrence) 地层的空间分布特征。由于地层是层状地质体,由一层层岩层构成,其分布特征常以其层面在地表的走向、倾向和倾角来表示。地层的产状是用来判断地层之间接触关系的重要依据。

【地层单位】(stratigraphic unit) 根据岩石所具有的一种或一些特征而划分出的岩层或岩石体组合。国际上进行地层单位划分的依据有:(1)岩性(划分岩性地层)。(2)所含化石或化石组合(划分生物地层)。(3)形成时间(划分时间地层或年代地层)。其中以古生物化石和同位素年龄测定方法作依据划分的地层单位具有普遍的意义。大尺度的地层单位与地质时期的地质年代是一致的,可分为宇、界、系、统、阶,分别与地质年代的宙、代、纪、世、期相对应,如古生界地层对应的地质时代是古生代,寒武系对应的地质时代是寒武纪。

【地层对比】(stratigraphic correlation) 把不同地区的地层单位,根据岩性、化石等特征进行比较研究的工作。是沉积岩地区地质工作的一项重要内容。目的在于通过对比,了解地层在时间空间上的分布规律,为分析研究古地理、古气候环境和寻找沉积矿产提供科学依据。根据地层单位所具有的不同特征,特别是标志层的特征,可分为岩性对比、生物对比、同位素年龄值对比等。在多数情况下,要综合运用上述各种方法,来准确进行地层的对比研究。

【地层接触关系】(stratigraphic contact relationship) 两个地层单位之间的接触形式。根据野外观测与研究,岩层之间的接触关系可分为连续接触与不连续接触两种。连续接触是指上下地层之间没有发生过长期沉积间断,这种关系称为整合接触。如果上下地层之间发生过长期沉积间断或陆上剥蚀,就会导致地层缺失,这时上下地层之间的接触关系称为不整合接触。不整合接触又可进一步分为平行不整合(上下两套地层之间产状一致,仅因地壳均匀上升,造成长期沉积间断、地层缺失)和角度不整合(上下地层产状有明显差异,代表下伏岩层形成后,不但出现沉积间断,而且经受了构造变形,产状也发生了改变)。

角度不整合

【地层缺失】(stratigraphic gap) 地史时期中地层记录的比较大的明显中断。表现形式是地层的不整合。造成地层缺失的原因是长期的沉积间断,使下伏地层上不仅没有新的沉积物形成,而且老地层也会在停止沉积时期遭到侵蚀破坏。

【地层序列】(stratum series) 地壳中岩石层依次排列的顺序。在切开地表的剖面上,可以发现地壳大部分岩石呈层状,其中常常会有不可重演的生物化石指示岩石生成的时代。地层是一层一层依次堆积的,新地层总是盖在老地层上。新地层含有高级生物化石。老地层则含有低级生物化石。地层序列可用于追溯某一地区的地质历史。如果地层未受到扰动,层层相叠的地层代表着一个接一个的地质时段。但实际上经常会有地层的缺失和倒转,造成地层序列的不完整。地层之间的界面可以是明显的层面或沉积间断面。但也会因为岩性、所含化石、矿物成分、化学成分、物理性质等的变化导致地层界面不甚明显。

【地层压力】(formation pressure) 又称地层孔隙压力。地层孔隙内的油、气、水的压力。地层压力与地层所处深度有关,一般表现为地层与地表连通的静液柱压力。在油气田的勘探开发中,地层压力还与构造的封闭条件有关,窟窿构造的顶部受上覆表层压力的影响,可以形成很高的底层压力。油气层压力超过泥浆密度(1.2g/cm^3)的静液柱压力时称为高压油气层;低于盐水密度(1.07g/cm^3)的静液柱压力时称为低压油气层。地层压力的当量密度超过1.5～1.6g/cm^{3}时就称为超高压地层。

【地磁场】(geomagnetic field) 存在于地球地心至磁层边界的空间范围内的磁场。人们对于地磁场存在的认识,来源于天然磁石和磁针的指极性。磁针的指极性是由于地球的磁北极(磁性为 S 极)吸引着磁针的 N 极,地球的磁南极(磁性为 N 极)吸引着磁针的 S 极。这个解释是

地磁场

1600年由英国人吉尔伯特提出的。吉尔伯特制作了一个大的球形磁石，在它的表面附近放置一些小磁棒，他发现这些磁棒的取向就像地球表面的磁针一样。由此，他认为地球是一个巨大的磁石，并以此来解释地磁场的存在。实际上，地球并不是一块大磁石，但吉尔伯特推断地磁场来源于地球本体的假定却是正确的。

【地磁场倒转】（reversal of geomagnetic field） 地球磁场的方向发生180°的改变。即地球磁场的两极极性发生倒转的现象。对大量古地磁资料的研究证明，在地磁场历史中，地球磁场的方向曾多次发生倒转。根据地球磁场极性倒转具有全球性和同时性的特点，结合相应的同位素年龄测定数据，可编出地史时期地磁场极性倒转的时间序列表，可起到"年表"的作用。资料显示，近600万年以来，发生了三次地磁极性倒转，最短时间间隔70万年，最长150万年。从150万年前开始，地球磁场强度处在持续减弱的过程之中，至今磁场强度已减弱10%～15%，且衰减的速度在加快。如果发生磁极倒转，地球主磁场强度会减弱以至消失，然后相反的极性再出现。磁场的消失会导致电网、人造卫星及通信设施被破坏，并给地球上的生物活动造成影响。但由于地球磁场总体上是一个弱磁场，所以，地磁场极性倒转不会严重威胁人类安全。地磁场极性倒转的详细机制尚在探讨之中。比较流行的电磁流体力学地磁场成因假说认为，地球磁场来自地核外核处于熔融态的电磁流体的运动。只要形成地磁场的某种因素发生变化，原有的平衡被打破，这种极性倒转是完全可能发生的。

【地磁学】（geomagnetism） 固体地球物理学的一个分支。主要研究地磁场的起源、变化、时空分布及其变化规律的学科。地磁场变化还与太阳活动有密切关系。有关日地关系的研究也是地磁学的重要组成部分。利用地面和近地面空间地磁场的变化规律，可以得到有关电离层和磁层的物理状态和动力过程的某些信息。利用地表磁异常勘查地下矿床是地球物理勘探的方法之一。观测由高空电磁波引起的地球内部的感应电磁场可探测地球内部的电性构造。利用岩石磁性来研究古地磁场，在20世纪50年代已形成地磁学的一个分支——古地磁学。各大陆所测得的古地磁极移是板块大地构造学说的重要依据。地磁学的另一个重要内容是地磁测量。随着观测仪器的改进和测量技术的发展，人们除能在陆地和海上进行地磁测量外，还发展了航空和卫星测量。有关地磁场的起源问题尚未获得圆满解释。

【地带性植被】（zonal vegetation） 又称显域植被。分布在显域地境排水良好、土壤组成适中的平地或坡地、能充分反映一个地区气候特点的植被类型。与地带性因素相适应，在地理分布上表现出明显的规律性：（1）纬度地带性。因气温的差异，从赤道向极地依次出现热带雨林、亚热带常绿阔叶林、温带常绿阔叶林、寒温带针叶林、寒带冰原和极地荒漠。（2）经度地带性。从沿海到内陆，因水分条件不同，植被类型在中纬度地区出现森林→草原→荒漠的更替。（3）垂直地带性。从山麓到山顶，由于海拔升高，出现大致与等高线平行并具有一定垂直幅度的植被带，表现出有规律的组合排列和顺序更迭。

地带性植被

【地地战术导弹】（ground to ground tactical missile） 从地面发射、主要用于打击战役战术纵深内地面目标的导弹。战术导弹射程一般在1 000km以内，多数携带常规弹头。美国和俄罗斯的地地战术导弹可携带小当量的核弹头。导弹与地面指挥控制、探测跟踪、发射系统等构成地地战术导弹武器系统。

地地战术导弹

【地盾】（shield） 保持稳定状态、极少经受强烈构造变形的前寒武纪结晶基底大面积出露，周沿被有盖层的地台所环绕，平面呈盾形的地区。即地台上基底出露、缺乏盖层的盾形长期隆起区。由于地盾上出露的岩层都属于太古宙、元古宙，对它的研究可以为揭示地球早期的演化历史提供宝贵信息。世界上著名的地盾有加拿大地盾、波罗的地盾等。

【地方环境质量标准】（local environmental quality standard） 由省级人民政府为某特定的区域（如水体、特别功能区）制定的、作为国家环境质量标准的补充标准。分两种：一是对国家污染物排放标准中未作规定的项目规定补充标准；二是对国家污染物排放标准中已规定的项目，规定严于国家级污染物排放标准的标准。地方污染物排放标准需报国务院环境保护行政主管部门备案。地方污染物排放标准是一种"依环境特点决定的"排放标准。

【地方品种】（local variety） 由各地农民长

期选育和利用，适应于一定地区生产的当地优良植物品种。不同于经农业科研机构改良或育成的品种。如河南省南阳薄地犟小麦、内乡白火麦、北京心里美萝卜等。在农作物上也称农家品种，如溧阳望水白小麦、老来青水稻、北京黄玉米等。

【地方性氟病】（endemic fluorosis） 又称地方性氟中毒。长期摄入过量氟而引起的一种慢性全身性疾病。世界各地均有流行。中国北方、西南和西北有些地区存在此病。其主要表现是氟斑牙和氟骨症。氟在自然界分布很广，且均以化合物形式存在。土壤中的氟化物可溶于水，容易被动物和植物所吸收。氟对机体的影响随摄入量而变动。当氟缺乏时，动物和儿童龋齿发病率升高。摄入适量的氟可预防龋齿及老年人骨质变脆。氟过量时，可影响细胞酶系统的功能，破坏钙磷代谢平衡。氟化物在肠道内吸收与其水溶性有关。水氟大部分为易溶性，吸收率往往在90%以上。食物中的氟约为40%～80%属易溶性，吸收率也较高。按其摄入途径的不同可分为：(1)饮水型，即长期饮用含氟量高的水而患病。此型分布广，90%的患者属此型。(2)燃煤型，即在特定地区煤中含氟量过多，当地居民习惯敞开燃煤、烘烤粮食，致使室内空气和烤干食物中氟含量增加而导致本病发生。如湖北鄂西土家族自治州和贵州某地发生的地方性氟病均属此型。其预防措施主要是：查清氟的来源，降低氟的摄入量。如主要来源于饮水，则应更换适宜的水源。

【地方性疾病】（endemic disease） 又称地方病。局限于某些特定地区内相对稳定并经常发生的疾病。从广义上讲，由各种原因所致的具有地区性发病特点的疾病均属地方病。这类疾病表现为经常存在于某一地区或人群，并有相对稳定的发病率。在中国，地方病指与当地水土因素、生物学因素有密切关系的疾病。病因存在于发病地区的水、土壤、粮食中，通过食物和饮水作用于人体而致病。

【地方性水行政法规】（local administrative water regulation） 由省、自治区、直辖市的人民代表大会及其常务委员会在不与宪法、法律、行政法规相抵触的前提下，根据本行政区域的具体情况和实际需要，按照法定程序制定的有关涉水事务的法律规范。也包括较大的市的人民代表大会及其常务委员会在不与宪法、法律、行政法规和本省、自治区的地方性法规相抵触的前提下，或者按照全国人民代表大会的授权决定，根据本行政区域的具体情况和实际需要制定的，经省、自治区、直辖市的人民代表大会常务委员会批准的，有关涉水事务的法律规范。这里所称较大的市是指省、自治区的人民政府所在地的市，经济特区所在地的市和经国务院批准的较大的市。

【地核】（core of the earth） 地球的核心圈层。即地球固体圈层的最内层。可分为外地核和内地核两部分。地表以下2 900～5 100km为外地核；5 100km到地心为内地核。地核的物质组成主要是金属铁(Fe)和镍(Ni)，可能还有少量的硅、硫等元素。在外核地震波横波消失，纵波变慢，可知其为液态物质。在内核地震波横波复现，纵波变快，可知其为固态物质。地核物质密度为9.7～13g/cm^3。压力达135～362GPa。温度约为3 000℃，最高不超过10 000℃。地核质量占地球总质量的32.5%，占总体积的17%。关于地核的物质特性，由于研究它的技术难度过大，现代还处在探索阶段。

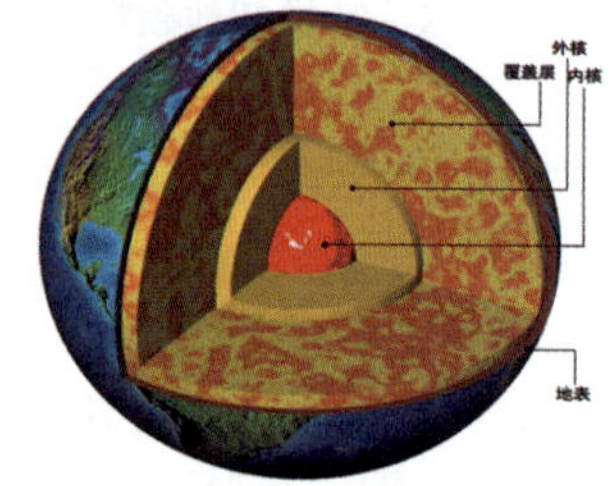

地核

【地基变形】（deformation of foundation） 地基在上部荷载作用下，岩(土)体被压缩而产生的相应变形。地基变形量过大时，会影响建筑物的正常使用，甚至危及建筑物的安全。按地基变形速度的不同可分为瞬时沉降、固结沉降和蠕变沉降(次固结)。在多数工程中，蠕变沉降所占比重很小。只有当含有大量有机物的厚层黏土存在时，蠕变值才应高度重视。地基变形特征表现为建筑物的沉降量、沉降差、倾斜和局部倾斜等。它们都不应大于地基的容许变形值。此值是根据上部结构对地基变形的适应能力和使用上的要求来确定的。

【地基观测系统】（base observation system） 以地面为传感器设置平台、对整个地球大气圈和相关圈层进行观测的综合性观测系统。是气象综合观测业务体系的重要组成部分。是气象观测真实性检验和天基遥感探测校准的基础。是气候系统观测的主要组成部分。地基观测系统可分为地面常规观测系统、地基高空观测系统、地基特种观测系统和地基移动观测系统等。

【地基基础工程施工】（construction of foundation） 工程建设地基基础实施阶段的生产活动。是各类建筑物的建造过程组成部分。施工前必须具备完备的地质勘察资料及工程附近管线、建筑物、构筑物和其他公共设施的构造情况，必要时应作施工勘察和调查以确保工程质量及临近建筑的安全。施工单位必须具备相应专业资质，并应建立完善的质量管理体系和质量检验制度。从事地基基础工程检测及见证试验的单位，必须具备省级以上建设行政主管部门颁发的资质证书和计量行政主管部门颁发的计量认证合格证书。在施工过程中出现异常情况时，应停止施工，由监理或建设单位组织勘察、设计、施工等有关单位共同分析情况，解决问题，消除质量隐患，并应形成文件资料。采用钢筋混凝特种基础的类型主要有小型沉箱基础、钢筋混凝土杯型基础、钢筋混凝土箱型基础、钢筋混凝土筏型基础、钢筋混凝土预制桩基础、钢筋混凝土灌注桩基础、钢筋混凝土沉井基础等。

地基基础工程施工

【地基基础抗震设计】(foundation anti earthquake design) 采用地基基础抗震共通性的条件标准和统一的抗震模式进行的设计。在地基基础抗震设计中，应把握的原则是：(1)以建筑类型、结构特点、场地和地基条件，选择适宜的基础类型与构造措施，增强结构整体抗震性能，减少上部结构的地震反应，有效地将作用于基础结构的作用力传递给地基，并保证结构的整体稳定性。基础的主要构件在地震作用过程中应保持在弹性阶段，并有适当的安全储备。(2)同一结构单元不宜设置在性质截然不同的地基土上，不宜部分采用天然地基部分采用桩基。(3)地基有软弱黏性土、液化土、新近填土或严重不均匀土层时，应估计地震时地基不均匀沉降或其他不利影响，并采取相应的措施。(4)抗震设防烈度大于7度的强震区，应按工程重要性、地质条件和设计进行评价和预测其可能发生的各种震害。(5)应调查建筑场地范围内有无断裂通过，是否活动断裂，并应评价其对建筑物产生的影响。必要时，应对断裂带进行专门的勘察工作。(6)当地基有液化土层或软弱土层时，应考虑地基失效及不均匀沉降对建筑的不利影响；当建筑物位于不均匀地基上，应考虑不同地基土的地震反应差异和不均匀沉降对建筑物的影响。对场地地质勘察的主要要求是：(1)根据实际需要划分对建筑抗震有利、不利和危险的地段。对岩土体在地震作用下的稳定性，如滑坡、塌陷、崩塌等进行评价并提出措施建议。(2)提供场地类别，必要时提供场地卓越周期等参数。(3)判定场地有无液化的可能，并确定液化等级、液化指数和液化深度等数据并提出处理措施和建议。(4)对可能发生震陷的场地和地基，如软弱土场地应提供地基震陷的评价和处理措施的建议。(5)设防烈度等于或大于7度的强震区，应描述其可能产生的宏观震害及地震效应。

【地基基础设计等级】(foundation design level) 根据地基复杂程度、建筑物规模和功能特征以及由于地基问题可能造成建筑物破坏或影响正常使用的程度，在地基基础设计时，应根据具体情况选用的级别。按地基基础设计要求的不同可分为甲、乙、丙三个设计等级。(1)甲级。重要的工业与民用建筑物、30层以上的高层建筑、体型复杂，层数相差超过10层的高低层连成一体建筑物、大面积的多层地下建筑物如地下车库、商场和运动场等、对地基变形有特殊要求的建筑物、复杂地质条件下的坡上建筑物(高边坡)、对原有工程影响较大的新建建筑物、场地和地基条件复杂的一般建筑物、位于复杂地质条件及软土地区的二层及二层以上地下室的基坑工程。(2)乙级。除甲级，丙级以外的工业与民用建筑物。(3)丙级。场地和地基条件简单，荷载分布均匀的七层及七层以下民用建筑及一般工业建筑物和次要的轻型建筑物。

【地基强度】(foundation strength) 建筑物地基在荷重作用下抵抗破坏的能力。工程地质学中的地基，是指承受工程建筑物等荷载的岩层或土层的统称。其强度通常以地基容许承载力来表示。它一方面与岩性及构造等地质条件有关，另一方面与上部荷重的类型有关。地基强度要通过现场试验和计算等方法来确定。当天然地基不能满足设计要求或现有建筑出现故障时，均要对地基作加固处理。

【地基土承载力】(bearing capacity of foundation soil) 地基在变形容许和维系稳定的前提下，单位面积所能承受荷载的能力。是地基所能承受的安全荷载。是保证地基土强度和稳定条件下，建筑物不产生过大沉降和不均匀沉降的地基承受荷载的能力。在设计地基承载力时，应考虑的主要因素是：(1)地基土的物理力学性质。其指标直接影响承载力的高低。(2)地基土的堆积年代及其成因。堆积年代愈久，一般承载力也愈高，冲、洪积成因的土，具承载力一般比坡积土要大。(3)地下水、土的重度对承载力有直接影响。地下水上升时，土的重度变小，承载力也相应减小。此外，地下水大幅度升降会影响地基变形，这些对承载力均有影响。(4)建筑物的性质。建筑物的结构型式、体型、整体刚度、重要性和使用要求不同，对容许沉降的要求也不同，因而对承载力的选取也应有所不同。(5)建筑物基础。基础的尺寸和埋深对承载力也有影响。根据中国国家标准《建筑地基基础设计规范》(GB50007－2002)的规定,按地基承载力确定基础底面积及埋深或按单桩承载力确定桩数时,传至基础或承台底面上的荷载效应应按正常使用极限状态下荷载效应的标准组合。相应的抗力应采用地基承载力特征值或单桩承载力特征值。此特征值称为标准值。它相当于基础宽度小于或等于3m、埋深小于或等于0.5m的基本条件下的允许承载力值。特征值经深宽修正后,称为修正后的地基承载力特征值。

【地籍】(cadastre) 国家登记土地隶属关系的簿册。是土地管理措施之一。一般用文字和平面图记载,标明土地所有者的土地面积、位置界线、土地质量、权属关系及利用情况等。在私有制社会,地籍工作的目的是为了维护土地私有制,以便国家掌握土地资料按田亩征税。在社会主义社会,地籍工作是维护土地公有制,是土地资源合理使用的有力措施。

【地籍测量】(land measure) 精确测出各类土地的位置与大小、境界、权属界址点的坐标、宗地面积以及地籍图的法律性测绘工作。是在权属调查基础上进行的。权属调查是在现场核实宗地的土地使用者、土地用途等,并通过本宗地与相邻宗地使用者的现场指界,标定宗地界址,丈量宗地界址边长,绘制宗地草图和填写地籍调查表。在此基础上,依据权属调查资料开展地籍测量。地籍测量分为地籍控制测量和地籍细部测量两大部分。它不同于一般地形测量,是土地登记的重要依据,是一项具有法律性质的测绘工作。

地籍测量

【地籍调查】(cadastral inventory) 国家为满足土地登记的要求,依照法定程序,查清每一宗地的位置、权属、界线、数量、用途和等级等基本情况,并形成数据、图件、表册表示的工作。其单元是宗地。其主要目的是:核实宗地的权属,确认宗地的界线,查明宗地的面积、用途、等级等,为土地登记、核发土地权属证书提供依据。是土地管理工作的基础,分为初始地籍调查和变更地籍调查。前者在初始土地登记前进行,后者在变更土地登记前进行。

【地籍管理】(cadastral survey manual) 国家为取得有关地籍资料和相关信息,建立、维护和有效利用地籍图册的国家行政措施。其内容包括:地籍调查、土地权属确定、土地登记、土地分等定级、土地统计和地籍档案管理。

【地籍图】(cadastral map) 通过实地调查绘制的反映土地权属的专业地图。其内容包括:该宗地的宗地号、地类号、宗地面积、界址点及其编号、界址边长、邻宗地号及邻宗地界址示意线等。根据土地权属调查和地籍勘丈的成果绘制而成。是进行地籍管理的基础图件。包括分幅铅笔原图和着墨二底图。中国《城镇地籍调查规程》规定,地籍图比例尺一般为1∶500或1∶1 000。城镇宜采用1∶500,独立工矿和村庄可采用1∶2 000。地籍图选用0.07mm、经过热定型处理、变形率小于0.2%的聚酯薄膜绘制。图幅规格为40mm×50mm的矩形或50mm×50mm的正方形图幅。其铅笔原图绘制精度为:内图廓长度误差不得大于0.2mm,内图廓对角线误差不得大于0.3mm,图扩点、控制点和坐标网的展点的误差不得超过0.1mm。着墨二底图的绘制精度为:展点误差不得大于0.1mm,其他要素不得偏离底线。

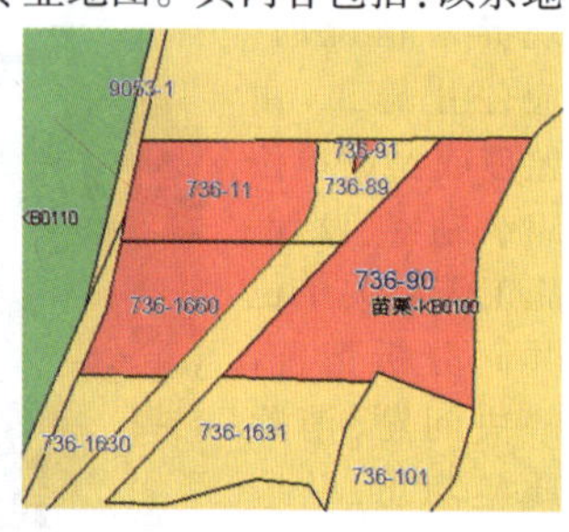

地籍图

【地拉网】(beach seine) 又称大拉网。在近岸水域或冰下放置,并在岸、滩或冰上曳行起网的渔具。按其结构的不同可分为:翼单囊、有翼多囊、单囊、多囊、无囊和框架六种类型;按其作业方式的不同可分为:船布、穿冰和抛撒三种形式。网的两端结有纲索,由一船从岸边向水面作圆弧形放网,再回到岸边,岸上或船上用人力、畜力或机械起网。用于海岸边和内陆水域以及冰下捕鱼。有的地方用作休闲渔业用的网渔具。

【地理隔离】(geographical isolation) 由于地理障碍而使两个或几个群体之间不易交配成功的隔离机制。许多树种由于高山、海洋等地理因素而阻碍了基因交流,从而不能形成自然杂种,如中国的马褂木和北美鹅掌楸等。它与生殖隔离在性质上不同。地理隔离使一个种群分

北美鹅掌楸

为多个小种群,各自向不同方向发展,在一定时间之后,这些种群之间便会出现互不交配的生殖隔离。

【地理空间数据库】(geospatial database) 存储在计算机内的有结构的地理空间数据集合。其主要任务是:研究地理空间物体的计算机数据表示方法、数据模型以及在计算机内的数据存储结构和建立空间索引方法;如何以最小的代价高效地存储和处理空间数据;正确维护空间数据的现实性、一致性和完整性;为用户提供现实性好、准确性高、完备、开放和易用的地理空间数据。

【地理空间坐标系】(geography coordinate) 又称真实世界坐标系。用于确定地物在地球上位置的坐标系。是由一个特定的椭球体和一种特定的地图投影构成的一个特定的地理坐标系。其中,椭球体是一种对地球形状的数学描述,而地图投影是将球面坐标转换成平面坐标的数学方法。是编制各类地图的基础,绝大多数的地图都是遵照一种已知的地理空间坐标系来显示坐标数据。例如,中国1∶25万地形图采用的就是在克拉索夫斯基椭球体上的高斯－克吕格投影坐标系。

【地理数据质量】(geographic data quality) 表达空间位置、属性和时间信息三个基本要素的准确度。其主要内容是:(1)数据情况说明。包括地理数据的来源、数据内容以及处理过程等的说明。(2)位置精度。也称定位精度。是空间实体的坐标数据与实体真实位置的接近程度,包括平面精度和高程精度。(3)属性精度。空间实体的属性值与其真值相符的程度。(4)时间精度。数据现时性的评估。(5)逻辑一致性。地理数据关系上的可靠性,包括数据结构、数据内容、拓扑一致性等。(6)数据完整性。地理数据在范围、内容、结构等方面的完整程度。(7)表达形式的合理性。数据抽象、数据表达与真实地理世界的吻合性,包括空间特征、专题特征和时间特征表达的合理性。

【地理信息标准】(geographic information standard) 通过某种约定或统一规定,在一定范围内协调人们对于地理信息有关事物和概念的认识与利用的抽象表述。其核心是对事物和概念的抽象表示。通过约定或统一规定来表述世界。有一定的适用范围。

【地理信息共享】(geographic information share) 国家依据一定的政策、法规和标准规则,实现地理信息的流通与共用。有广义地理信息共享和狭义地理信息共享之区分。前者是通过包括口头、纸质、网络等一切载体在内的地理信息共享;后者是特指在网络技术条件下的共享。以计算机技术和空间数据基础设施为依托,在标准、政策、法律及其管理等软件环境支持下共同使用地理信息。

【地理信息系统】(geographic information system, GIS) 用来获取、储存、管理、分析和显示地理空间数据及空间实体属性数据的信息系统。利用地理学、地图学、测量学、计算机技术和多媒体技术等,把多种信息集合在地理坐标上,构成一个完整的信息系统。由硬件、软件、数据、人员和方法五部分组成。硬件和软件为系统提供环境;数据组织和处理是系统建设的关键;方法为系统建设和使用提供解决方案;人员是系统构成的能动部分。具有空间数据的获取、存储、显示、编辑、处理、分析、输出和应用等功能。在国防、航空航天、城市交通、安全、防灾、市政工程和规划等方面已广泛应用。

【地幔】(mantle) 地球固体圈层的中间层。地球莫霍面以下至2 900km古登堡间断面以上的圈层。可分为上地幔和下地幔。上地幔自莫霍面起向下至670km深处,物质组成相当于橄榄岩或榴辉岩,铁(Fe)、镁(Mg)成分显著增加;下地幔670～2 900km深处,其物质组成中二氧化硅(SiO_2)明显减少,铁、镍(Ni)含量增加,物质状态呈非晶质固态,还可能存在有塑性固态。地震波在地幔中的传播速度与地壳有明显区别。上地幔中400km和670km深处,地震波波速有两个不连续面。下地幔中,地震波波速变化均匀。地幔体积占地球总体积的82%,质量占总质量的67%。研究地幔,特别是研究上地幔的物质成分、相变和对流,对于揭示地壳岩浆活动的能量和物质来源以及有关矿产的形成和分布,都具有重要意义。

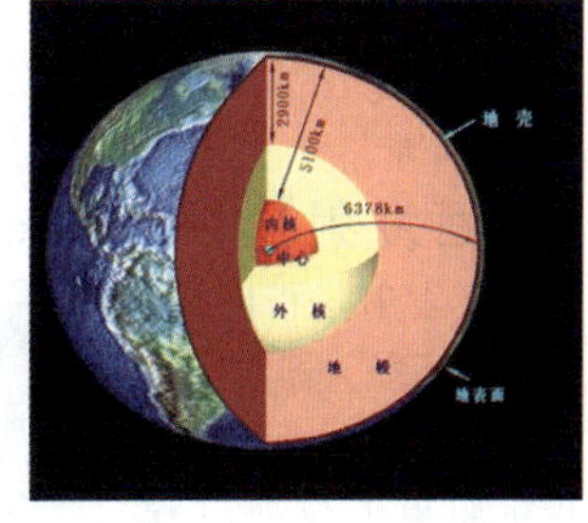

地幔

【地貌】(geomorphy) 又称地形。陆地和海底的起伏形态。按形态的不同可分为山地、丘陵、高原、平原、盆地和荒漠等;按成因的不同可分为构造地貌、气候地貌、堆积地貌和侵蚀地貌等。地貌由地球的内、外营力相互作用形成。内营力控制着地壳大的地貌类型,构成了地球表面的基本轮廓;外营力则塑造地貌的细

地貌

节，并力图使地表起伏展缓夷平。按内、外营力作用的性质、强弱和时间的差异，地形的起伏有不同的规模，还可以进一步分出不同规模的地貌单元。

【地貌形态示量图】(morphometric map) 表示地表形态量度及其相互关系的地图。地表形态特征的各种现象，都存在量的对比关系。其中，包括绝对高度、相对高度、宽度、长度、坡度、切割程度、切割密度等。对地表形态进行计量研究是近代地貌学重要的内容，并可对有关工程建设、农业工程措施等方面提供重要依据。如对山区的建设，须根据不同高度、切割深度、密度与坡度等，选择适当地貌部位进行综合开发。这些地表形态要素，都关系到水热条件再分配及基地的稳定性。对山麓地带的斜坡地、缓坡地，也应有不同的利用。

【地面沉降】(ground surface subsidence) 地壳表面标高降低的地质现象。因地下松散地层固结压缩，中国出现地面沉降的城市较多。按发生地面沉降地质环境的不同可分为三种模式：(1)现代冲积平原模式。如中国的几大平原。(2)三角洲平原模式。如长江三角洲。常州、无锡、苏州、嘉兴和萧山的地面沉降均发生在这种地质环境中。(3)断陷盆地模式。又可分为近海式和内陆式两类。近海式指滨海平原，如宁波；而内陆式则为湖冲积平原，如西安、大同等。

【地面发射】(ground surface launching) 在航天发射场借助运载火箭载运航天器起飞、加速并实施控制，使其进入预定轨道的发射过程。地面发射应在完成运载火箭和航天器的综合技术准备、发射准备、航天测控系统及各种技术保障准备并满足发射条件之后，按预定程序进行。

地面发射

【地面分辨率】(ground surface resolution) 遥感器在良好对比度下可分辨地面目标的最小尺寸。是评定航天成像侦察系统质量的重要指标之一。其影响因素很多，如成像系统质量、成像介质质量、镜头焦距大小和图像处理水平等。降低航天器轨道高度，提高所用胶片质量和加长镜头焦距，都可提高地面分辨率。但过分降低轨道高度，会使航天器的工作寿命缩短；加长镜头焦距又会受到光学系统本身以及航天器体积、重量的限制。

【地面辐射】(radiation of the earth surface) 由地面发射出的辐射。即地面指向空中的长波辐射。其波长主要集中在 4～80μm 范围内，大小与地面温度有关。地面温度越高，向空中辐射就越强。

【地面辐射供暖】(ground surface heating radiation) 通过加热地板，借助地面热辐射和热对流向室内供热的供暖方式。以低温热水地板辐射供暖最为常见。它以温度不高于 60℃ 的低温热水为热媒，通过埋设于地板内的加热管内循环流动把地板加热，均匀地向室内辐射热量。是对房间热微气候进行调节的节能采暖方式。其优点是：(1)节能。有 2～3℃ 的等效热舒适度效应。与传统的供暖方式相比，供暖热负荷可降低5%～10%。(2)舒适、卫生。地板辐射供暖室内地表温度均匀，有舒适感；同时，辐射供热，空气流动性小，尘埃不易散扬，卫生标准高。(3)不占房间使用面积，隔音效果好。

【地面灌溉】(surface irrigation) 灌溉水在地面流动过程中，借重力和毛细管作用浸润土壤或在田面上建立一定深度的水层，借重力作用逐渐渗入土壤的灌水技术。其田间工程简单，易于实施，水头要求低，能源消耗少。但容易破坏土壤团粒结构致使表土易板结；水的利用率较低，平整土地的工作量大。按灌溉水渗入土壤方式的不同，地面灌溉可分为四种：(1)畦灌。从末级灌水渠将水引入畦田中，灌溉水在畦面上以薄层水流形式在重力作用下沿畦长方向流动，同时向土壤中垂直入渗浸润土壤。(2)沟灌。从末级灌水渠将水引入灌水沟中，灌溉水在沟中沿沟长方向流动，部分水靠重力作用和土壤毛细管作用通过沟壁浸润土壤。(3)格田灌溉。从末渠道将水引入用土埂围成的格田，并保持一定深度的水层，靠垂直入渗浸润土壤。(4)漫灌。用简单的土埂，引水入田后，任水漫流渗入土壤。各种地面灌水技术的适用性不同。对于密植作物，一般应选用畦灌；对于水稻或冲洗改良盐碱地，可选用格田淹灌；而对宽行作物则适宜选用沟灌；漫灌适用于灌溉天然草场或引洪淤地。为了提高地面灌溉的质量，达到灌水均匀、适量、省水、保肥、高效和增产的目的，宜采取以下三项措施：(1)修建完善的田间工程，精细地平整土地。(2)根据水流在田间的运动规律，尽快完成水在田面上的流动过程，以达到灌水均匀的目的，如小畦灌、长畦分段灌、块灌和涌流灌溉等。(3)采用先进的田间灌水设施，如用带孔硬管和移动软管代替传统的灌水

地面灌溉

垄沟,以自动闸阀保持格田内恒定水层,以及实行沟畦灌水自动化等。

【地面核试验】(ground surface nuclear test) 包括近地面试验和塔爆试验两种方式在内的一种大气层核试验。近地面核试验时,试验装置被安放在地面的支架上,核装置离地面很近,一般从几十厘米到几米。各种探测器、记录设备和效应试验物一般都布置在相对爆心不同距离和方位的地面、工事或地堡内。试验时,采用远距离控制(有线、无线或两者结合)方法控制引爆核装置,并同步启动各种测量仪器设备。试验后,回收测量记录和可回收的效应试验物,进行分析处理后对试验结果作出评价。塔爆核试验,是将试验装置放置在专门建造的试验塔顶的工作间内。试验塔高度一般为数十米到上百米。由于试验装置离地面的高度比近地面试验高许多,爆炸时形成的弹坑较小或不形成弹坑,爆心及其下风向地区的放射性污染也比近地面爆炸试验要轻。各种探测器和记录设备的布放与近地面试验一样。但因塔顶上放置试验装置的工作间不可能很大,难以在核装置附近布置较多的探测器,因而不利于精确测量核装置的反应过程。同样,也可以在爆心周围的较大范围内布放效应试验物和测量仪器,进行杀伤破坏效应的测量和研究。

【地面模拟设备】(ground surface simulated apparatus) 又称地面环境模拟设备。在航天活动中,用人为的方法或手段创造出与太空环境相似或相同的环境所用的仪器设备。这种模拟常用于载人航天,用来对航天人员进行训练。按模拟目的的不同可分为:(1)针对航天飞行中所遇到的特殊环境进行模拟的设备。(2)航天人员在地面进行航天作业训练所用的各种飞行模拟装置。(3)建立各种舱体,内有模拟航天器内部环境的模拟设备。

【地面迫近警告系统】(ground surface proximity warning system,GPWS) 又称近地警告系统。防止飞机因离地过近而发生事故的系统。从起飞到降落地面,持续监视飞机离地高度,电脑计算出飞机的飞行趋势,若有危险会以视觉或语音警告驾驶员采取避险措施。传统的 GPWS 只能取得飞机下方的离地高度资料,在地形剧烈变化处,例如陡坡及悬崖等,就无法及时察觉而警告驾驶员。改良版的 GPWS 针对此盲点做了改进,建立了全球的数位地形数据库,搭配了长距离导航系统、惯性导航系统和无线电助航系统。后者可提早警告,以供驾驶员有充足时间作应急处理,保证飞机的安全飞行。

【地面摄影测量】(terrestrial photogrametry) 又称地面立体摄影测量。利用地面上基线两端点向测区摄取的立体像对所摄目标进行测绘的技术。也是军事摄影测量的组成部分,测绘军用地形图的一种方法。分为地形测量和非地形测量。其特点是:像片外方位元素为已知值,测量精度高,作业速度较快。但在测量范围、作业条件等方面也有一定局限性。主要适用于不便于航空摄影的高山区或其他困难地区的测图和军事工程的勘察设计。这种技术也可用于非地形摄影测量的领域。

【地面效应】(ground effect) 地面对飞机的空气动力干扰。当飞行器接近地面飞行时,地面影响空气绕飞行器的流动,使飞行器的空气动力特性与远离地面时不同。这种影响随离地面高度的增加而迅速减小。正常式布局飞机在起飞与着陆过程中作近地飞行时,绕机翼与绕水平尾翼的流动因受地面存在的影响而改变了流动状态,使下洗流减小,有效迎角增大。结果使机翼、水平尾翼升力都增大。

【地面压条法】(ground surface layering) 利用植株根系周围地面的土壤,在枝条与母体不分离的状态下将枝条压入土中,促使其在压土部位发根,成活后剪离母体成为独立植株的繁殖方法。包括培土压条法、水平压条法和曲枝压条法。

【地面褶皱】(ground surface fold) 又称褶曲。地球表面坚硬的岩层受到挤压产生的弯曲变形。由连续交叉出现的向斜和背斜构成。当挤压很强烈或受引张、扭动等力的作用时,岩层就要发生断裂,便形成了断层。褶皱和断层是地球上最基本的两种地质构造形态。它们是地球经历了亿万年动荡留下的痕迹。

地面褶皱

【地面侦察系统】(ground surface reconnaissance system) 在陆地上进行侦察的情报收集侦察系统。按装载平台的不同可分为固定侦察系统和机动侦察系统。前者主要配置为地面侦察站,后者主要配备装甲汽车或装甲侦察车,也包括小型便携式或投掷式侦察器材。按侦察目的的不同可分为战略地面侦察系统和

地面侦察系统

战术地面侦察系统。前者主要配置在边境和沿海地区，用于长年对特定区域和海面进行情报侦察和综合分析；后者是地面部队的主要装备之一，跟随部队运动，为作战提供情报保障。

【地名标准化】（place-name standardization） 用本国官方的或通用的文字、按照一定要求统一地名的书写形式。由于各国语言、文字等情况不同，各国都有地名标准化的具体规定。在国家标准化的基础上，通过国际协议规定国际通用的地名书写形式，称为地名国际标准化。

【地膜棉】（cotton growing under plastic mulching） 一种利用地膜覆盖使棉花高产栽培技术。分全期覆盖和前期覆盖中期揭膜两种方式。地膜覆盖主要起增温、保墒作用，因而可比直播棉提早5～7天播种。采用这种方式种植的棉花，由于比直播棉早播种，早出苗，早发育，所以前期生长快，而后期易早衰，栽培上宜适当降低密度，加强中后期肥水管理。

地膜棉

【地壳】（earth crust） 地球固体圈层的最外层。以莫霍面为其下界面。地壳由各种岩石组成。上部主要由沉积岩、花岗岩类岩石组成，称为硅铝层。它各处厚薄不等，平原区一般10km左右，高山区可达40km以上。海洋区硅铝层显著变薄，大洋底缺失硅铝层。地壳下部主要由玄武岩或辉长岩类岩石组成，称为硅镁层。地壳是连续分布，在大陆区平均厚达30km，在缺失硅铝层的深海盆内玄武岩层仅厚5～8km。硅铝层与硅镁层之间以康拉德不连续面隔开。地震波在上下层之间传播速度有明显不同。地壳表层因受大气、水、生物及太阳辐射等作用，可形成土壤、风化壳和沉积层，且厚度不一。地壳的体积为地球总体积的1%，质量为地球总质量的0.4%。地壳岩石具有弹性和塑性，越深塑性越大，这在地壳的演变过程中起着很大的作用。

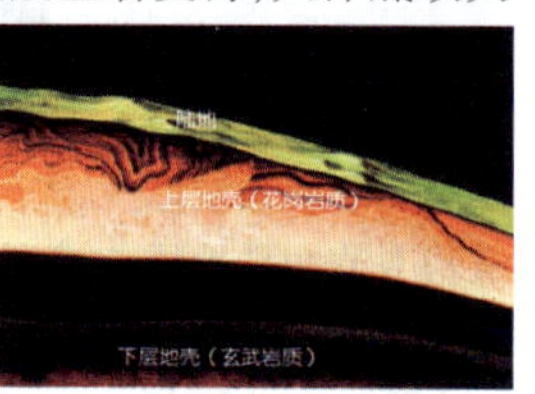

地壳

【地球】（earth） 太阳系八大行星之一。距太阳平均距离为1.496×10^8km，即8.3光分。公转周期为365.256天，轨道倾角0°；自转周期为23时56分4.1秒，黄赤交角23°26′50.26″。质量5.976×10^{27}g。赤道半径6 378.140km。极半径6 356.755km。平均密度5.52g/cm^3。表面重力加速度980cm/s^2。逃逸速度11.2km/s。大气主要成分（按体积）为：氮气（N_2）78%，氧气（O_2）20.9%，氩气（Ar）0.9%，其他气体占0.2%。由于有空气、水分和适宜的温度，地球表面分布有大气圈、水圈和生物圈，是目前为止人类所发现的唯一一个适宜生命活动和人类居住的星球。

地球

【地球磁层】（magnetosphere） 在太阳风的作用下地球磁场被限制在的特定区域。在日地联心线的向阳一侧磁层顶距地心约为10个地球半径；当太阳活动激烈时，地球磁层被突然增强的太阳风压缩到6～7个地球半径。背向太阳的一侧磁层形成一个圆柱形的长尾，即磁尾。圆柱半径约20个地球半径，而其长度则至少有几百个地球半径。远看地球磁层，好像彗星一样。

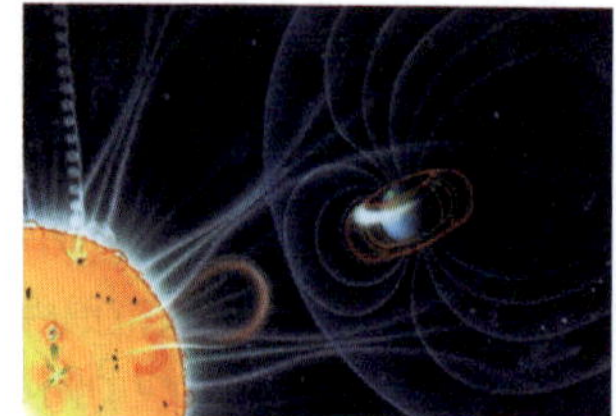
地球磁层

【地球磁极】（earth magnetic pole） 又称地磁极。地球表面上地磁场方向与地面垂直、磁场强度最大的地方。地球磁极分别位于地球南北两极，但是与地球地理南北两极并不重合，而且随时处于变动之中。人类最早确定南磁极位置的是澳大利亚地质学家埃奇沃斯·戴恩和道格拉斯·莫森。他们在1909年1月16日利用磁力法确定南磁极位置在南极维多利亚地东部高原，地理坐标南纬72°25′、东经155°15′。到了1980年，南磁极已经游移到南纬66°、东经139°的位置，向西北移动了800km以上。1988年3月10日，日本科学家测出南磁极位于南纬64°59′2″、东经139°21′3″，这里相距南极极点已超过3 000km。北磁极1985年位于北纬76°11′、西经102°伊丽莎白群岛和帕里群岛之间的北冰洋中。近年来南磁极位于南纬65°8′、东经139°附近，北磁极位于北纬76°1′、西经100°附近。从近100年的观测资料看，地球南北磁极似乎有相向接近的趋势。

【地球大气的组成】（the composition of the atmosphere） 地球大气的物质组成。下表按照总质量的大小，以递减顺序给出了目前地球大气的组成。

地球大气的组成

成分	分子式	分子量 ($^{12}C=12$)	干空气中的体积比	总质量 (g)
地球大气		28.97		5.136×10^{21}
干空气		28.964	100.0%	5.119×10^{21}
氮气	N_2	28.013	78.08%	3.87×10^{21}
氧气	O_2	31.999	20.95%	1.185×10^{21}
氩	Ar	39.948	0.934%	6.59×10^{19}
水汽	H_2O	18.015	可变	1.7×10^{19}
二氧化碳	CO_2	44.01	$3.79\times10^{-4}va$	$\sim2.76\times10^{18}$
氖	Ne	20.183	$1.818\times10^{-5}v$	6.48×10^{16}
氪	Kr	83.80	$1.14\times10^{-6}v$	1.69×10^{16}
氦	He	4.003	$5.24\times10^{-6}v$	3.71×10^{15}
甲烷	CH_4	16.043	$1.774\times10^{-6}va$	$\sim4.9\times10^{15}$
氙	Xe	131.30	$8.7\times10^{-5}v$	2.02×10^{15}
臭氧	O_3	47.998	可变	$\sim3.3\times10^{15}$
氧化亚氮	N_2O	44.013	$3.19\times10^{-4}va$	$\sim2.3\times10^{15}$
一氧化碳	CO	28.01	$1.20\times10^{-4}v$	$\sim5.9\times10^{14}$
氢	H_2	2.016	$5.00\times10^{-4}v$	$\sim1.8\times10^{14}$
氨	NH_3	17.03	$1.00\times10^{-4}v$	$\sim3.0\times10^{13}$
二氧化氮	NO_2	46.00	$1\times10^{-6}v$	$\sim8.1\times10^{12}$
二氧化硫	SO_2	64.06	$2.00\times10^{-4}v$	$\sim2.3\times10^{12}$
硫化氢	N_2S	34.08	$2.00\times10^{-4}v$	$\sim1.2\times10^{12}$
$CFC-12$	CCl_2F_2	120.91	$5.38\times10^{-4}va$	$\sim1.0\times10^{13}$
$CFC-11$	CCl_3F	137.37	$2.51\times10^{-4}va$	$\sim6.8\times10^{12}$

从表中可以看到，地球大气主要是由氮气(78.08%)、氧气(20.95%)和氩(0.934%)所组成的。这三种气体的总和占整个地球大气的99%以上。之后，大气中含量最多的是水汽(H_2O)，但它主要存在于低层大气中，且其含量高度可变，最多的时候可以高达3%。蒸发和降水控制着大气中的水汽含量。除了这四种气体之外，大气中其余的气体成分称为微量气体。它们的总和不到整个大气的1%。但在控制地球的辐射平衡以及大气的化学性质上却起着极为重要的作用。除了气体成分之外，大气中还含有许多颗粒物，如烟尘粒子、沙尘粒子以及种类繁多但含量极微的各种含有机物粒子等。云雾、雨滴和冰晶粒子经常出现在大气中。但它们是作为水的不同形态和天气现象来研究的，一般不作为大气的固有成分来考虑。

【地球电场】(electric field of the earth) 地表及地球内部存在的电场。包括大地电场和自然电场两部分。前者是指由地球电离层E层(高约100 km)中的电流体系在地下产生的感应电场，是地球电场的主要组成部分。其电场强度的大小随时间、地点的不同而不同。当极光出现时，大地电场变化剧烈。后者主要指各种岩石的接触电位差、金属矿物的氧化还原电位及地下水与河水流动所产生的过滤电势等。地球电场的强度与岩石的受力状况及地下矿产资源的分布有一定关联。因此，研究地球电场，对寻找地下矿产资源、研究与预报地震有重要意义。

【地球化学场】(geochemical field) 地球化学元素在空间区域上的分布状态。地球上任何一种元素，在空间区域上的分布特征，都是随着地质时期区域内的温度、压力、流体运动和各种物理化学过程的综合作用变化着，具有结构性、随机性和可变性等多重属性。可以说，元素含量的分布是时间和空间坐标的函数，是一个动态的、非稳定的标量场。同一元素在地球上不同空间区域中的地球化学场，反映了这一元素在不同区域的赋存状态和分布规律。

【地球化学环境疾病】(disease of geochemical environment) 又称生物地球化学性疾病或地方病。由地球化学环境因素诱发的、在居住人群中存在的区域分布特征明显的疾病。由于一些对人体健康有关的元素在地表的岩石、土壤、水体和空气中自然分布的不均匀性，或因人类活动带来污染组分的叠加，形成一个区域出现某种或某组元素的过度富集或缺失，构成一个特殊的地球化学环境。长期处在这种环境中，各种生物包括当地居民，都会因摄入某种(某些)元素量过量或不足，导致新陈代谢失调，出现病态反应，形成一种区域性分布的群体性疾病。患病人群没有老少性别之分。常见的地方病有克山病、大骨节病、低氟病、地方性甲状腺肿大、伽师病及局部地区高发的食道癌等。

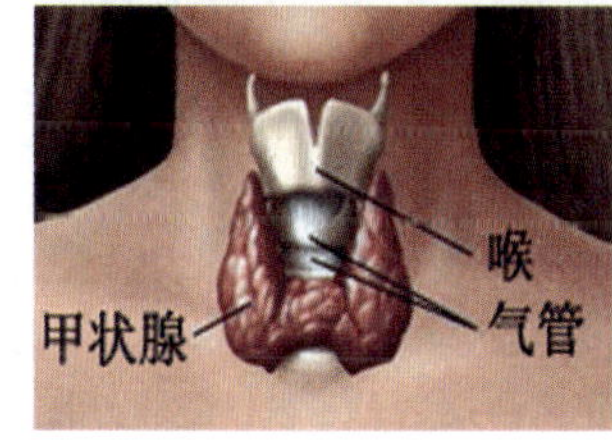

甲状腺肿大

【地球化学勘探】(geochemical exploration) 又称化探。用地球化学方法进行的找矿勘查。地质找矿工作的重要方法之一。其基本方法是系统测量天然物质(如水、岩石、空气、生物或疏松覆盖物、沉积物等)中的地球化学性质(元素及其同位素的含量、分布、存在形式、共生组合、集中、分散及迁移循环规律),发现与矿化或测量目的有关的元素地球化学异常。可分为岩石地球化学测量、土壤地球化学测量、水体地球化学测量、气体地球化学测量及生物地球化学测量等。

【地球经度】(geocentric longitude) 连接地球表面南北两极之间的线。地球表面地理坐标的纵坐标,简称经度,也叫子午线。科学家将地球表面分为360个等分度,这就是地球的经度,每度为60′,每分为60″。每两条经度之间的距离在赤道上最远,在南北两极为零。1884年国际天文工作者在美国华盛顿召开的国际经度会议上,决定位于英国当时天文台所在地格林威治中心地为地球经度0°线的经过点,并将其定为本初子午线。自此以东为东经(E),以西为西经(W)。本初子午线既是经度的0°线,也是经度的360°线。

【地球空间环境】(earth space environment) 受地球磁场、引力场和电磁辐射等所控制的空间范围内的环境。该环境中主要有重力场(即地球引力场),中性高层大气,由电离层、等离子体层、磁层及各边界层构成的空间等离子体和波,辐射带和宇宙线构成的高能粒子,来自太阳的电磁辐射,地气热辐射,电场和磁场,来自宇宙空间的流星体以及人类航天活动产生的空间碎片。它们是人类航天活动的主要空间环境,也是空间环境科学的主要研究范围。

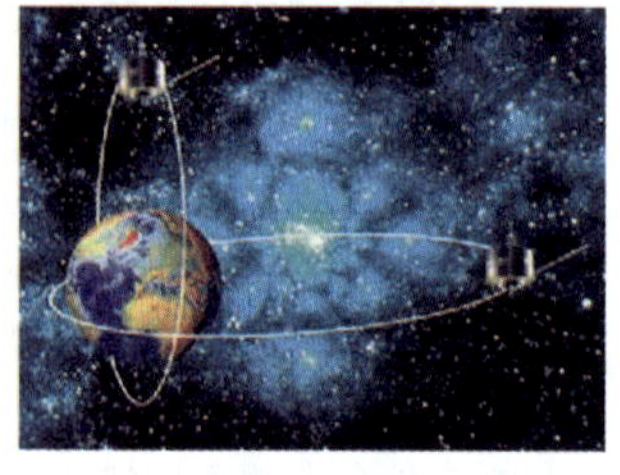

地球空间环境

【地球起源与演化】(origin and evolution of the earth) 地球的产生及其发展过程。有多种学说研究这一问题。较为流行的是星云说。该学说认为,地球起始于46亿年前的太阳星云。在星云演化初期,首先在中心部分形成太阳,其余部分成环绕太阳运行的星云盘。星云盘中的尘粒相互碰撞而吸积成星子。在万有引力作用下,星子的碰撞、结合,形成了行星的核心,进而演化成行星。地球就是其中的一颗。刚形成的地球基本上是各种石质物的混合物,平均温度不超过1 000℃。之后,随着放射性元素蜕变和引力势能的释放,地球内部逐渐升温,局部熔融。在重力作用下,物质分异开始,最后就形成了今天地球的层状构造。再后,又演化出大气圈、水圈和生物圈。

【地球圈层构造】(stratum structure of the earth) 地球组成物质的分层构造。地球由表及里具有一系列物理、化学性质不同的圈层。这种垂直分层结构,以岩石圈的硬壳表面为界。在它的上面由上至下有磁圈、大气圈、水圈和生物圈,称为外部圈层;在它的下面由表及里有地壳、地幔和地核,称为内部圈层。各圈层既彼此独立又相互依存,每个圈层内部的物理、化学性质相对比较均一,具有各自的特点。

【地球三极】(earth three polars) 南极、北极和青藏高原上的珠穆朗玛峰。南极和北极为地球的地理极点,它们分别是地球自转轴和地表在南北两端的交点;而珠穆朗玛峰则是地球的地貌极点,它是地球伸向宇宙的最高最远点,又称地球的高极。地球三极所在的地区分别称为南极大陆,北极地区和青藏高原。将青藏高原与珠穆朗玛峰和南北两极并称为地球三极是20世纪70年代以来科学家们约定俗成而且被公认的地理学用语,在许多权威文献中也频频出现。

珠穆朗玛峰

【地球同步轨道】(geosynchronous orbit) 运行周期与地球自转周期(23时56分4秒)相同的顺行人造地球卫星轨道。倾角为零的圆形地球同步轨道称为"地球静止卫星轨道"。在地面观测,在这种轨道上运行的卫星是静止不动的。实际上这种卫星并非不动,只是它绕地轴转动的角速度和地球自转角速度大小相等、方向相同。它距地面的高度为35 860km,运行速度为3.07km/s。一颗静止卫星可以覆盖地球大约40%的面积。卫星相对于地面不动,地面测控站容易跟踪。通信卫星、广播卫星等大都选用这样的轨道。

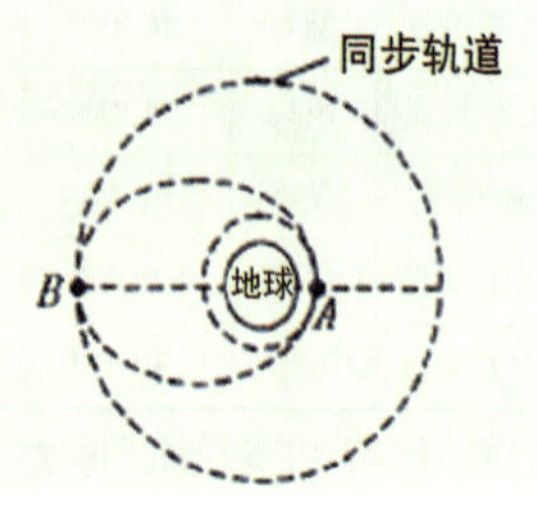

地球同步轨道

【地球同步卫星】(geosynchronous satellite) 又称对地静止卫星。运行在地球同步轨道上的人造卫星。地球同步轨道是运行方向与地球自转方向一致、运行周期等于地球自转周期并位于地球赤道平面上的圆形轨道。高度约35 860km。卫星在轨道上的绕行速度约为3.07km/s,角速度等于地球自转的角速度。在这一轨道上均匀布设三颗通信卫星,即可实现除两极外的全球通信。地球同步卫星常用于通信、气象、广播电视、导弹预警和数据中继等方面。

【地球同步卫星定位】(geostationary satellite positioning） 利用两颗地球同步卫星及相应的用户设备，实现对运动物体或固定目标的定位与双向数据通信的技术。通过在轨运行的地球同步卫星、地面中心及用户机实现。其基本原理是：地面中心向两颗卫星不间断发送询问信号，通过卫星向用户转发；用户收到询问信号在需要定位时向卫星发射应答信号，通过卫星转发至地面中心；地面中心依发出和接收信号的时间延迟计算通过两颗卫星的信号传播距离，从而解算出用户位置。地球同步卫星定位可以提供卫星信号覆盖区内全天候导航定位和精确的时间信息。其定位精度一般为几十米，采用差分定位技术可进一步提高精度。单次定位所需最短时间不到1s。导航定位数据处理集中在地面中心站进行，用户设备只需收发信号，设备小型轻便，操作简单；只需发射两颗卫星，投资较少。地球同步卫星定位集导航定位和通信于一体，可广泛应用于单兵定位、战场侦察、部队机动的指挥调度、海上救援、各类自然灾害中的救助以及移动目标的监控管理等方面。

【地球椭球】（earth ellipsoid） 代表地球形状和大小的旋转椭球。包含表征地球几何特征的椭球长半径（a）、扁率（α），以及表征地球物理特征的椭球总质量（M）、椭球绕其短轴旋转的角速度（ω）等4个参数。地球椭球参数是测绘学、天文学和地球物理学的基本常数。下表是中国应用的椭球参数表。中国1954北京坐标系采用克拉索夫斯基椭球，1980西安坐标系采用GRS75椭球，2000国家大地坐标系（CGCS2000）基本采用GRS80椭球（对GRS80椭球的GM值作了精化）。在中国应用的WGS84和ITRF两个世界坐标系采用的椭球参数分别是WGS84椭球和GRS80椭球。把地球椭球与地球体的位置固定下来，称为椭球定位。具有确定参数和定位的地球椭球称为参考椭球。其表面称为参考椭球面，是测绘计算的基准面。椭球定位的条件是：使椭球的短轴与地球的平均自转轴平行、起始大地子午面与起始天文子午面平行、椭球面与大地水准面最为密合。

中国应用的地球椭球参数表

椭球名称	年代	a(m)	α	GM（$\times 10^{14} m^3 s^{-2}$）	ω（$\times 10^{-5}$ rad s^{-1}）
克拉索夫斯基	1940	6 378 245	1:298.3		
GRS75	1975	6 378 140	1:298.257	3.986 005	7.292 115
WGS84	1996	6 378 137	1:298.257 223 563	3.986 004 418	7.292 115
GRS80	1980	6 378 137	1:298.257 222 101	3.986 005	7.292 115
CGCS2000	2007	6 378 137	1:298.257 222 101	3.986 004 418	7.292 115

【地球纬度】（geocentric latitude） 简称纬度。地球表面每个质点围着地球自转轴转动的连线。地球表面地理坐标的横坐标。科学家将地球表面从南到北划分为与地球自转轴直交的180等分，这就是地球的纬度。南北两极极点分别为南纬90°和北纬90°。平分地球自转轴且与自转轴相垂直的平面与地球表面相交的纬线就是赤道。赤道纬度为零度。赤道以北为北半球，称北纬（N）地区；赤道以南为南半球，称南纬（S）地区。与地球经度一样，每度分为60′，每分为60″。自赤道开始，0°～30°之间为低纬地区，30°～60°之间为中纬地区，60°～90°之间为高纬地区。每纬度之间的距离相等，约为111km，每纬分之间约为1.85km，每纬秒之间的距离约为30.9m。赤道，南回归线，北回归线，南极圈，北极圈，均为赋有特殊地理概念的纬度线。

【地球物理勘探】（geophysical exploration） 又称物探。用地球物理的原理和手段来研究地质构造和进行的找矿勘查。地质找矿工作的重要方法之一。其基本方法是：以各种岩石和矿石的密度、磁性、电性、弹性、放射性等物理性质的差异为研究基础，用不同的物理方法和物探仪器，探测天然的或人工的地球物理场的变化，并通过分析、研究获得物探资料，推断、解释地质构造和矿产分布情况。主要的物探方法有重力勘探、磁法勘探、电法勘探、地震勘探和放射性勘探等。依据工作空间的不同，又可分为地面物探、航空物探、海洋物探和井中物探等。

地球物理勘探

【地球物理战】（geophysical warfare） 见环境战。

【地球形状】（shape of the earth） ❶有关地球形状的概念是多义的。通常我们把地球的真实形状理解为地球的自然表面，即大陆地面、无干扰海洋和湖泊的表面。获得地球自然表面形状的连续表示形式，是地图制图学、航空（天）摄影测量学和地形测量学等学科研究的对象。❷大地测量学中所指的地球形状是指对其真实形状进行数学或物理抽象后的形体，包括大地水准面、参考椭球面和正常椭球。我们把大地水准面理解为地球的物理化形状，把参考椭球面理解为地球的数学化形状，把正常椭球理解为地球的数学物理化形状。❸人类对地球形状的认识经历了漫长的历程。古代认为天圆地方，以后逐渐认识到地球是个圆球。17世纪，牛顿等根据力学原理提出地球是扁球的理论,这一理论直到 1739 年才为南美和北欧的弧度测量所证实。中国早在唐代就曾进行了大规模的弧度测量,已发现纬度愈高,经线的弧长愈长的事实。这同地球两极略扁、赤道隆起的理论相符。在 20 世纪 50 年代以前,地球椭球的几何参数 a、α 是利用大陆上局部地区的天文、大地、重力测量资料推算的,精度较低,只能代表地球上局部地区的几何形状。自 20 世纪 60 年代以来,利用全球的地面大地测量和卫星大地测量资料,推求地球椭球的 4 个几何和物理参数,精度比以前提高了两个数量级。如 GRS80 椭球,a 的误差小于 2m,α 和 GM(G 为引力常数,M 为地球总质量)的相对中误差分别为 $\pm3\times10^{-6}$ 和 $\pm2\times10^{-7}$。

【地球演化周期性】(periodicity of the earth evolution) 整个宇宙系统对地球的作用以及地球内部各圈层之间相互作用的周期性表现。其演化包括了有机界和无机界,演化的形式都是从简单到复杂、从低级到高级的不可逆转的进化过程。这种演化过程是变速的,时快时慢,但仍表现出一定程度的周期性。在地球演化的相对稳定时期,地球大气圈年平均气温基本稳定,海平面变化幅度较小,地球上生物的繁衍、进化平稳而缓慢,地磁极变化小,地层沉积连续稳定,整合接触,地球内部热能处于平稳积累和释放状态,岩石圈内的构造应力也平稳地聚集和调整,岩石圈板块的升降幅度和水平位移量相对较小。进入突变时期,大气温度剧烈变化,海平面大幅升降,生物种群大量灭绝,地磁极翻转,岩浆活动和各种变质作用剧烈,地球内部热量大量释放,岩石发生强烈变形,岩石圈板块升降及水平位移大幅增强,整个地球系统进入了混沌无序的状态。最新研究成果显示,地球的这种变化具有一定的周期性,有从几万年到几百万年的时间尺度的周期。这些周期的相互叠加,使地球呈现出十分复杂的演化过程。

【地球一小时】(earth one hour) 世界自然基金会(WWF)为应对全球气候变化所提出的一项倡议。希望个人、社区、企业和政府在特定的时间熄灯一小时的节能活动。以此表明对应对气候变化行动的支持。在 2007 年首次“地球一小时”活动中,仅澳大利亚的悉尼市就有大约 220 万个家庭和企业熄灯一小时,减少了 10.2% 的用电量。包括中国在内的 80 多个国家 1 100 个城市中的 10 亿人参与了 2009 年 3 月 28 日晚 20:30 熄灯一小时活动。熄灯一个小时能提醒大家节约能源,用全球性的努力一起来应对气候变暖,爱护地球这个全人类的共同家园。

【地球仪】(globe) 缩小的地球模型。为便于认识地球,仿造地球的形状,按照一定的比例缩小,制作了地球的模型 – 地球仪。在地球仪上没有长度、面积和方向、形状的变形,所以,从地球仪上观察各种景物的相互关系是整体而又近似于正确的。按用途的不同可分为:(1)经纬网格地球仪。在它的球面上只有经纬网格以及度数的注记。又称经纬仪。(2)政区地球仪。球面光滑的表示行政区划。(3)地貌地球仪。球面光滑的表示自然面貌的地球仪,有些还带有季风变化图,洋流图等。(4)立体地球仪。表示地形的模型,球面是起伏不平的。按产品制作材料的不同可分为:纸质地球仪、全塑地球仪、树脂立体地球仪、宝石地球仪、实木地球仪、磁悬浮地球仪、古典工艺地球仪等。目前,中国内地企业生产开发的有 1 600 多种款式规格的地球仪。

地球仪

【地球 – 月球相互作用】(interaction between the earth and the moon) 地球和月球在万有引力作用下的互相影响。根据万有引力定律,两物体之间的引力与它们之间距离的平方成反比。地球上各点与月球的距离不同,所受月球的引力就不同。朝向月球的一面受到的引力大于背向月球的一面,由此造成了地球上海水水位的“潮”、“汐”变化。这种变化还会在地球大气层产生大气潮,在地球内部产生固体潮。在引潮力的作用下,地壳的升降可达数十厘米。这种作用对月球的影响也十分明显。在月球形成的早期,月球的自转比现在快得多。那时月球内部岩浆洋发育,在地球强大引力的作用下,月球上的潮汐摩擦使自转变慢,直至月球内部岩浆逐步冷凝固化。当自转周期等于公转周期后,月球就形成了目前以同一面面对地球的运动形式。这种相互作用的过程目前还在继续。它直接影响着地月系统的演变。由于地球上大气圈、水圈、软流圈和岩浆活动的存在,潮汐作用形成的摩擦也会使地球自转变慢、地球变形、质量分布发生变化,导致月球运动加速,使月球的绕地轨道愈来愈大,公转周期愈来愈长,进而使月球逐渐螺旋式地远离地球。

【地球重力场】(earth's gravity field) 地球重力作用的空间。是通过包含的重力、重力位、重力线和等位面等要素的物理特征和数学表达式来描述的。地球表面及空间任一单位质点的重力是地球质量的引力和地球自转所产生的惯性离心力的合力。

重力使质点沿重力方向有一加速度，即重力加速度。它与单位质点所受的重力在数值上是相同的。重力加速度简称为重力。重力位是研究地球重力场而引进的一个数量函数，是地球引力位和地球自转离心力位之和。重力线又称力线，是处处与等位面正交的空间曲线。重力场中某一点的重力方向就是经过这点重力线的切线方向。重力线的扭曲程度与重力值水平梯度的大小有关。等位面是重力位值相等的点所构成的曲面。这个面上任一点的重力方向都与曲面正交。地球重力场在空间技术方面，用于确定空间飞行器（包括导弹、卫星）受地球重力场作用的轨道改正；在大地测量方面，用于处理测量成果，推求地面点的精确位置、地面点垂线偏差、外空扰动重力矢量以及确定地球的形状和大小；在固体地球物理方面，用于研究地球内部结构和资源分布。

【地球重力场模型】（model of the earth's gravity field） 地球重力位的数学表达式。通常用截断至有限阶次球谐函数的级数形式表示。可用来计算重力场引起的卫星轨道的摄动及对远程导弹弹道的影响，还可导出重力异常、垂线偏差和高程异常的表达式。地球重力场可用地球重力位来表征。地球重力位是地球引力位 V 和地球自转引起的离心力位 Q 之和。地球形状的不规则和内部质量分布的复杂性，使地球引力位不能精确算出。而地球引力位在外部空间是个调和函数，可用球谐函数的级数表达式来表示：

$$V=\frac{GM}{r}\left[1+\sum_{n=2}^{\infty}\sum_{m=0}^{n}\left(\frac{a}{r}\right)^{n}(\bar{C}_{nm}\cos m\lambda+\bar{S}_{nm}\sin m\lambda)\bar{P}_{nm}(\cos\theta)\right]$$

式中，r、φ、λ 分别为点的地心向径、纬度和经度；G 为引力常数；M 为地球的总质量；a 为地球椭球的长半径；$\bar{P}_{nm}(\cos\theta)$ 为完全正常化伴随勒让德函数；n 为阶；m 为次；$\bar{C}_{nm}$ 和 $\bar{S}_{nm}$ 为完全正常化系数，通常称为位系数。展开式的第一项 GM/r 相当于总质量为 M、密度具有径向层状分布球体的引力位，其他各项表征地球与层状分布球体的差别。由于 $\bar{P}_{nm}(\cos\theta)\cos m\lambda$ 和 $\bar{P}_{nm}(\cos\theta)\sin m\lambda$ 都是与 θ、λ、n 和 m 有关的周期函数。随着 n 和 m 的不同，显示出引力位的各种球面周期变化。低阶项（n 较小时）表征引力位的长波变化，高阶项表征引力位较短波的变化，叠加起来就可描述地球引力位的变化细节。从 20 世纪 50 年代起，世界上已给出了几十个地球重力场模型。其阶数已由最初的 8 阶增至 360 阶甚至更高。目前适用于卫星轨道计算的模型是 GEM - T3（$N=36$）。适用于地面高程异常、重力异常和垂线偏差计算的比较著名的模型有 OSU91、EGM96。这两者的阶次都完全到 360。随着航空重力测量、卫星跟踪卫星和卫星重力梯度测量技术的发展，以及新的卫星测高数据的获得，将会得到精度更高的地球重力场模型。

【地球资源卫星】（earth resource satellite） 用于勘测和研究地球自然资源的人造卫星。它利用星载多光谱遥感器获取地物目标辐射和反射的多种波段的电磁波信息，并将这些信息发送给地面接收站。地面接收站根据事先掌握的各类物质的波谱特征对这些信息处理和判读，从而得到地球各类资源的特征、分布和状态等资料。根据观测重点的不同，地球资源卫星分为陆地资源卫星和海洋资源卫星。目前，地球资源卫星已广泛用于农业、林业、海洋、水文、地形、地貌、地质、探矿、城市规划和环境保护等各个方面。

【地圈梁】（ring beam） 又称基础圈梁。按构造要求设在正负零以下承重墙中，连续闭合的梁。其截面、配筋由构造确定。一般是用在条形基础上面。其作用主要是：调节可能发生的不均匀沉降，加强基础的整体性，使地基反力更均匀，同时还具有圈梁的作用并能防水防潮。条形基础的埋深过大时，接近地面的圈梁可以作为首层计算高度的起算点。地圈梁一般用于砖混、砌体结构中，不起承重作用。对砌体有约束作用，有利于抗震。

地圈梁

【地热采暖】（geothermal heating） 又称地板辐射采暖。在地板内铺设一层发热材料，通过加热地板，热量以辐射和对流的方式在室内空间传递的采暖方式。由于地面回填混凝土，蓄热量大，热稳定性好，在间歇供暖情况下，室内温度变化缓慢。地板辐射采暖节省能源，热效率高，是科学、节能、保健的一种采暖方式。地热采暖有采用锅炉热水为载体的水地暖和采用发热电缆供暖的电地暖两种形式。

【地热发电】（geothermal generation） 将地热能转换成电能的发电系统。其具体做法是：将高温地热或中温、低温地热流体（水、汽、热）闪蒸扩容得到蒸气，驱动汽轮机发电机组发电。地热发电无 CO_2、NO_x、SO_x 和粉尘排放，发电后的尾水既可综合利用，又可回灌到地下原生产储层；既可避免污染环境，又可保护储热体，延长开采寿命。

【地热干燥】(geothermal drying) 利用地下热能烘干物料或烘干工农业产品的技术。地热流体在空气加热器的管内流过,将热量传给管外横向掠过的冷空气,加热后的空气通过管道送至干燥室,将待干燥的物料或工农业产品烘干。作为干燥用的地热流体,一般要求其温度较高。

【地热回灌】(geothermal reinsertion) 将开发利用后未被污染的地热弃水回灌到地下的技术。该技术可以缓解由于地热田的大量开采而造成地下水位下降和地面沉降,延长储热体寿命。回灌方法主要有混杂排列和边对边排列两种形式。混杂排列是生产井和回灌井穿插排列,保持一定的距离。边对边排列是生产井在一边,回灌井在另一边,最好是在热田边部深部温度与弃水温度相近的地段。

【地热流体】(geothermal fluid) 存在于地下、温度高于地表温度值的各种载热流体的总称。包括地热蒸气、地热水、载热气体和含有多种成分的高浓度热液。常见的载热气体有二氧化碳、硫化氢、氢、氧、氮、甲烷等气体。地热流体通常以地下热水和地热蒸气为主。

【地热能】(geothermal energy) 地下热水或地下蒸气以及用人工方法从干热岩体中获得的热水与蒸气所蕴藏的能量。从地球内部每年传到地球表面的热量,相当于3.7×10^{10}t标准煤燃烧时发出的热量。根据地热资源温度的不同,地热能有多种用途。温度较高的地热资源(150℃以上)可以用来发电;温度较低的地热资源(150℃以下),适宜于直接热利用。地热能具有数量大、分布面广的特点,是一种很有利用前景的新能源。

【地热梯度】(geothermal gradient) 地球不受大气温度影响的地层温度随深度增加的升高值。各地的地热梯度差别较大,与地质构造、岩石导热性能、火山与岩浆活动情况以及水文地质等因素有关。

【地热田】(geothermal field) 在工艺条件可以采集的深度内,富含可供经济利用的地热水或蒸汽的地域,或通过钻井可以采出可供工业利用的天然蒸汽的地热区,或每年至少能够提供5×10^{8}kW·h的电的地热区等。理想地热田有三个要素,即岩浆侵入体型热源、储热层(或称热储)和盖层。地热田有热水田、干蒸汽地热田、湿蒸汽地热田、干热岩地热田及岩浆型地热田等。世界上已经开发的地热田多属湿蒸汽地热田。湿蒸汽地热田在大规模开采以后,由于压力降漏斗形成,在热储层的顶部往往形成扩容空间,水面以上出现干饱和蒸汽。在这种情况下,湿蒸汽地热田便转变为干蒸汽和热水两相地热田。

地热田

【地热制冷】(geothermal refrigeration) 利用地热作为驱动力进行制冷、提供冷量或低温冷水的过程。例如,以一定温度(一般要求地热水温度在65℃以上)的地热水驱动制冷系统,制取冷水。用于地热制冷的制冷机有两种:一种是以水为制冷剂、溴化锂溶液为吸收剂的溴化锂吸收式制冷机;另一种是以氨为制冷剂、水为吸收剂的氨水吸收式制冷机。与利用太阳能制冷相比,地热水温度相对稳定,可以制取温度相对稳定的冷冻水,稳定地提供空调或工业用冷。

【地史】(geohistory) 地球的历史。科学界目前普遍认定地球历史约为50亿年。为了研究方便,科学家将地球历史划分为宙、代、纪、世。最近的历史为显生宙,开始于5亿4千2百万年前。那以前分别为6亿3千万年前开始的的元古宙,28亿年前开始的太古宙和41亿5千万年前开始的冥古宙。科学家对显生宙以来的地史研究得较为详细。显生宙分为7 000万年以来的新生代,2亿2千5百万年到7 000万年前的中生代和5亿4千2百万年前到2亿2千5百万年前的古生代。古生代以前的元古代和太古代研究者较少。绝大多数矿产资源和油气资源的分布与储量都与古生代以来的地层和地史相关;而中生代和新生代则和人类的起源和演变以及相关的环境变化密切相关。人类祖先人猿就开始于530万年前开始的新生代上新世第三纪中晚期;到了200万年前的第四纪中早期人类进化到现代状态并掌握了许多原始工具和用火技术,以至于安全地度过了第四纪以来的至少三次大的冰(河)期;到了约10 000年前开始的全新世冰后温暖期,气候变得更有利于人类的生活和文明进步,于是人类开始了突飞猛进的发展和繁荣,也使地球历史进入了现代文明期。

【地势图】(hypsometric map) 表示地势和水系的特征与分布规律的自然地图。图上强调表现地面的高低起伏、倾斜程度及其区域对比关系;强调表现与地势密切相关的海岸、河流和湖泊等的分布及图形特征。要求清楚地显示

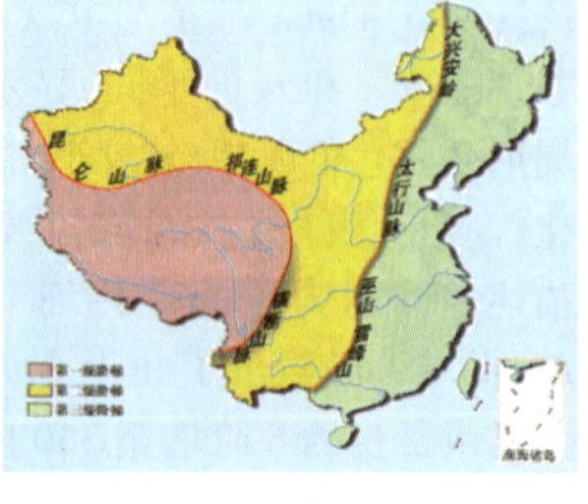

中国地势图

制图区域山脉、河流分布的脉络体系、结构形式，以及各种地貌类型的形态特点和表面所覆盖的土质和植被。此外，还要适当表示一些重要的居民点、交通线和境界线等社会经济要素。其表现形式主要是：等高线法、分层设色法、晕渲法及其组合方法。有较强的立体效果。其比例尺通常小于1∶100万，主要为较大区域范围内的经济和国防建设规划、为科学研究和教学提供地势和水系资料，为专题地图提供基础底图。有广泛的实用价值。

【地台】（platform） 又称陆台。地壳上稳定的、形成后未遭受褶皱变形的地区。与地槽相对立的基本大地构造单元。其特点是：具有基底（又称结晶基底，盖层下强烈变质与变形的结晶岩系）与盖层（又称沉积盖层，以明显的角度不整合覆盖于基底之上的沉积岩层）的双层结构。基底是已经强烈变形和变质的前寒武纪结晶岩石；盖层则是未经变形、大体保持水平产状的浅海相和陆相沉积岩石。这种双层结构本身反映了两个不同的发展阶段：前寒武纪强烈活动的地槽阶段和盖层所代表的后期构造性质稳定的发展过程。槽台学说认为，稳定的地台是由活动的地槽褶皱带转化而来，一旦形成，以后的演化就保持稳定状态。而基底与盖层之间的分界，则代表了地台形成的时间。地台可进一步划分出台背斜（又称陆背斜，地台上宽阔而平缓的隆起带）、台向斜（又称陆向斜，地台上宽缓的向相对坳陷区）和台褶皱（地台上宽缓的褶皱构造）等二级构造单元。中国境内分部的地台有华北地台、扬子地台、西南地台、塔里木地台等。

【地坛】（the Temple of Earth） 明清两朝帝王祭祀“皇地祇神”的场所。是中国现存较大的祭地建筑群。位于北京市安定门外。公元1531～1911年，明清两代15位皇帝在此祭地长达381年。明朝前期祭地与祭天合并在天坛内举行。到明嘉靖九年（公元1530年）定立四郊分祀的制度以后，才另建坛祭地。当时称为方泽坛。嘉靖十三年（公元1534年），改名为地坛。分内坛和外坛。建有皇祇室、斋宫、神库、神厨、宰牲亭和钟楼等。占地面积约$3.73\times10^6m^2$，仅为天坛的1/8左右。地坛平面为正方形。上层高1.28m，边长20.5m。下层高1.25m。边长35m，外形给人以矮小、简单之感。但在表象下面，却隐含着象征、对比、透视光影等一系列建筑艺术手法，隐含着古代建筑师们的匠心构思。2006年被列入中国的重点文物保护单位名单。

地坛

【地毯铺设工艺】（carpet laying process） 地毯装饰铺贴的施工技术。有块毯和卷材地毯两种形式。其铺设方式有：(1)活动式铺设。是指将地毯明摆浮搁在基层上，不需将地毯与基层固定。(2)固定式铺设。一种是卡条式固定，使用倒刺板拉住地毯；一种是粘接法固定，使用胶粘剂把地毯粘贴在地板上。24h内不许随意踩踏。地毯铺装对基层地面的要求较高，地面必须平整、洁净，含水率不得大于8%，踢脚板下沿至地面间隙应比地毯厚度大2～3mm。准确测量房间尺寸和计算下料尺寸，以免造成浪费。地毯铺设后务必拉紧、张平、固定，防止以后发生变形。

地毯铺设工艺

【地铁】（subway） 在城市地面下修建的电力铁道。主要由车站、区间隧道和出入口组成。与城市中的其他交通工具相比，除了能避免城市地面的拥挤和充分利用地下空间外，还有很多优点，如运量大、速度快、无污染、能耗少、舒适、安全和运营正点等。已成为大城市人口稠密地区的主要客运交通方式。

地铁

【地铁限界】（subway gauge） 为保障地铁安全运行，对车辆断面尺寸、沿线设备安装尺寸、建筑结构有效尺寸的限制。根据不同的功能要求，分为车辆限界、设备限界和建筑限界。车辆限界是车辆在直线地段正常运行状态下的最大动态包络线；设备限界是车辆在运行途中一系悬挂或二系悬挂发生故障状态时的动态包络线，是用以限制安装设备不得侵入的一条控制线；建筑限界是在设备限界基础上，对设备和管线安装尺寸后的最小有效断面。它不包括测量误差、施工误差、结构沉降和位移变形等因素。

【地铁主控系统】（subway main control

system) 将各子系统集成后的总的地铁交通综合控制、管理、调度系统。可以集成的子系统主要包括变电所自动化控制系统、火灾报警系统、机电设备监控系统、屏蔽门系统、防淹门系统 、广播系统、闭路电视系统 、车载信息系统、车站信息系统、自动售检票系统、信号系统和时钟系统等。

【地图】(map) 按一定数学法则和制图综合理论,运用地图符号系统,以图形、符号、影像或数字等形式表示地球(或其他星球)上的自然地理和社会经济现象的空间分布、组合、联系及其随时间而变化的空间结构模型。既是空间信息的载体,又是传递信息的通道。按其内容的不同可分为普通地图和专题地图;按其比例尺大小的不同可分为:大比例尺地图、中比例尺地图和小比例尺地图;按其包含区域大小的不同可分为:全球性自然区域地图(如全球地图、半球地图、大洋地图、大洲地图等)、地区性自然区域地图(如南亚地图、北欧地图等)和国家级自然区域地图(如三江源地图、云贵高原地图等);按行政区划的不同可分为:世界地图、全国地图、国内行政分区地图;按其用途的不同可分为普通地图和专用地图。还有一些其他分类方法。

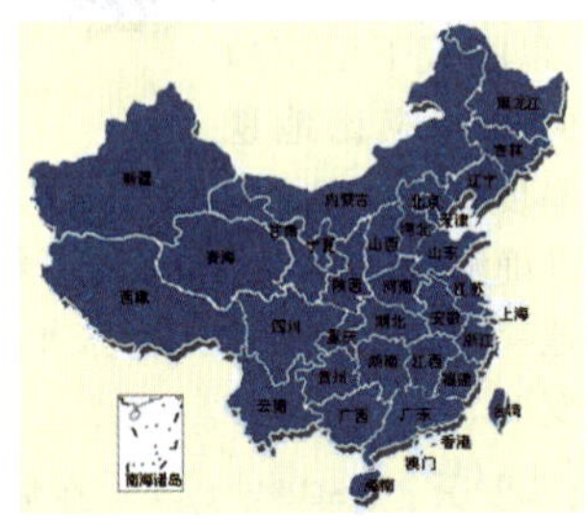

中国地图

【地图编制】(map compilation) 地图设计、编绘与清绘、制印的总称。按其工作流程的先后可分为:(1)地图设计和编辑准备。为了编制新的地图,必须拟定指导编制地图作业的文件——地图设计,并和编辑准备工作同时或交错进行。(2)地图编稿和编绘(原图编绘)。地图编绘是制作出版原图和印制地图的主要依据,是编制地图的中心环节。(3)地图清绘和整饰(出版准备)。其任务是根据编绘原图重新清绘或刻绘出出版原图和半色调原图,并制作供分色制版的分色参考图及彩色样图。(4)地图制印。出版原图需经过复照、翻版、分涂等工序,制成供打样或印刷用的印刷版。经审校、修改、批准的打样图,是正式上机复印地图的根据。

【地图出版】(map publishing) 将地图原图复制成多份地图出版物的技术。地图原图可以是纸质原图、数字原图、电子原图等。出版物可以是纸质地图、光盘电子地图或网络电子地图。纸质地图印刷出版过程分为印前、印刷和印后三个阶段。地图出版的主要技术过程为:复照→翻版→分涂→制版→打样审校→印刷→分级包装。复照是将纸质出版原图用照相的方法制作成一块适合翻版或晒版要求的透明底版;翻版是将复照得到的一张底片拷贝成多张底片;分涂是在每张底片上只留某一种颜色表示的要素,实际上是分色的过程;制版是将分色底片上的图形转移到印刷版上,制成图文部分亲油、空白部分亲水的印刷版;打样审校是将制好的一套印刷版在打样机上按照规定的颜色分别打印彩色样、套合样和红色校样等,供审校检查各要素有无错漏,各版的套合误差是否在规定范围内,并为地图正式印刷提供标准样张;印刷是将制好的印刷版安装在印刷机上,并通过印刷机的压力,把图形转印到纸上,获得纸质地图;分级包装是将印刷成图按正品和副品的规定,区分等级,单张地图按规定的数量和要求包装成捆,地图册则要装帧成册。在20世纪80年代末,出现了地图数字出版技术。出版原图为地图数据,或首先把纸质出版原图扫描数字化,通过数字制图软件或地图出版软件完成图形可视化及编辑处理。其出版的主要技术过程为:原图数据输入→符号化→编辑与整饰→拼版→打样审校→输出。目前有计算机直接制片、直接制版、直接印刷三种技术。其中,计算机直接制片,输出生成的是透明胶片,必须再经过晒版和印刷才能制成印刷品;而计算机直接制版省去了晒版过程;计算机直接印刷,则是由计算机将地图数字页面直接发送到数字印刷机上,制作成印刷品。

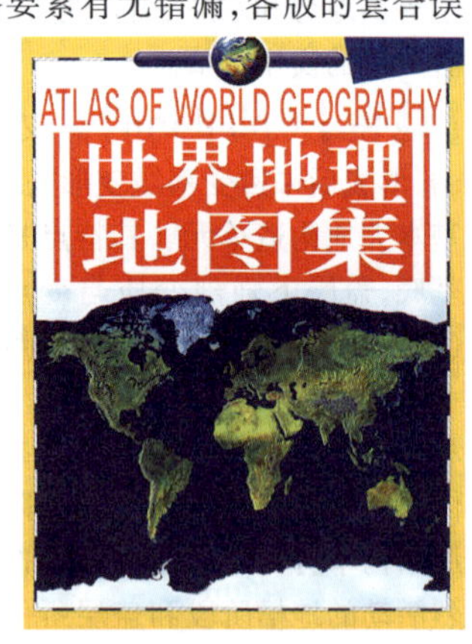

地图出版

【地图传输】(cartographic communication) 地图信息在制图者与用图者之间的传输过程。其基本过程是:客观世界(制图对象)通过制图者的认识形成概念,再通过地图符号变成地图并传递给用图者,用图者经过对地图符号的识别、分析和解译,形成对客观世界的认识。在此过程中,认识论具有重要意义。制图者对制图对象的认识,通过思维组织信息以地图语言表达出来;用图者通过对地图的视觉感受和思维,把地图符号与所表示的对象联系起来,形成对制图对象的认识。地图传输论就是把制图与用图两者统一为地图信息传输过程的理论。用这种理论来指导编图者与用图者,可达到编好图、用好图的目的。

【地图分析】(cartographic analysis) 对

地图所表现的各种要素和内容进行分析的方法。主要有目视、图解、量算、数理统计或建立数学模式等方法。是识图、提取地图中各种信息的基础。

【地图符号】(map symbol) 表示地图要素的空间位置、大小及其质量和数量的特定图解记号或文字。地图是表达实际事物的基本手段。地图符号能够提高地图的清晰易读性,有助于地图的量测和使用。按其形态的不同可分为:点状符号和线状符号、面状符号三种。它们各表示相应的地形和地物。依照地图比例尺的不同可分为:(1)依比例尺符号。在地形图上,长度与宽度均依地图比例尺表示,一般面状地物均为依比例尺符号。(2)半依比例尺符号。在地形图上,长度依地图比例尺表示,而宽度是不依比例尺表示的狭长物体符号,如道路、河流等。(3)不依比例尺符号。在地形图上,长度与宽度均不依地图比例尺表示的地物符号,如烟囱、水塔等点状符号。

地图符号

【地图符号学】(cartographic semiology) 地图学的一个分支。研究和建立作为地图语言的地图符号系统理论的学科。其主要研究内容是:(1)地图符号的结构(句法)。应形成相互联系的、完整的符号系统结构。(2)地图符号的意义(语义)。符号系统应能表达任何信息内容,并保证符号明确代表所表达的内容。(3)地图符号的实用性(语用)。符号系统应保证快速感受和牢固记忆。这三个方面,涉及符号与符号间、符号与制图对象间及符号与用图者之间的关系。在研究和设计地图符号时,应考虑和处理好这三个关系。

【地图负载量】(map load) 地图上单位面积内线划、符号和注记面积的总和。既是衡量地图内容多少的数量标志,又是研究地图内容制图综合的基础。按其表述方式的不同可分为面积负载量和数值负载量。前者是指地图上所有符号和注记所占面积与图幅总面积之比,是衡量地图容量的基础。但在制图作业中不便掌握和使用,还需转换成数值负载量。后者指地图上单位面积内的地物符号个数,是地图内容的数量和密度的可比性标准。例如,对于居民地,数值负载量指图上 $1cm^2$ 范围内的居民地个数;对于河流、道路等线状地物,指的是地图上 $1cm^2$ 内的长度,称为密度系数;对于地区的林化或沼泽化程度,则用百分比表示。

【地图感受】(map perception) 地图使用者从地图图像所得到的视觉效果和认识特征。地图学研究的重要内容之一。从地图使用者对地图图形的视觉感受特点出发,通过物理-心理-生理学的方法对地图怎样进行设计才能为地图读者所接受的问题进行实验研究。其目的是:改进地图的设计方法,最大限度地提高地图信息的传输效率,研究塑造什么样的地图图形能更好地发挥地图内容的各种功能和作用。随着理论研究的深入,已发展成为地图学的基本理论之一。

【地图集】(atlas) 具有统一设计原则和编制体例的、系统反映制图对象内在联系的一组或几组地图的汇集。被广泛应用于经济建设、行政管理、国防军事、科学研究、文化教育及旅游交通等方面。

【地图胶印】(map offset printing) 借助于胶皮(橡皮布)将印版上的图文传递到承印物上的印刷方式。平版印刷的一种。橡皮布在印刷中起到了不可替代的作用 。它可以弥补承印物表面的不平整,使油墨充分转移。还可以减小印版上的水向承印物上的传递。现在通常说的胶印范围更窄,即指有三个滚筒(印版、橡皮布、压印)的平版印刷方式。这种方式也称为柯式印刷。

【地图空间认知】(map-based spatial cognition) 利用地图对显示世界的空间属性包括位置、大小、距离、方向、形状、模式、运动和物体内部关系的认知。是通过获取、处理、存储和解译地图上的空间信息来获取新的空间知识的过程。是地图的重要功能之一。具有认知范围广阔、认知对象特殊、以视觉认知为主要认知方式、认知难度大等特点。

【地图判读】(map interpretation) 发掘、提取地图潜在信息的思维过程和方法。对地图上所表现的各种制图对象,通过阅读、联想性推理或系统组合分析,判断地物质量特征及其分布成因规律。如水系和地貌的表示是地图的基本骨架和定性定位的基础。通过对航测优质地图水系结构的判读,可分析许多形态与成因关系的问题。判读质量虽取决于所使用的地图质量和水平,但更重要的取决于读图者的知识素养和读图技能的基本训练。

【地图评价】(map evaluation) 根据科学性、思想性、实用性与艺术性标准而对地图内容进行的评价。其主要评价内容包括:正确性、完备性、现实性、精确性以及地图的设计、编绘和制印的质量。其评价步骤是:一般先分析评价地图的科学性,即地图的内容,后分析评价地图的艺术性,即地图的表现形式,再后分析评价地图的政治思想性和地图的实用性。

【地图扫描仪】(map scanner) 将纸质地图和地图胶片转换成数字图像的设备。由机体、照明系统、图件输入系统、步进电机、CCD(电荷耦合半导体器件)相机、驱动电路、数据采集及处理电路、控制接口电路等部分组成。具有幅面大、变形小、分辨率高等特点。地图扫描仪按形式的不同可分为平台式扫描仪和滚筒式扫描仪;按扫描对象颜色的不同可分为单色扫描仪和彩色扫描仪;按幅面的不同可分为A0幅面扫描仪和A1幅面扫描仪;按分辨率的不同可分为高分辨率扫描仪和低分辨率扫描仪;按传感器的不同可分为光电扫描仪、CCD扫描仪和接触式图像传感器扫描仪。主要用于地图数据采集与更新。

地图扫描仪

【地图舌】(geographic tongue) 又称游走性舌炎。一种浅表性非感染性的舌部炎症。具有形态和病损位置多变的特性,形态各异,常类似于地图中的国界,因而得名。确切病因不明。可发生在任何年龄段。患病率达0.1% ~14.1%,多见于幼儿期和少年期,有可能随年龄增长而消失。发病的可能因素包括:精神因素、内分泌因素、营养因素、局部因素和全身因素。病损好发于舌背、舌尖、舌缘部。损害区中间表现为丝状舌乳头增厚、呈黄白色条带状或弧线状分布。宽度数毫米至1厘米不等,与周围正常黏膜形成明晰的周界。初起点状,逐渐扩大为地图样。昼夜间可因一边扩展一边修复而移动病损,犹如“游走”。一般无疼痛。继发感染者有烧灼样疼痛或钝痛。有间歇缓解期,发作后有自限性,3~4天或更长时间后,黏膜可恢复如常。一般不需治疗。

【地图设计】(map design) 确定地图的内容、规格及其制作方法的整体安排。是整个地图生产过程的准备工作,也是地图制图的组成部分。其基本依据是地图的用途。即在满足用户需求的前提下,顾及用图环境与方式、制图资料、制图设备及技术条件诸因素,以实用性强、内容新、精度好、形式美、成本低为原则,提供指导地图制作全过程的技术文件。纸质地图设计的主要内容包括:(1)地图总体设计。在了解地图用途和用户要求的基础上,初步确定地图的基本规格,包括地图的名称、制图区域范围、地图比例尺和图面的规划与安排等,提出地图内容及表示方法的初步设想。(2)确定地图的数学基础。选择最适当的地图投影、坐标网密度和地图分幅,计算投影成果。(3)确定地图的内容及表示方法。通过研究制图区域状况把地图内容和表示方法具体化。(4)设计地图符号。确定与地图内容分类分级相应的符号形状、尺寸和色彩,及注记的字体字级。(5)设计地图制作的工艺方案。确定从资料处理开始一直到印刷成图的整个工艺过程的技术环节和方法。地图设计的成果是地图设计书(或规范、图式)、编辑计划和图幅编绘要点。电子地图设计包括技术设计和系统设计两大部分:(1)技术设计。是电子地图设计的关键。主要包括电子地图的整体设计、数学基础设计、地图内容设计、地图符号设计、数据存贮管理设计(包括数据分类及数据结构、数据库管理系统的选择、数据采集的途径和方法、数据的增删、修改、更新和检索等)、显示技术设计(包括放大、缩小、漫游、图层控制等地图显示功能的设计)、图形图像处理算法设计(包括数学基础的算法、图形符号的处理算法、图形的变换算法、图像增强、拼接裁剪算法等设计)。(2)系统设计。是电子地图设计的基础。主要包括数据流程设计(即电子地图数据由输入到输出的整个流动和处理过程的设计)、软件设计(包括系统软件的选择和应用软件的设计)、硬件配置设计(包括数据流程中各处理环节所需设备的选择和设计)。

【地图数据采集编辑工作站】(capture and edit workstation for map data) 对地图进行数字化、获取地理信息的地图制图装备。由计算机、图形输入与输出等硬件设备,以及系统软件、支撑软件、地图数据采集与处理等制图应用软件组成。其工作原理是用图形图像输入设备,将地图输入计算机,然后通过软件将地图上连续的图形和文字等变换为离散的数字信息,通过对数字信息进行逻辑处理和数学处理,得到数字产品或通过图形图像输出设备生成纸质地图产品。地图数据采集编辑工作站工作过程由地图数据获取与管理、数据编辑与处理、图形与数据输出等三大部分构成。主要用于生产各种数字地图产品,包括地图信息的数据采集、编辑、处理、输出等工作。

【地图数据分层】(map data layer) 按照一定规律对地图数据进行分组的过程。一般将具有相同属性的数据归为一层。比如,一般地图数据分为水系层、植被层、等高线层等众多要素层。分层的目的是便于数据的存储和处理,为编制地图做好基础工作。

【地图数据结构】(structure of map data) 构成地图内容诸要素的数据集之间的相互关系和数据记录的编排组织方式。具体指空间数据以什么形式在计算机中存储和处理。按数据结构形式的不同可分为矢量数据结构和栅格数据结构两种。前者是通过坐标值来精确地表示点、线、面等地理实体的方法;后者是以规则的象元阵列来表示空间地物或对象的分布的数据结构,其阵列中的每个数据表示地物或对象的属性特征。

【地图数字化】(map digitizing) 将地图图形或图像的模拟量转换成离散的数字量的过程。其主要种类有跟踪数字化和扫描数字化。前者使用跟踪数字化仪(手扶或自动)将地图图形要素(点、线、面)进行定位跟踪,并量测和记录运动轨迹的 x、y 坐标值,获取矢量式地图数据。后者使用扫描数字化仪对地图沿 x 或 y 方向进行连续扫描,获取二维矩阵的象元要素,形成栅格数据结构。地图数字化还包括对地图表示内容的编码和输入。使用像片立体量测仪进行数字化,是使用立体像对建立的地形模型,沿其剖面跟踪获取地面高程数字模型。地图数字化是编制电子地图的基础。

【地图投影】(map projection) 又称数学制图学。按一定的数学法则将地球椭球面上的经纬线网转化为平面上相应的经纬线网的理论和方法。其研究对象是:由不可展的地球椭球面和地图平面这一特有的矛盾。其实质是:建立地球椭球面上点的坐标 (B,L) 与地图平面上点的坐标 (x,y) 之间一一对应的函数关系,一般方程为:

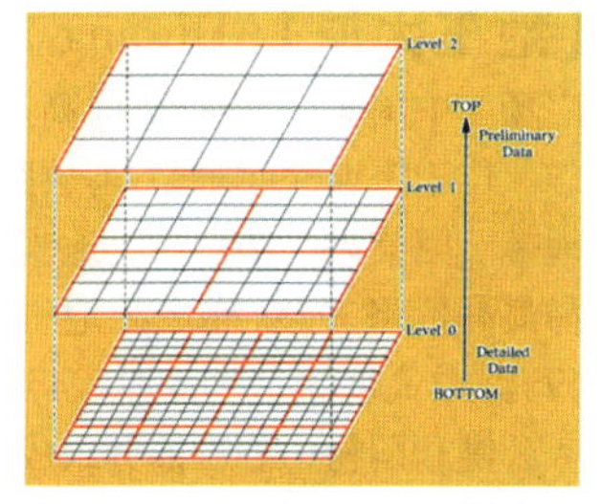

地图投影

$$x = f_1(B,L)$$
$$y = f_2(B,L)$$

【地图信息传输模型】(map information transmission model) 制图者与用图者之间地图信息传输的模式。该观点最先由捷克人柯拉斯尼于 1969 年提出。其内容是:制图者(信息发送者)把对客观世界(制图对象)的认识加以选择、分类、简化等信息加工并经过符号化(编码),通过地图(通道)传递给用图者(信息接收者),用图者经过符号识别(译码),同时通过对地图的分析和解释形成对客观世界(制图对象)的认识。

【地图修版】(map retouching) 通过修整版面以弥补版面缺陷、改善色调及对局部图像进行加工或按色分版修涂、使之成为只含有单一颜色要素底版的地图印制工艺过程。前一个过程称修版,是用修涂颜料涂盖复照(用照相方法制作底版的工艺)或晒版所得底版上的擦伤或透沙点,用工具刻透或修整地板上带有灰雾的线条;后一个过程称分涂,是在印刷多色地图时,根据分色样图用涂料涂盖底板上不需要的要素,保留与印色相同的要素和轮廓线。

【地图印刷】(map printing) 将印刷版上的图文,通过地图印刷机转印到纸张或其他载体上制成多份地图的技术。按印刷形式的不同可分为:平版印刷(印刷版上图文部分和空白部分几乎在同一平面上)、凹版印刷(印刷版上图文部分低于空白部分)、凸版印刷(印刷版上图文部分高于空白部分)、孔版印刷(印刷版上图文由大小不同或数量不等的空洞或网眼组成)和特种印刷(如金银粉印刷、珠光印刷等)。由于地图印刷幅面大,对印刷精度要求高,多数情况下都采用平版印刷方式。平版印刷又可分为直接印刷和间接印刷。前者指在印刷过程中,印刷版直接和纸张接触而达到转印图文的目的;后者指在印刷过程中,印刷版上的图文墨层先转移到橡皮布上,然后由橡皮布再把图文墨层转移到承印物上。由于橡皮布在间接印刷中起着传递图文的媒介作用,故间接印刷又称胶版印刷或胶印。近代地图印刷多以胶印方式完成。

【地图鱼】(oscar) 俗称猪仔鱼、尾星鱼、黑猪鱼、星丽鱼。硬骨鱼纲,丽鱼科。体形魁梧,宽厚,鱼体呈椭圆形。体高而侧扁。尾鳍扇形。口大。基本体色是黑色、黄褐色或青黑色。体侧有不规则的橙黄色斑块和红色条纹,形似地图。成熟的鱼尾柄部出现红黄色边缘的大黑点,状如眼睛,可作保护色及诱敌色。背鳍很长,自胸鳍对应部位的背部起直达尾鳍基部。前半部鳍条由较短的锯齿状鳍棘组成,后半部由较长的鳍条组成。腹鳍长尖形。尾鳍外缘圆弧形,其基部还有一中间黑、周围镶金黄色边的圆环。地图鱼看起来笨拙,实际上游泳很灵活,捕食敏捷。比较贪食。喜食动物性活饵料。属肉食性凶猛鱼类。食水蚯蚓、蝌蚪、小鱼、小虾。原产于南美洲的圭亚那、委内瑞拉、巴西的亚马逊河流域。地图鱼色彩虽然单调,但是其形态别致,具有独特的观赏价值。同时它的肉味鲜美,具有食用价值。

地图鱼

【地图语言】(cartographic language) 由

各种符号、色彩与文字构成的表示空间信息的图形视觉语言。地图语言研究地图符号系统的构成,研究各种图示手段和方法的运用与组合。同文字语言一样,它也有语言法则,由句法、语义和语用三部分组成:(1)地图句法。地图语言三要素之一。指地图符号系统组合的结构方式与规则。反映地图符号与符号之间的关系。每个符号可以看成是地图符号系统的元素,与其他元素有确定的关系。符号之间既要有联系性又要有差异性。(2)地图语义。地图语言三要素之一。指地图符号所代表的信息含义。反映地图符号与制图对象之间的关系。可通过地图图例予以说明。符号要有代表性,同时要有联想性,即一定程度的意义自明。(3)地图语用。地图语言三要素之一。地图符号的实用性。反映地图符号与使用者之间的关系。符号要有辨别性和易读性,使读者快速阅读、牢固记忆。地图语言同文字语言一样,也有"写"与"读"两个功用。"写"是制图者把制图对象用一定符号在地图上表示出来;"读"是读图者通过对符号的识别,认识制图对象。

【地图整饰】(map decoration) 地图设计与生产中美化地图外貌及规格化的技术工作。是地图制图学中的一个重要部分,也是制图实践中的一种造型艺术和工序。关于地图内容的表现形式和手段的技术。根据透视和色彩学原理,利用图案、色彩显示地图内容的类别、特征、主次关系、地理分布和相互联系等。主要包括:地图符号设计、色彩设计、地貌立体表示、出版原图绘制、图面配置和图外装饰设计等。

【地图制版】(map printing plate) 制作可供印刷机使用的地图印刷的技术。地图印刷前的一道工序。是采用一定方式把图文转移到能够进行印刷作业的板材上,并使图文部分和空白部分在物理性质上能有较大的区别,及图文部分具有良好的吸附油墨性能,非图文部分具有良好的亲水性能,以达到印刷的目的。地图制版的板材有多种,如锌版、铝板、纸基板、聚酯版等,还可用清绘原图直接制版。地图制版的技术方法有人工制版、晒像制版、静电制版、电镀制版、计算机制版等多种。

【地图制图学】(cartography) 又称地图学。研究地图的信息传输、空间认知、投影原理、制图综合和地图的设计、编制、复制以及建立地图数据库等的理论与技术的学科。传统地图制图学由地图概论、地图投影、地图编制、地图整饰、地图印制和地图应用等分支学科组成。现代地图制图学的分支有:(1)理论地图制图学。是地图制图学的理论基础。包括地图学概论、数学地图学、地图信息理论、地图信息传输理论、地图感受理论、地图符号理论、地图模型理论、地图综合理论及综合制图理论等。(2)地图制作学。研究地图编制与印刷的技术和方法,包括普通地图编制学、专题地图编制学、遥感制图学、计算机地图制图学、地图整饰学及地图制印学等。(3)应用地图制图学。论述地图制图学的应用原理与方法,包括地图的基本功能、地图的评价、地图分析方法论、地图分析利用步骤和方法、地图信息自动分析与处理及地图的实际应用等。

【地外文明】(extraterrestrial civilization) 地球外其他天体上可能存在高级生命的文明。多数科学家认为,在银河系中拥有文明的天体至少以10万计。但利用现有技术进行的所有探测,除地球外,至今尚未在其他天体上发现任何生命形态。人类已先后发射了"先驱者"10号和11号、"旅行者"1号和2号共四艘探测器,携带表征人类在宇宙中的地位和人类文明现状的实物信息,飞出太阳系,继续飞往太空深处寻找地外文明。另外,自20世纪60年代起,美国、苏联等国的天文学家一直利用大型射电望远镜,监测可能由地外文明发来的微波信号,但至今仍无确切结果。

【地王大厦】(Diwang Mansion) 又称信兴广场。中国第一个钢结构高层建筑。深圳的重要标志。位于深圳深南东路、解放路、宝安南路交汇的三角地带。因信兴广场所占土地当年拍卖拍得深圳土地交易最高价格,公众称之为地王大厦。1996年完工,高69层,总高度383.95m,实高324.8m。由商业大楼、商务公寓和购物中心三部分组成。该建筑由美国建筑设计有限公司张国言设计事务所设计,结构形式为钢框架-RC核心筒,用钢2.45万吨。商业大楼建筑体形的设计灵感,来源于中世纪西方的教堂和中国古代文化中通、透、瘦的精髓,它的宽与高之比例为1:9,创造了世界超高层建筑最"扁"最"瘦"的纪录。33层高的商务公寓最引人注目的设计是空中游泳池,其空间跨距约25m,高20m,上下扩展由9层至16层。夹在商业大楼和商务公寓中间的是购物商场,其平面设计以一个形似钥匙洞的5层高的中庭为主。该项目以高空休闲文化为特色,集娱乐、商务、教育、游乐于一体,是国内首创。

地王大厦

【地温带】(under ground temperature area)

地壳内部温度的带状分布特征。按由上而下位置的不同可分为:(1)可变温度带。指地壳中从地表到地下15~20m深的地带。由于受太阳辐射的影响,其温度有着昼夜、年份、世纪,至更长的周期性变化。这一层又称为外热层。它受地表温差变化的影响由表部向下逐渐减弱,平均深度约15m,最多不过几十米。(2)常温带。在可变温度带的下界处20~30m深的地带。温度常年保持不变,等于或略高于年平均气温。其温度变化幅度几乎等于零。(3)增温带。在常温带以下,由于受地球内部热源的影响,温度开始随深度逐渐增高。其热量的主要来源是地球内部的热能。通常把地表常温层以下每向下加深100m所升高的温度称为地热增温率或地温梯度(温度每增加1℃所增加的深度则称为地热增温级)。世界上不同地区地温梯度并不相同,如中国华北平原约为1~2℃,而松辽平原则可达5℃。

【地温梯度】(ground temperature gradient) 沿地下等温面的法线向地球中心方向上单位距离内温度增加的数值。在地壳的常温带以下,由于受地球内部热源的影响,地温随深度增加而不断升高,越深越热。地表平均地温梯度为1.5~3.0℃/km。但世界上不同地区地温梯度并不相同。实际测定,地球表层的平均地温梯度约为3℃;海底的平均地温梯度为4~8℃,大陆为0.9~5℃。海底的地温梯度明显高于大陆。大陆内部各处的地温梯度也不相同。必须指出,地温梯度是据地壳浅部实测所得的平均值,一般只适合于用来大致推算地球浅层(地壳以内)的地温分布规律,并不适用于整个地球内部。如果按平均100m增温3℃计算,至地壳底部地温将超过900℃,到地心将高达200 000℃的惊人数值,在这样的温度条件下,地球内部除了地壳以外当绝大部分处于熔融甚至气体状态,这与地球内部绝大部分可以通过地震波横波(即主要为固态)的观测事实不符。实际上,地温梯度是随深度增加逐渐降低的。对于地球深部的温度分布,目前主要是根据地震波的传播速度与介质熔点温度的关系式推导得出的。根据目前最新的推算资料,在莫霍面处的地温大约为400~1 000℃,在岩石圈底部大约为1 100℃,在上、下地幔界面附近大约为1 900℃,在古登堡面(核幔界面)附近大约为3 700℃,地心处的温度大约为4 300~4 500℃。

【地文期】(physiographic stage) 新生代以来区域地形发展历史的分期。中国最早研究地文期是在华北地区。研究结果表明:华北地区的山地和高原,在燕山运动以后未经历过大的造山运动,基本上为同期性地上升。区域地形发展的历史基本上表现为剥蚀期(侵蚀期)与堆积期的交替出现。在剥蚀期,构造运动常表现为显著的上升,山地河流强烈下切;在堆积期,构造运动由显著的上升状态转化为相对稳定状态,山地河流展宽并发生不同规模的沉积。剥蚀期与堆积期的演替,形成了华北地区的多层地形(多级山地剥蚀类平面与多级河流阶地)。一个剥蚀期与其相随而来的堆积期组成了一个地形发展旋回(地文周期)。每一个地文周期持续的时间长短不一,剥蚀作用的强度与沉积作用的规模不同,所塑造的地形形态也就不同。

【地物】(on ground surface object) 地面上位置固定的自然或人工物体。可分为天然地物和人工地物。前者如山川河流、森林植被等;后者如道路桥梁、居民地、建筑物、运输工具等。

【地物波谱特性】(ground surface spectral feature) 地面物体具有的辐射、吸收、反射和透射一定波长范围电磁波的特性。物质内部状态的变化产生电磁波辐射。其波长与不同的运动方式相对应。不同的物质在光、热等作用下都产生与其自身固有特性有关的固定波长的电磁波辐射。如低温物体发射波长较长的远红外线和微波,高温物体发射波长较短的可见光,动物(人)介于二者之间发射红外线。物体电磁波的辐射和对电磁波的反射能力随波长而变化,构成了各种物体在不同情况下具有不同的波谱特性。根据产生波谱信号的不同,即利用物体的波谱特性可揭示物体的特征,如鉴别土地的地面温度。

【地下滴灌】(subsurface drip irrigation) 在灌溉过程中,水通过地埋毛管上的灌水器缓慢渗入附近土壤,再借助毛细管作用或重力,扩散到整个作物根层的灌溉技术。在灌溉过程中,对土壤结构的破坏轻,有利于保持作物根层疏松通透,并能减少水分的蒸发损失,不仅节水,增产效益明显,而且自动化程度高,可大量节省劳力和能源。在干旱地区,应用这种技术还能有效地抑制田间杂草。地下滴灌系统的设计与地面滴灌系统的设计完全相同,唯一的区别是地下滴灌管道埋入地下,其对水质要求更高,需要配备更好的过滤器。另外,地下滴灌还要在灌溉系统的高点安装进排气阀,以防灌溉断水时产生负压造成滴头堵塞。毛管埋深通常要考虑以下三个因素:(1)田间耕作深度。(2)土壤质地。(3)作物根系发育深度。一般来讲,地下滴灌毛管埋深20~70cm最为适宜。果树的最佳毛管埋深一般在40~50cm。大

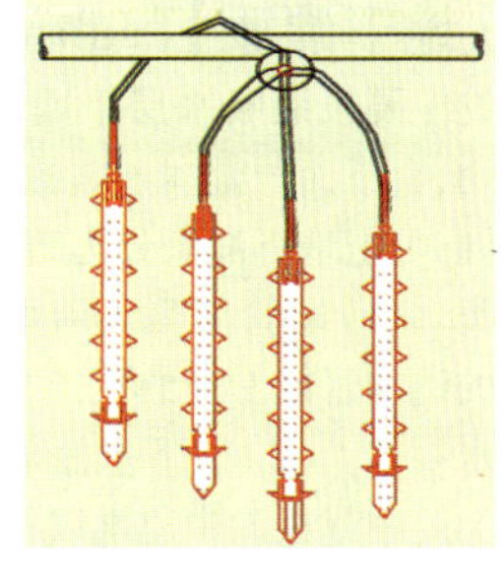

滴水器组装图

田作物则为30～40cm。毛管间距主要取决于当地气候条件、土壤质地和作物种类，通常在0.25～0.5m之间。地下滴灌时间的确定，一般以实测或计算的蒸发量、土壤特性与作物特性为依据。为了延长地下滴灌系统的使用寿命、防止灌水器的堵塞，除对灌溉水进行适当过滤清除杂质外，还有必要通过施用某些化学物质防止灌水器堵塞。

【地下工程支护】(safety support for underground works) 地下工程开挖过程中，为防止围岩坍塌和石块下落所采取的支撑、防护等安全技术措施。支护是地下工程施工的一个重要环节，只有在围岩经确认是十分稳定的情况下，才可不加支护。需要支护的地段，要根据地质条件、洞室结构、断面尺寸、开挖方法、围岩暴露时间长短等因素，做出支护设计。支护有构架支撑及锚喷支护两种方式，除特殊地段外，一般应优先采用锚喷支护。

【地下管道】(underground pipeline) 敷设在地下用于输送液体、气体或松散固体的管子。中国古代已采用陶土烧制的地下排水管道。明朝建都北京，大量采用砖和条石砌筑地下排水管道，宽1m左右，高2m左右。现代的地下管道种类繁多，有圆形、椭圆形、半椭圆形、多圆心形、卵形、矩形(单孔、双孔和多孔)和马蹄形等各种断面形式。这些管道多采用钢、铸铁、混凝土、钢筋混凝土、预应力混凝土、砖、石、石棉水泥、陶土、塑料和玻璃钢(增强塑料)等材料建造。

地下管道

【地下灌溉】(subsurface irrigation) 在作物主要根系吸水层下面灌水，借助土壤毛管力的作用，自下而上湿润土壤的灌水技术。按供水方式的不同，可把地下灌溉分为暗管灌溉和地下水浸润灌溉两类。(1)暗管灌溉。用埋设在主要根系吸水层下面的透水管或专设的孔道供水，浸润土壤，满足作物需水要求。(2)地下水浸润灌溉。用工程措施引水到沟道中或在沟中建闸以补给地下水，使地下水位上升到需要的高度，借助毛细管作用向作物根系补给水分。其优点是：(1)蒸发损失最小。(2)灌水时不影响田间耕作。(3)与地面灌水方法相比，没有田间灌水沟、埂的占地，节省了劳力和土地。其缺点是：(1)工程投资较高。(2)管道容易淤塞。(3)表土比较干燥，不利于种子发芽和幼苗生长。(4)采用地下水浸润灌溉时，水的利用系数很低。

【地下害虫】(soil insect pest) 又称土壤害虫。以成虫或幼虫(若虫)在土壤内危害农作物种子、根、茎的害虫的统称。分布广，种类多，不少是农作物、果树林木等的重要害虫。中国的主要害虫有蛴螬、蝼蛄、金针虫和地老虎4类。此外，种蝇(地蛆)、蟋蟀、根土椿、拟地甲、根叶甲、根象甲、根天牛、白蚁、根蚜、根粉蚧、蛛绵蚧等也有不同程度的危害。主要采用以农业防治为基础，以药剂处理种子、土壤等化学防治为主要手段的综合防治措施。

地下害虫

【地下核试验】(underground nuclear test) 把核装置埋放在地表下面所进行的核试验。按核爆炸装置的不同埋深，地下核试验分成浅层地下核试验和封闭式地下核试验。在进行浅层地下核试验时，核装置上方覆盖的岩层和核装置残骸会喷出地面，形成弹坑，并造成严重的放射性污染。深层地下核试验一般不会有大量放射性污染物逸出，所以也称“封闭式地下核试验”。多年来，各有核国家一直在探索防止放射性产物泄出的各种措施，已可将封闭式地下试验的放射性泄漏量控制在很低的水平。

地下核试验

【地下建筑传热】(underground building heat transfer) 地下建筑的室内热源、冷源及地面温度在通风作用下发生的传递过程。地下建筑围护结构(还包括基岩和基土壤)，可以视为半无限大的传热介质。由于围护结构对室内温度的巨大调节能力，具有热稳定性好、室内温度变化幅度小和夏季潮湿等特点。传热过程比较复杂。影响因素主要是：(1)通风情况。如进风温度、通风量、通风制度、通风方式和气流组织等。(2)使用情况。如室内热源工作状况。(3)几何条件。如埋深、洞室尺寸和洞室几何形状等。(4)围护结构的热物理性能。即传热介质－衬套材料和基岩、基土壤的导热系数与导温系数和裂隙水运动情况等。地下建筑在密闭情况下，室内热源使室内空气温度和围护结构内表面温度升高引起围护结构内部传热，在围护结构中形成一系列包围地下建筑空间的等温面。在靠近地下建筑的区域内，由于受室内空间体型影响，等温面的形状与室内空间体型近似；在远离地下建筑的区域，等温面形状近似于球形（短洞地下建筑）或圆柱形（长洞地下建筑）。通过等温面的热流密度，随着同室内的空间距离增大而逐渐减小。室外气温有周期性的变化。因此，通风换气引起室内外空气之间热交换并将使围护结构内部传热也发生周期性变化。当覆盖层厚度超过 15 ~ 20m 时，这种影响可忽略不计。这对创造室内恒温十分有利。在热工计算中，常遇到的情况是：(1) 恒热传热。(2) 恒温传热。(3) 周期性传热。

【地下建筑物】(underground building) 建在地面以下的建筑物和构筑物的统称。如地下室、地下铁道、铁路隧道、水底隧道、地下厂房、地下商场、地下粮仓和地下人员掩蔽所等。以建造在地下的洞室和隧道作为主体工程，除了通向地面的出入口外，周围均受地层包围。通风、防潮和消声等，要求均比地面建筑高。建筑物，通称“建筑”。指供人们生产、生活、游憩、观赏和其他活动的房屋或场所。如厂房、住宅、厅堂馆所、亭台楼阁和纪念性建筑等。凡是与地上建筑物连为一体的地下建筑物，其土地权利可以确定为土地使用权。具体登记时，将地下建筑物的建筑面积计入整体建筑总面积，然后按权利人拥有的地下建筑面积占整体建筑面积的比例分摊地面上的土地面积。离开地面一定深度单独建造，不与地上建筑物连为一体的地下建筑物，其土地权利可确定为土地使用权（地下）。在具体登记时，其土地面积为地下建筑物垂直投影面积，并在备注栏注明相应地上土地使用权的特征。土地使用权（地下）在不违反地下建筑物规定的用途、使用条件的前提下，可以进行出租、转让和抵押。

【地下径流】(groundwater runoff) 沿浅水层或隔水层间的含水层，向河流、湖泊、沼泽、海洋汇集的地下水水流。径流的组成部分。大气降水经过下渗和渗漏过程到达潜水面。潜水沿重力势能递减方向流动，补给河流、湖泊等，形成地下径流。河流切穿隔水层，上下隔水层之间含水层中的承压水沿着压力势能递减方向流动，补给河流、湖泊等，也形成地下径流。它是多数河流在枯水季的补给水源。地下径流集流缓慢。当地下径流在河流诸补给水源中占较大比例时，河流径流过程将变得平缓。

地下径流

【地下菌】(hypogeir fungi) 生态习性特殊、子实体埋生在地下即土层中的大型真菌。这些种类的真菌往往在地面上是看不见的，如块菌。只有经过专门培训的猪、狗，凭着敏锐的嗅觉，才能从地下刨出来。须腹菌和硬皮马勃球形子实体在土壤中处于半埋生，即在土壤中形成子实体，逐渐生长成熟时才露出地面。大肥蘑菇有时也是如此，它在地表下形成子实体，当子实体长大后再以强大的生命力量将地面顶开而露出地表。

【地下开采】(underground mining) 又称坑采。在地下用坑道进行的采矿作业。一般适用于矿体埋藏较深、在经济和技术上不适宜露天开采的矿床。常用的方法是：用地下巷道工程将矿体划分为井田区段、阶段、采区（矿块），以采区为基本采矿单元进行开采工作。采区矿体的开采包括三个阶段：采准（在采区内开掘切割巷道，建立采区内行人、运输、凿岩、出矿、通风等采矿条件）、切割（在已完成采准工作的采区内为大规模回采矿石、开辟自由工作面和初始工作空间而进行的开掘、切槽等工作）和回采工作（在采区内进行的落矿、出矿和低压管理等作业）。

【地下连续墙】(underground diaphragm wall) 在地下窄而深的沟槽内浇注适当材料而形成一道具有防渗、挡土和承重功能的连续地下墙体。地下连续墙建造技术已经相当成熟。最大开挖深度为 140 m，最薄的地下连续墙厚度为 20cm。1958 年，中国水电部门首先在青岛丹子口水库用此技术修建了水坝防渗墙。中国绝大多数省份都先后应用了此项技术建成地下连续墙 $1.2\times10^6 \sim 1.4\times10^6 m^2$。地下连续墙建造技术正在取代传统的施工方法用于基础工程。

【地下轮廓】(underground profile) 挡水建筑物基底的不透水部分及其防渗设施与透水地基的接触线。是地基渗流区的上部边界线或第一条流线。其设计任务是在分析建筑物地基渗流运动特性的基础上，合理选择和布置防渗排水设施。藉以降低渗透压力和控制渗透比降，保证建筑物安全可靠地进行工作。大量实践经验表明，土基上的挡水建筑物必须具有足够的地下轮廓线长度，才能防止地基土产生渗透破坏。地下轮廓布置采用“滞渗与导渗”相结合的原则。通常在挡水建筑物的上游侧布置防渗设施如铺盖、板桩及齿墙等，用以增长渗径，减小渗流平均比降；在下游侧适当位置布置反滤排水设施，有计划地排出渗水。这样既有利于控制基底的渗透压力，又有利于确保地基土的抗渗稳定性。地下轮廓设计首先初步估算所要求的是渗径长度；再根据建筑物的工作特点和地基图的特性，并参考已建工程的经验，按照布置原则和注意事项选定适宜的布置型式和部分的轮廓尺寸；然后进行渗流计算，确定建筑物基底扬压力和渗透比降，验算建筑物的抗滑稳定性和地基的抗渗稳定性。经过反复调整，直至验算结果符合规范要求，使之既安全又经济。

【地下水】(underground water) 赋存于地表之下的水体。可分为气态水、吸附水、薄膜水、毛细管水、重力水和固态水等。按埋藏条件的不同可分为：上层滞水、潜水和承压水。按含水介质的不同可分为：有孔隙水、裂隙水和岩溶水。地下水既可作为居民生活用水和生产用水，又是一种生态环境的重要资源。含有特殊组分或温度较高的地下水，可用于医疗保健和地热能利用。但地下水也会影响工程建设的基础施工、引起土壤盐碱化、沼泽化等。无计划过量开采地下水会引起地面沉降、土层变形、海水入侵等人为地质灾害。中国地下水可分为以下类型：(1)松散沉积物中孔隙水。主要分布在东部平原区、西北内陆盆地及山前倾斜平原、沙漠区及黄土高原区。(2)碳酸盐岩类喀斯特（岩溶）裂隙溶洞水。主要分布在云贵高原、广东、广西及长江中下游碳酸盐岩分布地区，北方碳酸盐岩分布地区也有出露。(3)浅层地下水。主要指基岩裂隙水。中国各地均有分布。(4)多年冻土地下水。主要分布于黑龙江北部、新疆北部及青藏高原的常年冻土带。中国是世界上开发利用地下水最早的国家之一。水井的开凿利用可以上溯到5 700年前的仰韶文化时期。中国地下水年径流量约为$8.288\times10^{11}\,m^3$。不少地区已不同程度地开发利用地下水，作为城市生活用水和工农业生产用水的主要水源。

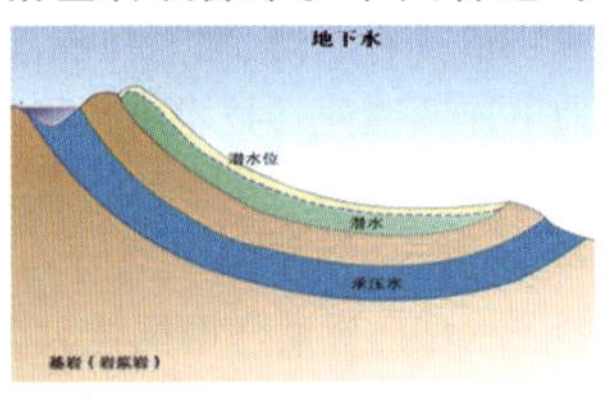

地下水

【地下水补给】(recharge of groundwater) 地下水含水层自外界或相邻含水层获得水量的过程。其方式有降雨入渗、灌溉入渗、河渠入渗、山前和邻区侧向补给，以及相邻含水层的水量转移等。这几种补给方式对于潜水都是存在的。但对于承压水，由于其含水层上下均有透水性较弱的隔水层阻隔，不能直接承受当地天然降雨、河渠和灌水的入渗补给。其地下水的补给主要来自相邻含水层之间的越层补给和开采区外的地下水侧向补给。

【地下水补给条件】(recharge condition of under groundwater) 地下水的补给来源、补给量、补给方式、补给途径和补给区位置、范围、以及影响补给的因素的统称。含水层自外部获得水量补充的过程称为地下水的补给。含水层中地下水的补给来源和方式，主要有降水渗入、地表水渗漏和其他含水层地下水的流入等。其中，降水渗入是地下水补给的主要来源。补给量的多少取决于补给面积的大小、包气带的透水性、地下水位埋藏深度、降水性质和降水量以及地形条件。当河水位高于地下水位时，河水渗漏补给地下水。补给量的大小取决于补给段的面积，河床岩层的透水性及地下水位与河水位的差值。至于其他含水层地下水的补给，必须是补给含水层高于受补给的含水层，而且含水层之间有透水断裂或局部透水层连通，或者通过弱透水层发生越流补给。补给量的大小取决于地下水的水位差值和连通带范围的大小和透水性。地下水的补给条件有时因人为因素而改变。查明地下水的补给条件，是正确进行水量计算和地下水资源评价、合理布置给水和排水工程的基础。还可根据需要在一定范围内采取措施扩大或截断补给水源。

【地下水动力学】(dynamics of under groundwater) 渗流力学的一个分支。研究在天然条件和人为因素影响下，地下水及其所携带的溶质（污染物）在岩（土）空隙和裂隙中运动规律的学科。水文地质学的一门基础学科。其研究范围包括地下水运动的基本规律，地下水在饱和含水层中和非饱和含水层水流的运动，地下水流的稳定和非稳定运动，在均质和非均质介质中的运动，单相和多相流体的运动，在集水建筑物、水工建筑物、农田灌溉、疏干排水等影响下的地下水的运动规律，以及水位或水量的计算方法，研究各种条件下的数学模型及其解法（解析解法、数值解法和模拟方法），含水介质的水力特性和参数，水文地质参数的确定方法和室内试验原理和方法等。正确认识地下水的运动规律，获得符合实际情况的定量评价，对合理开发利用地下水、防止地下水污染、促进地方经济建设都具有重要意义。

【地下水赋存条件】(under groundwater occurrence) 含水层在地质剖面中所处的部位及其受隔水层（弱透水层）限制的情况。具体地讲，是要了解地下水埋藏深度、分布范围、含水层的类型、含水构造的特点等，查明地下水含水层的层数、分布的位置和深度，地下水的类型（潜水、承压水、孔隙水、裂隙水、岩溶水），以及含水层所受的构造控制等。

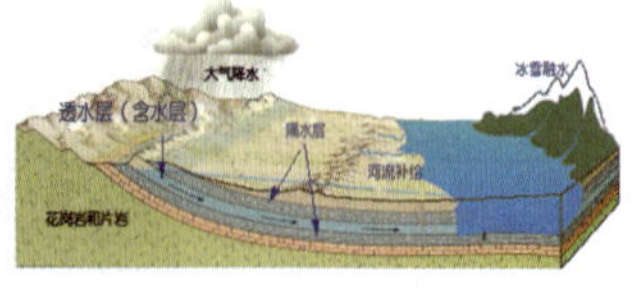
地下水赋存条件

【地下水灌溉】(groundwater irrigation) 与地表水灌溉相对应。以地下水为水源的农田供水方式。根据地下水种类的不同,地下水灌溉可分为井灌、泉水灌溉、截潜流灌溉以及坎儿井灌溉等。(1)井灌。利用提水设备提取井水灌溉农田的方式。它是开采利用地下水的主要方式。适用于地表水源不足而地下水源较丰富的地区。(2)泉水灌溉。用工程设施引取泉水作为水源的灌溉方式。泉水是承压地下水在地面的溢出,其开发利用方式与地表水开发利用方式基本相同。(3)截潜流灌溉。用工程设施截取河床下层或古河道中的地下潜流作为水源的灌溉方式。在一些季节性河流的河床下修筑不透水潜坝,使地下水壅高再引水或提水灌溉农田。(4)坎儿井灌溉。在地下水坡降较大,水量丰富的地方,开挖竖井和暗渠,用暗渠汇集与输送地下水到农田进行灌溉的一种独特的取用地下水方式。中国坎儿井主要分布于新疆吐鲁番盆地和哈密地区一带。

【地下水合理开发利用】(rational development and utilizing of underground water) 根据水文地质条件和工农业建设的需要,经济合理地开发利用地下水的工作的总称。开发规模必须与其资源的特点相适应。一般情况下多年平均开采量不应超过多年平均补给量,但允许在丰水年、平水年和枯水年之间调节使用。局部地段地下水开采量过大,会造成地下水位的多年持续下降,形成地下水下降漏斗,对生态环境造成较大的影响。因此,在制订开采方案时应摸清情况,科学论证(如若干年地下水位可能达到的最大深度,是否可采取人工补给措施等)。地下水的具体开采方式应符合当地的水文地质特点,包括集水建筑的类型和配置、单井质量标准和效益,浅层水井和深层水井的搭配,淡水和微咸水的混合利用等。近年来开展的人工补给地下水、"抽咸补淡"等工作,也属于地下水合理开发利用的范畴。

【地下水可开采量】(groundwater available yield) 在经济合理、技术可行和不致引起生态环境恶化的条件下能从含水层中获取的最大水量。主要受地下水总补给量和含水层开采条件等两个因素所控制。一般来讲,区域地下水总补给量愈多,含水层开采条件愈好,地下水可开采量愈大。由于地下水在补给过程中,会受到潜水蒸发和地下径流等的排泄消耗,故区域地下水可开采量应小于地下水总补给量。

【地下水矿化度】(mineralization of groundwater) 单位体积地下水中可溶性盐类的含量。常用单位为g/L或mg/L。是水质评价中常用的一个重要指标。其形成和变化规律主要取决于以下因素:(1)地下水补给源的原始化学性质。(2)含水层性质及其与地下水的相互作用。(3)有机体对地下水矿化度的影响。(4)参与地下水量平衡的各项因素的重要影响。

【地下水利用量】(groundwater supplement) 地下水借土壤毛细管作用上升至作物根系活动层内,以供作物吸收和田间蒸发的水量。和地下水埋深、土壤性质、作物种类、作物需水强度和土壤计划湿润层中的含水量等因素有关。地下水位高,可被作物利用的水量大。各种作物对地下水的利用程度不同。一般来讲,棉花与油菜利用量最大,小麦次之,玉米较小。在地下水埋深不大时,地下利用量较多。在制订灌溉制度时,这一项来水不可忽视。地下水埋深过浅,作物根系活动层内水分过多,则会产生渍害。当地下水中含有较多的盐分时,由于水分不断被吸收、蒸腾,会使根系活动层土壤中积累大量的盐分,危害作物的正常生长。应当采取适当的灌溉和排水措施把地下水位控制在适宜的深度,以保证根系活动层内具有良好的土壤水分条件。

【地下水临界深度】(critical depth of groundwater) 防止土壤发生盐碱化所要求的最小地下水的水埋深度。溶解在地下水中的盐分,随着水分的蒸发逐渐积累在土壤表层,在气象条件和地下水矿化度一定时,地表的积盐速度和积盐总量取决于地下水埋深和蒸发量。地下水临界深度是分析和研究一个地区的地下水动态与土壤盐碱化之间关系的一个重要指标,是盐碱地排水工程规划设计的重要参数和地下水控制的标准。一个地区的地下水临界深度可通过分析该地区的地下水动态与土壤盐碱化之间关系的有关资料得到。中国华北平原地区常见的三种土质的地下水临界深度值如下表所示。

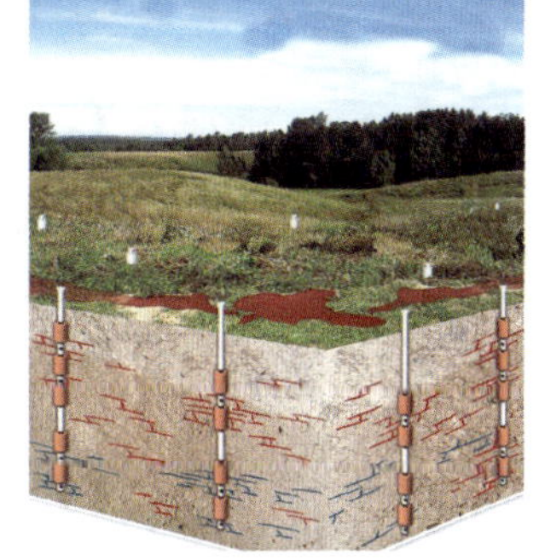
地下水临界深度

中国华北平原地区地下水临界深度值表　单位:cm

地下水矿化度(g/L)	沙壤土、轻壤土	中壤土	黏质土(包括土壤上部夹有厚黏土层的情况)
<2	160~190	140~170	100~120
2~5	190~220	170~200	120~140

【地下水污染】(groundwater pollution) 地下水中的污染物超过相应水质标准的现象。当土壤中的污染物含量超过土壤的净化能力或容量时,土壤先被污染;之后污染物会随着土壤中的水而渗流至地下水中,造成地下水的污染。由于地表以下地层复杂,地下水流动极其缓慢,因此,地下水污染过程缓慢、不易发现和难以治理。地下水一旦受到污染,即使彻底消除其污染源,也需要十几年甚至数百年才能使水质恢复到原来状态。中国地下水污染分为四类:(1)沿海地区地下淡水过量开采导致的海水入侵。(2)地表污水排放和农耕造成的硝酸盐污染。(3)石油和石油化工产品的污染。(4)垃圾填埋场渗漏污染。其中,农田污染量大面广,未经利用的氮肥在经过地层时通过生化反应转化成硝酸盐和亚硝酸盐。长期饮用被污染的地下水,可以引发多种疾病,严重威胁饮用者的健康。地下水污染防治应以预防为主:(1)禁止利用渗井、渗坑、裂隙和溶洞排放、倾倒含有毒污废水和其他废弃物。(2)在无良好隔渗地层情况下,禁止使用无防止渗漏措施的沟渠、坑塘等输送或者存贮有毒污废水和其他废弃物。(3)在开采水质差异大的多层地下水时,应当分层开采。(4)兴建地下工程设施或者进行地下勘探和采矿等活动时,应采取措施防止地下水污染。(5)人工回灌补给地下水,不得恶化地下水质。

【地下水污染修复】(remediation of under ground water pollution) 去除地下水的污染物、使水体恢复到未受污染前的状况或达到规定标准的措施。常用方法有:(1)生物注射法。将加压后的空气注射到污染地下水的下部,以达到补充地下水的溶解氧,加速地下水有机物的挥发和促进生物降解。(2)原位化学与生物修复法。向底层或蓄水层土层中注入阳离子表面活性剂,获得改性土壤,用于阻挡或固定污染物,并结合微生物降解,达到原位修复的目的。(3)生物反应器法。将污染地下水抽提到地面,在地面生物反应器内补充营养物和氧气,对其进行好氧降解。

【地下水资源】(under groundwater resource) 赋存于地下岩土介质中具有开发利用价值的水。地下水的利用价值与它的存在形式及水质有关。地下水均以重力水、毛细水和结合水的形式存在。其中毛细水、结合水和部分过路重力水是土壤、包气带中地下水的主要存在形式。但这部分水既不能取出,也难以按照人的意愿实施调度和控制,只能算作潜在的地下水资源。能够作为生产、生活取用对象的地下水主要是赋存在岩土介质中自由流动的重力水。这类地下水又可按其化学成分和物理性质的不同,分为矿水、卤水、地下热水和常温淡水。通常所说的地下水资源,主要是指可供日常生产、生活使用的常温水。其补给来源主要是大气降水的入渗、地表水体的渗漏和来自外系统的地下水侧向径流。据理论推算,全球地下水约 $2.3716.5\times10^{7}\ km^{3}$。其中土壤水约为 $1.65\times10^{4}km^{3}$,永冻层中水约 $3.00\times10^{5}\ km^{3}$。地下重力水为 $2.3400\times10^{7}\ km^{3}$。狭义的地下水资源是指一个地区或一个含水层中,具有一定利用价值的地下水数量。它不同于一般矿产资源的主要特点是有流动性与可恢复性。因此在评价时必须查明地下水的补给、径流、排泄条件和预测开采过程中可能发生的变化。以前按地下水的静储量、动储量、调节储量和开采储量计算地下水资源。近年来,则趋向于按天然资源(天然补给量)、储存资源(储存量)和开采资源(可开采量)进行评价。对于埋藏深、循环交替极缓慢的深层盐卤水或含有特殊组分的工业原料水,一般只计算其储存量和其中所含的有用成分的质量。

【地效飞行器】(ground-effect aircraft) 利用地表效应,贴近水面、冰面或平坦地面飞行的飞行器。在地效区(地面效应最明显的地区)飞行。其特点是:气动效率高,燃料消耗率较低,贴地飞行时不易被对方雷达发现。目前有向大型发展的趋势,以期有足够的飞行高度。地效区高度约等于其翼弦长度。地表效应能提高飞行器的升阻比。当距地表高度小于0.2弦长时,地表效应增强明显。为避开水(气)浪的撞击,飞行器距地表高度在1/3~1/2弦长时较为适当。

地效飞行器

【地效应艇】(air cushion vehicle) 利用机翼的地面(水面)效应增大升力以支撑艇重的一种有翼航行器。当航行器在距离地(水)面的高度小于机翼翼展航行时,翼下气流受阻而压力增大,产生的升力会将航行器托起。其升力的大小与速度平方成正比。这种升力称为地效应力。地效应艇机翼面积大,只在贴近地(水)面的极低空飞行,是介于船和飞机之间的新型水上交通工具。

地效应艇

与普通飞机(包括水上飞机)相比,地效应艇具有升力大、有效载重量大、节省燃料和航程远等特点;与气垫船相比,地效应艇的远航性能更为优越,航速更快。

【地心坐标系】(geocentric coordinate system) 以地心为原点的三维坐标系。即将地球视作圆球,地心为原点,赤道平面为基本面,一条轴垂直此基本面,基本面内地心与格林尼治天文台所在点连线为另一条轴,按右手定则形成第三条轴的坐标系。

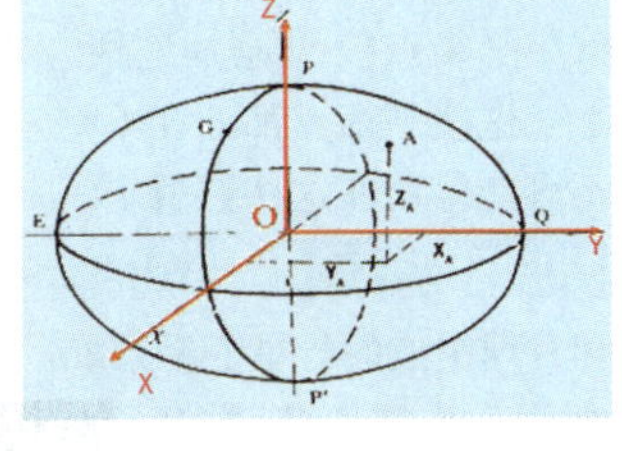

地心坐标系

【地形测量】(topographic survey) 对地球表面局部地区的地物、地貌进行测定,并按比例尺缩小,用符号和注记绘制成地形图的技术。地形测量的用途是测绘各种比例尺的地形原图。按其测量方法的不同可分为:(1)摄影测量。通常采用航空摄影测量和航天摄影测量技术,利用航空像片和卫星像片主要在室内进行测图,是测绘军用地形图的主要方法。(2)野外直接测量。是使用野外测量仪器进行实地测图,主要测绘军事工程测量需要的1∶5 000及更大比例尺地形图。按测量目的的不同可分为:(1)控制测量。是测定一定数量的平面和高程控制点,为地形测图提供依据。通常采用统一的坐标和高程系统,以大地控制点为基础测定。航测法的控制测量,包括野外实测和内业加密两部分作业。野外实测的叫像片控制测量,用以解决像点和相应地面点的联测,为内业控制加密提供依据。内业加密控制点常用空中三角测量法,为测图提供依据。野外直接测图的控制测量,通常分为首级控制和图根控制两步进行。首级控制是以大地控制点为基础,用导线测量、GPS测量的方法,在整个测区测定一些分布均匀、精度较高的控制点;图根控制是在首级控制的基础上,进一步加密满足测图需要的控制点。首级控制和图根控制的高程,也可用水准测量方法测定。(2)碎部测量。是指测绘地物地貌的过程。地物的测绘内容包括独立地物、居民地、道路、水系、植被等。通常用规定的地物符号和文字注记地物的位置、形状、大小及其性质。地貌的测绘内容包括地面的起伏形态、特征地貌和土质。地面的起伏形态通常用等高线配合高程注记来表示;特征地貌和土质用规定的地貌符号和土质符号配合注记来表示。地物地貌的测绘必须达到测量规范规定的精度要求。野外直接测量法的碎部测量的作业过程包括裱糊图纸、展点、测图、原图整饰和检查验收等步骤。首先将图纸或聚脂薄膜固定在测图板上,在图纸上绘制坐标网,展绘出图廓点和控制点。在测站点上用极坐标法或其他碎部点测定方法直接测出地物地貌特征点的平面位置和高程,根据实际地理景观,将地物地貌按规定的符号描绘在图纸上,并进行必要的注记。如此逐站衔接,直至测完全幅为止;经过分色着墨整饰,并经检查验收后,即为地形原图。

【地形跟随雷达】(terrain-tracking radar) 用于自动地形跟随保障飞机低空、超低空飞行安全的雷达。由飞行仪表、无线电高度表、地形跟随计算机、自动驾驶仪和自动油门系统等组成。通常安装在执行低空突防任务的飞机上,在超低空突防时随地形起伏以求隐蔽的战术飞行。探测载机前方地形变化,显示地物,提供控制飞行的信息。地形跟随雷达与计算机和飞行控制系统配合,把探测到的飞行前方的起伏地形信息(距离、方位、高度)提供给自动飞行控制系统或驾驶员,以便操纵飞机与地面保持一定的垂直距离安全飞行。飞机在低空飞行时,天线作俯仰扫描,地形跟随计算机则根据飞机允许的爬升和下降范围、操纵反应的时间、速度、过载限及所选定的与地面的间隙高度算出一条地形跟随理想轨迹,并与雷达实测的飞机航迹进行比较,将其差值转换为自动驾驶仪的控制信号,控制飞机飞行。

地形跟随雷达

【地形回避雷达】(terrain-avoided radar) 飞机上自动探测地形回避地物保障飞机飞行安全的雷达。通常安装在执行低空突防任务的飞机上。地形回避雷达测量并显示安全飞行平面的地物高度数据和分布情况,提供回避信息,使飞机在水平面内绕过障碍物,保证飞行安全。地形回避雷达比地形跟随雷达简单。驾驶员可以选择与飞机有一定高度间隔的安全飞行平面,雷达天线保持一固定的俯仰角,左右扫描,测出高于安全飞行平面地物的高度,驾驶员操纵飞机作横向机动,绕过地形障碍。雷达提供的地物回避指令信号也可输给自动驾驶仪,使飞机自动避开障碍物。

【地形匹配制导】(terrain matching guidance) 利用地形等高线匹配来确定导弹的地理位置,并将导弹引向预定区域或目标的制导系统。地球表面一般是起伏不平的,某个地方的地理位置,可用周围地形等高线确定。将测得地形剖面与存储的地形剖面比较,即地形等高线匹配。用最佳匹配方法可确定测得地形的地理位置。

【地形图】(topographic map) 地表起伏形态和地物位置、形状在水平面上的投影图。即将地面上的地物和地貌按水平投影的方法和一定的比例尺缩绘到图纸上而形成的图形。如图上只有地物、不表示地面起伏形态的图称为平面图。地形图根据地形测量或航拍资料绘制,误差和投影变形极小。是经济建设、国防建设和科学研究中不可缺少的工具,也是编制各种小比例尺普通地图、专题地图和地图集的基础资料。不同比例尺的地形图,具体用途也不相同。

【地形图图式】(topographic map symbol) 地形图上表示各种地物和地貌要素的符号、注记和颜色的规则和标准。由国家统一颁布执行标准。测绘和出版地形图必须遵守的基本依据之一。统一标准的图式能够科学地反映实际场地的形态和特征,是识别和使用地形图的重要工具,也是测图者和使用者沟通的语言。

【地压型地热能】(earth heat of pressure type) 以高压水的形式储存于地表以下 2 ~ 3km 的深部沉积盆地中,并被不透水的盖层所封闭,形成长、宽数百千米的巨大热水体。一种目前尚未被人们充分认识的但是重要的地热资源。地压水除了高压、高温的特点外,还溶有大量的碳氢化合物(如甲烷等)。所以,地压型资源中的能量,实际上是由机械能(压力)、热能(温度)和化学能(天然气)三个部分组成的。

【地源热泵】(geothermal heat pump) 以地下浅层地热资源(包括地下水、岩石、土壤或地表水等)为低温热源、既可供热又可制冷的高效节能空调系统。该系统由水源热泵机组、地能采集系统、室内系统和控制系统组成。地源热泵通过输入少量的高品位能源(如电能),实现热能由低温位向高温位的转移。由于地源热泵的热源温度全年较为稳定(一般为 10 ~ 25℃),通常地源热泵消耗 1kW·h 的能量,用户可以得到 3 ~ 6kW·h 的热量或冷量。与传统的空气源热泵相比,其效率有极大提高。作为可再生能源的主要应用方向之一,地源热泵系统可利用浅层地热能资源进行供热与制冷,也是改善大气环境和节约能源的一种有效途径。

【地月平衡点】(balancing point of the moon and the earth) 又称自由点。位于地球和月球之间理想中的引力平衡点。位于距月球质心38 440km 处。地球和月球实际上是一个双星系统。它们一起围绕其共同的质心转动。因地球的引力远大于月球,月球就成了地球的卫星。在地月系统转动的过程中,地球引力、月球引力及它们绕共同质心转动产生的离心力相互作用,在五个位置出现了引力相互抵消的平衡点。分别是:(1)第一个平衡点位于地月连线上,比理想状态平衡点移向地球,到月球质心的距离增加到57 760km。(2)第二个平衡点位于地月连线延长线上,距月球质心65 348 km。(3)第三个平衡点位于月地连线延长线上,距地球质心65 348 km。(4)第四、第五个平衡点位于地月连线左右两侧 60°的月球轨道上。这些平衡点都处在不稳定的动态变化中,航天器不可能停留在这些位置上。

【地月系统】(earth-moon system) 由地球和月球组成的行星卫星系统。地球和月球又同时围绕地月系统质心作周期运动。地月系统质心在地球内部地月质心的连线上,距地球质心 0.73 个地球半径处。由于月球的直径和质量均相当大,有时也有人把太阳系中的地月系统视为双星系统。地球运动的若干动力学特征都与月球有关,其中最为明显的是地球上的潮汐现象。

地月系统

【地震】(earthquake) 在相当大的范围内发生的地面震动现象。由地球内部构造变动激发出的地震波造成。发出地震波的地方称为震源。震源在地球表面的垂直投影称为震中。震源深度小于 70km 时称为浅源地震;大于 300km 时称为深源地震;介于两者之间者称为中源地震。每年全球记录的地震达几百万次。绝大多数地震人感觉不到,只有灵敏的仪器才能察觉。其中破坏性地震仅数十次。地震波中包含着许多关于地球内部运动情况的信息。人工激发的地震波还可用来寻找石油、煤、金属矿和地下水等资源。中国是多地震的国家,又是最早发明地震仪并用以观测地震的国家。按地震活动强度和频度的不同,中国的地震大致可分为三类地区:(1)强烈地区。包括台湾、西藏、新疆、甘肃、青海、宁夏、四川和云南等省区。这些地区地震活动最为显著。(2)中等地区。包括河北、山东、山西、陕西关中地区、辽南、京津、皖中和吉林延边等地区。这些地区强震可达 7 级以上,但频度较低,地震分布也不如强烈地区密集。(3)微弱地区。除上述地区外的其他地区。这些地区最大地震不超过 6 级,强震间隔时间均在百年以上。世界

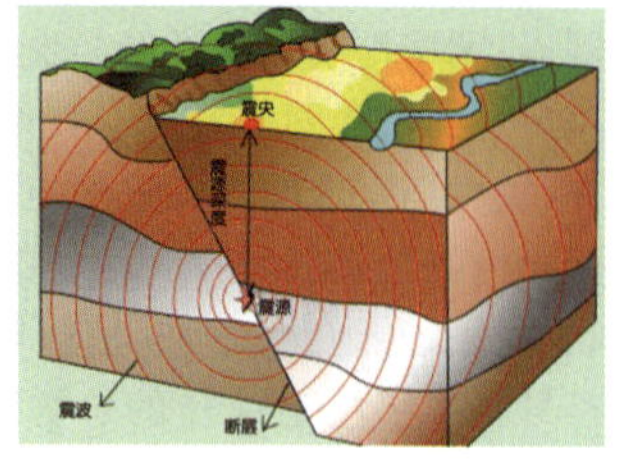

地震

上绝大多数地震的孕育和发生与活动断层密切相关。中国有记录的8级以上的地震均发生在延伸长度达数百千米以上活动强烈的大断裂带或断陷盆地内；7~7.9级的地震也均发生在延伸100km以上的活动断裂带上。

【地震安全性评价】(seismic safety evaluation) 在对具体建设工程场址及其周围地区的地震地质条件、地球物理场环境、地震活动规律、现代地形变化及应力场等方面深入研究的基础上，采用先进的地震危险性概率分析方法，按照工程所需要采用的风险水平，科学地给出相应的工程规划或设计所需要的一定概率水准下的地震活动参数和相应的资料。是根据对建设工程场址及其周围的地震与地震地质环境的调查，场地地震工程地质条件勘测，通过地震地质、地球物理、地震工程等多学科资料的综合评价和分析计算，按照工程类型、性质、重要性，科学合理地给出与工程抗震设防要求相应的地震活动参数，以及场址的地震地质灾害预测结果。主要内容包括：工程场地和场地周围区域的地震活动环境评价，地震地质环境评价，断裂活动性鉴定，地震危险性分析，设计地震活动参数确定，地震地质灾害评价等。

【地震波】(seismic wave) 地震时从震源向周围释放出的携带有巨大能量的弹性波。按传播区域的不同可分为体波(能在地球内部传播)和面波(只沿地面或界面传播)。按波的性质的不同体波又分为：(1)纵波。传播时介质质点的振动方向和波的传播方向一致，使介质质点之间发生周期性的松弛与压缩，疏密相间出现，所以又叫疏密波或胀缩波，通常称为P波。(2)横波。传播时介质质点的振动方向与波传播的方向相互垂直，介质之间位置不发生变化，所以又叫切变波，通常称为S波。纵波在岩石中的传播速度比横波快，在大多数岩石中约为横波的1.7倍。由于地球是层状构造，各层的物理性质不同，体波在地球内部传播时，遇到不均质的界面便发生折射和反射；面波的能量集中在界面附近，其振幅在界面以下随深度迅速衰减，其传播速度也比体波要慢。

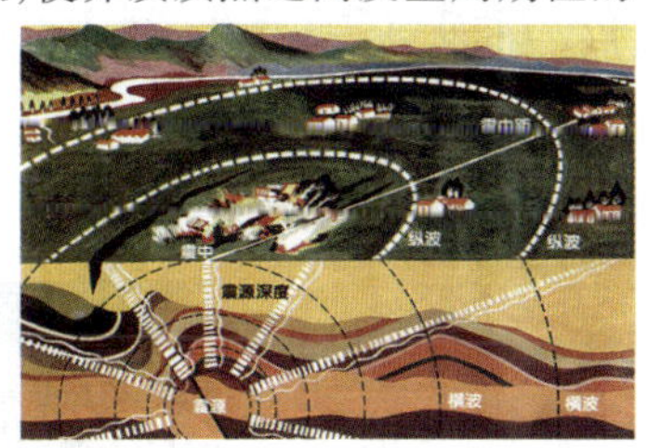

地震波

【地震工程】(earthquake engineering) 为了防御地震的袭击所采取的有关工程措施的总称。是结构设计和土木工程的重要一环。主要包括地震烈度区划的鉴定与划分，抗震建筑规范的正确制订与合理运用，结构设计与最佳周期的研究，建筑材料的选择和地震灾害与次生灾害的预防等。其主要宗旨是：(1)了解建筑物基础设施和地面相互的关系。(2)预见地震的潜在后果。(3)设计，修建和维护结构，使其在地震发生时能达到法规规范下的要求。(4)振动控制技术和基础隔离是地震工程里最强有力和最经济的工具。

【地震监测】(earthquake monitoring) 在地震来临之前，对地震活动、地震前兆异常的监视、测量。目前地震监测主要有专业的地震台站和一些群测点。前者主要用监测仪器，如水位仪、地震仪、电磁波测量仪等，用来监测地震微观前兆信息。后者则主要靠浅水井、水温、动植物活动异常等手段，来观察地震前的宏观异常现象。用于长期监测某一特定地区的地震活动情况，由若干个建立在固定地点的地震台和一个负责业务管理和资料处理职能的部门组成的地震台网称为固定台网。为了地震学和地震预报研究的需要，或在某处发生强震后，为监视震区及邻区的余震活动情况，临时架设了由若干个地震台和一个资料处理中心的地震台网。一旦已取得一批有用的记录或余震活动已趋于平静就将台网撤离。这类台网称为流动台网。

地动仪

【地震勘探】(seismic prospecting) 又称地震法。利用人工激发的地震波在弹性不同的地层内传播规律的不同来探测地下地质情况的一种地球物理勘探方法。分反射波法和折射波法。可在陆地和海洋进行观测，具有勘探精度和分辨率高、探测深度大、可靠性强等优点。其具体做法是：在地面某处激发地震波向地下传播时，遇到不同弹性的地层分界面就会产生反射波或折射波返回地面。用专门的仪器记录下这些波，分析所得记录的特点，如波的传播时间、振动形状等，通过专门的计算或仪器处理，能较准确地测定界面的深度和形态，判断地层或岩体的岩性，确定油气或其他矿石的富集区以及解决水文地质工程地质等问题。在区域地质研究、能源与矿产资源勘探、工程地质学以及岩石圈结构与构造研究等方面应用广泛。

【地震烈度】(earthquake intensity) 地震在一定地点产生的破坏程度。在一般情况下，震中区烈度最高，距震中越远，烈度越小。但是由于地质构造、岩石结构的不同,也会发生距震中较远而烈度反高、距震中较近而烈度反低的情况。判断地震烈度大小的主要依据,是地面加速度和速度的大小、人的感觉、家具物品的振动情况、房屋和建筑物的破坏程度以及地面景观变化状况。影响地震烈度大小的因素有地震震级、震源深度、与震中的距离、震源机制、所在地区的工程地质与水文地质条件及建筑物的结构性能等。大多数国家都根据各自的情况制定有本国的地震烈度表,中国以国际上较通用的西伯格地震烈度表为基础,将地震烈度划分为12个级别,编制了适合中国国情的《中国地震烈度表》。具体内容如下:

Ⅰ度　人无感觉,仪器能记录到。

Ⅱ度　个别完全静止中的人能感觉到。

Ⅲ度　室内少数人在完全静止中能感觉到。

Ⅳ度　室内大多数人感觉,室外少数人感觉;悬挂物振动,门窗有轻微响声。

Ⅴ度　室内外多数人有感觉,梦中惊醒,家畜不宁,悬挂物明显摆动,少数液体从装满的器皿中溢出,门窗作响,尘土落下。

Ⅵ度　很多人从室内跑出,行动不稳,器皿中液体剧烈动荡以致溅出,架上的书籍器皿翻倒坠落,房屋有轻微损坏以至部分损坏。

Ⅶ度　人从室内匆忙跑出,许多房屋损坏以至破坏,表土中产生裂缝。

Ⅷ度　人很难站住,房屋损坏或破坏,工厂烟囱损坏,地面裂缝,喷出夹泥沙的水,常有滑坡、山崩。

Ⅸ度　许多房屋破坏,少数倾倒,工厂烟囱破坏,地裂缝多,绵延很长,很多滑坡、山崩,常有井泉干涸或新泉产生。

Ⅹ度　许多房屋倾倒,工厂烟囱大都倒塌,地裂缝宽几十厘米,裂缝带可绵延数千米,个别情况下岩石有裂缝,道路变形。

Ⅺ度　房屋普遍破坏,路基大段破坏,大量铁轨弯曲,底下管道完全不能使用,地面除许多裂缝外,大规模滑坡、山崩,地表产生相当大的垂直和水平断裂。

Ⅻ度　房屋及其他建筑物普遍破坏,山崩地裂,地形改观,由于滑坡山崩的影响,动植物遭受毁灭。

在地震震级相同的情况下,浅源地震对震区的威胁最大。多数浅源地震的震中烈度与震级的关系为:

震级	2	3	4	5	6	7	8	8.9
震中烈度	Ⅰ~Ⅱ	Ⅲ	Ⅳ~Ⅴ	Ⅳ~Ⅶ	Ⅶ~Ⅷ	Ⅸ~Ⅹ	Ⅺ	Ⅻ

根据地震出现概率的不同可分为多遇和罕见两种地震烈度值:(1)在50年期限内和一般场地条件下,可能遭遇的超越概率为63%的地震烈度值,相当于50年一遇的地震烈度值为多遇地震烈度值。(2)可能遭遇的超越概率为2%~3%的地震烈度值,相当于1 600~2 500年一遇的地震烈度值为罕见地震烈度值。

【地震预报】(earthquake prediction)　对未来可能发生的破坏性地震的时间、地点和震级以及影响范围进行的预测。地震预报技术是从地震监测、震后考察、野外调查、地球物理勘探和室内试验等方面入手,对地震发生的条件、规律、前兆、机理开展研究并进行预报的综合技术。预报的主要内容是地震发生的时间、地点及震级。地震预报主要包括地震形势预测、年度地震中期预报、短期预报、临震预报和震后趋势判定,还包括余震频度、衰减程度和是否有更大的地震再次发生,以及不会再发生破坏性地震的无震预报。预报地震的方法有三种:地震地质法、地震统计法和地震前兆法。在三种方法互为参照,对比,综合分析后提出的预报意见效果更好。地震预报有严格规定,实行统一预报发布制度。地震短期和临震预报由省、自治区、直辖市人民政府按国务院规定的程序发布,任何单位或从事地震工作的专业人员不得擅自向社会散布政府统一发布以外的消息。

【地震灾害】(earthquake disaster)　地震给人类造成的灾难。在《诗经·小雅》中关于地震灾害的描述:"烨烨震电,不宁不令,百川沸腾,山冢崒崩,高岸为谷,深谷为陵。"其后在史书、地方志上均记载了地震引起的地表变化,人工设施破坏及火灾、水灾、环境污染、疾病传染等次生灾害造成的人畜伤亡和社会经济损失。中国自20世纪以来,大约平均每三年发生两次7级以上地震。特别是1966年至1976年期间,发生了多次7级以上大地震,且多发生在东经98°以东的人口稠密地区,造成近30万人死亡。其中唐山地震造成24万人死亡,损失十分惨重。2008年5月12日发生在中国四川汶川的8.0级大地震,波及地域广,伤亡人数多,财产损失之大为世界地震史所罕见。

地震灾害

【地震震级】(earthquake magnitude)　按地震本身强度制定的等级标准。反映一次地震所释放的能量的大小。一次地震只有一个震级。地震释放的能量越多,震级就越大。其标度是根据美国地震学家里克特1935年制订的标准进行的：规定以距震中100km处，以放大倍率2 800、周期0.8s、阻尼系数为0.8的地震仪记录下水平方向的最大振幅（单振幅，以μm计）的常用对数值作为该地震的震级。如最大振幅1μm，地震强度为0级；最大振幅1mm（1 000μm），地震强度为3级。目前所记录到的最大地震的震级是8.9级大地震。1976年中国唐山发生的大地震，震级为7.8级；2008年中国汶川发生的大地震，震级为8.0级。地震震级与所释放的能量有固定的函数关系，地震震级每增大两级，释放的能量约增加1 000倍。震级与释放能量的关系为：0级，1×10^{5}J；1级，2×10^{6}J；2.5级，4×10^{8}J；5级，2×10^{12}J；6级，6×10^{13}J；7级，1×10^{15}J；8级，6×10^{16}J；8.5级，4×10^{17}J；9.5级，6×10^{19}J。

【地震作用】（earthquake action） 由地震动引起的结构动态作用。分水平地震作用和竖向地震作用。设计时根据其超越概率，可视为可变作用或偶然作用。在结构设计中，为了增强结构抗御地震灾害的能力，以规范形式肯定下来的有静力理论和反应谱理论。此外，在一些重要工程中，往往直接通过地震反应时程分析来改进结构的抗震设计。地震作用通常采用振型分解反应谱法计算。底部剪力法是振型分解反应谱法的一个特例。它只取振型分解的前一到两个振型进行计算。

【地址解析协议】（address resolution protocol，ARP） 把IP地址映射到MAC地址的因特网协议。属于TCP/IP协议簇中网络层的协议。在TCP/IP网络环境下，为了让报文在物理网路上传送，必须知道对方目的主机的物理地址。这样就存在把IP地址变换成物理地址的地址转换问题。ARP协议的功能就是把IP地址转换为相应MAC地址。如果知道MAC地址，将MAC地址转换成IP地址的协议称为反向地址解析协议（RARP）。ARP所使用的包头格式中主要含有以下字段：(1)硬件类型，指明了发送方想知道的硬件接口类型，以太网的值为1。(2)协议类型，指明了发送方提供的高层协议类型，IP为十六进制的0806。(3)硬件地址长度和协议长度指明了硬件地址和高层协议地址的长度，这样ARP报文就可以在任意硬件和任意协议的网络中使用。(4)操作，表示这个报文的目的，ARP请求为1，ARP响应为2，RARP请求为3，RARP响应为4。(5)发送方MAC地址与IP地址，当发出ARP请求时，发送方填好发送方MAC地址和发送方IP地址，目标IP地址。(6)目标MAC地址，当目标机器收到这个ARP广播包时，就会在响应报文中填上自己的MAC地址。

ARP报文格式

<table>
<tr><td colspan="3">硬件类型</td><td>协议类型</td></tr>
<tr><td>硬件地址长度</td><td colspan="2">协议长度</td><td>操作</td></tr>
<tr><td colspan="4">发送方MAC地址</td></tr>
<tr><td colspan="2">发送方MAC地址</td><td colspan="2">发送方IP地址</td></tr>
<tr><td colspan="2">发送方IP地址</td><td colspan="2">目标MAC地址</td></tr>
<tr><td colspan="4">目标MAC地址</td></tr>
<tr><td colspan="4">目标IP地址</td></tr>
</table>

【地质公园】（geopark） 具有特殊地质科学意义并融合自然景观和人文景观的自然区域。该区域集特殊地质学特征、稀有的自然属性、较高的美学欣赏价值为一体，具有一定规模和分布范围。截止2007年，中国建立的国家地质公园共139个。其中被联合国教科文组织世界地质公园专家评审会通过命名的世界地质公园共18个，分别是黄山（安徽省）、庐山（江西省）、云台山（河南省）、石林（云南省）、丹霞山（广东省）、张家界（湖南省）、五大连池（黑龙江省）、嵩山（河南省）、雁荡山（浙江省）、泰宁（福建省）、克什克腾（内蒙古自治区）、兴文（四川省）、泰山（山东省）、王屋山－黛眉山（河南省）、雷琼（广东省、海南省）、房山（北京市、河北省）、镜泊湖（黑龙江省）、伏牛山（河南省）。地质公园的建立，对于提高人们保护自然和生态环境的意识、实现人与自然和谐共处和社会经济可持续发展，都具有重要意义。

【地质环境】（geological environment） 由岩石圈、水圈和大气圈所组成的环境系统。自然环境中的一种。在地质历史长期的演化过程中，随着各圈层之间不断进行的物质和能量的交换与转移，形成了一个相对稳定的开放系统。人类和其他生物则依赖着这一环境得以生存和发展。研究表明，地质环境的优劣对于人类社会发展影响极大。地质环境的容量或潜能是有限的。在不影响人类健康和社会经济发展的前提下，一个特定的地质环境只对应着一定规模和一定发展水平的人类社会。人类所有的生活和生产的消费物，都是直接或间接取自于地质环境，而人类活动产生的废弃物，又都直接或间接排入地质环境中。评价地质环境质量的标准有：自然地质条件的稳定性、地质环境抵抗人类干扰的能力、原生地球化学背景和地质环境当前的实际状况（受破坏或被污染的程度）等。

【地质雷达】（ground penetrating radar，

GPR） 对地下的或物体内不可见的目标体或界面进行定位的电磁技术。其工作原理是:高频电磁波以宽频带脉冲形式,通过发射无线电波定向送入地下或某物质体内,经存在电性差异的地下地层或目标体反射后返回地面,由接收天线接收。高频电磁波在介质中传播时,其路径电磁场强度与波形将随所有通过介质的电性特征及几何形态而变化。故通过对时域波形的采集、处理和分析,可确定地下界面或物体的空间位置及结构。现已广泛应用于工程地质勘察、建筑结构调查、无损检测、水文地质和生态环境调查等诸多领域。

【地质年代】（geologic chronology） 各种地质事件发生的时代。地质年代及相应动植物出现时代与进化程序见下表:

地质年代及相应动植物出现时代与进化顺序表

<table>
<tr><th rowspan="2">宙</th><th rowspan="2">代</th><th rowspan="2">纪</th><th rowspan="2">世</th><th rowspan="2">代号</th><th rowspan="2">距今大约年代
（百万年）</th><th colspan="4">主要生物进化</th></tr>
<tr><th colspan="2">动物</th><th colspan="2">植物</th></tr>
<tr><td rowspan="16">显生宙</td><td rowspan="7">新生代
Kz</td><td rowspan="2">第四纪</td><td>全新世</td><td rowspan="2">Q</td><td rowspan="23">1
2.6
5.235
37
58
65
137
205
295
354
410
438
490
540
650
1 000
1 800
2 500
2 800
3 200
3 600
4 600</td><td colspan="2" rowspan="2">人类出现</td><td colspan="2" rowspan="2">现代植物时代</td></tr>
<tr><td>更新世</td></tr>
<tr><td rowspan="2">新近纪</td><td>上新世</td><td rowspan="2">N</td><td rowspan="5">哺乳动物时代</td><td rowspan="5">古猿出现
灵长类出现</td><td rowspan="5">被子植物时代</td><td rowspan="5">草原面积扩大
被子植物繁殖</td></tr>
<tr><td>中新世</td></tr>
<tr><td rowspan="3">古近纪</td><td>渐新世</td><td rowspan="3">E</td></tr>
<tr><td>始新世</td></tr>
<tr><td>古新世</td></tr>
<tr><td rowspan="3">中生代
Mz</td><td>白垩纪</td><td></td><td>K</td><td rowspan="3">爬行动物时代</td><td rowspan="3">鸟类出现
恐龙繁殖
恐龙、哺乳类出现</td><td rowspan="3">裸子植物时代</td><td rowspan="3">被子植物出现
裸子植物繁殖</td></tr>
<tr><td>侏罗纪</td><td></td><td>J</td></tr>
<tr><td>三叠纪</td><td></td><td>T</td></tr>
<tr><td rowspan="6">古生代
Fz</td><td>二叠纪</td><td></td><td>F</td><td rowspan="2">两栖动物时代</td><td rowspan="2">爬行类出现
两栖类繁殖</td><td rowspan="6">孢子植物时代</td><td rowspan="6">裸子植物出现
大规模森林出现
小型森林出现
陆生维管植物出现</td></tr>
<tr><td>石炭纪</td><td></td><td>C</td></tr>
<tr><td>泥盆纪</td><td></td><td>D</td><td rowspan="2">鱼类时代</td><td rowspan="2">陆生无脊动物发展和两栖类出现</td></tr>
<tr><td>志留纪</td><td></td><td>S</td></tr>
<tr><td>奥陶纪</td><td></td><td>O</td><td rowspan="2">海生无脊椎动物时代</td><td>带壳动物爆发</td></tr>
<tr><td>寒武纪</td><td></td><td>E</td><td>软躯体动物爆发</td></tr>
<tr><td rowspan="7">隐生宙</td><td rowspan="3">元古宙
Pt</td><td>新元古</td><td>震旦纪</td><td>Z</td><td colspan="2" rowspan="3">低等无脊动物出现</td><td colspan="2" rowspan="3">高级藻类出现
海生藻类出现</td></tr>
<tr><td>中元古</td><td rowspan="6"></td><td rowspan="2">Pt</td></tr>
<tr><td>古元古</td></tr>
<tr><td rowspan="4">太古宙
At</td><td>新太古</td><td rowspan="4">Ar</td><td colspan="4" rowspan="4">原核生物（细菌、蓝藻）出现（原始生命蛋白质出现）</td></tr>
<tr><td>中太古</td></tr>
<tr><td>古太古</td></tr>
<tr><td>始太古</td></tr>
</table>

【地质侵蚀】geological erosion） 又称古代侵蚀、自然侵蚀、正常侵蚀。在人类出现前的地质时期内所发生的侵蚀过程。是地质大循环的一个自然过程。在不受人类活动影响的情况下,主要由于水、风、温度变化、冰川活动和重力等作用,地表物质在自然环境中受到的侵蚀。地质侵蚀使丘陵和山脉不断遭到磨损和剥蚀,并产生沉积,塑造成现在的地貌轮廓,如山脉、丘陵、峡谷、平原、盆地、河流和湖泊等,构成人类赖以生存的基地。自大陆从海洋中出现以来,地质侵蚀就一直存在着,包括土壤的形成和侵蚀过程。这种侵蚀作用与土壤形成的复合过程,决定着土壤类型及其在地球表面的分布状况。不同气候带的侵蚀速率不同。在干旱、半干旱地区,侵蚀速率比有良好植被湿润地区要大;在热带、亚热带地区,侵蚀速率要比冰雪覆盖的寒带、寒温带要大。

地质侵蚀

【地质学】（geology） 研究地球（主要指地球岩石圈）的物质成分、物理化学性质、结构构造、地球形状和表面特征、地球形成和历史、地球生命的发生和演化、地壳运动和发展的学科。地质学的主要分支有：研究地球物质组成与结构的矿物学、岩石学、地球化学、地球物理学、同位素地质学及土壤学等；研究地球历史与变化的地史学、地层学、古生物学、前寒武地质学与第四世纪地质学；研究地壳运动的构造地质学、火山地质学和地震地质学；研究地表特征和地质作用的地貌学、冰川地质学、海洋地质学、动力地质学；研究开发利用能源及矿产资源的矿床学、煤田地质学、石油天然气地质学、地热地质学和水文地质学；研究人类生存环境和工程建设的工程地质学、环境地质学、灾害地质学；研究和地质有关的相关技术的地球物理地质学、勘查地球化学、地质调查技术、探矿工程技术、物质成分及结构测试分析技术、地质测绘、遥感地质和数学地质等技术。

【地质遗迹】(geological heritage) 在漫长的地质历史时期由地球各种地质营力作用形成、发展并遗留下来的不可再生的各种典型而有保护价值的地质体。联合国教科文组织世界遗产委员会地质(含古生物)工作组，于1993年把地质遗迹分为13类。A. 古生物的；B. 地貌学的；C. 古环境的；D. 岩石学的；E. 地层学的；F. 矿物学的；G. 构造地质学的；H. 经济地质学的；I. 对地质学的发展具有历史意义的遗址；J. 板块构造；K. 古陨石坑；L. 具有全球意义的大陆和海洋尺度的地质体；M. 海底地貌。

地质遗迹

在中国1995年颁布的《地质遗迹保护规定》中，将地质遗址分为八类：(1)地质剖面和构造形迹。(2)古生物。(3)地质地貌景观。(4)特殊水体。(5)岩石矿物。(6)地质灾害遗迹。(7)矿泉、温泉、洞穴、陨石坑等。(8)其他地质遗址。

【地质灾害】(geologic hazard) 以地质环境为主要原因所造成的自然灾害。主要包括火山爆发、地震、滑坡、重力崩塌、地面沉降、地裂缝、雪崩、冰崩、泥石流和地面塌陷等。广义的地质灾害还包括水土流失、沙漠化、土地盐渍化、土地沼泽化、异常水土环境与地方病、港口淤积、河湖水库淤积与塌岸、堤防滑坡与塌陷、冻胀融陷、海侵、海底滑坡等。地质灾害的研究与防治关系到人民群众生命财产的安全，对国家建设和社会发展具有十分重要的意义。

地质灾害

【地质灾害防治措施】(geological disaster prevention measures) 对地质灾害的监测、预报、防治及群测群防工作。地质灾害监测主要由专业部门进行，运用各种技术手段和方法，监视、测量地质灾害活动各种诱发因素的动态变化，再根据历史上地质灾害活动规律、形成条件、发生机制以及受灾区承受灾害的能力，运用现代技术推测评估未来一定时期地质灾害的发展变化和可能造成的后果。地质灾害的预报则是在预测的基础上以权威部门的名义向社会公布以进行有效的灾害防治工作。地质灾害的预报分为长期预报(五年以上)、中期预报(几个月到五年)、短期预报(几天到几个月)和临灾预报(几天之内可能发生的地质灾害，主要指突发性地质灾害)。地质灾害的预报是组织防灾抗灾救灾的直接依据，一定要有充分的科学依据，力求准确可靠。应按照有关规定，由政府部门按一定程序发布，防止谣传、误传，避免造成人们心理恐慌和社会混乱。地质灾害防治工作分为工程防治与非工程防治。前者指修建各种工程设施，限制地质灾害活动条件，削弱其活动程度或者保护受灾体，使其免受地质灾害的影响；后者指各种资源保护和环境治理措施，如为防止水土流失、崩塌、滑坡、泥石流、土地沙漠化而采取的限耕限牧、种草植树、退耕还林的措施，以及为防止地面沉降、塌陷而采取的限采地下水、人工回灌地下水措施等。

【地质灾害防治原则】(prevented measure principle of geological disaster) 规划、部署和组织实施防治地质灾害应遵循的指导思想。主要内容有：(1)预防为主，预防与治理相结合。(2)专业防治与群防群治相结合。(3)综合防治，工程防治与非工程防治相结合。(4)区域防治与重点防治相结合。(5)防治地质灾害与防治其他自然灾害相结合。(6)防治地质灾害与流域综合治理、资源保护及生态环境建设相结合。

【地质作用】(geologic process) 由各种地质营力引起的地壳及其表面形态不断发生变化的作用。可分为内力地质作用和外力地质作用。前者能量来自地球本身，主要是地球内部的热能。它表现为地壳运动、岩浆活动、变质作用等。后者能量来自地球外部，主要是太阳能。有了太阳的辐射，风才能吹，水才能流，生物才会生长等，从而引起地壳表层物质的破坏、搬运、堆积。地表形态就是在内外力相互作用下不断地发展、变化着。有些地质作用进行得很迅速，很激烈，如火山爆发、地震等；有些则进行得十分缓慢，不易被人们觉察，如风化、沉积等，但在漫长的地质时期，会使地表形态发生更为显著的变化：许多大山被夷，许多大海被填。如今地球上最雄伟高大的喜马拉雅山脉和“世界屋脊”青藏高原，在几千万年前还是一片汪洋大海。

火山

【地轴进动】(earth axis precession) 地轴受外力作用作陀螺式的圆锥运动。地球在太阳和月球不平衡吸引力及地球自转惯性力的共同作用下，地轴产生周期性的圆锥运动。圆锥半径23°26′，周期25 800年。进动方向自东向西，同地球自转及公转方向相反。进动的结果使地轴指向发生变动，从而出现天极的移动和北极星的更替现象。

【地转流】(geostrophic current) 又称梯度流。不考虑海水的湍应力和其他能够影响海水流动的因素，只考虑由于海水密度分布不均匀、使得海水的水平压强梯度力与科里奥利力取得平衡时产生的一种海流。在一般情况下，海洋上部流速较大，随深度增加而减少，直到底部无运动面处等于零。地转流流速不能直接测定，需根据海水密度的实际分布来计算求得。

【帝国大厦】(Empire State Building) 世界著名早期钢框架结构高层建筑物。位于美国纽约市曼哈顿区中城第5街和第34路交汇处。是一栋超高层的现代化办公大楼，它和自由女神像一起被称为纽约的标志。共102层，高381m。建于1929～1931年，建造速度为建筑工程史上罕见。1951～1952年加装电视天线后，总高度达到448m。占地面积130 m×60 m，5层以下占满整个地段，从第6层开始收缩，面积为70 m×50 m。30层以上再次收缩，到第85层面积缩小为40 m×24 m。85层以上有个直径约10 m、高61 m的圆塔。塔身高度相当17层楼。是第一个超过巴黎埃菲尔铁塔高度的建筑物。大厦有效使用面积为16万平方米，房屋总重达30万吨。该大厦从1931年建成起，直到1971年，保持了世界最高纪录达40年。

帝国大厦

【递归论】(recursion theory) 数理逻辑的一个分支。一门研究递归函数及其推广的学科。递归函数是数论函数的一种，其定义域与值域都是自然数集。只是由于构作函数方法的不同而有别于其他的数论函数。将定义域推广到不限于自然数集时，便是所谓广义的递归函数。它起源于可计算函数和图灵度的研究。它的领域增长为包括一般性的可计算性和可定义性的研究。

【递延资产】(deferred asset) 不能全部计入当年损益，应在以后年度内较长时期摊销的除固定资产和无形资产以外的其他费用支出。包括开办费、租入固定资产改良支出，以及摊销期限在一年以上的长期待摊费用、建设部门转来在建设期内发生的不计入交付使用财产价值的生产职工培训费、样品样机购置费等。

【递质】(transmitter) 又称介质。❶在手法操作前，先涂搽在治疗局部的一种药物制剂。❷突触前神经元合成并在末梢处释放，经突触间隙扩散，特异作用于突触后神经元或效应细胞上的受体，将信息从突触前传递到突触后的一些化学物质。常见的递质有：(1)乙酰胆碱。(2)儿茶酚胺。包括去甲肾上腺素、肾上腺素和多巴胺。(3)5－羟色胺。(4)氨基酸递质。被确定为递质的有谷氨酸、γ－氨基丁酸和甘氨酸。

【第二次技术革命】(the second technological revolution) 发生于19世纪70年代的电力技术革命。当时热力学取得的成就和麦克斯韦电磁理论的完成是它的主要科学前提；资本主义大机器工业体系对于动力的要求和蒸汽机的固有缺陷(如热效率低、不安全、体积庞大且粗笨，以及动力的输送、分配和调节方面的局限性等)之间的矛盾是它的基本推动力；电力技术(包括发电机、电动机、变压器以及电能输送、分配和调节等所用的设备、装置和仪表等)和内燃机技术是它的主导技术。前者以1867年德国西门子发明的自激式直流发电机为标志，后者以1876年奥托发明第一台有实用价值的四冲程往复活塞式内燃机为标志。电能用于照明、动力、交通运输、电解、电镀、电焊等，与以后发展起来的弱电技术(以电子管为基础)一起形成一系列崭新的生产领域。电能的广泛应用也促进了农业机械化，使农业劳动生产率大为提高，农业劳动力开始锐减，城市人口剧增。内燃机的应用促进了汽车及飞机制造业的形成与发展。在化工领域，出现了新的化工产品和工艺流程、设备、方法，特别是合成化工工业的崛起。电话、电报、无线电装置的发明为社会交往与联系提供了现代化手段。第二次技术革命是在自然科学原理的直接引导下爆发的，资本主义国家中一些有见地的企业家、发明家先后建立了工业实验室以研究新技术，开发新产品。

电力技术革命

【第二次数学危机】（the second mathematical crisis） 在微积分的发展过程中，由于其基础的不稳固而出现了越来越多的谬论和悖论，以及由于无穷小概念的含糊不清而在数学界出现的混乱局面。虽然在牛顿和莱布尼茨创立微积分之后的大约100年中，很少注意到从逻辑上加强这门学科的基础，但绝不是对薄弱的基础没有人提出质疑。著名的唯心主义哲学家贝克莱坚持认为，微积分的发展包含了偷换假设的逻辑错误。贝克莱说：“在我们假定增量消失时，理所当然，也得假设它的大小、表达式以及其他，由于它的存在而随之而来的一切也随之消失。”这就是历史上著名的“贝克莱悖论”。直到19世纪初，法国科学院以柯西为首的科学家们，对微积分的理论进行了认真研究，建立了实数理论，并在此基础上，建立起极限论的基本定理，使数学分析在实数理论的严格基础之上建立了极限理论。后来又经过德国数学家维尔斯特拉斯进一步的严格化，使极限理论成为微积分的坚定基础，从而化解了这次危机。

【第二代移动通信系统】（the second generation mobile communication system,2G） 引入数字无线电技术组成的数字蜂窝移动通信系统。采用蜂窝式电话标准和GSM、GPRS、IS-95CDMA等数字无线传输技术标准相结合的，具有综合数字传输业务的功能。采用时分多址技术，每个频道可传输多路业务且有较高的传输速率。是目前应用广泛并具有代表性的数字移动通信系统。

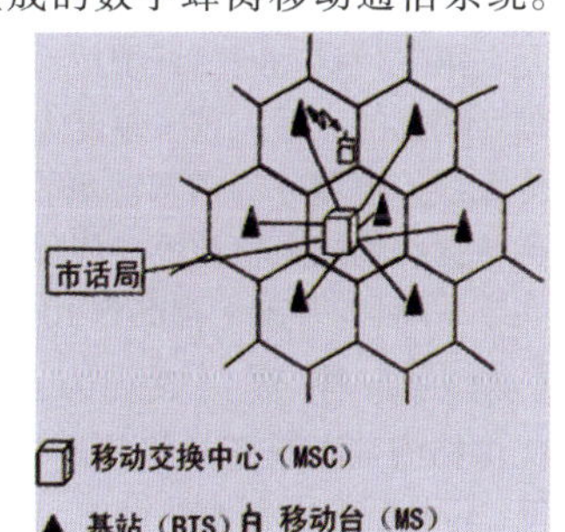

第二代移动通信系统

【第二类永动机】（perpetual motion engine of the second kind） 从单一热源吸热使之完全变为有用功而不产生其他影响的热机。在热力学第一定律问世后，人们认识到能量是不能被凭空制造出来的，即第一类永动机造不出来。于是有人提出，设计一类装置，从海洋、大气乃至宇宙中吸取热能，并将这些热能全部转化为功，这就是第二类永动机。第二类永动机不违反热力学第一定律，如能制成将解决地球上的能源问题，克劳修斯和开尔文在研究了卡诺循环和热力学第一定律后，提出了热力学第二定律。这一定律指出：不可能从单一热源吸取热量，使之完全变为有用功而不产生其他影响。热力学第二定律的提出宣判了第二类永动机的死刑，使人们走出幻想，并不断地去最有效地利用自然界所能提供的各种能源。

【第二信使】（second messenger） 在细胞内传递特异信号的小分子活性物质。膜受体介导的跨细胞膜信号转导构成的细胞内网络系统，是由一些蛋白质和小分子活性物质构成的。其特点是：(1)完整细胞中其浓度或分布，在细胞外信号分子作用下迅速改变。(2)其类似物可模拟细胞外信号的作用。(3)阻断该分子的变化可阻断细胞对外源信号的反应。(4)作为变构效应剂在细胞内有特定的靶蛋白分子。其种类可分为：(1)细胞内环核苷酸类第二信使有cAMP和cGMP两种。(2)脂类第二信使也有两种：磷脂酰肌醇特异性磷脂酶C，可将磷脂酰肌醇-4,5-二磷酸，分解为第二信使二脂酰甘油和肌醇三磷酸。(3)钙离子（Ca^{2+}）是细胞内重要的第二信使。(4)一氧化氮（NO）、一氧化碳（CO）、硫化氢（H_2S）的第二信使作用近年来对此得到证实。

【第三次技术革命】（the third technological revolution） 又称新技术革命。从20世纪40年代起出现的以现代科学成就为基础的新兴技术的兴起和发展。例如原子能技术、电子计算机技术、激光技术、空间技术、生物技术、新型材料技术、新能源技术和海洋开发技术以及20世纪70年代后电子计算机的广泛应用等。在西方，也称为新产业革命、信息革命、第三次浪潮等。其特点为：多样性、综合性、科学源性以及向现实生产力转化的迅速性等。这次技术革命创造了空前强大的生产力，如自动化控制的能力、解放脑力劳动的能力、进入空间的能力、主动创造新物种的能力等。目前这场革命正在迅猛发展。它除了促使社会生产力大幅提高外，还导致产业结构的重大变化：传统的第一产业和第二产业的从业人员与产值的百分比下降，第三产业（广义的服务行业）

的从业人员与产值急剧上升；劳动力和资本密集型产业的密度下降，智力密集型产业的密度上升。知识与知识分子在经济和社会发展中所起的作用越来越大，必将大大缩小城乡差别、工农差别、脑力劳动与体力劳动的差别，使人类社会进展到一个新的阶段。

第三次技术革命

【第三次数学危机】(the third mathematical crisis) 由于集合论的漏洞而导致在数学界出现的混乱局面。英国哲学家罗素提出来的一个著名的悖论。他把关于集合论的一个著名悖论用故事通俗地表述出来。故事讲述某位理发师给自己定了一条约定："我给并且只给所有不给自己刮胡子的人刮胡子。"那么他要不要给自己刮胡子呢？对于这个问题作肯定或否定的回答，都是违反上述约定的。由此可见，不管怎样的推论，理发师所说的话总是自相矛盾的。罗素悖论的提出，在当时的数学界与逻辑界内引起了极大震动。极限理论是以实数理论为基础的。而实数理论又是以集合论为基础的。集合论又出现了罗素悖论，因而形成了数学史上更大的危机。这就是数学史上著名的第三次数学危机。危机产生后，众多数学家投入到解决危机的工作中去。1908 年，策梅罗提出公理化集合论，后经改进形成无矛盾的集合论公理系统，简称 ZF 公理系统。原本直观的集合概念被建立在严格的公理基础之上，从而避免了悖论的出现。这就是集合论发展的第二个阶段——公理化集合论。与此相对应，在 1908 年以前由康托尔创立的集合论被称为朴素集合论。公理化集合论是对朴素集合论的严格处理。它保留了朴素集合论的有价值的成果并消除了其可能存在的悖论，因而较圆满地解决了第三次数学危机。

【第三代合作伙伴计划】(the third generation partnership project, 3GPP) 由欧洲的电信标准协会(ETSI)，日本的无线工业及商贸联合会(ARIB)和电信电话技术委员会(TTC)，韩国的无线通信技术协会(TTA)以及美国的 TI在 1998 年底发起成立的 3G 技术规范机构。旨在研究制定并推广基于演进的 GSM 核心网络的 3G 标准，即 WCDMA，TD-SCDMA，EDGE 等。中国无线通信标准组(CWTS)于 1999 年加入 3GPP。3GPP 的目标是实现由 2G 网络到 3G 网络的平滑过渡，保证未来技术的后向兼容性，支持轻松建网及系统间的漫游和兼容性。3GPP 主要是制订以 GSM 核心网为基础，UTRA(FDD 为 W-CDMA 技术，TDD 为 TD-CDMA 技术)为无线接口的第三代技术规范。3GPP 的会员包括 3 类：组织伙伴，市场代表伙伴和个体会员。3GPP 的组织伙伴包括欧洲的 ETSI、日本的 ARIB 与 TTC、韩国的 TTA、美国的 TI和中国通信标准化协会六个标准化组织。3GPP 市场代表伙伴不是官方的标准化组织，是向 3GPP 提供市场建议和统一意见的机构组织。

【第三代移动通信系统】(the third generation mobile communication system, 3G) 无线通信技术、多媒体技术和互联网技术相结合的宽带数字移动通信系统。采用码分多址技术，具有频道利用率高、话音质量好、保密性强、容量大等特点。除了能提供高质量的话音服务外，还能以数字方式全面实现文字、图像、音频和视频的无线传输，为用户提供高速率、大容量的网页浏览、电话会议、电子商务等视频多媒体综合服务。

【第三方物流】(the third party logistics) 生产经营企业把属于自己管理的物流活动，以合同方式委托给专业物流服务企业管理的运作模式。第三方物流是相对"第一方"发货人和"第二方"收货人而言的。它通过与第一方或第二方的合作来提供其专业化物流服务。它不拥有商品，不参与商品的买卖，而为客户提供以合同为约束、以结盟为基础的系列化、个性化、信息化的物流代理服务。最常见的第三方物流服务包括设计物流系统、电子数据交换能力、报表管理、货物集运、选择承运人、货代人、海关代理、信息管理、仓储、咨询、运费支付、运费谈判等。第三方物流的构成一般分为资产基础供应商和非资产基础供应商两类。其中报表管理主要完成各种统计表的设置、统计校验和查看功能。报表管理的业务模块主要包括：绘制表样、发送接收、报表设置、统计校验和报表查看。

【第四代移动通信系统】(the fourth generation mobile communication system, 4G) 以传输移动多媒体数据为主的无线通信系统。是在第三代移动通信系统技术的基础上为未来无线通信所研发的。适应越来越庞大的用户群对高品质多媒体无线传输业务的需求。单就传输速率而言，其非对称数据传输能力将在第三代移动通信系统传输速率 2 兆字节/秒的基础上提高到 10 ~ 20 兆字节/秒。

【第四方物流】(the fourth party logistics) 提供物流咨询服务的机构。它不从事具体的物流活动，不用建造物流基础设施，只从事控制和管理特定的物流服务，对整个物流过程提出方案，并通过电子商务将此方案进行集成。为顾客提供最佳的增值服务。它具有供应链再建、功能转化、开展多功能多流程的供应链管理等特点。第四方物流公司必须具备良好的物流行业背景和相关经验，以其知识、智力、信息为手段为物流客户提供系统的咨询服务。

【第四纪】（Quaternary Period） 地质年代中新生代最新的一个纪。也称人类纪。人类的发生和发展是地球生命演化史上划时代的重大事件。第四纪历时时间较短。过去一般认为它延续约100万年。近年来由于古人类学的一些新发现和年代测定技术的新发展，目前认为第四纪的延续时间已远远超过100万年，大约在180万年、200万年或300万年。中国多以距今260万年作为第四纪的下限。第四纪是地质历史上发生过大规模冰川活动的少数几个时代之一。它分为更新世和全新世。代表符号为Q。

【第四纪冰期】（Quaternary ice age） 新近纪末至第四纪初的一段寒冷时期。地史上，在新近纪末气候开始转凉，第四纪初期寒冷气候带向南转移，使高纬度和高山地区进入冰期，导致冰盖或冰川广泛发育。第四纪冰期的规模很大，在欧洲，冰盖南缘可达北纬50°；在北美，冰盖前缘一直延伸到北纬40°以南；南极洲的冰盖也远比现在的大得多；包括赤道附近在内的地区的山岳冰川和山麓冰川，都曾下降到较低的位置。中国的第四纪冰川作用的范围，不仅包括东北、西北、西藏和西南等地的山地和高原，而且波及东部山区和山麓平原。这次大冰期，至少可分为四次冰期和三次间冰期。在最大的一次冰期中，全球大陆有32%的面积为冰川所覆盖，大量的水分停滞于大陆上，致使海面下降约130m。在第四纪冰期中，气温比现在低3～7℃左右，降雪量也比较大，不但高纬度地区为冰川覆盖，中低纬地区也出现寒冷气候，并在山区发育有山岳冰川。

第四纪冰期

【第四纪沉积物】（quaternary sediant） 第四纪时期由各种地质作用所沉积的物质。主要有河流沉积物、湖泊沉积物及海洋沉积物等。它们断续地覆盖在陆地表面和海洋底部，一般仍呈松散状态，保持原有堆积形态和原始产状。第四纪沉积物厚度各地差异较大。在第四纪连续下沉地区，它的最大厚度可达到1 000m左右。第四纪沉积物中最常见的化石是哺乳动物、软体动物、有孔虫、介形虫和植物及其孢子与花粉。人类化石及文化遗存则是第四纪沉积中所特有的。在第四纪构造运动强烈的地区，第四纪沉积物也发生相当程度的变形。

第四纪沉积物

【第四纪地质学】（Quaternary geology） 地质学的一个分支。专门从事第四纪地质时期地质发展历史研究的学科。主要研究第四纪期间重要的地质事件及其在时间及空间上的分布规律。其主要研究内容包括：第四纪地质年代学、第四纪沉积物、地层、环境变迁、新构造运动、火山活动、古人类学等。第四纪是距今最近的一个地质时期。第四纪地质学的研究成果与今天的人类活动和社会发展关系密切。

【第一次技术革命】（the first technological revolution） 发生于18世纪下半叶的英国，以后逐步扩展到其他主要资本主义国家的蒸汽动力技术革命。是资本主义商品经济发展的必然结果，也与牛顿力学的发展有关。直接动因是英国采用了新的纺织机械，要求提供稳定廉价的动力；主导技术是蒸汽动力技术。它使主要资本主义国家在近100年的时间里相继实现了机械化。自1784年苏霍工厂生产首批瓦特发明的双向作用式通用蒸汽机后，新型热机陆续取代水力、畜力、风力和人力驱动，成为工厂、矿山、铁路、轮船普遍使用的动力机。由于蒸汽机零部件要求精密、需求量大，促使机械制造部门，发明并制成了一系列工作母机，制造出大到火车头、小至钟表齿轮的品种繁多的机械产品。以后又扩展到农业、建筑业、采矿和冶炼业等经济领域，也为自然科学研究提供了更强大的实验手段。第一次技术革命使资产阶级继在政治上、思想文化上战胜封建统治之后，在经济上摧毁了封建社会的基础，把生产组织形式变成工厂制，技术上由手工操作转变为机械化，从而巩固了资本主义制度。

【第一次数学危机】（the first mathematical crisis） 由于无理数的发展而形成的数学界的混乱局面。公元前5世纪古希腊毕达哥拉斯学派的著名数学家希帕索斯发现了等腰直角三角形的斜边不能表示成整数或整数之比（不可通约）的情形。希帕索斯的发现导致了数学史上第一个无理数的诞生。这一悖论直接触犯由毕达哥拉斯提出的著名命题“万物皆数”即该学派的哲学基石和“一切数均可表成整数或整数之比”即该学派的数学信仰，导致了当时认识上的危机，从而产生了第一次数学危机。200年后，大约在公元前370年，欧多克索斯建立起一套完整的比例论。欧多克索斯的巧妙方法可以避开无理数这一“逻辑上的丑闻”，并保留住与之相关的一些结论，从而暂时解决了由无理数出现而引起的数学危机。到18世纪，当数学家证明了基本常数（如圆周率）是无理数时，拥护无理数存在的人才逐渐多起来。到19世纪下半叶，在实数理论建立起来后，无理数本质被彻底搞清，无理数在数学园地中才真正扎下了根。无理数在数学中地位的确立，一方面使人类对数的认识从有理数拓展到实数，另一方面也真正彻底、圆满地解决了第一次数学危机。这次危机的产生和解决大大地推动了数学的发展。

【第一次中国污染源普查】（the first national census of pollution sources） 在中国大陆开展的首次污染源普查工作。污染源数据是重要的基础环境数据。中国污染源调查是全面掌握中国环境状况的重要手段，是重大的国情调查。中国污染源普查的对象是：中国境内所有排放污染物的工业源、农业源、生活源、集中式污染治理设施和其他产生、排放污染物的设施。开展普查的目的是为了了解各类企事业单位与环境有关的基本信息，掌握各类污染源的数量、行业和地区分布情况，了解污染物的产生、排放和处理情况，建立健全重点污染物档案、污染源信息库和环境统计平台，为制定经济社会发展计划和环境保护政策提供依据。为了搞好第一次中国污染源普查，国家制定了详细的实施方案和工作细则。第一次中国污染源普查标准时点为2007年12月31日。从2008年初开始，中国各地组织开展普查和数据库建设，年底完成普查工作。其成果2009年7月底前总结发布。国务院专门为这次污染源普查颁发了《中国污染源普查条例》。规定今后每10年做一次全国性的污染源普查。标准时点为普查年份的12月31日。

【第一代移动通信系统】（the first generation mobile communication system，1G） 采用模拟式蜂窝电话标准、模拟调频制式和频分多址技术，仅能进行话音传输的模拟移动通信系统。由移动业务交换中心、基站设备、用户设备以及交换中心至基站的传输线组成。出现于20世纪80年代。主要用于开放电话业务。当前已经过时。

第一代移动通信用户设备

【第一类永动机】（perpetual motion engine of the first kind） 不需要消耗任何燃料和动力即能源源不断地对外做有用功的理想动力机械。热力学发展初期，热和机械能的相互转化是人们研究的主题。在工业革命的推动下，工业上和运输上都相当广泛地使用蒸汽机。人们研究怎样消耗最少的燃料而获得尽可能多的机械能。甚至幻想制造一种机器，不需要外界提供能量，却能不断地对外做功，这就是所谓的第一类永动机。大量的实验表明，自然界的能量可以有多种形式，通过适当的装置，能从一种形式转化为另一种形式。在相互转化中，能量的总数量不变。能量守恒转换定律的建立，对制造永动机的幻想作了最后的判决。因而热力学第一定律的另一种表述为：不可能制造出第一类永动机。

【碲镉汞晶体】（mercury cadmium telluride crystal） 由HgTe－CdTe的二元系化合物制成的半导体合金材料。具有光吸收系数大、热激发速率小、电子有效质量小、热膨胀系数与硅接近等特点。其禁带宽度是组分和温度的函数，通过调节组分和温度可使禁带宽度从半金属HgTe至半导体CdTe之间连续变化，从而使其覆盖波长为1～25μm的整个红外线区域。碲镉汞晶体用于制作各种波段的单元、多元、十字形、线列、面阵、双色和多谱等光导型和光伏型探测器。在军事侦察、制导、预警、飞机和坦克、舰艇上的前视仪和气象、资源、天文等卫星上以及光纤通信中广泛应用。

【癫痫】（epilepsy） 一种由神经元突然异常放电所引起的短暂大脑功能失调的慢性综合征。按病因的不同可分为：(1)原发性癫痫。通过各种检查，均未能找到引起癫痫原因，可能与遗传因素有关。(2)隐源性癫痫。目前尚未找到肯定的致痫原因。(3)继发性癫痫。任何局灶性或弥漫性脑部疾病以及某些全身性疾病或系统性疾病均可引起。其临床表现为：(1)全身性强直阵挛性发作，患者突然神智丧失，全身抽搐，大部分属继发性发作。(2)非局限开始的非惊厥性发作或全脑性非惊厥性发作，儿童或少年为多发群体。(3)单纯部分性发作，意识通常保持清醒。(4)复杂部分性发作，以意识障碍与精神症状为突出表现。

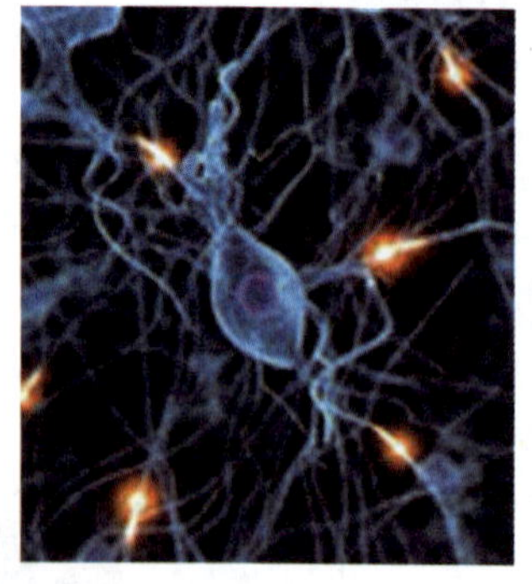
癫痫

【癫痫刀】（falling sickness knife） 全数字

化偶极子定位、三维图像融合长程视频脑电监测系统。其治疗癫痫病的原理是:术前首先经过癫痫刀一系列检查,并将癫痫灶在脑内定位诊断达到毫米级水平,然后根据癫痫灶在脑内的位置、形态和大小,做一个小手术;术中再用癫痫刀系统检查癫痫灶的位置,待准确无误后,用微创激光手术系统将癫痫灶一次性切除;在癫痫灶切除后,再用癫痫刀复查癫痫灶无放电后,表明其病因已彻底消除。癫痫刀是由128道全数字化视频脑电图、术中全数字化脑电系统及偶极子定位系统、三维图像融合系统等组成的一套完整系统。是癫痫外科治疗的有"刀"设备。是目前世界上治疗癫痫病较先进的设备。用癫痫刀治疗癫痫病,可使部分患者达到根治的效果。

【点对点隧道协议】(point to point tunnel protocol,PPTP) 建立在互联网两个重要的标准协议IP和PPP之上的、支持多协议虚拟专用网的网络通信隧道协议。是一种用于在Windows95、WindowsNT、Macintosh等提供有点对点隧道协议的客户机和Windows NT等服务器之间的加密通信协议。可将点对点协议数据帧有效的传输数据经过加密、压缩后,封装进IP数据包中通过IP网络进行传输。可使远程用户通过互联网安全地访问公共网。

【点对点通信协议】(point to point communication protocol,PPCP) 可通过电话拨号方式连接到互联网的一种标准的点对点数据链路通信协议。该协议允许建立拨号服务器,为用户提供点对点拨号接入服务。点对点协议中包含有链路层控制协议、网络层控制协议和验证协议等。通过在数据链路层中建立数据链路,实现在信源端和信宿端之间传送报文。实现点对点通信,须先在通信两端配置包括点对点协议在内的相关通信协议。信源方按照点对点协议对数据帧的要求组织数据,通过建立的数据链路发往信宿方。点对点协议支持各种数据终端设备和数据电路终端设备接口。

【点腐蚀】(pitting corrosion) 金属材料在接触某些溶液时,表面上产生点状局部腐蚀甚至穿孔的现象。这种局部腐蚀主要是电化学反应不均匀性导致的。通常点腐蚀的蚀孔很小,直径比深度小得多。

点腐蚀

蚀孔的最大深度与平均腐蚀深度的比值称为点腐蚀系数。此值越大,点腐蚀就越严重。一般蚀孔常被腐蚀产物覆盖,不易发现,因此往往由于腐蚀穿孔,造成突发性事故。许多金属材料都能产生点腐蚀。不锈钢、铝合金等金属材料,当存在某些缺陷或薄弱点(如夹杂物、晶界、位错等)时,也易产生点腐蚀,尤其是在含氯离子的溶液环境下。

【点焊】(spot welding) 将待焊的薄板压紧在两柱状电极之间,通电后使接触处温度迅速升高,将两焊件接触处的金属熔化而形成熔核,从而实现连接的一种电阻焊接方法。整个焊缝由若干个焊点组成,每两个焊点之间应有足够的距离,以减少分流的影响。点焊主要用于4mm以下的薄板与薄板的焊接,也可用于圆棒与圆棒(如钢筋网)、圆棒与薄板(如螺母与薄板)的焊接。焊件材料有低碳钢、不锈钢、铜合金、铝合金和镁合金等。

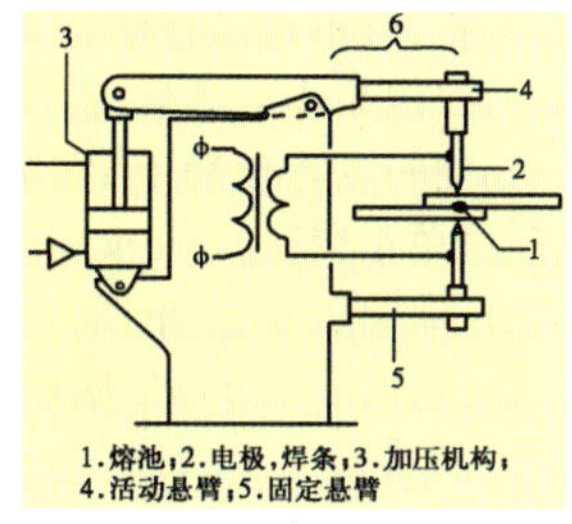

点焊机

【点浇口】(point gate) 在塑模型腔顶部开设的进料口。由于尺寸很小,前后两端存在较大的压力差,故能有效地增大塑料熔体的剪切速率并产生较大的剪切热,从而导致熔体表面黏度下降、流动性增强,利于填充且残留痕迹小,易取得浇注系统的平衡,利于自动化操作。但是压力损失大,收缩大,塑件易变形,定模需另加一个分型面以便凝料脱模。点浇口对聚乙烯、聚丙烯、聚苯乙烯等表面黏度随剪切速率变化的塑料成型有利,但不利于成型平薄、易变形和形状复杂的塑件。

【点突变】(point mutation) DNA分子中单个或几个碱基的变化。结果改变密码子的性质,造成错义突变或无义突变。点突变的原因是:(1)DNA复制过程中的自发突变。此类引起突变的频率很低。(2)诱导突变。由于物理、化学原因,导致DNA发生的改变。点突变的危害一般难以预料,可能对人体并无影响,也可能致畸、致癌或导致遗传病的发生。其有益的方面是可以通过诱变使生物产生大量而多样的基因突变,从而根据需要选育出优良品种。

【点阵】(lattice) 连接其中任意两点的向量平移后能够复原的一组点。这是为反映晶体结构的周期性而引入的一个概念。其内涵为:(1)点阵在空间分布上是无限的,即点阵中所含的点数是无限的。(2)连接点阵中任意两点可得一向量,将此向量沿任意方向平移,若向量的一端落在任一点时,它的另一端必定落在点阵中另一点上。(3)每个点阵点都具有相同的周围环境。晶体结构最基本的特点是微观粒子(原子、离子或分子)在空间排布上具有周期性。为了更好地描述这种周期性规律,将晶体中按一定周期重复出现的最基本的部分抽象为一个几何点,不考虑其所包含的具体内容。如此抽象出来的一组点,在三维空间中也必定呈现周期性重复,从而构成一个点阵。因此,理想的晶体结构也是一种点阵结构,只不过晶体结构是具体的,而点阵是抽象的。法国晶体学家布拉菲(A. Bravais)于 1850 年推导出空间点阵有 14 种:简单三斜、简单单斜、底心单斜、简单正交、底心正交、体心正交、面心正交、简单六方、简单菱方、简单四方、体心四方、简单立方、体心立方、面心立方。根据其对称特点,它们分别属于七个晶系。

【点阵打印机】(dot matrix printer) 又称针式打印机。通过安装在打印头上的若干打印针打击色带产生打印结果的打印设备。通常有 9 针和 24 针两种。其结构简单,价格适中,技术成熟,具有中等程度的分辨率和打印速度、形式多样、适用面广的特点。在打印汉字方面更有着其他字模类型打印机不可比拟的优点。得到用户的普遍重视。

点阵打印机

【点支式玻璃幕墙】(point-supported glass curtain wall) 由支承结构体系与玻璃组成的墙。相对主体结构有一定位移能力,不分担主体结构所受作用的建筑外围护结构或装饰结构。是近年来新出现的一种支承方式,在城市中发展很快。按其支承结构方式的不同可分为:金属支承结构点式玻璃幕墙。全玻璃结构点式玻璃幕墙和拉杆(索)结构点式玻璃幕墙。其主要组成部分有:(1)支承体系。将面玻璃所受的各种荷载直接传递到建筑主构上。(2)金属连接件。包括固定件和扣件。固定件通常用不锈普通钢铸造而成,而扣件则是不锈钢机加工件。(3)玻璃。由于钻孔而导致孔边玻璃强度降低约 30%,因此建筑点式玻璃幕墙必须采用强度较高的钢化玻璃。(4)密封材料。玻璃与玻璃之间采用耐候硅酮胶密封,玻璃与金属结构之间采用结构硅酮胶粘结。建筑点式玻璃技术中密封胶只起密封作用,不必进行强度计算。在使用前必须进行胶与接触材料的相容性试验,性能检测合格,并且在有效期内使用,严格遵守操作规程,以确保施工质量。

【点值法】(dot method) 以代表一定数值的点状符号反映地图要素的分布范围、数量特征和密度变化的方法。点子的大小及其所代表的数值是固定的:点子的多少可以反映现象的数量规模;点子的配置可以反映现象集中或分散的分布特征。在一幅地图上,可以有不同尺寸的几种点或不同颜色的点。尺寸不同的点表示数量相差非常悬殊的情况;颜色不同的点表示不同的类别,如城市人口分布和农村人口分布。点值法的主要目的是传输空间密度差异的信息。通常用来表示大面积离散现象的空间分布,如人口分布、农作物播种面积等。

【碘化物热离解法】(iodideheat separating method) 制备纯金属的一种方法。先使待提纯的粗金属或金属氧化物与卤素(氯、溴、碘)或氢等化合而成金属卤化物或其他化合物。用分馏或其他方法提纯后,使其同氢一起通过炽热的金属丝(带),此时金属卤化物即离解而析出于炽热的金属丝(带)上。可用此法制备高纯度的硅、硼等。对于提取某些高纯度金属,如钛、锆不用氢而直接使金属卤化物(通常为碘化物)通过炽热的金属丝进行离解,析出纯金属,故又称碘化法。在碘化法中,粗金属形成碘化物与碘化物离解这两个过程是在同一碘化炉中连续不断进行的。

【碘价】(iodine value) 又称碘值。每 100g 油脂所能吸收碘的质量。其大小反映了油脂的不饱和程度。根据油脂的碘价,可以判定油脂的干性程度。例如,碘价大于 130 的属于干性油;碘价小于 100 的属于不干性油;碘价在 100 ~ 130 之间的则为半干性油。各种油脂的碘价大小和变化范围是一定的。例如,大豆油碘价一般为123 ~ 142,花生油碘价为80 ~ 106。通过测定油脂的碘价,有助于了解它们的组成是否正常、有无掺杂使假等,还可以根据碘价来计算油脂氢化时需要的氢量并检查油脂的氢化程度。

【碘缺乏病】(iodine deficiency disease) 又称地方性甲状腺肿、地方性克汀病。因机体碘摄入量少于所需量而引起的疾病。碘缺乏分布于世界各国部分地区。中国分布于山区:如西安、宝鸡、石泉以及河南内乡等地。这些地区均因水和土壤缺碘,易造成地方性甲状腺肿疾病。碘是人体必须的营养素,是合成甲状腺素的原料。缺碘甲状腺素不能合成。而甲状腺素是人体重要的内分泌激素,其主要功能有:促进小儿的生长发育,参与新陈代谢,影响神经细胞生长、分化及树突发育。碘缺乏对小儿的影响非常大。缺碘可使生长发育停滞或迟缓以及脑细胞受损。小儿脑细胞发育在2岁前完成。如果母孕期缺碘，易造成胎儿畸形、早产、死胎，生后智力落后、耳聋、痉挛、瘫痪等，为永久性脑损伤，终生残疾。成人碘缺乏是由于促甲状腺素分泌增多，刺激甲状腺滤泡上皮增生，造成弥散性甲状腺肿，俗称"瘿"。其诊断依据是：有地区性及临床表现，查血三碘甲状腺原氨酸、血甲状腺素降低，促甲状腺激素升高。食盐加碘及食碘丰富的食物如海带、紫菜等可治疗此病。中国在食用加碘的食盐后，发病率已大大降低。

【电】(electricity) 见电荷。

【电表】(electric meter) 测量各种电学量的仪表。根据电流的磁效应对表内活动部件的推动力制成。分为单相电能表和三相电能表。常用的有电流表、电压表、功率表等。可用于度量发电厂发出的电能以及各类用户消耗的电能，并作为经济核算和征收电费的依据。

电表

【电厂废水处理】(waste water treatment of power plant) 用物理的、化学的或生物的方法使火力发电厂排放的废水水质符合国家或地区规定的排放标准或达到再利用要求的工艺技术。按其排放方式的不同可分为：经常性排水和非经常性排水。经常性排水，又有间断与连续之分。按其废水来源的不同可分为：(1)凝汽器开式(直流供水)冷却系统的排水和闭式(循环供水)冷却系统冷却装置的排污水。前者的特点是水量大，水温较原来水温约高8~10℃；后者特点是水量较少，含杂质浓度较大，温度较高。(2)冲灰冲渣系统排水。包括湿式除尘器排水、水力冲灰、冲渣水汇合经水力输灰管道和灰场沉淀后排出的水。(3)化学水处理阳、阴离子交换器再生和清洗等废液。其中酸性废水pH值在1~5范围内；碱性废水pH值在8~13范围内。废水排放一般是间断性的。(4)锅炉化学清洗废液。酸洗废液中主要含游离酸(盐酸、氢氟酸或柠檬酸)、酸洗产物(三氧化铁、四氧化铁等金属氧化物)和缓蚀剂；钝化废液主要含过剩的钝化剂，如联胺或亚硝酸钠等有毒物质。(5)停炉保护排水。水中含有氨、氢氧化钠等碱性物质和一定量的铜铁化合物，排水的pH值高。(6)含油废水。含油量约6~10mg/L。(7)煤场排水。水中含有呈悬浮状态的细煤粉。外观呈褐色或暗褐色。(8)生活污水。(9)锅炉水侧、火侧、空气予热器和烟囱等清洗废水，属间断排放，主要含悬浮物和重金属离子。

电厂废水处理

【电厂化学】(power plant chemistry) 研究火力发电厂生产过程中的物理化学反应规律的学科。根据火力发电厂用的水、油和燃料的特性及其在生产过程中的物理化学反应规律，研究处理这些介质的各种理论和技术。其研究的目的是：防止热力设备结垢积盐和腐蚀；防止充油设备油质的老化；改善锅炉燃烧工况；节约燃料；为发供电设备的安全、经济运行提供保障。此外，为了节约用水和保护环境，还应研究天然水的高效利用和废水的再利用等。在采用低压热力设备和低压电气设备时，水、油、燃料的性能对设备的运行效率和寿命有很大影响。随着生产技术的不断发展，电厂设备参数的不断优化和容量的不断增大，对水、油、燃料的性能指标和要求越来越高，尤其是直流锅炉、亚临界参数锅炉和超高压电气设备广泛的应用，使电厂化学也发展到一个崭新的阶段。在对水、油、燃料的研究中，不仅涉及到水化学、蒸汽化学、水处理工艺学、金属腐蚀科学、石油化学、燃料化学、有机化学和分析化学等多种学科，而且都是根据火电厂的特点进行专门的系统的机理研究和应用研究，从而逐步建立了完整的体系，形成了电厂化学。其内容主要是：研究水垢的形成和防止、金属的腐蚀与防护、积盐的形成和防止、油质的老化和稳定、动力燃料特性以及化学监督等。

【电厂环境保护法规】(law and regulation of power plant environmental protection) 国家或地方政府制定的带有强制性执行的关于保护电厂环境和自然资源，防治污染的法律、法规的统称。其目的是：通过法律手段调整人们在生产、生活和其他活动中所产生的同保护环境有关的各种社会关系，协调社会经济发展与环境保护的关系，把人类活动对环境的污染限制在最小限度内，维护生态平衡，达到人类社会同自然的协调发展。人类社会早期的环境问题，主要是农业生产活动引起的对自然环境的破坏。古代文明国家已经制定有关于保护自然环境的法律规定。在产业革命后，随着工业的发展，环境受到污染。从19世纪中叶开始，一些资本主义发达国家陆续制定了防治污染的法规，如英国的《碱业法》(1863年)、《河流防污法》(1876年)等。自20世纪以来，尤其是在20

世纪50年代前后，由于工业的高速发展，环境污染、自然资源和生态平衡的破坏日益严重，甚至发展成灾难性的公害。这就迫使各国政府不得不采取各种有效措施，其中包括制定一系列电厂环境保护法规。目前，在许多工业发达国家和法制比较完备的国家，电厂环境法已经形成比较完整的体系，成为国家整个法律体系的一个重要组成部分。

【电厂环境质量标准】（quality standard of power plant environment） 为保障居民的身体健康和良好的生存环境，并维护生态系统不被破坏，国家或地方行政机构对电厂环境中污染物和有害因素的允许含量所制定的限制性规定标准。是环境标准的组成部分。是制订环境规划目标，进行环境质量与环境影响评价以及制定污染物排放标准的依据。环境质量标准的制定，要和国家的经济实力和技术发展水平相适应。因此，世界各国并不完全相同。分国家和地方两级。(1)国家环境质量标准。是在全国范围内统一执行的环境保护要求。(2)地方环境质量标准。是根据当地的环境功能、污染状况和地理、气候、生态特点制定的，在地区范围内统一执行的环境保护要求。地方环境质量标准是国家环境质量标准的补充。地方政府对国家环境标准中未做规定的项目，可以制定地方环境质量标准，并报国家环境保护主管部门备案。对国家标准中已作规定的项目，地方政府应按国家环境标准划分的功能区，选用国家标准中相应的级别和标准值。在制定环境质量标准时应遵循的基本原则是：(1)要以保护和改善环境为目标，促进环境效益、经济效益和社会效益的统一。(2)要建立在科学实验、调查研究的基础上，做到技术上先进、经济上合理，以保证标准的科学性和严肃性。(3)要做到与有关标准的协调配套。(4)要鼓励积极地采用国际环境质量标准。(5)既要保持标准的相对稳定性，又要根据科学技术的发展和环境保护的要求，适时进行修订。环境质量标准按其环境类别的不同可分为：水质标准、大气质量标准、土壤质量标准和环境噪声标准等四类。

【电厂灰渣处理】（power plant disposal of ash and slag） 电厂对燃煤锅炉排出的炉渣和飞灰进行堆存和利用的措施。中国燃煤电厂燃用煤的灰分较镐，一般在20%～30%左右，因而排出的输送和综合利用的灰渣很多。一般来讲，10MW装机容量的锅炉，一年排出约1万吨灰渣。对如此大量的灰渣必须根据储用结合的原则，做好妥善安排与处理。目前采取的措施主要有：灰渣场储存、山沟充灰、低洼地充填、海边滩涂地充填、煤矿塌陷区充填和矿井充填等。其火电厂灰渣场的形式主要有：(1)山谷型灰场。在山区选择有利的山谷狭窄处垒筑高坝，库区存灰。灰坝的建设，视当地材料而定，有堆石坝、土坝和土石坝等。(2)平原型灰场。在平原地区，一般选择低洼地，挖出场地当中的土，在四周筑起堤坝。山沟充灰是在山区或丘陵地区，电厂周围的一些很小的杂草丛生、无法垦殖的乱石山沟，在无法建设大型灰渣场的情况下，可在大小不同的乱石山沟中，分级垒筑山石坝，发电厂可以将灰渣直接冲入垒有石坝的山沟中，待充满后再行转移。

电厂灰渣处理

【电厂灰渣利用】（utilization of ash and slag in power plant） 将火力发电厂排出的原状灰或经适当处理后的灰和渣作为资源加以利用的技术和措施。灰渣利用最早始于20世纪20年代，当时欧洲工业国家开始将电厂排出的炉底渣用于建材和建筑工业生产的部分领域。随着生产的发展和对灰渣性能的进一步认识，逐渐确立了灰渣的资源地位。占灰渣主要部分的粉煤灰得到了利用，且利用的范围也扩展到筑路、回填、化工和农业等许多领域。目前，许多国家都将灰渣作为一种新的资源来对待，并通过立法加以确定，如美国已将灰渣列为12种重要的固体原料之一。同时，国际上近几十年来相继成立了许多专门研究和交流灰渣利用技术的研究机构，涌现了许多专门从事灰渣处理、运输和销售服务的企业。中国在灰渣利用方面进行了深入的科学研究和广泛的工程应用，并颁布了多种优惠政策，如“谁投资、谁受益”，减免税收，优惠贷款和奖励政策等。电力部门提出了“以用为主”的指导思想，实行“因地制宜，多种途径，各方协作，鼓励用灰”等原则，把灰渣利用作为治理“三废”和资源综合利用的主要内容。因此，中国在灰渣利用方面有很大发展。

【电厂灰渣特性】（properties of coal ash and slag in power plant） 电厂燃煤锅炉排出的飞灰和炉渣的各种性质。炉渣是从炉膛底部排出的炉渣及炉灰的统称。飞灰是随烟气排出的细灰。煤粉燃烧锅炉的飞灰也称粉煤灰。人们对灰渣的研究，最初是从燃烧角度出发，研究灰渣特性与锅炉结焦、沾污，受热面腐蚀和磨损之间的关系。近几十年来，围绕控制灰渣污染环境和回收利用灰渣资源开展了相应的灰渣特性研究。通过上述各方面的研究，用以指导锅炉及其辅机设备的正确设计和运行，提高设备运行的安全经济性，也为开发新的灰渣利用和灰渣控制技术提供科学依据。灰渣特性与煤种、锅炉型式、燃烧方式和吸尘方式等因素有关，从而造成灰渣特性的多样性。灰渣与环境工程有关的特性很多，可归纳为物理、化学和电气特性三大类。与环境保护有关的重要物理特性主要有：粒度分布、真密度、容积密度、比表面积、导热系数、耐火度、磨损性、剪切强度和滤透性等九种。化学特性，包括元素组成、物相组成和反应活性。

【电厂燃料管理】（power plant fuel management） 为保证火力发电厂正常发电和供热，不断提供数量充足、质量符合要求、价格相对合理的化石燃料而进行的管理工作。化石燃料（煤、油、气）是火力发电的基本原料。其费用占发电成本的60%～80%。燃料是商品。在保证质量的前题下，要通过比价，采购价格较低的燃料。这是火电厂降低发电成本的主要手段。保证燃料供应的数量及其质量对火力发电厂至关重要。为了预防燃料供应中断，电厂应合理储备一定数量的燃料，特别是在远离矿区的电厂更应有较多的储备。燃料应符合锅炉的设计和实际燃料状况的要求，做到定质供应。为保持燃料供应的稳定性，有些燃料依靠进口的国家，为保存本国资源，在一定条件下，宁可从国外进口燃料。不论燃料的来源如何，作为燃料管理中的计划、订货、调运、验收、储存、防火、掺配、输煤、统计和核算等内容都是基本相同的。在燃料管理的过程中，每个电厂都应结合本厂特点编制燃料管理制度，并实现计算机管理信息化。

【电厂温室效应】（power plant greenhouse effect） 在电厂的生产过程中，由燃料燃烧后放出大量的二氧化碳气体所造成的变热现象。在太阳对地球的辐射中，短波辐射多穿过大气层照射到地球表面，而长波辐射则多被反射或吸收。到达地球表面的辐射能量，一部分被地球表面吸收变成热能，另一部分则以长波辐射射向大气层。由于大气层中温室气体（例如二氧化碳、甲烷、氯氟烃类等）的阻挡，使大部长波辐射被阻留在地表和大气下层之间，使气温增高。这种现象与培育蔬菜、花卉等使用的温室相类似，故称温室效应。能导致温室效应的气体，即三原子气体和多原子气体。它们对热能的吸收和辐射能力要比氧、氮等大几个数量级。大气中能产生温室效应的气体已经发现近30种。目前公认的由于人为因素而导致其浓度明显增长而影响较大的温室气体有二氧化碳（CO_2）、氧化亚氮（NO_2）、氯氟烃类（CFC）和甲烷（CH_4）等。这几种温室气体的温室效应若以CO_2为1计，CFC为CO_2的3 400～15 000倍，CH_4为11倍，N_2O为270倍。按这些气体在大气中的量及其温室效应，它们对全球变暖的贡献率为：CO_2为55%，CFC为24%，CH_4为15%，N_2O为6%。自然界本身排放各种温室气体，也在吸收和分解它们。在地球的长期演变过程中，大气中温室气体的变化是很缓慢的，并处于一个循环过程。碳循环就是一个非常重要的化学元素的自然循环过程。

【电厂烟气排放控制】（flue gas emission control from power plant） 电厂应用物理的、化学的或物理化学的方法，减少烟气中的污染物质，使其符合有关标准的环境保护措施。是电厂大气污染防治的一个重要方面。烟气是燃料燃烧的产物，由多种物质组成的混合物。其中有些是公认的有害物质，如粉尘、硫氧化物（SO_X）、氮氧化物（NO_X）、一氧化碳（CO）和碳氢化合物（CmHn）等。二氧化碳（CO_2）近年来被普遍认为是造成大气“温室效应”的关键气体。电站锅炉的设计和运行均以提高燃烧效率为主要目标。因此CO和CmHn的排放量一般很小。燃用烟煤的煤粉炉所排放的CO和CmHn分别为0.5kg/t煤和0.15kg/t煤。而粉尘、SO_X和NO_X的排放量则大得多，对环境的影响较大。根据中国环境保护总局1997年公布的资料，全国工业源排放的烟尘为1 565万吨，SO_2为1 852万吨。其中电力系统火电厂烟尘排放量为331万吨，SO_2为683万吨，分别占工业源总排放量的21%和37%。为防止大气污染，世界各国均颁布了烟气排放标准，规定有关污染物最高允许排放量，以促进企业采取控制措施。按其烟气排放控制途径的不同可分为：减少排放的污染物质和采用高烟囱扩散稀释。在地形和气象条件有利的情况下，高烟囱能较有效地控制污染物的地面浓度，满足当地的空气质量标准。但在地形复杂，且气象条件下不利的情况下，会在当地形成明显的大气污染。另外，由于烟气的远距离输送，SO_2的迁移转化，还会形成酸雨。所以，减少或消除污染物排放才是积极的控制途径。

【电场】（electric field） 在电荷或变化磁场周围空间里存在的一种特殊形态的物质。电场的基本特征是能使其中的电荷受到作用力。电场是电作用的媒递物。电场具有能量、动量，但不具有静质量。场和实物粒子可以相互转化。电场是在一定空间区域内连续分布

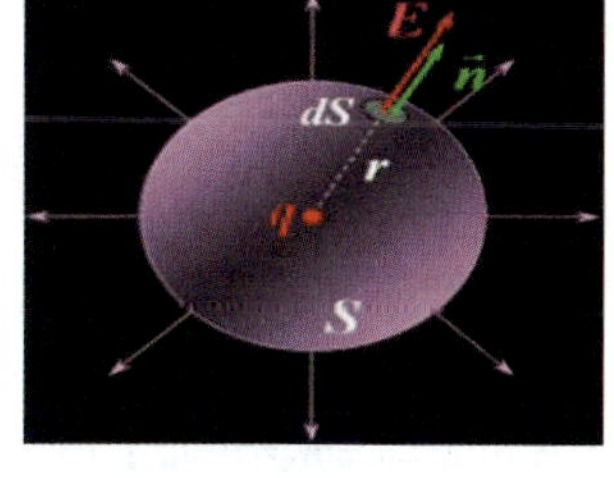

电场

的矢量场。描述电场的物理量是电场强度矢量，可以用电力线形象地图示。静止电荷产生的电场称为静电场或库仑场。电场和磁场是紧密联系的。变化的电场产生磁场，变化的磁场产生电场。没有绝对不变的电场和磁场。电场和磁场是电磁场统一体中相互依存、相互制约的两个方面。

【电场强度】（electric field strength） 表征电场对位于场中的电荷有作用力这一基本性质的物理量。常用符号 $\boldsymbol{E}$ 表示，是一矢量。电场中某点的电场强度（简称场强）的大小等于位于该点的单位正电荷（检验电荷）所受的电场力的大小，方向为该正电荷所受电场力的方向。通常，电场强度 $\boldsymbol{E}$ 的方向和大小随空间和时间而变化，因此它是空间位置 r 和时间 t 的函数。当 $\boldsymbol{E}$ 随时间变化时，称为交变电场；当 $\boldsymbol{E}$ 不随时间变化时，称为静电场。电场强度的单位是 V/m。

【电池】（battery） 盛有电解质溶液和金属电极以产生电流的杯、槽等容器或复合容器的部分空间。随着科技的进步，电池泛指能产生电能的小型装置。电池的性能参数主要有：(1)电动势。等于单位正电荷由负极通过电池内部移到正极时电池非静电力（化学力）所做的功。其大小取决于电极材料的化学性质，与电池的大小无关。(2)容量。指电池所能输出的总电荷量，通常用安培小时作单位。其大小与电极物质的数量有关，即与电极的体积有关。(3)内阻。指电流通过电池内部时受到的阻力。由于内阻的存在，电池的工作电压总是小于电池的电动势。电池的内阻不是常数，在使用过程中会随时间逐渐变大。实用的电池可以分成两个基本类型：原电池与蓄电池。前者称为一次电池，制成后即可以产生电流，但在放电完毕即被废弃。一次性电池包括锌－锰电池（含锌及二氧化锰）、锌－汞电池（含锌及氧化汞）及锂电池等。日常生活中使用最多的是锌－锰电池及锌－汞电池。后者又称为二次电池，使用前须先进行充电，充电后可放电使用。放电完毕后还可以充电再用。主要的充电电池包括镉－镍、铁－镍、锌－银、锌－空气和锂－硫化铁及铅酸蓄电池等。蓄电池充电时，电能转换成化学能；放电时，化学能转换成电能。

电池

【电传操纵系统】（fly-by-wire system） 用电指令信号控制飞行器的操纵系统。将飞行器驾驶人员的操纵动作通过微型操纵杆转变为电指令信号，由电缆传输到信号处理系统处理后，再由控制执行机构输出力和位移，操纵气动舵面来驾驶飞行器。系统主要由电子器件（传感器、信号放大器、信号处理器、计算机等）构成。它克服了机械操纵系统的间隙、摩擦和变形的缺点，改善了操纵品质，大大减小了操纵系统的尺寸，减轻了操作系统的重量。

【电传飞行控制系统】（fly-by-wire control system） 把飞行员的操纵指令变换为电信号以操纵飞机的系统。主要由侧杆（微型驾驶杆）、敏感元件（传感器）、计算机、伺服舵机和助力器等组成。工作原理如图。电传控制系统不是简单地用电信号的传递来代替机械传动，而是把主操纵系统和自动控制系统结合起来。其优点是结构简单，体积重量小，易于安装和维护；操纵灵敏度高，无滞后现象；便于和机上其他系统交联。20 世纪 80 年代以来，飞机的电传控制系统已经由模拟式系统向数字式系统转变，并出现用光导纤维传递信号代替电传系统的趋势，因为，电传控制系统的可靠性和抗干扰能力有待提高。第一个用户是欧洲的狂风战斗机，紧接着是 F－16、Su－27。因为在研制期间改用四余度模拟式电传操纵系统，从而摈弃了传统的飞机设计法则，通过使用静不稳定布局获得了性能的空前提高。而民航机中则是从 A320 开始使用电传控制系统。

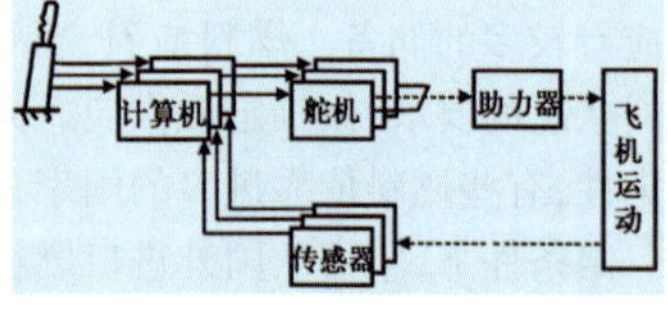

电传飞行控制系统

【电磁泵】（electromagnetic pump） 利用磁场和导电流体中电流的相互作用，使流体受电磁力作用而产生压力梯度推动流体运动的一种装置。实用中大多用于泵送液态金属，所以又称液态金属电磁泵。电磁泵按电源形式的不同可分为交流泵和直流泵；按液态金属中电流馈给方式的不同可分为传导式电磁泵和感应式电磁泵；按结构的不同分为平面泵和圆柱泵。在传导式泵中，电流由外部电源经泵沟两侧的电极直接传导给液态金属；在感应泵中，电流则由交变磁场感应产生。电磁泵没有转动部件，结构简单，密封性好，运转可靠。在化工、印刷行业中用于输送一些有毒的重金属（如汞、铅等）。在原子能动力工业中，用于输送化学性质特别活泼的金属（如钠、钾、钠钾合金等）。电磁泵的缺点是效率较低。在冶炼、铸造工业中尚未普遍采用。

【电磁波】（electromagnetic wave） 在空间传播的时变电磁场。其传播速度为光速。无线电波、红外线、可见光、紫外线、X 射线、γ 射线和宇宙射线都是电磁波。它们的频率不同并依次由低至高，或波长依次由长至短。在无线电工程中，常遇有不止一个同频率正弦电磁波沿同一方向传播，而且在传播方向上无电场分量，即电场强度矢量在与波前进方向垂直的平面内。在与波前进方向垂直的任一平面内，合成电场矢量末端对时间的轨迹可分为：直线、圆和椭圆三种。对应的波分别称为线极化波、圆极化波和椭圆极化波。

【电磁波测距】(electromagnetic distance measurement) 利用电磁波测距仪测定电磁波运载的测距信号在两点间的传播时间以测量距离的技术。按测定方法的不同可分为：(1)脉冲法测距。直接测定发射脉冲(主波)与由目标反射回来的反射脉冲(回波)之间的传播时间，可算出到目标的距离。这种方法一次测量便可求得被测距离。测程近的为几千米、十几千米，最远的可达几十万千米，精度一般可达到“厘米级”。主要用于低精度或长距离的测量中。如战术前沿侦察，地球对月球和地面与人造卫星的距离测量等。(2)相位法测距。直接测定连续测距信号的发射波与回波之间的相位差从而间接测得信号的传播时间。这种测距方法精度比较高，优于“毫米级”，测程在几十千米以内。目前地面上的精密测距，一般采用相位测距法。(3)干涉法测距。利用光学干涉的物理原理进行精密测距。精度高于相位法测距，一般精度可达“微米级”。多用于计量单位长度量具的鉴定及短距离的精密测距。电磁波测距主要用于军事大地测量、军事工程测量、远程武器阵地联测、军用控制网的建立、战术前沿侦察、地球对月球和地球对人造地球卫星的测距。

【电磁波测距仪】(electromagnetic distance measuring instrument) 利用电磁波运载测距信号测定两点间的传播时间以测量两点间距离的仪器。按载波的不同可分为：(1)光电测距仪。按光源的不同可分为激光测距仪和红外测距仪。前者的测距原理是测距信号对发射光源进行调制后经发射系统发射，另一路送入参考混频器与本振信号混频后得到参考信号；经测线另一端反射镜反射回来的信号被接收系统接收，送入信号混频器与本振信号混频，得到有距离信息的测量信号；将参考信号与测量信号送到测相系统，经处理后即可显示出被测距离。(2)微波测距仪。测距原理与光电测距仪类似，由主台发射测距信号调制的微波，经副台接收并转发回来后，在主台测量发射波与回波之间的相位差以求得距离。电磁波测距仪进一步朝着轻便化、自动化、低能耗、多功能和高精度的方向发展。主要用于军事大地测量、军事工程测量、远程武器阵地联测、军用控制网的建立、战术前沿侦察等。

【电磁波屏蔽织物】(screen electromagnetic radiation fabric) 具有完全阻止电磁波穿透能力的织物。其制作方法是：(1)使用功能性纤维。在金属纤维的表面涂上一层塑料后制成的纤维。(2)使用镀金属纤维，如镀铜、镀镍、镀铝、镀锌、镀银的聚酯纤维、腈纶纤维等。(3)进行防辐射后整理。使用金属银、镍、铜等喷涂织物，使织物具有电磁波屏蔽性。(4)在带有金属丝网夹层中采用金属纤维与普通纤维按一定比例混纺，通过特定的工艺使之充分混合均匀，制成成色一致的混纺纤维。由混纺纱制成的织物不仅具有较好的电磁波屏蔽性能，而且耐久性良好，耐洗涤，耐高温，耐腐蚀，柔软透气，穿着舒适，性能良好。

电磁波屏蔽织物

【电磁波谱】(electromagnetic spectrum) 按电磁波在真空中传播的波长、频率、波数或能量的大小顺序排列形成的带谱。由宇宙射线(波长为皮米至非米级；频率 $>1\times10^{15}$ MHz)、γ射线(波长为纳米至皮米级，频率 1×10^{14} MHz 左右)、X射线(波长纳米级，频率 $1\times10^{10}\sim1\times10^{13}$ MHz)、紫外线(波长微米至纳米之间，频率 1×10^{9} MHz 左右)、可见光(波长微米级，频率 1×10^{8} MHz 左右)、红外线(波长毫米至微米级，频率 $1\times10^{5}\sim1\times10^{8}$ MHz)、无线电波(波长千米至毫米级，频率 $1\times10^{-1}\sim1\times10^{5}$ MHz)和长波电振荡(波长千米级，频率 $<1\times10^{-1}$ MHz)等波段构成。其中，宇宙射线、γ射线和X射线显示的物理现象是核作用，其他波段的电磁波多表现为原子结构内的电子(或离子)跃迁及自由电子、原子(或分子)的移动。用于遥感的波段主要是近紫外、可见光、红外及微波等波段。

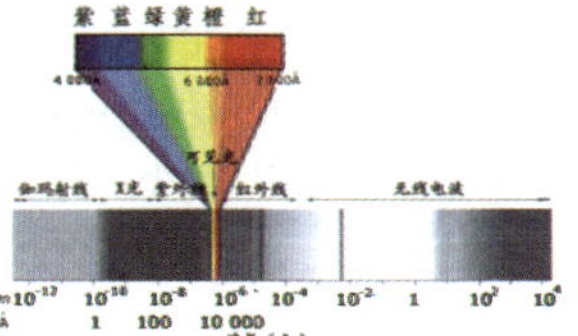

电磁波谱

【电磁场】(electromagnetic field) 以电场强度矢量、磁感应强度矢量表征的场。是物质存在的一种特殊形式。物理学中的场，指空间每一点被赋予的物理量的全体。如室内各处温度的全体，构成了室内的温度场。温度是标量。温度场是标量场。对电磁场来讲，空间各处的电场强度、磁感应强度都是矢量,所以电磁场是矢量场。和自然界的其他物质一样,电磁场具有能量、动量。电磁场对电荷、电流有作用力。这种性质被用来制造机械式指示电表、电动机、粒子加速器等装置。导电物体在磁场中运动能激起感应电动势并可以产生电流。这种性质被用来制造发电机、磁流体发电装置。电磁场能够以波的形式在空间传播。这种性质被用来制造无线电通信设备。

【电磁辐射】(electromagnetic radiation)
电磁场能量以电磁波的形式传播的过程。电磁辐射所产生的能量大小,取决于频率的高低。频率愈高,能量愈大。频率极高的 X 射线和 γ 射线可产生较大的能量。这两种射线虽具医学用途,但照射过量会损害健康。X 射线和 γ 射线所产生的电磁能量,有别于射频发射装置所产生的电磁能量。射频装置的电磁能量属于频谱中频率较低的那一端,不能破坏分子的化学键,故被列为非电离辐射。电磁辐射源有天然辐射源和人造辐射源两类。闪电是天然辐射源,频率高,能量大。家用电器和电脑等都是人造辐射源。其频率低,能量小,对人体影响不大。

电磁辐射

【电磁辐射防治】(electromagnetic radiation prevention and treatment) 在射频设备或保护对象周围设置电磁屏蔽装置、使保护范围内的电磁辐射强度降至容许范围以内的防治措施。主要有屏蔽罩、屏蔽室、屏蔽衣、屏蔽头盔和眼罩等。另外,还可采取综合性的防治对策,通过合理布局,使电磁污染源远离人口稠密的居民区;提高电磁设备的自动化和遥控程度,减少工作人员接触高强度电磁辐射的机会等。

【电磁干扰】(electromagnetic interference)
对电子线路、电子设备、电子元器件等电器装置产生影响,使其,不能正常工作的电磁噪声。分为有线干扰和无线干扰两种形式。前者主要是由输电线、电网、各种电子和电气设备运行所引起的干扰;后者主要是由大气中的无线电噪声或宇宙电磁辐射引起的干扰。在高速印刷电路板及系统设计中,高频信号线、集成电路的引脚、各类接插件等都可能成为具有天线特性的辐射干扰源,能发射电磁波并影响其他系统或本系统内其他子系统的正常工作。

【电磁感应】(electromagnetic induction)
因磁通量的变化而产生感应电动势的现象。是电磁学中最重大的发现之一。它显示了电、磁现象之间的相互联系和转化,对其本质的深入研究所揭示的电、磁场之间的联系,对电磁场理论的建立具有重大意义。电磁感应现象在电工技术、电子技术以及电磁测量等方面都有广泛的应用。

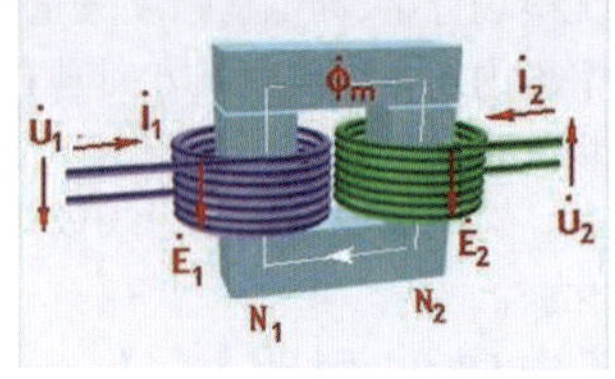

电磁感应

【电磁兼容性】(electromagnetic compatibility) 一种设备或系统在其所处电磁环境中能够正常工作,且不对处于同一环境中的其他有生命的物体或无生命的物质产生电磁干扰的特性。一方面每个电子设备应减少来自其他电子设备和自然界的电磁干扰对自身的影响;另一方面每个电子设备应减少对外界的电磁干扰。如果一台电气设备被视为干扰源时,则只具可容许的干扰发射;而当它被视作干扰受体时,则对干扰只具有可允许的敏感度。这台设备被认为具有满意的电磁兼容性。

【电磁减速式电动机】(low-speed electromagnetic motor) 一种低速电动机。利用定子、转子开口槽引起的气隙磁导变化而工作的电动机。其特点是:(1)不需要齿轮减速就可得到每分钟几十转的低速,接上交流电源可低速连续运转。(2)采用可调脉冲电源可作步进电机使用。多用于计算装置、自动化机床、传真机、录音机以及其他要求低速和稳健的场合。

电磁减速式电动机

【电磁搅拌】(electromagnetic agitation)
电弧炉冶炼时,通过装在电弧炉底下的电磁搅拌器感应线圈中的低频电流所引起的电感应,在金属熔液中产生涡流,起到搅拌作用的技术。可促进脱硫和去除其他有害杂质,加速冶炼过程,提高电弧炉生产率。用以代替人工搅拌,便于去渣,因而能减轻炉前操作的劳动强度,提高钢液化学成分和温度的均匀性。在钢液真空处理时,有时也采用电磁搅拌来加快处理过程。

【电磁流变液】(electromagnetic flow fluid)
一种由微米级的复合粒子作为悬浮粒子与合适的液体载体所组成的物料。复合粒子通常由两部分组成。

其中一部分在电场作用下具有电流变性；另一部分则在磁场作用下具有磁流变性。电磁流变液同时兼备两者的优点，是一类具有极高研究价值的智能材料。要制备高性能的电磁流变液，关键是制备高性能的复合粒子。由于 Fe_3O_4 纳米粒子具有矫顽力小、饱和磁化强度高等特点，可用来作为复合粒子中的磁性粒子。但是，Fe_3O_4 纳米粒子极易被氧化，制备过程必须在隔绝空气的条件下进行，这就使制备工艺复杂化。电磁流变液在高科技领域有广阔的应用前景。

【电磁流量传感器】（electromagnetic flow transducer） 根据法拉第电磁感应定律设计的流量传感器。在测量管轴线和磁场磁力线相互垂直的管壁上安装一对检测电极，当导电液体沿测量管在交变磁场中，与磁力线成垂直方向运动时，导电液体切割磁力线产生感应电动势，此感应电动势由测量管上的两个检测电极检出。其特点主要是：(1)传感器采用整体焊接结构，密封性能良好。(2)结构简单可靠，无可运动部件，几乎无压力损失，工作寿命长。(3)传感器无截流部件，不存在堵塞现象，因而适用于测量有悬浮物、固体颗粒和纤维等两相流，另外由于清洗和灭菌消毒方便，故特别适用于食品和制药工业。(4)测量精度不受被测介质压力、温度、密度（包括固液比）、黏度等物理参数变化的影响。(5)采用低频二值矩形波励磁及采样放大技术，抗干扰能力强，零点稳定，工作可靠。(6)仪表灵敏，输出信号与流量成正比，量程比宽。(7)传感器与转换器配套，可测正/反两个方向的电磁流量传感器和电磁流量转换器配套组成分体型电磁流量。

【电磁脉冲武器】（electromagnetic pulse weapon） 又称电磁脉冲产生器。利用人工技术产生的强电磁脉冲体执行作战任务的一种武器。由初级能源、能量转换装置、射频脉冲产生器和发射天线等几部分组成。具有实战价值的电磁脉冲武器可分为：核电磁脉冲武器、高功率微波炮和超宽频电磁辐射器。对于目标的打击，一般可分为硬杀伤、扰乱和干扰三个等级。电磁脉冲武器可以用来摧毁来袭导弹，破坏雷达、通信系统和电子设备，破坏人的脑知觉，使人暂时处于昏迷状态。电磁脉冲能与电缆、导线和天线等耦合，把能量传递给电子设备，引起电子设备或电子元器件受损或失效、使电路开关跳闸和触发器翻转；使根据磁通工作的存储器消磁或失真，破坏元器件或抹去存储信息、引起关闭和传递假信号；还可使飞机和导弹等的金属外壳产生很大的感生电流。电磁脉冲武器可在特定目标周围空间造成瞬间破坏性电磁环境，是一种新概念武器。其使用方式有：(1)飞机的自卫式干扰装置。(2)机载武器，用于攻击地面上或舰上的通信中心或由雷达控制的防空武器系统。(3)要地防空或舰队防空。(4)作为地面炮兵的弹药，破坏敌方的各电子设备。

电磁脉冲武器

【电磁炮】（electromagnetic gun） 见电炮。

【电磁屏蔽玻璃】（radiation shielding glass） 在平板玻璃表面镀覆透明的电磁屏蔽膜或在夹层玻璃中敷设金属丝网而制成的玻璃。当电磁波经过这种玻璃时，被有效地衰减，起到对内防止信息泄漏、对外防止信息干扰的作用。在计算机房、演播室、工业控制系统、军事单位、外交部门、情报部门等有保密需求的或者防止干扰的场所，都可以使用电磁屏蔽玻璃作为建筑门窗玻璃或者幕墙玻璃。

电磁屏蔽玻璃

【电磁式推进系统】（electromagnetic propulsion system） 将推进剂工质在高温下电离产生的中性等离子体被强磁场（或强电场）加速而产生推力的推进系统。其推力密度（单位喷口面积所产生的推力）相对较高，通常是静电系统的 10～100 倍。按推力产生方式的不同可分为：(1)磁等离子体推力器。特点是推力比大多数电推力器大得多，比冲（火箭发动机单位重量/力推进剂产生的冲量）为 1 000s～4 000s，结构较简单，体积和质量都较小。其缺点是功耗大，输入功率需达到 30kW 才能正常工作。美国国家航空航天局（NASA）的喷气推进试验室和普林斯顿大学正在开发锂磁等离子体推力器的研究试验。俄罗斯的莫斯科航空学院也在进行类似的研究开发。(2)脉冲等离子推力器。优点是所需电源、功率很小（在 1～150W），且大小可通过储能电容器的充电时间来调节，不需要复杂的电源处理器。大多使用固态工质，唯一的活动部件是弹簧。因而结构简单、体积小、质量小，系统安全可靠，非常适合于小型航天器使用。其缺点是推力小，效率低。早在 1962 年苏联首次将脉冲等离子推力器用于“宇宙”14 号卫星上执行阻力补偿任务。最近 NASA 和奥林公司联合研制出新一代脉冲等离子推力器，比冲可达到 1 000s～1 500s。中国研制的 MDT－2A 脉冲等离子体推力器于1981年成功进行了高弹道空间飞行试验。(3)稳态等离子体推力器。优点是结构简单,没有易变形、易烧蚀的栅极,运行电压低,结构紧凑。适用于小型航天器。其缺点是电路复杂,可靠性差,开发风险和成本较大。中国上海航天局在2000年就已成功地研制出多种稳态等离子体推力器,但目前还没有用于工程型号。

【电磁式直流电动机】(electromagnetic direct-current motors) 依据电磁感应定律实现电能的转换或传递的直流电动机。由定子磁极、转子、换向器、电刷、机壳、轴承等构成。定子磁极由铁心和励磁绕组构成。按照其励磁方式的不同可分为:串励直流电动机、并励直流电动机、他励直流电动机和复励直流电动机。换向器的换向片使用银铜、镉铜等合金材料,用高强度塑料模压成。电刷与换向器滑动接触,为转子绕组提供电枢电流。电磁式直流电动机的电刷一般采用金属石墨电刷或电化石墨电刷。转子的铁心采用硅钢片叠压而成,一般为12槽。内嵌12组电枢绕组,各绕组间串联后,再分别与12片换向片连接。广泛应用于收录机、录像机、影碟机、电动剃须刀、电吹风和电动玩具等。

电磁式直流电动机

【电磁污染】(electromagnetic pollution) 天然或人为的各种电磁波干扰及有害的电磁辐射。天然电磁污染来自某些自然现象,如雷电引起的电磁干扰,火山喷发、地震和太阳黑子活动引起的磁暴等。天然电磁污染对短波通鱼信干扰尤为严重。人为电磁污染源包括:脉冲放电,如火花放电;工频交变电磁场,如大功率电机、变压器、输电线附近等;射频电磁辐射,如广播、电视、微波通信等。电磁污染会直接威胁人体健康。

【电磁泄漏】(electromagnetic leakage) 信息系统的设备在工作时信息通过地线、电源线、信号线、寄生电磁信号或谐波等辐射出去的现象。这些辐射出去的电磁信号,如果被接收下来,经过提取处理,就可恢复原信息,造成信息失密。具有保密要求的信息系统必须注意防止电磁泄漏。防止电磁信息泄露的最佳手段就是使用视频信息保护机。它采用最先进的信息相关技术和密码技术,有效地解决了电磁辐射信息的保护问题。

【电磁学】(electromagnetism) 经典物理学的一个分支。研究电磁现象规律的学科。主要研究电荷、电流产生电、磁场的规律,电、磁场对电荷、电流作用的规律,电、磁场的相互联系和运动变化的规律,电路的导电规律,以及电磁场对物质的各种效应等。由于电磁现象的普遍存在和广泛应用,电磁学已经成为自然科学和技术科学的重要基础。电子学、电工学、材料科学等都是以电磁学为基础建立和发展起来的。

【电磁铸造】(electromagnetism casting) 又称无铸模铸造。利用电磁场支撑熔体使之成型,随即直接水冷成为铸锭的铸造方法。是用电磁推力限制金属液流散,内受电磁搅拌,外受直接水冷作用而冷凝成锭的。熔体在不与任何器具接触的情况下凝固。特点是冷却强度大,铸锭组织致密,晶粒细化,力学性能高,表面质量好。不需车皮就可加工,成品率较高。主要用于半连铸铝合金圆锭和扁锭。

【电磁装甲】(electromagnetic armor) 利用电磁力削弱或拦截反坦克弹丸的装甲。是正在研究中的一种新型坦克装甲,分被动式和主动式两种。前者由两块金属板构成,当坦克被破甲弹击中时,聚能装药的药型罩融化形成的金属射流使内外两块金属板短路,强电流流过金属射流,改变其磁力学特性导致射流发散,贯穿力大大削弱,从而保护主装甲。后者由钢板发射器和拦截钢板构成。当探测器探测到来袭的反坦克导弹时,信号传给计算机。当来袭弹接近到一定距离时,计算机接通开关,强电流流过感应线圈,产生强磁力把拦截钢板向来袭弹的路径发射出去,把来袭弹撞毁,或者使它偏离方向。如果来袭的是反坦克导弹,还可将导弹提前引爆。

电磁装甲

【电催化反应】(electrocatalysis reaction) 在反应过程中包含两个以上的连续步骤,且在电极表面生成化学吸附中间物的反应。可分为:(1)离子或分子通过电子传递步骤在电极表面产生化学吸附中间物,随后吸附中间物经过异相化学步骤或电化学脱附步骤生成稳定的分子。(2)反应物首先在电极上进行解离式或缔合式化学吸附,随后吸附中间物或吸附反应物进行电子传递或表面化学反应。

【电导】(conductance) 表述导体导电性能的物理量。其值以电阻的倒数表示。导体的电阻越小,电导越大。实用单位为姆欧的倒数(Ω^{-1})。在国际单位制中,电导单位为西门子(S)。

【电导率】(conductivity) 表示物质导电性能的一个物理量。电导率越大则导电性能越强;反之越小。电导率的数值等于电阻率的倒数。在国际单位制中,电导率的单位是西门子/米(S/m)。电导率与温度具有很大相关性。金属的电导率随着温度的增高而降低。半导体的电导率随着温度的增高而增高。在一段温度值域内,电导率可以被近似为与温度成正比。为了要比较物质在不同温度状况的电导率,必须设定一个共同的参考温度。除非特别指明,电导率的测量温度是标准温度(25°C)。

【电导液位计】(electrical conductance level meter) 一种利用电极间液位变化引起电导变化来测量液位的仪表。其原理是:插在导电液体中的电极间的电阻随液位渐变,可用以连续测量液位,也可利用液体接触电极产生电阻突变来定点报警或控制液位。这种液位计电极结构和测量线路都很简单,可以方便地进行远传,控制和报警等。适用于导电液体以及没有防爆要求的液位测量。其缺点是:如果电极表面接触状况改变(如结垢、生锈等)就会直接引入误差。表面接触电阻变化限制了仪表的广泛应用,因此一般用作定点报警和控制。

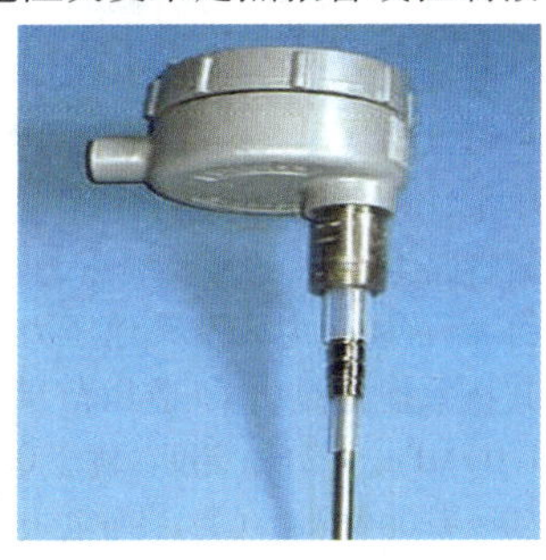

电导液位计

【电动穿心千斤顶】(electrical feeding through jack) 具有穿心孔道的电动千斤顶。其构造特点是沿千斤顶轴线有一穿心孔道,供穿预应力筋或张拉杆之用;其中有两个工作油缸,分别负责张拉和顶压锚固;张拉活塞采用液压回程,顶压活塞采用弹簧回程或液压回程;张拉油缸与顶压油缸的排列有并联和串联两种形式。穿心式千斤顶既适用于张拉、顶锚带有夹片的钢绞线、钢丝束,当配上撑立架、拉杆等附件后,又可以作为拉杆式千斤顶所用。

电动穿心千斤顶

【电动葫芦】(electric calabash) 一种轻小型起重设备。由电动机、传动机构和卷筒或链轮组成一体。结构紧凑,自重轻,操作简单,在生产中广泛使用。主要用于工矿企业,仓储码头等场所。起重量一般为0.1~80t。起升高度为3~30m。分为钢丝绳电动葫芦和环链电动葫芦两种。环链电动葫芦又分为进口和国产两种。钢丝绳电动葫芦分CD1型、MD1型。

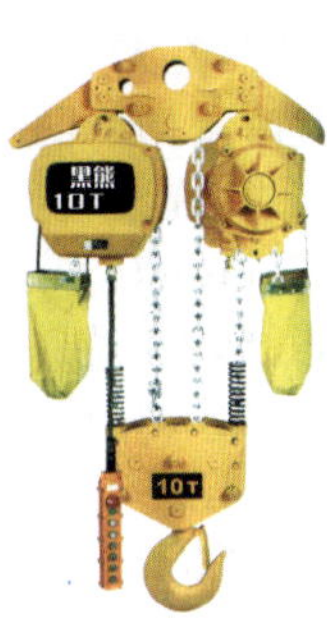

环链电动葫芦

【电动机】(electric motor) 一种将电能转换为机械能的装置。能带动机械做旋转、角位移或直线运动。在现代化生产中,多数生产机械都采用电动机作为原动机。电动机的种类和规格多,功率范围大,使用和控制方便,具有自启动、调速和制动等能力。能满足各种运行要求,工作效率高。在工农业生产、交通运输以及日常生活中得到广泛应用。随着电子技术和计算机技术的发展及现代控制理论的应用,控制电机应运而生并广泛地应用于远动控制系统和运算系统。

【电动机节电技术】(electricity saving technology of electric motor) 降低或减少电动机运行中产生电能损耗的方法与措施。其主要节电途径有,采用节电风扇、用磁性槽楔改造低效电动机、电动机无功补偿、电动机的轻载节电技术、调速节电技术和选用高效电动机等。电动机是工农业生产和人民生活中用电最多的一种电气设备。一些国家的统计数据表明,电动机总用电量超过总发电量的一半。因此,电动机的节能降损是一个重要的研究课题。

【电动机调速】(motor speed regulating) 根据被拖动机械的工况需要而对电动机的转速进行控制的技术。由于生产的需要以及从节能、提高自动化水平、延长被拖动机械的使用寿命等出发,人们使用了多种可调速的动力。具有调速范围广、控制性能好、频率高、使用维护方便、环境适应性强、不污染环境等优点。按电源性质的不同,通常分为直流电动机调速和交流电动机调速两大类;按其能量消耗的不同可分为低效率和高效率调速方法。直流电动机电枢串电阻调速、转子串电阻交流调速、交流调压调速、电磁转差离合器调速等属于低效率调速方法。其调速设备比较简单。直流电动机调压调速及调磁调速交流变极调速、交流串极调速、变频调速等属于高效率的调速方法。其所需设备比较复杂。电动机调速由电动机调速系统来实现。其调速系统的好坏由性能指标来考核、判定。

【电动力学】(electrodynamics) 研究电磁场的基本属性、运动规律以及电磁场和带电物质的相互作用的学科。研究电磁现象的经典的动力学理论。同所有的认识过程一样,人类对电磁运动形态的认识,也是由特殊到一般、由现象到本质逐步深入的。人们对电磁现象的认识范围,是从静电、静磁和似稳电流等特殊方面逐步扩大,直到一般的运动变化的过程。在电磁学发展的早期,人们认识到带电体之间以及磁极之间存在作用力,而作为描述这种作用力的一种手段而引入场的概念,并未普遍地被人们接受为一种客观的存在。人们已经认识清楚,电磁场是物质存在的一种形态。它可以和一切带电物质相互作用,产生出各种电磁现象。电磁场本身的运动服从波动的规律。这种以波动形式运动变化的电磁场称为电磁波。其电动力学的任务是:阐述电磁场及与物质相互作用的各个特殊范围内的实验定律,并在此基础上阐明电磁现象的本质和它的一般规律,以及运用这些规律定量地处理各种电磁问题、研究各种电磁过程。

【电动列车】(electric train) 用电能作为牵引动力的列车。与用热能作为牵引动力的列车如由蒸汽机车或内燃机车牵引的列车相比,具有运行速度快、运载能力强、安全可靠等优点。如果采用电动车组(列车由多个单元组成,每个单元都有动力车,可以独立操纵行驶),电动列车还可以根据客流量的变化调整列车编组数目。其电气设备主要包括由电弓、主断电器、牵引电动机和制动电阻柜等部分。在运行时,由电弓从受电系统(接触网)获得电能,经过电气设备一系列的转换,使牵引电动机带动车轴和车轮转动,同时还将列车运行的机械能变为电能,进行电阻制动。

电动列车

【电动马达】(electric motor) 一种将电能转化成机械能,并可再使机械能产生动能,用来驱动其他装置的电气设备。按其种类的不同可分为:(1)直流电动机。在控速方面比较简单,只须控制电压大小已可控制其转速。但此类电动机不仅不宜在高温、易燃等环境下操作,而且由于电动机中需要以碳刷作为电流变换器的部件(有刷马达),所以需要定期清理炭刷磨擦所产生的污物。无碳刷之马达称为无刷马达。无刷马达因为少了碳刷与轴的摩擦因此较省电也比较安静。但制作难度较高、价格也较高。(2)交流电动机。则可以在高温、易燃等环境下操作,且不用定期清理碳刷的污物。但在控速上比较困难。因为控制交流电动机转速须要控制交流电的频率(或使用感应马达,用增加内部阻力的方式,在相同交流电的频率下降低电动机转速)。控制其电压只会影响电动机的扭力。一般民用马达之电压有110V 和 220V 等两种。在工业应用中,还有 380V 或 440V 等型号。马达的旋转原理的依据为佛来明左手定则,当一导线置放于磁场内,若导线通上电流,则导线会切割磁场线使导线产生移动。电流进入线圈产生磁场,利用电流的磁效应,使电磁铁在固定的磁铁内连续转动的装置,可以将电能转换成力学能。直流马达的原理是定子不动,转子依相互作用所产生作用力的方向运动。交流马达则是定子绕组线圈通上交流电,产生旋转磁场;旋转磁场吸引转子一起作旋转运动。电动机的种类很多,以基本结构来讲,其组成主要由定子和转子所构成。

【电动气压源】(electric pressure source) 采用电动气压泵产生气压的发生器。由二次螺旋增压泵、压力指示表、压力储存容器、微调阀、回检阀、输出管路组成。可为校验压力(差压)变送器、精密压力表、普通压力表及其他压力仪器仪表提供压力源。其技术指标是:(1)造压范围。(0~0.6)MPa、(0~1.0)MPa。(2)稳定度。优于0.02%F.S (0~2.5)MPa、(0~4.0)MPa。(3)供电电压:220V。稳定度:0.02%F.S。工作介质为空气。输出接口为 M20×1.5。其性能特点是电动造压,减少劳动强度,省时省力,升压平稳,噪声低,无振动,微压范围宽,准确度高,带储压功能,有欠压自动补充的功能。同时有过压保护功能。可根据实际使用需要,量身定做各种外型的台体。

【电动式扬声器】(dynamic loudspeaker) 一种重量较轻的电声器件。由磁体和振动系统两部分组成。其中磁体由磁铁和软铁心柱组成,而纸盆(振动膜)、定心支片、音圈和防尘罩等组成了振动系统。当扬声器的音圈通入音频电流后,音圈在电流的作用下便产生了交变磁场,永久磁铁同时也产生一个大小与方向不变的恒定磁场。由于音圈所产生的磁场大小和方向随音频电流的变化不断地在改变,两个磁场的相互作用使音圈作垂直音圈中电流方向的运动。音圈和振动膜相连,音圈带动振动膜振动,振动膜振动引起空气的振动面发出声响。输出音圈的电流越大,其磁场的作用力就越大,振动膜振动的幅度也就越大,声音越响。扬声器发出高音的部分主要在振动膜的中央。扬声器发出低音的部分主要在振动膜的边缘。它通过组合磁体建立起一个与传统扬声器依靠上夹板、下夹板、极芯及磁体形成的间隙磁场有同样功能的磁场，省去了上、下夹板、极芯，并缩小了磁体体积。上述改进大大降低了钢材、磁性材料的消耗，省工省时，使扬声器生产成本大幅度下降，提高了经济效益。适用于原电动式扬声器适用的一切领域。

电动式扬声器

【电动水压源】(electric hydraulic source) 采用电动水压泵产生气压的发生器。由电动增压泵、调压丝杠、微调阀、回检阀、控制系统及保护系统等组成。台式结构，使用操作简单，可在实验室及有市电的现场使用。可检定普通(精密)压力表、压力变送器、差压变送器、压力传感器、压力调节阀、压力开关等压力仪表提供压力源。其技术指标是：造压范围：(0～6)MPa、(0～10)MPa、(0～25)MPa、(0～40)MPa、(0～60)MPa、(0～80)MPa。供电电压:220V。稳定性能好。工作介质:纯净水。输出接口:M20×1.5。其性能特点是:采用食品级不锈钢，军工密封级电动造压，操作简单，维护方便，减少劳动强度，省时省力，升压平稳，噪声低，无振动。配备调压泵，即可做粗调，又可增压进水。出水采用双重过滤，有效地解决了污染问题。带过压保护功能。三个输出口。可根据实际需要，量身定做各种外型的台体。

【电动蜗轮蜗杆】(electric worm gear and worm) 用来传递两交错轴之间的运动和动力的机械。蜗轮与蜗杆在其中间平面内相当于齿轮与齿条，蜗杆又与螺杆形状相似。其特点是：(1)可以得到很大的传动比，比交错轴斜齿轮机构紧凑。(2)两轮啮合齿面间为线接触，其承载能力大大高于交错轴斜齿轮机构。(3)蜗杆传动相当于螺旋传动，为多齿啮合传动，故传动平稳，噪声很小。(4)具有自锁性。当蜗杆的导程角小于啮合轮齿间的当量摩擦角时，机构具有自锁性，可实现反向自锁，即只能由蜗杆带动蜗轮，而不能由蜗轮带动蜗杆。如在起重机械中使用的自锁蜗杆机构，其反向自锁性可起安全保护作用。(5)传动效率较低，磨损较严重。蜗轮蜗杆啮合传动时，啮合轮齿间的相对滑动速度大，故摩擦损耗大，效率低。

蜗轮蜗杆

【电动液压泵】(electric hydraulic pump) 一种为液压传动提供加压液体的液压设备。其功能是把动力机(如电动机和内燃机等)的机械能转换成液体的压力能。输出流量可以根据需要来调节的称为变量泵，流量不能调节的称为定量泵。在液压系统中，常用的泵是：(1)齿轮泵。体积较小，结构较简单，对油的清洁度要求不严，价格较便宜；但泵轴受不平衡力，磨损严重，泄漏较大。(2)叶片泵。分为双作用叶片泵和单作用叶片泵。这种泵流量均匀，运转平稳，噪声小，工作压力和容积效率比齿轮泵高，结构比齿轮泵复杂。(3)柱塞泵。容积效率高，泄漏小，可在高压下工作，大多用于大功率液压系统；但结构复杂，材料和加工精度要求高，价格贵，对油的清洁度要求高。一般在齿轮泵和叶片泵不能满足要求时才用柱塞泵。还有一些其他形式的液压泵，如螺杆泵等，但应用不如上述三种普遍。

电动液压泵

【电动执行器】(electric actuator) 又称电动执行机构。一种为自动化过程控制环节提供信号的元件系统。按其类型的不同可分为：直行程电动执行器、角行程电动执行器、电动调节阀、PID电动调节执行器和电磁阀。应用于各种工业自动化过程控制环节。按其运动方式的不同可分为角行程和直行程(其中角行程中分为多回转和部分回转，直行程通常为推拉式和齿轮旋转式结构)。其中直行程电子式电动执行机构是电动执行器的一种。直行程电子式电动执行机构的型号有D3810和D3410。直行程电子式电动执行机构，用电位器调整零点、行程、灵敏度，方便易行；用功能开关任意选择正、反动作、选择断信号的三种状态。同时，执行器具有过载保护、温度保护及压缩弹簧保证阀门的关严等三种保护功能。

【电镀】(electroplating) 利用电解原理在金属表面镀上一薄层其他金属或合金的过程。电镀时，通常把待镀制品作为阴极(与直流电源的负极相接),所镀金属或合金的板或棒作为阳极(与直流电源的正极相接),电镀槽中的溶液含有被镀金属的盐类及一些其他物质(缓冲剂、黏合剂及添加剂等)。当接通电源并控制一定条件(包括温度、电流密度及pH 等),被镀制品表面上就会逐渐镀上一层金属或合金。电镀能增强金属的抗腐蚀性(镀层金属多采用耐腐蚀的金属),增加硬度,防止磨耗,提高导电性、润滑性、耐热性和表面美观性。大量金属和非金属制品以及飞机、汽车、轮船的配件都需经过电镀加工。

电镀体育器材

【电镀工业废水】(electroplating wastewater) 电镀生产工艺过程中排放的废水和废液。其成分非常复杂,其水质因工艺而异。主要包括镀件漂洗水、废槽液、设备冷却水和地面冲洗水等。按工艺的不同可分为含氰(CN)废水(含氰浓度 20~70mg/L)、酸碱废水和含重金属废水三类。按照重金属废水中所含重金属元素的不同又可分为含铬(Cr)废水、含镍(Ni)废水、含镉(Cd)废水、含铜(Cu)废水、含锌(Zn)废水、含金(Au)废水、含银(Ag)废水等。电镀废水的 BOD 含量低,悬浮物少,废水多有毒,对人畜健康和环境卫生危害较大。国家提倡通过革新工艺,减少废水排放量,并对废水废液进行循环利用、综合利用。电镀废水应分别进行处理。常用的废水处理方法有化学法(中和沉淀法、氧化还原法及铁氧体法)、物理化学法(电解法、离子交换法、膜分离法)和蒸发浓缩法等。

【电法勘探】(elecyrical prospecting) 简称电法。根据岩石和矿石电学性质(导电性、极化性、导磁性和介电性)的差异进行找矿和研究地质构造的一种地球物理勘探方法。通过仪器观测人工的、天然的电场或交变电磁场,分析、解释这些场的特点和规律以达到的找矿勘探的目的。按研究对象的不同电法勘探可分为:(1)直流电法。包括有电阻率法、充电法、自然电场法和直流激发极化法等。(2)交流电法。研究交变电磁场。包括有交流激发极化法、电磁法(频率域)、瞬变电磁法(时间域)、大地电磁场法、无线电波透视法和微波法等。因为激发极化法是基于固-液相界面处的电化学效应,有人将它单独划为一大类,它又分为时间域激电(直流激电)和频率域激电(交流激电)两小类。按工作场所的不同,电法勘探又分为地面电法、坑道和井中电法、航空电法、海洋电法等。

电法勘探仪器

【电分析化学】(electroanalytical chemistry) 分析化学的一个分支。应用电化学的基本原理和实验技术,依据物质的电化学性质来测定物质组成、含量及状态信息的学科。电分析化学中所用的分析方法很多。根据分析对象和要求的不同选择不同的方法。按其测量原理的不同可分为:(1)电导分析。(2)电位分析。(3)库仑分析。(4)电解分析。(5)伏安法。(6)极谱法。按其电极反应本质的不同可分为:(1)既无双电层现象,也无电极反应,如电导法。(2)有双电层现象但没有电极反应,如表面张力测定、非法拉第法等。(3)有电极反应,如计时电流法、计时电位法、电解分析法、快速极谱法等。电分析化学具有分析检测限低、仪器简单、便宜、响应时间短等优点。在界面电荷转移、生物大分子相互作用和功能研究、生物传感器的设计、分析仪器与装置的研发等领域发挥着重要的作用。

【电负性】(electronegativity) 原子吸引电子能力的相对标度。电负性越大,吸引电子的倾向越大,即得到电子的能力越强,氧化性越强,非金属性也愈强。金属元素的电负性小于2.0(除铂系和金外),非金属元素(除硅外)大于2.0。两种不同元素的电负性差值大于1.7,容易形成离子键;小于1.7则容易形成共价键。电负性的定义和计算方法有多种,每一种方法的电负性数值都不同。具代表性的有:(1)L. C. 鲍林提出的标度,即根据热化学数据和分子的键能,指定氟的电负性为3.98,以此计算其他元素的相对电负性。(2)R. S. 密立根从电离势和电子亲和能计算的绝对电负性。(3)A. L. 阿莱提出的建立在核和成键原子的电子静电作用基础上的电负性。

【电感】(inductance) 衡量线圈产生电磁感应能力的物理量。给一个线圈通入电流,线圈周围就会产生磁场,线圈就有磁通量通过。当线圈中电流发生变化时,其周围的磁场也产生相应的变化。通入线圈的电流越大,磁场就越强,通过线圈的磁通量就越大。通过线圈的磁通量和通入电流成正比。它们的比值称为自感系数,也称电感。如果通过线圈的磁通量用 φ 表示,电流用 I 表示,电感用 L 表示,那么$L=\varphi/I$。电感的单位是亨(H),也常用毫亨(mH)或微亨(μH)做单位。1H = 1 000mH,1H =

1 000 000μH。按照外形的不同可分为实心电感和空心电感两种。实心电感电感量大，常用在滤波电路；空心电感电感量较小，常用于高频电路。按照工作性质的不同可分为高频电感器和低频电感器。按照封装形式的不同可分为普通电感器、色环电感器、环氧树脂电感器、贴片电感器等。按其结构的不同可分为绕线式电感器和非绕线式电感器。按其是否可调可分为固定电感器和可调电感器。其功能与特点是：(1)线圈通过电流时产生变化的磁场，又会反过来影响电流。(2)任何导体都会有自感现象产生。(3)电感的特性与电容的特性正好相反，它具有阻止交流电通过而让直流电顺利通过的特性。(4)电感的特性是通直流，阻交流，频率越高，线圈阻抗越大。电感器在电路中经常和电容一起工作，构成 LC 滤波器、LC 振荡器等。

电感器

【电工材料】(electrical materials) 电工领域中各类材料的总称。包括导电材料、半导体材料、绝缘材料和磁性材料。其特性与作用是：(1)导电材料。具有高电导率的材料，在电工设备中用作导体。(2)半导体材料。电导率介于导电材料和绝缘材料之间，性质随缺陷和杂质含量而显著变化，所以可利用掺杂来控制其性能。在电工中作为电源和控制、调节之用。(3)绝缘材料。按其化学性质的不同可分为无机绝缘材料、有机绝缘材料和混合绝缘材料。(4)磁性材料。主要有铁磁性材料和铁氧体。按其矫顽力的不同可分为软磁材料和永磁材料两大类。软磁材料用于交变磁场；而永磁材料用于静态磁场。按其材料组成的不同可分为金属材料和非金属两大类。在工程技术中广泛应用，并占有重要的地位。

【电工陶瓷】(electrical ceramics) 用于生产高、低压电力绝缘子及特殊电工元器件的陶瓷材料。随着陶瓷技术的发展和电力工业的需要，电工陶瓷已不仅限于传统意义上的电瓷绝缘制品，而且已扩展到现代陶瓷制品，如用于制造避雷器的 ZnO 压敏电阻、SiC 压敏电阻、$BaTiO_3$ 高压陶瓷电容器、ZnO 线性电阻等。电工陶瓷已从纯无机材料步入有机复合材料领域。

电工陶瓷

【电光】(electric-lighting finish) ❶电能所发出的光，多指闪电的光。❷用机械使棉织物获得强烈光泽的整理过程。所用机械为电光机。电光机轧压部分主要由一只钢滚筒和一只纤维质软滚筒上下叠置而成。钢质硬滚筒表面刻有平行而密集的斜纹线，并可通电加热。加工时，含有适量水分的棉织物经滚筒热轧，表面上形成细密的平行线纹，有规则地反射光线，产生强烈的光泽。结合树脂整理，织物光泽耐久，称为耐久性电光。

【电光效应】(electro-optic effect) 电场施加在晶体上，使晶体的折射率发生变化的现象。光和处在外电场中的媒质相互作用产生的光学现象。通常所说的电光效应包括斯塔克效应、反斯塔克效应、克尔效应和泡克耳斯效应等。光电效应可分为一次光电效应和二次光电效应。一次电光效应只存在于不具有对称中心的晶体中；二次电光效应则可能存在于任何物质中。光在各向异性晶体中传播时，因光的传播方向不同或者是电矢量的振动方向不同，光的折射率也不同。当加在晶体上的电场方向与通光方向平行时，称为纵向电光调制；当所加电场方向与通光方向相垂直时，称为横向电光调制。电光效应在工程技术和科学研究中有许多重要应用。它有很短的响应时间，可以在高速摄影中作快门或在光速测量中作光束斩波器；也可制作电光调制器、电光开关、电光光偏转器；还可应用于激光通信、激光显示和光学数据处理等。

【电光眼】(electro-optical eye) 在发生弧光放电时，由红外线、可见光、紫外线等对眼睛的结膜和角膜浅层的急性炎症反应。其潜伏期的长短与照射强度及时间有关，一般为 6～8h，短者仅 30min。最常见于从事电焊、气焊，电炉炼钢、雪地作业(又称雪盲目)等。紫外线强烈照射而又防护不当时，也可能患电光性眼炎。其临床表现是：双眼有异物感，剧烈疼痛，怕光流泪，并可出现眼睑肿胀、结膜混合充血与水肿、瞳孔痉挛性缩小、眼睑皮肤呈红色、可有水泡形成、角膜上皮有点状与片状剥脱、萤光素染色为阳性等症状。其预防措施是：严格执行安全操作规程，在强紫外线环境工作时，戴上墨绿色滤光玻璃防护眼镜或面罩。电光性眼炎自疗和保护的方法是：(1)不要揉眼，以免加重损伤。(2)用新鲜人奶或牛奶滴眼，每分钟一次，每次 4～5 滴，数分钟后症状即可减轻。(3)用冷湿毛巾冷敷眼部。(4)可口服止痛药和镇静药。(5)可用抗生素眼药水或眼膏，以防止眼部感染。(6)电光性眼炎严重，症状又不缓解时，应及时到医院治疗。(7)平常可准备医院配的电光眼药水。其治疗特点是:主要依靠本身组织的恢复。如处理及时,一般1～2天内可痊愈,不影响视力。

【电光源】(electric light source) 利用电能做功产生可见光的光源。按照明发光方法的不同可分为:电阻发光、电弧发光、气体发光和荧光粉发光四种。其启动方式有:(1)电压自适应型。这类灯泡,只要给它加上额定电压即可正常工作,如白炽灯、溴钨灯等。(2)辅助触发型。这类灯泡,供给额定电压,它并不工作,而是需要一个较额定电压高的辅助触发电压进行启动,然后才能工作,如荧光灯、放映氙灯等。这个外加电压叫触发电压。目前人们一方面不断改进现有光源的发光、颜色和电气特性;另一方面开发更多的新型电光源,以满足工农业生产、交通运输、国防和人民生活的需要。

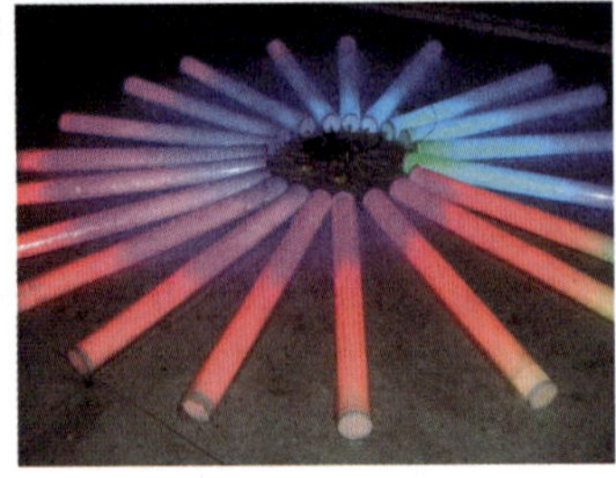

电光源

【电荷】(electric charge) 物质的某些基本粒子(如质子和电子等)所具有的固有属性之一。例如琥珀经摩擦后能够吸引轻小物体的现象是物体带有电荷的表现。电荷的数量称为电量。其单位是库仑(C)。电荷分正、负两性。同性排斥。异性吸引。正负结合。彼此中和。电荷可以转移,此增彼减,而总量不变。构成物质的基本单元是原子。原子由电子和原子核构成。原子核又由质子和中子构成。电子带负电。质子带正电,中子不带电。电荷具有量子性。任何电荷都是电子电荷e的整数倍。e的精确值(1986年推荐值)为:$e=1.602\ 177\ 33\times 10^{-19}C$。质子与电子电量(绝对值)之差小于$10^{-20}e$。通常认为两者的绝对值完全相等。电子十分稳定。估计其寿命超过10^{10}年,比迄今推测的宇宙年龄还要长得多。

【电荷耦合器件】(charge-coupled device) ❶一种特殊半导体器件。利用少数载流子在表面层势垒中存储和转移而制成的器件。由金属氧化物半导体电容阵列构成。在这种装置中,可以准确地进行像素寻址。具有随机或准随机像素寻址功能的二维检测器。可作延迟线和移位寄存器,也可作模拟信号处理和存储用。❷一种用电荷量来表示不同状态的动态移位寄存器。整个工作过程是一种电荷耦合过程,由时钟脉冲电压来产生和控制半导体势阱的变化,实现存储和传递电荷信息。可作固体成像、信息处理和大容量存储器用。各种传感器用于天文、遥感、传真、卡片阅读、光测试和电视摄像等领域。电荷耦合信号处理器件兼有数字和模拟两种信号处理技术的长处。广泛应用于中等精度的雷达和通信系统中。

【电荷守恒定律】(conservation law of charge) 在任何物理过程中,一个系统的正负电荷的代数和保持不变。它是电磁现象中的基本定律之一。

【电弧炉】(arc furnace) 电热冶金炉主要类型的一种。基本组成部分有:电极及其升降装置、炉身及其倾动机构、变压器及电能供应和调节设备等。按加热方式不同可分为:直接作用电弧炉(电弧形成于电极和被加热物体间)、间接作用电弧炉(电弧形成于电极间,同被加热物体隔一定距离)、封闭电弧式电弧炉(电弧为炉料所包围)。按炉底结构不同可分为炉底导电电弧炉和炉底不导电电孤炉等形式。电弧炉易于控制熔池供热和熔炼室气氛。用以冶炼合金钢、优质钢和熔化各种金属及合金,也用于直接冶炼铁和铁合金。

电弧炉

【电弧炉炼钢】(smelting steel with arc furnace) 由电极通电,利用炉内电弧辐射热的炼钢方法。冶炼过程包括:补炉、装料、熔化、氧化、还原和出钢。如原料质量好,可采用不氧化法。炉内可按需要保持氧化或还原气氛。在冶炼过程中各阶段使用不同的电流、电压,以调整供热。用于各种优质钢和合金钢的大量生产。

【电弧石英玻璃坩埚】(arc quartz glass crucibles) 由石英制成的高纯专用容器。具有耐高温、热稳定性好、膨胀系数小等特点。用于半导体工业中拉制大尺寸的单晶硅。

电弧石英玻璃坩埚

【电化学】(electrochemistry) 见现代电化学。

【电化学腐蚀】(electrochemical corrosion) 金属材料在电解质溶液中发生电化学反应而引起的腐蚀。电化学腐蚀反应是一种氧化还原反应。金属失去电子而被氧化;介质中的物质从金属表面获得电子而被还原。引起电化学腐蚀的介质都能导电，如酸、碱、盐、土壤、海水等。其与化学腐蚀的主要区别在于，电化学腐蚀可以分解为两个相互独立而又同时进行的阴极过程和阳极过程，而化学腐蚀没有这个特点。电化学腐蚀比化学腐蚀更为常见和普遍。

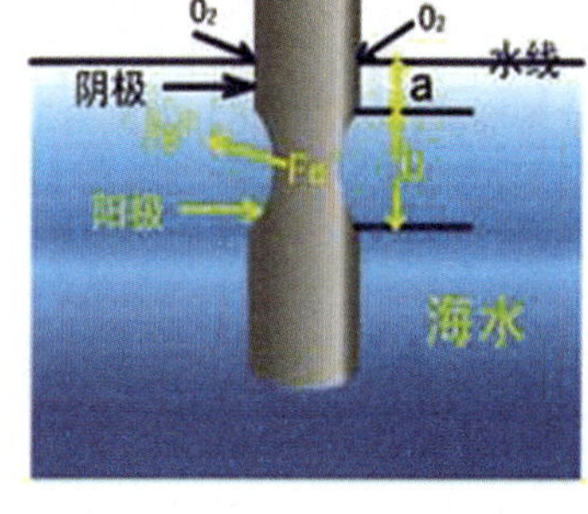

电化学腐蚀

【电化学复合加工】(electrochemical complex machining) 以电化学加工为主并辅以其他方式的加工方法。应用机械、电、磁、流体和声等多种能量进行综合加工的过程。这类复合加工主要有：电化学－机械、电化学－电火花、电化学－电弧、电化学－超声、电化学－磁力、电化学－机械超声等多种组合方式。其中电化学的阳极溶解作用和硬质刀具或磨料的机械作用结合起来形成的复合加工工艺包括：电解钻孔、电解铣削、电解磨削、电解珩磨、电解研磨和抛光等。与其他加工方法组合形成的复合加工工艺包括：电解电火花加工、电解电弧加工、电解超声加工、磁场电化学加工以及电解超声磨削等，尤以深长小径孔的电化学复合加工应用较多。

【电化学机械加工】(electrochemical mechanical machining) 把电化学阳极溶解作用与机械加工作用结合在一起的复合加工方法。通常分为三类：(1)电解磨削。大部分材料靠电解去除，少量的金属和工件表面氧化物由磨料的机械作用去除。电解磨削可加工高硬度和高韧性金属，比普通磨削效率高，磨削力和磨削热小，砂轮寿命长，但设备略显复杂。常用来磨削硬质合金刀具、挤压模、拉丝模和轧辊等。(2)电解珩磨。一种把电解加工和常规珩磨结合使用的加工方法。比普通珩磨的效率与质量都高。一般用来珩磨小孔、深孔、薄壁筒等零件。(3)电解超精加工。普通研磨加工加上电解作用的复合加工方法。它的生产效率高于普通研磨加工，且研磨条(块)损耗少，加工发热量小。它主要用来完成冷轧辊表面、不锈钢容器内壁和太阳能电池基板镜面的加工等。

【电化学加工】(electrochemical machining) 利用电化学反应(或称电化学腐蚀)对金属材料进行加工的方法。与机械加工相比，电化学加工不受材料硬度、韧性的限制。常用的电化学加工有电解加工、电解磨削、电化学抛光、电镀、电刻蚀和电解冶炼等。已广泛用于工业生产中。

【电化学抛光】(electrochemical polishing) 直接应用阳极溶解的电化学反应对机械零件进行再加工，以降低其表面粗糙度的加工工艺。比机械抛光效率高，精度高，且不受材料的硬度和韧性的影响，有逐渐取代机械抛光的趋势。电化学抛光的基本原理与电化学加工相同，但电化学抛光的阴极是固定的，电极间距离大(1.5～200mm)，去除金属量少。在进行电化学抛光时，要控制适当的电流密度。电流密度过小时，金属表面会产生腐蚀现象，且生产效率低；当电流密度过大时，会发生氢氧根离子或含氧的阴离子的放电现象，且有气态氧析出，从而降低电流效率。

电化学抛光

【电话网】(telephone network) 以传输话音信息为主的电信网络。由交换机、传输设备、传输线路和用户终端设备等部分组成。可分为本地电话网、长途电话网和国际长途电话网三种。它经历了由模拟电话网向程控数字电话网的转变。当前，窄带综合业务数字网和宽带综合业务数字网已成为电话网的主流。综合业务数字电话网除传输话音之外，还可以完成文字、图像等一些非电话业务传输。

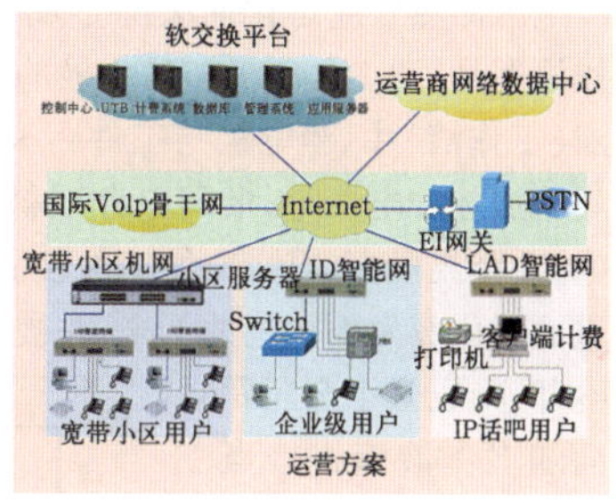

电话网

【电火花表面涂敷】(surface cladding with electric spark) 通过电极材料与金属零件表面的火花放电作用，把导电材料熔渗进金属工件的表面，形成含电极材料的合金化的表面涂敷层的工艺。该工艺使工件表面的物理性能、化学性能和力学性能得到改善，而工件内部的组织和力学性能不发生变化。除被处理零件表面因电极材料的沉积有规律地胀大外，不存在变形问题。电火花涂敷可有效提高零件表面耐磨性、耐蚀性和高温抗氧化性等。但电火花涂敷会加大表面粗糙度和影响材料的疲劳性能。电火花涂敷是一种简单经济的表面涂敷手段。特别适合于模具和大型机械零件的局部处理。

【电火花超声加工】(ultrasonic machining with electric spark) 在电火花加工时引入超声波,使电极工具端面作超声振动来强化加工过程,促使电腐蚀产物的排除,并使间隙稳定的复合加工技术。工具的超声振动可有效地提高电火花放电脉冲的利用率。当不加超声振动时,电火花精加工的放电脉冲利用率仅为3%~5%;而加上超声振动后,电火花精加工的放电脉冲利用率可提高到50%以上。电火花超声加工主要用于加工硬质合金、聚晶金刚石和导电陶瓷等硬脆材料,在加工小孔、深孔、窄缝及异型孔时,可获得较好的工艺效果。

【电火花复合加工】(complex machining with electric spark) 以电火花的蚀除作用为主,辅以不同的机械运动方式或结合超声等作用形成的加工工艺。在实际生产中,工具电极相对于工件采用不同的运动方式组合形成不同的加工方法,如电火花铣削、电火花磨削、电火花线切割、电火花共轭回转加工、电火花展成加工等以及电火花作用与超声作用结合形成电火花超声加工等。

【电火花加工】(electric spark machining) 以电脉冲热效应熔化而去除金属的加工方法。其工作原理是:把工具电极与另一极的工件浸在电解质溶液(工作液)中,当电极与工件距离很近、同时又在其间施加脉冲电压时,极间电介质被击穿,产生火花放电,并释放极高的热量,使工件表面的金属局部熔化,进而气化蒸发而被电蚀下来,并被抛入工作液中迅速冷却,凝成微小金属颗粒而随工作液流走。当工具电极有控制地向工件进给时,就形成了不断的火花放电,工件表面金属将不断地被电蚀,最后在工件表面复制出工具电极的形状,从而达到成型加工的目的。其加工类型有:(1)电火花成型加工。(2)电火花线切割加工。(3)电火花磨削。(4)电火花共轭回转加工。利用电火花加工方法能加工高硬度、高强度金属材料。加工时无切削力,无毛刺及加工刀痕。电火花加工多用来制作硬脆材料的具有复杂形状的型孔、型腔零件,切割硬脆材料及加工微型孔,也可用来去除折断在工件孔内的钻头或丝锥。

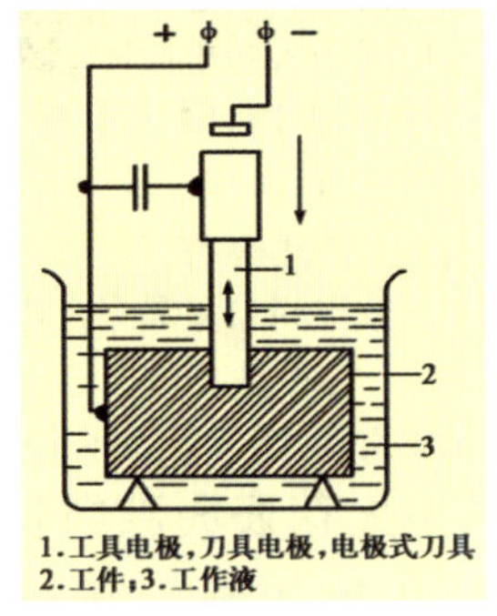

电火花加工

【电火花磨削】(electric spark grinding) 全部靠电火花的能量来实现磨削加工的方法。在加工时,工件与电极的运动方式与普通磨削加工时工件与砂轮的运动方式类似。按其成型运动和功用的不同可分为:电火花平面磨削、电火花内圆磨削、电火花成型磨削和电火花小孔磨削等。电火花磨削与机械磨削相比,电火花磨削可提高生产率1~2倍。主要用于硬质合金、高温难加工材料和双金属复合材料的加工。

【电火花铣削加工】(milling machining with electric spark) 采用高速旋转的杆状电极对工件进行二维或三维轮廓电火花腐蚀的加工技术。像数控铣削加工一样,是一种替代传统成型电极加工模具型腔的新技术,不需制造复杂、昂贵的成型电极。

【电火花线切割】(wire cutting with electric spark)用不断移动的电极丝作为工具,使工件按预定的轨迹进行运动,而电火花放电腐蚀切割出所需的复杂零件的加工技术。是一种替代传统加工模具通孔的新技术。只能加工以直线为母线的曲面,而不能加工任意空间的曲面。

电火花线切割

【电火箭发动机】(electrically-powered rocket engine) 用氢、氮、氟或汞、钾等金属蒸气作工质,利用电能加速工质,形成高速射流喷出产生推力的火箭发动机。电火箭发动机有电热火箭发动机、静电火箭发动机和电磁火箭发动机三种类型。与化学火箭发动机不同,这种发动机的能源和工质是分开的。电能由飞行器提供,一般由太阳能、核能、化学能经转换装置得到。电火箭发动机具有高比冲、长寿命等特点。但其产生的推力小。适用于航天器姿态控制、位置保持等。

【电击起搏器】(electric injury pacemaker) 实施心脏病急救的主要设备之一。其原理是:在严重快速型心律失常或心脏骤停时,用外加的高能量脉冲电流通过心脏,使全部或大部分心肌细胞在瞬间同时除极,造成心脏短暂活动停止,然后由最高自律性的起搏点(通常为窦房结)重新主导心脏节律。电击起搏也称为电复律。它是治疗心脏猝死的有效疗法。在心脏猝死发生后前几分钟施以电复律,通常可以转复,且电击越早效果越好。在心脏骤停1min内电击起搏,患者的存活率可达90%。而每延迟1min,复苏的成功率就会下降7%～10%。心脏停搏后4～6min未能复跳，患者将会出现不可逆性脑损伤。超过12min，复苏的机会仅有2%～5%。电击起搏器由电源和大小两对电极板组成。在使用时，两块电极板之间的距离不应小于10cm，电极板应紧贴患者皮肤并稍微施压(5kg)，不能留空隙。安放电极板处要涂导电糊，也可用盐水纱布，紧急时清水也可。但绝对禁止使用乙醇，否则会引起皮肤灼伤。两电极板之间要保持干燥，避免因导电糊或盐水相连而发生短路。电极板把手也应干燥，以免伤及操作者。

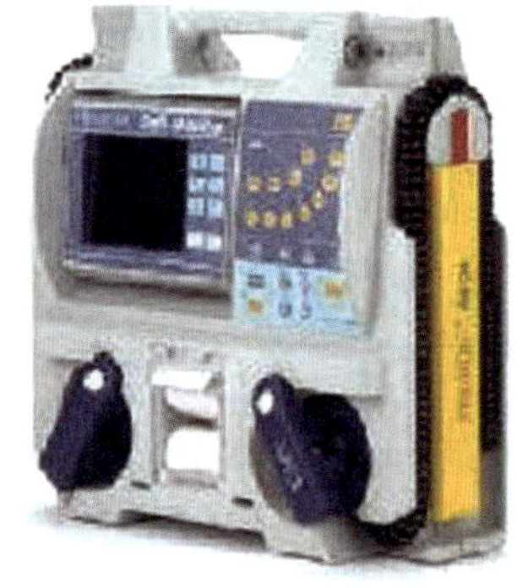

电击起搏器

【电机】(electrical machinery) 根据电磁感应原理，使电能和机械能相互转换的机械。主要由定子和转子组成。两部分都装有绕组。使电能转化机械能的电机，称为电动机。使机械能转化为电能的电机，称为发电机。电机种类很多，有变频电机、调速电机、高压电机、防爆电机等。此外，还有用作机械和电器信号检测、放大及转换的控制用电机等。

【电接触加工】(electric contact machining) 利用在液体介质中通过一定强度电流的两电极直接接触产生电腐蚀现象进行加工的方法。其原理是在外力作用下，金属工具电极(负极)和金属工件电极(正极)紧密接触，并使之维持一定速度的相对滑动。由于是非理想接触，其实际接触点接触面积极小，故电流强度非常大，并在正极工件接触点上产生高热，因而极间就形成了正极材料熔化的金属桥，产生极间放电，造成正极材料的蚀除。蚀除下的金属能抑制放电进行，并使其自然中断。而金属桥却在另一接触点形成，构成了极间放电的不断循环，这样无数次循环放电的结果就实现了金属加工的目的。同时，加工过程中，应注入加工液，以便冷却电极和冲走蚀除的材料微粒。由于工件与工具在加工中处于接触状态，故不需像电火花加工那样为维持一定的极间间隙而必须设计复杂的自动控制系统和电源系统。电接触加工主要用来解决耐高温、高韧性、高硬度等材料的加工问题，以及完成复杂形状零件、成型刀具的加工任务。

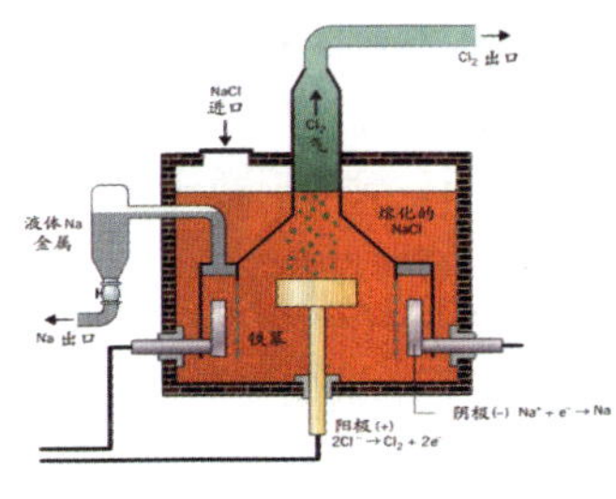

电解

【电解】(electrolysis) 将直流电通过物质而引起化学变化以制备所需产品的过程。其工作原理是将直流电通入装有电解质溶液或熔融电解质的电解槽中，使电解质在两个电极上(或电极旁)发生化学变化，以制备所需产品。电解广泛应用于冶金工业中，如从矿石或化合物中提取金属(电解冶金)或提纯金属(电解提纯)，以及从溶液中沉积出金属(电镀)。金属钠和氯气是由电解溶融氯化钠生成的；电解氯化钠的水溶液则产生氢氧化钠和氯气。电解水产生氢气和氧气。

【电解超声加工】(electrolytic ultrasonic machining) 把电化学阳极溶解与超声振动磨粒的机械作用结合起来的复合加工方法。在工作时，工件接阳极，工具接阴极，电解液中加入一定比例微小磨粒形成悬浮液。在加工时，被加工表面在电解液中产生阳极溶解，电解产物阳极钝化膜被超声振动的工具和磨粒刮除。超声振动引起的空化作用(存在于液体中的微气核空化泡在声波的作用下振动，当声压达到一定值时发生的生长和崩溃的动力学过程)加速了钝化膜的破坏和含磨粒电解液的循环更新，促使阳极溶解过程的进行，从而提高加工速度和质量。

【电解沉积】(electrolysis precipitability) 在冶金中，从水溶液中用电解法提取金属的方法。电解液是含该金属盐类的水溶液。一般用与电解液无作用的材料作阳极，故又称不溶性阳极电解。在电解过程中所提取的金属沉积于阴极。用于从铜或锌矿石的酸性浸出液中提取铜或锌。

【电解电火花加工】(electrolytic electric spark machining) 利用电化学腐蚀作用和电火花蚀除作用联合进行的复合加工方法。在加工过程中，电极(工件正极和工具负极)对接低压直流电源，以实现电解加工。同时由脉冲发生器供给脉冲电压，以保证电火花作用。在电解液中，去除金属是阳极电化学溶解和电火花蚀除综合作用的结果。应用该方法加工金属合金等导电材料时，合理选择工艺参数可使其达到加工效率高、表面质量好、电极损耗小以及加工精度好的工艺效果。由于电解电火花复合加工与通常的电加工一样，不受工件材料强度、硬度等物理力学性能的影响，并可加工传统机械加工方法无法获得的异形孔及复杂形状零件。这一加工方法在非导电超硬及硬脆材料的加工中发挥重要作用。

【电解加工】(electrolytic machining) 利用电化学阳极(工件)溶解进行加工的方法。在电解加工时,工件接直流电源正极,工具接负极,两极之间保持较小的间隙(通常为0.02~0.7mm),利用电解液泵在间隙中间通以高速(5~50m/s)流动的电解液。在电压作用下,工件表面的金属就会不断地溶解,溶解的产物被高速流动的电解液带走。工具负极需不断地进给,使正极溶解过程不断进行,直到工具的形状“复映”在工件上,使工件获得所需的形状、尺寸为止。电解加工的特点是:可加工出各种金属材料的复杂型腔或型面,无加工变形和压力,生产率高;但加工精确度较低,难加工出棱角清晰的表面,所需设备较多,需采取防腐措施等。电解加工主要用于成批生产难切削材料零件及有复杂型面、型腔、型孔的零件,也可用于表面抛光、去毛刺、刻印及电解扩孔等。

【电解精炼】(electrolysis refining) 在冶金中,通过水溶液电解从粗金属提取纯金属的过程。用粗金属作阳极,纯金属或其他材料作阴极,而以含有该金属离子的溶液作电解液。金属从阳极溶解,通过电解液,在阴极上沉积。粗金属中所含各种杂质,按其在电位序中位置的不同,或不溶解而成为阳极泥落于电解槽底,或虽溶解,但不在阴极上沉积。因此,阳极泥和电解液中所溶解的其他金属杂质中,常含有某些贵重和有价值的金属,综合回收后,其效益有时足以抵偿整个电解精炼的费用。此法在经济上具有重要意义,常用于有色金属如粗铜、粗镍、粗铅的精炼。此外,还有熔盐电解精炼。一般须在无水、高温和加助熔剂的条件下进行,大部分的电能耗用于电解质的加热。常用以制取不能由水溶液中制备的金属,如用于碱族金属(钾、钠等)、碱土族金属(钙、镁等)以及铝、钍、钽和混合稀土等金属的生产。

【电解刻蚀】(electrolytic etching) 又称电刻蚀。应用电化学阳极溶解的原理,在金属表面蚀刻出所需的图形或文字的加工工艺。电刻蚀所去除的金属量较少,无需用高速流动的电解液来冲走由工件上溶解出的产物。在加工时,阴极固定不动。电刻蚀有四种加工方法:(1)按要刻的图形或文字,用金属材料加工出凸模作为阴极,被加工的金属工件作为阳极,两者一起放入电解液中。接通电源后,被加工工件的表面就会溶解出与凸模上相同的图形或文字。(2)将导电纸(或金属箔)裁剪或用刀刻出所需加工的图形或文字,然后粘贴在绝缘板材上,并设法将图形中各个不相连的线条用导线在绝缘板背面相连,作为阴极。(3)对于图形复杂的工件,可采用制印刷电路板的技术,即在双面敷铜板的一面形成所需加工的正的图形,并设法将图形中各孤立线条与敷铜板的另一面相连,作为阴极。(4)在待加工的金属表面涂一层感光胶,再将要刻的图形或文字制成负的照相底片覆盖在感光胶上,采用光刻技术将要刻除的部分暴露出来。阳极仍是待加工的工件,而阴极可用金属平板制作。

【电解铝生产】(electrolysis aluminum production) 将氧化铝进行电解而生产金属铝的工艺方法。原料是固体氧化铝白色粉末,其熔点为2 050℃,难以直接熔化来提炼金属铝。但能部分地溶解于熔点较低的冰晶石 Na_3AlF_6 熔融液中,形成均匀的熔体,并且具有良好的导电性,使铝的电解生产方法能够实现。其生产过程为:将固体氧化铝溶解于冰晶石熔体中;通入直流电后,Al_2O_3 电离成络合状的 Al^{3+} 和 O^{2-},在两极上发生电化学反应,在碳素阳极上得到气态 CO_2,阴极上得到液态铝;定时将铝液用真空抬包从电解槽中抽出,浇注成铝锭或直接加工成线坯、型材。随着反应的进行,电解质熔体中的氧化铝不断被消耗掉,需要不断地添加。冰晶石也需适量加以补充。碳素阳极消耗后更换新的阳极。

电解铝生产

【电解磨削】(electrolytic grinding) 靠阳极金属电化学腐蚀作用和机械磨削作用相结合进行加工的工艺技术。比电解加工有更好的加工精度和表面质量,比机械磨削有更高的生产率。与普通机械磨削相比,其特点是:(1)加工范围广,加工效率高。(2)磨削力小,磨削热很少,消耗功率也小,不会产生磨削烧伤、裂纹和毛刺,能获得更高的加工精度和更好的表面质量。(3)砂轮磨损量小,在磨削硬质合金时,金刚石砂轮的损耗速度仅为普通磨削的1/10~1/5,可降低加工成本。其主要问题是需要增加一些辅助设备(如直流电源、电解液循环过滤系统、防腐措施及防护和抽风吸雾装置等)。可用于磨削外圆、内圆、平面及成型表面。

【电解抛光】(electrolytic polishing) 又称电抛光。利用金属表面微观凸点在特定电解液中和适当电流密度下,阳极发生溶解的原理进行抛光的加工方法。其优点是:(1)可极大地提高表面耐蚀性。(2)抛光面比机械抛光更平滑,反光率更高。所能达到的表面粗糙度与原始表面粗糙度有关,一般可提高两级。(3)不受工件尺寸、形状和材料硬度的限制。对不宜进行机械抛光的硬质材料、软质材料以及薄壁、形状复杂、细小的零件和制品都能加工,例如细长管内壁、容器内外壁、弯头、螺栓、弹簧、螺母、反射镜、不锈钢餐具、装饰品等。(4)无机械力作用,不引起金属的表面变形,抛光表面不会产生变质层,无附加应力,并可去除或减小原有的应力层。对于低硬度合金以及机械抛光难于做到的铝合金、镁合金、铜合金、钛合金、不锈钢等宜采用此法。此外,电解抛光对试样磨光程度要求低,速度快,效率高。但由于电解液通用性差、使用寿命短、具有强腐蚀性,使其应用范围受到限制。

【电解食盐法】(brine electrolysis) 对食盐溶液进行电解反应制造烧碱和氯气的方法。将净制的食盐饱和溶液放入电解槽,接通直流电进行电解反应,便会产生离子的迁移和放电。溶液中的负离子(Cl^-或OH^-)移向阳极而放电,正离子(Na^+或H^+)移向阴极而放电。用一般固体阴极的电极反应的结果是:在阳极生成氯气,在阴极生成烧碱溶液和氢气。烧碱溶液经蒸发后可制得固体烧碱。氯气和氢气可加制得盐酸。

【电解冶炼】(electrolytic smelting) 利用电解原理对有色和稀有金属进行提炼和精炼的方法。可分为水溶液电解冶炼和熔盐电解冶炼两种。水溶液电解冶炼在冶金工业中广泛用于提取和精炼铜、锌、铅、镍等金属。例如铜的电解提纯:将粗铜(含铜99%)预先制成厚板作为阳极,纯铜制成薄片作阴极,以硫酸和硫酸铜的混合液作为电解液。在通电后,铜从阳极溶解成铜离子向阴极移动,到达阴极后获得电子而在阴极析出纯铜(又称电解铜)。熔盐电解冶炼用于提取和精炼活泼金属(如钠、镁、钙、铝等)。例如,工业上提取铝就是将含氧化铝的矿石进行净化处理,将获得的氧化铝放入熔融的冰晶石中,使其成为熔融状的电解体,以电解法制取金属铝。

【电解质】(electrolyte) 与非电解质相对应。在水溶液里或熔融状态下可以提供正、负离子,能够导电的化合物。可分为:(1)真实电解质(离子能直接溶化而进入溶液的物质)。(2)潜在电解质(非离子组成,溶解时与溶剂发生化学反应产生正、负离子的物质)。

【电介质】(dielectrics) 其基本电磁性能在电场作用下能被极化的物质。包括气态、液态和固态等范围的物质。法拉第最早给出电介质的定义是"被电力线所横贯地作用着的那种物质",也就是说,电介质内部具有较强稳态的电场强度。电工中一般认为电阻率超过$1\times10^8\Omega\cdot m$的物质便归属于电介质。在20世纪30年代以前,电介质只是作为电气绝缘材料应用,所以通常人们认为电介质就是绝缘体。其实某些非绝缘体如半导体在一些特定条件下具有电介质特性,也属于电介质。因而电介质并非都为绝缘体。电介质可分为强电介质和弱电介质等。

【电介质物理学】(dielectric physics) 物理学的一个分支。研究电介质的各种效应和性质的学科。电介质的电阻率一般都很高,往往被误认为电介质就是绝缘体。虽然绝缘体都是电介质,但是有些物质,其电阻率并不高,而不是绝缘体。然而由于其中存在着电偶极矩,并且这些电偶极矩的相互作用使物质产生某些介电性质,因此这些物质也是电介质。电介质除了可以有绝缘性能之外,还可以具有许多其他的性能和效应,例如:铁电性和反铁电性、压电性、热电性、电致伸缩效应、非线性光学效应、电致光学效应、铁弹性和驻极体效应等。

【电抗器】(warblex) 一种限制过电流的装置。是稳定电压、无功补偿和移相等使用的高压电器。按其绕组内有无主铁芯可分为铁芯式电抗器和空芯式电抗器;按其用途的不同可分为有限流电抗器、并联电抗器、中性电抗器、启动电抗器、滤波电抗器、阻压电抗器、平波电抗器和调节用电抗器等。额定电压在35kV以下的限流电抗器多制成混凝土柱式结构,并联电抗器则多为带气隙铁芯的油浸式结构。其发展趋势是:额定电压为110kV及以下的限流电抗器和并联电抗器,采用干式空芯玻璃纤维结构;超高压并联电抗器,则采用单相或三相油浸式气隙铁芯式结构。

电抗器

【电刻蚀】(electrolytic etching) 见电解刻蚀。

【电缆调制解调器】(cablemodem) 又称有线调制解调器。在有线电视同轴电缆上将数据进行调制与解调,进行数据传输的设备。主要面向计算机用户的终端,是连接有线电视同轴电缆与用户计算机之间的中间设备。在原理上是将数据进行调制后在信道内传输,接收时进行解调。与普通的调制解调器不同之处,不仅在于它以有线电视电缆作为传输媒介,对有线电视的某个传输频带进行调制解调,而且它集调制解调、调谐器、加/解密设备、桥接器、网络接口卡、虚拟专网代理和以太网集线器的功能于一身，是未来宽带网络发展的一种重要选择。

【电离】(ionization) 中性原子或分子转化为带电的原子或分子(离子)的过程。也可延伸为已电离的原子获得净增电荷量的过程。当中性原子或分子从外界获得足够的能量，使某个电子获得的能量足以克服原子核的引力而成为自由电子，并留下带正电的离子时，就产生了电离。电离所需的能量称为电离能或电离电位，单位为电子伏(eV)或伏(V)。移去第二个电子所需的能量称为第二电离能或第二电离电位。强电磁辐射、电子束、离子束、中性离子束、宇宙射线、冲击波和高温等外界因素都会造成气体原子或分子的电离。按电离发生的机理的不同可分为碰撞电离、光电离和热电离。

【电离层】(ionosphere) 从距地面大约60～2 000km处于电离状态的高空大气层。上疏下密的高空大气层，在太阳紫外线、太阳日冕的软X射线和太阳表面喷出的微粒流作用下，大气气体分子或原子中的电子分裂出来，形成离子和自由电子。分为D、E、F1、F2四层。D层高度60～90km，白天可反射2～9MHz的频率；E层高度90～150km，这一层对短波的反射作用较小；F1层高度150～200km，只在日间起作用；F2层高度大于200km，是F层的主体，日间夜间都支持短波传播。其浓度对工作频率影响很大，浓度高时反射频率高，浓度低时反射频率低。电离的浓度以单位体积的自由电子数来表示。电离层的高度和浓度随地区、季节、时间以及太阳黑子活动等因素的变化而变化。电离层最高可反射40MHz的频率，最低可反射1.5MHz的频率。根据这一特性，短波工作频段被确定为1.6～30MHz。

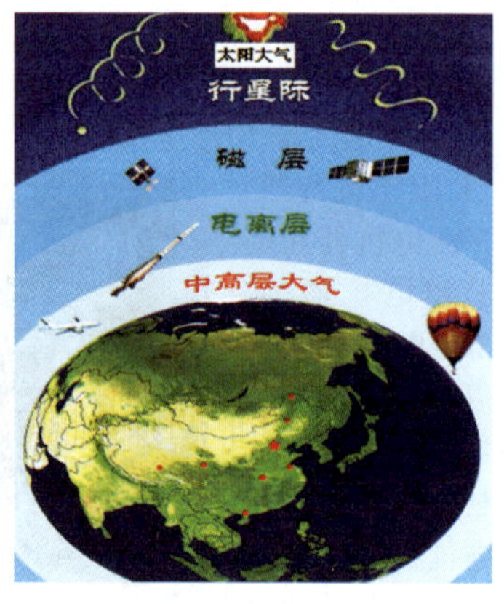

电离层

【电离辐射】(ionizing radiation) 一切能引起物质电离的辐射总称。电离辐射种类很多。高速带电粒子有α粒子、β粒子、质子，不带电粒子有中子以及X射线、γ射线。α射线是一种带电粒子流。由于带电，它所到之处很容易引起电离。α射线有很强的电离本领。这种性质既可利用，也有一定的破坏力，对人体内组织破坏力较大。由于其质量较大，穿透能力差，在空气中的射程只有几厘米，只要一张纸或健康的皮肤就能挡住。β射线也是一种高速带电粒子。其电离本领比α射线小得多，但穿透本领比α射线大。与X、γ射线比，β射线的射程短，很容易被铝箔、有机玻璃等材料吸收。X射线和γ射线的性质大致相同，是不带电波长短的电磁波，因此把他们统称为光子。两者的穿透力极强，要特别注意意外照射防护。

【电力】(electric power) 以电能作为动力的能源。发明于19世纪70年代。电力的发明和应用掀起了第二次工业化高潮，成为自18世纪以来，世界发生的三次科技革命之一。从此电力改变了人们的生活。即使是当今的互联网时代，人们仍然对电力有着持续增长的需求。因为发明了电脑、家电等更多使用电力的产品，使得电力成为人们的必需品。20世纪出现的大规模电力系统，是人类工程科学史上最重要的成就之一。它是由发电、输电、变电、配电和用电等环节组成的电力生产与消费所组成的系统。它将自然界的一次能源通过发电动力装置转化成电力，再经输电、变电和配电将电力供应到各用户。其产生方式是：火力发电(煤)、太阳能发电、大容量风力发电、核能发电、氢能发电、水力发电等。21世纪能源科学将为人类文明再创辉煌。燃料电池是将氢、天然气、煤气、甲醇、肼等燃料的化学能直接转换成电能的一类化学电源。生物质能的高效和清洁利用技术，也将是生产电力的途径之一。

【电力变压器】(power transformer) 又称变压器。借助于电磁感应作用，将一种交流电压和电流变成频率相同的另一种或几种不同的电压和电流，并且用于输电、配电和用电的电气设备。一种由一个或几个绕组套于铁芯上做成的静止电器。不同绕组间通过磁链的耦合，使电能得以在不同的电回路中传递，以实现传输和分配电流的目的。按其用途的不同可分为：升压变压器、降压变压器、联络变压器、配电变压器以及用于直流输电的换流变压器等；按其相数的不同可分为单相变压器和三相变压器；按其绕组数与结构形式的不同可分为：双绕组变压器、三绕组变压器、多绕组变压器、自耦变压器和分裂变压器等；按其铁芯与绕组的

电力变压器

组合结构的不同可分为芯式变压器和壳式变压器;按其调压方式的不同可分为:载调压变压器、无励磁变压器和无分接变压器。

【电力测功机】(electromagnetic dynamometer) 利用电机测量各种动力机械轴上输出的转矩,并结合转速以确定功率的设备。用得较多的是直流测功机、交流测功机和涡流测功机。直流测功机由直流电机、测力计和测速发电机组合而成。它可作为直流发电机运行,并作为被测动力机械的负载,以测量被测机械的轴上输出转矩;也可以作直流发电机运行,拖动其他机械,以测量其轴上输入转矩。交流测功机通常由一台三相交流换向器电动机和测力计、测速发电机组合而成。它的测功原理与直流测功机相同。涡流测功机是利用涡流产生制动转矩来测量机械转矩的装置。它由电磁滑差离合器、测力计和测速发电机组成,只能产生制动转矩,不能作为电动机运行。一般用于测量转速上升而转矩下降,或转矩变化而转速基本不变的动力机械。

【电力电缆】(power cable) 主要用在地下或水下的输、配电线路中的外包绝缘体的导线。有的包有金属外皮并接地,有的不包金属外皮。按其电压等级和绝缘材料不同的可分为:油浸纸绝缘电缆、挤包绝缘电缆和压力电缆三类。

电力电缆

【电力电量平衡】(balances of electric power and energy) 又称电力系统运行平衡。电力系统电力和电量的供需平衡。用于研究各类电站在电力系统中优化运行方式及分析系统间功率的优化交换,从而核定各方案的容量和电量效益。是制订电力规划、设计和运行计划的重要组成部分。其内容包括电力平衡和电量平衡两部分。这两部分是相辅相成的有机整体。按时间长短的不同可分为:(1)日(周)平衡。时段单位常用1小时或数小时。(2)年平衡。时段常用月、周或数月。按研究对象的不同可分为:(1)工作容量平衡。(2)检修容量平衡。(3)备用容量平衡。(4)电量平衡。按电力系统电力电量平衡类型的不同可分为确定型和随机型两种。

【电力调度自动化系统】(automatic system for electric power dispatching) 利用计算机、通信等技术和装备实现电力系统调度自动化功能的硬、软件综合系统。是保证现代电力系统安全、经济运行不可缺少的手段。各级调度对自动化系统有不同的功能要求,一般可分为数据采集与监控系统、能量管理系统和配电自动化系统。

【电力负荷】(electric power load) 电力设备或动力设备运行时产生、消耗的功率。在维持电力系统频率不变的条件下,每一时刻发电机所发出的功率总是与动力设备所消耗的功率相平衡。否则,电力系统的频率就不能维持恒定,发电机就要加速或减速。电力系统的负荷是随时变动的。电力系统必须调整发电机的出力使之平衡,以保持电力系统频率不变。

【电力负荷分类】(load grades of electric power) 对电力设备所产生、消耗的功率按不同要求所进行的区分。一般可根据需要,按物理性能、电能生产、供给和销售过程、用电性质和所属行业、负荷在电力系统中的分布分类,有时也会按用电时间和重要性进行分类。按其物理性能的不同可分为有功和无功负荷;按其电能生产、供给和销售过程的不同可分为发电负荷、供电负荷和用电负荷。系统的发电负荷是指某一时刻电力系统内各发电厂实际发出电力之总和。发电负荷减去各发电厂用电负荷后,就是系统的供电负荷。它代表了由发电厂供给电力网用的电力。供电负荷减去网中线路和变压器中的损耗后,就是系统的用电负荷。过去中国用电负荷按用电性质分为农村用电、工业用电、交通运输用电和市政生活用电。现在一般按行业。分为国民经济用电和城市居民生活用电。按负荷在电力系统中的分布不同可分为变电所负荷、分组负荷及全系统负荷,按负荷的重要性不同可分为重要负荷和一般负荷。

【电力负荷预测】(electric load forecasting) 通过对电力负荷的调查和分析,对其动态和发展趋势作出的估计和评价。是根据电力负荷需求所制订规划的依据。电力系统长远发展规划中的负荷预测内容,包括总需电量、最大负荷、日负荷特性和分区的负荷分布。其长远规划是为时久远难以进行详尽安排的负荷预测,只能进行宏观的分析和测算,提出未来负荷数值的变化范围和高、中、低不同发展速度的方案。

【电力工程】(electric power project) 与电能的生产、输送、分配有关的工程。电能因易于转换、传输、控制,从19世纪80年代以后,已逐步取代蒸汽动力。20世纪以后,电能生产主要靠火电厂、水电站和核电站。有条件的地方还利用潮汐、地热和风能来发电。电能的输送和分配主要通过高、低压交流电力网络来实现。作为输电工程技术发展的方向,其重点是研究1×10^6V以上特高压交流输电与直流输电技术,形成更大的电力网络和研究超导体电能输送的技术问题。20世纪出现的大型电力系统将发电、输电、变电、配电、用电诸环节综合为一个有机整体,成为社会物质生产部门中空间跨度最广、时间协调严格、层次分工极复杂的实体工程系统。

电力工程

【电力工业】(electric power industry) 用来生产、传输和销售电能的工业部门。其根本任务是向用户提供充足、可靠、合格、价格合理的电能和优质服务。电力工业生产经营的主体主要包括发电、输电、变电、配电和用电五个生产环节。发电设备、输电设备、变电设备、配电设备和用电设备以及调度通信设施等连接起来组合成一个完整的电力系统。它是能源工业之一。是发展国民经济的基础产业。是现代社会必不可少的公用事业。

【电力基本建设】(capital construction of electric power) 发电厂、输电线路、变电所等新建、扩建、改建工程建设的总称。中国电力基本建设可分为火电建设、水电建设、核电建设、新能源发电建设及输变电建设等。

【电力勘测设计】(reconnaissance and design of electric power) 相关设计单位及其行业主管部门完成电力基本建设项目之前所做的测量和可行性方案。勘测是设计前对工程的自然条件和社会、经济条件所进行的调研工作。其主要内容包括:(1)对地形、地貌的测量和试验。(2)对自然界环境的观测调查研究。(3)对工程地质、水文地质的勘测和社会、经济条件的调查研究。设计是在基本建设项目实施前,依据批准的项目建议书和可行性研究报告书,在勘测工作的基础上,按技术可行和经济合理的原则,对基本建设工程项目进行全面的规划、构思、设计和研究,拿出作为施工依据的方案和图纸。电力工程的勘测和设计工作是相辅相成的,设计为勘测导向,勘测为设计提供科学资料。

【电力设备绝缘水平】(insulation of electric installation) 电气设备绝缘耐受电压的能力。在长期运行条件下,电气设备应能耐受工作电压、内部过电压和雷电电压的长时间作用或多次作用而不损坏。为此,事先应对电气设备进行一定的耐压试验。耐压试验的电压类型包括雷电冲击耐受电压、操作冲击耐受电压和工频耐受电压。与雷电冲击耐受电压相对应的有全波冲击绝缘水平和载波冲击绝缘水平。与操作冲击耐受电压相对的是操作冲击绝缘水平。绝缘水平的确定与保护设备的性能和接成方式、绝缘配合原则以及设备使用条件等因素有关。在变电所内装有避雷器限制雷电过电压,故设备的雷电冲击耐受电压由避雷器的残压决定,称为电气设备的全波冲击绝缘水平,也称基本冲击绝缘水平。电气设备的操作冲击绝缘水平由既定的内部过电压计算倍数决定。330kV及以上的超高压长线路,用专门措施将操作过电压限制到一定的水平。220kV及以下的变电所,电气设备的操作冲击耐受电压用工频耐受电压代替。

【电力生产管理】(management of electricity generation) 运用运筹学、系统工程学和计算机技术,对电力生产中的问题进行系统的分析后作出的最大限度满足用电需求的措施。完整的电力生产,应包含由一次能源的供应、储存到转换为电能,并经输电、变电、配电送到用户使用的全过程。管理的目标是确保电力生产与电网运行安全、优质和经济,向用户提供充足、可靠、合格、价格合理的电能。狭义的电力生产管理,仅包含与电力生产直接有关部门的管理;广义的电力生产管理还包含一些辅助生产部门的管理。目前,中国已初步总结出一套适合本国国情的电力生产管理经验,即以安全生产为基础、经济效益为中心、科技进步为动力、优质服务为宗旨,最大限度地满足用电需求。

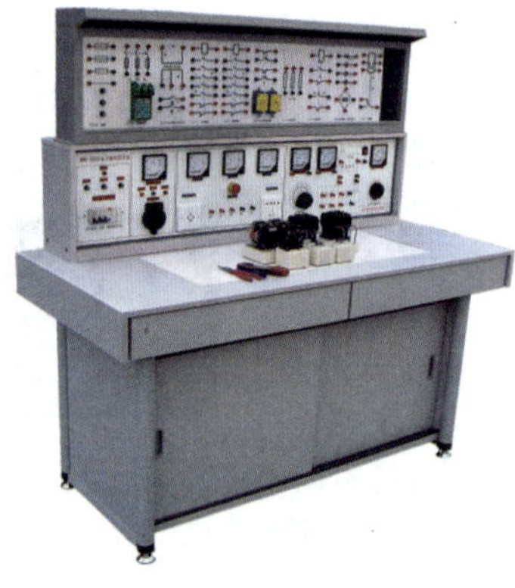

电力生产管理系统

【电力施工安全管理】(construction safety management of electric power) 运用经济、法律、行政、技术、舆论等手段,行使决策、教育、组织、监察、指挥等各种职能,对人、财、物、环境等管理对象施加影响和监管,以达到电力安全生产目的的活动。按照"企业负责、行业管理、国家监察、群众监督、劳动者遵章守规"的安全管理体制,保障人身、机械、设备的安全。安全管理保证体系主要包括:以安全第一责任者为首的行政保证体系,以总工程师为首的技术保证体系,以安全监督管理部门为首的监督管理体系。安全管理保证体系的任务是:(1)建立健全并落实各级人员及各职能部门安全施工责任制。(2)抓好干部和工人安全技术培训工作。(3)严禁违章指挥和作业。(4)健全安全监督管理机构。(5)加强班组安全建设,监督检查安全技术措施落实及安全防护措施的齐全合格。

【电力市场】(electric market) 电力商品交换关系的总和。既包括采用法律经济手段对电力的运营交易进行管理,又包括交易场所、计量系统、通信系统等执行系统。其基本特征是:公开性,网络性。放松管制、有序竞争和信息、网络、电力控制等技术的广泛应用,是当前电力市场的两个显著特点。市场主体、市场客体、市场载体、市场价格、市场规则和市场监管是电力市场的六大要素。

【电力弹性系数】(power elasticity coefficient) 一个国家或地区用电量的平均增长率与相应范围内的国内生产总值的年平均增长率的比值。随着经济和社会的发展,电力消费在全部能源消耗总量中的密度逐步提高,以致用电量的年增长率总是高于国内生产总值的增长率。电力弹性系数通常大于1。随着科学技术的进步和能源利用率的提高,以及高收益、低能耗的第三产业在整个国民经济密度的增加,电力弹性系数又有逐步降低的趋势。

【电力拖动】(electric traction) 又称电气传动。以电动机作为原动机拖动机械设备运动的一种拖动方式。利用电力拖动,可以实现电能与机械能之间的转换,并能按照生产工艺要求,方便地控制电动机输出轴的转矩、转速、角加速度、角位移以及被拖动机械或机械组合的多种多样的启动、运行、变速、制动等。在节约能源、改善劳动和环境条件、提高产品的质量和产量、节约原材料等方面发挥着重要的作用。广泛应用于工业、农业、商业、军事等部门中的加工、运输、设备制造以及改善环境条件等方面。

【电力系统】(electric power system) 由发电、变电、输电、配电、用电等设备和相应的辅助系统所组成的一个整体。按规定的技术和经济要求组成,将一次能源转换为电能并输送和分配到用户的系统。其主要内容包括:(1)为保证其安全可靠运行的继电保护和安全自动装置。(2)调度自动化和通信等相应的辅助系统。其根本任务是向用户提供充足、可靠、合格和廉价的电能。

【电力系统安全自动装置】(automatic safety device of power system) 防止电力系统失去稳定性、避免其发生大面积停电事故的自动保护装置。电力系统的运行稳定性包括如下三种形式:同步运行稳定、运行频率稳定和运行电压稳定。保持同步运行稳定的必要条件是:在正常运行和发生大干扰的条件下,电力系统中任一输电回路的传输能力都大于所传输的功率,同时保证所有发电机组都具有衰减转速的变化能力。保持运行频率稳定的必要条件是:电力系统中各发电机组可以提供的综合有功功率出力总是大于全系统综合有功功率负荷要求。保持运行电压稳定的必要条件是:在电力系统中任一负荷枢纽点或负荷集中区域可以提供的无功功率补偿能力,总是大于该地区负荷的无功功率需求。电力系统失去同步运行稳定的后果,是发生电流、功率及电压的强烈波动,不但使系统供电不能继续,而且极易扩大为大面积停电事故。失去运行频率稳定的后果是生产频率崩溃,使受影响的地区停电。

电力系统安全自动装置

【电力系统备用容量】(spare capacity of power system) 电力系统的发电设备容量除满足系统负荷的需要外,为保持系统在规定频率值内不间断地向用户供电,而预留备用的部分容量。备用容量包括负荷备用容量、事故备用容量和检修备用容量。

【电力系统操作过电压】(over voltage from power system operating) 在电力系统中由故障和操作导致暂态或瞬态振荡而产生的过渡过程的电压。其振荡幅值的大小决定于操作前的初始电压和操作后的暂时过电压。忽略回路损耗时,操作过电压的幅值为2倍暂时过电压与初始电压的代数和。操作过电压是由切除空载线路、空载线路合闸、切除空载变压器、间隙性电弧接地和解合大环路等原因引来的,且具有随机性。除用并联补偿设备限制工频过电压外,尚需采用专门措施限制操作过电压值。

【电力系统长远发展规划】(long-term plan of power system) 电力系统在15~30年或更长期的全局性的发展策略。其目的是指导电力系统今后的发展,并为其编制中期发展规划提供依据。其任务是研究电力系统在规划期内将要出现的战略性决策问题。经过全面、系统、深入的调查研究与分析,提出电力系统在规划期内的发展方向及战略性原则等。

【电力系统电压崩溃】(voltage collapse in power system) 电力网电压不断地下降,电源无功功率的减少大于负荷所吸收无功功率减少的现象。

由于无功电源不足，运行电压过低，当达到极限值以下时，产生无功功率缺额增大与电力网电压下降的恶性循环，使输电线路、发电机失去同步、过负荷增大等原因而跳闸。一般为局部性的，但其影响可能波及全系统。其防止措施主要有：(1)依照无功功率分层分区就地平衡的原则，安装足够容量的无功功率补偿设备。(2)在正常运行中，要备有一定的可以瞬时自动调出的无功功率备用容量。(3)正确使用有载调压变压器。(4)避免远距离、大容量的无功功率输送。(5)超高压线路的充电功率不宜做补偿容量使用，防止跳闸后电压大幅度波动。(6)高电压、远距离、大容量输电系统，在中途短路容量较小的受电端，设置静补、调相机等电压支撑。(7)在必要的地区安装低电压自动减负荷装置，配置低电压负荷装置。(8)建立电压安全监视系统，向调度员提供电网中有关地区的电压稳定裕度及应采取的措施等信息。

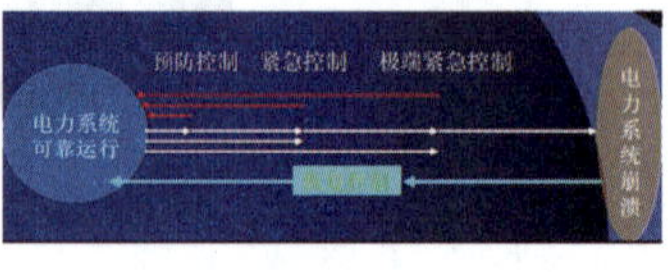

电力系统电压崩溃

【电力系统调度】(electric power system dispatching) 综合利用电子计算机和远程通信技术，实现电力系统调度管理自动化的系统工程。是现代电力系统中不可缺少的组成部分。它由装在调度中心的主站系统、装在发电厂或变电所的远动终端及远动通道等组成。其主要功能是：实时采集电力系统运行参数，不间断地进行监视和控制，对电力系统实施有效调度。

电力系统调度

【电力系统反事故自动装置】(automatic anti-accident devicesm power system) 防止事故危及供电系统和电气设备的运行的系统。在电力系统中装设的反事故自动装置，按其类型的不同可分为：(1)继电保护装置。其功能是防止系统故障对电气设备的损坏，常用来保护线路、母线、发电机、变压器、电动机等电气设备。按其产生保护作用的不同可分为：过电流保护、方向保护、差动保护、距离保护和高频保护等类型。(2)系统安全保护装置。用以保证电力系统的安全运行，防止出现系统振荡、失步解列、全网性频率崩溃和电压崩溃等灾害性事故。按其功能的不同可分为：属于备用设备的自动投入，如备用电源自动投入，输电线路的自动重合闸等；属于控制受电端功率缺额，如低周波自动减负荷装置、低电压自动减负荷装置、机组低频自启动装置等；属于控制送电端功率过剩，如快速自动切机装置、快关汽门装置、电气制动装置等；属于控制系统振荡失步，如系统振荡自动解列装置、自动并列装置等。

【电力系统分析】(power system analysis) 用仿真计算或模拟试验的方法，对电力系统的稳态和受到扰动后的暂态行为进行考察，并作出评价，进而提出改善系统性能的措施。其目的是实现电力系统的安全和经济运行。对规划、设计的电力系统通过电力系统分析，可选择正确的系统参数，制定合理的电力网结构；对运行中的电力系统，借助电力系统分析，可确定合理的运行方式，进行系统的事故分析和预测，并提出防止与处理措施。

【电力系统恢复状态】(power system restoration) 电力系统在经历紧急状态后，事故已被抑制的运行状态。此时电力系统中的发电机、线路和负荷等部分元件仍被断开。在严重情况下，系统被分解为若干个独立的部分系统。所以，要借助一系列的操作，使电力系统在最短的时间内恢复到正常状态，尽量减少对社会各方面的不良影响。这些操作包括：恢复和投入发电机的出力，恢复和投入输变电设备，恢复对开断的负荷供电，使系统解列的部分重新并列等。目前，这些操作大部分由人工进行，也有少数应用自动装置重合被断开的线路或负荷。电压的恢复一般借助自动调节发电机的励磁和变压器的分接头。

【电力系统继电保护】(protection of electric power system) 终止电力系统中故障发展的自动化设备。在电力系统中的电力元件或电力系统本身发生故障并危及安全运行的事件时，向运行值班人员及时发出警告信号，或者直接向所控制的断路器发出跳闸命令，以终止这种事件的继续发展。实现这种自动化措施的成套硬件设备，用于保护电力元件的，称为继电保护装置；而用于保护电力系统，称为电力系统安全自动装置。继电保护装置是保证电力元件安全运行的基本装备，任何电力元件不得在无继电保护的状态下运行；电力系统安全自动装置则用以快速恢复电力系统的完整性，防止发生和中止已开始发生的足以引起电力系统长期

电力系统继电保护

大面积停电的重大系统事故。

【电力系统紧急状态】(state of emergency power system) 电力系统在遭受大的干扰而出现异常现象后的运行状态。此时的电力系统偏离正常运行方式,电力供需失去平衡,某些保障系统安全性的约束条件受到破坏,系统的电压和频率超过或低于允许值,直接影响对负荷的正常供电。如果及时而正确地采取紧急控制措施,就有可能使系统恢复到警戒状态,以至正常状态。如果不采取措施或者措施不力,就会使系统的运行条件进一步恶化,从而有可能使系统失去稳定而解列成几个子系统,并大量切除负荷及发电机组,造成大面积停电甚至导致全系统崩溃。

【电力系统经济调度】(economic dispatch of power system) 在满足安全和电能质量的前提下,合理利用能源和设备,以最低的发电成本保证对用户可靠供电的一种调度方法。其发展可划分为两个阶段:(1)20 世纪 60 年代以前为经典经济调度。(2)20 世纪 60 年代以后为现代经济调度。现代经济调度又可分为经济调度模型、短期调度计划、长期运行计划和实时发电控制等四个方面。

【电力系统可靠性】(power system reliability) 电力系统按可接受的质量标准和所需数量不间断地向用户供应电力和电能量的技术参数。包括充裕度和安全性两个方面。充裕度是指电力系统维持连续性给用户总的电力需求和总的电能量的能力,同时考虑到系统元件的计划停运及合理的期望非计划停运。充裕度也可以说是在静态条件下电力系统满足用户电力和电能量的能力。安全性是指电力系统承受突然发生的扰动,突然短路或未预料到的失去系统元件的能力。在动态条件下电力系统经受突然扰动并不间断地向用户提供电力和电能量的能力。

【电力系统频率】(power system frequency) 在电力系统中,同步发电机产生的交流正弦基波电压的频率。在稳态条件下,各发电机同步运行,整个电力系统的频率是相同的。它是一个全系统一致的运行参数。电力系统的额定频率为 50Hz 或 60Hz。中国与欧洲地区采用 50Hz,美洲地区多采用 60Hz。电力系统的频率,只有在所有发电机的总有功出力与总有功负荷相等时,才能保持不变。当总有功出力与总负荷发生不平衡时,各发电机组的转速及相应频率就会发生变化。电力系统的负荷是时刻变化的,任何一处负荷的变化都会引起全系统功率的不平衡,导致频率的变化。在电力系统运行时,应及时调节各发电机的出力,以保持频率的偏移在允许的范围之内。

【电力系统频率崩溃】(collapse of power system frequency) 电力系统或局部系统出现的大面积停电的状态。电力系统被解列后在局部系统出现较大有功功率缺额,频率大幅度下降,影响汽轮发电机组出力,造成频率进一步下降,系统有功出力进一步减少的恶性循环。当电力系统在正常频率下运行时,出现不大的有功功率缺额,运行频率会有少许下降,但因负荷相应减少和系统有功备用容量的作用,将使频率稳定于新的数据值,系统是稳定的。如果有功功率缺额大于系统有功备用容量的数值较多,则运行频率就不能稳定于较高的数值而不断下降。如果不能采取紧急措施,迅速及时撤减相应容量的负荷,系统将会走向频率崩溃。

停电抢修

【电力系统调峰】(peak load control of electric power system) 为满足电力系统日尖峰负荷需要,对发电机组出力所进行的调整。尖峰负荷由一日 24h 内用电需求不均而形成。一般一昼夜之内,在上午和照明时间,出现两次尖峰负荷。深夜则为用电量最少的低谷负荷(仅为尖峰负荷的 50% ~ 70%)时间。尖峰负荷持续时间相对较短。尖峰负荷与低谷负荷的差值很大,因此要求有些发电机组在低谷负荷时停机,而在尖峰负荷到来之前迅速启动并增加出力,尖峰过后即降低出力和停机。这些机组称为尖峰负荷机组或跳峰机组。它们具有启动时间短、出力变化快和可以频繁起停等特点。在电力系统发展规划中必须列入调峰措施,决定选用机组类别,根据系统运行需要对其建成进度妥善安排。其具体措施有:(1)采用水电机组调峰。(2)采用抽蓄能机组调峰,低谷负荷时抽水,尖峰负荷时发电。(3)采用专门调峰的火电机组。(4)对已装常规火电机组进行改进,使之降低最低允许出力或能每日开停而实行两班制运行等,以减轻尖峰负荷和低谷负荷差值大所引起的调峰困难。

【电力系统调压】(voltage regulation of power system) 为使电力系统中各电压中枢点运行电压保持在规定允许范围之内所采取的技术措施。在电力系统设计中,一般选择有代表性的发电厂、变电所作为电压中枢点。只要这些点的电压质量符合要求，则其他各点电压质量也能基本满足要求。系统的调压设计，是在无功功率基本平衡及配置合理的基础上进行的，否则应首先进行无功功率补偿。

【电力系统通信】(communications of power system) 为满足电力系统安全运行、维修和管理的需要而进行的信息传输与交换系统。电力系统采用的通信手段种类很多，包括电力线路载波通信、微波中继通信、移动通信、卫星通信、光纤通信、电缆及租用电路通信等。

【电力系统稳定性】(stability of power system) 电力系统在受到扰动后，凭借系统本身固有的能力和控制设备的作用，回复到原始稳态运行的方式，或者达到新的稳态运行方式的能力。一般用于表示发电机组对系统或系统对系统间的同步运行稳定性。电力系统稳定性与扰动的大小、经受扰动的时间、系统的结构与运行方式、电力系统各元件的参数、各种调节和控制装置的性能等多种因素有关。保证电力系统稳定性是电力系统正常运行的必要条件。只有在保证电力系统稳定的前提下，电力系统才能不间断地向各类用户提供合乎质量要求的电能。

【电力系统远动技术】(remote power system technology) 运用通信、电子和计算机技术采集电力系统实时数据，对电力网和远方发电厂、变电所的运行进行监视与控制的技术手段。是应用远程通信技术，完成遥信、遥测、遥控和遥调的总称。按其数据传输方式不同的可分为循环式和问答式两种。被控站将采集到的实时数据，按约定的规则循环不断地向控制站传递；控制站要获得监视的信息，需要向被控站查询，然后数据才从指定的被控站被送往控制站。

【电力系统运行】(electric power system operation) 充分合理地利用能源与运行设备能力，稳定地向各类电力用户输送和提供充足可靠、质量合格的电力和电能的过程。为满足电力系统的实际运行要求，首先应当在电力系统的规划和设计阶段充分考虑到生产运行的实际需要。其中包括：建设相应的发电厂和电力网；为适应系统运行不断变化的情况，提供相应的有功功率和无功功率调节手段；考虑设备检修，负荷预测误差以及电力设备故障等因素的影响，安排相适应的有功功率和无功功率备用容量；为了保证电力系统的安全运行和经济运行，配置相应的配套系统，例如继电保护系统、电力系统专用通信网、调度自动化等。上述基本条件影响并决定了电力系统运行的质量水平和满足用户要求的能力。

电力系统运行

【电力系统运行过电压】(power system with over voltage operation) 电力系统在运行过程中因事故或操作不当产生的暂态过高电压。可能引起某些电气元件的绝缘性能损坏。发生暂态过电压异常现象的原因有：(1)工频电压升高。(2)操作过电压。(3)弧光接地过电压。(4)电磁谐振时过电压。(5)电机自励过电压。

【电力系统运行接线方式】(connection mode of power operation) 电力系统调度部门，根据电力系统安全与经济运行的需要所安排的电力系统中发电厂、变电所、换流站和输配电线路之间的连接方式。这种方式是在电力系统现有结构的基础上通过倒闸操作而实现的。运行接线方式按结构分类的不同可分为辐射状、环状和网状三种。一般多为由这些形式组合而成的复杂环网。按其功能的不同可分为：正常运行接线方式、特殊运行接线方式和事故运行接线方式。

【电力系统振荡】(oscillation of power system) 电力系统中的电磁量的振幅和机械参量的大小随时间发生等幅、衰减或发散的周期性波动现象。可分为同步振荡和非同步振荡两种。同步振荡系统是稳定的，即系统在受到扰动以后，产生的振荡将在有限的时间内衰减，进而达到新的平衡的运行状态。非同步振荡在遭受大的干扰或由于负阻压而失去稳定后，会对电力系统的安全产生严重的威胁。必须采取调节控制措施，将系统不同步的几部分分解开来，以结束非同步振荡。掌握电力系统的动态特性，采取措施，预防发生振荡，抑制和消除已发生的振荡，是保证电力系统安全运行的重要内容。

【电力系统重大事故处理】(treatment of major accident in power system) 消除系统事故，调整电力系统运行方式和恢复供电的过程。电力系统值班调度员是处理事故的指挥者，对正确和迅速处理事故负有责任。系统事故一般有：(1)电源突然断开后，全系统或受电地区的电力严重不足，频率和电压大幅度下降。(2)系统稳定性破坏，可能使系统解列成几个部分，有的电厂全部停电或失去大量负荷。(3)大量甩负荷引起系统频率和电压异常升高，致使主要设备严重过负荷。(4)由于设备事故电力系统被解列为若干片。系统重大事故处理的原则是:(1)尽快限制事故的发展,消除事故的根源和对人身和设备安全的威胁。(2)用可能方法保持对用户的正常供电。(3)尽快对已停电的用户恢复供电,对重要用户尽可能优先供电。(4)调节电力系统运行方式,使其恢复正常。

【电力系统自动化】(power system automation) 保证电力系统的供电质量和安全经济运行的自动化过程。运用各种具有自动检测、反馈、决策和控制功能的装置,并通过信号、数据传输系统就地或远方对电力系统中的各元件、局部系统或全系统进行自动监视、协调、调节和控制。

【电力线】(electric force line) 图示电场分布的虚设的有向曲线族。曲线上每一点的切线方向与该点电场方向一致。电力线形象直观,不仅可以图示静电场,也可图示非稳恒时的电场以及辐射场,在物理教学和工程中广泛采用。一般在静电场中,电力线不闭合,起于正电荷,止于负电荷。在没有电荷的空间里,电力线不相交也不中断。电力线与等势面正交。在导体附近,电力线与导体表面垂直。在变化磁场产生的有旋电场中,电力线环形闭合,围绕着变化磁场。电力线描绘了电场的走向和空间分布。电力线的疏密反映了各处电场的强弱。但电力线只是近似的图示,与电力线疏密对应的物理量是电通量。

【电力线通信技术】(power line communication technology,PLCT) 以电力线作为通信载体,通过在电力通信局端和用户端加装特制的调制解调器,将原有的电力网变成通信网的一种技术。由于电力线已经连接到千家万户,该项技术实质上是使用户家中的普通电源插座也能作为信息插座使用的一种技术。该技术为用户提供一种既经济又方便的互联网宽带接入方式。可省去专门为通信网络布线,并可方便地对各种家用电器进行整合,组成家庭智能化信息平台,提高生活的信息化、智能化水平。该技术将会促进电信市场的变革,并给互联网普及带来极大的发展空间。具有广泛的应用前景。

电力线通信技术

【电力选矿】(electric separation mine) 又称电选。利用各种被分选矿物的导电率及其在电场(静电场或电晕电场)中荷电程度的不同,使之在电场力、机械力和重力的联合作用下进行矿物分离的选矿方法。电力选矿的主要设备是电选机。电选机的工作原理是:具有不同导电率的各种矿物通过电场时,由于静电感应或俘获带电离子的作用而带有不同的电荷,并在电场中显示不同的特点;辅以重力作用,使之产生不同的运动轨迹;然后借助接料器具,达到将不同导电性矿物分离的目的。按电选机电场特性的不同,电选机可分为静电选矿机和电晕选矿机两类。此外,还可根据矿粒荷电方法和电选机的构造进行分类。

【电力营销】(electric market) 以满足人们的电力消费需求为目的的经营活动。承担着直接面向市场和为广大电力消费者服务的功能。在整个电力营销过程中,必须贯彻执行国家有关的能源政策,正确实施国家关于电力供应与使用的政策和一系列合理用电的措施,使电能得到充分合理利用。既对不断变化的电力需求和市场环境作出积极的反应,对需求的电力、电量进行有目的的引导和控制服务;又向电力消费者提供安全用电知识和技术、优化合理用电方式及降低电费的知识和技能、供电法律知识,提高供电服务质量并为消费者提供紧急服务、信息服务及社会服务等。

【电力用油】(oil used by electric power industry) 发电机组及供电设备以电绝缘、润滑及液压控制等为目的而使用的矿物油制品的总称。广义的也包括用于上述目的的润滑脂、人工合成液和绝缘气体(如六氟化硫)等。按其用途的不同可分为:(1)绝缘油类。主要有变压器油、断路器油、电容器油和电缆油等。其主要功能是:保证电气设备可靠绝缘和对流散热。其中断路器油和六氟化硫还具有消弧的功能。(2)润滑油类。主要有汽轮机油、机械油、齿轮油、柴油机润滑油、压缩机润滑油和气缸油等。其主要功能是:润滑、冷却和密封各种机械的磨擦部分。用于汽轮机、燃气轮机和水轮机等原动机的汽轮机油,还在调节控制系统内兼有液压传动作用。用于代替绝缘油和汽轮机油的合成抗燃油(液),还具有在高温下难燃的性能。润滑脂用于滚动轴承和低速滑动轴承,同时起润滑和封闭作用,也用于金属表面涂敷防锈。在油品分类中,绝缘油类的性能牌号一般按凝点温度区分,电缆油则按工作电压区分。变压器油分为10、25、45三种规格;其凝点分别为 10℃、-25℃、-45℃以下。润滑油类的性能牌号多按规定温度下的运动黏度区分,如汽轮机油一般分为32、46、68和100四种规格;其运动黏度(温度40℃时)分别为29~35mm²/s、41~51mm²/s、61~75mm²/s、90~110mm²/s。

【电力与能源气象】(electric power and energy sources meteorology) 专门从事与电力及能源部门相关的气象服务和研究工作。其主要内容是:(1)电力负荷气象预测。研究气候变化和用电负荷变化的统计规律,探索气象要素时空分布异常变化对区域用电负荷的影响。(2)水力发电气象保障和评估。(3)电网安全气象保证。(4)风能、太阳能利用。分析历史气候资料,建立一套适用性强的风能、太阳能发电的专业气象评估系统。(5)核电站气象保证。进一步完善核电站选址建设的气候环境评价,对影响核电安全生产的气象条件及相关灾害进行预警和预报,为核电安全运行提供优质服务。

【电力载波通信】(electric power carrier communication) 高频载波信号通过高压电力线传送信息的通信方式。高压电力线结构牢固,又有三条以上的良导体,用其传送载波信号既经济又可靠。这种方式是电力系统特有的。它早已在世界各国电力部门广泛应用。中国从20世纪40年代起在东北、华北的高压电力系统中开始使用双边带电力线载波机。20世纪50年代初期进口单边带电力线载波机,国内一些部门也小批量自制了双边带电力线载波机。同时并投入使用。20世纪50年代末期,中国开始制造单边带电力线载波机及其他有关设备且质量不断改进。到20世纪80年代后期,国产设备的运行稳定性、可靠性已达到国际标准。

【电疗法】(electrotherapy) 应用电作用于人体以达到治疗目的的方法。通常包括:(1)直流电。作用于人体,引起体内带电离子、胶体微粒和水分的转移,而产生电解、电泳和电渗现象。由于离子移动速度和方向的不同,在阴、阳极下产生离子浓度、细胞膜通透性和组织兴奋性等一系列变化。结果导致阴极下兴奋性增高,阳极下兴奋性降低。具有调节神经系统功能,促进血液循环,改善营养和代谢过程,加速组织修复和再生作用。(2)药物离子导入。根据“同名电荷相排斥,异名电荷相吸引”的原理,直流电能将药物溶液中阳离子从阳极、阴离子从阴极导入体内,以充分发挥药物的药理作用。电导入药物主要经皮肤汗腺或毛囊孔进入人体,在表皮形成“离子堆”,以后通过渗透渐渐进入淋巴和血液。

电疗机

(3)低频电疗法和中频电疗法。不同的频率对肌肉和神经的作用不同。低频和中频电疗法都有镇痛、促进血液循环、消肿的作用。低频电流有电解现象,中频没有电解现象。因此中频电疗不分正负极。(4)高频电疗法。有明显的热效应,没有对神经肌肉组织的刺激作用。这种热效应和其他热疗方式相比,无论在热的成因、深度、强度、稳定性、均匀性、选择性以及可控性等各方面,均有显著的不同。其治疗作用主要是改善血液循环、消炎、降低肌张力。

【电流】(electric current) 电荷的定向移动。衡量电流大小的物理量是电流强度(简称电流,符号为I)。电流强度是指单位时间内通过的电荷量。是衡量电流大小的一个物理量。每秒通过1库仑的电量称为1安培(A)。安培是国际单位制中所有电性的基本单位。是物理学中的七个基本量纲之一。

【电流保护】(current protection) 在电力系统发生故障时对电流陡增而采取的继电保护措施。可分为电流速断保护和过电流保护两类。前者是否动作,由被保护的送电线路或电气设备通过的故障电流确定;后者是否动作,由电流是否大于正常负荷电流和故障的持续时间确定。电流速断保护虽动作较迅速,但保护范围较小;过电流保护虽动作迟缓,但保护范围较大。

【电流密度】(current density) 电流在空间某点处的密集程度。是一个矢量。空间某点电流密度的大小等于单位时间垂直通过单位面积的电荷量。其方向沿该点电流方向。采用国际单位制,电流密度的单位是安培/米^2(A/m^2)。对于某种材料制成的导线,一般都是说能够承受多大的电流密度,而不是多大的电流强度。因为不同粗细的导线,能够承受的电流强度是不同的。越粗的导线可以承受的电流强度越大。但是电流密度就不一样了,无论导线粗细多少,同种材料的导线能承受的电流密度差别不大。

【电流型逆变器】(current source inverter, CSI) 在直流回路中串联大电感以吸收无功功率以及平滑整流电路输出电流的器件。其直流电源经大电感滤波,可近似看作恒流源。逆变器输出电流为矩形波,输出电压近似看为正弦波,抑制过电流能力强,特别适合

电流型逆变器

用于频繁加、减速的启动型负载。其优点是：(1)因超导磁体本身是以电流形式储存能量的。因此与电网之间的有功和无功转换更加迅速。(2)减少了直流变直流的电路，控制更加容易。(3)在相同的功率下可得更大的无功调节范围，同时超导线圈所承受的电压纹波更少，从而减小了磁体的交流损耗。(4)在大功率应用场合，更易实现多桥并联运行。

【电流源】(current source) 通过的电流与其端电压无关的有源元件。是一个两端电路元件。通过其中的电流保持为一个恒定值或一个确定的时间函数，而端子间的电压可为任意值，随所接外电路的不同而不同。当电流源的电流为某一恒定值时，称为直流电流源；当电流源的电流为某一时间的函数时，则按其具体的函数形式而定名，如正弦电流源、方波电流源等。

【电炉利用系数】(arc furnace available coefficient) 又称电弧炉利用系数。

$$\text{电炉利用系数}=\frac{\text{合格电炉钢产量(t)}}{\text{变压器容量}(1\times10^{6}\text{VA})\times\text{日历时间(昼夜 d)}}$$

反映电弧炉的利用程度和炼钢生产技术水平的技术经济指标。指在日历时间内，平均每百万伏安电弧炉变压器容量每昼夜生产的合格钢吨数。反映出炼钢技术水平和成本的高低。

【电路】(circuit) 由电源、用电器、导线、电键等元件组成的电流路径。包括电阻器、电容器、电感线圈、发电机、电动机、变压器、晶体管等。根据某种要求，用导线把所需的电器件相连即组成电路。它是控制系统、通信系统、计算机硬件等电力系统的主要组成部分。起着电能和电信号的产生、传输、转换、控制、处理和储存等作用。

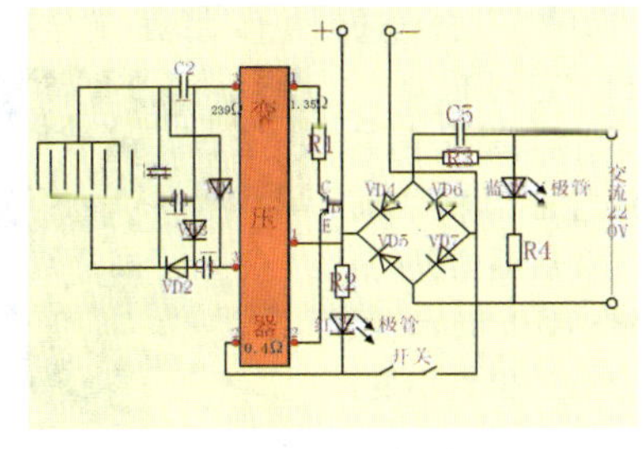

电路

【电路交换】(circuit switch) 通过人工或电话自动交换设备在通话前为用户接通话路，通话后为其断开话路的操作技术。其优点是：(1)传输数据的时延小。(2)通信双方之间的物理通路一旦建立，即可随时通信，实时性强。(3)双方通信时按发送顺序传送数据，不存在失序问题。(4)既适用于传输模拟信号，又适用于传输数字信号。(5)交换设备及控制操作简单。其缺点是：(1)平均连接建立时间较计算机通信长。(2)电路交换连接建立后，物理通路被通信双方独占，即使通信线路空闲，也不能供其他用户使用，信道利用率低。(3)电路交换时，数据直达，不同类型、不同规格、不同速率的终端很难相互进行通信，也难以在通信过程中进行差错控制。事实上，用户每进行一次通话都伴随着一次电路交换。早期的电路交换是由人工操作完成的，现在的电路交换一般都由数字程控电话交换机自动完成。

【电路元件】(circuit component) 一种主要对电路提供整流、开关和放大功能的元件。除开端组间的电磁特性外，实物的内部有着电磁场的分布特性，还有力学、热学等方面的特性。电路理论中的电路元件及其组合则不是实物，只是反映实物的端组间电磁特性的模型。比如其中的电容器只是实际电容器的模型。可以用电感器作为电力变压器的模型。

【电鳗】(electric eel) 硬骨鱼纲，裸背电鳗目鱼类的统称。体型似鳗，体表光滑无鳞，背部黑色腹部橙黄色。无背鳍。臀鳍特长，多于140鳍条，前延近胸鳍起点下方，后方达到尾端，是前进运动的一个主要器官。尾鳍退化或缺如。鳃孔小。肛门开孔于头部或胸鳍下方。发电器官位于臀鳍上方的身体两侧。500mm 长的电鳗放电达 40～300V。大型个体电压还要高，从体后向前放电。当电鳗的头和尾触及敌体，或受到刺激影响时即可发生强大的电流。下鳃盖骨和上颌骨退化。栖息于中美和南美洲的淡水水域中。降河性洄游鱼类，卵产于海中，溯河到淡水内长大，后回到海中产卵。摄食动物性饵料。是当地渔业的捕捞对象。电鳗最长可达 2m，重达 20kg。肉味肥美(发电器官除外)。本目有2亚目6科23属约54种。中国不产。世界上已知的发电鱼类达数十种。其他会放电的鱼类还有电鲶、电鳐等。

电鳗

【电脑辐射消除器】(eliminator of computer radiation) 一种消除电脑辐射的装置。使用中的电脑会产生 30Hz、60Hz、120Hz、1kHz、10kHz、10～20MHz 等危害人体健康的低频电磁波。用电脑辐射消除器替换电脑机箱上原来的电源线后,可从电源中除掉能产生辐射源的多种谐波,从根源上消除电脑对外所产生的辐射。该消除器作为一种有益健康的高科技产品得到普遍应用。

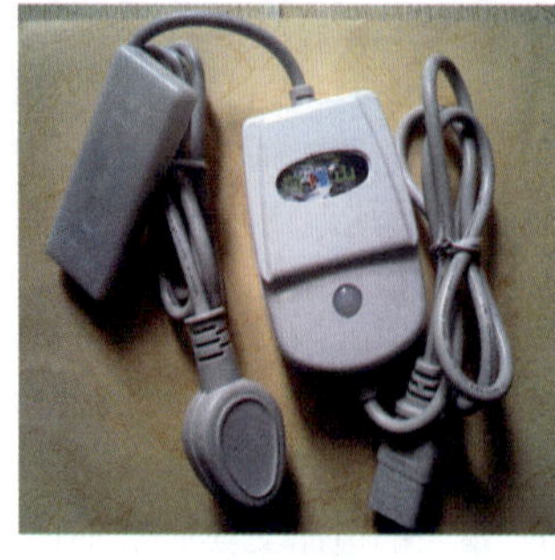
电脑辐射消除器

【电脑黑屏】(black screen of death) 电脑屏幕没有任何显示的现象。电脑黑屏的故障原因有多种,如显示器损坏、主板损坏、显卡损坏、显卡接触不良、电源损坏、CPU 损坏、零部件温度过高等。电脑黑屏是比较容易出现的现象,尤其在一些较老的电脑或组装电脑中。亦有人为造成的电脑黑屏。

【电脑鉴识】(computer forensics) 又称数字鉴识。利用科学与严谨的检查程序,在电脑系统或其他数字储存媒介中,查找罪行相关物证或间接物证的方法。主要是在调查电脑犯罪时,寻找相关证据或是用来证明损害的证据。由于资讯科技发达,虚拟世界里的电子纪录很容易遭修改。也用来建立证物保护方式,确保鉴识前后的电子证据没有遭窜改,令经过鉴识分析后的证据更可信及具有法律地位。目的是解释数字工件目前的状态。数字工件指电脑系统,存储媒介,电子文档或是一系列在网络中传输的数据包。解释可以像"这里的信息是什么"这样简单,也可以像"是哪些事件造成了目前的形势"这样详细。电脑鉴识包括防火墙鉴识、网络鉴识、数据库鉴识和移动设备鉴识。

【电脑蓝屏】(blue screen of death, BSOD) 当 Windows 崩溃或停止执行时,电脑屏幕显示蓝色底白色字的现象。从软件方面,遭到病毒或黑客攻击、注册表中存在错误或损坏、启动时加载程序过多、版本冲突、虚拟内存不足造成系统多任务运算错误、动态链接库文件丢失、过多的字体文件、加载的计划任务过多、系统资源产生冲突或资源耗尽都会产生蓝屏。另外,产生软硬件冲突也很容易出现蓝屏。从硬件方面,过度超频是导致蓝屏的一个主要原因。过度超频是由于进行了超载运算,造成内部运算过多,使 CPU 过热,从而导致系统运算错误。

【电脑农业】(computer agriculture) 一种农业智能化信息技术应用工程。利用计算机的高速数学运算、大容量存储、网络通信以及其图文并茂的人机交互手段等功能,把已有的农业高新技术成果和众多农业技术专家的知识输入电脑的程序。用电脑模仿人脑进行推理决策,指导科学种养和管理,提升传统农业,实现农业的高产、优质和高效。

【电脑肉鸡】(computer broiler) 简称肉鸡。被黑客攻破后种植木马,可以被远程控制的计算机。"肉鸡"是一种形象的比喻。黑客通过木马控制了远程计算机后,可以随意操纵它并利用它做任何事情,就像可以吃的、味道鲜美的肉鸡。肉鸡不是吃的那种,是中了木马,或者留了后门,可以被远程操控的机器,肉鸡(机)一名由此而来。防止成为肉鸡的方法是:(1)关闭高危端口。(2)及时打补丁,即升级杀毒软件。(3)经常检查系统。成为肉鸡后的自救方法:(1)正在上网的用户,发现异常应首先马上断开连接。(2)中毒后,应马上备份、转移文档和邮件等。(3)运行杀毒软件对系统进行杀毒等。

【电脑绣花】(computer aided embroidery design) 控制电脑刺绣机在织物上绣出花纹图案的技术。用计算机设计刺绣图案和文字,进行刺绣,将设计者的构思迅速、方便地转化成磁盘、纸带等媒介上的针迹信息,据此控制刺绣机的机械部分完成刺绣工作。

电脑绣花

【电脑绣花机】(electronic embroidery machine) 自动选色并移动绣框确定操作位置的缝纫机。它可根据图案,由自动控制系统控制绣框的前进和后退位置(精度达到0.5mm),但是绣针位置不变,只是上下移动,并根据颜色选针。电脑绣花机由电脑刺绣系统控制。该系统主要由两大模块组成:一部分是刺绣的工艺实现部分即电脑绣花机及其控制系统;另一部分就是花版编辑系统。作为电脑绣花机的辅助系统,它负责提供电脑绣花机控制系统所需的花版信息。电脑绣花机是一种体现多种高新技术的机电产品。它比传统的手工绣花速度高,并能实现多层次、多功能、统一性和完美性。

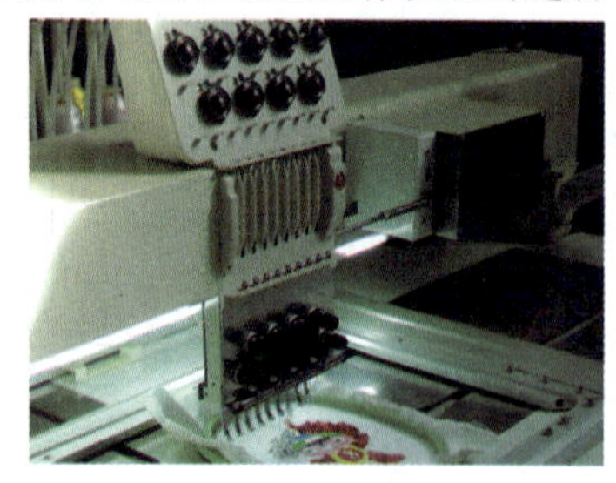
电脑绣花机

【电能质量】(power quality) 电压质量、电

流质量、供电质量和用电质量的统称。导致用电设备故障或不能正常工作的电压、电流或频率的偏差,其内容包括频率偏差、电压偏差、电压波动与闪变、三相不平衡、暂时或瞬态过电压、波形畸变(谐波)、电压暂降、中断、暂升以及供电连续性等。电能质量的具体指标是:(1)电网频率。中国电力系统的标称频率为50Hz。GB/T15945-1995《电能质量—电力系统频率允许偏差》中规定:电力系统正常频率偏差允许值为±0.2Hz。当系统容量较小时,偏差值可放宽到±0.5Hz。在《全国供用电规则》中规定"供电局供电频率的允许偏差:电网容量在300万千瓦及以上者为±0.2HZ;电网容量在300万千瓦以下者,为±0.5HZ。在实际运行中,从全国各大电力系统运行情况看都保持在不大于±0.1HZ范围内。(2)电压偏差。GB12325-90《电能质量—供电电压允许偏差》中规定:35kV及以上供电电压正负偏差的绝对值之和不超过额定电压的10%;10kV及以下三相供电电压允许偏差为额定电压的±7%;220V单相供电电压允许偏差为额定电压的+7%~10%。(3)三相电压不平衡。GB/T15543-1995《电能质量—三相电压允许不平衡度》中规定:电力系统公共连接点正常电压不平衡度允许值为2%,短时不得超过4%。标准还规定对每个用户电压不平衡度的一般限值为1.3%。(4)公用电网谐波。GB/T14549-93《电能质量-公用电网谐波》中规定:6~220kV各级公用电网电压(相电压)总谐波畸变率是0.38kV为5.0%,6~10kV为4.0%,35~66kV为3.0%,110kV为2.0%;用户注入电网的谐波电流允许值应保证各级电网谐波电压在限值范围内。所以国标规定各级电网谐波源产生的电压总谐波畸变率是:0.38kV为2.6%,6~10kV为2.2%,35~66kV为1.9%,110kV为1.5%。对220kV电网及其供电的电力用户参照本标准110kV执行。(5)波动和闪变。如《电能质量—电压允许波动和闪变》中规定:在公共供电点的电压波动允许值:10kV及以下为2.5%,35~110kV为2%,220kV及以上为1.6%。

【电偶极子】(electric dipole) 两个相距很近的等量异号点电荷组成的系统。其特征用电偶极距$P=ql$描述。其中l是两点电荷之间的距离,l和P的方向规定由-q指向+q。电偶极子在外电场中受力矩作用而旋转,使其电偶极子转向外电场方向。在电介质理论和原子物理学中,电偶极子是很重要的模型。

【电炮】(electric gun) 使用电能代替化学能作动力发射炮弹的装置。利用脉冲能源提供的电能,或利用电能与化学能相结合,使炮弹或其他有效载荷达到的速度或动能大大超过传统发射方式。按其发射原理的不同可分为两大类:电磁炮和电热炮(化学炮)。电磁炮是利用运动电荷或载流导体在磁场中切割磁力线产生的电磁力(洛仑兹力)来加速弹丸,是完全依赖电能和电磁力加速弹丸的一种超高速发射装置。电热炮是利用放电方法产生的等离子体,在封闭的放电管或炮膛内做功来推动弹丸的发射装置。

【电气安全】(electrical safety) 以安全为目标、以电气为研究领域的应用学科。是安全领域中直接与电气相关联的科学技术与管理工程。具有抽象性、广泛性、综合性等特点。这门学科是从安全的角度来研究和利用电器设备的。电气安全研究范畴不仅仅是触电事故,还包括雷击、静电危害、电磁场伤害、电气火灾爆炸以及其他危及人身安全的线路故障和设备故障等。其基本内容包括两个方面:一方面是研究各种电气事故,研究电气事故的机理、原因、构成、特点、规律和防护措施;另一方面是研究用电气的方法解决各种安全问题,即研究运用电气监测、电气检查和电气控制的方法来评价系统的安全性或获得必要的安全条件。

【电气传动】(electric drive) 利用电动机把电能转换成机械能,以带动各种类型的生产机械、交通车辆等运动的过程。其优点是:(1)电机的效率高,运转比较经济。(2)电能的传输和分配比较方便。(3)电能容易控制。电气传动已经成为绝大部分机械的传动方式,成为工业化的重要基础。

【电气传动机器人】(electrical driving robot) 一种用交流或直流伺服电动机驱动,且不需要中间转换机构的机器人。其机械结构简单,响应速度快,控制精度高,是工业生产中常用的机器人。

电气传动机器人

【电气隔离】(electrical isolation) 一个器件或电路与另外的器件或电路在电气上完全断开的技术措施。其目的是通过隔离提供一个完全独立的规定的防护等级,即使基础绝缘失效,在机壳上也不会发生电击危险。工程上最常用的电气隔离是采用电压比为1:1(即一次电压与二次电压相等)的隔离变压器来实现工作回路与其他电气回路在电气上的隔离。其保护原理是在隔离变压器的二次侧构成了一个不接地的电网,阻断在二次侧工作的人员单相触电时电击电流的通路。电气隔离防护的主要要求之一,是被隔离设备或回路必须由单独的电源供电。这种单独的电源,可以是一个隔离变压器,也可以是一个安全等级相当于隔离变压器的电源。

【电气工程】(electrical engineering, EE) 现代科技领域中的核心学科之一。用于创造产生电气与电子系统的有关学科及所有与电子、光子有关的工程行为。其影响因素有:(1)信息技术的决定性影响。(2)与物理科学的相互交叉面拓宽。(3)技术的飞速进步和分析方法、设计方法的日新月异。其教学与科研领域包括:通信与网络、计算机科学与工程、信号处理、系统控制、电子学与集成电路、光子学与光学、电力、电磁学、微结构、材料与装置、生物工程。

【电气和电子工程师协会】(institute of electrical and electronics engineers) 非营利性的电子技术与信息科学工程师的国际性协会。世界上最大的专业技术组织之一。其目的是:为电气电子方面的科学家、工程师、制造商提供国际联络交流的场合,为他们提供交流信息、专业教育和提高专业能力服务。1963 年 1 月 1 日由美国无线电工程师协会和美国电气工程师协会合并而成。总部设在美国纽约。学会的主要活动是:召开会议、出版期刊杂志、制定标准、继续教育、颁发奖项、认证等。该协会拥有全世界电子、电气以及计算机科学领域 30% 的文献,另外它还制定了 900 多个现行工业标准。每年要举办 300 多个学术会议。许多学术会议在世界上很有影响,有的规模很大,达到 4 ~ 5 万人。

【电气化铁路】(electric railway) 使用电力机车牵引列车循轨行驶的交通线路。主要包括电力机车、机务设施、牵引供电系统、各种电力装置以及相应的铁路通信、信号等设备。电气化铁路具有运输能力大、行驶速度快、消耗能源少、运营成本低、工作条件好等优点。对运量大的干线铁路和具有陡坡、长大隧道的山区干线铁路实现电气化,在技术上、经济上均有明显的优越性。

电气化铁路

【电气绝缘性能】(electrical insulting property) 电介质将带电导体互相绝缘并且长期地耐受高电场强度作用的特性。电导率和击穿电场强度是表征电介质的电气绝缘性能的两个重要参数。电介质并非理想的绝缘体,在外电场的作用下,任何电介质中都有一定量的电流通过。一般用电介质的体积电阻率或其倒数即体积电导率来描述。若要提高电介质的绝缘性能,就要使其具有较高的电阻率。通常绝缘电介质的体积电阻率在$1\times10^{8}\Omega\cdot m$以上。

【电气设备防火】(electrical equipment fire prevention) 防止由电气设备的过热发生电弧或电火花等引起火灾的措施。电气设备的绝缘材料,大多采用易燃物。在运行中导体通过电流会发热,开关切断电流会产生电弧、电气短路、电火花或接地故障及设备损坏等。其结果都可能将周围的易燃物引燃,导致火灾事故发生。电气火灾的特点是:(1)发生电气火灾后,电气设备可能仍带电,在一定范围内存在着接触电压和跨步电压。灭火时如不注意或未采取适当的安全措施,就会引起人体触电伤亡事故。(2)发生电器火灾后,充油电气设备等受热有可能喷油甚至爆炸,造成火灾蔓延并危及灭火人员的安全。

【电气设备验收】(acceptance of electric accessory) 电气设备经有关部门审查方可投入运行的措施。验收应遵循以下规定:(1)凡是新建、扩建、大小修和预试的一两次变电设备,都必须按有关标准及有关规程和技术标准经过验收合格、手续完备后方能投入运行。(2)设备的安装或检修。在施工过程中需要中间验收时,变电所负责人应指定专人配合进行,对其隐蔽部分,施工单位应做好记录。(3)在大小修、预试、继电保护、仪表检验后,由有关修试人员将有关情况记入记录簿中,并注明是否可以投入运行,无疑问后方可办理完工手续。(4)当验收的设备中个别项目未达验收标准,而系统又急需投入运行时,需经主管局总工程师批准,方可投入运行。

【电气运行技术】(operation techniques for electrical parts) 火电厂电气设备在各种运行状态以及各种运行方式的变换过程中所蕴含的专业技术和必须遵循的专业技术法则。其内容主要包括:透平发电机、主变压器、厂用电动机、电气系统和厂用电系统设备、继电保护和电气自动装置的运行操作、监测、检查、异常及故障处理等内容。另外,还有电气倒闸操作和一些特殊的运行方式与操作(如旁路母线运行、零起升压、接地方式)等。电气倒闸操作,是指电气设备在改变其运行状态和运行方式时需要进行的一系列操作。新的设备需要投运,已经投运的设备需要消除缺陷、进行定期或故障检修、调整试验和改变运行方式等。例如电力线路的停送电,电力变压器或其他电器设备的停送电,发电机的启动、并列和解列,系统之间的解列和并列,网络的合环与解环,母线接线方式的改变等,都需要进行必要的操作。倒闸操作的基本原则是:(1)不造成用户的无故停电。

(2)不发生带负荷拉刀闸。(3)不发生误操作(误送线路、误拉合断路器或刀闸等)。

【电气照明】(electric lighting) 电光源产生的光照亮物体及周围环境,使其能够达到一定视觉效果的设施和技术。具有科学技术与艺术相结合的特点。是电力事业最早开发的应用领域之一。在科学方面,它吸收了物理学、电工学、电子学、建筑学、生理光学、心理学、人类工效学等基础学科的研究成果;在工程技术方面,它综合应用光源、灯具、电气设备、建筑工程等专业技术和经验;在艺术方面,它遵循美学和色彩科学的各项基本原则。

电气照明

【电器】(electrical equipment) 在电流传输和使用过程中,完成通断、控制、保护、检测、变换、调节等功能的电气元件或装置的总称。按其工作电压的不同可分为低压电器和高压电器两大类。按其功能的不同可分为配电电器、控制电器、保护电器、启动调速电器、稳压与调压电器、牵引与传动元件、程控电器和成套配电装置等。

【电器智能化】(intellectualization of electric apparatus) 电器具有自动适应电网、环境及控制要求的变化,始终处于最佳运行状态的能力。是现代社会生产和生活向电器领域提出的使用要求,也是现代科学技术与传统电器技术结合的产物。它融合了传统电器、计算机与数字控制、微电子技术、电力电子技术、工业自动化技术、现场总线技术、计算机通信与网络及现代传感器技术等多门类的学科,可以组成全开放式系统,实现现场参数处理数字化、电器设备多功能化,从而满足分布式管理与控制的要求。

【电热玻璃】(electric-heated glass) 通电后能发热升温的夹层玻璃制品。在夹层玻璃中间膜一侧嵌入极细的钨丝或者康铜丝等金属电热丝,或者在玻璃内表面涂覆透明导电膜,通电后可使玻璃受热。在建筑上这种玻璃可以用于陈列窗、严寒地区的建筑门窗等,也可以制成各种电热玻璃工艺品、装饰品等,摆放或悬挂在室内,作为冬季的室内辅助热源。电热玻璃主要用作汽车、飞机、坦克、舰船的挡风玻璃,可以防止玻璃表面结霜、结露与结冰。

电热玻璃

【电热化学炮】(electro-thermalchemicalgun) 利用电能转变为热能使推进剂燃烧,产生高温、高压气体发射高速弹丸的身管射击武器。主要由电源、脉冲成形网络、炮身、炮架等部分组成。电源用于产生强大的脉冲电流。脉冲成形网络用于调节电源输出的电流脉冲。炮身用于发射弹丸。炮架用于支撑炮身并使其便于射击与移动。电热化学炮的炮弹是由等离子体喷管、推进剂和弹丸等组成。典型电热化学炮的工作原理是:电源发出的高电压大电流经脉冲成形网络的调节,使其成为波形符合内弹道优化设计要求的电流脉冲。输入等离子体喷管,使其中的细金属导体爆炸,以引起电极间产生电弧,烧蚀塑料毛细管壁,产生高温、高压、含氢量高的等离子体射流,高速喷入推进剂(液体、胶体或固体),使之加热,产生化学反应,生成高温、高压燃烧气体,驱动弹丸高速运动,从炮口射出。根据气体动力学原理估算,电热化学炮弹丸的初速最高可达3~4km/s。电热化学炮的主要优点是:弹丸的初速大,射程远,其炮口动能比传统火炮提高约15%~20%;推进剂的化学反应速率可由输入电流脉冲调节控制,射程改变灵活;除发射电热化学炮炮弹外,也可用来发射普通炮弹。它可应用于远程火力支援、反装甲、防空、舰艇近距离防御等。

【电热炮】(electrothermal gun) 使用电能或辅助化学能作动力发射炮弹的武器。电热炮发射的炮弹速度极高,动能大,射程远,命中精度高,破坏力也大。电热炮是全部或部分利用电能推进弹丸的一种发射装置,可分为纯电热炮和电热化学炮两种。前者发射弹丸的能量全部来自电能。炮弹的药筒内装压缩的惰性气体,通以高功率脉冲电流使惰性气体电离成为等离子体,等离子体在高温下急剧膨胀,把弹丸发射出去。后者的炮弹药筒内装轻质发射药,利用高功率脉冲放电在药筒内产生高温高压等离子体射流,高速喷入发射药,加热产生化学反应,生成高温高压燃气,驱动弹丸从炮口高速射出。发射弹丸的能量主要来自发射药的化学能。电热炮可用常规火炮改装,能将重量较大的弹丸加速到2 200~2 500m/s。

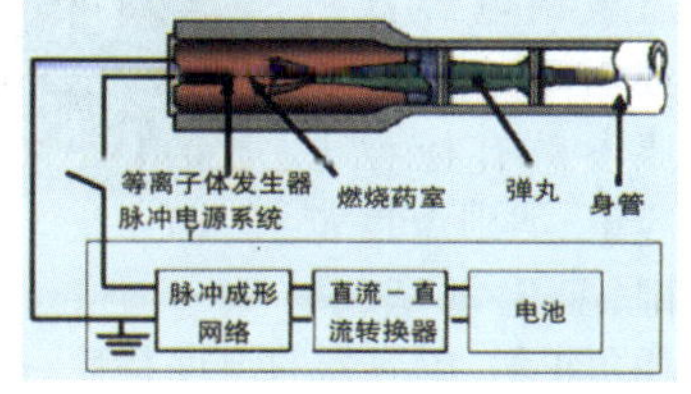

电热炮系统结构

【电热式推进系统】(electrothemal propulsion system) 利用电能加热推进剂,使之以热动力学方式从喷管喷出的推进系统。按加热方式的不同可分为电阻加热式、电弧加热式和微波加热式三种类型。该系统具有结构简单、成本低、安全可靠、操作和维护方便等优点。其主要缺点是:加热效率低,能量利用率不高,结构材料受限制,加热温度不能太高。该系统适用于小型且低成本的卫星轨道调整、高度控制及位置保持等。

【电容】(capacitance) 表征电容器容纳电荷的本领的物理量。两极板间的电势差增加1V所需的电量。符号是C。在国际单位制里,单位是法拉,符号是F。常用的单位有毫法(mF)、微法(μF)、纳法(nF)和皮法(pF)等。换算关系是:(1)1法拉(F)=1 000毫法(mF)=1 000 000微法(μF)。(2)1微法(μF)=1 000纳法(nF)=1 000 000皮法(pF)。

【电容器】(capacitor) 允许交流电流通过,而不允许直流电流通过的两端电路元件。由电介质隔开的两个金属板构成。包括固定电容器和可变电容器两大类。按其材料和性能的不同可分为:聚酯电容器、聚苯乙烯电容器、聚丙烯电容器、云母电容器、高频瓷介电容器、低频瓷介电容器、玻璃釉电容器、铝电解电容器、钽电解电容器、铌电解电容器、空气介质可变电容器、薄膜介质可变电容器、薄膜介质微调电容器、陶瓷介质微调电容器和独石电容器。主要参数有标称电容量、类别温度范围、额定电压、损耗角正切、电容器的温度特性、使用寿命和绝缘电阻。在很多电子产品中,电容器都是必不可少的电子元器件。它在电子设备中充当整流器的平滑滤波、电源和退耦、交流信号的旁路、交直流电路的交流耦合等。它在直流下能储存电荷;在正弦电流下能通过超前电压相位近90°的电容性电流。

电容器

【电容式扬声器】(condenser loudspeaker) 见静电式扬声器。

【电伤】(electrical injuries) 电对人体造成的伤害。即由电流的热效应、化学效应、机械效应对人体外部组织或器官的伤害。其主要特征是:(1)电烧伤。是电流的热效应造成的伤害。(2)皮肤金属化。是在电弧高温的作用下,金属熔化、气化,金属微粒渗入皮肤,使皮肤粗糙而张紧的伤害。皮肤金属化多与电弧烧伤同时发生。(3)电烙印。是在人体与带电体接触的部位留下的永久性斑痕。斑痕处皮肤失去原有弹性、色泽,表皮坏死,失去知觉。(4)机械性损伤。是电流作用于人体时,由于中枢神经反射和肌肉强烈收缩等作用导致的机体组织断裂、骨折等伤害。

【电渗析】(electric infiltration) 在直流电场的作用下,利用阴、阳离子交换膜对溶液中阴、阳离子的选择透过性,使溶液中的阴阳离子发生分离的理化过程。广泛应用于海水淡化、苦咸水淡化、锅炉及动力设备给水的软化除盐以及电子化工、医药、饮料、食品等工业用水的处理。

电渗析装置

【电声器件】(electroacoustic device) 电和声相互转换的器件。能将音频电信号转换成声音信号或者能将声音信号转换成音频电信号的器件。是利用电磁感应、静电感应或压电效应等来完成电声转换的。包括扬声器、耳机、传声器和唱头等。扬声器是把音频电信号转变为声音信号。传声器是把声音信号转变为音频电信号。电唱机的拾音器、耳机和蜂鸣器等也属于电声器件。

组合音响

【电声学】(electro-acoustics) 声学的一个分支。研究声能、电能相互转换的原理、技术和应用的学科。是应用声学的基础。在广播、电视等领域广泛应用。

【电势】(electric potential) 又称电位。描述静电场性质的一个物理量。电场中某点的电势等于把单位正电荷自该点移至"零势点"过程中电场力所做的功,或电场中某点的电势等于单位正电荷在该点具有的电势能。由于静电场力在电荷移动过程中做的功与所取路径无关,所以场中各点的电势都具有确定的值,并可用它来描述静电场中各点处的特性。

电势的单位与电势差的单位相同,都是伏特(V)。

【电势差】(electric potential difference) 又称电压。电场中两点之间电势的差值。用字母 U 表示。在国际单位制中,电势差的单位是伏特,符号是 V。1 库仑电荷从电场中的一点移动到另一点,如果电场力做了 1J 的功,那么这两点间的电势差就是 1V。两点的电势差由电场中两点位置决定。反映电场能的性质。

【电势能】(electrical potential energy) 带电粒子在电场中由于受电场作用而具有的,且与位置有关的能量。某一带电粒子在电场中所具有的电势能的大小,不仅与它所处的位置有关,也与电势能参考点的选择有关。它等于该带电粒子在电场中从所处位置移动到参考点电场力所做功的大小。电势能反映电场和处于其中的电荷共同具有的能量。

【电视点播】(video on demand, VOD) 电视用户能和电视节目播放中心通过信息交互,有选择性地要求播放某个电视节目的系统。它改变了以往电视节目只能由播放中心向用户单向传输信息,用户只能被动观看电视节目的状况。是电子信息技术、多媒体技术和网络技术相结合的产物。通过电视点播系统,电视节目播放中心可以按照用户的需要,以个性化的方式为千家万户提供服务,大大增强了用户获取信息的能力。

【电视塔】(TV tower) 用于广播电视发射传播的建筑。为了使播送的范围大,把电视传播给每家每户,电视塔的位置一般设在市区范围内。它经常成为城市中最高的建筑,也是城市中的最高点。它的外形千姿百态,使它成了城市中的一个风景点。现在的电视塔已经不单是播放电视,还能上去游览。有些电视塔上面设有旋转餐厅,已和旅游事业结合在一起,成为一种多用途的塔。目前世界上最高的电视塔,是中国的海心塔(广州新电视塔),排名第二的是加拿大的多伦多电视塔,而第三名就是俄罗斯莫斯科的奥斯坦金电视塔,排名第四的是中国的上海东方明珠广播电视塔,第五位的就是中国天津的天津广播电视塔。中央广播电视塔坐落于北京市海淀区西三环中路西侧,航天桥附近,玉渊潭公园西侧。中央广播电视塔始建于1987年1月,1994年9月建成,10月1日正式开放。中央广播电视塔高386.5m,加避雷针总高405m,总重 5×10^4t。这是一座多功能现代化的标志性建筑,可发射8套电视节目和10套广播节目。

海心塔

【电视台】(television station) 制作电视节目并通过电视或网络播放的媒体机构。是由国家或商业机构创办的媒体运作组织,传播视频和音频同步的资讯信息。这些资讯信息可通过有线或无线方式为公众提供付费或免费的视频节目。在中国,有国家和地方各级的电视台,并已形成网络。其播出时间固定,节目内容一部分为其自己制作,也有相当部分为外购。中国已拥有由卫星、有线、无线等多种技术手段组成的世界上覆盖人口最多的广播电视综合覆盖网。其标志是与国际接轨的,采用文字标志法,简单明了,便于识别,给人耳目一新的感觉。

北京电视台

【电视显像管玻壳模具钢】(glass shell die steel of TV-picture tube) 电视显像管玻壳模具用耐热不锈钢的统称。例如 4Cr13Ni 耐热不锈玻壳模具钢。其氧化性、抗冷热疲劳性等都比原用的耐热铸铁优越,寿命高达15万次以上,性能相当于3Cr13MoV 钢。

【电视制导】(television guidance) 利用电视摄像机获得目标图像信息,形成制导指令,控制导弹飞向目标的技术。按其工作方式的不同可分为:(1)电视遥控制导。又有两种形式。一种是弹上电视摄像机摄取的图像传输到制导站(地面或载机),制导站的操纵人员根据电视图像确定目标,发出遥控指令,控制导弹飞向目标;另一种是电视摄像机不装在导弹上,而装在载机或车辆上,用以捕获与跟踪目标,操纵人员根据电视信息发出无线电指令,控制导弹飞向目标。(2)电视寻的制导。不需要发射无线电波,不易被干扰。电视制导的优点是抗干扰能力较强,隐蔽性好,并能提供较好的识别信息。其缺点是受云雾等气象条件的限制,作用距离较近。此外,按所摄目标的辐射或反射光的不同还可分为可见光电视制导、红外电视制导和激光电视制导。

【电梯】(elevator) 一种以电动机为动力装有箱状吊舱,用于多层建筑乘人或载运货物的垂直升降设施。也有台阶式,踏步板装在履带上连续运行的自动电梯。服务于规定楼层的固定式升降设备。它具有一个轿厢,运行在至少两列垂直的或倾角小于15°的刚性导轨之间。轿厢尺寸与结构形式便于乘客出入或装卸货物。习惯上不论其驱动方式如何,将电梯作为建筑物内垂直交通运输工具的总称。近几年来,随着国际社会对环保认识的关注,各大电梯公司现在在其电梯表面基本都采用了粉末涂料喷涂,这是一种新型环保无溶剂的涂料,并且各种性能皆优于油漆。按速度的不同可分为低速电梯(1m/s以下)、快速电梯(1～2m/s)和高速电梯(2m/s以上)。电梯要求安全可靠、输送效率高、平层准确和乘坐舒适等。电梯的基本参数主要有额定载重量、可乘人数、额定速度、轿厢外廓尺寸和井道型式等。

电梯

【电梯钢丝绳】(elevator wire rope) 高层建筑电梯用的钢质拽引绳。电梯是现代高层建筑必备的运载装置。按用途的不同可分为:客梯、货梯、病床梯、汽车用梯和杂物梯等。按速度的不同可分为:低速(0.75m/s以下)、中速(1～1.75m/s)、高速(2m/s以上)电梯。电梯用钢丝绳是电梯的关键部件。按其在电梯中用途的不同可分为:拽引绳、平衡绳和制动绳。电梯钢丝绳通常是指拽引绳。中国的电梯钢丝绳国家标准规定了6×19S和8×19S两种结构。其优点是:柔软、操作方便;耐疲劳及耐磨性能好;在高速运转中绳轮不易磨损;使用寿命长。电梯用拽引钢丝绳的主要性能是:(1)强度级要求。其公称抗拉强度分为双强度级别和单一强度级别。标准规定:单一强度级别为1 570MPa或1 770MPa;双强度级别电梯钢丝绳股的外层钢丝的抗拉强度为1 370MPa,内层钢丝的抗拉强度级别为1 770MPa。采用双强度级别及8股结构的电梯钢丝绳比采用单一强度级别的电梯钢丝绳有利于保护拽引轮槽不被磨损或少被磨损,也有利于防止钢丝绳发生早期断丝,从而提高钢丝绳使用寿命。(2)强度级偏差要求。所用钢丝强度与规定强度的允许误差。(3)考核电梯拽引钢丝绳在无负荷状态时直径与在10%最小破断负荷下直径的偏差。(4)考核钢丝绳疲劳试验后断丝根数。(5)考核钢丝绳麻芯含油率。(6)电梯钢丝绳的弹性伸长。制造电梯钢丝绳应注意:钢材的选择;钢丝绳直径精度;绳芯材料选择硬质纤维;捻制中的张力和预变形;钢丝绳预张拉;润滑油的选择。

电梯钢丝绳

【电通量】(electric flux) 通过任意面元的电场线条数。是表征电场分布情况的物理量。通常电场中某处面元dS的电通量$d\Phi_E$定义为该处场强的大小E与dS在垂直于场强方向投影$dS\cos\theta$的乘积,即$d\Phi_E = EdS\cos\theta$。式中θ是dS的法线方向与电场强度矢量之间的夹角。电通量是标量。$\theta < 90°$为正值,$\theta > 90°$为负值。通过任意闭合曲面的电通量Φ_E等于通过构成该曲面的面元的电通量的代数和。电通量密度是通过垂直于电场方向的单位面积的电通量。它等于该处电场E的大小。电通量密度精确地描述了电力线的疏密。

【电网】(grid) 将相近的电厂、送变电站联络起来,形成全国或地区性的网络。主要作用是:保证发电与供电的安全可靠,调整地区间的电力供需平衡,保持规定的电能质量和获得最大的经济利益。随着电力工业的迅速发展,特别是各国相继建设了大容量火电、水电和原子能电站,电网的容量愈联愈大。除了在本国形成统一电网外,相邻地区和国家也采取电网互联,组成国际电网。法国在1946年设立全国的电力公司,经营全国电业,形成全国统一电网。苏联的电网是从1958年建成古比雪夫大型水电站之后快速发展起来的。1970年又将其欧洲的地区电网以及乌拉尔、外高加索电网先后并入欧洲地区的统一电网,而后又伸展到苏联的亚洲地区。整个电网有上千个电站,所占地区面积850km^2。1976年电网装机容量1.6亿千瓦,发电8.730亿千瓦时。统一电网和联网的优点是:允许安装大容量机组,减少备用容量,尤其是能充分利用水、火、原子能等各种电站的特点进行负荷的经济调度,提高供电的可靠性,保持较高的供电质量。

【电位滴定法】(potentiometric titration) 在滴定过程中通过测量电位的变化来确定滴定终点的方法。属于容量分析的一种方法。不需要准确地测量电极电位值,因此,温度、液体接界电位的影响并不重要。采用此法应满足下列条件:(1)滴定剂与被测物质的反应必须是定量的。(2)反应速度较快。(3)有适当的指示电极。按其滴定反应类型的不同可分为:(1)酸碱滴定。(2)沉淀滴定。(3)配合滴定。(4)氧化还原滴定。酸碱滴定时使用 pH 玻璃电极为指示电极;在氧化还原滴定中,可用铂电极作指示电极;在沉淀滴定和配合滴定中,可用离子选择性电极作指示电极,如用 EDTA 作滴定剂,可以用汞电极作指示电极,用硝酸银滴定卤素离子,可以用银电极作指示电极。电位滴定法可用于不能使用指示剂的有色或混浊的溶液的测定,还可用于浓度较稀的试液或滴定反应进行不够完全的溶液的测定。此法有很高的灵敏度和准确度,并可实现自动化和连续测定。

【电位器】(regulation resistance) 又称滑动变阻器。电子电路中一种可调的元器件。由一个电阻体和一个转动或滑动系统组成。它对外有三个引出端,其中两个为固定端,另一个是中心抽头。转动或调节电位器转动轴,其中心抽头与固定端之间的电阻将发生变化。当电阻体的两个固定触电之间外加一个电压时,通过转动或滑动系统改变触点在电阻体上的位置,在动触点与固定触点之间便可得到一个与动触点位置成一定关系的电压。其性能指标有阻值变化规律、滑动噪声、分辨力、极限电压和机械耐久性。常用电位器型号与规格有:多圈电位器、有机实芯电位器、线绕电位器与合成膜电位器。按其材料的不同可分为线绕、炭膜、实芯式电位器;按其输出与输入电压比与旋转角度的关系不同可分为直线式电位器、函数电位器。主要参数为阻值、容差、额定功率。在音响和接收机中作音量控制用。广泛用于电子设备。

电位器

【电涡流厚度计】(eddy current thickness meter) 利用电涡流原理,测量并显示物体厚度的仪表。工业生产中常用来连续测量产品的厚度,如钢板、钢带、纸张等。它适用于导电金属上的非导电层厚度测量。此种测厚法精度较低。为减少被测材料在运动中因抖动引起测量结果的误差,故采用差动测量方式。接近被测金属材料表面的检测线圈 L 与测量电路中的电容构成谐振回路,而在线圈中产生高频交变磁场,并在被测金属中感应出涡流。涡流损耗与被测金属材料的表面到检测线圈距离 x_1、x_2 有关。涡流产生的感应电磁场又反作用于线圈 L 上,使其品质因素 Q 值、等效阻抗 Z、等效电感 L 都发生相应的改变。通过测量电路将 Q 值、Z 值或 L 值转变为检波信号电压的幅值或频率值变化,经加法器运算后即可测出厚度 t。这种厚度计有较高的动态精度。

【电信】(telecommunication) 利用电报、电话、传真、无线电设备和互联网络等电子手段传递信息的通信方式。由终端设备、传输设备、交换设备等基本要素组成。主要功能是按用户的需要传递和交流信息,实现人类远距离通信的需要。其分类有:(1)按其业务种类的不同可分为:电话网、电报网、用户电报网、数据通信网、传真通信网、图像通信网、有线电视网等。(2)按其服务区域范围的不同可分为:本地电信网、农村电信网、长途电信网、移动通信网、国际电信网等。(3)按其传输媒介种类的不同可分为:架空明线网、电缆通信网、光缆通信网、卫星通信网、用户光纤网、低轨道卫星移动通信网等。(4)按其交换方式的不同可分为:电路交换网、报文交换网、分组交换网、宽带交换网等。(5)按其结构形式的不同可分为:网状网、星形网、环形网、栅格网、总线网等。(6)按其信息信号形式的不同可分为:模拟通信网、数字通信网、数字模拟混合网等。(7)按其信息传递方式的不同可分为:同步转移模式的综合业务数字网和异地转移模式的宽带综合业务数字网等。

【电信工业协会】(telecommunications industry association, TIA) 全球通信与信息技术工业中重要的同业协会。一个全方位的服务性国家贸易组织。负责各类通信产品标准制定,保护会员厂家利益,促进市场,组织交流。成立于1984年,成员包括为世界各地提供通信和信息技术产品、系统和专业技术服务的900余家大小公司。由31个成员公司组成理事会,下设标准与技术、市场信息等部门。

【电信管理网】(telecommunication management network, TMN) 一种用于对电信业务网实行有效管理和监控的独立网络系统。是支撑电信业务网正常运行的保障系统。主要包括网路管理系统和维护监控系统等。其功能是:(1)根据各局间的业务流向、流量统计数据有效地组织网路流量分配。(2)根据网路状态,进行电路调度、组织迂回和流量控制等,以避免网路过负荷和阻塞扩散。(3)出现故障时,能根据报警信号和异常数据及时采取封闭、启动、倒换和更换故障部件等措施,使通信及相关设备恢复和保持良好的运行状态。当前的电信管理网络系统采用国际标准化组织制定的开放系统互联七层模型理念来构造。

【电信网】(telecommunication network)

构成多个用户相互通信的多个电信系统互联的通信体系。利用电缆、无线、光纤或者其他电磁系统，传送、发射和接收标志、文字、图像、声音或者其他信号。由终端设备、传输链路和交换设备三要素构成，运行时辅之以信令系统、通信协议以及相应的运行支撑系统。按其电信业务种类的不同可分为：电话网、电报网、用户电报网、数据通信网、传真通信网、图像通信网、有线电视网等。按其服务区域范围的不同可分为：本地电信网、农村电信网、长途电信网、移动通信网、国际电信网等。按其传输媒介种类的不同可分为：架空明线网、电缆通信网、光缆通信网、卫星通信网、用户光纤网、低轨道卫星移动通信网等。按其交换方式的不同可分为：电路交换网、报文交换网、分组交换网、宽带交换网等。按其结构形式的不同可分为：网状网、星形网、环形网、栅格网、总线网等。按其信息信号形式的不同可分为：模拟通信网、数字通信网、数字模拟混合网等。按其信息传递方式的不同可分为：同步转移模式的综合业务数字网和异地转移模式的宽带综合业务数字网等。

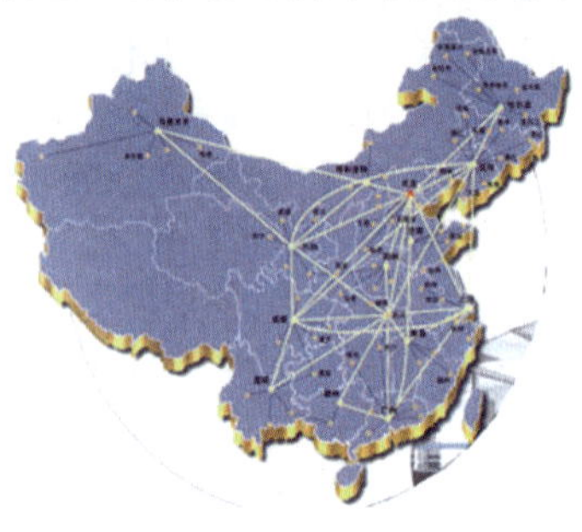
电话交换网

【电信业务网】(telecommunication services network) 利用电子信息技术和网络技术组建的提供电话、电报、传真、数据和图像传输的通信网络。通常由终端设备、交换设备、网络设备和信息传输媒体组成。随着数字程控交换机的普遍应用和第三代移动通信系统技术的发展，无论采用有线还是无线方式组建电信业务网，网上传输的内容都在向多媒体综合信息方向发展，并提供越来越多的信息增值业务。

【电信增强型业务】(telecom enhanced mosaic service) 见电信增值业务。

【电信增值业务】(telecom value-added service) 又称电信增强型业务。凭借公用电信网的资源和其他通信设备而开发的附加通信业务。其实现的价值使原有网路的经济效益或功能价值增高。由增值网方式出现的业务和增值业务方式出现的业务组成。主要增值业务有：(1)电子信箱。可实现异种计算机之间互通。(2)可视图文。作为电话机用户的附加增值业务，通过公用电话网与分组交换网上的数据库互联，也可用作电子信箱的终端设备。(3)电子数据互换。采用计算机按照规定的格式和协议进行贸易或信息交换的手段。(4)传真存储转发。通过计算机将用户的传真信号进行存储、转发或具有传真检索信息功能的设备，为用户提供高性能的传真业务。(5)在线数据库检索。通过电信网络将数据终端或PC机与各种信息数据库相连，在检索软件的支持下，用户可方便、迅速地获取所需要的信息和数据。(6)国际互联网。利用现有通信网络和计算机资源开放的增值业务。(7)语音信息业务。以语音平台为用户提供语音信息业务。服务范围遍及新闻、体育、科技、金融、证券、房地产、医疗保健、娱乐、交通、购物指南、旅游、人才交流、热点追踪等各方面。这些服务正逐步向中国信息台联网、数据库检索等方式过渡，实现资源共享。200电话呼叫卡业务、800受方付费业务、虚拟专用网业务、集中式用户交换机业务、帧中继业务、电视会议、视像点播等新型增值业务也在蓬勃发展中。

【电性合金】(electrical alloy) 具有特殊电学性能的合金。包括电阻合金(精密应变、热敏电阻合金)、电热合金、热电偶合金及电触头材料。精密电阻合金分Cu－Mn系(GB/T6145－1999中6J12、6J8、6J13)、Cu－Ni系(6J40)、Ni－Cr系改良型(6J22、23、24)；应变电阻合金为Cu－Ni系(6JYC－401、402、423、424)；电热合金分Cu－Ni系(GB/T1234－1995，三个牌号)、Fe－Cr－Al系(五个牌号)、纯金属(Pt、Mo、W、Ta)。热电偶合金分铂铑、NiCr－NiSi及低温热电偶合金。

电性合金

【电压】(voltage) 静电场或电路中两点间电势的差(电位差)。实用单位为V。在交流电路中，电压有瞬时值、平均值和有效值之分。交流电压的有效值有时就简称电压。例如电力系统的输电电压有2.2×10^5 V和3.3×10^5 V，工业用电的电压一般为380V，照明用电的电压为220V等都是指电压的有效值。

【电压波动】(voltage fluctuation) 在电力系统中出现冲击性负荷时，电力网中的电压降发生相应变化的现象。冲击性负荷可分为周期性冲击负荷和非周期性冲击负荷两类。其中周期性或近似周期性的冲击性负荷的影响更为严重。电压波动使电能用户不能正常工作。电压波动的危害表现在：(1)照明灯光闪烁，引起人的视觉不适和疲劳，影响工效。(2)电视机画面亮度变化，垂直和水平幅度摇动。(3)电动机转速不均匀，影响产品质量。(4)使电子仪器、电子计算机、自动控制设备等工作不正常。(5)影响对电压波动较敏感的工艺或试验结果。主要是大型用电设备负荷快速变化引起的冲击性负荷造成的。其抑制措施有：增加供电系统容量，更换大容量的变压器，或由大的电网来承担供电任务；提高供电电压等级；采用专用变压器和专线供电；改进生产工艺及操作水平；采用专用稳压设备等。

【电压等级】(voltage grade) 电力系统及电力设备的额定电压级别系列。额定电压系指规定的电力系统及电力设备的正常工作电压。电力系统中各点的实际运行电压，容许在一定程度上偏离上述额定电压。在这一容许偏离范围内，各种电力设备以及电力系统本身仍能正常地运行。制定电压等级系列是电力工业发展的一项重要课题。某一特定输电工程的电压等级选择，主要取决于输电容量和输送距离两个因素。根据这两个因素可确定一合适的目标电压值。如果把这样选择确定的目标电压作为实际采用的输出电压，那么一个国家或某一个系统将具有许多电压等级。众多的电压等级不仅会增加电力系统调度管理的难度，更重要的是影响大电力系统的形成和发展，无论经济上或技术上都不可取。相邻电压级差太小会造成电力网结构复杂、难以实现分层分组经济运行与控制、出现重复电压、网损大等一系列弊端。在国际上，合理简化电压等级系列已成为一个大的趋势。每引入一个新的电压等级，就应全面进行技术经济综合分析比较，应考虑下列因素：(1)与国家今后15～25年电力发展速度与规模相适应。(2)新的电压等级与现有的电压等级相配合。(3)新的电压等级在系统中的作用。(4)新电压等级的可靠性和可行性等。

【电压源】(voltage source) 端电压与通过的电流无关的有源元件。是一个两端电路元件。其端子间的电压保持为一恒定值或一确定的时间函数，而与通过它的电流无关。电流可为任意值，随所接的外电路的不同而不同。当电压源的电压为某一恒定值时，称为直流电压源；当其为某一时间函数时，则按其具体的函数形式而定名。在实际电源中，伏安特性近似于直流电压源，但其端电压会随着电流的增加而有所减少。实际电源的电路模型可用一个电压源和一个电阻 Rs 串联来表征。Rs 称为电源的内阻。

【电冶金】(electric metallurgy) 用电能进行冶金作业的总称。可分为电热法和电解法两类。电热法的优点是：可获得比用燃料供热更高的温度，且炉内气氛较易控制。其应用范围很广，如电炉炼钢、电炉炼铜以及各种铁合金的冶炼等。电解法又可分为溶盐电解和水溶液电解。广泛用于有色金属和稀有金属的提炼和精炼。

【电液加工】(electrohydraulic machining) 利用水中放电直接把电能转换为机械能，对零件进行加工的方法。电液加工的特点是瞬间功率特别高，冲击压力特别大，但电能转换为机械能的效率较低。电液加工可用来破碎岩石、铸件清砂、内外冲击成型和零件的压接等。

【电液伺服阀】(electro-hydraulic servo valve) 一种在接收电气模拟信号后能相应输出调制的流量和压力的液压控制阀。按其输出液压信号的不同可分为：电液流量伺服阀和电流压力伺服阀。通常是由电机、液压控制阀和反馈式平衡机构三部分组成。是将电量转变成液压输出量的电液转换元件。随着电子技术和计算机技术的发展，电液伺服系统的性能得到显著改善，优于其他的液压伺服系统，因而得到广泛应用。按其内部结构的不同可分为：滑阀位置反馈、载荷压力反馈和载荷流量反馈。按其级数的不同可分为：单级、双级和多级。在电液伺服阀中，将电信号转变为旋转或直线运动的部件称为力矩马达或力马达。力矩马达浸泡在油液中的称为湿式，不浸泡在油液中的称为干式。其中以滑阀位置反馈、两级干式电液伺服阀应用最广。电液伺服阀是电液伺服控制中的关键元件，具有动态响应快、控制精度高、使用寿命长等优点。广泛应用于航空、航天、舰船、冶金、化工等领域的电液伺服控制系统中。

【电泳分离】(electrophoresis separation) 利用不同带电粒子在电场中移动速度不同而使其分离的方法。不同蛋白质在一定 pH 值的缓冲溶液中的离解度不同，因而在电场作用下它们的泳动速度也不同。影响电泳分离的因素有：(1)待分离生物大分子的性质。(2)缓冲液的性质。(3)电场强度。(4)电渗。(5)支持介质的筛孔。利用电泳分离方法可对蛋白质(包括酶和同工酶)、多肽和氨基酸等具有可电离基团的物质进行分析、分离与纯化制备。电泳分离被广泛应用于基础理论研究、农业科学、医药卫生、工业生产、环境保护、国防科研、法医学和商品检验等许多领域。

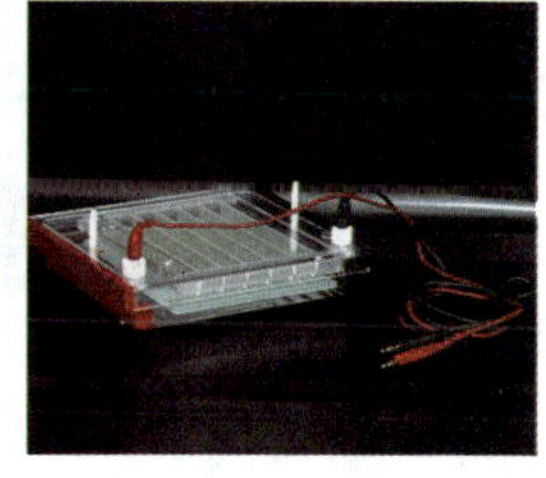
电泳分离

【电泳选矿】(electrophoresis separation of mine) 利用各种矿物不同表面电性特征而进行分

选的一种选矿方法。如高岭土微粒在水中带有负电荷,在电场力的作用下,可在电场中向正极游动。借助高岭土的这种特性,便可将其与杂质分离。

【电源的等效变换】(equivalent transformation between sources) 有串联内阻的电压源与有并联内阻的电流源互相替代的一组变换公式。按这组公式,用带并联电阻的电流源代替带串联内阻的电压源或者反过来,不影响电路其他部分的电压、电流。在电路分析中常利用这种变换。

【电源建设计划】(construction plan of power supply) 在电力系统中水电、火电及其他类型发电厂的建设计划。此计划在电力系统中期规划的基础上,在主管部门的指导下编制。主要内容是:(1)负荷预测。(2)电力电量平衡。(3)确定电源建设规模。(4)制定基本建设项目投资计划及新增生产能力计划。(5)综合平衡。在中国大陆它分为五年计划及年度计划。五年计划是电力工业发展的纲领性文件,规定了五年的建设规模、新增生产能力及基本建设投资额等。年度计划是在五年计划框架内的具体实施计划。通过年度计划保证五年计划的完成。其年度计划还应考虑当年资金、物资及劳动力的平衡。

【电晕放电】(corona discharge) 气体间隙在极不均匀电场作用下产生的局部放电现象。在电极表面有尖端或电极为很细的导线时,就在那些电场很强而且超过气体的击穿强度的表面附近产生局部放电,并不发生整个间隙的击穿。在电极的表面可以观察到淡淡的发光层,并能听见响声。这就是电晕放电。它属于一种自持放电形式。开始产生电晕的间隙电压和电极表面场强,分别称为电晕起始电压和电晕起始场强。正极性和负极性的电晕有很大的不同。当细线加上正极性电压形成电晕时,电晕表面为一个均匀的蓝白色的鞘层,并布满整个细线的表面;当细线加上负电压时,电晕表面为沿着细线分布的粉红色辉光亮点。利用电晕放电可进行静电除尘、空气净化等。

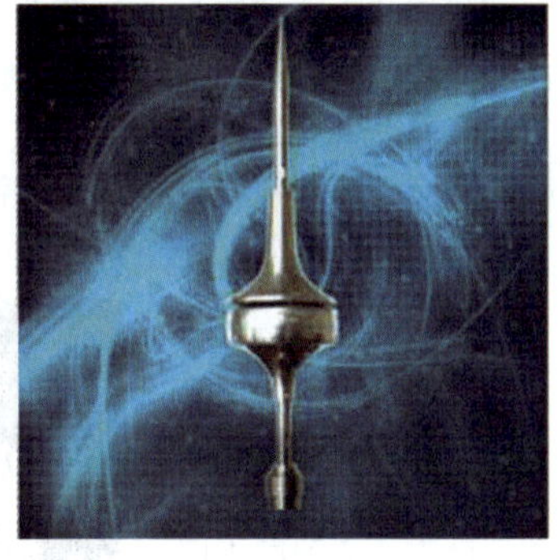
电晕放电

【电渣焊】(electroslag welding) 利用电流通过液体熔渣产生的电阻热作为热源,使电极(丝极或板极)与工件熔化形成焊缝的一种熔化焊接方法。由于电渣焊的热源是熔渣的电阻热,所以具有热量均匀、热容量大、热影响区体积大、加热和冷却速度慢、高温停留时间长等特点。电渣焊接时,热影响区不易产生淬硬组织及热裂纹,这对焊接易淬火钢、铸铁等十分有利。这种焊接方法具有可焊较大厚度工件、生产效率高、焊缝缺陷少等优点。但焊接接头晶粒粗大,焊后需进行正火或高温回火等处理。

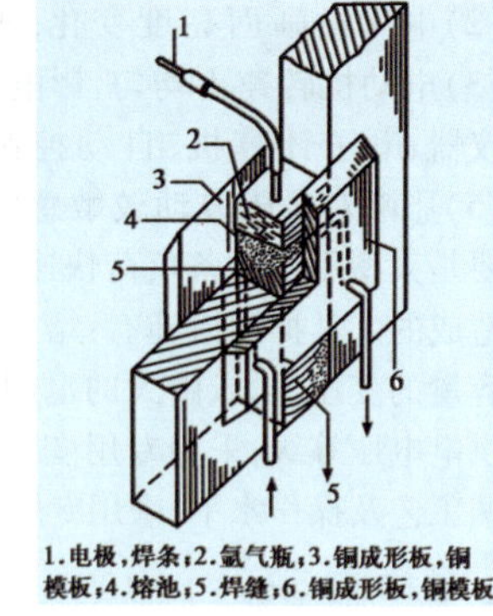

电渣焊

【电渣炉】(electro slag furnace) 进行电渣重熔的二次精炼设备。能够生产比普通熔炼质量更高的铸锭。其构造是:(1)电气设备。包括降压变压器和供电电气。变压器可以是单相的或是三相的。一般小型电渣炉采用单相变压器。(2)机械设备。主要包括电极升降机构、排烟装置、抽锭装置和密封设备。(3)熔铸设备。包括结晶器和底水箱。结晶器和底水箱用紫铜制造,底水箱除散热外,还起导电作用。电渣炉可配真空设备,组成真空熔炼电渣炉。电渣炉采用电弧加热。在电渣重熔过程中,熔化、精炼和铸造是同时进行的。自耗电极就是准备重新熔化的铸锭。结晶器和底水箱组成的空间既是熔体的炉体,又是铸造时的锭模。熔池上面的熔渣具有导电性,形成自耗电极－渣层－熔池－电渣锭－底水箱的电流回路。熔渣的电阻热使自耗电极端部熔化。被熔化的电极金属以熔滴的形式穿过渣层滴入熔池,在底部水箱水冷的作用下自下而上凝结成电渣锭,并以适当的速度将其从结晶器中引出。电渣锭的重量一般为0.5～2.5t,较大的为40～200t。2009年在中国上海投产的450t级电渣炉能生产直径3.6m,高度6m和重量450t的电渣锭,用于大锻件的加工。

【电渣熔炼】(electro slag smelting) 又称电渣铸锭、电渣重熔、电渣精炼。利用电流通过熔渣所产生的热进行金属精炼的方法。被熔炼的金属预先制成电极,在电极与水冷结晶器间通以电流时,使熔渣产生高热,金属电极按一定速度

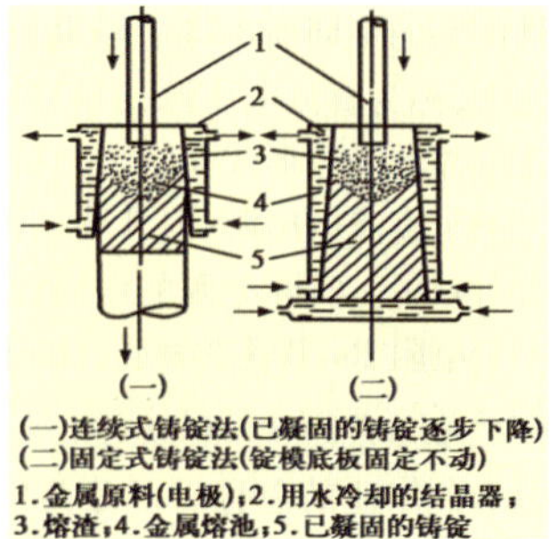

电渣熔炼

送入熔渣,在其中逐步熔化、沉积、凝固而成铸锭(铸件)。熔化过程中,金属熔液被熔渣有效净化。在金属凝固过程中,能造成有利的结晶方向,使铸锭性能提高。主要用于获得高质量的特种钢或合金。

【电针】(electro-acupuncture) 将针刺入腧穴得气后,在针具上通以接近人体生物电的微量电流,利用针和电两种刺激相结合,以防治疾病的一种方法。可代替人做较长时间的持续运针,节省人力,且能比较客观地控制刺激量。自20世纪50年代电针开始在中国普及和推广以来,目前类型多种多样,已从单一的治疗作用发展到诊断等多种功用。电针类型很多,主要有交流、直流可调电针机、脉动感应电针机、音频震荡电针机及晶体管电针机等。

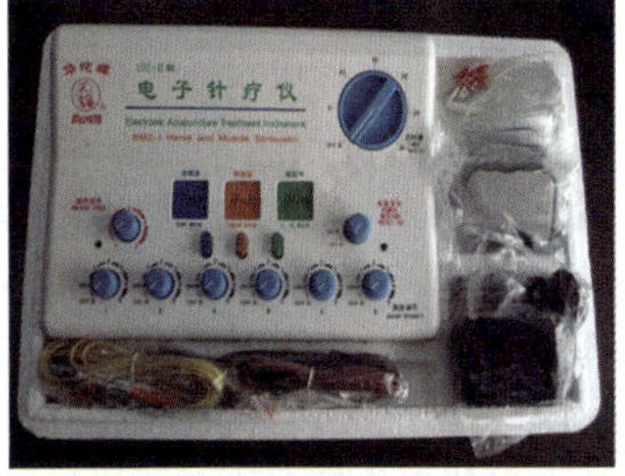

电子针疗仪

【电真空用材料】(material for vacuum tube) 制造电真空器件用的结构和功能材料。按其用途的不同可分为:(1)热子材料。如不下垂钨丝、钨铁合金丝以及电刚玉粉等。(2)阴极材料。如钨钍铼、钨铈、硼化镧、稀土钨、钡钨、氧化物阴极以及碳酸盐等阴极材料。(3)栅极材料。如钼、覆铜铁镍合金(杜美丝)、镍钼铁合金以及热解石墨等。(4)阳极材料。如无氧铜、无磁不锈钢、石墨以及覆铝铁等。(5)封接材料。如电真空玻璃、微晶玻璃、低熔点焊接玻璃粉、氧化铝陶瓷、镁橄榄石瓷、无磁封接合金以及电真空焊料等。(6)吸气剂。如钡铝、钡钛、钡镍、锆-钒-铁、掺氮吸气剂和释汞剂等。(7)其他功能性材料。如软磁材料、铁镍合金、工业纯铁、永磁材料、稀土永磁、衰减瓷以及荧光粉等。

【电真空用钢】(steel for electric vacuum) 电真空阴极用的合金钢。牌号为0nI65Mo28Fe5V。其特点是:具有较高的高温强度、低的导热率及适宜的热膨胀系数。用作电真空阴极的支撑筒及各种阴极的材料,可成功代替钽铌合金,成本降低到1/6而性能相当。

【电致变色玻璃】(electrochromic glass) 随着施加电场的强弱而改变其透光度的玻璃制品。在两层玻璃之间夹有类似液晶的材料。在电场的作用下,夹层中的材料发生可逆的电化学反应,从而发生可见光吸收的显色效应。通过控制电流的大小,可以在大的范围内任意调节可见光的透过率,产生多种色彩的连续变化,实现较透明与不透明的光调节作用。用电致变色玻璃制成的窗玻璃相当于装有电控装置的窗帘一样,非常隐蔽和方便。主要用于需要保密的场所,广告、显示屏、门窗上也有使用。

电致变色玻璃

【电致变色材料】(electrochromic material) 在电场的作用下能发生瞬时反应而改变颜色的记录材料。通常采用的有无机材料如金属氧化物及有机材料如联吡啶盐。这类材料的特点是:反应速度快(<0.1s),能在很低电压(<0.5V)下引起变色,并且可多次重复使用(重复使用的理论次数可达1×10^7次)。多用在防伪、单色和彩色显示等方面。

【电致变色显示材料】(electrochromic display material) 在外加电压或电流的作用下,可以改变颜色的材料。它具有高的离子(如Li^+、Na^+、Ag^+等)和电子迁移率。其颜色的改变是可逆的。常用的材料有氧化钨(WO_3)和氧化钼(MoO_3)。

【电致发光材料】(electrduminescent material) 在电场的作用下依靠电流和电场的激发而发光的材料。可将电能直接转换成光。常见的电致发光材料有三种形态:结型、薄膜型和粉末型。具有电致发光能力的固体材料很多,但达到实际应用水平的主要是半导体材料。其中有Ⅱ-Ⅳ族、Ⅲ-Ⅴ族、Ⅳ-Ⅵ族两元或三元化合物。Ⅲ-Ⅴ族和Ⅳ-Ⅵ族发光材料是典型的半导体发光材料。Ⅱ-Ⅳ族化合物以硫化锌基质材料为代表,是好的电致发光材料。电致发光材料分为直流电致发光和交流电致发光两大类,又可细分为粉末状直流或交流电致发光材料、薄膜直流或交流电致发光材料。主要用于制造电致发光显示器件。

电致发光材料

【电致发光聚合物】(electroluminescent polymer) 具有荧光特性且在电场作用下可发光的

共轭聚合物。其发光颜色可覆盖从红光到蓝光的整个可见光区。在这些发光聚合物材料中,最具代表性的有 PPV 及其多种可溶性衍生物(从橘红到绿光)、可溶性聚噻吩衍生物(红光)、聚对苯及其带烷氧基的衍生物(蓝光)等。其最直接的应用就是制备聚合物发光二极管,也可以和电子受体 C_{60} 等复合制备聚合物太阳能电池,还可以利用其荧光特性用于生物检测。

【电致发光显示】(electroluminescence display) 发光材料在电场作用下受电流的激发而发光的现象。是一个将电能直接转化为光能的过程。属于固体平板化显示,具有轻、薄和小的特点。容易实现便携式器件的显示,也容易扩展为大面积显示。电致发光材料有如下几类:(1)按发光机理的不同可分为弱场和强场两类。(2)按材料性质的不同分为无机和有机两类。(3)按激发方式的不同可分为直流和交流两类。(4)按材料形态的不同可分为单晶、薄膜和粉末三类。(5)按发光颜色的不同可分为红、黄、绿、蓝和白色的电致发光材料。主要用于动态图像、文字、数字信息和模拟显示、静态符号和标记识别显示以及特殊照明。

电致发光显示

【电铸】(electroforming) 利用电解过程获取金属复制品的方法。用铸造物件的模型作为阴极,以复制所需的金属作为阳极,进行电解。待阴极沉积到预定的厚度时脱模,即可获得和模型完全相同的阴面复制品。电珠法可获得一般机械加工方法难以制造的形状特殊的零件。其特点是:(1)能进行超精密加工(复制精度好)。(2)能调节沉积金属的物理性质。(3)不受制品大小的限制。(4)容易制出复杂形状的零件。用于制造电火花加工电极、防涂装遮蔽板、金刚石锉刀、钻头、波导管、储藏液态氢的球形真空容器,熔融盐电解制造钨等耐热金属的透平叶片和从非水溶液制造铝太阳能集热板等。

【电铸成型】(electroforming) 在母模表面上,通过电解液获得适当厚度的金属沉积层,然后将金属沉积层从母模上脱离下来,形成所需要型腔或型面的一种加工方法。利用金属电镀原理实现。预先按制件形状制成的具有一定尺寸及精度的母模,在电铸过程中作为阴极使用。电铸工艺除用作电铸模具型腔外,还可用于型腔的复制及制造电火花加工用的电极等。电铸成型有如下特点:(1)电铸件与母模的尺寸误差小。(2)可以制造形状复杂、用机械加工难以成型甚至无法成型的工件。(3)母模材料不限于金属,有时还可用制品零件直接作为母模。(4)电铸件具有较好的机械强度。(5)可获得高纯度的金属制品。(6)电铸时,金属沉积速度缓慢,制造周期长。(7)电铸层厚度不易均匀,且厚度较薄。

【电子】(electron) 带负电荷的粒子。物质的基本构成单元。其质量为 0.91×10^{-30} kg。电量 1.60×10^{-19} C。常用符号 e 表示。1897 年英国物理学家汤姆逊在研究阴极射线时发现。一切原子都是由一个带正电的原子核和围绕它运动的若干电子组成。物体带电是指当物体带有的电子多于或少于原子核的电量,导致正负电量不平衡的情况。当电子过剩时,称为物体带负电;而电子不足时,称为物体带正电;当正负电量平衡时,则称物体是电中性的。电子的定向运动形成了电流。

【电子材料】(electronic materials) 电子工业所使用的具有特定性能材料的统称。包括的范围很广。分为半导体材料、高纯材料、光电材料、电真空材料、基板材料、封装引线材料、阻容材料、波导材料、隐身材料、敏感材料、磁性材料、钎焊材料、掩模材料、电子级试剂及气体、电子陶瓷、电子用塑料、电子用树脂等。电子材料的品种多,技术要求严格,技术发展与更新换代快,材料的增值高。生产电子材料资金投入高、技术密集。电子材料的发展速度基本与电子工业同步,但品种的更新换代有时略低于电子工业的增长速度。

【电子产品】(electronic products) 以电子元器件组成的产品的统称。按其用途的不同可分为军用品和民用品两种。军用品包括雷达、无线收发信机、军用卫星、军用通信设备等。民用品包括家电类的电视接收机、冰箱、冰柜、空调、VCD、收音机、录像机、手机、电话、各种电子玩具等。按其专业的不同可分为广播和电视发射机、专业录像机、播控设备、各种电子仪器仪表等。电子产品应用领域非常广,日常用的各种东西都离不开电子产品。

电子产品

【电子出版物】(electronic publication) 以磁、光、电等介质为存储装置,以计算机或其他电子信息设备为手段,对用多媒体技术创作的作品进行存储、拷贝、阅读,并借助传统方式或网络传输方式发行的出版物。它的问世和应用大大加快了科学技术的传播和大众文化的普及。

【电子传递】(electron transfer) 生物体氧化还原反应中电子的移动。在一般的氧化还原反应中,有氧的传递、氢的传递和电子的传递。在生物体的氧化还原反应中,也有同样的情况。加氧酶催化的反应即是氧的传递。氢的传递则是电子和氢离子的转移,与电子传递并无本质差别。在电子传递过程中,与释放的电子结合并将电子传递下去的物质称为电子载体。参与传递的电子载体主要有:(1)黄素蛋白。(2)细胞色素。(3)铁硫蛋白。(4)辅酶Q。其中除了辅酶Q以外,接受和提供电子的氧化还原中心都是与蛋白相连的辅基。在呼吸作用中分子态氧通过细胞色素系统接受电子传递,与氢结合生成水。细胞色素间的氧化还原随着铁红血素中铁的二价、三价的变化而进行电子传递。

【电子传递理论】(theory of electron transport) 阐述电极过程中基元步骤电子的传递过程以及电子传递反应的活化机理的理论。例如,在氧化还原反应中,氧的传递、氢的传递和电子的传递以及在生物体的氧化还原反应中类似的传递。其内容丰富,涉及范围极广。如原位扫描隧道显微镜(STM)技术中的电子传递、非传统体系中的电子传递、长程隧道作用、解离式电子传递等。

【电子词典】(electronic dictionary) 将词典内容存储在半导体存储器、磁盘或光盘等非纸介质上,可通过计算机进行查询的词典。它用自然语言解说,且检索手段更为灵活。有一种专供机器翻译、人机会话等自然语言处理系统使用的电子词典,具有严格的形式化的表述方式,所记载的信息、知识都是代码化的。

电子词典

【电子传输材料】(electron transport material) 有机电致发光材料中能把电子(或空穴)传输到发光层的媒介层材料。许多发光材料兼具空穴(或电子)传输特性,这使发光器件结构的设计可大大简化。常用的电子传输材料为一些金属配合物,如八羟基喹啉铝等。

【电子地图】(electric map) 用电子学和计算机技术建立的、以数字地图为基础,存储在存储设备(如光碟等)上,必要时可以显示在屏幕上的地图。是一种虚地图(存储于人脑或电脑中的地图,即可指导人的空间认知能力和行为或据以生成实地图的知识和数据,如数字地图等)。具有易于存储、传输和更新的特点,同时又可转换成实体地图(能直接看到图形和具有固定形体的地图)、屏幕地图(可显示在计算机屏幕上的地图)、动态地图(通过地图在计算机屏幕上的移动,以实现在整个制图区域内进行“巡视”的地图,主要用来记载、分析、表达区域景观的动态变化。它着重反映制图区域内某种地理要素或地理环境的变化,最主要的特点是时间序列为其不可缺少的要素。动态地图包括历史变迁、运动状态和远景预测等各种地图。)和有声地图(将地图影像映示在计算机屏幕的同时,用声音跟踪的方式播放与地图主题有关内容的地图)等。电子地图表示的信息量远远大于普通地图,能够比较全面地描述道路的情况。在现代交通、军事、通信中普遍应用。

立体电子地图

【电子地图集】(electric atlas) 全部以数字形式存储的一组或几组以计算机制图完成的数字地图的汇集。可在计算机屏幕上阅读浏览。具有统一设计原则和编制体例,系统反映制图对象的内在联系。广泛应用于经济建设、行政管理、国防军事、科学研究、文化教育及旅游交通等方面。

【电子电路】(electronic circuit) 由电子元件和电子器件组成的、能实现特定电功能的电路。电子电路有多种分类方法。按其信号的特点,分为直流和交流电子电路;按频率高低,分为低频和高频电子电路;按其电子器件的工作状态的不同可分为线性和非线性电子电路;按其功能的不同可分为整流、滤波、振荡、放大调制和计数等电路。

【电子对抗】(electronic countermeasure) 为削弱、破坏敌方电子设备(系统)的使用效能和保护己方电子设备(系统)正常发挥效能所采取的各种措施和行动的统称。基本内容包括电子对抗侦察、电子干扰和电子防御等。按其设备类型的不同可分为:雷达对抗、无线电通信对抗、光电对抗、水声对抗等。是现代战争中重要的作战、保障手段。

【电子对抗飞机】(electronic warfare aircraft) 又称电子战飞机。专门用于对敌方雷达、无线电通信设备、武器制导系统等实施电子侦察、电子干扰或火力攻击的军用飞机。通常用轰炸机、战斗机、运输机改装，还有装载电子对抗装备的无人机。按其任务的不同可分为：电子侦察飞机、电子干扰飞机、反雷达飞机和综合电子对抗飞机。电子侦察飞机装有多频段、多功能、多用途电子侦察监视设备。平时它飞临敌方边境附近或深入敌领空，获取有关雷达、通信、武器试验等技术和战术情报；战时深入敌方阵地上空，获取敌方雷达、通信电台、武器制导系统等电磁辐射源的技术参数、类型、用途、配属的武器系统和地理位置等信息，为判明敌军兵力部署、武器配备、部队行动提供情报，为实施电子干扰和火力攻击提供目标数据。电子干扰飞机装有大功率雷达干扰机和通信干扰机、无源干扰投放设备和干扰引导侦察设备，同时配备自卫电子对抗设备，主要遂行电子对抗支援干扰，压制敌防空系统，掩护己方攻击机群突防。其干扰方式有远距离支援干扰、近距离支援干扰和随队支援干扰等三种。反雷达飞机载有电子侦察设备和反辐射导弹、集束炸弹等。主要是使用“硬杀伤”武器直接摧毁敌方地面雷达和杀伤人员。综合电子对抗飞机载有比较完善的雷达、通信、光电侦察设备及干扰设备、无源干扰器材和反辐射导弹、集束炸弹等武器。在计算机统一控制下完成多种电子对抗任务，包括雷达侦察、雷达干扰，通信侦察、通信干扰，光电侦察、光电干扰和反辐射攻击等。

【电子防御】（electronic defence） 保障己方作战指挥和武器运用不受敌方电子攻击的一种措施。包括反电子侦察、抗电子干扰和对反辐射导弹的防护三个方面。反电子侦察主要运用电子佯动、电子伪装和舰船隐身技术，使敌方获取虚假情报或不被发现。常用控制电磁波发射方向、发射功率、发射时间、发射频率和采取无线电静默或雷达关机等措施，使敌方无法获取电子信息情报。抗电子干扰主要运用新技术、新装备和启用新频段，使敌方原有的干扰手段失效。综合运用多种通信手段和多种体制雷达以达到降低敌方干扰作用。对反辐射导弹的防护，主要是雷达及时关机或用防空兵器摧毁敌方反辐射导弹。

【电子废物】（electronic discard） 废弃的电子电器产品、电子电气设备（以下简称产品或者设备）及其废弃零部件、元器件的总称。包括工业生产活动中产生的报废产品或者设备、报废的半成品和下脚料，产品或者设备维修、翻新、再制造过程中产生的报废品，日常生活或者为日常生活提供服务的活动中废弃的产品或者设备，以及法律法规禁止生产或者进口的电子产品或者设备。

电子废物

【电子分频器】（crossover network） 将音频弱信号进行分频的设备。由各种阻容组件与晶体管或集成电路等有源器件组成。位于功率放大器前，分频后再用各自独立的功率放大器，把每一个音频频段信号给予放大，分别送到相应的扬声器单元。能把前置放大器输出的音频信号分成不同频段后，再送入功率放大器进行放大处理。其特点是：各频段频谱平衡，相互干扰小，输出动态范围大，本身有一定的放大能力，插入损耗小。具有强大音频功能，适合于专业扩声系统和剧院、俱乐部、游乐园、巡回演奏会等。

电子分频器

【电子服装】（electronical clothing） 具有传递信息功能并可以与计算机进行交流的服装。将超微型电子计算机、光纤以及金属线织进衣料中，控制计算机或相关部件工作，如使衬衫播放音乐、做笔记以及收发电子邮件的“衣服键盘”。这种“衣服”有许多连线露在外面，外形古怪。随着语音识别以及无线技术的成熟，这种计算机服装终将成为人们的“贴身助手”。

【电子俘获光存储材料】（electron trapping optical storage material） 电子在光的作用下可被陷阱俘获和释放的一种可擦除的光存储材料。主要为双掺杂的碱土硫化物。基质提供较宽的带隙，掺入的两种杂质分别作为电子和空穴俘获中心，它们能在光照下相互作用。由于这些陷阱足够深，因而电子能较稳定地保持在陷阱中，这样能量就被存储，相当于写入过程。当用足够能量的近红外光子激励时，陷阱中的电子被激发到足够的能量而逸出陷阱，并通过空穴复合发出特定波长的光，这就是读出过程。擦除过程是，用适当强度的近红外光照射写入点，信息就被擦除。在这种存储系统中，整个的写、读、擦过程，只涉及材料中电子状态的变化，是纯电子过程。它对光的响应速度很快（纳秒级），过程中不引起材料的热效应和结构的变化，反复使用性能不会退化。特别是它对光的响应具有很宽的线性特性，能进行模拟和多级记录。还可以制成具有不同光谱响应的多层薄膜结构，使存储密度有更大的提高。它对激光功率要求不高,易与可用的激光器匹配,但是需要解决严格的光屏蔽及信息刷新等问题。

【电子干扰】(electronic jamming) 利用电子装备在敌方电子设备和系统工作的频谱范围内采取电磁波扰乱的措施。是常用的、行之有效的电子对抗措施。其干扰对象是敌方的雷达、无线电通信、无线电导航、无线电遥测、敌我识别、武器制导等设备和系统,也包括各种光电设备。有效的电子干扰会使敌方电子装备不能正常工作,造成通信中断、指挥瘫痪、雷达致盲、武器失控,处于被动挨打的境地;同时能为己方隐蔽行动意图,提高飞机、舰艇等重要武器系统的生存能力,为保证战役胜利创造有利条件。按其产生方法的不同可分为有源干扰和无源干扰两类;按其作用的不同可分为压制性干扰和欺骗性干扰两类。电子干扰在作战中只能使敌方电子设备和系统在短时间内效能降低或无法正常工作,不能破坏这些设备和系统,因此是一种"软杀伤"手段。其效果不仅取决于所采取的干扰样式的技术特性和使用方法,还取决于敌方电子设备和系统所采用的反干扰措施。

【电子干扰机】(electronic jammer aircraft) 专门用于发射干扰信号和欺骗信号以扰乱敌方雷达和通信设备的飞机。它装有大功率的电子干扰设备。主要用来对敌方防空体系内的对空情报雷达、地空导弹制导雷达、炮瞄雷达和无线电通信设备等实施电子干扰,掩护航空兵突防。

【电子工业】(electronic industry) 研制和生产电子设备及各种电子元件、器件、仪器、仪表的工业。由广播电视设备、通信导航设备、雷达设备、电子计算机、电子元器件、电子仪器仪表和其他电子专用设备等生产行业组成。它在电子科学技术发展和应用的基础上发展起来。战略武器、航天技术、飞机与舰船、火炮控制和各种电子化指挥系统都离不开电子工业。

【电子工业协会】(electronic industries association, EIA) 美国电子行业标准制定者之一。纯服务性的全国贸易组织。根据协会工程指南的原则制定 EIA 标准项目或技术文件。主要领域是电子元件、部件、通信系统、设备制造以及电子信息。创建于 1924 年,总部设在弗吉尼亚的阿灵顿。成员来自微电子元件生产、工业制造系统、军事防御、空间及消费电器的广泛的电子工业领域。下设工程部、政府关系部和公共事务部三个部门委员会和若干个电子产品部、组及分部。

【电子攻击】(electronic attack) 主要用于阻止敌方有效地利用电磁频谱,使敌方不能获取、传输和利用电子信息,以影响、延缓或破坏其指挥决策过程和精确制导武器的运用的一种战术。按其运用方式的不同可分为进攻性和自卫性两部分。前者主要是运用电子干扰、反辐射武器和定向能武器,攻击敌方的作战体系,保证己方的精确打击成功;后者是运用电子干扰、电子欺骗和隐身技术,保护己方作战体系不遭敌方精确制导武器的攻击。在实施电子攻击时,一般由电子干扰飞机或舰艇对预定干扰目标实施电子干扰,削弱敌方舰艇对己方制导武器的防御能力,以掩护己方的进攻。在舰艇防御来袭制导武器时,使用舰载电子干扰设备进行自卫干扰,诱骗其偏离目标而使攻击失效,以保护自身安全。

电子干扰飞机

【电子管】(electron tube) 一种在气密性封闭容器中产生电流传导,利用电场对真空中的电子流的作用以获得信号放大或振荡的电子器件。其结构一般是一个空心金属管,管内装有绕成螺旋形的灯丝,加上灯丝电压使灯丝发热从而使阴极发热而发射电子。由阴极发射出来的电子穿过栅极金属丝间的空隙而达到阳极。由于栅极比阳极离阴极近得多,因而改变栅极电位对阳极电流的影响比改变阳极电压时大得多。其主要特点是:(1)体积大,功耗大,发热量高,电源利用效率低,结构脆弱而且需要高压电源。现在电子管的绝大部分用途已经基本被固体器件晶体管所取代。(2)负载能力强,线性性能优于晶体管,在高频大功率领域中的工作特性要比晶体管更好。其基本分类有:(1)按其用途的不同可分为:二极管、功率大管、充气管、闸流管、引燃管、混频或变频管、整流管、振荡管、检波管、调谐指过管、稳压管等。(2)按其电极数的不同可分为:二极管、三极管、四极管、五极管、六极管、七极管、八极管、九极管和复合管等。(3)按其外形及外壳材料的不同可分为:瓶形玻璃管、橡实管、筒形玻璃管、大型玻璃管、金属瓷管、小型管、塔形管、超小型管等。(4)按其内部结构的不同可分为:单二极管、二极管、双二极三极管、单三极管、功率五

电子管

极管、束射四极管、束射五极管、双一极管、二极－五极复合管、三极－六极复合管、三极－七极复合管、束射功率管等。(5)按其阴极加热方式的不同可分为:直热式阴极电子管和旁热式阴极电子管。(6)按其屏蔽方式的不同可分为:锐截止屏蔽电子管和遥截止屏蔽电子管。(7)按其冷却方式的不同可分为:水冷式电子管、风冷式电子管和自然冷却式电子管。早期应用于电视机、收音机、扩音机等电子产品中,以后逐渐被晶体管和集成电路所取代。在一些高保真音响器材中,仍然使用电子管作为音频功率放大器件。

【电子海图】(electron chart) 处理并显示海图信息的电子系统。主要由计算机控制的数据管理装置、数据采集与处理器、图形显示器、海图数据库及系统功能软件等部分组成。可有选择地显示海图内容、变换比例尺和坐标系统、叠加图像、标注文字及符号,不受图幅尺寸的限制。用于船舶航行、港口管理和自动化指挥;还可与定位设备、雷达、罗经、计程仪连接,对船只运动进行实时监测和定位。

电子海图

【电子回路】(electron loop) 见电子电路。

【电子货币】(electronic money) 又称网络货币。以电子信息技术为手段实现资金支付和流通的一种电子化货币产品。常见的有信用卡、储蓄卡、IC卡、电子支票等。在经济活动中,具有替代现金进行结算、储蓄和消费贷款的功能。已在经济流通领域广泛应用。

中国银行

【电子集成驱动器】(integrated electronic driver,IDE) 一种用于主机系统和外部设备之间,主要是硬盘、光驱与主机系统之间的系统级接口器件。采用16位数据并行传送方式,一个接口只能接两个外部设备。电子集成驱动器的本意是指把"硬盘控制器"与"盘体"集成在一起的硬盘驱动器。这样就减少了硬盘接口的电缆数目与长度,数据传输的可靠性得到了增强,硬盘制造起来变得更容易,用户硬盘安装起来也更为方便。随着IDE的应用日益广泛,形成了硬盘接口技术规范的统一标准,即高级技术配置(ATA)。第一代是ATA-1,使用40或44针的连接器和电缆。以后又很快发展到了ATA66,ATA-100,使用40针80芯的数据传输电缆。分别可达66MBps,100MBps的最大数据传输率。迈拓公司提出ATA-133标准,可达133MBps的最大数据传输速率。目前硬盘的接口已经向SATA转移。IDE接口的优点是价格低廉,兼容性强,性价比高;缺点是数据传输速度慢,线缆长度过短,连接设备少。

【电子计算机X射线断层扫描机】(X-ray computer tomography scanner) 又称X－CT或CT。利用X射线对人体进行断层扫描,并将由探测器收到的信号经计算机计算处理再建图像,显示出人体各部位的断层结构的装置。CT的出现,是X射线诊断学上的一次重大突破。按其作用原理的不同可分为:单光子CT(简称ECT)、正电子CT(简称PCT)、超声CT(简称U)和微波C T等类型。电子计算机X射线断层扫描机用于心脏诊断尚有一定困难,在检查诊断上还应与核医学仪器、超声断层摄影、热像图仪和普通X线机等相互配合。

【电子课件】(electronic teaching plan) 利用计算机、超媒体及软件工具等信息技术,把教学内容制作并存储在由磁、光、电等介质所形成的信息媒体上,通过多媒体播放系统辅助演示的一种教学方案。具有制作手段多样和易于修订、整合、扩充、携带与传播等特点。多媒体电子教案可以收到声形并茂和形象逼真的动感效果。

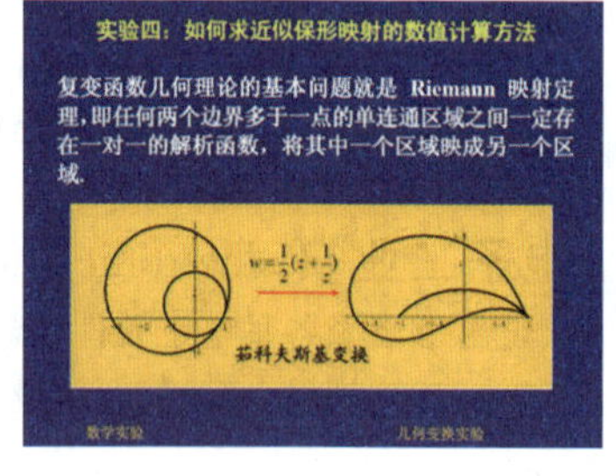

电子课件

【电子类危险废物】(dangerous discard of electronics) 列入国家危险废物名录或者根据国家规定的危险废物鉴别标准和鉴别方法认定的具有危险特性的电子废物。包括含铅酸电池、镉镍电池、汞开关、阴极射线管和多氯联苯电容器等的产品或者设备等。

电子类危险废物

【电子媒介】(electronic medium) 以电子作为信息存储、加工处理和传输的一种物质媒体和信息的电子化表达形式。是介于传播者与受传者之间表达信息的一种电子化形式。包括广播、电视、电脑网络等多种方式。是当今信息处理和网络通信领域应用最广泛的媒介之一。

【电子偶素】(positronium) 由电子和正电子组成的类原子系统。电子偶素的结合能只有氢原子结合能的一半,且由于电子和正电子的自旋均为1/2,因而它们只能形成自旋方向相反的单态(即总自旋为0)或自旋方向相同的三重态(即总自旋为1)。在真空中,单态电子偶素的半衰期为1×10^{-12}s,湮灭后产生两个能量约0.5MeV的光子;三重态电子偶素的半衰期为1×10^{-9}s,可湮灭产生三个或多个光子,其光子总能量约为1MeV,即电子和正电子总质量所对应的能量。

【电子配对法】(electron pairing method) 见价键理论。

【电子配色】(electric color matching process) 利用计算机进行配色的技术。其步骤是:(1)测色系统的校正。(2)染料的定标着色。将基础色样的光谱数据在同一台分光测色系统上输入计算机,连同染料的成分和价格等信息,存入定标着色基础数据库。(3)染料配方的预测。其功能是:(1)库存染料基础数据库的建立与管理。(2)自动计算客户来样的染色配方,按照色差、价格自动排列可供选择,给出配方与标样的预报色差、同色异谱指数、价格等参数。(3)理论配方的智能修正。(4)混纺织物的配色及配方修正。(5)单根纱线或极小样品的近似测量和配色。(6)透明体或溶液的配色和配方修正。(7)染料残液利用和连缸染色。(8)荧光屏颜色模拟仿真。计算机配色效率高,交货期短,适用多品种、小批量的生产方式。

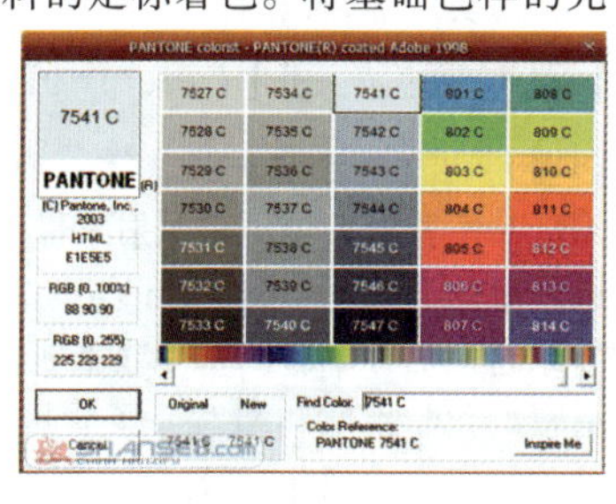

电子配色

【电子欺骗】(electronic deceit) 利用电子设备和器材发出电磁信号模拟己方部队的行动和部署从而迷惑和扰乱敌方的军事技术。利用己方电子设备发出的电磁信号欺骗敌方电子设备,使敌方对己方部署、作战能力和作战企图产生错误判断。随着计算机网络、数字通信、电磁频谱、光学仪器、多媒体等高新技术的发展,电子欺骗越来越受到重视。电子欺骗的措施很多,有技术性的,也有战术性的;有迷惑性的,也有诱导性的。其主要技术手段有:电子干扰箔条、角反射器、电离气悬体、反雷达干扰烟幕、反雷达金属网、电波衰减型干扰器、结构型雷达电波吸收材料、反雷达伪装网、红外诱饵弹、计算机网络欺骗技术等。其主要战术方法有四种:模拟欺骗、冒充欺骗、诱导欺骗和网络欺骗。

【电子器件】(electron device) 由电子在真空、气体或半导体中的运动来实现电传导的器件。利用它可以来完成电子电路中信号的提取、放大、整形、传输、生产过程的自动检测、自动控制和保护等特定的功能。电子器件的不断更新换代,会带来电子电路功能的提高,引起电路功能的巨大变化。电子器件包括半导体器件、真空电子器件和充气电子器件等。

【电子签名】(electronic signature) 在电子文件中用于识别交易双方的真实身份,保证交易的安全性、真实性及不可抵赖性的一种电子技术手段。其作用类似于手写签名或印章。广泛应用于现代商业生活的各个方面。

【电子钱包】(electronic purse) 消费者进行电子交易与储存交易记录的软件。把钱提前支付到电子钱包里面,用时直接在钱包里面扣除费用。安全电子交易(SET)中之一环。消费者要在网络上进行安全电子交易前,必需先安装符合安全标准之电子钱包。按其功能的不同可分为:(1)个人资料管理。消费者成功申请电子钱包后,系统将在电子钱包服务器为其建立一个属于个人的电子钱包档案,消费者可在此档案中增加、修改 、删除个人资料。(2)网上付款。消费者在网上选择商品后,可以登录到电子钱包,选择入网银行卡,向银行的支付网关发出付款指令进行支付。(3)交易记录查询。消费者可以对通过电子钱包完成支付的所有历史记录进行查询。(4)银行卡余额查询。消费者可通过电子钱包查询个人银行卡余额。其特点是:安全,自由,方便和快速。网络支付流程是:(1)客户使用计算机通过 Internet 连接商家网站。(2)顾客检查且确认自己的购物清单后,利用电子钱包进行网络支付(实际选择对应的信用卡,如长城借记卡)。(3)如经发卡银行确认后被拒绝且不予授权,则说明此卡钱不够或没有钱,可换卡再次付款。(4)发卡银行证实此卡有效且授权后,后台网络平台将钱转移到商家收单银行的资金账号,完成结算,回复商家和客户。(5)商家按定单发货。与此同时,商家或银行服务器端记录整个过程中发生的财务与物品数据,供客户电子钱包管理软件查询。

【电子清纱器】(electronic yarn clearer) 在络筒工序中检测和切断纱疵的电子机械装置。该装置的传感器能把纱线的粗细变化转换成相应的电信号,经信号处理,控制执行机构把超过设定的粗(细)度和长度的纱疵予以切断,清除对产品质量有影响的纱疵。电子清纱器是控制纱线质量的重要装置,常常配置在纱线成型转换设备上。它不仅是纺纱企业成品,同时也是织造企业原料的最后一道质量控制工序和设备,因此对于纺织企业的产品质量和生产效率至关重要。按其结构和工作原理的不同可分为光电式和电容式两种。由纱线信号检测、信号放大整形、疵点切除参数设置和执行纱线切除动作等部分组成。

【电子商务】(electronic commerce, EC) 又称互联网商务。借助数据处理、数据加密、电子签名、数据交换、网络传输等电子信息技术,通过互联网实现买卖交易的商贸活动。对于较简单的电子商务活动,或在电子信息技术不完全具备的条件下,往往只对某些环节开展电子商务活动。在完整的电子商务活动中,从市场开拓、客户洽谈、合同签订、在线支付、电子发票、电子报关到电子纳税等各个环节,均利用电子信息技术在互联网上实现。它打破了时空限制,缩短了商务活动周期,有利于节约资源,降低成本,提高营运效率和服务质量。

【电子商务安全】(e-commerce security) 保证从事电子商务网上交易的整个商务过程中系统的安全性的统称。从整体上可分为计算机网络安全和商务交易安全两大部分。计算机网络不安全的因素是:(1)未进行操作系统相关安全配置。(2)未进行CGI程序代码审计。(3)拒绝服务攻击。(4)安全产品使用不当。(5)缺少严格的网络安全管理制度。计算机商务交易不安全的因素是:(1)窃取信息。(2)篡改信息。(3)假冒。(4)恶意破坏。实现电子商务的关键是要保证商务活动过程中系统的安全性,即保证基于互联网的电子交易过程与传统交易的方式一样安全可靠。电子商务的安全主要采用数据加密和身份认证技术。随着时间的推移,电子商务将从根本上改变几千年来形成的传统商业模式,充分体现现代科学技术给人们生活所带来的便利。

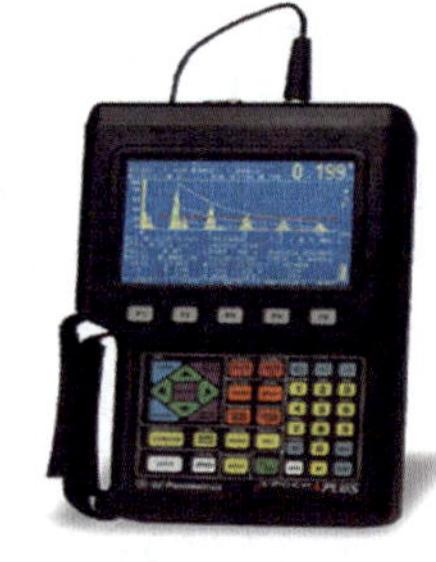
电子示波器

【电子商务认证授权机构】(certificate authority of electronic commerce) 负责签发和管理数字证书的权威机构。是电子商务交易中受信任的第三方。承担公钥体系中公钥的合法性检验的责任。具有权威性和公正性。国内分区域性和行业性认证机构两种。其特点与作用是:(1)采用公开密钥基础架构技术,专门提供网络身份认证服务。(2)证书发放、更新、撤销和验证,具有权威性和公正性。(3)认证的功能,主要通过注册服务器、证书申请受理和审核机构和认证中心服务器实现。它是安全电子交易的核心环节。

【电子示波器】(electron oscilloscope) 见阴极射线示波器。

【电子束表面改性】(electron beam surface modification) 将高速运动的电子束照射到金属表面以改变其化学成分或组织结构来提高材料性能的技术。其主要特点是:(1)加热或冷却速度快。(2)与激光处理相比,使用成本低。(3)结构简单。(4)电子束与金属表面耦合性好。(5)电子束是在真空中工作的,可保证表面不被氧化。(6)电子束能量的控制比激光束控制方便,通过灯丝电源和加速电压很容易实现准确控制。

【电子束光刻】(electron beam lithography) 利用电子束的化学效应进行加工的方法。用低功率密度的电子束照射工件表面,虽不能引起表面的温度升高,但入射电子与高分子材料的碰撞,会导致它们的分子链的切断或重新聚合,从而使高分子材料的化学性质和相对分子质量产生变化。这种现象称为电子束的化学效应,也称为电子束曝光。电子束光刻在掩膜版制造业中广泛应用。

【电子束焊接】(electron beam welding) 利用高能量密度的电子束轰击焊件,使其动能转为热能而进行焊接的熔化焊接工艺。按焊件所处空间真空度的不同,可分为真空电子束焊和非真空电子束焊。其中以真空电子束焊应用较多。高能量密度的电子束的束径通常为0.25~0.75mm,能量密度达$1.5\times10^5 W/cm^2$。真空电子束焊焊透能力强,焊缝深而窄,热影响区小,基本上不产生焊接变形。此法不仅可以单道焊透200mm厚的钢板,还可以焊接其他工艺方法难以焊接的材料,如易氧化金属、高熔点金属或性能(熔点、热传导性、溶解度等)相差很大的异种金属。广泛应用于航空、航天、原子能等工业中。

【电子束加工】(electron beam machining) 利用高能、集束的电子射线轰击工件产生高热而对材料进行加工的方法。其基本原理是：在真空中将具有很高速度和能量的电子束聚焦在被加工工件表面上，电子的能量大部分转化为热能，并使被击中的材料瞬间温度升高，以致熔化、蒸发，从而达到加工的目的。其的特点是：（1）能加工高熔点和难加工的材料，如钼、钨、不锈钢、宝石、玻璃、陶瓷等。（2）由于能极微细地聚焦，加工面积极小，故无宏观应力和变形，是一种精密微细加工方法。（3）无工具损耗问题。（4）加工速度快。（5）由于真空条件，故加工部位无杂质渗入和氧化。但电子束加工设备昂贵，有一定溅射污染。电子束加工广泛应用于高熔点金属及难焊金属的焊接、异型孔和槽的加工、热处理、薄材料的穿孔和切割、高熔点合金和较纯金属的冶炼，也可在低功率下应用其化学效应进行光刻。

【电子束炉】（electron beam furnace）又称电子轰击炉。由阴极电子枪发射的电子，经加速电场（几千伏至几万伏）加速，轰击被熔金属，使之发热熔化，滴入水冷坩埚并凝固成锭的密封熔炼系统。真空冶金设备之一。整个密闭炉体由电子发射系统、真空系统以及金属熔炼系统所构成。此种熔炉真空度要求高，通常需达 $1\times10^{-4}\sim1\times10^{-5}$ 毫米汞柱或更高，且电子束加热区温度高，因此适合于熔炼高熔点、高纯度的金属（钨、钼、钽、铌等）及其合金。

【电子水准仪】（electronic levelling instrument） 与条码标尺配合使用，能自动完成读数、记录和计算过程，提高外业测量速度和工作效率的电子仪器。是电子技术发展的产物。其特点是：（1）自动读数。只需照准专用的条形码标尺，便可进行自动读数和测量。（2）轻便的标尺。专用的条码标尺采用玻璃钢等材料制成，携带、使用轻便。（3）作业效率高。自动读数提高了测量速度和工作效率。（4）操作简便。较少的操作键，结合自动读数功能简化了测量过程。（5）高防水性能。（6）无疲劳观测及操作。只要照准标尺聚焦，按测量键即可完成标尺读数和视距测量。标尺读数并不完全依赖标尺编码清晰度，即使聚焦欠佳也不会影响标尺读数。但调焦清晰后可提高测量速度。（7）与计算机连接后，可对其自动记录和存储的数据进行分析和操作。当前电子水准仪采用在原理上相差较大的相关法、几何法和相位法三种自动电子读数方法。

【电子探针X射线显微分析仪】（electron probe x-ray micro analyzer，EPMA）又称电子探针。一种对试样进行微小区域成分分析的仪器。除氢（H）、氦（He）、锂（Li）、铍（Be）等几个较轻元素外，对其他元素都可以进行定性定量分析。其工作原理是：利用经过加速或聚焦的极窄的电子束为探针，激发试样中某一微小区域，使其发出特征X射线，测定X射线的波长和强度，对该微区的元素作定性或定量分析。其分析的内容很多，不仅可分析矿物、岩石的化学成分和各种金属材料，而且还可对牙齿、骨骼、胆结石、陶瓷、纤维、兔毛、人发和空气中的污染颗粒等进行分析。如将其与扫描电子显微镜结合使用，可把通过显微镜观察到的显微组织和元素成分联系起来，解决材料显微不均匀性的问题，成为研究亚微观结构的有力工具。广泛运用于冶金学、地质学、生物化学、病理学、农学、物理学和电子学等不同学科领域。

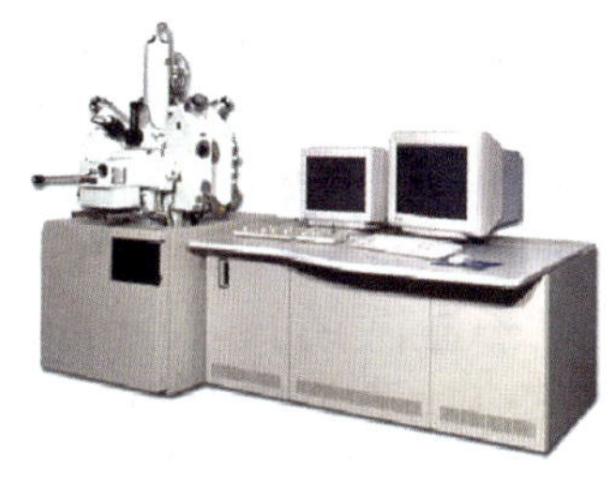
电子探针

【电子陶瓷】（electronic ceramics） 以电、磁、光、声、热、力、化学和生物等信息的检测、转换、耦合、传输及存储等功能为主要特征的陶瓷材料。主要包括铁电、压电、介电、半导体、超导和磁性陶瓷等。电子陶瓷是信息技术中基础元器件的关键材料。在信息的检测、转化、处理和存储显示中应用广泛。

电子陶瓷

【电子伪装】（electronic camouflage） 为阻碍敌人电子侦察与监视装备获取己方情报，隐蔽自己和欺骗、迷惑敌人所采取的伪装措施。与电子侦察是对立的两个方面。其斗争的焦点是目标识别和防止识别（或造成错误识别）。目标总是出现在一定的背景之中。目标与背景之间的差别是识别目标的基本依据。电子伪装的基本原理就是要设法减小甚至消除目标在背景上暴露出的光学和电子学特征，降低或消除目标与背景之间的差别，给敌人造成错误的识别。有效的电子伪装可大大降低敌人电子侦察装备的使用效果和武器的命中率，从而提高被保护武器装备或设施的生存能力。按照要对付的电子侦察手段的种类，电子伪装分为无线电伪装、雷达伪装、红外伪装、光学伪装和水声伪装。

【电子温度控制器】(electronic temperature controller) 采用电子式感温的控温技术,控制风机、电动阀和电动风阀的开关设备。由专用集成电路和传感器组成。具有高、中、低、自动四档调节控制。对冷热阀门具有开关式控制,可进行制冷、制热以及通风三种模式的切换使用。其设定范围为5~35℃。测量精度±1℃。工作电源AC220V。广泛应用于写字楼、商场、工业、医疗以及别墅等民用建筑,使所控环境温度恒定为设定温度范围内,以达到提高舒适环境的目的。

【电子显微镜】(electron microscope) 用电子束和电子透镜代替光束和光学透镜,使物质的细微结构在非常高的放大倍数下成像的仪器。由镜筒、真空系统和电源柜三部分组成。镜筒主要有电子枪、电子透镜、样品架、荧光屏和照相机构等部件,自上而下地装配成一个柱体;真空系统由机械真空泵、扩散泵和真空阀门等构成,通过抽气管道与镜筒相连接;电源柜由高压发生器、励磁电流稳流器和各种调节控制单元组成。其分辨能力用它所能分辨的相邻两点的最小间距来表示,是电子显微镜的重要指标,与透过样品的电子束入射锥角和波长有关。按其结构和用途的不同可分为:透射式电子显微镜、扫描式电子显微镜、反射式电子显微镜和发射式电子显微镜等。通过电子显微镜能直接观察到某些重金属的原子和晶体中排列整齐的原子点阵。

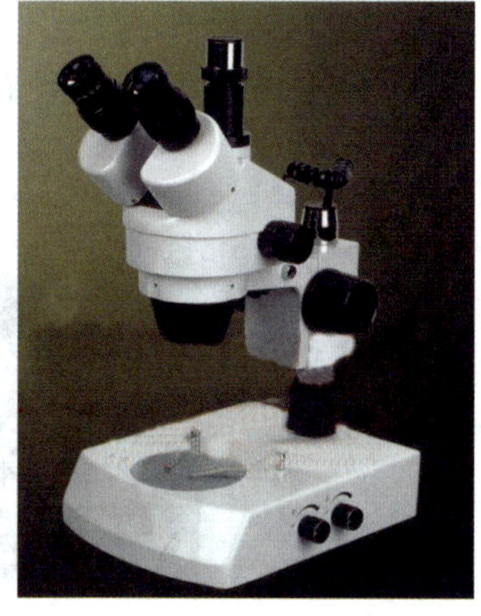

电子显微镜

【电子现场节目制作】(electronic field program making) 以一整套设备联结为一个拍摄和编辑系统,进行现场拍摄和现场编辑的节目生产方式。EFP也是电视技术迅速发展的产物。是一种适用于"电视台外"作业的电视节目生产方式。它必须具备的技术条件是一整套设备系统,包括两台以上的摄像机,一台以上的视频信号切换台,一个音响操作台及其他辅助设备(灯光、话筒、录像机运载工具等)。利用EFP方式,可以在事件发生的现场或演出、竞赛现场制作电视节目,进行现场直播或录播。如果电视节目是在事件发展同时播出,称之为现场直播;如果电视节目是在事件发生、发展的同时进行录制后,再播出,称之为现场录像、实况转播。不论是现场直播还是现场录像,摄录过程与事件发生发展同步进行。因此,现场感特别强烈。这是EFP方式最突出的优点。EFP也称为"即时制作方式"。又由于EFP须多台摄像机拍摄,所以也同"多机摄录、即时编辑"的概念相同。EFP是最具有电视特点、最能发挥电视独特优势的制作方式,因此,每一个成熟的电视台都将EFP制作视为必须具备的能力。是一种广泛应用于文艺、专题、体育等类节目的制作方式。

【电子效应】(electronic effect) 有机化学理论的基本概念之一。由于不同原子之间存在电负性的差别所导致化学键的极化,并可沿着化学键传导,从而对分子本身的物理性质和化学性质产生的作用和影响。按其涉及键的不同可分为:(1)涉及π键的共轭效应。(2)涉及σ键的诱导效应和超共轭效应。

【电子信息材料】(electronic information material) 在微电子、光电子技术和新型元器件基础产品领域中所用的材料。包括光纤通信材料、压电晶体与薄膜材料、贮氢材料和以单晶硅为代表的半导体微电子材料、以激光晶体为代表的光电子材料、以介质陶瓷和热敏陶瓷为代表的电子陶瓷材料、以钕铁硼(NdFeB)永磁材料为代表的磁性材料、以磁存储和光盘存储为主的数据存储材料、以锂离子嵌入材料为代表的绿色电池材料等。这些材料及其产品支撑着通信、计算机、信息家电与网络技术等现代信息产业的发展。电子信息材料的总体发展趋势是向着高均匀性、高完整性、薄膜化、多功能化和集成化的方向发展。当前的研究热点和技术前沿包括柔性晶体、光子晶体、SiC、GaN、ZnSe等宽禁带半导体材料为代表的第三代半导体材料、有机显示材料及各种纳米电子材料等。

【电子学】(electronics) 研究电子运动和电磁波应用为主要目的的学科。是以电子运动和电磁波及其相互作用的研究和利用为核心发展起来的。按其性质的不同可分为:(1)系统与大系统技术。(2)基础理论与基础技术。(3)元件、器件、材料与工艺。(4)交叉专业和学科四大类。其特点与作用是:(1)信息的采集、变换、传输、交换、存储、处理和再现等,为当代各种信息作业提供技术手段。(2)用半导体制成的太阳能电池是利用太阳能的重要手段,在开发和利用新旧能源方面,日益显示其重要作用。(3)材料事业是现代人类社会赖以存在和发展的物质基础,在改造现有材料、创造新型材料、进行材料分析和材料加工作业中,发挥着重要作用。广泛应用于工业、农业、军事、科学研究、教育和医学等领域。

【电子巡更系统】(electron cruising system) 采用离线方式,设置在电子巡更路线各处的巡逻监控系统。由计算机、巡更读卡器等组成。通过建立一套主动的保安巡视机制,监督和检查保安人员的巡更情况,增强内部管理,及时发现潜在的隐患和问题。

【电子邮件】(electronic mail) 互联网用户通过计算机和专用软件向其他用户发送信息的通信方式。其性质和功能是常规邮递信件的延伸与扩充。具有形式多样、信息量大、投递迅速、易于保存、使用简单和费用低廉等优点。每一个具有互联网账户的人,都可以通过网络向电子邮件服务部门申请电子邮件地址,向单个或多个对象发送文本文件、超文本文件及附加文件。是现代生活中的重要通信方式之一。

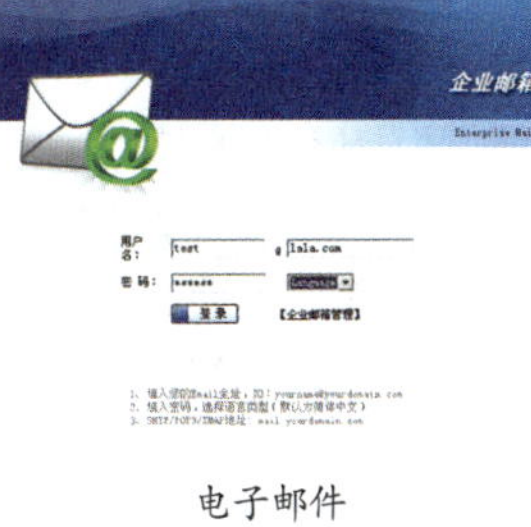

电子邮件

【电子邮件过滤器】(e-mail filter) 安装在电子邮件服务器中用于信息安全防范的一种软件。其特点与作用是:(1)根据邮件中的相关信息分类存放,收入相应的文件夹或邮件箱。(2)过滤掉来源不明的垃圾邮件或用户设定拒绝接收的邮件,有效扼制垃圾邮件的泛滥。(3)适用于各种邮件服务器,为电子邮件提供商以及终端用户提供服务。

【电子邮件网关】(e-mail gateway) 实现两个不同通信协议网络间协议转换的网络安全设备。其特点与作用是:(1)从一种类型的系统向另一种类型的系统传输数据。(2)为电子邮件系统过滤垃圾邮件和病毒。(3)具备查杀病毒功能。(4)为电子邮件提供安全保护。通常与加固的操作系统和防止网关受到威胁的检测功能一起构建。

【电子云】(electron cloud) 量子理论运用统计方法对电子在原子核外空间概率密度分布的形象描述。电子具有波粒二象性。其运动没有确定的轨道,因而人们只能预言电子在核外空间某处出现的概率,只能知道它在某处出现的机会有多少。这种以概率描述的电子运动特征,就像带负电荷的云团笼罩在原子核的周围一样,人们形象地称其为电子云。

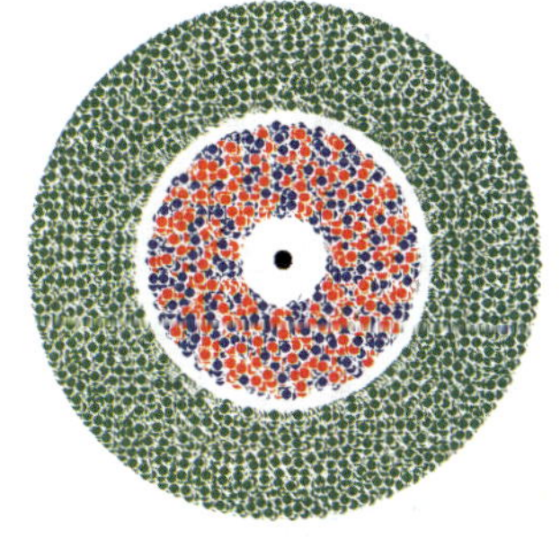
电子云

【电子杂志】(e-journal) 见网络杂志。

【电子战】(electronic warfare) 利用电磁能和定向能以控制电磁频谱攻击敌方的军事行动的一种战术。新的电子战定义中包括电子攻击、电子防护和电子支援三部分。电子攻击是利用电磁能或定向能攻击敌方人员、设施或设备,旨在降低、削弱或摧毁敌方的战斗力;电子防护是为保护己方人员、设施和设备免受己方或敌方运用电子战而降低、削弱或摧毁己方战斗力而采取的行动,包括电子抗干扰、电磁加固、频率协调、信号保密、反隐身等各种防护措施;电子支援是对有意和无意电磁辐射源进行搜索、截获、识别和定位,以达到立即识别威胁的目的而采取的行动。电子支援包括信号情报、战斗告警和战斗测向三部分。

【电子战飞机】(electronic warfare airplane) 专用于对敌方雷达、电子制导系统和无线电通信设备等实施电子侦察、电子干扰或攻击的飞机的总称。通常由轰炸机、战斗轰炸机、运输机、无人驾驶飞机和直升机等改装而成。电子战飞机通常装有“软”“硬”两种杀伤武器装备。“软”杀伤电子战装备主要由电子侦察、干扰设备或电子干扰吊舱等构成;“硬”杀伤电子战装备是指用反辐射导弹攻击辐射源。

电子战飞机

【电子侦察】(electronic reconnaissance) 利用专用的电子侦察装备对敌方各种电子设备发出的信息进行监测的侦察措施。运用己方电子装备对敌方的雷达、无线电通信、导航、遥测遥控设备、武器制导系统、电子干扰设备、敌我识别装置,以及光电设备等发出的无线电信号进行搜索、截获、识别、定位和分析,确定这些设备或系统的类型、用途、工作规律、所在位置及其各种技术参数,进而获取敌军的编成、部署、武器配备及行动意图等军事情报。根据任务和用途的不同,电子侦察通常分为预先侦察和现场侦察两类。电子侦察装备本身不辐射电磁能量,只截获与分析敌方的电磁辐射以获取有价值的信号情报。因此要求电子侦察装备作用距离远、频谱覆盖范围广、获取信息量大并且及时、准确,自身必须隐蔽、保密,战时和平时都能不间断地使用。在现代战场电磁信号密集而复杂的环境中，大多数电子侦察装备都采用计算机技术来实现操作自动化。将不同平台、不同种类、不同功能和用途的电子侦察装备有机组合成电子侦察网，甚至形成全方位、多层次、多渠道和多手段的电子侦察体系，已成为适应未来信息化战争对抗需要的一种必然发展趋势。

【电子侦察船】(electronic reconnaissance ship) 专门用电子技术进行侦察以获取军事情报的勤务舰船。其主要任务是：接收并记录对方舰载、机载和岸用雷达、通信、武器控制系统等电子设备所发射的电磁波信号，查明这些电子设备的技术参数和战术性能，为实施电子对抗和研制电子技术侦察设备提供依据；查明对方无线电台、雷达站和声呐站的位置和配系，并判明其指挥关系；侦收无线电话、无线电报并破译其密码，以获取军事情报；对海上活动的舰船及编队进行跟踪监视，通过观察、照相、录像等手段，获取海上、空中和岸上实像情报等。电子侦察船满载排水量500～5 000t，航速20节以下，有较好的稳定性、耐波性、适航性和较大的续航力、自持力，能较长时间在海洋上对舰船、飞机和港岸目标实施侦察。其侦察装备主要有：各种频段的无线电侦察接收机和测向仪；雷达侦察接收机；终端处理设备；显示记录设备；各种天线；各种光线侦察器材等。有的还装有侦察声呐、电子干扰设备和水文测量仪器等。但电子侦察船船上侦察人员及设备有限，天线架设技术条件差，活动受海洋气象影响，须与卫星侦察、航空侦察和其他侦察手段结合运用。此外，电子侦察船自卫能力弱，多单独活动，战时易遭袭击，平时也极易引起被侦察对象的注意。为隐蔽侦察行动企图，一般都伪装成渔船，海洋调查船或商船。为防止意外，重要设备还装有自毁装置。

电子侦察船

【电子侦察机】(electronic reconnaissance) 通过对电磁信号的侦收、识别、定位、分析和记录以获取有关情报的飞机。通过电子侦察设备截获敌方的电磁波，猎取敌方情报。电子侦察设备通常具有很宽的频带。多数电子侦察机还装有光学和红外等其他设备。电子侦察机的基本工作程序是：侦察系统收到信号后，测出信号辐射源的方位和信号的技术参数，显示在显示器上，同时加以记录；必要时通过数据传输系统实时地将侦察数据传送给己方的指挥中心或作战部队。与地面电子侦察站、电子侦察船相比，电子侦察飞机具有侦察距离远、机动能力强的优点。

【电子侦察卫星】(electronic reconnaissance satellite) 装有电子接收装置、可搜集和监测地面无线电设备和雷达辐射的电磁信号的卫星。将接收到的信息通过天线转发到地面站。研究人员对接收到的信号进行分析，可获得敌方雷达、通信和遥测信号等信息。电子侦察卫星分普查型和详查型，并可运行于多种轨道。运行在300～1 000km高度近圆轨道上的卫星周期为90～105min。天线覆盖面积大，侦察范围广，持续时间较长，经过一个地方上空的时间达10min以上，主要用于普查。运行在大椭圆轨道上的卫星，经过某一地区上空的时间可达10h，可对该地区进行长时间监测，便于详查。而运行在地球静止轨道上的电子侦察卫星，三颗即可覆盖全球，与其他轨道上的电子侦察卫星结合使用，就能构成一个具有普查和详查等多种功能的系统。

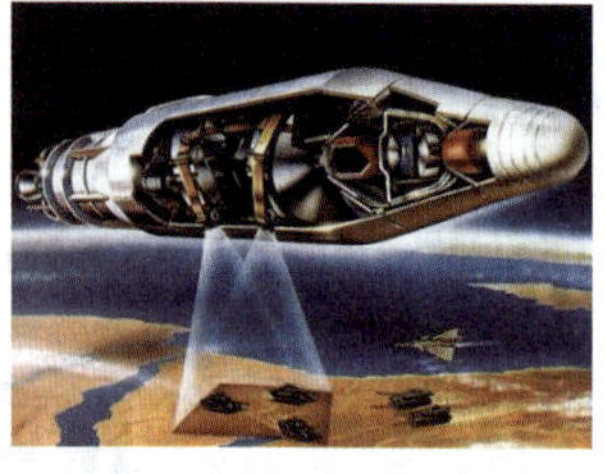

电子侦察卫星

【电子政务】(e-government) 以电子信息技术为手段使国家行政部门的管理工作流程和各类服务业务实现网络化、数字化的一项信息化工程。其功能是：(1)通过计算机和网络，实现政府部门内部的办公自动化。(2)实现部门内部和部门间的信息资源共享。(3)进行实时通信与数据检索。(4)实现政府部门与非政府部门间的信息互动和交流。(5)提高政府的工作效率，改善服务质量。

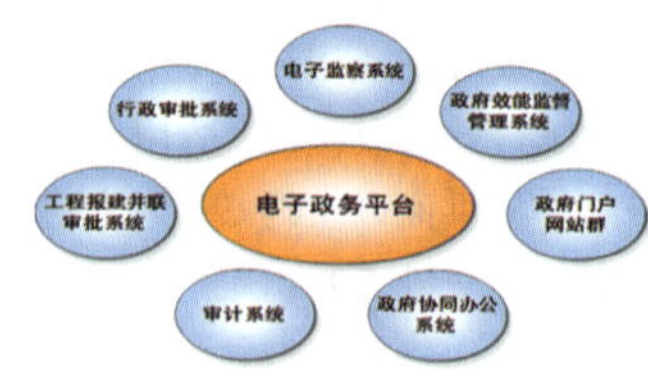

电子政务

【电子支付】(electronic payment) 从事商务交易的当事人使用具有安全机制的电子信息技术，通过网络进行的货币支付或资金流通活动。以一个能够确保完成支付业务的网络和软硬件工作环境为基础。与传统支付方式相比，具有不受时空限制、方便、快捷、高效、经济等特点。主要应用于网络商务中。

【电子支票】(electronic check) 借助电子信息技术在网上签发的完成资金转账的电子化报销

凭据。形式上类似于传统纸质支票,是传统支票电子信息化的产物。支票签发方使用时,它以电子表格的形式显示在网络终端设备的屏幕上,操作人员可在表中填写基本信息并加入数字签名,经自动验证合法性之后,以电子信函方式发往收款方。收款方接到后,也以电子签名方式加以确认并发往银行,把资金转入自己账户。具有安全快捷、操作简便的优点,利于加快资金流通速度。

【电子纸】(electronic paper) 新一代显示装置。厚度类似普通纸的荧光片状物。中间填充能够感应电荷的微粒(囊),凭借这些微粒的旋转把文字和画面呈现出来。具备纸的基本形状:匀薄,轻便,表面平滑,而且易于加工成各种书刊等形式。与电子墨配套使用,再通过无线传输技术,能够出现相应的电子文件的显示板。其特征是:(1)可以反复书写。(2)视识状况比较好。可以在表面上进行光感的调整、加工。(3)操作装置便于携带。能够制成类似书、刊、报的形式,与电脑相连后可即时下载各种信息。电子纸的基本材料是聚酯类化合物。电子纸的出现是世界文化发展和科技史上的一个新突破,使信息、文化的传播更加方便快捷。

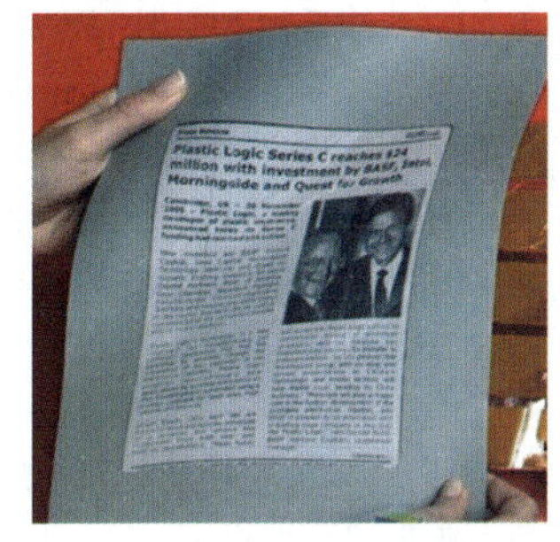

电子纸

【电子自旋】(electron spin) 为了解释原子光谱的精细结构,荷兰物理学家乌伦贝克(Uhlenbeck)和哥斯密特(Goudsmit)于1925年提出电子具有自旋磁矩的假设。认为原子中的电子除绕核运动以外,还有自旋运动,就像地球在围绕太阳公转的同时,又不断自转一样。因此,需要引入自旋量子数来描述电子的自旋状态。实验表明,电子的自旋量子数为1/2。

【电子综合显示系统】(electronic integrated display system) 综合显示各种航空信息的电子系统。航空电子综合系统中的一个子系统。将系统测量、采集到的(如从大气数据计算机、惯性导航系统、雷达、火力控制系统等处获取的)信息,经转换和处理后,综合显示给驾驶员。该系统简化了飞行器的仪器配置,极大地减轻了驾驶员的负担。

【电阻】(resistor) ❶导体对电流的阻碍作用。❷是所有电子电路中使用最多的元件。电阻的主要物理特征是变电能为热能,它是一个耗能元件,电流经过它就产生热能。在一定条件下,流经一个电阻的电流与电阻两端的电压成正比,即它符合欧姆定律:$I = V/R$,式中I表电流、V表电压、R表电阻。电阻在电路中通常起分压分流的作用。对信号来说,交流与直流信号都可以通过电阻。电阻都有一定的阻值。它代表这个电阻对电流流动阻挡力的大小。电阻的单位是欧姆。用符号"Ω"表示。欧姆定义是:当在一个电阻器的两端加上1V的电压时,如果在这个电阻器中有1A的电流通过,则这个电阻器的阻值为1Ω。除了欧姆外,电阻的单位还有千欧(kΩ)、兆欧(MΩ)等。电阻的种类很多,通常分为碳膜电阻、金属电阻、线绕电阻等。同时包含固定电阻与可变电阻、光敏电阻、压敏电阻和热敏电阻等。

【电阻焊】(resistance welding) 通过加压而实现连接的一种焊接方法。利用电流通过焊件的接触面时产生的电阻热对焊件局部迅速加热,使之达到塑性状态或局部熔化状态。按其接头形式的不同可分为点焊、缝焊和对焊等。电阻焊虽需要一定的工艺装备,但其生产率高。在汽车、家电等领域广泛应用。

【电阻合金】(resistance alloy) 具有一定电阻率或高电阻率的合金的总称。按其用途的不同可分为:(1)变阻器和精密电阻器用合金。前者受热不超过300~500℃时,一般使用铜基合金,如镍铜、康铜、锰铜等或铁基合金如铁铝锰合金;后者一般在室温下使用,要求有低的电阻温度系数、低的热电势,常用的有锰铜、镍铬系合金等。(2)发热体用合金,又称电热合金。用于制造电炉、仪器等的发热体。它具有较高的电阻率及热稳定性。一般使用铁基合金(如铁铬铝合金)和镍铬合金。其发热温度可达1 200~1 400℃。

电阻合金

【电阻炉】(resistance furnace) 利用电流通过电阻材料发生热能的加热炉。一般分为两类:(1)直接加热电阻炉。电流直接通过被加热的材料,使其本身发生热能,如用于碳质电极的石墨化、难熔金属的致密烧结等;(2)间接加热电阻炉。电流通过炉内特制导体发

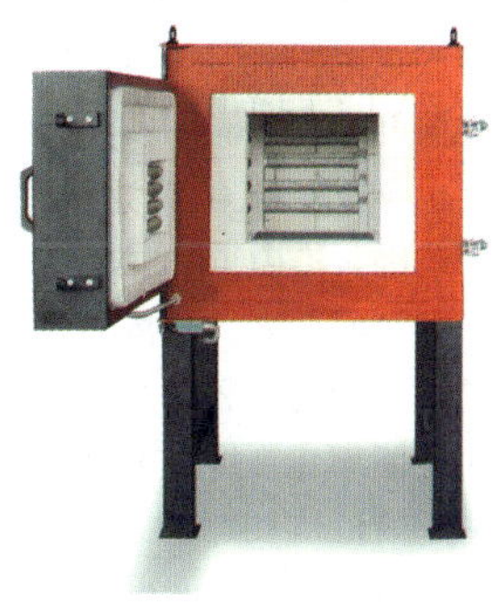

电阻炉

热，传热于被加热的材料，常用金属钨、钼（因其易被氧化，通常用氢气或惰性气体保护）或镍－铬－铁、铁－铬－铝等合金的丝或带以及碳化硅、石墨或二硅化钼等制成的棒、管或细粒作为发热体。电阻炉在冶金、化工和其他工业中，广泛用于熔炼、烧结、烘焙、干燥以及热处理等方面。已成为实验室中常用的设备。

【电阻率】（resistivity） 又称电阻系数或比电阻。用来表示各种物质电阻特性的物理量，以字母 ρ 表示。单位为 $\Omega \cdot mm^2/m$。即用某种物质做的长 1m、截面积为 $1mm^2$ 的导线，在温度 20℃时的电阻值。电阻率越大，导电性能越低。由于电阻率随温度改变而改变，所以对于某些电器的电阻，必须说明它们所处的物理状态。

【淀粉】（starch） 植物经光合作用而形成的大分子碳水化合物。是由单一类型的葡萄糖单元组成的多糖。依靠植物体天然合成。大量存在于植物的种子、块茎及根里。其品种包括玉米、稻谷、小麦、马铃薯、红薯、木薯淀粉等。除以上主要品种外，还有橡子、芭蕉芋、葛根、首乌淀粉等。淀粉难溶于水。在和水加热至一定温度时则糊化成胶体状。除可直接使用外，还可加工成各种变性淀粉、水解产品等。淀粉制成的食品如粉丝、粉条等可以直接食用。淀粉作为原料可应用于方便面、火腿肠、冰淇淋等食品和可降解塑料制品中。作为发酵原料用于淀粉糖、氨基酸、酒精、抗生素、味精等产品的生产。广泛应用于造纸、纺织、食品、铸造、医药、建筑、石油钻井、选矿等领域。

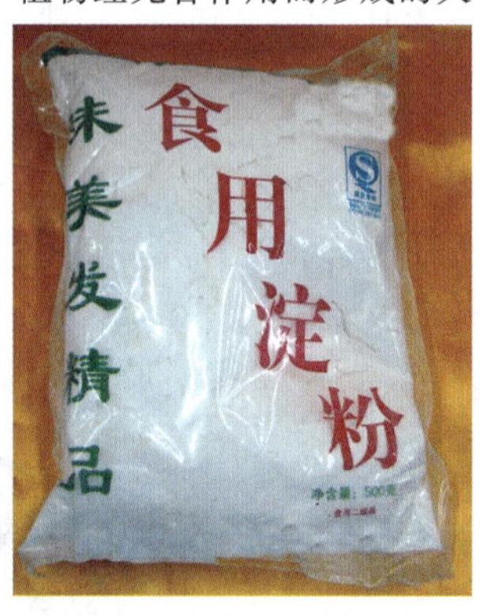

淀粉

【淀粉糊化】（starch pasting） 淀粉在高温下溶胀、分裂形成均匀糊状溶液的特性。不同淀粉的糊化温度不同。同一种淀粉，其颗粒大小不同，糊化温度也不同。糊化的淀粉，易被酶水解，易于消化。其影响因素有：（1）种类和颗粒。（2）食品中的含水量。（3）添加物。高浓度糖降低淀粉的糊化程度。脂类物质能与淀粉形成复合物降低糊化程度。食盐有时会使糊化温度升高或降低。（4）酸度。在 pH 值在4～7的范围内，酸度对糊化的影响不明显，当 pH 值大于 10 时，降低酸度会加速糊化。

【淀粉老化】（starch retro gradation） 经过糊化后的淀粉在室温或低于室温的条件下放置后，溶液变得不透明甚至凝结而沉淀的一种现象。是糊化的逆过程。其实质是：在糊化过程中，已经溶解膨胀的淀粉分子重新排列组合，形成一种类似天然淀粉结构的物质。其影响因素有：（1）淀粉的种类。直链淀粉比支链淀粉更易于老化。（2）食品的含水量。在食品的含水量为 30%～60%时淀粉易于老化，当水分含量低于 10%或者有大量水分存在时淀粉都不易老化。（3）温度。在 2～4℃时淀粉最易老化，温度大于 60℃或小于－20℃时都不易发生老化。（4）酸度。偏酸或偏碱条件下淀粉都不易老化。淀粉老化在早期阶段由直链淀粉引起，在较长的时间内，支链淀粉较长的支链也可以相互发生缔合而发生老化。防止老化的方法有：将糊化后的淀粉，在 80℃以上高温时迅速去除水分，使食品的水分保持在 10%以下或在冷冻条件下脱水。老化性质对食品品质有很大影响，粉条、粉丝的生产都是利用老化性质。控制老化在食品工业领域有重要意义。

淀粉老化

【淀粉糖】（starch sugar） 淀粉经过酸法或酸酶法、酶法等制取的糖。主要包括麦芽糖、葡萄糖、果脯糖浆、饴糖等。伴随着玉米深加工技术的发展及酶制剂等生物技术的进步和人们消费结构的变化，中国淀粉糖行业有了长足的进步，朝着多品种、个性化、专一化、规模化发展。其产量大幅增加，品种结构日益完善。不同品种淀粉的特性有所不同，应当根据要求选用。淀粉糖消费领域广，消费数量大，是淀粉深加工的支柱产品，长期以来被广泛地应用于食品、医药、造纸等诸多行业。

【淀粉植物资源】（starch plant resources） 在其根茎、鳞茎、果实和种子中均含有大量淀粉的一类植物。中国淀粉植物资源极为丰富，开发利用具有广阔的前景。例如壳斗科、桦木科、禾本科、蓼科、菱科等植物中富含淀粉的种类较多。豆科、睡莲科、檀香科植物中的有些种类淀粉含量也较高。淀粉用途很广，是人类的主要食物、热能的来源，还可制成糖浆、葡萄糖等，作为增稠

淀粉植物资源

剂、保潮剂、乳化剂等,在造纸、冶金、化妆品、陶瓷等工业方面也有广泛的用途。中国曾经对淀粉植物资源进行了大量调查和研究,有些种类如橡子等已被开发利用,对促进中国经济发展起了一定作用。但多数种类仍处于自生自灭,未能很好开发利用。如能充分开发中国淀粉植物资源,就可以大大减少工业用粮。

【淀积层】(illuvial horizon) 又称B层。土壤剖面中某些物质相对聚积的土层。是鉴别土壤的重要的发生层。在B层中又分为B1、B2及B3亚层。B1层为变移层,表示黏化层。许多土壤缺乏此层,但灰化土中存有,下渗的腐殖质常淀积于此层;B2层具有淀积层的明显特征,常呈暗棕或红棕色,铁及铝也淀积于此,有时有铁盘生成,黏粒也下渗于此层,有时形成黏土硬盘,成为不透水层。在森林下的土壤中,B层明显而且深厚。在草原土的淀积层中,常富有钙质并形成多种石灰质的新生体。

【凋亡蛋白】(apoptosis protein) 一系列在细胞凋亡过程中激活、表达以及发挥调控等作用的蛋白质。其中:(1)半胱氨酸天冬氨酸(caspase)家族蛋白是一组存在于胞浆中的半胱氨酸蛋白酶,细胞中合成的caspase以无活性的酶原状态存在,经活化的caspase分子可催化裂解众多的效应分子,诱发细胞凋亡。(2)Bcl-2家族成员主要定位在核膜的胞质面、内质网及线粒体外膜上,与膜的结合对于其发挥功能是极其重要的。Bcl-2蛋白家族是一个特别的家族,成员中有些促进凋亡,而有些成员阻止细胞凋亡。其抗凋亡成员和促凋亡成员之间协同作用,共同决定细胞是否进入凋亡程序。(3)p53蛋白在维持蛋白组的完整性中起着重要的作用。其作为一个转录因子对DNA损伤做出反应,并诱导下游蛋白的表达,而这些下游蛋白可以调节细胞周期和凋亡。(4)凋亡抑制因子是受p53调控的下游蛋白,在凋亡和细胞周期的蛋白调控中发挥重要的作用。目前,细胞凋亡的发生机制尚不完全明确,不同处理方式诱导细胞凋亡的途径不尽相同,参与调节的蛋白也各不相同。所以,深入研究细胞凋亡的发生机制及蛋白调节机制,可以为相关疾病的治疗以及药物的开发提供新的思路。

【凋亡小体】(apoptotic body) 细胞在凋亡过程中表面产生的泡状突起。其形成过程如下:首先是核染色质断裂为大小不等的片断,与某些细胞器如线粒体一起聚集,被反折的细胞膜所包围。从外观上看,细胞表面产生了许多泡状或芽孢状突起。之后,逐渐分隔,形成单个的凋亡小体。最后,凋亡小体逐渐为邻近的细胞所吞噬并消化。凋亡小体是凋亡细胞的重要形态特征之一。

【凋萎系数】(wilting coefficient) 又称凋萎湿度、萎蔫系数、永久萎蔫点。植物由于水分不足开始发生永久凋萎时的土壤含水率。一般以占干土重的百分比表示。是有效土壤水的下限,与凋萎系数相应的土水势为1.5MPa左右。植物在土壤由湿变干的过程中,若吸水不足以补偿蒸腾消耗,最初是在中午叶片失去胀压而呈现凋萎,到傍晚或日落能逐渐恢复原状,叫临时凋萎。继续干旱下去,致使凋萎现象到次日日出前还不能恢复,在降雨或灌水后也不能恢复,叫永久凋萎。凋萎系数是研究土壤水分特性、规划设计灌溉工程和灌溉管理运行中的常用数据。其大小主要取决于土壤质地。一般土壤的凋萎系数为:沙土1%~3%,沙壤土3%~6%,壤土5%~15%,黏土12%~20%。此外,作物耐旱能力愈强,凋萎系数愈低。凋萎系数还随温度的升高而减小,随土壤盐碱化程度的增加而增加。凋萎系数可以用植物生长法或土壤水吸力法试验测定,也可按土壤吸湿系数的1.5~2.0倍求得。

【吊白块】(sodium formaldehyde sulfoxylate) 又称雕白粉。化学名称为次硫酸氢钠甲醛。分子式为$NaHSO_2 \cdot HCHO \cdot 2H_2O$。白色块状或结晶性粉粒。溶于水。常温下较为稳定。遇酸分解。120℃下分解产生甲醛、二氧化硫和硫化氢等有毒气体。有很强的还原性和漂白作用。主要用于印染工业上作拔染剂。为非食用原料,属国家规定禁止加入食品的物质。但部分食品生产厂家为使食品外观洁白、光滑、增筋,常将吊白块作为食品改良剂添加于米线、面粉、腐竹等食物制品中,导致食品安全隐患。吊白块进入人体后,对细胞有原浆毒作用,可能对机体的某些酶系统有损害,从而造成中毒者肺、肝、肾系统的损害。吊白块中毒以呼吸系统及消化道损伤为主要特征。

吊白粉

【吊篮】(cableway basket) 又称吊脚手架。利用吊索悬吊于空中进行砌筑或装修工程的能升降的篮状脚手架。主要由吊架(包括桁架式工作台)或篮状工作台、支撑设施

吊篮

(包括支撑挑架和挑梁)、吊索(包括钢丝绳、铁链)和升降装置(包括吊钩)四部分构成。装拆方便,经济实用。按其升降装置的不同可分为手动吊篮和电动吊篮。常用于高层建筑的外装修作业或外墙面的维修和保洁。

【吊蔓】(vines up) 用绳子将蔬菜植株的茎蔓吊起并进行人工引蔓、缠绕和固定的一项作业。主要针对蔓生性、攀缘性和缠绕性强以及茎蔓细弱的蔬菜品种,如番茄、黄瓜、芸豆、长季节生长的辣椒、人参果等。作用是保持植株顶端生长优势,加强田间通风透光,有利于田间操作管理,延长收获期和提高产量等。在植株茎蔓将要匍匐生长或下垂生长前开始进行。操作步骤有三步:首先顺定植行架设铁丝或竹竿等。高度以方便管理,或按棚高的三分之二为宜。其次将截好的吊绳一端绑在铁丝上,另一端绑缚在茎基部或长15mm的竹签上。竹签斜插在距植株15mm左右处。茎基部绑缚松紧要适度,以防茎蔓受伤或出现缢痕。吊绳松紧适宜。过紧时易拉断、拉伤或拔出植株;过松时,茎蔓松软,密度不均,不利于整体通风透光。吊绳要柔软坚韧、耐老化,在保证承载能力的前提下,尽可能的细,以减少遮光。第三,定期均匀地将茎蔓朝相同方向缠绕在吊绳上。蔬菜种类和吊绳质地不同对缠绕次数有较大影响,番茄等的茎干相对光滑、直立、果穗重,应适当多缠,以防坠折茎干。由于需要架设固定吊绳的铁丝或横干,以及吊绳柔软,不抗风等,因此多在在保护地栽培条件下应用。

吊蔓

【吊桥】(suspension bridge) 见悬索桥。

【吊运机】(lifting machine) 又称四立柱吊运机、移动式吊运机。一种体积小、重量轻、操作方便的小型吊运装修机械。动力装置由电动机、减速器、离合器、制动器、绳筒及钢丝绳等组成。电机还装有热敏开关,可防止电机过热而烧毁;减速机为两级齿轮减速,固连于电机;离合器、制动器与蝇筒装为一体,但离合器处于脱离状态时,可实现快速下降,操作制动器可控制下降速度以避免发生冲击。适用于各种场合起重300kg以下的物质。结构简单、安装方便、小巧玲珑,是定柱式、墙壁式旋臂起重机的最佳配套产品。用途十分广泛。如机械制造、电子、汽车、造船、工件总装以及高新技术工业区等现代化工业的生产线、流水线、装配机、物流输送等方面。对在仓库、码头、配料、吊篮和空间较窄小的工作场地作业,更能显示出其优良品质。

吊运机

【钓渔具】(hook and line) 用钓线结缚装饵料的钩、卡或直接缚饵引诱捕捞对象吞食的渔具。按其结构的不同可分为:真饵单钩、真饵复钩、拟饵单钩、拟饵复钩、无钩和弹卡六种类型;按其作业方式的不同可分为:漂流延绳、定置延绳、曳绳和垂钓四种形式。通常由钓钩、钓饵和钓线等组成。有些还装上浮子、沉子、钓竿或其他附件。其中,钓钩是结缚在钓线上起钩刺作用的部分。分倒齿结构和无倒齿结构两类。钓饵的选择常是影响渔获丰歉成败的关键。按其钓饵类型的不同可分为:(1)真饵。按来源不同可分为动物性饵和植物性饵。在海洋钓捕中一般用鱼类、头足类和甲壳类等动物性鱼饵;淡水中则用蚯蚓和昆虫为主。植物性饵用于诱捕淡水鱼类,主要用米、麦和番薯等制品。(2)拟饵。系利用羽毛、布片、橡皮、木材、金属和塑料等制作。伪装成钓捕对象喜爱的动物性饵,或制成足以刺激鱼类捕食反应的其他诱惑物。

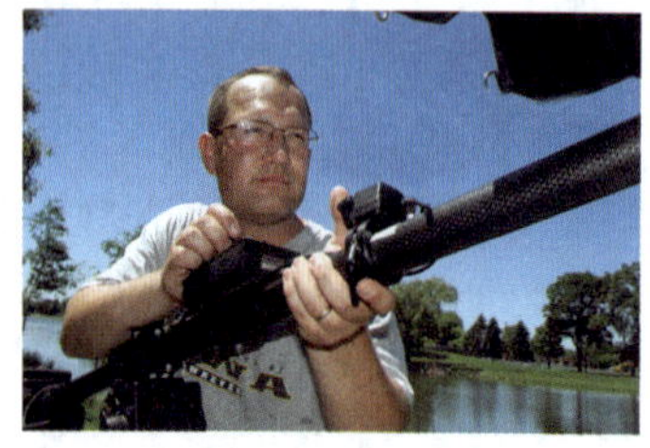
钓渔具

【调度通信汇接装置】(interconnecting device for dispatching communication system) 又称汇接装置。调度通信系统和子系统间的接口。按其汇接对象的不同可分为:同线电话汇接装置、感应电话汇接装置、载波电话汇接装置、漏泄无线电话汇接装置和其他类型电话汇接装置。按其防爆型式的不同可分为:(1)矿用本质安全型。(2)矿用一般型兼本质安全型。按其结构型式的不同可分为:单体式、附属式,即汇接装置置于子系统的首台通信设备之中。按其汇接方式的不同可分为自动汇接和人工汇接。汇接装置必须符合GB3836.1及GB3836.4的规定。矿用一般兼本质安全型汇接装置还应符合GB12173的规定。并应经国家指定防爆检验部门审查检验合格,取得检验部门发放的“防爆合格证”、“矿用合格证”。

【跌水】(drop) 使上游渠道、河道等水流自由跌落到下游渠道、河道等的落差建筑物。多用于落差集中处,也常与水闸、溢流堰连接作为渠道上的退水及泄水建筑物。跌水主要用砖、石或混凝土等材料建造。必要时,某些部位的混凝土可配置少量钢筋或使用钢筋混凝土结构。根据落差大小,跌水可做成单级或多级。(1)单级跌水。一般用于落差不超过5m的情况,通常由进口连接段、控制缺口、跌水墙、消力池及出口连接段等部分组成。(2)多级跌水。一般用于落差大于5m的情况。多级跌水的典型形式是,各级首尾衔接,并采用相同的跌差与布置。各级消力池尾槛应有一定宽度,以使各级水流流态平稳,消能充分。第一级进口连接段及末一级出口连接段与单级跌水相同。

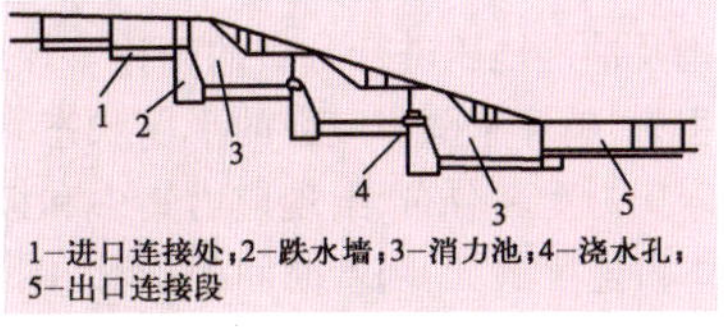

跌水

【跌窝抢险】(emergency protection against sink holes) 又称陷坑抢险。堤、坝局部出现凹陷险情时的抢护工作。在高水位的作用下,堤身或堤脚附近会发生局部凹陷现象。发生原因主要是:堤身或堤基有隐患,土体松软浸水后湿陷,堤内涵管漏水或圬工与土的结合处渗水,土壤被局部冲失,形成内部空洞。其抢护方法有:(1)跌窝发生在洪水位以上的堤坡或堤顶上,堤身如发现漏洞者,可及时翻填;如堤身单薄,可抢修戗堤。(2)跌窝发生在洪水位以下的临水堤坡或堤脚附近滩地,水不太深,可在临水面用土袋填,并加强观测;如背水堤坡同时出现集中渗漏,可在漏水出口处修造反滤围井。(3)跌窝发生在背水堤坡或坡脚附近,且渗水严重,可先用滤料将跌窝填实,再采取导渗或截渗措施处理。

【叠加定理】(superposition theorem) 描述线性系统或线性电路中响应和激励呈线性关系的定理。含有两个或两个以上的激励同时作用于线性系统或线性电路,则响应电流或电压等于诸激励分别作用下诸响应电流或电压的代数和。使用叠加原理应注意:(1)只适合于线性电路。(2)电压、电流可以叠加,功率不可叠加。(3)叠加时要特别注意电压、电流方向。(4)受控源不可单独作用。

【叠加原理】(principle of superposition) 描述波与波之间相互作用的规律。当两列或两列以上的波同时在媒质中传播时,几列波相遇之后,仍然保持它们各自原有的特征(频率、波长、振幅、振动方向等)不变,并按照原来的方向继续前进,好像没有遇到过其他波一样。在相遇区域内任一点的振动,为各列波单独存在时在该点所引起的振动位移的矢量和。

【叠置分析】(overlap analysis) 在地理信息系统中将有关主题层组成的数据层面,进行叠加产生一个新数据层面的操作。大部分地理信息系统软件以分层的方式组织地理景观,将地理景观按主题分层提取,同一地区的整个数据层集表达了该地区地理景观的内容。按叠置分析形式的不同可分为:视觉信息叠加、点与多边形叠加、线与多边形叠加、多边形叠加和栅格图层叠加。其结果综合了原来两层或多层要素所具有的属性,不仅包含空间关系的比较,还包含属性关系的比较。

【丁鲹】(tinca) 硬骨鱼纲,鲤科,雅罗鱼亚科,丁鲹属。体侧扁而较长。呈灰黄色。头短。口小端位,口角处有1对短须;咽齿1行,齿面中央有一沟,齿端略呈钩状。鳞细小且排列紧密。腹部圆、色淡。体背部淡黄色或黑褐色。各鳍灰黑色。鲹鱼属底栖性鱼类。杂食性,可食水底腐败的有机物。鱼苗阶段主要摄食浮游动物,体重30g以上经驯化可摄食颗粒饲料,并且集中抢食。生存水温0~38℃,适宜生长温度为14~28℃,水温32℃时停止摄食。丁鲹鱼喜静怕惊,怕强光,性温顺,耐低氧,喜集群生活。天然环境中性成熟年龄在3龄以上。在养殖环境中性成熟年龄可提前。性成熟的丁鲹鱼雌雄差异大。雄鱼腹鳍的第一鳍条粗大。雌鱼的腹鳍不分支,鳍条较小,尾鳍微凹。卵属黏性卵,成熟卵径为0.45mm左右。成熟雌鱼的怀卵量为50~300粒/克。广泛分布于欧洲内陆、河流、湖泊。中国仅分布于新疆的布尔津地区。该鱼营养丰富,肉质细嫩,蛋白质丰富,尤其是脑黄金(不饱和脂肪酸)含量比其他淡水鱼高出3~4倍,被誉为绿色保健食品。

【丁烯防水卷材】(butylene waterproofing roll-roof materials) 以丁基橡胶为主要原料制成的油毡。以聚乙烯树脂为改性材料,掺加助剂经塑炼、混炼、压延而制成。具有高强度(抗拉强度≥2.0MPa)、良好的气密性、化学稳定性(5%盐酸、15%氢氧化钠浸泡360h,无变化)、耐热性(120℃,5h不起泡、不发黏)和耐老化性能(13.5kW氙灯光氧化400h无变化)。加入聚乙烯树脂后,其低温柔性(-40℃弯曲直径1mm无裂纹)、延伸性(延伸率≥200%)和耐寒性得到了大幅度的提高。使用范围大(-45℃~+80℃)。广泛应用于建筑、石油开采、地质勘探、水利电力和国防等部门。建筑工程中主要用于工业与民用建筑屋面、地下及其他防水工程。

【顶板初期来压】(initial pressure of roof)

一个新的工作面，从开切眼到向前推进，老顶板第一次大面积跨落，造成工作面压力突然增大的现象。在地下开挖之前，上部岩层的重量压在下部岩层上，处于平衡状态。在开挖达到一定程度后，上覆岩层顶板达到极限跨距而断裂形成三铰式平衡状态。随着工作面持续不断推进，将导致顶板第一次断裂并发生回转，从而导致工作面顶板急剧下沉，工作面顶板普遍出现来压现象。其特点是：顶板下沉量和下沉速度急剧增加；支架受力猛增；顶板破碎，出现平行煤壁的裂缝，甚至出现顶板台阶式下沉；工作面前方煤壁内的压力过度集中，致使煤壁破坏范围扩大，形成严重片帮；顶板由折断而垮落时，在采空区深处产生闷雷声和剧烈的响动，顶板掉渣严重。一般采取的措施有：(1)加强支护，沿放顶线增设1～2排密集支柱。(2)为提高支架的稳定性，沿放顶线每隔5～8m增设一个木垛(一梁三柱的戗棚或一梁三柱的抬棚)。(3)可适当加大工作面控顶距，以便于增加特种支架，有利于顶板垮落。(4)采取小进度多循环作业方式，加快工作面推进速度，以保持煤壁的完整性，使之具有良好的支撑作用。(5)落煤后及时支架，并增大支护密度，提高支护质量。(6)指派专人严密观察顶压变化，同时在工作面和采空区内设木信号点柱，如果劈断折断便是报警信号。

【顶板离层监测监控系统】(separation of roof monitoring system) 检测顶板岩层移动量、移动速度、支承压力高峰位值，并可以长时间连续记录离层数据、现场显示、离层超限报警的监测监控系统。一般主要由前端设备和后端设备两大部分组成。前端设备为数据采集，由顶板离层仪、多点位移计、顶板动态仪、顶板动态报警仪等系统组成。后端设备可进一步分为中心控制设备和分控制设备，由数据传输系统及终端显示系统组成。常用的监测监控方法是通过顶板离层传感器，监测顶板内不同基点的相对位移量、围岩位移和顶板离层状况。

【顶板事故】(roof accident) 又称冒顶事故。在地下开挖过程中，开挖空间上覆岩层意外冒落，造成的人员伤亡、设备损坏、生产中止等事故。是煤矿五大灾害事故之一，约占煤矿事故的50%以上。按其形式的不同可分为：(1)回采工作面顶板事故(大面积冒顶事故、局部冒顶事故)。(2)巷道顶板事故(冒顶掉矸、巷道壁片帮以及巷道顶、帮三面大冒落三种类型)。影响顶板事故的因素是：(1)自然因素，包括岩石的性质及构造、开采深度、地质构造、岩层产状、含水性及时间因素。(2)开采技术因素，包括开挖空间与开挖工作关系、开挖空间保护方法及开挖空间采用的支架类型和支护方式等。

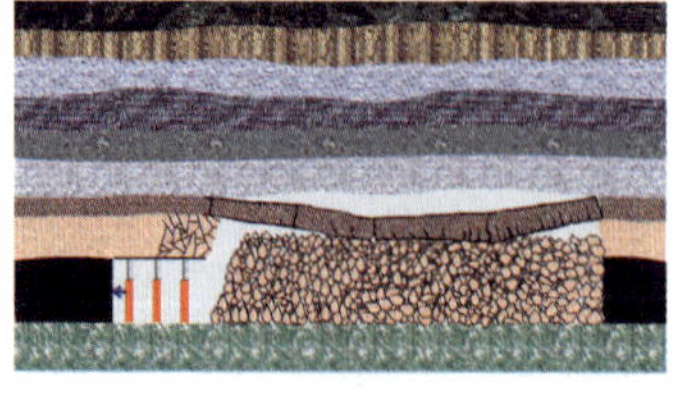

顶板事故

【顶板事故流变突变理论】(aheological roof accidents-catastrophe theory) 一种采用非线性科学中的突变理论，对开挖空间围岩变形失稳及冲击地压进行分析的理论。在地下空间开挖过程中，破坏了围岩应力的平衡状态，引起开挖空间围岩压力重新分布，出现应力集中和极限平衡区，顶板下沉速度最大，随着时间的推移，围岩应力趋于稳定后，围岩顶板的变形速率也趋于稳定。围岩变形随时间的延长而不断增加，但当进入集中应力带或顶板周期来压后，压力高于顶板(支柱)所能承担的极限压力时，顶板(支)断裂下沉，发生冒顶事故。在煤矿开采中，根据资料，明确特征点的对应参数，运用顶板事故流变突变理论达到科学地预测、预报，把所有隐患消除在萌芽状态。

【顶板支护方式】(roof support method) 掘开式工事的受力结构顶面板采用具有针对性的支护方式。按结构形式的不同可分为平顶板、拱顶板、幕式顶板、叠合结构平(拱)顶板等。根据围岩稳定和围岩压力理论，充分发挥围岩和支架(柱)的支护作用，考虑围岩与支护的共同变形与围岩压力、支护设置时间、支护刚度等关系，选用合理的支护材料和支护结构，使地下开挖空间围岩与支架形成一种一定时期的平衡状态，从而使得顶板不致冒落，确保安全与生产的进行。回采工作面支架主要有单体摩擦式金属支柱、单体液压支柱和液压自移支架等几种，少数矿井也还使用木支柱。其作用是：(1)发挥围岩本身的自承载能力。(2)发挥支承设备的承载能力以及支承设备与围岩共同作用。随着人类对对围岩稳定和围岩压力理论研究，不断发明新的顶板支护新材料和不断创新顶板支护方式。顶板支护方式在地下开挖过程中的应用，使顶板事故有效减少。

顶板支护

【顶底复合吹炼】(top bottom blowing) 在转炉顶吹氧气的同时从底部吹入少量气体的炼钢

方法。顶吹氧气使用氧枪。按底部供气种类的不同可分为两类:(1)底吹惰性、中性或弱氧化性气体。多使用集管式、多孔塞砖等装置底吹。属弱搅拌型。冶炼工艺与顶吹基本相同。(2)顶底均吹氧气。多使用套管式喷嘴底吹。属强搅拌型。顶吹促进形成炉渣进行脱碳。底吹形成过热钢水的对流,促进脱碳。复合吹炼兼有顶吹与底吹的优点。主要表现在:(1)底部供气加强了对熔池的搅拌强度,钢液成分和温度比较均匀。(2)改善了渣与金属间反应的平衡条件,减少了钢和渣的过氧化。(3)通过顶吹氧枪枪位的改变,不仅可以控制化渣,有利于充分发挥炉渣的作用,并且吹炼过程平稳,减少喷溅损失,降低金属氧化损失,提高了收得率从而提高经济效益。更适宜吹炼低碳钢种。

【顶锻试验】(upsetting test) 在常温或加热状态下将试样镦粗到一定程度,以显示其缺陷的方法。即检验金属在冷或热状态下承受规定程度的顶锻变形性能。在常温下试验为冷顶锻试验。在试验前将试样加热到一定温度后进行试验为热顶锻试验。顶锻用钢材要求进行顶锻试验。主要用于直径或边长小于30mm的圆形或方形材料。取原始截面的试样进行试验。当试样直径小于或等于15mm时,可用人工锤击或锻打进行试验。如果直径或边长大于15mm时,可在压力机或锻压机上压或锻打进行试验。试样的压缩比在技术条件中规定,一般规定为顶锻至原高度的1/2或1/3两种。顶锻后,检查试样侧面,如无裂缝、裂口、贯裂、扯破、折叠或气泡,即认为试样合格。

【顶管法】(pipe jacking method) 隧道或地下管道穿越铁路、公路、河流或建筑物等各种障碍物时采用的一种暗挖式施工方法。在施工时,先以准备好的顶压工作坑为出发点,将管卸入工作坑后,通过传力顶铁和导向轨道,用支承于基坑后座上的液压千斤顶将管压入土层中,同时挖除并运走管正面的泥土。当第一节管全部顶入土层后,接着将第二节管接在后面继续顶进,只要千斤顶的顶力足以克服顶管时产生的阻力,整个顶进过程就可循环重复进行。由于顶管法中的管既是在土中掘进时的空间支护,又是最后的建筑构件,具有双重作用的优点。施工时无需挖槽支撑,可以加快进度,降低造价;特别是采取加气压等辅助措施后,能进行穿越江河和各种构筑物等特殊环境下的管道施工,为世界许多国家所采用。自20世纪70年代起世界各国对顶管施工技术纷纷进行探讨和研究,广泛采用了中继接力技术、膨润土触变泥浆减摩剂、盾构式工具管、机械化全断面切削开挖设备、水力机械化排泥、激光导向等技术和措施,从而使顶管的顶进长度和顶进速度越来越大,适应环境也日益广泛。

顶管法

【顶级域名】(top-level domains, TLD) 又称一级域名。即域名中最后一个圆点右边的词段。最后一个圆点左边的词段称为二级域名,在二级域名左边的词段是三级域名,以此类推。每一级域名控制它下一级域名的分配。域名是接入互联网的用户在互联网上的名称。一个完整的域名由两个或两个以上的词段构成,各词段之间用圆点分开。互联网国际特别委员会把顶级域名分为三类:(1)国家顶级域名。(2)国际顶级域名。(3)通用顶级域名,包括com、net、org、edu、gov等。

【顶交】(top cross) ❶在作物育种中,用一个品种与一个自交系杂交或用一个品种与一个单交种的杂交方式。所得杂交种称之为顶交种。在常规育种中,(A×B)×C三亲本杂交亦可称为顶交。❷近代系公畜与非近代系母畜的交配,所生后代称顶交种。顶交种的生活力比近交个体强,生产力较高,在生产中广泛应用。

【顶交种】(top hybrid species) 又称自交系品种间杂交种。在杂种优势利用上,由一个自交系与一个开放授粉品种杂交所产生的杂交种。顶交种的产量高于品种间杂交种而低于单交种。

【顶升】(jacking) 利用千斤顶和交替填塞的柱块,将在地面上就地拼装或灌筑成型的屋盖结构逐步推举到设计标高的施工方法。这种方法无需大型起重设备,可将在地面施工完毕的整个屋盖,包括屋面防水、油漆及管线等,一次顶升就位。一般有上顶升和下顶升两种。(1)上顶升法。千斤顶倒支于屋盖结构支点下的垫块上,垫块即为以后的柱帽。开始时,柱帽支承于柱基块的两侧翼上,随着千斤顶的进油和回油,填进临时垫块和换填正式柱块,柱帽即将屋盖结构逐步升高。千斤顶的顶升重量恒定,稳定性较好,目前采用较多。(2)下顶升法。千斤顶始终放在柱基上,随顶随填柱块,可以减少高空作业。但顶升重量逐渐增加,尤其是在柱基处形成活动支点,稳定性差,已较少采用。

【顶推法】(incremental launching method) 用后张法施加预应力与先前的桥梁节段连接,随即向前推出一个节段的高度机械化架设方法。这一方法已推广使用于预应力混凝土连续梁的建造中。预应力混凝土连续梁顶推法的特点是:(1)施工不需要脚手架,不受桥下水流航运和车流的影响。(2)预制场地固定于桥后台,设备集中,无需大的起重设备和远距离运输。(3)上部构件(梁段)由15~25m长的节段组成,各个块件都直接靠在前一段上浇筑。(4)施加预应力既需满足运营阶段,又需要满足施工阶段的要求。(5)在梁端装一轻型导梁,可减少顶推过程中的悬臂弯矩。(6)可在桥台或同时在墩上设置用于顶推的液压千斤顶。(7)当跨度太大时可增设临时支墩。它除用于直线桥外,也可用于具有相同半径的多跨曲线桥。使用这种方法施工时,梁宜为等截面,建成后的跨高比不宜大于17,通常在12~15之间。其最适宜的横截面是单室箱形或双J梁。

顶推法

【订单农业】(order form agriculture) 农民与企业或中介组织签订具有法律效力的产销合同。组织生产的农业生产模式。由合同来确定双方相应的权利与义务。农民根据合同组织生产,企业或中介组织按合同收购产品。其主要形式有:(1)农户+龙头企业。依托龙头企业或引入外资,由公司牵头与农户签订产销合同。(2)农户+中介组织或经纪人。依托中介组织发展农业生产与经营。(3)农户+专业批发市场。依托专业批发市场进行农产品生产与销售。(4)农户+科研单位。依托科研技术服务部门签订农作物种植合同,推动种植业生产与营销。(5)农技部门、企业或客商通过反租倒包耕地,组织生产订单农产品。

【定标】(calibration) 采购机构决定中标人的行为。是采购机构的单独行为,但需由使用机构或其他人一起进行裁决。在这一阶段,采购机构所要进行的工作是决定并通知中标人,向中标人发放授标意向书。招标人应当从评标委员会推荐的中标候选人中确定中标人。中选的投标者应当符合下列条件之一:(1)满足招标文件各项要求,并考虑各种优惠及税收等因素,在合理条件下所报投标价格最低的。(2)最大满足招标文件中规定的综合评价标准的。除采用议标程序外,招标人或者招标投标中介机构不得在定标前与投标人就投标价格、投标方案等事项进行协商谈判。招标人或者招标投标中介机构应当将中标结果书面通知所有投标人。招标人与中标人应当按照招标文件的规定和中标结果签订书面合同。在这一阶段,双方对标书的中内容进行确认,并依据标书签定正式合同。为保证合同履行,签定合同后,中标的供应商或承包商还应向采购人或业主提交一定形式的担保书或担保金。

【定程租船】(leasing ships in fixed distance) 又称航次租船。以航次为基础的租船方式。分为单航次租船、来回程租船和连续单航次租船。这种租船方式简单易行,不必操心船舶的调度和管理,也容易根据运费估算每吨货物的运输费用。船方必须按时把船舶驶到装货港口装货,再驶到卸货港口卸货,完成合同规定的运输任务并负责船舶的经营管理以及航行中的一切开支费用;租船人则按约定支付运费。在租船市场上,大宗货物占主要地位,程租被广泛采用,成为租船的基本形式。定程租船的特点是:船舶的调度、经营管理由船方负责,并负担船舶的燃料、物料、修理、港口使用费、淡水以及船员工资等营运费用;以航次为基础,规定一定的航线或装卸港口以及装运的货物种类、名称、数量等;船方除对航行、驾驶、管理负责外,还应对货物运输负责;船、租双方的权利义务和责任豁免,以定程租船合同为依据。在多数情况下,运价按货物装运数量计算或采用包干运费;规定一定的装卸期限或装卸率,并计算滞期和速遣费。

【定额】(quota) 在合理的劳动组织及合理地使用材料与机械的条件下,预先规定完成单位合格产品所消耗的资源数量。它反映一定时期社会生产力水平的高低。根据工料用量,制订出每一个项目的工料合价,按照不同类别,汇总成册,即定额。是确定工程造价的依据。不同的定额反映不同状态下完成单位产品所消耗的生产要素的数量标准。定额种类繁多。大致可分为四大类:(1)按其管理层次的不同可分为中国统一定额、专业通用定额、地方定额和企业定额。(2)按其用途的不同可分为工期定额、施工定额、预算定额、概算定额、投资估算指标等。(3)按其物质内容的不同可分为劳动定额、材料消耗量定额和机械台班定额。(4)按其费用性质的不同可分为建筑工程定额、安装工程定额、其他费用定额和间接费用定额等。

【定积分】(definite integral) 又称$f(x)$在$[a,b]$上可积或黎曼可积。对定义在区间$[a,b]$上的函数,经过任意分割,然后取任意一点的函数值作乘积,求和、取极限而得到的具有特殊形式乘积和的极限,记作$\int_a^b f(x)dx$。其中x称为积分变量,$f(x)$称为被积函数,a,b分别称为积分下限和上限,$[a,b]$称为积分区间。定积分是微积分学中的重要概念。应用很广,如可求平面图形的面积、曲线的弧长、旋转体的体积等。

【定量变量】(quantitative variable) 又称数值变量、计量资料。其值为定量的,表现为数值大小的变量。一般有度量衡单位,如年龄、脉搏、血压、红细胞计数等。定量资料的统计描述常从集中趋势(即平均水平)和离散趋势(即变异程度)两个方面进行。常用的集中趋势的指标有:算术均数、几何均数、中位数和众数;常用的离散趋势的指标有:极差、四分位数间距、方差、标准差和变异系数。在实际应用中,应根据资料的分布特征选择合适的统计描述指标,以全面了解定量变量的分布特征。

【定量订货方式】(fixed-quantity system, FQS) 当库存量下降到预定的最低库存数量时,按规定数量以经济订货批量为标准进行订货补充的库存管理方式。经济订货批量是指通过平衡采购进货成本和保管仓储成本核算,以实现总库存成本最低的最佳订货量。

【定量分析】(quantitative analysis) 化学分析方法的一种。定量测定物质中有关组分含量的实验方法。在分析中一般以待测样品的质量分数表示被测组分在试样中的含量。按其取样的不同可分为:(1)常量分析。即试样用量为0.1~1g(或体积大于10mL)。(2)半微量分析。即试样用量为10~100mg(或体积为1~10mL)。(3)微量分析。即试样为0.1~10mg(或体积为0.01~1mL)。(4)超微量分析(又称痕量分析)。即试样为0.01mg以下(或体积小于0.01mL)。在分析纯物质或超纯物质中的杂质时,由于被测物质含量非常低,常用10^{-6}或10^{-9}数量级表示。按其分析方法性质的不同可分为化学分析法和仪器分析法。在测定物质的组成和检验原料或成品的纯度方面应用广泛。

定量分析显示器

【定量构效关系】(quantitative structure-activity relationship, QSAR) 一种借助分子的理化性质参数或结构参数,以数学和统计学手段定量研究有机小分子与生物大分子相互作用、有机小分子在生物体内吸收、分布、代谢、排泄等生理相关性质的研究方法。广泛应用于药物、农药以及化学毒剂等生物活性分子的合理设计。在早期的药物设计中,定量构效关系方法占据主导地位。20世纪90年代以来随着计算机计算能力的提高和众多生物大分子三维结构的准确测定,基于结构的药物设计逐渐取代了定量构效关系在药物设计领域的主导地位,但是QSAR在药学研究中仍然发挥着非常重要的作用。

【定量PCR】(quantitative polymerase chain reaction, Q-PCR) 在PCR定性技术基础上发展起来的核酸定量分析技术。将某种已知含量的DNA模板作为内标准进行聚合酶链反应(PCR),对待测模板进行定量分析。基本分为两类:(1)以嵌入物为基础的方法。在各个扩增反应中嵌入染料,在特定的热循环仪中用紫外线照射样品,利用计算机控制的冷CCD照相机去检测得到的荧光,可以定量分析扩增产物。(2)5′-核酸酶PCR和类似的基于探针的定量分析方法。利用TaqDNA聚合酶中的5′核酸酶活性在扩增中剪切探针和样品的杂合分子,此时聚合酶从一个上游引物延伸进入探针区域。如果寡核苷酸探针在5′有一个荧光发色染料报道分子,在3′有一个荧光淬灭染料报道分子,这种剪切就可以通过荧光增强而被显示出来,从而定量分析扩增产物 。

【定期订货方式】(fixed intervals system, FIS) 按预先确定的订货间隔进行订货补充的一种库存管理方式。订货间隔一般为一个月、10天或一周。利用这种方式,要预测一定期间的消费量,考虑库存量和订货未到的商品数量,然后计算正确的订货量。

【定期租船】(leasing ships in fixed time) 简称期租。以租赁期限为基础的租船方式。在租期内,租船人按约定支付租金以取得船舶的使用权,同时负责船舶的调度和经营管理。期租租金一般以船舶的每载重吨每月若干金额计算。租期可长可短,短则几个月,长达几年以上,甚至到船舶报废为止。期租船具有下列特点:期租的租船人有船舶调度权并负责船舶的营运,支付船用燃料、各项港口费用、捐税和货物装卸等费用;期租是租用整船;期租不规定船舶航线和装卸港口,只规定航行区域范围;期租对船舶装运的货物不作具体规定,可以选装任何合法货物;期租租金是按每载重吨每月(或每日)计算,不能直接表现为货物的运输成本,必须通过对各种费用、开支进行计算才能得到,租金一般是预付;期租是以一定时间为租船条件,租赁期间的船期损失,除特殊原因外,均归租船人负担,故不规定滞期速遣条款。

【定势】(set) ❶心理活动的一种准备状态或行为倾向。影响解决问题时的倾向性。使人们在解决问题时具有一种倾向习性,并影响问题是否顺利解决。定势虽然有时可以促进问题的解决,但从总体上来说是消极的,它使问题解决的思维活动变得呆板。

当定势阻碍问题解决时,应暂时停下来休息一下,或进行一些别的工作,定势会自然消除。❷武术术语。拳械技术中的固定路数、姿势和变化规律;套路中短暂的停顿或静止状态。

【定位突变】(orientation mutation) 通过改变某个特定位置的氨基酸来研究蛋白质的结构及其稳定性或催化特性的过程。蛋白质中的氨基酸是由基因中的三联密码决定的,只要改变其中的一个或两个,就可以改变氨基酸的结构。

【定向聚合】(stereospecific polymerization) 由单体形成结构规整性聚合物的聚合过程。可分为:(1)配位聚合。(2)离子型定向聚合。(3)自由基型定向聚合。天然橡胶、纤维素、蛋白质和淀粉等均为天然的立构规整性聚合物。立构规整性聚合物的性质与无规聚合物相比有显著差异。通常具有高的结晶性,较高的熔点、硬度和力学性能。可用以制造塑料和合成纤维,例如,全同立构型聚丙烯,可制作塑料,也可拉成高强度的纤维。因其重量很轻,断裂强度很高,得到广泛应用。

【定向能武器】(directed energy weapon) 采用定向能技术、以很小的发射角发射高能量射束毁伤目标的武器。包括高能激光武器、射频/微波武器和粒子束武器等。将这些武器系统装备在卫星、飞船、航天飞机、空间站等天基平台上,就构成了天基定向能武器系统。定向能武器对卫星和导弹既可进行软杀伤(如用激光使卫星、导弹的光电探测器暂时致盲),也可造成硬杀伤(如摧毁卫星、导弹的某些关键部件)。作战使用灵活性大,既适合于反低轨道卫星,也适合于反高轨道卫星和弹道导弹,并能重复射击。但其缺点是目标容易采取加固对抗措施,杀伤效果不容易判断。地基定向能武器在作战使用时易受气象条件的限制。目前,较为成熟的只有激光武器。

定向能武器

【定向凝固技术】(directional solidified of materials technology) 在金属液凝固过程中,严格控制热量按单一方向传出,使晶体在金属液中定向生长的工艺方法。主要用于制备单晶和柱状晶铸件、自身共晶复合材料,以及用于生产具有特殊物理性能的功能材料和零件,如磁性材料、导电材料以及高性能航空发动机叶片等。

【定向抛掷爆破】(directional pinpoint blasting) 又称定向爆破。在爆破作用范围内,除了把土壤和岩石破碎外,还把大量岩土准确地抛向设计的方向,并堆积成一定形状构筑物的爆破方式。控制爆破的一种方式。其理论实质在于,有效控制爆破时释放出来的能量,让爆破能量在周围介质中按一定的规律分配,即在预定的范围内获得预期的作用,使抛掷物体运动具有一定规律性。定向爆破时抛掷方向同炸药性质、药包位置、地形地质条件、爆破参数、装药结构及起爆顺序等因素有关。在一定的地形地质条件下,利用定向爆破技术,可以用最简单的机械和最少的劳动力,即可在短期内建造成巨大的土工建筑(如大坝、路堤等),并且不受季节的限制。定向爆破技术在中国得到广泛的应用,并逐步形成了一套比较完整的设计系统。在冶金系统和有色系统的厂矿,用于修筑尾矿坝和开挖堑沟,有时也用于露天矿的剥离工程。此外,该技术还广泛用于交通、铁路、农田、水利和水电等基本建设工程。

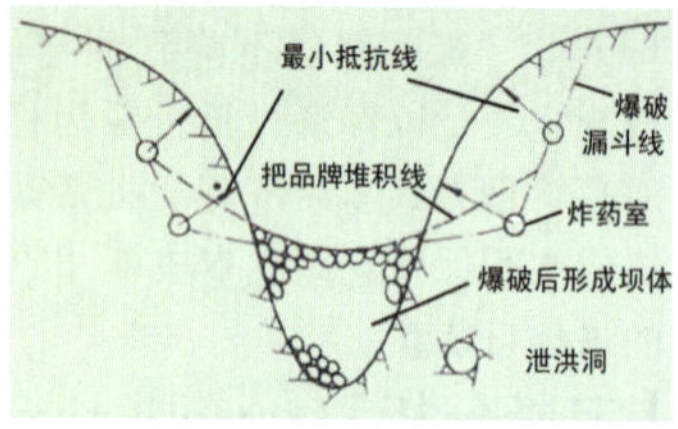

定向爆破筑坝

【定向无机合成】(designed inorganic synthesis) 以功能为导向,进行结构的设计和研制,重视构件的形成和组装规律,借助计算机辅助的合成设计,逐步实现对指定性能化合物及材料进行定向合成、制备与组装的方法。无机微孔化合物的定向设计合成是无机合成与制备化学中的重要核心问题之一,可通过计算化学和组合技术相结合的方法来辅助微孔晶体材料定向合成。在有机化学中得到广泛应用,而在无机化学中较少应用。如将本来是六方晶系的 $AlPO_4-5$分子筛定向合成为正交晶系的 $AlPO_4-5$ 分子筛。

【定向药物制剂】(directed pharmaceutical preparations) 能够将药物定向输送到患者体内或患病器官内部的一种药物剂型。可减少药物用量,控制给药的速度和方式。其作用一般分为两类:(1)定向药物制剂能为患者减少痛苦。如若患者讨厌苦味的药,可把药做成定向糖衣片,从而避免了让患者饱受苦涩的煎熬。(2)定向药物制剂能使药物发挥其作为"药物"的作用和效果。胰岛素是一种蛋白质,被人体食用后会变为自身营养。但是把胰岛素做成定向针剂,注射到糖尿病患者的体内,将会对糖尿病患者起到治疗的作用。按其形态的不同可分为:液体剂型(如溶液剂、注射剂等),固体剂型(如片剂、胶囊剂等),半固体剂型(如软膏剂、凝胶剂等)以及气体剂型(如气雾剂、喷雾剂等)。

【定型模】(shaped mould) 将机头中挤出的塑料以既定形状稳定下来,并对其进行精整,得到截面尺寸更为精确、表面更为光亮塑件的定型装置。从机头中挤出的塑料虽然具备了既定的形状,但因为塑料温度比较高,以及自重、冷却收缩和离模膨胀等原因会产生变形。因此需要使用定型装置将制件的形状进行冷却定型,从而获得能满足要求的正确尺寸、几何形状及表面质量。通常采用冷却、加压或抽真空的方法稳定形状。

定型模

【定性变量】(qualitative variable) 又称分类变量、计数资料。其值是定性的,表现为互不相容的类别和属性的变量。按其所划分出类别数的多少以及各类别之间是否有顺序关系可分为:名义变量(包括二分类资料和多项无序分类资料)和有序变量(又称为等级资料)两种。如考试成绩(及格和不及格)和生存状态(存活和死亡)为二分类资料;血型(A、B、AB 和 O 型)和分娩方式(顺产、先兆早产、助产和剖宫产)为多项无序分类资料;文化程度(文盲、小学、中学、大学及以上)和化验结果(-、+、++和+++)为等级资料。对于定性资料的统计描述,常用的有率、构成比和相对比。

【定性分析】(qualitative analysis) 化学分析方法的一种。定性鉴定组成物质的元素、离子、官能团或化合物的实验方法。按其分析条件的不同可分为:(1)干法分析。(2)湿法分析。按其取样的不同可分为:(1)常量分析。(2)半微量分析。(3)微量分析。(4)超微量分析。对于组分不清楚的样品,应先进行定性分析,然后做定量分析。许多定性分析的反应,可加以控制或改进,作为定量分析的基础。

【定影液】(fixed solution) 能使显影后所得到的密度及反差合适的影像持久地固定下来的液体。其主要成分是定影剂,如硫代硫酸钠($Na_2S_2O_3$)、硫代硫酸铵$(NH_4)_2S_2O_3$。定影反应为:$AgX+2Na_2S_2O_3 \rightarrow$

$Na_3[Ag(S_2O_3)_2]+NaX$,$3AgX+4Na_2S_2O_3 \rightarrow$

$Na_5[Ag_3(S_2O_3)_4]+3NaX$。

【定值控制】(fixed set point control) 一种使预期量不随时间而变化的常量反馈控制。在定值控制中,由于预期量是个常量,因此其控制系统的主要任务是抗拒外来的干扰。当外部干扰影响系统运行时,输出量将偏离预期值,控制系统的作用是使被控变量恢复到预期的常量。在实际中,国家对于物价水平和经济增长速度的控制,一般都是定值控制。

【东方号运载火箭】(“East”carrier rocket) 世界上首个载人航天运载火箭。是在卫星号运载火箭的基础上改进而成的。1961 年 4 月 12 日,东方号运载火箭将人类历史上第一艘载人飞船送入太空,实现了人类遨游太空的梦想。发射载人飞船的东方号火箭全长 38.36m, 起飞质量287 000kg,可将质量达 4 725kg 的有效载荷送入近地轨道。该型火箭在 1960 ~ 1963 年间发射了六艘东方号飞船。1963 年以后主要用来发射各种照相侦察卫星、电子侦察卫星、流星系列气象卫星等。

东方号运载火箭

【东方明珠塔】(the Oriental Pearl Tower) 上海电视塔。上海标志性建筑。位于上海黄浦江畔、浦东陆家嘴嘴尖上,与外滩的万国建筑博览群隔江相望。1991 年 7 月 30 日动工,1994 年 10 月 1 日建成。塔主体结构高 350m,塔总高度为 468m,仅次于加拿大多伦多电视塔和俄罗斯的莫斯科电视塔,列亚洲第一,世界第三。该塔由三根直径为 9m 的立柱、塔座、下球体、上球体、太空舱等组成。选用了东方民族喜爱的圆体作为基本建筑线条,主体由三个斜筒体、三个直筒体和 11 个球组成,形成巨大的空间框架结构,具有鲜明的海派建筑特色,做到了现代科技与东方文化的完美统一。设计者富于幻想地将 11 个大小不一、高低错落的球体通过三根擎天立柱从蔚蓝的天空中串联至如茵的绿色草地上,而两颗红宝石般晶莹夺目的巨大球体被高高托起浑然一体,勾画出“大珠小珠落玉盘”的意境。从塔的

东方明珠塔

底层电梯大厅到直径为45m的中球，离地面263m，只需40s。该球共九层，有1万多平方米。从中球乘高速电梯到350m高度，是一个全封闭的银球体太空舱。电视塔桅杆长118m。灯光在电脑控制下，可以有1 000多种变化，是上海黄浦江畔真正的夜明珠。在90m的下球体室外观光廊、263m的上球体主观光层、259m的上球体室外观光层和350m的太空舱，可将上海高楼林立、大道纵横、车水马龙的都市风景一览无余。

【冬花生】（winter peanut） 在晚稻收获后播种的花生。主要分布在北纬20°以南的海南省和云南省南部。在这些地区的平原地带，全年无霜，年平均温度达23℃以上，最低旬平均气温在15℃以上。主要种植珍珠豆型花生。冬花生生育期在140天左右。一般早播。冬季温度较高时，生育期短。反之，则生育期较长。

冬花生

【冬小麦】（winter wheat） 又称秋播小麦。于秋季或初冬播种，翌年夏季成熟收获的一种小麦类型。具有较强的抗寒性和分蘖力。成穗数较多。生育期较长。是世界小麦的主要类型。中国北方冬麦区，冬季低温，但小麦能安全越冬，多行秋播。南方冬麦区常于初冬播种。新疆冬春麦区和青藏冬春麦区也有秋播冬小麦。按春化阶段中对温度条件反应的不同可分为：冬性、春性和半冬性等小麦品种类型。掌握不同品种阶段发育特性，适期早播，是冬小麦生产中争取冬前早发壮苗，安全越冬，提高分蘖成穗，减少无效生长，获得高产、稳产的关键措施。

冬小麦

【冬性小麦】winterness wheat） 通过春化阶段时要求较长时间和相对较低低温的一种小麦类型。温度为-1～10℃，时间为30～60天。春播不能正常抽穗，只能秋播。幼苗匍匐，一般叶片较窄，叶色较深，分蘖力和抗寒性较强。一生总叶片数为15片左右或更多。适于早播，一般不易年前拔节。中国北部冬麦区、新疆冬春麦区和青藏春冬麦区的冬小麦均为冬性或强冬性品种。

【动车组】（multiple unit） 由自带动力的列车和拖车所组成的、固定编组的列车。按其牵引动力的不同可分为内燃动车组和电力动车组两种类型。按其动力安排方式的不同可分为动力集中式和动力分散式两种。动力集中式，一般将动车安排在列车两端，中间为拖车。动力分散式则由动车和拖车组成单元，再由若干这样的单元组成列车。动车组与一般旅客列车相比，有以下优点：(1)速度快，行驶平稳。(2)行车密度大。(3)列车容量大。(4)上下方便，过道宽敞。(5)采用了真空集便式装置，使粪便能迅速分解细化，减少了对环境的污染。这种列车运行灵活，动车不仅能拉动列车，还能推动列车，且能载客，前后改变方向行驶不需要调头和重新编组。虽然动车组列车节数较一般列车少，但是发车密度大，一般行驶于数百公里范围内，能耗小，特别适用于小编组、大密度的客运组织形式。动车组在一些发达国家普遍用于城际旅客运输。

动车组

【动力】（power） 使机械作功的各种作用力的统称。按其来源的不同可分为：(1)风力。指风的速度的大小。用风级表示的风的强度。风力越强风级越大。(2)电力。是以电能作为动力的能源。(3)热力。内容涉及到电力、锅炉、高炉、热机等。(4)原子能。指原子核发生变化时释放的能量。如重核裂变和轻核聚变时所释放的巨大能量。其动力内容包括：电锅炉、汽轮机、柴油机、发电机、泵、空气压缩机、风机、管道与阀门、仪表、控制系统、计算机及其软件、热电联产、污染控制、电厂电气系统、电厂设计和运行、变电厂和变电所的电气部分、电力系统及其自动化、输电线路、高电压技术、工业与农业供电、热工理论、热力发电与供热、锅炉与汽轮机、工业热能、热交换、核能动力学和水能动力学以及动能经济等方面的内容。还包含电力系统运行状态、电力系统稳定、电力系统及可靠性。

【动力触探方法】（test by motive force） 以一定的落锤能量将带有圆锥形实心探头或对开管式贯入器打入土中，根据贯入一定深度的锤击次数，来判定土的力学性质的一种原位测试方法。按落锤质量和探头形式等方面的不同可分为轻型、中型、重型和超重型。公路软土工程常用的有轻型动探、重Ⅰ

型标准贯入试验和重II型动力触探。轻型动力触探由尖锥探头、触探杆和穿心锤几部分组成，锤重10kg，落距50cm，整体自重20Kg（包括四根1m探杆），只需两人操作，几分钟即可确定结果。标准贯入试验所用的锤重63.5kg，落距76cm，要求锤自由下落，将贯入器先打入土层15cm不计数，以后每打入30cm的锤击数即为实测锤击数。重II型动力触探采用连续贯入方式，用提升架拉绳提升重锤并自由落体，测定贯入10cm深的锤击数。

【动力大地测量学】（dynamic geodesy surveying） 大地测量学的一个分支。研究和测定地球运动状态及其机制的理论和方法的学科。用大地测量方法反推地球内部构造形态、力源和动力学过程参数。研究地球运动状态。地球重力场的变化，包括地球重力的变化，以及由此产生的大地水准面形状和垂线方向的变化；地球整体运动，包括地球自转轴方向在空间的变化（岁差和章动）和在地球本体内的变化（极移），以及地球自转速度的变化（日长变化）；地球形变运动，包括全球性板块运动和板内的地壳运动，以及潮汐引起的地球形变。为地球动力学研究提供高精度实测数据。高精度测量手段（包括观测结果的分析处理）；为确定地球运动状态的时空分布设置必要的观测站和确定观测周期；为测定地球运动状态选择适当的参考坐标系和数理方法。

【动力电】（power electricity） 又称三相电。主要应用于大型机床、机械、搅拌机、电动机等的用电。为三条火线一条零线。零线和每条火线之间的电压为220V，而每两条火线之间为380V。现在小型加工包括个体家庭加工户一般都需要动力电。与动力电相对应的是照明电，称为单相电，220V，一条火线一条零线，是家庭用电路。用于电灯、空调等。值得提醒的是，家庭用插座一般常见为三孔，除火线零线外，还有一条是地线。虽然这也是三条线，但绝不是动力电。

【动力定位】（dynamic positioning） 不用抛锚、而由船载计算机自动控制推进器来保持船舶或浮动平台位置的技术。是目前最先进的固定船舶或浮动平台位置的技术之一。它使用精密、先进的仪器来测定船或平台因风、浪、海流作用而发生的位移和方向变化，通过计算机等自动控制系统对信息进行实时处理、计算，并自动控制若干个不同方向的推进器的推力大小和力矩，使船舶或平台保持或回复到原有位置。该技术已广泛应用于深海钻探船、海上石油钻井船、钻井平台、海上铺管船、海洋调查船和潜水工作船等海上作业设施中。

【动力工程】（power engineering） 研究工程领域中的能源转换、传输、利用理论、技术和设备的工程技术。是研究工程领域中的能源转换、传输和利用的理论和技术，提高能源利用率，减少一次能源消耗和污染物质排放，推动国民经济可持续发展的应用工程技术领域。它与人类的生产和生活密切相关。既有悠久的历史，又属于21世纪经济发展中的能源、信息、材料三大前沿领域之一。蒸汽机的发明是现代动力工程的开端，也标志着第一次工业革命的开始。随着当今社会生活对动力的需求不断提高，电子技术、计算机技术、材料科学等高新技术对热能传输和控制的迫切要求以及资源、环境与生态问题的日益突出，动力工程理论和技术工作者正面临着新的挑战，必将在能源高效利用、洁净燃烧、远程节能和自动控制以及热能传输控制等诸多方面出现新的突破，并会对今后的人类文明产生重大影响。本领域涉及动力工程及热工装置的设计、制造运行、控制、试验研究的基础理论、工程技术和研究方法。所有的研究内容都离不开动力或能量的传递。现代动力工程也广泛应用电子技术、计算机技术、材料科学和控制技术等各个学科的知识。与其相关的学科领域有：工程热物理、热能工程（包括电厂热能动力、冶金热能工程、供热通风与空气调节等学科）、动力机械及工程（包括内燃机、汽轮机、锅炉与换热设备等学科）、流体机械及工程、化工过程机械、制冷与低温技术，以及电子技术、计算机技术、材料科学和控制技术等。适用的行业领域包括：热力发电、冶金、发动机制造、锅炉及换热设备制造、工业炉窑制造、材料工程、石油化工、机械制造等。

动力电工程

【动力固结】（dynamic consolidation） 高强度重复冲击加固地基的方法。把8～40t的重锤，用履带式吊车吊高到5～40m处自由落下，夯实深度可达5～15m，反复夯击，使地基得以加固。在动力固结过程中，应作原位测试以验证其效果。在同等深度的粗粒地基中，需要克服成拱作用。动力固结所需的能量比细粒地基大。在一般情况下，动力固结的影响范围约为10～20m，传送的振动频率较低，一般在5～10Hz之间。

【动力机械】(power machinery) 将自然界中的能量转换为机械能而作功的机械装置。按将自然界能量转变为机械能方式的不同可以分为:(1)风力机械。有风帆、风车(风力机)、风磨等。20 世纪出现了直接应用风力的发电装置,但受到自然风区分布的限制。因为一般认为风速大于 4m/s 才有利用价值。(2)水利机械。有水车、水磨、水轮机等。自 20 世纪以来,利用水轮机发电的水电站日益增多,因为水电站具有运行费用低、无污染、取用不竭等优点。但是兴建水库、水坝,初始投资较大、建设时间较长,而且对生态平衡、地质力态平衡也有影响。(3)热力发动机。包括蒸汽机、汽轮机、内燃机(汽油机、柴油机、煤气机等)、热气机、燃气轮机、喷气发动机等。在工业、农业、交通、采矿、兵工等部门,内燃机的应用最为广泛。船舶、机车、汽车、物料搬运机械、土方机械、坦克、排灌机械、小型发电装置等无不以内燃机为动力。

动力机械

【动力煤】(power coal) 以发电、机车推进、锅炉燃烧等为目的,产生动力而使用的煤炭。火电厂用的煤炭质量对锅炉设计和生产过程都是重要的基本依据。按其燃料煤特性的不同可分为:(1)煤特性。指煤的水分、灰分、挥发分、固定碳、元素含量(碳、氢、氧、氮、硫)、发热量、着火温度、可磨性、粒度等。这些指标与燃烧、加工(例如磨成煤粉)、输送和储存有直接关系。(2)灰特性。指煤灰的化学成分、高温下的特性、以及比电阻等。这些特性对燃烧后的清洁程度,对钢材的腐蚀性以及煤灰的清除等有很大的影响。按其用煤类别的不同可分为:褐煤、长焰煤、不黏结煤、贫煤、气煤和无烟煤。按其商品煤的不同可分为:洗混煤、洗中煤、粉煤和末煤等。劣质煤主要指对锅炉运行不利的多灰分(大于 40%)、低热值(小于 15.73 MJ/ /kg)的烟煤、低挥发分(小于 10%)的无烟煤、水分高热值低的褐煤以及高硫(大于 2%)煤等。燃用劣质煤是火电厂对社会的一项贡献。标准煤又称标准燃料,是计算能源总量和折合各种能源的综合指标。由于不同的能源所含的热量不同,故须用一个统一标准加以计算和比较。

【动力气象学】(dynamic meteorology) 又称理论气象学。运用热力学和流体力学的原理研究大气运动热力和动力过程规律的学科。为天气学和气候学的理论基础。动力气象学选取气压、大气密度、水汽含量等热力学参量及空气运动的三维速度分量。根据牛顿力学第二定律、热力学第一定律、气态方程和质量守恒定律,建立大气运动基本方程并求解,为天气预报和研究全球气候变化及大气环流提供基础资料。随着大气探测技术和计算机技术的不断发展,其作用也越来越重要。

【动力调谐陀螺】(dynamic tuned gyroscope) 转子由两对正交扭杆和平衡环架组成的挠性接头支撑的陀螺仪。其原理是:利用动力效应产生的负弹性力矩,抵消弹性扭杆的正弹性力矩,使转子处于无力矩作用的自由状态,从而提高了陀螺仪的精度。

动力调谐陀螺

【动力性收缩】(isotonic contraction) 又称等张收缩。肌力大于阻力时产生的加速度运动和小于阻力时产生的减速运动。以“等张”为名是因认为运动时肌张力大致恒定。研究证明,等张收缩肌张力并不恒定。按收缩时肌纤维长度改变的不同可分为向心收缩和离心收缩。如用手握哑铃作伸屈肘活动进行锻炼就是等张收缩。

【动力学】(dynamics) 力学的一个分支。研究物体运动状态变化与所受外界作用力之间关系的学科。以牛顿运动定律为基础,研究物体受力时机械运动状态变化的规律。是物理学和天文学的基础,也是许多工程学科的基础。其研究内容是:质点动力学、质点系动力学、刚体动力学等。以动力学为基础而发展起来的应用学科有天体力学、振动理论、运动稳定性理论、陀螺力学、外弹道学、变质量力学,以及正在发展中的多刚体系统动力学等。目前其研究领域还在不断扩大,例如增加热和电等成为系统动力学;增加生命系统的活动成为生物动力学等。这使得动力学在深度和广度两个方面有了进一步的发展。

【动量】(momentum) 物质运动的一种量度。是物质机械运动状态的一个物理量。是一个矢量。其大小为质量与速度大小的乘积。其方向就是速度的方向。单位为 kg · m/s。

【动量定理】(theorem of momentum) 在一段时间内物体动量的增量,等于作用在该物体上的合力在这段时间内的冲量。力学的基本规律之一。反映了力对时间的积累作用。其数学表达式是:$\Sigma \vec{I}$ =

$\overrightarrow{p_1}-\overrightarrow{p_2}=\overrightarrow{\Delta p}$（箭头表示矢量）。其中$\overrightarrow{\Sigma I}$表示各外力冲量的矢量和，即$\Sigma(\overrightarrow{F}\cdot t)$，也可理解为：表示合外力的冲量，即$(\overrightarrow{\Sigma F})\cdot t$。$\overrightarrow{P_1}$，$\overrightarrow{p_2}$各表示物体在始、末状体的方向是动量增量的方向。为计算方便，通常建立一个直角坐标系，用正交分解法，把冲量和动量分解为沿 X 轴和 Y 轴的分量。于是，动量定理也可以写成标量形式 $\Sigma\bar{F}_x\cdot t=mV_x-mV_{x0}$，$\Sigma\bar{F}_y\cdot t=V_y-mV_{y0}$。在国际单位制中，冲量的单位为（N·S）；动量的单位为kg·m/s。这两者单位是一致的。有人认为动量定理是牛顿第二定律的另一种形式，是不妥的。牛顿第二定律阐明了力的瞬时作用规律。而动量定理是反映了外力在一段时间内的持续作用规律，在应用动量定理时特别要注意定理的矢量性，其中$\bar{F}$是合外力，内力不包括在其中。

【动量矩守恒定律】（law of conservation of angular momentum） 又称角动量守恒定律。当刚体所受的合外力对某点的力矩等于零时，刚体对于同一点的角动量保持不变，即恒矢量。自然界中重要定律之一。因为刚体的角动量等于刚体的转动惯量和角速度的乘积，所以角动量保持不变的情况可能有两种，一种是转动惯量和角速度均保持不变；另一种是转动惯量改变，角速度也同时改变，但两者的乘积保持不变。在日常生活中，利用角动量守恒定律的例子是很多的。例如舞蹈演员、溜冰运动员在旋转时，先把两臂张开旋转，然后迅速把两臂靠拢身体，使自己的转动惯量迅速减小，因而旋转速度加快。又如跳水运动员在空中翻筋斗时，先将两臂伸直，以某角速度离开跳板，在空中时，将臂和腿尽量卷缩起来，以减小转动惯量，因而角速度增大，在空中迅速翻转，当快接近水面时，再伸直臂和腿以增大转动惯量，减小角速度，以便竖直地进入水中。

【动量守恒定律】（law of conservation momentum） 任何物质系统在不受外力作用或所受外力之和为零时，总动量保持不变。在所受外力之和不为零，但在某一方向上的分力之和为零时，总动量在该方向的分量保持不变。是自然界中最重要最普遍的守恒定律之一。既适用于宏观物体，也适用于微观粒子；既适用于低速运动物体，也适用于高速运动物体。

【动脉栓塞疗法】（the embolization） 在X线电视监视下，将栓塞剂经导管注入肿瘤供血动脉，以阻断肿瘤的血液供应，使肿瘤局部坏死的治疗方法。又称化疗性栓塞。在肿瘤的治疗中已得到较为广泛的应用，常与化疗相结合。在肝、肾肿瘤的治疗中应用最多，也常用于盆腔肿瘤的治疗，还可用于肿瘤所致的出血紧急治疗。已应用于临床的栓塞剂有：(1)自体凝血块和组织。是一种短效栓塞剂，不适用于肿瘤的姑息治疗，仅用于紧急止血。(2)明胶海绵。是临床上应用最多的一种栓塞剂，为中效栓塞剂。(3)无水酒精。为长效栓塞剂。(4)不锈钢圈。为长效栓塞剂，但只能栓塞动脉近端，易建立侧枝循环。(5)聚乙方烯醇。是在体内不被吸收的长效栓塞剂。(6)碘油乳剂。是目前在肝癌栓塞治疗中应用最广的一种栓塞剂。(7)微囊或微球。可包裹抗癌药物，进行化疗性栓塞；也可包裹放射性核素，作内放射治疗。栓塞选择的原则取决于：(1)栓塞的目的。若为了控制出血或术前栓塞，可采用短效栓塞剂；若作为肿瘤的姑息治疗，则应选长效栓塞剂。(2)栓塞的部位和邻近的器官。如对盆腔肿瘤栓塞，不能用液态栓塞。(3)栓塞的血管大小、解剖特征及侧枝循环等情况。栓塞大的血管要选用不锈钢圈；若作肝内微血管栓塞则应用碘油乳剂。几乎所有的患者在栓塞治疗后都会出现“栓塞后综合征”，即有恶心、呕吐、局部疼痛和发热等症状，一般持续3～7天，对症处理后均可缓解。栓塞疗法还可能引发肝、肾功能衰竭的并发症，故在术前、术后都要注意保护肝、肾功能。

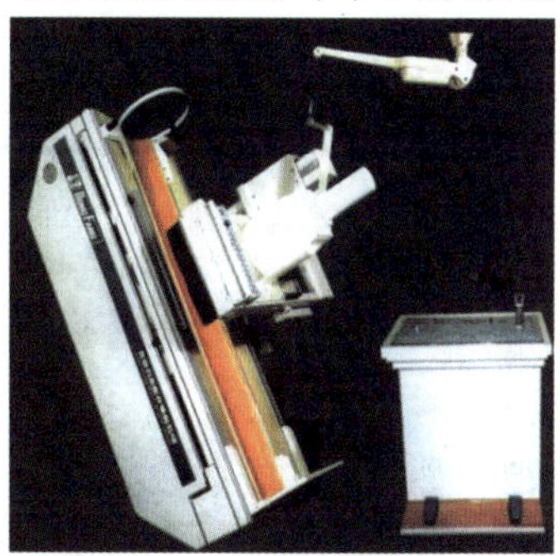

X线电视

【动脉粥样硬化】（atherosclcrosis, AS） 一类动脉壁的退行性病理变化。可以引发冠心病、脑血管疾病等，严重威胁着人们的健康和生命。其确切病因至今尚未完全明了，且发病机制十分复杂。但诸多研究表明，血浆脂蛋白的质和量的变化与动脉粥样硬化的发生发展密切相关。其中低密度脂蛋白、极低密度脂蛋白具有致动脉粥样硬化作用。血浆低密度脂蛋白水平升高与动脉粥样硬化发病率成正相关。这是因

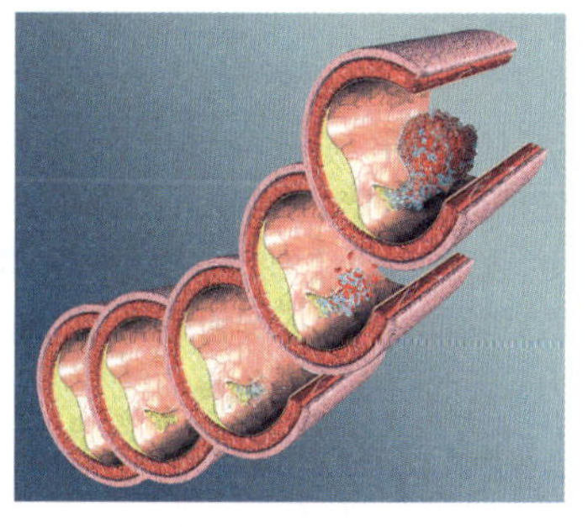

动脉粥样硬化

为低密度脂蛋白的功能是将胆固醇从肝内运至肝外组织（包括动脉壁、巨噬细胞等），增加动脉壁胆固醇含量。由于血浆低密度脂蛋白来自极低密度脂蛋白的降解，故极低密度脂蛋白的水平升高必然导致低密度脂蛋白水平相继升高。此外，极低密度脂蛋白可引起巨噬细胞内甘油三酯堆积，对动脉粥样硬化的发生有促进作用。而高密度脂蛋白则具有抗动脉粥样硬化的作用。流行病学调查表明血浆高密度脂蛋白水平与动脉粥样硬化的发生成负相关。其抗动脉粥样硬化形成的机制主要为：高密度脂蛋白可将肝外组织，包括动脉壁、巨噬细胞等的胆固醇运至肝，降低动脉壁胆固醇含量。

【动能】（kinetic energy） 物体由于做机械运动而具有的能量。在一般条件下，物体的动能等于 $mv^2/2$（m 为物体的质量，v 为物体的速度）。单位是J（焦耳）。物体在外力作用下，若机械运动发生改变，其动能的增加（或减少）值等于外力对物体（或物体对外界）所做的机械功。物体的速度越大，动能就越大。由于运动具有相对性，不同的参照系得到的速度也不同，故物体的动能也不同。在速度很大时，要用到相对论的动能公式。

【动能定理】（theorem of kinetic energy） 力学重要规律之一。反应外力对物体所做的功与物体动能的改变之间的关系的定理，即外力对物体所做的功的代数和等于物体动能的增量。或者说，作用在物体上的合力所做的功等于物体动能的增量，数学表达式是：$\Sigma W = E_{k2} - E_{k1} = \Delta E_k$。其中 ΣW 表示外力对物体所做的功的代数和，即 $\Sigma(F \cdot S)$；也可理解为：表示合力对物体所做的功，即 $(\Sigma F) \cdot S$。E_{k1}、E_{k2} 各表示运动物体在初状态时和末状态时所具有的动能。如果 $E_k > 0$，外力对物体做正功，物体的动能增加；如果 $\Delta E_k < 0$，外力对物体做负功，物体的动能减少；如果 $\Delta E_k = 0$，外力对物体不做功，物体的动能不变。动能定理体现了功和能之间的联系，不仅可以解决力学中的问题，还可以解决带电粒子在电场力作用下被加速的问题。由于动能定理不涉及物体运动过程中的加速度和时间，不论物体运动的路径如何，因而在只涉及位置变化与速度的力学问题中，应用动能定理比直接运用牛顿第二定律简单。动能地理和功能原理不同点仅是重力（弹力）影响的表现形式而已。在动能定理中，重力（弹力）的影响用重力（弹力）的功来体现，而在功能原理中，重力（弹力）的影响则用重力（弹力）势能的变化来体现。

【动能武器】（kinetic energy weapon） 利用高速运动、具有巨大动能的弹丸直接摧毁目标的武器。为正在研制的高技术武器，其杀伤过程不需要战斗部装药。主要分为两大类：(1)高速动能导弹。(2)电炮。前者利用火箭推力；后者利用电磁推力或电能与化学能的共同作用。动能武器可用于反坦克或拦截导弹、卫星、载人航天器等目标。

动能拦截器

【动平衡】（dynamic balance） 在转子两个校正面上同时进行校正平衡，校正后的不平衡量保证转子在动态时是在许用不平衡量的规定范围内。常用机械中包含着大量的作旋转运动的零部件，例如各种传动轴、主轴、电动机和汽轮机的转子等，统称为回转体。在理想的情况下，回转体旋转与不旋转时，对轴承产生的压力是一样的，这类回转体属于平衡的回转体。但在工程的实际应用中，由于材质的不均匀或毛坯缺陷，以及加工或装配中产生的误差，有时甚至在设计中，各种回转体就具有非对称的几何形状等，使其在旋转时，其上每个微小质点产生的离心惯性力不能相互抵消，并通过轴承作用到相关机械与基座上，导致产生振动和噪声，从而加速轴承磨损，缩短机械寿命，严重时可造成破坏性事故。为此，必须对高速运转的回转体进行动平衡，以确定应加的平衡重量的方位和大小，使其达到允许的平衡精度等级或使因此产生的机械振幅降到允许的范围内。

【动水压力】（hydrodynamic pressure） 运动中的水流对固体边界所产生的力。当水流受固体边界的制约而改变方向，或当自由射流、波浪等与固体边界相遇时，都将产生动水压力。动水压力包括时均压力和脉动压力，一般只计及前者。但当水流脉动影响结构安全或引起结构振动时，应计及后者的影响。

【动态安全管理方法】（dynamic safety management method） 安全信息管理系统的一种研究方法。依据安全管理科学与管理信息系统开发理论的原理来实现对安全信息管理系统的研究。本质安全是安全管理所追求的目标，也是安全信息管理系统方法的核心。安全管理信息系统注重生产和非生产过程的全方位动态管理，利用各种客观准确的安全信息，实现事故预防、应急救援与补偿等全方位的安全管理，并利用系统提供的决策支持信息，做出各种安全决策，以达到保障安全的目的。安全管理信息系统强调信息收集、加工、传输、存储、反馈、维护环节的有序联系,保证安全信息流动回路和反馈回路的畅通,保证安全信息的动态管理。此法较为灵活,更新速度快,能适时根据信息的变化做出回应。

【动态测量】(dynamic measurement) 被测工件处于工作状态下所进行的测量。这种测量较静态测量难度大,对测量仪器和测量方法的要求较高,需要排除运动状态对测量带来的不利影响。动态测量多采用光、电非接触测量技术。所用器件多为高效、灵敏的半导体激光器、半导体光敏传感器、光纤传感器等。主要用于生产过程的实时工况监测和设备故障诊断。

【动态测试】(dynamic testing) 通过运行被测程序本身,检查软件的动态行为、运行结果与预期的差异,并分析运行效率和健壮性等的测试。这种方法由三部分组成:构造测试实例、执行程序、分析程序的输出结果。按其动态测试在软件开发过程中所处的阶段和作用的不同可分为:单元测试、集成测试、系统测试、验收测试和回归测试等步骤。

【动态单模激光器】(dynamic single mode laser) 在直接高速调制下仍然发射单模激光的半导体激光器。在普通半导体激光器中,虽在直流注入下可以有单纵模,但在高速调制下除谱线展宽外还会出现多纵模,而且还会发生纵模跳变。在动态单模激光器中,纵模在很宽的电流和温度范围内不会发生跳变,并具有优越的低噪声特性。主要用于大容量、长距离光纤通信系统,也可以作为高速光学测量系统的光源。

动态单模激光器

【动态电路分析】(dynamic circuit analysis) 对含有电容、电感等储能元件电路的分析和计算。这里只涉及集总参数的电路。不含储能元件的电路称为电阻性电路。描述电阻性电路的方程是代数方程。它在任一时刻的响应,只与该时刻的激励有关,而与该时刻以前的激励无关。电阻性电能是无记忆的。由于电容元件和电感元件的电压和电流关系都涉及对电流、电压的导数或积分,所以称为动态元件。含有这类元件的电路称为动态电路。描述动态电路的方程是常微分方程或积分方程。动态电路在任一时刻的响应与电路的过去历史有关。

【动态分组传输】(dynamic packet transport, DPT) 一种提供同步光网络、同步数字体系高效传输 IP 分组的优化传输技术。思科系统公司于1999 年推出、用于新一代 IP 骨干网的传输。动态分组传输技术采用两条反向循环的光纤环路,能够使两条光纤同时用于传输数据和控制业务。动态分组传输技术将 IP 路由在“带宽有效利用”和“多服务支持”方面的优势与光纤环路在“富裕带宽”和“故障自愈能力”方面的优势完美地结合在一起,从而为服务供应商在“分组优化光纤传输”方面提供了一个节省开支、功能丰富的解决方案。动态分组传输的接口速率可以从 155Mbps、622Mbps、2.5Gbps 到 10Gbps 甚至更高。

【动态规划】(dynamic programme) 以多阶段最优化问题为研究对象的规划问题。在 20 世纪 50 年代初,美国数学家贝尔曼把多阶段决策问题表示成一系列子问题,而每一个子问题是易于寻优的。他们提出了解决多阶段决策问题的“最优性原理”,从而对许多线性规划和非线性规划不易处理的问题,可以用动态规划求解。对于解决离散性问题,已成为非常有用的工具。动态规划模型分为离散确定型、离散随机型、连续确定型和连续随机型四种。动态规划被广泛应用于工程技术、管理决策、国民经济及军事系统的各种实际问题。

【动态规划方法】(dynamic programing method) 从终点逐段向始点方向寻求最优策略的方法。应用贝尔曼原理(即无论过去的状态和决策如何,对前面的决策所形成的状态而言,余下的诸决策必须构成最优决策),用一个基本的递推关系式,从终点开始按倒过来的顺序逐段向始点方向寻找最优途径。即把原问题分成许多比它简单而又相互联系的子问题,在每一个子问题的求解中,都利用它的一个后步子问题的最优化结果,依次进行,最后一个子问题所得到的最优解就是原问题的最优解。因此,动态规划方法是把当前一段和未来割断分开,又把当前效益和未来效益结合起来考虑的一种最优化方法。

【动态极限电流】(dynamic current limit) 电气设备能承受其电动力作用而不损坏的电流峰值。也就是说,当电路内发生短路,并且短路电流不大于动态极限电流时,线圈能够承受短路电流产生的轴向和径向作用力而不致损坏。增安型电气设备应进行动态极限电流试验,由仪表用电流互感器馈电的测量仪表的电流回路之动态极限电流,不应小于当互感器一次绕组中流过其动态极限电流时,在短路的二次绕组时产生的电流值。

【动态链接库】(dynamic link library, DLL) 与静态链接库相对应。又称 DLL 文件。包含由多个程序动态链接使用的代码和数据的库。是共享代码的一种方式。DLL文件中的代码和数据可以不必被包含在最终的可执行文件中,可执行文件执行时,只在需要的时候,由操作系统装载相关的DLL文件,执行或调用其中相关的代码和数据。使用动态链接库有助于促进代码的模块化、代码重用、内存的有效使用和减少所占用的磁盘空间。因此,操作系统和程序不仅能够更快地加载和运行,并且在计算机中占用较少的磁盘空间。

【动态设计】(dynamic design) 根据机械产品的动态特性要求对产品进行结构设计的设计方法。机械系统的动态特性包括:(1)系统的固有特性。(2)系统的动力响应。(3)系统的动力稳定性。在一定的条件下,系统可能产生自激振动而失稳。产生自激振动的系统称为不稳定系统。后者会破坏系统的正常工作。

【动态实时定位技术】(real time kinematic positioning technology,RTK) 又称RTK技术。利用载波相位观测量,综合应用卫星定位、数据传输等进行实时相对定位的技术。其基本原理是:在基准站上安置一台卫星接收机,对所有可见卫星进行连续观测,并将其观测数据或误差改正信息,通过无线电传输设备实时地发送给流动站用户。流动站用户在接收卫星信号的同时,通过无线电接收设备,接收基准站传输的数据,实时地计算并显示用户的定位信息及其精度。与高精度静态相对定位的不同是,RTK技术与数据传输系统相结合,其定位结果不需要通过观测数据的事后处理而获得,不仅可以实时地给出测站的高精度定位结果,而且也可以实时检核和评估测站的观测质量,避免不合格测量成果的影响,保障测量结果的可靠性,因而显著提高了测量工作的效率。RTK技术为卫星测量工作的可靠性和高效率提供了支撑,对于卫星测量技术的发展和普及具有重要的现实意义。广泛应用于工程测量、航道测量、水文测量等领域。

【动态随机存取存储器芯片】(dynamic random access memory chip) 一种随机存取并可对其存储内容进行动态刷新的集成电路。由行列地址缓冲和译码驱动、读出放大和写入驱动、输入和输出数据缓冲、刷新地址计数控制和时序控制等电路组成。应用于高速显示卡、加速卡和主机板高速缓存中。

【动态投资回收期】(recovery period of dynamic investment) 考虑资金的时间价值,在给定的基准收益率下,用项目各年净收益的现值来回收全部投资的现值所需要的时间。用p_t表示。一般从投资开始年算起,若从项目投产开始年计算,应予以特别注明。其判定准则是:采用动态回收期法计算出来的动态投资回收期仍需要和基准投资回收期进行比较,对单项目方案进行评价时,当$P_t < P_{t0}$,该技术方案可以接受;当对多方案进行评价时,应选择投资回收期最短的。

【动态图像专家组】(moving pictures expert group,MPEG) 一个研究视频和音频编码标准的小组。组建于1988年,专门负责为CD建立视频和音频标准,其成员是视频、音频及系统领域的技术专家。至今已经制定了MPEG-1、MPEG-2、MPEG-3、MPEG-4、MPEG-7等多个标准,MPEG-21正在制定中。MPEG大约每2~3个月举行一次会议,每次会议大约持续5天,在会议期间,新的建议和技术细节先在小组中讨论,成熟后进入标准化的正式审核程序。MPEG现在也泛指该小组制定的一系列视频编码标准。其中应用非常广泛的一个标准是MPEG-1 Audio layer 3,使用此标准的音乐,称为MP3音乐,通常以MP3作为文件扩展名。

【动态心电图】(dynamic electrocardiogram) 又称活动心电图。连续不断地记录病人24h心电变化情况的心电图。动态心电图检查需专门装置。该装置由记录、分析、打印三部分组成。记录装置是一个小型的记录盒,由病人携带,通过电缆与安放在病人胸前的电极相连接。此时,病人可以照常进行各种日常活动。在经过24~26h以后,将记录盒及电极从身上取下,取出记录盒中的磁带,放在由计算机控制的分析仪器中回放,自动检查出各种心率及心律失常,并打印出各种需要的心电图,供分析研究使用。

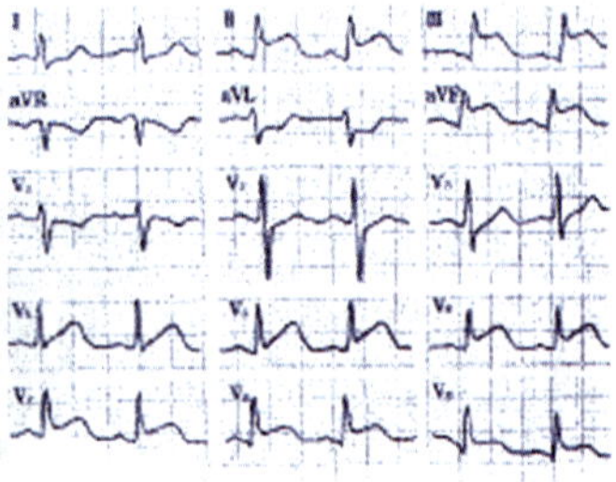

动态心电图

【动态影像压缩标准】(standard of motion picture pressure) 一组视频和音频压缩标准。在1992年发布的编号为ISO/IEC11172的《码率约为1.5Mb/s用于数字存贮媒体活动图像及其伴音的编码》标准中,正式制定出此格式。主要有MPEG-1、MPEG-2、MPEG-4、MPEG-7及MPEG-21等。该标准的建立推动音视频传播进入了数码电子时代。

【动态主机配置协议】(dynamic host configuration protocol,DHCP) 一种使网络管理员能够集中管理和自动分配IP地址的局域网通信协议。在 IP 网络中,每个连接互联网的设备都需要分配唯一的 IP 地址。相对于静态的为每个设置分配一个静态地址,动态主机配置协议使网络管理员能从中心结点监控和分配 IP 地址。当某台计算机加入网络,或移动到网络中的其他位置时,能通过动态主机配置协议自动收到一个供其使用的 IP 地址。动态主机配置协议共提供三种分配机制:(1)自动配置一个永久的 IP 地址。(2)动态配置一个临时的 IP 地址,有租期限制。(3)手动配置一个 IP 地址。通常动态主机配置服务器向客户端提供三个基本信息:(1)IP 地址。(2)子网掩码。(3)默认网关。

【动物】(animal) 一般不能将无机物合成有机物,多以有机物为食料的生物。生物界中的一大类。具有与植物不同的形态结构和生理功能,以进行摄食、消化、吸收、呼吸、循环、排泄、感觉、运动和繁殖等生命活动。可分为脊索动物和无脊索动物,有百余万种遍布于自然界。

动物

【动物必需氨基酸】(animal essential amino acid) 动物自身不能合成、必须从食物中摄取的氨基酸。动物必需氨基酸有:L 型赖氨酸、色氨酸、甲硫氨酸、苯丙氨酸、缬氨酸、亮氨酸、异亮氨酸、苏氨酸、L 型精氨酸和组氨酸。食物中若缺少其中的任何一种,动物体内的一些蛋白质就无法合成,旧的蛋白质就会发生分解,从而会使动物出现生长发育不良、消瘦等病态。

【动物必需脂肪酸】(animal essential fatty acid) 动物体本身不能合成、必须从天然食物中摄取的多不饱和脂肪酸。其功能有两方面:(1)作为动物细胞膜脂蛋白结构的重要成分。(2)作为广泛分布在动物生殖器官及其他组织中的激素的重要组成成分。动物缺乏必需脂肪酸可使细胞线粒体结构发生改变,导致代谢失常。最初症状是皮肤病变、生长受阻、生殖机能障碍和器官病变,严重时导致死亡。成年反刍家畜瘤胃中的微生物能合成必需脂肪酸。必需脂肪酸中亚油酸和亚麻酸尤为重要,因为其他不饱和脂肪酸能以这两种脂肪酸作为前体进行合成。

【动物蛋白】(animal protein) 畜禽和畜禽肉食品中的蛋白质。由于营养丰富、味道鲜美、食用广泛而成为人类重要食品之一。研究证明,在以食谷类的人群中,有不易吸收动物蛋白的倾向,如鸡蛋就有近一半的蛋白质不能被人体吸收和利用。动物蛋白中含有大量脂肪,易引起肥胖,给人增添病源。动物试验表明,食动物蛋白的动物发育成长快,但寿命短。而食植物蛋白的动物发育慢,但寿命长,耐力好。如在牛奶里加入适当比例的大豆硒蛋白,就可充分发挥蛋白质的互补作用,使人体获取均衡、适量的氨基酸,大大提高牛奶的营养和生理价值。

动物蛋白

【动物分类学】(animal taxonomiczoology) 研究动物各类群间彼此的异同及其相同和相异的程度,并将其分门别类,列为系统,以阐明其亲缘关系及进化过程和规律的学科。现代分类学已在过去林奈分类阶元的目之下,补加了科;在界和纲之间,增加了门;每一阶元又可细分,如亚纲、亚目、总科、亚种等。20 世纪的分类学,力图使分类系统反映物种间的进化关系和历史。

【动物福利】(welfare for animals) 人类应该合理、人道地利用动物,要尽量保证那些为人类作出贡献的动物享有最基本的权利。如在饲养时给它一定的生存空间,在宰杀时要尽量减轻动物的痛苦等。由五个基本要素组成:(1)生理福利。即无饥渴之忧虑。(2)环境福利。也就是要让动物有适当的居所。(3)卫生福利。主要是减少动物的伤病。(4)行为福利。应保证动物表达天性的自由。(5)心理福利。即减少动物恐惧和焦虑的心情。按照国际公认标准,动物被分为农场动物、实验动物、伴侣动物、工作动物、娱乐动物和野生动物六类。世界动物卫生组织尤其强调了农场动物的福利,指出农场动物是供人吃的,但在成为食品之前,它们在饲养和运输过程中,或者因卫生原因遭到宰杀时,其福利都不容忽视。

【动物干细胞工程】(animal stem cell engineering) 利用干细胞的生物学特性,按照人的意图,借助于化学的、物理的或生物的方法,定向诱导分化,产生机体各种功能细胞或组织的生物工程技术。主要用于生物学、医学、遗传学、发育生物学、细胞生物学、胚胎学、生殖学、神经生物学和育种学等诸多基础研究和应用研究领域。由于干细胞具有分化为多种功能细胞的特性,使其在人类医学、基因治疗和发育调控等领域,显现出了重要的科学意义和广泛的应用前景，因此越来越受到重视。

【动物检疫】（animal quarantine） 国家兽医机构根据国家兽医法规对各种动物及其产品进行疫病检查，并采取相应的防疫措施的过程。由国外输入或由国内输出动物及其产品，在到达国境时所进行的检疫，称为进口检疫或出口检疫；在国内各省（区）、市、县（旗）、乡进行的检疫，称为国内检疫；在国内检疫中，凡往外输出动物及其产品，在运输前、运输中和到达目的地后的检疫，称为运输检疫；在产品收购时所进行的检疫，称为收购检疫或产地检疫。

【动物接种试验】（animal inoculation） 对某种传染病病原体最敏感的动物进行的人工感染试验。一种微生物学的诊断方法。将病料用适当的方法对实验动物进行人工接种，然后根据对不同动物的致病力、症状和病理变化特点来帮助诊断。当实验动物死亡或经一定时间杀死后，观察体内变化，并采取病料进行涂片检查和分离鉴定。

【动物解剖学】（animal anatomy） 研究动物机体形态、结构与功能关系的一门科学。解剖学一般包括：(1)大体解剖学。对于动物机体的形态、结构，即肉眼看见的部分，借助于刀、剪、锯等解剖器械，采用切割的方法，通过肉眼观察，来研究动物有机体各器官的形态、构造、位置及相互关系的学科。(2)显微解剖学。对肉眼看不见而需要借助显微镜才能观察清楚的部分进行解剖的学科。通常所说的解剖学一般是指大体解剖学。解剖学是组织学与胚胎学的基础，是生理学、病理学、内科诊断学、外科学、产科学、动物卫生检疫等学科的重要基础课。

【动物理想蛋白质】（ideal protein of animal） 饲料中存在的可完全被动物利用的那部分蛋白质。即该种蛋白质氨基酸组成在数量和比例上均与动物所需的蛋白质氨基酸一致，包括了必需氨基酸之间及必需氨基酸与非必需氨基酸之间的数量和比例。在理想蛋白质条件下，动物可以实现最高饲粮蛋白质利用率，同时饲粮中的必需氨基酸具有同等限制性。动物对该种蛋白质利用率为100%。

【动物模型】（animal model） 医学实验中按特定设计用动物模拟人体的一种模型。一般用于毒理、药理、病理、生理甚至心理的实验研究。医学的许多实验研究不允许或没有必要直接在人体上进行，可以根据需要，在实验控制条件下，在动物身上制造出类似人体上的毒理、药理、生理过程以研究其机制和规律。实验动物常用的有小鼠、大鼠、家兔、狗、猴等。小动物模型多用于筛选实验，大动物模型多用于实验治疗和中毒机理的研究。

动物模型

【动物胚胎工程】（animal embryo engineering） 又称胚胎生物工程。对配子或胚胎进行人为干预，改变其自然状态下的生殖、生长发育模式的一系列操作技术。可分成配子操作和胚胎操作两个层次。前者主要包括配子，即精子和卵子的人工采集、体外保存、体外获能、性别精子分离、超数排卵、卵母细胞的体外成熟等操作过程；后者包括体外授精、胚胎收集、体外发育、性别鉴定、胚胎保存、胚胎嵌合、胚胎分割、胚胎移植等操作。广泛用于生殖生物学、胚胎学、发育生物学、遗传育种学和生殖医学的研究，并成为这些研究领域的重要技术手段。

【动物实验品种选择】（choice of animal species） 对于通常的药理学试验常选择已知对人类价值高的动物品种进行。通常在系统发生学上与人类相接近的动物，其药理和毒性反应均与人类表现接近，当然也存在例外。对于动物的选择，以适合于试验的目的着眼，获得容易，试验操作简便，可能获得均一的实验结果等几方面考虑选择动物为宜。一般来讲，小鼠等啮齿类动物广泛用于动物试验，诱发癌肿检出率高；食肉类动物则适合于进行呕吐试验；灵长类最适合于药物依赖性和致畸性试验。目前，正在努力开发适于各种实验目的的动物新品种和疾病动物模型。

【动物群落】（zoocoenosis） 在特定的生态系统中与环境和植物相互作用下形成的不同动物种群组成的复合体。即一定地段上（或景观中）生活的所有动物的总称。具有一定的种类组成和食物网结构。动物群落的出现与变化，与其栖息地有绝对的相关性。陆地上不同的植物，就会有不一样的动物活动。动物群落的演替过程也几乎是跟着植物演替节奏在进行，在空间分布上也有分层和分区的现象。动物群落有日夜周期及季节周期变化，如夏天蝉鸣、蜻蜓飞舞，但冬天不见其踪影，另外像蛇、蛙的冬眠，候鸟的迁徙等。

动物群落

【动物染色体工程】(animal chromosome engineering) 采用化学的或物理的方法,按照人的意图,有目标地改变细胞内染色体的数目、结构或成分的一种技术。可用于动物新品种或品系的培育,在家畜遗传育种研究领域具有重要的科学和实用价值。如在绵羊的育种中,利用在自然条件下诱发的染色体突变所产生的绵羊的短腿性状。在植物和水生动物的新品种培育上也得到了更为广泛的应用,获得了许多多倍体高性能的新品种。

【动物生理学】(animal physiology) 生物科学的一个分支。研究动物正常生命活动及其规律的学科。根据其研究对象和任务的不同可分为许多独立而又紧密联系的门类。主要有:(1)普通生理学。研究各种动物共同的生理学原理。(2)比较生理学和进化生理学。比较研究生理过程的进化发展,阐述生命过程的起源和进化。(3)发育生理学。研究个体发育过程中生理机能的形成和发展。(4)生态生理学。研究动物生理机能与周围环境的关系。(5)器官生理学。研究器官(如心、肺、肾等)的生理活动规律。(6)应用生理学。研究特种条件下或特种经济动物生理机能调控的原理,如运动生理、航空航天生理、潜水生理、家畜生理等。动物生理学与其他生物学科如细胞学、组织学、解剖学,以及物理学、化学、数学、环境科学等有着密切的联系。其理论和实践对于人类和动物的生存和发展具有极其重要的意义。

【动物生态学】(animal ecology) 研究动物与其所处环境因子间的相互关系的学科。已由过去的个体生态研究,发展为种群生态、群落生态以及生态系统的研究。近年来,航天技术的发展,引起了生态学家对于外层空间的注意,从而将动物放进生物圈来作更加深入的研究。与此有关的还有动物行为学,即研究动物的行为,包括本能、学习、记忆等的学科。从原生动物的游泳模型到人猿社群组织和通信等方面,作了大量工作,取得了突出成绩。

【动物生物反应器】(animal bioreactor) 作为生产生物制品反应载体的动物的某种细胞、组织或器官。一个动物体就相当于一个生物工厂。如利用乳腺生物反应器或血液生物反应器,生产具有生物活性的人凝血因子、促红细胞生成素、抗胰蛋白酶等医用蛋白,或提高动物乳汁中的乳蛋白等食用蛋白。根据人类的意图,利用转基因动物技术制作高表达的动物生物反应器,生产特定的转基因生物制品,具有很大的商业价值,将成为未来医药工业或食品生产的重要途径。

【动物实验】(animal experiment) 在实验室内,为了获得有关生物学、医学等方面的新知识或解决具体问题而使用动物进行的科学研究。动物实验科学发展的最终目的,就是要通过对动物本身生命现象的研究,进而推广到人类,探索人类的生命奥秘,控制人类的疾病和衰老,延长人类的寿命上。动物实验必须由经过培训的、具备研究学位或专业技术能力的人员进行或在其指导下进行。

动物实验

【动物实验技术】(animal experiment techniques) 研究如何利用动物实施各项试验,得到可靠、科学的实验结果的技术工程。其中包括实验技术、实验方法、实验设备、各项实验操作规程等。

【动物实验伦理】(ethic problems of animal experiments) 在保证动物实验结果科学、可靠的前提下,针对人们的活动对动物所产生的影响,从伦理方面提出保护动物的必要性的理论。是人类对待实验动物所持有的道德观念、道德规范和道德评价体系。所关注的是人们对与自己的生存和发展密切相关的实验动物抱什么态度的问题。是实验动物学、动物实验科学和伦理学相结合的产物。是传统伦理体系的一个组成部分。是传统伦理在动物实验和实验动物繁育中的具体体现。

【动物实验的“3R”原则】(3R principles for animal experimentation) 指导动物实验的3个原则。3R是Reduction、Replacement、Refinement的缩写。Reduction(减少)是指在科学研究中,使用少量的动物获取同样多的试验数据或使用一定数量的动物能获得更多实验数据的科学方法。Replacement(替代)是指使用其他方法而不用动物所进行的试验或其他研究课题,以达到某一试验目的或者是使用没有知觉的试验材料代替以往使用神志清醒的活的脊柱动物进行试验的一种科学方法。Refinement(优化)是指在符合科学原则的基础上,通过改进条件,善待动物,提高动物福利或完善实验程序和改进实验技术,避免或减轻给动物造成的与实验目的无关的疼痛和紧张不安的科学方法。

【动物室照明控制】(lighting control) 人工对实验用动物的饲养室照明进行控制的技术。动物生理功能及活动节奏,在一天之内变动很大,其原因多属明暗所影响。如白天活动的动物当然是白天活泼，而夜行性的动物活动则是从傍晚到半夜活动活泼。然而，将昼夜倒转使白天暗及夜间照亮，则其活动和体温的变化节奏也逆转过来。不仅是这样简单的明暗变换，还有照明的质量、强度、明暗及分别的持续时间长短等也会给动物的生理功能和活动带来很大影响。明暗持续时间长短会对体重和脏器重量，甚至繁殖功能等产生影响，进而影响到各种动物实验的结果。因此，当对动物进行管理时，对照明就有必要进行人工的控制。一般来讲，无窗的动物室中照明质量及强度均稳定，其持续时间采用自动变换的方式。

【动物微生物营养学】（animal microecosystem nutriology） 研究动物微生态环境与动物营养之间关系的学科。既研究动物消化道微生态环境与菌群代谢效应，及其产物与动物对营养物质消化吸收代谢和其正常营养生理状态之间的关系，同时又研究营养与非营养因素对动物消化道微生态环境的调控，并维持和促进动物正常微生态平衡，促进动物正效应的发挥。是动物营养与环境研究的一个新领域。

【动物细胞工程学】（animal cell engineering） 以动物细胞或其组成成分为研究对象，对细胞或其组分进行操作、加工或改造，使其按照人的意图发生结构或功能等生物学特性的改变，获得人类所需的生物产品或创造新的动物品种的一门综合性技术学科。在自然生理状态下，不论是植物或是动物，其细胞、组织或器官是在体内环境中完成其生命代谢活动的。细胞只在其既定的遗传信息的指导下，按照自身的规律生长分化，表现自身特有的生物性状和生理得以发挥其功能。随着生命科学和技术的发展，在充分认识细胞的结构、组成和生物学特性的理论基础上，细胞工程技术可以在分子、亚细胞、细胞、组织或器官的不同水平上，借助于专门的技术手段，于体外或体内环境条件下，按照人的意愿对细胞进行操作或加工，改造其结构或组成，进而使其生物学功能发生定向改变，以实现人类所需生物产品的工程化生产。

【动物细胞融合】（animal cell fusion） 借助于化学的或物理的方法，通过改变细胞膜的结构进而改变其生物学特性即膜通透性，使两个细胞或多个不同的细胞融合为一个细胞的技术。广泛应用于细胞生物学、免疫学、遗传学、病毒学、微生物学和医学等不同领域的基础研究和实践应用。在动物上，多用于产生杂种细胞、制备单克隆抗体、制备克隆动物等。还用于产生异种核质的杂种细胞，用以研究细胞的核质关系等。其应用范围已涉及生物学的各个分支学科，特别是在绘制人类基因图谱方面取得了显著成绩。在基础理论研究上，其技术对研究细胞分化、基因定位和肿瘤发生机制等方面都有重要意义。在实际应用方面，其技术在药物定向释放系统、细胞治疗以及抗肿瘤免疫等方面起到重要的作用。

【动物纤维纺纱技术】（hair spinning technology） 用羊绒、兔绒等动物纤维进行纺纱的技术。动物毛绒纤维短，只适用于生产低支的粗梳毛纺纱，但价格昂贵。为提高动物纤维制品的档次，适应毛纺面料的轻薄型需要，国际上有不少企业都致力于精梳高支纱的纺纱技术研究，有的采用精梳毛纺工艺路线，有的采用棉纺工艺路线和毛、棉结合型工艺路线。

动物纤维制品

【动物行为】（animal behavior） 动物进行的从外部可察觉到的有适应意义的活动。即动物所进行的一系列有利于它们存活和繁殖后代的活动。不仅包括身体的运动，还包括静止的姿势、体色的改变或身体标志的显示、发声，以及气味的释放等。动物为了生存，就要取食、御敌；为了繁衍后代，就要生殖。这一切都是通过行为来完成的。动物行为的研究一直受到重视。在理论上，通过行为方式的生物交互作用是进化的重要动力；在实用上，对动物行为的研究可以为人类教育提供有益的启示。

动物行为

【动物形态学】（animal morphology） 研究动物体内外形态结构，以及在个体发育及系统进化中的变化规律的学科。其研究内容包括：(1)解剖学。专门研究动物器官的构造及相互关系的学科。最初是纯描述性的学科。布丰和居维叶证明结构与功能相关，现代形态学也注意研究功能。(2)细胞学和组织学。研究细胞和器官的显微结构的学科。(3)比较解剖学。用比较现代器官系统的差异，来研究动物的进化关系的学科。在19世纪，曾对进化论的建立作出了很大贡献。(4)胚胎学和发育生物学。研究胚胎的形成、发育以及整个动物生长发育全过程的学科。另外还有古动物学等。随着科学的发展，有的已发展成为独立的学科。

【动物性蛋白质饲料】(animal protein feed) 主要用水产品、肉类、乳类和蛋白加工的副产物,以及屠宰厂、皮革厂的下脚料与缫丝厂蚕蛹等制作的饲料。其突出特点是不含粗纤维,无氮浸出物也较少。由全动物制得的此类饲料,粗灰分含量较植物性饲料高,其中钙和磷含量高,比例又合适。动物性蛋白质中的各种维生素和微量元素均很丰富,特别是在植物性饲料中缺乏的维生素 B_{12} 和微量元素硒含量很高。鱼粉是最优质的动物性蛋白质饲料。

【动物性饲料】(feeds of animal origin) 源于动物及其产品的饲料。如鱼粉、骨血粉、蚕蛹等。其营养价值较高,如鱼粉的蛋白含量很高,其中氨基酸组成比例恰当,维生素含量丰富,钙磷比适宜。日粮中加入动物性饲料,能显著提高饲料利用率。动物饲料作为精饲料,用量较多。

动物性饲料

【动物学】(zoology) 生物学的一个分支。研究动物的种类组成、形态结构、生活习性、繁殖、发育与遗传、分类、分布移动、历史发展以及其他有关生命活动特征和规律的学科。按其研究对象的不同可分为:(1)无脊椎动物学。(2)原生动物学。(3)寄生虫学。(4)软体动物学。(5)昆虫学。(6)甲壳动物学。(7)鱼类学。(8)鸟类学。(9)哺乳动物学。按其研究重点和服务范畴的不同可分为:(1)理论动物学。(2)应用动物学。(3)资源动物学。(4)仿生学等。按其传统分类又可分为:(1)动物形态学。(2)动物生理学。(3)动物分类学。(4)动物生态学。动物学与其他生物科学、医学、兽医学、农业、畜牧业以及人类生产和环境保护都有着密切联系。如今的动物学已发展成为内容十分全面的动物科学,已成为开拓人类未来的重要手段。

【动物营养学】(animal nutriology) 研究营养物质与动物体相互关系的一门学科。内容包括:(1)营养物质在动物体内消化、吸收、转运和废物排泄的全过程。(2)营养物质在体内生理过程中的作用。(3)各种营养物质之间及营养物质与非营养物质之间的相互关系。(4)动物对各种营养物质的需要量等。动物营养学汇集了化学、生物化学、物理学、数学、生理学、微生物学、医学、遗传学、内分泌学、动物行为学、生态学和细胞生物学等许多学科的知识,同时它也对这些学科的发展作出了很大贡献。

【动物油脂】(animal oil and fat) 又称动物脂肪。从动物的脂肪组织、内脏及乳汁中提取的油脂。包括陆产动物油脂和水产动物油脂。前者如猪油、牛油、羊油和奶油。在常温中呈固态,色乳白,具特有的香味。一般富含棕榈酸、棕榈油酸、硬脂酸及油酸甘油酯。不皂化物中含胆固醇。这是区别动、植物油脂的重要特征。猪油、牛油可直接作为烹调油,也可作为硬化油,用来加工人造奶油或起酥油。水产动物油脂如鱼油、鱼肝油及鲸油,在常温中呈液态,黄色,具特有的鱼腥味。除含棕榈酸、棕榈油酸、硬脂酸、油酸甘油酯外,还含4~6个双键的高不饱和脂肪酸的甘油酯,容易氧化。海产动物油中富含维生素A、D等及EPA(二十碳五烯酸)、DHA(二十二碳六烯酸)等生理活性物质。氢化处理后可作为生产人造奶油的原料。医学上可加工鱼肝油,还可作为饲料用油,工业上可加工醇酸树脂。

猪油

【动物育种】(animal breeding) 应用有关遗传理论和选育技术来控制、改造动物的遗传种性、提高动物生产性能的活动。动物育种学就是控制动物尽快朝着有利于人类需要的方向改变和发展的科学知识体系。它研究如何改良动物品种、提高现有品种质量及育成符合时代需要的新品种,研究利用优良品种或杂交种来高效生产量多质优的动物产品。中国继新疆细毛羊育成之后,已经陆续育成了关中奶山羊、中国美利奴细毛羊、南江黄羊、山丹马、甘肃白猪、中国黑白花奶牛、北京白鸡等一批畜禽品种。动物育种在畜牧业中的作用是:(1)选育和扩大优良种畜,确保畜群生产力的提高。(2)提高畜产品的数量和质量。(3)把握畜禽生产力的方向。(4)为畜牧生产提供符合规格的畜禽。(5)品种资源的保护。

【动物源农药】(animal pesticide) 一类来源于动物或直接利用天敌动物进行害虫防治的产品。主要包括昆虫性信息素、动物毒素、昆虫激素、天敌动物和昆虫神经肽等。昆虫性信息素又称昆虫外激素,是昆虫产生的作为种内或种间个体间传递信息的微量活性物质,具有高度专一性,可引起其他个体的某种行为反应,包括引诱、刺激、抑制、控制摄食或产卵、交配、集合、报警、防御等功能。动物毒素是动物产生的对有害生物具有毒杀作用的活性物质,如蜘蛛毒素和黄蜂毒素。昆虫激素是由昆虫内分泌腺体产生的具有调节昆虫生长发育功能的微量活性物质，主要有脑激素、蜕皮激素和保幼激素三类。天敌动物是指对有害生物具有寄生性或捕食性的昆虫。通过商品化繁殖、施放而起防治作用。主要种类有赤眼蜂、丽蚜金小蜂、草蛉、瓢虫、螳螂、小花蝽、捕食螨等。昆虫神经肽是一个比较活跃的研究领域，目前处于基础性研究阶段，离实用化还有一定距离。

昆虫激素

【动物资源】(animal resource) 生物圈中一切动物的总和。按其主要用途的不同可分为：(1)珍贵特产动物。(2)食用动物。(3)药用动物。(4)工业用动物。(5)实验动物。(6)害虫害兽的天敌动物。(7)观赏动物。(8)具有其他作用的动物。

【动形养生】(keep healthy by sports) 运用按摩、气功、太极拳、八卦掌、五禽戏等方式，以达到强身延年目的的养生方法。中医认为，“人欲劳于形，百病不能成”。当然，“劳于形”应适度。人若劳累过度，则容易引起“劳伤”，也称“五劳所伤”，即久视伤血、久卧伤气、久坐伤肉、久立伤骨、久行伤筋。

【动压轴承】(hydrodynamic bearing) 又称液体动压轴承。一种靠液体润滑剂的动压力所形成的液膜隔开两摩擦表面并承受载荷的滑动轴承。液体润滑剂是被两摩擦面的相对运动带入两摩擦面之间的。产生液体动压力的条件是：(1)两摩擦面有足够的相对运动速度。(2)润滑剂有适当的黏度。(3)两表面间的间隙是收敛的(这一间隙实际很小)。在两摩擦面的相对运动中，润滑剂从间隙的大口流向小口，构成油楔。这种支承载荷的现象通常称为油楔承载。在正常运转的液体动压轴承中，油膜最薄(即通称最小油膜厚度)处两摩擦表面的微观凸峰不接触，因而两表面没有磨损。这时的摩擦完全属于油的内摩擦。其摩擦系数可小至0.001。油的黏度越低，摩擦系数越小，其最小油膜厚度也越薄。因此，油的最低黏度受到最小油膜厚度的限制。当最小油膜厚度处两表面的微观凸峰接触时，油膜破裂，摩擦和磨损都增大。摩擦功使油发热而降低油的黏度。为使油的黏度比较稳定，一般采用有冷却装置的循环供油系统或在油中加入能降低油对温度敏感的添加剂。液体动压轴承在启动和停车过程中，因速度低不能形成足够隔开两摩擦表面的油膜，容易出现磨损，所以在制造轴瓦或轴承衬时，须选用可在直接接触条件下良好工作的滑动轴承材料。液体动压轴承要求轴颈和轴瓦表面的几何形状正确而且光滑，安装时精确对中。多用于中等以上速度或高速重载的机械设备，如轧机和一般机床，以及水轮机、汽轮机和压气机等。

动压轴承

【动作电位】(action potential) 在静息电位的基础上，细胞受到一个适当的刺激，其膜电位所发生的迅速、一过性的极性倒转和复原。其升支和降支共同形成的一个短促、尖峰状的电位变化，称为峰电位。峰电位在恢复至静息水平之前，会经历一个缓慢而小的电位波动称为后电位，包括负后电位和正后电位。细胞的动作电位具有以下共同特征：(1)具有“全或无”特性。动作电位是由刺激引起细胞产生的去极化过程，而且刺激必须达到一定强度，使去极化达到一定程度，才能引发动作电位。对于同一类型的单细胞来说一旦产生动作电位，其形状和幅度将保持不变，即使增加刺激强度，其幅度也不再增加，这种特性称为动作电位的全或无现象。即动作电位要么不产生，要产生就是最大幅度。(2)可以进行不衰减的传导。动作电位产生后不会局限于受刺激的部位，而是迅速沿细胞膜向周围扩布，直到整个细胞都依次产生相同的电位变化。在此传导过程中，其波形和幅度始终保持不变。(3)具有不应期。细胞在发生一次兴奋后，其兴奋性会出现一系列变化，包括绝对不应期、相对不应期、超常期和低常期。绝对不应期大约相当于峰电位期间；相对不应期和超常期相当于负后电位出现的时期；低常期相当于正后电位出现的时期。

【冻干疫苗】(lyophilized vaccine) 在弱毒增殖液内加入冻干保护剂后，经冷冻真空干燥处理制成的疫苗。具有不影响原菌(毒)株的生物学活性，保持原有性状的特点。通常可在8℃以下运输及在0～5℃保存并易于溶解。当代弱毒疫苗多属冻干疫苗，如猪瘟兔化弱毒冻干苗、猪瘟兔化

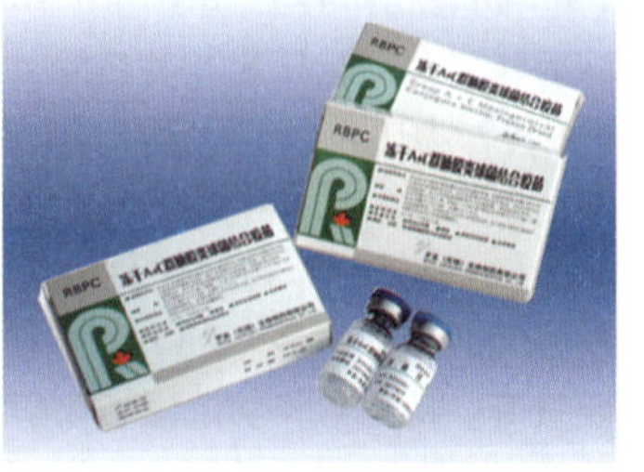
冻干疫苗

弱毒细胞培养冻干苗、仔猪副伤寒弱毒冻干苗、鸡马立克氏病火鸡疱疹病毒冻干苗等。

【冻胶纺丝】(gel spinning) 又称凝胶纺丝。兼具熔融纺丝和干法纺丝特点的一种溶液纺纱技术。其生产流程分为四个阶段:(1)冻胶配制。采用特殊的溶解工艺加入适量溶剂,将高分子量的高聚物溶解,使分子链解缠结,并在溶剂中充分伸展。(2)形成初生态冻胶原纤维。将均质冻胶溶液在纺丝温度下挤压经喷丝头喷入低温气体后直接进入水浴冷却成型,成为初生态冻胶纤维。固化成型过程中,只发生热交换而无质量交换。(3)获得干冻胶丝条。冻胶溶液在喷丝孔道内受剪切作用,部分溶剂被析出,剩余溶剂充满在冻胶丝条的网络结构内。在空气内的存放过程中,冻胶丝条发生收缩、脱溶、干燥后变为白色多孔状。这种结构形态,既能保证在高倍热牵伸过程中承受较高的张力,又具有良好的稳定性。(4)超倍热牵伸。经纺丝成型的初生态冻胶纤维的强度低,伸长率大,结构不稳定。只有在有效牵伸倍数大于20的超倍热牵伸作用下,才能使折叠链结构逐渐转变为伸直链结晶结构,从而具备高强度、高模量的优异特性。在高倍热牵伸过程中,除了能使大分子取向、促进应力诱导结晶外,还能使原有折叠链形成伸直链结构。经过冻胶纺丝法纺出来的丝强度高,密度小,耐化学品性能好,并具有耐磨、耐弯曲、耐力疲劳、耐老化等性能。广泛用于航空航天、汽车、电子电气、建筑、健身器材、防弹衣和防弹板材等方面。

【冻融侵蚀】(freeze-thaw erosion) 由于土壤及其母质孔隙中或岩石裂缝中的水分在冻结时体积膨胀,使裂隙随之加大、增多所导致整块土体或岩石发生碎裂,并顺坡向下方产生位移的现象。主要分布于冻土地带。世界上冻土总面积约 $3.5\times10^7km^2$。俄罗斯和加拿大是冻土分布最广的国家。中国冻土主要分布在东北北部山区、西北高山区及青藏高原地区,面积约 $2.15\times10^6km^2$,占国土总面积的22.4%。由于温度和地表物质的差异,冻融侵蚀引起冻土反复融化与冻结,从而导致土体或岩体的破坏、扰动、变形甚至移动。冻融是高寒冻土区塑造地形的主要营力。冻融作用表现形式主要为冰冻风化和融冻泥流。冰冻风化是冻土区最普遍的一种特殊物理风化作用。渗透到基岩裂隙中的水冻结时不仅可把岩石胀裂(冰劈作用),而且由于膨胀所产生的压力还可以向外传递,把裂隙附近的坚硬岩层压碎形成石块和更细的物质,为其他外力作用创造了有利条件。融冻泥流是在冻土区平缓至中等坡度(17°~27°)的斜坡地形下,夏季融化的上部土层沿着下伏冰冻层表面或基岩面向坡下缓慢滑动的现象。不同地区、不同坡向和地貌部位,接受太阳辐射能多少、积雪厚度、冻土深度和解冻速度不同。保护和恢复斜坡上的植被,增强根系固土能力,延缓融雪速度,分散调节地表径流,是控制冻融侵蚀的主要途径。

冻融侵蚀

【冻融作用】(freeze-thaw action) 寒冷气候条件下土壤或岩石中冻结的冰白天融化、晚上又冻结(或夏季融化、冬季冻结)的过程。它使岩石遭到破碎,松散堆积物受到扰动和再分选,从而形成各种冻土地貌,如冰丘(地下水冻结而胀鼓起的小丘)、构造土(又称几何形土,指冻土地面松散物质因冻融作用分选形成的各种几何形态,如多边形、圆形、条带形等微型地貌)、热融沉陷(冻土地区因地温升高、冻土融化形成的地面凹陷)、融冻泥流阶地(由冰川泥石流侵蚀作用形成的阶地)等。

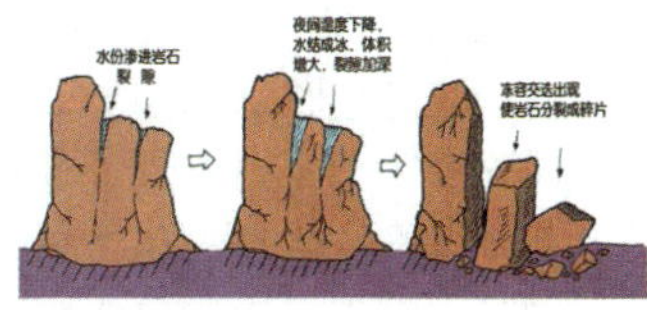

冻融作用

【冻土】(frozen earth) 在0℃或0℃以下冻结并含有冰的岩土。是大气圈和地圈热量交换的产物。分季节性冻土和多年冻土。冬季冻结、夏季完全融化的称季节冻土。冻结状态持续三年或三年以上的称多年冻土。其分布具有纬度地带性和垂直地带性特征。按其分布类型的不同可分为高纬度冻土和高海拔冻土两类。高海拔冻土的分布下界也随纬度而变化。中国喜马拉雅山(北纬28°)多年冻土的下界为海拔5 200m,而在阿尔泰山(北纬48°)多年冻土下界为海拔2 200m。每向北移动一个纬度,冻土下界高度大约下降150m。此外,高海拔冻土的下界和高纬度冻土的南界(北半球)还受当地坡向、水文、地质和植被条件等的影响。世界多年冻土面积约 $3.5\times10^7km^2$,约占陆地面积的1/4。多年冻土主要分布在南极大陆、欧亚大陆北部和北美洲北部,以及中低纬度的高原和山地,如青藏高原、落基山、安第斯

冻土

山、阿尔卑斯山和乞力马扎罗山等。中国的多年冻土面积约2.15×10^6km^2，占国土面积的22%，主要分布在青藏高原、东北大小兴安岭和西部高山地区。中国的季节性冻土占领土面积的一半以上，其南界可达长江流域及云贵高原。中国的多年冻土属于温度较高、厚度不大的冻土。随着全球气候变暖，加上季节性的冻结与融化，处于缓慢的退化之中。多年冻土地区的冻土地质现象，如热融滑塌、热融沉陷、热融湖、冻胀丘、融冻泥流、多边形土、石海、石流、石冰川等现象发育普遍，对当地的生态环境和人类的生产、生活带来一定的影响。

【冻雨】(glazed frost) 又称雨凇、雾凇、冰雨。一种灾害性天气现象。当强冷空气或寒潮过境时造成地面和地面上一些物体温度低于0℃，此时恰遇含有过饱和水汽经过时便突然发生冷凝而成冰霜。有专家也称其为"水平降水"天气现象。这种冷凝现象发生在地面时会形成一层透明玻璃状冰壳，给越冬作物造成冻害，给人们出行和交通运输带来不便。发生在树木和电线一类的突出物体或悬空物体上的叫雾凇或树挂。由于重力和热胀冷缩作用，雾凇会使电线、电杆和电力通信铁塔崩断、倒塌而形成灾害。冻雨或雾凇也是一种极具观赏价值的景观天气现象。

【冻原】(tundra) 又称苔原或冰沼。位于泰加林与极地海滨之间或高山树线以上的沼泽型植被。主要分布在高纬度及高海拔地区。由于气候寒冷，不能形成森林。植物群落主要由地衣、苔藓或低矮灌木到多年生禾本科、莎草科植物组成。在中国，青藏高原海拔4 000m以上区域的植被，均属于冻原植被类型。

冻原

【洞口工程】(structure near access) 隧道及地下建筑工程出入口部分的建筑物。包括洞门，洞口通风和排水设施，边、仰坡支挡结构和引道等。有防护要求的地下工程还包括防护门、密闭门、消波和滤毒设施等。其作用是：保持洞口仰坡和路堑边坡的稳定，汇集和排除地面水流和便于进行建筑艺术处理。其主要形式有：环框式洞门、端墙式洞门和翼墙式洞门。当隧道洞口处的路面标高与地面标高有较大差距时，须修建引道，如水底隧道洞口与地面干道的连接段和地下铁道牵出线的出口段等。在软土地区，为保证行车安全，减少土方工程，须在引道段建造适当形式的支挡结构，用以挡土、隔水和防洪。其形式有：重力式、半重力式挡墙，钢筋混凝土l形或倒T形挡墙，加筋土挡墙，板桩拉锚挡墙，地下连续墙型支挡结构和槽形支挡结构等。

【洞穴侵蚀】(tunnel erosion) 在土层或土状物的堆积层中，由于地表径流下渗所引起的溶蚀、潜蚀、冲淘和塌陷及重力等作用而形成各种洞穴的过程。是水力侵蚀的一种特殊形式。包括管状洞穴侵蚀、陷穴侵蚀和跌穴侵蚀等。管状洞穴侵蚀是当地表水分下渗时，将带有钾、钠等离子的土壤胶粒分散后使其呈悬移质状态随水分一起下渗的侵蚀过程。这种过程可在地表局部范围形成管状洞穴。在碱土区的渠边、堤岸，管状洞穴侵蚀较为常见。陷穴侵蚀是在黄土或黄土状堆积物较厚地区，其地表发生近于圆柱形土体垂直向下塌落的现象。由于地表水分下渗引起土体内可溶性物质的溶解并被淋溶至深层，在土体内形成空洞引起地面塌陷而成。一般发生陷穴侵蚀时，必须具备能够聚集足够地表径流的洼地，并有径流补给条件，同时地表有裂缝、植物根孔或动物穴道等使地表径流下渗的通道。跌穴是地表径流在斜坡变陡、冲刷能力增大时，将地面直接穿凿成洞穴的现象。跌穴侵蚀常见于沟壁、陡坡和发展初期的沟蚀底部，在黄土地区较为常见。

洞穴侵蚀

【斗门】(canal offset) 灌溉渠系中配水渠道首部的进水口门。中国古代也曾把运河上建的闸门以及堤、堰上所设的放水闸门也称为斗门。建在干、支渠的渠岸，多采用涵洞式，以90°的分水角引水。进口设控制闸门。其布置形式与分水闸相似。材料多用砖、石及混凝土，有些引水流量很小的渠道采用陶瓦管进入渠堤作斗门。用预制混凝土斗门直接埋入渠堤，可以提高工程质量，加快施工进度和节约材料。利用斗门量水是最经济简便的一种量水方法。故要求斗门过水断面要规则，表面平整，闸门提升方向垂直于流向。水流通过斗门流态较为复杂，但通过流量总是和上下游水位及闸门开度有关，可绘制过水流量与上下游水位及闸门开度的关系图表以供查用。利用微机控制测读上下游水位和闸门开度，可实现用水管理和量测自动化。

【陡坡】(chute) 使上游渠道、河道的水流沿陡槽下泄到下游渠道、河道的落差建筑物。陡坡多用于渠道落差集中处，并常与水闸、溢流堰连接，作为渠道上的排洪、退水及泄水建筑物。也常用作河岸溢洪道泄槽。根据地形、地质等条件和落差大小，陡坡可做成单级或多级的。主要用砖、石或混凝土等材料建造。(1)单级陡坡。通常由进口连接段、控制缺口、陡坡段、消能设施及出口连接段等部分组成。(2)多级陡坡。在落差很大时，经综合比较后，可采用多级陡坡。其典型布置是，上一级消力池末端出口即为下一级的进口，有时在中间设置一定长度的整流段，使水流平稳，消能充分。

陡坡

【豆腐】(bean curd) 以黄豆、青豆、黑豆为原料，经浸泡、磨浆、过滤、煮浆、加细、凝固和成型等工序加工而成的中国传统大豆制品。豆腐及其制品的蛋白质含量不仅比大豆高，而且豆腐蛋白属完全蛋白；不仅含有人体必需的八种氨基酸，而且其比例也接近人体需要，营养效价较高。还含有丰富的脂肪、碳水化合物、维生素和矿物质等。其风味清淡，适于各种烹调。以豆腐作坯料，还可加工成多种豆腐制品。中国豆腐已逐渐形成八大系列：一为水豆腐，包括质地粗硬的北豆腐和细嫩的南豆腐；二为半脱水制品，主要有百叶、千张等；三为油炸制品，主要有炸豆腐泡和炸豆腐丝；四为卤制品，主要包括五香豆腐干和五香豆腐丝；五为熏制品，如熏素肠、熏素肚；六为冷冻制品，即冻豆腐；七为干燥制品，如豆腐皮、油皮；八为发酵制品，包括人们熟悉的豆腐乳、臭豆腐等。在这八类制品中，安徽淮南的八公山嫩豆腐，广西的桂林白腐乳，浙江绍兴腐乳，黑龙江的克东腐乳，广东的三边腐竹，北京的王致和臭豆腐，湖北武汉的臭干子等，均已成为驰名中外的豆腐精品。

豆腐

【豆类蔬菜】(legume vegetables) 豆科植物中以嫩豆荚或嫩豆粒做蔬菜食用的栽培种群。栽培历史悠久。包括菜豆属的菜豆、红花菜豆，豇豆属的豇豆，大豆属的菜用大豆，豌豆属的豌豆，野豌豆属的蚕豆，刀豆属的蔓生刀豆，扁豆属的扁豆，四棱豆属的四棱豆以及藜豆属的藜豆等9个属10个种。豆类蔬菜的蛋白质含量高，具有丰富的营养价值。蝶形花冠，自花授粉，留种容易。直根系，入土深，有固氮根瘤，能够固定空气中的氮素。因此栽培上需钾较少，而需磷较多。要求土壤通气性和排水性良好，pH值5.5~6.7为宜。苗期宜适当控制水肥，防止植株徒长、推迟开花坐果。除豌豆、蚕豆属长日照植物，适合冷凉气候条件外，其他均属短日照植物，喜温暖，不耐旱。开花结荚期易发生虫害，应注意防治。

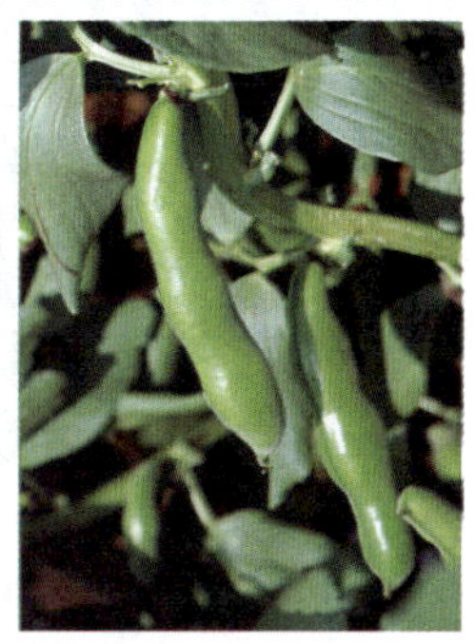
豆类蔬菜

【豆类作物】(legume crops) 以收获成熟子粒为目的而栽培的一类豆科作物。如大豆、蚕豆、豌豆、绿豆、饭豆、菜豆、花生等。成熟子粒中富含蛋白质。蛋白质的含量约为禾谷类子粒的2~4倍。豆类可直接食用或加工成各种豆制品。大豆、花生等的子实富含脂肪，可提取食用油。

【豆奶】(soy milk) 以优质黄豆、牛奶为主要原料，采用喷雾干燥或真空干燥技术精制而成的速溶固体饮料。充分利用动植物蛋白资源，应用动植物蛋白互补原理将二者合理搭配，提高蛋白质效价和生物价，含多种维生素和矿物质，有较高营养价值。呈淡黄色固体粉末状。用温开水冲调能迅速溶解。口感香浓醇和，滑而不腻，常饮有益。是一种健康营养的速溶饮品。豆奶还被营养学家称为健脑食品，因为豆奶中所含的大豆磷脂，可以激活脑细胞，提高人的记忆力与注意力。

【豆制品】(bean products) 以大豆、小豆、绿豆、豌豆和蚕豆等食用豆类为主要原料，经加工制成的食品的总称。多指由大豆或大豆饼粕的豆浆凝固而成的豆腐及其再制品。按其制品类型的不同可分为：(1)发酵性豆制品。是以大豆为主要原料，经过微生物发酵而成的豆制食品。如腐竹、豆豉、霉豆腐和酱豆等。(2)非发酵性豆制品。是以大豆为主要原料，不经发酵过程制成的食品。如豆浆、豆腐及其再制品、腐竹、豆粉和豆乳等。按其生产工艺的不同可分为：豆腐(包括北豆腐、南豆腐、水豆腐、板豆腐、内酯豆腐等)、卤制豆制品(包括香干、茶干、豆腐丝等)、油炸豆制品(包括炸豆腐泡、炸豆腐丝等)、炸卤豆制品(包括素什锦、素鸡、素火腿、素肚等)、熏制豆制品(包括熏干、熏豆腐、熏素肚、熏素鸡等)、膨化豆制品(包括大豆蛋白肉、豆花等)、干燥豆制品(包括腐竹、干燥豆腐皮等)和粉状豆制品(包括大豆蛋白粉、豆粉、豆奶粉等)等。中国豆制品专业委员会将豆制品共有五种:(1)传统的豆腐。(2)传统的豆制品,如素鸡、素肉、腐乳等。(3)现代豆制品,即休闲豆制品,如豆腐干等。(4)豆浆、豆奶。(5)干发豆制品,如腐竹以及用于餐饮行业可直接制作菜肴的豆制品。均是消费者直接食用的产品。

大豆

【痘病】(pox disease) 由痘病毒科中的痘病毒引起的急性传染病。以绵羊痘、鸡痘和猪痘较常见,山羊痘、牛痘和马痘较少发生。典型痘疹的共同特点(除犬、猫外)是在皮肤上呈现丘疹、水泡、脓疱和结痂。可能有或无全身反应。禽痘常在禽的头部皮肤或口腔上出现特殊的痘疹,畜、禽痊愈后都能获得强免疫力。绵羊痘病原为绵羊痘病毒。过去广泛流行于欧洲、非洲和亚洲许多国家,现已被消灭或控制。主要通过呼吸道感染,也可通过损伤皮肤或黏膜侵入体内。细毛羊较粗毛羊易感;羔羊较老龄羊易感。四季均可发生,以冬、春较多。马痘病原与牛痘的病原相同,二者可互相传染,亦可交互免疫。禽痘是由禽痘病毒引起的禽类触染病。世界性分布。分为皮肤型、黏膜型、混合型和败血型。

【窦道】(sinus) 由于坏死所形成的开口于表皮的深在性盲管。是组织与体表相沟通的不正常管道。不与体内空腔脏器相通。大多由感染后引流不畅或异物遗留造成。也可为先天性的。

【都铎式建筑】(Tudor architecture) 以流行于英国都铎王朝时期(1485～1603年)的建筑风格而得名的建筑物和构筑物。这个时期大型的宗教建筑活动停止了,新贵族们开始建造舒适的府邸。在这种情况下,混合着传统的哥特式和文艺复兴风格的都铎式建筑就应运而生。都铎式府邸建筑体形复杂,尚存有雉堞、塔楼这些哥特风格;但其构图中间突出,两旁对称,已是文艺复兴风格。这一时期,还出现许多半木结构或露木结构的房屋,供小康人家居住。这种房屋内外墙均用木构架,而在构架之间填以砖或灰泥。漆成深色的木材和淡色墙面形成强烈对比,屋顶为陡峭的双面坡顶,具有鲜明的民族特色,常为游人所注目。在英国艺术史上,喜欢用王朝或君王的名字命名近代艺术风格的建筑。除上面提到的都铎式外,还有詹姆斯式、乔治亚式和维多利亚式。

都铎式建筑

【都市渔业】(urban fishery) 综合利用城市经济、文化、科技、人口等优势条件,发展以满足城市消费者需求为主要目的的集约化水产生产的产业。依托科技创新,优化资源配置,推动水产行业结构调整,成为具有都市特殊服务功能和城郊特色的现代渔业发展形态。其内涵包括集约化水产养殖业、休闲渔业、观赏渔业、生态渔业、创汇渔业等。是传统渔业的升级与扩展。是都市农业的一个重要组成部分。

【毒代动力学】(toxicokinetics) 毒物代谢动力学的简称。毒理学的一个新分支。研究机体对毒物的吸收和消除的规律,即研究毒物在体内的量变规律的一门学科。由药物动力学一词派生而来。常应用多种房室模型系数、数学运算模式、计算多种毒物动力学参数,得以了解毒物到达机体、持留时间、浓度及其在可能的作用部位产生何种机制。为其安全性评价、了解毒理作用和机制,提供重要的资料。

【毒代动力学试验】(toxicokinetics test) 运用药代动力学的原理和方法,定量地研究在毒性剂量下药物在动物体内的吸收、分布、代谢、排泄过程和特点,进而探讨药物毒性的发生和发展的规律,了解药物在动物体内的分布及其靶器官,为进一步进行其他毒性试验提供依据,并为今后临床用药以及药物过量的诊断、治疗提供依据的试验。

【毒饵】(poisonous bait) 利用害虫喜食的食物拌和一定量的农药而制成的诱杀害虫的饵料。用害虫喜食的饵料与胃毒剂农药配制而成。常用的饵料载体有麦麸、谷糠、米糠、豆饼、花生饼以及新鲜的甘薯、马铃薯、鲜草、野草、野菜等。在使用干饵料时,应切碎再拌和。用药量根据农药种类不同而有差异,一般为饵料的1%～2%每公顷毒饵20～30 kg.毒饵应在黄昏时撒布在地面上,可防治蝼蛄、蝗虫、地老虎、蟋蟀、拟地甲等害虫。饵料与杀鼠剂配

毒饵防治小地老虎

合可防治多种鼠害。

【毒剂】(chemicalpoison) 军事行动中以毒害作用杀伤人、畜的化学物质。可装填在化学弹药及毒剂施放器材中使用,被分散成液滴、蒸气、气溶胶等状态,造成空气、地面、水源和物体染毒。经呼吸道、皮肤、眼睛及消化系统引起中毒,造成伤亡。毒剂分类方法有:按其毒害作用可分为神经性毒剂、糜烂性毒剂、全身中毒性毒剂、窒息性毒剂和失能性毒剂;按杀伤作用的效果分为致死性毒剂和非致死性毒剂;按杀伤作用的速度分为速效性毒剂和缓效性毒剂;按杀伤作用持续时间分为暂时性毒剂和持久性毒剂。毒剂引起机体的中毒是一个复杂过程。毒剂侵入机体与重要的生命物质发生作用,破坏正常的生理过程,引起功能紊乱。神经性毒剂能抑制胆碱酯酶,破坏神经冲动传导;糜烂性毒剂可破坏细胞中的酶和核酸,造成组织坏死;全身中毒性毒剂能破坏细胞色素氧化酶传递氧的作用,造成全身性缺氧;窒息性毒剂能使中毒者出现肺水肿,阻碍肺泡气体交换,降低血液含氧量,造成机体缺氧;失能性毒剂能与中枢神经中某些物质发生作用,引起暂时性的精神失常与躯体失能。

【毒理学】(toxicology) 一门研究外源因素(化学、物理、生物因素)对生物系统的有害作用的应用学科。是一门研究化学物质对生物体的毒性反应、严重程度、发生频率和毒性作用机制的学科,也是对毒性作用进行定性和定量评价的学科。是预测其对人体和生态环境的危害,为确定安全限值和采取防治措施提供科学依据的一门学科。主要应用生理学、药理学、生物学、生物化学和病理学等基础学科的理论和技术,通过动物实验、临床观察和流行病学调查方法,研究外来物质的吸收、分布、代谢和排泄、毒性作用及其机制和中毒治疗。不仅为保护人类和其他生物,免遭化学物质的有害作用,保障人民身体健康,而且也是直接为研制有良好选择作用的毒物,通过比较毒性和选择毒法,研制出更具选择性的药物和农药等,并进行化学物质的安全性评价或危险性评价,制订卫生标准,提供科学依据。毒理学与药理学密切相关,目前已发展成为具有一定基础理论和实验手段的独立学科,并逐渐形成了一些新的毒理学分支。

【毒蘑菇】(poisonous mushrooms) 又称毒菌。对人类健康和生命安全构成威胁的蘑菇。在自然界野生蘑菇中,大多数无毒可食,但也有不少有毒。特别是有的有毒菌类,其形态特征、生态习性甚至味道都与可食用种类非常相似,一般人往往难以区别,容易误食引起中毒。初步调查显示,世界上有毒蘑菇大约有上千种。中国境内估计至少有500种,目前发现并记录的已有近400种。其中极毒致死人者有十数种。如毒鹅膏菌、白毒鹅膏菌、鳞柄白毒鹅膏菌、灰花纹鹅膏菌、致命鹅膏菌、秋盔孢伞、肉褐鳞小伞、褐鳞小伞、亚稀褶黑菇等都是常见的有毒品种。中国几乎每年都有误食毒菌中毒事件发生,同时也有中毒严重者死亡的现象。

毒蝇鹅膏菌

【毒蘑菇中毒】(toadstool poisoning) 又称毒菌中毒。因误食毒蘑菇引起的中毒现象。毒菌种类不同,所含毒素也不同,其中毒后的反应也不同。按中毒反应的不同可分为:(1)胃肠炎型。已知毒菌160种。主要代表种有毒粉褶菌、粉红枝瑚、白棕口蘑、红拟口蘑、臭黄菇、毒红菇、毛头乳菇等。其毒性反应为恶心、呕吐、腹痛、腹泻。此类中毒发生的十分普遍。(2)神经精神型。毒菌约110种。主要代表种有毒蝇鹅膏菌、豹斑毒鹅膏菌、小毒蝇鹅膏菌、毒蝇口蘑、花褶伞、光盖伞、小美牛肝菌等。中毒后可引起食用者神经兴奋、神经抑制、精神错乱、幻视等。(3)溶血型。引起此类中毒的毒菌主要代表种有鹿花菌、赭鹿花菌、褐鹿花菌等。严重中毒会致死。(4)肝脏损害型。引起此种中毒类型的毒菌有35种。主要代表种有白毒鹅膏菌、灰花纹鹅膏菌、致命鹅膏菌、秋盔孢伞、褐鳞小伞、肉褐鳞小伞、纹缘盔孢伞等。其毒素主要是鹅膏。毒肽和鬼笔毒肽两大类毒性极强的毒素。中毒后的主要症状表现是以肝脏为主的内部脏器官损坏,功能衰竭,严重者会导致死亡。(5)呼吸循环衰竭型。引起此类中毒的毒菌主要以亚稀褶黑菇为代表可引起中毒性心肌炎、急性肾功能衰竭和呼吸系统衰竭、麻痹。(6)光过敏性皮炎型。引起此类中毒的毒菌主要有胶陀螺和叶状耳盘菌。在其毒素的作用下,误食者机体对日光的敏感性增强,面部、手指产生红肿,发烧刺疼,嘴唇翻肿等。但随着时间的推移其毒性会逐渐减弱乃致消失,中毒症状也会逐渐减轻最后消失。这类中毒不会留下后遗症。

白毒鹅膏菌

【毒蛇咬伤】(snake bite) 人体被有毒的蛇咬伤而引起中毒现象。中国已知有毒蛇近50种,有剧毒的毒蛇约10余种。中国全年被蛇咬伤者达10

万人次，死亡率5%～10%，有剧毒的眼镜王蛇咬伤的死亡率达90%以上。毒蛇的毒液器在头部，咬人时毒液注入咬伤的创口，经淋巴和血液循环扩散，引起局部和全身中毒症状。其毒液的成分复杂，主要含有蛋白质（有近30种酶和毒素）。蛇毒的毒作用机制复杂，主要有神经毒、血循毒和肌肉毒。毒液的分布以肾脏最多，脑部最少，一般72h后，体内仅剩微量。被毒蛇咬伤后，首先出现头痛、头昏、恶心、呕吐、出汗和感觉异常等应激反应，此后才出现蛇毒中毒的临床表现。（1）神经毒表现。1～3h后出现全身中毒症状，有视力模糊、言语和吞咽困难、共济失调和牙关紧闭等；严重患者呈现肢体弛缓性瘫痪，呼吸肌麻痹。呼吸衰竭是急性期的主要致死原因。患者若能渡过1～2天的呼吸衰竭危险期，神经系统症状大多能消失。（2）血循毒表现。被咬伤后，局部组织显示肿胀、剧痛、水肿和组织坏死。肿胀并迅速蔓延到整个肢体。全身症状有畏寒、发热、便血、血尿。全身皮肤可出现淤点。心脏受累者，有异位心律，严重患者可因循环衰竭、心脏骤停死亡。（3）肌肉毒。一般在毒蛇咬伤后2h内出现肌肉酸痛，病愈后，肌力恢复需数月。毒蛇咬伤后，其症状的轻重，与毒蛇的种类、咬伤程度的深浅、毒蛇注毒量、毒液的吸收量和中毒时间的长短有关。及时处理伤口，早期足量静脉给予抗蛇毒血清，可使毒蛇咬伤的病死率明显下降。咬伤部位接近心脏者病情多严重，预后不佳。

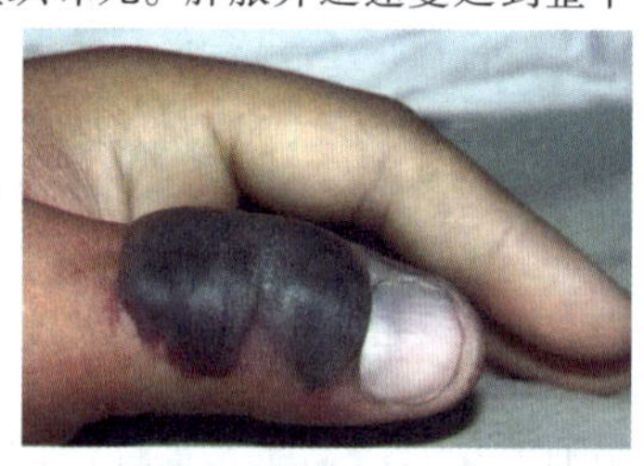
毒蛇咬伤

【毒素武器】（toxin weapon） 介于传统生物武器与化学武器范畴之间的、利用生物毒素杀伤人员的一类武器。美国将其列为生物武器，而俄罗斯列为化学武器，有些资料称之为“生物化学武器”。毒素武器所指的毒素是来源于生物的天然有毒化学物质，包括真菌、陆上动植物及海洋生物产生的有毒化学物质与生物体内具有活性的生物调节剂。其大部分是小分子的有机化学物质和肽类化合物。毒素武器的军事使用方式与手段更接近于化学武器。

【毒物】（toxin） 在一定条件下，较小剂量就能够对生物体产生损害作用或使生物体出现异常反应的外源化学物。可以是固体、液体和气体。与机体接触或进入机体后，能与机体相互作用，发生物理化学或生物化学反应，引起机体功能或器质性的损害，严重的甚至危及生命。具有以下基本特征：对机体不同水平的有害性（但具备有害性特征的物质并不是毒物，如单纯性粉尘）；经过毒理学研究之后确定的；必须能够进入机体，与机体发生有害的相互作用。

毒物

【毒物学】（toxicology） 研究化学物质对生物体的毒性反应、严重程度、发生频率和毒性作用机制的一门学科。是对毒性作用进行定性和定量评价的科学。毒物学与药理学密切相关，目前已发展成为具有一定基础理论和实验手段的独立学科，并逐渐形成了一些新的毒物学分支。分子毒物学的研究是采用分子生物学的方法来研究毒物学的问题。如采用细胞培养等检测基因的毒性，整体动物实验采用转基因动物模型等，这对于阐明外源化学毒物的毒性及其作用机制有着重要的意义。

【毒性反应】（toxic reaction） 毒物对机体所致原发性毒性作用而续发引起的有害的生理、生化和病理变化。如细微的分子生化病损、亚细胞结构变化、组织和器官的损害，甚至是生物体的死亡。是由化学物质与生物系统的化学成分进行可逆或不可逆的相互作用，而干扰机体正常代谢及自稳机制，以致引起细胞死亡、细胞氧化、突变、恶性变、变态反应或炎症反应等。主要是一个分子水平的反应过程。其类型和严重程度主要取决于毒物的理化性质、接触状况、生物系统或个体的敏感性。

【毒性药品】（toxic drug） 毒性剧烈、治疗剂量与中毒剂量相近、使用不当可致人中毒或死亡的药品。为了用药安全，防止滥用，加强毒性药品的管理，国家专门颁发了《医疗用毒性药品管理办法》，规定了毒性中药及中成药的品种、用量及用法。药剂人员在审查、调配处方时应严格遵循。凡超出规定剂量的处方，必须有原处方医师的说明和签字。

【毒性作用】（toxicity） 用药剂量过大或时间过长而出现的一些严重症状。有时用药量不大，但是病人存在着某些遗传缺陷，或患有其他疾病，以及对此种药物的敏感性较高，也会出现严重症状。如长期大量应用氨基糖苷类抗生素（卡那霉素、庆大霉素等）所引起的听觉神经损伤——药物中毒性耳聋，就是药物毒性作用的结果。

【毒血症】（toxaemia） 细菌毒素从局部感染

病灶进入血液循环，产生全身性持续高热，并伴有大量出汗、脉搏细弱或休克等的一系列表现。严重损伤、血管栓塞和肠梗阻等病，虽无细菌感染（细菌培养找不到细菌），但大面积组织破坏所产生的毒素，也可引起毒血症。由于细菌毒素可直接破坏血液中的血细胞，因此往往出现贫血现象。

【毒蕈中毒】（mushroom poisoning） 常由采食毒性较小或烹调不当的蕈类所致的中毒。毒蕈又称毒蘑菇。一种毒蕈可含有多种毒素，而一种毒素又可存在于多种毒蕈中。因此毒蕈中毒引起的临床表现各异。在临床上中毒有四种类型：（1）胃肠炎型。几乎所有的毒蕈中毒都首先表现为轻重不一的胃肠炎症状。已分离出的胃肠刺激物质为类似于树脂毒性的物质或含石炭酸、甲酚的化合物。摄入后0.5～1.0h发病，表现为恶心、呕吐、腹痛、腹泻。严重中毒时可因失水、电解质紊乱、休克而致死。单纯的胃肠炎型一般预后良好。（2）精神神经型。毒性物质有毒蝇碱、蟾蜍素等。发病的潜伏期为1～6h，除有胃肠道症状外，还出现毒蕈碱样症状，出汗、流涎、心动过缓、瞳孔缩小等，病情严重者出现谵妄、幻觉、甚至被迫害妄想，或类似精神分裂症表现。（3）中毒性肝炎型。主要毒素有毒肽和毒伞肽，不为一般烹调所破坏。毒肽主要作用于肝细胞内质网。发生作用快，大剂量摄入1～2h内可致死亡。毒伞肽直接作用于细胞核，作用较迟缓，可导致肝细胞坏死。并兼有肾脏、心脏和神经毒作用。本型是毒蕈中毒中最严重的一型，常可导致多系统器官功能损伤，甚至衰竭，死亡。（4）中毒性溶血型。所含毒素有马鞍酸、鹿花蕈素等。他们除有破坏红细胞的作用外还可使肌肉溶解，病人中毒后1～2天内出现进行性贫血。严重溶血或伴肌肉溶解，可引起继发性肝脏损害，急性肾功能衰竭，死亡。

【毒瘾】（drug addiction） 因吸食鸦片、海洛因、大麻、可卡因等麻醉药和精神药品而使人形成的药物依赖。这类毒物的镇痛作用，与作用于丘脑、脑室、导水管周围灰质和脊髓胶质区的鸦片受体有关；消除由疼痛产生的情绪变化与边缘系统有关；引起欣快与蓝斑中的鸦片受体结合有关。中枢神经系统内存在有鸦片受体，正常人体内也有吗啡样物质。长期应用本类毒物，因毒物占据了鸦片受体，通过反馈机制，抑制内生性吗啡样物质合成。一旦停用，极易呈现内啡肽缺乏而出现戒断综合征，即成瘾。毒瘾的临床表现为：（1）急性中毒。多由静脉注射所致，一次吸毒大于0.5g以上，就可产生呼吸抑制，严重者死于呼吸麻痹。（2）成瘾性（戒断综合征）。一般人们在吸毒3～4次就可上瘾。若突然停用，即产生戒断综合征。停用3～6h后，可出现激动不安、呵欠不断、流泪等；24～48h后，戒断症状达顶峰，如不予处理，多数症状在停止吸毒后7～10天消失。但失眠、软弱无力、肌肉疼痛等症状，可持续数周。在精神上患者持续而周期地极度渴望得到毒品。

【独轨铁路】（monorail） 供车辆行驶的架空单根轨道钢轨。按其支承车辆方式的不同可分为悬吊式和跨座式两种。悬吊式独轨铁路的轨道架设于支柱上端，车辆的车轮在车厢的上方，并支承于悬空轨道的钢轨上。车辆可以对称或非对称布置，也可单个或成双布置；跨座式独轨铁路的轨道通常为支柱上端的预应力钢筋混凝土梁，其上敷设钢轨，车轮在车厢的下部支承于钢轨上。独轨铁路的车厢一般由铝合金制造。驱动机构由电动机机组组成，与动轮布置在一起。独轨铁路主要用于解决地面交通拥挤和旅游地区的客运。其优点是技术简单，速度较快，不受地面交通干扰，占地少，运行平稳等。在发达国家中广泛应用。

独轨铁路

【独立基础】（independent foundation） 又称单独基础。当建筑物上部结构为框架结构或单层排架结构承重时，所采用的长宽比在3倍以内且底面积在$20m^2$以内的基础。分阶形基础、坡形基础和杯形基础三种。其特点是：（1）一般只坐落在一个十字轴线交点上，有时也跟其他条形基础相连，但是截面尺寸和配筋不尽相同。独立基础如果坐落在几个轴线交点上承载几个独立柱，叫做共用独立基础。（2）基础之内的纵横两方向配筋都是受力钢筋，且长方向的一般布置在下面。

独立基础

【堵口】（closure of breach） 对堤防决口的口门进行堵复的工程措施。根据决口情况的不同，堵口可分为两类：堵旱口和堵水口。堵水口须有一系列工程措施，主要有立堵、平堵、混合堵三种方法。（1）立堵。在堵口时，以两端裹头作基础，同时向水中进堵，逐步缩窄口门，最后堵截所留缺口。（2）平堵。沿口门自河底逐层填料加高，使高出水面拦截水流。(3)混合堵。将平堵、立堵相结合。在堤防多处决口时,应先堵旱口,后堵水门。如全是水口,则应先堵下游口,后堵上游口;先堵小口,后堵大口。但也应考虑上下口门的距离及分流程度,如上游口过流很少,可先堵上游口,如上下口过流差不多,两口相距又远,仍可先堵下游口,再堵上游口。

堵口

【堵塞技术】(plug technology) 一种扩大发动机试验范围的技术。利用空气动力学中扰动不能逆着超声速气流向前传播的特性,能在高空模拟试验设备上,保持尾喷管始终处于临界条件下并尽量提高试验舱中模拟的静压,以减小抽气系统的规模,或在给定抽气能力下,扩大发动机的试验范围。

【赌货】(speculative rough) 又称赌石、蒙头货。全部被一层外皮包着、看不清内部情况的翡翠原料。只能从外皮所见的种种特点(蟒带、松花带等)来推断这块料的颜色、透明度、质地、脏绺分布等,甚至要判别它是否翡翠、是真皮还是假皮。开了门子的翡翠原料称为半赌货。选购这种料,既要凭经验,又要敢于碰运气。不少人由此一赌暴富,也有很多人为赌石倾家荡产。

赌石

【度】(degree) 事物保持其自身稳定性的数量界限。是质和量对立统一的体现,反映事物内外统一的哲学范畴。事物的质和量既相互对立、相互排斥,又相互依赖、相互规定。所谓质和量相互对立、相互排斥,是指一方面质要求与之对立的量,并规定量的活动范围和变化幅度;另一方面,量却在自身的变化中孕育着质变。所谓质和量的相互依赖、相互规定,是指一方面度是质和量的结合,既不是单纯的量,又不是单纯的质;另一方面,又包含质和量的相互规定。在认识事物的过程中,要真正了解事物,必须把质和量统一起来,也就是掌握它的度。只有了解、掌握了事物的度,才能准确地把握事物。

【度盘】(circle) 经纬仪、全站仪等测量仪器上度量角度的量器。由金属或光学玻璃制成的圆盘。在圆周边缘上刻有圆心角的等分画线;按0°~360°全圆刻画标注。一般经纬仪的度盘分垂直度盘与水平度盘两种。前者又称竖盘,竖直安装在水平轴的一端。一般可以随望远镜一同俯仰转动,可测量竖直角度(仰角或倾角)。后者安装在照准部下部。在测量过程中一般不随照准部转动,可测量水平角度(水平方位角)。

【渡槽】(aqueduct) 输送渠道水流跨越河渠、溪谷、洼地和道路的交叉建筑物。常用于灌溉、发电和城镇供水工程,也可用于排洪、排沙和导流等,大型渡槽还可用于通航。渡槽由进口段、出口段、槽身和支撑结构等部分组成。进口段和出口段将槽身两端与渠道连接起来,并起平顺水流的作用。槽身主要起输水作用。其过水断面有矩形、U形、半椭圆形和抛物线形等。按其槽身材料的不同可分为木渡槽,砖、石砌渡槽、混凝土、钢筋混凝土渡槽,预应力混凝土及钢丝网水泥渡槽。按其支撑结构形式的不同可分为梁式、拱式,桁架拱式、桁架梁式及斜拉式渡槽等。常用的是梁式与拱式渡槽。梁式渡槽的支撑结构有排架或槽墩;拱式渡槽的支撑结构有拱上结构、主拱圈、槽墩、拱座等。

渡槽

【渡口管理】(safety control of ferry) 境内的河流、湖泊、水库两岸专供 渡运人、货、车的场所及设施及时渡运所需场地、码头、渡船及为渡运服务的其他设施的管理。其内容是:(1)渡口的设置、迁移与撤销,由设置单位提出申请,经有关部门及所在地港航(务)监督机构审查同意后,报所在县(市、区)人民政府批准。(2)渡口应设置在河势稳定、岸平水缓、航道畅通、上下方便及不影响河道安全的地段。(3)渡口两岸应设置码头、人车行道、牢固的缆桩及便于乘客上下的辅助设施和必要的助航、照明、救生、消防等设备。(4)客运量较大的渡口应建旅客候船厅(室)等设施。(5)渡口两岸应设置“渡口管理区”、“渡口守则”、“乘客须知”等标牌。(6)相关活动的安全得到保障,避免超员超载、违法载客、冒险渡运、客货混装、危险品上船和违章作业等行为,避免事故发生而进行的安全设施设置、运行控制、监督检查等一系列管理工作。

【镀铬】(chromium plating) 使被镀工件表面形成铬层的工艺。通常是电镀。镀铬层外观美丽,在大气中不易变色,耐磨性好,硬度高,反光系数高,抗暗性能良好，与基体的结合力强。虽然铬的化学稳定性高，但是在户外产生的铬铁电偶中，铁是阳极，不能防止铁生锈。所以采用镍－铬、铜－镍－铬、铜锌合金－铬、铜锡合金－铬和锌铁合金－铬等复合镀铬的方法代替直接镀铬。这时铬层的厚度只有1μm左右。用于汽车、自行车、缝纫机、钟表、仪器和机电的零件，以及量具、餐具都是采用复合镀铬方法进行镀铬的。采用不同的镀液成分、电流密度、温度和添加剂，可获得不同的铬层硬度、耐磨性、抗腐蚀性和光亮度。

【镀铝纸】（aluminium-plated paper） 主要由原纸、铝层和涂层组成的包装用纸。在高度真空的条件下，加热低熔点的金属铝，使其迅速蒸发、扩散，并沉积到被镀纸张的表面上。常见的镀铝纸有真空镀铝卡纸和镭射喷铝纸（简称镭射纸）。因其外观光亮平滑，无味无毒，符合卫生要求，有良好的防潮、保香性能，广泛用于烟、酒、瓶贴、茶叶、食品、化妆品、日化、百货、礼品、工艺品的精美包装，也可用于建筑装潢材料。平时人们往往把镀铝纸称为锡纸，实际上是误称。

镀铝纸

【镀膜玻璃】（coated glass） 在其表面镀上金属或金属氧化物薄膜的玻璃。包括热反射玻璃、低辐射玻璃、减反射玻璃、吸热玻璃等。镀膜玻璃可以单片使用，也可以制成镀膜中空玻璃、镀膜夹层玻璃、镀膜钢化玻璃。其中低辐射玻璃必须制成中空玻璃后使用。制中空玻璃时，两片玻璃可以选择不同种类的镀膜玻璃。用导电玻璃制成的电热夹层玻璃，能使落在上面的冰雪迅速融化，被用作汽车、火车、飞机的挡风玻璃，以保证驾驶员视野不受冰雪的影响。导电玻璃还是液晶显示器、太阳能电池的主要组成部分。广泛应用于公共建筑、文化娱乐设施、商场门窗、幕墙、屏风、楼梯隔板的装饰等方面。

镀膜玻璃

【镀镍】（nickel plating） 利用物理或化学方法使被镀物体表面形成镍层的工艺。在镍的表面存在一层钝化膜，具有较高的化学稳定性。广泛用作防护装饰性镀层。镀覆在低碳钢、镀锌件和铝合金表面上。也可用作耐磨镀层。按原理的不同，可分为电镀镍和化学镀镍。电镀镍又可分为：(1)电镀暗镍。其他镀层的底镀层。(2)电镀光亮镍。装饰性镀镍。(3)缎状镍。不产生令人目眩的光亮层，用于汽车内部装饰件、照相机零件。(4)电镀黑镍。具有黑色无光的外观。可作为精密光学仪器内装件的镀层。(5)滚镀镍。用于小零件镀镍。化学镀镍是利用镀液中的还原剂，将镍离子还原成金属镍沉淀在镀件表面的过程。包括化学镀纯镍、化学镀镍－磷合金和化学镀镍－硼合金。化学镀镍－磷合金镀层用于要求硬度耐磨性、耐蚀性和精度的零件。化学镀镍－硼合金镀层用于铝件和塑料电镀的预处理，具有较高的延展性。

【镀铜】（copper plating） 利用物理或化学方法使被镀物体表面形成铜层的工艺。广泛用于钢铁件、锌合金铸件和塑料镀件等的防护装饰性电镀的打底层。组成厚铜薄镍的镀层结构以节约金属镍。在线材制品行业，对胎圈钢丝、胶管钢丝、钢帘线表面镀铜或黄铜，以增加与橡胶的结合力。对二氧化碳气体保护焊丝表面镀铜以提高导电性能。对欲拉拔钢丝表面镀铜可以改善拉拔条件。按原理的不同可分为电镀和化学镀。按电解液的不同电镀又可分为氰化物镀铜、酸性硫酸盐镀铜和焦磷酸盐镀铜等工艺。氰化物镀铜或镀黄铜是传统工艺，镀层质量好。但是污染环境并且危害人员身体健康。因此，一直在寻求代用工艺。

【镀锌】（zine plating） 利用物理或化学方法使被镀物体表面形成锌层的工艺。包括电镀锌和热镀锌。电镀锌是在装有电解液的容器中进行的。热镀锌是在熔化的锌锅中进行的。都可以间断生产或采用生产线连续生产。可对镀锌层进行钝化处理，使镀锌层表面形成一层致密的稳定性较高的薄膜。钝化液一般含有铬酸。采用不同的钝化液，可以得到不同外观色泽及不同耐腐蚀性的钝化膜。彩色膜用于通信仪器底座。蓝白色膜用于外观要求高的零件。黑色膜用于汽车驾驶室的仪表零件。草绿色膜用于国防工业。镀锌层具有阳极防护作用。处于腐蚀环境中的纯锌镀层成为牺牲阳极，而使作为阴极的钢基体得到保护。此外，锌在大气中形成了结合力很强的均匀的覆盖层，起着很好的保护作用。据统计，全世界生产的锌有一半用于腐蚀防护领域。钢铁制品中采用镀锌方法进行防护的约占25%。其中热镀锌占95%。镀锌钢板、镀锌钢管和镀锌铁丝是最常用的镀锌制品。电力输送用架空铝绞线中的钢丝钢芯或钢绞线均为镀锌制品。

【镀锌铁皮】(galvanized steel) 又称白铁皮。镀锌的低碳钢薄板。厚度一般在0.44～1.2mm之间。不易生锈。有平板和波形(瓦楞)两种。常用以制作屋面、管材和各种容器等。未镀锌的俗称黑铁皮。

【端口】(port) 与外界通信交流的出口。通过赋予它的地址及输入输出控制线进行寻址与控制。不同的端口承担不同的输入输出功能。端口可通过编程进行控制。主机通过执行有关程序访问端口。在大型计算机以及打印机、调制解调器等设备,常设有专用的端口。

【端粒】(telomere) 真核生物线性染色体两个末端具有的特殊结构体。其DNA是由简单的串联重复序列组成。其生物学功能是:(1)维持细胞复制能力。(2)保证染色体的完整性和稳定性。(3)使真正的遗传信息得到完整复制。端粒的长度决定细胞的寿命。由于体细胞里没有端粒酶的活性,所以体细胞每分裂一次,端粒也就缩短一些。随着细胞不断地进行分裂,端粒的长度将越来越短,当达到一个临界长度时,细胞染色体会失去稳定性,使细胞不能再进行分裂而进入凋亡。端粒除了与染色体的个体性和稳定性密切相关外,还涉及细胞的寿限、衰老和死亡。端粒的研究对肿瘤的发病和治疗都有重大作用。

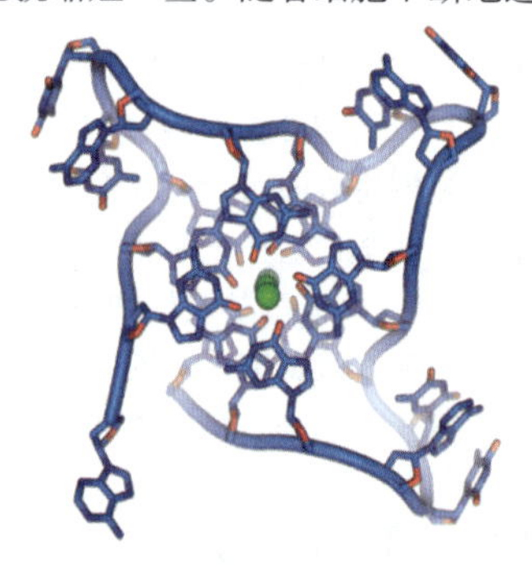

端粒

【端粒酶】(telomerase) 在染色体末端不断合成端粒序列的酶。能维持端粒的长度,保证端粒的完全复制。主要存在于恶性肿瘤之中。它在正常人体组织中的活性被抑制,在肿瘤中被重新激活,参与恶性转化。端粒酶在保持端粒稳定、基因组完整、细胞长期的活性和潜在的继续增殖能力等方面具有重要作用。根据端粒酶在恶性肿瘤的发展中所起的作用,可以通过各种途径抑制端粒酶的活性,有效地抑制肿瘤的生长,使其在肿瘤的诊断和治疗上有望成为行之有效的新的靶目标,为肿瘤的治疗开辟一条新的途径。

【端粒酶RNA】(human telomerase RNA, hTR) 以RNA为模板催化端粒DNA的合成,并将其加到端粒的3′末端上,以维持端粒长度及功能的酶。1997年人类端粒酶基因被克隆成功。经鉴定该酶由三部分组成:(1)人类端粒酶RNA。(2)人类端粒酶协同蛋白Ⅰ。(3)端粒酶逆转录酶。研究表明人类端粒酶兼有提供RNA模板和催化逆转录的功能。端粒在不同物种细胞中对于保持染色体稳定性和细胞活性有重要作用。培养的成人纤维细胞,随着培养传代次数增加,端粒长度逐渐缩短。生殖细胞端粒长于体细胞,成人细胞比胚胎细胞端粒短。据上述实验结果,可以认为在细胞水平,衰老和端粒酶活性下降有关。端粒酶能延长缩短的端粒,从而增强细胞的增殖能力。端粒酶在正常人体细胞中的活性被抑制,而在增殖活跃的肿瘤细胞中发现端粒酶活性增高。但在临床研究中也发现某些肿瘤细胞的端粒比正常同类细胞明显缩短。端粒酶活性不一定与端粒的长度成正比。端粒和端粒酶的研究,在肿瘤发病机制、寻找治疗靶点上正在形成一个新的领域。

【短波】(short wave) 频率为3～30MHz的无线电波。基本传播途径是地波和天波。地波沿地球表面传播。传播距离取决于地表介质特性。海面介质的电导特性对于电波传播最为有利。短波地波信号可以沿海面传播1 000km左右;陆地表面介质电导特性差,对电波衰耗大。短波信号沿地面最多只能传播几十千米。地波传播不需要经常改变工作频率,但要考虑障碍物的阻挡,这与天波传播是不同的。短波的主要传播途径是天波。短波信号由天线发出后,经电离层反射回地面,又由地面反射回电离层,可以反射多次,传播距离很远,且不受地面障碍物阻挡。在天波传播过程中,路径衰耗、时间延迟、大气噪声、多径效应、电离层衰落等因素,都会造成信号的弱化和畸变,影响短波通信的效果。

【短波通信】(short wave communication) 又称高频通信。利用1.5～30MHz的电磁波进行的通信。是无线电通信的一种。是远程通信的主要手段。其优点是:(1)传输媒介是大气空间和电离层,省去了对传媒介质的投资。(2)设备体积小,重量轻,便于携带和移动。(3)可用较小的功率,实现远距离通信。由于电离层的高度和密度容易受昼夜、季节、气候等因素的影响,所以短波通信的稳定性较差,噪声较大。目前,它广泛应用于电报、电话、低速传真通信和广播等方面。

短波通信

【短盖巨脂鲤】(freshwart spadefish) 又

称淡水白鲳。硬骨鱼纲,脂鲤科,巨脂鲤属(淡水白鲳属)。体形侧扁呈盘状。背较厚。口端位。无须。头部小,头长与头高相当。眼中等大,位于口角稍上方。尾分叉,下叶稍长于上叶。背部有脂鳍。背鳍起点与腹鳍略相对。体被小型圆鳞。自胸鳍基部至肛门有略呈锯状的腹棱鳞。体呈银灰色。胸、腹、臀鳍呈红色。尾鳍边缘带黑色。鱼种时体表有黑色星斑,到了成鱼这种星斑消失。但成鱼的体色会受环境的影响而有些变化,饲养在室内水簇箱中缺乏阳光的碱性水体中的短盖巨脂鲤体色较深、呈深灰至黑色,而放养在池塘中则是白身、银鳞、黑尾、红鳍,四色相配,鱼种加上体表星斑,极为美观。原产南美亚马逊河,为热带和亚热带鱼类。淡水白鲳(以下简称淡水鲳)具有食性杂、生长快、个体大、病害少、易捕捞、肉厚刺少、味道鲜美、营养丰富等特点,在扩大池塘养殖对象,增加单位面积产量方面是一种有价值的鱼类,幼鱼阶段还可作观赏鱼。淡水鲳于1982年被引入中国台湾省,之后人工繁殖成功,开始在淡水鱼塘推广养殖。1985年从台湾省经中国香港引入广东省试养。1987年获得人工繁殖成功,以后逐渐推广全国,成为年产量最高的名特品种之一。

短盖巨脂鲤

【短流程工艺】(abbreviated system) 只进行炼钢和连铸而不炼铁的工艺流程。钢铁企业的传统长流程是指高炉-转炉-连铸或模铸流程。典型的电炉短流程是指电炉-连铸流程。利用废钢、直接还原金属化球团在超高功率电炉中冶炼特种钢,加方坯或板坯连铸。投资少,生产成本低,劳动生存率高。有利于环保。可消化废钢。受到国际钢铁业重视。中国已建成100t直流电弧炉冶炼-LF(钢包精炼)、VD(真空脱气)精炼-大方坯及大板坯连铸的短流程生产线。

【短路】(short circuit) 电路中电位不同的两点直接碰接或被阻抗非常小的导体接通产生电流突然增大的现象。在电力系统短路时,电流很大,可能损坏电气设备,应采取在电路中串接熔断器等保护措施,力求避免短路事故的发生。

【短期天气预报】(short-range weather forecast) 未来1~3天内的天气预报。预报内容按需要而定,通常有降雨、降雪、雾(一般预报生成和消散的时间)、气温(预报最高气温和最低气温)、风力、风向等内容。遇有强烈的灾害性天气现象可能出现时需发布警告。早期的预报以天气图分析为依据,结合单站资料统计规律作出。但须依靠预报员的实践经验,有较大的主观性。预报的准确率受到一定限制。随着气象卫星、雷达探测技术、高速计算机技术的应用,使分析、监视天气变化的能力大大加强,短期天气预报的准确率日渐提高。由于短期天气预报比中期、长期预报时效短,准确率也比较高,所以深受社会各界的关注和重视。

【短期致癌实验】(short term carcinogenic test) 一种筛选或预测化学物品致癌性的实验方法。动物致癌实验工作量大、费时、费钱,不能满足化学品安全性评价的要求。基于体细胞癌变的致癌学说,已发展了多种简单快速的遗传毒理实验来筛选和预测致癌性。由于存在非遗传毒性致癌物和不致癌的遗传毒物,因此用遗传毒理学实验筛选致癌物仍不能满足要求,必须进行预测可靠性评价,推荐一组遗传毒理性实验来筛选化学品的致癌性。如通过大鼠腹膜细胞短期致癌试验法,可检测市场上应用的外用杀精子避孕药烷苯醇醚的潜在致癌性。

【短日照处理】(short-day treatment) 短日照的花卉在长日照的季节里,进行避光以促进其提早开花的技术措施。如果长期给予长日照处理,对短日花卉具有抑制开花的作用。秋季开花的花卉多为短日照植物,自然花期有时不能满足其他季节市场对菊花的要求,在栽培中常采用促成栽培,对质量较高的秋菊进行催花。其方法是:11月假植于温床催芽,温度保持10℃左右;1个月后幼苗长成即可定植于温室中。随着植株的生长,温度从13℃逐渐提升到20℃,此时每天在离植株90cm处补光2~3h;可在夜间照明,以保证其营养生长。2月上旬停止光照,促进花芽分化,达到春季开花。3月下旬即可上市。5月开花上市的秋菊,4月下旬就需要遮光缩短日照处理,促进花芽分化。将自然花期与促成栽培相结合,可以实现秋菊周年供花。

【短日照动物】(short-day animals) 在日照减短期内配种的动物。秋季日照逐渐缩短和气温下降,某些动物的生殖机能受刺激而发情配种。主要有绵羊、山羊、鹿和一般野生反刍兽。妊娠期大多在5个月左右,秋冬配种,翌年春季出生。幼畜在春暖花开中培育较为有利。

鹿

【短日照花卉】(short-day flowers) 要求较短的光照就能成花的花卉。在每天日照为8～12h的短日照条件下能促进开花,而在较长的光照下便不能开花或延迟开花。冬季、秋天开花的多年生花卉多是短日照植物,如菊花、一品红等。

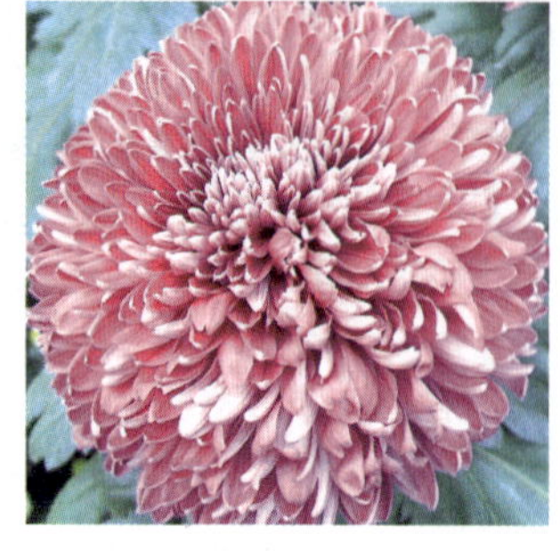
菊花

【短日照蔬菜】(short daylight vegetables) 与长日照蔬菜相对应。又称长夜蔬菜。光照时间一般在12h以下才能开花结实的蔬菜。在较短的光照条件下,促进开花结实。而在较长的光照下,不开花或延迟开花。常见的短日性蔬菜有大豆、豇豆、茼蒿、扁豆、刀豆、苋菜、蕹菜等。它们大都在秋季短日照下开花结实。短日蔬菜,并不要求较短的光照而是要求较长的黑暗,所以,黑暗期的长短,对发育的影响更为重要。

【短日照作物】(short-day crops) 又称短日性作物。在较短的日照条件下能正常发育、开花,而日照时间超过一定程度便延长发育,推迟开花或不能开花的作物。这类作物在一天24h的周期中需要14h以上的连续黑暗才能形成花芽,且延长黑暗时数、缩短日照时数能够加速发育,促进开花。属于短日照作物的有大豆、烟草、水稻、玉米、甘薯、高粱、粟、黍、棉花、大麻、黄麻、红麻和菊芋等。

黄豆

【短时天气预报】(nowcasting) 又称临近预报、现时预报。0～12h内的天气预报。因为有的天气水平范围小、生存期短、发生突然且危害很大,事前难以报出,所以常用密集的地面气象观测资料和雷达、卫星等探测手段严密监视,及时开展预报服务。按照世界气象组织的定义,把0～2h的预报称为临近预报,主要是对天气状况的监测和外推预报。短时天气预报的主要对象是一些强对流天气现象,如雷暴、暴雨、局地大风、冰雹、龙卷、低空强风切变等中小尺度灾害性天气现象。

【短寿命发动机】(expendable engine) 工作寿命不超过50h的发动机。这类发动机常用于为改善飞机性能而使用的助推发动机、一次性使用巡航导弹和靶机发动机、多次回收使用的遥控飞机发动机。其技术要求是低成本、短寿命、安全可靠、结构简单、易于维修和储藏等。为降低成本,短寿命发动机常利用现有合适的发动机进行缩型或改型而成,并降低材料与工艺要求。

【短小棒状杆菌菌苗】(corynebacterium parvam vaccine,CP) 短小棒状杆菌经加热及甲醛灭活而制成的菌苗。其制备与保存均比较容易。其作用有:(1)能非特异性的激活巨噬细胞功能,增强其黏附和吞噬能力,增强溶酶体酶活力。(2)其抗肿瘤作用主要是由于其非特异性的激活了巨噬细胞及NK细胞,增加了干扰素的产生。该作用与给药途径和时间的关系很大。并可明显协同化学治疗药物如环磷酰胺的抗癌作用。(3)可抑制细胞的免疫应答,降低小鼠对第2次肿瘤细胞攻击的抵抗力。在高或中等分化的病例中能缩短病人的无瘤期。(4)静脉注射可引起寒战、发热、头痛、恶心及呕吐等反应。皮下注射只引起轻微的全身反应,有心血管疾病的患者应慎用。

【短暂性脑缺血发作】(transient ischemic attack,TIA) 颈内动脉系统或椎动脉系统因各种原因发生的暂时性的供血不足。可导致受累脑组织或视网膜出现一过性的功能缺损。其持续时间,短则数秒至数分钟,长则数小时,最多不超过24h,症状和体征即全部恢复,但可反复发作。该病易发于中老年人。发病原因绝大多数是由于动脉粥样硬化、动脉狭窄、血液成分异常、血流动力学变化等综合因素所致。其临床表现是:静动脉系统多表现为单侧一过性黑矇,一侧面部或肢体麻木无力;椎-基动脉系统多表现为眩晕、头昏、共济失调等。

【短枝】(short shoot spur) 节间很短的枝条。许多木本植物,如银杏、梨、苹果等,在同一植株上生有节间较长的长枝和节间极短的短枝。短枝往往能直接在叶腋间形成花芽并开花结果。长枝和短枝的形成与植物的遗传性和环境因子有关。通过适宜的栽培技术措施可促进短枝生长,增加成果率。

短枝

【短枝型】(spur type) 仁果类果树中树冠紧凑,短枝多的类型。如苹果中的新红星(蛇果)、红矮生、金矮生、黄矮生、短枝型金冠；西洋梨中的红巴梨，日本梨中的八云、祇园等。一般树冠矮小，紧凑，枝粗壮，节间短，萌芽率高，成枝力弱，新梢加长生长弱，加粗生长强，侧芽萌发角度易成90°外伸的短刺状枝。短枝多，结果早，果枝连续结果能力强。

【断层】(fault) 岩体产生破裂且沿断裂面两侧岩块有明显的错动、位移的现象。其原因是地壳运动产生的强大压力或张力超过了岩石所能承受的极限。可发生在各种岩层中，且规模大小相差很大。小的位置变化只有几毫米，大的可达到几十米，甚至几百、上千千米以上。根据断层面上下盘的相对运动关系的不同，可把断层分为正断层(上盘下降、下盘上升)、逆断层(上盘上升、下盘下降)和平移断层(上下盘沿断层面平移)三种主要类型。在地貌上，大的断层常常形成裂谷或陡崖，如著名的东非大裂谷、中国华山北坡大断崖等。断层一侧上升的岩块，常成为块状山地或高地，如中国的华山、庐山、泰山；另一侧相对下沉的岩块，则常形成谷地或低地，如中国的渭河平原、汾河谷地。在断层构造地带，由于岩石破碎，易受风化侵蚀，常常发育成沟谷、河流。

断层

【断口】(fracture) 金属断裂后的破断面。按其性状的不同可分为：脆性的晶状断口、塑性的纤维状断口和疲劳断口。用肉眼或放大镜对断口直接进行观察，是一种判断原材料冶炼、铸造、压延加工及热处理质量以及判断构件破断原因的常用方法。用金相显微镜或电子显微镜观察断口的形状及性状，进一步分析破断的原因及机理，并提出防止断裂的措施，已成为金属学范围内的一个新学科—断口金相学。断口的研究对构件的失效分析和改善金属材料性能具有很大的实用和理论意义。

【断口试验】(fracture test) 将试样刻槽，并以锤或压力机使其折断，然后进行宏观检验的方法。断口组织是钢材质量的一种标志。断口上可显示出钢中白点、夹杂、气泡、疏松和缩孔残余等缺陷。并可鉴定晶粒的大小。按断口的形状不同可分为：韧性断口、脆性断口、磁状断口、层状断口、石状断口和石墨状断口等。断口试验可发现钢本身的缺陷及生产制造工艺中存在的问题。根据试验要求，试样可在淬火、调质、退火及热轧状态下折断。对于在使用中破断的零件断口、制造过程中破损的零件断口以及拉力或冲击等试验后的试样断口，不再需要制备加工，可直接进行观察和检验。但对于专为进行断口检验而由钢材或钢坯上切取的试样，则需根据检验目的采取适当的方法来制备试样的断口。如果断口制备不当，往往会导致错误的判断。

【断裂】(fracture) 又称破裂、断裂构造。物体受力变形达到其强度极限时发生破裂、使物体的连续性和完整性遭到破坏的现象。包括节理、劈理、断层、深断裂等。不论断裂两侧的岩层或岩体是否沿断面发生过相对位移，根据引发断裂力学性质的不同，可将断裂分为两大基本类型：(1)张裂。张应力引起的断裂，裂开面垂直最大应力方向，使岩石沿破裂或断裂处断开。(2)剪裂。剪应力引起的断裂，剪裂面平行于最大剪应力方向。其趋向是把岩石剪裂，使一部分岩石相对于另一部分发生位移。

【断裂力学】(fracture mechanics) 研究材料、零件或构件的裂纹现象和断裂规律的学科。根据材料可能产生的失效形式，现已建立了线弹性断裂力学、弹塑性断裂力学等分支。

【断裂韧性】(fracture toughness) 又称断裂韧度或裂纹韧性。材料抵抗脆性破坏或裂纹不稳定扩展的能力。经验证明，设计时单纯考虑材料强度和传统的韧性指标并不能确保安全。还必须考虑实际构件中不可避免地存在着的某些缺陷如裂纹等的影响。以线弹性理论为依据的断裂力学对裂纹不稳定扩展的研究表明，当裂纹前端的应力强度因子(K)达到临界值(KC)时，裂纹便发生不稳定扩展而导致构件的脆性破坏。所以，常用KC表示材料断裂韧性的大小，其值可由实验测得。由KC值可预测导致构件脆性破坏的裂纹临界长度和实际断裂应力，从而估计构件安全性和使用寿命。材料的断裂韧性值与合金成分、热处理方法及其他工艺条件等因素有关。

【断路器】(circuit breaker) 能承载关合和开断运行线路的正常电流，也能在规定时间内承载、关合及开断规定的异常电流的开关设备。是保护和操作电力系统的重要电气装置。多由导电主回路、绝缘支撑件、灭弧室和操动机构几个部分组成。按其灭弧介质和绝缘介质的不同可分为：多油

断路器

式、少油式、压缩空气式、磁吹式、真空式和六氟化硫式等。按其性质的不同可分为：户内式和户外式，能自动重合闸与不能自动重合闸、手动、电磁、气动以及由液压或弹簧操纵、能频繁操作与不能频繁操作等形式。按其用途的不同可分为：线路断路器、发电机断路器、联络断路器和控制断路器等。按其相数的不同可分为三相式和单相式。

【缎纹】（satin） 织物表面浮线较长、组织点少而互不连续、且间距较大而均匀分布的组织。缎纹组织可分为经面缎纹和纬面缎纹两种。经面缎纹织物的正面主要由经纱显示在织物表面，而纬面缎纹织物的正面主要由纬纱显示在织物表面。缎纹组织的正反面有明显区别，正面特别平滑而富有光泽，反面则比较粗糙、无光。

缎纹

【煅烧】（calcine） 在低于熔点的适当温度下，加热物料，使其分解，并除去所含结晶水、二氧化碳或三氧化硫等挥发性物质的过程。如经煅烧后，石灰石失去二氧化碳而成生石灰，氢氧化铝失水而成氧化铝，碱式硫酸钛失去水和三氧化硫而成二氧化钛等。

【锻锤】（forging hammer） 一种利用重锤落下或强迫高速运动所产生的动能，对坯料锤击做功，使之塑性变形的机械。是最常见、历史最悠久的锻压机械。具有结构简单、工作灵活、使用面广、易于维修等优点。适用于自由锻和模锻。但其振动较大，较难实现自动化生产。

【锻压】（forging） 在加热或常温下利用外力使坯料（金属）产生塑性变形，获得所需尺寸、形状及力学性能的毛坯或零件的加工方法。是机械制造中毛坯生产的主要方法之一。锻压包括锻造和冲压两类。

【锻压机械】（metal forming machine） 在锻压加工中用于金属材料成型和分离的机械设备。包括成型用的锻锤、机械压力机、液压机、螺旋压力机和平锻机，以及开卷机、矫正机、剪切机、锻造操作机等。主要由各种锻锤、各种压力机和其他辅助机械组成。主要用于金属成型，所以又称为金属成型机床。锻压机械是通过对金属施加压力使之成型的，力大是其基本特点，故多为重型设备。其设备上多设有安全防护装置，以保障人身和设备安全。

锻压机械

【锻造】（forging） 利用锻压机械对金属坯料施加压力，使其产生塑性变形以获得具有一定尺寸、形状和力学性能的锻件的加工方法。金属受外力产生塑性流动后体积不变，而且金属总是向阻力最小的部分流动。生产中常根据这些规律控制工件形状，实现镦粗拔长、扩孔、弯曲、拉深等变形。锻造可以改变金属组织，提高金属性能。铸锭经过热锻压后，原来的疏松铸态、孔隙、微裂等被压实或焊合；原来的枝状结晶被打碎，使晶粒变细；同时改变原来的碳化物偏析和不均匀分布，使组织均匀，从而获得内部密实、均匀、细微、综合性能好、使用可靠的锻件。锻件经热锻变形后，金属是纤维组织；经冷锻变形后，金属晶体呈有序性。按其变形温度的不同可分为热锻、温锻和冷锻。锻造用料主要是各种成分的碳素钢和合金钢，其次是铝、镁、钛、铜等及其合金。材料的原始状态有棒料、铸锭、金属粉末和液态金属等。

【锻造机器人】（forging robot） 在自由锻和模锻生产中，用于抓持毛坯、完成锻造操作的专用型工业机器人。锻压生产条件恶劣，劳动强度很高，有些重型锻件不能够靠人力抓持。使用锻造机器人的目的是：代替人的劳动和完成人力不能胜任的作业。目前广泛应用的锻造机器人是主、从操作方式的机器人，即由一个人力驱动的主动机器人和一个由动力驱动的从动机器人组成。操作工用手控制主动机器人各关节的空间位置和运动路径，模仿实际锻造作业的各个动作；从动机器人能准确地将力、位移、速度等物理量放大和再现这些动作，从而完成实际的锻造作业。锻造机器人的控制比较简单，可以采用计算机实现。无计算机控制的锻造机器人，常被称为锻造操作机。

锻造机器人

【堆肥】（compost） 以植物性材料为主，添加促进有机物分解的物质并经堆腐而成的肥料。按其堆腐材料的不同可分为：泥炭堆肥、秸秆堆肥、垃圾堆肥、青草堆肥；按其堆腐条件的不同可分为普通堆肥与高温堆肥。堆制时添加的促进有机物分解的物质一般为人粪尿、牲畜粪尿或厩肥、污水等。堆肥堆内有机物料经中温型或高温型微生物更替作用腐解后，能形成一部分速效养分或合成新的腐殖质，减小碳氮比。高温堆肥还可以利用堆内高温（约65℃）消灭某些病菌、虫卵和杂草种子。堆制时需用速效性氮肥或石灰等，以调节堆内的碳氮比和酸碱度，或采取翻堆、加水、压紧等措施调节水分与通气状态，以利于微生物活动。堆腐时间因材料、季节和堆制方法不同而异。普通堆肥一般含水分60%～75%，有机质15%～23%，氮（N）0.4%～0.5%，磷（P_2O_5）0.18%～0.26%，钾（K_2O）0.45%～0.70%，碳氮比（C/N）16～24；高温堆肥的养分含量更高些。堆肥一般作基肥，施22.5～37.5 t/hm²。因其肥效迟缓，需配合速效氮肥施用。腐熟的堆肥也可作追肥和种肥。在储、运、施时，均应防止养分损失。

【堆焊】（resurfacing welding） 以电弧、等离子弧、激光或高能束为热源，将具有耐磨、耐蚀、耐热等性能的金属粉末熔焊在工件表面或边缘的焊接工艺。通过堆焊，可以修复外形不合格的金属零件及产品，或制造双金属零部件。采用堆焊技术可以延长零部件的使用寿命、降低成本、改进产品设计，尤其对合理使用材料，特别是减少贵重金属用量具有重要意义。堆焊作为一种经济有效的表面改性方法，是现代材料加工与制造业不可缺少的工艺手段。实施堆焊的方法有：电弧粉末堆焊、等离子弧堆焊、激光堆焊、电子束堆焊等。以激光堆焊为代表的高能束堆焊技术因其热输入控制准确、涂层厚度大、热畸变小、成分和稀释率可控性好、可获得组织致密和性能优越的堆焊层而成为研究热点，得到迅速发展。

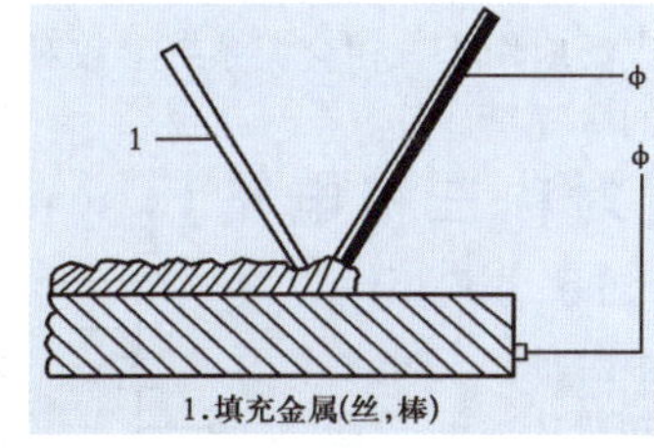

堆焊

【堆积地貌】（accumulation landforms） 由各种搬运介质（如流水、风、冰、海流、潮水等）搬运的物质在一定条件下沉积下来形成的地貌形态。当搬运介质所处的物理、化学条件改变时，搬运能力减弱，携带的物质就会在新的环境下聚积（堆积）起来。按其沉积环境的不同可分为：由流水冲积作用形成的冲积地貌、由洪水冲积而成的洪积地貌、由风速减弱引起沙土沉积形成的风积地貌和由冰川运动引起的冰碛地貌等。

堆积地貌

【堆积作用】（accumulation） 被搬运物质（泥沙、砾石等）因外力作用减弱或搬运介质失去搬运能力、在重力作用下形成的聚积、堆积现象。常见的堆积作用有流水堆积、风成堆积、冰川堆积、重力堆积、火山喷出物堆积等。堆积与沉积两词可以通用，但堆积作用的含义比沉积作用更宽泛一些。堆积作用的结果形成堆积地貌，使低地填平、增高。

堆积作用

【堆石坝】（rock-fill dam） 用块石、砂砾石等作为主体材料，经抛填或碾压而成的土石坝。坝体由堆石和防渗体组成。根据防渗材料的不同，堆石坝可分为土质防渗体和非土质防渗体两种。土质防渗体堆石坝有斜墙式、斜心墙式、心墙式；非土质防渗体堆石坝用混凝土、沥青混凝土、塑料、钢板、木板等做成防渗体。根据防渗体在坝体中位置的不同可分为面板式和心墙式两种。现代建造的堆石坝多为面板式，只有沥青混凝土和钢板防渗体仍有用作心墙的。堆石坝一般不过水，少数低坝采用坝顶溢流。此时，需采取相应的保护措施。堆石坝能适应较差的地形条件，在各种岩基或软基上均可修建。在软基上进行抛石前，须先做好反滤层，以保护地基免受抛下石块的破坏，同时在坝身完成后还可防止渗透水流的冲刷。

堆石坝

【堆载预压法】（pressure by natural earth） 利用天然地基土层本身的透水性质，通过一定的堆载预压荷载，使地基土中的孔隙水排出，土层充分固结和压缩，以消除主固结沉降，降低次固结沉降，达到减少工后沉降和不均匀沉降目的的一种地基处理方法。按其荷载大小的不同可分为欠载预压、等载预压和超载预压三种形式。欠载预压高度＝路床底面以下的路堤高度＋预压期沉降；等载预压高度＝路床底面以下的路堤高度＋设计路面结构混合料换算土柱高＋预压期沉降；超载预压高度＝路床底面以下的路堤高

度 + 设计路面结构混合料换算土柱高 + 预压期沉降超载部分高度。欠载预压适用于对沉降要求不高的低等级道路或计算沉降量很小的软土路段。欠载预压的优点是施工相对简单，省去了卸载、挖路槽的工艺，同时节省了填土土方；等载预压适用于一般路段；超载预压可作为缩短预压期的措施，用于对工后沉降要求非常严格的桥头路段。

【队列研究】(cohort study) 又称定群研究，群组研究，随访研究或发病率研究。是研究病因的一种流行病学方法。将人群按是否暴露于某种可疑因素及其暴露程度分为不同的亚组，追踪其各自的结局，比较不同亚组之间结局频率的差异，从而判定暴露因子与结局之间有无因果关联及关联大小的一种观察性研究方法。其主要特点之一是，研究开始时暴露已经发生，而且研究者知道每个研究对象的暴露情况。队列研究所观察的结局是可疑病因引起的效应(发病或死亡)，除了所研究的一种病，还可能与其他多种疾病有联系。可观察一个因素的多种效应，是队列法不可取代的优点。大多数慢性病是历时多年的一个过程所形成的在此期间发生的许多事件都可能起致病作用。对一群人在某种病尚未明显发生前，对某个(或某些)可能起病因作用或保护作用的事件的后果进行随访监测，是一种从因观果的研究方法。根据作为观察终点的事件在研究开始时是否已经发生，可把队列研究分为前瞻性和回顾性两类。

【对比分析法】(method of comparative analysis) 又称比较法。借助于一组能从各方面说明方案的技术经济效果的指标体系，对实现同一目标的多个不同方案进行计算、分析和对比，从中选出最优方案的方法。其基本程序是：(1)选择对比方案。(2)确定技术方案的技术经济指标体系。(3)妥善处理不同方案的可比性。(4)计算、分析和对比指标。(5)综合分析评价。它是目前应用最广泛的一种技术经济分析评价方法。

【对策论】(game theory) 又称博弈论。运筹学的一个分支。研究在相互具有竞争和对抗的体系中，按一定规则各方如何选择策略，以使最后能得到对己方最有利结果的一门学科。对策论是在研究赌博问题的基础上发展起来的，后来不断扩展到军事、社会和经济领域，逐渐形成一门研究互动关系的数学理论。在中国，历史上著名的"齐王和田忌赛马"是对策论的一个典型例子。1921 年，德国数学家策梅洛用集合论的方法研究了国际象棋的着法，首次把对策问题置于严密的数学理论与方法的基础之上。同年法国的包瑞尔也研究了对策论的一些问题。美籍数学家冯·诺伊曼在 1928 年提出的"最大最小原则"奠定了对策论的理论基础。20 世纪 50 年代，纳什和夏普利等在合作对策和非合作对策方面作出了重要贡献，使对策论的理论和应用研究发展到一个新的阶段。现在，对策论与线性规划、统计判决、管理科学、运筹学和军事计划等领域都有着密切关系。按其局中决策人数的多少可分为二人对策或多人对策；按其局中人的合作态度的不同可分为合作对策与非合作对策；按其局中人支付函数的总和是否固定可分为零和对策与非零和对策。

【对称分量法】(symmetrical component method) 一种计算线性不对称三相电路的方法。将不对称的三相量分解为正序、负序、零序对称分量组，用来计算线性对称三相电路不对称运行状态。电力系统正常运行时可认为是对称的，即各元件三相阻抗相同，各自三相电压、电流大小相等，具有正常相序。电力系统正常运行方式的破坏，主要与不对称故障或者断路器的不对称操作有关。这种方法常用来计算故障情况下含有旋转电机的不对称三相电路。任何不对称的三相相量 A、B、C 都可以分解为三组相序不同的对称分量：(1)正序分量 A1，B1，C1。(2)负序分量 A2，B2，C2。(3)零序分量 A0，B0，C0。此法广泛应用于三相交流系统参数对称、运行工况不对称的电气量计算。

【对称三相电路】(symmetrical threephase circuit) 由对称三相电源和对称三相负载组成的电路。电力系统在正常工作时，可近似认为是对称三相电路。三相电源可接成星形或三角形。三相负载也可接成星形或三角形。三相电路有四种基本连接方式：星形电源 - 星形负载；星形电源 - 三角形负载；三角形电源 - 星形负载；三角形电源 - 三角形负载。后三种的电源和负载之间只可有三根引线相连，这种连接为三相三线制。但星形电源 - 星形负载连接方式，可采用三相三线制和三相四线制。当电源中性点和负载中性点之间用导线连接时，连接两中性点的导线称为中线。有中线的三相电路称为三相四线制电路。

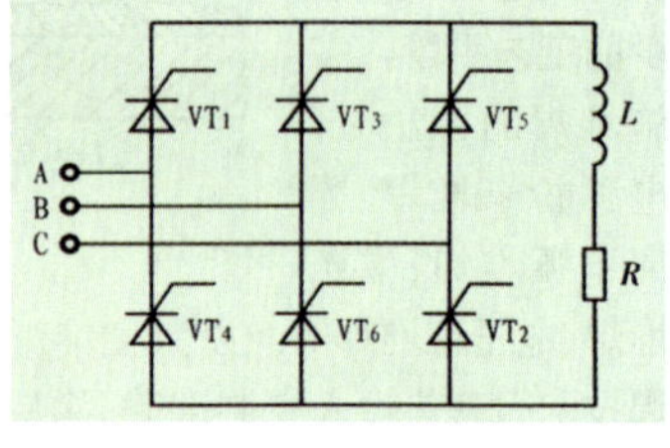

对称三相电路

【对海警戒雷达】(sea guard radar) 对海域及海空进行监控的海基或陆基雷达。主要用于探测、监视水面舰艇和低空、超低空飞行的目标、与舰艇雷达识别系统相配合判定目标的敌我属性，也给火控雷达提供目标指示。

【对焊】(butt welding) 利用电阻热使对接接头的焊件在整个接触面上形成焊接头的一种电阻焊方法。可分为电阻对焊和闪光对焊两种。电阻对焊适用于形状简单、小断面的金属型材的对接。闪光对焊接头质量高，焊前清理工作要求低，目前应用比电阻对焊广泛。对焊适用于受力要求高的重要对焊件。焊件可以是同种金属，也可以是异种金属；焊件截面可以小至0.01mm^2（如金属丝），也可以大至$1\times10^5mm^2$（如金属棒和金属板）。

【对角式通风】(diagonal ventilation) 进风井位于井田中央、出风井分别位于井田上部边界沿走向的两翼上的通风方式。按出风井沿走向位置的不同可分为：(1)两翼对角式通风。进风井位于井田的中央，出风井位于井田浅部沿走向的两翼边界附近或两翼边界采区的中央。(2)分区对角式通风。进风井位于井田中央，在每一个采区的上部边界各开掘一个风井回风。对角式通风的优缺点与中央并列式的优缺点相反。

对角式通风

【对接焊缝】(butt welding) 焊件装配时对接头进行焊透的焊接。按焊缝金属充满母材程度的不同可分为焊透的对接焊缝和未焊透的对接焊缝。未焊透的对接焊缝受力很小，而且有严重的应力集中。对接接头是各种焊接结构中采用最多的一种接头形式，根据焊件的板厚，对接接头可开成各种不同形式的坡口。为了便于施工，保证对接焊缝充满母材缝隙，应根据钢板厚度采取不同的坡口形式。当间隙大于3～6mm时，可在V形缝及单边V形缝、I形缝下面设一块垫板，防止熔化的金属流淌，并使根部焊透。为保证焊接质量，防止焊缝两端凹槽，减少应力集中对动荷载的影响，焊缝成型后，若不影响其使用，两端可留在焊件上。

【对拉工作面】(double unit face) 两个回采工作面共用一条运输巷，既减少回采巷道的掘进数量，又提高设备利用率的一种采煤方式。中国普采及炮采中一种行之有效的工作面布置方式。这一方式在老井挖潜和生产集中化的技术发展进程中取得了良好的技术经济效益。它既可以用于倾斜长壁工作面，也可以用于煤层倾角较小的走向长壁工作面。采用对拉工作面时，为使两个工作面与运输斜巷相交处（即工作面输送机与共用的斜巷输送机搭接处）不互相干扰，两个工作面在推进方向上应有一定的错距。在该错距范围内，要进行沿空护巷。该处矿山压力显现常较大，维护比较困难，所以应尽可能缩短两工作面的错距。即以两工作面的生产互不干扰为前提，错距愈小愈好。在实际应用中采用对拉工作面，要求开采区域的地质条件简单，煤层赋存稳定，小构造少，瓦斯涌出量小。同时，矿井应具有较高的技术管理水平。不然，两个综采工作面相互制约，将会造成矿井产量的大幅度波动。为了充分发挥综采设备的利用率，一般情况下都不轻易采用对拉工作面。

【对空情报雷达】(ground to air information radar) 用于搜索、监视与识别空中目标、并确定其坐标和运动参数的雷达。所获取的情报，主要用于发布防空警报，引导歼击机截击敌方航空兵器，为防空武器系统指示目标等。按其用途的不同又可分为警戒雷达、引导雷达和目标指示雷达。

对空情报雷达

【对立统一规律】(law of the unity of opposites) 又称矛盾规律。事物的对立面的统一和斗争的规律。它是唯物辩证法最根本的规律。其核心范畴是“矛盾”即“对立统一”。列宁说：“统一物之分为两个部分以及对它的矛盾着的部分的认识……是辩证法的实质。”（《列宁选集》第2卷，第711页）对立统一规律是自然界、人类社会和思维发展的普遍规律。它要求人们在统一中把握对立，在对立中把握统一。首先，只有从统一中把握对立，这种对立关系才是生动的、能够相互否定从而能够自我发展、自我转化的关系；其次，只有从对立中把握统一，这种统一才构成相反而又相成的关系，才能够富于变动性。从统一中去把握对立，从对立中理解统一，将对立和统一内在地、本质地统一起来，这是辩证思维的基本要求。正是在这种意义上，列宁把对立统一规律看作是辩证法的实质或核心。只有掌握了对立统一规律，并自觉地运用它指导自己的思维认识活动，才能真正认识和科学处理现实中的种种矛盾，才能理解运动，把握其本质，才能在思维中反映、表达事物的运动。对立统一规律提供了理解唯物辩证法其他规律及范畴的基本方法和思路。质量互变规律所揭示的量和质、量变和质变的关系实质上就是对立统一的关系，否定之否定规律所揭示的肯定和否定、继承和发展的关系实质上也是对立统一的关系。唯物辩证法所有范畴都体现着自身的对立统一。

【对流层散射通信】(troposphere scatter communication) 利用对流层散射信道进行的通信。可以传输多路电话、电报、数据、传真和黑白电视信号。工作频段为 0.1～10GHz。单跳距离为 100～500km，最远达800～1 000km。通信容量为 120 路模拟电话或 60 路数字电话，最多达 300 路电话。其特点是：(1)抗核爆炸能力强。(2)通信保密好。(3)通信容量大。(4)通信距离较远。(5)机动性好。广泛运用于近海跨越海峡、海湾、岛屿和内陆之间的通信。

【对数函数】(logarithmic function) 指数函数的反函数。只要在形如 $y = a^x$ 的指数函数中，把函数 y 与自变量 x 的地位互换，即 $x = a^y$，y 就是 x 的对数函数，记作：$y = \log_a x (a > 0, a \neq 1)$。$y$ 称为以 a 为底 x 的对数，x 称为真数。如果把两种函数对照起来看，指数函数中的指数就是对数函数中的对数，而幂就是对数函数中的真数。在满足单值对应的前提下，它们互为反函数。据此，对数函数的定义域就是指数函数的值域$(0, +\infty)$，而其值域也就是指数函数的定义域$(-\infty, +\infty)$。实用上，把以 10 为底的对数函数称为常用对数，记作：$y = \log_{10}x = \lg x$；把以无理数 $e(=2.718\,28\cdots)$ 为底的对数称为自然对数，记作：$y = log_e x = ln x$。对数和对数函数是由于工程计算的需要而产生的。只是后来才由数学家们把指数函数与对数函数联系起来，并确立了它们互为逆函数的概念，也才有了当今普遍采用的用指数函数定义对数函数的方法。

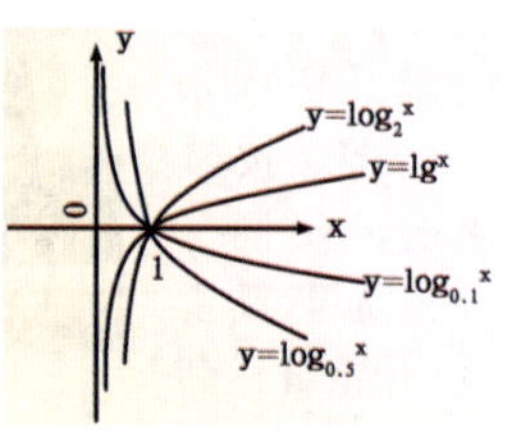

对数函数图像示例

【对数生长期】(log growth) 细菌以最大的速率生长和分裂，数量呈对数增长，活力处于最旺盛的时期。细菌群体生长一般需经过迟缓、对数、稳定和衰亡四个生长时期。对数生长期的细菌个体形态、化学组成和生理特性等均较一致，代谢旺盛，生长迅速，代时稳定。研究细菌群体生长规律，可使微生物发酵的迟缓生长期缩短，提高经济效益。

【对虾】(prawn) 又称大虾、明虾、青虾(雌)、黄虾(雄)。节肢动物门，甲壳纲，十足目，对虾科，对虾属的统称。全世界共有 29 种。美洲大西洋岸有 7 种，太平洋岸 6 种，印度－西太平洋共 14 种，太平洋及地中海 1 种，西非 1 种。中国有 10 种。栖于热带、亚热带浅海。对虾属个体大，统称大虾。对虾雌性成长个体体长一般 16～22cm，重约 50～80g，最大的可达 30cm，重 250g；雄性较小，体长 13～18cm，重 30～50g。对虾为广温广盐性海产动物。其体呈长筒形，左右侧扁。身体分为头、胸和腹部，由 20 个体节组成。腹部较长，肌肉发达，分节明显。生长较快，寿命较短，一般为一年，少数个 体可以活到 2～3 年。对虾在生长过程中要经过数十次的蜕皮，每蜕一次皮，就得到一次较大的增长；蜕皮是对虾生长的重要标志，直接受外界环境条件的影响。目前，养殖对虾的种类主要有：对虾属的日本对虾、长毛对虾、中国对虾、斑节对虾、墨吉对虾、短沟对虾和新对虾属的刀额新对虾(商业上称基尾虾)等。

对虾

【对象连接与嵌入】(object linking and embedding, OLE) 在客户应用程序间传输和共享信息的一组综合标准。是一种面向对象的技术。允许创建带有指向应用程序的链接的混合文档以使用户修改时不必在应用程序间切换的协议。OLE 基于组件对象模型并允许开发可在多个应用程序间互操作的可复用即插即用对象。该协议已广泛用于商业上，在商业中电子表格、字处理程序、财务软件包和其他应用程序，可以通过客户/服务器体系共享和链接单独的信息。

【对因治疗】(etiological treatment) 又称治本。用药目的在于消除原发致病因子，彻底治愈疾病的治疗方法。即知道发病的原因，解除致病的原因后能痊愈的治疗方法。但前提是要清楚致病的原因。如骨质疏松是因为成骨的元素不全，在供给肌体足够的所需的原料后就可预防和治疗这种疾病。即补充“百康健骨胶原”和相应的钙等矿物质后，使骨骼的新陈代谢达到平衡，从而解除因骨质疏松造成的骨疼的情况。其在治疗医学和预防医学均具有重要意义。

【对映异构】(optical isomerism) 两个或多个分子由于构型上的差异而表现出不同旋光性能的现象。这些分子互为对映异构体，也叫旋光异构体。即两个有机化合物分子式相同，彼此互为物体与镜像关系的立体异构体(简称为对映体)。对映异构体都具有旋光性。其中一个是左旋体，另一个是右旋体。例如，甘油醛、酒石酸、乳酸等。许多天然有机物均存在对映异构现象。这在生化和新药研究中具有重要价值。

对映异构体

【对映异构体】（enantiomer） 见对映异构。

【对症治疗】（symptomatic treatment） 治疗的目的在于改善症状的治疗方法。如患支气管炎时服用的止咳药；下肢浮肿时服用利尿药；发烧时服用退烧药等。对症治疗也可防止疾病的进一步发展。此外，有些疾病的病因还不清楚，怎样进行对症治疗就成为关键。

【对撞机】（colliding beam machine） 使两束高速、反向运动的粒子流相互碰撞的高能物理实验装置。是在高能加速器基础上发展起来的。其主要作用是：积累并加速由前级加速器注入的两束粒子流，到一定能量时使其在相向运动状态下进行对撞。目前，对撞机大多是用储存环包进行对撞的。粒子加速到最终能量后储存在一个环内（对电荷相反的粒子）或两个环内（对电荷相同的粒子），以实现粒子间的对撞。对撞机分为：质子－质子对撞机、质子－反质子对撞机、电子－质子对撞机等。第一台对撞机是1961年投入运行的。以后多国先后研制了对撞机。中国于20世纪80年代末研制了北京正负电子对撞机，开展高能物理研究。

对撞机

【吨煤电耗】（electrical energy consumption per ton of raw coal） 采1t原煤所消耗的电量。是煤矿企业主要的电气化指数之一。单位是kWh/t。在煤矿企业中，分为原煤电耗、综合电耗等。直接用于原煤生产的总耗电量与原煤总产量的比值，称原煤电耗。原煤电耗可分为两个部分，一部分是不变电耗，其用电量多少与原煤产量高低没有直接关系，基本上保持常量，如井上照明用电，井下通风、压风、排水用电等；另一部分是可变电耗，其用电量多少直接与原煤产量大小有直接关系，如提升、运输、采煤工作面等动力用电，其用电量的多少是随着原煤产量的多少而变化的。煤矿企业的总耗电量与原煤总产量的比值称综合电耗。煤矿用电量一般用综合电耗（也称综合单耗）指标来表示。

【蹲苗】（hardening of seedling） 在作物栽培中采取人工措施来抑制幼苗茎叶徒长、促进根系发育的技术措施。其作用在于“锻炼”幼苗，促使植株生长健壮，提高后期抗逆、抗倒伏能力，协调营养生长和生殖生长。常用的方法是：（1）控制苗期肥水，使植株节间趋于粗短壮实而根系发达。（2）进行多次中耕，一方面可以切断土壤毛细管，使表层土壤疏松干燥，下层水分保蓄良好，利于根系向纵深伸长；另一方面由于中耕切断了部分侧根，降低了植株吸氮和氮的代谢水平，使体内的碳水化合物积累增多，也有利于植株生长健壮，控制徒长。（3）扒土晒根，以提高地温等。蹲苗的时期和具体操作方法因作物而异。高粱、玉米等春播作物，一般在定苗至拔节前进行扒土晒根；育苗移栽的作物、蔬菜，多在苗床控制浇水，进行干旱锻炼或移苗假植，以抑制地上部营养器官的生长，增强对外界不良条件的抵抗力，缩短移栽后的缓苗期。蹲苗时间的长短亦随气候、土壤水分、肥力以及作物的种类、长相长势等而有不同。蹲苗时间过长，会抑制植株的正常生长，影响生殖器官的分化；时间过短，则达不到预期的效果。对生育期短的作物或土壤水分不足、肥力瘠薄、作物长势不旺的田块，以不蹲苗为宜。

【盾构法】（shield tunneling method） 用盾构机在软质地基或破碎岩层中掘进隧洞的施工方法。其特点是在掘进的同时进行排渣和拼装后面的预制混凝土衬砌块。这种施工方法机械化程度高、施工速度快、洞体质量比较稳定、对周围建筑物影响较小，全部工作在盾构壳体保护下进行，施工安全。盾构机是一种带有护罩的专用设备。主要由壳体、排土系统、推土系统、衬砌拼装系统和辅助注浆系统五部分组成。其中，壳体由切口环、支撑环和盾尾三部分组成，并与外壳钢板连成一体；排土系统主要是由切削土体的刀盘、泥土仓、螺旋出土器、皮带传送机、泥浆运输电瓶车等部分组成。盾构机利用尾部已装好的衬砌块作为支点向前推进，用刀盘切割土体，同时排土和拼装后面的预制混凝土衬砌块。盾构机掘进的出碴方式有机械式和水力式，以水力式居多。水力盾构在工作面处有一个注满膨润土液的密封室。膨润土液既用于平衡土压力和地下水压力，又用作输送排出土体的介质。盾构法施工需具备以下基本条件：（1）线位上允许建造用于盾构进出洞和出碴进料的工作井。（2）隧道要有足够的埋深，覆土深度宜不小于6m。（3）相对均质的地质条件。（4）如果是单洞则要有足够的线间距，洞与洞及洞与其他建（构）筑物之间所夹土(岩)体加固处理的最小厚度为水平方向1.0m,竖直方向1.5m;从经济角度讲,连续的施工长度不小于300m。

【盾构隧道掘进机】(tunnel shield) 简称盾构机。一种集光、机、电、液、传感、信息技术于一体的隧道掘进专用工程机械。具有开挖切削土体、输送土碴、拼装隧道衬砌、测量导向纠偏等功能。其基本工作原理是:一个圆柱体的钢组件沿隧洞轴线边向前推进边对土壤进行挖掘。该圆柱体组件的壳体即护盾。它对挖掘出的还未衬砌的隧洞段起着临时支撑的作用,承受周围土层的压力,有时还承受地下水压以及将地下水挡在外面。挖掘、排土、衬砌等作业在护盾的掩护下进行。按其工作原理的不同可分为:手掘式盾构,挤压式盾构,半机械式盾构(局部气压、全部气压),机械式盾构(开胸式切削盾构、气压式盾构、泥水加压盾构、土压平衡盾构、混合型盾构和异型盾构)。泥水式盾构机是通过加压泥水或泥浆(通常为膨润土悬浮液)来稳定开挖面,其刀盘后面有一个密封隔板,与开挖面之间形成泥水室,里面充满了泥浆,开挖土料与泥浆混合由泥浆泵输送到洞外分离厂,经分离后泥浆重复使用。土压平衡式盾构机是把土料(必要时添加泡沫等对土壤进行改良)作为稳定开挖面的介质,刀盘后隔板与开挖面之间形成泥土室,刀盘旋转开挖使泥土料增加,再由螺旋输料器旋转将土料运出,泥土室内土压可由刀盘旋转开挖速度和螺旋输出料器出土量(旋转速度)进行调节。按盾构机开挖方法的不同可分为:敞开式、机械切削式、网格式和挤压式等。为了减少盾构施工对地层的扰动,可先借助千斤顶驱动盾构使其切口贯入土层,然后在切口内进行土体开挖与运输。用盾构机进行隧洞施工具有自动化程度高、节省人力、施工速度快、一次成洞、不受气候影响、开挖时可控制地面沉降、减少对地面建筑物的影响和在水下开挖时不影响水面交通等特点。在隧洞洞线较长、埋深较大的情况下,用盾构机施工更为经济合理。盾构掘进机已广泛用于地铁、铁路、公路、市政、水电等隧道工程。

盾构隧道掘进机

【盾状芽接】(scutiform grafting) 见T形芽接。

【多胺】(polyamine) 氨基酸经脱羧作用所产生的含两个及两个以上氨基的胺类。例如,鸟氨酸在鸟氨酸脱羧酶催化下,脱去羧基,释放出CO_2生成腐胺,然后再转变成精脒和精胺。这三种胺类均称为多胺。鸟氨酸脱羧酶是多胺合成的关键酶。精脒和精胺是调节细胞生长的重要物质。凡生长旺盛的组织,如胚胎、再生肝、肿瘤组织、动脉粥样硬化斑块等,鸟氨酸脱羧酶活性和多胺含量都有所增高。多胺促进细胞增殖的机制可能与其稳定细胞结构、与核酸分子结合、促进核酸和蛋白质生物合成有关。在体内多胺大部分与乙酰基结合经肾随尿排出,小部分氧化分解产生CO_2和NH_3。目前,临床上用以测定癌瘤病人血、尿中多胺含量作为辅助诊断及观察病情变化的生化指标之一。

【多宝鱼】(turbot) 俗称牙片、左口、比目鱼。原产于欧洲沿海的一种名贵比目鱼。隶属于鲽形目、鲆科、菱鲆属。“多宝鱼”为音译兼商品名。身体扁平近似圆型。双眼位于左侧,有眼侧呈青褐色,具少量皮刺;无眼侧光滑白色。背鳍与臀鳍大部鳍条分支。雄性一年达到性成熟。雌鱼二年达到性成熟。自然成熟期在每年5~8月份。人工培养的亲鱼,在控温控光的条件下,全年都可获得成熟的卵子。侧线鳞123~28。左右侧线同样发达。多宝鱼属于北欧冷水鱼类,最高致死温度为28~30℃;最低致死温度为1~2℃;生长温度为7~27℃;最适生长温度为14~17℃。对盐度的耐受力最高为40‰,最低为12‰。肉食性。在人工养殖条件下,经驯化能摄食配合颗粒饲料。1992年引进中国。现已成为中国北方沿海重要的养殖品种。与多宝鱼相似的鲆鲽类养殖品种主要有中国的牙鲆、半滑舌鳎、圆斑星鲽、美国的漠斑牙鲆(2002年引进)、日本的条斑星鲽(2004年引进)等。它们体型相似,习性相近,养殖技术类同。左鲆右鲽,区分鲆类和鲽类主要看鱼眼睛位于身体的左侧还是右侧。

多宝鱼

【多倍体】(polyploid) 体细胞中含有三个或三个以上染色体组的个体。其中,体细胞中含有三个染色体组的个体称为三倍体,含有四个染色体组的个体称为四倍体。多倍体产生的主要原因是:(1)体细胞在进行有丝分裂过程中,染色体已经复制,着丝点已经分裂,但细胞没有分裂,造成细胞内染色体数目的增加。(2)受精卵在分裂时,遇到特殊环境,使整套染色体数目加倍。多倍体植物的特征是:(1)体形、果实较大。(2)生理代谢功能较活跃。(3)变异性增强。(4)生长慢。多倍体植物的糖类、蛋白质等含量较高,抗旱、抗病的能力较强,更易适应生存条件的变化。在植物育种过程中,可通过物理刺激或化学药物处理等方法,人工诱导植物产生多倍体。

【多倍体育种】(polyploid breeding) 利用人工诱变或自然变异等,通过细胞染色体组加倍获得多倍体育种材料,用以选育符合人们需要的优良品种的育种方式。多倍体普遍存在于植物界,它是变异发生的重要途径之一,对于物种的进化和育种都有重要的意义。如利用同源三倍体表现高度不育培育无籽西瓜品种;利用染色体加倍能增大作物的营养器官或果实的剂量效应,培育四倍体的大粒草莓和葡萄品种;利用异源多倍体克服远缘杂交的结实困难,培育异源八倍体小黑麦品种等。多倍体还是不同倍性植物间或种间的遗传桥梁,是进行基因转移的有效手段。诱导多倍体的途径有温度骤变、机械创伤、辐射、离心力等物理因素,以及秋水仙素、富民隆、萘嵌戊烷、吲哚乙酸、氧化亚氮等化学药剂。其中多倍体育种最常用、最有效的育种方法是用秋水仙素或低温诱导来处理萌发的种子或幼苗。秋水仙素能抑制细胞有丝分裂时形成纺锤体,但不影响染色体的复制,使细胞不能形成两个子细胞,而染色数目加倍。仍属于染色体组工程的研究范畴。

【多波束测深仪】(multibeam echosounder) 获取高密度水深数据的回声测深设备。利用相控换能器基阵发射扇形(例如开角130°×1°)声波束,到达海底界面后反射,形成多个窄波束(例如0.5°×1°)信号;一次脉冲发射可获取数十个甚至100多个水深数据,覆盖海底宽度可达到深度的10倍。一般组成为:(1)声波发射接收装置。包括发射器基阵、水听器基阵、信号发射子系统、信号接收和声纳处理子系统。(2)回声信号数字处理装置。包括图形处理与显示子系统、后处理工作站等。测量的原始数据通过筛选、消除误差等处理,用于绘制各种海图,建立海底地形模型19。

多波束探测仪

【多波束微波辐射扫描仪】(special sensor microwave imager,SSMI) 卫星携带的一种由七个不同的微波功率辐射计组成的扫描仪。主要用于获取全球海面风速分布、降雨、云中水量、积分水汽及海冰等海洋环境参数。它以1 400km的扫描宽度对地观测,每三天可对全球观测一次。

【多仓混棉机】(multi-warehouse cotton blender machine) 将开棉机初步开松的原棉、化纤或混合纤维分配至各棉仓内,进一步去除尘屑和开松原棉的设备。由钢板焊接结构的前、中、后机架,一对给棉罗拉,六个打手以及毛刷装置、输棉帘、棉仓、配棉道和一套气动装置组成。棉仓上部隔板为网眼板,用于仓内气流排放。在每个棉仓的中上部装有光电装置,当某一棉仓的储棉量低于光电装置位置时,控制系统会向抓棉机发出要棉信号,开始向这一棉仓喂棉。配棉道位于机顶,向各棉仓输送原料。当某一棉仓上部的配棉活门开启后,配棉道与该仓形成进棉通道可向此棉仓喂棉。通过棉仓进棉口处的通气孔和压力传感器,检测棉仓压力。随着棉量的增加,棉仓压力上升,当达到设定压力值后,配棉活门自动关闭。

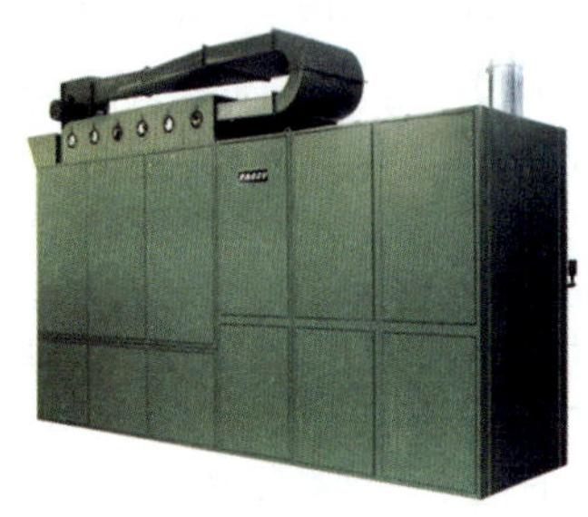

多仓混棉机

【多冲量控制系统】(multi-impulse control system) 具有多个变量信号,经运算后共同控制一台执行器,使被控的工艺变量有较高的控制质量的控制系统。冲量即为一种变量。多冲量控制系统在锅炉给水系统控制中应用广泛。在锅炉的运行中,根据水位指标,给水控制系统可自动控制锅炉的给水量,使其适应蒸发量的变化,维持水位在允许的范围内,使锅炉运行平稳可靠,并减轻操作人员的繁重劳动。

【多重人格】(multiple personality) 一个人具有两个以上的、相对独特的并相互分开的亚人格。是一种癔症性的分离性心理障碍,一种心因性身份障碍,即由心理因素引起的人格障碍。可以有双重人格、三重、四重……,最多的可以达到17重人格。其中以双重人格相对多见。其基本特征是:虽然同一个体具有两种或更多完全不同的人格,但在某一时间,只有其中之一明显。每种人格都是完整的,有自己的记忆、行为、偏好,可以与单一的病前人格完全对立。多重人格往往由情感创伤引发,特别以童年期的精神创伤为多见。其产生原因是:心理过程的分离。一部分行为和经验被单独保持,彼此之间没有交流。后继的人格通常能意识到主体人格的存在,但把它看作为客体,而把自身看作为主体。当分离尚未全面时，主体人格还有可能意识到另一种人格的存在，但通常把自身看作“我”，而把另一种人格看作“他”、“她”或“它”。当分离全面进行时，主体人格便会忘却自己的身份，并由后继人格取而代之。后继人格和主体人格在其情感、态度、知觉和行为等方面都非常不同，甚至处于剧烈的对立面。此症以女性为多。其发病率通常为男性的3～9倍。其治疗方法有格式塔疗法、精神分析法、支持疗法等。但所有疗法都离不开家人、朋友、同事等长期而耐心的配合。在治疗时尤应避免激惹病源。

【多道程序设计】(multichannel programming) 由多道可同时执行的程序组成程序模块的程序设计方法。是操作系统采用的基本技术之一。其根本目的是增强系统的处理能力和提高机器的利用率。其特点是：(1)独立性。(2)随机性。(3)资源共享性。其缺陷是：(1)延长程序执行时间。(2)系统效率的提高有一定限度。它的引入，提高了设备资源的利用率，使系统中的设备经常处于忙碌状态，整体上提高了系统的吞吐量。

【多点成型技术】(multipoint forming technology) 金属板料三维曲面成型的一种柔性加工方法。利用多点成型设备的柔性特点，无需换模就可以进行不同三维曲面件的成型。多点成型技术利用计算机辅助设计、辅助制造和辅助测试技术，将柔性制造技术和计算机技术结合为一体，从而实现无模、快速、数字化制造。相对于传统的模具成型方法，多点成型实现了一机多用的构想，既可节省模具设计与制造所需的大量时间和费用，又可降低产品的成本，加速产品的更新换代。本工艺技术较适合于面积较大的薄型金属材料的曲面成型加工，尤其适应小批量、短周期的新产品研发生产的要求。

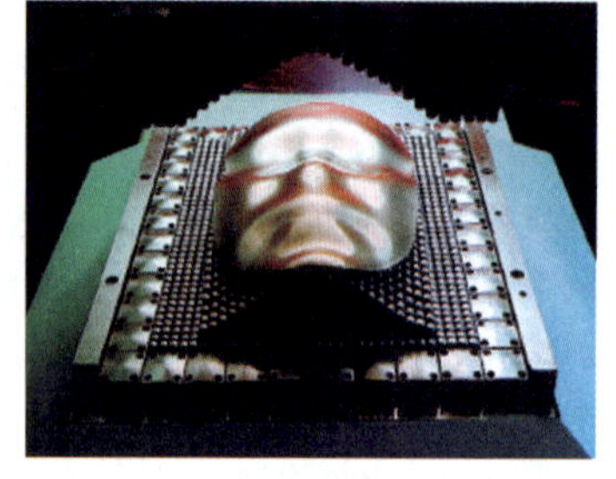
板材多点成型

【多风机多级机站通风】(multiple fans and multiple fan sets) 在全矿井主要风流路线上采用三级及以上机站串并联作业，分段克服矿井通风阻力的通风方式。其优点是：可使压力分解，系统压力梯度均匀，漏风少，有效风量率高。采用低压节能风机直接控制风量，按需开停风机，整个通风系统灵活，稳定，高效，低耗，风机与网络匹配程度好。该方式是风量调节灵活的一种新的压抽(抽压)混合式矿井通风技术。是大型矿山生产的基础和安全保障。

【多工位级进模】(multistation progressive die) 在级进模基础上发展起来的精密、高效、长寿命的模具。一般都配置自动送料、自动出件、自动检测与保护等装置以实现自动化生产。它不但生产效率高，而且制件质量易于得到保证，操作安全，节省模具材料，冲压设备以及劳动力，经济效益显著。其结构比较复杂，制造技术要求较高，成本相对也就高，同时对冲压设备和原材料也有相应的要求，对模具设计的合理性也提出了更高的要求。此类模具一般适用于批量较大、材料较薄的中、小型冲件。

【多工作面掘进】(multipleh digging) 又称多头掘进。一个掘进班组于同一时间在几个邻近工作面分别从事不同工序的掘进作业。各主要工序按顺序进行，互不干扰，设备和工时利用率高，掘进平均工效高。例如在巷道掘进时，如采取顺序作业，要想人员不发生窝工现象，前后每个工序所用的人数应相等，但一般是达不到这个要求的。为弥补各工序之间人员的不平衡，施工时可采用一个队负责多个工作面的施工方法。在巷道施工中利用多工作面掘进是利用各个工作面同时施工的人数可以不等这个条件，使各个工序尽量取用它所需要的最多人数。这样既充分利用了工时和设备以提高工效，又可得到较高的掘进速度。多工作面掘进的应用条件是：有两条或两条以上需施工的巷道，互相距离不远且断面也相差不大；其中有时差较大的非关键工程，施工中对速度要求不太高，且允许有一定时间的间断；最好是围岩基本稳定，施工条件良好。

【多功能建筑】(multifunctional building) 以满足一种使用功能为主，兼作他用的建筑物。是因为某些单一功能建筑使用率不高而出现的建筑类型。这类建筑，经过合理的布置，并按所需增添的各种功能，增设相应的设备和采取相应的技术措施，达到多种功能的使用目的，从而提高经济效益。由于在同一特定的位置和空间内实现了多种实用的功能，还可以节约用地。采用多功能建筑设计的有：体

多功能建筑

育馆、剧场和大型厅堂等。例如北京首都体育馆的比赛场,以用作技巧和球类运动比赛为主,也用作滑冰练习或冰上运动比赛。当需要作冰场使用时,便将有构成场地的活动地板移至地下室,在活动地板下面的钢筋混凝土槽内注水,结冰后就成为冰场。当再需要进行球类比赛时,仍可恢复原貌。美国休斯敦的杰西琼斯大厅,是一座多功能剧场。它的观众厅内装有活动的顶棚,当作为音乐厅使用时,用电子自动控制调节空间尺度,便具有音乐厅的功能。现在微电技术的发展,使过去不易实现多功能的建筑成为可能。许多类型的公共建筑已显示出大规模走向小规模和从单一功能走向多功能的趋势。

【多功能酶】(multifunctional enzyme) 一种能催化多个化学反应的生物催化剂。其化学组成是蛋白质或以蛋白质组成为主体的大分子物质。不同的酶,其氨基酸组成、辅基种类、催化反应时的条件、分子量及其空间构型等均随之不同。通常,一种酶只能专一性地催化一个化学反应,然而某些酶能催化2~6个化学反应。因此,把这一类酶称为多功能酶。其中较为典型的有:脂肪酸合成酶、克锰毒蛋白和乙酰基-辅酶A梭化酶等。

【多环芳烃】(polycyclic aromatic hydrocarbons) 分子中含有两个以上苯环的碳氢化合物。一种高致癌性的物质。常见的多环芳烃有萘、蒽、菲、芘、苯并[a]芘等。其性质稳定,大多吸附在大气和水中的微小颗粒物上。大气中的多环芳烃主要来自各种烟尘和烹调油烟等,通过沉降和降水冲洗作用而污染土壤和地表水。食品中的多环芳烃类致癌物来源于煤烟、油烟、柴草烟等。多环芳烃对环境和人体健康危害很大。对人体的主要危害部位是呼吸道和皮肤。

【多基因假说】(polygene hypothesis) 关于解释数量性状的遗传的学说。由瑞典生物学家H.尼森.埃尔首先提出。按照他的解释,数量性状是许多彼此独立的基因作用的结果,每个基因对性状表现的效果较微,但其遗传方式仍然服从孟德尔的遗传规律。同时,该学说还假定:(1)各基因的效应相等。(2)各个等位基因的表现为不完全显性或无显性,或表现为增效和减效作用。(3)各基因的作用是累加的。该学说可用于化学、生物学等众多领域,如生物育种。

【多基因抗病性】(polygenic resistance) 又称微效基因抗病性。由多个基因共同控制的植物抗病性。每个基因的单独作用较小。基因间相互作用在数量方面的表现,可以是相加的或相乘的,也可能有更复杂的相互作用。抗病性表现为数量遗传性状,如降低病原物的侵染率,延长潜育期,减少其繁殖数量等,使病害的流行速率减低。多基因抗病性一般仅达中等强度,对环境条件的变化较敏感,大多无小种专化性,不会因病原菌生理小种的变化而发生变异,抗性较持久。多基因抗病性多属水平抗病性。但并非所有的水平抗病性都是多基因遗传的。

【多基因遗传】(polygenic inheritance) 多个基因的累加效应引起的遗传性状。生物和人类的许多表型性状由不同座位的较多基因协同决定。与单基因遗传不同,这些基因之间没有显性和隐性之分,只有有效和无效的区别。有效基因作用虽很微弱,但有累加效应,即有效基因越多,则表现的性状强度越大。同时这种遗传还受环境因素影响。

【多级火箭】(multistage rocket) 由数级火箭组合而成的运载工具。每一级都装有发动机与燃料。多级火箭尾部最初一个先工作,工作完毕后与其他的火箭分开,然后第二个火箭接着工作,依此类推。由几个火箭组成的就称为几级火箭,如二级火箭、三级火箭,等等。需要指出的是,如果多个火箭同时工作,它们只能算作一个级。由于单级火箭在实际运用上很难达到实现宇宙飞行所必需的宇宙速度,因此需要采用多级火箭来解决这一问题。多级火箭可以是串联式的、并联式的或串并联式的,但常用的形式是串联和串并联。在“长征”系列火箭中,长征二号E、长征二号F和长征三号B是串并联式火箭,而其余的“长征”系列火箭则都是串联式火箭。多级火箭的优点是:(1)多级火箭在每级工作结束后可以抛掉不需要的质量,因而在火箭能够获得良好的加速性能,逐步达到预定的飞行速度。(2)多级火箭各级发动机是独立工作的,可以按照每一级的飞行条件设计发动机,使发动机处于最佳工作状态,从而也就提高了火箭的飞行性能。(3)多级火箭可以灵活地选择每一级推力的大小和工作时间,以适应发射轨道的要求。人造卫星进入飞行轨道的速度达到7.9km/s时才不会掉到地面上来;飞到月球上去的星际飞船,速度要达到11.2km/s;如果要飞到其他行星上去,速度还要大一些。把它们送入太空都需要使用多级火箭。

多级火箭

【多浆花卉】(pulpy flowers) 茎叶具有发达的贮水组织、植株呈肥厚多汁状态的植物。多数为旱生、喜热植物类型，常见栽培的有仙人掌科、景天科、番杏科、萝藦科、菊科、百合科、龙舌兰科和大戟科等许多属种。其中以仙人掌科的种类最多，如昙花、令箭荷花、蟹爪兰和燕子掌等。

多浆花卉

【多阶段抽样】(multi - stage sampling) 将整个研究过程分为若干个阶段进行的抽样方法。其具体作法是：先将总体划分为若干个群，这些群被称为初级(一级)抽样单元；然后，用某种抽样方法抽取一部分初级单元，再将抽到的各个初级单元分别划分成若干个次级(或二级)抽样单元；用某种抽样方法从抽到的各初级单元中再分别抽取一部分次级单元。如此下去，直到无需再划分为止。

【多金属结核】(polymetallic nodule) 又称锰结核。由包围核心的铁、锰、氢氧化物壳层组成的核形石。形成于深海海底表层，为球状、结核状自生沉积矿产。主要分布在大洋水深2 000～6 000m的海底，特别是大于3 000m的深海区。结核往往处于半埋藏状态，有些结核完全被沉积物掩埋。结核的化学成分因锰矿的种类和核心的大小及特征不同而异。具有经济价值的结核，其主要成分为锰(Mn,29%)，其次为铁(Fe,6%)和铝(Al,3%)。其中最有价值的金属分别为镍(Ni,1.4%)、铜(Cu,1.3%)和钴(Co,0.25%)。其他成分主要为氧(O)和氢(H)，以及钠(Na)和钙(Ca)，分别约1.5%；镁(Mg)和钾(K)各约0.5%；钛(Ti)和钡(Ba)各约0.2%。多金属结核在太平洋、大西洋和印度洋底均有分布。其总面积达$5.5\times10^{7}km^{2}$，总资源量约$3\times10^{13}t$。其中太平洋约$1.7\times10^{13}t$。在目前经济技术条件下，具有商业开采价值的矿床约$7.5\times10^{10}t$。

【多金属软泥】(polymetallic mud) 含多种金属的未固结的海洋沉积物。多分布在水深2 000～3 000m的海底。沉积物来源为洋壳深处喷出的海底热液。热液与深海冷水相遇后，发生一系列物理化学反应，形成多金属软泥沉积物。有时可堆积成金属含量很高的固体矿柱。多金属软泥所含金属有铁(Fe)、锰(Mn)、铝(Al)、锌(Zn)、铅(Pb)、金(Au)、银(Ag)、铜(Cu)、镍(Ni)等，多以硫化物形式存在。多种金属含量已达工业开采要求。多金属软泥分布比多金属结核浅，是一种具有开发前景的海底矿产资源。

【多晶硅材料】(polycrystalline silicon material) 以硅为原料经一系列物理化学反应提纯后，达到一定纯度的由多重小晶体组成的硅材料。是硅产品产业链中的一个极为重要的中间产品。是制造硅抛光片、太阳能电池及高纯硅制品的主要原料。在信息产业和新能源产业等领域应用广泛。

【多晶体】(polycrystal) 与单晶体相对应。由许多单晶体(晶粒)构成的物体。一般的金属材料多属多晶体。其中，晶粒与晶粒之间存在晶界。若各晶粒的结晶位向不一致，则显示各向同性。若为一致(呈择优取向)，则显示各向异性。

多晶硅材料

【多径效应】(multipath effect) 由电波在传播信道中的多径传输现象所引起的干涉延时效应。在实际的无线电波传播信道中(包括所有波段)，常有许多时延不同的传输路径，称为多径现象。多径效应不仅是衰落的经常性成因，而且是限制传输带宽或传输速率的根本因素之一。在短波通信中，为保证电路在多径传输中的最大时延与最小时延差不大于某个规定值，工作频率要求不低于电路最高可用频率的某个百分数。这个百分数称为多径缩减因子，是确定电路最低可用频率的重要依据之一。

【多孔淀粉】(porous starch) 又称微孔淀粉。由具有生淀粉酶活力的酶，在低于淀粉糊化温度下，水解各种生物淀粉形成的一种中空的新型变性淀粉。其制备方法主要有：物理方法(超声波照射、喷雾)、机械方法(机械撞击)和生化方法(醇变性、酸水解、酶水解)三种。比较有使用价值的制备方法是酶水解法。其工艺流程是：颗粒生态淀粉在糊化温度下部分酶解(α-淀粉酶、葡萄糖淀粉酶和脱支酶等)、过滤、洗涤和干燥得到成品。其小孔直径1μm左右。孔的容积占颗粒体积的50%左右。孔的形成取决于淀粉和淀粉酶的来源、品种、浓度、反应温度、淀粉生料的pH值和搅拌程度等。控制淀粉水解程度，可调节孔的数目、大小、深度、颗粒坚固性和结构稳定性。能形成多孔淀粉的生淀粉，主要来源于玉米、木薯、甘薯、土豆、大米、小麦和大麦等。与天然淀粉相比，有如下特性：有较大的比孔容和表面积，堆积密度、颗粒密度低，有良好的吸水性、吸油能力，在干燥状态下有良好的机械程度，分散在水及其他化学溶剂中能保持明显的结构完整性，加工过程不使用化学试剂，安全，无毒和使用剂量不受限制。广泛应用于食品、医药卫生和农业等行业。

【多孔钛材】(porous titanium product) 由耐腐蚀的金属钛制成的一种多孔材料。采用等静压制工艺成型。具有优异的耐腐蚀性能和密度小、强度高、透气均匀、孔隙度高、开孔率大、孔径分布均匀等特点。广泛用于环保、食品饮料、医药、石油化工、冶金等领域,如各种气体、液体的净化分离元件,各种气体在液体、固体中的分布元件。

【多孔吸声材料】(porous sound absorbing materials) 含有很多互相连通的连续气泡的吸声材料。目前中国的多孔吸声材料,主要有无机纤维材料、泡沫塑料、有机纤维材料及吸声建筑材料等。建筑中常使用的各种微孔泡沫吸声砖、泡沫混凝土等吸声建筑材料,具有保湿、防潮、耐蚀、耐冻、耐高温等优点。吸声材料的流阻、空隙率、结构因子、材料背后的空气层、材料表面的装饰处理及使用条件等,都影响多孔材料的吸声性能。

【多路复用】(multiplexing) 在数据通信系统或计算机网络系统中,传输媒体的带宽或容量超过传输单一信号的需求时,为有效地利用通信线路,用一个信道同时传输多路信号的数据传输技术。采用多路复用技术能把多个信号组合起来在一条物理信道上进行传输,在远距离传输时可大大节省电缆的安装和维护费用。常见的多路复用技术主要有频分多路复用(FDM)、时分多路复用(TDM)、波分多路复用(WDM)和码分多路复用(CDMA)等。频分多路复用(FDM)的基本原理是在一条通信线路上设置多个信道,每路信道的信号以不同的载波频率进行调制,各路信道的载波频率互不重叠。这样一条通信线路就可以同时传输多路信号。时分多路复用(TDM)是以信道传输时间作为分割对象,通过多个信道分配互不重叠的时间片的方法来实现。因此时分多路复用更适用于数字信号的传输。它又分为同步时分多路复用和统计时分多路复用。波分多路复用(WDM)是光的频分多路复用。它是在光学系统中利用衍射光栅来实现多路不同频率光波信号的合成与分解。码分多路复用(CDMA)也是一种共享信道的方法。每个用户可在同一时间使用同样的频带进行通信,但使用的是基于码型的分割信道的方法,即每个用户分配一个地址码,各个码型互不重叠,通信各方之间不会相互干扰,且抗干扰能力强。码分多路复用技术主要用于无线通信系统,特别是移动通信系统。它不仅可以提高通信的话音质量和数据传输的可靠性以及减少干扰对通信的影响,而且增大了通信系统的容量。

【多氯联苯】(polychlorinated biphenyls, PCBs) 又称氯化联苯。一系列不同含氯量的苯的同系物的混合物。一种剧毒品。其物理化学性质与有机氯农药相似。典型的持久性有机污染物。在自然条件下很难降解,且有生物毒性。其生物毒性表现是:致癌性、生殖毒性、神经毒性和干扰内分泌系统。存在于空气、水、土壤和食物中,构成对环境和人体的危害。

【多毛症】(hirsutism) 与其同种族、同年龄的女性相比,女性特征毛发生长过盛并分布呈男性化症状。主要表现为上唇、下颌、耳前、乳晕、胸部、上腹部、下腹部、上背部等部位,出现粗而长的终毛。发生率占育龄妇女的10%左右。多毛症的发生是体内雄激素过多或毛囊对雄激素的敏感性增加所致。在临床上,根据体内是否存在雄性激素水平的高低将多毛症分为三种类型:(1)正常雄激素性多毛症。其中特发性多毛症有明显的家族发病倾向。(2)高雄激素性多毛症。由雄激素增多引起的多毛症占本病的75%~85%。女性体内的雄激素主要来源于肾上腺和卵巢。这两个器官的多种病变均会导致循环中雄激素的升高。(3)医源性多毛症。由药物治疗引起的人体躯干、面部广泛毛发增多现象。毛的粗细介于胎毛与终毛之间。多毛症的治疗方法是:对医源性多毛症,应停用导致多毛症的药物。在一般情况下,停药6~12个月即可恢复正常。对其他疾病引起的多毛症,应积极处理原发病。同时,也应相伴进行美容措施。

【多媒体地图】(multimedia map) 用多媒体技术建立、储存和传送,并同时具备声、像多功能显示的地图。媒体是人与人之间实现信息交流的中介,是信息的载体,也称为媒介。多媒体可以理解为直接作用于人感官的文字、图形图像、动画、声音和视频等各种媒体的统称。多媒体技术不是各种信息媒体的简单复合,而是一种把文本、图形、图像、动画和声音等形式的信息结合在一起,并通过计算机进行综合处理和控制,能支持完成一系列交互式操作的信息技术。作为一种新近出现的地图形式,多媒体地图在国民经济和人民群众的生活中广泛应用。

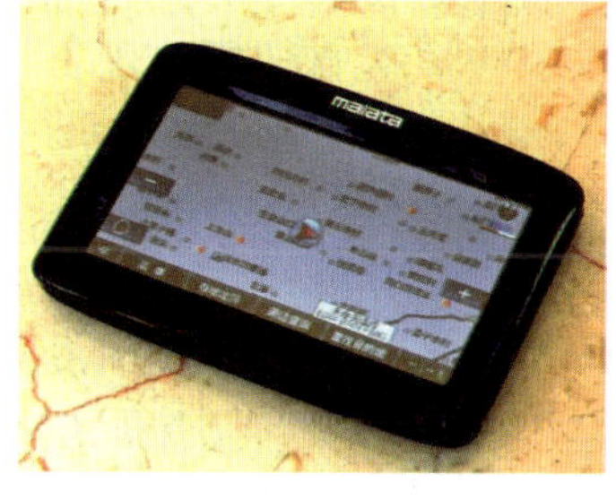

多媒体地图

【多媒体技术】(multimedia technology) 采用先进的数字记录和传输方式,对文字、声音、图形、图像及视频影像等进行综合处理，并能在计算机系统上输入、输出的软硬件技术。集计算机技术、声像技术和通信技术于一体。在书籍杂志的出版发行、电信、电视广播、文化教育及人类日常生活等领域应用广泛。

【多媒体卡】（multi media card, MMC） 由西门子公司和SanDisk于1997年推出的一种利用闪存制造的存储电子信息的小型存储器。1998年1月14家公司联合成立了MMC协会，现在已经发展到84个成员。它具有小型轻量的特点，重量在2g以下，并且耐冲击，可反复进行读写记录30万次。驱动电压为2.7～3.6V。不同类型的闪存卡采用的接口规范各不相同，各自的存取速度也不相同。即便是同种类型的存储卡，也受到各厂商制造水平、读卡器优劣，乃至被连接到的主机性能等因素的干扰，在实际也表现出不同的存取速度。MMC的发展目标主要是针对数码影像、音乐、手机、PDA、电子书、玩具等产品，MMC卡原本使用1bit串联界面，但较新的标准则容许同时传送4 bit或8 bit的资料。近年MMC卡技术已差不多完全被SD卡所代替，但由于MMC卡仍可被兼容SD卡的设备所读取，因此仍有其作用。

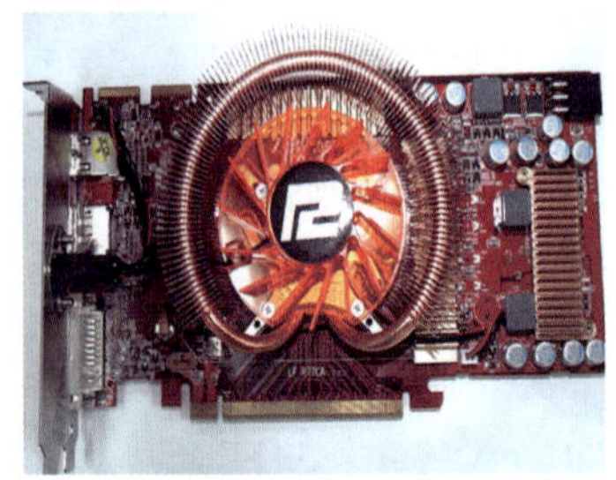
多媒体卡

【多媒体数据库】（multimedia database, MDB） 能够管理数值、文字、表格、图形、声音等多种媒体的数据库。其特点是：(1)支持多媒体数据类型。(2)定长数据和非定长数据的集成。(3)复杂实体的表示和处理。(4)同一实体的多种表现形式。(5)良好的用户界面。(6)支持多媒体的特殊查询及良好的处理接口。(7)支持分布式环境。广泛用于办公信息系统、商业营销系统、地理信息系统、计算机辅助设计和计算机辅助制造系统、医疗信息系统以及人类活动的诸多领域。

【多媒体信息检索】（multimedia information retrieval） 一项可对文字、图像、声音、动画等多媒体信息进行识别并获取所需信息的技术。按检索方式的不同可分为两类：(1)以全文检索作为基本和主要的手段，在文字和其他媒体之间建立连接，非文字媒体的检索通过全文检索实现。(2)根据各种媒体本身的特征进行检索。该技术主要包括各种媒体的获取、压缩、存取和输出等。

【多酶复合体】（multienzyme complex） 多种酶靠非共价键相互嵌合催化连续反应的体系。在连续反应体系中，前一反应的产物为后一反应的底物，反应依次连接，构成一个代谢途径或代谢途径的一部分。由于该序列反应是在高度有序的多酶复合体内进行，从而提高了酶的催化效率，同时利于对酶的调控。在完整细胞内的许多多酶体系都具有自我调节能力。多酶复合体的相对分子量都在几百万以上。葡萄糖氧化分解过程的丙酮酸脱氢酶复合体、脂肪酸合成酶复合体等，都属于多酶复合体。

【多米诺骨牌理论】（domino theory） 又称骨牌理论。由德国陆军大将海因里希提出的用以描述事故发生的过程的多米诺理论。在一个存在内部联系的体系中，一个很小的初始能量就可能导致一连串的连锁反应，从而给整个体系带来巨大的影响。该理论认为，伤害事故的发生是一连串事件，按一定的顺序，互为因果依次发生的结果。海因里希把导致伤害的事故分为五个因素或五个阶段，并将其看作是五个顺序放置的骨牌。一块骨牌倒下，就会引起后面的牌连锁地倒下，最终导致伤害的发生。多米诺骨牌效应告诉我们：一个最小的力量能够引起的或许只是察觉不到的渐变，但是它所引发的却可能是翻天覆地的变化。这有点类似于蝴蝶效应，但是比蝴蝶效应更注重过程的发展与变化。

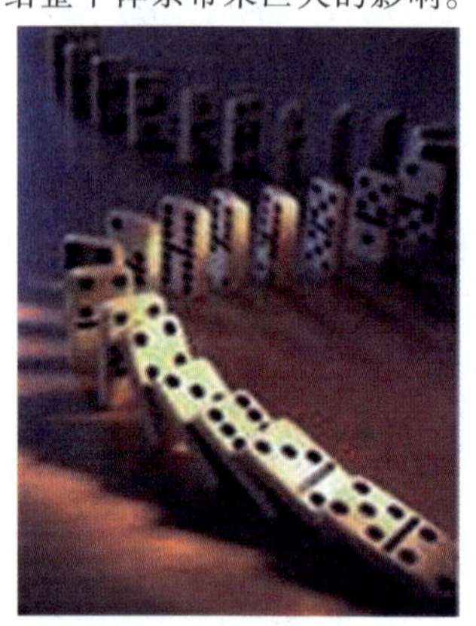
多米诺骨牌理论

【多目标攻击航空火力控制系统】（airbone fire control system of multi-target attacking） 载机对敌空中单个目标或集群目标同时进行搜索、跟踪、瞄准、攻击计算、控制导弹发射及制导照射等攻击全过程实施控制管理的综合系统。它和具备多目标攻击能力的中、远程空空导弹及发控装置配合，形成机载多目标攻击武器系统。配备该系统的载机可单机作战，也可多机协同作战。该系统主要包括：(1)目标探测和跟踪系统。(2)大容量高速实时火控任务计算机。(3)武器管理系统。(4)综合显示系统。(5)战术信息数据传输和处理系统。(6)惯性导航和全球定位组合导航系统、大气数据计算机等。多目标攻击火控系统的关键技术包括:远距多目标探测、跟踪技术、多目标敌我识别和模式识别、多目标攻击决策、威胁判断和火力分配、大系统设计和综合、多传感器管理和数据融合、高性能脉冲多普勒雷达和红外搜索跟踪系统等。

【多目标决策】(multiple criteria decision making) 又称多目标最优化。系统方案的选择取决于多个目标的满足程度的一类决策问题。反之,系统方案的选择若仅取决于单个目标,则称这类决策问题为单目标决策,或称单目标最优化。多目标决策方法是从20世纪70年代中期发展起来的一种决策分析方法。决策分析是在系统规划、设计和制造等阶段为解决当前或未来可能发生的问题,在若干可选的方案中选择和决定最佳方案的一种分析过程。在社会经济系统的研究控制过程中,人们所面临的系统决策问题常常是多目标的。多目标决策方法主要有:化多为少法、分层序列法、直接求非劣解法、目标规划法、多属性效用法、层次分析法、重排序法、多目标群决策和多目标模糊决策等。多目标决策方法已广泛地应用于工艺设计、工艺过程、配方配比、水资源利用、能源、环境、人口、教育、经济管理等领域。

【多囊卵巢综合征】(polycystic ovarian syndrome, PCOS) 以持续无排卵或稀发排卵,高雄激素、胰岛素抵抗为特征的内分泌和代谢紊乱疾病。确切病因不清,可能与遗传、环境、生活习惯等因素有关。近年来发病率增高。多在青春期后发病。其主要临床表现有:月经失调(大多数为稀发或继发闭经)、肥胖、多毛、痤疮、不孕、双侧卵巢增大(比正常卵巢大2~3倍)呈多囊性改变。远期可并发Ⅱ型糖尿病、子宫内膜癌、心血管疾病等。是影响妇女一生健康的疾病。其治疗措施是:(1)调整生活方式,加强锻炼,限制高糖、高脂饮食以减轻体重。因脂肪过多会加剧高雄激素、高胰岛素程度,也是导致无排卵的重要因素之一。(2)口服避孕药(达英-35、妈富隆)。可对抗雄激素过多症状,并能调整月经周期。(3)增加胰岛素敏感性。首选二甲双胍。(4)手术。适用于严重患者药物治疗无效者。腹腔镜下对多囊卵巢用电凝或激光穿刺打孔。卵巢楔形切除现已少用。

【多年冻土】(frozen earth over three years) 三年或三年以上温度等于或低于0℃且含有固态水的土。在多年冻土地区,受到季节变化而融化或冻结的地表层称为季节融化层。多年冻土的上部界限,称为多年冻土上限。多年冻土的下部界限,称为多年冻土下限。上限和下限之间,可能有局部融区。多年冻土地区地下冰可分为粒状整体结构冰、方格状网形结构冰、微层结构冰、波浪云雾状薄层结构冰和块状厚层结构冰五种结构形态。地下冰的结构形态的形成与原土骨架的结构有关。按其总含水量的不同可分为少冰冻土、多冰冻土、富冰冻土、饱冰冻土和含土冰层。多年冻土地区公路和桥梁建筑物的破坏的主要因素是上限附近地下冰的冻融或冻胀。了解多年冻土的分布规律,确定多年冻土上限位置及其变化是多年冻土地区工程地质勘探的重点。

【多年生草本果树】(perennial herbaceous fruit plant) 其新梢茎内木质部不发达,其上部分在生长季结束后就死亡,而地下部休眠,来年春季再萌发生长并结果的果树。常见的草本果树有草莓、香蕉和菠萝等。如草莓是多年生草本果树,又称洋莓、地莓。是对蔷薇科草莓属植物的通称。属多年生草本植物,在全世界已知有50多种,原产欧洲。草莓有匍匐枝,复叶,小叶3片,椭圆形。初夏开花,聚伞花序,花白色或略带红色。花托增大变为肉质,瘦果夏季成熟,集生花托上,合成红色浆果状体。花期4~7月,果期6~8月。由于草莓色、香、味俱佳、营养价值高、含丰富维生素C和有帮助消化的功效,所以被人们誉为“水果皇后”。中国有7个种,其中以森林草莓和东方草莓两种最多,分布在东北、西北和西南等地的山坡、草地或森林中。此外还有黄毛草莓、西南莓、五叶草莓、纤细草莓和西藏草莓。世界各国栽培的草莓主要是18世纪育出的大果草莓。其主要产地在美国、新西兰、中国和澳大利亚。

菠萝

【多年生蔬菜】(perennial vegetables) 一次播种或定植,连续生长和采收在两年以上的蔬菜。包括多年生草本蔬菜和木本蔬菜。多年生草本蔬菜有黄花菜、百合、石刁柏、草莓、朝鲜蓟、襄荷、霸王花、食用大黄、辣根、款冬、菊花等;木本蔬菜有竹笋、香椿、枸杞等。多年生草本蔬菜的地上部分每年冬季枯死,地下的根、根状茎或鳞茎等器官宿存于土壤中,以休眠状态度过不利于生长的时期(如严寒、干旱、酷暑等),待气候环境适宜时重新萌芽、生长、发育,如此多年生长。木本蔬菜的地上部分有常绿的竹笋和秋、冬季落叶的香椿它们的根系较发达,分蘖能力强,对环境适应性、抗逆性和抗病虫能力较强，对土壤、水分、肥料等条件要求不严。其根系、地下茎或鳞茎比较发达，要求土层深厚，须在生育期间保证养分供应。多采用无性繁殖，对某些易退化的种类需在二三年后换茬，或异地种植。

【多年生作物】(perennial crop) 一次播种或栽植，个体生命活动周期可延续2～3年以上的作物。是按生长年限长短进行作物分类的一种。其产品一年内可收一次或一次以上。如苎麻、金花菜、紫花苜蓿等。

四棱豆

【多胚生殖】(polyembryony) 一个昆虫卵经多次核裂产生2个以上胚胎的生殖方式。常见于寄生蜂类和捻翅目昆虫中。如跳小蜂的卵，产入寄主卵内以后，其卵核进行多次分裂，每个子核形成一个胚胎，可产生1 600个胚胎。其数目的多少取决于寄主的承受能力。这种生殖方式保证了寄生蜂在缺少寄主时能繁殖出大量后代。

【多普勒雷达】(Doppler radar) 一种连续波雷达。利用多普勒效应测定单一目标径向速度的雷达。发射固定频率的等幅电磁波，可根据回波信号的多普勒频移，准确测出目标的相对径向速度，但不能测距。主要用于机载导航，测量飞机的地速和偏流角，或用于导弹或炮弹初速的测量。

脉冲多普勒雷达

【多普勒声呐导航】(Doppler sonar navigation) 舰艇利用多普勒声呐测得的航速，结合罗经提供的航向，连续显示推算舰位的导航技术。多普勒声呐的测速原理：在舰底0处装一发射和接收换能器，向前下方发射超声波。波束俯角θ是定值。航行中超声波经海底P处漫反射后，再由换能器接收，接收超声波的频率与发射频率间的多普勒频移是和航速V成正比的，由此即可求得V。同时还对称地向舰尾下方发射一波束，以消除舰艇在波浪中垂直升降速度和纵摇对测速的影响。测速精度可达±(0.2%～0.5%)，且可测得0.01节的微速。将航速与时间积分，即可求得航程。再增配向舰底左右下方横向发射的波束，又可测得横移航速和横向航程。加上给定的初始经纬度与罗经航向，便可推算出实时的新舰位并自动显示出来。一般在水深数百米内的水域，它可测得包括海流影响在内的对地航速；在深水海域，它就转为接收舰底下10～30m浅水层反射的回波，只能测得相对于该水层的航速，导航精度随之稍有降低。不同型号的多普勒声呐跟踪深度差异很大，有的仅数米，有的可达600m。

【多普勒效应】(Doppler effect) 又称多普勒频移。当波源与观察者(接收器)间有相对运动时，观测到的波频率与波源发出的波频率不同的现象。多普勒效应有两种：(1)经典的多普勒效应。以经典理论处理多普勒效应问题，适用于以弹性介质为媒体的普通机械波。(2)光学多普勒效应。以相对论理论为基础处理光波(或电磁波)的多普勒效应。光波与机械波不同，不需要任何介质而能在真空中传播。根据光速不变原理，真空中的光速在任何惯性参考系中有相同数值，光学多普勒频移只决定于光源和观测者间的相对运动速度。根据多普勒效应的原理，可测量运动物体的速度，如车速、船速、卫星速度和流体的流速等。根据光学多普勒频移可测定天体相对地球的运动。光源中发光原子的无规则热运动引起谱线增宽，称为多普勒增宽。根据频移公式可计算多普勒增宽与光源的温度。

【多普勒诊断仪】(Doppler diagnostic) 又称D型超声诊断仪、经颅彩色多普勒检测。利用超声多普勒效应来检测颅内脑底动脉环上的各个主要动脉血流动力学及血流生理参数的一项无创性脑血管疾病检查方法。对以下疾病具有较高的诊断价值：脑动脉硬化、脑供血不足、脑动脉狭窄(均能判断这些疾病的部位及严重程度)以及中老年健康人群脑血管疾病(中风)的早期预测。同时根据治疗前后脑血流动力学的改变，可以判断其疗效及药物对脑血管的作用等。

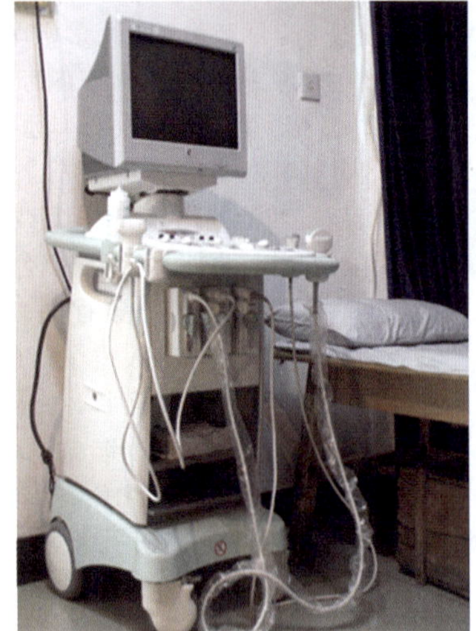
多普勒诊断仪

【多普勒制导】(Doppler guidance) 用无线电多普勒测速效应测定导弹位置,控制导弹飞向目标的技术。多普勒效应表明:当观测点与振荡源之间无线电波传输的距离在变化的情况下,观测点所测的振荡频率也在变化,频率的变化与两者之间的距离变化成比例。多普勒制导就是利用这一原理工作的。它是一种自主式制导,多用于复合制导。多普勒制导系统由发射机、接收机、天线和相应的控制系统组成。发射机与接收机通常都装在导弹上,由于导弹在运动,发射机发出的无线电频率,与通过地面反射回来的由接收机接收的频率不一样,两频率之差反映了导弹的速度,通过积分可得到导弹飞过的路程。如果导弹发射的波束只有一个,那么,只能确定导弹一个方向的速度和射程;如果导弹发射的波束有两个,而且波束的配置适当,则不但能测出导弹的纵向速度,而且能测出导弹的横向速度,也就能控制导弹的落点。在无线电制导中,多普勒制导是抗干扰能力较强的一种制导方式,适用于各种气象条件和地形条件,但制导精度与工作时间有关,同时受导弹姿态的影响较大。

【多式联合运输】(multimodal transport) 又称多式联运。使用两种或两种以上的不同运输方式将货物送至目的地的货物运输。通过一次托运,一次计费,一份单证,一次保险,由各运输区段的承运人共同完成货物的全程运输,即将货物的全程运输作为一个完整的单一运输过程来安排。其目的是使货物的运输成本最小化。其优点是:(1)以集装箱为运输单元的多式联运,可以提高运作效率,门到门运输在运输途中不需要换箱、装箱,减少中间环节及换装带来的货物损坏,缩短运输时间,降低运输成本,提高服务质量。(2)采用一次托运、一次付费、一单到底、统一理赔、全程负责的运输方法,可以简化运输与结算手续,提高运输管理水平,发挥现有设备的作用,选择最佳运输路线,组织合理化运输。

【多式联运单据】(documents for multiple united transportation) 在当事人之间进行国际多式联运业务活动的凭证。其内容必须正确、清楚、完整。该单据的主要内容包括货物的外表状况、数量、名称、包装和标志等;多式联运经营人的名称和主要营业所;多式联运单据的签发时间、地点;多式联运经营人接管货物的日期和地点;发货人、收货人的名称和地址;经双方明确议定的交付货物的时间和地点;表示多式联运单据可转让或不可转让的声明;有关运费支付的说明;多式联运经营人或其授权人的签字;有关运输方式、运输路线、运输要求的说明等。同时,多式联运单据还可根据双方的实际需要,在不违背单据签发国法律的情况下,加注其他项目。多式联运经营人在接收托运的货物时,必须与接货单位出具的货物收据进行核对无误后,方可签发多式联运单据。多式联运经营人凭接货单位签收的货物收据,根据发货人或货物托运人的要求,签发可转让或不可转让的多式联运单据。

【多式联运经营人】(manager of multiple united transportation) 与托运人订立多式联运合同的人或其代表。是一个独立的法律实体。当其从发货人那里接管货物时起,即表明责任已开始,货物在整个运输过程中的任何区段发生灭失或损害,即使该货物的灭失或损害并非由多式联运经营人的过失所致,多式联运经营人均以本人的身份直接承担赔偿责任。因此,作为多式联运经营人必须做到:(1)从发货人或其代表那里接管货物时起即签发多式联运单据,并对接管的货物开始负责。(2)承担多式联运合同中规定的与运输和其他服务有关的责任,并保证将货物交给多式联运单据持有人或单据中指定的收货人。(3)多式联运经营人本人或其代表必须就多式联运的货物与发货人或其代表订立多式联运合同,而且,该合同至少使用两种不同运输方式完成货物全程运输,合同中的货物系国际间货物。(4)对运输全过程中发生的货物灭失或损害,多式联运经营人首先对货物受损人负责,并应具有足够的赔偿能力。(5)多式联运经营人应具备与多式联运所需要的、与其相适应的技术能力,对自己签发的多式联运单据确保其流通性,并作为有价证券在经济上有令人信服的担保程度。

【多输入多输出】(multiple input and multiple out put, MIMO) 又称空间多样。在同一时间采用多个发送器和接收器传输多个数据的一种无线技术。因为它使用多空间通道传送和接收数据,只有站点(移动设备)或接入点(AP)支持MIMO时才能部署MIMO。它利用多天线来抑制信道衰落,

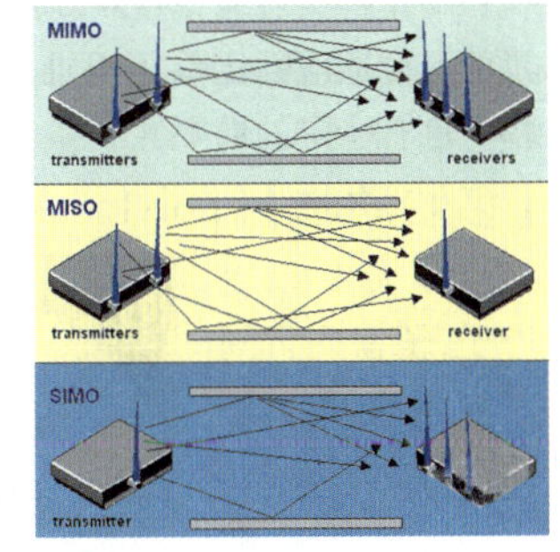

多输入多输出

根据收发两端天线数量,相对于普通的单输入单输出(SISO)系统,MIMO还可以包括单输入多形性日光疹输出(SIMO)系统和多输入单输出(MISO)系统。其优点是:(1)能够增加无线范围并提高性能,允许用

户在更远的距离保持连接。(2)可以成倍地提高无线信道容量,在不增加带宽和天线发送功率的情况下,频谱利用率可以成倍地提高。(3)同时也可以提高信道的可靠性,降低误码率。MIMO 技术已经成为无线通信领域的关键技术之一。通过近几年的持续发展,MIMO 技术将越来越多地应用于各种无线通信系统。在无线宽带移动通信系统方面,第 3 代移动通信合作计划(3GPP)已经在标准中加入了 MIMO 技术相关的内容。在无线宽带接入系统中,正在制订中的 802.16e、802.11n 和 802.20 等标准也采用了 MIMO 技术。在其他无线通信系统研究中,如超宽带(UWC)系统、感知无线电系统(CR),都在考虑应用 MIMO 技术。

【多熟制】(multiple cropping system) 一年内在同一地块上连续种植两季或两季以上作物的一种种植制度。如麦 - 稻一年两熟,蚕豆 - 稻 - 稻一年三熟,冬小麦 - 夏玉米 - 棉花或冬小麦 - 夏玉米 - 大豆二年三熟制等。多用于积温丰富、降水较多或灌溉条件好的地区。是提高单位面积产量的有效措施。中国 2000 年前就有关于粟收种麦、麦收种粟和豆的多熟制的记载。在埃及和东南亚、南美及其他热带、亚热带地区,也被广泛采用。

【多梭口织机】(multi-shedding loom) 全幅经纱沿经纱方向或纬纱方向形成多个梭口,用多个载纬器将多根纬纱依次引入的织机。沿经纱方向形成多个梭口的称为经向多梭口织机;沿纬纱方向形成多个梭口的称为纬向多梭口织机;相邻两梭口存在同样的相位差,称为多相织机;因相邻梭口开成波浪形,称为波形开口织机。多梭口织机能同时引入多根纬纱,克服了有梭织机和无梭织机每次只能引入一根纬纱(间歇引纬)的缺点。即使引纬器速度只有4m/s,引纬率仍高达 5 000m/min,能低速高产。多相织机要求机械动作精确可靠,对纱线质量的要求高。但多相织机的品种适应性比单相织机差,品种、经纬密范围和幅宽也有一定的局限性。

【多胎动物】(polytocous species) 每次发情可排两个以上卵子,子宫内可同时有两个以上胎儿发育的动物。大多数食肉目、啮齿目、兔形目动物,如鼠、狗、猫和极少数的偶蹄目,如猪均属之。一般成年动物体型较小,妊娠期较短。

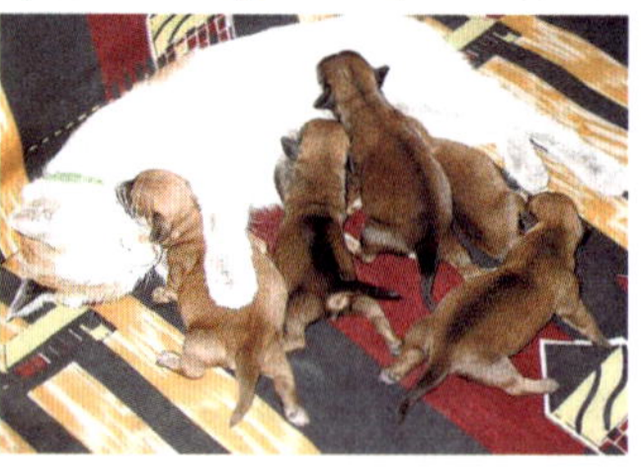

猫

【多态性】(polymorphism) 又称遗传多态性。在同一生物群体中同时和经常出现的两种或多种不连续的变异型或基因型并存的现象。多态性的产生,在于基因水平上的变异,一般发生在基因序列中不编码蛋白的区域和没有重要调节功能的区域。对于一个个体而言,基因多态性碱基顺序终生不变,并按孟德尔规律世代相传。人类基因多态性,既来源于基因组中重复序列拷贝数的不同,也来源于单拷贝序列的变异。多态性通常可分为:(1)限制性片段长度多态性。(2)DNA重复序列的多态性。(3)单核苷酸多态性。在人类疾病诊断、药物研发和物种进化研究等领域应用广泛。

【多肽】(polypeptide) α - 氨基酸以肽链连接在一起而形成的化合物。是蛋白质水解的中间产物。一般由几个到几十个氨基酸构成。由两个氨基酸分子脱水缩合而成的化合物称为二肽。依次类推还有三肽、四肽、五肽等。通常由 10 ~ 100 个氨基酸分子脱水缩合而成的化合物称为多肽。它们的分子量低于 1×10^4 Da (Dalton 道尔顿),能透过半透膜,不被三氯乙酸及硫酸铵所沉淀。也有文献把由 2 ~ 10 个氨基酸组成的肽称为寡肽(小分子肽);10 ~ 50 个氨基酸组成的肽称为多肽;由 50 个以上的氨基酸组成的肽称为蛋白质。

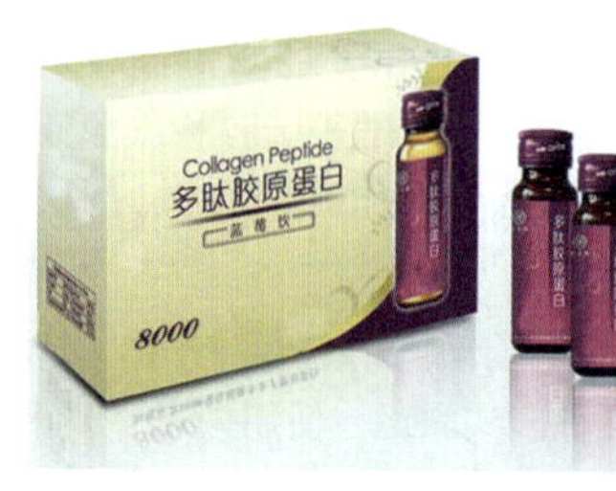

多肽口服液

【多肽类抗生素】(polypeptide antibiotic) 具有多肽结构特征的一类抗生素。包括多黏菌素类(多黏菌素 B、多黏菌素 E)、杆菌肽类(杆菌肽、短杆菌肽)和万古霉素。多黏菌素从多黏杆菌属不同的细菌中分离出的一组抗生素。按其化学结构的不同可分为多黏菌素 A、B、C、D、E、K、M 和 P 八种。其中仅多黏菌素 B 和多黏菌素 E 两种毒性较低,用于临床,其余数种均因毒性过大而不能在临床应用。多黏菌素 B 及多黏菌素 E 在 20 世纪 60 年代曾被用于治疗重症绿脓杆菌或其他革兰阴性杆菌感染,由于新的、低毒、效好的抗生素陆续开发,此两药已被其代替。不过当上述细菌对其他抗生素耐药而对此两药敏感时,仍可作为次选的药物。大多数革兰阴性杆菌如绿脓杆菌、大肠杆菌、克莱布斯氏杆菌属、肠杆菌属对其非常敏感,对嗜血流感杆菌、百日咳杆菌、沙门氏菌属、志贺氏菌属有较好抗菌作用,对变形杆菌属、黏质塞拉蒂(原译沙雷)氏杆菌则相对耐药,奈瑟尔氏菌属、布鲁斯氏杆菌属对其不敏感。对革兰阳性菌无效。厌氧菌中除脆弱拟杆菌外,其他拟杆菌和梭形杆菌等均敏感。细菌对此类抗生素的耐药性产生较慢,偶可见到耐药的绿脓杆菌菌株。多黏菌素B与多黏菌素E存在完全的交叉耐药。此类抗生素首先影响敏感细菌的外膜。药物的环形多肽部分的氨基与细菌外膜脂多糖的2价阳离子结合点产生静电相互作用,使外膜的完整性破坏,药物的脂肪酸部分得以穿透外膜,进而使胞浆膜的渗透性增加,导致胞浆内的磷酸、核苷等小分子外逸,引起细胞功能障碍直致死亡。其毒副作用有:(1)神经系统毒性。当剂量偏大或因肾功能不良药物在体内积蓄时,可出现感觉异常、头痛、嗜睡、兴奋、共济失调、视力与言语障碍等。这些症状均为可逆性。(2)肾脏毒性。全身给药剂量过大或时间过长可出现肾脏毒性,尤其是原已有肾脏疾患则更易产生。表现为蛋白尿、管型尿、血尿及尿素氮上升。若即时停药一般可恢复。(3)神经肌肉接头处阻滞。肾功能损害或用过肌肉松弛剂的病人进行腹腔内或肌肉注射多黏菌素类抗生素时,可能出现呼吸肌麻痹,停药后可逐渐恢复。目前在临床上两药已不再作为全身治疗的药物,仅作为各种局部治疗给药,如治疗外耳道、角膜或皮肤感染。另外,可用于尿路灌注或雾化吸入治疗。

【多肽疫苗】(polypeptide vaccine) 按照病原体抗原基因中已知或预测的某段抗原表位的氨基酸序列,通过化学合成技术制备的疫苗。由于多肽疫苗完全是合成的,不存在毒力回升或灭活不全的问题。多肽的合成循环包括了一系列的反应,每一循环生成一个新肽键。主要合成方法有:(1)片段浓缩法。即首先合成数条小肽链,经纯化和去保护后结合成较长的肽,直到最后所需的序列。(2)固相合成法。即将肽链一端结合于固相载体上的方法。这种合成疫苗的方法,特别适合那些还不能通过体外培养来获得足够量的抗原微生物病原体。

【多糖】(polysaccharide) 与单糖相对应。由糖苷键结合的糖链,且至少由超过10个以上的单糖组成的聚合糖高分子碳水化合物。可用通式($C_5H_{10}O_5$)n表示。经水解后可产生至少六个分子单糖的有机物。可分为:(1)淀粉。其水解后只产生葡萄糖,所以是一种同聚物。(2)肝糖。是动物体内的储存性多糖类,常被称为动物淀粉。(3)纤维素。是植物骨架的主要成分。(4)代糖。如由天门冬氨酸与苯丙氨酸所构成的人工甜味料,可作为糖的替代品。多糖大都不溶于水。有的即使能溶解,也只形成胶体溶液。无甜味。无还原性。一般不能形成结晶。在酶或酸的作用下,依其水解程度不等生成单糖残基数不同的片断,以至完全水解成单糖。食品工业中所用的多糖有淀粉、纤维素及半纤维素、果胶物质、植物胶质、微生物多糖等。

【多相催化】(heterogeneous catalysis) 见非均相催化。

【多相流学】(multiphase flow) 研究气态、液态、固体物质混合流动的学科。"相"指不同物态或同一物态的不同物理性质或力学状态。在能源、水利、化工、冶金等工业部门,以及气象、生物、航天等领域都有多相流动的问题。按其形态的不同可分为:(1)气-液两相流。如:泄水建筑中的掺气水流等。(2)气-固两相流。如:气流输送(喷吹)粉料,含尘埃的大气流动等。(3)液-固两相流。如天然河道中的含沙水流等。多相流的发展史只可溯源到19世纪70年代,直到20世纪40年代两相流一词始见诸文献。1974年《国际多相流杂志》创刊,1982年多相流手册出版,逐渐形成了一门独立的学科。其研究途径是:(1)建立多相流动模型和基本方程组,分析各相的压力、速度、温度、表观密度、体积分数、悬浮物的尺寸及分布等;研究多相流动的压力降、稳定性、临界态、以及相间相互作用等。(2)凭借物理模型进行实验量测。其中量测技术至关重要,许多新仪器、新技术在多相流测试中得到了应用。

【多向模锻】(multi-ram forging) 利用可分模具在水压机一次行程的作用下锻造出形状复杂、无毛边、无模锻斜度或小模锻斜度锻件的加工工艺。是一种挤、锻相结合的综合工艺。与普通模锻相比,只需一次加热,能减少工序和节约能源,提高锻件的性能。适用于制造飞机的起落架、桨毂、导弹的喷管、阀门等零件。

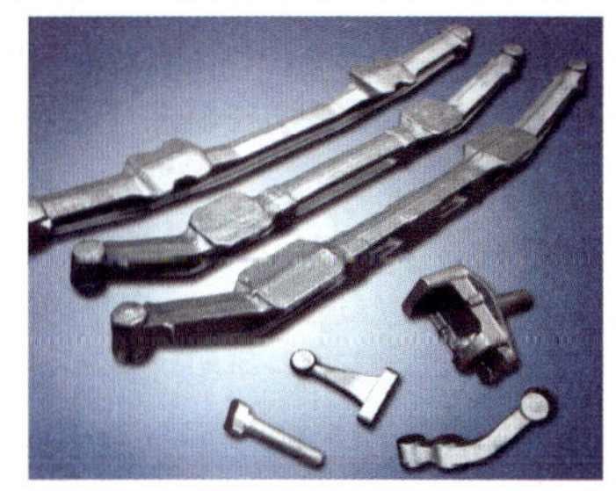

多向模锻

【多芯片模块】(multi-chip module, MCM) 把多块裸露的集成电路芯片直接安装在同一块多层高密度互连衬底上,再封装在一个外壳中而形成的一个功能组件。其主要问题是成本较高,测试与

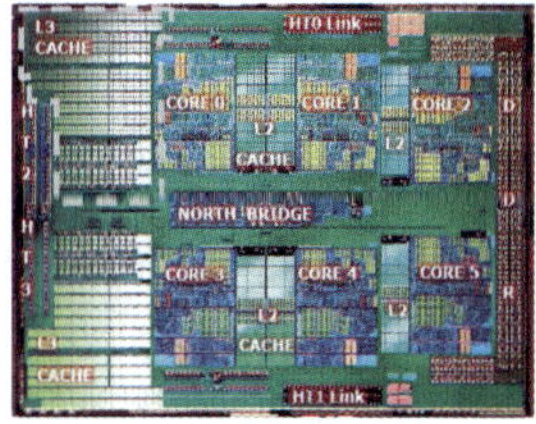

多芯片模块

返修较困难。根据所用工艺和衬底的不同可以分为MCM－C、MCM－L和MCM－D三类。MCM－C的衬底是利用厚膜技术和多层陶瓷或玻璃瓷作基板制作的；MCM－L的衬底是叠层印制电路板；MCM－D的衬底是应用薄膜技术把作为互连线的金属材料蒸发或溅射淀积到硅、氧化铝，或氮化铝等基板上，光刻出互连线，并依次做成多层基板。广泛用于高性能、高速、高密度封装的电子设备。

【多药抗药性】(multidrug resistance，MDR) 肿瘤细胞在对一种药物产生抗药性的同时又对结构不同、作用机制迥异的另外一些抗肿瘤药物产生交叉抗药性的现象。典型的多药抗药性具有以下特点：(1)多药抗药性往往出现于天然来源的抗肿瘤药物，如长春新碱、秋水仙碱等。(2)多药抗药性R细胞中抗肿瘤药物积聚减少。(3)多药抗药性细胞膜上出现一种特殊的蛋白质，名为P－糖蛋白，编码这种蛋白的mdr基因扩增。

【多用户检测】(multiple user detection，MUD) 联合考虑同时占用某个信道的所有用户或某些用户，消除或减弱其他用户对任一用户的影响，并同时检测出所有这些用户或某些用户的信息的一种信号检测方法。在传统的CDMA接收机中各个用户的接收是相互独立进行的。在多径衰落环境下，由于各个用户之间所用的扩频码通常难以保持正交，因而造成多个用户之间的相互干扰并限制系统容量的提高。这就需要使用多用户检测技术。多用户检测的基本思想就是把所有用户的信号都当作有用信号而不是干扰信号来处理。这样就可以充分利用各用户信号的用户码、幅度、定时和延迟等信息，从而大幅度地降低多径多址干扰。如何把多用户干扰降低到可接受的程度，是多用户检测技术的关键。目前，主要有线性检测法和相减式干扰对消法两种基本方法来实现多用户检测。

【多元函数】(function of several variables) 与一元函数相对应。有多个自变量的函数。二元及二元以上的函数统称为多元函数。因变量的值只依赖于一个自变量，称为一元函数。记为$y=f(x)$。在许多实际问题中往往需要研究因变量与几个自变量之间的关系，即因变量的值依赖于几个自变量。记为$y=f(x_1,x_2,\cdots,x_n)$。例如，某种商品的市场需求量不仅与其市场价格有关，而且与消费者的收入以及这种商品的其他代用品的价格等因素有关，决定该商品需求量的因素不止一个而是多个。

【多脏器功能衰竭】(multipie organ failure) 在原发病的基础上两个以上的脏器突然发生的衰竭。原发病可能是严重的感染、创伤、烧伤、大手术、休克、重症胰腺炎、病理产科、心肺复苏后等。部分患者会在24h左右的时间范围内突然同时或相继发生两个以上的脏器衰竭。如肺衰、肾衰、循环功能衰竭、胃肠功能衰竭并出现各自相应的症状。脏器从损伤到衰竭是一个由轻到重的过程，表现为心慌、头晕、烦躁等。在脏器功能衰竭发生时，肺脏最容易受到损伤发生衰竭，概率可达92%，其他依次为周围循环系统71%，凝血系统62%，肾55%，胃肠46%，脑22%，心20%，肝16%。

【多汁饲料】(succulent feeds) 含水分特别丰富，而含粗纤维量较低的一类饲料，如块根和块茎，一般含水分80%～90%；有机物主要由易溶性、消化率高的糖和淀粉组成，含少量纤维素。氮化物含量低，缺乏矿物质，含较多的维生素。这类饲料质脆多汁，适口性好，有机物消化率高达85%～90%。用以饲喂泌乳家畜，可提高产奶量。

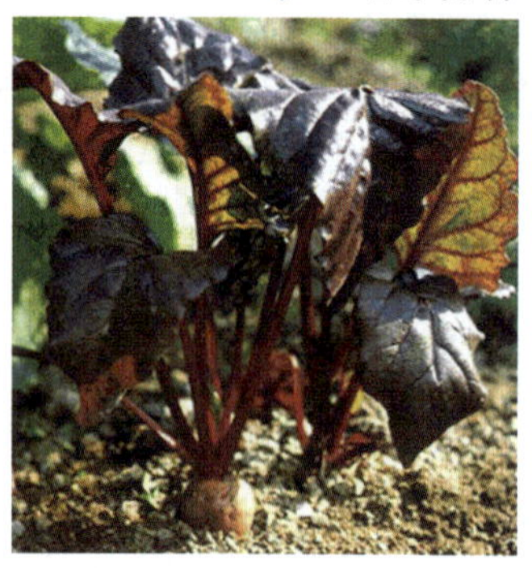

多汁饲料

【多值函数】(multi-valued function) 函数值不是唯一的函数。对每一个输入值，y中都有至少一个与之对应的输出值。多值函数定义与单值函数定义只有“x对应固定y”与“x对应唯一固定y”的区别。也就是说，多值函数对于一个固定的$x(x\in D)$，可能会有多个数值y与x对应。例如$x^2+y^2=1$，确定了一个从x到y的多值函数。

【多址干扰】(multiple access inference) 在采用多台终端的通信网络中，各终端之间的通信干扰。如果从频域或时域来观察，多个CDMA信号是互相重叠的。接收机用相关器可以在多个CDMA信号中选出其中使用预定码型的信号。其他使用不同码型的信号因为和接收机本地产生的码型不同而不能被解调。它们的存在类似于在信道中引入了噪声或干扰，因此，通常称之为多址干扰。

【多轴向衬线经编骨架织物】(multiaxial warp-knitted fabric) 几层平直的纱线组，按照不同的倾角被线圈束缚在一起而形成的经编结构。在多轴向拉舍尔经编机上生产，由经编线圈将经向、纬向和斜向的三向全幅衬纬纱线束缚在一起形成。衬入的各向纬纱层可为各类普通原料或高强度、高模量纱线,使纱线的机械潜能得以充分发挥和利用。多轴向经编织物具有在各个方向相同的抗拉、抗剪切性能,重量轻,表面平整,耐腐蚀,易涂层。用于航空、航天等高科技材料领域。

【躲避硐】(manhole) 在巷道一侧专为人员躲避行车或爆破作业危害而设置的硐室。在串车斜井和箕斗斜井中,规定提升时一律不得有人。但在生产实践中,又往往要利用提升间隙进行检修。为不延误生产,及时进行检修,同时确保检修人员的安全,斜井井筒内每间隔一定距离必须设置躲避硐。躲避硐除供检修人员躲避外,还可临时存放检修物品,在井筒施工期间还可作放炮躲避所及工具存放点。一般设在人行道的一侧,并尽量和管路、电缆等避开,以利于人员出入。躲避硐的尺寸可采用宽 1.0 ~ 1.5m,高 1.6 ~ 1.8m,深 1.0 ~ 1.2m。每间隔 30 ~ 50m 开凿一个。

E

【阿胶】(ejiao) 又称驴皮胶。中药名。药性:甘,平。归肺、肝、肾经。功效:补血,滋阴,润肺,止血。用于血虚、出血证:血虚萎黄、虚劳咯血、吐血、尿血、便血、血痢、妊娠下血、崩漏;肺阴虚燥咳、热病伤阴、心烦失眠、阴虚风动、手足瘈疭。用法与用量:内服,烊化兑服,5~10g;炒阿胶可入汤剂或丸、散。滋阴补血多生用,清肺化痰蛤粉炒,止血蒲黄炒。脾胃虚弱、消化不良者慎服。

【阿帕奇直升机】(apache helicopter) 美国休斯直升机公司于1975年研制成功的反坦克武装直升机。最大平飞速度307km/h,实用升限6 250m,最大上升率16.2m/s,航程578km。机载主要武器有:机头旋转炮塔内装1门30mm链式反坦克炮、4个外挂点可挂8枚反坦克导弹和工具,19枚联装火箭发射器。最大起飞重量7890kg。机上还装有目标截获显示系统和夜视设备,可在复杂气象条件下搜索、识别目标。它不仅能有效摧毁中型和重型坦克,而且具有良好的自我保护能力和超低空贴地飞行能力。是美国当代主战武装直升机。

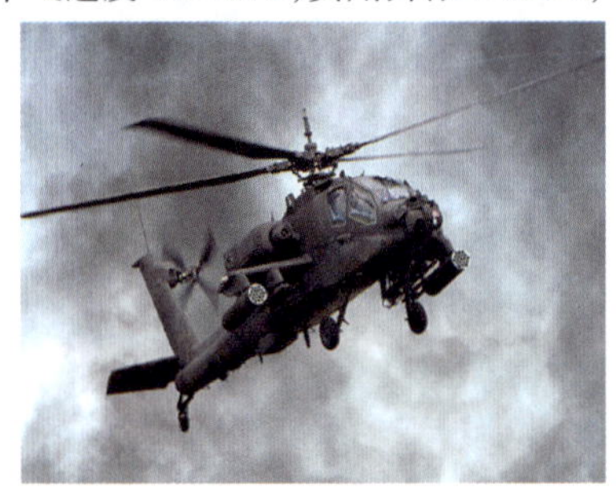
阿帕奇直升机

【鹅口疮】(thrush) 又称急性假膜型口腔念珠菌病、雪口病。口腔念珠菌感染所引起的发生于口腔黏膜的以散在的色白如雪、柔软的白色或蓝白色丝绒状斑片样损害。可发生于任何年龄的人,但以新生儿最多见,发生率约为4%。新生儿鹅口疮在其出生后2~8天内发生。其易发部位为颊、舌、软腭及唇。初起斑点状,如帽针头大小,不久即融合为斑片,并可继续扩大蔓延,严重者涉及扁桃体、咽部、牙龈以致满口。早期黏膜充血较明显,故呈鲜红色与雪白色的对比。而陈旧的病损黏膜充血减退,白色斑片带淡黄色。斑片附着不紧密,稍用力可擦掉。患者烦躁不安、啼哭、哺乳困难,有时有轻度发热,全身反应一般较轻。一般用2%~4%碳酸氢钠溶液洗涤口腔进行治疗。

【厄尔尼诺】(El Nino) 东太平洋大范围海表水温异常升高的现象。是西班牙语“圣婴”的音译。这种现象发生的全过程分为发生期、发展期、维持期和衰减期。20世纪80年代初期,科学家认识到厄尔尼诺与南方涛动之间有着非常密切的关系,其出现是由于南方涛动的减弱所引起的。在厄尔尼诺现象发生时,海表层水温可比平时高出3~6℃。某些海域这种高温现象可持续一年以上,从而对全球的天气、气候变化产生重大影响。热带中、东太平洋海温迅速升高,直接导致该区域及南美太平洋沿岸国家异常多雨,引发洪涝灾害。同时,热带西太平洋降水减少,造成印度尼西亚、澳大利亚严重干旱。“厄尔尼诺”还经常引起巴西东北部和非洲东南部的干旱,抑制西太平洋和北大西洋热带风暴生成,使得东北大西洋飓风增多。在厄尔尼诺年,东亚季风减弱;中国夏季主要季风雨带偏南,长江及其以南地区多雨可能性较大,而北方地区特别是华北到河套一带少雨干旱。在1982~1983年和1997~1998年两次严重厄尔尼诺事件期间,全世界各地极端天气、气候事件频发,使人类蒙受了巨大灾难。

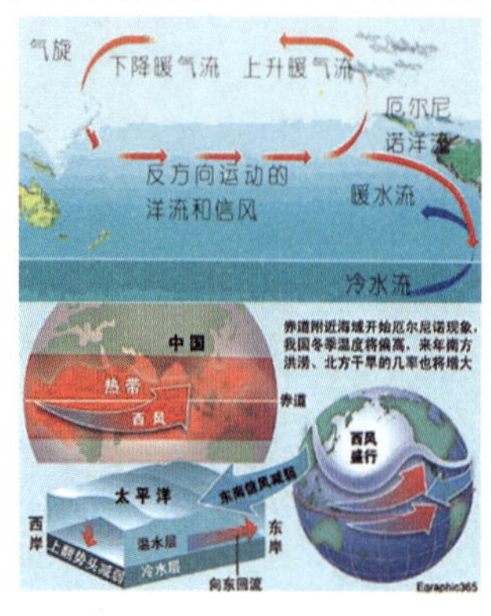

厄尔尼诺现象

【扼流圈】(impedence coil) 抗扼交变电流的电感性线圈。利用线圈电抗与频率成正比关系,可扼制高频交流电流,让低频和直流通过。根据频率高低,采用空气芯、铁氧体芯、硅钢片芯等。用于整流时称“滤波扼流圈”;用于扼制声频电流时称“声频扼流圈”;用于扼制高频电流时称“高频扼流圈”;用于“通直流、阻交流”的电感线圈叫做“低频扼流圈”;用于“通低频、阻高频”的电感线圈叫做“高频扼流圈”。线圈扼流的原理就是在电流通过时,线圈产生的磁场因自感会阻碍电流产生的磁场,从而使电流延迟通过。“低频扼流线圈”因延迟的时间比交流电改变方向所需的时间短而阻止交流电通过。“高频扼流线圈”延迟的时间小于低频交流电改变方向所需的时间但大于高频交流电改变方向所需的时间,因而低频交流电可以通过而高频交流电不能通过。

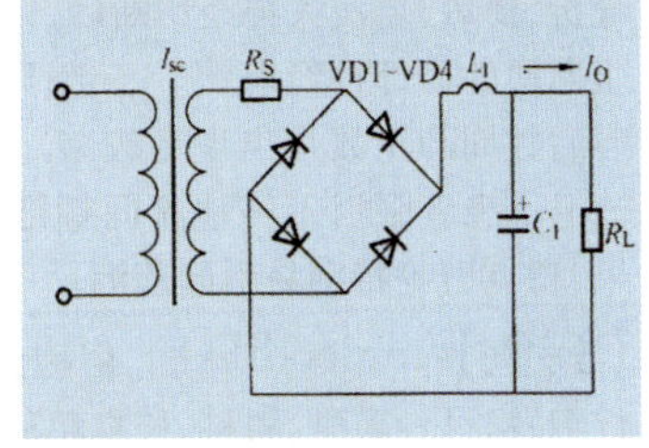

扼流圈输入型基本电路

【呃逆】(hiccup) 又称哕、打呃。中医病名。由于胃气上逆动膈,气逆上冲而致喉间呃呃连声。声短而频、难以自制为主要表现的病症。在临床上,可根据呃声的高低强弱及其间歇时间的长短,来判断引起该病的原因是否虚实寒热。该症相当于西医学中的单纯性膈肌痉挛。而其他疾病如胃肠神经官能症、胃炎、胃扩张、胸腹腔肿瘤、肝硬化晚期、脑血管病、尿毒症,以及胸腹手术后等,都可引起膈肌痉挛而发生呃逆。

【恶变】(malignant) 又称癌变。正常细胞或良性肿瘤细胞转变为恶性肿瘤细胞的过程。其真正机理尚未阐明。一般认为是外界的或内在的因素影响细胞内基因,或激活癌基因,或抑制抑癌基因所致;也可能是多种因素、多种机制的综合作用,影响了调控细胞的生长、分化的基因表达与变化的结果。细胞发生恶变多数经过三个阶段,即启动阶段、促进阶段和演进阶段。启动阶段多发生 DNA 突变,但表型仍正常;促进阶段显示表型变化,具恶性性状表达;演进阶段实质上是恶变的巩固。

【恶臭排放强度】(odor emission rate,OER) 描述恶臭污染源污染强度的指标。是恶臭污染源给周围清洁空气造成恶臭污染的潜在负荷量,等于臭气浓度乘以臭气排放量。单位为 m^3/min(标准状态)。当一个工厂存在有若干个恶臭污染源时,则用总恶臭排放强度(TOER)来表示这些个别恶臭污染源排放恶臭强度的总和。OER 和 TOER 是在恶臭污染影响评价中常用的两个指标。

【恶露】(lochia) 产后随子宫蜕膜脱落,含有血液、坏死蜕膜等经阴道排出的组织。按其颜色、性状及持续时间的不同可分为三种:(1)血性恶露。含大量血液及坏死蜕膜组织,色鲜红,量多,有时有小血块。持续 3~4 天。(2)浆液恶露。含多量浆液(宫腔渗出液、宫颈黏液和少量红细胞、白细胞),色淡红。持续 10 天左右。(3)白色恶露。含大量白细胞,坏死蜕膜组织,色泽较白,质黏稠。持续 3 周。正常恶露有血腥味,无臭味,持续 4~6 周。若子宫复旧不全或合并感染时,恶露量增多,血性恶露持续时间延长并有臭味。

【恶性淋巴瘤】(malignant lymphoma) 原发于淋巴结或其他淋巴组织的恶性肿瘤。在病理上可分为霍奇金淋巴瘤(HL)和非霍奇金淋巴瘤(NHL)以及其他特殊类型的淋巴瘤,如 Burkitt 淋巴瘤等。可发生于任何年龄,以儿童与青壮年较多。可发生于任何淋巴组织,以颈部淋巴结最易发生。病因至今未明。病毒感染、免疫缺陷以及遗传异常是发病的重要因素。发生于淋巴结者称为结内型;发生于淋巴结外者称结外型。(1)结内型。常为多发性。初起时多为颈部、腋下、腹股沟等处的淋巴结肿大,可移动,表面皮肤正常,质地坚实而具有弹性,无压痛,大小不等,后融合,失去移动性。常误诊为淋巴结核或慢性淋巴结炎。(2)结外型。常单发。可发生于牙龈、腭部、舌根部、上颌窦等部位。其表现呈多样性,有炎症、坏死、肿块等各型。其生长迅速,可引起局部出血、疼痛、吞咽受阻、面颈肿大等症状。因其临床表现多样型,主要靠活组织检查方能确诊。其治疗方法有:放射治疗和化学药物治疗。(1)霍奇金淋巴瘤。早期的 HL 以放射治疗为主,可以通过扩大放射照射范围和提高放射剂量提高疗效;晚期 HL 多应用化学药物治疗,常用的化疗方案为 MOPP(氮芥、长春新碱、甲基苄肼、强的松)。目前以放疗与化疗合用为好。(2)非霍奇金淋巴瘤。由于其容易全身播散,一般以化疗为主,放疗为辅。化疗方案为 CHOP(环磷酰胺、阿霉素、长春新碱、波尼松)。目前,早期病员可以 CHOP 或 COP 方案化疗及放疗为主,晚期病员应以化疗为主。

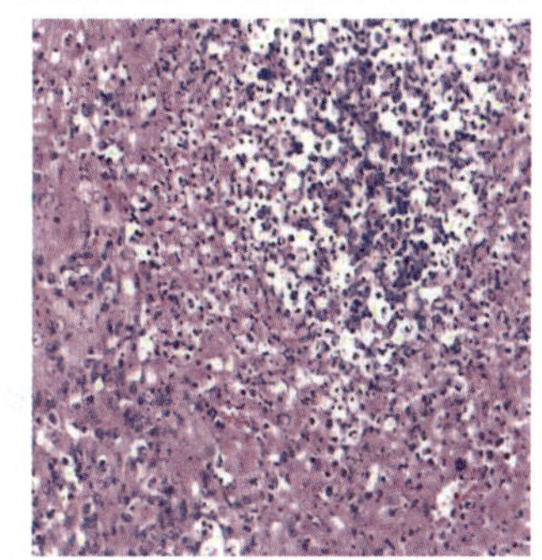
恶性淋巴瘤

【恶性雀斑样痣】(lentigo malignant) 癌

前局限性黑变病。常发生于年龄较大者。几乎均见于暴露部位,尤以面部最常见。该病开始为一色素不均匀的斑点,一般不隆起,边缘不规则,逐渐向周围扩大,直径可达数厘米。往往一边扩大,而另一边自行消退。损害呈淡褐色、褐色,其中可伴有暗褐色至黑色小斑点。在自行消退区域内,可见色素减退。此种损害经数月乃至数年,约有1/3损害发展为侵袭性恶黑。此时在原有损害部位出现硬结。一般恶性雀斑存在10~15年,而面积达4~6cm^{2}后才发生侵袭性生长。

【恶性肿瘤】(cancer) 细胞不仅异常快速增殖,而且可发生扩散转移的肿瘤。其主要特征是:通常生长迅速,呈浸润性生长,可破坏周围组织,无包膜或者仅有假包膜;肿瘤分化差,组织及细胞形态与其相应的正常组织相差甚远,显示异形性,细胞核形状不规则,并出现病理性核分裂象;肿瘤内多有继发性改变,如出血、坏死、感染等。超微结构也有不同程度改变。肿瘤浸润广泛,经常复发,容易转移,危及生命。低度恶性肿瘤其生长特性及病理形态接近相应的良性肿瘤。良恶性肿瘤的鉴别依据主要为分化,转移、复发也是重要的判断依据。此外,不少良性肿瘤可发生恶变成为恶性肿瘤,罕见情况下恶性肿瘤亦可转化为良性肿瘤。

【恶液质】(cachexia) 又称恶病质。由于体内氧化过程减弱,氧化不全产物堆积,营养物质不能被充分利用等原因,造成以浪费型代谢为主的状态,进而导致热量不足,进而引起食欲不振,只能进少量饮食或根本不能进食、极度消瘦、形如骷髅、贫血、无力、完全卧床、生活不能自理、极度痛苦、全身衰竭等综合征。恶病质一词来源于希腊语的“kakos”和“hexis”,字面意思是“恶劣的状况”。可发生于多种疾病,包括肿瘤、严重创伤、手术后、吸收不良及严重的败血症等。其中以肿瘤伴发的恶病质最为常见,称为肿瘤恶病质。是肿瘤通过各种途径使机体代谢发生改变,使机体不能从外界吸收营养物质,肿瘤从人体固有的脂肪、蛋白质夺取营养构建自身,故机体失去了大量营养物质,特别是必需氨基酸和维生素(由脂肪蛋白质分解而形成)。医学上指人体显著消瘦、贫血、精神衰颓等全身机能衰竭的现象。多由癌症和其他严重慢性病引起。此征的发生多指机体处于严重的机能失调状态。

【恶意软件】(malicious software) 又称流氓软件。在未明确提示用户或未经用户许可的情况下,在该用户计算机上安装运行,并使不断弹出色情网站或恶意广告的程序。其特征是:(1)强制安装并难以卸载。(2)恶意卸载或捆绑。(3)浏览器劫持或广告弹出。(4)恶意搜集用户的信息及其他侵害用户软件安装、使用和卸载的知情权、选择权的恶意行为。

【鳄泪综合征】(syndrome of crocodile tears) 在进食时出现落泪的现象。可见于贝尔氏面瘫、颅底骨折、梅毒、岩浅大神经切断后,以及伴有先天性外直肌麻痹的面部神经麻痹。一般于周围性面部神经麻痹后数周乃至数月出现者较多。可持续3周后自行消退。患者眼泪不停地流向颊部。咸酸食物以及苹果、巧克力等特别易引起落泪。

【鳄鱼】(crocodile) 俗称鳄。脊索动物门,爬行纲,鳄目。鼍科、鳄科、长吻鳄科类动物的统称。鳄鱼不是鱼,是爬行动物。由于其像鱼一样在水中嬉戏,故而得名。鳄鱼是一种卵生动物。雌鳄一次产下20~60枚卵。鳄卵经过大约3个月的孵化,鳄鱼妈妈拨开巢穴,帮助孩子们破壳而出。成年鳄通常为体形巨大、笨重的爬行动物,外表和蜥蜴稍类似,属肉食性动物。鳄强而有力,长有许多锥形齿,腿短,有爪,趾间有蹼。尾长且厚重。皮厚带有鳞甲。据考古发现鳄鱼最大体长达12m,重约10t,但大部分种类鳄鱼平均体长约6m重约1吨。一般鳄鱼平均寿命高达150岁。鳄鱼会利用盐腺以流眼泪的形式排泄体内多余的盐分。目前公认鳄的品种共23种。湾鳄、眼镜凯门鳄、尼罗鳄、非洲长吻鳄、菲律宾鳄、非洲侏儒鳄、扬子鳄、宽吻凯门鳄、黑凯门鳄、暹罗鳄属于濒危野生动物种,是国际性重要保护物种,被《华盛顿公约》CITES(濒危野生动植物种国际贸易公约)列入名单,属濒临灭绝物种。

鳄鱼

【儿茶素】(catechin) 绿茶中所含的一种黄酮类植物活性成分。茶多酚的主要成分。儿茶素具有除臭、抗菌、抗辐射、延缓老化、预防蛀牙、清除自由基、改变肠道微生物种群的分布、稳定血压稳定血糖、降低血液中的胆固醇及低密度脂蛋白、增加血液中的高密度脂蛋白等生理功能。

绿茶

【儿科学】(pediatrics) 研究胎儿至青少年时

期生长发育、保健及疾病防治的一个门学科。其涉及的解剖、生理、病理、疾病等均与成人不同。其研究内容包括:(1)研究儿童生长发育的规律及影响因素。不同年龄阶段各有其生长发育特征:出生后6~8个月出牙,1~1.5岁前囟闭合,12~13岁青春期开始发育。婴儿期受父母文化水平、经济环境等因素影响较大,学龄期儿童受社会因素的影响在逐渐增大。(2)研究儿童疾病的发生、发展、诊断、治疗及康复过程的理论及技术,提高治愈率,防止后遗症的发生。(3)研究儿童保健。常用的保健措施有:营养、运动、教育及预防接种;在孕期要进行先天性疾病的筛查及新生儿疾病教育,达到优生优育的目的。随着儿科学的深入发展,派生出多个分支学科,如新生儿学、围产医学、儿童保健学等,还划分出小儿血液病学、小儿神经病学等许多专业。

【儿童多动综合征】(attention dificit hyperactivity disorder,ADHD) 由多种原因引起的儿童轻度脑功能失调综合征。其临床表现为:(1)活动过多,如从小就表现兴奋,小动作不停,片刻不安静。(2)注意力不集中,如上课东张西望,心不在焉,常迟迟不能完成作业。(3)任性冲动,情绪不稳,脾气暴躁,克制力差。(4)学习困难,读书成绩不佳,言语表达能力差。(5)行为不够端正,如说谎、惹是生非、不讲礼貌等。

儿童多动综合征

【儿童口腔医学】(pedodontics) 以处于生长发育过程中的儿童为对象,研究其口腔范围内的牙、牙列、䎃、颌及软组织等的形态和功能,诊断、治疗和预防其口腔疾病及畸形,使之形成有健全功能的咀嚼器官的一门学科。以儿童口腔科为服务对象,年龄是从胎儿期及出生后的无牙期至15岁左右。在其实施的临床过程中,需要运用口腔内科、口腔修复科、口腔外科、口腔正畸科和口腔预防科理论技术和方法,结合儿童的解剖、生理、心理等特点,研究、开展、创新适合该学科的诊治方案与方法。由于在儿童时期,机体随生长发育的各个阶段而发生变化,由小到大,由单纯变复杂,在牙、牙列、咬合、颌等部分也将有明显的变化,因此,其研究目的不仅是恢复因病受损的牙体、牙列等的形态和功能,而且还应考虑其生长发育过程中的变化。

【儿童能量代谢】(energy metabolism of children) 在儿童机体物质代谢的过程中,伴随着能量的释放、转移、储存和利用的现象。能量主要来自糖、脂肪和蛋白质。其表现形式有:(1)基础代谢。指维持人体在清醒时安静状态下所需能量。包括体温、呼吸、循环、消化等。占总能量55%。婴儿每日每千克体重需能量230.12KJ(55kcal),12~13岁需125.52KJ(30kcal),成人每日每千克体重仅需104.6~125.52KJ(25~30kcal)。(2)食物热力作用。食物进入体内经消化吸收所消耗的热量。占总热量的7%~8%,年长儿占5%。(3)活动消耗。指吸吮、哭闹、活动等的消耗。婴儿每日每千克体重需62.76~83.68KJ(15~20kcal)。随着年龄增加所需增加。12~13岁需125.52KJ(30kcal)。(4)生长发育所需。是小儿特殊需要。供给能量不足会造成小儿生长发育停滞。婴儿期占总热量的30%。(5)排泄消耗。排泄损失占总热量的10%,腹泻时增加。

【儿童神经、心理发育】(neuropsychic development in childhood) 儿童的感知、运动、语言、思维、判断等成熟的过程。神经系统的发育是物质基础。出生后小儿大脑和成人外观相似,神经细胞和成人相同,但细胞分化不全,树突少而短;3岁分化基本完成;8岁接近成人。其发育过程是:(1)运动发育。"二抬四翻六会坐,七滚八爬周会走"。出生后2个月头能抬起,对人微笑;4个月时会俯卧仰头,有时可仰卧翻或俯卧;6~7个月会坐,手会拿物并换手;7~8个月能有意识的翻身,会爬行;10~11月会扶物行走;12月~15个月会独走;2岁会双足跳,会叠积木。(2)语言发育。1岁会说单字"爸"、"妈",2~3岁会说2~3个字组成的短句;4岁能讲简单的故事。随着语言的发育,记忆、理解、思维逻辑及想象力等也逐渐发育,并受周围环境、营养、教育等因素的影响,形成个体的性格。(3)感知发育。包括视、听、味、嗅、触、痛、温度觉及视觉。新生儿期能手拿15~20cm内物体,1岁半可区别物体形态,5岁可辨颜色。出生后2~3天能听音,1岁~1岁半可寻找声源,4岁听觉发育完善。通过视听觉检查可早期发现耳聋、先天性白内障等疾病。(4)神经、精神发育检测。采用盖泽尔智能诊断法及丹佛智能筛选检查法等,可判断有无发育迟缓或异常障碍,尽早查出原因并进行干预措施。

【儿童生殖系统发育】(development children's genetic system in childhood) 儿童生殖系统功能的成熟过程。生殖系统的发育是通过下丘脑－垂体－性腺轴调节完成的。(1)男性。出生时睾丸已降入阴囊。大约10%睾丸未下降称为隐睾。早产儿隐睾较多,多数在1岁内下降入阴囊,否则需手术治疗。10岁前性器管发育慢,到青春期雄性激素的分泌,促进第二性征的出现。睾丸首先增大,阴囊皮肤发红皱褶,随着阴茎变大,外形增大,然后阴毛腋毛出现,最后喉结发育,声音变粗。平均在15岁出现第1次射精,总共需2～5年完成,但个体有差异。(2)女性。生后卵巢发育已完善,青春期开始第二性征的发育。首先是乳房发育,大约9～10岁逐渐增大,后乳晕乳头出现,后骨盆变宽,臀部丰满,阴毛腋毛出现。子宫大约在10岁后开始增大,大约12～15岁子宫内膜周期性脱落出血,即月经来潮,开始排卵。青春期出现的年龄及发育顺序差异很大。一般将性早熟定为女8岁前、男10岁前出现第二性征;性延迟定为女14岁、男16岁以后无第二性征出现。

【儿童食品】(infant food) 以儿童为主要消费对象的食品。按年龄组的不同可分为:婴儿辅助食品、幼儿断乳食品和学龄前儿童食品。根据儿童生长发育的特殊需要,其中蛋白质、维生素和矿物质等营养成分的含量,不仅要适应不同年龄组婴、幼儿童生长期的营养需要,易消化吸收,而且一定要符合国家有关标准的要求。其造型及包装要符合儿童消费心理,使用方便。

鸡蛋羹

【儿童所需营养素】(necessary nutrition of children) 儿童生长发育所需要的营养物质。主要有碳水化合物、脂肪、蛋白质及各种维生素和微量元素。(1)碳水化合物。每克供热16.74 kJ(4kcal),是供能量的主要来源。占供给总热量的50%～60%。供给太多(＞80%)或太少(＜40%),都不利于健康。(2)蛋白质。每克供热16.74 kJ(4kcal)。在维持人体结构和功能方面起重要作用。小儿所需占总能量的10%。儿童的生长发育需要足够的蛋白质。因为蛋白质不能储存,摄入不足会造成小儿营养不良,免疫系统失常及胃肠道疾病。(3)脂肪。每克供热37.66 KJ(9kcal)。所需占总能量的25%～35%。如果缺乏,会出现生长迟缓、异常鳞屑发生、皮肤红斑、红细胞脆性增加以及血小板减少等。(4)维生素和微量元素。各种维生素是人体维持生理功能必须的物质。多种维生素在体内不能合成或合成量很小,必须有食物供给。和小儿有密切关系的维生素共有11种:A、B、C、D、E、K等。微量元素需要量很少,但不可缺少。必需的微量元素有碘、锌、硒、铜、钼、铬、钴、铁等,可参于维生素和酶的合成。(5)水。是人体不可缺少的成分。婴儿每日每千克体重需150ml。随着年龄增长,需要量减少,大约每增加3岁每天减少25～30ml/kg。

【儿童心理卫生】(psychohygiene of children) 不同年龄期儿童心理发育的规律及特征。是一门新的学科。和儿童体格健康成长同等重要。如不进行心理素质的培养,将造成胆小、说慌、恐惧、打架骂人、逃学以及吸毒等不良后果。不同年龄的小儿,其心理特征及表现不同。(1)学龄前期。是小儿性格形成期,父母的言行举止对小儿影响很大。要培养小儿讲卫生、有礼貌等日常生活的良好习惯。(2)学龄。培养良好的学习习惯,诚实待人,尊敬师长,积极乐观,助人为乐,对生活充满信心。(3)青少年期。是青春发育和内分泌变化期。此期对问题的分析及思维能力有很大提高,对家庭和社会各种问题都有自己的看法,但很不全面。要进行道德教育,意志锻炼,完善其性格等。由于第二性征的出现,要及时进行性及生理卫生的知识教育。不能给予过大的压力,如学习压力过大会造成不良后果。

【儿童药物剂量】(drug dosage of children) 儿童不同年龄不同体重所用的药物剂量。其具体的计算方法是:(1)按体重计算。最常用。是临床用药最基本的计算方法。药物剂量(mg)＝体重(kg)×每日每千克体重用量。如阿奇霉素口服,用量为每日每千克体重用量10mg,小儿体重为10kg,药物剂量(mg)＝10×10＝100(毫克/日),再根据药物要求决定是每日服1次还是分2～3次口服,将计算出的量分次服用。如果是年长儿体重超重,计算出的量比成人量还大,则以成人量为准或稍低于成人用量,不可超越。(2)按体表面积计算。更精确,故逐渐改用体表面积计算用药。小儿体表面积(m^2)＝体重(kg)×0.035＋0.1。如小儿体重10kg,体表面积＝10×0.035＋0.1＝0.45(m^2)。药物计量(mg)＝体表面积(m^2)×每平方米毫克数(mg/m^2)。(3)按年龄计算。多用于中药水剂及颗粒。一般不需要太精确。如中药止咳颗粒,1岁内1/3包(一日3次)、1～3岁半包、3～5岁2/3包、6岁1包等。(4)按成人药物剂量折算。现在已很少应用。除非此药物没有儿童剂量。小儿药物剂量＝成人剂量÷50×体重(kg)。

适用于体重在 50kg 以下的儿童。

【儿童营养】(child nutrition) 适应于学龄前儿童(3～6 岁)和学龄儿童(7～12 岁)的食品营养。儿童的肌肉、骨骼生长发育相当迅速,代谢旺盛,各种营养的所需要量相对也比成人要多。学龄前儿童的食物质地应细,易于消化。随着年龄的增长,应逐渐增加食物品种和数量。学龄儿童的膳食虽然基本与成人相似,但是必须根据儿童生长发育的特殊需要,在其在营养成分上给予适当关照。

【耳鼻喉科学】(otorhinolaryngology) 研究耳鼻咽喉与气管、食管诸器官的解剖结构、生理功能和疾病的病因、病理机制、诊断治疗和预防的一门学科。其研究对象上承颅底,下连胸腹,与颅脑、眼、颌面及胸腔脏器毗邻。其疾病与整个机体有广泛密切的联系。从 20 世纪 60 年代末起,在国际范围内耳鼻咽喉科已更名为耳鼻咽喉－头颈外科。其研究范围包括:(1)耳鼻咽喉各器官的发生学及正常组织解剖学、生理学、病理学及病理生理学的研究。(2)耳鼻咽喉、头颈及颅底肿瘤的流行病学,病因、病理机制研究及临床诊断和外科治疗。(3)各种感音神经性耳聋及各种传导性耳聋的病因、病理、防治研究及中耳、内耳人工植入材料研制与听力语言恢复。(4)听觉和前庭系统的神经电生理学,细胞、神经生物学,分子遗传学及免疫组织化学研究。(5)鼻内窥镜手术的基础和临床研究。(6)睡眠呼吸暂停综合征的基础及临床研究等。

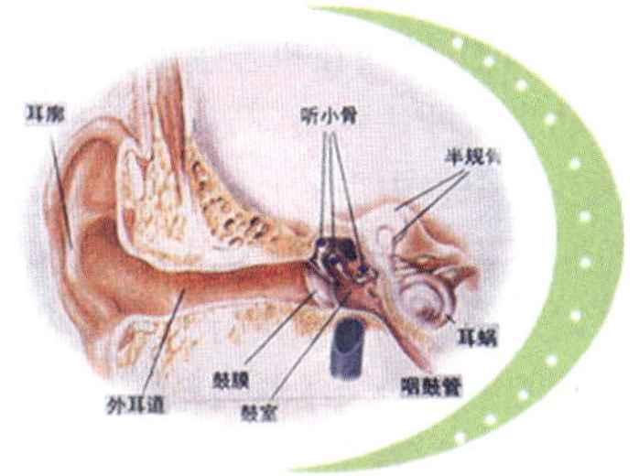

耳部结构

【耳聋】(deafness) 各种原因引起的听觉系统的传音、感音功能异常所致听觉障碍或听力减退。一般认为语言频率平均听阈在 26dB 以上,即有听力障碍;听力损失在 70dB 以内者称重听;在 70dB 以上者为聋。因耳部病变部位及性质不同,致耳聋的程度有所差异。幼童由于耳部发育不全或某些疾病引起耳聋后,无法学习语言,可致聋哑。造成耳聋的原因很多,遗传、产伤、感染、药物应用不当、免疫性疾病、生理机能退化、某些化学物质中毒等均能导致耳聋。按病变性质的不同可分为:器质性耳聋和功能性耳聋两类。前者指听觉器官组织结构异常导致的耳聋;后者指听觉功能下降导致的耳聋。按耳部病变损害部位的不同可分为:传音性耳聋、感音神经性耳聋和混合性耳聋三种。由于外耳及中耳的病变从而阻碍声波的传导,即为传音性耳聋;若接受声波的内耳或由内耳经听神经径路发生问题,影响声音的感受,则为感音神经性耳聋;如外耳、中耳、内耳三部分均有病变所造成的耳聋,称为混合性耳聋。按病因的不同可分为:先天性聋、老年性聋、传染病源性聋、全身系统性疾病引起的聋和药物中毒性聋等五种。按病变时间的不同可分为:先天性耳聋和后天性耳聋两类。耳聋分级:按 WHO 1980 年耳聋分级标准,将平均语言频率纯音听阈分为 5 级:(1)轻度聋。近距离听一般谈话无困难,听力计检查纯音和语言听阈在 26～40dB。(2)中度聋。近距离听话感到困难,听阈在 41～55dB。(3)中、重度聋。近距离听大声语言困难,听阈在 56～70dB。(4)重度聋。在耳边大声呼喊方能听到,听阈在 71～91dB。(5)全聋。听不到耳边大声呼喊的声音,纯音测听听阈超过 91dB。

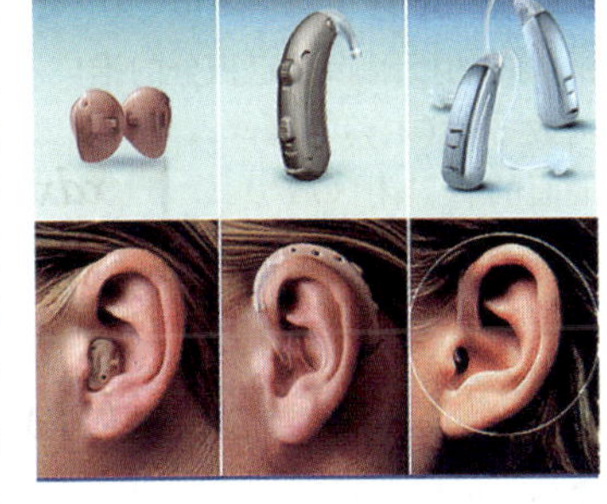
助听器

【耳鸣】(tinnitus) 在没有任何外界刺激的条件下所产生的异常声音感觉。一般来讲,因听觉机能失常而引起。只是一种主观感觉。由耳部病变引起的常与耳聋或眩晕同时存在;由其他因素引起的,则可不伴有耳聋或眩晕。耳鸣表现多种多样,有的为单侧性,有的则为双侧性;有的间歇出现,有的持续不停。持续性耳鸣,尤其是伴有耳聋、眩晕、头痛等其他症状,则要提高警惕,尽早就医。严重的耳鸣可引起烦躁、精神紧张。短暂性耳鸣,一般是生理现象。耳鸣的病因比较复杂,一般可分为两大类:(1)耳源性疾病。往往伴有听力下降,如由耳毒性药物中毒、病毒感染、内耳供血不足等引起。(2)非耳源性疾病。病人除了有耳鸣外,常伴有相应疾病的其他症状,如心血管疾病、高血压病、糖尿病、脑外伤等。其治疗应针对根本的疾病。根本疾病的缓解可以改善耳鸣。也可试用中药和针灸治疗耳鸣。

【耳颞综合征】(auriculo temporal syndrome) 又称唾液发汗综合征。由法国人 Frey 于 1923 年发现。腮腺外伤、术后数月或一年以上出现患侧耳部皮肤发热、潮红、流汗等的症状群。常于进食时发生,有一定的潜伏期。发生机理是在耳颞神经损伤后,腮腺的副交感神经之分泌神经的节后纤维再生,并迷植于支配耳颞神经的皮肤血管扩张神经及皮肤汗腺分泌神经之中。

【耳穴】(ear point) 分布于耳郭上的特定穴位。耳郭上的耳穴共有 91 个。其分布具有一定的规律。一般与头面相应的穴位分布在对耳屏与耳垂;与上肢相应的穴位分布在耳舟;与躯干和下肢相应的穴位分布在对耳轮体与对耳轮上、下脚;与腹腔相应的穴位多集中在对耳甲艇;与胸腔相应的穴位分布在耳甲腔;与消化道相应的穴位多在对耳轮脚周围;与耳鼻咽喉相应的穴位分布在耳屏四周。因此,用中医针灸耳穴的方法可以治疗多种疾病。

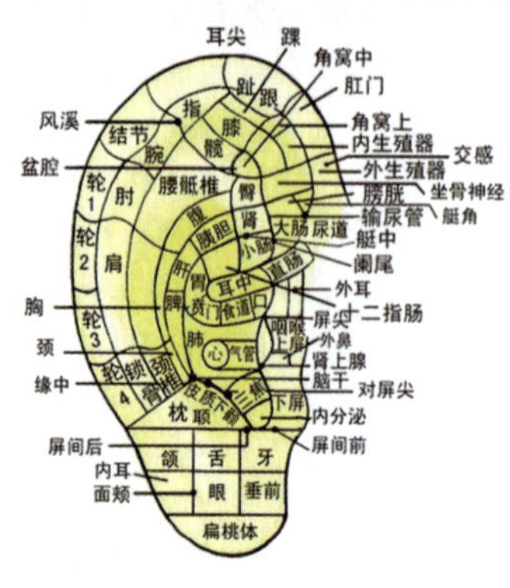

耳穴

【耳针】(ear acupuncture) 在耳郭穴位上用针刺或其他方法进行刺激来防治疾病的方法。一般采用 2.5cm(一寸)或 1.3cm(半寸)的短毫针或锨针进行治疗,也可用王不留行籽贴压。

【饵雷】(dirty trick device) 是指人工安装的具有特殊设计和构造、可在有人扰动或趋近一个表面无害的物体或进行一项表面安全的行动时出乎意外地造成杀伤的装置。饵雷的作用:可以诱使步兵雷及自走雷的爆炸,造成准确的杀伤力。

饵雷

【256 极速 CT】(256 speed CT) 一种 X 线剂量低、旋转速度快,智能化程度高的 256 层计算机体层摄影技术。主要是针对心脏、冠状动脉和大血管的一种新型检测仪器。与 64 排螺旋 CT 相比,256 极速 CT 的扫描速度要快 3 倍,探测宽度是其两倍,可以在 2s 内完成心脏检查。对心率、呼吸无特殊要求,绝大多数患者不必服用药物来降低心率后再进行心脏检查。

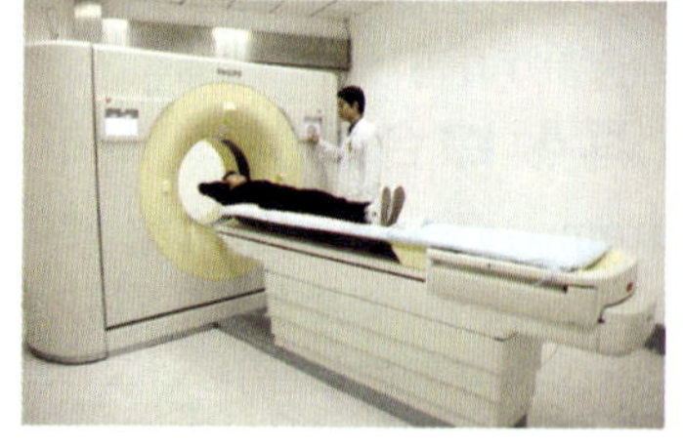
256 极速 CT

【二倍体】(diploid) 体细胞中含有两个染色体组的个体。在有性繁殖物种中,生物体的体细胞染色体成对分布,一般都是二倍体。如人、玉米、果蝇等。几乎全部的动物和过半数的高等植物都是二倍体型的个体。染色体是遗传物质的载体。它存在于细胞核中。每一个物种的染色体数目都是恒定的,以保持其物种的相对稳定性。

【二步法三维编织】(2-step 3D braiding) 纱线沿织物成型的方向排列并有两个纱线系统的一种三维编织技术。轴纱排列方式决定了所编织的骨架的横截面形状,构成了纱线的主体。轴纱在编织过程中伸直不动。另一个纱线系统是编织纱,位于轴纱的周围。在编织过程中,每根编织纱按照一定的规律在轴纱之间运动,形成不分层的三维整体结构。在编程过程中,纱线在机器上的排列形式仅需要两个机器运动步骤即达到循环,故称二步法三维编织。运动的轴纱在织物中占的比例较少,运动机构较少,不需要打紧机构,便于实现编织的自动化操作。该编织方法可以编织各种复杂的异型或变截面的骨架,如 T 型、带孔的梁和交叉的骨架等。

【二重感染】(superinfection) 又称重复感染。长期使用广谱抗生素,可使敏感菌群受到抑制,而一些不敏感菌乘机生长繁殖,产生新的感染的现象。抗菌药物的使用可致菌群改变,使耐该种抗菌药物的微生物引发新的感染。引起新感染的细菌,可以是在正常情况下对身体无害的寄生菌。由于菌群改变,其他能抑制该菌生长的无害菌为药物所抑杀后转变为致病性菌,或者是原发感染菌的耐药菌株。使用广谱抗生素时较易发生的二重感染有:难辨梭状芽胞杆菌肠炎、霉菌性肠炎、口腔霉菌感染以及白色念珠菌阴道炎等。

【二重积分】(double integral) 二元函数乘积和式的极限。是定积分的推广。确切地讲,设二元函数 $z=f(x,y)$ 在 xy 平面的有界闭区域 D 内有定义,将区域 D 任意分成 n 个小区域 $\Delta\alpha_1,\Delta\alpha_2,\cdots,\Delta\alpha_n$,其中 $\Delta\alpha_i$ 表示第 i 个小区域,也表示第 i 个小区域的面积。在第 i 个小区域 $\Delta\alpha_i$ 上任意取一点 (ξ_i,η_i),则其和为 $\sum_{i=1}^{n}f(\xi_i,\eta_i)\Delta\alpha_i$。如果当各小区域直径中的最大值 λ

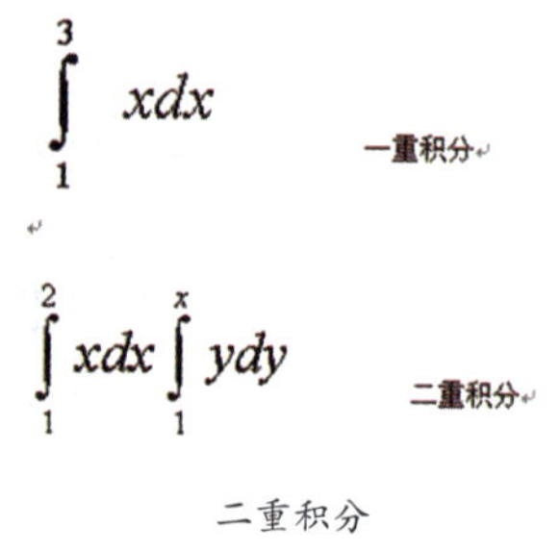

二重积分

趋于零时，此和式的极限存在，即 $\lim_{n\to\infty}\sum_{i=1}^{n}f(\xi_i,\eta_i)\Delta\alpha_i$，则称此极限为函数 $f(x,y)$ 在区域 D 上的二重积分，记为 $\iint_D f(x,y)d_xd_y$。

【二次成型】(post forming) 以塑料型材或型坯为原料，而使其通过加热和加压成为所需制品的一种方法。例如：中空塑料件二次成型技术，包括将中空塑料件分割成二或多部分分别成型，各部分组装成一个整体，得到需要的内壁形状。其特征是：组装后的塑料件置于另一个模具中进行二次成型，新的塑料包覆于组装件外表组合缝的局部或全部，得到需要的整体塑料件。二次成型后的塑料件外表美观，内部尺寸准确、光滑，密封性好，成型工艺简单。

【二次重熔】(secondary remelting) 用金属材料作为电极，加热熔化以精炼金属的冶金方法。在重熔过程中，有害杂质能比较有效地去除。金属是在水冷结晶器内熔化、精炼、凝固的，杜绝了耐火材料的污染。重熔过的金属具有均匀的成分和良好的组织，质量和性能得到改进。按其热源的不同可分为：(1)电渣重熔。(2)真空电弧重熔。(3)真空电子束重熔。(4)等离子体重熔。

【二次监视雷达】(secondary surveillance radar SSR) 又称空中交通管制雷达信标系统。一种用于空中交通管制的二次雷达。由第二次世界大战期间的军用敌我识别器发展而来。系统由地面询问站和机载应答器两大部分组成，是空中交通管制的主要对空监视设备。雷达为管制人员提供管制空域内飞机的位置、高度和识别信息。系统不受目标有效反射面积的影响，比一次监视雷达有较远的有效作用距离和抗干扰能力；可获取较准确的高度信息，并传送至地面询问站；可对多达 4 096 架飞机进行代号识别。但该系统不能监视未装机载应答器的飞机，且在测距和方位精度方面不及一次监视雷达，故应与一次监视雷达配合使用。

二次监视雷达

【二次能源】(secondary energy resource) 由一次能源经过加工转换以后得到的能源。包括电能、汽油、柴油、液化石油气、氢能等。二次能源又可以分为过程性能源和合能体能源。应用最广的电能是过程性能源，而汽油和柴油是合能体能源。二次能源亦可解释为自一次能源中被再次使用的能源，比如将煤炭燃烧产生蒸汽能推动发电机，所产生的电能即可称为二次能源。或者电能被利用后，经由电风扇，再转化成风能，这时风能亦可称为二次能源。在由一次能源转换成二次能源间的过程中必定有一定程度的损耗。

电风扇

【二次生长现象】(secondary growth phenomena) 微生物在含有葡萄糖和乳糖的培养基上生长时，先利用葡萄糖，并在葡萄糖用完之后才开始利用乳糖的现象。微生物生长先经过一个上升期，以后会出现一个停顿期，然后再出现第二个上升期。这种现象并非是由葡萄糖直接造成的，而是由某种分解代谢产物所引起。葡萄糖分解的某种产物阻碍了能够产生该物质的酶的合成。例如，产气杆菌的组氨酸裂解酶，将组氨酸分解为 α-酮戊二酸和氨，而葡萄糖也可以降解为 α-酮戊二酸，故能阻遏组氨酸裂解酶的合成。

【二次污染物】(secondary pollutant) 又称次生污染物。在环境中某些性质不稳定的一次污染物，在自然环境因素的作用下，经过各种物理、化学及生物作用过程转化而生成的新的、能对环境产生再次污染的污染物。大气中的硫酸雾、硫酸盐、硝酸、硝酸盐、光化学烟雾等，水体、土壤中重金属离子转化的络合物、农药及一些有机物经生物降解、光解、水解及氧化还原后的生成物等都是二次污染物。二次污染物形成机制一般很复杂，对环境和人体的危害通常比一次污染物更严重。

【二叠纪】(Permian Period) 地质年代中古生代最后一个纪。源自德文“Dyas”的意译，即二元的意思。“二叠”为日文音译。二叠纪始于距今2.95亿年，延续约 4 500 万年。这一时期由于地壳构造变动强烈，自然条件发生急剧变化，极大地促进了生物的进化和变异。与石炭纪巨大而单纯的昆虫群不同，二叠纪昆虫体形变小，种属增多。脊椎动物中爬行动物开始出现。植物界除石炭纪延续下来的石松类、楔叶类和真蕨类外，还出现了松柏类、苏铁类植物，开始显现中生代植物的面貌。这一时期，中国华北及东北地区处于陆地环境,形成陆相含煤地层。南方则大部分时间为海水浸没,形成以石灰岩为主的海相地层。二叠纪原来只分为早、晚两个世,现国际上均已采用早、中、晚三个世的分类。其代表符号为"P"。

【二噁英】(dioxins contamination) 全称分别为多氯二苯并-对-二噁英(PCDDs)和多氯二苯并呋喃(PCDFs)。结构和性质都很相似的、包含众多同类物或异构体的两大类有机化合物。其性质稳定。熔点较高。是无色无味的脂溶性物质。主要来自于焚烧物品产生的烟气。二噁英的最大危害是具有不可逆的"三致"毒性,即致畸、致癌、致突变。是目前已经认识的环境荷尔蒙中毒性最大的一种。它可以在环境中持久存在,不断富集,随食物链不断传递、积累放大,很难分解或排出。人类处于食物链的顶端,是此类污染的最后集结地。二噁英只要很小的剂量,就可能对人产生严重危害,尤其对婴幼儿的损害更明显。二噁英危害的另一个特点是:它在表现出明显的症状之前有一个漫长的潜伏过程,可能影响人类的子孙后代。

【二甘醇】(diglycol) 学名一缩二乙二醇。无色透明黏稠液体。具有吸湿性。气味辛辣。无腐蚀性。易燃。与水、乙醇、丙酮、乙醚、乙二醇混溶。不溶于苯、甲苯、四氯化碳。属于低毒类化学物质。进入人体后,代谢排出迅速,无明显蓄积性,但大剂量摄入会损害肾脏。主要用作防冻剂、气体脱水剂、增塑剂、溶剂及合成不饱和聚酯树脂等。

【二级变频】(dipole frequency conversion) 无线电接收信号中频率二次变换的技术。对于超外差式无线电接收机而言,通常一次变频难以解决灵敏度、中频干扰、镜像干扰之间的矛盾。其基本工作过程是:(1)先将电台信号变频到第一中频。(2)经过中放后再将该第一中频通过第二次变频变换到第二中频。(3)经过中放后再解调得到原始信号。其主要特点是:(1)镜像抑制能力和变频的级数以及第一中频频率有着很复杂的数学变换关系。(2)增加变频级数和使用较高的第一中频频率,都有利于提高镜像抑制作用。(3)第一中频常见的有10.7MHz收音机、21.4MHz对讲机、38MHz TV图像等。第二中频常见的有455kHz音频、65MHz TV伴音等。广泛应用于无线电接收信号、无线电发射机、通信等领域。

【二级处理】(secondary treatment) 经一级处理后的污、废水,进一步使用生物、化学、物理的方法去除污、废水中污染物的过程。通常以生物法水处理技术为主,如活性污泥法、生物膜法等。经二级处理后,废水中90%~95%的有机物可以被去除。

【二级缓存】(secondary cache) 处理器内部位一级缓存与内存之间的缓冲存储器。其作用与内存一样。是一级缓存的缓冲器。虽然比一级缓存的速度慢,但是其容量更大。主要是做一级缓存和内存之间数据临时交换的地方用。一级缓存的制造成本很高,容量也有限;二级缓存,就是存储那些CPU(微处理器)处理时需要用到、一级缓存又无法存储的数据。二级缓存是中央微处理器(CPU)性能表现的关键之一。在CPU核心不变化的情况下,增加二级缓存容量能使性能大幅度提高。同一核心的CPU的高低端之分,在二级缓存上有差异。由此可见二级缓存对于CPU的重要性。

【二甲醚】(dimethyl ether, DME) 又称木醚、甲醚。一种无色、无毒、具有轻微醚香味的气体(一般压缩成液体状)。其分子式为C_2H_6O。结构式为CH_3-O-CH_3。具有储运安全、燃烧性能好、热效率高、燃烧过程中无残渣、无黑烟和CO、NO排量低等特点。将二甲醚掺入液化石油气、煤气或天然气后混烧,能提高热量。是取代液化气的一种比较理想的清洁燃料。

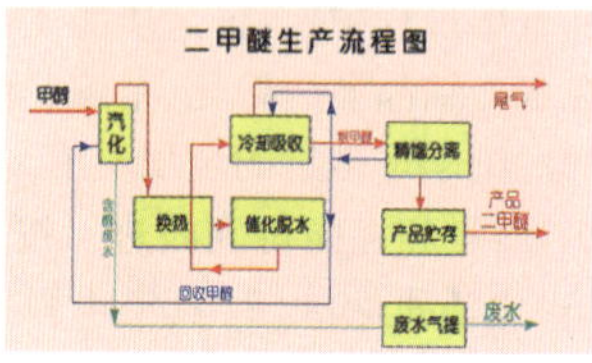

二甲醚生产流程图

【二阶逻辑】(second order logic) 又称二阶谓词演算。是命题逻辑或一阶逻辑的扩展。它包含在谓词位置上(而不是像一阶逻辑那样只能在项的位置上)的变量和约束它们的量词。

【二进制】(binary system) 一种进率为二计数制。在计数时,每相邻两个单位之间的进率都是二,其基数为二,进位规则是"逢二进一",借位规则是"借一当二"的一种特殊的计数进位制。二进制是计算机技术中广泛采用的一种数制。二进制数是用0和1两个数码来表示的数。

二进制

【二进制对称信道】(binary symmetric channel, BSC) 又称无记忆二进制对称信道。一种对称的二进制输入、输出信道编码方法。由于这种信道的输入比特仅与对应时刻的一个输入比特有关,而与以前的输入无关,所以这种信道是无记忆的。BSC信道二元编码最简单，也是最常用的信道模型。

【二进制相移键控】（bi-phase shift keying，BPSK） 一种把模拟信号转换成数据值的转换方式。是利用偏离相位的复数波浪组合来表现信息键控移相方式的一种。BPSK使用了基准的正弦波和相位反转的波浪，使一方为0，另一方为1，从而可以同时传送接受2个值（1比特）的信息。由于最单纯的键控移相方式虽然抗噪声能力较强，但是传送效率较差，所以常利用4个相位的QPSK和用8个相位的8PSK。BPSK分为绝对移相和相对移相两种。以未调载波的相位作为基准的相位调制称为绝对移相。以二进制调相为例，取码元为“1”时，调制后载波与未调载波同相；取码元为“0”时，调制后载波与未调载波反相；“1”和“0”时调制后载波相位差180°。这种转换方式在无线电通信中广泛应用。

【2002式号牌】（2002-number plate） 中国公安部决定从2002年8月12日起至2002年12月31日所启用的机动车号牌。此次改革首先在北京、天津、杭州、深圳四个城市进行试点，然后在条件成熟的基础上，在全国全面铺开。2002式机动车号牌选号实行公开、公平、公正的原则。与92式机动车号牌相比，2002式机动车号牌主要具有以下几个特点：(1)信息多。由于采用了较高的技术手段，在号牌上增设了机动车的技术参数信息，确保了机动车与号牌关联对应。(2)防伪性强。运用较高的科技手段提高了制作防伪技术，防伪手段的可操作性较强，实际应用方便，有效。(3)容量大。比92式扩大了数倍。(4)个性化。允许群众自主编排号牌编号，车管所现场发放，比较好地满足了人民群众对生活需求个性化的要求。(5)管理电脑化。从申请、选号到制作、路面管理，全部实行计算机数字化管理，在管理理念和管理方式等方面有了质的飞跃，便于职能部门提高管理效率，规范管理过程，提高了管理质量。

2002式号牌

【二氯异氰脲酸钠】（sodium dichloroisocyanurate） 白色颗粒状固体。易溶于水。储存稳定。无残毒。由于其具有高效、快速的清洁杀菌作用，所以被广泛用作杀菌消毒脱臭剂、去污洗净剂、漂白剂、脱色剂、保鲜剂、羊毛防缩剂、养蚕消毒剂等，还常用于自来水厂、洪水灾区的饮水、游泳池中水的杀菌消毒剂。

【二年生蔬菜】（biennial vegetable） 在两年内或至少两个生长季节内完成其生命周期的蔬菜。当年有种子萌发成营养植株，休眠越冬后，次年开花结果，而后全株枯死。常见的有芜菁、胡萝卜、萝卜、葱、洋葱、大蒜、芹菜等。

胡萝卜

【二年生作物】（biennial crop） 从种子萌发到种子成熟的生命活动周期需要经过一年以上至二年时间的作物。一般第一年完成营养体生长，第二年完成繁殖后代，经过一个冬季继续完成阶段发育，达到开花结实。这类作物有甜菜、白菜、甘蓝、萝卜等。

【二十八宿】（28-asterism） 又称二十八舍。中国古代观测日、月、星辰在星空运行的标志。分布在天球的黄道、赤道附近。一周天二十八个星官，共分四组，每组七宿，与四个方向和四种动物相配，称为“四象”。二十八宿起自北斗星斗柄所指的角宿，由西向东分别为东方青龙：角、亢、氐、房、心、尾、箕；北方玄武：斗、牛、女、虚、危、室、壁；西方白虎：奎、娄、胃、昴、毕、觜、参；南方朱雀：井、鬼、柳、星、张、翼、轸。它与三垣相结合，构成了中国古代星空划分的标准。

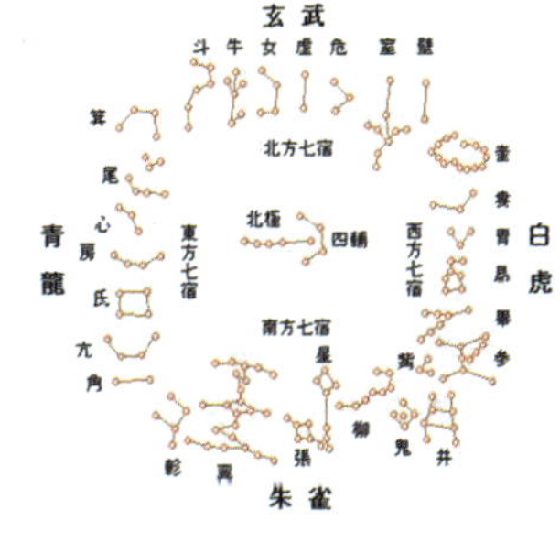

二十八宿

【二十二碳六烯酸】（docosahexenoic acid，DHA） 一种含有六个双键（－C＝C－）的高度不饱和脂肪酸。深海鱼油中含有高浓度的DHA。在人体中，DHA几乎全部以磷脂的形式存在，且在神经系统和生殖系统中分布较多。它是脑、视网膜等神经细胞膜磷脂的重要组成部分，对人体神经系统的反应性能起特殊的作用，因而有助于改善学习能力和记忆能力。DHA在睾丸和精液中的含量非常高。另外，在人乳中也含有少量的DHA，能满足婴幼儿的大脑、视力和生理发育的需要。DHA的缺乏可能影响婴幼儿的智力、视力和正常的生理发育功能。

【二十碳五烯酸】(eicosapentaenoic acid, EPA) 俗称血管清道夫。一种含有五个双键(－C＝C－)的高度不饱和脂肪酸。有防止血栓形成的作用,还可以制造某种前列腺素。这种前列腺素能使血管软化并抑制血小板在血管内凝集,进而减少血栓的形成和血管硬化现象的发生。几乎所有海藻中都含有二十碳五烯酸。可食用海藻,均属碱性食物。常食此类碱性食物,不仅对人体具有上述益处,而且还可调节体液的酸碱平衡,因此,还因为它含有抗肿瘤作用的褐藻胶能增强人体的抗癌能力。

【《21世纪议程》】(Agenda 21) 1992年联合国环境与发展大会上通过的重要文件。贯彻实施可持续发展战略的人类活动计划。该文件虽不具有法律约束力,但它反映了环境与发展领域的全球共识和最高级别的政治承诺,提供了全球推进可持续发展的行动准则。《21世纪议程》涉及人类可持续发展的所有领域,提供了21世纪如何使经济、社会与环境协调发展的行动纲领和行动蓝图。提出了2 500多条各式各样的行动建议,包括如何减少浪费性消费、消除贫穷、保护大气层、海洋和生物多样性以及促进可持续农业、可持续发展的详细建议。整个文件共计40万字,分为四个部分:(1)社会和经济方面。(2)保存和管理资源以促进发展。(3)加强各主要群组的作用。(4)实施手段。

【二滩水电站】(Ertan Hydropower Station) 位于雅砻江下游河段二滩峡谷区内的水电站。河床枯水位高程1 011～1 012m,水面宽80～100m。坝址处于川滇南北向构造带的中段西部相对稳定的共和断块上。该断块内部不存在发震构造,历史上无强震记载。是20世纪建成的中国最大的水电站。总装机容量3.3×10^6kW。单机容量5.5×10^5kW。在21世纪初三峡电站建成之前,均列中国第一,其单机容量排世界前10位。拱坝坝高240m,为中国第一高坝。在双曲拱坝排行中,高度居亚洲第一、世界第三。承受总荷载9.8×10^6t,列世界第一。其总泄水量22 480m³/s,在高坝中为世界第一。导流洞最大。左、右岸各一条导流洞。其衬砌后的断面高23m、宽17.5m,为世界第一。最大的泄洪洞。断面高13.5～14.9m,宽13m,最大流速达45m/s,均居中国第一。进水口高度为80m,调压室高度70m,均居中国第一。二滩水电站以发电为主。水库正常高水位为1 200m。发电最低运行水位1 155m。总库容5.8×10^9m³。有效库容3.37×10^9m³。属季调节水库。电站年平均年发电量1.7×10^{10}kW·h,保证出力1×10^6kW。

二滩水电站

【二维码】(two－dimensional bar code) 使用若干个与二进制相对应的几何形体来表示文字数值信息的软件。在代码编制上利用构成计算机内部逻辑基础的"0"、"1"比特流的概念,通过图象输入设备或光电扫描设备自动识读以实现信息自动处理。二维码能够在横向和纵向两个方位同时表达信息,因此能在很小的面积内表达大量的信息。应用二维码扫描器、二维码扫描枪、可以扫描二维码并且把二维码的数据和图片传回到电脑中。二维码技术是一种有差广阔发展前景的新技术。

手持式二维码图像扫描器

【211工程】(211 Project) 中国面向21世纪,重点建设100所左右的高等学校和一批重点学科的工程。1993年2月13日,在中共中央、国务院印发的《中国教育改革和发展纲要》及国务院《关于<中国教育改革和发展纲要>的实施意见》中,指出"211工程"的主要精神是:为了迎接世界新技术革命的挑战,面向21世纪,要集中中央和地方各方面的力量,分期分批地重点建设100所左右的高等学校和一批重点学科、专业,使其到2000年左右在教育质量、科学研究、管理水平及办学效果等方面有较大的提高,在教育改革方面有明显的进展,力争在21世纪初有一批高等学校和学科专业接近或达到国际一流大学的水平。1994年5月开始启动"211工程"的预审工作。

【二氧化碲单晶】(tellurium dioxide single crystal) 一种无色透明的以二氧化碲为原料制成的单晶压电晶体。其结构虽有三种类型,但只有四方晶系变形金红石结构的γ-TeO_2可用人工制备。其特点是:传播声波速度低,折射率高,对可见光有高的透明度,光弹性系数大,声光品质因数大,是很好的声光介质材料。对称性决定了它独立的压电常数,即压电常数不因沿Z轴旋转而变化。利用这一特性可制作扭转谐振器。该晶体的弹性常数比一般晶体要大得多。多用于声光器件。

【二氧化锆烤瓷牙】(zro2 KaoCiYa) “二氧化锆烤瓷牙,具有很高的密度和强度,色泽逼真美观,生物相容性好,优于所有的金属材料。对牙龈无刺激,不会有牙龈黑线问题和返青现象,无过敏反应. 价格比较适中。二氧化锆烤瓷牙在非金属烤瓷牙中强度最高。具有很高的密度和强度;色泽逼真美观;生物相容性好、优于所有的金属材料,对牙龈无刺激、不会有牙龈黑线问题和返青现象、无过敏反应. 二氧化锆烤瓷牙兼具金属的强度和瓷的美观,其颜色、外观、质感逼真、色泽稳定、表面光滑、耐磨性强、不易变形、抗折力强,属“长久性修复体”。二氧化锆烤瓷牙,为目前应用较广泛的牙齿修复方式,治疗效果好,而且不会有返青现象。

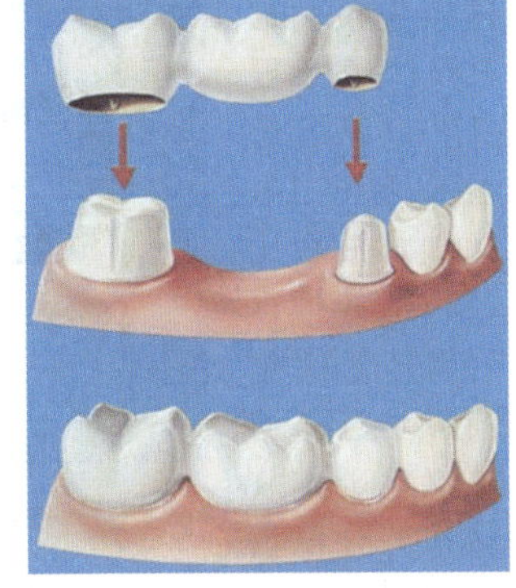

二氧化锆烤瓷牙

【二氧化硫】(sulfur dioxide) 无色、有刺激性气味的气体。分子式为 SO_2。大气的主要污染物之一。大气中的二氧化硫大部分来自于煤和石油的燃烧以及石油炼制等。刺激人的呼吸道,减弱呼吸功能,诱发呼吸道各种炎症。危害植物生长。二氧化硫污染严重时形成酸雨,给生态系统以及农业生产、森林、水产资源等带来严重危害。

【二氧化硫残留量】(sulfur dioxide residue) 在食品加工过程中使用的硫黄、二氧化硫、亚硫酸钠、焦亚硫酸钠和低亚硫酸钠等二氧化硫类物质,而残留在食品中所形成的亚硫酸盐的含量。过量地摄入这类物质,会导致咽喉疼痛、胃部不适和头痛等反应。同时对肝脏有一定的损害。在中国国家标准《食品添加剂使用卫生标准》(GB2760－2007)中,规定了二氧化硫最大残留量为0.05g/kg。联合国粮农组织和世界卫生组织评估:二氧化硫的日允许摄入量是0～0.7mg/kg。

【二氧化氯水处理技术】(chlorine dioxide water treatment technology) 利用二氧化氯作为氧化剂,将废水中的某些有机物和具有还原性的有害污染物氧化为无毒或低毒物质的工艺技术。二氧化氯(ClO_2)遇水后迅速分解,同时生成 $HClO_3$、Cl_2、H_2O_2 等多种强氧化剂。这些氧化剂组合在一起,能产生多种能力极强的活性基团(即自由基)。它们能激发芳烃—RH 环上的不活泼氢,通过脱氢反应生成 R－自由基,成为进一步氧化的诱发剂。自由基还能通过羟基取代反应,将芳烃环上的 $-SO_3H$、$-NO_2$ 等基团取代下来,生成不稳定的羟基取代中间体,从而发生开环裂解,直至完全分解为无害的无机物。

【二氧化碳】(carbon dioxide) 又称碳酐。无色无味气体。化学式 CO_2。相对分子质量 44.01。气态密度 1.977 g/dm^3。液态密度 1.101 g/cm^3(－37℃)。固态密度 1.56 g/cm^3(－79℃)。熔点 －56.6℃(5.2 大气压)。－78.5℃时升华。临界温度 31℃。溶于水、乙醇和丙酮。固态二氧化碳俗称干冰。虽无毒性,但空气中含量达 3% 时,人就会感到呼吸急促;当浓度达到 10% 时,就会丧失知觉、呼吸停止而死亡。CO_2 酸性氧化物。与碱反应生成酸式碳酸盐和碳酸盐。在加热时能被碳还原成一氧化碳。与活泼金属在加热时反应生成碳和金属氧化物或金属碳酸盐。可由单质碳或含碳化合物在空气中完全燃烧制备。生物的呼吸作用和有机体的腐烂也可产生二氧化碳。实验室常用盐酸和碳酸钙反应来制备。二氧化碳是大气中主要的温室气体。它对全球气温的影响越来越受到关注。可用于生产纯碱、小苏打、氧化铝、尿素和碳酸氢铵等;还可用于制造饮料、灭火剂、保鲜剂和制冷剂等。

二氧化碳

【二氧化碳捕集和储存】(carbon dioxide capture and storage, CCS) 利用吸附、吸收、低温及膜系统等将废气中的二氧化碳捕集下来并进行长期或永久性储存的技术。目前大力开发的捕集技术主要是针对电站排放的二氧化碳。其主要有三种方法:即燃烧后脱碳、燃烧前脱碳和富氧燃烧技术。对于捕集下来的二氧化碳,当前可行的储存方式有三种:即地下储存、海洋储存,以及森林和陆地生态储存。

【二氧化碳激光器】(carbon dioxide laser) 以二氧化碳气体作为工作物质的一种气体激光器。其优点是:(1)较大的功率。(2)较高的能量转换效率。(3)丰富的谱线。(4)输出波段是大气窗口。

(5)输出光束的光学质量高，相干性好，线宽窄，工作稳定。主要应用于焊接、切割、打孔等机加工以及通信、雷达、化学分析、激光诱发化学反应和外科手术等方面。

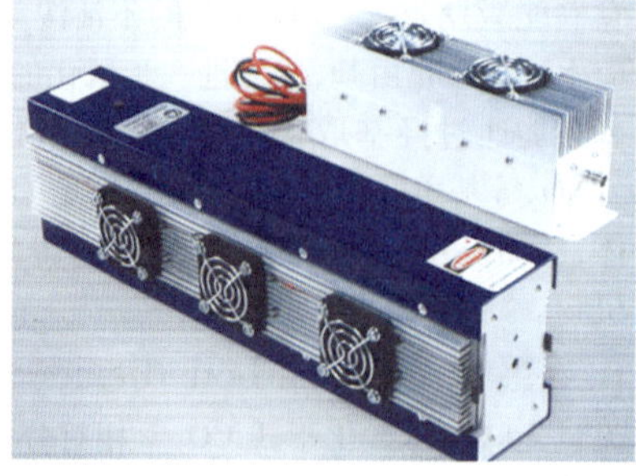
二氧化碳激光器

【二氧化碳排放标准】(carbon dioxide emissions standards) 全球大气层和地表这一系统就如同一个巨大的“玻璃温室”，使地表始终维持着一定的温度，产生了适于人类和其他生物生存的环境。在这一系统中，大气既能让太阳辐射透过而达到地面，同时又能阻止地面辐射的散失，我们把大气对地面的这种保护作用称为大气的温室效应。造成温室效应的气体称为“温室气体”，它们可以让太阳短波辐射自由通过，同时又能吸收地表发出的长波辐射。这些气体有二氧化碳、甲烷、氯氟化碳、臭氧、氮的氧化物和水蒸气等，其中最主要的是二氧化碳。近百年来全球的气候正在逐渐变暖，与此同时，大气中的温室气体的含量也在急剧地增加。许多科学家都认为，温室气体的大量排放所造成温室效应的加剧可能是全球变暖的基本原因。人类燃烧煤、油、天然气和树木，产生大量二氧化碳和甲烷进入大气层后使地球升温，使碳循环失衡，改变了地球生物圈的能量转换形式。自工业革命以来，大气中二氧化碳含量增加了25%，远远超过科学家可能勘测出来的过去16万年的全部历史纪录，而且目前尚无减缓的迹象。大气中二氧化碳排放量增加是造成地球气候变暖的根源。国际能源机构的一项调查结果表明，美国、中国、俄罗斯和日本的二氧化碳排放量几乎占全球总量的一半。调查表明，美国二氧化碳排放量居世界首位，年人均二氧化碳排放量约20吨，排放的二氧化碳占全球总量的23.7%。中国年人均二氧化碳排放量为2.51吨，约占全球总量的13.6%。

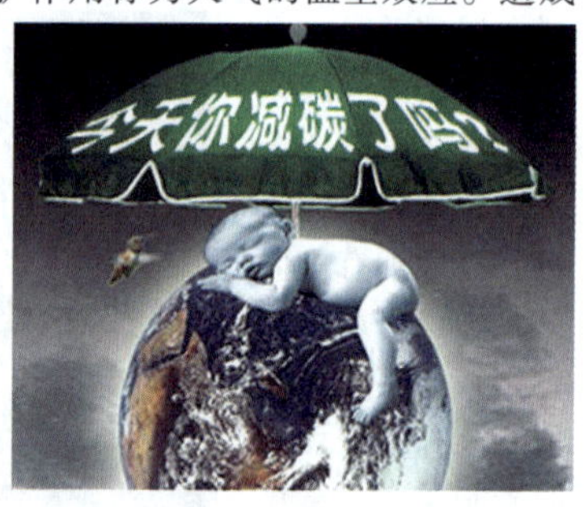

二氧化碳排放标准

【二氧化碳排放税】(the carbon tax) 国家发改委和财政部有关课题组经过调研，形成了“中国碳税税制框架设计”的专题报告。课题组表示，我国二氧化碳排放税比较合适的推出时间是2012年前后；由于采用二氧化碳排放量作为计税依据，需要采用从量计征的方式，所以适合采用定额税率形式；在税收的转移支付上，应利用二氧化碳排放税重点对节能环保行业和企业进行补贴。

二氧化碳排放税

【二氧化碳气体保护焊】(CO_2 gas shielded arc welding) 利用CO_2气体作为保护气氛的一种电弧焊方法。CO_2焊有细丝(焊丝直径小于1.6mm)焊和粗丝(焊丝直径大于等于1.6mm)焊两种。它与手工电弧焊、埋弧自动焊等电弧焊方法比较，具有下列优点：(1)生产效率高。由于CO_2焊电流密度大，电弧热量利用率高以及焊后不需清渣，因而比手工电弧焊生产效率高。(2)成本低。CO_2不仅价格便宜，而且电能消耗少，可降低成本。(3)焊接变形小。CO_2焊弧热量集中，焊件热影响区较小，因而焊件变形较小。(4)焊接质量好。CO_2焊的焊缝含氢量小，抗裂性好，焊缝力学性能良好。(5)操作简便。焊接时可观察到电弧和熔池，不易焊偏，易于操作。(6)适应能力强。可用于焊接碳钢和低合金钢；可进行全位置焊接，既可用于焊接钢结构，亦可用于修理和堆焊磨损零件。其缺点是：当大电流焊接时，焊缝成型不如埋弧焊，飞溅较多；不能焊接易氧化的有色金属。广泛应用于石油、化工、冶金、造船和汽车制造等行业。

【二值图像】(binary image) 每一像元只有两种可能的数值或灰度等级状态的图像。每个像素不是黑就是白，其灰度值没有中间过渡的图像。一般用来描述文字或者图形。其优点是占用空间少；其缺点是当表示人物、风景的图像时，二值图像只能描述其轮廓，不能描述细节。

F

【发包人】(person issuing contract) 具有工程发包主体资格和支付工程价款能力的当事人以及取得该当事人资格的合法继承人。有时称发包单位、建设单位或业主或项目法人。依据《合同法》规定,建设工程合同发包人应承担以下责任:(1)做好施工前的一切准备工作,确保建设承包单位准时进入施工现场。《合同法》规定,发包人未按约定的时间和要求提供原材料、设备、场地、资金、技术资料的,承包人可以顺延工程日期并要求停工或窝工损失赔偿。(2)向承包人提供符合质量的材料、设备。因提供的材料质量存在瑕疵和提供的设备不符合要求而延误工期,造成质量责任的,应承担责任。(3)对工程质量和进度进行检查。发包人在不妨碍承包人正常作业的情况下,可以随时对作业进度和质量进行检查。(4)组织验收。建设工程竣工后,发包人应及时组织验收。建设工程竣工后,发包人应当根据施工图纸说明书、国家颁发的施工验收规范和质量检验标准进行验收。(5)支付价款,接收工程。发包方对承包方完成的建设工程项目,经验收合格,支付价款后应及时交付使用,发挥建设工程效益。

【发病率】(incidence rate) 在一定时期内,一定范围人群中某病新病例出现的频率。其发病率等于一定期间某人群中某病新病例数/同时期暴露人口数×K,K=100%、1 000‰…可用作描述疾病的分布,反映疾病对人群健康的影响,探讨发病因素,提出病因假说,评价防治措施的效果。

【发电】(generation) 利用电能生产设备将其他形式的能源转变为电能的过程。生产电能的主要方式有:火力发电、水力发电、核能发电、地热发电、风能发电、太阳能发电、潮汐发电、波浪能发电、海洋温差发电、燃料电池发电等。近年来,随着环保意识的不断增强,清洁发电技术发展迅速,整体煤气化联合循环、加热硫化床联合循环发电技术已开始走向商业化。除太阳能发电和燃料电池发电外,电能生产设备都由动力部分和发电部分组成。动力部分将外部的能转换为机械能,发电部分则将动力部分传递过来的机械能经过电磁感应作用转换为电能,再经用电设备将电能转换为其他形式的能。在上述发电方式中,均由交流发电机生产频率为50Hz或60Hz的交流电。而在特定条件下用直流发电机生产的直流电能,多用作控制设备电源、危急备用电源和其他专用电源。

【发电机】(generator) 将其他形式的能源转换成电能的机械设备。由水轮机、汽轮机、柴油机或其他动力机械驱动,将水流,气流,燃料燃烧或原子核裂变产生的能量转化为机械能并传给发电机,再由发电机转换为电能。通常由定子、转子、端盖及轴承等部件构成。其工作原理基于电磁感应定律和电磁力定律。其构造的一般原则是:用适当的导磁和导电材料构成互相进行电磁感应的磁路和电路,以产生电磁功率,达到能量转换的目的。在工农业生产、国防、科技及日常生活中广泛应用。

发电机

【发电机组】(generator set) 将机械能或其他可再生能源转变成电能的发电设备。通常由汽轮机、水轮机或内燃机驱动。柴油发电机组的容量较大,可并机运行且持续供电时间长,还可独立运行,不与地区电网并列运行,不受电网故障的影响,可靠性较高。在某些地区常用市电不很可靠的情况下,把柴油发电机组作为备用电源,既能起到应急电源的作用,又能通过低压系统的合理优化,将一些平时比较重要的负荷在停电时使用。在工程中和军事活动中广泛应用。

发电机组

【发电系统可靠性】(reliability of power-generating system） 评估统一并网运行的全部发电机组按可接受标准及期望数量满足电力系统负荷电力和电量需要能力的度量特性。研究发电系统可靠性的主要目标，是确定电力系统为保证充足的电力供应所需的发电容量。所需的发电容量分为静态需要容量和运行需要容量两个方面。静态容量是指对整个系统所需容量的长期估计，可考虑为装机容量。它必须满足发电机组计划检修、非计划检修、季节性降低出力以及非预计负荷增长等要求。运行容量则是指对于为满足一定负荷所需实际容量的短期估计。二者的差别除考虑的时间期限不同外，前者待定的基本量是电力系统的合理装机备用；后者需要确定的则是在短时间内，系统所需的运行备用有旋转备用、快速启动机组及互联电力系统的相互支持等。在电力系统规划阶段评价不同的电源发展方案时，必须对上述两方面都要进行核算。在作出决策后，短期容量的需求就成为运行方面首先关心的问题。

【发动机】（engine） 又称引擎。一种将燃料化学能通过燃烧转化为机械能的装置。一般用于为移动式的运行装置提供动力，也可指包括动力装置的整个机器。比如汽油发动机、航空发动机、火箭发动机等。发动机最早诞生在英国，所以，发动机的概念也源于英语，本义是指“产生动力的机械装置”。

汽车发动机

【发动机飞行试验台】（engine flight test bed） 又称空中试车台、飞行试验设备。根据试验需要而将重型飞机改装成能将被试发动机固定在机身下面、机身上面、机翼下面或尾部并在飞行状态下进行性能和稳定性等试验的设备。发动机高空模拟试车台不可能真实模拟所有的飞行条件，还必须把发动机安装在飞机上进行飞行试验。在飞行试验台上要安装完整的测试系统和记录系统，有时也可用遥测系统将数据发回地面。供试验用的重型飞机多由大型轰炸机或运输机改装而成。其优点是可以安装较多的测试设备。其缺点是飞行包线有限。

【发动机飞行小时】（engine flight hours，EFH） 航空发动机累计工作时间的量度单位。由于航空发动机既在空中工作（大部分时间），又在地面工作（少部分时间），两者工作条件又有较大差别。为便于统一计量，实际工作中常以发动机飞行小时 作为统一的量度单位，而将地面工作时间（以小时计）修正后累加到飞行时间中，即 EFH = 空中工作时间 + $K \times$ 地面工作时间。式中，K 为修正系数；工作时间均以小时计。

【发动机高空模拟试车台】（simulated altitude engine test facility） 能模拟高空环境的发动机试车设备。为测得发动机性能和功能，并考核发动机的工作适用性及其系统的工作可靠性等，设计了有装入被试发动机并具有控制进气条件和模拟高空环境压力、温度等参数能力的高空舱等试验设备。2004年11月，中国建立了自己的第一座涡轴以及涡桨发动机高空模拟试车台。

发动机高空模拟试车台

【发动机故障自动诊断】（automatic diagnosis of engine fault） 通过对发动机振动、转速、燃油流量、排气温度等参数的检测，与发动机正常工作时建立的故障辨识模型进行对比识别，以寻找故障的一种方法。常见的故障诊断方法可分为逻辑辨识算法、故障矩阵算法和时间序列趋势辨识算法三种。故障自动诊断的发展方向是实现准确的故障定位和预报，在综合诊断技术的基础上建立集成化和高度智能化的发动机故障自动诊断和维护的专家系统。

【发动机结构完整性大纲】（engine structure integrity program，ENSIP） 关于发动机结构设计、分析、定型、投产和寿命管理的一整套计划文件。其目标是保证发动机结构的安全性和耐久性，降低寿命期费用和提高出勤率等。1984年11月，美国正式颁发美国军用标准《发动机结构完整性大纲》，为发动机的结构设计提供了统一的方法。其指导思想已为各国发动机设计部门所采纳。

【发动机燃油系统】（engine fuel system） 从发动机的低压燃油泵（增压泵）进口至发动机燃烧室喷嘴前以燃油为介质的由油泵、供油管路和油滤等部件组成的系统。其主要功能是向发动机主燃烧室和加力燃烧室供油。通过控制装置调节供油量。燃油系统也可以控制发动机的各种工

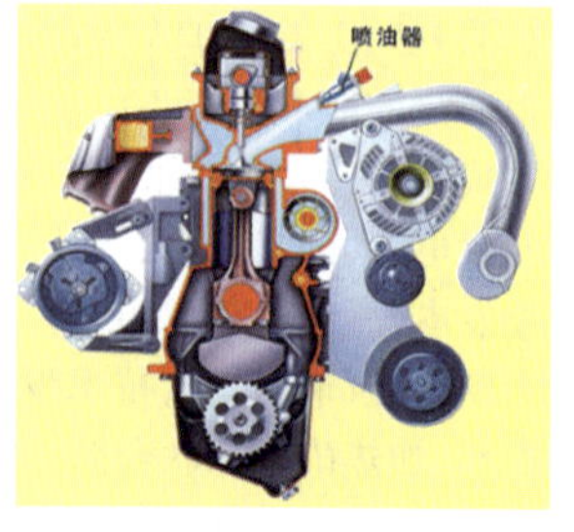

发动机燃油系统

作状态。

【发动机显示器】(engine display) 又称发动机参数显示器。能显示发动机多种主要参数的下视显示器。为发动机指示和空勤告警系统的组成部分。在发动机运行中,各种传感器适时将采集到的发动机各种参数(压力比、进气压力、转速、排气温度、燃油流量等)显示出来,以监控和维护发动机的安全运行。

【发动机智能测试系统】(engine intelligent test measuring system) 以微型计算机为中心,通过执行机构实施对发动机热力参数的自动测量、自动移位及自动数据采集处理的设备。整个系统由控制子系统、数据采集处理子系统、角度自动跟踪子系统和实时校准子系统组成,实现了测量、控制、处理和校准一体化。

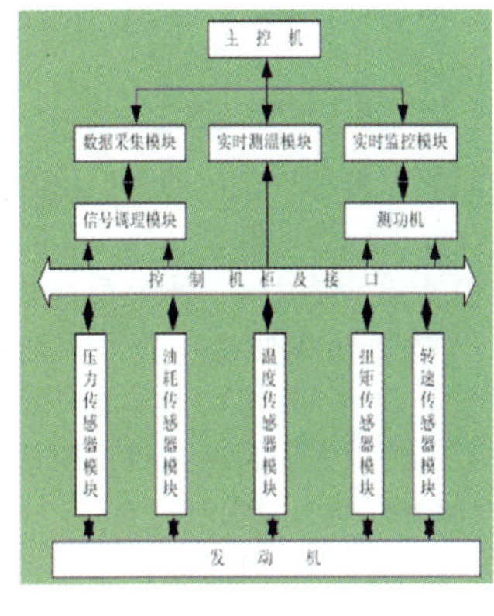

发动机智能测试系统

【发光材料】(luminescent material) 受外来激发后可以产生光辐射的固体材料。按其激发方式的不同可分为:电子致发光、场致发光、光致发光、热释发光、化学发光和辐射发光等。发光机理复杂,受其自身的晶体结构、杂质和缺陷影响。发光材料主要成分是稀土金属的化合物和半导体材料,以粉末、单晶、薄膜或非晶体等形态出现。高纯稀土氧化物Y_2O_3、Eu_2O_3、Gd_2O_3、La_2O_3、Tb_4O_7等制成的各种荧光体,广泛用于彩电、投影电视、航空显示器、X射线增感屏、超短余辉材料以及各种灯用荧光粉等。半导体发光材料有ZnS、CaS、ZnSe、GaP、GaAlAs、GaN等。主要用作阴极射线管、彩色显像管、数字显示钟、长寿命发光二极管、数码管、光敏传感器、X射线增感屏等。其制备方法有高温固相法、溶胶-凝胶法、水热沉淀法、微波法等。有机化合物因为种类繁多,可调性好,色彩丰富,色纯度高,分子设计相对比较灵活,所以有机发光材料的研究日益受到人们的重视。

【发光蛋白】(photoprotein) 又称荧光蛋白。从发光生物体中分离出的发光性蛋白质。近年来被广泛应用的发光蛋白,有GFP(绿色荧光蛋白)、YFP(黄色荧光蛋白)、CFP(青色荧光蛋白)等。其发光原理就是源自动物的自发发光。这为生物医学研究提供了新的手段。通过常规的基因操纵手段,将荧光蛋白用于标记其他的目标蛋白,在检测蛋白表达、蛋白和细胞荧光示踪、研究蛋白质之间相互作用和构象变化中,起到了重要的作用。以癌症医学为例,将绿色荧光蛋白转入癌细胞中,可借助绿色荧光蛋白会发光的特性来清楚观察癌细胞在生物体中的大小与位置,藉此来判断某些新研发药物到底有无抗癌功效,并作为日后发明抗癌药物或新兴疗法的研究依据。

【发光二极管】(light emitting diode, LED) 一种用电致发光半导体材料制作的能发光的半导体二极管。其基本结构是一块电致发光的半导体材料,核心部分是由P型半导体和N型半导体组成的晶片。在某些半导体材料的PN结中,注入的少数载流子与多数载流子复合时会把多余的能量以光的形式释放出来,从而把电能直接转换为光能。可通过改变通入电流的大小来改变发光的颜色。具有寿命长、耐冲击、光效高、发光颜色纯、成本较低等优点。广泛应用于家用电器和光纤通信系统。

发光二极管

【发光免疫技术】(chemiluminescence immunoassay, CLIA) 利用化学或生物发光系统作为抗原抗体反应的指示系统,借以定量检测抗原或抗体的方法。发光物质可直接作为抗原或抗体的标记物,也可以游离形式用于催化剂(酶)和辅助剂标记的抗原或抗体的发光反应中。按发光物质应用方式的不同可分为四个类型:(1)发光免疫测定法。本法以鲁米诺或细菌发光素酶、萤火虫发光素酶等化学发光物或生物发光物作为抗原或抗体的标记物。(2)发光酶免疫测定法。利用能催化发光反应的酶作为抗原或抗体的标记物。(3)发光酶放大免疫测定法。是一种匀相测定法,其酶标记抗原多为药物或其他小分子。当其与特异性抗体结合后,酶的活性改变。(4)发光辅助因子免疫测定法。本法属均相法,利用发光反应中的NAD或ATP等辅助因子标记抗原,继而利用辅助因子-抗原结合物检测特异性抗原抗体的结合反应。

【发光纤维】(luminescent fiber) 利用稀土材料作为发光剂,与涤纶、丙纶或锦纶的聚合物经过特种纺丝工艺制成的纤维。用该纤维制成的纺织品在夜间或黑暗状态下可持续发光达10h以上。广泛应用于航空航海、国防工业、建筑装潢、交通运输及服装等行业。

【发光颜料】(luminous pigment) 能发出荧光或磷光的颜料。荧光颜料须在紫外线激发下才能发光,在黑暗中不能持续;磷光颜料经紫外线或日光激发发光后,在黑暗中能持续若干小时。发光颜料通常由锌、钙、钡或锶的硫化物、少量的助熔剂(如氯化钙)和微量的活化剂(如氯化铜)配成混合物,经煅烧而成,用于制造发光漆。荧光和磷光的颜色随着活化剂的性质和发光颜料的成分而定。例如在硫化锌荧光颜料中加入硫化镉,可使以银为活化剂的颜料由蓝色转移至红色,使以铜为活化剂的颜料由绿色转移至红色。应用于建筑装饰、运输工具、军事设施、消防应急系统及进出口标志、逃生、救生路线的指示等。

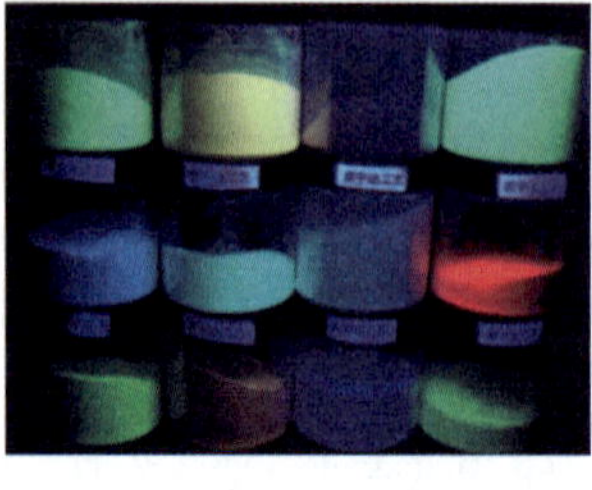

发光颜料

【发黑】(blackening) 钢铁表面处理的一种方法。通常将工件浸入强氧化性的化学溶液,例如沸腾温度为147~152℃的氢氧化钠(600g/L)及亚硝酸钠(100g/L)水溶液中,经一定时间使表面生成一层美观而具有防锈作用的较致密的蓝黑色氧化薄膜。此项工艺有时也混称发蓝。广泛应用于钟表指针、游丝、螺钉、仪表外壳及某些枪械的零件等。

【发火合金】(pyrophoric alloy) 以粉末状态存在且与空气接触后能自燃或受到撞击、摩擦时能产生火花的合金的总称。按其成分的不同可分为稀土系和非稀土系两类。能够自燃的合金有稀土合金、锆合金等。发火合金主要用于制造武器发火及其他装置中的引火材料。

【发夹结构】(hairpin structure) 又称茎环结构。单链核苷酸序列中相邻的反向重复序列区段,自我折叠形成的一种具有不完全碱基配对的局部双链区结构。由于这种单链核苷酸序列的二级结构,状似发夹或茎环,所以称之为发夹结构。其在第一链cDNA或mRNA分子中常可见到。发夹结构中的小发夹RNA(shRNA)参与转录后基因表达的调控,在基因稳定沉默中起重要的作用。其介导的RNA干扰技术已经成为研究哺乳动物细胞体内外基因功能的强有力的工具。

【发酵】(fermentation) 利用微生物生产有用代谢产物的一种生产方式。在常温、常压、缺氧条件下,通过微生物、动物细胞和植物细胞的培养,可大量生成和积累特定的代谢产物或菌体的过程。按发酵产物的不同可分为:氨基酸发酵、有机酸发酵、抗生素发酵、乙醇发酵和维生素发酵等。按发酵形式的不同可分为固态发酵和深层液体发酵。发酵为食品工程的重要操作之一。广泛用于各种食品的加工和处理,如饮料酒、调味品、茶叶、面包、豆制品、乳品、烟制品及酶制剂、维生素、单细胞蛋白的生产等。

【发酵参数】(fermentation parameter) 反映生物体发酵过程中生理生化代谢变化的检测数据。如pH、培养基中基质的消耗情况、菌体生长、O_2和CO_2积累的情况、发酵目的产物的积累情况等。发酵参数的变化信息通过安装在发酵罐内的传感器检测,由变送器转换为标准信号,通过二次仪表显示、记录,或传送给计算机处理。

【发酵动力学】(fermentation kinetics) 研究发酵过程中菌的生长速率、培养基的消耗速率和产品形成速率的相互作用和随时间变化规律的学科。包括化学热力学(研究反应的方向)和化学动力学(研究反应的速度),并涉及酶反应动力学和细胞生长动力学。发酵动力学为发酵过程的控制、小罐实验数据的放大以及从分批发酵过渡到半连续发酵和连续发酵提供了理论基础。

【发酵粉】(bread yeast) 一种主要用作面制品和膨化食品生产的复合添加剂。白色粉末状,无异味,在冷水中分解。是由碱性物质、酸式盐和填充物按一定比例混合而成的复合膨松剂。主要成分是碳酸氢钠和酒石酸,通常是碳酸盐和固态酸的化合物。在发酵中,主要是酸剂和碱剂相互作用释放出二氧化碳。填充物多选用淀粉,作用在于延长膨松剂的保存期,防止发酵粉的吸潮结块和失效,同时还可以调节气体产生速度,促使气泡均匀产生。制作发酵面团常用的有老酵母、鲜酵母、发酵粉三种。发酵粉是根据酸碱中和的反应原理而配置的,它的水溶液基本呈中性,消除了小苏打和臭碱在各自使用中的缺点。用发酵粉制作的糕点具有组织均匀、质地细嫩、无大孔洞、颜色正常、风味纯正等特点。

【发酵工程】(fermentation engineering) 采用现代工程技术手段,利用微生物的某些特定功能,为人类生产有用的产品或直接把微生物应用于工业生产过程的一种新技术。是用来解决按发酵工艺进行工业化生产的工程学问题的学科。其内容包括:菌种的选育、培养基的配制和灭菌、扩大培养和接种、发酵过程和产品的分离提纯等。发酵工程从工程学的角度把实现发酵工艺的发酵工业过程分为菌种、发酵和提炼(包括废水处理)三个阶段。这三个阶段都有各自的工程学问题,一般分别把它们称为发酵工程的上游、中游和下游工程。现代意义上的发酵工程,是一个由多学科交叉、融合而形成的技术性和应用性较强的开放性的学科。其发展经历了“农产手工加工、近代发酵工程和现代发酵工程”三个发展阶段。

【发酵工艺学】(fermentation technology) 微生物学和工程技术相交叉的学科。生物技术产业化的重要环节。还是一门将微生物学、生物化学和化学工程的基本原理有机地结合起来,利用微生物的生长和代谢活动来生产各种有用物质的工程技术。其内容包括:工业上常用的微生物、发酵菌种的诱变、筛选与保藏、发酵培养基的组成、发酵产物类型、发酵的一般过程、发酵过程的操作方法及工艺控制、常用发酵设备以及发酵产物的提取和精制过程等。

【发酵罐】(fermentor) 工业上用来进行微生物发酵的筒状装置。其主体一般为用不锈钢板制成的柱式圆筒。其容积在一至数百立方米。在设计和加工中应注意使其结构严密、合理、能耐受蒸汽灭菌、有一定操作弹性、内部附件尽量减少(避免死角)、物料与能量传递性强,并可进行一定调节以便于清洗、减少污染,适合于多种产品的生产以及减少能量消耗。用于厌气发酵(如生产酒精、溶剂)的发酵罐结构可以较简单。用于好气发酵(如生产抗生素、氨基酸、有机酸、维生素等)的发酵罐因需向罐中连续通入大量无菌空气,并考虑通入空气的利用率,故在发酵罐结构上较为复杂。常用的有机械搅拌式、鼓泡式发酵罐和气升式发酵罐。

发酵罐

【发酵过程】(fermentation process) 微生物在适当的环境中扩大培养并合成产物的过程。其步骤是:(1)保藏的菌种接种于营养群琼脂斜面上,待长出菌落。(2)挑取生长良好的菌落转接至装有固体培养基的培养皿中,培养出大量的接种物。(3)挑取一定量的接种物接入摇瓶,培养出较大量的菌体或菌丝。菌体培养可根据要求进行多级放大。(4)将摇瓶菌体或菌丝接入发酵罐,使菌体进一步扩大培养并合成产物。

【发酵酪乳】(fermented buttermilk) 以酪乳为原料,经乳酸发酵制成的一种发酵乳。在大量生产时,是以脱脂乳、脱脂乳粉为原料,经乳酪链球菌、乳酸链球菌、腐橙链球菌之混合菌种发酵剂发酵制得。其制品风味独特,营养丰富。

【发酵热】(fermentation heat) 发酵过程中释放出来的净热量。引起发酵过程温度变化的原因。在发酵过程中产生菌分解基质产生热量,机械搅拌产生热量,罐壁散热、水分蒸发等带走热量。这各种产生的热量和各种散失的热量的代数和称为净热量。即 Q(发酵) = Q(生物) + Q(搅拌) - Q(蒸发) - Q(辐射)。式中,生物热——在发酵过程中,菌体不断利用培养基中的营养物质,将其分解氧化而产生的能量。其中一部分用于合成高能化合物(如 ATP)提供细胞合成和代谢产物合成需要的能量。其余一部分以热的形式散发出来,即为生物热。搅拌热——在机械搅拌通气发酵罐中,由于机械搅拌带动发酵液作机械运动,造成液体之间、液体与搅拌器等设备之间摩擦产生的热量。蒸发热——通气时,引起发酵液的水分蒸发,所需的热量为蒸发热。此外,水分蒸发及排气也会带走部分热量称为显热;显热很小,一般忽略不计。辐射热——发酵液中有部分热通过罐体向外辐射。辐射热的大小取决于罐温与环境的温差。冬天大一些,夏天小一些。

【发酵乳】(fermented milk) 以乳或乳制品为原料,在特征菌的作用下发酵而成的一大类乳制品。在保质期内,其特征菌需大量存在并能继续存活且有活性。其原料主要包括酸乳、发酵酪乳、酸性奶油、乳酒等。其外观呈均匀细腻的凝块。牛奶被喻为人类的绿色血液。而含有大量有益活性菌的发酵乳更具营养与保健功能。长期食用可增强消化机能,促进食欲,改善消化道菌群,抵抗衰老,延长寿命。酸乳还是乳糖不耐症者理想的乳制品。

发酵酪乳

【发酵食品】(fermented food) 利用有益微生物或酶经发酵而加工制造的一类食品。如酸奶、干酪、酒酿、泡菜、酱油、食醋、豆豉、黄酒、啤酒和葡萄酒等。功能性发酵食品主要是以生物技术(包括发酵法、酶法)制取的,具有某种生理活性的物质,能调节机体生理功能的食品。发酵食品的特异性营养因子,有提供小肠黏膜能源的谷氨酰胺,提供结肠黏膜能源的短链脂肪酸以及亚油酸、精氨酸等。利用微生物生产食品,繁殖过程快,要求营养物质简单,在一定条件下可

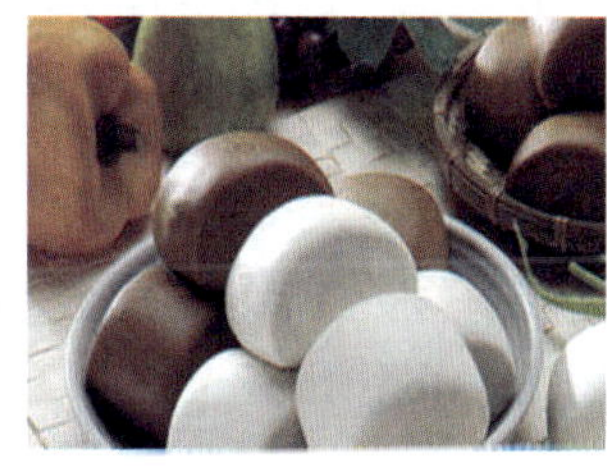
发酵食品

大规模生产。发酵食品不仅可以改善原产品的质地、风味、营养价值，而且可以提高经济价值。

【发酵饲料】(fermented feed) 又称菌类饲料。利用有益微生物使有机化合物饲料分解而成的牲畜食物。一般有酵母饲料、中曲饲料等。饲料通过发酵可增加糖类、蛋白质、维生素等的含量，并改善其色、香、味和硬度等。

【发酵型含乳饮料】(fermented milky beverage) 以鲜牛奶或乳制品为原料，经乳酸菌类培养发酵制得的饮料。以鲜乳或乳制品或辅以大豆等为原料，添加或不添加食品添加剂，经杀菌、冷却、接种乳酸菌发酵剂和培养发酵制成。按其风味的不同可分为活菌型乳酸菌(乳)饮料和非活菌型乳酸菌(乳)饮料。其蛋白质含量不低于1.0%的，称为乳酸菌乳饮料；蛋白质含量不低于0.7%的，称为乳酸菌饮料。呈均匀的乳白色或乳黄色。由果菜汁发酵的饮料品种，带有果菜汁的色泽。酸甜适口。为均匀、细腻的乳浊液。允许有少量沉淀，无气泡，无异物，无分层现象。含有丰富的碳水化合物及微量元素，易消化吸收。部分含添加剂的含乳饮料，还可以提供人体所需的钙、维生素和促进消化功能的乳酸菌，不仅具有天然酸奶的风味和口感，而且是一种老少皆宜的保健食品。

发酵型含乳饮料

【发酵液】(fermented broth) 微生物菌体在液体培养基中发酵后的全部物质。其成分极为复杂。其中除了所培养的微生物菌体以及残存的培养基外，还有未被微生物完全利用的糖类、无机盐、蛋白质以及微生物的各种代谢产物。其特性是：(1)发酵产物浓度较低。(2)悬浮物颗粒小。(3)固体粒子可压缩性大。(4)液相黏度大。(5)性质不稳定。发酵后，需将发酵产物进行抽提并精制，才能得到合格的产品。

【发酵液直接超滤膜分离技术】(direct through filtrating-film separation technology of ferment liquid) 在生物发酵过程中，利用超滤膜使发酵液中的细菌、病毒、胶体蛋白质、大分子有机物等物质分离的技术。属于分子级的膜分离技术。该技术能防止热敏物质失活、杂菌污染，无相变，集分离、浓缩、提纯、杀菌为一体，分离效果高，操作简单。适合在食品工业中应用。如用超滤膜技术替代传统的酱油生产中蒸发、浓缩、澄清、净化等装置，对酱油进行澄清、除菌、脱色处理；饮料业用于水处理，去除微生物等。

【发明创造】(invention and creation) 运用已有的科学知识和技术，研制出先进、新颖、独特的具有社会意义的事物或方法的创造性劳动。其基本特征是：(1)必须是首创的、独创的、新颖的，不能是简单的重复，更不是模仿；(2)必须对社会发展有意义或者是有用的，能够解决实际问题或理论问题。发明创造有狭义和广义之分：广义发明创造产生的成果所具备的新颖性及有意义是指对全世界、全人类的范围来说的“首创”或“前所未有”；而狭义发明创造产生的成果所具备的新颖性及有意义是指对某一地区、部门、系统的范围来说的。发明创造可以运用的技法主要有：(1)缺点法。从操作方法、使用对象、功能结构等方面去寻找对象的缺点，通过改正这些缺点来形成创造目的。(2)希望法。也称希望点列举法，从社会和个人愿望出发，通过列举希望来形成创造目标。(3)组合法。将两个或两个以上已有的技术原理或不同的产品，通过结合或重组，从而获得整体功能改进的新技术、新产品。(4)扩大法。使现有物品的某些方面数量上变大、变多、或者质量上变好。包括扩大体积、延长寿命和增加用途等。(5)移植法。将某一领域或某种物品已见成效的发明原理、方法、结构、材料、元件等，部分或全部引进到别的方面，从而获得新成果或新产品。(6)拓展法。将某产品向外进行拓展，发现有实用价值的新思维、新方法，并将其设计成可操作的程序或产品。(7)延伸法。在同一个方向上考虑下一步的工程，从而把发明创造不断地推向更高阶段。

【发明权】(inventor's patent right) 发明人对其发明成果所享有的民事权利。有广义和狭义两种含义。广义的是指发明人基于发明创造的成果而产生的一切民事权利；狭义的是指根据《中华人民共和国奖励条例》的规定，发明人将自己的发明成果提交有关部门审查，从而获得荣誉称号和物质奖励的权利。它包括人身权和财产权两方面内容：在人身权方面，发明人有权获得发明证书和奖状，人身权不得转让和继承。财产权是指发明人有权领取奖金(奖金分为一、二、三、四等奖，特别重大的可以获得特别奖，由科技部报国务院批准)。能够取得发明权的是利用自然规律首创的科学技术新成果，不包括科学发现、科学理论和依赖个人的技能、技巧实现的技术。发明成果必须同时具备以下三个条件：(1)前人所没有的。(2)具有先进性。(3)实践证明是可以应用的。

【发泡混凝土】(light concrete) 又称轻质混凝土。通过发泡机将发泡剂用机械方式充分发泡，并将泡沫与水泥浆均匀混合的混凝土。是一种含有大量封闭气孔的新型轻质保温材料。由发泡剂、水泥、粉煤灰、石粉等搅拌制成。它属于气泡状节能绝热材料。其突出特点是:在混凝土内部形成封闭的泡沫孔,使混凝土轻质化和保温隔热化。通常用机械方法将泡沫剂水溶液制备成泡沫,再将泡沫加入到含硅质材料、钙质材料、水及各种外加剂等组成的料浆中,经混合搅拌、浇注成型、养护而成的一种多孔材料。具有轻质、环保、保温隔热、隔音、耐火、低弹减震、防水性能强、耐久性能好和生产加工方便等优点。广泛应用于屋面保温、地面保温垫层、上翻梁基坑填充和墙体浇注等。

发泡混凝土隔热

【发泡剂】(foaming agent) 又称起泡剂。在特定条件下释放气体,从而使物质形成多孔结构的试剂。可分为化学发泡剂、物理发泡剂和表面活性剂三大类。化学发泡剂是那些经加热分解后能释放出二氧化碳和氮气等气体,并在聚合物组成中形成细孔的化合物。可分为无机发泡剂和有机发泡剂。无机发泡剂主要有碳酸氢钠、碳酸氢铵、碳酸铵、硼氢化物;有机发泡剂主要有偶氮化合物(偶氮二甲酰胺)、磺酰肼类化合物(对甲苯磺酰肼)、N-亚硝基化合物。物理发泡剂包括压缩气体、低沸点易挥发液体(如C_4~C_7的各种烷烃、卤代烃)和可溶性固体。发泡剂自身或其分解放出的气体和残留物应无毒无臭、无腐蚀性,并且不影响原物质的物理、化学性质,能很好地分散于物质中。常用于橡胶、树脂、聚合物(聚乙烯、聚丙烯等)、泡沫混凝土等材料的发泡。无机发泡剂还用于灭火。

水泥发泡剂

【发情】(estrus) 母畜性欲表现。雌性哺乳动物所特有的与排卵相协调配合的一种生理现象。发情时母畜生殖器官和行为发生一系列变化:卵巢内卵泡发育很快,达到成熟、破裂、排卵。生殖道特别是子宫肿胀、血管增生、分泌加强,有分泌液从阴道流出。动物性兴奋强烈,有交配欲,接受公畜爬跨,是适于配种或人工授精的时期。如未配种或配种后未妊娠,在常年繁殖的母畜隔一定时间还会再次发情。季节性繁殖的母畜只在繁殖季节可能再次发情,否则要等到下一繁殖季节才会发情。

【发情后期】(metestrus) 母畜发情以后,性欲由激动状态转入静止的时期。发情期结束后黄体形成和维持的一个阶段。这时生殖系统处在黄体分泌的孕酮影响下,卵巢内有功能黄体形成和存在,子宫腺增殖和分泌为胚泡营养和附植作准备。如卵子受精进入妊娠阶段则发情周期停止,直至分娩后重新出现新的发情周期,如未受精则进入间情期。

【发情季节】(estrous season) 一年中母畜发情的某一个阶段。母畜的发情受季节变化的影响,如马、羊、骆驼、狗、猫等。在发情季节中表现多次发情的动物,称季节多次发情动物,如马、羊、骆驼等。在发情季节中(春、秋)只表现一次发情的动物,称季节单次发情动物,如狗等。

【发情鉴定】(estrus diagnosis) 又称发情检查。对母畜是否发情和是否处于发情阶段的判断。以便适时配种,提高受胎率。常用的发情鉴定方法有:外部观察法、试情法、阴道检查法、直肠检查法、电测法和发情鉴定器测定法等。发情鉴定器主要有颌下钢球发情标志器和卡马氏发情爬跨准测器。近年来用B型超声波扫描直接观察卵泡发育,已是马发情鉴定的常规方法。

【发情期】(estrus) 母畜性欲期表现时期。母畜发情周期中集中表现发情征状的一段时间,也是性活动的高潮时期。这时卵巢内有成熟卵泡破裂和排卵,生殖道特别是子宫和子宫角肿胀,大量血管增生,腺体分泌加强,子宫颈开张,有分泌液从阴道流出。同时母畜性兴奋强烈,有交配欲,能接受交配。所有这些变化都利于卵子与精子结合和受精。发情期长短和排卵时间各种家畜不一。牛发情期平均18h,排卵在情止后4~16h;绵羊发情期平均30h,发情结束时排卵;猪发情期平均44h,在发情开始后16~48h排卵;马发情期平均5天,排卵在情止前24~48h;山羊发情期32~40h,在发情开始后30~36h排卵。配种或人工受精应根据排卵时间确定。一般在发情期中间或末尾进行。

【发情前期】(proestrus) 母畜的间情期结束,新的发情期即将开始的一段时间。这时卵巢内卵泡迅速生长发育,并在发情前2~3天达到成熟阶段,生殖道上皮开始增生,腺体分泌增多,为卵巢排出卵子、为其受精做好准备。但此时母畜还没有交配欲表现。

【发情同期化】(estrus synchronization) 又称同步发情。用激素处理使一群母畜在一定时间内同时发情的技术措施。人工控制母畜发情的一种技术。用孕激素处理(注射、口服、埋藏或阴道栓等),经一段时间后同时停药,被处理母畜集中表现发情。或用前列腺素处理,使母畜功能性黄体消失而引起发情。促使发情同期化的药物称同期发情药物。是畜牧生产工厂化的必要条件,也是胚胎移植的重要环节。

【发热激活物】(fever activator) 又称内生致热源诱导物。能够激活白细胞而使其产生和释放内源性致热原的物质。临床上引起发热的物质称致热源。可分为外源性致热源和内源性致热源。外源性致热源不能直接作用于体温调节中枢的神经元引起发热。内源性致热源以无活力性前身物质的形式存在于白细胞中。当这些细胞被外源性致热源激活时,可于短期内合成内源性致热源释入血液中,使下丘脑合成前列腺素 E,作为中枢传导介质而引起发热。常见的激活物有:微生物、致炎物和炎症灶激活物、抗原-抗体复合物、淋巴因子和类固醇等。发热激活物的作用部位是下丘脑体温调节中枢。

【发射窗口】(launch window) 又称发射时机。满足预定飞行条件和任务要求、允许发射航天器的时间范围。分为年计窗口、月计窗口、日计窗口三种。发射航天器通常要同时计算三种或两种发射窗口,但最终决定于日计窗口。

【发射光谱】(emission spectrum) 物体发光直接产生的光谱。有如下几类:(1)稀薄气体发光是由不连续的亮线组成。这种发射光谱称为明线光谱。原子产生的明线光谱称为原子光谱。(2)固体、液体及高压气体的发射光谱,是由连续分布的波长的光组成的。这种光谱称为连续光谱。处于高能级的原子或分子,在向较低能级跃迁时产生辐射,将多余的能量发射出去形成的光谱。要使原子或分子处于较高能级就要供给它能量。这称为激发。被激发的处于较高能级的原子、分子向低能级跃迁放出频率为 ν 的光子。在原子光谱的研究中多采用发射光谱。由于产生的情况不同,发射光谱又可分为连续光谱和明线光谱。例如电灯丝发出的光、炽热的钢水发出的光都可形成连续光谱。

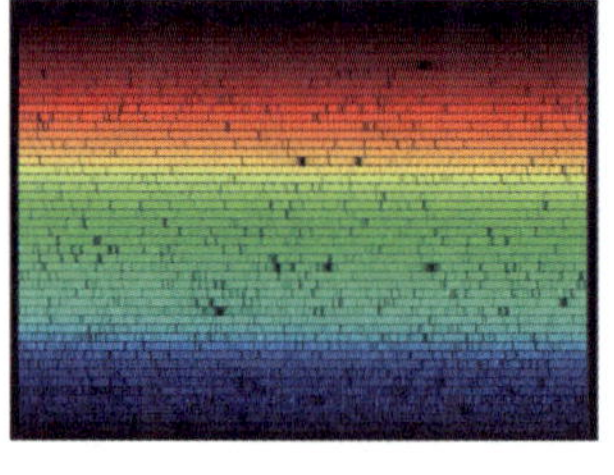
发射光谱

【发射线】(emission line) 由炽热气体发射的具有特定波长的光波所形成的明亮谱线。是一种特征谱线。不同气体的发射线谱各不相同。在物质成分光谱分析中获得了应用。

发射线

【发射指挥控制中心】(launch command and control center) 对航天发射活动进行指挥、监控和管理的机构。包括发射控制室、指挥控制室、安全控制室、计算中心和设备保障室等。

【发塘】(cultivating fish fry) 在池塘中将鱼苗饲养到夏花或乌仔(全长 5~8cm 的鱼苗)的过程。包括清塘、肥水、鱼苗下塘、投饵及日常管理等。培育鱼苗的技术要求比养殖成鱼高。这是由鱼苗体小、游动力弱、取食能力低、对外界环境条件和敌害生物侵袭的抵抗力差、新陈代谢水平高等特点所决定的。鱼苗培育方法多是采取肥水下塘,并投喂豆浆的养殖方式。发塘最重要的环节是培育基础生物饵料(即肥水)。培养饵料生物要掌握科学的方法和时间。鱼苗下塘应正值轮虫繁殖高峰期。这样才能提高鱼苗的成活率和生长速度。

【发现权】(right of discovery) 对自然的现象、特性或规律等作出前所未有的阐释而依法取得的权利。发现与发明不同,发明是对现有生产技术具有提高意义的科学技术成就,发现则是对自然界物质及其客观运动规律的新认识,例如对新星球、数学定理、物理理论、地震规律方面新的发现等。这些发现一般不能立即应用于生产实践。但它们扩大了人类的知识领域,其中多数经过进一步的应用研究和开发研究并取得成功后,可以转化为现实生产力,为人类带来福利,因此受到各国法律的保护和奖励。

【发芽马铃薯中毒】(solanum tuberosin poisoning) 因食用发芽马铃薯而引起的中毒症状。未成熟或发芽的马铃薯块根含有毒的龙葵碱、毒茄碱等。这些物质可溶于水、遇醋酸极易分解,高热、煮透亦能解毒。龙葵碱具有腐蚀性、溶血性,并对运动中枢及呼吸中枢有麻痹作用。每 100g 马铃

发芽马铃署

薯或发芽马铃薯含龙葵碱仅 5～10mg；未成熟、青紫皮的马铃薯含龙葵碱增至 25～60mg，甚至高达 430mg。所以大量食用未成熟或发芽马铃薯均能引起急性中毒。一般在食后数十分钟至数小时内发病。先有咽喉及口内灼热感，继有恶心、腹痛、腹泻等症状。轻者 1～2 天自愈。重者常因剧烈呕吐而有失水及电解质紊乱，严重中毒患者后期有昏迷及抽搐，最后可因呼吸中枢麻痹而导致死亡。

【发芽势】（germinating energy） 种子发芽初期，在规定时间内能正常发芽的种子粒数占供检种子粒数的百分率。反映种子品质的重要指标之一。仅仅用发芽率这个指标还不足以比较不同种批的质量。发芽率相同的两批种子，发芽势高的表明发芽迅速整齐，场圃发芽率也高。国际种子检验协会在规程中用“初次计数”的天数的发芽数来表示。是根据各树种种子的发芽一般规律统一规定天数，但同时又规定发芽势的计算天数是指发芽高峰出现的时间。如果发芽高峰提前或延迟出现，可按实际天数计算发芽势。发芽势为发芽初期比较集中的发芽率，它决定着出苗的整齐程度。发芽势高，出苗整齐，籽苗生长一致，反之籽苗参差不齐。

种子发芽

【发育生物学】（development biology） 生物科学重要的基础分支学科之一。研究生物体从精子和卵子发生、受精、发育、生长到衰老、死亡规律的学科。和许多其他学科相互渗透、错综联系。其应用现代科学技术和方法，从分子水平、亚显微水平和细胞水平来研究分析生物体的过程及其机理。发育生物学是一门应用前景非常广泛的学科：(1)有关生殖细胞发生、受精等过程的研究是动、植物人工繁殖、遗传育种、动物胚胎与生殖工程等生产应用技术发展的理论基础。(2)有关细胞分化机理、基因表达调控与形态模式形成及生物功能的关系研究，是解决人类面临的许多医学难题（如癌症的防治）以及器官与组织培养等新兴的医学产业工程发展的基础，也是基因工程发展为成熟的实用技术的基础。

【发展观】（view of development） 关于事物运动、变化的观点和理论。哲学史上主要存在两种根本对立的发展观，即辩证法的发展观和形而上学的发展观。辩证法在承认世界运动、变化的同时，把运动理解为一般的变化，把变化理解为某种新东西产生的过程，即理解为发展。而把发展理解为旧事物灭亡和新事物产生的过程，理解为量变和质变、连续性和间断性的统一。形而上学的发展观要么不承认世界的运动和变化，要么只将变化、发展理解为单纯的量变或质变。

【发展与环境协调论】（coordination theory of development and environment） 主张人类社会和生态环境应该协调发展的观点。这种观点认为：经济、社会与环境保护之间是相互依赖、相互促进和相互制约的关系。人类的主观需求和有目的的活动，同环境的客观属性和变化规律之间，不可避免地存在着矛盾。人类从事生产和活动，必须认识环境，必须遵循环境的发展变化规律。其主要观点是：(1)树立可持续发展的观念，即人类当前的行为或目标要与整体的长远利益和命运相一致。(2)人与环境的协调必须是全方位的协调，必须使人类一直处于地球的最大环境容量或承载量之内，必须一直处于最佳的生存环境状态之中。(3)环境保护要求经济发展遵循自然生态规律，同时全民参与意识必须加强。(4)人与自然、人与人之间能够建立起一种相互补偿的良性关系。达到环境与发展相协调的标志，就是经济效益、生态效益与社会效益三者的统一。

【乏】（var） 无功功率的单位。符号是 var。无功功率的量纲和功率的量纲相同。为了区别于功率的单位瓦特，称无功功率的单位为乏，或称无功伏安。在正弦交流电路中，施加于纯电感（或纯电容）上的端电压的有效值为 1V，电流的有效值为 1A 时，则它所吸收或发出的无功功率为 1var。

【乏情】（anestrus） 母畜无卵巢活动和发情表现相对静止的状态。例如马、羊、骆驼、狗、猫等每年仅在一定的季节表现发情，不发情的季节，卵巢机能相对静止，这个季节称为乏情期。这种乏情称季节性乏情。此外，还有泌乳性乏情（母猪哺乳期长期不发情）、营养不良性乏情和衰老性乏情等。

【乏燃料】（exhausted fuel） 核电厂使用过的核燃料。乏燃料还需进一步处理，或者送往后处理设施从中回收所含的铀和钚，或者存放在中间储存设施或放入“最终处置库”进行最终解决。

【筏板基础】（plate foundation） 又称筏形基础、片筏基础或满堂基础。把柱下独立基础或者条形基础全部用联系梁连接起来，下面再整体浇注底板的基础。一般来讲，地基承载力不均匀或者地基软弱的时候用筏板基础。筏板基础埋深比较浅，甚至可以做不埋深式基础，由底板、梁等整体组成。建筑物荷载较大，地基承载力较弱，常采用混凝土底板，形成筏基，承受建筑物荷载。其整体性好，能很好地抵抗地基不均匀沉降。

【法兰绒】(flannel) 由粗梳毛纱织制的一种柔软而有绒面的毛织物。于18世纪创制于英国的威尔士。中国国内一般是指混色粗梳毛纱织制的具有夹花风格的粗纺毛织物。用平纹、1/2、2/1、2/2斜纹等组织织制。其呢面经重缩呢、起毛整理后有一层丰满细洁的绒毛覆盖,不露织纹。手感柔软平整,身骨好。但比麦尔登呢稍薄,有弹性,耐起球。染整长缩一般为20%,总幅缩约23%,成品经向紧度一般为60%、纬向紧度为55%,成品重量200 ~400g/m²。法兰绒可采用纯毛或毛黏、毛涤、毛腈、毛锦混纺。其绒面细腻,表层羊毛纤维软,手感丰满、舒适。法兰绒色泽素净大方,有浅灰、中灰、深灰之分,适宜制作春秋男女上装和西裤、上衣、童装等,薄型的也可用作衬衫和裙子的面料。

法兰绒

【法洛四联症】(tetralogy of fallot) 一种复合性的先天性畸形病。在发绀型先天性心脏病中最常见,约占70% ~75%。包括肺动脉口狭窄、室间隔缺损、主动脉骑跨于缺损的心室间隔上或右位和右心室肥厚四种畸形。男女发病率相似。其临床症状是:(1)大部分患儿于出生后数月时出现发绀,重症者出生后即显发绀,活动后气促。患儿常感乏力,活动耐力差,在剧烈活动、哭闹或清晨刚醒时有缺氧发作:突然呼吸困难,发绀加重,严重者可致抽搐、昏厥。在活动时喜欢蹲踞也是本病的特征之一。因蹲踞时可增加体循环阻力,减少右心血向主动脉分流,从而增加肺循环血量,改善缺氧状况。蹲踞还可减少下半身的回心血量,减少心室水平右向左分流,提高体循环血氧含量,改善脑缺氧状况。少数病例可有鼻衄、咯血、栓塞或脑脓疡等症状。(2)患儿生长发育滞后,有发绀和杵状指,心脏听诊在胸骨左缘二三肋间有Ⅱ ~ Ⅲ级收缩期喷射性杂音。杂音响度与肺动脉口狭窄程度有关;狭窄越严重,杂音越轻。

【法医学】(forensic medicine) 法学的一个分支。应用医学、生物学、化学和其他自然科学理论和技能解决法律问题的学科。是一门应用医学。为制定法律提供依据,为侦察犯罪和审理民事或刑事案件提供证据。因此法医学是联结医学与法学的一门交叉科学。现代法医学分基础法医学和应用法医学两部分。前者研究法医学的原理和基础;后者则运用法医学的理论和方法,解决司法、立法和行政上的有关问题。法医学的研究对象包括人(活体、尸体)和物。其研究内容主要有:(1)死亡与尸体现象。(2)各种机械性窒息的发生机制、征象、后果和检验方法。(3)机械性损伤的分类、形成机制。(4)高温、低温、电流或其他物理因素所致的损伤和死亡。(5)各种毒物的性状、毒理作用,毒物进入体内的途径和代谢过程,中毒症状,病理改变。(6)中毒量和致死量,毒物检验方法和预防措施。(7)各种猝死与自杀、他杀引起的突然死亡。(8)性功能的生理和病理状态。(9)各种人体组织、体液、分泌物、排泄物及其斑迹的种属、红细胞型、白细胞型、血清型、酶型以及遗传基因纹(DNA指纹)、基因频率分布的理论和检验方法;出血部位、出血量和出血时间;亲子鉴定的理论和方法,法医人类学的个人识别。(10)他杀、自杀、他杀伪装自杀、自杀伪装他杀的特点和规律。(11)医疗事故的鉴定、医疗工作中的刑事和民事责任。(12)法医学的尸体检验方法和步骤研究。(13)活体检验的各种方法和技术,确定相应的鉴定标准。(14)涉及法律的其他医学问题。

【法正林】(normal forest) 又称标准林、理想林。具备能够实现严格永久平衡利用状态的森林。这种森林每一年有均等、固定的收获量。其作用是根据森林永续利用的原则,模拟一个最优的森林结构,用来与观赏林进行比较,作为森林调整的理想目标。法正林有四个基本条件:(1)法正龄级分配,要求具备从幼龄林到成熟林的各龄级林分,而且面积相等。(2)法正林分排列,要求林分的空间配置适宜于伐木运材,有利于森林更新和保护。(3)法正生长量,要求经营单位内各个林分应具备符合其年龄和立地条件的最充分的生长量,使经营单位的法正生长量相当于到达伐期的林分蓄积量。(4)法正蓄积量等于法正生长量乘轮伐期的半数。法正林实质上是一种最优的森林结构数学模型。

【番茄红素】(lycopene) 一种抗氧化能力强的天然食品成分。其化学结构与类胡萝卜素相似。可使番茄、西瓜、草莓等果蔬显现出红色。也存在于人体血液中。番茄红素是一种强效的抗氧化剂,对前列腺炎、肿瘤、心脑血管疾病患者均有一定疗效。因此,它受到世界各国专家的关注。

番茄

【番茄黄化曲叶病毒病】(tomato yellow leaf

curl virus disease） 由番茄黄化曲叶病毒侵染番茄引起的一种病害。番茄黄化曲叶病毒是一种单组分双生病毒，属双生病毒亚组Ⅲ，寄主广泛，主要有番茄、烟草、曼陀罗、青椒和苦苣等植物。起源于中东地区和地中海盆地。主要分布在地中海西部、日本、美国东南部和加勒比海地区，是一种热带、亚热带地区最具毁灭性的番茄病害。2002 年传入中国。以后迅速扩展蔓延，给番茄生产带来巨大损失。携带番茄黄化曲叶病毒的烟粉虱为传毒媒介。番茄的整个生育期均可感染发病。其症状明显表现在：(1)新生叶片黄化、卷曲。(2)番茄植株生长迟缓或停滞，节间变短，植株明显矮化，叶片变小变厚，叶质脆硬，叶片有褶皱，卷曲，叶片边缘至叶脉区域黄化。(3)不坐果或坐果少，果实膨大缓慢，果个小，进入成熟期的果实不能正常转色。(4)苗期染病，造成绝产，结果期染病，产量和品质均大幅度下降。该病害发生后，很难治愈，关键在预防。选用抗病品种是最根本的预防途径；其次是预防传毒媒介昆虫"烟粉虱"的危害，如采用防虫网隔离栽培、安排适当的播种期以避开烟粉虱高发季节、药剂防治烟粉虱等；第三，结合烟粉虱防治，从苗期开始定期叶面喷洒病毒诱抗剂、钝化剂和防治药剂等，增强番茄抗病性和防止侵染。

【番茄树】（tomato tree） 利用番茄无限生长的习性，在设施栽培环境下，通过特殊的栽培方式和修剪整枝管理所形成的树状大型番茄株体。西红柿生长习性有两类。一类为有限生长，长到一定高度就自封顶，不再长高；另一类为无限生长。人们利用这一习性，在设施栽培环境下，通过特殊的栽培方式和修剪整枝管理，使其形状似树。番茄树一株可结果上万个，树冠可达40～50m²。一些休闲和观光农业园区利用番茄搭架栽培，长成树型，四季开花结果，既供观赏，又可采摘。

番茄树

【番鸭细小病毒病】（muscovy duck parvovirus infection） 又称三周病。由番鸭细小病毒引起的以腹泻、气喘和软脚为主要症状的一种新病。主要侵害 1～3 周龄雏番鸭。具有高度的传染性。其发病率和病死率高。死亡率是4%～6%。病原为细小病毒科、细小病毒属的番鸭细小病毒。病毒对乙醚、胰蛋白酶、酸和热等灭活因子作用有很强的抵抗力，但对紫外线照射很敏感。雏番鸭是唯一自然感染发病的动物。发病率和病死率与日龄密切相关。日龄越小发病率和病死率越高。一般来讲，4～5 日龄开始有发病，10 日龄左右为发病高峰期，以后逐渐减少，20 日龄左右为零星发生，成年番鸭不发病。麻鸭、半番鸭、北京鸭、樱桃谷鸭、鹅和鸡等即使与病鸭混养或人工接种病毒也不出现临床症状。病鸭通过分泌物和排泄物，特别是通过粪便排出大量病毒。这些排泄物污染饲料、水源、饲养工具、运输工具、饲养员和防疫人员等。易感番鸭通过与这些媒介接触而造成疾病的传播。病鸭的排泄物污染种蛋蛋壳，把病毒传给刚出壳的雏鸭，引起疫病暴发。本病的发生无明显季节性。多发生于 6 天左右的雏鸭。病势凶猛，病程很短，仅数小时。往往不见先兆症状而突然死亡。病鸭临死时有神经症状，头颈向一侧扭曲，两脚乱划。剖检病变不明显，仅出现急性卡他性肠炎或肠黏膜出血。

【翻车机】（dumper） 固定车箱式矿车的卸载设备。安装在卸载坑上面，由滚筒、传动轮、支撑轮、定位装置、传动装置、阻车器、底座和挡煤板等主要部件组成。矿车在滚筒内，通过传动轮将动力传递给滚筒，滚筒旋转 180°将矿车中的物料卸入卸载坑内。为使传动轮与滚筒间有较大的摩擦力，传动轮的位置较支撑轮靠下一些。定位装置使滚筒卸载后准确停车，并具有缓冲作用，以减轻冲击、延长设备的使用寿命。阻车器是矿车在滚筒内的定位装置。翻车机矿车进入滚筒，阻车器关闭，滚筒卸载后，阻车器打开。阻车器的关闭与滚筒旋转有杠杆联动。按卸车时滚筒的旋转方向的不同可分为左侧式和右侧式；按卸车时是否需要将车组中的矿车摘钩的不同可分为摘钩和不摘钩；按滚筒中能容纳矿车数量的不同可分为单车和双车。

【翻斗车】（dumper truck） 料斗可倾翻的、短途输送物料的车辆。由料斗和行走底架组成。料斗装在轮胎行走底架前部，借助斗内物料的重力或液压缸推力倾翻卸料。按卸料方位的不同可分为：前翻卸料、回转卸料、侧翻卸料、高支点卸料和举升倾翻卸料等。为适应工地道路不平，避免物料撒落，做到卸料就位准确、迅速、操作省力，其行驶速度不超过 20km/h。驱动桥在前、驾驶座在后的翻斗车适用于短途运输砂、石、灰浆、砖块、混凝土等材料。根据不同的施工作业要求，翻斗车向一机多用的方向发

翻斗车

展。广泛应用于筑路工程和建筑工地等方面。

【翻盆】(replacement of flowerpot) 园艺学术语。当盆栽花卉生长到一定时期,根系布满盆内时而采取的更换花盆的措施。有两种不同情况:其一是随着幼苗的生长,根群在盆内土壤中无再生的余地,生长受到抑制,一部分根系常常从盆底的排水孔渗出,此时宜将花盆更换成大型号的花盆。其二是已经充分成长的植株,不要更换更大的花盆,但是由于经过多年植株的生长,原盆中的土壤养分已经丧失,土壤的物理性质变劣,或其老根已经充满花盆,此时为了修整根系、更换营养丰富的培养土而采取换盆措施。

【翻译】(translation) 细胞内以 mRNA 为模板、20 种编码氨基酸为原料、tRNA 作为转运氨基酸的载体、由数种酶及多种蛋白质因子参与下,在核糖体上进行蛋白质的生物合成的过程。按照 mRNA 分子中由核苷酸组成的密码信息合成蛋白质的过程,其本质是将 mRNA 分子中 4 种核苷酸序列编码的遗传信息,解读为蛋白质一级结构中 20 种氨基酸的排列顺序。根据遗传信息中心法则阐明的规律,DNA 通过转录将遗传信息传递至 mRNA 分子,再通过翻译将遗传信息从 mRNA 传递到蛋白质分子中。生物体内多种生命活动如生长发育、组织的更新、修复、免疫、物质运输、代谢调节等都与翻译密切相关。很多抗菌药物正是通过干扰、抑制致病菌的翻译过程而发挥作用的。

【翻译后修饰】(posttranslational modification) 新生多肽链经过复杂的加工转变为具有天然构象的功能蛋白质的过程。新生多肽链不具备蛋白质的生物学活性,常常要进行一个系列的翻译后加工,才能成为具有功能的成熟蛋白。翻译后修饰包括:(1)新生多肽链逐步折叠成为蛋白质的三维空间构象。(2)蛋白质一级结构修饰。N 端甲酰蛋氨酸或蛋氨酸的切除。(3)空间结构的修饰。(4)翻译后的靶向输送。

【凡尔赛宫】(Versailles Palace) 法国封建时代帝王的行宫。位于法国巴黎西南 18km 的凡尔赛市。最初是路易十三修建的用于狩猎的行辕,路易十四当政时开始建宫。1661 年动工。1689 年完成

凡尔赛宫

包括宫前大花园、宫殿和放射形大道三部分。宫殿主体长达 707m。有 700 多个房间。中间是正宫。两翼是宫室和政府办公处、剧院、教堂等。室内地面、墙壁用大理石镶嵌,并饰有雕刻和油画等。中部的镜厅长 73m,宽 100m,高12.3m。拱顶是伦勃朗的巨幅油画。长廊一侧是 17 面落地镜,由 483 块镜片镶嵌而成。厅内两旁排有罗马皇帝的雕像和古天神塑像,并有 3 排挂烛台、32 座多支烛台和 8 座可插 150 支蜡烛的高烛台,经镜面反射形成3 000支烛台。凡尔赛宫及其园林的总面积为1.11km^2。其中建筑面积为0.11km^2。园林在宫殿西侧,呈几何图形。南北是花坛。中部是水池。人工大运河、瑞士湖贯穿其间。另有大小特里亚农宫及雕像、喷泉和柱廊等建筑和人工景色点缀。跑马道、喷泉、水池、河流,与假山、花坛、草坪和亭台楼阁一起,构成凡尔赛宫园林的美丽景观。

【凡立丁】(tropical suiting) 又称薄花呢。用精梳毛纱采用平纹组织制织的轻薄型精纺毛织物。所采用的经纬纱支数为 40 ~ 60 公支双股线,最常见的是 50 支双股线。其经纬密度约 220 ~ 280 根/10cm,织物重量为 180 ~ 372g/m^2。其特点是纱支较细,捻度较大,经纬密度在精纺呢绒中最小。按其使用原料的不同可分为全毛、混纺及纯化纤三种。混纺多用黏纤、锦纶或涤纶。锦、涤搭配的纯化纤凡立丁,多采用毛涤混纺。混纺不仅

凡立丁

可以提高牢度,使织物外观更加滑、挺、爽,洗涤后易维护。凡立丁除平纹外,还有隐条、隐格、条子和格子等不同品种。凡立丁的风格特征是:外观经平纬直,织纹清晰,呢面平整,光泽自然柔和,手感滑爽挺括,透气性好且有弹性。一般是匹染素色,以浅米、浅灰为多。适宜制作夏季的男女上衣和春秋季的西裤和裙装等。

【凡纳滨对虾】(penaeus vannamei) 又称南美白对虾、白肢虾、白对虾。属对虾科,对虾属。广温广盐性热带虾类。成体最长可达 24cm。甲壳较薄。正常体色为浅青灰色,全身不具斑纹。步足常呈白垩状。额角尖端的长度不超出

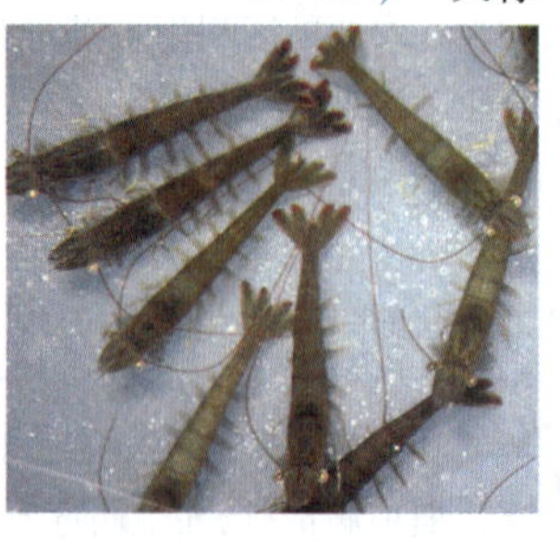
凡纳滨对虾

第 1 触角柄的第 2 节。其齿式为 5 ~ 9/2 ~ 4。头胸甲

较短,与腹部的比例约为1∶3。额角侧沟短,到胃上刺下方即消失。头胸甲具肝刺及鳃角刺。肝刺明显。第1触角具双鞭,内鞭较外鞭纤细,长度大致相等,但皆短小。耐高温。抗病力强。食性杂,对饲料蛋白要求低。原产于美洲太平洋沿岸水域,主要分布秘鲁北部至墨西哥湾沿岸,以厄瓜多尔沿岸分布最为集中。

【钒氮铁合金】(ferrvanadium-nitrogen) 含有钒和氮两种元素的铁合金。用于对低合金高强度钢进行有效地钒氮微合金化。由于钢中有氮,促进钒的析出,可有效地发挥晶粒细化和沉淀强化的作用。使用钒氮合金,可以减少钒的加入量而显著降低成本。例如,与使用钒铁相比,使用氮钒铁合金可以节约20%~40%的钒。同时可以提高钢材的强度,因而钢材用量节约10%~15%。

钒氮铁合金

【繁殖季节】(breeding season) 动物生育幼仔的时期。野生动物通常有明显的繁殖季节,以保证产仔和新生幼仔生活在环境条件最佳的季节里。这是动物在进化过程中获得的适应性本能。家畜驯化后生活条件不像野生那样受季节限制,有的能常年繁殖,如、猪、兔、鸡等,有的则仍不同程度地保持季节性繁殖的特点,如马、羊、骆驼、鹿等。季节性繁殖的动物每年有一个或两个繁殖季节。雌畜有一次或多次发情,雌禽常产一定数量的卵;雄性动物能生成成熟的精子,进行交配和受精。在其他时间生殖腺和生殖活动均处于休止状态。影响季节性繁殖的主要环境因素是日照和温度。骆驼和大多数候鸟在日照逐渐延长、温度逐渐转暖的春季进入繁殖季节。它们被称为长日照动物。多种品种的绵羊则在日照逐渐缩短的秋季开始繁殖。它们被称短日照动物。

【繁殖率】(reproduction rate) ❶每100头适龄母畜在一个繁殖季节中产生的后代数量。反映畜群的增殖效率。❷单位时间内某种昆虫繁殖后代数量的理论值。它取决于性比、生殖力(每次产卵量)、发育速度和生活力。其公式为:

$$R = (e \cdot \frac{f}{m+f})^n$$

式中R为繁殖率,f为雌性数;m为有雄性数;e为生殖力;n为发生世代数。

【繁殖试验】(reproductive test) 检测外来化合物对动物生育繁殖机能有无毒性的试验。多用性成熟的大鼠、小鼠或家兔。分组按预定剂量混饲,传统用三代两窝繁殖法,即繁殖三代,每代两窝。主要观察受孕率、正常妊娠率、幼仔出生存活率及哺育成活率等4项指标。近年来由于遗传毒理学和致突变试验方法的不断发展,主张改用两代一窝或一代一窝繁殖试验法取代传统的三代两窝繁殖法。

【反铲挖掘机】(backhoe) 与正铲挖掘机相对应。采用液压传动以一个铲斗挖掘停机面以下土方的施工机械。通过铲斗挖掘、装载土壤或石块,并旋转至一定的卸料位置卸载,是一种集挖掘,装载、卸料于一体的高效施工机械。其工作特点是“后退向下,强制切土”。用以开挖停机面以下的Ⅰ~Ⅲ类土质,机身和装土均在地面上操作,适于开挖深度不大的基坑、基槽、沟渠及含水量大或地下水位高的土坑。铲斗容量0.25~1.0m^3不等。最大挖土深度为4~6m(比较经济的挖土深度是1.5~3.0m)。较大较深的基坑可采用多层接力法开挖,挖出的土直接甩在坑、槽、漕两边堆放,或配备自卸汽车运走。广泛应用于建筑施工、市政工程、道路桥梁、机场港口、农田、水电和国防工事等土石施工及露天矿场的采掘作业中。

反铲挖掘机

【反刍】(rumination) 动物采食时不充分咀嚼,就将食物吞咽入瘤胃,休息时再将经瘤胃浸泡软化的食物返回口腔仔细咀嚼,然后再吞咽的过程。包括逆呕、再咀嚼、再混合唾液和再吞咽四个步骤。是反刍动物的一种特殊行为。

【反刍动物】(ruminant) 具有复杂的反刍胃、能反刍食物的草食动物。这类动物的胃大多数分四室,即瘤胃、网胃、瓣胃和皱胃。它们上颚无门齿,一般亦无犬齿,唯有坚硬或角质化的齿垫,有角,四肢第三四趾发达,具蹄,两侧趾小或退化。如牛、羊、鹿等。少数反刍动物的胃分三室,即无瓣胃与皱胃之分。它们无角,蹄小如爪,不着地,蹄下有宽大的胼胝肉垫,适于沙漠行走,如骆驼等。采食后未经细嚼即可咽下,可以缩短动物

牛

采食和暴露的时间，然后在较隐蔽和安静处进行反刍。反刍和瘤胃微生物活动在消化过程中起重要作用。反刍动物多以一雄多雌的形式大群体生活，对畜牧业经营和防御敌害有重大意义。

【反刍障碍】(disturbance of rumination) 反刍兽采食后开始出现反刍的时间延长、反刍次数减少、反刍时间缩短、再咀嚼弛缓无力、每次反刍的食糜量减少或反刍停止的现象。临床上分为反刍功能减退和反刍停止。反刍功能减退又可分为反刍无力和间歇性反刍。反刍障碍见于前胃疾病、真胃及肠道疾病、肝脏疾病、热性病、代谢病、中毒、疼痛和神经性疾病。

【反刍周期】(rumination cycle) 反刍期与反刍间歇期交替出现的时间段。通常在采食后约0.5～1h出现反刍。每个食团经逆呕、再咀嚼、再混合唾液和再吞咽约需40～50s。反刍期持续约40～50min。然后间歇一段时间再出现反刍。牛一昼夜约有6～8个反刍周期。反刍呈周期性出现取决于来自瘤胃、网胃以及瓣胃、皱胃两方面的刺激因素。吃食后由于粗糙食物对网胃、瘤胃的机械刺激，导致兴奋，引起反刍。经反刍后食物变为细碎状态，对瘤胃、网胃机械刺激减弱，同时细碎食物转入瓣胃和皱胃，对瓣胃和皱胃的压力刺激加强，从而抑制反刍。

【反导弹武器】(anti-missile weapon) 用于拦截弹道导弹的空间武器系统。包括部署在地基、空基、海基和天基的反导弹武器。根据杀伤方式的不同可分为：常规破片拦截弹、定向能拦截弹和动能拦截弹。反导弹武器和反卫星武器的工作原理是相同的。其区别主要是作战对象不同。

反导弹武器

【反导作战】(antimissile operation) 使用反导弹武器防御和对抗敌导弹突击的作战行为。是高技术条件下导弹战的一种样式。按作战行动范围的不同可分为：战略反导作战、战役反导作战和战术反导作战。按攻击目标性质的不同可分为：反弹道导弹作战、反巡航导弹作战。按作战方式的不同可分为：陆基反导作战、海基反导作战、空基反导作战和天基反导作战。按武器类型的不同可分为：动能武器反导作战和定向能武器反导作战等。

【反辐射导弹】(anti-radiation missile, ARM) 又称反雷达导弹。一种利用敌方雷达辐射的电磁波发现、跟踪并摧毁目标的导弹。属于电子战装备中的“硬杀伤”武器。反辐射导弹有空地、空空和舰舰等类型。空空型用以攻击预警飞机、战场雷达监视飞机和电子干扰飞机的机载雷达或干扰源。反辐射导弹的发展趋势是：(1)扩展导引头的频率覆盖范围，具有瞬时扩频能力，以对付频率捷变雷达。(2)改进动力装置，加大射程，使导弹能从敌防区外发射。(3)增加主动雷达寻的或红外、电视、激光和惯性等制导方式，构成复合制导，提高导弹的使用灵活性和制导精度。(4)提高导弹在复杂电磁环境中识别和攻击目标的能力，实现制导系统数字化，提高反应速度。(5)采用隐身技术，提高导弹生存能力。(6)可有效降低生产成本。

反辐射导弹

【反辐射武器】(anti-radiation weapon) 可直接摧毁敌方雷达辐射源的一种进攻性武器。其主要作战对象包括：敌方空中、海上和地面的预警雷达、目标指示雷达、地面控制截击雷达、地－空导弹制导雷达、高炮瞄准雷达和空中截击雷达以及相关的载体和操作人员。根据结构和攻击形式的不同可分为反辐射导弹、反辐射无人机和反辐射炸弹三大类。反辐射导弹又可分为空－空、空－地、空－舰和地－空、舰－空和舰－舰等类型。反辐射无人机是利用雷达截面积小和在无人机上安装的无源探测导引头和引信战斗部不易被雷达发现的特点开发的，能在巡航中利用敌方雷达信号并跟踪直至摧毁敌方雷达的一种反辐射武器。反辐射炸弹一般分为无动力型和有动力型两类。无动力型反辐射炸弹在投放时，载机须飞至敌方雷达阵地附近，有较大的危险性，攻击方须具有较大的制空权优势才能使用；有动力型反辐射炸弹与反辐射导弹类似，其特点是控制方式简单，战斗部威力大，但攻击命中精度较低。

【反覆𬌗】(reverse overbite) 又称地包天。咬合时下前牙舌面覆盖上前牙牙冠的唇面，常在下颌前突或反𬌗时出现的征状。反𬌗可发生于牙𬌗的各个时期。按𬌗形状的不同可分为前牙反𬌗、后牙反𬌗。可有个别牙反𬌗、多个牙反𬌗，也可分为牙性反𬌗、骨性反𬌗。反覆𬌗可由遗传、先天性疾病、乳恒牙局部障碍等多种因素引起。其临床表现为凹面型、𬌗关系异常、咀嚼效能低、颞下颌关节功能失常等。矫治的办法是：(1)制定矫治计划。根据各方面收集到的资料分析患者的现状，估计治疗的难易程度，预测将来的发展。对不同发育时期的患者采取不同的处置方法。(2)选择合适的矫正器。通常可选择𬌗垫式矫正器、功能矫正器、头冒颏兜等。牙性前牙反𬌗矫正后不会复发；骨性前牙反𬌗虽经矫正，在生长发育完成之前仍有复发的可能；后牙反𬌗经矫正，预后也较好。

【反函数】(inverse function) 以函数定义域、值域作为值域、定义域的函数。确切地说，如果确定函数 $y=f(x)$ 的对应 f 是从函数的定义域到值域上的一一对应，那么由 f 的"逆"对应 f^{-1} 所确定的函数就叫做函数的反函数。存在反函数的条件是原函数必须是单调的或在原函数的单调区间内，否则没有反函数，只有对应的解析式 。

【反季节栽培】(counter-season culture) 使植物地上部分和根系生长环境得到优化，按照人们的需要，有计划地生产农产品的栽培技术。主要有高山反季节栽培、保温设施栽培和遮阳网栽培技术。通过一定的农业工程设施及技术措施控制自然界不利气候条件来实现。反季节栽培是依靠现代科学技术有效解决农业问题的重要途径。其实质是对自然资源的有效利用、合理配置和可持续化发展。蔬菜反季节栽培已成为蔬菜生产中最具活力的新产业，成为集约型农业、都市型农业、持续化农业和三高农业的优选项目。

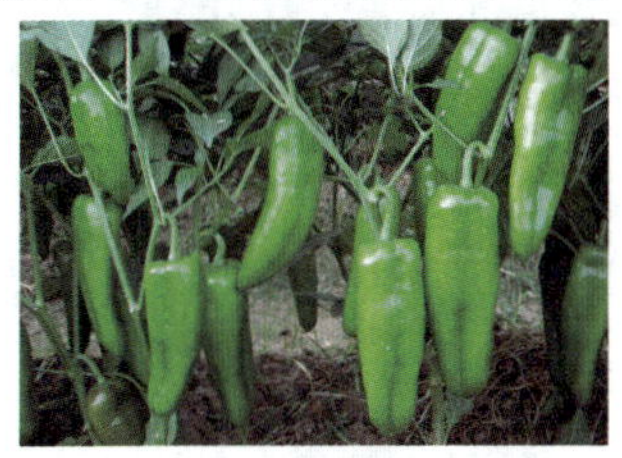

反季节辣椒

【反舰/反潜导弹武器系统】(anti-ship/antisubmarine missile armament system) 打击水面舰船和潜艇的各类导弹的总称。按其发射平台的不同，反舰导弹可以分为舰舰、潜舰、空舰和岸舰四种，反潜导弹有潜潜、舰潜和空潜三种。反舰导弹主要用于打击排水量大至几万吨的航母，小至几十吨的快艇等水面舰船；反潜导弹打击的目标有战略导弹核潜艇、攻击型潜艇和为航母编队护航、巡逻用的潜艇等水下目标。它们是临海国家主要制海和反潜武器。

【反舰导弹】(anti-vessel missile) 用以攻击水面舰船的导弹的统称。包括舰舰导弹、潜舰导弹、岸舰导弹和空舰导弹。

【反克】(counter-restraining) 又称相侮、反侮、倒克。五行学说术语。是五行之间生克制化关系遭到破坏后出现的异常相克现象，即五行中某一行对其所不胜一行的反向克制。属病理变化范围。如正常情况下金克木，若金气不足，或木气偏亢，木反过来侮金，出现肺金虚损，肝木亢盛的病症，即所谓"木火刑金"。

【反馈】(feedback) 发出的事物返回发出的起始点并产生影响。❶信息反馈，又称回馈。将系统的输出返回到输入端并以某种方式改变输入，进而影响系统功能的过程。即将输出量通过恰当的检测装置返回到输入端并与输入量进行比较的过程。是控制论的基本概念。反馈可分为负反馈和正反馈。前者使输出起到与输入相反的作用，使系统输出与系统目标的误差减小，系统趋于稳定；后者使输出起到与输入相似的作用，使系统偏差不断增大，使系统振荡，可以放大控制作用。对负反馈的研究是控制论的核心问题。❷把放大器的输出电路中的一部分能量送回输入电路中，以增强或减弱输入讯号的效应。增强输入讯号效应的称正反馈；减弱输入讯号效应的称负反馈。正反馈常用来产生振荡；负反馈能稳定放大，减少失真，因而广泛应用于放大器中。❸医学上指某些生理的或病理的效应反过来影响引起这种效应的原因。起增强作用的称正反馈；起减弱作用的称负反馈。❹(信息、反映等)返回。❺传播学上的反馈，指传播过程中受传者对收到的信息所作的反应。获得反馈讯息是传播者的意图和目的，发出反馈是受传者能动性的体现。

【反馈方法】(feedback method) 以系统活动的某种结果来进一步调节该系统活动的科学方法。反馈是从控制论中概括出来的一个科学概念。其含义是把系统结果(即输出量)的一部分，经变换后再反送到输入端(回授)，以便调节系统的再输出的过程。随着系统科学的发展，反馈方法的应用已远远超出了控制论的范围，被推广到自然、社会和思维等科学中，成了一般的科学方法。由于反馈方法反映了客观事物的作用与反作用、原因与结果、认识与实践、目的与行为的相互作用的辩证关系，已成为人们观察处理问题的重要方法之一。

【反雷达飞机】(anti-radar airplane) 用于攻击地面防空系统制导雷达和炮瞄雷达的飞机。也用于攻击对空情报雷达和其他大型地面电子设备。属于"硬"杀伤性武器装备。美国把反雷达飞机称为"野鼬鼠飞机"。它装有告警引导接收系统、反辐射导弹和其他精密制导武器。基本工作程序是：接收系统收到信号，识别辐射源的类型，测出其位置，发射反辐射导弹或其他武器进行攻击。

【反粒子】(antiparticle) 正电子、反质子、反

中子、反中微子、反介子和反超子等基本粒子的总称。某种粒子质量、寿命、自旋大小相同,而电荷、重子数、轻子数、奇异数异号的粒子。除了某些中性玻色子外,粒子与反粒子是两种不同的粒子。一切粒子均有其相应的反粒子。迄今,已经发现了几乎所有相对于强作用来说是比较稳定的粒子的反粒子。反粒子按照通常粒子那样结合起来就形成了反原子。由反原子构成的物质就是反物质。每一种粒子与其反粒子相遇会发生湮没现象,同样放出巨大的能量。这也是现在科学当中积极研究的新能源之一。

【反流性食管炎】(reflux esophagitis) 由胃和十二指肠内容物,主要是酸性胃液或酸性胃液加胆汁反流至食管所引起的食管黏膜的炎症、糜烂、溃疡和纤维化等病变。是一种胃食管反流病。其病因包括:(1)食管下端括约肌 LES(LES 是食管与胃交界线上 3~5cm 范围内的高压区)功能降低及－过性食管括约肌松弛。①LES 抗反流的屏障功能减弱;②食管对胃反流物的廓清能力障碍;③食管黏膜屏障功能的损害。(2)小肠细菌过度生长。(3)心理社会因素。典型症状有烧心、反酸、反胃等;非典型症状为胸痛、上腹部疼痛和恶心和多涎。其并发症有:(1)食管狭窄出血、溃疡。(2)食管腺癌发病率增加。(3)引起慢性咽炎、慢性声带炎和气管炎。(4)是支气管哮喘发病的重要原因之一。

【反滤层】(filter) 防止发生管涌现象的滤水设施。设在土砂层与排水设施之间或细土料与粗砾料之间,保持土、砂层或细土料的抗渗稳定性。由三层从细到粗的砂石料层构成。自 20 世纪 70 年代以来,开始使用新材料土工织物(化纤滤层)做反滤层。砂石料反滤层各层的粒径,随渗流方向逐级增大。用人工夯实法施工的反滤层厚度,以 50cm 左右为宜,即粗砂层 20cm,中、细砂层各 15cm。次要的反滤层可减薄至 30cm。如采用机械化施工,每层厚度需在 1m 以上。广泛应用在土石坝、闸坝基础、管井等工程中。

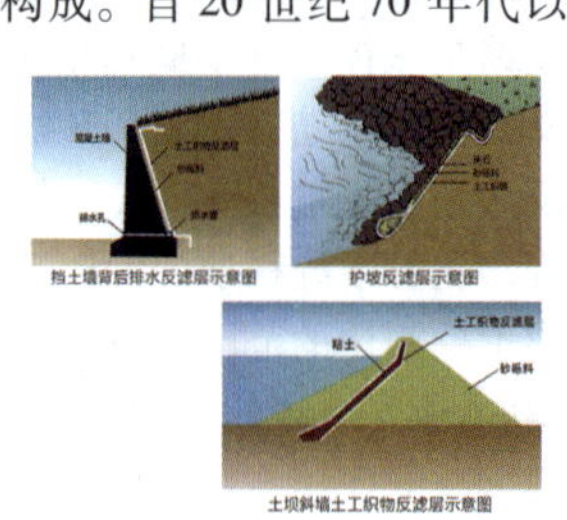

反滤层

【反密码子】(anti-codon) 与密码子相对应。与遗传密码的密码子有互补关系的 3 个碱基顺序。反密码子与 mRNA 中的互补密码子结合。反密码子中除有 4 种碱基外,还出现次黄嘌呤(I)。后者可最大限度阅读 mRNA 上的信息,降低突变引起的误差。密码子、反密码子的区别是:(1)位置不同。密码子位于 mRNA 上,反密码子位于 tRNA 上。(2)作用不同。密码子决定着氨基酸的种类,tRNA 上的反密码子则保证了 tRNA 准确的运载相应的氨基酸。

【反坡梯田】(reverse terrace) 田面向内倾斜成一定反坡坡度的梯田。主要有农用反坡梯田和造林反坡梯田。因地面坡度和反坡梯田种类的不同,反坡坡度和田面宽度变化较大。农用反坡梯田的反坡坡度一般不大于 3°,田面宽 5~12 m;造林反坡梯田的反坡坡度一般为 3°~15°,田面宽 1~3m。农用反坡梯田的修筑方法与水平梯田相似,而造林反坡梯田的修筑方法与水平阶相似。反坡梯田多用于地形较平整,坡面不破碎的地方。蓄水保土、抗旱保墒能力较强,改善立地条件作用较大,有利于作物和林木生长,但花费劳力较多。

反坡梯田

【反气旋】(anticyclone) 又称高气压。气流以顺时针(北半球)或反时针(南半球)方向朝四周流出而中心气压高于临近的大气旋涡。其直径一般2 000~4 000km,大者几乎可与整个大陆或大洋相比,小的也有数百千米。按气旋的温度高低不同可分为冷性反气旋和暖性反气旋;按形成和活动区域不同可分为极地反气旋、温带反气旋和副热带反气旋。反气旋内无锋面,气流辐散下沉,一般云雨少见,天气晴好。

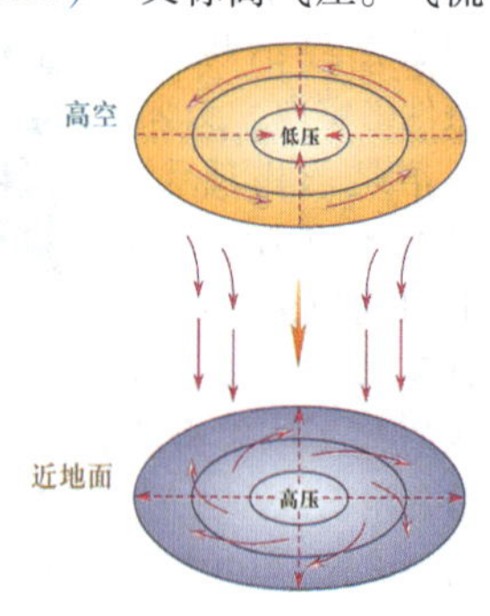

反气旋

【反求工程】(reverse engineering) 从整体或局部实物转化为完整的 CAD 三维数字模型的反向设计过程,即将实物转变为与计算机辅助设计模型相关的数字化技术和几何模型重建技术的总称。其应用领域包括:(1)三维实体重构。在没有设计图样或设计图样不完整的情况下,可应用反求工程,加工复制出一个相同的零件。(2)产品定型。在初始设计模型上进行各种性能测试,通过实验建立符合要求的产品模型,最终确定的实验模型将成为设计该零件及反求其制造信息的依据。(3)产品修复。借助反求工程技术,可设计原型零件(如备品)。(4)影视、广告业,借助反求工程技术,可将演员、道具的立体模型输入计算机,用动画软件对其进行三维动画特技处理。反求工程作为工业设计和仿制现有产品的一种手段,可使产品研发周期缩短。

【反三角函数】(anti-trigonometric function)若在三角函数中,把自变量 x(角度)与函数(比值)的位置互换,并且保持单值对应,则把所得到的函数称为三角函数的反函数,简称反三角函数。包括:反正弦函数、反余弦函数、反正切函数、反余切函数、反正割函数和反余割函数。分别记作:$y = \arcsin(x)$,$y = \arccos(x)$,$y = \arctan(x)$,$y = \mathrm{arcctn}(x)$,$y = \mathrm{arcsec}(x)$,$y = \mathrm{arccsc}(x)$。其中前三种是最基本的。反三角函数的定义域保证了它的单值性,如图。利用反三角函数可以方便地由函数值求得相应的角度。

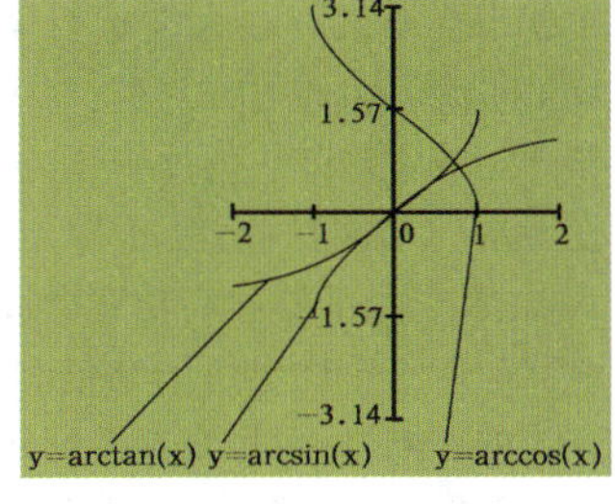

反正弦、反余弦、反正切函数的定义域、值域示意图

【反射】(reflection) ❶生理反射。在中枢神经系统参与下,机体对内外环境刺激所作出的规律性反应。反射活动的结构基础是反射弧。人体通过各种简单或复杂的反射,来调节自身的生命活动,从而能够对体内外的刺激作出适当的反应。❷物理反射。声波、光波或其他电磁波遇到别的媒质分界面而部分仍在原物质中传播的现象。❸编程反射。程序集包含模块,而模块包含类型,类型又包含成员。反射则提供了封装程序集、模块和类型的对象。❹电子反射。在传输线上的回波。❺电磁波在介质中传播时,因介质的不均匀性或因不同介质的界面而引起的传播方向的改变。其中,出射方向与入射方向在界面同一侧时称为反射;出射方向在界面另一侧时称为折射。当界面粗糙而造成出射电磁波向各个方向反射、且其亮度与观测角度无关时,这种反射称为漫反射。

【反射定律】(reflection law) 确定光在反射现象中反射光线方向的定律。当光线经两种媒质的平滑界面发生反射时:(1)反射光线在入射光线和过入射点的法线所决定的。(2)入射光线和反射光线分居法线的两侧;(3)反射角等于入射角。光的反射定律可从实验得出,也可从光的电磁理论推得。

【反射裂缝】(reflection crack) 在基层或面层下层的裂缝或接缝影响下,路表面产生的相对应的裂缝。通常发生在水泥混凝土路面上的沥青铺装层,或产生在收缩裂缝的半刚性基层上的沥青面层,或在补强、重铺路面时,对下面原有裂缝的路面板未作妥善处理,以致影响面层发生裂缝。反射裂缝是一种典型的路面病害,要做好设施预防和治理工作。

【反射炉】(reverberatory furnace) 一种利用反射热焙炼有色或黑色金属的冶金炉。由燃烧室、长方形的熔炼室和烟囱三个主要部分组成。熔炼室的一端有炉桥同燃烧室隔离,其另一端有较狭的通道同烟囱连接。按发展过程,最初用固体燃料,在燃烧室燃烧所形成的火焰,超过炉桥,在熔炼室燃烧发热,并从炉顶和炉壁反射,将热传给炉料,进行熔炼。目前普遍采用经过蓄热室的煤气、粉煤或液体燃料燃烧供热。这种反射炉无燃烧室和炉桥,但有喷嘴或燃烧器。反射炉过去曾用以冶炼熟铁。在铸铁车间有时用以熔化生铁、铸造可锻铸铁或硬面轧辊。近年来反射炉在有色金属冶炼中有很大的发展,炉身长达几十米,如用悬挂式镁砖炉顶的反射炉,其宽度可达 10 米以上,炉身建筑重达几千吨,成为现代有色金属冶炼的一项重要设备。

【反射率】(reflectivity) 又称反射比。非发光体介质表面由反射引起的出射辐射度与入射到表面的总辐照度之比。是表征物体表面反射能力的物理量。绝对黑体的反射率为 0。纯白物体的反射率为 1。一般物体的反射率介于 0 与 1 之间,可用小数或百分数表示。反射率是入射波波长的函数。反射率越高,说明介质表面的粗糙度越小,反射后的辐射损失越小,而反射信号被捕捉到的概率也越大。

【反渗透】(anti-osmosis) 见反渗透膜。

【反渗透膜】(anti-osmosis membrane) 利用反渗透原理进行分离的液体分离膜。反渗透是指沿与溶液自然渗透方向相反的方向进行的渗透,即溶剂从高浓度向低浓度溶液进行渗透。反渗透膜上有许多小孔,孔的大小只允许水分子通过,盐类和杂质分子都比孔大而无法通过。其优点是:装置结构紧凑,安装简单,操作简便,能耗低,并可在常温下操作,易于工业化生产。反渗透膜适宜于分离小分子有机化合物,在有机化工、酿造工业和三废处理等领域得到广泛应用。

反渗透膜

【反渗透膜分离技术】(anti-osmosis membrane separation technology) 用半透膜隔开不同浓度的溶液时,纯溶剂通过膜向低浓度溶液方面流

动的分离技术。该技术是利用反渗透膜原理进行分离的，在常温不发生相变的条件下，可以对溶质和水进行分离，适用于对热敏感物质的分离、浓缩。与有相变化的分离方法相比，能耗较低。反渗透膜分离技术杂质去除范围广，有较高的脱盐率和水回用率，可截留粒径在几个纳米以上的溶质。常用于分离、精制和回收各种工业用水及其他溶液中的特定有效物质及有害物质。该技术可使用传统的吸附剂，如离子交换树脂、活性炭及合成吸附剂等。是现代工业中首选的水处理技术。广泛应用于医药、电子、化工、食品、纯水生产和海水淡化等行业。

【反式脂肪酸】(trans-fatty acid) 至少含有一个反式构型双键的不饱和脂肪酸。即在C═C双键上两个碳原子所结合的氢原子分别位于双键的两侧，空间构像呈线形。反式脂肪酸在自然食品中含量很少。人体摄入的反式脂肪酸主要来自含有人造奶油的食品。凡是含有氢化植物油的食品都有可能含有反式脂肪酸。含有反式脂肪酸的食品有：沙拉酱、炸薯条、炸鸡块和洋葱圈等快餐食品，还有西式糕点、巧克力派、咖啡伴侣和热巧克力等。一般在商品包装上标注的氢化植物油、植物起酥油、人造黄油、人造奶油、植物奶油、麦淇淋、起酥油或植脂末，都可能含有反式脂肪酸。为了增加含油脂食品的货架期和稳定食品风味，有的厂家采用对植物油加氢的方式，将顺式不饱和脂肪酸转变成室温下更加稳定的固态反式脂肪酸。反式脂肪酸能升高低密度脂蛋白胆固醇水平，降低高密度脂蛋白胆固醇水平，增加患冠心病的危险性。反式脂肪酸不仅可导致心血管疾病的概率是饱和脂肪酸的3～5倍，还可损害人的认知功能，诱发肿瘤、哮喘、Ⅱ型糖尿病、过敏等疾病，对胎儿体重、青少年发育也有不利影响。

炸薯条

【反式作用因子】(trans-acting factor) 直接或间接作用于DNA、RNA等核酸分子、对基因表达发挥不同调节作用(激活或抑制)的各类蛋白质因子。包括激活蛋白和阻遏蛋白两大类。一般具有三个功能域，即DNA识别结合域、转录活性域及与其他反式因子的结合域。不同功能域有各自的特征性结构，如DNA结合域的结构类型有螺旋－转角－螺旋、锌指、亮氨酸拉链等。其功能是反式作用因子通过同顺式元件、RNA聚合酶以及通用转录因子等形成转录复合物，从而促进或抑制效应基因的转录活性。

【反卫星武器】(anti-satellite weapon) 用于干扰或破坏在太空运行卫星的空间武器系统。反卫星武器大体可分三类：(1)导弹武器。包括携带核弹头或常规弹头的反卫星导弹和依靠直接碰撞杀伤卫星的动能拦截弹。(2)定向能武器。包括激光武器、粒子束武器和高功率微波武器。(3)电子对抗武器。用于干扰卫星的通信和数据传输。按照部署方式的不同，反卫星武器又可分为部署在地面上的地基反卫星武器、部署在飞机上的空基反卫星武器和部署在太空的天基反卫星武器。

【反物质推进】(promote anti-substance) 利用物质和反物质互相接触湮灭时产生的能量进行推进的方式。已知的亚原子粒子都有特性相反的对应物，称为反粒子。如：电子带负电荷，反电子(或正电子)具有相同的质量但是带正电荷。最重要的是当物质和反物质互相接触时，它们立即互相湮灭，同时产生能量。反质子要用加速器制造，在反质子和质子互相作用并彼此湮灭之前，必须使用特殊的磁防护容器系统将反质子与质子分离开来，防止反物质在使用之前就与物质发生相互反应。反物质驱动的最大优点是只需很少的燃料即可产生有效的加速度。最大的缺点是目前还不能生产足够使用的反物质。

【反向通路】(return path) 与正向通路相对应。又称上行流通路、反向数据通道。从输出到输入端的通路。是电缆网络的一部分。来自网络用户的信号通过该部分，以上行流方向发送到电缆网络的前端或任何其他中心点(节点)。它是由用户到业务提供者，用于对业务提供者提出请求或回答问题。它是窄带信道。是一条信道为某一节点的用户共享。

【反向遗传学】(science of reverse genetics) 运用重组DNA技术，改变生物体的基因组结构，观察修饰后基因的表型效应，从而确定所改变的基因的生物学功能的学科。是相对于经典遗传学而言的。经典遗传学是从生物的性状、表型到遗传物质来研究生命的发生与发展规律。反向遗传学则是在已知基因序列的基础上，利用现代生物理论与技术，通过核苷酸序列的突变、缺失、插入等手段创造突变体并研究突变所造成的表型效应。与反向遗传学操作相关的各种技术称为反向遗传学技术，包括RNA干扰技术、基因沉默技术、基因体外转录技术等.是DNA重组技术应用范围的扩展与延伸。目前反向遗传学技术已广泛应用于生命科学研究的各个领域，且在病毒研究(尤其是RNA病毒)方面显示出了巨大的优势。

【反相分配色谱法】(reversed phase chromatography) 又称反相色谱法。在分配色谱中,流动相的极性大于固定相的极性的现象。极性强的组分在固定相中的保留较强,保留时间长。因而极性强的组分先出柱,极性弱的组分后出柱。在反相色谱中,常以硅油、液体石蜡等极性较小的有机溶剂作为固定液,而以水、水溶液或与水混合的有机溶剂作为固定相。主要用于分离溶于非极性至中等极性的组分。

【反压护道】(back pressure berm) 在道路建设中为防止土基失稳而在高填土两侧一定宽度的土基上培土而做成的起反压作用的设施。为了保证其本身稳定,护道高度为路堤高的1/3~1/2较为合理。填土过高时,可采用多级护道。在反压护道施工时,应与路堤一起按全宽同时填筑,切忌先填路堤后填反压护道,以免施工中发生坍滑。

【反隐身技术】(anti-stealth technology) 使隐身措施的效果降低甚至失效的技术。反雷达隐身是当前重点发展的反隐身技术。其技术途径是:(1)改变探测雷达的工作波长,使隐身措施失效。(2)应用双/多基地雷达,从侧面探测隐身目标。(3)借助预警飞机、预警卫星、预警无人机乃至高空气球、飞艇等,从隐身措施较弱的部位去探测目标。(4)通过提高雷达脉冲能量和雷达信号处理质量来提高反隐身技术。(5)采用新体制雷达。

【反应堆安全壳】(reactor container) 又称反应堆保护外壳。防止核反应堆在运行或发生事故时放射性物质外逸的密闭容器。用来控制和限制放射性物质从反应堆扩散出去,以保护公众免遭放射性物质的伤害。万一发生反应堆一回路水外逸的失水事故时,是防止裂变产物释放到周围的最后一道屏障。一般是内衬钢板的预应力混凝土厚壁容器。常兼作反应堆厂房的围护结构,保护反应堆设备系统免受外界的不利影响。是一种体态庞大的特种容器结构。按其结构的不同可分为单层和双层壳。双层壳的内层称为主安全壳,主要承受事故压力;外层称为次级安全壳,起生物屏蔽及保护作用;两层之间留有环形空腔,可保持一定的负压,使核电站内部的放射性物质不易向外界泄漏。按其材料的不同可分为:钢、钢筋混凝土及预应力混凝土三种。主要是防止和控制放射性物质的泄漏。在设计时应首先考虑反应堆发生事故时,冷却剂逃逸所造成的内压和温度变化。

反应堆安全壳

【反应堆安全壳喷淋系统】(security spray system) 将核反应堆安全壳建筑物与外界的一切可能的联系通道关闭的各种装备的总称。用于当反应堆冷却剂系统发生失水事故或主蒸汽管道发生破裂事故时,将贯穿安全壳的工艺管道迅速隔离,以阻止或限制放射性物质向环境释放。是核电厂专设安全设施之一。按其隔离工艺管道的不同可分为:(1)对贯穿安全壳的管道,在其紧靠安全壳的内、外两侧处,各设置一个自动隔离阀,使能动部件的单一故障不会妨碍安全壳的隔离。(2)对既不属于反应堆冷却剂压力边界的一部分,又不直接与安全壳内大气相通的管道,至少应在安全壳的外侧设一个自动隔离阀。(3)对在失水事故发生时仍需工作的专设安全设施系统,可用止回阀作为安全壳内侧的自动隔离阀。具有强放射性的管道的隔离阀,集中设在专用的隔离阀室。室内应保持负压,并需对所排气体进行除碘处理。由两条独立的管线组成。每条管线系统都是由喷淋泵、冷却器、喷头、换料水箱、阀门等设备组成。当发生失水事故时,一回路中高温高压的水漏到安全壳中,由于安全壳是密封的,安全壳里的压力和温度都会升高。

【反应釜】(reaction kettle) 用来完成硫化、硝化、氢化、烃化、聚合、缩合等工艺过程的压力容器。例如反应器、反应锅、分解锅、聚合釜等。材质一般有碳锰钢、不锈钢、锆、镍基(哈氏、蒙乃尔、因康镍)合金及其他复合材料。由釜体、釜盖、夹套、搅拌器、传动装置、轴封装置、支承等组成。按其制造结构的不同可分为:(1)开式平盖式反应釜。(2)开式对焊法兰式反应釜。(3)闭式反应釜。每一种结构都有它的适用范围和优缺点。广泛应用于石油、化工、橡胶、农药、染料、医药、食品等工业领域。

反应釜

【反应工程学】(reaction engineering) 化学工程学的一个分支。以工业反应过程为主要研究对象,以反应技术的开发、反应过程的优化和反应器设计为主要研究目的的工程学科。是在化工热力学、反应动力学、传递过程理论以及化工单元操作的基础上发展起来的一个学科。其主要研究内容包括:(1)化学反应规律,建立反应动力学模型。(2)反应器的传递规律,建立反应器传递模型。(3)反应器内传递过程对反应结果的影响。主要用于工业反应过程的开发、放大和操作优化以及新型反应器和反应技术的开发。在化学、石油化学、生物化学、医药、冶金及轻工等领域应用广泛。

【反应活性氧类】(reactive oxygen species, ROS) 又称活性氧族。具有化学活性很强的超氧负离子(O_2^-)、过氧化氢(H_2O_2)、羟自由基(·OH)。正常状态下机体内约1%~5%的氧可代谢生成ROS,参与机体正常的物质代谢,并有效杀伤细菌。但细菌感染、组织缺氧和供氧过多、都会加速ROS的生成。环境污染、某些药物、抽烟等外源因素也可导致细胞产生ROS增多。超过机体对其清除能力时,过量的ROS可在许多疾病及衰老的发生、发展过程中起重要作用。ROS化学性质活泼,(·OH)活性最强,可引起蛋白质、核酸等生物大分子损伤,甚至破坏细胞的正常结构与功能。线粒体是细胞产生O_2^-的主要部位。因此,线粒体DNA易受到自由基攻击而发生损伤或突变,引起相应疾病。机体可通过抗氧化酶类及时清除活性氧族,防止其累积而造成有害影响。

【反应式同步电动机】(reaction-synchronous motor) 见磁阻同步电动机。

【反应停事件】(thalidomide event) 因孕妇服用反应停(酞胺哌啶酮)而引起新生儿畸形的一起灾难性事件。1962年在德国、英国和日本等国由于孕妇在妊娠期间服用镇静剂反应停治疗孕吐而引起新生儿短肢畸形或无肢畸形,大约发现10 000多名畸形儿。反应停是已知最强的人体致畸物,对动物不敏感,而对人具有种族特异性;低剂量(0.5~1.0mg/kg),“反应停”致畸事件是药物审批制度不完善的产物,由于厂商急功近利,使全世界诞生了约上万名畸形儿。这一悲剧增强了人们对药物毒副作用的警觉,也完善了现代药物的审批制度。自此以后,许多国家开始对药物、农药或化学物质在投放市场之前进行致畸性评价。

【反应蒸馏】(distillation with reaction/reactive distillation) 一种化学反应和多级蒸馏同时进行的联合单元操作。一方面利用蒸馏过程把反应产物和原料分离,破坏化学反应的平衡关系,使反应继续进行;另一方面利用反应关系,破坏气-液平衡关系,加快传质分离。若反应为放热过程,还可以利用反应释出的热量供应蒸馏所需的化学热,可以节约能耗。例如,利用甲醇与含丁烯的气体反应,用阳离子交换树脂为催化剂,甲醇可以选择性地与异丁烯反应成甲基叔丁基醚(MTBE),而与其他丁烯异构物分离。把催化剂放在蒸馏塔中,设备既是蒸馏塔,又是反应器,在其中既可进行化学反应,同时进行产品分离。

反应蒸馏塔

【反应注塑成型】(reaction injection moulding, RIM) 一种有化学反应过程的新的注塑成型方法。即将两种或两种以上液态单体或预聚物,按一定比例混合后,立即注塑到闭合模具中,在模具内聚合固化、定型成制品。此法具有设备投资及操作费用低、制件外表美观、耐冲击性好、设计灵活性大等优点。适用于加工聚氨酯、环氧树脂、硅树脂等热固性树脂。目前主要用于生产聚氨酯半硬质塑料(如汽车保险杠、仪表板等)、聚氨酯结构泡沫制品等。为了进一步提高制品的强度和刚度,可在原料中加入各种增强材料。称此为增强反应注塑成型。其产品可作汽车车身外板、发动机罩、家电外壳等。

【反质子】(antiproton) 质子的反粒子。早在1928年,狄拉克便预言了反质子的存在。证实它的存在花了20多年的时间。根据狄拉克的理论,反质子的质量与质子相同,所带电荷相反,质子与反质子成对出现或湮没,用两个普通的质子碰撞便可获得反质子,但反质子的产生需很大的能量。1955年,张伯伦和塞格雷用加速器证实了反质子的存在。由于反质子出现的机会极少,大约每1 000亿高能质子的碰撞,才能产生数量很少的反质子,因而证实反质子的存在极为困难。

【反治】(treatment contrary to the routine) 又称从治。中医术语。和常规相反的治法。中医在治疗疾病的过程中,当疾病出现假象时,顺从疾病外在表现的假象性质而施治的一种治疗法则。它所采用的方药性质与疾病病候中假象的性质相同,适用于疾病的征象与其本质不完全一致的病证。常用的反治法有热因热用、寒因寒用、塞因塞用、通因通用。

【反中子】(antineutron) 中子的反粒子。不带电荷。它的磁矩对于其自旋是反号的。1956 年发现。是利用反质子与原子核碰撞,反质子把自己的负电荷交给质子,或由质子处取得正电荷。这样,质子变成了中子,而反质子则变成了反中子。反中子和中子相碰可湮没成 π 介子。

【反转录】(reverse transcription) 又称逆转录。在逆转录酶(即 RNA 指导的 DNA 聚合酶)催化下,以 RNA 为模板,按照 RNA 中的核苷酸序列来合成 cDNA 的反应。其意义在于:(1)以 RNA 为模板,合成 DNA。与通常转录过程中遗传信息流从 DNA 到 RNA 的方向相反,对分子生物学的中心法则进行了修正和补充。(2)在致癌病毒的研究中发现了癌基因。(3)在实际工作中有助于基因工程的实施。

【反转录 PCR】(reverse transcription PCR, RT-PCR) 被扩增的起始核酸模板是 RNA 而不是 DNA 的 PCR 反应(聚合酶链反应)。首先必须用反转录酶以 RNA 分子为模板逆转录合成第一链 cDNA 拷贝,然后再以 cDNA 为模板进行标准的 PCR 反应,以快速扩增大量的 cDNA,从而获得目的基因或检测基因表达。RT-PCR 使 RNA 检测的灵敏性提高了几个数量级,使一些极为微量 RNA 样品分析成为可能。其应用领域是:分析基因的转录产物、获取目的基因、合成cDNA 探针、构建 RNA 高效转录系统。

【反作用轮控制】(reaction wheel control) 通过航天器与装在航天器内的一种由电机驱动的高速转动部件(飞轮)之间的动量交换来控制航天器姿态的控制方法。是主动姿态控制的一种方法。当飞轮的平均转速为零,则称为反作用轮。使用反作用轮控制的方法,最适合于克服作用在航天器上周期性的外部扰动力矩。其特点是:反作用飞轮有正转或反转,但是整个航天器的总动量矩为零。这种姿态稳定系统的一个最主要的要求是需要俯仰、偏航和滚动三轴姿态信息,所以该三轴控制系统的主要部件是一组提供三轴姿态信息的敏感器,一组运算的控制器、反作用轮以及卸载去饱和推力器。

【返回轨道】(back orbit) 航天器返回地球并降落到地球表面过程中质心的运动轨迹。返回过程分四个阶段:(1)离轨段。在制动火箭推力作用下,航天器降低速度离开原来轨道。(2)过渡段。进入大气层以前的被动段。这一阶段一般要经过多次轨道修正,以便准确、准时进入再入走廊。(3)再入段。这一阶段航天器要经受高温和较大过载的考验。(4)着陆段。利用降落伞和其他减速装置使航天器安全降落在地球表面。返回轨道的设计是航天器总体设计的一部分,与防热设计、结构设计、控制系统设计和外形设计都有密切的关系。

【返回式卫星】(recoverable satellite) 在轨道上完成任务后,有部分结构会返回地面的人造卫星。通常,卫星发射入轨之后,就在太空执行任务,并不需要返回地面。如通信、导航。气象卫星都是如此。但是有的卫星却需要回到地面,如侦察卫星获得的情报。科学实验卫星携带的实验品等。使卫星顺利从太空返回需要解决一系列复杂的技术难题。这些问题主要包括卫星的调姿、制动、防热、软着陆、标位及寻找等。因此,研制返回式卫星是卫星发展史上的一个重要突破。返回式卫星主要有三个用途:(1)作为观测地球的空间平台。返回式卫星所获取的各种对地观测信息资料,可以带回地面进行分析处理和详细研究。(2)作为微重力试验平台。利用微重力条件,在空间进行各种科学实验,生产和制造地面难以获得的材料和物品。(3)作为发展载人航天技术的先导。因为宇航员必须采取与返回式卫星相似的方法返回地面,只有掌握了卫星返回技术,才能为载人航天打下基础。因此,返回式卫星在世界各类航天器中占有重要地位。1975 年 11 月 26 日,中国第一颗返回式卫星终于由长征 2 号运载火箭发射成功。它在轨道上运行了三天,11 月 29 日按预定时间返回了中国大地。它使中国成为继美、苏之后世界上第 3 个掌握返回式卫星技术的国家。

返回式卫星

【返祖遗传】(atavism) 后代中出现祖先性状的现象。是生物进化的一种证据。出现返祖遗传,是因为决定这种祖先性状的基因,在进化过程中早已被组蛋白为主的阻遏蛋白所封闭,但由于某种原因,产生出特异的非组蛋白,可与组蛋白结合而使阻遏蛋白脱落,结果被封闭的基因恢复了活性,又重新转录和翻译,表现出祖先的性状。根据返祖遗传特征可对植物进行育种,以增加某些方面的性能。如对玉米进行诱变辐射使其产生返祖遗传,可实现植株分蘖,雌雄同穗和穗柄节间伸长等。

【泛池】(suffocation) 又称泛塘。因水中严重缺氧而引起水生动物窒息死亡的现象。鱼类泛池主要是由于水中溶氧不足引起的。其原因有:(1)放养密度过大,水中溶氧供不应求。不同种类的鱼,在不同生长阶段和不同水温条件下,对溶氧需求量各不相同。每种鱼类对溶氧的需求都有一个最低极限,当溶氧降至 1mg/L 时,草、鲢、鳙鱼就会浮头,降至 0.4~0.6mg/L时就会窒息死亡。因此,要根据水中溶氧情况确定放养密度。(2)雷雨过后,由于池底水温比表层高,产生池水的急剧对流,使池底的腐殖质随之翻到上层,加速分解,消耗大量氧气造成池水严重缺氧。(3)投饵和施肥过量,造成水质过肥,浮游生物大量繁殖、耗氧量过大。(4)夏秋闷热季节,气压低,空气流通少,使氧气较少溶解到水中。(5)在浮游生物大量繁殖季节,大量浮游动物和鱼类争氧造成缺氧。

【泛大陆】(pangaea) 大陆漂移说中的原始大陆。该学说认为,在距今 2 亿年前,地球上现有的大陆是彼此连成在一起的一个大陆,即泛大陆。泛大陆的周围是一片汪洋大海,称为泛大洋。在距今 1.8 亿年前,泛大陆开始分裂,漂移成南北两大块。南块称为冈瓦纳古陆,包括南美洲、非洲、印巴次大陆、南极洲和澳洲;北块称为劳亚古陆,包括欧亚大陆和北美洲。以后,又经过上亿年的沧桑巨变,到了距今约6 500万年前,泛大陆又进一步分裂和漂移,从而形成了今天的亚洲、非洲、欧洲、大洋洲、南美洲、北美洲和南极洲;而泛大洋则完全解体,形成了太平洋、大西洋、印度洋和北冰洋。

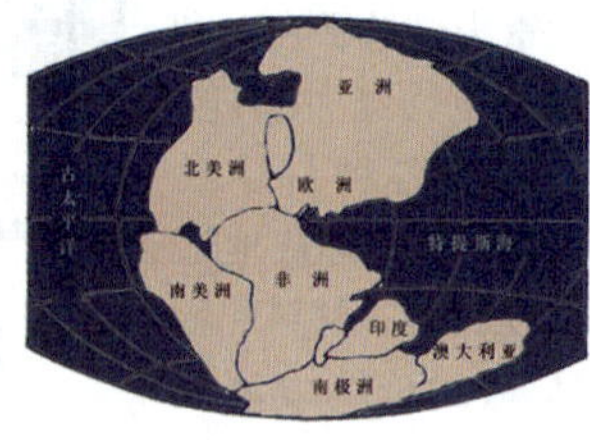

泛大陆

【泛大洋】(panthalassa) 见泛大陆。

【泛函分析】(functional analysis) 数学的一个分支。是研究拓扑线性空间到拓扑线性空间之间满足各种拓扑和代数条件的映射的分支学科。它产生于20世纪30年代。是从变分法、微分方程、积分方程、函数论以及量子物理等的研究中发展起来的。它运用几何学、代数学的观点和方法研究分析学的课题,可看作无限维的分析学。

【泛油】(road surface with squeezed asphalt) 沥青路面因沥青含量偏多或稠度偏低,气温较高时,在行车作用下沥青被挤出,路面表面出现薄油层的现象。治理泛油路面病害的主要措施是:(1)严重泛油路段。先撒一层 10~15mm 粒径或更大的碎石,用压路机强行压入路面,等基本稳定后,再分次撒上 5~10mm 粒径的碎石嵌缝,并碾压成型。另外还可将含油量过高的软层铣刨清除后,重做面层。(2)泛油较重路段。根据情况可先撒 5~10mm 粒径的碎石,用压路机碾压,待稳定后撒铺一层 3~5mm 粒径的石屑或粗砂,并用压路机或引导行车碾压,使粒料嵌入油层。(3)轻度泛油路段。可撒 3~5mm 粒径的石屑或粗砂,用压路机或控制行车碾压,使粒料嵌入油层。处治时间应选择在泛油路段已出现全面泛油的高温季节。撒料应顺行车方向撒,先粗后细;做到少撒、薄撒、匀撒、无堆积、无空白。如采用行车碾压,应及时将松散的粒料扫回,待泛油稳定后,将浮动的多余石料清扫并回收。

【范畴】(category) 反映和说明事物内在本质和普遍联系的基本概念。是人的思维动作的基本单位。每门具体科学都有自己特有的一套范畴,这些范畴只在特定的学科领域内具有普遍的意义。哲学范畴则是反映整个世界普遍本质的最基本的概念。

【范围法】(area method) 又称面积法。用轮廓线、颜色、晕线、注记及符号等方法在地图上表示制图对象的分布范围及状况的方法。如煤田的分布、森林的分布、棉花或农作物的分布等。范围法在地图上标明的不是个别地点,而是一定的面积。

【方案比较法】(formulation comparative method) 在进行工程设计时,根据已知条件列出在技术上可行的若干个方案,然后进行具体的技术分析和经济比较,从中选出相对最优的一种方案的方法。该方法的步骤一般是:(1)首先明确设计的内容、性质、要求,以及设计要达到的目标等。(2)熟悉和掌握设计任务书或设计中所要解决的总体或局部课题的内部及外部条件。(3)根据内部及外部条件、设计任务的内容和目标,提出可行的方案。(4)对提出的可行方案进行技术和经济分析,从中选取 2~3 个较优方案。(5)对选出的较优方案进行详细的技术和经济计算与比较,全面研究技术和经济的合理性,明确各方案在技术上和经济上的差异,全面衡量各方案的利弊。在技术上可行的数个方案中,经济指标是决定取舍的主要依据。从各方案中选出相对最优的方案作为设计方案。(6)按设计任务的要求,对方案作出详细的文字说明(包括各项参数),并绘制出必需的图纸。

【方案经济比较】(economic comparison of options) 以经济评价的准则对方案进行比选。是对建设项目优化决策的重要手段,是选择电源开发方案,确定电站规模和工程主要特征值的必要手段,也是项目经济评价工作的重要组成部分。在水电规划设计中的应用主要包括：电力系统电源开发方案优化、河流梯级开发方案或抽水蓄能电站规划选点方案比较、电力系统或水电站厂内机组运行优化和水电站工程特征比较选择等方面。按国民经济评价结果进行比选，即从国家整体角度比较各方案的效益和费用。对于产出物基本相同、投入物构成基本一致的方案进行比选时，为了简化计算，在不会与国民经济评价结果发生矛盾的前提下，也可通过财务评价结果确定，即从企业的角度比较各方案的财务效益和费用。方案比较可按各个方案所含的全部因素，计算各方案的全部经济效益和费用，进行全面的对比；也可就不同因素，计算各方案的相对经济效益和费用，进行局部的对比。但应特别注意各个方案间的可比性，遵循效益与费用计算口径对应一致的原则，必要时应考虑相关效益和相关费用。

【方案制导】(scheme guidance) 控制导弹的某一个或几个飞行参数在飞行中按预定的方案实现的技术。该技术在一些飞航式导弹、弹道式导弹中的初始飞行段经常被采用。

【方便米饭】(instant rice) 以复合包装袋为包装容器的米饭食品。产品有：白米饭、什锦米饭、赤豆米饭和牛肉米饭等。其制作工艺是：将大米淘洗沥干后，加入调味蔬菜、肉类、调味液等装袋，蒸煮后立即封口，再于110～120℃温度下杀菌制成。其水分含量和普通米饭的水分相同，在制造24～48h后，米中淀粉从α型回复到β型，从而引起“回生”。食用时仍需加热，以使保持α型再食用。方便米饭的淀粉老化问题至今仍未能够很好解决。

方便米饭

【方便面】(instant noodle) 又称泡面、快熟面、速食面。一种可在短时间之内用热水泡熟食用的面制食品。按其面块加工工艺的不同可分为：油炸方便面和非油炸方便面。按其包装方式的不同可分为：袋装、杯装和碗装三种。按其产品风味的不同可分为：中国风味的酱油炒面、葱油虾味面、红烧牛肉面等以及日本风味的酱味粗面、咖喱荞麦面等。按其面型的不同可分为：方形方便面和圆形方便面两类。

方便面

【方便食品】(instant food) 食用简便、不需烹调或比普通食品烹调手段简单的一类食品。这类食品可以节省消费者大量的时间，携带和食用方便，在快节奏的现代化社会里显示出极大的优越性。方便食品品种繁多，可分四类：(1)主食方便食品。包括面包类、面条类、速食米饭、馒头类、饼类和膨化食品等。(2)副食品方便食品。包括罐头、软罐头、熟食类、速冻类、植物蛋白类、方便蛋奶类、脱水类和酱菜类等。(3)主食、副食兼用的方便食品。包括马铃薯片、饼干、谷物早餐方便食品等。(4)方便小食品。主要为点心类。

【方法论】(methodology) 关于认识和改造世界的最一般方法的理论。一般方法并不存在于具体方法之外，它也不能在具体方法之外单独加以运用，而只能体现于具体方法中。作为最高层次的哲学方法，是关于如何理解和运用各种具体方法的理论。它表现为如何对待和处理主观意识和客观规律关系的基本原则。方法论与世界观是一致的。对世界的根本看法怎样，观察、研究和处理问题的根本方法也就怎样。

【方法误差】(method error) 又称理论误差。由测定方法本身所造成的误差，或是由于测定依据的原理本身不完善而导致的误差。例如，反应不完全或者有副反应、沉淀的溶解等，使用的经验公式不完全和真实情况相符时，实验条件不完全符合建立理论公式所要求的条件、背景或空白值校正不正确等所引起的误差都归入方法误差。

【方解石】(calcite) 化学成分主要为碳酸钙($CaCO_3$)的一种矿物。常含有镁(Mg)、铁(Fe)、锰(Mn)和锌(Zn)。三方晶系。无色或白色，但常因杂质而染成各种颜色。集合体呈晶簇、粒状、鲕状、钟乳状或致密块状。呈玻璃光泽。硬度不高。密度为2.6～2.8g/cm^3。形成于各种地质作用中。在自然界分布极广。为石灰岩、大理岩的主要矿物成分。

方解石

【方里网】(kilometer grid) 又称公里网。按一定的整千米数在一定地形图上绘出的平行于直角坐标轴的纵横网线。制图中规定在1∶10 000、1∶25 000、1∶50 000、1∶100 000和1∶250 000比例尺的地形图上应绘出方里网。其目的是便于在地形图上指示目标、量测距离和方位。

【方位角】(azimuth angle) 量度方向的角度。即从某点的基本方向线北端起,按顺时针方向量至目标方向线的水平夹角。其值范围自0°~360°。通常用真子午线、磁子午线和纵坐标轴方向作为基本方向。以真子午线方向为基本方向的为真方位角;以磁子午线方向为基本方向的为磁方位角;以纵坐标轴方向为基本方向的为坐标方位角。

【方位投影】(azimuthal projection) 以平面为承影面的投影。使一个平面与地球仪相切或相割,以这个平面作承(投)影面,将地球仪上的经纬线投影到这个平面上。按承影面与地球相对位置的不同可分为:正轴方位(投影平面与地球仪相切或相割的切点在极点)投影、横轴方位(投影平面与地球仪相切或相割的切点在赤道)投影和斜轴方位(切点或割点在极点及赤道以外)投影。按透视与否可分为非透视方位投影和透视方位投影。前者按变形性质的不同又可分为:等角方位投影、等距方位投影和等积方位投影;后者按视点位置的不同又可分为:正射投影、外心投影、球面投影和球心投影。

【芳砜纶纤维】(sulfoxide fiber) 芳香族聚砜酰胺纤维。学名为聚苯砜对苯二甲酰胺纤维。由4,4二氨基二苯砜,3,3 二氨基二苯酰和对苯二甲酰氯的缩聚物制成的纤维。可在250℃的温度下长期使用。在250℃和300℃时的强度保持率分别为70%和50%。在350℃的高温下,依然保持38%的强度。在250℃和300℃热空气中处理100h后的强度保持率分别为90%和80%。在沸水中收缩率为3%;在250℃和300℃热空气中热收缩率分别为0.5%~1%和2%;在燃烧时不熔融、不收缩或很少收缩,离火焰自熄,极少有阴燃或余燃现象。芳砜纶具有突出的耐热性、难燃性、高温尺寸稳定性、阻燃性、电绝缘性、抗辐射性、化学稳定性和染色性能。在军工、电力、冶金、化工和航天等领域广泛应用。

【芳纶纤维】(aramid fiber) 一种具有长链状聚酰胺基体结构的高性能纤维。至少85%的酰胺直接键合在两个芳香环上。其拉伸强度、耐热性、阻燃性、耐干热性和耐冲击性能均佳。用于登山绳索、传送带、降落伞和防弹服等。作为聚合物基复合材料的增强材料,可单独或与碳纤维混合使用。主要用于航天飞机、大中型客机、汽车和船舶,替代钢、铝等金属的结构件,减重效果显著。如用于波音757飞机上可减重454kg。军工上可用于火箭壳体、防弹头盔等。其主要缺点是:压缩强度低,易原纤化,不耐日光和其他紫外光,不能用普通方法染色等。

芳纶纤维

【芳香烃】(aromatic hydrocarbons) 又称芳烃。分子中含有苯环结构的碳氢化合物。如苯、萘等。按其结构的不同可分为:(1)单环芳香烃即苯的同系物。(2)稠环芳香烃,如萘、蒽、菲等和多环芳香烃,如联苯、三苯甲烷。(3)非苯芳烃。芳香烃不溶于水。溶于有机溶剂。沸点随分子量的增加而升高。其主要来源是石油和煤焦油。芳香烃在有机化学工业里是最基本的原料。现代用的药物、炸药、染料,绝大多数是由芳香烃合成的。燃料、塑料、橡胶及糖精也用芳香烃为原料。

芳香烃

【芳香油植物资源】(aromatic plant resource) 器官中含有芳香油的一类植物。如柏木、檀香、八角茴香等。芳香油又称精油或挥发油。它与植物油不同,是由萜烯、倍半萜烯、芳香族、脂环族和脂肪族等多种有机化合物组成的混合物,其中萜烯类是最重要的成分。这些挥发性物质大多具发香团,因而具有香味。在一般情况下芳香油比水轻,极少数,如檀香油比水重。不溶于水,能被水蒸气带出。易溶于各种有机溶剂、各种动物油及酒精中,也溶于各种树脂、蜡、火漆及橡胶中。在常温下,大多呈易流动的透明液体。芳香油在化学上可分为含氮含硫化合物、芳香族化合物、脂肪族的直链化合物和萜类化合物四大类。中国芳香植物种类很多,在种子植物中有60多个科170余个属,例如松科、樟科、菊科等。天然香料产品可分为粗制原油和精制油、浓缩油、酊剂和浸剂、香树脂、浸膏和净油、油树脂、香膏、香脂和花水等。

【芳香织物】(aroma fabric) 具有散发和保留香味的纺织制品。有清凉、通窍、散郁、醒神、解除精神紧张等保健功效。纤维中加入含有香料的微胶囊,随着衣物的磨损而逐渐破裂,释放出香味。可以制出包括玫瑰香型、新生婴儿的体香、清新的巧克力香等多种香味。芳香织物用于衬衫、领带、太空棉、床单、被褥、填充纤维、枕头和装饰织物等。

【防X射线玻璃】(X-ray protective glass) 能吸收X射线辐射，为生物体提供X射线保护的玻璃。含有铅和钡等重金属。防X射线玻璃强度较低且不能增强，因此在生产、运输、储存、安装和使用时应小心。

防X射线眼镜

【防X射线纤维】(anti-x-ray radiation fiber) 对X射线具有防护功能的纤维。利用聚丙烯和固体X射线屏蔽剂材料复合制成。其线密度在2.2dtex以上。断裂强度可达20～30cN/tex。断裂伸长率约为25%～45%。由其制成的具有一定厚度的非织造布，定重在600g/m²时，对中、低能X射线的屏蔽率可达70%以上。可以通过调节织物的厚度或增加其层数来提高防护服的屏蔽率。

【防爆电机】(explosion-proof motor) 结构上能够防止气体爆炸的电机。按其危险程度的不同可分为三级。爆炸性混合物，按其自燃温度高低分为五组；按其试验最大不传爆间隙的大小又可分为四级。各类防爆电机均按适用场所中存在爆炸性混合物的组别与级别进行设计与制造，并在产品上标明。根据电机的安装场所、电压等级以及有无集电环或整流子等条件选取防爆结构。电机的防爆结构有隔爆型、增安型、正压型和无火花型四种。适用于石油、化工、煤矿等有爆炸危险的场所和具有爆炸性气体或蒸气与空气的混合物的危险场所。

防爆电机

【防爆电气设备】(electrical apparatus for explosive atmospheres) 按规定条件设计生产而不会引起周围爆炸性混合物爆炸的电气设备。按防爆形式的不同可分为：(1)隔爆型设备。具有能承受内部爆炸性混合物的爆炸压力并阻止其向周围爆炸性混合物传爆的外壳电气设备。(2)增安型设备。在正常运行条件下，不会产生点燃爆炸性混合物的火花或危险温度，并在结构上采取措施，提高其安全程度。(3)本质安全型设备。在正常运行情况下或标准试验条件下所产生的火花或热效应，均不能点燃爆炸性混合物。(4)通风充气型或正压型设备。具有保护外壳，且壳内充有保护气体，其压力保持高于周围爆炸性混合物气体的压力，以避免外部爆炸性混合物进入外壳内部。(5)充油型设备。全部或某些带电部件浸在油中，使之不能点燃油面以上或外壳周围的爆炸性混合物。(6)充砂型设备外壳。内充填细颗粒材料，在规定使用条件下，外壳内产生的电弧、火焰传播，壳壁或颗粒材料表面的过热温度，均不能点燃周围的爆炸性混合物。(7)防爆特殊型。(8)粉尘防爆型设备。其外壳表面光滑、无裂缝、无凹坑或沟槽，并且有足够的强度，可以防止爆炸性粉尘进入设备内部。(9)无火花型设备。是在正常运行时，不会出现火花、电弧和高温表面的电气设备。

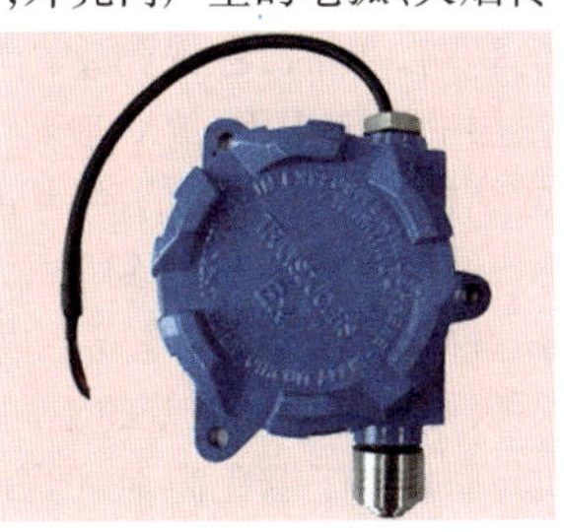
防爆外壳

【防爆合格证】(conformity of certificate protection) 由国家认可的检验机构所颁发的用以证明样机或试样及其技术文件符合有关标准中的一种或几种防爆型式要求的证件。防爆合格证的内容有：防爆电气设备的具体名称、型号、规格、可代表产品、防爆标志、产品的用途、检验依据的标准、授予单位名称、检验单位名称及公章、颁发年月日及有效期、合格证编号等。防爆合格证的编号由七位数字组成，第一位数字表示检验单位代号；第二、三位数字表示合格证颁发年份的末两位数字；第四位数字表示防爆类型代号，矿用一般型为“0”、隔爆型为“2”、增安型为“3”、本质安全型为“4”；第五、六、七位数字表示合格证的顺序号。

【防爆防火墙】(explosion proof and fire wall) 又称防爆密闭。在瓦斯较大的地区封闭火区时，为防止火灾内部发生瓦斯爆炸而摧毁防火墙，用具有耐爆性的材料如砂(土)袋，砂带或石膏等建造的防火墙。构筑砂袋或石膏防爆防火墙时，除了要安设采样检测管之外，还应安设放水管和通过筒。通过筒由钢板卷制而成，直径为800mm。通过筒的作用是：(1)在封闭火区期间保持送风稀释火区内部瓦斯。(2)在封闭之后与火灾熄灭过程中，可派救护队员由此进入火区侦察火情。通过筒里端装有从外端操纵的密闭盖，可根据需要而启闭。

【防潮层】(moisture barrier) 在基础墙顶部铺设的材料层。目的是为了防止土壤中的水分沿基础上升，影响墙身，以提高建筑物的耐久性、巩固性和保持室内干燥。分水平防潮和垂直防潮两种。（1）水平防潮是对建筑物内外墙体设水平方向的防潮层以隔绝地潮等对墙身的影响。根据材料的不同可分为油毡防潮层、防水砂浆防潮层、配筋细石防潮层和混凝土防潮层等。水平防潮层应设置在距室外地面 150mm 以上的勒脚砌体中，以防止地表水反渗的影响。同时，考虑到室内实铺地坪层以下填土或垫层的毛细作用，故一般将水平防潮层设置在地坪的结构层厚度之间的砖缝处，常以标高 -0.06m 表示，使其更有效地起到防潮作用。（2）垂直防潮是在室内地坪出现高差或室内地坪低于室外地面时，不仅要求按地坪高差的不同在墙身设两道水平防潮层，而且为了避免高地坪房间填土中的潮气侵入墙身，而对有高差部分的垂直墙面，采用垂直防潮措施。

【防冲槽】（anti-scour trench） 为防冲刷破坏，在泄水建筑物下游海漫末端设置的堆石棱形槽。其末端的水流流速往往仍大于河床的抗冲流速。可能引起局部冲刷，造成海漫甚至护坦的坍陷破坏，影响建筑物的安全。为此，常在海漫末端挖槽，堆放块石，形成防冲槽。块石直径一般用0.3~0.5m。当河床遭受冲刷时，随着冲刷坑的发展，槽中块石向下滚动，坍落在临近建筑物一侧的冲坑坡面上，发挥盖护作用，限制冲刷坑继续向建筑物方向伸展，从而使海漫的安全得到保证。中国许多工程采用宽浅式梯形防冲槽，槽深一般采用 2~3 m，底部宽度可取其深度的 2~3 倍，上游边坡 1:2~1:3，下游边坡 1:3。对于特别重要的设置在粉细砂地基上的防冲槽，槽底宜铺设柴排，减小槽深，使槽宽等于冲刷深度的2~3倍，更有效地保护冲坑边坡，保证海漫的稳定。

【防冲墙】（anti-scour wall） 设于闸坝基底或护坦末端防止水流淘刷的垂直墙形防冲设施。有齿墙、板桩墙、沉井等结构形式。由于墙底伸到泄水建筑物下游最大冲刷深度以下 0.5 ~1.0m，即使下游河床产生局部冲刷，也不致危及建筑物的安全，墙后可不再采取其他防冲护砌措施。与水平防冲护砌工程比较，防冲墙施工较困难，工程量较大，但在有些情况下，必须采用防冲墙：（1）在河床砂质较粗的山溪性河道上，泄水建筑物下游消力池很容易淤塞或磨损，常采用抗冲耐磨材料修筑斜坡护坦，并在护坦末端修建防冲墙。（2）当河床为抗冲能力很差的粉细砂时，冲刷深度很大，柔性防冲槽不足以保证安全，采用刚性的井柱或沉井等作为防冲设施则较为可靠。（3）对于采用面流消能的泄水建筑物，当地基较差时，在底板或护坦末端设置沉井基础，兼作防冲墙之用，可省去其他消能防冲措施。防冲墙承受较大的侧向土压力与渗透水压力，多用钢筋混凝土建造。在设计时需进行强度与稳定验算。当防冲墙位于海漫末端时，也可采用锚着式板桩结构。

防冲墙施工

【防弹玻璃】（bullet-resisting glass） 具有防弹功能的特殊夹层玻璃。具有抵御枪弹射击而不发生穿透破坏的功能，可最大限度地保护室内物品及人身安全。防弹玻璃一般采用多片强化玻璃和塑料胶片层合而成。通常是三层结构。防弹玻璃一般用作前沿观察所、银行、珠宝店及重要部门的门窗玻璃。

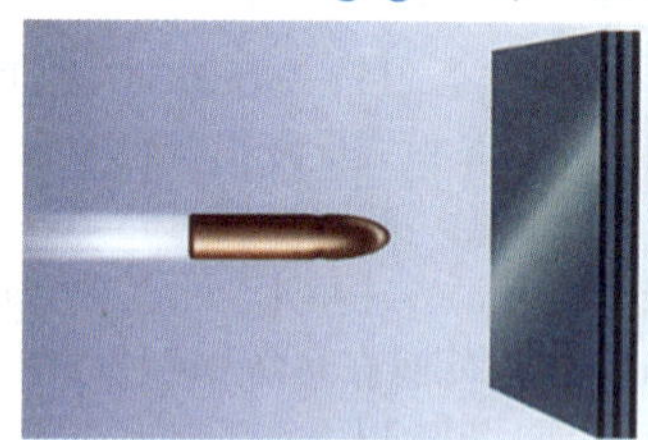

防弹玻璃

【防弹服】（bullet-proof vest） 使人体躯干免受弹丸或弹片伤害的单兵防护军服。多呈背心状。由防弹层和衣套制成。衣套常用化纤织物制作，起覆盖和保护防弹层的作用。军人单兵穿着，能减少战地死亡率和负伤率。防弹层用金属、玻璃钢、陶瓷、尼龙、凯夫拉、超高分子质量聚乙烯、PBO 等硬质和软质材料单一或复合制作。能使弹头、弹片弹开，并具有消释冲击功能，对人体胸、腹部有良好的防护作用。防弹层的厚度和铺层方法要根据不同使用对象确定，以保持防护性能与穿着舒适之间的最佳平衡。

防弹服

【防冻混凝土】（antifreezing concrete） 掺有化学外加剂与矿物掺和料，抗冻等级等于或大于 F50 级的混凝土。随着市政工程对水泥混凝土材料的强度及质量要求的提高，混凝土中越来越多地使用“双掺技术”，即在混凝土中掺用化学外加剂与矿物掺和料来改善拌和物的工作性能，提高混凝土的力学指标和耐久性。在冬季施工期间，如果拌和物中的液态水在水化作用还未充分进行时即受冻结冰，水泥的水化作用就基本停止，强度不再增长。当水变成冰后，体积增大，同时产生约250MPa的冰胀应力。这个应力值常常大于水泥石内部形成的初期强度值，使混凝土受到早期受冻损坏而降低强度。冬季施工要保持混凝土的正常强度，就须在混凝土冻结前加速水泥的水化作用，使混凝土获得不遭受冻害的临界强度，冬季混凝土施工使用的外加剂通常有三种：临界强度引气型外加剂、早强型外加剂和防冻剂。引气剂如松香酸钠、烷基磺酸钠和脂肪醇等是在混凝土中引入大量均匀封闭的微小气泡，改善混凝土的和易性，提高混凝土的抗冻性及耐久性。早强剂如氯化钙、氯化钠等目的是提高混凝土的早期强度，降低水泥用量，缩短养护时间。防冻剂如氯化钙、氯化钠等可降低混凝土的冻结温度，促进混凝土在零度以下强度的增长。

【防毒面具】(protective mask) 保护呼吸器官、眼睛和面部免受毒剂、生物战剂和放射性灰尘等伤害的个人防护器材。按防护原理的不同可分为过滤式防毒面具和隔绝式防毒面具两大类。前者采用过滤吸收原理，通过滤毒罐净化人员所处环境中的受染空气，供人呼吸。后者是依靠面具本身携带的空气或氧气满足人员呼吸的需要。应用这两类面具的防护原理，结合不同的使用要求，又制成伤员面具、坦克乘员面具、防火箭推进剂面具、军马用面具等特种防毒面具。防毒面具按使用对象不同可分为军用面具、民用面具两类。军用防毒面具是按各军种、兵种的使用需要设计的，有较优良的技术性能；民用防毒面具是人民群众用于防毒剂、生物战剂和放射性灰尘的面具，其性能略低于军用面具。另外还有工业、农业、消防、交通等部门用以防护特定有害物质的面具，其型号和品种较多。

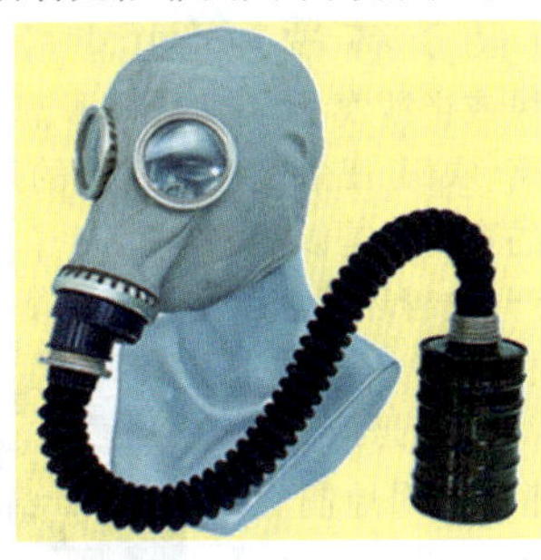
防毒面具

【防毒衣】(chemical protective clothing) 又称防毒服。防止毒剂、生物战剂、放射性灰尘等接触皮肤引起伤害的个人防护器材。通常与防毒手套、防毒靴套和防毒面具配套使用。防毒衣通常分为隔绝式和透气式两类。隔绝式防毒衣是由不透气的丁基胶布或高分子薄膜及其复合物等材料制成，有较好的防护性能，可阻止液滴状毒剂的渗透和蒸气状毒剂的扩散透过，并可阻挡生物战剂和放射性灰尘的透入；但也阻止了空气和水汽的通过，造成人体排汗和散热的困难，不能长时间穿着，在环境温度为30℃以上时，允许穿着时间为15～20min。主要供在严重染毒区或沾染区内工作的人员使用。透气式防毒服是由含炭织物或浸有氯酰胺等活性物质的特殊透气材料制成，能过滤和阻挡有害物质，而空气和水汽等能自由通过。用于对雾滴状和蒸气状毒剂、生物战剂和放射性灰尘的防护，有的还可减轻核爆炸光辐射的杀伤程度，有较好的透气散热性能，可较长时间穿着，主要供合成军队使用。

防毒衣

【防风固沙林】(forest for protecting wind and sand) 以降低风速，防止或减缓风蚀，固定沙地，保护农田、果园、经济作物、牧场免受风沙侵袭为主要目的的森林或林带。包括防沙林和固沙林。对于固沙林的树种有如下要求：(1)根系伸展广，根蘖性强，能笼络地表沙粒，固定流沙，如梭梭、沙拐枣等。(2)耐风吹露根及沙埋，如沙柳、沙蒿等，有生长不定根的能力，耐沙割。(3)落叶丰富，能改良土壤；耐干旱、耐贫瘠、耐地表高温，如花棒、樟子松，耐沙洼地的水湿及盐碱，如胡杨、柽柳等。

【防辐射纤维】(anti-radiation fiber) 具有防辐射功能的纤维。有两种类型：一种是纤维本身即耐辐射，称为耐辐射纤维；另一种是复合型防辐射纤维，即通过在纤维中添加其他化合物或元素使之具有耐辐射的性能。造成伤害的辐射源多种多样。辐射源所产生射线的能级也各不相同。抵抗这些射线辐射的材料也随之变化。已开发成功并获得应用的防辐射纤维主要有：抗紫外线纤维、防微波辐射纤维、防X射线纤维和防中子辐射纤维。

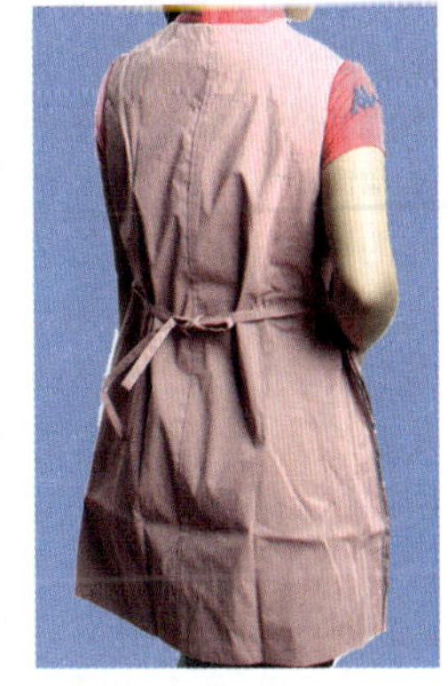
防辐射纤维

【防腐剂】(antiseptic) 抑制物质腐败的药剂。能在不同情况下抑制最易发生的腐败作用，特别是在一般灭菌作用不充分时仍具有持续性的效果。

对纤维和木材的防腐用矿油、煤焦油、丹宁,对生物标本用甲醛、升汞、甲苯、对羟基苯甲酸丁酯、硝基糠腙衍生物或香脂类树脂。在食品中使用防腐剂受到限制,因此多靠干燥、腌制等一些物理的方法。特殊的防腐剂有乙酸等有机酸、以油酸脂为成分的植物油、芥子等特殊的精油成分。对于生物体的局部,可以根据具体条件采用各种防腐剂。食品防腐剂能抑制微生物活动,防止食品腐败变质,从而延长食品的保质期。适量添加防腐剂可以起到防腐保鲜作用;过量防腐剂则会对人体造成一定不利影响。在生产实践中,应该严格按国家的有关规定添加防腐剂。中国规定使用的防腐剂主要有:苯甲酸、苯甲酸钠、山梨酸、山梨酸钾和丙酸钙等。

【防洪标准】(flood control standard) 防洪保护对象要求达到的防御洪水的指标。通常以某一重现期的设计洪水为防洪标准,也有一些地方以某一实际洪水(或将其放大)作为防洪标准。在一般情况下,当实际发生不大于防洪标准的洪水时,通过防洪工程的正确运用,能保证工程本身或防洪对象的防洪安全。中国对已建防洪工程的防洪标准按国家标准 GB50201－94《防洪标准》执行。对保护对象的防洪安全,具体体现为防洪控制点的最高水位不高于防汛保证水位,或流量不大于河道安全泄量。

【防洪调度】(flood control operation) 运用防洪系统的各项工程及非工程措施,有计划地控制调节洪水的工作。其基本任务是力争最有效地发挥防洪工程或防洪系统的作用,尽可能减免洪水灾害。在有综合利用任务的防洪工程或防洪系统中,防洪调度需要结合考虑发挥最大综合效益的要求。对于多沙河流,防洪调度还需结合考虑防淤、冲沙、排沙等要求。防洪调度工程有堤防工程、分滞、蓄洪工程、水库工程和防洪系统中各类工程措施。其中水库防洪调度和防洪工程联合调度比较复杂,是当前防洪调度研究的重点。其发展趋势是:(1)推广防洪优化调度。对于防洪系统及大型防洪工程,在现行时历法调度的基础上,进一步推广应用随机时间序列理论,模拟出足够长的日流量连续系列,应用系统分析方法,制定防洪优化调度数学模型;对于中小型防洪工程,发展简易、适用的防洪优化调度通用数学模型。(2)强化防洪预报调度。增长洪水预报预见期,提高中短期预报精度和准确率,以及长期定性预报的可靠程度。在此基础上,进一步研究防洪预报调度,以及防洪预报与优化理论相结合的防洪调度理论和方法。(3)推广应用计算机技术。加速防洪调度应用软件的开发,推广适合防洪调度应用的软件包。

【防护林】(protection forest) 具有改善生态环境和人们生产、生活条件等功能的天然林和人工林。《中华人民共和国森林法》将森林划分为五大林种,即用材林、防护林、经济林、特用经济林、薪炭林。其中防护林,包括水源涵养林、水土保持林、防风固沙林、农田防护林、沿海防护林、牧场防护林、护岸林、护路林等二级林种。在实际工作中,其下又划分了三级林种,如水土保持林中划分了固坡林、沟道防护林等。防护林林种的划分可根据其防护对象、防治主要灾害及其经营目的来进行。从 1950 年起,中国在东北西部、内蒙古东部开展防护林建设。同时,在河北西部一些河流的两岸,河南东部的黄河故道,陕西北部榆林沙荒地和辽宁、山东、福建、广东等沿海沙地以及新疆等地进行了大规模的防护林建设。在 20 世纪 70 年代末,中国开始兴建具有国家规模的“三北”防护林工程。已建成的防护林对保持水土、防沙固沙、涵养水源、调节气候、减少污染和改善当地生产、生活条件起了巨大的作用。

防护林

【防护林带】(forest shelter belt) 干旱多风或半沙漠地区或是在海潮、风暴危害的沿海或铁路、农田、工业区等地营造的延长一定距离且成带状的森林。是以防御自然灾害、维护基础设施、保护生产、改善环境和维持生态平衡等为主要目的的带状森林群落。营造防护林林带时必须根据“因地制宜,因需设防”的原则。具体技术要求是:(1)宜选择生长稳定、长寿、抗性强的树种,以优良的乡土树种为宜。根据当地条件,营造乔灌木混交型、阴阳树种混交型等类型的混交林。(2)根据防护目的和地貌类型,配置防护林带。水源林和水土保护林配置成片状、带状或块状,构成完整的水土保护林体系。(3)防护林带只能进行择伐,清除病腐木,并须及时更新。

防护林带

【防护林经营】(management of ptotection forest) 培育防护林各项技术措施和人工作业的统称。包括从幼林直至主伐更新的全部生长发育过程所采取的系列定向培育技术。旨在实现防护林的高效、持续和稳定。其经营阶段分为:(1)成熟前期,即从幼林到防护林成熟到来之前。(2)防护林成熟期,即防护林成熟状态持续的时期。(3)更新期,即林木接近自然成熟开始更新直到更新结束的时期。这三个经营阶段的培育措施是:(1)在成熟前期,以除草、松土、灌溉、施肥、间作、定株、修枝为基本内容的幼林抚育技术,以及其他有利于林分正常生长、发育或尽快进入防护成熟状态的技术措施。(2)在防护林成熟期,以卫生伐和抚育伐为主要内容的抚育间伐技术、修枝技术以及其他有利于保持林分组成、结构处于最佳状态的技术措施。(3)在更新期,以择伐和渐伐为主要方式的主伐技术及与之相应的天然更新、人工促进天然更新和人工更新等更新技术,以及其他有利于林分更新并尽量维持防护效益不间断或不减弱的主伐更新方式。防护林是以森林生态功能即防护效益为基本目标的森林类型。按保护对象和防护目的的不同又可将其分为若干个二级林种,如水源涵养林、水土保持林、农田防护林、防风固沙林、海防林、护路林、护岸林等。低价值防护林改造也是防护林经营的重要内容。按林木生长发育状况、保存密度、郁闭度和林木分布均匀程度的不同可分为抚育型、改造型、重造型和封禁培育型,并施以相应的改造措施。此外,防护林病虫害防治、防火、林地保护与管理、林产品加工利用也在广义的防护林经营范畴之内。

【防护林体系】(protection forest system) 由不同结构的多级防护林林种所组成的防护林有机整体。防护林工程所针对的主要灾害种类是黑风暴、沙尘暴、强风、土地荒漠化、水土流失及与其相关的旱灾、洪水、滑塌、泥石流、土壤盐渍化及水域的边岸侵蚀等。防护林体系对当地特定的自然灾害发挥着生态防护功能。生态经济型防护林体系是区域或流域生态系统的主体和有机组成部分。在该生态系统的总体生态经济目标下,以优化土地利用为基础,以发挥当地水土资源、气候资源和生物资源的生产潜力为依据,以防护林为主,用材林、经济林、薪炭林、特用林科学布局,实行各林种、树种的合理配置与有机组合,充分发挥多林种、多树种生物群体的多种功能与效益,是一种功能完善、生物学稳定、生态经济高效的防护林体系建设模式。防护林虽是第一位的,却不是唯一的。在区域或流域范围内,通过体系的科学配置,使拥有多种功能和效益的林木群体(林种)有机结合,形成区域的整体生态屏障。在体系内各林种的配置上,应突破单一模式,使农、林、牧相结合,形成拥有巨大生态经济潜力的农、林、牧复合生态系统,并采用多种育林营林方式,实行多种营林植物材料(乔、灌、草)相结合。

【防护频带】(guard hand) 为避免相邻的两个通信信道产生干扰,而在间保留的不使用的频率区域。在选择载频时,既应考虑到边带频谱的宽度,还应留有一定的防护频带,以防止邻路信号间相互干扰。邻路间隔防护频带越大,对边带滤波器的技术要求越低。但同时占用的总频带要加宽,这对提高信道复用率不利。目前,国际电报电话咨询委员会(CCITT)的标准规定,防护频带间隔应为900Hz。

【防火玻璃】(fire proof glass) 透明且能阻挡和控制热辐射、烟雾及火焰蔓延的玻璃。能有效地限制玻璃表面的热传递,在受热后变得不透明,使居民在着火时看不见火焰、感觉不到温度升高产生的热浪,避免了撤离现场时的惊慌。具有一定的抗热冲击强度。在800℃左右仍有保护作用。主要有夹层玻璃、夹丝(网)玻璃、薄涂型防火玻璃和玻璃空心砖等几大类。

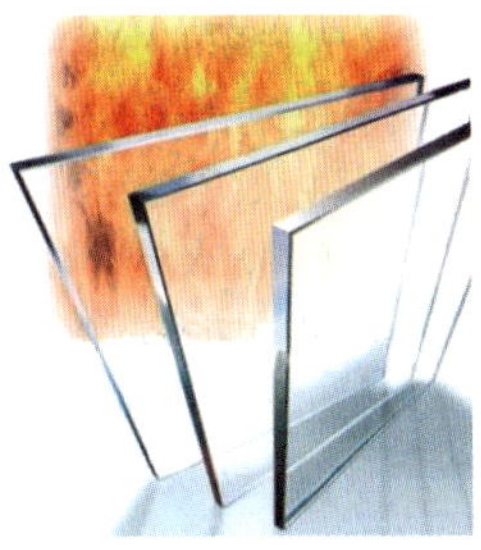
防火玻璃

【防火阀】(fire valve) 安装在通风、空调系统的送、回风管路上,平时呈开启状态,火灾时当管道内气体温度达到70℃时,易熔片熔断,阀门在扭簧力作用下自动关闭,在一定时间内能满足耐火稳定性和耐火完整性要求,起隔烟阻火作用的阀门。其工作原理是:凭借易熔合金的温度控制,利用重力作用和弹簧机构的作用关闭阀门。当火灾发生时,火焰入侵风道,高温使阀门上的易熔合金熔解,或使记忆合金产生形变使阀门自动关闭。用于风道与防火分区贯穿的场合。

防火阀

【防火分隔设施】(fire compartmentation equipment) 在一定时间内能把火势控制在一定空间内,阻止其蔓延扩大的一系列分隔设施。建筑物的防火分隔设施包括水平方向分隔设施和竖直方向分隔设施两部分。水平方向防火分隔设施主要是防火墙、甲级防火门、防火窗、防火卷帘和防火水幕等;垂直方向防火分隔设施主要是耐火楼板、上下楼层

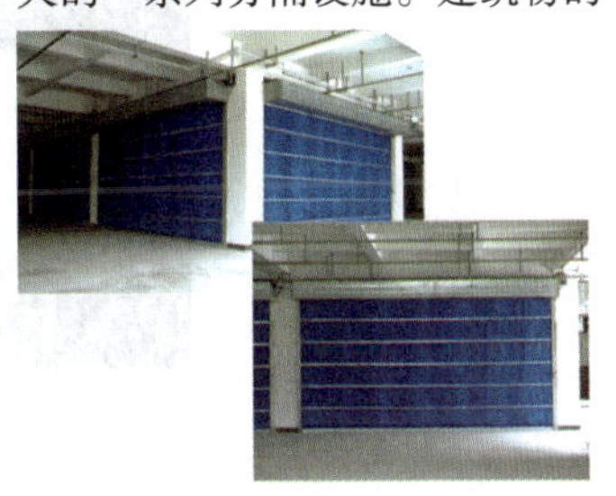
防火分隔设施

之间的窗间墙、封闭和防烟楼梯间等。防火分隔设施可以防止火势迅速蔓延扩大,为火灾扑救、人员安全疏散创造可靠条件,保护贵重设备、物品,减少损失。

【防火分区】(fire compartment) 采用具有一定耐火性能的分隔构件划分的,能在一定时间内防止火灾向同一建筑物的其他部位蔓延的局部区域。按其防止火灾向外扩大蔓延功能的不同可分为:(1)竖向防火分区。用耐火性能较好的楼板及窗间墙(含窗下墙),在建筑物的垂直方向对每个楼层进行的防火分隔,以防止多层或高层建筑物层与层之间竖向发生火灾蔓延。(2)水平防火分区。用防火墙或防火门、防火卷帘等防火分隔物将各楼层在水平方向分隔出的防火区域,以防止火灾在水平方向扩大蔓延。在建筑物内采取划分防火分区措施,可以在建筑物一旦发生火灾时,有效地把火势控制在一定的范围内,减少火灾损失,同时可以为人员安全疏散、消防扑救提供有利条件。

【防火技术】(fire protection technique) 预防和减少火灾发生所采取技术措施的总和。按防火场合的不同可分为:电气防火技术、建筑防火技术、化工防火技术、生产工艺防火技术、森林防火技术、交通运输防火技术、仓库防火技术、草原防火技术和煤矿防火技术等。燃烧必须是可燃物、助燃物和着火源三个基本条件相互作用才能发生的。防火技术的基本措施就是破坏燃烧的条件,防止燃烧基本条件的同时存在或者避免它们的相互作用。在一般情况下,防火技术的基本措施主要有:消除着火源、控制可燃物、隔离空气等。

【防火剂】(fire-retarding agent) 又称耐火剂、阻燃剂。能保护塑料制品、纺织品、木材等使之不燃烧或能阻滞火焰蔓延的物质。防火剂是通过如吸热作用、覆盖作用、抑制链反应、不燃气体的窒息作用等发挥其阻燃作用的。多数阻燃剂通过若干机理共同作用达到阻燃目的。按其化学成分的不同可分为:(1)无机盐类防火剂。(2)有机防火剂。(3)有机无机混合防火剂。无机盐类防火剂主要有氢氧化铝、氢氧化镁、磷酸一铵、磷酸二铵、氯化铵、硼酸、硼砂、水玻璃等;有机防火剂主要的产品有卤系、磷酸酯、卤代磷酸酯等,如氯化石蜡、氯化橡胶、聚氯乙烯、含磷树脂、六溴苯、十溴联苯、含磷的醇类、二聚的六氯环戊二烯和六溴环十二烷等;有机、无机混合防火剂,主要用非水溶性的有机磷酸酯的水乳液,部分代替无机盐类防火剂。广泛用于化学建材、电子电气、交通运输、航天航空、日用家具、室内装饰、油田和森林灭火等领域。

防火剂

【防火间距】(fire protection distance) 为了防止建筑物间的火势蔓延,在各幢建筑物之间留出的一定安全距离。一幢建筑物起火,其相邻建筑物在热辐射的作用下,在一定时间内没有任何保护措施情况下,也不会起火的最小安全距离。影响防火间距的因素很多,如辐射热、风向、风速、外墙上材料的燃烧性能及开口面积大小、室内的可燃物种类及数量、相邻建筑物的高度、室内消防设施情况、着火时的气温和湿度、消防车到达的时间及扑救情况等。设置防火间距能够防止火灾在相邻建筑物之间的相互蔓延,为人员疏散、消防人员的救援和灭火提供条件,减少火灾建筑对临近建筑及居民强辐射热和烟气的影响。

【防火林带】(fire-resistant forest belt) 森林防火体系建设中林火阻隔网络的组成部分。按其功能的不同可分为主林带和副林带。主林带为火灾控制带,副林带为小区分割带。按经营类型的不同可分为培育提高型、改建型和新建型。按设置位置的不同可分为山脊林带、山脚田边林带、林内林带、林缘林带、道路林带、居民点周围林带、溪渠林带等。中国防火林带可供选择的树种有:(1)北方林区的乔木有水曲柳、柳树、椴树、榆树、稠李、落叶松等。(2)南方林区的乔木有木荷、冬青、山白果、火力楠、大叶相思、栓皮栎、珊瑚、羹树、茴香树、苦槠、米槠、构树、青栲、红楠,竹柏等。可作防火林带灌木的有油茶、鸭脚木、九节木和茶树等。

防火林带

【防火门】(fire door) 具有一定耐火性能的防火建筑构件。有木质和钢质两种。由耐燃烧体和非燃烧体制作而成。在一定时间内能满足耐火稳定性、完整性和隔热性的要求。是一种既能保证通行又可分隔不同防火分区的建筑构件。除具有普通门的作用外,还具有阻止火势

防火门

蔓延和烟气扩散的作用,确保人员疏散。中国将防火门分为甲、乙、丙三级。其耐火极限分别不低于1.2h、0.9h和0.6h。

【防火墙】(fire wall) 在通信网络中置于内部网与外部网之间,保护内部网不被外部未授权的用户访问,并提供从内部网到外部网安全连接的一种网络设备。是一种建立在现代网络通信技术和信息安全技术基础上的信息安全隔离技术。是在两个网络通信时执行的一种准入性访问控制,是不同网络之间信息的唯一通路。其特点与功能是:(1)能根据预先制定的安全策略控制进出网络的信息流。(2)具有日志功能,可提供网络使用情况的相关数据,对网络访问进行审计,提高网络的安全性。(3)支持具有互联网服务特性的企业内部虚拟专用网,将企事业单位分布在全世界各地的局域网或专用子网,有机地连成整体,节省了专用通信线路,实现了信息资源共享。

【防火涂料】(fire retardant coating) 一种不燃或阻燃的建筑结构防护材料。涂覆在物体表面,能起到隔离火焰,推迟可燃基材着火时间,延缓火焰在物体表面传播速度或推迟结构破坏的作用。可延缓建筑结构在火灾中发生屈服变形乃至垮塌的时间。其本身的绝缘隔热性能或在火焰中发泡形成蜂窝碳化层,能阻隔或消耗传向结构基材的热量,提高结构件的耐火时间。具有阻燃、防锈、防水、防腐、耐磨、耐热以及涂层坚韧性、着色性、黏附性、易干性和一定的光泽等性能。在工业建筑、交通运输机具、土木建筑等领域广泛应用。

【防空】(air defence) 对抗来自天空或外层空间的敌方来袭武器的各种措施和行动的统称。分为主动防空和被动防空。前者是用防空兵器抗击或消灭来袭之敌;后者是采取加固、分散、隐蔽等措施,使己方的装备、人员、重要的军事及民用设施免遭敌空袭或在空袭中免遭破坏。按其任务的不同可分为:主动防空又分为国土防空、野战防空和海上防空等。国土防空是保卫国家领土、领空和重要目标安全的防空。野战防空是野战部队抗击来自空中威胁所采取的战斗行动和措施。海上防空是海军为抗击敌人空袭、掩护海上和驻泊点的海军兵力及岸上目标免遭空袭而采取的措施和战斗行动。

【防空兵侦察】(air defense forces reconnaissance) 防空兵为获取作战所需情报而进行的侦察。防空兵指挥员下定决心、指挥作战的重要保障。由防空兵指挥员、司令部组织专业侦察分队实施,并与其他军兵种的侦察密切协同。按任务的不同分为对空中目标侦察、对地面和水面目标侦察、对地形侦察以及气象探测、测地保障;按侦察手段的不同分为预警机侦察、雷达侦察、对空观察和侦察组侦察。防空兵侦察的基本任务是:(1)发现和识别空中目标,组织与实施空情报知,为防空兵部队、分队指示目标。(2)了解敌方机场位置、航空母舰活动海域、使用的机型和攻击方法。(3)判明敌方实施电子干扰的情况。(4)了解敌方地面和水面部队及其活动情况。(5)查明行动地域内的地形、道路情况;选择己方防空兵部队、分队战斗队形的配置位置。(6)了解和观察己方航空兵和地面部队的行动情况;组织气象探测和测地保障。防空兵获取所需情报的手段有:(1)预警机侦察。主要是提供远方空情,通常由防空兵司令部组织。(2)雷达侦察。是防空兵侦察的基本手段,分别由防空兵司令部组织预警雷达,由战区或防区防空兵指挥所组织对空侦察雷达和炮瞄雷达,构成雷达侦察网实施对空侦察。(3)对空观察哨观察。是获取低空情况的重要手段,通常由防空兵部队指挥所统一指派一定数量的对空观察哨,组成对空观察哨网实施对空侦察。(4)指挥所观察和阵地观察。可以直接发现空中、地面目标,由防空兵各级指挥所和战斗分队组织实施,构成圆周的有重点的对空观察网。(5)侦察组侦察。主要是对地形侦察,包括对阵地、道路、宿营地和装载、卸载地域等的侦察,通常在防空兵部队、分队受领作战任务后实施。对空观察哨和阵地观察员还担任对地面、水面目标观察,并与被掩护部队、友邻部队保持密切联系,以便及时掌握地面、水面目标的活动情况。此外,气象探测通常由防空兵建制的气象分队实施,并与航空兵和地方气象台、站密切配合,取得他们的支援。测地保障通常由防空兵各级建制的指挥连、排的人员用器材测量或用步测、目测等方法完成。

【防空导弹】(ground-to-air missile) 利用精确制导技术对敌方来袭飞机、导弹实施拦截的导弹。现代防空导弹已朝两个方向发展:(1)防空导弹在保持全空域配套的情况下,将以低空防御为主。这主要因为现代空袭多以低空、超低空为主要突防手段,从而带动了低空、超低空防空导弹的发展。其中比较先进的有俄罗斯的SA-15、SA-16,美国"尾刺",英国的"长剑-2000"、"标枪"等。(2)防

防空导弹

空导弹向全空域、高性能、多功能导弹系统发展，用于同时引导数枚导弹迎击不同方向来袭的数个目标。具有代表性的是美国的“爱国者”和俄罗斯的SA-12防空导弹。这种导弹体系的制导站采用相控阵雷达，在计算机控制下通过对波束快速换档，完成搜索、探测、跟踪、识别和制导的全部任务。雷达作用距离达160km，一个战斗单位可同时对付多批不同方向来袭的目标。

【防空导弹武器系统】(anti-aircraft missile armament system) 用来拦截空中目标的导弹武器系统。其中地空导弹武器系统和舰空导弹武器系统是两种最重要的系统。防空导弹可拦截包括攻击机、武装直升机、无人驾驶飞机、巡航导弹、空地导弹、反辐射导弹和战术弹道导弹在内的多种空中目标。按作战用途的不同可分为国土防空导弹武器系统、野战防空导弹武器系统和舰艇防空导弹武器系统；按发射位置的不同可分为地空导弹、舰空导弹和空空导弹武器系统；按作战空域的不同可分为远程、中程、近程和短程防空导弹武器系统及全空域、高空远程、中高空中远程、高空、中高空、中低空和低空超低空等防空导弹武器系统；按导弹制导方式的不同可分为指令制导、驾驭制导、寻的制导和复合制导防空导弹武器系统；按其制导系统所用电磁波的波段的不同可分为雷达制导、毫米波制导、红外制导、可见光制导、紫外制导和激光制导防空导弹武器系统。

【防浪墙】(wave resistance wall) 为防止波浪翻越坝顶而设置在坝顶上游侧的挡水墙。设置稳定、坚固和不透水的防浪墙，可以起到安全超高的作用，适当降低坝顶的高程，可以节省坝体工程量。其高度一般为1.2m，以能维护行人安全又不影响人的视线为宜。土石坝防浪墙可采用混凝土、钢筋混凝土、预制钢筋混凝土立柱加预制混凝土板以及浆砌石块等结构。混凝土坝的防浪墙多采用与坝体连成整体的钢筋混凝土结构。

防浪墙

【防雷达伪装】(antiradar camouflage) 为增加敌方雷达发现和识别目标的难度或使之产生错觉而进行的伪装。其原理是利用目标对电磁波反射、折射、散射的特性和雷达分辨力有限及电磁波穿透力弱的特点，采取减弱、模仿目标回波或增强背景回波等措施来达到伪装的目的。主要方法有：将目标配置在地形、地物形成的雷达盲区，或配置在有利于伪装的地形、地物附近，使目标与地物的距离小于雷达的距离分辨力；使用制式或就便伪装器材设置防雷达隔绝遮障、干扰遮障和均衡遮障等，以隐蔽目标或使对方雷达造成错觉；在目标表面覆盖或涂敷吸收型、干涉型、谐振型、等离子体型或复合型微波吸收材料，使对方雷达反射回波变得极其微弱，因而不能发现目标或缩短发现目标的距离；目标采用雷达截面积小的外形和结构；使用角反射器、箔条、龙伯透镜反射器等制造假目标，以欺骗敌雷达；使用防雷达烟幕隐蔽目标等。

【防凌】(ice flood protection) 根据江河冰凌生消演变及其运动规律，采取措施，防止或减轻其危害的措施。静止的冰，通过冰体的膨胀力、自重或冻结而形成危害；随水流运动的冰，通过流动冰块的撞击，冰块大量堆积，堵塞河道而形成危害。冰凌是寒冷地区江河存在的一种自然现象。它直接影响冬季的防洪、航运、桥梁、发电、给排水等工程建设和管理运用。尤其是冰塞冰坝等严重冰情，会导致凌洪泛滥成灾，给国计民生造成严重损失。防凌主要有以下两种形式：(1)河道防凌。在有防凌任务的河段，需建立防凌指挥机构。其主要工作是：根据防凌任务，编制防凌方案，准备料物、机具；掌握水文、气象、冰情、工情，进行预报、正确决策；巡查防守，发现险情，及时向上级报告，并立即进行抢护，必要时调动军队参加防凌。(2)江河中建筑物防凌。在封冻前对有冰凌危害的水工建筑物、电站的进出口、护岸、桥墩、码头等进行检查维修，做好准备进行防护；在封冻期间，组织专人观测管理，保证有关设施的正常运行。

凌汛

【防螨整理】(anti-mite finishing) 使用防螨整理剂对织物进行喷淋、浸轧、涂层等处理达到防螨效果的后整理过程。在普通织物进行防螨整理前，一般都要经过烧碱精炼、氯氧双漂、强碱丝光等前处理加工。这就要求所使用的防螨整理剂具有耐酸碱、耐氧化以及耐还原性能。为使防螨耐久，需要最优配比的表面活性剂和助剂保证防螨剂与纺织品结合的牢固性。后整理法防螨的工序简单，易于实现。适用于棉、毛、涤纶、腈纶、黏胶等纤维产品的防螨处理。

【防排烟系统】(smoke control system) 一种将火灾时产生的大量烟气及时予以排除以及阻止烟气从着火区向非着火区蔓延扩散的系统。一般由防烟系统和排烟系统组成。防烟系统的作用是建筑内一旦发生火灾，能有效地把火灾烟气控制在划定的防烟区域范围内，不让它扩大蔓延到其他区域，减少建筑内大面积受害，减少救人救灾的难度。排烟系统的作用是建筑内一旦发生火灾，能迅速启动，及时地把火灾烟气排出建筑外，使疏散人员、救灾人员不被烟火所困，为救人救火创造有利的条件，减少人员的伤亡和财产损失。一个完整的防排烟系统包括风机、管道、阀门、进风口、排风口以及风机、阀门与进风口或排烟口的联动装置等。

【防跑车装置】(catcher) 矿车在斜井中提升时，为防止坠车事故，安设在矿车上的叉形止车装置和抓钩，或装在线路上的阻车器和挡车栏的总称。斜井跑车(坠车)在整个线路上都可能发生。因倾斜井巷中使用的矿车容量小、数量多，每辆矿车上都装防坠装置在技术、经济上都不可行。因此防坠装置只能设在线路上。防跑车装置装设的位置应使车组的坠落行程尽量小。防跑车装置有多种型式，如门式、网式、阻爪式、杠梁式等。均由三个部分组成：传感装置、执行机构和缓冲机构。其特点是：(1)传感准确。(2)可靠性高。(3)常闭式。(4)有缓冲性能。(5)拦车时不损坏矿车和巷道，并易恢复正常运行。(6)便于维护。在实际应用中，许多煤矿研制了多种斜井跑车的防坠装置，由于倾斜井巷中的工作条件和环境不同，各种防坠装置都有它不同的适用条件。矿车由斜井坡道进入平道时，为防止防跑车装置误动作，还要加设平道闭锁装置。

防跑车装置

【防热红外伪装】(antithermal infrared camouflage) 为对抗红外侦察，降低红外制导武器对目标的命中概率所实施的伪装。主要方法有：(1)将目标配置在地形、地物形成的热红外侦察器材不通视区域内。(2)设置防热红外遮障。可以用制式遮障器材或就便材料设置。制式防红外遮障，一般包括热隔绝层和红外伪装网两部分。热隔绝层架设在目标(尤其是发热部位)之上，以屏蔽目标的热辐射，使热隔绝层表面温度分布均匀，从而改变目标的原有热图像。对连续工作的热目标，可采用风冷或水冷方法，把聚积在热隔绝层下的热量排散出去。热红外伪装网架设在热隔绝层之上，其作用是使遮障与背景融合一致。热红外伪装网面上，一般采用不同发射率的装饰片材料构成斑点图案，以产生热变形。(3)降低目标与背景的热对比，改变目标热图像。方法是在目标发热部位涂以低发射率的涂料，或涂以厚的隔热泡沫材料涂层，以降低表面的热辐射；在目标表面用不同发射率的涂料构成热迷彩斑点；在目标表面涂以厚度不均匀的隔热涂层，歪曲目标原有表面温度分布特征，以产生热变形；用各种方法冷却发热部位表面；改进发动机等热源部位的热设计，降低其热特征等。(4)施放热红外烟幕。可以用发烟罐、发烟弹等快速构成，用以隐蔽目标及目标运动。红外烟幕发烟剂的主要成分是六氯乙烷和金属粉末。(5)设置红外假目标。是一种有热源的装置，是用电或燃料加热的方法来模拟真目标的热图像。只要模拟一定的热辐射强度，就可起到诱饵作用。用于引诱非成像红外制导武器的攻击。

【防渗铺盖】(impervious blanket) 将不透水土料或混凝土水平铺设在透水地基上的闸、坝上游，防止地基渗透变形并减少渗透流量的防渗设施。因其可增加渗流的渗径长度，减少渗透坡降，已成为水工建筑物普遍采用的防渗结构。在土石坝中，均用土料铺设。混凝土坝和水闸中，也有用混凝土的。作防渗用途的土工合成材料也可用于铺盖。防渗铺盖要与土石坝中的黏土心墙或黏土斜墙连成整体，与混凝土闸、坝衔接处要设止水。用于土石坝铺盖的不透水土料，其渗透系数至少比透水地基土砂层的渗透系数小 100 倍，才能起到良好的防渗作用。常用的土料多为黏土，其渗透系数一般均小于 1×10^{-5}cm。铺盖不能完全截断渗透水流，其长度、厚度要根据水头的大小、透水层的深度、铺盖和透水层的渗透系数等合理采用。铺盖的土料填筑，采用碾压法施下较为可靠。铺盖常与坝后设置的排渗、减压、盖重等措施联合运用，共同发挥防渗效能。铺盖的防渗作用不如垂直防渗可靠。但由于施工方便，造价低廉，在低坝中得到广泛应用。

防渗铺盖

【防渗帷幕】(water-tight curtain) 在水工建筑物岩石或砂、砾石地基中灌入防渗材料而形成的连续的幕状防渗设施。因其状似舞台上的帷幕而得名。其主要作用是：(1)减少地基渗漏。(2)降低坝基扬压力。(3)防止地基发生冲刷、管涌，减少溶蚀，增加地基的渗透稳定性。防渗帷幕通过钻孔灌浆形成。其设计主要是确定帷幕的深度、帷幕厚度和伸入岸坡的范围等。帷幕的深度应根据基岩的透水性、坝体承受的水头和降低坝底渗透压力的要求来确定。如果不透水层距岩基面不深，则帷幕应钻灌到不透水层，形成封闭式帷幕；如果不透水层很深，则可将帷幕伸入到相对隔水层内3～5m处；如果相对隔水层也很深，帷幕深度可根据降低渗透压力、防止管涌等要求来确定，一般可在0.3～0.7倍坝高范围内选择。后两种情况下的帷幕称为悬挂式帷幕。防渗帷幕的厚度主要应根据地质条件、坝型、坝高以及水工建筑物对地基防渗要求等确定，并与灌浆孔的排数有关。帷幕灌浆可采用单排孔、双排孔或三排孔。平面上多呈梅花形布孔。帷幕的厚度应满足其所承受的渗透坡降的要求。

【防水宝】（waterproof powder） 建筑用刚性固体粉末状的无机防水材料。无毒。无味。不燃。耐化学腐蚀。具有干涸快、黏结力好（>1.8MPa）、强度高（>20MPa）、抗冻（－20～+30℃50个循环无变化）、抗渗性好（>0.5MPa）等优异功能。加水调和即可使用。30在湿润的表面上涂抹1～2mm涂层，即可收到抗渗堵漏效果，耐化学腐蚀性能也较好。该材料还能在大面积渗漏的施工面上施工，达到很快止水的效果。适用于新旧建筑物的屋面、地下室、蓄水池以及隧道等的防水、防潮和防渗漏，还可用来粘贴瓷砖、马赛克等。

【防水混凝土】（water proof concrete） 具有高的抗渗性能，并达到防水要求的混凝土。按配制方法的不同可分为：(1)改善级配法防水混凝土。(2)加大水泥用量和使用超细粉填料的普通防水混凝土。(3)掺外加剂的防水混凝土。(4)采用特种水泥的防水混凝土。其抗渗标号是根据最大作用水头与建筑物最小壁厚的比值来确定的。它的施工要求是：浇注均匀、避免离析、振捣充分和加强潮湿养护，并且严格控制水灰比。主要用于经常受压力水作用的工程和构筑物。

【防水卷材】（waterproof roll material） 一种成卷的防水材料。常用厚纸、织物等材料经沥青浸渍后制成。常用的有油毡（油毛毡）和油纸（柏油纸）两种。主要用作屋面、地下室及基础的防水、防潮。

防水卷材

【防水矿柱】（safety pillar against water） 在矿井可能受到水害威胁的地段，为防止地下水和地面水突然涌入井巷、采区而保留一定宽度和高度的矿柱。一般设置在相邻矿井之间，积水区与生产区之间，含水断层带两侧，破碎带附近。在水下开采时，在水体最低水平和井下开采的最高水平之间所留设的一定厚度的矿体。目的是防止水和泥沙流入井下，以保证生产的安全。这部分矿体的留设厚度与水体类型、水量大小、补给来源以及岩石性质、结构、透水性能等因素有关。防水矿柱的最小厚度是导水裂隙的最大高度加上一定厚度的保护层。在水体下采矿，必须保证开采后所形成的导水裂隙不波及水体或不破坏水体下的隔水层，否则应留设防水矿柱。防水矿柱分防水安全矿柱和防砂安全矿柱两种。留设防水安全矿柱的目的是防止导水裂隙波及水体，确保水体下开采不发生溃水和矿井涌水量不急剧增加，以保持正常工作环境。留设防砂安全矿柱的目的是预防发生溃水兼溃砂事故，它允许导水裂隙波及弱含水层，但不允许冒落带接近含水松散层。在石灰岩溶洞、暗河和老采空区积水等水体下开采时，除留设防水矿柱外，有时还必须采取预先疏干或降低水位等措施。

【防水门】（water-proof door） 在井下可能受到水害威胁的地点设置的截水闸门。一般设置在井下运输巷内。在正常生产时，防水闸门是敞开的；在发生水患时，关闭闸门将水阻挡于闸门之外。在水文地质条件复杂或有突水淹井危险的矿井，必须编制设计防水门，报矿务局总工程师批准后，在井底车场周围设置防水闸门。位置选择适当与否，是防水闸门能否起到应有作用、达到预期效果的关键。设计时应注意的问题是：(1)防水闸门应设置在对水害具有控制作用的部位和井下重要设施部位（如井底车场出入口处），能将水害控制在尽可能小的范围内，并考虑即使水害发生后仍能恢复生产及绕过事故地点开拓新区。(2)防水闸门应设置在不受邻近采动影响的地点，以免破坏防水闸门的结构和修筑地点围岩的隔水性和稳定性，防止防水闸门关闭后高压水通过裂缝外泄。(3)尽量避免在较弱岩层或煤层内砌筑防水闸门，应建在围岩稳定性与隔水性好的地段（围岩硬度系数值应大于4）。若必须在煤层中砌筑时，必须掏槽使闸身的混凝土结构和基岩结合成一体。(4)防水闸门应尽量修筑在单轨巷道内，以减少掘进和防水闸门的规模。从使用的角度出发，防水闸门可分为临时性和永久性两种。永久性防水闸门投资大，施工要求高。当预计突水量不大、水头压力较小时，可修筑临时性防水闸门。一旦出水可起缓冲作用，如水情加大再及时加固封堵。

【防水墙】（water-proof dam） 又称水闸墙。在井下可能受到水害威胁的地点设置的截堵水源的挡水建筑。是一种堵水建筑。分为临时性的和永久性的两种。临时性水闸墙是在有出水危险的采掘工作面备有堵水材料（如木、木垛、草袋等），一旦突水后迅速将其堵截在小范围内。这种水闸墙只能起到临时抢险作用。永久性水闸墙一般是在开采结束后，为永久隔绝有继续大量涌水可能的区段而砌筑的一种永久性关闭的挡水建筑。按其抗压力大小的不同，防水墙的形状可分为平面、圆柱面及球面三种。其中，平面形状的抗压力小，但易施工；球面状的抗压力大，但其施工复杂。现实中多采用圆柱状防水墙。

【防水透湿织物】（waterproof and humid fabric）既能防止水分透过，又不妨碍水蒸气、汗气排出的织物。其加工方法是：(1)将超细纤维加工成高密度织物。(2)在织物上覆以微孔膜。(3)用透湿、防水性树脂涂层等。

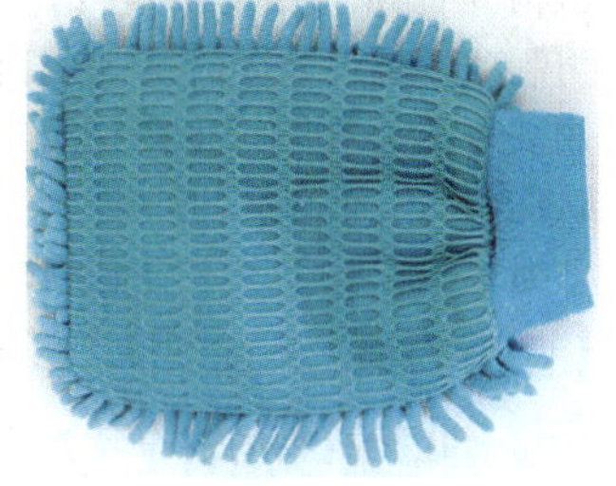

防水透湿织物

【防水涂料】（waterproof coating） 以合成高分子聚合物与沥青、水泥等成膜物质，加入助剂性材料加工而成的防水膜材的总称。将其刷在屋顶、地下室、卫生间、浴室和外墙等需要进行防水处理的基层表面上，在常温下可形成连续的、整体的、具有一定厚度的涂料防水层。其特点是：(1)固化后无接缝。(2)在复杂部件表面形成完整的防水膜。(3)属冷作业，操作方便。(4)对裂缝有补强和维修作用。广泛应用于建筑、管道、船舶、汽车和机械加工等行业。

防水涂料

【防微波辐射纤维】（anti-microwave radiation fiber） 对微波具有反射性能的纤维。长期受微波辐射的人的收缩压、心率、血小板和白血球的免疫功能等都会有一定程度的影响，并引起神经衰弱、眼晶体混浊等症状。金属材料是理想的防微波辐射的材料，但不宜穿着。利用金属纤维与其他纤维混纺成纱、成布具有，防微波辐射性能好、质轻、柔韧性好等优点。其微波透射量仅为入射量的十万分之一。主要用作微波防护服和微波屏蔽材料等。

【防伪纱线】（anti-false yarn） 检验织物或服装真伪的纱线。用作产品的封边，经检测就可以非常容易地判断产品之真伪。其防伪原理是：将能被有关识别仪器探测到的纤维或长丝，隐藏在纱线特别是多股纱线之中，纱线中的可识别标记可以是光纤或是其他可携带信息的纤维。将纤维或长丝浸泡在含有光敏材料的溶液中制成防伪标记，然后加入纱线之中。也可在纱线中引进条形码、全息码或磁码进行防伪。如果纱线上带有书写标记，可以通过透镜读出；如果纱线含有光敏纤维，则可以用有关仪器测出；条形码纤维需要条形码解码器；全息纤维需要有激光探测仪器；磁码纤维使用磁性探测仪器。在长丝纱线中，防伪标记最好以芯纱形式加入。

【防污网】（webbing of prevent pollutant）充气或充水后，在海面上形成坝状，具有阻挡作用的管状织物。当海洋遭受石油或红潮等污染时，可挡住污染物，防止扩散。

防污网

【防污整理】（prevent pollutant finishing）降低织物被玷污程度的整理方法。有机氟化合物不仅可以在织物上形成低表面能量的薄膜，而且能抗油、拒水，防止油污和水污透过织物。拒水抗油产品通过抵抗染污的底材及干污黏附，来防止织物底材不被扩展润湿和污染。

【防汛】（flood prevention） 为防止和减轻洪水灾害，在洪水预报、防洪调度、防洪工程运用等方面所采取的相关措施。其主要内容包括：长期、中期、短期天气形势的预测预报，洪水水情预报，堤防、水库、水闸、蓄滞洪区等防洪工程的调度和运用，出现险情灾情后抢险救灾和非常情况下的应急措施等。

【防噪声涂料】（anti-noise coating） 能吸收声能降低噪声的涂料。可分为吸音型防噪声涂料和减振型防噪声涂料。前者是将石棉和岩石棉纤维材料分散到合成树脂乳液里，涂成10~20mm的厚膜涂层后，经过膜表面进来的音波，传播到具有纤维材料形成的空隙的涂层里失去能量，从而达到降低噪声的目的；后者又称阻尼涂料。在一定条件下，采用防噪声涂料处理，可有效地防止和减轻噪声污染造成的危害。

【防震缝】（seismic joint） 为减轻或防止相邻结构单元由地震作用引起的碰撞而预先设置的间隙。在地震设防地区的建筑必须充分考虑地震对建筑造成的影响。为此中国制定了相应的建筑抗震设计规范。多层砌体建筑，应优先采用横墙承重或是纵横墙混合承重的结构体系。在设防烈度为八度和九度地区，有下列情况之一时，建筑宜设防震缝：(1)建筑立面高差在6m以上。(2)建筑有错层且错层楼板高差较大。(3)建筑各相邻部分结构刚度、质量截然不同。防震缝宽度一般为50~100mm。缝两侧均需设置墙体，加强防震缝两侧房屋刚度。防震缝要沿着建筑全高设置，缝两侧应布置双墙或者双柱，或一墙一柱，使各部分结构都有较好的刚度。防震缝应与伸缩缝、沉降缝统一布置。一般情况下，设防震缝时，基础可以不分开。高层钢筋混凝土房屋设置防震缝时，应按《建筑抗震实际规范》执行。

【防中子辐射纤维】(anti-neutron radiation fiber) 对中子流具有抗御辐射性能的合成纤维。可以使快速中子减速或将慢速(热)中子吸收。通常的中子辐射防护服装只能对中、低能中子进行有效防护。将锂和硼的化合物粉末与聚乙烯树脂共聚后，采用熔融皮芯复合纺丝工艺研制的防中子辐射材料，当锂或硼化合物的含量高达纤维重量的30%时，具有较好的防护中子辐射效果。它可加工成机织物和非织造布。定重为430g/m^{2}的机织物的热中子屏蔽率可达40%。常用于医院放疗室内医生与病人的防护。

【防撞绳】(rubbing rope) 又称挡绳。在使用钢丝绳罐道的立井中，为防止上、下提升容器发生碰撞事故而在两个提升容器之间加设的钢丝绳。在井筒不深时，可不设此绳。防撞绳通常设两根，两绳间距为提升容器长度的3/5~4/5。防撞绳的工作主要是磨损。因此，它的表面应光滑，外层表面钢丝断面要大和耐磨。封闭或半封闭钢丝绳的结构最符合上述要求，在各国广泛采用。在危险地段两个提升容器相会时，如果容器间距达到最小值，则防撞绳便阻止容器接近和相撞。所以，防撞绳应具有一定的弹性，这可通过分别拉紧每条钢丝绳而达到。防撞绳的拉紧力愈大，抵抗横向力的能力也愈大。但拉紧力愈大，防撞绳需要愈粗，拉紧装置和井架荷载就愈大，所需的费用也就愈高。因此，选择防撞绳的必要而合理的拉紧力，是保证钢丝绳罐道安全运行和节约投资的重要内容。

【防坠器】(safety catch) 当提升钢丝绳或连接装置断裂时，阻止提升容器坠落的保护装置。由开动机构、抓捕机构、传动机构、缓冲机构组成。为保证人员和生产的安全，安装在升降人员的单绳罐笼顶部。当钢丝绳或连接装置万一断裂时，防坠器可使罐笼支撑在井筒内的罐道或制动绳上，而不致坠入井底造成重大事故。根据其使用条件和工作原理的不同可分为：(1)木罐道防坠器。支承物为木罐道，其工作原理为切割式。靠抓捕器的齿形插爪对木罐道的切割阻力制动下坠罐笼，现仅在一些老矿使用。(2)钢轨罐道防坠器。工作原理为摩擦式。靠抓捕机构(凸轮爪或楔形块)在钢轨罐道上产生的摩擦阻力制动下坠罐笼。(3)制动绳防坠器。靠滑楔挤压制动绳产生抓捕作用，另设缓冲器以减少因罐笼突然抓捕制动绳而产生的动应力。这种防坠器需专设制动绳来做支承物，可用于任何罐道。

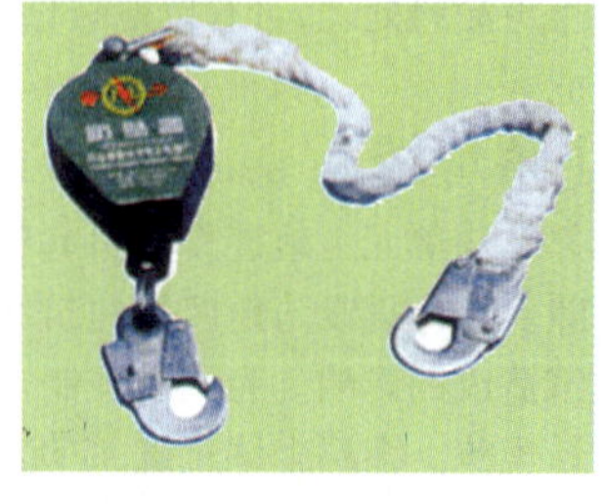

防坠器

【防紫外线涤纶面料】(UV polyester fabric) 以无机物的混合物作为紫外线遮蔽剂，通过熔融纺丝，制成防紫外线涤纶后织成的面料。其紫外线遮蔽率在90%以上。有害紫外线透射率仅为棉织物的1/15，为普通涤纶织物的1/6。在防紫外线的同时也反射阳光红外线。在同等条件下，比纯涤纶面料的温度要低几摄氏度。此类织物适用于制作衬衫、文化衫、沙滩装和遮阳帽等。

【房产税】(real estate tax) 又称房屋税。以房屋为征税对象，按房屋的计税余值或租金收入为计税依据，国家以房产作为课税对象向产权所有人征收的一种财产税。其特点是：(1)属于财产税中的个别财产税，其征税对象只是房屋。(2)征收范围限于城镇的经营性房屋。(3)按房屋的经营使用方式规定征税办法，对于自用的按房产计税余值征收，对于出租房屋按租金收入征税。中国《财政部、国家税务总局关于房产税城镇土地使用税有关问题的通知》明确规定，产权出典的房产，由承典人依照房产余值缴纳房产税，税率为1.2%。征税对象是房产。但独立于房屋的建筑物，如围墙、暖房、水塔、烟囱、室外游泳池等不属于房产。但室内游泳池属于房产。房地产开发企业开发的商品房在出售前，只一种产品，在售出前，不征收房产税。但对售出前房地产开发企业已使用或出租、出借的商品房应按规定征收房产税。

【房地产】(real estate) 城市或城镇的房产和地产的总称。是城市或城镇社会政治、经济、文化生活重要的物质基础和承载物。是组成城市的基础和先决条件。作为固定资产——不动产形式存在的城市房地产，是国家的重要财富，也是关系到国计民生的重要财产和资源。在发达国家，建筑业是国民经济的三大支柱产业之一。而住宅建筑又在建筑工业中占有重要地位。中国房地产业是个新兴的产业，也是经济体制改革的一项重要内容。迅速发展的房地产业，已逐渐成为国民经济中的一个支柱行业。由于其位置的固定性和不可移动性，在经济学上又被称为不动产。有土地、建筑物和房地合一三种形态。其特点是：(1)位置的固定性和不可移动性。(2)使用的长期性。(3)影响因素多样性。(4)投资大量性。(5)保值增值性。房产的交易形式主要有：(1)房产买卖。其中包括国有房产的买卖、集体房产的买卖和私有房产的买卖。(2)房屋租赁。(3)房产互换。(4)房产抵押。地产的交易形式有：(1)一级市场。这是由国家垄断经营的市场。它涉及集体土地所有权的变更和国有土地所有权的实现。经营业务包括：征用土地，办理产权转移手续；以出售或拍卖的方式转让土地的一定时期的使用权；出租土地，定期收取地租等。(2)二级市场。这是由具有法人资格的土地开发公司对土地进行综合开发、经营所形成的市场。外资进入房地产市场的主要渠道，包括外商直接投资、借用外债、境外机构和个人以自购和包销方式买入商品房等方式。

经济适用房

【房地产产权】(real estate title) 将房地产这一不动产作为一种重要的特殊的财产而形成的物权。是依照国家法律对其所有的房地产享有直接管理支配并享受其利益以及排除他人干涉的权利。包括房地产所有权和房地产他物权。具有绝对性和排他性。绝对性是指只有产权人才具有对房地产的充分、完整的控制、支配权，以及从而享有的利益。排他性是指产权人排除他人占有、干涉的权利。这种权利包括直接的物权，也包括由此派生的典权、抵押权等他项权利。房地产的使用权和占有权是密不可分的，没有占有权，使用权就失去了存在的基础，而使用权又可以从所有权中分离出来，即有使用权不一定就有所有权，但却一定有占有权。所谓收益，是指房地产所有权人按照法律规定，从履行权利义务关系中得到的收益，如出租房屋收取租金等。房地产收益是房地产所有权的 内在固有的要求，它是所有权实现的重要途径之一。所谓处分，是指房屋所有权人在法律允许的范围内，根据自己的意志，对房地产进行处置的权利如依法对自己所 有的房地产出售、赠与和变换等。

【房地产抵押】(deposit of real estate) 抵押人以其合法的房地产以不转移占有的方式向抵押权人提供债务履行担保的行为。当债务人不履行债务时，抵押权人有权依法以抵押的房地产拍卖所得的价款优先受偿。所有房地产抵押，都要向县级以上人民政府规定部门办理抵押登记。在进行房地产抵押时，抵押人和抵押权人要签订书面抵押合同。抵押人是指将依法取得的房地产提供给抵押权人，作为本人或第三人履行债务担保的公民、法人或者其他组织。抵押权人是指接受房地产抵押作为债务担保的公民、法人或者其他组织。预购商品房贷款抵押是指购房人在支付首期规定的房价款后，由贷款金融机构代其支付其余的购房款，将所购商品房抵押给贷款银行作为偿还贷款履行担保的行为。在建工程抵押是指抵押人为取得在建工程继续建造资金的贷款，以其合法方式取得的土地使用权连同在建工程的投入资产，以不转移占有的方式抵押给贷款银行作为偿还贷款履行担保的行为。抵押房屋产权须明晰办理房屋抵押贷款必须具备一定条件，不论是银行还是其他各金融机构要求完全相同。具体要求如下：(1)在贷款到期时的实际年龄一般不超过65周岁。(2)有正当职业和稳定的收入来源，具备按期偿还贷款本息的能力。(3)愿意并能够提供贷款人认可的房产抵押；房产共有人认可其有关借款及担保行为，并愿意承担相关法律责任。(4)所抵押房屋的产权要明晰，符合国家规定的上市交易条件，可进入房地产市场流通，并未做任何其他抵押。(5)所抵押房屋未列入当地城市改造拆迁规划，并有房产部门、土地管理部门核发的房产证和土地证。(6)抵押物所有人可以是借款人本人或他人。以他人所有的房产做抵押的，抵押人必须出具同意借款人以其房产作为抵押申请贷款的书面承诺，并要求抵押人及其配偶或其他房产共有权人签字。

【房地产典当】(the initial registration of property rights) 房地产权利人在一定期限内，将其所有的房地产，以一定典价将权利过渡给他人承典的行为。房地产权利特有的一种流通方式。在设典时，承典人可以占有而使用房屋；也可以行为上不占有、使用该房屋，但有权将出典的房屋出租或将房屋典权转让。在设典时，一般应明确典期，出典人应在典期届满时交还典价和相应利息以赎回出典的房屋；也可以双方约定，由承典人补足典房的差额而实际取得房屋的所有权。其特征是：(1)是一种双方法律行为。房屋典当须出典人和承典人双方意思表示一致，订立典当合同。(2)是一种有偿的民事法律行为。典权人占有、使用出典房屋，必须支付一定的典价。出典人必须移转房屋的占有以换取典权人的典价。(3)是一种要式法律行为。房屋典当合同必须以书面形式签订，并到当地的房屋管理部门备案。(4)一般有典期和回赎期。房屋出典后，承典人对房屋有占有、使用、收益的权利，但出典房屋的所有权仍归出典人享有。在典期内，出典人不能回赎。典当双方当事人可约定典期，也可不约定典期。当事人未约定典期，出典人可随时要求回赎。当事人约定典期，在典契载明的典期届满出典人逾期不赎的即作绝卖，出典人丧失回赎权，出典房屋归当承典人所有而无须再支付对价。

【房地产估价】（appraisal of real estate）专业房地产估价人员，根据特定的估价目的，遵循公认的估价原则，按照严谨的估价程序，运用科学的估价方法，在对影响估价对象价值的因素进行综合分析的基础上，对估价对象在估价时点的价值进行估算和判定的活动。是科学与艺术的有机结合，把客观存在的房地产价格揭示、表达出来的过程。其主要内容是：(1)土地使用权出让价格评估。(2)房地产转让价格评估。(3)房地产租赁价格评估。(4)房地产抵押价值评估。(5)房地产保险估价。(6)房地产课税估价。(7)征地和房屋拆迁补偿估价。(8)房地产分割、合并估价。(9)房地产纠纷估价。(10)房地产拍卖底价评估。(11)企业各种经济活动中涉及的房地产估价。(12)其他目的的房地产估价。其应遵循的原则是：合法原则、最高最佳使用原则、替代原则和估价时点原则。其程序是：明确估价基本项→拟定估价作业方案→搜集估价所需资料→实地查勘估价对象→选定估价方法计算→确定估价结果→撰写估价报告→估价资料归档。其方法主要有市场比较法、收益法、成本法、假设开发法和基准地价修正法。

【房地产估价师】（real estate appraiser）经全国房地产估价师执业资格统一考试合格后按照规定的程序注册取得了《房地产估价师注册证》并从事房地产估价活动的人员。全国房地产估价师执业资格考试的科目包括房地产基本制度与政策、房地产开发经营与管理、房地产评估理论与方法、房地产估价案例与分析等。房地产估价师执业资格考试成绩实行以两年为一个滚动周期的管理办法，即参加考试的人员，必须在连续两个考试年度通过应考的全部科目才能获取执业资格证书。

【房地产交易】（real estate transaction）房地产所有权人之间以房地产这种特殊商品作为交易对象所从事的市场交易活动。是一种极其专业的交易，形式和种类很多。按其交易形式的不同可分为：房地产转让、房地产抵押和房地产租赁。按其交易客体中土地权利的不同可分为：国有土地使用权和集体土地使用权房产的交易。按其交易客体所受限制程度的不同可分为受限交易和非受限交易。按其交易客体存在状况的不同可分为：单纯的土地使用权交易、房地产期权交易和房地产现权交易。房地产交易，应遵循的一般规则是：(1)房地产转让、抵押时，房屋所有权和该房屋占用范围内的土地使用权同时转让、抵押。同一房地产的房屋所有权与土地使用权只能由同一主体享有，而不能由两个主体分别享有。在房地产交易中只有遵循房权和地权一同交易这一规则，才能保障交易的安全、公平。(2)实行房地产价格评估。中国刚刚建立市场机制，目前仍未形成合理的完全市场化的房地产价格体系。中国房地产价格构成复杂，非经专业评估难以恰当确定，房地产价格评估，应当遵循公正、公平、公开的原则，按照国家规定的技术标准和评估程序，以基准地价、标定地价和各类房屋的重置价格为基准，参照当地的市场价格进行评估。(3)实行房地产成交价格申报。房地产权利人转让房地产，应当向县级以上地方人民政府规定的部门如实申报成交价，不得瞒报或者作不实的申报。便于以此作为计算税费的依据。当事人作不实申报时，国家将依法委托有关部门评估，按评估的价格作为计算税费的依据。(4)房地产转让、抵押当事人应当依法办理权属变更或抵押登记，房屋租赁当事人应当依法办理租赁登记备案。房地产的特殊性决定了实际占有或签订契约都难以成为判断房地产权利变动的科学公示方式，现代各国多采用登记公示的方法以标示房地产权利的变动。中国法律规定：房地产转让、抵押，未办理权属登记，转让、抵押行为无效。

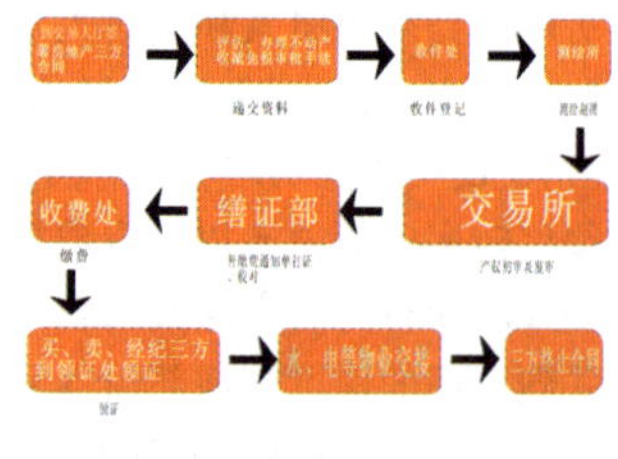

房地产交易流程图

【房地产经济学】（real estate economics）应用经济学的一个分支。揭示和反映房地产经济运行规律为宗旨的学科。房地产业是一个独立的大产业，是产业结构链中重要的一环，所以房地产经济学的基本学科定位应该属于产业经济学范畴，归属于部门经济学。然而房地产经济学又是多学科的交叉，具有交叉学科的性质，如与城市经济(学)的交叉重叠，与资源经济学的交叉重叠，与生态经济学的交叉重叠等。

【房地产开发成本】（cost of real estate development） 房地产开发企业在开发过程中所发生的各项费用支出。包括土地征用及拆迁补偿费、前期工程费、建筑安装工程费、基础设施费、公共配套设施费和开发间接费用等。为了加强开发产品成本的管理，降低开发过程耗费的活劳动和物化劳动量，提高企业经济效益，必须正确核算开发产品的成本，在各个开发环节控制各项费用支出。按其用途的不同可分为:(1)土地开发成本。指房地产开发企业开发土地所发生的各项费用支出。(2)房屋开发成本。指房地产开发企业开发各种房屋所发生的各项费用支出。(3)配套设施开发成本。指房地产开发企业开发能有偿转让的大配套设施及不能有偿转让、不能直接计入开发产品成本的公共配套设施所发生的各项费用支出。(4)代建工程开发成本。指房地产开发企业接受委托单位的委托,代为开发除土地、房屋以外其他工程如市政工程等所发生的各项费用支出。以上四类开发产品成本,在核算上按其费用类型的不同,可分为:(1)土地征用及拆迁补偿费。包括土地征用费,耕地占用税,劳动力安置费及有关地上、地下附着物拆迁补偿的净支出,安置动迁用房支出等。(2)前期工程费。包括规划、设计、项目可行性研究和水文、地质、勘察、测绘、"三通一平"等。(3)建筑安装工程费。指以出包方式、自营方式支付给承包单位的建筑安装工程费等。(4)基础设施费。开发小区内的道路、供水、供电、供气、排污、排洪、通信、照明、环卫、绿化等费用。(5)公共配套设施费。指不能有偿转让的开发小区内的公共配套设施发生的支出。(6)开发间接费用。包括组织管理开发项目所发生的费用,如工资、职工福利、折旧费、修理费、办公费、水电费、劳动保护费、周转房摊销等。另外,要计算房地产开发企业产品的完全成本,还要计算开发企业行政管理部门为组织和管理开发经营活动而发生的管理费用、财务费用,以及为销售、出租、转让开发产品而发生的销售费用。管理费用、财务费用和销售费用。

【房地产开发成本核算程序】(cost accounting procedures of real estate development) 将开发一定数量的商品房所支出的全部费用按成本项目进行归集和分配,最终计算出开发项目总成本和单位建筑面积成本的过程。房地产开发企业核算开发产品成本时,应遵循的步骤和顺序是:(1)归集开发产品费用。由于开发规模的不同,房地产开发的成本归集对象也不同。对于小规模的开发,如单幢或几幢房屋的开发,问题比较容易解决,可以将全部开发量作为成本归集对象,设立一个成本核算单位。但是对大规模的开发,如街坊改造或小区开发,就必须科学地确定成本归集对象。在这种情况下,成本核算不能过细,因为许多直接开发费用很难分摊到每幢房屋,这样做势必会增加工作量,使核算工作繁琐化。但成本核算也不能简单地以小区为核算单位,因为一个小区从开始建设到完全建成往往需要几年甚至十几年的时间,而其中所开发的商品房却是陆续完工出售的,这样做势必使成本核算资料滞后,失去其成本结算和管理上的作用。(2)正确划分成本项目客观地反映产品成本的结构,便于分析研究降低成本的途径。按现行的房地产开发企业会计制度规定,"开发成本"作为一级成本核算科目,企业应在该科目下,根据自己的经营特点和管理需要,选择成本项目,并据此进行明细核算。选择成本项目不能太多,对于发生次数较少、特别是单笔发生的费用,应尽量合并。(3)计算并结转已完开发产品实际成本,计算已完开发项目从筹建至竣工验收的全部开发成本。并将其结转进入借记"开发产品"账户和贷记"开发成本"账户。(4)按已完开发产品的实际功能和去向,将开发产品实际成本结转进入借记"经营成本"、"分期收款开发产品"、"出租开发产品"、"周转房"账户及贷记"开发产品"账户等。房地产开发成本核算的最终目的是计算出项目的总成本和单位可销售面积的开发成本,以便企业结出经营利润。

【房地产开发经营】(real estate development and operation) 房地产开发企业在城市规划区内国有土地上进行基础设施建设、房屋建设,并转让房地产开发项目或者销售、出租商品房的行为。主体是指以营利为目的,从事房地产开发和经营的企业。按照法律规定,房地产开发商必须具备四级资质等级并承揽相应范围的业务。房地产开发经营投资周期长、金额大、周转慢、变现能力差、风险大但回报利润丰厚。房地产开发企业自身资金有限,而且需要不断地滚动投入。所以,他们不仅需要从金融机构融资,而且需要吸收社会资金参与开发;另一方面,大量社会资金因为资本的逐利性特点,也积极地希望进入利润丰厚、蓬勃发展的房地产行业。还有一些企业拥有可供开发的土地,但是因为缺乏开发资金和进行房地产开发的资质,需要与房地产开发企业进行合作开发。同时,房地产开发企业也希望通过合作开发的方式降低自身的经营风险。本着共担风险、共享利润的原则,房地产合作开发经营逐渐成为中国房地产开发的主流。按其经营管理风险的不同,可分为:(1)房地产经营管理自然风险。(2)房地产经营管理社会风险。(3)房地产经营管理经济和市场风险。(4)房地产经营管理技术风险。(5)房地产经营管理企业内部风险。引起风险有极其复杂的多方面的原因,有时甚至是不可避免的。在风险管理中,主要采取回避风险、转移风险、减轻风险的损失和对经营项目实行保险等方法。识别风险通常采取的主要方法是分析询问法、财

写字楼出租

务报表法、流程图法、现场观察法和环境分析法等。识别风险是风险管理的基础,也是风险管理中最困难的工作

【房地产买卖合同】(contracts of real estate sale) 由房管部门统一编制、用以明确房地产买卖双方权利和义务的协议。所有的商品房销售都须签订此合同。目前,内销的房地产合同亦需做公证,外销的房地产合同必须做公证。是一方转移标的物的所有权于另一方,另一方支付价款的合同。其特征是:(1)是有偿合同。实质是以等价有偿方式转让标的物的所有权,即出卖人移转标的物的所有权于买方,买方向出卖人支付价款。使其与赠与合同相区别。(2)是双务合同。在买卖合同中,买方和卖方都享有一定的权利,承担一定的义务。而且,其权利和义务存在对应关系,即买方的权利就是卖方的义务,买方的义务就是卖方的权利。(3)是诺成合同。买卖合同自双方当事人意思表示一致就可以成立,不需要交付标的物。(4)一般是不要式合同。通常情况下,买卖合同的成立、有效并不需要具备一定的形式,但法律另有规定者除外。

【房地产拍卖】(real estate auction) 拍卖公司受银行、司法机关等单位或个人的委托,向社会公告房地产出售信息,通过竞拍的方式使房地产所有权发生转移的行为。在拍卖中,房地产的来源主要有:(1)因仲裁、司法行为需要变卖的财产。(2)因信贷纠纷需要的。(3)因社会个人委托的。通过买卖方式成交的房屋所有权证明票据是购房发票,通过拍卖方式成交的房屋所有权证明票据是拍卖成交确认书。其拍卖流程是:产权人或有权机关委托→勘测评估→与拍卖公司签署委托合同→公告拍卖信息→拍卖登记→交纳保证金,取得竞拍人资格→参加拍卖→成交→支付房款→办理产权证→交房 。

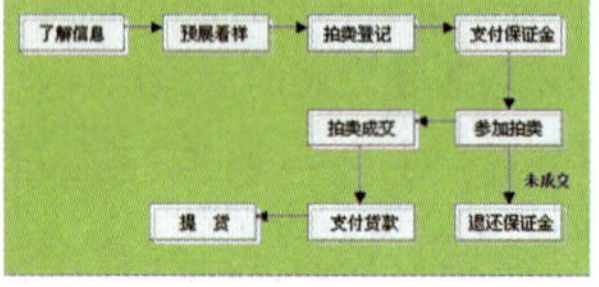

房地产拍卖程序

【房地产税】(real estate tax) 一切与房地产经济运行过程有直接关系的税种。包括房地产业营业税、企业所得税、个人所得税、房产税、城镇土地使用税、城市房地产税、印花税、土地增值税、投资方向调节税、契税和耕地占用税等。中国直接以房地产为征税对象的税种有房产税、城市房地产税、土地增值税、城镇土地使用税、耕地占用税和契税。房产税和城市房地产税以房屋为征税对象。房产税的计税依据是房屋计税价值或房产的出租收入。城镇土地使用税是以土地为征税对象,以实际占用的土地面积为计税依据。土地增值税是以土地和地上建筑物为征税对象。以增值额为计税依据。耕地占用税是以纳税人实际占用的耕地面积计税,按照规定税额一次性征收。契税是以转移土地、房屋使用权的行为为征税对象。以成交价格为计税依据。

【房地产投资基金】(investment fund of real estate) 一种主要投资于房地产或与房地产抵押有关公司发行的股票的投资基金。可分为:(1)直接投资房地产公司发行的股票上的基金。(2)间接投资房地产业的基金,即房地产抵押基金。该基金主要是通过投资房屋抵押市场而间接投资房地产。美国房地产投资基金有开放式基金和封闭式基金之分。采用互惠基金的共同基金组织形式基本属于开放式基金,而采用有限合伙制度组织形式的房地产投资基金多为封闭式基金。其中,以有限合伙制房地产投资基金最为普遍,而采用开放式基金模式的只占 30%。开放式房地产投资基金流动性强,便于投资者控制风险,而且该类基金面向投资者更为广泛。但是美国要求开放式房地产投资基金的投资方向有所限制,该类基金一般不能直接投资于房地产资产,而是要通过投资于房地产投资信托股票、房地产相关债券等与房地产相关金融产品来参与房地产产业的投资,而且要求其在房地产方面的投资比例要达到基金规模的 90%以上。有限合伙制房地产投资基金一般由一个负无限责任的普通合伙人和一个或多个负有责任的合伙人(基金投资者)组成,主要以私募的方式募集资金,并将所募集的资金用于房地产投资。在这种基金组织形式中,普通合伙人负责基金经营管理,并对基金债务承担无限责任;而有限合伙人拥有所有权而无经营权,也不承担无限责任。有限合伙制房地产投资基金投资方向严格限定于房地产有关的证券和房地产资产等方面。房地产投资基金直接投资的房地产资产一般是能产生较稳定现金流的高级公寓、写字楼、仓库、厂房及商业用房等物业。有限合伙制基金的普通合伙人承担的是无限偿付责任,所以一般在其发起基金时会规定基金不会通过负债的方式购进物业,除非基金所投资的物业需要装修、维修以及其他改进物业状况等措施而基金本身的现金周转出现一定的困难时,可以进行适当融资,但融资的比例一般不超过投资物业价值的 25%。

【房地产业】(real estate) 从事土地的开发、经营、房屋建设、买卖、租赁、信托、维修和综合服务,以及以房地产为信托进行多种经营的企业群体。属第三产业。主要为城市社会经济活动和人们的生活提供载体与空间。可分为房地产开发业、房地产金融业、房地产服务业等。房地产业的特性如下:(1)位

置固定。(2)开发建造与使用周期长。(3)投资数额大,具有保值性和增值性。(4)价格不仅取决于本身投入,还取决于其所处位置和周围环境。(5)受政府规划和政策控制,政府有征用权。房地产开发的原则是:(1)节约、合理利用土地和保护耕地。(2)集体土地必须依法利用,转为国有土地后方可用于房地产开发。(3)房地产开发必须符合土地利用规划和建设用地规划。房地产开发用地的用途和使用,必须符合城市建设用地的布局和安排,以及城市土地的功能分区,以确保城市土地合理利用。(4)房地产开发用地以出让为主要方式。(5)注重环境效益。规划设计要满足自然环境要求,如足够的日照量、通风要求、建筑物的色彩与造型要求。开发居住区要防止噪声干扰和环境污染,重视绿化。(6)土地使用者不得随意改变土地用途;需要改变土地用途时,须经县以上规划行政主管部门同意。

【房地产中介服务】(real estate intermediary service) 房地产咨询、房地产价格评估、房地产经纪等活动的总称。设立房地产中介服务机构必须具备的法定条件是:(1)有自己的名称和组织机构。设立房地产中介服务机构首先必须确定名称,有了名称才可能为社会所承认,才能与其他服务机构相区别。(2)有固定的服务场所。不能是“皮包公司”。(3)有必要的财产和经费。没有必要的财产和经费,房地产中介服务机构也就没有从事中介活动所必需的物质基础,也就无法就自己的民事活动对外独立承担责任。依据《中华人民共和国公司法》的有关规定,从事科技开发、咨询、服务性的有限责任公司,其注册资本不得少于10万元人民币。(4)有足够数量的专业技术人员。房地产中介服务具有很强的专业性,如果没有足够数量的专业技术人员作后盾,中介服务的质量也就难以保证。(5)法律、行政法规规定的其他条件。

【房事养生】(intercour health) 根据人体的生理特点和生命的规律,采取健康的性行为,以达到防病保健、健康长寿目的的养生方法。“欲不可纵”,是中医养生学的基本要点之一。房事养生必须重视入房禁忌,所谓禁忌,就是在某些情况下要禁止房事。房事禁忌按考虑角度的不同可分为:(1)行房人忌。阴阳合气,要讲究“人和”,选择双方最佳状态。人的生理状态受生活习惯、情志变化、疾病调治等方面的直接影响。女性还有胎、产、经、育等生理特点。在某些特定的情况下不宜行房,以免带来不良后果。(2)行房天忌。所谓“天忌”,是指在自然界某些异常变化的情况下应禁止房事活动。(3)行房地忌。所谓“地忌”,是指要避免不利于房事活动的不良环境。

【房屋建筑工程】(housing construction) 各类房屋建筑及其附属设施和与其配套的线路、管道、设备安装工程和室内外装修工程的总称。为新建、改建或扩建房屋建筑物和附属构筑物所进行的勘察、规划、设计、施工、安装和维护等各项技术工作和完成的工程实体。包括:地基与基础工程、土石方工程、结构工程、屋面工程、内外部的装修装饰工程,上下水、供暖、电器、卫生洁具、通风、照明、消防和防雷等工程。按房屋建筑工程结构的不同可分为:(1)钢结构。承重的主要结构是用钢材料建造的,包括悬索结构。如钢铁厂房、大型体育场等。(2)钢、钢筋混凝土结构。承重的主要结构是用钢、钢筋混凝土建造。如一幢房屋一部分梁柱采用钢制构架,一部分梁柱采用钢筋混凝土构架建造。(3)钢筋混凝土结构。承重的主要结构是用钢筋混凝土建造,包括薄壳结构,大模板现浇结构及使用滑模升板等先进施工方法施工的钢筋混凝土建造的。(4)混合结构。承重的主要结构用钢筋混凝土和砖木建造。如一幢房屋的梁是钢筋混凝土制成,以砖墙为承重墙,或者梁是木材制造,柱是钢筋混凝土建造的。用预制钢筋混凝土小梁薄板楼为混合二等,其他的为混合一等。(5)砖木结构。承重的主要结构由砖、木材建造。(6)其他结构。凡不属于上述结构的房屋建筑结构均归入此类。

钢结构厂房

【房型设计】(room design) 按照设计规范,对房型舒适性、功能性、合理性、私密性、美观性和经济性提出的合理解决方案。好的住宅布局在社交、功能和私人空间上应该有效分隔。一般来讲,客厅、餐厅和厨房是住宅中的动区,应靠近入户门设置;卧室是静区,应比较深入;卫生间设在动区与静区之间,以方便使用。房型好的住宅采光口与地面比例,不应小于1:7;房间高度不应小于3.3m;主卧室宽度不宜小于3m,面积应大于12m^2,次卧室的面积应在10m^{2}左右;餐厅应是明间,宽度不宜小于2.4m;厨房净宽度应在1.5m左右,宜带一服务阳台;带浴缸的卫生间净宽度不得小于1.6m,如为淋浴则净宽度不得小于1.2m。另外,房型设计还应考虑住房的“时尚消费”特点,即针对不同的家庭结构、不同的年龄层次,设计出合适的住宅生活空间。一套住宅应具起居、饮食、洗浴、就寝、储藏和工作学习六大基本功能。小户型经济住宅强调基本生活要求;普通型住宅强调主要功能齐全和空间的灵活适应性;豪华型住宅强调创造高质量的生活环境,注重细节突出个性。

【仿麂皮织物】(suede fabric) 采用静电植绒工艺生产的呈现麂皮效应的布面。防水,透气,耐穿,耐洗,手感柔软,酷似麂皮。其生产工艺流程是:基布 - 熨烫 - 涂黏合剂 - 植绒 - 预烘 - 焙烘 - 刷毛 - 打卷 - 成品。基布可以是机织物、针织物或非织造布,高档的采用超细纤维制成。仿麂皮织物,适宜作为外衣等服装面料,也可以作为室内装饰用布或包装礼盒用布等。

仿麂皮织物

【仿旧整理】(vintage finish) 采用石磨水洗或纤维素酶洗涤,产生不均匀的自然褪色而使织物返朴归真的整理方法。常用纤维素酶洗涤,对纤维表层进行可控的"刻蚀",织物内部纤维的强力不会过度损伤。纤维素酶的使用有利于保护环境,且处理后的织物手感细腻、厚实、柔软、表面光洁、平整、色泽明快、淡雅且耐用性增强。

【仿生材料】(biomimetic material) 人类模仿(模拟)生物系统的原理而设计或建构的材料。是发展生物材料的重要方向。不仅仿效生物体的结构,更重要的是,能充分有效地仿效其特定功能,研制特定的功能性材料。在生产和生活中有着广泛的应用前景。

【仿生农药】(bionic pesticide) 由人工仿制自然界化合物而制成的农药。当发现自然界中某种动、植物体内含有的物质,对病、虫和杂草具有毒杀作用时,人们便研究这些物质的生物活性、有效成分、化学结构,再用人工合成方法,仿制这些化合物或类似物并用作农药。

【仿生学】(bionics) 生物学与技术科学之间的一门边缘学科。仿生学研究生物体的结构、功能和工作原理,并将这些原理移植于工程技术之中,发明性能优越的仪器、装置和机器,创造新技术。仿生学是一门多学科交叉的边缘学科,涵盖了生物电子学、生物传感器、生物仿真材料、生物物理学、生物电机和生物大分子的自装配等诸多方面。该科学目的是要研究和建立一类人工系统,使之具有生命系统的特征和功能。仿生学的问世开辟了独特的技术发展道路,大大开阔了人们的眼界,显示了极强的生命力。

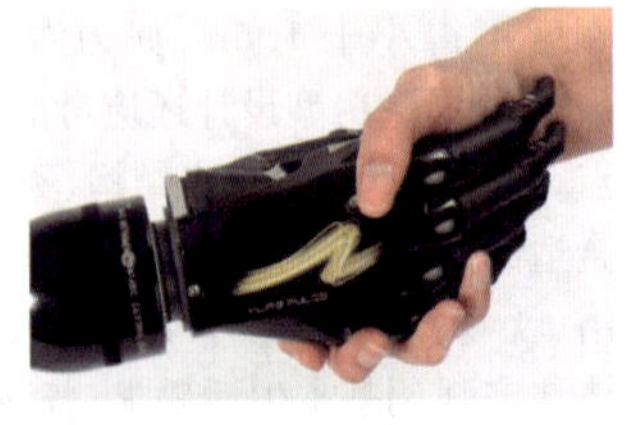
仿生机械手

【仿生栽培】(bionic cultivation) 一种模仿生物自然规律来栽培植物的方法。现代农业在模仿工业的基础上,发展到模仿生物的自然规律,以改善植物生态和生理状况,进一步提高农业效益。如根据果树发育阶段多、周期长、对生态要求高等特点进行集约栽培;模拟野生果林的结构和组成,进行密植综合经营、加厚耕作层、覆盖免耕、综合防治病虫害;模拟生态系统物质循环,合理增施化肥、有机肥和生理活性物质及二氧化碳肥;根据植物异株克生(微生物和植物各自之间的促进或抑制影响的生物化学作用)进行合理间作、轮作、套作;根据实生复壮规律进行柑橘品种实生复壮等。

【仿生着色】(bionic coloring) 模仿动物、植物,或无生命物体的着色机理,使纺织品产生颜色效果的技术。是一种不需化学品、无污染的生色途径。结构生色是通过对光的散射、干涉和衍射作用产生颜色。仿生着色纺织品,不仅具有各种各样的颜色,而且有抗菌、保湿、抗紫外线和具有光 - 热、光 - 电等转换功能。

【仿形机床】(copying machine tool) 按照样板来控制刀具或工件的运动轨迹进行加工的半自动化机床。工件的外形轮廓与样板非常相似。仿形加工的加工精度 ±0.1 ~ ±0.03mm,表面粗糙度 Ra 为 5 ~ 1.25μm。仿形运动有平面仿形和立体仿形之分。仿形装置有直接作用式(如机械仿形)和随动作用式(如液压仿形和电气仿形、光电仿形等)之别。常见的仿形机床有仿形车床(加工带有成型面的轴、套、盘和环类工件)、仿形铣床(加工样板、冲模、锻模、叶片和螺旋桨等工件)和仿形刨床等。

【仿形铣床】(copying milling machine) 以一定方式控制铣刀按照模型或样板形状作进给运动而铣出工件的铣床。在模具制造中常用的小型立体仿形铣床的构造与立式铣床相似,一般在立铣头的一侧设有一个仿形头,与工件装在同一工作台上的模型接触,利用电气或液压等方式控制铣刀按照模型的形状进给作仿形铣削。大的

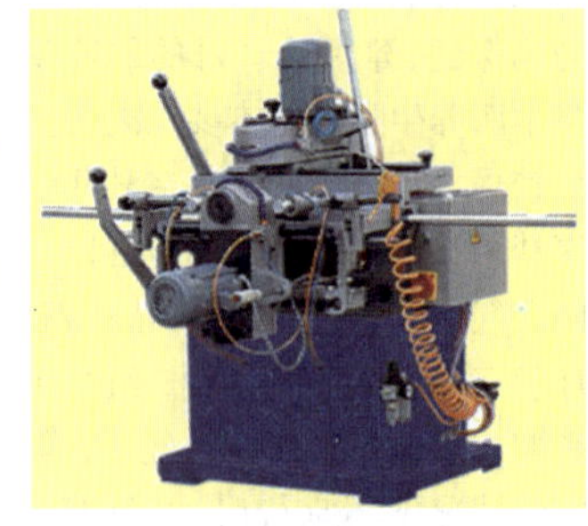
仿形铣床

立体型仿形铣床的仿形触头铣刀一般水平布置。

【仿真】(simulation) 见模拟。

【仿真技术】(simulation technology) 以相似原理、信息技术、系统技术及有关的专业技术为基础，以计算机和各种专用物理效应设备为工具，利用系统模型对真实的或设想的系统进行动态试验研究的一种多学科综合性技术。应用仿真技术构成的仿真系统，不受气象条件等外界环境的限制，可多次重复，具有良好的可控性、无破坏性、经济性和安全性等特点。其分类是：(1)数学仿真。在计算机上建立数学模型反复进行的试验。(2)含实物仿真，又称半实物仿真。系统的部分实物接入回路进行的试验。(3) 人在回路中的仿真。操作人员在系统回路中进行操纵的仿真试验。仿真技术广泛应用于方案论证、系统分析、设计、制造、试验、维护、训练、战场模拟、军事演习等多个方面。它既可用于连续动态系统仿真，又可用于离散事件系统仿真。随着仿真系统的规模扩大，复杂程度增加，人们对仿真系统的使用更加广泛。分布交互仿真及虚拟现实技术将是仿真技术发展的新方向。

【仿真器】(emulator) 又称模拟器。用以实现硬件仿真的硬件。使用可控的手段来模仿真实的情况。在嵌入式系统的设计中，应用的范围主要集中在对程序的仿真上。仿真的方法分软件仿真与硬件仿真。软件仿真主要是使用计算机软件来模拟运行。在仿真与硬件无关的系统时具有一定的优势。用户不需要搭建硬件电路就可以对程序进行验证，因而特别适合于偏重算法的程序。软件仿真的缺点是：无法完全仿真与硬件相关的部分，因此最终还要通过硬件仿真来完成最终的设计。硬件仿真是使用附加的硬件来替代用户系统的单片机并完成单片机全部或大部分的功能。在使用了附加硬件后，用户就可以对程序的运行进行控制，例如单步、全速、查看资源断点等。替代用户系统的附加硬件就称为仿真器。相对来讲，计算机中运行的模拟单片机运行的软件称为模拟器。

【仿真设计】(simulation design) 通过建立模拟系统来研究一个已存在的或设计中的系统的设计方法。仿真是为开发新产品服务的。其关键是建立根据实际系统而抽象出来的数学模型，即仿真模型。仿真可分物理仿真和计算机仿真。物理仿真是指在物理模型基础上进行的仿真。其特点是物理模型和实际系统之间具有相似的物理属性。物理仿真能观测到难以用数学来描述的系统特性，但要花费较大的代价，如风洞试验等。计算机仿真是指建立系统(或过程)的可以计算的数学模型，并编制仿真程序输入计算机进行仿真实验，掌握实际系统(或过程)在各种内外因素变化下其性能的变化规律。与物理仿真相比，计算机仿真系统通用性强，应用范围广。计算机仿真可以替代许多难以或无法实施的实验，可以解决一般方法难以求解的大型系统问题，可以降低投资风险，节省研发费用，可以避免实际实验可能发生的对生命、财产的危害，缩短实验时间。

【仿真丝技术】(silk simulation technique) 用普通或差别化合成纤维经过碱减量、等离子体处理等方法模仿真丝织物风格的技术。通过超细纤维和异收缩纤维工艺，使涤纶仿真丝织物的手感和风格与真丝绸相一致。运用等离子技术和激光技术，在疏水性的高感性涤纶纤维表面导入氧离子极性基团，提高其亲水性、抗静电性、抗污染性和染色性。更复杂、不均匀的多沟槽纤维、花色纤维、不定型纤维的使用，使涤纶面料在摩擦时能发出和真丝一样的“丝鸣声”。随着涤纶仿真丝技术从“仿真”向“超真”发展，通过纤维表面沟槽，使化纤比天然纤维的吸湿性更好。采用化学接枝共聚方法，使涤纶纤维本身的吸湿性提高几百倍。仿真丝织物不仅色彩鲜明，色调匀称，优雅柔和，而且克服了真丝绸织物耐光性差、易发黄、易褶皱和产生汗渍水印等缺点。

仿真丝围巾

【仿蛛丝纤维】(mock spider fiber) 见生物钢。

【访问控制】(access control) 对进入计算机网络系统的合法用户的访问操作进行限制的一种技术手段。其特点与作用是：(1)计算机系统安全机制的核心。(2)可实现对用户使用信息系统或信息系统资源的有效控制。(3)防止非法用户进入计算机系统和合法用户对系统资源的非法使用。(4)维护信息系统安全运行、保护系统信息资源的重要技术手段。目前，计算机系统的访问控制主要有用户识别代码、口令、登录控制、资源授权和审计等。

【纺锤丝】(spindle fiber) 细胞在有丝分裂期组成纺锤体的丝状结构的总称。其形状是：微管形，直径约20nm。按其结构的不同可分为：(1)连续丝。(2)染色体丝。(3)中间丝。(4)星体丝。连续丝是由一极与另一极相连的纺锤丝。染色体丝又称牵引丝，是从着丝点与一个极相连的纺锤丝。中间丝不与两极相连，也不与着丝点相连，是在后期于两组染色体之间出现的纺锤丝。星体丝又称星射线，由两极的中心体射出，只存在于有星纺锤体的细胞内。各种纺锤丝都由微管蛋白组成。

【纺锤体】(spindle) 细胞有丝分裂过程中出现的形状像纺锤的细胞器。由大量微管纵向排列组成，中部宽阔，两极缩小。纺锤体中有极间丝、着丝点丝、星体丝和区间丝等四种微管，和染色体运动密切相关。作用是在细胞有丝分裂和减数分裂时，与染色体的着丝点相连接，牵引染色体并使之移至细胞两极。

有丝分裂中的纺锤体

【纺纱】(spinning) 一种或几种无序、相互缠结和长短不一的纺织纤维经过一定的加工工序，使其相互抱合而成为具有一定强力和细度的、条干均匀的纱线加工过程。根据采用的纤维原料的不同可分为：棉纺、毛纺、绢纺、麻纺、化学纤维纺以及各种混纺工程。一般都需要经过开松、梳理、牵伸、加捻等四个基本工序。即(1)把所采用的纤维原料经过整理、梳松、混合和除杂后，使纤维平行伸直，制成纤维条。(2)将制成的纤维条，经过并合和牵伸，使其达到所需要的细度和均匀度。(3)进行加捻，使纤维成为具有一定强度的纱线。(4)将纱线进行卷绕成形，便于下道织造工序使用。

【纺丝成网】(spinning webbing) 利用化纤长丝借助气流或机械纺丝成网的方法。非织造布的成网方法之一。采用聚合物的熔体为原料，利用化纤纺丝的方法形成长丝，再借助气流或机械的方法纺丝成网，通过固结工序成布。其基本原理和纤网形状与蚕吐丝网类似。其基本工艺流程是：切片干燥→挤压熔融→纺丝→冷却拉伸→分丝铺网。该工艺流程短，生产效率高，且纤网为长丝结构，产品比相同单位面积重量的干法和湿法成网非织造布具有更高的强度。其缺点是产品更换困难。

【纺丝机】(spinning machine) 将化学纤维原料加工成纤维的设备。化学纤维的纺丝方法分为熔融纺和溶液纺两类。溶液纺又分为干法纺和湿法纺两种。纺丝机的形式各异，但都有喷丝头和计量泵。熔融纺的纺丝机将涤纶、丙纶和锦纶等纺丝熔体，经过滤后用计量泵定量压送至喷丝头(板)，保证获得的纤维粗细均匀一致。从喷丝头喷出的熔体在一个甬道中，被冷空气冷却成细丝(纤维)。长丝纺丝机将各个喷丝头喷出的细丝分别绕在筒管上。短丝纺丝机则将许多个喷丝头喷出的细丝集成丝束，使之有次序地堆放在盛丝筒内，或者直接将丝束引走，进行后加工。干法纺丝机也是将丝从喷丝头喷入甬道内，在甬道内使溶剂挥发形成纤维。其挥发出来的熔剂再经专门的回收设备，使之冷却成液体提纯后重复使用。湿法纺丝机则是将喷丝头浸没在凝固浴中。不同的纤维使用的凝固浴成分也不同，如湿法腈纶用硫氢酸钠溶液，黏胶纤维用硫酸、硫酸钠和硫酸锌的混合溶液。

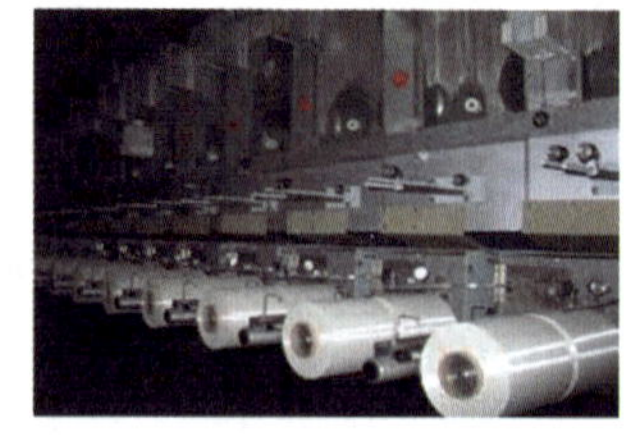
纺丝机

【纺织 CAD 技术】(CAD for textile) 利用计算机的计算功能和图形处理能力，辅助进行产品设计与分析的理论和方法。运行速度快，存储信息量大，运行结果直观。纺织计算机辅助设计主要有纱线设计、组织设计、图案设计、机织物设计、针织物设计、染色与印花设计、刺绣设计、编织物设计、地毯设计、非织造布和服装设计等。

【纺织 CAM 系统】(CAM for textile) 利用纺织 CAD 系统产生的设计信息，通过机电一体化，进行纺织生产的系统。CAM 是计算机辅助制造的英语缩写。通常与纺织 CAD 系统紧密结合在一起，形成纺织 CAD/CAM 系统。

【纺织 ERP】(textile ERP) 纺织行业应用的先进企业管理模式。其宗旨是：对企业所拥有的人、财、物、信息、时间和空间等综合资源进行综合平衡和优化管理。在纺织行业应用的主要是纺织企业管理信息系统、纺织专用 CAD 系统和纺织生产过程自动化三个方面。棉纺(包括毛纺)、化纤和服装需要适合其管理要求和生产流程的具有行业特点的 ERP 产品。同时，ERP 对生产车间自动监测与自动控制系统相连接，在线采集数据；对外则通过因特网实现更大范围的信息网络、营销网络和电子商务，形成广义的综合信息系统。通过 SCM、CRM 等实现产业链/供应链管理，可以与 ERP 等形成配套的企业管理软件。纺织 ERP 的功能不断增强，使纺织生产的各个环节基于信息技术，纺织产品成为这些数字信息的物质体现。

【纺织电子商务平台】(textile commerce platform) 以纤维、面料和服装等产品为对象，遵循流程简洁、技术可靠、交易规范的要求而形成的网上交易平台。这一平台的建立要按照国际流行的企业电子商务模式，结合纺织行业的特点进行。其功能包括发布销售信息、采购信息、自动撮合、在线询盘与还盘、网上拍卖、反向拍卖(竞价采购)、合作信息发布、贸易助手、市场分析等。它能统一各大类产品(纱线、面料、家纺、服装)属性,运用符合国际惯例的编码体系,方便用户的发布和查询。

【纺织工厂生产信息监测系统】(monitoring system in textile production) 在生产现场对生产过程中的产量、质量等信息进行在线采集和处理的系统。其主要对象是:织机、细纱机、络筒机以及实验设备仪器的信息采集和处理,对机台转数、停台监测、断头检测与单班、单日及月产量汇总统计、分类信息查询、报表汇总以及生产过程分析、故障统计与排除等。在采集产量数据的同时,还采集棉条、络筒、细纱和布的质量数据。监测系统和传感器件可靠性高,寿命长,抗干扰,价格低,具有标准的联网通信接口和数据格式,形成车间或工厂网络,对上与 ERP 系统连接并传送数据。

【纺织工序连续化工艺】(textile continuous processing technology) 在前后两个纺织工序中,利用自动控制技术输送半成品到达指定位置进行加工的过程。如纺纱中梳、并条自动换筒和输送,粗纱、细纱的自动落纱和输送,粗细纱管剩余粗细纱的在线自动清除,转杯纺纱的自动清洁和接头细络联等。

【纺织工业】(textile industry) 将纺织纤维加工成各种纱、丝、线、绳、织物及其染整制品的工业。主要有棉纺织、毛纺织、麻纺织、制丝与绢纺织、针织和纺织复制等。纺织工业有前纺、粗纱、细纱、准备、染整和织布等几大工序。由于服装是织物的主要应用领域,亦属纺织工业。化学纤维生产为纺织工业提供原料。中国是世界上最早饲养桑蚕和生产丝绸的国家,以“丝国”闻名于世,纺织历史悠久。19世纪后半叶起,中国采用机器纺织技术后,逐步发展形成了大规模的纺织工业。

织布车间

【纺织工业废水处理】(treatment of textile mill wastewater) 用来处理纺织品生产过程中所产生的各种废水的技术方法。在天然纤维纺织中,浆纱废水中含有淀粉和聚乙烯醇等浆料。在化学纤维纺织中,会产生大量的含酸、碱、油及有机污染物的废水。通常采用物理法、化学法和生物法综合治理。

【纺织计算机集成制造系统】(computer integrated manufacturing system, CIMS) 将分散孤立的纺织自动化系统有机集成而形成的智能化制造系统。在信息自动化与制造技术的基础上,通过计算机技术把分散在产品设计和制造过程中各种孤立的自动化子系统有机地集成起来,形成适用于多品种、小批量生产,实现纺织产品设计制造和企业管理信息化、纺织生产过程控制自动化、纺织装备数字化和纺织咨询服务网络化,全面提升纺织企业的核心竞争力。其主要技术包括敏捷制造、虚拟制造和并行工程。其特点是数字化、精密化、自动化、集成化、网络化、智能化、绿色化和标准化等。

【纺织技术复合化】(compound textile technology) 在纺织的各项操作工序中,将几项技术有机融合和提升的综合系统。不只是几项技术的简单叠加,而是融合和升华。纺织技术在纤维加工、纺纱、织造、印染、整理以及非织造布生产过程中都呈现复合化的趋势,在后整理与非织造布生产中尤为突出,如纺纱的清梳联和细络联等。赛络纺纱技术就是在环锭细纱机上直接纺制股线的方法,省去了单纱络筒、并纱及捻线工序。紧密赛络包芯纺设备实现了紧密纺、赛络纺和包芯纱三合一,直接纺制紧密双股包芯纱。

【纺织品】(textile product) 纺织纤维经过纺织及复制加工、可供直接应用或作进一步加工的制品、半成品。包括纱线、绳索、机织物、针织物和非织造织物等。按其使用领域的不同可分为服用、装饰用和产业用三大类。服用纺织品主要包括制作服装用的面料、辅料和衣着用针织品;装饰用纺织品用于美化生活环境,有窗帘、地毯、床罩、被套、枕套和人造草坪等;产业用纺织品广泛应用于国防、工农业、交通运输业、医疗卫生等行业,如防弹布、枪炮衣、防中子服、降落伞绸、传送带、土工布、医用纱布和人造血管等。

纺织品

【纺织品配额】(quota of textile product) 发达国家限制从发展中国家进口纺织品,保护本国纺织工业的重要非关税壁垒措施。关于纺织品配额的协定一再延长,纺织品配额所约束的范围不断扩大,从开始的棉纺品，增加到合成纤维、丝、麻及多种服装产品。其调节的贸易量已占世界纺织品服装贸易总量的85%。在《多种纤维协定》体制下，中国与美国、欧共体和日本等都签订了纺织品配额的双边协议。在“乌拉圭回合”上达成的纺织品和服装协议，规定逐步取消纺织品配额限制，实现这类商品贸易的自由化。

【纺织品吸湿性】（absorbency of textile） 纺织品对人体排汗的吸收功能。纺织品的重要性能之一。衣着用纺织纤维的吸湿性有一定的要求。一般天然纤维及人造纤维吸湿性较好，合成纤维吸湿性较差。后者不宜制作贴身穿的内衣、内裤。纺织材料的吸湿性用“回潮率”表示。

【纺织企业管理信息系统】（MIS for textile） 利用计算机技术、网络通信技术、管理决策技术等，为管理者提供辅助管理、辅助决策的系统。采用先进、适用、有效的企业管理信息系统，运用于企业管理的各个环节和层次中改善企业的经营环境，降低经营成本，提高企业的竞争能力；在企业的供应链上改善物流、资金流及信息流的通畅程度，使企业面对急剧变化的市场作出准确而快速的反应，满足用户的需求；使企业的各种运行数据更加准确、及时、全面和翔实，使企业领导层对生产、经营决策的依据更充分、更具科学性。

【纺织生产过程自动化】（automation in textile production） 光机电一体化技术、网络技术在纺织产业中的综合应用。其特点是：(1)单机自动化向计算机联网发展，形成完整的纺织数据采集，智能化生产管理系统。(2)采用各种在线检测装置，保证产品质量。(3)纺织工艺参数由计算机设定、显示，操作管理方便和简捷。(4)可编程序控制器的广泛应用，提高了控制的可靠性。(5)采用多电机分部传动、变频调速等，简化了机械传动，提高了控制精度。在纺织各工序已实现自动化的有：抓棉机微机控制、清花异物检测与清除、梳棉机棉结在线检测、梳棉机多电机分部传动、粗纱张力在线检测、细纱机断头和锭速差的在线检测、自动络筒机电子清纱、无梭织机多电机分部传动、电子送经、电子卷取、电子选纬、电子储纬、电子多臂和电子提花等。

【纺织生态学】（textile ecology） 生态学的一个分支。是研究纺织品在生产、消费、废弃整个过程中对人类和自然环境影响的学科。包括纺织品消费生态学、纺织品生产生态学和纺织品处理生态学三个部分。1992年，世界上第一部生态纺织品标准100（Oeko-Tex Standard 100）问世。它标志着纺织生态学正式诞生。

【纺织图案设计系统】（textile pattern design system） 设计纺织图案的计算机辅助系统。有四种方法：(1)徒手绘图。设计系统提供一系列工具，如笔、线型和颜色等，然后通过复制、剪切、粘贴、翻转、放大和缩小等手段，由设计师任意创作。(2)公式生成法。采用某种数学公式或数学规律生成图案。(3)系统提供一些基本几何图形及基本花型，可直接选用或组合选用。(4)输入用户。通过扫描或其他途径得到电子花样图案。

手绘花样

【纺织纤维】（textile fiber） 可以制成纺织品的纤维。长度方向至少为宽度方向100倍的细长物体，是组成纱线或纺织品的最基本单元。按其来源的不同可分为天然纤维和化学纤维两大类。自然界中的纤维材料很多。纺织纤维需具备下列要求才可用来纺纱织布：(1)纤维的长度和细度要适合纺织加工的工艺要求，不仅能相互抱合成纱，而且还要求柔软并具有一定的弹性。(2)纤维具有一定的物理力学性能，能承受一定限度的拉伸、扭转、摩擦等强力作用。(3)纤维还要具有一定的化学稳定性，对光、热、酸和碱等有一定的抵御能力。此外，现代纺织工业所需的纺织纤维，根据用途，对吸湿性、保暖性、可染性、光泽、色泽、耐磨性、耐热性和导电性以及经济性等有不同要求。

【放大电路】（amplifying circuit） 一种能通过有源器件的控制作用，使输出信号的波形按照输入信号的波形加以放大的电路。其核心是晶体管、电子管和以晶体管放大电路为基础的集成电路等有源器件。为了实现放大功能，还必须给放大电路提供直流电源。功率放大作用实质上是把直流能量转移给输出信号。输入信号的作用是控制这种转移。电信号的放大是电子电路的基础之一。集成放大电路的应用，加速了电子设备以及电子电路小型化和微型化的进程。

【放电工作液】（discharge dielectric） 电火花加工中使用的一种液体绝缘介质。具有绝缘、冷却和排除加工屑末的作用。对加工速度和表面质量也有影响。它依靠工作液循环系统来保证在放电加工过程中的过滤与循环。常用的放电工作液有煤油、去离子水和乳化液等。

【放电间隙】(spark gap) 又称放电初始间隙。电火花成形加工开始放电时两电极间的距离。根据加工材料和粗精加工的不同情况,要实现正常加工,必须选择适当的放电间隙。间隙太大则放电停止;间隙过小则易短路。放电间隙是加工电路的一部分。放电电阻是随时间变化的。在放电间隙中,充满了具有绝缘刚度的放电工作液。

【放顶】(caving the roof) 通过移架或回柱缩小工作空间宽度使采空区悬露顶板及时垮落的作业。为了减小工作空间的压力,保证回采工作的正常进行,当工作面推进一定距离后,除了保证正常回采所需要的工作空间用支柱支护外,将其余采空区中的支柱全部撤除,使顶板崩落下来的岩石充填采空区,使采空区暴露面积减少。当工作面推进两次后,工作空间达到允许的最大宽度(称为最大控顶距),如工作面继续向前推进,就会使顶板悬伸宽度及顶板压力过大,需要及时回柱放顶,使工作空间只保留回采工作所需要的最小宽度(称为最小控顶距),工作空间以外的顶板任其自由冒落。工作空间由最小控顶距开始达到最大控顶距,再经回柱放顶使工作空间恢复到最小控顶距,称为一个放顶循环。

【放射病】(radiation sickness) 由放射线造成的损伤。X射线与原子核蜕变过程中放射出的α、β、γ射线,是带有一定能量的带电或不带电粒子或光子。当作用于人体时,就会与生物大分子和水分子发生能量传递和吸收,引起分子激发和电离、化学键断裂和生成自由基等,从而造成组织细胞损伤,产生不同程度的临床症状,甚至造成遗传性危害。

【放射虫岩】(radiomite) 主要由放射虫介壳组成的一种硅质岩。有硅藻、海绵骨针、有孔虫等遗体,且常有黏土、方解石、海绿石、碎屑石英混入物。未固结疏松的称为"放射性软泥"。常形成于热带远洋沉积环境中。

显微镜下的放射虫岩

【放射毒理学】(radiotoxicology) 又称放射性核素毒理学。毒理学的一个分支。主要研究天然放射性核素和人工放射性核素的吸收途径、体内分布、代谢和排泄规律,对机体所致生物学效应,特别是辐射对生殖、遗传物质的损伤、近期和远期效应,即致突变性、致畸性、致癌性及促排药物等的一门学科。是放射医学的组成部分。进行实验研究、人体效应观察和流行病学调查,为提出接触放射性核素的安全剂量及卫生标准,并为核医学、放射化学的应用及核动力的利用中防止放射性核素的污染,提供防护、急救和治疗措施。

【放射分析化学】(radioanalytical chemistry) 又称核分析化学。利用放射化学技术和核辐射测量方法研究元素和核素特征,或直接研究放射性元素和核素的学科。其常用的方法有:(1)放射性同位素作指示剂方法,如放射分析法、放射化学分析和同位素稀释法等。(2)以适当种类能量的粒子轰击样品,探测样品中放出的各种特征辐射的性质和强度的方法,如活化分析、粒子激发X射线荧光分析、穆斯堡尔谱、核磁共振谱、正电子湮没和同步辐射等。它主要以放射化学和核物理为基础。与以原子特性为依据的常规分析化学相比,具有灵敏度高、特效性强、基体效应小和准确度好等优点,具有重要应用价值。

【放射化学】(radiation chemistry) 研究放射性物质的性能及其应用的学科。其主要研究内容是:(1)天然放射性元素的分布、分离、纯化和富集等。(2)人工放射性元素的生成。(3)放射性元素及其化合物的性质和应用等。

【放射免疫测定】(radioimmunoassay, RIA) 一种可用于测定任何微量的具有抗原或半抗原性生物活性物质的测定技术。已广泛应用于内分泌学及生殖生理学、生物化学、分子生物学、药理学、免疫学、微生物学、肿瘤学,为科学研究及临床诊断提供了有力的辅助手段。该技术目前可检测500多种物质,包括激素类、酶类、非激素类蛋白质、抗体及其他免疫相关物质、药物与毒物、病原体等。1971年起以甲胎蛋白对原发性肝细胞肝癌的早期诊断为契机,开始进入临床实际应用阶段。发展至今已有近数百种试剂盒。RIA的理论技术基础是利用物理学检测放射性核素的灵敏度和抗原抗体反应本身所固有的特异性。建立RIA方法的条件包括:抗原和抗体的制备,标记和选择包括B、F分离方法在内的最适反应体系。应用于标记的放射性核素有^{3}H、^{14}C、^{125}I和^{131}I等。其中放射性碘最为常用。其优点是,在单位时间内放射性衰变远比^{3}H和^{14}C快,且标记方法相对比较简单;在衰变过程中放出γ线,还可用于放射自显影测定。

【放射免疫显象】(radioimmunoimaging, RII) 将针对肿瘤相关抗原的特异性抗体用放射性核素标记后注入人体，随血流到达肿瘤组织，与肿瘤细胞的相关抗原结合，从而使肿瘤组织局部放射性浓聚超过正常组织，然后用体外显象技术获得的肿瘤阳性显象图。不仅用于肿瘤定位，也用于心肌梗塞诊断、血栓定位和炎症定位。

【放射性】（radioactivity） 某些元素自发地放射出射线的现象。放射的有 α 射线、β 射线和 γ 射线，有的会放射质子、中子等其他粒子。能自发地放出射线的元素称为放射性元素，也称不稳定元素。自然界存在的元素的放射性称为天然放射性，而通过核反应由人工制造出的放射性成为人工放射性。放射性由原子核内部的性质的变化所引起所。放射性在工业、农业和医疗方面都有广泛的应用。人类和其他生物受到过量的放射性辐射，可能引发疾病。

【放射性防护】（radioactive protection） 为避免或减弱放射性物质及其辐射伤害人体或其他对象而采取相应的防护措施。放射性物质对人体的损害有：（1）进入人体内引起的生物化学毒害。（2）内、外照射引起的损伤。内照射防护主要是采取措施阻隔放射性物质进入人体的各种途径。外照射防护主要是缩短受照时间，尽量远离辐射源和采取屏蔽措施。

【放射性防护剂】（radioprotective agent） 用于预防、减轻辐射损伤或对损伤有治疗作用的药物。使用该防护剂可有效清除辐射产物游离自由基、补给氢原子或减慢辐射损伤反应而使组织修复。放射性防护剂主要有：（1）含硫化合物，如半胱氨酸、半胱酸和硫脲等。（2）含硒化合物，如2-氨乙基乙硒脲和硫脲的硒类化合物。（3）雌激素或生物氮。（4）中草药，如类黄酮化合物和人参提取物等。绿茶也有一定的抗辐射效果。有些放射防护剂能减轻肿瘤放射治疗时对正常组织的损伤。

【放射性肺炎】（radioactive pneumonia） 由于肺癌、食管癌、纵隔恶性肿瘤、乳腺癌或胸部其他恶性肿瘤经放射治疗后，在放射野内正常肺组织受到损伤而引起的炎症反应。轻者无症状，炎症可自行消散；重者肺脏发生广泛纤维化，导致呼吸功能损害，甚至呼吸衰竭。患者多于放射治疗2～3周出现症状。常有刺激性干咳，伴气急、心悸和胸痛。气急随肺纤维化而进行性加剧。体检见放射部位皮肤萎缩、变硬，肺部可闻及干湿啰音和摩擦音。最后可导致肺动脉高压及肺源性心脏病。

【放射性废水】（radioactive wastewater） 含有放射性核素或被放射性核素污染、其浓度或活度大于国家审管部门规定的清洁解控水平的排放废水。主要来自核燃料生产、加工，同位素应用，核电站，核研究机构，医疗单位和工厂排出的废水。按废水所含放射性浓度的不同可分为高水平、中水平与低水平放射性废水；按所含射线种类的不同还可分为 α、β、γ 三类废水。国际原子能机构（IAEA）建议按放射性浓度水平将放射性废水分为五类，处理方法及处理装置屏蔽要求见附表。放射性不能用一般的物理、化学和生物方法消除，只能靠放射性核素自身的衰变缓慢减少。处理按照两个基本原则：（1）将放射性废水及其浓缩产物与人类的生活环境长期隔离，任其自然衰变。这一原则对高、中、低水平放射性废水都适用。（2）将放射性废水排入水域（如海洋、湖泊、河流、地下水），通过稀释和扩散达到无害水平。这一原则主要适用于极低水平放射性废水的处理。

放射性废水分类表

类别	水平	放射性比强(Bq/L)	推荐处理方法	处理装置屏蔽要求
A	极高	$>3.7\times10^{11}$	蒸发浓缩后储藏，需要冷却	需要
B	高	3.7×10^{11}～3.7×10^{6}	蒸发	需要
C	中	3.7×10^{6}～3.7×10^{4}	蒸发、离子交换、化学沉淀	有时需要
D	低	3.7×10^{4}～3.7×10^{2}	离子交换、化学沉淀	不需要
E	极低	$<3.7\times10^{1}$	可排于水体或稀释后排放	不需要

【放射性监测】（radioactivity monitoring） 又称辐射监测。全称为放射性物质监测。对环境中放射性核素放射出的射线强度和放射性污染状况进行测量及对测量结果进行分析和解释的过程。应在辐射源的设施边界以外环境中进行。分为工作场所监测、流出物监测、个人监测、应急监测、污染源监测和本底监测（本底调查）等。

【放射性监测器】（radioactivity detecter） 用以检测放射性元素标记样品浓度的仪器。检测器中有一个闪烁器，其中充填有闪烁物质（如 CaF_2、蒽、芪和二苯芪等）。其工作原理是：当流动相中的放射性溶质与闪烁物质接触时，由于 β 射线的作用，闪烁物质产生光脉

放射性监测器

冲，被其中的光电倍增管接受。产生的电信号与样品中放射性物质的含量成正比。据此可计算出放射性物质的浓度。

【放射性污染】(radioactive pollution) 由于放射性物质泄漏或流失而造成的污染。放射性元素的原子核在衰变过程中产生 α、β 和 γ 射线，能杀死生物体的细胞，妨碍正常细胞分裂和再生，引起细胞内遗传信息的突变。造成放射性污染的物质称为辐射源。受放射性污染的人在数年或数十年后，可能出现癌症、白内障、失明、生长迟缓和生育力降低等远期效应，还可能出现胎儿畸形、流产和死产等。

【放射性污染防治】(radioactive contamination prevention and treatment) 对放射性污染物质防治的相关规定和技术方法。主要有：(1)使用中的防护。放射性物质产生的辐射超过一定剂量就危害人体健康。用一定厚度的铅板或混凝土等封闭放射性物质，就可以阻隔这种辐射。在核电站或使用放射性物质的工业、医疗和科研等部门，只要按照规定操作和管理，就可避免或减轻危害。(2)废弃物的处理。放射性物质的废弃物不论是气态的、液态的或是固态的，都要储放到辐射低于一定水平后，才准许进入环境。为便于储放，常进行浓缩处理。浓缩的废气和废液还须进行固化处理，以便处置。

【放射性污染源】(source of radioactive pollution) 造成放射性污染的放射性废弃物。主要包括：在采矿、冶炼、核燃料加工中排出的含放射性物质的气体和废水；核反应堆在运行中排出的放射性气体以及废水、废物；医学、科研、工农业在应用放射性同位素时排出的放射性物质。

【放射性元素】(radioactive element) 能够自发地从原子核内部放出 α、β、γ 等射线，同时释放出能量的元素。镭、钷和钋，以及元素周期表中钋(原子序数 84)以后的所有元素都具有放射性。放射性元素多为人工合成，只有铀、钍、镭、氡等为天然存在。放射性元素最早应用于医学和钟表工业，后来扩展到核工业和其他工业以及农业、石油、食品加工等领域。

【放射性沾染防护】(defense against radio active contamination) 对核爆炸形成的放射性沾染采取的防护措施。核防护的重要内容。目的是避免或减轻放射性物质通过体外照射、体内沾染、皮肤沾染的方式对人体引起伤害。防护放射性沾染的主要措施为：(1)查明沾染区情况。核爆炸后，迅速组织预测，并对人员活动的地区进行辐射侦察，查明沾染范围和照射量率(或吸收剂量率)分布情况。(2)要避开在沾染区或高照射量率地区行动。部队的行动应力求绕过沾染区，推迟进入沾染区的时间，尽量避开高照射量率地段。(3)缩短在沾染区的时间。通过沾染区时尽量乘坐车辆，在沾染区内执行任务时尽量缩短停留时间。(4)控制吸收剂量。对在沾染区行动的人员，规定所能承受的吸收剂量，并严格组织剂量监督，必要时可组织换班。(5)用屏蔽物防护。充分利用工事、建筑物、山洞等进行防护，以减少 γ 射线的照射。(6)防止体内或体表沾染。及时穿戴个人防护器材，尽量不在沾染区内喝水、吸烟、进食或随意坐卧，避免接触沾染物体，防止放射性灰尘沾染伤口，并防止食物、饮水遭受沾染，对于可能受染的食物，饮水须经严格检验或处理后方可食用。(7)组织沾染检查。对撤离沾染区的人员、武器装备等，进行沾染检查，以便确定是否沾染或沾染是否超过控制水平。(8)消除沾染。受染的人员、服装、武器装备等离开沾染区后，尽快进行洗消。人员经常活动的沾染地面，可用铲除或扫除的方法除去地表层的放射性灰尘，水泥或沥青地面，则可用高压水柱冲洗。(9)服用预防药。进入沾染区执行任务的人员，可预先服用抗辐射药，以减少放射性物质在体内的存留量。

【放射治疗】(radioactive therapy) 利用放射线治疗机或加速器产生的 X 射线、电子线、中子束、质子束及其他粒子束等治疗恶性肿瘤的一种方法。为癌症治疗中的最重要手段之一，几乎可用于所有的癌症治疗。对许多癌症患者而言，放射治疗是唯一必须用的治疗方法。按放射治疗形式的不同可分为：(1)体外放射治疗。就是仪器位于人体外，直接把高能量射线照在肿瘤部位。大多数病人在医院接受的都是这种放射治疗。(2)体内放射治疗。将放射源密封植入肿瘤内或靠近肿瘤。有时，当手术切除肿瘤后，把放射源放在切口处，用来杀死残存的癌细胞。另外一种体内放疗是将未密封的放射源通过口服或静脉注入人体内进行治疗。某些病人需接受两种形式的放射治疗。放射治疗最常见的不良反应是疲劳、皮肤变化和食欲不振。其他副作用通常与接受治疗的部位有关，如对头部进行放疗后，会引起脱发。

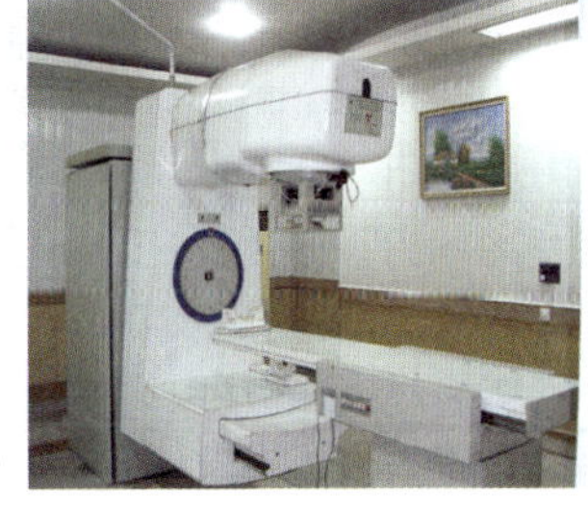
放射治疗仪

【放射自显影术】(autoradiography) 用放射性元素来研究标记化合物在体内、组织或细胞中的分布与代谢径路的技术。其工作原理是:将放射性同位素或放射性同位素标记物导入生物体内(或加入培养基中),间隔一定时间取材制成标本(如切片),在暗室中于标本上面涂以液体原子核乳胶,置暗处曝光。数日后再经显影和定影处理,或经染色后用光镜观察,在放射性同位素或其标记物存在的部位,溴化银被还原成黑色的微细银颗粒。在生物学研究中,常用的放射性同位素主要是能产生能量低、射程短、电离作用强的β射线的物质,如^{3}H、^{14}C、^{32}P、^{35}S、^{125}I、^{45}Ca或其他化合物。例如将^{125}I注入体内,可观察碘在甲状腺内的碘化部位及过程;把^{3}H标记的胸腺嘧啶苷或氨基酸注入体内,可以研究细胞内DNA合成及蛋白质合成及其代谢过程。

【放线菌病】(antinomycosis) 由放线菌引起的慢性化脓性疾病。病变好发于面颈部及胸腹部。以向周围组织扩展形成瘘管并排出带有硫磺样颗粒的脓液为特征。发生在人体最常见的病原菌是以色列放线菌。此菌为厌氧菌,革兰染色阴性。很多人口腔内存在此菌,可侵及涎腺。发病年龄主要在20~50岁,男性常为女性的2倍。早期症状为涎腺局部出现无痛性小肿块,肿块不活动。很快有脓肿形成,与周围正常组织无明显界限。炎症继续发展,脓肿逐渐破溃。肉眼或取脓液染色检查,均可查见“硫磺颗粒”。破溃排脓后的炎症浸润灶,不久就在其周围又形成新的结节和脓肿。脓肿互相沟通,形成瘘道而转入慢性期。以后还可急性发作,出现急性蜂窝组织炎的症状。这种急性炎症与一般炎症不同。虽经切开排脓,炎症可有好转,但放线菌病的局部板状硬肿胀不会完全消退。愈合后留下紫红色萎缩性疤痕。其治疗以抗生素及切开排脓为主。由于放线菌是厌氧性细菌,近年来应用高压氧治疗该病,对抑制其发展起到较好的作用。

【飞火】(spotting fire) 由上升气流将正在燃烧的可燃物带到空中飘撒到其他地区的一种火源。当森林火灾发生时,在一定条件下,火场可以形成强大的对流柱,被对流气流卷扬起来的未燃尽的燃烧物(树皮、树叶、木材屑块等)在风力和重力的作用下,将运动到主要火线以外引发新的火源。飞火是一个偶然事件。由于飞火的存在,使实际森林火灾过程中的火焰传播速度常常大于由经验预测的火灾蔓延速度。飞火在火线前部形成的火源常常使消防人员陷入火海之中。在中国大兴安岭1987年发生的特大森林火灾时,飞火在加速火灾蔓延中起了重要的作用。

森林飞火

【飞机】(aeroplane) 由固定翼产生升力、由推进装置产生推(拉)力、在大气层中飞行的重于空气的航空器。主要由机身、机翼、机尾、动力装置、操纵装置和起落装置组成。按其用途的不同可分为军用和民用;按其动力装置的不同可分为活塞式、螺旋桨式和喷气式;按其起降场所的不同可分为陆上、船上、水上和水陆两栖;还可以按不同的标准分出旋翼飞机(直升级)、固定翼飞机、无人驾驶飞机等。自1908年美国莱特兄弟研制并试飞成功世界上第一架飞机以来,飞机的发展十分迅速,应用也日益广泛。

【飞机播种】(seeding by plane) 又称飞播造林、飞播。在飞机上安装播种器,利用飞机在飞行中撒播种子的一种造林方法。其优点是:速度快,工效高,成本低,应用于交通不便、人烟稀少,其他造林方法难以实行的边远山区和荒野。其缺点是:落种不均匀,形成的幼林常稀密不均,用种量过大。飞播造林不但要做好规划设计,还要考虑下述环节:(1)播区选择。中国飞播造林效果比较好的播区,大多分布在东半部年降水量500mm以上的湿润和半湿润地区。半干旱地区和干旱地区效果甚微。(2)树种选择。首先考虑本播区的乡土树种,但乡土树种不一定都适于飞播。为适应飞播后不覆土的条件,选用的树种应具有吸水快、需水少,发芽、扎根迅速的能力。同时飞播造林面积大,用种多,要有充足的种子来源。中国试用于飞播的树种近30个,但飞播效果好、成林面积大的只有马尾松、云南松、油松三个。其他如高山松、思茅松、华山松、黄山松等也较适于飞播。(3)飞播季节。中国主要飞播地区的适宜播期大致为:广东、广西南部山地为1~2月,福建、广西北部山地为2~3月,浙江、四川东部、湖北西部山地为3~4月,云南东南部、四川东北部、秦岭、巴山山地为4月,广西西部、贵州南部及东南部山地为4~5月,云南西北部、四川西南部山地为5月中旬至6月上旬,陕西北部黄土高原,河北山地为6月下旬至7月上旬。(4)播后管护。播后播区严格封禁3~5年,应有组织地割去柴草,并进行适当的抚育管理。

飞机播种

【飞机空气动力特性】(aerodynamic characteristics of airplane) 气流绕经飞机时所产生的空气动力、空气动力力矩和表面压力分布随飞机外形和飞机在大气中的运动(包括马赫数、雷诺数、迎角、侧滑角、旋转角速度等)而变化的规律。飞机的空气动力布局由机翼、机身、安定面、操纵面和容纳发动机的短舱(包括进气道和喷管)等部件的外形和它们的相对位置所决定,因而飞机的空气动力特性就是这些部件的空气动力特性和部件之间的空气动力干扰的合成。飞机的空气动力外形和空气动力特性还受到其他因素(如结构、材料、发动机和电子设备等)的约束。为实现最佳的经济效益或作战效果,不同用途的飞机有不同的空气动力特性。

【飞机空气调节系统】(aircraft air condition regulating system) 又称飞机环境控制系统。根据各种飞行条件,使飞机座舱(或设备舱)内空气的压力、温度、湿度、洁净度及气流速度等参数适合人体生理卫生要求,保证乘员生命安全、舒适,满足设备冷却、增压要求和设备正常工作的成套设备。调节系统由气源、冷却、加温、温度调节、压力调节、湿度调节和空气分配等分系统组成。该系统自20世纪30年代出现以来,经历了不断的完善和进步。随着飞机性能和承载能力的提高,调节系统也显得日趋重要。电子技术的发展和电子设备数量的增加,为系统性能进一完善提高提供了可能。系统的控制从单参数控制发展到多参数综合优化控制,在先进的大中型客机上空气调节控制已经与机载计算机联网,实现智能数字化 。

【飞机跑道】(airport runway) 供飞机起飞时加速和着陆时减速滑跑用的带状地面。是航空港的组成部分之一。运输机用的跑道大多设有铺筑面。为了保证飞机在接地过早、滑出跑道或中断起飞时的安全,跑道两侧设有道肩和侧安全道,跑道两端设端安全道。这些设施和跑道一起组成升降带。跑道的方位主要是根据当地风的恒风向和附近障碍物的位置确定的。跑道按道面结构的不同可分为土质的、草皮的和人工铺筑的三种。土质道面的跑道和草皮道面的跑道多供农用飞机季节性临时性使用或班次较少的地方航线的小型飞机使用。飞机跑道按性质的不同可分为柔性道面和刚性道面两种。柔性道面多指沥青胶结粒料道面,刚性道面是指混凝土或钢筋混凝土道面。根据机场是否拥有仪表着陆系统,跑道可分为仪表跑道和非仪表跑道。仪表跑道按设备的精密程度的不同又可分为非精密近跑道和一类、二类、三类精密近跑道。

飞机跑道

【飞机签派】(aeroplane dispatch) 对航空公司飞行器调配、放行的组织安排。由航空公司飞行中心负责。主要任务是根据运行计划合理地组织航空器的飞行,保持航班正常状态。

【飞机识别标志】(identification mark on aircraft) 飞机所属国籍或团体的标志。军用飞机以国旗或军徽为识别标志。如中国人民解放军空军飞机的识别标志为内有金色“八一”两字的红五星军徽,两侧辅以两根红色长条。1919年在巴黎签订的《关于航空管理的公约》对签约国的民航飞机规定了国别代号。1944年在芝加哥签订《国际民用航空公约》时,又作了修订。美国的代号为N,英国的为G,法国的为F,日本的为JA,中国的为B等。除国籍识别标志外,军用飞机还有航空队标志、战功标志和飞行员的专用飞机标志;民航飞机还有航空公司标志和编号标志以及应急、救护等小标记。飞机的识别标志并非一成不变,往往因所属国的政体改变或其他需要,时有更改。

【飞机推进系统】(aircraft propulsion system) 利用反作用原理为飞机提供推力的装置。推进系统驱使一种工质沿与飞行相反的方向加速流动,并对工质施加一个作用力,其大小等于工质质量与工质在推进系统内加速度的乘积。根据牛顿作用力等于反作用力的原理,工质就对推进系统施加一个反作用力来推动飞机运动。这个反作用力就是推力,也称为反作用推力。推进系统产生推力必须要有能源和工质。飞机可利用的能源有化学能、太阳能和核能等。目前广泛应用的是化学能源,如汽油和航空煤油等碳氢燃料。推进系统的工质主要是空气,在使用化学能的情况下,空气与化学燃料掺混燃烧产生燃气,所以燃气也是工质。飞机推进系统按其组成和工作原理的不同可分为:(1)直接反作用推进系统。该类推进系统中发动机直

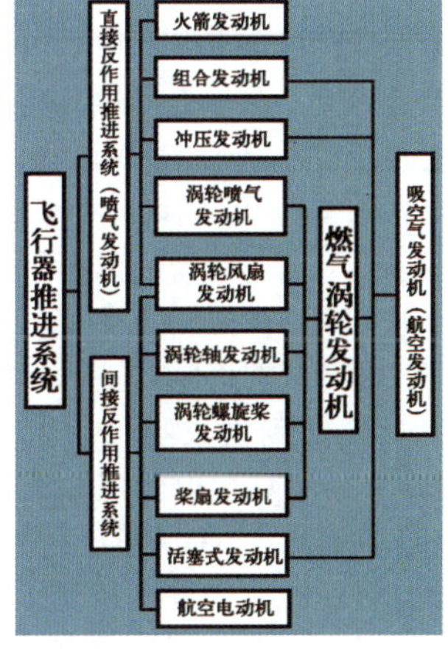

飞机推进系统

接将工质加速产生反作用推力。属于这一类的发动机有涡轮喷气、冲压和火箭发动机。涡轮风扇发动机因有一部分推力甚至是相当大一部分推力是由风扇产生的。因此，它是介于直接反作用式和间接反作用式之间。(2)间接反作用推进系统。该类推进系统中发动机只将燃料化学能转换成有效功率，以轴功率形式输出，发动机与推进器组合在一起构成推进系统，推力则要靠专门的推进器产生。属于这一类的发动机有活塞式、涡轮螺旋桨、桨扇和涡轮轴发动机。如上所述，风扇发动机特别是大涵道比风扇发动机也可划为这一类型。某些飞机要求短距起降或垂直起降。这些飞机短距或垂直起降的能力来自喷气发动机的喷射气流或将螺旋桨后的气流向下折转产生的向上的推力即升力。这类飞机推进系统的发动机称为升力发动机。

【飞马座】(Pegasus) 北天中纬度主要星座之一。位于宝瓶座和双鱼座以北。中心位置：赤经22时44分，赤纬+21°，面积约1 121平方度。座内有亮于四等的星15颗，但最亮只有3颗三等星。它们与仙女座α星构成一个巨大的正方形，出现于北半球秋季黄昏中纬度天顶上。

【飞马座运载火箭】("Pegasus" carrier rocket) 一种采用高能固体推进剂、惯性制导和全复合材料结构的三级有翼运载火箭。世界上第一种从飞机上发射的商业运载火箭。火箭全长15.5m，直径1.27m。在火箭中部有一对翼展为6.7m的三角形翼，尾部有三个翼展为1.5m的尾翼，可提供垂直和水平伺服控制。它是采用石墨纤维复合材料制成的轻型火箭，其起飞质量18 500kg，可将质量288 kg的有效载荷送入地球静止轨道，或把200 kg的卫星送入463km高的极轨道。1990年4月5日首次成功发射。至1999年4月已经发射26次。

【飞秒化学】(femtochemistry) 物理化学的一个分支。在分子反应层次上，研究在极短的时间内化学反应过程和机理的学科。这一领域涉及的时间间隔短至约10^{-15}秒，即1飞秒。1999年诺贝尔化学奖获得者艾哈迈德·泽维尔是飞秒化学的创始人。他应用超短激光(飞秒激光)闪光成相技术观测到分子中的原子在化学反应中如何运动，首次成功发现了从反应物到生成物过程中中间体的存在。比如$H+CO_2 \rightarrow CO+OH$反应中经历了一个相对长的HOCO状态。飞秒化学已经渗透到许多领域，如分子束、表面化学(如解离和改良催化剂)、液体和溶剂、聚合物(如导体材料)、生命科学等。它有助于人们理解和预期重要的化学反应，为整个化学及其相关科学带来了一场革命。

【飞模】(flight mode) 可以借助起重机械从已浇筑完混凝土的楼板下吊运转移到上层并能重复使用的模板。主要由平台板、支撑系，如包梁、支架、支撑、支腿等和其他配件，如升降和行走机构等组成，适用于大开间、大柱网、大进深的现浇钢筋混凝土楼盖施工，尤其适用于现浇板柱结构楼盖的施工。飞模用于现浇钢筋混凝土结构标准层楼盖的施工，楼盖模板一次组装，重复使用，减少了逐层组装，简化了模板支拆工艺，加快了施工进度。由于模板可以采取起重机械整体吊运，逐层周转使用，不再落地，减少了临时堆放模板场地的设施，尤其在施工用地紧张的闹市区施工更具优越性。

【飞沫传播】(droplet infection) 病人喷出的飞沫直接被他人吸入而引起感染的现象。对外环境抵抗力较弱的病原体，如脑膜炎双球菌、流感病毒、百日咳杆菌等，常以此方法传播。

【飞艇】(airship) 有推进装置、以流线型气囊提供浮力支持其重量、并轻于空气的可控制的航空器。主要由动力装置、吊舱、舵面和巨大的艇体组成。艇体的气囊内充满密度小于空气的气体(氢气或氦气)以产生浮力使飞艇升空。飞艇的出现远早于飞机，但在20世纪30年代由于相继失事而停止发展。进入20世纪70年代，高分子化纤技术、发动机技术和自动控制技术的高速发展，不少国家又开始研制现代飞艇，用于经济建设的一些部门。

飞艇

【飞温】(temperature runaway) 反应器温度随操作参数微小扰动而大幅度上升的现象。是由于反应系统在操作条件下处于多态状况所致，在很大程度上是由反应热效应与传热过程的相互作用产生的。它常导致正常运转的破坏，甚至把催化剂烧毁。可以通过理论分析或在反应器上加装温控装置加以防止。飞温的处理方法是：加大压缩机负荷，增加循环氢量，用氢气将反应热从反应器中带走，使温度降下来。

【飞蚊症】(spotted vision) 又称玻璃体混沌、玻璃体浮物。由玻璃体变性引起的玻璃体内的不透明物体投影在视网膜上产生的眼前见黑点飞舞犹如飞蚊的眼部疾病。是玻璃体混浊的自觉症状。是一种自然老化现象。在光线明亮或白色背景衬托下，更为明显。敏感的人甚至可以描绘出它们的各种不同形状。飞蚊症可分为生理性和病理性两种。很多飞蚊症长时间存在,不影响视力。经检查没有眼部器质性病变,这类飞蚊症是良性的,称生理性飞蚊症。大约有80%的飞蚊症由玻璃体纤维液化形成,属生理性飞蚊症。近视眼患者所感到的飞蚊症,常与玻璃体液化变性有关。有些老年人眼前突然出现一二个黑影而不伴其他症状,往往由于玻璃体后界膜脱离引起,一般没有多大危害。但如突然出现大量黑点,可能是视网膜血管破裂出血或视网膜裂孔形成的。这是视网膜剥离的先兆,应进一步详细检查眼底。在脉络膜发炎时,许多炎性细胞或渗出物可以进入玻璃体内,是病理性飞蚊症的常见原因。但往往因为同时存在视力障碍而不易觉察。飞蚊症常发生于40岁以上的中老年人、高度近视眼患者,以及白内障手术后患者。其他如眼内发炎或视网膜血管病变患者,也会形成此病。

【飞信】(fetion) 中国移动推出的可以实现即时消息、短信、语音、GPRS等多种通信方式的一项业务。实现无缝链接的多端信息接收,随时随地都可与好友保持畅快有效的沟通。不仅具备聊天软件的基本功能,而且可以通过PC、手机、WAP等多种终端登录,实现PC和手机间的无缝即时互通,保证用户能够实现永不离线的状态。同时,飞信所提供的好友手机短信免费发、语音群聊超低资费、手机电脑文件互传等更多功能,令用户在使用过程中产生完美的产品体验;能够满足用户以匿名形式进行文字和语音的沟通需求,在真正意义上为使用者创造了一个不受约束、不受限制、安全沟通和交流的通信平台。不但可以免费从PC给手机发短信,而且不受任何限制,能够随时随地与好友开始语聊,并享受超低语聊资费。实现无缝链接的多端信息接收,MP3、图片和普通OFFICE文件都能随时随地任意传输。

【飞行包线】(flight envelope) 以飞行速度(或马赫数)、高度和过载等飞行参数为坐标,以不同飞行限制条件(如最大速度、最小速度、最大过载、升限等)为边界所画出的封闭几何图形。如对于某一种飞机,以速度作为横坐标,以高度作为纵坐标,把各个高度下的速度上限和下限画出来,就构成了一条封闭的边界线,即飞行包线。飞机只能在这个线确定的范围内飞行。由于不同类型飞机所受的飞行限制条件不同,其飞行包线也各不相同。同一类型的飞机由于要完成的任务不同(如外挂不同),也会有不同的飞行包线。

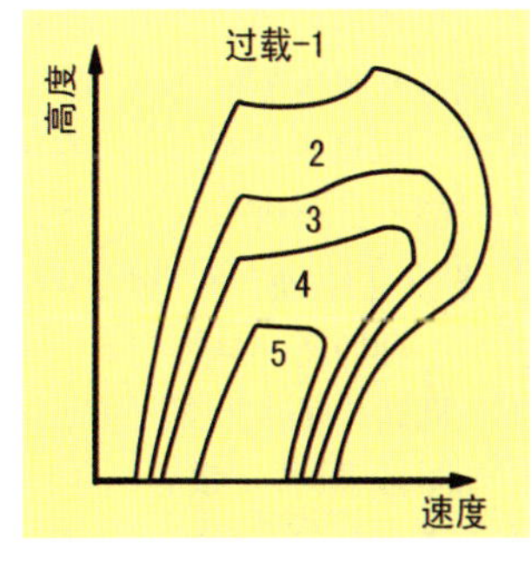

飞行包线

【飞行边界控制系统】(flight boundary control system) 航空器作大机动飞行时,能自动地对一些重要状态变量的极限值加以限制的控制系统。目的是防止航空器结构应力过大和失速,确保航空器的结构安全和飞行的舒适性。飞行边界控制系统是现代航空器必不可少的安全防护系统。

【飞行参数记录器】(flight data recorder) 又称飞行记录器。用以记录飞行器在飞行过程中多种飞行数据的仪器。所记录的数据可用于事故分析、视情维修和飞行试验等。

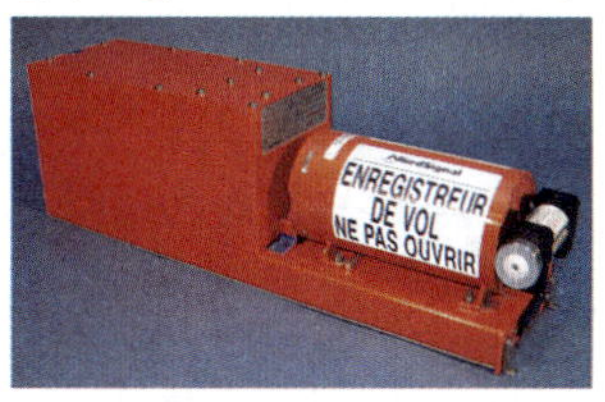

飞行参数记录器

【飞行环境】(flight environment) 飞行器周围的空间环境。包括大气密度、压强、温度、磁场强度、环境辐射、电离状态等。飞行环境对飞行器的结构、材料、机载设备和飞行性能都有着非常重要的影响。只有了解和掌握了飞行环境的变化规律,并设法克服或减少飞行环境对飞行器的不利影响,才能保证飞行器安全可靠地飞行。飞行环境可分为大气飞行环境和空间飞行环境。

【飞行环境控制系统】(environmental control system) 在各种飞行条件下,使座舱(或设备舱)内空气压力、温度、湿度、洁净度及气流速度等参数适合人体生理卫生要求、保证乘员生命安全舒适(或满足机载设备冷却、增压要求)的成套设备。常用的载人航天地面模拟设备有三类:(1)针对航天中所遇到的特殊环境进行模拟的设备。(2)为航天员训练航天作业所用的各种飞行模拟器。(3)建立各种舱体,内有模拟航天器内部环境的模拟设备。

【飞行控制系统】(flight control system) 又称飞控系统。以航空器为被控对象的控制系统。分人工飞行控制(操纵)与自动飞行控制系统。其主要目的是稳定和控制航空器的姿态和航迹运动。系统的核心是导航系统。它代表着控制系统的水平。目前的主要导航方式有位置捷联惯性导航、速率捷联惯性导航和平台计算机惯性导航等。

【飞行模拟器】(flight simulator) 在训练中飞行员用来模拟飞行的装置。配备有与飞机一样的驾驶舱,并给飞行员提供有关飞行中所体验的视野、声响、动作的实况仿真。分地面和空中两种。前者是地面飞行模拟设施的总称。它比空中飞行模拟器经济性好、安全性强，并不受气象条件限制，但很难在地面上造就非常逼真的“飞行”条件。按其功能的不同还可以分为工程飞行模拟器、研究用飞行模拟器和训练飞行模拟器。后者又称“空中飞行模拟试验机”。它实质上是一个实现空中飞行模拟的通用飞行实验平台，比地面模拟有更多的优点，特别是在运动、视觉、感觉和飞行心理方面更为突出。但其经济性、安全性和使用率都不如地面模拟高。

飞行模拟器

【飞行器动态特性】(dynamic characteristics of flight vehicile) 飞行器的稳定性和操纵性。即飞行器保持和改变原有飞行状态的能力。如飞行器对突风扰动的反应，对驾驶员操纵动作的反应等。飞行器的稳定性又称飞行器的安定性，是飞行器在扰动运动中保持原飞行状态的能力，即飞行器在扰动下偏离其平衡状态时的基准运动，但在引起偏离的扰动停止作用后，飞行器的运动特征参数可恢复到它在基准运动时的数值的特性。飞行器的操纵性是飞行器以相应的运动反应驾驶员或自动器有意施加于操纵机构的动作(包括行程和作用力)的能力。这里的操纵机构包括各个操纵面(如飞机的升降舵或全动平尾、副翼和方向舵等)和发动机油门等。飞行器的稳定性和操纵性之间有密切的和对立统一的关系。研究飞行器的稳定性和操纵性是飞行器飞行动力学的一个重要组成部分。

【飞行器发动机】(aircraft engine) 安装在各种飞行器上的动力装置。种类很多，用途也各不相同。按其发动机产生推力工作原理的不同可分为：(1)活塞式发动机。(2)空气喷气发动机。(3)火箭发动机。(4)组合发动机。飞行器发动机是飞行器的动力源，相当于飞行器的心脏。它的性能对飞行器的发展有重要影响。飞行器发展的每一个里程碑都与发动机的发展直接相关。

飞行器发动机

【飞行器机动性】(maneuverability) 飞行器单位时间内改变飞行状态(飞行速度、飞行高度和飞行方向)的能力。飞机的机动性与发动机的推力、飞机的翼载荷、大迎角空气动力特性、结构允许的过载数等有关，也与飞机的操纵性能紧密相关。按改变飞行状态参量的不同通常可划分为速度机动性、高度机动性和方向机动性。可以用飞机的切向加速度和法向加速度来表征：切向加速度越大，则飞行速度的大小改变得越快；法向加速度越大，则飞行的方向改变得越迅速，从而飞机的机动性就越好。机动性是评价军用飞机性能优劣的主要指标之一。在夺取空战优势时，飞机的机动性起着重要的作用。

【飞行前规定试验】(preliminary flight rating test, PFRT) 在发动机首次装机飞行试验前所进行的规定项目试验。根据型号规范规定满意地完成飞行而提前进行的规定项目试验。在获得订货部门批准后，飞机制造方应根据型号规范规定提前进行的规定项目试验。试验合格后，方可装上飞机做首次飞行试验。飞行前规定试验属于新发动机研制规定的技术鉴定试验、飞行前规定试验和定型试验三个阶段中的第二阶段。

【飞行情报区】(flight information region) 各个国家或地区设置的航管及航空情报服务的责任区。其范围除了该国的领空外，通常还包括临近的公海。与防空识别区不同的是，飞行情报区主要是以航管及飞行情报服务为主，并不以国家名称命名，而以该区的飞行情报区管制中心(区管中心)所在地命名，例如中国大陆的“郑州飞航情报区”和日本的“东京飞航情报区”等。

【飞行事故记录器】(aircraft accident recorder) 又称黑匣子。自动记录飞机的飞行高度、速度、航向、姿态、机内对话与地面通信、时间等的记录仪器。是专供分析空难事故原因用的飞行数据并能抗坠毁的记录仪器。

【飞行执照】(flight license) 合法驾驶飞机飞行的凭证。中国将其分为三个类别：(1)航线运输驾驶执照。持有人可以担任客运飞机机长。(2)商用飞行驾驶执照。持有人可以担任小型喷气机机长和客运飞机副驾驶。(3)私人飞行驾驶执照。持有人只能进行不以赢利为目的的飞行。

【飞跃】(leap) 事物从量变到质变，从一种质态到另一种质态的转变过程。有爆发式飞跃和非爆发式飞跃两种基本形式。前者是指解决对抗性矛盾的质变形式；后者是指解决非对抗性矛盾的质变形式。前者是在充分量变的基础上，通过剧烈的外部冲突而完成的；后者的完成，则不需要发生剧烈的外部冲突，而是通过新质要素的逐渐积累和旧质要素的逐渐衰亡而实现的。在事物的发展过程中,由于情况的复杂和多变,飞跃的形式随事物矛盾性质和条件的变化而变化,同时存在交错进行的情况。

【非饱和潜水】(non-saturation diving) 又称常规潜水。潜水员潜入水下短时间作业后便减压回到水面的潜水。按供气装具的不同可分为水面供气式和自携式两种。前者由水面通过软管向潜水员输送呼吸气体,随下潜深度增加,输送的呼吸气体成分不同,有氧气、压缩空气、氦氧或氦氮氧混合气体;后者由潜水员自己携带呼吸气体下潜。潜水员呼出的气体有三种处理方式:(1)开放式。直接排出装具。(2)密闭式。全部回收、经净化和补充氧气后继续使用。(3)半密闭式。少量排出,大部分回收。密闭式和半密闭式一般用于提供氦氧或氧气的潜水装具。自携式潜水,潜水员在水下能自由活动、作业范围广和潜水深度大。非饱和潜水广泛用于国防、科研、海洋开发和打捞救助等领域。

潜水员

【非暴力死】(natural death) 又称自然死。由于衰老和疾病引起的自然死亡。法医学上的死亡分类之一。非暴力死包括老衰死和病死。前者是指人到老年期由于全部生命过程逐渐衰退消失所引起的死亡。单纯的老衰死极其罕见。人们习惯上所说的老衰死,实际上多属于症状或体征不明显的病死。后者是指由于患有疾病所引起的死亡,又称病理性死亡。一般病死,死前多有一定疾病的症状和体征及其病情发展过程,有的并经诊断和治疗。这类死亡在死因上多不引起争议。但也有少数病死是由于发生急速死亡,被怀疑为暴力死而需进行法医学尸体检验者。

【非必需氨基酸】(nonessential amino acid) 与必需氨基酸相对应。人体内能自行合成或由其他氨基酸转化而不必由食物供给的氨基酸。通常指甘氨酸、丙氨酸、丝氨酸、胱氨酸、半胱氨酸、天冬氨酸、天冬酰胺、谷氨酸、谷氨酰胺、酪氨酸、精氨酸、脯氨酸和羟脯氨酸13种氨基酸。这些都是蛋白质的构成材料,也是人体所需要的氨基酸。有些非必需氨基酸,如胱氨酸和酪氨酸,如果供给充裕还可节省必需氨基酸中蛋氨酸和苯丙氨酸的需要量。

【非编码 RNA】(non-coding RNA) 不被翻译成蛋白质的 RNA。如 tRNA, rRNA 等。这些 RNA 不被翻译成蛋白质,但是参与蛋白质翻译过程。此外还有 snRNA、snoRNA 等参与 RNA 剪接和 RNA 修饰。其中 miRNA 也是非编码 RNA,是小的 RNA 分子,可与转录基因互补,介导基因沉默;gRNA 又称引导 RNA,是指真核生物中参与 RNA 编辑的具有与 mRNA 互补序列的 RNA;eRNA,是从内元或非编码 DNA 转录的 RNA 分子,可精细调控基因的转录和翻译效率;信号识别颗粒 RNA,是指细胞质中与含信号肽 mRNA 识别、决定分泌的 RNA 功能分子;pRNA,即噬菌体 RNA,fi29 噬菌体中有 6 个同样的小 RNA 分子利用 ATP(三磷酸腺苷)参与 DNA 的包装;tmRNA,是指具有 tRNA 样和 mRNA 样复合的 RNA,广泛存在细菌中,可识别翻译或读码有误的核糖体,也可识别那些延迟停转的核糖体,介导这些有问题的核糖体的崩解;而 mRNA 中的非翻译区,则是指含有核糖体的识别元件,如 5′- UTR、3′- UTR 等。内元也可看作非编码 RNA。

【非常溢洪道】(emergency spillway) 当遭遇非常洪水,为确保大坝安全方才启用的泄水建筑物。当校核洪水、设计洪水和常年洪水差别较大,而又有适当的位置,为节省工程量及造价,除正常溢洪设施外,可设置非常溢洪道。泄水建筑物的洪水标准视枢纽的等级按规范确定。自溃式非常溢洪道是非常溢洪道的一种形式,即在非常溢洪道的底板上加设自溃堤。非常溢洪道宜选在库岸有通往天然河道的垭口处,或平缓的岸坡上。如果条件许可,应考虑正常溢洪道与非常溢洪道分开布置,以降低造价。有时也可结合布置在一起。规模大或具有两个以上的非常溢洪道,应安排先后启用,以控制下泄流量。尽量设置在地形地质条件较好的地段,做到既能保证预期的泄洪效果,又不致造成非常溢洪道遭受严重冲刷的危险后果。非常溢洪道的溢流堰顶高程,要比正常溢洪道稍高。一般不设闸门。有时为了多蓄水兴利,常在堰顶上筑土堤,土堤顶高于最高洪水位。要求土堤在正常情况下不失事,在非常情况下能及时破开。由于非常溢洪道的运用概率很小,设计所用的安全系数可适当降低,结构可简单,有的只做溢流堰和泄槽。在较好岩体中开挖的泄槽,可不做混凝土衬砌。在宣泄特大洪水时,可允许有局部损坏。但对泄洪通道和下游可能发生的破坏,要预先作出安排,确保非常溢洪道及时启用生效。

【非承重墙】(nonload-bearing wall) 与承重墙相对应。不支撑上部楼层重量的墙体。只起到把一个房间和另一个房间隔开的作用。有没有这堵墙对建筑结构没有太大影响,一般情况下仅承受自重的墙。非承重墙体一般在图纸上以细实线或虚线标注,为轻质、简易的材料制成的墙体。由钢筋混凝土的柱阵框架组成的房屋内,楼板由横直阵支撑,阵由柱支撑,柱由地基支撑。这种结构通常在室内可见柱阵。在柱阵间的墙身多数用空心砖或普通砖块充塞。框架结构的房屋内部的墙体一般都不是承重墙。具体到房屋结构本身,判断墙是否是承重墙,应仔细研究原建筑图纸并到现场实际勘察后才能确定。

【非充分灌溉】(insufficient irrigation) 在作物生育期内部分满足作物水量需求的灌溉方式。与传统的充分灌溉的本质区别,在于它不追求作物单株的最大产量,而是在供水量有限的条件下,通过节约用水和相应的其他技术措施,最大限度地提高水的生产效益、最优的整体经济效益和产量。一般是通过减少灌水次数或灌水定额来实现。非充分灌溉制度可依据作物水分生产函数,采用优化的方法来拟定。

【非抽样误差】(nonsampling error) 除抽样误差以外由于其他各种因素而引起的误差总和。引起非抽样误差的因素很多,如抽样框不齐全、访问员工作经验有限、被访者不配合访问而加以虚假的回答、问卷设计本身存在缺陷等。非抽样误差的产生贯穿于调查研究的每一个环节。任何一个环节出错都有可能导致非抽样误差增加而使数据失真。按非抽样误差产生环节的不同可分为:抽样框误差、无回答误差和计量误差三类。

【非处方药】(nonprescription drugs) 不需凭医师处方即可自行判断、购买和使用的药品。不是药品本质的属性,而是管理上的界定。主要用于治疗各种容易自我诊断、自我治疗的常见轻微疾病,如感冒、咳嗽、消化不良、头痛和发热等。非处方药不仅均来自处方药,而且多是经过临床较长时间考验、疗效肯定、服用方便、安全性比处方药相对要高的药品。

【非传统安全】(non-raditional security) 又称非传统安全威胁、新安全观。相对传统安全威胁因素而言,军事以外的安全威胁。是冷战后对除军事威胁以外的各种安全威胁的关注和研究的一个说法。除军事、政治和外交冲突以外的其他对主权国家生存与发展构成重大威胁的安全问题。所涵盖的内容是:经济安全、金融安全、信息安全、资源安全、生态安全、环境安全、恐怖主义、民族宗教冲突、高危传染性疾病蔓延、跨国犯罪、走私贩毒、洗钱、非法移民、海盗、武器扩散等。其特点是:(1)跨国性。非传统安全问题不仅是某个国家存在的个别问题,而且是关系到其他国家或整个人类利益的问题;不仅对某个国家的国家安全构成威胁,而且可能对别国的国家安全造成不同程度的危害;它从产生到解决都具有明显的跨国性特征。(2)不确定性。非传统安全威胁不一定来自某个主权国家,往往由非国家行为主体如个人、组织或集团等所为。(3)转化性。非传统安全与传统安全之间没有绝对的界限,它们不仅相互依存,相互交织,相互渗透,相互牵制,而且在一定条件下相互转化。传统安全威胁有可能转化为非传统安全威胁,而非传统安全问题矛盾激化,有可能转化为依靠传统安全的军事手段来解决,甚至演化为武装冲突或局部战争。(4)动态性。非传统安全因素是不断变化的。例如,随着医疗技术的发展,某些流行性疾病可能不再被视为国家发展的威胁;而随着恐怖主义的不断升级,反恐则成为维护国家安全的重要组成部分。(5)主权性。国家是非传统安全的主体,主权国家在解决非传统安全问题上拥有自主决定权。(6)协作性。应对非传统安全问题加强国际合作,旨在将威胁减少到最低限度。非传统安全问题使得维护国家安全的问题变得更加错综复杂。

【非创伤性修复治疗】(atraumatic restorative treatment, ART) 使用手用器械清除龋坏组织,然后用黏结性、耐压和耐磨性能较好的新型玻璃离子材料将龋洞充填的治疗技术。其优点是:不需电动牙科设备、术者容易操作、患者易于接受、玻璃离子的化学性黏结可避免去除过多牙体组织、材料中氟离子的释放可使牙本质硬化以阻止龋的发展、兼有治疗和预防效果等。其适应证是:适应于恒牙和乳牙的中小龋洞,能允许最小的挖器进入;无牙髓暴露,无可疑牙髓炎。该技术体现一种基本原理即最少的创伤、最佳的预防。该技术有很大的发展潜力,适用于有经济发展水平的所有人群。

【非地带性植被】(non-zonal vegetation) 又称隐域植被。一定气候带或大气候区内,受地下水、地表水、地貌部位或地表组成物质等非地带性因素影响生长发育的植被类型。如草甸植被、沼泽植被、水生植被等。它与隐域生境相联系,不是固定于某一植被带,而是出现于两个以上的植被带里,具有广布性特征。如草甸植被,从湿润区到干旱区,从寒带到热带,在山地的一定高度上及一些河床谷地都有可能发育。由于非地带性植被在生长发育过程中同时也受地带性因素的影响,其种类组成和生理生态方面,都在一定程度上打上了地带性的烙印。在分布上,非地带性植被常受某一生态因素,如水分、基质等的制约,呈斑点或条状嵌入地带性植被类型中。

沼泽植被

【非地形摄影测量】(nontopographic photogrammetry) 对非地形目标进行摄影并确定其外形、状态和几何位置的摄影技术。其内容包括不规则物体的外形测量、动态目标的轨迹测量以及燃烧爆炸与晶体生长等不可接触物体的测量。

【非典型性肺炎】(severe acute respiratory syndrome, SARS) 又称严重性呼吸道综合征。所有由某种未知的病原体所引起的肺炎。这些病原体,有可能是冠状病毒、肺炎支原体、肺炎衣原体或军团杆菌引起的肺炎症状,也可泛指不是由细菌所引起的肺炎症状。2003 年暴发的流行病——严重急性呼吸道综合征(SARS),正是由一种冠状病毒引起的。已证实,SARS 病毒是一种类似于感冒病毒的冠状病毒。冠状病毒是单链 RNA 病毒,不仅在复制过程中很不稳定,容易发生变异,而且这种变异通常发生在病毒基因的关键性位点。对于感冒病毒,通常一个位点的变异就可能使其从温和的病原体变成“杀手”,置人于死地。SARS 病毒存在多种变异体,致病的症状凶险难治。一旦发生不明原因的高热、咯血和呼吸困难等症状,应尽快到医院检查治疗。预防 SARS 的办法和措施主要有:室内通风换气,勤晒衣被,经常到户外活动,呼吸新鲜空气,增强体质,保持良好的个人卫生,不要共用毛巾,注意均衡营养,保持充足睡眠,经常参加体育运动,缓减压力,避免吸烟,根据气温变化及时增减衣服,增强自身的抗病能力。

【非电解质】(nonelectrolyte) 与电解质相对应。在水溶液中或熔融状态下不能电离不导电的化合物,例如糖、乙醇和甘油等。

【非电离辐射】(non-ionizing radiation) 波长大于 100 nm 的电磁波,由于其能量低,不能引起水和组织电离。包括光和电磁辐射。如紫外线、可见光、红外线、激光和射频辐射。其对人体的生物学效应与其物理特性有密切关系,特别是与其光子的能量、波束的功率和穿透组织的能力有关。

【非定常空气动力学】(unsteady aerodynamics) 空气动力学的一个分支。专门研究物体运动随时间变化时的空气动力变化规律。20 世纪 20 年代,随着机翼颤振现象的深入研究,非定常空气动力学也随之兴起。主要研究的问题是与飞行安全和飞机结构等有关的颤振、飞机抖振、导弹风载和发动机噪声等气动弹性等现象。飞机在大迎角飞行时,前体涡会发生突变,也是典型的非定常气动问题。

【非对称数字用户线路】(asymmetric digital subscriber line, ADSL) 一种利用数据下行速率与上行速率不同的互联网宽带接入方案实现宽带数据传输服务的技术。根据互联网用户在网上工作时,通常从网上下传的信息量远远多于上传信息量的特点开发的。它既可采用专线直接入网,又可通过普通电话线拨号入网。其传输距离约 3 ~ 5km。其优势在于不需重新布线,只要在现有线路两端加装非对称数字用户线路设备,即可为用户提供高速带宽的接入服务,降低了入网成本,提高了信息传输速度。

【非对称作战】(asymmetric operation) 交战双方使用不对等的作战力量、作战方式和作战手段,以不对称的优势所进行的作战。其实质在于充分发挥己方优势,积极寻找对手的薄弱环节,扬长避短,以强击弱,与对手进行“不平衡的较量”。既可作为高技术强军对付弱军的作战理论,也可是实力弱小国家或非国家行为者对抗强敌的作战思想。

【非干性油】(non-drying oil) 与干性油相对应。在空气中不能氧化、干燥,不成固态膜的油脂。如橄榄油含大量的油酸甘油酯,蓖麻油含大量的蓖麻酸甘油酯。一般为黄色液体。碘值在 100 以下。其主要成分是油酸和饱和脂肪酸。可作为食用油(蓖麻油除外)。在涂料工业中主要用于制备合成树脂和增塑剂,也可用于肥皂、医药和润滑油等工业。

橄榄油

【非合金工具钢】(non-alloy tool steel) 优质高碳钢。钢中硫含量 < 0.02%,磷含量 < 0.03%,其他残余元素含量为:Cr < 0.25%,Ni < 0.20%,Cu < 0.30%。这种钢的硬度、断口、淬透性、低倍组织、高倍组织、网状碳化物、脱碳层深度、表面质量,均有严格要求。如果S < 0.02%,P < 0.03%,由于韧性的提高,可以提高钢的弯曲疲劳强度,从而提高其使用寿命。

【非还原糖】(non-reduced sugar) 与还原糖相对应。粮食或食品中不能还原斐林试剂或多伦试剂的糖类。最主要是果糖。因为分子结构中间含酮基而不是醛基,不能直接被氧化剂氧化而得名。多糖的还原链末端反应性极差,实际上也是非还原糖。单糖、双糖或寡糖在与苷元生成糖苷后,也成为非还原糖。非还原性糖有:蔗糖、淀粉、纤维素等。但它们都可以通过水解，生成相应的还原性单糖。

【非接触作战】（noncontact operation）

在与敌不接触的态势下，通过发挥己方的整体综合优势，以剥夺、限制敌方作战能力发挥为目的而对敌方实施的以远程精确打击为主的作战方式。既是一种作战样式，也是一种作战思想。其理论的核心是"脱离接触，间接打击"。可以运用于战争、战役、战斗各个层次，以达到战争、战役、战斗目的。强调在对方武器系统的有效射程外实施攻击，不与敌接近和胶着，以达到"我能以火力有效地打击对方，而对方却不能有效地打击我"的目的。在非接触作战条件下，作战思想、作战理论和谋略运用都出现了新的特点，信息技术和精确打击技术得以广泛应用，武器装备的作战效能有了质的飞跃。其作战原则是：(1)就重避轻，效费合理。即选择对方重要的、高价值目标，实施重点打击，力争提高作战的效费比。(2)有效防护，避实击虚。对于应对非接触作战的一方在作战中应以有效防护为主，尽力避免被对方打到要害，同时在此基础上再采取有效方法伺机予敌以致命打击。(3)分以图存，合以聚效。"分以图存"是基础，目的是保存实力，将己方战场目标化大为小、化整为零，并与战场机动、隐蔽伪装有机结合，从而使对方无法实施有效打击。"合以聚效"是目标，力求快速形成有效打击之势，实现非接触作战效果。(4)示形无常，动中求势。在非接触作战中，大量高新尖的侦察技术和手段的应用使战场呈现单向透明态势。弱势一方，要作到保存实力，不被敌人知晓己方的作战意图，就得在示形上下功夫，示形于无常，示形于多变，动中求生存，变中谋战法。示形要求势，是为求得战场上有利的态势。有势才能有主动，才能取得战争的胜利。

【非金属夹杂物】（non-metallic inclusion）

固体金属中所含的氧化物、硫化物及硅酸盐等不熔性杂质。如钢中的硫化锰（MnS）、铁－锰硅酸盐（FeO·MnO·SiO_2）和氧化铝（Al_2O_3）等。由于非金属夹杂物能降低金属的机械和物理性能，故应在冶炼及浇铸过程中设法去除。

【非金属矿产】（nonmetallic mineral）

供工业上提取某种非金属元素，或工业上能直接利用矿物或矿物集合的某种化学的、物理的或工艺性质的矿产资源。按其工业用途的不同可分为八大类型：(1)冶金辅助原料，如萤石、菱镁矿、石灰岩、白云岩、蓝晶石及耐火黏土等。(2)化工原料及化肥原料，如石灰岩、磷灰石、黄铁矿、钾盐和硼砂等。(3)制造业矿物原料，如石墨、金刚石、石棉和云母等。(4)压电及光学矿物原料，如压电水晶、光学水晶和冰洲石等。(5)陶瓷、玻璃原材料，如长石、石英和高岭土等。(6)建筑材料及水泥原料，如石灰岩、石膏、砂石、珍珠岩、花岗岩等。(7)钻探用造浆矿物原料，如膨润土、海泡石、累托石和凸凹棒石等。(8)宝玉石类及工艺美术石材：如玛瑙、绿松石、叶腊石、金刚石和红蓝宝石等。

【非金属矿床】（nonmetallic mineral deposit） 除金属矿床、能源矿床和水资源以外，能供工业提取某种非金属元素或其化学组成或物理特性或工艺性能可为社会利用的自然状态下的地质体。常由具有经济价值的自然产出的元素、矿物或岩石的聚集体（矿体）及与之共同产出的夹石、围岩、共生和伴生矿所构成。按工业用途的不同可分为：(1)冶金辅助原料矿床，如萤石、菱镁矿、熔剂灰岩、白云岩、耐火黏土矿床等。(2)化工及化肥原料矿床，如磷灰石、黄铁矿、钾盐等矿床。(3)工业制造业矿物原料矿床，如石墨、金刚石、云母、石棉矿床等。(4)压电及光学原料矿床，如压电水晶、光学石英、光学冰洲石矿床等。(5)陶瓷及玻璃原料矿床，如长石、石英砂、高岭土矿床等。(6)建筑材料及水泥原料矿床，如花岗岩、大理岩、石灰岩、珍珠岩、石膏矿床等。(7)工艺美术及宝玉石类矿床，如玛瑙、金刚石、红宝石、蓝宝石、硬玉、翡翠矿床等。

【非金属矿物】（nonmetallic mineral） 导电性、导热性差，不具有金属、半金属光泽，切成薄片时透明或半透明的矿物。包括绝大部分含氧盐及部分氧化物和卤化物，如硅酸岩矿物。它们大多是造岩矿物，部分则构成各种非金属、稀有金属和稀土金属矿床中的矿石矿物。如从绿柱石（$Be_3Al_2[Si_6O_{18}]$）中提取铍（Be）、从磷灰石（$Ca_5[PO_4]_3(F,Cl)$）中提取磷（P）等。

非金属矿物

【非金属涂层】（nonmetallic coating） 采用塑料粉末火焰喷涂技术将聚乙烯、尼龙、环氧树脂等非金属固体粉末融敷于工件表面所形成的一层致密的塑料薄膜。火焰塑料喷涂是一项新兴的表面改性技术。所获得的塑料薄膜可使金属或材料达到防腐的目的。非金属涂层绝大多数是隔离性涂层。它的主要作用是把金属材料与腐蚀介质隔开，防止钢材因接触腐蚀介质而遭受腐蚀。这类涂层致密、均匀并与金属基体牢固结合，因此在石油和天然气行业的金属防腐与防护中应用广泛。非金属涂层包括搪瓷涂层、硅酸盐水泥涂层、化学转化膜涂层、塑料涂层和橡胶涂层等。

【非浸染性病害】(un-infectious disease) 又称生理病害。植物在生长过程中受外界物理、化学等环境因素的影响引起的病害。包括气象因子、土壤条件和一些有害毒物等。这类病害不传染。如水稻赤枯病、生理性烂秧、棉花红叶茎枯病、油菜萎缩不实病等。其病因主要是矿质营养缺乏、过量或配合不合理,水分供应失调,温度不适宜,盐害、冻害和其他化学物质的毒害,以及日照强度和日照时间的影响。

【非晶硅薄膜】(amorphous silicon film) 元素硅的非晶态半导体薄膜。其吸收系数比单晶硅大一个数量级。其吸收光谱更接近太阳光谱。有良好的光电特性。制备非晶硅时消耗原材料少,主要原料硅烷(SiH_4)成本低,并可用玻璃、金属、聚合物和陶瓷等不同材料作衬底。衬底还可以是弯曲或柔性的。非晶硅薄膜制备工艺简单,易于沉积大面积薄膜,能与硅集成技术兼容,易于实现集成化。因为优质的非晶硅中常含有较多的氢,又称为非晶硅氢合金或氢化非晶硅。在太阳能电池、光学仪器、光导摄像管、空间光调制器、光传感器和场效应器件等领域应用广泛。

【非晶纳米晶软磁合金带材】(self magnetic alloy strip of noncrystalline and nano crystalline) 非晶体和纳米晶体的软磁合金带材的统称。成分包括钴基、Fe－Ni 基、过渡金属－金属型。形态包括非晶态钎焊料、纳米晶材料等。按其应用磁性的不同可分为低损耗合金、高导磁率低损耗合金、高矩形比(B/Bm)合金、高脉冲导磁率合金、低矫顽力合金、恒导磁合金、高有效导磁率低损耗合金、高硬度高耐磨合金。铁基非晶态软磁合金,有 METGLAS 系列 2605、2605SC、2605S－2 多个牌号,以及 IK 系列和 AMOMET 系列等多种产品。

【非晶态合金】(noncrystalline state alloy) 原子排列为非晶态的合金。非晶态物质中的原子不是有规律地排列,而是混乱地密堆在一起。这种状态称为无序。液态金属中的原子是处于无序状态。如果将此无序状态保存到固体状态,就可获得非晶态合金。非晶态合金具有许多优良性能:(1)有良好的软磁特性。是目前最好的软磁材料;既容易磁化,也容易去磁。与结晶磁性材料相比,具有磁导率高、矫顽力低、铁损小及电阻大等优点。(2)有良好的综合力学性能。不仅有极高的强度和硬度,同时又兼备良好的韧性和延展性。其强度几乎不发生尺寸效应,适用于制作精密仪器。(3)有极高的耐腐蚀性。如果把易形成钝化膜的少量元素加入非晶态含金中,便显示出极好的耐腐蚀性,无论在酸性、中性、碱性或含有氯原子的溶液中,均不易发生小孔腐蚀及应力腐蚀。(4)电阻率高(100～200μΩ/cm),温度系数小。有的非晶态合金的温度电系数从超低温到结晶温度大致为零。

【非晶体】(noncrystal) 组成物质的分子(或原子、离子)不呈空间有规则周期性排列的固体。没有一定规则的外形,如玻璃、松香和石蜡等。其物理性质在各个方向上是相同的,称为“各向同性”。没有固定的熔点,所以有人把非晶体称为“过冷液体”或“流动性很小的液体”。非晶态固体包括非晶态电介质、非晶态半导体和非晶态金属。它们有特殊的物理和化学性质。例如金属玻璃(非晶态金属)比一般(晶态)金属的强度高、弹性好、硬度和韧性高、抗腐蚀性好、导磁性强和电阻率高等。非晶态固体有多方面的应用,是一个新的研究领域,近年来得到迅速的发展。

松香

【非均相催化】(heterogeneous catalysis) 又称多相催化。催化剂和反应物、生成物处于不同的物相状态所发生的催化反应。其过程包括:反应物分子向催化剂表面扩散或产物及反应物离开表面的传质过程与吸附、表面反应、脱附等多步骤的动力学过程。如二氧化硫吸附在大气颗粒物表面的炭黑上,会发生气－固催化氧化反应而生成硫酸或硫酸盐。吸附是非均相催化的一个必要步骤。整个催化过程的反应速率实际上是由这些步骤中的某一步或某几步所控制的。非均相催化作用是现代化学工业中一个极其重要的问题。其中气－固相的催化作用应用尤为广泛。例如催化裂化、催化重整、催化加氢、脱氢、氨的合成和接触法制造硫酸(H_2SO_4)等。

【非均匀量化】(nonuniform quantization) 一种在输入信号的动态范围内量化间隔不相等的量化方法。是根据输入信号的概率密度函数来分布量化电平,同时根据信号的不同区间来确定量化间隔的。对于信号取值小的区间,其量化间隔也小;反之,量化间隔就大。与均匀量化相比,主要的优点是:(1)当输入量化器的信号具有非均匀分布的概率密度时,非均匀量化器的输出端可以较高的平均信号量化噪声功率比。(2)量化噪声功率的均方根值基本上与信号抽样值成比例。

【非开挖技术】(trenchless technology)

又称非开挖地下管线施工技术。在不开挖地表的情况下，利用地质工程的技术手段，铺设、修复或更换各种地下管线的一种实用技术。按其施工工艺的不同可分为：导向钻进铺管技术、遁地穿梭矛铺管技术、顶管掘进机铺管技术和顶管铺管技术。它广泛用于各类管线穿越高速公路、铁路、建筑物、河流、湖泊以及在市区、古迹保护区、农作物或植被保护区等进行污水、自来水、煤气、电力、电讯、石油和天然气等地下管线的施工。此外，非开挖技术还可用于降水工程、隧道工程、基础工程和环境治理工程等。它在不开挖或只开挖少量作业坑的条件下，利用岩土钻掘技术进行铺设、修复和更换管道。具有高效、优质、成本适中、环境友善、不影响交通和不污染环境等优点。比开挖法施工周期短、综合成本低、安全性好。现已成为市政施工的主要手段。

【非量测摄影机】(non-metric camera) 不是专为摄影测量目的设计制造的摄影机。内方位元素不稳定或不能记录，没有框标，一般无外部定向设备，光学畸变一般较大，此类摄影机一般也不采取减少或改正底片变形的技术措施，不具备记载外部定向参数的性能。但可使用直接线性变换一类的算法处理所摄像片，以用于测量目的。

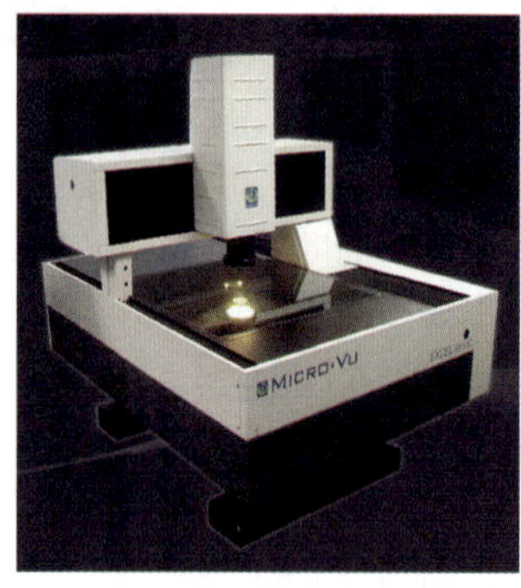

非量测摄影机

【非酶促褐变】(non-enzymatic browning) 与酶无关的褐变现象。包括美拉德反应、焦糖化褐变和抗坏血酸褐变等几种类型。美拉德反应是还原糖类与氨基化合物、游离氨基酸、肽、蛋白质和胺等化合物，先进行反应形成糖胺，再经过一系列反应形成类黑精色素；焦糖化反应是指糖类经直接加热所产生的脱水及热分解反应；抗坏血酸是果蔬中主要营养成分之一，因兼具酸性与还原性，极易氧化分解，可与游离氨基酸反应生成红色素及黄色素。非酶促褐变常伴随着热加工和长时间储藏而发生，尤其是在奶粉、蛋粉、脱水蔬菜及水果、肉干、鱼和糖浆等食品中经常发生。在面包、糕点和咖啡等食品中，适当程度的褐变是有益的，能够在焙烤过程中生成焦黄色和产生香气等。

【非欧几里得几何】(non-Euclidean geometry) 又称非欧几何。一般指罗巴切夫斯基几何（双曲几何和黎曼椭圆几何）。与欧几里得几何最主要的区别在于公理体系中采用了不同的平行公理。非欧几何学是一门大的数学分支。一般来讲，有广义、狭义、通常意义这三个方面的不同含义。所谓广义的非欧几何是泛指一切和欧几里得几何学不同的几何学；狭义的非欧几何只是指罗式几何；通常意义的非欧几何，就是指罗式几何和黎曼几何这两种几何。非欧几何有着广泛的应用。它不仅推动了几何学的发展，而且在物理学的发展和物理观点的更新中也起了重要作用。非欧几何在数学的一些分支中也有重要的应用。它们相互渗透，促进了各自的发展。

【非去极化肌松药】(nondepolarizing muscle relaxant) 药物到达运动终板后，不改变其膜电位，而是竞争性地阻滞乙酰胆碱与胆碱能受体结合，使肌肉松弛的一种药物。其与乙酰胆碱竞争受体，遵循质量作用定律。给予胆碱酯酶抑制剂后，乙酰胆碱的分解减慢，运动终板处将有更多的乙酰胆碱分子与非去极化肌松药分子竞争胆碱能受体，从而能够拮抗非去极化肌松药的阻滞作用，恢复正常的肌肉收缩功能。临床使用的大多数肌松药属于此类药，如泮库溴铵、维库溴胺、阿曲库铵等。

【非生物环境】(abiotic environment) 见生态系统。

【非水溶液滴定法】(nonaqueous titration) 在非水溶剂中进行的滴定分析方法。主要用来测定有机碱及其氢卤酸盐、磷酸盐，或有机酸盐及有机酸的碱金属盐类药物的含量，也用于测定某些有机弱酸的含量。非水溶剂指的是有机溶剂和不含水的无机溶剂。因有些物质在水中不溶解，或者酸碱性不显著（离解常数小于 1×10^{-7}），所以在水中不能被准确滴定。在改变溶剂后，可使原来在水中不溶解的或酸碱性不显著的化学物质的溶解度或酸碱性相对地增大，使在水中不能滴定的反应能够顺利进行，从而扩大了滴定分析的应用范围，也为各国药典和其他常规分析方法所采用。

【非特异性免疫】(nonspecifie immunity) 又称天然免疫、固有免疫。机体在长期的种系发育与进化过程中，逐渐建立起来的一系列防卫功能。是机体整体对多种抗原物质的生理性排斥反应。是机体对多种抗原物质、而非针对某一特定抗原物质的生理性免疫应答。是人类在长期的种系发育和进化过程中，不断与从外界侵入的有害的大分子物质、微生物和其他生物性异物等相互作用，而逐步建立起来的清除上述物质的一般免疫功能。这种免疫功能人人都有，比较稳定，并可遗传给下一代，所以也称为先天免疫。和特异性免疫一样，都是人类在漫长进化过程中获得的一种遗传特性。但非特异性免疫是人一生下来就具有，无特异性。非特异性免疫有种的差异，即人与动物对某些病原微生物及其产物可有天然不感染的现象，故一般又称“种的免疫”。其生理意义主要在于使机体具有生理屏障、吞噬作用和正常体液作用等。

【非特异性免疫功能】（native immunity） 先天遗传生成的天然免疫力。主要由机体的正常生理屏障、正常体液杀菌物质及大小吞噬细胞与NK细胞等共同构成的三道防线。(1)由皮肤黏膜组成的第一道防线（体表外围屏障），可机械地阻挡病原体入侵。(2)由体内正常体液、网状内皮系统、吞噬细胞组成的第二道防线（体内防御屏障），可以就地销毁入侵体内的病原体的扩散和增殖侵害。(3)防止病原体随血行传入脑内等重要器官的第三道防线（血脑屏障），着重防止危害生命中枢及全身各脏器。

【非条件反射】（unconditional reflex） 机体生来就有的先天性对内外环境刺激所作出的规律性反应。是一种比较低级的神经活动。由大脑皮层以下的神经中枢（如脑干、脊髓）参与即可完成。是人与生俱来、不学而能的生理性反射。膝跳反射、眨眼反射、缩手反射、婴儿的吮乳、排尿反射等都是非条件反射。非条件反射是条件反射的基础。

【非铁金属】（non-ferrous metal） 铁以外的金属和合金的总称。美、英、德等国家中通用的名称。

【非吸附精炼】（non-adsorption refining） 不依靠在熔体中加入某种吸附剂，而是通过某种物理作用，改变金属－气体系统或金属夹杂物系统的平衡状态，从而使气体或夹杂物从熔体中分离出去的工艺方法。包括静置处理、真空处理、振荡处理和预凝固处理。在除气方面，其机理是利用温度和压力的变化来改变铝液中的气体溶解度；以及高频振荡使熔体产生的空穴现象。在除渣方面，其机理是利用密度差以及除气时的浮选作用。对于铝液的精炼具有较好的效果。

【非线式作战】（nonlinear operation） 综合运用精确打击、机动作战等作战方式，全纵深、全方位地对敌方战争重心实施打击的作战行动。20世纪80年代美国陆军提出的一种作战模式。传统的线式作战是交战双方沿一定的战线从前沿到纵深层层打击、依次推进，与敌方进行“硬碰硬”的消耗战。现代战争战场范围大、兵力密度小、流动性强，而武器射程远、精度高、杀伤力大，突破了固定战线的限制，没有明显的前后方界限，战争可能在陆、海、空、天、电多维战场上同时展开。与线式作战相比，主要差异有：(1)作战部署强调快速兵力投送和分散隐蔽配置。(2)作战方式以机动战为主。(3)作战手段突出精确打击与情报保障。(4)指挥控制强调灵活果断、随机应变。

【非线性编辑】（nonlinear edition） 借助计算机来进行数字化制作而完成的编辑。一种相对于传统上以时间顺序进行的线性编辑。传统线性视频编辑是按照信息记录顺序，从磁带中重放视频数据来进行编辑，需要较多的外部设备，如放像机、录像机、特技发生器、字幕机，工作流程十分复杂。非线性编辑借助计算机来进行数字化制作，几乎所有的工作都在计算机里完成，不再需要那么多的外部设备，对素材的调用也是瞬间实现，不用反反复复在磁带上寻找，突破单一的时间顺序编辑限制，可以按各种顺序排列。有快捷简便、随机的特性。非线性编辑只要上传一次就可以多次的编辑，信号质量始终不会变低，所以节省了设备、人力，提高了效率。非线性编辑需要专用的编辑软件、硬件，在现在绝大多数的电视电影制作机构都采用了非线性编辑系统。

【非线性光学】（nonlinear optics） 又称强光光学。现代光学的一个分支。研究介质在强相干光作用下所产生的非线性现象及其应用的学科。在激光问世之前，基本上是研究弱光束在介质中的传播，确定介质光学性质的折射率或极化率是与光强无关的常量。介质的极化强度与光波的电场强度成正比；光波叠加时，遵守线性叠加原理。在上述条件下研究光学问题称为线性光学。对很强的激光，例如当光波的电场强度可与原子内部的库仑场相比拟时，光与介质的相互作用将产生非线性效应。反映介质性质的物理量（如极化强度等）不仅与场强 E 的一次方有关，而且还决定于 E 的更高幂次项，导致出现很多新现象，从而成为非线性光学研究的新课题。

【非线性光学材料】（nonlinear optical material） 能改变激光等强光束的频率、幅度、相位、偏振及传播方向，即发生非线性光学效应的材料。例如硼酸钡（$\beta-BaB_2O_4$）可对1 064nm激光进行四、五倍频获得266nm、213nm的紫外激光输出。要求其光学非线性系数大、位相匹配、稳定性好、透明波段宽及透过率高、材料的损伤阈值较高、有合适的

硼酸盐晶体

响应时间等。可分为无机和有机非线性光学晶体两类。无机晶体有磷酸盐和砷酸盐晶体（$KTiOPO_4$、$NH_4H_2PO_4$）、铌酸盐晶体（$LiNbO_3$、$Ba_2NaNb_5O_{15}$）、硼酸盐晶体（$\beta-BaB_2O_4$、LiB_3O_5）、碘酸盐晶体（$LiIO_3$、KIO_3）和半导体晶体（GaAs、Ag_3AsS_3）等；有机晶体有酰胺类、苯基衍生物、酮衍生物和有机盐类等。广泛应用于激光频率转换、四波混频、光束转向、图像放大、光信息处理、光存储、光纤通信、水下通信、激光对抗及核聚变等研究领域。

【非线性光学晶体】（nonlinear optical crystal） 一种没有对称中心的晶体材料。光通过这种晶体进行传播时，会引起晶体的电极化。当光强不太大时，晶体的电极化强度与光频电场之间呈线性关系，其非线性关系可以被忽略；但当光强很大时，如激光通过晶体时，电极化强度与光频电场之间的非线性关系会变得十分显著而不能忽略。这种与光强有关的光学效应称为非线性光学效应。非线性光学晶体与激光紧密相连，是实现激光频率转换、调制、偏转等技术的关键材料。直接利用激光晶体获得的激光波段有限，从紫外到红外谱区，尚有激光空白波段。而利用非线性光学晶体，可将激光晶体直接输出的激光转换成新波段的激光，从而开辟新的激光光源，拓展激光晶体的应用范围。常用的非线性光学晶体有碘酸锂（$\alpha-LiIO_3$）、铌酸钡钠（$Ba_2NaNb_5O_{15}$）、磷酸二氘钾（KD_2PO_4）、偏硼酸钡（$\beta-BaB_2O_4$）和三硼酸锂（LiB_3O_5）等。其中，偏硼酸钡和三硼酸锂晶体是中国于20世纪80年代首先研制成功的。它们具有非线性光学系数大、激光损伤阈值高的突出优点，是优秀的激光频率转换晶体材料。另一种著名的晶体是磷酸钛氧钾晶体（$KTiOPO_4$），是迄今为止综合性能最优异的非线性光学晶体。后者被公认为1.064μm和1.32μm激光倍频的首选材料。它可以把1.064μm的红外激光转换成0.53μm的绿色激光。由于绿光不仅能够用于医疗、激光测距，而且还能够进行水下摄影和水中通信等。因此，磷酸钛氧钾晶体得到了广泛的应用。

【非线性规划】（nonlinear program） 运筹学的一个分支。研究一类约束条件或目标函数中的函数有一个或多个是变量的非线性函数的数学规划问题。非线性规划研究一个 n 元实函数在一组等式或不等式的约束条件下的极值问题，且目标函数和约束条件至少有一个是未知量的非线性函数。目标函数和约束条件都是线性函数的情形则属于线性规划。非线性规划是20世纪50年代才开始形成的一门新兴学科。1951年H. W. 库恩和A. W. 塔克发表的关于最优性条件（后来称为库恩－塔克条件）的论文是非线性规划正式诞生的一个重要标志。在20世纪50年代，还得出了可分离规划和二次规划的 n 种解法。它们大都是以G. B. 丹齐克提出的解线性规划的单纯形法为基础的。20世纪50年代末到60年代末，出现了许多解非线性规划问题的有效算法，70年代又得到进一步的发展。非线性规划为最优设计提供了有力的工具。在工程、管理、经济、科研和军事等方面都有着广泛的应用。

【非溢流重力坝】（non-overflow gravity dam） 坝顶不能溢流的重力坝。各种型式的重力坝都可以建为非溢流坝。筑坝材料多用混凝土，中小型工程也可用浆砌块石。在大多数重力坝枢纽中，于河床中部或主流部分布置溢流重力坝，两侧布置非溢流重力坝与岸坡相接，其间用边墩和导墙隔开。非溢流重力坝可根据调洪预泄、放空水库、排沙等要求，在坝身布置深式泄水孔。其坝体设有横缝、纵缝、止水、排水、廊道等。对其进行剖面设计时，常先拟定基本剖面，再根据运用和施工要求修改成为实用剖面，然后进行详细的稳定和强度计算，根据计算结果再进行修正。为减小计算工作量，各国已编制了不少重力坝剖面优化程序，可用电算求解。剖面确定后，再进行分缝、止水、排水、廊道、坝内引水管、深式泄水孔等的设计和计算。同时对坝基稳定和处理应给予足够重视。

【非营养型添加剂】（non-nutritive additive） 与营养型添加剂相对应。在摄入的食物中除主体营养物质成分之外，能维持机体健康、促进生长、提高原料利用率、改善产品质量的添加剂。按其功能的不同可分为：（1）改善食品组织结构和质量的品种改良剂，如抗氧化剂、调味剂、黏结剂等。（2）增进产品销售质量，如保鲜剂、着色剂、保藏剂等。（3）促进消化吸收的酶制剂、生长促进剂等。（4）调节代谢作用，如生长调节剂等。应用这类添加剂，各国都十分谨慎，严格控制。（5）改善人体健康的霉菌抑制剂、抗寄生虫剂等。按其原料来源的不同可分为：天然的、人工合成的和中草药配制添加剂等。在使用这些添加剂时，应注意添加品种、添加量和休药期等问题，以确保各类产品的安全。

火锅底料香料保鲜调味剂

【非营养型饲料添加剂】（nonnutritional

feed additive） 加入饲料中用于改善饲料利用效率,保持饲料质量和品质,有利于动物健康或代谢的一些非营养物质。主要包括饲料药物添加剂、益生素、酸化剂、中草药及植物提取成分、防霉剂、饲料调制和调质添加剂。

【非油炸方便面】（non-fried instant noodle） 与油炸方便面相对应。又称非油炸面。采用油炸以外的其他方法（如微波、真空和热风干燥等）干燥的方便面。生产工艺基本与油炸方便面相同。其类型主要包括:（1）微膨化工艺非油炸面。面筋力好,复水入味快,吸水后面体可膨胀几倍。可跟油炸面一样干吃。但面粉要求高,几乎与面包用粉相同,成本高。（2）热风干燥型非油炸面。没有经过油炸环节,更利于健康。但面饼复水慢,需要较长时间浸泡,着味力不足,口感木讷,且干燥,成本较高,生产花费时间较长,工艺控制较难。非油炸方便面具有以下特点:（1）干燥时间较长,面组织细密。（2）为缩短干燥和烹调时间,面线比较细。（3）油脂含量较少,所以接近生面,有清淡的口感。

非油炸方便面

【非战争军事行动】（non war military operation） 在和平时期或冲突期间,使用武装力量组织实施的有别于战争的军事行为。包括维护社会稳定、抢险救灾、参加维和行动、打击恐怖主义等。遂行非战争军事行动,对中国人民解放军来讲是其义不容辞的责任和必须履行的义务,是《宪法》赋予的神圣使命。

【非整倍体】（aneuploid） 与整倍体相对应。在染色体组中比正常二倍体增加或减少个别染色体的个体。这种染色体数目出现的异常,是由细胞分裂时染色体分离异常产生的。其常见类型有:（1）超二倍体。（2）假二倍体。（3）亚二倍体。（4）嵌合体。（5）异源嵌合体。形成非整倍体的原因是一对或多对同源染色体的不分离造成的。细胞核内的非整倍体严重危害人类健康,如果发生于生殖细胞,则可能导致不育、自发流产、死胎和先天缺陷。以最常见的唐氏综合征为例,每500～1 000 个新生儿中就有一名患者,这是由于多了一条 21 号染色体所致。如果发生于体细胞,则与肿瘤的发生、恶化密切相关。

【非正弦周期电流电路】（non-sine cycle current circuit） 稳态电流和电压随时间做周期性变化但偏离正弦波形的电路。电力系统中含有非线性元件,因而会产生非正弦电流和电压。这会使电流和电压的波形偏离正弦形而发生畸变,产生谐波。电力系统谐波对电力系统造成的主要危害是:（1）造成电力电容器和电缆的过负载或过电压而引起损坏。（2）使电机和电器产生附加损耗和发热,并可能引起振动。（3）对继电保护、自控装置和计算机等产生干扰和造成误动。（4）干扰通信和使示波器等图像失真。

【非织造布】（nonwovens） 又称无纺布。一种不需要纺纱织布过程,将纤维经由挤压黏合而形成的织物。将纺织短纤维或长丝进行定向或随机排列,形成纤网结构,然后采用机械、热黏或化学等方法加固而制成薄片、纤网或絮片。非织造布的生产按照成网方式的不同可分为:干法成网、湿法成网和聚合物直接成网三种方式。按照纤维网加固方式的不同可分为:机械加固、化学黏合、热熔黏合和自身黏合四种方式。非织造布突破了传统的纺织原理。其优点很多:如良好的通气性、过滤性、保温性、吸水性、防水性、伸缩性,不蓬乱,手感柔软、轻盈、有弹性和没有布料的方向性等。与纺织布相比,其织造布生产速度快,工艺流程短,产量高,成本低,产品用途广,原料来源广等。非织造布也有一些缺点,如强力、耐久性、悬垂性比较差,一般不能像其他布料一样清洗。非织造布的主要用途大致可分为:（1）医疗、卫生用。如手术衣、防护服、消毒包布、口罩、尿片、卫生巾、卫生护垫及一次性卫生用布等。（2）家庭装饰用。如贴墙布、台布、床单和床罩等。（3）服装用。如衬里、黏合衬、絮片、定型棉、各种合成革底布等。（4）工业用。如过滤材料、绝缘材料、水泥包装袋、土工布和包覆布等。（5）农业用。如作物保护布、育秧布、灌溉布和保温幕帘等。（6）其他用。如太空服、保温隔音材料、吸油毡、香烟过滤嘴和茶袋等。

非织造布

【非织造布超声波黏合法】（ultrasonic bonding for nonwovens） 将热熔性纤维通过超声波加热熔融,对非织造布纤维网进行黏合的技术。非织造布采用聚酯、聚酰胺、聚丙烯、聚乙烯、聚氯乙烯、乙烯—醋酸乙烯等各种热塑性聚合物纤维及塑料薄膜为原料,也可以采用掺相与夹层的方式加入一定比例的天然纤维。超声波发生器及电磁机械转换器，将电能转换成频率高达两万次的机械振动，通过放大器、超声发生器将振幅放大至 100μm 左右。超声发生器产生的超声波激励使黏合材料内部分子产生高频振动，分子运动加剧乃至熔融。在被钢辊上销钉加压区域，热熔黏合形成点状的黏合区。如销钉按照一定方式排列，可以形成多种图案。纤网原料中必须含有 50% 以上的热熔纤维，才可取得满意的黏合效果。超声波黏合法的产品柔软，黏合强度好，生产速度高，加热时间短，成本低。其生产设备故障少。

【非织造布复合技术】（compelx technique of nonwovens） 将两种或两种以上性能各异的非织造布，通过化学或物理等方式复合在一起的加工方法。集多种材料的优良性能于一体，通过各种被复合材料性能的互补作用，使产品的综合性能得以加强。非织造布主要有四种复合工艺，即黏合剂复合、热熔复合、火焰复合和涂层复合。

【非职务发明】（non-duty invention） 工作人员在本职工作以外，不是为了执行本单位所分配的任务，且未得到过本单位物质帮助的情况下完成的发明创造。也指工作人员退休、离休或退职一年后所完成的发明创造，或者个体人员作出的发明创造。非职务发明创造，申请专利的权利属于发明人或设计人。

【非致命武器】（non-fatal weapon） 又称失能武器、非杀伤武器。使人员或装备失能、并使附带破坏最小化而专门设计的武器系统。不以杀伤人员和毁坏装备、设施为目的，而是针对人员、装备、基础设施的薄弱环节，使其失去作战能力或不能正常发挥作用，从而达到作战目的。其主要特征是：非致命性、准确性、打击效果的可控性和可逆性，以及作用范围广、可重复使用。

非致命武器霰弹枪

【非洲马瘟】（African horse sickness） 由非洲马瘟病毒属呼肠孤病毒科环状病毒引起的马的传染性疾病。该病毒有 9 个血清型。各型之间没有交互免疫关系。不同型病毒的毒力强弱也不相同。本病主要流行于非洲大陆中部热带地区，并传播到南部非洲，有时也传播到北部非洲。中国尚无本病发生。马、骡、驴、斑马是病毒的易感宿主。马尤其幼龄马易感性最高，骡、驴依次降低。主要通过媒介昆虫如库蠓、伊蚊和库蚊吸血传播。传染源为病马、带毒马及其血液、内脏、精液、尿、分泌物及所有脱落组织。本病发生有明显的季节性和地域性。多见于温热潮湿季节。常呈地方流行或暴发流行，传播迅速。厚霜、地势高燥以及自然屏障等影响媒介昆虫繁殖或运动的气候、地理条件，将使本病显著减少。潜伏期通常为 7～14 天，短的仅 2 天。按其病程长短、症状和病变部位的不同可分为：肺型（急性型）、心型（亚急性型、水肿型）、肺心型、发热型和神经型。（1）肺型。多见于本病流行暴发初期或新发病的地区。呈急性经过。病畜体温升高达 40～42℃，精神沉郁，呼吸困难，心跳加快；眼结膜潮红，羞明流泪；肺出现严重水肿，呼吸困难，并有剧烈咳嗽；鼻孔扩张，流出大量含泡沫样液体。病程 5～7 天，常因窒息而死。（2）心型。病程较慢，体温 39～41℃，眼上窝、眼皮、面部、颈部、肩部、胸腹下及四肢水肿，多因缺氧和心脏病变于 1 周内死亡。（3）肺心型。较常见。呈现肺型与心型症状，常因肺水肿和心脏衰竭导致 1 周内死亡。（4）发热型。又称亚临床型。症状轻微，仅见体温升高（40～40.5℃），精神沉郁。（5）神经型。一般很少见到。非洲马瘟病死率变动幅度很大，最低为10%～25%，最高可达 90%～95%。骡、驴病死率较低。耐过本病的马匹只能对这同一型病毒的再感染有一定的免疫力。防控本病时应根据该病的传播媒介的存在状态、当地的环境条件以及可能的自然屏障等具体情况决定。

【非洲猪瘟】（African swine fever） 一种急性、发热传染性很高的滤过性病毒所引起的猪病。其特征是：发病过程短，但死亡率高达 100%；临床表现为发热，皮肤发绀，淋巴结、肾、胃肠黏膜明显出血。病毒属虹彩病毒科。猪与野猪对本病毒均系自然易感性，各品种及各不同年龄的猪群同样具易感性。非洲和西班牙半岛有几种软蜱是储藏宿主和媒介。自然感染潜伏期 5～9 天，往往更短。发病时体温升高至 41℃，约持续 4 天，直到死前 48h，体温始下降为其特征。同时临床症状直到体温下降才显示出来。最初 3～4日发热期间，猪食欲下降，只躺在舍角，强迫赶起要其走动，则显示出极度羸弱，尤其后肢更甚；脉搏快，咳嗽，呼吸快约三分之一，显呼吸困难，浆液或黏液脓性结膜炎。目前没有治疗本病的特效药物，也没有有效的疫苗预防。

【非自由端纺纱】（non open end spinning） 在纺纱时纱线的末端与喂入须条保持连续，不产生断裂的纺纱过程。一般经过罗拉牵伸－加捻－卷绕三个工艺过程。纤维条自喂入端到输出端呈连续状态，加捻器置于喂入端和输出端之间，对须条施以假捻，依靠假捻的退捻力矩，使纱条通过并合或纤维头端包缠而获得真捻，或利用假捻改变纱条截面形态，再通过黏合剂黏合成纱。自捻纺纱、喷气纺纱、黏合纺纱属于这种方法。它与传统的环锭纺相比，纺纱速度高，卷装容量大。

【肥大细胞】(mast cell) 由骨髓前体细胞衍生，其胞浆富含异染颗粒、能储存组胺，表面具有高视力的 IgE－Fc 受体等的一类细胞。广泛分布于结缔组织与皮肤中，与血管邻接，存在于胃肠道与呼吸道等黏膜上皮下，寿命长，且保留增殖力。是多种炎症介质的分泌细胞。除免疫原外，大量的非免疫性因子，甚至物理性损伤因子，如机械性创伤、热、冷以及辐射等，均可激活肥大细胞，诱导其脱颗粒并释放各种炎症介质。肥大细胞除作为速发型超敏反应的效应细胞外，在急性炎症反应与创伤组织中，其数目增多，且大部分脱颗粒。慢性炎症灶中肥大细胞亦增多，并能激活成纤维细胞、巨噬细胞和淋巴细胞，它们间的相互作用能诱导胶原的合成与积聚，导致纤维化。一旦进入瘢痕阶段，肥大细胞则明显减少，同时刺激新的微血管生成。如在类风湿性关节炎中，关节液中含有高浓度的肥大细胞生长因子。后者可延长肥大细胞的生存期，并增强其功能。

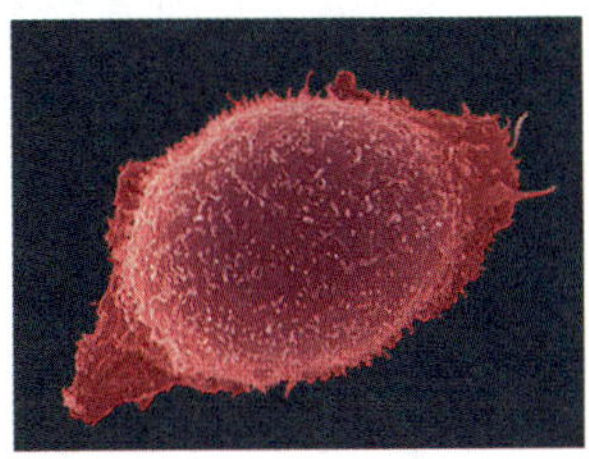
肥大细胞

【肥害】(fertilizer injury) 因肥料施用不当对植物引起的有害作用。任何化肥如用量过大，造成土壤局部矿化度(指化肥阴阳离子的浓度)过高，都可出现肥害。比如：(1)氮肥施用过量、氯态氮的矿化度高，使植物细胞产生反渗透，水分倒吸，质膜分离，植株枯萎。(2)挥发快的碳酸氢氨、氨水和挥发较慢的尿素在田间缺水情况下或有露水时施量过大，所挥发出来的氨气可直接与露水或植株内的水分结合，生成氢氧化铵，从而发生碱害。表现为叶片发黄，植株生长缓慢，甚至下缩。(3)叶面喷施尿素，如缩二脲超过规定含量，会引起叶片黄枯。用尿素作种肥，因肥分高，会烧坏胚芽、胚根或幼苗。(4)硝态氮化肥用量过多，植物体内游离氮过多，叶色转深，甚至中毒。此外，使用氯化铵不当易发生氯害，使马铃薯块茎纤维化，使烟草叶片发厚、燃烧性差、品质降低；在嫌气情况下，如硫酸铵施用过多，可产生硫化氢，使作物根部中毒。

【肥力评价】(fertilizer evaluation) 对土壤肥力高低作出的评定。依据拟定的土壤肥力指标，来对土壤肥力水平评定等级。分级的目的是掌握不同土壤的增产潜力，揭示土壤的优点和存在的问题，为施肥、改良土壤提供科学的依据。参评项目包括：土壤的环境条件(地形、坡度、覆被度、侵蚀度)、土壤的物理性状(土层厚度、耕层厚度、质地、障碍层位)、土壤养分(有机质、全氮、全磷、全钾)储量指标和养分的有效状态(C/N、速效磷/全磷、速效钾/全钾)等。项目的具体选择，可根据土壤类别而定。评级的方法有累计积分法、斯托利指数法和数理统计法等多种。评定的结果可划分为瘦土、熟土、肥土和油土等级别。

颗粒肥料

【肥料】(fertilizer) 施入土壤中或喷洒于植物的上部，能直接(或间接)供给植物所需养分，或改善土壤的物理、化学和生物性状，以提高植物产量和品质的物质。按其性质和来源的不同可分为：有机肥料(如厩肥)、无机肥料(如硫酸铵)和生物性肥料(如根瘤菌肥)；按其作用的不同可分为：直接肥料和间接肥料，前者以直接营养植物为主，后者则以改善植物的生长环境条件(如土壤结构等)为主；按其施用技术的不同可分为：基肥、种肥、追肥和根外追肥。

【肥料报酬递减律】(law of fertilizer diminishing return) 在其他生产条件相对稳定的前提下，随施肥量的增加而单位肥料的作物增产量却呈递减的趋势。首先由欧洲经济学家杜格尔和安德森提出。其基本内容是：土地生产物的增加同费用对比起来，在其尚未达到最大限界数额前，土地生产物的增加总是随费用的增加而增加，但若超过这个最大限量，就会发生相反的现象，不断地减少下去。在杜格尔提出报酬递减律之后，全世界许多科学家进行了大量的科学实验，证明报酬递减律是一种正确的客观规律，并将其引入养分资源管理中。

【肥料利用率】(utilization ratio of fertilizer) 又称肥料利用系数。植物吸收养分中来自所施肥料的养分数量占所施肥料养分总量的百分率。其高低与作物种类、品种、土壤理化性状、气候状况、耕作管理水平、肥料种类及施肥数量和施肥方法等因素有关。据测定，一般氮肥的利用率为 30%～50%，磷肥的为 10%～25%，钾肥的为 50%～60%，有机肥料中氮、磷、钾的当季利用率分别为 10%～25%，40%～50% 和 60% 左右。

【肥料配方】(directions for fertilizer) 用来说明复合肥料中氮、磷、钾含量比例的标记。复混肥料中营养元素成分和含量，习惯上按氮(N)－磷(P)－钾(K)的顺序，分别用阿拉伯数字表示，“0”表示无该营养元素成分。如 18－46－0 表示含 N18%，含 $P_2O_5$46%，总养分 64% 的氮磷二元复混肥料；

15 - 15 - 15表示含 N、P_2O_5、K_2O 各 15%，总养分为45%的三元复混肥料。在复混肥料中含有中、微量营养元素时，则在后面的位置上表明含量并加括号注明元素符号。如 18 - 9 - 12 - 4(S)为含中量元素硫的三元复混肥料。

【肥料三要素】(three essence of fertilizer) 又称植物营养三要素。即植物所必需的氮、磷和钾三种营养元素。植物在生长发育过程中，对上述养分的需要量较多，而一般土壤可供给的这些有效养分含量较少。为确保植物正常生长发育，以获得一定的产量和质量，必须以肥料的形式向土壤补充三要素。不同土壤中三要素的含量和有效含量有差异。如在红色黏土质上发育的红壤区，全钾量(K_2O)平均为1.15%，缓效钾为10～30mgK_2O/100g，速效钾为5～15mgK_2O/100g；在紫色砂质岩母质上形成的紫色土区，全钾量平均为2.24%，缓效钾和速效钾分别为50～70 mgK_2O/100g和8～30mgK_2O/100g。不同作物及其在不同生长发育时期，所需三要素的数量和比例也不相同。在施肥时，必须根据具体情况，确定三者的适宜用量，进行合理配合施用。

【肥料调理剂】(fertilizer conditioner) 有助于肥料在储存和运输过程中维持良好物理性状的一类添加物。在粉末状肥料中可用蛭石、珍珠岩、锯屑和泥炭等物质，主要起着“膨润剂”的作用，防止肥料结块，使其保持良好的散落性。用于颗粒肥料上的调理剂有两类：(1)用极细的粉末，使之黏附在颗粒表面上。(2)液态，可将其喷涂于颗粒表面上。可用的调理剂有硅藻土、黏土、滑石、白垩、高岭土、石蜡-油品混合物和合成树脂涂料等。

【肥料效应】(fertilizer effect) 肥料对农作物的增产效应。必须通过田间试验才能获得。可分为单元肥料效应与多元肥料效应两类。前者用效应曲线表示，后者用效应曲面表示。研究肥料效应对发挥肥料的最大增产作用、提高肥料经济效益具有十分重要意义。肥料效应也是科学施肥决策的重要依据。作物品种、种植制度、轮作、水分、土壤养分和施肥技术等均会影响肥料效应。必须改善这些条件才能进一步提高肥料的增产效应。

【肥料学】(fertilizer science) 研究肥料的性能、机制和施肥等理论和技术的学科。其研究内容是：肥料与作物营养和土壤肥力的关系；各种肥料的成分、性质和用法，积肥、保肥、种绿肥以及施肥原则、施肥制度，各种作物的施肥方法等。

【肥料增效剂】(fertilizer enhancer) 又称土壤改良增效剂。一种以粉煤灰为主要原料、外表坚硬、内部连续多孔的人造圆形颗粒物质。具有比表面积大、吸附能力强的特征和很大的吸附气体与水的能力、浸在水中不崩解的力学特性。可作为各种复合肥和化学肥料的保持剂，又可防止化学肥料结块，并具有离子交换能力。其原料中含有硅、铝等化学元素，经过造盐反应过程，产生结晶的无机结构，具有多种多元框架结构，有各种各样形态大小不一的细孔。与复合肥料混合施用，不仅能吸附水(H_2O)、氮(N)、磷(P)和钾(K)等进入结晶框架的毛细管中，成为吸附离子，同时还有很强的阳离子交换性能，使不易吸收的元素成为易被吸附的状态被植物利用。这些养分在一定的条件下，逐步释放出来，供作物生长所需。

【肥胖】(obesity) 甘油三酯在脂肪组织细胞内积累过多的现象。世界卫生组织建议用体重指数表示体重的标准范围。所谓体重指数就是体重(kg)除以身高(m)。亚洲人的体重指数=18～23，若超过上限，一般认为是过重。肥胖的组织学特征，在成年人是脂肪细胞增大，在生长期儿童则不仅脂肪细胞增大，且数目亦增多。引起肥胖的原因很多，常见的有：(1)长期食入超过机体组织更新、修补、氧化供能所需的高糖膳食，若同时缺乏体力活动则更易引起。(2)婴儿期喂养过饱，易造成食欲中枢失调，成长时期即可出现贪食习惯而导致肥胖。(3)遗传因素、内分泌失调也常认为是引起肥胖的重要原因。内分泌失调者饱食后血糖浓度升高，胰岛素分泌随之增多，但肌肉组织对胰岛素不敏感，大量葡萄糖即在肝脏及脂肪组织中转化为甘油三酯。(4)对胰岛素有抗性，血浆胰岛素浓度虽高，但其耐糖量却比正常人低。与胰岛素相拮抗的激素如胰高血糖素、生长素、肾上腺素、糖皮质激素等缺乏时胰岛素的作用更显着，甘油三酯的合成便更多。肥胖会引起高血压、高血脂、高血糖、心脑血管疾病等严重后果。

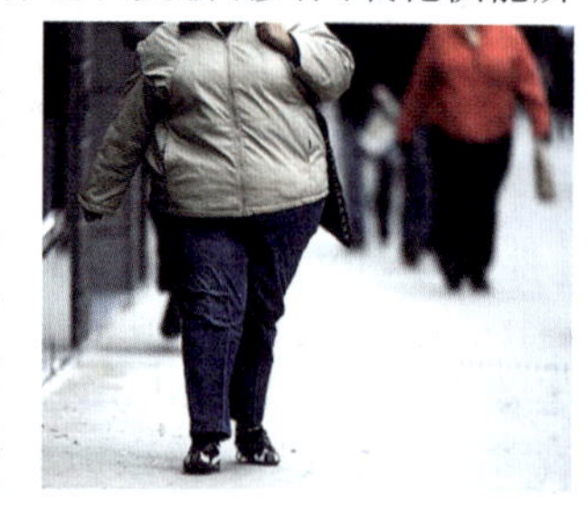

肥胖

【肥胖-换氧不良综合征】(pickwickian syndroms) 又称皮克威克综合征。伴有极度肥胖引发呼吸阻塞的一组综合征。由于过度肥胖，脂肪组织堆积在胸部肌肉的周围，限制胸肌和膈肌运动，使心、肺及膈肌受损，极大地增加肺脏的负荷，造成通气不足、血中二氧化碳滞留、低氧血症等。其主要表现是：睡眠时发生瞬间呼吸阻塞、暂停，睡眠不安，面部发红，呼吸困难，紫绀，并发肝大、高血压等。超声波检查可有心脏扩大及肺动脉高压。查红细胞计数明显增高。其治疗方法是:减轻体重,增加活动,改善心肺功能。如不积极治疗或不能认识此病,可造成患者死亡。

【肥胖症】(obesity) 体内脂肪积聚过多,并超过标准体重20%时的症状。当人体进食热量多于消耗热量时,多余热量以脂肪的形式储存于人体内,从而使身体发胖、体重增加。肥胖常用的计算标准体重指数(BMI)为:BMI = 体重(kg)/身高^2(m^2)。据此评定标准,24为正常上限,24~28为过重,大于28为肥胖。按原因的不同,肥胖可分为单纯性肥胖(又称原发性肥胖)和继发性肥胖。平时所见多属于前者。单纯性肥胖所占比例高达99%,是一种找不到原因的肥胖,可能与遗传、饮食和运动习惯有关。继发性肥胖则是由其他健康问题所导致的肥胖,如因下丘脑、垂体、甲状腺、肾上腺和性腺疾病而致。在成人中以库欣综合征和甲状腺功能低下性肥胖为多见,儿童中以颅咽管瘤所致的下丘脑性肥胖为最多。对于一个肥胖者,首先要想到继发性肥胖,只有排除了继发性肥胖之后,才能作出单纯性肥胖的诊断。

【肥水灌溉】(nitric groundwater irrigation) 利用浅井提取含有一定数量氮素的浅层地下水进行灌溉的方法。地下水中的氮素主要来源于居民点生活污水、粪便、植物的枯枝落叶等有机物质,经生物化学分解后,通过雨水淋溶进入下层土壤,逐渐聚集、增浓,形成具有一定肥效的、含氮素的地下水,简称肥水。地下肥水多分布于居民点附近的浅层含水层中。肥水灌溉应掌握肥水中含氮量的大小。一季作物一般只宜灌一次肥水,若含氮量大于100g/m^3,则应与淡水掺和使用,以防伤苗。20世纪70年代是中国对肥水开采利用最集中的一个时期。此后随着许多地区地下水超采、地下水位下降,浅井失去作用,肥水灌溉逐渐成为历史。

【肥土观赏植物】(ornamental plants grown in rich soil) 在肥沃深厚的土壤中才能够正常生长发育的观赏植物。如果肥力不足,此类植物则生长不良或者死亡。如银杏、冷杉、红豆杉、楠木、白蜡和槭树等。银杏,又称白果、公孙树、鹅(鸭)掌子。属裸子植物。落叶乔木,雌雄异株植物。是现存裸子植物中最古老的孑遗植物之一,被称为"活化石"。从栽种到结果要20多年,40年后才能大量结果。能活到一千多岁,是树中的老寿星。银杏树体高大,姿态优美,是理想的园林绿化、景观园林树种,被列为中国四大长寿观赏树种(松、柏、槐、银杏)。银杏种子营养丰富,具有天然保健作用,长期食用能够延缓衰老,益寿延年,在宋代被列为皇家贡品。

银杏树

【翡翠】(jadeite) 又称辉玉、缅玉。为辉石质玉石的传统名称。由以硬玉为主的钠质或钠钙质辉石细针状微晶体紧密交织而成的一种玉。硬玉成分为NaAl[Si_2O_6]。单斜晶系。晶体少见,常呈致密粒状或致密块状集合体。翡翠为玉中之王。硬度高且十分坚韧。典型的结构为纤维交织或纤维变晶结构、粒状结构。其色调和色形依矿物组分、化学成分及结构构造的不同有多样变化。玉石业即依其透明度和色调、色形等观赏性外观划分出许多品种,而不强调其矿物组分和岩石组构等实质性特征。一般讲翡以红色、黄色硬玉质为主,依渗染在其中的交生矿物——水赤铁矿及褐铁矿的量比,又分为红翡和黄翡;翠以绿色硬玉质为主。广义翡翠还包括白、灰、黑色、闪蓝色者及紫或紫罗兰色的翡翠;还包括绿辉石玉、钠铬辉石玉以及透辉石玉等。按其矿物组成和结构的不同可分为:(1)硬石玉。含绿色均匀质地细腻的优质翡翠和白地青、花青、豆种、芙蓉、金丝、马牙等绿色不匀的品种,以及紫罗兰、藕粉地、蓝花、透水白、干白、香灰、广片、八三玉……、红翡、黄翡、天龙生等。(2)绿辉石玉。含油青、蓝水。(3)钠铬辉石玉。含干青种、摩奇石、九一矿。翡翠中共存的非辉石族矿物主要有角闪石(钠质闪石和钠钙闪石)和钠长石及某些副矿物。翡翠可由透明至不透明;但透明的极少。玻璃光泽,可见星点、针状、片状闪光(翠性),少数呈油脂光泽。折射率1.65~1.67,含钠铬辉石的可测得1.74。紫外光灯下无荧光,少数可有弱的白色、绿色或黄色荧光(来自共存矿物)。细粒集合体可见闪光的解理面或解理纹,断口呈细粒状到片状。翡翠绝大部分产于缅甸。世界上有几个国家也有翡翠产出,知名的如哈萨克斯坦翡翠、日本翡翠、墨西哥翡翠。其主组分也都是硬玉,所含绿辉石(日本、哈萨克斯坦样品)只占少数;结构上一般粒度较粗。各国都有优质品,但较罕见。

翡翠

【肺癌】(lung cancer) 生长在肺部的恶性肿瘤。多见于中老年人。虽然肺癌的发病原因还不十分清楚,但是吸烟或被动吸烟肯定是致癌的重要因素之一。由于香烟内的多种致癌物质作用,长期吸烟者(20支/日×20年)肺癌发生率将增加数倍;而且,长期被动吸烟者的危险性也较无香烟接触者增加35%～53%。其他致癌剂如无机砷、石棉、铬酸盐、电磁辐射、大气污染等,也会增加肺癌的发生。一般说来,出现不明原因咳嗽、胸痛、呼吸困难、咯血症状者都应该及时接受检查,特别是对长期吸烟的老年人更应牢记。基本检查包括X线透视或胸片、胸部CT、纤维支气管镜和痰液的检验。

【肺表面活性物质】(pulmonarg surfactant,PS) 肺部维持肺功能的一种物质。半个世纪以来,科学家们一直对PS进行研究。最早1946年报道肺组织含有丰富磷脂,后发现早产儿呼吸窘迫是因为缺乏磷脂内衬层。1980年日本用PS治疗呼吸窘迫综合征取得成功。1990年美国FDA批准PS用于临床。PS是维持肺部正常生理功能而分泌的一种代谢产物。是Ⅱ型肺泡上皮细胞分泌的特异性结合蛋白。分两类,一类是分子较小的疏水性蛋白;另一类是大分子亲水性蛋白。分子结构和功能有关。PS是复合磷脂,其主要成分有:磷酯(占85%～90%),蛋白质(占8%～10%),中性脂肪(占5%),糖(占5%)。可与磷脂结合的蛋白质称为表面活性物质蛋白,脂类中主要是棕榈卵磷脂,包括SP－A、B、C、D。主要功能是维持肺功能,防止肺萎陷,肺水肿,稳定小气道;还有抗氧化和抗弹性蛋白所致肺损伤,调节局部免疫和炎症反应,促进肺内异物排出。胎儿在18～20周肺内产生SP,胎儿35周以后SP在肺内迅速上升,覆盖整个肺泡表面,防止肺萎缩,稳定肺泡内压,使生后有稳定的呼吸功能。

【肺动脉楔压】(pulmonary artery wedge pressure,PAWP) 利用漂浮导管经颈内静脉或股动脉置入上腔静脉或下腔静脉,并进入右心房,将导管远端气囊充气,利用心脏搏动射血血流的推动,使导管远端通过右心室、进入肺动脉主干,深达肺小动脉而测得压力。可直接反映左房压力,对血管外肺水的形成也有决定性影响。高血压和心肌疾病引起的左心室衰竭,血管内容量负荷过重,都可以引起肺动脉楔压的增高;但左房黏液瘤、二尖瓣狭窄或左心室顺应性降低等会导致肺动脉楔压不能准确反应血容量和心排血量等情况。

【肺活量】(vital capacity, VC) 一次尽力吸气后,再尽力呼出的气体总量。是一次呼吸的最大通气量。在一定意义上可反映呼吸机能的潜在能力。成年男子肺活量约为3 500ml,女子约为2 500ml。青壮年人的肺活量最大,幼年和老年人较小。健康状况愈好的人肺活量愈大。肺组织损害如肺结核、肺纤维化、肺不张或肺叶切除达一定程度时均可能使肺活量减小;脊柱后凸,胸膜增厚,渗出性胸膜炎或气胸等,也可使肺扩张受限,肺活量减小。肺活量明显减小是限制性通气障碍的表现。肺活量的测定是健康检查常用的指标。测定肺活量因不限呼气的速度,而测不出呼吸道通气不畅的疾病。因此采用时间肺活量测定法,作为肺功能的动态指标较为理想。时间肺活量就是最大吸气后用力作最快速度呼气,直至呼完为止。同时分别记录第1、2、3s末呼出的气量。正常人应分别呼出其肺活量的83%、96%和99%。患肺阻塞性肺部疾病者往往需要5～6s或更多时间才能呼出全部肺活量。在呼吸运动受限的许多病理状态下,第1s时间肺活量增加,并可提前呼完全部肺活量。所以,时间肺活量可作为鉴别阻塞性或限制性通气障碍的参考。

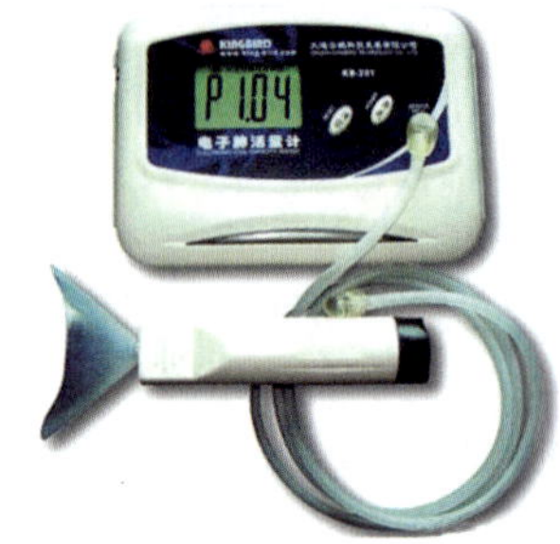

电子肺活量计

【肺结核】(tuberculosis,TB) 由结核杆菌(分支杆菌)感染而引发的一种肺部慢性传染病。人体各个器官都可以患结核病。肺结核占各器官结核病总数的80%～90%。其中痰内排菌者称为"传染性肺结核病"。它主要在病人与健康人之间经空气传播。其他途径如经消化道感染,经胎盘传染胎儿,经伤口感染和上呼吸道直接接种均罕见。生活贫困、居住拥挤、营养不良等是经济落后社会中人群结核病高发的原因。其中婴幼儿、青春后期和成人早期,尤其是该年龄段的女性以及老年人结核病发病率较高;糖尿病、硅沉着病、胃大部分切除后、麻疹、百日咳等常易诱发结核病;免疫抑制状态时尤其易发结核病。各类型肺结核患者的共同表现为:(1)全身症状。发热为最常见的全身性毒性症状,前期多在午后或傍晚开始,次晨降至正常,并伴有倦怠、乏力和夜间盗汗。也可无明显自觉不适。(2)呼吸系统症状。咳嗽咳痰较轻微,或有少量黏液痰,有空洞时痰液增加。有1/3～1/2的病人在不同病期有咯血,同时伴有气急和不定时的胸部隐痛。当固定部位胸痛时,常是胸膜受累的结果。其预防措施是:虽然注射卡介苗不能100%防止感染结核病,但是有减轻患者临床症状的效

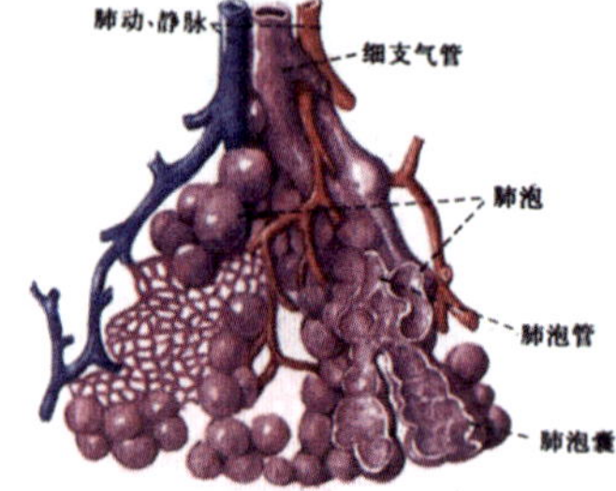

肺小叶模式图

果,更重要的是可预防小儿结核性脑膜炎的出现。

【肺腧】 中医穴位名。属足太阳膀胱经,肺的背俞穴。定位:在背部,当第三胸椎棘突下,旁开1.5寸。主治:咳嗽,气喘,咳血,唾血,胸满,盗汗,骨蒸潮热,肺痈,喉痹,腰脊痛;支气管炎,肺炎,肺结核,肺脓疡,哮喘,百日咳,胸膜炎,肋间神经痛等。刺灸法:斜刺0.5~0.8寸(不宜深刺);艾炷灸5~10壮,或艾条灸10~20min。现代研究证明:针刺肺俞穴有调整支气管平滑肌的作用,对支气管哮喘病人有显著疗效。针刺或电针肺俞,可改善肺功能,增加肺通气量,针麻手术患者开胸后一侧肺通气量代偿性增加。

【肺性脑病】(pulmonary encephalopathy) 又称肺心脑综合征。慢性气管炎并发肺气肿、肺源性心脏病及肺功能衰竭所引起的脑组织损害及脑循环障碍。发病原因主要为肺部损害致二氧化碳潴留及缺氧,引起高碳酸血症及低氧血症。同时因肺部循环障碍及肺动脉高压而进一步诱发或加重脑组织的损害。其临床表现是:早期可表现为头痛、头昏、记忆力减退和精神不振。继之出现不同程度的意识障碍,轻者呈嗜睡、昏睡状态,重则昏迷。此外还可有颅内压升高、视神经乳头水肿和扑击性震颤、肌阵挛、全身强直-阵挛样发作等各种运动障碍。精神症状表现为兴奋、不安、幻觉和妄想等。血气分析可见二氧化碳分压增高,结合力增高,标准碳酸氢盐的含量增加及血pH值降低,脑脊液压力升高,红细胞增加等。脑电图呈不同程度弥漫性慢性波性异常,并可有阵发性变化。

【废电池污染】(waste cell pollution) 废旧电池内含有的重金属以及废酸、废碱等电解质溶液对生态环境所造成的污染。随意丢弃腐败的电池会破坏水源,侵蚀人类赖以生存的生存环境。研究表明,1节一号电池在地里腐烂,其有毒物质能使$1m^2$的土地失去使用价值;1粒纽扣电池所含的有毒物质会造成6×10^5L水体的污染,相当于一个人一生的用水量。废旧电池中含有金属镉、铅、汞、镍、锌、锰等,其中镉、铅、汞是对人体危害较大的物质。而镍、锌、锰等金属虽然在一定浓度范围内对人体是有益物质,但在环境中超过极限,也将对人体造成危害。废旧电池溶出的重金属会造成江、河、湖、海等水体的污染,危及水生物的生存和水资源的利用,间接威胁人类的健康。废酸、废碱等电解质溶液可能污染土地,使土地酸化和盐碱化。废旧电池潜在的污染已引起社会各界的广泛关注。中国是世界上干电池生产和消费的大国。有资料表明,中国目前有1 400多家电池生产企业。1980年干电池的生产量已超过美国跃居世界第一。2000年干电池的生产量超过1.5×10^{10}只,占同年世界干电池的总产量的一半。如处置不当,就会对生态环境和人类健康造成严重危害。此外,随意丢弃废旧电池不仅污染环境,还是极大的资源浪费。以每年生产1.0×10^{10}只电池计算,全年消耗1.56×10^5t锌,2.26×10^5t二氧化锰,2 080t铜,2.7×10^4t氯化锌,7.9×10^4t氯化铵,4.3×10^4t碳棒。但目前中国大部分废旧电池仍混入生活垃圾被一并埋入地下,久而久之,电池腐烂,重金属溶出,就会污染地下水体,又污染土壤。生物从环境中摄取的重金属经过食物链的生物放大作用,会逐级在较高级的生物中成千上万倍地富集,然后经过食物进入人的身体,在某些器官中积蓄造成慢性中毒。日本的水俣病就是汞中毒的典型案例。因此,应该对废旧电池进行收集与科学处置。

废电池回收

【废热发电】(waste-heat power generation) 利用工业生产制造过程中产生的没有被利用的热量(废热)直接发电。废热的利用技术有将温度差转换为电动势的热电转换技术和将热量转换为声能的热声转换技术两种。热声转换技术是通过将热转换成声音后,再将声音的振动转换为电力。有希望得到应用的发热源有:蒸汽机及热水供应管道、汽车尾气及发动机、IC及微处理器、高速通信设备的信号发送器、太阳以及人体(体温)等。

【废水除磷】(phosphorus removal from wastewater) 为防止水体富营养化而对废水进行除磷处理的过程。其方法有物理化学法和生物除磷法两种。前者主要是在废水中投加沉淀剂,使磷以不溶性的金属磷酸盐或羟基金属磷酸盐沉淀出来。后者采用厌氧-好氧处理过程,利用活性污泥厌氧释磷和好氧吸磷,最终通过排放富磷的剩余污泥而达到除磷目的。水生植物在生长过程中从水体中吸收氮的同时也吸收磷,也可以用来除磷。

【废水处理技术】(waste water treatment technology) 采用各种方法和措施对废水中的污染物进行处理的技术。按其作用原理和去除对象的不同,常用物理法、化学法和生物法等方法,将各种形态的污染物从废水中分离出来或将其分解、转化为无害和稳定的物质,使废水得到净化。

【废水土地处理】(wastewater land treatment) 在人工调控及系统自我调控条件下，利用土壤－微生物－植物组成的生态系统对废水中的污染物进行的净化处理。其目的是：通过一系列物理的、化学的和生物的净化过程，使废水的水质得到净化和改善。这是一种高效、节能、经济并且符合生态原理的废水处理系统。是通过系统中的营养物质和水分的循环利用，实现废水资源化、无害化和稳定化，并使绿色植物生长繁殖的生态系统工程。中国在20世纪70年代颁布了《农田灌溉水质标准》，开始了废水灌溉的科学管理。在20世纪80年代初，又通过与美国进行科学技术合作，引进、开发、利用废水土地处理技术，把废水灌田引导到科学利用土地系统，进行废水和污泥的处理和利用相结合的轨道上来。1986年在国务院环境资源委员会颁发的水污染防治技术政策的若干规定中，已将废水土地处理利用列为中国的一项重要技术政策。

【废水脱氮】(nitrogen removal from waste water) 为防止水体富营养化而对废水进行脱氮处理的工艺过程。分物理化学法和生物脱氮法。前者脱氮包括折点氯化法、空气气提法或蒸气气提法及选择性离子交换法。脱氮实践中后者多采用硝化－反硝化法。即先在好氧条件下利用废水中硝化细菌将氮化合物氧化为硝酸盐（硝化阶段），然后在缺氧条件下（溶解氧小于0.5mg/L），利用废水中反硝化细菌将硝酸盐还原成气态氮及其他最终气体产物，释放到大气中（反硝化阶段）。

【废水物理处理法】(physical treatment of wastewater) 利用物理作用分离和去除污、废水中不溶解的悬浮固体、油膜等污染物质的方法。处理过程不改变水的化学性质。应用的工艺有筛滤截留、重力分离（自然沉淀和上浮）和离心分离等。使用的设备和构筑物有格栅、筛网、沉沙池、滤池、微滤机、气浮装置、离心机和旋流分离器等。物理法处理污、废水的设备比较简单，操作方便，分离效果良好，应用广泛。

【废水预处理】(pretreatment of waste water) 废水的前处理过程。为了去除废水中在性质上或在颗粒大小上不利于后续处理过程的物质，防止堵塞、污染等，废水处理系统一般都要进行预处理。常用的处理方法有隔栅、筛滤、沉沙池和调节池等。

【废塑料改性】(waste plastics modification) 通过添加助剂和辅料使旧塑料改性的再塑化工艺过程。包括用无机填料进行填充改性、加入弹性体进行增韧改性、加入纤维进行增强改性和用不同树脂制成高分子合金改性等。经过改性的废旧塑料的某些性能可达到甚至超过原塑料的性能。

【废渣水泥】(slag cement) 以粉煤灰、炉渣、高炉矿渣等工业废渣为主要原料制成的水泥。是经过一定的工艺过程而制成的新型建筑材料。可替代普通硅酸盐水泥。常用于垫层混凝土、各种砌筑和抹面砂浆等。

【沸水反应堆】(boiling water reactor) 轻水核反应堆的一种。以轻水（经净化的普通水）作冷却剂和慢化剂，允许一回路水在堆内发生一定程度沸腾的反应堆。沸水堆本体由反应堆压力容器、堆芯、堆内构件、汽水分离器、蒸气干燥器、控制棒组件及喷泵等部分组成。堆芯处在压力容器中心，由若干单元组成。每单元有四盒燃料组件和一根十字形控制棒。每盒燃料组件的上部靠上栅板定位，下部安放在下栅板上，并放在控制棒导向管顶部和燃料支撑杯中。燃料组件由燃料元件、定位格架及元件盒组成。燃料元件采用二氧化铀燃料芯块，以锆－2合金做包壳，内部充氦气，端部加端塞焊接密封。堆内构件包括上栅板、下栅板、控制棒导向管及围板等部件。汽水分离器用来将蒸气和水分离开来，蒸气通过蒸气干燥器除湿，以达到汽轮发电机的工况要求。

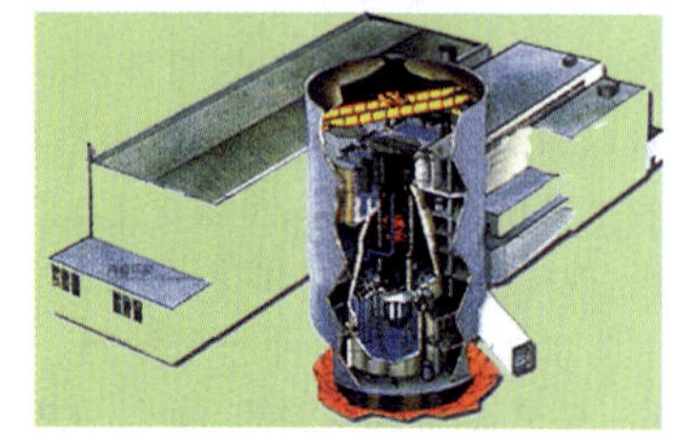
沸水反应堆剖面图

【沸腾床反应器】(fluidized bed reactor) 见流化床反应器。

【沸腾钢】(rimmed steel) 未经强烈脱氧的钢。一般是低碳钢。浇铸时由于气体自模内钢液中逸出，形成沸腾现象。钢锭上部偏析较严重。气孔分布于皮下一定的深度，轧制时可以焊合，故钢的截头少而回收率高，表面质量好，有良好的深冲和焊接性能。但其机械强度和抗腐蚀性较差。大量用于薄板、线材和型钢的生产。

【沸腾脱气】(boiling degassing) 利用黄铜熔体在沸腾温度下，锌蒸气气泡内外分压差，吸收并携带熔体中溶解的氢排出的工艺方法。是分压差脱气精炼的一种方法。适用于高锌黄铜的脱气。铜锌合金的沸腾温度随着锌含量的增加而降低。在低频有芯感应电炉熔炼黄铜时，感应炉的熔沟部位的熔体温度最高。形成锌蒸气气泡，在气泡上升过程中，溶解于熔体中的氢进入气泡复合为氢气随气泡排出熔体。当整个熔池温度接近或超过沸点时，大量锌蒸气从熔池喷出，形成喷火现象。喷火程度越强烈，次数越多，则熔体中的氢进入蒸气泡也越多，脱气效果就越好。缺点是金属挥发损失大。一般来讲，含锌低于20%的黄铜不能采用沸腾除气方法。

【沸腾液体膨胀性蒸汽爆炸事故】（boiling liquid expanding vapour explosion accident） 又称沸腾液体扩展蒸性爆炸事故。液体急剧沸腾产生大量过热蒸汽而引发的一种爆炸式沸腾现象。过热液体或液化气体突然释放、瞬间汽化并被点燃而发生的爆炸事故。它能产生巨大的火球。其主要危害是热辐射而不是爆炸冲击波。强烈的热辐射可能造成严重的人员伤亡和财产损失。其原因是：(1)低沸点液体进入高温系统。(2)冷热液体相混且温度已超过其中一种液体的沸点。(3)分层液体中高沸点液体受热后将热量传给低沸点液体使之气化。(4)封闭层下的液体受热气化。(5)液体在系统内处于过热状态，一旦外壳破裂、液体泄漏、压力降低，过热液体会突然闪蒸引起爆炸。按其过热液体形成过程的不同可分为：(1)传热型蒸气爆炸。热从高温物体向与之接触的低温液体快速传热，液体瞬间转变成过热状态，造成蒸气爆炸。(2)平衡破坏型蒸气爆炸。在密闭容器中，在高压下保持蒸气压平衡的液体，由于容器破坏而引起高压蒸气泄漏，器内压力急剧减少，液体因而处于过热状态，导致发生蒸气爆炸。

蒸汽锅炉爆炸现场

【费马猜想】（Fermat conjecture） 又称费马大定理、费马最后定理。数论中的一个著名定理。用不定方程来表述的费马猜想是：当整数 $n>2$ 时，不定方程 $x^n+y^n=z^n$ 没有 $xyz\neq 0$ 的整数解。这个猜想是1637年费马提出来的，1995年才获得证明。在此之前，称它为费马猜想更为合适。许多优秀数学家为证明这个猜想，付出过巨大精力，都未能成功。经过358年的努力，这个著名的猜想终于得到证明。

【费马原理】（Fermat Principle） 又称最小时间原理或极短光程原理。光在任意介质中从一点传播到另一点时，沿所需时间最短的路径传播。这是费马在几何光学中首先提出的一条重要原理。由此原理可证明光在均匀介质中传播时遵从的直线传播定律、反射和折射定律，以及在有傍轴条件下透镜的等光程性等。费马原理规定了光线传播的唯一可实现的路径，不论光线正向传播还是逆向传播，都必沿同一路径。

【分辨本领】（resolving power） 仪器或肉眼对两个非常靠近的物点、谱线或量值能加以识别的能力。因仪器和所要分开的量值性质不同，分辨本领有不同衡量方法。(1)在光学显微镜中，以所能分辨的物体上细点间距作为分辨本领；但在望远镜和肉眼中，则以它们对两物点的视角来量度。一般显微镜的分辨本领可达2×10^{-7}m；电子显微镜可达2×10^{-10}～3×10^{-10}m；望远镜的理论分辨本领（角分辨率－角分辨本领）可达0.03s（实际分辨本领受观察地点的大气条件影响，一般要比理论分辨本领小），人眼约为1min。(2)光谱仪的分辨本领为两条刚能分辨的光谱线的波长平均值对它们波长差的比值。比值越大，分辨本领越高。各种能谱仪的分辨本领可用类似的定义来表示。也有以这种定义的倒数来表示的（如β谱仪）。(3)成像系统（如照相、电视等）的分辨本领通常以某一规定长度内能够分辨的平行直线数表示。线数越多，分辨本领越大，成像就越清晰。

【分布式处理系统】（distributed processing system） 用多台计算机完成通信网络信息处理任务的计算机系统。将不同地点的或具有不同功能的或拥有不同数据的多台计算机用通信网络连接起来，可以相互通信、共享资源和协同工作。由硬件、控制系统、接口系统、数据、应用程序和人等六个要素组成。在航海、航天测控、图形处理、热处理、局域网和广域网等领域得到了较普遍的应用。

【分布式发电】（distributed generation） 发电功率在几千瓦至数百兆瓦的小型模块化、分散式、布置在用户附近的高效、可靠的发电单元。主要包括：以液体或气体为燃料的内燃机、微型燃气轮机、太阳能发电（光伏电池、光热发电）、风力发电、生物质能发电等。分布式发电的优点在于可以充分开发利用各种可用的分散存在的能源，包括本地可方便获取的化石类燃料和可再生能源，并提高能源的利用效率。分布式电源通常接入中压或低压配电系统，并会对配电系统产生广泛而深远的影响。传统的配电系统被设计成仅具有分配电能到末端用户的功能，而未来配电系统有望演变成一种功率交换媒体，即它能收集电力并把它们传送到任何地方，同时分配它们。因此将来它可能不是一个“配电系统”而是一个“电力交换系统”。分布式发电具有分散、随机变动等特点。大量的分布式电源的接入，将对配电系统的安全稳定运行产生极大的影响。传统的配电系统分析方法，如潮流计算、状态估计、可靠性评估、故障分析、供电恢复等，都会因程度不同地受到分布式发电的影响而需要改进和完善。分布式发电有助于促进能源的可持续发展、改善环境并提高绿色能源的竞争力。

【分布式计算】(distributed computing) 见网格计算。

【分布式拒绝服务攻击】(distribution denial of service, DDOS) 借助于客户/服务器技术,将多个计算机联合起来作为攻击平台,对一个或多个目标发动的拒绝服务攻击。拒绝服务攻击方式有很多种,最基本的就是利用合理的服务请求来占用过多的服务资源,从而使服务器无法处理合法用户的指令。单一的拒绝服务攻击一般是采用一对一方式的,而分布式拒绝服务攻击将多个计算机联合起来攻击一个平台,成倍地提高了拒绝服务攻击的能力。

【分布式能源】(distributed energy) 分布在用户端的能源综合利用系统。根据用户的不同能源需求,以及资源配置状况进行系统整合优化,采用需求应对式设计和模块化配置的新型能源系统。在需求现场,根据用户对能源的不同需求,采用对口供应能源,将输送环节的损耗降至最低,从而实现能源利用效能的最大化。分布式能源是以资源、环境效益最大化来确定方式和容量的系统。根据终端能源利用效率最优化确定规模。它采用先进的能源转换技术,尽可能减少污染物的排放,并使排放分散化,便于周边植被的吸收。同时利用其排放量小、排放密度低的优势,可以将主要排放物实现资源化再利用,例如,排放气体肥料化。分布式能源系统,使电力、热力、制冷与蓄能技术相结合,可以提高综合用能水平,提高供能系统的可靠性。

【分层燃烧技术】(stratified combustion technology) 利用播煤辊和筛分器相结合,使进入锅炉的块煤达到分层和改善煤层均匀度及通风率的目的技术。主要应用于采用闸板式给煤方式的正转链条炉的锅炉。由齿形给煤辊、调节辊、第一筛、第二筛、弧形闸板、密封挡板组成。当煤从煤仓经溜煤管下来,进入到播煤辊上;经辊转动,将煤播到筛分器上;筛分器上将煤加以分层。筛分器分三层,第一层将直径20mm以上的煤块送到煤层最下部,即占据了炉前部,第二层将直径15~20mm之间的煤块送到第一层上面,第三层是将直径10~15mm送到第二层上面,而直径小于10mm的煤均落到第三层上面,从而达到分层的目的。这样使煤层疏松,减少了通风阻力,增加了通风面积和通风量,并使煤层均匀,有效地避免了炉排上出现火口和燃烧不匀的现象,显著地提高了火床热强度和煤层燃尽速度。其特点主要体现在:(1)燃烧热效率一般可以提高8%~12%。(2)炉渣含炭量可以降至10%左右。(3)提高煤种适应性。(4)改造后锅炉可以满负荷运行。(5)升温升压快,点火方便。(6)故障率低,使原来烧损挡渣器、侧密封烧煤斗的现象从根本上消除。(7)消除因重力作用造成的炉排进煤斗时而形成的两侧块多,中间煤粉多的不均匀给煤状态,达到均匀布煤并分层。(8)改造费用适宜,回收成本快,基本上半年之内收回成本。

【分层设色法】(hypsometric layer) 用一定的颜色变化次序或色调深浅表示地貌的方法。首先将地貌按高度划分若干带,各带规定具体的色相和色调,称为色层。之后为划分的高度带选择相应的色系,称为色层表。此法由制图学家雷马虚克发明。在地图上,按色层表给不同高度带以相应颜色。目前常见的色层表为绿褐色系。设色的原则是:按地面由低到高,以绿、黄、棕等颜色分别表示平原、高原和高山,以浓淡不同的蓝色表示海洋的不同深度带。其优点是:(1)能醒目地显示地势各高程带的范围、不同高程带地貌单元的面积对比。(2)具有立体感,能概括地表示图内区域的地形大势。(3)在分层设色法绘制的小比例尺地图中,平原、丘陵、山地等的分布状态一目了然。(3)阅读很方便。其缺点是不能量测。

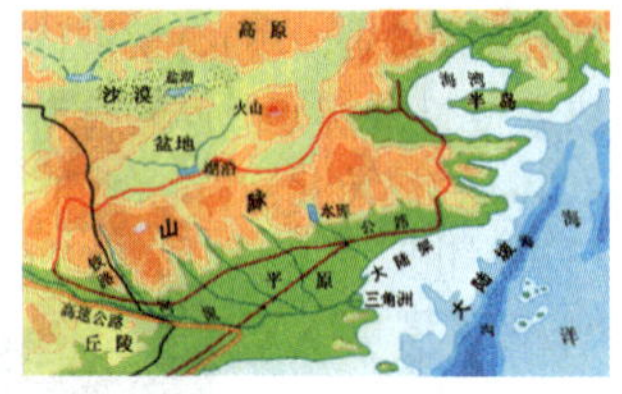

分层设色地形图

【分层随机抽样】(stratified random sampling) 先将总体中所有观察单位按主要特征分成若干层次,然后在各层中进行随机抽样的抽样方法。按各层抽取例数的不同可分为比例分层法和最优分层法。前者是指各层样本量与该层的单位数成比例;后者是指各层的样本量与其单位数和层内变异度均呈正比。其优点是:抽样误差小,各层可以独立分析,层间还可以比较。其缺点是:分层较多时,调查和分析比较麻烦。常被用于层间差异比较大的对象。

【分道通航制】(traffic separation scheme) 对船舶来往频繁的航道只允许单向行驶的规定。在船舶来往比较频繁的航道,用分隔线、分隔带、自然隔离物或特定的地理物标等方法划定专门的区域,并规定在这些区域中,船舶只能单向行驶,以避免船舶正面相遇,减少碰撞事故。分道通航制在1972年《国际海上避碰规则》中得以确认。在实施分道通航制的区域内行驶的船舶应遵守以下规定:(1)顺分道的船舶总流向行驶。(2)尽可能让开通航分隔线或分隔带。(3)通常应在分道的端部驶进或驶出。(4)在不得不穿越通航分道时,应尽可能与分道的船舶总流向成直角。不使用通航分道的船舶不应扰乱通航分道内的航行秩序，尽可能远离实行分道通航的区域行驶。

【分度头】（indexing head） 铣床上用于铣削齿轮、花键等零件的一种分度用附件。是利用蜗轮蜗杆传动副对工件在圆周上进行等分或非等分分度的装置。常用的分度头有万能分度头、自动分度头和简单分度头三种。分度头也可用于其他机床及钳工划线。

分度头

【分段多点成形技术】（sectional multipoint forming technology） 当工件的毛坯轮廓尺寸大于多点成形设备有效成形尺寸时，所采用的分段压制的多点成形方法。在分段多点成形中，大尺寸板材一部分一部分地被压制，当板材的一部分被成形后，多点模将会被调形，然后随着板料的进给按次序地成形其他部分。利用分段多点成形技术可以成形大尺寸工件，可以在较小的设备上实现大型板材的加工，充分利用现有设备，节省巨额的新设备开支。

【分段运输】（segmented transport） 经过两种或两种以上的运输方式将货物从起运地运到目的地的国际货物运输组织形式。即由托运人（出口商）分别与有关运输方式的承运人签订运输合同，由各运输方式的承运人负责完成各区段的运输，或由起运点的承运人代理托运人与下一程的运输合同，分段完成全程运输。实行分段运输，托运人或他的代理人不仅要考虑两种运输方式之间的换装安排，而且要安排货物的仓储搬运。

【分割肉】（cuts of meat） 将胴体按部位分割成的小块肉。根据国内外市场的需要，可分带骨分割肉、剔骨分割肉和去脂分割肉等不同规格。分割肉干耗小，堆垛紧密，利于提高冷藏能力；用户使用方便，便于运输和装卸。分割部位为颈背肌肉、前腿肌肉、大排肌肉、后腿肌肉、大排、小排、肋排等。

分割肉

【分根术】（root separation） 将下颌磨牙连冠带根从正中沿颊舌方向截开，使其分离为近中、远中两半，形成两个独立的类似单根牙的牙体的一种根分叉病变治疗方法。仅适用于下颌磨牙。可以较彻底地清除根分叉区深在的病变组织，消除该处的牙周袋，也消除了原有的根分叉病变，有利于菌斑控制和自洁。被切割后暴露的牙本质和牙骨质部分，可用全冠修复体覆盖，以减少患龋的可能。其适应证是：(1)下颌磨牙根分叉区Ⅲ度或Ⅳ度病变，局部的深牙周袋不能消除者。(2)患牙两个根周围有充分的支持骨，牙无明显松动。术后在伤口愈合期间制作暂时冠，以利于形成牙间乳头，待6~8周后进行牙冠的最终修复。

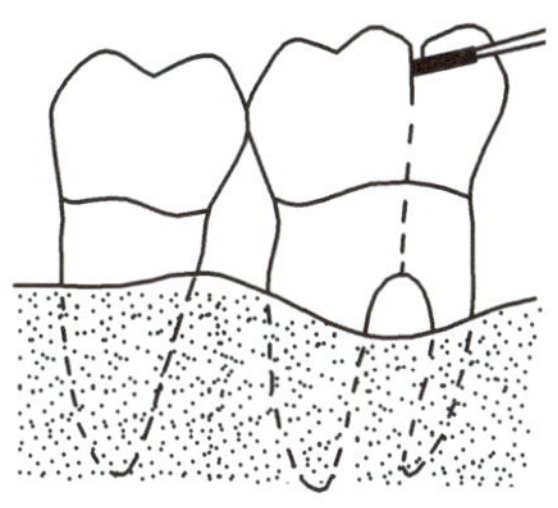

分根术

【分光光度分析】（spectrophotometric analysis） 光学分析的一种。测量一束单色光通过某种有色溶液后的吸光度并与标准溶液对比，从而确定被测物质含量的分析方法。在分析时，先将有各种波长（约为320~2 500nm可见光的波长）的混合光色散为各种单色光，使每种单色光依次通过某种物质的某一浓度的溶液，测定溶液对每种光波的透射比或吸光度，并绘出相应的吸收光谱曲线。根据光谱曲线，可进行定性和定量分析。其特点是灵敏，准确，快速及选择性好。几乎所有的无机物质和大多数有机物质都能用此法进行测定。

【分光光度计】（spectrophotometer） 利用分光光度法对物质进行定量或定性分析的仪器。用它测定物质在特定波长处或一定波长范围内对光的吸收度，记录、分析被测物质的相关性能参数。常用的波长范围为：(1) 200 ~ 400nm 的紫外光区。(2)400~760nm的可见光区。(3)2.5~25μm的红外光区。按其检测波长区间的不同可分为：(1)紫外分光光度计。(2)可见光分光光度计（或比色计）。(3)红外分光光度计。(4)原子吸收分光光度计。广泛应用于冶金地质、机械制造、环境保护、医疗卫生、临床检验、卫生防疫、食品卫生、药品检验、土壤肥料、生物工程、石油化工、农业和林业等化学分析领域的生产、教学和科学研究方面。

【分洪工程】（project of flood diversion） 用分泄河道洪水的办法，保障防洪区安全的措施。是很多河流防洪体系的重要组成部分。一般包括进洪设施、分洪道、分（蓄）洪区及其安全避洪设施，以及排洪设施等。按分洪工程布局的不同可分为：(1)以分洪道为主体构成的分洪工程。由进洪设施分泄的洪水，经由分洪道直接分流入海、入湖，或进入其他河流，或绕过防洪保护区在其下游返回原河道。这类分洪工程又称分洪道或减河。(2)以分(蓄)洪区为主体构成的分洪工程。由进洪设施分泄的洪水直接或经分洪道进入由湖泊或洼地围成的分(蓄)洪区。分(蓄)洪区起蓄洪或滞洪的作用。这类分洪工程有时又称蓄洪工程。分洪布局要本着因地制宜、综合治理的原则进行比较确定。在世界上大江大河的防洪工程中广泛应用，

【分洪区】(flood diversion area) 又称蓄洪区。利用平原区湖泊、洼地修筑围堤，或利用原有低洼圩垸分蓄河段超额蓄水的区域。分洪区是分洪工程的重要组成部分。在分洪运用时，起蓄洪作用或滞蓄作用。但有些分洪区在分洪过程中先起蓄洪作用，后起滞洪作用。有些分洪区由于蓄洪、滞洪的作用界限不明显，有时亦称为蓄洪区。分洪区的工程组成，一般包括围堤、避洪安全设施、防浪工程与警报通信系统等。有时也包括进洪设施和排洪排渍设施。按其调洪作用的不同又可分为蓄洪区和滞洪区。(1)蓄洪区。在一般情况下，蓄洪区分蓄的洪水，在洪峰过后，根据保护对象和下游防洪的要求，有计划地泄放。在多峰洪水河流，则要求尽快腾空蓄洪区容积，以便重复利用；或从区内居民生产考虑，尽快排空洪水，以便恢复生产，重建家园。(2)滞洪区。以江(河)、湖沿岸边滩、低矮圩垸滞纳超额洪水的地域。多是以其有利的地形条件，在洪水上涨时起到自然调蓄洪水作用。

【分洪闸】(flood diversion sluice) 分泄河道洪水的水闸。对蓄洪区而言称进洪闸。常建于河道的一侧蓄洪区或分洪道的首部。当河道上游出现的洪峰流量超过下游河道安全泄量时，为保护下游重要城镇及农田免遭洪灾，将部分洪水通过分洪闸泄入预定的湖泊洼地(泄洪区或滞洪区)或分洪道，以消减洪峰。也有通过分洪道将洪水分泄入水位较低的临近河流的。

分洪闸

【分户热计量】(respective heat measure) 以户(套)为单位，分别计量向其提供热量的一种供暖方式。其形式有两种：(1)通过每户安装热能计量表，直接测量每个用户的热能消耗量的计量方式。(2)利用热费分摊装置向用户分配热量，用热分配表计量。所用仪表，有电子式和蒸发式两种。其优点是：用户可以根据自身需求对室温进行调节，降低能耗，更合理地分摊供热费用。但是，热能不同于水、电和燃气，它本身具有传递性。居民每家每户的取暖热能消费量，与左邻右舍的楼层、朝向及房屋围护结构的热工性能有关。在实施分户热计量之后，这种热传递不可忽视。因此，在按计量收费时，还要按建筑面积收取一定的容量费用或固定费用。

【分化】(differentiation) 原始干细胞在发育中渐趋成熟的过程。通过分化，细胞各具特色，从而形成不同的组织和器官，如上皮细胞、肌细胞、脂肪细胞等。肿瘤的基本特征之一是细胞的异常分化。分化在肿瘤病理学中常指肿瘤细胞与其起源的成熟细胞的相似程度，在形态、功能、代谢、行为等方面。肿瘤细胞相似于相应正常细胞，为分化高，反之就是分化低。其分化程度是其良恶性鉴别的主要依据。一般来讲，分化高的肿瘤具有良性行为，分化低的肿瘤多有恶性表现。在形态学上，细胞的分化不良常表现为：(1)异形性。(2)失极性。(3)失接触抑制性。(4)幼稚性。肿瘤分化是决定某些肿瘤抗原表达的因素之一。已知细胞分化由细胞内能够转录的基因群所决定，基因的转录又受到多种调节因素的影响。

【分级淬火】(interrupted quenching) 又称分段淬火。将奥氏体化后的工件放入温度稍高于Ms点(马氏体转变开始温度)的淬火剂中冷却，等温保持一定的时间，在工件内外温度基本一致，并且显微组织仍为奥氏体的状态下取出，再进行较缓慢冷却，使过冷奥氏体转变为马氏体。这种淬火一般是先在熔盐或熔碱中冷却，后在空气中或油中冷却。其优点首先是缩小了工件与淬火剂之间的温差。其次，因为工件在淬火剂的温度等温停留时，其内外温度均匀，而能减少随后冷却中形成马氏体组织的应力，所以这种淬火的工件产生的内应力最小，从而减少了工件变形和开裂。

【分级护理】(nursing classification) 患者在住院期间，医护人员根据患者病情和生活自理能力，确定并实施不同级别的护理。是护理工作一项重要的管理制度。创立于新中国成立。1982年，卫生部颁布的《全国医院工作制度与人员岗位职责》中，将分级护理制度作为一项基本的医院管理制度，并提出了明确的规定。按分级护理制度及病人病情轻重缓急的不同可分为特级和一、二、三级。2009年7月1日施行的《综合医院分级护理指导原则(试行)》仍然将分级护理分为四个级别：特级护理、一级护理、二级护理和三级护理。分级护理制度明确了各级护理级别的病情依据与临床护理要求，能够反映护理工作量的多少、患者病情的轻重缓急及护理要求。不仅对临床护理以及管理工作起着规范性与指导性的作用，

也是依据护理工作量,合理安排护理人力资源的重要依据。

【分集接收】(diversity reception) 接收端对它收到的多个衰落特性、互相独立携带同一信息的信号进行特定的处理,以降低信号电平起伏的办法。分集有两种含义:(1)分散传输。使接收端能获得多个统计独立、携带同一信息的衰落信号。(2)集中处理。即接收机把收到的多个统计独立的衰落信号进行合并(包括选择与组合)以降低衰落的影响。分集方式有两种:(1)宏分集。一种减小慢衰落影响的分集技术。(2)微分集。一种减小快衰落影响的分集技术。按其类型的不同又可以分为:场分量分集、时间分集、极化分集、空间分集、角度分集和频率分集。

【分类法】(classification method) 又称归类法。根据对象的共同点和差异点,将其区分为不同种类的逻辑方法。分类是以比较为基础的,通过比较,确定对象的共同点和差异点以进行分类。分类的客观依据是客观事物的共性与个性,共性使我们可以将事物进行归类,个性使我们将其相互区分。分类是事物的共性与个性对立统一的反映,可分为现象分类和本质分类。现象分类是仅从事物的外在联系或外部特征进行的;本质分类则是就事物的内在联系和本质属性的同异而进行的。对事物进行分类应遵循的规则:(1)必须按照同一个标准进行,以避免出现分类重叠或混乱。(2)必须相应相称,即划分所得的子项与被划分的母项相应。(3)必须按照一定的层次逐级进行,避免出现越级划分的错误。分类法对于整理资料、揭示事物的规律、促进学科的发展都具有重要意义,是科学研究中常用的一种方法。

【分类器】(classifier) 根据数据集的特点构造一个分类函数的一种计算机程序。其设计目标是在通过学习后,可以自动地对给定的数据进行分类。应用在搜索引擎以及各种检索程序中。同时也大量应于于数据分析与预测领域。是一种机器学习程序,因此归为人工智能的范畴中。人工智能的多个领域,包括数据挖掘、专家系统和模式识别都用到此类程序。对于分类器,其实质为数学模型。目前有多种分支。按其模型的不同可分为:Bayes 网络分类器、决策树算法,聚类算法和 SVM(支持向量机)算法等。

【分离工程】(separation engineering) 研究化工及相关过程中物质的分离和纯化方法的工程学科。自然界中许多天然物质都以混合物的形式存在,要从其中获得具有使用价值的物质,必须对混合物进行分离。分离工程主要应用于化工、石油、医药、食品、材料、冶金、生化等领域,也是天然产物加工应用和环保工程中用于污染物脱除的一个重要环节。

【分离膜】(separation membrane) 一种具有特殊选择性分离功能的无机或高分子材料薄膜。能把流体分隔成不相通的两个部分,能使其中一种或几种物质透过而与其他物质分离开来。分离膜技术是环境保护和环境治理的首选技术。

【分离因数】(separating factor) 被分离物料在转鼓内所受的离心力与其重力的比值。是衡量离心分离机分离性能的重要指标。分离因数越大,分离越迅速,分离效果也越好。工业用离心分离机的分离因数一般为 100 ~ 20 000;超速管式分离机的分离因数可高达 62 000;分析用超速分离机的分离因数最高达 610 000。离心分离因数和转鼓的工作面积决定着离心分离机的处理能力。它是选择离心机的重要依据。

【分立器件】(schism device) 见半导体器件。

【分裂型人格障碍】(schizotypal disorder) 有类似分裂症的思维和情感异常及行为怪异,但没有典型的分裂症性紊乱和确切的起病,其演进和病程通常呈人格障碍特性的一种疾病。是一种以观念、外貌和行为奇特以及人际关系有明显缺陷,且情感冷淡为主要特点的人格障碍。这类人一般较孤独、沉默、隐匿,不爱人际交往,不合群。对人少的工作环境尚可适应,但在人众多的单位和环境及需要交际往来的工作很难适应。其临床表现是:非社交性异常安静、谨慎保守、严肃、不懂幽默、古怪等。在此基础上,一方面表现为臆病、过分害羞、过度敏感、小肚鸡肠、神经质、容易冲动、靠欣赏自然与书籍等消磨时光、孤僻、难以接近,表现上虽有细微差别但都以过分敏感为特点;另一方面表现为柔顺、人品好、正直、感觉迟钝、唠叨等精神活动低下,即以自发性功能减退为特点。可采用心理治疗。

【分娩】(delivery) 在妊娠 28 周以后,胎儿及其附属物从临产开始到全部从母体娩出的过程。妊娠 37 ~ 42 周前分娩者,称为足月产;妊娠 28 ~ 37 周前分娩者,称为早产;妊娠 42 周及以后分娩者,称为过期产。其全过程分为三个阶段:第一产程,临产开始至宫颈口完全开启。初产妇宫颈较紧,宫颈口扩张较慢,需 11 ~

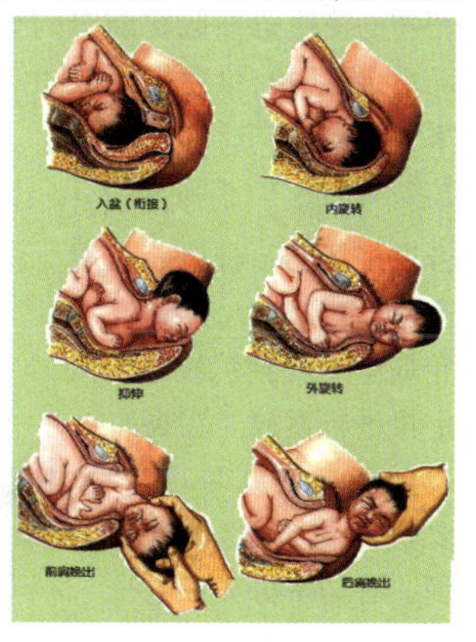

分娩

12h;经产妇宫颈口扩张较快,需6~8h。第二产程,宫颈口完全开启至胎儿娩出。初产妇需1~2h,不应超过2h;经产妇不应超过1h。第三产程,胎儿娩出后到胎盘娩出,即胎盘剥离和娩出的过程,一般5~15min,不应超过30min。

【分配色谱法】(distribution chromatography) 利用固定相与流动相之间对待分离组分溶解度的差异进行混合物分离的方法。固定相均匀地覆盖于惰性载体——多孔或非多孔的固体细粒或多孔纸上。为避免两相的混合,两种分配液体在极性上必须有显著不同。若固定液是极性的(例如乙二醇),流动相是非极性的(例如乙烷),那么极性组分将较强烈地被保留。分配色谱的固定相一般为液相的溶剂,依靠涂布、键合、吸附等手段分布于色谱柱或者单体表面。分配色谱过程,本质上是组分分子在固定相和流动相之间不断达到溶解平衡的过程。由于溶解度差别的细微效应,分配色谱法适于分离同系物的同分异构体。广泛应用于有机分析和含量测定等方面。

【分批发酵】(batch fermentation) 一次加料、一次出料的发酵过程。目前广泛采用的一种发酵方式。即在发酵过程中,除了不断进行通气(好氧发酵)和为调节发酵液的pH而加入酸碱溶液外,与外界没有其他物料交换的一种发酵方式。其优点是:(1)对温度的要求低,工艺操作简单。(2)比较容易解决杂菌污染和菌种退化等问题。(3)对营养物的利用效率较高,产物浓度也比连续发酵要高。其缺点是:(1)人力、物力、动力消耗较大。(2)生产周期较长。(3)生产效率低。

【分批培养】(batch culture) 将微生物或动植物的细胞在一定量的培养基中进行培养的方法。所培养的细胞,通常经过停止期、对数期、静止期的生长过程。整个过程中细菌和细胞的密度、营养成分和产物的浓度等参数均随时间变化。该培养方法操作简单,周期短,染菌机会少,生产过程和产品质量容易掌握。已被广泛采用。

【分频器】(frequency divider) 音箱内决定音质好坏的一种电路装置。将不同频段的声音信号区分,分别放大送到相应频段的扬声器中再进行重放。在高质量声音重放时,需要进行电子分频处理。有功率分频和电子分频器两种。按频段可分二分频、三分频和四分频。功放输出的音乐讯号必须经过分频器中的各滤波元件处理,让各单元特定频率的讯号通过。要科学、合理、严谨地设计好音箱之分频器,才能有效地修饰喇叭单元的不同特性,优化组合,使各单元扬长避短,发挥出应有潜能,使各频段的频响变得平滑、声像相位准确。

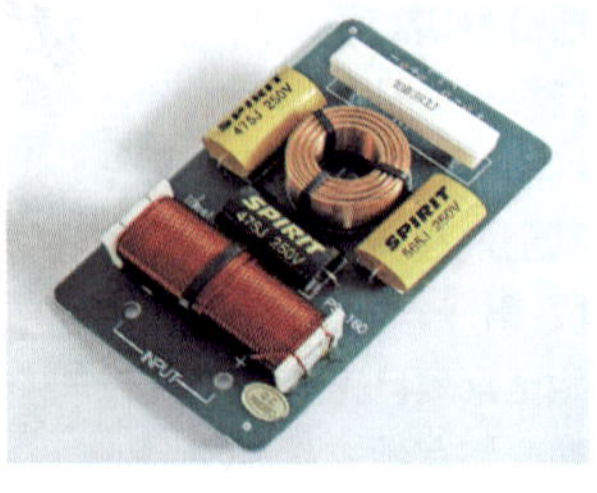

分频器

【分区坝】(zoned earth dam) 坝体由土质防渗体及若干透水性不同的土料分区构成的坝。土质防渗体设在坝体中部或稍偏上游的称为心墙坝或斜心墙坝,设在坝体上游面或接近上游面的称为斜墙坝。此外,还有其他形式的分区坝,如上游部分为防渗土料、下游部分为透水料的坝;由坝中心向外壳透水性逐渐增大的多层材料坝等。分区坝可以就地取材,因材设计,把各种土料经济合理地配置在适当部位。

【分区统计图表法】(cartodiagram method) 以一定行政区域为单位,以图表形式表示制图对象数量及其结构的方法。一般用图表面积(或体积)表示制图对象的总量,用图表符号结构和颜色表示制图对象各组成部分的数量或比例。可进行明显对比。图表符号形状可用来表示不同制图对象,一般配置在区域单元内,且常用行政区划作为统计单元。按形状的不同图表符号可分为:(1)线状统计图形。有柱状或带状等。其长度与所比较的数值成正比。(2)面积统计图形。有方形图、圆形图等。其面积大小与所比较的数值成正比。(3)立体统计图形。有立方体、圆球等。其体积与所比较的数值成正比。无论是哪种图形,图表符号大小是通过连续或分级、绝对或条件比率进行计算确定的。

【分群交配】(range mating) 选择一头至数头优良公畜,按适当比例放入母畜群中,任其自由交配的方式。有控制的自由交配方式之一。常用于条件较差的牛、羊、马群。其缺点是不能控制配种时间和次数。

【分散元素矿床】(dispersed elements deposit) 分散元素含量达到工业开采要求的自然状态下的地质体。分散元素在自然界丰度低,不形成或很少形成独立的矿物和矿床,而分散在别的矿物和矿床中,故称分散元素。按其地球化学性质的不同,分散元素可分为亲石性和亲硫性两大类。亲石性分散元素,有铯、铷、铪、钪等;亲硫性分散元素,有锗、镓、铟、铊、镉、硒、碲和铼等。迄今只有锗、硒、碲、铊形成独立矿床。分散元素主要从综合性矿石及金属矿石加工后的尾矿、废料、烟、炉灰和副产品中提取。

【分色参考图】(color separation graph) 又

称分涂参考图。用印刷原图复照的底片晒成软纸蓝图绘制的着色地图。在制作出版原图时,为使分涂工作简便迅速,把绘在同一版上的不同颜色的要素区分出来,常在由出版原图晒制的蓝图上,用差别明显的不同颜色单独标绘或单独着色,标明设色差别,为地图制版提供分版分涂依据,供分色修版使用。

【分水闸】(diversion sluice) 位于干渠以下各级渠道首部的水闸。其主要作用是控制分水流量。通常将其布置在节制闸的稍上游,与节制闸协同工作。当渠道需向两侧分水时,两个分水闸尽可能共用一个节制闸,既可节约工程量,又便于操作管理。当分水流量较大,渠堤不高时,通常做成开敞式,否则做成涵洞式。分水闸的闸孔尺寸按分流量及上下游水位计算确定。过闸流速不宜太大,以便与下游渠道连接和消能。其底槛高程常与上一级渠底齐平或稍高,视分水闸控制的灌溉地面高程而定。进口布置有八字式、走廊式、一字墙式和扭曲面式。扭曲面式施工稍复杂,容易因堤坡不均匀沉降而开裂,但进流条件好,水头损失较小。当分水闸紧靠节制闸时,可以联合布置,中间用分水墩隔开。常见的布置形式有两种:(1)分水闸与节制闸正交。(2)分水闸与节制闸斜交,夹角小于90°。

分水闸

【分析法】(analytic method) 把整体分解为各个部分、把复杂事物分解为简单要素而逐一加以分别考察和研究的一种思维方法。分析的任务是从事物或现象的总体中,分析出构成该事物或现象的各个部分、各个要素和各种属性,使之清晰地显现在人们面前。客观事物是由多种成分构成的复杂统一体。人们为了从总体上把握其本质,必须首先把统一体的各个部分和各种要素暂时割裂开来,对它们进行单独的研究,把握其结构、性质、特征及其相互联系,最终达到对事物的全面认识。分析不应当是机械的分解,而应当是辩证的分析。分析法有定性分析法、定量分析法、因果分析法、结构分析法、比较分析法、分类分析法和数学分析法等。在科学研究和其他工作中被广泛地应用。

【分析化学】(analytical chemistry) 化学的一个分支。研究物质化学组成和结构信息的学科。以化学基本理论和实验技术为基础,结合数学、物理、生物、计算机、自动化等方面的知识,以解决科学、技术所提出的各种分析问题。按其任务的不同可分为:(1)定性分析。(2)定量分析。(3)结构分析。(4)形态分析。按其分析方法的不同可分为:(1)化学分析。(2)仪器分析。其中,化学分析包括容量分析和重量分析;仪器分析包括电化学分析、光学分析、色谱分析、质谱分析等。分析化学已广泛地应用于地质勘探、能源、冶金、化工、农业、医药卫生、环境保护、商品鉴定等领域。

【分析力学】(analytical mechanics) 理论力学的一个分支。从由生产实践和科学实验确定的基本原理出发,用数学分析方法,研究质点和质点组机械运动的普遍规律的学科。使牛顿力学得到更广泛应用。已在量子力学、统计物理学和量子场论等领域应用。

【分析流行病学】(analytical epidemiology) 流行病学的一个分支。研究分析某种疾病的主要病因或特定因素的致病作用,阐明某病因或某因素与某病的关系是否与统计学相关联的流行病学。如与统计学相关,还要看是否有因果关系。分析流行病学方法是主动研究病因、积极探索群体中影响疾病频率分布的因素和研究疾病流行规律。它包括回顾性、前瞻性和病史前瞻性调查。

【分项工程】(branches of construction) 按照不同的施工方法、不同材料的不同规格等,将分部工程进一步划分的工程。分部工程的组成部分。是施工图预算中最基本的计算单位,如,钢筋混凝土分部工程,可分为捣制和预制两个分项工程;预制楼板工程,可分为平板、空心板、槽型板等分项工程;砖墙分部工程,可分为实心墙、空心墙、内墙、外墙、等分项工程。工程最小的是分项工程。若干个分项的工程合在一起就形成一个分部工程。分部工程合在一起就形成一个单位的工程。单位工程合在一起就形成一个单项工程。一个单项工程或几个单项合在一起构成一个建设项目。

【分型面】(parting face) 铸造砂型中上型和下型或铸型组元间的接合面。分型面数应尽量少且最好是平面。通常开设在模样最大投影面积处。目的是使起模行程最小或型腔深度较浅。选择分型面时应尽可能服从浇注位置的要求,要避免合箱后铸型翻转。

【分选】(separation) 又称选分、选别。用一定的选矿方法,使矿石(或经过破碎、磨矿之后的粒矿)中的有用矿物与脉石矿物及不同的有用矿物彼此分离,并使之分别富集的作业。分选后的产品有精矿和尾矿或精矿、中矿和尾矿。

【分压差脱气】(partial pressure difference

degassing） 利用气体分压影响其在金属熔体中的溶解度的原理，控制其分压以使其从金属熔体中排出的方法。是脱气精炼中的一种方法，也是目前应用最广泛、最为有效的方法。在一定温度条件下，溶解度与金属和气相接触之处该气体的分压力的平方根成正比。减小金属熔体中某种气体的分压，就能使其在金属熔体中的溶解度降低而脱离熔体。有色金属熔体中的气体主要是氢。如向熔体中通入纯净的惰性气体，或将熔体置于真空中，因最初惰性气体和真空中的氢分压为零，而熔体中溶解氢的平衡分压远大于零，在熔体与惰性气体的气泡之间及熔体与真空之间，存在较大的分压差。这样，就产生了较大的脱气驱动力，熔体中的氢就会很快地向气泡或真空中扩散，进入气泡或真空中，复合成为分子而排出。这一过程一直进行到气泡内的氢分压与熔体中氢平衡分压相等，即达到新的平衡为止。在工业生产中，通常是把 Ar_2、N_2 等气体通入熔体中，或将能产生气体的熔剂压入熔体中，利用产生的气泡脱气。增大熔体与惰性气泡的接触界面面积，有利于溶解气体的脱除。在脱气过程中，惰性气体会搅拌熔体，使熔体与惰性气泡的接触界面面积增大，并减小界面层的厚度，从而增大脱气速度。分压差脱气精炼法包括气体脱气法、熔剂脱气法、沸腾脱气法和真空脱气法。

【分支预测技术】（branch prediction） 一种预测分支程序执行结果的技术。由于条件分支必须根据等待处理后的结果再执行程序，使得有些电路单元处于空闲等待状态，出现时钟周期的滞留延长。如果分支程序执行的结果能通过预测得到，那么就可提前执行相应的指令，提高中央处理器运算效率。

【分殖造林】（planting by vegetative propagation） 利用树木的营养器官（如枝、干、根、地下茎等）作为造林材料进行造林的一种方法。具有营养繁殖的一般特点，即幼林初期生长较快，能提早成林和迅速发挥防护效能，可保持母树的优良特性，造林技术简单，无需采种、育苗，造林成材快。但受树种和立地条件的限制大，林分生长衰退较早，分殖材料来源比较困难，不适于大面积造林。分殖造林要求造林地土壤湿润疏松，因此地下水位较高、土层深厚的河滩地和潮湿沙地、渠旁岸边适宜采用此方法。分殖造林仅适用于无性繁殖能力强的树种，如杉木、杨树、柳树、泡桐、漆树、柽柳和竹类等。

杨树苗

【分子伴侣】（molecular chaperone） 在序列上没有相关性但有共同功能的蛋白质组成的家族。它们在细胞内帮助其他含多肽的结构完成正确的组装，并在组装完毕后与之分离，不构成这些蛋白质结构执行功能时的组分。主要分为：(1)伴侣素家族。(2)应激蛋白 70 家族。(3)应激蛋白 90 家族。其作用与酶类似，能和某些不同的多肽链进行非特异性结合，催化介导蛋白质特定构象的形成，参与体内蛋白质的折叠、装配和转运。在生物产品开发、物种改良、抗衰老、疾病预防、诊断和治疗以及环境监测方面具有广阔的应用前景。

【分子病】（molecular disease） 由于基因突变原因而造成的蛋白质分子结构或合成量的异常所引起的疾病。如镰刀形红细胞贫血病。该病患者体内血红蛋白分子中β－链的基因发生点突变，即单个碱基的突变。继而以损伤的 DNA 为模板转录生成 mRNA。其密码子发生改变，导致β－链第 6 位氨基酸残基正常的亲水性的谷氨酸残基被疏水性的缬氨酸残基取代，从而使原来水溶性的血红蛋白分子中形成黏性小区，聚集成丝，相互黏着，并附着在红细胞膜上。结果使红细胞变形成镰刀状，导致其运氧功能大大降低，且极易破裂，产生溶血性贫血。

【分子病理学】（molecular pathology） 病理学的一个分支。在分子水平上研究疾病的发生机理的学科。其研究方法是结合细胞生物学、免疫化学和生物化学，开展分子遗传病、细胞膜结构与膜标志、激素作用与膜受体、细胞功能的第二信使系统（如钙离子作用）等方面的研究，从而加深对各种疾病的异常分子反应的认识，以便对防治措施提供更精确的理论依据。

【分子导电体】（molecular conductor） 又称一维导电体。由分子堆砌而成的导电固体。与三维金属导体和二维石墨导体不同，电流只能沿分子链的方向传导，有明显的方向性。一般分为两类：(1)有机导电体，如聚乙炔和聚噻吩$(SN)x$等高分子导体。聚乙炔分子中有离域 π 键，π 电子云在分子内重叠形成能带而导电。通过掺入溴、碘等氧化剂或碱金属等还原剂，使导电性能和金属接近。(2)金属配位化合物导电体，如 $K_2Pt(CN)_4SBr_{0.3}\cdot 3H_2O$ 晶体，其中多个铂原子连接成链状分子，其 dz_2 轨道部分重叠，形成能带而导电。可用于制备薄型轻质电池和手机显示屏等。

【分子反应动态学】（molecular reaction dynamics) 从微观分子反应层次上研究化学反应的实验规律及理论的学科。是当今化学学科中最活跃和最富有成果的前沿领域之一。是发展高新技术和国防现代化的重要基础。已成为衡量一个国家基础科学水平乃至整个科技水平的一个重要指标。

【分子复合法】(molecular synthesis method) 利用熔融共混或接枝共聚、嵌段共聚的方法,将液晶聚合物均匀地分散于柔性高分子树脂中的一种复合方法。其代表性的产品是液晶聚合物,即纳米级塑料。其尺寸比一般纳米级复合材料更小,分散程度接近分子水平,因此称为分子复合法。其优点是可大幅度提高柔性高分子基体树脂的拉伸强度、弯曲模量、耐热性和阻隔性。

【分子光谱】(molecular spectrum) 由于物质分子内部运动状态发生变化而产生的发射光谱或吸收光谱。分子的结构比原子复杂,一般由几个原子核和电子组成;分子的运动除核外电子的运动外,还有原子核之间的振动和整个分子的绕轴转动。所以,分子光谱有下面三种类型:(1)转动光谱。纯粹由分子转动能级间的跃迁产生。因分子的转动能很小,其转动能级间的能量差也很小,所以这部分光谱一般位于波长较长的远红外和微波区域。(2)振动光谱。由分子的振动能级间的跃迁产生。因振动能及其彼此间的差值比转动能大,所以这部分光谱位于近红外区域。由于转动状态也随着发生变化,所以有较多较密的谱线,故又称振转光谱。(3)分子电子光谱。主要由电子在不同能级间的跃迁产生。因电子能量及其彼此间的差值比振动能更大,所以这部分光谱位于可见及紫外区域。同时,能量较小的振动与转动状态也随着发生变化,所以产生若干组由密集谱线形成的光带(称带光谱)。分子光谱的型式决定于分子的结构和运动规律,可用来研究分子结构等问题,也常用来进行化合物的化学分析。

【分子轨道理论】(molecular orbital theory) 采用相应的分子轨道波函数描述分子中电子的空间运动状态的一种化学理论。1932 年由美国化学家缪尔根和德国化学家洪特提出。该理论根据分子的整体性,较好地说明了多原子的分子结构。分子轨道可以由分子中原子轨道波函数 ψ 的线性组合而得到。几个原子轨道可组合成几个分子轨道。其中有一半分子轨道分别由正负符号相同的两个原子轨道叠加而成,两核间电子的概率密度增大,能量低于原来的原子轨道能量,有利于成键,称为成键分子轨道,如 σ、π 轨道;另一半分子轨道分别由正负符号不同的两个原子轨道叠加而成,两核间电子的概率密度很小,能量较原来的原子轨道能量高,不利于成键,称为反键分子轨道,如 σ^*、π^* 轨道。

【分子机器】(molecular machine) 由分子尺度物质构成、能行使某种加工功能的机器。其特点是:具有小尺寸、多样性、自指导、有机组成、自组装、准确高效、分子柔性、自适应、仅依靠化学能或热能驱动、分子调剂等其他人造机器难以比拟的性能。分子机器无论在理论上、材料上,还是组装技术上,都是现代科学和技术的尖端。依赖于诸如电子学、物理学、化学、生物学、显微技术、表面科学、薄膜科学、材料科学等多种学科的发展水平。

【分子计算机】(molecular computer) 利用分子计算的能力进行信息处理的计算机。其运行靠的是分子晶体可吸收以电荷形式存在的信息,并以有效的方式进行组织排列。具有价格低、耗电少、存储量大、体积小、便于携带等优点。其原型将在数年内问世。真正的分子计算机问世,还需克服重重阻碍。

【分子克隆】(molecular clone) 又称基因克隆、DNA 克隆。将外源 DNA 片段或目的基因克隆在适当的载体分子上构成重组载体分子以获得大量 DNA 或基因拷贝的一种分子生物学技术。其具体操作方法是:用体外重组的方法将目的基因插入克隆载体,形成重组克隆载体。通过转化与转导的方式,引入寄主体内进行复制与扩增,然后从筛选的寄主细胞内分离提纯所需的克隆载体,从而得到插入 DNA 的许多拷贝,获得目的基因的扩增。分子克隆是遗传工程的核心技术。其发现和应用开辟了分子遗传学研究的新领域;打开了人类了解、识别、分离和改造基因、创造新物种的大门;对工业、农牧业和医学均产生了深远影响。

克隆羊多利

【分子力】(molecular force) 分子与分子十分接近时所显示的相互作用力。当分子间的距离极小时(1×10^{-8}cm左右),分子力表现为斥力;距离较大时则表现为引力,但随距离增大而很快减小。当分子间距离超过$1\times10^{-7}\sim1\times10^{-6}$cm时,它们的相互作用实际上已可略去不计。分子力的本质十分复杂,与分子的电性结构密切相关。万有引力的作用在这里甚微,可以忽略不计。分子力是物质分子能够聚集为固体或液体的主要因素。

【分子量分布】(molecular weight distribution,MWD) 组成高分子化合物中不同分子量聚合物的相对量。由于高聚物一般是由不同分子量的同系物组成的混合物,因此它的分子量具有一定的分布,可用分布函数或分子量分布曲线表示。平均分子量相同的聚合物,可能会有不同的分子量分布,也会表现出不同的性能。高分子材料的溶液性质、加工性能和使用性能均受分子量分布的影响。

【分子流行病学】(molecular epidemiology) 以流行病学现场研究为基础,结合相关生物学标志的测量,从宏观与微观水平综合研究疾病及其相关事件的病因、分布和流行规律,以制定和评价预防措施和促进健康的学科。其主要研究内容包括:(1)病因的探讨及病因致病机制的研究。(2)疾病易感性的测定。(3)疾病防治措施的研究。(4)疾病治疗效果和预后评价。其理论基础是流行病学和分子生物学。与传统流行病学相比较,其研究的水平不同且所解决的问题也不同;与分子生物学比较,其研究对象不同,研究内容和方向也不同。

【分子马达】(molecular motor) 由生物大分子构成,利用化学能做机械功的纳米系统。其主要功能是:负责细胞内的一部分物质或者整个细胞的运动。生物体内各种组织、器官乃至整个生物体的运动,最终都归结为分子马达在微观尺度上的运动。天然的分子马达,如肌动蛋白、RNA 聚合酶和肌球蛋白等,在生物体内参与了胞质运输、DNA 复制、细胞分裂、肌肉收缩等一系列重要生命活动。分子马达包括线性推进和旋转式两大类。其中,线性分子马达是将化学能转化为机械能,并沿着一条线性轨道运动的生物分子,主要包括肌球蛋白、驱动蛋白、DNA 解旋酶和 RNA 聚合酶等;旋转式分子马达在工作时,类似于定子和转子之间的旋转运动,比较典型的旋转式分子马达有 F1-ATP 酶。

【分子器件】(molecular device) 在分子水平上各种具有不同功能的元件经组装后用来完成特定复杂功能的组合件。通常指分子尺寸和纳米尺寸的功能元件。在这个尺寸下运行的元件,具有量子效应和统计效应。分子器件的研究发展迅速。例如有机分子电子器件,是利用能完成信息和能量的检测、转换、传输、存储与处理等功能的有机分子材料,是在分子水平上设计和制作的具有特定功能的超微型器件。超大规模集成电路的发展已逼近物理极限和工艺极限。突破这种极限的出路之一是发展分子电子器件。利用已经发现的一些有机和无机导电聚合物、生物聚合物、电荷转移盐和有机金属等分子材料的物理、化学性质及电子特性,可研制出用于信息处理的新型元件,诸如分子导线、分子开关、分子整流器和分子存储器等,从而为制造分子计算机提供物质基础。

【分子筛】(molecular sieve) 具有均一微孔结构、能分离不同大小分子的固体吸附剂。由沸石除去结晶水而获得。其微孔的大小可在沸石加工时调节。按其用途的不同可分为:(1)中空玻璃干燥剂。(2)空分专用分子筛。(3)富氧分子筛。其优点是:能按分子的大小和形状不同来选择吸附对象。对于小的极性分子和不饱和分子,具有选择吸附性能;极性越大,不饱和度越高,其选择吸附性越强。广泛应用于气体和液体的干燥、脱水、净化、分离和回收等。

分子筛

【分子生物学】(molecular biology) 生物化学的一个分支。在分子水平上研究生物大分子的结构与功能,从而阐明生命现象本质的学科。其研究领域有:(1)蛋白质、核酸的结构和功能,包括遗传信息的传递。(2)生物膜的结构和功能。(3)生物调控的分子基础。(4)生物进化。分子生物学的发展揭示了生命本质的高度有序性和一致性,是人类在认识论上的重大飞跃。广义上理解,分子生物学是生物化学的重要组成部分,也可以视为生物化学的发展和延续。自 20 世纪 50 年代生物化学的发展进入分子生物学时期,作为一门独立的分支学科脱颖而出。分子生物学在生物工程技术中发挥着巨大作用。1973 年重组 DNA 技术的成功,为基因工程的发展铺平了道路。20 世纪 80 年代以来,已经采用基因工程技术,把高等动物的一些基因引入单细胞生物,用发酵方法生产干扰素、激素、疫苗等。基因工程的进一步发展将为定向培育动、植物和微生物良种,有效地控制和治疗一些人类遗传性疾病,提供根本性的解决途径。

【分子物理学】(molecular physics) 物理学的一个分支。从物质的分子结构出发,研究气体、液体和固体的基本性质及其热现象的学科。如物体的体积、压强和温度之间的关系,物质的比热、扩散、热传导和黏滞性,液体的表层现象,相平衡和相变等。

【分子药理学】(molecular pharmacology) 从分子水平和基因表达的角度去阐释药物作用及其机制,从生化与分子生物学角度研究人类不同靶点以及药物对这些靶点作用机制的一门学科。是生物医学一个重要的前沿分支学科。对常见受体的分类及意义、分子药理学的性质和任务作了简单阐述，着重对膜片钳技术与细胞离子通道、细胞化学信号的传递过程、药物-受体相互作用的基本理论、血脑屏障的结构与功能和细胞色素 P450 家族间的异同等方面的内容进行了研究和探讨。

【分子医学】(molecular medicine) 医学的一个分支。在分子水平上探讨疾病的发生、发展规律及进行疾病诊断与治疗的学科。是随着分子生物学的飞速发展向医学研究和应用领域的广泛渗透而派生出的一门全新学科。它涵盖了医学分子生物学的主要理论和技术体系。其中的技术体系是开展该领域研究的基本工具和手段，包含了分子生物学技术和细胞生物学相关技术。

【分子遗传学】(molecular genetics) 遗传学的一个分支。在分子水平上研究生物遗传和变异机制的学科。主要研究内容是：(1)基因的本质。(2)基因的功能。(3)基因的变化。分子遗传学的研究，特别是重组 DNA 技术，已经成为许多遗传学分支学科的重要研究方法。运用分子遗传学方法可以得到一系列使某一种生命活动不能完成的突变型，例如不能合成某一种氨基酸的突变型，不能进行 DNA 复制的突变型，不能进行细胞分裂的突变型，不能完成某些发育过程的突变型，不能表现某种趋化行为的突变型等。还可以研究蛋白质的结构和功能，例如可以筛选得到一系列使某一蛋白质失去某一活性的突变型。分子遗传学已经渗入到许多生物学分支学科中。以分子遗传学为基础的遗传工程正在发展成为一个新兴的工业生产领域。

【分子营养学】(molecular nutrition) 营养学的一个分支。应用现代分子生物学技术，在基因表达调控和蛋白质组学的水平上，研究营养与基因表达间的相互关系的一门学科。其任务在于阐明营养素或营养调控因子对动物(或人)生理机能的调控机理，为有效地、经济地促进动物(或人)生长发育，提高动物(或人)抗病力，最大限度地实现遗传潜力提供理论依据。广义上的分子营养学也指一切进入分子领域的营养学研究。

【分子运动论】(kinetic theory of molecule) 又称分子动理论。从物质的微观结构出发来阐述热现象规律的理论。其基本内容是：(1)物体由大量分子构成。(2)分子处于永不停息地无规热运动状态。(3)分子间存在相互作用。无数事实(如布朗运动、扩散现象等)已充分证明了分子运动论的正确性。它不仅很好地解释了各种物质的结构和特点以及所有热现象，而且还成功地将物质的宏观现象和微观本质联系起来。

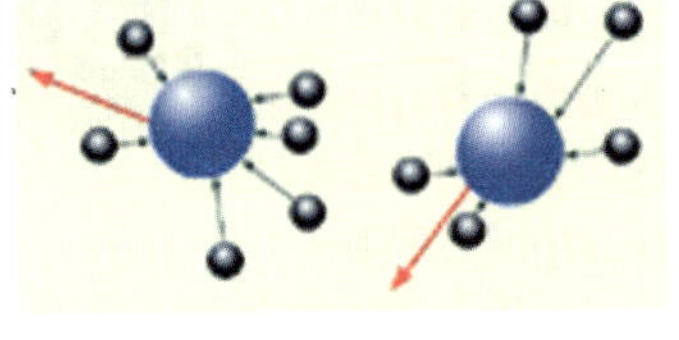
布朗运动

【分子杂交】(molecular hybridization) 使单链 DNA 或 RNA 分子与具有互补碱基的另一 DNA 或 RNA 片断结合成双链的技术。可在 DNA 与 DNA、RNA 与 RNA 或 RNA 与 DNA 的两条单链之间进行。由于 DNA 一般都以双链形式存在，因此在进行分子杂交时，应先将双链 DNA 分子解聚成为单链。这一过程称为变性，一般通过加热或提高 pH 值来实现。其特点是：(1)应用复性动力学原理。(2)必须有分析探针的存在。用于混合样品中对特定核酸分子或蛋白质分子是否存在及其分子量大小的检测。

杂交小麦

【分子蒸馏技术】(molecular distillation technology) 利用不同物质分子运动平均自由程的差别来实现物质分离的技术。是一种特殊的液-液分离技术。当液体混合物沿加热板流动并被加热时，轻、重分子会逸出液面而进入气相。由于轻、重分子的自由程不同，不同物质的分子从液面逸出后移动距离也不同。若能恰当地设置一块冷凝板，则轻分子达到冷凝板被冷凝排出，而重分子达不到冷凝板沿混合液排出。这样便达到物质分离的目的。其特点是：操作温度低、真空度高、受热时间短、分离效率高。适宜于高沸点、热敏性、易氧化物质的分离。在食品、医药和化工等行业应用广泛。主要用于：(1)天然维生素的提纯。(2)天然色素的提取。(3)不饱和脂肪酸的分离和除臭。(4)天然抗氧化剂的生产。(5)高浓度单甘酯的制备。

【分子植物病理学】(molecular plant pathology) 用分子生物学的理论和方法，研究植物与其病原物相互关系的一门学科。其研究内容有：用分子生物学技术诊断植物病害和鉴定病原物；利用分子标记研究寄主和病原物的群体遗传规律；研究植物抗病基因和病原物致病基因的结构、机能和调控机制；在分子水平上研究寄主、病原物的相互作用和识别机制；利用基因操作技术转移抗病基因，选育抗病植物。相关学科有分子生物学、分子遗传学、植物病理学、植物生理病理学和细胞生物学等。

【分组交换】(packet switching) 将传送的数据按一定长度分割成若干数据段进行传送,到目的地后再将分割的数据段按顺序装好并还原成发端文件交给收端用户的信息分发方式。其特点是:(1)差错控制功能强,信息传输质量高。(2)网络可靠性强,不会造成通信中断。(3)不同速率、不同类型终端之间可相互通信。(4)交换时延小,能满足会话型通信对实时性的要求。(5)实现了线路的统计时分复用,线路利用率高。(6)传输费用与距离无关。它为用户提供了经济实惠的信息传输手段。

【酚醛树脂】(phenolic resin) 由酚及其同系物或衍生物与醛类或酮类缩聚而成的树脂。按其选用催化剂的不同可分为热固性树脂和热塑性树脂。其主要特征是:(1)原料价格便宜,生产工艺简单,成型加工容易。(2)树脂既可混入无机填料或有机填料制成酚醛模压塑料,也可浸渍织物制成层压制品,还可以发泡。(3)制品尺寸稳定。(4)耐热,阻燃,电绝缘性能好,但耐电弧性差。(5)耐酸性强,但不耐碱。在建筑、汽车、电子及军事等工业领域应用广泛。

酚醛树脂

【酚污染】(phenol pollution) 由酚对水体、土壤和大气所造成的污染。环境中的酚主要来自炼焦、炼油、制取煤气、制造酚及其化合物和用酚作原料的工厂排放的含酚废水和废气。酚污染大多是低浓度和局部的。酚的摄入量超过人体的解毒能力时,一部分酚会蓄积在各脏器组织中,造成慢性中毒。酚中毒症状为不同程度的头昏、头痛、心神不安等神经症状,以及食欲不振、吞吐困难、流涎、呕吐和腹泻等慢性消化道疾病。

【粉尘】(dust) 粒径为1~75μm的颗粒物。多由烧煤和工业生产的物质破碎、运转作业产生,易被吸入人体呼吸系统。被吸入的粒子中稍大的微粒被截留在上呼吸道的黏液层中,被黏液溶解,靠纤毛运动随黏液一道被送至喉头,成为痰被咳出;较小的微粒侵入没有黏液层和纤毛层的肺的深部组织中沉积下来。这部分物质被溶解就会直接侵入血液,有可能造成整个身体系统的中毒。煤烟的粉尘中含有致癌物质苯并[α]芘。

【粉尘粒度分布】(dust size distribution) 又称粉尘分散度。在含尘空气中,各种不同粒径粉尘的质量或颗粒数目占粉尘总质量或总颗粒数目的百分数。在气溶胶力学中常采用"分散度"这一概念,以统计形式表征多分散性气溶胶集合体的粒径分布状况。在通风除尘技术中,又常称分散度为粒径分布或粒度分布。矿尘分散度表征岩矿被粉碎的程度,是指矿尘整体组成中不同粒径范围(粒级)内的尘粒所占的百分比。通常说分散度高,即表示矿尘总量中微细尘粒多,所占比例大。分散度低,即表示矿尘中粗大的尘粒多,所占比例大。矿尘分散度的表示方法有两种:(1)计数分散度(又称个数标准的粒度分布)。(2)重量分散度(又称重量标准的粒度分布)。矿尘分散度是衡量矿尘颗粒大小的-个重要指标,是研究矿尘性质与危害的一个重要因素。

【粉尘密度检测】(detection of dust density) 采用一定的技术手段测定粉尘单位体积质量的过程。按粉尘密度表示方法的不同可分为:(1)尘粒的真密度,单位体积无孔隙的尘粒的质量。(2)尘粒的假密度,包括闭孔体积在内的单位体积尘粒的质量。(3)尘粒的体积密度,包括闭孔和开孔体积在内的单位体积尘粒的质量。粉尘真密度对于以重力沉降、惯性沉降和离心沉降为主要除尘机制的除尘装置的除尘性能影响很大,是进行除尘理论计算和除尘器选型的重要参数。粉尘真密度检测可为除尘器的选择和除尘系统的设计提供必要的参数。随着科学技术的不断发展,特别是微电子技术、通信技术及计算机技术的应用,已采用光电式、散射光式、离子式粉尘测定仪,连续监视粉尘的产生和飞扬情况。粉尘监测由单机走向系统,由分散测试走向集中监测。

【粉尘浓度】(dust concentration) 单位体积矿井空气中浮尘的颗粒数或浮尘的质量。其表示方法有粉尘的质量浓度和粉尘的数量浓度两种。(1)质量法。即1m^3 空气中所含浮游粉尘的质量,单位为mg/m^3或g/m^3。(2)计数法。即1cm^3空气中所含浮游粉尘的颗粒数,单位为粒/立方厘米。中国规定采用质量法表示粉尘浓度,计数法只作为参考和用以计算粉尘分散度。粉尘浓度的大小直接影响着粉尘危害的严重程度,是衡量作业环境的劳动卫生状况好坏和评价防尘技术效果的重要指标。中国《煤矿安全规程》对井下有人工作的地点和人行道的

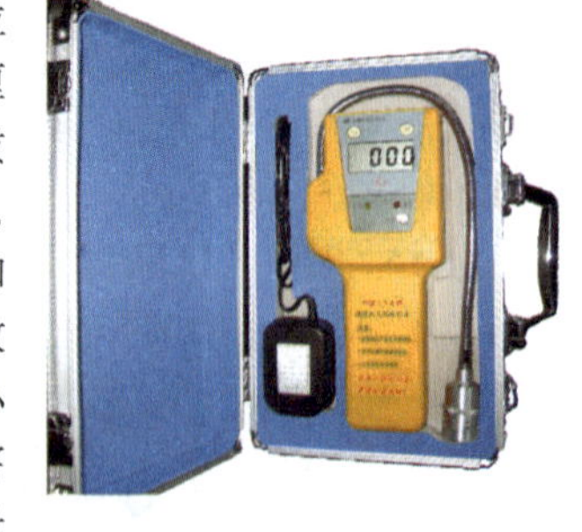

酚醛树脂

空气中粉尘(总粉尘、呼吸性粉尘)浓度标准作了明确的规定。国内外矿山粉尘浓度标准的确定,均是以粉尘中 SiO_2 的含量多少为依据的。

【粉末锻造】(powder forging) 对未经烧结或已经烧结的粉末冶金预成型件施加压力,使其发生塑性变形、并获得所需形状和尺寸锻件的锻造技术。是将传统粉末冶金和精密锻造结合起来的一种新工艺,并兼两者的优点。通常在加热状态和在封闭式锻模内,经过一次加压完成。可以制取密度接近材料理论密度的粉末锻件,克服了普通粉末冶金零件密度低的缺点。使粉末锻件的某些物理和力学性能达到甚至超过普通锻件的水平,同时又保持了普通粉末冶金少屑、无屑工艺的优点。在粉末冶金零件内,存在许多粉粒间空隙,粉末锻造使得粒间空隙减小、密度增加、力学性能提高。低合金钢粉末锻造,可使密度从 7.65g/cm³ 增加到7.85g/cm³(无孔隙的全密度为 7.87 g/cm³)。常用的粉末锻造方法有粉末冷锻、锻造烧结、烧结锻造等。粉末锻造在许多领域中得到了应用,特别是在汽车制造业中应用广泛。

【粉末香精】(dust essence) 人工合成的模仿水果和天然香料气味的粉末状或颗粒状的香精。食用香精的一类。品种繁多,香气持久稳定。按其组织结构的不同可分为拌和型、吸附型和包覆型三种。拌和型,由固体香料(或少量液体香料)和粉状介质混拌均匀而成;吸附型,是液体或膏体香料均匀地吸附在粉状载体的表面而成;包覆型,即"微胶囊粉末香精",用包膜材料(阿拉伯树胶、变性淀粉)将香基包覆而成。可用于制造食品、固体饮料、汤料和医药、化妆品和卷烟等。

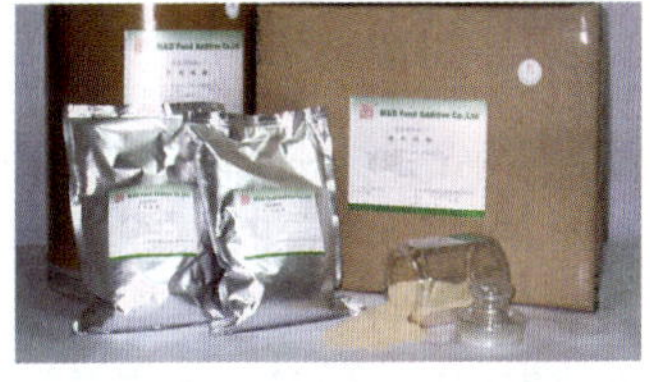

固体饮料

【粉末冶金】(powder metallurgy) 由金属或金属化合物的粉末,压制成型和烧结而成制品的一种冶金方法。可用于生产熔炼或电解方法所不能获得的某些产品,并可利用废料(如边料、切屑等)、节约金属和减少工序。特别适于生产高溶点金属(如钨、钼、钽等)、纯度很高的金属和成分差别很小的合金、硬而不能切削加工的合金制品(如硬质合金)、不互溶的金属制品的合金产品(如由银和钨或钼制成的开关触头)、金属和非金属组成的制品(如由铜和石墨制成的电刷)、多孔性的金属制品(如由青铜和石墨制成的自润滑含油轴承)等。随着技术改进和成本降低,粉末冶金将会得到更大的发展。由于具有上述的优点,在工业上应用广泛。

【粉末冶金摩擦材料】(powder metallurgy friction material) 以粉末冶金方法制备的用作摩擦件的材料。其特点是:具有稳定的高摩擦系数和良好的耐磨性、耐热性、耐蚀性及较好的力学性能。在重型汽车、矿山机械、工程机械、航空和舰船等领域应用广泛。

【粉末油脂】(powder fat) 以油脂为基料,通过特殊的加工工艺制成的粉末或细颗粒状的油脂制品。该产品的出现解决了传统油脂在称量、包装、运输、使用和储存上的不便,以及容器及加工机械清洗困难等缺点。为食品工业生产提供了一种取用方便、性质稳定、流动性能好且营养价值高的优质原料。粉末油脂从本质上讲,仍以油脂为主要原料,但一般需辅以蛋白质和淀粉等物质而成型。

【粉末轧制】(powder roll) 将金属或合金的粉末按一定的压缩率先轧成板材或带材的毛坯,经烧结后,再轧成致密的板材或带材的方法。生产金属板材或带材的一种较先进的方法。有时也用以生产多孔的带材的方法。例如采用此法制造铁皮。此外,稀有金属、精密合金和不易加工的金属材料等,也可采用此法制造。

【粉体喷射搅拌法】(powder jet mixing method) 使粉体加固料与原位地基土强制搅拌并充分混合的地基处理方法。以水泥或石灰为加固材料,用压缩空气将粉体加固料以雾状喷入地基中,凭借钻头叶片的旋转,使粉末充分混合、地基土与加固料固结和软黏土硬结,在短期内形成具有整体性强、水稳性好和有足够承载力的桩体。将水泥粉体与软土搅拌形成的柱状固结体称为"粉体喷射搅拌桩",简称"粉喷桩"。

【粪瘘】(fecal fistula) 肠道与生殖道之间有异常通道,致使粪便由阴道排出。以直肠阴道瘘居多。其病因有:(1)分娩时胎头长时间停滞在阴道内,阴道后壁及直肠受压,导致缺血、坏死形成粪瘘。(2)Ⅲ度会阴裂伤,修补后直肠未愈合。(3)晚期生殖器官恶性肿瘤破溃。(4)新生儿先天性直肠阴道瘘。直肠阴道瘘瘘孔较大者,多量粪便经阴道排出,稀便时持续外流,无法控制。若瘘孔小且粪便成形时,阴道内可无粪便,若为稀便,粪便由阴道流出。粪瘘均需手术修补。术后应保持局部清洁,进无渣饮食,控制5天不排便,以利于伤口愈合。

【粪生菌】(coprop hilous fungi) 以腐熟的牛、羊、马等家畜粪作为基物繁殖生长的大型真菌。牲畜粪便中有大量纤维素等有机物,可被菌丝分解营养。粪便中还有丰富的矿物质及其他营养物供菌类吸收。广阔的草原牧场是粪生菌分布的重要区域,如粪鬼伞、花褶伞、球盖菇、半卵形斑褶菇、光盖伞等，均是常见的粪生菌种类。粪生菌能大量分解牲畜粪便，归还于大自然，对维持草原生态平衡有十分重要的作用。

【丰隆】 中医穴位名。属足阳明胃经，本经络穴。定位：在小腿前外侧，当外踝尖上 8 寸，条口外，距胫骨前缘二横指。主治：咳嗽痰多，气喘，头痛，眩晕，咽喉肿痛，便秘，癫狂，痫证，水肿，下肢痿痹；甲状腺功能亢进，高血压，坐骨神经痛，慢性气管炎，哮喘等。刺灸法：直刺 1～1.5 寸；艾炷灸 5～7 壮，或艾条灸 5～15min。现代研究证明：针刺丰隆配曲池穴，对原发性高血压有明显疗效。尤其对Ⅱ期高血压病患者的疗效更为显著。通过血液动力学观察，初步表明，针刺丰隆穴，对高血压患者的治疗作用，是通过末梢血管扩张而解除外周血管痉挛、降低外周血管的阻力，从而减轻心脏的负荷，改善左室功能，在血压下降后还增加心排出量和全身血液灌注量。

【风】（wind） 空气的流动现象。气象学中常指空气相对地面的水平运动。它是一个矢量。用风向和风速表示。气象上用一些特定名称的风，标明其形成的原因和形式，如梯度风、摩擦风、地转风、热成风、山谷风、海陆风、季风、信风以及飑风、阵风、龙卷风和焚风等。风向指风来的方向。习惯上以风的来向作为风向名，如东风和西风等。风向是经常变动的。气象观测中常以 10min 内平均风向作为实测风向。地面风多用 8 或 16 个方向表示。空中风则用 360°水平方位表示，由北起点，按顺时针方向量度。风速指单位时间内空气流动的速度。常以 m/s 表示。地面气象观测，以安置在距离地面约 10m 高的风速计测得的数据为准。风速的变化显示气流运动的特征，有时为天气变化的先兆。

【风暴】（storm） 影响地面并造成灾害性天气的大气扰动。一种短暂的、带来灾害的天气现象，包括从龙卷、雷暴到热带气旋。按风暴的具体特点可细分为雨暴、风暴、雹暴、雪暴，还有特殊的沙暴、尘暴等，各以其带来的灾害性天气现象来命名。

【风暴潮】（storm tide） 又称气象海啸。由台风、温带气旋、冷锋的强风作用和气压骤变等强烈的天气变化引起的海面异常升降现象。是一种重力长波。周期从数小时至数天不等，介于地震海啸和低频的海洋潮汐之间。振幅（即风暴潮的潮高）一般为数米。是沿海地区的一种自然灾害。与狂风巨浪相伴会造成更大灾害。通常分为温带气旋引起的温带风暴潮（多发于中国北方海区）和热带风暴（台风）引起的热带风暴潮（多发于中国东南沿海）两类。

海啸

【风暴潮预报】（storm tide forecast） 根据风暴潮形成的规律和当前、近期的海况及天气形势对未来某段时间内一定海域可能发生的风暴潮所作的预报。分为消息、预报、警报三个等级。主要以时效来划分：(1)风暴潮消息。一般在该次风暴潮影响沿岸最严重时刻前 24～36h 发布。主要内容是告诫沿海某一岸段在未来 24h 内将受到风暴潮的影响，同时给出影响的范围和量值。(2)风暴潮预报。一般在 12～24h 内发布。主要修正消息中的内容，给出更精确的量值和各种可能的发展变化。(3)风暴潮警报。预计潮位接近或超过当地警戒水位并可能受灾时才发布。时效一般在6～12h 之内。内容更为精确，一般包括具体时间地点的潮位高度值。风暴潮警报又分四级：Ⅰ级紧急警报（红色）、Ⅱ级紧急警报（橙色）、Ⅲ级紧急警报（黄色）和Ⅳ级紧急警报（蓝色）。其中风暴潮Ⅰ级紧急警报指受影响区域内有一个或一个以上验潮站将出现达到或超过当地警戒潮位 80cm 以上的高潮位。Ⅰ级紧急警报是最高级别风暴潮警报。

【风暴岩】（tempestite） 在风暴影响下在海洋和水盆地中形成的沉积岩。过去所称的浪成浊积岩实属即为风暴岩。风暴岩是一种密度流沉积岩，常含有很多风浪破坏下伏正常天气沉积物所产生的撕裂片或内碎屑，还有被破坏的生物碎屑等。海洋中飓风等风暴可掀起涌浪，造成大片海面升高，海水流速增大，波浪传播加深；近岸的风暴潮常比正常高潮高出数米，潮差可比一般的大潮差一倍多。波浪传播的深度常达几十米以上，远远超过好天气的正常浪基面的深度，甚至还影响到近 200m 深的外陆棚的底流。风暴的作用常将底部细物质簸出，形成风暴密度流，在风暴衰减期迅速沉积。早期风暴作用对下伏沉积有侵蚀作用，形成侵蚀基底面，有冲蚀和侵蚀坑，形成充填构造。同时还可挖掘出浅埋藏物质，尤其生物体，使用底部物质混合，并形成混杂的生物组合。底部的大和重的个体生物在风暴作用中还可聚集成滞留层。常见的风暴岩如风暴介壳岩，含大部分破碎和少量完整的介壳，形成介壳灰岩、介壳砂岩、介壳粉砂岩等，且

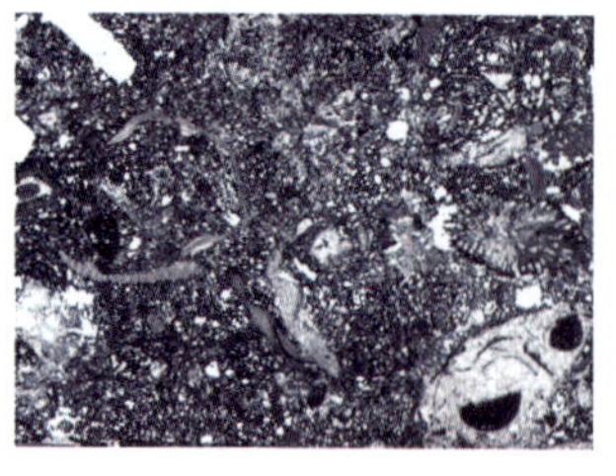
风暴岩

多腕足类、双壳类、软体动物和海百合茎等化石，常具混杂的特征。组成的岩层厚几毫米到几厘米，或达十多米，常呈透镜状、口袋状。多位于侵蚀基底上。常见的寒武系层内的钙质砾岩，或称砾屑灰岩、竹叶状灰岩等即为风暴岩。其刚性扁平内碎屑常呈杂乱状或涡卷状排列，无一定方位，表明受强烈振荡水流影响。

【风池】 中医穴位名。属足少阳胆经。定位：在头项部，当枕骨之下与风府相平，胸锁乳突肌与斜方肌上端之间的凹陷处。主治：头痛，眩晕，颈项强痛，目赤痛，耳鸣，耳聋，鼻渊，鼻衄，青盲内障，口眼㖞斜，癫痫，疟疾；感冒，青光眼，鼻炎，近视，视神经萎缩，视神经炎，枕大神经痛，电光性眼炎，高血压等。刺灸法：针尖微下，向鼻尖斜刺0.8～1.2寸。深部中间为延髓，必须严格掌握针刺的角度与深度。艾炷灸3～7壮，或艾条灸5～15min。现代研究：据动物实验，针刺“风池、足三里”穴组。对家兔实验性脑震荡引起的颅压升高有下降作用，具有较长的后效应。

【风吹雪】（blowing snow） 又称吹雪或风雪流。地面积雪在低空风的吹动下在近地面形成的雪流。当地面雪层温度较低（一般在 -6°C 以下）时雪粒结构疏松，在向下向前近似水平的低空风的吹动下表层雪粒发生运动而形成风雪流。风雪流运行高度小于2m称低吹雪；高于2m低于10m，能见度小于10km的称高吹雪；高于2m，风速达到17m/s以上，能见度仅为1km以内则为暴风雪。在中国新疆天山冬春季节启动风雪流的临界风速约为4m/s左右，而在南极内陆，则仅需2m/s的风就可以将雪粒吹动。吹动的雪粒随风速大小运行距离长短不一，因此有的雪流呈蠕动状，有的呈滚动状，有的呈跳跃式。运行距离长的则呈悬浮式向前运行。风吹雪不是严格意义上的天气现象，是一种在近地面低空风作用下的积雪物质再分配的灾害性自然现象。风吹雪往往会引起强烈降温。风吹雪所过之处能见度低，增加道路积雪厚度，会给交通带来严重影响；还会造成沿途植被及农、果作物及一些建筑物的损毁。在南极，如遇风吹雪不但影响考察工作而且还可能造成物质损毁和人员伤（冻害等）亡。风吹雪现象多发生在南北两极冰盖内陆和一些高寒山区和高原地区。中国的新疆、内蒙古、东北等山区和青藏高原是风吹雪多发高发地区。在下导风的作用下，南极风吹雪是南极积雪从内陆向冰盖边缘迁移的重要方式，否则，南极冰雪的厚度会远远大于目前。

【风淬】（wind blows quenching） 又称压缩空气淬火。将奥氏体化后的工件取出，放入装有喷嘴的区域或装置中，然后以大量的冷风从各方向的喷嘴高速地喷向工件，使工件各部分的热迅速而均匀地被风带走的操作。对工件的冷却速度比在静止空气冷却（正火）快，而比油淬慢。适用于大锻件的淬火。可以使工件得到均匀的冷却，减少开裂的危险。也能使形状复杂及截面厚薄不一的工件淬火后获得均匀的力学性能。经风淬的高炉渣或炼钢炉渣而获得的粒渣具有强度高、不易破碎的优点。达到混凝土人工用砂的要求，可代替黄沙。

【风电闭锁装置】（interlocked circuit breaker） 当掘进工作面局部通风机停止运转时，能立即自动切断该供风巷道中一切设备电源的安全装置。该装置在局部通风机未开动前，也不能接通巷道中的一切电源。

【风电瓦斯电闭锁装置】（inter locked circuit gas breaker） 当掘进工作面局部通风机停止运转时或空气中瓦斯浓度超限时，能立即自动切断该供风巷道中一切设备电源的安全装置。主要用于高瓦斯或煤与瓦斯突出矿井的掘进工作面。根据掘进工作面及关联巷道的瓦斯浓度，对局部通风机及关联掘进巷道内相应的电器设备实现断电、变电控制，并不准强行启动动力设备。实现闭锁的方法有两种：(1)采用瓦斯断电仪式遥测仪，即通过对磁力启动器等电气设备内部线路的改接实现；(2)采用微型计算机或数字逻辑电路技术实现闭锁。前者比较简单，但受断电仪性能的限制，使用时有诸多不便；后者功能齐全、使用方便。

【风洞】（wind tunnel） 在一个按一定要求设计的管道内产生控制流动参数的人工气流的设备。按实验气流速度大小的不同可分为：(1)低速风洞。风洞实验段气流马赫数小于0.4（等于1为声速）。(2)跨声速风洞。风洞实验段气流马赫数在0.4～1.4。(3)超声速风洞。风洞实验段气流马赫数在1.4～5。(4)高超声速风洞。风洞实验段气流马赫数在5～14。现代化的飞行器设计、制造，无论是飞机、火箭或导弹，都需要先用模型进行风洞实验，以求得最佳空气动力学特性。

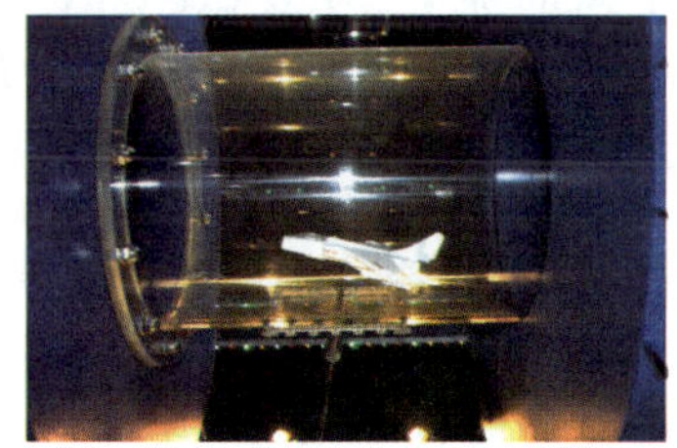
风洞－战斗机风洞模型

【风洞测试模型】（wind tunnel testing model） 按几何相似准则制作的供空气动力实验用的物体。风洞实验模型按实验内容的不同分为测力、测压、进气道、喷流、铰链力矩、外挂物、颤振模型等；按构型的不同分为全模型、半模型和部分模型；按实验速度范围的不同分为低速和高速模型；按实验要求的不同分为静力模型和动相似模型等。风洞模型的几何外形应与实物几何相似，具有足够的强度和刚度，结构简单且便于调整、装卸，有一定的加工精度和表面质量；动相似模型其刚度、质量分布及惯性矩应满足一定的相似准则。低速风洞模型多用高强度的木材、塑料或复合材料制作，高速风洞模型多用碳钢、合金钢或复合材料制作。

【风洞天平】(wind tunnel balance) 又称空气动力天平。风洞中用以测量作用在模型上的空气动力和力矩的设备。模型在风洞中做测力试验时，它能将空气动力和力矩沿 3 个相互垂直的坐标轴系分解并进行精确测量。按结构和测量原理分为机械天平、应变天平、液压天平、磁悬浮天平和压电天平等。目前在低速风洞中多使用机械天平和应变天平；在高速风洞中多使用应变天平和压电天平。磁悬浮天平的最大优点是无支架干扰，但由于技术难度大，造价高，目前尚未用于生产性风洞。

【风硐】(fan drift) 主要通风机和风井之间的专用风道。引导风流的设施。因为通过风硐的风量很大且风硐内外的压力差也很大，所以对风硐施工的质量要求很严格。因其服务年限较长，故多用混凝土、砖石等材料建筑。较好的风硐应符合如下条件：(1)应有足够大的断面，要求风速不超过 15m/s。(2)不宜过长，与井筒连接处要平缓；靠近主要通风机一段不能有直角拐弯；断面以圆形为最好，内壁要光滑，拐弯要平缓；要保持风硐内无堆积物。良好的风硐阻力不应超过 100～200Pa。(3)要有闸门等装置，结构要严密，以防止大量漏风。

【风海流】(wind-driven current) 又称吹送流。盛行风对海面持续作用产生摩擦而引起的海流。海水在风的吹动下产生运动时，海水的堆集和密度重新分布，产生水平压力梯度和湍流摩擦力，在与科里奥利力(地球自转时产生的偏转力)平衡后形成海流。在科里奥利力作用影响下，表层海水流向恒定偏离风向 45°，在北半球偏右，在南半球偏左。这种偏离随深度增加而增大。但其流速则随深度增加而减小。如果湍流混合到使海水密度趋于均匀，水平压力梯度可以忽略，海水铅直摩擦力与科里奥利力取得平衡，这时的风海流又称为“漂流”。漂流实质上是只受单一作用而不受其他因素影响的风海流。

【风荷载】(wind load) 又称风动压力。空气流动对工程结构所产生的压力。风荷载与基本风压、地形、地面粗糙度、距离地面高度以及建筑体型诸因素有关。中国的地理位置和气候条件造成夏季东南沿海多台风，内陆多雷暴及雹线大风，冬季北部地区多寒潮大风。其中沿海地区的台风，往往是设计工程结构要考虑的主要控制荷载。台风造成的风灾事故较多，影响范围也较大。雷暴大风可能引起小范围内的风灾事故。

【风化壳】(weathering crust) 分布于地表的由风化产物所组成的不连续的疏松表层(薄壳)。狭义的风化壳指地壳表层岩石在风化作用下遭受破坏，在原地形成的散松堆积物。风化壳一般包括弱风化带、强风化带、残积层和残积土等。由于不同的气候条件及风化作用的因素、方式、强度及原始母岩岩性的差异，风化壳沿垂直方向常形成不同成分和结构的多层残积物。层与层之间没有明显的界限，但又具有一定的特征，反映了当时的物理、化学及生物作用的特征。风化壳是一定气候条件下风化作用发展到一定阶段的产物。其厚度也因上述条件不同有较大的差异。风化壳按其物质成分的不同可分为：岩屑型、砖红土型、硅铝黏土型、碳酸盐型及硫酸盐型。

风化壳

【风化矿床】(weathering mineral deposit) 由地表各种风化作用而形成的矿床。如由化学风化作用、机械风化作用形成的风化壳矿床(又称残留矿床、残余矿床，指某些岩石在地表受长期的化学风化和物理风化作用后，有用物质聚集而成的矿床)、淋滤矿床(又称淋积矿床，指原生含矿岩石经风化作用后，某些有用物质随地下水向下渗透到风化壳下部聚集而形成的矿床)和各种铁帽(多指硫化物矿床在地表氧化带的残留部分，主要由铁的氢氧化物和含水氧化物等次生矿物及稳定的原生矿物如石英等组成)，以及残积砂矿和部分坡积砂矿。

【风化作用】(weathering action) 岩石受太阳辐射、温度变化、氧、二氧化碳、水和生物等作用，发生崩解破碎、化学性质改变与元素迁移的过程。按其动力学特征的不同可分为物理风化、化学风化和生物风化三类。风化作用受气候影响，具有一定的地带性规律。在苔原带，生物和化学风化十分微弱，以冰劈机械风化作用为主，形成碎屑风化壳。在温带针叶林地区，气温较低，湿度较大，有机质腐殖酸参与风化过程，淋溶较强，氯(Cl)、钠(Na)、钙(Ca)和镁(Mg)

等元素被淋失,三氧化二铝(Al_2O_3)和三氧化二铁(Fe_2O_3)移到下层,二氧化硅(SiO_2)堆积在表层,形成硅铝风化壳。在温带半干旱地区,温度、湿度较低,淋溶较弱,除 Cl、Na 部分淋溶外,Ca、Mg 等元素大量聚积,形成碳酸盐风化壳。在干旱沙漠区,生物风化极弱,蒸发强烈,碱溶液上升运动占优势,氯化物和硫酸盐类大量积累,形成氯化物 - 硫酸盐风化壳。在高温多雨的潮湿热带,物理、化学和生物风化均较强烈,元素淋溶与迁移很快,可移动元素多淋失,难移动的元素如铁(Fe)、铝(Al)氧化物相对富集,形成富铝风化壳。

【风机】(fan) 将原动机的机械能转变为被输送气体压力能的机械。按工作时产生压力大小的不同可分为:(1)通风机,风机产生的全压 < 15kPa。(2)鼓风机,风机产生的全压在 15 ~ 340kPa。(3)压缩机,风机产生的全压 > 340kPa。

【风级】(wind class) 风的大小的等级。世界气象组织将风力分为 13 个等级。在没有风速计的时候,可以根据它来粗略估计风速:根据理论计算和实践结果,通常把具有一定风速的风,通常是指 3 ~ 20m/s 的风作为一种能量资源加以开发,用来做功(如发电)。这一范围的风称为有效风能或风能资源。

风力等级	名称	海面浪高(m)一般(最高)	海面现象	陆地现象	风速 m/s (km/h)
0	无风		海面平静	静,烟直上	≤0.2 (<1)
1	软风	0.1(0.1)	鱼鳞状微波,无浪花	烟能示方向,风向标不动	0.3 ~ 1.5 (1 ~ 1.5)
2	轻风	0.2(0.3)	小波,波长短,但波形显著	树叶微动,人面有感觉,风向标能转动	1.6 ~ 3.3 (6 ~ 11)
3	微风	0.6(1.0)	小波加大,波峰开始破裂,浪沫光亮,有时可见细碎的白色浪花;渔船开始颠簸	树叶和微枝摇动不止,可吹动旗帜展开	3.4 ~ 5.4 (12 ~ 19)
4	和风	1.0(1.5)	小浪,波长变长,白浪成群出现;渔船满帆时可使船身倾于一侧	树的小枝摇动,能吹起地面上的灰尘和纸张	5.5 ~ 7.9 (20 ~ 28)
5	劲风	2.0(2.5)	中浪,具较显著的长波形状,许多白浪形成;渔船需缩帆一部分	有叶的小树摇摆,内陆的水面有小波	8.0 ~ 10.7 (29 ~ 38)
6	强风	3.0(4.0)	轻度大浪开始形成,到处都有更大的白沫峰(有时有飞沫);渔船缩帆大部分	大树枝摇动,张伞困难,电线呼呼有声	10.8 ~ 13.8 (39 ~ 49)
7	疾风	4.0(5.5)	轻度大浪,碎浪成白沫沿风向呈条状;渔船不再出港	全树摇动,迎风步行感觉不便	13.9 ~ 17.1 (50 ~ 61)
8	大风	5.5(7.5)	有中度大浪,波长较长,波峰边沿开始破裂成飞沫片,白沫沿风向呈明显条带;所有近海渔船都要靠港不出	小树枝折断,迎风步行感觉阻力甚大	17.2 ~ 20.7 (62 ~ 74)
9	烈风	7.0(10.0)	狂浪,沿风向白沫呈浓密的条带状,波峰开始翻滚,飞沫可影响能见度;机帆船航行困难	建筑物有小损(平瓦移动),风中站立不稳,无法行走	20.8 ~ 24.4 (75 ~ 88)
10	狂风	9.0(12.5)	狂涛,波峰长而翻卷,白沫成片出现,沿风向呈浓密条带,整个海面呈白色,海面颠簸加大,有震动感,能见度受影响;机帆船航行危险	陆地上少见,有时可将树木连根拔起,建筑物损坏较严重	24.5 ~ 28.4 (89 ~ 102)
11	暴风	11.5(16.0)	异常狂涛(中小船只可隐没在浪后),海面完全被沿风向吹出的白沫片所掩盖,波浪到处破成泡沫,能见度受影响;机帆船遇之极其危险	陆地上很少见,如果发生,必将造成广泛破坏	28.5 ~ 32.6 (103 ~ 117)
12	飓风	14.0	空气中充满白色的浪花和飞沫,海面完全变白,能见度严重受到影响。	陆上绝少见,摧毁力极大	32.7 ~ 36.9 (118 ~ 133)
13					37.0 ~ 41.4 (134 ~ 149)
14					41.5 ~ 46.1 (150 ~ 166)

风力等级	名称	海面浪高(m)—般(最高)	海面现象	陆地现象	风速 m/s (km/h)
15					46.2～50.9 (167～183)
16					51.0～56.0 (184～201)
17					56.1～61.2 (202～220)

注:风速指相当于地平面之上10m高处的风速。

【风井】(ventilating shaft) 主要用作通风的井筒。一般还兼作矿井的安全出口,所以井内一般设有梯子间。每个矿井都必须有进风井和出(回)风井。副井及用罐笼提升的主井均可作进风井,也可作回风井。箕斗主井一般不得作进风井用,但可作回风井用。有条件时应设专用风井。按进风井和出风井的位置关系的不同可分为:(1)中央并列式。进风井和回风井采用集中式布置在矿体中央。主井为箕斗井时,由主井回风;主井为罐笼井时,为减少漏风,最好由主井进风副井回风。此时人员若从副井进出会处于污风流中。(2)中央对角式。进风井位于井田中央,两个回风井位于井田的两端。当主井为箕斗井时则需另开副井作进风。(3)侧翼对角式。进风井布置在井田的一端,回风井布置在井田的另一端,由罐笼井进风。同样,如果用箕斗提升时,还要在它的附近另开副井进风。

【风景】(scenery) 足以引起人们审美与欣赏的一切大自然的风光景色。是一定区域内的实体与非物质性的观念形态的综合体。实体是自然景象、人文景象的物化表现;非物质性的观念形态是景象所承载的历史文化信息和人文精神,需要依托物质性的实体才能得以展现出来,反映出不同地域、不同民族、不同时代的文化特征及其进展程度,也反映出一定的经济状态和社会意识形态。实体与非物质性的观念形态的相互结合,使一定区域内的风景更具有鲜明的特色。构成风景的三类基本要素是景物、景感和条件。景物是风景构成的基本条件,包括山水、动植物、空气、阳光、建筑以及其他诸如洞窟雕塑、摩崖石刻、匾额、楹联、胜迹遗址等具有独立欣赏价值的风景个体。景感是风景构成的活跃因素,是人对景物的主观感受。包括视觉、听觉、嗅觉、触觉、心理反应等。条件是风景构成的制约因素,是游赏主体与风景客体之间形成的特殊关系。包括个人素质、游赏时间和地点、经济社会各种条件之间的关系。

风景

【风景林】(scenic forest) 按照森林分类经营的需要划分出来的一种生态公益林。具有较高美学价值并以满足人们审美需求为目标的森林的总称。是具有较高观赏价值的植物群落,是风景旅游区、森林公园、自然保护区自然景观的重要组成部分。风景林拥有一定的组成结构和外貌,具有相对的稳定性。无论人工林还是天然林,不管其美学措施完整程度如何,只要满足"具有较高美学价值"和"以满足审美需求为目标"这两条基本原则的就属于风景林的范畴。风景林强调的是森林的观赏价值,重点放在"好看"上。

风景林

【风景区】(scenic area) 又称风景名胜区。风景资源集中、环境优美、具有一定规模和游览条件,可供人们游览欣赏、休憩娱乐或进行科学文化活动的地域。分为国家级、省级和市级。国家级相当于海外的国家公园。国家公园始于最具代表性的美国黄石公园,以保护地形地貌、野生生物、自然风景为目的。风景名胜区是以科学、美学价值为基础,自然与文化融为一体,主要满足人自然活动的需求,并受国家保护。主要有以下特点:(1)风景名胜区的基础主体是具有自然科学或自然美学价值的自然景象。(2)自然景象与其中的精神理念或人文景象不是简单的相加,更不是强加于自然之上的人为物体。(3)风景区的主要功能是满足人与大自然精神文化与科教活动需求,即人与自然的精神联系。(4)范围较大,资源丰富而集中,是包括陆上水圈、生物圈和大气圈,地下－岩石圈、洞穴以及日、月、星辰等各种景象要素有机结合的地域空间综合体。

少林寺

【风景区道路】(scenic spot road) 供游人游览和运输用的道路。属于园林型道路。包括对内交通和对外交通两部分。中国有许多著名的风景优美历史名城和游览胜地,如苏州、杭州、无锡、桂林、黄山、泰山等风景区。为使游人便于到达,风景区道路对外要求能进得来，散得开和出得去。路线要畅通，道路的布局与走向应适应自然地形和风景特征，路旁绿化布置要优美。风景区的内部道路，既是容纳游人的空间，又是引导和分配游人的路线。风景区内的道路系统，应按道路交通的不同功能加以分类和组织。风景区内部道路不必强求平、直、宽，可结合地形，适当弯曲、起伏，为游人创造良好空间景观效果。风景区道路应将风景区内各风景点联系起来，使游人乘车可以直达风景点。风景区道路断面形式主要是“单幅式”。车行道不宜过宽，有1～2个车道即可。路面用水泥混凝土或沥青混凝土，也可用块料路面，绿带和人行道可适当宽些。绿化应选择适合风景区特点的树种。道路两侧护栏应美观，树下可设供游人休息用的坐椅。

【风力电站】(wind power station) 利用风能驱动风轮机以带动发电机生产电能的电站。主要由能量转换装置、蓄能装置、控制系统等构成。其发电成本是火力发电的一半左右。设置地点不再要求苛刻，实现了低风速启动发电。其设置地点灵活，成本低，并使区域性调节电力输出成为可能。是新能源开发的一个重要方面。

【风力发电】(wind power generation) 将风能转换为电能的发电技术。风力发电系统由风、风力发电机组、监测显示装置、控制装置、储能装置组成。其原理是风力驱动桨叶，把风能转变成机械能，再通过传动机构带动发电机转变为电能。风力发电作为可再生的清洁能源受到各国重视。

【风力发电场】(wind power field) 安置多台风力发电机组成的向电力网输送电能的机群的场址。其场址应选择在强风区，即风能资源丰富的场地上。

风力发电场

【风力发电机】(wind generator) 利用风力发电的设备。可以是直流发电机，也可以是交流发电机。其主要组成部分有：(1)风轮。风力发电机从风中吸收能量的部件，能将风能转换成机械能。其中，水平轴风力发电机的风轮是由1～4个叶片(大部分为2～3个叶片)和轮毂组成。(2)调速机构。使风力发电机叶轮的转速随着风速的变化而变化，保证风力发电机有一个稳定的功率输出。其中，小型风力发电机常用的调速方法有三种：风轮侧偏调速法、桨叶侧偏调速法和空气制动调速法。(3)调向机构。风力发电机必须设置调向机构，为使风轮最大限度地保持迎风状态、风力发电机必须设置调向机构，以获取尽可能多的风能，输出较大的电能。小型风力发电机，一般采用“尾翼调向”。(4)塔架。为了让风轮在地面上较高的风速带中运行，需要用塔架把风轮支撑起来。这时，塔架承受两个荷载：一个是风力发电机重力，向下压在塔架上；另一个是阻力，使塔架向风的下游方向弯曲。塔架所用材料是木杆或铁管，也可以采用钢材制成的衍架结构。按风力发电机的功率大小的不同可分为大型风力发电机(功率在100kW·h以上)、中型风力发电机(功率在10～100kW·h)、小型风力发电机(功率在10kW·h以下)。目前，小型风力发电用的发电机大部分是三相交流发电机。由于所产生磁场的形式不同，分永磁式和励磁式。所产生的三相交流电都要通过整流二极管整流后输出直流电。为便于安装和维修，现在很多小型风力发电机将整流器安装在控制器中。

【风力发电技术】(technology of wind power generation) 将风能转换为电能的发电技术。典型的风力发电系统由风能资源、风力发电机组、控制装置、蓄能装置、备用电源及电能用户组成。风力发电机组是实现由风能到电能转换的关键设备。由于风力大小时刻变化，随机性很大，必须根据风力大小及电能需要量的变化及时通过控制装置来实现对风力发电机组的启动、调速、停机、故障保护以及对电能用户所接负荷的接通调整及断开等。在小容量的风力发电系统中，一般采用由断电器、接能器及传感元件组成的控制装置。在容量较大的风力发电系统中，现在普遍采用微机控制。蓄能装置是为了保证电能用户在无风期间还可以不间断地获得电能而配备的设备。另一方面，当风能急剧增加时，蓄能装置可以吸收多余的风能。为了实现不间断的供电，有的风力发电系统配备了备用电源。

【风力侵蚀】(wind erosion) 简称风蚀。在气流冲击作用下，土粒、沙粒脱离地表、被搬运和堆积的过程。其强度受风力强弱、地表状况、粒径及其相对密度大小等综合因素影响。因土沙粒大小和质量不同，其表现出三种移动形式：(1)悬移。粒径 < 0.1mm的沙粒、黏粒，重量极小，被风卷扬至高空，随风运行。(2)跃移。粒径0.1～0.5mm的中细沙粒，受风力冲击脱离地表，升高到10cm峰值后，受到比在地表处较大水平风力及本身重力的影响，沿着两者合力方向，急速下降，返回地表，并以较大能量撞击地表，使一些较大颗粒移动。(3)滚动。粒径0.5～2mm的较大颗粒，不易被风吹离地表，沿沙面滚动或滑动。跃移为主要移动方式。风蚀在裸露、干燥、松散的土地上均可发生。当风速极大时，会出现沙尘暴或尘

霾。风吹走农田、牧场肥沃表土,暴露、埋压种子、禾苗,掩埋铁路、公路、村庄。尘埃进入大气,引起环境污染,危害人体健康。治理风蚀的技术措施包括:建立防护林体系和人工饲料基地,合理确定载畜量及建立合理轮牧制度,用沙障配合植物固沙,在荒漠化土地上飞机播种灌木和草本植物等。

【风淋室】(air shower room) 又称风淋机、浴尘室、吹淋室、风淋通道、空气吹淋室。用强劲洁净的空气流净化人身和防止室外空气污染洁净区的专用通道。是人进入洁净室所必需的通道。它可以减少人进出洁净室所带来的污染问题。按其结构的不同可分为:单人风淋室、双人风淋室、多人风淋室、风淋通道、智能语音风淋室、自动移门风淋室、防爆风淋室和货淋室等。由箱体、不锈钢门、高效过滤器、送风机、配电箱和喷嘴等组成。是人员进入洁净室、无尘车间所必备的净化设备。通用性强,可以与所有的洁净室和洁净厂房配套使用。在工作人员进入车间时,必须通过此设备,用强劲洁净的空气,由可旋转喷嘴从各个方向喷射至人身上,有效而迅速清除去附着在衣服上的灰尘、头发、发屑等杂物。风淋室的两道门电子互锁,可以兼起气闸室的作用;阻止外界污染和未被净化的空气进入洁净区域;杜绝工作人员将头发、灰尘、细菌带入车间,达到工作场地严格的无尘净化标准,生产出高质量的产品。广泛应用于各类高洁净度的场合、洁净厂房、实验室和手术室等场所。

风淋室和风淋通道

【风轮功率】(wind wheel power) 风力发电机风轮的功率。按其计算方式的不同可分为:(1)风轮理论功率。单位时间内,吹向风轮的空气所具有的动能。计算面积为风轮转动所扫掠面积过的圆的面积。(2)风轮实际功率。风轮捕获到的风能并转化成机械能,由风轮轴输出的功率。风力发电中还常常用到风轮功率系数(风轮实际功率与风轮理论功率之比)和尖速比(风轮叶片的叶尖线速度与对应风速之比)两个概念。尖速比又被称为局速比、高速比、高速性系数、叶尖速率比等。

【风轮机】(wind turbine) 将风的动能转换为机械能的设备,也是风力发电装置的原动机。风力发电即是由风轮机将风能转换成机械能,再由发电机将机械能转换成电能。

【风媒】(anemophily) 以风作为授粉的媒介。靠风媒传粉的称为风媒花或风媒植物。例如,禾本科、莎草科、松科、银杏等。风媒花一般花被不发达,也不美丽。花粉粒不组成团块,也不具附着的特性,而且较小,容易被风传送,可使距离在数百米以外的雌花受精。由于花粉粒的数量多且具有在空中飘浮的特点,在美洲等地松类和菊科的花粉往往侵入人们的鼻和喉,从而成为花粉热和枯草热等的病因。

【风门】(air door) ❶在需要通过人员和车辆的巷道中设置的隔断风流的门。即在不允许风流通过,但需行人或通车的巷道内设置的一种控制风流的设施。关闭时切断风流,启开时行人、通车。其门扇安设在密闭墙墙垛的门框上。墙垛可用砖、石、木段和水泥砌筑。按其服务年限的不同可分为临时性风门和永久性风门;按门扇制作材料的不同可分为木材风门、金属材料风门、橡胶风门、混合材料风门等;按其结构的不同可分为普通风门和自动风门。自动风门中按其动力的不同又可分为撞杆式、水压式、气动式、电动式;按其用途的不同可分为正向风门和反向风门。有时,还要在风门上安装风窗以调节风量。❷中医穴位名。属足太阳膀胱经。定位:在背部,当第二胸椎棘突下,旁开1.5寸。主治:伤风咳嗽,发热头痛,鼻塞流涕,胸背疼痛,项强目眩,痈疽发背;流行性感冒,百日咳,气管炎,肺炎,胸膜炎等。刺灸法:斜刺0.5~0.8寸(不宜深刺);艾炷灸3壮,或艾条灸5~15min。现代研究证明:针刺风门穴可调整肺通气量,但取效较慢,需连续针刺一周。获效后,即使停止针刺,其效应仍可持续一定时间。

【风幕机】(air curtain) 又称风帘机、空气幕、空气风幕机、风闸、空气门。通过贯流风轮产生的强大气流,形成一面无形的门帘。其特点和作用是:启动该机产生高速的气流,将室内外分成两个独立温度区域,创造舒适的室内环境,保持室内空调及净化空气。节省电能的同时,使空气循环、有效隔离灰尘、烟气、臭气和昆虫等微生物。既方便出入,又能防止室内外冷热空气交换。广泛用于食品、制药、电子、仪表、精密加工、化工和商业等行业。

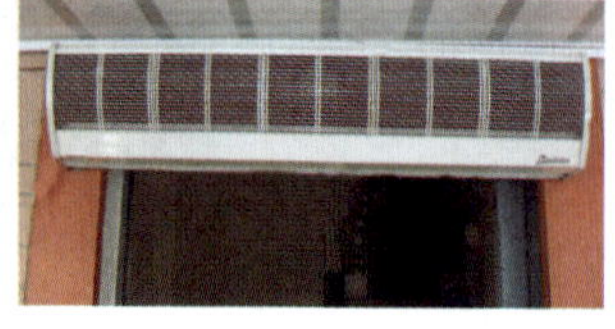
风幕机

【风能】(wind energy) 地球表面大量空气流动所产生的动能。由于地面各处受太阳辐照后气温变化不同和空气中水蒸气的含量不同,因而引起各地气压的差异。在水平方向高压空气向低压地区流动,即形成风。在自然界中,风是一种可再生、无污染而且储量巨大的能源。随着全球气候变暖和能源危机,各国都在加紧对风力的开发和利用。风能的利用主要是以风能作动力和风力发电两种形式,其中又以风力发电为主。

【风能利用率】(utilization rate of wind energy) 风力机械从输入风能中提取到的能量所占的比例。是衡量风能机械效率的主要指标。

【风能密度】(wind energy density) 1s 内通过 $1m^2$ 面积的空气所具有的动能。以 E_0 表示。其计算公式为:$E_0 = 1/2\rho v^3$。其中,ρ 为空气密度,v 为风速。实际工作中计算风能时,经常使用风能玫瑰图的概念。风能玫瑰图显示各方位风向频率的百分数与相应风向平均风速立方数的乘积,可看出不同方向的风具有能量的优势,反映了风能资源的特性。风能密度是评价风能资源的重要参数之一。

【风能资源】(wind energy resource) 在某一地区或领域内单位时间内风能的总量。其大小决定于风的密度及其可利用的年累积小时数。风能密度是单位迎风面积可获得的风的功率,与风速的三次方和空气密度成正比关系。风能资源受地形的影响较大,多集中在沿海和开阔大陆的收缩地带。风能资源的开发利用,当前主要在风力发电上。中国风能资源丰富,居世界首位。中国的东南沿海、内蒙古、新疆和甘肃一带风能资源很丰富。

【风墙】(air barrage) 又称密闭墙。为截断风流而在巷道中设置的隔墙。设置在需隔断风流、也不需通车行人的巷道中。其内外 5m 内应支架良好,密闭内无积煤(以防自燃),四周要掏槽,墙与槽接缝处要填实。因风墙附近可能积聚有害气体,为防止事故,应在墙外设置栅栏和警标。按服务年限的不同风墙可分为:(1)临时风墙。常用木板、木段等修筑,并用黄泥、石灰抹面。(2)永久风墙。常用料石、砖、水泥等不燃性材料修筑。进、回风井间和主要进、回风道间的联络巷中,必须砌筑永久风墙。工作面及采区采完后也应修筑永久风墙,予以封闭。

【风桥】(air crossing) 巷道通风网络中将两股平面交叉的新风和污风隔成立体交叉的一种控制风流的设施。设在进、回风交叉处,可使回风、进风不混合。在一般情况下,污浊风流从桥上通过,新鲜风流从桥下通过。按服务年限、巷道中通过风量大小以及风桥的结构特点的不同,可分为铁筒式风桥、混凝土风桥和绕道式风桥三种。对风桥的要求是:(1)使用不燃性材料建筑。(2)桥面平整不漏风(手触感觉不到漏风)。(3)风桥前后各 5m 范围内巷道支护良好,无杂物、积水和淤泥。(4)风桥通风断面不小于原巷道断面的4/5,成流线型。(5)风桥两端接口严密,四周见实帮、实底,要填实、结实。(6)风桥上下不准设风门。

【风切变】(wind shear) 风向、风速在不大的空间范围内沿水平和(或)垂直距离上发生较大甚至急剧的变化。风切变可在对流层各个高度上出现,但对飞机飞行威胁最大的是低空风切变。风切变主要由锋面(冷暖空气的交界面)、逆温层、雷暴、复杂地形地物和地面摩擦效应等因素引起。风切变通常可分成三类:(1)水平风在水平距离上风向和风速的变化。(2)水平风在垂直距离上风向和风速的变化。(3)垂直风(即升降气流)在水平及垂直距离上的变化。比较严重的一类风切变是所谓"下击暴流"。它是垂直风切变的一种形式,一股空间范围不大的急速下冲的气流。当飞机着陆进场或起飞爬升时,它不仅能使飞机航迹偏离,而且可能使飞机失去稳定。如果驾驶员判断失误和处置不当,则常会产生严重后果。如果遇到严重风切变只有采取回避飞行。

【风沙土】(windy sand) 在风沙地区沙性母质上形成的土壤。发育在不同形态的风积沙丘、沙垄及起伏沙地上,成土母质为颗粒组成均一的风成砂。风沙土的形成与演化可分为三个阶段:(1)流动风沙土阶段。流动的沙地仅生长着稀疏的沙生植被,植物定居困难,土壤发育不明显,处在成土过程的最初阶段。(2)半固定风沙土阶段。随着植物在流动风沙土上继续滋生和植被覆盖度增大,沙地表面呈半固定状态,地形变缓,沙地表面变紧,形成薄层结皮,并染有腐殖质的暗色,土壤剖面分化。(3)固定风沙土阶段。半固定风沙土上的植物进一步发展,沙土表面结皮增厚,并变得紧实,表层腐殖质累积加强,土体分异明显,物理、化学性质也有显著变化。风沙地区气候干燥多风,地表植被稀疏,土壤的成土作用微弱而不稳定,经常受到风蚀和沙压,所以难以形成成熟和完整的土壤剖面,土层分化不清晰,土体松散。中国的风沙土主要分布在北部半干旱和干旱地区,半湿润地区也有少量分布,大致位于北纬 36° ~ 49°之间。为了防风固沙,使风沙土向固定方向发展,应以植树种草为根本措施,防止过垦和滥牧。

风沙土

【风湿热】(rheumatic fever) 与链球菌感染有关的免疫性全身性疾病。其特征为全身结缔组织的炎症反应。主要累及心脏、关节、中枢精神系统、皮肤和皮下组织。其主要临床表现是:心脏炎、关节炎、皮肤环形红斑、皮下结节、舞蹈病以及发热等。该病有反复发作的倾向。可留下心瓣膜病变,是引起慢性风湿性心脏病及风湿性瓣膜病的主要原因。

【风速】(wind speed) 单位时间内空气在水平方向上所移动的距离。风的大小常用的速度来衡量,常用的单位是米/秒(m/s)。专门测量风速的仪器,有旋转式风速计、散热式风速计和声学风速计等,它是计算在单位时间内风的行程。按测定风速行驶的不同可将其分为:(1)瞬时风速。在某瞬间(在几秒内)所测得的风速。风速是很不稳定的。即使在很短的时间内,它的变化也很大。(2)平均风速。在某一段时间内,瞬时风速的算术平均值。有时根据计算风能的需要,引入了风速频率的概念(在一定时间内,相同风速出现的时间占测量总时数的百分比)。在使用风力机利用风能的场合,还引进启动风速、切除风速和有效风速的概念。启动风速指可使风力机启动运行的风速。国内多数风力机常取3m/s为启动风速。切除风速指限制风力机超速运行的上限风速。大于这个风速时,风力机必须停转,否则将有因超速旋转而遭受破坏的危险。国内多数风力机常取20m/s为切除风速。有效风速则指风力机能够正常工作的风速范围。通常指3~20m/s之内的风速。

风速仪

【风险】(risk) ❶广义风险表现为不确定性,产生的结果可能带来损失、获利或是无损失也无获利。❷狭义风险表现为损失的不确定性,没有从风险中获利的可能性。其特点是:客观性、偶然性、损害性、不确定性和相对性(或可变性)。风险一词来自于17世纪西班牙的航海术语,是指航海时可能出现的危机和海难。随着社会的发展,风险的概念不断丰富。目前有两大派别,一派认为风险是衡量系统危险程度的客观指标。根据国际标准化组织的定义,风险是某一有害事故发生的可能性与事故后果的组合。另一派认为风险是损失的不确定性。美国学者威特雷认为,风险是关于不愿意发生的事件发生的不确定的客观体现。风险在于不幸事件发生的概率及其可能的损失的不确定性以及人们对不幸事件控制和预料结果的不确定性。虽然两大派别对风险的概念有差别,但都认为风险具有不确定性和损失性的基本特征。

【风险分析】(risk analysis) 又称概率分析。运用概率理论研究不确定因素和风险因素按一定概率变动时,对项目方案经济评价指标产生影响的一种定量分析方法。其目的是为在不确定情况下对投资项目或方案提供科学依据。风险分析的关键是确定各种不确定因素变动的概率。分客观概率和主观概率两种方法。通常把以客观统计数据为基础确定的概率称为客观概率;把以人为预测和估计为基础确定的概率称为主观概率。

【风险估测】(risk estimating) 在风险识别的基础上,通过对所收集的资料进行分析,运用定性与定量的方法,估计和预测风险发生的概率和损失程度的过程。所要解决的两个问题是损失概率和损失严重程度。其最终目的是为风险决策提供可靠的信息。信息应包括:(1)风险所引起的致损事故发生的概率和损失分布。(2)几种风险对同一单位所致损失的概率和损失分布。(3)单一风险单位的损失程度,并在此基础上进一步估测整个企业发生致损事故的概率和总损失分布,以及某一时期内的损失金额。(4)所有风险单位损失的期望值和标准差。

【风险管理】(risk management) 系统识别和评估风险因素的形式化过程或识别和控制能够引起不希望的变化的潜在领域和事件的形式、系统的方法。在项目中,风险管理是在项目运行期间识别、分析风险因素、采取必要对策的科学和决策艺术的结合。其主体是经济单位。各经济单位通过风险识别、风险估测、风险评价等方式,并在此基础上优化组合各种风险管理技术,对风险实施有效的控制和妥善处理风险所致损失的后果,期望达到以最小的成本获得最大安全保障目标的管理过程。是一个科学的决策过程。通过风险识别、风险衡量、风险评价以充分了解自身风险状况,进而依照自身实际采用最优的风险管理技术组合,以解决自身面临的风险问题。目标是以最小的成本获得最大的安全保障。

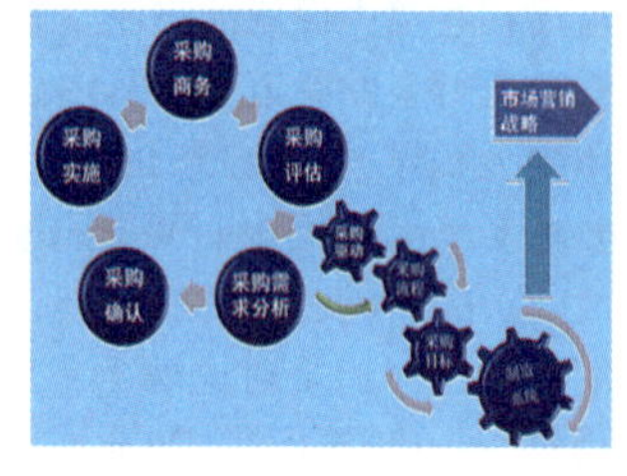

风险投资

【风险规避】(risk avoidance) 通过计划的变更或活动的调整,躲避、减缓、远离风险发生的条件及其可能的恶果,使目标免受风险影响运作方式。并不期望完全消除风险,而是要通过采取事先控制措施降低损失发生的概率,通过事先控制、事后补救两个方面的措施降低损失程度。按其规避方式的不同可分为四种类型:(1)完全规避风险。即通过放弃或拒绝与风险相关的活动来回避风险源。在通常情况下,虽然潜在的或不确定的损失能就此避免,但是获得利益的机会也会因此丧失。(2)风险损失的控制。即通过控制风险发生的概率来降低损失发生的程度。(3)转移风险。即将自身可能面临的潜在损失以一定的方式转移给对方或第三方。(4)自留风险。在完全回避风险是不可能或明显不利的情况下,采取有计划地规避风险的方式。

【风险决策】(risk decision) 在存在一些不可控制的因素,有出现几种不同结果的可能性的情况下,要冒一定风险的决策。是在多种不定因素作用下,对两个以上的行动方案进行选择。由于有不定因素存在,则行动方案的实施结果其损益值是不能预先确定的。多种不定因素在学术名词上常称为自然状态。按人们对自然状态认识程度的不同可分为三类:(1)对自然状态的统计特性完全清楚时的决策,称为确定型决策。(2)掌握自然状态的统计特性(指概率分布)时的决策,称为概率型决策(风险型决策)。(3)对自然状态的统计特性毫不知情时的决策,称为不定型决策。由于通常人们对自己面临的自然状态既不可能完全清楚,也不可能毫不知情,因此风险型决策最常见。

【风险类别】(risk category) 从不同的角度对风险种类的划分。常见的风险类别有:(1)按风险性质的不同可分为纯粹风险和投机风险。(2)按产生风险环境的不同可分为静态风险和动态风险。(3)按风险致损对象的不同可分为财产风险、责任风险、信用风险和人身风险。(4)按风险产生原因的不同可分为自然风险、社会风险、政治风险、经济风险和技术风险。(5)按风险损失范围的不同可分为基本风险和特定风险。

【风险评价】(risk evaluation) 在风险识别和风险估测的基础上,通过定性、定量分析确定系统发生风险的可能性及其危害程度,并与社会公认的可接受安全水平相比较,决定是否采取控制措施,以及采取何种程度的控制措施的过程。常见的风险评价方法是:(1)安全评价或危险评价通称的广义的风险评价。其原理是:通过定性或定量的方法,分析系统中的危险因素,确定危险性等级。其主要方法有:安全检查表、预先危险性分析、事故树、故障树、故障类型与影响分析、危险性与可操作性研究、作业危险性分析等。(2)以确定损失频率、损失程度或损失期望值、方差和标准差以及变异系数等风险指标为目的的狭义风险评价。其原理是:以风险信息收集和统计推断为基础,或确定风险发生的概率、严重程度指标、绘制风险坐标图,或确定风险的不确定性指标。其主要方法有:矩阵风险评价、达信风险评价、"苏黎世"风险评价、事故管理图风险评价等。

【风险识别】(risk identification) 用感知、判断或归类的方式对现实的和潜在的风险性质进行辨识和鉴别的过程。是风险管理的基础。只有在正确识别出自身所面临的风险的基础上,人们才能够主动选择适当有效的方法进行的处理。其任务是:要从错综复杂环境中,通过对众多风险的分析判断,确定系统所面临的主要风险。按其方法的不同可分为:风险清单法、流程图分析法、财务报表分析法和实地调查法等。人们既可以通过感性认识和历史经验识别风险,也可以通过对各种客观的资料和风险事故的记录来分析、归纳和整理,以及必要的专家访问,识别各种明显和潜在的风险。风险具有可变性。风险识别是一项持续性和系统性的工作。风险管理者应该密切注意原有风险的变化,并随时发现和识别新的风险。

【风险事故】(risk accident) 又称风险事件。造成生命财产损失的偶发的不幸事件。是造成损失的直接原因。是风险因素的外在表现。验证了风险因素的存在。使风险成为现实,并引起损失的结果。火灾、爆炸、地震、车祸、疾病等,就是常见的风险事故。和风险因素的区别有时并不是绝对的。如,暴风雨毁坏房屋、庄稼等,暴风雨就是风险事故;如果暴风雨造成路面积水、能见度差、道路泥泞,引起连环车祸,暴风雨就是风险因素,车祸才是风险事故。判定的标准是看是否直接引起损失。风险因素只有通过风险事故的发生,才能导致损失。如,汽车刹车失灵酿成车祸而导致车毁人亡,其中刹车失灵是风险因素,车祸是风险事故。如果只有刹车失灵而无车祸,就不会造成人员伤亡。风险事故意味着风险的可能性转化为现实性。控制风险事故是风险管理的关键环节。

洪水灾害

【风险损失】(risk loss) 非故意的、非预期的和非计划的经济价值的减少和灭失。包括直接损失和间接损失。包含两个重要的因素:(1)非故意的、非计划的、非预期的,即不包括正常的财产折旧、磨损、货物运输中的合理损耗等,不包括财产所有人对自己财产的有意损坏。(2)经济价值减少,即损失可以用货币来衡量。两者缺一不可,否则就不构成损失。按其内容的不同可以分为:财产损失、经济收入损失、赔偿责任损失和额外费用损失四种。财产损失是指各种物质财产因遭受自然灾害或意外事故而引起部分或全部的经济损失;经济收入损失是指人们由于疾病、意外伤害、衰老和其他原因引起丧失全部或部分劳动能力或死亡所造成经济收入的损失;赔偿责任损失是指由于人们的疏忽或过失,以致他人的人身伤害或财产损失,依法应当负担的经济赔偿责任;额外费用损失是指由于灾害事故发生而额外支出的费用。

【风险投资】(venture investment) 又称创业投资。通过向尚未成熟的创业型企业提供股权资本,并为其提供管理和经营服务,期望在其发展相对成熟后,通过股权转让收取中长期资本增值收益的投资行为。风险投资的撤出方式有:(1)企业并购。高新技术企业在未上市前,将部分股权或全部股权向其他企业或个人转让。(2)股权回购。企业购回风险投资机构在本企业所持股权。(3)股票市场上市。上海、深圳证券交易所,境外创业板块如美国的纳斯达克市场和香港联合证券交易所设立的创业板块等股票市场也是可利用的风险投资撤出渠道。

【风险投资公司】(venture investment company) 以风险投资为主要经营业务的非金融性企业。其主营业务是向高新技术企业及科技型中小企业进行投资,转让由投资所形成的股权,为高新技术企业提供融资咨询,参与被投资企业的经营管理等。

【风险投资基金】(venture investment fund) 专门从事风险投资,以促进科技型中小企业发展的一种投资基金。其主要采取私募方式,向确定的投资者发行基金份额;其募集对象可以是个人、企业、机构投资者和境外投资者等。

【风险因素】(risk factor) 增加风险事故发生的频率或严重程度的任何事件。构成风险因素的条件越多,发生损失的可能性就越大,损失就会越严重。可分为有形风险因素和无形风险因素。有形风险因素是指导致损失发生的物质方面的因素,又称为物理风险因素。比如财产所在的地域、建筑结构和用途等。南方地域要比北方地域发生洪灾的可能性大;木质结构的房屋要比水泥结构的房屋发生火灾的可能性大;机动车营运要比非机动车营运的发生交通事故的严重程度大。无形风险因素是指导致损失发生的文化、习俗和生活态度等一类非物资形态的人为因素,又称为人为风险因素。无形风险因素包括道德风险因素和行为风险因素两种。道德风险因素是指人们以不诚实、或不良企图、或欺诈行为故意促使风险事故发生,或扩大已发生的风险事故所造成的损失的因素。行为风险因素是指由于人们行为上的粗心大意和漠不关心,易于引发风险事故发生的机会和扩大损失程度的因素。

【风险预防】(risk prevention) 在风险发生之前采取主动措施,减少、控制直至消除风险发生的条件及其可能恶果的行为。以消除风险因素为终极目的,通过工程物理法、人类行为法、规章制度程序法控制各种风险。工程物理法的重点是预防各种物质性因素导致风险的发生,如修筑堤坝防止洪水风险,在设计建筑物时采用防震技术预防地震风险等。人类行为法的重点是预防人为因素导致的风险,如加强安全教育和操作规程培训防止火灾发生等。规章制度程序法强调风险管理单位在法律法规和制度规定的范围和条件下进行经济和社会活动,以预防风险事故的发生。如国家建立存款准备金制度,防止商业银行倒闭给社会经济带来负面影响等。

防震演习

【风压】(wind pressure) 又称风压。❶即风作用在垂直于风向的单位面积上的总压力。按国际通用标准,风力分为0~17级,相当于风速0~61.2m/s。❷风垂直作用在物体表面的压强。风压的大小与风速的平方和空气的密度成正比。以当地比较空旷平坦地面上离地10m高,统计50年一遇10min平均最大风速为标准确定的风压称基本风压。计算公式为:

$$W_0=\frac{1}{2}\rho V_0^{\ 2}$$

其中 W_0 为基本风压,ρ 为空气密度,V_0 为基本风速。基本风压因地而异。在中国的分布情况是:台湾和海南岛等沿海岛屿、东南沿海是最大风压区,由台风造成;东北、华北、西北的北部是风压次大区,主要与强冷气活动相关联;青藏高原为风压较大区,主要由海拔高度较高所造成。其他内陆地区风压都较小。

【风疹】(rubella) 又称风瘀、瘀子。一种由风疹病毒引起的儿童呼吸道传染病。由于风疹的疹子来得快,去得也快,如一阵风,"风疹"也因此得名。风疹病毒在体外生活力很弱,但传染性强。一般通过咳嗽、谈话或喷嚏等传播。多见于1~5岁儿童。6个月以内婴儿因有来自母体的抗体获得抵抗力,很少发病。一次得病,可终身免疫,很少再患。从接触感染到症状出现,要经过14~21天。病初1~2天症状很轻,可有低热或中度发热,轻微咳嗽、乏力、胃口不好、咽痛和眼发红等轻度上呼吸道症状。病人口腔黏膜光滑,无充血及黏膜斑,耳后、枕部淋巴结肿大,伴轻度压痛。通常于发热1~2天后出现皮疹。先从面颈部开始,在24h蔓延到全身。皮疹初为稀疏的红色斑丘疹,以后面部及四肢皮疹可以融合,类似麻疹。

出疹第二天开始，面部及四肢皮疹可变成针尖样红点，如猩红热样皮疹。一般在 3 天内迅速消退，留下较浅色素沉着。在出疹期体温不再上升，病儿常无疾病感觉，饮食嬉戏如常。现代医学认为本病由风疹病毒（RNA 病毒）通过空气飞沫传播侵入人体，在呼吸道黏膜增殖后进入血液循环引起原发性病毒血症，可通过白细胞到网状内皮系统。受染的网状内皮细胞坏死，病毒释放再次入血，引起继发性病毒血症，出现发热，呼吸道症状及淋巴结肿大。中医则认为多由外感风热时邪，郁于肌表，发于皮肤所致。治宜清热解毒，用银翘散或加味消毒饮。应通过接种疫苗来预防。

【封闭测试】（close beta test） 又称封闭 β 测试、封测、内测。一个软件在开发完成的初期由公司人员或少量用户参与的测试过程。较常用于网络游戏的测试。在网络游戏制作完成初期，游戏公司将在测试过程中收集各种数据、错误、玩家提出的意见建议，对平衡性和服务器性能进行技术性测试。与游戏的故事、情节、人设都没有关系，整个游戏基本处于雏形阶段，所以除了有关技术人员以外，别人是接触不到游戏的。所有这些工作都是为了确保游戏在公测时更加完善和有趣。

【封闭抗体】（blocking antibody） 寄生虫感染宿主后，大量的排泄分泌抗原诱导宿主的免疫系统产生的特异性抗体。它与抗原结合后，存在于虫体表面，针对宿主已诱导出的免疫效应起着封闭作用或抑制作用。

【封闭空区】（closed goaf） 用人工构筑物堵塞采空区。其目的是隔断采空区通往生产区的通道，使采空区的冒顶、瓦斯、水、火灾害等不影响生产区及防止人员误入采空区而发生安全事故。

【封闭群】（closed colony） 动物的一个种群在 5 年以上不从外部引进新种，仅在固定场所的一定群体中保持繁殖的动物群。即引种于某亲本或同源亲本的动物，让其不以近交形式，也不与群外动物杂交而繁衍的动物群。目的是要求整个群体尽量防止近亲交配而保持着遗传变异。也就是说既保持群体的一般特性，又保持动物的杂合性。至于个体间差异的程度因引种来源的不同而有不同。如引种于一般杂种，则个体间差异就大；如引种于有近交历史的动物，则个体间差异就小。

【封闭群动物】（close colony animal） 又称远交系动物。一个种群动物位于固定点，5 年以上不从外部引进任何新种，仅在群内随机交配繁殖的动物。其遗传组成比较接近于自然状态下的动物群体结构。封闭群动物在整体上由于没有引进新的血缘，其遗传特性及其他反应性能保持相对稳定。但就群内个体间而言，因其有杂合性，所以个体间的反应性具有差异，某些个体反应性强，某些个体反应性弱，个体间的重复性和一致性不如近交系动物好。目前常见的封闭群动物有，昆明种小鼠、Wistar 大鼠、NIH 小鼠、青紫兰兔、新西兰兔等。封闭群动物一般适用于药物筛选、毒理安全试验和教学使用。

兔群

【封孔】（sealing of hole） 在钻井工作结束并达到设计目的后，用惰性的胶结材料将钻孔分段堵塞和隔离的工作。钻孔的封闭与检验是钻探工程质量的重要指标，是钻探工程终孔后的一项重要收尾工作。其目的主要是：隔离含水层（止水）、防止由于钻探施工而给地下水利用、矿山开采、矿床保护、工程建设及边坡稳定、水力工程渗漏等可能带来的危害。封孔作业应严格按照地质或水文地质部门提出的设计要求和相应的技术规范进行。

【封口盘】（shaft cover） 又称井口盖。为保证凿井作业安全而在井口设置的带有盖门和孔口的盘状结构物。升降人员和材料设备以及拆装各种管路的工作平台。在竖井掘进施工时，必须采取防止物件下坠的措施，井口必须设置临时封口盘。封口盘上设井盖门。井盖门两端必须安装栅栏。封口盘和井盖门必须坚固、严密并采用阻燃性材料。

【封山育林】（closed forest） 对疏林地与具有一定数量的伐根萌芽、具有根蘖更新能力和天然下种母树条件的地区，实行不同形式的封禁，并借助林木的天然更新能力辅以抚育管理措施，来逐渐恢复和改造次生林的一种有效方法。具有用工省、成本低、收效快、应用面广和综合效益高的显著特点。采用此方法，不仅扩大了次生林的面积，而且在改造残、疏低价值林分方面也能起到很好的作用。既借助于自然力，又辅以人力；既可使次生林由稀变密，又可使次生林由纯林变混交林。其方法有死封（即全封）、活封（即半封）和轮封（将整个封育地区划分成片，进行轮封轮放）。要使封山育林取得较好的效果，必须死封与活封相结合，封与育相结合，乔、灌、草相结合；必须对次生幼林进行补播、补植与抚育，使林分有适量的密度与合理的结构。

【疯牛病】（mad cow disease） 又称牛海绵

状脑病。一类侵袭人类及多种动物中枢神经系统的传染性疾病。其潜伏期长,致死率高。此类疾病患者的中枢神经组织具有对同种甚至异种个体明显的传染性。其感染因子目前认为是一种非常规的病毒——朊病毒。由它引起一种亚急性海绵状脑病。这类病还包括绵羊的瘙痒病、人的克-雅氏病以及致死性家庭性失眠症等。其中,人的克-雅氏病是一种罕见的主要发生在50~70岁的可传播的脑病,危害极大。人感染克-雅氏病途径主要是食用感染了疯牛病的牛肉及其制品并通过消化道感染。病人先是表现为焦躁不安,最终精神错乱而死亡。疯牛病于1996年在英国流行,至今暴发的国家已经达到近20个。

【峰林】(needle karst) 又称塔状喀斯特地貌。一种锥状喀斯特地貌。是以汉语拼音命名并为国际地学界承认的喀斯特地貌现象。一座座山峰就像森林一样耸峙在地面之上,奇特而壮观。峰林个体分布比较疏散的称为散立峰林,比较密集的称为丛聚峰林。基座相连的丛聚峰林又称为峰丛。峰林主要分布在年平均气温>20℃、年降水量>1 500mm的热带和亚热带地区。中国是世界上峰林分布最典型也是最多的国家。中国的广西、云南、贵州、四川、重庆、湖南和广东都有大面积的峰林分布。越南、老挝、印度尼西亚、菲律宾、沙捞越、新几内亚、古巴、波多黎各和墨西哥等地区和国家也有峰林分布。峰林个体高度一般在100~200m之间,最高也有超过200m甚至超过300m的。峰林个体大都呈圆锥形,峰顶浑圆,峰体坡度大都在45°以上。峰林多和石笋、石芽、溶洞洞穴相伴生成,且常与低洼地间次错落,更显峰林高大壮观。峰林也有在山腰和山脊部位分布的,只是规模不大,形态不十分典型。绝大部分峰林均为喀斯特地貌,也有以构造开裂为主要原因形成的峰林,如中国湖南张家界峰林即为地质构造形成的石英砂岩峰林景观。

峰林

【锋】(front) 两个不同气团相遇时其间气象要素不连续的狭长过渡区。其水平伸展范围与气团尺度相当,而垂直高度变化幅度大,有的直达对流层顶部,有的仅离地1~2km,呈倾斜状。由于锋区的厚度远小于气团的尺度,所以可将其视作一个几何面,称为锋面。锋面与下垫面的交线,称为锋线。锋面过境时气象要素和天气现象变化剧烈。在空间,风向冷空气一侧倾斜,其两侧空气在垂直于锋的方向上升冷凝而形成一定特点的云雨天气,有时伴有大风。根据锋在移动过程中冷暖气团的替代可分为冷锋、暖锋、静止锋和锢囚锋。

【锋面雾】(frontal fog) 又称混合雾。在两种不同温度的气团之间的锋面上因气团混合的结果而生成的雾。其形成的条件是:(1)降水的蒸发。(2)将空气冷却至过饱和状态。(3)两种气团的混合作用。锋面雾常出现在海陆气温相差较大而风力微弱的海岸附近;在寒暖洋流交汇的海面上也经常出现。按锋面雾产生部位的不同可分为锋前雾、锋区雾和锋后雾。

【蜂窝系统】(cellular system) 覆盖范围最广的陆地公用移动通信系统。在蜂窝系统中,覆盖区域一般被划分为类似蜂窝的多个小区。每个小区内设置固定的基站,为用户提供接入和信息转发服务。移动用户之间以及移动用户和非移动用户之间的通信均需通过基站进行。基站则一般通过有线线路连接到主要由交换机构成的骨干交换网络。蜂窝系统是一种有连接网络,一旦一个信道被分配给某个用户,通常此信道可一直被此用户使用。按其类型的不同又可分为模拟蜂窝网络和数字蜂窝网络。主要区别于传输信息的方式。蜂窝网络起源于一个数学猜想:正六边形被认为是使用最少结点可以覆盖最大面积的图形,出于节约设备构建成本的考虑,正六边形是最好的选择。这样形成的网络覆盖在一起,形状像蜂窝,因此被称作蜂窝网络。蜂窝系统组成主要有以下三部分:移动站、基站子系统、网络子系统。常见的蜂窝系统类型有:GSM网络、CDMA网络和3G网络等。

【蜂窝组织炎】(cellularis phlegmasia) 皮下、筋膜下、肌间隙或深部蜂窝组织的一种急性弥漫性化脓性感染。其特点是:病变扩散迅速,与正常组织无明显界限。其致病菌主要是溶血性链球菌,其次为金黄色葡萄球菌,也可为厌氧性细菌。其炎症可由皮肤或软组织损伤后感染引起,也可由局部化脓性感染灶经淋巴和血流传播直接扩散而发生。溶血性链球菌引起的病变扩展迅速,有时能引起败血症。由葡萄球菌引起的,则比较容易局限为脓肿。其临床表现常因致病菌的种类、毒性和发病的部位、深浅而不同。表浅的急性蜂窝组织炎,局部明显红肿、剧痛,并向四周迅速扩大,病变区与正常皮肤无明显分界。病变中央部位常因缺血发生坏死。如果病变部位组织松弛,如面部、腹壁等处,则疼痛较轻。深在的急性蜂窝组织炎,局部红肿多不明显,常只有局部水肿和深部压痛,但病情严重。口底、颌下和颈部的急性蜂窝组织炎,可发生喉头水肿和压迫气管,引起呼吸困难,甚至窒息;炎症有时还或蔓延到纵隔。由厌氧性链球菌、拟杆菌和多种肠道杆菌所引起的蜂窝组织炎,又称捻发音性蜂窝组织炎。可发生在被肠道或泌尿道内容物所污染的会阴部、腹部伤口。此时,局部可检出捻发音。蜂窝组织和筋膜有坏死,且伴有进行性皮肤坏死,脓液恶臭。全身症状严重。

【缝编法】(stitch bonding) 以缝纫或纱线成圈的方式,用纱线或纤维将纤维网、纱线层或机织底布等材料固结起来形成织物的技术。按其工艺的不同可分为纤网型、毛圈型和纱线层型三类。其工艺流程短,产量高,原料适用范围广。人均劳动生产率可以提高200%,生产成本可以降低近30%。采用纱线固结纤网,可以加工如玻璃纤维、石棉纤维等用黏合方法难以加工的纤维原料。缝编产品的外观特性非常接近传统的机织物和针织物,而不像其他工艺生产的非织造布那样呈网状结构,强度较高。缝编法织造布适合用来制作服装、毛毯、床罩、窗帘、地毯、汽车内饰、过滤材料、传送带帘布、人造革底布等。

【缝焊】(seam welding) 将待焊的薄板压紧在圆盘状电极之间,通电后使接触处温度迅速升高,将两焊件接触处的金属熔化而形成熔核,并形成组织致密的焊点,从而实现连接的一种电阻焊接方法。在焊接时,圆盘状电极压紧焊件并转动,依靠摩擦力带动焊件向前移动,配合断续通电(或连续通电),形成许多连续并彼此重叠的焊点,称为缝焊焊缝。主要用于有密封要求的薄壁容器(如水箱)和管道的焊接。焊件厚度一般在2mm以下,低碳钢可达3mm。焊件材料可以是低碳钢、合金钢、铝及其合金等。

【缝隙坝】(slit dam) 坝体上留有切口的拦沙坝。适用于水源丰富含沙量小的沟道。在有常流水山区沟道中,利用缝隙可以把正常流量挟带的泥沙排走,腾出足够库容来防止泥石流对下游的危害。无缝隙或孔口的整体坝将上游流入库内的一部分砂砾拦蓄在库内,淤满后不能再有效地防止泥沙灾害。由于发生泥石流时缝隙可能被堵塞,缝隙下部可以自动地被流水冲开或采用其他措施清淤。由于坝体上留有大切口,两侧坝体一般采用钢筋混凝土修筑。

【缝隙腐蚀】(crevice corrosion) 在两个连接物之间的缝隙处发生的腐蚀。是由缝隙内外介质间物质移动困难所引起的。金属和金属间的连接(如铆接、螺栓连接)缝隙,金属和非金属间的连接缝隙,以及金属表面上的沉积物和金属表面之间构成的缝隙,都会出现这种局部腐蚀。缝隙腐蚀和点腐蚀产生条件类似,属于电化学腐蚀。金属表面的电化学反应不均匀性是导致这类局部腐蚀的重要原因。

【否定之否定规律】(law of negation of negation) 又称否定规律。唯物辩证法的基本规律之一。自然界、人类社会和思维发展的普遍规律。它反映了事物发展过程矛盾解决形式的实质。基本内容是:(1)任何事物的内部都有肯定和否定两方面。(2)肯定是事物保持其存在的方面,而否定则是促使事物发展和转化的方面。(3)两个方面在事物的内部自始至终相互斗争着。(4)否定的方面战胜肯定的方面并取得支配地位,旧事物便会转化为新事物。(5)在否定之否定阶段往往重复出现旧的肯定阶段的某些特征或特性。这种重复并非简单的重复,而是在更高基础上的重复;更不是单纯的循环往复,而是由低级到高级、由简单到复杂的无限发展过程;不是直线式的前进,而是曲折的、螺旋式的、波浪式的前进上升运动。否定之否定规律与质量互变规律和对立统一规律一样,都是自然界、人类社会和思维发展的普遍规律。否定规律以最一般的形式总括了事物自身矛盾运动过程的全貌,其作用只能在事物发展的全过程中才能表现出来。它表明,事物发展的总的方向是前进的、上升的,但具体道路或过程却又是曲折的、迂回的,从而使整个事物的自我发展过程表现为波浪式前进或螺旋式上升的趋势。理解否定之否定规律的关键是掌握其中的否定概念,即辩证的否定。所谓辩证的否定,是事物的自我否定,是旧质向新质的飞跃。新事物对旧事物的否定,是事物内部的否定因素不断强化最终战胜肯定因素的结果,是对旧事物的质的根本否定,但并不是对旧事物的简单抛弃,而是扬弃,即有保留的抛弃。

【呋喃甲醛】(furfural) 由戊糖与稀酸作用,经水解、脱水和蒸馏而制得的有苯醛气味的液体。有特殊香味。在光、热、空气和无机酸的作用下颜色很快变为黄褐色,并发生树脂化。熔点 -38.7℃。沸点161.7℃。相对密度1.159 4。折光率1.526 1。闪点60℃。极易溶于醇、醚。易溶于热水、丙酮。溶于苯、氯仿。用于合成树脂、电绝缘材料、清漆、呋喃西林和精制粗蒽,并用作防腐剂和香烟香料等。

【孵化池】(hatching pond) 专供水产养殖动物受精卵孵化用的水池。按其性质的不同可分为土池和水泥池;按其地点的不同可分为室内和室外池;按其水流的不同可分为静水和流水池。其一般要求是:(1)靠近产卵池,水质清新、注排水方便。(2)水深

孵化池

0.5～1m,面积不等,一般为50～2 000m^2。(3)形状有圆形、椭圆形、环形、长方形等。根据水产动物受精卵胚胎发育的生理生态特点,提供合适的孵化条件和周密的管理。保证胚胎正常发育,是提高孵化率和苗体成活率的关键。

【孵化器】(incubator) ❶水产、禽类等动物胚胎进行人工孵化的专门设备。在水产生产上常用的孵化器有:孵化桶(缸)、孵化环道和孵化槽等。要求其能控制一定的水流使胚胎在孵化过程中悬浮在水中,有足够的溶解氧供应。禽用孵化器一般采用高强度无毒彩钢复合板为箱体,具有控温、控湿、控风、人工或自动翻蛋等功能。❷在经济领域,指一个集中的空间,能够为企业提供研究、生产、经营的场地,通信、网络与办公等方面的共享设施,系统的培训和咨询,政策、融资、法律和市场推广等方面的支持。旨在对高新技术成果、科技型企业和创业企业进行孵化,使创业者把发明和成果尽快形成商品进入市场。提供综合服务帮助新兴的中小企业成熟长大形成规模,降低创业企业的风险和成本,提高企业成活率和成功率。企业孵化器出现在20世纪50年代,发源于美国。是伴随着新技术产业革命的兴起而发展起来的。中国科技企业孵化器,是一个以制度性框架和中介性体系为根本特征的智能服务产业。

【敷网】(lift net) 预先敷设在水中,等待、诱集或驱赶捕捞对象进入网内,然后提出水面捞取渔获物的网具。主要由方形、长方形或囊状的网衣、绳索或竹木支架构成。按其结构的不同可分为箕状敷网和撑架敷网两种类型;按其作业方式的不同可分为:板罾等的岸边敷网、横过河沟的拦河敷网和在船舷外的舷提网三种形式。前两种大多敷设海边和内陆水域岸边,或小河沟中。是各国的传统网渔具。因生产能力低,局限性大,大多已被其他网渔具所取代,有的仅为副业生产。但后一种在北太平洋捕捞秋刀鱼的舷提网是现代化程度很高的、并配有光诱的一种敷网。

【敷药法】(dressing method) 又称敷贴法、外敷法。将中药研成细末,加适量赋形剂调成糊状后敷布于患处或经穴部位的一种治疗方法。中药可选用干药或鲜药。干药应研成粉剂,新鲜中草药应洗净后在乳钵内捣烂。赋形剂可根据病情的性质与阶段的不同分别采用水、酒、醋、蜜、饴糖、植物油、鸡蛋清、葱汁、姜汁、蒜汁、茶汁、凡士林等。根据药物性味的不同,敷药法具有通经活络、活血化瘀、消肿止痛、清热解毒和祛瘀生新等作用。这些性味不同的中药刺激相应的穴位,发挥调整人体生理功能,调和营卫,疏通气血,激发和调动人体内自身的内因变化,协调脏腑功能等作用。因此,敷药法不仅可以治疗局部病变,并能达到治疗全身疾病的目的。如对慢性支气管炎、支气管哮喘、过敏性鼻炎等呼吸道病症,采取冬病夏治,夏病冬治之法,除有良好的治疗效果外,尚有独特的预防作用。

【弗洛伊德精神分析学说】(Freud psychoanalytic theory) 犹太籍精神病医生、精神分析学派创始人弗洛伊德在1895年独创的精神分析或自由联想法。该学说确立了以潜意识为基本内容的精神分析理论。该理论以挖掘患者遗忘了的特别是童年的观念和欲望,达到解除病人被压抑的病态心理,恢复正常人状态的目的。在第一次世界大战期间及战后,弗洛伊德不断修订和发展自己的理论,提出了自恋、生和死的本能及本我、自我、超我的人格三分结构论等重要论点,使精神分析成为了解全人类动机和人格的方法。

【伏安】(volt-ampere) 视在功率的单位。符号是VA。1VA是施加于二端网络为1V的正弦交流电压、流入1A正弦交流电流时的视在功率。视在功率与功率的量纲相同。为了区别于功率的单位瓦特,称视在功率的单位为伏安。电工设备容量(额定视在功率)的单位也是伏安。

【伏打电池】(Voltaic cell) 在两种不同的金属之间用导电的物质隔开,再以导线连接并产生电流的干电池。1800年,意大利物理学和化学家伏打(Volta, A. 1745－1827)利用铜、锡和食盐水为材料,发明创造出了世界上第一个干电池。人们称之为“伏打电池”。后来伏打电池经改进而成为用铜、锌和稀硫酸为材料。伏打电池的发明为以后各种干电池的研发奠定了基础。

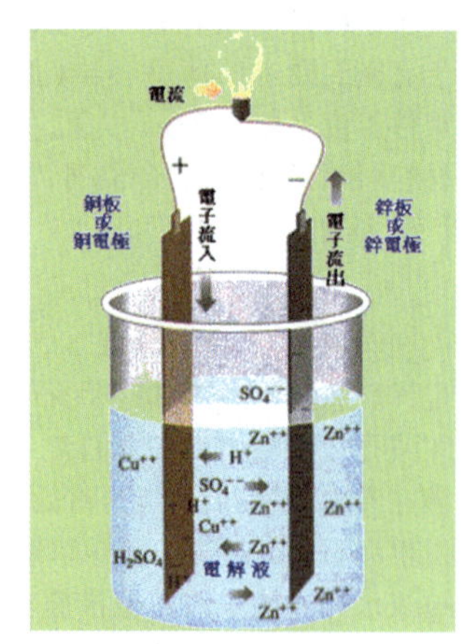

伏打电池

【伏马菌素】(fumonisin) 由串珠镰孢、轮状镰孢、多育镰孢和其他一些镰孢菌种产生的一类真菌毒素。串珠镰孢菌是玉米的一种致病菌,是全世界玉米中分布最广泛的一类真菌。从该菌种的培养物中分离出的伏马菌素对马具有神经毒性,可引起猪的肺水肿,并可诱发大鼠肝癌。国际癌症研究中心于

1993 年评价了伏马菌毒素的毒性,并将该毒素归类为可能的人类致癌物。伏马菌毒素是一类由不同的多氢醇和丙三羧酸组成的结构类似的双酯类化合物。根据伏马菌毒素的化学结构可将其分为四组: FA1、FA2、FA3、FAK1; FB1、FB2、FB3、FB4; FC1、FC2、FC3、FC4 以及 FP1、FP2、FP3。其中 FB1 和 FB2 是自然界最普遍,且毒性最强的两种毒素。FB1 为水溶性霉菌毒素,对热稳定,不易被蒸煮破坏。伏马菌素主要污染玉米及其制品,偶尔在高粱、大米和豌豆中检出。因此,不要用发霉的玉米作粮食和饲料,以减少伏马菌素的感染。

【扶壁式挡土墙】(counterfort retaining wall) 由直墙、底板及扶壁三部分组成,墙体稳定主要靠底板上的填土重力维持的挡土墙。是钢筋混凝土挡土墙中常见的型式之一。其特点是:直墙与内底板(直墙以内部分)均以扶壁为支座,而成为多跨连续板或三面支承的板,可减小直墙与内底板的内力、厚度和钢筋用量。有的在扶壁腰部增设拱形平台,以减小直墙的土压力和扶壁中的拉应力,达到用浆砌石构筑、节省投资的目的。直墙顶端厚度不小于 20cm。其底端厚度由计算确定。扶壁间距一般为3~4.5m。底板长度一般为墙高的 0.6~0.8 倍。其厚度由计算确定,在水利工程中一般不小于 40 cm。通过调整外底板(直墙以外部分)的长度可改善基底压力分布。各部分的尺寸参照工程经验并经稳定及强度计算确定。扶壁与直墙及底板连接处均需配筋。当墙高大于8~10m时,其所耗材料少于悬臂式挡土墙,故多采用这种型式。为适应不均匀沉降和减小温度应力,需分段设缝,每段长 10~20m。如有防渗要求,缝内需设止水设备。

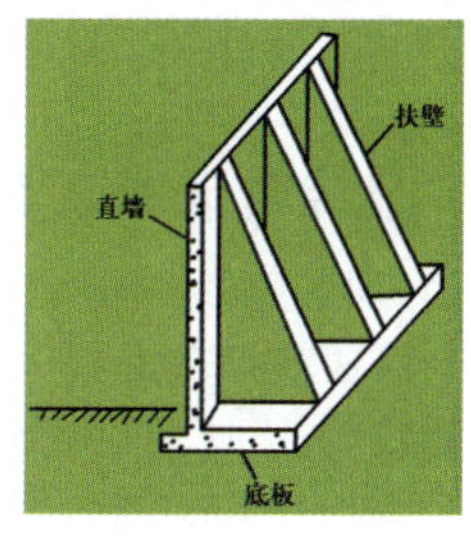

扶壁式挡土墙

【扶正】 中医术语。使用扶助正气的药物或其他方法,以增强体质,提高抗病能力,恢复健康状态的方法。适用于正气虚为主的疾病。是《内经》"虚则补之"的运用。在临床上根据不同的病情,有益气、养血、滋阴、温阳等不同的方法。其具体措施与手段,除内服汤药外,还包括针灸、推拿、气功、食养、精神调摄和体育锻炼等。

【服务程序】(service program) 对计算系统具有支持功能的公用程序。是包含了额外底层结构的常规 Windows 可执行程序。通过此附加底层结构,服务控制管理器能够对可执行程序进行调整和监视,并使管理员对可执行服务程序进行启动、停止、暂停或继续运行等操作。主要包括监督程序、故障诊断程序、输入输出程序、自检程序和维护程序等。它是保障计算机用户顺利完成信息处理任务的各种标准例行程序。

【服务航速】(service velocity) 又称常用航速或营运航速。运输船舶在平时营运时所达到的航速。用于船舶常年航行,是主要的航速。一般是一个平均值。服务航速要比试航航速小。其主要原因是:(1)海上有风浪,且风浪大小变化无常。(2)主机不常开最大持续功率以保护主机。(3)船的装载也是变化的。(4)船舶污底的影响。通常服务航速比试航航速小 0.5~1.0 节。

【服务器】(server) 网络上一种为客户端计算机提供各种服务的高性能计算机。其特点与作用为:(1)在网络操作系统的控制下,把系统所拥有的网络、数据库、文件、打印等软硬件资源,提供给网上的客户站点共享。(2)为网络用户提供集中计算、信息发表及数据管理等服务。(3)具有高速运算能力、长时间可靠运行的能力和海量的外部数据吞吐能力。按照体系结构的不同可分为:(1)使用精简指令集处理器芯片结构的服务器。(2)使用复杂指令集处理器芯片结构的服务器。

【服装 CAD 系统】(garment CAD system) 辅助服装设计、生产的计算机系统。可进行款式设计、结构设计和工艺设计,有的系统还有自动量体系统、裁衣系统、样片的二维到三维的转换等功能。款式设计模块通过系统提供的各种工具绘制时装画、款式图、效果图,并提供款式库。可以通过模拟,展现服装"穿着"在人体的效果,甚至可以表现出人运动中织物动态形状的效果。结构设计模块提供服装样片的设计功能。工艺设计模块包含成本核算、产品进度安排等功能。可提高劳动效率、产品质量和经济效益。

【服装吊挂系统】(hanging garment system) 用来完成衣片、半成品或成衣的吊挂传输,方便衣片的缝合组装,成衣整烫,成衣仓储的自动化系统。在数控机械、机器人、自动化仓库、自动输送等自动化设备和计算机技术项目基础上发展起来的生产系统。由电脑自动控制,按照工艺要求自动认址,按照规定的顺序传递衣片到不同的工作台上,将产品运送到下一道工序。服装吊挂系统应用于整个生产流程,连接每一道工序。每条轨道接口设计成自动接通和分开,不会造成各道工序之间的堵塞,提高设备利用率,缩短加工辅助时间。

【服装革】(garment leather) 用于制作服装

的皮革。多以牛、羊、猪皮为原料，用铬鞣法制作。有正面、绒面两类。大多经过染色。服装革是软型革，质地柔软，有适度延伸性和防水性，穿着舒适，耐用美观。

服装革

【服装工序分析系统】(garment-making procedure analysis system) 为使服装生产工序衔接顺利，辅助技术人员能快速准确地进行服装加工流程工序图设计的分析系统。包括投料口、工序类型、工序流向、工时的制定及统计等。能形象清晰地显示工序流程，便于合理安排流水线，减少瓶颈。在该系统中，工序图描述了各工序间的相互关系，如工序编号、工序名、工时分和加工设备以及工序流向、投料口、工序的接合点等。它是安排流水线生产的指导性文件，也是各工序产量和质量的依据。

【服装结构 CAD 系统】(garment structure CAD system) 进行服装打版、描版、放缩码和排料模块的辅助服装结构设计的计算机软件系统。服装打版用来设计组成服装的每块衣片的形状，避免了手工绘制。描版系统是由数字化仪快速将原型成衣版式送入电脑自动建立尺寸；电脑放缩码对基础衣片版型进行自动放大、缩小；排料模块对衣服的各个组成衣片进行排列，自由度大，准确性高。

【服装款式 CAD 系统】(garment style CAD system) 把面料效果图扫描转移到衣服上，通过曲面工具建立类似照片真实效果的辅助设计系统。使用各种画笔工具来描绘效果图，把面料扫描替换到衣服上，利用复制、粘贴等工具对图样作出修改，通过曲面工具来建立类似照片的真实效果的 CAD 系统。在制装前，可看到大致的三维效果。系统中储存大量的模特及部件库以供调用。该系统可以提高设计效率，节省产品开发成本。

【服装三维设计】(3D garment design) 用计算机三维图形图像对服装进行的设计。主要包括三大模块：二维衣片到三维衣片的转换、模特着装的静态三维效果显示和模特着装的动态三维效果显示。该系统运用二维技术设计的服装样板，制成三维服装贴附在人体上，用于表现其三维空间内各个体形面的不同穿着效果。它将服装设计从平面设计推向立体设计，避免了服装效果设计的盲目性。通过模拟样板的三维效果显示，无需样衣的修改和缝制，缩短了新款式的设计周期，降低了产品的设计成本。

【服装生产工程】(engineering of garment manufacture) 按照服装的不同品种、款式和要求制定的特定加工手段和生产工序。主要有：(1)样板制作工艺，如基础纸样、样衣试制、纸样修正和系列样板制作。(2)生产准备，如面、辅料选用，预算，测试和整理。(3)裁剪工艺，如分床划样、排料、铺料、剪切、验片和打号等。(4)缝制工艺。是整个加工过程中技术较复杂、较为重要的工序，包括如何确定加工方法、划分工序、组织工序、选择线迹、缝型机器设备和工具等。(5)熨烫塑型工艺。将成品或半成品通过提高温度、湿度、施加压力和延长时间，使织物按要求改变其经纬密度及衣片外形，进一步改善服装立体外形。(6)成品品质控制。使产品达到计划质量与目标质量相统一的控制措施。(7)后整理、包装和储运。(8)生产技术文件的制定，包括总体计划、商品计划、款式技术说明书、成品规格表、加工工艺流程图、生产流水线工程设计、工艺卡、质量标准和产品样品等技术资料文件。

【服装自动裁剪系统】(automatic cutting system for garment) 自动控制刀具定位而进行高速裁剪的机电一体化设备系统。在电脑排料完成之后，依照工作指令，在服装裁剪平台上，自动计算刀架和刀座的位移、落刀角度和刀具补偿。该系统切缝窄，精度高，裁剪衣片的层数可以达 10 层以上。用于切割任何复杂形状的面料。

【茯苓】(poria) 中药名。药性：甘、淡、平。归心、脾、肾经。功效：利水消肿，渗湿，健脾，宁心。用于水肿尿少、痰饮眩悸、脾虚食少、便溏泄泻、心神不安、惊悸失眠。现有用于子宫肌瘤的治疗(桂枝茯苓胶囊)。用法与用量：煎服，9～15g。用于安神可以与朱砂拌用，处方写朱茯苓或朱衣茯苓。虚寒精滑者忌服。

茯苓

【氟化物】(fluoride) 含氟的无机化合物。常以气态和悬浮颗粒态存在，以氟化氢为代表。主要来源于含氟产品的工业生产过程。是毒性很强的大气污染物。吸入高浓度的氟化物气体，可引起肺水肿和支气管炎。长期吸入低浓度的氟化物气体会引起慢性中毒，会使骨骼中的钙质减少，导致骨质硬化和骨质疏松。

【氟涂料】(fluorin coating) 在涂料中加入有机氟高分子聚合物而制成的涂料。具有耐腐蚀、耐洗刷、自洁性和使用期长（达15～20年）的特点。被称为"涂料王"。主要系列产品包括：(1)常温固化型氟涂料。(2)烘烤型氟涂料。(3)单组分氟涂料。(4)水性氟涂料。水性氟涂料由中国自主研发，填补了国内空白。

【氟系列材料】(fluorine sery material) 分子结构中含有氟原子的一类热塑性树脂。氟树脂具有优异的耐高低温性能、介电性能、化学稳定性能、耐候性、不燃性、不黏性和低的摩擦系数等特性。主要品种有聚四氟乙烯、聚三氟氯乙烯、聚偏氟乙烯、乙烯四氟乙烯共聚物、乙烯－三氟氯乙烯共聚物、聚氟乙烯、四氟乙烯－全氟烷基乙烯基醚共聚物（可溶性聚四氟乙烯）和四氟乙烯－六氟丙烯共聚物（氟塑料46）等，其中以聚四氟乙烯为主。聚四氟乙烯可在260℃高温下长期使用，也可在－268℃低温下短期使用。它的介电性能优异，不受工作环境的温度、湿度和工作频率的影响，对钢的摩擦系数小，在高温下也不与强碱、强酸和强氧化剂作用，即使在"王水"中煮沸也无变化，故有"塑料王"之称。其他有机氟材料高温性能好，但低温性能差，常用有机硅与有机氟结合产生氟硅材料以改善低温性能。氟树脂可作化工用管、阀、泵和贮槽的衬里；电子工业用耐热防腐蚀电线包皮等绝缘材料；飞机、航天器和电子计算机的配线；机械工业用耐磨、自润滑轴承、活塞环和垫圈等；造纸工业、印染和纺织工业、食品工业用辊筒和建筑用材等。聚四氟乙烯纤维可用于耐热防腐滤布、防护服、宇宙服和全氟离子交换膜衬布，还可用作人工血管、气管和心肺装置等医用材料。

【氟牙症】(dental fluorosis) 又称氟斑牙或斑釉牙。慢性氟中毒引起的牙体硬组织的色、形、质发生改变的非龋性地方病。中国氟牙症流行区很广。水中氟含量过高是本病的病因。一般认为水中含氟量以1mg/L为宜。该浓度能有效防龋，又不致发生氟牙症。但有个体差异。水氟摄入是按年龄、气候条件和饮食习惯综合决定的。现行水质标准规定，氟浓度为0.5～1mg/L。另外，充足的维生素A、D和适量的钙、磷，可减轻氟对机体的损害。氟主要损害釉质发育期牙胚的成釉细胞。因此，若在6～7岁之前，长期居住在饮水中含氟量高的流行区，即使日后迁居他处，也不能避免以后萌出的恒牙受损。反之，如7岁后才迁入高氟区者，则不出现氟牙症。氟牙症的临床表现为：(1)在同一时期萌出的釉质上有白垩色到褐色的斑块，严重者还并发釉质的实质缺损。(2)多见于恒牙。(3)对摩擦的耐受性差，但对酸蚀的抵抗力强。(4)严重的慢性氟中毒者，可有骨骼的增殖性变化，骨膜、韧带等均可钙化，从而产生腰、腿和全身关节症状。

【浮雕影像地图】(picto－line map) 利用光化学技术将航摄像片的影像对比增强后所制成的在视觉上产生立体感的地图。由于其直观、效果逼真，在多个部门广泛应用。

【浮法玻璃】(float glass) 将海沙、石英砂岩粉、纯碱、白云石等原料按一定比例配制，经熔窑高温熔融后浮在金属液面上制成的透明无色平板玻璃。虽与普通玻璃同属于平板玻璃，但两者的生产工艺、品质不同。普通平板玻璃按外观质量的不同可分为特选品、一等品、二等品三类。按其厚度的不同可分为2、3、4、5、6mm五种。浮法玻璃按外观质量的不同可分为优等品、一级品、合格品三类。按其厚度的不同可分为3、4、5、6、8、10、12mm七种。其特点是：结构紧密，光学变形小，密度大，容易切割和不易破损等。

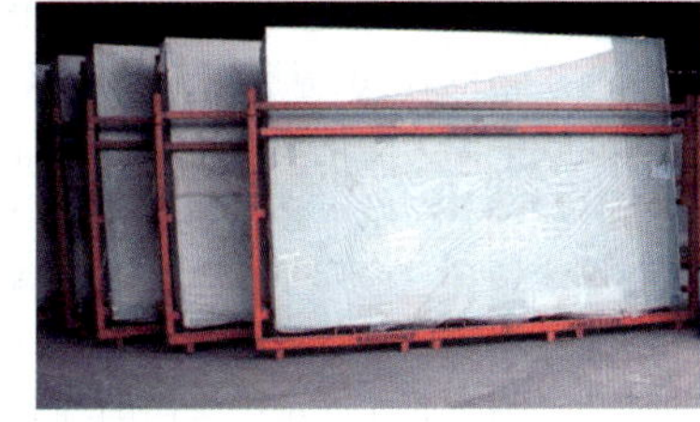
浮法玻璃

【浮头】(gasping for air) 由于水域环境的变化，造成含氧量急剧下降而使鱼类因缺氧而浮在水面吞食空气的现象。轻微的浮头可影响鱼类生长速度，严重浮头会造成大批鱼类死亡。对鱼类浮头发生的可能性进行预测的方法有：(1)天气闷热，水温升高，水质较肥，可能在下半夜发生浮头。(2)天气闷热，整日有雨或阵雨，气压低，可能在上半夜开始浮头。(3)鱼体无病，摄食突然减少或不愿吃食，可能要浮头。(4)水色突变，池底有机物大量分解或浮游生物大量死亡，也会引起鱼类浮头。鱼类从开始浮头到严重浮头要经历一段时间。这段时间的长短与水温的高低有关。若水温处于25～30℃，开始浮头后2～3h之内不会有大的危险；若水温在30℃以上时，开始浮头后1h左右便会发展为严重浮头甚至泛池。有条件时最好用速氧精来缓解浮头。对于较大的池塘，增氧机开机之后不能停机，待日出、池水溶氧量上升后方能停机。水泵冲水增氧的能力也很有限。采用水泵冲水救鱼时，必须把水泵出水口贴于水面使新鲜水沿水平方向冲出，在池中形成一个高溶氧的区域，让浮头的鱼类聚集于此而获救。

【浮选除渣】(flotation deslagging) 通过

使熔体中产生气泡,将夹渣分离出去的工艺方法。浮选法是利用通入熔体的惰性气体或加入的熔剂所产生的气泡,在上浮过程中与悬浮的夹渣接触时,将夹渣吸附在气泡表面并带到熔池上层的熔剂中去。气泡的数目多、尺寸小,则浮选效果好。所用气体为氮气或氩气。浮选法常用氯盐作为浮选剂。浮选除渣对于熔点较低的铝合金及镁合金较为有效。

【浮选药剂】(flotation agent) 在浮游选矿过程中,为有效地选分有用矿物与脉石矿物,或分离各种不同的有用矿物而添加的某些药剂。其作用是改变矿物表面的物理化学性质及介质的性质。按用途的不同可分为:(1)捕收剂。一种表面活性物质。能使目的矿物表面形成疏水性薄膜而减低矿物的被水湿润性,并使其易附着于气泡上的有机药剂。(2)起泡剂。一种表面活化物质。其作用在于降低矿浆气液界面的表面张力,改善气泡性能,并使矿浆能产生稳定的浮选泡沫等。(3)活化剂。能促进捕收剂与矿物的作用,从而提高矿物可浮性的化学药剂。实践中作为活化剂使用的有:有色重金属可溶性盐,如硫酸铜等;碱土金属和部分重金属阳离子;硫化钠和可溶性硫化物及无机酸、无机碱。(4)抑制剂。能破坏或削弱矿物对捕收剂的吸附,增强矿物表面亲水性的药剂。如在浮选中常用的抑制剂有石灰、氰化钾、、二氧化硫、亚硫酸及其盐等类。(5)调整剂。用于改变矿物的表面性质和矿浆的特点,以提高浮选过程的选择性和改善浮选条件的药剂。其主要是调整矿浆酸碱度和调整矿浆的分散与团聚。常用的分散剂有水玻璃、氢氧化钠、六聚偏磷酸钠等。

【浮游重选】(table flotation) 又称团粒浮选、粒浮、台浮。一种浮选与重选结合的选矿方法。其原理是利用各种矿物表面物理化学性质的差异,借助表面张力的作用,使疏水性矿物表面聚集许多小气泡,结成团粒而浮出水面。亲水性矿物则沉于水底并按重选原理进行分选,从而达到矿物分离的目的。

【浮游生物】(plankton) 悬浮于水中的游泳能力微弱或无游泳能力的体型细小的水生生物。按其有机体形态的不同可分为:(1)浮游细菌。(2)浮游植物。(3)浮游动物。按其个体大小的不同可分为:(1)巨型浮游生物。个体大于1cm,最大可超过1m,例如霞水母、海蜇、天翼箭虫、火体虫等。(2)大型浮游生物。个体5~10mm,如太平洋磷虾、强状箭虫等。(3)中型浮游生物。个体1~5mm,如枝角类、桡足类等。(4)小型浮游生物。个体0.05~1mm,如硅藻、太阳虫类等。(5)微小浮游生物。个体0.005~0.05mm,如蓝藻类等。(6)超微浮游生物。个体在0.005mm以下,如细菌类等。

水母

【浮游选矿】(flotation of mine) 又称浮选。利用各种矿物表面物理化学性质的差异及选矿药剂的作用,在矿浆中将矿物浮出分离的选矿方法。其作业流程是借助选矿药剂的作用扩大矿物表面物理特性的差异,造成各种矿物表面具有不同的润湿性,通过充气、加温、搅拌等过程,使某种或几种矿物黏附于泡沫之上而从矿浆中浮出,另一些矿物则留在矿浆中,从而达到使矿物分离的效果。按有用矿物是否浮入泡沫可分为正浮选和反浮选。前者指有用矿物浮入泡沫产物中,将脉石矿物留在矿浆内;后者指将脉石矿物浮入泡沫产物中而将有用矿物留在矿浆中。浮游选矿过程在浮选机中进行:加入药剂处理后的矿浆,通过搅拌充气使其中某些矿粒选择性地固着于气泡之上,浮至矿浆表面被刮出形成泡沫产品,其余部分则保留在矿浆中,以达到分离矿物的目的。浮选广泛用于细粒嵌布的金属矿物、非金属矿物、化工原料和冶金工业产品的分离。目前最常用的浮选机是机械搅拌式浮选机。

【浮运架桥法】(bridge erection by floating method) 利用潮水涨落,或通过调节船舱内的水量,将船载的整孔主要承重结构置于墩台上的施工方法。使用该方法的要求是:(1)在该结构下需有一个适宜的地面。(2)被提升结构下的地面要有一定的承载力。(3)拥有一台支撑在一定基础上的提升设备。(4)该结构在提升操作期间是平衡的。(5)要有一系列的大型浮运设备。

【符号逻辑】(symbolic logic) 见数理逻辑。

【辐角】(argument) 又称幅角。在复平面上,由正实轴转到由原点到点 z 所确定的方向的角。记为 $Argz$。为方便起见,规定逆时针方向转时,辐角为正;顺时针方向转时,辐角为负。复数 z 的辐角 $Argz$ 是多值函数,彼此之间可以相差 2π 的整数倍。为方便起见,也规定在 $-\pi$ 与 π 之间的辐角为辐角主值,记为 $argz$,满足 $-\pi < argz \leq \pi$。

【辐射】(radiation) ❶从中心向各方向沿着直线伸展出去。如辐射形。❷热、光、无线电波等电磁波的传播。如太阳辐射指太阳光从太阳向地球(太阳系)发射的过程。其他如声波辐射也有类似的含义。

【辐射防热结构】(radiation heat-resistant structure) 一种利用高辐射率外表辐射散热的防

热结构。完整的辐射防热结构由三个基本部分组成：(1)与高温气体接触的蒙皮。主要功能用以辐射散热。(2)隔热材料层。功能是将外蒙皮与内部结构隔开，并阻止热量向内部传递。(3)被防护的飞行器本体结构。美国“双子星座”飞船座舱壁是一次性使用辐射防热结构的典型；美俄航天飞机使用的陶瓷防热瓦是重复使用辐射防热结构的典型。“双子星座”飞船辐射防热结构中，蒙皮采用镍基高温合金(工作温度约900℃)；内部承力的舱体为钛合金桁条、壳体结构；桁条与外蒙皮间用颗粒和纤维混合型的超级隔热材料。为了适应航天飞机重复使用100次、寿命10年的要求，美国20世纪70年代研发了一种轻质的新型陶瓷材料系统，称为防热瓦。将典型的辐射防热结构中金属蒙去掉，将暴露在表面的隔热材料赋以高辐射性能。这样这层材料便具有高辐射和隔热的双重作用。辐射式防热结构的最大优点是适合于低热流环境下长时间使用。其缺点是适应外部加热变化的能力较差。

【辐射分辨率】(radiation resolution) 遥感仪器敏感元件所能检测到的最低入射辐射量。遥感器的一项性能指标。是表征遥感器所能探测到的最小辐射功率的指标，归结到影像上是指影像记录灰度值(使用黑色调表示物体的亮度值)的最小差值。

【辐射化学】(radiation chemistry) 核化学的一个分支。研究电离辐射与物质相互作用所产生的化学效应的学科。按其研究对象的不同可分为：(1)气体辐射化学。(2)水和水溶液辐射化学。(3)有机物辐射化学。(4)固体辐射化学。(5)剂量学。(6)有机化合物的辐射合成。(7)高分子辐射化学。(8)辐射加工工艺学。其反应特征是：(1)由电离辐射引起的原初激发态、离子态，常具有用光化学的方法一般难于产生的极高能量和活性。(2)电离辐射可在低温下使物质产生活性粒种，而这些活性粒种在通常化学反应中常需在高温条件下产生。因此可在常温下利用辐射化学反应进行工业生产，避免易爆的高压高温反应。

【辐射生物学】(radiation biology) 生物物理学的一个分支。主要研究辐射对生物的作用过程、辐射的生物个体效应及其细胞学效应和遗传学效应的学科。是辐射育种、辐射食品保藏和昆虫辐射不育研究与应用的理论基础。

【辐射雾】(radiation fog) 接近地表的湿空气因夜间辐射冷却，气温降至露点以下而形成的雾。辐射雾形成的条件是：(1)夜晴，地面有较强的有效辐射。(2)夜长，地面和近地表空气净辐射为负值的时间长，使近地表空气冷却到露点温度以下。(3)近地表气层空气中湿度较大。(4)空气有轻微的扰动。辐射雾多发生在秋冬两季的高压天气系统内和后半夜或清晨低洼潮湿的山谷、洼地、盆地中。一般在日出前后达到最强。8～10h后因空气受热升温、逆温层被破坏而消散或抬升成云。但是，冬天高纬度地区在强大的冷高压的控制下，辐射雾白天也不一定消散。辐射雾厚度一般为几十米，厚的可达几百米，薄的不到1m(称为薄雾)。中国四川盆地是有名的辐射雾多发区。

辐射雾

【辐射吸收率】(absorptive rate of radiation) 物体吸收的辐射能量与入射到该物体上的总能量之比。当光线辐射到一个物体表面上时，除了被反射回的一部分外，其余部分被物体吸收。对于理想黑体来说，吸收入射到它上面的全部辐射量，其吸收率为1。

【辐射育种】(radioactive breeding) 利用γ射线、X射线、β射线、中子、紫外线和激光照射等物理因素处理农作物种子、植株或其他器官，改变其遗传性，使其产生各种变异，经过选择，培育成新品种的一项育种技术。是原子能在农业上应用的一个重要方面。其优点是：(1)产生的变异类型多，变异范围广，其突变率比自然突变率高100～1 000倍。(2)育种时间短，见效快，后代稳定较快。(3)对改良作物品种的某单一性状比较有效。其缺点是有利突变概率较低。

【辐照效应】(radiation effect) 又称辐照损伤。物质经放射性物质或快速粒子辐照后，在结构和性能方面所发生的变化，如产生空位、间隙原子和其他缺陷等。

【福寿螺】(golden apple snail) 俗称大瓶螺、苹果螺。软体动物门，腹足纲，中腹足目，瓶螺科，瓶螺属。有害入侵物种。贝壳短而圆，大且薄，壳右旋，有4～5个螺层，厣核偏向螺轴一侧。为雌雄异体、体内受精、体外发育的卵生动物。3～4月龄可达性成熟。福寿螺最容易辨认的特征是雌螺可以在水线以上的固体物表面产下“粉红色的卵块”。繁殖力极强，1只雌螺经1年两代共繁殖幼螺32.5万余只。原产于南美洲亚马逊河流域，作为高蛋白质食物最先被引入中国台湾。1981年引入中国广东省。1984年前后，已在该省作为特种经济作物广为养殖。后又被引入到其他省份养殖。现广泛分布于中国广东、广西、云南、江西、福建、浙江等地。主要危害：食量大，咬食水稻等农作物，可造成严重减产；繁殖量惊人，可造成其他水生物种灭绝，极易破坏当地的湿地生态系统和农业生态系统；福寿螺也是卷棘口吸虫、广州管圆线虫的中间宿主。其控制方法是：重点抓好越冬成螺第一代成螺产卵盛期前的防治，压低第二代的发生量，并及时抓好第二代的防治；以整治和破坏其越冬场所，减少冬后残螺量，以及 人工捕螺摘卵、养鸭食螺为主，辅之药物防治。

福寿螺

【府绸】（poplin） 一种采用中细支纱线但密实的平纹组织棉型织物。其手感和外观类似于丝绸。所用原料有纯棉、涤棉等。经纬纱细度大多相等或接近。经向紧度为61%～80%，纬向紧度为35%～50%，经纬向紧度比大约为5∶3，经纱屈曲较大而纬纱较平直，织物表面形成了由经纱凸起部分构成的菱形颗粒效应。府绸结构紧密，布面光洁，质地轻薄，颗粒清晰，光泽莹润，手感滑爽。具有丝绸感，常采用丝光、烧毛、染漂或树脂整理，以提高质量。府绸的品种很多。按所用纱线的不同可分为：纱府绸、半线府绸和全线府绸；按纺纱工艺的不同可分为：普梳府绸、半精梳府绸、精梳府绸；按织造工艺的不同可分为：平素、条格和提花府绸；按染整加工的不同可分为：漂白、杂色和印花府绸；按织造和印染过程的不同可分为：白织府绸和色织府绸。主要用作衬衫、夏令服装等。

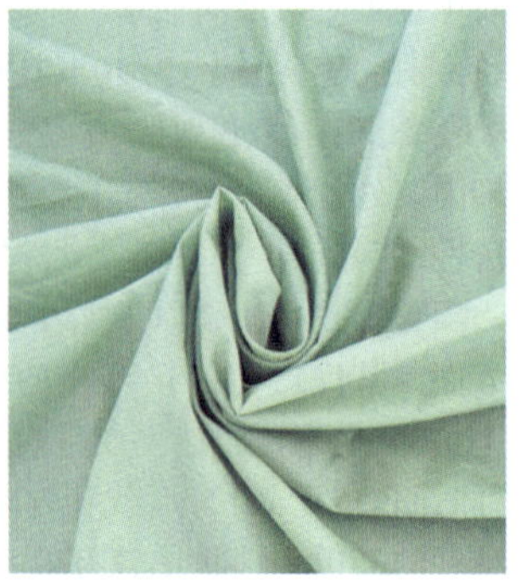
府绸布

【釜式反应器】（tank reactor） 低高径比的圆筒形反应器。用于实现液相单相反应过程和液－液、气－液、液－固、气－液－固等多相反应过程。内部常设有搅拌（机械搅拌、气流搅拌等）装置。在高径比较大时，可用多层搅拌桨叶。在反应过程中物料需要加热或冷却时，可在反应器壁处设置夹套，或在器内设置换热面，还可通过外循环进行换热。按其操作方式的不同可分为：（1）间歇釜式反应器。（2）连续釜式反应器。（3）半连续釜式反应器。

【辅基】（prosthetic group） 与酶蛋白牢固结合并与酶的催化活性有关的耐热低分子有机化合物。辅基与酶蛋白结合较牢固，需要经过一定的化学处理才能将它们分开。在整个酶促反应过程中，辅基始终与酶的特定部位结合。其主要生理功能是：（1）运载氢原子或电子，参与氧化还原反应。（2）运载反应基团，如酰基、氨基、烷基、羧基及一碳单位等，参与基团转移。

【辅酶】（coenzyme） 与酶蛋白疏松结合并与酶的催化活性有关的耐热低分子有机化合物。辅酶与酶蛋白结合很松弛，用透析和其他方法就能很易将它们与酶分开。是酶活性部位的有效成分，常起转移氢或化学基团的作用。其主要生理功能与辅基相同。大部分的辅酶与辅基都是维生素的衍生物。

辅酶

【辅助车道】（auxiliary lane） 在车行道旁边加设的，供不允许驶入或准备出入该道路车辆行驶的道路。辅助车道有加速车道、减速车道、转弯车道、停车道和爬坡车道等。

【辅助坑道】（auxiliary pit） 隧道施工时，为开辟工作面和改善施工条件而增设的坑道。应根据隧道长度、施工期限、地形、工程地质与水文条件、弃碴场地状况，以及通风和排水需要，通过技术经济比较确定。可以单个、多个或组合使用。按其形式的不同可分为：（1）横洞。多用于一侧覆盖层较薄的傍山隧道，用以增辟工作面和缩短出碴进料距离。（2）斜井。当长隧道埋深不大，或深埋隧道地表旁侧有低洼地形时采用。（3）竖井。在隧道上方有低洼地形时，可在隧道的一侧或顶部设置。（4）平行导坑 。简称平导。一般平行于正洞，适用于长大的越岭隧道无法采用其他辅助坑道时，能同时增辟几个工作面以加快正洞施工速度，并解决施工中的运输、通风、排水、测量、探明地质及施工安全等问题。由于开挖量较大，隧道造价增加15%～25%。

【辅助性细胞】（auxiliary cell） 又称诱导性T细胞。T细胞的一种功能性亚群。具有辅助B细胞及其他T细胞功能活性的作用。除能促进免疫应答，还能诱导其他T细胞亚群的活化，主要分布于淋巴结、脾脏及外周血中。外周血中的辅助性细胞细胞占T细胞总数的50%～70%。鉴别Th细胞主要是根据其细胞表面的分化抗原。其所辅助的免疫细胞有多种，其辅助的方式也不一致，所以 Th 细胞绝非纯一群体，而是有亚群存在。

【辅助眼】(auxilary hole) 又称扩槽眼。位于掏槽眼和周边眼之间的炮眼。在有两个自由面条件下爆破，其作用是扩大掏槽，崩落循环进尺内大部分岩石，为周边眼爆破创造有利条件。辅助眼应在掏槽眼与周边眼之间均匀布置。眼口距离视岩石硬度的不同变化于 800～400mm 之间。眼底与周边眼的眼底落在同一平面上，使爆破后的工作面基本平整。其中在立井爆破时辅助眼多根据井筒的掘进直径、岩石性质、炸药性能和药卷直径等按选定的圈距和眼距，以同心圆分圈（各圈的最小抵抗线大致相等），并在各圈上均匀地布置炮眼。在巷道爆破时紧邻周边眼的辅助眼应以与巷道轮廓线相似的形状布置，使之与周边眼的抵抗线处处相等。

【辅佐木】(auxiliary tree) 又称辅佐树种。对主要树木有加速生长和改善干形发育，提高木材工艺价值等作用的乔木或灌木。一般为耐荫树种或中性树种。它主要为树种的生长创造有利条件，如保护表土、改良土壤等，也能促进主要树种树干通直和天然整枝。在小老树林中引入辅佐木，可以有效改善林分，如在西北荒漠化地区，沙棘对改良土壤、培肥地力具有良好的作用，能有效改善低效林。竹阔混交低效林中，必须采用抽株疏伐，用保留辅佐木的方法进行改造。穗槐是高效绿肥植物，幼嫩枝叶可作绿肥，肥效好，产量高，不占耕地，有“铁杆绿肥”之称。在松栎混交林中，植入辅佐木紫穗槐可促进林分生长，提高林地透水性。根部有根瘤菌，能固定空气中的氮素。根系代谢旺盛，残根多，能改变土壤理化性质，增加土壤肥力，是松栎混交林不可缺少的辅佐木。泡桐每年顶芽枯死，易出现“冠大干低”现象。如在泡桐林中配置辅佐木毛竹，能有效改善泡桐干形；在授粉树配置中，辅佐木也必不可少。

沙棘

【腐败作用】(putrefaction) 肠道细菌对未被消化的蛋白质以及未被吸收的蛋白质消化产物进行无氧分解的反应过程。腐败作用是肠道细菌本身的代谢过程，以无氧分解为主。其产物除有些维生素对人体具有一定的营养作用外，大多数腐败产物对人体是有害的。首先未被消化的蛋白质（约 5%）在肠道细菌蛋白酶的作用下水解生成氨基酸，再经氨基酸脱羧酶催化产生有毒的胺类。例如组氨酸、赖氨酸、色氨酸、酪氨酸、苯丙氨酸等，通过脱羧基作用分别生成相应的组胺、尸胺、色胺、酪胺、苯乙胺。组胺和尸胺具有降低血压的作用，酪胺具有升高血压的作用。这些有毒的腐败产物通常经肝脏生物转化为无毒形式排出体外。酪胺和苯乙胺若不能及时转化，易进入脑组织，可分别转变为 β－多巴胺和苯乙醇胺。后者的结构类似于儿茶酚胺，故称为假神经递质。假神经递质增多时，可竞争性地干扰儿茶酚胺，阻碍神经冲动传递，使大脑发生异常抑制。这是肝性脑病发生的原因之一。

【腐生菌】(saprophycismfungi) 繁殖生长在腐物上并以腐物作为吸取养分的基物的真菌。如植物残体及其含有残物的土壤，包括牲畜粪肥等。植物残体如枯枝腐叶、枯草、腐朽木材等也是腐生菌吸取营养的基物。常见的腐生菌有大型真菌中的林地蘑菇、四孢蘑菇、毛头鬼伞、田头菇、球盖菇等肉质菌。还有子囊菌类的盘菌等。

球盖菇

【腐殖化过程】(humification process) 土壤中的生物残体，在土壤微生物的作用下经分解、合成而形成腐殖物质的过程。它是一个极其复杂的生物化学过程。这个过程的实质和细节至今尚无一致意见。主要有植物物质形成学说、生物化学聚合学说、细胞自溶学说和微生物合成学说等。土壤腐殖质的形成一般分为两个阶段：第一阶段由微生物将有机残体分解并转化为较简单的有机化合物。其中一部分在转化为矿化作用最终产物时，微生物本身的生命活动又产生再合成产物和代谢产物。第二阶段为再合成过程，主要是芳香族物质和含氮的蛋白质类物质缩合成腐殖质分子。腐殖质是黑褐色凝胶状物质，分子量大，具有多种有机酸根离子，为不均质的无定型缩聚产物。在一定条件下，可与矿物质胶体结合为有机无机复合胶体。腐殖质在一定的条件下也会矿质化、分解。但其分解比较缓慢，是土壤有机质中最稳定的成分。腐质化进程受土壤黏土矿物质类型、酸度和水分，以及有机残体的化学组成类型等影响。木质素含量高的植物残体有利于腐殖质的形成和积累。

【腐殖质】(humus) 动植物残体经微生物分解转化又重新合成的复杂的有机胶体。其整体呈黑色或褐色。无定形。具有适度的黏结性，能使黏土疏松，沙土黏结，是形成团粒结构的良好胶结剂。腐殖质含有多种养料。是土壤有机质的主要成分。约占土壤有机质的50%～70%。有较强的吸收性,能提高土壤保肥、保水性能,也能缓冲土壤酸碱度变化,有利于微生物活动和作物生长。通过合理轮作和施用有机肥料等,可以增加土壤中的腐殖质。这是提高作物产量的一项重要措施。

【付费浏览模式】(pay-view mode) 企业通过网页向消费者提供计次性收费的网上电子商务模式。是在信息产品经销商和信息产品用户间发生供需关系时,以特定网页为界面,提供的一种计费支付模式。消费者可根据自己的需要,在网上有选择地购买所需要的信息产品。

【负风暴潮】(negative storm tide) 引起海平面下降的风暴潮。风暴潮有正负之分。正的能引起海平面上升,负的则引起海平面下降。负风暴潮也会带来灾难。如果船只低潮时在浅水区航行,遇到负风暴潮,容易造成船只搁浅而发生灾难,因为水深比海图标明的要低。

【负公差轧制】(negative tolerance rolling) 在规定尺寸的负公差范围内对成品钢材进行的轧制。在产品标准中均对钢材的公称尺寸规定了允许误差范围,包括正公差和负公差。为了满足使用要求,一般在轧制成品时都采用负公差轧制。这样能够节约金属,减少顾客使用时的加工量,并能减轻金属结构的重量。由于负公差轧制相当于缩小了一半的尺寸允许误差,对孔型、轧辊、机架、轧件温度和量具的精度都提出了更加严格的要求。

【负离子织物】(anion fabric) 将永久释放负离子的超细粉体植入纤维加工而成的织物。将诱发负离子的物质粉碎成微米或纳米级后,在纺丝时加到聚合物中,即可制得产生负离子的纤维。包括电石气以及一些无机氯化物复合粉体和稀土复合盐。负离子被人体吸收后有益于健康。

【负片】(negative) 是经曝光和显影加工后得到的影像。其明暗与被摄体相反,其色彩则为被摄体的补色,它需经印放在照片上才还原为正像。

【负载型络合催化剂】(laden coordination catalyst) 由高分子配位基和金属络合而生成的催化剂。由低分子络合催化剂中的配位基用化学键连于聚合物上制备而成。其中也有些并没有低分子的对应物。制备负载型络合催化剂的过程称为高分子化。如果所得催化剂不溶于反应介质,则称为固载化。

【负责任渔业行为守则】(action rule for responsible fisheries) 在从事渔业生产过程中,各国应当确保以负责任的态度利用资源,把对环境和当地社区的不利影响减至最低限度的准则。联合国粮农组织大会于1995年10月31日一致通过。其特点是:(1)阐述了负责任行为的原则和国际标准,以期有效地保护、管理和开发水生生物资源,并对生态系统和生物多样性给以应有的注意。(2)承认渔业在营养、经济、社会、环境和文化方面的重要作用以及与渔业有关的各方的利益。(3)考虑资源的生物特征及其环境、消费者和其他使用者的利益。(4)为确保在符合环境要求的情况下,可持续开发水生生物资源提供了一个必要的框架。

【附红细胞体病】(eperythrozoonosis) 又称附红体病。由附红细胞体寄生于多种动物和人的红细胞表面、血浆及骨髓液等部位所引起的一种人畜共患传染病。其发病机制目前尚不清楚。其病理解剖变化主要表现为血液稀薄,凝固不良;皮肤、黏膜和脂肪黄染;肝脾肿大,呈深黄褐色,脾边缘及尖端可有大小不等的暗紫色出血性梗死;淋巴结水肿、出血,呈大理石状;肾贫血发黄,皮质上有点状出血;以及胃肠黏膜出血,盲肠和结肠有“纽扣状”溃疡等。人附红细胞体病可有多种临床表现。轻症病人中低度发热、乏力、易出汗、嗜睡、四肢酸痛,部分患者出现关节痛以及皮疹、脱发等症状;严重者可出现高热,体温39～40℃,进行性贫血、黄疸,肝脾肿大及浅表的淋巴结肿大。同人类一样,家畜感染附红体后,多数为潜伏状态,只有少数情况下表现为家畜附红体病。其主要表现是:发热、进行性贫血、进食减少、精神抑郁、黏膜黄染、贫血、消瘦、腰背及四肢等末梢处瘀血以及淋巴结肿大等;还可以出现心率和呼吸加快、腹泻、生殖力下降和毛质下降等。

【附面层】(boundary layer) 又称边界层。高雷诺数流体绕固体流动时,紧贴壁面形成的黏性流体层。在边界层外,作用在流体微团(质点)上的黏性力可以忽略,为无黏性流动。当空气绕过静止的飞行器时,空气的黏性使壁面上的流动受到阻滞,在邻近于壁面很薄的边界层内,流动速度从壁面处为零逐渐增大到边界层外边界上的无黏流速度值。在边界层内,法向速度梯度很大,层内黏性力不能忽略,只有在层外的流动才可忽略黏性力的作

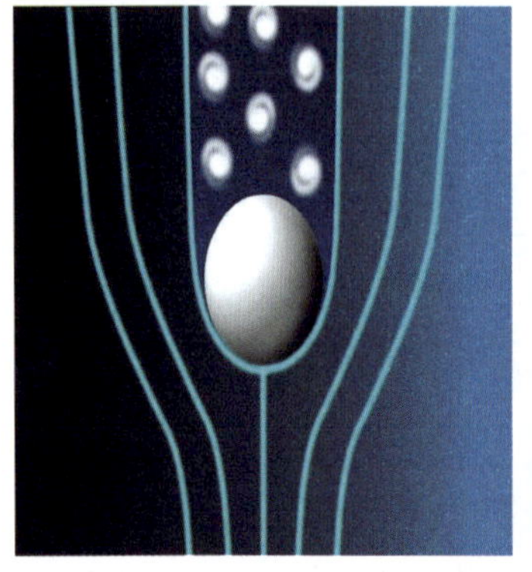

附面层

用。飞行器绕流的雷诺数通常很大,边界层很薄,因而在分析飞行器小迎角无分离绕流时,可以先不考虑边界层的存在,而用无黏流理论计算表面压强分布和速度分布,然后用求出的表面速度作为边界层外边界上的主流速度进行黏性边界层计算,找出表面摩擦阻力等各种参数。用这种黏性边界层与无黏性外流计算的相互迭代,可使计算越加精确。因此,无黏流理论和边界层理论成为空气动力计算的两个独立的分支,得到广泛的应用。附面层这一概念是 1904 年德国流体力学家普朗特首先提出的,从那时起,附面层研究成为流体力学中的一个重要部分。附面层的概念对于简化飞行器绕流的理论分析有重大作用。

【附生植物】(epiphyte) 附着在其他植物体上自营生活、不与支持植物发生养分和水分联系的一类植物。有些植物不跟土壤接触,其根群附着在其他树的枝干上生长,利用雨露、空气中的水汽及有限的腐殖质为生,如蕨类、兰科的许多种类。附生植物通常不会长得很高大。它们靠自身的光合作用,不会像寄生植物那样掠夺它所附着植物的营养与水分。

附生植物

【附着力】(adhesive force) 两种不同物质接触部分的相互吸引力。是分子力的一种表现。只有在这两种物质的分子十分接近时(小于 1×10^{-6}cm)才显示出来。固体表面从微观角度来看总是“粗糙”的,故两固体接触时不能显示附着力的作用。液体与固体能密切接触,是因为在它们之间存在附着力的作用。

【附着体义齿】(denture retained by attachment) 以附着体为主要固位形式的可摘局部义齿或活动-固定联合义齿。其某些设计中兼有固定义齿和可摘局部义齿修复方式的重新组合,具有固定义齿和可摘局部义齿的某些特点。附着体通常由阴性和阳性两部分结构组成,其一部分与基牙或种植体结合,另一部分与义齿的可摘部分结合,从而为义齿提供良好的固位、稳定和美观。有许多分类方法。按其安放在基牙上位置的不同可分为:冠内附着体、冠外附着体和根面附着体;按其固位原理的不同可分为机械式附着体和磁性附着体;按其精密程度的不同可分为精密附着体和半精密附着体;按其接合方式的不同可分为刚性附着体和弹性附着体;按其形态的不同可分为栓体栓道式附着体、杆卡式附着体、球帽式附着体和按扣式附着体。这种修复方式从不同的角度弥补和完善了传统可摘局部义齿的不足,在形态、功能、生理等方面满足了患者的要求,扩大了可摘局部义齿的运用范围。其优点是:(1)应用范围广。可用于常规使用卡环的修复体,并对基牙位置不好、条件差、难以用常规方法修复的患者,也可通过安放附着体改变义齿就位道的方式解决。(2)附着体的固位稳定作用大于一般卡环,且对基牙有保护作用。(3)附着体放置位置的隐蔽性适用于对美观要求高的患者。(4)咀嚼效能高。(5)基牙保存效果佳。其缺点是:(1)制作工艺复杂。(2)费用较高,普通患者难以承受。(3)放置附着体有一定的限制性,如不能在殆龈距过小的患者中使用等。其设计可依据口内的残根、残冠,患者的基牙情况,摘戴能力与美观要求来确定附着体的种类,再依据患者的经济能力与过敏情况来确定附着体的材料。其基牙可选择口内完善治疗的残根、残冠 1~4 个,必要时可利用完好天然牙。

【附子】(aconite) 又称附片、白附片。中药名。药性:辛、甘、大热、有毒。归心、肾、脾经。功效:回阳救逆,补火助阳,逐风寒湿邪。用于亡阳、虚脱证(肢冷脉微,大汗、大吐、大泻)、寒痹证(周身骨节冷痛)、脘腹冷痛、水肿、夜尿频多。用法与用量:3~15g。本品辛热燥烈,阴虚阳亢及孕妇忌用。反半夏、瓜蒌、贝母、白蔹、白及。因有毒,内服须经炮制。若内服过量,或炮制、煎煮方法不当,可引起中毒。

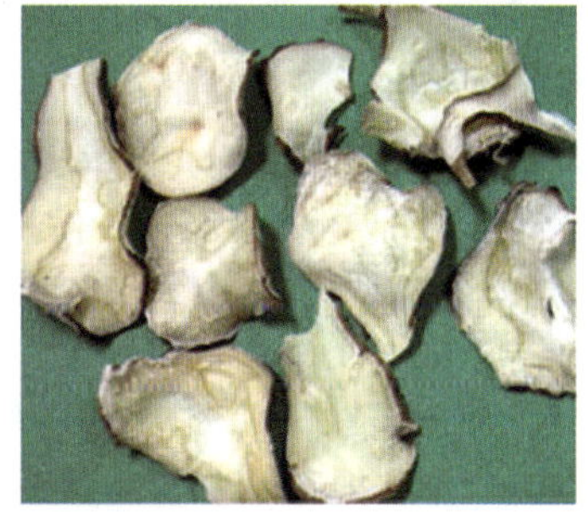
白附子

【附子理中丸】(fuzilizhong pellet) 方剂名。组成:附子(制)100g、党参 200g、白术(炒)150g、干姜 100g、甘草 100g。制法:以上五味,粉碎成细粉,过筛,混匀。每 100g 粉末用炼蜜 35~50g 加适量的水泛丸,干燥,制成水蜜丸;或加炼蜜 100~120g 制成大蜜丸,即得。用量:口服,水蜜丸一次 6 丸,大蜜丸一次 1 丸,一天 2~3 次。功能主治:温中健脾。用于治疗脾胃虚寒、脘腹冷痛、呕吐泄泻、手足不温等。孕妇慎用。

【复变函数】(function of complex variable) 又称映射或映照。是复平面或复数球面上的

点集 D 内的点 z,与另一复平面或复数球面上的一个(或若干个,或无穷个)点 ω 的对应。记为 $\omega=f(z)$,$z\in D$。z 为自变数,ω 为因变数,D 为函数 f 的定义域。

【复层林】(compound stand) 由两个或两个以上的树冠层形成的林分。那些上下树冠不整齐,难以区分树冠层次的,被称为连层林的林分。天然林的林相多为复层林。人工营造形成的林相为两层或两层以上的森林也称为复层林,但通常不包括次生林改造。人工针叶林的老壮龄林和天然林多数是复层林。为了更好地利用土地生产力,往往在阳性树的下层种植阴性树。常见的有松、柳杉、花柏的三层林和落叶松、花柏的二层林,如栽针保阔后形成的复层林。国内外现有的人工复层林多为两层结构的林分。其树种组成和年龄结构也多种多样:有同龄混交的,也有异龄混交的,还有同一树种的复层异龄林。中国人工复层林多为前两者。人工复层林作为一种独特的林分结构,有其独特的生长规律和经营管理技术:(1)通过协调不同林层、树种与立地的关系,形成多树种混交复层林分结构,可提高林分的稳定性和生物多样性。(2)保持林地连续覆盖防止水土流失。(3)充分利用结构复杂空间,增加生物量和叶面积,提高森林生产力和稳定性。

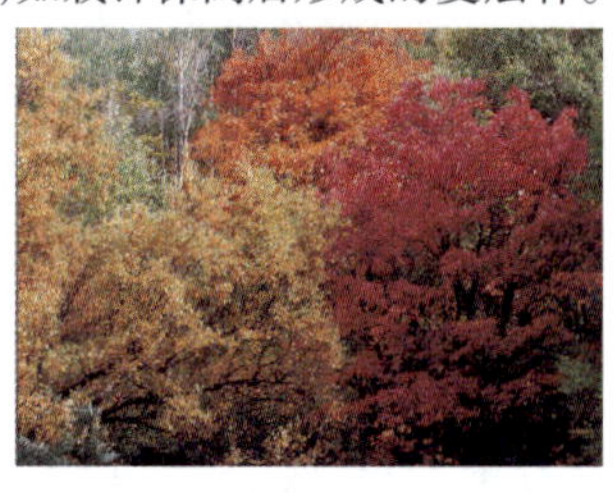
复层林

【复等位基因】(multiple alleles) 同源染色体上占有同一基因座的两个以上的等位基因。例如,人类 A、B、O 血型基因座位是在 9 号染色体长臂的末端,在这个座位上的等位基因有 A、B、O 三个。这三个等位基因就是人类的复等位基因。人类的 A、B、O 血型是由三个复等位基因决定的。但在生物群体中,等位基因的成员可以多到几十个。这样在同一基因座上的许多不同的等位基因就构成了一组复等位基因。其作用相似,都影响同一器官或组织的形状和性质。

【复二重式线材轧机】(complex double wire rod rolling mill) 轧件在双机架二辊式轧机中保持连轧关系的一组轧机。由若干架(通常为 4 架)复二重轧机组成的横列式机组常用作线材的精轧机组,轧件在两组复二重轧机之间实行活套轧制。配有复二重精轧机组的整套线材轧机称为复二重式线材轧机。它的中轧机组也可以是复二重式的。粗轧机组则有横列式、顺列式和连续式。这种轧机既有横列式轧机的特点,又具有连轧机的特点。与这两类轧机相比,它具有以下优点:(1)占地面积小。(2)轧机调整比连轧机简单,活套长度比横列式短,且活套数目减少一半,因而减少了轧件的温降和头尾温差,有利于提高轧制精度。(3)轧件传递时采用正围盘,纵向传递时采用扭转导管或扭转辊,不仅围盘数目比横列式轧机减少一半,而且省去操作不方便的反围盘。(4)机组中除第一道的喂钢采用人工切头外,其余各架均采用自动喂钢,提高了轧制速度。

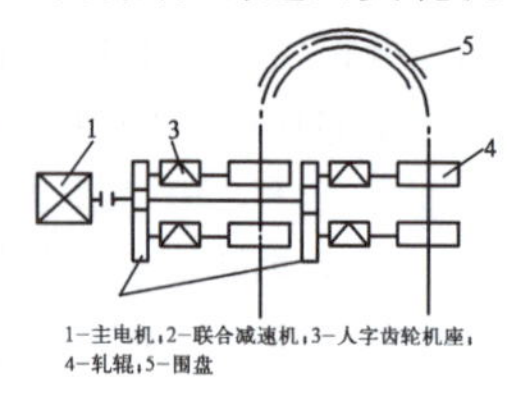

复二重式线材轧机

【复发性阿弗他溃疡】(recurrent aphthous, RAU) 又称复发性口疮。口腔黏膜因表层坏死而脱落形成的凹陷。口腔黏膜病中最常见的溃疡类疾病。患病率达 20% 左右。居口腔黏膜病的首位。其病因复杂,并存在明显的个体差异,可能与以下多种因素有关:免疫因素、遗传因素、系统性疾病因素、感染因素和环境因素等。其临床表现为溃疡。它呈圆形或椭圆形。根据溃疡的大小、深浅及数目分为轻型、疱疹样型和重型。轻型者溃疡有“红、黄、凹、痛”特征,且数目较多而小。重型者溃疡似弹坑,数目少而大。疱疹样溃疡小而多,似满天星,并伴有头痛、低热、淋巴结肿大等特征。治疗该病应以对因治疗、减少复发、消炎止痛、促进愈合为原则。

【复合变性淀粉】(composite modified starch) 采用两种以上处理方法得到的变性淀粉。包括氧化交联淀粉、交联酯化淀粉等。采用复合变性得到的变性淀粉具有两种变性淀粉的各自优点。应用于速冻制品、肉制品、方便面制品及造纸行业使用的淀粉制剂。

【复合表面处理技术】(composite surface treatment technology) 将两种或两种以上的表面处理工艺用于同一工件的表面处理技术。可以发挥各种表面处理技术的各自特点,显示其组合使用效果的表面处理技术。通常包括复合热处理技术、表面覆层技术与其他表面处理技术的复合、离子辅助涂敷、离子注入与气相沉积复合表面技术等。

【复合材料】(composite material) 由两种或更多种性质不同的材料组成的多相材料。在其组分之间有明确的界面,有比各单组分材料更好的或原来不具备的性能。分为结构复合材料和功能复合材料:前者是作为承力结构使用的材料,基本上由增强体和基体构成。增强体包括各种玻璃纤维、碳纤维、硼纤维、碳化硅纤维、聚芳酰胺纤维、金属以及天然纤维、织物、晶须、片材和颗粒等;基体则有树脂、橡胶、塑料、金属、陶瓷、玻璃、碳素和水泥等。由不同的增强体和不同的基体可组成各式各样的结构复合材料。后者是具有某种特殊的物理或化学特性的材料。一般由功能体和基体组成。基体不仅起到构成整体的作用,而且能产生协同或加强功能的作用。按其功能的不同可分为导电、磁性、阻尼、摩擦和换能等材料。广泛应用于航天器、飞机、火箭、导弹以及船舶、化工、汽车、电器设备和体育器材等方面。

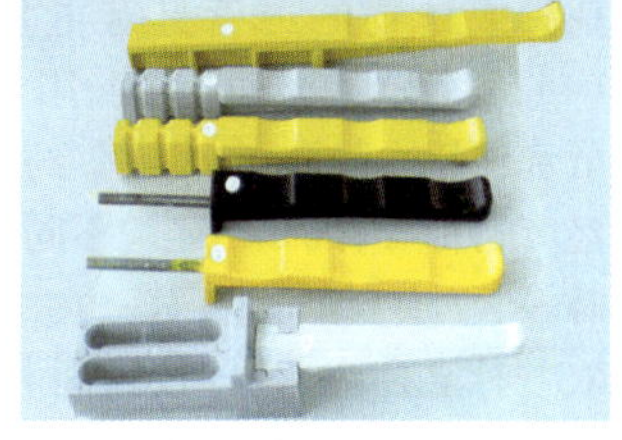

电缆支架

【复合成型】(composite synthetic forming) 以一种材料为基体、另一种材料为增强体的组合成型技术。复合成型方法按基体材料的不同而相异。树脂基复合材料的成型方法较多,有喷射成型、纤维缠绕成型、模压成型、拉挤成型、热压罐成型、隔膜成型、迁移成型、反应注塑成型、软膜膨胀成型和冲压成型等。金属基复合材料成型方法分为固相成型法和液相成型法。前者是在低于基体熔点温度下,通过施加压力实现成型,包括扩散焊接、粉末冶金、热轧、热拔、热等静压和爆炸焊接等。后者是将基体熔化后,充填到增强体材料中,包括传统铸造、真空吸铸、真空反压铸造、挤压铸造及喷铸等。陶瓷基复合材料的成型方法主要有固相烧结、化学气相浸渗成型和化学气相沉积成型等。

【复合传动系统】(compound drive system) 将机械传动与流体传动、电传动相互结合而形成的机－电、机－液一体化的传动系统。例如高性能低速液压电机传动系统,就是行星齿轮传动与液压传动结合的产物;高效无级调速的双流传动系统是将电传动、流体传动与双自由度机械传动相结合的产物。复合传动系统的研究与开发,对提高传动效率、使传动的转矩和转速的调节向无级化、自适应化、微机化和智能化的方向发展,起到推动作用。

【复合地基】(compound road base) 天然地基在地基处理过程中部分土体得到增强,或被置换,或在其中设置加筋材料后形成的地基。具有非均质和各向异性,基体和增强体共同承担荷载的作用。复合地基是很多地区软弱地基处理时常用的一种技术,适用范围很广。按地基中增强体方向的不同,复合地基可分为水平向增强体复合地基和竖向增强体复合地基两种。根据竖向增强体性质的不同,桩体复合地基可以分为:柔性桩复合地基、刚性桩复合地基和散体材料复合地基。复合地基沉降量由复合地基加固区压缩量和下卧层压缩量组成。复合地基加固区压缩量的计算方法主要有复合模量法、桩身压缩量法和应力修正法三种。其中复合模量法应用较多。加固区下卧层土层压缩量的计算常采用分层总和法计算。

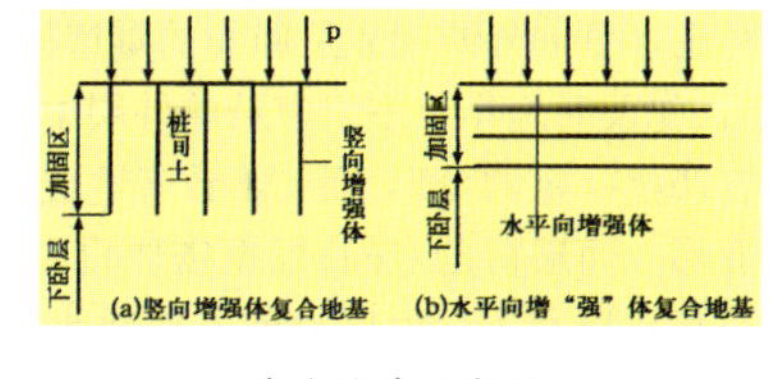

复合地基示意图

【复合镀】(composite plating) 利用电化学法或化学法使金属离子与均匀悬浮在溶液中的不溶性非金属或其他金属微粒同时沉积在构件表面而获得复合镀层的工艺技术。由于固体微粒的嵌入,使原有镀层性能发生了显著变化,从而扩展了它在不同领域中的应用。一般来说,任何金属都可成为复合镀层的基质材料。常用和研究较多的有镍、铜、铁、锌、银、镍－磷、镍－铁、铜－锡和镍－钨等。用作固体微粒的材料有:金属氧化物、碳化物和硼化物等无机分散剂和尼龙、聚四氟乙烯、聚氯乙烯等有机分散剂,以及铝、铬、银和镍等金属微粒分散剂。复合镀具有操作温度低、投资少、成本低、镀层组成多样化、节省材料等特点。

【复合肥料】(complex fertilizer) 又称复合肥。同时含有氮、磷、钾三要素或其中任何两种要素的肥料。含有两种要素的称“二元复合肥料”,如磷酸铵等;含有三要素的称“三元复合肥料”,如硝酸磷钾肥等;若在上述复合肥中再添特需的一种或数种中量营养元素或微量营养元素,就成为“多元复合肥”。因其制造方法不同,复合肥料又可分为化成复合肥料、配成复合肥料和掺合复合肥料。复合肥料,特别是高浓度复合肥料具有含量高、副成分少以及储存、运输和施用方便等特点,是近代化肥发展的主要方向。

【复合功能整理】(compound functional finishing) 将两种以上功能赋予一种纺织品,以提高其档次和附加值的技术。该技术已在棉、毛、丝、化纤、复合及其混纺交织物整理中得到越来越多的应用。例如防皱免烫/酶洗复合整理、防皱免烫/去污复合整理、防皱免烫/ 防沾色复合整理等,面料在防皱免烫的基础上又增加了新的功能。具有抗紫外线和抗菌功能的纤维,可作为泳装、登山服和T恤衫面料;具有防水、透湿、抗菌功能的纤维,可用于内衣;具有抗紫外线、抗红外线和抗菌功能的纤维,可用于高性能的运动服、休闲服等。应用纳米材料对纯棉或棉/

化纤混纺织物进行多种功能的复合后整理，成为发展趋势。

【复合函数】（composite function） 由函数 $y=f(u)$ 与 $u=g(x)$ 链接复合而成的函数 $y=F(x)=f[g(x)]$。其中 $g(x)$ 的值域相当于在 $f(u)$ 中的定义域，并且服从于 $f(u)$ 的定义域。具体的是设 $y=f(u)$ 的定义域为 A，$u=g(x)$ 的值域为 B，若 A 包含于 B，则 y 关于 x 的函数 $y=f[g(x)]$ 为函数 f 与 g 的复合函数。

【复合模】（compound die） 在压力机的一次工作行程中，在模具同一部位同时完成两道及两道以上工序的模具。复合模的设计难点是如何在同一工作位置上合理地布置好几对凸、凹模。它在结构上的主要特征是有一个既是落料凸模又是冲孔凹模的凸凹模。按照复合模工作零件的安装位置不同，可分为正装式复合模和倒装式复合模两种。

复合模

【复合木地板】（composite wood floor） 具有多层结构的木质房屋地面板材。可以克服传统实木地板的缺点并节约优质木材。一般具有两层、三层或五层结构。其表层采用优质木材，纹理清晰、木质坚硬、耐磨；其中间层采用价格低廉的软杂木；其底层采用旋切的各种木材的单板。各层薄板涂胶热压后成板材，然后加工成长条或方块拼花地板，开槽铣榫后，精细砂光油漆而成。一般铺装在弹性吸音材料（发泡材料、地毡）上。吸音性及耐冲击性良好，不弯曲，无开裂，耐磨，施工方便。适用于宾馆、商场、展厅、舞厅、会议室及住宅室内铺设。

复合木地板

【复合农林业】（agro-forestry） 又称农林复合经营。在同一土地经营单元上，把林木培育与农牧、渔业有机结合起来的一种综合利用土地和空间的生产经营制度。其特点是：(1)以某种空间布局和时间系列的方式相结合，形成多层次、多种群组成的农林结合的人工生态群落，具有时间上的持久性和阶段性、组成上的复杂性和多样性。(2)把改善和保护环境与提高单位土地面积的产出和经济效益作为复合经营的目标。(3)在总结自然群落基本规律的基础上，按照一定的生态和经济目的人工配合而成，具有组成和产品上的多样性，在群落学和经济学上比单一树种或作物的经营具有更强的抗逆性和稳定性。(4)是对土地、时间、空间、阳光和物种资源的更为有效和深层次的利用，是更集约化的经营。按农林复合经营目标、组成和功能的不同可分为：林—农结合型、林—牧（渔）结合型、林—农—牧（渔）结合型和特种农一林复合经营型；按空间和时间结构的不同可分为：林—农结合型、林—牧结合型、林—农—牧（渔）结合型、特种型（林—药间作型、林木—实用菌结合型、林木—资源昆虫结合型）。其结构包括种群结构、空间排列结构和复合经营的时间顺序结构。复合农林业是构成群落产品结构的基础。

【复合气调保鲜包装】（composite modified atmosphere packaging） 又称气体置换包装。采用复合保鲜气体对包装盒或包装袋内的空气进行置换，改变盒（袋）内食品的外部环境，达到抑制细菌（微生物）的生长繁衍，减缓新鲜果蔬的新陈代谢速度，延长食品的保鲜期或货架期的包装方式。气调保鲜气体一般由二氧化碳（CO_2）、氮气（N_2）、氧气（O_2）及少量特种气体组成。CO_2 气体具有抑制大多数腐败细菌和霉菌生长繁殖的作用，是保护气体中的主要抑菌成分；O_2 具有抑制大多数厌氧腐败细菌生长繁殖，保持鲜肉色泽和维持新鲜果蔬需氧呼吸，保持鲜度的作用；N_2 是惰性气体，与食品不起作用，作为填充气体，与 CO_2、O_2 及特种气体组成复合保鲜气体。不同的食品果蔬，保鲜气体的成分及比例亦不同。

【复合生物处理】（composite biological treatment） 将好氧法与缺氧法合并或将好氧法与厌氧法合并使用的污、废水处理方法。例如，A/O（缺氧/好氧）生物脱氮法，是在活性污泥系统中用厌氧段与好氧段相结合同时进行碳氧化和除氮的工艺；巴氏生物除磷脱氮法，是在活性污泥系统中顺序用厌氧、缺氧和好氧步骤完成除磷脱氮的工艺。

【复合式衬砌】（compound lining） 又称二次支护。待围岩变形基本稳定以后再施作的内层衬砌。分内外两层先后施作的隧道衬砌，在坑道开挖后，先及时施作与围岩密贴的外层柔性支护。容许围岩产生一定的变形，而又不致于造成松动压力的过度变形。两层衬砌之间，根据需要设置防水层，也可灌筑防水混凝土。内层衬砌不作防水层。两层衬砌间的防水层，可采用喷涂乳化沥青等防水胶剂，或采用厚度不等的软聚氯乙烯薄膜、聚异丁烯片和聚乙烯片等防水卷材,并固定在支护上。

【复合视频信号】(composite video signal) 又称基带视频信号、RCA 视频信号。亮度和色度的单路模拟信号。即从全电视信号中分离出伴音后的视频信号。这时的色度信号还是间插在亮度信号的高端。它使用 NTSC 电视信号传送图像数据。包含色度(色彩和饱和度)和亮度信息,并与声画同步信息、消隐信号脉冲一起组成单信号。在快速扫描 NTSC 电视中,高频(VHF)和超高频(UHF)载波通过复合视频信号进行振幅调制。这会产生一个 6MHz 带宽的信号。某些闭路电视系统在短距同轴电缆中传输复合视频信号。有些 DVD 播放器和盒式磁带录像机(VCR),通过屏蔽电缆插座,即 RCA 连接器,调节复合视频信号的输入和输出。在复合视频信号中,色度和亮度之间的信号干扰是不可避免的,信号越弱干扰越严重。

【复合树脂填充材料】(composite resin filling material) 制作齿科植入体用的一种树脂材料。植入体经外科手术可植入口腔软、硬组织内,用以代替部分活组织或整个器官,以恢复其外形及功能。

【复合树脂修复术】(composite resin restoration) 使用与牙色相近的复合树脂材料通过黏结技术黏附到窝洞内,以恢复牙齿原有的外形和功能的一种修复治疗技术。由于其预备洞形较银汞合金修复简单、能保存更多的健康牙体组织以及可以满足人们对美观的要求等优点,使其应用越来越广泛。其适应证是:(1)前牙Ⅰ、Ⅲ、Ⅳ类洞的修复。(2)前牙和后牙的Ⅴ类洞的修复。(3)后牙Ⅰ、Ⅱ类洞,承受咬合力小者可用后牙复合树脂修复。(4)形态和色泽异常牙的美容修复。(5)冠修复前的牙体充填。(6)大面积龋损的充填,必要时可增加附加固位钉和沟槽固位。其修复效果受多种因素的影响。如适应证选择不当、牙面未彻底清洁、黏结剂涂布不均匀或太厚以及酸蚀不充分等多种原因可以造成修复治疗的失败,须在治疗过程中多加注意。

【复合数】(composite number) 又称合数。一个除了能被 1 和本身整除以外,还能被另外的正整数整除的正整数。首先,大于 2 的全部偶数都是复合数,此外,奇数中也有复合数。例如,9,15,21,25,27…都是复合数。可见复合数有无限多个。1 既不是素数,也不是复合数。因此正整数不仅可以看成由奇数和偶数两部分组成,而且也可以看成由数 1、全体素数与全体复合数组成。

【复合数据】(compound data) 见数据结构。

【复合脱氧】(composite deoxidizing) 用两种方法结合进行金属熔体脱氧的工艺方法。为充分发挥沉淀脱氧和扩散脱氧两者的长处,可采用沉淀-扩散综合脱氧法。用低频感应炉熔炼无氧铜时,先用厚层木炭覆盖进行扩散脱氧,然后加入磷-铜合金进行沉淀脱氧。也可以采用木炭-氩气复合脱氧。在熔体表面用木炭覆盖的条件下,通过石墨管向熔池深处吹入氩气。向铜液中吹入氩气有利于扩大熔融铜液中 CO_2 与木炭的接触面积,使 CO_2 的扩散速度加快,分布更均匀。在熔融铜液表面覆盖木炭的基础上,同时将惰性气体尽可能多地并且比较均匀地吹入熔融铜液中时,不仅有利于脱氧,同时有利于除氢。

【复合污染】(combined pollution) 多种污染物同时存在、相互叠加形成的综合性污染。如大气污染物中的二氧化硫、氮氧化物、碳氢化合物、臭氧、一氧化碳、悬浮颗粒物等可以分别对人体、动植物、材料、建筑物等产生危害。同时,这些污染物又以各种化学状态相互作用,造成对环境与生态的综合影响(如光化学烟雾),加重大气污染危害程度。环境污染多属复合污染。

【复合纤维】(compound fiber) 采用两种或两种以上不同组分的纺丝熔体或溶液,分别输入同一个喷丝头,在适当部位相遇后,再从同一个纺丝孔喷出、牵伸而形成的纤维。按其组分或成分的不同又可分为双组分、三组分和多组分纤维。就双组分复合纤维而言,又可按其不同组分在纤维横截面中的分布情况分为并列型、皮芯型、海岛型和剥离型四类。由于复合纤维是由物理性能不同的两种或两种以上的高聚物复合纺制成同一根纤维,因此这种纤维遇到沸水、蒸气或干热处理时,各组成物就会发生不同程度的收缩,使纤维产生三度空间的螺旋状稳定卷曲。复合纤维具有很高的体积蓬松性、弹性和覆盖能力,使纤维的毛型感增强。用它所制成的各种纺织品更接近于天然羊毛制品。

复合纤维

【复合育种值】(complex breeding value) 根据多种亲属的有关资料来估计被测个体某一性状的育种值。表示家畜育种值的方法之一。由于亲属间存在不同的遗传相关,其遗传效应不能直接相加。

在估测时要用偏回归系数作权数，使计算复杂化，制约了它的实用性。生产实际中常用一种简化的复合育种值，即采用本身、祖先、同胞、后裔这四项资料，并分别乘以一定的权数估测。

【复合杂交】(composite crossing) 简称复交。当育种目标所要求的一些性状存在于三个以上的亲本中时，通过亲本间多次的杂交，使分散在各个亲本中的基因集中到一个复交杂种中的一类杂交方式。三个亲本的复交可采用三交或双交式三交，以A/B//C 和 A/B//A/C 表示。四个亲本的复交可采用四交或双交，以 A/B//C/3/D 和 A/B∥C/D 表示。在五个以上的亲本复交时，方式更多。三交、四交、五交等方式的复交，又称梯级杂交；A/B//C/D、A/B//C/D/3/E/F//G/H 等方式的复交，又称聚合杂交或多系(向)杂交。

【复合制导技术】(compound guidance technology) 在导弹飞行的各个阶段先后或同时采用两种或两种以上制导方式共同完成制导任务的技术。目前采用的精确制导技术主要有雷达制导、红外制导、电视制导、激光制导、毫米波制导、地形匹配制导、景象匹配制导和卫星制导等。任何一种制导方式都有它的优点和缺点。采用复合制导可以发挥各种制导方式的优点，扬长避短，更好地满足作战要求。其优点是：(1)提高制导精度。(2)在满足精度要求的条件下，增大制导系统的作用距离。(3)增强抗干扰能力。(4)提高目标识别能力和可靠性。采用复合制导技术的不足是会增加设备和费用，技术难度也较大。常用的组合方式有惯性加主动雷达寻的制导、星光/惯性制导、惯性加地形匹配加景象匹配制导、惯性加 GPS 加红外成像寻的制导等。如，美国“战斧”常规对地攻击巡航导弹全程采用惯性导航与 GPS 定位制导，中途选几个地方进行地形匹配制导以修正惯性导航系统的误差，接近目标时采用数字式景象匹配来制导，进一步修正惯性导航系统的误差。

【复混肥料】(compond and mixed fertilizer) 由几种单质肥料或单质肥料与化学复合肥料相混而成的肥料。是复合肥料和混合肥料的统称。由化学方法和物理方法加工而成。复合肥料是通过化合(化学)作用或混合氨化造粒过程制成的，有明显化学反应；混合肥料是将两种或两种以上的单质化肥，或用一种复合肥料与一、二种单质化肥，通过机械混合的方法制取不同规格即不同养分配比的肥料，以适应农业要求，尤其适合生产专用肥料。

【复垦测量】(reclaimation survey) 为开采已破坏的土地，采取综合整治措施恢复其经济价值，达到可供利用的状态，并改变周围环境所进行的测量。其内容包括：复垦区控制网布设；土地复垦前、后的地形测量；建立复垦区数字地面模型；开采沉陷区的观测、分析、预测和图形可视化，复垦中的工程测量；复垦充填区地面和地面建筑物的变形观测等。

【复励直流电动机】(compound-excited and direct-current motor) 磁通由两个绕组内的励磁电流产生运行的电动机。定子磁极上除有并励绕组外，还装有与转子绕组串联的串励绕组。若串励绕组产生的磁通势与并励绕组产生的磁通势方向相同称为积复励。若两个磁通势方向相反，则称为差复励。启动转矩约为额定转矩的 4 倍左右，短时间过载转矩为额定转矩的 3.5 倍左右。转速变化率为 25% ~30%，与串联绕组有关。可通过磁场强度来调整转速。该电动机广泛应用于收录机、录像机、影碟机、电动剃须刀、电吹风和电动玩具等。

【复利】(compound interests) 将前一期的本金与利息之和作为下一期的本金来计算下一期利息的计息方式。若 F_{n-1} 表示第 $n-1$ 期期末的本利和，其利息计算公式为：$I = i \times F_{n-1}$，其本利和的计算公式为：$F = P(1+i)^n$。复利法符合社会再生产过程中资金运动的规律，完全体现了资金的时间价值。在工程经济分析中，一般都是采用此法。

【复平面】(complex plane) 又称 gauss 平面。任一复数 $z = x + yi$ 与平面直角坐标系中坐标为 (x,y) 点之间建立的一一对应关系的坐标平面。

【复色光】(multichromatic light) 又称复合光。包含多种频率的光，例如太阳光、弧光等。

【复式住宅】(compound apartment) 在层高较大的一层楼中增建夹层的一种住宅方式。每户设有上下两层，但两层合计的层高要低于跃层式住宅。每层高 2m 左右。其下层供起居、炊事、进餐、洗浴用；上层供休息、睡眠和储藏用。户内设多处入墙式壁柜和楼梯，位于中间的楼板也是上层的地板。其优越性是：(1)平面利用系数高，通过夹层，可使住宅的使用面积提高 50% ~70%。(2)户内的隔层将隔断、家具、装饰融为一体，降低了综合造价。(3)上部夹层采用推拉窗及墙身多面窗户，通风采光良好。与一般层高和面积相同的住宅相比，土地利用率可提高

复式住宅

40%。同时具备省地、省料、省钱的特点。特别适合于三代、四代同堂的大家庭居住。既满足了隔代人的相对独立性，又能使家人相互照应。

【复数】(complex number) 实数和虚数的统称。复数的概念起源于求方程的根，在二次、三次代数方程的求根中就出现了负数开平方的情况。在很长的时间内，人们对这类数不能理解。但是，随着数学的发展，这类数的重要性就日益显现出来。复数的一般形式是：$a+bi$，其中 i 是虚数单位。给出“虚数”这一名称的是法国数学家笛卡儿(1596～1650)。他在《几何学》(1637 年发表)中使“虚的数”与“实的数”相对应。从此，虚数概念被人们接受。虚数单位 i 是方程 $i^2=-1$ 的解。复数的三角形式为 $z=r(\cos\theta+i\sin\theta)$ 表示复数的形式。其中 r 为 z 在极坐标系中的模，θ 为 z 的辐角。

【复水性】(rehydration) 脱水食品浸在水中，经过一定时间，使之回复脱水前的体积、颜色、风味和组织等性质。但多不能回复到原来的重量。复水性质以复水率(单位重量脱水食品经复水后所需水的重量)表示。复水率是依种类、品种、原料成熟度、脱水方法及脱水程度等因素而有差异。如脱水番茄复水率为 7.0；脱水菠菜为 6.5～7.5；脱水菜豆为 5.5～6.0。在复水时，对水的用量和质量要求较严，因为它可对颜色、组织等产生较大影响。

【复制子】(replicon) 含有一个复制起始点的独立复制单元的完整 DNA 分子或 DNA 分子上的某段区域。质粒、细菌染色体和噬菌体等通常只有一个复制起始点，因而其 DNA 分子就构成一个复制子。真核生物染色体有多个复制起点，因此含有多个复制子。

【复种方式】(multiple cropping pattern) 在同一块田地一年内不同生长季中作物搭配种植的方式或类型。各地的复种方式因纬度、地区、海拔和生产条件不同而异。一般在作物能安全生育的季节种一熟有余而二熟不足的地区，多采用二茬套作方式。在中国冬凉少雨或有灌溉条件的华北地区，旱地多为小麦－玉米(或大豆)二熟，春玉米－小麦－粟二年三熟。冬凉而夏季多雨的江淮地区普遍采用麦－稻－二熟，或麦、棉套作二熟。温暖多雨，灌溉发达的长江以南各省，稻田除麦－稻二熟，油菜－稻二熟和早稻－晚稻二熟外，还有绿肥－稻－稻，麦－稻－稻，油菜－稻－稻等三熟制。

【复种指数】(multiple cropping index) 又称种植指数。在某一地区内全年播种或移栽作物的总面积占该地区耕种总面积的百分率。其计算式为：复种指数＝全年播种(或移栽)作物的总面积/耕地总面积×100%。是复种程度高低的指标。复种程度受当地热量、土壤、水利、肥料、劳力等条件的制约，生产上可根据当地的自然条件和生产条件确定可能的复种程度和适宜的复种方式。在 20 世纪 80 年代，中国的平均复种指数在 150% 以上，而长江以南各省平均在 200% 以上。

【复壮】(rejuvenation) 对已衰退的菌种(群体)进行纯种分离和选择性培养，使其中未衰退的个体获得大量繁殖，重新成为纯种群体的措施。其主要方法是：(1)纯种分离法。(2)寄主体内复壮法。(3)衰退个体淘汰法。(4)遗传育种法。在工农业生产等众多领域广泛应用。

【副长石】(feldspathoid) 又称似长石。组分类似长石、但硅铝比值比碱性长石低的钾、钠等无水架状结构铝硅酸盐矿物的总称。($Na_3K[AlSiO_4]$)、白榴石($K[AlSi_2O_6]$)、方钠石($Na_8[AlSiO_4]_6Cl_2$)和黝方石($Na_8[AlSiO_4]_6(SO_4)$)等。这类矿物中碱金属离子含量比碱性长石类矿物高，SiO_2 主要包括霞石含量比长石低。它们不与石英共生，只出现在碱性岩或碱性岩体附近的接触带中。副长石是碱性火成岩的重要造岩矿物。

副长石

【副井】(auxiliary shaft) 用于升降人员、材料、设备和提升矸石的井筒。由于副井采用的提升容器是罐笼，所以副井又称为罐笼井。副井有时也提运一部分矿石，并兼作进风井，因此断面应按风速校验。中国的安全规程规定，副井中最大风速不应超过8m/s。副井为竖井时，用双罐笼或带平衡锤的单罐笼提升；井中设梯子间，作为井下发生灾害时的辅助撤人通道。副井若为斜井时，用串车提升，斜井中须设人行道。当主井为罐笼井、混合井或串车提升的斜井时，都可以不设副井，但应设有第二安全出口。当主井为箕斗井时，则必须设副井。副井可布置在主井附近，称为主副井集中式布置。为了防火，两井之间的距离不应小于 30m，但也不宜过大，以利于布置井底车场。主副井之间相距较远的布置，称为分散式布置。

【副流感病毒】(parainfluenza virus) 主要引起感冒等传染性疾病的人类单链 RNA 病毒。其表面含有溶合酶和红血球凝聚素—神经氨酸苷酶的醣蛋白刺。可分为四型，即 PIV1－4。虽然与流感病毒的核酸类型都是 RNA(核糖核酸)，而且两种病毒的结构基本相似，都由遗传物质和蛋白质外壳组成，但是由于副流感病毒遗传物质 RNA 中的某些基因与流感病毒不同,结果导致其蛋白质外壳和抗原不同。所以在分类上,流感病毒属于正黏病毒,而副流感病毒属于副黏病毒,二者对人体的侵袭力强弱有一些差异。可以引起人们的主要疾病有:普通感冒、支气管炎、细支气管炎和肺炎等。在寒冷、干燥的环境中相对活跃,因此感染多发生在冬春。主要通过空气中的飞沫,经呼吸道传播。潜伏期是 3 ~ 7 天。属于自限性疾病,一般 6 ~ 7 天自行痊愈。对人体的危害主要是会引起严重的肺部并发症。在治疗上一般可以进行对症治疗。而在预防上,除了上述一些措施外,普通居家中还可以用醋酸、84 消毒液等消毒剂消毒。有两种方法可以诊断人类副流感病毒的感染:(1)组织培养,分离鉴定在细胞中的病毒,或直接检测存在于呼吸道分泌物中的病毒,使用免疫荧光试验、PCR、酶联免疫反应测定等方法。(2)适当时间收集的两份血清标本中 IgG 特异抗体的显著升高或检测单一血清标本中特异抗体 IgM,而得出结论。

【副偏角】(tool minor cutting edge angle) 刀具副切削刃的切削平面与假定进给平面之间的夹角。在切削过程中对工件表面起修光作用。其角度规定在基面内测量。副偏角是影响加工表面粗糙度以及副切削刃加工件长度的主要因素。高速切削时,副偏角过小容易使工件产生振动。

【副热带高压】(subtropical high pressure) 位于热带和温带之间(20° ~ 30°)暖性而稳定的高压。大气环流的重要组成部分。副热带高压因海陆不均匀分布而分成若干个中心,分别为“北太平洋副热带高压”、“北大西洋亚速尔高压”、“南太平洋高压”、“南印度洋高压”等。其中西太平洋副热带高压对中国天气和气候影响较大,控制着中国大部分地区的天气和气候特征。

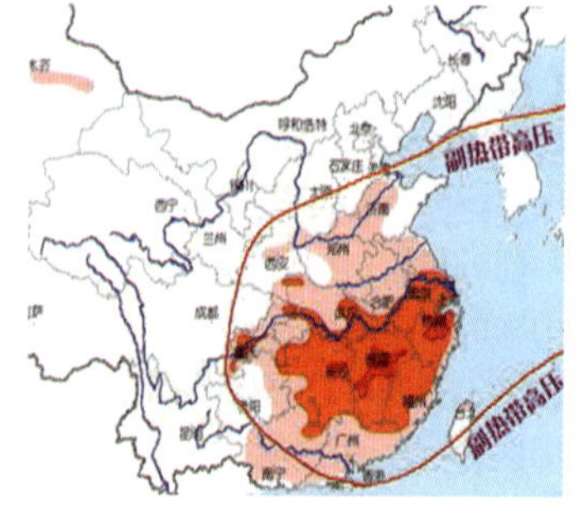

副热带高压

【副翼】(aileron) 安装在机翼翼梢后缘外侧的一小块可动的翼面。翼展长而翼弦短。副翼的翼展一般约占整个机翼翼展的 1/6 到 1/5 左右,其翼弦占整个机翼弦长的 1/5 到 1/4 左右。为飞机的主操作舵面。飞行员操纵左右副翼差动偏转所产生的滚转力矩可以使飞机做横滚机动。

【副油箱】(droppable fuel tank) 挂在机身或机翼下面的中间粗、两头尖的燃油箱。挂副油箱可以增加飞机的航程和续航时间,空战时又可以扔掉副油箱,以较好的机动性投入战斗。

【副作用】(side effect) 又称不良反应。药物在使用过程中除发挥正常作用外又产生的与正常作用不一致的其他作用。因其与治疗作用同时存在,所以在治疗过程中难以避免。如在用阿托品解除胃肠平滑肌痉挛的同时,又有抑制腮腺分泌的作用,使病人出现口干。药物的副作用常可通过合并用药使其作用降低或消除。

【傅里叶光学】(Fourier optics) 现代光学的一个分支。将电信理论中使用的傅里叶分析方法移植到光学领域而形成的一门学科。在电信理论中,要研究线性网络怎样收集和传输电信号,一般采用线性理论和傅里叶频谱分析方法。在光学领域里,光学系统是一个线性系统,也可采用线性理论和傅里叶变换理论,研究光怎样在光学系统中的传播。两者的区别在于,电信理论处理的是电信号,是时间的一维函数,频率是时间频率,只涉及时间的一维函数的傅里叶变换;在光学领域,处理的是光信号。光信号是空间的三维函数,不同方向传播的光用空间频率来表征,需用空间的三维函数的傅里叶变换。20 世纪 60 年代发明了激光器,使人们获得了新的相干光源后,傅里叶光学无论在理论和应用领域均得到了迅速发展。傅里叶光学运用频谱分析方法对广泛的光学现象作了新的诠释。其主要内容包括标量衍射理论、透镜成像规律以及用频谱分析方法分析光学系统性质等;其应用领域包括空间滤波、光学信息处理、光学系统质量的评估、全息术以及傅里叶光谱学的研究等。

【富集】(enrichment) 当样品中被测组分含量低于检测下限时,从大量样品中提取浓缩欲测定的组分,从而提高其含量至可测定范围的过程。分析化学又称预富集。常用的富集方法有:共沉淀富集法、泡沫浮选法、多孔物质富集法、色谱法、离子交换法、溶剂萃取法、升华法、挥发法、蒸馏法等。常用于贵金属的富集、水质分析、三废处理等。

【富集培养基】(enrichment medium) 选择培养基的一种类型。在普通培养基中加入某些特殊营养物质制成的营养丰富的培养基。特殊营养物质包括血液、血清、酵母浸膏、动植物组织液等。在自然界中,不同种类的微生物常生活在一起。为分离所需微生物,在普通培养基中加入该微生物特别喜欢的营养物质,增加其繁殖速度,逐渐淘汰其他微生物。

其优点是:可使所需微生物大大增殖,在数量上超过原有占优势的微生物,以达到富集培养的目的。常用于菌种筛选和选择增菌等。

【富勒烯】(fullerene) 又称巴基球。一系列纯碳组成的具有笼形结构的原子簇的总称。是由非平面的五元环、六元环等构成的封闭式空心球形或椭球形结构的共轭烯。含有 60 个碳原子的原子簇(命名为 C_{60})和含有 70 个碳原子的原子簇(命名为 C_{70})等具有笼形结构,因而在物理及化学性质上可看作三维的芳香化合物。富勒烯是于 1985 年发现的继金刚石和石墨之后碳元素的第三种晶体形态。后经实验证明,C_{60}的分子结构为球形 32 面体,由 60 个碳原子以 20 个正六边形和 12 个正五边形连接而成的具有 30 个碳碳双键($-C=C-$)的足球状空心对称分子。所以,富勒烯也被称为足球烯。以后又相继发现了 C_{44}、C_{50}、C_{76}、C_{80}、C_{84}、C_{90}、C_{94}、C_{120}、C_{180}、C_{540} 等纯碳组成的分子。它们均属于富勒烯家族。其中 C_{60}的丰度约为 50%。由于其特殊的结构和性质,C_{60} 等富勒烯类化合物在超导、磁性、光学、催化、材料及生物等方面表现出优异的性能,得到日益广泛的应用。

【富营养化】(eutrophication) 氮、磷等营养物质的富集以及有机物质大量进入水体,造成藻类等水生生物大量繁殖,水中溶解氧不断消耗,水质不断恶化,水体功能和水生生态系统平衡被破坏的现象。这种现象发生在江河湖泊中称水华(水花);在海中称赤潮。富营养化造成水的透明度降低,阳光难以穿透水层,从而影响水中植物的光合作用和氧气的释放,同时浮游生物的大量繁殖,消耗了水中大量的氧,使水中溶解氧严重不足,而水面植物的光合作用,则可能造成局部溶解氧的过饱和。溶解氧过饱和或缺乏,都能造成水生动物(主要是鱼类)大量死亡。富营养化水体底层堆积的有机物质在厌氧条件下分解产生的有害气体,以及一些浮游生物产生的生物毒素也会伤害水生动物。富营养化水中含有亚硝酸盐和硝酸盐,会危害饮用这些水的人畜。防止富营养化,首先应控制营养物质进入水体。治理富营养化水体,可采取疏浚底泥,去除水草和藻类,引入低营养水稀释和实行人工曝气等措施。还可采用生物防治技术,如引入大型水生植物、养殖捕食藻类的鱼等抑制藻类繁殖生长。

富营养化

【腹拱坝】(arched cavity dam) 在坝体沿坝轴线方向设置大尺寸空腔,依靠前后两腿将荷载传至地基的坝。应用于重力坝的称为腹拱重力坝,应用于拱坝的称为腹拱拱坝。腹拱坝依靠两腿传力。有的腹拱坝在两腿之间的地基上,也设底板,但在腿与底板之间设有永久缝。这是腹拱坝与空腹坝不同的地方。腹拱坝比空腹坝更便于减小扬压力,并具有坝体应力分布较均匀、坝踵区有较大的压应力、超载能力较大和基本上消除空腔周边的拉应力等优点。其缺点与空腹坝类似。倒悬部分比空腹坝更多,导致施工复杂、模板用量多。腹拱坝的剖面布置,可先按实体坝拟定外形轮廓,然后再设计空腔。开孔率(空腔剖面面积与坝体剖面面积之比)一般为 10% ~30%,大体上与建基面所减少的扬压力相当。空腔底宽约占坝底宽的 1/3。空腔顶拱常做成椭圆形或复合圆弧形。椭圆长短轴之比约为 3:2。长轴方向接近水压力和坝体自重的合力方向。空腔上游边略向上游倾斜,也有做成铅直的,以利于布置水电站厂房。

【腹膜透析】(peritoneal dialysis) 利用腹膜作为透析膜,将配制的透析液灌入腹膜腔,根据腹膜两侧溶质浓度的不同,溶质从浓度高的一侧向浓度低的一侧移动(弥散作用),而水分则从渗透浓度低的一侧向高的一侧移动(渗透),体内的代谢废物和过多电解质被清除至透析液排出体外的一种治疗方式。是治疗急、慢性肾衰的主要肾脏替代方法之一。腹膜是一具有半渗透性能的生物膜,具有弥散、渗透、分泌和吸收功能。如此间歇或持续地更换透析液,可达到清除体内聚积的代谢物质和纠正水、电解质及酸碱失衡的目的。成人腹膜总面约为 $2m^2$,实际参与溶质交换的毛细血管数约占总面积的一半。葡萄糖是构成腹透液渗透浓度差的主要因素。腹膜透析无绝对禁忌证,但在广泛腹膜粘连、腹腔内脏外伤、腹部大手术早期、结肠造瘘、腹腔内恶性肿瘤、妊娠等情况时不宜进行。

【腹鳍】(verltralfin) 机身尾部下面顺气流方向布置的刀状翼片。腹鳍的作用与垂直尾翼相同,侧滑时起增加飞机航向稳定性的作用。超声速飞机的高空、高速飞行时,垂直尾翼受到机翼和机身的遮蔽,航向稳定作用严重下降,使其气动效应大为降低。腹鳍则由于其与机翼的相对位置较低,可使气动效应少受或不受尾流影响。因此,现代超声速飞机较多在机身上采用腹鳍。为了避免飞机起飞和着陆时腹鳍碰地,腹鳍垂直方向的高度受到限制,故腹鳍除了单腹鳍外,还有双腹鳍或起落时腹鳍可折向一边的型式。腹鳍材料一般采用轻金属,当内部布置无线电天线时,则用非金属材料制作。

【腹腔妊娠】(abdomina pregnancy) 妊娠

位于子宫体腔、输卵管、卵巢、阔韧带以外的腹腔内的现象。可分为：(1)原发性腹腔妊娠。受精卵直接种植于腹膜、肠系膜、大网膜等处。其诊断标准为：①两侧输卵管、卵巢正常。②无子宫腹膜瘘。③妊娠只存在于腹腔内，无输卵管妊娠的可能。(2)继发性腹腔妊娠。输卵管妊娠流产或破裂后，胚胎从输卵管排入腹腔内，存活胚胎的绒毛组织仍附着于原着床部位，或附着于盆腔腹膜及邻近脏器表面，重新种植而获得营养继续生长发育。后者由于胎盘附着异常，血液供应不足，胎儿很少存活至足月。

【腹诊】(abdominal diagnosis) 遵循中医基本理论和方法，对以胸腹部为主进行全面诊查的一种直觉诊法。它有独立的理论体系和方法，具有特殊的诊断价值。手法主要有按(双手按、单手按)、压、摸、拍、弹；可总结成按、指压、起按、滑按和持按；还有从观察形态、视脉络、按腹力、听声音、测腹温、试肌肤、探虚里、诊拘急、疼痛、痞硬支满、胀满和动悸等诊腹的。

【覆盖义齿】(overdenture) 又称上盖义齿。义齿基托覆盖在天然牙、已治疗的牙根或种植体上并由它们支持的一种全口义齿或可摘局部义齿。被覆盖的牙齿或牙根称覆盖基牙。由于这些覆盖基牙的保留，有效地阻止或减缓了剩余牙槽嵴的吸收，同时也增强了义齿的固位、支持与稳定。按其制作时机的不同可分为即刻覆盖义齿、过渡性覆盖义齿和永久性覆盖义齿。其适应征是：(1)先天性口腔缺陷患者。如腭裂、部分牙先天缺失、小牙畸形、牙釉质发育不全以及锁骨、颅骨发育不全症等。(2)后天性口腔病患者如龋病、严重磨耗致牙冠大部分缺损者；伸长牙、低位牙、过度倾斜牙及错位牙；余留牙的牙周组织健康状况较差，不适宜做固定或可摘基牙；减缓牙槽嵴吸收需要者。(3)肯氏Ⅰ、Ⅱ类牙列缺损，对颌为天然牙者。可在远中保留牙根作为覆盖基牙，以减少游离鞍基下沉。(4)用于成年人效果最佳，青少年采用覆盖义齿修复时需定期复查。儿童期可在乳牙的残根上放置可摘的间隙保持器。其禁忌证较少，主要是牙体、牙髓或牙周等疾病而未治愈者、口腔卫生差和严重精神障碍者。因其下被覆有天然牙、牙根或种植体使其具有较多优点：稳定性较好、固位力较强、支持力较强、咀嚼效率高；保护了口腔软硬组织的健康，减轻了患者拔牙的痛苦；保留了牙根，使得牙周膜本体感受器得以保存可以区分咬合力的方向、大小；义齿易于修理和调整。但由于基牙覆盖在基托下，也有许多缺点：如覆盖基牙龋坏和易患牙龈炎症；义齿制作困难以及花费时间和费用较高等。

G

【伽利略变换】(Galileo transformation) 在某时刻，将一质点坐标从一个坐标系变换到另一个坐标系的变换关系式。设两个惯性参考系 S 和 S'，在 $t = t' = 0$ 时刻，两坐标系的坐标原点 O 与 O' 重合，则S 系中一时空点 P 的伽利略坐标变换为：$x' = x - ut$；$y' = y$；$z' = z$；$t' = t$。这个变换方程已经对时间、空间性质作了某些假定。这些假定主要有两条：第一，假定了时间对于一切参考系都是相同的，即假定存在着与任何具体参考系的运动状态无关的同一的时间，表现为 $t = t'$。既然时间是不变的，那么，时间间隔在一切参考系中也都是相同的，即时间间隔与参考系的运动状态无关。时间是用时钟测量的数值，这相当于假定存在不受运动状态影响的时钟。第二，假定了在任一确定时刻，空间两点间的长度对于一切参考系都是相同的，也就是假定空间长度与任何具体参考系的运动状态无关。

【伽利略导航卫星】(Galileo navigation satellite) 欧洲空间局研发的伽利略导航系统的空间部分。由30颗卫星组成。运行于中高度圆轨道。卫星轨道高度为23 616km，轨道倾角约56°，轨道面间隔120°。每个轨道面部署9颗工作卫星和1颗在轨备用卫星。备用卫星停留在高于正常轨道300km的轨道上，工作寿命20年以上。

伽利略导航卫星

卫星在初始升空定位时配有附加信号修正系统，可避免卫星暂时偏离轨道而产生信号误差。伽利略系统的每颗卫星上将安装一个原子钟装置。导航装置生成系统导航信号，并传输给最终用户。卫星上除基本的载荷外，还有搜索救援载荷和通信载荷。卫星安装有标准的反作用轮系统用于稳定卫星。

【伽利略号探测器】(Galileo mission detector) 美国研制和发射的木星探测器。1989年10月18日由航天飞机亚特兰蒂斯号送入太空。其目的是对木星进行详细观测研究。其主要任务有：探测木星的等离子分布、高能粒子分布、能源及其组分、木星磁层的相互作用；测定木星大气的化学成分、大气中云粒子性质和云层位置、大气的辐射热平衡；研究木星大气环流和动力学；研究高层大气和电离层。探测器重约2 550kg，由轨道舱和下降舱两大部分组成。除装有通信、数据传输等系统外，还装有15个探测仪器。探测器利用自身的发动机推进飞向金星，经金星一次加速、地球两次加速后朝木星飞去。1995年12月，探测器到达木星。下降舱冲入木星大气过程中获得了木星大气的第一手资料，许多发现改写了过去对木星的间接认识。轨道舱分离后在木星及其卫星的引力作用下，绕木星运行，进行了为期两年的考察。

伽利略号探测器

【伽罗瓦理论】(Galois Theory) 以伽罗瓦的名字命名的、用群论的方法来研究代数方程求解的理论。在19世纪末以前，解方程一直是代数学的中心问题。古巴比伦时代，人们就会解二次方程。三次、四次方程的解法直到16世纪上半叶才被人发现。从此以后，数学家们转向求解五次以上的方程。在19世纪上半叶，阿贝尔受高斯处理二项方程 $x^p - 1 = 0$（p 为素数）的方法的启示，研究五次以上代数方程的求解问题，终于证明了五次以上的方程不能用根式求解。伽罗瓦从1828年开始研究代数方程理论（当时他并不了解阿贝尔的工作），他试图找出为了使一个方程存在根式解，其系数所应满足的充分和必要条件。到1832年他完全解决了这个问题。临终前夜，他将结果写在一封信中，留给他的一位朋友。1846年他的手稿才公开发表。伽罗瓦完全解决了高次方程的求解问题。他建立了用根式构造代数方程根的一般原理。这个原理是用方程的根的某种置换群的结构来描述的。后人称之为"伽罗瓦理论"。伽罗瓦理论的建立,不仅完成了由拉格朗日、鲁菲尼、阿贝尔等人开始的研究,而且为开辟抽象代数学的道路建立了不朽的业绩。在几乎整整一个世纪中,伽罗瓦的思想对代数学的发展起了决定性的影响。随着20世纪20年代拓扑代数系概念的形成,德国数学家克鲁尔推广了戴德金的思想,建立了无限代数扩张的伽罗瓦理论。伽罗瓦理论发展的另一条路线,也是由戴德金开创的,即建立非交换环的伽罗瓦理论。在1940年前后,美国数学家雅各布森开始研究非交换环的伽罗瓦理论,并成功地建立了交换域的一般伽罗瓦理论。伽罗瓦理论还特别对尺规作图问题给出完全的刻画。人们已经证明:这种作图问题可归结为解有理数域上的某些代数方程。这样一来,一个用直尺和圆规作图的问题是否可解,就转化为研究相应方程的伽罗瓦群的性质。

【伽马刀】(gamma knife) 又称立体定向伽马射线放射治疗系统。一种融合现代计算机技术、立体定向技术和外科技术于一体的治疗设备。它将钴-60发出的伽马射线几何聚焦,集中射于病灶,一次性、致死性地摧毁靶点内的组织,而射线经过人体正常组织几乎无伤害,并且剂量锐减。因其治疗照射范围与正常组织界限非常明显,边缘如刀割一样,人们形象地称之为"伽马刀"。按其治疗部位的不同可分为头部伽马刀和体部伽马刀。前者是将多个钴源安装在一个球型头盔内,使之聚焦于颅内的某一点,形成一窄束边缘锐利的伽马射线。治疗时将窄束射线汇聚于病灶,形成局部的高剂量区来摧毁病灶。主要用于颅内小肿瘤和功能性疾病的治疗。后者主要用于治疗全身各种肿瘤。

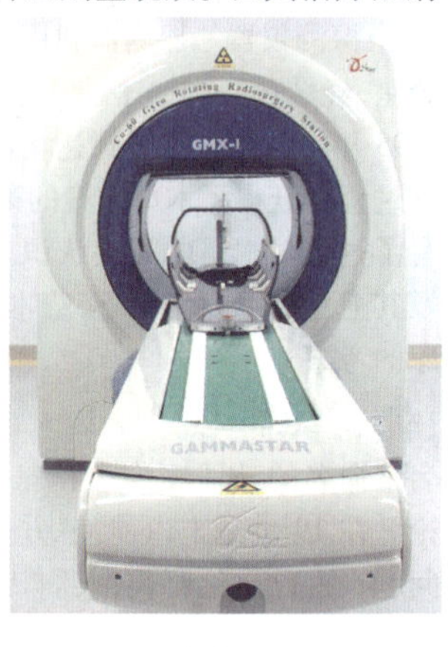

伽马刀

【伽马射线炸弹】(gamma ray bomb) 利用伽马射线执行作战任务的一种新型武器。可使某些放射性元素在极短的时间内迅速衰变,从而释放出大量的伽马射线。它不会像核炸弹那样造成大量的放射性尘埃,但是所释放的伽马射线的杀伤力比常规炸弹高数千倍。这种新型炸弹威力巨大,且能避开国际社会对于使用核武器的种种限制。

【改地适树】(changing land for trees) 改善立地条件以适应造林树种生长的措施。如通过整地、施肥、灌溉、混交、土壤管理等措施改变造林地的生长环境,使其适合于原来不适应树种的生长。排灌洗盐使不太抗盐的杨树在盐碱地生长;通过与马尾松混交,使杉木有可能向较为干热的地区发展等。

【改良品种】(crop improved variety) 又称育成品种。按照预定育种目标,通过杂交、诱变等各种育种方法和程序育成的动植物优良品种。如全国各地审定推广品种、新疆细毛羊、国光苹果等。改良品种具有较好的抗逆性、适应性和丰产性,推广利用后较大幅度提高了农作物和畜产品的产量。

国光苹果

【改树适地】(changing trees for land) 改变树种的某些特性,使之适应造林地条件的措施。如通过选种、育种、引种驯化等措施改变树木特性,增强树种耐寒、耐旱、耐盐等特性,如将毛竹引种到黄河流域等。

【改性乳化沥青】(modified emulsified asphalt) 添加一定剂量的聚合物胶乳改性剂,使乳化沥青性质改变达到预期指标的一种新型乳化沥青。其生产工艺有先改性后乳化、改性乳化同时进行和先乳化后改性三种方式。

【改造杂交】(reform crossing) 两个品种杂交,其杂种后代连续几代与其中一个品种进行回交的杂交方式。家畜杂交繁育方法之一。最后所得的畜群基本上与此品种相近,同时又吸收了另一品种的个别优点。通常有两种方式:(1)若某一品种生产低劣,可将该品种母畜与另一高产品种的公畜杂交,其杂种后代连续3~4代与高产品种回交,后代保留低劣品种个别优点,生产性能接近或超过高产的优良品种。这种级进杂交方式常称为改造杂交或改良杂交。(2)若某一品种基本上能满足需要,但个别性状不佳,难以通过纯繁得到改进,则选择此性状特别优良的另一品种进行杂交改良。杂种后代连续3~4代与原有品种回交,可纠正原有品种的个别缺点,以提高畜群的生产性能。此方式常称为引入杂交或导入杂交。

【钙塑材料】(calcium-plastic materials) 又称人造木材、钙塑复合材料。由聚乙烯和碳酸钙加入适量发泡剂、交联剂和润滑剂加工而成的一种有机无机复合材料。其化学性质稳定,耐高低温,有良好的隔热性、耐水性、耐溶剂性,易加工,燃烧速度慢,烟量少,不易引起火灾。主要用作建筑和装饰材料,也可代替木材制成包装箱、工业品等。

【钙调蛋白】(calmodulin) 真核生物细胞中的胞质溶胶蛋白。由148个氨基酸组成的单条多肽,相对分子质量为1.67×10^4。外形似哑铃,有两个球形的末端,中间被一个长而富有弹性的螺旋结构相连,每个末端有两个Ca^{2+}结构域。每个Ca^{2+}结构域,可以结合一个Ca^{2+}。一个钙调蛋白可以结合四个Ca^{2+}。钙调蛋白与Ca^{2+}结合后的构型稳定。其作用是:(1)对任何微量的钙都能敏感地捕获;(2)参与细胞内许多Ca^{2+}依赖性生理过程,包括信号转导、活动性、分泌、细胞周期的调控、糖酵解及其他细胞代谢过程的调控。钙调蛋白可与20多种酶和数种细胞膜成分相结合。通过与其结合的蛋白质相互作用,传递Ca^{2+}信号,引起细胞内反应,进行真核细胞生长所必需的生理功能。

【钙通道阻滞剂】(calcium channel blocker, CCB) 一种降压药物。通过阻断心肌和血管平滑肌细胞膜上的钙离子通道,抑制细胞非钙离子内流,使细胞内钙离子水平降低,引起心血管等组织器官功能改善而降压。其降压的特点是:(1)起效迅速而强劲,降压剂量与疗效成正相关关系。(2)与其他降压药联合应用,降压作用明显增强。(3)对血糖、血脂代谢无明显影响。(4)长期控制血压的能力和服药的依从性较好。(5)具有抗动脉粥样硬化的作用。按其成分的不同临床上可分为二氢吡啶类和非二氢吡啶类;按其作用时间长短的不同可分为长效和短效。该药与其他降压药相比,更适用于老年高血压患者,尤其是伴有动脉粥样硬化者。用于伴有糖尿病、冠心病或外周血管病患者,降压时可不受高钠摄入和非甾体抗炎症药物的干扰和影响。钙通道阻滞剂的副作用是指短效的二氢吡啶类应用时可能出现心率增快、面色潮红、头痛、下肢浮肿等现象。非二氢吡啶类不宜用于心律衰竭、病态窦房结综合征和心脏传导阻滞的患者。

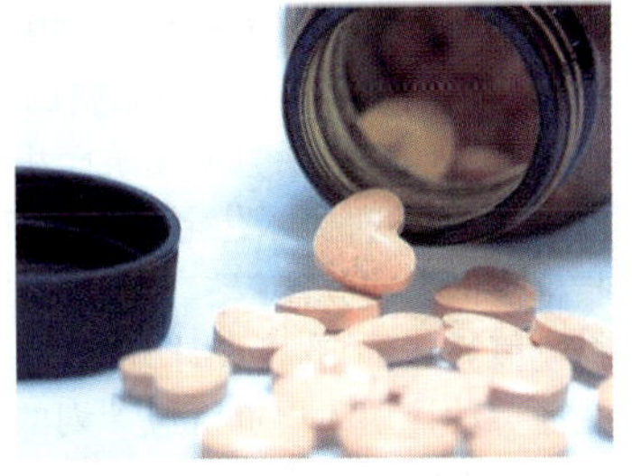
钙通道阻滞剂

【钙质土花卉】(ornamental plants grown in calcareous soil) 在土壤为石灰岩发育的钙质土,土壤的pH值为6.5~7.5条件下生长良好的花卉植物。如南天竹、紫菀、金盏花、郁金香和水仙等。其中金盏菊又称为金盏花,是早春园林最常见的草本花卉,原产于南欧、地中海沿岸一带,现已成为中国重要草本花卉之一。金盏菊不仅喜充足阳光,而且土壤以肥沃、疏松和排水良好的钙质土或培养土为宜。土壤pH以6~7最好。在这种条件,它植株分枝多,开花大而多。

南天竹

【盖天说】(heavenly canopy hypothesis) 中国古代有关宇宙的一个假说。中国西汉时期成书的《周髀算经》下卷中描述天地的形状为“极下者其地高,人所居六万里……天之中央以高,四旁六万里。”“天像盖笠,地法覆盘”、“天离地八万里”。认为天像一个斗笠,地像一个覆盘。古人将此视为盖天说。东汉的蔡邕认为周髀就是古代的盖天说。晋虞喜《安天论》载:“周髀之术,以为天似覆盆,盖以斗枢为中,中高而四边下,日月旁行绕之。即所谓盖天也。”唐代的《隋书·卷十九,天文上,天体》更直接记载:“盖天之说,即周髀是也。”实际上远在周髀成书之前,中国已有“天圆如张盖,地方如棋局”的天圆地方说。

【概率】(probability) 随机事件出现可能性大小的度量。通常记为$P(A)$。概率是一个没有量纲的数,其取值在0与1之间。随机事件是社会生活中常见的现象。它在一次试验中是否发生是无法事先肯定的偶然现象。当多次进行重复试验时,可以发现其发生的可能性的统计规律。具体地说,如果在相同条件下进行n次重复试验,随机事件A出现了v次,事件A在n次试验中出现的频率为v/n;当n无限增大时,事件A出现的频率呈现出一定的稳定性。这一统计规律性表明事件发生的可能性是事件本身固有的、不依人们主观意志改变的一种客观属性。当试验的次数足够大时,可用事件的频率近似地表示该事件的概率,即$P(A)\approx v/n$。此为概率的统计定义。

【概率分布】(probability distribution) 随机变量取值概率的分布情况。如果随机变量 ξ 只能取有限个或可列个数值 $x_1, x_2, \cdots, x_n, \cdots$ 称 ξ 为离散性随机变量，记作 $p(\xi = x_k) = p_k (k = 1, 2, \cdots)$，则 $\{p_k\}$ 为 ξ 的概率分布列；如果随机变量 ξ 是连续性随机变量，则它的取值不超过实数 x 的概率，则 $p(\xi \leqslant x)$ 称为连续随机变量的概率分布。

【概率论】(probability theory) 数学的一个分支。从数量侧面研究随机现象规律性的数学学科。其目的是构造所研究的随机现象的数学模型，透过大量表面的偶然性发现内部隐藏的规律。概率论的系统研究始于17世纪中叶，是随着保险事业的发展而产生的。目前，概率论的理论与方法已广泛应用于自然科学、技术科学、社会科学与人文科学的各个方面。在20世纪末，随着科学技术的迅速发展，它在经济管理、工程技术、物理、气象、海洋、地质等领域中的作用愈加显著。随着计算机技术的发展与普及，概率论及数理统计已成为处理信息、进行决策的重要理论与方法。在理论联系实际方面，概率论是数学最活跃的分支之一。

【概率设计法】(probability design) 应用概率统计理论进行零构件设计的方法。是可靠性设计的主要组成部分。概率设计引进了定量的可靠性指标——可靠度，但只是可靠性设计的一种方法。概率设计在现代机械设计中的应用，是以应力－强度干涉模型为基础，求取机械或机构的可靠度、无限寿命下的概率疲劳设计、有限寿命下的概率疲劳设计、可靠度的置信水平和概率疲劳设计数据等。

【概率危险性评价】(probabilistic risk assessmen) 以某种伤亡事故或财产损失事故的发生概率为基础进行的系统危险性的定量评价。起源于核电站安全性的研究。继核工业之后，概率危险性评价被应用于化学工业和石油化学工业。

【概念】(concept) 反映事物特有属性的思维形式。人们在理性认识阶段的产物，是抽象思维的一种基本形式，具有间接性和概括性的特点。人的认识发展是由生动直观到抽象思维、由感性认识到理性认识的过程。感觉、知觉和表象属于生动直观与感性认识阶段。人们在感觉、知觉和表象的基础上，经过思维的加工制作，即运用比较、分析、综合、抽象、概括等方法，逐步揭示出对象的特有属性，特别是本质属性，产生认识过程中的飞跃，上升到理性认识，从而形成概念。借助概念这种形式，人们可以把所认识的事物与其他事物区别开来，并逐步把握该事物的本质。客观事物是不断发展变化的，反映客观事物特有属性的概念也是不断发展变化的。

【概念产品】(concept products) 对设计目标进行的初步结构化的、基本的、粗略的但是全面的构思。描绘了设计目标的基本方向和主要内容。其内容包括：(1)关于产品总体性能、结构、形状、尺寸和系统性特征参数的描述。(2)根据市场需求对产品进行的规划和定位。(3)根据概念设计产品，验证和评估产品的技术经济可行性以及对市场需求的满足程度，以便制定企业所期望的商业目标。概念产品不是直接用于生产、营销、服务的终端产品。

概念书籍

【概算定额】(estimated quota) 又称扩大结构定额或基本建设概算定额。完成建安工程一定额计量单位所需人工、材料和施工机械台班数的标准数额。在预算定额基础上，根据标准施工图，采用结构构件形式或扩大部分分项工程，综合几项预算定额编制而成。例如砖基础的概算定额，由挖地槽、铺垫层、砌基础、铺防潮层、回填土、外运余土等分项的预算定额综合而成，以此确定每立方米砖基础所需人工、材料、机械台班以及其他直接费的标准数量。一般来讲，概算定额精确度粗于预算定额，但细于概算指标。概算定额既是计算扩大分项工程直接费用的依据，从而是确定建安工程概算造价的基本依据，又可以作为施工企业编制施工组织设计的劳力、材料和施工机械需要计划的依据。

【概算指标】(budget estimate index) 又称基本建设工程概算指标。完成一定单位建筑安装工程的工料消耗量或工程造价的定额指标。例如，建筑工程中的每百平方米建筑面积造价指标和工料消耗量指标、每平方米住宅建筑面积造价指标等。概算指标由国家或其授权机构规定，既是编制设计概算、控制概算造价、选择设计方案的依据，又是编制施工企业劳动计划和物资供应计划的依据。概算指标需用科学方法进行测定，不能偏低或偏高。

【干冰】(dry ice) 固体的二氧化碳。由二氧化碳气体压缩成液态后，再使膨胀而制成。外观与冰相似，具有吸热后不经液体状态而直接变为气体的特点。干冰极易挥发，升华为无毒、无味，比固体面积大 1×10^3 倍的气体二氧化碳。容易暴炸。不能储存于密封性能好、体积较小的容器中。应放在空气流通好的地方，让干冰挥发产生的气体释放出去才安全。主要用作冷冻剂，以保鲜食品。也用于制灭火剂和汽水等。

【干蛋粉】(dehydrated eggs) 干蛋品的一种。在高温段时间内脱去蛋液大部分水分而制得的含水量不超过4.5%的粉末状产品。脱水方法有离心式喷雾干燥和喷射式干燥。其加工工艺过程为：蛋液(全蛋液和蛋黄液)经搅拌过滤，巴氏消毒，喷雾干燥得蛋粉(全蛋粉和蛋黄粉)，再经过筛、包装得成品。干蛋粉可分为全蛋粉和蛋黄粉。前者呈淡黄色粉末状，无异味，无杂质，溶解良好，含油量不低于43%，游离脂肪酸不超过5.6%；后者，颜色呈黄色，水分不超过4%，含油量不低于60%，其他指标同前者。

【干蛋品】(dried eggs) 鲜蛋去壳后，将蛋液经干燥而成的蛋制品。其加工工艺过程是：蛋液搅拌、过滤、发酵(或不发酵)、干燥、晾白、包装。按其加工方法的不同可分为干鸡蛋粉和干鸡蛋片。前者又分为全蛋粉、蛋黄粉和蛋白粉；后者又分为全蛋片和蛋黄片。产品主要用作食品、医药和轻工等行业的原料。

干蛋品

【干法成网】(dry webbing) 将短纤维用梳理成网或气流成网法制成纤维网的非织造布成网技术。类似纺纱过程中的前纺工序。通过纤维准备、开清、混合和梳理等工序，梳理出来的纤网直接受到固结加工或铺叠成交叉纤网后进行固结加工。其产品称为纤网，是非织造布的半成品。不同的干法成网产品的性能不同。干法成网投资小，建厂快，成本低。主要用于服装、医疗和装饰等领域。

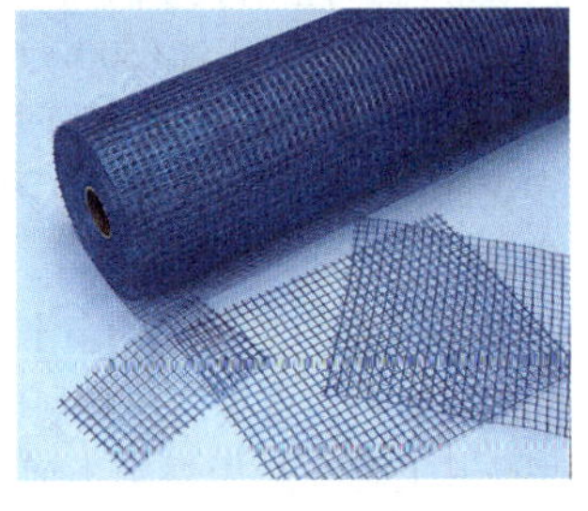
玻纤网格布

【干法纺丝】(dry spinning) 简称干纺。将溶解制备的纺丝液，从喷丝头的喷丝孔中压出，呈细流状，在空气中使溶剂迅速挥发而固化成丝的丝纺技术。化学纤维主要纺丝方法之一。只有溶剂挥发点低的纺丝黏液，才能采用此法纺丝。热空气的温度需要高于溶剂沸点。此法的纺丝速度较高，且可纺制较细的长丝。喷丝头的孔数较少，为300～600孔。由于溶剂挥发易污染环境，需回收溶剂，加上其设备工艺复杂，成本高，故较少采用。但醋酯、维纶、氨纶和部分腈纶采用此法纺丝。

干法纺丝

【干法分析】(dry analysis) 将固体样品加热或进行研磨，根据所发生反应的现象来鉴定某些组分存在的一种定性分析方法。包括焰色反应、硼砂珠试验、吹管分析和研磨分析等。如钠元素的焰色反应为黄色，钾元素的焰色反应为浅紫色。

【干法脱硫】(desulfuration by dry process) 使用固体脱硫剂脱硫的方法。按其使用脱硫剂的不同可分为两种：一种是采用活性炭、氧化锌、氧化铁等作为脱硫剂，一般用于硫化氢和有机硫含量较低的气体的净化过程；另一种是以钴钼或镍钼作为加氢催化剂，先将有机硫化合物转变成硫化氢，然后再用氧化锌作脱硫剂除去硫。可以用于天然气、石油伴生气、煤制气及其他工业气体中脱除无机硫或有机硫。较常见的是炉窑烟气脱硫。

【干法烟气脱硫技术】(flue and gas desulfurization by dry process technology) 脱硫吸收和产物处理均在干状态下进行的烟气脱硫技术。主要包括：喷雾干燥法、活性炭法、电子射线辐射法、填充电晕法、荷电干式吸收剂喷射脱硫技术、炉内喷钙尾部增湿法、烟气循环流化床技术、炉内喷钙循环流化床技术等。其中，活性炭法是利用活性炭的活性与较大的表面积使烟气中的二氧化硫在活性炭表面上与氧及水蒸气反应生成硫酸而被吸附。吸附过的活性炭经再生，可以获得硫酸、液体二氧化硫、单质硫等产品。该法不仅可以控制二氧化硫的排放，还能回收硫资源，是一种发展前景较好的脱硫工艺。可以用于天然气、石油伴生气、煤制气及其他工业气体中脱除无机硫和有机硫，也可代替氧化锌预脱硫，并可用于垃圾、废水处理过程中尾气的脱硫。

【干法造纸】(dry papermaking) 基本上不用水的一种造纸方法。在造纸过程中，以净化空气代替水作为分散、输送纤维的介质，网上成型时脱去的也是空气而不是水。干法造纸不仅节约大量的水资源，而且还可以避免环境污染。使用干法造纸工艺所生产的纸称为干法纸。干法纸与普通纸相比，更柔软，强度更好，无方向性，吸水性高，透气性佳，不掉纸屑，有抗静电效果。

【干旱】(drought) 一段时间内降水量明显低于正常记录水平的现象。造成严重的水文不平衡，是造成农作物减产的农业气象灾害之一。按判定标准的不同,干旱可分为土壤干旱、大气干旱和生理干旱三与种类型。它是一个相对的概念,对降水不足的任何研究都会提及特有的降水有关的活动。如在作物生长季节的降水短缺会导致作物灾害,称为农业干旱;在冬季的径流和渗漏也会影响水的供给,称为水文干旱。综合各种因素,可将衡量和评定干旱的级别划分为极旱、重旱、中旱、轻旱和微旱五个级别。

干旱

【干花】(dried flower) 利用干燥剂、染色剂使观赏植物的花、叶等经过脱水、加工后制成的观赏品。可以较长时间保持鲜花原有的色泽和形态。既不失原有植物的自然形态美,又可以染色。制作后经久耐用,管理方便。同时不受采光的限制,暗光下也可以应用。

干花

【干货船】(dry cargo ship) 用于装载各种干货的船舶。常见的主要有杂货船、集装箱船、散货船、滚装船、载驳船及冷藏船等。(1)杂货船是用于载运各种包装、桶装以及成箱、成捆等件杂货的船舶。(2)集装箱船是以载运集装箱为主的专用运输船舶。可分为全集装箱船及半集装箱船两种。(3)散货船是指专门用于载运粉末状、颗粒状、块状等非包装类大宗货物的运输船舶。主要有普通散货船、专用散货船、兼用散货船以及特种散货船等。(4)滚装船是把装有集装箱及其他件货的半挂车或装有货物的带轮子的托盘作为货运单元,由牵引车或叉车直接进出货舱进行装卸的船舶。滚装船是由汽车轮渡发展起来的一种专用船舶。使用滚装船运输货物,能大大提高装卸效率,加速船舶周转,并有利于水陆直达联运。(5)子母船。是一种用来运送载货驳船的运输船舶。(6)冷藏船。类似一个能够航行的大冷库,是使易腐货物处于冻结状态或某种低温条件下进行载运的专用船舶。

【干酪】(cheese) 又称奶酪。由牛奶经发酵制成的一种营养价值很高的食品。将近11kg奶才能生产1kg原干酪。干酪是奶的精华。其主要成分是酪蛋白。经过进一步发酵,其中的发酵剂菌种和凝乳酶继续发生作用,可形成胨、肽、氨基酸以及风味成分等,所以很容易被人体消化吸收。干酪中所含有的必需氨基酸与其他动物性蛋白质相比质优而量多。尽管干酪因种类不同所含的蛋白质、脂肪、水分和矿物质的含量也略有不同,但其营养成分总和相当于原料乳中营养成分总和的10倍以上。干酪中的矿物质包括大量的钙和磷。这些是形成骨骼和牙齿的主要成分。

干酪

【干馏】(dry distillation) 又称碳化作用。固体或有机物在隔绝空气条件下加热分解,以获得多种产品的化学加工过程。对木材干馏可得木炭、木焦油、水煤气;对煤干馏,可得焦炭、煤焦油、粗氨水、焦炉气。干馏是一个复杂的化学反应过程,包括脱水、热解、脱氢、热缩合、加氢、焦化等反应。干馏所得气、液、固产物的相对数量随加热温度和时间变化而有差别。如煤的低温干馏(500～600℃)得到的焦炭质量较差,但焦油产率高;中温干馏(750～800℃)可得较多煤气;高温干馏(1 000～1 100℃)则主要得到焦炭。

【干砌石坝】(dry-laid masonry dam) 不用胶结材料而直接用比较规则平整的石料砌筑成的坝。其上游一般用混凝土面板或浆砌石斜墙防渗。坝顶需要溢流时,可将溢流坝面全部用混凝土衬护,或只在堰顶和鼻坎部分用混凝土衬护,中间直线段使用浆砌石。在防渗体与干砌石体之间,设浆砌石或干砌毛条石等过渡层,以控制变形。坝的稳定受整体抗滑控制。一般上游坝坡可采用1:0.5～1:0.7,下游坝坡1:0.7～1:1.0。在地震区坝坡还应平缓些。干砌石坝体沉降变形如过大,将影响斜墙正常工作。为此,要求石料坚硬、新鲜、形状方整、耐水、

干砌石坝

耐风化。根据坝高及岩石的类别和性质，中国的实践经验是，石料的湿抗压强度一般采用40～80MPa。当坝较高且较长时，一般沿坝轴线每隔20～25m设温度沉陷缝，岸边缝设在地形变化较大处，缝中设止水。

【干砌石谷坊】(dry masonry check dam) 用块石干砌筑成的沟道低坝。比浆砌石谷坊节约工料，不设泄水孔也能自动排走坝后积水，没有整体倾倒的危险，但所用石料的方量较大。干砌石谷坊有透水性，在浮力作用下，干砌的块石易被水冲动而脱落。砌石体中某一块石的脱落，可能危及整个谷坊的安全。因此，施工时要将块石安放平稳，互相咬紧。干砌石谷坊的高度一般不超过3m。其作用是防止沟道下切、减缓沟道纵坡。

【干砌石拦沙坝】(dry masonry check dam for sediment storage) 用块石干砌而成的拦沙坝。一般用较大的块石砌成台阶式，坝顶宽0.8～1m，迎水坡1∶0.2，背水坡1∶1。在砌筑时，背水坡须从下向上逐层缩级。在缩级时，下一层石块的一端压入上一层石块的下面，压入部分至少为块石长的1/3。由于块石之间无黏结材料，块石易被山洪冲动。因此，选用的块石尺寸要满足临界不冲流速的要求，并注意施工质量。其设计、施工与干砌石谷坊基本相同。干砌石拦沙坝出现较早，曾广泛应用。这种拦沙坝洪水溢流时，可以逐级消能，减缓水势，护坦长度可以缩短。

【干扰素】(interferon) 在机体感染病毒时宿主细胞通过抗病毒应答反应而产生的一组结构类似、功能相近的低分子糖蛋白。是一种细胞因子，是机体细胞受到异种核酸(包括病毒)的入侵时产生的物质。这种物质能抑制流感病毒并干扰其他病毒的繁殖与复制，是机体抗病毒感染的防御系统。干扰素作为治疗乙肝、肿瘤等某些疾病的有效药物，已经可以通过基因工程的方法生产。

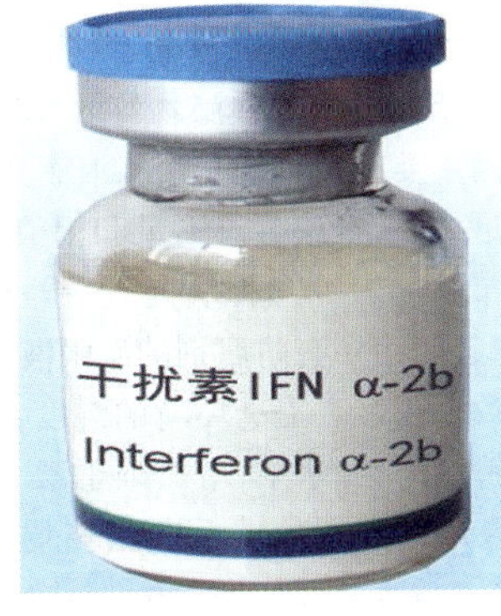

干扰素

【干热风】(dry and hot wind) 又称干旱风、火风。出现在温暖季节的干燥、炎热的风。由于温度升高，湿度显著降低，在一定风力的吹拂下，农作物蒸腾旺盛，根系吸水不及，使作物缺水枯萎，籽粒灌浆不足，造成严重减产。干热风是经常发生的农业气象灾害之一。在中国的华北、西北和黄淮地区的春末夏初时有发生。其防御措施有：营建农田水利设施便于灌溉、构建防护林改变小气候环境、喷施化学药剂减少作物叶面蒸腾量。

【干热空气灭菌法】(dry and hot air sterilization) 在160～170℃温度下，利用热辐射和灭菌器内热空气的对流以杀灭微生物及其芽孢的方法。在干热状态下，由于热穿透力较差，微生物的耐热性较强，必须长时间受高温的作用才能达到灭菌的目的。因此，其采用的温度一般比湿热灭菌法高。为了保证灭菌效果，一般规定：135～140℃灭菌3～5h；160～170℃灭菌2～4h；180～200℃灭菌0.5～1h。该法适用于耐高温的玻璃和金属制品以及不允许湿热气体穿透的油脂(如油性软膏、注射用油等)和耐高温的粉末化学药品的灭菌；不适合橡胶、塑料及大部分药品的灭菌。

【干热灭菌】(dry-and hot air sterilization) 与湿热灭菌相对应。用干燥热空气杀灭细菌的方法。可分为：(1)干烤法。(2)烧灼和焚烧法。(3)红外线法。(4)微波法。由于干热穿透力较差，微生物的耐热性较强，须长时间受高温的作用才能达到灭菌的目的。干热灭菌采用的温度一般比湿热灭菌法高。适用于空玻璃器皿的灭菌。凡带有橡胶的物品和培养基，都不能进行干热灭菌。

【干热岩】(dry and hot rock) 一种没有水或蒸气的热岩体。主要是各种变质岩或结晶岩类岩体。干热岩普遍埋藏于距地表2～6km的深处。其温度范围很广，在150～650℃之间。干热岩是属于温度大于150℃的高温地热资源。其性质和赋存状态有别于蒸气型、热水型、地压型和岩浆型的地热资源。在学术界，干热岩有时被称为“热干岩”。干热岩的热能赋存于岩石中。较常见的岩石有黑云母片麻岩、花岗岩、花岗闪长岩以及花岗岩小丘等。现阶段干热岩地热资源是专指埋深较浅、温度较高、有开发经济价值的热岩体。干热岩的分布几乎遍及全球，世界各大陆地下都有干热岩资源。不过，干热岩开发利用潜力最大的地方，还是那些新的火山活动区或地壳已经变薄的地区。这些地区主要位于全球板块或构造地体的边缘。判断某

花岗闪长岩

个地方是否有干热岩利用潜力，最明显的标志是看地热梯度是否有异常，或地下一定深处（2 000 ~ 5 000m）温度是否达150℃以上。

【干热岩地热资源】（dry and hot rock geothermal resource） 具有致密性高、渗透性低等特点的深层热岩地热资源。干热岩型地热能资源规模巨大。提取干热岩中的热量，需要有特殊的办法，技术难度大。该类型热岩可采用水热置换法抽取地热能量。通常采用爆破的方法，在热岩层中开辟裂隙通道，并往裂隙中灌入冷水使其产生蒸汽或热水，再抽取热水或蒸汽进行发电、供热等。

【干涉】（interference） 在频率相同、振动方向平行、相位相同或相位差恒定的两列波相遇时，使某些地方振动始终加强，而使另一些地方振动始终减弱的现象。另外，干涉现象存在于日常生活和多个技术领域中。

【干涉雷达】（interometry radar） 装有两个侧视天线或采用重复轨道法，对同一地区采用干涉法记录相位和图像的回波信号的雷达。这种雷达对接收到的回波信号通过一系列必要的处理后，可获取地表面形态及所测地物的三维几何图像和物理特征。

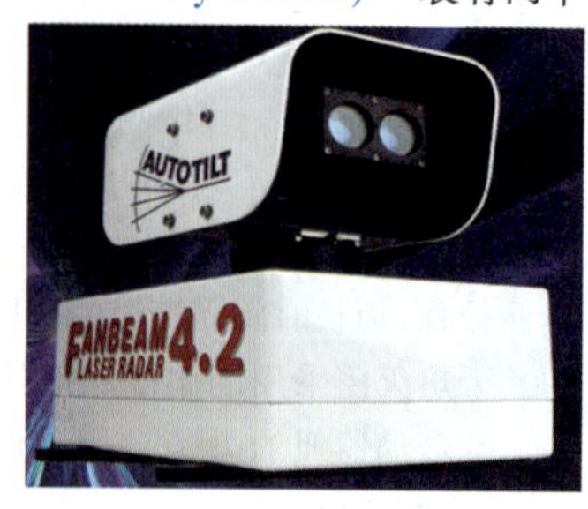

干涉雷达

【干物质】（dry matter） 果蔬中除去水分外由碳、氧、氢、氮等天然元素组成的物质。其中碳（C）45%；氧（O）42%；氢（H）6.5%；氮（N）1.5%。按其性质的不同可分为：(1)可溶性物质。(2)不可溶性物质。个头较大的蔬菜通常含有更多的干物质。这种物质会对集中在一起的矿物质成分产生稀释作用。在种植蔬菜水果时，较小的个体往往含有更多的营养成分。近90%的干物质是碳水化合物。选择高产量的蔬菜品种进行种植，主要是提高产品中的碳水化合物，却不能保证其他的营养成分及数千种植物化学物质能随着产量的增加而相应增加。

【干洗技术】（dry-cleaning technology） 不用水而使用有机溶剂洗涤衣物的方法。和通常的洗涤有着本质上的差别。其最关键的是干洗机。干洗机按其档次的不同可分为开启式干洗机、普通封闭式干洗机、全封闭式干洗机等。其中全封闭式干洗机档次最高，符合绿色和环境保护要求。其他类型的干洗机都存在某些不足，有的在衣物上残留较多干洗溶剂，有的洗净度较低，有的对大气环境造成严重污染。溶剂有四氯乙烯干洗剂和碳氢溶剂（石油）干洗剂。干洗技术有一定的专业要求，从设备、原料、助剂到从业人员都有严格的规定。

干洗机

【干性油】（dry oil） 与非干性油相对应。在空气中易氧化、干燥而形成富有弹性的柔韧固态膜的油脂。如桐油、梓油和亚麻油等。在空气中于室温下，能干燥成固体涂膜的油脂。组成干性油的脂肪酸多为三个双键的脂肪酸。干性油的不饱和程度较大。碘值在130以上。其主要成分是多不饱和脂肪酸。一般为黄色液体。广泛应用于油漆、油墨、油毡和油布等工业。

【干压成型法】（dry pressing） 利用压力将干粉坯料在模型中压成致密坯体的一种成型方法。干压成型要求粉料成分均匀，体积密度高，流动性好，易粉碎。由于坯料水分少（水分含量在7%以下），压力大，坯体比较致密，因此能获得收缩小，形状准确，无需干燥的生坯。干压成型过程简单，生产量大，缺陷少，便于机械化，适于制造成型形状简单、小型的坯体。主要用于陶瓷和耐火材料成型。

【干眼症】（xerophthalmia） 又称泪膜功能不健全。患者以眼干为主要特征的一种眼部疾病。是老年人常见的眼部疾病之一。常见症状为眼部干涩、畏光、红痛、视物模糊、易疲劳，并有异物感、烧灼感、痒感和黏丝状分泌物等。女性患者多于男性。其病因主要有：水液层、泪腺泪液分泌不足，油脂层分泌不足，黏液素层分泌不足和泪液过度蒸发，以及泪膜分布不均匀等几种病因。另外环境污染、长期使用电脑、使用含有防腐剂的滴眼液以及戴隐形眼镜等也是致病因素。提高环境的湿度，养成眨眼习惯；多吃新鲜的蔬菜、水果，增加维生素A、B、C、E的摄入；适当在眼部点用角膜营养液等，均可减轻临床症状。

【干燥】（dry） 从湿物料中除去水分或其他湿分的各种操作。❶含水分极少或不含水分的状态。❷食品工业中常指借热能使物料中水分蒸发的过程。分自然干燥和人工干燥。前者指将湿物料置于阳光下晒干或风干；后者包括烘房烘干、热空气干燥、真空干燥、冷冻干燥及升华干燥等。为了与脱水（人工干燥）有所区别，习惯上常将干燥理解为自然干燥的代名词。

【干燥剂】(dryer) 能除去潮湿物质(固体、液态或气体)中或环境中水分的物质。按其干燥原理的不同可分为化学干燥剂和物理干燥剂两类。化学干燥剂有五氧化二磷、无水氯化钙、浓磷酸、生石灰、氢氧化钠等;物理干燥剂有硅胶、分子筛等。干燥剂能力的高低以其吸湿力或吸湿速度、吸湿容量表示。在食品工业中广泛利用干燥剂来干燥食品或保存食品。如用生石灰来干燥茶叶,用浓磷酸来保存饼干等。

【干燥食品】(dried food) 又称干制食品、干制品。经干燥和脱水的食品。其水分含量因食品种类不同而异。与新鲜食品相比,水分含量少,水分活度低,渗透压高,不易腐败变质;体积与重量减少,便于包装、携带和运输。可分为两类:一类是加水复原后的鲜度、风味、质地等品质与新鲜食品相似,如采用真空干燥或冻结干燥的脱水蔬菜;一类是不需要加水复原,在干制过程中,成分变化的结果使之与食品处于新鲜状态时的不同,具有特殊的风味,如采用日光干燥或人工干燥的干菜、干果等。

干果

【干燥综合征】(Sjogren's syndrome) 又称舍格林氏综合征。一种累及全身外分泌腺的慢性炎症性自身免疫病。常侵犯泪腺和唾液腺,表现为眼和口干燥。腺体外系统如呼吸道、消化道、泌尿道、神经、肌肉、关节等亦受损害。按其病因的不同可分为原发性和继发性干燥综合征。前者指有干燥性角结膜炎和口腔干燥而不伴有其他结缔组织病;后者指伴发其他结缔组织病,如类风湿性关节炎等。其临床表现是:起病多呈隐袭和慢性进行性,口眼干燥可以是本病首发的唯一症状,也可能是系统病变之一。

【干堤】(main levee) 大江大河干流两岸修建的堤。由于干流洪水灾害及其造成的影响较为严重,同时干堤一般保护重要的城镇、大型企业和大片农田,其设计标准较高。土料填筑的干堤,其堤身多为复式横断面,临、背边坡多采用1:3,堤顶超高一般为1.5~2m。黄河干堤超高随河段不同,达到2~3m。靠近城市的干堤一般修有防洪墙,有的还有防渗与护坡设施,以加强防渗与抗冲能力。在主流顶冲段可修筑丁坝、护岸,防止冲决。在中国,干堤由国家或地方专设的机构管理,配有一定数量的管理养护人员,有规定的防洪标准,采取严密的防守措施,并有万一失事时的非常对策。

【甘草】(licorice) 又称美草、蜜草。药性:甘,平。归心、肺、脾、胃经。中药名。功效:补脾益气,祛痰止咳,缓急止痛,清热解毒,调和诸药。用于心气不足、脉结代、心动悸;脾胃虚弱、倦怠乏力;咳喘;脘腹、四肢挛急疼痛;热毒疮疡、咽喉肿痛、药食中毒;调和药性。用法与用量:1.5~9g,煎服。

甘草

【甘蓝类蔬菜】(brassica vegetables) 十字花科芸薹属一二年生草本植物。由甘蓝演变而来的植物。包括结球甘蓝、羽衣甘蓝、抱子甘蓝、花椰菜、青花菜、球茎甘蓝和芥蓝,以结球甘蓝种植最为普遍。除芥蓝源于中国外,其他均源于地中海沿岸等地。在栽培条件下演化成各个变种。产品器官的形成要求冷凉温和的气候。产品器官营养含量丰富,不仅可以鲜食做菜,还可以加工腌渍和脱水蔬菜等。一般在第一年进行营养生长,产品器官形成后第二年转入生殖生长,抽薹开花和结果。幼苗达到一定大小才能感应低温,通过春化,从营养生长转向生殖生长,在长日照和较高温度条件下抽薹开花、结子。根系发达,再生能力强,适合育苗移栽。栽培适应性较强。适于富含有机质并有灌溉条件的壤土和沙壤土种植。

甘蓝类蔬菜

【甘蓝型油菜】(owede rape) 又称洋油菜、番油菜等。由芸薹与甘蓝通过自然种间杂交后双二倍化进化而来的一个复合种。起源于欧洲。在中国有欧洲油菜和日本油菜。因其叶形和株型与甘蓝酷似,故名。于20世纪30年代由朝鲜、日本和英国引进。广泛分布于中国各地,尤以长江流域各省油菜主产区分布最为集中。世界上以欧洲偏北部各国和加拿大西部草原地区的偏南部分布较多。甘蓝型油菜株体较大。

甘蓝型油菜

角果较长，种子较大，无辛辣味。分枝，结果多。耐肥。产量高。生育期长，成熟迟。1973年，加拿大育成第一个甘蓝型低芥酸、低硫代葡萄糖苷品种，是世界油菜育种史上的重大突破。

【甘薯育苗】(sweet potato seedling) 用苗床无性繁殖薯苗的方法。其育苗方式是：(1)火炕育苗。即烧炕加温，在炕上育苗，分室内、室外两种。(2)温床育苗。选择背风向阳、排水良好的地块作床，利用马粪等酿热物加温、塑料薄膜保温。(3)露地育苗。不加保温增温措施而于露地生产薯苗的一种甘薯育苗方法。育苗技术的关键是掌握好苗床的温湿度，使秧苗早发、健壮。

【甘油】(glycerol) 学名丙三醇。一种无色、无味的黏稠状液体。能吸潮。可与醇、水混溶。不溶于氯仿、醚、油类。主要用于气相色谱固定液及有机合成，也可用作溶剂、气量计及水压机减震剂、软化剂、抗生素、发酵用营养剂、干燥剂等。由于甘油可以增加人体组织中的水分含量和高热环境下人体的运动能力，所以可适量加入运动食品和代乳品中。在食品加工业中通常用作甜味剂和保湿剂。

甘油

【肝癌】(liver cancer) 生长在肝部的恶性肿瘤。分原发性肝癌和继发性肝癌。前者是原发于肝细胞或肝内胆管上皮细胞的恶性肿瘤；后者是由其他脏器的肿瘤经血液、淋巴或直接侵袭到肝脏所致。原发性肝癌为常见恶性肿瘤之一。其病因至今尚未十分确定，多认为与多种因素的综合作用有关。此外，环境因素如黄曲霉素、寄生虫感染、饮水污染等都是引发肝癌的重要因素。临床上原发性肝癌患者约1/3有慢性肝炎史。其高发区也是乙型肝炎的高发区。

【肝豆状核变性】(hepatolenticular degeneration，HLD) 又称Wilson病。因铜代谢缺陷而引起全身铜过多地沉积于各组织，产生功能受损的一种疾病。尸检发现铜主要沉积在肝脏和大脑中基底神经节的豆状核及尾核中。是常染色体隐性遗传病。铜是人体不可缺少的微量元素之一，但过多可造成体内器官损伤。铜在血浆中，90%～95%以铜蓝蛋白形式存在，有很少铜和白蛋白疏松结合。本病是体内铜蓝蛋白很少，而和白蛋白结合的铜以游离状态沉积于各个组织，损伤其功能。其主要表现是：(1)肝损伤。大多在学龄期发病。主要表现为肝炎，肝硬化，全身无力，嗜睡，厌食，恶心呕吐，腹胀，腹水，肝脾肿，重者肝衰竭死亡。(2)神经系损伤。仅次于肝损伤。主要表现为震颤、不自主运动，肌张力齿轮样，发音困难，吞咽困难，智力减退，易激动，幻觉等，癫痫发作少见。(3)眼角膜周边可有铜沉积的棕色环，呈角膜色素环(K－F环)。查血清铜蓝蛋白低 < 200μg/L(正常200μg～400μg/L)，尿铜增加，每日100～1 000μg/L(正常 < 40μg/L)，眼有K－F环存在，并有肝、脑症状可作出诊断。其治疗原则是：越早越好；少食含铜高的食物，如坚果类、豆类、动物内脏、巧克力、海鲜等；同时服排铜药物：D－青霉胺20mg/kg每天，分3－4次口服，同时服维生素B_6。因需长期服用注意药物副作用。口服锌剂可减少肠道对铜的吸收。还需对症治疗，保肝等。

【肝昏迷】(hepatitis coma) 又称肝性脑病。由肝脏病变造成的昏迷。肝脏受到严重损害不能清除血液中的有毒代谢产物，或者门静脉血中的有毒物质绕过肝脏，从侧支循环进入体循环，最后导致中枢神经系统功能障碍而造成昏迷。肝昏迷是肝脏病的严重合并症，也是导致死亡的重要原因之一。严重肝病都可发生肝昏迷，如急性肝炎、亚急性肝炎、慢性重症肝炎、肝硬化等。

【肝脑综合征】(hepatic eneephathy，HE) 严重肝病引起的，以代谢失常为基础的中枢神经系统功能失调综合征。大部分是由各型肝硬化(特别是肝炎后肝硬化)引起的。因此，本病实际上是肝硬化进入肝昏迷的一个重要阶段。早期症状多以反复发作性的意识障碍(朦胧、嗜眠等)开始。此种发作可持续几小时至几天。往往由便秘和摄食过多(特别是高蛋白、高脂肪饮食)而诱发。其神经症状有：手指震颤、手指和面部之徐动样运动，以及其他锥体外系症状，肌张力一般多降低。有时见小脑性共济失调，最后可导致昏迷死亡。其肝功能检查结果显示：有轻度异常，末梢血氨增高。

【肝肾综合征】(hepato-renal syndrome) 在肝硬化基础上的慢性肝病所引起的肾功能衰竭。其特征是：渐进性自发性氮质血症，少尿，低血钠，而肾脏无严重的组织学改变。其病程的临床分期是：(1)氮质血症前期。表现为肌酐清除率、对氨马尿酸排泄量和水负荷的排泄能力明显减少。此期可存在数月至数年。(2)氮质血症期。可突然发生或因腹水穿刺、胃肠道出血、利尿剂应用和低血压等而诱发。血尿素氮通常中度增高，肌酐正常，不同程度的低血钠。临床表现为食欲不振，疲乏和嗜睡。3～7天后进入晚期。表现为烦燥、呕吐、恶心和血尿素氮显著增高，血肌酐值亦上升，有低钠血症和扑翼样震颤。(3)终末期。几周后常因消化道大出血而出现昏迷、严重少尿、低血压等症状，最后死亡。在发生氮质血症后，平均生存时间少于6周。其致死原因在肝而不在肾。

【肝首过效应】(first pass effect of liver) 大多经胃肠道吸收的药物在经过肝脏的门静脉进入肝脏未被吸收时，被肝药酶代谢失活或者降解的效应。所有口服药物的吸收均须透过胃肠壁，然后进入门静脉。有些药物几乎无代谢作用发生，有些则在胃肠壁或肝脏内被广泛代谢、消除，发生首过作用。首过作用使代谢增强，吸收减少，治疗效应下降。肠道外给药，如注射、皮下或舌下给药可避免首过作用。大剂量口服可使药物肠、肝代谢达到饱和，假定吸收完全，当口服和肠外给药产生相同血药浓度、相同疗效的剂量相差很大时，以及静脉注射比相同剂量尿液中药物和代谢物大时，可以认为有首过作用发生。肝硬化及行门腔静脉吻合术患者其作用降低，药物的生物利用度将增加。

【肝俞】 中医穴位名。属足太阳膀胱经，肝的背腧穴。定位：在背部，当第九胸椎棘突下，旁开1.5寸。主治：黄疸、胁痛、吐血、衄血、目赤、夜盲、雀目、眩晕、癫、狂、痫证、脊背痛、月经不调、腹痛、抽搐、肝炎、胆囊炎、结膜炎、角膜炎、胃痉挛、消化道溃疡、耳源性眩晕、肋间神经痛、神经衰弱、精神分裂症、功能性子宫出血等。刺灸法：斜刺0.5～0.8寸(不宜深刺)；艾炷灸3～5壮，或艾条灸5～15min。现代研究结果证明：针刺肝腧穴可使肝血流量明显减少。X射线观察发现，皮内针刺入肝腧、胆腧，可见胆囊影响缩小，表现为胆囊收缩，奥狄括约肌舒张，胆管内压下降。

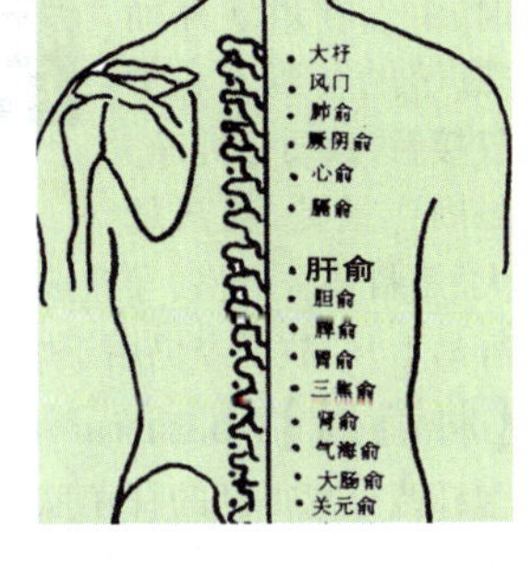

肝俞

【肝微粒体酶】(microsomal liver enzyme system) 又称肝药酶。主要存在于肝细胞内质网中的一个酶系统。该系统中主要的酶为细胞色素P450，此酶参与内原性和外源性物质的生物转化。由于没有相应的还原产物，又称单加氧酶，能对数百种药物起反应。细胞色素P450主要是CYP1A2、CYP2A6、CYP2B6、CYP2C8、CYP2C9、CYP2C19、CYP2D6、CYP2E1、CYP3A4和CYP3A5。

【肝细胞性黄疸】(hepatocellular jaundice) 又称肝原性黄疸。由于肝细胞功能受损，造成其摄取、转化和排泄胆红素的能力降低所导致的黄疸。不仅由于肝细胞摄取胆红素障碍，造成血中未结合胆红素浓度升高，临床检验结果与肝前性黄疸相似，而且还由于肝细胞肿胀压迫毛细胆管，造成肝内毛细胆管阻塞。后者与肝血窦直接相通，使部分结合胆红素返流入血，造成血浆结合胆红素浓度亦增高，临床检验又出现与肝后性黄疸相似的结果。肝细胞性黄疸血清重氮试剂反应呈双向阳性。由于结合胆红素能通过肾小球滤过，故尿胆红素呈现阳性。因肝功能损伤，肝内结合胆红素生成减少，粪便颜色可变浅。肝细胞性黄疸常可见于肝实质性疾病，如各种肝炎、肝肿瘤、肝硬化等。

【肝纤维化】(hepatic fibrosis) 由于肝脏内弥漫性细胞外基质(特别是胶原)过度沉积所导致的肝脏疾病。不是一个独立的疾病。多种慢性肝脏疾病均可引起肝纤维化。其病因大致可分为：感染性(慢性乙型、丙型和丁型病毒性肝炎，血吸虫病等)、先天性代谢缺陷(肝豆状核变性、血色病、α1－抗胰蛋白酶缺乏症等)、化学代谢缺陷(慢性酒精性肝病、慢性药物性肝病)和自身免疫性肝炎。其诊断要点是：(1)肝活组织病理学检查。是诊断该病的基本标准。是明确诊断和衡量炎症活动度、纤维化程度，以及判定药物疗效的重要依据。(2)生物化学检测。血清透明质酸(HA)、层黏蛋白(LN)、Ⅳ型胶原(ⅣC)、Ⅲ型前胶原(PCⅢ)可反应肝纤维化程度。特别是HA和PCIII，对早期肝纤维化的诊断价值最高，并与其炎症的程度相关。(3)影像学检查。B超显示的肝脏表面、肝脏回声、肝静脉、肝边缘和脾脏面积5项参数，均与肝纤维化分期有很好的相关性。去除病因是治疗该病最有效的方法，如针对病毒、代谢、药物、酒精和自身免疫性等原因进行治疗。在临床上，有疗效的药物主要为α干扰素、拉米夫定和阿德福韦。近年来，肝纤维化基因治疗已取得较大进展。

【肝性脑病】(hepatic encephalopathy, HE) 严重肝病引起的，以代谢紊乱为基础的中枢神经系统功能失调的综合病症。其主要临床表现包括神经和精神方面的异常，如意识障碍、行为失常和昏迷。大部分HE是由各型肝硬化引起，比例可达70%。也包括门体分流手术后引起的病例。还见于重症病毒性肝炎、中毒性肝炎和药物性肝病的急性或暴发性肝功能衰竭阶段。门体分流性脑病多有明显的诱因，常见的有上消化道出血、大量排钾利尿、放腹水、高蛋白饮食、使用安眠镇静药等。自然形成或手术造成的侧支分流，使主要来自肠道的许多可影响神经活性的毒性产物，未能被肝脏解毒和消除，经侧支进入体循环，透过血脑屏障而至脑部，引起大脑功能紊乱。这可能是多种因素综合作用的结果，但含氮物质包括蛋白质、氨基酸、氨的代谢障碍，和抑制性神经递质的积聚可能起主要作用。在HE发病机制的许多研究中，以氨中毒理论最受重视。脑细胞对氨极敏感，肝硬化时，大脑承受较大的氨负荷，干扰了脑的能量代谢，使大脑的能量供应不足，不能维持正常功能。其临床表现是：往往因原有肝病的性质、肝细胞损害的轻重缓急以及诱因的不同而不一致。急性HE常见于暴发性肝炎，有大量肝细胞坏死和急性肝功能衰竭。患者在起病数日内即进入昏迷直至死亡，昏迷前可无前驱症状。慢性HE多是门体分流性脑病，以慢性反复发作性木僵与昏迷为突出表现，常有进大量蛋白食物、上消化道出血、感染、放腹水以及大量排钾利尿等诱因。在肝硬化终末期所见的HE，起病缓慢、昏迷逐渐加深，最后死亡。在患HE时，除了患者有性格、行为改变外，还常有肝功能严重受损的表现，如明显黄疸、出血倾向、肝臭和扑翼样震颤等。根据意识障碍程度等改变，将HE分为四期：(1)前驱期。轻度性格改变和行为失常，有扑翼样震颤。脑电图多数正常。(2)昏迷前期。以意识错乱、睡眠障碍、行为失常为主。有明显神经体征，如腱反射亢进、踝痉挛及阳性Babinski征等。脑电图有特征性改变。(3)昏睡期。以昏睡和精神错乱为主，各种神经体征持续或加重。患者呈昏睡状态，但可以被唤醒，醒时尚可应答问话。脑电图有异常波形。(4)昏迷期。神志完全丧失，不能被唤醒。深昏迷时，各种反射消失，肌张力降低，瞳孔常散大。脑电图明显异常(极慢的δ波)。其实验室检查可见血氨改变，空腹动脉血氨比较稳定可靠，慢性HE尤其门体分流性脑病患者多有血氨增高；但急性肝衰竭所致的脑病，血氨多正常。

【肝药酶】(liver drug enzymes) 肝细胞的平滑内质网脂质中的微粒体酶。是药物代谢最重要的酶系统。是动物体内一种重要的代谢酶。进入血液循环的药物基本上是经肝药酶代谢的，所以对肝药酶有影响的药物，也会影响到药物的代谢。其中使肝药酶活性增强的药物称肝药酶诱导剂，如苯巴比妥、苯妥英、福利平等；使肝药酶活性减弱的药物称肝药酶抑制剂，如西咪替丁、酮康唑、口服避孕药等。酶诱导的结果是促进代谢，通常可降低大多数药物的药理作用，包括诱导剂本身和一些同时应用的药物；酶抑制的结果是抑制代谢，导致药理活性及毒副作用增加。

【肝脏毒素】(liver toxicity) 残留在动物肝脏中的毒素。肝脏是动物最大的解毒器官。动物体内的各种毒素，大多数要经过肝脏来处理、排泄、转化、结合，因此，肝脏中往往暗藏着痉挛毒、麻痹毒等毒素。肝脏又是重要的免疫器官和化学加工厂。它可以产生多种激素、抗体、免疫细胞等。这些物质往往对某些异体有毒。能够引起中毒的有鲅鱼、鲨鱼、鳇鱼、鳕鱼、马鲛鱼等的肝脏，另外狗、狼、狍、猪、熊等的肝脏也有引起中毒的报告。但并不是说肝脏不能食用。动物肝脏含有丰富的蛋白质、维生素、微量元素和胆固醇等营养物质，对促进儿童的生长发育、维持成人的身体健康有一定益处。此外，食用动物肝脏还具有防治角膜干燥症、夜盲症、角膜炎等因缺乏维生素A而导致的眼病。

【坩埚炉】(crucible furnace) 历史上最早在液态下炼钢的熔炉。主要由带有炉栅的炉膛、灰坑和烟囱组成。原料装入坩埚放在炉膛内，四周用焦炭或无烟煤堆埋加热。亦有用油或煤气为燃料的。在熔炼时，由于在坩埚外加热，熔融金属不和炉气接触，故质量纯净。虽因产量低、耗热量大、用料要求严格，导致成本过高，但由于设备简单，容易上马，故至今仍用于熔炼有色金属。

坩埚炉

【杆菌肽】(bacitracin) 由苔藓样杆菌及短芽孢杆菌分离得到的杆菌肽和短杆菌肽。是由肽链连接的氨基酸组成的抗生素。两种抗生素对大部分革兰阳性细菌有高度抗菌活性。金黄色葡萄球菌、β溶血性链球菌对其很敏感，对B组链球菌常耐药。杆菌肽对致病性奈瑟尔氏球菌敏感，短杆菌肽则稍弱。对革兰阴性杆菌则完全无效。杆菌肽的作用机理主要是抑制细菌细胞壁的合成；短杆菌肽则主要是改变细菌胞浆膜的渗透性。因为这两种抗生素均有严重肾脏毒性，故仅用于局部治疗。可制成霜剂、油膏、喷雾剂等外用，或配成溶液滴眼、滴耳、清洗创面、冲洗膀胱等，常与新霉素或多黏菌素B合用以扩大其抗菌谱。

【杆系结构】(frame structure) 若干杆件通过结点连接而形成的建筑构件。其主要形式有：

(1)连续梁。在建筑、桥梁等工程中有三个或三个以上支座的梁。连续梁有中间支座,所以它的变形和内力通常比单跨梁要小,因而在工程结构应用很广。(2)桁架。主要承受轴向力的直杆在相应的节点上连接成几何不变的格构式承重结构。在荷载作用下,桁架杆件主要承受轴向拉力或压力,从而能充分利用材料的强度,在跨度较大时可比实腹梁节省材料,减轻自重和增大刚度,故适用于较大跨度的承重结构和高耸结构,如屋架、桥梁、输电线路塔等。(3)刚架。由梁和柱组成的结构,主要各杆件受弯。刚架的结点主要是刚结点,也可以有部分铰结点或组合结点。(4)拱。主要承受轴向压力并由两端推力维持平衡的曲线或折线形构件。拱结构由拱圈及其支座组成。支座可做成能承受垂直力、水平推力以及弯矩的支墩;也可用墙、柱或基础承受垂直力而用拉杆承受水平推力。拱圈主要承受轴向压力,较同跨度梁的弯矩和剪力为小,从而能节省材料、提高刚度、跨越较大空间,可作为礼堂、展览馆、体育馆、火车站、飞机库等的大跨屋盖承重结构。(5)悬索结构。由柔性受拉索及边缘构件或支承塔架所组成的承重结构。能充分利用高强材料的抗拉性能,做到跨度大、自重小、材料省、易施工。多用于大跨度桥梁和体育馆、飞机库、展览馆、仓库等大跨度屋盖结构中。(6)网架结构。由多根杆件按照一定的网格形式通过节点连接而成的空间结构。具有空间受力、重量轻、刚度大、抗震性能好等优点。可用作体育馆、影剧院、展览厅、候车厅、体育场看台雨篷等建筑的屋盖。缺点是汇交于节点上的杆件数量较多,制作安装较平面结构复杂。

杆系结构

【感度】(sensitivity) 爆炸材料在外界能量作用下发生爆炸的难易程度。按外界作用的不同可分为:(1)爆炸感度。是用来衡量爆炸物危险性高低的物理量。从爆炸物的物理化学性质同爆炸物感度关系的分析中定义危险性系数。它可以评估爆炸物爆发的危险程度,并提出爆炸物感度分类的建议。(2)火焰感度。在火焰(或火花、火星)的作用下,火炸药发生燃烧、爆炸的难易程度,是热感度的一种标志。以导火索或黑火药药柱燃烧产生的火星或火焰,作用位于不同距离的火炸药试样上,观察其是否被引燃,采用50%发火率的距离或上下限(100%发火的最大距离为上限,100%不发火的最小距离为下限)表示火焰感度。(3)撞击感度。炸药(火药)的一种属性,即在一定的冲撞下炸药或火药发生爆炸或燃烧的程度。由落锤机所测得。撞击感度反应了炸药或火药的敏感程度。(4)冲击感度。炸药受到外界机械冲击作用时引起爆炸反应的敏感程度。是决定炸药的爆炸危险性的重要指标之一。据此而确定爆炸物品的防震要求。

【感光材料】(photosensitive material) 一种具有光敏特性的半导体材料。在光照射后,通过光化学或光物理作用能得到固定影像的材料。在无光的状态下呈绝缘性,在有光的状态下呈导电性。复印机的工作原理正是利用光敏特性,制成进行复印所需要使用的印版。按照所用光敏物质的不同可分为卤化银感光材料和非银感光材料。卤化银感光材料具有感光度高、像质好、可以彩色化等优点。广泛应用在照相、拍摄电影、医疗诊断、无损探伤、印刷制版、缩微复制等方面。非银感光材料的感光度比卤化银感光材料低,但其分辨率高,制造工艺简单,无需暗室操作,能干法加工和实时显示。广泛用于对影像或信息进行记录、储存、显示和加工。

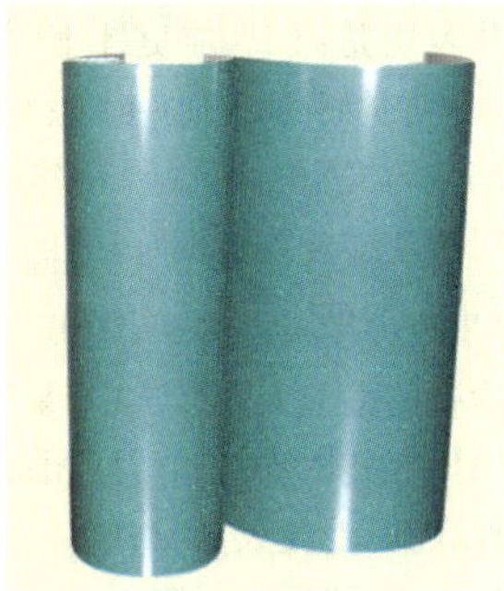

感光材料

【感觉】(sensation) 人脑对直接作用于感受器的客观事物的个别属性的反映。个别属性有大小、形状、颜色、坚实度、湿度、味道、气味、声音等。包括特殊感觉、一般感觉和复合感觉。特殊感觉包括视、听、嗅、味等;一般感觉包括浅感觉(痛觉、温度觉、触压觉,是皮肤和黏膜的感觉)和深感觉(关节觉、振动觉,是肌腱、肌肉、骨膜和关节的感觉);复合感觉包括实体觉、两点辨别觉、定位觉、图形觉、重量觉等,是皮质的感觉。感觉又可分为本体感觉和躯体感觉。本体感觉一般是指主观的感觉部分,而躯体感觉则是客观的。本体感觉也和自身的思想心情有关,而躯体感觉则是身体的正常和非正常反应。

【感觉统合失调】(sensory integration disharmony) 外部的感觉刺激信号无法在儿童的大脑神经系统进行有效的组合,而使机体不能和谐运作所导致的心理性疾病。感觉统合理论是由美国南加州大学临床心理学专家爱尔丝博士于1972年提出的。学习能力是身体感官、神经组织及大脑间的互动。身体的视、听、嗅、味、触及平衡感官，通过中枢神经分支及末端神经组织，将信息传入大脑各功能区，称为感觉学习。大脑将这些信息整合，作出反应，再通过神经组织，指挥身体感官的动作，称为运动学习。感觉学习和运动学习的不断互动便形成了感觉统合。"儿童感觉统合失调"意味着儿童的大脑对身体各器官失去了控制和组合的能力。这将在不同程度上削弱人的认知能力与适应能力，从而推迟人的社会化进程。在现代化都市家庭中，感统失调的孩子高达85%以上，其中约有30%的孩子为重度感统失调。其表现是：(1)前庭平衡失调。(2)视觉感不良。(3)听觉感不良。(4)触觉过分敏感或过分迟钝。(5)本体感失调。(6)动作协调不良。其治疗方式采用感觉统合功能训练法。

【感染率】(infection rate) 在某个时间内能检查的整个人群样本中，某病现有感染者人数所占的比例。其性质与患病率相似。感染率 = 受检者中阳性人数/受检人数 ×100%。在流行病学工作中应用较广泛，特别是对隐性感染、病原携带及轻型和不典型病例的调查较为常用。

【感染梯度】(gradient of infection) 又称感染谱。宿主机体对病原体传染过程反应的轻重程度的频率。宿主机体受到病原体感染后，所产生的传染过程并不完全相同，其范围可以从隐性感染到严重的临床症状或死亡。一般可以概括为三类：(1)以隐性感染为主，只有一小部分在感染后出现明显的临床征象，如脊髓灰质炎、HIV感染。(2)以显性感染为主，如麻疹、SARS。(3)大部分感染者以死亡为结局，如狂犬病。无论显性感染还是隐性感染，均可产生特异性免疫，而其感染者都能排出病原体，在传染病流行过程中起着重要传染源作用。

【感生电动势】(induced electromotive force) 在一个固定回路中的磁场发生变化，同时回路中磁通量也发生变化，从而产生的电动势。在产生感生电动势时，导体或导体回路不动，而磁场变化。因此产生感生电动势的原因不是洛仑兹力，而是变化磁场产生了有旋电场。有旋电场对回路中电荷的作用力是一种非静电力，它引起了感生电动势。

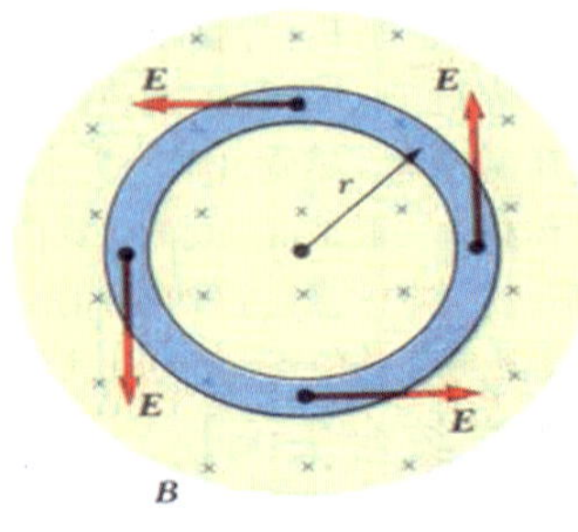

感生电场与感生电动势

【感受器】(receptor) 动物体表、体腔或组织内能接受内、外环境刺激，并将其转换成神经兴奋的结构。按其在身体上分布部位的不同并结合一般功能特点，可分为内感受器和外感受器两大类。按其所接受刺激特点的不同可分为：机械感受器、温度感受器、声感受器、光感受器、化学感受器、平衡感受器、痛感受器和渗透压感受器。各类感受器都具有各自的适宜刺激、换能作用和适应现象。

【感受态细胞】(competent cell) 采用理化方法诱导，使其处于最适摄取和容纳外来DNA的生理状态的细胞。其意义是将构建好的载体转入感受态细胞进行表达，不仅可以检验重组载体是否构建成功，而且最主要的是感受态细胞作为重组载体的宿主可以进行后续实验，如蛋白质表达纯化等工作。常用的理化方法是氯化钙法。其实验过程是：(1)将快速生长的大肠杆菌置于经低温(0℃)预处理的低渗氯化钙溶液中，使细胞膨胀。细胞膜通透性发生变化，极易与外源DNA相黏附并在细胞表面形成复合物。(2)将该体系转移到42℃下做短暂的热刺激(90s)，外源DNA就可能被细胞吸收。进入细胞的外源DNA分子通过复制、表达，实现遗传信息的转移，使受体细胞出现新的遗传性状。(3)将转化后的细胞在选择性培养基上培养，筛选出带有外源DNA分子的阳性克隆体。

【感性认识】(perceptual knowledge) 与理性认识相对应。认识的基本形式之一。人们的感官与外部对象相互作用所获得的关于对象的各个片面和外部联系的认识。认识的初级阶段。它包括三种依次发展、相互联系的形式，即感觉、知觉和表象。这三种形式有机联系，并始终依赖于实践。人们只有在实践中，才能使自己的感官与外部客观对象相互作用，从而获得关于事物各种特性的感觉，并在此基础上形成知觉和表象。人的感性认识能力只有在实践中才能不断提高。

【感音性聋】(perceptive deafness，PD) 又称神经性耳聋或知觉性听力损害。由耳蜗螺旋器、听神经或大脑听区病变所引起的听力减退现象。其听力损失一般要比传音性耳聋者严重，多在70dB以上。其听力减退的特点是：能听到较大的声响，但不能辨清语言，并有高音性耳鸣。最常见的病变是螺旋器的损害。临床上按引起耳聋病因的不同可分为：(1)先天性耳聋。又可分为遗传性与非遗传性。前者由基因与染色体异常所致，常有其他器官畸形的合并存在；后者由后天原因影响胎儿耳听力功能所致，尤其在妊娠时，病毒感染、耳毒性药物应用、产程长、难产等因素均可造成。(2)老年性聋。人体听器官老化的表现,也可由血管硬化、内耳血液循环障碍,使听器官退变引起。常表现为血管纹、螺旋神经节细胞、神经上皮萎缩。(3)耳毒性聋。某些化学制品或药物所致听器官的损害。常见有氨基糖苷类抗生素,如链霉素、庆大霉素等;水杨酸盐类止痛药;抗疟疾药,如奎宁、氯奎等;抗癌药,如长春新碱等;利尿剂,如依他尼酸等。临床发现一些大环内脂类抗生素也可致聋。(4)传染病致聋。各种传染病的病原体进入内耳所致。常见有流行性脑脊髓膜炎、流行性感冒、腮腺炎、麻疹、伤寒、猩红热、白喉等。(5)系统性疾病致聋。全身系统病引起内耳血液循环障碍,导致听器官退变致聋。常见的有地方性克汀病、慢性肾炎、糖尿病、白血病等。对于感音性聋,医治效果不佳,重在预防。一旦发生,应通过不同方式努力提高听力,尽量保存残余听力。

【感应电动机】(induction-motor) 又称异步电动机。定子绕组连接至交流电源,依靠电磁感应作用在转子内的感应电流实现机电能量转换的交流电动机。感应电动机运行时的转速与所接电网频率之比不是恒定值,总是略小于同步转速。按其供电电源相数的不同可分为:三相和单相感应电动机;按其转子型式的不同可分为:笼型感应电动机和绕线转子感应电动机。其主要优点是:结构简单,制造容易,价格低廉,坚固耐用和运行可靠等。其主要缺点是:(1)功率因数较低,必须从电网吸收无功功率。(2)调速特性较差,不能经济地实现范围较广的平滑调速。广泛应用在国民经济的各行各业中。

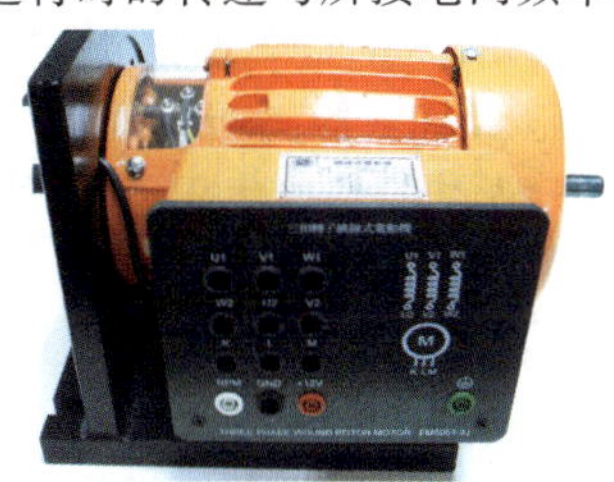

感应电动机

【感应电炉】(electric induction furnace) 利用电磁感应发热而熔炼金属的电炉。分无芯感应电炉和有芯感应电炉两类。无芯感应电炉的主要部分为坩埚和环绕坩埚外部的铜管所制成的螺旋形感应圈;在有芯感应电炉的感应圈中,置有铁芯,圈外环绕着耐火熔沟。在交流电通过感应圈时,在坩埚或熔沟内的电炉料中产生涡电流(有些坩埚亦产生涡电流),发生热能,熔化金属并维持高温。工业用无芯感应电炉的频率一般在中频范围内,而大容量感应电炉亦有用工业频率的。用于熔炼特殊钢、合金和有色金属。

感应电炉

【感应雷】(lightning induction) 又称雷电感应、感应过电压。当雷云来临时地面上的一切物体,尤其是导体,由于静电感应,都聚集起大量的与雷电极性相反的束缚电荷,在雷云对地或对另一雷云闪击放电后,云中的电荷就变成了自由电荷,从而产生出很高的静电电压(感应电压)的现象。按感应类型的不同可分为:(1)静电感应雷。是由于带电积云接近地面,在架空线路导线或其他导电凸出物顶部感应出大量电荷引起的。它将产生很高的电位。(2)电磁感应雷。是由于雷电放电时,巨大的冲击雷电流在周围空间产生迅速变化的强磁场引起的。这种迅速变化的磁场能在邻近的导体上感应出很高的电动势。雷电感应引起的电磁能量若不及时泄入地下,可能产生放电火花,引起火灾、爆炸或造成触电事故。

【感应同步器】(inductosyn) 又称平面式旋转变压器。利用电磁原理将线位移和角位移转换成电信号的一种装置。按其用途的不同可分为:直线式和旋转式(或称圆盘式)两种。圆盘式感应同步器用以检测角位移信号;直线式用以检测线位移。其工作原理是:利用电磁耦合,将直线或转角位移转变为电信号,通过检测电信号的大小获知感应同步器滑尺与定尺相对位移,从而间接检测数控机床移动部件的移动距离。广泛应用于高精度伺服转台、雷达天线、火炮和无线电望远镜的定位跟踪、精密数控机床以及高精度位置检测系统中。

【感知器】(mental perceptor) 可接收及反应信号的装置。是由美国计算机科学家罗森布拉特(F. Roseblatt)于1975年提出的。它是最早的人工神经网络。特别适用于简单的模式分类问题,也可用于基于模式分类的学习控制中。由于自身结构的限制,使其应用被限制在一定的范围内。一般来讲,感知器有以下局限性:(1)由于感知器的激活函数采用的是阀值函数,输出矢量只能取0或1,所以只能用它来解决简单的分类问题。(2)感知器仅能够线性地将输入矢量进行分类。(3)当输入矢量中有一个数比其他数都大或小很多时,可能导致较慢的收敛速度。虽然感知器具有上述局限性,但它在审计网络研究中有着重要的意义和地位。它提出了自组织自学习的思想,对能够解决的问题有一个收敛的算法,并从数学上给出了严格的证明。对这种算法性质的研究仍是至今存在的多种算法中最清楚的算法之一。因此它不仅引起了众多学者对人工神经网络研究的兴趣,推动了人工神经网络研究的发展，而且后来的许多种网络模型都是在这种指导思想下建立起来并改进推广的。

【感知障碍】(perceived barriers) 人脑对作用于身体感受器的事物的个别或整体属性的反应障碍。感觉和知觉(两者合称为感知)是人类认识世界的基础，是人最基本的心理过程。感觉是指客观事物的个别属性通过感觉器官在人脑中的反映；知觉则是客观事物作用于感觉器官，其各种属性在人脑中经过综合，借助于以往经验所形成的一种整体印象。感知受许多因素影响。个体感知的性质和强度，不但与客观刺激的性质和强度有关，也与个体的生理、心理状态有关。个体感觉器官功能较差或感觉信息输入、整合的神经通路有病变时，都会影响感知过程。感知的条件、背景、个体以往的经验、对感知对象意义的理解、个体的情绪与动机及人格特征都能显著影响感知过程。

【橄榄石】(olivine) 由镁橄榄石($Mg_2[SiO_4]$)和铁橄榄石($Fe_2[SiO_4]$)组成的类质同像系列矿物的统称。斜方晶系。晶体呈厚板状。橄榄绿至黄绿色。玻璃光泽。硬度为6.5～7.0。密度为3.2～3.5g/cm^3。通常呈粒状集合体。主要产于超基性和基性火成岩中。透明、色泽优美的晶体可作为宝石。橄榄石为组成橄榄岩的主要矿物。

橄榄石

【橄榄岩】(peridotite) 一种超基性深成岩浆岩。呈深绿色。粒粗且较重。主要由橄榄石和不定量的辉石组成，橄榄石含量可达40%～90%，有时可含少量黑云母、角闪石及铬铁矿。橄榄岩中SiO_2含量小于45%。橄榄岩常与其他超镁铁质岩石形成杂岩体，产于造山带中。与之有关的矿产有铬(Cr)、镍(Ni)、钴(Co)、铂(Pt)、石棉和滑石等。

橄榄岩

【干细胞】(stem cell) 具有自我更新、高度增殖和多向分化潜能的细胞群体。其分类方法有两种。一种是根据细胞所处的发育阶段分为胚胎干细胞和成体干细胞；另一种是根据干细胞的发育潜能分为三类：全能干细胞、多能干细胞和单能干细胞。胚胎干细胞的发育等级较高，是全能干细胞；而成体干细胞的发育等级较低，是多能或单能干细胞。体内干细胞的意义是：(1)补充体内一些短命组织的细胞来源，如血液细胞、皮肤细胞等。(2)组织或器官受到局部损伤时，干细胞可以再分裂形成新的该组织和器官，是体内的一种自我修复机制。干细胞工程即体外对干细胞进行操作，包括体外增殖、定向诱导、横向分化、基因修饰和组织成形等。它所研究的主要内容包括：ES细胞(胚胎干细胞)分离培养、定向诱导分化、基因操作、胚胎工程、核移植等。干细胞的应用前景：(1)用于生产转基因动物和克隆动物。(2)用于发育生物学研究。(3)用于新型药物研究和组织器官的修复、治疗研究。

【干细胞工程】(stem cell engineering) 利用干细胞增殖特性、多向分化潜能及其增殖分化的高度有序性，通过体外培养干细胞、诱导干细胞定向分化或利用转基因技术处理干细胞改变其特性的工程技术。其主要研究内容是：(1)胚胎干细胞的研究。(2)成体干细胞的研究，主要包括成体组织干细胞的分离培养和植入体内、更新机体病变的组织器官使之恢复正常功能。干细胞工程可用于培育不同的人体细胞、组织或器官，有望成为移植器官的新来源，用于治疗人类的各种疾病，如神经损伤、心脏病和肝脏病等。

【冈崎片段】(Okazaki fragment) 日本学者冈崎发现的DNA复制过程中产生的相对比较短的DNA链。该链大约含1 000个核苷酸残基。DNA复制可分为三个阶段：起始阶段、DNA链的延长、终止阶段。第二阶段包括前导链及随从链的形成。前导链是连续合成的一条新链。另一条新链是不连续合成的，称为后随链。后随链中的小片段就是冈崎片段。冈崎片段的合成需要引物。在引物被切除、缺口被补满以后，冈崎片段由DNA连接酶连接成为一条长链。冈崎片段的作用就是合成后随链。

【冈瓦纳古陆】(Gondwana ancient land) 又称南方古陆。大陆漂移说所设想的南半球超级大陆。"冈瓦纳古陆"是奥地利地质学家休斯于1885年在《地球的面貌》一书中提出的。他根据印度中部冈瓦纳地区石炭纪到侏罗纪地层－"冈瓦纳系"命名。他认为，非洲、印度等大陆具有相同的地质历史和古植物群，过去曾是一个统一的大陆。石炭纪到二叠纪时大

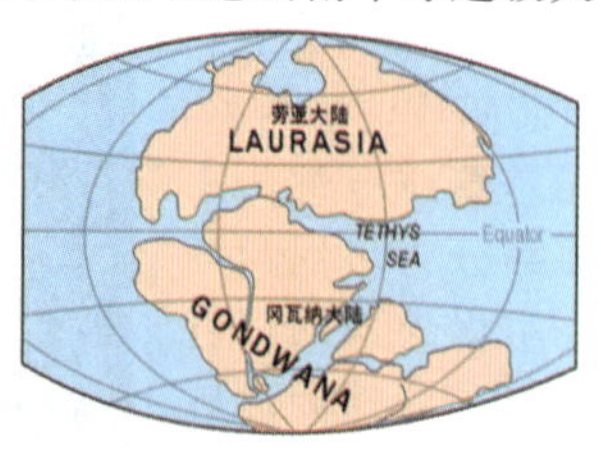

冈瓦纳古陆

规模冰川活动已由非洲、南美洲、澳大利亚、印度等地发现的冰碛岩所证实。该古陆上发育的大冰盖，其中心在南极洲东部和非洲南部，冰流由此辐射出去。古地磁资料也表明，当时这一带靠近古南极，大冰盖分布于古南纬60°以内。二叠纪时期，南方大陆占优势的植物群是种子蕨类植物舌羊齿。其分布遍及南美洲、中非、南非、澳大利亚、南极洲和印度，而在包括北美洲、格陵兰、欧亚在内的北方大陆则没有出现这类植物。冈瓦纳古陆在中生代开始解体，新生代期间逐渐迁移到现今的位置。

【刚度】(rigidity) 又称刚性。材料、构件在外力作用下抵抗变形的能力。常用材料、构件产生单位变形所需的外力或力矩来表示。其单位是 N/m 或 N/mm。各向同性材料的刚度取决于材料的弹性模量 E 和剪切模量 G。构件的刚度还取决于其几何形状、边界条件、外力的作用形式等因素。由于弹性变形量超过一定数值后会影响机器或构件的工作质量或安全性，所以分析材料和构件的刚度是工程设计中的一项重要工作。对于一些须严格限制变形的构件(如机翼、高精度的装配件等)，须通过刚度分析来控制变形。许多结构(如建筑物、机械等)也要通过控制刚度以防止发生震颤、振动或失稳。另外，如弹簧秤、环式测力计等，须通过控制其刚度为某一合理值以确保其特定功能。在结构力学的位移法分析中，为确定结构的变形和应力，通常也要分析其各部分的刚度。

【刚构桥】(rigid frame bridge) 梁与墩、台均为刚性联结的桥梁。其总体特点是上下部构件相互连接，且在连接处为刚性节点，上下部位有共同弹性变形，一同承受包括竖向荷载在内的一切作用力。按其结构形式的不同可分为门式刚构桥、斜腿刚构桥、T形刚构桥和连续刚构桥四种。

刚构桥

【刚体】(rigid body) 在外力作用下各部分体积和形状都不会发生变化的物体。刚体是力学中的一个科学抽象概念，即理想模型。事实上任何物体受到外力，不可能不改变形状。实际物体都不是真正的刚体。若物体本身的变化不影响整个运动过程，为使被研究的问题简化，可将该物体当作刚体来处理而忽略物体的体积和形状，这样所得结果仍与实际情况相当符合。例如，物理天平的横梁处于平衡状态，横梁在力的作用下产生的形变很小，可不予考虑。为此在研究天平横梁平衡的问题时，可将横梁当作刚体。

【刚性横墙】(rigid transverse wall) 又称横向稳定结构。在砌体结构中符合规定的刚度和承载能力要求的横墙。应符合以下要求：(1)在横墙中开有洞口时，洞口的水平截面面积不应超过横墙截面面积的50%。(2)横墙的厚度不宜小于180mm。(3)单层房屋的横墙长度不宜小于其高度，多层房屋的横墙长度不宜小于横墙总高度。当横墙不能同时符合上述要求时，应对横墙的刚度进行验算。凡符合刚度要求的，一段横墙或其他结构构件如框架等，也可视作刚性或刚弹性方案房屋的横墙。

【刚性联结自动线】(rigid coupling automatic production line) 在工序之间没有储料装置而工件的加工和传送过程有严格的节奏性(节拍)的自动生产线。在刚性联结自动线中，当某一台设备发生故障而停歇时，会引起全线停工。因此，对刚性联结自动线中各种设备的工作可靠性要求较高。

【刚性路面】(rigid pavement) 面层板体刚度(构件抵抗变形的能力)较大且抗弯拉强度较高的路面。一般指水泥混凝土路面，以及用水泥混凝土作基层、上铺沥青(渣油)作磨耗层的路面。在行车荷载作用下，该种路面产生的弯沉变形很小。扩散荷载能力好，是一种典型的路面结构形式。主要包括素混凝土路面、钢筋混凝土路面、连续配筋混凝土路面、预应力混凝土路面、钢纤维混凝土路面和混凝土块料路面等。主要用于机场跑道和高等级路面。

【钢】(steel) 含碳量0.025%～2%的铁基合金的总称。常含有锰(一般0.1%～1%)、硅(一般0.4%以上)、磷、硫(两者一般各不超过0.05%)等杂质。不含合金元素的钢称为碳素钢。含有一种或两种以上合金元素的钢则称为合金钢。按其冶炼方法的不同可分为平炉钢、转炉钢、电炉钢和坩埚钢(已逐渐为电炉钢所取代)；按铸锭前脱氧程度的不同可分为沸腾钢、镇静钢、半镇静钢；按其质量的不同可分为普通钢、优质钢、高级优质钢；按其用途的不同可分为结构钢、工具钢和特殊性能钢等。

【钢包精炼】(ladle refining) 又称二次精炼。在钢包内进行的炉外精炼。炉外精炼的主要手段冶炼不同钢种有不同的精炼侧重面，因而使用不同的工艺。按精炼主要工艺的不同可分为：吹氩搅拌型、真空脱气型和混合型三种类型。每种类型又分为若干方法。(1)吹氩搅拌型包括：①CAS法(调整成分密封吹氩法)。在封闭的耐火材料罩内进行底吹氩。②CAS－OB法。在CAS法的基础上顶吹氧和加铝粒使铝氧化发热增加钢液温度。③CAB 法。带钢包盖加合成渣吹氩精炼法。④LF 炉法。即电弧加热、底吹氩加合成渣。(2)真空脱气型包括:①DH 法(真空处理法)。又称提升脱气法。分批将钢液吸入置于钢包之上的真空槽中脱气,需反复多次操作。②RH 法(真空循环脱气法)。利用上升管和下降管将钢液循环地吸入置于钢包之上的真空槽中脱气和排出进入钢包。(3)混合型包括:①VD 法(钢包脱气法)。将钢包置于真空室内,从钢包底部吹氩。②VOD 法。在 VD 法基础上增加顶吹氧加热。③ASEA - SKF 法。桶式精炼炉法。将钢包置于真空室内,电弧加热加电磁搅拌。④VAD 法。将钢包置于真空室内,电弧加热加下部侧吹氩再加合成渣。

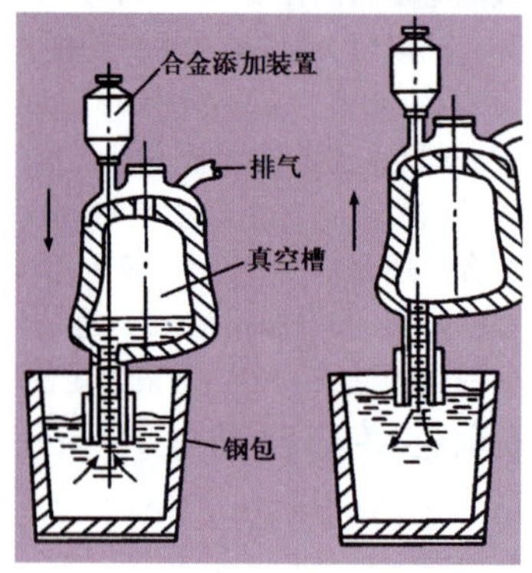

钢包精炼示意图

【钢包炉】(ladle furnace) 用来对初炼钢液进行精炼,并能够调节钢液温度,满足连铸、连轧的专用钢包。是炉外精炼的主要设备。钢包坐落在钢包车上。钢包炉口外缘装置水冷炉盖的水冷法兰圈,用于炉盖密封,以保持炉内强还原气氛和防止钢液散热。炉盖内侧有耐火材料隔热。炉底设有透气砖吹氩,并在底部装有滑动水口用来浇钢。钢包内衬用镁碳砖或镁铬砖等。电弧加热以石墨电极与钢液之间产生电弧来加热钢液。由于电极是通过炉盖插入泡沫渣中,所以又称埋弧加热,散热少,减少热辐射并可稳定电流。真空系统由真空炉盖、真空泵、真空排气管道以及除尘设备组成。钢包炉的主要功能是:(1)使钢液升温和保温功能,钢液通过电弧加热获得新的热能,不但能使钢包精炼时补加合金和调整成分,补加渣料,便于钢液深脱硫和脱氧,而且能使钢液达到连铸所要求的温度。(2)氩气搅拌功能。通过装在炉底的透气砖向钢液吹氩,获得一定的搅拌功能。(3)真空脱气功能。

钢包炉

【钢材】(steel products) 由钢锭或钢坯加工成的产品。通常分为型钢、钢板、钢管和特殊形状的钢材,包括线材、箔材和带材等。钢板是具有矩形截面而宽度较大的钢材;型钢是具有一定几何形状截面的钢材;管材是具有空心截面而长度远大于外径(或边长)的一种金属材料;线材是直径或边长很小的(如钢丝通常在 9mm 以下)成卷的金属材料;箔材是厚度在 0.2mm 以下的极薄的金属板材或带材;带材是呈卷状或带状的薄钢材。广泛用于国民经济各部门。

钢材

【钢锭精整】(cast finish) 在压力加工前,去除钢锭表面缺陷的工艺过程。一般可用风铲、砂轮机和乙炔焰等处理方法除去钢锭表面的夹灰、气孔或裂纹等缺陷。

【钢管混凝土结构】(steel tube concrete structure) 在钢管中填入混凝土后形成的建筑构件。是一种具有承载力高、塑性和韧性好、节省材料、方便施工等特点的新型组合结构材料。按其截面形状的不同可分为:方钢管混凝土、圆钢管混凝土和多边形钢管混凝土。钢管混凝土虽由两种材料组合而成,但对构件业而言,被视为一种新材料——“组合材料”。钢管混凝土构件在不同荷载组合作用下的性能变化是连续的和统一的。如钢管混凝土构件的性能随几何参数,如含钢率、长细比和空心率等的改变及其性能等而变化。同时钢管混凝土构件的性能随其截面形状,如圆形、多边形、八边形、六边形和正方形等的改变也是连续的和统一的。钢管混凝土结构利用钢管和混凝土两种材料在受力过程相互之间的组合作用,充分地发挥了这二者的优点,使混凝土的塑性和韧性大为改善,可以避免或延缓钢管发生局部屈曲。因此,使钢管混凝土整体具有承载力高、塑性和韧性好、经济效益优良和施工方便等优点。

【钢桁架】(steel truss) 用钢材制造的檩架。工业与民用建筑的屋盖结构、吊车梁、桥梁和水工闸门等,常用钢桁架作为主要承重构件。各式塔架,如桅杆塔、电视塔和输电线路塔等,常用三面、四面或多面、平面桁架组成的空间钢桁架。钢桁架常按力学简图、外形和构造特点进行分类:(1)按力学简图的不同可分为简支的和连续的、静定的和超静定的、平面的和空间的六种。简支钢桁架应用最广。(2)按外形的不同可分为三角形、梯形、平行弦和多边形四种。屋面坡度较陡的屋架常采用三角形钢桁架,跨度一般在18~24m;屋面坡度较平缓的屋架常采用梯形钢桁架,跨度一般为18~36m。其他各类钢桁架常采用构造较简单的平行弦钢桁架。多边形钢桁架受力较好但制造复杂,只在大跨度钢桁架中采用。塔架通常采用直线或折线的外形。

钢桁架

【钢化玻璃】(tempered glass) 具有抗拉强度和热稳定性的玻璃。将平板玻璃加热到接近软化点温度,在玻璃表面进行均匀的急速冷却,使玻璃表面产生压应力,内部产生张应力,提高抗拉强度和热稳定性。当经受的外力超过其强度而破碎时,碎片似蜂窝状,无锐角。其主要优点是:(1)强度大,抗弯,抗冲击强度分别是普通玻璃的5~10倍。(2)承载能力增大。(3)耐急冷、急热性质较普通玻璃可提高2~3倍,可承受150℃以上的温差变化,对防止热炸裂有明显效果。其缺点是:(1)有可能自爆。(2)不宜单独在高层建筑或者天棚、天窗结构中使用。一旦玻璃破裂,所产生的“玻璃雨”会对下面的人群造成伤害。一般制成夹层玻璃或者和夹网玻璃联合使用。(3)在生产过程中产生变形,影响光学性能。在追求映像效果的幕墙、飞机挡风玻璃等方面的应用受到限制。(4)一旦制成就不能再进行任何冷加工处理。玻璃的成型、打孔等必须在钢化前完成。

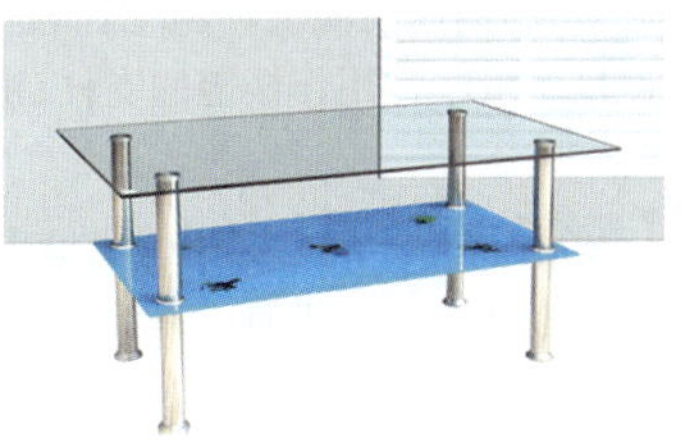
钢化玻璃

【钢结构】(steel structure) 用钢板和热轧、冷弯或焊接型材通过连接件连接而成的能承受和传递荷载的结构。用钢材料建造的承重构件包括悬索结构。通常由型钢和钢板等制成的钢梁、钢柱、钢桁架等构件组成。各构件或部件之间采用焊缝、螺栓或铆钉连接。有些钢结构还用钢铰线、钢丝绳或钢丝束以及铸钢等材料组成。其特点是:(1)组织结构均匀,接近于各向同性匀质体,其理论计算结果比较符合实际受力情况。(2)钢材强度较高,弹性模量高;塑性和韧性好、适宜于承受振动和冲击荷载。(3)钢材容重与强度的比值一般小于混凝土和木材,重量轻。(4)便于机械化制造,精确度较高,安装方便,是工程结构中工业化程度最高的一种结构。(5)施工较快。(6)密封性较好。常用于跨度大、高度大、荷载大、动力作用大的各种工程结构中,如工业厂房的承重骨架和吊车梁、大跨度的屋盖结构、高层建筑的骨架、大跨度的桥梁、起重机结构、塔架和桅杆结构和石油化工设备等。但耐锈蚀性和耐火性较差。

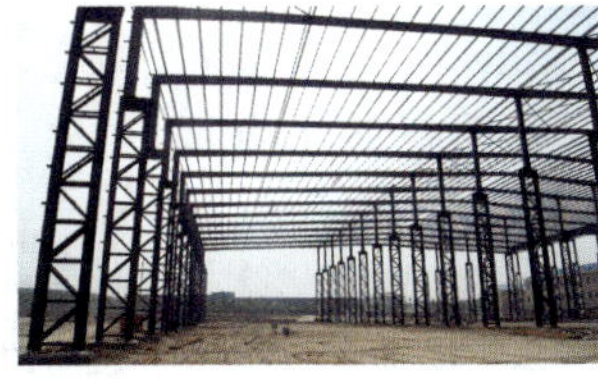
钢结构

【钢结构件】(parts of steel structure) 将多种零部件通过焊接、铆接或用螺栓连接等多种方式组装而成的一个有机整体。具有自重轻、工厂化制造、安装快捷、施工周期短、抗震性能好、投资回收快、环境污染少等综合优势。在发达国家和地区,在建筑工程领域中得到合理、广泛的应用。按其用途的不同可分为:轻型钢结构件、高层钢结构件、住宅钢结构件、空间钢结构件和桥梁钢结构件。其中,轻型钢结构件主要是采用轻型H型钢制成门形钢架,C型、Z型冷弯薄壁型钢作檩条和墙梁,压型钢板或轻质夹芯板作屋面、墙面围护结构,采用高强螺栓、等连接件和密封材料组装起来的低层和多层预制装配式钢结构房屋体系。高层钢结构主要是采用型钢、钢板连接或焊接成构件,再经连接而成的结构体系。高层钢结构件常采用钢框架结构、钢框架-支撑结构、钢框架-混凝土核心筒结构等形式,后者在现代高层、超高层建筑中应用较为广泛。

【钢筋保护层厚度】(thickness of reinforced protective layer) 又称混凝土保护层厚度。钢筋主筋或受力筋外皮到混凝土构件外表面之间的距离。在钢筋混凝土结构构件中,钢筋骨架是被浇筑在混凝土之中的。由于钢筋的化学成分比较活跃,在空气中比较容易被锈蚀,为了保证钢筋的耐久性能,为了混凝土构件对钢筋有着可靠和有效的握裹力,在钢筋骨架的四周必须有一定厚度的混凝土将钢筋包住。保护层的厚度,必须要满足钢筋混凝土施工规范和规程的要求。确定混凝土保护层厚度应综合考虑黏结锚固、免遭锈蚀和构件截面的有效高度三个主要因素。规范给出的混凝土保护层最小厚度正是保护层厚度的最低取值。当混凝土强度等级不低于20℃时,保护层厚度可以减少5mm,处于二类环境中的构件,当表面另作水泥砂浆抹面层并有质量保证措施时,可按一类环境考虑。预应力钢筋保护层不应小于 15mm。受弯构件钢筋端头保护层厚度应不小于 10mm。

【钢筋焊接机】(reinforcing welding machine) 利用电流将不同钢筋连接起来的设备。包括焊机、焊机工艺设备和焊接辅助器具。适用于建筑施工现场、桥墩、烟塔、涵洞、地下工程和水利工程中钢筋的焊接。分为钢筋对焊焊接机、钢筋点焊焊接机等类型。

钢筋焊接机

【钢筋混凝土桁架】(reinforced concrete truss) 用钢筋混凝土或预应力混凝土材料制成的檩式结构。由于钢筋混凝土桁架的拉杆在使用荷载下常出现裂缝，仅用于荷载较轻和跨度不大的桁架。在 20 世纪 50 年代以后，随着预应力混凝土技术的发展，对跨度较大和荷载较重的桁架，普遍采用预应力混凝土桁架。其常用的跨度为 18m、24m、30m，个别的为 60m。多用于屋架、塔架，有时也用于栈桥和吊车梁。

【钢筋混凝土结构】(reinforced concrete structure) 配置增强拉应力钢筋制成的混凝土构件。混凝土的抗拉强度远低于其抗压强度。素混凝土结构不能用于受有拉应力的梁和板。如果在混凝土梁、板的受拉区内配置钢筋，混凝土开裂后的拉力即可由钢筋承担，可充分发挥混凝土抗压强度较高和钢筋抗拉强度较高的优势，共同抵抗外力的作用，提高承载能力。钢筋与混凝土两种不同性质的材料能有效地共同工作，是由于混凝土硬化后混凝土与钢筋之间产生了黏结力。它由分子力(胶合力)、摩阻力和机械咬合力三部分组成。其中起决定性作用的是机械咬合力，约占总黏结力的一半以上。将光面钢筋的端部作成弯钩，或将钢筋焊接成钢筋骨架和网片，均可增强钢筋与混凝土之间的黏结力。为保证钢筋与混凝土之间的可靠黏结和防止钢筋被锈蚀，钢筋周围须具有 15 ~ 30mm 厚的混凝土保护层。若结构处于有侵蚀性介质的环境，保护层厚度还要加大。

【钢筋混凝土梁】(reinforced concrete beam) 用钢筋混凝土材料制成的横向构件。既可做成独立梁，也可与钢筋混凝土板组成整体的梁－板式楼盖，或与钢筋混凝土柱组成整体的单层或多层框架。其形式多种多样，是房屋建筑、桥梁建筑等工程结构中最基本的承重构件。应用范围极广。

【钢筋混凝土桥】(reinforced concrete bridge) 以钢筋混凝土作为上部结构主要建筑材料的桥梁。这种桥由耐压的混凝土和抗拉、抗压性能均好的钢筋结合而成。主要用于跨度不大的梁式桥和拱桥。

钢筋混凝土桥

【钢筋混凝土筒仓】(reinforced concrete silo) 储存散料的钢筋混凝土直立容器。平面为圆形、方形、矩形、多角形及其他几何外形。容纳贮料的部分为仓体。筒仓内贮料计算高度与圆形筒仓内径或矩形筒仓短边之比大于或等于 1.5 时为钢筋混凝土深仓，小于 1.5 时为钢筋混凝土浅仓。

【钢筋混凝土柱】(reinforced concrete column) 用钢筋混凝土材料制成的竖向承重物件。是房屋、桥梁、水工等各种工程结构中最基本的承重构件。按照制造和施工方法的不同分为现浇柱和预制柱。现浇钢筋混凝土柱整体性好，但支模工作量大；预制钢筋混凝土柱施工比较方便，但要保证节点连接质量。常用作楼盖的支柱、桥墩、基础柱、塔架和桁架的压杆。

【钢筋切割机】(reinforcement cutting shears) 剪切钢筋的一种机具。有全自动切断机和半自动切断机之分。全自动的又称电动切断机。是电能通过马达转化为动能控制切刀切口剪切钢筋。而半自动的是人工控制切口剪切钢筋。适用于建筑工程上各种普通碳素钢、热扎圆钢、螺纹钢、扁钢、方钢的切断。

钢筋切割机

【钢筋阻锈剂】(anti-corrosion admixture) 能改善和提高钢筋的防腐蚀能力，减缓或阻止钢筋腐蚀的化学用品。按其作用原理的不同可分为：阳极型、阴极型和混合型。阳极型主要有铬酸盐、亚硝酸盐和钼酸盐等，与钢铁开始腐蚀产生的氧化亚铁反应，生成三氧化二铁保护膜，阻止钢铁进一步腐蚀；阴极型主要有锌酸盐、某些磷酸盐以及某些有机化合物，通过吸附或成膜，减缓或阻止钢铁腐蚀；混合型是由阳极型、阴极型以及其他多种化学物品搭配而成，比单独使用阳极或阴极型功效好。

【钢帘线】(steel cord) 又称钢丝帘线。由两根或多根镀铜钢丝捻制成的、由股与股组合或由股与丝组合形成的绳。钢帘线是随着子午线轮胎的发展而发展的。传统的斜交胎是用纤维作为骨架材料的。全钢子午胎的带束层和胎体全部用钢帘线作为骨架材料；半钢子午胎的带束层用钢帘线，胎体用纤维骨架材料。轿车、轻卡的子午线轮胎一般采用半钢结构，载重子午线轮胎采用全钢结构。钢帘线子午胎与斜交胎相比，有下列优点：(1)承载能力提高30%～50%。(2)耐磨性好，行驶里程提高50%～100%。(3)散热快，弹性好，滚动阻力小，可节油10%。(4)汽车在高速行驶时安全、舒适。钢帘线的结构按用途的不同可分为：乘用胎选用1×4、1×5、2+2等，轻卡胎选用3+9、2+7等，载重胎选用3×0.20+6×0.35、3×7×0.20，用于带束层，及3+9+15×0.175+0.15、7×4×0.22，用于胎体。钢帘线的单丝直径一般为0.15～0.38mm。3+9+15×0.175+0.15表示其股芯为3根0.175mm钢丝捻制，然后加9根0.175mm钢丝捻制中层，再加15根0.175mm钢丝捻制外层，最后缠一层外绕丝，丝径为0.15mm。对钢帘线的性能要求包括：(1)物理性能。包括直径、捻距、捻向、线密度、弧高、残余扭转及松散度。(2)力学性能。包括破断力、抗拉强度、破断伸长率、弹性。(3)理化性能。包括镀层质量、镀层厚度、镀层成分。(4)黏合性能。主要指与橡胶的黏合力。钢帘线生产工艺流程是：线材→粗拉→中间热处理→中间拉拔→热处理→镀黄铜→水箱细丝机拉拔→管式捻股机或双捻机合股成绳。对钢帘线用线材的主要要求是钢的洁净度、杂质含量、非金属夹杂物的级别和表面质量。

【钢梁】(steel beam) 用钢材制造的建筑工程中的横向构件。厂房中的吊车梁和工作平台梁、多层建筑中的楼面梁、屋顶结构中的檩条等，均可采用钢梁。钢梁分两类：(1)型钢梁。用热轧成型的工字钢或槽钢等制成。檩条等轻型梁还可以采用冷弯成型的Z型钢和槽钢。型钢梁加工简单，造价低廉，但其截面尺寸受到一定规格的限制。当荷载和跨度较大，采用型钢不能满足强度、刚度或稳定性要求时，则采用组合梁。(2)组合梁。由钢板或型钢焊接或铆接而成。铆接费工费料，常以焊接为主。常用的焊接组合梁为由上、下翼缘板和腹板组成的工形截面和箱形截面。后者费料，制作复杂，但具有较大的抗弯刚度和抗扭刚度，适用于有侧向荷载和抗扭要求较高或梁高受到限制等情况。

吊车梁

【钢坯】(sleel blank) 由钢锭经轧制或锻造而成的半成品。供继续轧制型钢、钢板、线材或锻造成品等。通常分为方坯、板坯和圆坯。

【钢桥】(steel bridge) 以钢材作为上部结构主要建筑材料的桥梁。其特点是：强度高，刚度大，梁高和自重比混凝土桥小，钢材的各向同性、质地均匀及弹性模量大，桥的工作情况与计算图示假定比较符合。钢桥一般采用工厂制造，工地拼接，因而施工周期短，加工方便且不受季节影响。但钢桥的耐火性、耐腐蚀性差，需要经常检查、维修，且养护费用较高。

钢桥

【钢丝】(steel wire) 用热轧线材进行拉拔成形的深加工产品。分类有许多方法，大致包括：(1)按形状一般分为圆形钢丝和异型钢丝两类。其中异型钢丝又分为方形、矩形、菱形、扁形、梯形、三角形、六角形、椭圆形、卵形及特殊断面钢丝等。(2)按化学成分的不同可为低碳、中碳、高碳、低合金、中合金、高合金及特殊钢钢丝等。(3)按尺寸的不同可分为细、粗及特粗钢丝等。(4)按最终热处理方法的不同可分为退火、正火、淬火－回火及固溶处理钢丝等。(5)按表面加工状态的不同可分为冷拉、冷拔、热拉、银亮、光面、镀层(镀锌、镀锡、镀铜、镀铝)钢丝等。(6)按抗拉强度的不同可分为低强度、普通强度、高强度及超高强度钢丝等。(7)按用途的不同可分为一般用途、焊接、捆扎、制钉、顶锻、架空通信、针布、弹簧、轮胎、辐条、轴承、预应力及电热钢丝等。钢丝直径通常为0.01～15mm。一般以盘卷形式交货，也可以根据顾客要求以定尺直条状态交货。盘

钢丝

卷直径最大超过2m,盘重在2t以内。

【钢丝绳】(steel wire rope) 由多层钢丝捻成股,再以绳芯为中心,由一定数量的股包捻在绳芯上所形成的螺旋状绳。钢丝绳有许多分类方法。最常用的方法是:(1)按直径分为细直径、普通直径、粗直径钢丝绳。(2)按用途的不同可分为:一般用途、电梯用、航空用、起重用、矿井提升用、渔业用、钻井设备用、架空索道用及缆车用钢丝绳等。(3)按表面状态的不同可分为光面、镀锌及涂塑钢丝绳。(4)按钢丝绳中股的断面形状的不同可分为圆股钢丝绳、异型股钢丝绳。(5)按丝或股的捻制方法的不同可分为左捻、右捻、平行捻、交互捻。(6)按捻制特性及钢丝之间相互接触状态的不同可分为点接触、线接触及面接触钢丝绳。(7)按绳芯的不同可分为天然纤维芯、人造纤维芯及小规格钢丝绳绳芯。(8)按制钢丝绳的抗拉强度的不同可分为多个等级。钢丝绳结构表示方法如下:(1)股的结构。圆股钢丝绳的股的结构是一根稍微加粗的圆钢丝作为股芯,将6根钢丝捻绕在股芯上作为第一层外层钢丝,其结构为1+6,在其外层再捻绕12根钢丝作为第二层外层钢丝,结构为1+6+12,总钢丝数为19根。也可以继续捻绕,形成层数和钢丝总数更多的股。一般钢丝绳股中的钢丝直径除股芯钢丝外是相同的。(2)钢丝绳的结构。用股数和股内钢丝数表示,如6×7、6×19、6×37,此时的绳芯为纤维芯。用纤维绳芯可以存储一定的油脂润滑外部的钢丝。在高温环境中使用会烧损纤维绳芯,所以使用金属绳芯,7×7则表示绳芯也使用1+6的金属股。为了提高钢丝绳的性能,使用两种或三种不同直径的钢丝捻制,提高了填充系数,形成了瓦林吞式、西鲁式、填充式或瓦林吞-西鲁式钢丝绳。分别用W、S、Fi、WS表示。如6×19W、6×31S、6×25Fi和6×26WS等。

钢丝绳

【钢丝绳试验】(wire rope test) 检验钢丝绳物理化学性能的方法。钢丝绳的检验项目包括:材料的化学成分、捻制质量、力学性能和使用性能。各种检验均制定有相应的国家标准或行业标准。化学成分根据规定的材料的主要元素和杂质元素的含量进行化学分析。捻制质量检验包括所用绳芯、股(又称股绳)以及股中的钢丝的排列形式和数量,绳的直径与不圆度,捻距、捻法与捻向,股的捻距、捻法与捻向,股在钢丝绳中的不松散性和钢丝在股中的不松散性试验,所用钢丝的直径和不圆度。力学性能包括钢丝绳整绳破断拉力、拆股钢丝抗拉强度和韧性(伸长率、弯曲、扭转),用拆股钢丝抗拉强度计算的钢丝绳破断拉力总和,钢丝绳的韧性(拆股钢丝的强度差)。使用性能主要是接触弯曲疲劳试验。如果钢丝进行了防腐镀层,则要进行镀层材料和镀层附着力检验。

【钢丝试验】(wire test) 检验钢丝物理化学性能的方法。检验项目包括:化学成分、外观质量、力学性能和工艺性能。各种检验方法均有相应的国家标准或行业标准。化学成分分析是根据规定的材料的主要元素及杂质元素含量进行化学分析。外观质量包括直径、不圆度、表面缺陷等。力学性能通常包括抗拉强度、屈服强度、断面收缩率、伸长率、扭转、弯曲、反复弯曲、缠绕、打结拉力等。不同用途的钢丝还要专门抽检不同的项目。例如镀层钢丝的镀层质量和镀层附着力;导电钢丝的电阻和导电率;不锈钢丝的晶间腐蚀试验等。工艺性能包括焊接钢丝焊接后其熔覆金属的力学性能;弹簧钢丝进行扭转疲劳试验等。

【钢塑复合管】(steel-plastics composite pipe) 钢管内衬塑料制成的复合管。兼有钢管和塑料管的优点。一般采用硬聚氯乙烯塑料管衬在钢管内,通过管件的螺旋凸缘设计可保证密封性能并防止管道端面锈蚀。塑料用作复合管的内壁,具有良好的耐腐蚀性,不挂污,不结垢,使用寿命长,内壁光滑,流体阻力小。复合管的外壁采用钢管,较之塑料管的强度有很大提高,发挥了耐压、抗冲击、耐温度变化的长处。在工业与民用建筑的给排水系统和化工、食品、饮料等行业的液体输送管道中广泛应用。

钢塑复合管

【钢索采矿法】(steel wire mining) 一种传统的海底采矿方法。是在船上用钢索悬挂拖斗或其他采掘工具并使之沉到海底,用拖斗刮取疏松砂矿再提升到船上。此方法历史悠久,技术成熟,在砂矿丰富的海底,其采矿能力可达800~1 500t/h。

【钢铁工业废水】(iron and steel industry waste water) 在钢铁工业生产过程中排出的废水。钢铁生产包括矿石采选、烧结、炼铁、炼钢(连铸)、轧钢等生产工艺。每炼1吨钢,约需要用水200～250m³。废水主要来源于生产工艺过程用水,其中设备与产品冷却用水约占70%。按照生产工艺的不同可区分为:(1)矿石采选废水。含有高浓度悬浮物、多种金属离子和选矿药剂的弱酸性废水。对这类废水提倡重复利用、回收金属、减少废水排放量。(2)烧结废水、炼铁废水和炼钢废水。悬浮物含量高、水温高,热轧废水水量大、水温高、含大量氧化铁和油。这些废水经冷却、除油、过滤、沉淀处理后,都可循环利用。(3)冷轧废水。水中的主要污染物是油(包括乳化液)、酸碱和铬离子,应分流处理、回收利用。

【钢铁联合企业】(integrated iron and steel works) 钢铁生产的综合组织。其基本组织部分有原料准备、炼铁、炼钢和轧钢等。还包括内部的运输系统,水、电、煤气、氧气和蒸汽等供应系统,机修和备品制造等。现代大规模的钢铁联合企业还兼管采矿、选矿、炼焦以及炼焦副产品和耐火材料的生产。

【钢纤维混凝土】(steel fiber reinforced concrete) 在普通混凝土中掺配一定数量短而细的钢纤维所制成的新型高强复合材料。钢纤维阻止基体混凝土裂缝的产生,具有良好的抗折、抗冲击、抗疲劳以及收缩率小、韧性好、耐磨耗能力强等特性。可使路面厚度减薄50%以上。路面缩缝间距可增至15～30m,且不用设胀缝和纵缝。钢纤维混凝土所用钢纤维的类型有圆直型、熔抽型和剪切型,长度分为各种不同规格,最佳长径比为40～70。其截面直径在0.4～0.7mm范围内,抗拉强度不低于380MPa。在施工时钢纤维在混凝土中的掺入量体积比为1.0%～2.0%。水泥采用425～525号普通硅酸盐水泥,以保证混合料具有较高的强度和耐磨性能。钢纤维混凝土用的粗骨料最大粒径为钢纤维长度的2/3,不宜大于20mm。细集料采用中粗砂,平均粒径0.35～0.45mm,其中的松装密度为1.37g/cm³,砂含率为45%～50%。

【钢芯铝绞线】(steel core aluminum strand) 用钢丝或钢丝绳作芯,在其上用铝丝以螺旋状绞合而成的同心线。主要用于输电线路的架空导线。小直径铝绞线使用钢丝作为钢芯,大直径铝绞线使用钢丝绳作为钢芯。铝丝生产工艺过程是:铝杆放线→连续拉拔→工字轮收线。其中拉拔是在连续式拉丝机上进行的。对铝杆的要求主要是导电率;对铝丝的要求是抗拉强度和导电率。绞线的生产过程是:钢芯放线→铝丝捻制→张紧→成品工字轮收线。其中捻制是在管式捻股机或筐篮式捻股机上完成的。根据要求,在钢芯上包捻一层或多层铝丝。捻制多层铝丝通常是将两台筐篮式捻股机串联起来,第一台制成的钢芯铝绞线作为第二台捻股机的绞线线芯,在其上面继续包捻外层铝丝。第二台捻股机的张紧轮作为整条生产线的驱动装置。

钢芯铝绞线

【钢纸】(stiff chemical fiber paper) 由纤维素及其衍生物经特殊工艺处理制成的特种纸。既有钢的坚硬,又像纸那样轻盈,并具有弹性、耐温差性、电绝缘性、抗油性和可加工性。能够承受如刨平、钻孔、切削、锯断、弯曲、研磨等机械加工。多用作绝缘材料和隔热材料。在机械工业中,用于制作轴瓦、齿轮、砂轮磨盘、荷重垫片、手推车车轮等;在电气工业中,用于制作引信管、避雷器、低压断熔器、仪表零件和电视机配件等。

钢纸

【钢柱】(steel column) 用钢材制造的竖向承重构件。大中型工业厂房、大跨度公共建筑、高层房屋、轻型活动房屋、工作平台、栈桥和支架等的支柱,大多采用钢柱。按其截面形式的不同可分为实腹柱和格构柱。实腹柱具有整体的截面,最常用的是"工"形截面。格构柱的截面分为两肢或多肢,各肢间用缀条或缀板联系。当荷载较大、柱身较宽时其钢材用量较省。

【港池】(harbor basin) 港口内供船舶停泊、作业、驶离和转头操作用的水域。也是海关对船舶联检的主要场所。港池要有足够的面积和水深,要求风浪小和水流平稳。港池有的是由天然地势形成的,有的是由人工建筑物掩护而成的,有的是人工开挖海岸或河岸形成的。包括码头前沿水域、船舶转头水域、港内锚地等。码头前沿水域是供船舶靠泊码头,进行货物装卸和旅客上下用的水域。船舶转头水域是供船舶靠离码头以前或以后需要回转用的水域。港内锚地是供船舶进行水上船转船的货物装卸作业、避风停泊和等候靠泊码

港池

头的水域。河港的港内锚地还作为供船队进行编解作业之用。

【港口】(port) 位于江、河、湖、海沿岸,具有明确界限的水域、陆域和一定设备、条件供往来船舶停靠、上下旅客、装卸、储存和驳运货物的场所。主要由水域和陆域两部分组成。按所在地自然条件的不同可分为天然港和人工港;按所在地理位置的不同可分为海港、河口港和河港;按港口用途的不同可分为商港、工业港、军用港、渔港和避风港;按其层次的不同可分为航运中心港、主枢纽港、地区性枢纽港、地区性重要港口和其他中小港口;按其集装箱运输份额的不同可分为国际集装箱枢纽港、区域性枢纽港和支线港(喂给港)。主要有装卸和仓储功能、运输组织管理功能、贸易功能、信息功能、服务功能、生产加工功能、辐射功能和现代物流功能等。现代港口的发展趋势是:(1)大型化趋势。(2)集装箱化趋势。(3)深水化趋势。(4)生产管理的高效、高科技化趋势。(5)信息化、网络化趋势。(6)向物流服务中心转化的趋势。(7)普遍重视环保的趋势。

港口

【港口安全】(port security) 港口设施,船舶进出、停泊、靠泊,旅客上下,货物装卸、驳运、储存等安全的统称。航行国际航线的客船(包括高速客船)、500t及以上的货船(包括高速货船)和移动式海上钻井平台服务的港口设施,适用《港口设施保安规则》和《船舶保安规则》。从事危险货物装卸的码头、泊位等单位,应当制定本单位事故应急救援预案,配备应急救援人员和必要的应急救援器材、设备,并定期组织演练。发生危险货物事故和重大生产安全事故时,应立即向港口管理局部门报告。装载危险货物的船舶应当制定保证水上人命、财产安全和防止船舶污染环境的措施,编制应对水上交通事故、危险货物泄露事故的应急预案,以及船舶溢油应急计划,配备应急救援人员和必要的救援器材设备。

【港口防波堤】(port waterbreak) 港口水域外围用以防御波浪,以保持水面平稳以及船舶停靠和作业安全的水工建筑物。按平面布置,防波堤由港池两侧岸向外伸出的双堤组成,或者是由从岸边一侧向外伸出的曲形单堤,也可是与岸线大致平衡的离岸单堤,或者由曲双堤和离岸单堤共同组成。

【港口腹地】(port hinterland) 港口货物吞吐和旅客集散所涉及的地区范围。现代化的港口一般具有双向腹地,即面向内陆的陆向腹地和面向海外的海向腹地。港口的陆向腹地指以某种运输方式与港口相连,为港口提供货源或消化港口进口货物的地域范围;港口的海向腹地指通过海运船舶与某海港相连接的其他国家或地区。港口的发展建设必须以腹地范围的开拓和腹地经济的发展为后盾。腹地是港口赖以生存和发展的基础;港口是腹地的门户,对腹地经济发展也有一定的影响。

【港口工程】(port project) 在海岸或入海河口修建的供人员及货物中转运输的建筑工程。常由码头、防波堤、航道、航标、锚泊地及陆上配套设施(道路、仓库、装卸及运输设备、通信、水电供应等)组成,是一个综合性的系统工程。一般大型港口工程多与交通枢纽、海军基地和大城市配套建设,对推动地方经济建设和社会发展及巩固国防安全,具有重要作用。

【港口航道】(port channels) 为保证船舶安全、便利地进出港口和靠离码头,港内必须具有足够水深和一定宽度的航道。可以是天然的,也可以是经过人工开挖的。有的水道虽经过局部工程措施处理,但水流的自然特性基本没有改变,仍然属于天然航道。

【港口集疏运系统】(port collecting & dispatching system) 港口所具备的由海、铁、陆、空、管道多种运输方式构成的安全、快捷、完善的立体交通网络。港口规划要特别重视港口集疏运系统。它涉及综合运输系统中的铁路、公路、水运、管道等各系统的自身规划。只有各系统衔接、匹配、协调,港口客货运输才能畅通。从广义上来讲,港口业务相关信息也属集疏运范畴。

【港口库场】(port store yard) 港口为装卸和存储货物的仓库、货棚、堆场、货囤、筒仓、油槽等建筑物的总称。其用途是:负责货物收发,承担货物保管;加强库场疏运,确保库场畅通。港口库场具有实施货运作业的功能、保管货物的功能、货物的集散功能和调节与缓冲功能。按库场所处的位置的不同可分为水上仓库、前方仓库、后方库场;按建筑特征的不同可分为露天货场、货棚、货舱、货囤、储罐、筒仓等;按所保管的货物类型的不同可分为普通库场及煤场、矿石堆场、仓库、油库、冷藏库、危险品仓库等。

【港口水工建筑物】(port hydraulic building) 供港口正常生产作业的临水或水中建筑物。按其用途的不同可分为防护建筑物、码头建筑物、护岸建筑物三大类。防护建筑物多数用在海港,防止波浪对港内的冲击,抗阻泥沙、流冰进入港内。这种建筑物在水域外围的深海中,经受巨大的波浪冲击力。该建筑物须建造得既稳定又坚固,且规模要大,以便阻抗深水海浪。码头建筑物是港口的主要水工建筑物。它由主体结构和附属设施两部分组成。护岸建筑建在港口陆域和水域的交接地带(停靠船舶的码头岸线除外)。最常见的护岸建筑物是护坡和护墙。

港口水工建筑物

【港口吞吐量】(port throughput)　一年中港口所装卸的货物总量。是确定港口规模的决定性指标。影响港口吞吐量的因素很多,主要包括腹地的经济发展水平、发展目标、经济结构、综合运输交通体系的状况以及周边港口间的竞争等因素。吞吐量预测结果的可靠与否直接关系到港口未来的营运效果。预测量过大,而实际货源不足,将造成基础设施的浪费;预测量过于保守,影响港口建设进度,会造成货物滞留港内,压船,压港,给港口运输造成被动局面。正确地预测未来港口吞吐量,能为水运发展提供可靠依据,是港口规划基础性工作。

【港区供电】(power supply in port area)　为了满足港口的动力、照明和通信设备所需的电力而设置的供电设施。是港区的重要配套设施。一般分为港内电力系统和港外供电。港内供电一般有降压变电站,以满足港区接受电源和变电、配电的需要。根据负荷分布和用电设备的情况,在码头和车间附近还可设若干分变电所,以便进行动力和照明供电。港外供电电源除特殊情况外,一般取自当地地区电网千伏级的输入电源。

【高层建筑】(high rise building)　超过一定高度和层数的多层建筑。中国大陆自1982年起规定超过10层的住宅建筑和超过24m高的其他民用建筑为高层建筑。1972年国际高层建筑会议将高层建筑分为如下四类:(1)9～16层(最高50m)。(2)17～25层(最高75m)。(3)26～40层(最高100m)。(4)40层以上(高于100m)。现代高层建筑兴起于美国。1883年在芝加哥建起第一幢高11层的保险公司大楼。1931年在纽约建成高102层的帝国大厦。第二次世界大战以后,出现了世界范围的高层建筑繁荣时期。如中国台湾省有台北101大楼,原名台北国际金融中心,楼高508m,地上101层,地下5层,是当前全世界最高的摩天大楼。高层建筑可节约城市用地,缩短公用设施和市政管网的开发周期,减少市政投资。

高层建筑

【高层建筑电气系统设计】(electrical system design of high-rise building)　按照规范并通过科学负荷验算,从设计上满足高层建筑各系统用电负荷安全性要求,并对建筑物强弱电系统管线敷设提出合理解决方案。其主要内容是:(1)电力负荷的计算。是供电设计的依据参数。计算准确与否,对合理选择设备,安全可靠与经济运行,均起决定性作用。高层建筑的电力负荷计算,基本上采用负荷密度法和需要系数法。(2)供电电源及电压的选择。为了保证供电可靠性,现代高层建筑至少应有两个独立电源,具体数量应视负荷大小及当地电网条件而定。原则上是两路同时供电,互为备用。另外,还须装设应急备用柴油发电机组,要求在15s内自动恢复供电,保证事故照明、电脑设备、消防设备和电梯等设备的事故用电。中国高层建筑的供电电压,都采用10kV标准电压等级。(3)高低压配电系统的设计。(4)主要设备的选型。(5)变电所位置的确定。(6)微电脑在变电所中的应用。(7)电气照明设计。(8)防雷与接地。(9)电梯。(10)经营管理。(11)设备自动化监控。(12)通信。(13)广播音响系统。(14)共用天线电视接收系统。(15)消防自动报警和自动灭火系统。

【高层建筑供电】(power supply of high-rise building)　10层及10层以上建筑高度超过24m的建筑物供电。各国对于高层建筑的划分标准不完全相同。高层建筑的用电负荷因功能和规模不同而异。按其用电设备的不同可分为:照明设备、工艺用电设备、交通运输设备、给排水设备、采暖设备、空调设备、通信及广播电视设备、消防设备、计算机设备、厨房设备和洗衣房设备等。按其负荷运行作用的不同可分为:(1)保障型负荷。维持人们正常工作和生活而不可缺少的用电负荷,如照明、工艺、交通运输、给排水、通信、计算机以及生活锅炉和厨房洗衣房等用电。(2)保安型负荷。保证建筑物和人身安全的用电负荷,如消防控制中心、消防水泵、消防电梯、排烟风机、正压风机和疏散照明等消防设备用电。(3)舒适型负荷。给人们创造一个舒适的生活、工作环境的用电负荷,如空调制冷系统用电等。高层建筑由于建筑面积大,功能复杂,一般用电量都很大。因此,在确定高层建筑的总负荷时,应当充分考虑上述三类负荷的不同使用特点,合理选取需要系数和同期系数。高层建筑的供电电源,是根据高层建筑的消防设施对电源的要求,和高层建筑的保障型负荷,及舒适型负荷的等级来决定的。按其使用性质、火灾危险性及疏散扑救难度的不同可分为:一类建筑的消防设备用电和二类建筑的消防设备用电。消防用电设备的两个电源或两个回路线路应在最末一级配电箱处自动切换。

【高层建筑消防自动报警系统】(fire automation system of high-rise building) 具有自己的网络结构和布线系统,以实现在任何情况下,高层建筑都可以独立操作、运行和管理的消防系统。主要由火灾监控管理中心、控制盘、楼层显示盘、探测器、监视模块、控制模块、隔离模块、手动报警器、警铃、火警电话等构成。主要用于密集化、高层化的楼盘以及商业中心等人流大的地方。使人们能够及时发现火灾,并及时采取有效措施,扑灭初期火灾。最大限度地减少因火灾造成的生命和财产的损失。是人们同火灾做斗争的有力工具。

【高产优质高效农业】(high productivity fine quality and efficiency agriculture) 单产高、产品质量优、综合效益高的农业生产体系。它遵循自然规律和社会经济规律的要求,在农、林、牧、渔业及农产品加工、储运、服务等行业中,运用先进的生产技术和科学管理手段,综合开发利用自然资源和社会资源,合理配置生产要素,以市场为导向,实行劳动和技术密集型生产经营,改善生态环境,增加单位产出,达到提高产品质量和经济效益、社会效益、生态效益的目的。发展高产优质高效农业,是建设现代化农业的根本途径。对于改造传统农业、调整农村产业结构、保证农产品的社会有效供给、增加农民收入等,具有重要意义。

【高超声速飞机】(hypersonic velocity aircraft) 依靠气升动力、以5倍声速以上的速度长时间在大气中稳定飞行的飞机。高超声速飞机突防能力强,能在很短的时间内到达全球的任何热点地区,深入敌纵深执行重大突发事件的情报搜集、监视和侦察任务。与常规侦察机相比,高超声速飞机的实时侦察有独特的优越性。

高超声速飞机

【高超声速武器】(hypersonic velocity weapon) 飞行速度超过5倍声速的飞机、导弹、炮弹之类的有翼或无翼飞行器。高超声速技术研究在20世纪90年代后取得了重大突破,已从概念和原理探索阶段进入了以飞行器为应用背景的先期技术开发阶段。

【高超声速巡航导弹】(hypersonic velocity cruise missile) 战术飞行速度马赫数可达8、能遂行完成各种作战任务的巡航导弹。能对付暴露时间较短的地面和空中目标。美国新的高超声速计划就是把巡航导弹作为突破口,并从“战斧”着手,预定在2015年前研制出马赫数6~8的高超声速巡航导弹。此外,高超声速反弹道导弹和集反导、反飞机与反装甲诸功能于一身的高超声速多用途导弹也正在加紧研制中。

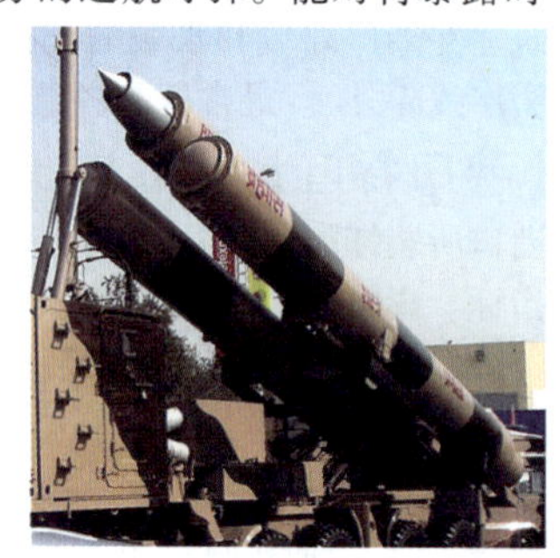

高超声速巡航导弹

【高超声速侦察机】(hypersonic velocity reconnaissance aircraft) 一种速度马赫数可达5~9、航程超过以往飞机的侦察机。为装有超燃冲压发动机的有人或无人驾驶侦察机。目前研制处于最后阶段的是无人侦察机。有人侦察机的技术论证也接近完成。其中法国正在研制的HAHV高空高速无人侦察机,速度马赫数达6~8,飞行高度为3×10^4m,隐身能力很强。

高超声速侦察机

【高超声速制导炮弹】(hypersonic velocity guided projectile) 由普通火炮发射、装有固定冲压发动机、飞行速度马赫数可达5~6的特制炮弹。这种炮弹采用激光器制导,命中概率为0.9,命中精度为0.3~1m。正在研制中的这种炮弹一旦问世,飞机和坦克的生存能力将面临新的考验。

【高超声速钻地炸弹】(hypersonic velocity

ground-drilling bomb）　一种主要用来对付地下深埋掩体的高超声速导弹。是一种高效能的对地攻击武器。其弹丸最大速度马赫数可达6，可侵彻50m厚的土层和6～15m厚的混凝土。此外，美空军还制造了1 000～1 500kg的小尺寸钻地弹，装备在B-2、B-1或F-117等战略轰炸机及战斗机上。

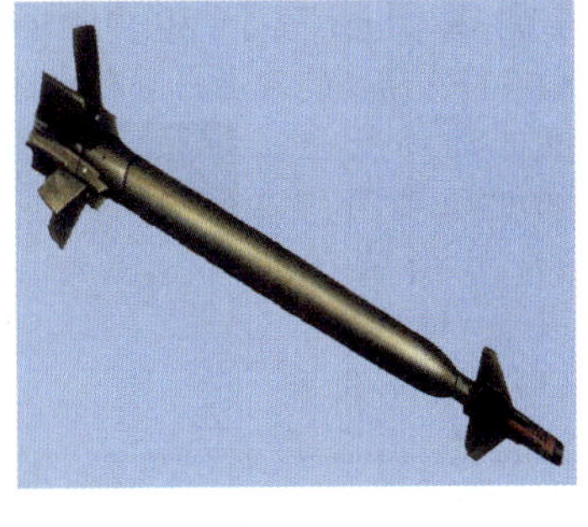

高超声速钻地炸弹

【高程】（elevation）　又称海拔高度。地面点到大地水准面的铅垂距离。世界各国所采用的高程系统主要有两类：正高系统和正常高系统。其所对应的高程名称分别称为海拔高和近似海拔高，统称为高程。中国采用的高程系统是正常高系统。高程测量的方法有水准测量、三角高程测量、气压高程测量和GPS高程测量。

【高程基准】（height datum）　陆地上高程测量的起算面。其作用是为推算国家统一高程控制网中所有水准点的高程提供起算依据。世界上绝大多数国家和地区都选取海水面的平均位置作为起算面。因为平均海水面是实际存在的，相当稳定，可以精确测得，而且全球的海水面平均位置与地球的自然表面相接近。海水面受日月引力的作用产生周期性的涨落。其长周期是天文潮汐周期。一个天文潮汐周期大约是18.61年。统计数据证明，长周期的海水面平均位置基本上是不变的，可以认为是该地区的海水平均位置。为了确定平均海水面，通常是在沿海的一个合适的地点设立验潮站，积年累月记录该处的海面位置。要明显而稳固标志出高程起算面的位置，还需建立一个永久性水准点，用精密水准测量将它与平均海水面联系起来，作为国家或地区控制网的高程起算点。这个水准点称水准原点。

【高程控制测量】（vertical controlsurvey）　确定控制点高程的测量工作。按测量方法的不同可分为：（1）水准测量。借助水准仪和水准标尺测定地面两点间高差的测量。（2）三角高程测量。通过观测测站点至照准点的竖直角，再用此两点间的已知距离，根据平面三角公式计算连点间的高差、进而推算待测点的高程的测量方法。（3）物理测高。根据大气压力随高程变化的规律，使用水银气压计或恐吓气压计测定待测点高程的测量方法。（4）GPS测量。利用全球定位系统（GPS）测量技术直接测定地面点的大地高，或间接确定地面点的正常高的测量方法。

【高程系统】（height system）　地面点高程的参考基准。包括基准面（起算面）和基准线（按什么线方向量取高程）。地面点的高程是该点沿基准线至基准面的距离。两地面点的高差是此两点高程之差。不同的高程基准线、基准面构成了不同的高程系统。同一地面点在不同高程系统中的高程值是不同的。国际上采用的高程系统有正高、正常高、大地高、力高和地球位数等。正高是由地面点沿垂线方向量取到大地水准面的距离。正常高是自地面点起沿正常重力线量到似大地水准面的距离。大地高是从地面点起沿其法线量至椭球面的距离。大地高是三维大地坐标系中用以标定地面点几何位置的坐标分量之一。力高是一种保证同一水准面上的各点高程相同的高程系统。同一水准面上的各点在正高或正常高系统中的高程值是不同的。力高系统正是为了解决这一问题给大规模水利建设带来的不便而提出的。地球位数也以大地水准面为基准面，是指地面点的高程以大地水准面的位与通过该点水准面的位之差来表示。但不是以米制表示的高程，而是位差表示。同一水准面上所有各点的地球位数相同。用地球位数表示的水准测量结果，能非常方便地换算为正高、正常高或力高。中国从1958年起正式采用正常高系统作为国家高程系统，基准面采用黄海平均海水面，水准原点设在青岛观象山。中国各等水准点的高程都是从青岛水准原点的高程传算出来的。

【高程异常】（unusual height）　从大地水准面到椭球面的距离。加上正常高得到地面点的大地高。海面的高程异常可用卫星测高技术求定。陆地高程异常的测定方法分为重力高程异常和GPS/水准高程异常两种。前者是用重力场的理论与方法求得的高程异常。目前陆地重力高程异常通常按一定的格网由重力场模型加区域格网平均空间异常求得。后者是由GPS测定的大地高减去正常高求得。通常将GPS/水准高程异常点作为似大地水准面的控制点。在GPS/水准点上求取二者的系统差，采用解析内插法、曲面拟合法等方法将每个格网中点的重力高程异常纳入GPS/水准框架，构成格网似大地水准面模型。似大地水准面模型可用GPS测量大地高到正常高的换算。高程异常采用格网形式组织数据文件，以格网等间隔经纬线所围面积中点的高程异常值为数据单元,称为格网高程异常。

【高床育苗】(seeding with high bed) 在高出步道的苗床上进行的育苗方式。苗圃作业方式之一。苗床一般高出步道10~30cm,通常为15~20cm;床面宽度为1m左右,步道宽度为40~60cm左右,便于操作;苗床的长度一般为10~20m,如果灌溉条件好,土壤管理方便,可以适当加长,以提高土地利用率。一般地面灌溉长度为10m,如果用喷灌和其他生产环节机械化经营时,长度可达几十米甚至百米。高床育苗的优点是:(1)排水良好,有利于提高地温。(2)土壤通透性较好,有效土层较厚。(3)便于侧方灌溉(水灌进步道,从侧面灌溉),土面不易板结。高床育苗的缺点是:做床及后期的管理较费工,成本较高。高床适用范围:(1)降水较多或气候寒冷的地区。(2)地理位置较低,易积水的苗圃地。(3)排水良好,对土壤水分较敏感的树种,如落叶松、马尾松、红松、杉木等大多数针叶树种及部分阔叶树种地苗木。

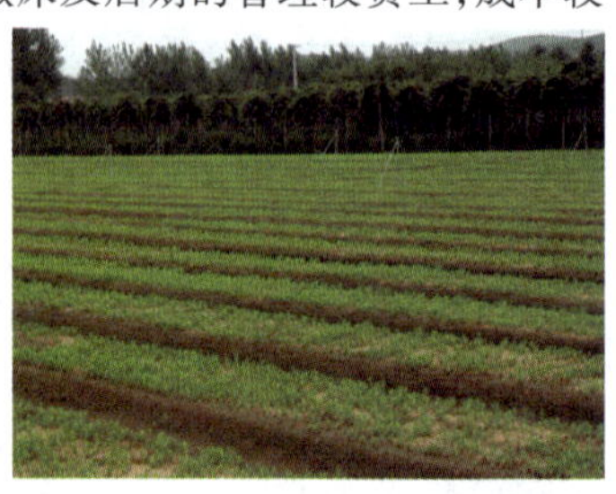
高床育苗

【高纯度还原铁粉】(high pure reduction iron powder) 用还原法生产的含铁高达99%以上的铁粉。牌号有WHF80~230、WHF100~255、WHF100~270等。其特点是:含C、S、Si等非金属夹杂物低,氧含量低,杂质总量<1%;具有较好的压缩性和烧结收缩性,并具有较发达的海绵体。国产产品的质量接近国际水平。

【高胆红素血症】(hyperbilirubinemia) 能引起体内胆红素生成过多,或肝细胞对胆红素的摄取、转化、排泄过程发生障碍等因素导致血浆胆红素含量升高的病症。正常人胆红素的生成与排泄维持动态平衡,血浆胆红素浓度为3.4~17.1μmol/L。胆红素为橙黄色(或金黄色)物质。当其在血浆中的浓度超过34.2μmol/L时,可扩散进入组织,造成皮肤、巩膜、黏膜等组织黄染的现象(黄疸)皮肤、巩膜等含有较多的弹性蛋白。后者对胆红素亲和力较强,因而这些组织极易黄染。黄染的程度与血浆胆红素的浓度密切相关。当血浆胆红素的浓度>34.2μmol / L时,肉眼可见皮肤、巩膜等组织黄染,临床上称为显性黄疸;若血浆胆红素的浓度<34.2μmol / L,肉眼观察不到皮肤、巩膜等组织的黄染,临床上称为隐形黄疸。

【高蛋白膳食】(high-protein diet) 一种适应特殊需要的含蛋白质多的膳食。富含必需氨基酸的动物蛋白。如鱼类、瘦肉、牛奶、鸡蛋清等。适应对象是:(1)营养不良和消瘦者。(2)手术前后及疾病恢复期。(3)各种慢性消耗型疾病,如肺结核、伤寒病等患者。(4)血浆蛋白低下的病人和孕妇、乳母。要求在基本膳食之外,添加含蛋白质高的食物。膳食中蛋白质供给量在每日1kg体重1.5g以上。其中一半以上应为动物性蛋白和豆类。

牛奶

【高等数学】(advaced mathematics) 与初等数学相对应。相对于初等数学而言,方法较为复杂。一般认为,在16世纪以前发展起来的各个数学学科总的是属于初等数学的范畴,在17世纪以后建立的数学学科基本上是高等数学的内容。由此可见,高等数学的范畴无法用简单的几句话或列举其所含分支学科来说明。在19世纪以前确立的几何、代数、分析这三大数学分支中,前两个都是原始初等数学的分支,其后又发展了属于高等数学的部分,而只有分析从一开始就属于高等数学。分析的基础——微积分被认为是“变量数学”的开始。因此,研究变量是高等数学的特征之一。高等数学除了有很多理论性很强的学科之外,也有一大批计算性很强的学科,如微分方程、计算数学、统计学等。

【高电压测量】(high-voltage measurement) 在高电压技术领域内对电压、电流的峰值及其波形的测量。其基本要求是安全、可靠和准确。在高电压变电所里,所采用的测量方法可分为直接测量法和间接测量法。所使用的测量仪器,可分为模拟式和数字式两类。现已基本上采用了后者。此外,还采用了光电测量系统进行高电压和大电流的测量。高电压测量的基本内容包括:交流高电压测量、直流高电压测量、冲击高电压测量及冲击大电流测量等。

【高电压工程学】(high-voltage engineering) 研究有关高电压的理论、实验及应用技术的学科。主要研究在高电压作用下,电介质的放电和绝缘性能,高电压、大电流的产生及测试方法,过电压的产生机理和防护措施,高压静电场的计算和实测,强电磁环境及其保护及高电压的应用等。高电压技术所涉及的范围主要在几十千伏至几兆伏电压下的一些技术问题。

【高电压技术】(high voltage technique) 研究有关高电压的理论、实验、应用的电工技术。研究在高电压作用下电介质的放电和绝缘性能、高电压与大电流的产生及测试方法、过电压的产生机理和防护措施、高压静电场的计算和实测、强电磁环境及其保护、高电压的应用等。高电压技术所涉及的范围主要是在几十千伏至几兆伏电压下的一些技术问题。随着输电电压的提高,高电压技术获得不断发展并逐步形成一个新的学科。学科领域主要包括:(1)电介质击穿理论。(2)高电压绝缘。(3)电力系统过电压及其限制措施。(4)高电压试验技术。(5)高电压静电场的研究。(6)强电磁环境及其防护的研究。

【高电压绝缘试验】(high voltage insulation test) 确定电器设备的绝缘结构或绝缘模型在高电压作用下的电气性能的试验。用于对绝缘的设计及计算、材料与工艺的质量及其运行中的劣化等作出评价。电力工程对高压电气绝缘的电气性能、力学性能、温度和热稳定性及化学稳定性都有一定的要求。高电压绝缘试验通常只包括对电气性能的考核,其他诸方面的影响因素则作为电气试验的条件来加以考察。

【高度表】(altimeter) 安装在驾驶舱仪表板上、为飞行员显示测量航空飞行器距某一选定的水平基准面垂直距离的仪表。航空飞行器上常用的高度表主要有气压式高度表和无线电高度表。气压式高度表实际上是一种气压计,通过它测量航空器所在高度的大气压力,间接测量出飞行高度。无线电高度表实际上是一种以地面(海平面)为探测目标的测距雷达。它所指示的高度即为真实高度。

高度表

【高度重复 DNA】(highly repetitive DNA) 又称高度重复序列。真核生物基因组中存在的拷贝数可达数千以上的短核苷酸重复序列。许多高度重复序列的重复单位长度都在 6~200bp 碱基对之间,通常定位在染色体的着丝粒区域和端粒等部位,不负责编码蛋白质或 RNA。其生物学意义是:(1)参与基因表达的调控。(2)与进化有关。(3)可能与染色体配对和分离等行为有关。

【高度角】(elevation angle) 又称竖直角或垂直角。从一点至观测目标的方向线与水平面间的夹角。方向线在水平面之上称为“仰角”,在水平面之下称为“俯角”。高度角是三角高程测量中计算两点间高差的主要观测量。

【高度空穴效应】(altitude hole effect) 脉冲或调频多普勒雷达在一系列相应高度上接收信号强度很弱或为零的现象。发生的原因是由于周期性封闭接收机或接收信号强度随飞行高度作周期性变化,其后果是雷达不能稳定工作,甚至不能工作。

【高尔基复合体】(Golgi complex) 普遍存在于真核细胞中的细胞器。由平行排列的扁平膜囊、大囊泡和小囊泡等三种膜状结构所组成。其主要功能是:参与细胞的分泌活动,将内质网合成的多种蛋白质进行加工、分类与包装,并分门别类地运送到细胞的特定部位或分泌到细胞外。内质网上合成的脂类一部分也要通过高尔基复合体向细胞质膜等部位运输。

【高分子电解质】(polymer electrolyte) 见聚电解质。

【高分子分离膜】(polymer separation membrane) 由高分子材料或高分子复合材料制成的具有分离流体混合物功能的薄膜。除了隔离作用外,还有选择性传递能量和传递物质的作用。按其结构的不同可分为:致密膜、多孔膜、不对称膜、含浸型膜、增强膜;按其分离特性和应用的不同可分为:反渗透膜(逆渗透膜)、超过滤膜、微孔过滤膜、气体分离膜、离子交换膜、有机液体透过蒸发膜、动力形成膜、镶嵌带电膜、液体膜、透析膜、生物医学用膜等多种类别。用于制备分离膜的高分子材料有许多种类,用的最多的是聚砜、聚烯烃、纤维素酯类和有机硅等。其膜的形式也有多种。常用的是平膜和中空纤维。功能性高分子膜除分离膜外,还有各种信息转换膜、反应控制膜、能量输送膜等。这些材料目前大都处在开发阶段。

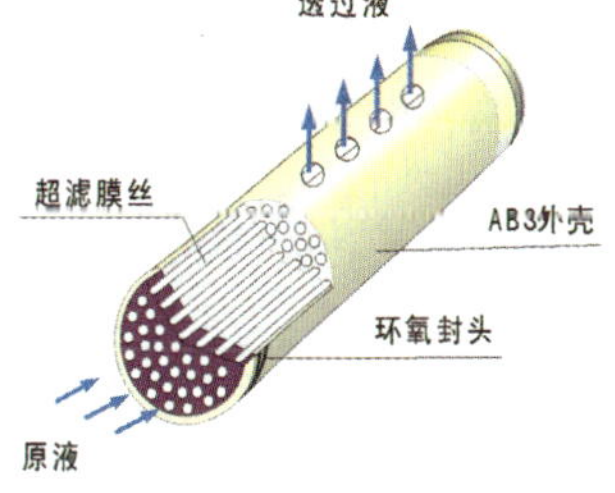

超过滤膜应用

【高分子辐射化学】(polymer radiation chemistry) 研究电离辐射对高分子化合物的作用及由此引起的物质内部物理或化学变化规律的学科。是高分子化学和辐射化学交叉而形成的一门学科。其主要研究领域包括:(1)辐射聚合。(2)辐射接枝聚合。(3)高分子辐照交联。(4)高分子辐照降解。将高能辐射作用于大分子,能引起其物理或化学变化,从而使聚合物的宏观性能改变,因而可开拓高分子材料的新性能和新用途,例如在生物医学与生物工程中的应用等。

【高分子复合材料】(polymer based composite) 高分子材料和另外不同组分、不同形状、不同性质的物质复合而成的多相材料。其优点是:博采各种材料之长,如高强度、质轻、耐温、耐腐蚀、绝热、绝缘等性质。根据应用目的的不同,选取高分子材料和其他具有特殊性质的材料,制成满足各种需要的复合材料。高分子复合材料分为:(1)高分子结构复合材料。(2)高分子功能复合材料。以前者为主。高分子结构复合材料包括两个组分:(1)增强剂。具有高强度、高模量、耐高温的纤维及织物,如玻璃纤维、氮化硅晶须、硼纤维及以上纤维的织物。(2)基体材料。主要是起黏合作用的胶黏剂,如不饱合聚酯树脂、环氧树脂、酚醛树脂、聚酰亚胺等热固性树脂及苯乙烯、聚丙烯等热塑性树脂。这种复合材料的比强度和比模量比金属还高,是国防、尖端技术方面不可缺少的材料。高分子功能复合材料也是由树脂类基体材料和具有某种特殊功能的材料构成的,如某些导电材料、半导体材料、磁性、发光、压电等材料,与黏合剂复合而成,使之具有新的功能。如冰箱的磁性密封条即是这类复合材料。

冰箱密封条

【高分子化工】(polymer chemical industry) 高分子化学工业的简称。制备高分子化合物及其复合或共混材料以及成品制造的化学工业。它包括:(1)塑料工业。(2)合成橡胶工业。(3)化学纤维工业。(4)涂料工业。(5)胶黏剂工业。高分子化工原料来源丰富,制造方便,品种多样且性能较天然产物优越,是发展速度最快的化学工业之一。

【高分子化合物】(macromolecular compound) 又称高聚物、大分子化合物。分子量高达几千到几百万,甚至更高的一类化合物。按其来源的不同可分为:(1)天然高分子化合物。(2)合成高分子化合物。按其生成反应的不同可分为聚合物(或加聚物)和缩聚物。按其主链结构的不同可分为:(1)均链结构高聚物。(2)杂链结构高聚物。高分子化合物,一般是无定形物,也有晶体共存,但很少全部是晶体的。有些在一定范围内呈现高弹态。在常温或高温下具有一定的塑性或弹性和机械强度,可被拉成纤维,制成薄膜或模塑成型。能在某些溶剂中溶胀,有些能形成胶体溶液,其黏度比同浓度的单体溶液要大几十倍到几百倍。在热、光、化学品等影响下发生降解、交联和老化等变化。其电性、透气性、透水性、耐热性、耐寒性和耐油性等随分子结构的不同而异。高分子化合物是农业、工业、交通运输业、国防和人民生活等方面的重要原材料,应用广泛。

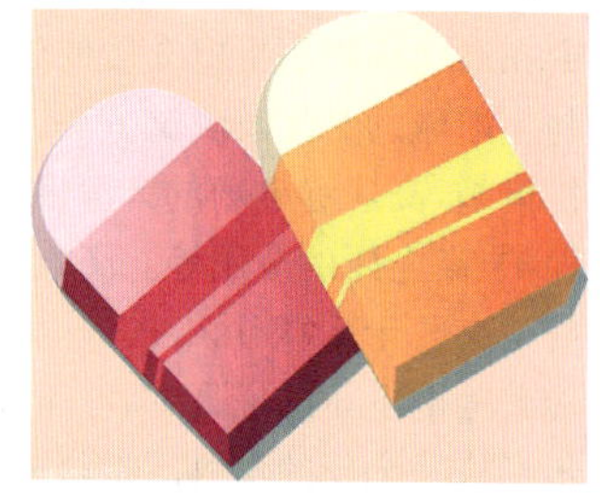

橡皮

【高分子化学】(polymer chemistry) 化学的一个分支。研究高分子化合物的合成、结构、性质、化学反应、物理化学、加工成型及其应用的一门学科。其主要内容有:(1)自由基聚合、自由基共聚和逐步聚合的聚合原理、聚合速率。(2)聚合物分子量及共聚物组成的控制方法。(3)离子聚合。(4)配位聚合的聚合原理及动力学和各种聚合方法在科研和实际生产中的应用。高分子化学与人类生活息息相关。通过其化学反应,可以加工合成人们所需物质。例如,橡胶硫化成为具有弹性的橡皮;纤维素黄化制成黏胶纤维;聚乙酸乙烯酯先水解成聚乙烯醇,再与甲醛缩合,纺成纤维(即维纶)。此外,还可以把某些元素或基团先接到高分子上去,再进行化学反应,反应后还可解脱,以完成某些组分的分离、分解和合成,例如高子交换树脂、固定化酶、多肽、某些激素甚至蛋白质的合成等。

【高风温操作】(high blast temperature operation) 在以往高炉热风温度的基础上提高风温进行鼓风炼铁的方法。高炉内的热量来源于焦炭燃烧产生的化学热和热风带来的物理热。高风温的物理热增加了非焦炭燃烧的热量,减少了焦炭的消耗,使焦比降低。同时带来连带效应:(1)煤气量减少、灰分量小、渣量少,从而使煤气与炉渣带走的热量减少。(2)提高风温使高炉内高温区下移,中温区扩大,有利于间接还原的发展。这些都进一步促进了焦比的降低。高风温操作是炼铁工艺的重要进步。以往高炉热风温度在1 000℃左右,目前最高达1 350℃。提高风温的主要措施是:在热风炉燃烧气体中加入焦炉煤气、天然气、转炉煤气和预热助燃空气以及对热风炉结构进行改善。

【高感性纤维】(high sensible fiber) 满足人们在触觉、视觉、嗅觉、听觉和味觉方面某些需求的纤维。触感纤维能满足对于人的手和肌肤所产生的材质感、温暖感、柔软感、滑爽感和黏附感。视觉纤维能满足人们对于色泽、色调、形态、花纹和材质的视觉要求,如变色纤维、夜光纤维、异型界面闪色纤维等。听觉纤维满足人们听觉的需要,特指丝绸"丝鸣"效果,如三叶花瓣截面纤维。嗅觉纤维发出人们喜爱的香味,包括菠萝纤维、香蕉叶纤维、牛奶蛋白纤维等。

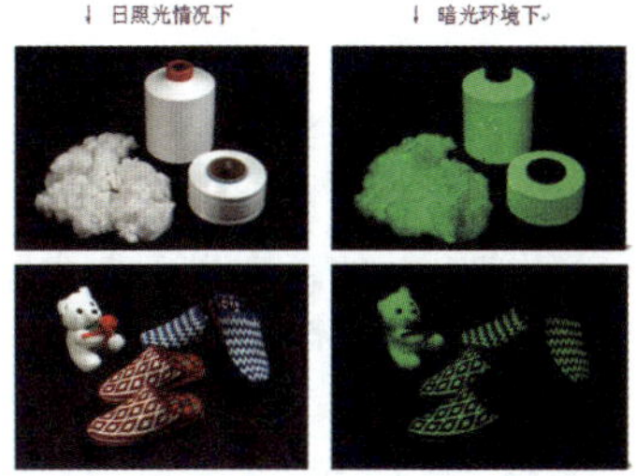

变色纤维

【高功率微波武器】(high power microwave weapon) 又称射频武器。利用强微波束的能量来毁伤敌方电子设备和操作人员的武器。可用于对付飞机、导弹和航天器。根据微波能量的强弱,高功率微波武器既可进行软杀伤,也可进行硬破坏,因此,它也可作为电子战武器。一般由能源、高功率微波发生器、大型天线和其他配套设备组成。微波的辐射频率通常在1~30GHz范围内,输出脉冲功率达吉瓦级。高功率微波武器具有以下特点:(1)可全天候攻击。微波武器不受天气情况的影响,可以光速对敌方电子设备进行攻击。(2)可进行不同程度的打击。可在特定的作战等级上进行外科手术式的打击,根据目标性质和作战任务,实施毁伤、中断或使其性能下降等。(3)具有良好的方向性和一定的覆盖范围。可以实施大范围目标的攻击,也可以对付某一个具体目标,即微波的辐射范围可以变化。(4)作战范围广。高技术武器装备普遍使用了电子或光电器件。因此,高功率微波武器可攻击几乎所有的武器装备,尤其是对大量采用电子器件的卫星和导弹,其攻击效率会更高。

高功率微波武器

【高关注物质】(substance of super high concern,SVHC) 欧盟REACH法规框架下规定的成品中的物质。包括CMR 1&2(第1、2类致癌、致诱变、致生殖毒性物质)、PBT(持久性、生物累积性、毒性物质)、vPvB(高持久性、生物累积性物质) 和其他对人体或环境产生不可逆影响的物质,如内分泌干扰物质等。符合高关注物质标准的物质经过复杂的评议过程,在经济和技术条件成熟的情况下才会被纳入到管控列表。其满足条件是:(1)该物质已被列入须经许可才能允许使用的候选物质名单中。(2)该物质存在物品中的浓度大于0.1%(重量比W/W)。(3)每个制造商或进口商每年制造或者进口的物品中该物质的总量超过1t。(4)该物质作为此项用途尚未被注册过。目前有数以千计的物质符合Cat. 1 and 2 CMR、PBT、vPvB的标准。但由于成员国需要时间对候选物质进行评估,因此第一份SVHC清单只包括少量物质。SVHC清单以最少两年一次的频率保持更新。

【高光效育种】(high luminous effect breeding) 筛选低光呼吸类型植株,并将其培养成作物品种的方法。光呼吸的强弱常用二氧化碳补偿点高低表示。光呼吸强度高,二氧化碳补偿点较高,则光合作用强度小,光合效能较低;反之,则光合效能较高。高光效育种就是通过杂交、辐射引变,将低光效植物改造成高光效植物;或从低光效植物中大量筛选,以选出补偿点低或相对较低的个别植株或品系,从而培育成高光效新品种。

【高级精简指令机】(advanced wise machines) 既可以认为是一个公司的名称,又可以认为是对一类微处理器的通称。ARM公司是英国的一家微处理器行业的知名企业,设计了大量高性能、廉价、耗能低的RISC处理器、相关技术及软件。ARM公司既不生产芯片又不销售芯片,它只出售芯片技术授权。ARM将其技术授权给世界上许多著名的半导体、软件和OEM厂商,每个厂商得到的都是一套独一无二的ARM相关技术及服务。利用这种合伙关系,ARM很快成为许多全球性RISC标准的缔造者。基于ARM公司设计的ARM微处理器核,各个公司根据各自不同的应用领域,加入适当的外围电路,从而形成自己的ARM微处理器芯片并进入市场。ARM微处理器本身是32位设计,但也配备16位指令集。一般来讲,存储器比等价32位代码节省达35%,然而保留了32位系统的所有优势。ARM微处理器的三大特点是:耗电少功能强、16位/32位双指令集和拥有众多合作伙伴。

【高级数据链路控制】(high level data link control) 一个在同步网上传输数据、面向比特同步的数据链路层协议。其功能与特点是:(1)促进传送到下一层的数据在传输过程中能够准确地被接收。(2)流量控制,一旦接收到数据,便能立即进行传输。(3)具有正常响应模式和链路访问过程平衡两种不同的实现方式。(4)是面向比特的同步通信协议,主要为全双工点对点操作提供完整的数据透明度。(5)它支持对等链路,表现在每个链路终端都不具有永久性管理站的功能。(6)具有一个永久基站以及一个或多个次站。(7)为确保流量控制、差错监测和恢复,要求额外开销最小。如果数据在两个方向上相互传输,数据帧本身就会传送所需的信息从而确保数据完整性。它是基于IBM的SDLC的一种数据链路层协议。

【高级语言】(advanced language) 面向问题而不面向计算机体系结构的程序设计语言。其表示方法比机器语言、汇编语言更接近人类语言对待解问题的描述,简化了程序的编写和调试,提高了编程效率,增加了通用性和可移植性。其基本成分有数据成分、运算成分、控制成分、传输四种。特点是与具体机器无关,易学,易用,易维护,比低级语言功效低。已有数百种高级语言广泛应用。

【高级脂肪酸】(higher degree fatty acid) 含有C_6~C_{26}的一元羧酸的总称。基本不溶于水,但能被碱性水溶液溶解。工业上常利用这一特性从非酸性化合物中提取脂肪酸。工业来源的脂肪酸多数是各种直链的饱和与不饱和脂肪酸的混合物以及各种含支链的脂肪酸。自然界中的脂肪酸主要以酯的形式存在于动植物油脂中。天然的脂肪酸数量很少。油脂是甘油三酯类化合物,可通过加碱皂化、酸化或者水解的方法制取脂肪酸。高级脂肪酸的用途主要是生产肥皂。不饱和的高级脂肪酸可用作涂料原料,也可加氢制成饱和脂肪酸;带支链的高级脂肪酸具有高的热稳定性和难皂化的特点,适于生产涂料和树脂。

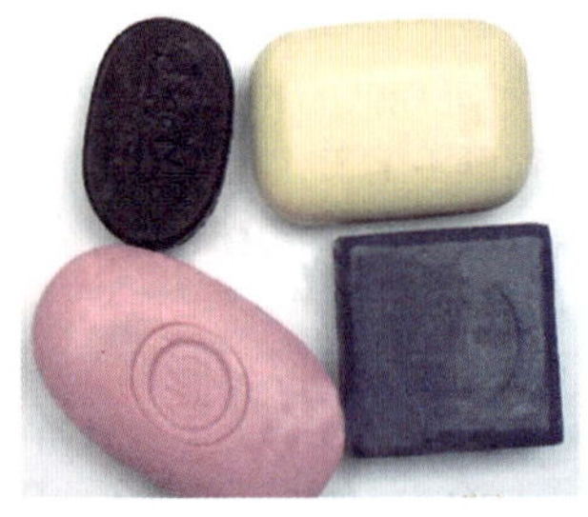
香皂

【高技术】(high-tech) 又称高新技术。在特定时间里,反映当时科技发展最高水平,能够带来高经济效益,并能够向经济、社会领域广泛渗透的技术。特征有高度创新性、高度战略性、高度增值性、高度渗透性、高度风险性。任何一项开创性构思、设计及其实施都具有不确定性,成败难以预见。高技术研究与发展同产品、企业、市场的关系密切,具有极大的风险性。高技术还具有高度的智力性、趋同性、冲击性、时效性、实用性、选择性等特征,已经成为当今世界经济、社会发展的新驱动力,而且日益成为衡量一个国家或地区科技水平和经济实力的重要标志。高技术并非仅指某一单项技术,而是指处于科学、技术和工程前沿的科技群落(或群体),具有跨学科性质。作为一个发展着的概念,高技术在不同阶段所包含的具体技术领域亦不相同。目前,国际上一般公认的高技术领域,主要有信息技术、生物技术、新材料技术、新能源技术、空间技术、海洋技术等。

【高技术产品】(high-tech products) 依靠高技术研究开发成果生产的、具有高技术物化或信息化特性的产品。其中的高技术物化或信息化特性,又称作产品的高技术含量。高技术产品按其用途的不同可分为消费类和生产资料类。消费类高技术产品,如个人计算机、激光视盘、微波炉、新型建筑材料等。生产资料类高技术产品,如工业控制计算机、新型材料等。高技术产品是一个动态的概念,与一般产品相比,其寿命周期(包括投入期、成长期、成熟期、衰退期四个阶段)要短得多。高技术企业要在竞争中取胜,就要在高技术产品的更新换代上投入更多的力量,做到同一时期内生产一代,试制一代,开发一代,预研一代,使产品和技术不断创新和发展。

微波炉

【高技术产业】(high-tech industry) 依靠高技术研究开发成果进行生产和服务的产业。根据高技术产品的类型,可把高技术产业划分为若干领域,每一领域都由生产同一类高技术产品的高技术企业群和管理协调部门按特定方式组成。其特点是:(1)以高技术研究开发成果为基础。高技术研究开发一般在科研院所和大学进行,也有一些在研究开发力量较强的高技术企业中进行。而把研究成果转化为高技术产品,还需进行高技术创新,把知识循环发展到物质循环。(2)高投入。高技术的研究开发和高技术创新需要大量的资金和科技人员投入。在一些发达国家的高技术产业中,研究、开发和高技术创新费用一般要占销售额的5%~15%,科学家和工程师的数量要占职工总数的40%~60%。(3)高风险。主要来自高技术创新风险和市场竞争风险。高技术的时效性强,高技术产品更新换代快,如果没有把握好时机,往往导致失败。(4)高效益。由于高技术产品的高附加值和对传统产业改造的辐射作用,可带来巨大的经济效益。在一个国家的产业结构中,高技术产业是新的生长点。它对大幅度提高社会生产力、增强军事力量、增强综合国力都起着决定性作用。它对传统产业具有强大的渗透作用和带动作用,能促使传统产业结构优化升级,大幅度提高劳动生产率。发展高技术产业,推进高技术研究与开发,已成为当代国际竞争的核心和制高点。

生物医药产业

【高技术产业带】(high-tech industrial zone) 高技术产业与部分科研机构自发或半自发的大规模集结地。其地域宽广,企业数量众多,职工队伍庞大,集科研、服务、分销机构和居住区为一体,基本具备了城市的功能。其特点是:(1)聚集效应。由于高技术生产和科研机构聚集在一起,增强了信息的交流和共享,提高了公共设施的利用率,增大了对资本、技术和人才的吸引力。同时,生产同类产品的企业聚集在一起,还能强化竞争意识,增强企业家的创业精神。(2)孵化效应。由于设有一批"工业园"、"研究园"、"孵化器",能不断扶植大量高技术创新企业,研究和生产能力进一步加强。(3)分裂效应。其公司分裂,是技术更新、产品换代和生产分工更细、更科学的重要标志。一家母公司常常可以分裂出几家或几十家子公司,母公司的技术和经营经验,随着人才的分流而从公司中分裂出去,并用以建立新的企业。世界著名的高技术产业带有美国的"硅谷"和128号公路地区、加拿大的北硅谷、英国剑桥大学附近地区、中国的中关村等。高技术产业带的形成和发展,是大学、科研机构、地方政府、金融界和原有企业共同努力的结果,也是国家在科技、经济基础上进行产业结构转换的自然结果。高技术产业带的形成,是当代高技术产业发展的重要里程碑。它突破了传统的产业结构和社会结构的束缚,建立了适合于自身成长、发展的基地,并以其强大的吸引力和辐射力,冲击和改变着传统的社会及产业发展模式,带动整个社会经济的发展。

【高技术创新】(high-tech innovation) 在高新技术领域里所开展的技术创新活动。其主要结构性特征是:(1)创新的实质是给商业化的生产系统引入新的产品、工艺、管理方法等,以期得到更高的商业利润。(2)创新的关键是高技术的产业化。(3)创新的承担者(主体)是企业家。(4)创新成功与否,以生产条件、要素、组织三者重新组合之后的生产经营系统是否有利润增长为标志。它是一种系统性的活动和过程。其系统特征是:(1)以生产条件、生产要素、生产组织作为系统的基本构件。(2)系统的输入是人力、财力、物力和技术资源,输出的可以是知识或物质产品和效益。(3)系统的可测性、可控性、稳定性,随具体创新过程而定。(4)系统运行中未知因素较多,创新过程往往呈现较强的随机性,因而使创新投资带有较大的风险性。(5)创新中系统有生有灭,生即创造新的生产经营系统,灭即毁灭陈旧而低效或无效的生产经营系统。高技术创新是一种技术经济活动,相应的经济特征为:(1)风险性。即创新成功的概率往往小于失败的概率。即使是工业发达国家,也有大量技术创新项目在进入市场之前即告夭折。(2)资产性。任何规模的技术创新,往往都需要一定数量的资金投入,用于添置、更新改造设备和设施,购买原材料等。(3)收益性。每一项成功的技术创新,伴随着适量的资金投入,都能够取得相应数量的物质、信息和货币收益。

【高技术发展战略】(high-tech development strategy) 国家、地区或企业对高技术的未来目标、方向、重点、阶段和对策所做的全局谋划。是一定时期内高技术发展的总体设想和根本对策,是指导高技术发展的纲领性方案,具有全局性、长期性、系统性、稳定性、适应性等特征,指导和影响未来一个相当长的时期内不同层次和各部门、各系统的高技术发展,服务于高技术发展的全局。高技术发展战略既要保持稳定性,又不能一成不变,当外部环境发生变化时,必须不失时机地作出战略调整。一般按高技术竞争态势分为进攻型、守势型、退却型、模仿型、机遇型五类。此外,按高技术发展阶段,可分为创造阶段、开发阶段、改进阶段、应用阶段、普及阶段。高技术发展战略的要素,即各种类型和各个层次的高技术发展战略所包含的基本内容,包括战略思想、战略目标、战略重点、战略阶段、战略对策等。

【高技术企业】(high-tech enterprise) 应用某一领域的高技术研究成果,进行高技术创新,以生产高技术产品,或提供高技术信息服务为主要活动的企业。其特点是:(1)以科技人员为主体,智力密集度高。在一些发达国家的这类企业中,科学家和工程师的数量占职工总数的40%~60%。(2)高额的研究开发和高技术创新费用。一般要占销售额的5%~15%。(3)运行机制上,实行以市场为导向,技、工、贸一体化,研究、开发、生产、销售及服务各环节环环紧扣的组织管理模式。

【高接】(top-grafting) 在已形成树冠的大树上进行嫁接的方法。为了更换品种,在已成年的果树上换接不同品种,以代替原有品种的方法,称为"高接换种"。一般在骨干枝的分枝上部20~30cm处用腹接、劈接、切接、芽接等方法接上若干接穗。嫁接数较多时,称为"多头高接"。为防止接合部干燥、病虫侵染,对大切口需要加塑料薄膜、湿土包裹或涂布接蜡。高接主要应用于品种老化的果园,树木受到各类灾害的善后处理:如冻害、风害损失大枝的修缮,弥补树冠的残缺;利用野生果树砧木资源,如酸枣、野板栗等就地嫁接栽培品种;补救授粉不良而在大树上嫁接授粉品种等。

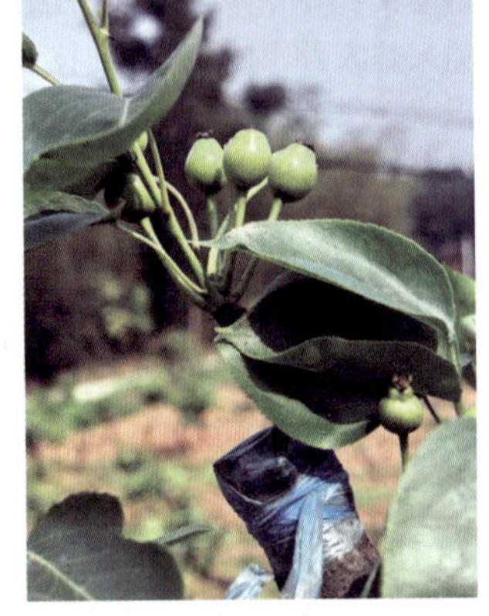
高接

【高紧实砂型铸造】(high compacted sand model casting) 通过真空吸砂、气流吹砂、气动压实、液动挤压和气冲等工艺手段,获得高紧实率铸型的铸造方法。铸型的高紧实率是当代造型机的发展方向。高紧实率及其均匀性可提高铸型强度、刚度、硬度和精度,可减少金属液浇注和凝固时型壁的移动,提高工艺的出品率,降低金属消耗,减少缺陷和废品。由于紧实度提高,铸件的精度可提高2~3级,适用于大批量铸件的生产。

【高精度成型磨削技术】(high precision profile grinding technology) 加工成型面工件的具有较高精度的磨削加工技术。其关键是把砂轮修整成相应的形状。工作时工件作直线或圆周运动,用切入磨削法完成加工循环。砂轮成型的方法有:(1)车削法。用单颗金刚石车刀或金刚石片状修整器,把砂轮修整出圆弧、角度、成型面等。(2)滚压法。用金属滚轮修整砂轮。(3)磨削法。用金刚石滚轮修整砂轮。后两种方法可把砂轮修整成凹槽、台阶及螺纹、蜗杆等复杂型面。

【高精度研磨技术】(high precision lapping technology) 利用附着或嵌压在研具表面上的游离磨粒,借助于研具与工件在一定压力下的相对运动,从工件表面切除微细多余材料并使表面精度达到特殊要求的一种加工方法。研磨一般在低速、低压下进行,因此切削热小,工件变质层薄,故工件表面粗糙度值很低,而且尺寸精度、几何形状精度和一部分相互位置精度都有提高。研具材料一般比工件软,在研磨过程中,研具也同时受到切削与磨损。研磨可加工各种钢、铸铁、铜、铝、硬质合金等,也可加工玻璃、陶瓷及塑料制品。其加工表面可为平面、内外圆柱面、圆锥面、凸凹球面、螺纹、齿轮及其他型面。因此,研磨是广泛应用的精密加工方法之一。按研磨剂的使用条件不同,可把研磨分成湿研(敷砂研磨)、干研(嵌砂研磨)、半干研(类似湿研)三类。研磨既适用于单件手工生产,也适用于成批机械化生产。

【高聚物改性沥青防水卷材】(waterproof roll material from polymer modified membrane) 以合成高分子聚合物改性沥青为涂盖层,纤维织物或纤维毡为胎体,薄膜材料为覆面制成的卷状防水材料。合成高分子改性材料的掺入量不低于10%。分为SBS、APP、APAO、APO等多种类型。以聚酯无纺布或玻璃纤毡为胎基,苯乙烯-丁二烯-苯乙烯(SBS)热塑性弹性体系为改性剂,表面覆以聚乙烯膜,铝箔膜、砂料、彩砂、页岩等所制成的防水卷材称为SBS改性沥青防水卷材,在北方气温较低的地区使用较广;以聚酯毡或纤毡为胎基,用聚乙烯聚合物(APAO、APO)作改性剂,两面覆以隔离材料所制成的防水卷材称为APP改性沥青防水卷材,在南方气温较高的地区使用较广。施工方法有热熔粘贴施工和冷粘贴施工两种。

高聚物改性沥青防水卷材

【高空风电技术】(high-altitude wind power technology) 利用海拔几千至1万米的高空风力发电的技术。风中包含的总能量大大超过地球上人类社会所需要的能量。但是,大部分风能都位于高空。高空风能要比地面风能高出数百倍,在几千米至1万米的高空,不仅风速大,而且风力稳定,是理想的空中风电厂。在山东东营举行的"2009清洁能源国际高峰论坛"上透露,将在广东省建立中国第一个高空风电示范项目。

【高空气象学】(aerology) 探测、分析地球高空自由大气中所发生的各种物理现象和变化规律的学科。其主要研究内容包括:各种气象要素

（气压、温度、湿度、风、垂直气流、云高及云厚、臭氧浓度等）的垂直分布及变化规律、高空气象探测使用仪器与方法、探测记录分析、探测资料处理等。高空探测，除利用各种探空气球外，飞行器还可以直接携带探测仪器进行探测，还可以利用声学、雷达、激光等方法以及利用火箭、气象卫星等遥感技术开展学术研究。

【高炉】（blast furnace） 又称鼓风炉。用铁矿石连续炼出生铁的竖炉。炉体由耐火材料和金属结构组成。炉顶有装料、导出煤气等设备。燃烧用的空气经高炉热风炉预热后由风口鼓入炉内。炉料从炉顶下降时，被上升煤气预热，其中铁矿还原成铁，经渗碳并熔化后同生成的炉渣流入炉缸，分别从出铁口和出渣口放出。现代高炉的容积有的已超过 4 000m^3。较小的高炉也常用于冶炼锰铁或硅铁。用于冶炼有色金属的鼓风炉容积小，结构稍有不同。按高炉容积和高度变化的不同还可分为小高炉和矮高炉。用电热熔矿石的高炉称为电高炉。

高炉

【高炉布料】（blast furnace distributing） 按照某种方式将原料装入高炉的技术。通过选择装料方式，用改变炉料在炉喉的分布达到煤气流分布合理，实现改善煤气热能和化学能的有效利用。传统的高炉炉顶装有伞形的钢制料钟。在料钟升至炉顶时装料，然后降下料钟使炉料从其四周均匀进入炉内。为了封闭炉顶回收煤气的需要，采取了大料钟加小料钟的双钟式、三钟式及四钟式的形式。后来出现了无料钟布料，而采用单环布料、多环布料。现代大型高炉多采用摆动－旋转溜槽布料，这样可以进行多环布料，灵活调节中心或边缘的焦炭量或矿石量，并实现在任一点布料。

【高炉解剖】（blast furnace anatomy） 高炉停炉后用急冷的办法保持炉内状况而对高炉生产进行研究的技术。是国际上探索炼铁生产和工艺规律的重要方法。是钢铁工业中的一项前沿性研究课题。高炉解剖最初是 1957 年美国的一座 27m^3 试验炉，用氮气冷却。接着 1966 年苏联的一座 426 m^3，高炉用氮气冷却。随后，日本接连不断地解剖了十多座工业规模的用水冷却的高炉，大部分在1 000 m^3 以上。中国 1979 年解剖了一座 23 m^3 的试验炉。2008 年解剖了一座128 m^3 的高炉。通过高炉解剖得到了炉内的温度分布、还原度分布和碱金属分布的状况，不仅发现了中心呈倒 V 形的焦炭圆锥，温度十分精确地按其分布，并且发现了软熔带。当前，关于高炉炉料结构和成分的观点，关于炉料温度分布的观点，主要是在高炉解剖研究中获得的。

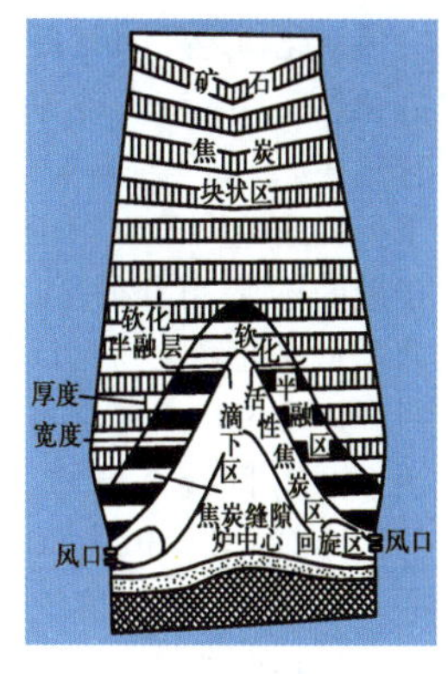

高炉结构示意图

【高炉金属化原料】（metallized burden for blast furnace） 又称预还原炉料。基本不含 Fe_2O_3，且一部分 FeO 已经还原为金属铁的高炉炉料。强度高，不易破碎，能改善炉内的透气性和热交换过程。是将铁矿石的部分还原任务在进入高炉之前完成，例如在生产烧结矿或球团矿时进行。能够减少在高炉内还原所消耗的焦炭量，降低焦比。

【高炉利用系数】（utilization coefficient of a blast furnace） 又称高炉有效容积利用系数。即每立方米高炉有效容积一昼夜生产的铁的数量。用公式表示为：$利用系数=\dfrac{折合炼钢生铁的总产量(T)}{高炉有效容积(m^3)\times 工作日(d)}$。反映高炉生产技术和管理工作水平以及原料和燃烧条件的技术经济指标。用在规定工作时间（指日历时间扣除大、中修理时间）内，平均每立方米高炉有效容积每昼夜所产合格生铁吨数来表示。

【高炉炉料结构】（blast furnace burden structure） 加入高炉的含铁原料的配比模式。能够充分满足高炉强化冶炼要求、获得较高的生产效率、较低的燃料消耗和较好经济效益的配比模式称为合理炉料结构。是高碱度烧结矿配加酸性炉料（球团矿、普通烧结矿和天然矿）的模式。用 80% 左右的高碱度烧结矿配加 20% 左右酸性球团矿和高品位块矿的炉料结构较为合理。有利于形成合理的软熔带，有利于冶炼低硅生铁，炉况顺行，煤气利用好。常用的炉料结构按配比的不同可分为四种：(1)以高碱度烧结矿为主，配加天然矿或酸性球团矿。(3)100% 自熔性烧结矿。(3)以酸性球团矿为主，配加超高碱度烧结矿。(4)100% 酸性球团矿，需加入大量石灰石熔剂。中国常用的炉料结构是75% ~85% 高碱度烧结矿，加 10% ~15% 酸性球团矿和 10% 天然块矿。

【高炉内非铁氧化物的还原】（reduction of nonferrous oxide in blast furnace） 高炉内除

去铁氧化物之外的元素氧化物质的还原。主要包括硅、锰、磷、铅、锌和砷等。硅主要在高炉下部高温区直接还原。$SiO_2 + C = Si + CO_2$。还原出来的硅可溶于生铁或生成 FeSi 溶于生铁。高炉温和低碱度有利于硅的还原，可获得含硅量较高的铸造生铁。锰的还原是从高价氧化物到低价氧化物逐级进行的：$MnO_2 \rightarrow Mn_2O_3 \rightarrow Mn_3O_4 \rightarrow MnO \rightarrow Mn$。在得到 MnO 之前是由 CO、$H_2$ 间接还原的。在高温区是被 C 直接还原的。$MnO + C = Mn + CO$。高碱度炉渣有利于直接还原。还原出来的锰溶于生铁或生成 $M_{n3}C$ 溶于生铁。高炉炉料中的磷主要以磷酸盐的形态存在。被 CO 还原或是有 SiO_2 存在时被 C 还原。还原出来的磷生成 Fe_2P 进入生铁。还原出来的铅不溶于铁，沉于炉底渗入砖缝，危害炉衬。还原出来的锌挥发气化，在炉身部位冷凝结成锌瘤，危害炉衬。还原出来的砷会溶于铁，含砷过高会使钢冷脆，降低钢的焊接性能。需要限制高铅、锌的原料入炉，或是通过配料降低其含量比，减少危害。

【高炉喷吹还原气体】(blast furnace blowing reduction gas) 在高炉风口等处喷吹还原气体的工艺。将重油和天然气等辅助燃料转化为还原气体 CO、H_2，然后喷入高炉。CO 和 H_2 的含量应在 90% 以上，温度应高于1 000℃。目的是提高炉内煤气中还原气体浓度，从而发展间接还原，降低直接还原度。制取还原气体的方法主要有重油和天然气的裂化转化法、高温裂解法和高炉煤气清洗转化法等。

【高炉热风炉】(hot blast furance) 预热空气的高炉辅助设备。按其传热方式的不同可分为蓄热式和换热式两种。较大的高炉均附有轮流使用的蓄热式热风炉。用燃烧室内燃烧煤气的废气以加热蓄热室内的格子砖，待其达到一定温度后，停止燃烧。再从与废气流相反的方向，引入冷空气经过格子砖吸取所蓄热能，即成热风。换热式热风炉即管式热风炉，主要由炉壳和炉内管道组成。在管外空间燃烧，使通过管内的冷空气得到预热。采用预热空气不仅可大量降低焦比，而且可增加生铁产量。

管式热风炉

【高炉渣组成】(blast furnace slag composition) 高炉炼铁产生的炉渣的成分。主要来自矿石中的脉石、焦炭中的灰分、熔剂氧化物和被侵蚀的炉衬。包括酸性氧化物 SiO_2、AL_2O_3 和碱性氧化物 CaO、MgO。这些氧化物的熔点高，在高炉中不能熔化，只有与其他成分作用形成低熔点化合物时才能形成熔渣。在高炉中，加入熔剂造渣的目的，就是为了中和脉石和灰分中的酸性氧化物，形成能够熔化和流动、密度小、能浮于铁水之上的炉渣。从而使铁水和炉渣能分别从高炉中排出。在高炉冶炼中，炉渣应满足以下要求：(1)流动性。(2)充分的脱硫能力。(3)使高炉顺行。(4)能选择还原调整生铁成分。(5)保护炉衬，提高高炉寿命。

【高锰钢】(high manganese steel) 一种含1.0%～1.3%碳、11%～14%锰的耐磨钢。淬火后呈奥氏体组织。韧性高而硬度低，具有较高的加工硬化性能，能在使用过程中或在高冲击载荷下获得极高的抗磨性。常用以制造铁轨道岔、碎石机的压磨部件、挖土斗、履带等。由于其切削加工性极差，目前均以铸造状态使用。

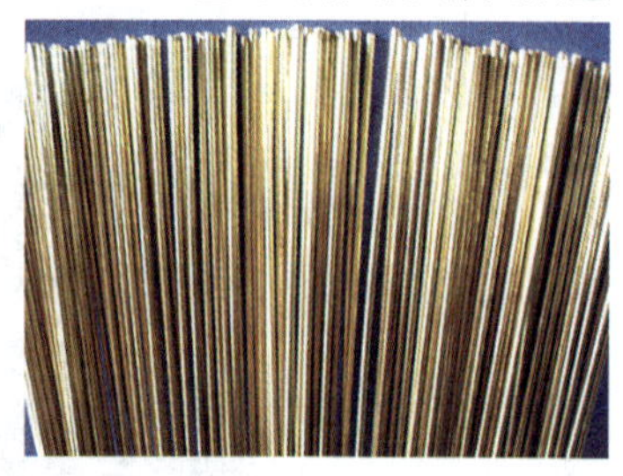

高锰钢

【高密度合金】(high density alloy) 以钨(90%～98%)为基体并加入镍、铁、铜或其他组分，其密度为17～18.5g/cm³ 的一类合金。有良好的塑性、可切削性、导热性和导电性，对 γ 射线和 X 射线有良好的吸收能力。用于制造航天器陀螺仪转子、导向装置、减振装置，制造机械用的压铸模、刀夹、镗杆及武器中的穿甲弹芯以及各种防射线的屏蔽部件等。

【高密度聚乙烯】(high density polyethylene, HDPE) 由乙烯共聚生成的结晶度高、非极性的热塑性聚烯烃。原态 HDPE 的外表呈乳白色，微薄截面呈一定程度的半透明状。HDPE 绝缘介电强度高，常用于制造电线、电缆。高相对分子质量、高密度聚乙烯树脂多用于制造吹塑薄膜，并能使薄膜超薄，且韧性损失不明显；还用于制造能承受一定压力的各种工业和矿业用管道、排水管道、输油临时管道、配气管路和生活用水管道。

【高密度聚乙烯防水卷材】(high-density polyethylene waterproof roll-roofing) 以高密度聚乙烯为基料所制成的防水卷材。其中含有大约97.5%的聚合物和2.5%的炭黑以及抗氧剂和热稳定物质。其断裂拉伸强度为28MPa，断裂延伸率为700%，变脆温度为 -80℃，抗水压能力为1.12～

7.94MPa,渗透系数为2.7×10^{-13}cm/s,热老化(80±2 ℃)拉伸强度保持率为92%,断裂伸长率保持在90%。广泛应用于环保、冶金、建筑、市政、水利、化工、电力以及航天等部门的防污染、防渗漏及水处理等工程。

【高密度脂蛋白】(high density lipoprotein,HDL) 一种高密度血液复合蛋白质。其颗粒直径为9nm,在肝脏中合成。新生成的高密度脂蛋白含胆固醇、磷脂、蛋白质和甘油三酯很少。它进入血液后,通过卵磷脂胆固醇酰基转移酶作用,其中的胆固醇接受来自卵磷脂的不饱和脂肪酰基而变成胆固醇酯。此时高密度脂蛋白含有约5%的甘油三酯、50%的蛋白质、15%的胆固醇酯、3%的游离胆固醇、25%的磷脂、2%~6%的游离脂肪酸和不到1%的糖类。其特点与功能是:(1)使血浆中的胆固醇转移到肝脏,部分转化为胆汁酸而排出体外。(2)其颗粒小,结构致密,能自由进出动脉壁,可以清除积存于管壁内的胆固醇,且不向组织释放胆固醇,具有将组织中胆固醇转移出来的功能,被称为抗动脉粥样硬化的保护因子。

【高能焊】(high energy welding) 又称高能束流焊接。利用高能量密度的束流作为焊接热源的熔焊方法的总称。通常包括等离子弧焊、电子束焊和激光焊等。三种焊接方法虽在设备和工艺上有较大差异,但其共同特点是:(1)加热被焊金属均采用直径小、能量密度高的束流,焊接时速度快,穿透力强,加热范围小,因而焊接接头性能高,残余应力和变形小,属高质量焊接方法。(2)能焊的材料范围宽,特别是解决了某些难熔金属和容易氧化、氮化金属的焊接,甚至能焊陶瓷、玻璃、塑料等材料。电子束和激光束能用电磁或光学元件实现聚焦和偏转的精确控制,因此能实现某些封闭或难以接近部位的焊接。

【高能激光武器】(high energy laser weapon) 利用沿一定方向发射的高能激光束直接攻击并毁伤目标的一种定向能武器。主要由高能激光器、精确瞄准跟踪系统和光束控制发射系统组成。具有能量集中、快速、精确、灵活、作用距离远、抗干扰、效费比高等优点。其功率在1×10^5W以上。可攻击飞机、导弹和卫星等战略战术目标。

高能激光武器

【高能农业】(high-energy agriculture) 见无机农业。

【高能束加工技术】(high energy density beam machining technology,HEDB) 利用高能量密度的束流(激光束、电子束、离子束)作为热源,对材料或构件进行加工的特种加工技术。包括焊接、切割、打孔、喷涂、表面改性、刻蚀和精细加工等各类工艺方法,并已扩展到新型材料制备领域。利用高能束热源、高能量密度、可精密控制微焦点和高速扫描的技术特性,实现对材料和构件的深穿透、高速加热和高速冷却的全方位加工,具有常规加工方法无可比拟的优点。高能束加工主要包括激光加工、电子束加工、离子束加工。高能束加工方法为实现产品元件的微细加工、精密和超精密加工以及对加工面局部表面改性等提供了有利的手段。除应用在焊接、切割、打孔和涂敷加工领域外,还在表面改性、微细加工和新材料制备等技术领域发挥重要作用。

【高能束流焊接】(high energy beam welding) 见高能焊。

【高能天文物理观测台3号】(high energy astrophysics observatory Ⅲ) 由美国研制和发射的γ射线天文卫星。1979年9月20日发射入轨。带有一台γ射线分光计和两个宇宙线计,是第一颗利用γ射线分光计进行观测研究的卫星。在1979年底和1980年,它观测到银河系中心处因电子与质子湮灭产生的0.511MeV的γ辐射,获得了银河系中心可能是一个黑洞的证据;还探测到铝的同位素衰变成镁发出的1.81MeVγ辐射,观测到包含黑洞的双星系统发出的1.2MeVγ辐射和1.5MeVγ辐射。

【高能物理】(high-energy physics) 又称高能粒子物理。研究具有1×10^9eV(1×10^9eV=1GeV)以上高能量的基本粒子的性质和它们之间的相互作用与转化规律的学科。对于物质结构的认识具有重要意义。高能加速器是高能物理研究的基本设备之一。目前最大的加速器能把质子加速到具有几百吉eV(电子伏特)的能量。另外,宇宙射线中亦含有高能粒子。对后者的研究也属于高能物理的范畴。

【高尿酸血症】(hyperuricemia) 由于尿酸生成过多和(或)尿酸排泄障碍导致尿酸升高的一种疾病。尿酸是嘌呤代谢的最终产物。当血尿酸>420μmol/L(女性更年期前>350μmol/L)就称为高尿酸血症。增高的尿酸可以析出结晶并可在组织内沉积,造成痛风的组织学改变,引起痛风样的关节炎。痛风是痛风肾病的危险因素。然而在临床上,高尿酸血症者仅有一部分临床痛风,大部分的高尿酸血症者并不发展为痛风。因此,高尿酸血症和痛风并非完全相同。高尿酸血症的患者只有出现尿酸盐结晶沉积、关节炎或肾病、肾结石等情况时才称为痛风。另外,高尿酸血症常伴有肥胖、冠心病、高脂血症、糖耐量降低和Ⅱ型糖尿病等代谢综合征。高尿酸血症是引起心脑血管疾病的高危因素,应高度重视并早期干预。通过饮食上限制高嘌呤食物,多饮水,禁酒等,可减少尿酸生成过多。必要时可进行药物治疗。

【高镍超低温钢】(super cryogenic steel with high nickel) 一种含镍量高的特种钢。其使用温度最低可达-196℃。其正火组织为低碳马氏体、铁素体及少量奥氏体;回火组织为含镍的铁素体和少量含碳马氏体。有一定的回火脆性,因此一定要严格控制回火工艺。主要用在特殊低温领域。

【高浓度有机废水处理】(treatment of high concentration organic wastewater) 对化学耗氧量大于2 000mg/L以上的高浓度废水进行处理净化的技术方法。根据废水性质和来源的不同,治理技术路线可分为:(1)易于生物降解的废水。采用现代生物技术生产单细胞蛋白和采用厌氧技术回收能源,并通过蒸发浓缩的方法回收固体。(2)可生物降解的废水。通过适当预处理和去除废水中的有害物质后,可以用现代生物技术进行处理。(3)难以生物降解的废水。应通过焚烧法或湿式氧化等物理化学方法进行处理,如有必要,还可补充进行生物处理。

【高频功率放大器】(high frequency power amplifier) 一种能输出大电流、高电压的能量转换器件。按其工作频带宽窄的不同可分为窄带高频功率放大器和宽带高频功率放大器两种。窄带高频功率放大器通常以具有选频滤波作用的选频电路作为输出回路,故又称为调谐功率放大器或谐振功率放大器;宽带高频功率放大器的输出电路则是传输线变压器或其他宽带匹配电路,因此又称为非调谐功率放大器。它将电源供给的直流能量转换成为高频交流输出。按照电流导通角的不同可分为甲、乙、丙三类工作状态。甲类放大器电流的流通角为360°,适用于小信号低功率放大。乙类放大器电流的流通角约等于180°;丙类放大器电流的流通角则小于180°。乙类和丙类都适用于大功率工作。丙类工作状态的输出功率和效率是三种工作状态中最高者。除以上几种按电流流通角来分类的工作状态外,又有使电子器件工作于开关状态的丁类放大器和戊类放大器。丁类放大器的效率比丙类的还高,理论上可达100%,但最高工作频率受开关转换瞬间所产生的器件功耗限制。高频功率放大器的主要技术指标有输出功率、效率、功率增益、带宽和谐波抑制度(或信号失真度)等。高频功率放大器与低频功率放大器的共同之点是要求输出功率大,效率高;它们的不同之点,是二者的工作频率与相对频宽不同。

高频功率放大器

【高频焊】(high frequency welding) 利用高频电流产生的热量来焊接工件的焊接方法。其原理是:高频电流集中沿导体表面和沿感抗最小的通路流过,使电流集中加热工件的待焊表面,在达到热塑性状态或局部熔化状态时,对工件加压形成焊接接头。高频焊分高频电阻焊和高频感应焊两种:(1)高频电阻焊。用滚轮或接触子作电极将高频电流导入工件,适用于管子的连续纵缝对焊和螺旋搭接缝焊、及锅炉鳍片管和换热器螺旋翅片的焊接。可焊管子外径达1 200mm,壁厚达16mm。可焊工字钢腹板厚度为9.5mm。(2)高频感应焊。用感应线圈加热工件,可焊接外径9mm的小直径管和壁厚1mm的薄壁管。常用于中小直径钢管和黄铜管的纵缝焊接,也可用于环缝焊接,但功率损耗比高频电阻焊大。高频焊的主要设备包括高频电源、工件成型设备和挤压机械。高频焊质量稳定,生产率高,成本较低,适用于高效率自动生产线。

高频焊刀机

【高频通信】(HF communication) 见短波通信。

【高强高韧模具钢】(high strength and toughness diesteel) 经过炉外精炼、力学性能好的模具钢。主要有6Cr4Mo3Ni2WV钢、6Cr4W3Mo2VNb钢、5Cr4Mo3SiMnVA1钢及7Cr7Mo2V2Si钢。其耐磨性、抗弯曲性、疲劳性、断裂韧度等,均优于Cr12型钢,且使用寿命提高1倍以上。

【高强高韧钛合金】(high strength and high toughness titanium alloy) 一种含钛量很高的合金。其特点是质轻、高强度和高韧性。主要用于飞行器记录仪壳体、航空螺栓螺钉、卫星连接带、卫星波纹壳体、发动机壳体等航空航天结构件。

【高清晰度电视】(high definition television,HDTV) 一种能使具有正常视力的观众在距显示屏高度的三倍距离处所看到的图像质量与观看原始景物或表演时所得到的视觉效果相同的电视。合格的高清晰电视接收机必须同时满足以下条件:(1)能接收、解调由高清晰度信号调制的射频信号。(2)在图像清晰度上,必须在水平和垂直方向上均大于等于720电视线。(3)能解码、显示1 920×1 080i/50Hz或更高图像格式的视频信号。(4)图像显示的宽高比为16∶9。(5)能输入、处理和显示其他图像格式如720×576等。(6)能解码、输出数字电视声音。与现有电视系统相比,它改善了瞬时分辨率和色彩保真度,使色差信号与亮度信号分开,有较大的幅型比。

高清晰度电视

【高清晰度多媒体接口】(high definition multimedia interface, HDMI) 不压缩、全数字的音频视频接口。首个也是现在业界唯一的不压缩、全数字的音频视频接口,最高数据传输速度为5Gbps。是单线缆标准,通过在一条线缆中传输高清晰、全数字的音频和视频内容,极大简化了系统安装与布线。由日立、松下、飞利浦、索尼、汤姆逊、东芝和Silicon Image七家公司联合组成HDMI组织,制定HDMI标准,目前版本号为1.4。HDMI的规格书中规定了A、B、C三种HDMI接头。HDMI标准广泛使用于机顶盒、DVD播放机、个人电脑、数位音响与电视机等音频视频设备上。

高清晰度多媒体接口

【高热能膳食】(high heat energy diet) 含脂肪量高、含水分少,含热能高的食物,如巧克力(含脂肪41%)、奶油、硬果类、火腿等,一类发热量高的膳食。其特点是:每日供给的热能在10.5 MJ以上。在原每日膳食的基础上增加1 254 kJ左右的热能。其适用对象:高热耗疾病、消瘦、体重过低、贫血、结核病、甲状腺机能亢进症等患者。其膳食原则和要求是:(1)在平衡营养的原则下,鼓励病人增加食物摄入量,尽量配制易提高患者食欲的菜肴。(2)除正常膳食外,可另行添加配制的高热能食物或以增加餐次等方法提高热能的供给量。(3)摄入量的增加应循序渐进,以免一次性大量给予造成胃肠功能失常。(4)对胃纳欠佳者,可采用部分配方营养剂来增加总热能和相关营养素的摄入量。

巧克力

【高热值】(high heating value) 单位燃料完全燃烧(所生成的水蒸气完全凝结成水)所放出的热量。在实际燃烧及热量利用过程中,烟气中水蒸气并没有冷凝,其凝结热未得到利用。高位热值减去水蒸气的凝结热就是低热值。高、低热值通常相差10%左右。美国和日本习惯于使用燃料的高热值。中国和多数欧洲国家习惯于使用低热值。

【高熔点稀有金属】(high melting point of rare metal) 又称难熔金属。稀有金属的一类。通常指钨、钼、钽、铌、钒、锆,也可包括铼、铪。这类金属的特点为:熔点高,硬度大,抗蚀性强。多数能同碳、氮、硅、硼等生成高熔点、高硬度并具有良好化学稳定性的化合物。在工业上各有其重要的用途:如钨和钼用于配制合金钢、耐热合金、硬质合金;钨并用作灯丝材料,钒用于配制合金钢;钽、铌用于电真空技术、无线电工业(如钽电容器)和化学工业;锆及其合金由于热中子俘获截面很小,用作原子核反应堆结构材料。

【高山反季节蔬菜】(alpine season vegetables) 利用高山较为凉爽的气候条件,进行夏菜延后栽培、秋冬菜提前栽培,提早采收供应市场,并具有一定生产规模的商品蔬菜。是改善平原地区夏季蔬菜淡季的供应、使山区农民无须离乡打工就可致富的一条重要渠道。中国部分地区夏季炎热,月平均温度常在28℃以上,最高达35℃以上,许多喜温而不耐热的蔬菜和喜冷凉的秋冬菜在7~8月间均不能正常生长,致使7~9月蔬菜市场供应不足,出现菜价高、花色品种少的淡季。而高山气候比平原凉爽,常与平原、丘陵地区形成一个明显的季节差。利用这个气候差异,要选择耐寒、抗病性强、早熟的品种和秋延后品种。如辣椒有更新4号、更新5号、湘研9号辣椒、湘研10号辣椒、湘研11号辣椒、广椒2号、辣优4号；茄子有丰茄1号、丰茄2号；黄瓜有津杂三号黄瓜、津杂4号黄瓜、津春4号黄瓜；早青一代西葫芦等都是良好的栽培品种。再选择运销对路、耐热、耐旱、抗病、耐贮运的强势品种，合理安排茬口，使采收期安排在7～9月间，则可获得最大的社会及经济效益。

【高山反应】(alpine reaction) 长期生活在低海拔地区的人临时进入高海拔地带的缺氧反应。人类在长期的进化发展中更适应在氧气充足、海拔较低的环境中活动，只有较少人群适应在海拔较高的地方生活。当低海拔的人突然进入较高海拔后，人体的血液和细胞得不到正常的氧气供应，于是便产生相应的生理病变而发生高山反应。高山反应的主要症状是因缺氧引起的新陈代谢和呼吸系统紊乱而导致的头痛、头晕、恶心、呕吐、呼吸困难、心跳加快、烦躁和严重失眠等。严重者或因具有心脏病、肺心病的人，如果得不到充足的氧气供应和及时治疗，还可能造成生命危险。高山反应最初的适应期是24h后，中等适应期为72h后。但要真正适应在海拔3 500m甚至4 000m以上地方进行正常的体力和脑力劳动，则需要2～3个月的适应期。人类长期生活的最高海拔极限可能是6 000m。中国长江之源海拔5 800m，还有牧民长期居住。超过6 000m海拔高度即使长期生活在高山高原地区的人也会产生高原反应。

【高山蔬菜】(alpine vegetables) 在海拔800m以上山区可耕地生产的蔬菜的总称。中国是典型的大陆性气候，平原和丘陵地区夏季炎热多雨，很多蔬菜品种不能正常生长，病虫害严重，产量和品质低劣。相比之下，高海拔区域夏季气候凉爽，适合多种蔬菜生长。夏季在高海拔地区进行蔬菜生产，不仅可以补充夏秋季蔬菜上市量的不足，还大大的提高了蔬菜的品质。高山地区的可耕地远离城市，空气清新，无“三废”污染，适合生产绿色和有机蔬菜，提升了蔬菜档次。山区气候凉爽，昼夜温差大，有利于蔬菜营养积累和品质提高。山区夏季雨水多，不需要更多的人工灌溉，用工少和生产成本低。山上空气流通，环境适宜蔬菜生长，病虫害很少，农药用量小，维护了自然生态环境，保证了蔬菜产品的安全性。在高山地区发展蔬菜生产，为山区农民带来了很好的经济收益。应该注意的是，杜绝毁林开荒和在25°以上陡坡地种菜，以防水土流失。

高山蔬菜

【高山土壤】(alpine soil) 发育在高山或高原森林郁闭线以上或无林带的土壤。主要有亚高山草甸土、高山草甸土、亚高山草原土、高山草原土、高山荒漠土、高山寒漠土。这些土壤的共同特点是：发育程度低，土层薄，土体分异不明显，腐殖化过程弱，局部有泥炭状有机质累积，表层有机质含量变幅大。高山土壤随地势由低到高，水热条件发生变化，植被组成逐渐单调稀疏，土壤的生物累积趋于微弱。高山土壤在利用上也有差别，大部分为天然牧场。

【高山娃娃菜】(alpine baby cabbage) 一种袖珍型小株白菜。因生长在云贵高山地区，故得此名。属于十字花科芸薹属白菜亚种。外形与大白菜一样，只不过个头只有大白菜的五分之一。在外形上，其叶基、叶脉要比大白菜细的多；在口感上，大白菜水分较多，高山娃娃菜细腻润滑。其生长适温是5～25℃。山区可利用得天独厚的夏季冷凉气候，发展娃娃菜的种植。

高山娃娃菜

【高山无公害蔬菜】(alpine vegetables without permitted harmful material) 在高山地区按照无公害生产技术标准生产的、有害物质如农药残留、重金属、亚硝酸盐等的含量，控制在国家规定的允许范围内，符合通用卫生标准并经有关部门认定的安全蔬菜。随着经济社会发展和人们生活水平的提高，人们安全保健意识在不断增强，居民家庭蔬菜消费总量呈上升趋势。因此发展高山反季节无公害蔬菜，让人们一年四季都能吃到新鲜的“放心菜”，解决蔬菜淡季供应缺口问题。是顺应潮流，满足消费市场需要的。尤其是高山反季节无公害蔬菜价格要比普通蔬菜价格高30%左右，经济效益可观，市场前景广阔。

【高山植被】(alpine vegetation) 位于高山森林线（高海拔地区树木正常生长的最大高度）以上由高山灌丛、高山草甸和高山冻原植物组成的植被。也

高山植被

有人将亚高山地区的针叶林称为高山植被。高山植被的垂直界限,受纬度、坡向、地形等因素的影响而有所不同。

【高山植物】(alpine plant) 生长于高海拔山地的植物的统称。一般体积矮小,茎叶多毛,有的匐匍着生长像垫子一样铺在地上,成为所谓的“垫状植物”,是植物适应高山环境的典型形状之一。它们在青藏高原海拔4 500~5 300m之间的高山区生长。苔状蚤缀,高3~5cm,个别较大的高也不过10cm,直径约20cm。一团团垫状体就好像一个个运动器械中的铁饼,散落在高山的坡地之上。它流线形的外表和贴地生长,能抵御大风的吹刮和冷风的侵袭。另外它生长缓慢、叶子细小,可以减少蒸腾作用而减少水分的消耗,以适应高山缺水的恶劣环境。全身长满白毛的雪莲,可以代表另一个类型的高山植物。雪莲生长在海拔4 800~5 500m之间的高山寒冻风化带。雪莲个体不高,茎、叶密生厚厚的白色绒毛,既能防寒,又能保温,还能反射掉高山阳光的强烈辐射。大多数高山植物还有粗壮深长而柔韧的根系,它们常穿插在砾石或岩石的裂缝之间和粗质的土壤里吸收营养和水分,以适应高山粗疏的土壤和在寒冷、干旱环境下生长发育的要求。

【高收缩纤维】(fiber with high shrinking potential) 沸水收缩率达到35%~45%的纤维。常见的有高收缩型聚丙烯腈纤维(腈纶)和聚酯纤维(涤纶)两种。制造高收缩聚丙烯腈纤维的方法是:(1)在高于腈纶玻璃化转变点的温度下,进行多次热拉伸,使纤维中的大分子链舒展,并沿纤维轴向取向,然后骤冷,使纤维的大分子链的形态和张力暂时被固定下来。在松弛状态下对成纱进行湿热处理,大分子链因热运动而收缩,导致纤维在长度方向的显著收缩。(2)增加第二单体丙烯酸甲酯的含量,大幅度地提高腈纶的收缩率。(3)采用热塑性的第二单体与丙烯酯共聚,能明显地提高纤维的收缩率。高收缩型聚酯纤维一般是通过对结晶性聚酯的改性而获得。它可以与各种纤维混纺制成各种仿羊绒、仿毛、仿麻、仿真丝等产品。其手感柔软,质轻蓬松,富有弹性,保暖性好。

【高斯定理】(Gauss law) 穿过一闭合曲面的电通量大小与封闭曲面所包围的电荷量成正比。是矢量分析的重要定理之一。它表明静电场是有源的。而对于有旋电场通过任意闭合曲面的电通量为零,它表明有旋电场是无源的。对于稳恒磁场,由于磁力线总是闭合曲线,所以通过一个闭合曲面的总磁通量也为零,它表明稳恒磁场是无源的。高斯(Gauss)是德国数学家、物理学家和天文学家。

【高斯-克吕格投影】(Gauss-Krüger projection) 等角横切椭圆柱投影。假想用一个椭圆柱横切于地球椭球体的某一经线上,这条与椭圆柱面相切的经线,称中央经线。以中央经线为投影的对称轴,将东西各3°或1°30′的两条子午线所夹经差6°或3°的带状地区按数学法则、投影法则投影到圆柱面上,再展开成平面,即高斯-克吕格投影,简称高斯投影。这个狭长的带状的经纬线网叫作高斯-克吕格投影带。高斯-克吕格投影将中央经线投影为直线,其长度没有变形,与球面实际长度相等,其余经线为向极点收敛的弧线,距中央经线愈远,变形愈大。

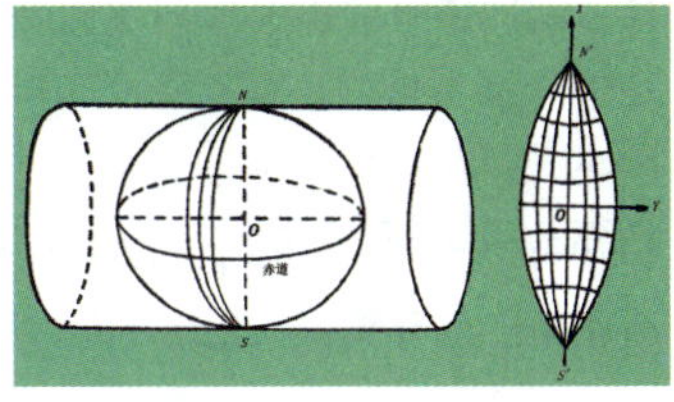

高斯-克吕格投影

随着远离中央经线,面积变形也愈大。若采用分带投影的方法,可使投影边缘的变形不致过大。中国各种大、中比例尺地形图采用了不同的高斯-克吕格投影带。其中大于1∶10 000的地形图采用3°带;1∶25 000至1∶500 000的地形图采用6°带。

【高斯平面坐标系】(Gauss plane coordinate system) 利用高斯-克吕格投影,以中央子午线为纵轴,以赤道投影为横轴所构成的平面直角坐标系。是大地测量、城市测量、普通测量、各种工程测量和地图制图中广泛采用的一种平面坐标系。

【高耸结构】(towering structure) 又称塔桅结构。高而横断面相对较小的结构。以水平荷载(特别是风荷载)为结构设计的主要依据。根据其结构形式的不同可分为自立式塔式结构和拉线式桅式结构。古代宗教塔是早期的高耸结构。中国历代曾建有以砖、石、木材、生铁等为材料的各种形式的塔。

登封嵩岳寺砖塔

尚存的具有代表性的古塔有公元523年(北魏)建造的河南登封嵩岳寺砖塔,公元1056年(辽)建造的山西应县佛宫寺释迦木塔等。

【高速锤锻造】(high speed hammer forging) 靠高压气体突然释放的能量驱动上、下锤头高速运动，悬空对击，使金属塑性成型的锻造方法。在高速锤是一种以高压气体(通常采用压力为14MPa的空气或氮气)作介质，借助于一种触发机构，使高压气体突然膨胀，推动锤头系统和框架系统作高速相对运动，而产生相对打击力的锻造设备。高速锤锻造是一种高能率成型方法，主要用于精密模锻和热挤压。在高速锤锻造时，打击速度很快，可达12～25m/s。它既可用于锻造精密、形状复杂、高筋薄壁的锻件(如齿轮、涡轮等)，也可用于锻造铝合金、钛合金、不锈钢、合金钢等难成型、高强度的贵重金属工件。高速锤可锻出锻模斜度较小或无锻模斜度和无飞边的精密锻件，其精度可达0.02mm，表面粗糙度Ra可达1.6～6.3μm。

【高速电路交换数据服务】(high speed circuit switched data serves, HSCSDS) 通过多重分时方式进行数据传输来提高数据传输速率的一种电路交换技术。该项技术与单一时分技术相比，可将传输速率提高2～3倍。是全球移动通信系统网络的升级版本。其传输速度能够达到57.6bit。已用于全球移动通信系统中。

【高速钢】(high speed steel) 又称锋钢。含钨、铬、钒等的高合金工具钢的总称。经淬火及多次回火处理后，在高温(约600℃)下不软化。用于制造在较高切削速度下工作的切削刀具。典型的高速钢，含有18%钨，4%铬和1%钒，有时还含有钴、钼等元素。现已研制出一系列不同成分的高速钢。

【高速公路】(express way) 有四个或四个以上车道，设有中央分隔带，全部立体交叉并全部控制出入的公路。欧洲多数国家称之为“汽车公路”或“汽车专用路”，如德国、意大利、俄罗斯、英国、法国等；瑞典称之为“快速公路”。美国在早期称之为“超级公路”，后分别称之为“快速公路”、“自由公路”、“公园路”等。日本在初期称之为“自动车道”，后改称“高速公路”。中国称之为“高速公路”、“高等级公路”、“汽车专用道”等。根据实际使用情况和道路交通参与者的习惯，统称之为“高速公路”。

高速公路

【高速公路管理体制】(management system of free way) 能够保证高速公路营运管理活动有效开展的组织形式和运作机制。包括管理机构、管理规则和运行机制三个要素。按管理权限的不同可分为集中管理型和专线管理型两大类；按机构性质的不同可分为事业管理型、企业管理型和事业单位企业化管理型；按管理内容的不同可分为建管体型和专门管理型。高速公路管理体制发展的趋势是：(1)经营权转让。在高速公路建成之后，业主通过转让经营权收回先期建设投资，加快了资金周转率。购买经营权方则通过征收通行费及其他费用方式在转让期内收回投资，获取利润。(2)BOT方式。是一种比较流行的成功的融资方式。它由投资方进行高速公路建设，经营若干年后再无偿转让给当地政府。(3)股份制改造这是目前乃至今后高速公路建设的一种主要融资方式。这种方式通过对高速公路资产存量的重组和股份化改造，将高速公路股票在境内外直接上市融资，筹集大量资金。

【高速公路交通调度】(express highway traffic control) 根据道路的通行状况及交通安全管理需要，对高速公路交通运营作出的实时控制。涉及交警、路政、清障、监控、养护、收费站、服务区等，是一个宏观层面上的概念。而履行具体的交通调度职能，发布交通调度控制指令的，通常是由高速公路经营管理单位的监控部门执行。

【高速公路交通分流】(traffic diverging for express highway) 见主线交通控制。

【高速公路交通监控】(traffic monitoring for free way) 利用电子监控系统对高速公路沿途气候环境、道路交通状况等进行实时监视，引导车辆有序运行，减少交通事故的控制行为。其目的是：(1)监视高速公路的实时运营状况，收集、处理各种交通信息并及时上报。(2)为道路使用者提供道路交通信息和事故施救服务等。(3)在恶劣气候条件及紧急情况下，确保车辆安全通行。(4)及时发现各种可能影响高速公路行车安全的隐患，并采取适当的管制措施，合理地引导交通流到周边替代道路上。(5)减少交通事故发生率和人员伤亡率，提高高速公路安全性能，预防二次事故的发生。

【高速公路收费管理】(charge management of free way) 对车辆征收通行费中各项活动过程及财务工作的各种要素进行决策、计划、组织、指挥、控制和激励活动的总称。征收通行费主要是收费政策的制定与提出、费率标准的测定、收费方式的选择、收费站的设置与机构配备、收费票据的监制印刷、保管、存储与发放使用、收款及收费上缴、票据稽核、稽查及收费过程中的文明服务等。收费财务工作主要项目包括记账、结算、报解、上缴、存储、分配等。其主要任务是:(1)贯彻执行国家关于征收高速公路车辆通行费的规定,科学地组织收费工作,在保证高速公路正常营运秩序的同时,完成收费目标。(2)充分发挥所征收资金的作用。将所收资金主要用作偿还高速公路建设投资贷款本息,维持高速公路设施养护、管理正常费用支出,为充分发挥高速公路高速、高效、安全、畅通、舒适的功能及完善高速公路路网提供资金保障。

【高速缓冲存储器】(high speed cache memory) 位于中央处理器和主存储器之间、对程序员透明的一种高速小容量局部存储器。一般由高速静态存储器构成。在配有高速缓存的计算机中,每次访问存储器都先访问高速缓存,再访问存储器,并把有关数据放入高速缓存。这种局部存储器是面向中央处理器的。引入它是为减小或消除中央处理器与内存之间的速度差异对系统性能带来的影响。

【高速交通系统噪声控制技术】(high speed traffic noise control technology) 一项应用于高速交通系统的环境噪声污染控制技术。主要内容包括:揭示高速公路交通噪声特性及其时空分布规律;建立高速公路建设项目从科研到建成营运全过程的噪声控制系统工程;提出高速公路营运期交通噪声控制要点与工程设计的技术措施;揭示高速公路交通噪声多普勒效应,及其对声屏障降噪防护效果的影响;提出切实可行的高速公路交通噪声验收监测方法。该技术成果将推动高速公路噪声污染控制应用科学技术的进步,提高高速公路建设项目环境科学管理和噪声控制工程设计的水平,保护高速公路沿线两侧的声学环境,保障人民的正常生活及健康水平。

【高速经编机】(high-speed warp knitting machine) 机号高、梳栉少、编织速度快的现代经编机。不宜使用短纤纱,只使用化纤长丝。能编织花纹复杂的提花类织物。高速经编机的产品主要是网孔结构、平纹结构和绒面结构三类。

高速经编机

【高速卷绕头】(high-speed winding head) 经过牵伸或预牵伸的长丝,一根根分别绕在筒管上形成丝饼的一种装置。是合成纤维长丝纺丝卷绕的重要机器。其结构非常复杂。其卷绕速度可达6 000m/min。它将经过牵伸或预牵伸的长丝,一根根分别绕在筒管上形成丝饼,最多可达20个。其横动机构有拨叉式和兔子头式,横动宽度因头数不同而不同。换筒有自动和半自动两种。高速卷绕头以自动换筒为主。

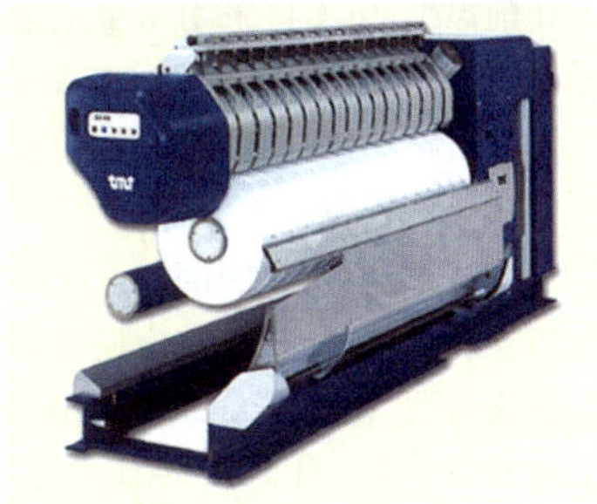
高速卷绕头

【高速列车】(high speed train) 最高行车速度达到或超过200km/h的铁路列车。其速度高,省燃料,安全可靠,服务优良。世界上最早的高速列车为日本的新干线列车,最高速度为210km/h。目前,开通高速列车的国家有日、法、德、意、英、俄、瑞典等国。其中法国的TGV系列创下运营速度之最,其速度曾达到515km/h。中国自1999年起开始修建高速铁路网,先后开通多趟高速列车。

【高速磨削技术】(high speed grinding technology) 砂轮线速度高于50m/s的磨削加工技术。其特点是:(1)可实现工件大余量切除。(2)与普通磨削相比,可以提高效率1~3倍。(3)可降低加工表面粗糙度值及提高加工精度,减少或避免磨削烧伤和裂纹。(4)砂轮的寿命提高1倍左右。由于高速磨削时的砂轮线速度和进给速度比普通磨削高,因此砂轮电机功率要相应提高(一般提高1.5~3倍)。高速磨削适用于多数牌号的钢材,但对磨削时易产生裂纹的材料、耐热合金则不适用。对于某些材料,如不锈钢,当砂轮线速度高于50m/s时,磨削效率反而下降。高速磨削在发动机行业广泛应用。

【高速切削加工】(high speed cutting machining) 采用聚晶金刚石、立方氮化硼等超硬材料的刀具,能实现高速切削的加工技术。其速度比常规加工速度几乎高出一个数量级。在切削原理上是对传统切削认识的突破。它有以下优越特性:切削力低,热变形小,材料切除率高,精度高,减少工序等。高速切削加工主要应用于汽车工业大批生产、难加工材料、超精密微细切削、复杂曲面加工等不同领域。

航空工业是高速切削加工的主要应用行业。飞机制造通常需切削加工长铝合金零件等，直接采用毛坯高速切削加工，可不再采用铆接工艺，从而降低飞机重量。模具制造也是高速切削加工技术的主要受益者，无论是在减少加工准备时间，缩短工艺流程，还是缩短切削加工时间方面都具有极大的优势。

【高速铁路】(high-speed railway) 通过改造原有线路，使营运速度达到200km/h以上，或者专门修建新的“高速新线”，营运速度达到250km/h以上的铁路系统。自1964年日本建成东京至大阪世界上第一条高速铁路以来，已经历了三个不同的阶段：1964年至1990年是世界高速铁路发展的第一阶段；1990年至20世纪90年代中期为高速铁路网建设的第二阶段；20世纪90年代中期至今形成高速铁路建设的第三阶段。适合高速铁路的生存环境是：(1)人口稠密和城市密集，而且生活水准较高，能够承受高速轮轨比较昂贵的票价。(2)较高的社会经济和科技基础，能够保证高速轮轨的施工、运行与维修需要。高速铁路的主要模式：(1)德国ICE模式。即全部修建新线，旅客列车及货物列车混用。(2)日本新干线模式。即全部修建新线，旅客列车专用。(3)法国TGV模式。即部分修建新线，部分旧线改造，旅客列车专用。(4)英国APT模式。即既不修建新线，也不对旧有线进行大量改造，主要靠采用由摆式车体的车辆组成的动车组，旅客列车及货物列车混用。高速铁路克服了普通铁路速度较低的不足，与高速公路的汽车运输和中长途航空运输相比较具有明显的优势：(1)运送速度快，运输能力大。(2)有规律、稳定地运送旅客，几乎不受天气影响。(3)安全、正点、舒适。(4)能耗远低于飞机和汽车，客运成本低。(5)可使用各种能源发电，供电力牵引使用，并有利于环境保护，减少污染。

高速铁路

【高速无扭控冷线材】(high speed no twist controlled cooling wire rod) 在轧制速度75m/s以上、轧制中无需使钢坯扭转翻转、控制水冷和随后散卷空冷的高速线材轧机上生产的线材。其直径一般为5~16mm，以盘卷交货，重量一般为2t。经电炉或转炉炼钢，炉外精炼，可根据不同的线材制品的需要而控制其化学成分、显微组织、晶粒度、夹杂物级别、表面脱碳层深度、力学性能和表面质量。一般可供线材行业直接拉拔，而不需要预先进行软化处理，因而降低了能耗和材料的消耗。线材的大盘重为线材制品的连续作业提供了必要条件。

【高速铣削】(high speed milling) 铣削速度在45m/s以上的铣削加工。相对于普通铣削加工，高速铣削采用高的进给速度和小的铣削参数。其优点是：(1)高效。高速铣削的主轴转速最高可达100 000r/min。在切削钢时，切削速度为400m/min，比传统的铣削加工高5~10倍；在加工模具型腔时与传统的加工方法(传统铣削、电火花成型加工等)相比效率提高4~5倍。(2)高精度。加工精度一般为10μm，有的精度还要高。(3)高的表面质量。最好的表面粗糙度Ra<1μm，减少了后续磨削及抛光工作量。(4)可加工高硬材料，可铣削HRC50~54的钢材，最高硬度可达HRC 60。采用高速铣削既可提高效率，又可减小表面粗糙度。高速铣削要求机床具有高转速、高刚度、大功率和抗振性好的工艺系统；要求刀具有合理的几何参数和方便的紧固方式，还需考虑安全可靠的断屑方法。高速铣削加工在模具制造中得到广泛应用，并逐步替代部分磨削加工和电加工。

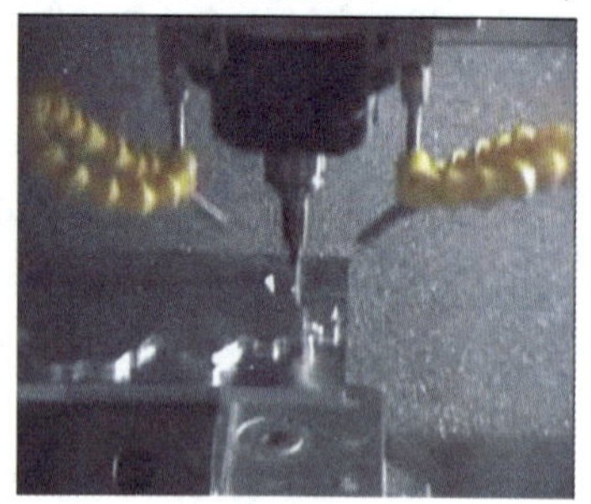

高速铣削

【高速压力机】(high speed press) 行程速度高达300次/分钟的冲压设备。高速压力机中的电动机通过飞轮直接驱动曲柄滑块机构，滑块行程次数最高可达3 000次/分钟，为普通压力机的5~10倍。为减小滑块在工作时的惯性和振动，滑块用铝合金制造。高速压力机具有机身刚性好、滑块的导向精度高、滑块抗偏载能力强等特点。在压力机底座与基础之间设置橡胶弹性垫片，用于吸收部分振动，同时还能起到降低噪声、改善工作环境的作用。

高速压力机

【高碳微钒钢轨钢】(high carbon and micro vanadium rail steel） 钢轨用含钒高碳合金钢(PD3)。其力学性能是：$\sigma_{0.2}\geqslant785$MPa，$\sigma_b\geqslant1$ 175MPa，$\delta_5\geqslant10\%$，淬硬层深度≥30mm。组织为微细珠光体。焊接性良好，达到国外同类产品水平。用于高负荷、大运量的主干线上，特别是磨耗量最大的弯道处。PD3 在线热处理轨使用寿命比普通轨分别提高 50% 以上和 3 倍以上。每使用 1tPD3 在线热处理轨，就节约 1～2t 普通轨。

高碳微钒钢轨钢

【高铁血红蛋白症】(methemoglobinemia) 由红细胞中高铁红蛋白含量超过正常值而引起的缺铁性青紫。是常染色体隐性遗传。正常红细胞中含铁血红蛋白(Hb)的铁为二价铁，才能和氧结合，将氧运送到全身各个组织。如果 Hb 内铁氧化成三价铁(高铁血红蛋白)，就不能将氧运送到全身，出现缺铁性青紫。正常 Hb 内有三价铁，被体内还原物质还原成二价铁。体内的还原物质有 4 种：维生素 C、谷胱甘肽、三磷酸吡啶核苷黄递酶、二磷酸吡啶核苷黄递酶(又称高铁血红蛋白还原酶)。后者最活跃。高铁血红蛋白量超过 15%，就会出现青紫。临床分为 4 型：Ⅰ型，酶缺乏仅限于红细胞内，症状主要是青紫。Ⅱ型，除红细胞受侵外，受累的组织广泛。有神经系症状，如头小、智力障碍、生长迟缓、手足徐动等。早期夭折。Ⅲ型，缺陷除红细胞外，血小板、白细胞均受侵犯。Ⅳ型，目前受累组织不明，临床上有慢性青紫。先天性高铁血红蛋白症合并血红蛋白 M 病：是 Hb 结构及功能异常，使 Hb 中的三价铁不能还原成二价铁，而出现青紫。是性、常染色体显性遗传。药物引起的高铁血红蛋白症：常见亚硝酸盐中毒、硝酸盐中毒等。其治疗是用还原剂将血红蛋白中三价铁还原成二价铁：美蓝 1～2mg/kg，静脉点滴，青紫消失改为每天用 3～5mg/kg 维持。维生素 C 每天 200～500mg，分三次口服。

【高通量基因组序列】(high-throughput genomic sequences，HTGS) 来自大规模测序中心的高通量、尚未完工的 DNA 序列。为了更快地得到目前还没有完成的基因组序列数据，人们建立了 HTGS 数据库。它是由三个跨国的核酸序列数据库(日本的 DNA 数据库 DDBJ、欧洲生物信息学研究所的核酸数据库 EMBL、美国国家生物技术信息中心的 GenBank)合作建立的。HTGS 数据库记录了由高通量的测序中心测出的尚未完工的 DNA 序列。可以用 BLAST（分析核酸和蛋白质数据库而设计的序列相似性搜索工具）来搜索其中的序列。

【高通量筛选】(high throughput screening) 以分子水平和细胞水平的实验方法为基础，以微板形式为实验工具载体，以自动化操作系统执行试验过程，以灵敏快速的检测仪器采集实验结果数据，以计算机对实验数据进行分析处理，同一时间对数以千万计样品进行检测，并以相应的数据库支持整体运转的技术体系。其组成包括：(1)化合物样品库。化合物样品主要有人工合成和从天然产物中分离纯化两个来源。其中，人工合成又可分为常规化学合成和组合化学合成两种方法。(2)自动化操作系统。利用计算机通过操作软件控制整个实验过程。操作软件采用实物图像代表实验用具，简洁明了的图示代表机器的动作。其工作能力取决于系统的组分。根据需要可配置加样、冲洗、温解、离心等设备以进行相应的工作。(3)高灵敏度的检测系统。一般采用液闪计数器、化学发光检测计数器、宽谱带分光光度仪、荧光光度仪等进行检测。(4)数据库管理系统。承担样品库的管理、生物活性信息的管理、对高通量药物筛选的服务、药物设计与药物发现四个方面的功能。

【高危人群】(high risk group) 社会上的一些发生某种特指的事情危险性高的人群组合。一般多指疾病。而这种疾病不仅包括生理上的，也包括心理上的。如同性恋即为艾滋病的高危人群。癌症的高危人群即指比较容易患癌症的人。一般这个人群年龄大于 45 周岁，且下列因素具有其一：(1)有癌症家族遗传因素。(2)具有长期病史。(3)工作环境较差。(4)有长期不良生活习惯。

【高温超导滤波器】(high temperature superconduct filter) 一种由高温超导滤波放大电路组成的器件。由高温超导滤波放大电路、深度制冷系统、精确控制系统、真空绝热系统四部分组成。高温超导滤波放大电路是系统的核心部分，包括高温超导滤波器和低温低噪声放大器。滤波器微带电路由高温超导薄膜材料制作，工作温度在液氮温区。在移动通信系统中的优势是：(1)降低手机发射功率，降低基站接收系

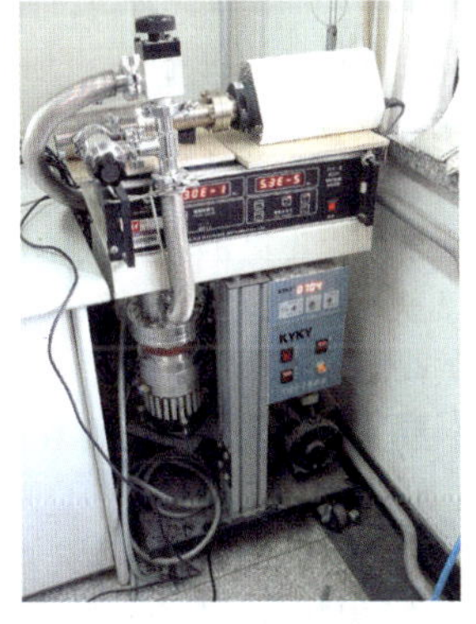

高温超导滤波器

统的噪声系数，提高基站接收灵敏度，减小手机辐射对人体的危害，延长手机电池使用时间。(2)扩大基站覆盖范围，节省建设投资，系统接收灵敏度的提高，可扩大基站覆盖范围，减少基站数量。(3)提高通话质量，提升基站容量，降低手机掉话率，提高接通率，提升数据传输速率，同时使基站能容纳更多的用户。(4)充分利用频率资源，独有的边带陡峭、带外抑制性好的特点，在不增加其他设备情况下，可减少信道间防护频带宽度，增加可用的频带带宽。在一些文物保护单位、旅游景区等不适宜建设基站的场所，可通过在临近基站应用超导滤波器增加覆盖解决。针对移动通信、雷达、卫星通信、导航、电子对抗、天文观测、数字电视和其他系统的要求，已经研制出多种类型、不同用途的超导滤波器。

【高温超导体】(high temperature superconductor) 通常是指转变温度在液氮温度(77 K)以上的超导材料。1911 年超导电性被首次发现。从那时起人们就一直被其奇特的性质(如零电阻、逆磁性以及量子隧道效应等)所吸引。然而在此后长达 75 年的时间内，所发现的超导体都只是在 23 K 以下才表现出超导电性。这使它们的应用受到了极大的限制。高温超导研究的突破发生于 1986 年底到 1987 年初，在这短短的几个月内，人们先后发现了转变温度为 35K 的镧钡铜氧超导体，以及转变温度为 90K 的钇钡铜氧超导体。这些突破性发现不仅打破了超导转变温度(即液氮温度 77 K)的壁垒，同时也导致了更高温度的一系列稀土钡铜氧化物超导体的发现。

【高温高压实验技术】(megetemperature-highbaric experimental technique) 用人造高温高压环境进行科学实验的技术。地质学上常用这种技术在实验室内控制的条件下，模仿从地表到地核的多种高温高压环境，进行岩石矿物体系相平衡和动力学机理的研究，探讨地球深部岩浆作用、变质作用的成岩过程、地幔及地核中物态和物相的转变、岩石在高温高压下的形变及磁、电、波传播等物理性质。目前的人工高温高压技术已能营造出从地表(常温常压)到地核(10 000℃，100～1 000GPa)多种条件下的高温高压环境。

【高温合金】(high temperature alloy) 在 1 200℃高温下能承受一定应力并具有抗氧化或抗腐蚀能力的合金。按基体元素的不同可分为铁基高温合金、镍基高温合金和钴基高温合金；按制备工艺的不同可分为变形高温合金、铸造高温合金和粉末冶金高温合金；按强化方式的不同可分为固溶强化型合金、沉淀强化型合金、氧化物弥散强化型合金和纤维强化型合金。高温合金主要用于制造航空、舰艇和工业用燃气轮机的涡轮叶片、导向叶片、涡轮盘、高压气机盘和燃烧室等高温部件，还用于制造航天飞行器、火箭发动机、核反应堆、石油化工设备及煤的转化等能源转换装置。

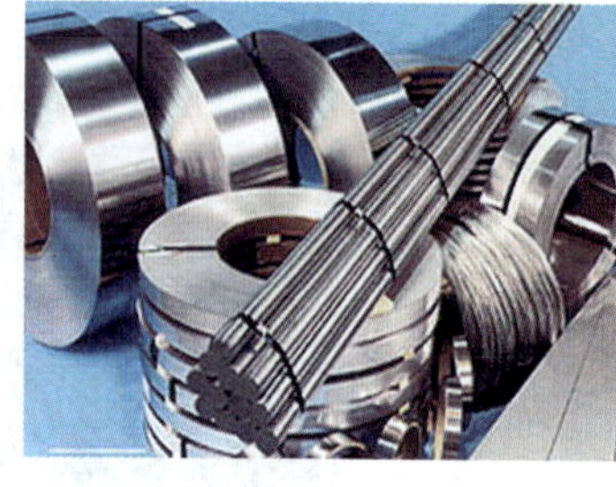
高温合金

【高温结构陶瓷】(high temperature structural ceramics) 在高温条件下承受静态或动态机械负荷的陶瓷。具有高熔点、较高的高温强度和较小的高温蠕变性能以及较好的耐热震性、抗腐蚀、抗氧化和结构稳定性等特点。以人工合成的高纯陶瓷细粉为原料在严格条件下成型、烧结和加工而成。按使用原料的不同可分为氧化物和非氧化物两大类。前者是指熔点高于1 728℃的氧化物(如氧化硅晶体)或某些复合氧化物(如氧化铝、氧化锆、氧化镁，尤其是氧化钍等)。特点是高温下化学稳定性好，尤其是抗氧化性能好，但弱点是脆性较大，耐机械冲击性差。其中，利用氧化锆相变作用增韧的氧化物陶瓷，抗压强度和断裂韧性可大大提高，能承受一定冲击而不碎裂。高温氧化物陶瓷可用作高温炉衬、熔炼稀有金属的坩埚，以及磁流体发电装置的高温电极材料和热机材料等。后者包括氮化物、碳化物、硅化物、硼化物等。与氧化物的陶瓷比较，其难熔化合物热导率较高，热膨胀系数较低，具有良好的抗热震性。氮化硅与碳化硅具有较高的强度和硬度，耐磨性好，是很好的热机材料。采用氮化硅或碳化硅作为燃气轮机叶片和汽车用陶瓷无水冷却发动机，可以减轻重量，提高热效率，节约能源。它们还应用于导弹和航天飞机等。

高温结构陶瓷

【高温矿井】(hot mine) 具有热害的矿井。随着采矿工业的发展，矿井开采深度和开采强度不断增大，综合机械化程度不断提高，地热和井下设备向井下散发的热量显著增加。一些地处温泉地带的矿井，开采深度不大，由于从岩石裂隙中涌出的热水以及受热水环绕与浸透的高温围岩都能使矿内空气温度升高。矿内高温环境造成矿井热害，严重影响井下作业人员的身体健康和劳动效率。

【高温气冷堆】(cool reactor with high temperature gas) 一种用氦气作为冷却剂、出口温度高的核反应堆。采用涂敷颗粒燃料，以石墨作慢化剂，堆芯出口温度为850～1 000℃，甚至更高。核燃料一般采用高纯度二氧化铀，也有采用低纯度二氧化铀的。根据堆芯形状的不同，高温气冷堆可分为球床高温气冷堆和棱柱状高温气冷堆。高温气冷堆具有热效率高、转换比高等优点。由于氦气化学稳定性好，传热性能好，而且诱生放射性小，停堆后能将余热安全带出，故安全性能好。

【高温综合征】(hyperthermia syndromes) 在高温环境下由于体液过度丧失或由于散热机制衰竭出现高热所发生的一系列热损伤疾病。当深部体温>41℃时，多系统衰竭常伴随存在。按发病机制和临床表现的不同可分为三型：(1)热痉挛。是由于大量失水和失盐引起的肌肉疼痛性痉挛。(2)热衰竭。是由于严重脱水和电解质紊乱引起周围循环容量不足而发生虚脱。(3)热射病。是因高温引起体温调节中枢功能障碍出现的高热和严重的生理生化异常。

【高温作业环境】(hot worksite) 在高气温或同时存在高湿度或热辐射的不良气象条件下进行的生产劳动环境。由于工业企业和服务行业工作地点具有生产性热源，当室外实际气温达到本地区夏季室外通风设计计算温度时，其工作地点气温高于室外气温2℃或2℃以上的作业。高温作业可分为三种类型：(1)高温、强辐射型作业，如冶金工业的炼焦、炼铁、铸造、锻造，火力发电的锅炉间等。(2)高温、高湿型作业，如造纸、印染等行业。(3)夏季露天作业，如南方夏季筑路、架桥作业等。在高温环境下作业时，人的生理功能，尤其是体温调节、水盐代谢、血液循环等功能都会出现异常改变，如大量出汗，心血管负担加重等。为了有效地降低高温对人体的影响，可以有针对性的采取措施：一方面降温，另一方面排除空气中有害物质；工作安排上要适当调整作息时间，增加工作班内的休息频次，减轻劳动强度；个人防护上要根据不同的热环境采取相应的措施，穿戴防护用品，总体上要避免过多的皮肤暴露，经常清洁皮肤，并采取少量、多次地的方法补充水和无机盐，提高耐热能力。通过这些综合手段，减少中暑的发生，降低化学物质对人体的影响。

高温作业环境

【高吸湿纤维】(high hydrophilic fiber) 能保持15%以上水分的纤维。由疏水性的合成纤维，经物理变形和化学改性，在水中浸渍和离心脱水后制成。为了提高合成纤维的吸水、吸湿性，常采用如下方法：(1)与亲水性单体共聚，使成纤聚合物具有亲水性。(2)用亲水性单体进行接枝共聚。(3)与亲水性化合物共混纺丝。(4)用亲水性物质对纤维表面进行处理，使织物表面形成亲水层。(5)使纤维形成微孔结构。(6)用共聚法、接枝共聚法和制取微孔结构纤维使纤维表面异形化。

高吸湿纤维

【高吸水性高分子材料】(super absorbing water-polymer) 含有强亲水性基团并具有一定交联度的功能性高分子材料。不溶于水。不溶于有机溶剂。遇水后能吸收其自身重量几百倍甚至几千倍的水，且吸水速率快，保水能力也非常高。吸水后形成保水能力很强的凝胶，不能用简单的挤压和加压方法脱水，但可以通过烘晒等手段使其失水而重新获得吸水能力，从而达到重复使用的效果。

【高吸水性树脂】(super absorbent resin) 一种吸水量可达自身重量几百至一千倍以上的树脂。这种树脂不但吸水性强，吸收的水不易蒸发，并且有很强的增稠性能。但在含有盐类电解质的水溶液中，吸水量会大大下降。按其所用原料的不同可分为：(1)淀粉系。(2)纤维素系。(3)聚丙烯酸系。(4)聚乙烯醇系。高吸水性树脂多为交联结构，靠所含亲水基团的渗透压作用而起吸水和保水作用。常见的种类有淀粉-丙烯腈接枝共聚物、羧甲基纤维素、乙烯醇-丙烯酸钠共聚物、聚丙烯酸钠等。主要用作餐巾纸、卫生巾、尿布、土壤保

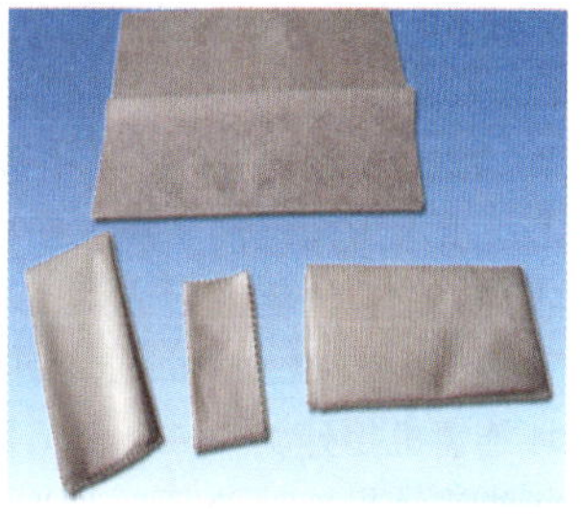

湿巾纸

墒剂和苗木移植保水剂等。广泛用作于土壤保水剂、卫生材料吸水剂、工业脱水剂、钻孔润滑剂、改性农用薄膜、水果蔬菜的保鲜剂等。是一种很有前途的新型材料。

【高效短流程前处理工艺】(efficient short pre-processes) 缩短工艺流程,提高设备效率,减少长时间汽蒸堆置所采用的工艺。大致分为轧卷堆、热碱处理和高效水洗等三个相互紧密连接的阶段。第一阶段主要完成对杂质的溶胀及氧化反应(包括漂白);第二阶段主要完成对氧化产物的化学降解、加速碱水解、皂化反应及棉蜡的乳化、分散、增溶等物理化学反应;第三阶段则通过物理机械作用,将已降解、皂化、碱水解、乳化的杂质通过高效水洗净。

【高效纺纱工艺】(high efficient spinning processes) 全称为棉纺重定量大牵伸高效工艺。采用前纺重定量、细纱大牵伸,保证成纱质量稳定、提高纺纱效率的新工艺。从棉卷到粗纱均采用重定量,使设备的效能得到充分发挥,生产效率得到大幅提高,使前纺设备配置减少或开台时间减少。细纱实现大牵伸是前纺采取重定量的前提,而成纱质量水平的稳定和提高是实施高效工艺的必须保证。高效纺纱工艺与传统的纺纱工艺在纺纱理论上有较大的不同:(1)在后区由简单牵伸变为布置附加摩擦力界的曲线牵伸,防止了由于后区牵伸过大引起的条干恶化。(2)通过梳棉高速、大喂入、大输出提高了生产效率。

高效纺纱制品

【高效连铸】(high efficiency continuous casting) 与炼钢炉及轧钢机均实现良好匹配的连铸技术。具有高拉速、高作业率、高质量、高连浇炉数、高温铸坯等特点。其中高拉速是连铸技术的核心。要求中间包钢水液面平稳,不允许形成表面波,不允许钢包注流区形成紊流。日本的板坯连铸机拉速达到2.5~3.0m/min,漏钢率为0.02%。中国的板坯连铸机拉速为1.4m/min,漏钢率为0.12%。美国板坯连铸机连续浇钢超过1 500炉。国外采用高效连铸技术已使板坯两面不清理率90%以上,热送轧制比率95%以上。中国已将开展高效连铸应用工作列入国家科技攻关计划。

【高效络合催化剂】(high efficiency coordination catalyst) 以聚合催化剂为基础而制成的活性很高的络合物催化剂。其制作过程是:在原有聚合催化剂基础上,采用适当的方法把钛化合物(如$TiCl_4$)分散在载体(如$MgCl_2$)上,加入有效的活化剂(如三乙基铝),并采用适当的方法(如研磨法)加入第三组分改进。用此类催化剂,以每克钛计,可得数十万克甚至百万克以上的聚合物,并使聚合物中催化剂的残留量甚微,可免去脱除催化剂工艺,使流程大为简化。高效络合催化剂种类很多,在化工生产中广泛应用。

【高效液相色谱-质谱联用技术】(high performance liquid chromatography-mass spectrometry, HPLC-MS) 又称液相色谱-质谱联用、液-质联用。利用液相色谱-质谱联用义对试样进行分析测定的方法。其工作原理是:以高效液相色谱为分离手段,以质谱为鉴定和测定手段,通过适当的接口将二者联结成完整的仪器;样品通过液相色谱系统进样,由色谱柱进行分离,而后进入接口;在接口中,样品由液相中的离子或分子转化成气相离子,然后被聚焦于质量分析器中,根据质荷比而分离。最后离子信号被转变成电信号,由电子倍增器检测,检测信号被放大后传输至计算机数据处理系统。HPLC-MS集HPLC高分离能力与MS高灵敏度、强选择性于一体,在分子量测定和提供结构信息方面具有明显优势,能够同时获得可靠的定性定量结果,被广泛用于新药研究、中药分析、药物动力学和临床医学研究等方面。

【高新技术产业开发区】(high-tech industry development zone) 简称高新区。集中规划建设的科学-工业综合体。作为一种科技、经济、社会互动的整体和一种特定的组织方式,具有科技孵化、技术与人才集聚、技术扩散和产业示范功能。主要有科学园、技术城和高技术加工区三种类型。是高新技术成果转化、高新技术产业发展的重要基地。1988年8月,中国国家高新技术产业化发展计划——火炬计划开始实施,创办高新技术产业开发区和高新技术创业服务中心被明确列入火炬计划的重要内容。在火炬计划的推动下,各地纷纷结合当地特点和条件,积极创办高新技术产业开发区。1991年以来,国务

滨海开发区科技园

院先后共批准建立了一大批国家高新技术产业开发区。中国高新技术产业开发区得到了超常规的发展，取得了举世瞩目的成就，探索出一条具有中国特色的发展高新技术产业的道路。

【高性能多用焊锡丝】(universal tin solders wire with high performance) 一系列高性能锡焊丝产品的统称。钎剂去膜能力强，钎料铺展速度快，焊点光亮、饱满，接头质量可靠，适用范围广。其中 YH-K5 型具有良好的钎焊性能，接头质量可靠，适用于紫铜、黄铜、磷青铜和镀镍层材料的钎焊；84-1 型焊点光亮、饱满，接头质量可靠，适用于可伐线、镀镁丝及镀镍层焊件的焊接；FW 型具有良好的钎焊性能，焊点饱满且具有消光性能，钎焊时烟雾少，刺激小，焊后残留物少，可不必清洗，适用于镀镍层电子元器件引线的钎焊；HQ 型焊接速度快，接头质量可靠，适用于铜、镀锌铁件、镀镍层的钎焊，以及电力电容、镀镍电子元器件的引线、灯头、电冰箱散热管与毛细管的钎焊。

高性能多用焊锡丝

【高性能复合材料】(high performance composite, HPC) 又称高级复合材料。用碳纤维、硼纤维、陶瓷纤维、金属纤维等高性能增强材料与高性能树脂复合成力学性能和耐热性能均显著提高的复合材料。"HPC"系指用于物理性能要求特别高如比拉伸强度≥4×10^6cm、比弹性模量≥4×10^8cm的耐热性好、密度小、抗腐蚀、耐损伤、且成型方便的结构件的复合材料。

【高性能功能陶瓷】(high performance functional ceramics) 具有声、光、电、磁、热和机械力的转换、放大等物理、化学效应和功能的陶瓷材料。如：氮化硼陶瓷，烧结后硬度不高，可方便地进行各种机械切削加工，并且具有优异的耐热性、高温绝缘性和导热性，在惰性气体中，工作温度可以达到2 800℃，可作为高频绝缘材料和高温耐磨材料等；氧化铍陶瓷，强度高，导热性好，可用于大规模集成电路基片及大功率气体激光管散热片；氧化铝、氟化镁和硫化锌陶瓷，可透过红外线和微波；氧化钇陶瓷，在1 800℃高温下仍有优良的透明度；氧化锆基陶瓷，对电子绝缘，又有良好的离子导电性。还有具有气敏、热敏、光敏、压敏、磁敏和半导体等效应的换能、传感等功能的陶瓷材料。这类以金属氧化物和非氧化物为主的高性能功能陶瓷，已成为能源、空间技术、计算机技术等领域的重要功能材料。

微波炉加热碗

【高性能管线钢】(high performance concrete steel) 管线专用细晶组织多元合金钢。其特点是：多元微合金化，细晶组织，超高均匀性，超高洁净度。品种牌号有 X70、X80 等。X70、X80 已工业化生产，可满足中远距寒冷地区管线技术要求。X100、X120 等更高级别产品正在研制。

【高性能计算】(high-performance computing, HPC) 又称高效能计算。采用多台计算机组成能够并行的处理阵列提供高性能的计算。是一种计算架构。与一台机器的多处理器不同，多处理器的服务器的处理器的个数终归是有限的，而高效能计算的一个重要的出发点，是采用一大堆廉价的计算机，完全通过网络的连接，组成并行的阵列，从而提供高性能的计算服务。为此，廉价的计算节点、网络的连接，是高性能计算基本的特征。

【高性能结构材料】(high performance structural material) 具有高的强度、硬度、塑性、韧性等力学性能并能适应特殊环境要求的结构材料。包括新型金属材料、高性能结构陶瓷材料和高分子材料等。高性能结构材料领域的研究热点有高温合金、新型铝合金和镁合金、高温结构陶瓷材料和高分子合金等。

【高性能文件系统】(high performance file system, HPFS) 一个增强的文件配置表文件系统。是为了提高文件配置表(FAT)的性能，扩展命名系统、提高组织性和安全性而进行的改进版。保留了文件配置表(FAT)的目录组织，同时增加了基于文件名的自动目录排序功能。文件名扩展到最多可为254 个双字节字符。还允许由"数据"和特殊属性组成文件，从而在支持其他命名规则和安全性方面增加了灵活性。此外，分配单位也从簇改为扇区，减少了磁盘空间的浪费。HPFS 将一个驱动器组织成一系列的 8 MB 频带，并且只要有可能文件就包含在其中一个频带中。频带与频带之间为 2K 的分配位图，用来跟踪一个频带内哪些扇区已分配，哪些扇区尚未分配。

【高性能纤维】(high performance fiber)

具有高强度、高模量、耐高温、耐腐蚀、难燃性及化学稳定性的纤维。其强度大于 17.6cN/dtex，弹性模量在 440 cN/dtex以上，如碳纤维、芳香族聚酰胺纤维、芳香族聚酯纤维、超高强超高模量聚乙烯纤维、聚苯并咪唑纤维、聚对苯撑并双唑纤维、聚四氟乙烯纤维、碳化硅纤维、氧化铝纤维、硼纤维以及高强度玻璃纤维等。常用于军事装备、宇宙开发、大型航空器材、海洋开发、超高层建筑、医疗及环境保护、体育和休闲业等。

【高性能运动器材】（high property sport instrument） 以碳纤维、芳纶纤维、陶瓷纤维和玻璃纤维等高性能纤维作为增强材料，以树脂作基体材料复合而成的运动器材。具有重量轻、强度高、模量大等特点，如撑竿跳高撑杆、棒球球棒、高尔夫球杆、曲棍球球杆、钓鱼竿、网球拍、乒乓球拍、滑雪板、雪橇、自行车、橄榄球、冲浪器材、射箭用具、皮划艇和赛艇等。

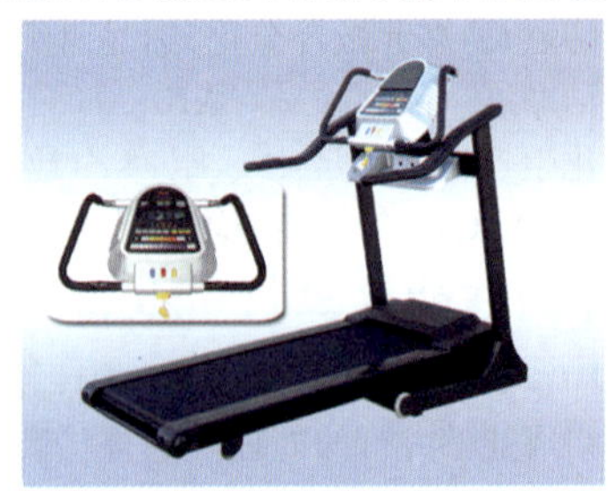
跑步机

【高血氨症】（hyperammonemia） 肝功能损伤使尿素合成受阻导致血氨浓度升高的病症。在正常生理状况下，氨的来源和去路保持动态平衡，血氨浓度处于较低水平。氨在肝中合成尿素是氨的主要代谢去路，是维持此平衡的关键。常见的临床症状有呕吐、厌食、嗜睡甚至昏迷等。一般认为当肝功能衰竭时，血氨浓度可高达正常人的 2～3 倍。高血氨的毒性作用机制尚不完全清楚。可能是氨弥散入脑组织，干扰脑细胞能量代谢，与 α－酮戊二酸结合形成谷氨酸，氨也可与脑中的谷氨酸进一步结合生成谷氨酰胺。高血氨时脑中氨的含量增加，使脑细胞中的 α－酮戊二酸减少，导致三羧酸循环减弱，ATP 生成减少，引起大脑功能障碍，严重时可发生昏迷。这就是肝性脑病（又称肝昏迷）氨中毒学说的基础。另一种可能性是谷氨酸、谷氨酰胺增多，使脑细胞中渗透压增高，引起脑水肿所致。此外，尿素合成某种相关酶的遗传性缺陷也可导致高血氨症。

【高血糖】（hyperlycemia） 与低血糖相对应。空腹测血糖浓度高过规定水平值。按葡萄糖氧化酶法，正常参考值为 3.89～6.61mmol/L，若高于 6.9mmol/L，即为高血糖。当血糖浓度超过肾小管对糖的重吸收能力（肾糖阈），即可出现糖尿。引起高血糖的原因有多种。一种是生理性高血糖。如情绪激动，交感神经兴奋，肾上腺素、去甲肾上腺素等分泌增加，使肝糖原大量分解所致；一次进食大量葡萄糖、蔗糖、乳糖等，或临床上静脉点滴葡萄糖速度过快也可引起血糖浓度暂时性升高并出现糖尿。另一种是病理性高血糖。最常见于糖尿病。糖尿病发病原因是：胰岛素部分或完全缺失；胰岛素受体数目减少或胰岛素受体敏感性降低所致的代谢失调。临床上将糖尿病分为两型：Ⅰ型（胰岛素依赖型），多发生于青少年，故又称青少年型糖尿病，主要与遗传有关；Ⅱ型（非胰岛素依赖型），又称成年型糖尿病，和肥胖关系较为密切，可能是由于靶细胞膜上胰岛素受体缺陷所致。此外，由于肾功能先天性不全或肾疾病引起的肾糖阈值降低也可引起糖尿，称为肾性糖尿。此时，血糖浓度可以升高也可以在正常范围，这是由于肾小管重吸收功能减退所致。

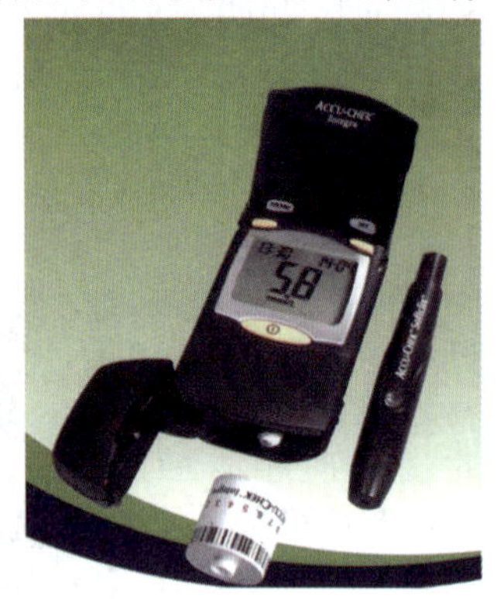
血糖仪

【高血压】（high blood pressure，HBP） 在静息状态下动脉收缩压和/或舒张压增高（≥120/80mmHg）。常伴有脂肪和糖代谢失常以及心、脑、肾和视网膜等器官功能性或器质性改变，以及以器官重塑为特征的全身性疾病。休息 5min 以上，2 次以上非同日测得的血压≥120/80mmHg 即可以诊断为高血压。临床上很多高血压病人特别是肥胖型常伴有糖尿病，而糖尿病也较多的伴有高血压。因此将两者称为同源性疾病。高血压六大危险症状是：头疼、眩晕、耳鸣、心悸气短、失眠、肢体麻木。高血压病患者由于动脉压持续性升高，引发全身小动脉硬化，从而影响组织器官的血液供应，造成各种严重的后果，成为高血压病的并发症。高血压常见的并发症有：冠心病、糖尿病、心力衰竭、高血脂、肾功能不全、周围动脉疾病、中风、左心室肥厚等。在高血压的各种并发症中，以心、脑、肾的损害最为显著。高血压的治疗除应用药物降压外，还应关注患者的精神心理治疗。

【高血压危象】（hypertensive crisis） 发生在高血压病过程中的一种特殊临床综合征。发生于缓进型或急进型高血压，也见于症状性高血压。是在高血压的基础上，周围小动脉发生暂时性强烈收缩导致血压急剧升高的现象。诱发因素有精神创伤、情绪波动、过度疲劳、寒冷刺激、气候变化和内分泌失调等。高血压危象常发生于长期服用降压药物而骤停者,亦可发生于嗜铬细胞瘤突然释放大量儿茶酚胺者。在临床上,主要表现为血压突然升高,且升高幅度较大,通常高达 21.3 ~ 26kPa/12.3 ~ 16.0kPa(200 ~ 270mmHg/120 ~ 160mmHg),原有症状加剧,常出现剧烈头痛、头晕、恶心、呕吐、耳鸣、心悸、气急、视力模糊或暂时失明。有时因脑血管痉挛而导致半侧肢体活动失灵。更严重时,还会出现烦躁不安、抽搐、昏迷等。该病若处理不及时,常危及生命。

【高压操作】(high pressure operation) 高炉炼铁的一项技术。这种操作是通过机械方法提高炉顶煤气的压力以压缩煤气体积,从降低气流速度,减少其对炉料下降的阻力,为使用更大风量和更高风温的强化冶炼创造条件,并能减少煤气带出的炉尘。因而,使煤气的热能和化学能得到更好的利用,有利于降低焦比。

【高压成型】(high pressure moulding) 使用压力大于1.4MPa 的模压或层压方法。目前,世界上通用热塑性塑料的产量几乎占塑料总产量的80%。中国也不例外。这些塑料的加工都是物理加工技术,例如挤出、注射、压延等。也就是塑料通过加热 - 熔融、高压冷却成型的过程而成制品。近年来,成型加工技术发展很快。其变化主要是:(1)单向型向组合型发展。例如,挤 - 拉 - 吹、注 - 拉 - 吹、挤出 - 热成型、挤出 - 复合。(2)由一般向特殊条件的成型加工技术发展。例如,高压、高温、高真空、等离子喷涂等。

【高压脊】(ridge of high pressure) 天气图上从高压区延伸出来的狭长区域。即水平气压场上等压线向气压较低的方向突出的脊状区域。高压脊中的气压值比两侧要高,其内部气流下沉,风力微弱,一般为晴好天气。

【高压浸出】(high pressure leaking) 又称高压浸取。一种在加压下进行的浸取过程。一般用于矿石或精矿的提取。矿石在加压下与反应剂的水溶液作用,生成可溶性盐与矿渣分离。加压可提高浸出温度,使常压下不易进行的过程得以实现,并加速反应和提高浸出率。如铝土矿的高压碱液浸出以制取氧化铝、含钴硫化物矿石在铵盐溶液中通氧以提取钴、镍、铜等。在有氧、氨等气体参加反应时,加压的效果更为显著。

【高压燃烧试验】(high pressure combustion test) 模拟燃烧室在高压工作条件下进行的燃烧试验。一般为燃烧室内压力大于 1.5MPa(15kgf/cm²)时为高压燃烧。高压条件下燃烧室的工作特点是:燃油雾化得更细,氮的氧化物排放和排气冒烟显著增加,喷嘴容易积炭;辐射换热显著加强,火焰筒壁温增高,容易造成过热及烧蚀;燃烧室出口温度不均匀度增加。高压燃烧试验一般在高压燃烧室试验器上进行。真实高压条件下的燃烧试验设备需具备 2MPa 以上的高压气源和可提供较高进口温度的间接加温器。

【高压水射流切割】(high pressure water jet cutting) 将高压水(水压 100 ~ 400MPa)经节流小孔(孔径0.15 ~ 0.4mm)射向被切割材料,使水压能转变为射流动能(流速可达 900m/s),实现对材料切割的技术。在水流内加入磨料(如氧化铝或碳化硅等),可切割不锈钢材料。高压水射流切割加工的特点是:切缝小,切速大;加工热被水流冷却,工件不变形;切屑被水带走,不致粉尘飞扬,没有环境污染。但初期一次性投资高。主要用于切割各种非金属材料和金属材料,如纸板、石棉板、地毯、皮革、复合材料板、钛合金等,还可用于穿孔、金属材料去毛刺以及表面清理等。

高压水射流切割机

【高压旋喷桩】(high pressure jet grouting pile) 以高压旋转的喷嘴将水泥浆喷入土层与土体混合,形成连续搭接的水泥桩体。此项施工方法,施工占地少,振动小,噪声较低,但容易污染环境,成本较高,对于特殊的不能使喷出浆液凝固的土质不宜采用。其适用范围是:(1)适用于处理淤泥、淤泥质土、流塑、软塑或可塑黏性土、粉土、砂土、黄土、素填土和碎石土等地基。(2)当土中含有较多的大粒径块石、坚硬黏性土、含大量植物根茎或有过多的有机质时,对淤泥和泥炭土以及已有建筑物的湿陷性黄土地基的加固,应通过高压喷射注浆试验确定其适用性和技术参数。(3)对基岩和碎石土中的卵石、块石、漂石呈骨架结构的地层,地下水流速过大和已涌水的地基工程,因其地下水具有侵蚀性,应慎重使用。(4)可用于

高压旋喷桩

既有建筑和新建建筑的地基加固处理、深基坑止水帷幕、边坡挡土或挡水、基坑底部加固、防止管涌与隆起、地下大口径管道围封与加固、地铁工程的土层加固或防水、水库大坝、海堤、江河堤防、坝体坝基防渗加固、构筑地下水库截渗坝等工程。

【高压氧疗法】(hyperbaric oxygen therapy) 将病人置于高压氧舱内吸氧以治疗疾病的方法。高压氧可以提高血氧张力,增加血氧含量,使组织内氧含量和储氧量相应增加,血氧弥散及组织内氧的有效弥散距离亦增加,可有效地改善机体缺氧状态,治疗因缺氧所导致的一系列疾病,如一氧化碳中毒、急性脑缺氧等。高压氧对血管有收缩作用,可减少血管渗出,改善各种水肿,如脑水肿、肺水肿、肢体肿胀、创面渗出等。高压氧对厌氧菌的生长繁殖有明显的抑制作用,对气性坏疽等厌氧菌感染性疾病有良好疗效。高压氧对进入体内的气泡有压缩作用,故对于减压病、气栓症有特殊效果。此外,高压氧还可与放疗和化疗起协同作用,增强放疗和化疗对恶性肿瘤的疗效。

【高压作业环境】(high voltage workplace) 从事高压电气设备的工作环境。中国安全规程规定:高压设备对地电压在250V以上者。但配电变压器10kV是高压,380V是低压。因此配电变压器是高压设备。在配电变压器上及其高压安全范围以内工作,均应执行《电业安全工作规程》。其作业工种是电气安装、检修、试验、维护等工作。

【高油玉米】(high oil maize) 籽粒含油量比普通玉米平均高50%以上的玉米。玉米油含量85%存在于胚芽中,占胚芽重的45%~50%。在玉米油中,亚油酸占61.9%,油酸24.1%,软脂酸11.1%,硬脂酸2.0%,亚麻酸0.7%,花生酸0.2%。玉米油含有高比率的亚油酸和油酸,是一种高质量食用油,并具有防治动脉血管硬化等功效。提高玉米含油量的研究最早始于美国。

高油玉米

【高原】(plateau) 海拔高度一般在1 000m以上、一侧或数侧为陡坡而顶面相对平坦宽广的隆起地区。当地壳运动抬升速度超过外应力的剥蚀速度时,地表呈现为隆起的正地形,久而久之就形成了高原。按其形成原因的不同,高原可以划分为堆积高原、切割高原和侵蚀高原。如果高原上分布很多山脉,也称山原。高原在世界有广泛的分布,高原面积(冰盖高原除外)约占地球全部陆地面积的30%。位于南美洲的巴西高原为世界上最大的高原,总面积$5\times10^6km^2$。整个非洲可看成是一个大高原。南极大陆则是一个大的冰盖高原。中国有青藏高原、黄土高原、云贵高原和内蒙古高原。其中青藏高原为中国最大的高原。

高原

【高原病】(plateau sickness) 高原低氧环境所导致的人体缺氧性疾病。从平原到高原(海拔3 000m以上)的当时或数天内发病即为急性高原病。具有发病急、发展快的特点。患者多伴有头痛、头晕、心悸、气急、乏力、恶心、呕吐等低氧性症状。按其临床表现特点的不同可分为三种类型:急性高原反应、急性肺水肿和急性高原脑病,后两者可合并存在。在高原数月至数年以上才发病者为慢性高原病。慢性高原病按其临床表现特点又分为慢性低氧性肺动脉高压、慢性高原红细胞增多症、慢性高原心脏病,后两者可合并存在。轻度的高原病除多饮水补充因出汗、呼吸加快损失的水分外,不需其他治疗。严重的除多饮水及吸氧外,还需服用药物。同时,应尽快转移到低海拔地区用增压装置进行治疗。

【高枝压条法】(air layering) 简称高压法。即在植株上选择适当部位的枝条,在其基部环剥或刻伤,并在刻伤处包以保湿生根材料,促使生根,待生根后再将其从母体上分离,成为独立单株的繁殖方法。该法具有成活率高、技术易掌握等优点,但繁殖系数低,对母株损伤大。高压法在整个生长期都可进行,但以在春季和雨季进行较好。高压时应选用充实的2~3年生枝条,在枝条接近基部处环剥,宽度为2~4cm;注意刮净皮层和形成层,并于剥皮处包以保湿生根材料;用塑料薄膜或棕皮、油纸等包裹保湿。高压柑橘枝条约两个月后即可生根,8~9月间即可剪离母树,连同生根材料假植一年,待根系发育强大后定植。

高枝压条

【高脂血症】(hyper lipemia) 血液中的胆固醇、甘油三酯和低密度脂蛋白过高或高密度脂蛋白过低的一种全脂代谢异常症。血液脂质中胆固醇的含量超过5.9mmol/L,甘油三酯超过1.7mmol/L,低密度脂蛋白超过3.3 mmol/L,或者高密度脂蛋白低于1.16mmol/L者,均被认为是患了高脂血症。低密度脂蛋白的主要成分是胆固醇。高密度脂蛋白则是预防高脂血症、动脉硬化和心脑血管疾病的卫士。高脂血症对人体健康有很大危害。它的损害是渐进性和隐匿性的,直接损害是加速全身的动脉发生粥样硬化。一旦动脉被粥样斑块堵塞,就会引起脑中风、冠心病、心肌梗死等危险疾病的发生。预防高脂血症,首先应从饮食入手。平时可适当多吃一些能降低血脂的食物,少吃肥肉、动物油、蛋黄、糖果以及脑、肝、肾、大肠等动物内脏。能降低血脂的食物主要有:香菇、茶叶、红薯、茄子、黄瓜、绿豆、山楂等。另外还要坚持适当体育锻炼,保持良好心态,及时治疗和控制高血压和糖尿病,均可控制血脂水平并使其正常。如果控制饮食和增加运动不能使血脂下降,就需借助药物。

【高质量塑料模具】(high quality die steel for piastics) 塑料模具用高性能模具钢的统称。具有良好的耐磨性、耐蚀性,热处理变形小,抛光性好,粗糙度低,图案花纹刻蚀好。主要品种有:大型精密塑料模具用3Cr2Mo及3Cr2NiMnMo强硬化钢;复杂、精密、高寿命的18Ni马氏体时效钢;热固性塑料成型和复合强化塑料成型用高耐磨性、高淬透性Cr12MoV及4Cr5MoSiV1;耐蚀性塑料模具用4Cr13、9Cr18、Cr18MoV等产品。

高质量塑料模具

【高致病性禽流感】(highly pathogenic avian influenza) 由高致病性禽流感病毒H5和H7亚毒株引起的禽类疾病。禽流感病毒可分为高致病性、低致病性和非致病性三大类。高致病性的毒株又以H5N1和H7N7为代表。高致病性禽流感因其在禽类中传播快、危害大、病死率高,被世界动物卫生组织列为A类动物疫病。中国将其列为一类动物疫病。H5N1是不断进化的,其宿主范围会不断扩大,可感染虎、家猫等哺乳动物,正常家鸭携带并排出病毒的比例增加,尤其是在猪体内更常被检出。可以直接感染人类。禽流感病毒可通过消化道和呼吸道进入人体传染给人。人类直接接触受禽流感病毒感染的家禽及其粪便,或直接接触禽流感病毒也可以被感染。通过飞沫及接触呼吸道分泌物也是传播途径。如果直接接触带有相当数量病毒的物品,如家禽的粪便、羽毛、呼吸道分泌物、血液等,也可经过眼结膜和破损皮肤引起感染。人类患上高致病性禽流感后,起病很急。早期表现类似普通型流感。主要表现为发热,体温大多在39℃以上,持续1~7天,一般为3~4天,可伴有流涕、鼻塞、咳嗽、咽痛、头痛、全身不适,部分患者可有恶心、腹痛、腹泻、稀水样便等消化道症状。除了上述表现之外,人感染高致病性禽流感重症患者还可出现肺炎、呼吸窘迫等表现,甚至可导致死亡。本病主要以预防为主,其防控措施大致有两种:(1)采取以扑杀和生物安全方法为主的控制措施等。(2)是采取以扑杀、强制免疫和生物安全相结合为主的扑灭措施。

【高致病性猪蓝耳病】(high pathogenicity porcine reproductive and respiratory syndrome) 由猪繁殖与呼吸综合征病毒变异株引起的一种急性高致死性疫病。仔猪发病率可达100%,死亡率在50%以上。母猪流产率达30%以上。育肥猪也可发病死亡。其临床症状表现是:体温明显升高,可达41℃以上;眼结膜炎、眼睑水肿;咳嗽、气喘等呼吸道症状;部分猪后躯无力、不能站立或共济失调等神经症状;可见脾脏边缘或表面出现梗死灶,显微镜下见出血性梗死;肾脏呈土黄色,表面可见针尖至小米粒大出血点斑,皮下、扁桃体、心脏、膀胱、肝脏和肠道均可见出血点和出血斑;显微镜下见肾间质性炎,心脏、肝脏和膀胱出血性、渗出性炎等病变;部分病例可见胃肠道出血、溃疡和坏死。通过加强检疫、改善饲养管理,做好卫生消毒是防控本病的主要措施。

【高自动化染色】(high automatic dyeing) 将一系列染色工序通过通信手段在网络上连成一体进行自动化生产的新工艺。在染色加工中,从市场需求、原料供应、产品设计、订货交接、技术信息分析,到各道生产加工的连接和管理等方面,在自动化设备控制下,完全由控制室监控运行。

【睾酮】(testosteronem,T) 由胆固醇合成的一种激素。在男性95%由睾丸间质细胞分泌,少数来源于肾上腺皮质;女性则以肾上腺皮质为主,少量由卵巢产生促黄体素(LH),LH能促进T的合成与分泌。T对LH的分泌起负反馈调节作用。其主要生理作用是:促进男性性器官的成熟和第二性征的发育;促进组织蛋白的合成,增加红细胞的生成,促进骨的钙化及提高基础代谢率。血清正常值是:青春期前<1 388μmol/L(40ng/dl),成年男性12 492~31 577μmol/L。成年女性1 041~3 470 μmol/L。血清T升高主要见于:真性男性性早熟、女性多毛症、多囊

卵巢综合征、睾丸间质细胞瘤等;降低主要见于:阉割、男性性功能障碍、原发性睾丸功能减退、睾丸女性化等。

【睾丸肿瘤】(tesyicular tumor) 发生男性睾丸部位的不良增生。在15~35岁年龄组中,睾丸肿瘤为最常见的恶性肿瘤之一。仅次于白血病、恶性淋巴瘤和脑肿瘤,居恶性肿瘤的第4位。大量资料证实:隐睾,特别是腹腔隐睾的恶变率大大高于正常下降的睾丸。睾丸生殖细胞异常、温度升高、血供障碍、内分泌失调、性腺发育不全等因素均可能与隐睾的恶变有关。因此,强调隐睾儿在6岁以前进行睾丸固定术为预防隐睾恶变的有效措施。睾丸肿瘤包括生殖细胞和非生殖细胞肿瘤两大类。前者占95%以上,后者小于5%。生殖细胞肿瘤包括精原细胞瘤、胚胎癌、畸胎瘤和绒毛膜细胞癌四个基本组织类型。精原细胞瘤约占睾丸肿瘤的60%,发病高峰在30~50岁,罕见于儿童。其临床表现是:早期症状不明显。确诊时,临床I期病例占60%~80%。典型的临床表现为逐渐增大的无痛性肿块。85%的患者睾丸明显肿大,有明显界限,部分患者常有类似急性睾丸炎或附睾炎症状。肿瘤局部侵犯力较低,发展较慢。一般先转移至腹膜后淋巴结,后期也可发生广泛血道播散。极少数患者的最初症状即为肿瘤转移所致,引起腹部和后腰背部的疼痛,亦可伴有胃肠道梗阻症状,或因肺转移而出现咳嗽。其病理类型和预后有关,其扩散的程度和转移的范围也影响着预后。可分两期:(1)I期。肿瘤只局限于睾丸及附睾内,未突破包膜或侵入精索,无淋巴结转移。(2)II期。X线检查证实已扩散到精索、阴囊、髂腹股沟淋巴结,但未超出腹膜后淋巴区域。转移淋巴结未能扪及者为IIa期;扪及者为IIb期。(3)III期。已有横膈以上淋巴结转移或远处转移。

【膏状肥料】(paste fertilizer) 采用生物技术和新工艺生产的、介于固体肥料和液体肥料形态之间的肥料。具有高含量、高营养、易溶解、高吸收、高效能等性能,随着含水量的增加其流动性亦会增大。其养分含量一般低于同类固体肥料但高于相应的液体肥料。其优点是:(1)克服了固体肥料易吸潮结块、使用时溶解的缺点。(2)克服了液体肥料养分含量低、易结晶析出的缺点。(3)可以较容易地调配养分比例。(4)可加入各种营养助剂以适应不同作物的生长、生理需要。(5)能与农药、植物生长调节剂等配合使用,提高作物的生长或抗病能力。多用于作物追肥,尤其是侧条施肥。可以提高工效、节约劳力和防止肥害。在规模化农作物生产中的应用,正日益受到重视。

【糕点】(pastry) 以面粉或米粉、豆粉及糖、油为主料,以蛋品、奶、果仁、豆沙、果酱、果脯、食用香精和色素等作辅料加工而成的块状食品。其加工工艺是:配料,成型,熟制和包装。含较多的脂肪、蛋白质和糖类。色泽鲜艳,造型讲究,香气和风味各异。有清香、浓香、奶香、果香、蛋香等不同风味;有绵软、酥、脆等不同口感;有清油与重油之分。按其工艺和原料的不同可分为:中式糕点和西式糕点两大类。按其原料的不同可分为:麦类、米类、杂粮类和其他制品。按其熟制方法的不同可分为:蒸、炸、煮、烤、烙和煎等。按其形态的不同可分为:饭、粥、糕、团、酥、条、包、饺以及冻、羹等。按其馅心的不同可分为:有馅、无馅及素馅、荤馅。按其口味的不同可分为:甜、咸和甜味咸制品。

糕点

【告警显示器】(alarm display) 以不同颜色的文字、数字和符号显示发动机和飞机各系统的状态,向驾驶员发出警告、注意和提示信息的电子显示器。按告警程度的不同可分为:(1)第一级。为警告级,信号用红色。表示已出现危及飞行安全的状态,需驾驶员立即采取措施。如发动机或其他部位着火、自动驾驶仪失灵、着陆时起落架未放下、刹车装置失灵和座舱增压系统故障等。(2)第二级。为注意级,信号用黄色。表明将要出现危险状态或影响飞行任务的设备故障,需要立即让驾驶员知道但不一定立即采取措施。(3)第三级。为提示级,信号用绿色。表示某系统或设备工作正常。现代大型客机告警的状态和参数可达400多个。显示装置安装在中央仪表板上,飞机各系统工作正常时,屏幕无任何显示,可根据需要选择显示。系统有故障时,可自动显示。出现紧急情况时,屏幕上显示闪烁的红色符号,并配有文字说明。在实际应用中告警显示器常与发动机参数显示功能相结合,组成发动机/告警显示器。

【锆鞣制革】(zirconium tanning) 采用锆盐来鞣革的工艺。常用的有硫酸锆和氯化锆两种。硫酸锆的性能较好。由于碱式锆盐与皮纤维有很强的亲和力,易发生表面过鞣,不利于鞣透和结合均匀,需要加入适量的隐匿剂(如乳酸盐和柠檬酸盐),使锆盐和胶原结合缓慢,提高碱度时也不会沉淀。锆鞣制的革色白,革身致密、丰满,耐湿热稳定性不如铬鞣,比铝鞣好,填充性比铬鞣强,但不及植物鞣好。单独使用锆鞣有一些不足之处，如在鞣革过程中不能太彻底，成本高等，因此可与铬盐或植物鞣剂相结合，以取得较好效果。

【戈壁】(gobi) 由砾质、石质构成的荒漠、半荒漠平地。其主要特征是：(1)气候干旱，年降水量很少，水源缺乏。(2)日照丰富，风力强劲，寒暑变化剧烈。(3)地面物质组成以砾石或基岩为主。(4)地面平坦。(5)植被稀少。按其成因的不同可分为剥蚀(侵蚀)和堆积两大类型。前者形成过程以剥蚀为主，中国内蒙古的中西部及其边缘地区的戈壁带属此类型。该地区成陆后长期处于剥蚀状态，地面物质组成较粗，基岩时有裸露，砾石堆积很薄，水资源稀少。后者形成过程以堆积为主，其形成系盆地周沿的高大山地经长期侵蚀产生的大量岩屑碎石，经坡积、洪积和冲积等地质作用，堆积在山麓及盆地边缘形成戈壁。中国的塔里木盆地、准噶尔盆地、柴达木盆地及河西走廊等内陆盆地边缘及山麓地带的戈壁带属此类型。戈壁并非不毛之地，特别是堆积型戈壁，由于堆积过程中局部有泥沙的堆积，加上降水及地下水的作用，也有一定的植被发育，甚至可以开发成为绿洲，为人类造福。中国的戈壁广泛分布于内蒙古和新疆等西北地区，总面积约 $4.5\times10^5 km^2$。

戈壁

【戈谢病】(Gaucher's disease) 由于葡萄糖脑苷脂酶缺陷，导致葡萄糖脑苷脂沉积于全身各个脏器引发的一种代谢性疾病。是 1882 年 Gaucher P 首先报道而得名。此病是常染色体隐性遗传。多见于犹太人。任何年龄均可发病。葡萄糖脑苷脂酶缺陷，不能将体内葡萄糖脑苷脂分解成葡萄糖和 N－酰基鞘氨醇。大量葡萄糖脑苷脂沉积在各组织中单核巨噬细胞中，导致肝、脾肿大，骨痛及中枢神经系症状。其临床可分三型：(1)急性型(婴儿型)。1 岁内发病。肝、脾肿大，神经系症状突出；意识丧失，剪刀步态，咽下困难，颈强直，角弓反张，最后瘫痪；肺内有大量脑苷脂可致呼吸困难，易感染，多在婴儿期死亡。(2)亚急性型(少年型)。在婴儿及儿童期发病。病程缓慢，肝、脾肿大，贫血。常在 10 岁左右出现神经系统症状：癫痫，行走困难，语言障碍。(3)慢性型(成人型)。多在学龄期发病。生长发育落后，先脾大后肝大；进一步出现骨痛，骨折，股骨 X 光片呈烧杯样改变；肺浸润，出现呼吸困难；最后脾功能亢进，贫血，出血，白细胞减少；全身皮肤棕黄色，双眼角膜有楔形棕色斑。骨髓检查，找到戈谢细胞，才能诊断。细胞胞体大，卵圆形，有 1 个或多个细胞核，核为圆形，细胞浆粗糙，如皱纹纸样。血中酸性磷酸酶增高。测定葡萄糖脑苷脂酶活性，可与其他疾病进行鉴别。目前，用替代疗法取得一定效果。

【哥本哈根世界气候大会】(World Climate Conference in Copenhagen) 《联合国气候变化框架公约》缔约方第 15 次会议。2009 年 12 月 7 日～18 日在丹麦首都哥本哈根召开。商讨《京都议定书》一期承诺到期后的后续方案，就未来应对气候变化的全球行动签署新的协议。大会达成了不具法律约束力的《哥本哈根协议》。《哥本哈根协议》维护《联合国气候变化框架公约》及其《京都议定书》确立的"共同但有区别的责任"原则，就发达国家实行强制减排和发展中国家采取自主减缓行动做出了安排，并就全球长期目标、资金和技术支持、透明度等焦点问题达成广泛共识。各方代表同意将达成联合国气候条约的最后期限延后到 2010 年底。此项协议认可应该将气温上升幅度控制在 2℃以内，但各国已作出的减排承诺远远不能实现这个目标。

哥本哈根世界气候大会

【《哥本哈根宣言》】(Copenhagen Declaration) 1995 年 3 月联合国社会发展世界首脑会议在哥本哈根通过的文件。《宣言》包括如下内容：社会各部门的民主和透明；负责的管理和行政是实现以人为中心的可持续的社会发展不可或缺的基础；社会发展和社会正义是实现和维持各国国内和国际和平与安全不可缺少的条件；经济发展、社会发展和环境保护是可持续发展中相互依存、彼此加强的三部分；可持续发展是提高全体人民生活质量的框架；让穷人有能力以可持续方式利用环境资源的公平的社会发展是可持续发展的一个必要基础；社会发展要以人民为中心，社会发展的最终目标是改善和提高全体人民的生活质量。

【哥德巴赫猜想】(Goldbach Conjecture) 数论中的一个著名问题。猜想是指：(1)每个不小于 6 的偶数都是两个奇素数之和。(2)每个不小于 9 的奇数都是 3 个奇素数之和。人们把猜想(1)称为关于偶数的哥德巴赫猜想，把猜想(2)称为关于奇数的哥德巴赫猜想。1742 年,哥德巴赫在与欧拉的几次通信中,提出了几个关于素数之和的猜想。在笛卡儿的遗稿和华林 1700 年的《代数沉思录》中也出现同类猜想,后被综合称为哥德巴赫猜想。由于 $2n+1=2(n-1)+3$ 所以,从猜想(1)的正确性就立即推出猜想(2)的正确性。但是,不能由猜想(2)的正确性推出猜想(1)也是正确的。所以,猜想(2)只是猜想(1)的一个特例。1937 年,维诺格拉多夫用他自己创造的三角和法证明了对足够大的奇数,猜想(2)是正确的。所以,通常所说的哥德巴赫猜想是猜想(1)。为避免直接证明猜想的困难,退一步先证明它的一种减弱的命题:每一个大偶数都是两个素因子个数不太多的数之和。为简单起见,把“每一个大偶数可以表示为一个素因子个数不超过 a 个的数和一个素因子个数不超过 b 个的数之和”,这一命题记为 $(a+b)$。然后一步步的逼近,最后证明命题(1+1),即哥德巴赫猜想是正确的。1966 年,中国数学家陈景润宣布他证明了(1+2),并于 1973 年发表了他的全部证明,在国际数学界引起了强烈反响。这就是陈氏定理。这也是迄今为止关于哥德巴赫猜想的最好结果。但是,至今仍未证明哥德巴赫猜想的真伪。

【哥尼斯堡七桥问题】(Konigsberg Bridge Problem) 普雷格尔河流经普鲁士的哥尼斯堡镇。奈发夫岛位于河中。共有 7 座桥横跨河上,把全镇连接起来。当地居民热衷于一个难题:是否存在一条路线,可不重复地走遍七座桥。当时,人们多次试图找出这样的路线,但都没有成功。这就是哥尼斯堡七桥问题。18 世纪提出的一个著名的图论问题。欧拉用点表示岛和陆地,两点之间的连线表示连接它们的桥,将河流、小岛和桥简化为一个网络,把七桥问题化成判断连通网络能否一笔画的问题。1736 年,欧拉在交给彼得堡科学院的《哥尼斯堡 7 座桥》的论文报告中,阐述了他的解题方法。他的巧解,为后来的数学新分支–拓扑学的建立奠定了基础。他不仅解决了此问题,且给出了连通网络可一笔画的重要条件是它们是连通的,且奇顶点(通过此点弧的条数是奇数)的个数为 0 或 2。因此推论出此种走法是不可能的,因为七桥所成之图形中,没有一点含有偶数条数。欧拉的这个考虑非常重要,也非常巧妙,它正表明了数学家处理实际问题的独特之处–把一个实际问题抽象成合适的“数学模型”。这种研究方法就是“数学模型方法”。这并不需要运用多么深奥的理论,但想到这一点,却是解决难题的关键。

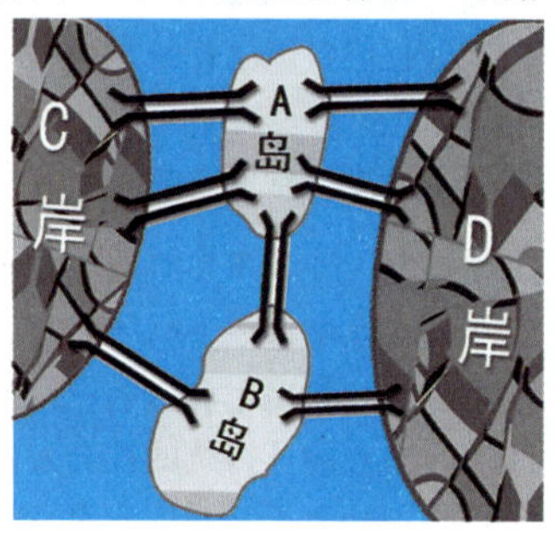

哥尼斯堡七桥问题

【鸽笼原理】(pigeonhole principle) 见抽屉原则。

【割接】(cut over) 见劈接。

【革兰染色】(Gram dyeing) 在细菌学中广泛使用的一种细菌鉴别染色方法。其机理是:先将细菌用碱性染料染色,经碘液媒染后,用乙醇脱色时,可以发现,在一定条件下有的细菌颜色不被脱去,有的可被脱去。颜色不被脱去为革兰阳性菌,颜色可被脱去的为革兰阴性菌。为使观察方便,脱色后再用一种红色染料,如碱性蕃红等,进行复染,阳性菌仍带紫色,阴性菌则被染上红色。有芽孢的杆菌和绝大多数球菌,以及所有的放线菌和真菌都呈革兰正反应;弧菌、螺旋体和大多数致病性的无芽杆菌都呈现负反应。革兰阳性菌对青霉素敏感,革兰阴性菌对链霉素敏感。可根据革兰染色法鉴别不同菌种并对症下药。

【革兰细菌】(Granm bacteria) 用革兰染色法所确定的细菌大类。在自然界中存在着多种多样病菌,如何将这些病菌加以鉴别、分类,并选择有效药物进行治疗,是个重要的问题。革兰染色法,能将细菌分为两大类:即首先 用龙胆紫来染细菌,使细菌都被染成紫色;继之涂以革兰碘液,加强染料与菌体的结合;再用 95% 的酒精脱色 20 ~ 30s。这时,有些细菌仍保留紫色,有些细菌则变成无色。最后再用复红或沙黄复染 1min。结果已被脱色的细菌被染成红色,未脱色的细菌仍然保持紫色。这样,凡被染成紫色的细菌称为革兰阳性菌(G^+ 菌);染成红色的称为革兰阴性菌(G^-菌)。大多数化脓性球菌属于革兰阳性菌。它们能产生外毒素使人致病。大多数肠道菌多属于革兰阴性菌。它们产生内毒素使人致病。常见的革兰阳性菌有:葡萄球菌、链球菌、肺炎双球菌、炭疽杆菌、白喉杆菌和破伤风杆菌等。常见的革兰阴性菌有:痢疾杆菌、伤寒杆菌、大肠杆菌、变形杆菌、绿脓杆菌、百日咳杆菌、霍乱弧菌和脑膜炎双球菌等。在治疗上,大多数革兰阳性菌都对青霉素敏感(结核杆菌对青霉素不敏感);革兰阴性菌则对青霉素不敏感(但奈瑟氏菌中的流行性脑膜炎双

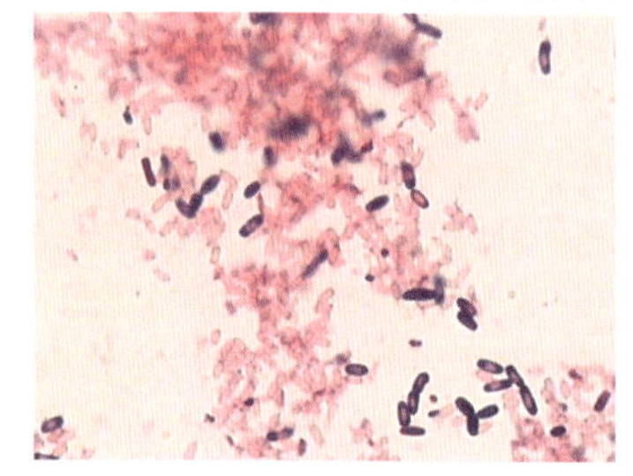
革兰细菌

球菌和淋病双球菌对青霉素敏感),对链霉素、氯霉素等敏感。所以首先区分病原菌是革兰阳性菌还是阴性菌,在选择抗生素方面意义重大。

【革奴计划】(GNU project) 又称 GNU 计划。致力于创建一套完全自由的操作系统的计划。是由 Richard Stallman 在 1983 年 9 月 27 日公开发起的。GNU 是"GNU's Not Unix"的递归缩写。Stallman 宣布 GNU 应当发音为 Guh-NOO,与单词 canoe(轻舟,发音 kenu:)发音相同,类似中文"革奴"的发音,以避免与 gnu(非洲牛羚,发音 nu:,nju:)这个单词混淆。Richard Stallman 最早是在 net. unix-wizards 新闻组上公布该消息,并附带一份《GNU 宣言》解释为何发起该计划的文章。其中一个理由就是要"重现当年软件界合作互助的团结精神"。UNIX 是一种广泛使用的商业操作系统的名称。由于 GNU 将要实现 UNIX 系统的接口标准,因此 GNU 计划可以分别开发不同的操作系统部件。GNU 计划采用了部分当时已经可自由使用的软件,不过 GNU 计划也开发了大批其他的自由软件。1985 年 Richard Stallman 又创立了自由软件基金会为 GNU 计划提供技术、法律以及财政支持。尽管 GNU 计划大部分时候是由个人自愿无偿贡献,但自由软件基金会有时还是会聘请程序员帮助编写。GNU 计划开始逐步获得成功。到 1990 年,GNU 计划已经开发出的软件包括了一个功能强大的文字编辑器 Emacs,C 语言编译器 GCC,以及大部分 UNIX 系统的程序库和工具。唯一依然没有完成的重要组件就是操作系统的内核。1991 年 Linus Torvalds 编写出了与 UNIX 兼容的 Linux 操作系统内核并在 GPL 条款下发布。Linux 之后在网上广泛流传,许多程序员参与了开发与修改。1992 年 Linux 与其他 GNU 软件结合,完全自由的操作系统正式诞生。该操作系统被称为"GNU/Linux",简称 Linux。许多 UNIX 系统上也安装了 GNU 软件。因为 GNU 软件的质量比之前 UNIX 的软件还要好。GNU 工具还被广泛地移植到 Windows 和 Mac OS 上。

【格陵兰冰盖】(Greenland ice sheet) 又称格陵兰冰盾。位于北美洲格陵兰岛上的冰盖。是仅次于南极冰盖的世界上第二大冰盖,北半球第一大冰盖。位于北美洲东北方向大西洋北端和北冰洋内,绝大部分在北极圈内。所在的格陵兰岛是世界第一大岛,面积约为 2.17×10^6 km²,海岸线长达 3 000km。格陵兰冰盖呈盾形,南北向分布,面积约为 1.80×10^6 km²,占全岛面积的 80% 左右。冰盖平均厚度约2 300m,最高点是海拔 3 383m 的弗雷尔山。与南极属于世界共有资源不同,格陵兰属于丹麦王国行政管辖下的自治省。在其冰盖南部及两侧沿海低地上,有 5 万 6 千多人居住,有一些草地和泰加林分布。格陵兰冰盖形成于大约 300 万年前的第三纪末第四纪初。在第四纪大间冰期时,冰盖地区平均气温比现在高 5℃,但并未发现格陵兰冰盖融化消失的任何迹象。距今约8 000 年前,该地平均气温比现在高 2℃左右,冰盖中心厚度下降了 150m,冰盖边缘后退最大距离约 200km。据挪威科学家研究,最近 20 年中,格陵兰冰盖中部有增高变厚趋势,其中 1992 年到 2003 年平均增厚 6cm。格陵兰冰盖一旦解体,世界海平面将平均升高 7m。

格陵兰冰盖

【格栅】(space grid) 由一组平行的金属条制成的框架。将其制成 60°~70°角斜置于废水流经的渠道断面上,截流水中的块状固体物质的装置。可以分为粗格栅和细格栅。筛网截流亦属于这一类设备。它是对后续水处理构筑物或废水提升水泵站有保护作用的设备。

【格栅坝】(crib dam) 由水平钢梁或水平钢筋混凝土梁与混凝土坝墩组成的拦挡大径砂砾的拦沙坝。1964 年首次出现在奥地利阿尔卑斯山区。20 世纪 80 年代前后,在中国四川、甘肃、陕西等省也修建了格栅坝。具有节省建筑材料(与实体坝相比,能节省材料 30%~50%)、坝型简单、施工进度快、使用期长等优点。常见的有适用于泥石流中挟带大石块比较多的沟道的钢筋混凝土格栅坝、适用于沟底与两岸均为基岩组成峡谷地段的钢梁格栅坝。格栅坝用格栅孔分选通过的固体物质,将细小岩屑或石砾泄入下游,将大石块拦挡在库内,减少下游灾害。设计格栅坝,要将其视为一个整体,按重力坝进行稳定和应力计算,还需要对小流域集水区、沟道和沟口冲积扇上的石块组成进行调查,以确定水平梁的尺寸和间距。为了提高格栅坝的分选作用,可将数个格栅坝集中布置在一起。格栅坝横梁的净距与拦挡块石最大粒径的比值不小于 0.8。钢梁格栅坝可以利用废旧钢轨或钢管等材料建造。为增加格栅的强度,在沟谷宽度大于 8m 的地方,应在沟道内增设混凝土或钢筋混凝土支墩，形成多格格栅坝。格栅坝对泥石流中的固体物质有分选作用，适用于有泥石流危险的山沟。

【蛤蜊】(clams) 软体动物门双壳纲的无脊椎动物。常见的有文蛤、四角蛤蜊、中国蛤蜊、菲律宾蛤仔、杂色蛤、青蛤等。严格来讲，蛤指具两片相等的壳的双壳类动物。内脏团前后各有一束闭壳肌连于两壳之间，用以闭壳。有强大、肌肉质的足。多数蛤类栖于浅水水域，埋于水底泥沙中免受波浪之扰。生活于浅海泥沙滩中。中国沿海均有分布。滤食性贝类。雌雄异体，个别雌雄同体。可进行人工养殖。常年可采捕。以深秋和春季采捕的质量较好。鲜食肉质鲜美，出肉率高，也可制干品或制成罐头。是一种具有较高营养价值的滩涂贝类。在蛤蜊肉以及贝类软体动物中，含一种具有降低血清胆固醇作用的代尔太7－胆固醇和24－亚甲基胆固醇。它们兼有抑制胆固醇在肝脏合成和加速排泄胆固醇的独特作用，从而使体内胆固醇下降。蛤蜊粉为中药材，具有清热、利湿、化痰、软坚的功效。治痰饮喘咳、水气浮肿、胃痛呕逆、白浊、崩中、带下、瘿瘤和烫伤。

蛤蜊

【隔爆外壳】(flameproof enclosure) 能承受内部爆炸性气体混合物的爆炸压力并阻止内部的爆炸向外壳周围爆炸性混合物传播的电气设备外壳。一个完整的隔爆外壳总是由两个以上零件组成的，零件间的相对面即为隔爆接合面。隔爆外壳是利用间隙防爆原理设计制造的电气设备外壳，具有足够的机械强度，能耐受内部爆炸性混合物气体爆炸时产生的最大压力，具有耐爆和隔爆性能。隔爆外壳应尽量避免具有多个连通空腔的结构。这种结构会因有先后之分的爆炸所产生的压力重叠现象，使外壳不能承受而损坏。为保证隔爆参数符合要求，隔爆接合面之间的可靠连接十分重要。

【隔爆型电气设备】(flameproof electrical apparatus) 具有隔爆外壳的防爆电气设备。该外壳既能承受其内部爆炸性气体混合物引爆产生的爆炸压力，又能防止爆炸产物穿出隔爆间隙点燃外壳周围的爆炸性混合物。其共同特征是：将正常工作或事故状态下可能产生火花的部分放在一个或分放在几个外壳中。这种外壳除了将其内部的火花、电弧与周围环境中的爆炸性气体隔开外，壳内各零件间的连接具有一定的结构尺寸，具有一定的结构强度。当进入壳内的爆炸性气体混合物被壳内的火花、电弧引爆时，其外壳不致被炸坏，也不致使爆炸物通过连接缝隙引爆周围环境中的爆炸性气体混合物。

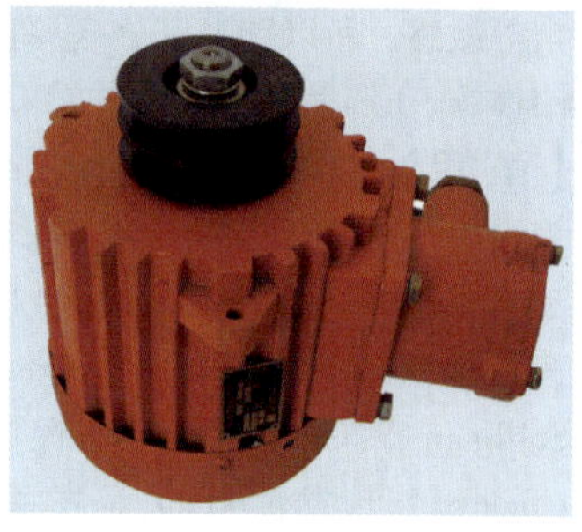

隔爆型电气设备

【隔爆性】(non-transmission of internal explosion) 又称不传爆性。在壳体内部规定的爆炸性气体混合物爆炸时，不点燃壳体周围同一爆炸性气体混合物的性能。当电气设备外壳内部导电部件产生的火花使外壳内部可燃性气体发生爆炸时，绝不能引起外壳外部可燃性混合物爆炸或燃烧。当爆炸性混合物在外壳内爆炸所产生的高温气流与火焰，通过壳体的接合面喷向壳外时，受到足够的冷却，使之不能将壳外爆炸性混合气体点燃。外壳的隔爆性能靠隔爆面的长度、间隙和光洁度等参数保证。这三个参数通常称为隔爆三要素。因隔爆接合面的长度和间隙直接关系着隔爆外壳的隔爆性能，为保证外壳的隔爆性能，应严格控制隔爆接合面的不平度。

【隔爆性能试验】(test for non-transmission of an internal explosion) 检验隔爆型电气设备内部规定的爆炸性气体混合物爆炸时能否点燃设备周围同一爆炸性气体混合物的试验。是在强度试验合格的样品上进行的。这样做既可对隔爆外壳进行隔爆性能试验，又能检查隔爆外壳的强度是否真正合格。煤矿用隔爆电气设备须采用浓度为14%的氢气进行爆炸试验。在试验时，外壳内均充满上述浓度的爆炸性混合物。每个空腔各进行10次试验，以不传爆为合格。

【隔姜灸】(moxibustion on ginger) 灸法的一种。将新鲜生姜切成0.5cm厚的薄片，在中心用针穿刺数孔，上置艾柱施灸。当患者感到灼痛时，将姜片上提稍许，离开皮肤片刻，放下再灸；也可在姜片下衬垫纸片再灸，至局部皮肤潮红为度。可用于治疗外感表证和虚寒性疾病，如感冒、咳嗽、风湿痹痛、呕吐、腹痛、泄泻等。

【隔离开关】(disconnector) 在线路上基本没有电流时，将电气设备和高压电源隔开或接通的装置。是高压开关中较为简单的一种。其用量很大，约为断路器的3～4倍。由于有明显的断开点，比较容易判断电路是否已经切断电源。检修时常用隔离开关把电源断开，检修好后再接通，以保证安全。有的隔离开关在闸刀打开后能自动接地，以确保检修人员的安全。

【隔坡梯田】(sloping bench terrace) 上下两水平梯田面之间隔一段原始坡面的梯田。其设计，主要是确定水平与隔坡两部分的宽度。水平部分的宽度可按水平梯田设计方法确定。隔坡部分的宽度要依当地水土流失和水平梯田拦蓄有效期(即水平梯田拦沙容积淤满的年限)而定。在水平梯田拦蓄有效期一定时，水土流失越严重，隔坡宽度与面积就越小。隔坡梯田比连台梯田省工、省料，且可将坡面上的径流拦蓄于梯田内利用，既增加了蓄水能力，又保持了水土，还减少了坎壁的蒸发。因而增产效果显著。

隔坡梯田

【隔声】(sound insulation) 阻断声波传播的工艺过程。材料的隔声性能可用透声系数来表示。其系数越小，表示透进去的声能越少，材料的隔声性能越好。材料的隔声性能还与隔声体的结构、性质和入射声波的频率有关。

【隔水层】(aquifuge) 透水性很低、透过与给出的水量都微不足道的岩层或土层。即重力水流不能透过的岩层或土层。与透水层的概念一样，隔水层一样具有相对性。同一岩层在涉及某一问题时被认为是隔水层，在涉及另外一些问题时则有可能被当作弱透水层。由于隔水层的存在，使上下两层含水层之间没有水力联系。因此，在有多层不同水质、水量的含水层的地区，需要分层开采地下水时，必须确定隔水层的厚度和位置。在地下水位以下开采矿产时，为防止含水层地下水突入矿井，必须保持隔水层的完整。通常情况下，黏土、重亚黏土和致密完整的页岩，以及裂隙不发育的火成岩、变质岩等，都被认为是可能的隔水层。

【膈腧】 中医穴位名。属足太阳膀胱经，八会穴之一，血会膈腧。定位：在背部，当第七胸椎棘突下，旁开1.5寸。主治：胃脘痛，呕吐，呃逆，食不下，咳喘，吐血，潮热盗汗，腹胀，喉痹，肩背痛；神经性呕吐，膈肌痉挛，贫血，胃炎，精神分裂症，颈淋巴结结核等。刺灸法：斜刺0.5～0.8寸(不宜深刺)；艾炷灸3～5壮，或艾条灸5～15min。现代研究证明：针刺膈腧穴对肺功能有调整作用。当一侧肺功能障碍，渗出性胸膜炎、肺叶切除等造成两侧呼吸不平衡时，针刺膈腧能调整两侧呼吸功能的平衡。

【镉－镍电池】(nickel-cadmium battery) 采用金属镉作负极活性物质，氢氧化镍作正极活性物质的碱性蓄电池。正、负极材料分别填充在穿孔的附镍钢带(或镍带)中，经拉浆、滚压、烧结、化成或涂膏、烘干、压片等方法制成极板；用聚酰胺非织布等材料作隔离层；用氢氧化钾水溶液作电解质溶液；电极经卷绕或叠合组装在塑料或镀镍钢壳内。镉镍电池标称电压为1.2V，有圆柱密封式、扣式、方形密封式等多种类型。具有使用温度范围宽、循环和储存寿命长、能以较大电流放电等特点。但存在“记忆”效应，常因规律性的不正确使用造成电性能下降。大型袋式和开口式镉镍电池主要用于铁路机车、矿山、装甲车辆、飞机发动机等作启动或应急电源。圆柱密封式镉镍电池主要用于电动工具、剃须器等便携式电器。小型扣式电池主要用于小电流、低倍率放电的无绳电话、电动玩具等。由于废弃镉镍电池污染环境，该系列的电池将逐渐被性能更好的氢－镍电池所取代。

镉－镍电池

【镉污染】(cadmium pollution) 重金属元素镉引起的环境污染。镉是对人体有害的化学元素，被人体摄入后会引起镉中毒，造成对钙、磷的吸收率下降，使人体内维生素D的代谢异常，导致骨质疏松或骨质变形，还会导致肝脏及生殖系统发生病变。镉污染主要来源于一些矿区或冶炼工厂排放的处理不达标的含镉废水。

【镉中毒】(cadmium poisoning) 镉及其化合物经呼吸道、胃肠道进入人体而引起的中毒症状。镉为银白色软金属。吸入的镉在呼吸道吸收缓慢，吸收率在10%～40%，其中约10%～50%滞留于肺。在消化道的吸收率与其溶解度有关，一般在1%～6%，大部由粪便排出。经皮肤吸收极微。(1)食入性急性中毒。多因食入镀镉容器内的酸性食物所致，经数分钟至数小时出现症状，酷似急性胃肠炎。可因失水而发生虚脱甚至急性肾功能衰竭而死亡。成人口服镉盐的致死剂量在300mg以上。(2)吸入性急性镉中毒。因吸入高浓度镉烟所致。先有上呼吸道黏膜刺激症状，严重患者出现迟发性肺水肿，可因呼吸及循环衰竭死亡。(3)慢性镉中毒。长期过量接触镉所致。主要引起肾脏损害。晚期患者，即使脱离接触，肾功能障碍仍将持续存在。肺部损害表现为：慢性进行性阻塞性肺气肿和肺纤维化。严重慢性镉中毒患者的晚期可出现全身骨痛，并伴不同程度的骨质疏松、骨软化症、自发性骨折和严重肾小管功能障碍综合征。长期接触镉的作业者，肺癌发病率增高。

【葛洲坝水电站】(Gezhouba Hydropower Station) 位于湖北省宜昌市。1971年开工。边设计，边准备，边施工。但不久后就因为施工不合格而停工。在多次修改设计和施工方案后，于1974年复工。1981年实现长江截流。1988年全部建成。为无调节能力的径流式水电站。共安装19台1.25×10^5kW和2台1.7×10^5kW水轮发电机组。总装机容量2.715×10^6kW。曾经是中国最大的水力发电站。

葛洲坝水电站

【个人住房贷款】(individual housing loans) 银行向借款人发放的用于购买自用普通住房的贷款。主要有委托贷款、自营贷款和组合贷款三种。借款人申请个人住房贷款时必须提供担保。用于支持个人在中国大陆境内城镇购买、建造和大修住房。贷款对象是具有完全民事行为能力的中国公民，在中国大陆有居留权的具有完全民事行为能力的港澳台地区自然人，在中国大陆境内有居留权的具有完全民事行为能力的外国人。贷款条件是有合法的身份，有稳定的经济收入、信用良好、有偿还贷款本息的能力，有合法有效的购买、建造、大修住房的合同、协议以及贷款行要求提供的其他证明文件，有所购住房全部价款30%以上的自筹资金，并保证用于支付所购住房的首付款，有贷款银行认可的资产进行抵押或质押或(和)有足够代偿能力的法人、其他经济组织或自然人作为保证人和贷款银行规定的其他条件。贷款额度，最高为所购(建造、大修)住房全部价款或评估价值的80%。贷款期限，一般最长不超过30年。贷款利率，按照相关利率政策执行。

【个人住房组合贷款】(combination of individual housing loans) 住房公积金贷款和住房商业贷款两项贷款的合称。如果职工购房申请住房公积金贷款额度不能满足需要，同时又不到所购房价80%，可以再申请个人住房商业性贷款，两项贷款总额不超过房价的80%。组合贷款只有缴存公积金的职工才可以申请。对按时足额缴存住房公积金的职工在购买、大修各类型住房时，建设银行同时为其发放公积金个人住房贷款和自营性个人住房贷款而形成的特定贷款组合。申请贷款，应提交居民身份证、户口簿或其他身份证件；公积金管理部门和贷款银行认可的借款人偿还能力证明材料，如收入证明、资产证和合法的购买住房的合同、协议及批准文件；涉及抵押或质押担保的，需要提供抵押物或质押权利的权属证明文件以及有处分权人同意抵押或质押的书面证明；涉及保证担保的，需提供保证人同意提供担保的书面承诺及保证人的资信证明借款人用于购买住房的自筹资金的有关证明；公积金管理部门和贷款行规定的其他文件和资料。贷款流程是：提出申请→签订合同→办理抵押→开立账户→支用款项→按期还款→贷款结清。

【个体防护】(personal protection) 劳动者在劳动过程中为免遭或减轻事故伤害或职业危害所配备的防护。是国家着重解决工业生产中的个体安全防护问题，并逐步完善法律、法规和监督管理机制，制定与国际接轨的个体安全防护标准。其标准有两种形式：(1)专门制定的防护标准。(2)在产品标准或其他标准中列出有关防护的要求和指标。以保护劳动者安全和健康为目的，并且直接与人体接触的装备或者用品。主要包括呼吸系统防护、眼睛防护、身体防护、手防护和其他防护。

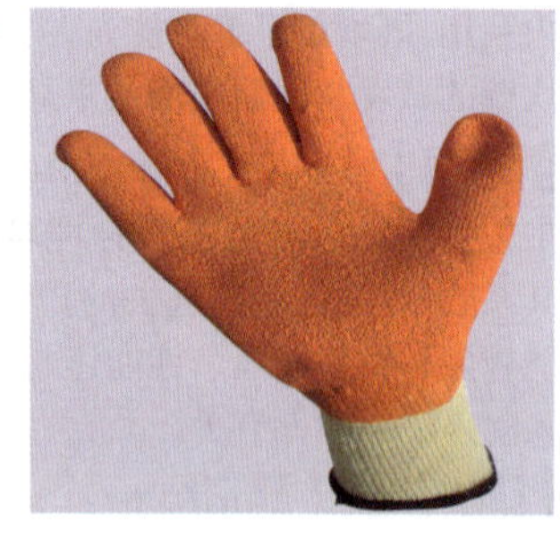
防护手套

【个体绝对繁殖力】(individual absolute fecundity) 雌性个体鱼类在其生殖季节内可能的排卵数量。其测定方法是：(1)重量法。将剥去卵巢膜的整个卵巢称重后，取出部分重量，数出卵粒数，再换算总的怀卵量。(2)体积法。将整个卵巢的卵粒分离，均匀地放入装有水的容器内，测得总体积。取出部分体积，数出卵粒数，再换算总的怀卵量。不同部位卵巢的卵粒大小有差异，取样时应注意代表性。

【个体相对繁殖力】(individual relative fecundity) 雌性个体鱼类在其生殖季节内单位

体重或单位体长可能的排卵数量。其测定方法可根据个体绝对繁殖力中重量法或体积法测得的卵粒数除以体重(g)或体长(cm)。

【个体选择】(individual selection) 根据家畜个体表型值进行的选择。家畜育种中选择方式之一。在一定的选择制度下,遗传力高的性状,标准差大的群体,个体选择效果较为理想。

【各向同性】(isotropy) 又称均质性。物体的物理、化学等性质不因方向的不同而有所变化的特性。即在不同方向所测得的性能数值相同。如所有的气体、液体(液晶除外)以及非晶体都显示各向同性。多晶体(如金属)表现的各向同性,称为准各向同性。各向同性的物体称为均质体。

【各向同性膜】(isotropic membrane) 见各向异性膜。

【各向异性】(anisotropy) 又称非均质性。物体的全部或部分物理、化学等性质随方向的不同而各自表现出一定差异的特性。即在不同方向所测得的性能数值(如弹性模量、电导率、在酸中的溶解速度等)不同。例如,石墨单晶体的电导率在不同方向上相差可达数千倍。各向异性的物体称为非均质体。

【各向异性膜】(anisotropic membrane) 在不同部位具有不同的化学或物理结构性质,其孔结构随深度而变化的膜。如常作为超滤和反渗透膜用的一种非对称性膜、阳离子交换树脂与阴离子交换树脂复合而成的复合膜等均是各向异性膜。如果膜的化学结构、物理结构在各个方向上是一致的,在所有方向上的孔隙率都相似,则称为各向同性膜。各向异性膜的特点是:高效,通透性好,流量大,且不易被溶质阻塞而导致流速下降等。为适应制药和食品工业的需要,非纤维的各向异性膜,例如聚砜膜、聚砜酰胺膜和聚丙烯腈膜等得到了大力发展。

聚砜酰胺膜

【铬鞣制革法】(chrome tanning) 用铬的化合物鞣制裸皮的加工方法。用铬鞣法加工的成品革称为轻革。铬鞣法使用的铬盐有:重铬酸盐、铬明矾和碱式硫酸铬等。铬鞣制革过程包括:(1)鞣剂向裸皮渗透。(2)渗透进裸皮内的鞣质与裸皮的活性基结合。两个过程同时进行。铬鞣革呈青绿色,成革丰满,皮质柔软,弹性好。其缺点是:成革略空松,易吸收水分,易打滑,纤维疏松,切口不光滑等。

【铬污染】(chromium pollution) 重金属元素铬引起的环境污染。铬是一种银白色的金属。主要以铬铁矿的形式存在于自然界中。铬是人体中必需的一种微量元素,能促进人体对胆固醇的分解和排放等。但是,人体摄入过量的铬,会造成铬中毒,给机体造成多种危害,比如引起腹泻、过敏性皮炎,甚至癌症等。铬的化合物进入水体、土壤后,产生累积效应会造成环境污染。

【根菜类蔬菜】(root vegetables) 以肉质根为产品的蔬菜。肉质根是由短缩茎、下胚轴和主根上部膨大形成的复合器官,分为根头、根茎和真根三部分;其各部分的比例因种类和品种而异。按其解剖结构的不同可分为:(1)萝卜型。其表现为肉质根的次生木质部发达,导管呈放射状排列,其间是薄壁细胞,韧皮部占比例小。萝卜、芜菁、芜菁甘蓝等属于此类型。(2)胡萝卜型。其肉质根的次生韧皮部发达,木质部占比例较小。胡萝卜、根芹菜、美洲防风等属于此类型。(3)根忝菜型。其肉质根内具多轮形成层,并形成维管束环,环与环之间充满薄壁细胞。根菜类蔬菜起源于温带,耐寒或半耐寒。其肉质根的形成要求凉爽的气候和充足的光照。适于土层深厚、疏松、排水良好的土壤。增施钾肥有利于提高产量和品质。其特征是:(1)生长适应性强。(2)耐储运。(3)适合腌渍、加工等。

根菜类蔬菜

【根插法】(root grafting) 利用植物的根端进行扦插育苗的方法。对枝插不易成活或生根缓慢的树种,如枣、柿、核桃、长山核桃、山核桃等,用根插法较易使其成活。李、山楂、樱桃、醋栗等根插较枝插成活率高。杜梨、秋子梨、山定子、海棠果、苹果营养系矮化砧等砧木树种,可利用苗木出圃剪下的根段或留在地下的残根进行根插繁殖。根段粗0.3~1.5cm为宜,剪成10cm左右长,上口平剪,下口斜剪。根段可直插或平插。直插容易发芽,但切勿倒插。

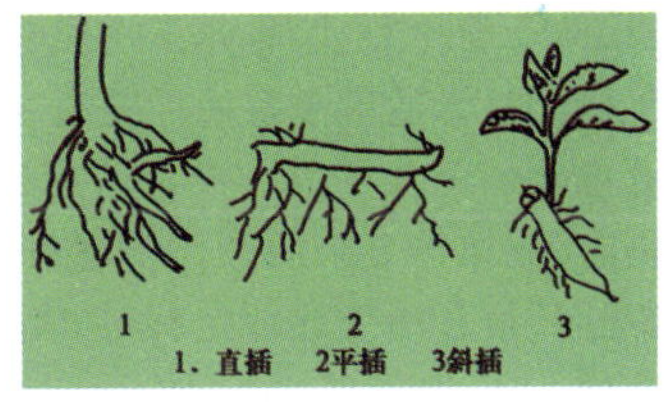

根插法

【根瓜】(first cucumber) 花结的瓜。当黄瓜的第一黄瓜植株上第一朵雌雌花坐稳果后,上部雌花已陆续形成,植株体内养分积累增多。这标志着黄瓜植株由以营养生长为主转入了生殖生长为主的阶段。此时黄瓜植株尚小,叶片数少,光合产物积累不足。第一雌花结的瓜正在果实膨大期,养分消耗量大,争夺养分能力强,这根瓜的过度生长对黄瓜植株的生长和上部大量雌花的坐果和生长有很大的不良影响;同时坐果节位低,易触地形成弯瓜,瓜条短,商品性差,生产上应及早采收。具体的采收时间要根据植株个体发育而定。植株生长势弱时,要适当早采;在生长势强时,可按照商品瓜要求采收。

根瓜

【根管外科】(endodontic surgery) 将根管治疗术和外科手术结合起来治疗牙髓尖周病患牙的方法。其手术类型包括:(1)建立外科引流通道,包括切开引流和根尖周开窗术。(2)根尖外科手术,包括根尖刮除术、根尖切除术和根尖倒充术。(3)牙根外科手术,包括截根术、牙根刮治术和牙半切术等。(4)根管内折断器械取出术。(5)髓腔修补术,包括根管侧穿修补术和髓室底穿孔修补术。(6)种植术,包括根管内-骨内植桩术、牙再植术和牙折固定术等。其意义是:充实了牙保存治疗的内容,拓宽了保存牙齿的治疗范围和提高患牙保存的临床效果。

【根管治疗术】(root canal therapy) 通过消除牙根管内的炎症牙髓和坏死物质并进行适当消毒、充填根管以治疗牙髓病及根尖周病的一种方法。目的是去除根管内容物对根尖周围组织的不良刺激,防止发生根尖周病变或促进根尖周病变愈合。根管治疗术适应于各种牙髓病变、慢性根尖周病变、牙髓牙周综合征等。根管治疗术要经过根管预备、消毒、充填等复杂的操作步骤和精细的操作方法才能达到根管治疗的评定标准,否则影响根管治疗的疗效。

【根际】(rhizosphere) 又称根圈。受植物根系活动的影响,在物理、化学和生物学性质上明显不同于其他土体的那部分微域土壤。根际的范围很小,一般在距根轴表面1cm左右。根际的许多化学条件和生物化学过程不同于本体土壤。其中最明显的就是根际pH值、氧化还原电位和微生物活性的变化等。是植物根系有效吸收养分的场所。在根际土壤溶液中养分浓度的分布与土体土壤有明显差异。

根际

【根尖倒充填术】(retrograde filling) 由于根管不通,不能进行常规根管治疗术时,在根尖部开窗后,充填根管末端的治疗技术。其适应证是:髓腔钙化而有根尖周病变;根管需进行充填而原有充填材料又无法取出者;根管治疗过程中将器械折断在根管内无法取出且器械不能由折断物侧方越过者;有桩冠或桩钉不能取出以及牙根未发育完全,根尖孔呈喇叭口形而不能用其他方法治疗的患牙。其操作步骤是:(1)局部麻醉。(2)在根尖部开窗,切除根尖,制备洞形。(3)清理洁净后,以倒充填材料充填。(4)术后缝合。常用的倒充填材料有银汞合金、磷酸锌水门汀、聚羧酸锌水门汀、复合树脂以及玻璃离子水门汀等。从细胞毒性、微渗漏、溶解度等方面对比,玻璃离子水门汀是较为理想的倒充填材料。其意义是:不仅弥补了常规根管治疗术,也完善了根尖切除术等根尖部手术。

【根尖诱导成形术】(apexification) 牙根未完全形成之前而发生牙髓严重病变或尖周炎症的年轻恒牙,在消除感染或治愈尖周炎的基础上,用药物诱导根尖部的牙髓或(和)根尖周组织形成硬组织,使牙根继续发育并使根尖形成的治疗方法。其适应证是:(1)牙髓病已波及根髓,而不能保留或不能全部保留根髓的年轻恒牙。(2)牙髓全部坏死或并发根尖周炎症的年轻恒牙。其治疗全过程分两个阶段:第一阶段消除感染和尖周病变,诱导牙根继续发育;第二阶段进行根管永久充填,使根尖孔封闭。两个阶段之间的间隔时间和牙根继续发育所需时间不等,约为6个月至2年左右。其时间长短与牙根原来的长度、根尖孔形态、尖周炎症的程度以及患者的机体状况等有关。该手术的操作过程是:(1)根管预备。开髓制洞,去除炎症牙髓,尽量保留根尖部生活组织。(2)根管消毒。吸干根管,封消毒力强、刺激性小的药物以控制根管内炎症。(3)药物诱导。取出根管内封药,填入可诱导根尖形成的药物。氢氧化钙是目前诱导根尖形成的首选药物。(4)暂时充填窝洞,随访观察。在治疗后每3~6个月复查一次,至根尖形成或根端闭合为止。(5)常规根管充填。其手术是否成功可以依据根尖周炎症是否消失、病变愈合情况以及牙根继续发育状况作出判断。治疗过程中应注意:(1)彻底清除根管内感染物质,消除根尖周围炎症。(2)在使用根管器械清除感染牙髓前,应先依据X线片测量其工作长度,避免将感染物质推出根尖或刺伤根尖部组织。

【根瘤菌剂】(nitragin) 含有能固定空气中氮素的根瘤菌的药剂。能通过豆科作物的根毛侵入根细胞,形成根瘤,和豆科作物共生以固定空中氮素,供给作物以氮素营养。根瘤菌的专一性很强。一种根瘤菌只能在一种或几种豆科作物根上形成根瘤,建立共生关系,而在其他豆科作物上不能形成根瘤。如紫云英根瘤菌只能在紫云英根部形成根瘤,豌豆根瘤菌只能在豌豆、蚕豆和苕子根部形成根瘤。根瘤菌剂主要用于豆科种子拌种,使用时需配合其他肥料。拌过的种子应及时播种盖土,避免日光照射。

紫云英根瘤菌

【跟踪测轨】(orbit determination tracking) 地面站跟踪飞行中的航天器,并实时测出航天器飞行的轨道参数。由于运载火箭控制系统不可能绝对精确,航天器也就不可能一点没有偏离地进入预定的轨道。因而,航天器进入轨道以后,地面就要测出它的实际飞行轨道。另外,在干扰力的作用下,航天器轨道会逐渐发生变动,地面也需要随时知道它的变动情况。测定航天器轨道参数的任务由跟踪设备来完成。目前常用的跟踪方法有光学跟踪和无线电跟踪两种。用光学方法跟踪测轨不需要航天器太多的配合,但受天气条件的限制。使用无线电测轨法首先需要地面站和航天器通过无线电建立联系。航天器上装有发射机、接收机、天线等;地面部分有测控站。只要频率、功率等选择适当,航天器飞经地面站上空,就可以对它测轨。由于无线电测轨法基本不受天气影响,可以实现全天候跟踪测量,故而该测轨法是目前航天器测轨的主要手段。当前,使用全球定位系统(GPS)也能精确地对航天器进行跟踪测轨。

【耕种土壤】(cultivated soil) 自然土壤经人工开垦改造等农业活动后形成的土壤。其结构合理,水分、养分、有机质含量高,适于耕作和农作物生长,是从事农业生产最重要的生产资料,也是人类农业活动的产物。根据不同地区的气候、地形、母土、耕作方式的不同特点,耕种土壤还可进一步细分出多种适合不同农业生产方式的土壤类型。

【耕作层】(arable layer) 经耕作熟化而形成的耕作土壤表层。一般厚20cm,多为粒状、团粒状或碎块状结构。其养分含量比较丰富,作物根系最为密集,常受农事活动干扰和外界自然因素的影响。要获得作物高产,必须注重保护与培肥耕作层。

耕作层

【耕作学】(principle of cropping system and soil management) 又称农作学。研究合理耕作制度和土壤管理基本原理与技术体系的一个农艺学分支应用学科。其内容包括作物种植制度以及与之相适应的土地保护培养制度。其研究目的在于合理利用自然资源,提高土壤和作物生产力,求得农业的全面持续稳定增产,以满足社会对农产品的多样化需要,增进经济效益,维持生态平衡。

【耕作制度】(cropping system and soil management) 又称农作制度。一个地区或一个生产单位的作物种植制度以及与之相适应的土地保护培养制度的综合技术体系。种植制度的主体是耕作制度,包括作物构成、配置、熟制和种植方式等。土地保护培养制度包括土地保护、农田整治、土壤培肥、水分调控、土壤耕作等。用地与养地的协调与否,是其研究的基本内容。按土地利用的集约化程度和养地方式的不同可分为:撂荒制、休闲制、连种制和集约耕作制等。

【工厂化养鸡】(industrial chicken raising) 一种在专用厂房内以工业生产方式全封闭的养鸡方法。养鸡的全部作业由机械代替了手工劳动,整个过程实现高度的机械化、自动化。这种养鸡方法是20世纪50年代逐步发展起来的。其特点是:从孵化、育雏到商品鸡、商品蛋的生产,实行有节奏的循环生产方式,完全摆脱自然条件的影响。在人工控制

工厂化养鸡

的密闭环境里，用自动调节设备控制鸡舍内的小气候和照明，自动喂饲全价配合饲料，做到一年四季均衡生产。

【工厂化养殖】(industrial aquaculture) 利用机械、生物、化学和自动控制等现代技术装备起来的在车间进行水生动物养殖的生产方式。一般有循环过滤水式、温排水式、普通流水式和温静水式等几种主要类型。中国海水鱼类的工厂化养殖是在潮上带建设的水、电、暖配套的陆基室内养殖系统，一般使用水泥池或玻璃钢水槽等进行高密度、集约化的养鱼生产。其优点是：技术先进，有利于保护环境，适应市场需求，高产高效，是一种科技型产业。中国的工厂化养殖，主要集中在环渤海地区的山东、河北、辽宁、天津等省市。工厂化养殖的种类主要有牙鲆、星鲽、石鲽、半滑舌鳎、真鲷、黑鲷、鲈以及河豚等。

【工厂化养猪】(industrial pig raising) 以专用设备、齐全的厂房为猪舍，用工业生产方式养猪的方法。一般按配种妊娠→分娩哺乳→仔猪保育→中猪生长→大猪肥育的工艺流程生产。产品批量化，规格化。要求品种配套、标准化，繁殖母猪按计划发情同步化，饲粮配合按营养需要全价化，管理设施机械化、自动化。工厂化养猪能充分利用猪舍、设备，发挥种猪生产潜力，提高劳动生产力和经济效益。

【工厂化育苗】(raise seedings industrially) 利用先进的设施设备，统一技术，集中管理，人为地控制各种林木种子育苗环境的育苗方式。它不受外界不利的自然因素影响，成批生产优质秧苗，达到苗木生产的专业化、种苗供应的商品化。是农业现代化的一个重要组成部分。其优点是：(1)点播技术使种子在每个穴孔中生长环境基本一致，加上进入温室后的规范化管理，使穴盘苗的出苗期和生长势保持均匀一致，从而为用户提供高质量的商品苗。(2)在生产过程中，幼苗根系与穴孔内基质网结成坚固的根坨，移栽时不易伤根系，适宜远距离运输和机械化定植。移栽时带基质入土，保证了植物根系营养生长的连续性，移栽后不经缓苗就能迅速恢复生长，成苗率高。(3)可以缩短育苗时间，节约种子用量，提高成苗率并促使苗齐苗壮。同时还可省工省力省种子省土地。传统育苗营养土重量500～700g，而工厂化育苗的穴盘育苗基质不到50g。(4)统一育苗、统一管理，保证了播种任务的完成和各种早晚茬口按计划搭配。(5)有利于新品种的及时推广，是实现良种良苗的重要途径。

【工厂试车】(factory test) 又称验收试车。是发动机制造部门为磨合发动机零部件、检查发动机和各附件工作情况及制造和装配质量而在地面试车台上进行的试车。在发动机定型生产后，批量生产发动机时每一台发动机都要进行试验，包括工厂试车和检验试车。其目的是对发动机及其附件进行调整，使其达到设计性能。

【工厂育秧】(plant seeding in factory) 在有一定机械设备的车间内，在人工控制的条件下培育稻秧的一种方式。这种方式在日本应用较普遍。中国北方已用于配套机械移栽，南方稻区除用于直接移栽外，多于晚茬田及迟熟品种的两段育秧上采用。如一种PH100型育秧工厂，有不透光车间先进行选种、种子处理、准备育秧盘及播种等作业，并有出芽室催芽出苗；透光车间是一个绿化室，有自动控温、控湿和调气装置，专为培育秧苗而设。同时，附设硬化室，进行炼苗。全部育秧工序都可在工厂内完成。

工厂育秧

【工程】(engineering) 将自然科学基本原理及知识体系应用于变自然资源为人类财富的过程而形成的专门技术学科的总称。在不同时期有着不同的含义。进入20世纪以来，在现代科学向技术转化的基础上，产生了一批电子、空间、核能、生物等新型工程。在管理革命和大型科研计划与规划推动下，工程概念逐渐向管理和科研部门推广，出现了管理工程、系统工程等新型工程。在现代可分为硬工程和软工程两大类。硬工程指以造物为主的工程，软工程指以提供决策、计划、方案、方法、工作顺序，以确保大型研究项目圆满完成的工程。包括软、硬工程在内的广义工程概念，指人类在生产、生活实践中，为完成某项特定任务，应用科学知识，对自然物质(能量、信息)或组织协调形式进行某种创新、改造或变换的专业学科或学问的总称。

【工程测绘学】(project cartography) 测绘学的一个分支。研究工程建设在规划、设计、施工和经营管理阶段进行的测量工作的理论、技术和方法的学科。其主要研究内容是：工程控制网的设计和建立、大比例尺地形图的测绘、施工放样、设备安装测量、竣工测量和变形观测等。

【工程测量】(project surveying) 在工程建设的规划、设计、施工和经营管理阶段获取各种工程数据的技术活动。按工程建设程序和性质的不同可分为:规划设计阶段的控制测量和地形测量;施工阶段的施工测量、设备安装测量和竣工测量;经营管理阶段的变形观测及维修养护测量等。按工程建设对象的不同可分为:建筑、水利、铁路、公路、桥梁、隧道、工厂、矿山以及城市市政建设、军事与海洋等各种工程的测量。

工程测量

【工程测量技术】(project surveying technology) 研究地球空间中具体几何实体的测量描绘和抽象几何实体的测量实现的理论方法和应用性技术。主要以建筑工程、机器和设备为研究对象。按工程建设时间顺序的不同可分为勘测设计测量、施工建设测量和运行管理测量三个阶段。按行业的不同可分为:线路(铁路、公路等)工程测量、水利工程测量、桥隧工程测量、建筑工程测量、矿山测量、海洋工程测量、军事工程测量、三维工业测量等。工程测量技术在以下方面将得到显著发展:(1)测量机器人将作为多传感器集成系统在人工智能方面得到进一步发展,其应用范围将进一步扩大,影像、图形和数据处理方面的能力进一步增强。(2)在变形观测数据处理和大型工程建设中,将发展基于知识的信息系统,并进一步与大地测量、地球物理、工程与水文地质和土木建筑等学科相结合,解决工程建设中以及运行期间的安全监测、灾害防治和环境保护的各种问题。(3)工程测量将从土木工程测量、三维工业测量扩展到人体科学测量,如人体各器官或部位的显微测量和显微图像处理。(4)多传感器的混合测量系统将得到迅速发展和广泛应用,如全球定位系统(GPS)接收机与电子全站仪或测量机器人集成,可在大区域乃至国家范围内进行无控制网的各种测量工作。(5)全球定位系统(GPS)和地理信息系统(GIS)技术将紧密结合工程项目,在勘测、设计、施工、管理一体化方面发挥重大作用。(6)大型和复杂结构建筑、设备的三维测量、几何重构以及质量控制将是工程测量学发展的一个特点。(7)数据处理中数学物理模型的建立、分析和辨识将成为工程测量学专业教育的重要内容。

【工程测量学】(science of project surveying) 又称实用测量学、应用测量学。测量学的一个分支。研究工程建设在设计、施工和管理各阶段中进行测量工作的理论、技术和方法的学科。它是测绘学在国民经济和国防建设中的直接应用。

【工程测量仪器】(project surveying instrument) 工程建设的规划设计、施工及经营管理阶段进行测量工作所需用的各种定向、测距、测角、测高、测图以及摄影测量等方面仪器的总称。按其用途的不同可分为:(1)经纬仪。广泛用于控制、地形和施工放样等的测量。(2)水准仪。测量两点间高差的仪器。广泛用于控制、地形和施工放样等的测量工作。在水准仪上附有专用配件时,可组成激光水准仪。(3)平板仪。地面人工测绘大比例尺地形图的主要仪器。(4)电磁波测距仪。广泛用于控制、地形和施工放样等的测量中,可成倍提高外业工作效率和量距精度。(5)电子速测仪。由电子经纬仪、电磁波测距仪、微型计算机、程序模块、存储器和自动记录装置组成,快速进行测距、测角、计算、记录等多功能的电子测量仪器。适用于工程测量和大比例尺地形测量。(6)陀螺经纬仪。主要用于矿山和隧道地下导线测量的定向工作。按其应用特点的不同可分为:激光测量仪器、液体静力水准仪、正射投影仪、立体测图仪和摄影经纬仪等。

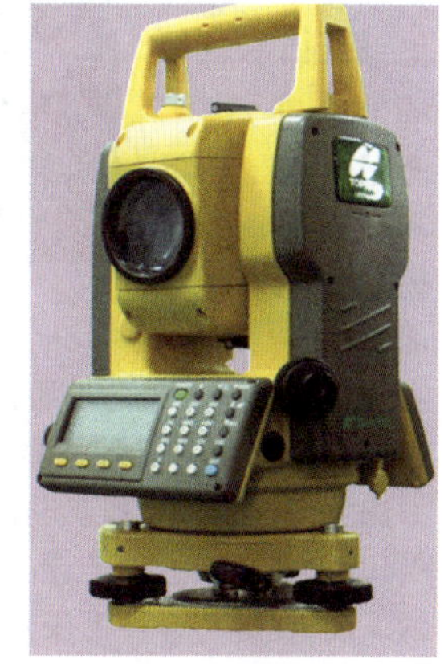
工程测量仪器

【工程地理信息系统】(engineering GIS) 在计算机软硬件支持下,把各种与工程有关的信息按照空间分布及属性,以一定的格式输入、处理、管理、空间分析、输出的技术系统。是地理信息系统技术在工程建设领域的应用。其目的是提高工程管理水平。按其应用对象的不同可分为道路信息系统、水利信息系统、房地产信息系统、土地信息系统、地籍信息系统、城市信息系统、环境资源信息系统等类型;在勘测设计阶段有工程勘测设计信息系统、线路选线信息系统、工程地质信息系统、工程测量信息系统等类型;在工程施工阶段有工程施工管理信息系统、工程监测信息系统、工程施工图信息系统、工程进度管理信息系统、工程计量管理信息系统等类型;在工程运营管理阶段有工程维护管理信息系统、工程运营管理信息系统、工程变形测量信息系统等类型。

【工程地球物理勘探】(engineering geophysical exploration) 简称工程物探。解决土木工程勘察中工程地质、水文地质问题的一种物理勘探方法。它以研究地下物理场,如重力场、电场等为基础。不同的地质体在物理性质上的差异,直接影响地下物理场的分布规律。通过观测、分析和研究这些物理场,并结合有关地质资料,可判断与工程勘察有关的地质构造问题。早在17世纪人们便尝试用罗盘寻找磁铁矿。20世纪初,各种物探方法才广泛地用于找矿勘探与工程勘察。20世纪60年代以来,由于物理学、数学、电子技术和计算机技术的发展,促进了各种物探方法以及仪器设备的发展与改革。例如,20世纪50年代工程物探常用的光点地震仪,已被信号增强型地震仪以及轻便的数字磁带地震仪所替代。地球物理场的观测空间,已从地面发展到地下、水域、低空和空间的遥感技术等。具有"透视性"、效率高、成本低以及可以在现场进行原位岩土物理力学性质测试等优点,在工程勘察中日益得到重视和发展。但是各种物探方法都具有条件性和局限性,多数方法还存在多解性。正确选择和运用各种物探方法,进行综合作用,并与现有的地质、钻探资料作对比,才能获得更好的地质效果。

工程物理勘探

【工程地震学】(engineering seismology) 地震学的一个分支。研究工程建设与地震关系的一门由工程学、地震学和社会学交叉形成的综合学科。其主要研究内容是:中、长期地震预报中的潜在震源区划分、潜在震源区地震活动规律、地震动力工程参数的选择等。重点研究强烈地震运动及其效应,为工程抗震和防灾减灾提供科学依据,使工程获得安全、经济的抗震能力。按专业性质和工作阶段,该学科可进一步细分为地震危险性分析与地震区划、抗震规范、抗震设计、抗震加固和抗震救灾等多个分支。

【工程地质】(engineering geology) 研究与工程建筑等活动有关的地质问题的学科。其研究目的在于:查明建设地区或建筑场地的工程地质条件,分析、预测和评价可能存在或发生的工程地质问题及其对建筑物和地质环境的影响及危害,提出防治不良地质现象的措施,为保证工程建设的合理规划以及建筑物的正确设计、顺利施工和正常使用,提供可靠的科学依据。其主要研究内容是:(1)研究建设地区与建筑场地中岩体、土体的空间分布规律和工程地质性质,分析这些岩石和土体的成分和结构,及其在自然条件和工程作用下的变化趋向,制定岩石和土体的工程地质分类。(2)分析、预测建设地区和建筑场地,在自然条件下和工程建筑活动中,发生和可能发生的各种地质作用和工程地质问题,评价其对工程建设和地质环境的危害程度。(3)研究防治不良地质作用的有效措施。(4)研究工程地质状况的区域分布特征和规律,评价其对工程建设的适宜性。

【工程地质环境】(engineering-geological environment) 与人类工程、经济活动相关的地壳上部的岩石、构造、水文、大气和生物在内的相互关联的多成分系统。这个系统以地表为其上限,以人类作用于地壳的深度为下限。包括工程建设在内的人类的一切活动,都离不开一定的地质环境,都是在一定的地质背景上展开的。如何了解当地的地质环境,如何在特定的地质环境下趋利避害、发展经济、开展工程建设,已成为各地建设部门必须考虑而且必须认真对待的一个基本问题。

【工程地质图】(project geological map) 反映各种工程地质现象和表达工程地质要素空间特征与工程建设相互关系的图解模型。地质图的一种。其作用是:通过将各种对工程规划、设计与施工合理性及经济效益有直接影响的工程地质条件和因素,编制成不同比例尺与不同内容类型的专题图件,为城市规划、工业与民用建筑工程、铁路工程、道路工程、港口工程、输电及管线工程、水利工程、采矿与地下工程等提供基础资料与评价。其基本要素是:(1)数学要素。指工程地质图的基本数据,如图的比例尺、图的平面和空间精度、图的信息数据的归纳与解析等。(2)工程地质要素。指各种对工程建设有制约性影响的工程地质问题,如岩土滑移、活动断裂、地震液化、地面侵蚀及岩溶等动力地质现象;风化岩、软土、膨胀土、湿陷性土、碎石土、杂填土、冻土、盐渍土及红黏土等不同工程性质的地基土,地下水以及由于人类活动造成工程地质条件的变化所带来的各种环境工程地质问题。(3)整饰要素。为了提高图的实用性与科学性,对图进行的整饰。如图名、图例、线划和彩色等。

【工程地质学】(engineering geology theory) 地质学的一个分支。调查、研究、解决与人类工程活动有关的工程地质问题的学科。其主要研究内容是:(1)确定工程施工场区岩土组分、结构、物理与化学性质及其对工程建设稳定性的影响。(2)制定场区岩土工程分类标准，提出改良方法。(3)研究由于人类工程的影响而被破坏的自然环境的平衡，以及自然地质灾害对工程建设的危害评估及预防措施。(4)研究解决各类工程建筑物的边坡及地基的稳定性。(5)研究工程场区地表水、地下水对工程建筑的影响，制定相应的防护和利用方案。(6)研究区域工程地质条件特征，预测人类工程活动的影响，并作出区域工程地质稳定性评价，进行工程地质分区并编图。

【工程地质钻探】(engineering geologic drilling) 为各类建筑物勘察地基而进行的地质钻探。包括选择厂址、机场、铁路交通线路，勘察水库坝基、港口码头、国防建筑设施、地下建筑物等而进行的地基钻探。其目的是：(1)了解地质构造、地层的结构、土质组成成分，基岩深度等，提供工程建设的决策依据。(2)取得岩石和土层物理力学性质的数据，提供工程设计的依据。(3)取得有关地下水水位、地层含水、透水等一般的水文地质资料，为解决建设施工中防水、排水等提供依据。(4)了解有关特殊工程建设所要求的专门工程地质问题，如抗震、滑坡、地基沉陷等问题。

工程地质钻探

【工程机械】(project machinery) 用于工程建设的施工机械的总称。工程机械种类繁多，按其用途的不同可分为：(1)挖掘机械。如单斗挖掘机、多斗挖掘机、滚动挖掘机、铣切挖掘机、隧洞掘进机等。(2)铲土装载运输机械。如推土机、铲运机、铲车、装载机、平地机、运输车、平板车和自卸汽车等。(3)起重机械。如塔式起重机、自行式起重机、桅杆起重机、抓斗起重机等。(4)压实机械。如轮胎压路机、光面轮压路机、单足式压路机、振动压路机、夯实机、捣固机等。(5)桩工机械。如钻孔机、柴油打桩机、振动打桩机、压桩机等。(6)钢筋混凝土机械。如混凝土搅拌机、混凝土搅拌站、混凝土搅拌楼、混凝土输送泵、混凝土搅拌输送车、混凝土喷射机、混凝土振动器、钢筋加工机械等。(7)路面机械。如平整机、道砟清筛机等。(8)凿岩机械。如凿岩台车、风动凿岩机、电动凿岩机、内燃凿岩机和潜孔凿岩机等。(9)其他工程机械。如架桥机、盾构机、(散物料)装船机、皮带/气垫输送机、风动工具等。广泛用于建筑、水利、电力、道路、矿山、港口和国防等工程(物流)领域。

起重机

【工程技术】(engineering technology) 具有确定设计、制造、生产或修建对象的造物过程、程序和造物手段、方法的总称。是工程建设物件和以生产技术为主的各种技术的综合。它与工程的差别，在于它是工程学在工程实践中的应用，是直接创造物质财富的实践技术，包括从技术原理构思、技术设计、研制、生产和建造直到商品化的全过程。它同技术一词的差别，在于它有确定的改造物质世界的对象和目的。工程技术的基本特点是：对象的确定性、目的的明确性、过程的程序性、技术手段的多样性和匹配性、科学知识应用的综合性和产出的实用、实效性。

【工程技术评估】(engineering technology assessment) 预先对工程技术项目及其与各相关因素的相互影响进行系统的科学分析的一种方法。其目的是：分析某项工程技术对人类社会和自然界可能造成的正负两方面的影响，从而使技术开发做到趋利避害，沿着有利于人类社会保持与自然界生态平衡的方向发展。其特点是：(1)着重探索技术与人类社会、自然界之间的相互作用，不限于对技术本身的评价。(2)突出技术可能产生的负面影响，以便克服这种影响。(3)它的结论具有预测性，因而是面向未来的。其方法有：专家评估法、矩阵法、因素分析法、技术经济分析法、多目标决策法、环境与生态评价法等。

【工程技术人员】(engineering technician) 具有工程技术能力又担负着工程技术工作的人员。组成是：有技术职称的人员、大中专理工科毕业生和取得与上述人员同等学力或职称而又从事工程技术工作的其他人员。其主要任务是：改造自然界，解决做什么、怎么做的问题。除应具备相应知识与技能外，还要具备创造性思维的能力。

【工程技术研究中心】(research center of engineering technology) 依托在行业或技术领域具有较强影响力和研发实力的骨干企业、独立研发机构或高校、科研院所等非贸易实体组建的财务核算具有一定的独立性或具有独立法人地位的研发机构。其主要任务是：(1)针对行业领域发展中存在的关键技术和共性技术问题，组织攻关，研究解决方案，带动原始创新。(2)通过积极转化有广泛应用前景的科研成果,组织进行技术集成、关联配套和工程化技术开发,带动企业集成创新、开发成熟配套的新技术、新工艺、新装备和新产品。(3)积极协助企业引进急需的先进技术,发挥产学研协作优势,开展消化、吸收和再创新活动,自主研发拥有自主知识产权的核心技术和装备。

【工程技术要素】(elements of engineering) 开展工程技术工作所需要的最基础的人力和物力资源。通常把材料、能源、信息、控制、工艺、交通、机器、土建、环保列为工程技术的基础性物质要素。有了上述要素为基础及其相互组合,工程技术的目标和任务才有可能实现。工程技术要素还应包括工程技术人员、工程技术管理。就工程技术活动的全过程而言,其要素应包括研究、开发、设计、研制、试验、生产或建造、运输、维修、销售等。

【工程监理】(project supervision) 具有相应资质的工程监理企业根据项目业主的委托,依据国家有关法律法规和工程技术标准,代表项目业主对被监理方的建设过程和工程实体进行监控的专业化技术管理和咨询服务。监理单位是建筑市场的主体之一。建设监理是一种高智能的有偿技术服务。监理单位与项目法人之间是委托与被委托的合同关系;与被监理单位是监理与被监理的关系。是受项目法人委托进行的;监理的主要依据是法律、法规、技术标准、相关合同及文件;监理的准则是守法、诚信、公正和科学。推行建设工程监理制度的目的是确保工程建设质量和安全,提高工程建设水平,充分发挥投资效益。工程建设监理的主要内容可概括为四控、两管、一协调。即对工程建设的投资控制、建设工期控制、工程质量控制和安全控制;进行信息管理、工程建设合同管理;协调有关单位之间的工作关系。

资质等级证书
水利水电工程建设监理中心
经审查,你单位具备水利工程建设监理单位
水利工程施工监理甲级 资质。

工程监理资质等级证书

【工程剪切】(engineering cutting off) 工程结构和机械中的连接件,在传递力时所发生的挤压和剪切变形形式。对于此类直接承受剪切的部件,在工程计算中常以受剪面上的剪力除以其面积得出的平均剪应力作为强度计算的依据。其容许剪应力则根据部件破坏时的剪应力除以安全系数确定。许多构件并不直接承受剪切,但材料也发生剪切变形。如圆截面杆和薄壁圆筒受扭时,横截面和径向截面上产生剪应力,其材料发生剪切变形。剪切变形的程度以变形前为正六面体的单元体在剪应力作用下直角的改变量(弧度)来度量,称为剪应变。任何受力物体内一点处,不管其处于何种应力状态,位于两个相互垂直的面上而与这两个面的交线正交的剪应力,它们的数值必定相等,而指向均对着交线或背离交线。在受力物体内一点处如能取一个单元体,其界面上只有剪应力而无正应力,则称这个单元体以及受力物体内相应点的材料受纯剪切。这种应力状态与在两个相互垂直方向上正应力的数值均等于的双向拉、压应力状态完全相当。材料在纯剪切应力状态下的力学性能,多通过薄壁圆筒的扭转试验测定。

【工程建设标准设计】(construction standard design) 工程建设采用共通性的设计条件标准和统一的模式要求,在技术上、经济上和适用范围等方面提出的合理解决方案。是工程建设标准化的重要措施。是组织现代化工程建设的重要手段。在中国,按其适用范围的不同可分为:(1)国家标准设计。(2)部颁标准设计。(3)省、市、自治区标准设计。标准设计一经批准颁发,就具有技术立法性质,各级生产、建设管理部门和各企业、事业单位都应因地制宜积极采用,无特殊理由不得另行设计。标准设计的编制一般分为:(1)初步设计。主要是确定设计原则和技术条件,提出技术经济合理的设计方案。(2)施工图设计。根据批准的初步设计,提出符合生产、施工要求的施工图。重大项目或技术复杂的项目,可分为初步设计、技术设计和施工图设计三个阶段。技术简单的项目,可简化为施工图设计一个阶段。其特点是:(1)设计质量有保证,有利于提高工程质量。(2)可以减少重复劳动,加快设计速度。(3)有利于采用和推广新技术。(4)便于实行构配件生产工厂化、装配化和施工机械化,提高劳动生产率,加快建设进度。(5)有利于节约建筑材料,降低工程造价,提高经济效益。

【工程建设其他费用】(other costs of construction) 从工程筹建起到工程竣工验收交付使用止的整个建设期间,除建筑安装工程费用和设备及工、器具购置费用以外的,为保证工程建设顺利完成和交付使用后能够正常发挥效用而发生的各项费用。大体可分为:(1)土地使用费。它是指通过划拨方式取得土地使用权而支付的土地征用及迁移补偿费,或者通过土地使用权出让方式取得土地使用权而支付的土地使用权出让金。(2)与项目建设有关的其他费用。包括建设单位管理费、勘察设计费、研究试验费、临时设施费、工程监理费、工程保险费、供电贴费、施工机构迁移费、引进技术和进口设备其他费。(3)与未来企业生产经营有关的其他费用。包括联合试运转费、生产准备费和办公和生活家具购置费等。

【工程结构】(project structure) 以建筑材料制成的各种承重构件相互连接成一定形式的组合体。在房屋、桥梁、铁路、公路、水工、港口等工程的建筑物、构筑物和设施中的工程结构,除满足工程所要求的功能和性能外,还必须在使用期内安全、适用、经济并能耐久地承受外加的或内部形成的各种作用力。

工程结构

【工程结构抗震性】(project structure in seismic region) 结构能够达到抗震设防标准的性能。在地震区往往有大量房屋、桥梁、烟囱、水塔等工程结构,由于达不到当地抗震设防的要求而需要进行震前加固。在地震后的城市和乡村,许多结构虽遭到损坏仍保留下来的,需要进行震后修复。加固和修复都是为了使结构能够达到当地抗震性能标准,以保护人民生命财产安全。

【工程结构设计理论】(design theory on engineering structure) 研究和处理工程结构的安全性、适用性与经济性的理论及方法。主要解决工程结构产生的各种作用效应与结构材料抗力之间的关系。涉及有关结构上的作用、结构抗力、结构可靠度和结构设计方法及优化设计等方面的知识。

【工程结构试验】(project structure test) 检测工程结构可靠性的技术工作。对工程结构或构件采用加载或其他方式进行试验,测量结构或构件的内力、变形、转角、支座位移、频率、振幅等,用以核对其设计指标、检验其是否安全可靠,并作为探索结构新领域和发展工程结构理论的数据。

【工程经济学】(engineering economics) 经济学的一个分支。研究工程技术实践活动经济效果的学科。以工程项目为主体,以技术－经济系统为核心,研究如何有效利用资源和提高经济效益。其研究对象是工程项目技术经济分析的最一般方法,如理论联系实际、定量分析与定性分析相结合、系统分析和平衡分析、静态评价与动态评价相结合和统计预测与不确定分析等。即研究采用何种方法、建立何种方法体系,才能正确估价工程项目的有效性,才能寻求到技术与经济的最佳结合点。为具体工程项目分析提供方法基础。工程经济学的产生至今有100多年历史。近代工程经济学的发展侧重于用概率统计进行风险性、不确定性等新方法研究以及非经济因素的研究。中国对工程经济学的研究和应用起步于20世纪70年代后期。目前,在项目投资决策分析、项目评估和管理中,已得到广泛应用。

【工程勘察】(project reconnaissance) 工程建设的第一个程序。以多学科理论为指导,并采用多种手段的综合性技术工作,了解建筑场地工程地质、水文地质、地震地质条件的技术步骤。是基本建设中工程设计、施工的主要依据。通常要在地面、地质、地貌调查基础上,通过现场钻探、野外测试、室内试验等项工作后,提供必要的参数及合理的建议。随着现代科技,尤其是电子计算机技术的不断发展,工程勘察已采用自动化技术进行。

工程勘察

【工程科学】(engineering) 又称工程学。为工程技术研究提供理论、手段和方法的学科。与特定的工程对象相联系,反映了人类改造自然中某个领域的特殊规律性。主要特点是专业化和实践性。

【工程量清单】(bill of quantity, BOQ) 拟建工程的分部分项工程项目、措施项目、其他项目、规费项目和税金项目的名称和相应数量的明细清单。包括分部分项工程量清单、措施项目清单、其他项目清单、规费项目清单和税金项目清单。由招标人按照"计价规范"附录中统一的项目编码、项目名称、计量单位和工程量计算规则进行编制。是编制招标工程标底价、投标报价和工程结算时调整工程量的依据。工程量清单必须依据行政主管部门颁发的工程量计算规则、分部分项工程项目划分及计算单位的规定和施工设计图纸、施工现场情况、招标文件中的有关要求并由具有相应资质的中介机构进行编制作为招标文件的一部分。

【工程农业】(engineering agriculture) 以生物技术和工程技术为支撑,利用独特的生产设施进行农业生产的农业形式。包括设施农业、节水农业、旱作农业、精准农业等。以色列节水农业和荷兰设施农业就是工程农业模式的典范。近年来,美国、加拿大、法国等发达国家出现的精准农业,主要是应用全球定位系统、地理信息系统、遥感技术等高科技手段开展田间管理。中国依据开源与节流并举的原则，长期推广旱作农业技术。

【工程热力学】(engineering thermodynamics) 热力学的一个分支。研究热现象中，物质系统在平衡时的性质和建立能量的平衡关系，以及状态发生变化时，系统与外界相互作用的学科。主要研究热能与机械能和其他能量之间相互转换的规律及其应用。是机械工程的重要基础学科之一。其基本任务是：通过对热力系统、热力平衡、热力状态、热力过程、热力循环和工质的分析研究，改进和完善热力发动机、制冷机和热泵的工作循环，提高热能利用率和热功转换效率。现代工程热力学还包括诸如燃烧等化学反应过程，溶解吸收或解吸等物理化学过程。其研究的方法是宏观的。它以热力学第一定律、热力学第二定律和热力学第三定律作为理论的基础，通过物质的压力、温度、比容等宏观参数和受热、冷却、膨胀、收缩等整体行为，对宏观现象和热力过程进行研究。这种方法，把与物质内部结构有关的具体性质，当作宏观真实存在的物性数据予以肯定，不需要对物质的微观结构作任何假设，所以分析推理的结果不仅具有高度的可靠性，而且条理清楚。

【工程热物理】(engineering thermal physics) 研究能量在以热、功以及其他相关的形式转化、传递和利用过程中的基本规律及其应用的一门应用基础学科。包括工程热力学、流体力学、传热传质学和燃烧学四个系统分支，其工程应用辐射至能源、机械、材料、动力、化工、建筑、航空航天、电子等诸多领域。是一门研究能量以热的形式转化的规律及其应用的技术科学。它研究各类热现象、热过程的内在规律，并用以指导工程实践。工程热物理学有着自己的基本定律：热力学的第一定律和第二定律、牛顿力学的定律、传热传质学的定律和化学动力学的定律。其研究既包含知识创新的内容，也有许多技术创新的内容，是一个完整的学科体系。

【工程施工钻探】(construction engineering drilling) 各种工程施工中必须进行的钻进作业。为达到各种工程目的设计的钻孔，主要有下列几种情况：(1)高层建筑、工业厂房和结构物、桥墩、料仓、油罐、水塔等的基础桩和管桩孔。(2)水坝、港口、地下油库、污水处理池等断面或周围构筑地下连续墙。(3)已有构筑物发现基础不稳固或水坝坝基下渗漏，通过在密排的钻孔里灌注固定材料，压入地层的裂缝孔隙，加固地基或隔离渗流。(4)在流沙层、松散层、深含水层进行地下工程施工，用密集钻孔注入固结材料，便于工程施工。(5)钻锚桩孔锚定建筑物挡土墙和滑坡。(6)钻疏干排水孔，降低水位，便于挖掘施工。工程钻探不仅是工程施工的一部分内容，有时还应包括各种技术工程的钻进，如大口径矿山竖井，矿山爆破孔钻凿，矿山运输、通风、排水、护孔的钻进，城市过街、穿越河流、铁路、公路等水平孔的钻进，地下核试验钻孔等，也都属于工程施工钻的范围。

【工程塑料】(engineering plastics) 可以作为结构材料承受机械应力，能在较宽的温度范围和较为苛刻的化学及物理环境中使用的塑料。按其用途的不同可分为通用工程塑料和特种工程塑料。前者指已大规模工业化生产的、应用范围较广的五种塑料，即聚酰胺(尼龙，PA)、聚碳酸酯(聚碳，PC)、聚甲醛(POM)、聚酯(主要是PBT)及聚苯醚(PPO)；后者指性能独特、用途相对较窄的一些塑料，如聚苯硫醚、聚酰亚胺、聚砜、聚醚酮、液晶聚合物等。工程塑料性能优良，在很多领域可替代金属作结构材料。广泛用于电子电气、交通运输、机械设备及日常生活用品等领域。

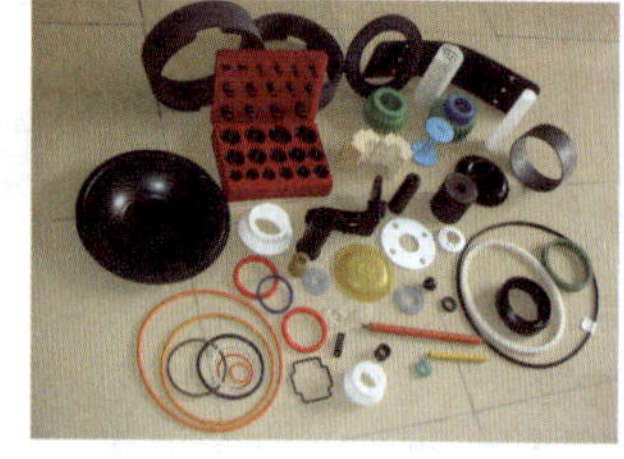
工程塑料加工件

【工程塑料合金】(engineering plastic alloy) 工程塑料(树脂)的共混物的统称。主要包括以PC(聚碳酸酯)、PBT(聚对苯二甲酸丁二醇酯)、PA(尼龙)、POM(聚甲醛)、PPO(聚苯醚)、PTFE(聚四氟乙烯)等塑料为主体的共混体系，以及在某些场合常被归属于工程塑料的ABS(丙烯腈-丁二烯-苯乙烯共聚物)树脂改性材料。世界塑料合金的年均需求增长率为10%左右，而其中附加值最高的工程塑料合金的年均需求增长率高达15%，成为积极开发的品种。在美国、日本及欧洲国家已实现工业化的塑料合金品种中，工程塑料合金也占绝大多数。合金化已成为当前工程塑料改性的主要方法。

工程塑料合金制品

【工程伪装】(project camouflage) 又称工程技术伪装。用伪装器材及其工艺对目标实施的伪装。人工伪装的主要组成部分。按使用的器材和伪装方法分，有植物伪装、迷彩伪装、人工遮障伪装、假目标伪装、灯火伪装和音响伪装。按针对敌侦察器材种类分，有防光学伪装、防热红外伪装、防雷达伪装、防声测伪装。工程伪装研究的基本理论和技术，是根据敌方侦察器材在预定距离上的分辨力和背景的伪装性能，采取降低或消除目标暴露征候的方法隐蔽目标，或者模拟目标暴露征候以显示假目标。具体内容主要包括：敌方侦察器材的战术使用方法及其在作战条件下的探测能力；目标和背景在侦察器材工作波段上的反射，辐射特性及其对比（或信噪比）；电磁波在大气和其他介质内传输过程中，上述对比（或信噪比）的衰减程度；侦察时发现目标的概率与对比（或信噪比）的关系和与侦察人员心理状态的关系；隐蔽目标和制作，设置假目标的技术要求；伪装器材的制作和使用方法；伪装效果的检测理论及方法；伪装纪律以及工程伪装作业的组织与实施等。

【工程项目可行性研究报告】（report of feasibility study on project item） 确定建设项目，编制设计文件的前提和重要依据。所有建设项目只有在可行性研究通过的基础上，才能选择经济效益、社会效益和环境效益最好的方案。由于可行性研究报告是对项目最终决策和进行初步设计的重要文件，其必须有相当的深度和准确性。

【工程项目投资】（project investment） 在社会经济活动中为实现某种预定的目标在工程项目上预先垫付的资金。投资是人们有目的的经济行为。即以一定的资源投入某项计划，以获得所期望的报酬的过程。工程项目投资的构成由建设投资和流动资金投资两大部分组成。非生产性建设项目总投资不含流动资金投资。其分类是：（1）按照工程项目建设性质的不同可分为：新建项目投资、改建项目投资、扩建项目投资、恢复项目投资和迁建项目投资。（2）按投资用途的不同可分为生产性投资和非生产性投资。前者指直接用于物质生产领域建设的投资；后者是用于满足人民的物质文化生活的需要和为生产建设服务的投资。（3）按投资形式的不同可分为：固定资产投资、流动资产投资、无形资产投资和其他资产投资。其中其他资产投资是指除固定资产、流动资产、无形资产之外的投资，包括其他长期资产、递延税款借项、长期待摊费用等。

【工程样机】（engineering demonstrator） 机载设备或分系统预先发展B阶段的试验样机。用于验证产品工程设计方案可行性及其与载机的相容性。机载设备一般需在原理样机试验完成后立项。在其型号研制的第一阶段应尽量按接近实际的尺寸研制，以符合试飞要求，并尽可能多地发现工程研制中的技术问题。但不需完全具备实际使用时所需的性能、维护性和可靠性的要求。工程样机完成后，需安装在载机上试飞，以便发现与飞机的相容性问题。

工程样机

【工程造价】（project cost） 某项工程建设所支出的全部费用。按照研究对象的不同可分为：建设工程造价、单项工程造价、单位工程造价以及建筑安装工程造价等。工程造价是一个广义概念，在不同的场合，其含义不同。一指建设项目（单项工程）的建设成本，包括建筑工程、安装工程及其他相关费用；二指工程价格，即为建设一项工程，预计或实际在技术劳务市场以及承包市场等交易活动中所形成的建筑安装工程的价格。工程造价具有大额性、个别性、差异性、动态性、层次性和兼容性等特点。

【工程造林】（engineering forest planting） 把管理工程的办法，应用到造林过程当中，集造林计划管理、技术管理和资金管理于一体的造林方法。对造林实行多层次、多环节、全面质量数量管理。有四项基本要求和三个特点。四项基本要求是：（1）按基本建设程序进行审批。（2）实行按项目投资。（3）必须按规划设计。（4）严格按施工设计造林。三个特点是：（1）人、财、物和技术力量相对集中，造林面积连片，并有一定的规模限制。（2）把组成造林的各个工序，如育苗、预整地、栽植、幼林抚育等工序，作为一个整体，进行统一安排，统一计划，统一管理。（3）实行区划、规划、设计、实施、验收和建档一条龙管理制度。

【工程资金筹集】（project funding） 企业根据建筑工程项目的需要，通过筹资渠道和资本市场，运用筹资方式，有效地筹集企业所需要资金的财务活动。是企业财务管理工作的起点，关系到企业能否正常开展生产经营活动。资金在企业运行中具有启动、纽带作用和导向作用。企业作为市场主体，在自主经营、参与竞争的条件下，资金的筹集将决定企业的经营状况，乃至生死存亡。资金筹集的过程中，应坚持满足需要原则、低成本原则、合法性原则和稳定性原则。企业的资金基本来源于投入资金和借入资金两个渠道。按期限长短的不同可分为短期资金和长期资金。按所有权的不同，可分为权益资金和债务资金。按资金来源的不同可分为内部资金和外部资金等。

【工具钢】(tool steel) 制造刀具、量具和模具的碳素钢、合金钢的总称。含碳量一般大于0.6%。硬度高,耐磨性好,并具有一定的韧性。通常经淬火和回火处理后使用。

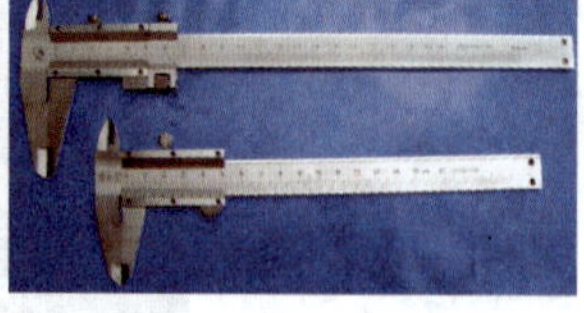
量具

【工具磨床】(tool grinder) 专门用于工具制造和刀具刃磨的磨床。常用的有万能工具磨床、钻头刃磨床、拉刀刃磨床、工具曲线磨床、小型刀具刃磨机等。

【工具式模板建筑】(tool-type form pannel architecture) 施工时用活动式大尺寸模板作为拼装的工具进行机械化浇注混凝土墙体或楼板的建筑。多用于建造多层和高层建筑。20世纪50年代以来,随着建筑工业化的推广,混凝土浇注技术和吊装机械的改进,模板式建筑得到发展。在发达国家,工具式模板的设计和制作已成为独立的行业。设计生产模板体系的部件和配件、辅助材料和专用工具,例如,生产浇注外墙饰面用的模板里衬、辅助铁件、支撑和脱模剂等。其使用灵活,适应性强。模板由工厂生产,表面平整,尺寸精确。利用模板体系可设计成各种形式,适用于多种工程的需要。所用的材料有钢板、木制板和钢丝网水泥板等。应用工具模板,可以省去大量内外饰面的湿作业量,加快了施工进度,但现场浇注混凝土的工作量大,施工组织复杂。按其施工方法的不同可分为全现浇、现浇和预制相结合两种。全现浇是建筑中的主要承重构件,如墙、楼板、屋顶等采用此法。按模板种类的不同可分为灵活模板、大模板、台模、隧道模、筒模和滑升模板。

工具式模板建筑

【工矿区水土保持】(soil and water conservation in industrial and mining areas) 工业和矿业生产建设区内水土流失的预防和治理。水土流失形成的原因是:(1)地表形态发生变化。原地形地貌由于开挖、扰动、堆弃等形成新的形态,使水土流失的影响因子——坡度、坡长变化极大,许多边坡处于不稳定状态,加剧了水土流失。(2)地表组成物质发生变化。经过扰动的原地表土壤变成了由土壤、岩石等组成的松散堆积物,抗侵蚀能力下降,适宜种植的水土保持林、草品种被改变。(3)地表植被受到破坏。工矿区原有的水土保持功能降低。(4)降雨、径流过程发生变化,洪水过程往往陡涨陡落,水土流失程度加剧。(5)地下水水位下降,表层土壤干燥。地表植被退化,水土流失加重。其防治措施主要是:(1)在工程建设和施工中尽量减少对植被的破坏,建设项目的征地、取土、采石、弃渣等应尽可能少占地。(2)剥离的表土、矸石、尾矿,废弃的砂、石、土等必须堆放在规定的专门存放地,并采取拦挡措施,不得向江河、湖泊、水库和专门存放地以外的沟渠倾倒。(3)建设场地的边坡必须修建护坡或其他防护工程。(4)开挖面、剥离面必须采取措施恢复表土层和植被,防止水土流失。

【工矿用海】(mineral sea location) 开展工业生产、工程建设及勘探开采矿产资源所使用的海域。包括盐业用海、临海工业用海、工程建设用海、固体矿产开采用海和油气开采用海。

【工伤】(industrial injury) 又称职业伤害、工作伤害。劳动者在从事职业活动或者与职业活动有关的活动时所遭受的事故伤害和职业病伤害。其工伤条件是:(1)在工作时间和工作场所内,因工作原因受到事故伤害的。(2)工作时间前后在工作场所内,从事与工作有关的预备性或者收尾性工作受到事故伤害的。(3)在工作时间和工作场所内,因履行工作职责受到暴力等意外伤害的。(4)患职业病的。(5)因工外出期间,由于工作原因受到伤害或者发生事故下落不明的。(6)法律、行政法规规定应当认定为工伤的其他情形。可视同工伤的条件是:(1)在工作时间和工作岗位,突发疾病死亡或者在48h之内经抢救无效死亡的。(2)在抢险救灾等维护国家利益、公共利益活动中受到伤害的。(3)职工原在军队服役,因战、因公负伤致残,已取得革命伤残军人证,到用人单位后旧伤复发的。职工有前款第1项、第2项情形的,按照有关规定享受工伤保险待遇;职工有前款第3项情形的,按照有关规定享受除一次性伤残补助金以外的工伤保险待遇。因犯罪或者违反治安管理伤亡的、醉酒导致伤亡的和自残或者自杀的不得认定为工伤或者视同工伤。中国国家标准《企业职工伤亡事故分类》规定,按照劳动能力丧失程度的不同用损失工作日数计算工伤损失。其规定是:(1)死亡或永久性全失能伤害定为6 000日。(2)永久性部分失能伤害。截肢或部分部位完全失能损失视情况定为50～4 500日;骨折损失工作日视情况定为60～160日;功能损伤损失工作日视情况定为105～6 000日。(3)未规定数值的暂时性失能伤害按歇工天数计算。(4)各伤害部位累计数值超过6 000日者,仍按6 000日计算。按照所致病因的不同将职业病伤害分为10大类,115种。其内容是:(1)尘肺

13 种。(2)职业性放射性疾病 11 种。(3)化学因素所致职业中毒 56 种。(4)物理因素所致职业病 5 种。(5)生物因素所致职业病 3 种。(6)职业性皮肤病 8 种。(7)职业性眼病 3 种。(8)职业性耳鼻喉口腔疾病 3 种。(9)职业性肿瘤 8 种。(10)其他职业病 5 种。

【工伤保险】(industrial injury insurance) 针对工伤风险而设立的、以遭受工伤者本人及其家属为受益人的保险业务。其目的是:(1)保障因工作遭受事故伤害或者患职业病的职工获得医疗救治和经济补偿,促进工伤预防和职业康复,分散用人单位的工伤风险。(2)员工因在生产经营活动中所发生的或在规定的某些特殊情况下,遭受意外伤害、职业病以及因这两种情况造成死亡,在员工暂时或永久丧失劳动能力时,员工或其遗属能够从国家、社会得到必要的物质补偿。(3)劳动者因工作原因遭受意外伤害或患职业病而造成死亡、暂时或永久丧失劳动能力时,劳动者及其遗属能够从国家、社会得到必要的物质补偿的一种社会保险制度。(4)社会保险制度的重要组成部分,也是建立独立于企事业单位之外的社会保障体系的基本制度之一。具有工伤预防、工伤救治与补偿、工伤康复三大功能。推行工伤保险有助于促进企业预防伤亡事故,提高安全水平;有助于通过康复工作,使受伤害者尽快恢复劳动能力;有助于维护社会的和谐稳定。根据国家法律、法规的规定对中华人民共和国境内的各类企业、有雇工的个体工商户,按单位职工工资总额的一定比例征收的一种社会统筹保险费。主要用于对因工作原因遭受意外伤害、患职业病、致残或死亡,暂时或永久丧失劳动能力的劳动者或供养亲属的医疗生活保障及必要的经济补偿。

【工伤保险监督】(industrial injury insurance supervise) 由政府或政府指定部门、单位和被保险人三方代表按等比例原则组成的社会保险监督机构,依法对工伤保险费的征缴和工伤保险基金的支付情况进行监督检查管理的一种体制和机制。其主要方法是:(1)国家审计机关依法对社会保险部门的基金收支和单位按规定缴纳工伤保险费情况进行审计监督。(2)各级社会保险部门应建立内部审计机构,健全内部审计制度。(3)被保险人和工会组织有权监督单位如实报告因工伤亡情况。(4)社会保险部门有权对单位的人数、工资总额、缴费工资、工伤保险待遇发放等情况及财务会计账册等有关情况进行稽查;单位应定期向被保险人公布缴费情况,接受被保险人及有关部门监督。(5)单位和被保险人有权向社会保险部门查询本单位工伤保险缴费和工伤保险待遇支付情况;社会保险部门应当提供相应的咨询、查询服务。

【工伤保险条例】(industrial injury regulations) 以保障因工作遭受事故伤害或者患职业病的职工获得医疗救治和经济补偿,促进工伤预防和职业康复,分散用人单位的工伤风险为目的的国家行政法规。其立法目的是:保障工伤职工的救治权与经济补偿权、促进工伤预防与职业康复和分散用人单位的工伤风险。《工伤保险条例》的发布和实施,对健全社会保障体系,加快社会保障法制化建设具有重要的推动作用。

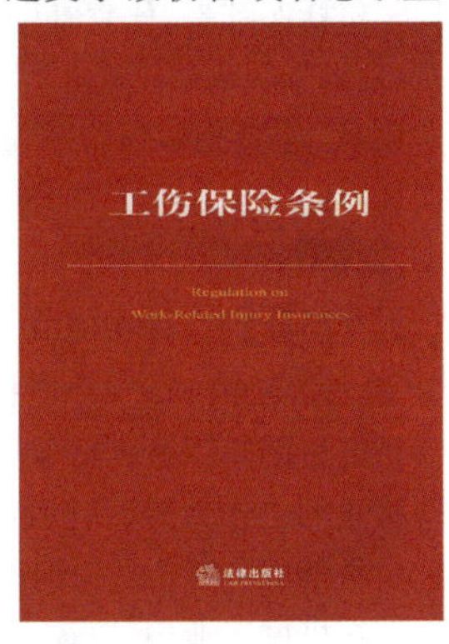

工伤保险条例

【工伤保险诊疗】(industrial injury insurance therapy) 在工伤保险责任范围内,对享受工伤待遇的劳动者进行的医学诊断和治疗。治疗工伤所需费用应符合《工伤保险条例》的规定。其内容是:(1)工伤保险诊疗项目目录。(2)工伤保险药品目录。(3)工伤保险住院服务标准。

【工伤等级】(industrial injury grade) 根据劳动者工伤所致功能障碍的程度与器官缺损的部位及严重程度、职业病所致的器官功能障碍与疾病的严重程度确定的伤残级别。中国国家标准《职工工伤与职业病致残程度鉴定标准》,将工伤等级分为十级,并详细规定了各级工伤的具体认定标准。其中,符合标准一级至四级的为全部丧失劳动能力,五级至六级的为大部分丧失劳动能力,七级至十级的为部分丧失劳动能力。中国 2004 年 1 月 1 日起施行的《工伤保险条例》规定,职工发生工伤,经治疗伤情相对稳定后存在残疾、影响劳动能力的,应当进行劳动能力鉴定。劳动能力鉴定是指劳动功能障碍程度和生活自理障碍程度的等级鉴定。劳动功能障碍分为十个伤残等级,最重的为一级,最轻的为十级。生活自理障碍分为三个等级:生活完全不能自理、生活大部分不能自理和生活部分不能自理。

伤残等级	伤残待遇支付标准	
	伤残抚恤金	一次性伤残补助金
第 1 级	本人工资总额的 90%	本人 24 个月工资
第 2 级	本人工资总额的 85%	本人 22 个月工资
第 3 级	本人工资总额的 80%	本人 20 个月工资
第 4 级	本人工资总额的 75%	本人 18 个月工资
第 5 级	本人工资的 70%(企业难以安排工作的)。	本人 16 个月工资
第 6 级		本人 14 个月工资
第 7 级		本人 12 个月工资
第 8 级		本人 10 个月工资
第 9 级		本人 8 个月工资
第 10 级		本人 6 个月工资

工伤等级

【工伤赔偿】(industrial injury pay) 劳动者在遭受的事故伤害和职业病伤害后获得的由其所在单位或承担工伤保险业务的保险公司支付的赔偿

费用。包括职工受伤和职工因工伤死亡有关利害关系人索赔两种。赔偿项目是:(1)医疗保险赔偿费用。包括医疗费、伙食补助费、食宿交通费、康复治疗费、辅助器具费、停工留薪、生活护理费、工伤复发的费用等。(2)伤残保险赔偿费用。包括伤残补助金、伤残津贴等。(3)工亡保险赔偿费用。包括丧葬补助金、供养亲属抚恤金等。

【工效学】(ergonomics) 机械工程学的一个分支。研究人、机械、环境相互间的合理关系的学科。其研究目的是保证人们安全、健康、舒适地工作,并取得满意的工作效果。它吸收了工程与自然科学以及社会科学的知识,是一门涉及面很广的交叉边缘学科。在机械工业中,它着重研究如何使设计的机器、工具、成套设备的操作方法和作业环境更适应操作人员的要求。

【工业标准结构总线】(industrial standard architecture, ISA) 又称AT总线。16位体系结构的总线标准。由IBM公司为PC/AT型号的计算机制定,只能支持16位的I/O设备。其数据传输率大约是8MB/S的系统总线。其优点是允许多个CPU共享系统资源。其缺点是传输速率过低、CPU占用率高、占用硬件中断资源等。ISA最初是8位体系结构,称XT总线,后升级到16位体系结构,称AT总线。ISA总线扩展插槽由两部分组成。一部分有62引脚,其信号分布及名称与XT总线的扩展槽基本相同,仅有很小的差异;另一部分是AT总线的扩展部分,由36引脚组成。

【工业产权】(industrial property) 专利权和商标专用权的统称。它和著作权统称为知识产权。"工业产权"一词最早出现于1791年法国的专利法中。在此以前,英国和法国都称专利权为特权或垄断权。当时法国专利法的起草人德布浮拉认为使用特权或垄断权这样的词,会遭到立法议会和反封建的法国人民的反对,因而提出"工业产权"这个概念。1833年制定的《保护工业产权巴黎公约》也采用了这个词。工业产权一词现已成为国际通用的专门术语。

【工业纯铁】(pure iron used in industry) 工业上一般应用的具有一定纯度(通常为99.8%~99.9%)的铁。用通常冶炼方法而制得。如阿姆科铁就是在平炉中炼成的一种工业纯铁。阿姆科是Armco的音译。其标准成分为:碳,0.02%;锰,0.017%;磷,0.005%;硫,0.025%及少量的硅。应用于要求减少磁滞及剩磁影响的电机和电气设备中。

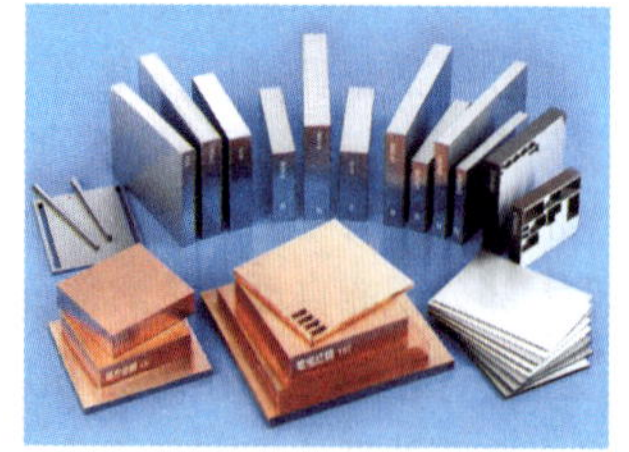
工业纯铁

【工业废水】(industrial wastewater) 工业生产过程中排出的废水。由于企业的类别、工艺和使用的原材料以及用水不同,使工业废水的水质差别很大。通常按照以下办法分类:(1)按照废水来源的不同可分为生产废水和生产污水。生产废水是指在使用过程中未直接参与生产工艺或没有直接接触产品、未被生产原辅材料或成品所污染的水,如空调冷却水一般污染较轻。生产污水是指在生产过程中产生、并被生产原辅材料或成品所污染(含水温超过60℃的热污染)的水,通常污染较重。(2)按废水中所含主要污染物化学性质的不同可分为含无机污染物为主的无机废水,如冶金、建材生产排放的废水;含有机污染物为主的有机废水,如食品工业、石化工业排放的废水;同时含大量有机物和无机物的废水,包括焦化和氮肥生产排放的废水等。(3)按工业企业的产品和加工对象的不同可分为:养殖废水、屠宰废水、食品加工废水、冶金废水、造纸废水、炼焦废水、电镀废水、化工废水、纺织印染废水、制革废水、农药废水等。(4)按废水中所含污染物的主要成分的不同可分为:酸性废水、碱性废水、含氰废水、含铬废水、含镉废水、含汞废水、含酚废水、含醛废水、含油废水、含硫废水、含有机磷废水和放射性废水等。如果在排放的工业废水中,污染物超过国家规定的排放标准,必须经过处理,作到达标排放。

【工业固体废物综合利用率】(comprehensive utilization rate of industrial solid wastes) 在统计期内直接利用或加工(提取、转化等)使其成为可以利用的资源、能源的固体废物量在工业固体废物产生总量中所占的比例。环境统计主要指标之一。工业固体废物产生量是指统计期内在生产过程中产生的固体状、半固体状和高浓度液体状废弃物的总和。其综合利用包括用作农业肥料、造田、筑路、生产建筑材料等。

【工业计算机】(industrial computer) 用于工业控制、测试的计算机。通过标准的串行口获得外部数据,通过内部的微处理器进行计算,最后通过显示屏或者通过串行口输出。与一般计算机相比,在应用、构成部件、软件系统等方面不

工业计算机

同。它所用的系统板面积较小，程序的编写要求较高。通常采用仿真环境来开发程序，采用脱机方式运行。已成为工业应用中不可缺少的器件之一，在自动化进程中起到不可替代的作用。

【工业建设竣工测量】(completed survey for industrial project) 工业建设工程项目竣工验收时所进行的测量工作。其主要目的是根据控制网点测定已有建筑物的实际位置，以检验施工质量，为以后的工作提供依据。其主要内容是竣工总平面图、分类图、辅助图、断面图以及铁路公路曲线元素、细部点坐标和高程明细表等。它综合反映了工业企业建筑场地竣工后主体工程及其运输和附属设备的现状。它是生产管理和维修所必需的基础技术资料，也是工业企业改建、扩建设计的依据。随各阶段施工的完成而陆续进行，并对已建成的建筑物做最终测量。为此，要特别注意在基坑和管沟回填土之前，进行地下管道、电缆和电信路线网等隐蔽工程的测量。在实测竣工总平面图时，对于主要建筑物的轮廓点、地下管线的起终点、交叉点、转折点、分支点、窨井中心、道路交叉点、铁路岔心、尽头、车间入口处和人防工程出入口处等重要地物的细部点，可以用解析法测算其坐标。对于建筑物室内地坪、散水坡脚、给水管管顶、排水管管底、窨井底、地沟底和道路变坡点等，可用水准仪测定其高程。凡无需测定细部点坐标的各种建筑物、道路等可以图解其位置。

【工业建设设计测量】(survey in industrial project at design stage) 为工业建设各设计阶段提供所需地形资料而进行的各项测绘工作。其主要内容是：建筑地区的平面与高程控制测量、各种大比例尺地形图测绘、路线测量、钻孔定位和水文测量等。根据各设计阶段的需要，应用地面人工测图或摄影测量方法进行地形测图。在测量范围比例尺、精度、内容、图幅与绘示等方面，应针对各设计阶段的具体要求，合理确定。成图质量，应在精确程度、详细程度、清晰程度和便于使用等方面达到必要的标准。对于新建工业企业的扩大初步设计与施工图设计，常采用1∶1 000的比例尺，个别为1∶500或1∶2 000。对于改、扩建企业施工图的设计，常采用1∶500或1∶1 000的比例尺。对于规划选厂和要求较低的单项工程勘察，如防洪、水源勘察等，所使用的1∶5 000或1∶10 000比例尺地形图，可以进行简测或草测；对于特小型的厂、站和单项工程设计，如洞口、路口等，常要求1∶200或1∶100比例尺地形图。其精度一般可按实测1∶500比例尺测图要求。传统的地面人工测图方法将逐步被自动化的电子速测仪测量系统所取代。航空摄影测量中的全能法测图和解析测图已成为测制设计用图的主要方法。正射影像地图已开始用于工程设计。数字化技术与计算机辅助制图系统的发展和地形资料与设计参数数据库的建立，促进了勘测设计的自动化。

【工业建设施工测量】(construction survey for industrial project) 工业建设工程在施工阶段所进行的测量工作。在施工中，厂房、道路、管线、烟囱以及机械设备等必须按照设计的平面位置和高程进行定位放样，作为建筑施工和安装的依据，并在施工过程中进行必要的检查。其主要内容是：施工控制网的建立，建筑物的放样，构件与设备的安装测量以及施工期间对建筑物的变形观测。按其控制网的不同可以分为：平面控制网和高程控制网。平面控制网的形式主要有建筑基线、建筑方格网、导线网、测角网和测边网等。建筑方格网适用于较平坦的地区。导线网、测角网和测边网适用于起伏较大的施工场地。通常由正方形格网或矩形格网所组成。方格网点的位置按照主要厂房、道路等建筑物的位置来布设，方格边应平行或垂直于建筑物的主轴线。顶点的坐标采用建筑坐标系统。高程控制网一般布设为水准网。水准点的密度要考虑施工放样中引测高程的方便，一般应达到安置一次水准仪即可测设所需放样的高程。

【工业建筑】(industrial building) 又称厂房。用于工业生产的各种建筑的统称。其种类繁多。按其用途不同可分为主要生产厂房、辅助生产厂房、动力用厂房、储藏类建筑、运输工具用房等；按其生产状况的不同可分为冷加工厂房、热加工厂房、恒温恒湿厂房和洁净厂房等；按其高度的不同可分为单层厂房、多层厂房和混合层数厂房。工业建筑的设计须满足生产工艺要求，为工人创造良好的生产环境。厂房内各生产工序联系紧密，需要大量的大型生产设备或起重运输设备，厂房的内部大多具有较大的面积和通畅的空间，比较复杂，技术要求高。

工业建筑

【工业控制计算机】(industry control computer) 又称过程计算机。用于实现工业生产过程控制和管理的计算机。是自动化技术工具中最重要的设备。在工业控制方面，计算机最早用在模拟控制系统中起监控作用。它对过程变量进行周期扫描,向操作人员显示全过程的信息,并通过计算为模拟量调节器设置给定值。1962 年英国首先采用计算机实现化工厂的直接数字控制。此后计算机控制在工业领域得到越来越广的应用。大规模集成电路的迅速发展,使以工业控制计算机为基础的分散控制系统得到迅速发展和推广。工业控制计算机分为大、中、小和微型四大类。它们被用于工业控制对象的实时控制和工厂、企业的信息管理。其功能是:(1)巡回检测和数据处理。(2)顺序控制和数值控制。(3)操作指导。(4)直接数字控制。(5)监督控制。(6)工厂管理或调度。与一般通用计算机相比,其特点是:(1)实时响应性。工业控制计算机的控制对象都是实时变化的,为了及时对付被控对象随时发生的变化,计算机在某一限定的时间内必须完成规定处理的动作,通常要求工业控制计算机具有硬实时性。(2)配备完善的过程接口子系统。工业控制计算机为完成对生产过程的检测和控制,必须配有完善的过程接口子系统,即过程输入输出设备。(3)比较完善的实时控制软件。包括实时操作系统和实时控制软件包,借以完成严格的实时处理功能。(4)极高的可靠性。避免因计算机故障而引起质量事故或生产事故。

【工业三废】(industrial three wastes) 工业生产过程中产生的废气、废水和废渣的统称。治理“三废”污染,开展综合利用是国家的一项重要经济政策。许多“三废”都是有用的,开展综合利用,就可变废为宝,而随意排放就会造成环境污染。工业“三废”实质上是能源和资源的浪费。最大限度地利用能源和资源,是消除污染、保护环境的根本途径,也是挖掘工矿企业内部潜力、增产节约的一个重要方面。

【工业设计】(industrial design) 以批量和机械化为条件,对工业产品进行预先规划的行为。包括工业产品造型设计、企业形象和视觉传达设计以及环境设计等。产品设计是其主体与核心。传统的产品设计关注点集中于产品功能的实现和加工生产的高效率低成本等。而工业设计把产品设计作为科技、工业、社会、经济、文化和艺术的整合过程,更关注产品的整个生命周期,从满足人的需求出发进行产品创意、方案构思和试制、加工生产,直到营销、售后服务、产品废弃处理。现代工业设计是建立在计算机技术、人机工程、价值工程、美学、设计方法学和管理学等学科基础上的。

【工业摄影测量】(industrial photogrammetry) 摄影测量技术在工业领域中的应用。近景摄影测量的一种。多采用测量摄影机或非测量摄影机进行拍摄测量。也有用 X 射线摄影仪、电子扫描显微镜等进行摄影测量。工业摄影测量可为工业领域的研究、设计、生产、试验、生产流水线上的产品快速检测等提供所需的图像和数据。例如,可用于采矿、冶金、机器、车辆和船舶制造等方面;还可用于动态目标的研究,如确定风洞中空气动力模型的变形,跟踪气泡室中的粒子流和计算由于爆炸引起的爆破量等。

【工业生物技术】(industrial biotechnology) 以微生物或酶为催化剂进行物质转化,大规模生产化学品、医药、能源、材料的工程技术。其目的是:(1)解决人类面临的资源、能源及环境危机。(2)为医药生物技术提供下游支撑。(3)为农业生物技术提供后加工手段。其特点是:(1)高效。(2)高选择性。(3)低污染。在工农业生产以及化学品、药品、新能源、新材料等领域得到迅速发展。作为一种战略性先导技术,对一个国家社会、经济发展具有重大战略意义。

【工业陶瓷】(industrial ceramics) 用于工业生产和工业产品的陶瓷。可分为化工陶瓷容器、管道、泵机、阀门、耐酸耐温砖、填料、瓷件、机械密封件、蜂窝陶瓷及各种工程陶瓷、功能陶瓷配件、特种耐火材料等 12 大门类,2 000多个品种。广泛用于化工、石油、电子、造纸、化肥、冶金、食品等 30 多个工业行业。

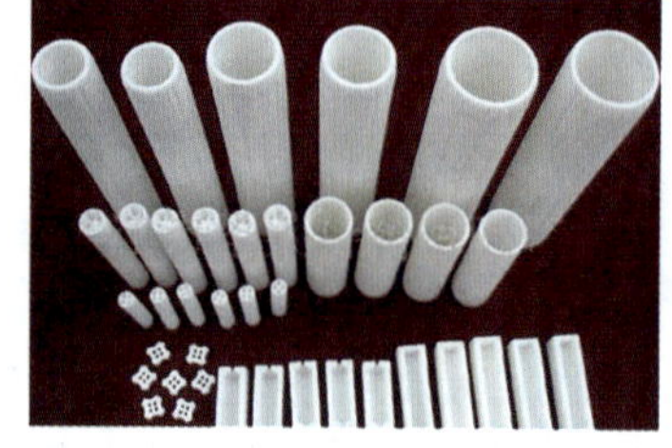
工业陶瓷

【工业微生物学】(industrial microorganism) 微生物学的一个分支。应用微生物学、生物化学、化学、遗传学和分子生物学的理论与技术,研究有经济价值、可生产有用产品的微生物的学科,或消除可能造成经济损失的有害微生物。研究各类微生物的形态、生长特性、生物活性和遗传变异,以便更有效地利用其有益功能,限制和消除其有害活动。

【工业污染控制规划】(industrial pollution control plan) 又称工业污染综合防治规划。针对工业生产可能造成的污染所制定的防治目标和措施。工业污染物的排放是环境污染的主要原因,也是控制环境污染的首要对象。控制规划主要分为:(1)布局规划。按照组织生产和保护环境的两方面要求,划定不同工业的发展区并确定相应的工业发展规模。(2)技术改造和产品改造规划。推行有利于环境保护的工业生产新技术,规定某些有关的环境指标(如废水循环利用率),淘汰有害于环境的产品等。(3)制定工业污染物排放标准。按不同工业、不同规模、不同类型和不同地区,分别规定不同期限内应达到的工业污染物排放标准。

【工业污染源】(industrial pollution source) 在工业生产过程(包括原料生产、加工过程、燃烧过程、加热和冷却过程、成品整理等过程)中产生的污染物或废弃物。工业排放的废气、废水、废渣(三废)中所含的污染物种类多、成分杂、数量大、毒性强、浓度高,是主要的工业污染源。生产过程中排放的三废及废热,污染大气、土壤和水体,产生的噪声、振动、核辐射危害周围的环境。除废渣堆放场和工业区降水径流构成的污染外,多数工业污染源属于点污染源。

废气污染源

【工业现代化】(modernization of industry) “四个现代化”之一。把工业建立在当代技术基础之上,使之生产经营的各项技术经济指标达到世界先进水平的过程,是实现农业、科学技术和国防现代化的物质基础。其主要目标有:(1)劳动资料的现代化。在工业生产中,不断实现机械化、自动化,采用新技术、新材料、新工艺和最新的科技成果。(2)工业部门结构现代化。加速发展技术(知识)密集型工业,建立新兴工业部门。(3)职工知识结构现代化。职工的科学文化与专业知识水平普遍提高,职工中科技人员和具有专业知识的管理人员的密度不断增加。(4)管理现代化。广泛采用电子计算机和其他现代化的管理手段与方法。(5)主要技术经济指标和人均国内生产总值达到当代世界先进水平。工业现代化是一个世界性和历史性的概念,在一定时代全世界具有统一的内容。

【工业性试验】(industrial test) 又称工业性选矿试验。在工业性实验厂中或已投产工厂的某个系列中所进行的选别试验。除设计大型选矿厂或处理极为复杂的矿石外,一般较少采用这种试验。有时为了验证某些选矿的新方法、新流程、新设备,需要进行工业性的选矿试验。

【工业药剂学】(industrial pharmacy) 研究药物剂型及制剂的理论、生产制备技术和质量控制的综合性应用技术学科。是药物制剂专业的核心专业学科。其研究内容包括药物剂型及制剂的基本理论、制备技术、生产工艺和质量控制等。其研究为从事药物制剂的生产、研究、开发新制剂和新剂型等工作奠定基础。

【工业以太网】(industrial ethernet) 基于IEEE 802.3 (Ethernet)的强大的区域和单元网络。一个典型的工业以太网络环境,有以下三类网络器件:(1)网络部件。(2)连接部件。(3)通信介质,如普通双绞线、工业屏蔽双绞线和光纤。其特点是:(1)是一个网络控制系统,实时性要求高,网络传输要有确定性。(2)整个企业网络按功能的不同可分为处于管理层的通用以太网和处于监控层的工业以太网以及现场设备层(如现场总线)。管理层通用以太网可以与控制层的工业以太网交换数据,上下网段采用相同协议自由通信。(3)周期与非周期信息同时存在,各自有不同的要求。周期信息的传输通常具有顺序性要求,而非周期信息有优先级要求,如报警信息是需要立即响应的。(4)要为紧要任务提供最低限度的性能保证服务,同时也要为非紧要任务提供尽力服务,所以工业以太网同时具有实时协议也具有非实时协议。工业以太网技术与IEEE802.3/802.3u兼容,使用ISO模型和TCP/IP通信协议。

【工业余热】(waste heat of industry) 在某一热工艺过程中未被利用而排放到周围环境中的热能。按其载体形态的不同可将余热分为固态载体余热、液态载体余热和气态载体余热。主要来源为锅炉和工业炉窑排出的高温烟气、可燃性废气、可燃性废液、高温炉渣、高温固体以及化学反应余热等。

【工业余热发电】(generation by waste heat of industry) 利用工业余热进行的发电。余热发电是提高能源利用率的有效措施,如利用工业废气余热发电等。

【工业余热利用】(use of the remained heat of industry) 回收利用在生产过程中未被充分利用的余热或废热的工程技术。如许多工厂的冷却水仍有很高的热能,采用废热锅炉和管道就能回收大量热水再用于生产和生活,这样既节约了能源和水,又避免了环境热污染。现在已有许多

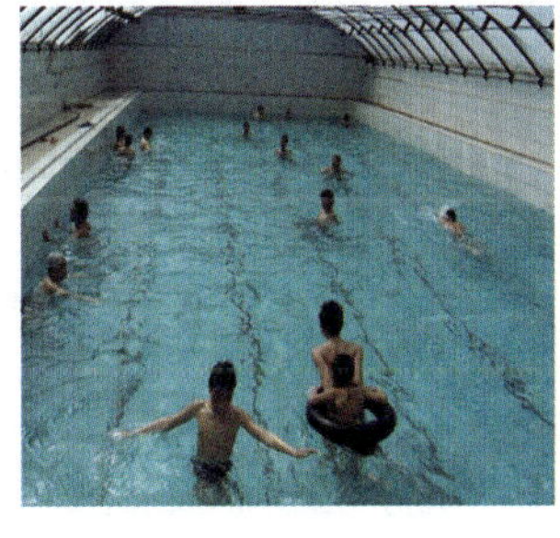

热水游泳池

余热利用措施，用于建筑物集中供热、热水游泳池、航道除冰、温水养鱼、温水灌溉等。余热综合利用的前景十分广阔。

【工业灾害控制】（industrial disaster control） 根据工业特点及造成危害的可能途径，对工业控制系统防护提出全面而又具体的技术措施，从而保证工业控制系统正常安全的运行、免受危害的系统工程。工业过程最重要的危险是火灾、爆炸事故灾害。而热量是爆炸能量的源泉。热的反应、热的发生和积累，过程热的传递和变换，热的流动和转移，无不和爆炸相关。运用化工热力学、工程热力学、反应工程理论、反应动力学、催化理论以及爆炸突变理论等，研究热平衡、热积累、热突变、过程爆炸、临界条件和规律，以及各临界点之间的关系。过程装置的工艺结构决定了装置系统的危险特征。对装置结构中的传质单元、机械分离单元、传热单元、输送单元等过程的物料平衡、热量平衡、能量平衡、动量平衡等条件进行分析，研究过程动态变量对平衡与稳定条件的影响以及反应变化过程危险要素的动态特性和转化机理、边界状态变量、极限控制参数，对过程氧化热、燃烧热、自催化热、分解热、聚合热以及各种物理热的产生、传递、转移、积累等进行研究。

【工艺成本】（process cost） 与完成某工艺过程直接有关费用的总和。其中包括：工人工资、机床折旧费、刀具、夹具、量具等工具的消耗和折旧费、动力消耗费等。工艺成本的计算主要是对同一零件的不同工艺方案进行经济比较。由于零件或产品的批量不同，所采用的工艺方法不同，工艺成本有比较大的差异。

【工艺基准】（technological datum） 机械零件加工工艺过程中所使用的基准。它包括定位基准、测量基准、对刀基准和装配基准等。

【工艺流程】（technological process） 又称工艺路线。按合理的加工先后顺序，使工件从原材料经过毛坯制造、机械加工、特种加工、热处理等加工阶段转变为成品的一系列加工过程。

【工艺模拟技术】（processing simulation technology） 通过计算机软件模拟进行工艺分析和工艺参数优化的技术。传统的成型技术是建立在经验和实验数据基础上的。采用传统成型技术，制定一个新的零件成型工艺，在生产时往往还要进行大量修改调试。计算机和计算技术，特别是非线性问题的计算机仿真技术的发展，使成型过程的模拟分析和优化成为可能。

【工艺设计】（technological design） 包括工艺规程设计和工艺装备设计制造等相关内容的总称。是产品生产过程中的重要组成部分。工艺设计的内容包括：制定产品及其部件的装配要求，安排毛坯的生产方式，零件的加工顺序，选择加工方法、技术条件、所需设备，规划生产组织和劳动组织方式，制定工时和原材料消耗定额，以及设计所需要的工艺装备等。

【工艺试验】（process property test） 用以确定某一材料是否适合于某一加工工艺过程，或某一产品在工程实际应用过程的试验。在试验时，一般不考虑应力的大小，而考虑试验参数对加工结果的影响，如表面粗糙度、刀具寿命等；或经试验后的表面与整体情况，如裂纹、裂缝、断裂、崩碎等来显示被试件的工艺性能。如切削刀具对某种材料的切削加工参数试验，以及汽车离合器的超速试验等。

【工艺文件】（manufacturing process documents） 将工艺过程的各项内容以卡片的形式表达和确定下来，作为生产依据的重要文件。工艺文件包括工艺卡和检验卡等。

【工艺装备】（technological equipments） 产品制造时所用的各种刃具、模具、夹具、量具等工具的总称。是保证产品制造质量与安全生产、贯彻工艺规程、提高生产效率的重要手段。它可分为标准工艺装备和专用工艺装备。

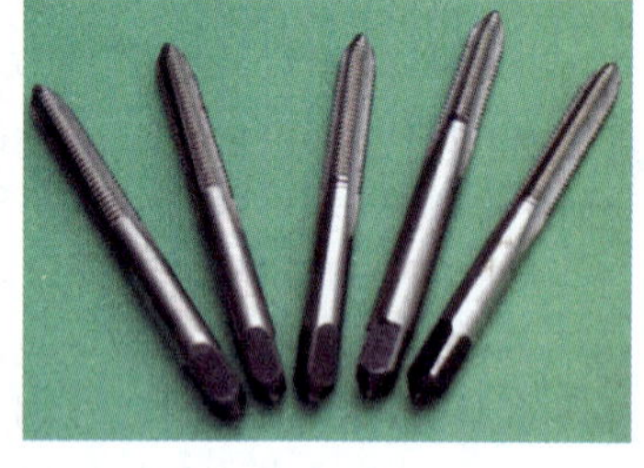

刃具

【工艺准备】（technological preparation） 在机械产品设计完成后，在制造工艺过程中所进行的生产准备工作。包括确定采用何种设备和工艺装备，按照怎样的加工顺序和方法，才能生产出符合质量要求的产品。其主要内容有：产品设计图纸的工艺性分析和审查，工艺方案的拟定，工艺技术文件的编制，工艺装备的设计和制造，工时和原材料消耗定额的制定，以及训练工人掌握新产品制造技术等。

【工作接地】（work earthing） 在低压配电系统中，为了保证电气设备的正常运行而采取的接地技术。可以将中性点直接接地，也可以通过消弧间隙接地。其接地电阻不应超过 10Ω。其作用是降低电气设备相对地间的绝缘要求。当工作接地由配电变压器二次绕组星形接线的中性点直接引出时，则还有固定中性点对地电位和解决单相用电设备的电源的作用,以及当变压器一、二次绕组间发生匝间短路时,可以由监测器装置给出信号或用保护装置进行保护等。

【工作面顶板控制】(roof control of working face) 又称地压管理。工作面(采场)顶板支护和采空区处理的总称。工作面顶板支护一般分为工作空间的普通支架和放顶用的特种支架两种。采空区处理常称为顶板管理,主要是指控制顶板岩层。顶板管理方法的选择与顶板岩石的力学性质、顶板岩层厚度和层位组成有密切关系。根据顶板的特征、煤层厚度及保护地表的特殊要求等条件不同,采用以下方法:(1)全部冒落法。(2)部分充填法。(3)缓慢下沉法。(4)煤柱支撑法。(5)强迫冒落法。(6)全部充填法。

【工作票制度】(work sheet system) 在电力生产现场、设备、系统上进行检修作业的书面依据和安全许可证,是检修、运行人员双方共同持有、共同强制遵守的书面安全约定。是准许在电气设备上工作的书面命令,也是明确安全职责,向工作人员进行安全交底,以及履行工作许可手续、工作间断、转移和终结手续,并实施保证安全技术措施等的书面依据。因此在电气设备上工作时,应该要求认真填用工作票。在设备和机械设备上工作,除《电业安全工作规程》规定可以用电话或口头命令的工作项目外,其他工作项目必须履行《电业安全工作规程》规定的工作票制度、工作许可制度、工作监护制度及工作间断、转移和终结制度。

【工作日损失标准】(loss of daily working standard) 参照事故伤害损失工作日标准(GB/T15499-1995)而规定的定量记录人体伤害程度的方法及伤害对应的损失工作日数值。适用于企业职工伤亡事故造成的身体伤害。常用标准是:GB6441 企业职工伤亡事故分类,GB7794 职业性急性有机磷农药中毒诊断标准及处理原则,GB7799 职业性急性丙烯腈中毒诊断标准及处理原则,GB7800 职业性急性氨中毒诊断标准及处理原则,GB8781 职业性急性一氧化碳中毒诊断标准及处理原则,GB8787 职业性急性光气中毒诊断标准及处理原则,GB8789 职业性急性硫化氢中毒诊断标准及处理原则。

【工作容积】(displacement) 又称汽缸排量。活塞在上、下死点间运动一次所扫过的体积。活塞式发动机所有汽缸工作容积之和称为发动机工作总容积(总排量)。容积越大表示发动机输出的功率越大。小活塞式发动机常以工作总容积的毫升数作为发动机编号的一部分。

【工作容量】(service capacity) 担负电力系统计划内负荷的电站的发电机容量。在水电站的实际运行中,其工作容量随其电量和在系统中的作用不断变化。当水电站调峰运行时,其工作容量在一天内变化很大;汛期为了充分利用水流的能量,水电站宜在电力系统腰荷或基荷工作,其工作容量在一天内变化较小。无调节能力或由于综合利用要求而不担负或减少担负系统调峰任务的水电站,其工作容量,在一天内不变或变化不大。

【工作闸门】(flood gate) 又称主闸门。水工建筑物正常运行时,以完成挡水、泄水、取水、输水等各项任务的闸门。其门型、材料和工作方式随水工建筑物的用途和布置而异。溢洪道、水闸、水工隧洞等的工作闸门,多采用弧形闸门和平面定轮闸门,要求在动水中启闭。一般由闸门启闭机进行操作。有些闸门,如浮箱闸门、屋项闸门、翻板闸门等,水头不高,可采用水力自动操作。船闸的人字闸门和横拉闸门,其操作方式是由输水廊道输水平压后在静水中启闭。由于工作闸门的重要性和操作频繁,一般在其上游设置检修闸门;对于在较高水头下动水中操作的工作闸门,则需在其上游设事故闸门。

工作闸门

【工作站】(workstation) 一种以个人计算机和分布式网络计算为基础,主要面向专业应用领域,具备强大的数据运算与图形、图像处理能力的高性能计算机。它为满足工程设计、动画制作、科学研究、软件开发、金融管理、信息服务、模拟仿真等专业领域而设计开发。主要应用在计算机辅助设计与制造、科学计算、数据处理、图形图像处理、动画设计、系统仿真和地理信息系统等领域。

【弓形虫病】(toxoplasmosis) 由戈弟弓形虫引起的一种人畜共患的疾病。分布于世界各地。人患弓形虫病,主要侵犯眼、脑、心、肝、淋巴结等。其临床表现常因侵犯脏器不同而异。当孕妇感染急性弓形虫病时,不论有无临床表现,弓形虫均可通过胎盘传给胎儿,直接影响胎儿的发育,致畸严重,甚至死亡。弓形虫病是围生期医学中的一种重要的寄生虫病。该病按病因的不同分为先天性和后天获得性两类,均以隐性感染为多见。先天性弓形虫病多由孕妇于妊娠期感染急性弓形虫病所致。孕妇感染后有无症状与胎儿感染的危险性相关联。且先天性感染的发生率和严重性与孕妇受染时间的早晚有关:孕妇妊娠早期感染弓形虫病，如未接受治疗则可引起10% ~25%先天性感染而导致自然流产、死胎、早产和新生儿严重感染；妊娠中期与后期感染时分别可引起30% ~50%和60% ~65%的胎儿感染。受染孕妇如能接受治疗，则可使先天性感染的发生率降低60%左右。该病的临床表现不一。多数婴儿出生时可无症状，其中部分于出生后数月或数年发生视网膜脉络膜炎、斜视、失明、癫痫、精神运动或智力迟钝等。其临床表现为：视网膜脉络膜炎；脑积水颅内钙化，伴脊柱裂、兔唇腭裂等；肝脾肿大等。后天获得性弓形虫病病情轻重不一，可为局限性或全身性。局限性感染以淋巴结炎最为多见，约占90%，且常波及颈或腋窝部。多数无压痛可伴低热、头痛、咽痛、肌痛。全身性感染多见于免疫缺损者（如艾滋病等），常有显著全身症状，如高热、斑丘疹、肌痛、关节痛、头痛。弓形虫病的预防措施主要有：(1)提高医务人员和群众对弓形虫病的认识，搞好环境卫生，孕妇家不要养猫，更不要抱猫玩耍。(2)妊娠前，若染色试验阳性，IgM阴性，提示已经受染，并已具备保护性免疫力，待妊娠时不会传给胎儿。但如果抗体效价大于或等于1∶1 024，表示是活动性感染者，应给以治疗。

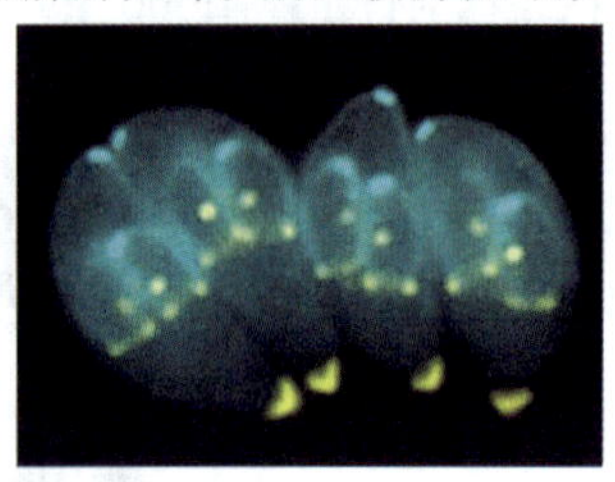

弓形虫

【公差】（tolerance） 机械或机器零件的尺寸允许误差。对于机械制造来说，制定公差的目的就是为了确定产品的几何参数，使其变动量在一定的范围之内，以便达到互换或配合的要求。公差是误差的允许值，是由设计确定的。零件的公差可分为尺寸公差、形状公差、位置公差等。尺寸公差等级分为IT01、IT0、IT1…IT18共20级，等级依次降低，公差值依次增大。IT表示国际公差。公差等级或公差数值选择的基本原则是：应使机器零件制造成本和使用价值的综合经济效果最好，一般配合尺寸用IT5 ~ IT13，特别精密零件的配合用IT2 ~ IT5，非配合尺寸用IT12 ~ IT18，原材料配合用IT8 ~ IT14。

【公畜性行为】（sexual behaviour of male animal） 公畜性冲动、求偶、勃起、阴茎伸出、爬跨、插入、射精、爬下和性失效的全过程。求偶和交配的持续时间因动物种类而异。牛和绵羊比猪和马短促。前两种公畜一次插入后立刻射精，而公猪插入后约经20 min之久才射精。在群牧中居上位的公畜有优先交配权，但群体序位高低与繁殖力无关。居上位者精液质量不良可使畜群繁殖力下降。

【公定回潮率】（commercial moisture regain） 合同规定的某商品应该所含的水分与干物净重的百分比。回潮率与含水率不同，含水率是指棉花中所含的水分与湿纤维重量的百分比。公定回潮率的具体计算公式为：

$$回潮率 = \frac{湿重 - 干重}{干重} \times 100\%$$

在实际工作中，回潮率是用电测器法测定的。

【公共安全信息管理系统】（information management system of public security） 利用计算机网络通信设备及其他办公设备，结合先进的信息技术和多学科知识，对大量的公共安全信息进行收集和整合，为政府和社会的灾前预防工作和灾后应急工作提供支持的集成化人机系统。针对各种涉及自然灾害、事故灾难、公共卫生和社会安全的重大安全事件，以保护人民生命财产安全、减少社会危害和经济损失为目的。其建立方法有：基于地理信息系统、人工智能和多智能体三种。其功能模块包括：灾情评估模块、应急预案选择模块、应急资源选调模块和信息查询模块。在各模块中，一般包含基础信息数据库、预案库、资源库以及用于直观显示的空间数据库等。其工作模式是：针对某一公共安全事件，启动相应的应急智能系统，对事件进行预测预警，预测可能带来多大危害，周围有哪些可以动员的应急力量等，然后由系统和人脑合作进行综合判断，制定出多个智能方案，并分析不同方案的难点、代价和效果，再由决策者进行决策。

【公共电话交换网】（public switched telephone network，PSTN） 用于全球语音通信的电话网。典型的电路交换网络系统。最早是1876年由贝尔发明的电话开始建立的，是目前世界上最大的网络，拥有用户数量大约是8亿。主要由交换系统和传输系统两大部分组成。其中，交换系统中的设备主要是电话交换机。随着电子技术的发展，电话交换机经历了磁石式、步进制、纵横制交换机、程控交换机的发展历程。传输系统主要由传输设备和线缆组成。传输设备也由早期的载波复用设备发展到SDH（同号数字体系），线缆也由铜线发展到光纤。

【公共建筑】（public building） 为公众提供环境和场所服务的建筑。涵盖的内容非常丰富，包括的建筑类型很多。按其功能的不同可大致分为：生活服务性建筑，如餐饮类、菜场、浴场等；文教建筑，如各类学校、图书馆等；托幼建筑，如幼儿园、托儿所；科研建筑，如研究所、科研实验场馆等；医疗建筑，如医院、诊所、疗养院等；商业建筑，如商店、商场等；行政办公建筑，如各类政府机构用房、办公楼等；交通建筑，如各类空港码头、汽车站、地铁站等；通信广播建筑，如电视台、电视塔、邮政局、电信局等；体育建筑，如各类体育竞技馆、体育训练馆等；观演建筑，如电影院、音乐厅、剧院、杂技场等；展览建筑，如展览馆、博物馆等；旅馆建筑，如宾馆、饭店、招待所等；园林建筑，如公园、动物园、植物园等；纪念性建筑，如纪念堂、陵园等；宗教建筑，如各种寺庙、教堂等。

河南博物院

【公共绿地】(public green space) 供民众休息、娱乐的具有草木和一定设施的场所。包括公园、游园、动物园、植物园、名胜古迹园林、游憩林荫带等。按其用途的不同可分为：(1)街道绿地。即道路两侧的植物种植区，包括行道树及市区道路两旁、分车带、交通环岛、立交口、桥头和安全岛等。(2)风景区游览绿地。在游览区供人们休息疗养，狩猎和野营活动，具有休息、住宿配套设施。(3)生产绿地。指专为城市绿化而设置的生产科研基地，如苗圃、花圃、果园和林地等。既可以发挥绿地功能，又为城市绿化提供高质量的苗木、花草、种子等。在其内对新引入的植物种类进行试种和系统全面观察，以确定是否适宜本地推广。(4)防护绿地。为防御和减轻自然灾害或工业、交通等污染而建造的绿化用地。如卫生防护林、风沙防护林、水淅涵养林和沙土保持林等。

公共绿地

【公共卫生监测】(public health surveillance) 长期系统地收集某种疾病、健康或卫生事件资料，描述其发展和变化的趋势，找出规律，分析原因，提出控制疾病流行、保障人群健康的措施，并评价措施效果的一种流行病学研究方式。其内容包括：环境监测、营养及食品卫生事件监测、职业病与损伤监测、生长发育监测、医院内感染监测、放射性监测、突发卫生事件监测以及意外伤害监测等。

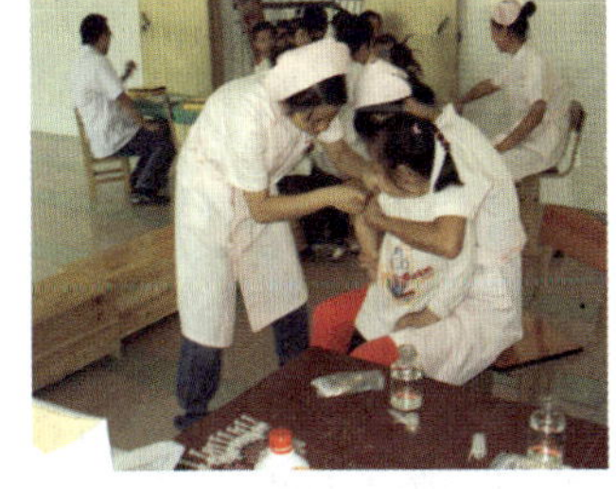
防疫站

【公共卫生事件】(public health events) 已经发生的或者可能发生的，造成或者可能造成社会公众健康严重损害的重大传染病疫情、群体性不明原因疾病、重大食物和职业中毒以及其他严重影响公众健康的事件。主要包括：传染病疫情，群体性不明原因疾病，食品安全和职业危害，动物疫情，以及其他严重影响公众健康和生命安全的事件。

【公共营养学】(commonality nutriology) 营养学的一个分支。研究人类如何适应现实社会生活以解决其营养问题的理论、实践和方法的学科。主要研究内容包括：正常人的营养需求，各类食物的特点和营养价值，不同人群的营养差异，平衡膳食，人群营养状况的综合评价及改善措施，特殊人群的合理营养等。它密切结合生活实际，视社会中某一限定区域内各种人群作为总体，从宏观上研究解决其合理营养与膳食的一个边缘学科。

【公共援助】(public aid) 国家和社会按照明文公布的法定程序和标准提供的现金和实物救助。根据维持最起码的生活需求的标准设立一条最低生活保障线。每一个公民，当其收入水平低于最低生活保障线而生活发生困难时，都有权利得到国家和社会按照明文公布的法定程序和标准提供的现金和实物救助。社会救助可以根据不同出发点，不同依据和标准，从多角度做出不同的划分。按救助的实际内容的不同可分为：生活救助、住房救助、医疗救助、教育救助、法律援助等。按救助手段的不同可分为资金救助、实物救助和服务救助等。按贫困持续时间长短变化的不同可分为长期性贫困、暂时性贫困和周期性贫困。因此，社会救助就可以分为针对长期性贫困的定期救助(如孤寡病残救助)、针对暂时性贫困的临时救济(如多数情况下的失业救助、自然灾害救助等)和针对周期性贫困的扶贫(如贫困户救助)。

【公害病】(public nuisance disease) 由环境污染引起的地区性疾病。公害病的流行，一般具有长期(十几年或数十年)陆续发病的特征，还可能累及胎儿，危害后代；也可能出现急性暴发型的疾病，使大量人群在短期内发病。

【公开测试】(open beta test) 又称公开β测试、公测。一个软件在正式发布前，对公众开放，并由公众参与的测试过程。较常用于网络游戏的测试。在网络游戏进行封测完成一定时间后，软件的错误经过修改，已明显减少，允许公众玩家注册账号，实际测试游戏的运行功能与性能，用户数据予以保留，公测数月后进入收费运营。在公测阶段,就会有相当一部分用户参与进来。此时,软件已经基本定型,处于正式推出的最后阶段的测试。实际上就是听取用户的意见和反馈,以便为今后纠正错误作统计和准备。纠正错误的方式一般采取出补丁的方式。

【公开密钥体系】(public key infrastructure,PKI) 遵循既定标准的密钥管理平台。利用公钥理论和技术建立的提供安全服务的基础设施。一般由权威认证机构、数字证书库、密钥备份及恢复系统、证书作废系统、应用接口等部分构成。其特点与作用是:(1)为网络提供加密和数字签名等密码服务。(2)为网络提供所必需的密钥和证书管理。(3)保证其安全和经济性,支持与远程通行无阻。(4)广泛地用于 CA 认证、数字签名和密钥交换等领域。

【公路】(highway) 连接城市、乡村和工矿之间,主要供汽车行驶的道路。按年平均昼夜汽车交通量及使用情况、性质的不同可分为高速公路、一级公路、二级公路、三级公路、四级公路五个等级;按行政等级的不同可分为国家公路、省公路、县公路和乡公路(简称为国、省、乡道)以及专用公路五个等级。一般把国道和省道称为干线,县道和乡道称为支线。

公路

【公路养护】(high way maintenance) 为保证汽车高速、安全、舒适行驶而对公路进行经常性的保养与维护工作。其基本任务是:(1)采取正确的技术措施,提高养护工作质量,延长公路的使用年限,以节省资金。(2)防治结合,治理公路的病害和隐患,逐步提高公路的抗灾能力,并对原有技术标准过低的路线和构筑物及沿线设施进行分期改建和增建,逐步提高公路的使用质量和服务水平。国家规定的公路养护政策主要有:(1)推广运用先进的养护技术和科学的管理方法,改善养护生产手段,提高养护技术水平。(2)重视综合治理,保护生态平衡、路旁景观和文物古迹;防止环境污染;尽量少占农田。(3)因地制宜,就地取材,尽量选用当地天然材料和工业废渣,充分利用原有工程材料和原有工程设施,以降低养护成本。(4)加强以路面养护为中心的全面养护。

【公路运输】(highway transportation) 常指汽车运输。使用汽车在公路上运送货物和旅客的运输方式。其特点是:公路密布深入,汽车机动灵活,既可减少货物换装转运,也便于同铁路、水运、航空运输线相衔接,接运或集散货物和旅客。

公路运输

【公民环境权】(citizen's rights of environment) 法律赋予公民的在清洁、优美、舒适的环境中生存的权利和排除他人破坏这种舒适环境的权利。是一项基本人权,是对生存权、发展权、生命权、健康权的发展和深化。由于环境是人类共享的,因此公民在享有这种权利的同时,必须履行保护环境的义务。两者的有机结合,构成了完整的公民环境权。《中华人民共和国环境保护法》第六条规定:“一切单位和个人都有保护环境的权利和义务,并有权对污染和破坏环境的单位和个人进行检举和控告。”

【公益林】(forest for public interests) 为维护和改善生态环境、保持生态平衡、满足人类社会生态需求,提供公益性社会性产品或服务的森林、林木。包括防护林和特种用途林。按属权等级的不同可划分为:国家公益林和地方公益林。国家公益林包括森林、林木和林地。由地方人民政府根据国家有关规定,并经国务院林业主管部门核查认定。按保护等级的不同可分为特殊和重点两个等级。(1)特殊生态公益林。位于生态地位极端重要和生态环境极端脆弱的特殊保护区域的森林、林木和林地。包括国家自然保护区及其他属国家一、二级保护野生动植物,及其栖息地的各类自然保护区内的森林、林木、林地。未经人为干扰的地带性顶极群落。如,张家界、韶山等经国务院批准的自然与人文遗产和具有特殊保护意义的森林、林木、林地;江河源头、山体坡度 46°以上地段的森林、林木、林地;严重荒漠化地区的植被生长区等。(2)重点生态公益林。位于生态地位非常重要和生态环境非常脆弱的重点保护区域的森林、林木、林地。地方公益林由各级人民政府根据国家和地方的有关规定划定,并经省林业主管部门核查认定的森林、林木和

公益林

林地。按照生态区位差异,地方生态公益林划分为重点生态公益林和一般生态公益林。

【公制支数】(metric count) 一克重的纱线在公定回潮率下所具有的长度的米数。表示纱线粗细程度的一种指标。如1 g重的纱长度为1 m,称为1支纱。公制支数属于定重制,即重量一定,长度越长,纱线越细,支数越高。中国毛纱、绢丝及毛型化纤纯纺、混纺纱线的粗细,一般用公制支数表示。

【功】(work) 量度能量转换的基本物理量。由"工作"一词发展起来的物理学概念。甲物体对乙物体做功的过程就是能量从甲物体传递到乙物体的过程。能量传递的多少就是做功的数值。功是标量。当物体在外力 F 作用下位置移动 s 距离时,外力所做机械功为 $F \cdot s\cos\theta$(θ 是 F 和 s 两方向之间的夹角)。表示做功快慢的物理量是功率,指物体在单位时间内所做的功,单位是瓦特。各种机器都有一定的功率范围,功率大,表示做功的能力强。

【功率】(power) 表征机械做功快慢程度的物理量。假定某机械在 t 到 dt 时间段内对外做功为 dW,则该机械的功率为:$P = \frac{dW}{dt}$。由于 $dW = \vec{F} \cdot d\vec{r}$,故而又有 $P = \vec{F} \cdot \frac{d\vec{r}}{dt} = \vec{F} \cdot \vec{v}$。这里 $d\vec{r}$ 为机械所施加的作用力 $\vec{F}$ 使物体发生的位移。在国际单位制中,功率的单位为瓦特,1W = 1J/S。

【功率补偿】(reactive power compensation) 在交流电路中,电压V与电流I存在一相角差时,电流流过 容性电抗(X_C) 或感性电抗(X_L) 时所形成的功率分量。在电力系统中的变电所或直接在电能用户变电所装设无功功率电源,以改变电力系统中无功功率的流动,从而提高电力系统的电压水平,减小网络损耗和改善电力系统的动态性能的技术措施。这种功率在电网中会造成电压降落(感性电抗时)或电压升高(容性电抗时)和焦耳(电阻发热)损失,却不能做出有效的功。因而需要对无功功率进行补偿。合理配置无功补偿(包括在什么地点、用多大容量和采用何种型式)是电力系统规划和设计工作中一项重要内容。在运行中,合理使用无功补偿容量,控制无功功率的流动是电力系统调度的主要工作之一。在交流电力系统中,发电机在发有功功率的同时也发无功功率。它是主要的无功功率电源。运行中的输电线路,由于线间和线对地间的电容效应也产生部分无功功率,称为线路的充电功率。它和电压的高低、线路的长短以及线路的结构等因素有关。电能的用户(负荷)在需要有功功率(P)的同时还需要无功功率(Q),其大小和负荷的功率因数有关;有功功率和无功功率在电力系统的输电线路和变压器中流动会产生有功功率损耗(ΔP)和无功功率损耗(ΔQ),也会产生电压降落(ΔU)。无功补偿的效益是:(1)提高用户的功率因数,从而提高电工设备的利用率。(2)减少电力网络的有功损耗。(3)合理地控制电力系统的无功功率流动,从而提高电力系统的电压水平,改善电能质量,提高了电力系统的抗干扰能力。(4)在动态的无功补偿装置上,配置适当的调节器,可以改善电力系统的动态性能,提高输电线的输送能力和稳定性。(5)改善电网的电压波形,减小谐波分量和解决负序电流问题。对电容器、电缆、电机、变压器等,还能避免高次谐波引起的附加电能损失和局部过热。

【功率放大器】(power amplifier) 利用三极管的电流控制作用或场效应管的电压控制作用将电源的功率转换为按照输入信号变化的电流的器件。在整个音响系统中起组织、协调的枢纽作用,主宰着整个系统能否提供良好的音质输出。按其工作方式的不同可分为A型、B型和AB型。A型是指放大器每隔一定时间收集一次主机传输过来的音频信号,并将其放大后传输给扬声器,而这一过程中的缓冲作用保证了系统能够输出温和、平顺的声音信号。其不足之处是消耗的能量较大。B型功率放大器则是取消缓冲作用,放大器的工作一直处于适时状态,但是音质较前者就要差了一些。AB型放大器,实际上是A型和B型的结合,每个器件的导通时间在50% ~100%之间,是比较理想的功率放大器。其工作模式主要有时分双工模式,用保证时间来分离接收和传送信道。其特点是:(1)不需要成对的频率,能使用各种频率资源,适用于不对称的上下行数据传输速率,特别适用于IP型的数据业务。(2)上下行工作于同一频率,电波传播的对称特性使之便于使用智能天线等新技术,达到提高性能、降低成本的目的。时分多址模式,是同一频率的载波在某一特定时间内,分成若干相等的小时间段,供多个不同号码的用户使用的、以不同的小时间段来实现连接通信的方式。

功率放大器

【功率分频器】(power frequency demultiplier) 在功率功放之后进行滤波的器件。主要由电感、电阻、电容等无源元件组成。设置在音箱内,通过LC滤波网络,将功率放大器输出的功率音频信号分为低音、中音和高音,分别送至各自的扬声器。把各频段的音频信号分别送到相应频段的扬声器中去重放。其参数与扬声器阻抗有直接关系。扬声器的阻抗又是频率的函数。其特点是:制作成本低,结构简单,使用方便,适合业余制作,但其损耗大,效率低,瞬态特性较差。

【功率集成电路】(power integrated circuit, PIC) 将输出功率器件与低压控制信号电路集成在同一芯片上的集成电路。输出功率器件是功率集成电路的核心,占整个芯片面积的1/2～2/3。采用耐压较高(低)的输出功率器件的功率集成电路称作高(低)压功率集成电路。低压控制信号电路由数字电路、模拟电路及传感器组成。随着微电子技术的发展,功率集成电路正越来越多地取代由集成电路块与功率器件组成的混合电路,为机电一体化开辟了新的途径。主要应用于集成稳压器、电机控制、工业控制、汽车电子、照相机控制、电视摄录像、显示驱动、机器人、玩具控制等电路中。

【功率谱密度】(power spectral density, PSD) 信号波的频谱密度乘以一个适当的系数后所得到的每单位频率波携带的功率。其单位通常用每赫兹的瓦特数(W/Hz)表示或使用波长而不是频率,即每纳米的瓦特数(W/nm)来表示。功率谱密度是一种概率统计方法,是对随机变量均方值的量度。一般用于随机振动分析,连续瞬态响应只能通过概率分布函数进行描述,即出现某水平响应所对应的概率。功率谱密度是结构在随机动态载荷激励下响应的统计结果,是一条功率谱密度值－频率值的关系曲线。其中功率谱密度可以是位移功率谱密度、速度功率谱密度、加速度功率谱密度、力功率谱密度等形式。在数学上,功率谱密度值－频率值的关系曲线下的面积就是方差,即响应标准偏差的平方值。

【功率因数】(power factor) 有用功与总功率间的比率,即任意二端网络两端电压 U 与其中电流 I 之间的相位差的余弦。在三相负载中,从技术上看,主要由于电流和电压之间有相位差、波形偏离正弦波发生畸变和三相不对称等因素导致功率因数降低。实际上功率因数也是随着电力负载的波动而变化的。功率因数越高,有用功与总功率间的比率便越高,系统运行的效率就越高。功率因数的高低,对于电气设备的利用率和分析、研究电能消耗等问题都有重要的意义。它是交流电路的重要技术参数之一。因此,如何提高功率因数,是电力工业中需要认真解决的一个重要问题。

【功能材料】(functional material) 具有声、光、电、热等物理性能及化学、生物性能的一类材料。能在电、磁、声、光、热等方面具有特殊性质,或者在其作用下表现出特殊功能。按其功能的不同可分为:电功能材料、磁功能材料、光功能材料、热功能材料、化学功能材料、生物功能材料、原子核功能材料等。如磁性材料(硬磁、软磁、磁流体等)、电子材料(半导体、绝缘体、超导体、介电等材料)、信息记录材料(磁记录、光记录等)、光学材料(发光、感光、吸波,如特种光学玻璃、光纤、激光材料等)、敏感材料(压敏、光敏、热敏、湿敏、气敏等)、能源材料(核燃料、火箭推进剂、太阳能光电转换材料、储能材料、固体电池材料等),还有阻尼材料、形状记忆材料、生物技术材料、催化材料、特种功能薄膜材料等。功能材料对制备技术、质量控制和性能检测等都有十分严格的要求,往往需采用高新技术和尖端设备。功能材料在自动控制、电子、通信、能源、交通、冶金、化工、精密机械、仪器仪表、航空航天、国防等部门均有重要的用途。

电磁炉

【功能材料化学】(functional material chemistry) 研究功能材料的制备、组成、结构、性质及其应用的学科。具有明显的交叉学科、边缘学科的性质。是工程、信息、新能源等高科技产业和技术发展的重要基础。已成为材料化学学科最为活跃的研究领域,也是能够取得突破性成果的热点领域。

【功能测试】(functional testing) 又称行为测试、数据驱动测试。对产品的各项功能进行验证,根据功能测试用例,逐项测试,检查产品是否达到用户要求的功能的测试活动。根据产品特征、操作描述和用户方案,测试一个产品的特性和可操作行为以确定其是否满足设计需求。只需考虑各个功能,不需要考虑整个软件的内部结构及代码。一般从软件产品的界面、架构出发,按照需求编写出测试用例,输入数据在预期结果和实际结果之间进行评测,进而提出更加使产品达到用户使用的要求。本地化软件的功能测试,用于验证应用程序或网站对目标用户能否正确工作。使用适当的平台、浏览器和测试脚本,以保证目标用户的体验足够好,就像应用程序是专门为该市场开发的一样。

【功能分析设计】(function analysis design) 通过对一个机械系统或机器所应具备的功能进行分析、分解、评估,建立一种可实现这些功能的最佳设计方案的设计过程。该过程先将机械系统或机器的总体功能分解为若干分功能或功能单元,并列出实现每个功能单元的可行性方案;再按一定的规则将这些单元方案组合起来,形成不同的总体方案;最后通过评估和筛选,确定一个最佳设计方案。该过程也是设计人员酝酿系统实体设计的过程,往往不是一次完成,而是随着设计工作的逐步深入而不断修改、不断完善的。功能分析是设计中的一个重要手段,只有用功能的观点来观察和认识技术系统才能抓住系统的本质。

【功能高分子材料】(functional polymer material) 具有特定的光、电、磁、声、热等特性的高分子材料。主要包括分离性材料、化学功能材料、电磁功能材料、光学功能材料、生物医学功能材料及热功能材料。分离性材料包括高分子薄膜、离子交换树脂、吸水性高分子等,主要应用于海水淡化、浓缩制盐、蛋白质提炼、超纯水、医药及人工肾等方面;化学功能材料还包括导电高分子、光电高分子等,主要用于把电能转换成机械、光、化学等能量;电磁功能材料种类很多。导电黏接剂可取代焊锡。电色材料制成的薄膜可用于广告显示牌。日本还将聚乙炔二极管应用于塑料电池。其体积为铅电池的1/3、重量为铅电池的1/10,能量密度却为铅电池的10~30倍。光功能材料包括光导纤维、光记录材料、发光高分子、光学用材料、偏光薄膜等。生物医学功能材料在骨科、牙科中用于人工器官等。在热功能材料方面,有形状记忆高分子材料等。

【功能基因组学】(functional genomics) 使生物学研究从对单一基因或蛋白质的研究转向多个基因或蛋白质同时进行研究的一个学科。其具体做法是利用结构基因组学提供的信息和产物,发展和应用新的实验手段,通过在基因组或系统水平上全面分析基因的功能,使得生物学研究实现向多个基因或蛋白质同时进行研究的转变。功能基因组学代表基因组分析的新阶段,以高通量、大规模试验方法、统计与计算机分析为主要特征。其主要研究内容:(1)基因功能的研究。(2)基因组的表达及时空调控的研究。(3)蛋白质组及蛋白质组学的研究。(4)基因组多样性的研究。(5)模式生物体基因组研究。

【功能矫治器】(functional appliance) 通过改变面颌部肌肉环境从而促进发育及颅面骨骼生长的一类矫治器。经典的功能矫治器具有以下特点:(1)利用口面肌力,影响牙齿和骨骼。(2)上下牙列分开,达到咬合分离。(3)促进下颌移至新位置。(4)吞咽时上下唇紧密闭合。(5)选择性地改变牙齿的萌出道。自1879年出现“咬合跳跃”矫治器以来,功能矫治器问世已有近一个世纪的历史。它用于治疗安氏Ⅱ类、安氏Ⅲ类及开𬌗患者,通过建立新的“功能型”而产生新的“形态型”,从而达到治疗目的。

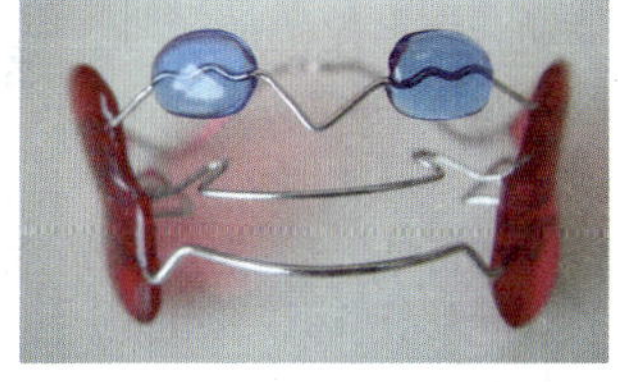

功能矫治器—Frank III

【功能失调性子宫出血】(dysfunctional uterine bleeding, DUB) 又称功血。由于调节生殖的神经内分泌机制失常引起的异常子宫出血。全身及生殖系统无器质性病变。可发生于月经初潮至绝经间的任何年龄。可分为无排卵性和有排卵性两类。前者占85%左右,多发生于青春期和更年期;后者多发生于育龄期。机体内外界因素(精神过度紧张、恐惧、环境和气候骤变以及全身性疾病),均可通过大脑皮层和中枢神经系统影响下丘脑-垂体-卵巢轴的相互调节,营养不良、贫血及代谢紊乱也可影响激素合成而导致月经失调。无排卵性功血特点是:月经周期紊乱,经期长短不一,出血量时多时少,甚至大量出血。由于长期出血可导致贫血。

【功能食品】(functional food) 对人体具有增强防御功能、调节生理节律、预防疾病和促进康复等有关生理调节功能的食品。根据功能和食用对象的不同可分为:(1)日常功能食品。根据各种不同健康消费群的生理特点和营养需求而设计的、具有增强身体防御和调节生理节律的功能,以增进健康和各项体能为目的,如抗衰老、抗疲劳、增强机体免疫、加强记忆力等食品。(2)特种功能性食品。主要以健康异常的人群为适用对象,如糖尿病患者、肿瘤患者、心脏病患者、肥胖症患者等。以辅助治疗为目的,如抗肿瘤、降血脂、降血糖、减肥等食品。

南瓜

【功能蔬菜】(function vegetable) 具有一定医疗、保健等特殊功能的蔬菜品种。研究表明,一些慢性病的发生与蔬菜消费量成反相关关系。如癌症、心血管疾病等。蔬菜中一些特殊化学物质被认为是抑制这类疾病发生的主要因素。因此,提高蔬菜中功能物质的含量或将这类物质开发成食品添加剂,是非常有意义的事情。德国的园艺科学家研究了一系列的功能蔬菜栽培技术,以培育出富含功能性化学物质、既能够作为新鲜菜品食用、也能作为功能食品的原料或补充成分的蔬菜。科学家应用这套技术栽培椰菜、花椰菜、萝卜等。单位重量的椰菜、花椰菜中功能性化学物质的含量增长了10倍，萝卜中的含量也翻了两番。这套技术将为改善人们的健康状况助力。中国功能蔬菜，绝大部分都是本土品种，如宁夏的大叶枸杞、江苏的板叶荠菜、贵州的四棱豆等。偏重于保健作用，口感与普通蔬菜差别不大。如罗汉菜具有利肝明目、滋补五脏的功效。经过盐渍后食用，口味极佳。观音菜含黄酮苷和铁、铜、锰等微量元素，嫩梢及叶可作凉拌、清炒、汤用，质地柔嫩光滑有特殊风味。车前草具有清热祛湿、清胆明目的功效，去根洗净、沸水浸烫后，可凉拌、炒食、做汤和做馅。大力发展药用保健型蔬菜，不仅会丰富市场蔬菜品种、增加农民收入，而且有利于人们的身体健康。

枸杞

【功能陶瓷】(functional ceramics) 能感知电、磁、声、光、热等直接效应从而实现某种功能的陶瓷。其品种繁多，如电容器陶瓷、磁性陶瓷、压电陶瓷、电致伸缩陶瓷、热释电陶瓷、半导体陶瓷、导电陶瓷、透明和电光陶瓷等。其发展趋势是：(1)材料的组成越来越复杂。(2)高纯、超细粉体的化学制备逐渐进入工业化规模生产。(3)烧结温度不断降低，微波烧结、自蔓燃烧结、快速烧结等新烧结工艺日趋成熟。(4)制备工艺洁净化的重要性日益突出。(5)低维材料、多层结构日益受到重视。(6)复合技术受到重视。(7)机敏陶瓷(灵巧陶瓷)进入研究和开发阶段。功能陶瓷在自动控制、仪器仪表、电子、通信、能源、交通、冶金、化工、精密机械、航空航天和国防等部门应用广泛。

电容器陶瓷壶

【功能涂料】(functional coating) 除防护、装饰、标志等一般功能以外还具有其他特定作用的涂料。一般分为六大类：电磁功能类(绝缘涂料、导电涂料、磁性涂料)、热功能类(耐热涂料、防火涂料、示温涂料)、电磁波功能类(发光涂料、红外线辐射涂料、伪装涂料)、机械功能类(如防碎玻璃飞溅涂料、可剥离涂料、防滑涂料)、界面功能类(防结露涂料、防冰雪涂料、防粘纸涂料)和生物功能类(防霉杀菌涂料、杀虫涂料)等。

【功能纤维】(functional fiber) 通过改性处理形成具有特殊功能的纤维。由功能高分子材料纺制，也可用普通高分子材料通过加工、改性或添加功能材料纺制而成。按其材料的不同可分为：金属纤维、无机纤维、有机高分子纤维；按其性能的不同可分为：纳米纤维、导电纤维、负离子纤维、防火阻燃纤维、热敏纤维、蓄热调温纤维、光导纤维、光致变色纤维、抗辐射纤维、抗菌消臭纤维、离子交换纤维、高吸水纤维、抗静电纤维、芳香性纤维等；按其功能和应用领域的不同可分为：耐高温纤维、超导纤维、磁性纤维、生物医用纤维等。按其用途的不同可分为：服装用功能纤维、装饰用功能纤维、产业用功能纤维。功能纤维不仅应用在轻工、化工、纺织、染整、医疗保健、国防科技、航天航空技术中，而且用于信息科学、生命科学、材料科学、新能源科学以及纳米技术等高新技术领域中。

功能纤维

【功能性低聚糖】(functional oligosaccharides) 具有特殊生理功能的低聚糖。由3~9个单糖通过糖苷键连接而成的低聚合糖。由于在人肠道内没有分解这些低聚糖的酶系统，因此它们不能被消化吸收而直接进入大肠中，优先被双歧杆菌所利用，是双歧杆菌的增殖因子。因而对改善肠道中的菌群结构有益。由于它具有这种独特生理功效，被称为功能性低聚糖。功能性低聚糖包括低聚异麦芽糖、低聚果糖、低聚半乳糖等。

【功能性肽】(functional peptide) 具有特殊生理功能的肽。这些生理功能包括清除自由基、降低血压、提高机体免疫力等。已知的功能性肽很多，如谷胱甘肽、降血压肽、蜂毒肽等。

【功能性糖】(functional sugar) 又称功能糖。不仅可替代蔗糖和脂肪，提升食品加工性能，而且还能赋予食品更多的健康概念的一类糖。是功能性低聚糖、功能性膳食纤维、功能性糖醇等几种具有特殊生理功效的物质的统称。生产功能糖作为一个产业，在国

低聚麦芽糖

外已经十分成熟，且市场销售和应用范围逐年扩大；在中国发展迅速，并逐步深入到烘焙食品行业中的各个领域。

【功能性糖醇】(functional sugar alcohol) 人食后不会引起体内胰岛素的显著增加的一类糖醇。主要包括山梨醇、麦芽糖醇、木糖醇、赤藓糖醇和异麦芽酮糖醇。糖醇类物质本身的特性为低能量以及低血糖等。对改善食品的健康品质，预防慢性疾病的发生都有积极意义。已用于许多需要甜味却又必须无糖的食品中。

【功能性甜味剂】(functional sweetener) 具有特殊生理功能或特殊用途的食品甜味剂的总称。也可理解为可代替蔗糖应用在功能性食品中的甜味剂。功能性甜味剂的特点是：一是对人体健康无不良影响的；二是对人体健康起有益的调节或促进的作用。其分类是：(1)功能性单糖，包括结晶果糖、高果糖浆、L-糖等。(2)功能性低聚糖，包括异麦芽糖、异麦芽酮糖、低聚半乳糖、乳酮糖、棉籽糖、大豆低聚糖、低聚果糖、低聚乳果糖、低聚木糖等。(3)多元糖醇，包括赤藓糖醇、木糖醇、山梨糖醇、甘露糖醇、麦芽糖醇、异麦芽糖醇、氢化淀粉水解物等。(4)强力甜味剂，包括甜菊苷、甘草甜素、三氯蔗糖、甜味素、纽甜、安赛蜜、罗汉果精等。

【功能性油脂】(functional oil) 一类具有特殊生理功能，能促进人体健康，有助预防疾病的油脂类物质。含有多不饱和脂肪酸的甘油三酯。是合成的结构脂。如中碳链甘三酯和含有其他特殊功能脂肪酸的结构脂。主要有亚油酸、亚麻酸、花生四烯酸、二十碳五烯酸(EPA)、二十二碳六烯酸(DHA)、卵磷脂、脑磷脂和肌醇磷脂等。此外，一些新的结构脂质、脂肪改性产品和脂肪替代品也可归入其中。常见的功能性油脂有：小麦胚芽油、米糠油、玉米胚芽油、红花籽油、月见草油、深海鱼油、花生四烯酸、磷脂类物质、结构脂质和其他功能性油脂。各种功能性油脂产品，正在陆续成为商品进入食品配料市场。国内焙烤食品企业应积极应用和改进传统工艺，使焙烤食品在质量和功能方面得到明显的提高。在满足市场需求的同时，取得良好的经济效益。

【功能因子】(functional factor) 能通过激活酶的活性或其他途径调节人体功能的物质。保健食品之所以具有特定的保健功能，是因为它含有能产生保健作用的功能因子。因此，功能因子是生产保健食品的关键。功能因子的种类主要包括活性多糖、功能性甜味剂、活性肽类、功能型油脂、维生素、矿物质、自由基清除剂等。

【功能饮料】(functional drinks) 通过调整饮料中营养素的成分和含量比例，能在一定程度上调节人体生理功能的饮料。由于加入一定的功能因子，使其在解渴的同时具有调节肌体功能、增强免疫力等保健作用。按其功能用途的不同可分为：(1)营养素饮料。指含有人体日常活动所需的营养成分。(2)运动饮料。含有的电解质能很好地平衡人体的体液。(3)特殊用途饮料。主要作用为抗疲劳和补充能量。目前市场上的功能性饮料有多糖类、维生素类、矿物质类、运动平衡类、益生菌和益生原类以及低能量饮料。

功能饮料

【功能整理】(functional finishing) 赋予织物某种或多种特殊功能的整理方法。其实现方式是：(1)超柔软加工，如经氨基变性聚硅氧烷整理，使棉织物具有耐久性的柔软风格和回弹性。(2)耐久拒水加工，采用非危险品型的氟系乳液，与交联剂组合使用，使棉织物具有耐久拒水性。(3)抗菌防臭加工，抑制转移到纺织品上的微生物的繁殖，断绝恶臭的发生源。(4)形态稳定加工，浸轧树脂后，经过松弛膨松烘燥，以提高棉针织物的形态稳定性。(5)阻燃加工，在棉纤维内部形成非活性聚合物的 Proban(赛灭磷)分子，一旦触火，就分解为磷和氮，使棉纤维碳化，形成聚磷酸遮蔽空气中的氧，起到防止延燃的作用。(6)紫外线遮蔽加工，采用紫外线吸收剂、超微粒子 ZnO 或含紫外线吸收剂的树脂，与聚氨酯系交联剂并用，耐洗性非常好。(7)蛋白质改性加工，将超微粒化动物纤维质蛋白进行水溶化，对棉等纤维素纤维织物进行涂层加工，使纤维质蛋白渗透到纤维的深处，使织物有适度的保温性、保湿性、渗透性和柔软手感。

【攻击型潜艇】(attack submarine) 在水下进行作战活动的舰艇。分常规动力潜艇和核动力潜艇两种。主要用于攻击敌大、中型水面舰船和反潜作战，攻击敌陆上重要目标，破坏敌海上运输

攻击型潜艇

线，并能执行侦察、布雷、救援和遣送特种人员登陆等任务。配载的武器有巡航导弹、鱼雷、水雷等，有的潜艇还配有防空导弹。

【攻击性驾驶行为】（aggressive driving behavior） 有意图、有目的地对驾驶环境中的他人进行身体、心理或情感伤害的驾驶行为。如有意追尾、堵截、违章超车、骂人、鸣笛等。随着道路交通环境日益拥挤，驾驶紧张和攻击性驾驶问题越来越突出，逐渐成为威胁交通安全的重要因素。攻击性驾驶行为的特点是：(1)易为驾驶过程中急躁、烦恼或愤怒的情绪所激发。(2)为实现自己的目的（如节省时间）而不顾及其他道路使用者的利益。(3)让其他道路使用者感到有危险而采取回避行为，或让其他道路使用者产生恼怒情绪。攻击性驾驶与驾驶员的个人因素（如年龄、性别、人格特质和情绪等）和社会环境因素有关。

【供电点】（power supply center） 用户受电装置接入供电网中的位置。对专线用户，接引专线的变电所或发电厂即为该用户的供电点；对一般高压用户，供电的高压线路即为其供电点；对低压用户，接引低压线路的配电变压器即为其供电点。在用户要求迁移受电装置或改变供电方式时，有可能引起用户供电点的变更。供电点变更后，为适应用户这种变更的需要，必须重新调整供电能力或投资建设新的供电设施。

【供电电源】（power supply source） 完成供电功能的装置。以频率、电压、相数和功率等参数来表征其特性。在中国大陆，电力系统向用户提供电源的频率，交流为50Hz；低压单相制为220V，三相制为380V；高压三相三线制为3kV、6kV、10kV、35kV、66kV、110kV、220kV。用户在申请用电时，可根据自己的用电量、用电重要程度、受电距离以及当地供电条件来选择所需的供电电源。当供电企业无法提供用户所需要的供电电源的频率、电压相数时，用户需要自己购置变频（或变压）、换流等设备予以解决。

【供电方式】（power supply form） 电力供应的方法与形式。随用户对电力需求的多样性和电力系统供电能力而异。合理的供电方式，对降低供用电工程投资，保证电能质量，提高供电可靠性有着决定性的作用。供电方式要从保证供用电的安全、经济、可靠和便于管理出发，依据国家的技术经济政策，以及用户的用电容量、用电性质、用电时间和电力系统的规划、当地供电条件等因素，经技术经济比较后确定。供电方式包括供电电源的参数、供用电之间的管理关系以及供电的时限等。

【供暖热源】（heating resource） 在冬季作为热泵供暖的热源。传统的供暖热源是燃烧燃料或用电热元件产热。目前，回收工业生产排放的余热和收集并利用大自然中存在的热量，已成为很受关注的供暖热源。供暖设备有：(1)传统的简单的供暖设备，有火塘、火盆、火炉，较复杂的有火地、火墙、火炕。(2)热风炉。是装置在受暖房间以外的一种火炉。炉体外包有严密的围罩。(3)现代常用的锅炉。是利用水或蒸汽作为热媒，把热源产生的热送到放热器去。大的锅炉能为多幢房屋供暖。(4)燃气红外线辐射器。是一种装置在受暖空间里烧气态燃料的热源。这种设备体积小、重量轻，可用作局部供暖设备，且价格便宜，安装方便。其缺点是：发生火灾及一氧化碳中毒的危险性较大。

热风炉

【供热管道保温】（heating pipe insulation） 减少供热管道及其附件、设备等向周围环境散失热量的措施。目的是减少供热介质在输送过程中的热量损失，节约燃料，保证供热质量和满足用户的需要。其保温材料应具有热导率小，吸水性低，机械强度较高，在使用温度范围内不变形、不变质、可燃性小、不腐蚀金属，易于施工成型和成本低廉等特点。按其保温材料成分的不同可分为：(1)无机保温材料。如泡沫混凝土、矿棉、石棉、玻璃棉、蛭石、硅藻土、膨胀珍珠岩以及岩棉等。(2)有机保温材料。随着化学工业的发展，如聚氨酯硬质泡沫塑料等已在供热管道上使用。其热导率小、耐腐蚀性好、吸水率低、质轻、强度大、加工成型简单，但耐温程度有待进一步提高。供热管道的保温层一般由保温层和保护层两部分构成。为防止腐蚀，先要在管子表面涂上防锈材料。保温层的厚度由技术经济比较确定。保护层一般用石棉水泥涂抹或用沥青玻璃布、金属皮包覆。必要时，在保护层外还应采取防水措施。保护层的外表面应当整洁、光滑、美观并与周围环境相协调。有时还刷上一层色漆，以区别不同用途的管道。供热

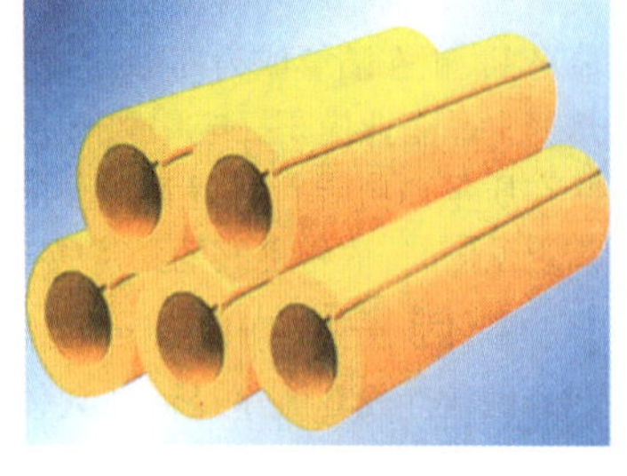
玻璃棉管

管道保温结构的施工方法有涂抹式、灌筑式、填充式、绑扎式和预制式,其中绑扎式和预制式结构使用广泛。附件和设备的保温结构形式,可根据其具体形状因地制宜地选择。

【供热管线构造】(structure of district heat supply pipeline) 供热管线各个组成部分的形态及其相互结合的方式和面貌特征的总称。按管线敷设方式的不同可分为:地上敷设和地下敷设。其构造包括:(1)管道。在工作中除承受介质压力、重力和风力等荷载外,还要承受由温度变化引起的荷载。使用最广泛的管材是钢管。从耐腐蚀考虑,也采用石棉水泥管、玻璃纤维增强塑料管。(2)管道附件。包括弯头、三通、阀门以及放气、放水、疏水、除污等附属装置。(3)管道支座。管道上的支撑部件。它的作用是支撑管道和限制管道的位移。工作中承受管道重力和内压、外荷载、温度变化引起的作用力,并将这些力传递到管线的构筑物上。(4)管道支架 。地上敷设管道的支撑构筑物。它主要承受来自管道的重力荷载和水平荷载。(5)操作平台。操作、维修距地面较高的管道设备及附件用的架空平台。对于跨越障碍物的架空管段,有时在管道的一侧或两侧设检修便桥。这类构筑物一般采用钢结构。(6)地沟。地下敷设管道的围护构筑物。承受土压力和地面荷载并防止水的侵入。地沟分砌筑、装配和整体等形式。(7)检查室。操作和维修地下敷设管线的管道设备及附件的构筑物。它还用来汇集和排除渗入地沟或由管道放出的水。检查室可采用砖和钢筋混凝土的混合结构或钢筋混凝土结构。(8)直埋供热管道。管道直接埋设于土壤中的无地沟敷设形式。这种管线结构简单,施工方便。分填充、灌筑或预制装配等形式。

地暖

【供热介质】(heating medium) 又称热媒、带热体。城市集中供热系统中用以传送热量的载体物质。普遍采用水为供热介质,以热水或蒸汽的形态,从热源携带热量,经过热网送至用户。由水泵驱动进行循环,水的流速约为1~2m/s,输送半径达10km以上。供回水温度根据技术经济效果的比较来确定。中国城市集中供热系统在采暖室外计算温度时,设计供水温度多采用130℃或150℃,回水温度则为70℃。当室外气温高于采暖计算温度时,常用降低介质温度的方法进行调节。这样既可减少输送介质途中的管道热损失,又便于利用供热机组的低压抽汽,提高热电厂供热的经济效益。由于水的比热大,蓄热能力高,因此供热系统运行有波动时,供热状况仍较稳定。热水供热系统运行中介质漏损少,所需补给水量较小,补给水的处理要求也较低。蒸汽供热系统,靠蒸汽本身的压力输送,每公里压降约为0.1 MPa,中国热电厂所供蒸汽的参数多为0.8~1.3 MPa,供汽距离一般在3~4km以内。蒸汽供热易满足多种工艺生产用热的需要;蒸汽的比重小,在高层建筑中不致产生过大的静压力;在管道中的流速比水大,一般为25~40m/s;供热系统易于迅速启动;在换热设备中传热效率较高。但蒸汽在输送和使用过程中热能及热介质损失较多,热源所需补给水不仅量大,而且水质要求也比热网补给水的要求高。供热介质的选择既要能满足多数热用户的需要,也要符合供热系统经济运行的要求。中国城市集中供热的对象主要是采暖、通风、空调、热水供应等低位热能用户,一般以热水为供热介质。厂区供热系统主要满足生产工艺用热,通常以蒸汽为供热介质。

【供水处理技术】(water supply treatment technology) 提高供水水质,保证供水安全,降低制水供水成本的水处理技术。膜技术,如微滤、超滤、纳滤和反渗透等技术,将在给水技术领域得到应用和发展。膜分离技术主要应用于特种供水,如纯水制备、沙漠作业、海水淡化等。预氯化技术、臭氧化预处理技术、活性炭处理技术、生物处理技术也用于供水处理之中。其他水处理技术有高级氧化技术,特种填料、吸附剂、滤料及水处理组件等。

膜技术

【供应链】(supply chain) 将产品或服务提供给最终用户所形成的网络结构。在这个网络中,每个贸易伙伴都具有双重角色:既是供应商,又是客户。他们既向上游伙伴订购产品,又向下游伙伴提供产品。供应链通常由原料供应商、生产商、批发商、零售商和用户等多个组织构成。每个组织既是供应链中某个组织的用户,又是另一个组织的供应商。供应链上的各个组成部分之间相互制约、相互影响,组成一个有机整体,共同实现供应链的总目标。

【宫颈癌】(cervical cancer) 发生于宫颈阴道部或宫颈管内上皮细胞的恶性肿瘤。占女性生殖系统恶性肿瘤的半数以上。病死率为妇女恶性肿瘤的首位。宫颈癌的高发年龄一般在50岁左右。病因多认为与早婚、早育、多产、人乳头状瘤病毒感染，以及初次性交年龄过早和性混乱有关。宫颈癌早期无明显症状，随着病情进展，患者可出现异常阴道流血。此外，约80%的宫颈癌患者有白带增多症状。宫颈癌中最常见的是鳞状上皮细胞癌，其次是腺癌。治疗方法主要为手术及放射治疗，化疗也是常用的辅助治疗方法。尤其对晚期患者，在手术或放疗前先用化疗可提高疗效。

【宫颈活组织检查】（cervical biopsy） 又称宫颈活检。取部分宫颈组织作病理学检查，以确定病变性质的一种检查方法。适用于宫颈细胞学检查异常，疑有宫颈癌或慢性特异性炎症，需进一步明确诊断者。其方法是：用活剪钳在宫颈外口磷状上皮与柱状上皮交界处取材。为提高取材的准确性，可在宫颈阴道部涂复方碘溶液，选择碘不着色区取材；或在3、6、9、12点多点取材；有条件者可在阴道镜指导下可疑病灶区取材。多点取材时应分别放入小瓶内，注明取材部位，用10%甲醛固定，送病理检查。妊娠期不作活检，以避免流产、早产，也不应在月经前1周内活检，以防止感染。各种原因阴道炎，均应治疗后再活检。

【宫颈上皮内瘤变】（cervical intraepithelial neoplasia，CIN） 与宫颈浸润癌密切相关的一组癌前病变。其反应宫颈癌发生发展中的连续过程。按其细胞异型程度的不同可分为三级：CIN Ⅰ级（轻度不典型增生），CIN Ⅱ级（中度不典型增生），CIN Ⅲ级（中重度不典型增生和原位癌）。其预后有三种结局：（1）病变自然消退。（2）病变持续不变。（3）以后发展为浸润癌。CIN级别越高以后发展为浸润癌危险越大。CIN Ⅰ、CIN Ⅱ、CIN Ⅲ发展阴道排液为癌的危险分别是15%、30%、45%。无特殊症状，偶有白带增多或接触性出血，检查宫颈可光滑无异常，或见局部红斑。因此，已婚妇女应定期作宫颈细胞学检查，早期发现和治疗CIN，阻断宫颈癌的发生。

【宫内节育器】（intrauterine device，IUD） 置于宫腔内达到避孕目的器具。是一种安全、有效、简便、经济、可递的避孕工具。为中国育龄妇女的主要避孕措施。目前临床应用的宫内节育器内含活性物质如铜离子、激素及药物。这些物质能提高避孕效果，减少副反应。（1）含铜宫内节育器。中国应用最广泛。在宫内持续释放具有生物活性，有较强抗生育能力的铜离子。从形态上分为T形、V形、宫形。（2）含药宫内节育器。将药物储存在节育器内，通过每日微量释放提高避孕效果。不规则阴道出血是放置宫内节育器常见的副反应。主要表现为经量增多、经期延长或少量点滴出血。一般不需处理，3～6个月逐渐恢复。其并发症有节育器异位、嵌顿或断裂、下移或脱落、带器妊娠。放置宫内节育器后应定期检查。

【宫腔镜检查】（hysteroscopy） 应用膨宫介质扩张宫颈，通过光导玻璃纤维束和柱状透镜将冷光源经宫腔镜导入宫腔内，直视下观察宫颈管、宫颈内口、子宫内膜及输卵管开口，能够直接窥视宫腔内的生理与病理变化，针对病变组织准确取材并送病理检查，同时也可在直视下行宫腔内手术治疗的一种检查方法。目前临床应用的为电视宫腔镜，经摄像装置将宫腔内图像显示在电视屏幕上观看。其适应证有：（1）异常子宫出血。（2）可疑宫腔粘连。（3）B超检查宫腔内异常回声及占位病变。（4）原因不明的不孕症。（5）子宫造影异常。（6）复发性流产。（7）宫内节育器定位及取出。其禁忌症有：（1）急性生殖道感染。（2）心、肝、肾疾病不能耐受手术。（3）近期（3个月内）有子宫穿孔史或子宫手术史。

【汞齐化】（amalgamation） 汞在室温下与一种或几种金属形成合金的现象。含汞多时是液体，含汞少时是固体。是提取金、银、铂等贵金属的一种方法。天然的有金汞齐和银汞齐，人工制备的有钠汞齐、锌汞齐等。因汞有剧毒，此法已渐少用。钠汞齐可用作还原剂，锌汞齐用于制电池。在铜和铜合金零件上进行镀银时，为得到结合力良好的银镀层，可先对零件进行汞齐化处理。

【汞污染】（mercury contamination） 重金属元素汞引起的环境污染。汞是一种银白色的液态金属。对人体有害。食用被汞及其化合物污染的水和食物会造成慢性中毒，使人的性格变得胆小怕羞、孤独、厌烦、消极抑郁、易激怒、有时行为怪僻、自觉口内有金属味、口腔黏膜充血、牙龈红肿、牙齿松动、牙龈或口颊黏膜出现色素沉着（称为汞线），亦可出现“汞毒性震颤”，以手指、舌和眼睑震颤最为常见，严重时可蔓延颊肌、上肢、下肢，并出现手指书写震颤。

废弃灯管

【汞中毒】（mercury poisoning） 由于长期吸入汞蒸气和汞化合物粉尘所引起的全身中毒性疾病。以慢性为多见，主要发生在生产活动中。按其病程的不同可分为以下两种：（1）急性。多见于短期内吸入高浓度汞蒸气引起，表现为发热、头痛、头晕、呕吐、腹泻、咳嗽、咳痰和呼吸困难,消化道出现齿龈红肿、黏膜溃疡和口内腥臭味等。肾脏早期可有蛋白尿、管型尿,严重时可发生肾功能衰竭和接触性皮炎。(2)慢性。大多由长期吸入汞蒸气引起。首发神经衰弱症状,如头痛、失眠、健忘、多梦、焦虑和多汗;继之出现三大典型表现,即易兴奋性、意向性震颤及口腔炎。此外尚可有无症状的肾小管损伤。

【拱坝】(arch dam) 通过拱的作用将大部分横向荷载传递至两岸岩体的坝。用混凝土或浆砌石筑成,修建在岩基上。其水平剖面拱向上游,竖向剖面可以直立,或有一定的弯曲。主要依靠两岸岩体作用于拱端的反力来抵抗水压力、地震等横向荷载以保持坝身稳定,而不是依靠自重来保持稳定。是一种拱形结构,材料强度能够得到充分发挥。其体积一般只有重力坝的 30% ~ 80%。只要坝基,特别是两岸坝肩地质条件良好,其安全度密度力坝高。

拱坝

【拱肋】(arch rib) 拱桥主拱圈的骨架。通常由混凝土或钢筋混凝土做成。拱肋的数目和间距以及拱肋的截面形式,按照使用要求、所用材料和价格等情况综合比较选定。拱肋的截面形式一般为矩形、工字形和箱形等。在安砌拱波的过程中,它承受自重、横向联系构件的重量、拱波的重量及相应施工荷载。拱肋的设计除满足在吊装阶段的强度和稳定的要求外,还应满足截面在组合过程中各阶段荷载作用下的强度要求。在双曲拱桥中主拱圈的横截面由数个横向小拱组成。这些小拱称为拱波。

【拱桥】(arch bridge) 在竖直平面内以拱作为上部结构主要承重构件的桥梁。拱结构由拱圈(拱肋)及其支座组成。它主要由砖、石和混凝土等抗压性能良好的材料建造。大跨度拱桥则用钢筋混凝土或钢材建造,以承受发生的力矩。按拱圈静力体系的不同可分为无铰拱、双铰拱和三铰拱;按结构形式的不同主要分为板拱、肋拱、双曲拱、箱形拱和桁架拱。拱桥为桥梁基本体系之一,是大跨径桥梁的主要形式。它不仅适用于大、中、小跨径的公路桥和铁路桥,而且常用于城市及风景区的桥梁建筑。

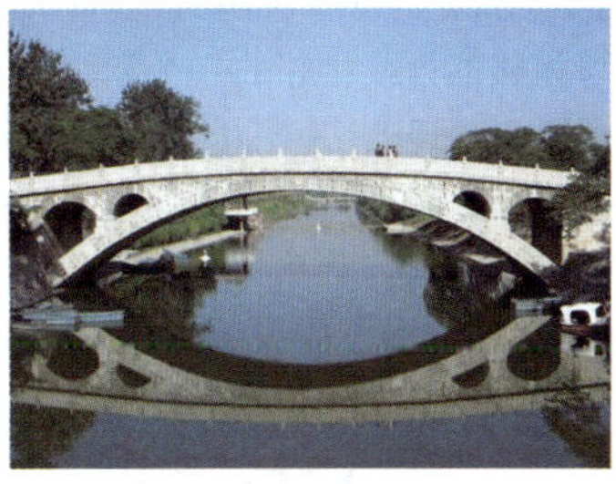
拱桥

【拱券砌筑】(masonry arch) 用砂浆把砖石块材砌筑成坚固砌体的施工作业。要严格控制砌筑中灰缝的均匀与大小。块状料(砖、石、土坯)砌成的跨空砌体。利用块料之间的侧压力建成跨空的承重结构的砌筑方法称“发券”。用此法砌于墙上作门窗洞口的砌体称券;多道券并列或纵联的构筑物水道、屋顶称筒拱;用此法砌成的穹窿称拱壳。拱券用于门窗等洞口上的有圆拱、弧拱和平券。用于屋盖或楼盖结构的有筒拱、双曲拱和薄壳等。筒拱也常用于埋设地下的管道、隧道的顶盖。用石材砌筑拱券时,应按施工图划分块体,经细加工修凿成形。用砖砌筑拱券要严格选砖。砌筑拱券要架设胎模,在胎模上划出砖块、石块和接缝位置。砖石块数应是奇数。拱脚是拱的支承点,角度和平面必须正确。为了平衡胎模的受力,不使胎模变形,应从两拱脚对称地向中间拱心或拱顶砌筑。砂浆接缝大多为楔形,拱顶锁冠的一块砖石要楔入、挤紧。砌筑拱券时砖石的错缝搭砌要求比砌筑墙体更为严格。

【拱式渡槽】(arch-type aqueduct) 由主拱圈承受上部荷载并传给墩台的渡槽。由进口段、出口段、槽身、拱上结构、主拱圈、槽墩等组成。其主拱圈在拱上结构传来的荷载作用下,主要产生轴向压力,而弯矩很小,因此,可用抗拉强度低而抗压强度高的圬工材料建造。这是拱式渡槽的主要特点。拱式渡槽的主拱圈在水重、自重、温度等荷载作用下,对支座常产生较大的水平推力,如果支座产生过大变位而破坏,主拱圈也将迅速破坏,对于多跨拱将会引起连锁反应。因此,对于跨度较大的拱式渡槽,一般要求建于基岩上。当地基条件较差时,可在拱脚或拱顶设铰,作成双铰拱或三铰拱渡槽。通常按主拱圈的结构类型的不同,将拱式渡槽分为板拱、双曲拱和肋拱渡槽等。

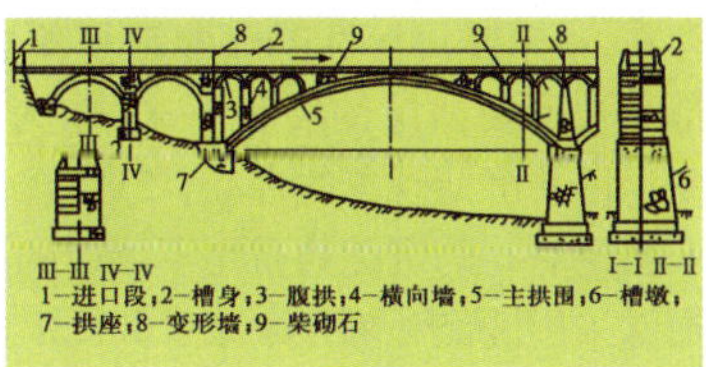

拱式渡槽

【拱形重力坝】(arched gravity dam) 坝轴线在平面上呈曲率很小的单圆弧的重力坝。构筑在地形、地质并不完全适合于修建拱坝,但又要求重力坝有较大安全潜力的情况下。它既应按重力坝进行应力和稳定分析,又要按拱坝进行校核计算,以便进行比较，了解其潜在能力。拱形重力坝与重力拱坝在结构性能上并无本质差别，只是拱所分担的荷载，前者较小，后者较大，因而分别列入重力坝和拱坝的范围之内。有些因地形、地质关系而将重力坝的局部或全部坝轴线做成微曲的拱形，但不进行横缝灌浆的重力坝，也可称为拱形重力坝，但并无拱的作用。中国乌江渡拱形重力坝，坝高165m。坝体下部联成整体，上部由于岸边地质差，设置了永久性横缝。

【拱碹】（arch） 简称拱、碹。用砖、石、混凝土或钢筋混凝土等建筑材料构筑的整体式弧形支架。按其拱高大小的不同可分为弓形拱和半圆形拱。支撑弓形拱的拱脚采用专门的异型拱脚砖。为了有效支撑拱的推力，拱脚砖必须紧靠固定拱脚钢梁砌筑，以便由拱脚梁承受拱的推力。在不稳定、地压大的岩层中开巷，服务期长，又是主要巷道，可选择拱碹支护。其形状为半圆拱或圆弧拱。如果底压大，则可采用带反拱的半圆拱形、椭圆形甚至圆形。拱碹支护成本高，施工工艺复杂、速度慢、劳动强度大，目前已很少使用。

拱碹

【共沉淀】（coprecipitation） 一种沉淀从溶液中析出时，夹带某些可溶性物质一起沉淀的现象。产生共沉淀的机理有：表面吸附、包藏和生成混晶。例如，用氯化钡沉淀 SO_4^{2-} 时，若溶液中有 K^+、Fe^{3+} 存在，本来是可溶性的硫酸钾和硫酸铁，也会有一小部分被硫酸钡沉淀夹带下来，作为杂质混在主沉淀中。因共沉淀现象的存在，要通过沉淀反应在溶液中获得绝对纯的沉淀物质是不可能的。在重量分析中，通常采用洗涤和陈化来减少共沉淀的影响，也可改变杂质离子存在形式、降低沉淀速度、采用均相沉淀，甚至采取再沉淀的方法。共沉淀法可用于富集痕量组分，如在痕量 Ra^{2+}（镭）存在下沉淀硫酸钡时，几乎可载带下来所有的 Ra^{2+}。

【共轭纺丝】（composite fiber spinning） 又称复合纺丝。性能不同的聚合物从同一喷丝板喷出并卷绕成型的复合纤维纺丝方法。将两种或两种以上性能不同的聚合物分别通过多台螺杆挤压机连续熔融挤出，经过各自的熔体管道，用量泵定量输入纺丝组件，然后从同一块喷丝板喷出卷绕成型。复合纤维的截面有并列型、皮芯型、海岛型、星形、橘瓣形和米字形结构，是生产差别化纤维的重要原料之一。用共轭熔融纺丝技术生产超细纤维可得到单丝纤度小于0.3dtex的超细纤维。纤维极细，比表面积大，以此做原料制成的纺织品具有手感柔软、透气透湿、色泽高雅、吸水吸油性好、高清洁能力和高保温性能等特点。常用作高档仿真面料、桃皮织物、高密织物、人造麂皮、涂层基布、轻薄织物、洁净布、过滤材料和高档玩具填充料等。

【共轭复数】（conjugate complex number） 复数 $x-yi$，是复数 $z=x+yi$ 的共轭复数，记为 $\bar{z}$，即 $\bar{z}=x-yi$。

【共轭效应】（conjugated effect） 在有机分子结构中，由于共轭 π 键的形成而引起分子性质改变的效应。在共轭分子（例如单双键交替的共轭二烯烃）中，任何一个原子受到外界试剂的作用，其他部分将立即受到影响。其特点是：电子云正负交替、大小不变，沿共轭体系传递，不受距离的限制。共轭效应是有机化学理论中的重要概念之一。应用广泛。

【共沸精馏】（azeotropic distillation） 加入适当有机溶剂作为共沸剂，利用气－液两相的传质和传热在共沸温度下达到分离、提取有机物的方法。主要应用于能形成共沸物，而采用普通的精馏方法很难进行分离的混合溶液体系。例如，乙醇同水形成的共沸物，在常压下共沸组成4.43%的水，95.57%的乙醇，共沸点为78.15℃。即当乙醇－水溶液浓度为95.57%时，溶液的气－液相组成相等（平衡组成），无法用普通精馏的方法将乙醇溶液再浓缩，得不到纯度高于95.57%的乙醇。但若根据共沸精馏的原理选择共沸剂，使之与水和乙醇形成三元共沸物，即可达到分离目的，得到无水乙醇。

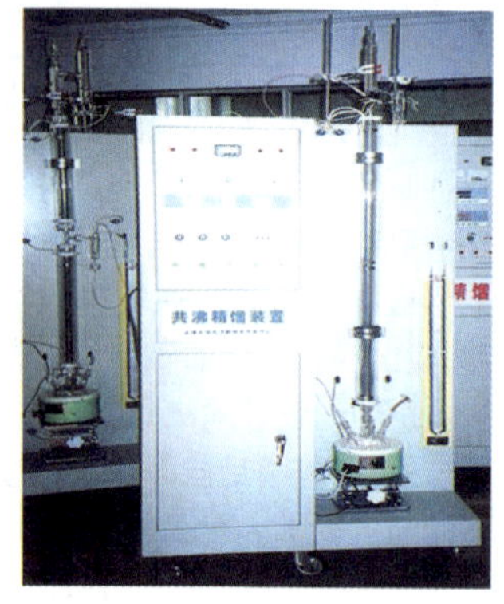

共沸精馏装置

【共格】（coherencg） 晶体的一部分或一个相与相邻部分或相邻的一个相之间以一层原子作为公共界面的现象。这一层原子的排列规律，既适应于这一部分的晶格，又适应于相邻部分的晶格。其界面可以正应力维持共格（如孪晶界面），也可以切应力维持共格（如马氏体与母相的界面）。

【共济失调】（ataxia） 由于神经系统损伤而引起的运动不协调和平衡障碍。协调是平稳、准确和控制良好地完成动作的能力；平衡是在重心偏离稳定位置时，机体恢复重心稳定的能力。其临床表现有：

协同不良、辨距不良、眼震、意向震颤和失平衡等。按其发病部位的不同可分为:深感觉型、小脑型、前庭型和额叶型。除上述以外,神经系统变性疾病中的遗传性共济失调,可兼有上述的深感觉型、小脑型和两者的混合型。在运动方面,其康复治疗的措施是通过增强近端稳定、改善平衡调节,使患者学会小范围的运动;改善主动肌、协同肌、对抗肌的协同,使患者的运动变得平稳和流畅;在抗重力的位置上,让患者体验有目的的抗重力运动;改善视固定和眼、手协调,使患者能利用视觉帮助稳定;在患者的运动中,引入旋转的成分,减轻患者因害怕失调而不自主地或自主地对其运动的限制;训练患者恢复正常的中线感和垂直感,以便在运动中有返回中线的参考点等措施来改善患者的共济失调。

【共价键】(covalent bond) 化学键的一种。两个或多个原子共同使用它们的外层电子,在理想情况下达到电子饱和的状态,并由此组成的比较稳定的化学结构。其本质是原子轨道重叠后,高概率地出现在两个原子核之间的电子与两个原子核之间的电性作用。共价键的主要特点是:(1)饱和性。(2)方向性。按其成键方式的不同可分为:σ 键、π 键和 δ 键。按其成键过程的不同可分为:一般共价键和配位共价键。按其成键电子偏向的不同可分为:极性共价键和非极性共价键。共价键与离子键之间没有严格的界限。通常认为,两元素电负性差值远大于 1.7 时,成离子键;远小于 1.7 时,成共价键;在 1.7 附近时,它们的成键具有离子键和共价键的双重特性。

【共晶体】(eutectic) 由共晶成分的熔液或溶液,在共晶温度下析出两种或两种以上的晶体所组成的混合体。在混合体中,各相以一定的形式相间排列,呈共晶组织。在相图中表示共晶成分和共晶温度的点称为共晶点。

【共聚物】(copolymer) 在两种或两种以上单体或单体与聚合物间进行聚合而成的聚合物。常分为嵌段共聚物、无规共聚物、有规共聚物和接枝共聚物等。

【共模干扰】(common-mode interference) 电压电流的变化通过导线传输时的形态。设备的电源线、电话等的通信线与其他设备或外围设备相互交换的通信线路,至少有两根导线。这两根导线作为往返线路输送电力或信号。两根导线之外通常还有第三导体地线。它是在信号线与地之间传输,属于非对称性干扰。消除共模干扰的方法有:(1)采用屏蔽双绞线并有效接地。(2)强电场的地方还要考虑采用镀锌管屏蔽。(3)布线时远离高压线,更不能将高压电源线和信号线捆在一起走线。(4)不要和电控锁共用同一个电源。(5)采用线性稳压电源或高品质的开关电源。

【共生金属】(intergrowth metal) 共存于矿石中的两种或两种以上有价值的金属。通过相应的冶金过程,可由矿石或精矿经分离、纯化以制取纯金属;或在提取主要金属的过程中综合回收其他有价值的金属;也可由矿石精矿直接获得共生金属组成的合金。如由独居石制取钍和混合稀土金属;由黑稀金矿经提取、分离、纯化而得金属钽和铌;由辉钼矿回收铼等。

【共生菌】(symbiosis fungi) 与别的生物生命相联系共同生活在一起,相互提供所需营养物质并完成生长发育过程的真菌。很多伞菌和部分生在地上的多孔菌,与树木根系形成菌根,相互提供营养,同时抵抗高温或严寒,成为共同生存的共生关系。昆虫白蚁与真菌鸡纵菌的关系也属于共生关系。植物天麻与蜜环菌同样存在共生关系,但最后天麻似乎被蜜环菌所利用。

伞菌

【共生期】(symbiotic stages) 在间、混、套作时,两种以上的作物在田间共同生长的时期。间、混作的共生期较长,而套作的共生期较短。在共生期中,存在作物间对光、水、肥等的激烈竞争。调整作物配置、加强共生期的田间管理,可协调作物间的关系,缓和共生期中的矛盾。

【共同表位】(common epitope) 存在于不同抗原物质上的相同或相似的表位。多数抗原性物质由不同分子组成,而同一分子表面还可存在不同表位。因此,不同抗原性物质表面可能含有相同或相似的抗原表位,其中任一抗原刺激机体产生的抗体均可与含相同或相似表位的其他抗原发生反应。共同表位的存在是交叉反应的物质基础。

【共同抗原】(common antigen) 又称交叉抗原。带有共同抗原决定基的不同抗原。天然抗原分子结构复杂,具有多种抗原决定基,不同的抗原物质具有不同的抗原决定基并各自具有特异性。但也存在某一抗原决定基同时出现在不同抗原物质上,这种决定基称为共同抗原决定基。存在于同一种属或近缘种属中的共同抗原称为类属抗原;而存在于不同种属生物间的共同抗原称为异嗜性抗原。由共同抗原决定基刺激机体产生的抗体分别与两种抗原(共同抗原)结合发生反应,此反应称为交叉反应。

【共同科目训练】(common subject training) 军人均须进行的基础军事科目训练。主要内容包括共同条令、军事体育、卫生与防护、军事基本知识等。共同科目训练是平民转变为军人必须接受的训练。

【共同运动】(synergic movement) 由意志引起,但只能按一定模式进行的运动。是一种定型的,无论从事哪种活动,参与活动的肌肉及肌肉反应的轻度都是相同的,没有选择性的运动。是由脊髓控制的原始运动。其本质是:当高位中枢神经损伤后,失去了对脊髓的调控,出现了脊髓水平控制下的原始运动。运动的启动阶段是随意的,之后的部分为不随意运动。在瘫痪恢复的中期出现。是一种病态运动模式。其模式不可强化,对功能的恢复是不利的。

【共析体】(eutectoid) 由共析成分的合金固溶体,在冷却过程中,在共析温度下分解出两种或两种以上其他晶体所组成的混合体。混合体中的晶体具有与原固溶体不同的成分,并以一定的形式相间排列,呈共析组织。在相图中表示共析成分和共析温度的点称为共析点。

【共享软件】(shared software) 可以通过网络在线服务、电子公告板或者用户间传送等途径自由传播的一类软件。根据共享软件作者的授权,用户可以从各种渠道免费使用。其主要特点是:(1)主要通过国际互联网、电子公告板等远程手段进行传播。(2)对主流操作系统的功能进行完善、补充和扩展。(3)价格低廉。它不同于免费软件的地方,在于其通常以“先使用后付费”的方式出现,具有一定的免费试用期。免费试用期满后,必须付费才可继续使用。

【共振】(resonance) 又称共鸣。振动体在周期性变化的外力作用下,当外力的频率与振动体固有频率很接近或相等时,振幅急剧增大的现象。发生共振时的频率称为共振频率。当外力的频率等于或很接近振动体固有频率的整数倍时,振幅也会增大。在不少情况下,共振产生有害作用,必须设法防止,例如机器的运转可能因共振而损坏机座。但也有许多情况需要利用共振现象,如弦乐器的琴身和琴筒就是用以增强琴弦声音的共鸣器。其他如测振仪、测速仪等也是应用共振现象而制成的。在电学中,振荡电路的共振现象又称为谐振。

钢琴

【共振论】(resonance theory) 用共振结构式来表示分子真实结构的分子结构理论。由美国化学家保利于20世纪30年代提出。他认为分子的真实结构是由两种或两种以上的经典价键结构式共振而形成的,某些分子、离子或自由基不能用某个单一的结构来解释其某种性质(能量值、键长、化学性能)时,就用两个或两个以上的结构式来代替通常的单一结构式。这个过程称共振。用符号↔表示。其作用是:(1)说明分子的极性(偶极矩)、键长和键能。(2)预测化学反应产物。(3)比较化合物酸碱性的强弱。(4)判断反应条件的稳定性和电荷的分布位置。

【共轴式直升机】(coaxial helicopter) 两副完全相同的旋翼,一上一下安装在同一根旋翼轴上的直升机。直升机的两副旋翼的旋转方向相反,它们的反扭矩可以互相抵消。两旋翼间有一定间距。这样,就用不着再装尾桨了。直升机的航向操纵靠上下两旋翼总距的差动变化来完成。共轴式直升机主要优点是结构紧凑,外形尺寸小,无尾桨,亦无需长的尾梁,机身长度大大缩短。它有两副旋翼产生升力,每副旋翼的直径也可以缩短。机体部件可以紧凑地安排在直升机重心处,所以飞行稳定性好,也便于操纵。此外,共轴式直升机气动力对称,其悬停效率也比较高。共轴式直升机的这些优点,对于舰载机有重大意义。共轴式直升机的主要缺点是操纵机构复杂,而且无法进行某些单旋翼直升机可以进行的机动。研制共轴式直升机取得最大成功的是俄罗斯的卡莫夫设计局,该设计局研制出了庞大的“卡”系列直升机,它们基本上都是双旋翼共轴式布局。除大量民用直升机外,如卡-26、卡-226等,军用直升机也有不凡表现,卡-25曾是苏联舰载反潜直升机的主力,新研制的战斗直升机卡-50、卡-52则更令人瞩目。近年来,共轴式直升机的研究和应用引起了多个国家的注意。一向以生产单旋翼直升机著称的美国西科斯基公司2006年也宣布研制共轴式直升机。2009年6月北京航空航天大学研制的“蜜蜂16”型直升机试飞成功,这是中国研制的首架有两个螺旋桨的

共轴式直升机

共轴式载人直升机。

【共注塑成型】(common injection moulding) 采用具有两个或两个以上注塑单元的注塑机,将不同品种或不同色泽的塑料,同时或先后注入模具内成型的方法。用这种方法能生产多种色彩和多种塑料的复合制品。有代表性的共注塑成型是双色注塑和多色注塑。如嵌接式双色塑料餐具,成型过程中首先由一种颜色的塑料注塑甲体,甲体有嵌接榫;再把甲体作为嵌体,用不同颜色的塑料乙体二次注塑,乙体连同甲体成型。成型后的餐具是异色体的甲体和乙体分体组成,在甲体与乙体之间是嵌接榫嵌接相连,成为双色的餐具杯、碗、盆、盘、刀、叉和勺等。双色塑料餐具美观大方,高雅整洁,改进了原有彩绘或衬上彩印纸等餐具的缺陷。

【勾股定理】(pythagoras's theorem) 初等几何中的一个基本定理。即在直角三角形中,两条直角边的平方和等于斜边的平方。这个定理有着十分悠久的历史,几乎所有文明古国(古中国、古希腊、古埃及、古巴比伦和古印度等)对此定理都有所研究。勾股定理在西方被称为毕达哥拉斯定理。相传是古希腊数学家兼哲学家毕达哥拉斯于公元前550年首先发现的。中国古代对这一数学定理的发现和应用,远比毕达哥拉斯早得多。中国最早的一部数学著作——三国时期吴国的数学家赵爽在《周髀算经》中,用弦图证明了这一定理。中国古代数学家们对于勾股定理的发现和证明,在世界数学史上具有独特的贡献和地位。尤其是其中体现出来的“形数统一”的思想方法,更具有科学创新的重大意义。两千多年来,勾股定理由于应用的广泛性,吸引了历代众多的人,对它的证明已达数百种。

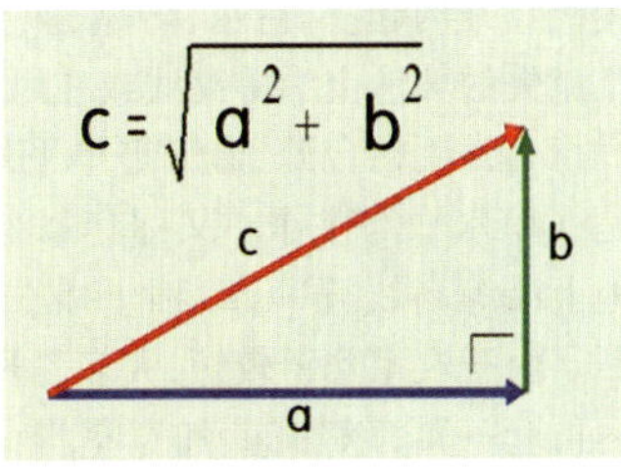

勾股定理

【勾股数】(pythagorean number) 满足不定方程$x^2+y^2=z^2$的正整数a,b,c。也可以将满足勾股定理的正整数称为勾股数。在这里,正整数a,b,c的值分别代表直角三角形两条直角边和斜边的长度。由于在古代的中国、希腊、埃及、巴比伦、印度等文明古国对勾股定理均有研究,因此很早就出现了勾股数这种十分奇妙的数字。考古证实,大约在公元前1900年～前1600年由古巴比伦人遗留的一块泥板上面竟然刻有15组勾股数,这说明当时的人们已经知道并应用了勾股定理。中国也是最早发现勾股定理的国家之一。在中国古代数学著作《周髀算经》中就记载有公元前12世纪商高“句广三,股修四,径用五”(句:古体勾)的说法。三国时期的数学家刘徽所著《九章算术》中也有勾股数(3,4,5),(5,12,13),(7,24,25),(8,15,17),(20,21,29)的记载。古希腊数学家毕达哥拉斯大约在公元前6世纪也发现了勾股定理和勾股数。勾股数是有一定规律的数。若假定x,y互素,即$(x,y)=(a,b)=1$,从不定方程$x^2+y^2=z^2$不难知道a,b不能同奇偶性。不妨设a为偶数,并且在$a>b$的情况下,则不定方程的一切正整数解可表示成:$x=2ab,y=a^2-b^2,z=a^2+b^2$。勾股数有一些很好的性质,例如,斜边与偶数边之差是某个数的平方数。由于X和Y分别是奇数和偶数(偶数和奇数),斜边Z只能是奇数。勾股数在工程实践和整数理论研究方面都有着重要的用途。值得一提的是,受到不定方程$x^2+y^2=z^2$正整数解和勾股数规律发现的启示,法国著名数学家费尔马在1673年就猜想当$n>2$时,不定方程$x^n+y^n=z^n$没有正整数解。尽管人们称其为费尔马大定理,然而迄今为止也无人能证明,成为有名的世界性数学难题。

【佝偻病】(rickets) 又称软骨病。由缺钙引起的小儿慢性营养缺乏症。多发生在两岁以下的婴幼儿。该病虽不直接危及生命,但能导致体质虚弱,抵抗力降低,易患感冒、腹泻等病症。早期表现为烦躁爱哭、睡眠不安,哺乳和入睡时爱出汗,汗有酸味,并刺激头皮发痒,以致因在枕头上摩擦而出现后头部环状脱发,称为“枕秃”。上述症状多出现在2～3个月的婴儿。如果未及时治疗,就会逐渐出现骨骼症状。4～6个月的小儿,颅骨生长快,因钙质沉着少而出现颅骨软化,用手按压时犹如压在乒乓球上的感觉。8～9个月以后,头可呈方形或马鞍状畸形,骨缝加宽,骨边缘发软,囟门较大,至18个月时仍未能闭合。出牙晚且顺序不规律。相继出现“串珠肋”(即在肋骨与肋软骨交界处膨大如珠)和“鸡镯”,也可伴有肋骨下缘外翻,腕部及踝部骨骼膨大,形如手、脚镯。会行走后可出现“X”或“O”形腿。此外,患儿腹部膨大,头发稀疏干枯,动作和智力发育均迟缓。

【沟道防护林】(protection forest in gully) 在沟底和沟坡营造的人工林。当沟道侵蚀仍在发育阶段,直接危害周围农、林、牧用地及城镇、交通道路、水利工程、工矿的安全时,需要综合治理。沟道防护林是综合治沟措施的一项重要内容。与其他治沟工程紧密配合,可发挥综合防护作用。同时,由于沟道土质深厚、水肥条件较好,林木生长迅速,可取得显著的经济效益。其组成及配置主要有三种:(1)沟头防护林。沟头是坡面径流汇入沟道的集中点。溯源侵蚀直接表现为沟头前进,破坏土地。治沟首先要在其上部修建工程,结合营造沟头防护林,分散、拦蓄水流,并使其安全下泄,保持沟头稳定。(2)沟底防冲林。在沟底下切地段修建土、石谷坊群,或生物谷坊群。谷坊间距一般以上一谷坊底部与下一谷坊顶部相平为准。可起到抬高或固定侵蚀基准,稳定沟道的作用。在沟底稳定、水肥条件好的地段,配合谷坊群建立沟底防护林、速生丰产林,既可使沟道稳定,又可获得经济效益。(3)沟坡防护林。在陡峭的沟坡上种植乔、灌木混交的护坡林,结合工程拦蓄上部来水,稳定沟坡,并有一定经济效益。对坡度为35°以上造林困难的沟坡,可采用封坡育草,以恢复天然植被。沟道防护林可防止沟道的溯源侵蚀、沟底下切和沟岸扩张。

沟坡防护林

【沟道蓄水工程】(water storage works in gully) 在沟道里修筑坝体,拦蓄沟道洪水,防止山洪危害,发展山区灌溉的水土保持设施。在黄土地区,沟道蓄水工程是淤地坝系的组成部分,对下游坝地种植作物起防洪、灌溉作用。其设计标准是:小流域综合治理中修建成的蓄水工程,在设计时一般只考虑设计洪水标准,不进行校核。在大中型蓄水坝下游,如有重要的城镇、密集的居民区、主要工矿和交通干线,需要按实际情况提高设计洪水标准。一般大型沟道蓄水坝按30~50年一遇的洪水设计;中型蓄水坝按20年一遇洪水设计。设计步骤分资料收集、调查、和确定容积。其设施由拦水坝、溢洪道及放水建筑物组成。由于沟道蓄水工程集水面积小,其设计洪水主要计算洪峰流量。

【沟道治理工程】(projects for gully erosion control) 为固定沟床、防止或减轻山洪及泥石流危害,在沟中修筑的水土保持工程设施。由于山沟所在流域的地质、地形、气候、土壤、植被等自然条件及人类活动影响不同,不同沟道发生山洪、泥石流灾害的危险程度也不同,需要根据沟道类型选用适当治理措施。沟道治理工程包括沟头防护工程、谷坊、拦沙坝、淤地坝、小型水库工程、沟岸防护工程等。沟道治理工程不仅需要与治理沟道的林草措施相结合,而且需要与山坡防护工程相结合,统一规划,坡沟兼治,综合治理。

【沟灌】(furrow irrigation) 在作物行间开沟引水、湿润土壤的灌水方法。主要用于灌溉玉米、棉花等宽行距中耕作物。有两种方式:(1)封闭沟灌。灌水时入沟水流迅速到达沟尾,水在流动过程中部分渗入沟底和沟两侧,而大部分水则在沟首停止进水后蓄留在沟内,继续渗入土壤。此法适用于土壤透水性弱、坡度小于1/50的地区,入沟流量较大,灌水时间短。(2)细流沟灌。入沟流量小,灌水延续时间长,入沟水流在流动过程中全部渗入土壤。此法适用于地面坡度较大、土壤透水性中等的农田。对土质黏重、灌后易板结的土壤也可采用。

沟灌

【沟垄耕作】(furrow and ridge tillage) 用机具开沟起垄、蓄水、防风、保土的耕作方法。在水土流失的坡地上沿等高线或在风蚀地上垂直主风向中进行。常用在台源、梯田等旱平地上。其种类与方法是:(1)水平沟耕作。又称套犁沟播。如犁铲长,在坡地上沿等高线开一犁,种子播在犁沟里,隔一二犁再犁。由于农家犁铲较短,大多先开一犁,接着在原犁沟内再套一犁,以加深、加宽垄沟,发挥保水增产作用。这种方法适应范围广,推广面积大。(2)平播培垄。适应春旱严重地区。先在秋季深翻蓄墒,春季按沟垄耕作标准等高平播,减少蒸发;夏季雨多,结合中耕开沟培垄,以沟垄蓄水保土。(3)中耕换垄。在秋翻基础上,春季开沟起垄,将种子播在犁沟内。在夏季中耕时,把垄开成沟,把沟培成垄,培土较厚,适宜高秆作物生长。(4)沙土地垄作。在风蚀较重的沙土地,垂直主风向布设田块,开沟起垄,把种子播在沟内,往往结合残茬、埋压秸秆风障或草粮间作等防风挡沙,保水保土保苗。(5)横坡耕作。在降水较多的地方,垄沟保留1%的以下的坡降,结合草皮水道排除过多径流。(6)平地垄作。在台源、梯田、坝地等旱平地上,采用沟垄耕作,进一步加强蓄水保墒作用。(7)改顺坡耕作为横坡沟垄耕作。在旱作坡地垄沟耕作,具有蓄水保土增产作用。其简单易行,费省效宏,应予大力推广。

沟垄耕作

【沟蚀】(gullying) 又称线状侵蚀或沟状侵蚀。坡面径流冲刷土壤或土体,并切割陆地地表形成沟道的过程。按其发生形态和演变过程的不同可分为:浅沟侵蚀、切沟侵蚀、冲沟侵蚀、干沟侵蚀和河沟侵蚀等。主要发生于土地瘠薄、植被稀少的半干旱丘陵区和山区,一般发生在坡耕地、荒坡和植被较差的坡面,有时也涉及水文网底部。沟蚀所形成的各种沟道,从上至下相互连接,形成自然排水系统的组成部分。沟蚀对土地破坏程度严重,不仅蚕食农田,还破坏道路、桥梁和其他建筑物,同时也是河流泥沙的主要发源地。

沟蚀

【沟头防护工程】(protection projects of gully head) 防止因径流集中下泄冲淘引起沟头前进、沟底下切和沟岸扩张,保护坡面、塬面不受侵蚀的水土保持工程设施。要结合造林种草和栽植灌木等林草措施,使之更有效地发挥作用。分为蓄水式和泄水式两类。前者在中国黄河中游黄土地区采用比较普遍,分连续式拦水沟埂、断续式拦水沟埂和埂墙涝池式三种形式。(1)连续式拦水沟埂。在完整坡地上常采用。根据沟头附近土壤情况和沟头跌水高低,确定拦水沟埂与沟头距离,以蓄水渗透不致造成沟头陡壁坍塌及陷穴为原则。拦水沟埂沿等高线布置,采取上挖下垫,挖沟筑埂。按地形和来水量大小的不同,可以是一道沟埂,也可分成若干道布设。(2)断续式拦水沟埂。在沟头以上坡地地形破碎情况下,沿等高线修筑不连续、上下行呈"品"字形布设的拦水沟埂。(3)埂墙涝池式。沟埂与涝池相结合,在高原沟壑区广泛采用。后者在沟头以上地形和土质不宜修筑蓄水式沟头防护工程时采用。直接分悬臂式和台阶式两种形式宣泄入沟。工程质量要求较高,投资较大。将上方来水悬臂式泄水工程是在沟头上方径流集中的土跌水边缘,用木板、石板或混凝土板做成水槽,使径流经水槽直接下泄沟底,防止冲刷土崖。沟底需修消力池,或用碎石堆在跌水处,以防淘刷。(2)台阶式泄水工程一般多用砖石浆砌而成,总跌差不宜过大。

【沟头泄水工程】(drainage works on gully head) 在沟头上方集水区修建保证径流安全排入沟内的防护设施。适宜建在沟坡较陡、地形破碎、没有条件拦蓄径流的地区。按其适用范围的不同可分为:(1)悬臂式沟头泄水工程。适用于坡面来水量较大、土质坚实、陡峭和跌差较大的沟头。(2)台阶式沟头泄水工程。适用于坡面来水量较大,沟头地形不很陡峭,跌差不超过5m的沟头。沟头以上集流面积的设计暴雨洪水流量是沟头泄水工程过水断面积设计的依据。坡面集流快,属全面汇流。沟头泄水工程属永久性设施,可按20~30年一遇暴雨洪水计算。沟头集流面积一般为0.1km^2。

沟头泄水工程

【沟纹舌】(fissured tongue) 又称阴囊舌、脑回舌、皱褶舌头。以舌背不同形态、不同排列、不同深浅长短、不同数目的沟纹或裂纹为特征的舌疾病。病因不明。发病率<10%。往往合并地图舌,易患传染性口角炎,并在Down综合征及MelkersoonRosenthal综合征中出现。在临床治疗中,无症状者不需治疗;局部治疗以抗感染为主;伴有贫血或维生素缺乏者可用维生素B、铁剂等内服;对于正中纵深沟裂疼痛难忍者,可考虑手术切除沟裂部位后拉拢缝合,恢复外形。

【钩端螺旋体病】(febris hebdomadis) 又称钩体病。由致病性钩端螺旋体引起的动物源性传染病。鼠类及猪是主要传染源。呈世界范围性流行。其临床特征是:早期的钩端螺旋体败血症,中期的各器官损害和功能障碍,后期的各种变态反应后发症。重症患者可发生肝肾功能衰竭和肺弥漫性出血,常危及患者生命。其传播方式为直接接触传播。人群对钩体普遍易感。感染后虽可获较持久的同型免疫力,但不同型别间无交叉免疫。新入疫区的人易感性高,且易发展为重型。其临床表现是:(1)早期(钩体血症期),多在起病后的3天内。主要为发热、头痛,并有全身肌痛,尤以腓肠肌或颈肌、腰背肌、大腿肌及胸腹肌等部位常见。全身乏力,眼结膜充血,全身表浅淋巴结肿大。(2)中期(器官损伤期),约在起病后3~14日。有器官损伤表现,如咯血、肺弥漫性出血、黄疸、皮肤黏膜广泛出血、蛋白尿、血尿、管型尿和肾功能不全、脑膜脑炎等。(3)恢复期或后发症期。患者热退后各种症状逐渐消退,但也有少数病人退热后经几日到3个月左右,再次发热,出现症状,称后发症。其主要诊断依据是:流行病学资料,临床的钩体败血症发热中毒症状,以及特殊的器官损害表现。钩体对青霉素高度敏感,迄今尚无耐药株出现。

【构件】(component) 机器中的或组成机构的独立运动单元。构件和零件是两个不同的概念。构件是运动单元,而零件是制造单元。在机构中给定运动的构件称为输入构件,又称原动件;完成执行动作的构件称为输出构件,又称从动件。

【构件自防水屋顶】(components from water-proof roof) 利用钢筋混凝土屋面板本身的密实性,通过对板面和板缝进行处理而具有防水功能的一种屋顶。承重结构和屋面结合在一起,重量较轻。节约材料和造价。施工简单。维修方便。在中国南部和中部地区的工业厂房中应用较广。为保证屋面防水质量,屋面板和节点的设计要合理。板面可涂再生橡胶-沥青防水涂料、水乳型防水冷胶料或乳化沥青等防水涂料,以提高防水性能。屋面板的制作要达到较好的密实性、抗渗性和抗裂性,板面要平整。单块屋面板的尺寸可适当加大,以减少接缝。运输和吊装时,要保证板面完整,板缝接合力求严密。按其防水方法的不同可分为:(1)构造防水屋顶。利用屋面板间的上下搭盖,在横缝处加盖瓦和在脊缝处加盖脊瓦来解决防水问题。构件吊装完毕后,只需少量的嵌缝防水作业就基本完成。这类屋顶搭盖缝处不够严密,如构件质量差,或因施工不当,会造成雨雪从缝隙飘入室内,对密闭性要求高的建筑不适用。(2)材料防水屋顶。利用防水材料处理屋面板间的缝隙以解决防水问题。缝隙表面防水处理有嵌缝式和贴缝式两种方法。嵌缝法常用的材料有聚氯乙烯胶泥和嵌缝油膏。贴缝法常用的材料有玻璃丝布和沥青油毡。材料防水屋顶有代表性的是大型屋面板屋顶和预应力V形折板屋顶。

构件自防水屋顶

【构象】(conformation) 在分子中不改变共价键结构,仅由于单键旋转而产生的原子或基团在空间排列的无数特定的几何形状。有机化合物由单键旋转而产生的异构体称为旋转异构体或构象异构体。由于一个分子的构象异构体是无限的,所以通常只研究与势能曲线峰顶(重叠构象)和谷底(交叉构象)相对应的极限构象。分子的各种构象异构体并不是平均分布的,在室温下总是以其最稳定的构象为主要的存在形式,即优势构象,如果偏离优势构象就会产生扭转张力。在单键旋转时,相邻碳原子上其他键会交叉成一定角度,称为扭转角(又称两面角),可用它来精确表达各种构象异构体。

【构像方程】(imaging equation) 描述目标点及其相应像点几何关系的数学方程。传感器成像时像点与相应的地面点之间关系的数学解析式。其基本原理是:成像是瞬时像点与其相应的地面点应位于通过传感器投影中心的一条直线上。

【构音障碍】(dysarthrias) 由于中枢或周围神经或两者同时损伤而引起言语肌控制失常所引起的一种言语障碍。表现为发声困难,发音不准,咬字不清,声响、音调及速度、节律等异常和鼻音过重等言语听觉特征的改变。是口语的语音障碍。表达词义和语法正常,听觉理解也无障碍。从大脑通路到肌肉本身的病变都可能引起这种异常的表现。其常见的病因有:脑血管意外、颅脑外伤、脑肿瘤、脑瘫、肌萎缩性侧索硬化、重症肌无力、小脑损伤、帕金森病以及多发性硬化症等。常与失语症、失用症并存。其通常的治疗方法有:松弛训练、呼吸训练、发音训练、口面与发音器官运动训练、语音训练、语言节奏训练和替代言语交流训练等。

【构造地貌】(tectonic landform) 在地质构造控制下或由构造运动起主导作用形成的地表形态。构造地貌可分为三个级别:第一级是由地球内部和宇宙性的动力作用下形成地球表面最大的地貌单元——陆地和海洋;第二级是由地球内力作用为主形成的地貌单元——山地和平原;第三级是由外力地质作用对地质构造的剥露和改造,是对第二级地貌单元的细分,如冲积平原、堆积平原、单面山和火山等。

构造地貌

【构造湖】(structural lake) 由地质构造形成的湖泊。在地球漫长的地质历史时期中会发生各种各样由内营力引起的构造活动。在构造活动中,一些断陷塌落的地方便可能形成封闭的盆地,河水、冰雪融水及雨水灌注其中形成湖泊。海洋在隆升成为陆地时的残留湖也属于典型的构造湖。类似俄罗斯的贝加尔湖,北美洲美国和加拿大交界处的五

构造湖

大湖泊，还有中国青藏高原的青海湖、色林错、纳木错等均属于构造湖。

【构造混杂岩岛】(tectonic melange island) 由混杂岩构成的岛屿。地球表面的沉积岩一般都可以反映沉积环境，但人们很早就发现，有一种岸石，既有大陆的各类岩石的碎块、含有浅水相甚至陆相生物化石，又混有大洋地壳的基性岩碎块。碎块大小差别很大，基质中还有深海大洋微体生物化石。因为它们特别混杂而被称为混杂岩。混杂岩体一般出现在海沟岛弧侧的斜坡上。它是在大洋板块向大陆板块俯冲时，从大洋板块上刮削下来一些物质，和从大陆板块上刮削下来的物质混合在一起形成的。由它们构成的岛屿无法用正常的沉积作用来描述，所以叫构造混杂岩岛。这种岛屿很多，如印度尼西亚苏门答腊岛外侧的明打威岛等。

【构造柱】(constructional column) 混凝土构造柱的简称。设置在砖砌体结构房屋墙体的转角处和其他薄弱部位，并沿房屋高度贯通，且与各层圈梁及基础圈梁相连接设置的钢筋混凝土小柱。属于砌体墙的一部分，通常设置在楼梯间的休息平台处，纵横墙交接处，墙的转角处和墙长达到五米的中间部位等。其作用是可以加强纵横墙的连接，约束墙体裂缝开展，提高砌体结构的抗剪抗弯能力和结构的延性性能，增强建筑物承受地震作用的能力。

【构筑物】(structure) 又称准建筑物、指定建筑物。人们不直接在其内进行生产和生活活动的场所，如烟囱、水塔、堤坝栈桥、挡土墙、蓄水池和囤仓等。在电梯、自动扶梯系统内可作为构造物处理的有观光电梯、自动扶梯、高架游艺设备的水槽、惯性运转设施等。

构筑物

【姑息治疗】(alleviative treatment) 世界卫生组织对姑息治疗的定义是“姑息治疗医学是对那些对治愈性治疗不反应的病人完全的主动的治疗和护理。控制疼痛及有关症状，并对心理、社会和精神问题予以重视。其目的是为病人和家属赢得最好的生活质量。”并进一步解释为：“姑息治疗要坚定生命的信念，并把死亡看做是一正常的过程，既不促进也不推迟死亡，把心理和精神治疗统一在一起。提供一个支持系统使病人在临终前过一种尽可能主动的生活，对病人家属也提供一个支持系统，使他们能应付及正确对待病人生存期间的一切情况，以及最后自己所承受的伤痛。”姑息治疗最早起源于公元四世纪的临终安养院。1967 年，世界第一个现代化的临终安养院在伦敦建成。上世纪 70 年代以后，姑息治疗机构逐渐发展壮大，目前英国有 700 余家，美国 3 000 余家，其他欧洲及第三世界国家也陆续建立起临终安养院。1993 年英国和加拿大学者编写了牛津大学教科书《姑息医学》，并于 1998 年再版。1990 年以后，中国在全国范围内举行多次癌痛及姑息治疗学习班及临终关怀学习班，使姑息治疗的观念在一定程度上得到了普及和推广。

【孤雌生殖】(parthenogenesis) 又称单性生殖。卵不经过受精发育成正常新个体的生殖方式。按其方式的不同可分为：(1)偶发性孤雌生殖。昆虫在正常情况下进行两性生殖，但雌成虫偶尔产出的未受精卵也能发育成新个体的现象。(2)经常性孤雌生殖。昆虫中经常出现的生殖现象。(3)周期性孤雌生殖。昆虫通常在进行一次或多次孤雌生殖后，再进行一次两性生殖的现象。

【孤立木】(single tree) 生长在空旷地面上的单株树木。旷野上的树木由于不受环境的限制，可以向任意方向生长，故侧枝较多而且粗大。主干下粗上弱经常扭曲。树不可能长得太高，树冠大部分为半圆形。光、温度、水分、养分对花芽形成有很大影响。由于孤立木光照充足，占有较大营养空间，一般结实较早，如柳杉孤立木 5 ~ 6 年开始结实。孤立木自花授粉成功率较高，结实较多，其产量一般较林分内林木高出40 %左右，但质量不高。通常孤立木所产生的种子及所育成的苗木都不及林木好。应尽可能不从孤立木上采集种子。但它具有特殊的美感。在园林绿化中，有计划地散植一些孤立木，重点加以养护，会创造出十分醒目的景观。

孤立木

【孤雄生殖】(male parthenogensis) 又称单雄生殖、雄核发育。精子进入卵细胞后，尚未与卵核融合，卵核即发生退化、解体，雄核在卵细胞质内单独发育成仅具有父本染色体的胚的生殖方式。花粉或花药离体培养发育成单倍体植株是人工单雄生殖的一种方式，在自然界是罕见的。曾经记载的例子多数是以远缘花粉授粉诱导产生，或是由于冷处理或热处理的结果。单倍体孤雄生殖不能产生后代。但单倍体通过人工染色体加倍，可得能育的纯合二倍体植株。单倍体孤雄生殖的经典例子是从杂交或实验处理后获得，如南氏烟草父本与大叶烟草杂交，后代中又不具母本性状的籽苗。用具18个染色体的南氏烟草父本与72个染色体的大叶烟草杂交，在产生的1 000个籽苗中，只有一个达到成熟阶段。这个籽苗不具母本的任何性状，染色体数9个。这很可能是从南氏烟草的一个雄配子产生Cs7，一种具显性遗传的屋顶黄鹌菜去雄后，经X射线处理，然后授以隐性特征的雄亲本的花粉，结果得到一株具隐性特性的单倍体植株。用同样方法，在金鱼草和拟南芥中也得到少数单雄生殖单倍体。

【古代埃及建筑】（ancient Egyptian architecture） 公元前3 000年左右，古埃及出现的人类第一批巨大的纪念性建筑物。分为三个主要时期。（1）古王国时期。约为公元前27世纪至前22世纪。主要建筑是金字塔。（2）中王国时期。约为公元前22世纪中叶至前16世纪。建筑以石窟陵墓为代表。采用梁柱结构，有比较宽敞的内部空间。曼都赫特普三世墓是这一时期石窟陵墓建筑的典型。（3）新王国时期。约为公元前16世纪至前11世纪，神庙取代了陵墓，成为当时最重要的建筑。神庙形制大致相同，一般由大门、内庭院、大柱厅和只许法老和僧侣进入的神堂密室组成。规模最大的是卡纳克和卢克索的阿蒙神庙。

【古代希腊建筑】（ancient Greece architecture） 结构属梁柱体系，且多为石料建筑。石柱以鼓状砌块垒叠而成，砌块之间有榫卯或金属销子连接，不用胶结材料。古希腊建筑分为三个时期：（1）古风时期。公元前8世纪至前6世纪，希腊建筑逐步形成相对稳定的形式。出现了端庄秀丽的爱奥尼式建筑和雄健巍峨的多立克式建筑。到公元前6世纪，这两种建筑系统，被称之为“柱式”。柱式体系是古希腊人在建筑艺术上的创造。（2）古典时期。公元前5世纪至前4世纪是古代希腊繁荣昌盛时期。主要建筑有卫城、神庙、露天剧场、柱廊、广场等，最具代表性的建筑是雅典卫城和卫城中的帕提农神庙。（3）希腊化时期。公元前4世纪至前1世纪。马其顿王亚历山大远征，把希腊文化传播到西亚和北非。希腊建筑也随之向东方扩展。希腊建筑的形制、石质梁柱结构构件及其特定的艺术形式、建筑群设计的艺术原则等，对欧洲两千多年的建筑史有很深的影响。

雅典的巴台农神庙

【古代印度建筑】（ancient lndian architecture） 主要包括佛教建筑、婆罗门教建筑和伊斯兰教建筑。考古发现，约在公元前2550～前1550年期间兴建的摩亨朱－达罗城（现属巴基斯坦），街道呈方格网状，各种建筑物都初步有了自己的形制。佛教于公元前5世纪兴起于印度。古代印度遗留下来的佛教建筑主要包括窣堵波、石窟和佛祖塔等。从公元10世纪起，印度各地建起大量婆罗门教庙宇，用石材建造，采用梁柱和叠式结构，从台基到塔顶连成一个整体，布满雕刻。建筑形式在北部、南部和中部各不相同。最杰出的是科纳拉克的太神寺。莫卧儿帝国统治印度时，各地建造了大量清真寺、陵墓、经学院和城堡。其形式和规格虽受中亚、波斯的影响，但已具有独立特征。清真寺、陵墓多以大穹顶为中心作集中式构图，四角是体形相似的小穹顶衬托。立面设有尖券的龛，墙体多用紫赭色砂石和白色大理石装饰。广泛使用大面积的大理石雕屏和窗花，建筑轮廓饱满，色彩明朗，装饰华丽，具有强烈的艺术效果。其代表作品是泰姬·玛哈尔陵（1630～1653年）。

科纳拉克太神寺

【古登堡面】（Gutenberg discontinuity） 地幔与地核的分界面。1914年古登堡在研究地震波传播时发现。地震波从莫霍面向下传播，波速持续增大，到2 900km处，纵波波速增大到13.6km/s，横波波速增大到7.3km/s；但自2 900km往下，纵波波速下降到8.1km/s，横波突然中止消失，不再向下传播。这一明显截然的分界面，被确定为地幔与地核之间的分界面，被称为古登堡面。

【古地磁】（paleomagnetism） 过去地史时期的地磁。研究古地磁的学科称为古地磁学。古地磁学主要是利用岩石与古代文物的磁性，研究各地质年代、史前及历史时期地球磁场的性质、变化及其与地球演化过程之间的关系。古地磁研究可应用的范围主要有以下几个方面：通过对不同地质年代岩石中剩磁的研究，了解地磁场的演变历史和规律，并为地磁场起源的理论和长期变化的机制提供资料依据；研究岩石和矿物的磁学特征，即岩石矿物在地磁场中的各种磁化过程和剩磁强度与外界条件的关系;通过对不同地质年代岩石磁性特征的研究,可进行地层对比,这对研究缺少化石的沉积岩与火成岩具有重要意义。20 世纪 50 年代兴起的对古地磁和海洋磁测资料的研究,推动了板块构造学说和新构造理论的发展。

【古地理】(paleogeographic) 过去地史时代(包括人类历史时期)地球表面的自然地理状况。包括地形地貌、海陆分布、水流方向、沉积环境、气候分带等内容。研究的成果常反映在古地理图上。任何古地理图的编制,都有其特定的时间间隔(千万年、百万年、十万年等)和空间范围(区域性)。利用古地理图能便捷地了解地球表面(或一个区域)某一时期的古地理环境及变化过程,并应用于对某些沉积、层控矿产资源的探测。

【古典复兴建筑】(classical rerival architecture) 又称新古典主义建筑。18 世纪中叶,人们突破了教条主义一百年的统治,把真正科学的理性精神带进了建筑领域。认为建筑物的一切都要表明它存在的理由。由此产生的古典复兴建筑风格,在 18 世纪 60 年代到 19 世纪流行于一些欧美国家。采用这种风格的主要是国会、法院、银行、交易所、博物馆、剧院等公共建筑和一些纪念性建筑。法国是古典复兴建筑活动的中心,主要代表作品有万神庙(1755 ~ 1792 年)、雄帅凯旋门(1808 ~ 1836 年)、马德兰教堂(1806 ~ 1842 年)等。英国在 18 世纪下半叶兴起罗马复兴潮流,代表作品有英格兰银行(1788 ~ 1835 年)。19 世纪又兴起了希腊复兴建筑,代表作品有伦敦的不列颠博物馆(1823 ~ 1847 年)等。

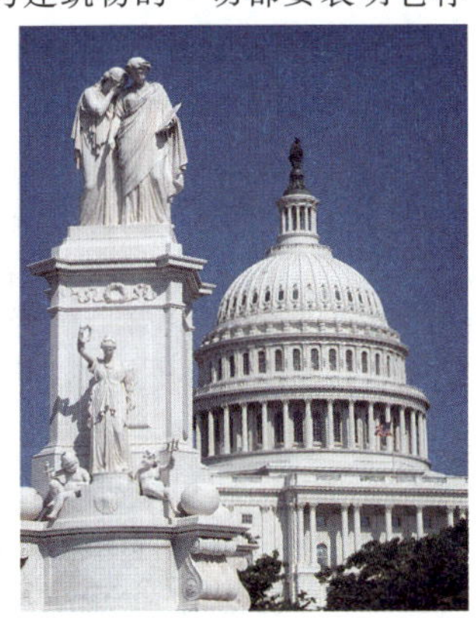
古典复兴建筑

【古典建筑】(classic architecture) ❶广义上指工业革命以前以建筑外立面形式为主要设计特点的建筑。❷狭义上指古希腊和古罗马时期的以柱式为主要设计出发点的建筑。法国在 17 世纪到 18 世纪初的路易十三和路易十四专制王权极盛时期,建造了很多古典主义风格的建筑。古典主义建筑普遍应用古典柱式,造型严谨,内部装饰丰富多彩。18 世纪末至 19 世纪上半期,法国建筑连同绘画一起被称作新古典主义时期。这个时期并没有形成新的建筑样式,只是古代建筑交替和花样翻新,被称之为“浪漫的古典主义”。古希腊是西方文化的摇篮,同样是西方建筑的开拓者。古希腊建筑的精髓之处,在于其古典柱式。同属印欧种族的希腊和罗马人,影响了西方两千年的建筑发展。各类新古典主义建筑共同的一个特点是:在当时新建的房屋中有意识地保持历史上流传的古典建筑形式和风格特征。以复兴希腊建筑古罗马的建筑艺术装饰形式为主,借助于希腊、罗马的古典建筑来表现民主、自由、光荣和独立等新的含义。

古希腊建筑

【古典科学】(classical science) 古代流传下来在一定时期被认为是正宗或典范的科学。是现代科学发展的基础。西方科技史常把欧几里得几何学、亚里士多德科学、阿基米得静力学、托勒密天文学、盖仑医学视为古典科学。近代的牛顿力学和电磁学分别被称为古典力学、古典电磁学。其特性有数学性、规范性、传统性、经典性和高度发展性。

【古典园林】(classical garden) 又称传统园林。既可以是建于古代的园林,也可以是建于现代而具有古代园林风格的园林。中国古典园林有不同的分类方法。按占有者身份的不同可分为:(1)皇家园林。是专供帝王休息享乐的园林。其特点是规模宏大,真山真水较多,园中建筑色彩富丽堂皇,建筑体型高大。现存的著名皇家园林有北京的颐和园、北京的北海公园、河北承德的避暑山庄。(2)私家园林。是供皇家的宗室外戚、王公官吏、富商大贾等休闲的园林。其特点是规模较小,常用假山假水,建筑小巧玲珑,表现其淡雅素净的色彩。现存的私家园林有北京的恭王府,苏州的拙政园、留园、沧浪亭、网狮园,上海的豫园等。按园林所处地理位置的不同可分为:(1)北方类型园林。其地域宽广,范围较大;大多为百郡所在,建筑富丽堂皇,因自然气象条件所局限,河川湖泊、园石和常绿树木较少,由于风格粗犷,秀丽媚美则显得不足。北方园林的代表大多集中于北

古典园林

京、西安、洛阳、开封，其中尤以北京最具代表性。(2)江南类型园林。园林地域范围小；但因河湖、园石、常绿树较多，故园林景致较细腻精美。其特点为明媚秀丽、淡雅朴素、曲折幽深，但面积较小，略感局促。南方园林的代表大多集中于南京、上海、无锡、苏州、杭州、扬州等地，其中尤以苏州的最具代表性。(3)岭南类型园林。因其地处亚热带，终年常绿，又多河川，所以造园条件比北方、南方都好。其明显的特点是具有热带风光，建筑物都较高而宽敞。现存岭南类型园林，有著名的广东顺德的清晖园、东莞的可园、番禺的余荫山房等。中国古典园林是指以江南私家园林和北方皇家园林为代表的中国山水园林形式，在世界园林发展史上独树一帜，是全人类宝贵的历史文化遗产。

【古典主义建筑】(classicism architecture) 广义的古典主义建筑是指以古希腊建筑和古罗马建筑为典范发展起来的意大利文艺复兴建筑、巴洛克建筑和古典复兴建筑。其共同特点是采用古典柱式。狭义的古典主义建筑是指17世纪中叶在法国形成，后又影响到欧洲及世界其他地区的古典建筑潮流。古典主义建筑理论认为，建筑艺术规则永恒不变，美产生于度量和比例。古典主义建筑师尊奉柱式建筑，在设计中以古典柱式为构图基础，突出轴线，强调对称，注重比例，讲求主从关系，经常使用穹顶来统率整幢建筑物，用巨柱式控制整个构图。古典主义建筑的构图简洁，几何性很强，轴线明确，主次有序，完整统一。巨柱式给纪念性建筑以壮丽形象，多用于宫殿、纪念性建筑和大型公共建筑中。代表作是巴黎卢浮宫和凡尔赛宫。19世纪末和20世纪初，古典主义建筑逐渐被其他建筑形式所代替。

古典主义建筑

【古海进】(marine transgression) 又称古海侵。在地史上的某个地质时期内，由于海平面上升或陆地相对下降而导致的海水对大陆区侵入的现象。在宏观地层记录方面，随着海侵范围不断向陆地扩展，表现为由老到新的连续沉积系列依次向陆地方向逐步扩大。由于海侵过程可快可慢，速度较慢的渐进方式，在沉积记录上表现为自下向上海水逐渐由浅变深的岩相更替；相对快速时，较深水环境的沉积物可以直接覆盖在一个时代更老、或多或少准平原化的陆地剥蚀面上。一个海侵序列组成的地层与下伏地层的接触面是一个不整合面，两者间地层缺失的时间间隔也是向陆地方向增大。在这个面上所沉积的海侵地层序列，在空间展布格局上称为地层超覆。

【古海退】(marine regretssion) 地史上的某个相对短的地质时期内，由于海平面下降或陆地实际上升而引起的海水从大陆向海洋退缩的现象。海退的结果，在沉积作用上最常见的例证是三角洲沉积范围的扩大。在宏观地层记录时空分布格局方面，地层剖面纵向上一般表现为岩性向上变粗、水体向上变浅、由海相变为陆相；横向上表现为自早到晚地层分布范围逐渐变小，这一现象称为地层退覆。

【古海洋学】(paleoceanography) 又称历史海洋学。海洋地质学的一个分支。研究地质时期海洋环境及其演化的学科。利用现代地质学和海洋学知识，通过海洋沉积物的分析和研究，了解古海洋表层及底层环流的形成、演化及其地质作用，阐明海水成分在地质历史中的变化，浮游和底栖生物的演化、生产力和生物地理发展史及其对沉积作用的影响，以及海洋沉积作用的历史。古海洋学的中心问题是古海洋环流发展史。古海洋学作为一门独立学科是20世纪70年代以后发展起来的。它与地质学、古生物学、古气候学关系密切。板块构造为古海洋环境的再造提供了理论基础。随着古生物学、地球化学及矿物学等现代科学技术广泛应用于古海洋环境的研究，大大推进了古海洋学的发展。现在，利用古海洋学的理论和方法，已经初步建立了中生代以来各时期的海洋古环流、海洋古地理和古气候演变的模式。它为板块构造理论、生命演化、气候演变提供了必要的资料；也为寻找石油天然气、煤、海底锰结核、磷酸盐矿等沉积矿床提供了环境指标。

【古近纪】(Paleogene Period) 曾称老第三纪、古第三纪、下第三纪。地质年代中新生代第一个纪。始于距今6 500万年，延续至距今约2 350万年。这一时期动物界的基本特点是哺乳动物迅速演化、辐射，除了适应陆地生活的各种类群外，还出现了适应海洋和空中的类群，如鲸、蝙蝠等。植物中被子植物更趋繁盛，分布趋于现代。古近纪分为古新世、始新世、渐新世三个世，代表符号“E”。

【古罗马建筑】(ancient Roman architecture) 古罗马人沿袭亚平宁半岛上伊特鲁里亚人的建筑技术、继承古希腊建筑成就，在建筑形式、技术和艺术方面广泛创新的一种建筑风格。以砖石墙、半圆形拱券、挑出的门框装饰和交叉拱顶结构为主要特点。在公元13世纪达到了西方古代建筑的顶峰，包括宗教建筑、宫殿、剧场、角斗场、浴池、广场和巴西利卡(长方形会堂)等。居住建筑中已出现五层公寓式住宅。古罗马世俗建筑形制相当成熟,大型剧场和带阳台的多层标准单元公寓的形制已与现代同类建筑相似。代表作有古罗马斗兽场(竞技场)、万神庙等。古罗马建筑的巨大规模、丰富式样、高超的结构技术,连同建筑学方面的科学理论,对欧洲、美洲乃至全世界的建筑都产生了深远影响。

古罗马建筑

【古气候】(paleoclimate) 一个地区在较长的历史时期(时间尺度从几十年到几千年、几万年、上千万年尺度)内各种气象要素的综合表现。地球科学研究中所指的古气候包括两个方面:(1)地质历史中的古气候,包括地球早期有内外力地质作用的整个地史时期的古气候变化。其研究古气候的尺度一般较大,多在千万年级以上。(2)人类历史中的古气候,一般指第四纪或人类出现以来的气候变化。其时间尺度多以十年、百年为单位。古气候的研究,主要依据沉积岩中所存在的某些具有特征的岩石和标志,以及所含的化石,同时也采用古地磁、古冰川和放射性同位素的方法,研究推断当时的古气候条件。其成果对于地层划分对比和地壳演化历史的探讨以及普查找矿,都具有指导意义。

【古气候学】(paleoclimatology) 大气科学的一个分支。主要研究过去地质时代地球上的气候条件和变化,及在某个地区或世界范围的变化原因的学科。古气候研究是依据沉积岩中所保存的某些具有特征的岩石和标志及其所含化石,用古地磁和同位素的方法,估计出某些古气候要素,如风向、大气圈和海洋的温度等。主要是辨认和确定冰期和炎热、干湿情况。古气候研究对于地层划分对比、地壳和大气的演化以及矿床资源的成因与探测,都具有指导意义。

【古生代】(Paleozoic Period) 地质年代中显生宙的第一个时代。时间跨度距今5.40~2.50亿年,分为早古生代和晚古生代。早古生代包括寒武纪、奥陶纪和志留纪;晚古生代包括泥盆纪、石炭纪和二叠纪。

【古生菌】(archaea) 又称古细菌。能够在盐里或在接近沸腾的温泉中生长并能产生甲烷的微生物。古生菌与细菌域、真核生物域并称为三大生物。早期的地球大气中没有氧气,却有大量氨气和甲烷,植物和动物均无法生存,而古生菌却非常合适这种环境,并在这个地球上繁衍、进化。这些古生菌可能就是地球上最古老的生命。

【古树名木】(ancient and famous woody plants) 树龄在百年以上,具有历史、文化、科学或社会意义的木本植物。中国系文明古国,古树名木之多世界少有。对古树名木这类有生命的国宝研究,具有重要历史意义和现实意义。古树名木是历史的活见证:如山东莒县浮莱山的银杏王,已有3 000年的历史;山西晋祠周柏已有3 000年以上的历史;西藏自治区的巨柏已有2 500多年;陕西临潼的汉槐已有2 000年了;北京戒台寺和陕西省长安县温国寺的两株白皮松有1 300年的历史,是世界最老的白皮松。古树名木是名胜古迹的最佳景点:如黄山迎客松、陕西黄陵的轩辕柏、北京北海团城上的"遮荫侯"(油松)和"白袍将军"(白皮松)、泰山的卧龙松、四川灌县天师洞冠幅达36m的世界最大的银杏;广东新会县的"小鸟天堂"(中叶榕)、陕西勉县武侯祠的"护墓双桂"(古桂花)、苏州光福的清奇古观四株古柏、河南登封嵩阳书院的"将军柏"和河南新野的"汉桑城"(桑树)等。

古树名木

【古树名木保护】(protection and management of ancient trees) 对古树名木进行保护、管理的规定和措施。对于列入古树名木的标准,各地不同。一般按树龄划定等级。有些与历史文物密切相关,或在植物分类、引种、育种等方面有特殊意义的树木,则按其历史和科学上的重要程度或知名度划定等级。在中国,古树指树龄在百年以上的大树;名木指树种稀有、名贵或具有历史价值和纪念意义的树木。其中树龄在300年以上和特别珍贵、稀有或具有重要历史价值和纪念意义的古树名木定为一级,其余的为二级。许多国家和城市制定了禁伐古树的有关法律和一些具体规定,并建立了奖惩制度。

【古细菌】(archaeobacteria) 见古生菌。

【古贤水利枢纽工程】(Guxian Key Project) 位于黄河北干流下段。其坝址的右岸为陕西省宜川县,左岸为山西省吉县。上距碛口坝址235.4km。下距壶口瀑布10.1km。控制流域面积

48 994km²。占三门峡水库流域面积71%。是黄河水沙调控体系的重要组成部分。工程由拦河坝、泄洪建筑物、引水系统和电站厂房等组成。枢纽最大坝高199m,相应总库容 $1.655\,7\times10^{10}$ m³,长期有效库容 4.776×10^{9} m³。电站装机2 100MW。多年平均发电量 7.096×10^{9} kW·h。是黄河水沙调控体系的重要组成部分。工程等级为Ⅰ等,工程规模为大(Ⅰ)型。永久性建筑物级别:主要建筑物为一级,次要建筑物为二级,导流建筑物为三级。具有防洪、减淤、供水、发电和灌溉等综合效益。

古贤水利枢纽工程

【谷氨酰胺】(glutamine) 又称半必需氨基酸。一种白色、无臭、微甜、溶于水的斜晶系晶体或结晶性粉末。人体条件必需氨基酸。是人体内含量最高的氨基酸。在人体蛋白质中约占50%。当机体功能正常时,体内可以合成谷氨酰胺。但应激条件下,如患严重疾病或消耗过多时,对谷氨酰胺的需要量就增加,此时就可能变为必需氨基酸。谷氨酰胺是防止胃肠功能衰竭的最重要营养素之一。

【谷坊】(check dam) 在易受侵蚀的沟道中,为固定沟床修筑的土、石建筑物。按其修筑材料的不同可分为:土谷坊、干砌石谷坊、梢枝谷坊、柳谷坊、浆砌石谷坊、铁丝石笼谷坊、竹石笼谷坊、混凝土谷坊和钢筋混凝土谷坊等。其中以石谷坊、土谷坊最为普遍。谷坊横卧沟道中,高度一般1~3m,最高5m。谷坊一般布置在干沟上游或纵坡大的支毛沟,位置选择在沟道狭窄、拦沙库容大、地质条件好、能就地取材的沟段。其高度根据建筑材料、沟道地质、地形条件确定。在沟道纵坡相同条件下,谷坊高度越大,间距也越大。谷坊断面形状、尺寸与修筑材料有关。为安全宣泄通过谷坊的洪水,需要设置溢洪口;其尺寸由汇水面积、设计暴雨、径流系数等推算的设计洪峰流量确定。为防止溢流洪水冲淘谷坊基础下游沟床,需设置护坦或消力池。消力池长度一般为谷坊高度的1~2倍,宽度为溢洪口宽度的1.5倍,深度为0.5m左右。谷坊的主要作用是:(1)抬高侵蚀基准,防止沟底下切;抬高沟床,稳定山坡坡脚,防止沟岸扩张。(2)减缓沟道纵坡,减小山洪流速,减轻山洪或泥石流危害。(3)拦蓄泥沙,使沟底逐渐台阶化,为利用沟道土地发展生产创造条件。谷坊拦满泥沙后可造林种草,栽植果树,充分利用土地。

谷坊

【谷胱甘肽】(glutathione) 由谷氨酸、半胱氨酸和甘氨酸通过肽键缩合而成的三肽化合物。广泛存在于动物肝脏、血液、酵母和小麦胚芽中。可分为还原型和氧化型。在生理条件下还原型谷胱甘肽占绝大多数。其生产方法有:(1)溶剂萃取法。(2)化学合成法。(3)微生物发酵法。(4)酶合成法。其作用是:(1)抗氧化。作为体内一种重要的抗氧化剂,能够清除人体内的自由基,清洁和净化体内环境,维护身心健康。(2)整合解毒。能与某些药物(如扑热息痛)、毒素(如自由基、重金属)等结合,参与生物转化作用,把机体内有害的毒物转化为无害物质,排泄出体外。人们已研制开发出谷胱甘肽药物,除利用其巯基以整合并消除重金属、氟化物、芥子气等毒素外,作为辅助治疗的药物,在肝炎、溶血性疾病以及角膜炎、白内障等疾病中应用广泛。

【谷类作物】(grain crops) 又称粮食作物、禾谷类作物。以收获成熟果实为目的,经去壳、碾磨等加工程序而供作人类基本食粮的一类作物。绝大多数属禾本科,如稻、小麦、大麦、玉米、高粱、粟等。蓼科的荞麦、藜科的藜谷等,因其也作粮食,通常也归入谷类作物,并称为假谷类作物。

谷类作物

【谷朊粉】(activated gluten powder) 又称活性面筋粉。从小麦中直接分离出来的高蛋白聚合物。蛋白质含量为75%~85%,脂肪含量为1.0%~1.25%,吸水率为150%~200%。吸水后的谷朊粉能保持原有的自然活性及天然物理状态,是营养丰富的植物蛋白资源,具有黏性、弹性、延伸性、薄膜成型性和吸脂乳化性。其粗细度为通过200μm筛网≥95%,水分≤9%,是一种优良的面团改良剂,广泛用于面制品、肉类产品,在高档鱼虾饲料、医药和其他方面,也被广泛应用。生产谷朊粉的专用小麦粉品质要求蛋白质含量多、质量高,以便提取尽可能多的谷朊粉。其淀粉应未变性,淀粉损伤尽可能降到最低。目前,中国把谷朊粉作为一种高效的绿色面粉增筋剂，用于高筋粉、面包专用粉的生产，且添加量不受限制。添加谷朊粉还是增加食品中植物蛋白质含量的有效方法。

【谷物保护剂】（grain protectant） 又称谷物防护剂。直接施用于储粮中，具有较长期防虫效果的一类高效低毒的固体或液体杀虫剂。采用合理的配方和微胶囊化技术。用高分子材料将杀虫剂制成几十微米的微胶囊。能逐渐降解，无有害残留，不影响粮食品质。多为触杀药剂，挥发性不强。常用的有：粉剂、乳油、微胶囊剂、颗粒剂和药糠等剂型。对于粮食内部的隐蔽性害虫、接触不到药剂的虫卵和蛹不能立即杀死。可防治米象、玉米象、拟谷盗、谷蠹、扁谷盗、锯谷盗、麦蛾、印度谷螟、螨类、书虱等多种储粮害虫。其稳定性强，杀虫广谱，使用安全方便，储粮不需密闭。因是高效低毒农药，目前只允许在原粮中使用。常用的施药方法主要有：机动喷雾法、手动喷雾法、超低容量喷雾法、结合熏蒸表面层喷雾法、砻糠载体法、拌粉法和拌粒法。

【谷物饮料】（grain drinks） 以谷物为主要原料调配制成的饮料。选用五谷杂粮，经过烘焙、精磨、熬煮、杀菌等工序，将谷物中的不饱和脂肪酸、膳食纤维、维生素和矿物质等天然营养成分充分利用，达到营养均衡。其主要指标包括膳食纤维、蛋白质和脂肪含量，其中膳食纤维是判断谷物饮料的重要指标。

谷物饮料

【股骨头坏死】（femoral hesed hecrosis） 由于各种病变导致的局部血液供应障碍，使股骨头组织内的骨细胞发生坏死的疾病。患者以髋关节疼痛和跛行为主要特征，如得不到及时有效治疗，则不久就会失去劳动和行动能力。中国目前累计有 500 万～750 万患者。造成股骨头坏死的原因很多，主要有长期酗酒、服用激素、髋部外伤等。早期的股骨头坏死常易误诊。该病最早期的症状为活动后大腿间歇性的酸胀、酸困。随着病情发展，间歇时间逐渐缩短，酸胀时间延长。做磁共振检查可以确诊。该病治疗方法有：介入治疗、高压氧治疗、激素类药物等。晚期时可采用关节置换来修复肢体功能。微创自体干细胞移植治疗，是一种新型的治疗方法，但不适用于晚期患者，对二期以前的病变效果较好。

【骨瓷】（bone china） 原料中含有 25% 以上骨粉的瓷器。骨瓷的形成主要依靠氧化硅、氧化铝和氧化钙。其中氧化钙的含量越高，色泽越好。在自然界中，氧化钙的来源不多，所以选择动物的骨粉作为氧化钙的来源。常用的有牛、羊、猪骨等，以牛骨为佳。骨瓷质地细密，通体呈乳白色，在灯光下呈半透明状，比普通的陶瓷轻，保养简单。骨瓷是高档瓷种，始创于英国，曾是英国皇室的专用瓷器。可制作餐具、礼品、工艺品和饰品等。

骨瓷

【骨钙素】（BGP） 又称骨 γ－羧基谷氨酸蛋白（BGP）。由非增殖期成骨细胞特异合成和分泌的一种 49 肽的非胶原骨蛋白。相对分子质量 5 800。主要沉积在骨组织间质细胞外和牙质中，同时也进入血循环。血中的 BGP 与骨内 BGP 的含量密切正相关，并受血 Ca^{2+} 及维生素 D_3 等的调节。在血中的半衰期约 4～5min，大部分由肾脏降解后随尿排出。其主要具有骨代谢调节，维持正常矿化速率的作用。血 BGP 的水平反映了骨代谢的瞬间变化（即骨转换率），因此可作为骨形成和转换的特异性指标。成人血清正常值 2.0～7.6μg/L。儿童较高，老年人较中青年人为低，即血 BGP 的水平与年龄负相关。其升高主要见于：骨折愈合期、肾功能不全及原发性骨肿瘤、甲状腺功能亢进、肢端肥大症等；降低主要见于：老年性及糖尿病性骨质疏松症、妊娠、转移性骨肿瘤、长期应用糖皮质激素、甲减等。

【骨架板材建筑】（plate frame construction） 由预制的骨架和板材组成的装配式建筑。其承重结构形式有：(1)由柱、梁组成承重框架，再搁置楼板和非承重的内外墙板的框架结构体系。(2)柱子和楼板组成承重的板柱结构体系，而内外墙板不承重。承重骨架一般多为重型

骨架板材建筑

的钢筋混凝土结构，也有采用钢和木作成骨架和板材组合的，常用于轻型装配式建筑中。其结构合理，可以减轻建筑物的自重，内部分隔灵活，适用于多层和高层的建筑。钢筋混凝土框架结构体系的骨架板材建筑有全装配式预制和现浇相结合的装配整体式两种。保证这类建筑的结构具有足够的刚度和整体性的关键是构件连接。柱与基础、柱与梁、梁与梁、梁与板等的节点连接，应根据结构的需要和施工条件，通过计算进行设计和选择。节点连接有榫接法、焊接法、牛腿搁置法和留筋现浇成整体的叠合法等。板柱结构体系的骨架板材建筑是方形或接近方形的预制楼板同预制柱子组合的结构系统。楼板多数为四角支在柱子上；也有在楼板接缝处留槽，从柱子预留孔中穿钢筋，张拉后灌混凝土。

【骨骼菌丝】（skeletal hyphae） 又称骨骼菌丝。担子菌子实体中一类厚壁、长形、无隔膜菌丝。一般挺直或稍弯曲，分枝或不分枝，无锁状联合。起子实体的骨骼或骨架撑直作用。

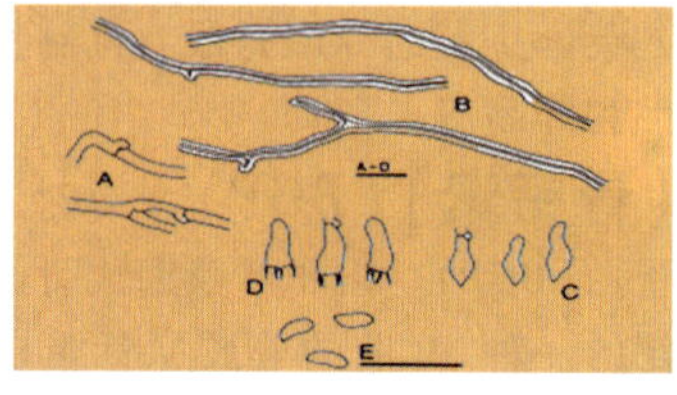

骨骼菌丝

【骨龄】（bone age） 骨骼年龄。和骨骼的生长、成熟有关。通常用X光拍摄手腕部、检查其骨化中心的多少及骨骺端的融合情况来判断。对生长发育的评估，骨龄比实际年龄更有意义。腕部的骨化中心共10个（8个腕骨加尺桡骨2个骨化中心），且随着年龄增长而逐渐出现。出生时腕部无骨化中心，4～6月出现头状骨、钩状骨2个骨化中心，2～3岁三角骨出现，4～6岁月骨及大小多角骨出现，5～8岁舟骨出现。6个月桡骨骨骺端出现骨化中心，6～8岁尺骨出现骨化中心，9～13岁前后1个豆状骨出现骨化中心。尺桡骨及掌指骨骺端和干骺端融合，标志着长骨生长的结束，生长停止。8岁前，骨龄＝年龄＋1。骨龄落后见于呆小病、生长激素缺乏、软骨发育不全和卵巢发育不全等。骨龄过早出现见于肾上腺生殖综合症、性早熟以及甲亢等。

【骨密度】（bone density） 骨质量的一个重要标志。骨密度的测量可以提供全身和任意骨的骨密度值，并将测得的骨密度值与正常成人的骨量峰值比较得出 T 值。世界卫生组织（WHO）建议根据 T 值的高低为骨量丢失的程度制定了一个标准，正常：T 值 >-1；骨量减少：$-1 \sim -2.5$；骨质疏松症：<-2.5。T 值是医生确诊和治疗骨质疏松的重要依据。骨密度值有助于了解受试者骨矿物质的状况，并能进行骨折发生危险率的预测、预防治疗方案的选择和治疗效果的监测等。

【骨肉瘤】（osteosarcoma） 由肿瘤性成骨细胞、骨样组织所组成的肉瘤。起源于成骨组织的恶性肿瘤。其发病率在原发性恶性肿瘤中占据首位。可发生在任何年龄段，但大多在10～25岁，且男性较多。其恶性程度甚高。予后极差。可于数月内出现肺部转移。截肢后3～5年存活率仅为5%～20%。发生在股骨下端及胫骨上端的约占所有骨肉瘤的四分之三。其他如肱骨、股骨上端、腓骨、脊椎、髂骨等亦可发生。其多为溶骨性，也有少数为成骨性。骨膜下骨皮质及髓腔部均可发生浸润扩散。早期肿瘤主要在骨膜下，融合于骨皮质，向邻近软组织扩散，可发生病理性骨折。一般不侵入关节。几乎所有转移均经血液转移至肺，少数转移至脑、内脏、肾及经淋巴管至淋巴结。由于肿瘤的发展及骨膜反应，常有骨膜高起形成三角，称考德曼（Codman）氏三角，并有与骨干呈垂直的阳光样放射骨针。

【骨水泥】（bone cement） 见医用水泥。

【骨髓】（bone marrow） 位于骨质中心的重要的造血器官。为各种血细胞及淋巴细胞后继的发源地。祖先是来自胚胎早期最原始血液和淋巴先驱细胞，经增殖后移入骨髓内，进一步增殖分化为定向造血干细胞或前体细胞。其中前B细胞则留在骨髓内增殖发育成为有功能的B（淋巴）细胞，代表在骨髓内衍生的特定淋巴细胞。还有些非T非B的第三类淋巴前体细胞也留在骨髓内增殖和分化，成为杀伤细胞（K细胞）及自然杀伤细胞（NK细胞）。其余非淋巴性的髓性多能干细胞及其各种前体细胞皆留在骨髓内不同的微环境中发育成为各自的血细胞，包括单核－巨噬细胞、粒细胞、树突状细胞、朗汉斯巨细胞、巨核细胞裂解为血小板、红细胞及肥大细胞等，这些细胞都分布于全身。

【骨髓穿刺术】（bone marrow puneture） 利用穿刺法采取骨髓液的一种常用诊断技术。骨髓液的检查包括细胞学、寄生虫和细菌学检查等几个方面。术前应做凝血时间检查，对血友病者禁止作骨髓穿刺。常用的穿刺部位有髂前上棘、髂后上棘、胸骨以及腰椎棘突。其临床意义是：（1）细胞学检查，对血液系统疾病有重要诊断意义。如可从形态学上帮助诊断贫血的原因，鉴别诊断再生障碍性贫血等；可诊断各种类型的白血病；诊断恶性肿瘤。（2）寄生虫学检查，可发现黑热病和疟疾的病原体。（3）细菌学检查的骨髓液培养，对伤寒及其他败血症较血培养可获得更高的阳性率。

【骨髓移植】(bone marrow transplantation) 将他人骨髓移植至患者体内使其生长繁殖、重建免疫和造血系统的治疗方法。按骨髓来源的不同可分为自体骨髓移植和异体骨髓移植。异体骨髓移植又分为血缘关系骨髓(同胞兄弟姐妹)移植与非血缘关系骨髓移植(志愿捐髓者)移植。自体骨髓移植易复发,在临床上较少采用。目前骨髓移植还是首选异体的骨髓进行移植。骨髓移植已成为许多疾病的唯一治疗方法,除了可以根治白血病以外,还用于医治其他血液病,如再生障碍性贫血、地中海贫血、异常骨髓细胞增生症、遗传性红细胞异常症、血浆细胞异常症等以及淋巴系统恶性肿瘤、遗传性免疫缺陷症、重症放射病等。

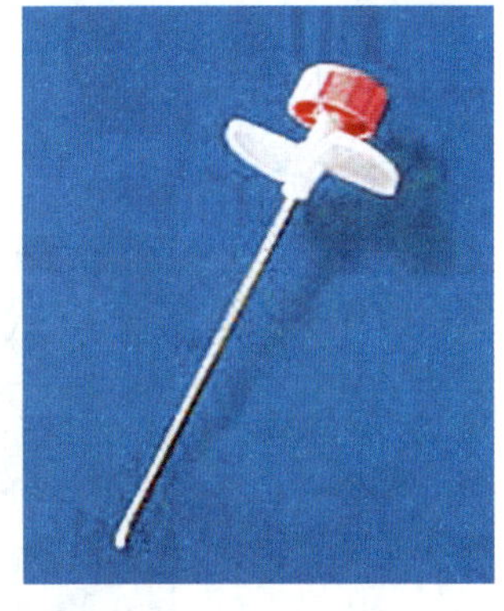

骨髓移植针

【骨髓抑制】(myelosuppressive) 骨髓中的血细胞前体的活性下降的现象。是化疗中最常见的主要限制性毒性反应。血流里的红细胞和白细胞都源于骨髓中的干细胞。血流里的血细胞寿命短,常常需要不断补充。为了达到及时补充的目的,作为血细胞前体的干细胞必须快速分裂。化学治疗、放射治疗以及许多其他抗肿瘤治疗方法,都是针对快速分裂的细胞,因而常常导致正常骨髓细胞受抑。大多数化疗药均可引起有不同程度的骨髓抑制,较常见的药物有阿霉素、泰素、卡铂、异环磷酰胺、长春碱类等。骨髓抑制主要表现为外周血液中白细胞数目下降,特别是以中性粒细胞下降为主,临床表现为乏力、头晕、面色苍白或萎黄、四肢酸楚、心悸、失眠等症状。

【骨纤维组织异常增殖症】(bone fibrous dysplasia) 又称纤维性骨炎。一种以骨纤维变性为特点的骨骼系统疾病。该病好发于儿童及青年。女性较多见。病因不明。是一种缓慢进展的自限性良性骨纤维组织疾病。正常骨组织被吸收,而代之以均质梭形细胞的纤维组织和发育不良的网状骨骨小梁,可能系网状骨未成熟期骨成熟停滞,在出生后网状骨支持紊乱,或构成骨的间质分化不良所致。本病临床并非罕见,约占全部骨新生物的25%,占全部良性骨肿瘤的7%。单骨型约占70%,多骨型不伴内分泌紊乱者约占30%,多骨型伴内分泌紊乱者约占3%。其主要有三种类型:(1)多骨型骨纤维组织异常增殖症。多发于四肢长骨,也伴发于扁平骨(颅骨、骨盆、肋骨等),常多处骨质受累。(2)单骨型骨纤维组织异常增殖症。多发生于颅面骨,以上颌骨多见。在临床上该型与耳鼻咽喉科关系密切,常被误诊为上颌骨恶性肿瘤。(3)艾布赖特综合征。由多骨型骨纤维组织异常增殖(称播散性纤维性骨炎)、皮肤色素沉着及内分泌障碍(以女子性早熟为突出表现)等症状构成。骨纤维组织异常增殖症为缓慢进行性局部肿块,因肿块压迫邻近器官组织,产生各种机能障碍与畸形,从而出现临床症状。(1)病变在上下颌者,以颜面变形为主要表现。(2)侵犯鼻窦和鼻腔者,与鼻炎、鼻窦炎症状相似,可出现鼻塞、鼻分泌物增多,重者可致鼻中隔偏曲等。(3)侵犯颌骨,可发生耳后、外耳道局部隆起变形、中耳炎、听力障碍及面瘫等症状。(4)侵入眶内,可出现流眼泪、眼球突出、移位及视力减退、复视等症状,这是由于泪道及眼球受压所致。(5)侵犯牙槽骨可影响上下牙列正常咬合关系,有时咀嚼时可出现颞颌关节疼痛。(6)侵犯颅内者,虽极少见,但因可引起颅内压增高及脑神经受侵症状,对患者危害较大。其治疗措施有:单骨型,主要以手术切除为主,因放疗有诱发恶变可能。鉴于本病临床进展缓慢,对病变较小或无症状者,可暂不手术,但应密切随访观察。病变发展较快,伴有明显畸形和功能障碍者,应视为手术指征。根治性切除虽为最佳治疗方法,但有导致功能障碍与美容缺陷的弊端。保守的部分切除易于复发,其中单骨型为21%,多骨型可高达36%。本病手术切除预后良好,故术中对邻接颅底及颅内的重要神经、血管部位病变,不要过分切除,以免发生意外。

【骨性关节炎】(osteoarthritis) 又称骨性关节病、增生性关节炎或退行性关节病。一种本质上非炎性的关节疾病。多发生于中年及老年人。该病以关节软骨损伤及骨质增生为特点,以负重关节和多动关节发生率高,如脊柱、髋、膝、指间关节。主要临床表现为缓慢发展的关节痛、僵硬、关节肿大伴活动受限。按有无局部和全身性致病因素可分为原发性骨性关节炎和继发性骨性关节炎。通常所指的骨性关节炎属于原发性的。继发性的多有局部外伤、手术、长期慢性关节疾患等病史。

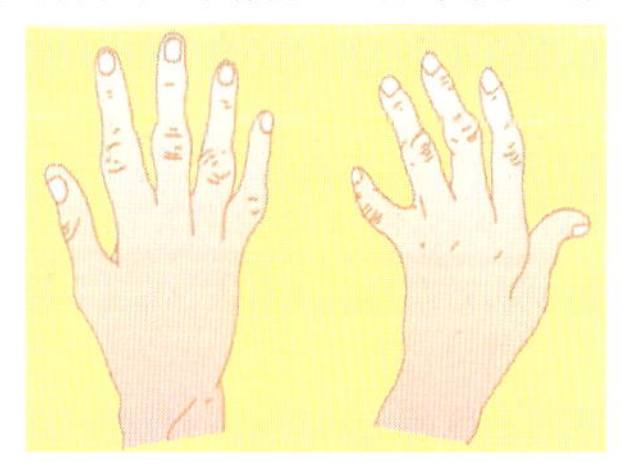

指关节肿大

【骨质疏松症】(osteoporosis, OP) 骨组织显微结构受损、骨脆性增加和骨折危险度升高的一种全身骨代谢障碍性疾病。患者骨矿物质成分和骨基质等比例不断减少，骨质变薄，骨小梁数量减少，骨脆性增加和骨折危险度升高。按病因的不同可分为原发性骨质疏松症和继发性骨质疏松症。原发性骨质疏松症又可分为绝经后骨质疏松症和老年性骨质疏松症。老年男女患病比例约为1:2。其临床表现是：(1)疼痛。原发性骨质疏松症最常见的症状，以腰背痛多见，占疼痛患者中的70%～80%。疼痛沿脊柱向两侧扩散，仰卧或坐位时疼痛减轻；直立时后伸或久立、久坐时疼痛加剧；日间疼痛轻，夜间和清晨醒来时加重；弯腰、肌肉运动、咳嗽、大便用力时加重。一般骨量丢失12%以上时即可出现骨痛。(2)身长缩短、驼背。多在疼痛后出现。脊椎椎体前部几乎多为松质骨组成，而且此部位是身体的支柱，负重量大，尤其第11胸椎、12胸椎及第3腰椎负荷量更大，容易压缩变形，使脊椎前倾，背曲加剧，形成驼背。随着年龄的增长，骨质疏松加重，驼背曲度加大，致使膝关节挛拘显著。人体有24节椎体。正常人每一椎体高度约2cm左右。老年人骨质疏松时椎体压缩，每椎体缩短2mm左右。身长平均缩短3～6cm。(3)骨折。这是原发性骨质疏松症最常见和最严重的并发症。(4)呼吸功能下降。胸、腰椎压缩性骨折，脊椎后弯，胸廓畸形，可使肺活量和最大换气量显著减少，患者往往可出现胸闷、气短、呼吸困难等症状。继发性骨质疏松症是指由某些疾病或某些原因诱发的骨质疏松症。如糖尿病、内分泌功能失调、甲状旁腺激素水平提高、甲状腺功能减退、贫血、急性白血病、肝功能不全、胃肠吸收障碍、慢性关节炎，以及乙醇、类固醇类物质、肝素、抗惊厥药、免疫抑制剂等，都可诱发继发性骨质疏松症。对该病的治疗主要是在医生指导下补充钙质和药物治疗。

【钴结壳开发技术】(exploitative technology of cobalt crusts)　又称钴壳、富钴锰结壳开发技术。采掘海底钴结壳的技术。钴结壳中含有钴(Co)、镍(Ni)、铂(Pt)、锰(Mn)、铜(Cu)、铝(Al)等50多种元素。一般钴金属含量为0.8%，有的地区高达2.5%。主要分布在水深1 000～3 000m的中太平洋海山区，南、北纬5°～15°之间，坡度小于20°，沉积在基岩长期裸露的海山、海台和海岭的顶部或上部斜坡上，平均厚度3cm，在有些地区则厚8～10cm，覆盖率一般超过50%。中太平洋的莱恩群岛、夏威夷群岛、马绍尔群岛、帕尔米拉群岛、约翰斯顿环礁、土阿莫土马克萨斯群岛、波利尼西亚岛等海山上均覆盖有钴结壳。在西太平洋上，钴结壳则分布在北马里亚纳群岛、关岛、威克岛、萨摩亚岛、贝克岛和豪兰岛等岛上。钴结壳的开采方式多采用集矿机器人或深海采矿技术进行开采。海底钴结壳的资源总量已超过1×10^9t。其中，仅夏威夷群岛、约翰斯顿环礁和帕尔米拉群岛海山上分布的钴结壳至少含有钴金属1×10^7t、镍6×10^6t、铜1×10^6t和锰3×10^7t。由于钴金属市场价格是镍的5倍、铜的15倍，所以具有很高的开采价值。

【鼓风机】(blower)　将气体的表压力提高到0.1～2个工程大气压的输送气体的机械。通常的鼓风机(压力低于0.1工程大气压的称为通风机；压力高于2个工程大气压的称为压气机)有离心式、轴流式、旋转式三类。离心式和轴流式鼓风机的构造和工作原理与同类的通风机相同，但当气体的压力需要较高时则采用多级式。在多级的离心式或轴流式鼓风机的转轮上设有多列叶片。每一列叶片称为一级。气体依次流过各列叶片。每流经一列叶片，其压力提高一级，因而可以得到较高的气体压力。罗茨式(Roots)鼓风机是旋转式鼓风机的最普遍形式。两转子作相反方向转动，转子与外壳构成的空间扩大时，自一端吸入气体，缩小时由另一端排出气体，同时提高气体的压力。炼铁高炉和化铁炉都使用鼓风机向炉内送风。

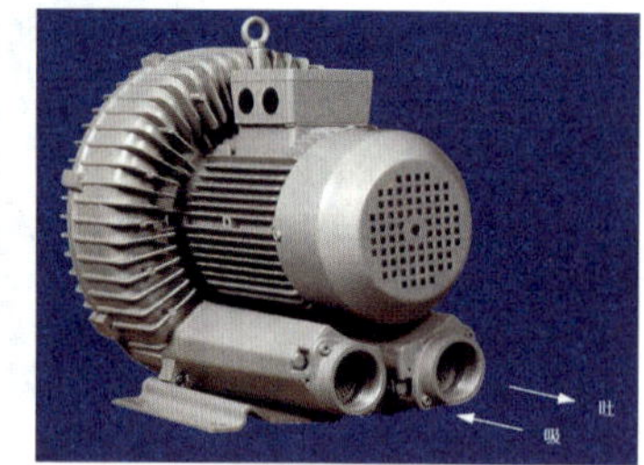

鼓风机

【鼓风炉炼锌】(blower melting zinc)　一种在鼓风炉内直接加热炼锌的新方法。锌精矿与熔剂配合后，经烧结再与焦炭同时装入鼓风炉内，炉内呈还原气氛，被还原的锌呈蒸气状态与炉气一起进入铅雨冷凝器，冷凝成液态锌。其他的金属化合物，形成粗铅、黄渣、冰铜和炉渣，从炉子底部周期地放出，在沉淀池中进行分离。鼓风炉炼锌不但生产率高，而且特别适于熔炼铅锌共生矿。

【固床工程】(gully-stabilization projects)　为固定沟床，防止沟道纵向侵蚀而修筑的各种设施。其类型有：拦挡工程、防冲工程和沟头防护工程三种。挡拦工程主要有拦沙坝、淤地坝、谷坊合挡土墙等；防冲工程主要有防洪槛、沟床铺砌和沟底防冲林(含铺草皮)等；沟头防护工程主要有泄水式沟头防护工程和沟头防护林等；固床工程配置，应综合考虑土地利用、地貌部位、空间结构、设施类型以及治理与开发问题，以合理利用土地及流域资源为前提，以防为主，治管结合，实现生态、经济、社会效益的稳定提高及流域的可持续发展。在综合设施配置时，要从上游到下游，从沟头到沟口，从支沟到干沟，从沟岸到沟底，层层设防,分类施治。通过削、垫、筑、淤等方法,改造破碎沟道,建立治沟与治坡相结合、生物与工程设施相结合和拦、蓄和排相结合的沟道工程防治体系,发挥群体优势,控制水土流失。固床工程的作用是:防止沟底下切,固定并抬高侵蚀基准面,减缓沟道纵坡,减小山洪流速,拦蓄泥沙,促使沟道逐渐淤平成阶台地,为发展农业生产创造条件。

【固定成本】(fixed cost) 在一定的生产规模内,不随产量变动而变动的成本。如企业固定资产的折旧费、修理费、管理人员工资及职工福利费、办公费和差旅费等。这些费用的总额不随产量的增加而增加,也不随产量的减少而减少。但当产量增加时,这些费用分摊到单位产品上的成本会减少;当产量减少时,分摊到单位产量上的成本会增加。因此,在一定的生产规模内,应尽量增加产量,以减少单位产品的分摊成本。

【固定床反应器】(fixed-bed reactor) 又称填充床反应器。流体在静止状态的固体物料层或催化剂层中进行化学反应的装置。是一种多相反应器,包括绝热床反应器、换热式反应器和自热式反应器三种。固体物料通常呈颗粒状(2~15mm),在反应器中堆积成一定厚度的床层,使流体经过床层进行反应。其优点是:(1)反应彻底,流体同固体反应物料,包括催化剂充分接触,增大了反应面积,提高了反应程度,使反应进行得彻底。(2)结构简单,维修方便,降低投资成本。其缺点是:(1)散热速度慢,反应温度不易控制。(2)不能使用细粒催化剂,否则流体阻力增大。(3)催化剂的再生、更换均不方便。在化学工业中应用广泛。

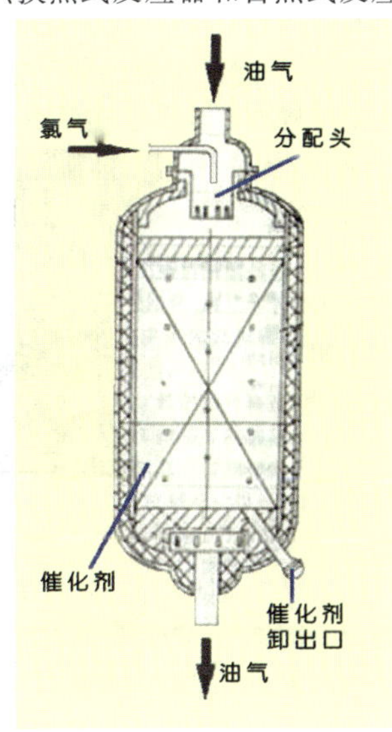

固定床反应器

【固定氮法】(nitrogen fixation process) 将空气中的游离氮气转化为氮化合物的方法。例如,天然固氮的方法包括闪电使空气里的氮气转化为一氧化氮,土壤中的固氮菌、豆科植物寄生的根瘤菌、牧草和其他禾科作物根部的固氮螺旋杆菌等,能使空气里的氮气转化为氨,再进一步转化为氮的化合物。人工固氮方法有氰氨化钙法、电弧法和合成氨法。合成氨法又称"哈伯-博施法",是具有世界意义的人工固氮技术的重大成就。它结束了人类完全依靠天然氮肥的历史。

【固定管道式喷灌系统】(permanent sprinkler system) 由固定的加压泵站或压力水池和全部固定的各级输水管道所构成的喷灌系统。其优点是:使用操作方便,管理用工少,便于结合施肥和喷洒农药,适用于地面坡度较陡,可以利用自然水头喷灌的山区地区以及灌水频繁的蔬菜或经济作物地区。其缺点是:设备常年只能在一块地上使用,单位面积设备投资高,需要大量管材,固定在田间的竖管对机耕及其农业操作有一定的妨碍。

固定管道式喷灌系统

【固定化发酵】(immobilized fermentation) 将酶从生物细胞中提出并固定在载体上进行发酵的过程。其特点是:(1)可以重复使用,提高反应效率。(2)利于产品的分离、提纯和后处理。(3)能使酶成为不溶于水或不易散失且可多次使用的生物催化剂。(4)可使产品的生产工艺简化,易于实现机械化和自动化。(5)细胞密度大,且抗酸,抗碱,发酵性能稳定,生产周期短。(6)可以连续进行反应,而且反应过程容易控制。

【固定化酶】(immobilized enzyme) 将水溶性酶经物理和化学方法处理后,成为不溶于水但仍具有酶活性的酶衍生物。在催化反应中以固相状态作用于底物,并保持酶的高度特异性和高度催化效率。其优点是:与离子交换树脂和亲和层析相类似,其机械性强,可以用装柱的方式作用于流动相中的底物,使反应管道化、连续化和自动化;反应后可与产物自然分开,利于产物回收;酶稳定性较好,可以长期反复应用,并有利于储存。固定化酶被广泛应用于临床与其他领域。

【固定化培养】(immobilization culture) 将细胞限定或定位于特定空间位置的培养方法。可分为:(1)微载体培养。(2)巨载体培养。(3)中空纤维培养。(4)微囊化培养。(5)细胞团培养。这种培养方法既适用于贴壁依赖性细胞,也适用于非贴壁依赖性细胞。与细胞悬浮培养比较,其主要优点是:(1)易于灌注技术的实施和细胞培养环境的优化控制,减少或消除高灌注速率下的细胞流失。

(2)培养体系中的细胞生长密度高,单位体积细胞表达产物的产率高。(3)方便可溶性细胞表达产物的收获和纯化,培养液利用效率高,培养系统所占面积和空间小。

【固定化生物催化剂技术】(immobilized biocatalyst techniques) 由固定化细胞与固定化酶技术共同组成的现代生物催化技术。固定化细胞技术是将具有一定生理功能的生物细胞,例如微生物细胞、植物细胞或动物细胞等,用一定的方法将其固定,作为固体生物催化剂而加以利用的一门技术;固定化酶技术是用物理、化学方法将酶限定或者定位在特定载体的空间位置上,作为固体生物催化剂而加以利用的一门技术。固定化生物催化剂包括固定化酶、固定化细胞、固定化增殖细胞和固定化原生质等。应用范围涉及工业、医学、制药、化学分析、环境保护和能源开发等多种领域。

【固定矫治器】(fixed appliance) 通过黏着或结扎而固定在牙上一种矫治装置。正畸矫治器按其固位方式的不同可分为活动矫治器和固定矫治器。固定矫治器的优点是:固位良好,支抗充分;可矫治较复杂的错𬌗畸形;适于施加各种类型的矫治力;有利于多数牙的移动;有效地控制牙齿移动的方向;临床复诊加力间隔时间长;体积小,舒适且不影响发音和口语训练;患者不能自行取下,使矫治力持续发挥。其缺点是:需特别重视口腔卫生保健,防止龋齿、龈炎的发生;矫治技术复杂,临床椅旁操作时间长;如加力不当,可引起牙周组织的损害。

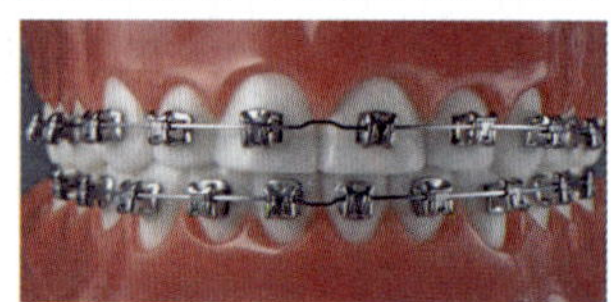

固定矫治器

【固定局部义齿】(fixed partial denture) 又称固定桥。利用缺牙间隙两端或一端的天然牙或牙根作为基牙,在其上制作固位体,并与人工牙连接成为一个整体,借黏固剂将固位体黏固于基牙上、患者不能取摘的修复体。是修复牙列缺损中少数缺失或数个牙间隔缺失的最常用的修复设计。由固位体、桥体和连接体三个部分组成。固定桥通过固位体与基牙的黏固形成功能整体,桥体则恢复缺失牙的形态和功能。在临床上,通常按照传统固定桥的结构分为双端固定桥、半固定桥、单端固定桥和复合固定桥。随着科技的发展,出现了一些特殊结构的固定桥,如种植固定桥、固定-可摘固定桥和黏结固定桥等。固定桥的设计可从缺牙数目、缺牙部位、基牙条件、咬合关系、缺牙区的牙槽嵴状况、年龄和口腔卫生等多个方面进行。

【固定-可摘联合修复】(fixed-removable prostheses) 可摘义齿利用附着体、磁性固位体或套筒冠等固位装置作为直接固位体,将固定、可摘义齿两部分有机地结合起来的一种修复方式。𬌗力主要由基牙承担,靠摩擦力或磁力来固位,患者可以将其从基牙上自行取戴。其固位方式是:直接固位体的一部分固定在铸造冠或固定桥上,另一部分设置在可摘义齿的金属支架上或塑料基托的组织面内,利用附着体的阴阳两部分相互嵌合或衔铁与磁体间的吸力,以及套筒冠的内外冠之间高度密合的摩擦力而固位。固位效果强大可靠,因义齿颊侧无金属外露而高度美观。其适用范围较广,临床修复效果好。但制作的技术难度较大,精度要求高,费用也较高。

【固定盘】(shaft collar) 为保证凿井作业安全和进筒测量等目的,在封口盘下方适当位置设置的盘状结构物。位于封口盘下4~8m处,通常安设有井筒测量装置,有时也作为接长风筒、压风管、供水管和排水管的工作台。

【固定式海上平台】(fixed structure above sea platform) 一种固定于海上的施工(主要指海上钻探施工)平台。主要为便于进行海上钻探施工。将主要结构物下端固定在海底。按固定方式的不同可分为重力式平台和导管架桩基海上平台。前者用钢筋混凝土建造,依靠自身重量直接支撑在海底,通常由一个基座上支撑的数根桩柱使甲板高出水面,为施工人员提供施工场地;后者由上部结构、导管架和支承钢桩组成,导管架支撑平台甲板,提供施工场地,下部钢桩固定于海底。其特点是平台结构整体稳定性较好,可在陆地上分块制作,再进行现场组装,有利于保证施工质量,并省去造架。

固定式海上平台

【固定污染源烟气连续监测系统】(continuous emissions monitoring systems, CEMS) 对固定污染源排放的污染物进行连续地、实时地跟踪监测的系统。由颗粒物监测子系统、气态污染物监测子系统、烟气排放参数测量子系统和数据采集、传输与处理子系统组成。通过采样和非采样形式,测定烟气中的颗粒物浓度、气态污染物浓度。同时测量烟气温度、压力、流量或流速等参数,计算出烟气浓度和排放量;并通过数据、图文传输系统传输到污染源监控系统。

【固定资产投资】(investment in fixed assets) 建造和购置固定资产的经济活动。是社会固定资产再生产的主要手段。包括固定资产更新、改建、扩建、新建等活动。包括基本建设、更新改造、国有单位其他投资、城镇集体经济单位投资、房地产开发投资、零星固定资产投资,城镇私营、个体经济投资,城镇和工矿区私人建房投资和农村固定资产投资。按其工作内容和实现方式的不同可分为:建筑安装工程的设备、工具、器具购置和其他费用。按其建设项目性质的不同可分为:新建、扩建、改建、迁建和恢复。

【固定资产投资方向调节税】(regulation tax of fixed assets investment) 国家对在境内进行固定资产投资的单位和个人,就其固定资产投资的各种资金征收的税种。其特点是:运用零税率制、实行多部门控管的方法、采用预征清缴的征收方法、计税依据与一般税种不同和税源无固定性。征税范围,包括国家预算资金、国内外贷款、借款、赠款、各种自有资金、自筹资金和其他资金。其税目分为:基本建设项目系列和更新改造项目系列。税额计算应包括:(1)预缴税额的计算。预缴税额应按批准的固定资产单位工程年度计划投资额一次缴足,计算公式为:预缴固定资产投资方向调节税税额等于批准的固定资产年度计划投资额乘以适用税率。(2)结算税额的计算。固定资产投资项目的单位工程在年度终了后,应按年度实际完成的投资额结算,多退少补。计算公式为:固定资产投资项目结算税额即年度实际完成的投资额乘以适用税率减去本年度内已预缴税额。(3)清算税额的计算。固定资产投资项目竣工之后,原按实际完成的投资额计算全部投资的应纳税额,然后减去已预缴的税额,多退少补。计算公式为:固定资产投资项目竣工清算税额等于全部项目实际完成的投资额乘以适用税率减去预缴税额。

【固定资产折旧费】(depreciation fee of fixed assets) 固定资产在使用过程中,通过逐渐损耗,包括有形损耗和无形损耗,而转移到产品成本或商品流通费用的那部分价值。计提折旧费,是企业回收其固定资产投资的一种手段。按照国家规定的折旧制度,企业把已发生的资本性支出转移到产品成本费用中去,然后通过产品的销售,逐步回收初始的投资费用。现行的折旧方法有:平均年限法、工作量法、双倍余额递减法和年数总和法。

【固化剂】(curing agent) 又称硬化剂、熟化剂。可促进线型高分子化合物互相交联,固化成不溶的体型结构高分子化合物的试剂的统称。其作用是增加产品的不溶、不熔性。固化剂如直接参与反应而结合在树脂结构中,成为交联剂。固化剂的种类很多。应用较广泛的固化剂有水泥、沥青、石灰和胺类、酸酐类等。它们具有类似的性质,可以与物料中的某些成分形成难溶的膜。

固化剂

【固件】(firmware) 嵌入在硬件设备中,执行预定义的功能,较长时间不需要更改的软件。一般存储于设备中的程序存储器芯片中,可由用户通过特定的刷新程序进行升级。与普通软件不同,固件不仅功能较固定,较长时间不需要更改,而且是固化在设备或集成电路内部,负责控制和协调设备或集成电路功能的程序代码,所以通俗的理解就是“固化的软件”。固件有大小之分,大的可有几百兆字节,小的只有几千字节,甚至不足一千字节。固件担任着一个系统最基础最底层工作的软件。如常见的 MP3 音乐播放器,固件可以说是它的神经中枢,也可以称为 MP3 音乐播放器操作系统,它包括很多模块:控制、解码、检测、显示等。只有在它的控制下 MP3 音乐播放器才能正常工作。

【固坡工程】(slope fixation projects) 为防止斜坡、岩体和土体运动,保证斜坡稳定而布设的坡体加固工程设施。主要包括:(1)削坡开级和反压镇土。用于防止中小规模土质滑坡和岩质斜坡崩塌。削坡可减缓坡度,减小滑坡体体积,减小助滑力,从而保持坡体稳定。(2)抗滑桩。穿过滑坡体将其固定在滑床的桩柱。使用抗滑桩,土方量小,省工省料,施工方便,应用十分广泛。根据滑坡体厚度、推力大小以及防水要求和施工条件等,选用木桩、钢桩、混凝土桩或钢筋(钢轨)混凝土桩等。(3)排水工程。可减免地表水和地下水对坡体稳定性的不利影响。包括地表水排水工程和地下水排水工程。地表水排水工程既可拦截病害斜坡以外地表水,又可防止病害斜坡内地表水大量渗入,将其尽快排走。地表排水工程分为防渗工程和水沟工程两种。地下水排水工程可以排除和截断渗透水,包括渗沟、明暗沟、排水孔、排水洞、截水墙等。(4)滑动带加固工程。采用机械或物理化学方法,提高滑动带强度,防止软弱夹层进一步恶化,包括普通灌浆法、化学灌浆法、石灰加固法和焙烧法等。(5)植物固坡设施。通过营造坡面防护林、坡面种草和坡面工程措施相结合，在一定程度上防止崩塌和小规模滑坡。

【固溶处理】(solid solution treatment) 热处理工艺的一种。将合金加热到一定温度(随合金的成分而不同)并保持足够长的时间，使一种或几种合金元素或化合物溶入固溶体中，然后在水或空气中快速冷却(又称淬火)，以抑制这些被溶物质的重新析出，使之在室温下得到过饱和固溶体。如奥氏体钢经固溶处理可提高其韧性和抗腐蚀性。

【固溶胶】(solid gel) 以固体为分散介质形成的胶体溶液。其分散相可以是气相、液相或固相。珍珠是水分散在固体介质中的固溶胶；人造红宝石是金属粒子分散在固体介质中的固溶胶；泡沫塑料、泡沫橡胶和泡沫玻璃是气体分散在固体中的固溶胶。溶胶是物质存在的一种特殊状态，而不是一种特殊物质，不是物质的本性。任何一种物质在一定条件下可以晶体的形态存在，而在另一种条件下却可以胶体的形态存在。例如，氯化钠是典型的晶体，它在水中溶解成为真溶液，若用适当的方法使其分散于苯或醚中，则形成胶体溶液。

珍珠

【固溶强化】(solution strength) 添加溶质元素使固溶体强度升高的方法。金属强化的一种方法。纯铜的抗拉强度约为220MPa，而加入30%左右的锌形成α－黄铜固溶体时增加到320MPa。实际使用的金属材料绝大多数是形成固溶体的合金。对于黑色金属，很多合金元素都能不同程度地溶入铁素体。由于合金元素的原子大小和晶格结构与铁原子不同，因此溶入后会使晶格发生不同程度的畸变，结果使铁素体的强度和硬度提高。若合金元素的溶入形成间隙固溶体，则比形成置换固溶体的强化效果大。合金元素的原子和结构与铁原子差别越大，在铁素体中的溶解度越大，则固溶强化作用也越大。从奥氏体淬火转变为马氏体时，形成碳过饱和固溶体具有显著的固溶强化作用。当溶质元素的溶解度超过一定限度时，在强化铁素体的同时就会使韧性显著降低。

【固溶体】(solid solution) 在固态合金中元素的晶格结构内包含其他元素的合金相。按其溶质原子在晶格中位置的不同可分为置换固溶体和间隙固溶体。在固溶体晶格上各组分的化学质点随机分布均匀，其物理和化学性质符合相均匀性的要求，因而几个物质间形成的固溶体是一个相。形成固溶体时，含量大者为溶剂，含量少者为溶质；溶剂的晶格即为固溶体的晶格。当溶质元素含量很少时，固溶体性能与溶剂金属性能基本相同。但随溶质元素含量的增多，会使金属的强度和硬度升高，这种现象称为固溶强化。适当控制溶质含量，可明显提高强度和硬度，同时仍能保证足够高的塑性和韧性。固溶体一般具有较好的综合力学性能。对于要求有综合力学性能的结构材料，几乎都以固溶体作为基本相。

【固沙造林】(afforestation for dune fixation) 在沙地所营造的人工林。是治理风力侵蚀的重要措施。在风力侵蚀严重的流动沙丘区，为提高造林成活率需要配合沙障等工程措施，最终依赖植物长期固定流沙和阻挡风沙流危害。在极端干旱、植物不易成活的地区，工程措施常常成为固沙防沙的主要措施。按沙地防护林功能的不同可分为：(1)防沙林。为阻止沙漠扩展，在其边缘所营造的阻沙林带。其宽度一般不超过50m。在有农田的沙漠边缘地区，防沙林带的宽度为10～20m。林带前沿需有100m左右宽的封沙育草带。其树种依据气候、土壤条件选择。应种植生长迅速、耐沙埋压树种，如杨属、柳属等。(2)固沙林。营造在森林草原和草原地区大面积流沙地带的人工林。在流沙固定后，利用沙荒地，营造饲料林、燃料林和肥料林。在荒漠和半荒漠地区以及地下水水位较高的盐碱地，主要栽植耐干旱、耐盐碱的树种。在干旱和半干旱地区，为提高造林成活率，要适当深植，或采用沟壕造林等措施。在有水源的地方，栽后浇水，保证幼苗成活。(3)铁路防沙林。在气候条件较好地区，需在两侧营造宽20m左右的紧密结构的防沙林带。铁路通过沙漠的地段，需要在两侧营造较宽的防沙林带，以防止流沙埋压路基。(4)公路防沙林。公路通过流沙地段时，两侧需设置30～50m宽的沙障，及时造林种草。(5)海岸防沙林。为防止海岸风沙危害，沿海岸线设置沙障，形成防护性人工沙堤。沙障被埋后继续加设，使沙堤不断增高起到防护作用。在沙堤内侧营造海岸基干防沙林带，带宽200m，与农田防护林网相连。

固沙造林

【固态发酵】(solid state fermentation) 微生物在没有或基本没有游离水的固态基质上的发

酵方法。其优点是:(1)水分活度低,基质水不溶性高。(2)微生物生长易。(3)酶活力高,酶系丰富。(4)发酵过程粗放,不需严格无菌条件。(5)设备构造简单,投资少,能耗低,易操作。(6)后处理简便,污染少,基本无废水排放。其缺点是:营养物质的输送、热量传递及微生物生长等均呈现不均匀性,使发酵物传质、传热困难,发酵过程中温度、湿度和需氧量等参数不易监控,生产过程难以实现机械化、自动化。

【固态图像传感器件】(solid-state image sensing device) 一种用半导体材料制作的、能将图像信号转换为电信号输出的器件。其核心是PN结构成的二维像素单元阵列。根据信号读出方式的不同可分为电荷耦合器件、电荷注入器件和金属-氧化物-半导体器件三大类。与传统的摄像管相比,具有体积小、功耗低、扫描精度高等优点。目前,其研究主要集中在实现更高的灵敏度、分辨率、信噪比、系统集成和低成本等方面。以固态图像传感器为核心制作的微型摄像器件,在安防、自动化、图像采集和可视电话等方面广泛应用。

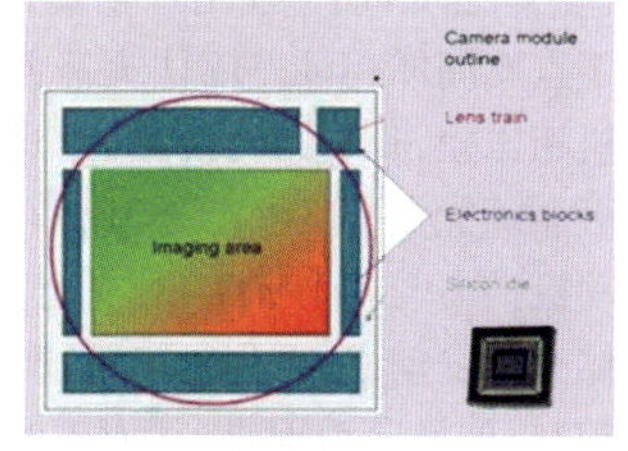

固态图像传感器件

【固态硬盘】(solid disk, SD) 又称电子硬盘、固态电子盘。是由控制单元和固态存储单元组成的硬盘。与普通硬盘相比,固态硬盘抗震性好,噪声小,重量轻。由于固态硬盘没有普通硬盘的旋转介质,因而抗震性极佳。其芯片的工作温度范围很宽。目前广泛应用于军事、车载、工控、视频监控、网络监控、网络终端、电力、医疗、航空、导航设备等领域。固态硬盘的存储介质分为如下两种:一种是采用闪存芯片作为存储介质,另一种是采用DRAM作为存储介质。

固态硬盘

【固体超强酸】(solid super strong acid) 酸强度超过100%硫酸的固体酸。按其组分的不同可分为:(1)无卤素固体超强酸。(2)单组分固体超强酸。(3)多组分复合固体超强酸。因其克服了液体酸的缺点,具有容易与液相反应体系分离、不腐蚀设备、后处理简单、很少污染环境、选择性高等特点,可有效分解苯、甲醛、三氯乙烯、硫氧化物和氮氧化物等多种有害气体。被称为环境友好型催化剂。

【固体电解质】(solid electrolyte) 离子电导率 $>10^{-2}$ S/cm,活化能 <0.5 eV的一类固体。按其电荷载体离子的不同可分为:(1)电荷载体是阴离子的阴离子导体,如 O^{2-} 导体和卤素离子导体。(2)电荷载体是阳离子的阳离子导体,如碱金属离子导体和 Ag^+、Cu^+ 等离子导体。(3)电荷载体是阴阳离子的阴阳离子混合导体,如NaF、KI。通常具有以下特性:这些物质或因其晶体中固体电解质的点缺陷或因其特殊结构而为离子提供快速迁移的通道,所以离子电导率大,比经典离子导体如碱金属卤化物高十几个数量级,高温下化学稳定和具有较好的机械强度,不透气及几乎没有电子导电。因为电荷是离子迁移,所以其在传输电荷的同时伴随着物质迁移,并且只迁移特定的离子。可利用此特性制备气敏传感器、燃料电池、常温锂电池、离子选择电极、双电层电容器、库仑计、电化学开关及电子显示器件等。

【固体发光】(solid iuminescence) 固体吸收外界能量后将部分能量以光的形式发射出来的现象。外界能量可来源于各种电磁波,包括可见光、紫外线、X射线和γ射线以及带电粒子束,也可来自电场、机械作用或化学反应。当外界激发源的作用停止后,固体发光仍能维持一段时间,称为余晖。固体吸收外界能量后很多情形是转变为热,并非在任何情况下都能发光,只有当固体中存在发光中心时才能有效地发光。发光中心通常是由杂质离子或晶格缺陷构成。发光中心吸收外界能量后从基态激发到激发态,当从激发态回到基态时就以发光形式释放出能量。固体发光材料通常是以纯物质作为主体(基质),再掺入少量杂质,以形成发光中心。这种少量杂质称为激活剂。激活剂是对基质起激活作用,从而使原来不发光或发光很弱的基质材料产生较强发光的杂质。有时激活剂本身就是发光中心,有时激活剂与周围离子或晶格缺陷组成发光中心。为提高发光效率,有时还掺入别的杂质,后者称为协同激活剂。它与激活剂一起构成复杂的激活系统。例如硫化锌发光材料是基质,铜(Cu)是激活剂,氯(Cl)是协同激活剂。当激活剂原子作为杂质存在于基质的晶格中时,与半导体中的杂质一样,在禁带中产生局域能级;固体发光的两个基本过程——激发与发光直接涉及这些局域能级间的跃迁。

【固体废物】(solid waste) 在生产、生活和其他活动中产生的丧失原有利用价值或虽未丧失利用价值但被废弃的固态、半固态和置于容器中的气态、液态物品、物质以及法律、行政法规规定纳入固体废物管理的物品、物质。主要包括城市固体废物、工矿业固体废物、农业废弃物和危险固体废物。固体废物中的有害成分通过刮风进入大气，经过降雨进入土壤、河流或地下水源，对环境造成污染。国家明确规定下列物品不属于固体废物：(1)放射性废物。(2)不经过储存而在现场直接返回到原生产过程或返回到其产生的过程的物质和物品。(3)任何用于其原始用途的物质和物品。(4)实验室用样品等。

固体废物

【固体废物处理】(solid waste treatment) 将固体废物转变成适于运输、储存、利用或最终处置的技术。主要包括预处理、物理处理、化学处理、生物处理、热处理及固化处理等。将固体废物焚烧或用其他改变固体废物的物理、化学、生物特性的处理方法。目的为减少固体废物数量、缩小固体废物体积、减少或者消除其危险成分，或者将固体废物最终置于符合环境保护规定要求的填埋场。

【固体废物监测】(solid waste monitoring) 对固体废物进行的人工采样-常规分析检测过程。监测采用现代毒性鉴别试验与分析测试技术，以重点污染源排放的固体废物的人工采样-实验室常规监测分析为基础进行分析。包括危险废物的毒性试验鉴别分析、无机污染成分的分析以及有机污染成分的分析。

【固体废物资源化】(solid waste reclamation) 从固体废物中回收有用的物质或能源、变“废”为“宝”的技术方法。目的在于减少资源消耗，保护环境。固体废物具有两重性，它虽然占用大量土地，污染环境，但本身含有多种有用成分，又是一种资源。固体废物资源化的途径主要有：回收有用的物质，特别是有价值的金属、生产建筑材料，某些废物处理后可作为农肥，某些废物经处理后还可用作能源。

【固体火箭发动机】(solid propellant engine) 使用固体推进剂的化学火箭发动机。其组成包括固体推进剂药柱、燃烧室壳体、喷管和点火装置。固体推进剂药柱是决定发动机推力大小和工作时间的核心部件。目前使用的固体推进剂有双基推进剂和复合推进剂两类。双基推进剂是一种有机物的固态溶液(混合物)。最常用的是硝化纤维在某些炸药(硝化甘油和硝化二醇等)中的胶状溶液。复合推进剂是燃烧剂和微粒氧化剂的机械混合物。氧化剂的主要成分是硝酸盐和氯酸盐。燃烧剂具有黏附性能，常用的是橡胶、树脂和有机聚合物。另外也采用金属燃烧剂，铝用得最多。燃烧室壳体是储存推进剂药柱并使之在其内燃烧的装置。其内壁附有绝热层。喷管处于发动机尾部，是将燃烧室内的高温高压燃气的热能和压力势能转变为动能的变截面管道。其主要功能是将燃气(流体工质)加速喷出产生反作用推力。点火装置用于点燃固体药柱。固体火箭发动机与液体火箭发动机相比较，具有结构简单、推进剂密度大和操纵方便可靠等优点。其缺点是“比冲”小(也称比推力，是发动机推力与每秒消耗推进剂重量的比值)。由于固体火箭发动机，工作时间短，加速度大，导致推力不易控制，重复启动困难，从而不利于载人飞行。固体火箭发动机主要用作火箭弹、导弹和探空火箭的发动机，以及航天器发射和飞机起飞的助推发动机。

固体火箭发动机

【固体激光器】(solid laser) 又称弛豫振荡器。以掺有钕、镨、铒、钆、铥、钐等稀土元素的固态电介质材料为工作物质的一种激光器。一般由激光工作物质、激励源、聚光腔、谐振腔、反射镜和电源等部分构成。分为玻璃激光器和晶体激光器两大类。大多数玻璃激光器只能脉冲抽运或低脉冲重复率抽运。晶体激光器则可以脉冲抽运、高脉冲重复和连续抽运。其特点是：(1)其工作物质单位体积内激活粒子的数目很大，单位体积存储的抽运能量很高。(2)工作物质在吸收了抽运能量和在腔内部分激光辐射能量以后，温度升高，折射率发生变化。主要应用在军事和制造业的条码扫描、光数据存储及通信等方面。

固体激光器

【固体酱油】(solidified soy sauce) 又称酱油膏。用普通酱油经浓缩、调味制得的膏状酱油。酱油加工品之一。60kg 的一般酱油，可制成 43～44kg 的固体酱油。其加工方法是：在 40～45℃温度下浓缩 3h 成膏状，加入蔗糖 5kg、精盐 5kg、味精 0.6kg，经搅拌、切块、包装即得。有普通酱油风味，携带方便，便于保存，用温开水溶化就能溶成酱油。

【固体颗粒侵蚀】(solid partiderosion)

从锅炉的过热器、再热器及主蒸汽和再热蒸汽管的内表面剥落下来的坚硬的氧化铁粒子，随蒸汽流入汽轮机，而造成的一种机械损伤。它们在高速撞击和磨削的联合作用下侵蚀喷嘴、动叶片及其围带、阻汽片等通流部件金属材料。由于大容量机组的锅炉过热器、再热器系统十分庞大，只要其中一部分受热面积发生的氧化铁垢层剥落下来，其每年形成的固体粒子的重量可达数百千克至上千千克。在固体颗粒当中不仅有高温氧化铁的剥落物，而且还有停机时产生的腐蚀产物。这些坚硬的粒子以高速源源不断地撞击、磨削通流部件，使喷嘴和动叶片的汽道失去金属材料或产生变形。

【固体力学】(solid mechanics) 力学的一个分支。研究固体机械性质的学科。一般包括材料力学、弹性力学和塑性力学等部分。

【固体料浆管道】(solid-slurry pipeline) 简称固体管道。长距离输送浆液的管道。浆液由固体破碎成粉粒状后与适量液体配制而成。现代管道运输中输送的固体主要是煤，此外还有铁、磷、铜、铝矾土和石灰石等矿物，所用液体一般为水。固体料浆管道的输送工艺包括以下三个步骤：(1)制浆。将待输的固体破碎到所需粒度范围，并经筛选，组成适当的颗粒级配，再掺水制成浓度适宜的浆液。(2)管道输送。根据年输送量选择适宜的管径，确定临界流速，以高于临界流速的速度输送配制好的浆液。只有采用临界流速以上的速度输送浆液，才能使浆液稳定流动，不致形成沉淀层。(3)固液分离。对由管道输送至末站的浆液进行脱水，分离出固体，然后供给用户。在浆液输送过程中，靠增压设备为其提供输送动力。

【固体输送】(solid transport) 生产中处于固体状态的原料、半成品和成品的输送过程。其输送设备有：(1)带式输送设备，可以是皮带辊或链条带动的输送工具。(2)气动输送设备，直接用密闭管道以气体为动力输送固体物料。(3)斗式输送设备，用循环料斗向上提升散状固体物料。(4)重力输送设备，直接依靠物料自身重力由上向下卸料。

【固体物理学】(solid physics) 物理学的一个分支。研究固体的结构及其物理性质的学科。其研究内容包括：晶体中离子(原子)及电子的运动规律；晶体结构；金属、电介质、半导体、超导体、固体磁性、固体的光学性质、非晶体和液晶等。固体物理的研究成果不仅推动了多种特殊性能新材料的研制工作，而且促进了相关学科的发展。其中半导体器件及其集成电路的发展最快。

【固体饮料】(solid drink) 又称干粉饮料。以糖、乳和乳制品、蛋或蛋制品、果汁或食用植物提取物等为主要原料，添加适量的辅料而制成的固体制品。呈粉末状、颗粒状或块状，如豆晶粉、麦乳精，速溶咖啡、菊花晶等。分蛋白型固体饮料、普通型固体饮料和焙烤型固体饮料(速溶咖啡)三类。以其食用方便、卫生、独特的风味、品种多样等优势备受消费者的青睐。按其加工原料的不同可分为：果汁果味型、蛋白型和其他型。果汁果味型固体饮料，用砂糖、果汁(或不加)、香精、着色剂等原料制成。其生产工艺是：配料→成型→干燥→筛分→包装。其成品应达到色、香、味的要求。果汁型含原汁不少于10%。蛋白型饮料，用砂糖、乳制品、蛋粉或植物蛋白为主料制成；其中蛋白质的含量不少于4%。其生产工艺是：化糖→配料→混合→乳化→脱气→喷雾→干燥→包装。还有加速溶咖啡、速溶茶、菊花精、固体汽水等型号。按起泡与否可分为起泡型和不起泡型。起泡型的添加剂为碳酸氢钠。

咖啡

【固相反应】(solid phase reaction) 固体状态的物质相互之间发生的反应。最简单的固相反应是：A + B = AB 的合成反应。如果最初的反应物都是盐时，则生成复盐；如果是酸性物质与碱性物质，则生成盐。固相反应各个阶段的反应机理和反应产物的性质，依反应物质的状态、化学组成、反应温度和时间等条件而有变化。例如在烧结矿生产时，CaO、SiO_2等分子比混合物的固相反应结果是：在1 200℃烧成，最初产物为正硅酸盐，$2CaO \cdot SiO_2$，逐渐再与SiO_2反应生成$3CaO \cdot 2SiO_2$，然后变为最终产物的偏硅酸盐$CaO \cdot SiO_2$。通过控制反应条件，就可以获得希望的固相反应产物。

【固液萃取】(solid-liquid extraction) 见萃取。

【固液分离】(solid-liquid separation) 采用离心、过滤、沉淀和膜分离等方法将固体物质从液相中分离的过程。常见的分离设备主要包括压滤机、过滤机、离心机等。在化工、制药和食品工业中广泛应用。

【固有危险度】(inherent risk) 一个生产或生活系统，由于自身功能的需要而必须具备的某些设备及物料在失控时可能造成的严重程度。其确定参数是:(1)设备及物料单位计量具有的致害能力。(2)系统中拥有各种设备及物料的容量。危险度是指一项活动或在一种情况下,各种危险的可能性及其后果的量度,即对失败的相对可能性的主观估计。固有风险是指在不考虑内部控制结构的前提下,由于内部因素和客观环境的影响,企业的账户、交易类别和整体财务报表发生重大错误的可能性。是被审计单位经营过程中所固有的风险。审计人员可以通过获取相关的信息,来评价被审计单位的固有风险,确定其对终极审计风险的影响。能够导致固有风险的因素可谓多种多样,范围已不再仅仅局限于企业的账户、财务报表本身,甚至扩展到了整个企业的经营管理系统及其所处客观环境。

【故宫】(Imperial Palace) 泛指封建王朝遗存的宫殿。一般特指北京故宫。北京故宫旧称紫禁城。是明、清两代皇宫。中国现存最大、最完整的古建筑群。被誉为世界五大宫(北京故宫、法国凡尔赛宫、英国白金汉宫、美国白宫、俄罗斯克里姆林宫)之一。由明朝皇帝朱棣始建于公元1406年,1420年基本竣工。故宫南北长961m,东西宽753m,面积约为$7.25\times10^5 m^2$。建筑面积$1.55\times10^5 m^2$。有大小院落90多座,房屋980座,共计8 704间。宫城周围环绕高12m,长3 400m的宫墙,形成一长方形城池,墙外有52m宽的护城河环绕,形成一个森严壁垒的城堡。宫殿建筑为木结构、黄琉璃瓦顶、青白石底座,饰以金碧辉煌的彩画。故宫有四个门,正门名午门,东门名东华门,西门名西华门,北门名神武门。面对神武门,是土、石筑成的景山,成为故宫的屏障。按故宫的建筑布局与功能的不同可分为"外朝"与"内廷"两大部分。以乾清门为界,乾清门以南为外朝,以北为内廷。外朝以太和殿、中和殿、保和殿三殿为中心,是皇帝举行朝会的地方,也是封建皇帝行使权力、举行盛典的地方。两翼东有文华殿、文渊阁、上驷院、南三所;西有武英殿、内务府等建筑。内廷以乾清宫、交泰殿、坤宁宫后三宫为中心,两翼为养心殿和东、西六宫及斋宫、毓庆宫,后有御花园,是封建帝王与后妃居住地。内廷东部的宁寿宫是当年乾隆皇帝退位后为养老而修建。内廷西部有慈宁宫、寿安宫等。此外还有重华宫,北五所等建筑。整个建筑群体按中轴线对称布局,层次分明,主体突出,集中体现了中国建筑艺术的优秀传统和独特风格。为中国重点文物保护单位。

故宫太和殿

【故障安全功能】(safe function of failure) 故障安全自动化系统在系统关闭后马上可以达到安全状态的过程控制。换言之,故障安全自动化系统(F系统)在突然停止后不会对人身和环境造成伤害。故障安全自动化系统超越了传统的安全工程,通过多种方式拓展电气传动和测量系统来实现广泛的智能系统。故障安全系统用于高级安全需要的系统。故障安全系统通过详细的诊断信息来改善故障检测和定位功能,保证系统快速恢复生产。应用领域主要包括:过程工业和制造业。制造业的故障安全和分布式应用包括:汽车工业、连续机械制造、机械工具制造、特殊机械制造、运输系统、过程工业、旅客运输系统以及物流等行业。

【故障假设分析】(fault what-if analysis) 事先对某一生产过程或工艺过程可能和潜在的事故隐患进行审查分析的方法。由分析准备、完成分析、编制结果文件三个步骤组成。使用该方法时,要求人员应对工艺熟悉,通过提出一系列"如果……怎么办?"的问题,来发现可能和潜在的事故隐患从而对系统进行彻底检查的一种方法。通常对工艺过程进行审查,一般要求评价人员用假设作为开头对有关问题进行考虑,从进料开始沿着流程直到工艺过程结束。任何与工艺有关的问题,即使它与之不太相关也可以提出加以讨论。故障假设分析结果将找出暗含在分析组所提出的问题和争论中的可能事故情况。这些问题和争论常常指出了故障发生的原因。通常要将所有的问题记录下来,然后进行分类。该方法包括检查设计、安装、技改或操作过程中可能产生的偏差。要求评价人员对工艺规程熟知,并对可能导致事故的设计偏差进行整合。

【故障类型影响分析法】(fault type and effect analysis,FMEA) 从元件、器件的故障开始,逐次分析其影响及应采取的对策分析法。采取系统分割的概念、根据实际需要分析的水平,把系统分割成子系统或进一步分割成元件,然后逐个分析元件可能发生的故障和故障类型,再分析故障类型对子系统以及整个系统产生的影响,最后采取措施加以解决。是一种定性的危险分析方法。其分析程序是:(1)明确系统本身的情况和目的。(2)确定分析程度和水平。(3)绘制系统图和可靠性框图。(4)列出所有故障类型并选出对系统有影响的故障类型。(5)列出造成故障的原因。这种方法基本上能够查明元件发生各种故障时带来的危险性,所以是比较周密和完善的方法。可用于定性及定量分析。其分析步骤是：(1)将系统分成子系统，以便处理。(2)审查系统和各子系统的工作原理图、示意图、草图，查明它们之间及元件组合件之间的关系。这项工作可通过编制和使用方块图来完成。(3)编制每个待分析的子系统的全部零件表，每个零件的特有功能同时列入。确定操作和环境对系统的作用。(4)分析工程图和工作原理图，查出元件发生的主要故障机理。(5)查明每个元件的故障类型对子系统的故障影响。一个元件有一个以上的故障类型时，必须分析每一类型故障的影响并分别列出，根据故障影响大小确定危险严重度。(6)列出故障概率。(7)列出排除或控制危险的措施。

【故障模式及影响分析】(failure mode and effect anlysis) 以故障模式为基础，以故障影响或后果为目标的分析技术。是安全系统工程中的重要分析方法之一。通过逐一分析各组成部分的不同故障对系统工作的影响，全面识别设计中的薄弱环节和关键项目，并为评价和改进系统设计的可靠性提供基本信息。是由可靠性工程发展起来的。主要分析系统、产品的可靠性和安全性。其基本内容是：对系统或产品各个组成部分，按一定的顺序进行系统分析和考察，查出系统中各个子系统或产品的功能及其所造成的影响，提出可能采取的预防改进措施，以提高系统或产品的可靠性和安全性。

【故障树】(fault tree) 用以描述和分析系统故障和导致故障的诸因素之间的逻辑关系的树状图形。一种特殊的倒立树状逻辑因果关系图。它用事件符号、逻辑门符号和转移符号描述系统中各种事件之间的因果关系。逻辑门的输入事件是输出事件的因，逻辑门的输出事件是输入事件的果。其绘制程序是：(1)顶上事件的选取。(2)调查或分析造成顶上事件的各种原因。(3)建立故障树。(4)认真审定事故树。

【故障树分析法】(fault tree analysis, FTA) 又称事故树分析法。是安全系统工程的重要分析方法之一。能对各种系统的危险性进行辨识和评价，不仅能分析出事故的直接原因，而且能深入地揭示出事故的潜在原因。从已发生或设想的事故结果，按照有哪些直接的因素或因素组合能造成顶事件的出现的逻辑关系，建立以顶事件为根，具有若干枝的树状图形进行推导分析。根据事故树定性定量分析的结果，可找出事故规律，预防类似事故的发生。其编制程序是：(1)充分熟悉分析对象的结构、性能和操作状况。(2)选定已发生的或设想的事故作为顶上事件。(3)找出顶上事件的各种直接原因，同时也要考虑系统外部的原因。(4)把第三步得出的直接原因事件用逻辑推理方法，使用逻辑符号“与”门或“或”门与顶上事件连接。(5)反复使用第三、四两步骤直到找出最基本的原因事件。如元件、组件的故障和人的失误等。(6)画出事故树图进行必要的简化和整理。(7)找出各基本原因事件的发生概率。(8)根据基本原因事件概率，按照逻辑门符号进行运算，得出顶上事件的发生概率。(9)对事故进行比较、评价，讨论改进措施。按其对象系统的性质的不同可分为：熟悉系统、调查事故、确定顶上事件、确定目标、调查原因事件、画出事故树、定性分析计算顶上事件发生概率、进行比较和定量分析十个基本程序。在安全系统分析中广泛应用。

【故障诊断】(fault diagnosis) 一种了解和掌握设备使用中的状态，确定其整体或局部是否正常，早期发现故障及其原因，并能预报故障发展趋势的技术。

【锢囚锋】(occluded front) 冷锋与暖锋或两冷锋相遇、合并后的锋。因两峰之间的暖空气被迫抬升囚闭于空中，故称之为锢囚锋。其形成过程一般有三种情况：(1)移速较快的冷锋追上移速较慢的暖锋。多见于中国东北地区。(2)两冷风迎面相遇。偶见于中国华北地区。(3)山脉阻挡，冷风两端绕山而行迎面相遇，形成地形锢囚锋。偶见于太行山、武夷山、长白山及柴达木盆地。按照锢囚锋两侧气团的温差大小不同又可分为暖性锢囚锋、冷性锢囚锋和中性锢囚锋。中国春季的东北、华北是锢囚锋频繁活动的地区，冷锋多由蒙古及贝加尔湖移入，少数在当地形成。锢囚锋附近常有恶劣天气发生。

【瓜类蔬菜】(gourd vegetables) 葫芦科中以果实供食用的栽培种群。一年生或多年生攀缘性草本植物。包括南瓜属的南瓜、笋瓜、西葫芦、黑子南瓜、灰子南瓜；丝瓜属的普通丝瓜、有棱丝瓜；冬瓜属的冬瓜、节瓜；西瓜属的西瓜；甜瓜属的黄瓜、甜瓜、越瓜；佛手瓜属的佛手瓜；葫芦属的瓠瓜；栝楼属的蛇瓜以及苦瓜属的苦瓜等9个属15个种及2个变种。多雌、雄异花。西瓜、甜瓜食用成熟果实；冬瓜、南瓜、笋瓜以食用成熟果为主，嫩果也可食用；其他瓜类则主要食用嫩果。多数品种分布世界各地，类型和品种多，栽培面积大，经济价值高。其为短日照植物，喜温暖，不耐低温，怕霜冻。对温周

冬瓜

期和光周期比较敏感。低温和短日照有利于花芽分化及雌花的形成。适宜在中性沙壤土和黏壤土中生长。忌连作。

【刮痧】(scraping therapy) 中医外治方法之一。用边缘光滑的瓷器、硬币或刮痧板,蘸取植物油或温水刮颈项、肩胛、背部或肋间等处,自上而下,由内向外反复数次,到皮肤出现紫红为止。常用于感冒、中暑、恶心、呕吐、头昏头胀、胸闷、腹痛、腹泻、食积、晕车、晕船、晕机、水土不服等症。《景岳全书·杂证谟》:“盖以五脏之系,咸附于背,故向下刮之,则邪气亦随而降。凡毒气上行则逆,下行则顺。改逆为顺,所以得愈。虽近有两臂刮沙之法,亦能治痛,然毒深病急者,非治背不可也。”

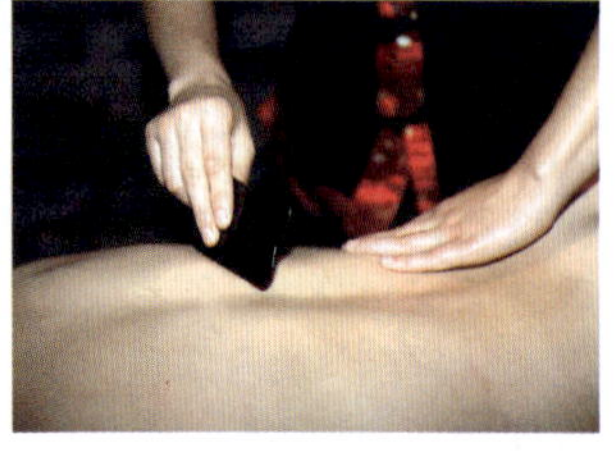
刮痧

【刮削】(scraping) 又称刮研。用刮刀从工件表面上刮去一层很薄的金属以改善配合表面接触状态的加工方法。刮削出各种花纹称为刮花。刮削能提高工件间的配合精度,形成存油间隙,减少摩擦阻力,提高工件的耐磨性。常用于相互配合滑动的零件表面加工,如机床导轨面、滑动轴承内曲面、钳工画线平台面等。刮削后,表面的精度高,粗糙度值小。由于刮削劳动强度大,生产率低并对操作者技能要求较高,所以只用于要求高又难以磨削加工的工件表面。

【寡核苷酸】(oligonucleotide) 单链 DNA 或 RNA 的短序列。是由少数的核苷酸以磷酸二酯键聚合的化合物。在核酸的酶解过程中作为中间物质而形成的。寡核苷酸通常作为检测互补 DNA 或 RNA 的探针。其优点是:(1)短的探针比长探针杂交速度快,特异性强。(2)可以在短时间内大量制备。(3)在合成中进行标记制成探针。(4)可合成单链探针,避免了用双链 DNA 探针在杂交中自我复性,提高杂交效率。(5)寡核苷酸探针可以检测小 DNA 片段,在严格的杂交条件下,可用于检测在序列中单碱基对的错配。调控寡核苷酸用于抑制 RNA 片段,防止其翻译成蛋白,在制止癌细胞活动方面能起一定的作用。寡核苷酸及其探针的研究,对于提高核酸杂交技术的特异性和敏感性,扩大应用范围有重要意义。

【挂面】(dry noodles) 又称干面、直形面、卷面、筒子面。以小麦粉为主要原料,经加水和面、熟化、压延、切条、悬挂、脱水干燥、切断等工序加工而成的具有一定长度的干面条。按其添加原辅料的不同可分为普通挂面、手工挂面和花色挂面等;按其辅料品种的不同可分为:鸡蛋挂面、西红柿挂面、菠菜挂面、胡萝卜挂面、海带挂面和赖氨酸挂面等。不添加辅料的主要营养成分有蛋白质、脂肪和碳水化合物等;添加辅料的挂面,营养成分随辅料的品种和配比而异。其特点是食用方便和便于储藏。

挂面

【关格】(block and repulsion) 中医病名。小便不通名关,呕吐不已名格,小便不通与呕吐不止并见名为关格。《医学心悟》卷三:“更有小便不通,因而吐食者,名曰关格。经云:关则小便不通,格则吐逆。关格者,不得尽其命矣。”本证多系癃闭的严重阶段,可见于尿毒症等疾患。

【关键技术创新】(key technology innovation) 决定高技术系统的技术水平和功能的技术创新。在中国,由于在高技术方面受到一定的国际技术封锁,关键技术创新也包括一些打破国际技术封锁和瓶颈制约的单项技术创新。关键技术创新是提高企业、地区和国家核心竞争力的重要途径。

【关节活动度】(motion range of joint) 又称关节活动范围。关节活动时可达到的最大弧度。关节活动有主动与被动之分。关节活动范围分为主动活动和被动活动范围。前者是指作用于关节的肌肉随意收缩使关节运动时所通过的运动弧;后者是指由外力使关节运动时所通过的运动弧。制动、创伤、水肿、局部循环障碍等因素均可以导致关节活动受限。维持关节活动度的训练方法有:缓慢、轻柔的关节活动;关节松动术;持续的牵引;使用器械的连续被动活动等。

【关节机器人】(joint robot) 一种由大小两臂和立柱等机构组成,大小臂之间用铰链连接形成肘关节,大臂和立柱连接形成肩关节,运动类似人的手臂,可实现三个方向旋转运动的机器人。能抓取靠近机座的物件,也能绕过机体和目标间的障碍物去抓取物件。具有较高的运动速度和极好的灵活性。是最通用的机器人。

关节机器人

【关节松动术】(joint mobilization) 用来治疗关节功能障碍的一种手法操作技术。属西方推拿术的范畴。是治疗在关节活动可动的范围内完成的一种针对性很强的手法操作技术。属于被动运动范畴。其操作的速度比推拿术要慢。在应用时常选择关节的生理运动和附属运动作为治疗手段。其基本手法有:摆动、滚动、滑动、旋转、分离以及牵拉等。其治疗作用有:(1)生理效应(缓解疼痛)。(2)保持组织的伸展性。(3)增加本体反馈。其临床应用包括:(1)适应证。任何因力学因素引起的关节功能障碍,包括疼痛、肌肉痉挛;可逆性关节活动降低;进行性关节活动受限;功能性关节制动。(2)禁忌证。关节活动过度、外伤或疾病引起的关节肿胀、关节的炎症、恶性疾病以及未愈合的骨折。

【关联存储器】(associative storage) 见联想存储器。

【《关于国际公路货物运输合同的日内瓦公约》】(Geneva Convention on the Contract for the International Carriage of Goods by Road) 1956年5月在日内瓦制定的关于公路货物运输的国际协定。该公约于1961年7月2日起生效。适用于缔约国间从某国一地运至别国一地的公路运输。如果部分运输是海运,而公路车辆载货上船,则整个运输仍可视为国际公路运输。该公约成员国包括比利时、丹麦、芬兰、法国、德国、匈牙利、意大利、卢森堡、荷兰、挪威、波兰、葡萄牙、瑞典、瑞士、英国、澳大利亚等。其主要内容是:(1)关于国际公路货物运输合同。国际公路货物运输合同以发货单为凭证。根据该公约规定,发货单正本一式三份,由发货人和承运人签字,第一份发货单交给发货人,第二份随货物交给收货人,第三份留给承运人。当货物装上不同汽车时,或者货物不同、分批运输时,承运人和发货人都有权要求制定相应数目的发货单。(2)关于各方当事人的权利义务。承运人在承运货物时应当对货物的外表状态和包装、货物地点数目和货物标记、号码进行检查,发现他们与发货单记载的内容不同时,应在发货单上填写有理由的补充说明。这种说明是发货人承担责任或减免承运人责任的凭据。另外,根据该公约第11条规定,承运人没有义务检查发货人为履行海关等手续所提交的有关文件的准确性与完整性,发货人对承运人因这些文件短缺而遭受的损失负赔偿责任。当然,因承运人自己造成文件短缺原因的除外。(3)关于承运人的违约赔偿责任。根国际公路货运承运人在下列情况下负违约赔偿责任:承运人对运货、交货期间发生的货物全部或部分损失,或过期交货负有责任;如果在合同规定的运输期限届满后30天内(合同没有规定的,自承运人接收货物的60天内)仍未将货物运到、交付收货人,收货人可以认为货物已丢失,承运人应按货物丢失赔偿;运输合同(发货单)订有承运人代发货人向收货人追收货款内容的,如果货物交给收货人后,承运人没有追收到应该代为追收的货款,承运人必须支付给发货人全部赔偿,并根据自己的权利对收货人起诉,要求不超过完好货物的代收货款总额的赔偿。另外,该公约对承运人的免责条件也作出了具体的规定。

【关元】 中医穴位名。属任脉,小肠的募穴。定位:在下腹部,前正中线上,当脐下3寸。主治:中风脱证,腹痛吐泻,痢疾,脱肛,疝气,遗尿,尿频,小便不利,大便下血,遗精,早泄,阳痿,月经不调,赤白带下,阴挺,崩漏,阴部瘙痒,消渴,眩晕;休克,神经衰弱,细菌性痢疾,胃肠炎,肠道蛔虫症,肝炎,肾炎,尿路感染,盆腔炎,睾丸炎等。刺灸法:直刺1~1.5寸;艾炷灸3~5壮,或艾条灸10~15min。孕妇慎用。现代研究证实:刺灸关元有增加可利用氧的作用,氧摄取率明显降低,氧耗量明显增高,故能增加机体代偿能力针灸关元穴可以提高机体免疫机能,并具有抗癌作用。

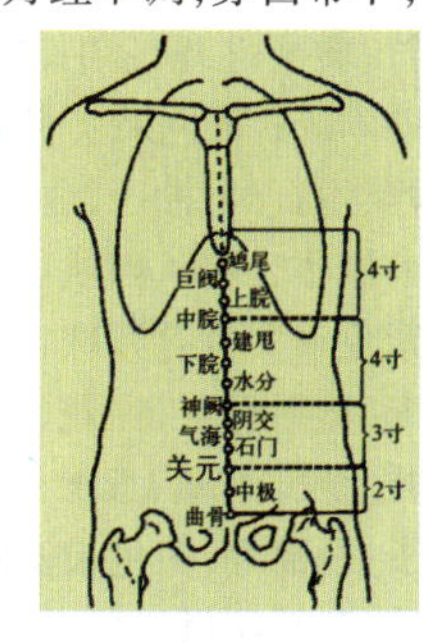

关元

【观测法】(measurement method) 对研究对象进行观察和定量描述的研究方法。在科学研究中,不能满足于对自然现象的定性描述,要力求测出研究对象的种种数量关系。各种物质运动变化形态的质和量是统一的。只有尽量从数量关系上去把握它,才能深刻地认识其规律性。这种方法在科学研究中广泛应用。

【观察法】(observation method) 人们有计划、有目的地对自然状态下客观事物和现象进行系统考察的一种研究方法。是人类最早使用和最基本的研究方法之一。在科学方法论中,观察法属于获取感性知识和材料的方法。其直接目的在于获得对自然现象及其过程的反映、描述和记录。观察法分为直接观察法和间接观察法。直接观察指用感官直接感知对象;间接观察则指感官通过仪器设备来观测对象。其主要特点是:(1)观察是在自然现象自然发生的条件下进行的。(2)被观察的对象只有在重复出现的情况下才具有科学意义。(3)科学观察要求研究者不仅要具有敏锐的观察力并付出艰辛的劳动,而且要具有一定的理论基础和较强的思维能力。

【观果树木】(ornamental fruit tree) 果实色彩多样且具有观赏价值的树木。有常绿和落叶两大类。每类又有乔木类、灌木类和藤本类之分。常绿类,如代代、佛手、柚子、枇杷、金橘等多分布在南方;落叶类,如毛镶桃、海棠、木瓜、山楂、无花果、猕猴桃等多分布在北方。观果树木为人们展现了果实的色彩美。按果实颜色的不同可分为红色、黄色、蓝色、紫色、黑色和白色等。红色果实者有桃叶珊瑚、小檗、平枝栒子、水栒子、山楂、冬青、枸骨、枸杞、火棘、花楸、毛樱桃、郁李、欧李、麦李、金银木、南天竹、珊瑚树、紫金牛、杨梅、荚蒾、垂枝毛樱挑、厚朴、扁核木等;黄色果实者有银杏、木瓜、梅、铁梗海棠、榅桲、番石榴、柚子、金橘、佛手、枇杷、甜橙、香圈、枸橘、南蛇藤、沙棘、阳桃、鞑靼忍冬、金果垂丝海棠等;蓝紫色果实者有紫珠、蛇葡萄、豪猪刺、欧洲李、黑宝石李、篮果忍冬、桂花、白檀等;黑色果实者有女贞、小叶女贞、刺楸、五加、枇杷叶荚蒾、毛梾、鼠李、黑果栒子、地锦等;白色果实者有红瑞木、雪果、湖北花楸、芫花、陕甘花楸等。

金桔

【观花植物无限花序】(indefinite inflorescence of ornamental plants) 又称观花植物总状类花序、观花植物向心花序。花序轴很短,由边缘向中央依次开放的开花顺序。其生长分化属于单轴分枝式。如圆锥花序的葡萄,其总状花序的花序轴分枝,每个分枝都是一总状花序,整个花序略呈圆锥形。又如肉穗状花序的马蹄莲的花序,其花序轴肉质肥厚,其上着生许多无梗单性花,花序外具有总苞。如柳、杨的雄花序,其花序轴细长,下垂,其上着生许多无梗的单性花。如梨、苹果的花序,其花序轴较短,其上着生许多花梗长短不一的两性花。下部花的花梗长,上部花的花梗短,整个花序的花几乎排成一平面。如光叶绣线菊的花序,其花序轴上每个分枝(花序梗)为一伞房花序。

梨花花序

【观花植物有限花序】(definite inflorescence of ornamental plants) 又称观花植物聚伞花序、观花植物离心花序。由花序轴顶端或中心的花先开,然后由上而下或从内向外逐渐开放的开花顺序。其生长方式属于合轴分枝式。按其轴分枝与侧芽发育的不同可分为:(1)单歧聚伞花序。顶芽成花后,其下只有一个侧芽发育形成枝,顶端也成花,再依次形成花序。单歧聚伞花序又有二种,如果侧芽左右交替地形成侧枝和顶生花朵,成二列的,形如蝎尾状,称为蝎尾状聚伞花序,如黄花菜、萱草等的花序;如果侧芽只在同一侧依次形成侧枝和花朵,呈镰状卷曲,称为螺形聚伞花序,如勿忘草等。(2)二歧聚伞花序。顶芽成花后,其下左右两侧的侧芽发育成侧枝和花朵,再依次发育成花序,如卷耳等石竹科植物的花序。(3)多歧聚伞花序。顶芽成花后,其下有三个以上的侧芽发育成侧枝和花朵,再依次发育成花序,如泽漆等。(4)聚伞花序。着生在对生叶的叶腋,花序轴及花梗极短,呈轮状排列,如野芝麻、益母草等唇形科植物的花序。

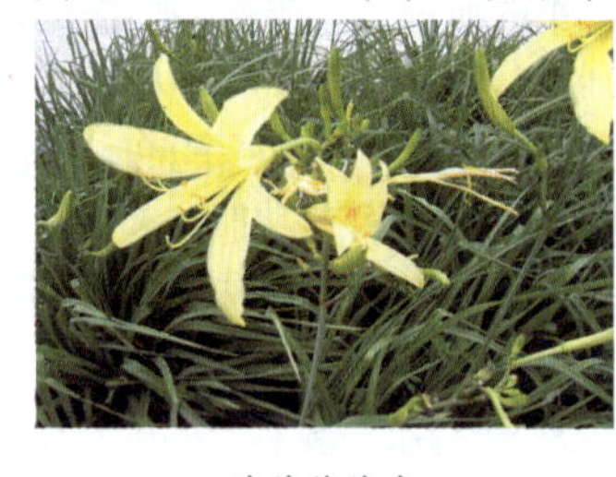

黄花菜花序

【观花植物总状花序】(raceme of ornamental plants) 花序轴不分枝,花多数有近等长的小梗,随着开花而花序轴不断伸长的花序。如刺槐等。按小花排列着生情况的不同可分为:(1)与总状花序相似,但下部花的花梗较长,向上逐渐变短,各花排列在同一平面,如苹果、梨等称为伞房花序。(2)许多花梗等长的花着生花轴的顶部,如五加科植物的花序称为伞形花序。(3)花轴较长,其上着生许多无柄或近无柄的花,如香蒲等称为穗状花序。(4)许多无柄或具有短柄的单性花着生在柔软下垂的花轴上,如柳树的花序称为柔荑花絮。(5)许多无柄或近无柄的花着生在极短、膨大扁平或隆起的花序轴上形成一个头状的花絮,如菊花等称为头状花序。

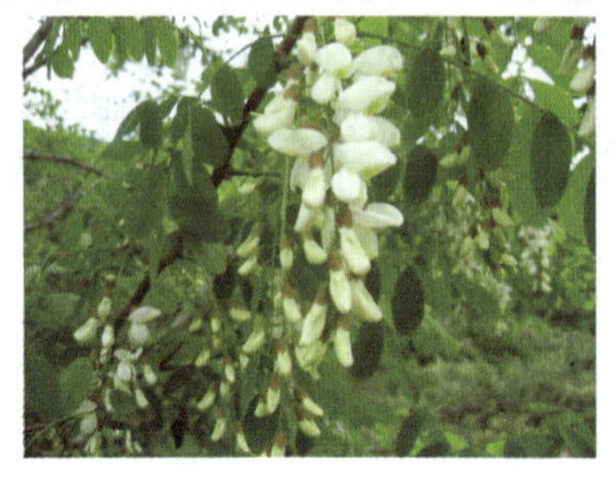

刺槐

【观赏动物】(exihibiting animal) 用于人类玩赏和公园里供人观赏而饲养的、既不使用也不捕杀的动物。一般为濒临灭绝和引人注目的动物。家庭饲养观赏动物的历史悠久,种类繁多。如观赏鸟、观赏鱼、踏车小白鼠、玩赏犬、猫和斑马等。

【观赏蕨类的孢子繁殖】(spore reproduction of the ornamental fern) 采用双盆法播种蕨类植物的孢子进行繁殖后代的方法。资料显示，世界上蕨类植物有 40 多个科、10 000 余种。中国约产 2 600 种，约有 300 种栽培种类。有的植株刚劲挺立，有的则纤柔下垂；有些则飘浮水面或倒悬空中；有的如附生观赏蕨类的肉质根茎，表面具有各种毛或鳞片；有些顶芽卷曲如拳；在高湿荫蔽条件下叶片分裂，呈蓝、红等颜色，叶片形状各异；有的种类羽叶表面密生幼苗状的小芽胞，形状奇特。有不少种类的蕨类植物，由于具有独特、美观、精雅、别致等体形和无性繁殖力强等特点，可作盆景、绿化庭园和住宅。有些藤本种类，还可制作各种编织品。中国是世界蕨类植物种类最多的地区之一，资源极为丰富，对它们的研究利用首先就是繁殖问题。蕨类植物由于没有两性生殖器官，所以常采用分株或孢子繁殖。蕨类植物喜荫而且常年需要水分。天然生长的蕨类植物大都在树荫下的地表或溪流旁边的阴湿地，所以在人工条件下进行孢子繁殖，也必须创造一个类似原产地的高温高湿的荫蔽环境。同时，在人工环境中进行孢子繁殖还应做到严格消毒，并经常保持室内清洁卫生。室内地面及四周要经常喷雾或洒水，以保持空气湿润。一般将播种容器放在水内，使容器和栽培基质经常处于湿润状态。栽培基质以富含腐殖质而呈微酸性(pH 值5.5 ~ 6.0)的土壤为宜。喷雾或洒水也应保持微酸性。

【观赏蕨类植物】(ornamental fern) 产生孢子的维官，具有较高观赏价值的一类植物。主要欣赏其独特的株型、叶形和绿色叶片，如波士顿蕨、鸟巢蕨等。

【观赏乔木】(tall tree for display) 有直立主干、高达 5m 以上并具有一定观赏价值的植物。可作为园林风景树木和行道树，如木棉、松树、玉兰和白桦等。

【观赏石】(strange stone for display) 又称奇石、趣石、雅石、玩石等。有观赏、收藏和研究价值的天然石质品。有人将砚石、印章石也纳入观赏石范畴。中国有悠久的赏石历史，“人石合一”是中国石文化的核心。观赏石融天然性、科学性、人文性和功利性于一体，且与人的修养、品味和鉴赏能力密切相关。按传统的地质学观点，可将观赏石分为三大类：岩石、矿物和化石。按照鉴赏的特点和引申出的意蕴，又可分为造型石、纹理石、象形石、文字石、意境石、纪念石和文房石等。

观赏石

【观赏蔬菜】(vegetable for display) 形状奇特或株形优雅、具观赏价值、适宜庭院阳台、露台、办公室摆放的一类蔬菜。按观赏器官的不同可分为：观果、观花和观叶等类型。观果类的品种有：七姊妹椒、朝天椒、小米粒椒、樱桃椒、黑朝天椒、枣形椒、风铃椒、袖珍雪茄、黄秋葵等。观叶类的品种有：广西人参菜、红叶生菜、细菊生菜、红甜菜头、观赏羽衣甘蓝、一点红(清香菜)、新西兰菠菜、薄荷叶、银丝菜、玉丝菜、叶用辣椒、紫甘蓝等。用于摆放于室内的，植株不宜高大，且颜色艳丽或形态优雅或形状奇特，具有观赏性强、观赏期长的品种。

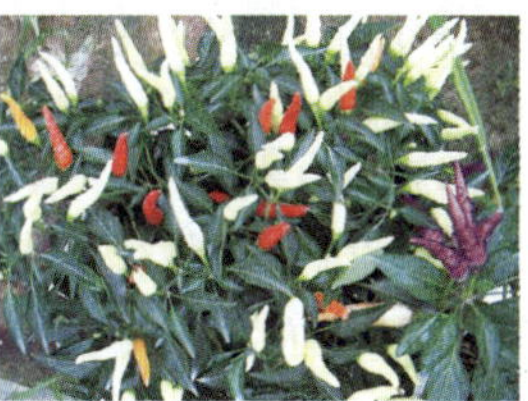

观赏蔬菜

【观赏树木学】(ornamental dendrology) 研究观赏树木的分类、形态、地理分布、生态习性、观赏配置及繁殖方法等学科。重点研究观赏树木的姿态美、色彩美和风韵美，为布置园林、美化环境服务。是园林绿化和规划设计最重要的基础学科之一。

【观赏鱼】(ornamental fishes) 体色艳丽、形状奇特、姿态优美具观赏和饲养价值的鱼类。通常分淡水观赏鱼和海水观赏鱼。热带淡水观赏鱼较著名的品种有三大系列。(1)灯类品种。如红绿灯、头尾灯、蓝三角、红莲灯、黑莲灯等。这类鱼小巧玲珑，美妙俏丽，若隐若现。(2)神仙鱼系列。如红七彩、蓝七彩、条纹蓝绿七彩、黑神仙、芝麻神仙、鸳鸯神仙、红眼钻石神仙等。这类鱼潇洒飘逸，温文尔雅，大有陆上神仙的风范。(3)龙鱼系列。如银龙、红龙、金龙、黑龙鱼等。这类鱼素有“活化石”美称，名贵美丽。金鱼、锦鲤系野生鲫、鲤经过长期家化选育而成。海水观赏鱼主要来自印度洋、太平洋中珊瑚礁水域，品种多，体彩怪异，具有一种原始古朴神秘的自然美。

观赏鱼

【观赏园艺】(ornamental horticulture) 以观赏植物为对象,阐明其资源与分类、生物学特性及生态习性、繁殖与栽培、设施与设备、装饰与应用及经营管理等理论与应用的综合性学科。早期的观赏园艺,仅限于园林植物的分类、形态描述、繁殖、栽培和生产等。现代观赏园艺一般包括切花、盆花和盆景的生产以及花店经营、花卉的保鲜贮运和装饰,球根花卉的种球生产,一、二年生花卉的种苗生产,温室栽培与经营,草坪施工,园林树木苗圃和种子生产,园林药械、土壤、肥料及机具等的生产和销售,野生花卉的引种栽培和利用等。现代科技的进步和美学观念的变化,正影响着它的发展。观赏园艺技术的现代化和园林植物产品的进一步商品化以及与此相应的产品的优质、高产和低成本等,是发展的总趋势。近年来,在某些发达国家中一些以往不为人们重视的淡雅小花和山林野草却博得了人们的喜爱,是观赏园艺上在审美观念方面一个值得注意的变化。新近兴起的城市园艺学,旨在研究城市生态条件下园林植物的生长、发育及观赏园艺对城市环境的影响与效益,也是一个新的发展动向。

观赏园艺

【观赏园艺学】(ornamental horticulture) 又称环境园艺学。研究观赏植物与造园两大范畴的综合应用学科。其研究内容是:观赏植物的分类、形态、地理分布以及各类观赏植物的生态习性和观赏特性,探讨各种观赏植物的生长发育、开花结果习性,采取科学的繁殖技术,选择或创造适宜的栽培环境,采用配套的先进栽培管理手段,生产高质量的观赏植物产品,达到美化环境、建设风景、改善生态的目的,为人们带来美的享受。

【观赏植物板根】(buttress root of ornamental plant) 又称观赏植物板状根。热带观赏植物在干茎与根颈之间形成板壁状凸起的根。如榕树、野生荔枝。是植物的支柱根的形式之一。有板状根的观赏植物把根系扎进土壤,吸收土壤中水分和养分,供应植株地上部的茎、叶、干、枝的生长发育,并支撑地上部枝叶的重力。在热带雨林,地面表层的土壤肥沃。为了更好地吸收水分和养分,供应地上部的生长发育,支撑地上部枝叶的功能,根系不仅向土层的深度发展,而且还向接近地面的空间发展,并与周围共存的各种植物展开了空间与资源的激烈竞争。在热带雨林的土壤深层,因土壤瘠薄,空气稀少,不利于"呼吸",植物间的竞争不激烈。越靠近地面空间里的植物间争夺养分的竞争越激烈。其中竞争的表现形式之一就是产生大量健壮的板根,来增强植株的吸收作用。

【观赏植物的感温性】(thermal sensitive of ornamental plant) 某些观赏植物在个体发育过程中必须要求通过一个低温周期,才能进行花芽分化、现蕾和开花的习性。这个低温周期就称为春化阶段,也称感温性。不同植物要求的低温值和通过的低温时间各不相同。按其对低温要求值的不同可分为:(1)冬性观赏植物。要求在0~10℃条件下30~70天完成春化阶段。二年生花卉三色堇、金鱼草、蛇目菊、矢车菊等多为冬性观赏植物。在秋季播种后,以幼苗状态度过冬季,满足其对低温的要求通过春化阶段,春季开花。若在春季气温已暖时播种,便不能够正常开花。在早春开花的多年生观赏植物,也必须满足一定的低温阶段。(2)春性观赏植物。在通过春化阶段时要求的低温为5~12℃,通过春化阶段的时间为5~15天。(3)半冬性观赏植物。对低温要求不敏感。这类植物在15℃条件下15~20天也能完成春化,但是最低温度不能低于3℃。

【观赏植物附生根】(adnascent roots of ornamental plant) 又称观赏植物攀援根。某些观赏植物具有的用以攀附它物而向上生长的不定根。是植物的一种变态根。是一种可以稳定遗传的变异表现。如络石、常春藤和凌霄等观赏植物的枝条柔软、细长,不能直立向上生长,生许多很短的根,并能分泌黏液,固着于其他物体之上,借此向上攀援生长。具有附生根的多年生观赏植物,生命力很强。为了争夺阳光,常常随着所攀附物体一直向上生长,甚至会出现由于其生长过旺,使攀附植物失去光照,而枯死的现象。是植物对环境资源的竞争现象。是植物摆脱恶劣环境胁迫在自然界生存的表现方式之一。

【观赏植物根接法】(root grafting method of ornamental plant) 用观赏植物根作砧木进行嫁接的方法。嫁接一般在冬季或早春花木休眠期进行。根接法可用切接、劈接、倒腹接和插皮舌接等嫁接方法。这种方法在一些根部或根茎已经坏死的个体上也可以应用。用根做砧木嫁接的观赏植物,嫁接后

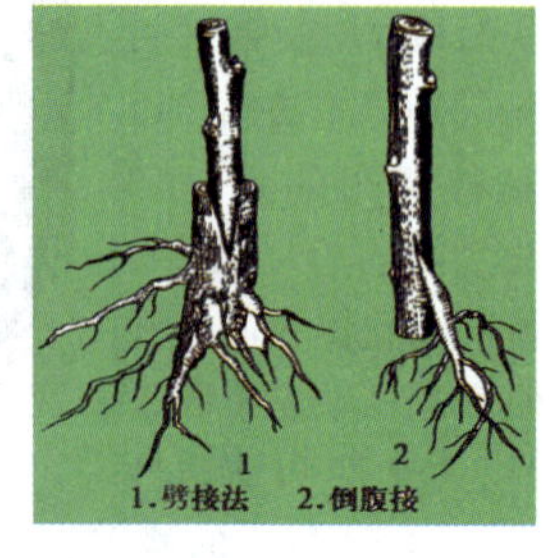

根接法

一般要在室内用湿沙假植一段时间，尤其是需要保湿。待嫁接的芽萌动抽生出幼芽或嫩枝以后，再移植到苗圃地内或直接栽种到花盆中进行管理。由于春季发芽后，嫁接后成活的苗木很快加粗生长，尤其是根茎部加粗生长特别快。嫁接苗要及时进行解绑，以免塑料条绑缚处形成勒痕陷入皮层，影响养分的运输和植株正常发育。对嫁接后成活的砧木根部容易抽生萌蘖的观赏植物类型，苗木栽植后还要注意及时去除基部砧木萌蘖，保证上部嫁接枝条芽的抽生和发育。此法适用于牡丹、月季和玉兰等。

【观赏植物根蘖】（root sprout of flower for display）　由观赏植物的根基部萌发的幼嫩新梢。如花石榴、月季花等很容易从根部产生不定芽，从而萌发根蘖。观赏植物的根蘖有利于分株繁殖以及进行老株的更新。由根蘖分生出来的苗木称为根蘖苗。对容易萌发根蘖的观赏植物，在生产管理上就需要在生长季节随时对根蘖进行铲除，例如花石榴，从春季萌芽到冬季来临前，只要温度合适，水分充足就会不停地生长根蘖。过多的根蘖发生会导致原本植株体合成的营养和土壤的养分浪费，不仅会影响植株地上部枝条的健壮发育、当年花芽分化和来年的生长和开花，而且还会导致植株本身对冬季寒冷气候的适应能力以及对来年病虫害的抵抗能力的下降。如果在生长季节不进行除蘖工作，有的根蘖就会超过上部枝条，造成郁闭，使上部枝条缺光衰弱甚至死亡。

【观赏植物呼吸根】（pneumatophore of ornamental plants）　某些观赏植物产生的伸出地面或浮在水面用以呼吸的根。如水松、落羽杉的曲膝状呼吸根。在海滩地带的许多红树植物，根系会产生向上生长的相当多的支根，它们伸出土表帮助呼吸。是植物的一种变态根。是一种可以稳定遗传的变异。主根、侧根和不定根都可以发生变态。其不仅具有呼吸作用，也有储藏营养的功能。这种呼吸根在结构上与其他的无呼吸根的植物不同，在其内都有许多特别分化的气道，来保证气体的通畅。在一般情况下，生在泥水中的植物，因为呼吸困难，不得已有部分根垂直向上伸出土（水）面，暴露于空气之中，便于进行呼吸。这也是植物适应性的一种表现，体现了植物的顽强的生命力和广泛的适应性。

观赏植物呼吸根

【观赏植物花相】（flower feature of ornamental plant）　花或花序在树冠上的整体表现形貌。按其花相的不同可分为：独生花相、线条花相和干生花相等。如苏铁具有顶生一个花序称为独生花相，这一类较少；连翘、金钟花等其花排列于小枝上形成长花枝，称为线条花相；珍珠梅等其花朵或花序数量较少，且散布于全树各部位，称为星散花相；玉兰、木兰等的花朵或花序型大而多，花感强烈，称为团簇花相；花着生于茎干上，如槟榔、可可等称为干生花相。

铁树

【观赏植物花序】（inflorescence of ornamental plant）　观赏植物的花在花序轴上的排列方式。花序中最简单的是一朵花单独生于枝条顶端或叶腋，称为单生花，如芍药、荷花和桃花等。很多植物的花是按照一定规律排成的花序。按其花序花轴长短的不同可分为：有限花序和无限花序。花序下部的叶有退化，但也有特大而具颜色的。花柄及花轴基部生有苞片，有的花序的苞片密集一起，组成总苞，如菊科植物中的蒲公英等的花序有这样的结构。

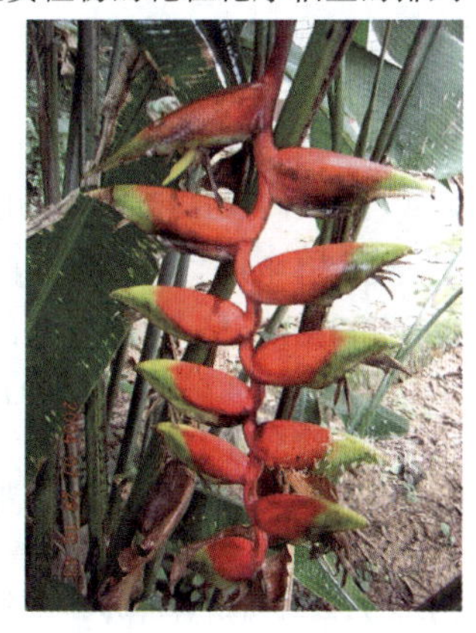
观赏植物花序

【观赏植物靠接法】（approach grafting method of omamental plant）　利用观赏植物砧木与接穗嫁接苗紧密对齐的繁殖方法。在嫁接前，先将砧木和接穗移栽到一起，以使二者相互能够靠近，然后在砧木与接穗接合处各削去等长的切口，深度达接近中髓部，最后使二者形成层保持紧密对齐，用塑料带等捆绑严密，成活后便成为一株嫁接苗。常用于其他嫁接方法不易成活的观赏植物。一般在生长期间进行。在嫁接时，在接穗去皮处的背面宜留有一芽，有利于嫁接口的愈合和嫁接成活。待砧木和接穗的形成层稳定愈合后，再剪去砧木上部枝叶以及接穗下部的部分，即成一新的嫁接植株。这种方法在一些根部或根茎已经坏死的个体上也可以应用。还有一些植物冬季基部埋土,而地上部受冻而死,但主干健壮时,也可以采用本方法进行挽救。这种方法要求事先在花盆中培养植株,需要时可以随时进行靠接。

【观赏植物配置】(ornamental plants allocation) 对观赏植物进行的科学、艺术地组合和搭配方式。其目的是:为了满足园林各种功能和审美的要求,创造出优美、实用的园林空间环境,并充分发挥园林综合功能和生态效益,同时使人居自然环境得以美化和改善。观赏植物是园林绿化的主题,选择合适的植物种类是造景成功的关键。在宏观上,园林植物的选择,应符合生态园林建设的要求。在微观上,应遵循的原则是:(1)适地适树。即尊重植物本身的生活习性,使所种植的植物在当地的环境条件下正常生长发育。(2)满足绿化的主要功能要求。即满足城市不同地域对绿化功能的侧重,如庇荫、防护隔离或抗灰尘等。(3)病虫害少,易于管理。一般来讲,乡土树种的适应性最强。(4)经济实惠。尽量选择养护投入低的树种来减少园林的管理成本。(5)注重植物自身与整体的生态效益。城市绿地的植物配置不仅要适地适树,而且要注重树体的色彩搭配和形态美,更要体现植物造景的作用和丰富的文化内涵。

【观赏植物叶插繁殖】(leaf cuttage reproduction of omamental plant) 利用观赏植物叶片的扦插而繁殖后代的方法。叶插繁殖只能应用于能自叶片上发生不定芽及不定根的花卉种类。凡能进行叶插繁殖的花卉,大都具有粗壮的叶柄、叶脉或肥厚的叶片。叶插需在具有良好设备的繁殖床内进行,以维持适宜的高温和高湿条件。按其叶插方法的不同可分为:(1)全叶插。以完整叶片进行扦插。全叶插又可分为:①平置法。切去叶柄,将叶片平铺沙面上,用铁针或竹针固定,使叶片下面与沙面紧接。如落地生根可从叶缘处产生幼小植株;秋海棠则自叶片基部或叶脉处产生植株;有的叶片较大,可在各粗壮叶脉上用小刀切断,在切断处发生幼小植株。②直插法。又称叶柄插法。将叶柄插入沙中,叶片立于沙面上,叶柄基部即可产生不定芽和不定根。如大岩桐进行叶插时,首先在叶柄基部发生小球茎,而后发生不定根和不定芽。用此法繁殖的花卉还有非洲紫罗兰、豆瓣绿和苦苣苔等。(2)片叶插。将单个叶片分割为数块,分别进行扦插,使每块叶片上都产生不定芽和不定根,形成新的植株。采用片叶插的花卉有大岩桐、椒草和虎尾兰等。蟆叶秋海棠分割叶片时,要使每块叶片都有一条主脉,再剪去叶缘较薄的部分,以减少蒸发,然后将下端插入沙中即可。椒草类的萌芽点是在叶片与叶柄接点处,切割时每块叶片需保留部分叶柄,以利发根成活。虎尾兰叶片较长,可横切成6~10cm的小段,分别进行扦插。注意不能上下颠倒,否则影响成活。

【观赏植物姿态造型】(pose sculpt of ornamental plant) 通过人工的适当整形和修剪,将观赏植物植株培养塑造成具有一定的形状特征的栽培手法。按其造型方式的不同可以分为:单干式、多干式、丛生式、悬崖式、攀援式和匍匐式等。其中,单干式指仅留单枝生长形成主干;多干式指留多个单枝生长形成主干;基部抽生多个枝条,不分主次,形成丛状枝条称为丛生式;悬崖菊以河岸、装饰花台、建筑等为基础,使枝条向一侧生长延伸下垂称为悬崖式;紫藤以其他支撑物作为依靠,攀援向上生长称为攀援式;整个枝条基本上在地面延伸生长称为匍匐式。

观赏植物姿态造型

【观赏植物资源】(ornamental plant resource) 具有观赏价值的一类植物。是大自然的精华之一。人类在与自然斗争中发现自然界存在的奇花异草,丰富多彩的株型,鲜艳夺目的果实,可以丰富人类的生活,美化人们的环境,给人以美的享受。观赏植物资源是指具有观赏价值的一群野生和人工栽植的植物包括园林植物、花卉植物和绿化植物等。观赏植物按观赏部位的不同可分为:(1)观花植物,如牡丹、芍药、月季等。(2)观叶植物,如苏铁、南洋杉、罗汉松等。(3)观果植物,如金橘、佛手、南天竹等。(4)观茎植物,如红瑞、紫竹、龟背竹等。(5)观芽植物,常见的有银柳。按植物的生活型的不同可分为:(1)木本植物,包括常绿乔木,如圆柏、广玉兰等,落叶乔木(银杏)、常绿灌木、落叶灌木、常绿藤本、落叶藤本等。(2)宿根植物,包括常绿

牡丹

宿根植物(兰花、万年青)和落叶宿根植物(菊花、芍药)。(3)球根植物,可分为鳞茎类(水仙、风信子等)、球茎类(唐菖蒲、小菖兰等)、根茎类(美人蕉、鸢尾等)、块根类(大丽花)、球根类(仙客来)。(4)一、二年生植物,如一串红、凤仙花、金鱼草、石竹等。按栽培方式的不同可分为:(1)陆地植物,根据耐旱程度,又分为耐寒植物(雏菊、三色堇等)、半耐寒植物(金鱼草)和不耐寒植物。(2)温室植物,不能在栽培地露地越冬而需要在温室里栽培。按经济用途的不同可分为:(1)药用观赏植物,如芍药、银杏、杜仲等。(2)香料观赏植物,如米兰、茉莉、栀子等。(3)食用观赏植物,如玫瑰、百合等。(4)其他类,可生产纤维、淀粉、油料的观赏植物。

【观象台】(observatory) 又称山岳台、司天台、观星台。是中国古代崇拜山岳,崇拜天体,观测天文、星象、气象和地震的高台式建筑物。按其任务的不同,现已分别采用天文台、气象台、地磁台、地震台等名称。中国现存最早的天文台是建在河南省登封市告城镇的登封观星台,由元代天文学家郭守敬创建,为世界重要的天文遗迹之一。主要用于测日影定季节。观星台身似覆斗,高9.46m,连小室(明代增建)共12.62m。台顶呈方形,每边约8m,底边16m。观星台分为两部分:由回旋踏道簇拥的台身;由台身北壁凹槽向北平铺的石圭。北壁下面有两个对称的踏道口,可盘旋登临台顶。台北壁正中的凹槽直壁是测影"高表"的遗迹。直壁上方相对两小室窗口下沿置横樑,由此到石圭的高度为9.748 4m,即为高表的高度。石圭、横樑和直壁一起组成观测日影的仪器。横樑影子投在石圭上,石圭像一把尺子,可以量出表影的长度,进而进行历法的推算。登封观星台为全国重点文物保护单位。

登封观星台

【官能团】(functional group) 决定有机化合物化学特性的原子或原子团。例如,卤素原子、羟基、醛基、羧基、硝基以及不饱和烃中所含有碳碳双键和碳碳三键等均是官能团。官能团在有机化合物中的作用是:(1)决定有机物的种类。(2)产生官能团的位置异构和种类异构。(3)决定一类或几类有机物的化学性质(官能团对有机物的性质起决定作用)。(4)影响其他基团的性质,包括官能团对烃基的影响,烃基对官能团的影响,以及含有多官能团的物质中官能团之间的相互影响。(5)有机物的许多化学反应主要发生在官能团上。

【官窍】(five sense organs) 官指机体上有特定功能的器官,如耳、目、口、鼻、咽喉;窍指孔窍,即内脏与外界交通的窗口。古代有"五官"、"七窍"、"九窍"之说。五官,指耳、目、口、鼻和咽喉;七窍,即口、两鼻孔、两目和两耳;九窍,即七窍加前阴、后阴。习惯上将五官也称为窍,而前阴、后阴只称窍,不名官。每个窍,都是一个具有特定功能的器官。它对外界与周围环境相通,对内通过经络同脏腑保持密切的联系。官窍,是人体与外界联系的重要器官,与五脏为中心的功能系统关系密切,每一窍和人体五脏中的一脏有特定的关系。

【冠脉支架】(coronary stand) 通过介入方法将金属支架放入冠状动脉狭窄处以改善心肌缺血状态的特殊治疗手段。其具体做法是:通过介入方法经股动脉穿刺部位将金属支架置于冠状动脉狭窄部位,支撑血管壁向外扩张,使冠状动脉血流畅通,心肌缺血状态得以改善。支架置入后,新生的内皮细胞逐渐覆盖于支架表面,使支架最终被完全包埋于血管壁内,支撑血管保持持续开放状态。

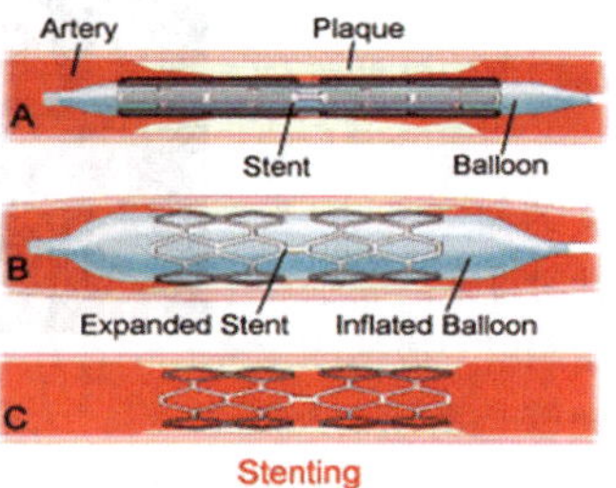

冠脉支架植入示意图

【冠醚】(crown ether) 分子结构中含有 $-O-CH_2CH_2-$ 重复单元的大环化合物。其结构特点是:冠环中间有一空穴,分子结构不同,空穴的半径大小也不同。它能与正离子,尤其是与金属离子络合,并且随环的变化而与不同的金属离子络合。例如,12-冠-4与锂离子络合而不与钾离子络合;18-冠-6不仅与钾离子络合,还可与重氮盐络合,但不与锂或钠离子络合。其作用是:主要作为相转移催化剂用于有机合成,即将离子型化合物转移到有机相中,加快反应速率,可使许多在传统条件下难以反应甚至不发生的反应顺利进行。

【冠状动脉搭桥术】(coronary artery bypass graft surgery) 又称冠状动脉旁路移植。采取移植人体其他部位的一段血管,将阻塞、狭窄的冠状血管上下两端接通,使心脏的供血得到改善的一种治疗冠心病的常规手术。移植来的血管称为"搭桥物"。实施冠状动脉搭桥手术,对心绞痛的消除率早期为85%~95%,术后5年有65%~67%的病人无胸痛,93.4%的病人症状较术前有改善。术后10年的生存率为80%,明显高于使用药物。近年来发明的激光"打孔"的搭桥方法-激光心肌血管重建术,在不开胸、心脏不停跳的情况下,通过小切口用激光在心肌上打几十个直径为1mm的小孔,使心肌与心腔之间形成直接的供血通道,令血液在梗死的心肌中重新运行。这种方法适用于心绞痛、冠状动脉狭窄、心肌梗死等心脏病的治疗。

【管道储气】(line gas store) 利用高压输气管道储存燃气的方式。这是高压输气管道的一项重要功能。当管道始端的输入量不变,而终端的输出量随负荷而变化时,管道内燃气的压力也相应发生变化,容纳在管道内的燃气量亦随之增减,从而可用以平衡昼夜用气的不均匀性。为了增加管道的储气能力,设计时可视需要提高始端压力或适当放大管道的直径,甚至敷设双线。这种储气方式充分利用了高压输气管道的输气、储气兼备功能,其单位储气量的投资低于地上储气罐。由于管道终端不能低于一定的压力,管道内容纳的气体不能全部用来调节负荷,可用以调节负荷的那部分燃气量,称有效储气量。高压输气管道中,气体的流动是不稳定的,其运动参数随时间而变化。在设计和运行中,还需要作不稳定流动的详细计算,以校核其运行的可靠性和经济性,使之既能确保终点最低工作压力,又能储存必要的气量。另一种管道储气方式,是在用气点附近埋设一组或几组平行管束。这些管束不承担输气任务,专作储气用,实际上是将地上高压储气罐改以管道形式埋于地下,故称管式储气罐。

管道储气

【管道穿越工程】(pipeline project cross river and so on) 采用水下或地下敷设方式通过河流、湖泊、山脉、铁路、公路等地段的管道线路工程。管道通过水域的方法是:(1)挖沟埋设。挖沟方式根据地质、岩性、河流特性等条件进行。(2)顶管或水平定向钻孔。在河床下部直接将管子顶过河底或用倾斜的钻机采用定向钻进的方法,掘成一个下弯的弧形圆孔将管道从中牵引过去。后一种方法多用于河床为均质黏土层的中小河流的管道牵引工程。(3)增加容重。为防止管道浮起,通常在穿越河流的管道外壁浇注连续的混凝土覆盖层,或在复壁管环形空间内注入加重水泥浆。前者节省钢材,后者施工时牵引力小。(4)稳管。通过堆石坝、石笼、使用压马鞍形、半圆环形重力式混凝土锚定块或用扩展脚机械式锚杆等稳管方法。管道穿越铁路、公路可采用地下敷设方式,一般在路基下装设水泥或钢套管,管道在套管中穿过,以保证管道和铁路、公路的安全。

【管道风险管理】(management of pipeline risk) 通过对油气管道的风险评价,制订和采取相应的措施,改善管道安全,将管道风险水平降至合理的、目前可接受的范围内,达到安全和经济运行目的的措施。其主要环节包括:对油气管道的危害因素识别、风险评价,制订相应的减轻或控制风险的对策,实施预防或减轻风险措施,并检测达到的效果的总过程。管道风险管理的特点是:(1)管道风险管理是管道完整性管理的基础环节。(2)管道风险管理可改进管道安全和资源的最佳配置。(3)风险管理是动态的、循环进行的持续过程。

【管道风险评分法】(evaluation method of pipeline risk) 以风险的数量指标为基础,对管道事故发生的概率和事故后果的严重程度按权重分配到各个危害因素,逐项评分而得到管段相对风险数的一种管道风险评价方法。由美国学者W. Kent于1992年提出。管道风险评分法模型的基本假设是:(1)最坏状况。一个管段中各部分的状况会有所不同,假设最坏的状况决定其风险程度,该段按最坏状况来评分。(2)独立性。各项危害因素互相独立地影响管道风险状况,各个独立因素的影响之和为管道总的风险。(3)一致性。为保证各管段评价结果的可比性,评分时对"属性"和"预防措施"的划分应事先确定并保持各管段一致。该法的优点是:(1)由于它较全面地考虑了管道实际危害因素,集合了大量事故统计数据和操作者的经验,所得结论可信度较高。(2)避免了对事故概率等数据的要求,方法便于掌握和应用。

【管道工厂化施工】(industrialized construction of pipeline) 把管道预制和现场安装严格的分成两个独立的过程来完成管道施工的作业方式。在现场的预制加工棚或后方的预制加工厂内,根据施工图纸把所需要的管道集中加工预制,然后编号包装,成批地运往安装现场,进行就位安装。其优点是:(1)工作内容专一,工人的操作水平易于提高。(2)许多现场高空作业变为平地作业,省去大量搭建脚手架的材料和人工费用,有利于安全施工和工程造价的降低。(3)管道加工预制的重心由安装现场转移到加工预制厂(棚)后,由施工现场的手工操作为主,变成以机械操作为主,使生产过程实现机械化,甚至部分自动化,有利于提高生产效益,减轻劳动强度。(4)可以节省管材、型钢、电力、电石、氧气等原材料消耗,并可充分利用边角边料,有利于废料的收回。

【管道监控】(pipeline supervision and control) 对管道运行工况的监测和控制。是利用密闭输送工艺确保管道安全平稳和最优化运行的必要手段。一般由调度中心、远传通道和监控终端三大部分组成。运输管道线路长,站库多,全线密切相连。其运行工艺既需要站库和线路的就地监控,又需要全线的遥测遥控。管道监控的主要任务是:(1)收集、处理、显示和记录管道系统的运行状态和工艺参数。(2)按输送计划、动态工况,选择最优运行方案。(3)协助调度人员迅速准确地开关阀门和启停设备。(4)调节流量、压力和温度等运行参数。(5)预测、分析和处理事故。(6)进行起点站、终点站和分输站的油、气交接以及账务结算等。

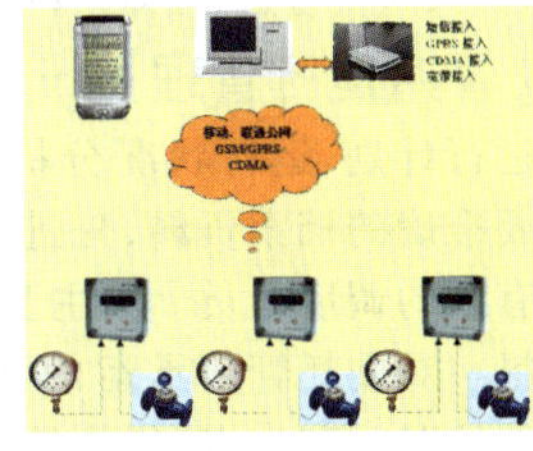

管道监控示意图

【管道流体计量】(pipeline metering) 对管道运输的流体货物流动量的测量工作。包括管道输送的油品计量和天然气计量。这两种流体计量目前都以体积为单位。早期油品的计量是以重量为单位。20世纪40年代初期,直径为100mm的容积式流量计开始在成品油管道上使用。后来又出现了多种容积式流量计,如刮板式流量计、腰轮式流量计等。60年代出现了涡轮式流量计。这种流量计体积小,计量的流量范围宽,并能保持较高的精度,被应用于轻质油品的计量。近年来,非浸入式超声波流量计日益广泛应用于管道流体计量。随着流量计的改进,与之配套的流量计标定装置也不断发展,如60年代出现机械式双向直管体积管标定装置;此后又出现了单向和双向U形体积管标定装置,使流量计标定达到更高的精度。天然气管道的计量在30年代已开始采用压差式孔板流量计。这种流量计一直沿用至今。涡轮式流量计能适应天然气管道输量变化,近年来也开始应用。

刮板式流量计

【管道输气工艺】(gas transportation process by pipeline) 实现天然气管道输送的技术和方法。即根据气源条件及天然气组分,确定输气方式、流程和运行方案,确定管材、管径、设备、沿线设站的类型及站距等。现代天然气管道输送普遍采用压气机提供压力能,对所输送的天然气的质量也有严格的要求。输气管道沿线各压气站与管道串联构成统一的密闭输气系统,任何一个压气站工作参数发生改变都会影响全线。因此,必须采取措施统一协调全系统各站的输量和压力,如调节各站原动机的转速,改变压气机工作特性和采用局部回流循环等,以保持压气机出口压力处于定值,并保障管道、管件和设备处于安全运行状态。为提高天然气压力或补充天然气沿管道输送所消耗的压力,需要设置压气站。是否需要建设起点压气站,取决于气田压力。利用输气管道末端的工作特点作为临时储气手段。末端长度对管道管径及压气站站数的确定有影响。

【管道输送技术管理】(management of pipeline transportation technology) 根据管道输送的货物特性,确定输送方式、工艺流程和管道运行的基本参数等,以实现管道生产最优化的技术管理系统。其内容包括:随时检测管道运行状况参数,分析输送条件的变化,采取各种适当的控制和调节措施调整运行参数,以充分发挥输送设备的效能,尽可能地减少能耗。对输送过程中出现的技术问题,要随时予以解决。

【管道输油工艺】(oil transportation process by pipeline) 实现管道油品输送的技术和方法。即根据油品性质和输量,确定输送方法和流程、输油站类型和位置,选择钢材和主要设备,制定运行方案和输量调节措施。油品的输送方法根据油品性质和管道所处的位置确定。轻质成品油和低凝固点、低黏度的原油常采取等温输送方法,即炼油厂或油田采出的油品直接进入管道,其输送温度等于管道周围的环境温度。对轻质成品油大多采用顺序输送方法;对易凝高黏油品目前常用加热、掺轻油稀释、热处理、水悬浮、加改性剂和减阻剂等输送方法。管道沿线上下两泵站之间的连接方式,有开式流程和密闭流程两种。

【管道通信】(pipeline communication) 管道运输借以传递各种信息,进行业务联系和控制管道运行的工具。由干线通信、区段通信和移动通信三部分组成。干线通信是管道运输部门各级管理机构之间及其与调度中心之间的通信。由干线通信网沟通总部、大区中心和调度中心组成。区段通信是指管道各区段内部的通信,每个区段的通信系统不仅要满足本区段的通信需要，而且也是干线通信网的组成部分。移动通信是为满足收集和传递管道沿线和各种监视信号的需要，以及为满足管道维护工作的需要所使用的无线电通信系统。管道运输具有全线联合作业的特点，即管道的各个环节要密切配合，协调一致，才能完成管道运输作业。这就必须通过通信系统进行统一调度和集中监视。同时，在管道维护和抢修过程中，组织人员、调运器材、协调操作等也缺少不了通信联络。

【管道完整性管理】（management of pipeline integrity） 对所有影响管道完整性的因素进行综合的、一体化的和持续改进的管理。管道完整性是指管道始终 处于安全可靠的受控状态。包含以下内涵：管道在物理状态和功能上是完整的；管道处于受控状态；管道管理者已经并仍将不断采取措施防止管道事故的发生。管道完整性与管道的设计、施工、运行、维护、检修及管理的全过程密切相关。其主要内容是：（1）建立完整性管理机构，拟定工作计划、工作流程和工作程序文件。（2）进行管道风险分析，了解事故发生的可能性和将导致的后果，制定预防和应急措施。（3）定期进行管道完整性检测和完整性评价，了解管道可能发生事故的原因和部位。（4）采取修复或减轻失效威胁的措施。（5）检查、衡量完整性管理的效果，确定再评价的周期。（6）开展培训教育工作，不断提高管理和操作人员的素质。

【管道线路工程】（pipeline route project） 用管子、管件、阀门等连接分段管道而构成的管道运输线路工程。包括管道组装和敷设，管道阀门和管件的安装，河流、湖泊、道路等障碍的跨越，管道防腐和管道附属构筑物的修筑等工程项目。管道线路工程是管道工程的主体部分，约占管道工程总投资的2/3。其建设程序是：确定线路→线路设计→管道施工。

【管道压力等级】（grade of pipelines pressure） 管道中由标准管件的公称压力等级和壁厚等级共同确定的能反映管道承压特性的参数。包括两部分：一是以公称压力表示的标准管件的公称压力等级；二是以壁厚等级表示的标准管件的壁厚等级。习惯上常把管道中管件的公称压力等级称作管道的压力等级。管道压力等级的确定是压力管道设计的基础和设计的核心，是压力管道布置、压力管道应力校核的设计前提条件，也是影响压力管道基建投资和管道可靠性的重要因素。

【管道运输】（pipeline transport） 使用大型管道输送货物的运输方式。其特点是：成本低，密闭性好，运输量大，连续迅速，安全可靠。除适用于石油、天然气等流体物料外，还可以输送矿石、煤炭、建材、化学品和粮食等固体货物。按输送物料状态的不同，管道运输可分为油品管道、天然气管道、固体浆料管道和其他物料运输管道。

石油运输管道

【管道运行管理】（pipeline operation） 管道运行计划、运行状况分析和调度手段的总称。需要准确的档案资料，先进、可靠的仪器设备和训练有素的调度人员。其主要内容是：（1）分析运行资料。对委托管道承运的油品种类和数量，交付输送的时间和地点，货物的物性，以及对管线各泵站收、发货物应具备的条件等进行分析和研究，制定年度轮廓计划，做好完成管道年度任务的技术准备。（2）编制运行计划。在分析资料的基础上，编制出指令性的全线和各站运行计划。（3）运行调度。按运行计划进行全线指挥、调整和监视，以保证按运行计划完成输送任务。

【管家基因】（housekeeping gene） 在一个生物个体的几乎所有细胞中持续表达并对生命全过程都是必需的或必不可少的基因。催化三羧酸循环途径各阶段反应的酶的编码基因、微管蛋白基因、糖酵解酶系基因、核糖体蛋白基因等均属这类基因。该基因表达水平受环境因素影响较小，而是在生物体各个生长阶段的大多数、或几乎全部组织中持续表达，或变化很小。其表达又可称为基本基因表达。表达过程受启动序列或启动子与 RNA 聚合酶相互作用的影响，而不受其他机制调节。但实际上，基本基因表达水平并非绝对“一成不变”，所谓“不变”是相对的。管家基因高度保守，并且在大多数情况下持续表达。

【管井】（tube well） 又称机井。井径小，深度大，用金属、混凝土或其他管材加固井壁，集取地下水的建筑物。打入承压含水层的管井，当承压水位高出地面时，称自流井。由井头、井身、过滤器和沉沙管等组成。其井壁材料多为钢管和塑料管。其

管井节水灌溉

建造方法有冲击凿井法、回转取芯钻井法、泥浆冲洗凿井法、反循环凿井法及气动潜孔锤空气钻进法等。可根据地下水的埋藏深度，选择离心长轴泵、深井泵、潜水电泵等提水工具。水泵的配置动力可根据能源条件选定选择电动机、柴油机或其他动力机。

【管理科学】(management science) 研究管理理论、方法和管理实践活动等一般规律的科学。将自然科学和技术科学的最新成果，如系统论、控制论、信息论及一些先进的数学方法、电子计算机技术与通信技术，应用到管理上而形成的一门新兴学科。主要内容有：以运用先进数学方法为核心的运筹学、系统观念和系统方法形成的系统工程以及电子计算机在管理中的应用。其主要特点是：利用先进有效的科学工具，把定性分析与定量分析结合起来，但更注重定量分析，为管理决策者寻求一个比较满意的解决方案。

【管理失误论】(theory of management error) 认为事故的直接原因是人的不安全行为和物的不安全状态，但造成人的失误和物的故障，却常常是由于管理上的缺陷。事故致因理论之一。管理失误虽是导致事故发生的间接原因，但确实是事故发生的根本原因。该理论认为，人的不安全行为可以促成物的不安全状态，而物的不安全状态又会成为人产生不安全行为的条件。事故隐患往往是由于物的不安全状态和管理上的缺陷共同偶合而成。客观上的事故隐患，加上人主观上的不安全行为，就会导致事故的发生。

【管理现代化】(modernization of management) 应用现代科学的理论和方法，提高计划、组织和控制能力，使管理水平达到当代国际先进水平的过程。能够有效地组织生产力要素，充分而又合理地开发、利用各种资源，提高各种经济和社会活动的效率，成为推进现代化事业的强大动力。其主要内容有：(1)管理思想的现代化。(2)管理组织的现代化。(3)管理方法和手段的现代化。是一个国家现代化程度的重要标志之一。从20世纪50年代开始，西方主要发达国家在高度工业化的同时实现了管理现代化。

【管理信息系统】(management information system) 以计算机设备、网络设备及信息技术为基础，针对某一部门的信息和运行管理机制，建立数学模型，开发相应软件，进而实现对部门信息的收集、存储、加工、传输、维护和利用的综合性计算机应用系统。该系统可加快部门的信息处理速度，实现不同类型业务间的信息资源共享，提供辅助决策支持等。

【管壳式换热器】(tubular heat exchanger) 又称列管式换热器。将封闭在壳体中管束的壁面作为传热面的间壁式换热器。其特点是：结构较简单，操作可靠，可用各种金属材料制造，耐高温高压，是应用最广的换热器。常用的有蛇管式、螺旋管式、套管式、热管式和管壳式等。

管壳式换热器

【管式反应器】(tubular reactor) 用于连续操作的呈管状的反应器。由喷头、三通、主体及底座等部分组成。其结构简单紧凑，易于维修。其长度从数米到上千米不等。其结构可以是单管，也可以是双管或者多管并联；可以是空管，也可以是已填充颗粒状催化剂的装料管。其优点是：反应效率高，可进行分段温度控制，多用于多相催化反应，也常用于转化效率高或有串联反应的场合。

【管涌】(piping) 又称翻沙鼓水。水在土孔隙中的流速增大引起土的细颗粒被冲刷带走的现象。是堤坝重要险情之一。常发生在砂砾土(不均匀系数 $\eta>10\sim20$)中。其临界渗流坡降较小。涌水口径小者几毫米，大者几米，孔隙周围多形成隆起的沙环。在管涌发生时，水面出现翻花。随着上游水位升高，持续时间延长，险情不断恶化。大量涌水翻沙使堤防、水闸地基土壤骨架破坏，孔道扩大，基土被掏空，引起建筑物塌陷、造成决堤、垮坝、倒闸等事故。

管涌

【管涌抢险】(emergency protection against piping) 对堤、坝、水闸等挡水建筑物地基土壤发生渗透变形、细颗粒随渗水涌出之险情的抢护工作。其抢护原则是：“临截背导、以导为主”，“导水抑沙、降低渗压”。常用的抢护方法是：反滤围井法、养水盆法、透水导渗台及土工织物反滤铺盖法。在抢护管涌的同时，还应采取其他措施防止堤坝裂缝、沉陷等险情扩大。水库的闸、坝等工程如出现管涌，可采取降低上游蓄水位，以降低水头差，减少渗透压力，制止险情恶化。

【管桩结构】(pipe pile structure) 由筒形物体组成的桩结构形式。是桩的结构形式之一。按其制作方式和原材料的不同,可分为后张法预应力管桩、先张法预应力管桩、预应力混凝土管桩(PC 管桩)和预应力混凝土薄壁管桩(PTC 管桩)及高强度预应力混凝土管桩。先张法预应力管桩是采用先张法预应力工艺和离心成型法制成的一种空心筒体细长混凝土预制构件,主要由圆筒形桩身、端头板和钢套箍等组成。工业与民用建筑的桩基础常用的一般为先张法工艺制作的预应力高强混凝土管桩和预应力混凝土管桩。这两类桩适用于抗震烈度 6 度和 7 度的地区。

【惯性】(inertia) 物体具有的保持其原来运动状态的属性。反映物体抵抗外力改变本身运动状态的性质。当作用在物体上的外力合力等于零时,物体保持原来的运动状态不变,即保持静止或匀速直线运动。

【惯性参照系】(inertial frame of reference) 简称惯性系。牛顿运动定律在其中能严格成立的参考系。在惯性系中,不受任何外力的物体将始终保持静止或匀速直线运动状态。根据伽利略相对性原理,相对于惯性系作匀速直线运动的参考系都是惯性系。判断一个参照系是不是惯性系,只能由实验确定,也即是要看牛顿运动定律在其中是否成立。

【惯性测量系统】(inertial surveying system) 用惯性元件获取测量参数的组合仪器。由惯性测量装置(陀螺仪、加速度计、惯性平台等)、电子计算机、控制显示器、记录器和电源等部件组成。安置在汽车和直升飞机上进行测量,能实时提供运载体的经度、纬度、高程、重力异常和垂线偏差等数据信息。具有快速、多功能、全天候和自主式等特点。分为平台式和捷联式两种类型。前者测量部件是惯性平台,加速度由安装在平台上相互正交的 3 个加速度计测得。它又可分为:当地水平式和空间稳定式,分别模拟地理坐标系和惯性坐标系。后者陀螺仪和加速度计直接与载体固连,载体的瞬时方位和姿态由计算机根据角速度敏感元件直接输出。利用该系统实施测量,一般是从已知点开始闭合在已知点上。在施测时,每隔一定时间运载体要停下来进行“零速修正”,以求得系统的输出速度与已知零速度的差值,用以修正标定值。该系统在大地测量、工程测量、地籍测量、海洋测量、地球物理勘探及科学研究等领域广泛应用。

【惯性测量装置】(inertial measurement unit) 由测量运动物体角运动参数的陀螺仪和测量平移运动加速度的加速度计组成的测量装置。惯性制导系统的重要组成部分。按照仪表组合方式的不同可分为:(1)平台式惯性测量装置。是利用陀螺仪将平台稳定于惯性空间,加速度表组合固连在平台上。在制导过程中,加速度表组合与惯性参考系间的角度关系保持不变,因而导航计算简单。平台隔离弹体的角运动和振动,能使加速度表在较好的环境里工作,并具有初始对准容易实现等优点。因此,平台式惯性测量装置为地地弹道导弹广泛采用。(2)捷联式惯性测量装置。是将加速度表组合固连在飞行器上,使加速度表组合与惯性参考系间的角度随飞行器姿态变化而变化。采用陀螺仪作为角位移或角速度传感器,测出或算出加速度表组合相对惯性参考系的角度,再用计算机将加速度表组合的测量值转换到惯性参考系。这种测量装置设备简单,重量轻,可靠性高,但计算较复杂,而且必须进行实时计算,因而要求计算机具有很高的运算速度和较大的容量。捷联式惯性导航装置在美国“阿波罗”号飞船上作为备用系统曾发挥了作用。20 世纪 70 年代以来,捷联式惯性导航装置又在导弹和飞机上获得应用。

【惯性导航系统】(inertial navigation system) 通过测量飞行器的加速度并运算处理得到飞行器当时的速度和位置的一种综合性导航技术。其主要功能是:自动测量飞行器各种导航参数及飞行控制参数,供飞行员或与其他控制系统配合,完成对飞行器的自动控制。惯性导航系统主要由惯性敏感元件(加速度计)、角度测量设备(陀螺仪)和数字计算机及显示设备组成。其所有设备都安装在飞行器上。它们的工作不依赖于外界的信息,也不向外界辐射能量,是一种完全自主性的导航系统。由于系统误差会随时间积累,除采用高精度元器件外,目前主要采用其他导航方式校正惯性导航系统的误差,以提高导航精度。惯性导航系统广泛应用于各类飞行器,如飞机、导弹、火箭、宇宙飞船等航空航天飞行器上。

惯性导航系统

【惯性/地形参考组合导航】(inertial and terrain reference integrated navigation) 惯性导航与地形参考导航互补的组合式导航。地形参考制导于 20 世纪 70 年代开始用于巡航导弹和弹道导弹。其特点是:精度高(可达 10m 量级),且制导或导航精度与时间无关并完全自主,精度可与全球卫星定位系统相比。其缺点是作用距离短。20 世纪 80

年代，出现了把惯性导航和地形参考导航相结合以提高精度和扩大作用范围的组合导航方案。到 20 世纪 80 年代末，研制的系统进入试飞阶段，现已达到实用状态。该导航系统的工作原理是：系统内装有大容量数字式数据库，内存有飞行器需飞临地区的三维地形图。飞行器飞过该地区上空时，通过惯性导航系统、雷达高度表和气压高度表测量三维地形，并把测量的地形图与储存的数字地图进行比较，根据误差决定修改航线或进行攻击。其实质也是利用地形参考导航的高精度去修正惯性导航的误差。惯性/地形参考组合导航的自主性强，精度高，特别适用于进行低空攻击的作战飞机。

【惯性力】（inertial force） 在非惯性系中，由于物体的惯性而引起的一种力。它不是由物质间的直接相互作用所产生的，故不存在反作用力。例如前进中的车辆骤然停止时，惯性系中的观察者认为车厢中的乘客因具有惯性而向前倒去，但车内乘客却觉得自己好像受到一个力，使他向前倒去，这个力就是惯性力。又如，车辆在行经弯道时，乘客好像受一个使他离开弯道中心向外倒去的力，这个力称为“惯性离心力”。惯性力的计算方法是，物体上任何一点惯性力的大小等于该点质量与其加速度的乘积。其方向与加速度的方向相反。

【惯性力除尘器】（inertial force in addition to dust machine） 使含尘气流冲击在挡板或滤层上、使尘粒与气流分离的除尘设备。有碰撞型和回转型两类。惯性力除尘器适用于捕集粒径 10μm 以上的尘粒。对黏结性和纤维性粉尘不适用。其压力损失因结构而异，一般为 294～686Pa。除尘效率为50%～70%。

旋风除尘器

【惯性/全球定位系统组合导航】（inertial and global positioning system integrated navigation） 由惯性导航系统与全球卫星定位系统（GPS）作为两个具有互补特性的子系统组合而成的导航系统。惯性导航是通过飞行器上的惯性测量装置测量飞行器的加速度，并自动进行积分运算获得飞行器瞬时速度和瞬时位置的技术。由于惯性导航系统的设备都装于飞行器内，工作时不依赖外界的信息也不向外界辐射能量，不易受干扰，是一种自主式导航系统。全球卫星定位导航是在飞行器上接收多个卫星发出的导航信息，由于卫星的位置是事先知道的，所以可推算出飞行器空间位置的信息。卫星定位有伪距测量与载波相位测量两种测量方法。用前者时定位误差为 30～50m。如果再引入参数接收机并用差分方法，误差可减少到 5m 左右。用后者再用差分方法，误差可小到 10～20cm。GPS 虽有高定位精度高的优点，但不能保证连续给出导航信息。飞行器的机动飞行会影响接收机对信号的捕获。惯性导航系统虽然其定位误差随时间的累积而加大，但可连续给出导航信息。因此，可用 GPS 修正惯性导航系统，即将 GPS 的高精度和惯性系统不易干扰和自主工作能力综合起来，提供长时间连续高精度的导航信息。

【惯性约束聚变】（inertial confinement fusion，ICF） 利用驱动器提供的能量引发热核燃料产生热核聚变反应并利用物质惯性延续一段时间的方法。惯性约束聚变系统主要由驱动器、靶室、球形燃料靶丸和实验诊断设备组成。球形燃料靶丸置于靶室的中央。靶丸一般内充氘氚燃料，半径约为几百微米至毫米量级。驱动器包括高功率激光器和粒子束两大类。目前主要采用高功率激光器。激光器输出的激光脉冲要求形状和宽度可调，多路输出。各路输出的功率达到高度平衡，并具有高的瞄准精度特点。按驱动方式的不同可分为直接驱动和间接驱动。前者要求多路激光尽量均匀地辐照靶丸；后者是先将激光能量转变为软 X 射线能量，再均匀驱动内爆靶丸，故又称辐射驱动。氢弹也是依靠热核燃料和它周围物质的惯性将高温高密度的等离子体状态维持一段相当短的时间而实现热核点火和热核燃烧的。但是，氢弹爆炸是不可控的热核聚变反应，而惯性约束聚变则是人工可控的热核聚变反应。将来可以利用一系列可控的微型热核反应，建造能源干净、安全的理想聚变核电站。

【惯性制导】（inertial guidance） 利用惯性原理控制和导引运动物体、运载火箭或导弹等飞向目标的技术。惯性制导系统通常由惯性测量装置、计算机、控制或显示器等组成。其原理是利用惯性测量装置测出物体的运动参数，计算机对所测得的数据进行运算，获得运动物体的速度和位置。航天器和导弹的计算机所发出控制指令，送到执行机构控制其姿态，或通过控制发动机推力的方向、大小和作用时间，将航天器引导到规定的轨道上，将导弹引导到目标区内。对于飞机和船舶来讲，这些数据送到控制显示器显示，然后由领航员或驾驶员下达控制指令。惯性制导的最大优点是：组成惯性制导系统的设备都安装在运动物体上，以自主方式工作，不与外界发生联系，也不向外辐射能量，所以抗干扰性强和隐蔽性好。现代的地地战术导弹、战略导弹和运载火箭都采用惯性制导。影响惯性制导的弹道导弹命中精度的主要因素是惯性仪表误差，要提高命中精度，首先须不断改善和提高仪表的精度，并对其系统误差进行修正。同时，要不断完善制导方案，在系统设计上尽量采用冗余技术。

【惯性质量】(inertial mass) 表示物体惯性大小的物理量。在惯性系中，若在两个不同物体上施加相同的力，则两物体加速度之比 a_1/a_2 是一个常数，与力的大小无关。此结果表明，a_1/a_2 之值仅由该两物体本身的惯性所决定，与其他因素无关。在物理学中规定各物体的惯性质量与它们在相同的力作用下获得的加速度数值成反比。若用 m_1 及 m_2 分别表示两物体的惯性质量，则 $m_2/m_1=a_1/a_2$。选定其中一物体的惯性质量作为惯性质量的单位后，另一物体的惯性质量可通过实验由上式确定。在国际单位制中，把保存在国际计量局中的国际千克原器的惯性质量作为单位，称为“千克”(其他常用的单位还有“吨”、“克”等)。

【灌肠】(clysis) 用乳化肉糜(馅)或乳化肉糜加粗碎的瘦肉、脂肪丁充填入肠衣，经烘烤、蒸煮、烟熏而含水量仍较高的熟香肠。香肠的一种。也指把经过切碎、绞细、斩拌、混合、乳化等加工制得的肉糜(馅)充填入肠衣或肚儿皮中，再经进一步加工制得的肉制品。按其外形的不同可分为：肠类制品和肚类制品两类。

灌肠

【灌肠法】(enema) 将一定量的液体由肛门经直肠灌入结肠，以帮助病人清洁肠道、排便、排气或由肠道供给药物或营养，达到确定诊断和治疗目的的方法。按灌肠目的的不同可分为保留灌肠和不保留灌肠。后者又根据灌入的液体量的不同可分为大量不保留灌肠和小量不保留灌肠。如果为了达到清洁肠道的目的，而反复使用大量不保留灌肠，则为清洁灌肠。

【灌溉】(irrigation) 利用人工设施，将符合质量标准的水，输送到农田、草场、林地，补充土壤水分，改善植物生长发育条件的措施。主要对象是农作物，故又称作物灌溉或农田灌溉。为了作物的良好生长和发育，土壤应该具备适宜的水分状况。在天然状况下，土壤的水分状况往往与作物的要求不相适应。特别在干旱地区或干旱季节，当天然水分状况不能满足作物生长要求时，就需要通过灌溉人工补充土壤水分。为了将作物需要的灌水量均匀地分布在农田，要采用适宜的灌水技术。一般情况下，水稻采用建立水层的淹灌；小麦、牧草等密播作物采用畦灌；棉花、玉米、蔬菜等宽行作物采用沟灌；果树多采用穴灌。20 世纪 80 年代以来，为了节约水量和提高灌水质量，喷灌、滴灌有较大发展，地下灌溉如渗灌等方法也有采用。

沟灌

【灌溉保证率】(dependability of irrigation) 灌溉用水量在多年期间能够得到满足的概率。以正常供水的年数占总年数的百分数表示。综合反映了水源供水和灌区用水两方面的情况，是灌溉工程设计标准的表示方式之一。在进行灌溉工程设计时，应根据水源条件及灌溉面积拟定多种方案，计算与各种灌溉保证率相应的灌溉工程净效益。在没有其他约束条件下，选择一个经济效益最优的保证率作为工程设计标准。

【灌溉典型年】(typical design year for irrigation) 又称灌溉设计典型年、灌溉设计代表年。在进行灌溉工程规划设计时，按灌溉设计保证率选定的代表年份。其年来水量、年用水量及其年内分配过程都具有代表性。用长系列法计算逐年的来水和灌溉用水量，据此进行灌溉工程规划设计。这种方法精度较高，但计算工作量大。在一些中小型灌溉工程设计中，往往缺乏足够的长系列资料，可选几个接近指定灌溉设计保证率的典型年作为依据进行设计。其计算工作量小，如选择得当，能得到与长系列法接近的成果，在灌溉工程设计中得到广泛应用。选择典型年有两个原则：(1)典型年的年来水量及年灌溉用水量应尽可能接近设计年的值。(2)典型年的来、用水时程分配应对灌溉工程设计最不利。

【灌溉定额】(irrigation duty) 在作物播种或水稻插秧前及生育期内各次灌水量之和。作物的灌溉分若干次进行。灌水定额和灌溉定额用单位灌溉面积的灌水量(m^3/hm^2)或灌水的水层深度(mm)表示。

【灌溉规划】(planning of irrigation) 在

一定范围内，根据水土资源、农业发展需要、技术水平和投入能力而确定的灌溉工程规模、布局、效益及开发步骤做出的总体安排。是灌溉工程实施的第一步。可为工程的设计、施工和运行管理提供依据。其内容主要包括：(1)灌区或灌溉范围的调查研究。(2)灌溉用水量的估算。(3)水土资源平衡分析。(4)灌溉系统渠首枢纽工程布置。(5)灌溉渠道系统规划。(6)方案比选。(7)分期工程的确定。(8)经济分析及敏感性分析。(9)环境影响评价。(10)提出管理运行准则。

【灌溉回归水】(irrigation returned flow) 灌溉水由田间、渠道排出或渗入地下并汇集到沟、渠、河道和地下含水层中，成为可再利用的水源。与渠首引水量的比值，常作为衡量灌区工程完善程度和灌区管理水平的一项指标。完善工程设施，健全管理制度，可减少回归水。但是，对大部分地区，产生适当数量的回归水是维持灌区正常生态平衡所必需的。产生回归水的主要原因有：(1)渠系渗漏和渠系停灌时的退水。(2)水稻或其他喜水性作物要求田间保持一定水层，致使土壤长期处于饱和而产生渗漏。此外，稻田换水也会产生回归水。(3)灌溉制度不尽合理，灌溉定额过大，灌水技术落后，灌溉水利用效率低，使多余水量经地面和地下变成回归水。(4)盐碱地的冲洗排水等。回归水的水质与水源水质比较，一般都有些变化，如有机质增加、溶解氧降低或溶有施入农田的化肥和农药等。回归水可否再用于灌溉或其他方面，依回归水所含有害物质的成分和浓度而定。灌溉水的重复利用，是提高水资源利用率的重要措施。但须注意水质监测，防止产生不良影响。

【灌溉技术】(irrigation technique) 田间灌水的工艺和方法。在选定灌溉方法以后，根据作物种类、田面坡度、土壤性质等具体条件确定田间工程的布置方式和规格尺寸，确定向田间供水的水头、流量和时间，以便按计划向农田灌入规定的水量，均匀的湿润土壤，保持土壤的良好结构，减少田间水量损失，提高灌水工作的劳动生产率。

【灌溉农业】(irrigated farming) 泛指用水浇田的农业；特指在降雨量极少的地区，靠灌溉才能存在的农业。其特点是：通过灌溉措施，满足植物对水分的需要，调节土地的湿度和养分，以提高土地生产率。

水浇田

【灌溉入渗补给系数】(recharge coefficient of irrigation water) 灌溉水入渗补给地下水的量与灌溉水量之比。是衡量灌溉水补给地下水的数量指标。影响灌溉入渗补给系数的因素主要有：土层质地、地下水埋深、土层含水量、灌溉定额、作物情况和气候条件等。一次适量的灌溉，灌溉水通过入渗补给地下水。在相同的条件下，灌溉定额大，土质粗松和地下水埋深较浅时，灌溉入渗补给系数一般较大；反之则小。如果采取喷灌、滴灌等措施，灌溉定额很小，则灌溉入渗补给系数接近于零。计算灌溉入渗补给系数，一般采用田间试验法。即选取适当大大小的一块土地，按不同灌溉定额进行灌溉，分别测得灌溉后地下水位上升幅度，用平均给水度乘以该幅度即为地下水补给量。由此可算得灌溉入渗补给系数。当灌溉水是引自区外的地表水或地下水时，可由本区的灌溉入渗补给系数算得地下水补给量，并作为本区的地下水补给资源的一部分。

【灌溉试验】(irrigation experiment) 研究作物需水规律，揭示水分与作物生长发育及产量的关系，探求经济合理的灌溉制度和灌水技术等问题的科学试验。为灌溉工程的规划、设计和管理提供基本资料，为农田合理灌溉、水资源合理利用以及进行灌溉经济分析提供基本依据。灌溉田间对比试验是灌溉试验的主体。其方法是：在田间划分成许多个对比的试验小区，每个小区的面积为 30 ~ 700m^2；把需要进行比较的因素，划分成若干个水平，组成一些能够相互比较的试验处理；把各处理安排到试验小区之中，对各小区进行试验指标(判别处理优劣及选择最优处理的依据)以及作物性状、土壤性状、田间小气候的观测、统计和分析各处理的观测成果，以判别各处理的优劣，确定优良处理及其产生的原因和适用条件。为了减少试验误差、提高试验精度，各个处理应设置三次以上的重复，即同一处理应安排三块以上的试验小区进行试验。然后，根据数理统计的原则，分析试验资料，鉴别各处理的差异，从而选择出最优处理。

【灌溉试验小区】(irrigation experimental plot) 田间灌溉试验场地的基本单元。通过对不同灌溉试验处理区的观测、比较，分析作物生长情况、土壤理化性质、农田小气候的差异等，论证灌溉试验的结果。选择试验小区时，一般应考虑以下条件：(1)自然条件和生产条件要有代表性。(2)小区内土壤性质、肥力要均匀。(3)土地要平整，面积要适宜，小区的面积一般为 66.7 ~ 334m^2。(4)周围不受特殊地形、林木、水体或建筑物的影响和干扰。(5)有必要的水源、渠道和交通道路条件。(6)附近要有适宜的对比区和隔离带。在进行田间灌溉试验时,还应在每个小区四周设保护区(或保护行)。保护区的处理应尽可能和小区相同。保护区应有足够的宽度,至少为2~3m。其作用在于消除小区周围因条件改变(主要是作物生长状况不同而引起的小气候的改变)对小区产生的影响。各小区集中排列时,小区与小区之间应设置隔离区,宽度为3~5 m。试验小区在田内的排列方式称为试验排列。主要有四种方式:顺序排列、随机排列、拉丁方排列和裂区排列。每一组小区的排列称为一个重复。重复的目的是为了提高试验的准确性。重复次数愈多,误差愈小。但过多的重复需耗费大量的土地、物力和人力。经验证明,一般重复3~4次较为适宜。

【灌溉水利用系数】(water availability of irrigation) 在灌入田间的水量中被作物吸收消耗的部分与从渠首引进水量的比值。按灌溉渠系层次的不同,可分为一级渠道或渠段的渠道水利用系数,整个渠系(农渠以上)的渠系水利用系数,以及农渠以下的田间水利用系数。灌溉水利用系数是评价整个灌区的渠系状况和管理水平的一个综合性指标。它反映了灌区各级渠道及田间的渗漏损失、管理过程中的漏水损失。

【灌溉用水过程线】(histogram of irrigation water use) 以灌溉用水量或灌溉用水流量为纵坐标,以时间为横坐标绘成的柱状图。横坐标的时间单位一般采用旬或5天(见图)。对于具有灌溉、供水、航运、发电等多种功能的水库或渠道,灌溉用水过程线是综合用水过程线的组成部分,且比较直观,使用方便。常用于绘制来水、用水最差值累积曲线,进行灌溉水库的径流调节计算,确定引水工程的设计引水流量,编制水库调度计划、渠系引水计划以及渠系配水计划等。

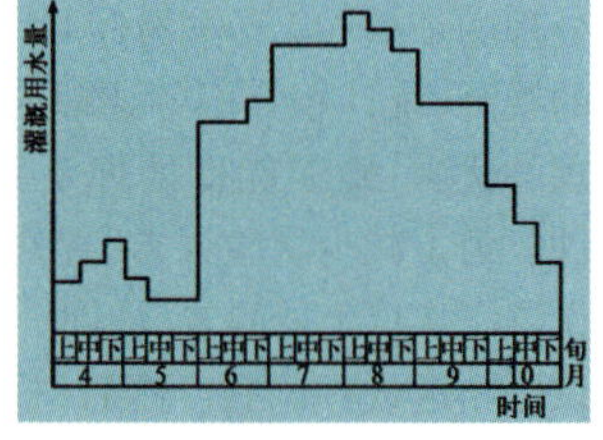

灌溉用水过程线

【灌溉用水量】(irrigation quantily of water use) 又称毛灌溉用水量。灌区需要从水源引入的水量。包括作物正常生长所需灌溉的水量、渠系输水损失水量和田间灌水损失水量。作物正常生长所需灌溉的水量称为净灌溉用水量或有效灌溉水量。在特定条件下,净灌溉用水量还包括为改善作物生态环境如防霜冻、湿润空气、洗盐、调节土温、喷洒农药等所需用的水量。灌溉用水量是灌溉工程及灌区规划设计和管理中不可缺少的数据。其大小及在多年和年内的变化情况,与灌区内的气象、土壤、作物种植情况、渠系工程质量、灌水技术、管理水平等因素有关。可采用以下两种方法推求:(1)直接推算法。对于任何一种作物,在典型年的灌溉制度、灌溉面积确定后,便可推算出各次灌水的净灌溉用水量、毛灌溉用水量以及全灌区整个灌溉季节的灌溉用水量等。(2)间接推算法。全灌区整个灌溉季节的灌溉用水量也可通过综合净灌溉定额间接推求。对于大型灌区,若灌区内不同部位的气候、土壤、作物组成等存在明显差异,可先将灌区分成若干个子区,分区计算灌溉用水量,然后总计成全灌区的灌溉用水量。

【灌溉制度】(irrigation regime) 根据作物需水特征和当地气候、土壤、农业技术及灌水技术等因素制定的灌水方案。其主要内容:包括旱作物播种前或水稻插秧前以及全生育期的灌水次数、灌水时间、灌水定额和灌溉定额。其制定依据是:(1)当地的灌溉实践经验。(2)灌溉试验资料。(3)利用农田水量平衡原理通过分析计算确定。灌溉制度是规划、设计灌溉工程和进行灌区运行管理的基本资料,是编制和执行灌区用水计划的重要依据。

【灌浆】(grouting) 将具有胶凝性的浆液或化学溶液,按规定的配比,用灌浆泵或其自重,压送到建筑物地基的裂隙、断层破碎带或建筑物本身的接缝、裂缝中的一种工程技术措施。通过灌浆可以提高被灌地层或建筑物的抗渗性和整体性,改善地基条件,保证水工建筑物安全运行。其分类是:(1)按组成灌浆浆液材料的不同可分为水泥灌浆、水泥砂浆灌浆、黏土灌浆、水泥黏土灌浆、硅酸钠或高分子溶液化学灌浆。(2)按灌浆所起作用的不同可分为防渗帷幕灌浆,岩石固结灌浆、填充隧洞混凝土衬砌层与岩石之间空隙的回填灌浆,混凝土坝体接缝灌浆,填充钢板衬砌与混凝土之间缝隙、混凝土坝体与基岩之间缝隙的接触灌浆,填充混凝土建筑物或土堤、土坝裂缝或空洞的补强灌浆。(3)按被灌地层的构成的不同可分为岩石灌浆、岩溶灌浆、砂砾石层灌浆和粉细砂层灌浆。(4)按灌浆压力的不同可分为:小于4×10^6Pa的常规压力灌浆和大于4×10^6Pa的高压灌浆。(5)按灌浆机理的不同可分为:

孔桩灌浆

采用一般压力的压入式灌浆，采用较高压力将岩石中原有裂隙撑大或形成新的裂隙的劈裂式灌浆。钻孔和灌浆使用的主要机具有：(1)凿岩机。钻孔孔径为32～65mm，在岩石中钻深小于15m。(2)岩心钻机。钻孔孔径为56～110mm，在岩石中钻深大于15m。(3)灌浆泵。按其构造和工作原理的不同可分为：往复式泵、隔膜泵和螺旋泵等。主要根据灌浆要求的压力和流量选用。(4)浆液搅拌机，分为旋流式、叶桨式和喷射式。搅拌机要保证机内浆液不沉淀和施工不间断。(5)灌浆塞。用橡胶制成，紧套在灌浆管上，外径略小于钻孔直径，加压后，外径增大可严密封堵灌浆段上部或下部。灌浆工程是隐蔽性工程，必须严格依照灌浆技术要求施工，同时还应详细如实地作好施工记录。同时，应及时对灌浆资料进行管理和分析，绘制成图表，供指导施工和在竣工后进行质量检查和验收之用。

【灌浆水泥】(grouting cement) 硅酸盐水泥熟料配以适量的矿渣、粉煤灰等辅料经过细磨工艺制成的水泥。普通灌浆水泥颗粒粒径为30～40μm，其中10μm以下的颗粒占50%以上，比表面积≥600m^2/kg以上。灌浆水泥不仅可以达到化学灌浆的水平，而且力学强度较高，无毒，无污染，耐久性好。目前灌浆水泥主要用于水利工程，用来填充大坝等坝基的裂隙、坝体收缩缝、修补混凝土的裂缝、堵塞蓄水构筑物的渗漏等。

【灌流式操作】(perfusion culture) 在细胞增长和产物的形成过程中，不断地取出、灌注反应器中培养基的操作方式。其优点是：(1)细胞截流系统可使细胞或酶保留在反应器内，维持较高的细胞密度，一般可达$1\times10^7\sim1\times10^9$个/毫升，从而提高产品产量。(2)连续灌流系统，使细胞处于较好的营养环境中，有害代谢废物浓度积累较低。(3)反应速率容易控制，培养周期较长，目标产品回收率较高，并可提高生产率。(4)产品在罐内停留时间短，可及时回收到低温下保存，有利于保持产品的活性。

【灌木】(shrub) 没有明显主干、常在基部发出多个枝干的木本植物。多呈丛生状态。一般可分为观花、观果、观枝干等几类。常见灌木有玫瑰、杜鹃、牡丹、龙船花、映山红、女贞、小檗、黄杨、沙地柏、铺地柏、连翘、迎春和月季等。

灌木

【灌木树种】(bush tree) 植株矮小，无明显主干，从根颈起就严格分出粗细相近枝条的一类树型。一般为阔叶植物，也有一些针叶植物，如刺柏。越冬时地面部分枯死，根部仍然存活，第二年继续萌生新枝的，则称为“半灌木”。一些蒿类植物，也是多年生木本植物，但冬季枯死。它们在一定时期与主要树种生长在一起，并为其生长创造有利条件。灌木树种是次要树种，经济价值大多不高。在林内的数量依立地条件的不同不占优势或稍占优势，林分生长中后期往往自行消失或处于林冠最低层。由于分枝多，树冠大，叶量丰富，根系密集，耐干旱、贫瘠，有些还有较强的萌芽能力和固氮能力，因而灌木树种可以护土和改土，可以覆盖地表，抑制杂草孳生，增加土壤有机质和氮素含量，并能够分散地表径流，防止土壤侵蚀。大灌木也有一定的辅助作用。

刺柏

【灌区】(irrigation district) 有可靠水源和引、输、配水渠道系统和相应排水沟道能对农田实施灌溉的地域。即由水库、渠道、田地、作物组成的一个综合体。依靠自然环境提供的光、热、土壤资源，加上人为选择的作物和安排的作物种植比例等人工调控手段而组成的一个具有很强的社会性质的开放式生态系统。目前，中国灌区主要由灌区管理局来管理，少数地区由农民用水管理协会参与管理。根据中国水利行业的标准规定，灌区的分级标准为：2×10^4hm^{2}及以上的为大型灌区；666～2×10^4hm^{2}的为中型灌区；666hm^{2}以下的为小型灌区。其中，大型灌区还进一步细分为：300～1×10^4hm^{2}的为大Ⅱ型灌区；3.3×10^4hm^{2}以上的大Ⅰ型灌区；大于33×10^4hm^{2}的为特大型灌区。目前，中国有大型灌区434处，中型灌区5 200多处，小型灌区1 000多万处。其中，特大型灌区有6处，分别为四川都江堰灌区(8×10^5hm^2)、安徽淠史杭灌区(6.6×10^6 hm^2)、内蒙古河套灌区(6×10^5 hm^2)、新疆叶尔羌河灌区(3.7×10^5hm^2)、山东位山灌区(3.4×10^5hm^2)和宁夏青铜峡灌区(3.3×10^5hm^2)。由于中国灌区大多兴建于20世纪年代50～70年代，大多数灌区工程老化失修严重，处于超期服役或带病运行状态，致使灌区水资源浪费严重，灌溉水利用率低，灌溉效益大幅度衰减。

【灌水定额】(irrigating quota on each application) 作物播种前或水稻插秧前及生育期内各次灌溉用水量的总和。作物灌溉分若干次进行,单位灌溉面积上的一次灌溉水量或灌水深度。单位用 m^3/hm^2 或 mm 表示。它是作物灌溉制度的四个主要内容之一。

【灌水技术要素】(technical element of irrigation) 综合评价各种灌水方法、灌水质量的技术参数。一般指地面灌溉中的沟(畦)规格、流量及灌水延续时间等。合理确定灌水技术要素是实现定额灌水、节省水量和提高水的利用率的关键。灌水技术要素与土壤性质、土壤透水性能及地面坡降有着密切关系。在地面比降平缓、土壤透水性强的地区,灌水沟(畦)长度较短,入沟(畦)流量较大,灌水延续时间也较短。灌水技术各要素之间互相制约。在流量一定的条件下,沟〔畦〕的长度与灌水延续时间成正比;如果沟(畦)长度已定,则灌水流量与灌水延续时间成反比。灌水技术要素是很复杂的问题,一般需通过灌水技术试验以及总结大面积灌水实际经验来确定。

【灌水模数】(modulus of irrigation water) 又称灌水率。单位灌溉面积需要的灌水流量。单位为 $m^3/(s \cdot 10^3 hm^2)$。用于计算渠道的设计流量。不计入渠道输水、配水和田间损失的灌水模数称为净灌水模数。可根据各种作物的每次灌水定额逐一计算。一种作物一次灌水的净灌水模数的计算式为:

$$q_{i净} = \frac{\alpha_i m_i}{86.4 T_i}$$

式中,$q_{i净}$为某种作物某次灌水的净灌水模数;m_i为该作物该次灌水的净灌水定额(m^3/hm^2);T_i为该作物该次灌水的延续时间(天);a_i为某种作物种植面积与总灌溉面积之比;86.4 为单位换算系数。灌水延续时间的长短,对于灌水模数的计算值有很大影响,应审慎选定。灌水延续时间越长,灌水模数越小,渠道设计流量也小,相应的工程费用也较低。但作物的生长可能由于灌水不及时而受到影响。将灌区内同时灌水的各种作物的灌水模数叠加,即得某时段的灌区净灌水模数。以时段为横坐标、以灌区净灌水模数为纵坐标所点绘成的柱状图称为灌水模数图。为了使渠道供水均匀,减少水量损失和便于管理,往往要对初步绘制的变化幅度很大的灌水模数图进行调整。调整各种作物的灌水模数(主要是调整灌水延续时间)和在允许范围内前后移动灌水日期,这可部分消除净灌水模数的高峰、低谷及间断现象。最小灌水模数一般不应低于设计灌水模数的 30%,渠道供水间断时间不宜少于 2~3 天。选取出现时间较长(一般为20 天以上)的最大净灌水模数作为计算渠道设计流量的设计灌水模数。中国北方旱作物灌区的设计灌水模数一般约为 $0.45\ m^3/(S \cdot 10^3 hm^2)$,南方水稻灌区的设计灌水模数约为$0.67 \sim 0.9 m^3/(S \cdot 10^3 hm^2)$。式中“S”为对于大型灌区,由于各分区的作物种植比例及各种作物的灌溉制度存在较大差异,应分区计算净灌水模数,推算各分区所属渠道的设计流量。

【灌水质量指标】(irrigation quality index) 设计和评价灌水效果优劣的技术要素。不同的灌水技术的灌水质量指标不完全相同。地面灌溉,包括沟灌、畦灌和淹灌,灌水质量指标主要有:(1)灌水均匀度。(2)图形效率。(3)深层渗漏率。(4)需水满足率。喷灌的灌水质量指标主要用喷洒均匀度、喷灌强度和雾化程度三个指标衡量。微灌的灌水质量指标按灌溉土壤湿润比(灌水后地面以下 20~30cm 处的湿润面积与总灌水面积的百分比)分两种情况:当湿润比为 100% 时为全面微灌,小于 100% 时为局部微灌。对全面微灌,用喷灌灌水质量指标衡量;对局部微灌,则用滴灌系统灌水质量指标衡量。其灌水均匀度一般以灌水器的出流量的均匀性作为灌水均匀度指标。田间布置有压力管网输水的灌溉系统时,规定田间管网任意两个出流点之间的压力差不超过出流点设计工作压力的 20%,此时流量偏差率小于 10%。

【灌装设备】(racking equipment) 将液态、膏状或颗粒、粉状固态物料定量装入预定容器内的一类机械的统称。按其自动化程度的不同可分为:手工、半自动、单元自动和灌装包装联合自动机等。按其机械结构的不同可分为:单排、多排、回转式和矩阵式机等。按其装料方式的不同可分为:等液位压力灌装、变液位压力灌装、气动压力灌装和机械压力灌装机等。按其定量装置的不同可分为:固定量杯、活动量杯、被灌装容器定量及定量泵灌装机等。按其装料方式的不同可分为:旋塞式、阀门式、滑阀式和气阀式等。按其有无污染可分为普通型和无菌型灌装机等。

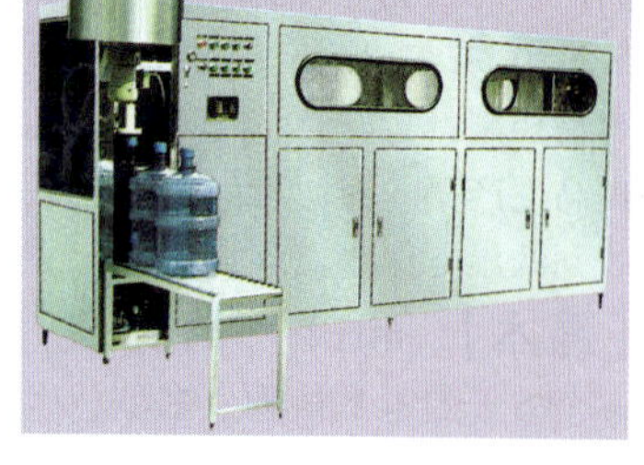

灌装设备

【罐藏蔬菜】(packed vegetable) 以密封容器保藏加工而成的蔬菜。将预处理的蔬菜装入马口铁罐、玻璃罐或其他能密封的容器中,排除部分空气、密封和杀菌后,使罐内蔬菜与外界隔绝,不再因受外界微生物的污染而引起败坏,使蔬菜得以长期保藏。罐藏菜不仅卫生,便于贮运,携带方便,货架寿命长,而且可以作到季节和地区调节。在国际市场上已成为一种标准的包装方法,在蔬菜加工中占主导地位。

罐藏蔬菜

【光】(light) 又称光波。照在物体上,使人能看见物体的那种物质,如太阳光、灯光、月光,以及看不见的紫外线和红外线等。光具有波粒二象性;它有时表现为波动,有时也表现为粒子(光子)。

【光波分复用技术】(lightwave demultiplexer) 在同一根光纤中同时让两个或两个以上的光波长信号通过不同光信道各自传输信息的技术。光波分复用指光频率的组分,光倍道相隔较远,甚至处于光纤不同窗口。一般应用波长分割复用器和解复用器分别置于光纤两端,实现不同光波的耦合与分离。光波分复用器的类型有熔融拉锥型、介质膜型、光栅型和平面型四种。其主要特性指标为插入损耗和隔离度。其技术特点与优势是:(1)充分利用光纤的低损耗波段,增加光纤的传输容量。(2)具有在同一光纤中传送多个非同步信号的能力,利于数字信号和模拟信号的兼容。(3)较强的灵活性。(4)大量减少了光纤的使用量。(5)在出现故障时,恢复迅速。(6)具有源光设备的共享性,对多个信号的传送或新业务的增加降低了成本。(7)系统可靠性高。随着有线电视综合业务的开展,对网络带宽需求的日益增长,应用前景广阔。

【光程】(optical path) 在传播时间相同或相位改变相同的条件下,把光在介质中传播的路程折合为光在真空中传播的相应路程。是一个折合量。也可理解为在相同时间内光线在真空中传播的距离。在数值上,光程等于介质折射率乘以光在介质中传播的路程。

【光触媒材料】(optical-catalyst) 一种在紫外线照射下具有分解有害物质和杀灭细菌作用的新兴多用途材料。由纳米级的二氧化钛(TiO_2)微粉均匀地喷涂在某种底材上制成。其作用机理是:紫外线和二氧化钛发生光催化反应,产生活性氧和氢氧自由基(OH),可以分解有害物质和破坏细菌细胞膜。光触媒效力发挥得如何,取决于紫外线的强弱和二氧化钛喷涂的厚度及喷涂面积的大小。光触媒材料可以在工业与生活用品上广泛应用。

铝蜂窝光触媒

【光传操纵系统】(optical control system) 利用光导纤维传递数字式指令信号以操纵飞机的系统。具有结构简单、体积小、重量轻、易于安装和维护、抗干扰性好等特点。光传操纵技术始于20世纪80年代初,最初用在飞艇上。1984年,美国首先在“黑鹰”直升机上试验先进数字式光传操纵系统并获成功。光传操纵系统是针对电传操纵系统存在的问题提出的新一代操纵系统。电传操纵系统用导线传递操纵指令,既易受到干扰,也会干扰其他电子设备,还会受到雷电的威胁。光传操纵系统克服了上述缺点。它由微型操纵杆、敏感元件、计算机、光纤传输系统、模数转换装置、伺服机构和助力器组成。它不是简单地用数字信号代替机械传动,而是把操纵系统与自动控制系统结合起来,便于和飞机上其他系统交联,能操纵更多的操纵面。

【光传飞行控制系统】(fly-by-light control system) 以光代替电作为传输载体,以光导纤维作为物理传输媒质,在计算机之间或计算机与远距离终端(如舵机等)之间传递指令和反馈信息的飞行控制系统。该系统是在电传控制系统上发展起来的。除用光缆传递信号并相应增添一些光电变换器外,其工作原理和结构都类同于电传飞行控制系统。采用光缆传递信号的优点是大大提高了抗电磁干扰、抗电磁脉冲辐射和防雷电的能力,且传递数字信号的位速率高、频带宽、容量大、电隔离性好。光传飞行控制系统在飞机上应用的研究始于20世纪70年代。1979年,洛克希德公司在一架喷气滑翔机上试验了光传操纵系统,并取得成功。目前光传控制系统的研究重点是开发各类光传感器、光处理器等。

【光传输】(optical transmission) 在发送方和接收方之间以光信号形态进行传输的技术。在光发射机、光纤和光接收机三者之间进行。光发射机把要传输的信号变换成光信号,光信号由光纤传输到光接收机接收;光接收机把从光纤中获取的光信号变换还原成电信号。光传输信号的机理就是电/光和光/电变换的全过程,也称为光链路。光传输是解决带宽问题最重要也是最有力的手段。

【光船租船】(ship only) 船东只提供船只,不配备船员的期租的派生租船方式。在光船租船方式下,租船人接船后尚须自行配备船员,负责船舶的经营管理和航行的各项事宜。其特点是:(1)船舶的一切时间损失风险完全由租船人承担,即使在船舶修理期间,租金仍连续计算。(2)船长和全部船员由租船人指派并听从租船人的指挥。(3)以整船出租并按船舶的载重吨和租期计算租金。(4)船舶所有人不负责船舶的运输,租船人以承运人的身份经营船舶。(5)从船舶实际交给租船人使用时起,船舶的占有权从船舶所有人转给租船人。在这种租船方式下,租船人应负担除船舶资本费用以外的其他一切费用。光船租船实际上是一种财产租赁业务,而不完全是一种运输业务,且租期一般较长。加之业务复杂,因此在国际租船市场上这种租船方式并不多见。

【光磁软盘驱动器】(floptical disk driver) 一种采用光伺服定位技术的软磁盘驱动器。与软磁盘驱动器的主要区别是采用光伺服定位技术来提高道密度、位密度和容量。其基本原理和一些重要技术仍沿用软磁盘驱动器技术,包括记录方式、记录技术、定位系统、校验技术、自同步技术等。具有位密度高、容量大、速度快的特点。适合于多媒体文件存储。

【光催化空气净化技术】(photocatalysis air purification technology) 利用光电技术使对人体或环境有害的有机物质及部分无机物质分解,进而抑制病毒复制净化室空气的技术。该技术首先运用过滤网滤除室内空气中的大颗粒灰尘;其次,通过高压静电除尘,去除花粉、油烟、烟雾等污染物;再次,利用独有的活性氧光催化耦合技术,把臭氧发生装置产生的臭氧带入光催化剂,产生强氧化功能,配合光催化反应达到高效分解有机污染物及消毒、灭菌、除臭的目的;最后,它开启负离子空气清新装置,消除空气中的带正电的颗粒,释放负离子,净化室内空气。

【光催化转化法】(photocatalysis converting method) 利用光催化剂－半导体二氧化钛(TiO_2)具有光生空穴和电子产生很强的氧化和还原能力,将吸附到光催化剂表面的污染物彻底降解为无毒无害的无机小分子化合物的方法。常将光催化剂固定在建材、路面、瓷片、外墙、内墙等基体上,利用太阳光或室内照明光,通过光催化作用使吸附在催化剂表面的污染物发生氧化分解,从而减少对环境有害的污染物。

【光存储器】(optical storage equipment) 用光学方法从光存储媒体上读取和存储信息的一种设备。由光盘驱动器和光盘片组成。常用的有:光盘、只读存储器光盘、可刻录光盘、可重写光盘、数字视盘、可刻录DVD、可重写DVD等。主要应用在计算机中进行信息存储。

光存储器

【光导板】(optical board) 由高透明、无定型高聚物制成的一种板材。其基本结构由三层组成:中间一层称为芯层,是光的传导层,由高折射率的高聚物组成;芯层两面称为皮层,是反射层,由低折射率的高聚物组成。这种结构保证了光在板中是全反射传导。在传导过程中光的衰减极小,具有在弯曲状态下传输光的优良特性。如果在板的横截面上提供一个条形光源,光就能在两皮层之间振荡传播,使整个板面充满了光。但是,光是封闭在里面的,只有在平面上将它刻破,才会在刻痕处透出光来。利用这种作用机理,就可以在板面上呈现各种文字、图案的光亮画面。

【光导管】(light pipe) 见光敏电阻器。

【光导纤维】(optical fiber) 又称光纤。一种能把光线闭合在其中产生导光作用的光学复合纤维。是激光借以传输信息的导体。其特点是:低损耗、信息传输容量大、抗干扰性与保密性强。光导纤维重量轻,可绕性好,耐腐蚀,耐高温,电绝缘性好,主要应用于光通信技术、传输大功率激光能量、光纤传感器、光纤辐射剂量计、光纤面板及微通道板制像增强器等方面。光导纤维都是由两种或两种以上折射率不同的材料复合而成的。其基本类型是由实际起导光作用的芯材和折射率低于芯材而能将光能闭合于芯材之中的皮材构成。芯材和皮材的折射率相差越大越好。按其结构的不同可将光导纤维分为多波的突变指数型、多波的渐变指数型和单波型;按组成的不同可分为多组分硅酸盐玻璃纤维、熔融石英玻璃纤维、氟化物玻璃纤维和单晶纤维。硅酸盐玻璃光导纤维主要作传输图像应用,如医用和工业用窥镜等;熔融石英光导纤维主要应用于光纤通信和传感器;氟化物玻璃光导

光导纤维

纤维和单晶光导纤维,用于传光、传能以及激光器等。熔融石英光导纤维用化学气相沉积(CVD)法制备;多组分硅酸盐玻璃光导纤维和氟化物玻璃光导纤维用高温熔融法制备;单晶光导纤维用激光基座法拉制。

【光的波动说】(undulatory theory of light) 一种关于光的本性的早期学说。认为光是由发光物体振动引起,依靠一种特殊的称为"以太"的弹性媒质来传播的现象。物理学家惠更斯认为光是一种机械波。波动说不但解释了几束光线在空间相遇不发生干扰而独立传播,也解释了光的反射和折射现象。但是,假想的"以太"媒质并不存在。19世纪后期,麦克斯韦电磁理论的建立,以及赫兹在实验上对电磁波存在的证实,使人们确认光是以光频振荡的电磁波,而不是机械波。

【光的偏振】(polarization of light) 光波电矢量振动的空间分布对于光的传播方向失去对称性的现象。只有横波才能产生偏振现象。故光的偏振是光的波动性的又一例证。在垂直于传播方向的平面内,包含一切可能方向的横振动,且平均说来任一方向上都具有相同的振幅。这种横振动对称于传播方向的光称为自然光(非偏振光)。凡其振动失去这种对称性的光统称偏振光。偏振光包括:(1)线偏振光。(2)部分偏振光。(3)椭圆偏振光。(4)圆偏振光。人们利用光的偏振现象发明了立体电影,照相技术中用于消除不必要的反射光或散射光。光在晶体中的传播与偏振现象密切相关。利用偏振现象可了解晶体的光学特性,制造用于测量的光学器件,以及提供诸如岩矿鉴定、光测弹性应力分析及激光调制等技术手段。

【光的散射】(scattering of light) 光通过不均匀介质时部分光偏离原方向传播的现象。偏离原方向的光称散射光。散射光一般为偏振光。散射光的波长不发生变化的有廷德耳散射、分子散射等。散射光波长发生改变的有拉曼散射、布里渊散射和康普顿散射等。廷德耳散射是由均匀介质中的悬浮粒子引起的散射。分子散射是由于物质分子的热运动造成的密度涨落而引起的散射。瑞利研究了线度比波长要小的微粒所引起的散射,并提出了瑞利散射定律:特定方向上的散射光强度与波长 λ 的四次方成反比;一定波长的散射光强与 $(1+\cos\theta)$ 成正比。θ 为散射光与入射光间的夹角,称散射角。凡遵守上述规律的散射称为瑞利散射。根据瑞利散射定律可解释天空和大海的蔚蓝色和夕阳的橙红色。只有当球形粒子的半径 $a<0.3\lambda/2\pi$ 时,瑞利的散射规律才是正确的。波长发生改变的散射与构成物质的原子或分子本身的微观结构有关,通过对散射光谱的研究可了解原子或分子的结构特性。

光的散射

【光的微粒说】(corpuscular theory of light) 关于光的本性的一种早期学说。牛顿认为光是由发光物体发出的遵循力学规律作等速运动的粒子流。一旦这些光粒子进入人的眼睛,冲击视网膜,就引起了视觉,这就是光的微粒说。牛顿用微粒说轻而易举地解释了光的直进、反射和折射现象。但是,光的微粒说并不是万能的。比如,它无法解释为什么几束在空间交叉的光线能彼此互不干扰地独立前进,为什么光线并不是永远走直线、而是可以绕过障碍物的边缘拐弯传播等现象。

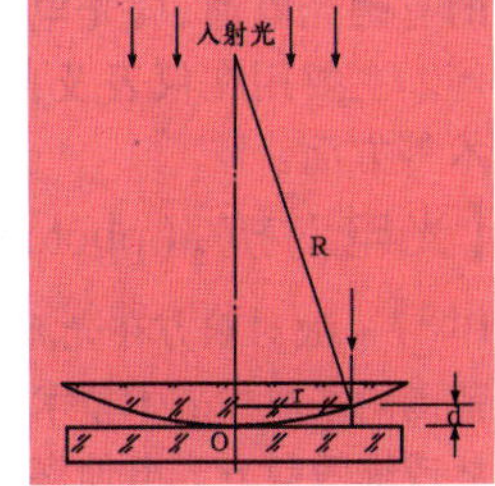

牛顿环

【光的吸收】(absorption of light) 光在介质中传播时部分能量被介质吸收的现象。与介质性质及波长有关。若介质对光的吸收程度与波长无关,则称为一般吸收;若对某些波长或一定波长范围内的光有较强吸收,而对其他波长的光吸收较少,则称为选择吸收。大多数染料和有色物体的颜色都是选择吸收的结果。多数物质对光在一定波长范围内吸收较少(表现为对光透明),而在另一些波段内则对光有强烈吸收(表现为不透明),例如对可见光透明的普通玻璃对红外线和紫外线有强烈吸收。用具有连续谱的光照射物质,再把经物质吸收后的透射光用光谱仪展成光谱,就得到该物质的吸收光谱。利用吸收光谱对物质结构进行分析是光谱学的重要内容。

【光电编码器】(optical encoder) 一种通过光电转换将输出轴上的机械几何位移量转换成脉冲或数字量的传感器。由光栅盘和光电检测装置组成。光栅盘是在一定直径的圆板上等分地开通若干个长方形孔。由于光栅盘与电动机同轴,电动机旋转时,光栅盘与电动机同速旋转,经发光二极管等电子元件组成的检测装置检测输出若干脉冲信号,通过计算每秒光电编码器输出脉冲的个数就能反映当前电动机的转速。光电编码器具有精度高、响应快、抗干扰能力强、性能稳定可靠等优点。其分类有:(1)根据检测原理的不同可分为光学式、磁式、感应式和电容式。(2)根据结构形式的不同可分为直线式和旋转式两种类型。(3)根据其刻度方法及信号输出形式的不同可分为增量式、绝对式以及混合式三种。它作为一种集光、机、电为一体的数字检测装置,广泛用于各种高精度速度和位移测量场合。

【光电池】(photoelectric battery) 一种能在光的照射下产生电动势的半导体元件。常用的有硒光电池、硅光电池和硫化铊、硫化银光电池等。主要用在仪表及自动化、遥测、遥控和空间技术等方面。

【光电对抗】(photoelectronic counter measure) 敌对双方在光波段(紫外、可见光、红外波段)范围内采取的战术技术行动。其目的都是为削弱、破坏或摧毁敌方光电侦察装备和光电制导武器的作战使用效能,并保证己方光电装备及制导武器作战使用效能的正常发挥。

【光电二极管】(photodiode) 又称硅二极管。采用半导体材料硅制作的能把光信号转换为电信号的二极管。其工作波长范围为0.5~1.1μm。是光电子系统的电子器件。其结构与PN结二极管类似,管壳上的一个玻璃窗口能接收外部的光照。这种器件的PN结是在反向偏置状态下运行的。它的反向电流随光照强度的增加而上升。其特点是:(1)单向导电性。(2)能把光信号转换成电信号。广泛应用于光通信、微光探测、光电转换和自动控制等领域。

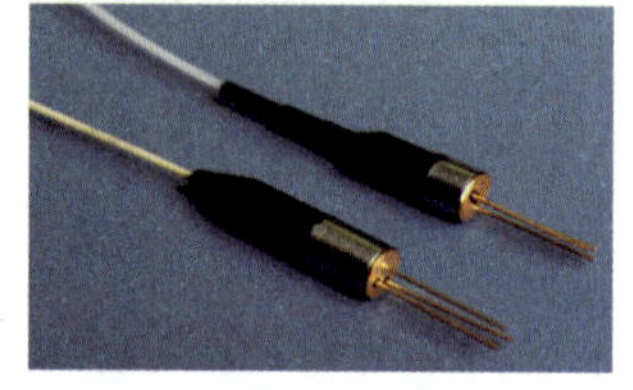
光电二极管

【光电集成电路】(opto-electronic integrated circuit,OEIC) 一种能完成光信息与电信息转换的集成电路。可处理的光信息有红外光、可见光及激光。按其功能的不同可分为电光发射集成电路和光电接收集成电路;按其结构的不同可分为单片集成型和混合集成型两类。其优点是器件之间拼接紧凑,既能减弱因互连效应引起的响应延迟和噪声,从而提高传递信息的容量和高保真度,又能使器件微型化,便于应用。已广泛用于照相机、电视、摄像、工业自动控制、传真和光纤通信以及机器人与视觉传感器、平面显示、夜视、卫星通信和导航等领域。

【光电技术】(photoelectronic technology) 以光电子学为基础,综合利用光学、精密机械、电子学和计算机技术解决工程应用问题的技术。信息载体由电磁波段扩展到光波段。在光信息获取、传输、处理、记录、存储、显示和传感等方面广泛应用。

【光电耦合器】(photocoupler) 一种以光为媒介传输电信号的光电转换器件。由发光源和受光器两部分组成。把发光源和受光器组装在同一密闭的壳体内,彼此间用透明绝缘体隔离。发光源的引脚为输入端。受光器的引脚为输出端。当在输入端加电信号时,发光器件发光。常见的发光源为发光二极管,受光器为光敏二极管和光敏三极管等。其种类较多。常见的有光电二极管型、光电三极管型、光敏电阻型、光控晶闸管型、光电达林顿型和集成电路型等。其工作原理是:在光电耦合器输入端加电信号使发光源发光,光的强度取决于激励电流的大小,光照射到封装在一起的受光器上后,因光电效应而产生了光电流,由受光器输出端引出,实现了电-光-电的转换。其工作特性是:(1)共模输入电压通过极间耦合电容对输出电流的影响很小,共模抑制比很高。(2)输出特性与普通晶体三极管输出特性相似。(3)光电耦合器可作为线性耦合器使用。具体应用在组成开关电路、组成逻辑电路、组成隔离耦合电路、组成高压稳压电路、组成门厅照明灯自动控制电路等方面。

【光电潜望镜】(optronic periscope) 在传统潜望镜基础上增加多种新型光电传感器(如彩色电视摄像机、高清晰度黑白电视摄像机、红外摄像机、激光测距仪、电子支援措施系统等)的新一代潜望镜。20世纪80年代以后开始研制。分光电攻击潜望镜和光电搜索潜望镜。这种潜望镜一般都设计有保护玻璃加热、瞄准线稳定、自动数据显示和自动控制与操作等功能。例如,典型的美国90型光电潜望镜由五部分组成:潜望镜本体、电子机柜、遥控操作台、电源箱、旋转驱动放大器。其主要功能有:直接目视观察、热像观察、电视、照相、测距(光学、视频和激光)、数据传输、GPS定位等。指挥人员既可对光电潜望镜进行本机操作,也可进行遥控台操作或者通过潜艇作战系统的标准控制台遥控。光电潜望镜和作战系统之间采用数字或模拟数据总线完成对潜望镜工作状态、目标距离、目标方位、瞄准线俯仰等数据和指挥信息的双向交流,实现了全天候、全自动遥控操作。

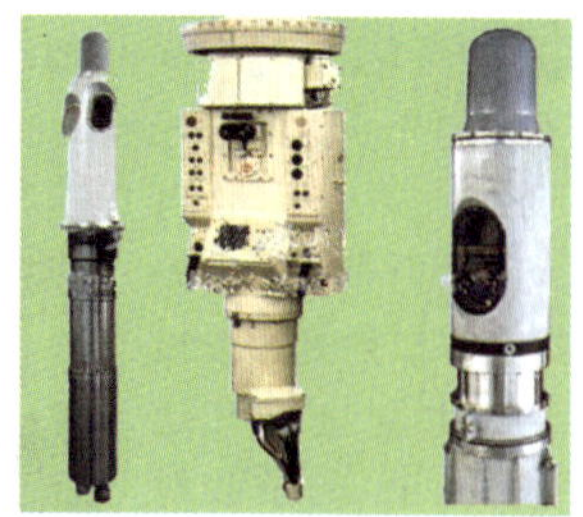
光电潜望镜

【光电式保护装置】(active opto-electronic protective device) 适用于冲床、油压机、注塑机、压铸机、包装机、切纸机、工业机械手等危险机械的人身安全保护,防止操作工人因为精神不集中或动作失调,导致肢体被机械轧伤的装置。按其原理的不同可分为:(1)以日本理研、竹中、小森及济宁莱恩光电科技公司为主的企业所生产的光电保护装置采用全硬件,即:采用门集成电路、三极管、电阻、电容、发光管、受光管和继电器等元件的组合控制来达到保护功能。(2)以德国SICK、图尔克为主的以单片机软件编程控制的光电保护装置,即采用单片机和门集成电路、三极管、电阻、电容等元器件的组合来达到保护功能。采用单片机使检测程序化,通过软件编程来实现各种智能化的保护功能。

【光电鼠标】(optronic mouse) 一种安装有发光二极管的新型鼠标。其工作原理是:利用发光二极管发出的光线,照亮光电鼠标底部表面,然后将底部表面反射回的一部分光线,经过一组光学透镜,传输到一个光感应器件内成像。其组成部件有:光学感应器、光学透镜、发光二极管、接口微处理器、轻触式按键、滚轮、连线、PS/2或USB接口和外壳等。

光电鼠标

【光电桅杆】(optronic mast) 在光电潜望镜基础上发展起来的用桅杆头部的光电传感器获取信息的装置。桅杆上的传感器获得的信息通过电缆或光缆传到舱内,直接显示在电视屏幕上。这一技术使目镜观察成为历史,也使潜望镜产生了质的变化。光电桅杆的出现,改变了潜艇控制室必须位于潜望镜下方的局限,使潜艇的设计更加灵活。

【光电效应】(photoelectric effect) 金属被光照射后,电子从其表面逸出的现象。逸出的电子称为光电子。当光的波长小于某一临界值(极限波长)时方有电子逸出。大于极限波长,无论光的强度多大,都没有电子逸出。极限波长取决于金属材料,逸出电子的能量取决于光的波长而与光强度无关。光电效应的另一特点是瞬时性,只要光的波长小于金属的极限波长,光的亮度无论强弱,光电子的产生几乎都是瞬时的。光电效应表现出来的特征用光的波动理论无法解释。爱因斯坦提出光子理论圆满解释了这些现象,并以此理论获得了诺贝尔奖。光电效应由德国物理学家赫兹于1887年发现,对发展量子理论起了重要作用。在近代,利用光电效应原理制成了光控继电器、光电光度计和光电倍增管等,应用非常广泛。

德国物理学家赫兹

【光电信息功能材料】(functional material of photoelectric information) 具有信息的产生、传输、转换、检测、存储、调制、处理和显示等功能的材料。不仅是现代信息社会的支柱,也是信息技术革命的先导。光电信息功能材料的研究是当代科学的前沿。其具有多学科交叉的特点,是一个极富创新和挑战性的领域。

【光电选矿】(photoelectric mine separation) 用机械和电的组合机构模仿人工手选动作进行分离矿物的选矿方法。即在一般可见光的照射下,利用不同矿物对光的反射和透射程度的差异,通过光敏元件将反光的变化转变为电信号的变化,推动继电器执行机构(电磁铁构成的分矿打板)动作,进行矿物分离。光电选矿主要用于含钨石英脉型矿石的初选,可以部分代替手选。

【光电转换器】(photoelectric converter) 见光纤收发器。

【光电子材料】(optoelectronic material) 应用于光电子技术领域的材料的统称。主要是光子和电子的产生、转换和传输的材料。在光电子技术中,信息的产生、处理和存储等功能,是由光子和电子联合完成,信息的传输则由光子完成。光电子材料可分为七种:(1)光学功能材料。(2)光电探测材料。(3)激光材料。(4)光电信息传输材料。(5)光电存储材料。(6)光电显示材料。(7)光电转换材料。主要应用于信息领域,在能源和国防建设上也有广泛应用。

【光电子产业】(optoelectronic industry) 以硅为基础原材料生产光电子器件的产业。包括信息光电子、能量光电子、消费光电子、军事光电子、软件与网络等领域。其特点是:轻量化,便携性,低耗能,高效益,整合度高。它全面继承并兼容电子技术,具有微电子无法比拟的优越性能。是21世纪的第一主导产业。应用层面扩展至通信、信息、生化、医疗、工业、能源、民生等领域。

【光电子技术】(optoelectronic technology) 研究光子和电子的产生、传输、控制和探测的科学技术。在电子信息技术领域中应用激光所形成的新技术。它包括了光信号的产生、传输、处理和接收，涵盖了新材料、微加工和微机电、微型器件和系统集成等一系列从基础到应用的各个领域，涉及光电子学、光学、电子学、计算机技术等。最初只应用于激光测距。现在已广泛应用在信息、能源、材料、航空航天、生命科学和环境科学技术等领域。

【光电子学】(optoelectronics) 由光学和电子学结合形成的技术学科。其研究内容包括光电池、发光器件、光接收器、光纤传输、光的数字显示器等。其特点是：(1)将X射线、紫外光、可见光和红外线辐射的光图像、信号或能量转换成电信号或电能，进行处理或传送。(2)以光波代替无线电波作为信息载体，实现光发射、控制、测量和显示等。(3)在激光领域中，由激光器提供光频的相干电磁振荡源，并利用光电子发射出的信息来研究固体内部和表面的成分及其结构。(4)其系统的发展，依赖于光－电和电－光转换、光学传输、加工处理和存储等技术，关键是光电子器件。将各类元器件按可能的方式组合起来，可构成光通信系统、电视系统、微光夜视系统等多种具有应用价值的光电子学系统。

【光反射织物】(reflective fabric) 能将光线定向反射到发光光源位置的功能性织物。由反射层与织物黏结复合而成。反射层是由透明的树脂层表面、定向排列的具有高反射率的直径为70～800μm的玻璃或塑料微粒组成的中间层和真空镀铝的涤纶薄膜内层组成。当光线照射到微粒时经折射后再反射，产生明亮的光泽效应。若在微粒的间隙涂上极薄的颜色层，可以按照光源的色相来辨别。将反射材料贴到纺织品上，可以作为交通、港口的标志及工作人员的服装。

反光背心

【光伏电池】(photovoltaic cell) 又称太阳能光伏电池。通过光电效应或者光化学效应直接把光能转化成电能的装置。以光电效应工作的薄膜式太阳能电池为主流，而以光化学效应原理工作的太阳能电池则还处于萌芽阶段。目前地面光伏系统大量使用的是以硅为基底的硅太阳能电池。可分为单晶硅、多晶硅、非晶硅太阳能电池。在能量转换效率和使用寿命等综合性能方面，单晶硅优于多晶硅电池。但多晶硅价格便宜。

光伏电池

【光伏发电】(photovoltaics) 简称光电。利用半导体界面的光生伏特效应将光能直接转变为电能的一种技术。太阳能发电分为光热发电和光伏发电。太阳能发电通常指的是太阳能光伏发电，这种技术的关键元件是太阳能电池。太阳能电池经过串联后进行封装保护可形成大面积的太阳电池组件，再配合上功率控制器等部件就形成了光伏发电装置。光伏发电具有清洁、无污染及取之不尽、用之不竭的特点，其发展需要能源转换效率的技术突破和发电成本降低。在未来2～3年内，太阳能发电成本可能会实现与传统火电同价竞争的局面。

【光伏效应】(photovoltaic effect) 又称光生伏特效应。受到光照时，不均匀半导体或半导体与金属组合的部位产生电位差的现象。以PN结为例，当PN结受光照时，样品对光子的本征吸收和非本征吸收都将产生光生载流子。但能引起光伏效应的只能是本征吸收所激发的少数载流子。因为P区产生的光生空穴和N区产生的光生电子属多子，都被势垒阻挡而不能过结。只有P区的光生电子、N区的光生空穴和结区的电子空穴对扩散到结电场附近时能在内建电场作用下漂移过结。光生电子被拉向N区，光生空穴被拉向P区，即电子空穴对被内建电场分离。这导致在N区边界附近有光生电子积累，在P区边界附近有光生空穴积累。它们产生一个与P－N结的内建电场方向相反的光生电场。此电场使势垒降低，其减小量即光生电势差，P端正，N端负。

【光辐射效应】(thermal radiation effect) 核爆炸光辐射对人员和物体造成的毁伤作用及效果。光辐射是核爆炸毁伤因素之一。其毁伤程度主要由辐冲量来衡量。辐冲量是核爆炸火球在整个发光时间内投射到与光线垂直的单位面积上的能量，即辐照度。光辐射作用到人体可造成的伤害，主要有皮肤烧伤、眼底烧伤(又称视网膜烧伤)、闪光盲(由核爆炸火球亮度刺激引起的视功能紊乱，色觉异常和视力下降等症状)、呼吸道烧伤等。在光辐射作用下，物体表面温度急剧升高，可能造成物体表面灼焦、熔化或起火燃烧。物体破坏程度取决于光冲量的大小，也与目标表面的颜色和光洁度、材料的物理性能及厚度等有关。对质地相同的物体在相同光冲量作用下，表面粗糙的深色物体比表面光滑的浅色物体破坏严重。火焰在自然风和冲击波形成的阵风作用下，可能迅速蔓延而形成大面积火灾。针对光辐射毁伤特点，利用各种库房和工事隐蔽物资装备，疏散堆放和清除周围易燃物，可以避免物资烧毁和火灾。利用各种工事、地貌地物或用衣物遮蔽身体的暴露部位，可以减轻或避免光辐射对人员的伤害。

【光复活作用】(photoreactivation) 见光修复。

【光功率计】(optical power meter) 用于测量绝对光功率或通过一段光纤的光功率相对损耗的仪器。光功率是在光纤系统中最基本的数据测量。光功率计是一种常用仪表。通过测量发射端机或光网络的绝对功率，能够评价光端设备的性能。将光功率计和稳定光源组合在一起被称为光万用表。后者用来测量光纤链路的光功率损耗，检验链路的传输质量。

【光孤子通信】(optical soliton communication) 一种全光非线性通信方式。基本原理是光纤折射率的非线性效应导致对光脉冲的压缩，可以与群速色散引起的光展宽相平衡。在一定条件(光纤的反常色散区及脉冲光功率密度足够大)下，光孤子能够长距离不变形地在光纤中传输。它完全摆脱了光纤色散对传输速率和通信容量的限制。其传输容量比当今最好的通信系统高出 1 ~ 2 个数量级，距离可达几百千米。利用光孤子进行通信，其传输容量极大，可以说是几乎没有限制。传输速率将可能高达每秒兆比特级。是下一代最有发展前途的传输方式之一。

【光合作用】(photosynthesis) 绿色植物吸收光能，同化二氧化碳和水以制造有机物质并释放氧气的过程。其作用是：(1)把无机物转变成有机物。(2)将光能转变成化学能。绿色植物在同化二氧化碳的过程中，把太阳光能转变为化学能，并蓄积在形成的有机化合物中。(3)维持大气中氧和二氧化碳的相对平衡。人类所利用的能源，如煤炭、天然气、木材等，都是植物通过光合作用而形成的。绿色植物的光合作用是地球上有机体生存、繁殖和发展的根本源泉。

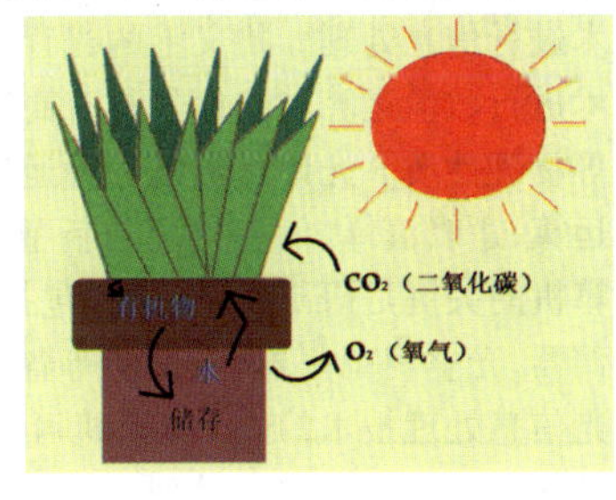

光合作用示意图

【光呼吸】(photorespiration) 植物绿色组织在光下吸收氧气和释放二氧化碳的过程。在氧和二氧化碳共存的大气中，光呼吸与光合作用同时进行，伴随发生，既相互抑制，又相互促进。例如光合放氧促进加氧反应，而光呼吸释放的二氧化碳又可作为光合作用的底物。光呼吸是一种耗能过程。它将光合作用已固定碳素的20% ~ 40% 氧化释放。降低光呼吸是提高光合作用效能的途径之一。

【光化学】(photochemistry) 化学的一个分支。研究光与物质相互作用所引起的永久性化学效应的学科。其所涉及的光的波长范围为 100 ~ 1 000nm，即由紫外至近红外波段。光化学过程是地球上发生的最普遍、最重要的过程之一。光化学过程可分为初级过程和次级过程。初级过程是分子吸收光子使电子激发，分子由基态提升到激发态，激发态分子发生解离或与相邻的分子反应，或者过渡到一个新的激发态上去。其后发生的任何过程均称为次级过程。如氟里昂在平流层受太阳紫外线的照射，形成游离的氯离子，此为初级过程。而这些氯离子与臭氧起化学反应，使臭氧分解成氧分子和氧原子，从而造成臭氧的消耗，此为次级过程。由于吸收特定波长的光子与分子中基团的性质有关，所以光化学提供了使分子中某特定位置发生反应的最佳手段。光化学过程还是地球上最普遍、最重要的过程之一，如绿色植物的光合作用、动物的视觉、照相、光刻等。光化学反应已经广泛用于合成化学。

【光化学第二定律】(the second law of photochemistry) 又称光化当量定律、斯塔克 - 爱因斯坦定律。由斯塔克(J. Stark)和爱因斯坦(A. Einstein)分别在 1908 年和 1912 年提出。其表述为：在初级光化学反应过程中，被活化的分子数(或原子数)等于吸收光的量子数，或者说分子的光吸收是单光子过程。因为分子的电子激发态寿命很短，吸收第二个光子的概率很小。光化学第二定律只针对光化学反应的初级过程。因为被激活的分子不一定都参与化学反应，而活化后的分子还可以进行次级过程，所以其量子产率通常不为 1。光化学第二定律对激光不成立，因为处于电子激发态的分子有机会吸收更多的光子。

【光化学第一定律】(the first law of photochemistry) 又称光化活性原理、格罗图斯 - 德雷波定律。1818 年由格罗图斯和德雷波提出。其表述为：只有被物质吸收的光才能引起光化学反应，不被吸收的光(透过的光和反射的光)则不能引起光化学反应。

【光化学烧孔记录材料】(photochemical hole burning optical recording material) 一种超高密度光学记录材料。在低温下，经激光选频

激发，通过光化学反应能引起物质吸光度或荧光强度变化而形成永久性光谱孔并能编码记录信息。通常由一种或多种具有光反应性能的物质，通过掺杂技术形成无机晶体或有机高聚物薄膜。光化学烧孔记录材料分无机和有机材料两大类。其特点是：利用选频激光的频率变化，在普通光盘技术二维平面记录信息的基础上，又增加了一个频率维（称频域光学存储），从而大幅度地提高了信息存储密度。理论计算表明，其存储密度可达 $1\times10^{11}\sim1\times10^{12}\mathrm{bit/cm^2}$。由有机光响应性分子和无定型高聚物组成的有机薄膜光化学烧孔材料，主要用于超大型计算机的外存设备中。

【光化学烟雾】（photochemical smog） 一种毒性较大的浅蓝色烟雾。其主要污染源是汽车废气。光化学烟雾的主要成分是臭氧（O_3，占90%）、过氧化乙酰硝酸酯（PAN）和氮氧化物（NO_X）。光化学烟雾对人的眼睛、咽喉、鼻子等有刺激作用，能引起慢性呼吸系统疾病的恶化。

光化学烟雾

【光化学制氢】（hydrogen production by photo-chemistry） 以水为原料，利用光催化分解技术制取氢气的方法。光催化过程是在含有催化剂的反应体系中，利用入射光的能量促使水分子分解或水化合物的分子通过合成产生出氢气的过程。在太阳的光谱中，紫外线具有分解水的功能。若选择适当的催化剂，可提高制氢效率。有的还将光电、光化学转换同时进行，以获得直流电和氢、氧。此项技术目前尚处于实验室研究阶段，但具有广阔的发展前景。

【光机电一体化】（optic-mechanic-electron integrated system） 将机械、微电子、激光等技术融汇在一起而形成的具有高自动化水平的技术或系统。其覆盖面较宽，包括以数控技术为核心的制造装备、工业机器人和智能机器人、现代设计制造技术的软件工具和现代集成制造系统的应用及相关目标产品、现场总线智能化仪器仪表与全开放分散控制系统、现场总线智能化低压电器设备、重大新型成套设备、农业设施装备等，还包括以机械为主体、技术上有明显突破、创新力度大的研究开发成果。这一领域的成就，在很多方面已经成为促进国民经济发展、提高传统产业功效的新一代技术装备。

【光激励发光材料】（optically stimulated luminescent material） 经放射线照射并吸收其辐射能、在电磁波激励下发出荧光的材料。光激励发光是一些荧光粉经X射线、阴极射线或紫外线辐照后，吸收穿过物体的辐射或吸收物体本身发射出的辐射能，并将部分能量存储起来。在辐照停止后，再用可见光、红外光或紫外光等电磁波激励，将所存储的能量以荧光发射的形式释放出来。其发光机理包括激励、能量传输和复合三个主要过程。发光强度和延缓时间的长短与该材料性质有关。要求激励光的波长和发射光的波长距离较远，且激励光波长应和材料的光激励峰相匹配，以获得最大的信号输出。常见的发光材料有：(1)长磷光荧光体。如用硫化锌与铜制成的长磷光荧光体。生产成本低。但因硫化物性质不稳定，所以易潮解，抗老化性差，余辉延时时间短。(2)稀土长余辉荧光体。如在铝酸盐荧光体的基上添加上二价的稀土铕和镝作成的长余辉荧光体，荧光强度高，延时可达12h以上。用于制成消防安全标志、街道路标、楼房门牌号、轮船、飞机的仪表盘等。

消防安全标志

【光计算技术】（optical calculating technology） 利用光的物理特性进行超容量信息处理的光学计算技术。广义上的光计算是指应用光学技术进行信息处理。狭义上的光计算是指应用光学技术进行数值运算。光信号具有高速传播和并行特性等物理性质。光计算机是一种运用光信号进行数字运算、逻辑演绎、信息处理的新型计算机。研制光计算机的关键是研制光学器件，包括光逻辑元件、光存储器、光空间调制器、显示器等各种光学配件。采用光信息处理技术的光子计算机可以对复杂、超量的计算任务实行高速并行处理。具备计算和信息处理能力强、抗干扰和安全保密的优点。在军事和民用领域具有重要的应用价值。

【光接口】（optical interface） 将光信号和电信号在内部相互变换并加以传输的模块。为能够在公共传输网上传输信号，光接口提供了一个标准的光信号，通过光纤传输，与其他终端互联。其特点是：(1)用一个光接口即可代替大量的电接口，不必经过常规准同步系统所具有的一些中间背靠背电接口。(2)直接经光接口通过中间节点，省去了大量相关电路单元和连线光缆，使网络可用性和误码性能得到改善。由于光纤通信的网络容量大，速度快，性能好，使之成为通信网络的主要传输手段。

【光刻电铸技术】（light galvanoplasty，LIGA） 由半导体光刻工艺派生出来的采用光刻方法一次生成三维空间微机械构件的方法。它由深层X射线光刻、电铸成型及注塑成型三个工艺组成。在光刻过程中，一张预先制作的模版上的图形被映射到一层光刻掩膜上，掩膜中被光照部分的性质发生变化，经过冲洗被溶解，剩余的掩膜即是待生成的微结构的负体。在电铸成型过程中，从电解液中析出的金属填充到光刻出的空间而形成金属微结构。该技术的主要工艺过程有X光光刻掩膜版的制作、X光深光刻、光刻胶显影、电铸成型、塑模制作、塑模胶模成型等。该技术具有平面内几何图形的任意性、高深度比、高精度、小粗糙度、原材料的多元性等优点。

【光刻加工技术】（lithography machining） 用照相复印的方法将光刻掩膜上的图形印制在涂有光致抗蚀剂的薄膜或基材表面，然后进行选择性腐蚀，刻蚀出规定的图形的一种加工技术。所用的基材有多种金属、半导体和介质材料。光致抗蚀剂是一类经光照后能发生交联、分解或聚合等光化学反应的高分子溶液。光刻工艺的基本过程通常包括涂胶、曝光、显影、坚膜、腐蚀、去胶等步骤。

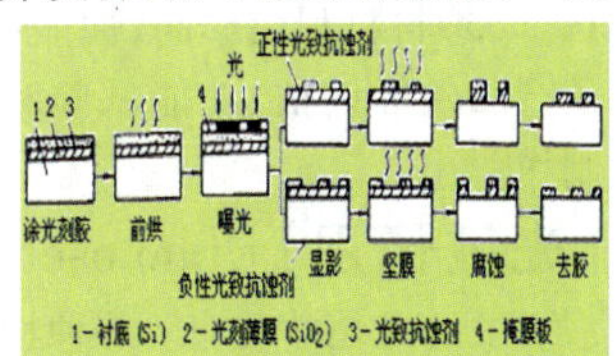

光刻加工技术

在制造大规模、超大规模集成电路等时，需采用计算机辅助设计技术，把集成电路设计和制版结合起来，即进行自动制版。光刻的质量与光致抗蚀剂种类、光刻工艺及掩膜版质量直接相关。

【光雷达】（optical radar） 利用光波探测目标的雷达。其工作波长短，测量和跟踪的精度高。但云、雾、雨、雪等气象现象和烟尘等对光波的吸收、散射会大大缩短光雷达的作用距离。光雷达与微波雷达配合工作，可以提高武器系统的对抗电子干扰的能力和作战效能。按其工作波段的不同可分为激光雷达和红外－激光雷达两类。激光雷达通过发射激光照射目标，并接收目标反射的激光回波测定目标的坐标。红外－激光雷达是有源与无源相结合的光雷达。它用红外探测器接收目标的红外辐射，测量目标的方位和俯仰角，并用激光对目标测距。通常安装在各种军用平台上，主要用于武器控制、精确测量和成像观测等领域。

【光亮度】（brightness） 发光表面在指定方向的发光强度与垂直于指定方向的发光面的面积之比。其单位是坎德拉/平方米，即 cd/m^2。对于一个漫散射面，尽管各个方向的光强和光通量不同，但是各个方向的亮度都是相等的。电视机的荧光屏就是近似于这样的漫散射面，所以从各个方向上观看图像，都有相同的亮度感。

【光量子理论】（light quantum theory） 1905年爱因斯坦在普朗克能量量子的基础上提出光量子理论指出，光与电子一样具有粒子性，是一群以光速运动着的粒子流，即光量子流。同普朗克的能量子一样，每个光量子的能量也是 $E = h\nu$，并拥有动量 $P = \frac{h}{\lambda}$。根据光量子假说，爱因斯坦不仅顺利地推导出普朗克黑体辐射公式，同时还成功地解释了光电效应。列别捷夫的光压实验证实了光的能动量关系式。

【光疗法】（light therapy） 应用日光或人工光源治疗疾病的方法。在公元前490年，中国已有用天然日光治病的记载。但用人工光源治病，则仅有百年历史。现代用于治病的人工光源有：红外线、紫外线、可见光和激光等。（1）可见光疗法。应用波长760～400nm，具有一定强度并能引起视觉反应的光线来治病。各种不同颜色的光线，有不同的生理和治疗作用。红光具有兴奋作用；蓝光与红光作用相反，具有镇静作用，能抑制神经兴奋，减低神经反应速度。近年来，临床应用蓝紫光治疗新生儿黄疸颇有成效。（2）红外线疗法。应用波长760nm～40μm之间的热辐射线治病。随着波长的增加，穿透组织能力逐渐减弱。红外线被人体吸收后转变为热能，可使局部组织温度升高，血管扩张，血液循环加速，增强新陈代谢和免疫能力。具有缓解肌肉痉挛、消炎、消肿和镇痛作用。适用于治疗软组织扭挫伤、关节炎、神经痛、神经炎以及胃炎等症。（3）紫外线疗法。应用紫外线治病的方法。紫外线被人体吸收后产生红斑反应、杀菌消炎作用、镇痛作用、形成维生素 D_3、刺激肉芽生长以及脱敏作用等。临床用于佝偻病、骨质疏松、过敏症、免疫功能低下、疖肿、急性气管炎、肺炎以及支气管哮喘等。

【光面爆破】（smooth-surface blasting） 又称周边爆破、轮廓爆破、修边爆破。用控制爆破的方法在周边孔爆前的自由面附近产生巷道的最终表面，控制井巷开挖轮廓的爆破新技术。控制爆破的一种方式。炮孔起爆采用相邻炮孔间的毫秒迟发爆破，炮孔的最小抵抗线超过炮孔间隔。通过一系列有效措施（如较密集地布置周边眼并互相保持平行、减少炮眼装药量、最后同时起爆周边眼等)对井巷工程周边轮廓实行准确打眼和控制爆破,以减少井巷表面凹凸不平的现象。这种爆破不破坏井巷四周岩壁的整体性,可以达到符合设计要求的井巷断面。在高应力状态的地下工作面,光面爆破是常用的周边爆破方法。但是在光面爆破的设计中,如果应力环境和巷道几何形状特殊,就需要考虑巷道周围变化着的边界应力,才能确保沿巷道全部周边的爆破获得成功。光面爆破的优点很多。它不仅使井巷断面平整,超挖量很小,而且围岩稳定,松石极少,施工安全,有利于推广喷锚支护新技术,加快井巷掘进速度,降低掘进成本。其缺点是:打眼工作量增大,对打眼爆破的质量要求很严格。

光面爆破

【光敏电阻】(light sensitive resistance) 利用半导体光电导效应制成的一种对光线敏感的电阻器。属半导体陶瓷。在光的照射下,吸收光能,产生光电导或光生伏特效应。是一种典型的光电导器件。与其他半导体光电器件相比,光敏电阻具有以下特点:(1)光谱响应范围宽。根据光电导材料的不同,光谱响应可从紫外线、可见光、近红外扩展到远红外,尤其对红光和红外辐射有较高的响应度。(2)工作电流大。可达数毫安。(3)所测强光范围宽。既可测强光,也可测弱光。(4)灵敏度高。光电导增益大于1。(5)偏置电压低,无极性之分,使用方便。光敏电阻的不足是在强光照射下光电转换线性较差,光电弛豫过程较长,频率响应很低等。利用光生伏特效应则可制造光电池或称太阳能电池,为人类提供新能源。可用于各种自动控制系统。

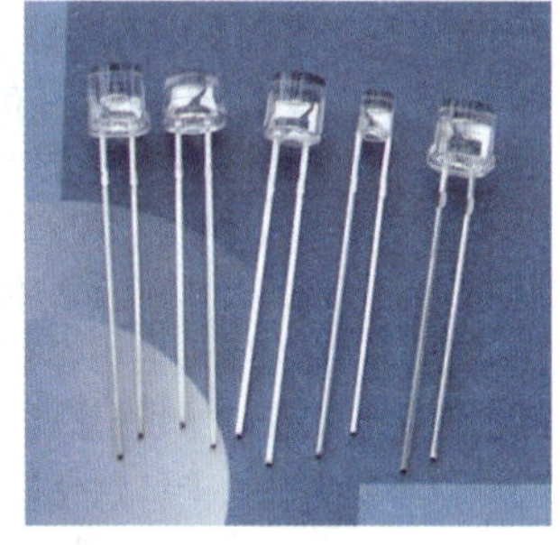

光敏电阻

【光敏核不育】(photosensitive sterility) 在不同光照周期条件下,植物的雄性育性可发生反向转换而导致雄性败育的现象。是植物的一种遗传特性。1973年,中国学者在湖北省种植的水稻晚粳品种“农垦58”大田中发现了一株不育水稻。经过研究,证明这种自然突变体,具有在长日照条件下不育、而在短日照条件下可育的特点。育性由一对对光照长度敏感的隐性核不育主基因控制,属光敏核不育类型,并将此稻命名为“湖北光敏核不育水稻”。这一研究的成功,突破了雄性核不育植物不能自身简便繁殖的难题,加之不育性的恢复谱广,不仅为杂交稻制种由“三系法”转为“两系法”的研究奠定了基础,而且也为其他作物雄性核不育的研究提供了先例。

【光敏液相固化法】(stereolithgraphy apparatus,SLA) 又称立体光刻。利用立体雕刻原理而形成的快速原型制造技术。其工艺过程是:液槽内盛有液态的光敏树脂高分子材料,在紫外光(光斑大小可调)照射下产生高分子材料能跃迁而快速固化。其工作平台位于液面之下。在成型作业时,聚焦后的激光束或紫外光光点在液面上按计算机指令由点到线、由线到面逐点扫描,扫描到的地方光敏树脂液体快速固化,未被扫描的地方仍然是液态树脂。当一个层面扫描完成后,升降台下降一个层片厚度的距离,重新涂覆一层液态光敏树脂,再次进行扫描,新固化层牢固地黏结叠加在前一层上,如此重复直至整个三维零件制作完毕。其工艺特点是:(1)可成型任意复杂形状的零件。(2)成型精度高,可达±0.1mm左右。(3)材料利用率高,性能可靠。SLA法工艺适用于产品外形评估、功能试验和各种快速经济模具的制作。

【光敏作用】(photosensitization) 由光敏剂引发的光化学反应。一种物质吸收光子后,将吸收的光能传递给不能吸收光子的物质,促使其发生化学反应,而本身则不参与化学反应,恢复到原先的状态,这类物质称为光敏剂。常用的光敏剂有汞、苯甲酮、安息香二甲醚等。如 H_2(解离能436kJ/mol)在波长为253.7nm(471.5 kJ/mol)的光照下不发生裂解反应。但在汞蒸气的存在下,由于汞吸收光子并将光能传递给 H_2,从而使 H_2 发生裂解。

【光年】(light year) 天文学上的一种距离单位。光一年内在真空中走过的路程。相当于 9.4605×10^{12}km,或63 238个天文单位距离。光年把距离同光行时间直接联系起来,适用于量度、表示恒星间的距离。例如,织女星与地球之间的距离为26.4光年。用光行时间作距离单位有时也用“光分”、“光秒”表示,如太阳到地球的距离为8.3光分或499光秒。

【光盘存储材料】(optical disk storage material) 用于光盘存储的光学介质。用于大容量信息存储技术。与传统的磁存储或半导体存储相比,具有存储容量大、成本低等特点。目前用于光盘存储的基片材料是聚碳酸酯、聚甲基丙烯酸甲酯、改性双酚A环氧树脂和非晶态聚烯烃等高聚物光盘基片。其中聚碳酸酯是最重要的光盘基片材料。聚合物光盘基片材料,具有高的透光率和光学纯度、尺寸稳定性好、热变形小、力学性能好、双折射低和低成本等优点。

【光谱】(spectrum) 由光源所发出的光波经分光仪器分离后的各种不同波长成分的有序排列。分光仪器包括成像系统和色散系统两部分。前者可使狭缝成为实像,后者可使不同波长的光彼此分开。当用复色光照明狭缝时,就得到一系列由不同波长的光产生的狭缝的像。这些狭缝的像彼此分离,称为谱线。每一条谱线代表一种波长成分。单一波长的光称为单色光。由许多波长组成的光称复色光。光谱分如下几种形式:(1)线状光谱。由狭窄谱线组成的光谱。单原子气体或金属蒸气所发的光波均为线状光谱,故线状光谱又称原子光谱。原子光谱按波长的分布规律反映了原子的内部结构。(2)带状光谱。由一系列光谱带组成。它们是由分子所辐射,故又称分子光谱。利用高分辨率光谱仪观察时,每条谱带实际上是由许多紧挨着的谱线组成的。通过对分子光谱的研究可了解分子的结构。(3)连续光谱。包含一切波长的光谱,赤热固体所辐射的光谱均为连续光谱。同步辐射源可发出从微波到X射线的连续光谱。X射线管发出的韧致辐射部分也是连续谱。(4)吸收光谱。具有连续谱的光波通过物质样品时,处于基态的样品原子或分子将吸收特定波长的光而跃迁到激发态,于是在连续谱的背景上出现相应的暗线或暗带,称为吸收光谱。研究吸收光谱的特征和规律是了解原子和分子内部结构的重要手段。科学家据此确定了太阳所含的某些元素。

光谱

【光谱精细结构】(fine structures of spectrum) 主要由于能级有精细结构而产生的。波尔理论考虑了原子中最主要的相互作用,即原子核与电子的静电相互作用。与此相互作用对应的能量计算值,与实验符合得很好,反映能量差值的光谱线(巴耳末光谱系等)得到了很好解释。如果改进实验方法,提高光谱仪的分辨率,就会看到原子光谱的精细结构。例如巴耳末系的Hα线并非单线,钠的黄色D线都是著名的双谱线。所以除了原子核和电子之间的静电相互作用之外,还需要考虑电子轨道运动和电子自旋时产生的磁相互作用,后者是产生原子光谱精细结构的主要原因。1955年美国物理学家兰姆(Willis Eugene Lamb)因发现氢光谱的精细结构获得诺贝尔物理学奖。

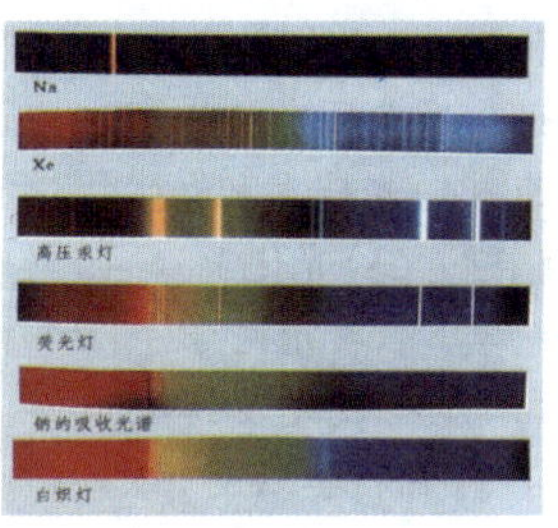

光谱精细结构

【光谱学】(spectroscopy) 一门研究光和物质之间相互作用的学科。关于物质的能级细致结构以及物质如何同电磁辐射发生相互作用的大多数信息都来自光谱学。光谱学被频繁地用在物理和分析化学中,通过发射或吸收光谱来鉴定物质。也同样大量运用在天文学和遥感方面,大多数大型天文望远镜配有光谱摄制仪,用来测量天体的化学组成和物理属性,或通过测量光谱线的多普勒偏移来测量天体的运行速度。

【光全息记录材料】(recording material for optical holographic storage) 光全息技术中记录物体图像或数字信息的光介质材料。在光全息术(也称全息照相)中,光介质记录来自物体的光波与参考光波相干涉形成的图案。它是一组不规则的光栅(称为全息图),用参考光照明时就可“再现”出原物的三维图像。按记录介质中不规则光栅的形成,该材料可分为卤化银乳剂材料、光折变材料、光色材料、光导热塑性高分子材料、光致抗蚀剂材料、光致聚合物材料等。全息记录材料应具有感光灵敏度高、记录分辨率高、能重复使用、复制方便、保存时间长等性质。各类光全息记录材料已分别在干涉计量、材料与元件的无损检测、制作防伪商标以及高密度信息存储等方面得到应用。

【光栅】(diffraction grating) 根据光的多缝衍射原理制成的一种分光元件。能产生谱线间距宽的匀排光谱。所得光谱线的亮度虽比用棱镜分光时要小些,但光栅的分辨本领比棱镜大。光栅不仅适用于可见光,还能用于红外和紫外光波。常用在光谱仪上。衍射光栅有透射光栅和反射光栅两种。它们都相当于一组数目很多、排列紧密均匀的平行狭缝。透射光栅是用金刚石刻刀在一块平面玻璃上刻成的,而反射光栅则把刻缝刻在磨光的硬质合金上。

【光生物学】(photobiology) 研究光与生物相互关系的学科。是生物学、化学、物理学等学科相互交叉、相互渗透形成的学科。其基本任务是阐明光作为一个环境信息如何作用于生物有机体，以及生物产生对光反应的机理。其研究内容十分广泛，主要有：(1)光技术和光生物学的实验方法。(2)生物光谱学。(3)光化学。(4)光敏化作用。(5)环境光生物学。(6)光医学。(7)生物钟。(8)光合作用。(9)生物发光及其机制等。其研究对于医学、生物学、生命科学以及工农业生产都有很重要的理论意义和实践意义，是一门方兴未艾的新兴学科。

【光生载流子】(photo conducting charge carrier) 一种光照射半导体产生的载流子。在用光照射半导体时，若光子的能量等于或大于半导体的禁带宽度，则价带中的电子吸收光子后进入导带，产生电子－空穴对。光子能量与频率有关。每种频率的光，都是由同等能量的光子组成。每个光子的能量等于普朗克常数($h=6.63\times10^{-34}$J·S)与光的频率 v 的乘积。当光照射到半导体时，由于不同材料的电特性不同以及光子能量的差异，会产生不同的光电效应。利用半导体材料的光电效应可制造光敏电阻器。

【光速】(optical velocity) 光在真空中的传播速度。实验测得各种波长的电磁波(广义的光)在真空中传播速度都相同，约为 3×10^5km/s。据近代的准确测定，光速为 2.99792458×10^8m·s^{-1}。自然界重要常数之一，用 c 表示。按照迈克耳逊－莫雷实验，光速在任何惯性系中都等于 c。这一结果是相对论的重要实验基础。相对论还指出了光速是一切物质运动速度(包括相互作用传播速度)的最大极限。在其他媒质中，光的传播速度小于 c，且随媒质的性质和光波波长的不同而不同。

【光速不变原理】(principle of light speed invariance) 在任何惯性参照系中观察，光在真空中的传播速度都是一个常数(3×10^5km/s)，不随光源和观察者的运动而改变。光速不变原理是由联立求解麦克斯韦方程组得到的，并为迈克尔逊－莫雷实验所证实。是爱因斯坦创立狭义相对论的基本出发点之一。光速不变原理和人们的日常经验有很大的不同，像观察者顺风和逆风前进时，测出风速是不一样的。而在真空中无论观察者如何运动，光速却不变。由光速不变原理可以导出惯性系之间的洛仑兹变换，继而可以导出速度变换式，也和日常经验中速度变换不同。

【光通量】(luminous flux) 人眼所能感觉到的辐射能量。等于单位时间内某一波段的辐射能量和该波段的相对视见率的乘积。其单位为“流明”。由于人眼对不同波长光的相对视见率不同，所以在不同波长光的辐射功率相等时，其光通量并不相等。例如，当波长为 5.55×10^{-5}m的绿光与波长为 6.5×10^{-5}m 的红光辐射功率相等时，前者的光通量就是后者的 10 倍。

【光通信】(optical communication) 以光波作为信息载体，以光纤作为传输媒介的一种通信方式。基本物质要素是光纤、光源和光检测器。按光纤用途的不同可分为通信用光纤和传感用光纤。传输介质光纤又分为通用与专用两种。其特点是：(1)通信容量大，传输距离远。(2)信号串扰小，保密性能好。(3)抗电磁干扰，传输质量高。(4)光纤尺寸小，重量轻，便于敷设和运输。(5)材料来源丰富，环境保护好。(6)无辐射。(7)光缆适应性强，寿命长。是各种信息的主要传送工具，现代通信的主要支柱。

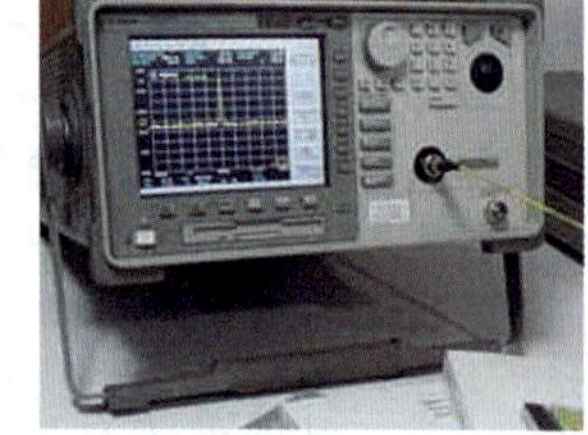
光通信

【光污染】(light pollution) 超量光辐射造成的环境污染。包括白亮污染、彩光污染和人工白昼。白亮污染是阳光照射强烈时，建筑物的玻璃幕墙、釉面砖墙、磨光大理石和各种涂料等反射光线的污染。长时间处于白色光亮污染环境中，不仅使人的视网膜和虹膜都会受到程度不同的损害，视力急剧下降，白内障的发病率增高，还会使人头昏心烦，甚至发生失眠、食欲下降、情绪低落等类似神经衰弱的症状。彩光污染是指舞厅、夜总会安装的黑光灯、旋转灯以及彩色光源所造成的污染。黑光灯所产生的紫外线强度大大高于太阳光中的紫外线，且对人体有害影响的持续时间长。人工白昼不仅打乱人的生理周期、损害人的生理功能，而且会影响人的心理健康。

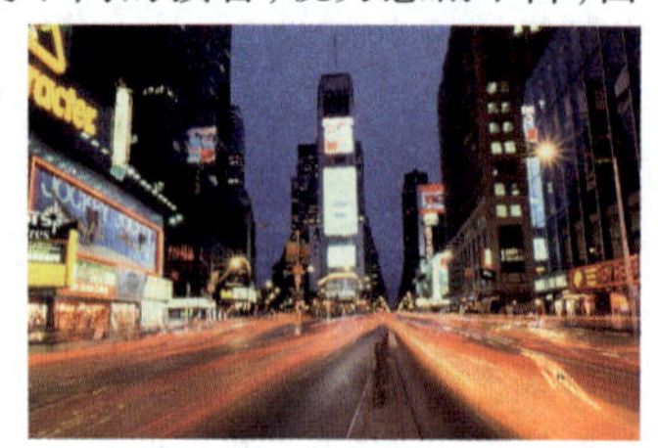
光污染

【光纤端口】(optical fiber port) 见 SC 端口。

【光纤放大器】(optical fiber amplifier, OFA) 在光纤通信线路，用于实现信号放大的全光通信放大装置。是实现全光通信的重要装置之一。全光通信是信号在发送端与接收端之间的传输与交换全部采用光波技术，而不需要任何的光/电或电/光转换的通信。按照在光纤线路中作用的不同可分为：中继放大器、前置放大器和功率放大器三种类型。光纤放大器的应用，克服了光纤通信传输距离受光纤线路损耗的制约，使全光通信的距离延长到数千千米，真正具有实用价值。

【光纤分布式数据接口】(fiber distributed data interface, FDDI) 利用光纤进行令牌传输的局域网标准。其基本结构为逆向双环。一个环为主环，一个用于备份，在主环失败时使用。具有定时令牌协议的特性，支持多种拓扑结构，传输媒体为光纤。主环提供 100 Mbps 的速率，如果副环不需要进行备份，那么传输速率可以达到200 Mbps。相邻站间的最大长度可达 2km，最大站间距离为 200km。由于支持高宽带和远距离通信网络，FDDI 通常用作骨干网。由于采用光纤作为传输媒体，传输过程不受电磁和射频噪声的影响，也杜绝了辐射波的窃听，是安全可靠的传输方式。网络设备由光纤、光纤适配器和光纤连接器等组成。

【光纤激光器】(optical fiber laser) 把掺有稀土元素的玻璃光纤作为增益介质的一种激光器。与固体激光器和半导体激光器相比，其优点是：(1)比较理想的光束质量。(2)超高的转换效率。(3)完全免维护。(4)高稳定性。(5)体积小。主要应用在光通信、激光加工、图像显示、生物工程、医疗卫生等领域。未来的发展方向有：光纤激光器本身性能的提高、优化光束能量、缩短增益光纤长度和提高系统稳定性并使其更加小巧紧凑等。

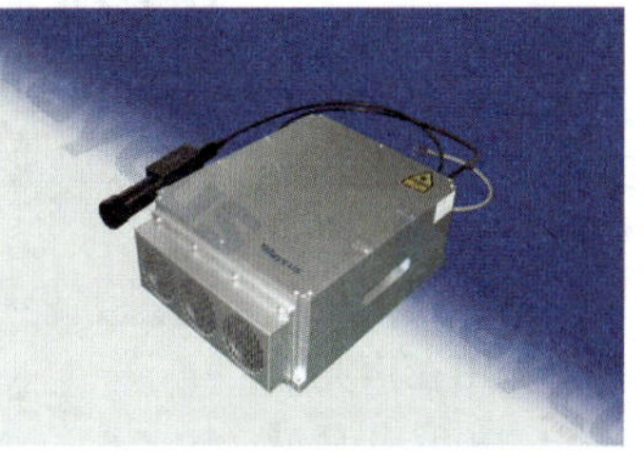

光纤激光器

【光纤连接器】(optical fiber connector) 用来进行光纤与光纤之间可拆卸连接的器件。把光纤的两个端面精密对接起来，以使发射光纤输出的光能量能最大限度地耦合到接收光纤中去，并使其对系统造成的影响减到最小。在一定程度上影响光传输系统的可靠性和各项性能。按其传输媒介的不同可分为常见的硅基光纤的单模、多模连接器以及其他以塑胶等为传输媒介的光纤连接器。光纤连接器品种繁多，应用广泛。

光纤连接器

【光纤器件】(optical fiber unit) 又称光源器件。一种在光通信系统中对光路起连接、转换和控制作用的电子器件。可以是棒状透镜配以辅助器材装配而成，也可以是光导纤维经过研磨抛光、热熔拉锥或镀膜等工艺制成，还可以是用铌酸锂等作衬底材料、用半导体工艺制造的薄膜光波导器件。常用的光纤器件有：光连接器、光发射器、光接收器、光开关、复用器、解复用器、光耦合器、光衰减器和光环形器等。

【光纤收发器】(fiber converter) 又称光电转换器。一种将短距离的双绞线电信号和长距离的光信号进行互换的以太网传输媒体转换单元。区域网络连接的设备之一。光纤收发器产品必须严格符合10Base－T、100Base－TX、100Base－FX、IEEE802.3和 IEEE802.3u 等以太网标准。按光纤性质的不同可分为多模光纤收发器和单模光纤收发器。按其工作层次/速率的不同可分为单 10M、100M 的光纤收发器、10/100M自适应的光纤收发器和1 000M光纤收发器。按其结构的不同可分为桌面式光纤收发器和机架式光纤收发器。按其管理类型的不同可分为网管型光纤收发器和非网管型光纤收发器。按其电源的不同可分为内置电源和外置电源两种。其基本特点是：(1)提供超低时延的数据传输。(2)对网络协议完全透明。(3)采用专用 ASIC 芯片实现数据线速转发。(4)机架型设备可提供热拔插功能，便于维护和无间断升级。(5)网管设备能提供网络诊断、升级、状态报告、异常情况报告及控制等功能，能提供完整的操作日志和报警日志。(6)设备多采用1＋1 的电源设计，支持超宽电源电压，实现电源保护和自动切换。(7)支持超宽的工作温度范围。(8)支持齐全的传输距离(0～120km)。它带宽充足，性能稳定，功能强大，与不同厂商的网络设备兼容性好，安装简单，维护方便。适用于大规模商业运行。

光纤收发器

【光纤通信】(optical fiber communication) 利用光导纤维作为信息传输媒介的通信方式。在发信端，电信号经由电/光转换器被调制成光波并通过光缆传输到接信端，由光接收机获取并转换成电信号，经过处理、转换成为数字信息。其主要优点是：(1)通信容量大。(2)信号衰减小。(3)抗干扰性能强。(4)体积小，重量轻。光纤通信系统主要由光缆以及光纤放大器、半导体激光器、光调制器、光发信机和光接收机等设备组成。随着光纤放大器、光波复用技术、光集成等新技术的发展，光纤通信技术将会有更进一步的发展与提高。

【光纤陀螺仪】(optical fiber gyroscope) 利用光纤中两反向传播的光束的光程差或相位差测量机体运动或旋转角速度的敏感装置。光纤陀螺仪依据的原理同激光陀螺仪一样，都源于1913年法国物理学家萨格奈克发现的萨格奈克效应。与其他陀螺仪相比，光纤陀螺仪具有尺寸小、重量轻、功耗低、坚固、价格低等优点，适用于对精度要求不高的低速和短程飞机，以及导弹的中等精度惯性导航系统。光纤陀螺仪具有很大的发展潜力，其精度可望达到激光陀螺仪的水平。

光纤陀螺仪

【光修复】(light-repair) 又称光复活作用。在可见光的照射下，由于复活酶的作用将紫外线引起的嘧啶二聚体分解为单体的过程。经过紫外线照射后的微生物暴露于可见光下时，可明显降低其死亡率。在波长300~600nm光的照射下，光复活酶发生作用。在暗处，光复合酶能识别出因紫外线照射而形成的酶和DNA复合物，但不能解开二聚体(两个单体结合形成一个反向平行的双螺旋结构)。由光提供能量，才使二聚体分解成为单体，然后酶从复合物中释放出来，完成修复过程。光复活作用是一种高度专一的修复方式。它只作用于紫外线引起的DNA嘧啶二聚体。

【光学】(optics) 物理学的一个分支。研究光的本性、发射、传播和接收，光和物质的相互作用(如光的吸收、色散和散射，光的热、电、压力、化学、生理等效应)等的一门学科。物理学中发展较早的学科。一般分为几何光学和物理光学两部分。物理光学又分为波动光学和量子光学。为适应不同的实际需要，人们建立了各种光学分支，如光谱学、发光学、光度学、分子光学、晶体光学、摄影光学、应用光学、大气光学、海洋光学、生理光学等。自20世纪中叶，特别是60年代激光问世以来，光学开始了一个新的发展时期，又建立了许多新的光学分支，如傅里叶光学、统计光学、电子光学、电光学、相干光学、强光光学、非线性光学、集成光学、薄膜光学、纤维光学、信息光学和光学全息术等。

【光学功能材料】(optical functional material) 在外加场的作用下，其光学性质发生变化而具有光的开关、调制、隔离、偏振等功能作用的材料。按其与外加场(力、声、热、电、磁和光等)强度关系的不同可分为线性材料和非线性材料；按材料凝聚状态的不同可分为气体、液体和固体(晶体、陶瓷、玻璃、薄膜或超晶格)等；按其应用效应的不同可分为激光频率转换材料、电光材料、声光材料、磁光材料和光感应双折射材料。光学功能材料具有利用光波自身强度和外加电、磁、机械场对光波的强度、频率、相位、偏振进行控制的能力。在现代光电技术中广泛用于激光频率转换及改善激光器的脉宽、模式等。

【光学级铌酸锂晶体】(optic lithium niobate crystal) 无色或略带黄色的透明的电光晶体材料。电光性能与钛酸钡类似，容易人工生长出大尺寸晶体。沿Z轴加电场时，压电效应较小，在电光应用中更为优越。铌酸锂的非线性系数很高，双折射率较大，且随温度的变化发生很大变化，因而容易通过改变温度实现位相匹配。用在声光器件中，由于声衰减很小，品质因数与声衰减的比值很高，是制作高频声光器件的重要材料之一。适用于制作光波导器件、声光器件、电光器件、光存储器和激光倍频器等。

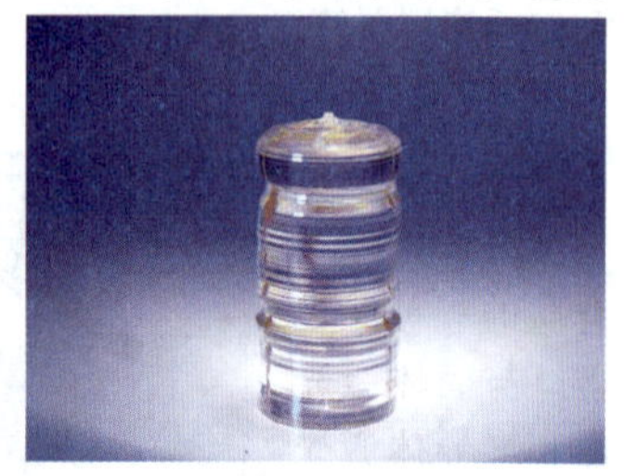

光学级铌酸锂晶体

【光学石英玻璃】(optical quartz glass) 可用作光学器件的石英玻璃。其光学性能好，耐高温，抗腐蚀，热膨胀系数小，热稳定性好，抗辐射。广泛应用于遥控系统、探测跟踪系统、空间技术和分析仪器等领域。

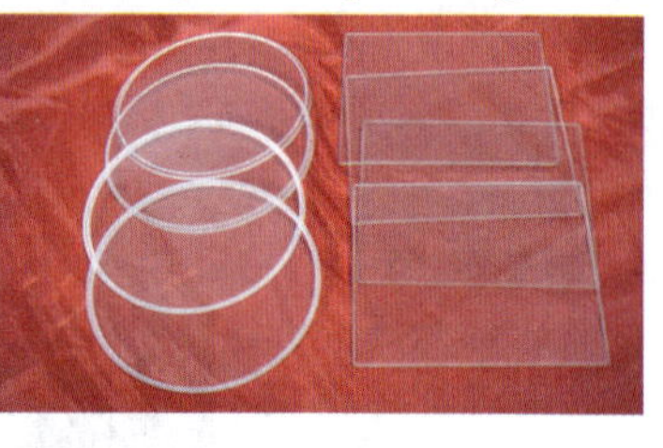

光学石英玻璃

【光学塑料】(optical plastics) 可用作光学介质材料的塑料。已获得应用的光学塑料有许多种，主要有：(1)聚甲基丙烯酸甲酯。(2)甲基丙烯酸甲酯和苯乙烯共聚物。(3)聚碳酸酯。(4)甲基戊烯聚合物。(5)苯乙烯甲基丙烯酸甲酯共聚物。(6)烯丙基二甘碳酸酯。(7)苯乙烯－丙烯腈共聚物。(8)苯乙烯－丁二烯－丙烯酯。(9)尼龙。(10)ADC塑料。其中，聚甲基丙烯甲酯、苯乙烯甲基丙烯酸甲酯共聚物、聚碳酸酯、烯丙基二甘碳酸酯、苯乙烯－丙烯腈共聚物、苯乙烯－丁二烯－丙烯酯应用广泛。主要用于制造光学基板、透镜、隐形眼镜、有机光导纤维等。

【光学相干断层成像术】(optical coherence tomography, OCT) 利用超声光学模拟技术对活体眼组织显微结构非接触式、非侵入性断层成像检查的一种光学诊断技术。是超声的光学模拟品。其轴向分辨力取决于光源的相干特性，可达10μm，且穿透深度几乎不受眼透明屈光介质的限制。既可观察眼前节，又能显示眼后节的形态结构。在眼内疾病，尤其是视网膜疾病的诊断、随访观察及治疗效果评价等方面具有良好的应用前景。

【光学谐振腔】(optical resonant cavity) 激光器的主要组成部分。通常由两块与工作介质轴线垂直的平面或凹球面反射镜构成。凡不沿谐振腔轴线运动的光子均很快逸出腔外。沿轴线运动的光子将在腔内继续运行，并经两反射镜的反射不断往返震荡，与受激粒子相遇而产生受激辐射，并不断增殖，在腔内形成传播方向一致、频率和相位相同的强光束，即激光。为把激光引出腔外，其中一面反射镜是部分透射的。激光部分透射，部分反射后留在腔内继续增殖光子。两反射镜的曲率半径和间距(腔长)决定了谐振腔对本征模的限制情况。按组成谐振腔的两块反射镜的形状及它们的相对位置的不同，可将光学谐振腔分为：平行平面腔、平凹腔、对称凹面腔、凸面腔等。

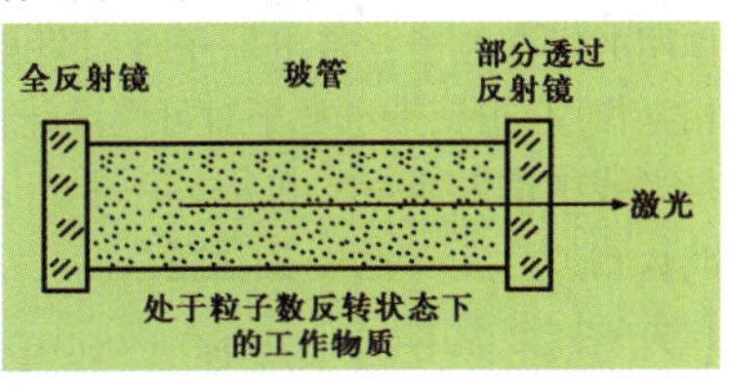

光学谐振腔示意图

【光源器件】(light source unit) 见光纤器件。

【光泽整理】(luster finish) 增进织物光泽的工艺过程。棉织物在湿热条件下有一定的可塑性。用轧光机将纱线压扁，耸立的纤毛被压在织物表面，使织物平滑，降低对光线的漫反射程度而增加光泽。包括平轧光、软轧光和电光整理。光泽整理加工工艺简单，产品风格独特，附加值高，应用广泛。

【光照阶段】(illumination preiod) 又称感光阶段。春化阶段后，各种植物需要日光的时期。植物个体发育的一个时期，一般发生在春化阶段之后。在对外界条件的要求中，以光照条件为主要因素。各种植物及其品种通过光照阶段的时期和长短的不同，是植物对外界环境条件长期适应的结果。

【光照疗法】(phototherapy) 又称光疗。在光的作用下，使体内未结合胆红素迅速排出的一种治疗方法。其原理是：在光的作用下，使未结合胆红素，转变成一种水溶性导构体(光－氧化胆红素，即双吡咯)，经胆汁和尿液排出。光的波长在425～475nm的蓝光和波长在510～530nm的绿光照射效果最好，其他光波也有效。目前各医院用的是蓝光。所需设备是：光疗箱(蓝光箱)。总亮度为160～320W，上下双面灯管，灯道距床面上40cm、下20cm。用前检查电源，灯管是否全亮，并擦去所有的尘土。其光疗特征是：不论是生理性黄疸或病理性黄疸，只要血清胆红素增高，足月儿＞205μmol/L(12mg/dl)，极低体重儿＞103μmol/L(6mg/dl)，超低体重儿＞85μmol/L(5mg/dl)，均需光疗。光疗主要用于未结合胆红素增高。如果结合胆红素＞68μmol/L(4mg/dl)，血清谷丙转氨酶升高和碱性磷酸酶升高，肝肿大，不用治疗，可自行消退。其护理包括：(1)室温20～26℃，箱温30～32℃，控制患者体温在36.7～37.3℃，箱内湿度为50%～60%。(2)入箱婴儿体温正常、皮肤完整、无红臀及硬肿，佩带眼罩及护阴罩，为保护视网膜及防止生殖器损伤。裸体入箱，每2h测体温1次。(3)照射1～2天，最长不能超过3天。(4)继续母乳喂养，保证水量和热量。(5)光可分解体内核黄素(维生素 B_2)，光疗超过24h后补充维素 B_2 5mg，一日3次共3天。(6)光疗副作用有发热、腹泻和过敏性皮疹。但不影响继续治疗。(7)光疗中应大量供水，防止脱水、高钠血症、体温升高。(8)光疗后应检查黄疸消退情况。因光疗仅能作用于皮肤浅表层，故要测血中总胆红素量，才能确定是否有效。

【光照漂白技术】(light bleaching technology) 用吸收的光线和药剂对棉布进行漂白的技术。通过促使棉布中着色物质吸收光线活性化，使药剂在室温下与着色物起比较稳定的漂白反应。利用该技术，纤维素纤维不受任何损伤，即可得到漂白效果。

【光折射效应】(photorefractive effect) 根据光强度的空间分布，通过一级光电效应局部地改变介质折射率的现象。光折射效应是由阿斯金等人从 $LiNbO_3$ 及 $LiTaO_3$ 晶体中发现的。该效应产生的原因是空间光强梯度分布不同而引起的光学特性的变化。能引起该效应的光强度大约每平方毫米几个毫瓦。光强度小是它的特点。

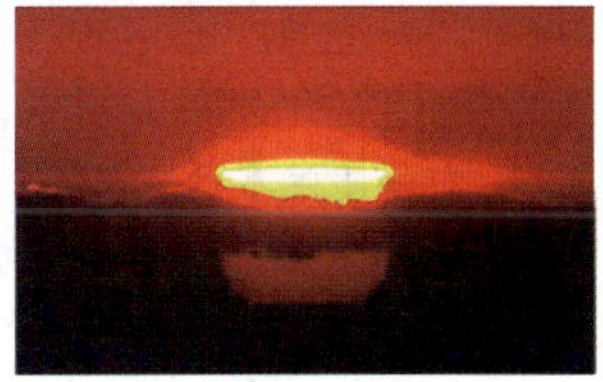
光折射效应

【光整加工】(skin finshing) 又称光饰加工。以提高零件的表面精度、降低表面粗糙度、改善零件表面微观质量为目的的光整光饰工艺方法。除一般的手工打磨、抛光外,常用的高效光整光饰加工大多是在专用的光整加工机上进行的。其原理是在光整加工机开放或密闭的容器内按一定比例放入待加工的零件和抛磨块及抛磨液,在设定的参数内进行充分的撞击、按压、划擦、切削、润滑与洗涤等光整光饰加工,达到提高零件表面精度、降低表面粗糙度,改善零件表面微观质量的目的。工程化的光整光饰加工机床有振动式、回转式、行星式等。抛磨块按磨料类型分有 Al_2O_3、SiC、金刚石等;按其形状分有球形、圆柱形、三棱柱形及多棱柱形等;按其黏接剂分有树脂型、橡胶型、陶瓷型等。根据被加工零件的材质不同抛磨液也有很多类型,常见的有适用于碳钢、不锈钢、铜合金和铝合金等材料的抛磨液。

【光致变色玻璃】(photo chromic glass) 随光照强弱而变色的玻璃。在通常情况下是透明玻璃,但是在短波紫外线或者可见光的照射下,产生可见光域的光吸收,使玻璃发生透光度降低或者产生颜色变化,在光照停止后又能自动恢复到原来透明状态。其制造方法是在基础玻璃成分中引入光敏剂。这些光敏剂以微晶状态均匀地分散在玻璃中,在光照作用下分解,降低透光度,在暗处化合,恢复透明度。玻璃的着色和褪色是可逆的、永久的。这种玻璃主要用作变色眼镜玻璃原片,兼有光度眼镜和遮阳眼镜的优点。既可矫正视力,又可以自动调节光照强度,充分保护眼睛。在建筑物门窗、银行柜台和交通车辆前风挡玻璃上也可以使用。

光致变色玻璃

【光致变色化合物】(photochromic compound) 光照后其颜色发生变化、失去光照又恢复到原来颜色的化合物。其作用机理主要是:(1)键的断裂。如螺吡喃本身是无色化合物,在光照下可发生键的断裂而变成有颜色的产物。(2)互变异构。其本质是分子内的氢原子从一个位置移至另一位置,如吡啶的衍生物在光照下可发生互变异构现象,一个氢原子从两个环间的亚甲基上转移到硝基的氧上去,从而引起变色。除用于装饰、包装材料、防护眼睛外,还可制作各种光闸、录像介质、计算机信息存储元件、温度指示和控制化学聚合反应等。

【光周期】(photo length) 一天中昼夜的相对长度。随季节和纬度而变化。就北半球而言,同一纬度地区的日照长度,一年内随季节而变化。夏至最长,冬至最短。春分和秋分各为12h。同一季节的日照长度随不同纬度而变化。夏至日,纬度越高,白天越长;冬至日纬度越高,黑夜越长。植物的许多生理过程受光周期的影响,如花诱导、腋芽演变、落叶休眠及鳞茎、块茎、球茎等繁殖器官的形成等。按植物对光周期要求的不同可分为:长日照作物、短日照作物及中日照作物。

【光子】(photon) 电磁辐射的量子。传递电磁相互作用的粒子。其静质量为零。不带电荷其能量为普朗克常量和电磁辐射频率的乘积,$\varepsilon = h\nu$。在真空中以光速 c 运行。1905 年爱因斯坦提出光波本身不是连续的而具有粒子性,光束可以看成是由微粒构成的粒子流。这些粒子称为光子。1923 年,康普顿成功地用光量子概念解释了 X 光被物质散射时波长变化的康普顿效应,从而光量子概念被广泛接受和应用。量子电动力学确立后,确认光子是传递电磁相互作用的媒介粒子。带电粒子通过发射或吸收光子而相互作用,正反带电粒子对可湮没转化为光子。光子是光线中携带能量的粒子。一个光子能量的大小与波长相关,波长越短,能量越高。

【光子计算机】(photon computer) 一种由光信号进行数字运算、逻辑操作、信息存储和处理的新型计算机。其基本组成部件是集成光路、激光器、透镜和核镜。其特点是:(1)超高速的运算速度。(2)超大规模的信息存储容量。(3)能量消耗小,散发热量低,是一种节能型产品。(4)抗干扰能力强。在信息处理速度、存储容量、传输速率和节约能源方面,性能有大幅提高。在对图像处理、目标识别和人工智能等方面具有广阔的应用前景。

【光子晶体】(photonic crystal) 具有介电函数的光学亚波长周期结构的晶体。当光入射到晶体时,一定频率的光将被周期结构散射而不能通过,使透过谱形成一定宽度的禁带。由于具有光子带隙结构,光子晶体产生了许多崭新的物理性质,如光子禁带、光子局域、光的超棱镜效应和负折射效应等。这些特性使得抑制自发辐射、无阈值激射和直角光波导、镜像折射等都能在光子晶体中实现,开辟了凝聚态物理和量子电动力学新的研究领域。

【光子学】(photonics) 研究以光子作为信息载体和能量载体的学科。主要研究光子是如何产生及其运动和转化的规律。是继电子学、光电子学之后的新兴学科。并由此形成了一系列的光子技术,如光子发生技术(激光技术)、光子传输技术、光子调制与开关技术、光子存储技术、光子探测技术和光子显示技术等。

【广播】(broadcasting) 通过无线电波或导线传送声音、图像的新闻传播工具。分无线广播和有线广播两种。是多点投递的最普遍的形式,它向每一个目的站投递一个分组的拷贝。它可以通过多个单次分组的投递完成,也可以通过单独的连接传递分组的拷贝,直到每个接收方均收到一个拷贝为止。诞生于20世纪20年代。其优点是对象广泛,传播迅速,功能多样,感染力强;其缺点是一瞬即逝,顺序收听,不能选择,语言不通则收听困难。

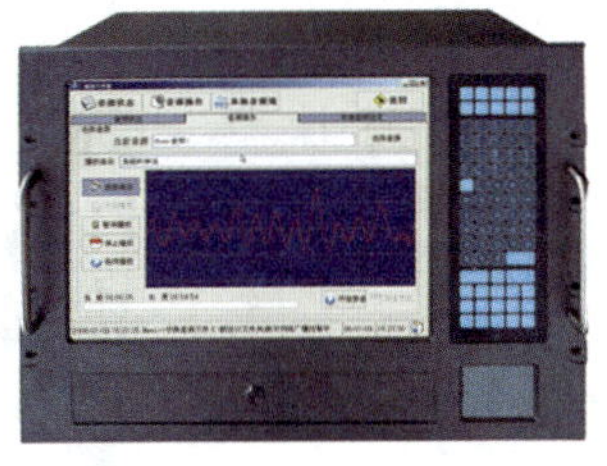

广播

【广播传输方式】(broadcast transfer way) 主机之间一对所有的数据传输模式。封包在网络中传输,目的地址为整个广播域内的所有主机,广播域内的所有主机不管其是否需要,都可以接收到所有信息。由于其不用路径选择,所以网络成本可以很低廉。有线电视网就是典型的广播型网络。在数据网络中也允许广播传输方式的存在,但其被限制在二层交换机的局域网范围内,禁止广播数据穿过路由器,防止广播数据影响大面积的主机。其优点是:(1)网络设备简单,维护简便,布网成本低廉。(2)由于服务器不用向每个客户机单独发送数据,所以服务器流量负载极低。其缺点是:(1)无法针对每个客户的要求和时间及时提供个性化服务。(2)网络允许服务器提供数据的带宽有限,客户端的最大带宽等于服务总带宽。

【广播地址】(broadcast address) 专门用于同时向网络中所有站点进行数据发送的地址。在使用IP协议的网络中,主机标识段为全1的IP地址为广播地址。广播的分组传送给主机标识段所涉及的所有计算机。广播地址应用于网络内的所有主机分为两类:(1)有限广播地址,它不被路由,但会被送到相同物理网络段上的所有主机,IP地址的网络字段和主机字段全为1,即255.255.255.255;(2)直接广播地址,此地址会被路由,并会发送到专门网络上的每台主机,IP地址的网络字段定义这个网络。主机字段通常全为1,如192.168.10.255。又如对于10.1.1.0 (255.255.255.0)网段,其广播地址为10.1.1.255。当发出一个目的地址为10.1.1.255的分组(封包)时,它将被分发给该网段上的所有计算机。

【广播风暴】(broadcast storm) 由于网络拓扑的设计和连接问题,或其他原因导致广播在网段内大量复制,传播广播数据帧,导致网络性能下降,甚至网络瘫痪的事件。在事件发生时,许多广播同时在所有网段上传送,占用相当可观的网络带宽,一般会引起网络阻塞、超时。解决办法有:(1)有效分割过大网络,使广播包只在有限的范围内传播。(2)使用网关,对数据包进行分拣。(3)使用路由器,隔离不同的子网。

【广播域】(broadcast domain) 在网络中,能接收集合内任一设备发出的广播帧的所有设备的集合。在该集合中的任何一个节点发送一个广播帧,则所有其他能收到这个帧的节点都被认为是该广播域的一部分。它被认为是OSI第二层中的概念。集线器等第一层第二层设备连接的节点被认为都是在同一个广播域。而路由器,第三层交换机则可以划分广播域,即可以连接不同的广播域。

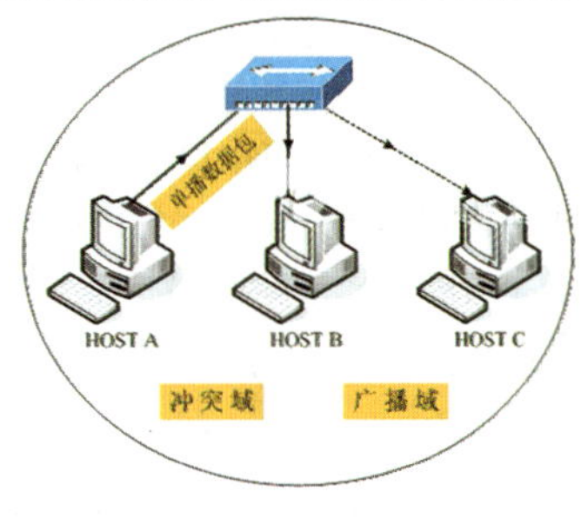

广播域

【广告软件】(adware) 通过弹出式广告或以其他形式进行商业广告宣传的软件,是恶意软件的一种。通常是未经用户允许就下载并安装,或与其他软件捆绑安装,而且卸载困难。安装之后频繁弹出广告或以其他形式进行商业广告宣传,消耗系统资源,造成系统运行缓慢或系统异常,影响用户正常使用。

【广谱抗生素】(broad-spectrum antibiotic) 抗菌谱比较宽、能够拮抗大部分细菌的药物。抗菌谱指抗生素的抗菌范围。广谱抗生素抗菌范围宽,主要是用在致病菌尚未明确、但又急需要杀菌的情况。窄谱抗生素抗菌范围窄,杀菌专一,多用在查明病情的场合。常用的广谱抗生素有氯霉素、金霉素、土霉素、四环素等。它们不仅能强力抑制大部分革兰阴性菌和革兰阳性菌,还能抑制立克次体、螺旋体和某些原虫。但在使用中,由于体内微生物群正常平衡被打破,可出现念珠菌等不敏感微生物的附加感染。所以在查清致病菌的情况下,应使用杀菌针对性强、效果更好的窄谱抗生素。

【广义函数】(generalized function) 基本

空间$D(\Omega)$上的线性连续泛函数。其中Ω是R^n中的开集,也称为Ω内分布。Ω内所有的广义函数所组成的集合记为$D'(\Omega)$。

【广义相对论】(general theory of relativity) 爱因斯坦创立的关于引力和时空的相对性理论。爱因斯坦于1916年以数学形式建立而成的引力理论。统合了狭义相对论和牛顿的万有引力定律,将引力描述成因时空中的物质与能量而弯曲的时空,以取代传统对于引力是一种力的看法。因此,狭义相对论和万有引力定律,都只是广义相对论在特殊情况之下的特例。狭义相对论是在没有重力时的情况;而万有引力定律则是在距离近、引力小和速度慢时的情况。广义相对论是建立在两个基本原理之上:(1)等效原理。引力和惯性力是完全等效的。(2)广义相对性原理。自然定律在任何参考系中都可以表示为相同数学形式。广义相对论可以很好地解释行星近日点的进动、光线偏折和光谱在引力场中的红移。它预言了黑洞和宇宙的未来,成为近代宇宙论的基础。

【广义相对性原理】(principle of general relativity) 所有参照系,无论惯性系还是非惯性系,在描述物理规律方面都是等价的,即一切物理规律在所有参照系中一致的理论。广义相对性原理的数学形式是广义协变原理。强调从数学观点上看,表述自然规律的方程对任意时空坐标系都具有相同的形式。广义相对性原理来自狭义相对性原理的推广,因而是一种更具普遍意义的原理。它打破了惯性系在描述自然规律方面的优越性,使一切参照系都处于平权地位。

【广域网】(wide area network,WAN) 又称远程网。把处于遥远地理位置上的计算机系统相互联结起来构成的计算机网络通信系统。能联结多个城市或国家并能提供远距离通信。其通信距离可从数十千米到数千千米不等。它可以提供面向联结和无联结两种服务模式。对应于两种服务模式,广域网有虚电路和数据报两种组网方式。常用的广域网,包括公用电话交换网、分组交换网、数字数据网、帧中继、交换式多兆位数据服务和异步传输模式。

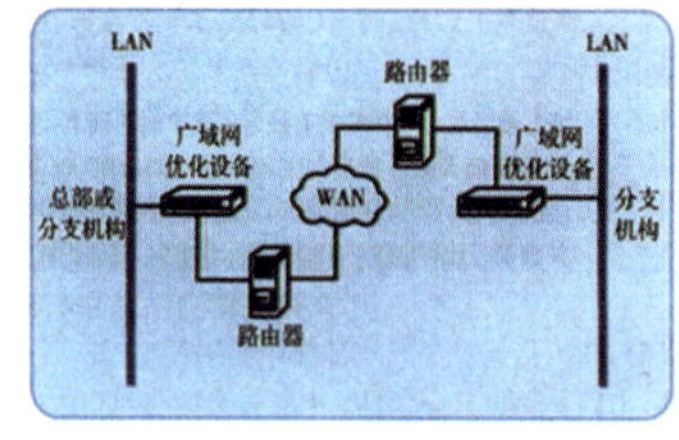

广域网

【广州地铁1号线模式】(Guangzhou pattern of No. I subway) 由广州市政府主导和企业操作,针对广州地铁1号线沿线开发的一种管理模式。由广州市政府组织清理土地,落实开发商;应由政府办理的事项如提供土地使用权、拆迁安置等,则由地铁总公司以合作一方的身份具体落实,市政府的有关职能部门按政府的部署进行协调。具体分工如下:(1)市建设委员会具体实施指导和宏观管理。(2)市国土房地产管理局组织土地开发,制定转让策略和实施计划。(3)市规划局制定沿线开发项目的规划设计条件,从城市设计方面导引和控制沿线的开发。(4)地铁总公司负责具体实施。在当时的环境条件下,这种模式具有一定的优点:(1)可以向投资者表明政府推进这一庞大开发项目的决心。(2)可以通过部门之间的密切配合,简化工作程序,提高办事效率。但由于在实施过程中,未能作到一以贯之,很多应由政府承担的协调职责最后由地铁总公司来承担。此外,该模式没能建立完善的管理制度和决策流程。

广州地铁1号线模式

【归经】(meridian tropism) 中药术语。药物作用的定位概念。表示一种药物主要对某一经或某几经发生的作用明显,而对其他经的作用较小,甚至没有作用。归经将药物的作用与脏腑经络的关系结合起来,说明某药物对某些脏腑经络的病变所起的治疗作用,其目的在于突出药物作用的特性。如桔梗、款冬花归入肺经,可治咳嗽气喘的肺经病;天麻、全蝎、羚羊角归入肝经,能治疗手足抽搐的肝经病;黄柏苦寒,归肾、膀胱经,善清肾和膀胱之火。药物归入二经或数经的,说明其治疗范围大。

【归纳演绎法】(inductive method and deductive method) 将归纳与演绎统一起来使用的思维方法。从对个别事物的研究中得出关于事物的一般性、规律性的结论,是归纳。利用一般性、科学性的结论去研究各种具体事物,是演绎。归纳,是从个别到一般;是演绎,是从一般到个别。它们是两种相反的思维及推理方法,但是是辩证统一的。归纳要以演绎为补充,因为归纳本身无法解决研究的目的性、方向性问题。演绎也要以归纳为补充,因为演绎的前提有赖于归纳得来。它们在一定条件下又相互转化。没有演绎,归纳的成果就不能扩大和加深;没有归纳,演绎的前提就无从产生。在科研中,没有归纳,观察、实验中得来的经验材料就不能条理化、系统化并上升为理论;没有演绎,理论就不能准确化,不能成为严密的逻辑体系。归纳演绎法是科学研究中广泛使用的一种辩证逻辑法。

【归脾丸】(guipi pellet) 方剂名。组成:党参80g、白术(炒)160g、炙黄芪80g、炙甘草40g、茯苓160g 、远志(制)160g、酸枣仁(炒)80g 、龙眼肉160g 、当归160g 、木香40g、大枣(去核)40g。制法:以上十一味,粉碎成细粉,过筛,混匀。每100g粉末用炼蜜25~40g加适量的水泛丸,干燥,制成水蜜丸;或加炼蜜80~90g制成小蜜丸或大蜜丸,即得。用量:用温开水或生姜汤送服,水蜜丸一次6g,小蜜丸一次9g,大蜜丸一次1丸,一日3次。功能主治:益气健脾,养血安神。用于治疗心脾两虚、气短心悸、失眠多梦、头昏头晕、肢倦乏力、食欲不振、崩漏便血等。

【龟】(turtle) 俗称乌龟。泛指龟鳖目的所有成员。是现存最古老的爬行动物。体表具有特殊的龟壳。头尾和四肢可以从龟壳中伸出缩入。整个身体呈盒状,分为头颈部、躯干部、四肢及尾三部分。头部背面略呈三角形,黑色或棕黑色。口位于头的前端,头顶前部平滑,后部呈细粒鳞状。上下颌均无齿。颌缘被以坚韧的角质鞘,称为喙。鼻孔位于吻的前端。嗅觉及触觉较发达。龟壳极为坚固,明显地分为背甲和腹甲两部分,彼此在两侧由甲桥连接起来。背腹甲均由二层组成。外层为来源于表皮的角质盾片,内层为来源于真皮的骨板。大多数龟均为肉食性,亦食植物的茎叶。变温动物。水温降到10℃以下时,进入冬眠;水温18~20℃时开始摄食。寿命很长,有的可达300多年。通常每年繁殖一次,雌性在陆地产卵。半水栖、半陆栖性爬行动物,亦有长时间在海中生活的海龟。常见的大型海龟种类有象龟,体长1.5m,重200kg,以可以载人爬行而著名。绿毛龟是人们喜爱的观赏动物。它实际上是背甲上生育绿藻的金龟或水龟。龟分布于世界大部分地区。现存200~250种。中国龟鳖动物有40种隶属1目6科21属。其中有5种海产龟类。中国还引进了至少15种龟,如常见的鳄龟、红耳彩龟(巴西彩龟、七彩龟)。红耳彩龟被IUCN收录为100种最具破坏力的入侵物种。

龟

【规费】(stipulated fee) 根据省级政府或省级有关部门规定必须缴纳的,应计入建安工程造价的费用。根据《建筑安装工程费用项目组成》(建标【2003】206号)的规定,“规费”属于工程造价的组成部分。包括:(1)工程排污费。是指施工现场按规定缴纳的工程排污费。(2)工程定额测定费。是指按规定支付工程造价(定额)管理部门的定额测定费。(3)社会保障费。其中包括:①养老保险费;②失业保险费;③医疗保险费;④ 住房公积金;⑤危险作业意外伤害保险费。

【规划地图】(planning map) 用于反映区域开发、利用、保护和治理的长远计划的一种实用性专题地图。是由国家或地方计划部门根据国民经济建设发展需要,按计划部署组织编制的地图。其主要内容是:展示区内资源种类、数量、质量、规模、开发程度,指明开发、利用的途径等。

【规划学】(planning) 管理学的一个分支。研究规划的性质、特点以及制订规划的原理、程序和方法的新兴学科。其研究内容是:(1)规划在管理中的地位和作用。(2)制订规划应遵循的基本原则。(3)制订规划的程序。(4)制订规划的方法。规划是对较大范围、较大规模的事业或工作的一种较长时间的总方向、大目标、主要步骤和重大措施的设想蓝图;而相对来说,计划则范围较小,时期较短,比较具体。规划是一种战略性全局部署方案,是指导方针和基本政策的战略体现,是为计划提供方向、目标、方针和政策的总体设想;计划则是在规划的指导下作出的具体安排。

【规律】(law) 又称法则。事物自身所固有的本质的、必然的普遍联系。是客观的,存在于人类意识之外,既不能创造也不能消灭。任何客观规律都在一定条件下起作用,随着作用条件的消失,规律的效用也随之失去。规律失去它的效用,不是人为的,而是自行发生的客观过程。规律隐含在无数现象和过程之中。人类只能在实践的基础上,逐步深入、完善对规律的认识。这一过程是从现象到本质、从具体到一般,再达到最普遍规律的过程,是从单纯研究存在规律和思维规律到统一综合思维规律和存在规律的过程。

【规整结构催化剂】(regular structure catalyst) 在高分子聚合反应中形成结构规整性聚合物所需的催化剂。例如,在丙烯聚合反应中加入齐格勒-纳塔催化剂(由四氯化钛-三乙基铝组成的一种有机金属催化剂),进行配位离子型聚合,单体与催化剂首先形成配位络合物,进而反应生成全同立构(即等规立构)聚丙烯。全同立构聚丙烯结构规整而高度结晶化,熔点高达167℃,耐热性好。规整结构催化剂广泛应用于包装材料、家电及医疗等领域。

【硅】(silicon) 化学元素周期表第Ⅳ族主族元素。旧名矽。符号Si。原子序数14。是一种重要的半导体材料。在自然界常以二氧化硅或硅酸盐的形式存在。在地壳中的丰度为25.7%。硅有两种同素异形体。一种为暗棕色无定形粉末。用镁使二氧化硅还原而制得。性质较活泼,在空气中能燃烧。另一种为性质稳定的晶体(晶态硅)。是用炭在电炉中使二氧化硅还原而制得。超纯度多晶硅一般是在高温下用氢还原三氯氢硅而制得,也可由硅烷(四氢化硅)热分解而制得。多晶硅可用单晶拉制法拉制成单晶,称为单晶硅。掺有特定微量杂质的单晶硅而制成的大功率晶体管、整流器及阳光电池,比用锗单晶制成的好。硅铁和硅钢(矽钢)也是冶金工业的重要产品。

单晶硅

【硅二极管】(silicon diode) 见光电二极管。

【硅肺】(silicosis) 见矽肺。

【硅谷】(silicon valley) 原指美国西海岸加利福尼亚州的圣他克拉克县。现在硅谷已经成为半导体工业基地、微电子工业基地、高技术集中区的代名词。20世纪60年代以来,硅谷地区的半导体集成电路、计算机、军事电子学及系统设备、精密仪表等制造与研究均处于世界先进水平。硅谷迅速发展的原因有:(1)得天独厚的地理条件。(2)有斯坦福大学及其他大学的支持。(3)形成了一个综合性工业生产、研究体系,加工协作方便,科学交流频繁,竞争激烈。(4)投资效率高。(5)有良好的管理传统和方式。硅谷从本质上来讲,是"科学-教育-生产"一体化的基地。20世纪80年代以来,中国的半导体及微电子工业发展迅速,在北京的中关村地区已经形成了类似于硅谷的融生产、销售、研究、服务为一体的高技术集中区。中关村被称为中国的"硅谷"。

【硅铝明】(silumin alloy) 又称矽铝明(silumin的音译)。硅含量较高的铸造铝合金的总称。由于其密度小、铸造性能和机械性能良好,广泛用于飞机和汽车制造。仅由铝和硅组成的普通硅铝明,适用于制造机械性能要求不高的形状复杂的铸件。含有铜、镁或锰等合金元素的特种硅铝明,适用于强度要求较高的场合。

【硅酸铋单晶】(bismuth silicate single crystal) 一种茶黄色透明单晶压电材料。具有与铌酸锂单晶同样的电光效应、压电效应和其他氧化物晶体所没有的光电导效应,还具有良好的对称性和优良的温度特性。硅酸铋的暗场电导类型为P型,光导载流子为N型,用其制作的普克尔光调制器,不仅具有照相底版的功能,而且在实时系统中能用电学方法反复进行信息的写入、存储、显示和擦除。可用于数码识别系统的相干光-非相干光转换器、傅里叶平面滤波器、激光全息组页器、表面声波器件、电光开关、电光调制器、高速图像处理存储器、图像转换器、图像及文字识别、指纹识别、全息照相计测等。

硅酸铋单晶

【硅酸铝纤维制品】(aluminum silicate fiber products) 以焦宝石为主要原料的一种新型节能棉丝状无机纤维材料制品。经2 100 ℃的高温熔化,由高速离心法或喷吹法等工序制成。其特点是:耐高温、导热系数低、重量轻、热容量小、热稳定性高、抗化学腐蚀性好、与金属材料不相浸润、隔音性能好和电绝缘性好。硅酸铝纤维和由其制作的复合材料,目前已成功地应用于冶金、电子、石油、化工机械、陶瓷等工业部门的工业窑、炉及各管道等的保温隔热材料领域,还可用做耐热补强材料和高温过滤材料等。

【硅酸钠】(sodium silicate) 俗称水玻璃。分子式为$Na_2O \cdot nSiO_2$。由内含不同比例的二氧化硅和氧化钠所组成。二氧化硅和氧化钠的摩尔比称为模数。模数在3以上称为中性水玻璃。模数小于3的称为碱性水玻璃。通常产品有固体水玻璃和液体水玻璃。固体水玻璃是天蓝色或黄绿色的玻璃状物质;液体水玻璃是无色透明或带浅灰色的黏稠液体。其高模数的水玻璃黏度很大,具有很强的黏结能力。硅酸钠的应用很广。可用作石油催化裂化的硅铝催化剂、肥皂的填料、瓦楞纸的胶黏剂、金属防腐剂、水软化剂、洗涤剂助剂、耐火材料和陶瓷的原料、纺织品的漂染剂和浆料等。

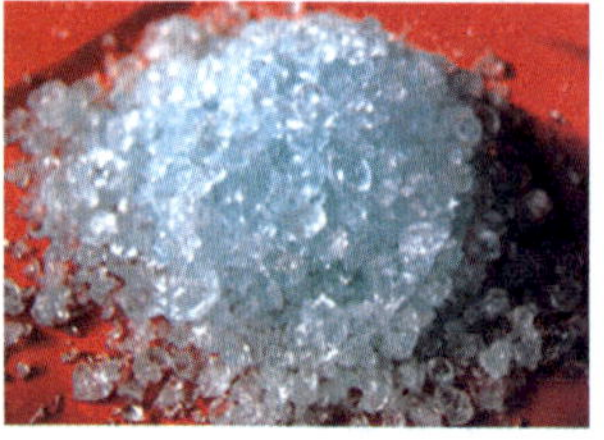
硅酸钠

【硅酸盐玻璃】(silicate glass) 以SiO_2为主要成分的玻璃。按其成分的不同可分为:(1)石英玻璃(SiO_2含量大于99.5%)。(2)高硅氧玻璃(SiO_2含量约96%)。(3)钠钙玻璃(除SiO_2外,还含有15%的Na_2O和16%的CaO)。(4)铅硅酸盐玻璃(主要成分为SiO_2和PbO)。(5)铝硅酸盐玻璃(主要成分为SiO_2和Al_2O_3)。(6)硼硅酸盐玻璃(主要成分SiO_2和B_2O_3)。具有一定的化学稳定性、热稳定性、机械强度和硬度,但可溶解于氢氟酸。用途极为广泛,如制作光学仪器、灯泡、烹饪器具等。

【硅酸盐复合绝热涂料】(silicate composite insulation coating) 以硅酸盐纤维材料、轻质填料(石棉、海泡石等)为主要原料,加入少量黏结剂和助剂,经松解、混合制成的黏稠状涂料。在需要保温的物体表面上涂覆一定厚度,干燥后可形成良好的绝热层。其优点是便于不规则形状物体的保温施工。适用于建筑供热设备等。

【硅烷偶联剂】(silicane coupling agent) 具有两种官能团、与两种不同材料都有亲和力,从而能使它们联结起来的一类材料的统称。如硅烷偶联剂G-407,能使偶联起来的两种不同材料明显提高其力学性能,改善其电性能和耐蚀性,适用于橡胶等;再如硅烷偶联剂KH-602,可作氨基硅油产品原料,广泛应用于纺织、印染、化妆品等行业。在织物整理中应用硅烷偶联剂后,织物更加柔软滑爽。

【硅橡胶】(silicon rubber) 分子主链中只含有硅、氧原子的合成橡胶的统称。分子式$mSiO_2nH_2O$。分子量60.08。透明或乳白色粒状固体。无味无毒。是一种分子键兼具无机和有机性质的高分子弹性材料。具有最大的工作温度范围(-100~350℃),耐高低温性能优异。按其硫化特性的不同可分为:(1)热硫化型硅橡胶。(2)室温硫化型硅橡胶。按其性能和用途的不同可分为:(1)通用型。(2)超耐低温型。(3)超耐高温型。(4)高强力型。(5)耐油型。(6)医用型。按其所用单体的不同可分为:(1)甲基乙烯基硅橡胶。(2)甲基苯基乙烯基硅橡胶。(3)氟硅。(4)腈硅橡胶。在生物医学工程中,高分子材料具有十分重要的作用,而硅橡胶则是医用高分子材料中特别重要的一类。它具有优异的生理惰性,无毒,无味,无腐蚀,抗凝血,与机体的相容性好,能经受苛刻的消毒条件。根据需要可加工成管材、片材、薄膜及异形构件。可用做医疗器械、人心脏器等。

硅橡胶玻璃纤维布

【硅藻】(diatom) 又称矽藻。藻类植物的一个门类。单细胞植物。个体微小。体形多样。细胞壁由上下两壳像小盒子一样套合在一起。硅质或果胶质,坚硬且透明,壁上有花纹。色素体由叶绿素、硅藻素和叶黄素等组成,故细胞呈黄褐色到黄绿色。繁殖方式有分裂、卵生、同配、异配等。分布极广。是鱼类和其他水生动物的食物。硅藻死后沉入水底,大量沉积后形成硅藻土。硅藻土主要矿物成分为蛋白石,多孔状,孔隙度达90%,是吸附能力很强的吸附剂,可供炼油、制糖业用作净化剂、助滤剂。硅藻土是优良的隔音、隔热材料,常用来作为化学工业中催化剂的载体。

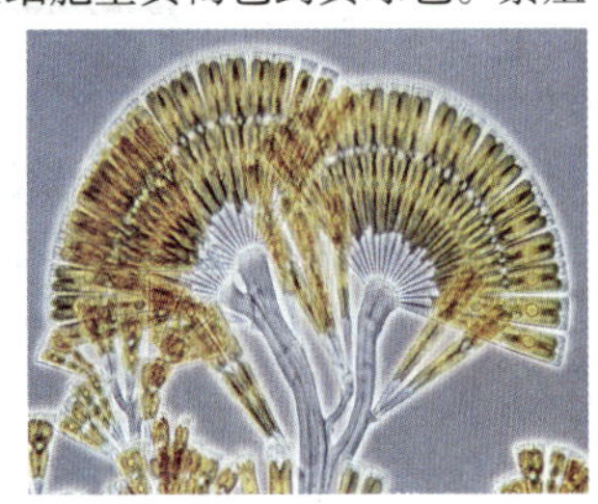
硅藻

【硅质岩】(siliceous rock) 一种含二氧化硅70%~90%的沉积岩石。二氧化硅通过化学作用或生物化学作用沉积、热水作用沉积或某些火山作用沉积生成。主要矿物成分是蛋白石、玉髓及自生石英,混入物有碳酸盐、氧化铁、海绿石、黏土矿物等,具隐晶质和非晶质的致密块状结构或生物结构。常呈薄层状及结核状构造。主要岩石类型有硅藻土、硅华、蛋白土、碧玉岩、燧石等。

【轨道保持】(track keeping) 利用卫星上的动力调整卫星的速度,修正轨道参数,使卫星运行轨道与标准轨道的偏离量限制在给定范围内的控制。人造地球卫星的轨道保持主要有下列几种形式:地球静止卫星的位置保持、对地观测卫星的轨道保持、具有轨道扰动补偿器的自主轨道保持和相对于其他卫星的位置保持等。其中,地球静止卫星位置保持的作用在于使卫星相对于地球的位置保持不变。这就要求轨道周期与地球自转周期相等,偏心率和倾角都接近于零。通信卫星、广播卫星和中继卫星都要求有较高的位置保持精度,使相邻卫星发送和接收电波不产生相互干扰,并便于地面接收站天线的跟踪。

【轨道电路】(track circuit) 以铁路线路的两根钢轨作为导体,两端加以机械绝缘,接上送电和受电设备构成的电路。用来监督线路的占用情况及将列车运行与信号显示等联系起来,即通过轨道电路向列车传递行车信息。轨道电路是信号的重要基础设备,它的性能直接影响行车安全和运输效率。按其分割方式的不同可分为有绝缘轨道电路和无绝缘轨道电路；按其使用处所的不同可分为区间轨道电路和车辆段内轨道电路；按其所传送的电流特性的不同可分为工频连续式轨道电路和音频轨道电路。音频轨道电路又分为模拟式的和数字编码式的。

轨道电路测试仪

【轨道分类】(orbit classification) 地球卫星的各种轨道。分为赤道轨道、顺行轨道、极轨道、逆行轨道和太阳同步轨道。用 i 表示赤道面和轨道面之间的夹角，称为轨道倾角。当 $i=0°$ 时，称赤道轨道。卫星轨道在赤道平面内，地球静止轨道卫星的轨道属于这种轨道；当 $30°<i<90°$ 时，称顺行轨道，多数卫星采用这种轨道。因为它可以利用地球自转速度，从而节省发射需要的能量，而且可以覆盖任务规定的区域，轨道倾角大则覆盖区域大；当 $i=90°$ 称极轨道。极轨道上的卫星可观测整个地球，因此地球资源卫星、全球侦察卫星采用这种轨道；当 $i>90°$ 称逆行轨道。由于地球自转速度起负作用，发射时需要增加能量，一般不采用这种轨道。但是太阳同步轨道采用逆行轨道。太阳同步轨道的轨道倾角为 $96°<i<100°$，是近极逆行轨道。这样可使卫星到达同一个星下点时光照一样，照相得到的图片便于判别。

【轨道轰炸武器】(orbit bombing weapon) 平时在环绕地球的轨道上运行，当接到作战命令后借助反推火箭的推力脱离轨道再入大气层攻击地面目标的空间武器。是典型的太空战武器。

轨道轰炸武器

【轨道机动】(orbit maneuver) 将航天器由一个轨道转变到另一个要求的轨道上所进行的控制。一种有意偏离现有轨道的操作。机动前后的两个轨道可以在同一平面内，也可以在不同平面内。例如，有的侦察卫星平时在较高的轨道上运行，当需要对地面进行摄影详查时，将轨道高度降低。如果是返回型侦察卫星和载人飞船，则为了从运行轨道向地球降落，须开动制动火箭对它进行制动。为了防御反卫星武器的攻击，侦察卫星也需要具有一定的轨道机动能力。航天飞机具有施放、捕捉和回收卫星，与空间站交会对接以及安全返回地面的能力，因此配有复杂的轨道控制系统。

【轨道交通系统】(rail transit system) 包括快速轨道交通和传统式轨道交通在内的城市交通系统。快速轨道交通通常是指以电能为动力、采用轮轨运转方式的快速大运量公共交通。快速轨道交通包括城市铁路、地铁、轻轨、高架与悬挂式单轨等。传统的轨道交通主要指老式有轨电车。城市轨道交通工程可分为工程基本设施和运营设备系统两大部分。工程基本设施包括线路、轨道、路基、桥隧、主变电所、控制中心及车辆基地；运营设备系统包括车辆、供电、通风、空调、通信、信号、给排水、消防、防灾与报警、自动售检票、自动扶梯及其控制管理设施。

【轨道控制】(orbit control) 对航天器施加控制力，改变其质心运动轨道的技术。按应用方式的不同可分为四类：(1)轨道机动。(2)轨道保持。(3)轨道交会。(4)再入返回控制。无摄动力或控制力的航天器的质心运动服从开普勒定律。但是当航天器受到外部摄动力作用后偏离预定的运行轨道或者需要改变到另一个轨道飞行时，必须通过控制来改变航天器质心运动的速度向量。航天器的轨道控制有三种功能：导航、制导和控制。导航就是通过对导航设备所测得的数据的处理，获得航天器相对于某个参考坐标系的实时运动参数（位置向量和速度向量）。制导就是根据航天器实时的运动参数、标准轨道或最终目标和约束条件，确定达到目标轨道或最终目标的机动程序，发出制导指令。控制就是按照制导指令对航天器施加适当的控制力和控制力矩，改变航天器的飞行速度和飞行方向并稳定其姿态，使它沿着满足飞行任务要求的目标轨道飞行。

【轨道器】(tracker) 又称太空拖船。专门往来于航天站与空间基地之间的载人或无人飞船。主要用途是更换、修理航天站上的仪器设备，补给消耗品，从航天站取回资料和空间加工的产品等。轨道器分为两种。一种是活动范围较小的，称为轨道机动飞行器；另一种是在大范围内实行轨道转移的，称为轨道转移飞行器。

火星快车的轨道器

【轨道设计】(trajectory design) 对井眼轨

道进行的设计。井眼轨道是指在一口井钻进之前人们预想的该井井眼轴线形状。按设计井眼轨道在空间直角坐标系中形状的不同可分为:(1)二维井眼轨道。指设计井眼轴线仅在设计方位线所在铅垂平面上变化的井眼轨道。(2)三维井眼轨道。指在设计的井眼轴线上,既有井斜角变化,又有方位角变化的井眼轨道。井眼轨道设计是钻井作业的基础,也是轨道控制的基础和依据。根据油田地质情况、地面条件和钻采技术水平,井眼轨道可设计为直井、定向井、水平井、丛式井或多底分支井等。轨道设计依据的条件有两种。一种是由地质、采油部门提供的分层地质情况预告和目标点或目标井段的有关数据:目标点的垂深,水平位移以及设计方位等。一种是由钻井工程部门根据设计原则和钻井的条件选定的造斜点位置、造斜率的大小等。

【轨迹交叉论】(orbit intersecting theory) 强调人的不安全行为和物的不安全状态相互作用的事故致因理论。事故致因理论之一。认为人的不安全行为和物(设备、设施、器具)的不安全状态是构成伤亡事故的两个连锁系列事件链。它们共存于一个系统中,在特定的条件下,当两者运动轨迹交叉时就会造成事故。其中人的因素占主要地位。人和物的因素又互为因果。研究不使人与物两者运动轨迹交叉的各种措施,使人与物两个事件链的连锁中断,危险就不会出现,就可以防止事故发生,达到安全生产之目的。

【轨距】(gauge) 铁路轨道两条钢轨之间的距离。国际铁路协会在1937年制定1 435mm为标准轨距。比标准轨宽的轨距称为宽轨,比标准轨窄的称为窄轨。双轨距铁路或多轨距铁路铺有三或四条钢轨,让使用不同轨距的列车都可行驶。中国铁路主要采用标准轨距。印度、巴基斯坦、阿根廷、智利等国主要采用1 676 mm的宽轨距;俄罗斯采用1520 mm的宽轨距;日本一般铁路采用1 067 mm的窄轨,东海道、山阳等新干线则采用1 435 mm的标准轨距;美国、加拿大及欧洲大部分国家都采用1 435 mm的标准轨距;非洲加纳、刚果、坦桑尼亚、赞比亚等国采用1 067 mm窄轨距,几内亚、埃塞俄比亚和喀麦隆等国采用1 000mm的窄轨距。

轨距拉杆

【轨姿控发动机】(attitude control engine) 为航天器在空间作多种机动飞行提供动力的推进装置。主要用于轨道控制、姿态控制、航天器的对接和交会、着陆等。轨姿控发动机的推力差别很大,最大的轨控发动机推力接近100kN,最小的姿控发动机推力仅0.1N。推力较大的轨控发动机主要为稳态工作模式,对启动、关机的响应时间没有很苛刻的要求。但对可靠性、尺寸、质量、电功耗等有时则有所限制。小推力姿控发动机采用脉冲工作模式,在空间环境可多次启动脉冲工作改变推力,故对启动与关机的快速响应要求很高。

【贵金属材料】(precious metal material) 用贵金属金和银及铂、钯、铱、铑、钌、锇制作的材料的统称。金、银和铂、钯、铱、铑、钌、锇八个元素为贵金属。其中后六个元素又是铂族金属。贵金属的共同特点是:储量少,提取困难,价格昂贵;具有独特的抗氧化性,耐腐蚀性,热电稳定性和催化活性。常被用来制作电接触材料、电阻材料、导电材料、测温材料及各种焊料等,广泛用于电子、电器、电讯仪表等方面。

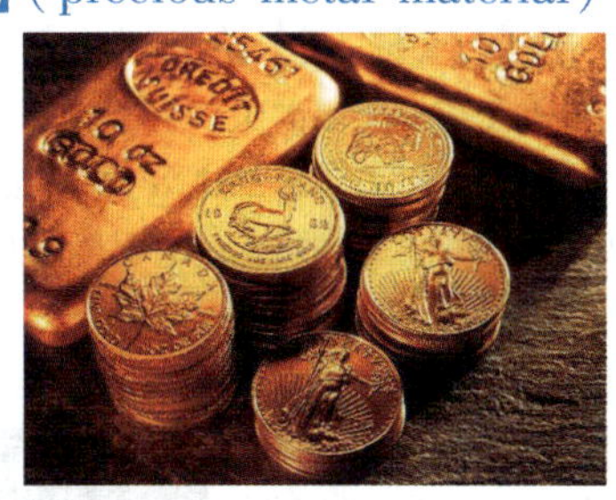

黄金

【贵金属合金材料】(precious metal alloy material) 由锇、铱、铂、钌、铑、钯、银、金等贵金属组成的一大类合金材料。主要包括三类:(1)铂基系合金。①铂铑系合金,含铑40%,具有优异催化活性和高温强度及抗蠕变性能,用作热电偶、催化剂、高温发热体、坩埚器皿、电接点及电极材料等。②铂铱系合金,含铱30%,具有高熔点、高硬度、高耐蚀和低接触电阻等特点。用于作弱电接触材料、氯碱电解工业电极、齿医材料、标准电阻等。③铂钨合金,含钨10%,可作火花塞、催化剂和电阻应变材料。④铂钴合金,具有极强磁性,是优异磁性材料。⑤铂钌合金,含钌5% ~ 10%,可用作电接点、电极、轴尖等。(2)金基系合金。①金银系合金,具有良好的导电、导热性和耐蚀性,接触电阻低而稳定。用于首饰、镶牙及电刷、电位器绕组等。②金铜系合金,含铜20% ~65%,具有良好耐蚀性,强度高,弹性好和接触可靠等,用作精密电位器、电刷材料及电真空焊料、装饰品及牙科材料等。③金镍系合金,含镍5% ~ 45%,具有较高硬度、强度、较低电阻温度系数、优良化学稳定性、抗黏结、接触电阻低而稳定等特性,用于轻负荷接头和电刷等。④金硅合金(含硅6%)及金锗合金(含锗5%)。用于电子工业中的低温蚀料。

(3)银基系合金。①银铜系合金,含铜3.5%~25%,具有较好的耐磨性、抗熔焊性和良好的加工性,可用作高压和大电流电器接点以及轻负荷继电器、接触器等。②银钯系合金,可用作精密电阻材料、电阻应变材料、厚膜导电浆料和电阻浆料及氢气净化设备等。③银铈合金,导电性好,接触电阻低而稳定,有熄弧作用,抗电侵蚀和抗熔焊性好,易加工,用作大、中负荷电接点。④银钨和银镍合金,硬度高,抗电侵蚀,抗黏着和熔焊;用作低压功率开关、起重开关、大电流开关以及继电器、空气断路器等。

【贵金属矿床】(precious metal deposit) 金、银及铂族金属矿床。金矿床的主要类型是热液矿床和砂矿床;银矿床的主要类型是热液矿床;铂族金属矿床的主要类型是岩浆矿床和砂矿床(包括古砂矿床)。

【桂枝】 中药名。药性:辛、甘、温。归心、肺、膀胱经。功效:发汗解肌,温通经脉,助阳化气。用于风寒感冒、脘腹冷痛、血寒经闭、关节痹痛、痰饮、水肿、心悸、奔豚。用法与用量:煎服,3~9g。凡外感热病、阴虚火旺、血热妄行等证,均当忌用。孕妇及月经过多者慎用。

桂枝

【辊锻技术】(roller forging technology) 采用轧制工艺使毛坯连续地通过一对反向旋转的模具产生局部变形,从而得到所需形状锻件的锻造工艺。适用于减小坯料截面的锻造成型加工,如杆件的拔长,板坯的辗片以及沿杆件轴向分配金属体积的变形过程。辊锻变形是一个连续的静压过程,没有冲击和震动。与锤上锻造比较,具有以下特征:(1)所需设备吨位小。(2)可连续轧制,生产率高。(3)公害小,劳动条件好。(4)模具制造费用低,且寿命高。(5)材料消耗少,辊锻件尺寸稳定。(6)易于实现机械化与自动化。其缺点是:辊锻成的锻件形状和尺寸与模具相应部位的形状和尺寸不可能完全一致,往往出现畸形、充填不足等。因此在辊锻成型后,一般需要在压力机上进行整形。辊锻工艺按其用途的不同可分为制坯辊锻和成型辊锻两类。

【辊轧成型】(roller forming) 金属板材经过一系列连续的辊子,实现连续的一次次变形,获得预定形状的成型加工技术。比如使用一组连续机架把不锈钢轧成复杂形状。辊子的设计顺序是:每个机架的辊型可连续使金属变形,直到获得所需的最终形状。如果部件的形状复杂,最多可用36个机架;形状简单的部件,三四个机架即可。采用辊轧成型技术生产大批量的长形件最经济。带钢的宽度范围是20~1 500mm,厚度是0.25~3.5mm。加工部件的形状可以是简单的断面,也可以是复杂的、闭合的断面。由于辊轧模加工成本和安装成本高,只有当加工量在30 000m以上时才经济合理。

【滚动轴承】(rolling bearing) 是滚动摩擦轴承的简称。当轴在轴承的支承和约束下运转时,其相对运动表面间的摩擦为滚动摩擦时所使用的轴承。轴承的一种。滚动轴承由内圈、外圈、滚动体和保持架等组成。其结构、尺寸、技术参数和计算方法等,都有统一的规定,属于一种标准件。

【滚切法】(generating method) 又称展成法。加工时切削工具与工件作相对展成运动的加工方法。刀具和工件的中心线相互作纯滚动,两者之间保持确定的速比关系,所获得加工表面就是刀刃在这种运动中的包络面。齿轮加工中的滚齿、插齿、剃齿和磨齿等均用展成法加工。有些切削加工兼有刀尖轨迹法和成型刀具法的特点,如螺纹车削。

【滚塑成型】(rotational molding) 又称旋转成型。把粉状或糊状塑料置于塑模中,通过加热并滚动旋转(绕两个互相垂直的轴)塑模,使模内物料熔融塑化,进而均匀散布到模具表面,经冷却定型得到制品的方法。滚塑成型适用于生产中空制品、汽车车身、大型容器以及儿童玩具等。

【滚筒式采煤机】(shearer loader) 以截割滚筒为工作机构的采煤机。即以截割滚筒破煤,并将其装入输送机或其他运输设备的采煤机械。滚筒式采煤机一般由截割部、牵引部、电动机和电气系统及辅助装置等部分组成。按其工作机构的不同可分为单滚筒式和双滚筒式两种,目前主要采用双滚筒式采煤机。按牵引方式的不同可分为链牵引和无链牵引,目前主要采用无链牵引采煤机。按其牵引部位置的不同可分为内牵引和外牵引,目前主要采用内牵引采煤机。按牵引部传动方式的不同可分为机械牵引、液压牵引和电牵引,目前主要采用液压牵引和电牵引采煤机,尤其是电牵引采

滚筒式采煤机

煤机应用更加广泛。由于采煤机的作业空间小，环境恶劣，易产生滚筒割人、牵引链弹跳或折断打人、采煤机下滑、电缆车碰人等事故。所以在使用中应严格按照规程操作，确保安全运行。

【滚筒印花】（roller printing） 又称铜辊印花。通过凹刻在金属辊筒上的花纹或图案，经机械连续转动，将印花浆不断地传递到织物表面的印花工艺。刻花的滚筒称花筒。在印花时，先使其表面沾上色浆，再用锋利而平整的刮刀将花筒未刻花部分的表面色浆刮除，使凹形花纹内留有色浆。当花筒压印于织物时，色浆即转移到织物上而印得花纹。每只花筒印一种色浆。如在印花设备上同时装有多只花筒，就可连续印制彩色图案。滚筒印花机的印制速度可达120m/min以上，一般为70～100m/min。常用的滚筒印花机只能印单面。如果将两台主机串联组合配有两套花纹对称的花筒，可以印制正反面花纹一致的双面印花织物。花筒雕刻是在铜辊表面刻制凹形花纹的加工过程。有五种方法：手工雕刻、钢芯雕刻、缩小雕刻、照相雕刻和电子雕刻。花筒用铁制空心辊镀铜或用铜浇铸而成，圆周一般在400～500mm，长度视印花机的工作幅度而定。

滚筒印花

【锅炉】（boiler） 将燃料的化学能转化为水蒸气热能的装置。包括锅和炉两大部分。“锅”是在火上加热的盛水容器，一般指水蒸气的吸热系统；“炉”是指燃烧燃料的场所，一般指燃烧系统。锅炉是用以获得规定参数（温度、压力）和品质的水蒸气或热水的装置，是火力发电厂三大主要设备（锅炉、汽轮机和发电机）之一。大型锅炉设计、制造的技术性很强。

锅炉

【锅炉除灰渣系统】（ash and slag handling system） 常规燃煤电厂收集、输送和排放锅炉运行时所形成的炉渣和细灰的整套设施。炉渣是锅炉燃烧过程中残存在炉膛底部灰斗内的固体颗粒或焦块；细灰是烟气通过锅炉尾部、烟至除尘器时，从烟气中分离、沉积在灰斗内的粉末状物质。渣和灰的数量及比例，取决于燃煤性质、锅炉特性和燃烧方式。除灰渣的方法一般有：机械、水力和气力三种。在设计中，根据电厂排除的灰渣量、灰渣的物理化学性质、除尘器形式、水源条件、灰场距离、环境保护及综合利用条件，作出合理的选择。可组成为单一的或多种传输方式的联合系统。为了将电厂锅炉的炉渣和细灰集中后统一外运，需设置存储设施和向灰场输灰渣的设施。由锅炉到灰池之间的除灰设施，称为厂内除灰系统；由储存池到灰场之间设施，称为厂外除灰系统。将灰和渣混合排除的，称为灰渣混除系统；将灰和渣分别单独排除的，称为灰渣分除系统。

【锅炉过热器】（superheater of boiler） 锅炉中将一定压力下的饱和水蒸气加热成相应压力下的过热水蒸气的受热面。按其传热方式的不同可分为：对流式、辐射式和半辐射式。按其结构特点的不同可分为：蛇形管式、屏式、墙式和包墙式。它们都由若干根并联管子和进出口集箱组成。管子的外径一般为30～60mm。对流式过热器最为常用，采用蛇形管式。它具有比较密集的管组，布置在450～1 000℃烟气温度的烟道中，受烟气的横向和纵向冲刷。烟气主要以对流的方式将热量传递给管子，也有一部分辐射吸热量。屏式过热器由多片管屏组成，布置在炉膛内上部或出口处，属于辐射或半辐射式过热器。前者吸收炉膛火焰的辐射热，后者还吸收一部分对流热量。在10MPa以上的电站锅炉中，一般都兼用屏式和蛇形管式两种过热器，以增加吸热量。敷在炉膛内壁上的墙式过热器为辐射式过热器，较少采用。包墙式过热器用在大容量的电站锅炉中构成炉顶和对流烟道的壁面，外面敷以绝热材料组成轻型炉墙。

【锅炉化学清洗】（chemical cleaning of boiler） 采用化学方法清除锅炉水汽系统中的各种沉积物、金属氧化物和其他污物，并使金属表面形成保护膜的技术。是减少锅炉因受热面结垢和沉积附着物所造成的腐蚀、导热不良和对水汽的污染，保证锅炉安全、经济运行的一项重要技术措施。在对锅炉的清洗中，一般使用酸性介质，即称酸洗。在对新建机组清洗中，主要是清除受热面管内壁在轧制过程中形成的高温氧化皮，清除管内在加工时引入的润滑剂以及在储运、安装过程中产生的锈蚀产物、焊渣、油脂和泥砂等污物。在对运行锅炉的清洗中，主要是清除金属受热水侧面上积结的钙镁水垢、氧化铁垢、铜垢、硅酸盐和油垢等各类沉积物。在对新建锅炉的化学清洗中，主要是根据锅炉参数、结构特性和管内壁的锈蚀程度来决定。在对运行锅炉的化学清洗中，其范围一般包括锅炉本体的水汽系统；其清洗周期主要是根据锅炉运行年限和管内沉积物的附着量来确定的。

【锅炉检修】(overhaul of boiler) 通过检修和修理,恢复锅炉机组原有性能的工作。检修分计划检修和非计划检修。按其检修规模的不同可分为大修、小修和故障检修。按其检修项目的不同可分为标准项目、特殊项目和重大特殊项目。其检修内容,在检修规程中均有明确规定。其检修的范围包括:锅炉机组主、辅设备及管道、阀门和附件等。锅炉机组主辅设备配的热工仪表、自动控制装置和附属的电气设备的检修,应由相关专业人员负责,并与锅炉设备的检修同步进行。锅炉检修的主要任务是:(1)对设备进行全面检查、清扫、测量、修理和更换已经磨损、烧损、腐蚀、变形和老化的零部件,消除设备的缺陷,使设备的性能得到恢复。(2)运用现代科学技术成果,使设备的性能和效率得到提高。(3)采用先进的检修工艺、技术标准、机械化检修工具和管理方式,达到安全、优质,缩短检修工期,降低检修成本。为保证检修质量,必须作到应修必修,实行全面质量管理,完成质量保证和监督体系。

【锅炉燃烧】(combustion of boiler) 将制备好的燃料与空气一起送进锅炉炉膛,在一定的温度和时间条件下产生剧烈氧化,发生光和热,并生成燃烧产物的过程。不单纯是化学反应,同时还存在流动、传热、传质等物理现象,并与化学反应相互影响。按其所用燃料形态的不同可分为:液体、气体和固体三种。气体燃料燃烧前不需要制备。通常液体燃料的制备主要是加温,以提高其流动性和雾化性能。固体燃料燃烧前的制备,按其燃烧方式的不同可分为:破碎、干燥、研磨、分离与输送等。在锅炉中,液体燃料燃烧的方式,最常见的是燃料通过雾化器雾化后的液雾燃烧。固体燃料煤的燃烧,主要有层式燃烧、流化床燃烧、悬浮燃烧和旋风燃烧四种方式。按燃料燃烧过程的不同可分为:着火、燃烧和燃尽三个阶段。

【锅炉省煤器】(boiler coal economizer) 锅炉中使用的一个热交换装置。布置在锅炉尾部烟道中。可吸收烟气余热加热锅炉给水,降低锅炉排烟温度,节约锅炉燃料。在现代大型电站锅炉中,省煤器是一种不可缺少的受热面。不仅可以降低锅炉排烟温度,提高锅炉使用效率,而且可以减少锅炉蒸气受热面(水冷壁)管的热应力,对锅炉安全运行有利。

【锅炉蒸发系统】(boiler evaporating system) 将工质加热至产生蒸汽的受热面及其连接管路的总体。因工质流动主推动力来源的不同而不同一般可分为:自然循环、控制(或称辅助)循环和直流三种基本形式。自然循环靠下降管与上升管间工质密度差来推动水循环。控制循环是在下降管和上升管之间串接循环泵用以辅助水循环并使工质作强制流动。直流靠给水泵扬程,使工质在蒸发系统内作一次强制性流动。自然循环蒸发系统,是由锅筒、下降管、上升管(又称水冷壁)和汽、水引入管组成的闭合循环回路。直流蒸发系统由连接管道、管屏、混合器等组成。控制循环蒸发系统,按其结构及运行特点的不同可分为:带锅筒的辅助循环、低循环倍率及复合循环三种形式。系统中都带有循环泵。

【国道】(national highway) 由国家统一规划修筑和管理的主要干线公路。包括重要的国际公路、国防公路,连接首都与各省、自治区首府、直辖市的公路,连接各大经济中心、港站枢纽、商品生产基地和战略要地的公路。国道中跨省的高速公路由交通部批准的专门机构负责修建、养护和管理。国道以1、2、3开头。以“1”开头的是连接首都和重要城市的国道,以“2”开头的表示南北走向,以“3”开头的表示东西走向。

国道

【国防】(national defence) 国家为防备和抵抗侵略、制止武装颠覆、保卫国家的主权统一、领土完整和安全而进行的军事及与军事有关的政治、经济、外交、科技、教育等方面的活动。国防是国家生存与发展的基础和安全保障。

【国防费】(national defence expense) 国家用于国防建设和战争的专项经费。国家根据世界局势、国家安全战略、军事战略和国家经济实力等因素,划分出的一个特定的财政预算支出项目。按其使用年限的不同可分为年度费用、近期费用和长期费用;按其使用范围的不同可分为直接费用和间接费用。中国的国防费包括人员生活费、活动维持费、装备费等。人员生活费主要用于军官、文职干部、非现役文职人员、士兵和职工的工资、伙食、服装等;活动维持费主要用于部队训练、工程设施建设及维护和日常消耗性支出;装备费主要用于武器装备的科研、试验、采购、维修、运输和储存等。中国国防费的保障范围,包括现役部队、民兵和预备役部队,还负担部分退役军官供养和军人子女教育等方面的社会支出。

【国防工程】(national defense projects) 为防御外来武器袭击而修建的军事工程。是和平时期国防建设的一个重要方面。是国家安全的物质基础之一,也是一种遏制战争的威慑力量。一般包括:指挥工程、通信工程、设防阵地工程、海军基地工程、空军基地工程、战略导弹基地工程、国土防空工程、后勤基地工程、军事交通工程、输油管线工程和试验基地工程等。国防工程建设通常在和平时期有计划地进行。由国家最高统帅部根据本国的军事战略、国防建设方针以及战场建设的需要,结合国家的财力、物力情况,制定国防工程建设规划,由主管部门编制国防工程建设计划和经费预算,由军队组织实施。

导弹发射井

【国防经济学】(national defense economics) 研究国防的经济基础、经济保障的科学。其主要内容包括:国防与经济之间的关系,国防经济基础状况和对国防的投入,国防经济体制和结构。以军品生产、分配、交换、消费为基本环节的再生产过程。平时的国防经济建设和战时的经济保障,国防经济效益及其提高的途径,国防经济学产生和发展的历史等。其基本任务是:揭示国防经济发展的规律,为国防建设、军队建设和战争经济保障提供经济学方面的根据。

【国防科技工业计划管理】(plan management of science and technology industry for national defence) 主要运用计划来组织、指挥、调节和监督国防科技工业发展,并对各军工单位及其经济活动和各地区国防科技工业的活动实行管理和指导的活动总称。是国家对国防科技工业实施计划管理和宏观调控的重要手段之一。其内容主要包括:按照经济发展规律的要求和国家提出的总任务,科学地组织国防科技工业及有关社会经济活动,确定不同时期的奋斗目标,并确定行业和各地区的发展方向、规模和速度。其类别分为指令性计划和指导性计划两类,包括长远计划、五年计划和年度计划。

【国防科学技术预先研究】(preparatory research of national dcfcnsc scicncc and technology) 为武器装备发展而先期进行的研究与开发活动。其目的是为研制精良的武器装备打基础、上水平、提供技术储备,同时培养造就一支高水平的科研队伍,积蓄武器装备发展的后劲。按预先研究任务的不同可分为:(1)应用基础研究。是以军事应用为目的而进行的新思想、新概念或新原理的探索研究活动。其目的是为解决武器装备研制中的技术问题提供新的基本知识。其成果形式一般是论著、论文、研究报告等。(2)应用研究。是运用第一阶段或其他科学研究的成果,探索新思想、新概念或新原理应用于军事的可行性与实用性,或确定其主要参数的科学研究活动。目的是为武器装备的研制提供技术基础。其成果形式一般是可行性分析报告、试验报告、样品、原理样机等。(3)先期技术开发。是运用前两阶段的研究成果和实际经验,通过部件或分系统原型研制、试验、测试或计算机仿真,验证其可行性和实用性的技术开发活动。其目的是为武器装备的研制提供技术依据。其成果形式一般是部件或分系统原型、示范性工艺流程、验证或鉴定性试验报告等。预先研究的最终目的是要为新武器系统的产生和发展提供理论基础和技术基础,完成武器系统改进和全面研制前的技术准备,为武器装备的型号研制提供配套的关键技术。其中包括新工艺、新流程、新材料、可靠的设计参数、通过测试的武器系统部件、分系统部件或分系统原始模型、计算机计算或仿真的结果及经济技术可行性报告等。国防科学技术预先研究的特点是:(1)涉及面广,门类繁多。它包含了从新思想、新概念、新原理的探索,到验证科学原理军事应用的可能性,直至具体技术项目在武器装备上的实用性。(2)不确定因素多,技术风险大,军事上应用的潜力也大。(3)与武器装备型号研制相比,预先研究所花费用较少,工作开展得好可以达到投资少、效益高的目的。(4)一些应用基础研究和应用研究项目往往周期长,研究成果在短期内难以见效。国防科学技术预先研究是发展武器装备的基础和前提,也是保证用先进技术装备部队,确保军事技术优势的重要环节。其作用是:可开拓新的技术领域,而将新技术应用于军事常常会使军事技术出现革命性的飞跃;搞好预先研究工作,特别是关键技术问题的解决,可以大大缩短方案论证时间,并可顺利投入设计和试制工作,从而缩短武器装备研制的周期;预先研究工作可以促进新技术、新材料的应用,一定程度上可减少武器系统的复杂性,降低成本;预先研究的开创性工作可吸收、培养和造就成批的高水平专业技术人才和学科带头人;和平时期的国防科学技术预先研究工作,实行军民结合,将军用技术向民用转移,利用军用技术开发民品生产,可以促进国民经济的发展,反过来也会进一步推动国防科学技术本身的发展。

【国防现代化】(modernization of national defence) “四个现代化”之一。以当代世界发达

国家的先进水平为参照系，结合本国国情使国防建设在总体上达到当代世界先进水平的过程。是国家建设的可靠保障。主要目标有：(1)军事思想现代化，即先进的军事思想和反映现代战争规律的战略技术。(2)军队现代化，即国防主体现代化，包括武器装备技术、人才和体制编制现代化。(3)国防科研和国防工业体系现代化。(4)国防法规体系和战争动员制度现代化。(5)国防基础设施和战场建设现代化。其目的是适应在现代及未来战争条件下，保卫国家安全、巩固和发展国防的需要。

国防现代化

【国花】(national flower) 象征一个国家和民族、且属国内原产、特别著名、分布广泛、外观漂亮、有深刻文化内涵、具备一定的经济价值、深受国人喜爱的花卉。是一个国家悠久的历史文明和灿烂的文化、民族团结的精神、人格美德的象征。国花可以反映国民对祖国的热爱和浓郁的民族感情，可增强民族凝聚力。世界上已有100多个国家确立了国花。

英国国花

【国会山】(Capitol Hill) 又称国会大厦。坐落在华盛顿特区海拔为25.30m的国会山的顶部，国家街的东端。由建筑师威廉·桑顿设计、修建。1793年美国首任总统乔治·华盛顿亲自为国会大厦奠基。1800年部分建筑开始投入使用。1814年，英、美第二次战争时，英国军队一度占领华盛顿，国会大厦被付之一炬。重建国会大厦的工程始于1819年，完成于1861年。后来又不断进行修缮扩建，1950年才具备目前规模。大厦是一座巨柱环立的建筑物，中间是皇冠形的圆顶式大楼。这座白色大圆顶的政府大楼用白砂石和大理石建成，长228.90m，宽106.68m，顶尖离地面有41.15m。中心部分上面竖有一座高5.94m的青铜"自由女神像"，为华盛顿最引人注目的标志。圆顶内部是一个可容纳二三千人的金碧辉煌的大厅。大厦的北厢是参议院，南厢是众议院。两院各有小会议厅和许多大小房间。此外还有雕像厅，里面是几十座美国各州历任议员的巨型雕像。白色的国会大厦被草坪和树林环绕，远看犹如被置放在绿绒毯上的象牙雕刻。是华盛顿的中心点，同时又是华盛顿最美丽、最壮观的建筑。

国会山

【国际标准化组织】(International Standards Organization, ISO) 由各国标准化团体联合组成，制定国际标准的一个全球性的非政府组织。成立于1947年2月23日，现有117个成员，包括117个国家和地区。最高权利机构是每年一次的全体大会。其日常办事机构是秘书处，由秘书长领导，设在瑞士日内瓦。其宗旨是：在世界上促进标准化及其相关活动的发展，以便于商品和服务的国际交换，在智力、科学、技术和经济领域开展合作。制定国际标准工作通常由其的技术委员会完成。各成员团体若对某技术委员会确定的项目感兴趣，均有权参加该委员会的工作。与其保持联系的各官方的或非官方的国际组织也可参加有关工作。中国是国际标准化组织的正式成员，代表中国的组织为中国国家标准化管理委员会。1947年至现今，国际标准化组织已经发表超过18万个国际标准。

【国际病损、失能与残障】(international classification of impairment, disabilities and handicaps, ICIDH) 从三个层次上反映身体、个体及社会的功能损害程度的分类方法。WHO(世界卫生组织)1980年推荐。作为一个重要的健康指标，广泛用于卫生保健、预防、人口调查、保险、社会安全、劳动、教育、经济、社会政策以及一般法律的制定等方面。其国际分类：(1)病损。指各种原因所导致的身体结构、外形、器官或系统生理功能以及心理功能的异常，干扰了个人正常生活活动。如关节疼痛、活动受限、呼吸困难、骨折等。对日常生活，工作的速度、效率、质量产生一定影响，但实际操作能独立完成。是器官或系统水平的功能障碍。其评估主要采用器官、系统功能的评估。其治疗途径主要是通过功能训练而达到改善功能的目的。(2)失能。按正常方式进行的日常独立生活活动和工作能力受限或丧失称为失能。是个体或整体水平的障碍。失能一般是建立在病损基础上的，但并非所有的病损都会造成失能。能力是指个体的行为力量。个体行为是指完成日常生活活动和集体生活而产生的一切外部活动。个体行为能力是完成上述活动时在精神和肉体上所具备的力量。心理因素也可成为加重功能障碍的主要原因。因此功能评估时,除考虑生理障碍外还应考虑心理因素以及职业。(3)残障。残疾者社会活动、交往、适应能力的障碍。包括工作、学习、社交等。个人在社会上不能独立。是社会水平的障碍。(4)残损、失能、残障之间的关系。中国习惯上把残损、残疾、残障合称为残疾,只有后 两者才是肯定的残疾。病损是否属于残疾,需作具体分析。残损、残疾、残障的关系。病损(残损)、失能(残疾)、残障之间没有绝对的界限,其程度可以相互转化。病损未经合适的康复治疗,可转化为失能,甚至残障。而残障或失能因合适的康复治疗向较轻程度转化。在一般情况下,残疾的发展是按照病损、失能、残障顺序进行,也可能发生跳跃。一些病损患者,因心理障碍而自我封闭,发展到与社会隔绝即残障程度,但此类患者经康复、心理治疗后,完全可以转化为病损。脊髓损伤后截瘫患者,在下肢功能丧失后,失去了步行活动能力,大小便不能自理,生活上需要他人的帮助,处于失能状态。经过积极康复治疗,患者可以从失能转为病损。如果得不到积极康复治疗,患者下肢瘫痪可以使其终身卧床,丧失了工作能力和与社会交往的能力,发展为残障。残疾在三个层次上表现出各自特征、评估方法和治疗途径。近年来,国际上对这个分类方法有了进一步的理解,形成了 ICIDH－2 分类系统。它提供了能统一和标准地反映所有与人体健康有关的功能和失能的功能状态分类。

【国际单位制】(International System of Units) 1948 年召开的第九届国际计量大会作出决定,要求国际计量委员会创立一种供所有米制公约组织成员国使用的科学单位制。1954 年第十届国际计量大会决定采用米(m)、千克(kg)、秒(s)、安培(A)、开尔文(K)和坎德拉(cd)作为基本单位。1960 年第十一届国际计量大会决定将上述基本单位命名为“国际单位制”,并规定其符号为“SI”。此后,1974 年的第十四届国际计量大会又进一步决定补充代表物质系统所含物质量的单位摩尔(mol)作为基本单位。因此,目前国际单位制共有七个基本单位。

国际单位制(SI)基本单位

物理量	名称	代号
长度	米	m
质量	千克	kg
时间	秒	s
电流强度	安培	A
热力学温度	开尔文	K
物质的量	摩尔	mol
发光强度	坎德拉	cd

国际单位制物理量单位

【国际地球自转服务】(International Earth Rotation Service, IERS) 专门从事地球自转参数服务和地球参考系建立的国际组织。总部设在巴黎。1987 年由国际天文学联合会、国际大地测量学和地球物理学联合会共同协商成立。1988 年开始工作。其前身是“国际纬度服务(ILS, 1899～1962 年)”、“国际极移服务(IPMS, 1962～1988 年)”和“国际时间局(BIH, 1919～1988 年)”。其观测系统运用甚长基线干涉测量、月球激光测距、人造卫星激光测距和导航卫星全球定位系统等空间测地观测资料,处理和确定世界时、地极坐标、地球参考系和天球参考系。出版有周报、月报、年报和技术报告等刊物,供天文、大地测量和地球物理等学科的研究人员使用。

【国际电报电话咨询委员会】(International Telegraph and Telephone Consultative Committee) 由国际电信联盟所有会员国的主管部门和被认可的私营机构组成的专门机构。国际电信联盟的常设机构之一。成立于 1955 年。总部设在瑞士日内瓦。其职责是对有关电报和电话技术、业务和资费问题进行研究并提出建议。下设多个研究组,主要是:(1)电报操作和业务质量。(2)电话操作和业务质量。(3)一般资费原则。(4)国际线路、电路和链路的维护。(5)电磁干扰及危险影响的防护。(6)电缆护套和电杆规范化及其防护。(7)新的数据传输网路。(8)信息处理通信。(9)电报网和终端设备。(10)电话交换及信令等。从 1993 年 3 月 1 日起,国际电报电话咨询委员会改组为国际电信联盟电信标准化部门,简称 ITU-T。

【国际电工委员会】(International Electrotechnical Commission, IEC) 一个非政府性国际电气、电子工程组织。联合国社会经济理事会的甲级咨询机构。负责有关电气工程和电子工程领域中的标准化工作。成立于 1906 年,总部最初设在英国伦敦,后搬至瑞士日内瓦。其宗旨是促进电气、电子工程领域中标准化及有关问题的国际合作,增进国际间的相互了解。出版包括国际标准在内的各种出版物,并希望各国家委员会在其本国条件许可的情况下,使用这些国际标准。目前有 67 个成员国,称为 IEC 国家委员会,每个国家只能有一个机构作为其成员。其最高权力机构是理事会。每个成员国都是理事会成员。理事会会议一年一次,称为 IEC 年会,轮流在各个成员国召开。闭会期间,将所有管理工作委托给理事局,而标准化和合格评定领域的具体管理工作,分别由标准化管理局(SMB)和合格

国际电工委员会标志

评定委员会(CAB)负责。

【国际电信联盟】(International Telecommunication Union) 联合国的一个国际电信组织。为了顺利实现国际电报通信,1865 年 5 月法、德、俄、意、奥等 20 个欧洲国家的代表在巴黎签订了《国际电报公约》,国际电报联盟也宣告成立。随着电话与无线电的应用与发展,1906 年,德、英、法、美、日等 27 个国家的代表在柏林签订了《国际无线电报公约》。1932 年,70 多个国家的代表在西班牙马德里召开会议,将《国际电报公约》与《国际无线电报公约》合并,制定《国际电信公约》,并决定自 1934 年1 月1 日起正式改称为国际电信联盟。经联合国同意,1947 年 10 月 15 日国际电信联盟成为联合国的一个专门机构,其总部由瑞士伯尔尼迁至日内瓦。国际电报联盟成立后,相继产生了三个咨询委员会:1924 年,在巴黎成立国际电话咨询委员会;1925 年在巴黎成立国际电报咨询委员会;1927 年在华盛顿成立无线电咨询委员会。1956 年,国际电话咨询委员会和国际电报咨询委员会合并为国际电报电话咨询委员会。1992 年 12 月,国际电信联盟在日内瓦召开了全权代表大会,通过了电信联盟的改革方案。其实质性工作由国际电信联盟标准化部门、国际电信联盟无线电通信部门和国际电信联盟电信发展部门三大部门承担。其主要职责是完成电联有关电信标准化的目标、使全世界的电信标准化。中国于 1920 年加入了国际电报联盟,1932 年派代表参加了马德里国际电联全权代表大会,1947 年在美国大西洋城召开的全权代表大会上被选为行政理事会的理事国和国际频率登记委员会委员。1972 年 5 月 30 日在电联第 27 届行政理事会上,中华人民共和国恢复在电联的合法权利和席位。

国际电信联盟图标

【国际多式联运】(multiple international united transportation) 又称国际多式联合运输。由多式联运经营人按照多式联运合同,以至少两种不同的运输方式,将货物从一国境内运至另一国境内指定地点交货的运输方式。将不同的运输方式组合成综合性的一体化运输,通过一次托运、一次计费、一张单证、一次保险,由各运输区段的承运人共同完成货物的全程运输,即将全程运输作为一个完整的单一运输过程来安排。开展该项联运应具备下列基本条件:(1)多式联运经营人必须对全程运输负责。(2)多式联运经营人接管的货物必须是国际间运输的货物。(3)货物在全程运输过程中,无论使用多少种运输方式,作为负责全程运输的多式联运经营人必须与发货人订立多式联运合同。(4)多式联运不仅仅是使用两种不同的运输方式,而且必须是不同运输方式下的连续运输。(5)多式联运的费率为全程单一运费费率。(6)货物全程运输由多式联运经营人签发一份全程多式联运单据。其优越性是:责任统一,手续简单,中间环节少,节省运杂费用,降低运输成本等。

【国际功能、残疾和健康】(international classification of functioning, disability and health) 从身体水平、个体水平和社会水平三个方面获取与残疾有关的资料,用于反映健康功能状态、残疾评定,研究人体与健康有关的功能状况。从 1980 年世界卫生组织提出"国际病损、失能与残障"标准,并经过 20 年的实际应用与改进,推出了国际功能、残疾和健康分类标准。可以用残损、活动受限、参与受限来表示。用于反映健康功能状态,可以用身体功能、个体功能、社会功能来表示。分类法为研究人体与健康有关的功能状况提供科学依据;有利于医护人员、健康人、患者、残疾者之间的互相交流;更有利于社会对残疾患者的理解和沟通。(1)身体的功能和结构病损或残损。①身体的功能。是指身体系统的生理或心理功能。身体结构是指身体的解剖结构,如器官、肢体及其组成。其各自的特征是不能相互取代的。身体除了指各个器官外,还包括各器官所具有的功能。如脑器官是身体的一部分,它所具有的意识功能(心理功能)也是身体的一部分。②结构病损。是指身体解剖结构上的缺失或偏差。是在身体各系统功能和结构水平上评价肢体功能障碍的严重程度。不涉及组织、细胞、分子水平的病损。是病理情况在身体结构上的表现。(2)活动或活动受限。①活动。是指个体从事的活动或任务。是一种综合应用身体功能的能力。身体功能和基本活动可以在个体活动水平上体现出来。如组织和计划性的认知功能既是身体的功能,但计划每日安排也是一项个体水平上的活动。②活动受限。指按正常方式进行的日常活动能力丧失和工作能力的受限。是从个体或整体完成任务、进行活动的水平上评价功能障碍的严重程度。是建立在病损的基础上,包括行为、交流、生活自理、运动、身体姿势和活动、技能活动和环境处理等方面的活动受限。可以是完成活动的量或活动的性质变化所致。(3)参与或参与受限。①参与。是指与健康状态、身体功能和结构、活动及相关因素有关的个人生活经历。是与个人生活各方面功能有关的社会、状况，包括社会对个人功能水平的反应。是个人健康、素质及其所生存的外在因素之间复杂关系的体现。参与和活动的不同在于影响前者的相关因素是在社会水平，影响后者的因素是在个体水平。②参与受限。是从社会水平上评价功能障碍的严重程度。常见的参与受限包括定向识别（时、地、人）、身体自主、行动、就业、社会活动、经济自主受限。此外，环境因素对同一个残损或活动受限的个体会有影响。如某个体可以在移动性方面表现为活动受限和参与受限。其活动受限是由于其不能行走所致；参与受限是由于环境障碍物或无交通工具所致。（4）情景性因素。是指个体生活和生存的全部背景，包括环境因素和个人因素。前者指社会环境、自然环境、家庭及社会支持，它与身体功能和结构、活动、参与之间是相互作用。后者指个体生活和生存的特殊背景，如性别、年龄、生活方式、习惯、教育水平、社会背景、教养、行为方式、心理素质等。由此可见，健康情况、功能和残疾情况以及情景因素之间是一种双向互动的统一体系。（5）健康与残疾的关系。个体的功能状态是健康状况与情景性因素相互作用彼此之间有着复杂的联系。因此，干预了一个项目就可能产生一个或多个项目的改变。这种相互作用通常是双向的。

【国际海底】（international sea-bed） 又称国际海底区域。国家管辖海域（领海、毗连区、大陆架及专属经济区）范围以外的海底、洋底及底土。国际海底总面积2.517 $\times 10^8 km^2$，约占全球总面积49%以上。国际海底蕴藏着丰富的矿产资源，有多金属结核、热液硫化物、富钴结壳、石油及可燃冰等，有巨大的开采前景。国际海底及其资源是全人类的共同财产，任何国家都无权对国际海底的任何部分及其资源提出主权权利并据为己有。国际海底由国际海底管理局代表全人类行使管理。

【国际海上搜寻救助公约】（International Convention on Maritime Search and Rescue） 又称海上搜索救援国际公约。为协调若干政府间组织之间海上及海空安全活动、开展国际合作搜寻营救海上遇险人员而制定的公约。由政府间海事协商组织（现国际海事组织） 于1979年4月在汉堡召开国际海上搜寻救助会议时讨论制定，并于1985年4月22日生效，分别于1998年和2004年进行了修订。由公约条款和公约附则2个文件组成。强调发扬人道主义，要求当事国应为海岸观察、求援遇难者提供必要的海上安全设施，鼓励邻国间共同提供服务，允许他国搜索救援组织为搜寻海难地点和展开营救而进入其邻海或领土，并对搜寻救助的组织、国家间的合作、搜寻救助的准备措施、工作程序和船舶报告制度等作了规定，使各国救助机构与救援的船舶有了共同遵守的行动准则和实施搜救的具体程序。中国于1985年6月24日核准并签署了该公约，根据公约要求，由中国海上搜救中心来指挥和协调中国责任海区内所有过往遇险船舶的险情处理。

【国际海事委员会】（International Maritime Committee） 1897年成立于布鲁塞尔的一个非官方的国际航运组织。其主要宗旨是促进海商法、海运关税和各种海运惯例的统一。其主要工作是草拟各种海上公约、有关责任制、海上避碰、救捞等。国际上第一个海上货物运输公约—著名的“海牙规则”，就是由该委员会于1921年起草，并在1924年布鲁塞尔会议上讨论通过的。1968年国际海事委员会又对“海牙规则”进行了修正，制定了“海牙－维斯比规则”。

中国海事局图标

【国际海事组织公约】（International Maritime Organization, IMO） 于1948年3月6日在日内瓦召开的联合国海事会议上通过，1958年3月17日生效的海事协商组织公约。其宗旨是：（1）鼓励取消各国政府采取的影响国际贸易运输的歧视行为和不必要的限制以促进实现向世界商业提供一视同仁的航运服务；一国政府为发展本国航运和为确保安全而给予的帮助和鼓励，只要不基于旨在限制悬挂各国船旗的船舶参加国际贸易的自由的措施，不构成歧视行为。（2）本组织审议由联合国的任何机关或专门机构递交的有关航运和航运对海洋环境影响的任何事宜作出规定。（3）鼓励并促进在有关海上安全、航行效率、防止和控制船舶造成海洋污染的问题上普遍采用可行的最高标准；处理有关本条所列宗旨的行政和法律问题。（4）为政府间交换与本组织审议的事宜有关的资料作出规定。

【国际海图】（international chart） 按照国际海道测量组织统一规划和标准编制的航海图。是远洋航行的必备基础海图和保障远洋船舶安全航行且向国际间航船提供便于使用和交换的航海资料。主要由1∶350万、1∶100万的小比例尺系列，1∶25万～1∶100万的中比例尺系列和大于1∶15万的大比例尺系列图件组成，采用世界大地坐标系统和统一的制图规范与图例，使用米制，保持基本一致的制图风格。在标题栏分别印有制编国、复制国海洋测量机构和国际海道测量组织的标志。

【国际航运公会】(International Chamber of Shipping) 成立于1921年，总部设在伦敦，代表船东利益的非官方的国际航运组织。由一些国家的私人船东协会或航运公司组成。其目的是为了交换航运情报和制定共同的航运政策，维护其成员的利益。任何政府机构均不得被接受为会员。该机构设有处理集装箱、运输文件、保险、安全、防污、海上法律、油轮等各小组委员会，广泛从事航运技术、法律和经济等方面的活动。它在联合国经济及社会理事会中拥有席位，参与并协助各分组委员会工作。

【国际互联网协会】(International Internet Society) 负责制定互联网相关标准及推广应用的一个非政府、非营利性的行业性国际互联网组织。其宗旨是保证推动互联网全球化，加快网络互连技术、应用软件发展、提高互联网普及率和处理困扰互联网未来发展的问题。其主要任务是：(1)推动"互联网"的法律保护。(2)推动"互联网"企业自律。(3)推动互联网相关标准制定。(4)推动公共政策研究。(5)组织会议。(6)推动教育与培训项目。总部及秘书处设在美国弗吉尼亚州莱斯顿地区，并在美国华盛顿和瑞士日内瓦设有办事处。下属机构包括互联网工程任务组(IETF)和互联网架构委员会(IAB)。联网工程任务组(IETF)的主要任务是负责互联网相关技术标准的研究和制定。互联网架构委员会(IAB)的主要任务是负责总体技术建议，监督互联网技术的发展，任命各种与互联网相关的组织。

中国互联网协会标志

【国际环境法】(International Environment Law) 调整国际自然环境保护中的国家间相互关系的法律规范的总称。是各国普遍承认的一般法律原则，也是当代国际法中的一个新领域。国际环境法是国际社会经济发展，特别是人类环境问题发展的产物。其渊源主要是国际环境保护条约和国际惯例。国际组织和国际会议通过的一些决议、宣言、宪章、行动计划等，虽然对各国不具有强制性的约束力，但对各国合作保护全球环境仍起着"软法"的作用。国际环境法由大量的多边、双边和区域性国际环境保护公约、条约、议定书、协议等组成，其涉及的方面主要包括：国际海洋环境保护和污染防治的公约和条约，保护臭氧层的公约和议定书，防止气候不利变化的公约，保护生物多样性公约，防止危险废物越境转移的公约，防止国际河流污染的公约和条约，防止越境大气污染的公约和条约，防止核污染的国际公约等。国际环境法把国际社会、经济、海洋、宇宙、卫生等法规中关于保护自然环境方面的内容融合成了一个新的整体。

【国际科技合作计划】(International Co-operation Program for Science and Technology) 一项以国家科技发展战略为目标，通过政府间科技合作协定框架等多种渠道，组织或参与多边、双边科技合作的计划。其宗旨是：通过建立有效的政府宏观调控机制，对能够提高国际科技创新能力、促进高新技术产业化进程等具有战略意义的一批国际科技合作项目，给予统筹安排和支持，从而促进国内研究开发和创新，实现有限目标的跨越式发展，提高科技综合实力。

【国际空间站】(International Space Station) 在国际合作的基础上建造的迄今为止最大的空间站。是建造中的新一代空间站。由美国和俄罗斯牵头，联合欧洲空间局11个成员国和日本、加拿大、巴西等16国共同建造。空间站1993年完成设计，开始实施。其设计寿命为10～15年，总质量约423t、长108m、宽(含翼展)88m，运行轨道高度为397km，载人舱内大气压与地表面相同，可载6人。国际空间站结构复杂，规模大，由航天员居住舱、实验舱、服务舱、对接过渡舱、桁架、太阳能电池等部分组成，是有史以来规模最庞大、设施最先进的人造天体。可供6～7名航天员同时在轨工作。

国际空间站

【国际劳工组织】(International Labor Organization，ILO) 于1919年第一次世界大战结束后召开的和平大会上，根据《凡尔赛和约》，作为其附属机构成立的劳工组织。1946年12月14日，成为联合国的一个专门机构。总部设在瑞士日内瓦。该组织宗旨是：促进充分就业和提高生活水平；促进劳资双方合作；扩大社会保障措施；保护工人生活与健康；主张通过劳工立法来改善劳工状况，进而获得世界持久和平建立社会正义。该组织是联合国唯一具有三方结构的机构，实行各成员国代表团由政府2人，劳动者、雇主代表各1人三方代表原则。三方都参加各类会议和机构，独立表决。国际劳工大会是国际劳工组织的最高权力机构。主要活动有从事国际劳工立法、制定公约和建议书以及技术援助和技术合作。国际劳工组织每年召开一次的国际劳工大会，主要是通过以公约和建议书为形式的国际劳工标准和国际劳工组织政策。通过重点安全与卫生计划来实现对人的保障和促进生产力的提高。中国是该组织创始国之一，也是该组织的常任理事国。

【《国际旅客联运协定》】(Agreement on International Passenger through Transport) 简称《国际客协》。原社会主义国家签订的，于1951年11月1日开始生效，并于1987年7月经过修改的适用于国际铁路旅客联运的国际公约。中国是缔约国。在苏联及东欧剧变后，该协定仍适用于中国同这些国家之间的铁路旅客联运。根据《国际旅客联运协定》规定，它不仅适用于国际铁路旅客、行李和包裹的直通联运，也适用于国际铁路和海路之间的旅客、行李多式联运。它不适用于下列情况：(1)旅客、行李和包裹运送。(2)发站、到站都在同一国内；发、到站在同一国内，只是利用发送国的列车过境另一国家运送。(3)两国车站间，用发送国或到达国铁路列车过境第三国运送。(4)两相邻国车站间，全程都用某一国铁路的列车且按该国国内规章办理的运送。

【国际贸易运输】(international trade transportation) 在国家或地区之间跨越边境的运输。其基本任务是：根据对外开放政策的要求，在国家有关方针政策的指导下，合理利用各种运输方式和运输工具，多快好省地完成进出口运输任务，为发展对外经贸服务，为外交活动服务和为经济建设服务。与国内运输相比，具有如下特点：是一项政策性很强的工作，路线长、环节多，涉及面广，情况复杂，时间性强，风险较大等。其基本要求是：一要树立为货主服务的观念；二要树立全局观念。世界上从事国际贸易运输的组织可以归纳为三个方面，即承运人、货主和货运代理人。这三个方面的业务构成了国际贸易运输工作的主要内容。他们之间虽然在工作性质上有区别，但在业务上却有密切的联系。

【《国际民用航空公约》】(International Civil Aviation Covenant) 又称芝加哥公约。1944年12月7日在芝加哥召开的国际民用航空会议上签订的有关国际民用航空在政治、经济、技术等方面问题的国际公约。该公约自1947年4月4日起生效。是迄今为止最重要的有关国际航空的国际公约。该公约承认缔约国对本国的领空享有主权。其主要内容包括：(1)适用范围。公约只适用于民用航空机。(2)确认国家航空主权原则。缔约各国承认每一国家对其领土之上的空气空间具有完全的排他的主权。(3)国家主权。各缔约国有权拒绝外国飞机在其国内两个地点之间经营商业性客货运输，及因军事需要或公共安全的理由可以设置飞行禁区。(4)飞机的权利。关于不定期航空业务，各缔约国同意不需要事先批准，飞机有权飞入另一国领土，或通过领土作不停降的飞行；关于定期航班，则需要通过签定双边协定的方式，才得以在该国领土上空飞行或进入该国领土。(5)争议和违约。缔约国发生争议可提交理事会裁决，或向国际法庭上诉；对空运企业不遵守公约规定者，理事会可停止其飞行权；对违反规定的缔约国，可暂停其在大会、理事会的表决权。(6)设立国际民用航空组织。为及时处理因民用航空迅速发展而出现的技术、经济及法律问题，设立国际民用航空组织作为公约的常设机构。

【国际热核反应堆合作计划】(International Thermonuclear Experimental Reactor Program) 由中国、美国、欧盟、日本、俄罗斯、韩国等国家参加，被称为“人造太阳”的热核反应堆计划。“人造太阳”的核心是受控核聚变。在其装置的真空室内加入少量氢的同位素氘或氚，通过类似变压器的原理使其产生等离子体，然后提高其密度、温度使其发生聚变反应。反应过程中产生巨大的能量，相当于一个“人造太阳”。国际热核反应堆合作计划目前还处于起步阶段，一旦成功运行，将给人类带来大量的绿色清洁能源。

受控核聚变实验装置

【国际食品法典委员会】(Codex Alimentarius Commission, CAC) 由联合国粮农组织和世界卫生组织共同建立，以保障消费者的健康和确保食品贸易公平为宗旨的一个制定国际食品标准的政府间组织。自1961年第11届粮农组织大会和1963年第16届世界卫生大会分别通过了创建国际食品法典委员会的决议以来，已有173个成员国和1个成员国组织(欧盟)加入该组织，覆盖全球99%的人口。其下设秘书处、执行委员会、6个地区协调委员会、21个专业委员会和1个政府间特别工作组。

所有国际食品法典标准都主要在其各下属委员会中讨论和制定，然后经大会审议后通过。通过的标准均以科学为基础，并在获得所有成员国的一致同意的基础上制定出来。成员国参照和遵循这些标准，有效地减少国际食品贸易摩擦，促进贸易的公平和公正。食品法典已成为全球消费者、食品生产和加工者、各国食品管理机构和国际食品贸易重要的基本参照标准。

【《国际铁路货物联合运输协定》】（Agreement on International Railroad through Transport of Goods） 简称《国际货协》。1951年原社会主义国家在华沙签订的国际铁路货物联合运输公约。目前生效的是1974年7月1日修订和补充的新条文。中国于1953年加入了这个协定。在《国际货协》成员国中，由于有些国家也参加了《国际货约》，从而为沟通国际间的铁路货物运输提供了更为有利的条件，使参加《国际货协》的国家的进出口货物，通过铁路转运到《国际货约》的成员国。《国际货协》并没有因苏联及东欧剧变而废除，至今仍有效。参加国家有中国、阿尔巴尼亚、保加利亚、匈牙利、越南、朝鲜、蒙古、波兰、罗马尼亚、捷克、斯洛伐克、德国等。该协定对运单的订立、运送费用的计算和支付、运输合同的变更、货物的交付与拒收、铁路的责任及其免除、铁路对货物损失的赔偿额、赔偿请求与诉讼时效等都作了具体的规定。

【国际铁路运输】（international railway transport） 利用铁路将旅客、行李或货物从一国境内运送到另一国境内，由旅客或托运人支付运输费用的运输方式。国内运输与国际运输的区别就在于始发站、经停站、到达站三地是否都在境内。三地均在一国境内的运输，不管当事人是否为外国人均称为国内运输，受国内法调整；三地不同在一国境内的，不管当事人是否为中国人均称为国际运输，视情形分别适用中国法律、外国法律、国际条约或国际惯例。国际铁路运输按参加运输方式的不同，可分为国家或地区之间铁路的单式运输和国际铁路与公路、水路、航空运输方式之间的多式联运。国际铁路运输是在国际贸易中仅次于海运的一种主要运输方式。其最大的优势是运量较大，速度较快，运输风险明显小于海洋运输，能常年保持准点运营等。国际铁路运输中的主要铁路干线有：(1)西伯利亚大铁路。海参崴－伯力－赤塔－伊尔库次克－新西伯利亚－鄂木斯克－车里雅宾斯克－古比雪夫－莫斯科－纳霍德卡－东方港。(2)加拿大连接东西两大洋铁路。①鲁珀特港－埃德蒙顿－温尼伯－魁北克。②温哥华－卡尔加里－温尼伯－散德贝－蒙特利尔－圣约翰－哈利法克斯。(3)美国连接东西两大洋铁路。①西雅图－斯波坎－俾斯麦－圣保罗－芝加哥－底特律。②洛杉矶－阿尔布开克－堪萨斯城－圣路易斯－辛辛那提－华盛顿－巴尔的摩－洛杉矶－图森－帕索－休斯顿－新奥尔良。③旧金山－奥格登－奥马哈－芝加哥－匹兹堡－费城－纽约。(4)中东－欧洲铁路。伊拉克的巴士拉－巴格达－摩苏尔－叙利亚的穆斯林米亚－土耳其的阿达纳－科尼亚－厄斯基色希尔－博斯普鲁斯海峡东岸的于斯屈达尔。

国际铁路运输

【国际无线电咨询委员会】（International Radio Consultative Committee，IRCC） 国际无线电通信技术咨询机构。国际电信联盟的常设机构之一。由国际电信联盟所有会员国的主管部门和被认可的私营机构组成。成立于1927年，总部设在瑞士日内瓦。国际无线电咨询委员会的职责是研究无线电技术规范，颁发建议书，为制定和修改无线电规则提供技术依据。它设有13个研究组，分别研究频谱的利用和监测，空间探索和射电天文，30MHz以下的固定业务，卫星固定通信业务，非电离层媒质中的传播，电离层媒质中的传播，标准频率和时间信号，移动业务、无线电定向业务和业余业务，使用无线电中继系统的固定业务，声音广播，电视广播，电视和声音信号的长距离传输，词汇等。出版《国际无线电咨询委员会的建议和报告》，每四年修订一次。

【国际协议原点】（international convention origin，ICO） 国际天文学联合会和国际大地测量学协会建议采用的、国际有关部门确定的平均地极位置基准点。地球的自转轴相对于地球体的位置有一定的摆动，地极点在地球表面上的位置是随时间变化的。地极的移动使地球坐标系坐标轴的指向发生变化，这对实际工作十分不利。因此，国际天文学联合会和国际大地测量学协会建议采用平均地极位置作为基准点。这个基准点是地球自转轴的平均位置，即称为国际协议原点。

【国际原子时】（international atomic time，IAT） 一种连续性时标。1967年第13届国际度量衡会议通过决议，采纳以下定义代替秒的天文定义：一秒为铯－133原子基态两个超精细能级间跃迁辐射9

192 631 770 周所持续的时间。根据以上秒的定义的时标即国际原子时。它是由 1958 年 1 月 1 日0 时0 分 0 秒起,以日、时、分、秒计算。原子时标的准确度为每日数纳秒,而世界时的准确度则只为每日数毫秒 。

【国际紫外勘察者】(international UV detector) 国际合作研制的紫外天文卫星。1978 年 1 月 26 日由"德尔它"火箭发射到同步轨道。它在轨道上工作了 9 年多,获得了以下观测成果:(1)观测到 26 颗彗星。(2)测量到来自彗星的氢氧辐射。(3)对小行星的元素组成进行了确定。(4)研究了几大行星大气的化学成分。(5)对恒星的观测,证明了大质量恒星会辐射强大的恒星风、尝试估计了黑洞的质量、确定在 NGG4151 星系中可能存在一个黑洞。

多功能紫外图像观察照相系统

【国家安全观】(national security concept) 对国家安全及国家安全相关问题的历史、现状、发展、规律、本质等的认知、评价和预期。包括事实认知、价值评价和主观预期。是对国家安全现实的反映。包括现实对象和现实环境两个方面。其特点是:(1)是对客观的国家安全状态的反映。一般客体包括普遍化的国家、国家安全、国家利益、国家安全环境、国家安全体制、国家安全活动等。特定历史条件和地域环境客体包括具体化的国家、具体化的国家安全状态、具体化的国家安全体制等。不同的国家安全观具有不同的形式、层次和内容。(2)主体对国家安全客观现实的价值评价。不仅是要认知客观对象的本来面目,而且还伴随着对客观现实的价值评价。不仅包括了对客观的国家安全现实的真理性认知,而且还包括了基于自身利益的对国家安全客观状况的价值性评价。(3)主体对国家安全状态发展的预测和期望。在反映国家安全客观现实并对其作出价值评价的同时,还会对国家安全的发展方向、前途、可能出现的问题等等作出预测,并在主观上就应该建立什么样的国家安全机制,如何改善国家安全状态,需要进行什么样的国家安全工作等提出一些想法、观点、意见和建议。

【国家"863 计划"】(National High-tech Research and Development Program, 863 Program) 国家批准实施的以高新技术研发为核心内容的科研计划。1986 年 3 月 3 日,王大珩、王淦昌、杨嘉墀、陈芳允四位科学家写信给中共中央,提出要跟踪世界先进水平,发展中国的高新技术的建议。经过科学和技术论证后,中共中央、国务院批准了《高新技术研究发展计划纲要》。因该计划在 1986 年 3 月提出,故以"863"命名。"863"是中国进入高新技术领域的一个划时代的符号。纲要选择了生物技术、航天技术、信息技术、激光技术、自动化技术、能源技术和新材料技术七个高新技术领域(1996 年增加了海洋技术领域)作为中国高新技术研究发展的重点。它是在世界高新技术蓬勃发展、国际竞争日趋激烈的关键时期,中国政府组织实施的一项对国家的长远发展具有重要战略意义的国家高新技术研究发展计划,在中国科技事业发展中占有重要位置,肩负着发展高科技、实现产业化的重要历史使命。

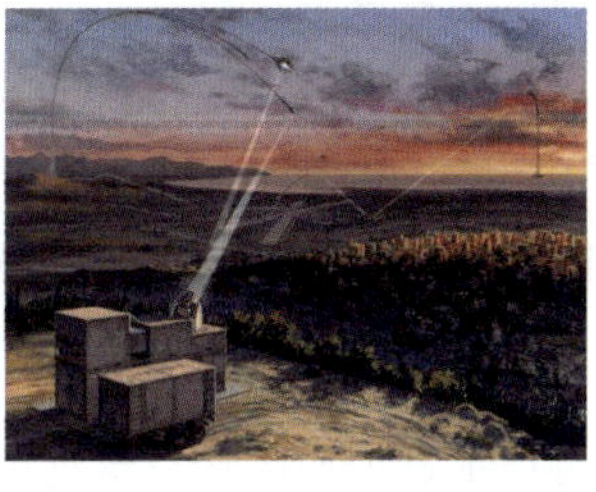
高能激光器

【国家创新体系】(national innovation system) 在一个国家内由与知识创新和技术创新相关的机构和组织构成的网络系统。由国家知识创新系统、技术创新系统、知识传播系统和知识应用系统四个子系统共同组成。它们相互作用,相互关联,相互协调。其核心内涵是:实现国家对提高全社会技术创新能力和效率的有效调控和推动、扶持与激励,以取得竞争优势。中国国家 211 工程、技术创新工程、知识创新工程等三大工程构成了国家创新系统的核心内容,形成了国家创新系统的战略框架。其构成要素是:(1)创新资源。创新活动的基础要素。其中创新人才是创新的核心资源,知识信息、知识产权是关键性战略型资源。(2)创新机构。创新活动的行为主体。是国家创新体系中最重要的组成部分。(3)创新机制。保证创新体系有效运转的关键因素。包括分配激励机制、公平竞争机制等。(4)创新环境。维系和促进创新的保障因素。包括鼓励和支持创新的法律法规、政府激励政策、信息网络、大型科研设施与创新基地等国内软、硬件环境,积极有效参与国际竞争与合作的国际互动外部环境。

【国家创新型城市】(national innovation-oriented city) 自主创新能力强、科技支撑引领作用突出、经济社会可持续发展水平高、区域辐射带动作用显著的城市。中国国家创新型城市试点工作是国家科技部、发改委等部门为深入学习贯彻党的十七大和十七届三中、四中全会及中央经济工作会议精神,深入贯彻落实科学发展观,加快落实提高自主创新能力,充分发挥城市在推进自主创新、加快经济发展方式转变中的核心带动作用,建设创新型国家的一项战略部署。其主要任务是:(1)确立城市创新发展战略。(2)加快经济发展方式转变。(3)促进经济社会协调可持续发展。(4)大力增强企业自主创新能力。(5)加强创新人才培养和创新基地建设。(6)加强创新服务体系建设。(7)营造激励创新的良好环境。(8)推进体制改革和管理创新。中国国家科技部于2010年4月6日发布《关于进一步推进创新型城市试点工作的指导意见》(国科发体〔2010〕155号),明确提出了创新型城市建设监测评价指标(试行),共包括创新投入、企业创新成果转化、高新产业、科技惠民和创新环境等一级指标。

【国家大地坐标系2000】(national geodetic coordinate system 2000) 简称CGCS2000。中国2008年7月开始使用的大地坐标系。属地心大地坐标系。是国际地球参考框架(ITRF)在中国的实现和加密。该坐标系由卫星定位连续运行基准站、空间大地网、天文大地网三个层次的站网坐标和速度具体表示。地球椭球的a、α、ω采用GRS80椭球参数,GM采用国际地球自转服务(IERS)的推荐值。

【国家大剧院】(National Grand Theater) 位于北京人民大会堂西侧,西长安街沿线南边,北入口与地铁天安门西站相连。其占地面积为$1.189\times10^5\ m^2$。其总建筑面积$2.175\times10^5 m^2$。主体建筑为独特的壳体造型,呈半椭球形。东西长轴为212.20m。南北短轴为143.64m。高46.68m。地下最深32.50m,周长达600m。内部由歌剧院、音乐厅、戏剧场和公共大厅及配套用房组成。外部围护结构壳体表面由18 398块钛金属板和1 226块超白玻璃拼接而成。

国家大剧院

【国家导弹防御】(national missile defence) 以保卫国家免受来袭导弹攻击为任务的一种反导防御系统。它是国家战略防御体系的重要组成部分。一般由拦截武器分系统、目标探测分系统和指挥、控制、通信分系统组成。各分系统可依具体情况部署于陆地、海洋、空中及宇宙空间,以拦截和摧毁不同方向、不同类型的来袭导弹。目前,美国是唯一决定建立国家导弹防御系统的国家,旨在"保护美国免遭有限的弹道导弹攻击,包括意外的或未经授权的弹道导弹攻击,或个别国家的有意攻击"。

国家导弹防御

【国家地理空间数据交换站】(national geospatial data clearing station) 一个国家内地理空间数据生产者、管理者和用户将其各自的网络以电子方式联结在一起构成的分布式网络。是应国家信息基础设施等倡导性项目而创建的。交换站采用一个分布广泛的电子网络如因特网等。各数据提供者将以电子方式对可交付使用的数据进行描述,并采用通信网络将这些描述(元数据)提供给使用这些描述的各界。因此,交换站中的数据都放置在全国的数据生产者的网址中(或者存放在中介机构的网址中)。运用这一网络,用户可以查找这些描述以找到适合自己应用的数据。

【国家地图集】(national atlas) 系统反映一个国家自然、经济、人口、历史和文化全貌的综合性地图集。主要为本国经济建设、科学研究和文化教育提供全面系统的科学参考图件,对国际科学交流也有重要作用。国际上往往把国家地图集作为衡量一个国家科学技术水平的标志之一。

【国家环境保护模范城市】(national environmental protection model city) 经济持续发展、环境质量良好、资源合理利用、生态良性循环、城市优美洁净、基础设施健全、生活舒适便捷的示范性城市。原国家环保总局1997年提出并实施的推动城市环境保护工作的一项措施。共从四个方面设置了30项考核指标。

【国家环境保护重点实验室】(state environmental protection key laboratory) 国家组织环境科学基础研究和应用基础研究、聚集和培养优秀科技人才、开展学术交流的重要基地。国家环境保护科技创新体系的重要组成部分。重点实验室为实现国家环境保护目标和可持续发展提供科学理论与技术支持。由原国家环保局通过组织申报或者招投标等形式有重点、有步骤地实施重点实验室建设。凡从事环境科学基础研究与应用基础研究,并在某一环境科研领域处于国际或国内领先地位的科研院所和高等院校单位法人均可申请建设重点实验室。重点实验室是相对独立的科研实体,下设立独立的学术委员会。重点实验室建设期一般不超过两年。环保总局每隔3年对重点实验室进行评估,评估结果予以通报。环保总局有关司(局)会同科技标准司指导重点实验室的相关业务,依托单位具体负责重点实验室建设和运行管理。

【国家环境应急专家组】(national environmental emergency response group) 由聘请的科研单位和军队有关专家组成的应对国家重大突发环境事件的专家组织。其主要任务是:参与突发环境事件应急工作;指导突发环境事件应急处置工作;为国务院或部际联席会议的决策提供科学依据。发生重大突发环境事件时,专家组组织有关专家迅速对事件信息进行分析、评估,提出应急处置方案和建议,供指挥部领导决策参考。根据事件进展情况和形势动态,提出相应的对策和意见;对突发环境事件的危害范围、发展趋势作出科学预测,为环境应急领导机构的决策和指挥提供科学依据;参与污染程度、危害范围、事件等级的判定,对污染区域的隔离与解禁、人员撤离与返回等重大防护措施的决策提供技术依据;指导各应急分队进行应急处理与处置;指导环境应急工作的评价,进行事件的中长期环境影响评估。

【国家环境咨询委员会】(national environmental advisory committee) 国家环保部设立的国家环境保护宏观与综合决策的高层专家咨询机构。其主要任务是:对中国环境保护事业发展中的战略性、全局性及重大环境问题开展调查研究;对环境保护中长期发展规划、重大环境保护法律法规、重大环境保护经济和技术政策、重要环境保护方针措施等提出咨询意见和建议。委员会是加强与广大专家联系的重要纽带,是发挥专家智囊作用、促进决策科学化、民主化的重要保障。

【国家火炬计划】(National Torch Program) 经国务院批准,由原国家科委(现科技部)负责组织实施,旨在促进中国高新技术成果商品化、产业化和国际化的一项指导性开发计划。该计划于1988年8月正式实施。国家给予计划项目承担单位低息、贴息科技开发贷款的优惠政策。

国家火炬计划项目证书

项目名称:中亚石油管线群工程用高等级SSAW钢管

承担单位:浙江金洲管道工业有限公司

项目编号:2008GH030716

批准机关:中华人民共和国科学技术部

颁证机关:科学技术部火炬高技术产业开发中心

颁证日期:二〇〇八年十一月

国家火炬计划

【国家基本药物】(national essential drug) 由国家政府制定的《国家基本药物目录》中的药品。是医疗卫生、防病治病、康复、保健、计划生育等不可缺少的疗效确切、安全可靠、质量稳定、价格合理、毒副反应较低以及使用方便的药物。为了加强国家对药品生产和使用环节的科学管理,保证人民防病治病的基本需求,适应医疗体系改革,打击药价虚高,中国政府有关部门组织制订了《国家基本药物》目录。其所列品种是专家和基层广大医药工作者从中国临床应用的各类药物中通过科学评价,筛选出来的具有代表性的药物。制定该《目录》的目的是:要在国家有限的资金资源下,获得最大的合理的全民保健效益。国家基本药物的遴选原则为:临床必需、安全有效、价格合理、使用方便、中西药并重。其范围包括预防、诊断、治疗各种疾病的药物。随着药物的发展和防病治病的需要,其种类每两年调整一次。

【国家级环境质量标准】(national environment quality standard) 国家为保护居民健康和生存环境对污染物(或有害因素)容许含量(或要求)所作的规定。中国的环境质量标准是由环境保护部(原国家环保总局)制定并发布。它体现国家的环境保护政策和要求,是衡量环境是否受到污染的尺度,也是环境规划、环境管理和制订污染物排放标准的依据。

【国家节水标志】(water conservation mark of China) 水利部综合事业局向中华人民共和国国家工商行政管理总局商标局申请的注册商标。国家节水标志由水滴、人手和地球变形而成。绿色的圆形代表地球,象征节约用水是保护地球生态的重要措施。标志留白部分像一只手托起一滴水,手是拼音字母JS的变形,寓意节水,表示节水需要公众参与,鼓励人们从我做起,人人动手节约每一滴水;手又像一条蜿蜒的河流,象征滴水汇成江河。国家节水标志是节水宣传的形象标志.可以用于安排和组织会议、培训班、学术研讨会,组织竞赛(教育或娱乐),组织文化或教育展览。不得用于商务宣传、产品及企业推广,不得变形、变色使用。

国家节水标志

【国家"973计划"】(National Basic Research Program,973 Program) 在1997年3月,中国国家科技领导小组决定实施的重大基础性研究计划。这是中国实施"科教兴国"战略,实现2010年以及21世纪中叶经济、科技和社会发展目标,确保科技发展能力不断增强的重大举措。该计划面向中国未来经济建设和科学技术发展的需要，涉及农业、能源、信息、资源与环境、人口与健康、材料六个重点学科领域。

【国家科技成果重点推广计划】(National Technological Achievement Popularization Program) 中国一项促进科技成果转化为现实生产力，推动行业技术进步，形成规模效益，为实施“科教兴国”和可持续发展战略，实现两个根本性转变服务的国家重点科技计划。其宗旨是：有组织、有计划地将大批先进、成熟、适用的科技成果，以及高新技术成果推向国民经济建设主战场，动员成千上万的科技工作者和全社会的力量，在农村、工矿企业中大范围大面积地推广应用，促进经济增长，提高社会效益，加快产业结构的调整和产业技术水平的提高，特别是传统产业技术水平的提高。为加速科技成果的推广应用，原中国国家科委于1997年6月5日颁发并实施了《国家科技成果重点推广计划管理办法》。

【国家科技发展规划】(National Program for Scientific and Technological Development) 在国家大政方针，特别是科技方针的指导下，对科技事业发展的指导思想、方向、目标、主要步骤和重大措施等方面的长期而又分阶段实施的设计蓝图。它是国家发展科技事业的一种战略性的全局部署方案，对实现总体发展战略具有重大意义。

【国家科技攻关计划】(Key Technological Research and Development Program) 在1982年11月30日经第五届全国人大五次会议讨论通过的第一个中国国家科技计划。其宗旨是：坚持面向国民经济建设主战场，重点解决国民经济和社会发展中急需解决的带有战略性、综合性和关键性的技术问题。它与以前瞻性高新技术研究为主的“863”计划和以探索科学前沿问题为主的“973”基础研究计划共同构成中国国家科技计划的主体。

【国家科技基础条件平台建设纲要(2004～2010年)】〔Outline of National Facilities and Information Infrastructure for Science and Technology(2004～2010年)〕 2004年7月3日由中国国务院办公厅转发。纲要指出国家科技基础条件平台建设是充分运用信息、网络等现代技术，对科技基础条件资源进行战略重组和交流优化，以促进全社会科技资源高效配置和综合利用，提高科技创新能力。其指导思想是：以全面提高国家科技创新能力和增强国际竞争力为目标，充分运用现代信息技术和利用国际资源，搭建具有公益性、基础性、战略性的科技基础条件平台，有效改善科技创新环境，增强持续发展能力，为科技长远发展与重点突破提供强有力的支撑。其建设原则是：(1)突出共享，制度先行。以资源共享为核心，打破资源分散、封闭和垄断的状况，积极探索新的管理体制和运行机制，加快推进制定和修改有关法律、法规、规章和标准，理顺各种关系。(2)统筹规划，分步实施。强化顶层设计和统一规划。按照不同类型科技基础条件的特点和发展规律，结合东、中、西部地区的发展需求，突出重点，试点先行，分阶段积极稳妥地推进平台建设。(3)综合集成，优化配置。按照整合、共享、完善、提高的要求，有效调控增量资源，激活存量资源，最大限度发挥现有资源的潜能。(4)政府主导，多方共建。中央和地方政府在公共科技资源供给中发挥主导作用的同时，充分调动高等院校、科研院所、中介机构、行业协会、企业等各方面的积极性，参与资源整合与建设。建设重点是：(1)研究实验基地和大型科学仪器、设备共享平台。(2)自然科技资源共享平台。(3)科学数据共享平台。(4)科技文献共享平台。(5)成果转化公共服务平台。(6)网络科技环境平台。

射电式天文望远镜

【国家科技进步示范县(市)】〔scientific and technological progress demonstration country(city)〕 中国国家科技部对经济基础较好、科技进步成效显著、科技实力强、在全国市、县、区科技进步考核中成绩优异，并获得先进称号的县(市、区)授予的荣誉称号。是国家科技部为“全国科技进步先进县(市)”设立的一个荣誉称号，也是国家科技部为进一步推进县(市)科技进步工作，强化科技进步对县(市)经济社会发展的引领支撑作用，推动创新型国家建设的重要举措。一般以县(市)(包括县、县级市、旗、地级和地级以上城市中的城区和郊区)为主，具备条件的地级市(包括地区、州、盟)也可以申报。其条件主要有：(1)党政领导高度重视科技进步，积极贯彻实施《科学技术进步法》、《国家中长期科学和技术发展规划纲要(2006～2020年)》及其配套政策，以科学发展观为指导，全面推进县(市)科技工作。(2)科技进步水平位居同类地区前列，科技对经济社会发展的支撑能力强，具有区域代表性和示范带动作用。(3)积极做好科技进步考核工作，已经通过全国县(市)科技进步考核并获得先进县(市)称号。(4)地级市申报国家科技进步示范县(市)，必须首先通过全国县(市)科技进步考核并获得先进县(市)称号，并且所辖县(市)全部通过全国县(市)科技进步考核。(5)财政科技支出占同级财政支出的比重保持稳定增长。其申报程序包括：(1)县(市)政府申报。(2)各省、自治区、直辖市、计划单列市科技厅(委、局)初评推荐。(3)科技部组织专家组对申报县(市)材料进行综合评审，并视情况进行现场考察，提出评审意见。(4)科技部根据专家评审意见，结合区域布局，择优确定示范县(市)，并发文批复。纳入综合评审的指标包括：5 项一级指标和 17 项二级指标。

【国家科技支撑计划】(National Support Program of Science and Technology) 由中国科技部、财政部于 2006 年 7 月 31 日制定并下发的科技计划。其宗旨是：贯彻落实《国家中长期科学和技术发展规划纲要(2006～2020)》(以下简称《纲要》)，主要面向国民经济和社会发展需求，重点解决经济社会发展中的重大科技问题。主要落实《纲要》的重点领域及其优先主题的任务，以重大公益性技术及产业共性技术研究开发与应用示范为重点，结合重大工程建设和重大装备开发，加强集成创新和引进、消化吸收、再创新，重点解决涉及全局性、跨行业、跨地区的重大技术问题，着力攻克一批关键技术，突破瓶颈制约，提升产业竞争力，为中国经济社会协调发展提供支撑。

【《国家科学技术奖励条例》】(National Reward Regulations of Science and Technology) 由中国国务院于 1999 年 4 月 28 日批准，并于 1999 年 5 月 23 日发布施行。其宗旨是：奖励在科学技术进步活动中作出突出贡献的公民、组织，调动科学技术工作者的积极性和创造性，加速科学技术事业的发展，提高综合国力。其内容包括：(1)总则。(2)国家科学技术奖的设置。(3)国家科学技术奖的评审和授予。(4)罚则。(5)附则。

【国家空间信息基础设施】(national spatial information infrastructure) 是地球空间数据和信息获取、处理、存储、传输、应用、分发及其应用效果改进，所必须遵守的各种技术、政策、标准、人力资源以及这些数据与信息资源本身的总称。

【国家软科学研究计划】(National Soft Science Research Program) 开展科技发展与改革中战略性、政策性问题研究，科技促进经济增长与社会进步的重大问题研究，以及国民经济与社会发展的前瞻性问题研究，并为决策提供科学依据的一类科研计划。其宗旨是：促进并实现国家和地方决策科学化和管理现代化。它是中国国家科技计划的重要组成部分。

【国家森林公园】(national forest park) 中国大陆地区最高级别的各类森林公园。中国的森林公园分为国家森林公园、省级森林公园和市、县级森林公园三级。其中国家森林公园是指森林景观特别优美，人文景物比较集中，观赏、科学、文化价值高，地理位置特殊，具有一定的区域代表性，旅游服务设施齐全，有较高的知名度，可供人们游览、休息或进行科学、文化、教育活动的场所，并由国家林业局作出准予设立的行政许可决定。中国境内最早的国家森林公园是 1982 年建立的张家界国家森林公园。森林公园主体上未纳入自然保护区，其行政管理机构是国家林业局。为树立国家级森林公园形象，促进国家级森林公园规范化、标准化建设，国家林业局于 2006 年2 月28 日发出通知，决定自当日起启用“中国国家森林公园专用标志”，同时印发了《中国国家森林公园专用标志使用暂行办法》，截至 2009 年 2 月 10 日，全国共有 710 处国家级森林公园。

国家森林公园

【国家生态园林城市】(synusiologic garden city of national rank) 达到国家生态园林指标要求的城市。其具体指标是：(1)城市功能协调，符合生态平衡要求；城市发展与布局结构合理，形成了与区域生态系统相协调的城市发展形态和城乡一体化的城镇发展体系。(2)城市与区域协调发展，有良好的市域生态环境，形成了完整的城市绿地系统。自然地貌、植被、水系和湿地等生态敏感区域得到了有效保护，绿地分布合理，生物多样性趋于丰富。大气环境、水系环境良好，并具有良好的气流循环，热岛效应较低。(3)城市人文景观和自然景观和谐融通，继承城市传统文化，保持城市原有的历史风貌，保护历史文化和自然遗产，保持地形地貌、河流水系的自然形态，具有独特的城市人文、自然景观。(4)城市各项基础设施完善。城市供水、燃气、供热、供电、通信和交通等设施完备、高效、稳定，市民生活工作环境清洁安全，生产、生活污染物得到有效处理。城市交通系统运行高效，开展创建绿色交通示范城市活动，落实优先发展公交政策。城市建筑（包括住宅建设）广泛采用了建筑节能、节水技术，普遍应用了低能耗环保建筑材料。(5)具有良好的城市生活环境。城市公共卫生设施完善，污染控制达到了较高水平，建立了相应的危机处理机制。市民能够普遍享受健康服务。城市具有完备的公园、文化和体育等各种娱乐和休闲场所。住宅小区、社区的建设功能齐全、环境优良。居民对本市的生态环境有较高的满意度。(6)社会各界和普通市民能够积极参与涉及公共利益政策和措施的制定和实施。对城市生态建设、环保措施具有较高的参与度。(7)模范执行国家和地方有关城市规划、生态环境保护法律法规，持续改善生态环境和生活环境。三年内无重大环境污染和生态破坏事件、无重大破坏绿化成果行为、无重大基础设施事故。其基本指标要求是：(1)城市生态环境指标：综合物种指数≥0.5，本地植物指数≥0.7，建成区道路广场用地中透水面积的密度≥50%，城市热岛效应程度≤2.5℃，建成区绿化覆盖率≥45%，建成区人均公共绿地≥12m²，建成区绿地率≥38%。(2)城市生活环境指标：空气污染指数一年中小于等于100的天数≥300，城市水环境功能区水质达标率100%，城市管网水水质年综合合格率100%，环境噪声达标区覆盖率≥95%，公众对城市生态环境的满意度≥85%。(3)城市基础设施指标：基础设施系统完好率≥85%，自来水普及率100%并实现24小时供水，城市污染处理率≥70%，再生水利用率≥30%，生活垃圾无害化处理率≥90%，万人拥有病床数≥90张，主次干道平均车速≥40km/h。

国家生态园林城市

【国家食品药品监督管理局】(State Food and Drug Administration) 国务院综合监督食品、保健品、化妆品安全管理和主管药品监管的直属机构。其职责范围是负责对药品（包括中药材、中药饮片、中成药、化学原料药及其制剂、抗生素、生化药品、生物制品、诊断药品、放射性药品、麻醉药品、毒性药品、精神药品、医疗器械、卫生材料、医药包装材料等）的研究、生产、流通、使用进行行政监督和技术监督；负责食品、保健品、化妆品安全管理的综合监督；组织协调和依法组织开展对重大事故的查处；负责保健品的审批。

315标志

【国家水法律】(national water law) 由全国人大常委会审议通过，以国家主席令形式发布的规定涉水事务的法律规范。如：《中华人民共和国水法》(1988年，2002年修订)、《中华人民共和国防洪法》(1997年)、《中华人民共和国水土保持法》(1991年)和《中华人民共和国水污染防治法》(1984年，1996年修订)。水法律的设定权限是：确立有关涉水事务的基本制度及其相关重要制度；设定涉水事务的各类行政许可、行政处罚等。

【国家水行政法规】(national laws and regulations of water) 由国务院常务会议审议通过、以国务院令形式发布的规定涉水事务的法律规范。主要的水行政法规有：(1)中华人民共和国河道管理条例(国务院令第3号，1988年)。(2)水库大坝安全管理条例(国务院令第77号，1991年)。(3)中华人民共和国防汛条例(国务院令第86号，1991年；根据国务院令第441号修改，2005年)。(4)中华人民共和国水土保持法实施条例(国务院令第120号，1993年)。(5)城市供水条例(国务院令第158号，1994年)。(6)淮河流域水污染防治暂行条例(国务院令第183号，1995年)。(7)中华人民共和国水污染防治法实施细则(国务院令第284号，2000年)。(8)蓄滞洪区运用补偿暂行办法(国务院令第286号，2000年)。(9)长江三峡工程建设移民条例(国务院令第299号，2001年)。(10)长江河道采砂管理条例(国务院令第320号，2001年)。(11)取水许可和水资源费征收管理条例(国务院令第460号，2006年)。(12)大中型水利水电工程建设征地补偿和移民安置条例(国务院令第471号，2006年)。(13)黄河水量调度条例(国务院令第472号，2006年)。

【国家突发环境事件应急预案】(state environmental emergency contingency plan) 由原国家环保总局依据《中华人民共和国环境保护法》、《中华人民共和国海洋环境保护法》、《中华人民共和国安全生产法》和《国家突发公共事件总体应急预案》及相关的法律、行政法规制定的突发环境事件应急预案。针对可能或已发生的突发环境事件（包括突发环境污染事件、生物物种安全环境事件和辐射环境污染事件），需要立即采取某些超出正常工作程序的行动，以避免事件发生或减轻事件后果的状态。预案旨在建立健全突发环境事件应急机制，提高政府应对涉及公共危机的突发环境事件的能力，维护社会稳定，保障公众生命健康和财产安全，保护环境，促进社会全面、协调、可持续发展。《国家突发环境事件应急预案》共分七章。在国务院的统一领导下，坚持统一领导，分类管理，属地为主，分级响应。充分发挥部门专业优势，使采取的措施与突发环境事件造成的危害范围和社会影响相适应。

【国家信息化】(national informationization) 在国家统一规划和组织下，在农业、工业、科学技术、国防及社会生活各个方面应用现代信息技术，深入开发、广泛利用信息资源，实现国家现代化的过程。实现国家信息化的前提是构建和完善信息化体系，主要包括开发利用信息资源、建设国家信息网络、推进信息技术应用、发展信息技术和产业、培育信息化人才、制定和完善信息化政策六个方面。

国家信息化

【国家信息基础设施】(national information infrastructure) 用于支持国家信息化建设和公共信息技术开发应用的带有根本性的重大设施。包括高端系列仪器设备、电话、电信设备、电缆、电线、通信卫星、光缆传输线路、微波通信网、广播电视等。它为信息时代的各种技术进步及其应用奠定了基础。

【国家"星火计划"】(National Spark Program) 中国政府于1986年批准实施的第一个依靠科学技术促进农村经济发展的计划。宗旨是：把先进适用的技术引向农村，引导亿万农民依靠科技发展农村经济，引导乡镇企业的科技进步，促进农村劳动者整体素质的提高，推动农村经济持续、快速、健康发展。它是中国国民经济和科技发展计划的重要组成部分。

【国家药品标准】(national drug standard) 国务院药品监督管理部门颁布的《中华人民共和国药典》、国家食品药品监督管理局标准（原为中华人民共和国卫生部药品标准，简称部颁标准）、药品注册标准和其他药品标准。其内容包括质量指标、检验方法以及生产工艺等技术要求。是国家对药品强制执行的质量标准。是药品生产、供应、使用、检验以及管理部门共同遵循的法定依据。

【国家园林城市】(garden city of national rank) 达到国家园林城市指标要求的城市。其具体指标是：(1)经遥感技术鉴定核实，城市绿化覆盖率、建成区绿地率、人均公共绿地面积指标达到园林城市基本指标要求：在100万以上人口城市中，秦岭淮河以南人均公共绿地 7.5m²，绿地率31%，绿化覆盖率36%；秦岭淮河以北人均公共绿地 7m²，绿地率29%，绿化覆盖率34%。在50～100万人口城市中，秦岭淮河以南人均公共绿地8m²，绿地率33%，绿化覆盖率38%；秦岭淮河以北人均公共绿地7.5 m²，绿地率31%，绿化覆盖率36%。在50万以下人口城市中，秦岭淮河以南人均公共绿地9m²，绿地率35%，绿化覆盖率40%；秦岭淮河以北人均公共绿地8.5 m²，绿地率34%，绿化覆盖率38%。(2)城市道路绿化符合《城市道路绿化规划与设计规范》，道路绿化普及率、达标率分别在95%和80%以上，市区干道绿化带面积不少于道路总用地面积的25%。(3)全市形成林荫路系统，道路绿化具有本地区的特点。(4)全市"园林小区"占60%以上。(5)城市主干道沿街单位90%以上实施拆墙透绿。(6)城市各项绿化美化工程所用苗的木自给率达80%以上，出圃苗木规格、质量符合城市绿化工程需要。(7)积极推广建筑物、屋顶、墙面、立交桥等立体绿化，取得良好的效果。(8)城市公共绿地布局合理，分布均匀，服务半径达到500米的要求。(9)公园设计符合《公园设计规范》的要求，突出植物景观，绿化面积应占陆地总面积的70%以上，植物配置合理，富有特色，规划建设管理具有较高水平。(10)制定保护规划和实施计划，古典园林、历史名园得到有效保护。(11)城市广场建设要突出以植物造景为主，绿地率达到60%以上，植物配置要乔灌草相结合，建筑小品、城市雕塑要突出城市特色，与周围环境协调美观，充分展示城市历史文化风貌。(12)形成城郊一体的优良环境。(13)城市建设防护绿地，城市周边、城市功能分区交界处建有绿化隔离带。(14)城市环境综合治理效果明显。生活垃圾无害化处理率达60%以上，污水处理率达55%以上。(15)城市大气污染指数小于100的天数达到240天以上，地表水环境质量标准达到三类以上。(16)江、河、湖、海等水体沿岸绿化效果较好，注重自然生态保护，形成城市特有的风光带。(17)城市湿地资源得到有效保护。(18)城市新建建筑按照国家标准普遍采用节能措施和节能材料，节能建筑和绿色建筑所占比例达到50%以上。

国家园林城市

【国家战略】(national strategy) 筹划和指导国家安全与发展的总体方略。国家根本利益的集中体现和制定军事战略的基本依据。包括军事、政治、经济、文化、教育、科技等多方面的内容。该概念最早由美国于20世纪30年代提出，是在英国大战略概念的基础上形成的。当时的解释是：平时和战时在使用军事力量的同时，发展和使用国家的政治、经济和心理力量以实现国家目标的艺术和科学。后来。这一概念被多国沿用，成为国家全面发展的总方略。

【国家知识产权示范城市】(national intellectual property model city) 中国国家知识产权局对国家知识产权示范城市创建工作期满，并正式申报和获准的国家知识产权示范城市授予的荣誉称号。国家知识产权局开展此项活动目的在于通过知识产权示范城市创建工作，提升城市核心竞争力，转变经济社会发展的方式，规范市场竞争秩序，提高社会知识产权意识，从而推动城市经济、文化和社会全面发展。国家知识产权示范城市创建在提高城市竞争能力、规范市场竞争秩序、改善经济发展环境、提高全民知识产权意识等方面均会对城市未来的科学发展、和谐发展产生更加积极而深远的影响。其评定程序包括：(1)申报。由参评国家知识产权示范城市所在地人民政府向国家知识产权局提出书面申请，按照《关于开展国家知识产权示范城市评定工作的通知》等有关要求，提交申报材料，并由所在地省级知识产权局出具推荐函。(2)工作组评定。国家知识产权示范城市评定工作组依据《国家知识产权示范城市评定指标(暂行)》和申报城市提交的申报材料，现场考核情况，对申报城市进行综合评分，并提出初步评定意见。(3)综合评定。国家知识产权局对工作组的评分结果和初步评定意见进行核查，综合评定，确定入选城市，并将评定结果反馈申报城市。(4)国家知识产权局向获得批准的城市授予牌匾。现行国家知识产权示范城市评定指标(暂行)包括8项一级指标、21项二级指标和58项三级指标。

【《国家知识产权战略纲要》】(The National Strategy Programme for Intellectual Property Right) 2008年4月10日由中国国务院常务会议通过并于2008年6月10日发布。是国家总体发展战略的重要组成部分。《纲要》站在国家经济社会发展顶层战略设计的高度，对当前中国面临的形势和挑战进行了概括，确定了指导方针，明确了战略重点和重大举措，提出了到2020年度的宏伟目标。主要内容是：(1)战略目标。提出了近五年的阶段目标及到2020年把中国建设成为知识产权创造、运用、保护和管理水平较高的国家的战略目标。(2)指导方针。确定了“激励创造、有效运用、依法保护、科学管理”的十六字指导方针。(3)战略重点。完善符合国情的知识产权法律法规，建立健全知识产权执法和管理体制机制，在制定经济、社会、文化政策时强化知识产权的导向作用。(4)专项任务和重点举措。明确了专利、商标、版权、商业秘密、植物新品种、特定领域知识产权和国防知识产权类型，明确七大专项任务，提出了提升知识产权创造力、鼓励知识产权转化运用、加快知识产权法制建设、发展知识产权中介服务和扩大知识产权对外交流合作等战略措施。

国家知识产权局标志

【国家中长期科学和技术发展规划纲要(2006～2020年)】[National Plan for Medium and Long-term Scientific and Technological Development(2006～2020年)] 由中国国务院于2006年2月9日发布的新时期指导中国科学和技术发展的纲领性文件。该“纲要”立足中国国情，面向世界，认真落实科学发展观，以增强自主创新能力为主线，以建设创新型国家为奋斗目标，对中国未来15年科学和技术的发展作出了全面规划和部署。该“纲要”确定，到2020年，中国全社会研究开发投入占国内生产总值的密度提高到2.5%以上，力争科技进步贡献率达60%以上，对外技术依存度降低到30%以下，本国人发明专利年度授权量和国际科学论文被引用数均进入世界前五位。该“纲要”指出，到2020年，中国科技发展的总体目标是：自主创新能力显著增强，科技促进经济社会发展和保障国家安全的能力显著增强，为全面建设小康社会提供强有力的支撑；基础科学和前沿技术研究综合实力显著增强，取得一批在世界具有重大影响的科技成果，进入创新型国家行列，为在本世纪中叶成为世界科技强国奠定基础。该“纲要”全文共分十个部分：(一)序言。(二)指导方针、发展目标和总体部署。(三)重点领域及其优先主题。(四)重大专项。(五)前沿技术。(六)基础研究。(七)科技体制改革与国家创新体系建设。(八)若干重要改革和措施。(九)科技投入与科技基础条件平台。(十)人才建设。

【国家重点实验室】(national key laboratory) 国家组织高水平基础研究和应用基础研究、聚集和培养优秀科学家、开展学术交流的重要基地。国家科技创新体系的重要组成部分。其重点发展的三种类型是：多数实验室仍为专业类实验室，少数为多学科交叉集成的国家实验室和以重大科学工程(装置)为依托的国家实验室。它将能够真正代表中国基础研究和应用基础研究的精华力量。部分实验室已成为有国际影响和竞争力的国际一流实验室。

微生物实验室

【国家重点实验室专项经费管理办法】(rules on the special fund of national key laboratory) 中国针对国家重点实验室专项经费管理和使用而制定的有关法规。中国财政部、科技部根据《国务院办公厅转发财政部科技部关于改进和加强中央财政科技经费管理若干意见的通知》(国办发〔2006〕56 号)和国家有关财务管理制度,针对中央财政设立的国家重点实验室专项经费管理和使用而制定的管理办法。于 2008 年 12 月 26 日发布并生效,开始实施。其目的是:贯彻落实《国家中长期科学和技术发展规划纲要(2006～2010 年)》精神,规范和加强国家重点实验室专项经费的管理,提高资金使用效益。其内容包括:总则、经费开支范围、预算管理、预算执行、监督检查与绩效评价和附则六个部分,共 27 条。其专项经费管理和使用的原则是:(1)稳定支持,长效机制。(2)分类管理,追踪问效。(3)动态调整,择优委托。(4)单独核算,专款专用。

【国家注册安全工程师】(national registered safety engineer) 通过全国统一考试,取得《中华人民共和国注册安全工程师执业资格证书》,并经注册的专业技术人员。生产经营单位中安全生产管理、安全工程技术工作等岗位及为安全生产提供技术服务的中介机构,必须配备一定数量的注册安全工程师。经国家有关部委授权,国家安全生产监督管理局负责实施注册安全工程师执业资格制度的有关工作。注册安全工程师考试科目分别是:《安全生产法及相关法律知识》、《安全生产管理知识》、《安全生产技术》和《安全生产事故案例分析》,所有科目必须在连续两个年度内全部通过方可注册。

【国土防空系统】(national territory air defence system) 为保卫国家领土、领空、领海和主要地区及主要目标的安全而设置的防空系统。防空导弹是国土防空系统中一种主要的防空武器。国土防空系统主要由两部分构成:(1)覆盖中国空域的防空 C³I 系统。包括各级指挥中心、地面预警雷达网、预警卫星、预警飞机、通信卫星、地面有线和无线通信网、电子计算机以及各种显示设备。(2)拦截武器。包括防空截击机,由远程、中程、近程和高、中、低、空搭配的各种防空导弹武器系统和各种口径的高炮以及电子战系统。

国土防空系统

【国土整治规划】(national territory management program) 根据国民经济发展的需要对国土资源的开发、利用、治理和保护进行的综合性、全面性部署。其主要内容包括:(1)资源的考察和评价。(2)工业、农业和交通运输业等的合理布局及其地域组合。(3)加强各个经济建设部门之间的横向联系,相互促进,有机结合。(4)人口规划和城乡建设规划。(5)能源、水利、环保工程等基本建设。(6)改造自然、保护与整治环境等。国土整治规划为编制城市总体规划和制定经济发展的中、长期计划提供科学依据和指导原则。

【果醋饮料】(fruit vinegar drink) 以水果为主要原料,通过独特酿造工艺制成的酸性口感的碱性饮料。采用现代生物技术,利用微生物深层液态二次发酵酿造果醋,再经勾兑生产的饮料,含有十种以上的有机酸和人体所需的多种氨基酸,对人体健康有重要作用,被称为“全球第六代黄金饮料”。适合生产果醋饮料的水果有葡萄、苹果、梨、柑橘、水蜜桃、猕猴桃、山楂、沙棘、野生酸枣、桑葚、番木瓜、柿子和杏等。目前市场上销售的果醋饮料,以苹果醋饮料居多,具有独特的口味、丰富的营养价值及多种保健功能,能促进新陈代谢,调节酸碱平衡和消除疲劳,能在体内与钙质合成醋酸钙,增强钙质的吸收。有效用,但也有限,不宜夸大。

果醋饮料

【果酱】(jam) 又称果子酱。用水果加糖、果胶制成的糊状食品。常用苹果、桔子、草莓、山楂、菠萝及猕猴桃等生产。原料经挑选、洗涤、软化、打浆或滤汁、调配、浓缩即得成品。具有各种配料果实的风味特色。可溶性固体物65%以上。

樱桃果酱

【果实采后处理】(fruit handling after harvest) 保持采收后果实新鲜品质或保存其营养成分的技术措施。采后处理包括预冷、洗果、消毒、打蜡、分级、包装和入库等。

【果实成熟度】(fruit maturity) 植物的果实脱离母株仍可继续进行并完成其个体发育。果实达到自身符合作为园艺产品用途的发育标准。按其果实用途的不同可分为:(1)果实完成生理成熟,但其应有的外观品质和风味品质尚未充分表现出来。此时采收的果实较耐储藏和运输,适宜用于加工处理。如需要长途运输的香蕉,糖制加工的枣和盐制加工的樱桃、李、梅等。(2)果实达到完全成熟,充分表现出其应有的色香味品质和营养品质。此时采收的果实,品质最好,但不耐储藏和运输。如在树上完熟的桃、樱桃、无花果果实,适宜于直接采摘食用。用于制作果汁和果酒的果实可在此时采收。此前采收的成熟果实,放置一段时间后,达到食用成熟度时,其风味品质最佳。如完熟的西洋梨、香蕉等。(3)果实已经过了完全成熟期,表现衰老的迹象。水果果肉质地松绵,风味淡薄,营养价值明显下降,不宜食用。坚果果实种子充分完成发育,种子粒大,种仁饱满,营养价值和品质均达到最佳。此时是采收坚果的适宜时期。常用于测定果实成熟度的指标有果实外皮颜色(底色和面色)、果肉颜色、种子颜色、果实大小、果肉硬度、可溶性固形物含量、酸度和糖酸比等。生产上也常用积温量、花后果实生长日数等指标确定果实的采收期。许多成熟的果实可在树上完熟,如桃、樱桃、无花果、苹果等。树上完熟的果实,采收后即可食用,但不耐储藏。有些果树的果实在树上不能完熟,只有脱离树体后,经过储藏或催熟处理才能完熟。这种果实采后实现完熟的过程通常称为后熟。如油梨和巴梨,成熟后继续留在树上均不能完熟,刚采摘的果实无香味和甜味,质地又硬,不宜食用,必须经过一段时间的储藏或催熟处理,才能完熟,达到最佳食用状态。猕猴桃、柿、晚熟苹果等果实的完熟过程大部分也在采收后完成。

【果实储藏加工学】(fruit storage and processing) 果树学的一个分支。研究果实采收、采后处理、储运和加工利用的基本原理与技术的应用学科。果树栽培学的延续学科,以果实采后生物学、果实化学与商品学为基础,综合运用现代储运保鲜及食品加工技术。其内容包括:果实的成熟与衰老过程的变化规律及其调控机制,采前与采后诸因素对果实品质和耐储运性能的影响;果实的采收、分级、涂被、包装,果实的运输,果实的储藏保鲜,果品加工(干制、罐藏、糖制、制汁、酿造及速冻)和果实的综合利用。

【果实品质】(fruit quality) 果实本身具有的外观、风味、营养、储藏和加工等方面的特征特性的总称。按其果实品质的不同可分为:(1)外观品质。由消费者的感觉器官评定。指标有果个大小(重量、体积等)、果实形状、果实光洁度和果皮色泽等。(2)风味品质。由消费者的感觉器官评定。评定指标有甜味、酸味、汁液、质地和香气等。(3)营养品质。指可用物理和化学方法测定的果实营养成分含量。具体指标有蛋白质、糖分、脂肪、有机酸、矿物质、维生素和其他对人体健康有益成分的含量。(4)储藏品质。指果实采后的储藏寿命和货架寿命。一般苹果、梨等果实储藏品质好,富士苹果比元帅系苹果更耐储藏。桃、杏、枣等果实的储藏寿命较短。(5)加工品质。指其适合加工特殊需要的品质要素。如罐藏用桃,其果肉要不溶质的;加工蜜枣的枣,其果肉要疏松的。

【果实套袋】(fruit bagging) 护理果实增进色泽,提高外观商品价值的一项技术措施。常在病虫害、裂果、日烧发生前进行。一般在疏果结束后,套袋前喷一次农药。常用专用纸袋及白色塑料袋等作套袋。将果实或果穗置于袋中后,用麻皮或其他绳子把袋口合于果枝上缚牢,切勿缚在果柄上,以免引起脱落。是减少农药残留和提高果面光滑主度的主要措施之一。目前,果树套袋已在国内外苹果、梨、桃、石榴等果品生产中广泛应用。

果实套袋

【果蔬保鲜剂】(antistaling agents for fruits

and vegetables) 可用于果蔬保鲜的物质的总称。是食品保鲜剂中的一大类。通过浸泡或喷涂的方法在果蔬表面覆盖一层薄膜,可以阻隔85% ~90% 的氧气进入果蔬,抑制果蔬的呼吸和水分蒸发,减少乙烯气体的排放,使果蔬处于休眠状态,延缓了果蔬的代谢和衰老的过程,达到果蔬保鲜的效果。果蔬保鲜剂的主要成分为:蔗糖脂、甘油酯和纤维素等对人体无害的物质。

果蔬保鲜剂

【果蔬被膜保鲜技术】(fruits and vegetables button maintaining freshness technology) 见果蔬涂膜保鲜技术。

【果蔬储藏低温冷害病】(chilling injury of fruits and vegetables during storage process) 果蔬在0℃以上的低温中表现出生理代谢不适应的现象。在果蔬储藏中,若温度低于该品种的储藏适温,就会发生冷害。甜椒的储藏适温为7 ~8℃,若低于5℃则容易遭受冷害;香蕉储藏温度不能低于12℃。热带、亚热带或在夏季、初秋成熟的果蔬,对低温适应力差,如遇长期0℃的低温环境,则容易发生冷害;在北方生长或秋冬季节成熟的果蔬,如苹果、大白菜,储藏适温较低,不易发生冷害。果蔬受冷害后,表面出现斑点、凹陷斑纹,内部变色,发生干缩,有异味。一些表皮较薄、较柔软的果蔬,则易出现水渍状的斑块。控制冷病害的措施有:(1)变温储藏。根据不同果蔬品种耐受低温的限度和时间,找出最适宜的储藏温度,以免其受冷害。(2)湿度调节。适当提高储藏湿度有利于防止冷害的发生。这是由于水分蒸发减弱的缘故。(3)气体控制。环境气体中氧浓度过高或过低都会影响冷害的发生。为避免冷害,氧浓度以7%为宜。同时,一定浓度的二氧化碳对冷害起抑制作用。(4)选育耐低温品种。对果蔬采用逐步降温和提高果蔬成熟度,也可降低其对冷害的敏感性。

【果蔬气调储藏】(fruits and vegetables storage in controlled atmosphere) 在低温储藏的基础上,调节空气中氧、二氧化碳的含量(氧含量2% ~5%,二氧化碳含量5%的冷藏方法。这样的储藏环境能保持果蔬采摘时的新鲜度,减少损失,保鲜期长,无污染。与冷藏相比,气调储藏保鲜技术更利于果蔬品质的保持和保鲜。常用的气调方法有:塑料薄膜帐气调、硅窗气调、催化燃烧降氧气调和充氮气降氧气调。

【果蔬涂膜保鲜技术】(coating and fresh-keeping techniques of vegetables and fruits) 又称果蔬被膜保鲜技术。将水果、蔬菜置于配制好的保鲜液中,使果蔬表层产生一种半透气薄膜,从而延长保鲜时间的一种技术。果蔬采摘以后,引起果蔬变色、老化腐败的原因,一般是由于果蔬的呼吸作用产生乙烯气体和水分蒸发损失及微生物繁衍所致,选取无毒可食性防腐、抗氧、护色、成膜等添加剂,经科学配方制成的一种果蔬保鲜液,可在果蔬表面形成一层具有抑制微生物繁殖、抑制生物酶活性、护色、保水等复合功能的气调性保鲜薄膜技术。不仅明显延长果蔬的保鲜、保质期,同时具有美化外观、提高果蔬档次的功效。此技术广泛适用于各种水果、蔬菜保鲜。

【果树】(fruit tree) 能够生产人类食用的果实、种子及其他衍生食品的木本植物和少量多年生草本植物的统称。如苹果、梨、桃、葡萄、杏、李、山楂、猕猴桃、核桃、板栗、扁桃、仁用杏和松等。全世界已知果树有2 792种,分属于134科659属。按其叶的生长习性的不同可分为:(1)常绿果树(柑橘、枇杷等)。(2)落叶果树(苹果、梨等)。按其果实结构的不同可分为:(1)核果类果树,如桃、杏、李等。(2)浆果类果树,如草莓、葡萄、猕猴桃等。(3)仁果类果树,如苹果、梨、山楂等。(4)坚果类果树,如核桃、板栗、椰子等。世界果树分布在南、北纬60°之间,以北半球热带和亚热带为主要栽培地区。中国有适于各种果树生长、繁衍的自然条件,种质资源丰富,共有59科158属670余种。果树除向人们提供果实、种子和衍生食品外,有些果树还可提供优质木材。

果树

【果树矮化育种】(dwarf fruit tree breeding) 果树品种选育的一个目标。选育具有短枝型的接穗品种或矮化砧木类型的技术。前者要求植株矮化或半矮化,节间短,成枝力弱,萌芽率强,易生短果枝,结果较早,高产稳产,树冠紧凑。后者要求具有对气候和土壤适应性强的矮化或半矮化砧木,同时具备繁殖力高,嫁接亲和力强,对接穗品种的产量、品质、提早结果有良好作用。

【果树避雨栽培】(avoid rain for cultivation of fruit tree) 将薄膜覆盖在树冠顶部以躲避雨水、防菌健树、保护果实、提高果实品质和扩展栽培区域的果树栽培方式。主要应用于枣、葡萄、樱桃和油桃等树种。其作用是:(1)可预防因树冠淋雨出现裂果、落果及各种病害。(2)提高坐果率和产量,改善果品质量。(3)避免雨日误工,提高劳动生产率。如"红提"葡萄在河南省郑州采用避雨栽培,不仅明显减轻了病害程度,而且提高了果实的品质。

【果树采前落果】(fruit dropping before harvest) 在果实成熟前不久,由于品种特性等原因使枝条与果柄间或果柄与果实间形成离层,导致果实非正常脱落的现象。其主要原因是:高温、干旱、雨量过多、日照不足、久旱暴雨、氮肥过多、通风透光不良和病虫害等所致。其预防措施是:(1)注意改良土壤,加强肥水管理,增强树体营养。(2)防旱抗旱,保温保湿。(3)科学用肥,控制化肥用量。(4)提倡使用生物农药,切忌多种农药盲目混用,避免伤叶伤果。(5)防病治虫,防患于未然。

【果树重复授粉】(duplicate pollination of fruit tree) 在同一母本花的花蕾期、开花期、花瓣临谢期进行多次重复授粉,促进果树受精结子的方法。在远缘杂交育种中,由于双亲的亲缘关系较远,经常遇到一次授粉难以实现受精结子的目标,导致杂交很难成功,利用多次重复授粉,可以提高杂交的成功率。这是因为处在不同发育时期的同一母本柱头,其柱头成熟度和生理状况都有一定的差异。所以,在果树开花的不同发育时期进行重复授粉,可能遇到最有利于受精的条件,而提高受精结实率。有人认为第一次授粉会对花粉的萌发或花粉管的伸长起到开路先锋的作用,促进了随后授粉受精的成功。西北农业大学曾报道用此法得到了葡萄与番茄的远缘杂交种。

【果树纯花芽】(simple flower bud of fruit tree) 一些果树的花芽只开花,不长枝叶的花芽。如桃、杏、李和杨梅等。纯花芽开花后授粉受精,果实膨大并结果,如果不能够坐果,则只有脱落死亡。具有纯花芽的果树既可以疏花芽,也可以疏花、疏果。如樱桃可以于发芽前一个月开始进行疏芽,每个花束状的短果枝留芽三个,疏芽时一定不要疏掉中心芽,即叶芽;花后20~30天为疏果期,每个花束状短果枝留三个左右的果。核果类果树都为纯花芽,如桃树多进行疏蕾,花芽露红时疏掉50%~70%;盛花后20~30天进行第一次疏果(花粉少的品种不进行这次疏果);盛花后40~50天进行最后一次疏果,即定果。为了节省养分,调节开花和萌芽的矛盾,要及早疏芽、疏蕾,同时配合人工授粉、果园放蜂等。

果树纯花芽

【果树促成栽培】(cultivation of fruit tree) 在一定的设施内,对果树栽植、管理,使其结果期比在露天栽培条件下提前的果树栽培方式。在日光温室、塑料大棚内人为地控制果树生长环境,按照人们的意愿提早生产出高质量的水果。可以较有效地防治病虫害传播,减少农药使用量,生产绿色食品,保护人们的身体健康。在中国,果树促成栽培涉及的树种主要有葡萄、草莓、桃和西洋樱桃等。

【果树单性结实】(fruit parthenocarpy) 不经过授粉或虽经授粉但未能够完成受精过程而形成果实的现象。柿子、香蕉、温州蜜柑和葡萄的部分品种都有自发单性结实的能力。造成单性结实的原因较多,低温、激素等均能导致单性结实现象发生。单性结实的果实无种子,更方便使用。按其成因的不同可分为:(1)天然单性结实。在自然条件下,不经传粉或其他任何刺激,便能发育结实的现象,如香蕉、脐橙、凤梨、温州蜜桔及葡萄的某些品种。(2)诱导单性结实。需要通过某种诱导才能引起单性结实的现象,例如,用爬山虎的花粉刺激葡萄的柱头,用赤霉素喷洒或浸泡玫瑰香葡萄果穗来诱导单性结实。由单性结实产生的果实没有种子,称为无籽果,在果树生产上有重要的经济价值。人们之所以青睐香蕉、北京名产"磨盘"柿,其原因之一就是无籽。

【果树的生态环境】(fruit ecological environment) 构成果树生存和发展空间系统整体的一切因素的总和。包括气候条件、土壤条件、地势条件、生物因子(含人为因素、果树与其所处环境之间互相依存、互有所求的关系)等。果树器官的生长发育,果树年周期和生命周期的正常与否,都是在一定的生态环境下进行的。适宜的生态环境是果树优质丰产的重要保证。在果树生产中,把果树对地理气候环境的适应性作为制定、实施果树栽培管理技术的立足点,提高园区水、光、气、热、土资源利用率,促使园区物种多样化,分布层次化,建立起一个园区物种之间有机结合、相互协调、相互制约的果园生态系统,以促进果树的丰产、稳产、优质、低耗、高效,并在果树持续性生产中,促进果园区生态环境的逐步优化。

【果树冬芽】(winter bud of fruit tree) 在

果树当年抽生的枝条上形成的、当年夏天不能够萌发，多在休眠越冬后萌发的芽。例如葡萄当年抽生的枝条上形成的芽，芽内有一个主芽和多个预备芽。冬季来临时休眠，越冬后萌发，抽生枝条。能够安然度过隆冬季节，与它的形态结构以及内部生理变化有直接关系。按其生长位置的不同可分为：(1)生长在小枝顶端的称作顶芽。比较肥大，一般只有一个顶芽。(2)长在叶痕的上方，当叶子未脱落时隐藏在叶腋内，称为腋芽。腋芽常不止一个。如杏树的腋芽、冬芽不仅由于其外部产生了抵御寒冷等不利条件的适应性结构，其内部细胞也随气温的下降改变了原有的生理。

果树冬芽

【果树冻害】(freezing injury of fruit tree) 果树在越冬期间遇到0℃以下低温或剧烈变温或较长期处在0℃以下低温中造成的果树冰冻受害现象。果树容易受冻的部位是根颈、枝干、皮层、一年生枝、花芽和柑橘类的叶片。果树冻害以栽培分布北界较重，温带落叶果树和热带、亚热带常绿果树都可发生。按其果树遭受冻害部位的不同可分为：(1)树干冻害。由于温度剧变，韧皮部和木质部涨力不同，常使受冻后树干纵裂，树皮与木质部分离，严重时树皮外卷，甚至全株死亡。(2)枝条冻害。成熟的枝条以形成层最抗寒、皮层次之，木质部和髓部最不抗寒。因此轻微受冻时只表现髓部变色，中等冻害时木质部变色，严重冻害时才冻伤韧皮部，待形成层变色时则枝条失掉恢复能力。幼树生长停止较晚，枝条常不成熟，易加重冻害。轻微冻害时只表现髓部变色；较重时枝条脱水干缩；严重时自外向内各级枝条都可能冻死。多年生枝冻害，常表现树皮局部冻伤。受冻部分，最初微变色下陷，皮内部变褐，并逐渐干枯死亡，皮部裂开和脱落。受冻枝干易感染腐烂病、干腐病，柑桔易发生树脂病。(3)花芽冻害。花芽较叶芽和枝条抗寒力低，故冻害发生的地理范围较广，受冻年份也较频繁。花芽越冬时分化程度越深、越完全，则抗寒力越低。腋花芽萌发晚故较顶花芽的抗冻力强。(4)根颈冻害。根颈是地上部进入休眠最晚而结束休眠最早的部位。同时，根颈所处的位置接近地表，温变剧烈，所以最易受低温或温变的伤害。根颈冻害对植株危害很大，常引起树势衰弱或整株死亡。保护根颈是易冻地区果树每年必须采取的措施。(5)根系冻害。果树的根系较其地上部耐寒力差。形成层最易受冻，皮层次之，木质部抗寒力较强。

果树冻害

【果树辅助采收】(assist harvesting of fruit tree) 果实机械采收之前应用生长调节剂促进果柄离层产生，减弱果实的固着力，从而可以只用较小的震动便能将果实摇落，减轻震动对树体造成伤害的技术。国外对干果和加工用的水果多用机械采收，以提高劳动效率，大幅度地降低成本。乙烯利可以被作为苹果、葡萄、梨、山楂、甜樱桃、柑橘、核桃、油橄榄和枣等众多果实机械采收的辅助手段。如在正常采收期前1～2周，对甜樱桃使用乙烯利250～500mg/L，酸樱桃上使用200～1 000mg/L，可在3天内有效地松动果柄。在采前7～8天，对枣树喷乙烯利200～300mg/L，喷施乙烯利后2～3天，稍受震动，果实即可脱落。通常，处理后4～5天，果实自然脱落进入高峰，处理后5～6天内，成熟果实全部脱落。山楂正常采收期前喷施乙烯利500～600mg/L，可有效地催落果实，代替棍打人摘，节约劳动力，且可以改进采后立即食用的品质，对其储藏性能无影响。

【果树副芽】(accessory bud of fruit tree) 果树枝条的叶腋处存在多个侧芽，在多个侧芽中位于主芽上方或两侧的芽。如枣、李、杏和桃等。枣头一次枝(即枣头的主轴)上的叶腋间有主芽、副芽各一个。主芽紧靠叶腋，一般情况下不萌发。副芽在主芽上方，当年萌发成二次枝，又称为结果基枝、“枣拐”。由于副芽在枣头主轴上着生的位置和出现的时间早晚不同，二次枝的长势也不一致。枣头上的主芽当年一般不萌发，副芽则随着枣头生长形成二次枝。葡萄的副芽着生在主芽的侧方。核桃的副芽则着生于主芽的下方。

【果树个体发育】(ontogenesis of fruit tree) 从果树的实生种子萌发到植株生长发育、开花结果直至衰老死亡的全过程。有性繁殖的果树是由胚珠受精(雌雄配子结合)产生的种子萌发而长成的个体。包括从受精卵到成熟种子的胚胎发育阶段。按其发育阶段的不同可分为：(1)童期(幼年期)。指从种子萌发起到实生苗开始花芽分化止所经历的时间。通常以播种到实生果树开花所需的年份计算童期长短。果树童期的长短在树种间有很大差异。同一树种不同品种间的童期长短也有明显差异。环境条件如光照、温度、水分、肥料和土壤等能影响树体的生长，也会对童期长短变化起一定的作用。(2)成年期。指从果树具有稳定持续开花结果能力时起、到开始出现衰老特征时结束。成年果树进入正常开花结果的生长发育阶段，在自然环境条件下，可以连续多年开花结果，孕育产生新种子。(3)衰老期。指从树势明显衰退开始到果树最终死亡的时期。果树经过多年生长后，生命活动逐渐衰弱，表现为新生枝条的年生长量减少，年龄大的骨干枝开始枯死，根逐步衰亡，结果枝越来越少。进入衰老期的果树不仅结果数量少，而且果实品质差；树势衰退，体内生理协调破坏，抵抗力降低，容易受到病虫危害；树冠无力更新复壮，逐步走向生命的终点。果树衰老受遗传因子控制，不同树种的实生树寿命长短不一。环境条件如光照、温度、水分、营养也会影响果树的寿命。

【果树根蘖苗】(root seedling of fruit tree) 由果树的根上发生根蘖或靠近根部的茎上易发生分蘖，经分离后长成的苗木。采用根蘖苗应先将其根系培育旺盛粗壮生长后才分离母树。否则因根蘖苗依赖母树体内养分，在自身根系少而不完整的情况下，一旦分离母树定植，往往会因根系吸收养分和水分的不足而引起地上枝叶萎蔫枯死，影响成活率。果树根蘖苗在分株繁殖中应用广泛。

【果树根域限制栽培】(restriction on cultivation of fruit tree root domain) 又称果树限根栽培。采取制约措施人为地将果树根系的分布限制在一定的范围内，以调控树体地上部分生长发育的一种栽培方式。其具体措施是：(1)整形修剪。(2)合理使用生长调节剂。(3)控制地下部根系的分布范围。其作用是：(1)可以提高树体根系密度。(2)土壤空间、水肥利用效率高于常规栽培。(3)植株根系中细根所占比例明显增加，使营养生长适度，光合产物增加，发育进程加快，促进早果丰产。在果树设施栽培、矮化密植栽培、庭园观光栽培和受限地域栽培中应用前景广阔。

【果树骨干枝】(framework branches of fruit tree) 构成果树树冠骨架并担负树冠扩大、水分养分运输和承担果实重量任务的大枝。不直接生产果实，属于非生产性枝条。原则上在能充分占领空间的条件下，骨干枝越少越好，可避免养分过多地消耗在建造骨干枝上。但应具体情况要具体分析，中、大型树冠骨干枝数可多些，不仅可以增强树势，有利于树冠扩大和充分利用空间，而且个别骨干枝损伤后对产量影响较小；小冠树形，骨干枝宜少。成枝力弱的品种骨干枝要多些；成枝力强，骨干枝要少些。幼树、边行树、坡地栽植，光照条件好，可多一些；成年树特别是平地成片栽植园，光照条件差，骨干枝应少一些。在同一层内骨干枝数一般不宜超过4个，着生距离也不宜过近，以免形成轮生枝。为优质高产、简化修剪和提高劳动效率等，现代果树树体结构趋向于简单化，骨干枝数目相应减少。越是密植，骨干枝数目越少，如圆柱形，全树骨干枝只有一个，即中心干。超高度密植的草地果园，则采用相当于1～2个大型枝组的树形，全树没有骨干枝。骨干枝的延伸，有直线和弯曲延伸两种。直线延伸的，树冠扩大快，生长强，树势不易衰。开张角度小时，容易上强下弱，下部和内部易光秃，不易形成大型枝组或骨干枝。弯曲延伸枝在弯曲部位容易发生大型枝组或骨干枝，树冠中下部生长相对较强，不易光秃，但常常先端生长较弱，树势易衰。因此，骨干枝采用何种方式延伸，要根据具体情况考虑选用。

果树骨干枝

【果树寒旱】(physiological drought of fruit tree) 果树在冬春期间由于土壤水分冻结或地温过低，根系不能或极少吸收水分，而地上部枝条水分蒸腾强烈，造成植株严重失水的生理干旱现象。尤其是幼树在冬春之际，枝干失水皱皮和干枯的现象，俗称“抽条”。主要发生在中国东北、华北北部、西北、西藏以及山东北部。苹果、梨、桃、葡萄、无花果、核桃、板栗和柿都有发生。1～5年生幼龄树尤为严重。受害程度随树龄增大而减轻。是当前北方干寒地区果树生产中存在的重要问题。轻度寒旱造成枝条外皮皱缩，但可随气温的升高而恢复。严重寒旱主要发生在气温回升、干燥多风、地温尚低的2～3月。受害较重者枝干抽干，恢复困难。寒旱发生原因首先是：(1)由于冬春期间(主要是早春)由于土壤水分冻结或地温过低。(2)因为冬春之际干旱多风，加剧地上部水分蒸腾量。(3)因为深秋季节遭受害虫大绿浮尘子危害，刺破表皮产卵，造成很多伤口，大量失水而加剧抽条死亡。不同树种、品种抗寒旱能力有所差异。凡枝条皮孔小、皮孔总面积少、角质层和木栓层等保护组织发达，可溶性糖含量高、束缚水多、呼吸强度低的树种和品种，受寒旱危害少而轻。枝条保水能力是影响水分蒸腾强弱的关键。夏季旺长、秋季未及时停止生长的枝条抗寒旱力较弱。新梢生长健壮，秋季及时停长，正常进入休眠者，抗寒旱能力强。预防寒旱的途径有：(1)控制后期施氮、灌水，忌种后期需水多的间作物等，促使新梢在越冬前及时停止生长，增加树体储藏营养，增强其越冬性。(2)营造防护林带，改善果园小气候，减轻寒旱影响。(3)树盘冬季覆草、埋土，早春及早去除覆草，换成地膜，以利土壤尽早解冻，促进根系恢复吸水能力。(4)注意秋季防治浮尘子和蝉等树皮产卵，减少水分蒸腾量。(5)选栽抗寒旱能力强的树种和品种。

【果树花芽】(flower bud of fruit tree) 果树萌发后能开花的芽。是果树结果的基础。桃子、苹果、梨都有花芽。花芽芽体肥大饱满，顶端圆钝，鳞片多，抱合紧密。要夺取高产优质，就需有足够数量的优质花芽。花芽在生长季节分化出来，春天开花。一般落叶果树的花芽是前一个生长季节分化，第二年开花。因此，当年的果树生长健壮程度直接影响来年的果树产量。尤其是果树的大小年，就是因为当年结果过多，影响了花芽的分化，来年就会减产。产量低，果实少，花芽分化好，下一年产量就会高。

果树花芽

【果树花芽分化】(differentiation of fruit flower bud) 果树芽的生长点无定形细胞的分生组织经过各种生理和形态的变化最终在芽内形成雄蕊和雌蕊等各种花器官原基的全过程。其过程包括：(1)成花诱导。(2)花芽发端。(3)花芽形态建成或花芽发育。果树的花芽分化是一个高度复杂的生理生化和形态发生过程。在一定条件下，接受环境信号产生信号物质，运输到茎端分生组织，启动成花控制基因，并在许多基因的相互作用和许多代谢途径的制约下，最后使茎端分生组织成花。这是一个从量变到质变，由营养生长转向生殖生长的过程。是一个复杂的多层次、多元化反应的过程。多数落叶果树的花芽在开花结果的前一年或前一个生长季形成(有的果树如在一年内可多次形成花芽)。果树的产量在很大程度上决定于前一年的气象条件和栽培管理是否有利于形成适量而饱满的花芽。

【果树化学疏花疏果】(flower and fruit thinning with chemical regent) 利用一定浓度的化学试剂喷洒代替人工进行疏花疏果的技术。最早且成功使用植物生长调节剂进行化学疏花疏果的树种是苹果。目前生产上广泛使用的药剂是：(1)二硝基化合物，主要是二硝基邻甲酚及其钠盐或铵盐。(2)萘乙酸、萘乙酰胺和乙烯利。(3)果树上常用的杀虫剂后来发现是苹果良好的疏果剂，主要是西维因和敌百虫等。目前，应用于苹果上的新的化学疏除剂仍然在不断地研究和探索中，包括应用元素镓(GA)，抑制花芽形成，从而减少下一年产量；花期应用元素钡(BA)或氯吡苯脲(CPPU)。尽管在桃上的化学疏花疏果的研究已有近五十年的历史，但生产上仍没有很广泛的应用。在桃树上的研究结果表明，在新梢生长到其最终长度的 60% ~ 90% 时，喷施 GA50 ~ 100mg/L，能抑制花芽的形成，从而减少树体第二年负载量。

【果树混合花粉授粉】(mixed pollen pollination of fruit tree) 在果树花粉中通过加入少量的母本花粉甚至死花粉或近缘的多种花粉，以提高结实率的方法。在异种花粉中加入少量的母本花粉(甚至死花粉)或多种花粉，不仅可以解除母本柱头上分泌的、抑制异种花粉发芽的某些物质，创造有利的生理环境，而且由于多种花粉的混合，使雌性器官难以识别不同花粉中的蛋白质而接受原属于不亲和的花粉而受精。这种措施在远缘杂交育种中经常用到，由于双亲的亲缘关系较远，一般杂交很难成功。利用混合花粉授粉，可以提高果树杂交的成功率。

【果树混合芽】(mixed flower bud of fruit tree) 有些果树的花芽萌发后既开花又长枝和叶的芽。在伸展的枝条顶端上开花的，如苹果、梨、葡萄、柿、栗、柑橘和石榴等。按其花芽着生位置的不同可分为顶花芽和腋花芽。着生在枝条顶端的称为顶花芽；着生在叶腋间的称为腋花芽。其形状介于叶芽和花芽之间。晚实核桃的混合芽着生在一年生枝顶部及以下 1 ~ 3 个节间处，早实核桃混合芽除顶芽外，其下侧芽均可为混合芽，来年抽生形成侧结果枝，侧芽中混合芽的多少或形成侧果枝的多少是早实核桃丰产的重要性状之一。混合芽单生或与叶芽、雄花芽上下呈复芽状态着生于叶腋间。

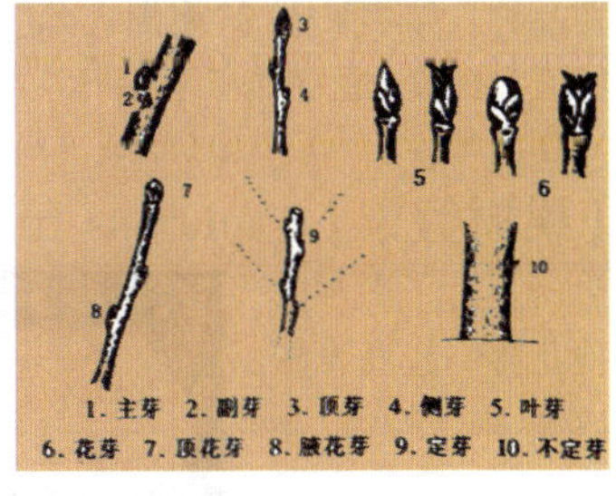

果树混合芽

【果树活动芽】(active bud of fruit tree) 果树的某些芽形成后，短时期就能够萌发的芽。例如石榴、桃和葡萄当年枝条形成的芽，当年就能够萌发成二次枝或夏梢。枝条上的芽形成后，能按时萌发的，称为活动芽。花芽和顶芽多为活动芽。顶芽以下各叶腋间的芽，因顶端优势的关系，也多为活动芽。枝条中下部和基部的芽以及水平枝或斜生枝下面的芽，则多为隐芽。

【果树基因的系统性相关】(genic systematicness correlation of fruit tree) 某些基因能控制与果树生长发育有密切联系的生物化学相关过程，从而不仅影响到早期的某一性状，也影响到后期的一些性状，表现出来的系统相关性。由于果树实生苗木具有较长的童期，因此育种学家常根据栽培性状的好坏对果树的童期苗木进行预先的选择。例如桃树控制胡萝卜素合成的基因不仅影响童期的叶片颜色，又影响果肉的颜色；观赏用紫叶桃控制叶色的紫叶基因 Gr，同时也控制童期幼苗下胚轴的颜色；甜樱桃果实颜色与叶基腺体的颜色密切相关，它们的一致性是相当高的。又如梨的一年生幼苗叶面积与将来成龄期果实单果重呈正相关；桃落叶早的单株对桃子溃疡病有抗性。

【果树计划密植】(thick planting plan of fruit trees) 为提高果树早期产量兼顾后期产量而采用的前期加大密度后期再逐步间伐的果树栽培方式。其优点是：(1)能提高早期土地、空间和光能的利用率。(2)早期植株比合理密度多一倍，能提高早期单位面积产量。(3)封行后移走增加行，增大果园果树行距，不影响中后期枝条伸展、光照、产量和果树寿命。

【果树加工品种】(varieties of fruit processing) 以提供加工原料为主要生产目的的果树品种。如苹果中的“澳洲青苹”品种，果实味酸，不宜直接鲜食，适宜加工苹果汁。“澳洲青苹”为果汁专用品种。

【果树假果】(spurious fruit of fruit tree) 果树上由子房和其他花器一起发育形成的果实。如苹果、香蕉、梨、石榴、菠萝、草莓、无花果、板栗和核桃等。如香蕉果实革质化外皮由花被发育形成。外皮中分布有许多纵向的维管束和乳腺，内侧有一层通气细胞，再接一层横向的维管束。果肉由子房壁和心室中隔发育形成。果肉中分布有纵向主维管束以及分支维管束。果实具中轴胎座，但栽培香蕉多是单性结实，果实体内无种子。又如浆果石榴是假果，其果皮革质化，连同部分花被一起形成果实外皮，食用部分是多汁的外种皮。浆果草莓是聚合果，果实外皮和果肉都是花托发育形成的，真正的果皮变干，包着种子形成瘦果。

果树假果

【果树结果枝】(bearing shoot of fruit tree) 果树直接着生有花或花序并能结果的枝。有些果树的结果枝是当年生枝，如葡萄、核桃、柑橘、山楂、柿和板栗等。枣树的当年生结果枝在结果后脱落，称为脱落性结果枝，又称为枣吊。有些果树的结果枝是一年生枝，如桃、杏、李、梅、樱桃和杨梅等。一年生枝在其生长发育的当年形成花芽，次年开花结果。按其结果枝长度的不同可分为：(1)仁果类果树。有长果枝(>15 cm)、中果枝(5~15 cm)和短果枝(<5 cm)三种。(2)核果类果树。有徒长性果枝(>60 cm)、长果枝(30~60 cm)、中果枝(15~30 cm)、短果枝(5~15 cm)和花束状果枝(<5 cm)五种。柑橘类果树的结果枝还可按有叶无叶的不同可分为有叶结果枝和无叶结果枝。一些果树上年的结果枝形成混合花芽，次年长出新的结果枝，原来的结果枝就成为结果母枝。枣树二次枝上的枣股是结果母枝，着生枣股的二次枝为结果基枝。

果树结果枝

【果树茎源根系】(cutting root system of fruit tree) 在用果树枝条进行繁殖时，起源于茎上不定根的根系。扦插、压条繁殖的苗木，其根系是茎源根系。果树中葡萄、无花果、石榴等多是扦插或压条繁殖的。其根是茎源根系。茎源根系无主根或主根不明显，根浅，生命力相对较弱。

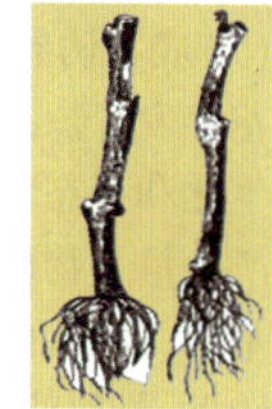
茎源根系

【果树根蘖根系】(layering root system of fruit tree) 部分果树通过产生不定芽而形成苗木的根系。枣、山楂、石榴的苗木繁殖中常用归圃育苗，即收集山楂树下根蘖苗集中育苗的方法。它们的根系就是根蘖根系。其特点是：(1)在根段上形成不定芽，并发育为根系，最后形成独立的植株。(2)主根不明显，分布较浅，对根际环境适应力不如实生根系。(3)对外界环境的适应能力较差。(4)个体间差异小。

【果树抗虫性】(insect resistance of fruit

tree） 果树体内的某些化学物质不利于取食害虫的存活、生长发育及繁殖，而使害虫饥饿、慢性中毒或死亡的特性。按果树品种抗虫性机制的不同可分为：（1）形态学抗性。指植株的形态、颜色等外部特征不利于害虫的取食、栖居和产卵。如有一些叶片上的毛状体分泌一种胶状物质，能粘住昆虫的跗足或口器，而后迅速凝固变黑，使之不能移动，进而造成因为不能取食而死亡。（2）解剖学抗性。指植株的组织结构不利于害虫的取食、侵入。如有坚实的表皮组织，或具有较厚的蜡质层等。（3）化学抗性。即植物体内的某些化学物质影响害虫的栖居、产卵和取食。如抗梨木虱的梨实生苗韧皮部细胞汁的 pH 值比感虫的实生苗低。山核桃具有胡桃酮和 1.4－萘醌类物质，欧洲榆小蠹不愿取食，从而达到了抗虫的结果。

【果树抗寒育种】（breeding for cold-resistant fruit tree） 选育具有抗低温能力强和越冬性良好以及春旱不会引起抽干的优良果树育种方法。由于地区及果树种类不同，对低温的抗性要求有明显差异。新疆北部、内蒙古、东北地区北部等高寒地区，其共同特点是气候严寒，生长期短，年平均温度在 7℃ 以下，冬季绝对低温一般在 －28～－40℃，因此苹果等多数果树以选育抗寒品种为主要目标。长江中下游地区有周期性冻害，选育能抗较低的绝对低温和具有良好的越冬性，为北缘产区柑橘育种的共同目标。通过杂交育种、实生选择及芽变选种等途径，获得抗寒性强和果实经济性状符合要求的新品种。

【果树抗逆育种】（breeding of fruit tree for stress resistance） 根据预先设计的育种目标，采用有性杂交、系统选择及基因工程等各种育种途径培育抗逆性强的果树新品种的方法。包括果树抗旱、抗寒、抗虫、抗病、抗盐碱、抗高温高湿和耐弱光等。是果园所有逆境伤害防治策略中最经济有效的方法。例如石榴的品种中，很少有种皮严重败育的甜石榴品种，食用起来很不方便。近年来，中国的河南省从突尼斯引入的突尼斯软籽石榴，由于其种皮退化可食，深受消费者欢迎。2007 年果品市场一级果单价达到30～40 元/千克，较高的经济收益刺激了果农发展突尼斯软籽石榴的积极性，短时间内许多原有的品种都被这一品种所取代。但是 2007～2009 年连续三年冬季的低温对该品种造成了严重的冻害，减产严重，而且许多大树整株死亡，生产上采用了各种防冻措施都效果甚微。因此，软籽石榴的抗寒育种就成为今后育种的目标之一。

【果树冷害】（chilling damage of fruit tree） 又称果树低温冷害。0℃以上低温对喜温果树所造成的伤害现象。热带和亚热带果树常遭冷害，温带果树也时有发生。由于冷害是在 0℃ 以上低温时出现的，所以受害组织无结冰表现。与冻害和霜冻害有本质区别。冷害主要发生在果树生长期间，可引起果树生长发育延缓，生殖生理机能受损，生理代谢阻滞，造成产量降低，果实品质变劣。由于低温冷害发生在 0℃ 以上，短期内不易直观察觉受害症状。在中国北方有“哑叭灾”之称。按其果树低温冷害类型的不同可分为：（1）延迟型冷害。在营养生长期内遇到低温，果树所需热量和积温不足，导致物候期延迟，枝梢不能正常停止生长和成熟，秋季不能正常落叶，果实不能正常成熟，着色不良，品质降低。（2）障碍型冷害。在果树生殖器官分化期遭低温冷害，直接影响生殖器官发育和分化。花芽分化受阻、花粉停止生长或胚珠中途败育，授粉、受精不良，生理落果增加，果实含糖量降低。（3）混合型冷害。指在同一生长季中同时出现或相继出现上述两种冷害。它比单冷害危害更为严重。

果树冷害

【果树连续结果能力】（continuous bearing capacity of fruit tree） 果树结果枝上当年发出枝条持续形成花芽的能力。葡萄和桃当年较易形成花芽，不易出现大小年。苹果和梨则看果台副梢成花情况，如秦冠、金冠等苹果品种和鸭梨有一定的连续结果能力，修剪时可适当多留些花芽；富士苹果、雪花梨等连续结果能力较差，修剪时要适当少留些花芽，扩大叶芽比例。这样才能既发挥各自的增产潜力，又有利克服大小年。

【果树良种】（better variety of fruit tree） 在一定时间、一定地区的生产上有发展前途、栽培面积较大的果树品种。与普通果树品种比较是相对的，具有时间性和地域性。随着新品种的选育和应用，不同时期生产中的良种会发生很大的变化。一个地区新品种的推广会代替老的品种成为良种。例如，国光苹果品种在中国 20 世纪 50～60 年代的苹果产区，具有丰产、稳产、耐贮运等优良特性，被认为是苹果生产上的良种，备受果农和消费者的欢迎。但是到了 20 世纪 80～90 年代，被富士取代而成为一般品种。

由于富士品种的优良品质而成为至今为止苹果生产中的良种,成为各地苹果生产中的主栽品种,而国光苹果品种目前在苹果市场上很少看到。另外,一个品种在一个地区是良种,但在其他地区未必一定就是良种。这是因为不同的果树品种对特定的环境条件具有不同的适应性,只有适应某一环境条件才能够表现优良性状,才能够发挥良种的作用。同时,良种的作用还与栽培和管理技术密切相关。因此,良种在适宜的环境条件下,采用配套的栽培管理技术,才能充分发挥良种增产、优质的潜力。

果树良种

【果树苗木检疫】(fruit seedling quarantine) 是在果树苗木调运中,禁止或限制危险性病虫人为传播蔓延的一项国家制度。由国家或地方政府制定法规并强制执行。由设在口岸等处,产地的检疫部门根据国家颁布的有关法规负责实施。凡带有危险性病虫的材料,禁止输入或输出。果树苗木检疫对象是指对果树危害严重、防治困难、可以通过人为方式传播的病、虫、杂草及可能携带这类病虫的植物等。国际间有共同的检疫对象,各国还有自定的检疫对象。如1860年欧洲从美国引进抗白粉病的葡萄时,同时带入了根瘤蚜,25年后法国100万公顷葡萄园遭到毁灭。此后,葡萄根瘤蚜列为国际检疫对象。苗木检疫主要是严防危险性病虫随植物体、植物产品、交通运输工具和包装材料输入和输出。将局部地区发生的危险性病虫封锁在一定范围内,防止向未发生地传播,同时采取各种有效措施,逐步缩小发生范围直至消灭。中华人民共和国农业部1986年1月公布了修订的《中华人民共和国进口植物检疫对象名单》,其中与果树有关的昆虫10种,线虫类2种,真菌类3种,细菌类1种,病毒类2种。检疫法规定应实施检疫的植物材料和物品包括植物(苗木)、植物产品(种子、果实、枝条等)、运载工具及包装铺垫材料等。为防止地区间危险性病虫的传播,向国外引种或国内地区间调运种苗和繁殖材料,须事先提出引种或调运计划和检疫要求,报主管部门审批后,持审批单和检验单到检疫部门检验,确认无检疫对象的,发给检疫合格证,准予引进或调出。

【果树苗木消毒处理】(fruit seedling disinfection) 果树苗木出圃后到定植建园过程中,为了防止病虫侵染、危害、传播,用一定的化学试剂对根进行处理的生产技术。由于苗木本身在苗圃地中就会带有一定的病、虫源,另外出圃时又常常会伤及根系,造成伤口,而伤口可以造成病菌的侵入而导致栽植后植株生病。因此苗木消毒处理尤为重要。常用的苗木消毒方法是:用波美3~5度石灰硫磺合剂喷洒或浸根10~20 min,然后用清水冲洗根部。数量少时,可用0.1%升汞液浸20 min,然后水洗1~2次;或用1:1:100波尔多液浸10~20 min,再用清水冲洗根部;或用0.3%高锰酸钾溶液浸根15~20 min。其中,高锰酸钾溶液具有很强的杀菌、消毒作用,用于防治多种种苗病害效果很好,无毒、无残留,又可作微肥。在防治实生苗苗期猝倒病、立枯病、霜霉病、软腐病、枯萎病、根腐病、病毒病等病害时,效果很好。也可用于实生苗播种前处理.用0.3%~0.5%的高锰酸钾溶液浸毛桃、枳壳等种子,一般浸泡2~3h,用清水洗净阴干后播种,能消除种子所带的病菌。在使用高锰酸钾时,配药时应不断搅拌,使高锰酸钾充分溶解,并随配随用,防止久放失效。

【果树逆境胁迫】(environment stress of fruit tree) 生存在自然界的果树,常遇到某种对植物生长发育产生伤害的环境因子的危害影响。在自然界中,影响植物生长发育的胁迫因子很多。按其胁迫类型的不同可分为:生物胁迫(病害、虫害及草害)、物理胁迫(冷害、冻害、热害及风害)和化学胁迫(旱害、涝害及盐害等)。干旱、病虫害、草害、冻害及盐害等胁迫因子给农业生产带来的危害十分巨大,每年造成的直接经济损失达数万亿美元之多。中国干旱、半干旱地区约占国土面积的二分之一,即使在非干旱的主要农业区,也会不时地受到旱灾侵袭。干旱对世界作物产量的影响,在诸自然逆境中占首位,其危害相当于其他自然灾害之和。因此,如何控制逆境危害以及探索提高植物抗逆能力一直是各国农业科学家普遍关注的主要问题之一,是当前研究的热点,对现代农业生产包括果树生产都具有重大意义。

【果树胚培养】(embryo culture of fruit tree) 在一定的培养基上对果树胚进行无菌培养,使之不经过田间播种就能够形成幼苗的一种繁殖方法。按其胚培养方法的不同可分为:(1)成熟胚的培养。在比较简单的培养基上,一般即能正常萌发生长。(2)幼胚的培养。未成熟的幼胚,特别是发育早期的幼胚,在离体培养时一般不易成功。多数植物的胚必须在胚珠中一直长到子叶原基开始形成,器官已分化,此时离体培养才能成功。一般来讲,胚越小,培养也越困难。对于早期胚退化的植物种类来讲,此方法也称为胚挽救技术。其中,胚的早期离体培养技术应用最广泛,效果最佳。幼胚、败育或退化胚均能通过这种方式再生成株。近年来，随着胚胎培养技术的不断改进，采用胚珠离体培养技术可以使更小的幼胚培养成苗。研究发现，胚胎发育的优劣顺序是：活体内胚、带胎座的胚珠培养、胚珠培养和胚培养。胚珠培养是幼胚培养技术的重要改进。胚珠在离体培养条件下既能维持胚性生长，又不发生早熟萌发，待胚充分发育后再进行胚培养便极易成功。因此，在克服种间远缘杂交中胚的早期败育以及缩短果树育种周期上要比胚培养更为有效。

【果树品系】(strain of fruit tree) 在果树育种过程中人工选择的性状稳定、表现优良的株系。在果树育种上，品系具有较高经济价值的可直接在生产上应用，也可进一步繁育成为品种。综合性状不能够满足一定育种目标要求，但具有特异性的株系也可用作果树杂交育种的材料。果树品系主要应用于品种鉴定、命名之前的阶段，因为从变型发现到品种确定，需要时间进行性状比较，所以品系是此阶段的一个惯用名词。如1951年日本从国光和元帅苹果品种杂交的596个杂种后代中选出了一个优株，采用此优株的枝条和芽经过反复嫁接繁殖，而成为一个优良的单株群体即称为株系，并根据性状的稳定性表现，通过品种对比试验、生产试验，直到1962年才正式命名为“富士”品种。后来在富士品种中发现了一个和富士品种显著不同的短枝型芽变，同样也采用芽变的枝条和芽经过反复嫁接繁殖，而成为一个短枝型的优良株系。经品种对比试验、生产试验，根据性状的表现，最后正式命名为“宫崎短枝富士”品种。

【果树品种】(variety of fruit tree) 为了满足需要培育出来的、具有一定的经济价值、生物学特性相对一致、遗传性状稳定、整齐、特异的栽培果树群体。是育种的主要对象，同时也是栽培作物的基本单位。对于无性繁殖的果树来讲，是来自实生或芽变的无性系群体。在果树栽培生产的过程中，通过选择自然形成的优良表现型培育出来的品种，称为地方品种或农家品种，如五月鲜桃、麦黄杏等。通过各种生物学方法，选育出具有优良性状的品种，称为育成品种，如美国的红提葡萄品种、日本的富士苹果品种。按其育成品种方法的不同可分为杂交品种和芽变品种等。如苹果品种富士是1951年由日本果树试验场盛冈支场从国光和元帅品种的596个杂交后代中选出的一个优株，经过嫁接繁殖而成，1962年命名富士。目前已经遍布世界各地，但都保持富士品种的特性。后来在富士品种中发现了一个和富士品种显著不同的短枝型芽变，繁殖成为一个新品种宫崎短枝富士品种。一种果树往往有许多栽培品种，不同品种适宜不同的环境条件种植，形成不同地区的优良品种。如石榴的栽培品种有大红甜、三白、河阴铁皮和泰山红等。

果树品种

【果树潜伏芽】(latent buds of fruit tree) 又称隐芽。在果树的芽形成以后，当年或来年不萌发，处于潜伏状态，在受到刺激后才萌发的现象。有些果树的芽可以潜伏多年，尤其是短接枝条时，仍然可以顺利萌发。这些芽可以使衰老果树或枝条更新。由潜伏芽发生新梢的能力称芽的潜伏力。芽潜伏力强的果树，容易形成新梢，枝条恢复能力强，容易进行树冠更新复壮。

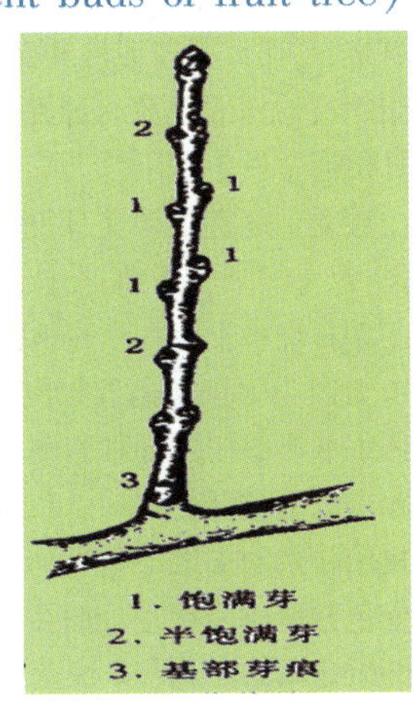

果树潜伏芽

【果树区域化】(regionalization of fruit tree) 在适宜的果树带中划分一定的区域集中发展果树，形成一定产业优势的果树栽培模式。一种果树能够在某个地方生存下来，是它们在长期的系统发育中，经过自然选择和人工驯化，适应了当地自然环境条件的结果。各种果树的自然分布具有一定的规律性，对生态环境条件要求相近的基本上集中分布在某一气候区内，明显表现出果树与环境的统一。根据果树自然分布与环境条件的一致性规律，可以将果树划分为若干个自然分布地带。这些地带统称为果树带。

【果树缺素症】(fruit deficiency syndrome) 因果园土壤中缺乏某一种元素导致果树出现的叶色异常等现象。与其他作物一样，果树也需要16种必须的营养元素。其中常量元素有碳、氢、氧、氮、磷、钾、钙、镁和硫9种，微量元素有铁、铜、硼、锰、锌、钼和氯7种。各种元素都有不可替代的作用。在土壤中，上述任何一种元素缺乏或吸收困

果树缺素症

难时，都会出现相应症状。如果园缺铁时，果树的幼叶就会黄化。果树常见的缺素症包括缺氮、缺磷、缺钾、缺钙、缺锌、缺硼、缺铁、缺镁和缺锰等。防治措施是：(1)秋冬季节，根据缺素症状，在施基肥时把所缺微肥与有机肥混合均匀后施入树下，施肥后及时浇水，以便根系尽早恢复吸收功能，提高树体的储存量。(2)于生长季，可以对叶面喷施微肥，及早消除或减轻缺素对果树的影响。

【果树日烧】(sunburn of fruit tree) 又称日烧、灼伤。由于强烈日光辐射增温致使果树器官和组织被灼伤的现象。分夏季日烧和冬季日烧。夏季日烧通常发生在干旱天气条件下，向阳的果实和枝条皮层受到危害。果实日烧处呈淡紫色或出现浅褐色斑，严重时果实爆裂；在枝条日烧时枝条的皮层裂开。冬季日烧多发生在寒冷地区的果树的主干和大枝上。白天因为太阳辐射，枝干温度升高到0℃以上，处于休眠状态的韧皮部细胞解冻。到了夜间，温度下降到冰点以下，细胞结冰。如此昼夜间的反复温度交替变化使枝条的皮层细胞受到严重破坏。受冻初期，树皮变色并裂成块状，严重时木质部与韧皮部分离，日烧部位逐渐枯萎、裂开、脱落和枝条死亡。

【果树三基点温度】(three basic temperature points of fruit tree) 维持果树生命和生长发育所要求的最低点、最适点和最高点温度。果树维持生命与生长发育皆要求在一定的温度范围内。在最适温度下，果树生长发育正常、速率最快、效率最高。最低温度与最高温度常常成为生命活动与生长发育终止时的下限与上限温度。

【果树生态型】(ecotype of fruit tree) 又称果树生态品种群。果树在某一特定生态环境下发生基因突变形成不同的与特定生态环境相一致的基因型群体。也即在特定环境的长期影响下，形成对某些生态因子的特定需要或适应能力的一类果树品种。是遗传变异和自然选择的结果，代表不同的基因型，即使将它们移植于同一生态环境中，仍然还可以表现差异。不同的果树生态型之间可以自由杂交，不同生态型间杂交产生的后代多具有更强的适应力。一般来讲，果树生态型受其分布的广泛性、生态环境差异大小所决定，果树的种类分布越广，分布区内生态环境差异越大，分化的生态型就越多；果树发育的历史越久，分化的机会就越多。在形态方面的差异主要表现在株高、树姿、分枝习性、叶形、花形、花色等方面。在生理方面的差异表现在对光周期、温周期和低温春化特殊要求等方面。高纬度生态型多属长日照类型，要求低温春化；低纬度生态型多属短日照类型，对低温春化无明显要求。大陆性生态型要求较大的昼夜温差，海洋性生态型则不需要较大的昼夜温差。在生态型间的差异与原生态环境特征有明显的关系。如长期在不同气候因子(日照、温度、降水量等)的影响下，中国的桃树可以分为南方品种群和北方品种群两个生态型。

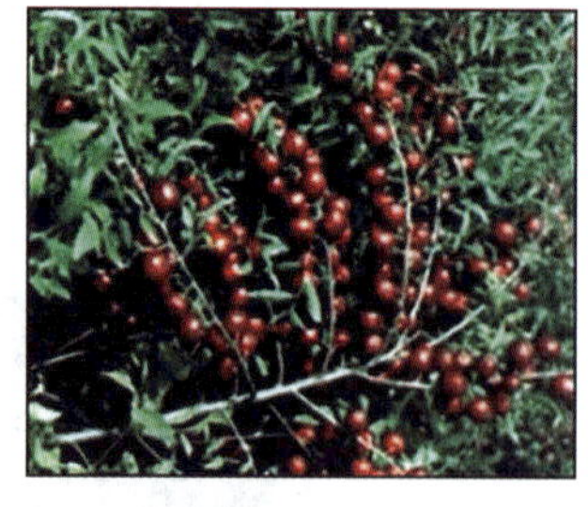
全身是宝的生态型树种—钙果

【果树实生根系】(seedling root system of fruit tree) 果树通过播种由种子胚根发育而来的根系。其主根发达、分布深而远，根生活力强，对外界环境适应性强。果树苗木大多数是嫁接苗木，如核桃、柑橘等栽培品种苗木，其砧木都是实生苗，根系都是实生根系。又如苹果的砧木怀来海棠、梨的砧木棠梨、杏和桃的砧木毛桃等。毛桃是实生繁殖育苗，然后采用嫁接繁殖品种桃。

果树实生根系

【果树实生选种】(plant seedlings selection) 在果树实生繁殖的后代群体中，根据个体植株的表现性状，选出符合育种目标要求的一些优良单株并通过嫁接、扦插、组织培养快繁等扩大繁殖，进一步建成营养系品种的过程。实生繁殖的后代群体的特点是：变异普遍、变异性状多和变异幅度大。在选育新品种方面潜力很大。通过实生选择育种，可能会选出多种类型的品种。由于实生选种是在一定的地区特定的环境条件下进行的，所以，选育的品种对育种地的环境条件具有良好的适应性。因此，生产中品种的推广相对较为容易。是一种成本较低，效果显著的育种方法。在苹果、梨、桃、杏、葡萄和石榴等育种中都有较多的应用。果树的古老品种都是来自实生选种，如苹果品种“元帅”、“金帅”、“国光”、“印度”、“青香蕉”和“旭”等；梨品种“鸭梨”、“雪花梨”、“砀山酥梨”和“莱阳梨”等；杏品种“麦黄杏”、“北京骆驼黄杏”和“泰安巴旦水杏”等。国外引入的品种如桃品种“仓方早生”、“大久保”等。又如“温州蜜柑”、“日本夏橙”都是从天然柑、橙的实生后代中选育出的优良品种。

【果树实生砧木】(seedling stock of fruit tree) 利用种子播种繁殖的果树砧木。是当前广泛应用的传统繁殖乔化砧木的方法。实生砧木与无性系砧木(或称营养系砧木,是利用植物的某一部分营养器官枝、根、茎尖等,经过培养生根而成的砧木,是国内外矮化砧木的主要繁殖方法)相比,实生砧木主根明显,根系发达,适应性强,寿命长。其阶段发育是从种胚萌发开始。如实生乔化砧木(指嫁接后树体生长较快而高大的砧木,如山定子、海棠和杜梨等),是中国过去采用广泛的果树砧木。其根系发达,抗逆性强,固地性好,生长健壮,但进入结果期较晚。

【果树霜冻】(frost of fruit tree) 果树在生长期夜晚土壤和植株表面温度短时降至0℃或0℃以下,引起果树幼嫩部分伤害的现象。是短时低温而引起植物组织结冰的危害。按其霜冻发生时期的不同可分为早霜冻(由温暖季节向寒冷季节过渡时期发生,也称秋霜冻)和晚霜冻(由寒冷季节向温暖季节过渡时期发生,也称春霜冻)。按其霜冻发生条件的不同可分为:(1)天气晴朗、无风和低温条件下容易出现辐射霜冻。因为有利于地面辐射,减弱空气涡动混合,高层暖空气不致下传。(2)地势低洼、冷空气不易排出;丘陵、山地冷空气积聚谷地,均易发生霜冻。“V”形谷地较“u”形谷地受害较轻。(3)由于霜冻是冷空气集聚的结果,所以在冷空气易于集聚的地方霜冻重,而在空气流通处霜冻轻。如不透风林带之间易积聚冷空气,形成霜穴,使霜冻加重。由于气温逆转现象,越近地面气温越低,所以果树下部受害较上部重。(4)土壤干燥而疏松,因其热容量和热导率较小,昼间土壤蓄热和夜间深层升热均少,容易出现霜冻。沙土较壤土、黏土霜冻多而重。(5)植被密度较大,霜冻多出现在茂密枝叶处。在同一霜冻过程中,草地比裸地霜冻较重。霜冻对果树生产影响很大,特别是中国西北地区,由于温变剧烈,霜冻频繁,是果树生产的一大威胁。例如,在中国内蒙古、宁夏一带,因霜冻而减产的年份竟高达40% ~50%以上。中国东北和华北地区因霜冻而减产亦属多见。中国南方常绿果树也经常遭受冬季霜冻害。在经常出现霜冻的地区,落叶果树应考虑采取的预防措施是:(1)延迟发芽,减轻霜冻程度。(2)改善果园的小气候。(3)加强综合栽培管理技术,增强树势,提高抗霜冻害的能力。

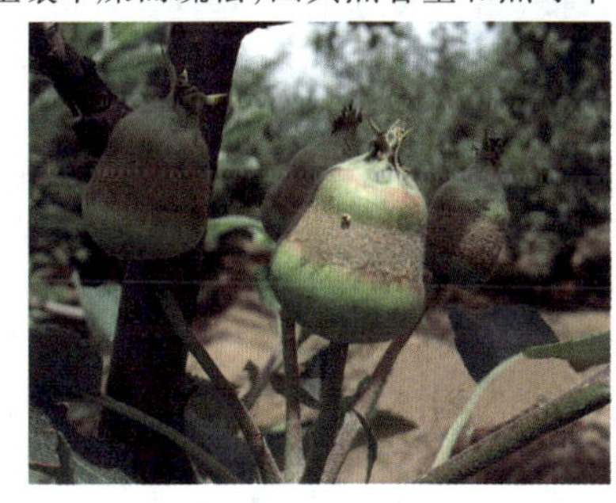
霜冻给幼果造成危害

【果树台田】(terrace field for fruit tree plantation) 又称果树池田。在山区、丘陵区坡地上修筑的可植果树的田面平整、彼此相连的网络状小田块。每一小田块长度约3 ~5m,宽度2 ~3m,拦水埂高0.3 ~0.4m,埂宽0.3 ~0.5m,中央种植1 ~2棵果树。台田能起到有效的蓄水、保土、保肥作用,为果树生长、发育创造良好的水肥条件,有利于果树的生长和增产。

果树台田

【果树梯田】(orchard terrace) 为保持水土,以利果树栽培而修建的梯田。果树梯田修筑时,由山脚向上修,用石块或土筑田坎,田坎一般比田面高出15cm左右。绝大部分果树梯田不修到山顶,在山顶保留一部分森林,以利防风和保持水土。梯田面宽度一般为2 ~4m,以反坡向内倾斜1° ~3°,可使地表径流以较缓的速度流入后面靠坎脚的排水沟内,再由排水沟流入总排水沟。为减少排水量与水流速度,防止土壤冲刷,在排水浅沟的出口处安置一个与排水沟同宽,但高出沟底10cm左右的平台。总排水沟按山势及天然水流的流路加以人工改造而成。用石块筑沟壁、铺沟底,并在总排水沟坡度较大的地方设消力池,以缓冲水力并使泥沙得到沉淀。

果树梯田

【果树童性】(juvenile trait of fruit tree) 某种果树实生苗童期阶段所表现的形态特征、解剖结构和生理特性的总称。与成年期在阶段发育上有质的差别。在外部形态和内在生理特性上也有明显的不同。其特点是:(1)童龄期的树体往往枝条直立、枝刺较多。有些果树如苹果、梨、李、柑橘和石榴等的实生苗枝上往往无芽有刺,早期针刺多、尖且细长。(2)苹果一年生枝的童性还表现在木质部占的比例大,木质纤维多,导管数目少。(3)童性表现的枝条扦插容易生根,嫁接容易成活。(4)童性消失就意味着开花结果,实际应用中缩短童期可以促使实生树苗提前开花结果。在生产上应用的方法有:将苹果实生苗嫁接到矮化砧上,或高接在成年树的高位枝上,均可提早开花结果时间。对快要结束童期的实生树,采用环剥、环割、环状倒贴皮等技术也能促使其早开花结果。在实生树的生长发育不同时期,使用不同的植物生长调节物质,先促进后控制个体生长,也有一定的促进提早开花结果的作用。使用矮壮素可促进桑树实生苗提前开花,而且不影响生长。在人工控制的环境条件下,可以通过延长光照时间、控制温度、使用生长调节物质等方法来加速实生苗的生长发育。实生苗的生长迅速达到一定高度后,就能形成花芽并开花结果,童性消失,从而较大幅度地缩短童期。

【果树脱毒苗木】(virus-free seedling of fruit tree) 利用高温处理、茎尖培养和茎尖嫁接以及种子繁殖等方法所培育的不带有病毒的果树苗木。果树的病毒很多,但还没有理想的治疗方法。果树一经感染病毒,往往终生带毒。病毒病可以导致果树树势衰弱、果实产量和品质严重下降。为获得高产,生产中就必须培养出脱毒苗木。培育脱毒苗木是防止病毒病的重要措施。

【果树无融合生殖】(apomixis of fruit tree) 果树雌雄配子不发生核融合的一种无性生殖方式。是无性繁殖的一种特殊形式。柑橘类、苹果属、树莓属和无花果属常存在无融合生殖。如柑橘中,出现的不定胚,是由未经减数分裂的珠心、珠被的体细胞发育成的种子,与配子体的融合同时发生;在柑橘的果实中,其中一个种子是受精发育而来,其余的胚都是体细胞进入胚囊发育的不定胚。如葡萄和柑橘的一些品系,常常发生单性结实,即在卵细胞没有受精条件下,在花粉的刺激下果实也能够正常发育的现象,如无核葡萄等。利用生长素代替花粉可以诱导单性结实。无融合生殖也可以通过选择、诱变和远缘杂交等方法获得。

【果树细胞融合】(somatic hybridization of fruit tree) 又称果树体细胞杂交。用人工方法把分离的果树不同属或种的原生质体诱导成为融合细胞,然后再经离体培养、诱导分化到再生完整植株的整个过程。其程序是:制备亲本的原生质体,原生质体融合、培养、再生植株、杂种鉴定。现在已有280余种植物原生质体再生植株问世。其中包括柑橘、猕猴桃等果树。体细胞杂交克服了植物种属间生殖障碍,为新种质的创造提供了一条有效途径。

【果树夏芽】(summer bud of fruit tree) 在果树当年抽生的枝条上形成的、当年夏天就能够萌发的芽。桃、李、杏树等的芽,多为夏芽。例如桃当年抽生的枝条上形成的芽早熟,当年夏天就萌发。果树种类不同,夏芽的数量也不一样,有双芽、三芽和四芽之分。夏芽常由叶芽和花芽混合组成,仅由叶芽或花芽组成的极为少见。

果树夏芽

【果树新梢】(shoot of fruit tree) 果树芽萌发后在当年形成的有叶的枝。新梢春季发育形成的部分为春梢;夏季再次延长生长的部分为夏梢;秋季又一次生长形成的部分称为秋梢。常绿果树冬季还能形成冬梢。多数落叶果树以春梢为主,有少量的夏梢和秋梢。苹果有春梢和秋梢。常绿果树如柑橘、龙眼等,夏梢和秋梢生长量大。生长旺盛的健壮树能发生冬梢。一些果树的新梢侧芽早熟,易于当年萌发形成新的分支。葡萄、桃等落叶果树的新梢分支称为副梢或二次副梢、三次副梢。苹果、梨短果枝可抽生果台副梢。枣树枣头(枣的发育枝)一次枝上的侧芽,再形成当年萌发的分支称为二次枝。荔枝、柑橘等常绿果树新梢上的分支根据其发生的季节称为夏梢、秋梢和冬梢。

【果树休眠芽】(dormant bud of fruit tree) 果树的某些芽形成后,不萌发或在有刺激的情况下萌发的芽。温带木本植物枝条近下部的一些芽,即使在生长季节也不活动,暂时处于休眠状态。如石榴的枝条基部形成芽后,由于顶端优势,一般情况下不萌发成为休眠芽。当果树枝条近下部的一些芽受到创伤或刺激时,往往可以打破休眠状态。果树修剪从此芽上端剪枝刺激,就可以促使下部的休眠芽转变为活动芽,则很快萌芽抽枝。

【果树修剪反应】(response to fruit tree pruning) 果树的枝条采用不同的修剪手法,存留枝条上的芽或枝条生长状况所发生的变化。多表现在两个方面:(1)局部反应,如在剪口下萌芽、抽枝、结果和形成花芽的情况。

果树修剪

(2)整体反应,如总生长量、新梢长度与充实程度、花芽形成总量、树冠枝条密度和分枝角度等。不同树种、品种及不同枝条类型的修剪反应,是合理修剪的重要依据,也是评价修剪好坏的重要标准。

【果树芽变选种】(bud-variation selection of fruit tree) 选择果树的突变芽及其抽生的变异枝条,再经过扦插、嫁接等无性繁殖方法培育果树新品种的方法。果树的芽变指果树枝条芽的分生组织体细胞发生的突变。是果树体细胞突变的一种。芽变一般表现在枝条、叶片、花朵、果实、物候期和抗性等方面。例如果树的抗寒芽变,在严寒的年份受冻害严重的果园中对植物进行调查后就可以发现。已在柑橘、梨及猕猴桃等果树上发现了抗寒性芽变,并育成了抗寒新品种。1976 年中国江苏省无锡在冬季冻害后,选出一株抗寒芽变温州蜜柑 16 号,历经1977～1980 年三次低温考验没有发生冻害,还具有熟期早、产量高和品质优等优点。抗病性突变常常是在某一病害流行年份,发病严重的果园中对植物进行调查后就可以发现。元帅系苹果中的许多品种都是通过芽变选种而来。如"红星"中选出"新红星"品种,"新红星"中又选出了"短枝新红星"品种。

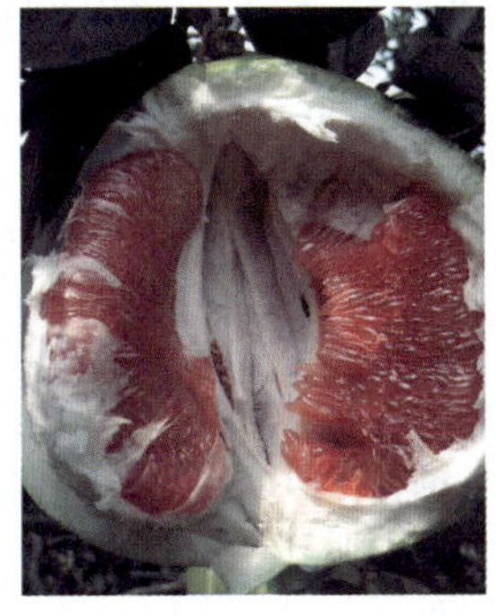
红心蜜柚

【果树芽异质性】(the heterogeneity of fruit bud) 果树枝条上的芽,由于形成的早晚、着生的位置和营养条件的不同,芽体大小和饱满程度以及发芽能力存在的差异。在芽的生长发育过程中,如果外界的环境条件适宜,营养水平也较高,芽的质量就好,外观也充实饱满。质量好的叶芽,抽生的新梢粗壮,叶片肥大,生长势强,形成的潜伏芽寿命也长,在遭受刺激后,萌发成枝的能力强;质量低的叶芽,萌发力弱,成枝力低,形成的潜伏芽寿命也短,在遭受刺激后,萌发比较困难,所萌发的枝条也纤细瘦弱。质量好的花芽,开花结果的能力强,坐果率高,果实个大,质量好;质量差的花芽,开花晚,花朵小,坐果率低,落花落果较重,所结果实,个头较小,质量也差。果树芽的异质性与其他生长特性如顶端优势、层性等有密切关系。在果树的整形修剪过程中,经常利用芽的异质性来调节树体的生长和结果。

【果树盐害】(salt injury of fruit tree) 果树在盐胁迫下生长发育不良、经济产量下降,甚至果树个体死亡的现象。其特点是:(1)新叶生长速率减慢。(2)在盐渍条件下,无排盐结构的果树,由于蒸腾作用,地上部盐分不断积累,造成叶片含盐量过高,老叶死亡。其死亡的时间主要取决于根际的盐浓度、根系拒盐能力以及影响蒸腾速率的环境条件。(3)当叶片死亡率大于生长速率时,单位叶面积下降,储存的碳水化合物越来越少,不能满足生长和代谢活动的需要,导致植株死亡。按其果树对盐渍反应的不同可分为盐生和淡土两类。目前许多研究认为,降低地上部盐分浓度是果树耐盐的重要机理之一;膜结构和功能的完整性是控制离子运输和分配的主导因子;膜系统是盐害的主要部位。渗透调节能力是果树耐盐的最基本特征之一。参与盐渍中渗透调节过程的,不仅包括小分子有机物,而且还有多种无机盐离子(K^+、Na^+、Cl^-等)。尤其对于果树等以生产果实为目标的植物来说,体内积累过多的盐离子将影响果实的品质。

【果树叶果比】(leaf-fruit ratio of fruit tree) 果树上叶片数与果实数量的比值。叶果比小,能为每个果实提供营养物质的叶数量少,果实得不到足够的养分使生长发育受到抑制,果个难以增大。果树果实和叶片大小不同,生产优质果需要的叶果比也不一样。生产优质金冠和旭苹果,叶果比应达到 40∶1。生长在实生砧上的普通桃和苹果树生产优质果,叶果比应分别达到 70∶1 和 50∶1。叶果比过小,不仅当年果实质量差,过量结果会压断树枝,还会引起一些果树出现大小年、影响来年果树生产。

果树叶果比

【果树叶芽】(leaf bud of fruit tree) 果树萌发后只长枝和叶、不能开花的芽。如桃子具有专门抽生枝梢的叶芽,萌发后只抽生枝叶而不开花。核桃叶芽萌发后只抽生枝和叶,主要着生在营养枝顶端及叶腋间,或结果枝混合芽以下,单生或与雄花芽叠生,早实核桃叶芽较少,叶芽呈宽三角形,有棱,在一根枝条中春梢中上部后较为饱满,外有五对鳞片。叶芽芽体较小,顶端细长,鳞片少,抱合较松,茸毛色暗,剥去鳞片后,中间是

果树叶芽

若干个针状绿色小尖齿。

【果树引种】(introduction of fruit tree) 将果树从现有分布区域或栽培区域人为地迁移到其他地区种植的过程。是一个简单易行、见效迅速的育种途径,可以快速丰富一个地区的果树资源。从国外或其他地区进行引种,早已成为许多国家和地区丰富本地果树种类和品种、开拓果树种质资源以改良果树品种的一项重要基础工作。通过果树的引种,不仅可以发展本地区原来没有的新品种,而且还可以通过引种试栽、鉴定,从引入果树中选择优良果树品种,或使引进的果树特异性状、特异基因进一步为育种所利用。在引种果树的过程中,对新的生态环境的反应有:(1)简单引种。是指果树本身的适应性广,或者是原分布区与引入地区的自然条件差异较小,以致不改变遗传性也能适应新的环境条件,并能在生产中正常开花结实的引种过程,也称为生产性引种。(2)驯化引种。是指果树本身的适应性很窄,或者是原分布区与引入地区的自然条件差异很大,以致于必须采用杂交、诱变及选择等措施来改变果树的遗传性才能适应新的环境条件,并正常开花结实的引种过程。在中国果树生产中,占重要地位的苹果、梨和葡萄等都是在不同时期从国外引进的。其中引入较早的种类,已经在早期的生产中发挥了较大的作用。引入较晚的种类,如洋梨、甜樱桃,在生产上仍以直接利用外引品种为主。中国的许多果树资源也广泛被世界各国所引入,如中国原产的华栗引入美国后,是该地抗栗疫病育种的重要资源。通过果树引种所引入的样品种类可以多一些,但每一种的样品数量不能太多,并要经过严格植物检疫,防止在引种过程中病、虫和草害的传入。引入后要建立引种观察圃,进行鉴定评价,尽快确定引入材料的利用价值。

引种果树良种

【果树营养期】(trophophase of fruit tree) 果树从嫁接到开花结果所经历的时间。不同的果树种类和品种的营养期长短不同,如桃子2~3年,石榴3~5年,核桃等2~8年。果树营养期的长短与定植苗木的质量和栽植后的管理水平有关,苗木本身根系发达、枝条生长健壮,则栽植后根系发育良好,苗木的成活率高,生长迅速,就能够使枝条早期花芽分化。如果苗木本身根系发育较差,根少且伤根多,枝条细弱,则栽植后根系不能够很快发育,苗木的生长速度较慢或生长不良,甚至容易感染病害,导致枝条花芽分化较晚,结果就晚。苗木栽植后的管理水平对果树营养期长短影响更大。果树苗木的先天不足可以由后期的营养来弥补。栽植后的土、水、肥、病虫草害的管理等都很重要,科学合理的管理可以有效地缩短营养期。但是果树的营养期也不是越短越好,果树栽后需要有一定的营养面积才能够保证果树的产量和品质以及保证连年稳产,结果过早会导致树体衰弱,形成小老树,影响单位面积产量的增加和树体的健壮生长。

【果树营养失调症】(trophonosis of fruit tree) 在果园土壤发生营养缺乏的情况下,果树出现叶片失绿、落叶、叶果畸形等不正常表现。在果树的根、干、枝内,储藏着大量的糖类、含氮物质和各类矿质元素等营养物质,这些储藏物质在夏末秋初由叶向枝干回运,早春又由储藏器官向新生长点调运并供应前期芽的继续分化和枝叶生长发育的需要。储藏的营养物质对于保证树体健壮、丰产和稳产都具有重要作用。一株成年结果树,在土壤发生营养缺乏的情况下,短时期还可能“正常”生长,并且继续结果。但是,某种元素缺素症一旦明显地表现出来,就不仅会对果园造成严重的危害,而且需要多年的努力才能逐渐矫正过来。所以,需要应用营养诊断来检测树体养分的盈亏状况,以便通过树体和土壤管理措施调节养分的吸收、运输与分配,保证树体足够的储藏营养水平。果树所吸收的矿质营养元素,除了满足当年产量形成的需要外,还要形成足够的营养生长和储藏养分,以备继续生长发育的需要。在苹果上的研究表明,元素年吸收量的顺序为:钙 > 钾 > 氮 > 镁 > 磷。氮素在果树各器官内分布较为均匀,18%在果实内,43%在叶中;钙素在果实内含量仅占全株总钙量的2.5%。实际上,钙是以微量元素形式存在的,在枝干和根中占44%,叶中占51%;钾在叶、果中含量几乎相等,而在木质部仅占13%;磷多存在于果实中;而镁主要存在于叶内,占71%。根据养分的分配情况,若增加果实负载量,就要考虑相应增加磷、钾的供应,以保证果实的消耗和储藏营养的补充以及花芽分化的需要,而无需从总体的土壤养分供应上去考虑补充钙;但在营养生长过旺时,则会过度消耗氮和钙,冲淡各类元素的相对浓度。养分的吸收还要考虑其吸收、需要和分配的季节规律。各种矿质元素进入根的木质部以后,除了氮和部分硫、磷以外,多以无机离子形态通过质流向上运输。氮主要以氨基酸和酰胺形式移动;硫、磷也有少量以有机形式运输。矿质元素在木质部中以不同的速度上移,一些金属离子由于吸附在木质部细胞的壁上而移动较慢,特别是锌和铁有时在根的木质部形成沉淀而难以运达枝梢，尤其是在基质 pH 高时易发生这种现象。对葡萄等有些耐盐的树种来讲，其根系具有保护性的反应，即具有较强的保持盐分、特别是 Na^+ 的能力，并阻碍过多的盐分到达枝条，以防止叶片和其他地上器官发生盐害。

【果树营养枝】(vegetative shoot of fruit tree) 果树上只长叶不开花结果的枝。按果树营养枝特点的不同可分为：(1)发育枝。生长健壮，组织充实，芽饱满，可作为果树骨干枝的延长枝，促使树冠迅速扩大。发育枝上的叶肥大，光合能力强，合成积累养分多，为果树的生长开花结果提供营养。发育枝过少，营养积累不足，果树生长势减弱，不利于开花结果；发育枝过多，树冠郁闭，结果枝减少，也影响果实品质和果树产量。土壤水肥管理和果树修剪技术是调控发育枝数量的主要措施。(2)徒长枝。直立旺长，节间长，叶大而薄，芽不饱满，停长晚，多发生在幼树的主干或成年树的骨干枝上，它消耗大量水分和养分，生长迅速，容易造成树冠郁闭，不利于果树生长和结果。水分和氮肥过多，重短截修剪容易刺激果树形成徒长枝。(3)细弱枝。不充实，多发生在树冠内部和下部。一般成枝力强的树种或品种，容易形成许多细弱枝。(4)叶丛枝。特点是节间非常短，许多叶丛生在一起，多发生在发育枝的中下部。在比较好的光照和营养条件下，大叶数量多的叶丛枝可转化为结果枝。

果树营养枝

【果树有效积温】(effective heat unit of fruit tree) 在果树器官发育期间，高于果树器官开始生长发育下限温度的日平均温度的总和。果树的果实生长发育需要一定数量的有效活动积温。温带果树开始生长的下限温度多为5℃；葡萄和亚热带常绿果树开始生长的下限温度为10℃；枣果实生长发育的下限温度为14～15℃；多数热带果树生长的下限温度为15～20℃；苹果果实发育需要积温1 500～3 000℃；柑橘类果实发育需要积温3 500～4 500℃；椰子果实发育需要积温超过5 000℃。积温过高或过低，均对果实品质形成不利。元帅苹果的果实形状与生长期的积温有十分密切的关系。高温对果实的生长发育有负面影响。温度升高，呼吸加强，不利于果实体内的糖分积累。高温促使果实成熟期提前，着色不良。昼温合适，夜温比较低，昼夜温差大的环境条件有利于果实内糖分的积累，形成优质果实。

【果树有效授粉期】(effective pollination period of fruit tree) 果树胚珠的寿命与授粉到实现精子和卵子结合所需时间之差。果树的胚囊发育成熟后胚珠都具有一定的寿命，亲和的花粉落到柱头上后到实现精子与卵子结合，需要一定的时间，短的十几分钟，长的几个月甚至一年，但通常在10～48h之间，如桃20～24h，苹果3～5天，番木瓜10天，欧洲榛3～4个月。有效授粉期的长短直接影响坐果，长则受精的机会多，坐果好。如果在有效授粉期后柱头才得到授粉，当花粉管进入胚囊时卵子已经死亡，则不能实现受精。果树有效授粉期通常是一定的，但也受到树体的营养状况、花芽本身状况及温度和湿度等气候环境因素的影响。发育健壮的花的胚囊寿命长，花粉管生长速度快，有效授粉期也长。合适的空气湿度有利于花粉发芽，在合适的温度条件下，花粉管的生长速度也快。

果树有效授粉期

【果树育种学】(breeding of fruit tree) 研究果树品种选育的原理和方法的学科。其任务是根据果树遗传变异的规律，研究果树品种资源和自然变异的合理选择利用，以及通过人工杂交和诱发变异的方法来创造新的优良品种。广义的育种学还包括良种繁育学。果树育种学重点研究提高种性、防止退化与混杂以及加速良种繁殖的原理和方法。

【果树原生质体培养】(protoplast culture of fruit tree) 将某种果树个体的细胞去壁后，放在无菌条件下，使其进一步再生新细胞壁而形成再生细胞的过程。在进行原生质体培养中，首先应获得有活力的原生质体，用的最普遍的是从叶肉细胞中获得的材料。通常高等植物的细胞壁由纤维素、果胶质、半纤维素和蛋白质组成。用酶解方法首先将细胞壁分解，即可获得有活力的原生质体。由于原生质体比通常完整的细胞更容易摄取外来遗传物质、细胞器、细菌和病毒等微生物，为研究高等植物的遗传转化提供了较好的实验材料；同时，在一定条件下可以诱导不同的原生质体融合形成杂种细胞，开辟了育种的新途径。在果树上获得的原生质体融合杂种，如蜜柑+温州蜜柑、脐橙+葡萄柚、甜橙+枳等。

【果树栽培学】(science of fruit growing)

以生物科学理论为基础，研究果树生长发育规律与果树同环境条件的关系，并运用栽培技术有效地提高果树产量和质量的综合性技术学科。解决果树生产上的问题，达到果树与环境、生长与结果的统一。其研究内容包括：从苗木繁育和建园一直到果实收获之间的果树生产全过程中各个生产环节的基本理论、基本知识和基本技术。

【果树真果】(true fruit of fruit tree) 果树上完全由花的子房发育形成的果实。如葡萄、甜橙、桃、枣、荔枝、扁桃和阿月浑子等。如葡萄果实外皮由1层表皮和7～9层亚表皮厚壁细胞组成。表皮细胞致密，表面角质层光滑，外覆蜡质果粉。幼果亚表皮细胞含叶绿体，呈绿色。成熟时外皮细胞含有芳香物质，有色品种还合成积累花色素，使果实着色。果肉由含液泡的薄壁细胞组成。外层果肉细胞相对较小，有6～9层，其间分布有心皮背维管束。内层果肉细胞比较大，有9～12层，含有大液泡。有些品种果肉细胞含有色素。果实内表皮是一层薄壁细胞，但其形状比较扁平。葡萄两个折叠心皮的边缘在中间连接形成中轴胎座，一般着生1～4枚种子。

果树真果

【果树砧木区域化】(stock regionalization of fruit tree) 特定的果树砧木种类在其适合地区大面积应用于生产，以达到最佳生产效益的生产模式。确定适合某一地区的果树砧木种类，是培育优良苗木的重要条件，也是关系到建立规范化果园并获得良好经济效益的关键。不同气候、土壤类型地区对果树砧木有适应范围的要求；不同果树砧木对气候、土壤环境条件的适应能力也有所选择。在发展果树生产区域内，根据当地生态环境条件，注意选用适宜的果树砧木，才能充分发挥果树的生物学特性，达到高产、优质、高效和低成本的经济效益。果树砧木区域化是在不同生态区域条件下，经过长期比较观察而得出的结果，是当今果树发展和集约化经营的重要内容。砧木区域化的原则是：因地制宜，适地适树，就地取材，育种和引种相结合，经过长期试验比较确定当地适宜的砧木种类。从当地原产树种中选择适宜砧木种类，因其风土适应性强，通常均能表现良好，也适于环境条件差异不大的地区应用。从外地引入砧木种类，应该首先对其生物学特性进行充分了解和栽植试验，观察其对当地土壤、气候条件的适应能力后，再行大量引用推广。区域化砧木的选择条件是：(1)与品种接穗有良好的亲合力，愈合良好，成活率高。(2)对当地风土气候适应性强，根系发达，生长健壮。(3)有利于品种接穗生长和结果，或能提早结果，提高品质。(4)具有抗病虫危害、抗寒、抗盐碱能力或能控制树体生长等特性。(5)砧木材料来源丰富或易于大量繁殖。

【果树砧穗】(fruit rootstock) 由果树的砧木和接穗构成的共生体。在嫁接共生体中，砧木构成其地下部分，接穗构成其地上部分，接穗所需的水分和矿质营养由砧木供给，而砧木所需的同化物由接穗供应。

苹果矮砧密植栽培模式

【果树整形修剪】(fruit tree pruning) 以生态和其他相应农业技术措施为条件，以果树生长发育规律、树种和品种的生物学特性及对各种修剪反应为依据的一项技术措施。果树整形是通过修剪，把树体建造成某种树形，也叫“果树整枝”。修剪不仅指剪枝或梢，还包括一些直接作用于树体上的修剪手法和化学药剂处理，如刻伤、曲枝、环剥和施用植物生长调节剂等。整形与修剪的结合，称为“果树整形修剪”。整形依靠修剪才能达到目的；而修剪只有在合理整形的基础上，才能充分发挥作用。

整形修剪果枝

【果树植物资源】(fruit plant resource) 能够提供人类食用的鲜、干果品和作为饮料、食品等加工原料的经济植物。多为木本植物，少数为藤本植物和多年生草本植物。植物果实或种子含有较高的营养成分和一定的保健药效成分，是人类生活中的必需品。主要包括野生种类和栽培种类两部分。果品及其加工制品含有丰富的营养物质和一定的医疗保健效能。根据果实形态结构特征以及生态分布情况的不同，果树植物资源可分为：(1)仁果类。食用部分主要由花萼管和花托发育而成，如苹果、梨、山楂等。(2)核果类。食用部分主要由子房发育成的肉质中果皮部分,如桃、李、杏等。(3)浆果类。食用部分主要为内果皮,如葡萄、猕猴桃、树莓等。(4)坚果类。食用部分多为种仁,果实外部多具坚硬或革质的外壳,如板栗、榛子、核桃等。(5)柑果类。食用部分主要为果实内的多汁肉质瓤瓣,如橘、橙、柚、柠檬等。(6)热带及亚热带果树类。如龙眼、荔枝、杨桃、腰果等。

【果树种】(species of fruit tree) 形态结构基本相同,个体间能够进行有性生殖,遗传特性相对稳定,适宜在一定的生态环境条件下生存的果树群体的总称。如苹果、桃、葡萄、香蕉、菠萝和荔枝等。是植物学分类的基本单位。果树种类繁多,分布广泛。全世界大约有 12 792 种果树,分布在 134 个科,659 个属中。根据(1979 年)的统计,中国约有果树 670 余种,分布在 59 个科,158 个属中。其中果树栽培种为具有经济价值、遗传性状稳定、在生产上广泛栽植的果树种。它是植物分类学中的一个种,只是已被人们驯化,用于生产对人们有经济价值的果实。果树种采用国际上通用的双名法命名。一种果树的拉丁文学名由三部分组成:第一部分是属名,第一个字母要大写;第二部分是种名,第一个字母小写,属名和种名用拉丁文斜体书写;第三部分是命名人的姓,它可以用缩写。例如,栽培桃为李属普通桃。

【果树种质资源】(germplasm resource of fruit tree) 又称果树基因库。对果树品种改良和栽培有一定利用价值的遗传物质载体的总和。包含一定的遗传物质,表现一定的优良性状,并能将其遗传性状传递给后代的果树资源,是客观存在的实体。按其表现形式的不同可分为种、品种、植株、种子、枝条、细胞和 DNA 片断。种质资源是地球生命的基础,是人类赖以生存和发展的根本。果树种质资源是利用和改良果树品种的物质基础,是果树育种的原材料。事实证明,现代育种如一些特殊性状(抗病、抗虫、高品质等)的育种在很大程度上依赖于对种质资源的占有程度,特别是野生资源的数量和质量。世界各国都非常重视种质资源的收集和保存。资料显示,目前美国国内已经拥有各地种质材料 43 万份以上,其中果树类的柑橘 2 000 多份、苹果 900 多份。苏联仅葡萄资源收集保存就有 2 300 份。1950 年以来,中国进行了三次大规模的(1955 ~ 1965 年、1979 ~ 1985 年、1986 ~ 1990 年)种质资源考察收集工作。现有果树类仅梨就有 2 000 多份、柑橘 1 000 多份,在果树的育种中起到了重要作用。

【果树种子层积】(stratification of fruit seed) 在果树种子播种前,将种子与基质分层堆积在一起,并保持一定的低温,促进种子萌芽的种子处理方法。其主要目的是:促进种子后熟并通过低温休眠,待种子开始萌动时,播种于田间。落叶果树的种子,大多数有自然休眠的特性,即有后熟时期。在这个时期里,即便有良好的生长发育条件也不发芽。层积处理可使落叶果树在适宜的环境条件下完成后熟,解除休眠,萌芽整齐。多数落叶果树的种子,休眠的适温是 2 ~ 7℃。其基质(河沙土、锯木屑和稻谷壳等)应保持湿润和通气良好。

【果树主芽】(central bud of fruit tree) 果树叶腋处多个侧芽中位于正中的芽。一般果树每个叶腋着生一个侧芽,但有些果树一个叶腋可着生两个或两个以上芽。一般由主芽萌发抽枝,枝条生长无明显顶端优势,一般枝条中部的生长势较强,生长量较大。如枣、李、杏和桃等。着生于叶腋中间的芽,可能是叶芽,也可能是花芽。柑橘枝梢的叶腋除主芽外,有 2 ~ 4 个或更多的副芽。一年内能抽生 3 ~ 4 次新梢,杏夏芽为同节上叶芽与花芽并生,其中一个生长较大的称为主芽,其余为副芽。杏树上常见的夏芽是两边为花芽,中间一个为叶芽。夏花芽的多少,与品种、枝条种类、树体营养水平有关。一般生长的树或枝条夏花芽多。杏树芽的萌发力强而成枝力弱。一年生发育枝除顶部抽生 1 ~ 3 个中长枝条外,下部可抽生短枝并形成花芽。中短枝和花束状的花芽易坐果,是杏的主要结果部位。

果树主芽

【果树自交不亲和】(self-incompatibility of fruit tree) 果树自花授粉不结实,而异花授粉能够结实的现象。这种特性在育种上,包括基因型相同的同一品种内的植株之间相互交配的不亲和。果树栽培生产上往往需要配置授粉品种。自交不亲和性是能遗传的,对于植物界这种性状虽然已做过较广泛深入研究,但还没有研究清楚。迄今得到普遍承认的是最先由伊斯脱(East 1926)提出的“对立因子学说”。其基本特点是:凡花粉的 s 基因型与花柱组织的 s 基因型相同,花柱组织便分泌一种抑制物质来阻止花粉管向子房延伸。East(1929)提出的免疫学说认为,植物表现不亲和性时,从花粉管分泌出“抗原”,而在花柱组织中形成“抗体”,从而使花粉管的伸长停止,柱头和花粉具有相同的基因,才能产生这种抗原 - 抗体系统。

【果蝇】(fruitfly) 基因研究的重要模式生物之一。4对染色体,体型较小,具有硕大的红色复眼。常见有些种生活在腐烂水果上,有些种则在真菌或肉质的花中生活。广泛用作遗传和演化的室内外研究材料。

果蝇

【果园覆盖法】(orchard covering method) 利用作物秸秆、杂草、薄膜和沙砾等对株间或树盘,乃至整个果园进行覆盖的管理方法。其作用是:(1)在果园管理中,在春季利用薄膜覆盖可以抑制杂草生长、提高土壤温度。(2)在果实发育后期覆盖银色地面反光膜,可以有效地促进果实着色。(3)在果树行间和树盘进行覆盖,可以防止果园的土壤水土流失,并能有效改善土壤结构和性质,减少土壤水分的蒸发,调节果园的地表温度。

【果园连作障碍】(obstacles in orchard) 又称忌地现象。在同一园地的土壤中,前作果树使后作果树生长发育受到抑制的现象。桃、无花果、苹果、梨等果树都有这种现象。连作障碍一般发生在前作和后作为同种果树之间。如前作的老桃树的根皮苷在土壤中被水解后,生成氢氰酸和苯甲酸,造成对后作幼年桃树的危害。其原因是:(1)果树种类单一,生物多样性匮乏,病虫害严重。(2)根系特异性分泌,有毒物质累积,抑制生长发育。(3)农药化肥滥用,土壤生态失衡,果树生长不良。解决途径是:(1)改革老果园种植结构。(2)改变老果园种植模式。(3)改进土壤与苗木管理制度。

【果园免耕法】(tillage method of orchard) 完全使用除草剂去除杂草,对果园土壤不进行任何耕作,使果园土壤表面呈裸露状态的土壤管理方法。该法保持了果园土壤的自然结构,有利于果园实行机械化管理。施肥、灌溉等作业一般都通过管道进行。免耕法所要求的管理水平比其他果园土壤管理方法更高。

【果园清耕法】(orchard clearing tillage) 又称清耕休闲法。在果园内利用人工清除果园的杂草,不再种植其他植物,保持土地表面裸露状态的一种果园土壤管理方法。其优点是:可以减少杂草对土壤养分的争夺,减少果园病虫害危害程度。其缺点是:长期使用清耕法会破坏土壤结构,使有机质迅速分解从而降低土壤有机质含量,导致土壤理化性状迅速恶化,地表温度变化剧烈,加重水土和养分的流失。

【果园生草法】(orchard grass act) 在果园内人工种植对果树有益的草本植物的果园土壤管理方法。按其生草方式的不同可分为:(1)人工种草。(2)自然留草。中国北方通常果园生草的方法多为人工种草,即在果树行间种植一二年生绿肥作物或多年生豆科牧草。其作用是:(1)可以保持和改良土壤的理化状态,防止土壤和水土流失。(2)增加土壤有机质和有效养分的含量,对果实成熟和枝条充实有明显的促进作用。(3)可以改善果园地表小气候,减少冬夏地表温度变化幅度,有利于果园机械化作业,降低生产成本。

果园生草覆盖

【果园授粉品种】(orchard pollinatingd variety) 一个果园中仅作为为主栽品种授粉功能的果树品种。在果树建园时,一般选择花粉多、且与主栽品种亲和性好的品种作为授粉品种,以提高坐果率、增加产量。之所以配置授粉树主要是因为自花不实(如苹果、梨、李等类果树),栽培单一品种时,造成花而不实,低产或连年无收。即使能够自花结实的品种,其结实率也很低。因此在建园时,这类果树必须配置授粉品种。如猕猴桃等类雌雄异株果树,必须注意雌雄株按适当比例配置。桃、部分杏等果树,虽能自花结实,但进行异花授粉后能显著提高果实坐果率。如桃园中“大久保”种为主栽品种,按照3:1比例配置“豫甜”品种授粉,能够有效提高果实坐果率。

【果园主栽品种】(orchard main variety) 一个果园中植株比例占优势的品种。在果树建园时,一般选择最适宜的果树品种作为主栽品种,配置一定比例的授粉品种,从而提高坐果率,达到增加产量的目的。如苹果园中“红富士”品种为主栽品种,配置1/4比例的“首红”苹果品种,互为授粉,提高果实坐果率。

【裹头】(protection of dike-end abutting a gap) 在堤防决口、有计划扒口的两端堤头或在河道截流时的截流坝头进行裹护以防止口门扩大的措施。为防止河道丁坝坝头和溢流堰土石翼墙端冲毁以石料裹护。裹头方法:根

裹头抛填

据口门流速、流态和河势,沿口门堤头及其上下两侧抛投裹头材料,抛护长度一般为水头的4~6倍,抛护坡度与堤坡近似。抛用石块直径略大于0.25m,以有效地保护口两侧堤头的冲蚀。计划扒口口门的裹头,是进洪工程的组成部分。当分洪历时长、上下游水位差大时,扒口处宜预作裹头,使进洪口能按计划进展,以便有效地利用蓄分洪区的容积。

【过坝设施】(facility for passage over dam) 使船、木、鱼等通过闸、坝的建筑物和机械设备。按其过坝方式的不同可分为:(1)水力过坝。通常借闸室内水位升降使船、木、鱼等过坝,消耗具有一定势能的水量。(2)机械过坝。则借机械运送过坝。消耗一定电能,基本不消耗水量,且所耗的能量常较前者为少。过坝设施的布置应协调好与水电站枢纽中其他水工建筑物的关系,避免相互干扰。如过船过木设施宜靠近岸边,上下游应满足引航道、集散设施的布置和水流条件的要求,并尽可能远离泄洪建筑物。鱼道的位置、水流、流态、流速需适应过坝鱼类的习性及其游行线路。按过船设施的不同可分为:船闸和升船机两种基本类型。过木设施是将木材从坝的上游传送到下游的设施。按木材过坝方式的不同可分为:散木过坝和编排过坝两种。通常采用水力或机械传送。按过鱼设施的不同可分为:鱼道、鱼闸、收集并运载集鱼过坝的集鱼船、升鱼机等。

过坝设施施工

【过程管理级】(process management level) 集散控制系统的人机接口装置。普遍配有高分辨率、大屏幕的色彩CRT、操作者键盘、打印机、大容量存储器等。操作员通过操作站选择各种操作和监视生产情况。这个级别是操作人员跟集散控制系统(DCS)交换信息的平台。是DCS的核心显示、操作与管理装置。操作人员通过操作站来监视和控制生产过程,可以通过屏幕了解到生产运行情况,了解每个过程变量的数字与状态。它所掌握的"大权"可以根据需要随时进行手动自动切换、修改设定值,调整控制信号,操纵现场设备,以实现对生产过程的控制。

【过程控制系统】(process control system) 以表征生产过程的参量为被控制量使之接近给定值或保持在给定范围内的自动控制系统。在生产装置或设备中进行的物质和能量的相互作用和转换过程。表征过程的主要参量有温度、压力、流量、液位、成分、浓度等。通过对过程参量的控制,可使生产过程中产品的产量增加、质量提高和能耗减少。一般的过程控制系统通常采用反馈控制的形式。这是过程控制的主要方式。过程控制在石油、化工、电力、冶金等部门广泛应用。20世纪50年代,过程控制主要用于使生产过程中的一些参量保持不变,从而保证产量和质量稳定。60年代,随着各种组合仪表和巡回检测装置的出现,过程控制已开始过渡到集中监视、操作和控制。70年代,出现了过程控制最优化与管理调度自动化相结合的多级计算机控制系统。80年代,过程控制系统开始与过程信息系统相结合,具有更多的功能。随着人们物质生活水平的提高以及市场竞争的日益激烈,产品的质量和功能也向更高的档次发展,制造产品的工艺过程变得越来越复杂,为满足优质、高产、低消耗,以及安全生产、保护环境等要求,作为工业自动化重要分支的过程控制的任务也愈来愈繁重。

【过电压】(over voltage) 超过正常运行并对电气设备绝缘设施有危险的电压。电力系统中的事故以绝缘事故为多。其中大部分是由于过电压的绝缘破坏导致造成的。过电压的研究,是绝缘配合与合理确定电气设备绝缘水平以及减少绝缘损坏事故的基础。按其产生机理的不同可分为雷电过电压和内部过电压。内部过电压又分为两种:(1)因操作或故障引起的过渡过程电压升高,称为操作过电压;(2)过渡过程结束后,出现的各种持续时间较长的工频过电压和谐振过电压。

【过渡层】(transition layer) 过渡高度或过渡高度至过渡高度层之间的空间。航空学的一个术语。过渡高度是指一个特定的修正海平面气压高度。在此高度及其以下,航空器的垂直位置按修正海平面气压高度表示。过渡高度层,是指在过渡高度之上的最低可用飞行高度层。当航空器下降通过过渡层时,要将气压高度表拨正至机场的修正气压或场面气压;当航空器上升通过过渡层时,要将气压高度表拨正至标准气压高度。其拨正值为101.32kPa。

【过渡轨道】(transition orbit) 又称转移轨道。航天器在脱离原先飞行的轨道后进入另一条轨道的过程中所采用的轨道。航天器在火箭发动机的推力作用下实现轨道变换,简称变轨。行星

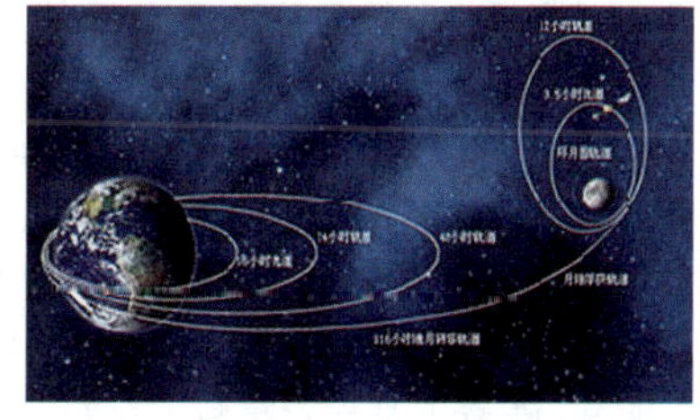

嫦娥一号轨道图

探测器、月球探测器、离地球较远的人造地球卫星，都要经过过渡轨道才能到达预定目标轨道。轨道之间的转移有多种形式，按变轨次数分为一次、两次、多次和连续小推力变轨。最著名的过渡轨道是霍曼轨道。它是两条同心共面圆轨道之间的一条椭圆轨道，既与内圆外切又与外圆内切。为了使航天器在这两条轨道之间过渡，只需在这条椭圆轨道与两条圆轨道的两个切点上施加两个切向速度脉冲增量（同为加速或同为减速）便可实现。在两条不同轨道之间的过渡轨道并不是唯一的，过渡轨道最佳化理论就是要寻找在某种条件下消耗能量最省的过渡轨道。在航天工程中，过渡轨道的选择要综合考虑能量消耗、飞行时间、制导精度、测量和控制条件等因素。

【过渡相】（marine-continental transition face） 又称海陆交互相。在海洋与大陆之间的过渡环境中，河流与海洋相互作用下形成的沉积物和岩层。过渡环境的特点是：含盐度不正常，含有大量盐度变动的生物类型，如藻类、有孔虫、软体动物等。沉积作用受海陆两种环境的影响明显。过渡相的典型代表是三角洲相。其常见的岩石类型有细粒碎屑岩、黏土岩、碳酸盐岩等，干燥地区的过渡相还有盐类沉积。

【过渡元素】（transition element） 元素周期表中从ⅢA 族到 ⅡB 族的化学元素。这些元素在原子结构上的共同特点是价电子依次充填在次外层的 d 轨道上，因此，有时人们也把镧系元素和锕系元素包括在过渡元素之中。其特征性质有：(1)都是金属，具有熔点高、沸点高、硬度高、密度大等特性，有金属光泽，延展性、导电性和导热性都很好，不同的过渡金属之间可形成多种合金。(2)过渡元素的原子或离子中可能有成对的 d 电子，电子的自旋决定了原子或分子的磁性。(3)过渡元素的 d 电子在发生化学反应时都参与化学键的形成，可以表现出多种的氧化态。(4)过渡元素的水合离子在化合物或溶液中大多呈现一定的颜色，这是由于具有不饱和或不规则的电子层结构造成的。(5)过渡元素具有能用于成键的空 d 轨道以及较高的电荷/半径比，都很容易与各种配位体形成稳定的配位化合物。

【过卷】（overwinding） 将提升容器提升到最终停车点以上时的现象。发生的原因是司机的失误或自动减速装置发生故障。过卷的后果很严重，可拉倒井架造成严重停产事故，或拉断钢丝绳而使提升容器坠毁，造成人员伤亡事故。在双滚筒提升机提升中，一个提升容器过卷时，另一个提升容器必将发生与井底相撞的墩罐事故。墩罐的严重后果是将设备撞坏，罐笼内乘人时则会造成人员伤亡。为防止这类事故的发生，要求安装可靠的过卷保护装置和限速装置。过卷保护装置就是分别在井架上和深度指示器上安装行程开关。装设限速装置，可使提升容器到达终端位置时的速度不超过 2m/s，从而达到过卷保护的目的。过卷保护和限速装置必须定期检查和试验。

【过劳】（overwork） 又称慢性疲劳综合征。因为工作时间过长、劳动强度过重、心理压力过大，长期处于精疲力竭的亚健康状态。如果长期得不到纠正，严重时就引起身体潜在的疾病急速恶化，救治不及时，就易引发“过劳死”。

过劳死的危险信号

【过梁】（lintel） 设在建筑物的门、窗、门洞和洞口上的梁。其作用主要是承受门窗洞口上部传来的荷载，并把荷载传递到门窗洞两侧的墙上。在一般民用建筑中常见的过梁有砖砌平拱式过梁、弧拱式过梁、钢筋砖过梁及预制钢筋混凝土过梁等。(1)平拱式过梁。是用整块砖立砌或侧砌成对称于中心而倾向两边的拱，高度为 1 砖或 1 砖半，厚度等于墙厚。(2)弧拱过梁。构造与平拱式的基本相同，但外形为圆弧形。(3) 钢筋砖过梁。一般使用于洞口宽度不大的房屋建筑，具有施工方便的优点。钢筋直径不宜小于 5mm。24cm 墙厚一般放置 2～3 根钢筋，钢筋两端伸入墙体内不应小于 48cm，高度一般为 5～7 皮砖，用 50 号砂浆砌筑。(4)钢筋混凝土过梁，能承受较大的荷载，用于宽度较大或有集中荷载的门窗沿口。适用于各种材料的墙体，较常用。可现浇，也可预制。

【过零点检测】（zero crossing detection） 在交流系统中，当波形从正半周向负半周转换时，经过零位时系统作出的检测。过零点检测可作开关电路或者频率检测。过零点检测电路主要包括电压比较电路和控制电源电路。

【过瘤胃蛋白质】（bypass protein） 通过瘤胃而未在瘤胃被微生物分解的饲料蛋白质。受蛋白质的性质、瘤胃发酵强度及饲料在瘤胃内滞留时间等因素影响。为了避免优质饲料蛋白质在瘤胃内被微生物分解，造成营养上的损失，事先应对饲料进行热处理、鞣酸处理或者甲醛处理等，降低蛋白质的溶解度，减少微生物对蛋白质的分解，以增加过瘤胃蛋白质。

【过滤】(filtration) ❶在非均相分离领域,液体-固体或气体-固体两相体系中液体(气体)以渗流的方式穿过多孔介质的孔隙,而固体颗粒被截留在过滤介质一侧或过滤介质的孔隙中,从而达到固体与液体(气体)分离的目的。过滤是有多相参与的、存在许多物理-化学异向现象的流体在多孔介质中的流动。常用滤纸、滤布、金属网或砂层等多孔隙物料作为滤层(滤料)。液体(或气体)通过滤层时颗粒即被滤层所截留。例如:试验中用滤纸分离沉淀物和溶液。水厂用滤池净水,冶金、化学、轻工业等用各种过滤设备分离悬浮液为滤液和滤饼(留在滤层上的凝固体),用袋滤器清除空气中的粉尘等。❷从繁杂的信息中提取有用信息的处理过程。是通信和控制系统中信息处理的步骤、逻辑学推理分析的过程。

液压油移动过滤装置

【过滤除菌】(filtration sterilization) 利用膜分离技术去除细菌的方法。膜分离过程是一种被透过或被截留的过程,近似于筛分过程。依据滤膜孔径的大小而达到分离物质的目的。过滤除菌就是将细菌、杂质截流在膜上的过程。其特点是:(1)膜分离过程不发生相变化。(2)特别适合于对热敏感的物质。(3)适用分离的范围广,如饮料、乳品的过滤除菌,酱油、醋的澄清除菌,生啤酒的无菌过滤等。

【过滤除渣】(filtrate deslagging) 使用过滤器将悬浮在熔体中的夹渣分离出去的工艺方法。在饮料罐的深冲和箔材的加工中,熔体中残留的微米级夹渣就会带来不良影响。其他除渣方式不能从根本上解决问题,于是过滤除渣的方法应运而生。按照机理的不同可分为机械除渣和物理化学除渣两种。按照过滤介质的不同可分为:(1)网状过滤器。即让熔体通过由玻璃丝或耐火金属丝制成的网,夹渣受到机械阻挡而与金属熔体分离。对于除去厚片状和大块夹渣效果显著。但是只限于比网格大的夹渣,并且要经常更换网片。(2)填充床过滤器。由不同材料、不同尺寸和不同形状的过滤介质组成。常用各种尺寸的球状和片状氧化铝作为过滤介质。液态熔剂也可以用作过滤介质。填充床既具有机械阻挡作用,又具有过滤介质与夹渣的吸附、溶解和化合作用。当熔体携带着夹渣沿过滤器中截面变化不定的细长孔道作变速运动时,由于夹渣的密度和速度与熔体的不同,所以有可能在重力的作用下产生沉积。此法优点是熔体与过滤介质的接触面大,过滤层越厚,介质颗粒越小,过滤效果越好。但粒度太小会使熔体的流量减少,影响生产率。液态熔剂作为过滤介质是因为它能与夹渣的化合,以及其对夹渣的润湿、吸附和溶解作用来除渣的。(3)刚性微孔过滤器。主要包括陶瓷微孔管和泡沫陶瓷两种方式。前者是在一定粒度的刚玉砂中加入粘结剂,成型、烘干并高温烧结制而成,具有均匀贯通的微孔。金属熔体通过时夹渣受到管壁的吸附、摩擦以及流体的压力而沉降,从而脱离熔体。可以滤除比微孔还小的夹渣,是一种最可靠的过滤器。后者是用氧化铝、氧化铬等制成的海绵状多孔物质,简称CFF。其设备简单,容易操作,但要经常更换泡沫体。目前,中国使用最广泛的是玻璃丝布过滤、泡沫陶瓷过滤和刚玉陶瓷管过滤。

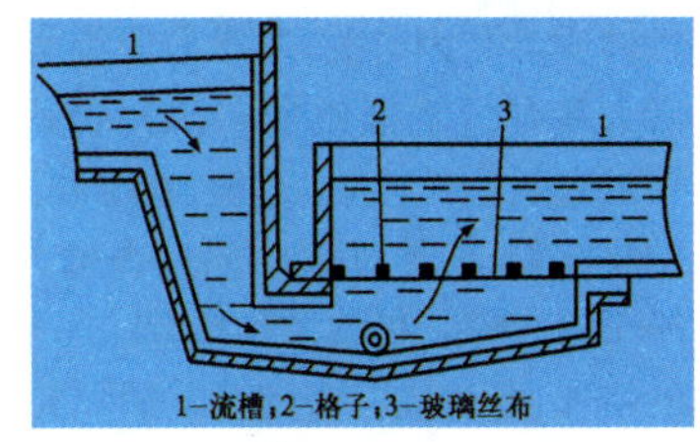

过滤除渣

【过滤纸】(filter paper) 简称滤纸。由纤维交织而成的能过滤介质的纸。纤维相互交错,彼此间形成许多小孔,对气体或液体的透过性良好,可用来进行分离、净化、浓缩、脱色、除臭、回收等。滤纸可薄可厚,面积可大可小,形状易于加工,折叠、裁切都很方便,在各行各业中有广泛的用途。其主要品种有:化学分析滤纸、三清(清除空气、燃料油、润滑油)滤纸、滤油纸、啤酒滤纸、耐高温过滤纸等。

【过氯乙烯树脂】(chlorinated PVC resin) 由聚氯乙烯树脂在溶剂存在下经氯气氯化而制得的氯化聚氯乙烯树脂。其特点是:具有优良的溶解特性,良好的电绝缘性、热塑性和成膜性,化学性能极为稳定,耐腐蚀,耐水,不易燃烧,能溶于酮、氯代烃、芳烃、酯及部分醇类。其黏度决定于所用聚氯乙烯的相对分子质量;相对分子质量愈大,氯化后的树脂黏度愈高。常用来制造过氯乙烯特种油漆、黏合剂、防火涂料、皮革上光剂以及制作塑料玩具等。

【过敏毒素】(anaphylatoxin) 补体活化过程中产生的具有炎症介质作用的活性片段。作为配体能与肥大细胞和嗜碱性粒细胞表面相应受体结合,激发细胞脱颗粒,释放组胺之类的活性介质,引起血管扩张、通透性增加、平滑肌收缩、支气管痉挛等症状。

【过敏性鼻炎】(allergic rhinitis) 又称变

应性鼻炎。鼻腔黏膜的变态反应性疾病。可引起多种并发症。可发生于任何年龄,包括幼婴时期。大多数患者于20岁前出现。是一个常见病。多达10%的儿童和20%的少年罹患常年性鼻炎。其中大多为变态反应性。约75%的哮喘儿童也有本病。由于鼻塞患者不得不用口呼吸,因此从口腔直接吸入的变应原较多,从而使哮喘加重。变应性鼻炎在发病上没有性别差异。其发病与遗传因素、环境因素和变应原的暴露有关。其病因是:(1)遗传造成的过敏体质。过敏性体质与基因有关,通常为遗传所致。过敏性鼻炎患者大多有过敏家族史。(2)接触过敏原。家中最主要的过敏原是尘螨、霉菌、宠物和昆虫等,特别是蟑螂的排泄物;户外过敏原包括香樟、核桃树、榛子树、杜松子树、杨树、桦树和橡树等。另外,近年来随着车辆的增加,柴油废气中的芳香烃颗粒和家庭装修造成的甲醛等,虽然不是过敏原,却是季节性过敏性鼻炎发作的强刺激物。喷嚏、鼻痒、流涕和鼻塞是最常见的四大症状。过敏性鼻炎的治疗同一般过敏性疾病的治疗。

【过敏性药物反应】(anaphylactic drug reaction) 机体对化学药物产生的一种病理性免疫反应。通常是由化学药物的突然释放导致的;这种释放又是由抗体(免疫球蛋白 E)对不良物质(过敏原)的反应引发的。因为机体反应非常敏感,所以很微量的过敏原都可能导致某种反应。当过敏性休克发生时,支气管组织肿胀、血压降低,引发窒息和虚脱,因此应该立即注射肾上腺素。肾上腺素可以很快使血管收缩,放松肺部肌肉,从而改善呼吸,刺激心跳,停止脸部和嘴唇的肿胀。

【过敏性紫癜】(anaphylactoid purpura) 又称亨舒综合征。一种小血板骨为主要病变的变态反应性出血性疾病。病因不清。可能和以下因素有关:(1)食物过敏。如奶、蛋、鱼、虾等。(2)感染。各种感染,多在上感后2周发病。(3)药物。如青霉素,抗结核药等。(4)寄生虫。如蛔虫病等。(5)其他。如花粉,昆虫咬,预防接种等。其临床表现是:(1)皮肤型。最常见。最早出现。双下肢皮肤紫斑,红色,高出皮肤,对称性,压不退色,荨麻疹样;关节周围较多,成批出现,也可在臂部及上肢出现,躯干部一般无皮疹。紫癜一般7~14天消失。但可反复。(2)关节型。多发生在大关节,如膝、踝、肘等。肿痛,游走性,活动受限,不留关节畸形。(3)腹型。肠黏膜、腹膜毛细血管受累,恶心,呕吐,腹痛,便血,阵发痛腹痛。痛时腹肌可紧张,缓解时腹软,要和急腹症鉴别。(4)肾型。发生率30%~60%。多在发生病1个月内起病。表现为血尿、蛋白尿、高血压及浮肿等,称紫癜性肾炎。可持续数月及数年。绝大多数可完全恢复正常,个别出现慢性肾炎及肾衰。以上几型可同时出现,也可有先有后。凡出现2型以上为混合性,仅有皮肤紫癜为单纯型。只要有皮肤紫癜可立即作出诊断,皮肤紫癜未出现者应和其他疾病进行鉴别。其治疗方法是:要去除各种引起变态反应的因素,给抗过敏治疗如扑尔敏等,可短期应用糖皮质激素。

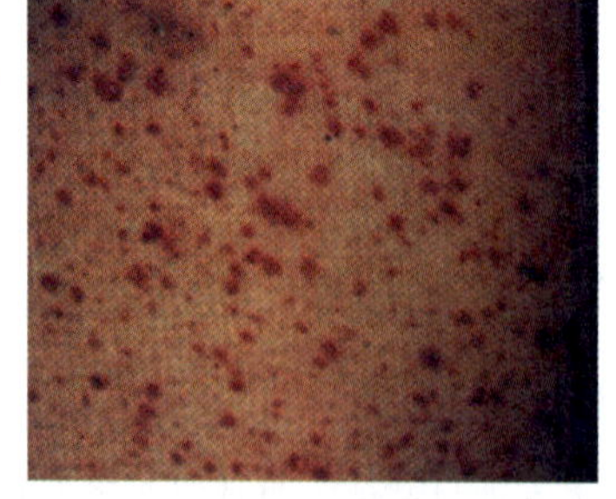

过敏性紫癜症状图

【过敏原】(anaphylactogen) 又称致敏原、变应原。能够使人发生过敏的抗原。其共同的特点是:在接触过敏原一定时间后,机体致敏。致敏期的时间长短不一。致敏时间内没有临床症状。当再次接触过敏原后,方可发生过敏反应。一般第一次接触到的物质不会过敏,反复的接触后,可能出现过敏性症状。在反复接触后,症状一般会逐渐加重。在过敏的发生过程中,过敏介质起着直接的作用。过敏原是过敏病症发生的必要条件,而大量自由基的存在是过敏发生的根源。自由基氧化破坏肥大细胞和嗜碱粒细胞的细胞膜,使之受损、变性,机体的免疫能力低下,为抗原、抗体变态免疫反应的发生创造了条件,导致细胞破裂,过敏介质释放,使得过敏病症发生。过敏原包括以下几类:(1)食物过敏原。(2)有毒物质过敏原。(3)空气过敏原。(4)注入性过敏原。治疗过敏性疾病最有效的方法是首先找到过敏因子,即过敏原,然后对症治疗。

【过期妊娠】(prostterm pregnancy) 月经周期规则,妊娠时间达到或超过42周尚未分娩者。在妊娠过期后,羊水减少,胎盘功能减退,使胎儿宫内慢性缺氧,分娩时发生新生儿窒息、胎粪吸入综合症、难产等不良结局增加。应加强孕期宣教,使孕妇和家属认识过期妊娠的危害,定期进行产前检查,适时结束分娩。

【过热】(over hot) 金属加热温度过高或在高温下留置时间过长而使其晶粒激烈长大的现象。在金属过热后,机械性能恶化,特别是冲击韧性下降。对某些过热的金属,可用热处理方法矫正。

【过烧】(overburning) 金属在接近熔化温度加热时,由于过高的温度,其表层沿晶界处被氧气侵入而生成氧化物,或在晶界处和枝晶间的一些低熔点相发生熔化的现象。使金属的机械性能显著恶化。

不能用热处理方法矫正。在热处理过程中,应力求避免发生过烧,导致产品报废。

【过剩空气量】(excessive air) 燃料燃烧时实际供给的空气量与理论空气量的差值。为了使燃料能放出最大的热量,一般需要供应比理论空气量多的空气量。实际过剩空气量的多少与燃料的特性有关,也与燃烧方式有关。

【过失速技术】(post stall technology) 飞机超过失速迎角后仍能实施机动的技术。机翼升力和阻力都随迎角的变化而变化。当迎角超过一定范围,机翼升力会急剧下降甚至完全丧失,从而引起失速。此时气动操纵面将失去操纵能力。未来战斗机要求具有在更大的迎角下实施机动的能力,甚至能超过90°,以便迅速指向敌机并进行攻击。为满足这一战术要求,飞机必须具有过失速机动能力。战斗机过失速技术将依赖推力矢量技术,利用发动机部分或全部推力实现飞机俯仰、横滚、偏航的控制。过失速技术对提高战斗机的机动能力、攻击能力和生存能力至关重要,是未来战斗机的发展方向。

【过失误差】(gross error) 又称粗大误差。由于试验者或测试者的粗心、不正确操作或操作条件的突然变化引起的误差。这类误差明显地歪曲测定结果,是由测定过程中犯了不应有的错误造成的。例如,标准溶液超过保存期,浓度或价态已经发生变化而仍在使用;器皿不清洁;不严格按照分析步骤或不准确地按分析方法进行操作;弄错试剂或吸管;试剂加入过量或不足;操作过程当中试样受到大量损失或污染;仪器出现异常未被发现;读数、记录及计算错误等,都会产生误差。过失误差远远大于正常情况下的随机误差和系统误差。过失误差因人而异,无一定的规律可循。这些误差基本上是可以避免的。消除过失误差的关键,在于分析人员必须养成专心、认真、细致的良好工作习惯,不断提高理论和操作技术水平。只要确知存在过失误差,就应将含有过失误差的测量值从一组数据中去掉。

【过熟林】(over mature forest) 已经超过了成熟阶段的林分。林分经过了生长高峰的成熟阶段,进入逐步衰老阶段,这是一切生物发展的必然规律。其主要特征是:(1)林木生长趋缓且健康程度降低,病虫、气象(风、雪、雾等)灾害的作用增强。(2)林冠因立木腐朽、风倒等原因而进一步稀疏。次林层及幼树层上升。(3)林木仍大量结实但种子质量下降。(4)木材生产率和利用率降低,但木材质量却很好(均为大径级材)。(5)森林的环境功能也维持在较好状态,林内生物仍具多样性。对于自然保护区及防护林中的过熟林,要尽量采取措施保持林木健康而延长其存在;对于用材林则要加速开发利用进度,减少衰亡造成的损失。在任何情况下都要关心林分的合理利用和充分更新。林分的过熟阶段,只能维持不长时间,因采伐利用、自然灾害或林层演替而终结。但有些树种维持时间较长,可达200~300年以上。

过熟林

【过氧化氢】(hydrogen peroxide) 又称双氧水。每个水分子里含有两个氧原子的液体。分子式H_2O_2。无色、无臭、透明、能与水、乙醇任意比例混溶。呈弱酸性。不溶于苯、石油醚。受光照、接触金属杂质时,或在碱性条件下会发生分解而生成水和氧。过氧化氢是重要的氧化剂、漂白剂。其主要作用是:(1)棉、毛、麻、丝织品、纸张、毛皮、油脂及制革品的漂白。(2)食品的漂白和防腐。(3)医药上主要用作消毒杀菌剂。(4)用于污水处理时,对含氰废水、含亚硝酸盐废水有解毒作用。(5)高浓度的过氧化氢可作为火箭燃料和氧源。(6)制取无机或有机过氧化物及环氧化合物。

【过氧化物酶】(peroxidase) 由生物体所产生的一类氧化还原酶。其最好底物为过氧化氢。主要存在于细胞的过氧化物酶体中,如过氧化氢酶便是过氧化物酶的一种。其普遍存在于生物的所有组织中。其活性与生物的代谢强度及抗寒、抗病能力有一定关系。另外,过氧化氢酶属于血红蛋白酶,含有铁,能催化过氧化氢分解为水和分子氧,并在此过程中起传递电子的作用。在医学上,也可作为工具酶,用于检验尿糖和血糖。

H

【哈勃定律】(Hubble's law) 反映天体退行速度和天体与地球观测者之间距离关系的定律。1929年美国天文学家哈勃发现,由红移计算出的河外星系视向退行速度与河外星系的距离成正比,即距离越远,视向速度就越大。这种关系后来被称为"哈勃定律"。在星系天文学和宇宙学研究中发挥着重要的作用。

【哈勃空间望远镜】(Hubble space telescope, HST) 美国发射的大型空间天文台。1990年4月25日由"发现"号航天飞机送入轨道。主体是一个口径为2.4m的光学望远镜,镜面成像的质量很高。由于空间优越的环境,在可见区的灵敏度比地面上现有最好的望远镜要高出50倍以上。望远镜聚焦平面配置了广角行星照相机、暗天体照相机、暗天体摄谱仪、高分辨率摄谱仪、高速光度计、精密导星系统等多个测量仪器。望远镜设计寿命为15年,每三年左右由航天飞机对其进行一次检修或部件更换。利用哈勃空间望远镜已经取得了一系列重大成果。截止到2007年底,对"哈勃"的人工维护已经进行了四次。原定于2006年对哈勃空间望远镜进行的第五次也是最后一次维护,目的是更换回转仪和电池,以保证"哈勃"能够工作到2013年以后。但由于种种原因美国宇航局的这一计划至今尚未进行。

哈勃空间望远镜

【哈雷彗星】(Halley comet) 1758年英国天文学家哈雷发现的彗星。彗核体积15km×8.5km×8km,状如花生。轨道呈椭圆形。偏心率0.967。周期约76年。彗核自转周期近53h,进动7.4天1周。哈雷彗星1910年扫过地球,引起地球磁暴,彗星跨过天空100°以上。1986年再次靠近地球时,探测到彗星成分除水外,还有H_3O^+、Na^+等。彗核分裂时彗发增亮;等离子体彗尾有时出现扭折、断尾现象。

【哈龙】(Halon) 卤代烷的一类化学品。商品名称为1211和1301。主要用于灭火药剂。其含有氯和溴,在大气中受到太阳光辐射后,分解出氯、溴的自由基与臭氧结合夺去臭氧分子中的一个氧原子,使臭氧遭到破坏,从而降低臭氧浓度。是破坏臭氧层的元凶之一。

【海岸】(coast) 陆地与海洋的交接地带。是受全球环境变化、海平面变化、多种海洋灾害及人类活动影响而不断变化的地区。海面与陆地相连接地方是海岸线。其始终处于不断变化之中。按其组成物质的不同可分为岩岸、沙质海岸、泥质海岸、黄土海岸、生物海岸等。岩岸由基岩构成,受岩性和构造控制明显,其海岸线曲折、岬湾交错,多港湾和岛屿,具多姿的海蚀地形。沙质海岸主要由不同粒级的沙质物质组成。根据其沙质颜色的不同可分为:黄色沙滩(黄金海岸)、白色沙滩(银色海岸)、黑色沙滩以及红色沙滩等。有些地方的海滩非常宽阔,但其海岸是由非常细的淤泥组成,称为泥质海岸。中国渤海湾西岸、黄河三角洲一带,是典型的泥质海岸分布区。还有的海岸由黄土构成,形成黄土海岸。珊瑚礁海岸、红树林海岸则是典型的生物海岸。

海岸

【海岸带】(coastal zone) 由海岸线向海陆两侧扩展到一定宽度的地带。即海陆相互接触和交互作用的地带。不同国家有不同的划分方法。中国在海岸带调查中,规定向陆一侧延伸10km、向海一侧延伸至水深10~15m为海岸带。海岸带区域一般是经济发达、人口密集的地带。

【海岸带地形图】(coastal topographic map) 又称沿岸海域地形图。表示海洋与陆地交互作用地带的地形图。比例尺一般为1∶10 000、1∶25 000、1∶50 000和1∶100 000。海岸带地形图一般是整幅测绘，通常沿海岸线分布图幅。利用摄影测量成果和水深测量成果，采用数字方法拼接和编绘而成。海岸带地形图采用黑、蓝、棕、绿、紫五色印刷。主要用于分析和研究海岸带地形环境状况。

【海岸地形测量】(coast topographic survey) 海洋与陆地交互作用地带地貌地物的测量。海岸线以上的狭窄陆地地带，一般指海岸线以上10km以内的区域。其测量内容和方法，与相同比例尺的陆地地形测量相同。滩涂是海岸线至零米等深线之间的区域。通常采用地形测量与水深测量相结合的方法，测量滩面的起伏和物质组成，以及干出礁、明礁、助航标志、养殖场等地物。浅海地带，是零米等深线至波浪有效作用于海底的地带。其下限一般相当于该波浪波长1/3的水深处。主要进行水深测量、底质探测和采集水中植被资料。海底地貌用等深线或负等高线表示。

【海岸动力过程】(dynamic processes on the coast) 海洋水体作用于海岸的动力过程。包括堆积、侵蚀、泥沙输移和形态各异的海岸地貌单元的塑造等过程。使海岸附近泥沙频繁输移、堵塞航道和港口、海岸淤涨等。引起这些过程的动力，来自远海海浪和近岸波。进入海岸带的波浪能量，除因与海岸和海底摩擦而消耗的一部分外，其余都消耗在对海岸侵蚀和对泥沙搬移上。潮流起着对海岸泥沙输移和扩散作用。浅海海流，流动太弱，仅叠加在潮流作用之上，使泥沙定向输移，可造成局部淤积；径流挟带着大量泥沙在河口外扩散和沉积，是海岸淤涨的主要物质来源之一。风对沙丘的应力，造成海滩细沙向岸搬移和陆上沙丘向海输送，使海岸发生向岸或向海的迁移变化。海洋大尺度流动，如墨西哥湾流、黑潮、赤道流等，其水体体积虽然非常巨大，但它们远离海岸，不是影响海岸变化的重要因素。海岸动力过程还与海岸带地形地貌和地质有密切关系，不同类型海岸，产生动力过程的主要因素迥然相异。例如：基岩海岸在波浪作用下，岬角遭受强烈的侵蚀，而在海湾则因海流对泥沙的搬移而发生堆积；泥质海岸受潮流和波浪的共同作用，交替发生侵蚀和堆积等。

【海岸防护工程】(shore protection works) 保护沿海城镇、农田、盐场和岸滩，防止风暴潮泛滥、淹没，抵御波浪、水流侵袭与淘刷的各种工程设施。按防护目的的不同可分为：(1)海堤。是在河口、海岸地区，为了防止大潮、高潮和风暴潮泛滥以及风浪侵袭造成土地淹没，在沿岸地面上修筑一种专门用来挡水的建筑物。在中国江苏、浙江一带又称海塘。(2)护岸工程。是在河口、海岸地区，对原有岸坡采取砌筑加固措施，以防止波浪、水流的侵蚀、淘刷和在土压力、地下水渗透作用下造成的岸坡崩坍。护岸工程分为斜坡式护岸和陡墙(包括直墙式)岸壁两种型式。(3)保滩工程。是保护沿海滩涂，防止滩面泥沙被海浪、水流淘刷的工程设施。一般可采用建筑物、植物、人工沙滩等防护措施。保滩工程除能保护滩涂外，还间接地有护堤、护岸功能，并有促使泥沙在滩面落淤的作用。

海岸防护工程

【海岸防护林】(forest for coast protection) 沿海岸带的天然林与配置的人工林。其主要作用是减轻台风和风沙的危害，防浪、防潮，减轻旱涝灾害，美化海岸环境，促进经济发展。一般由海岸线以上防护林带和海岸线以下浪林组成。海岸防护林带则由防风固沙林、农田或种植园防护林、水土保持林、水源涵养林等组成，包括防护林、薪炭林、用材林、经济林、风景林、国防林等林种。一般在离海岸30m范围内的山坡上营造水土保持林和防风林，应选择耐干旱、抗风能力强的树种。在沙质海岸上由于沙滩的质地比较粗，蓄水性能比较差，应建立以防风固沙、阻隔流沙移动、防止海风危害为主的防护林。防风林的宽度一般在50m以上，有时也营造间距为100～150m、宽度为10～30m的多条林带。一般选择根系发达、抗风能力强、耐盐碱的树种。泥质海岸由于淡水资源条件比较好，多数已经被垦殖利用。海岸林带的建设应同农田防护林结合起来统一规划。海岸林带一般沿海堤走向，宽度为10m以上。在紧靠海堤的地方多种植根系密集的草本植物或灌木，而在未建海堤的地段则选择耐盐树种，沿最高潮位线营造防护林带。为配合海岸线以上的防

海岸防护林

护林，在海岸线以下潮间带、盐碱滩头上营造防浪林，防御海浪冲毁堤坝，促进淤泥在林下淤积。防浪林的宽度取决于海岸线以下宽度，一般在数百米以上。海岸防护林建设已经从单一的海岸防风固沙林带、防浪固堤林带向带、片、网相结合的沿海防护林体系发展，从单纯生态效益向综合效益方向发展，从粗放经营向集约经营方向发展。

【海岸平衡剖面】(equilibrium beach profile) 在波浪作用下，侵蚀和堆积处于相对平衡状态的水下岸坡剖面。B. П. 曾科维奇于1946年根据P.科尔纳利亚(1881)泥沙运动中立线概念，提出的海滩平衡剖面塑造模式。按照这一模式，在波浪作用恒定、水下岸坡均匀和泥沙颗粒相同条件下，在水下岸坡的某一点上，泥沙颗粒仅随波浪往复运动，而没有净位移。该点称为中立点。各中立点联线，即是中立线。中立线以上的泥沙沿坡向上运移，并在岸边形成堆积海滩。而中立线以下的泥沙沿坡向下搬运至坡脚堆积。因此，在中立线两侧形成两段冲刷凹地。上段自中立线向上，坡度由缓到陡；下段自中立线向下，坡度由陡变缓。结果在中立线两侧形成两个中立带，随着上、下两个中立带的逐渐展宽，原中立线位置也发生变化。最后两个中立带汇合成为一个统一的平衡剖面。显然，这是理想条件下的平衡剖面塑造模式，而自然界海滩剖面的地貌形态、物质组成和动力状况，是十分复杂的。尽管如此，海岸平衡剖面塑造的模式，对于探讨自然状态下的海岸演变趋势，仍有一定的理论指导意义。

【海岸侵蚀】(coastal erosion) 在自然力包括风、浪、流、潮作用下，海岸泥沙支出大于输入、沉积物净损失的过程。沿海国家海岸侵蚀现象普遍存在，中国有70%的海岸存在不同程度侵蚀现象，尤其以废弃三角洲海岸侵蚀后退最为严重。如江苏废黄河口附近海岸，1855～1970年岸线以平均每年147m的速度后退，20世纪70年代以来，岸线后退速率仍达每年20～40m。近代黄河三角洲钓口至神仙沟岸段，每年后退达350m以上。砂质海岸也同样存在海岸侵蚀现象，如北戴河海滨浴场20世纪80年代以来海滩缩窄100m，海南岛清澜港海岸近10年后退达150～200m。河流改道或入海泥沙减少、海面上升或地面沉降、海洋动力作用增强等都是导致海岸侵蚀的重要原因。人类活动也对海岸侵蚀产生明显影响，如拦河坝的建造，大量开采海滩沙、珊瑚礁，滥伐红树林，以及不适当的海岸工程设置等，均会引起海岸侵蚀。由于海岸侵蚀使土地大量失去、海岸构筑物破坏、海滨浴场退化、海滩生态环境恶化，从而成为一种严重的环境地质灾害。因此，必须引起高度重视，并加强海岸带管理，采取有效措施防止海岸侵蚀。

海岸侵蚀

【海岸沙丘】(coastal dune) 平行于海岸呈波状起伏的砂质堆积地貌。其排列走向大致与风向成直角，迎风坡比较平缓坚实，背风坡则比较陡峭松散。海岸沙丘通常在比较开阔的海岸地带，由强劲的向岸海风将大量的未被植物固定的海滩砂砾，吹至海岸粗糙地表附近堆积下来，经过不断地加长、加宽和加高而形成沙丘。裸露海岸沙丘常随风流动，对农田与居民点易造成一定的危害。而被植物固定海岸沙丘则可辟为旅游和疗养胜地。此外，其组成物质石英砂还可用作玻璃原料、造型用砂及建筑材料等。中国北戴河沿岸、法国濒临大西洋海岸、英国德文郡海岸、澳大利亚东南和西部海岸以及美国的东、西部海岸，均有沙丘分布。

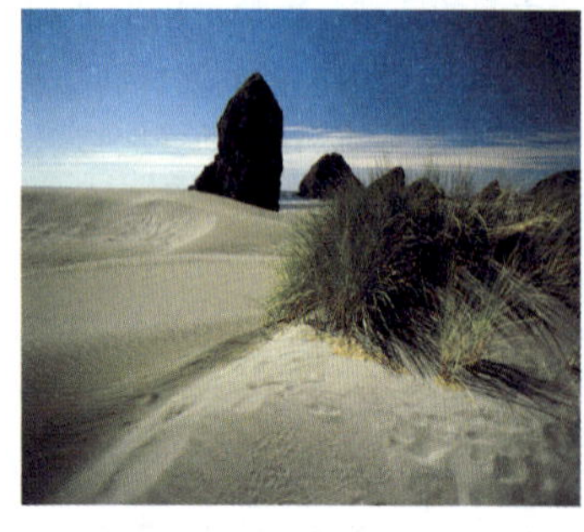
海岸沙丘

【海岸线】(coast line) 海面与陆地接触的分界线。平均为大潮高潮时的水陆分界线。仅中国就有约18 000km的大陆海岸线和14 000km的岛屿岸线。从形态上看，海岸线有的弯曲，有的接近直线，而且还在不断地发生着变化。其发生变化的主要原因是地壳运动、海浪冲刷、冰川影响以及入海河流中泥沙的影响。由于受地壳活动的影响，引起海水侵入(海侵)或海水后退现象，造成海岸线的巨大变化。这种变化直到今天也没有停止。

海岸线

【海表面有机化学】(organic chemistry on sea surface) 对数微米至数十微米厚海面上有机化合物的组成、来源、分布和变化进行研究的一门学科。

由于海洋上层连续混合作用和海水微表面物理特性，导致了某些类型有机分子在空—海界面优先积累。这一领域逐渐发展成为独立的专门研究区域。目前已经发现，表面膜中有机物质浓度比下面水中高。研究海表面有机化学的方法是采用一种细纲目的金属筛，移取最上面的表面层。在这种海水样品中加入三价铁使其形成 $Fe(OH)_3$ 沉淀，收集沉淀后用氯仿萃取，然后再用气相色谱法分析萃取物。关于海洋表面层中的氯代烃、PCB 和 DDT 等污染物的研究，越来越引起人们的重视。

【海滨观测】(coastal observation) 在设于岸边或岛屿的海洋观测站上，利用观测仪器设备对海洋表面和水体的自然环境状况和变化过程及其相关的海洋环境要素所进行的观察和测量活动。是了解和掌握海滨水文、气象状况及其变化规律的基本手段。其工作内容包括海滨的水文、气象要素的观测、发报和编制报表。观测项目包括潮汐、波浪、海流、海冰、表层海水温度、表层海水盐度、海发光和气象要素等。观测时间在每日 02、08、14、20 时(北京时)进行。

海滨潮汐观测站

【海滨沼泽】(coastal salty marshes and mangrove swamps) 在潮汐影响下生长耐盐喜水植物的滨海湿地。包括草本植物盐沼和木本红树沼泽。在河口、海湾、潟湖、沙嘴内侧和具有宽缓水下岸坡的开敞海岸，波浪作用弱，潮流携带的泥沙在岸边沉积下来，塑造了潮滩。沉积物中含有能为植物吸收的微粒矿物和有机质，为海滨沼泽的发育奠定了物质基础。在一定的潮汐和供沙条件下，沉积物不断从低滩向高滩搬运，植物的存在加速泥沙淤积。随着滩面淤积继续增高，海洋因素的影响越来越小，土壤受淡水淋溶的机会越来越多，在平均大潮高潮位以上，空隙水盐度显著下降，植物蓬勃发展。当滩面增高到极大潮不能过达时，海滨沼泽的发育结束。海滨沼泽按滩地高程和成熟度的不同可分为低沼泽和高沼泽。在高沼泽和低沼泽之间常存在一个过渡带。按植物种类的不同可分为盐沼和红树林沼泽。前者生长草本植物，主要分布在中、高纬地区；后者生长乔木和灌木植物，只出现在热带和亚热带。根据盐度和潮差的不同海滨沼泽可分为六种类型：河口型、瓦登型或潮滩型、潟湖型、海滩平原型、池塘型和围垦地型。

海滨沼泽

【海冰】(sea ice) 海洋中各类型冰的总称。主要指海水在临界冻结温度下形成的冰。包括由陆地河流注入海洋的淡水冰和极地大陆冰川或山谷冰川崩裂滑落海中的冰山。不与海岸、岛屿、海底冻结在一起，在海中漂泊不定，能随风、浪、流影响而移动的冰为浮冰。不随风、浪、流漂浮的为固定冰。大陆冰川或陆架冰滑入海洋断裂而成的巨大冰块，露出海面高度 5m 以上为冰山。特大冰山也称为冰岛。海冰的成长，首先向水平方向发展，再沿厚度方向延伸。随着时间的推移，增长速率减慢。最初生成的海冰是针状或薄片状的冰晶。大量冰晶的聚结和凝结，或降雪落至海面而不融化，形成糊状或海绵状冰。在平静或有风浪的海面，糊状冰会进一步冻结，分别形成冰皮或饼冰(莲叶冰)。这类冰再增厚，就形成灰冰和白冰。有时受风、海浪、海流潮汐的作用，冰层相互叠加堆积，便形成重叠冰和堆积冰。海冰的发展阶段可分为初生冰、尼罗冰、莲叶冰、灰冰、灰白冰、白冰(厚冰)。海冰的外貌可分为平整冰、重叠冰和堆积冰。海冰的存在时间可分为一年冰和多年冰。中国海域的冰情，按冰区范围及海冰的厚度，分为五级冰年，即轻冰年、偏轻年、常年、偏重年和重冰年。

海冰

【海冰观测】(sea ice observation) 对海上冰情进行的监测。分为岸边观测和船舶观测。前者观测对象为海水直接冻结的沿岸冰层及由陆地滑入或江河入海处的冰块；后者主要观测海上或由江河带入海洋的冰块，即主要观测的是海上的流冰。观测的主要项目有：冰量、密集度、外貌特征、冰块大小、冰层厚度、冰区边缘线、流冰的方向和速度，以及海冰的盐度、密度、温度、抗压强度等。海冰观测均应连续不间断进行。一般情况 2h 观测一次，以便为相关部门提供及时准确的冰情信息。随着航空航天技术的应用和推广，相关部门还利用人造地球卫星来观测监视海上的冰情。

【海冰预报】(sea ice forecast) 对海冰区未来一定时段内海冰形势的预报工作。其内容主要有：一定时间内海区的冰情，如冰层厚度、冰区边缘及冰区宽度，以及未来一定时段内海冰的增长和消融情况。高纬度地区，还需发布并预报海区内海冰的密度、分布范围及冰山的位置及移动情况。

【海船闸】（sea sluice） 一端为具有潮位变化的海域或河口，另一端为运河、河道或封闭港池的海船通航建筑物。其特点是水头差较小，且通常要承受正反两个方向的水头，而平面尺寸和门槛水深较大。由于这些特点，海船闸在结构上通常设有帏墙，无上下闸首之分。在闸门形式上一般采用横拉式平面闸门，也可以采用三角闸门。在灌泄水设备上，常用环形廊道或利用门缝输水。例如，中国天津塘沽新港海闸门，建于1946年，闸室长帏180m，宽22m，门槛水深为5m，可通航3 000t海轮。

【海带】（seaweed） 俗称昆布、江白菜。褐藻门，褐藻纲（本门仅此一纲），海带目，海带科。藻类植物。藻体褐色，长带状，革质，一般长2～6m，宽20～30cm。藻体明显地区分为固着器、柄部和叶片。固着器假根状，柄部粗短圆柱形，柄上部为宽大长带状的叶片。在叶片的中央有两条平行的浅沟，中间为中带部，厚2～5mm。中带部两缘较薄有波状皱褶。生长在海底的岩石上，形状像带子。中国沿海均有养殖。野生海带在低潮线下2～3m深度岩石上均有。海带含碘量高。从中提取制得的碘、褐藻酸和甘露醇，广泛应用于医药、食品和化工。除直接食用外，海带还可以制海带酱油、海带酱、味粉和加工成脆片等休闲食品。

海带

【海岛棉】（sea-island cotton） 又称埃及棉、南美洲棉。锦葵科，棉属。栽培棉品种之一。原产于南美洲、中美洲和加勒比海诸岛。因曾大量分布于美国东南沿海及其附近岛屿，故又称海岛棉。最早在南美洲的智利到厄瓜多尔一带广泛栽培。在欧洲人移居美洲后，传入北美洲，后又传入非洲的埃及、苏丹及亚洲一些国家。一年生海岛棉有埃及棉型和海岛棉型两种。栽培的海岛棉，多为一年生亚灌木。植株较高大（100～150 cm）、健壮，叶片大，生育期150～220天，成熟较晚。其叶片、花冠、棉铃及纤维性状等具有明显的特征。中国于20世纪50年代初，在新疆维吾尔自治区开始种植埃及棉，面积达3万多公顷，成为长绒棉的主要产区。

【海底采矿】（seabed mining） 利用专门的海上技术装备从海底表层沉积物或岩层中获取矿藏。自20世纪60年代以来，海底采矿已有迅速发展，能在较深的海域进行大规模的勘探与开发。其中，海底油气开采发展最快，产值占全部海底采矿总产值的90%以上；其次是煤，占3%～5%；再次是砂、砾石和海滨砂矿，占2%左右。海底表层矿的开采，按其浅海与深海采矿难度的不同可分为：(1)海滨砂矿和沙砾开采。露出水面的砂矿，通常采用露天开采方法。水面以下砂矿开采使用链斗式采矿船、吸扬式采矿船、抓斗式采矿船和空气提升式采矿船。(2)深海采矿。目前最具有开采前景的深海表层矿有海底锰结核、钴结壳、多金属软泥和硫化矿床。开采方式多采用集矿机器人或深海采矿技术进行开采。

【海底地层剖面仪】（seabed profiler） 利用声波在海底沉积物内传播和反射的特性探测海底地层的仪器。主要由接收器、发射器、换能器和记录器构成。具有操作方便、探测速度快、记录图像连续等优点。换能器安装在调查船上或拖曳体中。在船只航行中，发射器垂直向海底发射大功率低频脉冲声波，声波遇到海底及其以下的地层界面时产生反射回波。反射界面的深度不同，回波信号到达接收器的时间不同；地层介质不同，回波信号的强弱不同。反射回来的信号，由换能器接收并转换成电脉冲，经过放大、过滤等处理后，输送到记录纸上以扫描方式记录，并绘制出海底地层剖面结构图。这种图能反映海底地层不同层面的形态及不同类型沉积物的剖面。广泛用于海洋工程地质、海底沉积物和海滨砂矿调查以及海底管线铺设。

【海底地貌】（seabed geomorphology） 海底表面各处起伏形态的总称。整个海底可分为大陆边缘、洋盆和洋中脊三大基本地貌单元。大陆边缘为大陆与洋盆两大台阶面之间的过渡地带，包括大陆架、大陆坡和海沟等；洋盆位于洋中脊与大陆边缘之间，洋盆底部发育着海底高原、海底平原、海山、海沟等地貌类型。洋中脊是地球上最长最宽的环球性洋中山系，脊顶为新生洋壳，地形十分崎岖。海底地貌是内营力和外营力作用的结果。例如，洋中脊是海底扩张中心，与板块构造活动息息相关；而海底较强的沉积作用塑造了深海平原。

海底地貌示意图

【海底地热仪】（seabed geothermometer） 测量海底热流量的仪器。主要由热敏探针和记录器两部分组成。在测量时，将热敏探针插入海底沉积物中，记录器测得该点的地热梯度，同时采集该点的沉积物样品，测量其热导率，并计算出热流量。海底地热仪有两种类型：(1)将热敏元件和海底取样管安装在一起组成一套仪器。(2)将热敏元件和海底取样管分开，即将热敏探针安装在其他海底柱状取样管上。用海底地热仪测定的热流值，为了解地球内部的热力活动、研究海底区域构造及其形成机制提供了科学依据。

【海底地形测量】(seabed surveying) 对海底地形起伏状态和物体进行的测量工作。是陆地地形测量在海域的延伸。其测量内容包括：海底地貌、海底表层物质组成、水下自然及人造物体形状及分布、水深等。其目的是：用于编制各种海图及提供相关海域海底资料。

【海底地形图】(seabed chart) 以反映海底高低起伏形态为主的海图。按制图区域的不同可分为：(1)海岸带地形图。包含沿海岸陆地和海域范围的地形要素，比例尺一般为1∶1万～1∶10万，多采用高斯投影。(2)大陆架地形图。着重描述大陆架海域海底地形特征，比例尺1∶20万～1∶50万，通常采用墨卡托投影。(3)大洋地形图。表示洋盆区域的海底地形特征，1∶100万或更小比例尺，采用墨卡托投影。其主要特点是：以较密集的等深线或负等高线详细反映海底地貌特征。陆地范围的内容和表示方法基本与陆地地形图相同。海域要素包括：海岸线，滩涂地貌，海底地貌，海底浅层物质构成，水中与海底自然和人工物体，助航标志，潮流、涡流等水文要素及海底生物要素。海底地形图的比例尺系列、图幅划分和编号系统多与地形图衔接。

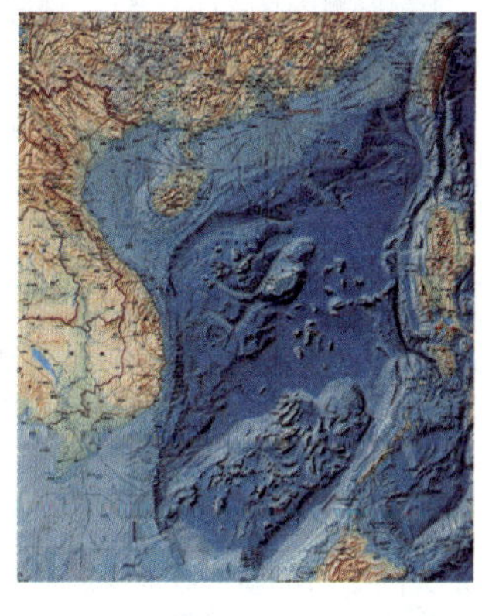
海底地形图

【海底地震观测】(ocean bottom seismological observation) 用专门设计的地震仪投放于海底来观测海底地震的测量方法。其目的是确定震源参数，研究海洋底部地震活动规律并作地质构造分析。早在1937～1940年间，美国W. M. 尤因等就进行过海底地震观测的尝试。由于海水对声波传播的限制，利用一般地震测量技术，无法有效地、经济地接收到一些重要地震信息，如横波及其频散信息、三分量地震信息等。直到20世纪60年代以后，海底地震观测技术随深海大洋调查逐步发展起来。海底地震观测主要仪器是海底地震仪，分为单分量和三分量两种。按投放、回收或观测采用方法的不同可分为：(1)锚定浮标式。用尼龙缆绳将地震仪与浮标连接起来，便于寻找回收。用这一方式可进行多点观测，但缆绳容易带来干扰。(2)自由下落自动升浮式。将海底地震仪同带有分离装置的锚链接好，投入海中后自由下落海底，预定观测时间一过，仪器内的定时器或船上发出信号指令使仪器与锚自动分离，升浮海面，打捞回收。(3)海底电缆式。用海底电缆把海底地震仪和陆上观测站连接起来进行半永久观测。海底电缆起到数据传输、遥控、电力供给的作用。

【海底电缆】(seabed cable) 铺设在海底、远距离连接两块陆地或将海中建筑物与陆地相连的电缆。电缆是用绝缘外皮包裹的由一根或多根相互绝缘导电铜芯组成的电线，用以传输电能或进行通信。作为一项海洋工程，海底电缆施工中依据设计路径的海底地质条件，或将电缆埋入海底一定深度，或直接铺设在海底。在近岸地区，其经过的地方，还应设置警戒标志，以防电缆受到人为损坏。敷设海底电缆应按规范要求进行施工操作，特别是应确保电缆接头在海底水压条件下有良好的密封性能。

【海底风暴】(seabed storm) 在海底发生的风暴。当海水和大气运动的能量集聚到一定程度时，会传递到海底，发生海底风暴。这时，大面积的海水连续不断地作漩涡状运动。海浪越来越凶猛，传递到海底的能量越来越大。海底风暴袭来时，海底也会发生类似陆地上沙漠尘暴的现象。其经过之处，无论是动物、植物，还是礁石和海底通信电缆、测量仪器，都会被掩埋在沉积层之下。

【海底工程用海】(sea floor project) 建设海底工程设施所使用的海域。包括电缆管道用海、海底隧道用海、海底仓储用海以及海底国防工程用海。

【海底管道】(seabed pipeline) 在海底铺设的具有输送功能的管道。主要用于输送物资。常见的有输送海上油气田生产的石油天然气海底油气管道，用于输送淡水资源供缺乏淡水的近岸海岛军民使用的输水管道。海底管道多由海上铺管船铺设。管道可铺设在海底、或埋设在海底松散沉积物之下，也可以全部或部分悬跨在海床上。对于长距离铺设的海底管道，由于所处环境变化

海底管道

较大，设计、施工和维护中都应很精心，以确保海底管道的工程质量和使用寿命。

【海底光缆】(seabed optical fiber cable) 铺设在海底可传输电报和进行通话数据、图像的由光导纤维构成的通信线缆。具有传输容量大、抗干扰性好和保密性强等优点。每对线路每秒钟可传递2.8Mbit信息。适用于多路通信、电视和高速数据传输等。

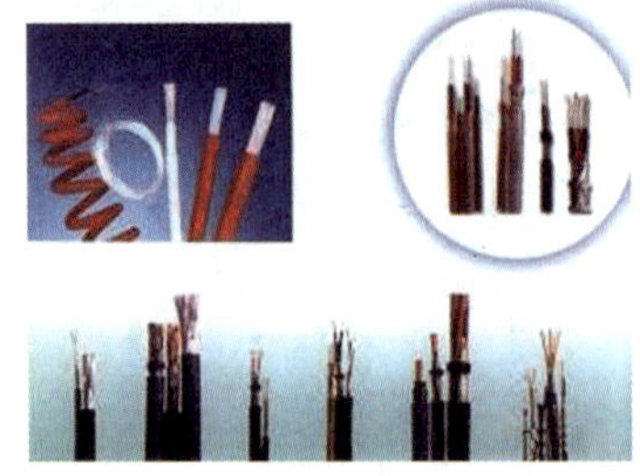
海底光缆原材料

【海底核电站】(undersea nuclear power plant) 建筑在海底、利用核能发电的电站。发电原理和设备与陆地核电站相同，但由于地处海底，工作环境和条件比陆地核电站恶劣。其不但要承受海水的巨大压力，还必须有很好的密封性和抗海水腐蚀的能力。因此，海底核电站均是在陆地或海面上进行建造和整体安装之后，将整个电站设备安置在圆桶形或球形耐压舱室中，再沉入海底，定位于预先在海底建好的基础上。海底核电站均采用无人管理的自动控制系统进行发电。

【海底火山】(submarine volcano) 在海底喷发的火山。露出海面者可形成火山岛，未出海面者则形成海山和海底丘陵。其山体有的相连则形成海山群和海岭。其喷出岩主要为拉班玄武岩（一种基性火山岩）。太平洋中约有10 000多座海底火山，大部分为死火山。有的火山岛或海底火山因沉降和侵蚀而形成珊瑚礁和平顶海山。

海底火山

【海底军事基地】(undersea militay base) 建造在海底的军事设施。有固定式和非固定式之分。固定式一般建造在海底地下开凿的岩洞、隧道之中；非固定式多设在海底表面，由沉放于海底或在海底现场组装的金属构筑物组成。海底军事基地具有良好的隐蔽性。目前世界上已建成的海底军事基地有海底导弹和卫星发射基地、水下潜艇补给基地、水下观测和反潜系统、水下作战指挥控制中心和水下武器试验场等。

【海底矿产资源】(undersea mineral resources) 海底各类矿产，包括海滨砂矿、海底油气田、海底热液矿床，多金属结核以及各类金属、非金属矿产的总称。海底矿产资源丰富，从海岸到大洋均有分布。海滨砂矿床很早已被人类开采利用。浅海的石油勘探已遍及世界各个海域，现已扩展到半深海区域。目前海上产油量约占世界总产量的四分之一，所占比重今后还会增长。深海锰结核和海底热液矿床等储量巨大，含金属品位高，随着开采技术日趋成熟，将进入开发深海海底矿产资源的新阶段。按矿床成因、储存状况的不同可分为：(1)海滨砂矿。主要来源于陆上的岩矿碎屑，经过水的搬运和分选，最后在有利于富集的地段形成矿床。砂矿分布广，常见的主要有砂金矿、砂铂矿、金刚石砂矿、砂锡矿、砂铁矿、复矿型砂矿、贝壳砂和砂砾矿等。(2)海底自生矿产。该类矿产不是来自陆源碎屑，而是由化学作用、生物作用和热液作用等在海洋内生成的自然矿物，或直接形成，或经过富集后形成。主要包括磷灰石矿、海绿石、重晶石、海底锰结核、海底多金属热液矿等。(3)海底固结岩层中矿产。大多是陆上矿床向海底下的延伸，主要有石油、硫矿、煤等。

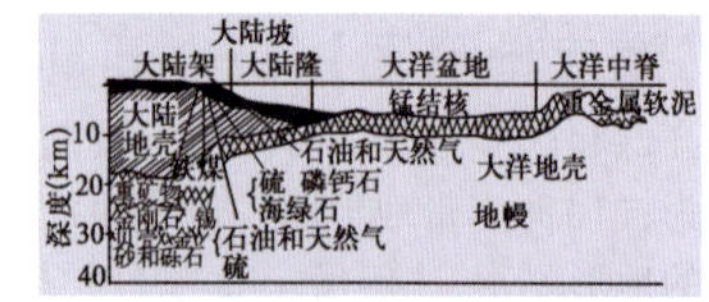

海底矿产资源分布综合剖面图

【海底扩张】(sea-floor spreading) 热的地幔物质沿大洋中脊上涌形成新洋壳的过程。一种大地构造学说。大陆漂移学说的新形式。1961年由美国的赫斯和狄兹提出。早生成的洋壳向两侧扩张推移、使洋底处在不断运动和更新的过程。海底扩张说是20世纪60年代提出的解释洋盆演化的活动论观点，是板块构造说的基本思想之一。该学说认为，大陆不是独立地沿着洋底漂移，洋底与大陆一样也在移动。是大陆漂移的新形式。海底扩张说的确立，导致大陆漂移说衰而复兴，进而为建立板块构造理论奠定了基础。

【海底热泉】(hot spring on seabed) 从海底喷口不断涌出的热水溶液。在海水中如滚滚“黑烟”，蔚为奇观。海底热泉位于海洋脊轴附近。这里的岩浆房接近地表，渗透性好。海水能下渗至岩浆房处，被加热至300～400℃，从而溶解了岩层中的许多物质，组成明显改变。这种热

海底热泉喷口

液升腾至海底的喷口,就形成了海底热泉。自1965年在红海首次发现海底热泉后,1977年伍兹霍尔海洋研究所R.巴拉德等乘"阿尔文"号潜水器在加拉帕戈斯裂谷发现的热泉,1979年在北纬21°观察到的热泉均表明,热液刚喷出时为清澈透明的均匀溶液,在与冷海水相混时便激起混浊的碱性水柱,并产生很细的铁、铜、锌等硫化物颗粒。金属硫化物堆积在热泉口旁,形成海底热液金属矿床。这些海底热液金属矿床,大多分布在太平洋和南美洲附近。

【海底热液硫化物】(submarine hydrothermal sulfide) 富含铜、铅、锌、金、银、锰、铁等多种金属元素的海底矿产资源。常与海底扩张中心热液体系相伴生。硫化物矿体一般呈小丘、烟囱和锥形体状成群出现。海水沿裂谷带张性断裂或裂隙向下渗透,被新生洋壳加热,形成高温海水。高温海水从玄武岩中淋滤出大量多种金属元素。当其重新上升到海底与冷海水相遇时,导致矿物快速结晶,堆积成烟囱状。因组分和温度差异,可形成黑白两种不同的"烟囱"。热液温度在300~400℃时,形成黑"烟囱",是暗色硫化物矿物(磁黄铁矿、闪锌矿、黄铜矿等)所致;温度在100~300℃时,形成白"烟囱",主要由硫酸盐(硬石膏、重晶石)及二氧化硅组成。热液通道被矿物填充堵塞后,就形成了死"烟囱"。

【海底声标】(submarine soundmark) 又称水下声标。设置于海底的自动声学信号发射和接收仪器。其由耐压壳、换能器、应管器、电池和系留装置组成。其作用为一般海上作业的定位控制点或照准标志。多个海底声标构成的网络可组成水声定位系统。

【海底石油】(submarine oil) 埋藏于大陆架和大陆坡地区的石油。形成于地质时期上的大陆边缘沉积。随着深海钻探技术的发展,海底石油正在成为人类社会发展的重要能源。现在,世界上几乎所有邻海国家都在勘探开发海底石油。中国已发现的海底大型含油气盆地有:渤海盆地、东海盆地、南黄海盆地、北部湾盆地、莺歌海盆地、南海珠江口盆地等。

海底石油开采

【海底实验站】(sea lab station) 一种供研究人员进行科学考察和生理、心理适应性实验用的海底实验装置。随着海洋生产活动的发展,大陆土地资源急骤减少,人口不断增长,人们企图把生活和生产活动空间向海底扩展,提出了建造海底仓库、海底避难所、海底居住所,乃至海洋水下公园和海上城市的构想。研究观察人员在海底实验站可考察不同深度的海洋中动、植物以及海底资源。由美国海军提出的海底实验站计划,目的在于确定人能否长期在海底环境条件下正常地生活和工作。在小于180m不同深度的海底建造复杂的水下居住舱。海底观察员就在这些不同深度的水压下生活一段时间,还可离开水下居住舱到海底去工作几小时。20世纪80年代末以来,日本开展海上城市离岸距离对居民产生不安感和孤独感的研究评价。

海底实验站

【海底隧道】(submarine tunnel) 在海底建造的沟通两岸联系的工程构筑物。一般位于海峡、海湾或河流入海口等处,由引道、海底段和海岸段组成。具有通行能力大、不受天气变化影响、可防空和不占用海域空间等优点。其施工方法有:(1)在海底的地下采用钻机钻洞。(2)将预制好的钢筋水泥管道铺设在海底地面之上,用特制钢架固定在海床上。目前世界上已建成的跨海隧道有沟通英国与欧洲大陆的英法海底隧道、沟通日本国本州青森地区与北海道函馆地区的青函海底隧道。

海底隧道

【海底拖斗采矿】(submarine drag bucket mining) 开采海底结核矿的一种方法。其原理是用钢索悬挂拖斗在海底结核矿丰富地段刮取结核矿石并提升至作业船中。采用此法在海上开展采矿作业时需要两艘浮船:一艘为采矿船,装备有动力、采矿设备及作业人员生活设施;一艘为无动力驳船,主要用来储存采集到的矿石。

【海底完井装置】(subsea completed well device) 完成钻井作业后直接在海底井口处安装的采油装置。即直接把海底开采出的油气送往陆上或水面的单点系泊采油系统。按其作业环境的不同可分为干式和湿式两种类型。前者是一种安装在常压井口罩内的井口装置,一般由底部导管架、中部井口房及上部工作舱组成。其工作舱平时装在水面工作船上。在修井时,利用井口房顶端所设的钢缆呼唤浮标,载人工作舱由水面沿钢缆下潜到海底与井口对接,这样工作人员可以在常压的环境条件下对井口装置进行修井作业。后者的海底采油树及所有组件都暴露在海水中。海底采油树由钻井平台进行安装,同时需要通过潜水员或由水面控制的操作机把出油管线连到采油树的出口管道上。利用完井装置可以大大节省油气的开采费用,提高油气开发的经济效益。

【海尔模型】(Hale's model) 研究伤亡事故致因的一种系统模型。1970 年名称海尔的两个同名人认为,当人们对事件的真实情况不能做出适当响应时,事故就会发生。事故致因理论之一。海尔的模型集中于操作者与运行系统的相互作用,是一个闭环反馈系统。其显示的相互关系是:察觉情况,接受信息,处理信息,用行动改变形势和新的察觉、处理、响应。其内容特点是:(1)信息。包括操作者在运行系统中收到的信息。这种信息可能由于机械的故障而不正确,或因视力、听力不佳而察觉不到,即获得的是不完整的信息。预期的信息指经常指导对信息收集和选择的预测。就预测指导感觉而言,可能发生两种类型的失误。一是操作者感觉上的失误,二是对危险征兆没有察觉。(2)行为的决策。根据察觉到的信息,经过处理,能否采取正确的行动。这取决于指导、培训以及固有的能力。决策要考虑经济效益、社会效益、生产班组群体的利益和原有的主观评估。认识、理解、决策均属于中枢处理,接着便是行动输出。(3)响应行为之后运行系统会发生变化,使操作者根据新的情况返回模型的信息阶段。监察和检测功能是反馈环中的主要功能。1976 年斯迈利和阿尤布对海尔模型进行了扩展,他们在海尔模型的每个阶段加入了对输入和输出可能性的确定。其中最值得注意的改善是对事先的和所察觉的信息间的可能的组合的处理。当所察觉的信息与事先的信息一致时,系统运行正常。三种情况会产生对系统的扰动,并需要某些相应的响应。其内容是:(1)当出现的信息与事先的信息不一致被察觉出时,操作者知道系统存在异常,便采取相应的改正行动。(2)当出现的信息与事先的信息一致,但这种一致没有察觉出时,操作者会认为系统存在异常,遂采取与情况不相适应的改正行动。(3)当出现的信息与事先的信息不一致,但这种不一致没有被察觉出时,操作者则没有看出系统运行不正常,也就不会采取适当的避险的行动。这些修改和扩展被称为扩展的海尔模型。它进一步阐明了海尔模型隐含的意义,使之更趋完善。但对三种可能性的发展,仍包含着很大的模糊性。

【海港淤积】(siltation of harbour) 在海港航道和港池内产生泥沙沉积的现象。造成海港淤积主要动力是海浪和潮流。由于平直的沙质、淤泥质海岸和河口、岛屿间港口的泥沙运移不同,淤积作用也各不相同。世界上大小港口都有不同程度的淤积。因此在港址选择、港口设计,直至建成后的维护阶段,始终均须密切注意淤积问题,甚至在建港之初就应预见后期的淤积趋势,考虑可能采用的防淤减淤措施。防淤工程措施通常有建筑防波堤、丁坝、导堤、岛堤等。在沿岸漂沙为主的海岸,防沙堤伸出破波带外,为了遏止上游来沙,可采用系列丁坝或岛堤。在潮流作用为主的淤泥质海岸,防沙堤要伸展到含沙量较小的海域,才能收到较好的效果,潟湖口门则以建造导堤为宜。疏浚是维护水深不可缺少的措施。对淤泥质海岸的港口,在航道上设置深坑有聚沙作用。在防沙堤来沙一侧开挖集泥坑,用吸泥泵通过管道将集泥排往下游的措施,既可防淤又能缩短防沙堤长度。海峡内建港应尽量排除海峡口门及两侧的障碍,使潮流畅通。上述各种防淤、减淤措施均应视具体情况而定。对于某些重要港口,需通过模型试验研究,进行经济比较后再确定最佳方案。

【海沟】(trench) 海底中幽深、狭长的槽状凹地。分布于大洋的边缘、大陆或岛弧的外侧,是洋壳板块向陆壳板块下方俯冲和弯曲下潜而形成的深槽形态。海沟一般长几千千米,两侧斜坡陡峻,上部宽仅几千米至上百千米,深度超过6 000m,有的可逾万米。最著名的海沟为马里亚纳海沟,位于太平洋中西部马里亚纳群岛东侧。这条海沟的形成已有6 000万年,是太平洋西部洋底一系列海沟的一部分。其北起硫黄列岛、西南至雅浦岛附近。北有阿留申、千岛、日本、小笠原等海沟,南有新不列颠和新赫布里底等海沟。马里亚纳海沟全长2 550km,为弧形,平均宽70km,大部分深于8 000m。最深处达11 034m,是

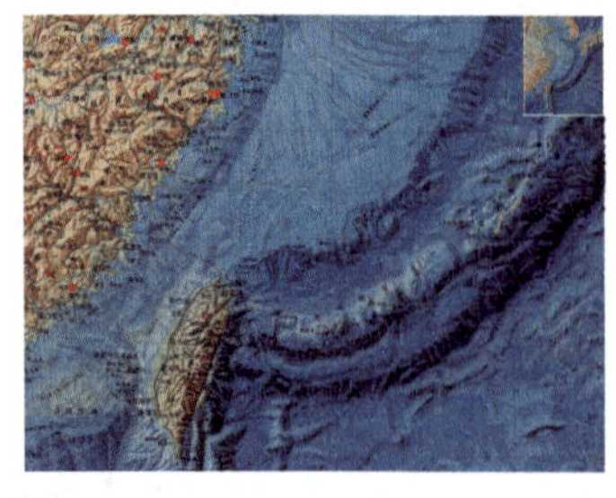

海沟

世界海洋的最深点。

【海岬】(promontory) 又称地角、岬角。突入海中的尖形陆地。分布在半岛前端或大陆、岛屿的突出部位,多由陡崖岩岸或松散的岩石组成,如中国胶东半岛的成山角、非洲最南端的好望角等。海岬既是良好的风景旅游胜地,又是船舶航行的良好目标。其外侧多为海上航线的转折点。

海岬

【海军电子信息系统】(navy electronic information system) 由海军舰载、岸基、空基与天基电子信息系统组成的有机整体。包括预警监视系统、信息传输系统、指挥与控制系统以及电子战系统。在现代军事系统中,陆、海、空、天各军种的电子信息系统是高度互通、互连并有一定的互操作性。这种互通、互连、互操作性使各军种的电子信息系统能够实现“无缝”联系,像一个系统一样协调、有效地工作,从而使各军种之间能够优势互补,最大限度地发挥整体作战能力。

【海军水上机场】(navy air port on the sea) 供海军水上飞机起飞、降落、停放和检修的场所。按使用期限和设备条件的不同可分为永久性机场(有固定设备和建筑物)和临时性机场(只有机动设备和简易建筑物);按用途的不同可分为作战机场、训练机场和试验机场。水上机场由水区和陆区构成。水区有飞机起落区和停泊区;陆区有滑道、码头、机库、停机坪、修理厂、指挥通信设施、特设站、气象台、仓库和生活设施等。水上机场一般建在水面开阔、常年风浪较小、有良好净空条件的海湾或湖泊上,并选择避开航道、无水中障碍物和有屏障的区域。通常,水域水深不小于4m,飞行水域最大流速不超过3m/s,陆域有足够的面积以布置各种保障设施。

【海军水文气象保障】(naval hydro-meteorological service) 为完成海军作战、训练等任务而提供海洋区域水文气象情报和预报并提出趋利避害建议等综合保障措施的工作。海军战斗保障之一。现代海军活动范围广阔,各种武器装备对海区环境条件要求不同,水文气象保障内容和方法也各有不同。如对水面舰艇部队,需要提供活动海区的海浪、潮汐、海流、海冰、风、雾、能见度等要素的资料和预报;对潜艇部队,需要提供航线和特定海区的海流、潮流、海水密度跃层、水色、透明度等要素的资料和预报;对海军航空兵,需要提供飞行海区的风、云、雾、能见度、海浪、潮汐、海流等要素的实况和预报;对岸防兵,主要提供发射区和目标区的天气预报和气压、气温偏差量、风向、风速、湿度等供弹道修正所需的气象资料;对陆战队,则需提供上船、航渡、换乘和登陆区域的潮汐、海浪、海流、风、能见度、降水等要素的资料和预报。为完成上述保障任务,需进行各种水文气象要素观测和探测,并在此基础上,整理各种水文气象资料,绘制各种天气图表、海况图,制作长、中、短期天气和水文预报等。

【海浪】(ocean wave) 海洋中主要由风吹动海面而引起的波浪。海洋上最普通的一种现象,但有时其破坏力相当大。当海底发生地震或火山喷发时引发的海啸,经过浅水处时减速,能掀起高达几十米的滔天巨浪冲上海岸,造成生命、财产的重大损失。1991年中国公布的国家标准,将海浪按有效波高分为10个级别。见下表:

海浪

海浪级别表

波级	有效波高(m)	波级名称
0	–	无浪
1	<0.1	微浪
2	0.1~0.5	小浪
3	0.5~1.25	轻浪
4	1.25~2.5	中浪
5	2.5~4.0	大浪
6	4.0~6.0	巨浪
7	6.0~9.0	狂浪
8	9.0~14.0	狂涛
9	≥14.0	怒涛

【海浪观测】(sea wave observation) 对海区波浪要素进行的观测工作。目的是获取风波和涌浪的波面时空分布及外貌特征数据。观测内容有海面状况、波型、波向、波高及周期、波速和波级等。观测方法有目测和仪器测量两种。前者是用肉眼估计波浪尺寸并判断海浪外貌特征,并用秒表观测波浪周期及计算求取波速;后者主要使用光学测波仪、重力测波仪、声学测波仪和水压式测波仪观测。观测平台可为调查船或锚定浮标。利用飞机或人造地球卫星对海浪进行观测,是近年来的一种趋势。

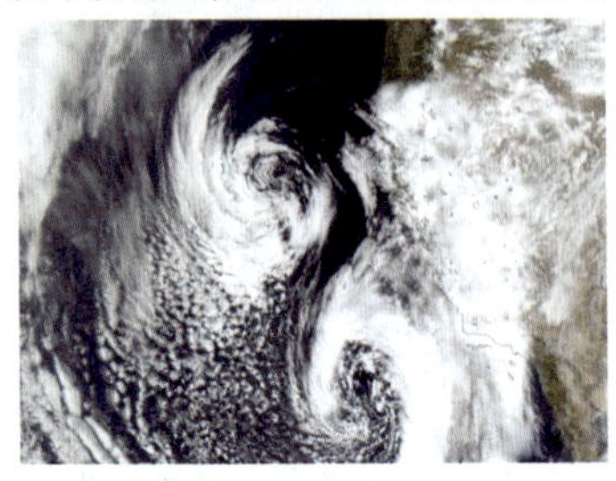

频率相近的两海浪相撞

【海浪谱】(ocean wave spectrum) 描述海浪内部能量相对于频率和方向分布的波谱。通常假定海浪由许多随机的正弦波叠加而成。不同频率、不同方向的组成波,具有不同的振幅和具有不同的能量组成,从而构成海浪谱。海浪谱不仅表明海浪内部由哪些组成波构成,还能给出海浪的外部特征。在海浪研究中已提出的频谱很多,其中经验或半经验的频谱得到最广泛的应用。通常采用的皮尔森—莫斯科维奇谱是在对充分成长的风浪记录进行谱估计和曲线拟合时得到的,已为多数观测资料所证实。“北海联合海浪计划”对海浪进行了系统观测,提出了包括反映能力水平、峰的频率尺度和谱形等的一种频谱。这种谱表示风浪处于成长的状态,具有非常尖而高的峰。对其分析结果表明,风浪能量主要通过谱的中间频率部分传递,然后借波与波之间的非线性相互作用,再分别向谱的高频和低频传递。中国学者提出了从风浪能量摄取和消耗出发反推导出谱,其中包括用风要素作为参量,从而描述谱相对于风时和风区的成长。利用这些谱计算波高和周期等要素比较方便,但推导中涉及的能量计算,仍是半经验的。

【海浪预报】(sea wave forecast) 根据影响海浪生成、发展和消衰的外界条件,结合海区内初始海浪状态,对海区未来海浪状态作出的计算和预报。预报的内容有海浪高度、周期、传播速度、维持时间等。预报时效包括短时预报(3～12h)、短期预报(3天以内)和中期预报(10天以内)、长期预测(10天以上)等。预报信息分为消息、预报、警报、紧急警报、速报、预测、专报、通报等。海浪预报服务类型包括公共服务、决策或保障服务、专项预报服务等。随着海浪理论的不断发展和计算机的广泛应用,20世纪50年代后期,产生了海浪数值预报方法。其方法可分为两类:一类是对组成波分量建立能力平衡方程,包括能量的局部变化、对流变化、地形引起的变化、反映能量输入和消耗的源函数;另一类是将海浪谱数量化,建立参量方程,避免对每一组成波进行计算,而直接用数值法求解谱中参量,进而得到海浪要素。

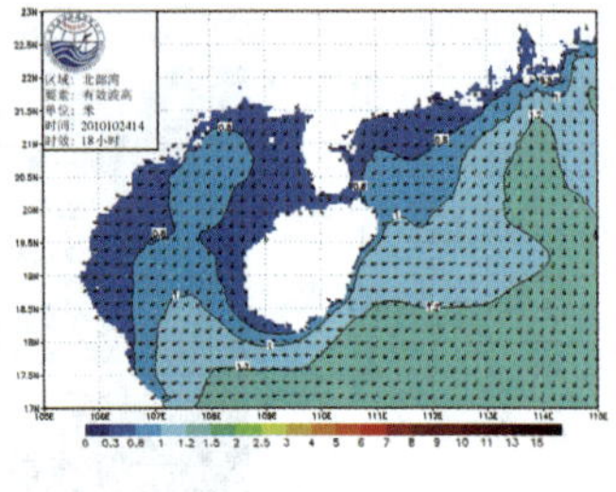

海浪数值预报

【海里】(nautical mile) 航海通用的计量海上距离的长度单位。即地球子午线上纬度1分的弧长。为了航海上实际应用方便,1929年国际水文地理学会通过以1 852m作为统一的国际标准海里长度。它在航海实际中所导致的误差可忽略不计。中国承认并采用这一标准,但仅限于计量船只的航速。航海上计量较近距离的单位采用链,1链等于1/10海里。

【海量存储系统】(ocean mass storage system) 一种特大容量的联机辅助存储系统。在计算机联机存储层次中处于最低层,常与磁盘存储器配合使用。有两种类型:(1)一次写多次读。(2)可改写。其存在形式有:(1)以大量磁性软媒体为基本存储单元构成的存储系统。(2)由多台高密度磁带构成的海量存储系统。(3)激光全息照相存储系统。(4)缩微胶卷照相存储系统。(5)由多台光盘存储器构成的存储系统等。

【海流】(ocean current) 海水大规模相对稳定的流动。海水普遍的运动形式之一。大规模,即空间尺度大,具有数百、数千千米甚至全球范围的流动。相对稳定,即在较长的时间内,如一个月、一季、一年或多年,且其流动方向、速率和流动路径大致相似。按水体温度的不同可分为暖流和寒流;按流经海域的不同可分为太平洋环流、大西洋海流等。

【海流观测】(ocean current observation) 对海流流速、流向、流量等进行的观测工作。观测目的不同,选择观测的时间和水层也不同。如为进行潮流预报,应选择天文潮的良好日期进行观测;为获取海流流向和最大流速,则应选择在潮差最大的日期进行观测。常用的观测方法有浮标漂移测流、定点测流和走向测流。通过人造地球卫星对海流进行大范围观测研究,是海流观测的新手段。

【海流计】(ocean current meter) 测量海流速度和方向的仪器。按测量方式的不同可分为三种:(1)锚定式海流计。使用最普遍、形式也最多的一种海流计。分为机械式海流计、电子海流计、磁录式海流计、电磁海流计、声学多普勒海流计及光学式、电阻式海流计等。其中一些既可船用也可在锚定浮标上连续记录。(2)走航式海流计。只用在船上供航行时记录相对船体的流速和流向、处理后求得海流相应参数的仪器。最具代表性的为声学多普勒海流剖面仪。(3)跟踪浮标式海流计。分为船舶跟踪浮标式海流计、仪器跟踪浮标式海流计、浮子和卫星定位跟踪浮标式海流计。根据浮标不同时间的不同位置,可求出海流的速度和方向。

【海流能】(ocean current energy) 又称海潮能。由海水流动的冲动力形成的能量。主要指海底水道和海峡中较为稳定的流动以及由于潮汐能导致的有规律的海水流。海流能的能量与流速的平方和流量成正比。相对波浪能而言,海流能的变化要平稳且有规律得多。海流能随潮汐的涨落每天两次改变大小和方向。一般来说,最大流速在2m/s以上的水道,其海流能都有开发的价值。

【海流能发电】(ocean power generation) 将海流中蕴藏的动能转换成电能的发电方式。海流中蕴藏有巨大的动能,利用海流的冲击力,使水轮机的叶轮高速运转,驱动发电机发电,是利用海流发电的基本原理。目前采用的试验设计方案有降落伞式和贯流式。前者是利用数十只降落伞串缚在一根首尾相连的绳子上,固定在船尾轮子上。海流中,海水将降落伞冲开,串缚降落伞的绳子在降落伞的带动下驱动船上的轮子不停地转动,再进一步通过变速(增速)系统带动发电机发电。后者是将发电装置设置在海面上,进出水口均采用喇叭形,以提高水轮机的效率,直接利用海流的动能带动发电机发电。

【海隆】(oceanic rise) 深海底上宽广、平缓的隆起区。海隆地形起伏不大,其形态或为长条状,或近等轴状。有的海隆上镶嵌着海山或火山岛。它不属于大陆边缘组成部分,通常位于板块内部的洋盆区,是无震的,如百慕大海隆。有一些海隆的基底是变厚或抬升的洋壳,其形成多与洋底基性火山活动有关。海隆一语也有用于比较宽缓的大洋中脊,如东太平洋海隆。这种海隆位于板块边缘,地震活动频繁,构造活动强烈,从而与上述洋盆区的无震海隆迥然不同。

【海鸬鹚】(petagic cormorant) 又称乌鹈。鸟纲,鸬鹚科。体长约70cm。体羽全黑,带紫色光泽。嘴黑褐色,眼绿色,裸出颜面和喉部棕褐色,蹼黑色。繁殖期头上列生两个冠状羽,肋部有大型白色斑块。集小群于河口附近和沿海小岛,以鱼类、甲壳类为食。集群营巢于岩礁上。繁殖北起日本北海道、北冰洋的楚科奇海域内弗兰格尔岛海岸一带,南至中国和北美的加利福尼亚半岛。夏季,中国辽宁、山东沿海亦见有繁殖。冬季游荡于中国南北沿海,在中国台湾为迷鸟。数量不多,已列为中国国家保护鸟类。

海鸬鹚

【海陆风】(land and sea breezes) 因海洋和陆地受热不均匀而在海岸附近形成的有日变化的风系。基本气流微弱时,昼间风从海洋吹向陆地,称为“海风”;夜间风从陆地吹向海洋,称为“陆风”,二者合称“海陆风”。其水平范围达数十千米,垂直范围1~2km,周期为一昼夜。因土壤热容量比海水小得多,昼间的太阳辐射使陆地升温比海洋快,因而陆上气温显著高于海上。陆上气柱受热膨胀,在海岸附近形成斜压,在水平气压梯度力的作用下,上空空气由陆地流向海洋,然后下沉至低层,又由海面流向陆地再度上升,形成低层海风和垂直剖面上的海风环流。日落后,陆地散热快,至夜间海上气温高于陆地,形成与昼间相反的陆风和陆风环流。海风一般下午最强,昼间海陆温差大,所以海风比陆风强。夏季气温日变化显著,因而夏季海陆风也较强。

【海洛因】(heroin) 学名二乙酰吗啡。鸦片及其制品的总称。按其纯度的不同可分为一号、二号、三号、四号、五号。在毒品黑市上通常把鸦片称为一号海洛因;把鸦片制成吗啡过程中的产物称为二号海洛因;把二乙酰吗啡含量在30%~50%的称为三号海洛因;二乙酰吗啡含量在90%左右的称为四号海洛因;二乙酰吗啡含量达到99%为五号海洛因,即白粉。黑市上几乎都不用海洛因这个词,一般都讲“某号”或“白粉”。海洛因进入人体之后,首先被水解为单乙酰吗啡,然后再进一步水解成吗啡

海洛因

而起作用。因为海洛因的水溶性、脂溶性都比吗啡大,故其在人体内吸收更快,易透过血脑屏障进入中枢神经系统,产生强烈的反应,具有比吗啡更强的抑制作用,其镇痛作用为吗啡的4~8倍。最初的海洛因曾被用作戒除吗啡毒瘾的药物,后来发现其同时具有比吗啡更强的药物依赖性,常用剂量连续使用两周甚至更短即可成瘾,由此产生严重的药物依赖。

【海马】(sea horse) 鱼纲,海龙目,海马属动物的统称。外形头部像马,尾巴像猴,眼睛像变色龙,还有一条鼻子,身体像有棱有角的木雕。因其头部酷似马头而得名。头侧扁。头每侧有2个鼻孔。头与躯干成直角形。胸腹部凸出,由10~12个骨头环组成。一般体长10cm左右。尾部细长,具四棱,常呈卷曲状,全身完全由膜骨片包裹,有一无刺的背鳍,无腹鳍和尾鳍。雄性海马腹面有一个育儿囊,卵产于其内进行孵化。一年可繁殖2~3代。海马是一种经济价值较高的名贵中药,具有强身健体、补肾壮阳、舒筋活络、消炎止痛、镇静安神、止咳平喘等药用功能,特别是对于治疗神经系统的疾病更为有效。为近陆浅海中的小型鱼类,种类较多,分布较广,分布在中国海区的有冠海马、棘海马、大海马、斑海马、克氏海马及日本海马6种。养殖的种类主要是斑海马及大海马两种,且以前者为多。

海马

【海漫】(riprap) 在泄水建筑物的护坦或消力池下游,为保护河床免受冲刷而设置的具有一定柔韧性的消能防冲设施。水流经过水跃消能后紊动仍很强烈、流速分布远未恢复到天然河道的水流流态,对河床仍有较强的冲刷能力。因此,在护坦或消力池下游,一般都要设置海漫。目的在于加固河床,继续消除水流的剩余能量,促进流速分布进一步调整,减小底部流速,防止河床产生严重的局部冲刷,保证护坦等和主体建筑物的安全。海漫长度的确定,取决于出流所含剩余能量的大小及河床土质的抗冲能力。海漫宽度沿水流方向逐渐扩大,起点高程可与消力池尾槛顶面相平或稍低。顶面可做成水平的或稍向下游倾斜,也可做成前段水平后段倾斜(见图)。倾斜段坡度不宜过陡,一般不陡于1∶10。否则底部易产生漩涡、影响水流在垂直方向的扩散。海漫的结构要求是:(1)抗冲力强,能抵御水流的冲刷。(2)表面粗糙,能增加沿程的消能效果。(3)透水性好,能使渗透水流顺利排出。(4)具有一定柔韧性,能较好地适应河床变形而不致被架空。海漫可用不同材料建造。由于水流速度及其脉动强度向下游逐渐减小,可以分段采用不同的构造型式。常用的类型有干砌石、浆砌石、混凝土或浆砌石框格中砌筑块石以及铺砌预制混凝土块等。海漫下面需铺设反滤作用的垫层,防止地基土颗粒因水流脉动被吸出或被渗流带出地面。

【海绵金属】(sponge metal) 用不同方法制得的块状多孔性金属。呈海绵状。例如,用金属热还原法、氢还原法、熔盐电解法或蒸馏法从金属卤化物或氧化物制取纯金属时,以及从金属盐的水溶液中置换、沉淀金属时,如过程在该金属的熔点以下进行,可得此类产品。这些产品有海绵钛和海绵锆;用氢还原氧化铁制得的金属铁称为海绵铁;用锌从氧化铟溶液中置换所得的铟称为海绵铟等。

【海绵铁】(sponge iron) 在回转炉、竖炉或反应器内,由铁矿石(主要为氧化铁)低温还原所得的低碳多孔状产物。经粉碎、磁选、压制成块,作为高炉、平炉或电炉冶炼的金属炉料。

海绵铁滤料

【海面地形】(sea surface topography) 表征平均海面与大地水准面之间差距的海面起伏形态。不含潮汐影响的海面地形有3~4m的变化范围。可分为两部分。一部分是与时间无关的长期项,称为稳态海面地形;另一部分是随时间变化的部分。实际上,不可能得到完全与时间无关的稳态海面地形。因此就提出了似稳态海面地形这一概念。确定海面地形的方法主要有:(1)几何水准测量方法。在沿海陆地利用几何水准测量的方法确定各验潮站之间平均海面的差异。(2)海洋水准方法。选定某一深度处的水层作为无运动的等压面,根据多年海洋调查得到的海水的温度、盐度、密度等资料,计算各地平均海面相对于参考面的高度。(3)卫星测高方法。利用多年的卫星测高数据得到的平均海面和由某一给定的地球重力场模型计算得到的大地水准面,两者的差值即为海面地形。海面地形在统一全球高程基准、精化海洋大地水准面、计算大洋环流等方面有着重要作用。

【海面光反射】(light reflection on sea surface) 海洋表面对入射光线的反射现象。包括海面镜面反射和漫反射现象。前者是指海面对太阳直射光的反射,反射率与入射角度有关,还受海面波浪和太阳高度的影响;后者是指海面对天空散射光的反射,受波浪影响较小。

【海牛】(manatees) 哺乳纲,海牛目,海牛科。海牛科仅一属。包括三个种,即西印度海牛、西非海牛、亚马逊海牛。体长2.5~3.5m,体重可达450kg。身体肥胖,纺锤形,颈不明显,面部比儒艮大,上唇活动灵活,唇上具触毛。无背鳍,前肢较儒艮长且在顶部有3个扁爪。尾鳍大,呈铲形。身被稀疏刚毛,毛长4~5cm。体色暗灰到黑色,背部、鳍肢、尾鳍上面颜色较深,向腹面变淡。主食海草。无明显生殖季节,在浅水处交配,孕期1年。每胎一仔。新生仔兽体长约1m,重18kg。哺乳期约1年。分布于大西洋中的热带海域沿岸,如佛罗里达沿海、墨西哥东部沿海。肉可食,油可作润滑油,皮可制革,坚实耐用。

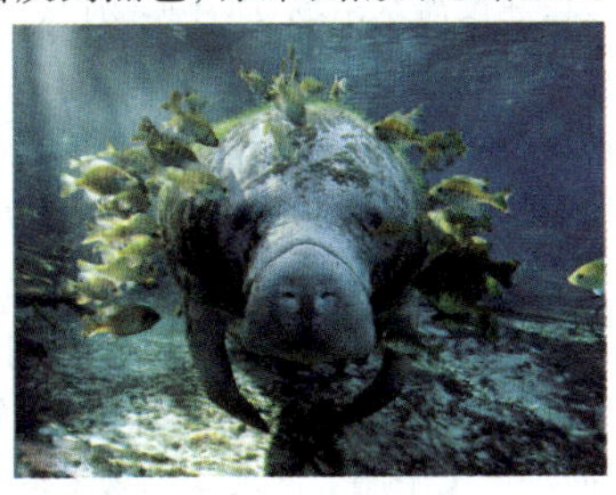
海牛

【海平面变动】(sea level change) 海水面的升降变动。海水量、水圈运动、地壳运动和地球形态变化的综合反映。海水时刻在运动,海平面也不断变动。这种变动有短期的,如日变动、季节性变动、年变动和偶发性变动等。变动主要与波浪、潮汐、风暴潮、海啸、海水温度、盐度以及大气压因素等有关。其升降幅度小,且常是局部的;但也有长期的,即地质历史期间的海平面变动。其变动幅度大,是大区域性的,甚至是全球性的。海洋地质学主要是研究长期的海平面变动。长期海平面变动引起的最直接后果是海侵或海退。它导致海岸线移动,海陆变迁,对大陆架和海岸地貌、浅海与近岸沉积和矿产的基本特征产生很大影响,使海岸工程、港湾建筑遭受侵袭或废弃,河道由于基准面变化或淤或冲等。海平面变动受多种因素控制和影响,主要有:冰川—海平面变动,构造—海平面变动,大地水准面—海平面变动,水压均衡作用,冰川均衡作用和流变均衡作用等。

【海色】(sea color) 人们直观海面时看到的海面所呈现出的颜色。通常反映了来自海洋内部向上的辐照度和海面反射自然光的合成光谱。与海色有关的因素有水色(由水分子和悬浮物质的散射光和反射光决定)、天空颜色、海面状况和海底底质。大洋中悬浮物少,颗粒粒径也小,白天自然光下蓝光散射能量大,故海水颜色呈蓝色;近岸海水悬浮物增多,颗粒变大,黄光散射增加,故海水呈黄色、浅蓝色或其他色调。

海色

【海色扫描仪】(sea color scanner) 卫星或航空遥感飞机携带的一种10通道海洋水色扫描辐射计。该仪器主要用于海水冰情、浅海地形、沉积物搬运、油污染、赤潮等方面的监测。仪器安装在长75cm、直径25cm的半圆形壳体内。望远镜直径12.5cm。光栅分光计的焦面上有24束玻璃纤维。其中有10束位置固定。光经过光栅分光计后,分别进入指令隔离滤波器、光学中继装置和硅光电二极管而形成海面图像。中国从20世纪80年代末开始进行海洋水色遥感和实际应用的研究。

【海色卫星遥感】(sea color satellite remote sensing) 获取海中叶绿素浓度及悬浮物含量等海洋环境要素的卫星海洋遥感技术。它利用星载可见红外扫描辐射计接收海面向上光谱辐射,经过大气校正,根据生物光学特性完成海洋环境要素的观测。是唯一可穿透海水一定深度的卫星海洋遥感技术。

【海商法】(maritime law) 调整有关海上运输法律关系的法律。在中国,海商法学者大多认为海商法有广义和狭义之分。广义的海商法是调整特定的海上运输关系、船舶关系的法律规范的总称。是中国法律体系中的一个独立的法律分支。狭义的海商法仅指1993年7月1日起施行的《中华人民共和国海商法》,是中国广义海商法的最重要组成部分。海商法的形式一般有国内立法、国际海事条约、国际航运惯例及其他形式。是随着航海贸易的兴起而产生和发展起来的。它起源于古代,形成于中世纪,系统的海商法典则诞生于近代。经历了萌芽阶段、海上贸易管理阶段、国家制定海商法阶段、海商法的国际统一阶段。当代海商法的发展趋势是:海事法律冲突的范围逐渐缩小,进一步国际统一及船舶所有人责任加重,使海商法朝着公平、合理的方向发展。

【海上保险】(marine insurance) 对自然灾

害或其他意外事故造成海上运输损失的一种补偿方法。主要有五种:(1)船舶保险。以船舶为保险标的。当船舶在航行或其他作业中受到损失时,予以补偿。(2)运费保险。以运费为保险标的。只按航程保险,通常以全损为投保条件。海损后船舶所有人无法收回的运费由保险人补偿。(3)保障赔偿责任保险。船舶所有人之间相互保障的一种保险形式。主要承保保险单不予承保的责任险,对船舶所有人在营运过程中因各种事故引起的损失、费用、罚款等均予保险。(4)海洋运输货物保险。以海运货物为保险标的。主要有平安险、水渍险、一切险等。(5)石油开发保险。以承保海上石油开发全过程风险为标的,属于专业性的综合保险。

【海上对空作战】(ship to air combat on the sea) 舰艇编队对抗敌方空中攻击的作战活动。舰艇编队的主要威胁是来自空中的炮火攻击。威胁源是敌方的空舰导弹、制导炸弹以及远程发射的反舰巡航导弹。海上对空作战分编队海上防空作战和近岸海域与其他军种联合防空作战两类。对空作战的主要任务是:对战区空域实施监视、探测识别,拦截侵入战区的敌方飞机、导弹等飞行武器,指挥引导己方飞机进行空战。海上防空作战应在空间卫星和预警监视兵力支援下建立战区空域预警监视体系,形成战斗机远程拦截、中程舰空导弹拦截、近程舰空导弹拦截和舰艇自卫末端防御等多层次对空防御作战体系。对空作战强调攻势防空,力争在敌方飞机和导弹尚未形成威胁之前将其摧毁。

【海上发射】(marine launching) 采用大型海上浮动平台将航天器送入预定轨道的过程。海上发射可选择最有利于发射的地理位置,以降低技术风险和成本。另外,战略弹道导弹核潜艇也可以发射载有卫星的运载火箭。

【海上风电场】(offshore wind power plant) 安装风力发电机组的近海海域。与陆地风电场相比,其风能资源储量更大而且品质更好,风速高湍流强度小,可以增加年发电量和延长机组寿命,并减少对景观环境的影响。但是海上风电场的建设成本较高。随着技术的成熟和大规模发展,海上风电成本可以接近陆地风电。

海上风电场

【海上公园】(offshore park) 在风景优美的海滨或海岛建造的文化娱乐和休闲场所。海上公园有两层含义:(1)指由国家划定的保护海洋景观和海洋生物资源的自然保护区,那里海流、波浪、潮汐平稳,海洋动植物资源丰富,海中景观变化丰富且保留有原始性。(2)指在自然景观优美的海岸带进行深度开发,建设海水浴场、海洋博物馆、海底世界,进行沙雕、沙滩体育、海洋观光等各种游乐活动,为民众提供陆地公园无法实施的种种休闲观光方式。

海上公园

【海上航空港】(marine airport) 见海上机场。

【海上机场】(offshore airport) 又称海上航空港。在海上建设的浮动式或固定式机场。浮动式机场利用半潜式海洋建筑物(浮箱)拼接构成,不受海水深度限制。固定式机场由多种方式建造:(1)填海式。即把机场建筑在人工填海形成的人工岛上。(2)围海式。即在靠岸的地方围圈一片海域建造。(3)栈桥式。也称桩基式。即把基桩打入海底,整个机场建筑由桩墩支承。固定式机场无论以哪种方式建造,都只能建筑在沿岸的浅海水域。海上机场有很多优点,不仅地价低廉、建造方便,而且对城市的噪声影响小,能使气体污染物排放减少。海上机场适用于土地供应紧张的沿海城市。

【海上交通线】(sea route) 又称海上运输线。国际或国内海上交通运输航行路线。包括装载港、卸载港、中间港和航线。为保障运输船舶和其他运载工具在海上交通线上安全航行,海上交通线上有统一的组织管理机构、航行规则和交通保障措施。例如,设立航标灯、发布航行通告等,并有导航、通信、情报、技术维修、油料补给、应急搜救等保障勤务。只有具备安全和技术、物资保障的航线,才是可靠的海上交通线。海上交通线主要是为运输船舶和其他运载工具提供比较安全、经济的航行路线。因此,其选择要求是要既安全又经济。在和平时期,经济效益和航行安全对海上交通线的选择具有特殊意义。在选择海上交通线时,首先是考虑海区的地理环境,其次是海洋水文气象条件。而在战时,除考虑上述条件外,还要考虑海上战场的局势,完成航行所拥有的时间,船舶航行速度和活动半径、航行的机密性和安全程度以及防御能力等。

【海上平台】(marine platform) 高出海面且具有水平台面的一种桁架构筑物。按其结构特点和工作状态的不同可分为:固定式、半固定式和浮式平台。固定式平台是指平台的下端固定于海底。这种平台稳定性能好,但造价随水深成指数倍增加,适用的水深会受到一定限制。浮式平台是指漂浮于海面并可移动的平台,如坐底式平台、自升式平台、半潜式平台和船式平台(钻井船)。半固定式平台介于上述两者之间,如张力腿平台等。

海上平台

【海上桥梁】(marine bridge) 跨越海面、连接海峡、海湾或陆地与岛屿、海上建筑物之间的架空建筑物。按其结构特点的不同可分为梁式桥、悬索桥、刚架桥、斜张桥等。随着建桥技术的发展,大跨度桥梁结构为海上桥梁的建设提供了可靠的技术支持。各式海上桥梁在世界各地层出不穷。中国2008年5月1日建成通车的杭州湾跨海大桥,全长36km,创下多个世界第一,是目前世界上最长的跨海大桥。海上桥梁的建设,对于发展交通、活跃经济和巩固海防都具有重要意义。

海上桥梁

【海上疏浚】(marine dredging) 用挖泥船和其他疏浚机具进行海上开挖、吹填和采掘等作业。海岸和近海工程重要施工技术之一,包括海上开挖、吹填和采掘作业。(1)海上开挖作业。主要有运河、河口航道、港口航道和泊地的开挖、浚深和维持;各种海工建筑物基坑、海底输油管线或电缆沟开挖等。(2)海上吹填作业。包括海岸、堤坝、人工岛、人造海滩吹填和天然海滩养护等。(3)海上采掘作业。包括清除污染物质,改良海底土壤以及采集海底矿产、建筑用砂等。海上疏浚常采用中转设施,在岸滩边专设有掩护的泥池,用自航式挖泥船到池中开底门抛泥,再用绞吸式挖泥船吸泥上滩或上岸。同时,还需要扫床、设标以及与辅助作业配合等。有时还需要凿石、爆破等辅助作业来清理礁石和排除障碍物等。

【海上通道安全】(sea carriage channel security) 涉及海上运输航线、国家的战略利益、海洋生态及环境污染等的通道安全。在海上运输航线上,来自海上威胁和处于危险的状态已引起各国的重视,也已成为国际关系研究领域的前沿性课题。海上交通管理,保障船舶、设施和人命财产的安全,属于国家海上安全利益范围。是国家海上安全的一个重要组成部分。中国国际海上运输通道主要包括分布在太平洋、印度洋、大西洋上的7条航线。它们具有重要战略资源和对外贸易集中、依赖性强、所经海域广阔漫长和非自然风险因素多等特点。其应对措施是:(1)建设强大的具有远洋能力的蓝水海军,并不断扩大防御作战空间和战略防御纵深,增强海上战役综合作战能力和战略核反击能力。(2)加强与友好国家的合作,共同维护国家安全和地区稳定。(3)加强海上安全合作,应对并解决海洋方面的传统安全和非传统安全威胁。

【海上温带气旋】(extratropical marine cyclone) 在温带海上形成或移动、中心气压低于四周的大气旋涡。北(南)半球气旋范围内空气呈逆(顺)时针方向旋转,强度用中心气压或最大风速表示。海上温带气旋中心气压一般为970~1 010hPa,海面最大风速可超过30m/s。温带气旋范围大,风区长,可在海上形成大风、降水和雷暴等危险天气和巨浪。在冬季有时也能引导低压后部冷空气南下,形成寒潮天气,严重威胁海上航行和渔业生产,是温带海上重要灾害性天气系统之一。对温带气旋性质、结构和成因研究,始于19世纪初。直到20世纪初,皮耶克尼斯父子创立了极锋学说之后,才奠定了气旋发生和发展的理论基础。气旋可分为有锋面和无锋面的两种。海上温带气旋多属有锋面气旋,其温度分布不对称。在北半球,锋面气旋中心轴线通常向西北方向倾斜,强度自地面向上逐渐减弱。锋面气旋的发展,一般经历初生、发展和消亡三个阶段。由于海面摩擦力小,空气向气旋中心汇集得少,因此,海上更有利于气旋发展。从大陆移至海上气旋经常再度增强,特别是在海洋锋区上空,由于斜压性强,更容易生成气旋或使气旋增强。

【海上溢油】(oil spill at sea) 在海上进行勘探、开采、运输、加工和使用石油以及船舶航行过程中,由于意外而产生的漏油事故。按溢油量多少分小型和大型溢油。小型溢油事故溢油量少于7t或50桶,大型溢油事故溢油量大于7t或50桶。发生溢油事故的情况主要有两种:(1)在海上进行油气勘探、开采过程中发生事故。在20世纪70~80年代间共发生212次井喷,大量原油流入海洋,共计有900余人在海上事故中丧生。(2)运输船舶、油轮以及其他运载工具发生事故产生漏油等。全世界每年因船舶损坏事故流入海洋中石油高达500 000t以上。海上溢油除污染海洋环境、损害海洋生态、严重影响海产品的价值外，还会造成船毁人亡、港口破坏以及其他海上活动等多种损失。发生溢油事故后，需要及时进行处理。通常首先先用物理法进行回收，再用化学消油剂处理，最后用生物法清除。

海上溢油

【海上油库】（offshore oil pool） 建筑在海上的石油原油或燃油的储存设施。海上石油生产所开采的原油需要中转储存的油库才能转运到陆地上的炼油厂进行加工。特别是远离海岸、海水较深的海上油田，海上储油设施的建设更是必不可少。常用的海上油库主要有两类：(1)由相互隔离的油箱组合而成的饭盒式油库。(2)由报废或闲置的大型油轮改造成的储油船。一些沿海城市，为了安全及降低储运成本，也常采用建筑海上油库的方式来储存城市用燃油。

【海上油气勘探】（marine exploration of oil and gas） 应用海洋地质、地球物理方法和钻探等手段探明海底岩层中石油、天然气资源的分布与储量的整个活动。在海上油气勘探中，使用得最多的方法是对调查海区进行人工地震、重力、磁力等地球物理勘探。海底地形测量、沉积物取样、浅地层剖面测量等方法，以及地球化学勘探、卫星遥感等技术也使勘探油气的能力有了较大的提高。

【海上渔业事故】（marine fishing accident） 又称渔业海上交通事故。船舶、设施在渔港的港池、锚地、避风湾和航道等水域发生的交通事故以及从事渔业生产的船舶和属于水产系统为渔业生产服务的船舶在沿海水域发生的交通事故。其主要类型是：(1)碰撞。指船舶与船舶(包括排筏、水上浮动装置) 相互间碰撞致损以及船舶航行产生的浪涌冲击他船致损。(2)触礁。指船舶触碰礁石或搁置在礁石上致损。(3)触损。指船舶触碰岸壁、码头、航标、桥墩、钻井平台等水上固定物或沉船、渔栅等水下障碍物致损。(4)搁浅。指船舶搁置在浅滩上致损。(5)风灾。指船舶遭受强风致损。其他还有火灾、风灾等。

【海上战略突袭】（marine strategic sudden attack） 运用战略突袭兵力从海上对敌方实施出其不意的战略进攻。分为海上常规战略突袭和海上战略核突袭两类。前者由海军组织有突袭能力的航空兵、潜艇和水面舰艇兵力协同实施；后者由海军战略导弹潜艇、海军轰炸机等兵力实施。战略突袭的目的是破坏敌方作战指挥体系，消灭敌方在港内或海上的重兵集团，摧毁敌方沿海战略要地和陆上战略目标，破坏其战争潜力，改变海上战区的战略态势，夺取海上作战的战略主动权。

【海上自动观测站】（offshore auto-observation station） 见海洋浮标。

【海参】（sea cucumber） 棘皮动物门、海参纲无脊椎动物的统称。体呈圆筒状。长10～20cm，特大的可达30cm。触手轮形，17～30个，一般为20个。触手囊发达。口在前端，多偏于腹面。肛门在后端，多偏于背面。背面一般有疣足，腹面有管足。各地海洋中均有。主要产于印度洋和西太平洋。生活在2～40m深的海底；适应水温为0～28℃，盐度为28‰～31‰；水温高于20℃时夏眠；饵料以泥砂中的动植物碎屑和底栖硅藻为主；繁殖期在6～7月份；具有很强的再生能力。目前海参已可以人工养殖。活海参不易保存，因为海参含有某种酶，容易溶化成水，特别注意活海参不能沾上头发和油。在其干燥体壁的有机成分中，蛋白质含量高达90%。海参含有18种氨基酸，10多种矿物质及VB_1、VB_2、尼克酸等多种维生素。海参还含有一些特有的活性成分，如海参素、海参皂甙等，对促进人体生长发育、提高记忆力等具有一定功效。

海参

【海市蜃楼】（mirage） 又称蜃景。大气中的一种光象。由于气温在垂直方向上的剧烈变化导致大气密度垂直分布反常，使光线发生显著折射，从而使人们观测到远处的景物象，像悬浮在空气中

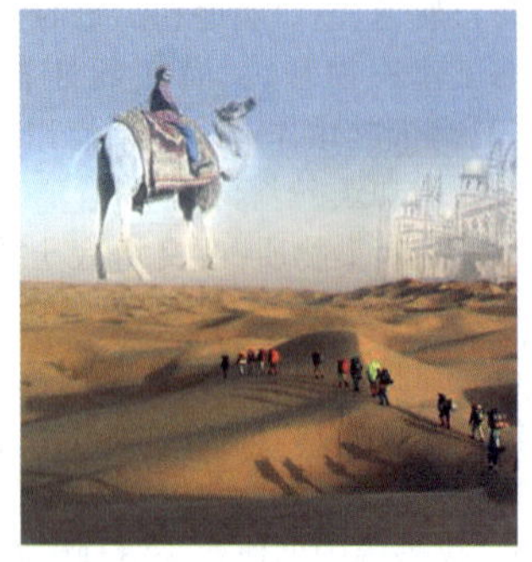
海市蜃楼

或出现在地平线下的奇异幻景。常发生在海边、草原、沙漠和极地地区。一般有上现蜃景、下现蜃景和侧现蜃景三种。有时因湍流活动强烈，还会出现复杂蜃景。中国山东省的蓬莱市海边，经常可以看到这种现象。

【海事】(marine affairs) ❶广义泛指航运海事事务和海上的一切相关事项。如航海、海运、造船、验船、海事海商法、海损事故处理等。❷狭义指船舶在海上航行或停泊时所发生的事故以及由于自然灾害等所造成的事故。如碰撞、搁浅、进水、沉没、倾覆、船体损坏、火灾、爆炸、主机损坏、货物损坏、船员伤亡、海洋污染等。海事的含义或定义随着国家的不同、法规的不同、目的的不同而有各式各样的内涵。中国航海界一般认为，海事是指海上事故、海损事故、海难事故的简称。中国的海事主管部门为中国海事局，是交通部直属的垂直管理机构。

【海水冰点】(sea water ice point) 海水开始结冰时的温度。由于海水中含有大量可溶性盐类，因此海水冻结过程、结冰速度和物理性质均与纯水不同。海水结冰(海水与海冰达到平衡)时的温度随盐度增大而呈线性下降。如海水盐度为5时，冰点为-0.27℃；海水盐度为20时，冰点为-1.07℃。一般海水的冰点约在-2℃，即此时海水仍保持液态。

【海水常量元素】(major elements in sea water) 每1kg海水中含量超过1mg的元素。共11种。分别是氯、钠、镁、硫、钙、钾、溴、锶、硼、碳、氟等。这些元素占海水中溶解成分的99.8%～99.9%。它们主要来自于河川输入，是海洋工业，如酸碱制造业的主要原料或主要组成部分。硅在海水中含量超过1mg/kg，但由于它是生物营养元素，所以未列入常量元素。

【海水成分】(elements of sea water) 海水中所包含的物质的种类。按其相态的不同，海水中物质的成分可分为三大类：(1)溶解于海水中的物质，包括可溶性无机盐、有机化合物以及气体。(2)以悬浮状态存在于海水中的气态、液态和固态物质。(3)以胶体状态存在于海水中的无机和有机悬浮物。海水中溶解有80多种化学元素，除氢(H)和氧(O)外，其中以氯(Cl)、钾(K)、钠(Na)、镁(Mg)等11种元素含量最多，占海水全部元素含量的99.8%～99.9%，称为海水的主要常量元素；其他60多种元素含量很少，称为海水的微量元素。

【海水淡化技术】(desalination technology of sea water) 又称原水脱盐技术。脱除原水中的大部分盐类，使处理后的原水变为符合规定用水标准的淡水技术。其特点是：不受时空和气候影响，水质好，供水稳定，淡化后的水质清洁无菌，犹如纯净水，含盐量远低于普通饮用水。淡化所用的原水主要有海水和苦咸水，此外还有河水和废水等危险水。海水淡化技术是由海洋科学、新材料、信息技术、化工等当今世界众多学科的尖端技术交叉渗透而形成的技术集成。该技术种类很多，目前使用较广的主要有反渗透法、蒸馏法和电渗析法。

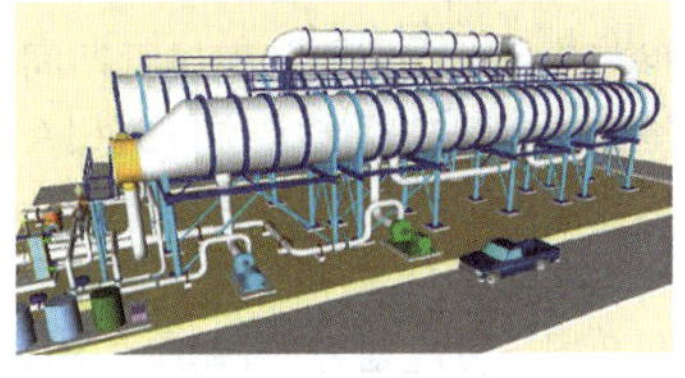

海水淡化技术

【海水电导率】(electrical conductivity of sea water) 横截面为$1m^2$的海水水柱单位长度的电导。表示海水导电能力的一个物理量。是海水温度、盐度和压力的函数。温度、盐度越高，电导率越大。大洋海水电导率的分布和变化，是海水电性质的一种表现，直接影响着电磁波在海洋中传输的衰减性质和相位变化。

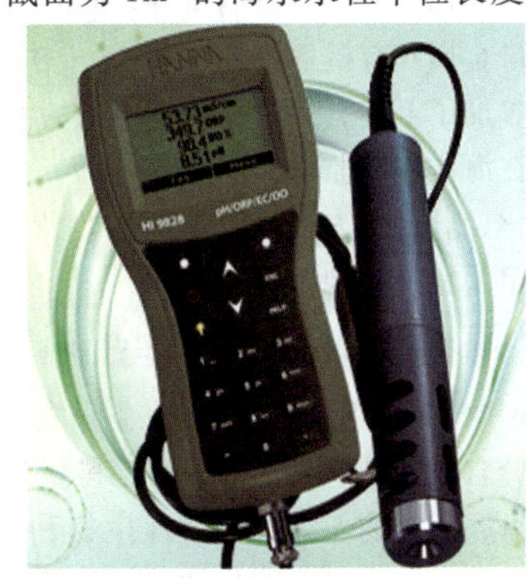

电导率测量仪

【海水防腐技术】(marine anticorrosion technology) 防止海洋设施被海水腐蚀以延长其使用期限的措施和方法。海洋是自然界中腐蚀最严重的场所，所涉及的防腐技术既广泛又复杂。通常把海洋环境分为海洋大气区、浪花飞溅区、潮差区、海水全浸区及海底泥土区。在海洋大气区常采用氯化橡胶、环氧沥青、乙烯基涂料等进行防腐处理；在浪花飞溅区及潮差区除采用涂料外，还采用蒙乃尔合金和不锈钢等金属覆盖层及橡胶、环氧玻璃钢等有机覆盖层进行防腐处理；在海水全浸区常采用耐海水钢、涂层和阴极保护联合的综合保护法；在海底泥土区多应用厚膜型涂料。其发展的总趋势是：在考虑长效又不影响生态环境的情况下，大力发展重防腐涂料、微泡沫涂层技术、有机无机复合型防腐涂料，以及涂料与电化学保护配套技术等。

【海水沸点】(boiling point of sea water) 海水沸腾时的临界温度。与盐度正相关。随着海水盐度的增加，海水沸点也是线性增加，即海水盐度每增加10，海水沸点温度就增加0.16℃。

【海水分析国际互校】（international calibration for seawater analysis） 国际上共同参与执行海水调查前和执行期间需要在各参加实验室之间不断进行测定项目的相互校准活动。进行海水分析国际互校的国际海洋机构组织主要有：国际海洋考察理事会、政府间海洋学委员会、世界气象组织、联合国环境规划署、国际海洋调查十年规划、北大西洋公约组织等。上述国际组织曾进行的海水分析互校工作，各有所侧重。其主要互校内容包括：海水中汞，低含量水平痕量金属，高、低含量标准溶液，低含量水平环境海水，测定痕量金属的海水采样设备的评价，海水铅和镉、测痕量金属采样方法和测定痕量金属的标准参考海水制备等。同时，也进行生物组中痕量金属和有机氯的相互校准。中国海洋监测机构也参加了上述有关国际组织组织的海水分析互校工作。在海洋环境监测实验室间互校工作已经形成了规范化、制度化，为提高海洋环境监测质量的整体水平奠定了良好基础。

【海水分析化学】（analytical chemistry of seawater） 海洋化学的一个分支。研究海水中各组分含量及测试方法的一个学科。分析对象包括海水、海底沉积物、间隙水、海洋生物和表面膜等。其任务是鉴定上述对象的化学结构和化学成分以及测定其成分的含量。海水分析化学测定的元素几乎是元素周期表中的全部元素，包括常量无机组分、痕量无机组分、溶解气体、微量营养组分、放射性核素和有机组分。海水分析化学除使用经典的重量法和容量法技术外，还广泛采用几乎所有的现代物理化学分析技术。样品的采集、处理和储存、富集技术也是它的重要研究内容。为适应海水样品容易变化的特点，许多分析工作必须在船上现场进行。为避免船舶摆动的影响，近年来开始使用传感器技术测定海水的盐度、pH和溶解氧，用自动比色分析测定微量元素。

【海水腐蚀】（corrosion of seawater） 金属与海水发生电化学反应而产生的损耗和变质。海水中金属的电化学腐蚀是由于金属表面电化学不均匀性引起的。这种不均匀性可由金属本身（晶界、夹杂等）或金属表面不同部位上介质的变化（氧浓差等）而产生。例如，碳钢是开发海洋资源设施中应用最广泛的结构材料。人们对碳钢在海水中的腐蚀作用进行过相当详细的研究。广泛的挂片试验表明，碳钢在海水中的平均腐蚀速度为每年0.05～0.13mm，而点蚀速度可达平均年腐蚀率的10倍。影响钢在海水中腐蚀速度的主要因素是对钢表面氧的供给速度。此外，还有温度、流速、污损生物、石灰质垢、污染以及钢结构的焊接、应力等，也是影响腐蚀速度的因素。

海水腐蚀试验站

【海水光信息传输】（optical communication in sea water） 光信号在海水中的传播现象。光信号在海洋中的传输会受到海水的散射和吸收，造成与在大气中传播截然不同的方向性改变、点源弥散和信息量锐减的过程。这种特征被称为“海洋信道特征”。其对海洋激光雷达窄光束传输、水下激光通信都有重要影响。

【海水氯度】（chlorinity of sea water） 海水中卤素离子（Cl^-、Br^-及I^-）的含量标度。1979年，国际海洋物理科学协会将海洋氯度定义为：沉淀海水样品中含有的卤化物所需标准纯银（Ag）的质量与海水质量之比值的0.328 523 4倍，以符号“Cl”表示氯度，以10^{-3}代替“‰”。利用氯度可以计算海水的盐度。

【海水密度】（sea water density） 单位体积中所含海水的质量。影响海水密度的因子有海水温度、盐度和压强。其量值范围1.02～1.07g/cm³。宏观上，海水密度有三个特征：(1)密度随深度递增。(2)水平方向受多种因素影响，一般都有差异。(3)从赤道向两极密度增加，最大密度往往在高纬度地区。

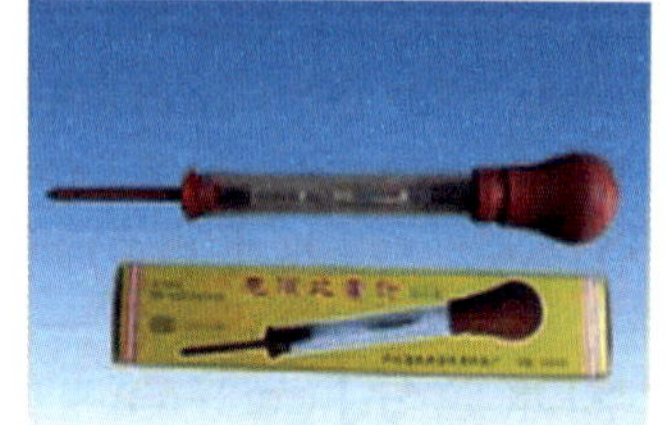

海水密度计

【海水农业】（sea water agriculture） 直接用海水灌溉农作物、开发沿岸带的盐碱地、沙漠和荒地的农业。人类为了获得耐海水的植物正在进行艰苦的探索，除了采用筛选育种外，还采用了细胞工程和基因工程育种。采用品种筛选等传统方法，已经获得了可以用海水灌溉的小麦、大麦及多种蔬菜。

【海水入侵】（sea water intrusion） 沿海地带海水侵入地下含水层或河口地带因海水倒灌使咸潮影响段扩大的现象。其初期征兆是水中氮化物含量增加。可使地面水或地下水含盐量增大，导致水质恶化、水源井报废、耕地盐碱化。其形成原因是地下水长期超量开采与河口上游用水量剧增，造成地下水位下降或河流入海水量减少，破坏了原有的水动力平衡而导致海水入侵。其控制方法是：(1)改变水资源开发利用方式。减少沿海地下含水层的抽水量或合理调度用水量，维持河口的必要入海水量，使沿海地区的地下水或河水与海水保持一定的动力水头。(2)设置隔水建筑。用非透水性材料在地下修建隔水墙或在入海河口建造防潮闸。(3)在沿海岸附近平行于海岸开凿一列排水井。当水井抽水时，形成一个沟状水位下降带由此而产生的坡降，可将入侵的海水限制在沟状水位下降带内陆侧的稳定范围内。(4)在沿海岸的平行线上，保持淡水的压力水头高于海平面。在潜水面上采用人工补给方法造成水丘，或在地下承压水层中修建一排补注水井，通过人工补给形成压力水头，使水位高于海水入侵的水头。

【海水水质标准】(quality standard of sea water) 国家对管辖海域的海水所制定的水质评定标准。是对被开发利用海域按用途制定的水质污染最高允许标准。中国制定的水质标准分为三类：(1)适用于保护海洋生物资源和人类安全。(2)适用于风景旅游景区和海滨浴场。(3)适用于工业用水、海洋开发及海港水域。制定海水水质标准，是为了防止海水污染、保护海洋环境和海洋生态系统，以利于海洋资源的安全利用和海洋产业与事业的可持续发展。是判断海水是否受到污染的依据。世界各国制定的海水水质标准不是统一的。

【海水提碘】(extracting iodine from seawater) 把碘以固体形式从海洋水体中分离出来的工艺过程。其方法有：(1)离子交换法。是将海带或马尾藻的浸泡液加碱和酸处理后，用氯气氧化，用阴离子交换树脂交换，洗脱后用氯酸钾氧化得碘。(2)吹出法。是将油气田的卤水用硫酸酸化，滤液加氯气氧化，用空气带走生成的碘，用亚硫酸水溶液吸收，浓集液用氯处理得碘。(3)铜法。是将气田卤水酸化后，加硫酸铜和硫酸亚铁，使碘离子成碘化亚铜沉淀，再用氧化剂处理并加热使碘馏出。(4)吸着法。碘在海洋水体中的储量达 8×10^{10} t，但海水中的含量只有 0.03mg/L。自 20 世纪 60 年代以来，人们开展了海水直接提碘的研究。中国于 1978 年发现 JA—2 号吸着剂后，该方法的研究取得重要进展。前三种方法已工业化，均以海藻和卤水作原料，已投入工业化生产。

【海水提镁】(extracting magnesium from seawater) 把镁以氧化镁或金属镁的形式从海洋水体中分离出来的工艺过程。其方法是：首先向海水中加碱(石灰或苛性钠)，使其形成氢氧化镁沉淀，然后将氢氧化镁锻烧成氧化镁(镁砂)。生产金属镁的方法有电解冶炼法。其特点是把氢氧化镁转化为无水氯化镁，然后电解氯化镁，得到金属镁。电热法是用还原剂(如热碳、硅)在高温下把氧化镁直接还原成金属镁。由于高纯度的陆镁矿是罕见的，因此，海水已成为镁砂的主要来源。海水提镁始于 1885 年，由于钢铁工业发展对耐高温炉衬材料的需求，故海水提镁的重点转向制高纯度的镁砂($MgO > 98.0\%$)。近年来，有关高纯海水镁砂的研究工作，主要集中在降钙、除硼两个方面。中国近年来也开展了这方面的研究工作，并取得了较大进展。

【海水提溴】(extracting bromine from seawater) 把溴以单质形态从海洋水体中分离出来的工艺过程。其方法有三溴苯胺法、吹出法、电解法和吸着法等。其中，吹出法较成熟，应用较广，是用氯气氧化于经酸化的海水中的溴离子，使其变成单质溴，然后通入空气将溴吹出，在吸收塔中与吸收剂作用，转化成溴化物，达到富集的目的，然后再用氯气氧化成溴。也有用水蒸气蒸出单质的方法。此法主要用于卤水制溴。20 世纪 60 年代以来，人们一直在研究从海水中吸附溴的方法。有些国家曾用阴离子交换树酯作吸溴剂。1978 年中国发现 JA—2 号吸着剂，可直接从未经任何处理的海水中吸附溴，并且具有同时富集碘的功能。这为降低每种单项产品的提取费用、为过渡到工业规模的应用创造了条件。

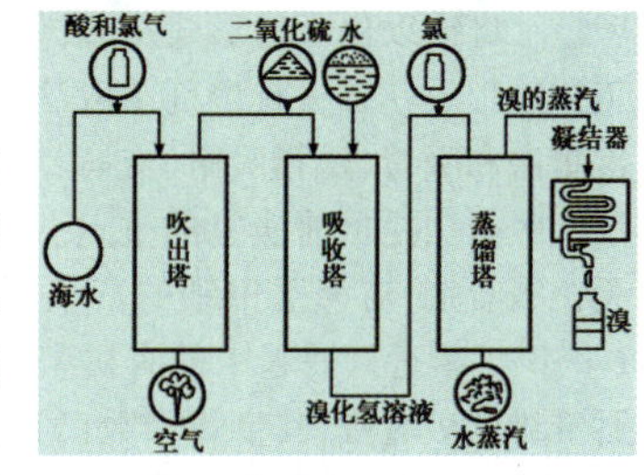

空气吹出提溴法示意图

【海水提盐】(extracting salt from seawater) 从海水中分离出食盐的工艺过程。其主要方法有：(1)盐田法。是利用太阳能蒸发的方法生产食盐。世界上约有 90 多个沿海国家生产海盐，主要是用盐田法生产，年产量约 4 千万吨。由于温带气候和降雨不可能直接利用太阳蒸发，例如，日本、英国等国家利用电渗析装置生产食盐。(2)电渗析法。电渗析堆是由多对离子交换膜组成的。为解决结垢的潜在问题，在电渗析装置中采用了桑娜得推荐的两种控制方法。其一是让一部分去掉 Ca^{2+} 离子的水重新循环到浓缩室。另一种方法是为了增加浓缩物 Cl^{-}/SO_4^{2-} 比值，而采用一种特殊的膜，使 SO_4^{2-} 选择透过性低。现在电渗析制盐厂的总生产能力超过了

26万吨/年，而且每年还在不断的发展。(3)冷冻法。用冷冻法生产海盐，同时亦可从海水中分离出淡水。这是具有双向意义的方法。冷冻法提盐是把海水中的水转化为固态水，分离后使海水得以浓缩，卤水经过进一步处理就可以得到食盐。与盐田法比较，电渗析法其优点是不受自然条件影响，占地面积小，节省劳动力，食盐纯度高。冷冻法的一个主要缺点是难把冰晶与余留的浓盐水分开，且所有采用冷冻法都是生产小冰晶。该方法在以色列得到相当广泛的应用。

海水提盐

【海水提铀】(extracting uranium from seawater) 将铀以化合物形式从海洋水体中分离出来的工艺过程。其方法有溶剂萃取法、起泡分离法、生物富集法和吸着(泛指吸附、交换、络合或包结等机理)法。吸着法是目前研究的重点。主要吸着剂有钛基无机吸着剂，对海水中铀的富集因数已达 $1\times10^4\sim1\times10^5$。新近发展起来的有机螯合树脂型和聚偕胺肟纤维状吸着剂，其富集因数已达 $1\times10^5\sim1\times10^6$。20世纪50年代开始探索海水提铀方法，60年代获得了迅速发展，目前已由基础研究和应用研究转向开发性实用化研究的阶段。日本已建成年产10kg铀化物的中试工厂。还有些国家计划建造年产量百千克级或千千克级海水提铀工厂。中国的海水提铀研究已作了大量工作，并取得了一些基础研究和应用研究的成果，曾一度在世界上同类研究中居先进地位。

【海水微量元素】(minor elements of sea water) 每1kg海水中含量低于1mg的元素。包括锂、铷、钼、锌、碘、铝、铀、铜、银、金等60余种。这些元素在海水中的所占密度很小，但参与海洋自身的所有理化、生物和地质过程，还参与海洋与大气、海水与沉积物(悬浮颗粒)界面之间的交换。各微量元素在海洋中的分布，取决于其来源和各种控制过程。

【海水温差发电】(ocean thermal gradient power generation) 利用海洋表层与深层(1 000m左右)的海水之间存在约20℃的温差产生电能的发电方式。海水温差电站分为陆基电站和漂浮电站。在发电过程中，可得到淡水，抽吸上来的富于营养的深海水还可以用于进行海洋生物的养殖。高效的热交换器和大直径的深海冷水水管是海水温差发电的关键部件。

【海水盐度】(salinity of sea water) 表示海水中盐分的多少。1982年，国际上相关组织根据需要推出了实用盐度的标准，规定在15℃和一个标准大气压下，海水的盐度等于其电导率与标准海水电导率的比值。实用盐度与过去所采用的盐度的关系正好是1 000倍，即过去盐度为32.5‰，现在实用盐度值为32.5。实用盐度不仅方便了各种换算与计算，更重要的是它适应了各种现代测试仪器的要求，可以快速准确地进行海水盐度的测定，为生产、生活和科学研究服务。

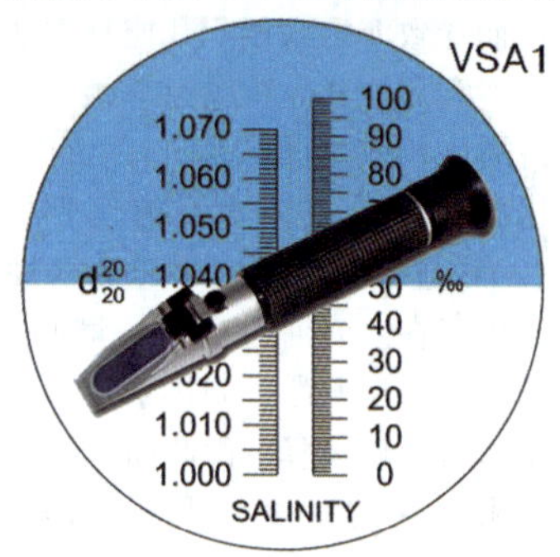

海水盐度计

【海水营养盐】(nutrients of sea water) 能影响海洋浮游生物产量并被其摄入量最多的矿物盐类。如海水中一些较微量的活性磷酸盐、硝酸盐、亚硝酸盐、铵盐和硅酸盐等。这些由氮(N)、磷(P)、硅(Si)等元素构成的盐类，是海洋浮游生物生长和繁殖的必需成分，也是海洋初级生产力和食物链的基础。硫(S)、钙(Ca)、镁(Mg)虽然也是生物生长所必需的，但海水中含量较多，并不构成对浮游生物的制约。氮、磷、硅的无机盐类，浮游生物生长需求量大而海水中含量较少，反而成了浮游生物生长繁育的制约因素。所以营养盐仅指这三种元素的无机盐类。在海洋中的上升流、暖寒流交汇的海域，都是海水营养盐丰富的海区。

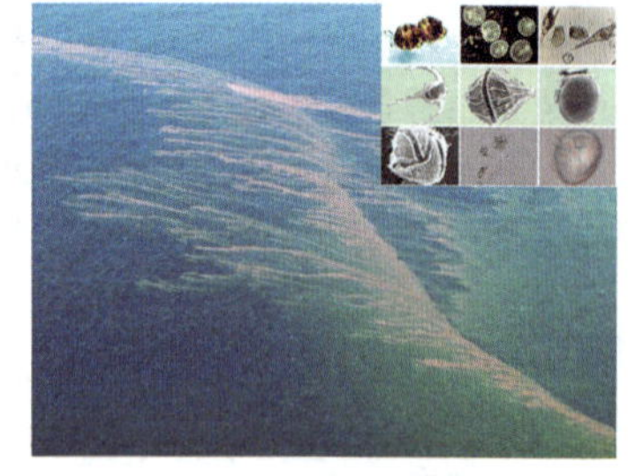
营养盐丰富的海域

【海水有机物】(organic matter in sea water) 存在于海水中的有机物。广义地讲，包括大至鲸小至分子甲烷有机物。海水有机物，主要指海水中海洋生物代谢物、分解物、残骸和碎屑等。它们一部分是海洋中固有的，还有一部分是陆地上生物和人类在活动中生成有机物，通过大气或河流带入海洋中的。按其在海水中存在状态的不同可分为：溶解有机物、颗粒有机物和挥发性有机物。由于大部分海水有机物的化学组成尚不清楚，在研究海水有机物分布时多以溶解有机碳、颗粒有机碳分别代表溶解有机物和颗粒有机物。大洋中的溶解有机碳，通常在深度100m以内的上层海水中含量较高，有季节性变化；深度越大，含量越小，在深度超过300m的海水中，含量几乎没有季节性变化。海水中颗粒有机碳含量为20～200μg/L，多数在10μg/L左右。在上层海水中，颗粒有机碳含量大约只有溶解有机碳的1/10，而在深水中，则只有1/50。近岸海域中颗粒有机碳含量，比大洋水高1～2个数量级。海水中挥发性有机碳的含量，大约为总有机碳的2%～6%。河口海域的生物生产力高，海水中有机物含量普遍高于大洋，尤以颗粒有机物为甚。

【海水鱼养殖】(marine fish breeding) 利用浅海、港湾或人造设施养殖海水鱼类的生产活动。主要养殖品种有真鲷、黑鲷、石斑鱼、牙鲆、大黄鱼、小黄鱼、鲈鱼、梭鱼等。其常用的方法有：(1)港湾养殖。将港湾或潮间带滩涂筑堤围坝、蓄水放苗养殖，应注意及时投放饲料。(2)围栏(网围)及网箱养殖。主要利用浅海水域进行海水鱼养殖。两种方式都应精心照料，还应随时注意气候及海浪对养殖环境及鱼类生长的影响。

海水鱼养殖

【海水增养殖】(marine breeding and stock enhancement) 海水养殖和海水增殖的合称。前者指在浅海、滩涂的某一限定水域中用人工孵化、饲养及人工管理的方法把鱼、虾、贝、藻类培养成熟的过程；后者指先用人工的办法孵化、育苗、进行中间培养，当幼苗(如鱼苗、虾苗)长到一定大小后，再把它们放入天然的海域中，让其自然生长，最后进行捕捞的过程。用海水增殖的办法可以大大增加自然海区的资源量。通过海水增养殖发展起来的水产业称为海水增养殖业，也有人称为海洋农牧业或海洋牧场。

【海水增养殖业】(marine cultivating fishery) 又称栽培渔业。在适宜的海域，采用类似农业和畜牧业生产方式进行生产的海洋渔业。是运用现代科学知识和技术装备，采取人工孵化、育苗、放流、人工鱼礁等技术措施，栽培海藻，增殖和养殖鱼、蟹、虾、贝类等。是海洋捕捞业和海水养殖业相结合的海洋生物资源开发、利用和管理的新系统。对渔业资源的繁殖和保护，提高水域生产力，保持生态平衡有重要意义。

【海水折射率】(refractive index of sea water) 光线在真空中的传播速度与在海水中传播速度的比值。约为1.33。不同波长的光线，其折射率不同。从紫外线到近红外线，海水折射率相差约4%。海水折射率还随海水温度和盐度的变化而变化，尤其是盐度的变化对折射率的影响更为明显。

【海水总碱度】(alkalinity of sea water) 20℃时1kg海水中全部弱酸根离子被中和为不解离形式所需氢离子(H^+)的量。符号AlK，单位为毫摩尔/升(mmol/L)，表示为 $AlK = C_1 + 2C_2 + C_3$。式中C_1表示HCO_3^-离子，C_2表示CO_3^{2-}离子，C_3表示$B(OH)_4^-$离子。前两项称为“碳酸碱度”，后一项称为“硼酸碱度”。大洋海水的总碱度约为2.4mmol/L。海水的总碱度，既可以用来衡量海水中所含弱酸离子的多少，又可用来区分海流和不同海区海水的性质。

【海水综合利用】(comprehensive utilization of sea water) 又称海水资源综合利用。使海水资源得到充分、合理利用，获得较好的社会、经济和生态效益的资源开发模式。在一定条件下，通过适当的流程，以把海水淡化、海水化学资源提取、海水直接利用等方式方法中的两个或多个结合起来，提高海水资源的利用率。例如，在海水淡化过程中，除生产大量的淡水外，还可用浓缩后的卤水生产食盐和提取钾(K)、溴(Br)、镁(Mg)、锂(Li)、铀(U)等化学产品，比直接采用海水提取这些资源效率更高、更经济。

【海损】(sea loss) 自然灾害意外事故给海上运输船舶造成的各项损失。按其损失程度和范围的不同可分为全部损失与部分损失；按其损失负担关系的不同可分为单独海损与共同海损。单独海损是海运中由于自然灾害或意外事故直接导致由船舶或货物所有人各自负担的损失。共同海损是船舶或货物等在海运中遇自然灾害、意外事故或其他特殊情况时，为排除共同危险而付出的代价和合理的额外费用损失。这一损失由船、货等受益方按各自的分摊价值比例分摊。共同海损费用划分、分摊、结算工作，称为共同海损理算，由专门机构进行。

【海滩】(beach) 由砂或砾石所覆盖的海滨。不包括淤泥质海岸和岩石海滨。其范围从平均低潮线向陆地伸展的松散物地带，直至组成物质或地形有变化的地方，如海蚀崖、

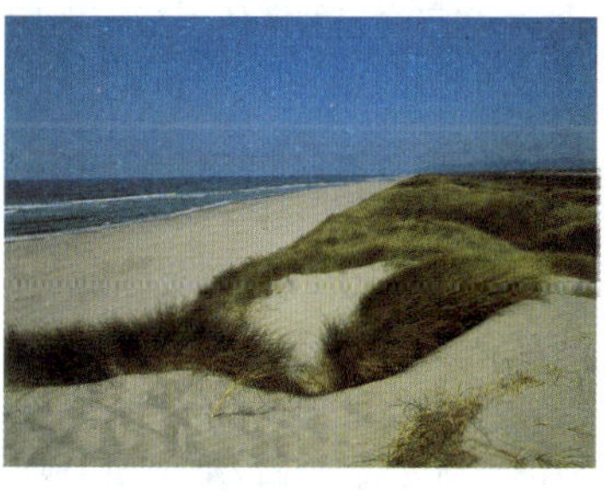

海滩

沙丘地带或永久性植物地带。海滩上界通常是暴风浪有效作用范围的标志。完整海滩包括后滨、滩面、滩坎、滩肩、滩尖(角)、前滨等次一级地形。按物质组成,通常划分为砾石滩、粗砂滩和细砂滩三种类型。这些物质主要由海蚀崖或河流补给。海滩是重要的旅游资源。作为缓冲地带在防护海浪袭击、保护财产方面具有重要意义。

【海图】(sea chart) 以海域为主要对象测制的地图。具有专门的符号系统、内容结构、表示方法和技术标准。按编制内容的不同可分为普通海图和专题海图。前者主要显示海洋的基本地理特征(海岸、海底地形、水文特征、区界线),如航海图、海岸图、海底地形图等;后者则突出某一或某些海洋要素(海洋重力、磁力、海流、气候、矿产)。广泛应用于海上交通、海洋开发利用和国防建设等。

巴拿马运河海图

【海图基准面】(reference level of sea chart) 又称海图深度基准面、潮高基准面。海图深度的零面。通常也是潮汐表的潮高起算面。各国采用的海图深度基准面很不一致。例如,英国采用"最低天文潮面",美国、瑞典和荷兰等国采用"平均低潮面",俄罗斯采用"理论深度基准面",日本等国采用"略低低潮面"等。中国过去采用的海图基准面很不一致,目前中国采用"理论深度基准面"作为海图基准面。

【海图图式】(symbol and abbreviation used on chart) 载有各种海图符号、缩写和说明的专用出版物。是测绘和识别海图的基本依据。其内容包括:海图上所用符号的样式、尺寸和颜色,文字缩写的含义,文字注记的字体、字级,图廓整饰的形式,以及符号与图形表示的其他说明。中国以国家标准的形式颁发《海图图式》。有的国家以普通航海图书或全开海图的形式发布。

【海湾】(gulf) 海或洋伸进陆地的部分。海湾的宽度一般向内陆逐渐减小,深度变浅,面积大小不一,多由海水淹没山间凹地、河谷或构造破碎带所致。海湾三面为陆、一面为海,呈圆弧形或圈椅形,如中国的胶州湾、南海西部北的北部湾等。由两个海岬环抱的海湾,水深坡陡,风平浪静,是天然的良港。小型的海湾可以辟为海滨浴场,还可以建成海上养殖场。

海湾

【海王星】(Neptune) 太阳系的八大行星之一。距离太阳平均为 4.497×10⁸km,即21.05光分。公转周期为 164.8 年。轨道倾角 1.8°。自转周期 17.8 小时。赤道面与自转轴夹角 28.8°。海王星质量为地球的 17.2 倍。赤道直径为地球的 3.9 倍。平均密度为1.66g/cm³。表面重力加速度为地球的 1.18 倍。逃逸速度为 23.6km/s。大气层成分以沼气为主,含有微量氨。表面温度 -200℃。已证实有 12 颗卫星和 5 条光环,光环外侧还有尘埃晕。海王星磁场类似天王星磁场。

海王星

【海雾】(marine fog) 在海洋影响下生成于海上或海岸区域的雾。按其成因的不同可分为:(1)平流雾。是因空气平流作用在海面上生成的雾。它包括平流冷却雾和平流蒸发雾。平流冷却雾为暖气流受海面冷却,其中的水汽凝结而成的雾。平流蒸发雾是海水蒸发,使空气中水汽达到饱和状态而成的雾。(2)混合雾。一种是在冷季。海上风暴产生的空中降水的水滴蒸发,使空气中水汽接近或达到饱和状态,这种空气与从高纬度来的冷空气混合,冷却而成冷季混合雾。而另一种是在暖季。海上风暴产生的空中降水的水滴蒸发,使空气中水汽接近或达到饱和状态。这种空气与从低纬度来的暖空气混合,冷却而成暖季混合雾。(3)辐射雾。一种是在冷季。海上风暴产生的空中降水的水滴蒸发,使空气中水汽接近或达到饱和状

海雾

态。这种空气与从高纬度来的冷空气混合，冷却而成冷季混合雾。而另一种是在暖季。海上风暴产生的空中降水的水滴蒸发，使空气中水汽接近或达到饱和状态。这种空气与从低纬度来的暖空气混合，冷却而成暖季混合雾。(4)地形雾。地形雾是空气爬越岛屿过程中，冷却而形成的岛屿雾和产生于海岸附近，夜间随陆风漂移蔓延于海上，白天借海风推动，可漂入陆区的岸滨雾。

【海相】(marine facies) 在海洋环境中形成的沉积物、岩石或岩层。按海底地形和海水深度的不同可分为：滨海相、陆架相、半深海相、深海相等。海相沉积的特点是相变不大，可以在较大范围内保持均一的岩性。主要岩石类型有碎屑岩、黏土岩、铁质岩、锰质岩、硅质岩及碳酸盐岩等。常含有丰富的海相动物化石。

【海啸】(tsunami) 由海底地震、火山爆发或海水下塌陷和滑坡所激起的巨浪。其发生的条件是：(1)在地震构造运动中出现垂直运动。(2)震源深度小于20～50km。(3)里氏震级大于6.50。没有海底变形的地震冲击或海底弹性震动，引起的海啸较弱；水下核爆炸也能产生人造海啸。尽管海啸的危害巨大，但它形成的频次有限，尤其在人们可以对它进行预测以来，其所造成的危害已大为降低。

海啸

【《海牙议定书》】(Hague Protocol) 《修改1929年10月12日在华沙签订的统一国际航空运输某些规则的公约的议定书》的简称。该议定书于1955年在海牙签订。全文共三章二十七条，就责任限制、运输单证的项目、航行过失免责及索赔期限等二十多个条款对《华沙公约》进行了比较重大的修改，使之更好地适应国际航空运输发展的要求。该议定书于1963年8月1起生效，目前已有90多个成员国，中国于1975年加入该议定书。《华沙公约》规定，在运输货物时，如果承运人证明损失的发生是由驾驶上、航空器上的操作上或领航上的过失，而在其他一切方面承运人和他的代理人已经采取了一切必要的措施以避免损失，但是《海牙议定书》中该项免责事项被删除。《海牙议定书》对《华沙公约》中有关承运人的责任限制的规定作了补充规定：如果经证明造成损失系出于承运人、其受雇人或代理人蓄意造成损失或明知可能造成损失而漠不关心的行为或不行为，则不能适用《华沙公约》有关的责任限制的规定。《海牙议定书》延长了收货人向承运人提出异议的期限，即将7天延长至14天，将对延期交货提出异议的期限从14天延长为21天。在上述期限内，如收货人未提出异议，则不能起诉承运人。

【海洋】(ocean) 海和洋的总称。洋是海洋的主体部分，具有深而广阔连续的水域、比较稳定的盐度，以及独自的潮汐和海流系统。太平洋、大西洋、印度洋和北冰洋为全球四大洋。海是海洋的边缘部分，面积相对小，深度浅，不能形成独自的潮汐和海流系统，其温度和盐度受大陆影响较大。澳大利亚东北面的珊瑚海是世界上最大的海，面积约为$4.79\times10^6km^2$。海有陆缘海、内海和陆间海三种。全球海洋的面积约为$3.61\times10^8km^2$，覆盖地球表面70.8%。海洋平均深度为3 794m(包括洋、海和海峡)，最大深度11 034m(太平洋的马里亚纳海沟)。全球海洋的容积约为$1.318\times10^9km^3$，容纳了地球总水量的97%以上。海洋是海流活动的场所，也是多种生物生存的空间。海洋能调节全球的温度，影响着全球的气候变化。

海洋

【海洋贝类养殖】(marine shellfish breeding) 利用海滨滩涂、浅海及网笼等设施养殖海洋贝类的生产活动。主要养殖品种有鲍、扇贝、珠母贝、贻贝、毛蚶、青蛤、泥螺、红螺等，其中以鲍最为名贵。鲍多用工厂法养殖，在室内建长10m左右、宽深均不大(小于1m)的水槽，用网片及支架制成能放入水槽中的网箱置于海水中，放入鲍苗。饲料由海带等海藻及人工饲料配合而成。其他贝类除扇贝、珠母贝用网笼悬挂于海中浮筏下进行养殖外，毛蚶、泥螺、青蛤、红螺等多在海滨潮间带滩涂上直接播苗养殖。

【海洋捕捞业】(marine fishing industry) 采用网渔具、钓渔具、猎捕渔具等捕捞工具，在海洋中直接捕取经济动物的捕捞生产、渔获物加工和营销的产业。是海洋渔业的组成部分。按其作业海域的不同可分为：远洋捕捞业、近海捕捞业和沿岸捕捞业等。按其作业方式的不同可分为：拖网渔业、围网渔业和钓渔业等；按其捕捞对象的不同可分为：大黄鱼渔业、金枪鱼渔业和捕鲸业等。

【海洋哺乳动物】(marine mammals) 又

称海兽。体呈流线形，前肢特化为鳍状，体温恒定，胎生哺乳和进行肺呼吸的海洋脊椎动物。它们都是由陆上返回海洋的，属于次水生生物。一般包括鲸目、鳍脚目、海牛目的所有动物，以及食肉目的海獭和北极熊。鲸目动物（如鲸、海豚）和海牛目动物（如儒艮、海牛）终身栖息在海里，为全水生生物；鳍脚目动物（如海豹、海狮）需要到岸上进行交配、生殖和休息；食肉目的海獭和北极熊仅在海中捕食和交配，为半水生生物。生活在河流和湖泊中的白暨豚、江豚、贝加尔环斑海豹等，因其发展历史同海洋相关，也被列为海洋哺乳动物。人们早先曾把鲸类称为“大鱼”，把海牛和儒艮称为“美人鱼”，后来发现这些动物具有兽类的特点，又称它们为“水兽”。中国对海洋哺乳动物的记载很早，明代李时珍《本草纲目》和清代蒋廷锡《古今图书集成》中就有描述。寿振黄等编写的《中国经济动物志·兽类（1962）》列出了中国海洋哺乳动物的系统纲目。20世纪60年代以来又有不少新发现。到1978年止，中国已知有30余种鲸类（包括海豚），4种鳍脚类和1种海牛类动物。

海豚

【海洋测绘】（marine surveying and charting）　在海洋区域采集、处理、显示、分发和利用地理空间数据的科学与技术。其主要任务是：获取海面与海底形态、海洋水文和海洋地球物理数据，编制海图，提供地理空间信息保障与服务。其内容包括：海洋大地测量、海洋重力测量、海洋磁力测量、海洋工程测量、海底地形测量，海图编制、出版和发行，图像处理，海洋地理空间数据分析处理等。区别于陆地表面测绘的技术方法主要有：水声测量、海洋遥感、水下摄影测量、海上动态定位、多要素综合测量技术、海图特定的设计与更新方法等。海洋的自然环境和物理特性复杂，使测量手段与方法有较大局限性和特殊性，以声学测量为主，也采用激光技术、水下摄影测量技术等；位置测定以动态定位为主，大部分海域应用陆基无线电定位和卫星定位系统，沿岸海域还可采用激光测距等方法；海底地形、海洋重力和磁力等要素的测量平台以测量船为主，辅以卫星或飞机携带的传感器。海图的规格、内容和更新，更多顾及海上航行安全和海洋工程的使用环境与条件等。

【海洋层结】（ocean stratification）　海水的密度、温度、盐度等状态参数随深度分布的层次结构。海洋是处于地球自转状态下受重力作用的含盐水体。由于海面受太阳辐射的不均匀加热，以及不同气候带在大气动力和大气热力的作用下，各海区海水的状态参数在平面分布上有明显的差异，在铅直方向上也存在有规律的层次结构。如在海洋的上层，海水温度随深度增加而降低，密度随深度增加而增加。这一层在太阳辐射和风及波浪搅动下，形成了一个基本均质的水层，其厚度约100m，通常称为“混合层”。混合层之下，有一个厚约1 000～1 500m的过渡层，其中海水状态参数的变化不是渐变的，可分出若干个跃层。过渡层之下的海水，海水状态参数的分布几乎处于均匀状态，称为“深层”或“下均匀层”。

【海洋产业】（ocean industry）　又称海洋开发产业。人类开发利用和保护海洋资源所形成的生产和服务活动。按其产业属性的不同可分为：(1)海洋第一产业。主要包括海洋渔业和海涂种植业等。(2)海洋第二产业。主要包括海洋油气业、海盐业、滨海砂矿业、海水直接利用产业、海洋药物产业等。(3)海洋第三产业。主要包括海洋交通运输业、滨海旅游业和海洋服务业等。按其形成时间的先后可分为：(1)传统海洋产业。主要包括海洋捕捞业、海洋交通运输业和海洋盐业等。(2)新兴海洋产业。主要包括海洋油气业、海水养殖业、滨海旅游业、滨海砂矿业和海洋服务业。(3)未来海洋产业。主要包括深海采矿业、海水化学资源开发业、海水直接利用产业、海水淡化产业、海洋能利用产业和海洋药物产业等。

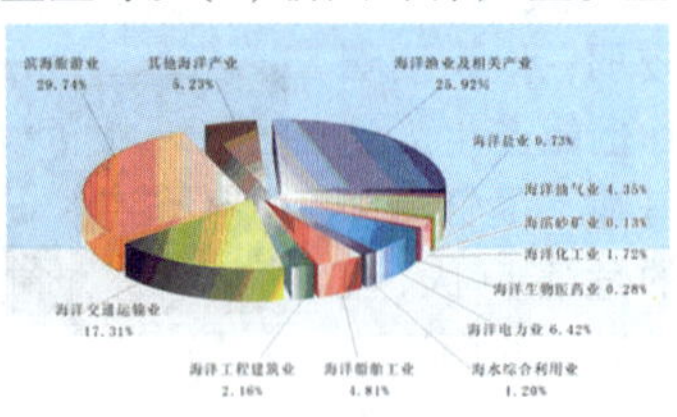

海洋资源开发利用情况

【海洋沉积】（ocean sediment）　覆盖于海洋底部的无机和有机未固结物质的统称。按物质来源的不同可分为陆源沉积（沉积物来源于陆地）、生物沉积（沉积物来源于海洋生物活动）、火山沉积（陆地或海底的火山喷出物）和海洋自生沉积（锰状结核、多金属结核等）；按沉积作用性质的不同可划分为物理沉积、化学沉积和生物沉积。研究海洋沉积物的类型、组成、分布和它的形成发展过程，不仅对认识海洋的形成与演化有重要意义，而且可为海洋开发的前期工程提供重要科学依据。按沉积深度的不同海洋沉积可分为滨海沉积（水深0～20m）、浅海深积（水深20～200m）、半深海沉积（水深200～2 000m）和深海沉积（水深大于2 000m）。滨海沉积又称近岸沉积，由于备受河流、潮汐、波浪和海流的影响，所以是整个海洋沉积环境中侵蚀、搬运、堆积最活跃的地区，对海港及沿海军事工程建设，以及对滩涂开发和滨海找矿，都具有指导意义。浅海沉积又称陆架沉积。其研究对了解海陆变迁及寻找油气富集区有重要意义。半深海沉积（又称陆坡沉积）和深海深积（又称洋盆沉积）的沉积物主要为泥质细粒、火山灰、宇宙尘埃及生物碎屑。深海多金属结核则是近年来各国竞相研究开发的海洋矿产资源。

【海洋沉积地球化学】（geochemistry of marine sediment） 研究海洋沉积物化学组成、化学作用和化学演化的学科。既是海洋沉积学的重要内容，也是海洋地球化学的组成部分，是海洋沉积学和海洋地球化学之间的一门边缘学科。其主要研究内容包括：元素物质来源、含量、组合、分布及其存在形式；元素迁移运动方式、沉积物理化学环境以及控制发生沉积的各种化学机理；各类沉积物化学特征和元素分散与富集规律；沉积物与海水之间物质交换与平衡；成岩成矿过程中元素行为和再分配以及元素的演化史；研究与海洋沉积地球化学有关的各种分析方法、测试技术和模拟实验等。海洋沉积地球化学研究对寻找和评价海洋沉积矿产有着重要的指导作用。20世纪50年代以来，随着对开发海洋矿产资源的重视和科学技术的提高，海洋沉积地球化学采用了一系列新的测试技术（如原子吸收分光光度分析、能谱分析、质谱分析、色谱分析、电子探针分析、中子活化分析等）测定更多的元素，其中包括大量的微量元素和同位素；从主要研究沉积物的化学成分，发展为研究化学作用和化学演化；在开展深海大洋研究的同时，广泛开展了陆架浅海沉积地球化学的研究；对具有经济价值的大洋锰结核的地球化学进行了深入研究。

【海洋沉积生物】（marine sedimentary organisms） 体形较小、具有坚硬介壳或骨骼并构成海洋生源沉积的海洋生物。是一个包括多个门类的海洋生态类群的统称。其主要成员为原生动物有孔虫、放射虫、鞭毛虫；软体动物的翼足类、异足类；节肢动物的介形虫以及苔藓虫、颗石类、硅藻类。它们中有的终生营浮游生活，也有的营底栖生活。浮游种类大部分是远洋性的，种类虽少，但数量巨大，是构成世界各大洋钙质软泥和硅质软泥的主要生源成分。营底栖生活的种类繁多，自滨岸潟湖至深海盆均有分布，主要集中于大陆架区，但对构成海洋沉积所起的作用，则远逊于浮游类群。主要类群和生态特性可分为钙质沉积生物和硅质沉积生物两大类群。

海洋沉积生物

【海洋初级生产力】（marine primary productivity） 单位面积或体积的海域在一定时间内浮游生物、底栖生物（包括固定生长的海藻和红树、海草等植物）以及自养细菌等生产者，通过光合作用或化学合成制造有机物或固定能量的能力。有总初级生产力和净初级生产力之分。前者指植物所固定的能量或所制造有机碳量，包括植物呼吸消耗在内的全部生产量或能量；后者是指从总初级生产量中减去植物呼吸所消耗的生产量的差值。

【海洋磁力测量】（marine magnetic survey） 对海洋地磁场各要素进行的测量工作。测量内容包括地磁场总强度、地磁场三分量和磁倾角、水平梯度等。其方法有两种：船舶海洋磁力仪测量和航空磁力仪测量。海洋磁力测量为地球物理测量的组成部分，可为研究地球内部构造、勘探海洋矿产资源、探测水下铁磁异常提供磁场资料。在国防上还可用来探测潜艇和为舰艇消磁提供基础背景资料。

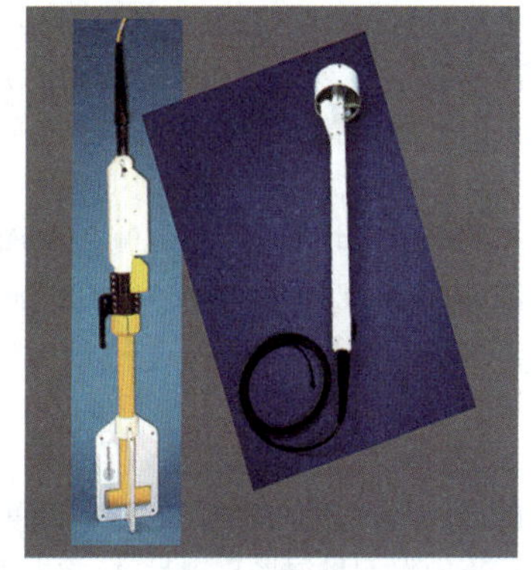

海洋磁力测量仪

【海洋磁力仪】（sea magnetometer） 测量海洋区域地球磁场强度的仪器。分饱和式磁力仪、质子旋进磁力仪和光泵磁力仪三种。饱和式磁力仪目前很少使用。质子旋进磁力仪是利用氢质子磁矩在地磁场中自由旋进的原理，来测量地磁场总矢量的绝对值。其构造简单，操作容易，精度高，传感器不用定向，现已被国际公认为地磁绝对值的标准测量仪器。光泵磁力仪是利用化学性质极为活泼的铷，在光的作用下易放出电子的特性，并联合应用自旋运动原理和光泵抽运以及光监测来测定、记录总地磁场的强度，精度更高。根据海洋磁力仪测量获得的磁异常场的特征及其分布规律可以了解海底岩石磁性的不均匀性，进而推断地壳结构和构造，推断洋底生成和演化历史，为勘探海底矿产资源服务。

【海洋次级生产力】(marine secondary productivity) 单位面积或体积的海域在一定时间内异养生物(非自养生物,主要指动物)利用自然条件下的有机物合成自身物质的总量。常用有机碳总量来表示。不同的海区,由于所处位置及环境条件的不同,次级生产力差别很大。沿岸地区、上升流地区海洋次级生产力较高(初级生产力也高);而在大洋海区和深海,动物的数量明显减少,次级生产力较低。

【海洋大地测量】(marine geodesy) 在海洋区域进行的确定地球形状、大小、重力场及其变化,建立三维控制网的测绘活动。是陆地大地测量在海洋区域的扩展。其主要内容包括:(1)建立海洋大地控制网。在海岸、海底和岛屿上联合建立海洋控制网。海岸、岛屿或海洋平台上控制点的建立方法与陆地相同;海底控制网(点)的建立,通常在海底安放水下声标,布设成等边三角形或正方形,测量水面船只与水下声标的距离,同时用无线电或卫星定位方法测量船只至陆地或空间(卫星或其他天体)已知点的距离或距离差,然后通过测量平差的方法确定海底控制点的平面位置和高程。(2)测定平均海面。在沿岸设立验潮站,测定该站每小时的水位,计算出日、月、年和多年平均海面。(3)测量海面地形。以几何水准、海洋水准和卫星测高等方法,测量平均海面相对于大地水准面的起伏。(4)确定海洋大地水准面。以大地测量学、海洋学等方法,将全球海域划分成小块,各小块范围内似稳态海面地形平均值为零所形成的面,即为大地水准面。(5)海洋重力测量。利用海洋重力仪测量海区重力异常,为大地水准面和海面地形的确定提供相关参数。海洋大地测量为海上各种测量调查、导航定位、海洋划界、海洋工程设计与施工等提供基础控制数据。

【海洋氮循环】(marine nitrogen-cycle) 海洋中元素生物地球化学循环之一。氮元素是与生物活动关系密切的元素。氮在海洋中的赋存形式有三种:溶解无机氮、溶解有机氮和颗粒有机氮。溶解无机氮在不同条件下以不同的氧化—还原状态存在:NO_3^-、NO_2^-、NO_2、NO、N_2和NH_4^+。海洋中的氮元素与海洋生物圈关系密切,通过固氮作用、植物同化作用、分解作用,包括细菌和微生物的作用、浮游植物摄取有机氮和分解排泄作用(氮化作用)等,以及海水中有机物从小的溶解分子经相互作用、絮凝作用生成聚合物、胶体和颗粒有机物。海洋中的氮元素就是在不同的条件下通过氧化—还原作用及生物作用进行着三种赋存形式内部及相互之间的氮循环,从而达到海洋中氮元素的平衡。

【海洋底栖生物】(marine benthos) 栖于海洋基底表面或沉积物中的生物。这类生物自潮间带到水深万米以上的大洋超深渊带(深海沟底部)都有生存,是海洋生物中种类最多的一个生态类型,包括了大多数海洋动物门类、大型海藻和海洋种子植物。“底栖生物”一词源于希腊语,意指生活在水底(底内和底上)的生物,由德国生物学家E. H. 哈克尔于1891年首先提出。海洋底栖生物种类繁多,但底栖植物种数很少,底栖动物种类繁多、构造多样。大陆架浅海区,尤其是深度约在50m内的近岸带,底栖生物现存量和生产力最高,密度也最大。在大陆架以外海域,其生物量和密度随深度增加而显著减少;在大陆架范围内,则随纬度降低而减少。高纬度海区生物量较高,密度较大,但生物种数较少,生命周期一般较长,生长速度也慢,往往几年才能长成。在低纬度的热带海域,生物量和密度都较低,但种数较多,生命周期较短,一年或几个月即可长成。海洋底栖生物同人类关系十分密切。许多底栖生物可供食用,是渔业采捕或养殖对象,具有重要经济价值。

海洋底栖生物

【海洋地层学】(oceanic stratigraphy) 海洋地质学的一个分支。研究海底沉积地层成因、形态特征、地层分布、时代及演化、分类等的一门学科。除采用普通地层学方法外,还特别注重运用生物地层学、年代地层学、古地磁地层学以及岩性地层学的方法来研究和对比海底地层顺序。生物地层学中常用的化石是有孔虫、硅藻、放射虫、孢子花粉以及超微化石。年代地层学中利用钾—氩法、^{14}C、^{10}Be及铀系放射性测年技术测定沉积物地质年代。由于海底沉积地层保存得较完整,可利用沉积地层剩磁建立系统的地磁年代。海洋岩性地层分析中常用的方法是分析研究火山灰及与气候变动有关的沉积物。如冰川沉积物、硅藻、有孔虫软泥以及气候层等。

【海洋地理学】(marine geography) 研究地球表面被海水淹没部分的环境空间结构、组成、动态和演变规律及其对人类活动与环境相互影响的综合性学科。地理学和海洋学之间的一门边缘科学。其内容包括:(1)海洋自然地理。研究海洋与陆地及其与水圈、大气圈、生物圈、岩石圈的物质迁移、能量交换、时空特征和分异规律;海洋自然地理和生物群落组成与分布;海洋资源合理开发利用及其海洋环境生态系统的保护和规划等。(2)海洋经济地理。是对海洋自然条件和资源的经济评价、地域分布、开发利用及其海洋经济区划;海洋区域经济发展、海洋工程和人口容量及城镇基础建设整体合理布局及相互协调;海岸带和滩涂资源综合调查及开发利用与海岸带管理;海洋综合利用开发和海洋环境保护等。(3)海洋政治地理。主要是对领海、大陆架、专属经济区、专属渔区、海洋疆界形成和演变及其争端,国际海洋资源开发和通航政治地位及其海域领空范围划分等研究。(4)区域海洋地理。是对海洋中某一特定区域的海洋地理环境及其利用开发综合研究。

【海洋地球化学】(marine geochemistry) 地球化学的一个分支。研究海洋中化学物质的含量、分布、形态、转移和通量的学科。是化学海洋学的主体。其研究对象较广泛,主要包括溶解成分、溶解气体、微量元素、有机物、核素、悬浮物、热泉物质、沉积物间隙水等。所用的理论方法基本上来自海洋物理化学;所用的分析方法来自海水分析化学。在研究海水悬浮物时,往往要涉及河口化学内容,在研究有机物时又与海洋有机化学交织在一起。这些学科同属于化学海洋学,它们之间有着密切关系。目前,该学科越来越注重核素、微量元素和有机物的研究,并已形成海洋核素化学、海洋微量元素化学和海洋有机化学三个分支。

【海洋地球物理测量】(marine geophysical survey) 应用各种物理学方法和仪器,测量洋底地球物理场性质及其变化特征的调查方法。其目的是得出海洋底部地质构造和矿产分布。海洋地球物理测量在推进海洋地质学发展上占有突出地位。其成果不仅有助于获得海底地质构造的特征和展布,而且为探明海底油气等矿产资源以及海底工程地质条件等提供必需基础资料。海洋地球物理测量使用最广的有海洋地震测量、海洋重力测量、海洋磁力测量和海底热流测量四种方法。随着科学技术的发展,海洋电法测量和海底放射性测量也逐步进入主流测量方法。这些测量方法是以海底岩石和沉积物弹性、密度、磁性、导热性、导电性和放射性等地球固有物理性质的差异为基础,用不同的物理方法和仪器观测并研究天然的或人工激发的地球物理场,查清场的分布特征和变化规律。

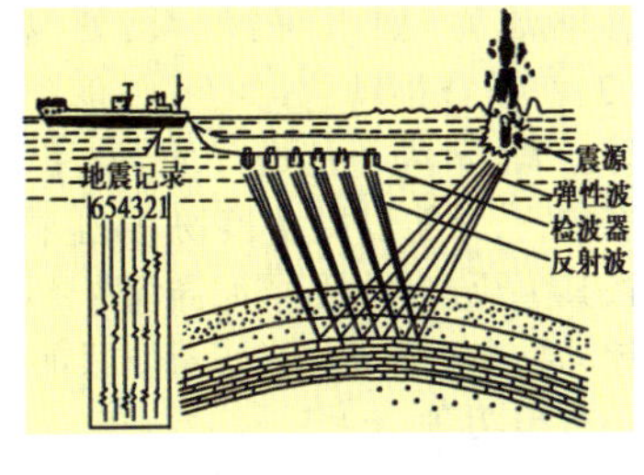

海上反射地震勘探

【海洋地震仪】(marine seismograph) 利用人工激发所产生的弹性波(反射波和折射波)探测海底地壳和地球内部结构的设备。海洋地球物理测量仪器中最重要的一种仪器。由震源、检波器、电缆和地震记录器四部分组成。震源现多使用气枪、水枪、电火花、气爆、电磁振荡和水脉冲等产生。检波器多由压电陶瓷制成。电缆多采用漂浮组合电缆。记录器早期为光点地震仪、笔录地震仪和模拟磁带地震仪,由于应用了计算机技术,现已发展成数字地震仪。使用三维地震技术,提高了寻找石油和天然气的命中率。

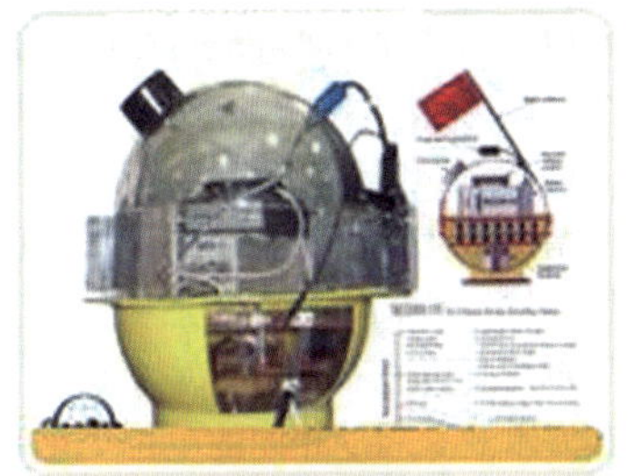
海洋地震仪

【海洋地质调查】(marine geological survey) 利用地质、地球物理和地球化学等多种手段,探测和查明海底地形、地质构造、沉积物、岩石和矿产资源分布状况的系统工程。其主要技术手段有:利用人造卫星导航和全球定位系统以及无线电导航系统来确定调查船或观测点及测线在海上的位置;利用回声测深仪、多波束回声测深仪及旁侧声呐测量水深和探测海底地形地貌,用拖网、抓斗、箱式采样器、自返式抓斗、柱状采样器和钻探等手段采集海底沉积物、岩石和锰结核等样品;用浅地层剖面仪探测海底未固结浅地层的分布、厚度和结构特征;用地震、重力、磁力及地热等地球物理方法探测海底各种地球物理场特征、地质构造和矿产资源;利用放射性探测技术探查海底砂矿等。

海洋地质调查

【海洋地质学】(marine geology) 地质学的一个分支。研究被海水覆盖的地球岩石圈的物质组成、地质构造、演化规律及相邻圈层的相互作用的一门学科。海洋学和地质学的交叉学科。其主要研究内容包括:海底地貌、构造、岩石、矿产资源以及与板块运动、古地理环境、洋盆物源及其演化等有关的地质问题。其所依据的理论和采用的方法是地质学、地球物理学和海洋学的理论和方法。

【海洋电磁学】(marine electromagnetics) 海洋物理学的一个分支。研究海洋电磁特性、海洋中电磁场和电磁波运动形态和规律及其在海洋科学、海洋电磁波通信和海洋开发中应用的学科。其主要研究内容包括:海水电磁参数、电磁波在海洋中传播、海洋电磁场(天然电磁场和感应电磁场)、海洋电磁波通信、海底电磁波探矿等。早在1832年,M.法拉第就指出在地磁场中流动的海水,就像在磁场中运动金属导体一样,也会产生感应电动势。直到1851年,C.渥拉斯顿在横过英吉利海峡的海底电缆上检测到和海水潮汐周期相同的电位变化时,才证实了法拉第的预言。从此,人们开始对海洋中电磁现象进行了深入研究,并将电磁波中超长波用于潜艇通信和极长波用于大洋深处核潜艇通信中。随着电磁波在军事领域的应用,又相继研究海水的电磁特性和电磁波在海洋中的传播规律。从19世纪70年代以来,已经开始将电磁波中的极长波用于探测研究海底岩石圈的地质构造和探矿等。研究海洋中电磁现象、海洋电磁特性、海洋中频率低于红外的电磁场运动的形态和规律,以及海洋中与电磁有关的问题,主要应用于探测海洋现象、海洋资源开发利用以及海洋军事活动等。

【海洋调查】(ocean survey) 对海洋要素及海洋环境因子进行观测和分析的系统工程。其调查的主要内容有:水文要素、气象要素、海水化学要素、海洋地质调查、海洋生物调查等。其方法有:卫星观测、航空观测、水下观测,船舶观测及自动浮标观测。其方式有:大面观测、断面观测、连续观测和辅助观测等。海洋调查的成果反映在报告和图件中。调查严格按国家颁布的海洋调查规范进行。其成果为海洋资源的开发利用和海洋科学研究的发展提供技术上的支持。

【海洋调查船】(oceanographic research vessel) 专门从事海洋科学调查研究的船只。它是运载海洋科学工作者亲临现场,应用专门仪器设备直接观测海洋、采集样品和研究海洋的工作平台。按使用海区的不同可分为:(1)近海调查船。船体小,吃水浅,航区小,续航力低,只装备浅水调查用的仪器设备。(2)远洋调查船。船体大,吃水深,航区广,续航力长,装备着深水调查用的仪器设备。按其调查任务不同又可分为综合调查船、专业调查船和特种调查船。海洋调查船除具有一般船只的功能外,还有执行调查任务所需的专用仪器设备、工作甲板、起吊设备、研究实验室和能满足调查人员工作环境和生活需要的设施,以及与任务相适应的续航力和自持能力。其中,操船、观测、采样和资料处理及传输等继续朝着应用计算机控制的自动化方向发展。随着海洋调查技术的发展,海洋调查船还应具有承载船载浮标、潜水器、观测艇等大型辅助观测设备的能力,以及更换大型综合实验室、集装箱专业实验室等的功能。

海洋调查船

【海洋调查规范】(specification for oceanographic survey) 海洋调查技术标准。对海洋环境基本要素进行调查的依据。中国于1961年颁布第一部海洋调查规范,并于1975年、1991年进行了两次修改、补充。随着海洋调查技术、方法的发展及海洋调查仪器设备的升级,国家进一步采用了国内外先进、成熟的海洋调查技术和方法,在对1991年颁布的海洋调查规范(GB/T 12763—1991)进行了调整、充实、提高的基础上,于2007年颁布了新海洋调查规范(GB/T 12763—2007)。其主要内容共由11部分组成,包括:总则;海洋水文观测;海洋气象观测;海洋化学要素调查;海洋声、光要素调查;海洋生物调查;海洋调查资料交换;海洋地质地球物理调查;海洋生态调查指南;海底地形地貌调查;海洋工程地质调查。该规范进一步提高了在海洋调查过程中可操作性、适应性和调查技术、方法的先进性。

【海洋动物】(marine animals) 终生或部分时间生活在海洋中的动物。海水的含盐量高,所以生活在海洋中的动物都具有适应高盐度海水的能力。所有的海洋动物都具有从海水中吸取淡水并排出多余盐分的能力,这是陆地上动物所没有的特点。按现行的动物分类标准,海洋动物可划分为三大类:(1)海洋原生动物,如有孔虫、放射虫等。(2)海洋无脊椎动物,如水母、海蜇、虾、蟹、牡蛎、章鱼等。(3)海洋脊椎动物,如鱼类、鲸类、海象、海狮、海豹等。海洋动物不能进行光合作用,不会将无机物合成有机物,只能以摄食植物、微生物和其他动物为生。按其生活方式的不同海洋动物还可分为浮游动物、游泳动物和底栖动物三大类。目前已知的海洋动物大约有20万种。

【海洋发光生物】(marine luminous organism) 自身具有发光器官、细胞或具有分泌发光物质腺体的海洋生物。已发现的海洋发光生物多达24纲461属,从细菌到海洋鱼类的许多门类,分布在世界各个海域。生活在水深700m以下的海洋生物,大多数都能发光。其发光方式分细胞内发光和细胞外发光。前者较为普遍,当细胞受到刺激时,细胞质中丝状排列的发光颗粒收缩,发出淡蓝色闪光,常见的如夜光藻;后者是由生物腺体分泌排放出的内含物发光,如海萤。生物发光是生命活动的一种行为表现,往往与这种生物的生存和繁衍有关,或作诱饵,或逃脱敌害,或求偶繁殖。生物发光不仅具有仿生学和生态学上的意义,也是生物物理和生物化学研究的对象。

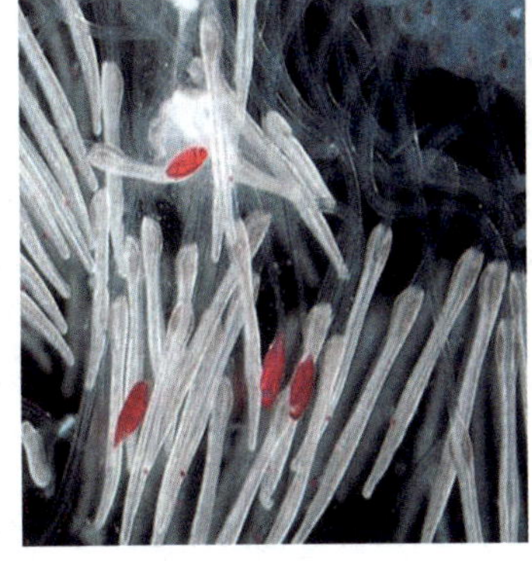
深海管水母

【海洋发声生物】(marine sound organism) 海洋中能发出性质不同的声音的动物。发声主要作为相互联系的信号或攻击、防御的手段。海洋中能发声的动物主要是鱼类、海兽和某些甲壳动物(虾、蟹等)。发声的方式有摩擦发声和鳔发声两种。对海洋发声生物的研究,有助于人类在开发海洋产业中进行海洋探测和海水通信技术的研究。

【海洋仿生技术】(marine bionic technology) 人类模仿海洋生物的形态结构和机能特点设计、建造或改进机器、设备、器具、测试方法或药物的技术。该技术涉及很多学科和众多领域,是目前十分活跃的一个学科领域。如军事部门根据鲸类的体形特征建造潜水艇,使航速提高、噪声降低;模仿沙蚕毒素的分子结构生产合成的生物农药"巴丹",具有无毒、高效的特点。

【海洋放射性同位素】(ocean radioisotope) 海洋中具有放射性的元素同位素。海洋中存在有天然的放射性元素同位素。其原子核不稳定,会自发衰变,释放出不同的粒子和光子后转变成其他元素的原子核。海洋放射性同位素主要由三部分组成:(1)天然放射性元素,如铀系、锕—铀系和钍系。(2)由宇宙射线与空间物质作用而生成的放射性元素同位素。(3)核试验散落物和核废液排放物汇集到海洋中的放射性同位素。研究海洋放射性同位素可用监测海流和水体运动方向及元素在海底沉积物中的积累机制,进行海水痕量分析,测定海底沉积物年龄等方法。

【海洋锋】(ocean front) 特性明显不同的两种或几种海洋水体之间的狭窄过渡带。可用温度、盐度、密度、速度、颜色、叶绿素等要素的水平梯度,或更高阶微商来描述,即一个锋带的位置可以用一个或几个上述要素的特征量的强度来确定。随着寻找海洋资源和军事上的需要,海洋锋面的研究得到迅速发展,并逐步形成海洋科学中的一个分支。海洋锋的规模大小不一,持续时间为数小时至数月。存在海洋的表层、中层和近底层,一般可分为:行星尺度锋、强西边界流的边缘锋、陆架坡折锋、上升流锋、羽状锋及浅海锋。重要的物理驱动力是那些与海-气交换有关的力,其中包括行星式与局地风应力、热量(海面的增热与冷却)、水(蒸发与降水)的季节性和行星式的垂直输送。其他的一些过程,包括河流淡水输入、潮流与表层地转流的汇合和切变、因海底地形与粗糙度引起的湍流混合、因内波与内潮切变所引起的混合和因弯曲引起的离心力效应等,也是海洋锋生成的驱动力。

【海洋浮标】(ocean graphic buoy) 又称海上自动观测站。载有探测海洋环境用的各类传感器的海上平台。是现代化海洋立体监测系统中的重要组成部分,具有在海洋的任何区域都能自动或连续地收集海洋环境资料的特点。

海洋浮标

【海洋附着生物】(marine foul organism) 见海洋污损生物。

【海洋高技术】(marine high technology) 用于海洋环境探测及海洋资源开发利用的高新技术。建立在现代海洋科技理论和其他技术领域最新技术成就基础上的跨学科的综合技术体系。包括海洋遥感、深潜技术、水声技术、深海油气开发技术及采矿技术、海洋生物技术等。中国将海洋监测技术、海洋生物技术、海洋探查与资源开发技术等列入海洋高技术发展计划。其总体目标是:在这些领域达到国际先进水平,并把主要技术成果应用于海洋产业和相关产业,实现并促进海洋高技术的产业化。

【海洋工程】(ocean project) 海岸带或海上为开发利用海洋资源的各种建筑物、工程设施和技术的总称。应用海洋基础科学和电子工程、船舶工程、材料工程及军事工程等有关技术学科的原理,根据不同的海洋环境和资源条件进行工程布置和资源开发。按其所在位置的不同，海洋工程通常可分为海岸工程、离岸工程（近海工程）和深海工程。是一门新兴的综合性学科，涉及的范围较广。随着海洋的开发和利用，海洋工程种类将越来越多。海洋工程对于沿海地区的经济发展和社会进步具有重大意义。

建设中的海港

【海洋工程测量】（ocean project survey） 为特定海洋工程建设的设计、施工和监测进行的测量工作。按其与海岸距离远近的不同可分为海岸工程测量、近海工程测量和远海（深海）工程测量；按其用途的不同又可分为港口工程测量、隧道工程测量、堤坝工程测量、水下物体详测、水下考古等多种专业测量。

【海洋工程地质】（marine engineering geology） 与海洋开发和海洋工程建设有关的地质条件。一般包括地貌形态、地质构造、沉积物特征和水文地质条件等。主要有工程场区地质条件的调查和评价，工程建成后地质条件变化的预测，最佳工程场所的选择和提出克服不良地质条件的工程措施，为工程规划设计、施工等提供必需的科学依据。与海洋工程建设有关的地质问题，对于基岩质海区，主要是海蚀和海积地貌的相互关系，基岩岩性、构造与地貌的关系，海岸地貌的演变等；对于砂质海区，主要是底质组成和沉积结构、地貌特征、微地貌类型及其分布以及地貌动态特征和冲淤趋势；对于淤泥质海区，主要是底质组成、矿物成分、贝壳含量、沉积结构、地貌特征、微地貌类型及其分布，以及潮沟特征、冲刷槽性质、地貌发育过程和演变趋势等。此外，海洋工程地质还包括岩土层分布、产状、性质、地质年代及成因，对场地稳定性有影响的地质构造，对工程有影响的不良地质现象的发育程度，地震烈度、地基的地震效应以及地下水类型及水位特征等。

【海洋工程环境】（ocean project environment） 与海洋工程设计、建造及运营管理有关的海洋环境条件。包括海洋气象条件（气温、气压、风力等）、海洋水文条件（海流、海浪、潮汐、海啸、风暴潮、海水等）和海洋地质条件（海岸地质地貌、海底地基结构特征与力学性能、海岸侵蚀、海底泥沙堆积与运移等）。除此之外，海洋工程设计与建造还应考虑工程所处的海洋化学环境和海洋生物活动情况，并确保海水的化学腐蚀及海洋生物活动不会给海洋工程带来较大的安全隐患。

【海洋工程施工】（construction of ocean project） 港口工程、海上油气开发工程以及海岸与近海工程等工程实施的总称。分为水上工程和水下工程。通常采用以各种技术性能为特征的工程船、海上平台等来实现水上和水下机械化施工。在没有大幅度地提高水下工程智能潜水作业能力条件下，潜水员手工作业是潜水作业的主要手段。海洋工程施工利用水上或水下作业的浮力将大或长的结构物如沉箱、管线等浮运至安装地点，并通过增加荷载的办法沉放或安装。海洋工程施工受海洋自然条件的影响非常大，因此施工前必须充分掌握好施工海域的海洋水文、气象特点和预报情况，分别安排好适应各项工程作业要求的工作天数。例如，根据潮位、潮流的变化规律安排好各项工程的施工，如赶低潮浇筑潮差部位的混凝土、砌筑潮差部位的护坡块石；赶高潮位拖运、安装吃水大的沉箱、浅水地段的挖泥；赶低于限定潮流速度下的潜水作业和水下构件安装作业等。为减轻海洋自然条件的影响，一些海洋工程多采用预制装配化施工，如混凝土结构物的浇筑改为预制安装、钢板桩格形结构整体装配的吊运与施工等。

【海洋工程水文】（marine engineering hydrology） 海洋工程建设和营运时遇到的水文问题。其内容包括研究海水运动（海浪、潮汐、海流、海啸、风暴潮等）、海水物理性质（海冰、温度、盐度，密度等）以及其他水文现象（泥沙运动、冰凌载荷、运移等）的变化规律、计算方法以及对工程建设的影响等。海洋工程水文主要通过现场观测、理论分析和模型试验等手段进行。现场观测是研究的基础，用于积累原始资料，阐明各水文要素随时间的变化过程和空间分布状况。为此，观测须在不同天气条件、不同季节和不同潮汐情况下进行。理论分析是用流体力学和数学的基本原理来研究水文现象的变化规律，并提出理论模式和计算方法。模型试验则是模拟天然情况，复演历史变化过程并推演未来可能的发展过程，为规划与设计工程建筑物提供水文设计参数，评估分析海域水文条件对工程建造后存在的影响等。

【海洋工程学】（ocean engineering） 工程学的一个分支。应用海洋基础科学的理论和相关工程技术，研究开发利用海洋资源而形成的一门新兴技术学科。其主要研究内容包括：海洋资源开发、海洋空间利用、海洋能利用、海岸防护、海上（海底）建筑工程的设计、施工工艺和大型施工机械等。由于海洋环境复杂多变,其研究内容还包括海洋工程的监测管理及灾害预防。是海洋工程的理论基础。

【海洋功能区划】(classification of marine function) 对海域进行的不同功能类型区域的划分。其依据是:海域的地理位置、自然资源、环境条件和社会需求等因素。可指导、约束海洋生产实践活动,保证海洋开发的经济、环境和社会效益,是海洋管理工作的基础。

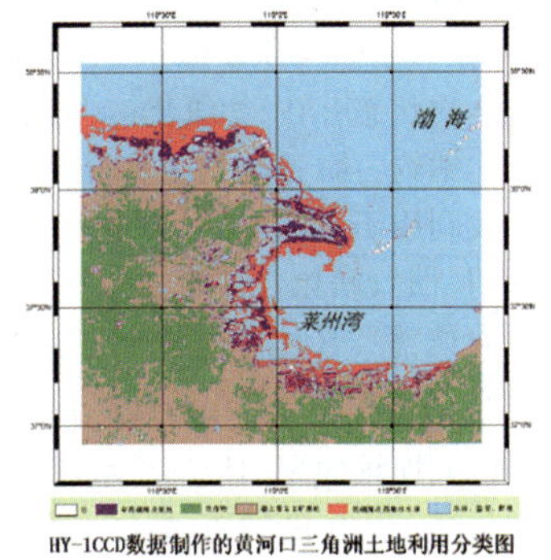

HY-1CCD数据制作的黄河口三角洲土地利用分类图

中国海洋功能区划

【海洋观测仪器】(oceanographic instrument) 又称海洋学仪器、海洋仪器。观察和测量海洋现象和海洋要素的基本工具。包括海洋水文气象、海洋物理、海洋化学、海洋地质地貌、海洋地球物理、海洋生物学等的采样、测量、观察、分析等所使用的各种仪器设备。海洋观测仪器种类较多,可按结构原理、使用方式、测量要素等各种方法分类。对使用者而言,通常以测量要素分类。如测温仪器、测波器、底质探测仪器等。按观测要素分类,海洋观测仪器分为海洋水文气象、海洋物理、海洋化学、海洋地质、海洋地球物理、海洋生物仪器等。按使用方式的不同又可分为:船用观测仪器、潜水器仪器、浮标仪器、岸站观测仪器、飞行器、卫星仪器和遥感仪器等。海洋观测仪器已经从机械式过渡到电子化方式,从单项测量要素向多要素测量的综合仪器过渡。当前,应用电子技术、水声技术、激光技术、计算机技术以及GPS技术、遥感技术等的现代化观测仪器,已成为海洋观测仪器的主流。以海洋卫星、飞机、宇宙飞船、气球等为载体,安装不同功能的测量仪器设备和传感器,对海洋环境状况进行大范围观测,获取海洋环境要素图像或数据资料,是当今海洋观测的发展方向。

【海洋光学】(marine optics) 海洋物理学的一个分支。研究海洋光学性质、光在海洋中传播规律和应用光学技术探测海洋的学科。也是光学的一个分支。海洋光学基础研究包括试验和理论两个方面:(1)试验研究方面。主要运用现场和实验室测量方法进行光学性质研究。可见光波段是能透入海中电磁波的主要手段,其传播规律决定于海洋水体散射和吸收等性质。各海区的光学性质和海洋水体的组分密切相关。因此,海洋光学调查是研究海洋光学性质的主要手段。(2)理论研究方面。海洋辐射传递理论是海洋光学的主要理论基础。从辐射传递方程出发,主要运用随机模拟方法和蒙特卡罗法,建立各种辐射模型,包括分层结构海洋水体、均匀海洋水体、海洋与大气系统、窄光束水中传递等模型,再选择水质稳定的海区进行辐射场的精确测定,研究其变化规律。主要包括海面光辐射、水中能见度、激光与海水的相互作用、海洋水体光学传递函数、以及海洋光学与物理海洋学的关系等。

【海洋光学仪器】(marine optical instrument) 测量海水光学性质的仪器。按测量目的的不同可分为:(1)测量海水固有光学性质的仪器。海水固有光学性质不受环境条件的影响,既可取水样在实验室测量,也可在现场测量。测量仪器也分为实验室仪器和现场仪器两种,主要有水下光透射率仪、水下光衰减系数测量仪和水下光散射仪等。(2)测量海水表观光学性质的仪器。海水表观光学性质与环境有密切关系,必须在现场测量。测量海水表观光学性质的仪器主要有水下辐照度仪、水下辐亮度仪和水下辐亮度偏振仪等。

【海洋航空遥感技术】(ocean aerial remote sensetive technology) 海洋遥感技术的一个分支。以专用遥感飞机为工作平台在空中观测、记录海洋特性的技术。其原理类似于卫星遥感,但飞行高度低,适合于区域性海洋目标探测。其特点是机动性好,分辨力高,便于海空配合等。海洋航空遥感源于第二次世界大战军事摄影侦察。自20世纪50年代初,美国开始将航空遥感技术用于海洋测绘及海岸制图。海洋航空遥感技术发展很快,现已能穿过台风眼、探测台风内部的海气过程,以及应用于海岸带与河口动态过程调查、海冰详查与制图、海洋渔场海况速报与鱼群侦察以及海洋执法管理与海洋环境监测等方面。

【海洋黑色食品】(marine black food) 海洋产品中的几种常见的黑颜色食品。如海带、紫菜、海参、裙带菜等。经常食用这些食品对人体健康十分有益。海带含蛋白质8%,富含碘(I)、钙(Ca)、磷(P)、铁(Fe)、维生素B_1、维生素B_2、维生素C、维生素A和粗纤维、褐藻酸钠盐、甘露醇等。海带是一种碱性食物,味咸性寒,能软坚散结、消炎利水、去脂降压,可治瘿瘤、痰火、水肿等症,对保持人体血液呈正常的弱碱性有益;又是甲状腺肿大、高血压、冠心病患者的食疗佳品。所含的褐藻酸钠盐,可预防白血病、骨痛病。紫菜属高蛋白(含蛋白质30%)、低脂、多矿物质、多维生素食物，最宜作肥胖、甲状腺肿大、高血压、冠心病、肾病、贫血等患者的食疗佳品，有“微量元素宝库”之称。海参富含蛋白质、钙、磷、铁、碘和多种维生素及海参素等，含脂极少，不含胆固醇，是动脉硬化、高血压、冠心病等患者的食疗佳品。所含的海参素，有抗霉菌作用。从海参中提取的黏多糖，则有抗癌功效。裙带菜属褐藻类，含蛋白质 14%，其中尤以蛋氨酸、胱氨酸为多。其含碘丰富，易被人体吸收，常吃有护肤美发、减肥降压作用，并可防治甲状腺肿大、高血脂、高血压、冠心病、糖尿病、结肠癌等疾病。

海洋黑色食品

【海洋化学】(marine chemistry) 化学的一个分支。研究海洋中物质组成、分布、变化规律及海洋化学资源的开发与利用的学科。海洋学与化学的交叉学科。其主要研究内容包括：海水的物理化学性质，海洋环境中及界面上各种物质的化学平衡和化学动力学，海洋中物质的来源、组成、结构、存在形式、相互作用和分布规律，海水污染和净化，海洋中无机物、有机物及各种同位素的含量、分布、迁移变化过程等。其研究目的是：了解海洋中发生的一切化学过程的现象和规律；应用于海洋化学资源的开发利用和海洋环境的保护与修复；保证国民经济的可持续发展。按其研究内容的不同，海洋化学可进一步分海洋有机化学、海洋物理化学、海洋资源化学、海洋生物化学和海洋环境化学等专科研究领域。

【海洋化学污染物】(marine chemical pollutants) 造成海洋污染的化学物质的总称。污染海洋的化学物质主要有：(1)碳氢化合物。主要发生在从石油产地到炼油厂和石油消费地之间海上运输过程中的泄漏和海上事故。(2)重金属。由工业生产、交通运输、生活污水排放而引起。(3)合成有机化合物(含农药)。(4)富营养化物质。当大量生活污水排入大海时，一些藻类迅速生长，形成“水华”，爆发赤潮。(5)放射性核素。

【海洋化学资源】(marine chemical resource) 海水中所含的各种化学物质。在地球表面，海水的总储量约为$1.318 \times 10^{9}km^{3}$，占地球总水量的 97%。海水中含有大量盐类，平均每立方千米海水中含$3.5 \times 10^{7}t$ 无机盐类物质，其中含量较高的有氯($1.9 \times 10^{7}t/km^{3}$)、钠($1.05 \times 10^{7}t/km^{3}$)、镁($1.35 \times 10^{6}t/km^{3}$)、硫($8.85 \times 10^{5}t/km^{3}$)、钙($4.0 \times 10^{5}t/km^{3}$)、钾($3.8 \times 10^{5}t/km^{3}$)、溴($6.5 \times 10^{4}t/km^{3}$)、碳($2.8 \times 10^{4}t/km^{3}$)、锶($0.8 \times 10^{4}t/km^{3}$)和硼($0.46 \times 10^{4}t/km^{3}$)。这些盐类多呈化合物状态存在，如氯化钠、氯化镁、硫酸钙等。其中氯化钠约占海洋盐类总重量的 80%。海洋化学资源开发利用历史悠久，主要包括：海水制盐及卤水综合利用(回收镁化合物等)，海水制镁和制溴，从海水中提取铀、钾、碘以及海水淡化等。

【海洋环境】(marine environment) 地球上广大连续的海和洋的总水域生态。包括海水、溶解和悬浮于水中的物质、海底沉积物以及生活于海洋中的生物。可分为无机环境和生命系统两部分。无机环境中的海水温度、盐分、海水运动与混合等条件，海水中各种无机或有机化合物特别是营养盐的含量，以及太阳光的入射量和在海水中的衰减状况等因素，都与海洋生物的活动状况紧密相关。海洋是人类的资源宝库。海洋资源的开发，对海洋环境的影响越来越大。

【海洋环境保护】(marine environmental protection) 依据海洋生态平衡的要求所制定的有关法规和实行的保护行为。要求运用科学的方法和手段来调整海洋开发和海洋生态环境间的关系，以达到海洋资源的持续利用。

【海洋环境监测】(marine environmental monitoring) 利用卫星和航空遥感系统、船舶等自动监测系统对大面积的海洋表面或表层进行的环境监测。应用海洋传感器技术可以监测大面积的赤潮和溢油及其漂移和发展。航空遥感常用来监测中小尺度和近岸海域的环境。

【海洋环境容量】(marine environmental capacity) 在充分利用海洋自净能力和不造成污染损害的前提下某一特定海域所能容纳污染物质的最大负荷量。容量的大小是特定海域自净能力强弱的指标。环境容量愈大，可接纳的污染物就愈多。在海洋环境管理中，已经实行由对个别污染物排放浓度控制，过渡为污染物总量控制。采取海洋环境容量控制是有效地消除或减少污染危害的有效办法。例如，排入某一海域的污染物如果只规定各个污染源容许排放污染物的浓度，而不考虑环境最大负荷量，则有可能各个排放点污染物的排放量虽然符合标准，但污染物总量却可能超过标准，造成污染损害。倘若将流入某一海域的污染物总量限制在允许容纳量之内，并在此总量下限制来自各种排放源的污染物负荷量，就可以使海域环境质量维持良好状态。就某一海域海洋环境容量控制而言，通常主要考虑可溶性污染物负荷量、重金属污染负荷量以及在底质中允许累积量、轻质污染物（如原油）的环境容量等。其环境容量值的确定，要结合沿海经济社会发展，海域使用功能，开发利用状况，海域自然环境条件等，以“科学、合理、安全、经济”的原则，进行综合效应分析和可行性评估之后制定。

【海洋环境噪声】（ambient noise in the sea） 在海洋中由水听器接收到的除自噪声以外的一切噪声。产生海洋环境噪声源主要有：由海水分子热运动所产生的海水热噪声；海浪、海流、拍岸浪、风、雨滴和海水中小气泡天然空化产生水动力噪声，与海况和风速有明显的关系；与冰原移动和振动、冰块破裂、浮冰群积成、吹过冰表面涡旋气流不平稳性及气温变化等因素有关产生的冰下噪声；海洋生物，如甲壳类、鱼类和海生哺乳类动物（鲸、海豚）产生的生物噪声以及由海底地震、海底火山爆发、大尺度湍流和遥远的风暴所产生的极低频噪声等。海洋环境噪声频率范围从零点几赫到100kHz。低于10kHz噪声主要是地震、水下火山爆发、风暴等引起的。10～150Hz之间噪声，主要是远处的航船产生的。100Hz以上噪声与风速有很大关系。海洋中水分子热运动引起的噪声频率在60kHz以上。这些海洋噪声，限制了声信号在海洋中的传播距离。因此，了解海洋环境噪声，对于解决从噪声干扰背景中检测和分离出有用信号十分重要。

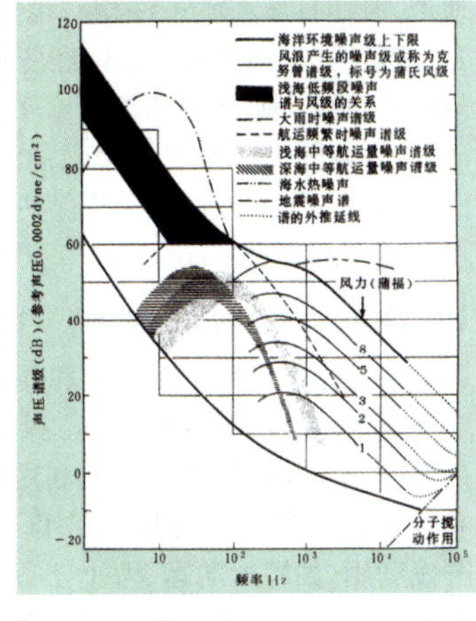

深海的环境噪声谱

【海洋环境质量标准】（quality standard of marine environment） 确定和衡量海洋环境好坏的一种尺度。具有法律的约束力。一般分为三类，即海水水质标准、海洋沉积物标准和海洋生物体残毒标准。制定标准时通常要经过两个过程。首先要确定海洋环境质量的“基准”。经过调查研究，掌握环境要素的基本情况，如在一定阶段内海水、沉积物中污染物的种类、浓度和生物体中各种污染物的残留量，考察不同环境条件下各种浓度的污染物的影响，并选取适当的环境指标。在此基础上，才能确定标准。其次，标准的确定应考虑适用海区的自净能力或环境容量，以及该地区社会、经济的承受能力。

【海洋环流数值模拟】（numerical simulation of ocean circulation） 在一定初始条件和边界条件下，按一定步长把基本方程（质量、动量、热量和盐量守恒的方程）离散化成差分方程，利用电子计算机数值求解方程组的方式对海洋环流进行的模拟。所有用来数值求解的方程，例如平均运动方程、连续方程、湍流盐量扩散方程和湍流热量传导方程或湍流密度扩散方程，均可根据需要写成有限差分方程，也可用有限元方法加以离散。所有的项（包括非线性项）及外加的驱动力因子，都可以同时加以考虑。计算中先用某种二维或三维的适当网格，首先把所有微分方程离散化为差分方程，再把边界条件（如表面应力、温度、盐度和侧向开边界上的流速）内插到网格上。计算的初始条件是指计算起始时刻的流速、温度及盐度等的初始分布，流速通常从全域为零的静止状况开始计算，而温度和盐度等则需要有其随空间分布的初始状态。这样，依模式通过向前的时间步长而逐步进行计算，即所谓“时间积分”。该方法的优点在于可以考虑方程中几乎所有的项及近似真实的地形和海岸线，使其结果比经过简化而抽象化以后的解析解更为“逼真”。

【海洋激光雷达】（marine laser radar） 应用于海洋探测的激光雷达。一般发射单色激光，根据不同探测机制接收不同的返回光以获取各种海洋信息。其探测机制主要包括：海水的粒子散射、喇曼散射、布里渊散射、荧光、海水吸收等。该雷达已被广泛应用于海洋科学研究，如对浅海水深、海洋叶绿素浓度、海表油污、海洋污染及海浪特征等进行测量研究。

【海洋监测规范】（specification of marine monitoring） 海洋环境质量调查和监测标准。中国于2007年颁布海洋监测规范（GB 17378—2007）并实施。随着海洋监测技术和方法的发展，对海洋环境保护重视程度越来越高，1998年颁布的海洋监测规范（GB 17378—1998），部分内容已不适应环境质量调查和监测、海洋环境保护的要求。为使海洋监测规范适应海洋环境质量调查、监测和保护海洋环境的需要，采用了国内外先进、成熟的监测技术和方法，对1998年颁布的海洋监测规范（GB 17378—1998）进行了调整、充实和补充。该规范其主要内容共由七部分组成，包括：总则；数据处理与分析质量控制；样品采集储存与运输；海上分析；沉积物分析；生物体分析；近海污染生态调查与生物监测。该规范进一步提高了海洋环境质量调查和监测的可操作性、适应性和先进性。

【海洋监视卫星】(sea monitoring satellite) 主要用于监视海上舰船和潜艇的活动并侦察舰艇的雷达信号和无线电通信信号的卫星。能有效地探测和鉴别海上舰船,并准确测定其位置、航向和航速。这种监视可由电子侦察型(被动型)和雷达型(主动型)两类卫星成对协同进行。前者能提供舰载电子设备的情报,后者能提供舰船尺寸的情报。海洋监视卫星通常采用倾角63°(临界倾角),高度1 000km左右的近圆轨道。这种轨道近地点和远地点所在的纬度不变,以保证成对卫星之间的距离不变。世界上第一颗海洋监视卫星是苏联发射的“宇宙”198号卫星。这是一颗试验卫星。美国从1968年开始研制海洋监视卫星,比苏联晚五年。“海洋-1”号卫星是中国第一颗专业海洋监视卫星,主要用于对黄海、东中国海和南中国海进行监视。目前,拥有海洋监视卫星的国家有美国、俄罗斯、中国和日本等。

海洋监视卫星

【海洋建筑设计】(design of marine construction) 为开发利用海洋空间及其资源而进行的海洋建筑物设计。由于所处海洋环境的特殊性,海洋建筑物的设计应充分考虑以下因素:(1)建筑物所处环境条件。如海风、海浪、海流、地质、地貌、地震等因素。通过观测统计、数值计算和模拟实验,求出结构承载能力、抗震和减摇的可靠数据。(2)结构极限承载能力。在最大设计荷载条件下,设计结构应确保整体和局部均不发生受力屈服、变形和开裂。(3)结构动力响应。建筑物设计能有效消除来自风、浪、海流和地震等激震力引起的建筑物总体与局部结构间的耦合效应,防止结构产生疲劳和断裂破坏。

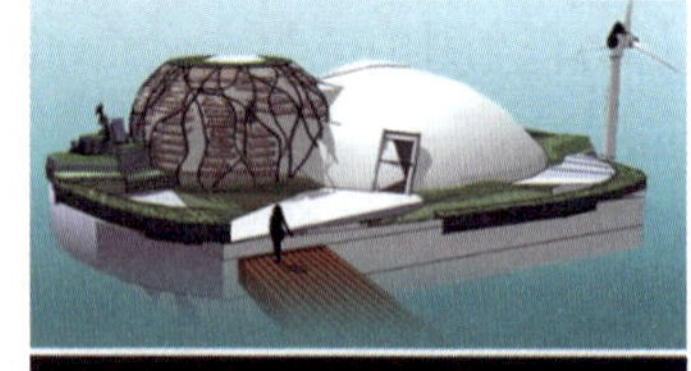
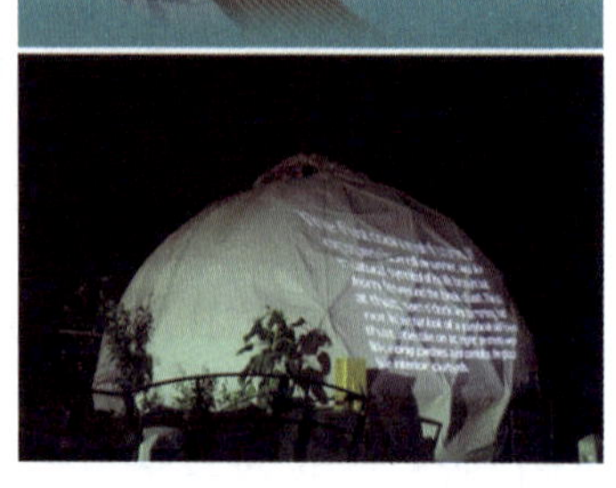
海洋水下建筑

【海洋经济】(marine economy) 为开发海洋资源和依赖海洋空间而进行的生产活动。直接或间接为开发海洋资源及空间的相关服务性产业活动的经济集合,也被视为海洋经济。世界范围内已发展成熟的海洋产业有:海洋渔业、海水增养殖业、海水制盐及盐化工业、海洋石油工业、海洋娱乐和旅游业、海洋交通运输业和滨海砂矿开采业等。现代海洋经济强国的主要特征是:海洋经济对国民经济有较高的贡献率;海洋经济总量居世界海洋国家前列;有能力参与国际海洋开发的重大事务;海洋生态系统良性循环、海洋开发体系科学合理。中国拥有相当面积的海洋国土和依法可利用的公海区域资源和方便的海上通道,海洋自然环境条件相对稳定、自然资源种类丰富、数量巨大,国民经济总体经济基础较强、具有一定规模的海洋产业基础和较高水平的海洋科技队伍和研究、开发能力以及实力较强的海洋专业教育能力,国民具有一定的海洋开发与保护意识,具有建设海洋经济强国的基本条件。

【海洋开发利用】(ocean development and utilization) 应用海洋科学和相关工程技术进行海洋资源开发利用的各种活动。其主要包括三个方面:(1)对海洋物质资源的开发利用,如对海水资源、生物资源和矿产资源的开发利用。(2)对海洋空间的开发利用,如海上航运、海上工程、海底隧道、海底军事基地等。(3)对海洋能的开发利用,如波浪能、潮汐能发电、海水温差发电等。按其所处位置的不同还可分为:海岸工程、近海工程和深海工程。

【海洋科学】(marine science) 研究海洋自然现象、变化规律及其与大气圈、岩石圈、生物圈相互作用以及开发、利用、保护海洋的有关知识体系。由于海洋的整体性、流动性,各种自然过程相互作用的复杂性和主要研究方法、手段的共同性,使海洋科学成为一门综合性很强的科学。现代海洋科学按研究内容的不同可分为:(1)海洋基础科学。直接以海洋自然现象和过程为研究对象,探索其形成机制、变化规律。按照海洋中发生的自然过程、内在属性,相应地形成相对独立的海洋物理学、海洋化学、海洋地质学和海洋生物学四个基础性研究学科。(2)海洋应用性技术科学。运用海洋自然规律,面向海洋资源开发利用以及海上军事活动等的应用研究,着重解决生产过程和军事活动中技术应用问题。由此,分化出了一系列技术性很强的应用学科和专业技术,如海洋工程、海洋环境预报、海洋油气开采、经济生物增养殖、海水淡化、海洋能开发利用、海洋空间工程等技术应用与开发研究等。近年来,随着沿海经济社会的发展,海洋环境污染日趋严重,海洋环境保护研究越来越引起人们的重视。自20世纪60年代以来,海洋科学中逐步形成了一个新的分支科学——海洋环境科学(包括海洋环境保护、生态修复工程等)。

【海洋空间利用】(utilization of ocean space) 对某个海域空中、海中及海底空间进行资源开发和利用的活动。对海洋空间的开发利用可分为:(1)海上交通,如航道、桥梁、隧道、海底电缆、海底管道等。(2)生产和生活,如海上公园、海底酒店、海上城市、人工岛、海上工厂等。(3)海底军事基地,如水下兵工厂、海底潜艇基地、水下军事指挥中心、导弹发射基地等。按海洋工程结构的不同,还可以分为建造在海底的或潜于水中或露出水面的固定建筑物和用锚链锚固的海上浮体式建(构)筑物。

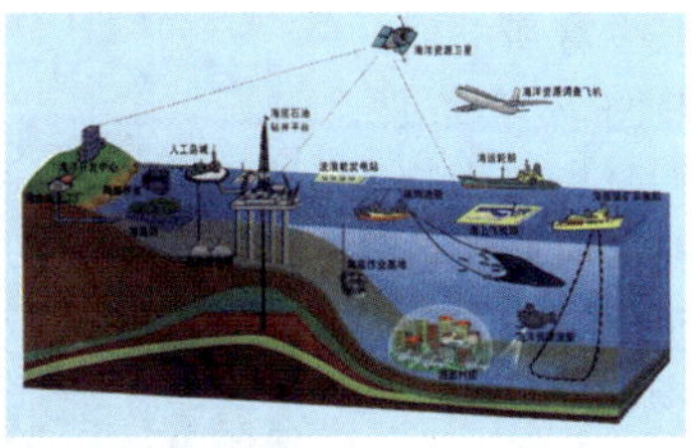

海洋空间利用

【海洋磷循环】(ocean phosphorus-cycle) 海洋中磷元素迁移、转化和往复的过程。海洋中元素生物地球化学土地循环之一。磷元素是与生物活动关系密切的元素。磷元素在海洋中的赋存形态有:溶解无机磷、溶解有机磷和颗粒有机磷,或者存在于活的生物体内。矿物或沉积物中的磷被溶解为无机磷后被藻类吸收,又被浮游生物再生固定。浮游生物死亡、尸解(包括细菌分解)后,磷又被释放出来,再被植物吸收,从而完成水体中的磷循环。海洋中的磷元素就是通过不同条件下的生物作用来实现其在海洋中的循环和平衡的。

【海洋硫循环】(marine sulphur-cycle) 海洋中硫元素迁移、转化和往复的过程。海洋中元素生物地球化学土地循环之一。硫元素是与生物活动关系密切的元素。海洋中的硫元素以硫酸盐、亚硫酸盐及硫化物形式存在。在与生物圈作用时,通过植物的光合作用及细菌与微生物作用,或被合成有机大分子,或经同化或异化使硫酸盐还原成硫化物,生成硫化氢、硫化碳、碳基硫(COS)和甲基硫(DMS)。这些硫化物进入大气后经光化学反应被氧化后又溶于雨水,并以酸雨的形式回归大海完成硫元素的海—气循环。在缺氧条件下,硫酸盐可不经生物作用而直接还原成硫化氢等气体释放到大气中而实现硫元素的无机循环。

【海洋旅游资源】(marine tourism resources) 地处海滨、海岛和海洋中,具有开展观光、游览、休疗养、度假、避暑、娱乐和体育运动等游乐活动的景观。包括自然景观和人文景观两大类。自然景观有海岸景观、海岛景观、海底景观、山岳景观和奇特景观等。景观地区的海洋环境优美,景色宜人,海洋动植物种类多,海水透明度高,无污染。人文景观包括历史遗迹、名胜古迹和供休憩游乐的园区,以及商业购物场所等。景观能为人们提供游览、休息、娱乐和开展海上运动、开发美学价值等各种活动,是发展海洋旅游的物质基础。各种景观合理配置,更能增加海洋旅游资源的丰度。

天涯海角

【海洋牧场】(marine grazing land) 人工采取科学管理方法,在选定的海区大面积养殖经济鱼、虾、贝或藻类等的大型养殖场。"海洋牧场"一词系由陆地牧场引申而来,是当今世界海洋渔业生产的发展方向。日本人开发的早,发展较快,多利用电脑控制管理驯养。如利用音响投饵的方法驯化真鲷,约7~14天即可建立起条件反射,经一段时间稳定,即便撤除围网,也可利用音响诱回驯养的鱼苗。此外,采用电击、音响恐吓和气泡阻拦等驯化方法,也是实现牧化渔业的重要手段。还设想训练海豚作海洋牧场的"牧童",代替人工管理养殖的鱼群。目前采用电子计算机遥控手段管理海上牧场已较为普遍,可以实现大面积管理,减轻人力和危险性操作,达到丰产丰收的目的。

海洋牧场

【海洋内波】(ocean internal wave) 密度稳定层结的海洋水体内部的波动。与表面波不同,内波最大的振幅发生在海面以下,是一种重力波,或称为"内惯性重力波"。这种波动很缓慢,波速不足1m/s,振幅通常为几米至几十米,波长近百米至几十千米,周期几分钟至几十小时。是引起海水混合、形成细微结构的重要原因。内波是一种重要的海水运动。它将海洋上层的能量传至深层,又把深层较冷的海水连同营养物带到较暖的浅层,促进生物的生息繁衍。内波导致等密度面的波动,使声速的大小和方向均发生改变,对声呐的影响极大,有利于潜艇在水下的隐蔽。但内波对海上设施有破坏作用。

【海洋能】(marine energy) 蕴藏在海洋中的可再生能源。包括海洋温差能、潮汐能、波浪能、海流能以及盐浓度梯度中的能量等。它们几乎都是间接的太阳能。其特点是:能量密度低,总蕴藏量大,能在同一地点进行综合利用。

海洋能

【海洋年龄值测定】(ocean geological age determination) 对海洋迄今存在时间的测定。常用的测定方法有五种:(1)古生物进化法。用存在于海底沉积物中的各种标准化石所代表的地质年代代表海洋年龄。(2)放射性同位素测定法。用海洋沉积物放射性同位素衰变量进行测定。(3)古地磁测定法。利用450万年以来的地磁极性时间表,测定沉积物的剩磁来确定岩石沉积年龄代表海洋年龄。(4)有机酸测定法。利用海底沉积层中L-构型氨基酸的外旋反应经历时间测定沉积层年龄代表海洋年龄。(5)重大地质事件测定法。从地史上发生的全球性冰期、区域性构造运动、陨石撞击、火山爆发等重大地质事件来推测海洋形成的年龄。

【海洋鸟类】(oceanic birds) 又称海鸟。能在远离陆地的海洋上取食而存活的鸟类。海洋基本生物类群之一。海洋生态系统的重要组成部分。约占世界鸟类种数的2%,分布于中国的约有20多种。有些全年取食于海洋的鸟类,如企鹅、信天翁、军舰鸟等,约175种,当它们需要营巢地时才利用陆地。这些鸟类一般被称为“典型海鸟”。另外一些种类,如剪嘴鸥、鹈鹕、鸬鹚等,仅取食于海岸附近的海面或滩涂上,且在夏季大部分时间生活于内陆水域,此非真正海鸟,但也习惯地将这些种类称为“海鸟”。典型海鸟均具有发达的鼻腺,用以排除体内过量盐分。它们多为游荡种类,少数迁徙。大多集群营巢,窝卵数多为1枚。一般寿命较长,如暴风鹱,平均寿命可达44年。

海鸥

【海洋农牧化】(marine stockbreeding) 通过人为干涉,改造海洋环境,以提高海洋经济生物的质量和产量的科学实验和生产活动。创造经济生物生长发育所需要的良好环境条件,同时也对生物本身进行必要的改造。是建立育苗场、养殖场、增殖站,进行人工育苗、养殖、增殖和放流,使海洋成为鱼、虾、贝、藻的农牧场。中国目前已是世界第一海水养殖大国。随着海洋生物技术在育种、育苗、病害防治和产品开发方面的进一步发展,海水养殖业将加速向高技术产业转化。

海洋农牧化

【海洋农药污染】(marine pollution of pesticides) 农药及其降解产物在海洋环境中所造成的污染。污染海洋环境的农药可分为无机和有机两类。前者指含汞、砷、铜、铅等农药,后者包括对硫磷、内吸磷等有机磷农药以及DDT、六六六等有机氯农药。农药不仅污染农田、牧场,残留在菜、果、谷物以及禽畜肉蛋中,并通过大气转移、雨雪、江河等进入海洋环境,蓄积在鱼、贝、虾、蟹体内,对海洋水产资源造成严重危害。毒性强、残留期长、用量大的农药,对环境污染尤为严重。进入海洋的重金属污染、有机氯农药(主要是DDT和六六六)、多氯联苯(PCB)人工合成的长效有机氯化合物,积蓄在鱼、贝、虾蟹体内轻者殃病,重者死亡。沉降到沉积物中的DDT和PCB释放入水体,可造成持续污染。进入海洋的DDT及其代谢产物能干扰海鸟的钙代谢,使蛋壳变薄,降低孵化率;抑制海洋单细胞藻类的光合作用,杀死浮游动物或幼鱼。通过海产品进入人体,可能引起癌症、血球增多症的机率增大。当今世界各国早已停止生产或限制有机氯农药的使用。中国早在20世纪60年代初就禁止在农产品上喷撒DDT或六六六,并研制高效低毒、易在环境中分解的生物性农药。

【海洋气候】(oceanic climate) 海洋大气多年平均物理状态及其时空统计变化特征。既反映海上气候要素的平均情况,也反映其极值、变率和频率。其特征可用大洋上气温、气压、风等气候要素时空分布来表征。按气团和气候锋位置的不同,可将大洋海区分成六个气候带:赤道海洋气候带、热带季风海洋气候带、热带海洋气候带、副热带海洋气候带、温带海洋气候带、高纬海洋气候带。早在古代航海时期,人们已注意到海洋气候的各种问题。此后,通过对大量船舶气象资料的整编,绘制了各大洋和全球海洋气候图集,撰写了海洋气候志以指导航海,对海洋气候研究也逐步深入。影响海洋气候的三个主要因素是:(1)太阳辐射。是海水和空气增温的主要能源,是大气中许多物理过程的根本动力,因而是海洋气候形成的基本因素。(2)海洋环境。海面是低层大气下垫面,大气经此获得热量和水分。海陆分布和海流寒暖等环境因素,影响着热量平衡、水量平衡和大气环流,形成各海区气候的差异。(3)大气环流。可促进南北之间或东西之间的热量和水分交换,使气候不仅受附近海洋环境的制约,还受其他非海洋环境因子的影响。

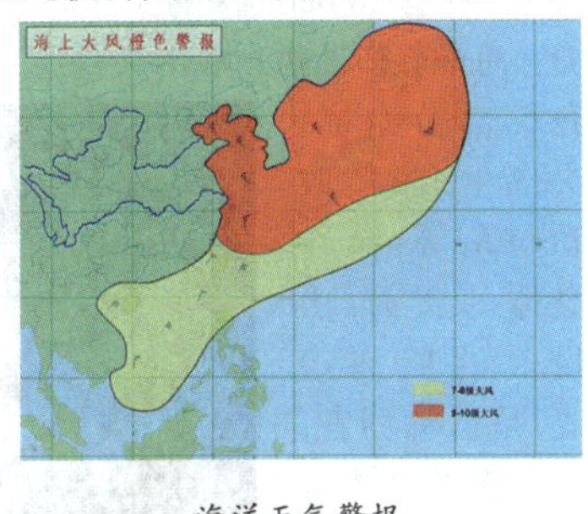

海洋天气警报

【海洋气象观测】(marine meteorological observation) 海洋调查中对海洋气象要素的观测。包括海面气象观测和高空气象观测。采用大面观测、断面观测、定时观测和定点连续观测等方式。定时观测在每日02、08、14、20时(北京时,下同)进行,观测项目为云、海面水平能见度、天气现象、海面空气温度和湿度、海面风、气压等。大面观测和断面观测在调查船到达站位后,立即进行一次观测,观测项目与定时观测相同。定点连续观测,在每日02、05、08、11、14、17、20、23时观测云、海面水平能见度、天气现象,同时进行海面空气温度、湿度、海面风和气压的逐时观测或自动记录;每日02、08、14、20时进行降水量观测;每日08、20时进行高空气压、温度、湿度、风向、风速等气象探测。

【海洋气象学】(marine meteorology) 气象学的一个分支。主要研究海洋上的大气现象以及海洋与大气的相互作用的学科。海洋上的大气运动有其特有的规律性,从而产生了一些特征性的天气系统(如热带气旋等)和天气现象(如海雾等)。这些现象都受着海面的制约,同时又对海水产生影响。由于海水的热容量很大,海洋对大气和气候的影响往往不仅在海洋上表现出来,而且也在距海洋很远的内陆地区有所反映。其主要研究内容包括:研究建立各种海洋环境要素的客观预报方法,提高对各种海洋气象灾害(如海浪、海冰、风暴潮、海雾、大风等)的预警、预报能力;紧密依托海洋气象预警、预报业务水平的不断完善和提高,开发和改进保障远洋运输安全的气象导航业务系统,提高全球海洋气象导航服务能力;利用世界海洋监测网、GPS、廓线浮标站(ARGO)、卫星遥感等资料,依据全球和区域海洋污染扩散数值预报模式,开展海洋污染扩散预报。在航运、海上航空、渔业、盐业、海洋资源的开发以及国防建设等方面广泛应用。

海上热带气旋

【海洋倾倒方法】(dumping methods at sea) 以废弃物物理化学特性为依据、利用重力沉降原理或稀释扩散的原理在海洋倾倒现场实施的废弃物倾倒方法。按利用原理的不同可分为:(1)沉降型倾倒。主要是利用重力作用加速其沉降。因此,对某些废弃物则必须进行增加比重的处理,再利用船舶通过底开门施放。其底口形状、大小、多少、底门开启时间以及自然环境条件,都能影响沉降的速度。对不变形的固体物质,则应适当地增加投放高度,使废弃物进入水体后的初速度大于零、初始冲力大于零,其沉降速度即可得到最大值;对能够破碎、变形、分解、易形成悬浮的废弃物,应选择水面或水下投放,初速为零、初始冲力为零,其沉降速度最快。(2)扩散型倾倒。是经过稀释处理后,以分散方法排出,使其充分扩散,以减少其在水体中的富集或影响。废弃物的倾倒可采取走航方式或停车定点方式倾倒。

【海洋倾倒区监测】(monitoring of the dumping areas at sea) 为掌握倾倒区海域环境状况对海洋环境要素的影响进行定期或不定期的测试活动。通过对倾倒区监测,可及时了解环境质量变化情况,为海洋倾废管理提供科学依据。按目的和要求的不同可分为:(1)在倾倒开始之前或在选划倾倒区时进行,主要是对倾倒区海洋环境要素进行全面监测,以确定海洋环境的初始状态。(2)在倾倒过程中,观察生物、生态和环境的慢性效应的常规监测。(3)专项监测,包括跟踪监测和应急监测。跟踪监测是在倾倒开始,监测初始稀释度、扩散迁移及范围,以及对生物和环境可能产生的急性效应等。应急监测是在发生异常现象后,及时赶赴现场监测。海洋倾倒区监测根据倾倒区使用情况和海区环境变化情况,确定监测频率和时间。监测方法按《海洋调查规范》和《海洋监测规范》或国家颁发的其他规范进行。

【海洋倾倒区选划】(designating of the dumping area at sea) 根据倾倒废弃物的特性、类型，按一定程序，选划出专门用于接受倾倒废弃物的特殊海区。以科学、合理、安全、经济的原则，根据倾倒废弃物的特性、类别，选划出不同类型的倾倒区。例如，按工程急需或特殊原因划分为临时倾倒区和试验倾倒区；按专门需要划定有空中放油区、粉煤灰倾倒区和碱渣倾倒区等。海洋倾倒区选划应根据倾倒废弃物特性及成分，结合海区开发利用状况、自然环境条件等，从中筛选和确定选划参量因子，绘制选划倾倒区参量因子时空关系综合图，反映出各种因子之间在时间和空间上的相互关系。然后根据废弃物特性、倾倒类型、海上风场、流场、生物、底质等分布特征，进行综合效应分析和可行性评估。最后在低功能海域空间，反复比较，权衡利弊，选择对环境可能产生影响程度最小的海区。

【海洋倾废】(ocean dumping) 又称海上倾倒。利用船舶、航空器、平台及其他载运工具向海洋处置废弃物和其他物质行为。包括弃置船舶、航空器、平台和其他海上人工构造物，以及向海洋处置由于海底矿物资源的勘探开发及与勘探开发相关的海上加工所产生的废弃物和其他物质。按其毒性、有害物质含量和对海洋环境的影响等因素的不同可分为三类：(1)一类废弃物。含有机卤素化合物、汞及汞化合物、镉及镉化合物的废弃物；强放射性物质及含有强放射性物质污泥和疏浚物；原油及其废弃物、石油炼制品、残油，以及含这类物质的混合物；渔网、绳索、塑料制品及其他能在海面漂浮或在水中悬浮，严重妨碍航行、捕鱼及其他活动或危害海洋生物的人工合成物质。(2)二类废弃物。含有大量砷及砷化合物、铅及铅化合物、铜及铜化合物、锌及锌化合物、有机硅化合物、氰化物、氟化物和铍、铬、镍、钒及其化合物；未列入一类的杀虫剂及其副产品的废弃物；弱放射性物质及含弱放射性污泥和疏浚物；容易沉入海底，可能严重障碍捕鱼和航行的容器、废金属及其他笨重的废弃物等。(3)三类废弃物。未列入一类、二类含低毒或无毒物质的废弃物，包括疏浚物等。

【海洋热梯度】(ocean thermal gradient) 海洋表层与深层之间自然出现的随深度增大逐渐加大的温差现象。在热带和亚热带海域，由于太阳强烈辐射，海洋表面收集和储存了大量的辐射能，使海水温度升高，一般可达到25℃以上，而1 000m以下深层海水温度只有4℃。当海洋表层和深层的温差大于18℃时，不但具有工业开发利用价值，而且这一能量十分稳定。

【海洋软体动物】(marine molluscs) 又称贝类。身体柔软，不分节，一般左右对称，通常具有石灰质外壳的海洋动物。软体动物种类繁多，有10万余种，其中有一半以上生活在海洋中，是海洋中最大的一个动物门类。软体动物有7个纲，分别为无板纲、多板纲、单板纲、双壳纲、掘足纲、腹足纲和头足纲。除双壳纲中约有10%为淡水种类、腹足纲中约有50%为淡水和陆生种类外，其余全是海产种类。海洋软体动物分布很广，从寒带、温带到热带，由潮间带最高处至10 000m深的大洋底，都生活有不同的种类。海洋软体动物一般由头、足、内脏囊、外套膜和贝壳5部分组成。头部生有口、眼和触角等；足在身体的腹面，由强健的肌肉组成，是运动器官；内脏囊在身体背面，包括神经、消化、呼吸、循环、排泄、生殖诸系统；外套膜和由它分泌的贝壳包被在身体的外面，起保护作用。

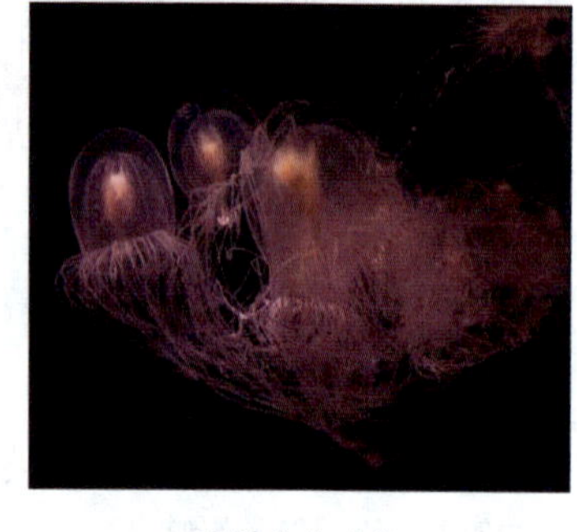
海洋软体动物

【海洋生态系统】(marine ecosystem) 海洋中由生物群落及其环境相互作用构成的统一体。其主要由六大部分组成：(1)自养生物。生产者，能进行光合作用的海洋植物。(2)异养生物。消费者，靠捕食为生的海洋动物。(3)分解者。海洋中的各类细菌和真菌。(4)有机碎屑物。生物死亡后分解成的碎屑物和由陆地搬运来的有机碎屑物。(5)参加系统内物质循环的无机物。如碳、氮、硫、磷等的化合物。(6)海水的物理化学状态。如温度、压力、盐度等。整个海洋就是一个大的生态系统。根据生物群落及其生存环境还可划分出不同等级的海洋生态系统。每一个海洋生态系统都占有一定的空间，包含相互作用的生物和非生物组分，通过系统内外能量的流动和物质的循环构成具有一定结构与功能的统一体。

【海洋生态学】(marine ecology) 生态学的一个分支。研究海洋生物及其与海洋环境间相互关系的学科。也是海洋生物学的主要组成部分。通过研究海洋生物在海洋环境中繁殖、生长、分布和数量变化，以及生物与环境相互作用，阐明生物海洋学的规律，为海洋生物资源的开发、利用、管理和增养殖、保护海洋环境和生态平衡等,提供科学依据。20 世纪 60 年代以来,海洋生态学研究得到了迅速和全面的发展。其特点是:综合研究海洋生物与环境条件之间相互关系,包括人类各项活动对海洋环境、生物组合和资源的影响,即人为变化效应,预测环境条件、生物资源以及整个生态系统的演变趋势和进程;研究人工控制下,经济生物的大量繁殖、发展,阐明生物生理生态机制;大规模综合生态调查与实验生态观察相互结合,尤其是迅速发展起来的海洋生态系研究,将自然生态的观察和实验生态的研究紧密结合,着重研究海洋生态系结构和功能,生态系中生物与非生物环境之间物质循环和食物链内的能量流动,生态系中各级海洋生物生产力变化、资源预报和增殖,以及人工控制下现场实验生态研究。

【海洋生物毒素】(marine biotoxin) 海洋生物体内含有的对人和动物有毒的物质。分别来自于海洋有毒动物 、有毒植物和有毒微生物。含有毒素的海洋动物主要是海洋无脊椎动物(300 多种,如水母、水螅虫、海葵等)、有毒鱼类(600 多种,如河豚、鬼鲉等)和有毒爬行动物(50 多种,如海蛇)。有毒海洋植物主要是某些浮游藻类(甲藻、金藻、隐藻、硅藻、蓝藻门类的一些种)和底栖藻类(蓝藻、绿藻、红藻门类的一些种)。海洋有毒植物和有毒微生物的毒素常由自身合成。有毒动物的毒素有的由自身合成,如海蛇、水母等,有的则通过食物链或共生关系由其他生物获得,如河豚毒素来自共生细菌、贝类毒素来自单细胞毒藻。某些生物毒素可以作为药用的麻醉剂或镇痛剂。

鸡心螺

【海洋生物基因工程】(marine biological genetic engineering) 将决定某一性状的外部基因转移到海洋生物的受精卵、胚胎或体细胞内,以获得具有新遗传性状个体的技术。例如把一种鱼的生长激素基因注射到另一种鱼的受精卵中,培育出的超级鱼个体(转基因个体)比普通鱼大许多倍。

【海洋生物技术】(marine biotechnology) 利用海洋生物或其组成部分,生产出有用的生物产品,以及定向改良海洋生物的某些遗传特性的综合性科学技术。其研究内容有:(1)开发、生产和改造海洋生物天然产物,以用作药物、食品、新材料。(2)定向改良海洋动物、植物遗传特性,为海水养殖业提供生长快、品质高和抗病害的优良品种。(3)培养具有特殊用途的"超级细菌",或生产具有特定生物治理特性的物质,用来清除海洋环境的污染。在解决水产业中的技术难题、开拓新领域和改造传统产业等方面具有重要作用。

【海洋生物生产力】(marine biological productivity) 海洋中生物通过同化作用生产有机物的能力。海洋生态系统基本功能之一。通常以单位时间(年或天)内单位面积(或体积)中所生产的有机物质量来计算。也有人主张用生产有经济价值水产品数量来表示,以实际生产力代表某一水域中取得实际产量,以潜在生产力代表条件改变下可能取得的产量。海洋生物生产力包括海洋初级生产力和海洋动物生产力。海洋初级生产力是指浮游植物、底栖植物以及自养细菌等生产者通过光合作用制造有机物的能力。一般以天(或每年)单位面积所固定的有机碳(或能量)表示。海洋动物生产力包括海洋生物二级生产力、三级生产力、四级生产力(合称次级生产力),直至动物终级生产力。由于一些游泳动物,如洄游性鱼类和鲸类等,其栖息地变化较大,所以海洋动物生产力估计要比初级生产力复杂得多。通常是把某一生活周期前后量(现存量)的增加称为净生产量,将该周期内测定的呼吸量和死亡量加以订正而得出总生产量。

【海洋生物细胞工程】(marine biological cytogenesis) 通过细胞培养、核移植或改变染色体数的方法来改变海洋生物的性状、性别或培育新品种的技术。其常用的方法有:(1)单倍体育种。(2)三倍体育种。(3)鱼类性别控制。绝大部分海洋生物的体细胞是双倍体,人们用物理、化学或生物手段,能使其变成单倍体和多倍体。单倍体生物通常生长较慢且不育,如果使单倍体生物的染色体加倍后便可获得纯合双倍体,因而获得无限期生长的单倍体无性繁殖系。三倍体生物生长较快,产量较高,多不育,有重要的经济价值。鱼类性别控制是根据不同性别鱼类不同时期的生长差异,用生物细胞技术培育出全雄鱼和全雌鱼种苗,分别饲养以提高鱼的产量。

【海洋生物学】(marine biology) 生物学的一个分支。研究海洋中的生命现象、过程及其规律的学科。海洋学与生物学的交叉学科。其主要研究内容包括:海洋生物的形态、分类、分布、生态习性、生理特征、生化组成、遗传进化以及经济价值;海洋的地质、地貌、温度、压力、光照、动力及化学组分对海洋生命活动的影响。按其研究内容的不同海洋生物学可进一步分出分类学、分布学、生态学、生理学、遗传学等多个专科研究领域。其研究目的是:为海洋生物的养殖、利用、病害防治和环境保护服务。

【海洋生物药材】(marine biological medicines) 具有药用价值的海洋生物或其器官。在中国古典医药名著《黄帝内经》、《本草纲目》、《伤寒论》中,均有以海洋生物作为药材的记录。有的海洋生物有抗菌、抗癌、治疗心血管疾病的作用;有的生物含有抗风湿、麻醉、镇痛、驱虫和保健的有效成分。已作药材使用的海洋生物或其器官主要有:乌贼骨、海星灰、鲍壳、杂色蛤、玳瑁、河豚肝、珊瑚、海带、石花菜、螺旋藻、马尾藻、七星鳗、鲸骨、球鱼肝、鹧鸪菜等。

海星

【海洋声层析技术】(marine acoustic tomography technology) 利用声学原理在大范围海域迅速同步测量海洋动力学特性的一种遥感技术。海水的温度、盐度、流速和流向均对声波在海水中的传播速度有影响。可利用声波在海水中的传播速度来反推声波经过水域的温度和盐度,以及利用声波往返传播的时间差反推测量水域的流向和流速。具体的方法是在大面积($100 \sim 300km^2$)海域的边缘布设若干水声发射器和接收换能器,测量各点之间声信号传播时间和往返传播时间差,再采用反演理论获得海洋声速的重现图像。把这种图像与相关的海洋物理特征结合起来,可编制出所测水层内的海洋三维图像。海洋声层析技术自问世以来,受到世界各海洋大国的重视,并相继开展了研究实验活动。

【海洋声速测量】(measurement of sound velocity in seawater) 海水中声波传播速度的测定。海水中声速一般为1 430 ~ 1 550m/s,受海水温度、盐度和深度影响而变化。早期多采用间接测量法,即通过测量海水温度、盐度和深度等参数,按经验公式计算声速,在20世纪中期以后,广泛使用声速仪现场施测。声速仪以声波在海水中固定距离内的传播时间计算声速,其工作原理有相位法、脉冲循环法等。在海洋测绘中,准确的声速值用于水深测量和水中测距的误差纠正,称为“声速改正”。

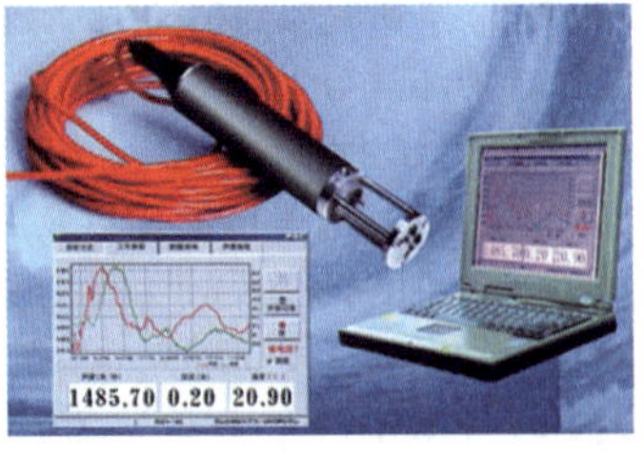

海洋声速测量仪

【海洋声学】(marine acoustics) 海洋物理学的一个分支。研究声波在海洋中传播规律和利用声波探测海洋的学科。声学和海洋学的边缘学科。其基本研究内容包括:(1)声在海洋中的传播规律和海洋条件对声传播的影响。主要研究在不同水文条件和底质条件下的声波传播规律,海底对声波传播的影响,海水对声的吸收,声波的起伏、散射和海洋噪声以及声学特征和海洋声场的结构等。(2)利用声波探测海洋。主要研究利用声波探测海底沉积物和地层结构、海底地形地貌、海水流动、海水温度和流速的不均匀性,海水中各种物体,如鱼群、深海散射层、冰山和沉船,海面波浪和水下内波等也是海洋声学的重要课题。(3)海洋声学技术和仪器。主要是利用声学理论,研究声学探测技术和仪器,如回收探测、被动探测、水声通信、水声遥测和水声遥控等仪器设备。

【海洋声学定位系统】(marine acoustics position system) 又称水声定位系统。利用海洋声学技术对海洋中的船舶或平台进行定位的系统。按其定位方法的不同可分为:(1)靠测量被测对象到基准点之间的声传播时差定位,称为双曲线定位。可进一步分为长基线、短基线和超短基线定位系统。其具体方法是布设基阵后,先由母船在控制的海域扫描航行,用卫星定位系统确定船位,据此先定出基阵信标元各点的坐标,再用此坐标为待定的船舶、平台定位。(2)测量被测对象到基准点之间的传播时间,可使用应答式,也可使用同步钟。前一种技术使用较为普遍。

超短基线声学定位系统

【海洋声学技术】(marine acoustics techniques) 研究和开发海洋资源所使用的水声技术。已广泛应用于海洋研究和海洋开发的各个方面。常用的海洋水声探测技术有:(1)回声探测。利用一组换能器发射信号,通过另一组换能器接收从目标反射的回声信号,再由处理后的信号判断目标参数和性质。其探测仪器有回声探测仪、多普勒导航仪(多普勒声呐)、鱼探仪及测扫描声呐(海底地貌仪)等。(2)被动探测。通过从水上传来的声信息,判断发声体的位置和特性,由其测听的声源可分为自然声源和人为声源。(3)水声通信。利用声波在水下传递信息。一种是载波语言调制声波或直接辐射语言声波;另一种是数字编码,按事先安排好的程序,自行完成各应答器和主机间的通信。(4)水声遥测。把要测量的水下参数变换成水声信息之后,传到处理船或岸站,经过水声接收机处理,重新转换成相应的环境参数信息。例如,水声测波仪等。(5)水声遥控。利用释放器,按水声释放指令将水下浮筒放掉,使其浮出水面以便船只跟踪回收。这种遥控技术广泛应用于海洋调查、水下工程、海洋石油勘探和地震测量等。

【海洋食物链】(marine food chain) 又称海洋营养链。在海洋生物群落中,从植物、细菌或有机物开始,经植食性动物至各级肉食性动物,依次形成摄食者与被食者营养关系的全链状体系。食物链的每一个环节称为一个“营养级”。不同的海域,食物链的长度不同,即营养级的多少不一样。大洋区的食物链常由六个营养级构成:微型浮游藻、小型浮游动物(原生动物)、大型浮游动物、巨型浮游动物、小型鱼类、大型鱼类;近海地区食物链较短,多由四级组成:微型浮游藻、大型浮游动物、小型鱼类、大型鱼类。不同营养级的生物数量保持相对稳定,才能维持整个海域的生态平衡。

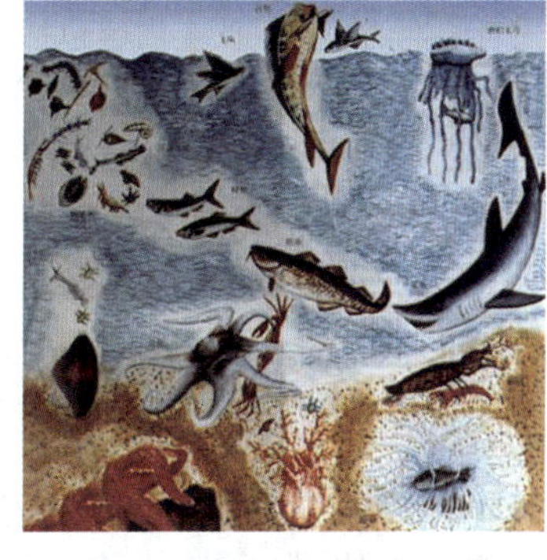
海洋食物链

【海洋天然产物】(marine natural products) 海洋生物的代谢物。主要指分子量较低、结构特殊的次级代谢物。具有各种生物活性,如有的是在生物体内,能调节个体各细胞间的功能的激素;有的是在生物同种或异种内通过海水介质而相互作用的化学传讯物质。它们有能够诱导交配、逃避、洄游、识别、告警等各种行为;有的代谢物为含卤化合物和含氮化合物,往往有毒,并有抗菌、杀虫、降血脂、抗肿瘤、抗癌等药效。这些天然产物,也是构成海水溶解有机物的组成部分。目前已分离出的海洋天然产物,按不同的化学结构,可归纳为:(1)以异戊二烯单元头尾连接起来的萜类化合物,如红藻凹顶藻,是含萜种类最多的海洋生物。(2)从鱼类、海绵、甲壳动物、棘皮动物和海藻等海洋生物中,已分离出100多种3—羟基甾体化合物。(3)在脂肪酸的生物合成或代谢过程中生成的非异戊二烯结构的一类化合物,其中有的为含炔化合物、脂肪类化合物、含硫化合物等。(4)从海绵、海藻(特别是凹顶藻、松节藻、多管藻等红藻)等海洋生物中,可分离出多种溴代酚化合物。(5)海洋生物的次级代谢物中,有许多含氮化合物,其中有结构较简单的特殊的氨基酸。例如从红藻分离出的海人草酸,从海带分离出的海带氨酸等。

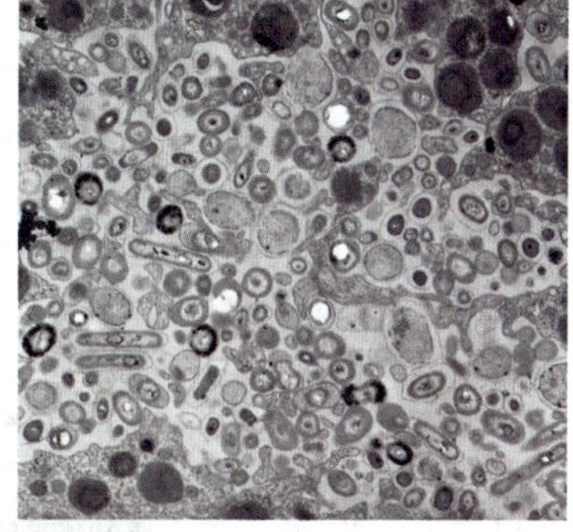
海绵

【海洋湍流】(ocean turbulelce) 又称紊流、乱流。海洋水体中任意点的速度大小和方向都显著变动的不稳定的紊乱水流。只有从外界不断向水体供应能量,才能维持湍流状态。海洋湍流能使流体的动量和热量,以及所含的盐分等物质扩散过程显著增强,并导致能量从较大尺度的涡旋运动向较小尺度的涡旋运动转移。海洋湍流的尺度或强度,其铅直分量和水平分量通常都极不相同。一般都分别进行研究。产生这种差别的原因,首先是因为海洋的水平尺度比铅直尺度大得多;其次是由于海水密度铅直稳定分层的影响。铅直方向的湍流黏性系数一般为$1\times10^3cm^2/s$,而水平黏性系数却达到了$1\times10^5\sim1\times10^8cm^2/s$,两者相差悬殊。引起海洋铅直湍流的主要过程有,风应力对海洋表层的作用,海底对海流特别是潮流的摩擦效应,以及因水平压力不均匀而导致的海流铅直切变。引起水平湍流的主要因素是作用于海洋表层的风应力在水平方向不均匀,海岸边界对海水的侧向摩擦效应以及存在于海流内部或相邻的海流之间的水平流速切变。

【海洋微生物】(ocean microorganism) 海洋中个体微小、结构简单的单细胞、多细胞或非细胞结构的生物。主要包括各种病毒、细菌、放线菌、酵母菌、微小的真菌、单细胞微型藻类和原生动物。海洋微生物种类繁多,与海水的物质循环、海水净化、海

粉红色水母

水养殖、水质污染及海洋生物资源的开发利用关系密切。如光合细菌可净化水质，而病毒及有毒细菌则会污染海水、危害海水养殖业。

【海洋卫星】(ocean satellite) 专门从事海洋监测和研究的人造地球卫星。包括海洋水色卫星、海洋环境卫星、海洋地形卫星等。它们利用自身携带的各种探测仪器和设备，可以提供大范围的海面瞬间信息，结合海洋空间特征，获取用其他方法无法获得的各种海洋要素，是发展“蓝色经济”的重要保证。海洋卫星可提供准确的海浪预报，不仅对海洋渔业生产、钻探、海上作业等提供帮助，还将有效地避免和减少海上航行灾难性事故的发生。所获得的海洋内波资料对潜艇的活动、海上石油平台设计、指导海洋调查船现场作业等都有巨大的作用。利用星载合成孔径雷达，进行浅海水深和水下地形探测，具有重要的经济和军事意义。利用海洋卫星图像资料还可以发现海洋上油类污染，估算污染的范围，监测污染的扩散，为海洋减灾防灾服务。

发射海洋卫星

【海洋温差能】(ocean thermal energy) 又称海洋热能。利用海洋中受太阳能加热的暖和的表层水与较冷的深层水之间温差进行发电而获得的能量。在南北纬30°之间的大部分海面，表层和深层海水之间的温差在20℃左右；在赤道附近海区，温差达30℃左右，储存能量很大。如果在南、北纬20°的海面上，每隔15km建造一个海洋温差发电装置，理论上最大发电能力估计为5×10^{10}kW。全球可开发的海洋温差能约在1×10^{10}kW数量级，在各种海洋能量中居首位。

【海洋污染】(ocean pollution) 各种水体污染物直接或间接地进入海洋所造成的污染。人们在生产和生活中产生的废弃物的绝大部分，最终都直接或间接地进入海洋。当这些废弃物的排放量达到一定限度，海洋便受到了污染，如油污染、重金属污染、海洋热污染、放射性污染等。受到污染的海域，会损害海洋生态，危害人类健康，妨碍人类的海洋生产活动，降低海水使用质量。

海洋污染

【海洋污染调查】(marine pollution investigtion) 为了解海洋污染状况所进行的调查研究活动。海洋环境管理和保护的一项基础性工作。按调查方式的不同可分为：(1)基础调查。是为了解海区污染物种类、分布状况和污染程度而进行的综合调查。(2)专题调查。是为研究某一课题而进行的专门调查，如为制定海洋环境水质标准、编制海岸工程影响报告书而进行的调查。(3)应急调查。是对发生污染事故的海区进行的即时调查，以便查明污染的程度和范围。(4)监测调查。是根据基础调查结果，选定若干代表性测站，对海区主要污染物分布和动态进行长期的调查。调查内容包括水质、底质、生物体和海洋大气中污染物的浓度、分布、存在形式及迁移转化规律，污染物的来源，以及对海洋环境，尤其是生态系统的影响等。

【海洋污染监测】(marine pollution monitoring) 为了及时掌握海区的污染状况和动态，按照预先确定的时间和空间，用可以相互比较的技术和方法进行的监测工作。其主要任务是定期监测海洋环境中各种污染物质的浓度和其他指标，评估分析污染物对人体、海洋生态、资源的影响，并在污染物超过标准时发布警报等。按环境介质的不同可分为水质监测、底质监测、大气监测和生物监测；按地域的不同可分为：(1)近海监测。由于沿岸海域污染较重，污染状况复杂多变，近海监测具有设站密、项目全的特点，而且每月至少进行一次监测。(2)远海监测。主要测定扩散范。围广和因海上倾倒废弃物或因事故泄出的污染物质，一般设站较稀，监测次数较少。按海洋污染监测方法的不同可分为：(1)常规监测。指现场人工采样、观测、室内化学分析测试及某些相关项目的现场自动探测(2)遥感遥测。利用遥感技术监测海洋生态、漂浮石油及其他废弃物、温排水和放射性物质等。其主要仪器设备：用于航空遥感的红外扫描仪、多光谱扫描仪、微波辐射

近海海洋环境监测站

计、红外线辐射计、空中摄影机和机载侧视雷达等。

【海洋污染生物监测】(biological monitoring for marine pollution) 利用海洋生物个体(或机体某一部分)、种群或群落对海洋环境污染或其变化所产生的反应,来判定海洋污染状况的一种海洋污染监测方法。由于用生物监测环境污染,具有综合、历史、直观简便和经济等优点,因而逐渐受到重视。有关生物污染监测的研究发展较快,目前已由采用单种生物个体数量的变化,发展到用各种生物指数揭示群落种类组成的变化;由采用个体形态、生理和生化变化的指标,进展到用染色体等亚显微结构的变化;由局部水域的生物监测,发展到地区以至全球的生物监测。利用海洋生物监测环境污染,首先要根据监测目的、污染物和时空条件,仔细地选择生物种类或生物指标;其次要进行条件试验,确定观察的指标与环境污染之间的关系,以及海洋环境、生物体本身内外因素的影响,然后按计划进行监测。鉴于海洋环境的复杂性,以及生物本身的适应性和多变性,用生物监测环境污染应当与化学方法、物理方法相配合,才能取得满意的结果。

【海洋污染生物效应】(biological effects of marine pollution) 又称海洋污染生态效应。海洋环境污染对生物个体、种群、群落乃至生态系统所造成的有害影响。海洋生物通过新陈代谢同周围环境不断进行物质和能量的交换,使其物质组成与环境保持动态平衡,以维持正常的生命活动。然而,海洋污染会在较短时间内改变环境理化条件,干扰或破坏生物与环境的平衡关系,引起生物发生一系列的变化和负反应,甚至构成对人类安全的严重威胁。海洋污染对海洋生物的影响,有的是直接的,有的是间接的;有的是急性损害,有的是亚急性或慢性损害。污染物浓度与效应之间的关系,有的呈线性,有的呈非线性。高浓度或剧毒性污染物可以引起海洋生物个体直接中毒致死或机械致死,而低浓度污染物对个体生物的效应主要是通过其内部的生理、生化、形态、行为的变化和遗传的变异而实现的。污染物质对生物生理、生化的影响,主要是改变细胞的化学组成,抑制酶的活性,影响渗透压的调节和正常代谢机制,并进而影响生物的行为、生长和生殖。海洋受污染通常能改变生物群落的组成和结构,导致某些对污染敏感的生物种类个体数量减少,甚至消失,造成耐污生物种类的个体数量增多。

【海洋污染物】(marine pollutant) 经由人类活动而直接或间接进入海洋环境,并对人类产生有害影响的物质或能量。人们在海上和沿海地区排污可以污染海洋,而投弃在内陆地区的污物亦能通过大气的搬运、河流的携带而进入海洋。海洋中累积着的人为污染物不仅种类多、数量大,而且危害深远。按照污染物来源、性质和毒性,通常包括:原油和从原油分馏成的溶剂油、汽油、煤油、柴油,润滑油、石蜡、沥青等,以及经裂化、催化重整而成的各种产品。金属和酸、碱,包括铬、锰、铁、铜、锌、银、镉、锑、汞、铅等金属和磷、硫、砷等非金属以及酸、碱等。以及农药、放射性物质、有机废物和生活污水,热污染和固体废物等。当一种污染物入海后,经过一系列物理、化学、生物和地质过程,其存在形态、浓度、在时间和空间上的分布,乃至对生物的毒性将发生较大的变化。有些化学性质较稳定的污染物,当排入海中的数量少时,其影响不易被察觉,但由于这些污染物不易分解,能较长时间地滞留和积累,一旦造成不良的影响则不易消除。

【海洋污染物迁移转化】(marine pollutant transfer) 在海洋环境中的污染物通过参与物理、化学或生物过程而产生空间位置移动,或由一种地球化学相(如海水、沉积物、大气、生物体)向另一种地球化学相转移的现象。污染物向海洋环境和在海洋环境中的迁移转化过程主要有三种过程:(1)物理过程。污染物被河流、大气输送入海,在海气界面间的蒸发、沉降;入海后在海水中的扩散和海流搬运,以及颗粒态污染物在海洋水体中的重力沉降等。(2)化学过程。由于环境因素的变化,污染物与环境中的其他物质产生化学作用,如氧化、还原、水解、结合、分解等,使污染物在单一介质中迁移或由一相转入另一相,属于化学迁移过程。(3)生物过程。污染物经海洋生物的吸收、代谢、排泄和尸体的分解,碎屑沉降作用以及生物在运动过程中对污染物的搬运,使污染物在水体和生物体之间迁移,或从一个海区或水层转到另一海区或水层,以及在海洋食物链中的传递等。

【海洋污损生物】(marine foul organisms) 又称海洋附着生物。生长在船底和海中一切设施表面的动物、植物和微生物。世界上的海洋污损生物有近2 000种。污损生物会对水下设施或器具,如船舶、码头、浮标、水管、石油平台、养殖设施等造成损害,应使用各种方法加以清除。

海洋污损生物

【海洋无脊椎动物】(marine invertebrate) 背部没有脊椎骨的低等海洋动物。主要有原生动物、海绵动物、节肢动物等15个动物门类共14万种以上。

其中腕足类、毛颚类、须腕类、棘皮类和半索类动物是海洋中的特有门类。海洋无脊椎动物是海洋生态系统的重要组成部分,也是海洋次级生产力的重要生产者。

巨型鱿鱼

【海洋物理化学】(marine physical chemistry) 应用物理化学理论、观点和方法研究海洋中化学问题和地球化学过程的一门学科。主要研究内容包括:研究海水、悬浮粒子和沉积物、微表层海水和沉积物间隙水等海洋体系的组成、物理化学性质和结构、海洋及其环境(大气、洋底、河口、洋底火山等)所组成的体系中发生的一切物理化学过程。1959 年在纽约召开的国际海洋会议上,L. G. 西伦作了题为《海水物理化学》的演讲。发展初期,研究对象主要是海水,以后研究范围逐渐推广到海底沉积物和海洋其他界面上,并逐步发展成海洋物理化学。其研究的重点是:海水活度系数,海水化学模型,海水中微量元素在固体粒子上液—固分配的理论,压力和温度对海洋中化学平衡的影响,海水 EH 和 pH 图,海洋中化学过程的动力学研究,海洋中元素逗留时间和海洋化学微观研究等。

【海洋物理学】(marine physics) 物理学的一个分支。研究海水介质和海洋环境的物理性质和运动变化过程中的物理现象及规律的学科。海洋学与物理学的交叉学科。其主要研究内容包括:海水的盐、热结构,海水的声、光、电、磁现象,海水的潮汐、海浪、湍流、水团、海流等运动,海洋与大气的相互作用等。海洋物理学属海洋科学的基础理论研究之一,可进一步分出海洋光学、海洋声学、海洋气象学等多个专科研究领域。有着广泛应用前景。

【海洋型冰川】(oceanic glacier) 又称温冰川。在海洋气候条件下以暖渗浸重结晶为主发育而成的冰川。其主要特点是:冰川主体温度较高,冰温 -2 ~ 4℃;补给充分,雪线附近年降水量多在 1 000mm 以上;雪线分布低,冰面消融量大;冰川运动速度快,每年约 100m 以上;冰川进退幅度也大。海洋型冰川活动性强,冰蚀作用明显,尾端常能延伸到较低海拔的森林中。中国西藏东南、云南西北地区的一些冰川属于海洋型冰川。

海洋型冰川

【海洋性气候】(marine climate) 受海洋影响显著的地区的气候。洋面、海岛或大陆沿海地区,由于受海洋影响显著,气候特点与内陆明显不同。其主要特征是:气温变化平缓,年、日较差小,秋季气温高于春季,年极值气温出现的时间晚于内陆地区。全年降水量较多且分布较均匀,湿度较大,多云雾。中国东南沿海和西北欧地区的气候为典型的海洋性气候。

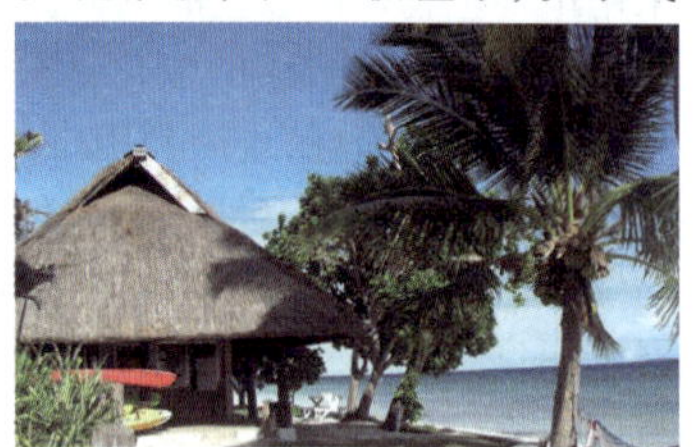
热带海洋性气候

【海洋学】(oceanography) 研究海洋自然现象、水体、变化规律及上覆大气、下伏海底运动规律及相互作用的学科。其主要研究内容包括:海洋中的物理、化学、生物、气象、地质和其他过程的一切综合现象及它们之间的相互关系和相互作用。按其研究的对象和运用的理论方法的不同可分为基础性学科和应用性学科。前者如海洋物理学、海洋化学、海洋地质学、海洋生物学和海洋工程学等;后者如环境海洋学、渔业海洋学、军事海洋学、海洋经济学等。海洋学的发展,不仅要借助于传统科学,如数学、物理学、化学、天文学、地质学和生物学的新理论、新发展、新成果,还有赖于空间科学技术、海洋调查、激光、遥感、超声、深潜等现代高科技手段给予的技术支持。对经济建设和国防建设都具有重要意义。

【海洋遥感】(ocean remote sensing) 把传感器装载在人造卫星、宇宙飞船、飞机、火箭和气球等工作平台上,对海洋进行的远距离非接触观测。其目的是取得海洋景观和海洋要素图像或数据资料。海洋遥感具有同步、大范围、实时获取资料、观测频率高等性能。它能大尺度记录海洋现象,并能进行动态观测,具备全天时(昼夜)、全天候工作能力和穿云透雾的能力,并有一定的透视海水能力,可取得海水较深部的信息,其测量精度和资料的空间分辨能力可达到定量分析的要求。按工作方式的不同海洋遥感可分为:(1)主动式。主动式遥感,传感器向海面发射电磁波,然后接收由海面散射回来的电磁波,从散射回波中提取海洋信息或成象。主动式传感器包括侧视雷达、微波散射计、雷达高度计、激光雷达和激光荧光计等。(2)被动式。传感器不发射电磁波,只接收海面热辐射能量或散射太阳光和天空光能量,从这些能量中提取海洋信息或成象。被动式传感器有各种照相机、可见光和红外扫描仪、微波辐射计等。按工作平台的不同则可分为航天遥感、航空遥感和地面遥感三种方式。

【海洋有机化学】(marine organic chemistry) 海洋科学的一个分支。用有机化学原理和技术,研究海洋中物质的性质和它们的化学作用的一门学科。其研究内容主要是海洋中有机物的组成,包括这些物质的基本特性、来源、构造模式,还有在海洋地质、生物、物理、气象等领域中的特殊作用。近年来,海洋污染成为研究热点。

【海洋有机物污染】(marine pollution of organic substance) 进入海洋的生活污水、工业废水、农牧业排水和地面径流污水中过量有机物质(碳水化合物、蛋白质、油脂、氨基酸、脂肪酸酯类等)和营养盐(氮、磷等)造成的污染。与石油、重金属、农药等污染物不同,有机污染物不会在生物体内积累。通常在海水中排入适量有机物和营养盐,有利于生物生长。但过量排入辅以合适的环境条件则造成水体溶解氧的锐减或浮游植物的急剧繁殖。进入海洋的有机污染物在潮流的作用下,不断稀释扩散,其中大多数都可以为细菌所利用并分解为二氧化碳和水等。细菌在有机物的代谢过程中,要消耗大量溶解氧。因而可被生物降解的有机物在海水中的浓度,常用在20℃时5日生化需氧量来表示,有机物在水体中的浓度也可用化学需氧量或总有机碳表示。有机物污染的危害作用,主要取决于入海污水的类型和数量,以及接纳水体的净化能力。其直接或间接的危害作用主要有:覆盖、遮光、耗氧、致病、致毒等。研究有机物迁移转化过程及其影响,对海洋环境管理,制定污水排放标准,均有重要意义。

【海洋鱼类】(marine fishes) 栖息于海洋水域中的鱼类。海洋中的海水盐度一般在16‰~47‰。按其分布区域的不同常可分为:长距离洄游于大洋水域的大洋性鱼类(如金枪鱼)、栖息于海洋的中层或上层的中上层鱼类(如日本鲭、竹夹鱼)、栖息于海洋底层或近底层的底层鱼类(如[illegible]鱇、鳐)。现知世界海洋鱼类有约14 600余种,中国约产3 000种。世界主要经济鱼类大多数为海洋鱼类。

海洋鱼类

【海洋渔业】(marine fishery) 从事开发、利用海洋渔业资源的产业。是渔业的组成部分。按其水域远近的不同可分为近海渔业和远洋渔业;按其生产结构的不同可分为海水增养殖业和海洋捕捞业。现代海洋渔业还包括渔产品的储藏、加工、运销和贸易等。1990年世界海洋渔业产量占渔业总产量的84.8%,2005年为72.86%,产量为1.031×10^8t。其中海洋捕捞产量为8.42×10^8t,海水养殖产量为1.89×10^7t。

【海洋预报】(oceanographic forecast) 又称海洋环境预报。对预定海区的海况所作的预测。其具体方法是:根据所预报海区的历史资料及实时观测资料,应用理论或经验,通过计算机处理和分析,对海洋环境各要素未来一天、几天或更长时间的变化进行预测。其预报内容主要有:海浪、潮位、潮流、风暴潮、水温、盐度、海冰等海洋水文要素预报和海洋气象预报及渔情预报等。海洋预报对沿海地区的经济发展和群众生活都具有重要意义。

【海洋运输】(sea transportation) 使用船舶通过海上航道运送货物和旅客的一种运输方式。是历史悠久的国际贸易运输方式。由于海洋运输具有运量大、通过能力强、不受道路和轨道的限制、运费低廉等优点,许多国家,特别是沿海国家和地区都普遍采用海洋运输。目前,国际贸易总运量的70%是通过海洋运输的。因此海洋运输已成为国际贸易中最重要的运输方式。但海洋运输也有其自身的局限性,如速度慢、风险大等。

【海洋灾害】(marine disaster) 起源于海洋的灾害。主要有风暴潮、灾害性海浪、海冰、赤潮和海啸五种类型。主要威胁海上、海岸带甚至自岸向陆纵深地区的城乡经济及人民生命财产的安全。根据规定,造成30人以上死亡,或5 000万元以上经济损失,并对沿海重要城市或者50km²以上较大区域经济、社会和群众生产、生活等造成特别严重影响的称为“特别重大海洋灾害”;造成10人以上、30人以下死亡,或1 000万元以上、5 000万元以下经济损失,并对沿海经济、社会和群众生产、生活等造成严重影响的称为“重大海洋灾害”。

【海洋藻类】(marine algae) 含叶绿素和其他辅助色素的低等海洋自养生物。为单细胞或多细胞植物体,但未分化成根、茎、叶,也没有维管束。藻类植物大部分依靠叶绿素和其他辅助色素以光合作用进行自养,也有少数靠寄生生存。藻类靠细胞分裂进行繁殖,除极少数体形较大外,绝大多数体型微小,甚至要用显微镜来观察。藻类植物整个藻体都有吸收营养、进行光合作用和制造营养物质的作用。无论其外形如何,从功能上说,整个藻体基本上就是一个简单的叶子,因而也被称为"叶状体"植物。按其所含光合色素、生殖方式、储存物质的不同,可把藻类分为12个门类(其中11个门类有海生种)。生活中常见的海洋藻类植物有海带、紫菜、石莼等。是重要的海洋生物资源。

海洋藻类

【海洋真菌】(marine fungi) 具有核结构、能形成孢子、营腐生或寄生生活的海洋生物。通常为菌丝状和多细胞状,除黏菌类以摄食方式获取营养外,其他真菌多以吸收方式获取营养。海洋真菌种类不多,有丝状高等真菌、海洋酵母菌类和藻状菌类共计不足600种。大多数海洋真菌依赖栖于基物而生活,只有少数能自由生活。按其栖生习性不同可分为木生真菌、寄生藻体真菌、寄生动物体真菌、红树林真菌和海草真菌。是海洋生态系统的重要组成部分,参与海洋有机物的分解和无机营养的再生过程,不断为海洋植物提供营养,在海洋食物链中占有重要位置。

【海洋植物】(marine plant) 海洋中具有叶绿素、可以进行光合作用生产有机物的自养型生物。海洋食物链最基础的部分。目前发现的共有13个门类共1万多种,从最低等的藻类到高等种子植物都有存在。但以藻类为主,其形态复杂,体形大小悬殊,从2~3μm肉眼难见的单细胞金藻到长达60m以上的多细胞巨型褐藻,海洋中都能见到。海洋中高等植物——种子植物的种类不多。均属被子植物。主要有红树和海草两类。是海洋生物链最重要的初级生产者,其发育程度,直接影响着海洋生产力的高低。

海洋植物

【海洋重金属污染】(marine heavy metal pollution) 由于人类活动将重金属导入海洋而造成污染。目前污染海洋的重金属元素主要有汞、镉、铅、锌、铬、铜等。海洋重金属既有天然来源,又有人为来源。天然来源包括地壳岩石风化、海底火山喷发和陆地水土流失将大量重金属通过河流、大气直接注入海中。人为来源主要是工业污水、矿山废水的排放及重金属农药流失,煤和石油在燃烧中释放出的重金属经大气的搬运而进入海洋。进入海洋的重金属,一般要经过物理、化学及生物等迁移转化过程。其中,物理迁移过程:重金属元素在海流、波浪、潮汐作用下,随海水运动而经历稀释、扩散。由于这些作用的能量极大,故能将重金属迁移到很远的地方。化学过程是:重金属元素在富氧和缺氧条件下发生电子得失的氧化还原反应,及其化学价态,活性及毒性等变化过程。重金属污染物在海洋中的生物过程主要是指海洋生物通过吸附、吸收或摄食而将重金属富集在体内外,并随生物运动而产生水平和垂直方向的迁移,或经由浮游植物、浮游动物、鱼类等食物链(网)而逐级放大,致使鱼类等高营养阶的生物体内富集着较高浓度的重金属,或危害生物本身,或由于人类取食而损害人体健康。

【海洋重力测量】(marine gravity survey) 在海域进行的重力加速度测量。内容包括:建立海上重力测量基点、布设测线、实施海域重力和水深测量、数据收集与处理等。测量方法分为航海测量和航空测量,也可应用卫星技术获取大范围海洋重力资料,为海洋矿产资源勘探与开发、保障航天活动和国防建设提供技术服务。

【海洋重力仪】(marine gravimeter) 测量海洋区域地球重力场变化的仪器。按其使用环境的不同可分为海底重力仪、水中重力仪和船上重力仪三种,以船上重力仪在海洋重力测量中应用最广。它通过重力仪弹簧的伸缩量、水平摆杆的偏角、振弦的频率变化等测量重力的相对变化。这种重力仪安装在船上,实现了船在航行中的连续观测。由于船上的水平干扰加速度、垂直干扰加速度、震动和航向等均对仪器的测量精度有很大影响,所以克服和消除这些干扰是提高仪器观测精度的关键。海洋重力仪所测得的重力异常分布特征和变化规律,为研究地质构造、地壳结构、地球形状和勘探海底矿产资源提供了基础资料。

海洋重力仪

【海洋资源】(marine resource) 海洋生物、海洋矿产、水资源及海洋能源等的总称。海洋是人类赖以生存和发展的自然环境的重要组成部分。海洋生物资源是可再生资源，种类繁多，蕴含着地球上80%以上的生物资源，且具有独特的化学结构及多种生理活性物质，在提供人类食物方面具有重要作用。海洋矿产资源包括海底以锰结核为代表的多金属结核及海岸带的重砂矿中的钛、锆等。海水资源包括从海水中提取淡水和各种化学元素(溴、镁、钾)以及食盐等。全球海水淡化日产量约 $3.5\times10^7 m^3$，可以解决世界1/5的人口供水问题，而且这个巨大的市场还以每年10%的速度膨胀。海洋能源包括储量丰富的海底石油、海洋天然气、海水温差能、盐差能、波浪能、潮汐能、海流量能等，远景发展还包括海底的可燃冰和海水中铀及重水的能源开发。

海洋资源

【海洋资源开发利用】(development and utilization of ocean resources) 人类为生存和发展而利用技术设备和方法对海洋资源进行勘探、开采和利用的一切活动。按开发利用资源属性的不同可分为：海洋生物资源开发利用、海底矿产资源开发利用、海水化学资源开发利用、海洋能开发利用和海洋空间开发利用五大方面。人类开发利用海洋，已有数千年的历史。由于受生产条件和技术水平的限制，早期的开发活动，主要是用简单的工具在近海采捕鱼虾、晒海盐，以及海上运输。在不断发展中，逐渐形成了海洋渔业、海盐业和海洋运输业等海洋传统产业。17世纪20年代至20世纪50年代，一些沿海国家开始开采海底煤矿、海滨砂矿和海洋石油。20世纪60年代以来，随着科学技术的进步，海洋工程技术发展迅速，人类对海洋资源的开发利用进入大规模开发时期。大规模开发海洋石油、天然气和其他固体矿藏，建立潮汐发电站和海水淡化工厂，从单纯捕捞海洋生物向增、养殖方向发展，利用海洋空间兴建海上机场、海底隧道、海上工厂和海底军事基地等，形成了一大批海洋新兴产业。

【海洋自净能力】(marine self-purification capability) 海洋通过自身的物理化学和生物过程对污染物进行改造和降低浓度的能力。影响海洋自净能力的因素主要有地形、气候、海水运动、海水的盐度、温度、酸碱度、生物含量、海水氧化还原电位以及污染物本身的性质和浓度。按其发生的机理，海洋的自净过程包括物理净化、化学净化和生物净化三种形式。但实际在海洋中发生的自净化过程是三种净化形式同时都在起作用，只不过某一种或两种净化作用更为突出一些。

【海洋自然保护区】(marine natural protection zone) 国家为保护濒危或珍奇海洋动植物以及海洋自然景观、自然生态系统、历史遗迹等，环其周围划定的保护区域。是一块包括陆地、山川、水域和海洋的较大面积的自然场地。可作为观察研究自然界的发展规律，保护和发展珍稀野生生物资源和濒危物种，引种、驯化和繁殖有价值的生物种类，开展生态系统的研究，进行环境监测，组织生态学和环境科学教学以及为参观游览等提供良好的场所。堪称是一个活的自然博物馆，起自然资源遗传基因库的作用。海洋自然保护区按保护对象的不同可分为：以保护典型的有代表性的自然生态系统为主的保护区；以保护某类特有生态系统为主的自然保护区；以保护某些珍奇稀有海洋动植物资源为主的自然保护区；以保护特殊的海洋自然景观为主的自然保护区；以保护具有特殊意义的海洋自然历史遗迹为主的自然保护区。

海洋自然保护区

【海因里希风险分析】(Heinrich risk analysis) 用危险度指数对事故进行评价分析的方法。美国著名工程师海因里希总结了在安全工作和保险业务上的长期实践经验，提出用事故概率及灾害影响两种主要影响因素来确定事故危险性的危险度指数，并阐明了在各具体危险度指数范围下必须采取的措施。按其发生事故概率的不同将发生事故分为：(1)事故频繁发生。(2)发生事故可能性大。(3)事故有时发生。(4)事故罕见发生。(5)几乎不发生事故。(6)实际上无事故发生。按其事故发生频率的不同将发生事故分为：每日发生一次、数周一次、数月一次、数年一次和非常罕见，对事故概率进行修正。按事故灾害影响的不同将发生事故分为：毁灭性灾害、重大灾害、重大事故、大事故、事故和无事故。危险度指数从0～500，按大小分成5组。10以下为容许危险;10～40 应唤起对危险的注意;40～100 应对危险提出改进方案;100～250 为危险性大,必须采取相应的安全措施;250～500 为危险性极大,应停止操作。为了求算危险度指数,海因里希制作了风险分析解算图。根据实际资料,按事故概率、事故是否经常发生、事故后果严重程度,用该图可方便算出危险度指数,进而决定所应采取的安全措施。

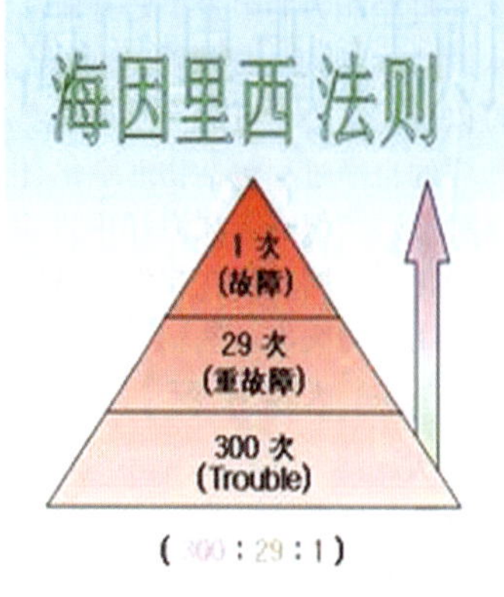

海因里希法则

【海因里希工业安全理论】(Heinrich industrial safety theory) 美国著名工程师海因里希根据当时工业安全实践总结出来的工业安全理论。在《工业事故预防》一书中,提出了 10 项工业安全公理。其特点是:(1)工业生产过程中人员伤亡往往是处于一系列因果连锁之末端的事故的结果,而事故常常起因于人的不安全行为或(和)机械、物质(统称物)的不安全状态。(2)人的不安全行为是大多数工业事故产生的原因。(3)由于不安全行为而受到伤害的人,几乎重复了 300 次以上没有造成伤害的同样事故。(4)在工业事故中,人员受到伤害的严重程度具有随机性质,在大多数情况下,人员在事故发生时可以免遭伤害。(5)人员产生不安全行为的主要原因有不正确的态度、缺乏知识或操作不熟练、身体状况不佳、物的不安全状态及物理的不良环境。(6)防止工业事故的 4 种有效的方法是:工程技术方面的改进、对人员的说服教育、人员调整和惩戒。(7)防止事故的方法与企业生产管理、成本管理及质量管理的方法类似。(8)企业领导者有进行安全工作的能力,并且能把握进行安全工作的时机,因而应该承担预防事故工作的责任。(9)专业安全人员及车间干部、班组长是预防事故的关键,他们工作的好坏对能否作好预防事故工作有重要影响。(10)除了人道主义之外,强有力的经济因素也是促进企业安全工作的动力。海因里希的工业安全理论阐述了工业事故发生的因果论、人与物的问题、事故发生频率与伤害严重度之间的关系、不安全行为的原因、安全工作与企业其他生产管理机能之间的关系、进行安全工作的基本责任以及安全与生产之间的关系等工业安全中最重要、最基本的问题。把人的不安全行为和物的不安全状态的产生原因完全归因于人的缺点,进而追究人的遗传因素和社会环境方面的问题,表现出了认识的局限性。

【海因里希事故法则】(Heinrich accident rule) 又称海因里希安全法则。描述事故发生频率与伤害严重程度之间比例关系的一个统计规律。1941 年,海因里希统计了 55 万起机械事故,其中死亡、重伤事故是 1 666 起,轻伤是 48 334 起,其余则为无伤害事故。于是得出在机械生产过程中,每发生 330 起意外事件,有 300 起未产生人员伤害,29 起造成人员轻伤,1 起导致重伤或死亡。可以表示为:死亡重伤事故:轻伤事故:无伤害事故 = 1:29:300。现用 h 表示事故大小,用 P 表示事故发生概率。根据这个法则,大事故发生的概率小,小事故发生的概率大,即 $h_1 < h_2$,则 $P_1 > P_2$,从事故 h_1 至 h_2 发生的概率为 P(h),则 $p(h) = \int_{h_1}^{h_2} Pdh$。用这个公式可以计算从事故 h_1 到事故 h_2 中各类事故的概率分布。对于不同的生产过程和不同类型的事故,上述比例关系不一定完全相同,但这个统计规律说明了在进行同一项活动中,无数次意外事件,必然导致重大伤亡事故的发生。而要防止重大事故的发生必须及时消除不安全因素,减少和消除无伤害事故,要重视事故的苗头和未遂事故,否则终会酿成大祸。

【海因里希事故因果连锁反应理论】(Heinrich accident causation chain reaction) 又称多米诺骨牌事故模型。认为事故的发生是由于引发事故的一系列因素(事件) 在一定顺序下依次发生连锁反应的结果。形象地阐述了工业事故五个事件按因果顺序发生连锁反应的结果。依次是:(1)遗传及社会环境。遗传因素及社会环境是造成人的性格上缺点的原因。遗传因素可能导致鲁莽、固执等不良性格;社会环境可能妨碍教育、助长性格上弱点的发展。(2)人的缺点。人的缺点是使人产生不安全行为或造成机械、物质不安全状态的原因,包括鲁莽、固执、过激、神经质、轻率等性格上的先天缺点,以及缺乏安全生产知识和技能等后天缺点。(3)人的不安全行为或物的不安全状态。所谓人的不安全行为或物的不安全状态是指那些曾经引起过事故,或可能引起事故的人的行为,或机械、物质的状态。它们是造成事故的直接原因。例如,在起重机的吊荷下停留、不发信号就启动机器、工作时间打闹或拆除安全防护装置等都属于人的不安全行为;没有防护的传动齿轮、裸露的带电体、或照明不良等属于物的不安全状态。(4)事故。是由于物体、物质、人或放射线的作用或反作用,使人员受到伤害或可能受到伤害的、出乎意料的、失去控制的事件。坠落、物体打击等使人员受到伤害的事件是典型的事故。(5)伤害。直接由于事故而产生的人身伤害。把五个事件按因果关系从左到右顺次排列成等距离竖立的“骨牌”,一旦第一个“骨牌”倾倒(即人产生误判断),则“骨牌”一个跟一个全部倾倒,导致了发生伤亡事故。如果消除其中一个因素(事件),相当于移掉其中某一骨牌,可使前级因素(事件)失去作用,系列中断,则不会发生伤亡事故。事故因果连锁包括了事故的基本原因、事故的间接原因、事故的直接原因、事故、事故后果五个互为因果的事件。

【海域管理】(marine management) 对海域空间资源及海域使用权属的管理。中国海域管理的职能部门是国家海洋局。其管理内容包括:海洋石油勘探开发过程中的环境保护、海洋倾废、海底电缆管道铺设、国家海域使用和海洋自然保护区管理等,依法行使海洋监察权,包括实施监视执法和监督管理。国家海洋局还可对其他海洋管理部门主管的工作,如防止和防治船舶污染、陆源污染和海岸工程建设等的污染损害,以及对海洋资源开发、海域管辖权等涉及维护海洋权益、保护海洋资源和环境方面的问题,依法进行海上监察等。

【海运单】(non-negotiable documents) 证明海上货物运输合同和货物由承运人接管或装船,以及承运人保证据此将货物交给指定收货人的不可转让的单证。与提单最大的区别在于,海运单不是船载货物所有权凭证,因而不能背书转让。由于收货人已事先确定,海运单无法再进行转让,收货人提货凭证也不再是海运单,而是其身份证明,因此,占有海运单不是提货的前提。海运单的作用是承运人接收货物或装船并由其照管货物的收据;它是海上运输合同或其证明。在形式上,海运单也是一种书面单据,由承运人签发,分正面内容和背面条款。在内容上,海运单的所有条款均属承托双方共同的意思表示,其正面通常标明 Non-Negotiable(不可流通)字样。具有快捷、简便、安全等优点。

海运单

【海运提单】(shipping documents) 一种用以证明货物已由承运人接管或装船,以及承运人据此保证交付货物的单证。从性质和作用上来讲,海运提单是海运承运人(或其代理)出具的货物收据、物权凭证、运输合同的证明。海运提单从不同的角度可以分为不同的种类。按货物是否已装船可分为已装船提单和备运提单;按提单收货人抬头的不同可分为记名提单、不记名提单、指示提单;按对货物外表状况有无不良批注可分为清洁提单和不清洁提单;按运输方式的不同可分为直达提单、转船提单、联运提单和多式联运提单;按提单格式的不同可分为全式提单和简式提单;按提单使用有效性的不同可分为正本提单和副本提单;按船舶经营性质的不同可分为班轮提单和租船提单;按收费方式的不同可分为运费预付提单和运费到付提单;按签发提单的时间的不同分为倒签提单、顺签提单和预借提单。

【海藻碳远红外纤维】(alga carbon far-infrared fiber) 将海藻碳掺入涤纶长丝等纤维中用共混纺丝法制成的功能纤维。其制作方法是:首先采用特殊工艺将海藻碳化得到粒径达到 0.4μm 的海藻碳,再用共混纺丝法掺入到涤纶长丝内制成远红外涤纶长丝。由其织成的织物在接近人体体温时,能高效地放射远红外线(放射率高达 94%)。织物中含海藻碳纤维的用量达到15% ~ 30% 时效果最佳。海藻碳纤维价格便宜,织成的远红外织物成本较低,且对人体保暖和保健有一定作用。

【海藻养殖】(marine alga breeding) 利用海滨滩涂及浅海养殖海洋经济藻类的生产活动。主要养殖品种有海带、裙带菜、石花菜、紫菜、螺旋藻等。不同的藻类有不同的养殖方法。人工养殖海带、裙带菜,将幼苗的假根固定在苗绳上,将苗绳悬挂在浮筏上,使其叶片向下生长,水深应保持在 5m 以上以使藻类有足够的生长空间。紫菜养殖则将幼苗附着于网帘,再将网帘悬挂于潮间带水面的浮筏上。螺旋藻的养殖则需要使含藻种的海水在光照和养料充足的条件下循环流动,以促使其快速生长。

海藻养殖

【海战】(naval battle) 敌对双方在海洋战场上进行的战争。其主要目的是消灭敌方海军兵力,夺取制海权、海上制空权和制电磁权。通常由海军诸兵种协同进行,有时也由海军的某一兵种单独进行。基本作战类型分海上进攻和海上防御。其主要作战模式有:海上袭击与反袭击战、潜艇战与反潜战、海上封锁与反封锁、海上破交战与保交战、水雷战等。重要海战的胜负对海洋战区战局的转变、濒海陆战区的态势、海洋争端的解决以至整个战争的进程和结局至关重要。随着科学技术的发展和舰船动力、武器装备的不断更新，海战已发展到使用火炮、鱼雷、水雷、深水炸弹和导弹武器作战；参战部队也由水面舰艇部队单一兵种作战发展到有潜艇部队和航空兵诸兵种参加的协同作战，以及陆、海、空、天多军种联合作战。

海战

【海中能见度】（visibility in ocean） 又称水视程。普通人能将海水中目标物与背景区分开来的最大目视距离。依赖于物体与海水背景的对比度和人眼能观察到的对比度下限。光在海水中的衰减和散射比在大气中强烈。光在海水中的能见度仅为大气中视程的千分之一。利用光学仪器与激光技术，可以提高海水中的能见度。

【氦氖激光器】（helium-nean laser） 一种能连续运转的工作物质为氖气的气体激光器。其中氦气为辅助气体，氖气为工作气体。由放电管和光学谐振腔所组成。产生激光的是氖原子。不同能级的受激辐射跃迁将产生不同波长的激光。常见的内腔式结构氦氖激光器由谐振腔、放电管和激励电源组成。其工作特性是：(1)可输出 3.39μm、632.8nm、1.15μm三种波长的激光，其中以输出632.8nm波长的激光器应用最广泛。(2)输出功率为毫瓦量级，一般随放电管长度增大而增大。常用的 250 型 $L = 25\text{cm}$，输出功率：2～3mW；$L = 1\text{m}$，输出功率可达 30～40mW 左右。(3)发散角为毫弧度量级。发散角愈小，方向性愈好，氦氖激光器远场发散角可由下式计算：$2\theta = \lambda/\pi W_0$，式中 W_0 为腰斑半径。(4)大多实际应用时都要求使用工作在 TEN00 模的激光器（称单横模输出）。当其光束的光强分布呈现高斯分布时，则称为基模。广泛应用于全息照相、光散射研究、喇曼光谱研究、激光通信、激光印刷和激光育种等领域。

【含酚废水】（phenol wastewater） 含酚基化合物为主的工业废水。酚基化合物如苯酚、甲酚、二甲酚和硝基甲酚等是一种原生质毒物，可使蛋白质凝固。当水中酚的质量浓度达到 0.1～0.2mg/L 时，鱼肉即有异味，不能食用。水中含酚质量浓度 0.002mg/L时，用氯消毒也会产生氯酚恶臭。饮用水中含酚会影响人体健康。含酚废水主要来自焦化厂、煤气厂、石油化工厂、绝缘材料厂等工业部门以及石油裂解制乙烯、合成苯酚、聚酰胺纤维、合成染料、有机农药和酚醛树脂的生产过程。含酚质量浓度为 1 000mg/L 的废水称为高浓度含酚废水，须回收酚后，再进行处理。含酚质量浓度小于1 000mg/L的废水称为低浓度含酚废水。通过循环使用，将酚浓缩回收后处理。回收酚的方法有溶剂萃取法、蒸汽吹脱法、吸附法、封闭循环法等。含酚质量浓度在 300mg/L 以下的废水可用生物氧化、化学氧化、物理化学氧化等方法进行处理后排放或回收。附图是溶剂萃取法回收酚的工艺流程。

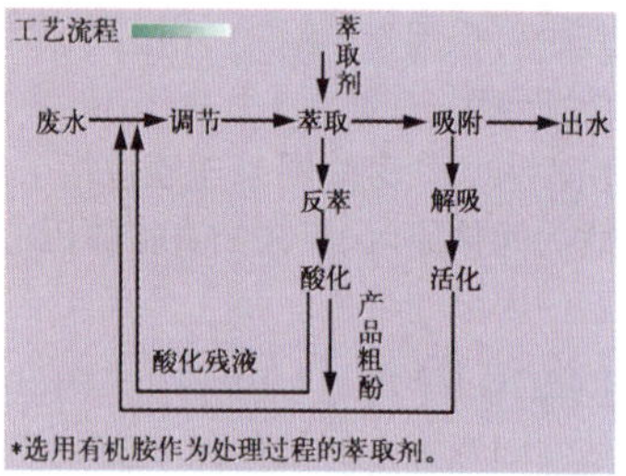

含酚废水处理流程

【含乳饮料】（milk drink） 以新鲜牛乳为原料制成的饮料。适度地调味、调酸以及调质，经有效加工而制成的具有相应风味的固态、半固态或液态的饮料。其中含乳量至少应在 30% 以上。主要分为中性乳饮料和酸性乳饮料。而酸性乳饮料包括发酵型酸乳饮料和调配型酸乳饮料。中性乳饮料主要以水、牛乳为基本原料，加入其他风味辅料，如咖啡、可可、果汁等，再加以调色、调香制成的饮用牛乳。发酵型乳饮料是指以鲜乳或乳制品为原料经发酵，添加水和增稠剂等辅料，经加工制成的产品。按其杀菌方式的不同可分为活性乳酸菌饮料和非活性乳酸菌饮料。调配型酸乳饮料是以鲜乳或乳制品为原料，加入水、糖液、酸味剂等调制而成的制品，产品经过灭菌处理，保质期比乳酸菌饮料要长。

含乳饮料

【含水层】（aquifer） 天然状态下地下水面以下饱水的透水层。构成含水层的条件是：土层或岩层有储藏重力水的空隙，下伏有隔水层。疏松的沉积物、裂隙岩石和喀斯特发育的岩石都可能成为含水层。其中第四纪砂、砾、卵石层及喀斯特发育的石灰岩含水比较丰富。由于含水层是地下水赋存的主要场所，因此是水文地质学研究的主要对象。

【含油轴承】（oil-retaining bearing） 以金属粉末烧结方法制造的、具有多孔性、并浸含10%～40%体积份数润滑油的滑动轴承。由于在制造过程中可自由地调节孔隙的数量、大小、形状及分布，故可调节轴承的含油量。在设备运转时，轴承温度升高，由于油的膨胀系数比金属大，因而可自动进入滑动表面以润滑轴承。含油轴承加一次油可使用较长时间，所以常用于加油不方便的场合。广泛应用于汽车、家电、音响设备、办公设备、农业机械、食品机械与包装机械、精密机械等。

含油轴承

【函数】（function） 数学中的一种对应关系。简单地说，甲随着乙变，甲就是乙的函数。精确地说，设A是一个不空集合，B是某个实数集合，f是一个对应规则，若对A中的每个x，按规则f，有B中的一个y与之对应，就称f是A上的一个函数，记作$y=f(x)$，称A为函数$f(x)$的定义域，B为其值域，x称为自变量，y为因变量。函数的概念对于数学的每一个分支来说都是最基础的。

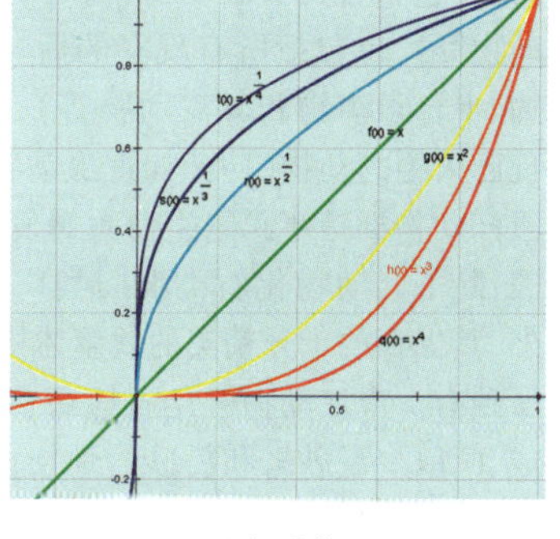
函数图像

【焓】（enthalpy） 热力系统的状态参数。符号为H。定义为：$H=U+pV$。其中，U为系统热力学能，p为压力，V为体积，即焓等于流动内能与推动功的和。焓表示流动工质所具有的能量中取决于热力状态的那部分能量。是状态函数，系统的状态一定，焓值就定了。在热力设备中，工质总是不断地从一处流到另一处，随着工质移动而进出热力系统的能量就等于焓。在热力工程计算中焓的应用十分广泛。

【涵洞】（culvert） 横贯并埋设在路基或河堤中用以输水、排水或作为通道的构筑物。主要由洞身、基础、端墙和翼墙组成。洞身由若干管节组成，是涵洞的主体。它埋在路基中，具有一定的纵向坡度，以便排水；端墙和翼墙位于入口和出口及两侧，起挡土和导流作用，同时还可以保护路堤边坡不受水流冲刷。按其建筑材料的不同可分为砖涵、石涵、混凝土涵、钢筋混凝土涵等；按其构造的不同可分为拱涵、箱涵、圆涵等。涵洞承受的荷载包括：路堤土体重量施加涵身的压力和列车、车辆重量通过路堤土传到涵身的压力。涵洞顶面承受竖向压力，两侧承受侧压力。其各部分截面尺寸应根据上述荷载计算决定。各种涵洞均有标准设计图。

【涵洞式水闸】（culvert sluice） 又称封闭式水闸、涵管式水闸。进口装设闸门、门后为涵洞的水闸。常用于挡水位较高、过闸水流受低水位控制、孔口尺寸较小的水闸，如穿堤取水的进水闸、分水闸以及穿堤排水的排水闸等。由于洞身上部填土可以作为路基，不需另设交通桥。涵洞式水闸由进口、洞身和出口连接段三部分组成，闸门设在进口。进口首部的工作特点和设计方法与涵洞相似。洞身结构型式有圆涵、盖板涵、箱涵和拱涵四种。根据洞身内水流有无自由水面，涵洞式水闸可分为有压涵洞式水闸和无压涵洞式水闸两种。前者的洞身宜采用箱涵或圆涵；后者的洞身可采用盖板涵或拱涵。涵洞式水闸的特点是：（1）靠填土挡水。闸基、堤身防渗需统一考虑。（2）涵洞内的水流流态随闸前水位而变。同一水闸，洞内可能出现有压流、无压流和半有压流等不同流态，设计时力求呈现一种流态。（3）洞身上部填土高度不等，荷载沿洞身分布不均。洞身需适当分段，设置沉降缝和止水设备，防止均匀沉降危及洞身安全。

【寒潮】（cold wave） 又称寒流。规模较大、势力较强、温度较低的冷空气侵袭。中央气象台规定发布寒潮的标准为一次冷空气侵入后，24h内气温下降10℃以上，且最低气温在5℃以下。经常影响中国的寒潮主要有两方面来源：（1）西伯利亚以北的北极地区海洋。（2）高纬度的欧亚大陆和寒潮冷锋区海洋。寒潮冷锋过境时常伴有偏北大风，中国南方常伴有低温雨雪冰冻过程。在寒潮过后，气温降低，天气转晴。

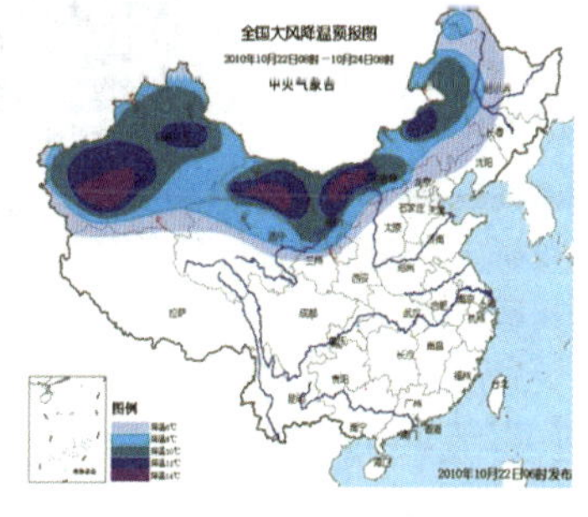

寒潮预警

【寒带】（frigid zone） 地球表面最寒冷的地带。地球南、北纬66°34′的极圈到南、北两极极点之间的地区。北极圈以北的寒带称北寒带，南极圈以南的寒带称南寒带。寒带面积占地球表面面积的10%。由于太阳光终年均处于40°52′以内的斜射或无法照射的状态，该带气候十分寒冷，是地球表面最寒冷的地区。寒带无明显的四季变化，但昼夜的长短变化却十分大且伴有极昼和极夜现象。寒带以冰原气候和苔原气候为主要气候特征。由于南寒带以南极大陆冰盖为主要地貌特征，因此南寒带以冰原气候为主要特征。北寒带以北冰洋和一些有冰川发育的岛屿为主要地貌特征，因此北寒带兼有岛状寒带苔原气候和冰原气候的特征。地球上的寒带存储有大量的冷能资源。由于它的存在，才使地球其他各带一年四季的冷暖凉热、风霜雨雪得到调节，使地球海洋的温度得到控制。尤其是寒带规模巨大的冰川和冻土的存在，才使得海洋水位以及海陆面积和比例保持目前的平衡状态。

寒带

【**寒带果树**】(fruit tree in frigid zone) 与热带果树相对应。能耐 -40℃以下的低温，适宜在寒冷地区栽培的果树的统称。生长在地球的极圈以内，一年中正午太阳高度角最大值只有46°52′，并有极昼、极夜现象的地带的果树如榛、树莓、秋子梨和山葡萄等，生长于海拔200～1 200m的地区。山葡萄等寒带果树在中国大陆主要分布于：黑龙江、安徽、辽宁、浙江、吉林、山西、山东和河北等地。多生在山坡、沟谷林中和灌丛中。具有抗寒的基因，在果树的抗寒育种中具有较高的应用和研究价值。尤其是抗寒基因的研究，可以作为转基因研究的良好材料。

寒带红提

【**寒流**】(cold current) 水温低于邻近海水的海流。发源于寒冷的高纬度海域，海水透明度较低，呈绿色。盐度低于邻近海水，但含氧量和营养盐类均较高，因而浮游生物丰富。水温沿流向逐渐升高，对沿途气候有降温和减湿作用。中国东部海域的冬季的沿岸流就是寒流的一种。著名的寒流有千岛群岛寒流和秘鲁寒流等。

【**寒武纪**】(Cambrian Period) 地质年代中古生代第一个纪。“Cambrian”源自英国威尔士古拉丁文，“寒武”是日语音译。寒武纪始于距今5.40亿年，延续时间约5 000万年，以大量出现具有坚硬外壳、门类众多的海生无脊椎动物为其特点，以三叶虫、笔石、珊瑚、腕足类、棘皮动物、鹦鹉螺最为繁盛。三叶虫作为寒武系地层的标准化石，是这一时期生物发展的重要标志。植物群以藻类为主，还有一些微体古植物。寒武纪是生物发展史上的一次大发展，划分为早、中、晚三个世。代表符号为“ε”。

【**寒武纪生命大爆发**】(cambrian explosion) 地质历史上寒武纪时期生物物种爆发式大量出现的现象。寒武纪传统上被称作“三叶虫时代”，以盛产三叶虫化石为主要特征。但自20世纪80年代以后，研究人员对中国云南省澄江早寒武世澄江软躯体构造化石库的研究表明，三叶虫只占当时动物群类别的不足10%。在早寒武世早期短短几百万年的时间内，便爆发式地演化出现已知的绝大多数动物门类。既有形形色色的原口动物门类（包括各类节肢动物、腕足动物、软体动物、环节动物等），也包括所有现在的后口动物门类（脊索动物、半脊索动物和棘皮动物等），同时还形成了一些现已灭绝的动物门类（如古虫动物门、叶足动物门）。澄江动物群是寒武纪生命大爆发主幕产物的典型代表，除了其动物化石类群门类广、规模大、数量多之外，其保存的十分精美的软躯体构造化石也为世界上所独有。澄江动物群化石埋藏在一套主要以泥岩构成、间以少量砂岩和粉砂岩地层内，属喇叭形海湾沉积，其埋藏环境及化石群构造已成为探索寒武纪生命大爆发奥秘的主要科学窗口。

寒武纪生命大爆发

【**汉白玉**】(China white marble) 颜色洁白的细粒大理岩。质地坚硬，洁白似玉。是石灰岩和白云岩接触变质或区域变质作用的产物。主要由方解石或白云石组成。为高级建筑装饰材料。中国古代许多建筑，如北京的故宫、颐和园的护

汉白玉樽

栏及天安门前的华表，所用的石材都是汉白玉。

【汉卡】(Chinese character card) 一种将汉字输入方法及其驱动程序固化为一个只读存储器的扩展卡。是汉字编码输入方法的码表、有关程序及汉字字模数据的一种逻辑电路插件。专门为某种汉字系统制作，可插在计算机主板扩展槽中。其主要作用是加快汉字显示速度，生成汉字字形。其优点是可以有效地提高计算机的速度，尽可能地减少占用计算机内存空间。

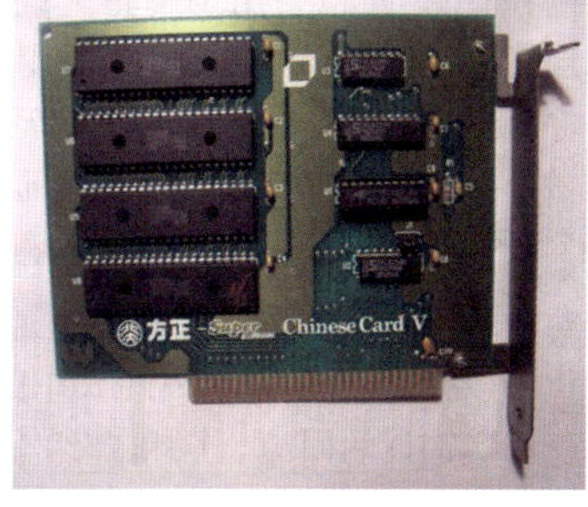

汉卡

【汉明距离】(Hamming distance) 两个等长字符串之间的对应位置的不同字符的个数。就是将一个字符串变换成另外一个字符串所需要替换的字符个数。汉明距离是以理查德·卫斯里·汉明的名字命名的，汉明在误差检测与校正码的基础性论文中首次引入这个概念。在通信中累计定长二进制字中发生翻转的错误数据位，所以又被称为信号距离。汉明重量分析在包括信息论、编码理论、密码学等领域都有应用。但是，如果要比较两个不同长度的字符串，不仅要进行替换，而且要进行插入与删除的运算。在这种场合下，通常使用更加复杂的编辑距离等算法。

【汉坦病毒】(Hanta virus) 一种有包膜分节段的负链 RNA 病毒。属布尼亚病毒科。基因组包括 L、M、S 三个片段，分别编码为 L 聚合酶蛋白、G1 和 G2 糖蛋白、核蛋白。1977 年韩国李镐汪从汉坦河流域捕获的黑线姬鼠肺组织中分离出。其种类包括：引起肾综合征出血热的汉坦病毒、汉城病毒、普马拉病毒和多不拉伐病毒；引起汉坦病毒肺综合征的无名病毒、纽约病毒、污黑小河沟病毒和牛轭湖病毒；与人类疾病关系尚不清楚的一组病毒，如希望山病毒、泰国病毒和图拉病毒等。汉坦病毒具有嗜神经性，临床上可表现出复杂多样的神经系统症状，如头痛、视力障碍、抽搐、晕厥、颅神经损害、脑膜刺激征、运动障碍、脑膜炎、脑炎和急性脊髓炎等。

【汉语语音识别】(Chinese speech recognition) 计算机识别汉语语音的技术。涉及领域包括信号处理、模式识别、概率论和信息论、发声机理和听觉原理、人工智能等。应用于特定任务的口语理解系统、说话人辨识和说话人确认等场合。

【汉字识别】(Chinese character recognition) 一种自动的电脑汉字输入技术。通过扫描、摄影等方式，实时采集书写轨迹，并将其自动识别、转化为相应汉字内码的汉字输入技术。这种方法不需任何键盘汉字输入法就可把汉字输入到电脑中。是汉字信息处理的一种快速输入方法。其研究对建立汉字信息库、实现汉字信息处理系统自动化和计算机智能输入等具有重要意义。

【旱地栽培】(dryland cultivation) 在干旱、半干旱或半湿润易旱地区完全依靠天然降水从事作物生产的一种栽培方式。包括最大限度地蓄水保墒和提高水分利用率两方面。围绕蓄水用水过程，形成了以纳雨蓄水为主的耕作保墒技术和以培肥地力为主的施肥养地轮作技术，以及以培育壮苗为主的选用良种和适时适量控制作物群体生长的技术。将以上各种方案密切配合，以土蓄水，地肥保水，水肥保苗，苗壮根深，以根调水，开发土壤深层水，提高自然降水利用率，从而实现旱地农业高产的目标。

【旱作农业】(dry farming) 又称旱地农业。干旱、半干旱地区通过各种技术的综合运用，提高农业产出的生产模式。其关键技术环节为蓄水、保墒、品种和农艺。蓄水，即建立土壤水库，通过梯田建设、深耕等措施充分接纳雨水并将之蓄积于土壤中，供当季或来年作物生长利用；保墒，即通过保持性耕作和覆盖等技术，尽量减少土壤水分的蒸发损失；作物选择、品种改良和农艺技术的主要作用，是合理利用土壤水分，提高产量。

旱作农业

【焊接】(welding) 通过加热或加压，或两者并用的方法使两件分离的零件或材料形成原子结合，连为一体的加工方法。常用工程材料有金属和部分高分子材料。与铆接比较，焊接具有节省材料、减轻重量、连接质量好、密封性好、可承受高压、简化生产工序、缩短制造周期、易于实现机械化和自动化生产等优点。但它不可拆卸，还会产生焊接热应力及变形、裂纹等问题。焊接在现代工业中具有十分重要的作用，广泛应用于机械制造中的毛坯生产和制造各种金属结构件，如高炉炉壳、船体、建筑构架、锅炉与受压容器、汽车车身、桥梁、矿山机械、大型转子轴、缸体等。此外，焊接还可用于零件的修复焊补等。

【焊接材料】(welding material) 金属焊接时所消耗的材料。如焊条、焊丝、电极、焊剂、气体等。焊条是手工电弧焊接时，用来导电并产生电弧的金属电极。由焊芯(如优质低碳钢)和药皮(氧化物、碳酸盐等)组成。焊剂(SiO_2、TiO_2、Al_2O_3、CaF_2 等)，又称焊药，是焊接时用来保护连接处的金属不受空气的腐蚀，并改变焊缝的化学成分和机械性能的一种粒状、粉末状或糊状的物质。焊料是在钎焊中起连接作用的合金材料。其熔点通常应低于被焊接金属的熔点，并具有良好的导电、导热、流散、润湿、抗氧化、耐酸碱等性能。

【焊接结构】(welded structure) 适宜于用焊接方法制造的金属结构。由于焊接结构的种类繁多，其分类方法也不尽相同。按其半成品制造方法的不同可分为板焊结构和冲焊结构等。按其结构用途的不同可分为车辆结构、船体结构、飞机结构等。按其焊件材料厚度的不同可分为薄壁结构和厚壁结构。按其焊件材料种类的不同可分为钢制结构、铝制结构和钛制结构等。根据焊接物体以及结构的工作特性的不同可分为：(1)梁及梁系结构。(2)柱类结构。(3)格架结构。(4)壳体结构。(5)骨架结构。这类结构最适宜于在交变载荷或多次重复性载荷下工作。因此对这类结构要求具有精确的尺寸才能保证加工出的主要部件或仪表零件的质量。

焊接结构

【焊丝】(weld wire) 焊接用钢丝。CO_2 保护焊接是一种高效率、低成本的焊接方法。工业化国家焊接总量的一大半以上是采用 CO_2 气体保护焊接完成的。CO_2 气体保护用焊丝分为实心的和药芯的两种，是焊接材料的主导产品。最常用的材质是 $H0_8Mn_2Si$ 和 $H0_8Mn_2SiA$，工艺性能好，飞溅小，焊缝力学性能满足相关标准要求。CO_2 气体保护实心焊丝生产的工艺流程是：线材－拉丝－软化处理－拉丝－镀铜(化学或电镀)－光亮拉拔－收线－层绕－包装。其中拉丝是在水箱拉丝机中进行的；镀铜是在连续生产线上进行的；层绕是在层绕机上进行的，即在成品包装用工字轮上绕完一层换向绕第二层，保证在使用时出丝顺利；采用热塑方法密封包装，保持运输和储存时的干燥。广泛用于造船、车辆、机械设备、石油化工、航空航天等部门。

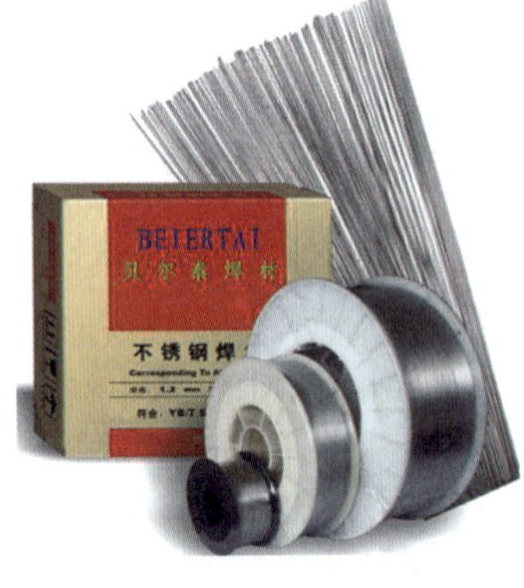

不锈钢焊丝

【夯实机】(rammer) 用锤状或板状工作装置对物料进行夯实作业的土方施工机械。有蛙式打夯机、振动平板夯、振动冲击夯和爆炸夯等四种。适用于夯实铺设的回填土层和自然土层。由于夯锤面积的限制，夯实机不宜用于大面积土方夯实作业，对分层夯实回填黏性土壤效果较好。按其打击能量的不同可分为重级(打击能量 10～15kNm)、中级(打击能量 1～10kNm)和轻级(打击能量 0.8～1kNm)三级。应用于道路建设和建筑工地。

【行列式】(determinant) 由解线性方程组产生的一种算式。例如，方程组

$$\begin{cases} a_1x + b_1y = c_1 \\ a_2x + b_2y = c_2 \end{cases}$$

当 $a_1b_2 - a_2b_1 \neq 0$ 时，它的解是：

$$x = \frac{c_1b_2 - c_2b_1}{a_1b_2 - a_2b_1}, y = \frac{a_1c_2 - a_2c_1}{a_1b_2 - a_2b_1}$$

把式子 $ad - bc$ 写成形式

$$\begin{vmatrix} a & b \\ c & d \end{vmatrix}$$

包含两行两列，称为“二阶行列式”。这样，上面的 x 和 y 就可以写成二阶行列式的比。三阶行列式

$$\begin{vmatrix} a_1 & b_1 & c_1 \\ a_2 & b_2 & c_2 \\ a_3 & b_3 & c_3 \end{vmatrix}$$

表示下面的式子：

$a_1b_2c_3 + a_2b_3c_1 + a_3b_1c_2 - a_3b_2c_1 - a_2b_1c_3 - a_1b_3c_2$。

一般，n 阶行列式具有 n 行和 n 列，表示 $n!$ 个乘积的代数和，其中每一项是分布在不同行、不同列上 n 个数的乘积，并附以适当的正负号而成。

【行业污染控制规划】(trade pollutant control planning) 对某一行业的单位产品的资源消耗量、能源消耗量、工艺水平、产品结构及更新换代、清洁生产、废物处理率与回收率、废物最终排放等指标的控制规划。污染控制规划作为行业发展规划的一部分，其主要依据国内和国际上同一行业在资源利用、工艺流程及环境影响程度等方面的标准，制定行业内不同规模企业在环境保护和污染防治上应该达到的水准。

【杭州湾跨海大桥】(Great Bridge over

Hangzhou Bay） 一座北起浙江嘉兴海盐郑家埭，南至宁波慈溪水路湾，横跨杭州湾海域的跨海大桥。全长36km，是目前世界上最长的跨海大桥。景观设计师们借助西湖苏堤“长桥卧波”的美学理念，兼顾杭州湾水文环境特点，结合行车时司机和乘客的心理因素，确定了大桥总体布置原则。整座大桥平面为S形曲线，总体上看线形优美、生动活泼。大桥按双向六车道高速公路设计。设计时速100km/h。设计使用年限100年。总投资约140亿元。2003年11月14日开工，经过43个月的工程建设，2007年6月26日全桥贯通，于2008年5月1日正式通车。杭州湾跨海大桥世界之最有：（1）大桥地处强腐蚀海洋环境，为确保大桥寿命，在国内第一次明确提出了设计使用寿命大于等于100年的耐久性目标。（2）大桥全长36km，其长度在目前世界上在建和已建的跨海大桥中位居第一。（3）大桥深海区上部结构采用70m预应力砼箱梁整体预制和海上运架技术，为解决大型砼箱梁早期开裂的工程难题，开创性地提出并实施了“二次张拉技术”，彻底解决了这一工程“顽疾”。（4）大桥50m箱梁“梁上运架设”技术，架设运输重量从900t提高到1 430t，刷新了目前世界上同类技术、同类地形地貌桥梁建设“梁上运架设”的新纪录。（5）在滩涂区的钻孔灌注桩施工中，开创性地采用有控制放气的安全施工工艺，其施工工艺为世界同类似地理条件之首。（6）大桥钢管桩的最大直径为1.6m，单桩最大长度89m，最大重量74t，开创了国内外大直径超长整桩螺旋桥梁钢管桩之最。杭州湾跨海大桥的建设主动接轨上海扩大开放，推动长江三角洲地区合作与交流，进一步提升宁波市的综合竞争力和国际

杭州湾跨海大桥示意图

竞争力。有利于推进城市化发展战略；直接促进宁波、嘉兴经济社会的发展，对带动周边地区杭州、绍兴、台州、舟山、温州等地的发展，乃至长江三角洲南翼地区的整体发展产生积极影响。作为中国沿海大通道中的第一座跨海大桥，突破了杭州湾的瓶颈，优化了国道主干线的路网布局，改变了宁波交通末端状况，有利于实施环杭州湾区域发展战略网，大大提升了宁波这一极具发展潜力的经济中心城市的竞争力。

【航班】（scheduled flight） 民用飞机沿着规定航线起飞，经由经停站至终点站或直达终点站的运输飞行。按运送对象的不同可分为客运航班和货运航班；按目的地的不同可分为国内航班和国际航班；按航班执行频率的不同可分为定期航班和不定期航班；按飞行时间和飞行距离的不同可分为干线航班和支线航班；按是否经停可分为经停航班和直达航班。中国国际航班的编号是由执行该航班任务的航空公司的二字代码和三个阿拉伯数字组成，其中最后一个数字为奇数者，表示去程航班，最后一个数字为偶数者，表示回程航班。中国大陆的航班号由执行航班任务的航空公司二字代码和四个阿拉伯数字组成，其中第一位数字表示执行该航班任务的航空公司或所属管理局，第二位数字表示该航班终点站所属的管理局，第三、四位数字表示班次，即该航班的具体编号。其中第四位数字为奇数，表示该航班为去程航班；为偶数为回程航班。

航班

【航班客座利用率】（occupation rate of flight guest seats） 又称航班客座率、客座率。航空器承运的旅客数量与航空器可提供的座位数之比。反映航空器座位的利用程度，是航班效益的重要指标。其计算公式是：航班客座率＝航班旅客数/航班可提供座位数×100%，或航班客座率＝旅客周转量（万人千米）/最大客千米×100%。在前一个公式中，航班可提供的座位数不等于航空器所安装的座位数，因为有些座位要留给机组使用，或因飞机减载要减少的座位。在后一个公式中，最大客千米指航空器可提供的座位数与航空器的飞行距离的乘积。计算某一航段的客座率时，使用第一个公式比较方便；在计算多航段多航班的平均客座率时，应使用第二个公式。

【航班载运率】（flight carrying rate） 航空器执行航班飞行任务时的实际业务载量与可提供的最大业务载运能力（简称最大业载）之比。反映飞机载运能力的利用程度，是航班效益的重要指标，也是合理安排航班、调整航班密度的重要依据。其计算公式是：航班载运率＝航班实际业载/航班最大业载×100%，或航班载运率＝总周转量/最大周转量×100%。航空器可提供的最大业载是由航空器的最大起飞重量、最大着陆重量、基本重量、燃油重量、最大

无燃油重量等计算出来的；而航空器的最大起飞重量、最大着陆重量又受到起飞着陆时的气温、气压、跑道长度、净空条件等因素的影响。所以，每次航班，航空器可提供的最大运载量是不同的，应由运输业务部门计算后确定。计算某一航段的载运率时，使用第一个公式比较方便；在计算多航段、多航班平均载运率时，应使用第二个公式。其中，最大周转量是航空器可提供最大业载与飞行距离的乘积。

【航标】(navigation mark) 又称助航标志。为导引和辅助船舶航行而设置在岸上或水中的标志。岸上的标志有灯塔、灯桩、导标等；水上航标有灯船、浮标、灯浮等。用以指示航道锚地、碍航物、浅滩等或作为定位、转向的标志。还可标示水深、预告风情、指挥狭窄水道交通。海区航标分为目视、音响和无线电航标三类；内河航标分类，各国不尽相同。中国分为引导、指示和信号标志三类。

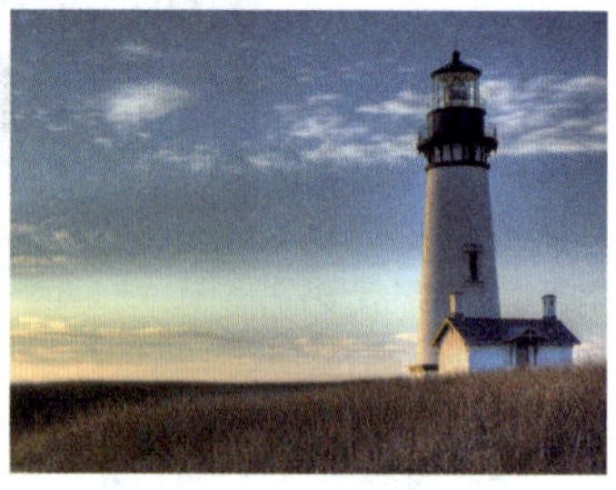
灯塔

【航标测量】(navigation mark survey) 为海上助航标志的设置和维护进行的观测与调查。是用以辅助船舶定位、引航、指示障碍物和特殊用途而设置的人工标志，通常布设在通航水域及附近。其测量内容包括：航标选址的水下或陆地地形测量、工程地质勘察；航标布设位置的测定；定期进行位置和标体状态的维护监测等。位置测定一般以陆上控制点为基准，利用前方交会法、极坐标法或卫星定位系统实施。

【航程】(voyage) 飞机在平静的大气中沿预定的航线飞行并耗尽其可用燃料所能飞过的水平距离。是飞机性能的一个重要参数。包括爬升、巡航和下滑三个飞行阶段所飞过的距离的和。其单位是千米。按其长短的不同可分为远程、中程和短程。在实际使用中，航程与有效载荷(也称“业载”)、飞机重量及燃油量紧密相关。按装载情况的不同可分为最大商载航程和转场航程(最大燃油航程)。前者指装满有效载荷情况下所能达到的最大航程；后者指飞机以最大允许燃油量，带一定有效载荷情况下的最大航程。

【航次形式】(voyage form) 船舶的运行没有固定的出发港和目的港，仅为完成某一次运输任务按照预先安排的航次计划运行的方式。其特点是机动灵活。在国际航运中，或因贸易与市场需要，或因航线长而船舶数量少，按航次运行的船舶比较多见。在国内的沿海及内河运输中，航线形式是主要的运行组织，而航次形式是一种辅助的、也是不可缺少的形式。

【航道】(navigation channel) 水域内供船舶及排、筏安全航行的线路。是水运的基础设施，分为天然航道和人工航道(运河)。进出港航道常常是港口规划、设计和维护的最重要内容之一。航道设计包括航道选线、航道尺度(包括宽度、水深及转弯段参数等)以及导助航标志等。

内河航道

【航道宽度】(navigation channel width) 设计低水位或乘潮水位时，航槽断面设计水深处两底边线之间的宽度。航道有效宽度一般由航迹带宽度、船舶间富裕宽度以及船舶与航道底边之间的富裕宽度三部分组成。

【航道通过能力】(channel carrying capacity) 航道在计算时间内可能通过的最大运输量。一般以上、下水货运量的总和表示。计算时间通常为年、月。因为限制航道通过能力的是航道上的控制段，所以一般只计算航道上各控制段的综合通过能力。

【航改燃气轮机】(aero derivative gas turbine) 以航空燃气涡轮发动机为基础改型发展的轻型燃气涡轮发动机。主要用于发电、天然气输送、油田注水、供热、矿井通风、灭火以及高速车辆和舰船推进的动力。第一个进入市场的轻型燃气涡轮发动机是20世纪80年代末90年代初先后投入运行的美国通用电气公司由F404航空涡扇发动机改型而成的LM1600和美国普惠公司与中国联合研制的由JT8D发动机改型而成的FT8。

【航高】(flight height) 飞机飞行高度的统称。有绝对航高与相对航高之分。绝对航高指飞机离平均海水面的距离；相对航高指飞机相对于平均海水面以外的其他基准面的距离。

【航海图】(navigation chart) 用于船舶安全航行和航海定位的海图。按其用途、内容和比例尺的不同可分为三种：(1)海区总图。覆盖范围包括完整海区、大洋的一部分或整体，因此比例尺多小于1∶200万。(2)航行图，也称航海用图。多根据覆盖范围及沿岸、近海和远航的不同特点，制作不同比例尺的图件，比例尺范围多在1∶10万～1∶200万之间。(3)港湾图，又称港泊图。图幅显示范围仅限于港口、海湾或进港水道，一般采用大比例尺（大于1∶10万）图件。航海图一般沿海岸线、航线或航行区域分幅，相邻图幅之间有一定重叠。图幅内容主要为与航行有关的信息，如海底地形、助航标志、所障碍物和海洋水文要素等。

郑和航海图

【航海医学】(navigation medicine) 医学的一个分支。研究在航海条件下的各种有关医学问题的学科。其主要研究内容包括：航海条件下航海人员的生理、心理反应，病理变化，疾病发生、流行规律及其治疗措施等。是医学科学与航海科学之间形成的交叉学科，对于保障航海人员的海上健康和海洋事业的发展具有重要意义。

【航空病理学】(aviation pathology) 又称飞行事故病理学。病理学和航空医学的一个分支。运用病理学的理论和方法研究航空活动中特别是飞行事故中的医学问题的一门学科。从飞行事故死难者检查入手，研究死伤原因、发展过程、致伤致死机理。目的是查明事故的真正原因，避免类似事故发生。航空医学中涉及的病理学问题均属航空病理学范围。航空病理学的研究对改进飞 机结构和个人防护救生装备，减少弹射和摔机着陆伤亡率、保证飞行安全均有重要作用。

【航空地平仪】(flight-altitude instrument) 又称陀螺地平仪。用于测量和显示飞机俯仰及倾斜姿态的一种陀螺仪表。主要由双自由度陀螺、摆式地垂修正器、随动机构、启动装置、指示装置等部分组成。其用途是保证飞行员及时了解和掌握飞机俯仰、倾斜的角度，以便正确操纵飞机。

航空地平仪

【航空发动机控制】(aircraft engine control) 自动控制学科领域中的一个分支。在整个飞行包线内，在发动机各个气动、热力和机械设计限制内及在发动机所有功率范围内，依据发动机的状态和发动机外界环境的变化对发动机的各调节参数所进行的控制。其作用是保证发动机工作稳定并获得最佳性能。控制的具体内容是：(1)稳态控制。在外界条件变化时，保持既定的发动机稳定工作点。(2)过渡态控制。在油门杆从一个工作状态移到另一个工作状态时，能够快速响应，并且不超过规定的喘振、熄火边界和高温限制。(3)极限控制。在各种工作状态和飞行条件下，保证发动机各主要参数不超出允许的安全极限值。控制的主要内容有：输出参数（推力或功率）控制；燃油流量控制；压气机可调静子叶片控制；可调放气活门控制；涡轮间隙主动控制；高压压气机、涡轮冷却空气流量控制；发动机润滑油和燃油温度管理；发动机安全保护；启动和点火控制；反推控制等。发动机控制的方式是：按控制器的能源和元件的不同可分为机械液压式、机械气动式、模拟电子式、电子/机械液压混合式和全权限数字式电子控制（FADEC）等。早期的燃气涡轮发动机采用单变量控制，即通过改变供油量来控制发动机转速，控制方式是机械液压式。随着发动机控制变量的增多及计算机技术的发展，到了20世纪80年代，双通道全权限数字式电子控制系统被广泛地应用到发动机上。20世纪60年代发展起来的模拟式电子控制也将由数字式电子控制所取代。未来的先进发动机都将采用数字式电子控制方式 。

【航空发动机特性】(engine characteristics) 航空发动机推力（或功率）和耗油率随使用条件变化的特性。使用条件包括发动机工作的外部条件及发动机本身的各种工作状态。外部条件包括飞行速度、飞行高度、大气温度、大气压力和大气湿度等 。发动机特性中重要的有速度特性、高度特性和节流特性。它们分别反映飞行速度、飞行高度和油门位置对推力（或功率）和耗油率的影响。按发动机工作状态的不同其特性又可分为：(1)稳态特性。发动机在稳定工作状态下的特性。(2)过渡态特性。发动机工作状态变化过程中表现出的特性。发动机特性对飞机飞行性能有很大影响，是评价发动机性能优劣的最重要依据。

【航空港】(airport) 民用航空机场和相关服务设施的总称。包括飞行区、客货运输服务区和机务维修区等三部分。飞行区是指为保证飞机安全起降的区域。内有跑道、滑行道、停机坪和无线电通信导航系统、目视助航设施及其他保障飞行安全的设施，占地面积最大。飞行区上空划有净空区，指规定障碍物限制面以上的空域，地面物体不得超越限制面。客货运输服务区是指为旅客、货主提供地面服务的区域。主体为候机楼，此外还有客机坪、停车场、进出港道路系统等。货运量较大的航空港还专门设有货运站。客机坪附近配有管线加油系统。机务维修区是指飞机维护修理和航空港正常工作所必需的各种机务设施的区域。区内建有维修厂、维修机库、维修机坪和供水、供电、供热、供冷、下水等设施及消防站、急救站、储油库和铁路专用线等。

航空港

【航空工效学】（aviation ergonomics） 人体工效学的一个分支。以生理学、心理学、解剖学、人体测量学等学科为基础，研究空勤人员的工作规律以提高其工作效率的学科。其主要研究内容包括：如何根据人的生理、心理特点和能力限度设计航空设备；航空装备操作、使用和维修的理论和方法；如何提供和创造良好的工作环境，减少空勤人员精神和体力上的过度紧张和疲劳，防止工作能力下降，减少人为差错，避免事故发生。近年来，随着航空数字、电子技术等高技术的迅速发展，平视显示、下视显示、头盔显示、多功能控制技术及语音技术等新的技术装备层出不穷。新技术从提出到应用的全部过程都会遇到空勤人员使用是否安全、有效和适宜等问题。这些问题都需要航空工效学的研究给予回答。

【航空航天医学】（aeroastromedicine） 医学的一个分支。研究在大气层和外层空间飞行条件下的各种有关医学问题的学科。其主要研究内容包括：外界环境因素（低压、缺氧、宇宙辐射等）及飞行因素（超重、失重等）对人体生理功能的影响及其防护措施。是医学科学与航空航天科学之间形成的交叉学科，其研究对于保障航空航天人员的健康和航空航天事业的发展具有重要意义。

【航空航天员人体疲劳】（human body fatigue of aeronautics and astronautics） 航空航天中的各种生理效应导致飞行员、航天员精神失调或身体疲乏。人体疲劳造成反应迟缓，判断、决策能力下降，代谢改变。人体疲劳有多种症状。尽管飞行员、航天员仍能执行任务，但却在错误的时间执行。反应迟钝，理解能力下降，对仪表或设备的注意力松懈。随疲劳加深，理解力进一步下降，便会失去综合判断能力，无法把各种正常工作的仪表所提供的参数联系起来做出判断。最终，疲劳达到一定程度，便会出现 1 ~ 2s 的瞬间精神混乱。疲劳是能够累积的，随着疲劳加深，人的判断能力将继续下降。为能耐受航天疲劳，航天员在地面航天模拟器中反复进行航天飞行训练，以便学会预防疲劳的方法，锻炼抗疲劳的能力。飞行员也要进行各种相应的锻炼。此外，在座舱设施上也须采取相应的抗疲劳措施：仪表板可涂不同的颜色，设计成不同的形状和大小，重要仪表应设置在既显眼又突出的位置。座舱的照明应能给人以舒适感和愉快感。

【航空护林】（aviation forest protection） 利用飞机巡护并集各种高新技术于一体的从空中扑救森林火灾的有效手段。森林防火工作的重要组成部分，主要包括巡护飞行、观察火场、机降灭火、吊桶灭火、索（滑）降灭火、化学灭火和森林防火宣传等，此外还有空中侦查火场、空中指挥扑火在普遍应用，机腹式水箱灭火、水袋灭火等先进手段也在试用之中。航空护林在森林火灾预防和扑救中具有不可替代的作用。1952 年 4 月 1 日，中国第一个航空护林机构—嫩江航空护林基地开航，至今中国航空护林已走过了从无到有、从小到大的历程，为保护森林资源和绿色生态建设，保护国家和人民的生命财产安全，维护林区的社会稳定作出了重大贡献。中国航空护林工作由国家林业局下属的东北航空护林中心和西南航空护林总站分别指导和管理，在黑龙江、内蒙古、吉林、云南、四川、广西、贵州、江西、河南 9 个省（自治区）建立了 24 个航空护林站（点）。及护林事业是绿色生态建设和森林防火工作的必由之路.

航空护林

【航空技术】（aviation technology） 应用各种基础科学和技术科学实现在大气层内航行和指导航空工程实践的综合性技术。主要研制军用飞机、民用飞机及吸气发动机。20 世纪人类认识和改造自然过程中最活跃、最有影响的科学技术领域之一，也是表征一个国家科学技术先进性的重要标志。航空技术的发展与军事应用密切相关，其巨大进展对国民经济和社会生活都产生了重大影响。随着科学技术的不断发展，航空技术将继续沿着降低生产、使用成本，提高航空器飞行性能、及其安全性、可靠性的方向发展，并努力使航空器的结构、动力装置和控制系统智能化，以提高其自适应能力。

【航空救生】（aviation life saving） 飞行员从失事飞行器中应急离机，着地后生存及被营救的过程。应急离机指飞行员以尽可能短的时间安全可靠地脱离失事飞行器，直至安全返回地面。现代军用飞机普遍采用敞开式弹射救生系统进行应急离机。飞行员着陆后能否生存取决于许多因素，主要是环境的优劣、个人生存能力的大小、救生装备的优劣和营救速度的快慢。营救指专职营救组织及时派出训练有素的营救人员，使用各种运输工具、搜索和营救设备来搜索和营救遇难人员。对军机而言，航空救生的主旨是在飞行器处于不可挽回的应急情况下拯救飞行员的生命，保证作战能力。

航空救生训练

【航空救生设备】(aviation lifesaving equipment) 又称逃生系统、应急离机设备。航空器飞行中发生紧急情况时，乘员用以离开航空器并安全救生的保障系统。一般包括弹射座椅、降落伞、密闭救生装置和牵引救生装置。20 世纪 40 年代初研制成以压缩空气为动力的弹射座椅。第二次世界大战末研制成以火药为动力的弹射座椅。降落伞最初用于气球，是军用飞机必备的救生工具。20 世纪 50 年代后期研制成以火箭为助推动力的弹射座椅。20 世纪 70 年代美国研制成飞行弹射座椅，弹射后可操纵飞行一定的距离，以选择合适的着陆区域。高空飞行中，弹射救生需解决缺氧、低温、低压和高速气流环境下的防护问题，为此出现了一些密闭式救生装置。牵引救生装置具有构造简单、重量轻、体积小、牵引过载小和稳定性好等优点，适用于轻型军用飞机、直升机和运输机的原型机空中应急救生。

【航空领航】(air navigation) 确定飞机位置并根据飞行计划引导飞机准确到达指定地点的活动。通常包括推测领航和航空领航定位两种。推测领航指在地图上从一个已知位置画出飞机飞行的航迹，沿航迹线标出所飞经的距离，确定飞机位置，并推算飞机飞向目的地的航向和预计到达的时间的一种航空领航方法。推测领航必须准确地测量飞机相对地面运动的方向和速度。随着现代技术的发展，多普勒导航系统和惯性导航系统应运而生。航空领航定位指测量各个已知位置的地标或电台的方位或距离，以确定飞机位置线的一种航空领航方法。位置线可以是地球表面上的大圆、小圆、双曲线或其他曲线，两条不平行的位置线的交点即是定位点。其定位方法有地标定位法、天文定位法和无线电定位法三种。

【航空母舰】(aircraft carrier) 以舰载机为主要武器并作为其海上活动基地的大型水面战斗舰艇。按其战斗使命的不同可分为攻击航空母舰、反潜航空母舰和多用途航空母舰；按其动力类型的不同可分为核动力航空母舰、常规动力航空母舰。在其他战斗舰艇的护航下，航空母舰能远海机动作战，袭击敌方海上编队和岸上目标，夺取作战海区的制空权和制海权，支援登陆和抗登陆作战。

航空母舰

【航空气象学】(aeronautical meteorology) 气象学的一个分支。研究气象条件对航空活动和航空技术装备的影响以及如何实施航空气象保障的学科。其主要研究内容包括：(1)航空气象监测。对跑道及起飞和着陆区域、机场终端区、航线和飞行管理区内的各项气象要素和天气现象实施及时、准确、连续的观测。(2)航空气象警报。利用机场终端区密集的气象监测网以及其他非常规观测资料，建立机场终端区重要天气如对流天气、低空风切变、低能见度等的实时警报系统，提高对终端区重要天气特别是要提高重要天气临近预报和短时预报水平。(3)航空气象预报。主要指航线及区域天气预报，包括对高空飞行层上的风、温度、积云、颠簸等对飞行安全及飞行效益产生重要影响的天气现象或要素的预报。(4)航空气候评估。为航空规划与建设提供服务，为合理选择航线提供理论依据，此外还开展飞机排放物对气候影响的评估。

【航空器安全救生技术】(aircraft emergency life-saving technology) 从发生事故的航空器中将乘员安全救出并使之生还的技术。包括乘员应急离机、安全着陆、生存待救及营救生还。除飞机空中失事救生外，地面迫降时拦阻网救生、民航机旅客应急撤离以及直升机坠毁救生等均属航空救生。军用飞机救生技术的发展仍以空中逃生的弹射坐椅技术为代表，并体现在座椅总体性能和各子系统的改进发展上。低空不利姿态救生是未来 20 年内军用飞机航空救生技术发展的主要课题。它要求救生系统能自动选择和控制人、

飞碟状航空器

椅轨迹,完成全部救生过程,保证乘员安全着陆。

【航空器个体防护技术】(aircraft self-protection technology) 研究和制造在乘员身上佩戴、用来防御飞行和应急救生过程中可能遭遇到各种伤害因素的装备技术。包括防护高空缺氧、高过载、碰撞、眩光、过冷和过热、高速气流吹袭、应急离机及降落后的生存待援等问题。在正常飞行时,气密座舱为乘员提供良好的防护,而个体防护装备仅起辅助作用。当座舱发生故障或应急离机时,人员直接暴露在外界环境中,佩戴在乘员身上的个体防护装备即可提供全部防护,包括供氧装备、头盔、防护服和救生装备。

【航空器驾驶员助手系统】(pilot assistant system) 应用人工智能中专家系统技术,协助驾驶员提高完成飞行任务水平的系统。科学技术的发展,要求飞行器完成的任务日趋复杂,要求完成任务的质量日益提高。对歼击机驾驶员,要求他同时完成驾驶飞机、控制推力、通信、导航、发现跟踪目标并进行攻击,以及观察座舱内其他显示器等繁多的任务,使驾驶员处于难以应付的局面。驾驶员助手系统可减轻驾驶员的工作负担,改善安全性并提高完成飞行任务的水平。

【航空器结冰】(aircraft icing) 大气中不同形态的水在航空器部件表面上冻结的现象。冰晶堆积在表面上的结冰称“干结冰”;水蒸气未经液相直接冻结在表面上的结冰称“凝华结冰”;过冷水滴撞击在部件表面上的结冰称“水滴结冰”。部件表面结冰会严重影响航空器的性能。

航空器除冰

【航空摄影测量】(aerial photogrammetry) 又称航测。用航空飞行器做运载工具,携带传感器对地球表面、大气和海域进行的摄影。飞行高度一般是几百米至几十千米。利用航空像片确定所摄物体的形状、大小、空间位置及其性质,用于地形图测绘的摄影测量。包括航空摄影、航片处理、航片判读、航片调绘、航片纠正及利用航片测绘地形图。自20世纪30年代以来,航空摄影测量一直是1∶1万~1∶10万地形图测绘的主要方法。

航空摄影

【航空摄影机】(aerial camera) 装在飞机上向地面垂直拍摄用的摄影机。主要用于制图、测绘等方面。多以24cm×24cm的画面,用150mm广角镜头拍摄。此外,还有1台摄影机身附带4个镜头,供以某照片制作合成彩色照片的多光谱带摄影机使用。

【航空生理学】(aviation physiology) 研究航空活动中人体生理机能变化规律和机理的一门应用基础学科。既是航空医学的重要组成部分,又是应用生理学的一个分枝。其主要任务是为研制飞机座舱、个体防护装备、弹射救生装备、降落伞等生命保障设备提供生理学数据,进行生理学鉴定,保证飞行安全和飞行员的工作能力。航空生理学历来以环境生理学的研究为其主要内容,对危及飞行安全的环境因素进行深入研究,提出防护要求,并开展人机系统研究,根据安全、有效和舒适的原则为飞机防护救生装备研究提出生理学数据指标。

【航空生理训练】(avigation physiological training) 用离心机、低压舱和飞行模拟器等地面模拟设备,使受训者了解、体验各种太空飞行环境并掌握飞行操作技术的训练活动。包括加速度、超重、失重、低压、缺氧、空间定向和夜间视觉等。训练可提高受训者对特殊飞行环境因素的耐力和适应能力,提高应急处置能力。

【航空通信】(aeronautical communication) 航空部门之间利用电信设备进行联系,以传递飞机飞行动态、空中交通管制指示、气象情报和航空运输业务信息等的通信手段。一般包括电报、电话、电传打字、传真、电视、数据传输等多种方式。航空通信的业务主要有四种:(1)航空移动通信。又称陆空通信。主要是机载电台和地面对空电台之间的通信。飞机电台之间必要时也可利用航空移动通信网通信。航空移动通信业务主要有飞机险情通信和航务管理通信。前者是飞机遇到和解除危险、紧急状态的通信;后者是飞机与航空运输企业之间交换飞机飞行情况的通信。(2)航空固定通信。又称平面通信。在固定点之间进行,只接受与航空安全直接有关的通信业务。在世界范围已形成航空固定通信网。此外,许多航空运输企业还另建有旅客服务、客货运输、定座电报的通信网络,并有多家企业联合组成专用通信网。国际航空通信协会的通信网居世界之首,几乎通达全球各大城市,向各会员航空公司供应有关飞行动态、飞行保安、旅客定座、追查行李等专业性资料。(3)航空通播。按特定频率或通信频率,以定时广播的方式，发送有关气象情况、机场着陆条件、进场条件等航行资料。(4)航空无线电导航。通过地面无线电设施为飞机提供方位、距离等信息，以便确定飞机位置，引导飞机飞行。

【航空图】(aeronautical chart)　空中领航与飞行、地面指挥与引导飞行器所使用的各种地图。主要供民用航空飞行及航空兵遂行作战、训练、指挥等使用。其内容主要包括地理人文要素和航空要素两部分。前者着重表示与飞行有关的内容，如主要的水系及水利工程设施、重要的居民地、主要的道路及附属物、境界、地貌、植被等；表示的详细程度根据用途需要而定。后者主要表示机场及障碍物、导航设施、靶场和特殊空域。

【航空遥感】(aviation remote sensing)　在航空器上利用遥感技术进行远距探测的方法。把航空摄影机或其他遥感器安装在飞机、飞艇等航空器上，对地球表面、大气和海域进行的遥感。可在几百米至一万几千米飞行高度上快速、多谱段地进行探测，获取高分辨率的图像资料。航空遥感在时间和空间上有较大的灵活性和机动性，可根据实际需要随时调整飞行时间和探测区域，因而广泛应用于地球自然资源考察、气象观测、地图测绘、科学研究和军事侦察等。

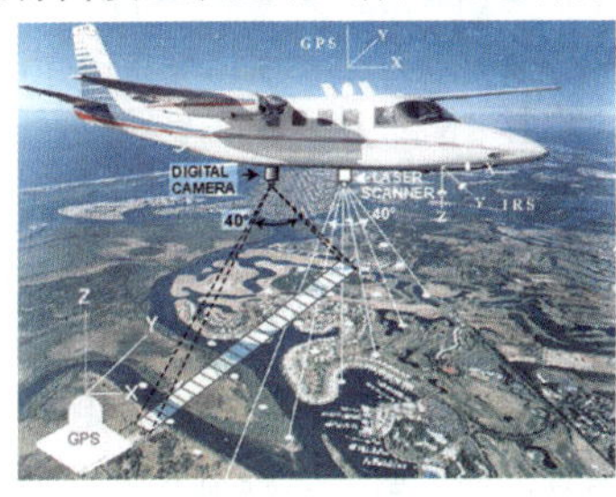

航空遥感飞机

【航空医学】(aviation medicine)　医学的一个分支。研究和解决航空特殊环境因素对乘员的影响，保障乘员身体健康，提高劳动效率，保证飞行安全，避免伤亡和选训驾驶员等有关医学工程问题的综合性学科。其主要研究内容包括：与空勤人员有关的大气环境、航空生理卫生、航空心理卫生、航空与营养卫生、航空卫生法规、航空活动中常见的传染病及慢性病、空勤人员生活方式与疾病、五官科疾病以及急救知识等。其研究和发展水平是一个国家航空事业发展水平的重要标志之一。

【航空运输】(air transportation)　使用航空器运送人员、行李、货物和邮件的一种运输方式。包括飞机、机场、空中交通管理系统、飞行航线、商务运行、机务维护、航材供应、油料供应、地面辅助及保障系统等。前四项为航空运输体系的基本组成部分。飞机是航空运输的主要运载工具。按运输类型的不同，民用飞机可分为运送旅客和货物的各种运输机和为工农业生产作业飞行、抢险救灾、教学训练等服务的通用航空飞机两大类。按其起飞重量的不同民用机可分为大型、中型和小型；按航程远近的不同可分为远程、中程和短程。机场是提供飞机起飞、着陆、停驻、维护、补充给养及组织飞行保障活动的场所，也是旅客和货物的起点、终点或中转点。空中交通管理系统是为了保证航空器飞行安全及提高空域和机场飞行区的利用效率而设置的各种助航设备和空中交通管制机构及规则。飞行航线是航空运输的线路，是由空管部门设定飞机从一个机场飞抵另一个机场的通道。飞行航线分航路、固定航线、非固定航线。航路是用于国与国之间、跨省市航空运输的飞行航线，规定其宽度为20km。航空运输具有速度快、不受地形限制、机动性大、舒适安全、适用范围广泛、用途广、基本建设周期短、投资少、航空运输的国际性、运载成本和运价比地面运输高等特点。由于航空运输具有快速、机动的特点，可以为旅客节省大量时间，为货主加速资金周转。因此，在客运和进出口贸易中，尤其是在贵重物品、精密仪器、鲜活物资等运输方面，起着越来越大的作用。

航空运输

【航空运输计划】(air transportation planning)　航空运输发展规模、技术进步、机场布局等方面的计划。按其期限的不同可分为长期计划和年度计划。长期计划内容包括航空运输的发展速度和规模、新航线的开辟、技术力量的增长、机场的建设与布局、新型飞机的购置、飞机成本的降低和航空运价的调整等；年度计划是长期计划分年度具体执行的计划，包括运输飞行计划、飞机利用计划、飞机修理计划、空勤人员飞行计划、物资供应计划和技术改造计划等。制定航空运输计划的目的是为了避免人力、物力、财力浪费，以较低成本，取得较好经济效益。

【航空运输总周转量】(total turnover quantity of air transportation)　航空运输企业使用航空器承运的旅客、行李、邮件、货物的数量与运输距离的乘积。其计算单位是吨千米(t·km)。是反映航空运输企业经济效益的综合性指标之一。其中，旅客周转量是航空运输企业承运的旅客数量与运输距离的乘积，通常用客千米或人千米表示。为了计算运输总周转量，需将客千米换算成吨千米。

【航空运输组织】(organization of aviation

transport） 对航空运输生产制订的计划组织安排。主要包括航线网建设和编制航班计划、航线运输计划、班机飞行作业计划、航空港（站）发运量和收入计划。航班计划的主要内容是对各条航线安排适当的机型，确定每周飞行班次，计算各型飞机全年生产飞行小时和所需飞机架数；根据各型飞机航行速度、装卸时间和需要在途中停歇时间等，确定中途站和终点站及其起飞、降落时间；确定班期。航线运输计划主要是确定各航线周转量和运量。班机飞行作业计划主要包括飞机计划运行图、空勤组飞行计划和生产调度会议安排。航空港发运量和收入计划是根据航线运输计划，把航线运量及其收入分配下达给所属各航空港的作业计划。

【航空重力测量】（airborne gravimetry） 利用机载重力、定位传感器组合系统进行空中重力测量的技术。是陆地和海洋重力测量的拓展和补充。也是重力测量的发展方向之一。其特点是测量速度快，覆盖范围大。其基本原理是：由机载重力仪（重力传感器）测量出航迹上采样点处重力仪读数相对于地面基准重力点读数的差值，推算出机载重力仪的加速度值；机载 GPS 接收机（定位传感器）与地面固定站 GPS 接收机同步接收 GPS 信号，差分处理后求得飞行的位置矢量，从而可计算出飞行的速度矢量和加速度。航空重力测量可用于大范围重力普查、无人区重力测量和远程武器发射首区快速重力测量。其发展方向是：航空矢量重力测量和航空重力梯度测量；其观测信息分别为重力加速度矢量和重力梯度张量。可探测更高精度、更高分辨率的地球重力场。

【航空重力测量系统】（airborne gravimetry system） 以飞机为载体在空中探测地球重力场的设备。由重力分系统、平台分系统、定位分系统和其他附属分系统构成。通常指标量系统。标量系统大多采用改进后的海洋重力仪作为重力分系统。这种系统又称为二轴阻尼平台系统。其雏形可追溯至 20 世纪 50 年代末。受定位分系统的精度限制，航空重力测量系统很长时间内未取得突破性发展。直至 20 世纪 80 年代末 GPS 的出现，尤其是厘米级动态差分 GPS 技术的发展和完善，促使标量系统迅速走向实用化。到 20 世纪末，该系统已在北极、南极洲、瑞士、德国等国家和地区进行了测量，精度为 $\pm 2 \sim 1.0 \times 10^{-4} ms^{-2}$，分辨率为 2 ~ 12km。中国于 2002 年研制成功首套航空标量系统，测定中等山区和平原地区 $5' \times 5'$（格网平均重力异常的精度分别为 $3.8 \times 10^{-5} ms^{-2}$ 和 $1.9 \times 10^{-5} ms^{-2}$。20 世纪末，基于惯性技术和 DGPS 的新型标量系统也研制成功。其发展方向是航空矢量和航空梯度重力测量系统，可探测更高精度、更高分辨率的地球重力场信息。主要用于大范围重力测量普查、人烟难及区域重力测量、远程武器发射首区快速重力测量等。

【航路】（air route） 根据地面导航设施建立，供飞机作航线飞行时使用，并具有一定宽度的空域。该空域以连接各导航设施的直线为中心线，有上、下限高度和宽度。民航航路是由民航主管部门批准建立的一条由导航系统划定的空域构成的空中通道。交通管理机构要提供必要的空中交通管制和航行情报服务。空中航路的宽度不是固定不变的。按国际民用航空公约规定，当两个全向信标台之间的航段距离在92.6km 以内时，航路的基本宽度为中心线两侧各 47.4km；如果距离在 92.6km 以上时，根据导航设施提供飞机航迹引导的准确度进行计算，可以扩大航路宽度。

【航摄像片】（aerial photograph） 又称航空像片、航片。利用航空摄影机从空中对地面进行连续摄影而获得的载有地表信息的像片。按摄影时主光轴与铅垂方向关系的不同可分为垂直摄影像片和倾斜摄影相片。是航空测量工作的基础资料，也是解决农林、水利、地质及军事等方面问题的重要资料。

【航天测控系统】（space telemetering and command system） 又称航天测控网。对运行中的航天器（运载火箭、人造地球卫星、宇宙飞船和其他空间飞行器）进行跟踪、测量和控制的大型电子系统。通常由航天控制中心和若干航天测控站（包括地面测控站、测量船和测量飞机）组成。用以测定和控制航天器的运动，检测和控制航天器上各种装置和系统的工作，接收来自航天器的专用信息，与载人航天器的乘员进行通信联络等。测控系统或测控网是发展航天事业的重要技术基础设施，其发展经历了从地面建网到建立天基测控网的过程。第二次世界大战以后不久，在火箭试验中就已采用某些光学和电子测量系统。20 世纪 70 年代以前，为了提高轨道覆盖率，美国和苏联都追求全球布站。20 世纪 70 年代后，美国和苏联都重点转向发射跟踪和数据中继卫星，建立天基测控网，以便减少地面台、站的数量，并完善测控手段。中国航天测控系统也在航天事业的发展中逐步臻于完善。

航天测控系统

【航天测控站】（spacecraft TT&C station）

直接对航天器(包括运载火箭)实施跟踪测量和控制的设施。航天测控网的基本组成部分。其任务是在航天控制中心的组织下,测量航天器的运动参数、接收航天器的遥测信息、向航天器发送遥控指令及与航天器通信。航天测控站通常由跟踪测量设备、遥测设备、遥控设备、计算机、通信设备、监控显示设备和时间统一设备组成。随着无线电电子技术的发展,测控设备不断演变,独立的跟踪测量设备、遥测设备和遥控设备已逐步被共用一路载波信道的统一测控系统所代替。航天测控站分为固定站和机动站。机动站包括陆上机动站(如汽车机动站和方舱式机动站)、航天测量船和测量飞机。航天测控站的数量、功能和布局取决于航天器的轨道及其对测控系统的要求。为保证对航天器轨道的有效覆盖和获得足够的测量精度,通常利用在地理上合理分布的若干航天测控站组成航天测控网。航天测控站站址选择的主要条件是:遮蔽角小,电磁环境良好,通信、交通方便。航天测控站正在向高功能、高可靠、自动化和综合利用方向发展。为提高跟踪覆盖率,已出现天基测控站。

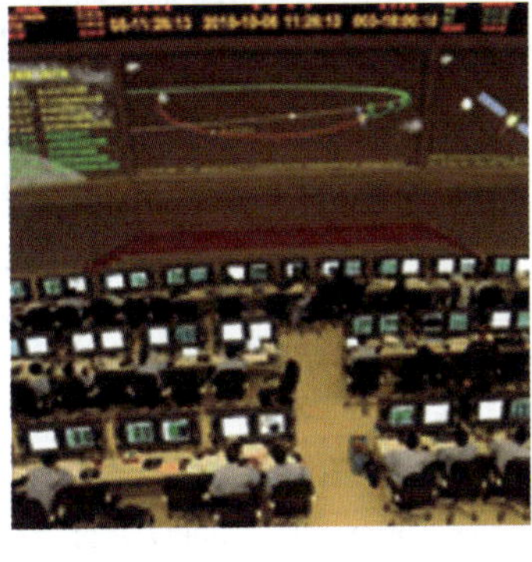
航天测控站

【航天测量船】(spacecraft TT&C ship) 专用于在海洋上对宇宙飞行器实施跟踪遥测、通信保障和指挥控制的试验船。航天测控网的海上机动测量站。它可根据航天器及运载火箭的飞行轨道和测控要求配置在海域的适宜位置上。其主要任务是在航天控制中心的指挥下跟踪测量航天器的运行轨迹、接收遥测信息、发送遥控指令、与航天员通信,以及营救返回溅落在海上的航天员。还用来跟踪测量弹道导弹的轨迹,接收弹头遥测信息,测量弹头海上落点坐标,打捞数据舱等。航天测量船可按需要建成设备完善、功能较全的综合测量船和设备较少、功能单一的遥测船。它们除具有船舶结构、控制,导航,动力等系统外,还设有相应的测控系统。综合测量船测控系统一般由无线电跟踪测量系统、光学跟踪测量系统、遥测系统、遥控系统、再入物理现象观测系统,声呐系统、数据处理系统、指挥控制中心、船位船姿测量系统、通信系统、时间统一系统、电磁辐射报警系统和辅助设备组成。为了保证各种测控设备在综合测量船上正常而保精度地工作,须采取一些必要的技术措施:(1)精确测量船位船姿。由惯性导航、星体跟踪器、卫星导航和水底声呐等设备组成的船位船姿测量系统可以连续、准确地测出船的位置(纬度,经度)、速度、航向和纵摇、横摇数据。它是船上跟踪测量设备的坐标基准。(2)船体的稳定。可采用自控泄摇水舱,防摇鳍等措施减弱船的摇摆,改善测量工况。(3)跟踪波束的稳定。为使测量设备跟踪波束相对稳定在惯性坐标系中,可采用在甲板上加装稳定平台的方法;或在跟踪目标过程中将船摇信息和天线速率陀螺的信息,经过处理后输给该天线伺服系统实时修正,实现对目标的稳定跟踪。(4)复示变形误差修正。稳定平台和惯性导航基准平台之间的复示误差,测量设备天线基座和惯性导航基准之间的挠扭曲变形误差,可采用光学准直原理精确测定,供坐标转换时修正之用。(5)电磁兼容设计。合理选择电子设备的工作频率和频谱,合理布局设备和天线,严格选型和敷设电缆,采取必要的屏蔽。限制和滤波等技术措施,以克服电磁干扰。(6)对船载电子设备采取防潮、防盐雾和防霉变措施。此外,航天测量船还要定期进行静态标校,以测定各测量设备的零位;定期进行动态精度鉴定,以测定各测量设备的误差;在海上执行任务时,可用微光电视跟踪系统利用星体随时进行自动化标校,以保证设备或系统的精度。

航天测量船

【航天飞机】(space shuttle) 又称太空穿梭机。能重复使用、往返于地表和近地轨道之间运送人员和货物的飞行器。使用空气喷气发动机像飞机一样从地面水平起飞,在 30km 高度达到 5~6 倍声速时,使用冲压空气喷气发动机,可在 90km 左右高度达到 25 倍声速,在大气层内做洲际飞行。目前的航天飞机是使用火箭发动机进入太空轨道,返回时像飞机一样水平着陆。

航天飞机

【航天服】(space suit) 航天飞行中用于航天

员抵御外界恶劣环境危害，在人体周围创造必要的大气压力、气体成分、温度、湿度等生活环境和条件，以保证航天员具有一定的活动性和操作性的个人防护装备。其研制大约始于20世纪50年代中期，是在航空高空飞行压力服的基础上发展起来的。1961年4月12日，由苏联航天员加加林在航天飞行中首先使用。随着载人航天事业的发展，航天服在技术上取得了很大的进步。航天服一般由服装、头盔、手套和靴子等组成。按其用途的不同可分为弹射救生服、舱内航天服和舱外航天服；按结构的不同可分为软式、硬式和软硬结合式；按其服装内压力的不同可分为低压式和高压式两种。

【航天港】（space port） 宇宙飞船为了避免直来直往而建造的停靠和转运中心。飞船起飞时的加速和降落时的减速，需要消耗大量能源。将来在月球和火星基地建成后，在地球、月球和火星周围应建立一些航天港，作为航天飞行器的补给和转运中心。现今的空间站可以发展成未来的近地轨道航天港。未来的航天港应设有动力设备、服务车间、机库、推进剂存放、加注和其他服务设施，还有供人员居住和工作的设施。

【航天技术】（space technology） 又称空间技术。探索、开发和利用太空及地球以外天体的技术。主要包括航天器和航天运输系统的研制、试验、发射、运行、返回、控制、生命保障及应用技术等，也包括火箭和导弹武器的研制。在军事上的应用十分广泛，对军事战略和武器的发展有着深远的影响。

【航天雷达】（space radar） 装在卫星或航天飞行器上的雷达。其主要功能是对极大的地域范围内的目标和低空飞行的目标进行侦察和探测。能够提前探测到敌方远程导弹和低空飞行的进攻飞机，从而通知有关作战部门作好拦截准备。还能够引导己方的作战单元对敌方目标进行远程攻击。

航天雷达

【航天器】（spacecraft） 在地球大气层以外的宇宙空间执行探索、开发和利用太空等航天任务的飞行器。分为人造地球卫星、空间探测器和载人航天器。载人航天器又分载人飞船、空间站和航天飞机。航天器在地球大气层以外运行，摆脱了大气层阻碍，可以接收到来自宇宙天体的全部电磁辐射信息，实现了全波段天文观测。它从近地空间飞行，到行星际空间飞行，实现了对空间环境的直接探测以及对月球和太阳系大行星的逼近观测和直接取样观测。环绕地球运行的航天器从几百千米到数万千米的距离观测地球，迅速而大量地收集有关地球大气、海洋和陆地的各种各样的电磁辐射信息，直接服务于气象观测、军事侦察和资源考察等方面。如人造地球卫星作为空间无线电中继站，实现了全球卫星通信和广播；而作为空间基准点，又可以进行全球卫星导航和大地测量。利用空间高真空、强辐射和失重等特殊环境，可以在航天器上进行各种重要的科学研究实验。航天器基本上是无动力的，依靠运载火箭、通常为第二级火箭提供的初速来运动。运载火箭在燃料耗尽后就自动分离，落向地球。航天器或者进入绕地球轨道，或者在给以动量情况下，继续飞向太空目的地。

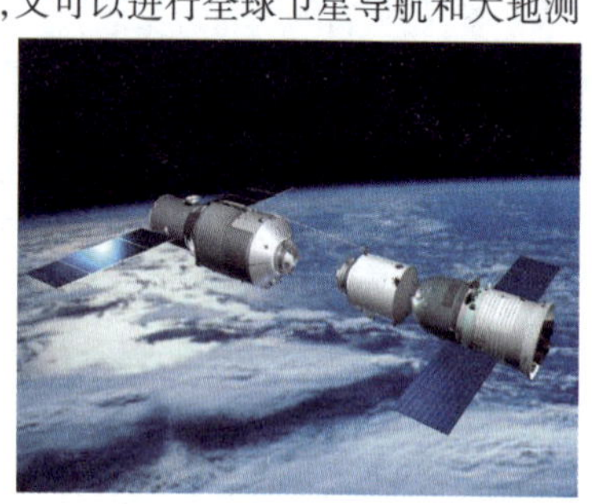
航天器

【航天器表面充电】（spacecraft surface charging） 空间带电粒子沉积在航天器表面上引起的充电现象。航天器在空间运行过程中，受到周围等离子体、高能带电粒子的轰击以及太阳电磁辐射引起的光电子发射等影响，使航天器表面沉积一定数量的电荷，相对周围空间具有一定的电位。航天器互相绝缘的各部分沉积有不等量的电荷时，它们之间便形成一定的电位差。当电位差超过某些部件所能承受的电压时便会发生放电现象，一些部件可能被击穿，而且放电电弧所发生的电磁干扰和电磁脉冲也会严重影响甚至破坏航天器的正常工作。为防止航天器表面严重充电以及由此引起的严重后果，经常采用的方法是严格屏蔽壳体表面上的开口处，适当选择表面材料，提高电子设备的抗干扰能力和保证良好的“接地”等。

【航天器电源系统】（spacecraft power system） 航天器上产生、储存、变换、调节和分配电能的分系统的统称。其基本功能是通过某种物理变化或化学变化将光能、核能或化学能转换成电，并根据需要进行储存、调节和变换，然后向航天器各系统供电。电源系统由电源、电源控制设备、电源变换器、电源配电与电缆网等四大部分组成。其中核心部分是电源,其余部分则按电源及负载的要求,进行相应配置。航天器电源系统主要有三类:(1)化学电源。如锂电池、锌银蓄电池、氢氧燃料电池等。(2)太阳电池阵。在航天器光照期由太阳电池阵将太阳光能直接转换成电能。(3)核电源。如放射性同位素温差发电器、反应堆温差发电器和热离子反应堆等。电源系统的发展水平,对提高航天器性能、延长航天器工作寿命起着决定性的作用。因此对电源系统的功率、寿命、可靠性等指标也提出愈来愈高的要求。

【航天器发射场】(space launch site) 发射航天器的特定场区。通常按使用目的的不同可分为技术测试区、发射区、发射指挥中心、航区测控站、发射勤务保障设施和管理服务部门等。有些航天器发射场,还包括助推火箭或运载火箭第一级工作结束后的降落区和航天器回收着陆场。

航天器发射场

【航天器返回技术】(spacecraft returning technology) 使航天器脱离原来的运行轨道进入地球大气层并在地面安全着陆的技术。返回型航天器在空间完成预定的飞行任务后,需将航天员、信息载体、实验制品和空间产品等送回地面。返回是返回型航天器整个飞行任务的最后阶段,也是整个飞行任务成败的最终标志。航天器的返回是一个减速、下降的过程,即航天器耗散动能和位能的过程。航天器返回技术的实质就是对航天器所具有的巨大能量——动能和位能的处置。航天器返回是应用变轨的原理,改变运动速度可使航天器脱离原来的运行轨道转入另一条轨道。若速度的变化使航天器转入一条飞向地球并能进入大气层的轨道,便有可能实现返回。航天器返回时,从外层空间进入地球大气层称为再入。能够耐受再入飞行环境的航天器称为再入航天器。按照直接进入法返回,航天器从外层空间返回地面须经历离轨、过渡、再入和着陆四个阶段。返回技术是复杂的综合性技术。返回控制和制导、再入防热、回收和着陆是返回的关键技术。

【航天器环境模拟试验】(spacecraft environmental simulation test) 在模拟航天器使用条件下考核航天器的功能和适应性的试验。试验的目的是检验航天器承受环境应力的能力,暴露设计、工艺和材料方面的缺陷。试验的主要内容包括振动试验、冲击试验、声学试验、热真空试验、热平衡试验、空间辐照环境试验,空间高能粒子辐照试验、载人航天器人机组合舱外活动的空间环境试验等。环境模拟技术是一门新的边缘技术。用人为的方法或手段创造出与自然环境相似或相同的环境称为"人造环境",也称为对自然环境的模拟。环境模拟技术主要研究各种自然环境及环境的人工再现技术和在模拟环境下的试验技术。为了试验还必须建设通用和专用的环境模拟试验设施,如振动试验系统、冲击试验器、声学试验装置、空间环境模拟器(见词条空间环境模拟器)、高能粒子辐射模拟器、地面调温试验室等以及与这些设施配套的各种仪器设备。当前的发展方向是:建立整机多参数综合动态环境模拟设备,进行多参数综合动态环境试验和人机系统综合环境动态试验,以及进行虚拟试验技术的研究和应用。

【航天器回收系统】(spacecraft recovery system) 航天器上为回收而设置的各种装置的组合。回收属航天器返回过程的最后阶段(着陆阶段),它是弹道式和半弹道式返回型航天器的必不可少的重要组成部分。载人飞船、照相侦察卫星、生物卫星等返回型航天器的返回舱再入大气层后,下降到20km左右的高度时达到稳定下降速度的状态。如果不进一步采取减速措施,返回舱会以相当大的速度(约150~200m/s)冲向地面。回收系统在这个时刻开始工作,通常都采用降落伞系统来实现减速,一般由两具(或两组)降落伞来完成。降落伞着陆速度不能规定得过,一般不得低于6~8m/s,否则降落伞系统的质量将大到不合理的程度。为此须在返回舱触地前的很低高度内,采用动力制动的方法进一步降低垂直下降速度,从而降低返回舱的着陆冲击载荷;或在返回舱触地后的有限距离内,利用材料或结构的变形来吸收一部分能量,从而减小人体的实际着陆冲击能量;又利用材料或结构的变形来延长人体对冲击力的响应时间,从而使其对冲击力的响应相对地减小。如使用着陆反推火箭发动机、缓冲气囊、缓冲杆等等,总称着陆缓冲装置。载人飞船、返回式卫星等返回型航天器所采用的回收系统基本上是相同的,但对于载人飞船来说,不仅要求回收系统有更高的可靠性,而且为适应正常返回和应急返回的需要,回收系统还应保证飞船同时具有海上溅落和陆上着陆的能力。

【航天器技术】(spacecraft technology) 研究、制造和发展能在空间完成各种利用和开发空间任务的飞行器的技术。包括控制技术、遥感遥测技术、空间实验与加工技术、通信技术以及与之相关的材料技术、微电子技术、仪器制造技术、航天器设计与装配技术等,还包括航天器与运载火箭的匹配技术。是顺利开展各类航天活动的关键技术。

【航天器进入技术】(spacecraft entry technique) 使航天器按预定要求进入行星大气层并在行星表面软着陆的技术。按航天器所要到达的目标星,分别有金星进入、火星进入和地球进入等。地球进入又称再入。在月球上或其他无大气行星上的着陆技术也常常被归入进入技术。进入技术是综合性技术,包括离轨技术、减速技术、防热技术和着陆控制技术。

【航天器热控制技术】(spacecraft thermal control technology) 又称航天器温度控制技术。控制航天器内外的热交换过程、使其热平衡温度处于要求范围内的技术。该技术以传热学和工程热力学的基本理论为基础,是航天技术的重要组成部分。一般可分为空间运行段热控制和过渡段热控制。按控制方式的不同空间运行段热控制技术可分为:(1)被动式热控制。依靠选取不同的热控材料和合理的总装布局来处理航天器内外的热交换过程,使航天器的各部分温度在各种工作状态下都不超出允许的范围。被动式热控制本身没有自动调节温度的能力,但它简单可靠,是热控制的主要手段。一般常用的技术有:在航天器外壳表面覆盖特殊的温控涂层;在外壳不同部位或仪器之间布置热管,把热端的热量导向冷端;在仪器或部件表面包敷多层隔热材料或低辐射率涂层,防止热量散失或阻隔其他热源;采用在熔化、凝固过程中吸收和释放热量的相变材料,例如石蜡、水化物等。除此之外航天器内部仪器设备的布局使热源分布合理并安排足够的传热通道,以减少仪器设备的温度波动。(2)主动式热控制。当外热流或内热源发生变化时,能自动调节航天器内部设备温度,使其保持在规定的范围之内。主动热控制按不同的传热方式可分为:①辐射式热控制。当航天器内设备温度升高或下降时能自动改变表面组合热辐射率,以保持设备的温度范围,如热控百叶窗和热控旋转盘。②对流式热控制。在具有气体或流体循环调节的航天器内部改变流体的对流换热系数以实现温度调节。这类系统有液体循环和气体循环两种。③传导式主动热控制。将航天器内部设备的热量通过传导的方式散至外壳表面排向宇宙空间。热传导系数可以随设备的温度升降而改变。如接触导热开关和可变热导的热管。

【航天器数据管理系统】(spacecraft data management system) 航天器中用于储存各种程序,进行信息处理、协调和管理航天器载各系统工作的计算机组成的系统。可以完成对地面遥控指令进行存储、译码和分配,对遥测数据作预处理和数据压缩,对航天器姿态和轨道测量参数进行坐标转换、轨道参数计算和数字滤波等。随着电子技术、计算机技术的发展,为满足航天器测控要求,提出了新的实现途径和可能性,实现了遥测分系统和遥控分系统综合。同时还实现了航天器的程控功能和航天器自主管理功能,形成航天器数据管理系统。使航天器具有在轨飞行的自治能力和在轨可维护的能力,极大地提高了航天器测控系统的功能,增强了航天器的生存能力。20 世纪 70 年代后期欧空局开发的 OBDH 分系统、美国航天器使用的 C&DH 分系统都遵循了电子综合化的设计思想,力求做到实现资源共享。在中国"神舟"号载人飞船上,也采用了数据管理系统来完成飞船的信息管理。该系统采用了以三机容错计算机为核心的、以 1 553B 总线为通信介质的分级分布式计算机体系结构,将飞船各分系统计算机互连在一起,构成了船上计算机网络。不仅参与完成飞船的遥控、遥测等任务,同时能完成飞行过程程序控制任务和重要分系统的故障诊断与切换重组,完成上升段、在轨段的自主应急救生,实现了飞船分系统间的数据交换和资源共享。

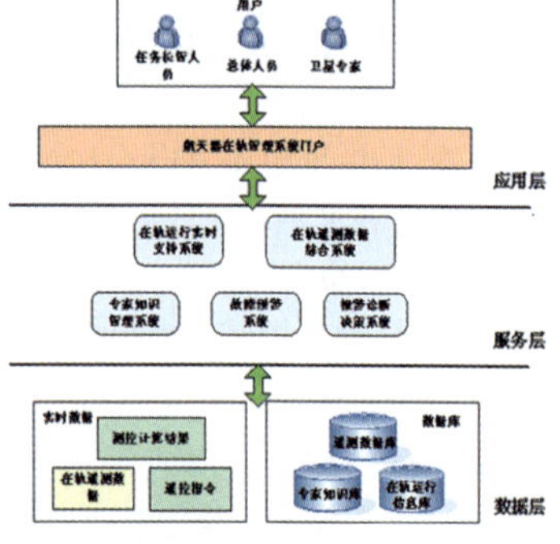

航天器数据管理系统

【航天器推进系统】(spacecraft propulsion system) 利用反作用原理保持或改变航天器飞行姿态和轨道的动力装置。推进系统通过排出高速气体或离子流产生的反作用力来推动航天器运动。其可用的能源有压缩气体、化学能、太阳能和核能。其中压缩气体和化学能是最常用的能源。太阳能和核能在航天器推进方面的应用尚处于研究、

航天器推进系统

开发阶段。虽然它们的比冲高,但是使用时受到航天器供电结构和辐射危害等限制,通常用在高轨道和星际探测航天器上。

【航天器外部热环境】(spacecraft external thermal environment) 航天器飞行时由外部热源主要是太阳辐射和地球、月球和各行星的辐射以及它们对太阳辐射的反射所形成的环境。宇宙空间是超高真空环境,所以航天器是以辐射方式与周围环境进行热量交换的。太阳这个巨大的高温热辐射体,其光球温度约6 000K,直径1.393×10^{6} km。其向空间辐射的能量的99.99%是波长为0.18~0.40 m的辐射能,辐射到地球上的能量达1 300~1 400W/m^2。地球受到太阳的辐射后,会将30%的太阳能辐射到宇宙,也会对在近地轨道(高度在2 000km以下的近圆形轨道)上运行的航天器热环境产生影响。

【航天器运行轨道】(spacecraft orbit) 航天器围绕地球(或其他天体)运行时其质心运动的轨迹。由入轨点位置及入轨点速度大小和方向决定。航天器绕地球飞行遵循开普勒三大定律,其运行轨道通常是一条与开普勒椭圆十分接近的复杂曲线。地球在它的一个焦点上。航天器绕地球飞行的运行轨道通常用一组轨道要素来描述,包括倾角(即运行轨道平面与地球赤道平面的夹角)、半长轴(即近地点和远地点之间距离的一半)、偏心率、近地点幅角、升交点赤经(航天器由南向北经过赤道时的交点称为“升交点”,由春分点沿赤道向东度量到升交点的这一段弧线称为“升交点赤经”)和过近地点时刻。

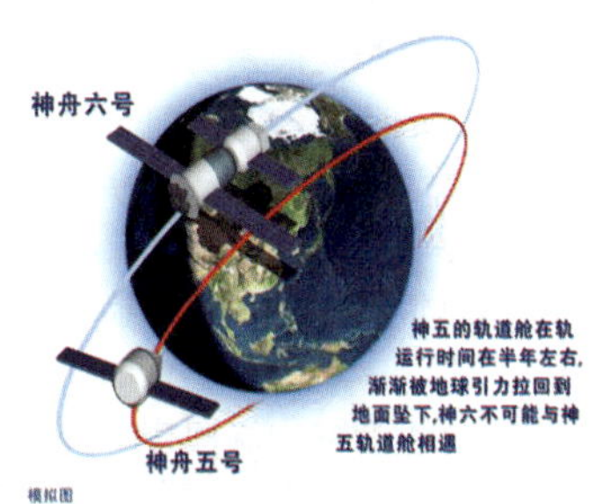

航天器运行轨道

【航天器着陆技术】(spacecraft landing technique) 使飞行轨道中的航天器按预定要求在地球、月球或其他星球表面着陆的技术。分为软着陆和硬着陆。软着陆是指航天器经专门减速装置减速后,以一定的速度安全着陆的着陆方式。反之,硬着陆是指航天器未经减速装置减速(或未减速到人员或设备允许值),而以较大的速度直接冲撞着陆的方式。软着陆的目的是保证航天员的安全和航天器上的仪器设备完好无损。为实现软着陆,必须先使航天器减速。航天器进入有大气的星球,可利用大气阻力减速。对于弹道式航天器,降落伞是最有效的气动力减速装置,辅以着陆缓冲火箭或缓冲结构即能实现软着陆(如“水星”号飞船在返回舱航天员座椅下加蜂窝缓冲结构)。有翼航天器在稠密大气层里可利用升力控制轨道,逐步减速,最后像飞机一样水平着陆。航天器在无大气的星球上的软着陆,须应用制动火箭作为减速的动力并辅以着陆缓冲结构。人们在实现了地球软着陆之后,又实现了在金星和火星上软着陆。航天器硬着陆是毁坏性的着陆,由于着陆速度过大,航天器将完全或大部损坏。苏联月球2、5、7、8号探测器,金星3号探测器曾采用硬着陆,其探测数据在着陆前已送回地球接收站。

【航天器姿态控制】(spacecraft attitude control) 获取并保持航天器在太空定向(即航天器相对于某个参考坐标系的姿态)的技术。包括姿态稳定和姿态机动两个方面。前者是克服干扰力矩保持已有姿态的过程,后者是把航天器从一种姿态转变为另一种预定姿态的再定向过程。在实现姿态稳定之前,通常有一个姿态捕获过程。如在航天器刚入轨时需要建立初始姿态;某种偶然原因使航天器失去正常姿态时,还需要重建姿态。实现航天器姿态稳定和姿态机动的装置或系统称为航天器姿态控制系统。几乎所有的航天器都需要采用某种姿态控制方式。返回型航天器如航天飞机、载人飞船等从空间返回大气层时,其制动防热面须对准迎面流方向并通过再入制导以保证过载和落点进行必要的控制;正在探索研究中的天基定向能武器要对准目标等都需控制航天器的姿态。不同类型的航天器对姿态控制有不同的要求。按照是否使用航天器上携带的能源(包括燃料),可把航天器的姿态控制分为被动姿态控制(利用航天器本身的动力特性和环境力矩实现姿态稳定的方法)和主动姿态控制(根据姿态误差形成控制指令,产生控制力矩实现姿态控制的方法)两类。介于这二者之间的是半被动姿态控制和半主动姿态控制。高精度、长寿命、能应变和调整控制系统结构、能识别故障并实现综合控制是航天器姿态控制系统进一步发展的重要课题。

【航天器姿态敏感器】(spacecraft attitude sensor) 航天器姿态控制系统的测量部件。它获取航天器的姿态信息,输出与姿态参数成函数关系的电量。按获取姿态信息方法的不同可分为:(1)光学敏感器。对某些姿态参考源(主要是天体如:地球、太阳、月球、恒星、行星等)发出或反射的光辐射敏感,并借此获取航天器相对于这些参考源的姿态信息。光学敏感器与许多光学仪器一样,由光学系统、探测器(起光电转换作用)和处理电路组成。(2)惯性敏感器。利用力学规律获取航天器相对于惯性空间的姿态信息。惯性敏感器包括陀螺仪和惯性平台。航天器较多采用捷联式陀螺仪(见词条陀螺仪)。与其他姿态敏感器相比,惯性敏感器不但能得到姿态参数,还能输出姿态参数的变化率。此外,它的工作方式是自主的,完全不依赖外界条件。(3)射频敏感器。它接收人工发射站发射的射频电波,并借此获得航天器相对于发射站的姿态信息。(4)磁敏感器。利用天体(主要是地球)的磁场获取航天器相对于天体的姿态信息,习惯上多称为磁强计。为了不间断地获得姿态信息,常用陀螺仪和光学姿态敏感器构成组合式姿态测量基准。由陀螺仪提供短期姿态信息,由光学敏感器提供校准信号来修正陀螺的漂移。

【航天摄影】(space photography) 应用航天飞行器从宇宙空间对地球环境进行的摄影。主要使用各种焦距的可见光照相机、红外照相机和多光谱照相机对地球进行摄影,以取得大量有研究价值的地球照片。应用于地球资源查勘和军事侦察。

【航天食品】(space food) 航天员从事航天活动时所用的食品。为了保证航天员的健康,必须根据飞行任务的需要为航天员制定所需热量和营养成分标准,提供符合营养标准和卫生学要求,并在失重状态下食用方便、可口的食品。失重时航天员丢失大量体液和电解质,中长期飞行由于肌肉萎缩和骨钙丢失,造成蛋白质丧失和钙磷排出增加,这些都应该从航天食品中加以补充。服用维生素、氨基酸和矿物质有利于保持体液,可以缩短返回地面后的再适应过程。在膳食中补充钾可以减少航天员出现心律不齐。失重时航天员口渴感减弱,按时定量补充水分是很重要的。航天食品还应具有良好的可接受性。初期的航天食品因可接受性差而造成浪费。现在在中长期飞行中开始增加食品和饮料花样,并根据航天员不同饮食习惯制定食谱,鼓励航天员选择性进食,尽量使航天食品在花样和质量上与地面相同。其类型可分为:(1)不用制备即可食用的即食食品,包括一口大小的食品。(2)加水复原后可食用的冷冻干燥食品。(3)加热杀菌后的软包装和罐头类食品。(4)冷冻冷藏食品。(5)新鲜水果、蔬菜、面包等自然型食品。(6)复水饮料等。除正常食品外,航天食品还包括在压力应急时穿航天服食用的应急食品、舱外活动用食品和陆上、海上救生用的救生食品等。

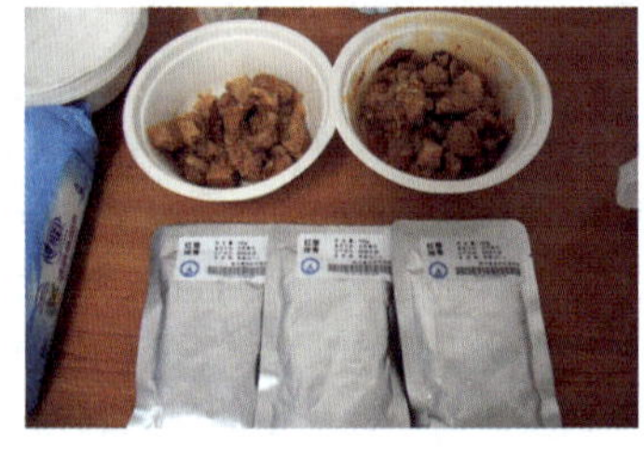

航天食品

【航天系统全寿命费用】(all life cycle cost of space system) 航天系统寿命周期内的总费用。一般包括研制费、产品费和运行费。力求全寿命费用最小是航天系统(空间站系统、航天运输系统等)设计和管理的重要原则。传统的航天飞行器设计,主要进行性能优化。在设计完成后,再进行全寿命费用的预测。新的设计方法,从设计一开始就把全寿命费用最小作为设计准则。利用全寿命费用的预测结果,可以分析航天系统的主要设计参数对全寿命费用的影响,并根据全寿命费用最小的原则,选择这些设计参数。设计准则不同,技术方案选择的结果差异很大。从全寿命费用最小的观点出发,性能高、技术复杂、风险大因而费用较高的方案往往落选,而性能适中、技术相对成熟、可靠性高、运行性能好的方案就可能被选中。从这种设计思想出发,在评估一些航天发展中涌现出的新技术概念时,也应把重点放在能否降低全寿命费用上。

【航天遥感系统】(astronautic remote sensetive system) 由遥感器、信息传输设备以及图像处理设备等组成的系统。装在航天器上的遥感器是航天遥感系统的核心,它可以是照相机、多谱段扫描仪、微波辐射计或合成孔径雷达。航天遥感可分为可见光遥感、红外遥感、多谱段遥感、紫外遥感和微波遥感。信息传输设备是航天器内的遥感器向地面传递信息的工具。遥感器获得的图像信息也可记录在胶卷上直接带回地面。图像处理设备对接收到的遥感图像信息进行处理(几何校正、辐射校正、滤波等)以获取反映地物性质和状态的信息。判读和成图设备是把经过处理的图像信息提供给判读、解译人员直接使用,或进一步用光学仪器或计算机进行分析,找出特征并与典型地物特征作比较,以识别目标。地面目标特征测试设备测试典型地物的波谱特征,为判读目标提供依据。随着遥感技术的发展,航天遥感已在军事和国民经济上得到广泛的应用。

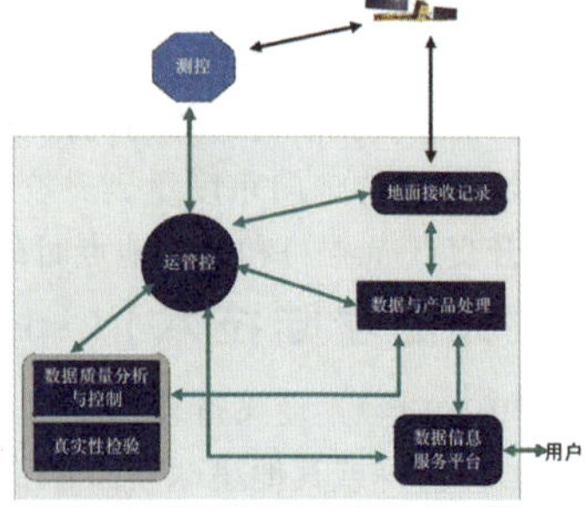

航天遥感系统

【航天用低中合金高强度钢】(low and medium alloy high stength steel for spaceflight) 合金元素含量不高的航天用钢的统称。包括30CrMnSiA、30MnSiNiA、32 钢、406 钢、D406A 钢、

D6AC 钢等。其特点是:强度高,强韧性配合好,工艺制造性能好,比较经济。

【航天用高合金超高强度钢】(high alloy super high stength stell for spaceflight) 合金元素含量高的航天用钢的统称。包括不同强度级别的含钴系列和不含钴系列的马氏体时效钢,不同强度级别的二次硬化钢系列。该类型钢的强度很高,高温力学性能较高,工艺性能好,但需要大量昂贵的Ni、Co、Mo 等元素。这些合金元素都是稀缺的战略资源。

【航天侦察】(space reconnaissancc) 使用航天器进行的侦察。空中侦察的方式之一。按使用的航天器,分为卫星侦察、宇宙飞船侦察、空间站侦察和航天飞机侦察;按航天器装载的侦察设备功能和任务范围,分为成像侦察、电子侦察、海洋监视、导弹预警和核爆炸探测等。航天侦察主要用于战略侦察,也可进行战役侦察和战术侦察。其主要任务是:查明敌方军事目标和国防工业设施的位置、性质、组成、生产能力和作战能力;获取敌方阵地编成、兵力部署、火力配系、工事构筑情况;了解作战地区的地形情况;侦测和截获雷达、通信等无线电信号;监视、跟踪海上舰船和潜艇等活动;提供陆基洲际、远程、中程弹道导弹和潜地弹道导弹发射的预先警报;探测核爆炸情况等。其特点是:侦察速度快、范围广,能在短时间内侦察广阔的地域;可对特定地区,特定目标实施长期、反复或定期、连续的侦察、监视;侦察的时效性强,能较快或实时获取信息;不受国界和地理条件的限制。组织实施侦察时,通常根据预定的侦察区域或目标,制定具体侦察方案;精确计算航天器的运行轨道,确定具体的侦察设备和信息回收方式。地面应用系统收到信息后,迅速进行技术处理和分析判读,就可很快获取所需情报。

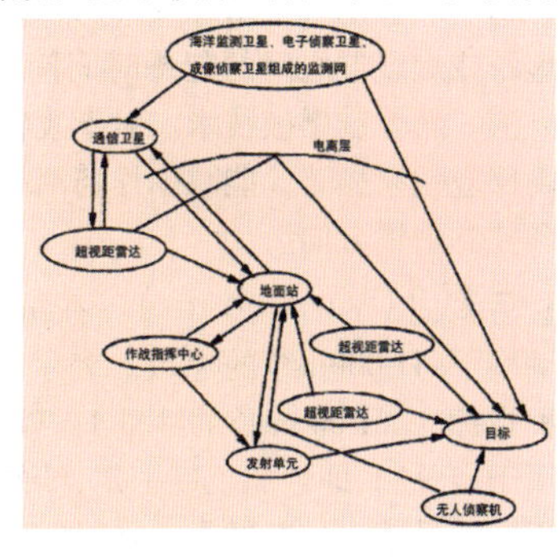

目标侦察定位系统示意图

【航线】(flight course) 飞机飞行的路线。飞机的航线不仅确定了飞机飞行的具体方向、起讫点和经停点,而且根据空中交通管制的需要,还规定了航线的宽度和飞行高度,以维护空中交通秩序,保证飞行安全。飞机航线的确定除了安全因素外,还取决于经济效益和社会效益的大小。在一般情况下,航线安排以大城市为中心,在大城市之间建立干线航线,同时辅以支线航线,由大城市辐射至周围小城市。航线主要包括国际航线、国内航线和地区航线三大类。国际航线指飞行的路线连接两个或两个以上国家的航线;国内航线是在一个国家内部的航线,分为干线、支线和地方航线三大类;地区航线指在一国之内,各地区与有特殊地位地区之间的航线。

【航线形式】(route form) 在固定的港口之间,为完成一定运输任务,选配适合具体条件、性能接近的一定数量的船舶,并按一定的程序组织船舶运行的活动方式。是由航次形式发展起来的一种独特的组织形式。有如下优点:(1)各生产环节协调配合,有节奏地工作,保持正常稳定的生产秩序,有利于缩短船舶泊港时间,提高运输效率。(2)货物(旅客)能够定期发送,有利于吸收和组织货源。(3)有利于船舶调度指挥和船员生活的安排。(4)为水运和其他运输方式组成联合运输创造了条件。(5)驾驶人员熟悉航道与港口的条件,有助于安全航行和节约时间。

【航向重叠】(forward overlap) 又称纵向重叠。在航空摄影中,航线内相邻像片上具有同一地区影像的部分。为满足航测成图的要求,航摄像片航向重叠部分的长度与像幅长度之比称为航向重叠度,以百分数表示。

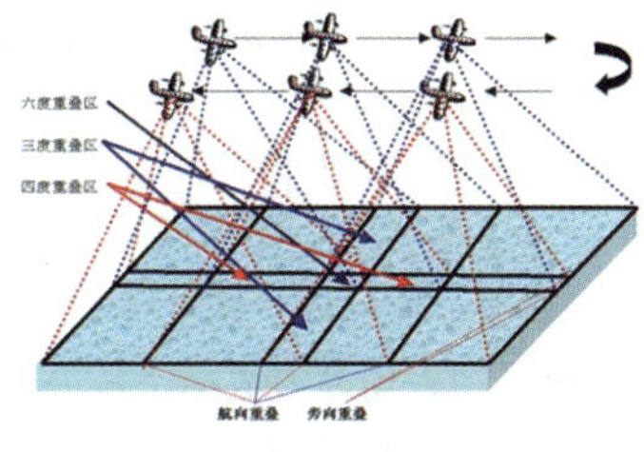

航向重叠

【航向陀螺仪】(directional gyro) 利用陀螺的特性来测量飞机航向的飞行仪表。分直读式和远读式。前者又称陀螺半罗盘;后者输出飞机航向角变化的信息,供指示器指示,或作为陀螺磁罗盘和航向系统等飞行仪表设备的一个主要部件。为了避免飞机机动飞行时陀螺方位轴因偏离地垂线而引起倾侧支架误差,有的航向陀螺仪的外环(方位环)外面还附加了 1 ~2 个随动环。随动环由垂直陀螺仪输出的俯和倾侧信息控制,可使外环(方位环)不受飞机姿态的影响而始终保持铅垂方向,以提高测量精度。

光纤陀螺仪

【航行地图】(navigating map) 专供飞行用的地图。除像一般地图一样绘有地形地貌外,还标绘有飞行和导航需要的机场资料、无线电设备资料、导航设施资料，供飞行员使用。机场资料包括跑道方位、长度、数量、空中交通管制边界、仪表着陆设备等。无线电设备资料包括仪器设备、广播波段、电台频率等。导航设施资料包括机场导航台、航路导航台、信标台、跑道灯等相关资料。航行地图根据使用特点的不同可分为两大类：(1)主要适用于目视飞行的航行地图。(2)适用于仪表飞行的航行地图。除此之外，还有各种专用航行地图，如仪表进场图等。

【航宇技术】(astronautic flight technology) 探索、研究太阳系以外的宇宙空间活动的航天技术。要跨越遥远的距离作航宇飞行，必须提高火箭的速度。化学燃料火箭受喷射气流速度的限制，效能低，耗量大，不能胜任航宇飞行。许多国家都把电火箭、太阳能火箭、激光火箭和核能火箭的研究放在重要位置。有科学家认为，宇宙航行的根本出路在于利用宇宙空间本身的能场。宇宙中存在引力场。它是宇宙中全部天体引力的综合。引力是引力粒子形成的。有引力粒子就必然会有反引力粒子。如果让宇宙飞船用反引力粒子把引力场能屏蔽掉，则飞船只要微小的动力就可瞬间到达遥远的地方。没有了引力场场能，也就没有了惯性，任凭飞船加减速，航天员也没有了超重之苦。也可只留下一个方向的场能，让其吸引飞船迅速航向远方。还有科学家认为，宇宙中的引力场、电场和磁场等形成一个统一能场。所谓时间，是能量在时空中高频振荡的结果。宇宙间各时空点的性质取决于各点能场的结构特性。如果让遥远两点的时空特性相同，就会产生共振，形成一个时空隧道。在这个时空隧道中，飞船可以在瞬息之间到达遥远的地方。但在目前的技术水平下，跨越遥远的时空作宇宙远航，还只能是一种理想。

【毫米波雷达】(millimeter wave radar) 工作波长为 1～10mm(频率 30～300GHz)的雷达。其主要的特点是：角度、距离和速度的分辨力好，测量精度高，可获得目标更多的信息，并有可能直接获得目标的图像，抗干扰能力强，天线口径和元器件体积小，适于飞机、卫星或导弹载用。由于毫米波雷达发射功率小，且大气中水蒸气和氧分子对毫米波有强烈的谐振吸收，故毫米波传播损耗严重，其作用距离比较近。毫米波雷达主要应用的领域有：战术导弹和炮弹的末制导、近程导弹的波束制导、近距离高分辨力的目标监视和目标截获、武器控制和跟踪、目标特性测量以及地形跟踪、无线电引信和导航等。

【毫米波通信】(millimeter-wave communication) 利用波长在 1～10mm 之间，频率在 30～300GHz 之间的电磁波进行通信的一种方式。由于毫米波的波长介于微波和光波之间，因此兼有微波和光波的优点。(1)可利用的频带宽。(2)信息容量大。(3)设备体积小。(4)空间分辨率高。(5)穿透等离子体能力强。(6)天线方向性好。(7)便于通信的隐蔽和保密。(8)在传播过程中受杂波影响小，通信质量比较稳定。

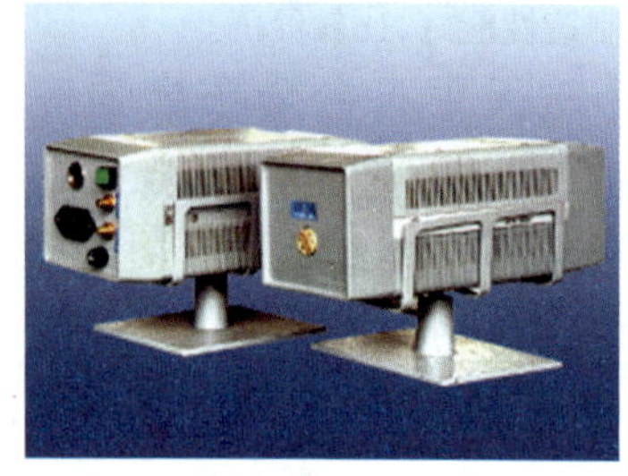

毫米波通信

【毫秒爆破】(millisecond blasting) 相邻炮眼或炮眼群之间的起爆时间间隔以毫秒计的爆破方法。属控制爆破技术。对于改善爆破效果、减轻地震反应效果显著。能减少炸药消耗量，提高破碎质量和控制坍塌方向。

【号数】(yarn count) 在纺织行业中在公定回潮率下每1 000m纱的克数。表示纱线粗细程度的一种指标。如1 000m长的纱重 1g，就称为 1 号纱。号数属于定长制，即纱的长度一定，纱的重量不同，而得到不同的号数。号数越大，纱就越粗；号数越小，纱就越细。它和支数恰恰相反。公制号数的应用是中国在棉纱细度上的一次改革。公制号数与国际标准委员会推荐的国际通用标准“特克斯(Tex)”是一致的。中国棉纱线和棉型化纤纯纺、混纺纱线的粗细，用号数表示。

【耗散效应】(dissipative effect) 能将有序能导引、转化为无序能的过程或因素。是热力过程不可逆的本质原因。例如，因摩擦使机械能转化为热能就是耗散效应。

【耗氧率】(oxygen-consuming rate) 生物单位体重在单位时间内在自然状态下消耗氧气的数量。一般以毫克每千克小时 mg/(kg·h)表示。是生物新陈代谢的重要指标之一。鱼、虾等水生生物，其耗氧率与内因(如种类、年龄、体重、体表面积、性别、食物及活动强度等)、外因(溶氧、二氧化碳、pH、水温等)有关。鱼的呼吸耗氧率在 63.5～665 mg/(kg·h)。鱼、虾的耗氧量随个体的增大而增加。而耗氧率随个体的增大而减小。活动性强的鱼耗氧率较大。在适宜的温度范围内，水温升高，鱼、虾耗氧率增加。浮游植物也呼吸耗氧，只是白天其光合作用产氧量远大于本身的呼吸耗氧量。据研究，处于迅速生长期的浮游植物，每天的呼吸耗氧量占其产氧量的 10%～20%。对人类和哺乳类动物的耗氧率研究表明：它与体温、呼吸次数和血液循环快慢等密切相关。耗氧率愈低，寿命愈长。例如小鼠的耗氧率为 1 586mg/(kg·h),平均寿命为 2.5 年,狗的耗氧率为 318mg/(kg·h),平均寿命 10~12 年,大象为 67mg/(kg·h),平均寿命为 100 年。通过实验测定各哺乳动物的耗氧率,得出动物寿命的长短次序是:蝙蝠<鼠、兔<羊<猪<熊<马<牛<人<象。而男人的耗氧率约为女人的 1.8 倍,因而后者寿命较长。

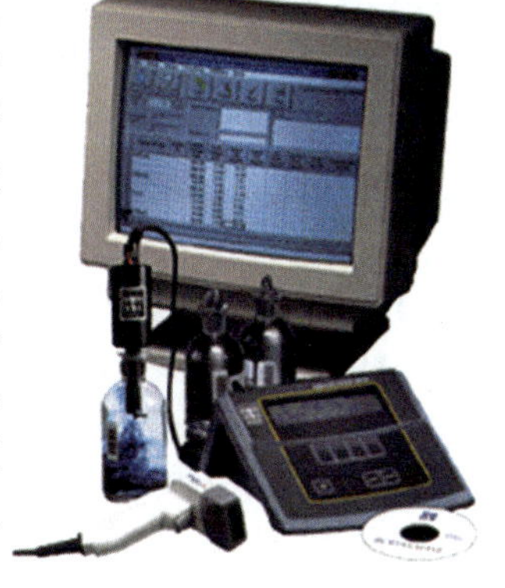
耗氧率分析仪

【合胞病毒】(respiratory syncytial virus,RSV) 一种引起呼吸道感染的副黏病毒科肺炎属病毒。在 1956 年,Morris 从一只有感冒症状的实验动物黑猩猩的鼻咽分泌物中分离出第一株 RSV。在 1957 年,Chanock 先后从 Baltimore 市 2 例分别从患肺炎和有喘息症状患儿的咽拭子中分离到。因其在组织培养中能形成特殊的细胞融合病变而得名。是婴幼儿呼吸道感染最常见的病原体,特别是 2~6 个月小婴儿。感染后常发生严重毛细支气管炎和肺炎。通常在冬、春季节流行。在世界不同地区每年因 RSV 感染而需住院治疗的患儿为 1‰~5‰,住院病人病死率为 1‰~3‰。其传播方式主要是通过飞沫传播。污染的手指直接将病毒接种到鼻黏膜和眼黏膜,也是引起感染的重要传播途径。其下呼吸道感染的发病机制包括病毒与宿主受累细胞损伤、炎症、体液和局部免疫反应及高反应性之间的相互作用。感染的主要后果是导致呼吸道上皮细胞受损。免疫反应和营养状况在疾病恢复过程中起着至关重要的作用。体液免疫和呼吸系统的局部免疫反应产生的 RSV 特异性免疫球蛋白,主要系 IgG、呼吸道局部分泌的 IgA、IgE。针对 RSV 糖蛋白 F 和 G 的全身性中和抗体,与防止再感染能力有关。但这种保护性仅对大约 75% 的病人有效。

【合并会计报表】(consolidated financial statement) 又称合并财务报表。综合反映以产权纽带关系而构成的企业某一期间或地点整体财务状况、经营成果和资金流转情况的会计报表。主要包括合并资产负债表、合并损益表、合并利润分配表、合并现金流量表、合并利润分配表、合并现金流量表。合并会计报表视企业为一个会计主体,反映其所控制的资产、承担的负债、实现的收入、和发生的费用等信息。具有提供企业整体经营情况信息的作用。当控股公司事实上控制了被投资企业的财务和经营方针时,它应当编制合并会计报表,将其控制的境内外子公司和事实上可以控制的被投资企业纳入合并会计报表的范围。编制合并报表的程序一般包括:(1)检查并调整母、子公司会计报表中可能存在的误差和遗漏。(2)抵消企业集团内部交易的未实现损益。(3)抵消子公司因实现净利润而提取的法定盈余公积、法定公益金和任意盈余公积。(4)抵消母公司从子公司取得的投资收益和收到的股利,并将母公司对子公司股权投资账户余额调整至期初数。(5)抵消年初母公司对于子公司股权投资账户和子公司所有者权益各账户的余额,并将两者的差额确认为合并价差;若有少数股权,还要确认相应部分的少数股东权益。(6)将合并价差分解为子公司净资产公允价值与账面价值的差额和商誉,并在其有效年限内加以分配和摊销。中国《合并会计报表暂行规定》对合并价差不作选择的分解、分配和摊销,而是直接列于合并资产负债表中的“长期投资”科目。(7)若有少数股权,在合并工作底稿上确立当年属于少数股东的子公司净利润,应相应增加少数股东权益。(8)抵消母、子公司间的应收应付等往来项目。会计电算化条件下,用户根据合并会计报表的要求,定义好合并会计报表的有关条件,软件根据定义时设计的数据传递、数据计算公式等自动完成。

【合并用药】(drug combination) 用两种或两种以上药物治疗一种或多种疾病的用药方法。其目的是为了增强疗效或减低毒副反应。抗菌药物并用,还可延缓或减少耐药菌的产生,从而提高疗效并克服不良反应,以及防止某些细菌耐药性的产生。当前有不少合并用药方案,已成为临床治疗用药中的常规。如在治疗中、重度高血压病时,常将双氢克尿塞与其他降压药合用以增加疗效。合并用药并非越多越好,如不科学或过多或盲目并用,有些药物之间会产生一些不良的相互作用。

【合成地图】(synthetic map) 表示多种相关要素和对象或一种要素多项指标合成结果的单幅地图。综合制图的形式之一。这种地图不单独表示各要素或单项指标,而是表示按合成的指标所进行的分类、分级或分区。

【合成革】(synthetic leather) 结构和性能接近天然皮革的一类塑料制品。用聚酯、聚酰胺等化学纤维,经过成网、针刺、热收缩等工艺后,浸以合成树脂、合成胶乳等胶黏剂而制成无纺织布,并用聚氨酯树脂覆盖表面并加于涂饰,或直接利用单一的聚氨酯树脂微孔材料制成的产品。外观和内在性能比一般人造革更与天然革相近，具有一定程度的透湿性、排汗性。适用于制造皮鞋和其他仿皮制品。

合成革

【合成胶黏剂】(synthetic adhesive) 以高分子材料为原料合成的具有良好黏合能力的物质。种类繁多。按其应用方法的不同可分为：(1)热固型胶黏剂。(2)热熔型胶黏剂。(3)室温固化型胶黏剂。(4)压敏型胶黏剂。按其应用对象的不同可分为：(1)结构型胶黏剂。(2)非构型胶黏剂。(3)特种胶胶黏剂。按其形态的不同可分为：(1)水溶型胶黏剂。(2)水乳型胶黏剂。(3)溶剂型胶黏剂。(4)固态型胶黏剂。最早使用的合成胶黏剂是酚醛树脂胶黏剂。在建筑、包装、运输等领域，水性胶黏剂得到了广泛的应用。随着人们对环保问题的日益重视，胶黏剂从溶剂型向环保型的转变已成为必然。

合成胶黏剂

【合成抗氧化剂】(synthetic antioxidant) 通过化学方法合成的，具有延迟氧化过程或抑制活性氧化物形成的物质。常见的有丁基羟基茴香醚(BHA)、二丁基羟基甲苯(BHT)、没食子酸丙酯(PG)、二叔丁基羟基甲苯(TBHQ)、合成生育酚等。作为食品添加剂，用于提高食品质量稳定性和延迟储存期。由于可能存在毒性问题，美国和日本等国已经停止使用BHT，日本也已禁用BHA。

【合成抗原】(synthetic antigen) 又称人工合成抗原。将氨基酸按一定顺序聚合成大分子多肽，使其具有抗原特性的多肽抗原。因其结构是已知的，故多用于蛋白质构型与抗原特性的关系和抗原抗体反应机理的研究，也可用以制备合成肽疫苗。

【合成孔径侧视雷达】(synthetic aperture sidelooking radar) 经综合处理天线数据获得的比真实孔径大得多的合成孔径(虚拟孔径)的侧视雷达。其具体做法是：在飞行中将每个回波信号振幅和相位存储起来，经过一段飞行后将这些信号进行处理，消除因时间、距离不同所形成的相位差，修正到与线列天线同时发射、同时接收相同的效果，从而大大提高雷达系统的分辨率，替代真实孔径雷达。

【合成孔径雷达】(synthetic aperture radar) 利用雷达与目标的相对运动把尺寸较小的真实天线孔径用数据处理的方法组合成一较大的等效天线孔径的雷达。其特点是：分辨率高，能全天候工作，能有效地识别伪装和穿透掩盖物。在航空方面，合成孔径雷达的分辨率可达到1m以内。航天器上的合成孔径雷达因作用距离远，为获得高分辨率，技术较为复杂。美国1972年发射的“阿波罗”17号飞船、1978年发射的“海洋卫星”和1981年发射的“哥伦比亚”号航天飞机上都装有合成孔径雷达。合成孔径雷达主要用于航空测量、航空遥感、卫星海洋观测、航天侦察、图像匹配制导等。它能发现隐蔽和伪装的目标，如识别伪装的导弹地下发射井、识别云雾笼罩地区的地面目标等。在导弹图像匹配制导中，采用合成孔径雷达摄图，能使导弹击中隐蔽和伪装的目标。合成孔径雷达还用于深空探测，如探测月球、金星的地质结构等。

【合成培养基】(defined medium) 用多种高纯化学试剂配制成的各组分的含量都非常清楚的培养基。其优点是：营养成分含量精确，实验的可重复性强。其缺点是：成本较高，配制烦琐，微生物生长缓慢。一般仅用于实验室作营养、代谢、生理、生化、遗传、菌种鉴定和生物测定等定量要求较高的研究。

【合成气】(synthetic gas) 用于制造合成氨、合成甲醇、合成汽油或其他含氧化合物的原料气。其主要成分为CO与H_2。对于不同用途的合成气，其合成比例有特定的要求。一般由煤、石油或天然气转化而来。

【合成乳胶】(synthetic latex) 合成高分子化合物粒子的水分散体。如丁苯乳胶、丁腈乳胶、氯丁乳胶、聚硫乳胶、甲基乙烯基吡啶乳胶等。其物理和化学性质随品种的不同而异。一般黏性较天然胶乳差，胶乳粒子较小，分散性较高，稳定性和扩散性较大。还具有天然胶乳所没有的特性，如耐油、耐燃性等。可代替天然胶乳，直接用于制造浸渗制品、浸渍制品、

合成乳胶

铸模制品、电极沉积制品、橡胶线、海绵制品、胶黏剂等。广泛应用于造纸、纺织、涂料等工业。可由单体经乳液聚合而制得。

【合成生物学】(synthetic biology) 生物学的一个分支。研究对多种天然或人工设计的生物学元件进行合理而系统地组合以获得重构的或非天然的生物系统的学科。即设计、构建自然界不存在或存在的生物体。与传统生物学通过解剖生命体以研究其内在结构截然相反,合成生物学的研究方法是从最基本的要素开始,一步步地制成零部件直至人工生命系统的诞生。这是合成生物学的核心思想。是人类基因组计划实施以来,基因组学、生物信息学和系统生物学等学科发展的结果。其研究内容包括:(1)设计和构建新的生物零件、部件和系统。(2)对现有的、天然存在的生物系统重新设计和改造。合成生物学在人类认识生命、揭示生命的奥秘、重新设计及改造生物等方面具有重大科学意义,代表了下一代的生物技术。运用合成生物学可以根据人类意愿在实验室内设计、制造、组装合成出在自然进化中并不存在的、有生命特征的新物种(或者说新生命),帮助解决能源、材料、健康和环保等问题,造福人类社会。例如,可合成多种细菌,用来消除水污染、清除垃圾和处理核废料等。

【合成树脂】(synthetic resin) 用化学方法合成的树脂。种类很多。有些能溶于水或有机溶剂,有些加热后软化,有些加热后变成不溶(不熔)状态。按其合成反应特征的不同可分为:(1)加聚型合成树脂。(2)缩聚型合成树脂。按其热行为的不同可分为:(1)热塑性树脂。(2)热固性树脂。按其化学组成的不同可分为:(1)酚醛树脂。(2)氨基树脂。(3)醇酸树脂。(4)呋喃树脂。(5)聚酰胺树脂。(6)聚酯树脂。(7)聚烯烃树脂。(8)聚氯乙烯树脂。(9)丙烯酸树脂。(10)环氧树脂。(11)硅树脂等。由于原料来源丰富、性能优良、往往具有独特的物理、化学性能,其重要性和发展都远远超过天然树脂。广泛用于制造塑料、合成纤维、涂料和胶黏剂等。

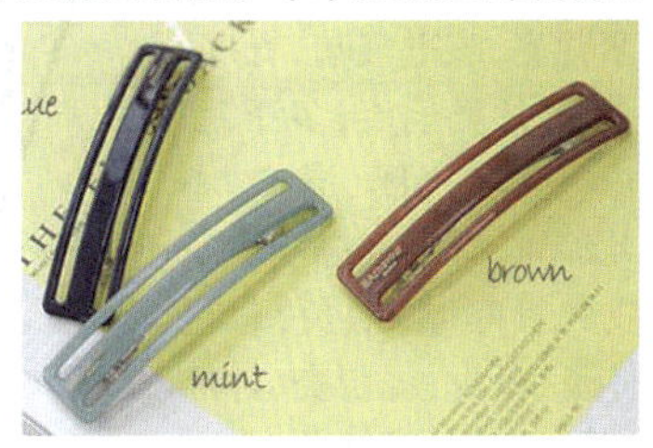

合成树脂

【合成树脂牙】(synthetic resin tooth) 由甲基丙烯酸甲酯制成的义齿。其形态及色泽类似天然牙齿,硬度适中,不易折断,与基托材料结合良好,且磨改、解剖及磨光都很方便。

【合成纤维】(synthetic fiber) 利用煤、石油、天然气以及农副产品等为原料,由低分子化合物经过化学合成为高分子化合物,再经机械加工而成的纤维。与人造纤维的根本区别在于:合成纤维是由简单的低分子化合物(如乙烯、苯酚、乙炔等)为原料,通过人工合成的方法制得高分子化合物,然后再纺制成纤维;而人造纤维是直接利用天然的高分子化合物为原料制得的纤维。合成纤维的种类很多。中国统一命名的合成纤维主要有聚酰胺纤维(锦纶6、锦纶66)、聚酯纤维(涤纶)、聚丙烯腈纤维(腈纶、腈氯纶)、聚乙烯醇缩醛纤维(维纶)、聚丙烯纤维(丙纶)、聚乙烯纤维(乙纶)、含氯纤维(氯纶、过氯纶、偏氯纶)和其他合成纤维(聚四氟乙烯纤维、聚氨酯纤维、聚酰亚胺纤维)等。广泛应用于服装、装饰和产业三大领域。作为服装用的合成纤维正在向高仿真性方向发展。

合成纤维吊装带

【合成香料】(aroma chemical) 通过单离、半合成和全合成方法制成的香料。用物理或化学的方法从精油中提取的香料称为单离香料,如从丁香油中提取的丁香酚;利用某种天然成分经化学反应使结构改变后得到的香料称为半合成香料,如利用松节油中的蒎烯制取的松节醇;利用基本化工原料合成的香料称为全合成香料,如乙炔、丙酮合成的芳樟醇。按其有机化合物的官能团的不同可分为烃类、醇类、醚类、酸类、酯类、内酯类、醛类、酮类、缩醛(酮)类、腈类、酚类、杂环类及其他各种含硫含氮化合物;按其碳原子骨架的不同可分为萜烯类、芳香类、脂肪族类、含氮、含硫、杂环和稠环类以及合成麝香类。合成香料工业已成为精细有机化工的重要组成部分。

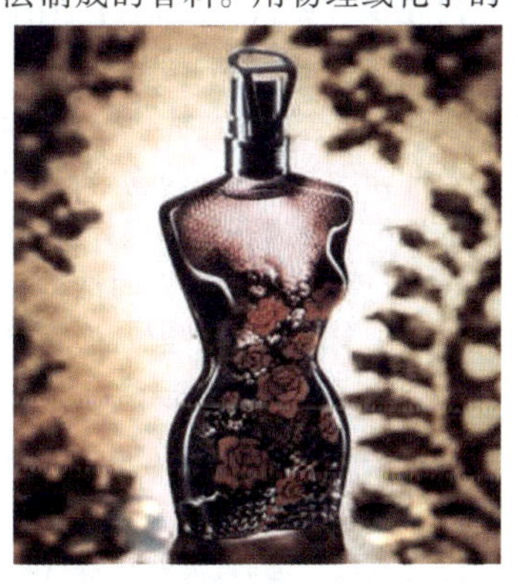
合成香料

【合成橡胶】(synthetic rubber) 用化学单体通过聚合反应制取的类似天然橡胶的聚合物。可分为通用橡胶和特种橡胶。通用橡胶用量较大,如丁苯橡胶占合成橡胶产量的60%,顺丁橡胶占15%。此外还有异戊橡胶、氯丁橡胶、丁钠橡胶、乙丙橡胶、丁基橡胶等。特种橡胶是在特殊条件下使用的橡胶,具有耐高温、耐低温、耐油、耐化学腐蚀和高弹性等特征。如硅橡胶是以硅氧原子取代主链中的碳原子形成的一种特种橡胶,柔软、光滑,适宜作医用制品,可承受高温消毒而不变形。

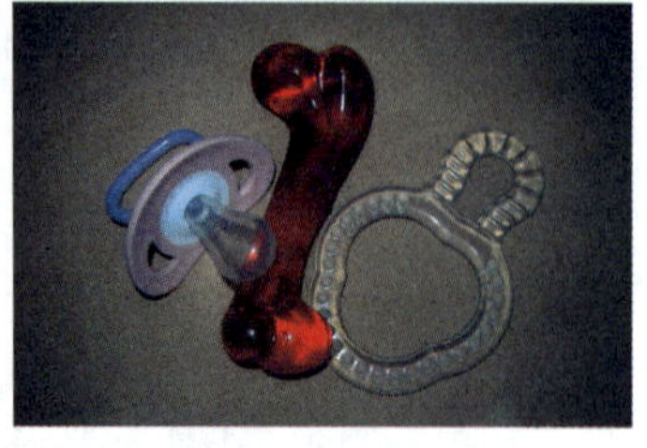
合成橡胶

【合成橡胶胶黏剂】(adhesive made of synthetic rubber) 将橡胶溶解在有机溶剂中而制成的胶黏剂。使用时因溶剂挥发而黏结硬化。其特点是:起始黏结性高,富有柔韧性,能黏合多种材料。其缺点是:耐热、耐低温性差,不能承受较大的负荷。通常采用的橡胶有丁苯、丁腈、氯丁、聚硫、聚丁二烯、氯磺化聚乙烯、硅橡胶等。在航空、交通、建筑、机械和轻工等行业得到广泛的应用。可用于黏接橡胶与橡胶、橡胶与金属,以及玻璃、木材、塑料、皮革和织物等。

【合成药物】(synthetic drugs) 用化学合成或生物合成等方法制成的药物。化学合成包括有机合成和无机合成;生物合成包括全生物合成、部分生物及部分化学合成。药物合成在医药工业中占极重要的地位。合成药物在医疗实践中被广泛应用。有些合成药物与天然药物的结构很相似,但不完全相同。如优奎宁与奎宁相似,但不完全相同。有些合成药物则与天然药物毫无关系,如阿司匹林、呋喃西林等。

【合成液体燃料】(synthetic liquid fuel) 将煤、油页岩、油砂、天然气等含有碳或碳氢化合物的物质,经高压、加热、提取等方法使其状态得到改变而制成的液体燃料。石油的一种替代品。其生产方式与资源的种类和来源有关。如油砂资源,可采用提取焦油再加工成轻油的方法;天然气资源,可将其合成各种轻质油品。中国、巴西、爱沙尼亚、俄罗斯、澳大利亚等国家常以油页岩干馏制取页岩油作为燃料油,或进一步加工成轻质油品和化工产品。世界上许多国家开展合成液体燃料的科学研究和工业试验。随着天然石油资源的逐渐减少,合成液体燃料作为一种替代燃料有广阔的发展前景。

【合成纸】(synthetic paper) 又称化工薄膜纸、聚合物纸、塑料纸。利用化学原料如烯烃类再加入一些添加剂制作而成的纸。其主要原料是聚乙烯、聚丙烯、聚苯乙烯等有机树脂。其制作过程是,首先把上述树脂经过熔融、挤压、成膜,沿不同轴向拉伸,生成薄膜;然后,把该薄膜进行"纸状化"处理,使之不透明、白度提高,就制成了合成纸。这种纸的拉伸强度高,而且不怕水、不怕虫蛀、有弹性、隔热、尺寸稳定、表面平滑,适用于书写和印刷。适宜制作渔业用纸、航海图、耐水报刊、商品标签、户外广告等。其缺点是:耐折性能较差,且回收困难。

合成纸

【合成子】(synthon) 通过已知的或想象的合成方法能够与有机分子相连接的化学结构单元。结构简单的合成子如甲基阴离子,而复杂的合成子如甾体的烯醇负离子。通过对合成子的分析可以把各种有机反应分类,并应用于有机化合物合成路线的设计。在大多数有机反应中,反应底物分子是被极化的。合成子可分为两大类:含有亲核的给电子中心的合成子和含有亲电的受电子中心的合成子。

【合谷】 中医穴位名。属手阳明大肠经,本经原穴。定位:在手背第一、二掌骨间,当第二掌骨桡侧的中点处。简便定位:以一手的拇指指骨关节横纹,放在另一手的拇、食指之间的指蹼缘上,屈指当拇指尖尽处为穴。主治:发热,头痛,目赤肿痛,鼻衄,鼻渊,齿通,耳聋,面肿,痄腮,咽喉肿痛,牙关紧闭,口眼㖞斜,半身不遂,指挛臂痛,咳嗽气喘,胃疼,腹痛,便秘痢疾,多汗,瘾疹,疟疾,经闭,滞产,小儿惊风;感冒,支气管炎,支气管哮喘,咽炎,扁桃体炎,鼻炎,腮腺炎,神经衰弱,癔病,精神分裂症,面神经麻痹,三叉神经痛,单纯性甲状腺肿,细菌性痢疾等。刺灸法:直刺0.5~1寸;艾炷灸3壮,或艾条灸5~10min。现代研究证明:针刺合谷穴有良好的镇痛作用,其机制主要是抑制对侧皮层第二体感区直接电反应和皮层牙髓诱发电位,束房核在针刺镇痛中也居重要地位。实验证明,针刺合谷穴可提高人体的痛阈和耐痛阈,其有效镇痛点比其他穴位相对多而且

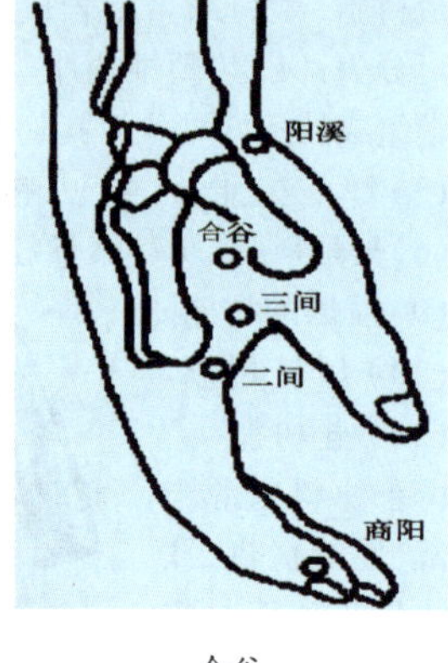

合谷

作用快，尤其对头、面、躯干、颈、四肢等处镇痛作用显著。

【合环】(together ring) 在电力系统电气操作中将线路、变压器或断路器串构成的网络闭合运行的操作。两条线路合环运行的必要条件是：(1)合环点相位应一致。如首次合环或检修后可能引起相位变化的，必须经测定证明合环点两侧相位一致。(2)如属于电磁环网，则环网内的变压器接线组别之差为零；在特殊情况下，经计算校验继电保护不会误动作及有关环路设备不过载，允许变压器接线差30°时进行合环操作。(3)合环后不会引起环网内各元件过载。(4)各母线电压不应超过规定值。(5)继电保护与安全自动装置应适应环网运行方式。(6)电网稳定符合规定的要求。还要注意在合环操作时，必须保证合环点两侧相位相同，电压差、相位角应符合规定；应确保合环网络内，潮流变化不超过电网稳定、设备容量等方面的限制；对于比较复杂环网的操作，应先进行计算或校验，操作前后要与有关方面联系。

【合金】(alloy) 由两种或更多种化学元素其中至少一种是金属所组成的具有金属特性的物质。由两种元素组成的合金称为二元合金；由三种元素组成的称为三元合金；由三种以上元素组成的通称为多元合金。其结构和性质，取决于组成合金的组分间相互作用的特性。由于合金的机械、物理和化学性能优于纯金属，因此所有工业上应用的金属材料，一般都是合金。

合金钻头

【合金电镀】(alloy plating) 在同一个电镀槽中，同时沉积两种或两种以上金属元素(也包括非金属元素)而获得共沉积相镀层的方法。与单金属镀层相比，合金电镀主要有以下特点：(1)能获得单一元素金属所没有的特殊物理性能，如导磁性、减磨性(自润滑性)、钎焊性。(2)合金镀层结晶更细致，镀层更平整、光亮。(3)可以获得非晶结构镀层。(4)可获得比单金属更耐磨、耐蚀、耐高温、更高硬度和强度的镀层，但其延展性和韧性通常有所降低。(5)不能在水溶液中单独电镀的钨、钼、钛、钒等金属可与铁族元素(铁、钴、镍)共沉积，形成合金镀层。(6)通过成分设计和工艺控制，能获得比单一金属层更丰富色彩的外观，如彩色镀镍、仿金合金等。

【合金钢】(alloyed steel) 加有一定量的一种或几种合金元素的钢种的总称。常用的合金元素有：锰、硅、铬、镍、钨、钼、钡、钛和硼等。品种繁多。且随着工业的发展，新钢种还在不断出现。按其成分的不同可分为铬钢、镍钢、锰钢、硼钢、铬镍钢、锰硅钢和铬镍钼钢等。按其合金元素总含量的不同可分为低合金钢(合金元素总含量一般3% ~5%以下)、中合金钢(一般5% ~10%)和高合金钢(一般10%以上)。按其用途的不同可分为合金结构钢、合金工具钢和具有特殊性能的特种合金钢，如不锈钢、耐热钢等。

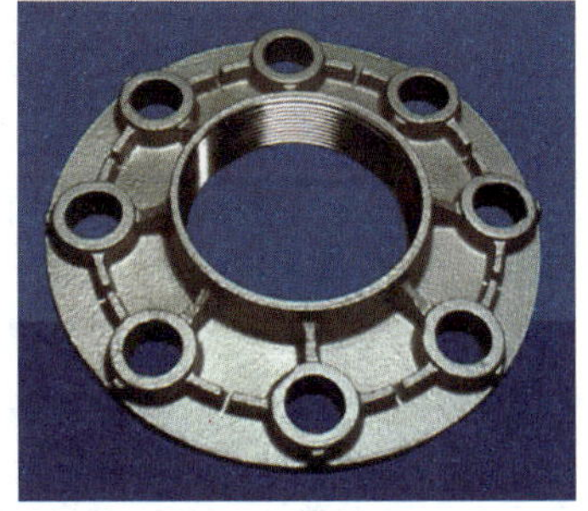
合金钢

【合金炉料】(alloy charge) 熔炼有色金属及其合金时，所需要加入的原料。常用的有：(1)新金属。即由冶炼厂提供的纯金属，其中包括用火法冶炼、蒸馏及电解精炼方法得到的，如工业纯铝(原铝锭或电解铝)和工业纯铜(紫铜或电解铜)。原铝多铸成15 ~20kg的锭。纯铜多以阴极电解铜板供应。(2)中间合金。常用的有二元合金或三元合金。各种中间合金的成分、熔点很容易查到。(3)金属添加剂。根据需要，制成各种成分和粒度，密封包装。(4)合金废料。也称回炉料或旧料。包括厂内废料和厂外废料，废料要加强管理。(5)化工原料。对于含量较少的稀贵合金组元，常采用化工原料的形式加入，如铍氟酸钠和锆氟酸钾等。

【合理放牧】(rational grazing) 根据放牧场的载畜量、植物类型及特点、环境条件和牲畜种类及数量，建立科学放牧制度，促使牧草自然更新的技术措施。是保障草场生产向稳产、高产、优质方向发展的重要举措。牲畜采食植物的枝、茎、叶。牲畜采食次数与数量影响植物分蘖和根系生长，影响植物光合作用、水分与养分吸收及营养物质的循环与积累。畜蹄跑踏活动使土壤紧实，恶化土壤物理性质，并踏毁植物的分蘖点与根系。牲畜排泄物增加了土壤有机质含量。因此，必须采取如下合理放牧措施：(1)放牧草场需确定适宜载畜量。(2)规定适宜的可利用率，使牧草能保证牲畜正常生长发育。(3)规定适宜的放牧时间与强度，过早放牧会使牧草有限的营养物质耗损而影响生长并导致优良草种减少。

(4)牧场放牧需保留牧草适宜高度，一般为5～6cm。后者主要取决于草原类型。合理放牧的技术措施是：(1)划分轮放周期和频率。首先将牧场划分为若干轮放小区，依次轮流放牧。轮放一次所需的时间为放牧周期。每一周期的长短取决于草场类型和牧草的再生能力与快慢。同时规定放牧频率，即每个轮放小区在一个季节内轮流放牧次数。其高低取决于草场种类、放牧周期长短和牧草生长快慢等。(2)分区轮牧。根据牲畜种类与数量、草场面积和牧草产量，将牧场划分成若干个小区，规定放牧日数，轮流放牧。

【合流制管道系统】(combined drainage conduit system) 在同一管渠内输送城镇生活污水、工业废水及截流雨水的管渠系统。其特点是管线单一，管渠长度少。截流管、提升泵站以及污水厂设计的容量都较大。采用合流制管渠系统首先应满足环境保护的要求，保证水体所受的污染程度在允许的范围内。再根据当地城市建设及地形条件合理地设计合流制管渠系统。常用的截流式合流制管渠系统是在临河的截流管上设置溢流井。晴天时，截流管以非满流将生活污水和工业废水送往污水厂处理。雨天，当雨水径流量增加，达到混合污水量超过截流管的设计输水能力时，溢流井开始溢流。当降雨减少时，溢流量减小，混合污水量又重新等于或小于截流管的设计输水能力，溢流停止。

【合龙】(closure) 截流或堵口时，达到最终闭合龙口，截断水流的状态。是截流的关键。对平堵截流，指戗堤全面露出水面；对立堵截流，指戗堤进占与对岸或与对面戗堤全面接触。为顺利合龙，根据各截流的工程特点，可采取如下措施：(1)采用分流办法。(2)形成多级水位，分散截流落差。(3)合龙段设置拦石栅，或拦石坎以阻止截流材料流失。(4)锚系抛投的截流材料。(5)利用上游水库控制下泄流量，减小合龙难度。(6)设置截流闸。合龙材料用得最多的是石料，易得且经济。混凝土块体制作方便，稳定性好，运输、抛投也较简便，大型截流工程中用得较多。因受起重运输设备能力的限制，单个块石或混凝土块体重量不能太大。在龙口水流条件不利时，常采用竹笼、铅丝笼、钢筋笼、石串或混凝土体串截流。

合龙

【合同】(contract) 又称协议。在作为平等主体的自然人、法人和其他组织之间设立、变更、终止民事权利义务的约定、合意。作为一种民事法律行为，是当事人协商一致的产物，是两个以上的意思表示相一致的协议。只有当事人所作出的意思表示合法，合同才具有法律约束力。依法成立的合同从成立之日起生效，具有法律约束力。其法律约束力为：(1)自成立起，合同当事人都要接受合同的约束。(2)如果情况发生变化，需要变更或解除合同时，应协商解决，任何一方不得擅自变更或解除合同。(3)除不可抗拒等法律规定的情况以外，当事人不履行合同义务或履行合同义务不符合约定的，应承担违约责任。(4)合同书是一种法律文书，当当事人发生合同纠纷时，合同书就是解决纠纷的根据。

【合同价】(contract price) 按有关规定或协议条款约定的各种取费标准计算的，用以支付给承包方按照合同要求完成工程内容的价款总额。采用招标发包的工程，其合同价应为投标人的中标价，即投标人的投标报价。在合同中，一定要用准确的文字明确表示合同价所包括的内容和调整合同价的条件、程序及办法。合同价是在工程发包、承包交易过程中，由发、承包双方以合同形式确定的工程承包价格。

【合同战役】(combined campaign) 以一个军种或兵种为主并在其统一指挥下，由其他军兵种直接配合进行的战役。包括军种之间和同一军种内诸兵种之间进行的合同战役。具有一定规模的现代作战行动，大都是多军种和多兵种相互配合下进行的合同作战。

【何首乌】(polygonum) 又称首乌、赤首乌、铁秤砣、红内消。中药名。药性：苦、甘、涩，微温。归肝、肾经。功效：制用：补益精血。生用：解毒，截疟，润肠通便。用于精血亏虚、头晕眼花、须发早白、腰膝酸软；久疟、痈疽、瘰疬、肠燥便秘。用法与用量：内服，煎汤，10～20g；熬膏、浸酒或入丸、散。外用，适量，煎水洗、研末撒或调涂。大便清泄及有湿痰者不宜。

何首乌

【和平号空间站】(Peace Space Station) 1986年2月20日由苏联发射入轨的第三代空间站。

是一阶梯形圆柱体。全长13.13m。最大直径4.2m。重21t。由工作舱、过渡舱、非密封舱三个部分组成。共有6个对接口。“和平号”作为一个基本舱,可与载人飞船,货运飞船和4个工艺专用舱组成一个大型轨道联合体,扩大了科学实验范围。4个专业舱都有生命保障系统和动力装置,可独立完成在太空机动飞行。15年来和平号完成了24个国际性科研计划,进行了1 700多项、16 500个科学实验。帮助15个国家的科学家完成了空间研究,研制产生了600项日后可供工业应用的新技术。和平号空间站原设计寿命5年,到1999年它已在轨工作了12年。但由于“和平号”设备老化,加之资金匮乏,从1999年8月28日起,“和平号”进入无人自动飞行状态。2001年3月23日,和平号空间站最终在人工控制下再入大气层焚毁,碎片坠入太平洋。

【和平利用核爆炸】(peaceful use of nuclear explosion) 为国民经济建设或基础科学研究等非军事目的而进行的核爆炸。核爆炸在工业方面的应用主要有:刺激石油和天然气生产、深层地质勘探、建造地下储存库、制止气田井喷事故、大型挖掘工程等。核爆炸在科学研究方面的应用主要有:将核爆炸作为束流极强的脉冲中子源,用于数量极少的短寿命放射性核素的中子截面和裂变产额曲线的测定;利用中子的多重俘获反应生成超重元素锿和镄的短寿命同位素,并研究其核性质;利用核爆炸测定物质在高温高压下的性质;将核爆炸作为震源,研究地壳和上地幔的地质结构等。与核武器试验爆炸相比,和平利用核爆炸有以下特点:(1)根据不同应用目的和安全需要,可专门设计核爆炸装置。如:为适应深层地下爆炸的需要并节约钻井费用,需研制小直径(约20cm)、耐高温(约150℃)的核装置;为减少爆炸后进入生物圈的放射性核素,设计适用于工程开挖的核装置应采用高聚变份额、低污染的核聚变装置;设计适用于刺激天然气的核装置,应尽量减少放射性元素氚的产生量。(2)安全保障要求高。不仅要保证爆炸时刻及其后一个较短时期内现场周围地区的地震安全和辐射安全,而且要考虑爆后实施预定项目过程中的核辐射安全,控制项目完成后的长期核辐射影响。(3)核爆炸的和平利用是一项集技术、经济和管理于一体的系统工程,需要国家有关部门直接参与和组织。

【和田玉】(Hotan jade) 又称和阗玉、昆山玉。产于新疆和田地区含镁碳酸盐与中酸性侵入体接触变质带的软玉。颜色有白、灰、黄、绿、黑等。以白玉为最佳,尤其以羊脂玉著称于世。和田玉中的珍贵品种,除羊脂白玉外,黄色的和田玉也非常稀少。以黄正而娇、光润如脂的最珍贵,淡黄、深黄的也因量少视为上品。北京故宫博物院内所藏的清代浮雕“大禹治水”,是一块重5 300余千克的大型和田青玉雕。

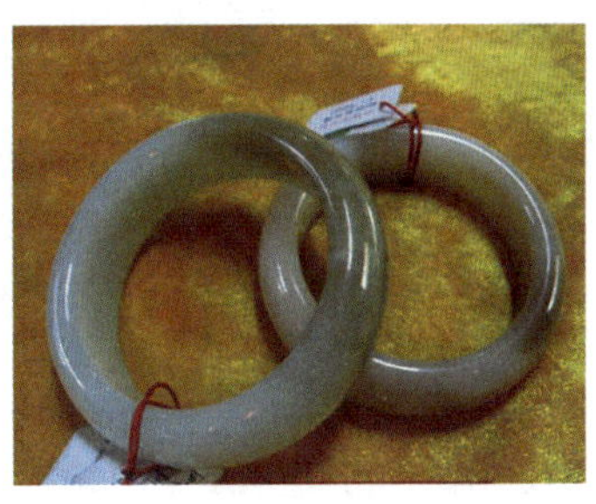

和田玉手镯

【河蚌】(freshwater mussels) 瓣鳃纲,蚌科,无齿蚌亚科,无齿蚌属贝类的统称。蚌外形呈椭圆形和卵圆形。壳质薄,左右同形,呈镜面对称,易碎。两壳膨胀,壳前端较圆,后端略呈截形,腹线弧形,背线平直,后背部有时具后翼。壳顶宽大,略隆起,位于背缘中部或前端。壳面光滑,具同心圆的生长线或从壳顶到腹缘的绿色放射线。胶合部窄,无齿。其外侧有韧带,依靠其弹性,可使二壳张开。斧足发达。雌雄异体。卵在春季受精,约2个月可发育成钩介幼虫,排出体外。卵若在秋季受精,胚体在母体内越冬,次年春季发育成钩介幼虫排出体外,钩介幼虫排出体外后,均需寄生在鱼体上,待发育成幼蚌后脱离鱼体,沉入水底营自由生活。多栖息于淤泥底、水流缓慢和静水的水域江河、湖泊、水库和池塘内。分布于亚洲、欧洲、北美和北非。大部分能在体内自然形成珍珠。肉可食,亦为鱼类、禽类的天然饵料,家畜、家禽的饲料。有的种类可用做淡水育珠,如三角帆蚌、褶纹冠蚌、贝角无齿蚌等。

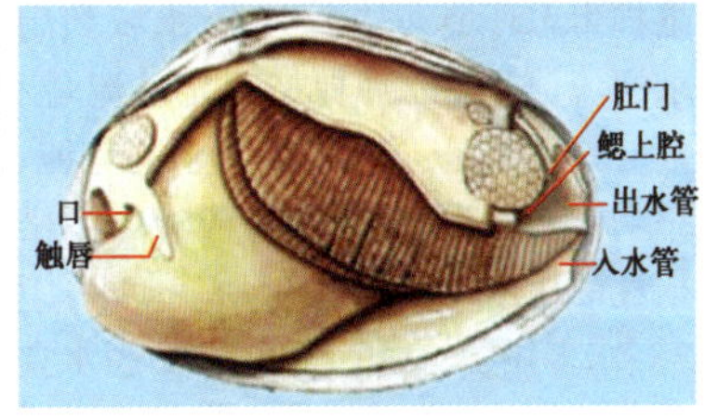

河蚌

【河川径流】(river current) 汇集陆地表面水和地下水而进入河道的水流。包括大气降水和高山冰川积雪融水产生的动态地表水及绝大部分动态地下水。是构成水分循环的重要环节。是水量平衡的基本要素。

【河床演变】(river channel evolation) 河床受自然因素或人工建筑物的影响而发生的冲淤变化。是河流动力学的主要研究对象之一。在自然条件下,河床总是处在不断的变化过程中,如河湾的发展、汊道的兴衰、浅滩的移动等。当在河流上修建水工建筑物以后,河床的冲淤变化将受到影响,如水库的修建将引起库区泥沙淤积和下游河道的冲刷,裁弯取直将引起上下游河势的变化等。河床演变是水流、泥沙与河床相互作用的反映。这种相互作用通过河流中泥沙的冲刷、搬运和堆积而实现。泥沙在其中起着纽带作用。当流速增加,组成河床的泥沙遭到冲刷,使河床降低或拓宽;当流速减小,水中挟带的泥沙沉积于河床上,使其抬高或束窄。就其表现形式而言,河床演变可分为纵向变形和横向变形。前者是指河道沿流程所发生的变形,即河床纵剖面的冲淤变化,如河床的下切、抬高等。后者也称平面变形,即河床沿着与水流垂直的水平方向发生变形,如河湾的发展、汊道的兴衰等。就其发展过程而言,河道演变可分为单向变形和复归性变形。单向变形是指河道在相当长时期内只是单一地朝某一方向发展的演变现象。也就是说,在这个期间内,河道只为冲刷发展,或只为淤积发展。复归性变形是指河道周期性往复发展的演变现象。也就是说,在一定时期内,河道处于冲刷发展状态;此后一定时间内,河道则处于淤积发展状态。河床演变的根本原因是输沙的不平衡。制约和影响河道演变的主要因素有:(1)河段的来水量及其变化过程。(2)河段的来沙量、来沙组成及其变化过程。(3)河段的河谷比降。(4)河段的河床形态及地质变化。其中前三项决定挟沙水流条件,反映输沙不平衡的基本要素;第四项决定河床条件。

【河道内用水】(instream water use) 为维护生态环境和从事水能、水域利用的生产活动,要求河流、湖泊、水库保持一定的流量和水位所需的水量。其特点是:(1)利用河水的势能、动能、浮力和生态功能,一般不消耗水量或较少污染水质,属于非耗损性的用水。(2)同一河流的各项河道内需水可以"一水多用",在满足一项主要用水要求的同时,还可兼顾其他用水要求。(3)为保证河道内用水要求,有时要通过工程措施改变河川径流的天然情势。按照利用目的和效益的不同,可将河道内用水归纳为两类:(1)生产性用水。包括水电、水运、淡水养殖、水上娱乐等方面的用水,能获得直接经济效益。(2)生态环境用水。包括冲沙、洗盐、防凌、净化水质、维持野生动植物生存栖息和自然景观等方面的用水,具有社会、环境效益。

【河道外用水】(off-stream water use) 采用蓄、引、提和水井等工程措施,从河流、湖泊、水库和地下含水层引水至城市和乡村,满足经济社会发展和生态环境建设所需要的水量。在输水用水过程中,大部分水量被消耗掉而不能返回原水体中,还排出一部分废污水,导致河湖水量减少,地下水水位下降和水质恶化,故称耗损性用水。按照用户地域分布及其水特点的不同,可将河道外用水分为城市用水和农村用水。城市用水包括工业、商业、居民住宅、公共设施及环境美化等方面的用水;要求水源稳定可靠,供水保证率在95%以上;具有用水集中、耗水量小、排污量大等特点。农村用水包括农田灌溉、林牧渔业、乡镇企业和农村生活等方面的用水;具有面广量大、消耗水量多等特点;但要求的供水保证率低于城市用水。在生态环境脆弱的干旱、半旱地区,为了保持经济社会的持续发展,除了满足工农业生产和生活所需水量外,还要考虑必要的生态环境用水,改善水环境,防止生态环境恶化。

【河口】(river mouth) 河流与其汇入水域相连接的区域。汇入的水域可能是海洋、湖泊、水库或河流等,因而河口可分为入海河口、入湖河口、入库河口和支流河口等。狭义的河口通常指入海河口,而把支流河口、入库河口等视为河流和水库范畴。入海河口,又称感潮河口,主要受径流、潮流和盐度影响。一般河口的感潮区要比盐水入侵远得多,把潮汐影响所及的河段作为河口区。根据动力条件和地貌形态的差异,河口区可分为河流近口段、河口段和口外海滨,并分别又称为河流段、河口过渡段、潮流段。河流近口段以河流特性为主,口外海滨以海洋特性为主。河口段的河流因素和海洋因素则强弱交替地相互作用,有独特的性质。河口按其性质的不同可分成如下不同类型:(1)按动力成因的不同可分为:径流为主型河口、潮流为主型河口和波浪为主型河口。(2)按潮汐强弱的不同可分为强潮河口和弱潮河口。(3)按盐淡水混合程度的不同可分为:强混合型河口、缓混合型河口和弱混合型河口。(4)按地貌形态的不同可分为三角洲河口和三角港河口。(5)按来水来沙条件的不同可分为河口湾型河口、三角洲型河口和过渡型河口。(6)按来水来沙地质地貌条件的不同可分为:强混合海相河口、缓混合海相河口、缓混合陆海双相河口和弱混合陆相河口。入海河口是河、海水路交通的咽喉,内联河流腹地,外通海洋,常建有港口城市。其开发和利用对发展国民经济具有重要意义。

河口

【河口潮汐】(tides of estuary river mouth) 河口水位和水流受外海潮波影响而发生周期性升降和流动。通常比开阔海洋的潮汐大,变化规律更加复杂。外海潮波向河口推进之初,水位开始上涨,水面坡降逐渐变小,流速减慢,但水流方向仍指向海洋,此阶段的潮流为涨潮下泄流(也称涨潮落潮流);潮波继续向河口推进,水位不断上涨,水面从向海倾斜转为向陆倾斜,整个水流都指向上游,该阶段的潮流为涨潮上溯流(又称涨潮涨潮流);潮波向上游推进到一定距离后,外海已开始落潮,河口水位开始下降,水面坡度渐趋平缓,流速逐渐减弱,但仍指向上游,此时的潮流为落潮上溯流(又称落潮涨潮流);河口水位继续下降,流速递减,水面转为向海倾斜,水流方向也转向海洋,这个阶段的潮流为落潮下泄流(又称落潮落潮流)。上述四个阶段的历时长短和潮波性质有关。一般落潮下泄流历时最长,涨潮上溯流历时次之。

河口潮汐

【河流】(river) 流经陆地表面或地下的线形槽状洼地内的经常性或周期性水流。除了极地和高山为冰川所覆盖以及沙漠内部没有或很少有河流外,地球陆地上到处都有河流分布。河流的名称很多。一般把水量大、流程长的河流称为江、河,相反则称为溪或涧。一条河流一般可分为河源、上游、中游、下游和河口五部分。河源是河流的发源地,往往是高山或高原。其上游大多穿行在山区,河道狭窄、水流湍急,常形成许多险滩或瀑布。中游是河流冲出山地流向平原的过渡地段。中游河面较宽,水流速度减缓,河道弯曲并开始出现滩地。下游的河道流经平原地区,河床开阔,有很多曲流,还时常出现浅滩和沙洲。河口是河流的入海处,河道散乱,多汊河,并有许多泥沙沉积在河口地区。

【河流动力学】(river dynamics) 研究河道水流、泥沙运动和河床演变规律及其应用的学科。是治河工程、灌溉排水工程、水力发电、航道及港口工程等学科的理论基础之一。与地理科学、环境科学有着密切的关系。其研究内容包括:(1)水流结构。研究水流内部运动特征及运动要素的空间分布。(2)泥沙运动。研究泥沙冲刷、搬运和堆积的机理。(3)河床演变。研究河流的河床形态、演变规律以及人为干扰引起的再造床过程。(4)河床变形预测。研究预测水流、泥沙运动及河床冲淤演变的方法。广泛应用水力学、水文学 等学科的原理和方法处理问题。

【河流规划】(river planning) 根据各类能源资源分布、社会经济发展及各部门用水需求等情况,确定合理的河流水资源综合利用方案。是合理利用水资源,制订河流治理开发方案的设计研究工作,包括对发电、航运、防洪、工农业和生活用水、水产养殖、旅游等方面的规划。以一条河流为对象,或是干流,或是一条支流。如果干支流所在地域的社会、经济发展对水资源的开发利用都有较大要求,且规划所要求的社会、经济发展对河流水资源的开发利用要求,在时间上相距很远,并且上下游、干支流各自规划对河流整体规划影响不大时,也可以分河段进行规划。其规划内容是:(1)根据河流特点及国民经济发展要求,提出河流水资源开发目标、开发任务、利用程度(如水能开发规模、供水规模、河段防洪标准、通航标准和灌溉发展面积等)及各利用部门的主次关系。(2)选择河流梯级方案、梯级组成、上下游工程之间的水位衔接、各工程的开发方式及其所承担的水资源利用任务等。(3)推荐近期工程及开发时序。(4)河流开发对环境影响的评价。

【河流含沙量】(sandiness in river) 单位体积河水中所含泥沙的数量。单位为 kg/m^3。河流一年内各个时期的含沙量不一样,最大含沙量出现在汛期,最小含沙量出现在枯水期。年际之间的含沙量也不一样。含沙量沿水深分布的特点是水面最小,河床底部最大。含沙量在河流断面上的分布随断面水流情况而异。含沙量沿流程变化也有明显特点,通常在山区河段含沙量大,平原河段含沙量小。河流含沙量与流域环境有密切的关系,如在黄河中游及支流(黄土高原地区)中就出现过每立方米数十千克至1 000千克以上的高含沙水流。含沙量对河水水情和河道变迁影响很大。防洪、灌溉、航运、水电等水利工程设施都需考虑含沙量的问题。

【河流阶地】(river terrace) 又称河成阶地。有河流作用形成的,沿谷坡分布且高出洪水位的阶梯状地貌。当河流侧蚀作用形成平坦谷底或发育成河漫滩后,因地壳上升或侵蚀基准面下降而使河流下切,造成原来的谷底或河漫滩相对抬高,超出一般洪水位之上,在谷地横剖面上形成阶梯状地貌。按阶地成因的不同一般可分为侵蚀阶地、堆积阶地、基座阶地、埋藏阶地、气候阶地和河曲阶地。每一级阶地都由阶地面、阶地斜坡、阶地前缘和坡麓等地形单元构成。

河流阶地

【河流泥沙数学模型】(sediment mathematical model) 利用水流和泥沙运动规律建立起的代表所研究的河流系统的方程组。用以研究和预测河流系统在自然情况下和受人类影响后的水流泥沙和河床的变化。泥沙运动及随之产生的河床变形是水流运动造成的。当河床出现变化后,又对水流造成一定的影响。按其泥沙数学模型的不同可分为:水流运动模型和泥沙运动模型。前者模拟水流运动,后者模拟泥沙运动和河床变形。两个子模型应联立求解,即耦合解;当河床变形不很剧烈时,为了简化计算工作,可先后分别求解两个子模型,即非耦合解。河流中水流及泥沙运动都是在三维空间中变化着的。按其数学模型发展的不同可分为:(1)一维模型。主要用于研究长时期、长河段的水流及河床变形,可以给出水流及河床的总体变化情况。(2)二维模型. 主要用于需要了解河床局部变形的问题,就必须用二维模型才能解决。二维模型又可分为:平面二维模型和立面二维模型两种。前者不考虑各种因素在垂向的变化,后者则不考虑各种因素在横向的变化。目前常用的是前者。应根据问题的性质选用合适的模型。凡能用一维模型的问题,就不必用二维模型。因为后者的计算量要远大于前者。(3)三维模型。目前三维泥沙模型尚处于研制阶段。

【河流泥沙物理模型】(sediment physical model) 将河道地形和水流、泥沙运动特征及冲淤时间等按相似原理缩小成模型,模拟特定时段内的河流泥沙运动,得出河床演变的相似情况。用来分析和预测河床的冲淤变化。研究泥沙问题的水工模型试验。它是在水工模型试验的基础上,增加泥沙运动相似准则,用来研究水利水电枢纽工程、工农业引水口建筑物或其他局部河段平面形态变化和河槽冲淤变化的模型试验。如模型底部为可动材料塑造而成,称为动床模型。泥沙模型试验主要模拟挟沙水流和河床的相互作用,不仅满足水流运动相似条件,即河槽边界条件几何相似、水流流态相似、水流阻力相似,弗劳德(Froude)数相等诸条件外,而且还应满足泥沙运动相似条件,即泥沙沉降速度,启动流速和扬动流速的比尺与水流速度比尺一致,模型沙级配条件符合天然沙级配条件。泥沙模型一般分为悬沙模型和底沙模型,也有采用全沙模型,即在模型中间同时满足悬沙和底沙运动相似条件。

【河流水情】(hydrological regime of river) 河流的水位、流量等随时间而变化的情势。广义的河流水情还包括河流冰情、河流泥沙、水质等变化情势。河流水情是河流的基本水文特征。一年中,按河流水位、流量的的不同变化可将其划分为汛期、平分期和枯水期。决定河流水情特点的主要因素,是河流的补给方式和气候条件。

【河流污染】(river pollution) 人类活动排放的污染物进入河流超过其自净能力所造成的污染。它引起河流水质恶化,生物群落变化,河水使用价值下降或丧失。在排污量相同的情况下,径流量越小的河流,污染程度越严重。河流污染扩散速度快,影响面广。

河流污染

【河流袭夺】(river capture) 处于分水岭两侧的两条河流,其中侵蚀力较强、侵蚀较深的一条河流因溯源侵蚀、切割分水岭,将另一条河流的一部分或全部袭夺过来的现象。河流袭夺常发生在两条垂直流向的河流中间。一般侵蚀基面较低、水量较大的河流袭夺另一条河流。前者称袭夺河,后者称被夺河。在被夺河的上游,因被袭夺而改变流向流入袭夺河,此段河流称为改向河;而被夺河的下游流向不变,但因上游被袭夺,故称作断头河。在改向河与袭夺河相交之处,河水流向极不自然,常出现急剧转弯,这类河湾被称为袭夺湾。

河流袭夺

【河漫滩】(flood plain) 平水期不被淹没、洪水期可能被淹没的平坦的河滩。平原区宽阔的河漫滩又称泛滥平原,一般高出河面数米。较低的河漫滩可被常年洪水淹没,较高的河漫滩只在特大洪水时才被淹没。河漫滩的形成,是河床不断侧向移动和河水周期性泛滥的结果。在洪水期间,水流漫到河床以外的滩面,由于水深变浅,流速减慢,便将悬移的细粒物质沉积下来,在滩面上留下一层细粒沉积。在水流作用下,河床常常一岸受到侧蚀,另一岸发生堆积,于是河床不断发生位移。受到堆积的一岸,由河床堆积物形成边滩。随着河床的侧移,边滩不断扩大。河漫滩就是这样形成的。

【河鲀】(swell fish) 又称河豚。古称鯸鲐。为鲀形目鲀科鱼类的统称。因体形似豚,又常在河口捕到,故江、浙一带称河豚或河鲀,广东一带称乘鱼、鸡泡、龟鱼，而在河北附近则称腊头。体粗短，亚圆筒形，体延长，侧扁。尾短小或细长。尾部沿体下部两侧常具有一明显皮褶。头及吻宽钝，或稍侧扁。牙齿与上下颌骨愈合，成四个齿板。鳃孔小，侧位。体无鳞或被由鳞变成的小刺。气囊发达，遇敌害能吸水或空气，使膨大为气球，浮于水面以自卫，离水吸气膨胀，发出咕咕之声。是暖水性海洋底栖鱼类。广泛分布于热带、亚热带及温带海洋中。中国河鲀鱼有 30 余种。常见的有黄鳍东方鲀、虫纹东方鲀、红鳍东方鲀、暗纹东方鲀等。其中以暗纹东方鲀产量最大。一般体长 70 ~ 500 mm。其中红鳍东方鲀已见最大体长为 750 mm。其肉味极为鲜美，与鲥鱼、刀鱼并称为“长江三鲜”。但其内脏含毒量高，误食会致人中毒死亡。其内部器官含神经性毒素。其毒性相当于氰化钠的千倍左右。其肌肉中并不含毒素。河豚最毒的部分是卵巢、肝脏，其次是肾脏、血液、眼、鳃和皮肤。

河鲀

【河外射电源】(extragalactic radio source) 银河系之外有射电辐射的天体。主要有正常射电星系、特殊射电星系和类星射电源等。正常射电星系的射电功率为 $1\times10^{37}\sim1\times10^{41}$ W，特殊射电星系的射电功率比正常射电星系的射电功率强 $1\times10^{2}\sim1\times10^{6}$ 倍。射电星系大多属椭圆星系，亮度和质量都很大。类星射电源指有射电辐射的类星体，其星系核活动性极强、直径很小，可能为普通星系的十万分之一或一百万分之一，但其辐射能量却相当于几百个星系的总和。

搜索河外射电源

【荷电镶嵌膜分离技术】(charge-mosaic membrane separation technology) 利用荷电镶嵌膜对无机电解质具有较低截留率的特性，实现电解质与低分子有机物有效分离的技术。荷电镶嵌膜含有一系列规则排列的阴离子和阳离子交换基团。当电解质通过荷电镶嵌膜时，阴、阳离子分别通过其对应的交换单元。该膜可同时传递阳离子和阴离子，对离子的渗透压排斥基本上保持在很低的水平，有利于传递电解质，而不带电的有机物则很难通过。在生化、食品、制药和工业有机物脱盐净化等方面应用广泛。例如，乳品浓缩及乳清蛋白的回收、大豆低聚糖与无机盐的分离等。

【荷叶冰】(lotus ice) 又称盘状冰。像玉莲荷叶一样漂浮在南极周围海面上的海冰。当夏天到来或冬季即将开始的时候，南极周围海面上的海冰在解体时或海水开始冻结时，都会出现荷叶冰现象。荷叶冰基本呈圆形，叶面平顺，周边向上略为翻卷，直径从几十厘米到几米不等。荷叶冰出现的时间和规模是监测南极海冰冰情变化的重要窗口。南极远洋航行十分关注它们的变化特征和规律。如果海面上突然出现荷叶冰以及荷叶冰数量增多、密度变大时，洋面可能即将被封冻，船舰必须及时撤离，以免发生冰封事故。和冰山一样，荷叶冰埋藏在海水以下的冰体远大于海上的部分。因此它们的真实形状是一个悬浮在海水中的冰的圆柱体，圆柱体的高度是荷叶冰水面部分的 9 倍。

【荷叶结构织物】(lotus-leaf structure fabric) 采用超细长丝合成纤维织成的紧密机织物。经过表面整理，部分长丝断裂形成稠密的绒毛，类似荷叶表面直径为 2μm 的突起，故称荷叶结构织物。该织物触感舒适，防水透气，特别适宜做风雨衣。

【核安全】(nuclear safety) 在核设施和涉核活动中，保持正常的运行工况，采取各种防护措施，保护工作人员、公众和环境免受不适当的辐射危害。广义的核安全是指涉及核材料及放射性元素相关的安全问题，目前包括放射性物质管理、前端核资源开采利用设施安全、核电站安全运行、核燃料处理设施安全及全过程的防核扩散等议题。狭义的核安全是指在核设施的设计、建造、运行和退役期间，为保护人员、社会和环境免受可能的放射性危害所采取的技术和组织上的措施的综合。该措施包括：确保核设施的正常运行，预防事故的发生，限制可能的事故后果。社会议题的核安全主要是指防核扩散及核裁军等。2010 年 4 月 12 日至 13 日在美国华盛顿举行了核安全峰会，提出目前的核安全问题主要是针对恐怖主义的防核扩散。

【核安全等级】(nuelear safety elassification) 按核电厂的构筑物、系统和部件是否执行安全功能及此种功能的重要性而划分的等级。凡执行安全功能的物项均属核安全级。不执行安全功能的则属非核安全级。对于机械设备，安全级又分为 4 级。安全 1 级对安全的重要性最大；2、3、4 级的重要性依次递减。对电气和仪表设备，安全级又称 IE 级，在安全级中不再分级。对于各种安全级设备,在设计、制造、试验和检查等方面都有特定的要求,还要求规定相应的设计和制造规范等级、质量保证等级、抗震分类和环境鉴定等级、确定设备的安全等级,对核电厂的安全性和经济性有重要影响,降低等级会影响核电厂的安全性,不适当的提高等级会增加核电厂的造价。安全功能核电厂设计要求在任何情况下确保反应堆安全停堆,从堆芯排出热量,并限制预计运行事件和事故工况后果。为达到这些设计要求所必须的功能称安全功能。安全功能可分列出多条,核电厂内安全级的构筑物、系统和部件应能完成所有的安全功能,从而达到安全设计要求。设计和制造规范等级构筑物、系统和部件,根据不同的安全等级,在设计、制造、检查、鉴定等方面 的分级要求,它一般是与安全等级相对应的,但是有的设备根据情况需要提高设计和制造规范等级。

【核安全中心】(nuclear safety center) 1989年3月成立,国家环保总局领导的直属事业单位。其主要任务是:为中国民用核设施安全监督管理工作提供技术保障,从事有关民用核设施核安全的技术评价、验证、监测、科研以及核安全科技信息研究等。核安全中心拥有现代化的计算机系统及配套设备,先后建立了核事故应急响应与评价系统、核设施运行与经验反馈系统、核安全管理数据库及核安全情报咨询系统等一系列与核安全有关的技术设施(软件与硬件);引进、开发并建立了核安全审评软件库。核安全中心的技术设施保证了中国的核设施安全审评和监督工作与国际接轨并在国际先进的技术水平运行。他们了解国际核安全发展动态并掌握国际核安全审评和监督技术,在发展中国核能事业中积累了丰富的经验,在核安全技术开发和研究方面发挥了主力军的作用,为中国的核安全技术进入世界先进行列做出了贡献。其主要职能是:以中华人民共和国民用核设施安全监督管理条例、中华人民共和国核材料管制条例以及国家的其他(原子能 、辐射防护、环境保护、公安、卫生等)有关法律、法规和国家核安全局颁布的核安全法规为依据,参考国际原子能机构及其他核电发达先进国家的法规文件和实践经验,对中国的民用核设施实施安全监督管理提供全面的技术保障。

【核爆炸冲击波效应】(effect of nuclear explosion shock wave) 核爆炸冲击波对人员和物体造成的毁伤作用及效果。核爆炸形成的高温、高压火球猛烈地膨胀时,急剧地压缩周围空气,形成压缩空气层(压缩区)。压缩区的前界面称为冲击波阵面。冲击波阵面上压力最大,波阵面后的压力逐渐变小。由于空气粒子随波阵面运动使爆心周围的空气稀疏,在压缩区之后形成稀疏区,其压力低于大气压力。压缩区和稀疏区紧密相连,并在空气中迅速传播形成核爆炸冲击波。冲击波是以超音速向四周传播的爆炸波。随着传播距离的增大,传播速度变慢,最后变为声波。当冲击波阵面传播到某点时,该点空气的压力瞬间增大到波阵面上的最大压力,同时,空气以很高的速度随波阵面前进,然后,该点的压力随压缩区通过而不断减小,空气速度也不断减小;稀疏区通过该点时,空气通过该点转向爆心运动,在稀疏区后界上,它的速度接近于零。在冲击波压缩区内,超过波前大气的压力称为超压,空气运动产生的冲击压力称为动压。空中核爆炸产生的冲击波,先在空气中传播,尔后在遇到地面时反射,使超压增大,并且地貌、地物对冲击波传播也有明显的影响。冲击波对人员的杀伤作用主要取决于超压和动压。超压可以引起心、肺和听觉器官损伤。动压可以使人体抛出,因碰撞而造成伤亡。冲击波直接作用于人体引起的损伤称为直接冲击伤。冲击波的动压冲击和超压的高压作用,可造成工事、建筑物和各种物体的破坏。

核爆炸冲击波效应

【核爆炸方式】(way of nuclear explosion) 在空中不同高度或地(水)下不同深度实施核爆炸的形式。威力相同、核爆炸方式不同时,爆炸的外观景象和杀伤破坏作用也不尽相同,应根据目标性质、作战任务和气象条件等因素选定最佳的核爆炸方式。核爆炸方式通常分为:(1)高空核爆炸。爆心在海拔30km或以上的核爆炸。随着爆炸高度的增加,核爆炸的外观景象和毁伤因素都与空中核爆炸有较大的差异。高空核爆炸光辐射能量所占核爆炸总能量的份额,随高度逐渐增大,核爆炸火球的尺度、发展和上升速度都比空中核爆炸时大得多。对于爆心在海拔80km以上的高空核爆炸,X射线能量约占核爆炸总能量的70%以上。高空核爆炸时冲击波的能量份额随爆高的增加而减少。可见高空核爆炸冲击波对飞行目标的破坏是次要的。高空核爆炸的军事用途,主要以其产生的光辐射和早期核辐射摧毁空间飞行器或电子系统,以达到反弹道导弹的目的。(2)空中核爆炸。核爆炸火球不接触地面的大气层核爆炸。亦称空爆。按比高不同可分为小比高、中比高和大比高空中核爆炸。用以袭击城市、港口等目标,杀伤开阔地面的暴露人员,摧毁地面工事及强度不高的技术装备和轻型舰艇等。大威力空爆时，光辐射很强，毁伤范围大；对于抗压低的软目标摧毁范围较大；早期核辐射的毁伤范围小；放射性沾染的伤害，主要取决于爆高。小威力空爆时，光辐射较弱，毁伤范围小；冲击波的毁伤范围也相应缩小，放射性沾染与上述情况类似；早期核辐射毁伤作用则相对地比较突出，特别是威力为千吨梯恩梯当量级的增强辐射武器的空爆，早期核辐射中的中子注量，对人员的杀伤范围，在诸杀伤因素中是最大的。因此它是用于杀伤数平方千米范围开阔地面暴露人员和坦克内乘员的最佳核爆炸方式。(3)地面核爆炸。核爆炸火球与地面接触的核爆炸。又称地爆。按不同的比高又分为有坑地面核爆炸(含触地核爆炸)和无坑地面核爆炸。地爆的各种杀伤破坏因素中，冲击波和放射性沾染较为突出。冲击波与光辐射，对一般民用建筑和人员的杀伤破坏范围较相同威力的空中核爆炸小，早期核辐射的杀伤破坏范围与空中核爆炸相近。地爆造成的爆区和云迹区的放射性沾染，对居民会造成严重的危害，在战时可以阻滞部队的行动。(4)地下核爆炸。地面以下一定深度的核爆炸。按比深不同可分为浅层地下核爆炸和封闭式地下核爆炸。浅层地下核爆炸可通过核地雷和核钻地弹来实现，主要以极强的岩土冲击波和震动摧毁地下深层的硬目标，并造成严重放射性沾染，其他毁伤效应与触地核爆炸相近。威力为万吨梯恩梯当量级以上的核爆炸，在一定条件下，不再形成弹坑。大量放射性物质封闭于地下，成为封闭式地下核爆炸，常称深层地下核爆炸，是核武器试验的一种重要方式。(5)水下核爆炸。水面下一定深度的核爆炸。按比深不同可分为浅层水下核爆炸和深层水下核爆炸。主要用于摧毁港口设施及水面、水下舰艇。比深很小的浅层水下核爆炸又称水面核爆炸。其核爆炸火球一部分在水面以上，一部分在水下。水下的火球是一个高温高压气泡，体积比空爆时小，主要成分是水蒸气。比深增加到一定值后，水面上看不到通常的火球景象，但从远处可以看到爆心附近水域被照亮的短暂发光现象。在深层水下核爆炸时，由于海水对光辐射的吸收，爆心附近水面看不到发光现象。深层水下核爆炸的外观景象与浅层水下核爆炸大致相似，但在火球冲击水面时并不形成空心水柱，也没有放射性烟云。浅层水下核爆炸的毁伤因素，除有空气冲击波、光辐射、早期核辐射及核电磁脉冲外，主要是水中冲击波和巨浪。

【核爆炸探测卫星】(nuclear explosion detection satellite) 用于监视和探测在大气层内和外层空间核爆炸的侦察卫星。平时，主要用来监视各国执行禁止核试验条约情况，战时用于收集核爆炸参数(坐标、时间、威力、高度)，以估计核袭击的效果。利用卫星从太空探测核爆炸，受背景干扰小，探测距离远，甚至能探测到火星，金星上的核爆炸。这类卫星上一般装有X射线探测器、γ射线探测器、中子计数器、电磁脉冲探测器和可见光敏感器，分别探测伴随核爆炸产生的X射线、γ射线、中子、电磁脉冲和核爆炸火球。利用萤石片敏感器制造的星载X射线探测器，可探测到远至1.6×10^8km以内的万吨梯恩梯当量级核爆炸的K射线；使用三氟化硼计数器作中子计数器，探测距离可达1.2×10^6km。

核爆炸探测卫星

【核爆炸通信效应】(effect of nuclear explosion communication) 核爆炸释放的能量对光、电、声信号传输和通信设施的影响及破坏作用。核爆炸产生的大量X射线、γ射线、中子流、β粒子及裂变碎片等都能引起大气的电离，在核爆炸中心附近形成一个火球电离区。在一定条件下，还能在爆区上空的电离层形成一个附加电离区。当无线电波通过电离区时，传输的信号减弱，严重时会使通信完全中断。核爆炸所形成的电离区及爆炸产生的冲击波、核辐射、电磁脉冲等，对短波天波通信、地面波和空间波通信、卫星通信、对流层散射通信、流星余迹和电离层散射通信等信号传输都会造成不同的影响。其中，电离区主要是对无线电信号传输有影响，影响的程度与核爆炸高度、爆炸威力、电波波段和传播的方式等因素有关。核爆炸产生的光辐射、冲击波和电磁脉冲等，可使一定范围内的通信装备及设施遭到破坏。如，能折断或烧毁架空明线和天线的线杆，还能将敷设在地面上的野战通信线缆吹断，将绝缘层烧焦；冲击波能将暴露在地面上无防护的野战通信装备抛掷，造成零件、部件断裂和变形；光辐射会烧坏通信装备上暴露的导线、油漆、胶木旋钮、指示电表等，甚至烧坏暴露在地面上的整部机器。但在同样的范围内，设置在野战工事内的通信设备一般不受破坏或只受到轻微破坏。核爆炸对埋设在地下的通信线路一般破坏较小。空中核爆炸时，埋深10～20cm的野战通信线缆，即使在爆心投影点下面，通常也不会遭到破坏；埋深1～1.5m的永备电缆线路，只有在地爆的情况下，在爆心附近才会遭到冲击波和光辐射的破坏。

【核爆炸物理模拟】(physical simulation for nuclear explosion) 在实验室内创造与核

爆炸局部类似的条件，对核武器物理问题进行的分解研究。其目的在于观察、掌握核武器爆炸主要物理过程的现象与规律，检验用于核武器设计的计算机程序，维护和保持核武器的安全性、可靠性和有效性。核武器爆炸物理过程的模拟包括爆轰和动高压物理、炸药驱动内爆动力学、高温高密度等离子体状态下的流体动力学及热核反应动力学等。主要模拟手段有流体动力学爆轰实验、脉冲功率技术和激光驱动惯性约束聚变等。流体动力学爆轰实验是模拟核装置初级内爆动力学过程的最有效手段，同时还广泛用于核装置武器化试验、库存武器性能检测、武器安全性能研究、武器材料断裂行为和动态力学性能测量，以及物体流体动力学界面不稳定性研究等。利用脉冲功率技术（电容器组、爆炸磁压缩装置和电子加速器等）提供的数十至数百兆安冲击大电流，产生强大的电磁力，可把几十立方厘米体积的物体高速压缩到比炸药爆轰压缩所得的温度更高（达 MK）和压力更大（达几 PPa），并维持 0.1～1μs 的时间。电磁驱动实验可用来研究材料的动高压性态、核武器内爆组件缺陷的影响、等离子体内爆的界面不稳定性和极端条件下的物质性质，并能产生大量的软 K 射线用于核武器效应模拟研究。激光聚变是开发新能源的有效途径之一。它的物理问题与热核武器的某些物理问题相似。实验室高功率激光产生高温高压等离子体诱发聚变，实现能量增益（即产生的能量大于消耗的能量）的同时，也在模拟研究核武器爆炸过程中的某些重要问题。

【核磁共振】（nuclear magnetic resonance） 具有奇数质子或中子的原子核中的磁矩，在恒定的外磁场作用下可取量子化状态的现象。不同物质的原子核具有不同的磁矩（核磁矩），这种磁矩是由核自旋产生的。在外磁场的作用下，核自旋的能态会发生变化，磁场会重新排列，同时会释放一定波长的电磁波。不同的原子核会放出不同的电磁波（波谱）。利用这种现象，可进行分子结构的研究。医用核磁共振检查就是根据这个原理进行的。

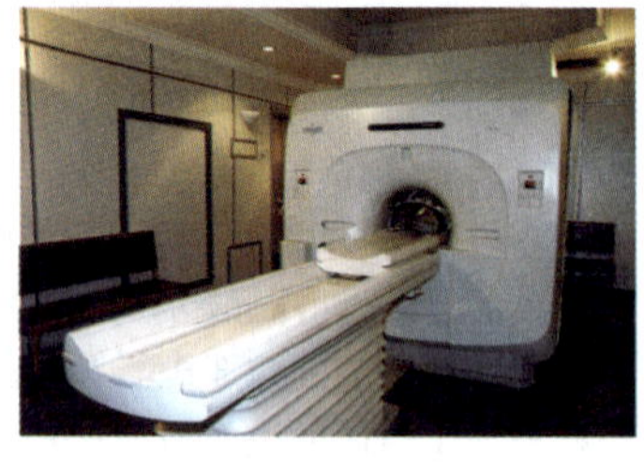
核磁共振检查机

【核磁共振波谱法】（nuclear magnetic resonance spectroscopy，NMR） 利用核磁共振光谱进行结构测定、定性与定量分析的方法。将磁性原子核放入强磁场后，用适宜频率的电磁波照射，它们会吸收能量，发生原子核能级跃迁，同时产生核磁共振信号，得到核磁共振光谱。各种磁性核在不同的磁场条件下产生共振。由于在分子中所处的化学环境不同，同一种磁性核的共振位置（化学位移）也稍有差异，所以频率不同吸收强度也不同。广泛用于有机分子及高聚物的定性与定量分析，如鉴定分子结构、基团分析、异构体分析及测定高聚物的组成、成分及序列等。

【核导弹安全控制技术】（safety control technique of nuclear missile） 为防止非授权使用、意外发射或误发射核导弹，确保核导弹绝对安全而采取的技术措施。为核安全三大技术（核导弹安全控制技术、核安全监督与审评技术和核事故应急对策技术）之一。涉及导弹武器、作战指挥、通信传输、密码、计算机应用等诸多领域。其主要内容包括：核战斗部安全控制技术、控制密码指令安全保密技术和控制密码指令技术等。

【核岛】（nuclear island） 核电站安全壳内的核反应堆及与反应堆有关的各个系统的统称。主要包括核蒸气供应系统、安全壳喷淋系统和辅助系统。其主要功能是利用核裂变能产生蒸气。核岛厂房主要包括：反应堆厂房（安全壳）、核燃料厂房、核辅助厂房、核服务厂房、排气烟囱、电气厂房和应急柴油发电机厂房等。

吊装核岛罩

【核地雷】（nuclear mine） 在地面或地下爆炸、可直接杀伤敌人或阻碍、迟缓、迫使敌人改道的一种原子爆破装置。可埋设在地下建筑物内、桥梁上、隧道内或水坝上，利用定时器或遥控指令引爆。此外，核地雷还可用来破坏敌方机场、指挥所、运输站、通信站、工业基地和油料供应系统等关键设施。可单个使用，也可以成组或密集使用。核地雷由有一定威力的核装置、起爆系统、保险装置、动作系统和电源组成。根据其质量和大小，可整体或分开包装运输。小威力特种爆破核地雷还可随身携带。

【核电安全】（nuclear generation security） 为保护厂区人员、公众和环境免遭过量辐射危害而对核电工业提出的要求。有三个目标：(1)总目标。建立并维持一套有效的防护措施，以保证人员、社会及环境免遭过量放射性危害。(2)辐射防护目标。确保在正常运行时核电站内及从电厂释放出的放射性物质引起的辐射保持在合理可行和尽量低的水平,或低于国家规定的限值,并确保事故引起的辐射的程度得到缓解。(3)技术安全目标。有很大把握预防核电站事故,对于核电站设计中考虑的一切事故,甚至对于那些发生概率极小的事故都应确保其后果是安全的。确保那些会带来严重放射性后果的严重事故发生的概率非常低。

【核电池】(nuclear cell) 又称放射性同位素电池。通过半导体换能器将同位素在衰变过程中不断释放出的射线的热能转变为电能的电池。核电池技术早在1913年已经被发视,使众多科学家都期望此技术能够用于各类仪器之上。但一直由于无法提高能源效率而无实质性进展。直到近年纳米技术研发出更有效之半导体后,这一技术才有所突破。按核电转换方式的不同可分为:(1)热转换型。是运用会放出大量热能的同位素(如钚238,锔244及锔242等),通过热电效应或光电效应(吸收被自行加热之同位素的红外线)来生产电力。其能量效率为0.1% ~5%。(2)非热转换型。电池使用同位素衰变时放出的β粒子,也就是直接用电子来发电。中间不涉及使用热力来产生电力,故称非热转换型核电池。其能量效率为6% ~8%。当前,核电池已成功地用作航天器的电源、心脏起搏器电源和一些特殊军事用途。

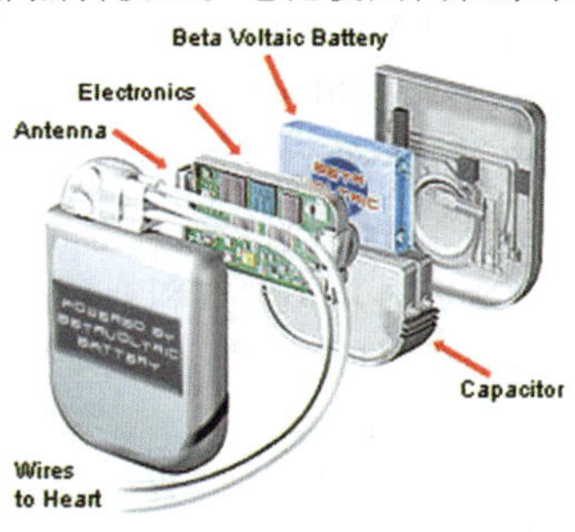

核电池

【核电磁脉冲弹】(nuclear electromagnetic pulse bomb) 又称EMP弹。以增强电磁脉冲效应为主要杀伤破坏因素的具有特殊性能的核武器。可利用其在大气层外爆炸时产生的强电磁脉冲,毁坏敌方的通信系统及电子设备。

【核电站】(nuclear power plant) 又称原子能发电站。利用一座或若干座核反应堆所产生的热能来发电或发电兼供热的动力设施。将原子核裂变或聚变所释放的核能转变为电能的系统和设备。核燃料裂变过程释放出来的能量,经过反应堆内循环的冷却剂,把能量带出并传输到锅炉产生蒸汽用以驱动汽轮机并带动发电机发电。核电站通常由核岛、常规岛和配套设施三部分组成,即由包括核反应堆、冷却剂循环泵和蒸汽发生器(或热交换器)等组成的一次回路系统及蒸汽发生器的受热侧、汽轮发电机组等组成的二次回路系统和其他配套设施。其特点是:(1)无污染。(2)不加重地球温室效应。(3)铀或钚燃料成本低。(4)所用燃料体积小,运输与储存方便。其缺点是:(1)产生放射性废料。(2)热污染较严重。(3)投资成本大,财务风险较大。(4)不适宜做尖峰、离峰之随载运转。(5)较易引发政治歧见纷争。世界上第一座核电站是苏联于1954年建成的。现在,世界上正在运行的核电厂的装机总量约为327.5GW,占总发电量的17%。中国自行设计建造的300MW秦山核电厂于1991年12月并网发电。中国台湾省也有多个核电站在运行。截止到2007年,除台湾省外,中国正在运行的核电站有四座:浙江秦山核电站、广东大亚湾核电站、江苏田湾核电站和广东岭澳核电站。另有浙江三门、辽宁红沿河、广东阳江等多处核电站正在建设之中。

核电站

【核动力飞机】(nuclear powered airplane) 以核能为飞行动力源的飞机。机上装有轻便的核反应堆。核反应堆中产生的核能转变为热能并传给工质(如氢、氦、肼、空气等),使工质转化为高温气体,从喷管向机后喷出推动飞机前进。核反应堆实际上代替了一般飞机动力装置中的燃烧室。核反应堆可把通过的工质加热到大约和汽油燃烧时同样高的温度,且其冲量比极高(一般的裂变反应可达8kN·s/kg,比液体火箭高出约1倍),而消耗燃料却极少。一架核动力飞机如以空气为工质,机上携带推进剂的重量几乎可以不计。据测算,1kg的铀足够使飞机飞行100 000km,并能在14 ~15h内环绕地球一周。目前,核动力飞机尚处于设想阶段。

核动力飞机

【核动力潜艇】(nuclear power submarine) 以核反应堆作动力源的大型潜艇。功率大,航速高,续航力强。可以装备带核弹头的弹道导弹或飞航式导弹。按其武器装备的不同可分为鱼雷核潜艇和导弹核潜艇。安装导弹的核潜艇又分为以近程导弹、鱼雷为主要武器的攻击型核潜艇和以中远程弹道导弹为主要武器的弹道导弹核潜艇。常规潜艇往往容易被发现，而核潜艇则很难被发现。即使被发现，核潜艇的高速度也可以使之摆脱追击。由于核潜艇的续航力大，用不着浮出水面，因而能避免空中袭击。

核动力潜艇

【核反应】（nuclear reaction） 由微观粒子与原子核碰撞导致原子核状态发生变化或形成新核的过程。反应前后的能量、动量、角动量、质量和电荷与宇称都必须守恒。核反应按其本质来说是质的变化，它和一般化学反应有所不同。化学反应只是原子或离子的重新排列组合，而原子核不变。核反应乃是原子核间的转移，致使一种原子转化为另一种原子，原子发生了质变。核反应的能量效应要比化学反应的大得多。现代科技已经掌握了核反应技术，用途非常广泛。核反应在军事上可以用来制造原子弹、氢弹；工业中可利用核能来发电等。

核反应示意图

【核反应堆】（nuclear reactor） 又称原子反应堆。通常指裂变反应堆。一种以可控和自持的方式利用核裂变的装置。核燃料在堆内因吸收中子而发生核裂变。裂变反应不仅产生能量和辐射线，同时还产生新的中子，维持核燃料的链式反应。在核反应堆内，装有必要数量的燃料组件、慢化剂、吸收剂、冷却剂以及必需的结构材料，以便控制和维持链式反应，并保证及时而适当地载出裂变反应所产生的热量，同时提供必要的安全措施，以防范核反应堆运行中所产生的放射性物质逸出。核反应堆有各种用途，如用作能源、核辐射源，或核燃料生产装置，以及用于专门的试验等。按其用途的不同可分为动力堆（发电用或供给能量用）、生产堆（利用其富余中子生产核裂变物质用）及研究堆（各种专门研究用）等，又可根据所用中子的能量分为快中子反应堆和热中子反应堆等。

【核分析化学】（nuclear analysis chemistry） 见放射分析化学。

【核苷酸】（nucleotide） 一类由嘌呤碱基或嘧啶碱基、戊糖及磷酸三种物质组成的化合物。根据戊糖的不同，分为核糖核苷酸和脱氧核糖核苷酸。它们分别是 RNA 和 DNA 的基本组成单位。根据碱基的不同，又分为嘌呤核苷酸和嘧啶核苷酸。根据磷酸基数目不同，又有一磷酸核苷磷（NMP）、二磷酸核苷酸（NDP）及三磷酸核苷酸（NTP）之别。合成 RNA 的原料是四种三磷酸核苷酸 NTP（ATP、GTP、CTP 和 UTP）。合成 DNA 的原料则是四种三磷酸脱氧核糖核苷酸 dNTP（dATP、dGTP、dCTP 和 dTTP）。ATP 在能量代谢过程中起主要作用。营养物质氧化所释放的能量使 ADP 磷酸化为 ATP 以供机体各种生命活动直接利用，如参与合成代谢、肌肉收缩、吸收、分泌、物质主动跨膜转运、细胞信息转导、维持体温及生物电等。因此认为 ATP 是能量代谢转化的中心。两类核苷酸的抗代谢物可作为药物用于临床治疗，例如肿瘤化疗中常用的 5－氟尿嘧啶及 6－巯基嘌呤等。

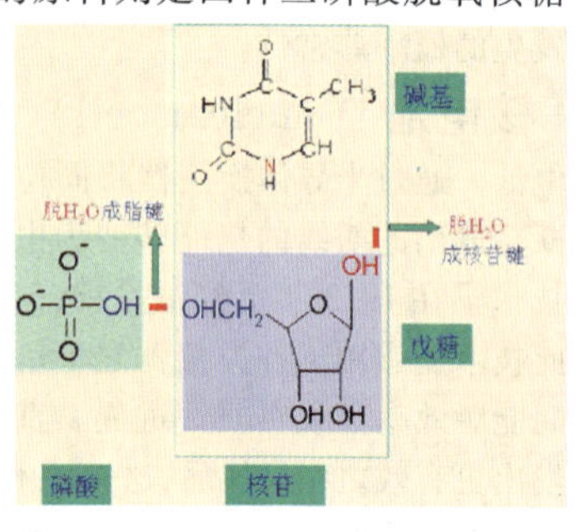

核苷酸结构

【核苷转运】（nucleoside transport） 细胞外核苷通过细胞膜进入细胞的过程。细胞内核苷酸的合成通过从头合成和补救途径。是核苷酸合成“补救途径”的第一步。目前用于治疗肿瘤的抗代谢药，如甲氨蝶呤、5－氟尿嘧啶等，可抑制肿瘤细胞的核苷酸从头合成，但不能阻断“补救途径”。由于细胞外（血液、组织液）核苷的存在，而且癌细胞的“补救途径”相关酶活性比正常细胞高，肿瘤细胞通过“补救途径”合成核苷酸，将抵消抗代谢药的疗效。抑制核苷转运将能阻断核苷酸合成“补救途径”。利用核苷转运抑制剂增强抗癌药物疗效的新策略，以“核苷转运”作为化疗的靶点，是探索研制抗肿瘤生化调节剂的新途径。

【核果类果树】（stone fruit trees） 果实由子房发育而成，有明显的外、中、内三层果皮的果树。其特点是：外果皮薄，中果皮（肉质）厚，可食用，内果皮呈木质化，为坚硬的核。如桃、杏、李、樱桃和梅等。

【核化学】（nuclear chemistry） 全称原子核化学。研究原子核的反应、性质、产物鉴定及其合成制备的学科。其主要研究内容是：核性质、核结构、核转变的规律以及核转变时的化学效应及其研究成果在有关领域的应用。核化学、放射化学和核物理学这三门学科，在内容上既有区别但又紧密相连。核化学研究成果已广泛应用于多个领域。例如，利用中子活化分析，不仅可较准确地测定样品中 50 种以上元素的含量，而且灵敏度很高。中子活化分析法已广泛应用于材料科学、环境科学、生物学、医学、地学、宇宙化学、考古学和法医学等领域。

【核技术】(nuclear technology) 以原子核科学理论为基础，利用原子核反应或衰变释放的射线和能量为国民经济及国防服务的技术体系。由于核反应过程伴随着核辐射的特殊性，因而涉及核装置、核设施的新材料及工艺生产过程的新技术，以及为保证设备可靠、人员安全有特殊的规范和标准。其主要内容包括：(1)核能技术。(2)核动力技术。(3)同位素技术。(4)辐射技术。(5)核燃料技术。(6)核安全防护技术。

【核结合能】(nuclear binding energy) 将若干核子结合成原子核所释放的能量或将原子核的核子全部分散开来所需要的能量。核的重要性质之一。核结合能除以质量数称为比结合能。核结合能和比结合能是原子核稳定程度的量度，比结合能越大，核越稳定。

【核聚变】(nuclear fusion) 由质量小的原子，主要是指氘或氚，在一定条件下(如超高温和高压)发生原子核互相聚合的过程。核聚变生成新的质量较重的原子核，并伴随有巨大的能量释放。原子核的变化(从一种轻原子核聚变为另外一种重原子核)往往伴随着能量的释放，即产生聚变能。与核裂变相比，核聚变不仅几乎不会带来放射性污染等环境问题，而且其原料可直接取自海水中的氘。其来源几乎取之不尽。是理想的获取能源的方式。

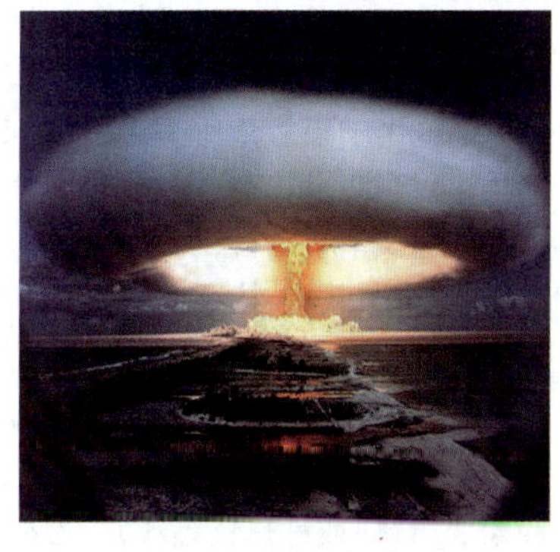
可控核聚变试验装置

【核孔】(nuclear pore) 细胞核和细胞质之间进行物质交换的孔道。核膜包围在细胞核的外面，由内外两层膜构成，把细胞质与核内物质分开。在核膜上有许多小孔，这些小孔就是核孔。是物质进出核的活性传递的通道。某些大分子物质可以自由通过核孔而进入细胞质内，如细胞核内的信使 RNA。在核膜上有大量多种的酶，这有利于各种化学反应的顺利进行。核孔的数目、分布和密度与细胞代谢活性有关。

【核力】(nuclear forces) 核子之间所特有的相互作用力。其强度大，力程短。在距离大于约 5×10^{-14}cm 时主要为引力，能克服质子间的库仑斥力而使各核子结合成原子核。但核力随着距离的增大而很快减小，当距离大于 2×10^{-13}cm 左右时，就不发生作用。在本质上，核力是由于核子间交换 π 介子而产生的。目前关于它的具体性质仍在研究中。

【核裂变】(nuclear fission) 由一个重原子核裂变为几个轻原子核的过程。核裂变过程通常伴随着大量的能量释放。核裂变通常发生于较重的原子核(如铀、钚同位素的核)。按其裂变方式的不同可分为自发核裂变和感生核裂变。前者指自发地不断发生，是重核不稳定性的一种表现。其半衰期大都很长，如铀－238的自发裂变半衰期约为 1×10^6 年。后者指某些原子核在受到其他粒子(如中子、带电粒子、γ 射线等)轰击时产生的分裂反应。如铀－235在受到热中子轰击时原子核发生的分裂。铀－235的核裂变是由一个铀－235的原子核分裂成几个较轻的核(裂变碎片)和一些中子，并释放出大约 200MeV 的裂变能。裂变能是一种重要的新能源。

【核酶】(ribozyme) 一类具有自我剪切和催化性质的核糖核酸(RNA)分子。其特点是可专一型地切割 RNA 分子，因而应用核酶技术阻断乙肝病毒复制和基因表达就成为可能。人们已成功地设计、合成了核酶，并将其应用于抗病毒、抗肿瘤研究。Weizsacker 等早在 1992 年证明了核酶抗乙型肝炎的有效性。Ruzi 等成功地构建了能有效切割乙肝病毒前基因组 RNA。Welch 等设计的发荚核酶克隆于逆转录病毒转入肝细胞后，83% 的乙肝病毒复制受到抑制；同时乙肝病毒表面抗原聚合酶和 X 抗原的表达也相应降低，核酶能特异地切割乙肝病毒前基因组 RNA，使其丧失模板活性。

【核膜】(nuclear membrane) 将细胞核与细胞质分隔的界膜。由内、外两层膜组成双层结构膜，这是真核细胞的特有结构。其主要功能是：(1)区域化作用。将 RNA 合成与蛋白质合成分隔开来，DNA 复制、RNA 转录与加工在细胞核内进行，蛋白质翻译则局限在细胞质中。(2)保护屏障作用。将遗传物质区域化，使纤细的 DNA 不被破坏，为真核生物的基因表达提供时空隔离的屏障。(3)调节作用。对出入细胞核、细胞质进行交换的物质进行控制和调节。(4)具有某些生物合成功能。除此之外，核膜还在细胞分裂、染色质(体)定位中发挥作用。

【核能】(nuclear energy) 又称原子能。即在原子核结构发生变化(核反应和核衰变)的过程中放出的束缚在原子核内的部分能量。习惯上指重元素的原子核裂变、轻元素的原子核聚变和放射性核素的核衰变所放出的能量。核能来源于核子（质子和中子）在核力的作用下凝聚成原子核时的结合能。核裂变反应释放出的能量至少要比化学能大100万倍。其大小由原子核的结合能，即核子结合状态的能量与其自由状态（核子相互分开并无限地相互远离）下的能量之差来确定。例如1kg铀-235的原子核裂变时可释放出81TJ的能量，相当于燃烧2 700t标准煤所产生的能量。轻原子核聚变反应时放出的能量，在相同的质量情况下，约为重原子核裂变反应放出能量的3～4倍。核能的开发和利用是在1938年发现铀裂变后开始的。最先用在制造原子弹、氢弹等核武器以及核潜艇、核动力航空母舰等军用动力装置上。迄今在民用方面已取得了很大的成就，主要是利用核裂变能发电和作放射性核素小功率电源。

核反应堆

【核能发电】（nuclear electric power generation） 将核反应堆中核裂变或核聚变所释放出的能量转变成电能的发电方式。是以核反应堆及蒸气发生器来代替火力发电的锅炉，以核裂变能或核聚变能代替矿物燃料的化学能。其特点是：（1）为核裂变链式反应提供必要的条件。（2）链式反应必须能由人通过一定装置进行控制，失去控制的裂变能会酿成灾害。（3）裂变反应产生的能量要能从反应堆中安全取出。（4）裂变反应中产生的中子和放射性物质对人体危害很大，应设法避免它对核电站工作人员和附近居民的伤害。核能发电已在全世界近30个国家和地区广泛应用。是和平利用核能的最重要方面。

【核能航空发动机】（nuclear aero-engine） 又称原子能航空发动机。使用核燃料的航空发动机。是利用核裂变所发出的巨大热量对发动机的工质直接或间接加热，产生大量的高温燃气，从发动机内高速排出以产生反作用推力。第二次世界大战以后，一些国家曾对这种发动机进行了研究试验，但由于技术复杂，防护装置太大等原因，未获成功。发展这种发动机的主要困难在于核裂变过程中反应堆会辐射出大量的中子射线和γ射线。这些射线对人体、结构材料和设备都有严重危害，必须在反应堆外安装笨重的防护层。其结果是使飞机结构重量过大，难以满足航空要求。目前，核能航空发动机仍在研究之中。

【核能火箭发动机】（nuclear powered rocket engine） 用核燃料作能源的火箭发动机。用氢作工质，由核反应或放射性衰变释放的热能加热工质，经喷管膨胀加速后高速排出而产生推力。目前还处在研制阶段。按照能量释放形式的不同可分为核裂变型、放射性同位素衰变型和核聚变型三种类型。

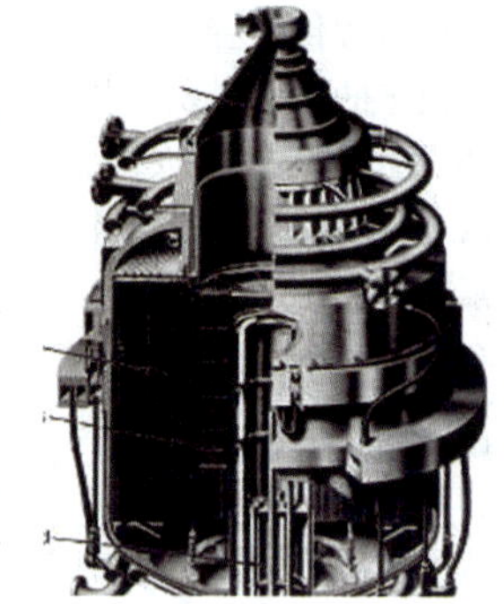

核能火箭发动机

【核农学】（nuclear agricultural science） 研究核技术在农业上应用的学科。以放射生物学和核素示踪学为理论基础，以射线辐照技术和示踪核素分析技术为手段，与农业科学相结合，而形成的学科。是生物物理学的重要组成部分。核技术在农业上的应用，在中国始于20世纪50年代。目前，辐射技术已广泛应用于辐射育种、辐射食品保鲜、辐射灭菌、低剂量辐射刺激生长和昆虫辐射不育等。同位素示踪技术已遍及土壤肥料、动植物营养代谢、植物保护、生物固氮、果蔬栽培、特产栽培、水产养殖、草场管理、标记化合物合成和示踪方法学等领域。

【核燃料】（nuclear fuel） 能产生原子核裂变或聚变反应并释放巨大核能的物质。包括裂变燃料和聚变燃料（或称热核燃料）。裂变燃料主要指能裂变的同位素铀-235或钚-239等物质。铀-238和钍-232是转换成易裂变核素的原料且其本身也可以产生少量裂变。铀是最基本的裂变燃料。聚变燃料有氘、氚、锂-6和化合物氘化锂-6等。核燃料最早用于军事，作为原子弹、氢弹等核武器的装药、核动力潜艇用反应堆和生产堆的燃料元件。现已广泛用于核电站反应堆和各种试验堆中。

【核燃料循环】（nuclear fuel cycle） 核燃料开采、冶炼、加工、使用、处理、回收和再使用的过程。以铀燃料循环为例：铀矿石从矿山运至水冶厂，经研磨成细末，然后经过一系列化学处理过程，分离出铀的化合物，最后浓缩成氧化物的混合物（一般称为黄饼）。在加工厂里进行第一道工序是对黄饼进行提纯，达到核纯要求。根据核反应堆需要，通过浓缩厂来生产浓缩铀，再在核燃料元件加工厂制成燃料元件，最后装入核反应堆中燃烧。燃烧过的核燃料，通过后处理，将剩余的铀-235 和新生的钚-239 分离开来；将钚-239 重新制成燃料元件，再放入反应堆中作燃料。产生的放射性废物，经处理后按有关规定处置。

【核仁】(nucleolus) 细胞核内无界膜包围的球状小体。由颗粒组分、纤维中心和致密纤维组分三大部分组成。其位置不固定，或位于核中央，或靠近内核膜。核仁一般有 1~2 个，也有多达 3~5 个的。其数量和大小因细胞种类和功能而异。在细胞周期过程中，核仁是一个高度动态的结构，在有丝分裂期间表现出周期性的消失与重建，即分裂前期消失，分裂末期又重新出现。

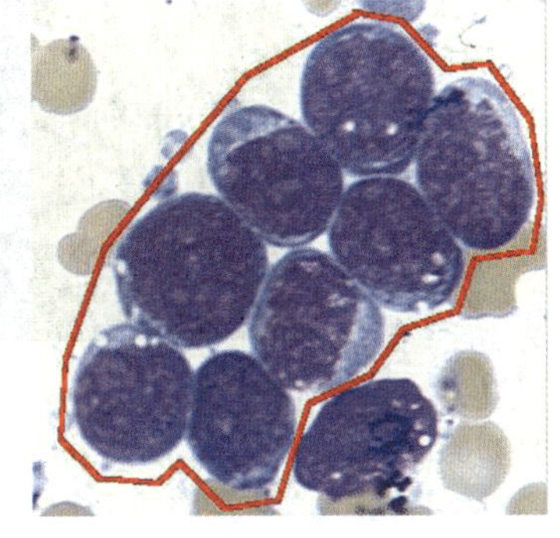

核仁

【核深水炸弹】(nuclear depth charge) 采用核装药的深水炸弹。战术核武器的一种。供水面舰艇和航空兵使用。可由飞机或反潜直升机携带并投放，也可由舰载反潜火箭发射。主要用于攻击对方潜艇及其他水下目标。核深水炸弹的威力一般为千至万吨梯恩梯当量级，其有效破坏作用半径约为普通装药的 100 倍。在携带核深水炸弹的舰载反潜火箭飞往目标途中，按预定信号，由一个小的传爆管将连接火箭壳体和深水炸弹的钢带断开，使深水炸弹落入水中。攻击水下目标时，核深水炸弹使用深水压力引信，落到水中预定的深度后爆炸。一般在水下数十至数百米深处爆炸，利用其产生强大的水下冲击波，毁坏潜艇的外壳。1 枚 10 000t 梯恩梯当量的核深水炸弹在水下爆炸，可将 1km 以内的潜艇击沉或严重毁坏。

核深水炸弹

【核生化防护装备】(nuclear biochemical protective equipment) 对核生化武器的袭击实施防护的各种装备与器材的总称。部队在核生化环境下作战的重要保障装备，用于及时判定敌人使用核生化武器的情况，查明造成危害的范围和程度，进行防护、洗消和预防急救，使人员免受伤害或尽可能减轻伤害。按其用途的不同可分为观测、侦察、防护、洗消和预防急救器材等。观测器材用于对敌核生化武器袭击进行观测报警。侦察器材用于发现放射性污染、毒剂、生物战剂和测定空气、地面、水域、人员和武器装备受污染的情况。防护器材用于保护有生力量，避免或减轻核生化武器造成的伤害。各国在研制防护器材时，通常把防核辐射、放射性污染等核效应与防化学毒剂、防生物战剂三者结合起来。洗消器材用于对染有毒剂、放射性污染、生物战剂的人员、服装、装备、地面进行消毒和清除污染。预防急救器材用于预防毒剂、生物战剂、核辐射的伤害，对中毒人员进行急救。为满足未来战争的需要，核生化防护装备正向高效多能、准确可靠、轻便实用、灵敏自动的方向发展，能在更远的距离上，以更快的速度和更高的效率，发现并查明敌方核生化武器的袭击，迅速转入防护状态和确定战斗行动，以保障部队在敌方使用核生化武器条件下的生存能力和作战能力。

【核素】(nuclide) 具有确定电荷数(质子数，即原子序数)Z 和中子数 N 的原子核所对应的原子。属同一种化学元素。它们在元素周期表中占据着同一位置，因此称为同位素。各元素的同位素统称为核素。若某一核素的元素符号为 X，则这个核数就可用符号$^{A}_{Z}X$表示，符号中 A 表质量数，$A=N+Z$。如氢的三种同位素分别表示为$^{1}_{1}H$、$^{2}_{1}H$和$^{3}_{1}H$。

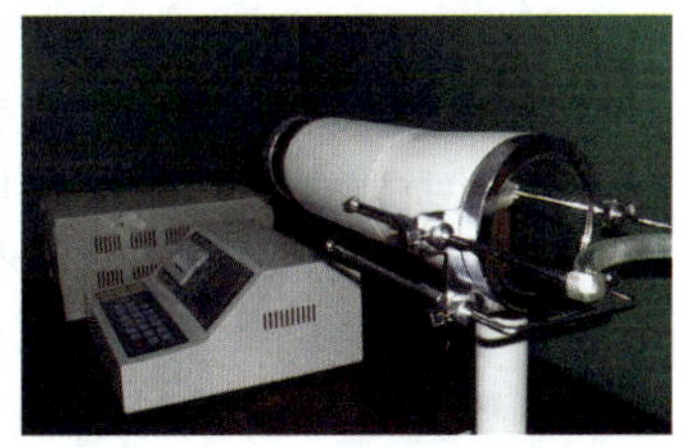

核素发射型计算机断层显像 ECT

【核酸】(nucleic acid) 由许多核苷酸聚合而成的生物大分子化合物。按其化学组成的不同可分为：(1)核糖核酸(RNA)。(2)脱氧核糖核酸(DNA)。DNA 是储存、复制和传递遗传信息的主要物质基础；RNA 在蛋白质合成过程中起着重要作用。核酸广泛存在于所有动物、植物细胞、微生物、生物体内，常与蛋白质结合形成核蛋白。核酸不仅是基本的遗传物质，而且在蛋白质的生物合成上也占重要位置，因而在生长、遗传、变异等一系列重大生命现象中起决定性的作用。现已发现近 2 000 种遗传性疾病都和 DNA 结构有关。如人类镰刀形红血细胞贫血症是由于患者的血红蛋白分子中一个氨基酸的遗传密码发生了改变；白化病患者则是 DNA 分子上缺乏产生促黑色素生成的酪氨酸酶的基因所致。肿瘤的发生、病毒的感染、射线对机体的作用等都与核酸有关。20世纪70年代以来兴起的遗传工程，使人们可用人工方法改组DNA，从而有可能创造出新型的生物品种。如应用遗传工程方法已能使大肠杆菌产生胰岛素、干扰素等珍贵的生化药物。

植物核酸

【核酸变性】(denaturation) 在理化因素的作用下，核酸双螺旋等空间结构中碱基之间的氢键断裂变成单链的现象。引起核酸变性的理化因素有加热、酸、碱、尿素和甲酰胺等。核酸变性能导致其理化及生物学性质的改变：(1)核酸的黏度明显降低，其刚性结构被柔性结构所替代。(2)溶液旋光性发生改变，紫外吸收值增高。核酸是生物体内的高分子化合物，包括脱氧核糖核酸(DNA)和核糖核酸(RNA)两大类。人们可利用核酸变性的特性生产用以修复受损基因和细胞的药物，治疗高血压、糖尿病和冠心病等。

【核酸抗原】(nucleic acid antigen) 能诱导动物产生抗体的核酸。抗天然DNA的抗体只有在一种自身免疫病—全身性红斑狼疮(SLE)病人血清和类似SLE的病鼠血清中发现过。人工诱导的抗DNA抗体只能和变性DNA(单股)反应。这是因为在天然DNA分子中，碱基位于双螺旋的沟槽内，没有功能决定簇，不能激发产生抗体。只有在变性时，碱基才朝向水溶液，呈现出有效的决定簇。机体只对双股RNA产生抗体，对单股RNA则不产生。这可能是由于天然的双股DNA和单股RNA在每一个细胞上都存在，机体对它们产生了免疫耐性。新的构型(螺旋化的单股DNA，和双股RNA)作为外来抗原易于被机体的免疫系统所识别。只有在机体正常免疫自稳机制失控时，如系统性红斑狼疮病人，才会产生天然DNA抗体。

【核酸外切酶】(exonuclease) 能从多核苷酸链的一端开始按序催化水解3,5－磷酸二酯键，降解核苷酸的一类酶。其水解的最终产物是单个的核苷酸。按其作用特性的不同可分为单链的核酸外切酶和双链的核酸外切酶。前者包括大肠杆菌核酸外切酶Ⅰ和核酸外切酶Ⅶ。核酸外切酶Ⅶ不仅能够从5'－末端或3'－末端呈单链状态的DNA分子上降解DNA，产生出寡核苷酸短片段，而且是唯一不需要Mg^{2+}离子的活性酶，一种耐受性很强的核酸酶。可以用来测定基因组DNA中一些特殊的间隔序列和编码序列的位置。它只切割末端有单链突出的DNA分子。后者包括大肠杆菌核酸外切酶Ⅲ、λ噬菌体核酸外切酶以及T_7噬菌体基因6核酸外切酶等。大肠杆菌核酸外切酶Ⅲ具有多种催化功能，可以降解双链DNA分子中的许多类型的磷酸二酯键。其中主要的催化活性是催化双链DNA按3'→5'的方向从3'－OH末端释放5'－单核苷酸。大肠杆菌核酸外切酶Ⅲ通过其3'→5'外切酶活性，使双链DNA分子产生出单链区。经过这种修饰的DNA再配合使用Klenow酶，同时加进带放射性同位素的核苷酸，便可以制备特异性的放射性探针。λ噬菌体核酸外切酶最初是从感染了λ噬菌体的大肠杆菌细胞中纯化出来的。这种酶催化双链DNA分子从5'－P末端进行逐步的水解释放出5'－单核苷酸，但不能降解5'－OH末端。

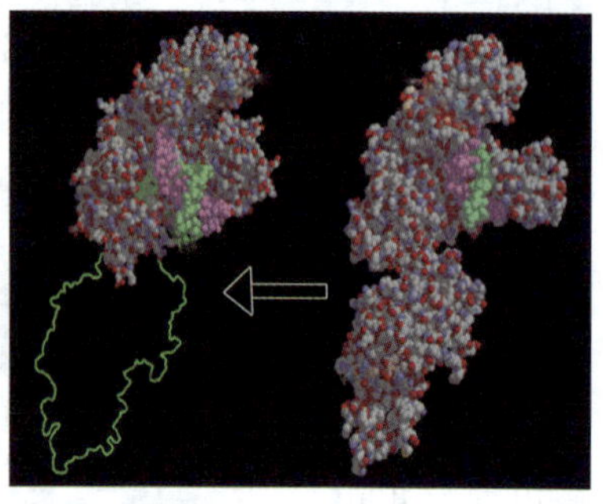
核酸外切酶

【核酸杂交】(nucleic acid hybridization) 两条核酸单链通过序列中的碱基互补形成双链杂交化合物的过程。其技术原理是：当具互补核苷酸序列的单链DNA或RNA一道混合退火时，其相应的同源区段便会彼此结合形成双链的核酸分子结构。如果彼此退火的单链核苷酸序列来自不同的生物体，如此形成的双链分子便称为杂种DNA分子。核酸杂交是一种很重要的、被广泛应用的技术，如设计反义核酸、合成探针等。

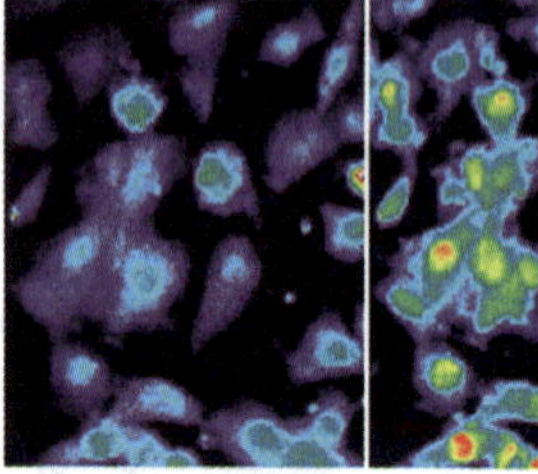
核酸杂交

【核酸组蛋白】(histone) 存在于真核生物染色质中的一组进化上非常保守的小分子量碱性蛋白质。根据其所含赖氨酸和精氨酸相对含量的不同可分为H1、H2A、H2B、H3和H4共5种类型。核心组蛋白H2A、H2B、H3和H4在不同的生物之间，其一级结构高度保守；而连接组蛋白H1的情况比较特殊，除了有一个保守的中央核心序列外，其余的序列在不同生物物种之间，以及在同一物种之间，均呈现差异性。两栖类、鱼类和鸟类，以H5替代或补充H1。组蛋白与双螺旋DNA组装成核小体。组蛋白的甲基化和乙酰化是染色质活性的重要调节途径，也是表观遗传的主要修饰形式。

【核糖体循环】（ribosomal cycle） 活化氨基酸在核糖体上反复翻译mRNA上的密码并缩合生成多肽链的循环反应过程。蛋白质生物合成是以mRNA（信使核糖核酸）为模板合成多肽链的。从mRNA的起始密码子AUG开始按5′→3′方向逐一读码，直至终止密码子。原核生物多肽链合成过程包括起始、延长和终止三个阶段。这三个阶段都是在核糖体上完成的。该循环是指活化的氨基酸肽链合成的延长阶段。在翻译起始复合物的基础上，各种氨基酰－tRNA按（转移核糖核酸）mRNA上密码子的顺序在核糖体上一一对号入座，其携带的氨基酸依次以肽键缩合形成新生多肽链的过程。这一阶段是在核糖体上连续循环进行的，故称为核糖体循环。每次循环使新生肽链延长一个氨基酸。每个循环又分三步，即进位、成肽和转位。由这三个步骤循环进行，直至终止阶段。

【核外基因】（extranuclear gene） 核外细胞器所携带的基因。如线粒体、叶绿体、质粒和卡巴粒中的基因。其遗传特征是：（1）组织特异性。（2）多拷贝基因组。（3）共价、闭合、环状分子结构。（4）母系遗传特性。（5）遗传上具有自主性。核外基因是胞质遗传的物质基础、细胞生命活动所必需的基因。它赋予细胞某种特性，如线粒体、叶绿体基因，细菌质粒的抗药性、放毒型草履虫的卡巴粒等。

【核威慑】（nuclear deterrence） 当代核战略之一。交战一方以拥有并将使用核武器相威胁、迫使敌方不敢发动战争特别是核战争的战略。可分为进攻性核威慑和防御性核威慑两种。进攻性核威慑战略的一个重要特点，是奉行“首先使用核武器”的政策。其核武器不仅用来慑止对手的核进攻，而且还用来慑止对手使用常规武器的进攻。此外，核力量除用来保护本国以外，还用来保护其盟国，这种核威慑又称为扩展核威慑。中国实行积极防御的军事战略。中国的核威慑是积极防御的一种手段。中国坚持不首先使用核武器，坚持无条件地不对无核国家和无核区使用或威胁使用核武器，核武器只用于慑止或报复别国的核进攻。因此，中国完全是自卫型的，是对霸权主义威慑的反威慑，同超级大国的核威慑战略有着本质的区别。

【核武器】（nuclear weapon） 利用原子核进行的链式裂变反应或聚变反应瞬间释放巨大能量、产生大规模杀伤破坏效应的武器。一般是由核弹头及其投掷发射系统组成的武器系统。主要利用铀－235或钚－239等重原子核的链式裂变反应原理制成的核武器，称为“裂变武器”，或称“原子弹”。主要利用重氢（氘）、超重氢（氚）等轻原子核的热核聚变反应原理制成的武器，称为“聚变武器”，也称“热核武器”或“氢弹”。核武器爆炸时释放的能量，比只装化学炸药的常规武器要大得多，比如1kg铀全部裂变释放的能量相当于近20 000t TNT炸药的威力；1kg氘气全聚变所放出的能量相当于60 000tTNT炸药的威力。

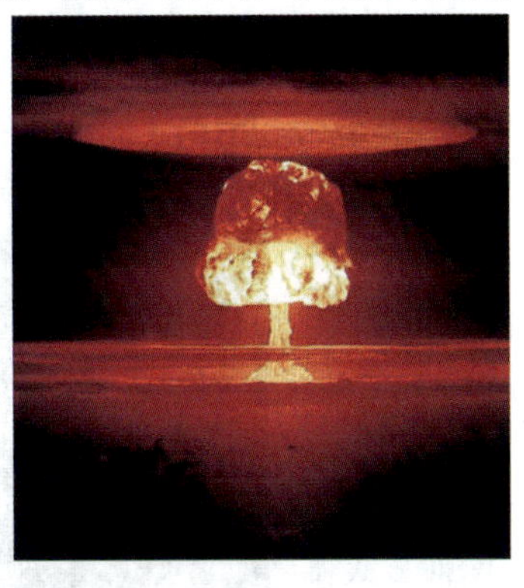

氢弹爆炸

【核武器杀伤破坏效应】（injurious and destructive effect of nuclear weapon） 又称核武器毁伤效应。核武器爆炸产生的各种杀伤破坏因素对人员和物体造成的毁伤效果。造成杀伤破坏的主要因素有：冲击波、光辐射、早期核辐射、放射性沾染和核电磁脉冲等。以空中核爆炸为例，其杀伤破坏因素形成过程是：在核爆炸瞬间释放出巨大的能量，使核反应区内的温度升高到数千万开以上，压力升高到PPa以上，使弹体物质变成高温、高压气团。这种气团发射出的热辐射使周围的冷空气加热和增压，形成一个高温、高压火球，猛烈地向外膨胀，压缩周围空气，形成以超音速向四周传播的冲击波。这就是核爆炸的巨大杀伤破坏因素之一。核爆炸火球不断地以光和热的形式向外辐射能量，形成了核爆炸的另一个重要杀伤破坏因素——光辐射。火球迅速膨胀并上升，几秒或几十秒后，冷却成灰褐色烟云。烟云以一定的速度继续上升，体积不断扩大，同时在爆心投影点地面掀起尘柱。最后烟云和尘柱形成了高大的蘑菇状烟云。核爆炸的放射性烟云在随风飘散的过程中，大的放射性尘粒逐渐沉降到地面，造成对人员和生物的放射性损伤，破坏了生态环境，小的放射性尘粒长时间停留在空中，造成全球性沉降，形成了核爆炸的又一个重要杀伤破坏因素——放射性沾染。核爆炸一开始，伴随核裂变和其他核反应产生的中子和γ射线构成了核爆炸另一特有的杀伤破坏因素——早期核辐射。核爆炸产生的瞬发 γ 射线、X 射线等与空气相互作用,由于地面和大气存在不对称等因素会产生非对称电子流。该电子流的增长和消失,激励出很强的电磁脉冲,形成了核爆炸又一特有的杀伤破坏因素——核电磁脉冲。核爆炸对武器装备、人员的杀伤破坏,按修复和治愈的难易及对性能的影响,划分为极重度、重度、中度和轻度杀伤破坏等级。各杀伤破坏等级均有具体标准。核武器虽能造成严重的杀伤破坏作用,但认识其特点和规律并采取有效的防护措施,就可以减轻各种杀伤破坏因素对人员和物体造成的杀伤破坏程度。例如,利用地下工事、人防工事以及地貌地物等,对核武器杀伤破坏效应都可以取得较好的防护效果;也可以采取抗核加固等措施,来防止或减少核辐射和核电磁脉冲等对电子元器件或电子系统的破坏。

广岛核爆炸现场

【核武器投掷发射系统】(delivery-launch system of nuclear weapon) 简称核武器投射系统。将核炸弹、核炮弹、核弹头等投射到预定目标所需的设备和设施。由运载工具、投射装置及各种辅助设备等组成,是核武器系统的重要组成部分。不同的核武器,投射系统的结构和组成也不一样。核炸弹由飞机运载和投掷。核深水炸弹可由陆基或舰载飞机、反潜直升机携带和投放;也可由水面舰艇和潜艇上的火箭式或气动式发射器发射。核炮弹的发射系统是各种大口径火炮,如加农炮、榴弹炮等。新设计的核火炮具有后坐力小、射速快、能自动装弹、定位和修正等性能。弹道核导弹的核弹头和巡航核导弹则靠导弹的推进系统携带和投掷。战略弹道核导弹,弹头母舱装有制导系统、动力装置和姿态控制系统,可以携带和投掷多个核弹头。核导弹的发射需要有专门的发射系统和发射控制系统。发射系统由发射装置及测试设备、瞄准设备、起竖设备等各种专用技术设备组成。核导弹发射装置的种类比较多,如发射台、发射架、发射井和发射筒等。按发射时导弹所处状态的不同可分为垂直发射装置和倾斜发射装置。按其机动性的不同又可分为固定式、半固定式和机动式发射装置。机动式发射装置又分机载(空中机动)、舰(艇)载(海上机动)以及车载(地面机动)三种。地面机动发射系统又分公路机动、越野机动和铁路机动等几种。公路机动发射系统可采用履带式车辆,轮式车辆和牵引—半拖车,上面装有起竖装置和发射装置,一般都具有运载—起竖—发射功能。核导弹的发射方法有热发射和冷发射两种。热发射是直接利用导弹火箭发动机点火时产生的推力实现的,它需要有导流装置。冷发射是利用压缩空气、燃气或燃气—蒸汽混合物等辅助动力源,将核导弹从发射筒或导弹发射井内弹射出去的,当核导弹达到一定高度后,再点燃火箭发动机。冷发射需要采用发射筒和燃气发生器等辅助动力源。

战略轰炸机

【核武器引爆控制系统】(arming, fuzing and firing system for nuclear weapon) 又称引控系统。既能在预定高度或预定时刻准确、可靠地引爆核爆炸装置,又能按预定程序发出各种预定的控制信号保障核武器在操作、运载、投放过程中具有高度安全性的控制系统。核武器的重要组成部分。核武器在平时储存、运输、装配、联试、勤务处理和运载过程中,其引控系统必须具有高度的安全性;在作战使用时必须具有高度的可靠性;发出的引爆信号又必须有高度的准确性,使核装置能在最佳爆炸高度或爆炸时刻起爆。根据作战使用场合和运载工具不同,该系统的组成也有所不同。但通常的组成为:(1)电源。是供给引控系统工作所需能源的部件。通常采用比能量高,工作性能稳定可靠的电化学能源,例如银锌电池、锂电池、热电池等。为了提高系统的安全性,电池平时不荷电,只当接到使用核武器的战斗命令时,才将电池激活。(2)保险机构。是保证系统安全性的重要部件。一般由保险器和执行机构组成。(3)程控装置。是系统的控制枢纽。主要包括爆高或爆时远调和程序控制两部分。一般由执行继电器、延时机构成微型计算机组成。(4)引信。核武器中通称的引信与非核武器中的引信在概念上是有区别的,它仅指能感受目标和环境信息经适当处理后适时发出引爆信号给引爆装置的环节,即仅指信息敏感和处理装置部分,而不像非核武器中所称引信还包括能源、保险机构、引爆装置和起爆序列在内。(5)引爆装置。通常是将低压电流转换为高压引爆脉冲的装置。它在接到引信发来的引爆信号后,能立即发出有足够功率的引爆脉冲，引爆核装置上的雷管。

【核小体】(nucleosom) 真核生物染色质的基本组成单位。成珠状结构，由大约200bp的DNA区段和多个组蛋白组成的大分子复合体。其中大约146bp的DNA区段与八聚体(H2A、H2B、H3和H4各两分子)的组蛋白组成核小体的核心颗粒。核心颗粒间通过附有一个组蛋白H1的连接区DNA彼此相连。其功能是：(1)协助DNA折叠入细胞核。(2)决定DNA序列是否与转录因子接触，进而调节基因表达。

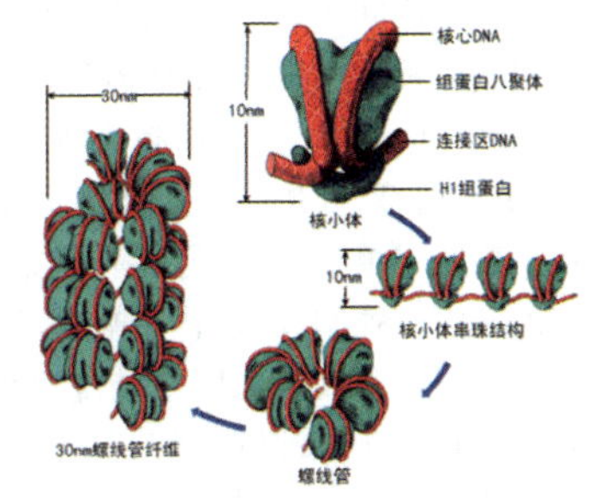

核小体结构

【核心机 】(core engine) 燃气涡轮风扇发动机的主要部件。燃气涡轮风扇发动机主要由风扇、压气机、燃烧室、驱动压气机的高压涡轮、驱动风扇的低压涡轮和排气系统组成。其中，压气机、燃烧室和高压涡轮三部分合称为核心机。由核心机排出的燃气中的可用能量的一部分传递给低压涡轮用以驱动风扇，剩余部分在喷管中用于加速排出燃气。

【核心技术】(core technology) 具有基础性、带动性和高附加值的，能为国家或企业带来独特优势和市场价值的技术。包括专利、研发成果、专有技术、诀窍、独有的创新技术等。是国家或企业提高产品特点和持久竞争力，在市场竞争中取胜的决定性因素之一。

【核心技术能力】(core technological competency) 又称研发核心技术能力。企、事业单位通过特有的技术要素和技能，或各种要素和技能的独特的组合来创造具有自身特性的技术，以产生稀缺的、不可模仿的技术资源的能力。与一般技术能力相比，有以下特性：(1)独特性。核心技术能力为某一企业所独有，不容易被其他企业或潜在的竞争者模仿。任何一个企业都不可能靠简单地模仿其他企业来建立和发展其核心技术能力。(2)关键性。企业的核心技术能力是企业实施技术创新的基础，控制着同行业技术的制高点，使本企业能够生产出有别于、胜过其他企业的产品，占据行业的领先地位，赢得较大的市场份额。(3)刚性。核心技术能力是企业在发展过程中长期学习、尝试的经验积累，具有相对的稳定性，当外部环境发生变化时，这种稳定性很容易表现为某种抗拒变革的“惰性”，即刚性，从而阻碍变革和创新。

【核心群】(nucleus herd) 种畜中由性能特别优秀、健康的个体，经严格选择组成的群体。是特定条件下育种工作的核心。分为闭锁式和开放式两大类。前者一旦核心群个体确定后，即封闭起来，不再吸收其他群的任何个体，将核心群所产生的幼畜作为补充该群的唯一来源；后者则可不断吸收其他群中特别优秀的、且经过后裔测定证实的个体，不断丰富核心群的遗传组成，克服近交带来的损失。

秦川牛核心群

【核战略】(nuclear strategy) 筹划和指导军队核力量发展和运用的方略。从属于军事战略，并受其制约和指导。其运用对国家政策的影响极大。在军事战略中占有重要的地位。其研究和解决的问题主要是：(1)核力量建设的方针、原则。(2)核力量运用的基本原则。(3)核战争的可能性，爆发的条件、特点、样式和作战方法。(4)核打击目标的方针及其运用。(5)核力量的指挥与控制。(6)对核战争的心理准备。(7)核军备控制等。

【核战争】(nuclear war) 以核武器为打击手段的战争。是相对于常规战争的一个概念。包括核大战和有限核战争。由于核武器的巨大杀伤、破坏力和高精度、远程投递等特点，使核战争与常规战争不同：(1)破坏性巨大。(2)战争范围大，立体性强。(3)战场变化急剧，战争进程快。(4)电子信息斗争更加激烈。电子设备尤其是电子计算机是核武器系统和指挥控制系统的关键和核心。(5)战争消耗、破坏巨大，对后方依赖性增加，保障任务繁重。(6)战争指挥方式要求高，组织指挥复杂困难。一般认为以下四种情况可能爆发核战争：(1)国际形势高度紧张，政治、经济、军事矛盾全面激化，一开始就实施大规模的核突击。(2)常规战争升级为核战争。(3)由政治失误而爆发核战争。如对对方的某些行动作出错误估计而导致核战争。(4)偶然爆发核战争。如指挥系统或核武器系统发生故障或事故，向另一国发射了核导弹而引发。由于核武器具有毁灭性的杀伤力，且越来越多的核大国认为“核战争没有胜利者”，因此制约和制止战争的因素也越来越多。

【核钻地弹】(ground drilling nuclear bomb) 一种能钻入地下一定深度后爆炸的核炸弹。核爆炸的大部分能量耦合在地下产生强烈的地震冲击波和成坑作用，从而破坏敌人的地下加固军事目标。核钻地弹对地下目标的破坏取决于核爆威力、钻地深度、目标周围的地质条件等。核钻地弹依靠动能钻地，钻地深度和弹重、长径比、头部形状、撞击速度、攻击角度等因素有关。其穿过岩石或混凝土时，过载高达几千个重力加速度，弹体将承受巨大的冲击力，可能发生破裂。内部的电子设备，特别是核装药很容易损坏。因此，核钻地弹的弹壳非常坚固，呈整体设计，少有焊接缝，且弹体内有填塞物以减少内部装置震动。此外，内部装置的布放应保证弹的质量中心在一个恰当的位置，才能确保钻地过程中弹道的稳定。

【𬌗】(occlussion)　上颌牙与下颌牙发生接触的现象。随着下颌位置的变换，上下颌牙接触的关系也不同。其中，较为恒定和接触最多的𬌗有三种，即牙尖交错𬌗(正中𬌗)、前伸𬌗与侧方𬌗。𬌗是口腔医学的一个重要研究内容，无论是基础研究，或是口腔临床各科，都与𬌗及咬合密切相关。

【　创伤】(trauma from occlusion)　不正常的𬌗接触关系或过大的𬌗力，造成咀嚼系统各部位的病理性损害或适应性变化。是牙周炎发生的一个重要局部促进因素。不适当的咬合力(大小、方向、时间等)以及牙周支持组织的不健康是其形成因素。从这两方面来考虑，可将𬌗创伤分为：(1)：原发性𬌗创伤。异常的𬌗力作用于健康的牙周组织，如咬合力的方向异常、大小异常以及咬合力的分布不均匀等。(2)继发性𬌗创伤。正常𬌗于作用与病变的牙周组织或虽经治疗但支持组织已减少的牙齿。(3)原发性和继发性𬌗创伤并存。临床中常见引起𬌗创伤的现象有：咬合时牙齿的过早接触、过高的修复体、牙尖干扰、夜磨牙以及正畸治疗中的施力不当等。其主要表现为不伴有炎症的牙槽骨吸收、牙齿松动等。其治疗方法包括：选磨、修复缺失牙、正畸治疗以及松牙固定等。

【𬌗力】(occlusal force)　咀嚼活动时的实际咀嚼肌力。咀嚼时，若咀嚼肌收缩的力量超过牙周膜的耐受阈，由于疼痛将反射性地抑制提颌肌群，减小其收缩力。因此咀嚼活动时，咀嚼肌并未用其全力。是评价口腔生理功能的指标，可利用𬌗力检测仪器测量个别牙的咬合力。其大小因人而异。同一个人，又依其年龄、健康状况及牙周膜的耐受力等而有所差异。经过特殊训练的人，如杂技演员，其𬌗力可数倍于常人；反之，某几个牙或牙列一侧因某种原因长期少用或不用，其𬌗力亦会减小。具有单侧咀嚼习惯者，咀嚼侧牙齿较非工作侧相应牙齿的𬌗力为大。牙体通过牙周膜连于颌骨的牙槽窝，颌骨上附有咀嚼肌。当其在神经系统的支配下收缩时，在颞下颌关节的参与下，下颌产生运动，上下颌牙才能咬合发挥其咀嚼作用。因此，𬌗力是反映咀嚼系统健康状况的一个重要标志。咀嚼系统的任何部分发生疾患，均可影响正常𬌗力。因而对咀嚼系统某些疾病的诊断、治疗和矫治，可以通过𬌗力的增减而有所了解。

【盒式建筑】(cassette construction)　结构上以一个房间为一个单元的一种装配式建筑。其制作方式有装配整体式和整体浇灌式。前者是将一个单元盒子的侧墙板分别制成预制板构件，达到强度后，拼装成型，并用混凝土浇灌顶板及4个角柱连接，制成整体式单元盒子。后者是按照单元盒子的形状及预备门窗孔洞，制成内外整体钢模板，一次浇灌混凝土成型。不仅在工厂完成盒子的结构部分，而且内部装修和设备也都安装好，甚至可连家具、地毯等一概安装齐全。盒子吊装完成、接好管线后即可使用。其装配形式有：(1)全盒式。完全由承重盒子重叠组成建筑。(2)板材盒式。将小开间的厨房、卫生间或楼梯间等做成承重盒子，再与墙板和楼板等组成建筑。(3)核心体盒式。以承重的卫生间盒子作为核心体，四周再用楼板、墙板或骨架组成建筑。(4)骨架盒式。用轻质材料制成的许多住宅单元或单间式盒子，支承在承重骨架上形成建筑。也有用轻质材料制成包括设备和管道的卫生间盒子，安置在用其他结构形式的建筑内。与传统的砖混结构相比，具有施工速度快、成本低、节约土地、保温性能好等优点。比传统方式节省一半以上的现场工作时间，在保温、防震、隔音等方面也有一定优势。采用工厂化施工方式后，施工失误率可降低到0.01%，外墙渗漏率为0.01%，精度偏差小于0.1%，建筑质量有很大提高。在建筑工期上，比传统浇灌方式要缩短30%以上。适合在灾区推广使用。但投资大，运输不便，且需用重型吊装设备，因而其发展受到限制。

盒式建筑

【盒式突变】(cassette mutation)　在某一氨基酸位点进行的饱和性突变。其工作机理是：利用定位突变在拟改造的氨基酸密码两侧造成两个原载体和基因上没有的内切酶切点，用该内切酶消化基因，再用合成的发生不同变化的双链DNA片段替代被消化的部分。这样一次处理就可以得到多种突变型基因。盒式突变的主要作用是：产生各种特异性的突变或突变家族。在这些突变体中各种不同的序列被集中在目标基因的一个特定区域，为研究蛋白质特定结构区段或特定结构域的结构和功能提供了一个切实可行的方法。

【颌骨骨折】(frecture of jaws) 颌口部骨骼结构受外力而折断的现象。包括上颌骨骨折和下颌骨骨折。分为开放性骨折和闭合性骨折。根据致伤原因,分为火器性损伤和非火器性损伤。和其他骨折相比,除了具有共同的临床症状,如局部疼痛、肿胀、骨断端异常动度或移位、功能障碍等,由于颌骨的解剖生理结构,还具有其临床特点,如牙齿咬合错乱、异常感觉、张口受限 、影响呼吸和吞咽以及视觉障碍等。交通事故是其主要原因。其临床诊断可依靠相关X线或CT。其治疗原则是:(1)治疗时机的选择。及早进行骨折治疗。如合并有影响生命的体征,应首先抢救患者性命,待全身情况允许后,再行骨折的处理。(2)正确的骨折复位和稳定可靠的固定。其复位以恢复伤员原有的咬合关系为治愈标准,目前以手术开放复位坚固内固定为治疗主流。(3)功能与外形兼顾。在恢复咀嚼功能的基础上,应注意恢复上下颌骨的高度、突度和弧度。(4)合并软组织伤的处理。常与骨折一并处理。(5)骨折线上牙的处理。应尽量保留,如果牙已松动、龋坏、折断,为防止并发症的发生,应拔除。(6)局部治疗与全身治疗相结合。

【颌面赝复学】(maxillofacial prosthetics) 研究应用口腔修复学的原理和方法,以人工材料修复患者难以用自体组织和外科手术方法恢复颌面部缺损的一门学科。是口腔修复的一个重要组成部分。因肿瘤、创伤以及先天因素如唇腭裂所造成的口腔颌面部缺损,某种程度上影响患者生理功能如咀嚼、吞咽、语言、外形等。虽然一部分可以通过颌面外科及整形外科的方法如植皮、植骨或皮瓣转移等进行修复,恢复或部分恢复患者的容貌及丧失的功能,但是头面部器官的特殊解剖形态及组织结构,许多口腔及颌面部缺损,如眼球缺损、眼眶缺损、颌骨缺损等,均难以采用外科方法及自体进行修复。在一些情况下,即使可以采用手术修复,而患者的身体状况却不能忍受多次手术。因而,许多口腔颌面部缺损仍需采用人工材料的赝复体进行修复。颌面缺损修复按其缺损部位的不同可分为颌骨缺损修复和颜面部缺损修复。前者重在恢复其功能包括上颌骨和下颌骨的缺损修复;后者重在恢复其容貌或功能与容貌兼顾,包括眼、眶、耳以及鼻部缺损的修复。

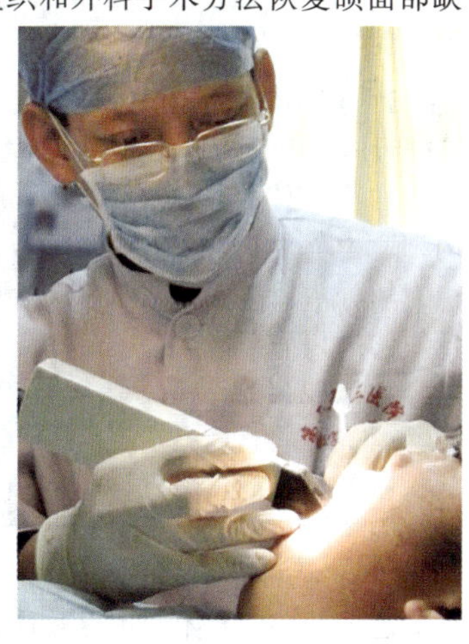

颌面赝复固位

【颌位关系记录】(record of maxillomandibular relation) 用𬌗托来确定并记录在患者面下1/3的适应高度和两侧髁突在下颌关节凹生理后位时的上下颌位置关系,以便在这个上下颌骨的位置关系上,用正畸手段或全口义齿来重建无牙颌病人的正中𬌗关系的一种操作。一般来讲,有两个稳定的参考位即正中𬌗位(上下颌牙齿牙尖接触最广泛的位置,即牙尖交错位)和正中关系位。自然牙列者二者均存在,且正中𬌗位位于正中关系位的前方约1mm的范围或者二位一致。对于无牙颌患者,上下颌关系的唯一稳定参考位是正中关系位。因此要确定并记录在适宜面下1/3高度情况下的关节生理后位,也就是正中关系位。颌位关系记录包括垂直关系记录和水平关系记录两部分。全口义齿的垂直关系可以使用垂直距离来表示。其确定方法有:(1)息止颌位垂直距离减去息止𬌗间隙的方法。(2)瞳孔至口裂的距离等于垂直距离的方法。(3)面部外形资料作为确定垂直距离的参考。水平关系的确定有两类是:(1)哥特式弓描记法。(2)直接咬合法。包括卷舌后舔法、吞咽咬合法、后牙咬合法和肌监控仪法。自然牙列的患者根据其功能性后退位、中线偏移机制及面下1/3高度来确定垂直、形状及水平向关系。

【荷载标准值】(standard value of load) 结构或构件在正常使用条件下所具有的最大荷载值。在结构设计时采用的荷载基本代表值,也就是在荷载规范中所列的各项标准荷载。因此它应高于经常出现的荷载值。荷载的标准值在所规定的设计基准之内。其超越概率小于某一规定值的荷载值,也称特征值,是工程设计可以接受的最大值。在某些情况下,一个荷载可以有上限和下限两个标准值。当荷载减小、对结构产生更危险的效应时,应取用下限值作为标准值;反之,当荷载增加使结构产生更危险的效应时,则取上限值作为标准值。

【荷载设计值】(design value of load) 结构设计时,计算各种效应对各种荷载所取的代表值。等于荷载的标准值乘荷载分项系数。这在荷载规范中已有明确规定。永久荷载的分项系数为1.2或1.35;可变荷载的为1.4或1.3。荷载的标准值和设计值的关系为:标准值为结构设计期限内出现荷载的最大值,这个值是用来反映结构可能出现的最大荷载;设计值是指具体设计结构时所用的荷载。为了保证安全,结构在设计时,会把标准值乘以大于1的数来作为设计值。

【荷载组合】(loading combinations) 是荷载效应组合的简称。各类构件设计时不同极限状态所应取用的各种荷载及其相应的代表值的组合。应根据使用过程中可能同时出现的荷载进行统计组合并取其最不利的情况进行设计。

【赫氏反应】(Herxheimer reaction) 因用某种药物引起的以高热、大汗、盗汗、恶心及呕吐症状,皮肤病变扩大、恶化等表现为特征,并随着治疗进程的继续,上述反应消失、缓解,表现为一过性、暂时性"恶化"的一类反应。最早由奥地利皮肤病学家Jarisch Adolf Herxheimer、Karl Herxheimer两兄弟在应用汞、砒霜及铋治疗梅毒过程中发现而命名。临床上应用抗生素治疗其他疾病过程中亦可见此反应发生。如应用青霉素治疗钩端螺旋体病、鼠咬热及热带莓疹等疾病时。是一种青霉素治疗后加重反应,多在首剂青霉素后半小时到4h发生。是因为大量钩体被青霉素杀灭后释放毒素所致。当青霉素剂量较大时容易发生。表现为患者突然出现寒战、高热、头痛、全身痛、心率和呼吸加快,原有症症加重,部分病人出现体温骤降、四肢厥冷。一般持续30min ~ 1h。因可诱发肺弥漫性出血,须高度重视。赫氏反应亦可发生于其他钩体敏感抗菌药物的治疗过程中。故青霉素治疗钩体病时,宜首剂小剂量和分次给药。发生赫氏反应时,应尽快使用镇静剂,以及静脉滴注或静脉注射氢化考的松。

【褐腐菌】(brown-rot fungi) 引起木材形成褐色腐朽的。这类真菌能够降解木材中的纤维和半纤维素,余下木质素呈现出褐色。褐腐菌主要分布在北方寒温带针叶林区。如迷孔菌、拟层孔菌、粘褶菌,伞菌类的锈伞、侧耳、革耳等。褐腐菌造成木材形成褐色易碎的方块,进一步变为腐殖质,成为森林土壤中的重要有机成分,进入森林生态的物质循环之中。褐腐菌可促进树木菌根的形成。褐腐菌同白腐菌一样,都可造成树木或木材腐朽,促进森林树木天然新陈代谢,维持生态平衡。

褐煤

【褐煤】(brown coal) 泥炭经成岩作用初期形成的一种腐殖煤。煤化程度最低的煤。多呈褐色,少数呈黑色。一般暗淡,有的呈沥青光泽,含有原生腐殖酸,没有黏结性。其物理化学性质大都介于泥炭和烟煤之间。碳含量一般为60% ~77%,氢含量一般为5% ~6.5%,发热量一般为25.08 ~30.53MJ/kg,透光率为30% ~50%。可作民用及工业燃料。含油率较高的可用于低温干馏制取焦油及其他化工产品。

【褐土】(cinnamon soil) 主要分布在陕西省关中地区、晋东南、燕山、太行山、泰山等山前地带的褐色土类。分布范围属暖温带半湿润气候,年降水量600 ~800mm。褐土受淋溶弱。其分布多与棕壤相交错,垂直带谱在棕壤带之下。pH值约为7。

【黑潮】(kuroshio) 又称日本暖流。北太平洋西部流势最强的一股暖流。发源于赤道北侧,自菲律宾群岛向北,经中国台湾岛东岸、琉球群岛西侧向北,至日本东南岸太平洋流向东北。全长约6 000km,宽100 ~180km,深达1 000m,最大流速每昼夜约150km。其流幅经常发生变化,不同地段海流的流速、深度也时有变化。海流的水温、盐度较高。夏季表层水温,台湾东岸海域达30℃,日本南部27 ~28℃;冬季台湾外海达22 ~23℃,日本南部为20℃左右。黑潮在中国台湾省东北海域分出的一条支流——台湾暖流,对中国东部沿海地区有较大影响。它越过中国台湾与日本与那国岛之间的海域,沿中国福建、浙江外海北上,可达长江口,受阻于长江口外的海底高地,并在浙江近海与沿岸流交汇形成良好的渔场。

【黑洞】(black hole) 广义相对论预言的一种特殊天体。由于一定质量的天体物质高度集聚到一个非常小的体积内,使之产生的引力场强大到使任何物质以致辐射都无法脱离这个天体,而周围的物质都会被这个天体所吸引,一旦进去便再也不能逃出。这个天体的边界被称为"视界",其内的任何物质及辐射都无法穿出洞外被探知。

黑洞

【黑盒测试】(black-box testing) 又称功能测试、数据驱动测试。把程序看作一个不能打开的黑盒子,在完全不考虑程序内部结构和内部特性的情况下,在程序接口进行的测试。以用户的角度,从输入数据与输出数据的对应关系出发,着眼于程序外部结构,不考虑内部逻辑结构,主要针对软件界面和软件功能进行测试。在已知软件产品所应具有的功能的基础上采用黑盒测试。其目的主要是:(1)检查程序功能能否按需求规格说明书的规定正常使用,测试各个功能是否有遗漏,检测性能等特性要求是否满足。(2)检测人机交互是否错误,检测数据结构或外部数据库访问是否错误,程序是否能适当地接收输入数据而产生正确的输出结果,并保持外部信息的完整性。(3)检测程序初始化和终止方面的错误。

【黑火药】(black dynamite) 又称黑药、黑色火药。由硝酸钾、硫黄和木炭组成的混合物。用途广、用量大,运输量也较大。是一种混合炸药,基本上由氧化剂和可燃性物质混合组成。黑火药中的氧化剂为硝酸钾或硝酸钠。可燃性物质为硫磺和木炭粉。氧化剂受热易分解并放出氧气,能供给可燃性物质燃烧时所需要的氧以激发其氧化并生成大量气体和热量从而引起爆炸。可燃性物质有还原性,它们受到氧的强烈作用能生成大量的气体和热量,从而引起爆炸。黑火药可以作引火药、发射药,也可以作爆破药。黑火药的爆炸威力较小。因爆炸时的反应不完全,往往有剩余的炭粉存在,所以会出现很大的黑烟,故此得名。

【黑客】(hacker) 专门研究、发现计算机和网络漏洞的计算机爱好者。用于泛指专门利用电脑网络搞破坏或恶意入侵的人。黑客对计算机有着狂热的兴趣和执着的追求,伴随着计算机和网络的发展而产生成长,不断地研究计算机和网络知识,发现计算机和网络中存在的漏洞,喜欢挑战高难度的网络系统并从中找到漏洞,然后向管理员提出解决和修补漏洞的方法。专门利用计算机进行破坏或恶意入侵的人称为骇客。黑客和骇客根本的区别是:黑客们建设,而骇客们破坏。但是现在,黑客与骇客已经混为一体,二者并没有一个十分明显的界限。

【黑客软件】(hacker software) 一种利用计算机或网络系统的软硬件缺陷和漏洞对系统实施攻击的计算机程序。大致分为网络间谍、网络巴士、网络后门和网络漏洞四类。常见的有:密码破解软件、Windows NT 及 Windows 9x 攻击软件、电子邮件炸弹等。为防止遭到黑客软件破坏,除从技术上采取防火墙、安全扫描入侵检测和病毒防治等防范措施外,还应加强人员培训和管理制度建设。

【黑色金属】(ferrous metal) 铁、锰、铬及其合金。如钢、生铁、铁合金、铸铁等。冶炼钢铁的主要原料。黑色金属并非黑色,纯铁是银白色的;锰是银白色的;铬是灰白色的。因为铁的表面常常生锈,盖着一层黑色的四氧化三铁与棕褐色的三氧化二铁的混合物,所以被称为黑色金属。

【黑炭】(black carbon) 构成大气气溶胶的一种黑色富碳絮状物质。如化石燃料和生物质燃料不完全燃烧(如森林大火,生活和农业生产燃烧)时产生的多呈黑色颗粒或由颗粒凝结而成的絮状物质。燃烧的热力作用使黑炭升腾并悬浮于大气对流层,成为一种气溶胶。一方面,黑炭气溶胶在从可见光到红外的波长范围内对太阳辐射都有强烈的吸收效应,对大气有增温效应;另一方面,黑炭颗粒与其他固体气溶胶一样会对太阳辐射有反射作用,在一定程度上减少到达地表的太阳辐射,从而对地表有冷却效应。黑炭能影响云的反照率,影响云凝结核的生成,降低大气能见度,降低农作物的收成。是大气颗粒物的重要组成部分,尤其是在空气污染较重的区域。较细小的炭粒子(直径 $<1\mu m$)能进入到人体的下呼吸道和肺泡长期滞留,并直接与血液接触,成为潜在的健康隐患。黑炭气溶胶一般能在环境大气中滞留 6~10 天,因此能传输到数百至上千千米之外。

黑炭乌钻活性炭雕

【黑体】(blackbody) 又称绝对黑体。能全部吸收外来辐射而无反射和透射的物体。这种物体对任何波长辐射的吸收系数均为 1,反射系数和透射系数均为零,被光照射时呈全黑色。在自然界中,真正的黑体并不存在。为研究方便,人们常在一定条件下(如一定波长范围内),把某些物体近似地看做是黑体。物体的吸收率越大,辐射能量也越强。黑体的吸收率最大,与同温度的其他物体相比,其辐射能力也最强。黑体辐射是指某一物体单位面积在给定温度下所放射的电磁波的理论极大值。绝对黑体的总辐射能力(E)与它的绝对温度(T)的四次方成正比例:

$$E=\lambda T^4$$

式中,λ 为一常数,等于 8.26×10^{-11}。

【黑体辐射】(black-body radiation) 又称绝对黑体。能够全部吸收入射的任何频率电磁波,且不会有任何反射与透射的理想物体。黑体一词是在 1862 年由柯西荷夫所命名并引入热力学的。虽然实际上黑体是不存在的,但是可以用某种装置近似地代替它。如图所示是一个带有小孔的空腔,且小孔对于空腔足够小,不会妨碍空腔内的平衡。通过小孔射入空腔的所有频率的电磁波经腔内壁多次反射后，几乎全部被吸收，再从小孔射出的电磁波极少，所以可以将空腔上的小孔近似地看成黑体。黑体虽然不反射任何的电磁波，但是可以辐射出电磁波，且波长只与黑体的温度有关。在一定温度下，黑体也是辐射本领最大的物体，也可称之完全辐射体。

【黑土】（black soil） 又称淋溶黑钙土、暗色草甸土。在温带半湿润季风气候条件下草甸植被区形成的无石灰性黑色土壤。土壤上部多有厚达30cm以上的黑色腐殖质层，下层较为黏重，无钙积层，多呈酸性反应，有机质含量为4%～10%。土壤结构良好，是肥力较高的土壤。主要分布在黑龙江和吉林两省的松嫩平原和大小兴安岭及长白山的山前台地上。

【黑匣子】（black box） 飞行参数记录仪。飞机上专用的电子记录设备。黑匣子并非黑色，而为橙红色。其外观为长方体，外壳坚实，里面装有飞行数据记录器和舱声录音器，飞机各机械部位和电子仪器仪表都装有传感器与之相连。它能把飞机停止工作或失事坠毁前半小时的有关技术参数和驾驶舱内的声音记录下来，需要时可把所记录的参数重新放出来，以供飞行实验、事故分析之用。黑匣子具有极强的抗火、耐压、耐冲击振动、耐海水（或煤油）浸泡、抗磁干扰等能力，即便飞机已完全损坏，黑匣子里的记录数据也能完好保存。大多数的客机、军用飞机上安装的黑匣子有两种：飞机数据记录器黑匣子和飞行员语言记录器黑匣子。

黑匣子

【黑箱测试法】（black box testing） 又称功能测试、数据驱动测试。在已知产品所应具有的功能，通过测试来检测每个功能是否都能正常使用的测试方法。在测试时，把程序看作一个不能打开的黑盒子，在完全不考虑程序内部结构和内部特性的情况下，测试者在程序接口进行测试，它只检查程序功能是否按照需求规格说明书的规定正常使用，程序是否能适当地接收输入数据而产生正确的输出信息，并且保持外部信息（如数据库或文件）的完整性。黑盒测试方法主要有等价类划分、边值分析、因果图、错误推测等，主要用于软件确认测试。黑盒法着眼于程序外部结构，不考虑内部逻辑结构，针对软件界面和软件功能进行测试。黑盒法是穷举输入测试，只有把所有可能的输入都作为测试情况使用，才能以这种方法查出程序中所有的错误。实际上测试情况有无穷多个，不仅要测试所有合法的输入，而且还要对那些不合法但是可能的输入进行测试。

【黑障区】（black barrier region） 航天器再入地球大气层时通信中断的飞行区段。航天器返回舱在降至距地表100km时，先进行进入大气层前的姿态调整。在距地表约80km高度时，返回舱进入稠密大气层。这时，高速飞行的返回舱与大气层产生剧烈摩擦，舱体外表的温度会达到2 000 ℃，舱体表面产生的等离子层形成电磁屏蔽区，使通信中断。距地表约40km高度时航天器返回舱减速，走出黑障区，通信恢复。该区段范围与航天器返回舱的外形、材料、再入速度以及发射信号的频率、功率有关。

【痕量分析】（trace analysis） 见定量分析。

【亨伯桥】（Heng Bo Bridge） 横跨英国亨伯河，位于北岸的赫斯尔和南岸的巴顿之间，建于1973～1980年的大跨度悬索桥。1981年7月通车。桥面宽28m。桥全长2 220m。主跨1 410m。北岸边跨280m。南岸边跨530m。引桥为钢筋混凝土高架桥。该桥的桥塔采用由横梁联系的钢筋混凝土空心双塔柱，高155.5 m，滑升模板施工。主索由平行的14 948根直径5mm的冷拔镀锌高强钢丝组成，用空中编缆法架设。从主索悬吊加劲梁的吊索开始为倾斜的钢绞线。主索的锚固体为两室的混凝土结构。主索先由室内的钢索鞍支承，然后分散成数股锚于室后的锚体内。加劲梁宽22m、高4.5 m。横截面为呈梯形的钢箱梁，每个预制节段长18.1m，由加劲的钢板组成。北墩基础为筑在白垩土上的重力式钢筋混凝土板，南墩基础为筑在河床下33m处黏土中的两孔直径24m的沉井。沉井施工采用围堰内筑岛下沉法。该桥是当时世界上最长的单跨悬索桥。

亨伯桥

【亨廷顿氏病】（Huntington's disease，HD） 由于基因突变或者第四对染色体内DNA基质的CAG三核甘酸重复序列过度扩张，造成脑部神经细胞持续退化，机体细胞错误地制造一种名为“亨廷顿蛋白质”的有害物质而引起的疾病。这些异常蛋白质积聚成块，损坏部分脑细胞，特别是那些与肌肉控制有关的细胞，导致患者神经系统逐渐退化，神经冲动弥散，动作失调，出现不可控制的颤搐，并发展成痴呆，甚至死亡。是一种遗传神经退化疾病。一种家族显性遗传型疾病。也是人类发现的第一个显性遗传病。病因主要是家族遗传或者基因受到外部刺激而发生突变。只要自双亲任一方遗传缺陷的基因，皆会表现出病征。其主要表现为：(1)情绪异常，冷漠、易怒或忧郁。(2)手指、腿部、脸部或身体出现不自主动作。(3)智力衰减，判断力、记忆力、认知能力减退。一般来讲，导致患者死亡的原因是因为突然跌倒或者感染其他并发症。目前药物可以控制、减缓情绪波动和动作问题，但无法彻底根治该疾病。

【恒定电流】(constant current) 见直流电。

【恒沸蒸馏】(azeotropic distillation) 一种用于分离恒沸物或各组分相对挥发度相近的液体混合物的特殊的蒸馏方法。通过加入第三组分(称为挟带剂或分离剂)与原混合液中某一个或几个组分形成一组新的最低恒沸物，从而加大了组分间相对挥发度，使原混合液得到分离。如在乙醇－水恒沸液中掺入苯，使它与水和乙醇形成一种富于水的三元沸混合物，混合物的沸点为64.85℃，低于乙醇－水恒沸液的沸点(78.15℃)。因此，添加足量的苯作为夹带剂后，蒸馏时水将全部集中于新形成的三组分恒沸混合物中，作为馏出物从塔顶分出，无水酒精从塔底作为产品排出。苯经回收可以重复使用。

【恒化器法】(chemostat process) 控制恒定的流速，使细菌生长消耗的营养物得以及时补充从而保持恒定的生长速率，并使培养基中营养物质浓度基本恒定的连续培养方法。其特点是：(1)使用的装置是恒化器。(2)控制对象是培养液流速。(3)有生长限制因子存在。(4)培养液流速恒定。(5)由流速决定的稀释速率不等于或不超过微生物的最大比生长速率。(6)产物是不同生长速度的菌体。(7)应用范围以实验室为主。

【恒容合金】(constant volume alloy) 在一定温度范围内，热膨胀系数变化极微的合金。常见的如因瓦合金(因瓦是Invar的音译)，是一种含36%镍的铁镍合金。在100℃以下，其尺寸几乎不随温度变化。用于制造标准量具以及钟、表、天平和其他仪器的零件。

【恒弹性合金】(constant elastic alloy) 在一定温度范围内，弹性模量随温度变化极微的合金。常见的有埃林瓦合金(埃林瓦是Elinvar的音译)。其基本成分为36%镍、12%铬和52%铁。用于制造精密仪器中的弹簧(如钟表弹簧)、音叉等。

【恒温动物】(homeothermic animal) 能够调节自身体温，始终保持体温相对恒定的动物。其活动性并不像变温动物那样依赖外界温度。大多数高等脊椎动物都是恒温动物。恒温动物的基础代谢率远高于变温动物。其身体的体温调节系统保证体温的恒定，并且能在外界环境升高的状态下排出热量，如人类的汗和狗的喘息，还有猫的舔舐。

长颈鹿

【恒星】(star) 由炽热的等离子体组成且自身能发光的天体。除了月亮和几颗行星外，夜空中肉眼所能见到的大约6 500颗星几乎都是恒星。太阳是距地球最近的恒星。由于恒星距离地球非常遥远，人们无法观测到它们的运动，所以将其称之为“恒星”。宇宙中的恒星千差万别：直径从太阳的几万分之一到千倍以上，质量从太阳的二十分之一到约一百倍，密度从几千万分之一到亿万倍以上，光度从太阳的几百万分之一到几十万倍，表面温度从零下一二百度到几万度。恒星不仅有一定的运动轨道，而且其自身还有自转运动。恒星能以多种形式向外辐射能量。其能源来自其内部的热核反应。恒星有多种类型：按亮度变化有变星、耀星、新星和超新星；按光度大小有巨星、超巨星和矮星；按颜色不同有红色星、蓝色星、白色星和橙色星；按光谱型不同又可以分为O、B、A、F、G、K、M等类型。

恒星

【恒星光谱分类】(classification of stellar spectrum) 根据恒星发出的光谱特征对其进行的分类。最常用的是由哈佛大学天文台发展起来的哈佛恒星分类系统。该系统根据谱线的相对强度和其他光谱特征，把恒星分为O、B、A、F、G、K、M七个类型。它是按恒星表面温度由高到低的序列进行分类的。其中O型：表面温度30 000K，电离氦线强、氢线弱，有多次电离重金属线；B型：表面温度20 000K，中性氦线强，氢线较O型强，有一次电离重金属线；A型：表面温度10 000K，中性氦线很弱，氢线达到最强，有一次电离重金属线；F型：表面温度7 000K，有一次电离和中性金属线，氢线较强；G 型：表面温度 6 000K，有一次电离和中性金属线，氢线不如 F 型强；K 型：表面温度4 000K，有一次电离重金属线，中性金属线强，氢线弱；M 型：表面温度3 000K，中性原子谱线强，分子谱线较强，氢线很弱。

【恒星际飞行】(constant interstellar flight) 跨恒星尺度的载人或不载人航天飞行。其最大的困难是巨大的距离障碍。为使恒星际飞行有实际意义，最重要的是提高飞行速度，至少应达到光速的1/10以上。目前研究的主要内容集中在设计各种推进系统上。已经提出的推进方案主要有：核裂变推进、核聚变推进、太阳光压推进、反物质推进、星际物质冲压推进等。恒星际飞行尽管异常困难，但至少在科学原理上是可能的。

【恒星年】(sidereal year) 地球绕太阳公转一周所用的时间。在一个恒星年内，地球公转 360°，其长度为 365 天 6 时 9 分 10 秒。从太阳上看，地球中心从天空某一点出发，环绕太阳一周，又回到了同一点。但从地球上看，太阳中心从黄道上的某一点出发，运行周天，然后又回到了同一点。

【恒星时】(sidereal time, ST) 以地球自转周期为基准的一种时间计量系统。某一地点的地方恒星时，在数值上等于春分点相对于当地地方子午圈的时角。由于岁差和章动的影响，春分点在天球上不是固定的，对应于同一历元，还有真春分点和平春分点之别。相应地，恒星时也有真恒星时和平恒星时之分。

【恒星演化理论】(stellar evolution theory) 研究恒星形成、发展和演变过程的理论。观测表明，星际空间存在着许多由气体和尘埃组成的巨大分子云。这种分子云密度较高的部分在自身引力作用下逐渐聚集在一起变得致密。当内向引力大到克服向外的压力时，物质会迅速收缩落向中心。这一过程释放的引力能使温度升高。当中心温度达到 1×10^7℃时，内部的氢聚变为氦而发生热核反应。这样，一颗新恒星就诞生了。当聚变反应产生的压力与引力平衡时，恒星的体积和温度不再明显变化，进入相对稳定的演化阶段。当恒星核心部分的氢全部聚变成氦后，产能过程停止，辐射压力下降，星核在引力作用下收缩，使温度再次升高，直到引发氦燃烧，将三个氦核聚合成一个碳核。类似的过程将持续下去，将合成碳(C)、硅(Si)等愈来愈重的元素，直到合成最稳定的铁(Fe)为止。当恒星内部的核燃料耗尽后，星体在引力作用下再度收缩，最后演变成密度很大、体积很小的白矮星、中子星或黑洞。在恒星的变化过程中，质量起着重要的作用。质量愈大，恒星演化的速度也愈快。

【恒牙期】(permanent period) 12 岁以后，全部乳牙被替换完毕，除第三磨牙外，全部恒牙均已萌出的时期。人的一生总共有两副牙列，乳牙和恒牙。从 6－7 岁至12－13 岁，乳牙逐渐脱落而被恒牙所替代，进入恒牙期。这个时期，口腔内没有乳牙，只有恒牙。恒牙是伴随人一生的牙齿，若因疾患或意外损伤而致脱落后再无牙替代。近代人第三磨牙有退化趋势或萌出期很晚，约在 20 岁左右，也可终生不出，故一般人恒牙数在 28～32 个之间。其萌出顺序与乳牙略有不同，首先萌出者为第一恒磨牙，前磨牙更换乳磨牙的位置，磨牙则在乳磨牙的远中部位萌出。

【恒载】(dead load) 又称永久荷载。施加在工程结构上不变的荷载。如结构自重、外加永久性的承重、非承重结构构件和建筑装饰构件的重量、土压力等。因为恒载在整个使用期内总是持续地施加在结构上，所以在设计结构时，必须考虑它的长期效应。结构自重，一般根据结构的几何尺寸和材料容重的标准值(也称名义值)确定。

【恒浊器法】(turbidostat process) 不断调节流速而使细菌培养液浊度保持恒定的连续培养法。其特点是：(1)使用的装置是恒浊器。(2)控制对象是菌液密度。(3)无生长限制因子存在。(4)培养液流速不恒定。(5)由流速决定的稀释速率等于微生物的最大比生长速率。(6)产物是大量菌体或与菌体伴生的代谢产物。(7)应用范围以生产为主。

【珩磨加工】(honing processing) 利用珩磨工具的相对旋转和直线往复运动对工件表面施加一定压力，切除工件极小余量的一种精密加工技术。珩磨是一种低速磨削，将珩磨油石用黏结剂黏结或用机械方法装夹在特制的珩磨头上，由珩磨机床主轴带动珩磨头作旋转和上下往复运动，通过珩磨头中的进给胀锥使油石胀出，并向孔壁施加一定的压力以作进给运动，实现

珩磨机床

珩磨加工。广泛应用于汽车、拖拉机和轴承制造业中的大批量生产,也适用于各类机械制造中的批量生产,如珩磨缸套、连杆孔、油泵油嘴与液压阀体孔、轴套、齿轮孔、汽车制动分泵、总泵缸孔等。此项技术可大量应用于各种形状的孔的光整或精加工,以及外圆、球面和内外环形曲面加工。

【桁架梁桥】(truss beam bridge) 以桁架作为上部结构主要承重构件的桥梁。近代的桁架梁桥以钢结构最多。一般由两片主桁架和纵向联结系及横向联结系组成空间结构。钢桁架梁桥的杆件由型钢和钢板组成,截面一般有槽形、工字形和箱形,常用铆接或焊接成型。预应力混凝土桁架梁桥,则以预应力混凝土受拉(或拉压)杆件和钢筋混凝土受压杆件组合而成。按其主要承重桁架形式的不同可分为单柱式桁架梁桥、双柱式桁架梁桥、三角形桁架梁桥、斜压腹杆桁架梁桥、斜拉腹杆桁架梁桥等,;按其桁架梁结构体系的不同可分为简支桁架梁桥、悬臂桁架梁桥、连续桁架梁桥和威氏桁架梁桥。

桁架梁桥

【横波】(transverse wave) 振动方向同传播方向垂直的波。如在弦上传播的波,弦上各质点的振动方向同波的传播方向垂直;又如在大气中传播的电磁波,其传播方向同振动着的电(磁)场强度方向垂直,故均称横波。

【横断科学】(transversal science) 从客观世界的诸多物质结构及其运动形式中,抽出某一特定的共同方面作为研究对象的科学。主要有信息论、控制论、系统论、协同论、突变论、运筹学、耗散结构理论等。其研究对象不只是某一领域或某种物质,而是横向贯穿于客观世界的众多领域,甚至一切领域之中。如信息科学就是把机器系统、人类社会、生命现象和思维等领域里的具体对象及其运动形式,抽象为信息的变换及其流动。它并不反映物质和能量方面的特征,而是描述各种现象和过程的结构和功能特征。

【横列式轧机】(rolling mill) 数台轧机横向一字排开,由一台电动机驱动的一列轧机。各架轧机的轧辊转速相同,不能随着轧件长度的增加而提高轧制速度,所以产量低。轧机结构一般是三辊式或二辊交替式。轧机操作方式多为穿梭轧制或活套轧制,采用反围盘和人工喂钢,轧制速度受到限制。每架轧机可以轧制若干道次,变形灵活,适应性强,产品品种范围广。为了克服轧机速度不能调节的缺点,出现了多列横列式轧机。常见的有二列横列式、三列横列式轧机,是中小型轧钢企业的主要设备。用于生产各种型钢、线材、窄钢带和小钢坯等。

【横纹肌】(striated muscle) 又称骨骼肌。一种肌细胞呈纤维状、不分支、有明显横纹的肌。其细胞内核很多,且都位于细胞膜下方。肌细胞内有许多沿细胞长轴平行排列的细丝状肌原纤维。每一肌原纤维都有相间排列的明带(I 带)及暗带(A 带)。明带染色较浅,暗带染色较深。在明带中间,有一条较暗的线称为 Z 线。在暗带中间有一条较明亮的线称 H 线,H 线的中部有一 M 线。相邻的各肌原纤维,明带及暗带均在一个平面上,因而使肌纤维显出明暗相间的横纹。横纹肌细胞构成骨胳肌组织,外包结缔组织膜,内有神经血管分布。骨骼肌收缩受意识支配,故又称"随意肌"。其收缩的特点是快而有力,但不持久。

【横向弛豫】(lateral relaxation) 见弛豫。

【轰燃】(flashover) 火灾中的一种燃烧强度突然增强的现象。其基本原因是首先着火物质的火势已发展到足够大的规模,所形成的火焰及燃烧产物的热辐射足够强,从而引起相邻可燃物迅速热解、气化,以致发生了大范围的猛烈燃烧。一般认为这是火灾由初期增长阶段到充分发展阶段之间的转折点。在建筑火灾中,一旦发生了轰燃,室内可出现突发性的全面气相燃烧,如果室内人员无法在发生轰燃前撤离,必将会造成严重伤亡,同时财产损失也在所难免。因此控制轰燃的发生是建筑火灾防治中的一个重要问题。对于普通的民用建筑来说,当房间地面外接受的热辐射达到 20kW/m^2 左右时便可发生轰燃,而当室内上部烟气层的平均温度达到 600℃ 左右时大体可产生上述强度的热辐射。

【轰炸机】(bomber aircraft) 以炸弹、鱼雷、空地导弹等为基本武器,专门用于对地面、水面(下)的目标实施攻击的飞机。分战略轰炸机和战术轰炸机两种。轰炸机具有突击力强、载弹量大、航程远等特点。是航空兵实施空中突击的主要兵器,

轰炸机

也是空军进行战略攻击的威慑力量。

【轰炸学】(bombardment) 研究飞机投射轰炸武器,以期命中目标、取得预期杀伤破坏效果的一门学科。其主要内容包括:(1)轰炸武器。研究航空炸弹,航空水(鱼)雷,空地导弹的性能、特点、基本工作原理和使用方法。(2)航空炸弹弹道。研究炸弹从飞机上投下后弹道的形成;弹道诸元的计算方法;投弹高度、速度、俯仰角、炸弹性能改变对弹道诸元的影响,以及有风情况下炸弹在空中运动的规律等。(3)轰炸瞄准原理和轰炸方法。一是轰炸瞄准诸元及其计算方法,确定投弹点与目标的相关位置;二是方向瞄准和距离瞄准,把飞机引领到正确的投弹或发射位置。轰炸方法主要包括水平轰炸、俯冲轰炸和上仰轰炸。(4)轰炸瞄准设备和轰炸误差分析。主要研究光学、雷达、平视显示器和其他轰炸瞄准设备的基本工作原理,使用方法、产生轰炸误差的主要原因、误差规律及减小轰炸误差的方法等。(5)轰炸准备与实施。包括飞行前的轰炸准备和轰炸实施。前者包括研究目标情况,进行目标区地图作业;研究轰炸方法和协同动作,进行地面模拟练习;检查轰炸设备和轰炸武器的准备情况等。后者包括测定轰炸原始数据和计算瞄准诸元,进入轰炸航路,搜索与识别轰炸目标,瞄准与投射轰炸武器。(6)各种不同条件下的轰炸。重点研究高空、低空、超低空、夜间、复杂气象、山地、高原地区轰炸和对活动目标轰炸的原理、方法及设备使用等方面的特点,以及需要解决的特殊问题。(7)轰炸兵力计算。主要运用概率论的原理,进行有关所需出动兵力和预期突击效果的计算。其计算结果,是指挥员经济合理地使用兵力、兵器,定下兵力使用决心,保障完成任务的重要依据之一。

【烘干机】(dryer) 烘干一定湿度或粒度的物料的装置。主要有回转烘干机、转筒烘干机和工业烘干机。主要由回转体、扬料板、传动装置、支撑装置及密封圈等部件组成。在烘干类型上,以热风加热常压烘干、真空烘干为主,其他还有远红外线烘干、微波烘干等。如纤维、织物、无纺布的烘干机,其主要结构由烘房、圆网、风机、散热器、电机和控制系统组成。借助于风机的作用,经散热器加热过的热风,通过织物和纤维时,将其中的水分气化带走,从而达到烘干的目的。聚合物的烘干,由多节烘房、链板、风机、散热器、传动和控制系统组成。每节烘房有一组散热器和一个风机,热风从循环通道上下通过。热风通过纤维时带走其中的一部分水分。根据纤维的产量、含水率,经过热工计算,确定所需的烘房节数,组成一台长长的机器,时间过长还必须再重新铺设纤维,以增加烘干效果。广泛应用于化工、制药、农林土特产品、粮食、轻工等领域。

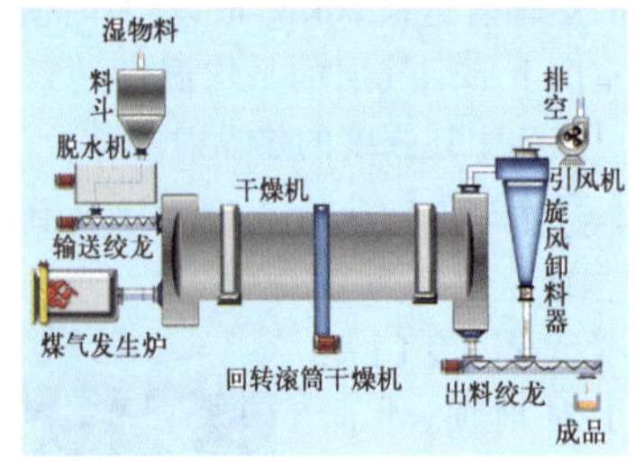

烘干机示意图

【红斑狼疮】(lupus erythematosus) 以红斑为典型表现的全身性、慢性进行性反复发作和缓解的自身免疫性结缔组织病之一。是一种自身免疫性疾病。发病缓慢,隐袭发生,临床表现多样,变化多端。此病能累及身体多系统、多器官,在患者血液和器官中能找到多种自身抗体。分为盘状红斑狼疮、系统性红斑狼疮、亚急性皮肤型红斑狼疮、深部红斑狼疮等类型。女性发病多于男性。在病变组织中,有大量的淋巴细胞和浆细胞浸润。狼疮一词来自拉丁语。在19世纪中叶,一位叫卡森拉夫的医生正式使用"红斑狼疮"这一医学术语。后来随着医学科学的不断发展,人们对红斑狼疮的认识逐步加深,于是又提出了系统性红斑狼疮的命名。系统性红斑狼疮除具有典型的皮肤损害外,还包括全身各个系统和各种脏器的损害,如肾、心、肝、脑、肺等。红斑狼疮起病稳匿或急骤,发作比较凶险,且极易复发,迁延不愈。而狼疮病人的皮肤损害除盘状红斑狼疮出现典型的盘状红斑外,系统性红斑狼疮患者还出现蝶形红斑、多形红斑、环形红斑和大疱性红斑,有的也出现盘状红斑,所以用红斑狼疮一词命名该病。在治疗上,应合理应用皮质类固醇激素、免疫调节剂、血浆交换疗法、中西医结合等。免疫学技术的发展,使早期轻型和不典型的病例能及时诊治。因此除少数重症或重要器官受损者外,有些病例可自行缓解,有些只呈一过性发作,经数月或短暂病程后,症状完全消失。

【红宝石】(ruby) 含微量铬离子(Cr^{3+})而呈不同色调红色的刚玉宝石。属高档宝石。中国珠宝玉石国家标准规定,红宝石限指红色、橙红色、紫红色、褐红色等以红色为主色调的刚玉质(Al_2O_3)宝石。红色是因为含有铬离子(Cr^{3+}),在同一颗粒上会看出同的颜色,常光方向是深紫红色,非常光方向是浅黄红色。折射率1.77和1.76。密度$4\pm0.05g/cm^3$。

红宝石戒指

硬度9。红宝石会因微小的包裹体而呈丝绢光泽。如果没有包裹体存在,宝石更诱人可爱而更珍贵。著名的产地有缅甸、泰国、柬埔寨、越南、阿富汗等。在中国古代,曾用以泛指所有的红色宝石,今已不用。

【红宝石激光器】(ruby laser) 以在蓝宝石晶体中掺入少量氧化铬制成的红宝石晶体作为工作物质的激光器。最早的红宝石激光器用螺旋形氙灯抽运,将红宝石晶体放在螺旋轴上,并将其两端面抛光,相互平行,并镀上银膜。此后的红宝石激光器大多数是在工作物质两端外面放置高反射率反射镜构成共振腔,而在红宝石棒两端面涂增透膜,并用直管式氙灯抽运。氙灯和红宝石棒分别放在一只抛光的长椭圆柱的两条直线上,这样的结构可以把氙灯发射的绝大部分辐射能量都聚焦到红宝石棒上。其应用领域有:(1)在工业上用于对金属和非金属的精密焊接和打孔。(2)在医学上用于修复视网膜。(3)在科学研究中用于拍摄运动物体的全息照片。

【红层】(red bed) 中生代到新生代初期在热带或亚热带干旱环境下沉积的陆相红色砂岩、砾岩和页岩组成的红色地层。主要堆积于中生代造山运动所形成的断陷盆地中,故分布区也被称为"红层盆地"。现在,在红层盆地内的地形以红层丘陵为主,平原只占少数,仅见于河流沿岸。中国的红层广泛分布于中国各地,分布最广的是四川盆地,面积达 $2.6\times10^5 km^2$。该盆地受北东和北西两组主要构造线控制,周围为高原山地,盆地内为红层丘陵。在江南的武陵山与武夷山之间,也有许多中型红层盆地,堆积的地层大部分为白垩系至下第三系地层。从侏罗纪晚期始,特别是从白垩纪到早第三纪是中国红层的主要堆积期。其堆积空间都是由燕山期构造变动造成。大型盆地以凹陷为主,中、小型盆地以断陷为主,地质构造方向严格控制了红层分布的格局。红层的厚度各地差别也很大,一般在1 000m以上,厚者可达数千米。盆地式的红层地貌,由外围到中央,可分为四个带区:外围山地带、边缘红层高丘陵带、红层低丘陵带和丹霞地貌及阶地、平原带。其中,最为著名的丹霞地貌以丹崖赤壁为基本特征,由厚层砂岩、砂砾岩和砾岩构成峰林地貌,以发育于中国粤北的丹霞山最为典型而得名。闽北的武夷山,也是丹霞地貌的典型代表。丹霞地貌是中国重要的旅游资源之一。

【红场】(Red Square in Moscow) 原名托尔格,意为"集市"。1662 年改为"红场"。在古俄语里"红色"一词有"美丽"、"主要"的意思。红场即美丽的广场。平面长方形,南北长 695 m,东西宽 130m,面积 9.1 万平方米,位于俄罗斯首都莫斯科市中心。是国家举行各种大型庆典及阅兵活动的中心地点,是世界上著名的广场之一。红场的地面,全部由条石铺成,古老而神圣。在红场的西侧是列宁墓和克里姆林宫的红墙及三座高塔。在列宁墓与克里姆林宫红墙之间,有 12 块墓碑,包括斯大林、勃列日涅夫、安德罗波夫、契尔年科、捷尔任斯基等苏联政治家的墓碑。红场南边是莫斯科最经典象征的瓦西里大教堂。这座教堂中间是一个带有大尖顶的教堂冠,8 个带有不同色彩和花纹的小圆顶错落有致地分布在它的周围,再配上九个金色洋葱头状的教堂顶,让人过目难忘;北侧是国家历史博物馆,建于1873 年,也是莫斯科的标志性建筑。附近还有为纪念二战胜利 50 周年而建造的第二次世界大战战英雄朱可夫元帅的雕像,以及无名烈士墓。博物馆东侧通向红场的入口处,是莫斯科的中心点,零公里处,所有路的里程都从这里开始计算。东面是世界知名十家百货商店之一的古姆商场,建成于 1893 年。

红场

【红冲】(hot rushing) 又称加热冲裁。将金属材料加热到一定的温度,使其抗剪强度明显降低之后而进行冲裁的方法。该方法使材料加热后产生氧化皮,破坏工件表面质量,不好清除。加之温度的变化使尺寸精度也受影响,故只适用于冲裁厚板或表面质量及精度要求不高的工件。应用比较少。

【红花】(safflower) 又称红蓝花、草红花、刺红花。❶菊科。一年生直立草本植物。叶广披针形,边缘有针刺,先端锐尖,基部抱茎,上部叶渐小,成苞片状围绕头状花絮。夏季开花,橘红色。原产欧洲、美洲、埃及、印度;中国各地均有栽培。花可入药,果实可榨油。❷中药名。药性:辛、温。归心、肝经。功效:活血通经,祛瘀止痛。用于血滞经闭、痛经、产后瘀滞腹痛;癥瘕积聚;胸痹心痛、血瘀腹痛、胁痛;跌打损伤、瘀滞肿痛;瘀滞斑疹色暗;疮疡肿痛。用法与用量:一次3~9g。孕妇慎用。

红花(中药)

【红皮书】(Red Book) 关于珍稀、濒危动植物物种危机警示的研究报告。记述珍稀、濒危动植物物的官方正式文件或权威性文件。是世界各国和国际社会采取的重要的自然保护措施。其目的是:引起人们对珍稀、濒危动植物物种的注意,并重视对其进行保护。1973 年,80 个国家的代表签署了《关于濒危野生动植物国际贸易协定》(CITES)。到了 20 世纪 90 年代中期,已经有 120 多个国家签署了该协定。这些国家同意遵循 CITES 的原则。这些原则被写进了《红色数据》即所谓的红皮书中。中国是该协定的签署国之一。中国发布的《中国濒危动物红皮书》,可供政府官员,从事濒危物种研究的科研工作者,农业、林业、环境保护、自然保护区的工作人员及大专院校有关专业师生参考。

【红壤】(red soil) 主要分布在中国长江以南低山丘陵区及台湾省北部的红色土壤。分布在北纬 25° ~ 31° 之间的亚热带地区。红壤是中国南方分布最广、生产力最好的土壤。其地表自然植被常为常绿阔叶林或常绿针阔混交林。红壤脱硅富铝化现象明显,土层深厚、网纹层清晰,适宜耕作。土壤 pH 值为4.5 ~ 5.5。

红壤

【红外传输】(infrared transmission) 一种以红外线传递信息的方式。其特点是:(1)无线传输;(2)传输速度快;(3)不能穿透墙壁或是大型物体。在使用红外传输方式时,先将计算机端口与其他带有红外传输功能的外设端口相对,开启计算机内预装的 TRANX 软件,即可方便地通信,快速传递信息。主要应用在各种遥控设备上。

【红外干扰弹】(infrared jamming decoy) 又称红外曳光弹。由具有一定红外频谱特征和辐射能量的材料制成的,用以欺骗、诱惑敌方红外侦察和红外制导武器脱离其真实目标的红外辐射弹。由弹壳、抛射管、活塞、药柱、安全点火装置和端盖等部件构成。其主要特点是:(1)不仅具有与被保护目标相似的光谱特征。而且辐射强度至少要比被保护平台的辐射强度大一倍以上。(2)不仅能快速形成高强度红外辐射,而且持续一定时间。大多数红外干扰弹能在0.25 ~ 0.5s 内达到有效辐射强度。机载红外干扰弹应能持续燃烧 5s 以上,舰载红外干扰弹应能持续燃烧 40 ~ 60s,以便被保护目标(飞机、舰艇等)采取对抗措施。

【红外光谱法】(infrared spectroscopy) 利用物质对红外光区的电磁辐射的选择性吸收来进行结构分析及定性、定量分析的方法。红外光谱是由于分子吸收红外线激发到较高的振动能级而形成的。所吸收的红外线频率(能量)与分子振动能级间距相等。不同结构的分子具有不同的振动能级,因而能够测定出代表分子结构的各不相同的红外光谱。其优点是:(1)特征性强。(2)测定快速。(3)试样用量少且不被破坏。(4)操作简便,能分析各种状态的试样。其缺点是:(1)分析灵敏度较低。(2)定量分析误差较大。对试样的要求:(1)纯度应大于 98%。(2)不含水。主要用于鉴定有机分子中的官能团。

【红外空间观测台】(infrared space observatory) 欧洲空间局研制并发射的红外天文观测卫星。1995 年 11 月 16 日由阿丽亚娜火箭发射进入远地点 71 000km 的大椭圆轨道。主体呈圆柱形,总长 5.3m,直径2.3m,总重2 500kg,带有多达2 140L 的液氦,可将望远镜等仪器冷却到接近绝对温度零度。其主要仪器是一台大型红外望远镜,能够对特定目标进行红外成像。其他探测仪器有:成像光度计、短波光度计和长波光度计。其取得的重要发现有:(1)对深空的冷氢分子进行了红外观测,直接观察到暗物质。(2)发现了深空天体产生的水蒸气。(3)拍摄到两个星系剧烈碰撞的图像。(4)观察到正在形成的新恒星。(5)拍摄到远离地球2 000万光年的旋涡星系的图像。(6)观察到恒星消亡的细节等。

【红外片】(infrared film) 又称全色红外片。能对光谱的近红外部分感光的感光片。在全色黑白感光乳胶中加入近红外增感染料的感光片。其感光范围由可见光扩展到近红外波段(0.59 ~ 0.9μm)。是地物可见光与近红外波段的综合记录,因而与人的感观色调并不一致。它突出了这种差异,增强了地物目标与背景的反差,扩展了对地物的识别能力。例如针叶林与阔叶林在普通黑白图片上色调接近,而在红外片上阔叶林则显示较浅的色调;水对近红外波段有较强的吸收,所以在红外片上常用暗色调来确定河流、湖泊沼泽、水岸线以及土壤湿度。

【红外摄影】(infrared photography) 利用对红外线敏感的特定感光胶片记录物体红外辐射能、获取目标物图像的摄影。可用于摄影的红外线属于近红外,波长0.59 ~ 0.9μm。近红外波段在空气中和生物体中有较大的穿透性,并具有与可见光线不同的反射系数,可拍摄远距离的被摄体,拍摄生物体摄影、鉴别森林和植物,以及进行各种鉴别摄影。摄影时,用可以截止可见光的红外滤光片与红外胶片组配。对于一般的照相机,焦点稍有偏差,故需要对焦点作稍许补偿。

【红外陶瓷】(infrared ceramics) 对红外波段的电磁波具有透过、吸收或辐射功能的陶瓷材料。按其功能的不同可分为:(1)红外透过陶瓷。通常称为红外光学材料。是用来制造红外光学仪器透镜、棱镜、滤光片、调制盘、窗口、整流罩等的主要材料,如硅酸盐玻璃、锗酸盐玻璃、碲酸盐玻璃、卤素化合物晶体、氧化物晶体及半导体晶体等。(2)红外吸收陶瓷。(3)红外辐射陶瓷。主要用于红外辐射加热器,其代表为碳化硅、锆英砂陶瓷等。

红外陶瓷加热器

【红外天文卫星】(infrared astronomy satellite) 在宽波段上进行全天搜寻并对选定的特殊目标进行详细观测研究的天文观测卫星。由荷兰首先提出后由荷、美、英联合研制。1983 年 1 月 25 日发射到 900km 高的近圆形太阳同步轨道。卫星重约 840kg。其主要探测仪器是一台大口径望远镜、一组 62 个半导体红外探测器阵列、一个低分辨率摄谱仪、光度计,以及 8 个可见光探测器。1983 年 11 月 10 日因液氦制冷剂消耗殆尽而停止工作。在不足一年时间里,该卫星共观测到 25 万个红外辐射源,发现了 6 颗新彗星,在织女星附近探测到比预计强得多的红外辐射,获得了大量关于恒星诞生初期的信息,观测到大量正在走向死亡的恒星。

【红外伪装服】(infrared camouflage uniform) 对普通纺织材料进行红外防伪涂层,采取特殊设计而制造的服装。红外防伪使被伪装物的红外辐射特征与背景一致,减小或消除被伪装物与背景之间的红外辐射差异,破坏伪装物的外形,躲避红外侦视,达到伪装目的。红外侦视是利用伪装物和背景之间红外辐射特征的差异来进行识别的技术。主要应用于军事领域。

【红外线】(infrared ray) 波长介于可见光长波极限与微波波段之间的电磁辐射。其波长范围约为 0.75 ~ 1 000μm。波长靠近可见光的称为近红外区,靠近微波波段的称为远红外区。赤热固体和一切有一定温度的物体均能发射连续谱红外线。通过激发分子可得具有带状光谱的红外线。世界上普遍使用的半导体发光管或激光器都可作为红外光源。红外线的频率接近于多数物质分子的固有振动频率,极易被物质所吸收并产生热效应。检测红外线就利用它的热效应,例如温差电偶、半导体热敏器件等。红外线的波长较长,有显著的衍射效应,能穿过可见光不易透过的雾或云。对可见光透明的普通玻璃,不能透过距离可见光较远的红外线。在红外波段使用的光学元件常用氯化钠、溴化钾和氟化钙等晶体作为透光材料,在较远的红外区还可用锗或硅等。夜间无可见光时,各种物体由于热辐射都会发射红外线,利用红外摄影可得景物的照片,用夜视仪可观察到肉眼看不到的目标。在卫星遥感、遥测技术中,红外线是一个重要波段。军事上常利用红外线制导导弹。红外线遥控技术已广泛应用于电视机、录像机和录音机等民用产品。在科学研究中,利用红外光谱来研究物质结构已成为光谱学的重要领域。

【红外线检测】(infrared gas detection) 利用具有永久性偶极矩的分子能够吸收特定波长红外光线的特性,对空气中某种气态物质浓度进行的定量测定。其原理是由红外光源发出红外光线,通过滤光器件滤除能产生共吸收干扰的红外线后,剩下只能被待测气体吸收的红外线。其穿过被测气体时部分被吸收。透过的红外线由接收器转化成电信号。透过的红外光线光强度与入射光强度的关系符合朗白 - 比尔定律。红外吸收式检测器分为点式和开路式两种。点式检测器的红外线光源和红外线接收器都设在一台仪器中;开路式检测器的红外线光源与红外线接收器分开设置,二者间距可达 50m,用于广阔的开放区域或无法安装点式检测器的场所。主要用于 CO_2 和高浓度烃类气体的检测。

【红外线热扫描成像】(infrared heat scan imaging) 通过感受人体自然发出的红外线对人体疼痛部位及发病部位显示正常细胞与异常细胞代谢的热辐射差异而成像的仪器。该仪器还可运用自身的分析系统进行处理,以不同色彩显示人体热辐射的变化,对乳腺肿瘤的早期诊断及鉴别诊断、肿瘤的普查、心血管系统疾病的诊断、皮肤过敏性疾病的诊断、人体健康状况综合检查和评估等有独到之处。红外线热扫描成像效率高(检查一个部位仅需 3 ~ 5min,全身 10 ~ 15min),适用范围宽(可用于对全身任何部位的诊断、疗效观察等),是继 CT、磁共振、彩超等医学影像技术之后的又一突破。

【红外星】(infrared star) 辐射能量集中在红外波段的恒星。其体积很大,可达太阳的几百至几千倍。其表面温度很低,只有几百摄氏度。是迄今所知最冷的恒星。一般认为,红外星有两种类型:一种是正在形成的处于引力收缩阶段的很年轻的恒星;另一种是外壳膨胀走向灭亡的恒星。红外星包括红超巨星、长周期变星、刚爆发的新星、老新星等。目前已发现的红外星约有5 000多颗。

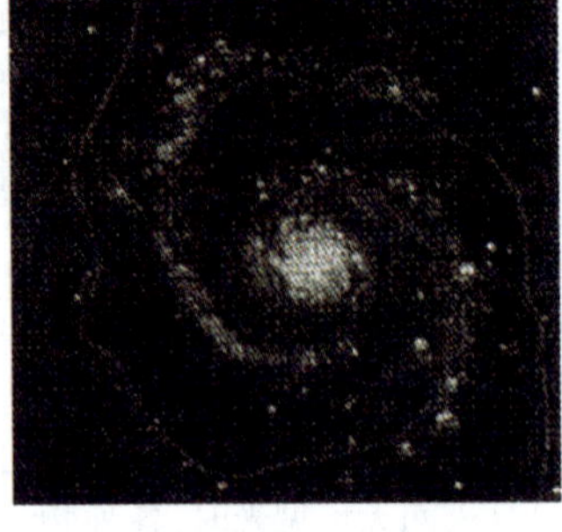
红外星

【红外遥感】(infrared sensing) 又称红外扫描。用扫描仪记录物体 9 ~ 14μm 波段红外辐射能的遥感。可用的波段远比红外摄影为广。在森林防火、煤层自燃、城市热岛、水污染和地质等方面应用广泛。

【红外预警】(infrared early warning) 利用星载或机载红外探测设备早期发现和跟踪敌方弹道导弹、人造地球卫星、飞机等目标,并能迅速提供预警信息的技术。按预警平台的不同可分为:(1)星载红外预警。是将红外探测设备安装在地球同步卫星上,由多颗卫星组成预警网,确保最佳全球覆盖。对地球定向的大型红外望远镜的视轴随卫星自旋轴转动,使红外探测器线列作圆锥扫描,以扩大望远镜的视场。导弹尾焰有很强的红外辐射,被红外探测器阵列接收,消除背景和阳光干扰后,得到真实目标的信号,连续扫描就能测出目标的位置和移动方向。采用红外焦平面探测器,可获得目标实时运动信息,进行目标识别,提高探测概率。一旦红外探测器发现目标,卫星上安装的电视摄像机即根据指令向地面指挥中心发送目标图像。根据预警卫星提供的信息,指挥中心控制地面雷达对目标进行识别和跟踪,指挥反导拦截系统对目标进行拦截。预警卫星上采用红外探测技术,不受地球曲率的影响,监视区域广,目标信息量大;大气衰减小,作用距离远;不易受干扰,探测概率高。可在弹道导弹发射的初始阶段就发现目标,获得 15 ~ 30min 的预警时间。采用长波红外探测器,可探测熄火后的运载火箭、弹头、卫星等目标。(2)机载红外预警。是将红外探测设备安装在预警飞机上,可用于弹道导弹的再入和突防装置的识别和跟踪,以及对高空或低空目标(如飞机,巡航导弹等)的搜索监视,把目标运动参数传送给指挥中心和拦截系统,以完成防御和攻击任务。为了提高测量精度,降低虚警,正在发展低轨道预警卫星。红外预警技术将随红外焦平面探测器阵列、图像处理和自适应光学技术的发展,性能将更加完善。

【红眼航班】(red-eyed scheduled flight) 航空公司的夜间飞行航班。1959 年出现于美国。因为乘客下飞机时多为睡眼惺忪,因此得名。在中国,主要指加班的旅游包机,严格来讲是夜航包机。利用夜间飞机空闲时间安排飞行,可提高飞机利用率,降低航班成本。其票价仅仅是普通航班票价的一半甚至更低。

【红移】(redshift) 谱线向波长较长的一端(红端)移动的现象。其原因是多普勒效应,由万有引力引起。天文学中的红移指河外星系谱线随星系距地球的远近,而发生不同程度向红端移动的现象,离得愈远,红移愈大。

【宏观检验】(macro inspection) 又称低倍检验。用肉眼或在不大于十倍的放大镜下检查金属表面或断口,以确定其宏观组织的方法。主要包括酸蚀、断口、塔形车削发纹检验和接触印痕试验。尽管钢的化学分析、力学性能和金相检验结果有重要价值,但是由于金属的不均匀性,使所获得的数据难以完全代表整个钢材的性能。因此用这些数据来评定钢的质量是不全面的。宏观检验在很大程度上弥补了这方面的不足,是工厂用以控制产品质量极为重要的手段,也是研究钢的生产和加工工艺所普遍采用的方法。

【宏观科学】(macro science) 以宏观世界的物质及其运动形式为研究对象的科学。宏观源于希腊文,意为“大”。宏观物体与宏观现象总称为宏观世界。空间线性尺度大于 1×10^{-7}cm、质量大于 1×10^{-7}g 的物体称为宏观物体,包括地球上的生物和大于微观尺度的非生物。肉眼能见到的宏观现象,是指一般宏观物体和相应的场在宏观的空间范围内的各种现象,如布朗运动。有时动量很大的微观粒子在大范围内的运动也称宏观现象,如加速器中粒子的运动。具有星系规模的各种现象称为超宏观或宇观现象。在现代科学体系中,属于宏观科学的学科最多,如宏观经典物理学、生命科学(除研究生命微观结构的科学外),化学科学中的一部分也涉及宏观现象。

【宏观量子效应】(macroscopic quantum effect) 在某些特殊条件下,由大量粒子组成的宏观系统所呈现出的整体量子现象。虽然根据量子理论,一切实物粒子都具有波动性(即德布罗意波),并且会表现出干涉与衍射的特征,但是由于尺度远大于微观粒子的德布罗意波长,因而日常所见的宏观物体在整体上并不表现出量子效应。然而,在低温降低或粒子密度增大等特殊条件下,组成宏观物体的个体组分不仅能够相干地结合起来，同时还会通过长程关联或重组进入能量较低的量子态，从而形成一个有机的整体，并最终使整个系统表现出奇特的量子性质。如原子气体的玻色－爱因斯坦凝聚、超流性以及超导电性等都是宏观量子效应的具体表现。

【虹】(rainbow) 日光(或月光)直接照射到大气中的水滴时经折射和反射在雨幕或雾幕上形成的彩色或白色光弧。常见的有主虹和副虹两种。如同时出现，则主虹位于内侧，副虹位于外侧。主虹由日光射入空气中的水滴，经一次反射和两次折射被分解成各色光线，色带排列是外红内紫，依次为红、橙、黄、绿、青、蓝、紫七色；副虹由光线射入空气中的水滴，经两次反射和两次折射被分解成各色光线，色带不如主虹鲜艳，多呈淡色调。

虹

【虹吸式溢洪道】(siphon spill way) 利用倒U形管路产生虹吸作用的溢洪道。当上游水位高出正常蓄水位20～30 cm时，虹吸式溢洪道就能自动形成有压管流，宣泄洪水。不需设置闸门，水位降低后，能自动停泄。调节水位灵敏，管理简便。虹吸式溢洪道可建在岸边或混凝土坝体内。由进口段、虹吸管、辅助设施、泄槽和消能工等部分组成(见图)。其进口前端设有遮檐。在遮檐或分水墙上高于正常蓄水位处设通气孔。通气孔的面积为喉部断面面积的3%左右。当上游水位超过溢流堰顶后，水流溢过堰顶，逐渐将管中的空气带走。为提前形成虹吸作用，可利用挑坎或弯曲段等辅助设施，在管内形成封闭水流，虹吸作用自动发生。当上游水位降至正常蓄水位时，空气由通气孔进入虹吸管，破坏虹吸作用，虹吸管自动断流。虹吸式溢洪道结构较复杂，进口易被污物或冰块堵塞，管内检修不便，超泄能力较弱，真空度大时易引起空蚀。虹吸管喉道的真空值一般不得超过8m水柱，故其单宽泄量常受到限制。一般在$30m^3/(s\cdot m)$内。虹吸式溢洪道一般多用于水位变化不大和需要随时进行调节的中小型水库、水电站或灌溉渠道。

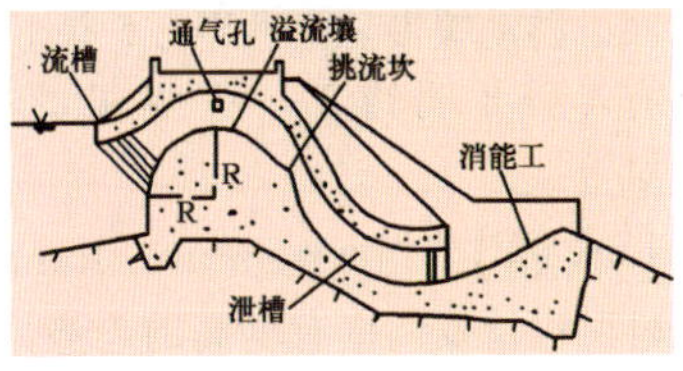

虹吸式溢洪道示意图

【虹吸现象】(siphonage) 液体从高液面流经位置更高的密闭管道，然后从低液面流出的现象。虹吸现象是液态分子间引力与位能差所造成的。由于加在密闭容器里液体上的压强，处处都相等，而两端管口水面承受不同的大气压力。因此，水会由压力大的一边流向压力小的一边，直到两边的大气压力相等，容器内的水面变成相同的高度，水就会停止流动。

【洪泛区】(flood plain) 又称冲积平原。河流洪水挟带的泥沙，至中游流速减缓，泥沙落淤堆积，经长期发展形成并仍受洪水威胁的平原。如中国松辽平原、黄淮海平原、珠江平原。洪泛区一般地面平坦、土地肥沃、人口稠密、工农业和交通发达，在国民经济中占重要的地位。中国有10%左右的土地属洪泛区。沿江河两岸不少重要城镇都在最高洪水位以下，靠堤防保护。洪泛区土地的划分，一般是根据洪水特性，洪水频率，行洪时的水深、流速以及可能造成的危害程度划分的。确定土地使用和建筑物的防御标准，以便对土地的使用，建筑物的高度和位置，以及人口密度等实行不同管理。一般将低洼易涝的地方划为行洪区、蓄洪滞洪区；把地势较高、稀有洪水淹没或修筑有较高标准堤防保护的区域为允许开发区。中国水利主管部门对行洪区、分洪区、蓄洪区，一般都制订有治理计划和管理条件，并对洪泛区治理措施定期评价，以确定能否满足预定目标，必要时增加新的治理措施。

【洪涝】(flood and waterlog disaster) 因降雨过多或排水不利给农业造成的一种灾害。可分为洪水、雨涝和湿害等。其中雨涝是中国仅次于干旱的气候灾害，每年造成的粮食和经济损失约占气象灾害造成经济总损失的27.5%，个别严重雨涝年份损失更严重。

洪涝

【洪水】(flood) 河流、海洋、湖泊或其他水体上涨超过正常界线、威胁有关地区的安全甚至造成灾害的水流。按其出现地区的不同可分为：河流洪水、海洋洪水和湖泊洪水等；按其形成的原因不同可分为：暴雨洪水、融雪洪水、冰凌洪水、冰川洪水，溃坝洪水、土体坍滑洪水和风暴潮洪水等。其中以暴雨、融雪和风暴潮洪水最为常见。

【洪水警报】(flood warning) 当严重洪水灾害即将发生时,为动员可能受淹区群众迅速采取应变行动,所实施的紧急信息传递措施。通过发布洪水警报,可使洪水受淹区的居民及时撤离危险地带,并尽可能地将财产、设备、牲畜等转移至安全地区,减少淹没区的生命财产损失。发布警报后的应变计划一般是预先布置的,也有临时安排的。发布洪水警报是政府的职责。其效果取决于社会有关方面的积极配合。政府的抗洪、救济部门应尽可能地做好紧急抢险、救济灾民、防治疾病等工作。洪水警报愈及时、愈准确,人民生命财产的损失就愈小。

【洪水调节】(flood regulation) 简称调洪。为保证大坝安全及下游防洪,利用水库控制下泄流量,削减洪峰的径流调节。其内容主要是:防洪标准的确定、调洪库容及其配置、防洪调度(即时调洪运行决策)和洪水调节计算。(1)防洪标准。是按洪水以年为单位的重现期来表达的。根据水电站大坝和主要建筑物及下游防护区等对象的重要性而应有不同的防洪标准。(2)调洪库容及其配置。调洪库容指水库为拦蓄洪水而充蓄的容积。一般由两部分组成:即①全部在正常蓄水位以上。②正常蓄水位以上和以下各设置一部分,正常蓄水位以下的调洪库容,称为共同库容。(3)洪水调节。一般按坝址洪水及静库容进行,但对库容、汇流条件有明显改变的水库,可按入库洪水及静库容和动库容调节。(4)洪水调度。为有效地利用库容调洪,且不致造成人为洪灾,应按下述规则进行洪水调度:①当无洪水预报时,宜按防洪标准,由小到大逐级调节;当洪水流量大于某一标准的洪峰流量且水库水位达到该标准的最高水位时,才允许按大一级的洪水进行调节。②当有可靠的洪水预报时,可以在洪峰到来以前预泄,腾空部分防洪库容,但要计及可能的预报误差,留有余地。③对于常出现历时较长的多峰型的河流,一个洪峰过后,应在不造成人为洪灾的前提下,尽快腾空调洪库容。

【洪水演进】(flood routing) 又称流量演进。预报或计算洪水波沿河道传播的技术。是水文预报和水文分析计算的一个重要方法。洪水演进的理论基础是非恒定流水力学。1871年圣维南成功地导出明槽水流一维渐变非恒定流方程组。是洪水演进的基本理论公式。其实质,就是求解圣维南方程组。实践中常用简化的方法,如水力学演进法和水文学演进法。前者是基于质量守恒和动量守恒方程组或其简化方程组,用数值法求解。由于电子计算机的发展,水力学法在洪水演进中的应用日益广泛。后者是应用河段水量平衡方程和蓄泄关系代替圣维南方程组,根据河段水文资料进行计算。这类方法应用较为广泛,如经验相关法、马斯京根法、特征河长法、滞后演进法和线性完全动力波模型等。

【洪特规则】(Hund rule) 基态原子在能量相等的核外电子轨道上,自旋平行的电子数目最多时,原子的能量最低。所以电子尽可能自旋平行地分占不同的轨道。例如氮原子核外有7个电子,1s和2s轨道中各填入2个电子,剩余3个电子排布在3个p轨道上,具有相同的自旋方向,而不是其中有两个电子集中在一个p轨道,自旋方向相反。此外,当能量相等的轨道全充满、半满或全空的状态时能量最低,因此铬的电子构型为[Cr]$3d^5 4s^1$,而不是[Cr]$3d^4 4s^2$。

【魟】(dasyatidae) 软骨鱼纲,板鳃亚纲,鳐形目,魟亚目种类的统称。古代鱼之一。身体扁平,略呈圆形或菱形。软骨无鳞。胸鳍发达,如蝶展翅,提供前进的动力,腹鳍辅助胸鳍。尾呈鞭状,提供转向作用,退化成相当小的比例。有毒刺。眼睛位于背部、两眼距离十分接近。魟鱼的眼睛受光线的影响,瞳孔大小可自行调节:光线强时瞳孔缩小成U字型;光线弱时瞳孔放大成圆型。以鳃孔为呼吸器官。另有外鳃,作用与鳃孔相同,淡水魟鱼常见的为5对。体内受精。雄体利用腹鳍边缘特化的交接器,将精液注入雌鱼体内。性成熟时间长,6~10龄才会成熟再繁殖。卵生或卵胎生。大多数生活在海洋中,淡水种类多生活在亚马逊河流域。多栖于水底。游动缓慢。全世界有5科13属约108种。中国有4科8属约27种。常见的有尖嘴魟、赤魟、燕魟等。

中国魟

【喉癌】(laryngocarcinoma) 喉部发生的恶性肿瘤。发病率有增高的趋势。为头颈部恶性肿瘤的第2位,且城市喉癌的发病率明显高于农村,空气污染较重的城市高于污染轻的城市。喉是第2性征器官,也被认为是性激素的靶器官,其发病是否受性激素,尤其是睾酮的影响,结论尚不一。喉癌分为:(1)声门上型。包括原发于声带以上部位的癌肿,如会厌、杓会厌襞、室带等。此型分化较差,发展较快,常易向位于颈总动脉分叉处的淋巴结转移。早期症状仅觉喉部有异物感;癌肿溃烂时,咽痛可放射至耳部;晚期有痰中带血,臭痰;侵及声带时则有声嘶、呼吸困难等。(2)声门型。局限于声带的癌肿。分化较好,发展较慢,不易向颈淋巴结转移。主要症状为声嘶,并逐渐加重。(3)声门下型。即位于声带以下,环状软骨下缘以上部位的癌肿。不易在常规喉镜检查中发现。早期可无症状,以后则发生咳嗽,晚期常有呼吸困难。(4)声门旁型。指原发于喉室黏膜的癌肿。在常规喉镜检查中常被声室带遮盖,甚难发现。早期可无症状,活检难以得到阳性结果。声嘶为首发症状。病程较长,发展较慢。可有咽喉痛,并可放射至耳内。诊断依靠详询病史。凡持续性声嘶超过4周,年龄超过40岁者,有进行性咽喉不适、异物感、疼痛的病人,应作常规的喉镜检查。颈侧位拍片,CT扫描等比喉镜更有助于详细地判断癌肿的部位和浸润的范围。活检是诊断喉癌的主要依据。新喉再造术,既能根除病变,又能恢复发音、呼吸和吞咽等功能。

【喉罩通气道】(laryngeal mask airway, LMA) 又称喉罩。安置于喉咽腔,用气囊封闭食管和喉咽腔,经喉腔通气的人工呼吸道。20世纪80年代初由英国的麻醉学家Brain发明,随后迅速在临床普及应用。在全世界范围内,喉罩应用已达1亿人次。其实用独具特点,既可选择性地用于麻醉,也可用于急症困难气道。其临床应用给麻醉管理带来了新的选择和新的思路。近年来,某些国家和地区在全麻中使用喉罩的比例已经大于气管插管。喉罩的应用使困难插管的比例下降;喉罩的成功置入能提供正常的自主通气和氧合,在中等水平的气道正压情况下,也能进行控制通气;在择期手术中,喉罩置入的成功率高达95%～99%,为麻醉选择提供了第三种类型的气道。

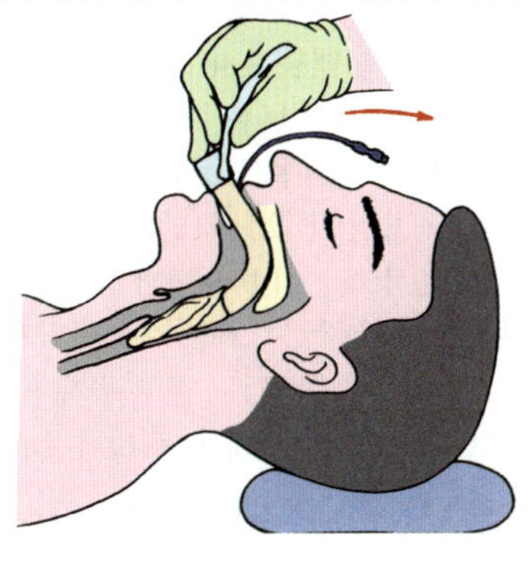

喉罩通气

【喉阻塞】(laryngeal obstruction) 喉部或邻近器官的病变使喉部气道变窄以致发生呼吸困难者。并非一独立的疾病,而是一组症候群。由于喉阻塞可引起缺氧,如处理不及时可引起窒息,危及病人生命。按发病急、缓的不同可分为急性和慢性两类。其常见病因有:炎症,喉部异物,喉外伤,变态反应性水肿或神经血管性水肿,双侧喉返神经麻痹,喉外伤后遗症,喉部良、恶性肿瘤手术后引起的瘢痕性增生,颈部病变的压迫等。其临床表现是:(1)吸气性呼吸困难。(2)吸气性喉鸣。(3)吸气性软组织凹陷。(4)声音嘶哑等。其治疗原则是:喉阻塞能危及生命,必须高度重视,积极处理;应按呼吸困难的程度和原因,采用药物或手术治疗;待呼吸困难缓解后,再寻找病因进一步治疗。

【后成型】(post forming) 不完全塑化的热固性塑料在模外加热加压下的后定型。固化速率不高的塑料,有时不必将整个固化过程放在模内完成,只要塑件能够完整地脱模即可结束固化,因为延长固化时间会降低生产效率。提前结束固化时间的塑件需用后烘的方法来完成它的固化。通常酚醛压缩塑件的后烘温度范围为90～150℃,时间为几小时至几十小时不等,视塑件的厚薄而定。模内固化时间取决于塑料的种类、塑件的厚度、物料的形状及预热和成型的温度等,一般由30秒至数分钟不等。其具体时间经过实验确定,过长或过短对塑件的性能都会产生不利的影响。

【后基因组计划】(post-genomics project) 阐明基因的结构与功能关系、回答生命的起源和进化,揭示人类遗传性疾病和严重危害人类健康的多基因遗传易感性疾病的发病机制的计划。是完成人类基因组计划(结构基因组学)以后的若干领域。其实质内容是生物信息学与功能基因组学。其核心问题是研究基因组多样性、遗传疾病产生的原因、基因表示调控的协调作用以及蛋白质产物的功能。它的发展将促进生命科学与信息科学、材料科学的发展,推动农业、畜牧业、能源、环境等相关产业的发展。

【后角】(tool orthogonal angle) 刀具主后面与切削平面之间的夹角。即正交后角。规定在主剖面内测量。后角的主要功用是减少刀具主后面同工件加工表面之间的摩擦。后角过小,不仅使摩擦面增加,甚至使刀刃难以切入;后角过大,将削弱刃口和刀头的强度,降低刀具耐用度,甚至容易造成崩刃。

【后掠角】(sweptback angle) 机翼上有代表性的等百分比线在基准平面上投影与垂直于机翼对称平面的轴线之间的夹角 。x_0(有时简写为x)称为前缘后掠角,$x_{0.25}$称为1/4弦线后掠角,而$x_{0.5}$和$x_{1.0}$则分别称为1/2弦线后掠角和后缘后掠角。对于非直边平面形机翼,由于等百分比线不是一条直线,因此,沿展向其后掠角是变化的。为了减小激波阻力(见激波)和全面改善跨声速气动特性,一般高速飞机的机翼都有后掠角。增大后掠角对机翼的升力和力矩特性带来不利影响,一般还会使纵向力矩上仰和横侧操纵效率降低,产生稳定、操纵问题。负的后掠角称为前掠角。前缘前掠的机翼的气动效果与后掠的相似，但可改善纵向力矩特性和横侧操纵稳定性。

【后掠翼飞机】(swept－back wing airplane) 机翼前、后缘向后伸展(后掠)的飞机。通常所指的后掠翼飞机，机翼后掠角(x)多在25°以上，后掠角较小的机翼仍称平直机翼。后掠机翼上影响空气动力的只是垂直机翼前缘的气流速度分量(Vcosx)，它低于飞行速度V，所以后掠翼飞机的临界马赫数(见马赫数)较平直机翼飞机大。采用后掠翼还可在不减低速度的情况下增加机翼厚度，借以增加机翼内部容积，用来装载燃油。现代高亚音速旅客机大多是后掠翼飞机。超音速歼击机也常采用后掠机翼以提高亚音速巡航速度，减少超音速飞行时的阻力。后掠翼飞机的缺点是机翼扭转刚度差，机翼的弯曲变形会使外翼在顺气流方向产生负的扭转，严重降低副翼操纵效率。为克服这一缺点，往往要付出增加结构重量的代价。

【后门程序】(backdoor program) 某些能绕过安全性控制而获取对程序或系统访问权的程序。其特点是：(1)隐藏在用户系统中向外发送信息，本身具有一定权限，可以对机器进行远程控制。(2)功能单一。在软件开发阶段，程序员常常会在软件内创建后门程序，以便修改程序设计中的缺陷。一旦这些后门被他人知道，或在发布软件之前没有删除，就会成为安全隐患，易被黑客当成漏洞进行攻击。

【后熟】(afterripening) 成熟种子中处于休眠状态的胚，在解除休眠过程中所发生的一系列生理生化变化。该过程在休眠期内完成。通过后熟，种子透水性加大，酶活性提高，呼吸增强，有机物开始水解，激素含量变化。干燥(小麦、水稻、棉花)和低温层积(苹果、梨、樱桃等)可加速后熟过程。植物种子通过后熟才能正常发芽所需要的时间称为后熟期。后熟是植物对环境的适应。后熟可以提高植物的生存能力、提高品质。如具有一定后熟期的小麦品种，可有效避免穗发芽。

【后小康居住模式】(settlement pattern after comparatively well-off) 实现小康后到富裕前的人类居住的模式。具有绿色、舒适、便捷、安全、多样和信息六个特征。前10年是居住面积的增长，后10年是居住品质的提高。其大致进程是：(1)2005年。中国城市核心家庭如以平均3.16人计算，人均拥有建筑面积达22m^2，每户建筑面积大约为70m^2。(2)2010年。城市人均住房面积为25m^2，户均面积大致是80m^2。(3)2020年，住房从满足生存需要，实现向舒适型的转变，基本做到“户均一套房、人均一间房、功能配套、设备齐全”。其基本要求是：(1)住宅套型面积稍大，配置合理。有较大的起居、炊事、卫生和储存空间。(2)平面布局设计合理，体现食寝分离、居寝分离的原则和为住房留有装修改造的余地。(3)房间采光充足，通风良好，隔音效果和照明水平在现有国内基础标准上提高1～2个等级。(4)合理配置成套厨房设备，改善排烟、排油条件和冰箱入厨。(5)合理分隔卫生空间，减少便溺、洗浴、化妆和洗脸的相互干扰。(6)管道集中，水、电和煤气三表出户，增加保安措施，配置电话、闭路电视和空调专用线路。(7)设置斗门，方便更衣换鞋；展宽阳台，提供室外休息场所；合理设计过渡空间。(8)住宅区环境舒适，便于治安防范和噪声综合治理，道路交通组织合理，社区服务设施配套。(9)垃圾处理袋装化，自行车就近入库，预留汽车停车位。(10)社区内绿化好，景色宜人，体现出节能、节地特点和有利于保护生态环境。后小康时期住房除了有以上比较具象的特征外，它的运行机制将更多地贴近市场。住房买卖不仅是消费行为，而且是一种经营性投资行为。此外，在提升住房品质的同时还要加强住房的保障性，进一步完善廉租住房的供应体系，帮助社会弱势群体解决住房问题。

后小康居住模式

【后循环缺血】(posterior circulation ischemia) 常发生在椎基底动脉系统的缺血性脑血管病。约占缺血性脑卒中的20%。大脑血液由颈内动脉和椎基底动脉两大系统供应。如发生在颈内动脉系统的缺血，称为前循环缺血。与前循环缺血一样，后循环缺血只有短暂性脑缺血发作和脑梗死两种情况。引起后循环缺血的主要病因是动脉粥样硬化和栓塞，而不是颈椎病。头晕、眩晕是其常见表现。其诊断和治疗与前循环缺血相似，主要的治疗方法有抗血小板、抗凝和溶栓、血管成形术和支架植入术。但由于后循环梗死病情的多样性和复杂性，加之后循环管径相对较细，使治疗更加困难，预后较差。

【后遗效应】(carry-over effect) 患者停药后血浆药物浓度下降至阈浓度(最小有效剂量)以下时残存的药理效应。后遗效应有多种情况，有的比较短暂，如服用巴比妥类催眠药后次晨的宿醉现象；有的比较持久，如长期使用肾上腺皮质激素，一旦停药后肾上腺皮质功能低下，数个月都难以恢复。还有少数药物会导致永久性器质性损害,如链霉素所引起的永久性耳聋等。

【后张法】(post-tensioning method) 在构件或块体制作时,借助锚具将预应力盘锚在构件端部,并在其预留孔道中灌浆的方法。在放置预应力筋的部位预先留有孔道,待混凝土达到规定强度后,在孔道内穿入预应力筋,并用张拉机具夹持预应力筋将其张拉至设计规定的控制应力,然后借助锚具将预应力筋锚固在构件端部,最后进行孔道灌浆。其特点是直接在构件上张拉预应力筋,构件在张拉过程中完成混凝土的弹性压缩。锚具是预应力构件的一个组成部分,永远留在构件上。此法不仅适用于现场生产大型预应力构件、特种结构和构筑物,而且可作为一种预制构件的拼装手段。

【厚膜电路】(thick film circuit) 将电阻、电感、电容、半导体元件和互连导线通过印刷、烧成和焊接等工序,在基板上制成的具有一定功能的电路单元。是集成电路的一种。与薄膜电路的区别是:(1)膜厚的区别。膜厚一般大于10μm,薄膜的膜厚小于10μm,大多小于1μm。(2)制造工艺的区别。厚膜电路一般采用丝网印刷工艺,薄膜电路采用的是真空蒸发、磁控溅射等工艺方法。厚膜电路的优势是:性能可靠,设计灵活,投资小,成本低。多应用于电压高、电流大、大功率的场合。同时根据需要,可以方便地采用厚膜电路。随着技术的发展,厚膜电路使用范围日益扩大,开始主要应用于航天电子设备、卫星通信设备、电子计算机、通信系统、汽车工业等。后来发展到音响设备、微波设备以及家用电器等。

厚膜电路

【厚朴】(magnolia) 中药名。药性:苦、辛、温。归脾、胃、肺、大肠经。功效:燥湿消痰,下气除满。用于湿滞伤中、脘痞吐泻、食积气滞、腹胀便秘、痰饮喘咳。用法与用量:煎服,3~10g。或入丸散。气虚津亏者及孕妇当慎用。

【呼吸道高反应性】(airway hyperresponsiveness, AHR) 呼吸道对各种刺激因子出现过强或过早的收缩反应。哮喘发生发展的另一个重要因素。呼吸道炎症是导致AHR的重要机制之一。当呼吸道受到刺激后,由于多种炎症细胞、炎症介质和细胞因子的参与,呼吸道上皮的损害和上皮下神经末梢的裸露等原因而导致呼吸道高反应性。为支气管哮喘患者的共同病理特征,然而出现这种反应者并非都患有支气管哮喘。长期吸烟、接触臭氧、病毒性上呼吸道感染、慢性阻塞性肺病等也可以出现这种反应。呼吸道高反应性常有家族倾向,常受遗传因素的影响。

【呼吸道内超声技术】(endobronchial ultrasound, EBUS) 将超声探头通过纤支镜进入呼吸道进行探查的技术。普通呼吸道内窥镜可观察呼吸道腔内的变化,对于管壁或邻近组织的结构改变,则需要根据一些间接征象,如黏膜水肿和颜色改变、充血、软骨破坏和受压、呼吸道壁结构是否完整等推测。呼吸道内超声技术弥补了其他方法对气管—支气管壁、气管—支气管旁和纵隔结构成像模糊的不足,能够对支气管壁和邻近约4cm范围内的组织结构(包括纵隔)进行高清晰度成像。

【呼吸窘迫综合征】(respiration distress syndrome, RDS) 又称肺透明膜病。肺部表面活性物质缺乏,导致肺泡张力下降,肺泡萎陷,生后不久出现进行性呼吸窘迫及呼吸衰竭的一组症侯群。在胎儿18~20周内开始产生,故胎龄越小发病率越高。胎龄<28周发病率为60%~80%,胎龄32~34周为15%~30%,胎龄37周为<5%。母亲有糖尿病,胎儿有围生期窒息、低体重等也易发病。肺内缺乏表面活性物质,肺泡萎陷,导致缺氧、二氧化碳潴留,肺内毛细血管通透性增加,肺内间质水肿,纤维蛋白粘于肺泡内层,形成嗜伊红透明膜病理改变,故称肺透明膜病。呼吸窘迫可于生后立即发生,多数在生后2~6h发病,超过12h不发病可排除此病。发病后出现呼吸困难、气促、发紫、鼻翼扇动、三凹征,呼气性呻吟。呼吸窘迫呈进行性加重,生后2~3天最重,多在3天内死亡。3天后病情逐渐好转,由于3天后外部自然分泌增加。病情好转的过程中要注意肺部感染、出血及心力衰竭的出现。肺部X线检查可见:24h内呈现毛玻璃样,透明度减低,内有细小颗粒及网状;严重者肺呈白肺或白肺背影上有树枝状充气的支气管。但应与肺内B族链球菌感染等进行鉴别。由于病因清楚,治疗除保温、氧疗外,主要是用表面活性物质替代疗法。确诊后,在生后24h内使用。一般用1次,如果不好转可再追加1次。表面活性物质有天然、半合成及人工合成多种。各种剂型不同,含量各异。目前临床上使用的是猪肺磷脂注射液,商品名固尔苏,用量100~200mg/kg。

【呼吸链】(respirator chain) 又称电子传递

链。分布于线粒体内膜上的一组酶的复合体。是由多种酶与辅酶组成的电子传递链。有四种复合物：(1)复合物Ⅰ。NADH－辅酶Q还原酶。主要成分是NADH脱氢酶(接受来自NADH的氢并转给辅酶Q)。(2)复合物Ⅱ。琥珀酸辅酶Q还原酶。主要功能是氧化琥珀酸，并将获得的电子传递给辅酶Q。(3)复合物Ⅲ。辅酶Q细胞色素c还原酶。将电子传递给复合物Ⅳ。(4)复合物Ⅳ。细胞色素c氧化酶。主要功能是将细胞色素c上的电子移去，传递给O_2分子，生成H_2O。呼吸链的功能是进行电子传递、H^+的传递及氧的利用，最后产生H_2O和ATP(三磷酸腺苷)。

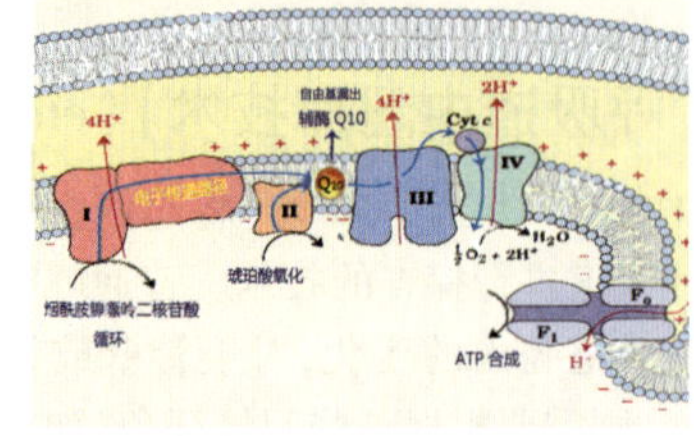

呼吸链

【呼吸商】(respiratory quotient, RQ) 简称RQ。又称呼吸系数。生物体在同一时间内呼吸作用所释放的CO_2与吸收的O_2的体积之比。可用来推断呼吸底物的种类和供养状态。呼吸底物不同，RQ也不同。如糖为1，脂肪为0.71，蛋白质约为0.80。

【呼吸衰竭】(respiratory failure) 由各种原因引起的肺通气或换气功能严重障碍。患者在静息状态下，不能维持足够的气体交换，导致低氧血症伴(或不伴)高碳酸血症进而引起的一些病理生理改变和相应的临床表现。其诊断标准为：海平面静息状态呼吸空气的情况下，动脉血氧分压(PaO_2) $<$ 8.0kPa，或伴有二氧化碳分压($PaCO_2$) $>$ 6.7kPa，并排除心内解剖分流和原发心排出量降低等致低氧因素。按其血气分析和病理生理的改变可分为：Ⅰ型呼吸性衰竭即缺氧性呼吸衰竭，特点是$PaO_2 < 8.0$kPa，$PaCO_2$降低或正常，主要见于换气功能障碍疾病；Ⅱ型呼吸性衰竭即高碳酸性呼吸衰竭，特点是$PaO_2 <$ 8.0kPa，同时伴有$PaCO_2 > 6.7$kPa，系通气功能障碍所致。临床上常可见到Ⅱ型呼吸性衰竭的患者在吸氧的条件下，血气可出现$PaCO_2 > 6.7$kPa，同时$PaO_2 > 8.0$kPa，这是医源性所致，应区分。

【呼吸死】(respiratory death) 又称肺死亡。呼吸先于心跳停止所引起的死亡。主要见于各种机械性窒息、肺水肿、肺实变、肺梗死、延脑损伤或受压所致呼吸中枢麻痹，呼吸运动神经损害以及低钾血症或肌肉松弛剂中毒所致呼吸麻痹等。其死亡主要由于缺氧。死后生物化学检查显示血液的氧含量显著下降。

【呼吸性粉尘】(respirable dust) 粒径在5μm以下，能被吸入人体肺泡区的浮尘。对人体健康有很大的危害，如工人长期吸入矿尘后(如硅尘和煤尘)，轻者会患呼吸道炎症，重者会患尘肺病。尘肺病引起的矿工致残和死亡人数，在国内外都十分惊人。世界各国都在积极开展预防和治疗尘肺病的工作，并已取得较大进展。所以，加强个体防护是预防此类危害的重要手段。在井下生产环节采取防尘措施后，仍会有少量呼吸性粉尘悬浮于空气中，甚至个别地点不能达到卫生标准。个体防护的用具有防尘口罩、防尘风罩、防尘帽、防尘呼吸器等，使用防护用具的目的是使佩戴者能呼吸净化后的空气而不影响正常操作。

【呼吸性碱中毒】(respiratory alkalosis) 与呼吸酸中毒相对应。由于肺的呼吸过度(换气过度)，CO_2呼出过多，使血浆CO_2分压(PCO_2)及H_2CO_3的浓度(H_2CO_3)原发性降低。可见于癔病、颅脑损伤、发烧等。临床较少见。若血浆PCO_2及H_2CO_3浓度降低时，肾小管细胞泌H^+、泌NH_3作用减弱，$NaHCO_3$重吸收减少，血浆中$NaHCO_3$浓度相应的继发性降低，使$NaHCO_3$/H_2CO_3的比值仍然在20:1时，血浆pH值仍维持在正常范围之内，称为代偿性呼吸性碱中毒。当血浆H_2CO_3浓度过低，超出机体的代偿能力时，则$NaHCO_3$/H_2CO_3的比值增高，pH值升高至7.45以上，则称为失代偿性呼吸性碱中毒。呼吸性碱中毒的特点是：血浆PCO_2、H_2CO_3浓度降低，血浆$NaHCO_3$浓度也相应降低。

【呼吸性酸中毒】(respiratory acidosis) 与呼吸碱中毒相对应。由于CO_2呼出不畅，使血浆碳酸浓度(H_2CO_3)原发性升高。肺部疾患，如肺心病、肺水肿、气管、支气管阻塞，呼吸肌麻痹等引起肺的呼吸功能障碍，CO_2呼出不畅；又如脑炎、脑膜炎、脑出血、一氧化碳(CO)、吗啡、巴比妥等毒物及药物中毒，常可造成呼吸中枢抑制，使血浆CO_2分压(PCO_2)及H_2CO_3原发性升高。肾小管加强泌H^+、泌NH_3作用及$NaHCO_3$重吸收增多，导致$NaHCO_3$继发性升高。如果$NaHCO_3$/H_2CO_3的比值仍维持在20/1时，则pH值正常，称为代偿性呼吸性酸中毒。血浆H_2CO_3过高，超出机体

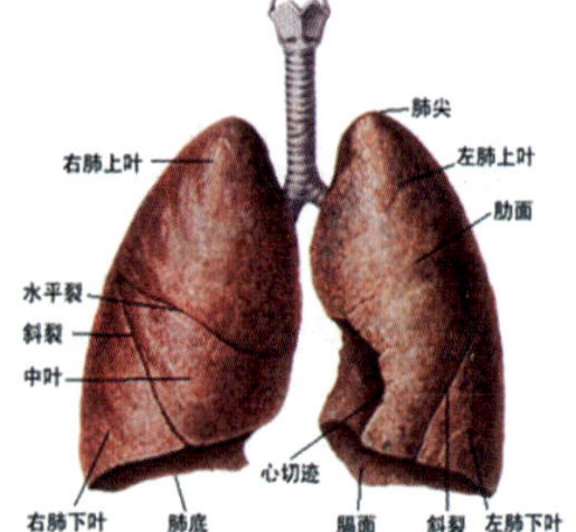

呼吸性酸中毒

代偿能力时，$NaHCO_3$/ H_2CO_3 的比值变小，血浆 pH 值降低至7.35以下，则称为失代偿性呼吸性酸中毒。因此，呼吸性酸中毒血浆 PCO_2、H_2CO_3 浓度升高，血浆 $NaHCO_3$ 浓度相应升高。

【呼吸跃变型果实】(climacteric pattern fruit) 成熟过程开始的明显标志是乙烯释放量由平稳突然转向升高，并伴随着出现呼吸速率显著增强，呼吸释放的二氧化碳量达到一个高峰值，然后降低的一类果实。如苹果、梨、香蕉和猕猴桃等。有些果实呼吸不受外源乙烯的影响，呼吸过程比较平稳，不出现呼吸高峰，因此称为非呼吸跃变型果实，如草莓、枣、樱桃和葡萄等。

【呼吸作用】(respiration) 生物体内的有机物在酶的参与下逐步氧化分解并释放能量的过程。其产物因呼吸类型的不同而有差异。按其呼吸过程中是否有氧的参与可分为有氧呼吸和无氧呼吸。呼吸作用具有很重要的生理意义：(1)提供动植物生命活动所需的大部分能量。(2)呼吸代谢中间的三个主要环节(糖酵解、三羧酸循环、细胞色素系统)产物又是许多重要生物大分子(蛋白质、核酸、脂类、色素等)合成的原料源泉。

【胡克定律】(Hooke law) 在弹性极限范围内，物体所受的应力与物体所产生的应变成正比关系。可以用数学公式表示。此定律在1660年由英国的物理学家胡克提出而得名。以一横截面为 S、长度为 L 的棒，受力 F 作用为例，在弹性拉伸情况下，胡克定律可表示为：$F/S = E \cdot \Delta L/L$，式中应力 $\sigma = F/S$，为单位面积上所受的力；应变 $\varepsilon = \Delta L/L$，即相对伸长；E 为杨氏模量，是一个常数。胡克定律可表示为 $\sigma = E \cdot \varepsilon$。

【胡萝卜素血症】(corotinemia) 血液中含有大量胡萝卜素时皮肤呈现橙黄色的现象。胡萝卜素即叶红质，存在于胡萝卜、柑桔、蕃茄、黄花菜、菠菜、南瓜、黄玉米、蛋黄及牛油等食物中。大量进食这些食物时，可引起皮肤发黄。如糖尿病、黄瘤或黏液性水肿，病人的皮肤内可有较多的该物质。这是由于该物质不能正常排泄或不能在肝脏内完全变成维生素A所致。皮肤发黄是该病的唯一症状。全身皮肤尤其掌跖、鼻唇沟及鼻孔边缘的皮肤呈黄色或橙黄色，但巩膜不发黄，粪尿也正常。无自觉症状或全身症状。

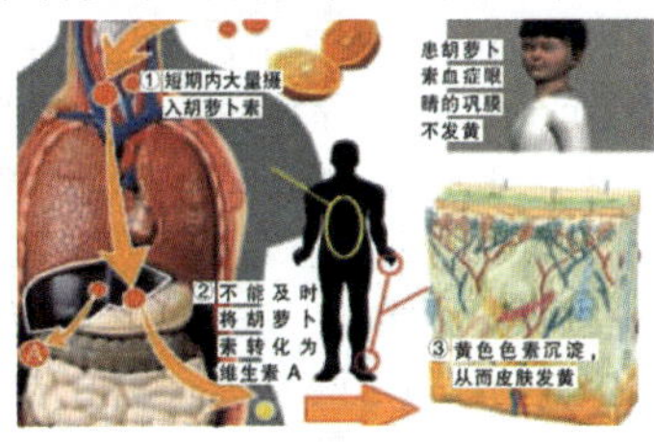

胡萝卜素血症

【壶穴】(pothole) 又称锅穴，中国古称潭或潭池。一种分布发育在基岩之中形如竖井的流水侵蚀地貌景观。壶穴多分布在山区河谷地带地形突变处，往往是瀑布(或叠水)、壶穴互为承接，瀑布下方即为壶穴，壶穴水出为瀑，瀑布之下又是一壶穴潭坑。在漫长的地质历史中，由于山体的隆升具有间断性，当快速隆升时，便会形成一些叠水地形，流水下切速度随即加大加快。水流中的砾石沙碛会在水流冲击最强处或者岩石相对软弱处对河床基岩产生打击和磨蚀作用。随着基岩坑的加深扩大，坑内水流产生涡流，在涡流的冲动下坑内的砾石对基岩坑产生“旋蚀”作用。坑越来越深，越来越大，砾石越来越小，但是水流中不乏新的砾石跌入坑中继续着“旋蚀”作用。天长日久，水冲石旋，壶穴坑成。此外，在一些覆盖型冰川底部，冰川融水不能顺畅流出，在冰床基岩间断隆升的前提下同样也可以形成壶穴地貌。壶穴是一种极具观赏价值的地貌景观，尤其是分布密集、数量众多的壶穴群更是科研、教学、旅游的理想之地。绝大部分壶穴地貌目前仍然在形成和不断地演替之中。

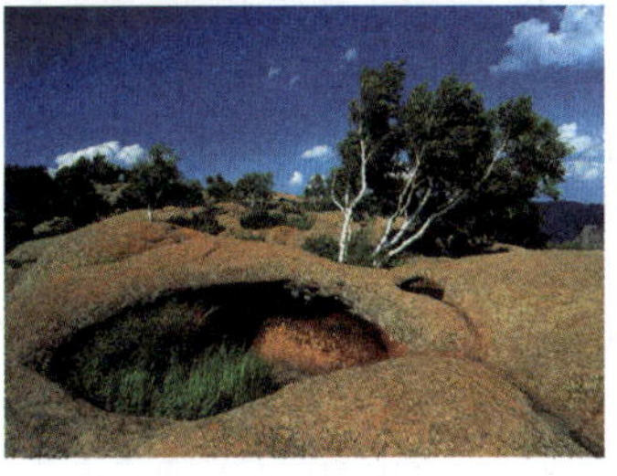
壶穴

【湖泊】(lake) 陆地上由洼地积水形成的水域宽阔、水量交换缓慢的水体。为地表水的一个组成部分。以其水量交换缓慢和不与大洋发生直接联系而区别于河流和海。按其成因的不同可分为构造湖、火山口湖、堰塞湖、河成湖、风成湖、冰成湖和人工湖(水库)；按其补给条件的不同可分为有源湖和无源湖；按其排泄条件的不同可分为外流湖和内流湖；按湖水含盐度高低的不同可分为：淡水湖、咸水湖和盐湖、碱湖。湖泊是湖盆、湖水和水中物质相互作用的自然综合体，在内、外部因素作用下不断演变。地壳升降运动、气候变迁等因素的变化，都会使湖泊面积发生变化。湖泊蕴藏着大量的水能、水利、矿产、水生生物等资源，可用于灌溉、航运、发电、调节径流、化工生产、渔业生产和旅游观光等。中国是一个多湖泊的国家，总面积约 80 000km²，其中淡水湖泊面积为36 000km²。中国的

湖泊

绝大部分湖泊属于中、小型，面积大于1 000km² 的湖泊仅有 11 个。最大的淡水湖是鄱阳湖，面积 3 960km²；最大的咸水湖是青海湖，面积4 635km²。西藏北部的青蛙湖湖面海拔5 644m，是世界上海拔最高的咸水湖；海拔5 386m的森里措则是世界上最高的淡水湖；新疆吐鲁番盆地的艾丁湖，湖面海拔为 -155m，是中国境内海拔最低的湖泊。中国最深的湖泊为中朝两国的界湖——长白山主峰的天池，水深达到312.7m。中国湖泊的分布明显受构造控制并具有地带性特征。中国东部平原属地壳下沉地区，区内淡水湖泊集中，分别是鄱阳湖、洞庭湖、太湖、巢湖和洪泽湖等中国著名的五大淡水湖。湖盆多呈盘形，平均水深 3m，为典型的浅水型吞吐湖泊，具有调节江河洪枯的能力，但河流泥沙对湖泊演变影响显著。由于补给水源丰富，且河、湖水体交换强烈，湖水矿化度低，大部分低于200mg/L，属重碳酸钙型水。西部地区为强烈地壳隆起区，海拔高，构造变动剧烈，区内湖泊类型多样，以沿断裂带形成的构造湖为主，并有冰川湖、岩溶湖及堰塞湖发育。湖泊水深多在数十米以上，多呈封闭或半封闭状态孤立分布，主要靠冰雪融化或降水补给。因干燥少雨，湖泊多为内陆河流的尾闾，湖水矿化度较高，多在1 ~2g/L 以上，甚至发育有大量盐湖。中国最大的盐湖察尔汗盐湖就分布在柴达木盆地中。

【湖泊富营养化控制技术】（lake eutrophication control technology） 中国湖泊污染控制及治理的技术指南。由总体保护方案、控制技术和管理技术三部分组成。中心思想是“控制污染源和生态修复相结合；从流域入手保护湖泊；治理与管理相结合”。中国是一个多湖泊的国家，湖泊和水库对中国的经济发展起到了重要的作用。随着国民经济的迅速发展，湖泊水质的污染严重、富营养化已成为湖泊面临的严重问题。这项技术成果是中国环境工作者多年环境科研工作的总结和九五科技攻关的科技成果。

【湖泊相】（lacustrine facies） 在湖泊区因地质作用形成的沉积物。陆相沉积类型之一。淡水湖泊相的特点是平面上具环带状分布（湖泊边缘沉积物粗，中心部位较细），沙体延续性较好，具淡水生物化石组合，特征的层状构造是纹泥。由于不受海洋潮汐的影响，常缺乏滨岸相。常见岩石组分有黏土岩、粉砂岩与砂岩，也常有泥灰岩、硅藻土等。其中，在大陆干旱气候环境所形成的盐湖相沉积，则以各种盐类沉积为主，如石膏、石盐、钾盐、光卤石等，也有各种细碎屑岩、石灰岩、白云岩伴生。湖泊相沉积物的沉积层理为水平层理，带有干裂、雨痕和生物扰动构造。中国各中、新生代大型内陆盆地中有广泛的湖泊相发育，河湖三角洲砂体控制着油气藏储集体的分布。

【湖靛】（blooming） 因池塘、湖泊等水体中的蓝藻大量繁殖，在水面形成的翠绿色的水花或薄层。有时在水体的下风处可形成厚厚的一层。最常见的蓝藻为铜绿色微囊藻及水花微囊藻。

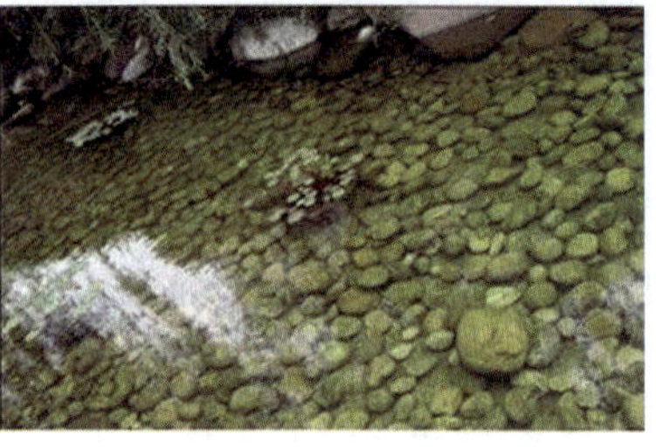
湖靛

【琥珀】（amber） 地质时期的针叶树木树脂（松香）经石化而成的有机宝石。包裹有昆虫者尤为珍贵。琥珀是含有琥珀脂酸（70% ~87%）、琥珀松香酸（10% ~15%）、琥珀脂醇（1% ~8%）、琥珀油（1.6% ~5.7%）和琥珀酸盐等组成的混合物。非晶质透明至不透明块体。不规则状或泪滴状。蜡黄至红褐色。性脆。具贝壳状断口。燃烧时可发出特殊的芳香味，摩擦时可带负电荷。辽宁省是中国优质琥珀的主要产地。

琥珀

【互变异构】（tautomerism） 某些有机化合物的结构能以两种官能团异构体互相迅速变换而处于动态平衡的现象。其中能够互相变换的官能团异构体，称为互变异构体。最常见的是酮式和烯醇式的互变异构，它是由氢原子在分子的氧和碳上迅速移动而引起的。例如，乙酰乙酸乙酯在常温下不是单一物质，而是酮式和烯醇式的平衡混合物。它一方面能与氢氰酸、亚硫酸氢钠、苯肼等发生羰基上的加成反应，显示出甲基酮的性质；另一方面又能与溴加成，能乙酰化成酯，并能与三氯化铁溶液反应显出紫色，表现出烯醇的性质。两者之间互相转换，达成动态平衡。达成平衡的两种异构体在 -78℃时变换速率很低，可分离得到。

【互补色地图】（anaglyphic map） 将两组透视图像或正射影像像片的像对，分别用两种互为补色的颜色按视差错位套印在一张图纸上，通过互补色眼镜可观察出其地面立体起伏的地图。主要用于读图、识图。

【互感】(mutual inductance) ❶由于一个电路中电流的变化,而在邻近另一电路中引起感生电动势的现象。在电工、无线电技术中,这种耦合方式得到广泛应用。❷互感系数的简称。数值上等于单位时间内一个电路中电流强度变化一单位时,由于互感而在另一电路中感生电动势的量值。在实用单位制中,互感系数的单位为亨利(H)。

【互换性】(interchange ability) 机器中的零件或部件严格按规定的要求制造,可不经钳工修配或其他任何辅助加工及调整,就能装配成机器,并完全符合规定的使用性能要求。其优点是:使装配工作易于组织自动化或流水线生产,有利于组织协作生产,也有利于机器的使用维修。按其互换性程度的不同可分为完全互换与不完全互换。

【互利共生】(mutualism) 与偏利共生相对应。生物界中某两物种个体共生时发生的互相依赖、彼此受益的现象。如果共生的双方分开,那么一方或者双方将无法生存。例如,有一种外生菌根,其菌丝紧紧地包围在松树的根外,利用根的分泌物为养料,同时又能增加根的吸收面积,还为根提供氮素和矿物质。倘若没有相应的共生真菌,松树的生长就变得缓慢。同样,这些真菌若不与特定的高等植物的根系共生便无法生存。

【互联网】(internet) 又称因特网。按照规定的网络协议把分布在世界各地的、各种不同类型和规模的计算机网络系统相互连接起来所形成的全球性计算机网络系统。主要通过传输控制协议和互联网络协议构建和进行工作。其特点是:(1)全球性。(2)互联网上的每一台主机都需要有“地址”。(3)主机必须按照共同的规则(协议)连接在一起。互联网具有大众传媒作用,可以更快、更经济、更直观和更有效地把信息传播开来。

互联网

【互联网服务提供商】(internet service provider, ISP) 互联网接入服务的提供商。即向广大用户综合提供互联网接入业务、信息业务和增值业务的电信运营商。是经国家主管部门批准的正式运营企业,享受国家法律保护。用户只有通过互联网服务提供商才能接入互联网,并享受各种服务。由于接驳国际互联网需要租用国际信道,其成本对于一般用户是无法承担的。互联网服务提供商首先提供的就是接驳服务,普通用户通过连接到互联网服务提供商,才能连接到国际互联网。同时也可以享受互联网服务提供商提供的其他信息业务与增值业务。

【互联网控制信息协议】(internet control message protocol, ICMP) 用于在主机、路由器之间传递控制消息的协议。属于TCP/IP协议簇中网络层的协议。传递的控制消息包括报告错误、交换受限控制和状态信息等。从技术角度来讲,ICMP就是一个“错误侦测与回报机制”,其目的就是能够检测网路的连线状况,也能确保连线的准确性。其功能主要有:(1)侦测远端主机是否存在。(2)建立及维护路由资料。(3)重导数据传送路径。(4)数据流量控制。每个ICMP消息包含三个字段:(1)类型。(2)代码。(3)校验。常用的类型有:(1)响应应答。(2)不可到达。(3)源抑制。(4)重定向。(5)响应请求。(6)超时。(7)参数失灵。(8)时间戳请求。(9)时间戳应答等。

【互联网内容提供商】(internet content provider, ICP) 互联网上的信息内容提供商。即通过互联网向广大用户提供新闻、搜索、音频或者视频等信息服务的提供商。是经国家主管部门批准的正式运营企业,享受国家法律保护。其必须具备ICP证书,即各地通信管理部门核发的《中华人民共和国电信与信息服务业务经营许可证》。在网上主要以信息服务为主,通过创建形形色色的网站,利用大量的或独具特色的信息资源来吸引人们访问其服务,类似于现实生活中的出版商。

【互联网商务】(internet business) 见电子商务。

【互联网协议】(internet protocol, IP) 为计算机网络相互连接进行通信而设计的协议。其任务是根据源主机和目的主机的地址传送数据,定义寻址方法和数据报的封装结构。第一个架构的主要版本是第四版,现在称为IPv4。仍然是最主要的互联网协议。目前世界各地正在积极部署第六版,即IPv6。IP协议中还有一个非常重要的内容,那就是给因特网上的每台计算机和其他设备都规定了一个唯一的地址,称为“IP地址”。由于有这种唯一的地址,才保证了用户在连网的计算机上操作时,能够高效而且方便地从千千万万台计算机中选出自己所需的对象来。IPv4中规定IP地址长度为32个位,一般的书写法为4个用小数点分开的十进制数。IPv6中规定IP地址长度为128个位,具有更大的地址空间,而且IPv6使用更小的路由表;增加了增强的组播支持以及对流的支持,加入了对自动配置的支持,具有更高的安全性。IPv4所使用的包格式中主要含有以下字段:

(1)版本。(2)首部长度。(3)服务类型。(4)数据包总长。(5)标识。(6)生存时间。(7)校验和。(8)源IP地址。(9)目的IP地址等。IPv6所使用的包格式中主要字段有:(1)版本。(2)通信量等级。(3)有效负载长度。(4)下一个报头。(5)路程段限制。(6)源地址。(7)目的地址等。

【互联网组管理协议】(internet group management protocol, IGMP) 主机与其直接相邻的组播路由器之间建立、维护组播组成员关系的协议。目前具有三种版本:(1)IGMPv1。主机可以加入组播组。没有离开信息。路由器使用基于超时的机制去发现其成员不关注的组。(2)IGMPv2。该协议包含了离开信息,允许迅速向路由协议报告组成员终止情况,这对高带宽组播组或易变型组播组成员而言是非常重要的。(3)IGMPv3。与以上两种协议相比,该协议允许主机指定它要接收通信流量的主机对象,来自网络中其他主机的流量是被隔离的。

【互调失真】(intermodulation distortion, IMD) 由放大器所引入的一种输入信号的和级差的失真。例如:在给放大器输入频率为1kHz和5kHz的混合信号后,便会产生6kHz(1kHz和5kHz之和)及4kHz(1kHz和5kHz之差)的互调失真成分。IMD也是一种测量非线性失真的方式。互调失真是来自于两个频率 F_1 与 F_2,在 F_1+F_2 与 F_1-F_2(取绝对值)之间所产生的谐波。这些谐波彼此之间又能继续组合出和、差、乘积。例如:14kHz与15kHz的谐波失真就包括了1kHz与29kHz,而通过其中的1kHz,又能与14kHz组合出13kHz,依此类推。测量这些位置的谐波大小,就是互调失真。互调失真也是衡量播放器优劣的一项重要指标,互调失真越小,则播放器越好。

【互源性共患疾病】(amphixenoses) 人和动物都可成为病原体储存宿主的人畜共患疾病。这些病在人和动物中都可流行,人和动物间又可互相感染。其特点是病原体的宿主谱很广,传播媒介很多,例如钩端螺旋体病、血吸虫病等,人和多种动物均可感染,互为疫源。

【户用沼气】(household use marsh gas) 以农户为单位,以畜禽粪便和秸秆为主要原料通过圆、小、浅型沼气池发酵产气以供农家生活用的沼气。一般户用沼气大气压限制≤12 000Pa。沼气池容积6~12m³。沼气的开发利用,不仅节约了能源,方便了农户,而且对改善农村环境起到重要作用。

户用沼气

【护病求本】(grasp nature of disease in patient nursing) 在护理病人时必须先抓住疾病的本质,针对疾病的本质进行护理的一种理念。这是辨证施护的根本原则。《素问·阴阳应象大论》:"治病必求于本"。本和标是相对而言的,是一个相对的概念,有多种含义,可以用来说明病变过程中各种矛盾的主次关系。如从病因和症状而言:病因是本,症状是标。所以,护病求本就是针对病人的病情,充分搜集、了解疾病的各个方面,包括:症状、体征、发病季节、诱因、生活习惯、饮食、睡眠等。在中医基础理论的指导下进行辨证分析,找出疾病发生的根本原因和需要解决的护理问题,制定出相应的护理措施。

【护顶盘】(protecting structure) 为防止保护岩柱松动冒落,紧贴其下设置的盘状结构物。由钢梁和木板构成。钢梁贴近保护岩柱下面,两端固定在井壁内,与保护岩柱之间用木板封严。

【护理程序】(nursing process) 护理人员以满足护理对象的身心需要,恢复或增进护理对象的健康为目标,运用系统方法实施计划性、连续性、全面整体护理的一种理论与实践模式。是以促进和恢复病人的健康为目标所进行的一系列有目的、有计划的护理活动。是一个综合的、动态的、具有决策和反馈功能的过程,对护理对象进行主动、全面的整体护理,使其达到最佳健康状态。是一种系统地解决问题的方法。是护士为服务对象提供护理服务时所应用的工作程序。在护理程序中,主要包含着人、环境、健康、护理这四个基本概念,一般可分为五个步骤,即评估、诊断、计划、实施和评价。是护理实践发展到现代的一种有效的规范化工作方法。

【护理管理学】(nursing management) 现代护理学的一个分支。将管理学的理论和方法应用于护理管理实践并逐步发展的一门应用学科。是卫生事业管理中的分支学科。主要研究和讨论护理管理的现象和规律,通过计划、组织、护理人力资源管理、领导、控制五项管理职能,达到保证护理工作质量,提高组织工作效率的目的。

【护理评估】(nursing assessment) 有计划、有目的、有系统地收集病人资料并对其进行分析、判断和作出护理方案的过程。其评估内容包括:生理的、心理的、社会文化的、发展的及精神的诸方面的资料,根据护理评估收集到的资料信息,分析、判断和正确作出护理诊断或护理问题提供依据;建立病人健康状况的基本资料;为护理科研积累资料。是整个护理程序的基础,同时也是护理程序中最为关键的步骤。如果护理评估不正确,将导致护理诊断和计划的错误以及预期目标失败。

【护理学】(nursing) 研究有关预防保健与疾病防治过程中护理理论与技术的学科。是一门在自然科学与社会科学理论指导下的综合性应用学科。其概念是随着护理专业的建立和发展而发展的。1859 年南丁格尔提出护理的定义是:“通过改变环境,使病人置于最佳状态,待其自然康复。”1973 年国际护士学会提出:“护理是帮助健康的人或患病的人保持或恢复健康(或平静死去)。”1980 年美国护士学会提出:“护理是诊断和处理人类对现存的和潜在的健康问题的反应。”护理学的任务是:“ 促进健康,预防疾病,恢复健康,减轻痛苦。”其研究的内容包括护理理论、护理实践、护理教育、护理科研和护理管理等。

【护理诊断】(nursing diagnosis) 关于个人、家庭或社区对现存的或潜在的健康问题以及生命过程反应的一种临床判断。是护士为达到预期结果选择护理措施的基础。这些结果是应由护士负责的。护理诊断由名称、定义、诊断依据以及相关因素组成。其陈述方式有三种:(1)三部分陈述。即 PES 公式。护理诊断名称(P) + 相关因素(E) + 临床表现(S)。多用于现存的护理诊断。(2)二部分陈述。即 PE 公式。护理诊断名称(P) + 相关因素(E)。用于“有……危险”的护理诊断。(3)一部分陈述法。护理诊断名称(P)。用于健康的护理诊断。目前被北美护理诊断协会 NANDA 正式通过的护理诊断数目已达 148 个。

【护坡工程】(slope protection measures) 对不稳定斜坡、岩体、土体所采取的防护性工程措施。其主要形式包括:(1)挡墙。防止崩塌、小规模滑坡及大规模滑坡前缘的再次滑动。有重力式、半重力式、倒 T 形或 L 形、扶壁式、支垛式、棚架扶壁式和框架式等。(2)砌石护坡。有干砌石护坡和浆砌石护坡两种形式。干砌石适用于易受冲刷、有地下水渗流的土质边坡;浆砌石护坡坚固,适宜于多种情况,投资较高。(3)抛石护坡。坡脚在沟岸、河岸,雨季易遭受洪水淘刷地段,采用抛石护坡。包括散抛块石、石笼抛石和草袋抛石三种方式。(4)混凝土护坡。在边坡极不稳定,坡脚可能遭受强烈洪水冲淘的较陡坡段,采用混凝土(或钢筋混凝土)护坡,必要时需加锚固定。坡面涌水较大时,应设反滤层。为有效排出坡面涌水,应修筑盲沟排水。(5)喷浆护坡。基岩有细小裂隙,无大崩塌的防护坡段,采用喷浆机进行喷浆或喷混凝土护坡,以防止基岩风化剥落。在岩石风化、崩塌严重的地段,加筋锚固后再喷浆。(6)格状框条护坡。用浆砌石在坡面作成网格状,或将每格上部作成圆拱形,上下两层网格呈“品”字形错开。为防止格式建筑物沿坡面向下滑动,应固定框格交叉点或在坡面深埋横向框条,在网格内种植草皮。护坡工程在满足防护要求的前提下,应尽量满足植被恢复和重建条件,达到工程护坡与植被护坡的有效结合。

护坡工程

【护士条例】(nursing bill) 于 2008 年 1 月 23 日由国务院第 206 次常务会议通过,并于 2008 年 5 月 12 日起施行的护理规范。其宗旨是:为了维护护士的合法权益,规范护理行为,促进护理事业发展,保障医疗安全和人体健康。其内容是:(1)总则。(2)执业注册。(3)权利和义务。(4)医疗卫生机构的职责。(5)法律责任。(6)附则。

【护坦】(apron) 在水闸、溢流坝等泄水建筑物下游,用以保护河床免受水流冲刷或其他侵蚀破坏的刚性结构设施。当下泄水流采用底流消能时,护坦常做成消力池型式,促使高速水流在消力池范围内产生水跃。紧接护坦或消力池后面的消能防冲措施,称为海漫。其作用是进一步削减水流的剩余动能,保护河床免受水流的危害性冲刷。护坦上的水流紊乱,其荷载有自重、水重、扬压力、脉动压力及水流的冲击力等。由于受力情况复杂,护坦又紧靠闸室或坝体,一旦破坏,直接影响闸坝安全,因此要求护坦具有足够的重量、强度和抗冲耐磨能力,保证在外力作用下不被浮起或冲毁。护坦厚度的最后确定通常都需参考已建工程的运用经验。在大中型低水头泄水建筑物中,其厚度一般采用 0.5 ~ 1.0m。在高水头泄水建筑物中,常通过水工模型试验测定水流冲击力和脉动压力。根据护坦的最不利受力情况验算厚度。其常用钢筋混凝土筑成,在一般情况下护坦顶层及底层均布置钢筋,小型工程也可只配置顶层钢筋。为了减小或消除护坦下的渗透压力,在底部铺筑排水反选层,并在水平段后半部设置排水孔。护坦与闸室、翼墙之间需用沉陷缝分开,以适应不均匀沉降。当护坦较宽时,还需设置顺水流方向的纵缝,其间距与地基条件有关。一般不设垂直水流方向的横缝,以保证护坦的整体稳定性。

【护卫舰】(frigate) 以导弹、舰炮和反潜鱼雷为主要武器的中小型水面战斗舰艇。海军战斗舰艇中数量较多、用途较广的重要舰种。主要用于舰艇编队护航、反潜、巡逻、警戒、侦察及支援登陆等。按排水量的不同可分为轻(小)型护卫舰(600～1 800t)和远洋护卫舰(1 800t 以上)。轻(小)型护卫舰主要用于保卫近海海区;远洋护卫舰主要用于海洋交通线上作战。按使命任务不同分为反潜型护卫舰、对海型护卫舰、防空型护卫舰和多用途型护卫舰。现代的导弹护卫舰,满载排水量增大到 2 000～5 000t,航速 30～35 节,续航力 4 000～7 800 海里,装备有舰空导弹,舰舰导弹、反潜导弹、反潜鱼雷、火箭式深水炸弹和中小口径舰炮等武器,以及性能良好的雷达、声呐、电子对抗及作战指挥、武器控制等自动化系统。

护卫舰

【沪嘉高速公路】(Shanghai-Jiading Bridge) 1984 年 12 月动工,1988 年 10 月竣工通车,南起上海市宝山区的真北路汶水路口,北至上海市嘉定区的博乐南路嘉戬公路口的高速公路。沪嘉高速公路是中国大陆最早通车的高速公路,全长 16km,总投资 2.3 亿人民币。沪嘉高速公路车道宽度 55m,设计时速 120km/h。路基铺设了砾砂、粉煤、渣土,路面铺设了沥青混凝土、水泥混凝土。

【花丛】(flower clump) 用几株或十几株花卉组合成丛状的自然式种植。以显示华丽色彩为主,极富自然之趣,管理比较粗放。花丛可布置在屋旁、路旁、林下、岩缝、水畔,特别适合于自然环境中。

花丛

【花带】(ribbon flower bed) 又称带状花坛。以花卉为主的观赏植物呈带状种植的地段。花带的宽度一般在 1m 左右,长度大于宽度的 3 倍以上。常设于道路中央或两侧、沿水景岸边、建筑物的墙基或草坪的边缘等处,形成色彩鲜艳、装饰性较强的连续构图的景观。花带的形式,按栽种方式的不同可分为规则式和自然式两种。规则式花带,花卉的株距相等,成行成列;自然式花带,株距不等,成片成块种植时能显出自然美。

花带

【花粉隔离带】(pollen isolation zone) 为减少或避免种子园受外来花粉的污染,在其周围设置的隔离外源花粉的地带。在培育优质高效人工林的诸多因素中,使用林木良种造林可从根本上提高其质量。林木良种基地建设与管理在中国传统林业向现代林业转变的关键时期,起着举足轻重的作用。为杜绝或减少外界花粉源的侵染,保证种子园所产种子的遗传品质,要考虑同一树种花粉的隔离条件,周边不能有同种或近缘树种分布,同时应对种子园采取隔离措施。根据花粉转播的最远距离,可以确定适当的隔离带,其宽度按花粉的一般传播距离计算。松类种子园隔离带宽度不少于 500m,落叶松、云杉、柏类等隔离距离为松类的 1/3 以上,使同树种花粉不能互相传播授粉。在母树林外围,也应该设立隔离带以防止不良花粉传入。母树林周围为无林地时,隔离带要在 300m 以上;为非母树林树种的针叶树时,隔离带需 100m;为非母树林树种的阔叶树时,隔离带需200m。如不能设置隔离带,则母树林外围 100m 范围内不能采种。

【花岗岩】(granite) 一种分布很广的深成酸性火成岩。二氧化硅含量为 60%～75%,一般均在 70% 以上。主要矿物为石英和长石。石英含量在 20% 以上。次要矿物为少量深色矿物,如黑云母、角闪石等。花岗岩分布极广。与之有关的矿产主要有钨(W)、锡(Sn)、钼(Mo)、铋(Bi)、汞(Hg)、锑(Sb)、金(Au)、铜(Cu)、铅(Pb)、锌(Zn)、铌(Nb)、钽(Ta)、铍(Be)以及放射性元素矿产。花岗岩资源十分丰富,其岩体在中国约占国土面积的 9%,达 80 多万平方千米,尤其是东南地区,各类花岗岩体大面积裸露,花岗岩石约有 300 多种。其中花色比较好的有四大系列:(1)红系列。如四川的

花岗岩

四川红、中国红；广西的岑溪红；山西的贵妃红、橘红；山东的乳山红、将军红等。(2)黑系列。如内蒙古的黑金刚、赤峰黑、鱼鳞黑；山东的济南青等。(3)绿系列。如山东的泰安绿；江西的豆绿、浅绿；安徽的青底绿花；河南的淅川绿等。(4)花系列。如河南菊花青、雪花青、云里梅；山东的白底黑花等。花岗岩因其结构均匀，颜色鲜艳，质地坚硬(抗压强度根据石材品种和产地不同而异)，不易风化而成为一种优质的建筑材料。除了用作高级建筑装饰工程、大厅地面外，还是露天雕刻的首选之材。

【花岗岩地貌】(granite landform) 在地表花岗岩体上发育的地貌形态。由于花岗岩坚硬、耐风化，常可形成丘陵状山地和峰林状山地。前者多由花岗岩体构成，具红色风化壳。风化壳剥蚀后，则露出球状或馒头状岩丘，形态独特，中国东南地区常见。其地势高拔，岩石裸露，沿断裂和节理强烈风化及流水切割，形成奇峰深壑，如中国的黄山、华山。

花岗岩地貌

【花灌木】(flowering shrubs) 花、叶、果、枝或全株可供观赏的灌木。具有美化和改善环境的作用，是构成园景的主要素材，在城乡绿化和园林植物配植中，常占有重要地位。花灌木的应用形式有：美化装饰分车带及路缘，分割空间，装饰边缘花篱，连接特殊景点的花廊、花架、花门，点缀山坡、池畔、草坪、道路和丛植灌木等。有很多花灌木有多种用途，如提取香精、纤维等。

【花卉】(flowering plant) 具有一定观赏价值的草本植物。其花、叶、茎、果或形态奇特，色彩艳丽，或具芳香。广义的花卉还包括从低等到高等、从水生到陆生的草花、花木、草坪草、地被植物和藤本植物等。

花卉

【花卉苞叶】(bract of flower) 生在花卉植物的花和花序下面的变态叶。有保护花和果实的作用。有些花卉如叶子花、一品红、鸽子树的苞叶具有鲜艳的颜色和特殊的形态而具有观赏价值。叶子花又称三角梅、九重葛和勒杜鹃等，属于紫茉莉科，叶子花属。叶子花花期较长，花多且美丽。实际上美丽的不是它的花。它的花朵很小，黄绿色，没有香味，不为注意的花，不能够吸引昆虫传粉。但为了传宗接代、繁衍生息，其特别之处是：紧贴花瓣的苞片增大，并变成多种艳丽的色彩，有鲜红色、橙黄色、紫红色、乳白色等，酷似花瓣。冬春之际，姹紫嫣红的苞片展现，给人以奔放、热烈的感受，因此又得名贺春红。这样，蜂或蝶就成了它的座上客，从而解决了传宗接代的难题。

【花卉播种床】(sowing bed of flowers) 经过施肥、深耕、耙平、镇压后，再整平而成的用于花卉种子播种的长方形地块。在生产上，一般依据种子的大小和播种数量决定。如撒播、条播或点播播种方法等。播种床的尺寸大小不定，但要保证方便幼苗的管理，一般宽 50 ~ 100cm，长度不限。干旱季节可在播种前充分灌水，待水分充分渗入土中后再播种覆土，这样可以在较长时间内保持土壤湿润。在雨季播种床应有防雨设施，避免雨水过急影响种子发芽。播种床内要求土壤肥沃，透气性好，整个地块排水良好畅通。对一些幼苗期不耐强光的类型，还要准备配套的遮阳网进行适当遮阴处理。早春气温低，为了提高温度，促进种子提前发芽，可进行地膜覆盖或搭建小拱棚育苗。

【花卉田间管理】(field management of flower plants) 为促进花卉良好发育生长，对其采取的一系列技术措施。其生长期的管理主要包括：(1)间苗。出苗后如幼苗拥挤，应予以疏拔，扩大幼苗间距，以使空气疏通、日照充足、营养面积扩大，促幼苗茁壮成长。(2)摘心。对预留的干枝、基本枝或侧枝顶端生长点去除，以控制植株加高和抽长生长，有利于加粗生长和加速果实发育，同时还可以促进分枝，增加枝条数量，以达到花繁叶茂之目的。(3)去蕾。去除侧蕾而预留顶蕾，以使顶蕾花大而鲜艳。芍药、菊花、大丽花等常用此法。(4)刻伤。在枝条某一部位用刀或锯刻出伤口，以有效抑制被扭曲新梢的

花卉的田间管理(摘心)

生长促进花芽分化，有利于花朵绽放。(5)折梢。将观赏植物的新梢扭曲而不折断，以抑制其生长，将叶片制造的养分集中供应顶梢和顶花生长，提高鲜花品质。常用于鲜切花生产中。(6)及时防治病虫害。

【花卉学】(floriculture) 研究花卉的分类、花卉的生长发育规律及其与外界环境条件的关系，探讨花卉繁殖、栽培技术、应用、病虫草害防治、储藏保鲜等方面的理论和应用的综合性学科。其研究内容是：花卉的产业发展趋势，花卉的分类、地理分布，以及各类花卉的生态习性和观赏价值及其生长发育、开花结果习性、科学的繁殖技术、最佳栽培环境的选择或建造、先进配套的栽培管理手段的应用等。

【花卉药剂处理】(chemical treatment of flowers) 在花卉栽培上采用一定的化学试剂对花卉的种子、枝条、植株进行浸泡或喷施的技术措施。其目的是：打破休眠、促进萌发、促进或抑制枝条生长、开花等。常用的药剂有：赤霉素、乙烯、萘乙酸、2,4-D、秋水仙素、吲哚乙酸、马来酰肼和脱落酸等。例如用赤霉素200mg/L对八仙花打破休眠有效；菊花于现蕾前，以100~400mg/L处理，促进茎叶伸长生长。

【花架】(pergola) 利用不同材料建造供植物攀附其上以供观赏的园林设施。有遮荫、游赏及供休息活动的功能，并有点缀美化园景的艺术效果。花架所栽的植物以藤本花卉为主，如木香、紫藤、凌霄、金银花、使君子等。花架类型有廊式花架(两排支柱支撑)、单排式花架(一排支柱支撑)及柱式花架(独柱支撑)。

花架

【花境】(flower border) 栽种以草本为主的观赏植物使之成为长带状，多供一侧观赏的自然式造景设施。是花卉应用的一种重要形式。追求"虽由人作，宛自天开"、"源于自然，高于自然"的植物景观。花境是人们参照自然风景中野生花卉在林缘地带，其艳丽的色彩和丰满的群体形象给人留下深刻的印象。充作花境的地方一定要有良好的立地条件，因地制宜地配置植物。一个好的花境能够营造出三季有花、四季有景的效果。充分体现春花、夏艳、秋色、冬绿的季相景观。在公园、休闲广场、居住小区等绿地配置不同类型的花境，能极大地丰富视觉效果，满足景观多样性的同时也保证了物种多样性。花境依设计方式的不同可分为单面观赏花境和双面观赏花境。单面观赏花境，游人仅从一侧观赏的花境。一般布置在建筑物和绿篱的前面，道路的边缘。以建筑物及绿篱为背景，其高度可以稍微超过游人的视线，但不能高于背景物。一般宽度为2~3m。双面观赏花境的两侧都可供游人观赏。一般设置在道路、广场、草地的中央，没有背景。花境一般布置成长方形或狭长的带形。

【花蕾开放液】(the solution for alabastrum blossoming) 一种由多种成分组成的能够促进花蕾开放的溶液。鲜切花有时需要长途运输和储藏。目前储藏有两种方式：一是几天的短期储藏，二是2~4周的中期储藏。决定鲜切花耐贮性的因素有两个，即鲜切花的遗传特性和储藏期间的外部环境条件。在生产中，一般通过调节与储藏有关的温度、空气相对湿度、光照和乙烯等环境条件，来延长储藏期，并保持其优良的品质。在需要销售时，一些花蕾却需要一定的时间才能够开放，这就需用花蕾开放液调节。花蕾开放液一般含有1.5%~2%蔗糖、200mg/L的杀菌剂，75~100mg/L的有机酸。许多鲜切花在蕾期采切，为促使花蕾开放，往往需用花蕾开放液处理。处理时间往往需要数天，温度为室温，空气相对湿度90%~95%。当花蕾开放后，应移至较低温度下贮放。在处理时，房间应有人工光源，并注意室内通风，防止乙烯在室内积累。

【花鳗鲡】(marbled eel) 又称花鳗。俗称鲈鳗、雪鳗、鳝王、乌耳鳗、芦鳗、溪鳗。硬骨鱼纲，鳗鲡目，鳗鲡科，鳗鲡属。濒危。中国国家Ⅱ级保护野生动物。体长，前部粗圆筒状，尾部侧扁。头圆锥形。吻平扁。口角超过眼后缘。下颌稍突出，中央无齿；两颌前端细齿丛状，侧齿成行。鳃孔小。鳞细小，隐埋于皮下。侧线完全，侧线孔明显。奇鳍互连，背鳍低而长。胸鳍圆形。无腹鳍。脊椎骨100~110块。体背侧及鳍满布棕褐色斑，体斑间隙及胸鳍边缘黄色。腹侧白或蓝灰色，背鳍和臀鳍后部边缘黑色。为典型降河洄游鱼类之一。生长于河口、沼泽、河溪、湖塘、水库等内。性情凶猛。昼伏夜出，捕食鱼、虾、蟹、蛙及其他小动物，也食落入水中的大动

花鳗鲡

物尸体。一般长700～800 mm，重约5 kg。最大个体长达2.3 m以上，重40～50 kg。分布于中国长江下游及以南的钱塘江、灵江、瓯江、闽江、九龙江、台湾到广东、海南岛及广西等江河；北达朝鲜南部及日本纪州，西达东非，东达南太平洋的马贵斯群岛，南达澳大利亚南部。

【花门】(garden arch) 用观赏植物造型或攀附它物而形成的门形装饰。常设在庭园中作为步行路的出入口，成为引人入胜的起点。花门有以下三种类型：(1)造型花门。用观赏植物经盘扎造型加工制作的花门，所用的材料要易愈合。(2)架式花门。用建筑花架的材料和方法，按拱门的形式设计制作，使藤本花卉，如蔓性月季、三角花等沿格架而上。(3)松柏拱门。用松柏类材料制成的花门。

花门

【花期隔离】(flower isolation) 采取分期播种、分期定植、春化或光照处理、摘心整枝等措施，使不同品种的花期前后错开的隔离方法。可防止发生自然杂交。可用于生产用种的大面积繁殖。花期隔离法比较省工，成本低，采种量也较大，但由于大多数植物均在春夏季开花采种，而且花期延续较长，尽管采用了上述措施，也难使不同品种的花期完全错开，不能保证繁殖种子的遗传纯度。因此，对于种子寿命较长的林木可采用不同品种分年种植留种的方法，以做到有效的隔离。在有低温库等种子储藏良好条件的地方，均采用此法。品种在生产利用过程中，由于受多种因素的影响可能导致其固有遗传特性的变化，即品种退化。品种一旦发生退化，则表现为产量下降、品质变劣、生育期改变、生活力减弱、性状分离甚至完全丧失原品种的典型性状。在种子生产和利用中要严防品种混杂退化，以延长品种使用年限和充分发挥优良品种的增产增收性能。在品种繁殖过程中，由于隔离条件差而发生不同亚种、变种、品种或类型之间的天然杂交(串花)，从而造成非本品种的配子参与受精过程，产生一些杂合的个体，这些杂合体在继续繁殖过程中就会产生许多重组的类型，使原品种群体的遗传结构发生很大的变化，因而造成品种的混杂和劣变。采用花期隔离可避免以上情况发生。

【花期调控】(flowering period regulation and control) 将花卉的花期调节控制到某一特定的时期，以满足节日或其他活动的需要的技术措施。通常可以采用升高温度、长日照处理、短日照处理、使用植物生长调节剂等方式达到调控花期的目的。

【花生过敏原】(peanut allergy) 引发或激起过敏反应的花生蛋白质。主要由花生球蛋白和伴花生球蛋白组成。花生营养丰富，常被用作食品或饲料的原料。花生是最强过敏性物质。其果粒中高达25%的蛋白质成分。在具营养价值的同时，也具有过敏性。其总蛋白含量的百分之十，由过敏性蛋白组成。强过敏性人员，仅摄入毫克级的花生便可引起过敏反应。其症状轻则仅为过敏性皮炎，重则因过敏性休克导致死亡。花生过敏是终身性存在的，且无法根治。食品、化妆品或饮料中的花生成分或污染，很难被检测出来。广泛存在于各类食品中。在食物过敏人群中，约有30%的人对花生过敏。花生蛋白是食物过敏导致死亡的主要过敏原。花生过敏的最低致敏剂量极低(0.1～1mg)。

【花生四烯酸】(arachidonic acid, AA) 全顺式-5,8,11,14-二十碳四烯酸。属于不饱和脂肪酸。细胞内外游离的量很少，绝大多数结合在细胞膜磷脂(如肌醇磷酯、卵磷酯)的甘油第二位碳上，需要时经酶水解而释放出来。其代谢产物大多具有很强的生理作用。是细胞调节的重要物质。参与炎症反应、疼痛、发热及免疫系统的调控，调节血压，诱发血液凝固，对生殖系统、呼吸系统、胃肠道、肾功能、心血管系统等均有作用。在体内可转变成各种代谢产物：(1)前列腺素鸡其衍生物。包括血栓烷、前列环素。(2)酯质氧化物。(3)白细胞三烯。

【花式纱线】(fancy yarn) 具有不规则结构、特殊外观和色彩的纱线。其主要特征是：纱的截面精细度或捻度不匀，色彩变化，或有花圈、结子和彩点等新颖外观。花式纱具有供装饰用的花式外观，品种很多，生产方法不尽相同。花式纱的结构由芯纱、饰纱、固纱组成。芯纱承受强力，是主干纱；饰纱以捻包缠在芯纱上形成效果；固纱以相反的捻向包缠在饰纱外周，以固定花纹。

花式纱线

【花台】(raised flower bed) 在较高的栽植床内，以花草、灌木、小乔木、山石组成的规则式或自然式种植设施。常用植物有松、梅、牡丹、芍药、蜡梅、月季、玉簪、麦冬、沿阶草等。常用的花台是在砌成40～60cm高的矮墙内种植各种观赏花卉，常与山石结合或与小品结合。中国古典园林中常用花台。现代园林中常布置在广场、路口或园路的端头。花台可分为规则式和自然式两大类：规则式花台栽植床轮廓为规则的几何形体，床内花木多作规则栽植。近代规则式花台还常做成不同高程的立体组合式。自然式则常出现在中国的自然式山水园中。栽植床边缘由自然山石高低错落组成，床内由花草、树木及山石自然参差布置成花鸟画般的景观。

花台

【花坛】(flower bed) 在具有一定几何轮廓的植床内，按照一定形式的图案栽植观赏植物的装饰性高台。按其装饰形式的不同可分为：(1)花丛式花坛。将几种不同种类、不同高度、不同色彩的花卉栽植成供全方位观赏的花坛。该花坛不求花卉种类过多，而求图样简洁，轮廓鲜明。(2)模纹式花坛。利用不同色彩的花卉组成的平面图案，可显示较为细致的花纹。常用于表现大型流线场景。(3)标题式花坛。利用植物的花和叶形成各种文字图案，常用于表达人文思想、大型活动的主题和城市风貌。花坛是园林建设的重要组成部分。是现代城市繁荣和文明的象征。具有观赏功能、宣传功能、装饰功能和烘托节日气氛的功能。

花坛

【花芽分化】(flower bud differentiation) 植物的芽由叶芽状态开始转化为花芽状态的过程。果树的花芽形成是开花结果的前提。枝条上的芽从花芽与叶芽开始有区别的时候起，逐步分化出萼片、花瓣、雄蕊、雌蕊，以及整个花蕾和花序原始体，待条件满足时即可开花结果。

【花眼】(presbyopia) 主要是因眼内过氧化脂质堆积过多而致的一种视觉异常。是身体开始衰老的信号。随着年龄的增长，眼球晶状体逐渐硬化、增厚，且眼部肌肉的调节能力也随之减退，导致变焦能力降低，而出现“老花”。老花度数一般是按照每5年加深50度的速度递增。患者每过3～5年需重新验光更换眼镜。定时远眺、经常眨眼、旋转眼球、热敷护眼、防眼疲劳等，均可预防老花眼的加重。

【花药培养】(anther culture) 在离体条件下培养花药，以诱导单倍体细胞系或单倍体植株的方法和技术。其培养过程包括取材、消毒、接种和培养等步骤。在培养过程中，花粉转向孢子体发育途径，通过细胞分裂、增殖，最后以胚状体或愈伤组织分化形式，形成单倍体的花粉植株。花粉植株经自然或人工处理染色体加倍后，即为纯合二倍体。应用这种方法可克服杂种分离，缩短育种周期，提高育种效率。花药培养作为单倍体育种的一种有效技术，促进了生理、遗传研究工作的深入，对认识植物细胞全能性和控制花粉发育途径有重要理论意义。

【华北地台】(North China Platform) 位于阴山－燕山与秦岭－大别山两条造山带之间，范围包括华北、东北南部以及渤海湾地区的大地构造单元。因为包括朝鲜半岛，又称为中朝(准)地台。华北地台是中国最古老的地台，在冀东和辽宁鞍山地台结晶基底上均有38.4亿年前形成的岩石出露。地台发展历史可分为三个阶段：(1)中新元古代是地台早期裂陷阶段。沿蓟县－左权、豫陕边界和银川－磴口有三个伸向地台内部的裂陷槽。(2)古生代是地台最稳定的时期。寒武纪～中奥陶世主要是从南向北超复的浅海相碳酸盐岩沉积；晚奥陶世～早石炭世地台整体抬升，沉积缺失；中石炭世～中三叠世为一套从滨海沼泽相和陆相煤系沉积到红层的碎屑岩系。(3)从晚三叠世开始，华北地台解体。大致以太行山为界，其东部成为亚洲东部活动大陆边缘的一部分，晚中生代时有强烈的火山喷发－深成岩浆活动，地层发生褶皱并伴有逆冲－推覆构造；而西部的鄂尔多斯地区则仍保持稳定状态，中生代的湖相沉积至今仍保持近水平产状。之后的中生代末期，地台东部转化为伸展拉张环境，渤海、华北平原等盆地就是在这时形成的。华北地台矿产丰富，是中国煤炭主要生产基地，鞍山的铁矿、山东的黄金都是全国规模最大的。辽河、胜利、任丘、中原等油田在中国油、气资源的生产中也占有重要地位。

【华达呢】(gaterdine) 又称轧别丁。采用精梳毛纱织制、具有一定防水性能的紧密斜纹毛织物。呢面平整光洁，正面斜纹纹路清晰而细密，微微凸起，手感结实，挺括，有拒水性。常用2/2斜纹组织，角度右斜约63°，重量为270～320g/m^2。按其组织结构的不同可分为单面华达呢、双面华达呢和缎背华达呢。

【《华沙公约》】(Warsaw Convention) 《关于统一国际航空运输某些规则的公约》的简称。针对国际航空运输的业务范围、运输票证、承运人的责任、损害赔偿标准等,于1929年在波兰华沙制定的公约。1933年2月13日生效。中国于1957年7月通知加入,1958年10月对中国生效。该公约规定了以航空运输承运人为一方和以旅客和货物托运人、收货人为另一方的权利、义务关系,共五章四十一条,是国际航空运输领域最基本的公约。它适用于所有以航空器运送旅客、行李或货物而收取报酬的国际运输。其核心内容主要包括以下三个方面:(1)航空运输承运人的责任与豁免。按照《华沙公约》的规定,对于已登记的货物在航空运输期间遭受的损失、遗失或毁灭,承运人都应负责赔偿。承运人在以下列三种情况下,可以要求免除其对货物损害或灭失的责任:承运人如果证明自己和他的代理人为了避免损失的发生,已经采取了一切必要的措施,或不可能采取这种措施;在运输货物时,如果承运人证明损失的发生是由驾驶上、航空器上的操作上或领航上的过失,而在其他一切方面承运人和他的代理人已经采取了一切必要的措施以避免损失;如果承运人证明损失的发生是由于受害人的过失所引起或助成,法院可以按照法规规定,免除或减轻承运人的责任。(2)航空运输承运人的责任限制。《华沙公约》作了明确规定:在运输已登记的行李和货物时,承运人对行李或货物的责任以每公斤250法郎为限,除非托运人在交付货物时曾特别声明行李或货物运到后的价值,并缴纳必要的附加费。该公约还规定,企图免除承运人的责任,或定出一个低于公约所规定的责任限制的条款,都不发生效力,但契约仍受公约规定的约束,并不因此而失效。(3)索赔与诉讼时效。《华沙公约》规定:当货物遭受损坏时,收货人应在收到货物之日起7天内,以书面形式向承运人提出异议;如货物迟延交付,则收货人应在货物交由其支配之日起14天内提出异议。本公约生效后,任何国家可以随时加入。在通知书送达波兰共和国政府九十天后生效。

【滑动变阻器】(sliding rheostat) 见电位器。

【滑动轴承】(sliding-contact bearing) 是滑动摩擦轴承的简称。当轴在轴承的支承和约束下运转时,其相对运动表面间的摩擦为滑动摩擦时所使用的轴承。轴承的一种。多数滑动轴承没有统一的标准。

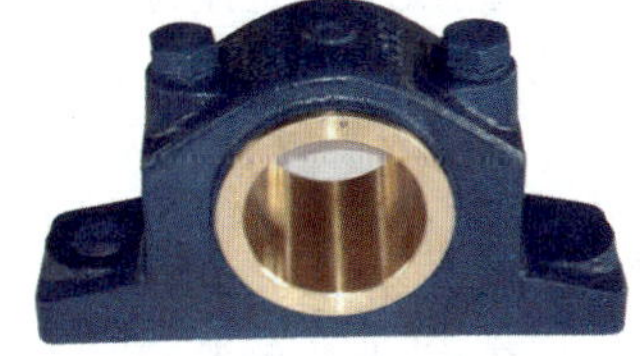

滑动轴承

【滑觉传感器】(slipping sensor) 检测机器人与抓握物体之间滑移程度的传感器。其功能有:(1)是实现机器人柔性抓握的必备条件。(2)识别,即检测被抓物体的粗糙度、硬度等表面特征。目前开发的滑觉传感器主要用于完成检测功能。按被测物体滑动方向不同可分为无方向性、单方向性和全方向性传感器。无方向性传感器只能检测是否产生滑动,无法判别方向;单方向性传感器只能检测单一方向的滑移;全方向性传感器可检测各个方向的滑动情况,这种传感器一般制成球形以满足需要。

【滑块】(slide block) 在模具的开模动作中能够按垂直于开合模方向或与开合模方向成一定角度滑动的模具组件。一种应用较广泛的机械构件。当产品结构使得模具在不采用滑块不能正常脱模的情况下就得使用滑块。滑块材料要求具备适当的硬度。滑块上的型腔部分或型芯部分硬度要与模腔模芯其他部分同一级别。

【滑模施工】(sliding construction) 用于外形规则、竖向结构布置上下变化不大的构筑物施工技术。是混凝土工程和钢筋混凝土工程中机械化程度高、施工速度快、占用场地少、综合效益显著的一种施工方法。滑模装置主要由模板、提升架、围圈三大系统组成。对筒仓、烟囱、水塔等比较适用。但对于异型墙体较多的建筑不太适合。

【滑坡】(land slide) 广义指斜坡上的部分岩(土)体脱离母体,以多种方式顺坡向下运动的现象;狭义指斜坡上的部分岩(土)体在重力作用下,沿一定的软弱面(带)产生剪切破坏,整体向下滑移的现象。是最常见地质灾害之一,给人类生命和财产造成重大损失。微地貌形态特征是有冠、主断壁、顶、头、次断壁、主滑体、足、趾尖、趾、破坏面、破坏面趾、滑覆面、减损体、加积体、减损带、加积带、减损坳陷、侧翼和原地面线。使斜坡上岩(土)体顺坡向下运动的促滑力是岩(土)体自身重力平行于滑动面的切向分力;使岩土体保持在斜坡上而不致下滑的阻滑力是摩擦力和凝聚力。它等于岩土体自身重力垂直于滑动面的法向分力与摩擦系数之积及滑动面上的凝聚力。促滑力若大于阻滑力即产生滑坡。组成斜坡的岩土体如属易为水软化的黏性土或软岩;或者岩体中的层理、片理、节理裂隙、断层面等不连续面为软弱结构面,且产状有利于转化为破坏面(滑动面)时,则易产生滑坡。某些自然或人为作用使斜坡变陡,加大了促滑力而减少了阻滑力。流水、冰川侵蚀坡脚,海、湖、水库波浪淘蚀坡脚,人工开挖坡脚以及自然和人工坡顶堆载,常导致滑坡发生。风化作用、水对黏性土、黄土、软岩的浸润软化作用和岩(土)体中的孔隙水压力效应,可以显著降低岩(土)体的摩擦阻力,导致滑坡发生。降雨、融雪、水库充水和水位消落等常是诱发滑坡的重要因素。地震或人工爆破也可加大促滑力和减小阻滑力,强烈的地震常引发大量的滑坡。其防治措施是:(1)改变斜坡形态。包括削减推动滑坡下滑的物质(砍头),增加滑坡阻滑段的物质(压脚)和减缓斜坡的总坡度。(2)排水。包括不使地表水流人滑坡区和将滑坡区地表水引出区外的地表排水系统,以及以暗沟、钻孔、廊道和排水孔降低地下水位的地下排水。(3)支挡结构物。包括各式挡墙、抗滑桩工程等。(4)斜坡内部加固。包括岩石锚杆、各类锚索、土锚钉和灌浆等。

滑坡

【滑坡抢险】(emergency protection against landslide) 土堤、土坝边坡失稳下滑造成险情的抢护工作。一般可分为堤坝本身与地基一起滑动和只有堤坝本身局部滑动两种。前者滑裂面较深,滑动体较大,多呈圆弧形,也有的呈折线形,坡脚附近地面土壤往往被推挤外移、隆起,有时沿地基软弱滑动面一起滑动;后者滑动范围较小,滑裂面较浅。滑坡开始时,往往在堤坝顶上或坡上发生裂缝或蛰裂,随着裂缝的发展即形成滑坡。造成滑坡的原因主要是滑动力超过了阻滑力。分以下几种情况:(1)高水位引起背水坡滑坡。(2)水位骤降引起临水坡滑坡。(3)堤坝本身或地基有缺陷而引起滑坡。(4)地基处理不彻底,有淤泥层。(5)堤脚坝脚外有水塘未回填,或虽回填但质量不好。(6)堤坝顶部或坡上堆放重物。(7)遇到地震,边坡失稳,出现滑坡或在堤坝施工中,土料不合要求,含水量不当,碾压不实或以及在冬季施工中用冻土块修筑等,使堤坝质量达不到设计要求,遇到高水位时发生滑坡等。抢护滑坡的基本原则是增阻、减滑;上减载、下压重。滑坡抢护的方法是:(1)滤水土撑法。在背水滑坡范围修筑导渗沟,以减小渗水压力并降低浸润线,消除产生背水滑坡的条件,继而间隔修造土撑,以增加阻滑力,避免因滑坡对堤坝断面的削弱。(2)滤水后戗法。在背水滑坡范围内作导渗后戗。(3)滤水还坡法。采用反滤结构,恢复堤坝断面。(4)前戗截渗法。用黏性土修筑前戗截渗。(5)固脚阻滑法。增加抗滑力,制止滑坡发展,以稳定险情。

滑坡抢险

【化工厂危险程度分级】(chemical factory dangerous degree) 将化工厂分为单元,按危险物质、数量、状态、工艺、设备、厂房、安全设施、环境等条件求出单元危险,然后用安全管理值进行修正,确定危险程度级别。该方法采用指数评价分析方法,具有实用性和可操作性。评价方法是以化工生产、储存过程中的物质、物量指数为基础,用工艺、设备、厂房、安全装置、环境、工厂安全管理等系统系数修正后,得出工厂的实际危险等级。该评价方法主要适用于评价化工生产、储存过程中的各种风险,并能定量地进行分析工厂的实际危险等级,是一种综合性的安全评价模式。

【化工动力学】(chemical engineering kinetics) 全称化工过程动力学。研究物理过程与化学过程相结合的化学反应速率问题,包括解决化学反应器的设计,以及如何掌握工业规模的化学反应的学科。习惯上专指化工反应动力学。与化学动力学的区别,在于须结合工程具体过程研究传质、传热对反应速率的影响。也常被称为宏观反应动力学。

【化工分离技术】(chemical separation technology) 化工生产中将混合物分离或提纯的技术。按其机理的不同可分为:(1)生成新相以进行分离(如蒸馏、结晶)。(2)加入新相而进行分离(如萃取、吸收)。(3)用隔离物进行分离(如膜分离)。(4)用固体试剂进行分离(如吸附、离子交换)。(5)用外力场和梯度进行分离(如离心萃取分离和电泳等)。其中精馏、萃取、吸收、结晶等是当今应用最多的分离技术。化工分离技术在医药、材料、冶金、食品、生化、原子能和环保等领域广泛应用。

【化工工程动态学】(chemical engineering dynamics) 化学工程学的一个分支。通过机理动态建模研究化工过程动态行为的学科。是控制系统特别是多变量控制系统分析设计与运动的基础。其主要研究内容包括:机理模型建立的普遍方法、线性化方法和分布参数模型的集总化处理方法;流体流动过程、传热过程、压缩机喘振模型;管壳式换热器、换热网络、板式精馏塔、聚丙烯反应器、乙炔加氢反应器以及催化裂化反应再生系统的动态模型等。

【化工机械】(chemical machinery) 化工

生产中所用的机器、设备的总称。通常可分为：(1)化工机器。主要作用部件为运动的机械，如各种过滤机、破碎机、离心分离机、旋转窑、搅拌机、旋转干燥机以及流体输送机械等。(2)化工设备。主要作用部件为静止的或者只有很少运动的机械，如各种容器(槽、罐、釜等)、普通窑、塔器、反应器、换热器、普通干燥器、蒸发器、反应炉、电解槽、结晶设备、传质设备、吸附设备、流态化设备、普通分离设备以及离子交换设备等。

离心分离机

【化工热力学】(chemical industry thermoloqy) 应用热力学定律的基本原理，研究化工过程中物理或化学过程有关能量问题的学科。其主要研究内容是：(1)气体、液体(包括溶液)、固体(包括晶体)的各种热力学性质。(2)封闭物系或流动物系在物理或化学变化过程中所需的功和热。(3)相际质量传递。(4)化学反应的平衡条件和影响因素。它可以提供不同化工过程条件下物理和化学的平衡关系，并指出物系的变化趋向。

【化工数学模型】(chemical industry mathematical model) 为描述化工装置或化工过程发生的所有物理、化学现象而采用数学的方法建立的模型。若模型与实际情况很近似，并知道表示模型的数学方程的起始条件和边界条件，则只要求解方程式，便可得出化工设备的性能与各个参数的关系。通过数学模型还可以对设备进行放大，使大型设备具有小型设备的类似性能。建立数学模型通常在电子计算机上进行。

【化工陶瓷】(ceramics for chemical industry) 在化学工业中应用的一类陶瓷材料。具有耐腐蚀性能和耐磨性能、不易氧化、硬度与刚度良好以及耐压强度高等特点，除氢氟酸、氟硅酸和热浓碱外，几乎不受任何无机酸和有机酸的侵蚀。化工陶瓷的使用温度一般在15～100℃，温差不宜大于50℃，属脆性材料。按其使用状况的不同可把化工陶瓷分为衬里材料、化学反应设备用材料、液体输送设备用材料和过滤材料等。其缺点是：冲击韧性和抗弯强度低、缺乏延展性、抗冲击强度和耐急冷急热性能差。但由于原料易得、加工成本低廉且性能可靠，仍广泛应用于石油化工、化肥、造纸、冶炼、化纤和电镀等行业，是现代化学工业中不可缺少的防腐蚀材料。

【化工系统分析】(chemical industry system analysis) 化工系统工程学的一个分支。对于各个子系统及系统结构均已给定的现有化工系统进行的分析。其方法是：建立子系统的数学模型，并按照已知的系统结构进行整个系统的数学模拟，预测在不同条件下系统的特性和行为，借以发现其薄弱环节并改进，以助于现有流程的挖潜改造。广泛用于过程开发、设计和对现场操作的分析等。

【化工系统工程学】(chemical system industry engineering) 化学工程学的一个分支。将系统工程的理论和方法，应用于化工领域的新兴的边缘学科。可分为系统分析、系统优化、系统综合等分支学科。其基本内容是：从系统的整体目标出发，根据系统内部各个组成部分的特性及其相互关系，确定化工系统在规划、设计、控制和管理等方面的最优策略。其研究对象是：化工生产过程中的某个系统，谋求的目标是该系统的整体优化，即合理确定和控制系统各个组成部分输入、输出状态，使得反映系统效益的某种定量函数达到最大值或最小值。例如，在进行某个化工装置的最优设计时，通常选用投资费用和操作费用作为目标函数，以寻求总费用最小的设计方案。

【化工系统优化】(optimization of chemical industry system) 化工系统工程学的一个分支。确立已知系统结构的化工过程的最优操作参数的设计方法。化工过程通常由若干单元组成。按其单元间结合方式的不同可分为串联(多级)系统和复杂系统。在串联系统中，前一个单元的输出是后一个单元的输入。例如，为了充分利用某种未全部转化的物料，往往有循环回路；同时由于工艺上的需要，在化工流程中还往往会出现支路及并联回路等复杂系统。化工系统优化可以降低能耗费用、满足环境的限制要求、提高工厂效率和增加经济效益。

【化工系统综合】(chemical industry system synthesis) 化工系统工程学的一个分支。按照给定的系统特性，寻求所需要的系统结构及各子系统的性能，并使系统按给定的目标进行的最优组合。系统综合需要以系统分析作为基础，同时在综合过程中又对系统分析提出新的要求。在设计新建工厂时，系统综合可用于从众多的可行性方案中选择最优的方案。

【化工新材料】(new chemical material) 应用在化工、石油等领域的新型的基础原材料。主要包括有机氟材料、有机硅材料、高性能纤维、纳米化工材料、无机功能材料、特种化工涂料等。纳米化工材料和特种化工涂料是近年的研发热点。

化工新材料

【化工自动化】(chemical industry automation) 化工生产过程自动化的简称。在化工设备上配备某些自动化装置,用来替代人工操作、管理化工生产的办法。其内容一般包括:(1)自动检测。(2)自动保护。(3)自动操纵。(4)自动控制。在工业生产中采用自动化仪表和集中控制装置,可实现连续生产过程的自动化,提高劳动生产率,获得较好的社会效益和经济效益。

【化合价】(valence) 一种原子或原子团与其他原子或原子团在相互化合时的数量关系。其本质是使构成离子化合物的阴阳离子和构成共价化合物分子的原子的最外电子层成为稳定结构。在离子化合物中,离子的化合价等于其所带的电荷,如在氯化钠中,Na 为 +1 价,Cl 为 -1 价。在共价化合物中原子的价等于该原子形成键的数目,如水分子中,H 为 +1 价,O 为 -2 价。不论离子化合物还是共价化合物,其正、负化合价的代数和均为零。在单质分子里,元素的化合价为零。在不同的化合物中,同种元素可能存在不同的化合价,如硫的化合价可能为 -2,0,+2,+4,+6。

【化合脱气】(chemical combination degassing) 利用在金属熔体中加入能与气体形成氢化物和氮化物的物质,将金属熔体中的气体脱除的方法。如加入 Li、Ca、Ti 和 Zn 等活性金属,形成 LiH、CaH_2、TiH_2、TiN、ZrN 等化合物。这些化合物的密度小,并且不溶于金属熔体,可以通过除渣精炼来排除。溶于熔体中的氢和氧也可以相互作用化合生成水蒸气,能起到脱气作用。

【化合物】(compound) 与单质相对应。由多种元素的原子组成的纯净物质。可以用对应的化学结构式或分子式表示。例如,氯化钠(NaCl)是通过盐酸(HCl)和氢氧化钠(NaOH)进行化学反应而生成的化合物。按其化学成分和结构的不同可分为:(1)有机化合物。(2)无机化合物。(3)高分子化合物。

明矾晶簇

【化合物半导体材料】(compound semiconductive material) 由两种或两种以上无机物质化合而成的半导体材料。化合物半导体的种类非常多,仅目前已知的二元化合物半导体就有数百种,其中绝大多数还未能制备出单晶或外延材料。按化合物半导体的组成,可以分为Ⅲ—Ⅴ族、Ⅱ—Ⅳ族、Ⅳ—Ⅵ族化合物,以及由这些元素组成的各种三元、四元固溶体材料。主要用在光电子器件、红外器件、光电集成、超高速微电子器件和超高频微波器件及电路等领域。

【化疗指数】(chemotherapeutic index) 评价化学治疗药物有效性与安全性的指标。常以化疗药物的半数动物致死量(LD_{50})与治疗感染动物的半数有效量(ED_{50})之比表示,或用 5% 的致死量(LD_5)与 95% 的有效量(ED_{95})之比表示。化疗的指数越大,药物的毒性就越小。

【化脓性脑膜炎】(purutent menimgitis) 细菌入侵中枢神经系统引起的发热、惊厥、颅内压增高及脑膜刺激征,脑脊液为脓性改变的一种疾病。是婴幼儿常见的中枢神经系统感染性疾病。死亡率大约 5% ~15%。6 个月以下预后差。常见的病原菌为脑膜炎球菌、肺炎链球菌和流感嗜血杆菌。2 个月以下小婴儿和新生儿易发生大肠杆菌和金黄色葡萄球菌感染。大多数通过血流途径感染,也可通过邻近组织器官如中耳炎,乳突炎感染,以及直接感染如颅脑外伤、皮肤窦道等。其主要表现是:高热,头痛,呕吐,伴烦躁,瞌睡,双目凝视,尖叫抽搐,昏迷,颅内压增高者出现前囟饱满、张力高。出现脑疝者有呼吸不规律,双侧瞳孔不等大。再严重者可出现弥散性血管内凝血。检查可有脑膜刺激征:柯氏征阳性、布氏征阳性。年龄越小表现越不典型,注意误诊。1 岁内婴儿易发生并发症:硬脑膜下、脑室膜炎,脑积水,抗利尿激素异常分泌等。其诊断依据是:除上述症状及白细胞数增高外,有确诊意义的是脑脊液检查:白细胞数≥1 000/mm^3,分类以中性粒细胞为主,蛋白增高,糖降低,涂片及培养找到细菌可诊断,应与结核性、病毒性及隐球菌性脑膜炎进行鉴别诊断。其治疗主要是服抗生素。

【化石】(fossil) 保存在地质历史时期的岩层或沉积物中的生物遗体、遗骸或生物活动留下的遗迹。较多见的化石是茎、叶、树干、花粉、贝壳、骨骼、牙齿等生物的坚硬部分。在岩层或沉积物中经矿物质的填充或置换,遭受钙化、碳化、硅化或矿化,但仍保持了原有的形状、表面特征和结构。化石是确定所在地层的年代和古地理环境的重要依据。同时,化石作为珍贵的自然资源,还具有很高的科学和鉴赏价值。按其起源物质基础的不同可分为遗体化石、遗物化石和遗迹化石三种类型。

化石

【化石冰川】(fossil glacier) 又称死冰川。严重退化且无任何运动特征、已经"死亡"了的冰川。由于气候变暖或局部地区降水量的减少,加上冰川本身规模比较小,积累区海拔不高,积累量严重不足,消融强度和消融量快速增加,从而导致冰川物质收支严重失衡,最终使得冰川冰远远小于冰碛的数量且被厚厚的冰碛裹夹其中形成体积极小的冰核,冰川的规模也变得更小。此时的冰核已无力驱动冰川运动而使整个冰川进入"死亡"状态。由于大比例冰碛物的保护,化石冰川中的冰核能保持相当长的时间。一旦气候重新变冷,或者积累量增加到足够大,化石冰川仍然可以复活成为一条冰川冰多于冰碛、冰川消融量小于或等于积累量且具有运动能力、随着冬夏季节变化而消长的现代冰川。化石冰川是研究气候变化的重要标志。

【化学变化】(chemical change) 见化学反应。

【化学变性淀粉】(chemical modified starch) 用化学试剂处理得到的变性淀粉。将原淀粉经过化学试剂处理,使之发生结构变化而改变其性质,以达到应用的要求。包括酸解淀粉、氧化淀粉、焙烤糊精等相对分子量下降的淀粉和交联淀粉、酯化淀粉、醚化淀粉、接枝淀粉等相对分子量增加的淀粉等。其特点是:耐老化,透明,弹力强,黏性好,耐酸和稳定性好。

【化学沉淀法】(chemical precipitation) 向水或溶液中投加某种化学物质,使之与其中的一种或多种物质发生化学反应,生成难溶的沉淀物,以净化水质或制取新化学物的方法。例如用于含重金属离子及氰化物等的废水的处理。按投加沉淀剂的不同可分为:氢氧化物沉淀法、硫化物沉淀法和钡盐沉淀法等。

【化学处理法】(chemical treatment of wastewater) 通过化学反应来净化水质、分离物质或加工制品的方法。例如向污水、废水中投加某种化学物质,利用化学反应来分离、转化、破坏或回收污水、废水中的污染物,并使其转化成无害物质。常用的方法有:混凝法、中和法、沉淀法、氧化还原法、电渗析法和萃取法等。

【化学电池】(chemical battery) 通过电化学反应,把正极、负极活性物质的化学能转化为电能的一类装置。在化学电池中,化学能直接转变为电能是靠电池内部自发进行氧化、还原等化学反应的结果。这种反应分别在两个电极上进行。负极活性物质由电位较负并在电解质中稳定的还原剂组成,如锌、镉、铅等活泼金属和氢或碳氢化合物等。正极活性物质由电位较正并在电解质中稳定的氧化剂组成,如二氧化锰、二氧化铅、氧化镍等金属氧化物,氧或空气,卤素及其盐类,含氧酸及其盐类等。电解质则是具有良好离子导电性的材料,如酸、碱、盐的水溶液,有机或无机非水溶液、熔融盐或固体电解质等。当外电路断开时,两极之间虽然有电位差(开路电压),但没有电流,存储在电池中的化学能并不转换为电能。当外电路闭合时,在两电极电位差的作用下即有电流流过外电路。同时在电池内部,由于电解质中不存在自由电子,电荷的传递必然伴随两极活性物质与电解质界面的氧化或还原反应,以及反应物和反应产物的物质迁移。电荷在电解质中的传递也要由离子的迁移来完成。因此,电池内部正常的电荷传递和物质传递过程是保证正常输出电能的必要条件。充电时,电池内部的传电和传质过程的方向恰与放电相反;电极反应必须是可逆的,才能保证反方向传质与传电过程的正常进行。因此,电极反应可逆是构成蓄电池的必要条件。经过长期的研究、发展,化学电池迎来了品种繁多、应用广泛的局面。目前市场上推广使用的电池,包括原电池和蓄电池,绝大部分都是化学电池。

化学电池

而每一次化学电池技术的突破，都带来了电子设备革命性的发展。

【化学动力学】(chemical kinetics) 又称化学反应动力学。物理化学的一个分支。主要研究化学过程进行的速率和反应机理的学科。其研究对象是性质随时间而变化的非平衡的动态体系。时间是化学动力学的一个重要变量。其基本任务是研究温度、压力、浓度、催化剂等因素对化学反应速率影响的唯象规律，揭示化学反应机理，并研究物质结构与反应能力间的关系。化学动力学与化学热力学的区别在于，不是计算达到反应平衡时反应进行的程度或转化率，而是从一种动态的角度观察化学反应，研究反应系统转变所需要的时间，以及其中涉及的微观过程。其分支学科包括分子反应动力学、催化动力学、基元反应动力学、宏观动力学、表观动力学等领域。按其发生化学反应物相态的不同可分为：均相和复相反应动力学。按其化学反应的层次的不同可分为：总包反应、基元反应、微观反应动力学。按其是否有催化剂存在可分为：非催化、催化反应动力学。分子反应动力学是现代化学动力学的一个前沿阵地。

【化学镀】(chemical plating) 不需要外来电流，借助适当的还原剂，使溶液中的金属离子还原成金属单质，从而在制件表面或深凹部分沉积金属镀层的方法。如甲醛或糖类与银氨配合物反应可在金属、玻璃、陶瓷和塑料等制件表面镀一层银。适用于形状复杂的小零件，以提高抗蚀性、耐用性、润滑性、反光性和增加美观。该技术工艺简便、节能、环保，使用范围很广，镀层均匀，已在电子、阀门制造、机械、石油化工、汽车、航空航天等工业中得到广泛的应用。

化学镀

【化学镀层技术】(chemical plating technology) 利用还原剂使镀液中的金属离子还原并沉积在基体表面上的工艺技术。与一般电镀不同，化学镀过程不需要直流电源和阳极，金属沉积仅在零件表面上进行，电子是通过溶解于溶液中的化学还原剂提供。化学镀可以在金属、半导体和绝缘体材料上直接进行。由于没有电流分布，化学镀可以在复杂零件表面获得厚度均匀、孔隙率低的镀层，并根据镀层的种类不同得到不同的功能性，如可钎焊性、耐磨性、磁性和耐蚀性等。此外，化学镀还可以用作其他镀层的底镀层、绝缘体表面的底层、扩散阻挡层、防电磁干扰层等。能够进行化学镀的金属有：镍、铜、钴、银、钯、铂及其合金等。

【化学发光免疫测定】(chemilluminescent immunoassay) 以化学发光为指标，检测抗原抗体的技术。化学发光反应敏感性与免疫反应特异性相结合的一种血清学技术。抗体或抗原直接用发光剂或催化发光酶、螯合物、络合物等标记。光标记物(抗原或抗体)与相应的抗体或抗原结合后，发光底物受催化剂或与发光剂发生氧化——还原反应，并以可见光形式释放出自由能或该反应使荧光物质（如红荧烯）等激发发光，最后用发光光度计测定发光强度。

【化学反应】(chemical reaction) 又称化学变化。一种或多种物质变成化学性质与原来不同的新物质的过程。参加反应的物质称为反应物。反应生成的物质称为产物或生成物。在化学变化过程中，原子间的结合方式和结合能有所变化。在分子内部原子间的主要结合力称为化学键。其能量称为键能。化学变化的过程就是反应物化学键的断裂和生成物化学键的形成的过程。伴随化学变化过程的热效应，来源于化学键改组时能量的变化。化学反应的特点是：物质的分子发生变化，有新物质的生成，而原子不发生变化。通常分为：(1)化合反应。(2)分解反应。(3)取代(置换)反应。(4)复分解反应。

【化学防治】(chemical control) 又称药剂防治。用化学农药防治植物虫害、病害和杂草等有害生物的方法。一般采用浸种、拌种、毒饵、喷粉、喷雾、涂茎等方法，把药剂直接喷到病、虫、杂草上，或施于害虫栖息场所及食物上，使病原生物、虫和杂草直接或间接接触药剂而中毒死亡。化学防治受地区性或季节性的限制较小，在病虫猖獗时施用收效快而显著。其策略是与综合防治中的其他防治方法相互配合，以取得最佳效果。其基本策略包括：(1)对作物及其产品采取保护性处理，力求将有害生物消灭在灾害发生之前。(2)对有害生物采取歼灭性处理。化学防治遇到的问题有：(1)广谱性农药的广泛、大量和长期使用，已经给人与畜的健康、环境和农田生态系统带来了不良影响。(2)有害生物也逐渐产生抗药性，导致药效下降，并能杀死有益生物，使次要害虫上升为主要害虫。因此，选用安全的化学农药，淘汰剧毒高残留农药，并改进施药技术，以求把农药准确地送达生物靶体，已成为化学防治研究的重要课题。此外，由于各种有害生物的生命活动都可由于某些生物化学反应受到干扰而发生变化，或被阻断，因此应用生命科学的最新成就指导农药品种的开发和使用，也是化学防治研究的新方向。

【化学肥料】(chemical fertilizer) 简称化肥。以矿物、酸、水等为原料用化学和(或)物理方法人工制成的含有一种或几种农作物生长需要的营养元素的肥料。按其所含营养元素的不同可分为:氮肥、磷肥、钾肥、钙肥、镁肥、硫肥和含有硼、铜、铁、锰、钼、锌、氯等微量营养元素肥料。只含有一种可标明含量的营养元素的化肥称为单元肥料。含有两种以上营养元素的化肥,称为复合肥料或混合肥料。化肥一般是无机化合物[尿素—$CO(NH_2)_2$除外],所含营养元素比农家肥料高,便于储存、运输和使用。化肥的有效组分在水中的溶解度通常是度量化肥有效性的标准。长期使用化肥,易使土壤板结,并造成重金属和有毒元素增加,微生物活性降低,养分失调,硝酸盐累积,土壤酸化加剧等后果,所以应同有机肥等共同施用,改善土壤理化性质。

化学肥料

【化学风化】(chemical weathering) 在大气条件下地壳岩石在水或水溶液的化学作用下发生的破坏作用。不仅使岩石破碎,还使岩石的矿物成分、化学成分发生变化,产生新的矿物。化学风化的方式主要有溶解、水解、碳酸盐化、水化、氧化等,如花岗岩中的正长石在水解作用下脱碱(带走钾、钠离子)、去硅(带走SiO_2),吸水后先变成高岭石(一种铝硅酸盐矿物),再进一步水解变成铝矾土($Al_2O_3 \cdot nH_2O$)。岩石遭受化学风化的同时,常伴随有一定的物理风化,两者相互促进。在炎热、潮湿、多雨的气候条件下,岩石的化学风化最为显著。

化学风化

【化学腐蚀】(chemical corrosion) 金属与接触到的物质发生化学反应引起的腐蚀。包括气体腐蚀和在非电解质溶液中的腐蚀。引起金属化学腐蚀的介质不导电,在腐蚀过程中没有电流产生。例如,金属在高温的空气或氯气中的腐蚀,非电解质对金属的腐蚀等。防止化学腐蚀的方法很多,包括在金属表面上覆盖保护层,如在钢铁表面涂上矿物性油脂、油漆或覆盖搪瓷、塑料,用电镀、热镀、喷镀的方法在钢铁表面镀上一层不易被腐蚀的金属(如锌、锡、铬、镍)和用化学方法使钢铁表面生成一层致密而稳定的氧化膜。还可以从改变金属内部组织结构着手,把铬、镍等加入普通钢里制成不锈钢,提高钢铁对各种物质侵蚀的抵抗能力。

【化学改性】(chemical modification) 通过化学反应改变物质的物理、化学性质。其方法有:(1)掺和改性。(2)共混改性。(3)复合改性。聚苯乙烯的硬链段刚性太强,可引入聚乙烯软链段,通过化学合成增加韧性;由多元醇与多元酸缩聚而成的醇酸聚酯的耐水性及韧性差,加入脂肪酸进行改性后可提高其耐湿性、耐水性和弹性。

【化学工程】(chemical engineering) 研究化学工业和其他工业生产中所进行的化学过程和物理过程共同规律的工程学科。其内容包括:(1)单元操作。(2)化学反应工程。(3)传递过程。(4)化工热力学。(5)化工系统工程。(6)过程动态学及控制。化学和其他工业包括石油炼制、冶金、建筑材料、食品、造纸工业等。它们从石油、煤、天然气、盐、石灰石、其他矿石和粮食、木材、水、空气等基本的原料出发,借助化学过程或物理过程,改变物质的组成、性质和状态,使之成为各种价值较高的产品,如化肥、汽油、润滑油、合成纤维、合成橡胶、塑料、烧碱、纯碱、水泥、玻璃、钢、铁、铝、纸浆等。例如催化裂化是一个典型的化学过程,但辅有加热、冷却和分离,并且在反应进行过程中,一定伴随有流动、传热和传质。所有这些过程,都可通过化学工程的研究来认识和阐释其规律性,并使之应用于生产过程和装置的开发、设计、操作,以达到优化和提高效率的目的。

【化学合成农药】(chemical composition pesticide) 由化学工业生产的人工研制合成的一类农药。其中以天然产品中的活性物质为母体,进行模拟,或作为模板进行结构改造而研究合成的效果更好的类似化合物,称为“仿生合成农药”。其分子结构复杂,品种繁多,生产量大,主要原料为石油化工产品。其应用范围广,很多品种的药效很高,是现代农药的主体。

【化学化石】(chemical fossil) 保存在地层及化石中的古生物的残留有机组分。包括氨基酸、脂肪酸色素、酚、烃、多糖类等。这些残留有机组分虽不像实体化石、遗迹化石那样具有一定的形态,但也能证明古生物的存在,所以特称其为化石。特别是在前寒武纪地层中,实体化石、遗迹化石都很难保存,但却能保存化学化石。所以,化学化石的研究扩大了古生物学的研究领域,对从分子水平上了解生物进化的过程及探索生命的起源都具有重要意义。

【化学活性】(chemical reactivity) 两个或多个反应物生成一个或多个产物的倾向。如金属的化学活性就是金属与其他化合物发生化学反应的难易程度。其由强到弱顺序为:钾、钙、钠、镁、铝、锌、铁、锡、铅、(氢)、铜、汞、银、铂、金。活泼性强的金属可以把活泼性弱的金属从它的盐中置换出来,氢之前的金属可与酸反应置换出氢气。

【化学机械抛光】(chemical mechanical polishing) 一种将化学腐蚀和机械摩擦相结合的组合式抛光技术。主要用于脆性材料的超精密和表层及亚表层的无损伤加工。CMP是一个复杂的物理化学过程。目前对其机理比较一致的理解是:根据摩擦化学相关理论,抛光过程中研磨抛光垫上含有大量研磨颗粒的研磨液,使磨粒与硅晶片局部接触点处会产生高温高压,导致一系列复杂的摩擦化学反应,在硅晶片表面形成一层化学腐蚀层(软质层)。该层硬度比硅晶片基体材料低,故在研磨液中的研磨颗粒的压力作用下,在与抛光垫的相对运动中被机械地磨掉,使硅晶片表面平整光滑。CMP可分为铜离子抛光、铬离子抛光和普遍采用的二氧化硅胶体抛光。该技术源于硅片抛光工艺,是制造大直径晶圆的技术之一。其优点是硅片表面的损伤很小。其缺点是材料去除率低、工作压力高。

【化学激光器】(chemical laser) 用化学反应来产生激光的激光器。这类激光器多以分子跃迁方式工作,其典型波长范围为近红外到中红外谱区。最主要的有氟化氢和氟化氘两种装置。迄今唯一已知的利用电子跃迁的化学激光器是氧碘激光器。它不仅具有高达40%的能量转换效率,而且其1.3μm的输出波长很容易在大气中或光纤中传输。化学激光器有脉冲和连续两种工作方式。已在材料加工中得到应用,并可望用于受控热核聚变反应。未来发展方向包括:(1)以数十兆瓦为目标进一步增加连续器件的输出功率。(2)努力提高氟化氢激光的光束质量和亮度。(3)探索由氟化氢激光器获得1.3μm左右短波长输出的可能性。

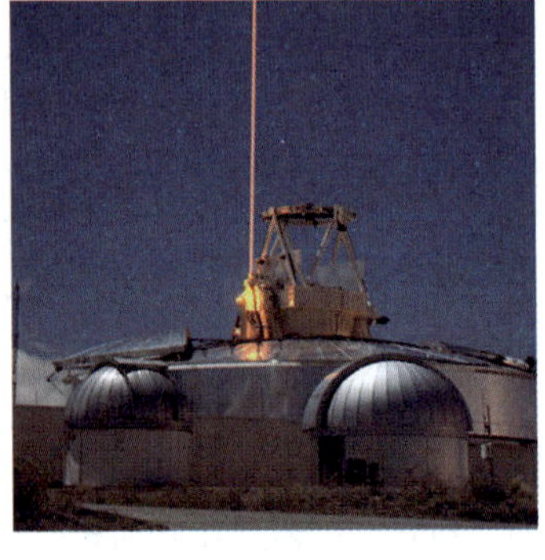
化学激光器

【化学计量点(等当点)】(stoichiometric point) 见容量分析。

【化学键】(chemical bond) 分子和晶体中相邻两原子或多个原子之间存在的相互作用力。按其电子运动状态的不同可分为:(1)离子键。(2)共价键。(3)金属键。在气体分子中(稀有气体除外),没有单个的原子存在,都是通过共价键作用,组成的双原子或多原子分子。所有的离子所组成的化合物都是通过化学键结合组成的。化学反应的过程就是旧的化学键断裂、新的化学键形成的过程。

【化学酱油】(chemical saucer) 以含有食用植物蛋白的脱脂大豆、花生粕、小麦蛋白或玉米蛋白为原料,经盐酸水解、碱中和制成的液体鲜味调味品。无论从色、香、味还是营养价值来讲,化学酱油均不如酿造酱油和配制酱油。

化学酱油

【化学灭菌】(chemical sterilization) 利用化学物质杀灭细菌的方法。可分为:(1)气体灭菌法。适合于环境消毒以及不耐加热灭菌的医用器具、设备和设施的消毒,但不适合对产品质量有损害的场合。(2)液体灭菌法。适合于皮肤、无菌器具和设备的消毒。其目的是减少微生物的数目,控制一定的无菌状态。

【化学能】(chemical energy) 物质发生化学反应时所释放的能量。化学能只有在发生化学变化的时候才释放出来,变成热能或者其他形式的能量。不同物质由于成分、结构不同,所包含的化学能也不同。

【化学黏合法】(chemical bonding) 利用化学黏合剂使纤维间相互黏结、纤维网得以加固的方法。工艺简单,易于操作,成本低廉。主要用于干法梳理成网、气流成网、湿法成网的非织造布的加工中。随着绿色环保健康黏合剂的出现,该法仍将保持非织造固结的主导地位。

【化学抛光】(chemical polishing) 金属制件在一定的溶液中进行化学溶解使之得到光滑的抛光表面的工艺过程。有纯化学抛光和热化学抛光两种类型。其原理与电解抛光类似，是化学药剂对试样表面不均匀溶解的结果。在溶解的过程中表层也产生一层氧化膜。化学抛光对制件凸起部分的溶解速度比电解抛光慢。因此，经化学抛光后的表面较光滑，但不十分平整，有波浪起伏。化学抛光法操作简单，成本低廉，不需要特别的仪器设备，对制件表面的粗糙度要求不高。

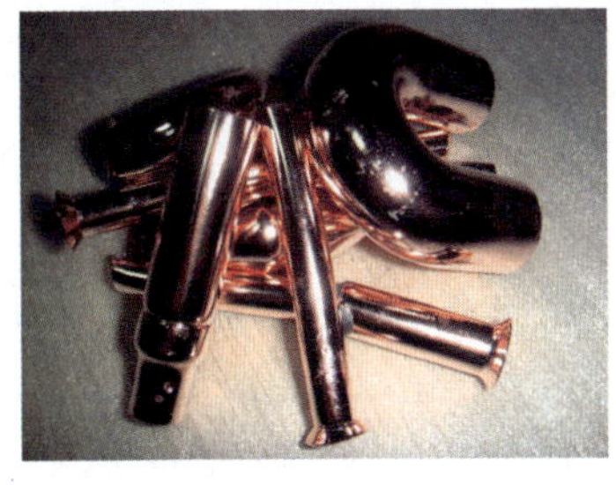
化学抛光

【化学气相沉积】(chemical vapor deposition) 在高温下借助空间气相中化学反应，在基体表面沉积固态薄膜的工艺技术。其沉积过程是：反应气体到达基体表面被基体表面吸附并在基体表面产生化学反应，生成物从基体表面扩散。所采用的化学反应有多种类型，如热分解、氢还原、金属还原、化学输送反应、等离子体激发反应、氧化反应等。工件加热方式有电阻、高频感应、红外线加热等。主要设备有气体发生、净化、混合、输运装置以及工件加热、反应室、排气装置等。主要方法有热化学气相沉积、低压化学气相沉积、等离子化学气相沉积、金属有机化合物气相沉积和激光诱导化学气相沉积等。

【化学气相输运】(chemical vapor transportation) 通过加热使化合物分解成气体或与输运剂反应生成挥发性的产物，再传输到另一个地方重新合成为原化合物的方法。可用于化合物的提纯和单晶生长。如用 InP 和 $InCl_3$ 在高温区反应生成 InCl 和 P_4，生成的气态物被输运到低温端，重新合成 InP 和 $InCl_3$。

【化学侵蚀】(chemical erosion) 以水的化学溶解作用为主的侵蚀。表现为喀斯特发育及土壤中盐分和有机质流失。水、土壤以及岩石(包括黄土状岩石)分别作为溶剂和溶质在化学侵蚀中同时出现。其主要影响因素是水和岩石的理化性状。地表水或地下水沿着碳酸盐岩裂隙和孔隙运动，如果水量得不到补充或流动受阻，部分或全部被 $CaCO_3$ 所饱和，则会丧失对可溶岩的溶蚀力。如果水一直处于流动状态，水量能不断得到补充，溶蚀物质被运走，水始终具备对岩石的溶蚀力，化学侵蚀保持连续进行。土壤化学侵蚀通过淋溶造成土体中孔隙增多，促进水分运动和机械潜蚀，导致土壤养分大量流失，降低土地生产力，可诱发黄土区的黄土塌陷。

【化学燃料】(chemical fuel) 靠燃烧反应释放化学能的燃料。用于内燃机和固定发电厂炉膛中的有机矿物燃料都是化学燃料。在地球上发现的煤、石油和天然气，以及用各种精炼和分馏方法生产出来的其他燃料都是化学燃料。

化学燃料柴油

【化学热处理】(chemical heat treatment) 通过改变工件表层化学成分和金相组织，使其得到某些特殊理化性能的热处理工艺。将工件放在含碳、氮、硫或其他金属元素的介质(气体、液体、固体)中加热、保温较长时间，使工件表层渗入碳、氮和铝、硅、硼、铬、硫等，提高工件表层的硬度、耐磨性和耐腐蚀、耐酸性及耐热性能等。渗碳用碳质量分数 ω_c = 0.15% ~0.25% 的低碳钢和低碳合金钢，如 20MnB、20CrMnTi 等渗碳后再淬火及回火。渗氮用经过正火或调质火后的优质中碳钢和中碳合金钢，不需再淬火。38CrMoAlA 是中国产最典型的高级渗氮钢。渗金属是把金属原子渗入钢的表层，使其合金化，具有某些合金钢、特殊钢的性能。

【化学热力学】(chemical thermodynamics) 研究物质系统在各种条件下的物理和化学变化中所伴随着的能量变化，揭示能量从一种形式转换为另一种形式时所遵从的宏观规律的学科。热力学是总结物质的宏观现象而得到的理论，不涉及物质的微观结构和微观粒子的相互作用。因此，是一种唯象的宏观理论，具有高度的可靠性和普遍性。化学热力学是在热力学三个基本定律基础上发展起来的。这三个基本定律是无数经验的总结，至今尚未发现热力学理论与事实不符合的情形。化学热力学的基本内容和方法就是从这些定律出发，用数学方法加以演绎推论，就可得到描写物质体系平衡的热力学函数及函数间的相互关系，再结合必要的热化学数据，来解决化学变化、物理变化的方向和限度问题。化学热力学理论解决了物质的平衡性质问题。但是关于非平衡现象还有待进一步研究。

【化学失能剂武器】(deactivating chemical weapon) 能造成技术装备和人员失去或暂时失去正常功能的化学毒剂。化学失能剂种类很多。其中，超级腐蚀剂比氢氟酸的腐蚀性强几百倍，可用来毁坏桥梁、坦克的光学仪器或弹药的点火装置;超级润滑剂喷涂到机场跑道、街道、码头等场所,使其表面非常光滑,其摩擦力小到任何物体无法终止运动的程度;聚合剂是超级黏合剂,喷涂到武器发射装置上或各种机械装备上,使运动部件无法活动。对人使用的非致命化学药剂武器——蒙幻药,用后使人的口能说、眼能看,就是身体不能动;镇静剂使人昏睡,失去战斗力;防暴剂可控制暴乱。

【化学式】(chemical formula) 用元素符号、数字、点、线等表示物质组成的式子。是分子式、离子式、实验式、结构式、示性式、电子式的统称。表示电中性物质分子组成的化学式称为分子式。表示带电原子或原子团的化学式为离子式。表示化合物中各元素的原子比例的化学式称为实验式,如乙炔和苯中碳和氢的原子比是 1∶1,则实验式都是 CH,分子式则分别为 C_2H_2 和 C_6H_6。用化学符号和价键表示化合物中各个原子的排列顺序和连接方式称为结构式。有机化合物常用结构式表示。它可以消除由于异构现象而造成的同一分子式代表不同化合物的缺点。仅标明化合物中各原子之间排列次序的简化结构式称为示性式,如乙醇的示性式为 C_2H_5OH。

【化学危害】(chemical hazard) 物质与人体接触,因其化学性质,对人体健康所造成的伤害。通常在环境职业卫生中,指化学物质在生产、使用、运输、储存过程中,人类由于使用化学物质因管理不当,或使用不慎,所造成的意外事件。化学危害的基本类型包括职业性中毒事件、生活性中毒事件、环境污染引起的中毒事件、投毒事件、化学恐怖袭击事件、次生灾害事件等。

【化学污染物】(chemical pollutants) 使环境的正常组分和性质发生变化、直接或间接危害人类健康和自然环境的化学物质。通常是指生产过程中的有用物质,仅在特定环境中达到一定数量(或浓度),并且在一段时间内对环境、人类和其他生物造成危害,或者具有潜在危害。化学污染物包括化学元素、无机物、有机化合物和烃类、金属有机化合物和准金属有机化合物、含氧有机化合物、有机氯化合物、有机卤化物、有机硫化物、有机磷化合物等九类,约 10 万种以上。按其在环境中物理化学性状有无变化可分为:一次污染物和二次污染物。

【化学武器】(chemical weapon) 以毒剂的毒害作用杀伤有生力量的武器。包括装有毒剂或毒剂前体的化学弹药和航空布洒器等施放器材。

【化学物理学】(chemical physics) 研究化学和物理学问题相互关系的一门边缘学科。一般来讲,研究对象以宏观为主的属于物理化学,而以微观为主的则属于化学物理学。后者的研究内容主要包括:量子化学,分子光谱,结晶化学,微观反应动力学,微观催化研究及物质结构的统计理论等。20 世纪中叶成为一门独立的学科。

【化学吸附】(chemical absorption) 见吸附。

【化学洗消设备】(chemical decontamination equip-ment) 对染有毒剂和放射性物质及生物战剂的人员、武器装备、服装、地面及工事进行消毒和消除沾染所用的设备。主要包括各种洗消车辆和轻型洗消器材及所使用的各类消毒剂。按其消毒方法的不同可分为水基消毒和非水消毒;按其结构特点的不同可分为洗消车辆、轻型洗消器材和单兵洗消器材。洗消车辆主要有喷洒车、淋浴车、燃气射流车、多功能洗消装置等,用于对大型兵器、技术装备、人员和道路进行洗消。其特点是:高效,快速,作业量大,保障能力强。轻型洗消器材主要有车炮消毒盒、坦克消毒器和便携式洗消器材,主要用于各种车辆、火炮及工事顶部的消毒。单兵洗消器材包括各种消毒包、消毒盒,供人员及对所携带的武器进行洗消。化学洗消设备的发展趋势是:研究高效、广谱、低腐蚀、无污染的新型洗消剂;研究新的消毒技术,如激光消毒法、生物消毒法。消毒器材将朝着品种多样、性能优良和提高机械化程度等方面发展,重点研究高温、高压、简便、无水洗消技术,发展多功能、模块化和智能化大型洗消装备。

化学洗消车

【化学纤维】(chemical fiber) 以高分子化合物为原料,经过化学和物理方法加工制成的纤维。按高分子化合物来源的不同可分为人造纤维和合成纤维两大类。化学纤维主要指把高分子化合物的半成品制成一种黏稠的液体(纺丝液),然后通过一种特制的喷丝头的小孔,喷纺而凝结成型的纤维。一般经过化学处理的天然纤维,不属于化学纤维

化学纤维绳

范畴。化学纤维具有许多超过天然纤维的优异性能，如强度高、密度小、耐磨损、耐腐蚀、不发霉、不产生虫蛀现象等。其应用范围已推广到国防、工业、农业、航空航天、交通运输、医疗卫生、海洋和通信等领域。

【化学信息学】（chemical informatics） 化学的一个分支。研究化学信息的设计、制造、组织、处理、检索、分析、传播及其在化学、生物化学领域中应用的学科。其主体部分层次构成包括：(1)信息核心层。(2)信息处理层。(3)信息表示层。其内容有：计算机与计算机网络如何利用互联网上的化学资源，计算机与互联基础、联机文献检索、网络图书与网络杂志、数据库资源、化学信息资源查询、化学信息的计算机管理与应用、化学信息的计算机模拟、多元校正与因子分析、人工神经网络、遗传算法和模拟退火算法、小波分析、免疫算法等。在生物、药物和生命科学研究领域应用广泛。

【化学性食物中毒】（chemical food poisoning） 由于食用受到有毒有害化学物质污染的食品所引起的中毒现象。一般发病急、潜伏期短，多在几分钟至几小时内发病。其病情与中毒化学物剂量有明显的关系。其临床表现因毒物性质不同而多样化，一般不伴有发热，没有明显的季节性、地区性的特点，也无特异的中毒食品。其中毒途径主要有：(1)误食被有毒有害的化学物质污染的食品。污染的途径可以是多方面的，包括食用绿叶蔬菜造成的有机磷农药中毒；使用有毒化学品的包装盛装猪油引起的有机锡中毒。(2)把有毒害的非食品、食品原料当作食品或食品添加剂。比如用工业乙醇兑制白酒，乙醇内所含的甲醇，可引起甲醇中毒。把砷化物误认为是发酵粉造成砷中毒。把桐油误认为是食用油等。(3)食用添加非食品级的、伪造的或禁止使用的食品添加剂、营养强化剂的食品，以及超量使用食品添加剂的食品。食品生产经营者在使用食品添加剂时应遵守食品添加剂使用卫生标准（GB－2760）规定的品种、用量和使用范围，否则均属滥用食品添加剂。(4)食用营养素发生化学变化（变质）的食品，包括油脂酸败引起的食物中毒。

【化学修饰】（chemical modification） 通过化学方法，有目的地在物质分子上引入具有功能性的（如催化、配合等）原子、分子或基团，从而改善原物质的物理、化学性质的方法。如碳纳米管不溶于水及常用有机溶剂，往往聚集在一起，难以分散，通过对碳纳米管进行化学修饰，使修饰后的碳纳米管在某些溶液环境或者纳米复合材料中的分散度得到明显改善。并且修饰后的碳纳米管不仅保持了原有的特异性质，而且还表现出修饰基团参加反应的活性，为碳纳米管的分散、组装及表面反应提供了可能；又如维生素C具烯二醇结构，还原性强，在存放过程中，极易受空气氧化失效。经修饰为苯甲酸维生素C酯，活性与维生素C相等，但稳定性提高，其水溶液也相当稳定。

【化学修饰调节】（chemical modification regulation） 酶蛋白多肽链上某些基团，在其他酶的催化下与某种化学基团发生可逆共价结合，从而改变酶的活性的过程。其特点及生理意义包括：(1)酶的激活和抑制两种状态互变是通过共价键变化实现的，需另外有关酶的催化才能完成，蛋白激酶催化酶蛋白磷酸化反应，磷蛋白磷酸酶催化脱磷酸反应。(2)整个化学修饰过程是一个级联反应，有放大效应。(3)化学修饰是酶结构调节（快速调节）的又一种重要方式，效率高但耗能却很少。(4)化学修饰与变构调节相辅相成共同维持代谢顺利进行。在生物工程中应用广泛。

【化学需氧量】（chemical oxygen demand, COD） 又称化学耗氧量。在一定条件下，用强氧化剂处理水样时所消耗氧化剂的量。以氧的毫克/升（mg/L）来表示。它利用氧化剂（重铬酸钾或高锰酸钾）将废水中的可氧化物质（如有机物、亚硝酸盐、亚铁盐、硫化物等）氧化分解，然后根据残留的氧化剂的量计算出氧的消耗量，以粗略地表示废水中有机物含量。化学需氧量反映水体的有机物污染程度。

【化学选矿】（chemical concentration） 又称矿石的化学处理或湿法冶金。通过化学作用，将矿石中的有用组分转变为易溶于水或其他溶剂内的物质，从而得以分散提取的选矿方法。此法一般只获得半成品，即化学精矿。金属的氧化物、氢氧化物或其他化合物，在某些情况下，也可从浸出溶液中直接置换沉淀或电解沉淀出金属。用其他方法难选的矿物，则化学选矿可以单独使用，亦可与其他选矿方法联合使用。

金矿山堆淋场

【化学药物治疗】（chemotherapy） 又称化疗。对病原体（微生物、寄生虫、恶性肿瘤细胞）所致疾病的化学性药物治疗的统称。用于化学治疗的药物即化疗药物，如抗微生物药、抗寄生虫药和抗肿瘤药。化疗是治疗上述疾病特别是治疗肿瘤的有效手段。但几乎所有的化疗药物都会引起患者不同程度的不良反应,如食欲不振、恶心、呕吐等,削弱患者的营养状况。因此,进行化疗的患者应加强营养、合理饮食,以减轻因化疗带来的营养不良和体质下降。用于治疗肿瘤等疾病的药物分许多种类,如抗代谢类、烷化剂、抗生素类、植物类、激素和酶类等。其适应征有:(1)造血系统,如白血病、多发骨髓瘤、晚期淋巴瘤等。(2)疗效较好的实体肿瘤,如皮肤癌、绒毛膜上皮癌、精原细胞瘤、卵巢肿瘤等。(3)术后或放疗后实体瘤的巩固治疗。(4)癌性体腔积液。(5)肿瘤所致上腔静脉压迫,呼吸道压迫,脊髓压迫。由于其对体内正常继续繁殖的细胞有明显毒性作用,因此化疗的使用既要保证肿瘤的必需量,又要掌握对正常组织最低的毒性量。

【化学冶金】(chemical metallurgy) 采用化学方法从矿石或其他原料中提取金属的工艺。研究冶金操作和传热传质原理及冶金过程的物理化学等。按冶金过程性质的不同可分为:火法冶金、湿法冶金和电冶金。

【化学诱变剂】(chemical mutagen) 能诱致基因或染色体发生突变的化学药剂。用于人工诱变的主要有:(1)烷化剂。如甲基磺酸乙酯(EMS)、乙烯亚胺(EL)等。这类物质有一个或多个活泼的烷基,烷基置换其他分子的氢原子,而使碱基改变。(2)核酸碱基类似物。如溴尿嘧啶(BU)、5-溴去氧尿核苷(BudR)等。其加入DNA后,会使DNA复制发生配对上的错误。(3)抗生素。如重氮丝氨酸、丝裂霉素C等。会破坏DNA和核酸而致使染色体断裂。不少化学诱变剂有致癌作用,使用时务必谨慎。以育种为目的的人工诱变,宜选已知其化学性能且诱变效果明显的化学诱变剂。

【化学元素】(chemical elements) 又称元素。具有相同核电荷数原子的总称。例如氢、碳、氧、硫、铁等。不论以单质还是化合物的形式存在,其核电荷数分别是1、6、8、16、26等。按其属性的不同可分为:(1)金属元素。(2)半金属元素。(3)非金属元素。现已发现的元素有112种。

【化学侦察器材】(chemical reconnaissance equipment) 用于发现毒剂、查明毒剂种类、染毒情况并及时报警的技术装备。包括观察、报警、侦毒、监测和化验等器材。观察器材用于观察化学袭击情况和毒气扩散方向;报警器材用于及时发现化学袭击并报警;侦毒器材用于及时发现并查明毒袭区毒剂种类、空气中毒剂的概略浓度、毒区范围和扩散界,以及标志毒区边界和采样;化验器材用于对各种染毒样品进行分析化验,验证或确定毒剂种类、染毒密度,对未知毒剂作出判断。其基本结构形式有便携式、固定式和机动式等,分别配备一般分队和专业分队,以便舰艇、飞机、装甲车辆、机场和大型工事使用。其工作原理因器材类型而异。侦毒、化验主要采用化学方法,通过从空气、水或土壤中采集样品,经分离后与一定的试剂进行化学反应或电化学反应测定毒剂的种类和概略浓度。化学观察、检测和报警主要是用物理方法或物理化学方法对毒剂进行检测。化验器材除了应用传统的分析化学方法以外,还采用干法试剂显色、色谱、质谱、红外光谱、核磁共振波谱等新技术。化学侦察器材利用含磷毒剂对胆碱酯酶的特殊抑制功能和单克隆抗体的特异性反应,制成适用于空气、水等各种样品的高灵敏度侦毒、报警和化验器材。未来化学侦察器材将向早期报警、小型化、网络化和集成化的方向发展。

【划线培养】(streak cultivation) 在固体培养基表面进行接种的一种方法。划线法接种可使接种物随所划的线而分散,在平板的表面形成单个分离的细胞接种物,以便在随后的培养过程中,出现单个菌落,使培养物达到分离纯化的目的。

【话路调制解调器】(voice-band modem) 可实现在两台计算机之间利用电话线路进行通信时完成信号转换的电子装置。由调制和解调两部分功能组成。在信源端,通过调制功能把计算机发出的数字信号调制成能在电话频带内传输的模拟信号,通过电话线路传往信宿端;在信宿端,通过解调功能再把模拟信号转换成数字信号输入到计算机中,实现通过调制解调器和电话线完成计算机之间的数据通信。

调制解调器

【还原剂】(reducing agent) 在氧化还原反应里,失去电子或有电子对偏离的物质。即能还原其他物质而自身被氧化的物质。常用的还原剂有无机化合物如氢气、硫化氢、硫化钠、亚硫酸盐等;有机化合物如甲醛、葡萄糖、抗坏血酸(Vc)、多聚磷酸盐等。在食品工业、化学工业和科学研究中有着广泛的用途。如亚硫酸钠可作漂白剂,抗坏血酸可作抗氧化剂等。

【还原炉】(reduction furnace) 将钨、钼、镁

等有色金属的氧化物还原为纯金属的高温炉。按结构的不同分为:(1)钨、钼还原炉。为多管式粉末还原炉。是将氧化钨、氧化钼粉末气动推入还原管内,通过一定的温度、时间、炉内气氛控制,以氢气为还原性气体,将氧化钨、氧化钼还原成钨粉、钼粉的生产设备。是一种用途比较广泛的炉型。其构造为普通外壳及构架,耐热炉管放置在耐火黏土砖层中,耐火层为上下嵌装电阻丝和发热体的轻质砖材料,炉头尾部装防爆器,炉管出端连接到氢气回收装置。(2)镁还原炉。主要有硅热还原炉。还原炉用耐火材料砌筑而成。传统的炉型是反射式倒焰窑结构,燃气或燃煤加热。炉温 1 200℃左右。炉内安放钢质还原罐,将白云石煅烧产物氧化镁、氧化钙与还原剂硅铁合金配比、研磨、加压而成的球团放入还原罐内,将还原罐密封抽真空,使氧化钙生成硅酸钙炉渣,使氧化镁还原为固态结晶镁。

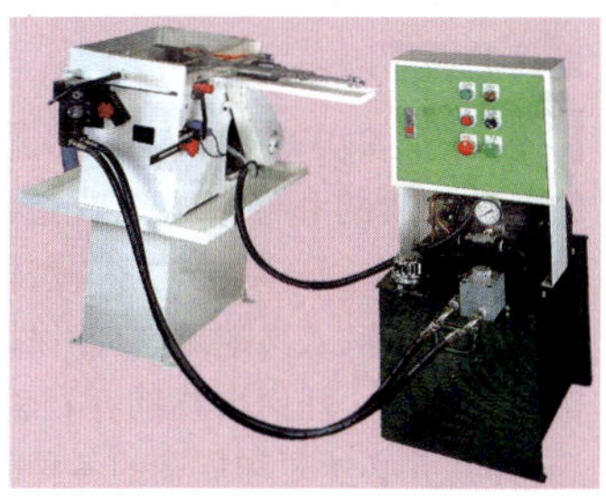
四管还原炉

【还原糖】(reduced sugar) 与非还原糖相对应。具有还原性的糖类。粮食或食品中能还原斐林试剂、多伦试剂和苯肼反应生成脎的糖类。在糖类中,其分子结构中含有游离醛基的单糖和含有游离潜醛基的双糖都具有还原性。其种类包括:葡萄糖、果糖、半乳糖、乳糖和麦芽糖等。含有还原性基团的糖有单糖类和双糖类之分。所有的单糖(除二羟丙酮),不论是醛糖、酮糖,都是还原糖。大部分双糖也是还原糖(蔗糖例外)。斐林试剂是含 Cu^{2+} 络合物的溶液,被还原后得到砖红色Cu_2O 的沉淀。托伦斯试剂被还原后能生成单质银,在试管壁上可看到"银镜"。

【环保玻璃】(environmental protection glass) 能够去除粉尘污染、减少噪声污染、光污染以及其他有毒、有害物质污染,并具有节能、防火等功能特性的玻璃。如中空玻璃、夹胶玻璃、钢化玻璃、防火玻璃等。中空玻璃最大的优点是节能、隔音;夹胶玻璃的优势是环保和安全防范性能好;钢化玻璃能减少对人体的伤害;防火玻璃能提高建筑物的防火功能。

【环保产业】(environmental protection industry) 国民经济结构中以防治环境污染、改善生态环境、保护自然资源为主要目的的行业。主要从事与环境保护相关的技术开发、产品生产、商业流通、资源利用、信息服务以及工程设计、施工承包等活动。环保产业是既为环境保护提供重要物质基础和技术支撑,同时又有广阔市场前景的新兴产业。

【环保基础标准和方法标准】(the base standard and method standard of environmental protection) 为确定环境质量标准、污染物排放标准以及其他环境保护工作而制定的各种有指导意义的符号、指南、导则以及关于抽样、分析、试验、监测的方法。是环境纠纷中确认各方所出示的证据是否合法的根据。

【环保胶黏剂】(environmental benign adhesive) 在胶接施工及应用过程中对环境或人体不产生不良影响、符合环保法规的胶黏剂。其中的溶剂和一些有毒的原料是胶黏剂污染的主要来源。随着环保意识的增强,胶黏剂正向着环境友好、节能和经济的方向发展。水基胶黏剂、热熔胶和无溶剂无毒双组分胶黏剂、单组分光固化胶黏剂和单组分湿固化胶黏剂等,相对比较符合环保要求,在今后一段时间内将会得到快速发展。

【环保科技奖】(environmental science and technology award) 根据国家科学技术奖励工作办公室公告(国科奖字第 11 号)设立的中国环境科学学会环境保护科学技术奖(简称"环保科技奖")。奖励在环境保护科学技术活动中作出突出贡献的单位和个人。环保科技奖面向全社会,凡涉及环境保护领域科学技术成果的完成单位、组织或个人均可申报。环保科技奖每年评审一次,奖励项目分为环境保护技术类研究项目和环境保护软科学类研究项目两类。设有一等奖、二等奖、三等奖。

【环保屋】(environmentally-friendly residence) 又称环保生态屋、节能屋。体现环境友好、满足环保要求的家庭居室。其具体标准是:适合当地气候,屋内空气新鲜、光线充足(自然通风和采光),最大限度地利用能源、资源,充分体现环境友好,居住者舒适、健康。其特点是:(1)节能。提高对自然界既有资源的利用率,采用高性能隔热的建筑材料以及环保节能家电设备。(2)创能。利用风能、太阳能

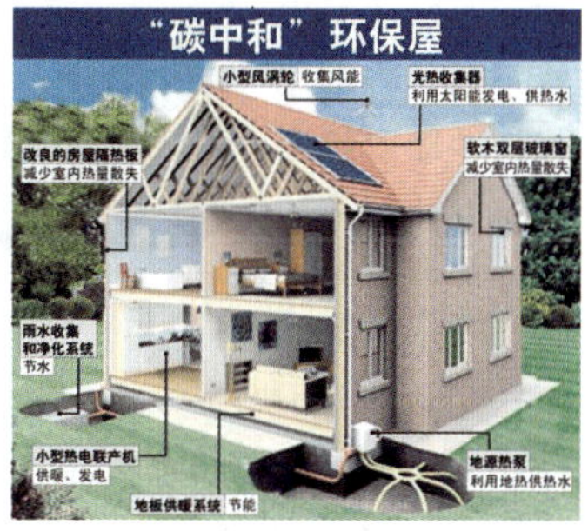

炭中和环保屋

和雨能等清洁能源获得日常生活中所必需的全部或大部分能源。如:采用自然空调技术,利用地下与地表的温差为房屋供暖或降温;通过蓄电装置将多余能源储存起来备用等。(3)节水。通过雨水收集处理技术和污水资源化技术提供部分用水。(4)无污染。使用环保建材和环保家电等;对生活垃圾等废弃物进行分类收集、再利用并作无害化、资源化处理。随着环保理念深入人心,各种类型的环保屋已越来越多地出现在人们的日常生活中。

【环保型材料】(environmental protection materials) 无致癌性、无过敏性或无急性毒性的材料。材料中无游离致癌芳香胺或材料裂解不会产生致癌芳香胺,其中可萃取的重金属及甲醛含量在极限值以下、不含环境激素和变异性化学物质、不含持续性有机污染物、不产生污染环境的化学物质。这种材料具有色泽鲜艳及高上染率、高固色率、高提升率以及匀染性能好等特性,在多个行业得到广泛应用。

【环保型染料】(environmental protection dye) 对人类及动植物生存环境不产生污染的染料。其特点是:(1)不含有 Oeko-Tex 标准 100(2005 年版)所规定的致癌芳香胺。(2)染料本身不具致癌性、过敏性或急性毒性。(3)可萃取的重金属含量在极限量以下。(4)不含环境激素。(5)甲醛含量在极限值以下。(6)不含持续性有机污染物。(7)不会产生环境污染的化学物质。(8)在染色性能、牢度性能、环境保护等方面达到国家标准。

【环锭纺纱】(ring spinning) 将牵伸、加捻和卷绕三个过程同时进行的纺纱方法。是目前最常用的纺纱方法之一。1828 年由索普发明。由罗拉实现牵伸,锭子、钢领和钢丝圈共同实现加捻和卷绕过程。将条子或粗纱经罗拉牵伸后的纤维条通过环锭钢丝圈旋转引入,筒管卷绕速度比钢丝圈快,棉纱须条被加捻制成细纱。由于纱线张力的作用,带动钢丝绕钢领回转对须条加捻,故称环锭纺纱。同时,钢领的摩擦使其转速略小于筒管而得到卷绕。纺纱速度高,纤维大多呈内外转移的圆锥形螺旋线,使纤维在纱中内外缠绕联结,纱的结构紧密,强力高。广泛应用于各种短纤维纺纱工程中,如普梳,精梳及混纺等,也适用于制线以及机织和针织等各种产品。

环锭纺纱

【环礁】(atoll reef) 远离海岸却露出海面、外形呈花环状而中央为一个水深小于 100m 的泻湖,并有一定高度的一类珊瑚礁岛。形状多样。与大陆海岸有一定的距离。中国南海诸岛的珊瑚礁多为环瞧。

环礁

【环境】(environment) 影响生物生存和发展的各种天然的和经过人工改造的自然因素的总体。包括大气、水、海洋、土地、矿藏、森林、草原、野生动植物、自然遗迹、人文遗迹、自然保护区、风景名胜区、城市和乡村等。任何事物的存在都要占据一定的空间和时间,并必然要和周围的各种事物发生联系。与其周围诸事物间发生各种联系的事物被称为中心事物,而该事物所存在的空间以及位于该空间中诸事物总称为该事物的环境。环境是相对于中心事物而言的。环境科学所研究的环境,是以人类作为中心事物的自然环境。按其范围大小的不同可分为:特定空间环境(如航空、航天和航海的密封舱环境等)、劳动环境(如车间环境等)、生活区环境(如居室环境、院落环境等)、城市环境、区域环境(如流域环境、行政区域环境等)、全球环境和宇宙环境等。

【环境保护】(enviromental protection) 人类为解决现实的或潜在的环境问题、协调人类与环境的关系、保障经济社会的持续发展而采取的各种措施的总称。包括采用行政、法律、经济、科学技术和宣传教育等方式,以求合理地利用自然资源,防止环境污染及受到破坏,保护人体健康,促进社会经济与环境协调持续发展。

【环境保护产业】(environmental protection industry) 又称环保产业、环境产业、生态产业、绿色产业、与环境相关的产业等。有狭义和广义两种定义。狭义定义是环境污染治理服务和环保产品生产及相关的技术服务,其内涵是环保产业的核心。广义定义是针对环境污染可能产生的全过程——包括原料开采、生产制造、消费使用、废弃物的环境安全处置与再利用。除包括狭义内容外,还涉及产品的绿色设计、生产过程中的清洁生产技术、节能技术与工艺以及产品使用过程中是环境友好产品。它不仅包括防止环境破坏问题,还包括废物再利用的环境效益问题。

【环境保护技术】(environmental protection technology) 污染治理、生态修复、清洁生产、循环经济等污染防治技术和所依托的产品及装备、环境监测技术和产品的总称。包括环境监测与分析技术、环境污染防治技术、生态防治技术、工业环境保护技术——清洁生产与绿色技术、农业环境保护技术——生态农业与生态工程技术等。

【环境保护技术示范】(environmental protection technology demonstration) 根据环境保护工作需要,对清洁生产技术和工艺进行工程应用的示范推广活动。依据《国家先进环境保护技术示范名录》,按照规定的程序批准,利用纳入环境保护行政主管部门管理的专项资金(中央或地方财政资金补助或企业单位自筹资金),对污染防治新技术、新工艺,以及资源综合利用率高、污染物产生量少的清洁生产技术和工艺进行工程应用示范。技术示范可起到促进环境保护技术进步,提高环境管理决策的科学性和环境保护投资效益,引导先进、成熟的环境保护技术推广应用的作用。

【环境保护贸易政策】(trade policy for environmental protection) 为防止污染转嫁和保护本国环境制定的相关贸易关税和海关检查等政策措施。中国的环境保护贸易政策的具体措施有:对进口产品和引进产品项目实行环境审查;对进出口产品的科学化环境管理;对出口产品实行环境审查;严格控制珍稀物种型产品出口;对环境敏感性产品进出口实行高关税政策;建立和健全产品进出口检验检疫制度等。

【环境保护目标责任制】(the system of responsibility for enviromental protection objective) 从行政法规的层面上正式确立的关于环境保护工作的地方行政首长负责制。该制度源于1985年在河南省洛阳市召开的城市环境保护会议。会议强调市长要对城市的环境质量负责。1996年的《国务院关于环境保护若干问题的决定》指出:“地方各级人民政府对本辖区环境质量负责,实行环境质量行政领导负责制。”即“市和区、县人民政府应当对本辖区的环境质量负责。每届政府应当根据环境保护规划制定环境保护任期目标和年度实施计划,实行环境保护行政首长负责制。”从而形成了分层次且相互衔接的环境保护地方行政首长负责制度体系。

【环境背景值】(environmental background value) 见环境本底值。

【环境本底值】(environmental background value) 又称环境背景值。自然环境在未受污染情况下各种环境要素中的化学元素和化学物质的基线含量。这是一个相对的概念。对环境本底值的测定和研究是环境科学的一项基础工作。它为环境变迁的研究、污染物在环境中迁移转化规律的研究、环境标准的制定和环境质量评价与预测奠定基础。

【环境标志】(environmental mark) 又称生态标志、绿色标志。由政府环境管理部门依据有关的法规、标准,向一些企业颁发的一种张贴在产品上的图形。用以标识该产品从生产到使用以及回收的整个过程都符合规定的环境保护要求,对生态环境无害或危害极小,并利于资源的回收和再生利用。它是一种“证明性商标”。环境标志产品的范围主要是那些对人类和环境有危害、但采取适当措施后就可以减小或消除危害的产品。环境标志产品具有两个共性:首先产品在生产过程中,企业对周围环境排放的污染物必须达到国家或地方规定的有关污染物的排放标准;其次,产品的质量和安全性能必须符合国家质量和安全标准。1993年8月,中国正式确定了环境标志图形。分别是由两种不同树叶图案构成。中国环境标志产品认证委员会是代表国家对产品环境行为进行认证、授予产品环境标志的唯一机构。

环境标志

【环境标志产品】(environmental labling product) 与同类产品相比,在满足使用、安全、卫生等基本性能要求的基础上,符合特定的环境保护要求,环境行为更为优越的产品。中国环境标志是国家认证的、具有权威性的唯一标志。环境标志产品是政府和专家双重认可的质量优、环境行为优的双优产品。以标志图形的形式告知消费者,通过消费者的选择和市场竞争,引导企业自觉调整产品结构,生产对环境有益的产品。

【环境标准】(environmental standard) 国家进行环境管理的技术基础和准则。是中国环境法律体系中一个独立的、特殊的、重要的组成部分。环境保护法明确授权国务院行政主管部门制定国家环境质量标准和污染物排放标准。国家环境目标和规划的制定，环境法律的制定和实施，环境质量的评价和监测，以及环境保护工作的监督检查，都应体现环境标准，或者以环境标准为基础和依据。中国的环境标准由三类两级组成。所谓三类是指环境质量标准、污染物排放标准和方法标准；所谓两级是指国家和地方两级。

【环境承载力】(environmental carrying capacity) 一定区域、一定时间段内自然环境对人类各种活动的支撑能力。人类赖以生存和发展的环境，是一个具有强大维持其稳态效应能力的系统，既为人类活动提供空间和载体，又为人类活动提供资源并容纳废弃物。但其承受力是有一定限度的。当人类活动排入自然环境的污染物超出了某一限度时，人类活动与环境承载力之间的冲突就会凸现出来。当今社会存在的种种环境问题，无不与此有关。当人类活动对环境的影响超过了环境所能承受的极限，人类社会的可持续发展就会出现危机。

【环境地学】(geoscience of enviroment) 环境科学的一个分支。以人—地系统为对象，研究其发展、组成及其结构、调节和控制、改造与利用等规律的学科。人—地系统是人类和地球共同构成的系统。环境地学同地理学和地质学在研究对象方面有共同性，但环境地学更关注人类活动对地理环境的影响。目前较为明确的分支学科有：环境地质学、环境地球化学、污染气象学、环境海洋学和环境土壤学等。

【环境调查】(environmental survey) 根据一个地区社会经济发展的总目标对该地区的环境状况进行自然、经济、人文等方面的普遍调查。其目的是：在调查的基础上深入分析地区环境要素特征、经济结构特征及社会文化特点，探明区域自然与生态环境污染和破坏的程度以及特定区域环境质量变化的规律，从而找出该区域的主要环境问题。环境调查工作是环境质量评价、环境规划管理、环境预测预报等工作的基础，并为这些工作提供广泛而准确的量化资料和科学依据。

环境调查

【环境毒理学】(environmental toxicology) 毒理学的一个分支。从生物医学角度研究环境污染物及其在环境中的转化产物对人体健康的有害作用及其作用规律，并指出有害影响发生概率的学科。环境医学与毒理学的交叉学科。其主要研究内容包括：(1)研究环境污染物及其在环境中的降解和转化产物对机体造成的损害和作用机理。(2)探索环境污染物对人体健康损害最初出现的生物学变化，找出早期观察指标，以便及早发现并设法排除。(3)定量评定有毒环境污染物对机体的影响，为制定环境卫生标准提供依据。其基本研究方法包括：环境流行病学方法、环境化学和毒理学研究技术、人体健康危险度及生态风险评价等。其主要分支学科有：大气污染毒理学、土壤毒理学、水环境毒理学、职业毒理学、河口生态毒理学、野生生物毒理学等。

【环境对策】(environmental countermeasure) 为解决现存或潜在的环境问题所采取的行动方案。其内涵比较广泛，一切有助于达到最终目的的手段，包括环境战略方针、环境政策、环境法规、环境教育和各种具体的技术措施，都可以视为环境对策。而通常意义上的环境对策，总是针对某种具体的环境问题而言，因而其含义也不尽相同。环境对策可分为“硬”对策和“软”对策两种。“硬”对策指具体的技术措施；“软”对策则是指管理性措施。

【环境放射性污染监测网】(the environment radioactive contamination monitoring net) 分布在不同地方的许多环境放射性物质监测站所组成的网络。中国在20世纪60年代初建立了中国环境放射性污染监测网。各监测站按照统一的监测方案和工作制度开展不间断的环境放射性监测，积累了大量监测资料，基本上掌握了中国范围内环境放射性水平和动态变化情况。

【环境分析】(environmental analysis) 对环境污染物质的组成、结构、状态以及含量进行的分析。是环境保护的重要基础。环境分析应用多种分析手段和先进技术，以查明污染物的来源和成因，对紧迫情况及早提出预报或警告，促进新的流程或更替产品，以改善人类的生存环境。在认识环境、保护环境中起着重要作用。饮用水源保护，农药、化肥和有毒化学品的影响，温室效应，酸雨和臭氧层耗竭等环境问题都依赖于环境分析。

【环境风险】(environmental venture) 见环境风险评价。

【环境风险评价】(evaluation on environmental venture) 对有毒化学物质危害人体健康的可能程度进行评价。环境风险是指由人类活动引起的，或由人类活动与自然界的运动过程共同作用造成的风险。环境风险评价则是评估事件的发生概率以及在不同概率下事件后果的严重性，并决定适宜采取的对策。

【环境服务业】(environmental service) 为环境保护、污染防治等提供相关服务的活动。环境保护产业的一个重要组成部分。包括从事以饮水安全和重点流域治理为重点的水污染防治，城市环境基础设施建设中的污水处理，城市垃圾及危险废物处理处置，噪声与振动污染防治，大气污染防治，土壤污染防治，生态保护，核与辐射环境安全，与环保工程相关的环境技术开发，环境咨询，环境信息，环境工程建设，污染治理设施运营，环境监测，环境审核，环境贸易，培训与教育等服务。环境服务业属于技术密集型产业。中国环境服务业的主体(如各种污染的处理处置及运营管理)目前还基本属于公益事业，利用市场规律发展环境服务业的良性机制尚未完全形成。

【环境工程学】(environmental engineering) 环境科学的一个分支。环境科学与工程学的交叉学科。是人类在治理环境污染、保护和改善生存环境的过程中形成的一门学科。其研究目的是制定环境规划、对污染物实施监测、控制和对环境污染进行工程治理。其主要研究内容包括：水体污染防治工程、大气污染防治工程、固体废物的处理和利用工程、噪声与振动控制等。广义上的环境工程学是综合运用环境科学的基础理论和有关的工程技术，控制和改善环境质量，通过系统工程方法，在更大的区域内寻求解决环境问题的方案。

【环境功能区划】(differences between environmental functions) 对经济和社会发展起特定作用的地域与环境单元划分。从环境特征或环境承载力与人类活动和谐的角度来规划城市的功能区，以合理布局来协调环境、经济与人口的关系。功能区划分的主要目的是为了合理布局，确定具体的环境目标，也为了便于目标的管理和执行。是环境规划的一项重要基础性工作。

【环境管理】(environmental management) 国家环境保护部门通过法律、经济、技术、行政、教育等手段，限制危害环境质量的活动、协调生产与环境的关系、达到既发展经济又保护环境的管理活动的总称。包括自然环境管理、自然资源管理、生产和生活环境管理。是针对次生环境问题的一种管理活动。主要解决由于人类活动所造成的各类环境问题，核心是对人的管理，包括宏观管理和微观管理两部分。宏观环境管理是从综合决策入手，解决发展战略问题，实施主体是国家和地方政府；微观环境管理是从执法监督入手，解决具体的环境污染和生态破坏问题，实施主体是各级环境保护部门。中国的环境管理主要采取法制建设、计划指导、行政干预、经济奖惩、环境监测和宣传教育等手段。

【环境管理学】(science of environmental management) 以实现可持续发展战略为根本目标，研究环境管理的规律、特点、理论和方法的学科。它综合运用环境科学和管理科学的理论与方法，研究人类—环境系统的管理过程和运动规律，采用各种手段调控人类社会经济活动与环境保护之间的关系，为环境管理提供理论和方法上的指导。

【环境管理制度】(environmental management system) 围绕环境保护战略及政策制定的具体制度和措施。中国的环境管理制度主要包括：(1)“三同时”制度。(2)排污收费制度。(3)环境影响评价制度。(4)环境保护目标责任制度。(5)城市环境综合整治定量考核制度。(6)排污许可证制度。(7)污染集中控制制度；(8)限期治理制度。

【环境规划】(environmental planning) 为使环境与社会经济协调发展，依据社会经济发展规律、生态学原理和地学原理所作出的比较全面的长远发展计划。是国民经济与社会发展规划的有机组成部分。其主要内容有：(1)环境规划研究对象是“社会—经济—环境”这一大的复合生态系统，可能指整个国家，也可指一个区域(省区、城市、流域)。(2)环境规划任务在于使系统协调发展，维护系统良性循环，以谋求系统最佳发展。(3)环境规划依据社会经济原理、生态原理、地学原理、系统理论和可持续发展理论，充分体现这一学科的交叉性、边缘性。(4)环境规划主要内容是合理安排人类自身活动和环境。(5)环境规划是在一定条件下的优化，必须符合一定历史时期的技术、经济发展水平和能力。

环境规划

【环境荷尔蒙】(environmental hormone) 见环境激素。

【环境化学】(environmental chemistry) 化学的一个分支。研究环境中的基本化学问题的学科。主要研究物质在环境中的存在、转化、行为、效应及其过程的化学原理和方法。其主要包括：(1)环境分析化学。(2)大气、水体和土壤环境化学。(3)污染生态化学。(4)污染控制化学。其主要研究方向是:(1)超痕量难降解有毒污染物的分离、分析,污染物的环境行为及界面过程的动态分析。(2)污染物与生物的相互作用、复合污染过程、机制及效应。(3)区域环境质量演变过程与机制。(4)大气、水体及土壤污染控制及修复原理与技术,固体废弃物处置新技术及资源化处理。(5)纳米材料在生态环境修复及污染控制领域的应用及其对生态环境的影响。(6)大气颗粒物和有毒化学物质低剂量长时期暴露的生物、生态效应及风险评估的方法学,新发现有毒污染物的环境行为和生态毒性效应研究等。

【环境恢复】(environment resuming) 环境系统在长期的演变过程中逐渐形成的一种自我调节能力。当环境系统受到自然或人类的干扰时,其系统内部进行的物理过程、化学过程、生物过程可以减轻或消除外界的干扰,使环境恢复原有的结构和功能,维持和保护系统的稳定性。环境恢复能力是环境系统的重要特点之一。人类应充分合理地利用环境的恢复能力,更好地保护环境。

采空区复耕

【环境基质】(environmental elements) 见环境要素。

【环境基准】(environmental criteria) 见环境质量标准。

【环境激素】(environmental hormone) 又称环境荷尔蒙,外因性内分泌干扰物质。通过介入有机体内激素的合成、分泌、体内输送、结合或分解作用影响有机体稳定、生殖、发展或者行为的外来物质。具有与内分泌激素类似的结构。进入人体或野生动物体内,干扰其内分泌系统和生殖系统功能,干扰基因传递而导致病患。被列入环境激素的有三丁锡、三苯锡以及源于塑料添加剂和洗涤剂的壬酚、垃圾焚烧场排出的剧毒物质二恶英、苯乙烯、多氯联苯、石棉以及滴滴涕、氯丹、汞、镉、酞酸酯、有机氯、有机磷杀虫剂、除草剂、杀菌剂、汽车尾气等70多种有害物质,其中有7种最危险的环境激素多来自人们常用的涂料、洗涤剂、树脂和增塑剂等的生产过程。

【环境技术管理】(environmental technology management) 国家对环境友好技术、环境保护专业技术和环境保护标准的管理工作。包括指导全社会在生产和生活中采用环境友好的技术;支撑环境监察执法、环境影响评价、环境监测和环保标准制修订等管理工作;以及对环境技术进行评估、示范、推广和规范等活动。环境技术管理是环境管理体系中的重要组成部分。

【环境监测】(environmental monitoring) 按照预先设计的时间和空间、用可以比较的环境信息和资料收集的方法,对一种或多种环境要素或指标进行间断或连续观察、测定,并分析其变化及其对环境影响的过程。是对环境化学污染物及物理和生物污染因素进行现场的、长期的、连续的监视和测定。是运用现代科学方法对环境质量进行定量描述的一个体系。包括大气监测、水质污染监测、土壤和固体废弃物监测、生物污染监测、生态监测、噪声污染监测和放射性污染监测等。按其任务性质的不同又可分为科研监测、常规监测、事故监测、仲裁监测等。是环境管理和环境科研的基础。是环境科学的重要组成部分。

【环境监测程序】(environmental monitoring procedure) 正常开展环境监测工作的次序。包括以下内容:(1)现场调查与资料收集。环境污染随时间、空间变化,受气象、季节、地形地貌等因素的影响,应根据监测区域呈现的特点,主要调查各种污染源及其排放情况和自然与社会环境特征,包括:地理位置、地形地貌、气象气候、土地利用情况以及社会经济发展状况。(2)确定监测项目。应根据国家规定的环境质量标准,结合本地区主要污染源及其主要排放物的特点来选择,测定一些气象及水文项目。(3)确定监测点布置及采样时间和方式。采样点布设得是否合理,是能否获得有代表性样品的前提,应予以充分重视。(4)选择和确定环境样品的保存方法。(5)环境样品的分析测试。(6)数据处理与结果上报。由于监测误差存在于环境监测的全过程,只有在可靠的采样和分析测试的基础上,运用数理统计的方法处理数据,才可能得到符合客观要求的数据,处理得出的数据应经仔细复核后才能上报。

【环境监测技术】(technology of environment monitor) 完成环境监测任务的所有技术手段和方法。包括应用化学、物理、生物等现代科学技术方法,间断地或连续地监测代表环境质量及变化的各种数据的全过程。主要有化学分析法、仪器分析法和生物技术法。化学分析法是以特定的化学反应为基础的分析方法,分重量分析法和容量分析法两类;仪器分析法是以光的吸收、辐射、散射等性质为基础的分析方法,主要有光谱法、电化学分析法、色谱分析法等;生物技术法是利用植物和动物在污染环境中所产生的各种反映信息来判断环境质量的方法,是一种最直接的方法。环境监测技术不仅包括各种测试技术,还包括布点技术、采样技术、数据技术和综合评价等。

【环境监测网络】(environmental monitor network) 按行政管理体系建立的用于环境保护的管理型监测网络。由国家级(一级)网、省级(二级)网和地(州、市)级(三级)网组成。一级网成员为中国环境监测总站、各省(自治区、直辖市)环境监测中心站、国务院各部(委)、局、总公司环境监测中心站;二级网由各省(自治区、直辖市)环境监测中心站、地(州、市)环境监测站、各省厅(局)环境监测站组成;三级网由地(州、市)环境监测站、各县(旗、区)环境监测站、各市有关局、大中型企业环境监测站组成。

【环境监测仪器】(environmental monitoring instrument) 用于进行环境监测任务的仪器设备。主要包括:(1)通用的实验室分析仪器。包括光学类仪器,如可见紫外分光光度计、荧光光度计、原子吸收光度计、等离子体光谱仪、X射线荧光光谱仪和红外光谱仪;电化学类仪器,如pH计、电导仪、库仑计、电位滴定仪、离子活度计和各种极谱仪;色谱类的仪器,如离子色谱仪、气相色谱仪、高压液相色谱仪、色谱/质谱联机和液谱/质谱联机等。(2)专用监测仪器。包括空气监测仪器,TSP、PM10、PM2.5采样器及其监测仪器(β射线吸收,晶体震荡天平);气体自动采样器;SO_2、NO、NO_x、O_3和CO监测仪。水质监测方面:测汞仪、测油仪、COD_{Cr}测定仪、BOD_5测定仪、DO仪、污水流量计和比例自动采样器等。(3)自动监测系统。空气地面自动监测系统、环境水质自动监测系统、工业污染源在线连续自动监测系统和道路交通噪声自动监测系统等。

环境监测仪器

【环境监测质量保证】(environmental monitor quality assurance) 环境监测的全面过程管理。包括制订计划,根据需要和可能确定监测指标及数据的质量要求,规定相应的分析监测系统等。其内容有:采样、样品预处理、储存、运输、实验室供应、仪器设备、器皿的选择和校准,试剂、溶剂和基准物质的选用,统一测量方法,质量控制程序,数据的记录和整理,各类人员的要求和技术培训,实验室的清洁和安全以及编写有关的文件、指南和手册等。环境监测质量保证可以保证数据质量,使环境监测建立在可靠的基础之上。

【环境教育】(environmental education) 借助于教育手段使人们认识环境、了解环境问题,获得治理环境污染和防止新的环境问题产生的知识和技能的系统工程。其目的是:(1)培养广大人民群众自觉保护环境的道德风尚,提高全民族的环境与发展意识。(2)培养和造就热心环境保护事业、成为改善和创造高质量的生产和生活环境所需的各层次管理和专业人士,推动全社会成员共同努力保护人类环境。环境教育是贯彻保护环境这一基本国策的一项基础工程,是中国可持续发展能力建设的一个重要内容。

【环境经济学】(economics of environment) 经济学的一个分支。研究经济发展和环境保护之间的相互关系的学科。经济学和环境科学交叉的学科。主要研究合理调节人与自然之间的物质变换,使社会经济活动符合自然生态平衡和物质循环规律,不仅能取得近期的直接效果,又能取得远期的间接效果。环境经济学以经济学为理论基础。其主要内容有四个方面:环境经济学的基本理论 、社会生产力的合理组织、环境保护的经济效果和运用经济手段进行环境管理。

【环境净化材料】(environment clean material) 用于净化环境污染的材料的统称。常见的环境净化材料有大气污染控制材料、水污染控制材料及其他污染控制材料等。

【环境科学】(environmental science) 研究人与环境之间关系的科学。其研究内容分两个层次:(1)在宏观上研究人与环境的相互作用,揭示社会 、经济和环境协调发展的基本规律,即可持续发展的思路。(2)在微观上研究环境中的物质,尤其是人类活动产生的污染物在环境中的产生、迁移、转变、积累、归宿及其运动规律,为保护环境提供科学基础。环境科学还研究环境污染综合防治技术和管理措施,寻求环境污染的预防、控制和消除的途径与方法。

【环境空气污染监测】(environmental air pollution monitoring) 间断或连续测定环境空气中污染物的浓度,观察、分析其在环境空气中的来源、分布、数量、动向、转化以及其对环境影响的过程。是环境保护的重要工作内容之一。可分为三类:(1)污染源监测。目的是了解这些污染物所排出的有毒有害物质是否符合现行排放标准,同时还包括对现有净化设备性能的评估,确定排放时失散的材料或产品所造成的经济损失。(2)空气质量监测。了解和评价环境空气质量状况,并提出警戒限度。通过长期监测,为修订或制定国家卫生标准及其他环境保护法规积累资料,为预测预报创造条件。(3)特定目的的监测。为一个或几个特定的目的所进行的监测,如应急监测等。

【环境评价】(environmental assessment) 对一切可能引起环境发生变化的人类社会行为,包括政策、法令在内,从环境保护的角度进行定性和定量的评定。狭义上称为环境质量评价;广义上不仅仅是指对环境质量的评价,而且还对环境的结构、状态、质量、功能的现状进行综合分析,对可能发生的变化进行预测,对其与社会经济发展活动的协调性进行定性和定量的评估。环境评价是一种约束人类社会行为、防止环境遭到污染和破坏的技术或行政管理方法。在时间上分为环境现状评价、环境影响评价;在内容上分为单项评价和综合评价。

【环境破坏】(environmental destroy) 由于不合理地开发、利用资源和进行大型工程建设使自然环境和资源遭到破坏。主要指人类在改造自然的过程中,因进行大型工程建设而引起的自然环境、资源和生态系统质量的恶化,如水土流失、沙漠化、地下水枯竭、地面下沉、珍稀物种灭绝、地质结构改变、地貌景观破坏等。其后果往往需要很长时间才能恢复,有的甚至不可逆转。环境破坏不同于环境污染。环境污染属于环境破坏,环境破坏不一定是环境污染,二者是整体与部分的关系。

环境破坏

【环境容量】(environmental capacity) 某一环境在自然生态结构与正常功能不受损害、人类生存环境质量不下降的前提下所能容纳的污染物的最大负荷量。分为总容量(即绝对容量)与年容量。前者是某一环境所能容纳某种污染物的最大负荷量,由环境标准值和环境背景值所决定;后者是指某一环境在污染物的积累浓度不超过环境标准规定的最大容许值的情况下每年所能容纳污染物的最大负荷量。年容量的大小,除了与环境标准值和环境背景值有关外,还同环境对污染物的净化能力有关。

【环境设计】(environmental art design) 又称环境艺术设计。以建筑学为基础,一种对人类的生存空间有其侧重点的艺术设计。主要由建筑设计、室内设计、公共艺术设计和景观设计等组成。在内容上,几乎包含了除平面和广告艺术设计之外其他所有的艺术设计,比较注重建筑的室内外环境艺术气氛的营造。与城市规划设计相比,则比较注重规划细节的落实与完善。与园林设计相比,则比较注重局部与整体的关系。是艺术与技术的有机结合体。与产品设计相比,其创造的是人类的生存空间;而产品设计创造的是空间中的要素。其主要任务是:(1)综合自然、人工、社会和经济等因素,确定所设计环境的使用性质、人口密度、建筑密度和建筑容积率;考虑不同功能的用地分配和相互关系,确定交通系统,信息传递和公共设施的布局。(2)充分利用当地环境范围内的地形和地貌等自然因素,合理组织空间、考虑景向和突出主要的自然特征;结合建筑造型,塑造人工环境,使自然环境与人工环境协调统一;确定环境小气候,声环境和空气环境等方面的定量数值。(3)尊重民族和地方特色,力求形成具有历史连续性的环境气氛。

【环境生态学】(environmental ecology) 生态学的一个分支。研究污染物质在各个生态系统中的扩散、富集规律以及致害影响等问题的学科。其主要研究内容包括:(1)调查几种重要生态环境(如海洋、农田、河流、草原、森林等)的污染情况、自然资源的受害情况、环境对有害物的容量及生态系统中的物质循环规律。(2)研究工农业生产过程中排放的废弃物在生物之间的连锁关系以及分解、转移、浓缩的规律。(3)研究农林牧害虫的生理生态特性及环境条件对它们生存的影响,为综合防治害虫提供理论基础。

【环境生物技术】(environmental biotechnolog) 又称环境生物工程。应用生物生命代谢活动中的生物化学作用,将污染物转化为无毒、无害和稳定性物质的污染物消除技术。是现代生物技术和环境科学与工程紧密结合的交叉学科。其内容包含生物学基础与理论基础、环境污染治理基因工程技术、环境污染生物治理技术、环境污染生物修复技术、环境污染预防生物技术、环境污染生物监测技术等。环境生物技术是环境保护中应用最广泛、最重要的单项技术,在水污染控制、大气污染治理、有毒有害物质的降解、清洁可再生能源的开发、废物资源化、环境监测、污染环境的修复和工业企业的清洁生产等环境保护的各个方面，发挥着极为重要的作用。目前国际上许多环境生物技术成果已进入商品化、产业化发展阶段。

【环境生物学】（environmental biology） 生物学的一个分支。研究生物与受人类干预的环境之间相互作用的规律及机理的学科。以A. G. 坦斯利提出的生态系统概念作为主要的理论基础，研究对象就是受人类干预的生态系统。人类干预包括两个方面：一是指人类活动对生态系统造成的污染；二是指人类活动对生态系统的影响和破坏，如对森林的滥砍滥伐，对草原的过度放牧，不合理的围湖造田和大型水利工程建设等。其主要研究内容包括：环境污染引起的生态效应；生物或生态系统对污染的净化功能；利用生物对环境进行监测、评价的原理和方法以及自然保护等。其研究目的是：为人类合理地利用自然和自然资源、保护和改善人类的生存环境提供理论基础，促进环境和生物朝有利于人类的方向发展。

【环境适宜度】（environmental appropriate measure） 环境状态的一种特性和功能程度。有广义和狭义之分。广义上，当把社会、经济、环境作为一个大系统的三个基本环节时，指的是此环境状态是否能适应社会、经济发展的需要，并与它们一起组成一个结构和谐并有着高效生产能力的系统。狭义上，当把环境看作人类生活条件的背景时，指的是环境状态对人类在生活条件和对优美、舒适、方便等不断增长的需求方面的适应程度。

【环境水质监测】（environmental water quality monitoring） 根据国家环境保护部门及其他有关部门颁布的水质标准对地表水和地下水的质量进行分析测定与评价的工作。其主要监测指标有75项。其中包括：一般参数如水温和pH；氧平衡参数如DO值；高锰酸钾指数；化学需氧量（COD）和5日生化需氧量（BOD_5）；重金属参数；非金属参数；富营养化参数；有机污染物参数以及生物参数如粪大肠菌群等。

水质分析仪

【环境替代材料】（environmental replace material） 可替代危害环境材料的一类环境材料。常用的环境替代材料有替代氟利昂的制冷剂材料、工业和民用的无磷化学品材料、工业石棉替代材料以及其他替代材料。

【环境退化】（environmental degeneration） 由于自然或人为原因引起的环境质量下降与环境结构的异常改变。人类活动是造成全球范围内环境退化的主要影响因素，如工农业生产导致的各种污染。环境退化会导致严重的自然灾害，使环境朝着不利于人类生活和社会经济发展方向变化。

【环境危机】（environmental crisis） 人类活动导致的地区性、区域性甚至全球性的环境功能的衰退或破坏。其产生的原因是：（1）人类的环境意识薄弱，没有深刻认识到人与环境相互依存和相互作用的关系。（2）世界人口增长过快，特别是经济落后国家，因人口压力而过度地向环境索取资源，给环境造成巨大压力和破坏。（3）生产过程中没有充分合理利用自然资源，向环境排放大量废弃物质。（4）人类利用科学技术，经常不适当地扩大干预自然的规模和程度，导致局部和全球性的气候异常、森林植被锐减、水土流失、淡水资源枯竭、环境污染严重及环境质量下降等。环境危机严重影响和威胁人类自身的生存和发展。

【环境微生物工程】（environmental microbiological engineering） 运用微生物工程的原理、技术以及设备保护和净化环境的工程技术。工程中起主体作用的是微生物或其生物制品，应用的范围是目标环境，贯穿其间的是相关技术系统。环境微生物工程是环境工程的组成部分，由基础研究和工程实施两部分组成。其技术核心是微生物的研究、开发和利用技术。环境微生物工程经常针对的是各种类型的污染物或污染现场，不能使用单一固定的培养基配方，而要以种群发挥主体功能。

【环境问题】（environmental problem） 由自然因素或人类活动导致全球环境或区域环境出现的不利于人类生存及发展的各种现象。是目前世界人类面临的主要问题之一。当今全球性最紧迫的环境问题，可归纳为六大问题：人口增长或人口膨胀、全球性气候变迁、大气污染、遗传学方面的变化及有些动植物物种灭绝、土地贫瘠化和生态平衡失调。如要从根本上解决这些环境问题，不仅需要技术的更新、经济法律制度的变革和工业文明的转型，更有赖于人们思想上、伦理观念上的觉悟。

【环境污染】（environmental pollution） 环境系统的结构与功能产生有害于人类及其他生物的正常生存和发展的现象。产生的原因主要是人类对资源的不合理使用和浪费。人类在进行大规模的物质生产中,直接或间接地向环境排放超过其自净能力的物质或能量,使环境质量降低,生态系统的结构与功能发生变化,对人类以及其他生物的生存与发展造成不利影响。按环境结构单元的不同可分为大气污染、水体污染、土壤污染、生态污染;按污染物形态的不同可分为废水污染、废气污染、噪声污染、固体污染;按污染物性质的不同可分为化学污染、物理污染、生物污染、放射性污染;按污染产生原因的不同可分为:生产污染和生活污染。前者又可分为工业污染、农业污染、交通污染等;按污染物分布范围的不同可分为:全球性污染、区域性污染和局部性污染等。环境污染不仅能引起生物体的急性中毒和慢性危害、对机体的免疫功能产生影响,而且会引起生物体遗传物质的变化,甚至引起全球气候变化等。

环境污染

【环境污染防治工程】(environmental pollution control projects) 防治环境污染所采取的各种工程技术措施。包括解决从污染产生、发展、直到消除的全过程的有关问题,如确定和查明污染产生的原因,研究防治污染的原理和方法,设计消除污染的工艺流程,开发无公害能源和新型设备等。其具体内容包括:废水、废气、固体废物、噪声及振动、电磁波辐射及放射性废物等的防治工程,以及“三废”资源化、环境生态建设和恢复工程、环境污染治理工程等。

【环境污染负荷】(environmental pollution load) 人类社会各种活动所产生的排入环境的污染物总量。对于一个特定的“环境”而言,由于所包含的空间大小不同,结构组成不同,功能不同,因而对环境污染负荷的承受能力也不同。

【环境污染物扩散因子】(environmental pollution proliferation factor) 污染物的扩散动力和载体。如水力迁移、风力迁移、重力迁移和生物迁移等。当污染源存在并释放污染物时,未必都形成污染。环境是否污染,还要看扩散因子的传递和在一定范围内的积聚量以及持续的时间。

【环境污染指数】(environmental pollution index) 由各种环境质量参数归纳出来、综合表示环境污染程度和环境质量等级的一个概括数值。环境中的污染物总是以复合状态存在的,往往对环境产生综合作用。采用环境污染指数这一综合指标,既能客观反映当地的环境质量,又能相对比较不同时间和地区环境污染程度和环境质量的优劣,因而在环境质量评价中得到广泛应用。按其环境要素的不同可以分为:水污染指数、土壤污染指数和大气污染指数。

【环境污染治理设施运营资质许可制度】(operation of environmental pollution control licensing system) 根据原国家环境保护总局《环境污染治理设施运营资质许可管理办法》(第23号令)的规定,国家对环境污染治理设施运营活动实行的运营资质许可制度。从事环境污染治理设施运营的单位,必须按照本办法的规定申请获得环境污染治理设施运营资质证书,并按照资质证书的规定从事环境污染治理设施运营活动。各级环境污染治理设施运营资质分为生活污水、工业废水、除尘脱硫、工业废气、工业固体废物(危险废物除外)、生活垃圾、自动连续监测等专业类别。环境污染治理设施运营资质证书分为甲级和乙级两个级别。资质证书由国家环境保护总局按照环境污染治理设施运营资质分级分类标准统一编号、印制。环境污染治理设施运营是指专门从事污染物处理、处置的社会化有偿服务或者以营利为目的根据双方签订的合同承担他人环境污染治理设施运营管理的活动。

【环境物理学】(environmental physics) 物理学的一个分支。研究物理环境同人类相互作用的学科。主要研究声、光、热、加速度、振动、电磁场和射线对人类的影响及其评价,以及消除这些影响的技术途径和控制措施。其目的是为人类创造一个适宜的物理环境。按其研究对象的不同可分为环境声学、环境光学、环境热学、环境电磁学和环境空气动力学等分支学科。

【环境误差】(environmental error) 由于实际的试验环境不完全符合测定所要求的条件而引起的误差。例如,环境温度的变化引起测定仪器和器皿精度的改变;温度、湿度、振动对准确称量的影响;照明情况变化引起视差对读数的影响等都会引起测量值的误差。

【环境效应】(environmental effect) 自然过程或人类活动造成的环境污染或破坏所引起的环境系统结构和功能的变化。按其起因的不同可分为自然环境效应和人为环境效应。前者是以地能和太阳能为主要动力而引起的环境变化;后者是由人类活动引起的环境变化。按环境变化性质的不同可以分为环境生物效应、环境化学效应和环境物理效应。环境生物效应是各种环境因素变化而导致生态系统的变异，如中生代恐龙的灭绝、现代公害病等；环境化学效应是在各种环境条件影响下，物质之间的化学反应所引起的环境变化后果，如湖泊酸化、光化学烟雾等；环境物理效应是由物理作用引起的环境变化后果，如城市热岛效应、温室效应和噪声等。

【环境信息】（environmental information） 由环境与污染源的监测、调研及环境科学研究等活动中所得到的有关环境数据与资料的总称。是环境管理、控制和统计的依据。包括与环境问题有关的水文、气象、地质等方面的数据与资料，以及由上述初始数据与资料经过加工、处理后的二次数据与资料。属于空间信息，其位置的识别是与数据联系在一起的，这是环境信息区别于其他类型信息的最显著的标志。环境信息具有信息源广、信息量大和离散程度高等特点。

【环境修复材料】（environmental repairing material） 能对已破坏的环境进行生态化治理及恢复的一类生态环境材料。常见的有防止土壤沙化的固沙植被材料、二氧化碳固化材料以及臭氧层修复材料等。

【环境养生】（environmental health） 利用空气、水源、阳光、土地、植被、住宅、社会人文等综合因素所形成的有利于人类生活、工作、学习的环境条件进行养生的方法。自然环境的优劣，直接影响到人的寿命。居住在空气清新、气候适宜的地区的人多长寿，而居住在空气污浊、气候炎热的地区的人寿命较短。适宜人类养生的自然环境应当是由洁净而充足的水源、新鲜的空气、充沛的阳光、良好的植被以及幽静秀丽的等景观构成。这样的自然环境，不仅应满足人类基本的物质生活需求，还要适应人类特殊的心理需求，甚至要与不同的民族、风俗相和谐。

【环境遥感监测】（environmental remote sensing） 利用航空和航天遥感仪器对环境进行的监测。利用遥感仪器通过摄影和扫描两种方法从高空或远距离处接收地球表面被测物体反射或辐射的电磁波信息，并加工处理成能识别的图像或计算机用的记录磁带，从而显示大气、陆地、海洋等环境状况及其变化。该方法可用于大面积同步监测。

【环境药理学】（environmental pharmacology） 研究环境、药物与机体之间相互作用及其规律和作用机制的一门学科。研究内容主要包括环境因素、化学药物以及机体机能的变化机制等问题。根据生活在自然环境中的生物机体与环境有着密切关系的原理，生物机体的生命活动必然受到环境因素的影响，所以环境药理学将环境因素对机体及化学药物的作用机理进行深入研究，从而为更好的临床用药奠定基础。

【环境要素】（environmental factor） 又称环境基质。构成人类整体环境的各个独立、性质不同而又服从整体演化规律的基本物质组分。是组成环境的结构单位。环境的结构单位又组成环境整体或环境系统。是认识环境、评价环境、改造环境的基本依据。分为自然环境要素和社会环境要素。通常讲的是指自然环境要素，包括水、大气、岩石、生物、阳光和土壤等。社会环境要素是人类社会在长期发展中为不断提高人类的物质和文化生活而创造出来的。社会环境要素依人类对环境的利用或环境的功能分为聚落环境（如院落环境、村落环境、城市环境）、生产环境（如工厂环境、矿山环境、农场环境、林场环境、果园环境等）、交通环境（如机场环境、港口环境）和文化环境（如学校及文化教育区、文物古迹保护区、风景游览区和自然保护区）等。

【环境一号卫星工程】（No. 1 environmental satellite engineering） 中国于2008年9月6日采用一箭双星发射成功的环境一号A、B卫星（两颗光学卫星）。卫星工程由卫星系统、地面系统、应用系统三大部分组成。卫星系统是指卫星平台和有效载荷、数据下传及在轨运行管理等内容；地面系统主要包括数据接收及其标准化处理、分发服务以及对卫星有效载荷的业务运行管理等内容；应用系统包括环境应用系统和减灾应用系统。环境一号A、B星拥有光学、热红外、超光谱等多种遥感探测设备。主要用于大范围、全天候、全天时动态地开展生态环境监测及评价，跟踪部分类型突发环境污染事件的发生和发展。环境一号卫星工程的应用将全面提升中国的环境监测预警能力和水平，为天地一体化的先进环境监测预警体系建设奠定坚实的基础。

环境一号卫星工程

【环境医学】(environment medicine) 预防医学的一个分支。研究环境与人类健康的关系，特别是研究环境污染对人类健康的有害影响及其预防的学科。是环境科学也是预防医学的重要组成部分。其主要研究内容有：环境流行病学、环境毒理学、环境医学检测和环境卫生标准等。

【环境异常】(environmental abnormality) 由于环境变化破坏了自然生态的相对平衡而使人类及其他生命体受到威胁或被灭绝的现象。环境要素的改变，可使生态系统产生不可逆转的变化，靠自然力不能使环境恢复原有状态，或达到新的生态平衡。按其发生的范围的不同可分为全球环境异常、区域环境异常和局部性环境异常。例如，如今世界范围内温度增高，就是全球环境异常；中国西南地区酸雨问题严重，就是区域环境异常；某地或某区发生的废水排放或废气排放，就构成局部性环境异常。环境异常在程度上有别于环境灾害，但是环境异常现象的加剧，有可能导致环境灾害的发生。

【环境影响报告书】(environment impact report) 环境影响评价程序和内容的书面表现形式。环境影响评价制度的重要组成部分，也是环境影响评价工作成果的集中体现。按照《中华人民共和国环境保护法》的规定，凡对环境有较大影响的建设和开发项目，都必须编制环境影响报告书。报告书由环境影响评价单位编写，由建设或开发单位提交给环境保护主管部门进行审查，并作为批准或否决建设项目的重要依据。在编写时应遵循下述原则：全面、客观、公正、简明扼要地反映环境影响评价的全部工作。文字应简洁、准确；图表应清晰；论点应明确。大型或复杂的项目，应有主报告和分报告或附件。其报告的主要内容包括：编制由来、目的、依据、标准、建设项目概况、建设项目周围地区的环境现状、建设方案实施后对周围地区环境可能产生的影响、建设项目拟采取的环境保护措施及其可行性的技术经济论证意见、结论与建议等。

【环境影响评价】(environmental impact assessment) 事先对规划和建设项目可能造成的环境影响进行的分析、预测和评估。环境影响评价应提出减轻不良环境影响的对策和措施，提出进行跟踪监测的方法与制度。其目的是为了实施可持续发展战略，促进经济、社会和环境的协调发展。其内容是对建设项目提出有针对性的环境保护措施，预防一些可能对环境产生的不良影响；还可以通过对可行性方案的比较和筛选，把某些建设项目的环境影响减小到最低程度。

【环境影响评价制度】(system of environmental impact assessment) 事先对规划和建设项目实施后可能造成的环境影响进行分析、预测和评估的措施。是从源头上控制环境污染和生态破坏的行政措施。其目的是为建设项目的合理选址和制定区域经济发展规划提供科学依据，促进经济、社会和环境的协调发展。以固定资产投资方式进行的一切开发建设项目，包括基本建设、技术改造、房地产开发(开发区建设、新区建设、老区改造)、其他工程和设施建设以及对环境可能造成影响的饮食娱乐服务性行业等，都属于环境影响评价制度的管理范围。

【环境优先污染物】(environmental priority pollutant) 又称优先污染物。需要优先监控的污染物。优先污染物均具有较强毒性、难降解，具有致癌、致畸和致突变性，具有生物积累性，在环境中出现频率较高，有一定残留，并且已具备检出方法。世界各国发展情况不同，污染状况也不同，优先控制的污染物也有所不同。中国根据当前社会经济技术条件和环境管理的需要，有步骤地在众多污染物中筛选出最具代表性、具有较大排放量、对人体健康和生态平衡危害大或潜在危害大、在环境中出现频率高的污染物作为优先控制对象。对优先污染物进行的监测称为优先监测。“中国水环境优先污染物黑名单”，包括14种化学类别，共68种有毒化学物质，其中有机物占58种。

环境优先污染物

【环境友好纺织品】(environmental friendly textiles) 对人类和大自然不产生任何负面影响的纺织产品。其特点是：(1)符合ISO14000要求，可回收利用。(2)在维持纺织品原有功能的前提下，尽可能减少原料耗用量。(3)减少排污。大幅度减少水及清洁剂的使用，降低河川污染。(4)对水土保持有利。(5)可在短期内自然降解。

【环境友好化学】(friendly environmentall chemistry) 见绿色化学。

【环境友好企业】(friendly environment enterprises) 清洁生产、污染治理、节能降耗、资

源综合利用等方面都达到国家规定的考核指标的企业。国家环境保护部(原国家环保总局)2003年提出在中国开展创建国家环境友好企业的活动,从企业污染防治、环境管理、产品对环境影响等三个方面设置了22项考核指标。

【环境友好型肥料】(friendly environment fertilizer) 见纳米包膜肥料。

【环境友好型社会】(friendly environment society) 以人与自然和谐为目标、以环境承载能力为基础、以遵循自然规律为核心、倡导环境文化和生态文明、追求经济、社会、环境协调发展的社会体系。体现了人类发展的现代理念。由环境友好型技术、环境友好型产品、环境友好型企业、环境友好型产业、环境友好型学校、环境友好型社区等组成。主要包括:有利于环境的生产和消费方式;无污染或低污染的技术、工艺和产品;对环境和人体健康无不利影响的各种开发建设活动;符合生态条件的生产力布局;少污染与低损耗的产业结构;持续发展的绿色产业;人人关爱环境的社会风尚和文化氛围等。建设环境友好型社会的核心是正确处理人与自然的关系,通过资源的高效利用、合理配置和有效保护,实现经济、社会和生态的可持续发展。

【环境与健康监测网络】(monitoring network of environment and health) 根据中国环境与健康工作实际需要,制定统一的国家监测方案和监测规范,利用现有各个部门相关的监测网络、监测工作和监测力量,组成开展实时、系统的环境污染及其健康危害监测的网络。其内容包括:饮水安全与健康监测网络、空气污染与健康监测网络、土壤环境与健康监测网络、极端大气气候事件与健康监测网络、公共场所卫生和特定场所生物安全监测网络等。通过及时有效地分析环境因素导致的健康影响和危害结果,掌握环境污染与健康影响发展趋势,为国家制定有效的干预对策和措施提供科学依据。

【环境预测】(environmental predicting) 根据人类已掌握的信息、资料、经验和规律,运用现代科学技术的手段和方法,对未来的环境状况、环境发展趋势及其主要污染物和污染源的动态变化进行描述、分析的过程。其目的是预先推测出实施经济发展达到某个水平时的环境状况,以便在时间、空间上作出具体的安排和部署。其类型有警告预测、目标导向预测和规划协调预测。其主要内容包括:社会、经济发展预测、环境容量和资源预测、环境污染预测、社会和经济损失预测、环境治理和投资预测、生态环境预测等。

【环境灾害】(environmental disaster) 人类活动的影响超过自然环境的承载能力、致使自然环境系统的功能和结构部分或全部遭到破坏而对人类的生活环境造成的危害。是环境部分或全部失去其服务于人类的功能,或者给人类生命财产构成严重破坏的自然及社会现象。包括人为环境灾害(工业事件与事故),如大气污染、土壤退化、沙漠化及地面沉降等;还包括自然环境灾害,如地震、洪水、滑坡与泥石流、干旱、飓风和火山喷发等。

环境灾害

【环境在线自动监测系统】(automatic monitoring system of on-line environment) 能够对工业污染源、大气环境及地表水质等进行自动化监控及综合信息管理的系统。通过对环境监测、无线通信、数据库、计算机网络等的专业整合实现自动监测。该系统可划分为三种类型:空气质量自动监测系统、水质自动监测系统和污染源自动监控系统。前两种系统主要目的是为政府提供及时、准确的环境质量数据,满足公众对环境变化的知情要求;第三种系统主要是为环境执法机构提供数据,对企业的排污状况进行跟踪和监测。

【环境战】(environmental war) 又称地球物理战。利用人为地改变环境状态达到军事目的的作战。如人为地影响局部地区天气、气候,破坏地貌、地物,改变大气层电磁性质以及破坏臭氧层等,使其产生的环境效应造成有利于己不利于敌的作战环境,或直接杀伤敌方有生力量。

【环境植物资源】(environment plant resource) 有益于保持生态环境或使生态环境向更有利于人们工作、生活方向发展的植物。主要包括:(1)防风固沙植物。如木麻黄、大米草、多种桉树、银合欢、毛麻楝、杨树、琐琐、柽柳、沙拐枣等。(2)保持水土、改造荒山荒地植物。如银合欢、金合欢、雨树、牛油树、油楝、黄檀、洋槐、锦鸡儿、胡枝子、榛葛藤及多种木本油料植物。(3)固氮增肥、改良土壤植物。如桤木、碱蓬(钾肥植物)、紫苏(增加土壤有机质)、田菁、紫云英、红萍等。(4)绿化美化、保护环境植物。包括各类草皮、行道树、观赏花卉、盆景等。中国到处都有各色观赏植物,如菊梅、牡丹、芍药、海棠、山茶花、杜鹃花、樱花、报春花、龙胆、百合花、兰花及龙柏、水杉、台湾杉、珙桐、棕榈等。(5)监测和抗污染植物。如碱蓬可监测环境中汞的含量,风眼兰能快速富集水中的镉类金属,清除酚类。森林对于净化环境有极大作用,许多水藻也有净化水域的功能。

环境植物资源

【环境指标】(enviromental index) 为实现环境目标所规定的并满足具体环境绩效要求的指标。一个国家或地区为了当代和后代人保持良好的生态环境,在制定推进经济、社会发展的决策时,会根据实际情况予以量化。如对一个企业来说,其环境指标为:排放污染物全部稳定达到国家或地方规定的排放标准和污染物排放总量控制指标;单位产品综合能耗低于国内同行业平均水平;单位产品水耗低于国内同行业平均水平;单位工业产值主要污染物排放量低于国内同行业平均水平;废物综合利用率高于国内同行业平均水平及建立完善的环境管理体系。

【环境质量】(environmental quality) 一处具体环境的总体或某些要素,对于人群的生存和繁衍以及社会发展的适宜程度。包括环境综合质量和环境单要素质量。前者如城市环境质量等;后者如大气环境质量、水环境质量和土壤环境质量等。通常要通过选择一定的指标并对其量化来表述。自然灾害、资源利用、废物排放以及人群的规模和文化状态都会改变或影响一个区域的环境质量。

【环境质量标准】(environmental quality standard) 为保护人民健康和维持生态平衡而规定的环境要素中所含有害物质或者因素的最高限额标准。是环境保护的目标值。是制定污染物排放标准的依据。环境基准是指当环境中某一有害物质的含量为一定值时,人或者生物长期生活在其中不会发生不良的或者有害的影响。例如,大气中的二氧化硫对人的环境质量基准是年平均值为 $0.115mg/m^3$。环境基准是一个客观的定值,是纯自然科学的概念。环境质量标准以环境基准为依据,结合技术、经济、环境条件和社会经济情况等而制定,是确认某一环境是否已被污染的根据,也是判断排污者是否应当承担相应的民事责任的根据。

【环境质量评价】(environmental quality evaluation) 依据国家颁布的环境质量标准和评价方法,对一个区域内当前的环境质量进行的调查、监测与评价。其主要内容有:(1)调查区域自然环境与社会环境的基本情况。(2)调查与监测污染源及其排放污染物的种类与数量。(3)监测与研究环境中各种污染物的浓度分布及其迁移转化。(4)调查各种污染物对生态系统、特别是对人群健康已经造成的危害。(5)评价污染危害的范围和程度。(6)提出主要污染问题及其改善措施。

【环境咨询业】(environmental consulting) 为各类组织(如政府、企业)提供环境决策服务的智力活动。包括环境影响评价、环境管理体系与产品认证咨询、环境培训、其他与环境相关的咨询服务等。环境咨询业由于起步晚,目前的市场份额还较小,尚未出现规模较大的综合性的环境咨询服务企业(如环境顾问公司)。但前景看好。

【环境自净能力】(enviromental self-purification capacity) 在一定时间、一定范围内环境通过自然作用使其中污染物的含量降低的能力。这种能力包括物理的、化学的、生物的或者是综合的。其大小决定于环境要素的种类及其所具有的状态。水体、大气、土壤和生物等各种环境要素对污染物都具有一定的扩散、稀释、氧化、还原、生物降解等作用。通过这些作用,降低了污染物的浓度,减小甚至消除了污染物的毒性。环境的自净能力是有限度的。这个限度也称环境容量。自净能力的研究是区域环境规划的重要内容,可以为区域经济发展规划决策提供依据。

【环论】(ring theory) 代数学中研究环结构理论的分支学科。环是具有以下两个运算的代数系:在非空集合 R 中定义加法“+”和乘法“·”运算,使得 R 中任意元 a、b、c 适合条件如下:(1)R 对加法为交换群,称为 R 的加法群,记为 $(R,+)$。(2)R 对乘法适合结合律,即 $(R,\cdot)$ 是半群,称为 R 的乘法半群。(3)乘法对加法的左右分配律成立,即 $a\cdot(b+c)=a\cdot b+a\cdot c$,$(b+c)\cdot a=b\cdot a+c\cdot a$,称 R 为结合环,简称环。是环论研究的主要对象。环论起源于19世纪。关于环的扩张与分类,以及戴德金(Dedekind. J. W. R)、哈密尔顿(Hamilton. W. R)等人对超复数系的建立与研究,韦德伯恩(Wedderburn. J. H. M)于1907年给出的结构定理给出了代数研究的模式。20世纪20~30年代,诺特(Noether, E.)建立了环的理想理论,40年代,环论迅速发展,到50年代中期,环论已趋完善。

【环绕声】(surround sound) 在重放中再现原信号中各声源的方向。将左、右、中、后环绕四声道声源预先编码,使成为双声道信号,播放时通过解码器和功率放大器,借助中置音箱和后环绕音箱加强立体声效果的声音。比双声道的现场效果更为真实。包括杜比环绕声、杜比定向逻辑环绕声、杜比 AC-3、DTS 等类型。其特点与作用是:(1)杜比环绕声的重放形式仍为立体声,只是将左右声道的信号经过矩阵解码后得到一个环绕声道。(2)杜比定向逻辑环绕声运用了 4-2-4 编码系统,所产生的四个声道提供了准确的定位。(3)杜比 AC-3 环绕声是研究开发的新一代的杜比数码环绕,有六个完全独立的声道,全频带的左、右、中置、左环绕、右环绕,再加上一个 120Hz 以下的 超低音的声道,使音质更为逼真。(4)DTS 分离通道家庭影院数码环绕声系统采用了独立的 5.1 声道,效果达到甚至优于杜比环绕声系统,应用在计算机、电子游戏机和电影院中。

【环跳】 中医穴位名。属足少阳胆经。定位:在股侧部,侧卧屈股,当股骨大转子最凸点与骶管裂孔连线的外 1/3。主治:腰腿痛,半身不遂,膝踝肿痛,脚气,水肿,风疹;坐骨神经痛,小儿麻痹后遗症,髋关节及周围软组织疾患,多发性神经炎等。刺灸法:直刺 2~3 寸;艾炷灸 5~10 壮或艾条灸15~30min。现代研究证明:电针环跳穴可以调整甲状腺功能。对胃液分泌功能也有调整作用,可使胃酸及胃蛋白酶高者降低、低者升高。针刺环跳穴还有抗炎退热作用,能减少炎症渗出。

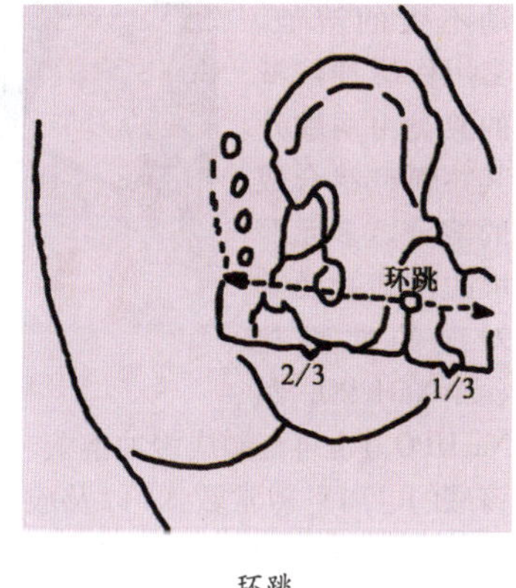

环跳

【环网柜】(ring main unit) 装在钢板金属柜体内或做成拼装间隔式环网供电单元的电气设备。是环网供电和终端供电的重要开关设备。为提高供电可靠性,使用户可以从两个方向获得电源,通常将供电网连接成环形的供电方式。其高压回路通常采用负荷开关或真空接触器控制,并配有高压熔断器保护。其高压母线还要通过环形供电网的穿越电流(即经本配电所母线向相邻配电所供电的电流),因此环网柜的高压母线截面要根据本配电所的负荷电流与环网穿越电流之和选择,以保证运行中高压母线不过负荷运行。目前环形柜产品种类很多,如 HK-10、MKH-10、8DH-10、XGN-15 和 SM6 系列。其核心部分采用负荷开关和熔断器,具有结构简单、体积小、价格低、可提高供电参数和性能以及供电安全等优点。它被广泛使用于城市住宅小区、高层建筑、大型公共建筑、工厂企业等负荷中心的配电站以及箱式变电站中。

环网柜

【环形浇口】(circular gate) 对型腔填充采用圆环形的外侧进料浇口。浇口开设在塑件外侧,具有环形充模时进料均匀、圆周上各处流动速度大致相同、熔体流动状态好、模腔内空气易排出、熔接痕可基本避免等特点。但浇注系统耗料较多,浇口去除困难。主要用来成型圆筒形塑件。

【环形山】(crater) 月球等天体表面的一种环形隆起的特征结构。环形山周围高耸,中间低陷。在中间平地上往往又常有一个小山。在月球正面,直径大于1 000m的环形山有 30 万座以上。最大的环形山(支位维)直径达 236km。最高的环形山高达 9km,高过地球上的珠穆朗玛峰。以中国人命名的环形山有五座,分别是石中、张衡、祖冲之、郭守敬和万户。环形山的成因主要是由陨星撞击,因而它更确切的名称应是“陨石冲击坑”。也有一小部分环形山可能由火山爆发形成。

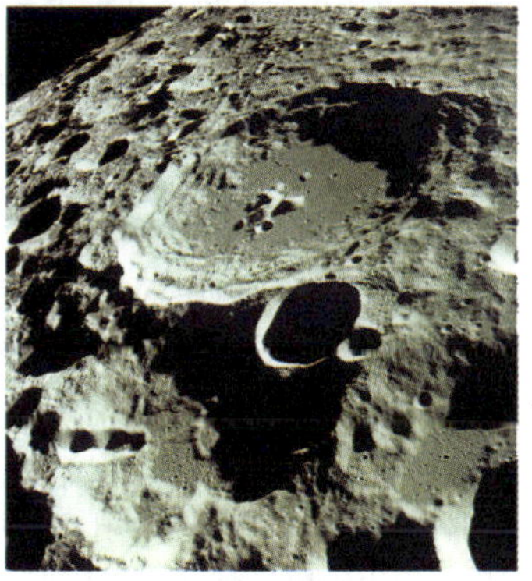
月球上的环形山

【环氧树脂】(epoxy resin) 分子结构中含有环氧基团的高分子化合物。其重要性能是:(1)黏合性高。(2)收缩性低。(3)易变性。(4)良好的操作特性。(5)优良的电性能、力学性能、耐化学药品性能。其主要用途是:(1)作黏合剂。(2)浇铸和灌封。(3)浸渍及涂敷。环氧树脂还可用作涂料,其耐腐蚀性能、力学性能、弹性以及光泽都优于酚醛和醇酸基涂料。

【环状剥皮】(ring barking) 简称环剥。即将枝干韧皮部剥去一圈,以改变树体或枝条营养物质的运输状况，达到抑制营养生长、促进花芽分化和提高坐果率的一种夏季修剪方法。其作用原理是：环剥暂时中断了有机物质向下运输，促进地上部分碳水化合物的积累，生长素、赤霉素含量下降，乙烯、脱落酸、细胞分裂素增多。环剥后必然抑制根系的生长，降低根系的吸收功能，同时环剥切口附近的导管中产生伤害充塞体，阻碍了矿物质营养元素和水分向上运输。因此，环剥具有抑制营养生长、促进花芽分化和提高坐果率的作用。根据环剥特点，操作时应注意环剥时间、环剥宽度与深度应合适，并应保护好环剥切口。

【环状糊精】（cyclodextrine） 由6～12个α-D-葡萄糖单位首尾相连而成的环状化合物。无还原末端存在。常见的有由6个葡萄糖聚合成的α-环状糊精、7个葡萄糖构成的β-环状糊精和8个葡萄糖聚合成的γ-环状糊精。可用作食品的乳化剂、食品保香剂和稳定剂等。在医学、农药和化学工业等方面也广泛应用。

【环状龋】（circular caries） 乳前牙唇面、邻面龋较快发展成围绕牙冠的广泛性的环形龋。呈卷脱状。多见于牙冠中1/3至颈1/3处，有时切缘残留少许正常的釉质、牙本质。多见于乳牙，在恒牙中较为少见。自Neuman于1897年报道以来，不少学者也进行了有关乳牙环状龋这一特殊类型的研究。有学者认为与乳牙新生线矿化薄弱有关。有学者经病理组织学之观察分析认为，其形成与乳牙牙颈部出生后釉质的矿化度低有关。龋向两侧扩展，而不易向矿化度高、抗酸性强的出生前釉质扩展，以致形成环状。其发生与局部食物易滞留及自洁作用较差亦有关。其治疗方法是：(1)注意口腔卫生刷牙。(2)积极治疗龋坏牙。(3)医生指导用氟。(4)定期复查。

【缓冲爆破】（cushion blasting） 又称空隙爆破。控制爆破的一种方式。具体方法是把比炮孔小的小直径药卷分散装在孔内，并偏置靠近自由面一侧，然后用砂填满炮孔。爆破时，利用砂和空气的缓冲作用，减轻对山体一侧岩壁（边坡）的冲击，并将岩壁的应力和裂隙减小到最少，提高自由面一侧的岩石破碎效果。为使底板获得较好的爆破效果，孔底装药应比炮孔上部大2～3倍。缓冲爆破可用于隧道开挖和露天梯段爆破。

【缓冲区分析】（buffer analysis） 对地理空间中两个地物距离相近程度的描述。空间分析的一个重要手段。是解决邻近度问题的空间分析工具之一。缓冲区是指地理空间目标的一种影响范围或服务范围。在建立缓冲区时，其宽度并不一定是相同的，可以根据要素的不同属性特征，规定不同的缓冲区宽度，以形成可变宽度的缓冲区。例如，沿河流绘出的环境敏感区的宽度应根据河流的类型而定。这样就可根据河流属性表，确定不同类型的河流所对应的缓冲区宽度，以产生所需的缓冲区。

【缓冲区溢出】（buffer overflow） 当计算机向操作系统所使用的缓冲区，即堆栈内填充数据数时超过了缓冲区本身的容量而溢出的数据覆盖在合法数据上的情况。通过往程序的缓冲区写超出其长度的内容，造成缓冲区的溢出，从而破坏程序的堆栈，造成程序崩溃或使程序转而执行其他指令，以达到攻击的目的。造成缓冲区溢出的原因是程序中没有仔细检查用户输入的参数。是一种非常普遍、非常危险的漏洞。在各种操作系统、应用软件中广泛存在。利用缓冲区溢出攻击，可以导致程序运行失败、系统宕机、重新启动等后果。更为严重的是，可以利用它执行非授权指令，甚至可以取得系统特权，进而进行各种非法操作。按溢出位置的不同可分为堆溢出和栈溢出。

【缓冲溶液】（buffer solution） 又称酸碱缓冲溶液。一种在加入少量酸、碱或加水稀释时能保持溶液的pH值变动不大的溶液。常用作缓冲溶液的酸类由弱酸及其共轭碱组合成的溶液。多元弱酸的酸式盐及其对应的次级盐（如NaH_2PO_4和Na_2HPO_4）也可配制成缓冲溶液。缓冲液的pH值与该酸的电离平衡常数Ka以及酸和共轭碱的浓度有关，pH = pKa - lg（弱酸）/（共轭碱）。在酸和共轭碱浓度相等时，缓冲溶液的缓冲效率最高；其比例相差越大，缓冲效率越低。生物化学常用的缓冲体系主要有磷酸、柠檬酸、碳酸、醋酸、巴比妥酸、三羟甲基氨基甲烷等系统。缓冲溶液在物质分离和成分分析等方面应用广泛，对维持生物的正常pH值和正常生理环境起到重要作用。

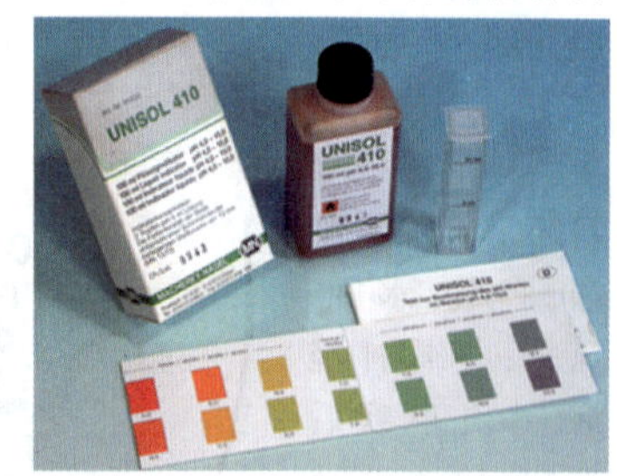

缓冲溶液

【缓冲绳】（buffer rope） 断绳后用以吸收下坠罐笼的动能以保证罐笼制动过程平稳的钢丝绳。通过三个小圆轴和两个带圆头的滑块而被弯曲。其弯曲的程度可以通过螺杆和螺母来调节。

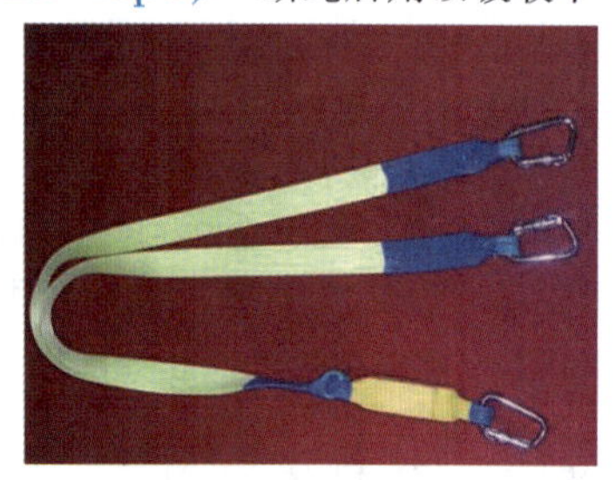
缓冲绳

当发生断绳时,下坠的罐笼抓住制动绳,从而拉动缓冲绳,使之从缓冲器中拔出,再靠缓冲绳的弯曲变形和摩擦阻力吸收罐笼下冲的动能,保证断绳后制动过程平稳。

【缓存欠载】(buffer underrun) 由于某种原因导致系统传输停顿,致使缓存中的数据已被刻录完而不能及时补充有效数据,造成缓存中数据为空的现象。缓存是衡量光盘刻录机性能的重要技术指标之一。在刻录时,数据必须先写入缓存,刻录软件再从缓存区调用要刻录的数据;在刻录的同时,后续数据继续写入缓存中。系统在传输数据到缓存的过程中,不可避免地会发生传输停顿。如果这种停顿状态持续时间过长,就会出现缓存欠载现象,直接导致废盘产生。

【缓激肽】(bradykinin) 机体炎症、组织损伤或受抗原激发而产生的9肽。是由激肽原被激肽原酶、血浆纤维蛋白溶酶或血管舒缓素降解而生成。与变态反应的关系密切,通过以下几方面促使其发生:(1)收缩平滑肌。对人支气管有很强的收缩作用,对各种动物的回肠、子宫等均有收缩作用,在收缩前先出现松驰。(2)强烈的血管扩张作用。在人类,缓激肽是活性最强的血管扩张剂,皮内注射后增加毛细血管通透性比组胺强15倍。(3)刺激呼吸道腺体,促进黏液分泌。研究证明,过敏性休克过程有缓激肽释放。

【缓控释肥料】(slow releasing fertilizer) 能够适应作物不同阶段的养分需求控制释放,且肥效期较长的肥料。包括缓释肥料和控释肥料。前者所含的氮磷钾营养成分,能根据作物吸收需要缓慢释放;后者能控制营养成分按作物需要或按一定的速度释放。其优点是:(1)使用安全。由于能延缓养分向根域的释出速率,即使一次施肥量超过根系的吸收能力,也能避免高浓度盐分对作物根系的危害。(2)省工省力。肥料通过一次性施用能满足作物整个生育时期对养分的需要,不仅节约劳力,而且降低成本。(3)提高养分效率。能减少养分与土壤间的相互接触,从而能减少因土壤的生物、化学和物理作用对养分的固定或分解,提高肥料的利用效率。(4)保护环境。可使养分的淋溶和挥发降低到最低程度,有利于环境保护。

【幻方】(magic square) 又称纵横图或魔方。一个n阶幻方是n^2个数$1,2,\cdots,n^2$排成的n阶方阵,使每一行元素的和、每一列元素的和、主对角线元素的和,以及反对角线元素的和均为常数$n(n^2+1)/2$,称为幻和。n阶幻方存在的充分必要条件是$n\geqslant3$,它有许多种证法。它的神奇特点吸引了无数人对它的痴迷。从中国古代的“河出图,洛出书,圣人则之”的传说起,系统研究幻方的第一人,当数中国古代数学家杨辉。他在《数术记遗》一书中对此有如下记载:“九宫者,二四为肩,六八为足,左三右七,戴九履一,五居中央。”杨辉研究出三阶幻方(也叫洛书或九宫图)的构造方法后,又系统地研究了四阶幻方至十阶幻方。在这几种幻方中,杨辉只给出了三阶、四阶幻方构造方法的说明,四阶以上幻方,杨辉只画出图形而未留下作法。但他所画的五阶、六阶乃至十阶幻方全都准确无误,可见他已经掌握了高阶幻方的构成规律。因此,在中国古代数学史和数学教育史上均占有十分重要的地位。

魔方

【幻觉武器】(psychedelic weapon) 运用全息投影技术从空间站向云端或战场上的特定空间投射有关影像、标语和口号的一种激光装置。其作用是从心理上骚扰、恫吓和瓦解敌军,使之恐惧厌战,继而放弃武器而逃离战场。另外,动能、智能、超微型、闪电、地震和气象等武器也正在研制中。

【换流】(inversion) 用可控的装置进行电能技术参数变换的物理过程。在高压直流输电领域中,主要指交直流电能的相互转换。其方式有:交流变直流的整流、直流变交流的逆变、改变直流电能技术参数的直流变换和改变交流电能技术参数的交流变换。这四种方式分别简称交—直流变换、直—交流变换、直—直流变换和交—交流变换。

【换流站】(converter station) 直流输电系统中实现交、直流变换的电力工程设施。一侧连接交流系统,另一侧连接直流电力电网。是直流输电系统中最重要的环节。站内装备有换流器、换流变压器、平波电抗器、换流站交流滤波装置、换流站直流滤波装置和直流输电系统控制装置等交、直流变换设备和必要的辅助设备与设施。按其运行方式的不同可分为整流站和逆变站。整流站将交流变换为直流,逆变站将直流变换为交流。同一直流线路两端的换流站所用主要设备的技术规范往往基本相同。当需要改变整流或逆变运行方式时,只需改变换流器的触发相位即可实现。因此换流站既可作为整流站运行,又可作为逆变站运行。

【换热器】(heat exchanger) 又称热交换器、换热设备。用来使热能从一种流体传向另一种流体的热交换装置。即可在两种流体间进行热量交换而实现加热或冷却的设备。一般是用固体间壁(传热面)将不同温度的流体隔开,也有的使两种流体在容器内直接接触而进行热量交换。换热过程可分为加热、冷却、蒸发、冷凝、干燥等,其相应的换热设备可分为加热器、冷却器、蒸发器、冷凝器、干燥器及锅炉、再沸器等。根据介质的不同及传热方式的不同,换热器有多种类型。按其作用原理的不同可分为:(1)间壁式换热器。(2)蓄热式换热器。(3)混合式换热器。按其结构材料的不同可分为:(1)金属材料换热器。(2)非金属材料换热器。按其传热面的形状和结构的不同可分为:(1)管式换热器。(2)板式换热器。在石油、化工、轻工、制药、能源等工业生产中广泛应用,例如常常需要把低温流体加热或把高温流体冷却,把液体气化成蒸气或把蒸气冷凝成液体。

换热器

【患病率】(prevalence rate) 某特定时间内总人口中某病新旧病例所占的比例。按其观察时间的不同可分为期间患病率和时点患病率两种。后者较常用。通常患病率时点在理论上是无长度的,一般不超过一个月。而前者的期间指的是特定的一段时间,通常多超过一个月。时点患病率 = 某一时点某人群中某病新旧病例数/该时点人口数 × K;期间患病率 = 某观察期间某人群中某病的新旧病例数/同期的平均人口数 × K,K = 100%、1 000‰……通常用来表示病程较长的慢性病的发生或流行情况。用于估计某病对居民健康危害的严重程度,还可为医疗设施规划、估计医院病床周转、卫生设施及人力的需要量、医疗质量的评估和医疗费用的投入等提供科学的依据。

【荒漠】(desert) 气候干燥、降水量稀少、地面蒸发量巨大、地表植被极贫乏的地区。在荒漠地区,地表昼夜温差变化大,物理风化作用强烈,风力侵蚀、搬运、堆积活跃。地表多为砾砂质或石质,植物生长条件极差。按其地表物质组成的不同可分为岩漠(地表为裸露的岩石,又称石质荒漠)、砾漠(地表几乎全部为砾石所覆盖)、沙漠(地表为沙丘覆盖)、盐漠(盐水浸渍的泥漠)、泥漠(地表主要由黏土、粉沙等泥质沉积物组成)、寒漠(地球南北极高纬度地区,由低温造成的气候干燥、植被贫乏的地区)等。

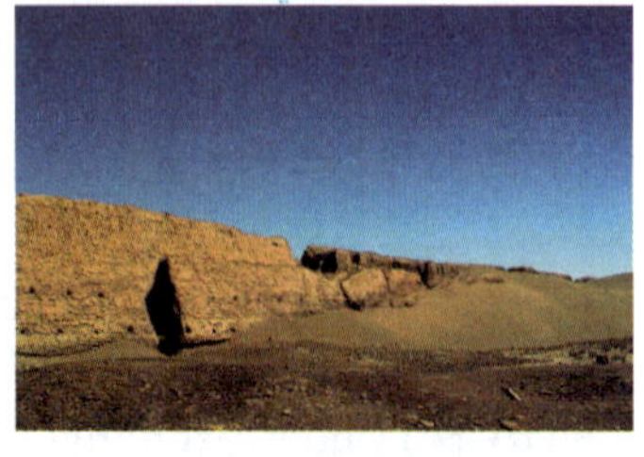
荒漠

【荒漠化】(desertification) 气候变化和人类活动等因素造成的干旱区、半干旱区及干旱亚湿润区土地退化的现象。自然条件和气候变异是荒漠化的必要条件,人类活动激发和加速荒漠化进程。这是荒漠化的主要原因。按其成因的不同可分为:风蚀荒漠化、水蚀荒漠化、冻融荒漠化、土壤盐渍化和其他因素造成的荒漠化等。是全球性环境问题。影响到世界1/5的人口和全球1/3的陆地。成为导致贫困和阻碍经济与社会可持续发展的重要因素。中国地域辽阔,气候类型和地貌类型多样,形成荒漠化主导因素多种多样,如风蚀、水蚀、冻融侵蚀和土壤盐渍化等。中国荒漠化土地分布广阔,从海平面到高寒荒漠地带,垂直跨越数千米,是世界上受荒漠化危害最严重的国家之一。西北、华北北部和东北西部分布着大面积干旱区、半干旱区和干旱亚湿润区,总面积为3.317 1 × 10^6 km^2。该区域生态环境极其脆弱,在人口日益增长的压力下,土地荒漠化形势日趋严峻,给人民生活与生存环境造成严重危害。

荒漠化

【荒漠化防治】(prevention and control of desertification) 在干旱区、半干旱区和干旱亚湿润区,采取生物、工程、农业以及管理的综合措施体系,预防、治理土地退化的生态建设。其技术措施体系主要包括:荒漠化地区自然资源管理与合理利用技术,植被保护、建设技术(封沙育林育草,恢复天然植被技术、飞机播种造林种草固沙技术、植物固沙技术、风沙区防护林体系建设技术,退化、沙化草场恢复与建设技术),工程治沙技术(机械沙障、化学固沙、水力治沙等),水资源合理开发利用及节水技术,生态农业建设技术,高效畜牧业发展技术,荒漠化地区可替代能源开发利用技术,荒漠化防治工程规划设计技术以及荒漠化监测与评价技术等。荒漠化防治是保护和改善中华民族生存与发展空间的长远大计,是从根本上改善中国生态环境面貌、实现再造秀美山川的壮举,是实施扶贫攻坚计划、调整产业结构、提高农牧民生活水平的重要措施，是充分发挥荒漠化地区自然资源优势，全面开创中国沙产业的必然选择。

【荒漠化监测】(desertification monitoring) 采取各种技术手段对荒漠化土地进行的定期监视检测工作。其监测对象是：荒漠化土地本身、荒漠化防治工程及与此相联系的生态、经济和社会的各个方面。其监测范围是：荒漠化潜在发生区，即干旱区、半干旱区和极端干旱区。其监测方法是：地面监测、空中监测和卫星监测等。其监测内容是：自然因素和社会经济两个方面。自然因素包括土壤、植被、水文、地质地貌、气候气象等因素。社会经济因素包括土地利用状况、土地利用强度、能源条件、交通条件、人民生活水平及其受教育程度等。监测体系可分为定位(点)监测、县级监测、地区级监测、省级监测、国家级监测和全球监测。通过监测，可以及时、准确地了解和掌握荒漠化土地的现状、动态及其防治所需要的信息，为防治荒漠化及保护、改良和合理利用国土资源，实现可持续发展战略提供基础数据。

【荒漠植被】(desert vegetation) 在极端大陆性干旱区由旱生植物组成的植物群落。旱生植物有盐生灌木、半灌木或肉质植物等。它们以各种生理机制和形态构造，适应大气干旱和生物干旱的生境。在高寒荒漠地区，植物矮化，植物具有适应低温及生理干旱的特性；在热带、亚热带荒漠，则由常绿多汁的肉质植物或有刺灌木组成荒漠植被；而在温带荒漠，植物的叶面缩小或退化，由绿色的枝茎代行光合作用。

荒漠植被

【荒溪治理】(torrent control) 在荒溪流域坡面及沟道采用工程措施、植物措施及经营管理措施进行治理的综合防治体系。其任务是：制止或减弱泥沙的形成与搬运，使泥沙(包括石砾、块石)沉积在预定的地方，以改善水文状况，防止山洪及泥石流危害。采取的工程措施是：固定山坡的档土墙、造林整地的水平台阶、水平沟、固定沟床的谷坊、拦沙坝、沉砂库、沟岸防护工程、地面及地下排水工程、山洪排导工程等。随着荒溪治理标准及施工机械化水平的提高，新的拦沙坝型，诸如缝隙坝、格栅坝、孔口坝等在荒溪治理中得到广泛应用。其目的在于固定山坡、减小沟道纵坡、防止沟道下切、将泥沙拦截在沟道内，使山洪及泥石流安全排走，保护各种建筑设施及居民安全。采取的生物措施是：以乔灌木为材料的生物工程措施(如坡面上的水平沟压条造林、网格状灌木林营造、柳谷坊)、营造水源涵养林及水土保持林。采取的组织及经营措施是：制订土地利用规划、确定土地利用方向和造林林种等。采取的法令性措施是：制定荒溪治理法规，荒溪类型鉴定、荒溪危险区等级与边界的确定；根据荒溪治理的需要征购私人土地；封山育林；监督与检查森林利用方式；防止采矿及筑路引起的土壤侵蚀及泥石流灾害等。

【皇家园林】(royal garden) 由历朝建造并为皇室家族专用的具有工作、生活、游玩功能相结合的园林景观。如北京故宫、颐和园等。其规模宏大，设计精细，施工要求高，苑区风景与一般园林不同。总起来讲有四个特点：(1)苑囿气魄宏大。表现在占地多，规模大，且有真山真水景观。西苑三海是中国最大的城市园林，避暑山庄、颐和园以及香山静宜园、玉泉山静明园等，均是范围较大的山水园林。(2)巧夺天工。有些苑囿虽是平地造园，境内没有真山真水，但经过设计师的精心设计，同样能创造出宛如天工的山水风景。(3)园中套园。皇族要看尽人间美景，就将天下名景名园搬到苑囿中来，以便就近游赏。(4)主题突出。重视多姿多彩的建筑点缀。皇帝造园时，往往招聘全国的高级匠师，设计修建造型优美的建筑作为景区的主题。

皇家园林

【黄柏】(cork) 中药名。药性：苦、寒。归肾、膀胱、大肠经。功效：清热燥湿，泻火除蒸，解毒疗疮。用于湿热带下、热淋涩痛、湿热泻痢、黄疸、湿热脚气、痿证、骨蒸劳热、盗汗、遗精、疮疡肿毒、湿疹瘙痒。用法与用量：煎服，3～12g。外用适量。脾胃虚寒者忌用。

黄柏

【黄板诱蚜】(yellow plate induced aphid) 一种利用蚜虫、飞虱、斑潜蝇等害虫对黄颜色的正趋性，采用涂有黄色黏结剂的专用黄板捕杀害虫的方法。是一种绿色高效的蔬菜病毒病的防治方法。有翅成蚜对黄色、橙黄色有较强的趋性，可用涂有10号机油的黄板来诱杀。黄板的大小一般为15～20cm，插或挂于蔬菜行间与蔬菜持平。黄板诱满蚜后要及时更换。粘虫的黄板是用人造三合板、木渣板、硬纸板或其他较薄的板，加工成长50cm、宽25cm的长方形单片，先用油漆涂成黄色，再用稍大于黄板的透明塑膜袋把黄板套严，在塑膜上均匀涂抹薄薄的一层黄油、凡士林或10号机油混加少量的黄油，或买不干胶涂用。在黄板上加一层透明塑膜的目的是减少油类对黄板的损伤，延长使用时间。涂黄油和机油的目的是：粘杀飞行的蚜虫、粉虱及潜叶蝇。与其他防治方法相比，具有操作简易、成本低、防效好、无污染等特点。长期使用可使蚜虫的虫口密度明显降低，也显著减少了农药的使用量以及病毒病的发生率，即使蚜虫有所发生，也仅局限于小范围内，不致于造成大面积的传播蔓延。

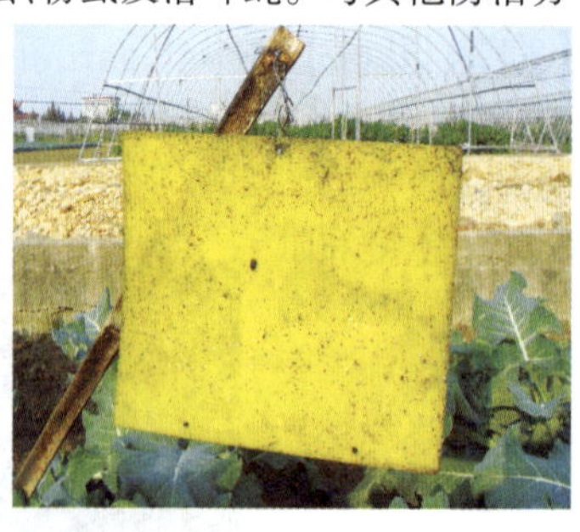
黄板诱蚜

【黄赤交角】（obliquity of the ecliptic）又称黄赤大距。地球轨道平面（黄道平面）同赤道平面的交角。交角的大小为23°26′（2000年值）。其值以40 000年为周期，变化于22°与24°30′之间。由于有黄赤交角，太阳及其在地球上的直射点往返于地球南北回归线之间，进而使得地球上各地正午太阳的高度和昼夜的长短发生季节性变化，造成地球上的四季变化和五个气候带的划分。

【黄疸】（jaundice） 血中胆红素浓度增高使巩膜、皮肤、黏膜以及其他组织和体液发生黄染的现象。高胆红素血症的临床表现，由胆红素代谢紊乱所致。正常血中胆红素浓度为5～17μmol/L，主要为非结合胆红素。如胆红素超过正常值而无肉眼黄疸时，称隐形性或临床黄疸，此时血中胆红素浓度常小于34μmol/L。黄疸不是一个独立的疾病，而是许多疾病的一种症状和体征，多见于肝胆胰病。如果血中胆红素浓度不高，而巩膜或皮肤发黄，则为假性黄疸，常见于服用某些药物。按其病因发病学的不同可分为：（1）溶血性黄疸。（2）肝细胞性黄疸。（3）胆汁瘀积性黄疸。（4）先天性非溶血性黄疸。临床上以前三类为常见，特别是胆细胞性黄疸和胆汁瘀积性黄疸。按胆红素性质的不同可分为：（1）以非结合胆红素升高为主的黄疸。①胆红素生成过多。②胆红素摄取障碍。③胆红素结合障碍。（2）以结合胆红素增高为主的黄疸。①肝外胆管阻塞。②肝内胆管阻塞。③肝内胆汁瘀积。其分类方法的优点是：以胆红素性质为依据，对其代谢障碍的环节及其可能的病因大致指出了范围。因此，对诊断和治疗有所帮助。

【黄道】（ecliptic） 天球上的一个大圆。地球绕太阳公转轨道平面与天球相割而成，为天球黄道坐标系的基圆。黄道平面与天赤道平面的交角约23°26′，称为“黄赤交角”。黄道与天赤道的两个交点即地球北半球上的春分点和秋分点，黄道上距天赤道最北和最南的两点，即地球北半球的夏至点和冬至点。

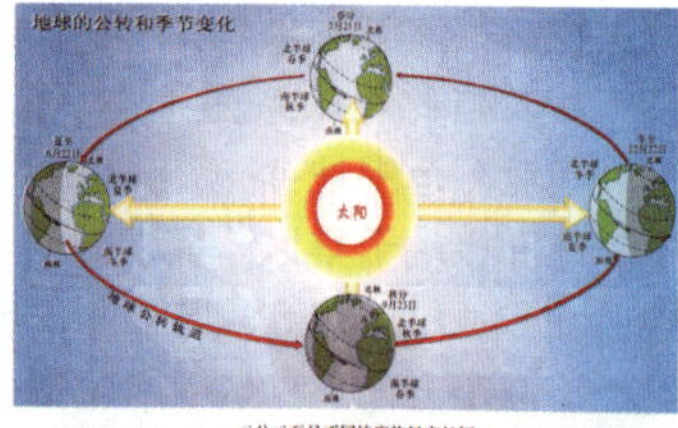

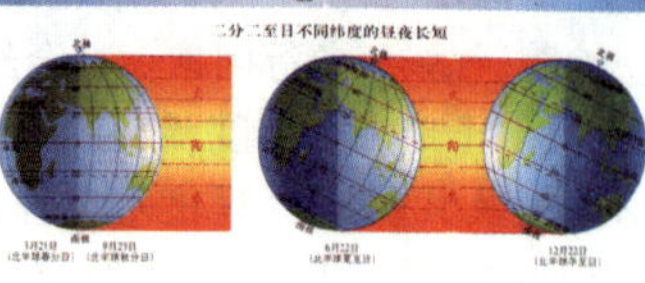

黄道

【黄道带】（zodiac） 天球上以黄道为中心的环带。带宽16°。包括黄道中心线南北各8°的区域。太阳、行星的运行轨道都处在这一环带内。古人为了表示太阳在黄道上运行的位置，把黄道分成十二段，称为“黄道十二宫”，分别以所在星座命名。由于春分点西移，黄道十二宫已与原相应的黄道十二星座分离，如白羊宫已由原来的白羊座西移至双鱼座，余类推。

【黄道十二宫】（zodiacal signs） 黄道带等分的十二段。每一分段跨黄道30°，从春分点起算，向东依次以所经星座命名，分别为：白羊宫、金牛宫、双子宫、巨蟹宫、狮子宫、室女宫、天秤宫、天蝎宫、人马宫、摩羯宫、宝瓶宫和双鱼宫。由于地轴进动，春分点西移，白羊宫已移至双鱼座位置，但十二宫名称仍不变。

【黄道星座】（zodiacal constellation） 天球上黄道经过的十二个星座。依次为：白羊座、金牛座、双子座、巨蟹座、狮子座、室女座、天秤座、天蝎座、人马座、摩羯座、宝瓶座和双鱼座。

【黄道坐标系】（ecliptic system of coordinate） 天球坐标系之一。以黄道为基圆，以春分点为原点，以其经度（黄经）和纬度（黄纬）表示天体在天球上的位置。主要用来表示太阳、行星及月球在天球上的位置。

黄道坐标系观测仪

【黄帝纪年】(Huangdi calendar) 根据黄帝历和天干地支以及帝王世系表推算的天干地支60年循环与黄帝纪年华夏人文始祖黄帝即位以及创制历法的时间为华夏纪年元年的纪年方式。传说是从黄帝开始的。华夏族是历史上最早创制历法的三大民族之一。汉代史书《汉书·律历制上》就记载了先朝的古六历,即黄帝历、颛顼历、夏历、殷历、周历、鲁历。传说黄帝时代黄帝治天下,“理日月之行,治阴阳之气,节四时之度,正律历之数,别男女,明上下,使强不掩弱,众不暴寡,民保命而不夭,岁时熟而不凶……故于此时,日月星辰不失其行,风雨时节,五谷丰昌,凤皇翔于庭,麒麟游于郊。”他命大臣大挠氏“探五行之情,占年纲所建,于是作甲乙以名日,谓之干;作子丑以名月,谓之枝,干支相配以成六旬。”即甲、乙、丙、丁、戊、己、庚、辛、壬、癸等十天干,及子、丑、寅、卯、辰、巳、午、未、申、酉、戌、亥等十二地支,相互配合成六十甲子用为纪历之符号。天干最晚在夏朝已经开始,明显的证据是夏朝后期有帝王称为孔甲、胤甲。另外考古发现在商朝后期帝王帝乙时的一块甲骨上,刻有完整的六十甲子,可能是当时的日历。这也说明在商朝时已经开始使用干支纪日了。根据考证,春秋时期鲁隐公三年二月己巳(公元前720年二月初十),曾发生一次日食。这是中国使用干支纪日的比较确切的证据。华夏用这60对干支来表示年、月、日、时的序号,周而复始,不断循环。干支法在中国古代一直使用,从未间断。

【黄瓜大孢子培养】(megaspore culture of cucumber) 通过对黄瓜未授粉子房和辐射花粉授粉后的子房进行离体培养而获得单倍体植株的一种育种新技术。葫芦科蔬菜作物(黄瓜属葫芦科)通过花药培养的途径诱导单倍体非常困难。鉴于大孢子也是单倍性的,通过用雌核发育途径来生产单倍体,取得成功。黄瓜育种方法一直沿用传统的杂交、自交和回交等手段,效率较低。由于种质资源的限制,仅靠现有资源和常规育种方法很难使新品种在抗性、品质上有大的突破。利用黄瓜雌核发育途径来生产单倍体。通过单倍体技术可以快速产生纯合的育种新材料(纯系),从而大大提高育种效率。雌核发育主要包括离体条件下的雌核发育和活体条件下的雌核发育两个方面。在葫芦科蔬菜作物中,主要通过对未授粉子房(胚珠)和辐射花粉授粉后的子房,进行离体培养两种离体雌核发育方式获得了单倍体植株。活体雌核发育主要是通过外源正常花粉或辐射花粉授粉诱导方式进行。其中离体子房(胚珠)培养和辐射花粉授粉诱导这两种途径创制单倍体的效果较好。

【黄瓜单性结实】(parthenocarpic cucumber) 黄瓜不经过授粉受精通过人工措施干扰而能使黄瓜子房发育成正常果实的现象。但单性结实的因不受精,所以不形成种子。常用的激素如赤霉素、生长素、细胞激动素、乙烯、脱落酸等。

【黄海冷水团】(cool water mass in Yellow Sea) 与周缘水体相比,以温度低、盐差小为主要水文特征盘踞在黄海中央的一个水体。这一冷水团冬天盘踞在海底洼地中的黄海中央。在随后的春、夏增温季节里,表层水强烈地增温和变淡,形成密度小的表层,加之这个季节风浪较小,垂直混和弱,在5~10m深度处出现较强的温、盐跃层,有效地保护了下层水体的变性,更多地保持冬季水的特征,表底层温度差可达8~10℃。在秋、冬季,随着表层混合增强,黄海冷水团也趋于消衰。因此,12月至翌年3月是冷水团的更新形成期;4~6月为冷水团的成长期;7~8月为强盛期;9~11月为冷水团向冬季水过渡的消衰期。黄海冷水团以成山角至长山串连线为界,被分成南、北两部分,相应地有南、北两个冷中心。南黄海冷水团所盘踞的区域,特别是边缘部分,夏季形成气旋式密度环流。环流强度自冷中心向外逐渐增大,流速最大值约为20~30cm/s,出现在冷水团边缘等温线密集之处。夏季,山东半岛沿岸和江苏北部海域多雾,与黄海冷水团存在密切关系。

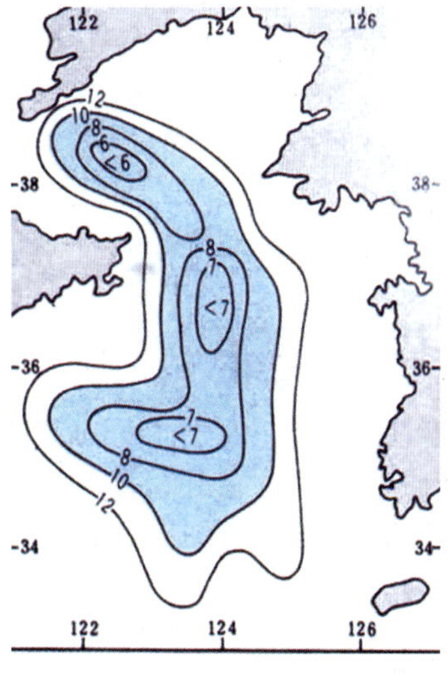

黄海冷水团底层温度平面分布图

【黄海暖流】(warm current in Yellow Sea) 对马暖流分入黄海的一支海流。由于温度高于流过海域的温度,因此称为暖流。它由济州岛西南面进入黄海,大致沿着黄海深槽向北流动。在黄海南部流速较低,平均流速只有5cm/s,最大也不超过10cm/s。在北上途中,黄海暖流不断分支:在北纬35°附近首先向西分出一支,流向中国青岛外海,与南下的黄海沿岸流汇合南下;暖流至成山角附近又向东分出一支,汇入西朝鲜沿岸流中。因此,海流势力大为减弱。又由于受沿岸和当地气候条件影响,海流逐渐变性,使原有的高温、高盐特征不断消失。当海流进入黄海北部时,方向转向西,经辽东半岛南端老铁山水道进入渤海中部。在渤海中部海流再次分为南北两支:北支沿辽东湾西海岸北上,深入辽东湾内;南支流向黄河三角洲外缘,汇合黄河冲淡水沿山东半岛南下。黄海暖流与黄海沿岸流有互补效应,很大程度上受制于风应力。因此,冬强而夏弱。

【黄海沿岸流】(coastal current in Yellow Sea) 一支沿中国山东和江苏海岸流动的海流。海流源自渤海湾,先沿着山东半岛北岸向东流动,绕过成山角转而向南和西南方向,大致沿着 40 ~ 50m 等深线流动,至长江口北缘转向东南,并分成两部分:一部分东流济州岛,加入黄海暖流,构成黄海的反气旋式环流;另一部分越过长江口浅滩进入东海,其前锋可达北纬 30°附近。受地形和大陆径流的影响,黄海沿岸流有较大的地区性变化。在山东半岛北岸,沿岸流流幅加宽,最宽可达 50km;在成山角附近变窄,流速增大;越过成山角,流幅再次加宽,流速剧减;到海州湾以南,由于附近的沿岸水加入,流速又见增加。冬季多发的北和西北风大大促进了黄海沿岸流的发展,流速可达 20 ~ 30cm/s。黄河三角洲沿岸的黄河冲淡水,挟带着浓度较高的悬移质,沿山东半岛向南,因此,其温度和盐度显著偏低于外海。冬季是渤海海水重要更新季节,而黄海沿岸流起着主导作用。夏季,受偏南风影响,黄海沿岸流得不到发展,表层受风的影响,变成向北的漂流运动,只有中下层慢慢向南流动。

【黄河三角洲高效生态经济区】(delta economic efficient ecological zone of Yellow River) 2009 年国务院批准建设的国家发展战略。根据规划,黄河三角洲高效生态经济区依托近 53 万公顷未开发利用的土地资源,着力发展生态产业和循环经济。该经济区以区域为单位进行综合开发,打破传统的行政划分,集中力量推动区域的经济和生态建设发展,成为中国重要的高效生态经济示范区、特色产业基地、后备土地资源开发区和环渤海地区重要的增长区域。按发展目标的不同,黄河三角洲高效生态经济区划定了三类区域:(1)核心保护区。作为生态发展空间,将严格限制各类开发建设活动。(2)控制开发区。作为农业农村发展空间,将综合开发利用滩涂资源,因地制宜发展农副产品生产和加工、观光休闲农业等产业,在资源环境承载能力相对较强的特定区域,适度发展低消耗、可循环、少排放的生态工业。(3)集约开发区。作为工业化城镇化发展空间,将着力发展生态产业和循环经济,依托区域内港区资源,形成环渤海南岸经济集聚带。规划明确了黄河三角洲高效生态经济区发展的目标。到 2015 年,基本形成经济社会发展与资源环境承载力相适应的高效生态经济发展新模式;到 2020 年,率先建成经济繁荣、环境优美、生活富裕的国家级高效生态经济区。

【黄化机】(sulphonating machine) 将老成鼓(箱)送来的碱纤维素进行磺化反应的一种纺织机械。现在使用的黄化机是卧式容器,有两种规格:一种横截面为圆形,一种为鸭蛋形。容器外有夹套,内有螺带式搅拌器。机器为间隙式操作。经过称量的碱纤维分批喂入机器,每批可达2 500 ~ 2 800kg。在搅拌器不断搅拌时加入 CS_2(二硫化碳)和碱纤维素反应生成磺酸酯。在反应完成后,加入稀 NaOH 溶液,然后放料。为提供磺化所需的热量,由容器外的夹套通入热水,以保证反应所需的条件。搅拌器设定有不同的转速,以供反应不同阶段使用。磺化过程中容易起火爆炸,驱动搅拌器的电机采用高等级的防爆电机,或者把电机置于与黄化机隔开的房间,由传动轴和搅拌器连接。

黄化机

【黄金分割】(golden section) 把一线段分割为两部分,使其中一部分与全长之比等于另一部分与这部分之比。其比值是一个无理数。取其前三位数字的近似值是0.618。这是一个十分有趣的数字。以 0.618 来近似,通过简单的计算可以发现:1/0.618 = 1.618,(1 - 0.618)/0.618 = 0.618。2 000 多年前,古希腊雅典学派的第三大算学家欧道克萨斯首先提出黄金分割。而计算黄金分割最简单的方法,是计算斐波那契数列 1,1,2,3,5,8,13,21,…… 的后两数之比 2/3,3/5,5/8,8/13,13/21,…… 的近似值。这个数值的作用不仅仅体现在诸如绘画、雕塑、音乐、建筑等艺术领域,而且在管理、工程设计等方面也有着不可忽视的作用。因其在建筑、文艺、工农业生产和科学实验中有着广泛而重要的应用,所以人们才称其为“黄金分割”。黄金分割不仅是一种数学上的比例关系,而且具有严格的比例性、艺术性和和谐性,蕴藏着丰富的美学价值。

【黄连】(coptis) 中药名。药性:苦、寒。归心、脾、胃、胆、大肠经。功效:清热燥湿,泻火解毒。用于湿热痞满、呕吐吞酸、泻痢、黄疸、高热神昏、心火亢盛、心烦不寐、血热吐衄、目赤、牙痛、消渴、痈肿疔疮;外治湿疹、湿疮、耳道流脓。酒黄连善清上焦火热。用于目赤、口疮。姜黄连清胃和胃止呕,用于寒热互结、湿热中阻、痞满呕吐。萸黄连舒肝和胃止呕,用于肝胃不和、呕吐吞酸。用法与用量:煎服,2~5g。外用适量。脾胃虚寒者忌用;阴虚津伤者慎用。

黄连

【黄麻精细化加工】(fine jute processing) 将黄麻纤维变细的工艺过程。精细化方法运用最多的是脱胶工艺。常用的脱胶方法有:(1)生物脱胶法。利用微生物发酵作用或药品化学处理,使生麻中除纤维以外的大部分物质分解并溶解于水,经敲打洗涤后得到熟麻。(2)化学脱胶法。采用氢氧化钠、碳酸钠等溶液,对麻进行蒸煮处理,使生麻皮中的部分果胶及其附着物溶解于水溶液而制得熟麻。此法成本较高。(3)生物酶法。在纤维素酶浓度不大时,采用纤维素酶处理黄麻束,改善黄麻纤维的模量、刚度、韧性和抱合力以达到纺织工艺要求。(4)化学与生物结合方法。该法纤维损伤小,有很好的应用前景。(5)改性法。以金属盐和酸的混合物作为催化剂,赋予黄麻纤维更高的弹性。改性法只能改善黄麻的部分性能,而不能全部解决精细化问题。

【黄芩】(scutellaria) 中药名。药性:苦、寒。归肺、胆、脾、胃、大肠、小肠经。功效:清热燥湿,泻火解毒,止血,安胎。用于湿温、暑温胸闷呕恶、湿热痞满、泻痢、黄疸、肺热咳嗽、高热烦渴、血热吐衄、痈肿疮毒、胎动不安。用法与用量:煎服,3~9g。清热多生用,安胎多炒用,清上焦热可酒炙用,止血可炒炭用。脾胃虚寒者不宜使用。

黄芩

【黄曲霉毒素】(aflatoxin) 一类真菌毒素。由黄曲霉素和寄生曲霉产生的杂环化合物。在自然条件下,主要有黄曲霉毒素 B1、B2、G1 和 G2。在动物体内的代谢产物,有黄曲霉毒素 M1、M2、GM1 和 P1 等。是已知 100 余种霉菌毒素中毒性较强的毒物之一,尤以黄曲霉毒素 B1 毒性最大,其次是 M1、G1、M2、B2 和 G2。黄曲霉毒素有致癌性,如果长期食用含有微量黄曲霉毒素的食品,发生肝癌的可能性增大。其耐热性极高,在 280℃ 以下不会失去毒性。一般的烹调方法不能破坏食品中的真菌毒素。它极易污染花生、玉米和大米。如果粮食中水分含量不够低,储藏中很容易发生黄曲霉毒素的污染。除粮食之外,花生制品、花生油、玉米胚油都可能含有这种毒素。

【黄壤】(yellow soil) 分布在中国亚热带湿润地区的富含水化氧化铁的黄色酸性土壤。相对湿度常在 80% 以上。氧化铁水化后,主要以针铁矿和多水氧化铁的形式存在,使土壤剖面大部分土色带黄。黄壤中有机质含量 5% ~10%,土体呈强酸性(pH 值为4.5~5.5),缺乏矿物质养分和有效磷。主要分布在长江以南低山丘陵地区,与红壤交错分布。一般多见于海拔 200~1 200m的中山地区。

【黄热病】(yellow fever) 由黄热病病毒引起的急性传染病。国际上将黄热病定为检疫传染病,中国也将其定为甲类传染病。广泛流行于美洲和非洲。迄今为止,中国尚未确诊病例的报道。病变主要在肝与肾,临床表现为发热、出血、黄疸和蛋白尿等。轻者可完全恢复,并获终生免疫;重者死于心肌损害或无尿、出血等。传染源是病人和动物。人的传染性以病后 3 天内最强,轻型病人也不例外。埃及伊蚊是传播媒介。蚊体内病毒的传染性与气温关系密切,在 37℃4 天后即具传染性,20℃ 需 3 周后才出现传染性。受染蚊体终生带毒,但不能经卵传代。人和人之间的传播主要在城市,故称城市型。动物传染源主要是原始森林中的灵长类动物,以猴、狨为主,其次是袋鼠、食蚁兽、树獭、刺鼠、犰狳、豪猪、天竺鼠等。人仅在林区可被传染,传播媒介是趋血蚊属。动物与人之间的传播称丛林型。无免疫力的人群对其普遍易感。隐性感染或发病均能获得稳固的免疫力,故流行地区以儿童发病占多数。丛林型黄热病几乎只限于男性成人,与风俗习惯或工作性质有关。潜伏期 3~7 天。突然发病,常伴寒战,无前驱症状。大部分为轻型病例,少数病人病情严重终至死亡。中国预防此病采用的是干燥黄热病减毒活疫苗,皮下注射 1 次 0.5ml。近年来有应用皮肤划痕接种法,划痕三条后置疫苗各一滴。划痕法不良反应较少。

【黄体功能不足】(luteal phase defect, LPD) 月经周期中卵泡发育及排卵正常,但黄体期孕激素分泌不足或黄体过早衰退,导致子宫内膜分泌不良反应和黄体期缩短。属于排卵性功血的一种类型。多发生于生育年龄妇女。主要表现为月经周期缩短,经期和月经量正常。由于黄体期短,孕激素不足,不易受孕或孕早期流产。基础体温双相型,但排卵后体温上升缓慢,上升幅度偏低,升高时间仅维持9~10天即下降。治疗方法是在排卵后黄体期补充孕激素。

【黄铁矿】(pyrite) 又称硫铁矿,俗称愚人金。化学成分为二硫化铁(FeS_2)的一种矿物。等轴晶系。晶体常呈立方体或五角十二面体。晶面上有晶纹。集合体呈粒状或块状。浅黄铜色,条痕绿黑色。金属光泽。硬度6~6.5。密度4.9~5.2g/cm³。具弱电性。在地壳中分布很广,可在各种不同的地质作用下形成。内生成因的黄铁矿主要产于热液矿床中;外生成因的黄铁矿见于沉积岩、煤层中,往往呈团块状、结核状和浸染状。黄铁矿易风化成褐铁矿。后者有时仍保留黄铁矿晶体假象。黄铁矿为制造硫酸和提炼硫磺的主要矿物原料。中医学上以“自然铜”的药名入药,主治跌打肿痛、骨折、散瘀、接骨、止痛。

黄铁矿

【黄铜】(brass) 铜锌合金的总称。仅由铜和锌组成的称为变通黄铜。常用的有两类:(1)68黄铜(或α黄铜,俗称“三七”黄铜)。含锌30%~33%,其余为铜。具有良好塑性,可承受冷、热压力加工,制成管、丝、板或垫圈、导管等深冲零件。(2)62黄铜(或α+β黄铜,俗称“四六”黄铜)。含锌36.5%~39.5%,其余为铜。强度较68黄铜好,但塑性稍差。宜承受热加工。制成棒料、再经切削加工成各种零件。在铜-锌系基础上加入如铝、锡、镍、锰、铁、硅等合金元素构成特殊黄铜,以赋予其某些特殊性能。如加入铅,可提高其切削性能(称为易切削黄铜);加入锡,可提高其抗蚀性(称为“海军黄铜”)等。

黄铜

【黄酮类化合物】(flavonoid) 以黄酮(2—苯基色原酮)为母核而衍生的一类物质。包括黄酮的同分异构体及其氢化的还原产物。黄酮类化合物在植物界分布很广,在植物体内大部分与糖结合,以苷类或碳糖基的形式存在,也有以游离形式存在的。按其结构和特性的不同可分为:(1)黄酮和黄酮醇。(2)黄烷酮(又称二氢黄酮)和黄烷酮醇(又称二氢黄酮醇)。(3)异黄酮。(4)异黄烷酮(又称二氢异黄酮)。(5)查耳酮。(6)二氢查耳酮。(7)橙酮。(8)黄烷和黄烷醇。(9)黄烷二醇(3,4)。(10)花(色)苷等。许多黄酮类成分具有止咳、祛痰、平喘、抗菌等药理活性。黄酮类化合物中有药用价值的很多,如槐米中的芦丁和陈皮中的陈皮苷,能降低血管的脆性,用于防治老年高血压和脑溢血。由银杏叶制成的舒血宁片含有黄酮和双黄酮类,用于冠心病、心绞痛的治疗等。

【黄土】(loess) 第四纪时期经外营力搬运后,在干旱、半干旱气候环境下堆积的黄色或棕黄色的粉砂质沉积物。是一种半固结钙质胶结土状沉积物。其颗粒组成以粉砂为主,次为黏土和细砂。矿物成分以石英、长石为主,还有蒙脱石、水云母等黏土矿物。黏土矿物含量虽不高,但可使黄土遇水后膨胀。黄土中碳酸钙含量较高,遇雨水后会溶解使土粒分离,而且碳酸钙经淋溶和富集后又会形成不同形态的钙质结核。黄土无明显层理,垂直节理发育,干燥时较坚实,能保持直立陡壁。其结构疏松,具有肉眼可见的大孔隙,故透水性强,遇水浸润后易崩解,并易发生大量沉陷。中国是世界上黄土分布面积、堆积厚度最大的国家。黄土堆积地层中含有许多古地理和古气候信息,是研究古地理环境和全球变化的信息库之一。黄土易遭受流水侵蚀切割,使地表变得支离破碎,形成千沟万壑的独特地貌。最典型的黄土地貌分布在中国的黄河中游地区,可分为沟间地貌、沟谷地貌和潜蚀地貌。沟间地貌有黄土塬、黄土梁、黄土峁;沟谷地貌是不同等级的沟谷,如冲沟、切沟、浅沟等;潜蚀地貌是地下水下渗造成的,常见的有黄土柱、黄土陷穴、黄土桥等。在近代,人类活动,特别是毁林毁草垦荒,加剧了黄土地貌的发育。

黄土

【“黄箱”政策】(Yellow Box Policy) 世

界贸易组织在《农业协议》中要求各国作削减和约束承诺的国内支持与补贴措施，主要指那些容易引起农产品贸易扭曲的政策措施。包括政府对农产品的直接价格干预和补贴，种子、肥料、灌溉等农业投入品补贴、农产品营销贷款补贴、休耕补贴等。属于“黄箱”政策范围的农业补贴，称为“黄箱”政策补贴。《农业协议》规定用综合支持量来衡量“黄箱”政策补贴的多少，并要求在约束该类补贴的基础上，逐步予以削减。《农业协议》规定需要削减承诺的“黄箱”政策包括：价格支持；营销贷款；面积补贴；牲畜数量补贴；种子、肥料、灌溉等投入补贴；某些有补贴的贷款计划。发展中国家的一些“黄箱”政策也列入免予削减的范围，主要包括：农业投资补贴；对低收入或资源贫乏地区生产者提供的农业投入品补贴；为鼓励生产者不生产违禁麻醉作物而提供的支持。《农业协议》规定，本来应属于“黄箱”政策的一些补贴，如果与农产品限产计划有关的（如休耕补贴等）可纳入“蓝箱”政策，列入基期总综合支持量的计算，但免予削减承诺，不受《农业协议》的约束和限制，有关国家可以自行决定政策的调整以便按要求削减综合支持量。

【黄鱼】（yellow croaker） 又称黄花鱼、石首鱼。隶属硬骨鱼纲，石首鱼科，黄鱼属。为中国四大海洋渔业品种之一。按其种类的不同可分为大黄鱼和小黄鱼。（1）大黄鱼。又称大先、金龙、黄瓜鱼、红瓜、黄金龙、桂花黄鱼、大王鱼、大黄鲞。（2）小黄鱼。又称梅子、梅鱼、小王鱼、小先、小春鱼、小黄瓜鱼、厚鳞仔、花鱼。其形态相近，习性相似。这类鱼，体侧扁延长，呈金黄色。大黄鱼尾柄细长，鳞片较小，体长 40～50cm，椎骨25～27 枚；小黄鱼尾柄较短，鳞片较大，体长20cm 左右，椎骨28～30 枚。大黄鱼平时栖息较深海区，4～6 月向近海洄游、产卵，产卵后分散在沿岸索饵，秋冬季节又向深海区迁移；小黄鱼春季向沿岸洄游，3～6 月间产卵后，分散在近海索饵，秋末返回深海，冬季于深海越冬。食性杂。主要以鱼虾为食。大黄鱼分布于黄海南部、东海和南海，小黄鱼分布于中国黄海、渤海、东海及朝鲜西海岸。供鲜食，鳔可制成鱼肚，经济价值高，为中国重要的经济鱼类。小黄鱼产量最高曾达 268000t（1957 年），1986 年大、小黄鱼的渔获量达分别为 17 243t、19 806t。

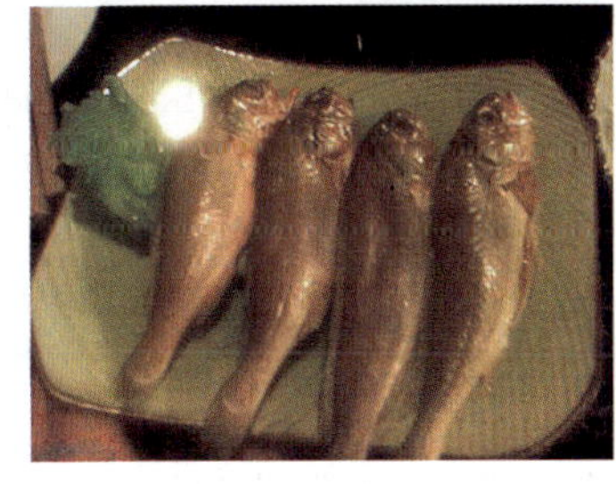

黄鱼

【磺胺类药】（sulfa drugs） 能有效防治全身性细菌性感染的第一类化疗药物。在临床上现已大部被抗生素及喹诺酮类药取代。但由于磺胺药有对某些感染性疾病（如流脑、鼠疫），具有疗效良好、使用方便、性质稳定、价格低廉等优点，故在抗感染的药物中仍占一定地位。近年来发展较缓慢。磺胺类药与磺胺增效剂甲氧苄啶合用，使疗效明显增强，抗菌范围增大。可分为：（1）用于全身性感染的磺胺药。据血浆 $T_{1/2}$ 长短将药物分为短效类（低于 10h）、中效类（10～24h）和长效类（高于 24h）三类。（2）用于肠道感染的磺胺药。（3）外用磺胺药。磺胺药是抑菌药，通过干扰细菌的叶酸代谢而抑制细菌的生长繁殖。与人和哺乳动物细胞不同，对磺胺药敏感的细菌不能直接利用周围环境中的叶酸，只能利用对氨苯甲酸（PABA）和二氢蝶啶，在细菌体内经二氢叶酸合成酶的催化合成二氢叶酸，再经二氢叶酸还原酶的作用形成四氢叶酸。磺胺药的结构和 PABA 相似，可与 PABA 竞争二氢叶酸合成酶，障碍二氢叶酸的合成，影响核酸的生成，抑制细菌生长繁殖。其作用特点是：（1）抗菌谱广。对金葡菌、溶血性链球菌、脑膜炎球菌，志贺菌属，大肠杆菌、伤寒杆菌，产气杆菌及变形杆菌等有良好抗菌活性，此外对少数真菌，衣原体、原虫（疟原虫和弓形体）也有效。（2）细菌对各种磺胺药间有交叉耐药性。（3）磺胺药中有可供局部应用。肠道不易吸收及口服易吸收者，后者吸收完全，血药浓度高，组织分布广。（4）磺胺嘧啶、磺胺甲恶唑脑膜通透性好，脑脊液内药物浓度高。（5）主要经肝代谢灭活，形成乙酰化物后溶解度低，易引起血尿、结晶尿及肾脏损害。（6）不良反应较多。常见有恶心、呕吐、皮疹、发热、溶血性贫血、粒细胞减少、肝脏损害、肾损害等。

【磺化剂】（sulphonating agent） 能够使芳香烃发生磺化反应的化学药剂。芳香烃中氢原子被磺酸基取代生成芳香族磺酸的反应称为磺化反应。工业上常用的有浓硫酸、发烟硫酸、氯磺酸和三氧化硫。磺化方法有液相磺化法和气相磺化法。经过磺化反应，除了增加产物的水溶性和酸性外，还可以使产品具有表面活性。芳烃经磺化后，其中的磺酸基可进一步被其他基团［例如羟基（-OH）、氨基（$-NH_2$）、氰基（-CN）等］取代，所得生成物还可以制备一系列有机中间体或精细化学品。

【灰坝】（ash dam） 为储存火力发电厂的湿式粉煤灰而修建的储灰挡灰建筑物。坝体由初期坝、子坝及沉积灰渣组成。灰坝的第一期坝体为初期坝，湿式粉煤灰经过自然沉积，表面明水通过坝下涵管或河岸泄水设施排除，在初期坝前形成沉积灰渣。在沉积灰渣面上分期筑坝，逐级加高的坝体为子坝；灰坝坝体的大部分是由沉积灰渣组成，且储灰过程就是筑坝过程。每级子坝坝体对于整个坝体而言，是下游坝坡的一级护体。最终达到按储灰场的自然地形、地质条件和电厂需要等因素确定的最大坝高。初期坝应合理设置排渗设施，有计划地排除渗水，降低坝体浸润线，加速灰渣固结。子坝的分级和每级加高高度在总体规划时，应做出统筹安排。一般分级高度为5～10m为宜。灰坝的渗流计算、稳定计算及其他构造要求同土坝。

灰坝

【灰度图像】（gray image） 每一像元具有多种可能的灰度等级的图像。常见的灰度级有16级灰度、64级灰度、256级灰度等。

【灰分】（ash content） ❶物质燃烧后剩下的灰的质量与原物质质量的比值。❷在规定条件下，食品或食品添加剂灼烧后剩下的不燃烧物质。食品和食品添加剂的一般检测项目。灰分的组成是一些金属元素及其盐类。一般食品在550～600℃灼烧灰化。因食品组分不同，灼烧条件不同，残留物亦不同。残留物与食品中原有的无机物并不相同。灰分测定内容包括总灰分、水溶性灰分、水不溶灰分、酸不溶灰分等。

【灰鸽子】（gray dove） 一款中国著名的远程控制软件。比起冰河，灰鸽子是后门软件的集大成者。具有丰富而强大的功能、灵活多变的操作、良好的隐藏性。客户端和服务端都是采用Delphi编写。黑客利用客户端程序配置出服务端程序。可配置的信息主要包括上线类型（如等待连接还是主动连接）、主动连接时使用的公网IP（域名）、连接密码、使用的端口、启动项名称、服务名称、进程隐藏方式、使用的壳、代理、图标等。服务端对客户端连接方式有多种，使得处于各种网络环境的用户都可能中毒，包括局域网用户（通过代理上网）、公网用户和ADSL拨号用户等。灰鸽子工作室的软件产品，均为商业化的远程控制软件，主要提供给网吧、企业及个人用户进行电脑软件管理使用。它获得国家颁布的计算机软件著作权登记证书，受著作权法保护。但如果拿它做一些非法的事，灰鸽子就成了很强大的黑客工具。对于灰鸽子给社会带来的种种危害，国内也有部分的团队组织反灰鸽子。

【灰盒测试】（gray-box testing） 介于白盒测试与黑盒测试之间的测试方法。灰盒测试关注输出对于输入的正确性，同时也关注内部表现。但这种关注不像白盒测试那样详细、完整，只是通过一些表征性的现象、事件、标志来判断内部的运行状态。有时候输出是正确的，但内部其实已经错误了。这种情况非常多。如果每次都通过白盒测试来操作，效率会很低，因此需要采取灰盒的方法。灰盒测试结合了白盒测试和黑盒测试的要素，考虑了用户端、特定的系统知识和操作环境，在系统组件的协同性环境中评价应用软件的设计。

【灰浆】（grout） 由一定比例的沙子和胶结材料加水制成的拌合物。建筑上砌砖石用的黏结物质。用无机胶凝材料与细集料和水按比例拌和而成。按其用途的不同可分为砌筑砂浆和抹面砂浆。前者用于砖、石块、砌块等的砌筑以及构件安装；后者则用于墙面、地面、屋面及梁柱结构等表面的抹灰。按所用材料的不同可分为：(1)石灰砂浆。由石灰膏、砂和水按一定配比制成，一般用于强度要求不高、不受潮湿的砌体和抹灰层。(2)水泥砂浆。由水泥、砂和水按一定配比制成，一般用于潮湿环境或水中的砌体、墙面或地面等。(3)混合砂浆。在水泥或石灰砂浆中掺加适当掺合料如粉煤灰、硅藻土等制成，以节约水泥或石灰用量，并改善砂浆的和易性。常用的混合砂浆有水泥石灰砂浆、水泥黏土砂浆和石灰黏土砂浆等。新拌普通砂浆应具有良好的和易性，硬化后的砂浆则应具有所需的强度和黏结力。砂浆的和易性与其流动性和保水性有关，一般根据施工经验掌握或通过试验确定。砂浆的抗压强度用砂浆标号表示，常用的普通砂浆标号有4、10、25、50、100等。

【灰婴综合征】（gray baby syndrome） 早产儿和新生儿肝脏缺乏葡萄糖醛酸转移酶，肾脏排泄功能不完善，对氯霉素解毒能力差，当药物剂量过大可致中毒，表现为循环衰竭、呼吸困难、进行性血压下降、皮肤苍白和发绀等的一组症候群。具有以下特点：(1)氯霉素口服、肌注或静注均可引起上述毒性反应。(2)患儿大多为早产儿或出生48h以内的新生儿。(3)约有60%的患儿可在症状发生后数小时内死亡。(4)多在连续采用大剂量氯霉素，血清氯霉素往往异常升高。(5)死后做病理检查，各系统和器官无特异性病理变化。灰婴综合症一般发生于治疗的第二天至第九天，症状出现在第二天的死亡率可高达40%，有时大龄儿童甚至成人也可发生。为防止发生这种严重的毒性反应，在新生儿期应尽量避免使用氯霉素。

【挥发性盐基氮】（total volatile basic

nitrogen） 动物性食品由于酶和细菌的作用发生腐败，使蛋白质分解产生的氨及胺类等含氮物质。是一种有毒物质。在碱性条件下，具有挥发性。是反映动物性食品新鲜程度的重要指标。在碱性溶液中蒸出后，用标准酸滴定计算含量。中国国家标准《猪肉卫生标准》（GB2707－1994）规定：鲜（冻）畜肉挥发性盐基氮的限量≤20mg/100g。常用的测定方法有：半微量定氮法和微量扩散法。

【挥发性有机物】（volatile organic compound，VOC） 可在空气中挥发的有机化合物的统称。按其化学结构的不同可以分为烷类、芳烃类、烯类、卤烃类、酯类、醛类和酮类等。挥发性有机物室外主要来自燃料燃烧和交通运输；室内则主要来自燃煤和天然气等燃烧产物，如吸烟、采暖和烹调等产生的烟雾以及建筑和装饰材料、家具、家用电器、清洁剂和人体自身的排放等。挥发性有机物能引起人体免疫水平失调，影响中枢神经系统功能，出现头痛、嗜睡、无力、胸闷等自觉症状，还可能影响消化系统，出现食欲不振等。严重时可损伤肝脏和造血系统，出现变态反应等。

【挥发油】（essential oil） 又称精油。存在于植物中的一类具有芳香气味、可随水蒸气蒸馏出来而又与水不相混溶的挥发性油状物。是一类混合物。其组分较为复杂。主要通过水蒸气蒸馏法和压榨法制取。其成分中以萜类物质多见。另外，尚含有小分子的脂肪族化合物和芳香族化合物。多为无色或淡黄色油状液体。多具特殊的香气或辛辣味。密度在0.850～1.180之间。易溶于无水乙醇、醚类、氯仿、二硫化碳和脂肪，难溶于水。均有一定的旋光性和折光率。其折光率是鉴定挥发油品种的重要依据。放置过久易氧化聚合，颜色加深或成树脂状。因此应密闭、低温和避光保存。在医疗和化工中广泛应用。

【辉长岩】（gabbro） 一种深成基性岩浆岩。主要矿物成分为单斜辉石和基性斜长石，两者含量基本相等。次要矿物有角闪石、橄榄石和黑云母。有的含有少量钾长石和石英。辉长岩中 SiO_2 含量在45%～52%之间。辉长岩可形成较小规模的侵入体，有时与超基性岩构成杂岩体。与之有关的矿产资源有铁（Fe）、钛（Ti）、铜（Cu）、镍（Ni）、磷（P）等。

辉长岩

【辉石】（pyroxene） 结晶是斜方晶系或单斜晶系的钙、镁、铁链状结构的硅酸盐矿物的统称。分斜方辉石和单斜辉石两个亚族。斜方辉石又称正辉石，由镁辉石[$Mg_2(Si_2O_6)$]和铁辉石[$Fe_2(Si_2O_6)$]两种矿物构成的完全类质同像系列。晶体呈短柱状，集合体成粒状或块状。玻璃光泽，硬度为5～6。颜色从无色到褐黑色，随铁含量增大而变深。出现在基性、超基性岩石和区域变质程度较深的变质岩中。单斜辉石又称斜辉石，是单斜晶系辉石矿物的总称。主要有透辉石[$CaMg(Si_2O_6)$]、钙铁辉石[$CaFe(Si_2O_6)$]、普通辉石（Ca，Mg，Fe，Al）[$(Si,Al)_2O_6$]、锥辉石，NaFe[Si_2O_6]、硬玉[$NaAl(Si_2O_6)$]等。辉石为常见的造岩矿物，主要产于火成岩中，也可见于深成变质岩及矽卡岩中。

辉石

【回采】（stoping） 在采区范围内直接进行的采矿作业。采矿程序之一。其主要内容包括落矿（崩落矿石）、搬运矿石和采空区处理。进行回采作业时，按回采方式的不同可分为混合开采和选别开采。前者指开采时不分矿石和围岩（包括夹石），将不同类型、不同品级的矿石一起开采；后者又称选采或分采，指在开采时，要将矿石与围岩，以及不同类型、不同品级的矿石分开开采。

【回采巷道】（extraction opening lane） 直接为一个或多个回采单元服务的巷道。为了将采煤工作面采出的煤炭顺利运出及回采工作所需的材料设备能及时运入工作面，保证采煤工作面有新鲜风流，采煤工作面要有两条或两条以上的巷道为其服务，分别分布于工作面的两侧。回采巷道是形成采煤工作面及为其服务的巷道，如开切眼、工作面运输巷、工作面回风巷等。其作用主要是切割出新的采煤工作面并进行生产。回采巷道的布置方式主要有：单巷式、双巷式、一条半巷道布置和多巷式布置等几种形式。在所有煤矿巷道中，回采巷道的围岩条件、应力状况最为复杂，加上较软弱的底板岩层及工作面超前支承压力的影响，底鼓现象十分普遍，几乎所有回采巷道均存在不同程度的底鼓。

【回次】（roundtrip） 在钻孔施工中将钻具下至孔底进行钻进直至钻进完毕将钻具从孔内全部提

出地面的一个完整作业循环。地质勘探工作中岩心钻探专用术语。实行回次钻进的目的是获取孔底岩心。任何一个岩心钻探钻孔均由多个回次累积而成。回次的多少取决于施钻方法、取心钻具规格、井下地质情况等多种因素。对于绳索取心钻进,一个回次为从投放内管总成、钻进、打捞内管总成的一个循环过程。

【回次进尺】(roundtrip meterage) 钻井作业中一个回次中钻头的进尺数。以长度表示,单位为m,是衡量钻进机械效率的主要指标。一个回次所消耗的时间称回次时间,属生产时间。回次进尺的大小有两层含义,即回次时间内纯钻进时间的长短和在同一纯钻进时间内进尺的大小。这两者都意味着钻进机械效率的高低,并连带影响钻机的台月效率。岩心钻探的回次进尺,取决于岩心的完整程度和钻头的耐磨性。致密完整地层,回次进尺可达到9m;钻进极为松散破碎的岩心,回次进尺常被限制在1~2m之间,以尽量保证获取较高的岩心采取率。无岩心钻进,回次进尺可以达到几十米。

【回复突变】(reverse mutation) 突变体通过第二次突变完全或部分恢复为野生型表型的过程。完全恢复是由于突变的碱基顺序经第二次突变后又变为原来的碱基顺序;部分恢复是由于第二次突变发生在另一部位上,其结果是部分恢复原来的表型。如把大量的组氨酸缺陷型大肠杆菌细胞,接种在不含组氨酸的基本培养基中,会有极少量的细胞能够生长,出现这种情况的主要原因就是这些细胞的组氨酸缺陷基因已部分恢复为正常基因。

【回归测试】(regression testing) 为了验证修改的正确性及其影响,对软件的功能或性能重新进行的测试。在软件生命周期中的任何一个阶段,只要软件发生了改变,就可能给该软件带来问题。软件的改变可能是源于发现了错误并做了修改,也有可能是因为在集成或维护阶段加入了新的模块。当软件中所含错误被发现时,如果错误跟踪与管理系统不够完善,就可能会遗漏对这些错误的修改;而开发者对错误理解的不够透彻,也可能导致所做的修改只修正了错误的外在表现,而没有修复错误本身,从而造成修改失败;修改还有可能产生副作用从而导致软件未被修改的部分产生新的问题,使本来工作正常的功能产生错误。同样,在有新代码加入软件的时候,除了新加入的代码中有可能含有错误外,新代码还有可能对原有的代码带来影响。因此,每当软件发生变化时,就必须重新测试现有的功能,以便确定修改是否达到了预期的目的,检查修改是否损害了原有的正常功能。为了验证修改的正确性及其影响就需要进行回归测试。

【回归年】(tropical year) 又称太阳年。太阳视圆面中心相继两次经过春分点所经历的时间。它以四季更迭为一个周期,故称为回归年。是阳历和阴阳历年的标准,并与朔望月组合成历法的基础。回归年长365天5时48分46秒。这个数值是变化的,每百年减少0.53s。

【回归曲线】(regression curve) 一种描述两个变量之间统计关系的曲线图形。利用回归曲线不仅能给出变量的点估计值,而且能给出估计值的置信区间。在分析测试中,应用最多的是线性回归曲线,对于非线性回归曲线可以通过变量变换转化为线性回归曲线。

【回归系数】(regression coefficient) 在回归方程中,表示自变量对因变量影响大小的参数。回归系数越大,说明自变量对因变量的影响越大。正回归系数表示因变量随自变量增大而增大;负回归系数表示因变量随自变量增大而减小。

【回归线】(tropic) 一年内太阳在地球上的直射点能达到的最北(南)点所在的纬线。分别位于南、北半球的南纬23°26′和北纬23°26′的纬圈线。其中北纬23°26′线为北回归线,南纬23°26′线为南回归线。这是地球在围绕太阳公转时太阳光随季节变化可以直射到地球表面南、北半球的最高纬度界限。每年当太阳光直射到北回归线时,正是中国24节气中的夏至。这一天北半球白天最长,黑夜最短。当太阳光直射到南回归线时,则是中国24节气中的冬至。这一天北半球白天最短,黑夜最长。回归线是地球热带和温带的分界线。南、北回归线之间为地球的热带,南回归线以南、北回归线以北就是地球的南北温带和南北寒带。

回归线标志

【回火】(temper) 将淬火后的钢件再加热到临界温度以下的适当温度,保温一段时间后再冷却到室温的热处理工艺。其目的是降低淬火后钢件的脆性,消除内应力,稳定组织和获得所需的力学性能。按回火温度的不同可分为:(1)低温回火。温度范围150~250℃。得到回火马氏体组织,主要用于高硬度(HRC58~64)及耐磨的高碳的工具、模具、轴承钢和渗碳淬火及表面淬火的工件。(2)中温回火。温度范围 350 ~ 500℃。得到回火屈氏体组织，硬度 HRC35 ~45。在此温度回火的特点是钢的弹性极限和屈服强度比较高，适用于各种弹簧、弹簧夹头、刀杆和轴套等工件。(3)高温回火。温度范围 500 ~ 650℃。得到回火索氏体组织，硬度 HRC15 ~35。习惯上把淬火后再高温回火称为调质处理，其强度、塑性、韧性等综合力学性能好。齿轮、轴类等重要工件，一般是调质后再表面淬火。在 250 ~350℃ 的温度范围是回火脆性区，回火时应避开。

【回交】(backcross) 子代和两个亲本之间的任何一个进行杂交的方法。所得的后代称为“回交杂种”。被用来回交的亲本称为“轮回亲本”；未被用来回交的亲本称为“非轮回亲本”。用双隐性亲本来进行回交，便是测交。测交是遗传学上用以确定生物基因型的重要方法。在育种实践中通过连续回交，可以增强杂种后代对某一亲本性状的表现力，是动、植物育种工作中的一种常用方法。

【回交亲本】(backcross parent) 见轮回亲本。

【回轮车床】(capstan lathe) 在回转轴与主轴线平行的多工位回轮刀架上安装多把刀具，并能纵向移动的车床。在工件一次装夹中，可依次用不同刀具完成多种车削工序，适用于成批生产加工尺寸不大且形状较复杂的工件。

回轮车床

【回燃】(backdraft) 又称复燃。在封闭空间内发生火灾时发生的一种火势突然增强的燃烧现象。在通风不良的密闭空间内，当其中发生火灾燃烧时，空气内氧浓度必将迅速降低，未完全燃烧程度会越来越严重，大量热解与不完全燃烧产生的可燃气体将存积在室内。此时封闭空间突然形成某种开口，造成外界新鲜空气进入，就会造成两者大规模的混合。室内尚存有余火，或出现某种其他点火源，室内将发生猛烈的气相燃烧，大团火焰甚至可从空气入口处冲出室外。许多建筑火灾是在门窗关闭的房间内发生的，燃烧产生的高温所导致的窗玻璃破碎、木门烧穿以及为灭火而突然将门打开都会突然形成新的通风口，控制不当就会发生回燃。此现象的突然性、破坏性强大，可对前来灭火的人员造成严重威胁。而且会大大加剧火灾燃烧的强度。

【回热循环】(regenerative cycle) 在电站热力系统中利用部分在汽轮机中作过功的蒸汽对锅炉给水进行加热的技术。它可减少较低温度给水直接从锅炉吸收的热量。采用回热循环可以提高电站整体的发电效率，现代大型电站一般采用7 ~9级回热加热器。

【回填灌浆】(backfill grouting) 填充混凝土与岩石或与钢板之间空隙的灌浆工程。常用于回填隧洞顶拱处的混凝土衬砌层与岩石之间的空隙。其主要作用是提高水工建筑物的整体性，使混凝土衬砌与围岩连为一体，共同承担外力。隧洞顶拱一般不易浇筑密实，常有连通的脱空现象。回填灌浆孔大多布置在顶拱圆心角为 90° ~120°范围内，孔径不小于 38mm，顺洞长方向的排距为 2 ~3m，每排 1 ~3 孔，孔深进入围岩 0.1m。回填灌浆采用水泥灌浆，需在混凝土衬砌层达到 70% 的设计强度后才能进行，必要时需重复灌注 2 ~3 次。空隙较大时，常先用较低压力灌注水泥砂浆。在设计规定压力下，灌浆孔停止吸浆，回填灌浆即可结束。在灌浆结束后，采用机械封孔并抹平。灌浆质量可通过钻孔检查，宜在灌浆结束 7 天后进行。检查孔的数量不少于灌浆孔总数的 5%。水工建筑物钢板衬砌后边的混凝土与钢板之间的较大空隙，也需进行回填灌浆。灌浆的压力需通过计算，防止钢板变形。

【回文结构】(palindrome) 又称串联反向重复序列。一段自我互补的核苷酸序列。即同其互补链一样的序列(两者的阅读框方向同样是 5′→3′)。回文序列是各种 DNA 结合蛋白的靶位点(如限制性内切酶、RNA 聚合酶、转录因子)，存在于许多启动子、DNA 复制起点和转录终止序列中。其与遗传信息表达的调控和基因转移有关。

【回阳救逆】(restore yang to save from collapse) 中医治法名称。对寒盛阳衰，阳气将脱危症患者的施救。多用参附汤或四逆汤。临床表现为汗出不止、吐利、四肢厥逆、气息微弱和脉微欲绝等。

【回转体】(circumgyrator) 小型风力发电机的重要部件之一。其作用是支撑安装发电机、风轮和尾翼调速机构等，并保证上述工作部件按照各自的工作特点随着风速、风向的变化在机架上端自由回转。小型风力发电机回转体的结构和安装方式种类各异。其中，偏心并尾式回转体目前在中国应用比较广泛。

【洄游】(migration) 水产动物所进行的周期性定向的长距离集群迁移。分为产卵洄游(生殖洄游)、索饵洄游、越冬洄游(季节性洄游)三种。此外，有些鱼类由于追索饵料，或为适应不同生活阶段的要求,也会进行昼夜短距离的垂直洄游。鱼类在洄游的过程中常集合成群,定期在一定水域大量出现,形成某种鱼的渔期或可集中捕捞的渔场。掌握鱼类的洄游规律,可对渔情预报、渔场位置的预测、渔期始终的确定以及渔业资源的保护等提供重要的生物学依据。

【会话层】(session layer) 在网络层提供的数据传输服务之上层提供服务,可使应用建立和维持会话,并能使会话获得同步的层。会话层使用校验点可使通信会话在通信失效时从校验点继续恢复通信。这种能力对于传送大的文件极为重要。其主要功能是:(1)会话管理。(2)数据流同步。(3)重新同步。会话层、表示层、应用层构成开放系统的高三层资源子网络,面对应用进程提供分布处理,对话管理,信息表示,修复最后的差错等功能。开放系统互联参考模型的第五层。

【会阴裂伤 】(laceration of perineum) 分娩过程中会阴皮肤、黏膜、阴道壁及肌层、肛门外括约肌发生不同程度损伤。按裂伤程度的不同可分为:(1)Ⅰ度裂伤。指会阴皮肤及阴道口黏膜撕裂,未达肌层者。一般出血不多。(2)Ⅱ度裂伤。指裂伤已达会阴体肌层,累及阴道后壁黏膜,甚至阴道后壁两侧沟向上撕裂者。裂伤多不规则,使原解剖结构不宜辨认,出血较多。(3)Ⅲ度裂伤。肛门外括约肌已断裂,甚至阴道直肠隔及部分直肠前壁有裂伤者。

【会阴切开术】(episiotomy) 分娩时会阴过紧或胎儿过大,估计分娩时会阴撕裂不能避免者,或母儿有病理情况急需结束分娩者而行的会阴部软组织切开术。包括:(1)会阴左侧后侧切开术。阴部神经阻滞及局部浸润麻醉生效后,术者于宫缩时以左手示、中两指深入阴道内,撑起左侧阴道壁,右手用钝头直剪自会阴后联合中线向左侧45°剪开会阴。切口长4~5cm。切开后用纱布压迫止血,胎盘娩出后缝合。(2)会阴正中切开术。局部浸润麻醉生效后,术者于宫缩时沿会阴后联合垂直剪开2cm。此法优点是:剪开组织少、出血不多,术后组织肿胀及疼痛轻,切口愈合快;其缺点是:切口有自然延长撕裂至肛门括约肌的危险。胎儿大,接产技术不熟练者禁用。

【彗星】(comet) 围绕太阳运行的一种云雾状天体。接近太阳时,分为彗头和彗尾。彗头又分为彗核、彗发和彗晕。彗尾背朝太阳方向延伸出去,长可达数千万至上亿千米,形如扫帚,故又称“扫帚星”。运行轨道各不相同,有抛物线、椭圆和双曲线之分。其中椭圆轨道的彗星过一段时间就会出现周期性的回归,被称为周期彗星。彗星的质量主要集中在彗核。彗核多由冰组成。彗尾为极稀薄的气体和尘埃,质量很小。彗星的质量会因彗发和彗尾的形成逐渐减少,寿命平均为几千个公转周期。

【彗星撞击木星】(comet's collision with Jupiter) 发生在1994年7月中旬彗星木星相撞的天文奇观。一颗碎裂的名为苏梅克—利维九号的彗星,接二连三地撞击了木星。天文学家曾预测,由于该彗星距木星太近,当距木星43 000km时,彗核可能会被木星强大引力所产生的潮汐力撕裂并分解,使之成为碎片撞向木星。这种预言在1994年7月变成了现实。格林尼治时间7月16日20时15分,第一块彗核(直径约1km)撞击到木星。以后,分别间隔了7h、4h、6min零20h钟和4min,其他彗核碎块也纷纷与木星相撞。最后一块彗核撞击木星的时间是格林尼治时间7月22日8时,这是第21次撞击。科学家利用这次彗星撞击木星的机会,对彗星和木星大气层的化学成分进行了分析,并发现了钠、硫、氮、硫化氢、氰化氢及微量水分,但没有发现预期的大量的水汽。相撞后的木星南半球斑痕累累,撞击释放的能量相当于500万颗氢弹同时爆炸。但撞击并未对木星造成重大破坏,木星自转速率和公转轨道都没有改变。

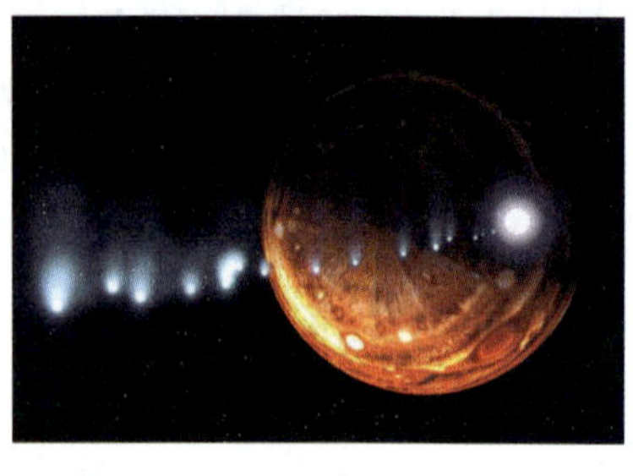

彗星撞击木星

【惠更斯-菲涅耳原理】(Huygens-Fresnel Principle) 从光的波动性出发描述光的传播规律的普遍原理。惠更斯把波的传播归结为波前的传播。波前上的每个点都可看作是能发出球面次波的新波源,这些次波的包络面构成下一时刻的波前,这就是惠更斯原理。惠更斯曾根据这一原理正确地解释了光的反射定律、折射定律和双折射现象。要解释衍射现象实质上是要解决不同方向上的强度分布问题。但惠更斯原理并未涉及强度,也无波长概念,故仅靠惠更斯原理不能解决衍射问题。菲涅耳弥补了惠更斯原理的不足之处。他保留了惠更斯的次波概念,补充了次波相干叠加的概念,认为光场中任一点的光振动是这些次波在该点相干叠加的结果。从而形成了惠更斯—菲涅耳原理。

【浑水灌溉】(muddy water irrigation) 引用河流含泥沙较多的浑水进行灌溉的方法。其水源一是汛期河水,二是水库汛前腾空或汛期泄洪而排出的浑水。具有提高水资源利用程度和改良土壤、减轻水患的作用。其技术要求是:(1)掌握取水含沙界限。据中国陕西省泾、洛、渭三大灌区实践,玉米棉花生育期内可引用含沙量在35%以下的浑水进行灌溉,而在玉米苗期、棉花蕾期,含沙界限应控制在25%以下。(2)控制淤泥厚度。旱作实行浑水灌溉,高秆作物淤层宜厚,矮秆作物宜薄。从泾、洛、渭三大灌区资料分析,玉米淤泥厚度为5~7cm,棉花3~6cm,水稻拔节后8~12cm。(3)提高落淤质量。灌溉时,可适当加大畦田单宽流量,避免淤积厚度不均匀。(4)必要时可实行沟灌,集中水流加快灌水流速,增强输沙能力,促使落淤均匀。其规划设计的特点是:(1)清、浑水两用渠道,宜采用混凝土衬砌,并选择适当的渠底比降,既要适应清水冲刷,又要考虑浑水落淤。允许渠道有冲有淤,在一定的时期内冲淤平衡。(2)要结合地形条件,尽可能将渠道布置在较高地带或布置在具有较大坡度的地面上,以便增大比降,控制较多的自流灌溉面积,使水流具有较大 的流速。(3)适应高含沙洪水历时短、流量大的特点,引水口应能引入较大流量,并尽量减少渠道级数,增大各级渠道流量。

【浑天说】(egg-like hypothesis) 中国西汉末有关宇宙的一个新的天文假说。此说战国时期已有萌芽,西汉落下闳最早提出,东汉张衡将其发展。他在《浑天仪》一书中说:"浑天如鸡子,天体圆如弹丸。地如鸡中黄,孤居于内。天大而地小。天表里有水。天之包地,犹壳之裹黄。天地各乘气而立,载水而浮。"浑天说认为天形似穹窿好像鸡蛋的壳,地居其内好像蛋黄。天一半在地上,一半在地下。其南北两极固定在天的两端,日月星辰都循偏斜方向旋转。从球面天文学的角度看,浑天说要比盖天说进步。

【混沌】(chaos) 确定性非线性电路或系统中物理量作无规则变化的现象。非线性电路是指至少含有一个不是独立电源的非线性元件的电路。确定性电路是指不存在随机现象的电路。一般地讲,混沌指确定性非线性系统中的无序现象,有些类似随机现象。混沌的一个特点是,变量的无规则变化对起始状态极其敏感,即在某个起始条件下,变量作某种不规则变化;当起始条件稍为改变,稍长时间以后,变量的不规则变化和前一个变化显著不同。1961年,气象学家E.洛仑兹用计算机解某个气象问题时,发现起始条件稍为改变后,方程的解发生显著变化,进而发现了混沌。

【混纺】(blend spinning) 用两种或两种以上不同品种的短纤维进行混合纺纱的技术。用混纺技术纺成的纱称为混纺纱。用混纺纱线织成的织物称为混纺织物。不同品种的纤维通过混纺能够发挥各种纤维的优良性能,取长补短、降低成本、扩大品种以及达到某些特殊的效果等,使产品满足不同的需要。根据中国规定,在混纺品种中组分含量比例高者在前,低者在后,用斜线分开。例如涤/棉混纺纱,表示涤纶含量比棉高。

混纺线

【混汞法】(amalgamation) 从矿石中提取金、银等贵金属的一种重要方法。其具体做法是将含有贵金属的矿石同汞、水一起细磨,使汞将金属颗粒的表面湿润,并逐渐向金属内部扩散形成汞齐(即汞合金),从而同脉石矿物分离。使矿浆沿表面涂有汞的倾斜铜板流下,其中未形成汞齐的贵金属颗粒与铜板上的汞接触而形成汞齐。收集汞齐经加热蒸发去汞,即获得贵金属或其合金。此法主要用于处理含游离贵金属较多的矿石。该方法容易污染环境、危害人体健康,在使用时一定要做好劳动保护,避免环境受到污染。

【混合编码】(mixed coding) 在实际应用中为了达到更好的效果,应用两种或两种以上的编码技术进行编码的编码方式。是近年来广泛采用的方法。这种方法充分利用各种单一压缩方法的长处,以期在压缩比和效率之间取得最佳的平衡。如广泛流行的JPEG和MPEG压缩方法都是典型的混合编码方案。混合编码将变换编码和预测编码组合在一起,通常用离散余弦变换(DCT)等变换进行空间冗余度的压缩,用帧间预测或运动补偿预测进行时间冗余度的压缩,以达到对活动图像更高的压缩效率。通常把变换部分放在预测环内,预测环本身工作在图像域内以便于使用性能优良、带有运动补偿的帧间预测。这种带有运动补偿的帧间预测与离散余弦变换(DCT)结合的方案,其压缩性能高,编码技术成熟,编码延迟较短,已成为活动图像压缩的主流方案。

【混合动力】(hybrid) 由汽、水、油、电等混合产生的动力。即燃料(汽油、柴油、煤等)和电能的混合。如混合动力汽车使用汽油和电力两种驱动方式。混合动力汽车的发动机要使用燃油,而在起步、加速时,由于有电动马达的辅助,所以可以降低油耗。简单地讲,就是与同样大小的汽车相比,燃油费用更低。同时,辅助发动机的电动马达可以在启动的瞬间产生强大的动力。因此,能实现较高水平的燃油经济性。按其对电能依赖程度的不同可分为:弱混合动力(又称轻度混合动力,软混合动力,微混合动力等)、中度混合动力、重度混合动力（又称全混合动力，强混合动力等）和插电混合动力。弱混常用 BSG 皮带传送启动/发电技术；中混常用 ISG 内置安装曲轴启动/发电技术；强混合动力代表产品为电机 50KW，可节油 40%；插电混合动力，将提供更好的节油比例，但要消耗一定的电能。在某些方面，液压混合动力系统与其同伴电动混合动力系统相似。但是，液压系统是使用液压泵发动机和蓄能器产生扭矩并存储能量，而不是使用电动发动机、电线和电池。

【混合计算机】（hybrid computer） 可以进行数字信息和模拟物理量处理的计算机系统。通过数模转换器和模数转换器将数字计算机和模拟计算机连接在一起，构成完整的混合计算机系统。一般由数字计算机、模拟计算机和混合接口三部分组成。数字计算机承担高精度运算和数据处理；模拟计算机承担快速计算的工作。它兼具数字计算机和模拟计算机的特点：运算速度快、计算精度高、逻辑和存储能力强、存储容量大和仿真能力强。其价格昂贵。主要应用于航空航天、导弹系统等实时性的复杂大系统中。

【混合炼钢】（mix mode smelting steel） 先由两个炼钢炉分别炼出半成品钢液、熔渣和合金钢液，然后在盛钢桶内混合成钢的炼钢方法。扩大合金钢生产和提高钢质量的有效方法之一。有转炉—电炉、平炉—电炉、电炉—电炉等各种混合方法。其生产率高，且能熔炼优质钢或合金钢。

【混合瘤】（mixed tumor） 肿瘤实质由两种以上不同类型组织构成的肿瘤。最复杂的混合瘤是畸胎瘤，其肿瘤实质由来源于三个胚层的各种组织混杂在一起构成。混合瘤生长缓慢，常无自觉症状，病史较长，但有恶变的可能。对混合瘤如处理不当，很易复发。造成复发的原因与肿瘤的病理性质有关：(1)包膜常不完整，或在包膜中有瘤细胞，甚至在包膜以外的组织中也可有瘤细胞存在。(2)肿瘤的包膜与瘤体之间黏着性较差，容易与瘤体分离。

【混合式通风】（compound ventilation） 中央式通风和对角式通风混合布置的通风方式。混合式的进风井与出风井至少由三个以上的井筒组成。井田中央和两翼均有进、出风井。一般在老矿井进行深部开采时采用。混合式通风可有几种组合方式：中央并列与两翼对角混合式通风，中央边界与两翼对角混合式通风和中央并列与中央边界混合式通风等。

【混合推进剂火箭发动机】（hybrid propellant rocket engine） 组合使用固体燃料和液体氧化剂的火箭发动机。由喷注器、燃烧室、喷管、液体推进剂供应系统和储箱组成。其性能介于液体发动机和固体发动机之间，能像液体发动机那样调整推力，系统比较简单。但该发动机燃烧不均匀，效率低，转速慢，仅适用在一些特殊任务的导弹、靶弹上。1929 年，德国的奥尔伯特开始尝试混合推进剂火箭发动机。发展到目前，按使用推进剂组合的不同可分为：(1)固—液推进剂发动机，适用于固体燃料和液体氧化剂。(2)液—固推进剂发动机，适用于液体燃料和固体氧化剂。(3)准固—液推进剂发动机，适用于贫氧固体燃料和液体氧化剂。(4)三元固—液推进剂发动机，在固体燃料和液体氧化剂的燃烧过程同时喷入第三组元液氢，以大大提高发动机的能量特性。

【混合物】（mixture） 由两种及两种以上单质或化合物，未经化学变化混杂在一起所组成的物质。无固定组成和性质，而其中的每种单质或化合物都保留着各自原有的性质。如：含有氧、氮、稀有气体、二氧化碳等多种气体的空气；含有多种物质的石油（原油）、天然水、溶液、糖水、牛奶、合金等都是混合物。常采用物理方法如蒸馏、过滤、结晶、升华、萃取及层析等将其所含物质加以分离。

冰水混合物

【混合稀土】（mixed rare earth） 稀土金属混合物的简称。稀土金属性质极近，较难分离。混合稀土在工业上用途很广。如冶金工业中常用作添加剂或合金元素，以提高钢、铁和有色金属合金的性能；电真空工业中常用混合稀土金属合金作气体吸收剂等。

【混合岩】（migmatite） 具有介于变质岩和岩浆岩之间构造和岩石学特征的一类特殊变质岩。由混合岩化作用形成。是由原来的变质岩经注入、交代、重熔等作用所形成，介于变质岩和岩浆岩之间的过渡性岩类。其主要特点是岩石中的矿物成分和结构构造很不均匀。在混合岩化作用较弱的岩石中，可区分出原来变质岩的基体和新生成的脉

混合岩

体。随着混合岩化作用的增强，基体与脉体之间的界线逐渐消失，最后可形成类似花岗质岩石的混合花岗岩。根据混合岩化作用的方式和强度以及所成岩石的构造特征的不同，混合岩可分为不同的类型，如眼球状混合岩、条带状混合岩、混合片麻岩、混合花岗岩等。

【混合疫苗】（mixed vaccine） 又称多联疫苗。利用不同微生物培养物，按免疫学原理、方法组合成的疫苗。接种动物后，能产生对相应疾病的免疫保护，具有减少接种次数、使用方便等优点。根据微生物组合的多少，可分为三联疫苗、四联疫苗等。如猪瘟、猪丹毒、猪肺疫三联疫苗和羊梭菌病四防（羊快疫、羔羊痢疾、羊猝狙、羊肠毒血症）氢氧化铝疫苗等。

【混合支持式义齿】（tooth and mucosa support） 义齿承受的𬌗力由天然牙、黏膜和牙槽嵴共同负担的一类可摘局部义齿。由人工牙、基托、𬌗支托、固位体和连接体等部件组成。基牙上设𬌗支托，基托适当伸展。咀嚼时，义齿所受𬌗力可通过𬌗支托和基托传递到颌骨上。其适用范围极其广泛。从单个牙缺失到上颌或下颌仅余留单个牙的大范围缺损、甚至伴有软（硬）组织缺损时均可采用此种修复方式。为临床上最常用的形式。但对于缺牙间隙过小或𬌗龈距过低者、生活不能自理者、对义齿材料过敏者或对义齿异物感明显者以及严重的牙体、牙周或黏膜病变未得到有效治疗控制者则禁忌使用。具有磨除牙体组织少、患者能自行摘戴、便于洗刷清洁以保持良好的口腔卫生、制作方法简便、费用较低、便于修理和增补等优点。其缺点是：因其体积大、部件多，初戴时患者常有异物感引起恶心，有时影响发音；其稳定性和咀嚼效能不如固定义齿。若其设计不合理，制作质量差或患者不易保持口腔卫生时，还可能造成基牙损伤、黏膜溃疡、菌斑形成和牙石堆积、龋病及牙周炎发生、牙槽嵴加速吸收、颞下颌关节疾患等不良后果。

【混交林】（mixed forest） 由两个或多个树种组成的森林。按其所起作用的不同可分为主要树种、次要树种和灌木树种。主要树种是经营对象，也称“目的树种”；次要树种起辅佐作用，又称“伴生树种”；灌木树种主要起护土和改良土壤的作用，有时也起辅佐作用。其中主要树种以外的其他混交树种一般不能少于总株数（或断面积或材积）的20%。选择适宜混交树种，是调节树种间关系的重要手段，也是保证混交林具有稳定性和速生丰产的重要措施。混交林能充分利用空间和营养，改善立地条件，提高林产品的数量和质量，更好地发挥森林的防护效益。有较强的抵御外界不良环境影响的能力，但营造技术复杂，单位面积上目的树种的蓄积量较小，不宜于特殊的立地条件。混交方法有株间混交、行间混交、带状混交、块状混交和植生组混交等。

落叶松红桦混交林

【混流泵】（mixed flow pump） 靠旋转叶轮对液体产生离心力和推力，水流呈斜向进入和流出叶轮的中比转数水泵。其特点是：流量较离心泵大，扬程较轴流泵高，功率曲线变化平坦，高效区范围较宽。常用于平原和丘陵地区的农田灌溉排水。20世纪80年代，中国生产的最大混流泵口径为6 000mm，抽水流量约100m^3/s，配套功率8 000kW。一般中小型混流泵出水流道为蜗壳式，卧式安装；大型混流泵为导叶式，少数为蜗壳式，一般为立式安装，其叶片多为可调式。在结构上，蜗壳式混流泵接近离心泵，导叶式混流泵接近轴流泵。

【混流式水轮机】（francis turbine） 轴面水流由径向进入、轴向流出转轮，将水流能量转换为旋转机械能的反击式水轮机。使用的水头范围一般在30～700m，大、中型常规式机组多用到400m左右。其结构简单，主要部件包括蜗壳、座环、导水机构、顶盖、转轮、主轴、导轴承、底环和尾水管等。其中，蜗壳是引水部件，形似蜗牛壳体，一般为金属材料制成，圆形断面；座环置于蜗壳和导叶之间，由上环、下环和若干立柱组成，与蜗壳直接连接；立柱呈翼形，不能转动，又称为固定导叶。导水机构由活动导叶、调速环、拐臂、连杆等部件组成。转轮与主轴直接连接，是该类型水轮机的转动部件。转轮由上冠、下环、泄水锥和若干固定式叶片组成，其外形和各组成部分的配合尺寸根据其使用水头的不同而有所不同。尾水管是将转轮出口的水流引向下游的水轮机泄水部件，一般为弯肘形。小型水轮机常用直锥形尾水管。

混流式水轮机

【混凝处理法】（coagulation） 向废水中投加一定量的混凝剂使污染物从水中分离出来的方法。

该法可使水中的大分子污染物、微小悬浮物和胶体杂质通过架桥凝聚等反应，形成大颗粒的悬浮絮凝体，经过沉淀或气浮分离出来。混凝法广泛用于化工、印染、制药、食品等行业的废水处理。

【混凝土】（concrete） 由水泥、砂、石子和水按一定比例拌和、硬化而成的一种常用的建筑材料。通常指水泥混凝土。其抗压强度和耐久性良好。19世纪20年代出现了波特兰水泥后，由于用它配制成的混凝土具有工程所需要的强度和耐久性，而且原料易得，造价能耗较低因而得到广泛应用。20世纪初，有人发表了水灰比等学说，初步奠定了混凝土强度的理论基础。以后，相继出现了轻集料混凝土、加气混凝土及其他混凝土，各种混凝土外加剂也开始使用。自20世纪60年代以来，出现了高效减水剂和相应的流态混凝土。高分子材料进入混凝土材料领域，出现了聚合物混凝土。多种纤维被用于分散配筋的纤维混凝土。现代测试技术越来越多地应用于混凝土材料科学的研究。广泛应用于土木工程。

【混凝土坝】（concrete dam） 用混凝土浇筑、碾压或用预制混凝土构件装配而成的坝。其主要特点是：(1)适应各种地形条件，枢纽布置紧凑，管理运行方便。(2)可通过坝身泄水、取水。(3)便于机械化施工，施工导流容易解决。(4)安全度较大，即使水流从非溢流坝顶漫溢，也不一定失事。(5)除高度不大的坝外，一般需建在岩基上。(6)在大体积混凝土坝施工时，要有温控措施。在混凝土坝设计中，需要考虑其足够的抗滑稳定性，坝体材料和坝基强度能满足要求，混凝土要具有良好的抗渗、抗冻和耐久性能，建筑物的泄水边界要能抗冲耐磨。

【混凝土拌合物】（concrete mixture） 又称新拌混凝土。混凝土各组成材料按一定比例配合拌制而成的尚未凝结硬化的塑性状态拌合物。其用水不得影响混凝土的和易性及凝结，不得有损于混凝土强度发展，不得降低混凝土的耐久性、加快钢筋腐蚀及导致预应力钢筋脆断和不得污染混凝土表面。其技术性能包括：(1)流动性。是指新拌混凝土在自重或机械振捣作用下，能产生流动，并均匀密实地填充到模板的各个角落的性能。(2)黏聚性。是新拌混凝土在施工过程中其组成材料之间有一定的黏聚力，使得混凝土不致发生分层和离析的性能。(3)保水性。新拌混凝土在施工过程中，保持水分不易析出的能力。通常是以测定拌合物的流动性来评定和易性，而黏聚性和保水性主要通过观察的方法进行评定。

【混凝土泵】（cement pump） 利用压力将混凝土沿管道连续输送到不同施工部位的机械。由泵体和输送管组成。按其结构形式的不同可分为活塞式、挤压式和水压隔膜式等。泵体装在汽车底盘上，再装备可伸缩或曲折的布料杆，组成泵车。活塞式混凝土泵有液压传动式和机械传动式；挤压式混凝土泵有转子式双滚轮型、直管式三滚轮型和带式双槽型三种；水压隔膜式混凝土泵由料斗、泵体、隔膜、控制阀、水泵和水箱等组成。混凝土泵的生产率高，能一次完成混凝土的水平和垂直运输。但对混凝土配合比、粗细骨料的粒径和级配、水泥用量、混凝土坍落度有较高要求。该泵用于以混凝土为构件的各类工程中。

混凝土泵

【混凝土多孔墙板】（concrete hollow core panel） 以普通水泥、粉煤灰、轻集料（陶粒、珍珠岩）与水等为主要原料，经螺旋挤压成型机制成的轻质空心板。墙面平整度高，墙体安装后不用再抹面，施工快捷而方便。适用于民用建筑和规模较小的轻质工业建筑中的非承重内隔墙。

【混凝土防渗墙】（concrete diaphragm wall） 在松散透水地基中连续造孔，以泥浆固壁，往孔内灌注混凝土而建成的墙形防渗建筑物。是对闸坝等水工建筑物在松散透水地基中进行垂直防渗处理的主要措施之一。按分段建造，一个圆孔或槽孔浇筑混凝土后构成一个墙段，许多墙段连成一整道墙。墙的顶部与闸坝的防渗体连接，两端与岸边的防渗设施连接，底部嵌入基岩或相对不透水地层中一定深度，即可截断或减少地基中的渗透水流。对保证地基的渗透稳定和闸坝安全，充分发挥水库效益有重要作用。它也可作为土石坝中的防渗心墙，还可用以加固渗漏严重的土石坝。加放钢筋的混凝土防渗墙在工业及民用建筑工程中可作为地下建筑物的基础、隔墙和边墙，也称地下连续墙。20世纪50年代，混凝土防渗墙的施工技术与工艺起源于意大利，一些国家相继采用。中国于1958年开始研究出一整

施工中的混凝土防渗墙

套混凝土防渗墙施工技术与工艺。在各类复杂地层中,如纯砂层、淤泥层、密集孤石层、水下抛填未经压实的砂砾石层,均成功地建成了混凝土防渗墙。按墙水平截面形状的不同可分为:(1)圆桩柱型。垂直接缝多,有效厚度小。(2)墙板型。相邻两块墙板套接厚度与中间墙厚相同,适用于深度小于60m的墙。(3)混合桩柱型。(4)墙板桩柱混合型。后两种墙型先行建造的圆形桩柱或墙板可起导向作用,易于保证连接处厚度达到中间处墙厚,适用于深度大于60m的墙。

【混凝土构件预制工艺】(precast concrete structure technology) 在工厂或工地预先加工制作建筑物或构筑物的混凝土部件的工艺。采用预制混凝土构件进行装配化施工,具有节约劳动力、克服季节影响、便于常年施工等优点。推广使用预制混凝土构件,是实现建筑工业化的重要途径之一。各种预应力混凝土板、梁类构件,由于重量轻、价格低,可以代替紧缺的木材,是具有中国特色的、有广阔发展前景的商品构件。其成型工艺主要有:(1)平模机组流水工艺 。生产线一般建在厂房内,适合生产板类构件,如民用建筑的楼板、墙板、阳台板、楼梯段,工业建筑的屋面板等。(2)平模传送流水工艺 。生产线一般建在厂房内,适合生产较大型的板类构件,如大楼板、内外墙板等。(3)固定平模工艺 。模板固定不动,在一个位置上完成构件成型的各道工序。这种工艺一般采用上振动成型、热模养护。(4)立模工艺 。模板垂直使用,并具有多种功能。模板是箱体,腔内可通入蒸汽,侧模装有振动设备。从模板上方分层灌筑混凝土后,即可分层振动成型。与平模工艺比较,可节约生产用地、提高生产效率,而且构件的两个表面同样平整,通常用于生产外形比较简单而又要求两面平整的构件,如内墙板、楼梯段等。(5)压力成型法 。是预制混凝土构件工艺的新发展。特点是不用振动成型,可以消除噪声。尽管部分混凝土构件正在被一些新型建筑材料所代替,但是预制混凝土构件仍被大量采用,并向轻质、高强、大跨度、多功能方向发展。

【混凝土构造柱】(structural concrete column) 在多层砌体房屋墙体的规定部位,按构造配筋,并按先砌墙后浇灌混凝土柱的施工顺序制成的混凝土柱。为提高多层建筑砌体结构的抗震性能,规范要求应在房屋的砌体内适宜部位设置钢筋混凝土柱并与圈梁连接,共同加强建筑物的稳定性。不承担竖向荷载,而抗击剪力和抗震等横向荷载。通常设置在楼梯间的休息平台处,纵横墙交接处,墙的转角处和墙长达到5m的中间部位。近年来为提高砌体结构的承载能力或稳定性而又不增大截面尺寸,墙中的构造柱已不仅仅设置在房屋墙体转角、边缘部位,而按需要设置在墙体的中间部位,圈梁必须设置成封闭状。从施工角度讲,构造柱要与圈梁地梁、基础梁整体浇筑。与砖墙体要在结构工程有水平拉接筋连接。如果构造柱在建筑物、构筑物中间位置,要与分布筋做连接。下列情况宜设构造柱:受力或稳定性不足的小墙垛;跨度较大的梁下墙体的厚度受限制时,设置于梁下;墙体的高厚比较大如自承重墙或风荷载较大时,可在墙的适当部位设置构造柱,以形成带壁柱的墙体满足高厚比和承载力的要求。构造柱的间距不宜大于4m,构造柱沿高度横向支点的距离与构造柱截面宽度之比不宜大于30,构造柱的配筋应满足水平受力的要求。

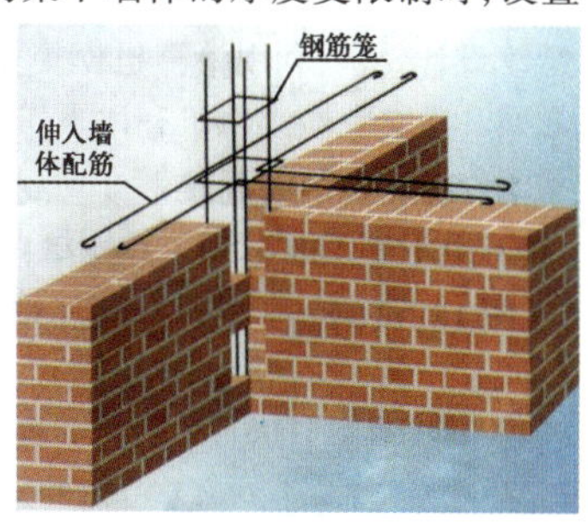

混凝土构造柱

【混凝土谷坊】(concrete check dam) 在沟道上用混凝土修筑的小型拦挡建筑物。用于土石山区有常流水的沟道。其抗冲击力强,不易塌毁,可以溢流,防止沟道下切和固定沟床,但成本较高。多为工业发达国家所采用。

【混凝土灌注桩】(pile with concrete cast in) 直接在桩位上成孔,并在孔内安放钢筋笼,浇筑混凝土而成的柱体结构。与预制桩相比,其直径和桩长可按设计要求变化自如,桩端可靠地进入持力层或嵌入岩层,单桩承载力大,含钢材量低,适用于持力层起伏较大以及对噪声、振动和挤土影响有限制的地区。但其施工速度较慢。灌注桩按成孔方式的不同可分为钻孔灌注桩、沉管灌注桩、爆扩灌注桩及人工挖孔桩等。

【混凝土合易性】(easy combined concrete) 混凝土易于各工序施工操作并能获得质量均匀、成型密实的性能。混凝土的坍落度、扩展度,与混凝土的保水性相结合,代表了混凝土的工作度。主要取决于胶结材料用量、用水量、砂率、外加剂的品种和用量。一般来讲,在混凝土的胶结材料中加入一定比例的活性掺和材料,可以调整、改善混凝土的合易性;适当的用水量可以保证混凝土的工作度;选择适当的砂率也可以保持混凝土合易性的稳定;外加剂的品种对混凝土的合易性影响比较大,在品种选定后,外加剂用量是决定混凝土合易性的主要因素。它会影响混凝土的黏聚性、保水性和泌水率。影响混凝土强度的因素也主要是上列各种材料比例。在一定范围内适当提高胶结材料的用量、减少用水量、减小砂率、选用减水率大的外加剂等措施都可以适当提高混凝土的强度。

【混凝土浇筑】(concrete placement) 修建混凝土结构物时,将混凝土拌和物输送至指定部位,并进行平仓、振捣和养护的施工过程。根据施工组织设计要求,利用计算机模拟排块浇筑程序,优选方案。常态混凝土浇筑有以下工序:(1)浇筑前的准备工作。包括砂石料生产系统、混凝土制备系统、运输系统、浇筑机具的数量及工况;浇筑仓面的处理、模板安装、钢筋架立、预埋件和仪器埋设以及施工技术措施等。(2)运输机械设备。(3)铺砂浆。砂浆铺完后应及时覆盖上层混凝土,防止砂浆失水干燥或初凝。(4)卸料及平仓。(5)振捣。(6)浇筑。按一定厚度、次序、方向、分层进行,均匀上升。(7)养护。混凝土浇筑完毕后,为使其有良好的硬化条件,在一定时间内,对外露面保持适当的温度和足够的湿度所采取的相应措施。

【混凝土搅拌机】(cement mixer) 将一定配合比的水泥、砂、石和水拌和成匀质混凝土的机械。具有生产率高、拌和质量好、减轻劳动强度等优点。按其搅拌混凝土原理的不同可分为自落式和强制式两种。自落式混凝土搅拌机是将物料投入搅拌筒内,靠搅拌筒的旋转,由筒内的搅拌叶片将物料带到一定的高度后,物料靠自重坠落,反复对物料进行搅拌而加工成匀质混凝土。这种搅拌机适合加工普通塑性混凝土,广泛应用在中小建筑工地。强制式混凝土搅拌机由筒内转轴上的叶片旋转来对物料进行强制性的挤压、翻转,达到均匀拌和目的。这种搅拌机适合加工普通塑性和干硬性的混凝土。施工现场的混凝土搅拌站和混凝土预拌工厂的搅拌楼中使用的搅拌机均系此种类型。按混凝土搅拌机外形的不同可分为鼓形、锥形和盘形三种;按所用动力装置的不同可分为电动式和内燃式两种;按其搅拌量的不同可分为多种容量型号。混凝土搅拌机用于建筑施工现场、混凝土构件厂及混凝土供应站。

混凝土搅拌机

【混凝土结构】(concrete structure) 以混凝土为基材制成的各种结构的总称。有素混凝土结构、钢筋混凝土结构和预应力混凝土结构。素混凝土结构是指由无筋或不配置受力钢筋的混凝土制成的结构;钢筋混凝土结构是指由配置受力的普通钢筋、钢筋网或钢筋骨架的混凝土制成的结构;预应力混凝土结构是指由配置受力的预应力钢筋,通过张拉或其他方法建立预加应力的混凝土制成的结构。预应力混凝土结构又分为先张法和后张法两种。先张法预应力混凝土结构是指在台座上张拉预应力钢筋后,浇筑混凝土,并通过黏结力传递,而建立预加应力的混凝土结构;后张法预应力混凝土结构是指在混凝土达到规定强度后,通过张拉预应力钢筋,并在结构上锚固,而建立预加应力的混凝土结构。还有现浇和装配式混凝土结构。现浇混凝土结构是指在现场支模并整体浇筑而成的混凝土结构;装配式混凝土结构是指由预制混凝土构件或部件通过焊接、螺栓连接等方式装配而成的混凝土结构;装配整件式混凝土结构是指由预制混凝土构件或部件通过钢筋、接件或施加预应力加以连接,并现场浇筑混凝土而形成整件的结构。

混凝土结构

【混凝土拦沙坝】(concrete check dam for sediment storage) 在山区沟道用混凝土材料修筑的挡拦山洪及泥石流中固体物质的建筑物。一般分拱坝及重力坝两种。(1)拱坝。在平面上呈圆弧形,利用拱形将作用在坝体上的水压力、泥沙压力等的水平分力传到两岸,垂直分力通过坝体传到坝基。拱坝以压力为主,断面应力分布比较均匀。它可以充分利用混凝土材料抗压强度高的特点,减小坝体厚度;与同样高度的重力坝相比,可减少用料1/3～1/2。(2)重力坝横断面接近三角形。坝顶宽为1.5～2m。坝体越高,顶宽越大。其上游面常垂直筑成;坝基摩擦系数较小时,可将上游面筑成倾斜型,以利用一部分水重及泥沙压力,增加抗滑稳定性。一般上游坝坡为1:0.1～1:0.2,下游坝坡为1:0.2～1:0.5。坝体拦沙时受上游水、泥沙压力和渗透压力等作用,这些力连同坝体自重传到地基。因此,坝体设计断面需要满足地基抗滑要求。坝体对地基的应力不超过地基容许承载力。混凝土拦沙坝的设计,除需确定坝体断面尺寸外,还要确定溢流坝形状、规格以及溢流坝下游消能措施等。

【混凝土配合比】(ratio of concrete mixture) 混凝土中各组成材料之间的比例关系。通常用每立方米混凝土中各种材料的质量来表示或以各种材料用料量的比例表示(水泥的质量为1)。设计混凝土配合比的基本要求是:(1)满足混凝土设计的强度等级。(2)满足施工要求的混凝土和易性。(3)满足混凝土使用要求的耐久性。(4)满足上述条件下做到节约水泥和降低混凝土成本。从表面上讲,混凝土配合比计算只是水泥、砂子、石子、水这四种组成材料的用量。实质上,是根据组成材料的情况,确定满足上述四项基本要求的三大参数是水灰比、单位用水量和砂率。

【混凝土喷射机】(concrete sprayer) 利用压缩空气将混凝土沿管道连续输送,并喷射到施工面上的机械。按施工工艺的不同可分为分干式喷射机和湿式喷射机两类。前者由气力输送干拌合料,在喷嘴处与压力水混合后喷出;后者由气力或混凝土泵输送混凝土混合物经喷嘴喷出。广泛用于地下工程、井巷、隧道、涵洞等的衬砌施工。干式混凝土喷射机有罐式、转子式、鼓轮式、螺旋式、简易负压式等结构;湿式混凝土喷射机有活塞式、软管挤压式、螺杆式等结构。罐式混凝土喷射机是以罐体作为配料器的干式混凝土喷射机,有单罐和双罐两类。按罐的排列形式的不同可分为:双罐立式串接型、双罐立式并列型、双罐卧式串接型、双罐卧式并列型、单罐立式、单罐卧式六种。

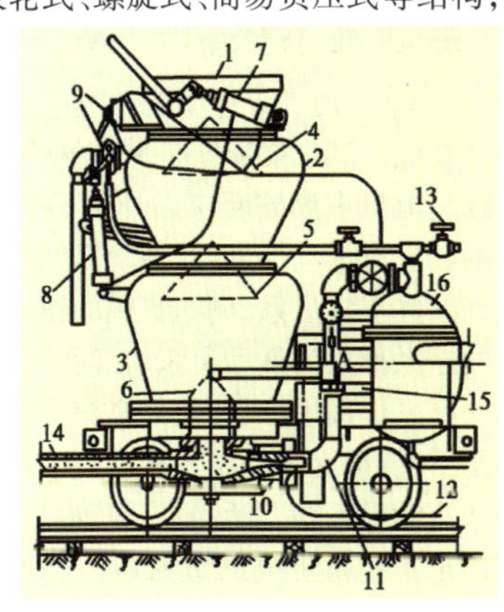

混凝土喷射机

【混凝土用钢纤维】(concrete steel fiber) 用于增强混凝土抗震、抗爆、抗冲击性能的细、短钢丝。是纤维增强混凝土的重要纤维材料。为了适应现代建筑的发展,提高抗震性能,改变混凝土在延性和限裂性方面的不足,导致了钢纤维混凝土的诞生。即在混凝土中均匀掺入乱向分布的短钢纤维所构成的建筑材料。钢纤维直径一般为0.3~0.9mm,长度为20~80mm,在混凝土中体积含量为1%~3%。要使纤维与混凝土能有效地共同工作,必须满足以下条件:⑴弹性模量高于基体的弹性模量。⑵具有化学稳定性和相似的线膨胀系数。⑶造价经济、来源广泛、制造简单。⑷便于施工。钢纤维是满足这些要求的理想纤维材料。钢纤维的加入使混凝土成为抗震、抗爆、抗冲击的韧性材料。已被应用于机场跑道、交通路面、高速泻流的坝面等重要建筑。钢纤维的长、径比是影响混凝土力学性能的重要因素,一般限制在60~80。钢纤维的几何形状也是影响其与混凝土黏结强度的重要因素。需要把光滑的直纤维加工成为钩形、扁头形、波纹形、压痕形等形状。加工方法包括切断、剪切、切削和熔钢抽丝等方法。为了防止结团,一般用快速水溶性胶水把钢纤维黏结成排。在混凝土搅拌初期作为一般骨料均匀散布于混凝土中,随着搅拌进一步强化,胶水迅速溶解,纤维散成单丝,均匀分布在混凝土中。

【混凝土运输车】(cement carrier) 运送混凝土的专用车辆。运输时装载混凝土的搅拌罐作慢速旋转,使混凝土在罐中通过螺旋叶片带动作搅拌运动,不产生离析。运输时间一般不超过1.5h。运输的混凝土坍落度一般为40~210mm。出料通过搅拌筒反转利用叶片把料推出。混凝土运输车搅拌罐的动力可与汽车发动机共用,或独立设置发动机驱动。在20世纪80年代以后,均采用液压系统。国外运输车容量为1.5~10m^3,国内有3m^3、6m^3、8m^3、10m^{3}等规格的产品。

混凝土运输车

【混凝土振动器】(cement vibrator) 用振动方式密实混凝土的施工机具。将一定频率和振幅的振动能量传递给混凝土,使混凝土颗粒之间原有的摩擦力和黏着力降低,呈现“液化”状态。骨料在自重作用下向新的稳定位置沉落,消除原有孔隙,多余的空气和水分排出上浮,混凝土得以密实。分为内部振动器和外部振动器两大类。内部振动器由插入式振动器和振动棒组成。可将棒状的振动部分插入混凝土进行振实作业。外部振动器分为平板式,附着式和台架式三种。混凝土振动器的型式、尺寸以及频率、振幅、激振力等振动参数对混凝土的振实效果至关重要。使用时应针对不同混凝土的性质和施工条件对振动器进行恰当选择。广泛应用于需要以混凝土为施工原料的各种建设工地。

【混频】(mixing) 将信号频率由一个量值变换为另一个量值的过程。通过非线性器件将两不同频率的振荡变换成一个与两者都相关的新振荡。新振荡频率为上述两不同频率之差，振幅包络与其中之一完全一致。若本机振荡与混频在同一非线性器件上实现，则称之为变频。

【混铁炉】(mixer furnace) 为协调炼铁和炼钢生产，用以储备大量铁液的容器。铁液在炉内保温，有时加热，使其成分和温度均匀，且能部分脱硫。当对铁液进行显著的去硅、去磷处理时，则称为预炼混铁炉。

【混杂复合材料】(mixture composite) 由两种或两种以上增强相混杂于一种基体相中而构成的材料。与普通单增强相复合材料比，其冲击强度、疲劳强度和断裂韧性显著提高，并具有特殊的热膨胀性能。混杂复合材料分为层内混杂、层间混杂、夹芯混杂、层内/层间混杂和超混杂复合材料等。

【和面机】(mixing machine) 又称调粉机、搅拌机。将面粉、水、糖和盐等各种原料混合、搅拌成面团的机械。有真空式和面机和非真空式和面机两种。按其结构的不同可分为：立式、卧式、单轴、双轴和半轴等形式。在和面机中，面粉、适量的水和添加剂，通过一定时间适当强度的搅拌，小麦粉中的麦胶蛋白和麦谷蛋白逐渐吸水膨胀，相互黏结，形成具有一定弹性、延伸性和可塑性的面筋网络结构。同时小麦粉的淀粉颗粒吸水膨胀并被面筋网络包围，使松散的小麦粉变成具有可塑性、延伸性和黏性的湿面团。其和面过程可分为：原料混合、面筋形成和塑性增强三个阶段。拌合出的面团松散、均匀和面筋力高。面制品滑爽可口、有咬劲和不浑汤。是制作高档挂面、生鲜面和方便面等各种特色面制品的理想和面设备。广泛应用于面制品加工的工业化生产。

和面机

【活动半径】(radius of aviation) 飞机携带正常作战载荷，在无风和不进行空中加油并考虑安全备用燃油和其他用油的条件下，自机场起飞，沿给定航线飞行，执行完指定任务后返回原机场所能达到的最远水平距离。是军用飞机的一项重要飞行性能。在一般情况下，活动半径小于航程的一半。对战斗机、攻击机和轰炸机等军用飞机来说，其活动半径又称为“作战半径”。

【活动服务页面】(active server page, ASP) 一种服务器端脚本编写环境。可以用来创建和运行动态网页或 WEB 应用程序。使用 VBScript 或 JScript 作为开发语言。开发的网页文件使用 ASP 扩展名，称 ASP 网页。ASP 网页可以包含 HTML 标记、普通文本、脚本命令以及 COM 组件等。利用 ASP 可以向网页中添加交互式内容，也可以创建使用 HTML网页作为用户界面的 WEB 应用程序。ASP 的特点是：(1)突破静态网页的一些功能限制，实现动态网页技术。(2)易于修改和测试。(3)服务器上的 ASP 解释程序会在服务器端执行 ASP 程序，并将结果以 HTML 格式传送到客户端浏览器上，因此使用各种浏览器都可以正常浏览 ASP 所产生的网页。(4)提供了一些内置对象，使用这些对象可以使服务器端脚本功能更强。(5)可以使用服务器端 ActiveX 控件来执行各种各样的任务，如存取数据库、发送电子邮件或访问文件系统等。(6)由于服务器是将 ASP 程序执行的结果以 HTML 格式传回客户端浏览器，因此使用者不会看到 ASP 所编写的原始程序代码，可防止 ASP 程序代码被窃取。

【活动星系核】(active galactic nucleus, AGN) 河外天体中的一类中央核区活动性很强的星系核。其主要特征是星系核活动性强，且产生的原因是恒星中热核反应以外的另一种能源。正常星系的核也有活动性，因此活动星系核的下边界可以延伸到某些正常星系，例如我们的银心。活动星系核寄居的星系称之为活动星系，在活动性最强的类星体中本底星系作用极小，往往只言核。对活动性较差的活动星系，统称为活动星系核。一般不严格区分活动星系和活动星系核。活动星系核有以下观测特征：(1)有比正常星系更亮的致密核。(2)在某些不太宽的波段(如射电、光学、X 射线波段等)表现为非恒星的连续谱。(3)存在原子和离子的发射谱线。(4)连续谱和发射线的强度、偏振和谱形随时间变化。(5)相对于正常星系有更强的高能光子(如 X 射线，γ 射线等)的发射能力。类星体具有上述全部特征，是活动性最强的活动星系核。活动星系核可分为多种亚型，名词多达数十种，但各种类型之间又出现了交叉和融合，分界线越来越模糊。这表明，所有这些分类很可能只是表面现象，而背后有着统一的物理过程。当前，天文学家普遍认为，活动星系核内区的标准模型中包括四个主要部分：(1)中心天体是大质量黑洞，其质量量级为 $1\times10^{6}\sim1\times10^{9}$ 倍的太阳质量。(2)围绕黑洞的是一个转动较差的吸积盘。(3)存在与中心天体转轴方向一致的喷流。(4)在盘内区或其附近形成发射硬 X 射线的冕区。

【活荷载】(live load) 又称可变荷载。施加在结构上的由人群、物料和交通工具引起的使用或占用荷载和自然荷载。如工业建筑楼面活荷载、民用建筑楼面活荷载、屋面活荷载、屋面积灰荷载、车辆荷载、吊车荷载、风荷载、雪荷载、裹冰荷载、波浪荷载等。

【活化剂】(active agent) 能增强促进剂活性、减少促进剂用量或缩短硫化时间的物质。有时也称为促进助剂。加入少量活化剂能大大提高硫化胶的硫化度和耐热性。活化剂分无机和有机两类。无机活化剂主要是金属氧化物,以氧化锌和活性氧化锌最为重要;有机活化剂则以硬脂酸为代表。脂肪酸用量大时会降低硫化速度,但可使硫化比较充分,并能得到耐热性能好的交联结构。

【活化能】(activation energy) 稳定态分子转变为容易发生化学反应的活化分子所需要的能量。用活化分子的平均能量与反应物分子平均能量的差值来表示。化学反应速率与其活化能的大小密切相关。反应的活化能越低,则在指定温度下活化分子数越多,反应速率越快。而升高温度,可以使活化分子百分数增大,从而使反应速率增大。催化剂通过降低活化能(实际上是通过改变反应途径的方式降低活化能)使得一些原本很慢的反应得以快速进行。

【活化石】(living fossil) 曾经繁盛于某一地史时期、种类多、分布广而目前仍然存在于自然界的生物类别。在漫长的地质时期,它们进化缓慢、变化不大,至今仍然在个别地区残存有少数物种。如中生代繁盛一时的银杏、水杉等,都是著名的活化石。

活化石—鲎

【活塞式发动机】(piston engine) 一种往复式内燃机。依靠活塞在汽缸中作往复运动,使气体工质完成热力循环,并将燃料的部分化学能转化为带动螺旋桨转动的机械能的动力装置。主要由汽缸、活塞、连杆、曲轴、进气出气阀门等组成。一般以汽油作燃料,靠曲轴将活塞的往复运动变成自身的旋转,带动螺旋桨转动,使飞行器产生推力。活塞式发动机有效率高、耗油低和价格低廉等优点,对环境污染也较小,多安装在小型低速飞机上。由于活塞发动机功率小、重量大,外形阻力大,螺旋桨桨尖易产生激波,限制了螺旋桨高速旋转时的效率。

【活水公园】(living water park) 位于四川省成都市的第一座以水为主题的城市生态环保公园。位于锦江府城河畔,占地约 28 000m^2,于 1998 年落成。公园整体设计为鱼形,寓意人与水、人与自然的关系如鱼水难分。由人工湿地生物净水系统、模拟自然森林群落和环保教育馆等构成。展示了一个模拟自然界中水体净化的过程。其工作流程是:从旁边的府城河抽水上来以后,利用水力学、生物学等原理,依次流经厌氧池、流水雕塑、兼氧池、植物塘、植物床、养鱼塘等水净化系统,或涓涓细流,或奔流跌宕,多姿多彩并发生质的变化,向人们演示了水在自然界由"浊"变"清"、由"死"变"活"的生命过程。公园由中、美、韩三国环境艺术家共同设计,先后获得了两项国际组织奖——优秀水岸奖最高奖、环境地域设计奖。

【活体动物体内光学成像】(optical in vivo imaging) 采用生物发光与荧光两种技术,观测活体动物体内肿瘤的生长及转移、感染性疾病发展过程、特定基因的表达等生物学过程的一种成像方法。该技术最初是由美国斯坦福大学的科学家采用了世界上最优秀的高性能 CCD 研发与生产制造商 Roper Scientific 公司最新研发的背部薄化、背照射冷 CCD,配合密闭性非常好的暗箱,使得直接监控活体生物体内的细胞活动和基因行为成为现实。科学家借此可以观测活体动物体内肿瘤的生长及转移、感染性疾病发展过程、细胞活动和基因行为以及特定基因的表达等生物学过程。可见光体内成像通过对同一组实验对象在不同时间点进行记录,跟踪同一观察目标(标记细胞及基因)的移动及变化,所得的数据更加真实可信。另外,这一技术对肿瘤微小转移灶的检测灵敏度极高,不涉及放射性物质和方法,非常安全。因其操作极其简单、所得结果直观、灵敏度高等特点,已广泛应用于生命科学、医学研究及药物开发等方面。

【活体流式细胞仪】(in vivo flow cytometer,IVFC) 采用活体实时高速影像方法和体外流式细胞仪实时检测金霉素染色法,并可以进行定量分析与检/监测的一种生物医学光学仪器。可用于实验室对肿瘤治疗效果的早期实时监测及评估,药物的早期筛选等。其原理是:带有荧光标记的癌细胞在流动过程中,经过放置于血管某处横截面的一束激光,其受激发射的荧光信号通过光电转换和模/数转换在计算机中储存,通过一段时间内检测荧光信号来实时记录循环系统中流过的癌细胞的数量。其主要的特点是不用抽血,可在血管中检测。属于微创体内诊断方法。

【活体染色】(vital staining) 能使活样品特异性着色但又没有毒害作用的一种染色方法。按染色对象的不同可分为:(1)活细胞或活细胞组分染色。使某种类型的活体染料(可使活细胞呈染色反应的物质)渗入活细胞细胞膜使之染色而不造成损伤。(2)活体内染色。将无毒或毒性很小的染料注入动物体内使细胞染色。活体染色的目的是显示生活细胞内的某些结构,而不影响细胞的生命活动,也不产生任何物理、化学变化。

【活体组织检查】(biopsy) 又称活检。从病变部位通过切取、吸取、切除或冷冻等方法取下一小块组织制成薄切片,经过适当染色后在光学或电子显微镜下观察细胞的形态和结构,以确定病变性质、肿瘤类型及分化程度,用以协助临床医生作为临床诊断、治疗和判断预后的检查方法。是目前比较准确可靠的,也是结论性的诊断方法。但也非绝对,必须结合临床和其他检查综合分析,才能更正确地做出诊断。其目的主要是:(1)作出准确的病理诊断,判断病变的部位、范围、性质和肿瘤的良恶性。(2)帮助确定治疗方案。(3)在器官移植中,帮助判断有无排异现象。原则上讲,应争取诊断和治疗一期完成。如果必须先行活检明确诊断者,活检时间和治疗时间应尽可能靠近。其常用方法是石蜡包埋,切片用苏木精-伊红〈HE〉染色,在1~4天内做出病理诊断。

【活性多糖】(active polysaccharides) 具有生物学功能的多糖。主要是天然植物多糖和一些真菌多糖物质。是从食物中提取的特殊营养成分。作为基料,经深加工制成食品或添加到食物中生产保健食品。很多多糖都具有特殊的生理功能,如提高免疫力、抗肿瘤、降血脂、降血糖、抗衰老、抗疲劳等活性。对人类健康长寿起积极的促进作用。在众多活性多糖物质中,最重要的是真菌多糖。在香菇、金针菇、黑木耳、灵芝、茯苓、蘑菇和猴头菇等大型食用菌中的多糖组分,能够提高人体免疫能力和生理效应,有很强的抗癌活性。这类化合物对癌细胞并没有直接的杀伤能力,但能刺激抗体形成,从而提高并调整人体内部积极的防御系统。目前,已开发的真菌活性多糖有香菇多糖、银耳多糖、猴头菇多糖和茯苓多糖等。其产品形式有口服液、发酵液和精粉等。

【活性干酵母】(active dry yeast) 由特殊培养的鲜酵母经压榨干燥脱水后仍保持强的发酵能力的干酵母制品。其制作工艺过程是:将压榨酵母挤压成细条状或小球状,利用低湿度的循环空气经流化床连续干燥,使最终发酵水分达8%左右,并保持酵母的发酵能力。应用于制备活性干酵母的细胞,要求蛋白质含量控制在40%~45%,而碳水化合物尤其是海藻糖含量要高。自20世纪70年代以来,采用遗传工程以及现代的干燥技术,制成了即发活性干酵母,又称高活性干酵母。它与活性干酵母相比,含水分4%~6%,颗粒小,发酵速度快,使用时不需预先水化,可直接使用。目前的产品大多为活性干酵母。其种类有面包、酒精、葡萄酒用的活性干酵母。生产活性干酵母的主要原料是糖蜜(糖厂的一种废液)或淀粉(玉米、土豆、红薯、木薯)制成的糖液,再加上硫铵、尿素、磷铵等化工原材料。其生产工艺流程是:实验室→纯培养→种子培养→商品酵母培养→离心机分离→酵母乳冷藏→压榨→鲜酵母→造粒→干燥→包装→仓储。

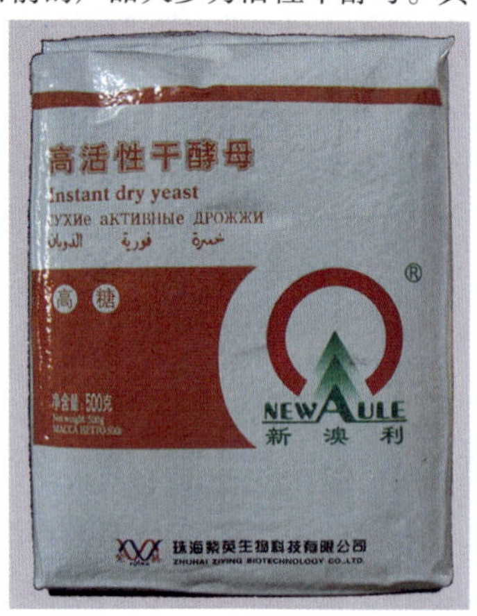

活性干酵母

【活性聚合】(living polymerization) 不存在链转移和链终止的聚合。活性链有较长的寿命和稳定性,聚合物分子量随转化率的增长而增大,随时间呈线性增加,直到转化率达100%人为加入终止剂后才终止反应。若加入不同的单体可制得嵌段共聚物。其特征是:引发反应比增长反应快,反应结束时聚合链仍具有活性。利用活性聚合可生产共聚物光致抗蚀剂(光刻胶),也可用于制造热塑性弹性体、分散剂和黏合剂。

【活性肽】(active peptide) 具有多种生物学功能的多肽。按其原料的不同可分为:乳肽、大豆肽、豌豆肽、卵蛋白肽、畜产肽、水产肽和丝蛋白肽。按其功能的不同可分为:易消化吸收肽、抗菌肽、吗啡片肽、类吗啡拮抗肽、血管紧张素转换酶抑制肽、抑制胆固醇作用肽、促进矿物质吸收肽、机体防御功能肽、苦味肽、肝性脑病防治肽和其他活性肽。其生产方法有:(1)天然活性肽的分离提取。(2)食品蛋白质水解制取。(3)化学合成。(4)基因重组法制取。(5)酶法生产。具有蛋白质或其组成氨基酸所没有的重要生理功能。在人体激素、神经、细胞生长和生殖等领域起重要的调节作用。

【活性炭】(activated carbon) 经过活化处

理的无定形碳。呈粉状、粒状或丸状。非极性吸附剂。对有机气体和水溶液中的有机物有很强的吸附能力。有良好的化学稳定性、热稳定性和机械强度。活性炭的种类很多。按其原料来源的不同可分为:(1)木质活性炭。(2)兽骨、血炭。(3)矿物质原料活性炭。(4)再生活性炭。(5)其他原料的活性炭。按其制造方法的不同可分为:(1)化学法活性炭(化学炭)。(2)物理法活性炭。(3)化学－物理法或物理－化学法活性炭。按其外观形状的不同可分为:(1)粉状活性炭。(2)颗粒活性炭。(3)不定型颗料活性炭。(4)圆柱形活性炭。(5)球形活性炭。(6)其他形状的活性炭。按其孔径大小的不同可分为:(1)大孔活性炭,半径＞20 000nm。(2)过渡孔活性炭,半径150 ～20 000nm。(3)微孔活性炭,半径＜150nm 。常用木炭在水蒸气中灼烧制备,也可用二氧化碳、烟道气或空气代替水蒸气;将无定形碳与某些金属的氯化物、硫化物或磷酸盐混合并煅烧,再用水洗煅烧物也可制备活性炭。广泛用于气体、液体的分离和净化,如制作防毒面具,也可用作催化剂载体。

【活性碳纤维】(activated carbon fiber) 一种由黏胶基、沥青基、聚丙烯腈基、酚醛基、聚乙烯醇基等经高温碳化、活化后所形成的高效吸附材料。与活性炭相比,其吸附量大,吸附速度快,脱吸附速度快,可制成多种织物,可加工成多种形状,使用方便。在20世纪70年代出现,现已进入工业化生产阶段。主要应用于吸附废气、回收溶剂、净化水、化学防护和制作高效电容及多种电极材料等方面。

活性碳纤维发热布

【活性维生素 D_3】(active vitamin D_3) 维生素 D_3 经在肝细胞内质网 25 －羟化酶催化下生成 25 －维生素 D_3,后者再经肾小管上皮细胞线粒体内的 1－α 羟化酶催化形成“1,25(OH)$_2$ D_3”。活性维生素 D_3 经血液运输至靶细胞与特异的胞内受体结合进入细胞核,调节相关基因(如钙结合蛋白、骨钙蛋白基因等)的表达。“1,25(OH)$_2$ D_3”还可通过信号转导系统使钙离子通道开放,发挥其对钙磷代谢的调节作用。其功能有:(1)促进小肠对钙、磷吸收,从而维持血钙、血磷的正常水平。(2)促进骨盐溶解及骨盐沉积,加速间充质细胞形成新的破骨细胞,增强破骨细胞活动,既促进溶骨又促进成骨,总的结果是促进骨代谢,有利于骨骼的生长和钙化。(3)能直接促进肾近曲小管对钙磷的重吸收,从而降低尿钙、尿磷浓度。由于维生素 D_3 的活化是在肝肾中进行的,故严重肝病或肾病时均可导致活性维生素 D_3 减少,会出现低血钙,儿童可患佝偻病,成人可发生软骨病。此时用维生素 D_3 治疗无效。

【活性污泥法】(alkali recovery) 利用含有大量微生物絮体即活性污泥处理废水的方法。向含有溶解性有机污染物的废水中连续鼓入新鲜空气,一段时间后,水中便会形成一种有大量好氧微生物的絮凝体——活性污泥。这种污泥有极强的吸附作用,与废水中呈悬浮状和胶体状的有机物接触后,能使其脱稳、凝聚、被吸附在活性污泥的表面而使废水得到净化。按其运行方式的不同可分为渐减曝气法、阶段曝气法、分段曝气法、改良曝气法、接触稳定法、高负荷曝气法、延时曝气法和克劳斯曝气法;按其池型的不同可分为推流式曝气法和完全混合式曝气法;按其池深及氧源的不同可分为深井曝气法和纯氧曝气法。

【活性污泥驯化】(activated sludge acclimation) 将培养成熟的活性污泥通过某种技术手段使之逐步具有处理特定工业废水的能力的过程。驯化的目的是使能降解废水中污染物的微生物不断增殖,而不能降解的则被淘汰。其方法是:在进水中逐渐增加特定废水的比例或提高其浓度,使其中的微生物逐渐适应新的生活条件,以达到对特定废水所要求的负荷和处理效率。

【活性中间体】(reactive intermediate) 在有机化学反应过程中生成的活性高、寿命短的中间体。一般都迅速变成反应产物。在常温下不易分离和检验,但其中有些在特殊实验条件下或者使用特殊仪器也可以进行分离和检验。其主要类型包括:(1)碳正离子。(2)碳负离子。(3)自由基。在有机反应机理研究中,首先需要确定某一反应是否有活性中间体。如果有,还需要说明反应物如何变成活性中间体,一个活性中间体如何变成另一个活性中间体,活性中间体的立体结构、电子状态和能量以及活性中间体如何变成产物等。活性中间体的确定是研究有机化学反应机理的重要步骤。

【活疫苗】(live vaccine) 用人工定向变异的方法或从自然界筛选出毒力减弱或基本无毒的活微生物制成的疫苗或减毒疫苗。接种后在体内具有生长繁殖能力,接近于自然感染,可激发机体对病原的持久免疫力。其用量较小,免疫持续时间较长。其种类很多。常用的有:(1)卡介苗(BCG)。(2)麻疹疫苗。(3)脊髓灰质炎疫苗。婴儿接种卡介苗,能增强对结核病的抵抗能力,是预防结核病的有效措施;接种麻疹疫苗可以有效地预防由麻疹病毒引起的急性发疹性传染病;接种脊髓灰质炎疫苗可以预防脊髓灰质炎(俗称“小儿麻痹”)症。

【火彩】(fire color) 刻面宝石内部反射出的彩色光芒。其含义有二:(1)色散效应在刻面宝石表面显示的光谱色。白光射入刻面宝石后,经反射或透射出宝石时,因组成白光的每种波长以不同角度折射使白光分解,而在刻面宝石表面呈现出光谱的色彩。无色透明的刻面宝石可很好地显示白光的色散效应;彩色刻面宝石的体色和透明度会影响色彩和纯度、明亮度。宝石的琢型、琢形和切工比例、抛光好坏都对火彩的好坏有影响。(2)色散效和闪光效应的综合表现的色彩。有的文献认为,只要磨工好,色散值较低的宝石(如红宝石、托帕石)也可表现出好的火彩。

火彩钻石

【火成岩】(igneous rock) 见岩浆岩。

【火成岩产状】(occurrence of igneous rocks) 火成岩体的大小、形状、与周围岩石的关系、形成时所处地质构造环境及距离当时地表深度等的统称。查明火成岩产状,可以帮助了解火成岩的形成条件,同时对找矿和勘探有一定意义。

【火电厂】(thermal power plant) 利用煤、石油、天然气等燃料燃烧所产生的热能转换为动能以生产电能的工厂。由燃料系统、燃烧系统、汽水系统、电气系统、控制系统组成。其基本生产过程是:燃料在锅炉中燃烧,将其热量释放出来,传给锅炉中的水,从而产生高温高压蒸气;蒸气通过汽轮机又将热能转化为旋转动力,以驱动发电机输出电能。按其燃料类别的不同可分为燃煤火电厂、燃油火电厂和燃气火电厂等。按其功能不同可分为发电厂和热电厂。前者只生产并供给用户以电能;后者除生产并供给用户电能外,还供应热能。按其服务规模的不同可分为:区域性火电厂、地方性火电厂以及流动性列车电站。区域性电厂装机容量较大,一般建造在燃料基地,其电能通过长距离的输电线路供给用户;地方性电厂多建在负荷中心,需经长距离运进燃料,生产的电能供给比较集中的用户。按其蒸气压力的不同可分为:低压电厂、中压电厂、高压电厂、超高压电厂、亚临压力电厂和超临界压力电厂。

火电厂

【火电厂报警系统】(alarm system in thermal power plant) 在火电厂生产过程中,被检测的参数达到或超过允许的极限值,或出现某些异常的运行工况和事故状态时,发出音响及醒目的显示等报警信号的系统。报警信号提醒运行人员注意,以便及时采取相应的措施,避免发生事故或防止事故扩大。是火电厂自动化系统的重要组成部分。火力发电机组的报警项目,一般包括:(1)生产过程中主要被监测参数达到或超过规定的允许极限值。(2)锅炉、汽轮发电机组及主要辅机故障跳闸。(3)机组保护动作。(4)计算机监控系统故障。(5)仪表和控制系统的电源或气源故障。(6)公用系统或辅助系统故障。按其报警类型的不同可分为:(1)常规报警窗报警系统。其功能主要是:①当有报警信号输入时,自动闪光显示报警原因,并发出音响。②当报警发生后,可以人工复归(解除)音响。③在输入报警信号仍存在的情况下,当音响被解除后,灯光报警仍保持,若有新的报警信号输入,随着相应闪光的出现,应再次发出音响,以引起值班员注意。④对于有一连串报警信号输入的情况,第一个出现的报警项目,称为这一组报警输入的首出报警信号。⑤能进行试验,以检查灯光和音响回路是否完好。(2)计算机报警系统。其功能主要是:①计算机监控系统中所有的输入/输出变量以及中间变量和计算值都可以作为报警项目。②可使每一个报警信息按预先确定的报警显示原则在计算机显示器上显示。③当有报警信息产生时,可立即在打印机上进行输出。④对虚假报警进行闭锁。⑤可对报警信号进行分级处理。

【火电厂大气污染物排放标准】(emission standard of air pollutants from thermal power plant) 为了实现大气环境质量标准,对火力发电厂生产过程中排入环境的大气污染物数量及其浓度所作的限量规定。大气污染物排放标准,是随着工业的发展,从一些管理条例、法令中出现并演变过来的。产业革命后,工业发展很快,环境受到污染。1863 年,英国制定了世界上第一个附有大气污染物排放标准的法律《碱业法》,对工厂排放的硫酸雾、二氧化硫及氯化氢等排放量做了限制性的规定。自20世纪以来,特别是50年代前后,由于工业高速发展,环境日趋恶化,发生了一些震惊世界的公害事件,如1948年10月美国多诺拉事件,1952年12月英国伦敦烟雾事件等。许多工业发达国家就先后采取立法手段控制污染,使大气污染物排放标准与污染控制法律相结合而发展起来。标准制定的原则是,以有关法令为依据,以保护环境为目的,从本国(或本地区)实际情况出发,既要考虑到保证人体健康及维护生态环境的重要性,又要考虑到经济能力和技术发展水平,以及体现新、老电厂和锅炉容量大小等区别对待的原则,使标准切实可行。显然,随着经济、技术的发展及环保要求的不断提高,排放标准需适时修订。由于每个国家的具体情况不同,各国制定排放标准的方法也不相同。

【火电厂锅炉排渣】(boiler slag removal in thermal power plant) 为保证火电厂锅炉连续安全运行将炉渣不断从燃烧室排出的过程。燃煤锅炉多数采用固体排渣,也有少数采用液体排渣。排渣量不仅与锅炉容量、煤种和燃烧方式有关,而且也受燃料种类的影响。不同燃烧方式的锅炉排渣率不同。按锅炉排渣方式的不同可分为:(1)水力排渣。是利用水力排出炉渣的方式。常用的设备主要有水力排渣槽、水封斗式排渣装置。(2)机械排渣。是灰渣落入锅炉冷灰斗下的水封槽,利用机械设备捞出并输送炉渣的方式。主要设备有刮板捞渣机、螺旋出渣机和圆盘出渣机等。通常可根据锅炉燃烧方式和排渣方式进行选用。固态排渣炉排渣是由炉内炽热固态炉渣经炉膛冷灰斗排渣口进入炉下专用排渣装置中,通常经过熄火,淬冷破碎后由排渣装置用适当方式排至炉外灰沟或送入除灰系统,最后输送到灰场或用户。最常用的排渣设备是水力排渣槽,水封斗式排渣装置和刮板式机械排渣装置。大型锅炉多用后两种。

【火电厂锅炉强度】(boiler strength in thermal power plant) 火电厂锅炉本体构件在设计参数下获得长期安全工作的力学性能。为区别起见,将主要由热应力引起的锅炉构件间相互作用所产生的强度问题称为锅炉系统强度,其余称为锅炉受压元件强度。受压元件强度的计算方法所用公式系根据理想构件导出,用以确定锅炉构件的基本尺寸。因而是强度计算的一种基本方法。中国遵循现行的国家标准GB9222－88《水管锅炉受压元件强度计算》的有关规定进行锅炉受压元件设计。应力分析计算方法是一种比较先进可靠的强度设计方法。首先对元件在不同类型的荷载作用下所产生的应力按载荷特性分类,再按不同类型应力对元件的不同破坏作用分别予以控制。载荷性质的不同引起的应力对锅炉元件的破坏作用也不同。按其应力类型的不同可分为:一次应力、二次应力和峰值应力。

【火电厂化学监督】(chemical supervision in thermal power plant) 对火电厂建设、生产中的水、汽、油、气、燃料进行化学监测、控制、调整、数据处理、综合分析和管理工作。是对热力设备和发、供电电气设备在安装,调试过程中的各种有关化学工作的检查和监测。是对设计阶段有关化学工作的管理。以标准、规程、导则、制度为依据,采用统一的防腐措施进行监测和检查,及时发现和消除发、供电设备的隐患,防止设备损坏和事故的发生。按其专业的不同可分为:(1)各类水、汽质量的监督。(2)电力用油、气质量的监督。(3)燃料质量监督。(4)废水处理与监督。化学监督工作贯穿于设计、验收、安装、调试、运行、检修、停备用和启动等全过程。在设计过程中的工作主要是:监督系统的设备、仪器、材料的选择和布局,是否满足安全生产、经济合理、技术先进和环境保护要求。在建设过程中的工作主要是:检查和监测热力设备、充油、气电设备出厂和进入安装现场的保管、安装、试压、化学清洗、启动前吹洗和启动投运过程中是否符合保证水、汽、煤、油质量的要求。在生产过程中的工作主要是:(1)在运行转化中,按规定周期进行采样与测定。(2)在检修中,对设备内的状况进行检查,并取样分析。(3)对测定数据进行整理、分析和判断。(4)发现问题,提出对策。(5)将一定时间的测定数据进行整理和综合分析,掌握运行规律,研究改进和提高措施。

【火电厂机组振动】(vibration of turbine-generator set in thermal power plant) 火电厂机组因设计、制造、安装、运行等原因,发生在汽轮发电机组轴系上的振动。按其振动类型的不同可分为:弯曲振动和扭转振动两种。在不特别指明的情况下,机组振动或轴系振动都是指弯曲振动,又称为径向振动。汽轮发电机组为高速旋转设备,过大的振动将对设备造成严重危害,影响机组

火电厂机组

的安全经济运行。国际标准化组织和中国国家标准以轴承座振动烈度或转轴振动幅值作为衡量汽轮发电机组振动程度的标准。中国电力部门通常以轴承座或其附近转轴振动的双振幅(峰—峰)值为依据。国际上对大型机组趋向于测转轴的振动或轴承座的振动烈度。所谓振幅峰—峰值就是测点振动量在极值间的代数差之中的最大值。所谓振动烈度就是测点测得的振动速度的最大均方根值。中国目前大型汽轮发电机组振动执行国家标准GB/T11348.2－1997《旋转机械转轴径向振动的测量和评定》和GB11347－89《大型旋转机械振动烈度现场测量和评定》,部分机组仍沿用《电力工业技术管理法规》中1980年修订的汽轮发电机组轴承座振动规定值。

【火电厂金属监督】(metal supervision in thermal power plant) 监督火力发电厂设备金属构件的成分、缺陷、组织性能及其变化等以保证安全运行的技术和管理方法。是电力工业技术监督的重要组成部分。贯穿于设备设计、制造、安装、调试、试运行、运行、停用、检修和设备更新改造等各个环节的全过程中。其内容包括:杜绝不合格的金属构件投入运行;在运行中严密监督金属构件的材质老化及缺陷萌生发展过程,进行科学鉴定,并在失效前及时更换或修补恢复及进行失效分析等。其中包括了金属检验、诊断技术和寿命预测技术的应用,以及与技术管理相结合形成规程等,以期达到保证发电设备安全运行的目的。其主要任务是:(1)做好监督范围内各种金属构件在制造安装和检修中用材质量监督和金属试验工作。(2)检查和掌握受监构件运行中金属组织性能的变化和缺陷发展情况,管道及支吊架应力状态,发现问题及时采取措施,防止爆破和断裂。(3)参加受监金属构件事故的调查和原因分析,总结经验,提出处理对策并督促实施。(4)采取先进的诊断和在线监测技术,以便及时和准确地掌握及判断受监构件寿命损耗程度和损伤状态。(5)参与新建机组监造和老机组更新改造,参加带缺陷设备和超期服役机组的安全评估和寿命管理。(6)焊工培训和考核。(7)建立和健全金属监督档案。

【火电厂冷却水处理】(water cooling treatment in thermal power plant) 为防止冷却水系统管道与设备的结垢、腐蚀和生物污染,火电厂对冷却水所采取的技术处理措施。常分为开式和闭式循环冷却两种处理方法。其任务主要是:防止凝汽器的结垢、腐蚀和生物污梁。其目的主要是:保证管道的畅通、冷却设备的传热效率和可靠运行。按其防污垢处理的部位的不同可分为:内部处理法和外部处理法两类。可以根据水资源、水质和冷却水系统的实际情况,选择其中一类方法或两类方法并用。内部处理法,是指往循环冷却水中添加药剂,以提高阈限稳定性。发生结晶畸变和起分散作用的方法主要有:加酸处理和添加各类阻垢剂法。加酸处理虽然行之有效,但所能稳定循环冷却水的浓缩倍率不高。为提高浓缩倍率,常与阻垢剂复合应用。外部处理法,是指对循环冷却水的补充水进行软化,除盐以防碳酸钙析出结垢的方法。防腐蚀处理的方法有:(1)根据冷却水质选用凝汽器管材。(2)做好防垢和防生物污染处理。(3)添加缓蚀剂。(4)采用电化学保护。另外,还有防生物污染处理和旁流过滤处理。

火电厂冷却水处理

【火电厂培训仿真机】(training simulator for thermal power plant) 利用计算机仿真技术,对火电厂职工进行培训的装备系统。发电设备数字模型计算机提供实时数据,配合部分或全部真实控制台屏或监控台屏幕显示(CRT)画面,演示与真实情况相同的电力设备各种运行方式的状态,可以满足各种目的的培训要求。目前,已广泛用于培训操作人员和工程技术及管理人员,提高他们的监控能力和运行技术水平。是以计算技术和仿真技术为基础,并应用电网、自动控制、仪表、电厂的锅炉、汽轮机、透平发电机(GC)、运行专业的理论和实践知识而研制的一种实用装置。按其功能的不同可分为:(1)基本原理型。其所配置的控制台屏不是以某一实际电厂为目标,而是从基本原理出发模拟某类型、某容量机组的主要设备和系统,并配置简化的供学员学习和掌握基本原理的台屏或可以进行操作和显示操作结果参数的(CRT)画面。(2)全仿真型。是针对某具体电厂某机组的仿真。即所模拟的控制室内全部设备的数量、颜色、外观、布置、照明和声响与实际电厂完全一致,使学员的直观感觉如同在实际电厂真实控制室的一样。

火电厂培训仿真

【火电厂燃烧设备】(fuel burning equipment in thermal power plant) 经过制备的燃料和经过预热的空气同时引入燃烧空间，形成连续稳定燃烧火焰的装置。不同的燃料和不同的燃烧方式需采用不同的燃烧设备。层燃锅炉、流化床锅炉和旋风炉的燃烧设备分别见层式燃烧、流化床燃烧和旋风燃烧。大多数火力发电厂是采用火室燃烧来燃煤、燃油或燃气。其燃烧设备包括炉膛和燃烧器。锅炉炉膛除应有足够的空间来满足燃料在炉内燃尽所需的停留时间和布置受热面的需要外，还应有合理的形状和尺寸，以便与燃烧方式和燃烧器布置相匹配，形成良好的炉内气流工况以利于着火与燃尽。燃烧器的布置应达到火焰不冲刷炉膛壁面，炉内充满度高以及热负荷均匀。常见的燃烧器布置方式有：四角、拱顶、炉顶和墙式布置等。燃烧器是将燃料和一定比例的空气送入炉膛进行燃烧的装置。其基本功能是：(1)适应燃料特性。(2)组织良好的空气动力场，保证燃烧的稳定性与经济性。(3)低的燃烧产物污染。(4)有一定的负荷调节能力。按其燃料种类的不同可分为：煤粉燃烧器、油燃烧器、气燃烧器和多种燃料燃烧器。

火电厂燃烧设备

【火电厂热传导】(heat conduction in thermal power plant) 又称火电厂导热。火电厂温度不同的各部分物体之间或火电厂温度不同的两物体间由于直接接触而发生的热传递现象。是从宏观角度进行现象分析的。即把物质看作是连续介质，各部分之间没有相对位移。是热量传递的三种基本方式之一。对导热规律的研究是传热学的重要组成部分。导热理论的任务就是要找出任何时刻内各处的温度，即温度场，或各处的热流通量(热流密度)。从微观角度讲，热是一种反映分子、原子和电子等移动、转移和振动的能量。物质的导热本质或机理与组成物质的微观粒子的运动有密切的关系。在气体中，导热是作不规则热运动的气体分子间相互作用或碰撞的结果。在介电体中，导热是通过晶格的振动来实现的，晶格振动的能量是量了化的。这种晶格振动的量子称为声子。这样，介电体的导热可以看成是声子间相互作用和碰撞的结果。在金属中，导热主要是通过自由电子的相互作用和碰撞来实现的，声子的作用相对很小。至于液体的导热机理，比起气体和固体，还不那么清楚。但近年来的研究结果表明，液体的导热机理类似于介电体，即通过晶格的振动来实现。在液体和气体中，只有在消除热对流的条件下，才能实现纯导热过程。

【火电厂热力系统】(thermodynamic system in thermal power plant) 又称火电厂热力学系统。火电厂热力的研究方法中作为分析对象所选取的某特定范围内的物质或空间。热力系以外的物质或空间统称为环境(或外界)。环境只相对于该热力系而言，环境中的某一部分同样可以划出来组成另一个热力系。热力系与环境之间的分界面称为热力系边界。热力系与环境间的任何物质或能量交换，都体现在热力系的边界上。分界面可以是真实的或假想的、固定的或移动的。选取分界面，使系统具有明确的含义，通常认为分界面具有理想化的性质，特别在定义没有物质或能量透过分界面时更是如此。与环境之间既有物质又有能量交换的热力系称为敞开系统或控制体，如换热器。与环境之间只有能量交换，而没有物质交换的热力系称为封闭系统。发电机气缸内气体与环境之间没有热量交换的热力系称为绝热系统。与环境之间既没有能量交换，也没有物质交换的热力系称为孤立系统或隔离系统。孤立系统必然是封闭系统，但是封闭系统不一定是孤立系统，那么，扩大的热力系统必是孤立的。可见，热力系分界面的选取可以是人为的、带有随意性的。为了分析计算的方便，可把相互作用的两个或数个热力系组合成一个孤立系统，也可从一个系统划分出两个或数个热力系。

【火电厂设备运行状态】(operating status of equipment in thermal power plant) 通过严格的管理规程和技术措施使火电厂系统和设备保持安全和可靠运行状态。被广泛用作调度用语、操作用语和运行分析。正确理解其概念，对保证调度、操作的准确性和人身、设备的安全性具有重要意义。按火电厂设备状态的不同可分为：(1)运行状态。对电气设备而言，是指已带有电压的状态；对热机设备而言，是指已处于有介质(蒸汽、水、气体、煤、灰、油等)流动或处于已转动的状态。(2)停用状态。相对于运动状态所指，是离线状态的总称。对电气设备而言，至少是指已与系统解开并已卸去电压的状态；对热设备而言，至少是指已与系统隔开，无任何介质流动或设备已处于停止转动的状态。(3)备用状态。设备处于停用状态，但仍受调度或运行人员控制，可以根据运行需要随时将其转变为运行状态，又可分为热备用状态和冷备用状态两种。(4)热备用状态。设备已具备运行条件，经一次合闸操作即可转为运行状态的状态。(5)冷备用状态。启动前的检查工作已全部完成，刀闸在断开位置，处于随时能够立即启动升压并列的状态。(6)检修状态。连接设备的各侧均有明显的断开点或可判断的断开点，需要检修的设备已接地的状态，或该设备与系统彻底隔离，与断开点设备没有物理连接时的状态。在该状态下设备的保护和自动装置、控制、合闸及信号电源等均应退出。

【火电厂污染物的迁移转化】(transfer and transformation of pollutants from thermal power plant) 火电厂污染物在环境中发生空间位置变化并由此引起污染物在化学、生物或物理等作用下改变形态或转变成另一种物质的过程。迁移和转化是两个不同而又相互联系的过程，两者往往是伴随进行的。各种污染物的迁移转化过程取决于它们的物理化学性质和所处的环境条件。按其迁移方式的不同可分为：机械迁移、物理化学迁移和生物迁移。最常见的转化是化学转化，如氧化还原、催化氧化和络合水解等。物理转化主要通过吸附、解吸、蒸发和凝聚等过程来完成。污染物可通过大气、水体、土壤和生物体等多种途径发生迁移转化。大气中的迁移转化主要通过光化学氧化、催化氧化等反应使大气污染物发生化学转化。水体中的迁移转化主要通过氧化还原、络合水解和生物降解等作用使污染物发生化学转化。土壤中的迁移转化除了与污染物本身性质有关外，主要取决于土壤的物理化学性质，如土壤的 pH 值、温度、湿度和氧化还原条件及微生物种类等。生物中的迁移转化为污染物通过生物体的吸收、代谢、生长和死亡等过程所实现的迁移转化，是非常复杂的过程。

【火电厂质量传递】(mass transfer in thermal power plant) 又称火电厂质量传质。火电厂混合物中某一组分从其高浓度的区域向低浓度的区域迁移的过程。质量传递的推动势主要是浓度梯度。按其质量传递形式的不同可分为：分子扩散传质和对流传质。分子扩散发生于各组分宏观地相对静止的多组分系统中。设有一垂直于浓度梯度的平面，由于分子运动的随机性，所以在穿越该平面的两个方向上均有分子流。不过，因为高浓度侧某一组分的分子数多于低浓度侧同一组分的分子数，因而总的效果是从高浓度区向低浓度区进行分子扩散。严格地讲，分子扩散只发生于固体和静止的流体中。在具有 A 、B 两种组分的二元混合物的分子扩散过程中，组分 A 的质量密度 J_A 与其质量份额 m_A 的梯度成正比。质量流密度 J_A 是相对于以混合物的某个平均速度运动的坐标系而言的。相对于固定坐标系，组分 A 的质量流密度 N_A 应附加上混合物总质量流 N 的影响，即$N_A = J_A + Nm_A$。除了浓度梯度这一推动势外，其他的势也会引起分子扩散。由温度梯度引起的扩散称为热扩散，又称索瑞效应。由压力梯度引起的扩散称为压力扩散。分子扩散还可能由除重力外其他的外力场引起，称为力场扩散。根据情况不同，这些扩散有时也应予以考虑和利用。

【火电锅炉燃烧系统】(combustion system) 火电厂锅炉所需的设备和相应的烟、风、煤管道的组合体系。通常由燃料制备、空气系统及燃气系统组成。为使燃料在锅炉炉膛内充分燃烧，并将燃烧生成的烟气排入大气，应根据所用燃料类型的不同而选择不同的工艺流程。如所用燃料分别是固体、液体和气体燃料，火电锅炉应根据其燃烧方式选择合理工艺流程。决定设备和管道的规格、数量，充分考虑必要的裕度，使锅炉和燃烧系统在最安全和经济的情况下运行。燃用固体燃料的锅炉，需按不同燃烧方式对燃料进行制备。层式燃烧炉只需在输煤系统内设单级筛碎设备将原煤破碎到 30～50mm 以下的合理颗粒配比，即可进入锅炉燃用。对流化床燃烧锅炉，根据来煤粒度情况设置一级或二级筛碎设备。破碎后的粒度，一般要求在 10mm 以下。对悬浮燃烧锅炉，需增设煤粉制备系统。

【火法炼铅】(fire smelting lead) 在高温下进行的提取金属铅的工艺方法。是目前普遍采用的方法。自然界的铅矿主要是方铅矿硫化铅 PbS。其冶炼方法包括：(1)反应熔炼。是使硫化铅精矿中的一部分 PbS 氧化成 PbO 和$PbSO_4$，然后与尚未氧化的 PbS 相互反应生成金属铅。此法只能处理富铅矿。(2)沉淀熔炼。用铁作沉淀剂即还原剂，置换出铅。即将铁屑与硫化铅精矿混合加热至适当温度，PbS 大部分被铁置换为金属铅。此法在工业上很少使用。(3)焙烧还原熔炼。又称常规炼铅法或标准炼铅法。适宜处理任何成分的铅精矿，被广泛使用。其主要工序包括：①烧结焙烧。目的是使 PbS 氧化成 PbO，去

火法炼铅的原料

除其中的硫，反应式为：$3PbS + 5O_2 = 2PbO + PbSO_4 + 2SO_2$，$3PbSO_4 + PbS = 4PbO + 4SO_2$。②铅烧结块还原熔炼。目的是使燃料燃烧产生的 CO 将铅的化合物还原成为粗铅，反应式为：$PbO + CO = Pb + CO_2$。并将矿石中的贵金属富集于其中，使原料中的铜生成炉渣，在鼓风炉中按密度不同分层分别排出，作为炼铜的原料。③粗铅精炼。在精炼炉中火法精炼除去杂质，得到纯净的精铅。然后浇注成阳极板，进行电解精炼，得到纯度更高的电铅，并回收有价值的其他金属。

【火法炼铜】（fire smelting copper） 在高温下进行的提取金属铜的工艺方法。其优点是：适应性强，能耗低，生产效率高。可分为三个过程：(1)将铜精矿熔炼成冰铜。硫化铜矿是炼铜的主要原料，可在鼓风炉、反射炉、电炉和闪速炉中熔炼。铜对硫的亲和力大于铁，而铁对氧的亲和力大于铜，于是发生如下反应：$Cu_2O + FeS = Cu_2S + FeO$，这是冰铜熔炼的基础。冰铜即 Cu_2S 和 FeS 的共熔体，是金和银等贵金属的良好的搜集剂，能溶解 Au、Ag。(2)将冰铜吹炼成粗铜。一般在转炉中进行。目的是除去冰铜中的铁、硫和其他有害杂质，得到富集 Au、Ag 的粗铜。在吹炼过程中，首先是 FeS 被氧化生成 FeO 和 SO_2 气体，FeO 再与加入的 SiO_2 生成炉渣，得到含铜 75% 以上的富冰铜；继续吹炼时，Cu_2S 被氧化生成 CuO，并与尚未氧化的 Cu_2S 相互反应生成金属铜和 SO_2，得到含铜 98% ~99% 的粗铜。此时可直接将其浇注成阳极板进行电解，但得到的铜的质量较低。(3)将粗铜精炼成纯铜。分为火法精炼和电解精炼两个步骤。火法精炼的目的是去除铁、锌、铅、锡、钴、硫等杂质，为电解精炼提供阳极板。火法精炼是在精炼反射炉中向粗铜熔体鼓入空气，进行氧化精炼，使熔体中的对氧亲和力较大的杂质元素发生氧化并形成炉渣而除去。脱氧后浇注成电解精炼用的阳极板，然后进行电解精炼，可以进一步除去杂质，回收其中的有价值的金属如金、银、硒、碲等，得到使用性能良好的高纯铜。

【火法冶金】（fusion metallurgy） 在较高温度下冶金作业的总称。如焙烧、熔炼、火法精炼、氯化、熔盐电解、金属（或碳、氢）热还原等过程都属于火法冶金的范畴。所需热能由燃料燃烧供给，或由电能、化学反应供给。是当前主要的冶金方法。广泛用于冶炼钢、铁、铜、铅和稀有金属及合金等。

【火风压】（depression of fire） 又称火负压。在井下发生火灾时，高温烟流流经有高差的井巷所产生的附加风压。发火的最初阶段，井下风流及火烟都是沿着发火前原有方向流动的。随着火势加大，温度增高，矿井空气密度和成分改变，在矿井某些地段往往形成一种巨大的附加的自然风压，称之为火风压。这种风压，不仅能增减矿井总风量，还能引起矿井某些地段风流方向的改变。而一旦风流方向逆转，井下那些似乎安全的地区也会突然出现烟火，使人员发生中毒，造成重大的人身伤亡事故。

【火花鉴定】（spark test） 运用砂轮高速磨削钢铁时所产生的火花爆裂现象来鉴别钢铁的大致化学成分的方法。鉴定钢铁化学成分的一种简易方法。不同成分有不同的火花特征，如低碳钢的火花色泽较暗、火束长和花量较少；中碳钢的火花色泽较亮、火束短和花量较多；铬钢的火花色泽明亮、花型较大。可用现场快速定性鉴定钢铁的化学成分。

【火箭】（rocket） 能使物体达到宇宙速度、克服或摆脱地球引力、使之进入宇宙空间的运载工具。其速度由火箭发动机工作获得。火箭有单级火箭与多级火箭之分。多级火箭各级之间的联结方式，有串联、并联和串并联几种。串联是把几枚单级火箭串联在一条直线上；并联是把一枚较大的单级火箭放在中间（芯级），在它的周围捆绑多枚较小的火箭（助推火箭或助推器，即助推级）；串并联式多级火箭的芯级是一枚多级火箭。火箭用于运载航天器称为航天运载火箭；用于运载军用炸弹称为火箭武器（无控制）或导弹（有控制）。航天运载火箭一般由动力系统、控制系统和结构系统组成，有的还有遥测、安全自毁和其他附加系统。

火箭

【火箭垂直发射技术】（rocket vertical launch technology） 火箭竖立在发射台上，运送有效载荷（如卫星、飞船、弹头等）起飞、加速、送入预定轨道的技术。采用垂直发射，可以简化发射设备，发射台可以设计得很紧凑，且能很方便地使竖立的火箭在 360° 范围内移动，从而满足改变射向的需要，保证火箭系统的稳定性和隐蔽性，也便于液体推进剂的精确加注或泄出。

【火箭发动机】（rocket engine） 自带能源

和工质，不使用外界介质(空气)工作的喷气发动机。是火箭、导弹和航天运载器使用的主要发动机。按发动机能源的不同可分为：(1)化学火箭发动机。利用火箭推进剂在燃烧室中将化学能转化为热能、生成高温高压燃气、经喷管膨胀加速喷出而产生推力的发动机。(2)核火箭发动机。利用核反应或放射性物质衰变放出的能量加热工质，工质经喷管膨胀后以高速喷出产生推力。核火箭发动机的优点是比冲高，工作时间长，可作航天器的动力。(3)电火箭发动机。又分为电热、静电、电磁火箭发动机。电火箭发动机的特点是比冲很高、工作时间很长、推力很小。适用于航天器上作轨道修正、姿态控制等。(4)光子火箭发动机。由电磁辐射量子(光子)的定向流产生推力。是尚在探索中的新型火箭发动机。此外，按用途的不同还可分为火箭主发动机(巡航发动机、起飞发动机)和辅助发动机(姿态控制发动机、轨道机动发动机、校正发动机、制动发动机等)。

火箭发动机

【火箭飞机】(rocket airplane) 以火箭发动机为主要动力的飞机。美国1946年以来研制过多种火箭飞机，主要用于试验目的，以解决声障、热障，以及高速机动性、大气层外的操纵等问题。美国火箭试验飞机的成果已用于航天飞机。火箭飞机可以飞出大气层作空间飞行，并在短时间内达到极高的航速。为克服热障，在外形结构上具有耐热性设计，并具有大气层内和大气层外用的两套操纵装置。火箭飞机必须自带全部推进剂(燃料和氧)。为了维持试验过程中所必需的留空时间，火箭飞机需携带占其总重一半以上的推进剂。火箭飞机一般都不从地面直接起飞，而是由母机运载到空中投放发射。

【火箭级间分离技术】(rocket stage separation technology) 将联结成一个整体的多级火箭按预定程序进行分离的技术。目前各国的运载火箭多数是二级或三级，少数为四级。原因是单级火箭的最大速度超不过7km/s，无法将航天器送入地球轨道，因而只能采用多级火箭。各级的联结一般采用爆炸螺栓、爆炸索、定位销等联结件。为了联结和分离的方便，有些火箭还有级间段。在火箭飞行过程中，各级按程序指令启动、关闭发动机，然后依次把它们抛掉，从而降低了用于继续加速所需的能量消耗。级间分离要及时，准确，可靠，安全，分离既不能过早，也不能过迟，更不允许该分离而不分离。

【火箭炮】(multiple-launcher rocket system) 引燃火箭弹发动机点火具，赋予火箭弹初始飞行方向的多发联装发射装置。火箭弹靠自身发动机的推力飞行。火箭炮发射速度快，火力猛烈，突袭性好，有较好的机动能力和越野能力，因射弹散布大，多用于对面积目标射击。发射时火光大，易暴露阵地。主要配用杀伤爆破火箭弹，用于歼灭、压制有生力量和技术兵器，也可配用特种火箭弹，用于照明、施放烟幕和布设地雷。火箭炮运动方式有自行式和牵引式，以自行式居多。轻型的可吊运、空运或伞降，有的可分解成部件由人工背运。火箭炮通常由定向器、回转盘、高低机、方向机、平衡机、瞄准装置、发火系统和运动体组成。定向器分滑轨式、笼式、筒式和箱式。滑轨式定向器是早期火箭炮采用的定向装置，适于发射尾翼稳定火箭弹。笼式定向器，由四条滑轨构成，适于发射尾翼稳定火箭弹。筒式定向器是一薄壁圆筒，可发射涡轮火箭弹或折叠尾翼火箭弹。有的筒式定向器有螺旋导向装置，能使尾翼火箭弹低速旋转，以提高射弹密集度。现代火箭炮多采用箱式定向器，通常事先将火箭弹装好，便于保管和提高发射速度。发射时，由于火箭弹对定向器的作用力及后喷气流的作用力，火箭炮产生震动，前一发火箭弹燃气流会增大续发火箭弹的起始偏差，从而增大火箭弹的射弹散布。为了减小射弹散布，提高射弹密集度，由发火系统控制火箭弹的发射顺序和时间间隔。火箭炮除有自动发射机构外，还有手动发射机构或简易发射机构。运动体有轮式和履带式两种。轮式自行火箭炮后部两侧装有支撑器，发射时用来稳固支撑火箭炮，调整火箭炮水平。有的火箭炮车体后桥装有板簧闭锁装置，射击时联结后轮轴与车架，使后桥悬挂装置失去弹性，提高射击稳定性。

火箭炮

【火箭推进剂】(rocket propellant) 又称推进剂。为火箭发动机提供能源和工质的物质。作为能源在发动机燃烧室中燃烧，释放化学能；作为工质，经燃烧后产生高温高压燃气，通过喷管排出得到反作用喷气推力。按其物理状态的不同可分为：(1)液体推进剂。以液态进入燃烧室的推进剂，简称液体推进剂。它能快速发生化学反应并提供大量热能。其特点是比冲高、使用可靠,但它的密度较低,储存、运输、加注等操作较复杂。液体推进剂主要分为双组元和单组元。双组元液体推进剂由分开存放的一种液体氧化剂和一种液体燃烧剂组成,广泛用于导弹和运载火箭的主发动机。单一组元液体推进剂是只有一种液体组元的推进剂,主要用于辅助发动机。(2)固体推进剂。由氧化剂、燃烧黏合剂和其他添加剂组成的固态混合物。简称固体推进剂。有的还加入金属燃烧剂。通常制成一定几何形状的药柱,置于固体火箭发动机燃烧室中。固体火箭推进剂按质地的均匀性可分为均质火箭推进剂(如双基火箭推进剂)和异质火箭推进剂(如复合火箭推进剂、复合改性双基火箭推进剂)。双基火箭推进剂主要用于中小型固体火箭发动机。复合火箭推进剂广泛应用于各种类型的火箭发动机,尤其是大型的火箭发动机。复合改性双基火箭推进剂一般用于固体运载火箭的上面级,也是战略导弹发动机的主要固体推进剂。(3)固液混合火箭推进剂。是由固体燃烧剂和液体氧化剂或液体燃烧剂和固体氧化剂组成的推进剂。选用火箭推进剂的一般原则是:能量特性高(比冲高、密度大、燃烧产物摩尔质量小),使用性能好(如无毒或低毒、对冲击不敏感和有足够的热安定性),经济性好(原材料资源丰富、生产成本低)。

【火警探测系统】(fire detection system) 能发现着火征兆或火焰并发出火警信号的整套设备。探测系统由火警控制盒、火警信号装置和分布在几个火警区的火警探测器组成。火警探测器有热、光和烟雾三大类,其中热探测器又可分为点式和线式两种。新型的综合式火警探测系统中采用了微处理机和多重火警探测装置,大大降低了虚假报警率,系统中配有的微处理机还具有事故记录、故障定位、分段隔离和重构火警探测回路的能力。火警探测系统主要用于发动机舱内。

火警信号装置

【火力发电厂锅炉经济运行】(boiler economic operation in thermal power plant) 火电厂锅炉机组在规定负荷、参数下保持最高效率及最低辅助动力消耗的运行。是保持最高锅炉净效率的运行。锅炉机组运行的好坏在很大程度上决定了整个电厂运行的经济性。随着锅炉负荷的高低,由于炉膛内燃料的燃烧工况、温度水平、各级受热面的沾污与热交换状态以及辅助动力消耗的不同,其运行经济性也各不相同。在整个锅炉运行负荷范围内,锅炉运行净效率最高的负荷称为经济负荷。这一负荷的高低主要与设计及运行有关,通常在90%的锅炉额定负荷左右。在一定负荷下锅炉的净效率与给水温度,过量空气系数及一、二、三次风配比,最佳煤粉细度和受热面清洁程度有关。通常必须进行精细的燃烧调整试验,以求得各种负荷下的最佳运行工况,作为日常运行调整的依据,以保证锅炉机组的经济运行。锅炉给水是由除氧器经过给水泵,高压加热器送来的,当高压加热器的运行情况改变时,使给水温度发生变化。过量空气系数是锅炉送风量或烟道各部漏风量的变化,都会引起过量空气系数的变化。一、二、三次风的合理配比可使燃料着火迅速,燃烧完全,提高锅炉运行效率。煤粉细度对锅炉的运行效率有直接的影响。锅炉各部受热面的结渣、积灰和沾污都将使换热效果变差,各部烟温升高。

【火力发电厂环境监测】(environmental monitoring of thermal power plant) 测定火力发电厂在生产运行期间向大气和水体排放的污染物的浓度,观察其变化和影响,研究、分析环境质量现状和变化趋势的工作。其内容一般包括:布点采样、分析测试、数据处理、综合评价和对策建议等环节。是科学管理环境的基础。通过监测所得到的大量的不同地区的环境污染数据,是判定和贯彻实施各种环境保护法规和标准的基础。通过监测数据,还可验证和建立环境污染模式。科学地予测予报污染发展趋势,进而采取予防措施,为工农业生产和保护人民健康服务。按其监测目的不同可分为:(1)监视性监测。监测环境中已知污染物现状、变化趋势,判断环境质量状况;评价环境污染治理措施的效果,判断环境质量标准实施情况等。为此要建立各种监测网络,如大气污染监测网、水体污染监测网等。据此可了解一个城市、一个省、一个区域及全国甚至全球的污染现状和发展趋势。(2)事故性监测。对事故性污染进行有针对性的监测。这种监测可采取各种有效的监测手段,如车船的流动监测和飞机空中遥测等,以确定污染的范围及危害程度,便于采取控制措施。(3)研究性监测。研究确定污染物,从污染源到受体的运动过程;鉴定环境中需要注意的或新出现的污染物等。

【火力发电厂环境影响】(environmental impact of thermal power plant) 火力发电厂在建设过程中和建成投产后对附近地区环境所造成

的影响。大型火电站占用土地,使用一次能源和水资源,排放废气、废水和废渣,给环境带来一定的影响。例如一座2 400MW燃煤电厂,厂区占地60万~80万平方米,厂外灰场占地200万平方米。每年需消耗约750万吨煤,5 000万~7 000万立方米的补给水(采用循环供水系统),3万立方米的助燃油。即使以煤中含硫量1%和除尘效率99.5%计,每年排放的二氧化硫(SO_2)也有14万吨,飘尘0.68万吨,二氧化氮(NO_2)7万吨,灰渣180万吨左右。补给水有相当部分是变成废水排放的。另外,还有约55%的热量(相当每年400多万吨煤的燃烧热量)作为废热由循环冷却水带出排放。因此,火电厂给厂内环境、当地环境、地区环境,甚至全球环境都会带来一定的不良影响。烟气中的粉尘、硫氧化物和氮氧化物通过高烟囱排入大气。这些一次污染物,通过在大气中的迁移,转化生成二次污染物,会给环境造成更大的危害。

【火力发电厂给水处理】(feed-water treatment in thermal power plant) 采用物理化学方法,将火力发电厂给水中溶解氧控制在允许范围内,并进行pH值调节,保持规定的水质条件,以防止热力设备结垢和腐蚀的一种技术。火力发电厂的锅炉给水由汽轮机凝结水、化学补给水和热力系统中各种输水构成,对于热电厂还包括生产返回水。这些给水的组成部分,虽然经过处理,达到各自的水质标准,汇集起来的给水水质比较纯净,但却含有溶解氧和二氧化碳等侵蚀性气体,且水的pH值较低,往往引起给水系统设备及管道的金属腐蚀。腐蚀产物随给水带入锅内,可造成锅炉受热面的结垢和腐蚀,引起严重后果。其主要作用是:减少给水中带入锅炉的金属氧化物,除去或控制水中溶解氧含量及为中和二氧化碳而对pH值的调节,保持一个有利于在金属表面形成和修复保护性氧化膜的介质条件。防止给水系统氧腐蚀的方法比较成熟。早在20世纪30年代,火电厂已装有热力除氧器,并采用亚硫酸钠作为辅助的化学除氧剂。为了防止给水系统中的二氧化碳腐蚀,除了避免空气漏入系统,提高除氧器效率外,还必须向给水添加碱化剂,以中和游离二氧化碳,将pH值调节到规定值。常用的碱化剂是氨。给水氨处理对钢铁材料的防腐效果明显。

【火力发电厂计算机监视系统】(computer monitoring system of thermal power plant) 又称火力发电厂数据采集系统。火力发电厂以计算机为核心,对生产过程进行全工况开环监视的系统。按其系统功能的不同可分为:信息输入、信息处理、安全监视(报警处理与操作指导)、人机联系及信息输出等几个部分。信息输入是指计算机系统接收被监视对象的输入信号及对各类不同信号的预处理。常见输入信号有模拟量、开关量和脉冲量三种。模拟量是用连续的物理变量表示的参数信号,如压力、温度、流量、液位、电流和电阻等。它们通常以电流或电压的形式输入计算机系统。开关量是用离散的状态来表示的参数信号,如阀门的状态和设备的起、停、连锁的动作等。脉冲量是被监视对象发出的脉冲计数信号,如脉冲电度表的输出。在信息处理时,计算机系统对内部信息进行定期计算和信息管理。安全监视是由报警处理和起、停操作指导两部分组成,它是安全监视系统的核心功能。人机联系是计算机系统和操作人员的界面,它实现在线的人机对话。在单元机组计算机监视系统中,人机联系是通过操作站来进行的。信息输出为计算机监视系统的内部信息向外报导的手段,主要有显示输出、记录输出及声光输出三种形式。

监视系统

【火力发电厂零排放】(zero discharge in thermal power plant) 火力发电厂设有污水排放的闭路循环用水系统。是通过提高水的复用率来控制废水的排放,以减对轻环境的污染。它是一个工段或一个车间或一个工厂,甚至一个地区组成一个用水的闭路循环系统。把系统内生产过程中所产生的废水,经过适当处理,全部或大部分回到原来的生产过程或其他生产过程中重新使用,很小部分排污。如在废水处理系统中使排污水进一步处理并回收,则可完全不向系统外排放废水。闭路循环系统的水量平衡关系为:$Q_d + Q_1 = Q_t + Q_m$;$Q_d = Q_t + Q_b$;$Q_m = Q_1 + Q_b$ 其中Q_m为补充水量;Q_1为损失水量;Q_t为重复利用水量;Q_d为排水量;Q_b为排污水量。零排放就是在上述闭路循环用水方式的基础上发展起来的。在零排放系统中要求不向环境排出污水,即$Q_b \approx 0$。为此,要求系统中采用的废水处理程度高,使处理后的水可以全部回用。其水量关系为:$Q_b \approx Q_d$;$Q_m \approx Q_1$;$Q_b \approx 0$。火力发电厂采用零排放技术,因其所花费用较高,一般只使用在地区环境要求严格,不允许电厂有废水排放的场合。在作零排放规划或设计时,首先要求对电厂的用水、排水进行水量平衡计算,采取措施尽量减少废水量,能重复利用的废水尽量利用,对于剩余的确实不能回收的废水,再用阳光蒸发池或其他蒸发装置,使其浓缩成固体废物。

【火力发电厂模拟量控制系统】(modulating control system in thermal power plant) 又称火力发电厂连续控制系统、火力发电厂自动调节系统、火力发电厂闭环控制系统。火力发电厂用各种仪表和装置控制热工过程,使被控模拟量参数按预期目标进行的设施。由被控过程、测量装置和控制器等组成。被控过程也称调节对象。生产过程中的被控变量(被调量)与相应的控制变量(调节量)构成控制系统中的被控过程。按其被控过程的不同可分为:(1)单变量过程。具有一个控制变量和一个被控制变量的被控过程。(2)多变量过程。具有一个以上控制变量和一个以被控变量的被控过程。控制变量是改变被控变量使之等于其设定值的手段。除了控制变量以外,还有其他导致被控变量变化的因素,这些因素称为扰动。为了实现输出过程自动控制,必须熟悉生产过程,掌握控制变量和扰动与被控变量之间的动态特性;对于多变量过程还要清楚地了解各变量之间的相互影响。

【火力发电厂设计】(thermal power plant design) 建设火力发电厂必须进行的项目可行性前期工作。是工程建设前期工作的一个重要阶段。其内容包括:可行性研究,初步设计(或概念设计)和工程建设实施阶段的施工图设计。设计工作是电厂建设中的重要一环。对工程质量、进度和投资控制,对工程的经济效益和社会效益起着关键的作用。中国现行大、中型火电厂的基本建设程序是:主管机关委托有资格的设计机构进行厂址选择,编制初步可行性研究报告,经主管机关会同有关专业部门审查批准后由主管机关上报项目建议书,向国家计划部门申请立项。设计部门受行业职能单位的委托,编制可行性研究报告,待审查批准后,由项目法人按规定通过主管机关上报可行性研究报告书,待审查批转后,由项目法人按规定通过主管机关上报可行性研究报告书,具体阐明电厂厂址的条件、工程规模、机组容量、燃煤供应、运输方式和环境保护等主要原则,以及资金来源、投资额、上网电价等要点,由国家发展计划委员会或国务院审查批准。同时,环境影响报告书需经国家环保局批准。设计部门根据上述批准的文件展开初步设计,并决定工程项目的各项具体技术方案。经项目法人批准后,再进行施工图设计。

【火力发电厂施工】(construction of thermal power plant) 按合同和设计文件完成火力发电厂全部建筑、机械、电气施工和启动调整试验,达到正常发电,交付运行的全过程。是火电厂建设的最后一道程序。其特点是:建筑施工和设备安装的程序交叉多,主厂房和管线布置密集,焊接量大,重型构件和大型设备吊装要多工种配合施工。为使工程达到工期短、质量好、工效高和成本低的目标,应有严密的施工组织和施工管理方法。其施工组织是由设备制造、设计、施工和运行四个方面共同参与的。施工管理是指从承包任务开始到工程竣工验收全过程的管理工作。其目的是:按照火电厂施工的技术经济规律,运用计划、组织、核算和监督等职能,将全部施工活动,在时间和空间上科学地组织起来,以投入最少的人力、物力和财力,在合理的时间内,最大限度地发挥投资效益。施工管理包括:质量、计划、技术、安全、机具、定核、物质、劳动力等业务管理和现场管理。

火力发电厂施工

【火力发电厂水处理】(water treatment in thermal power plant) 采用物理、化学或生物的方法,对火力发电厂生产过程中的各种用水和排放水进行处理并使之达到相应水质要求的技术措施。随着热力设备参数优化、容量增大和直流锅炉的广泛应用,对锅炉用水水质的要求越来越高。由于水资源短缺和控制环境污染,对水的再利用及废水处理也提出了更高的要求。其目的是:预防热力设备结垢、腐蚀和积盐,确保可靠生产,并尽量做到节水和控制环境污染。根据热力系统水、汽流程和用水情况的不同,火电厂水处理主要包括:锅炉补给水、凝结水、疏水、生产回水、锅内水、循环冷却水和废水等的处理。系统中各种水的处理,都是有机联系、彼此相互制约和依存的。各种水经处理后,其水质都必须符合各自标准的规定。

【火力发电厂水汽质量监督】(water/steam quality supervision in thermal power plant) 对火力发电厂生产过程中有关水、汽质量的监测、调整、数据整理、综合分析控制和管理。其目的是:防止和减缓热力设备腐蚀、结垢和积盐,保证锅炉、汽轮机和发电机等有关系统的水汽质量符合标准的规定。水汽质量与设备制造、运输、保管、安装、试运行、运行、停备用和检修等,有着间接或直接的关系。全过程都应对有关水、汽质量事项进行监测、控制、调整和技术管理。基础阶段的监督主要包括:对制造厂出厂设备的检查;设备的现场保管和监督措施;安装阶段的清扫和保护方法；锅炉及热力系统的化学清洗方法；热力系统在机组启动前的冲洗和蒸汽吹洗措施。运行中的监督，应根据机组型式、参数、水处理方式、补给水率和化学仪表等情况，确定全系统水、汽质量监测项目和测试频率。检修和停备用时的监督，是在热力设备检修中，按水汽质量有关项目和要求，对设备内部进行详细检查、记录、采样和测试，做出综合分析和评价。技术管理，是制订或选用有关试验方法、规程、导则、制度和标准，是搞好水和汽质量监督的基础。

【火力发电厂烟气脱 NO_X 技术】（flue gas of NO_X technology from thermal power plant） 向烟气中喷入氨基还原剂，在一定条件下，使 NO_X 还原成 N_2 的技术。通常是在采用低 NO_X 燃烧技术难以达到排放要求时使用。已广泛在企业应用的烟气脱 NO_X 技术主要有：(1)选择性催化还原法(SCR)。向烟气中喷射氨或尿素等还原剂，在高温条件下，使 NO_X 还原成 N_2。其主要反应如下：$4NH_3+4NO+O_2 \rightarrow 6H_2O+4N_2$；$4NH_3+2NO_2+O_2 \rightarrow 6H_2O+3N_2$；$4NH_3+6NO \rightarrow 6H_2O+5N_2$；$8NH_3+6NO_2 \rightarrow 12H_2O+7N_2$。进行上述脱 NO_X 反应的温度一般应选择在 850℃～1 000℃（氨或氨水）和 950℃～1 100℃（尿素）范围内。当温度超过 1 100℃时，氨反而会被氧化生成 NO；当温度低于 850℃时，NO_X 的还原速度会很快降低。(2)选择性催化还原法（SCR）。采用催化剂促进 NH_3 和 NO_X 的还原反应以脱除烟气中的 NO_X。

【火力发电厂烟气脱硫】（flue gas desulphurization in thermal power plant） 火力发电厂用吸收剂（反应剂）及有关设备脱除燃料燃烧所生成烟气中的二氧化硫的工艺技术。烟气脱硫设备，一般安装在锅炉空气预热器或除尘器之后。目前已开发的烟气脱硫方法，有百种以上。按其反应物处理方式的不同可分为：抛弃法和回收法两大类。按其反应物质的状态（液态、固态）的不同可分为：湿法和干法两大类。抛弃法的主要优点是：设备较简单，操作较容易，投资和运行费用较低。其主要缺点是：废渣堆放需占用场地，容易造成二次污染。当烟气中二氧化硫（SO_2）浓度较低，无回收价值或投资有限，而必须进行脱硫时，多采用抛弃法。回收法的主要优点是：将烟气中的二氧化硫（SO_2）当作一种硫资源回收利用，变害为利。其主要缺点是：流程较复杂，运行操作难度较大，且投资运行费用较高。当烟气中二氧化硫（SO_2）浓度较高，脱硫产物市场前景好时，才考虑采用回收法。

火力发电厂烟气脱硫装置

【火力发电厂运行】（operation of thermal power plant） 为完成从燃料的化学能到电能这一转换过程所必需的设备运转和保障行为。其目的是达到连续或按负荷需要向电网供应可靠的、廉价的、符合质量（规定频率和电压）要求的电力和电量。用以衡量运行总体质量水平的是设备的可靠性和经济性的有关指标。火电厂生产过程是一个综合系统工程。高质量的安全管理、生产经营管理、生产技术管理、运行管理、检修管理、技术监管、人员培训和与之相适应的体制是实现高质量运行的保证。发电设备的运行包括：各种运行状态和各种运行方式的转换、正常的调节、各种试验以及设备异常或故障的分析和处理。这些都具有科学规律和严格的技术要求。违背这些规律和要求，就可能发生误判断、误操作，轻则造成设备停用，重则导致人身或设备损坏事故的发生，甚至扩大为系统事故。

【火力发电厂噪声控制】（noise control in thermal power plant） 在火力发电厂降低噪声污染至无害程度，以获得要求的声学环境所采取的各种工程技术措施。实行噪声控制，首先要进行噪声调查，通过现场测量或参考同类工程及设备的噪声资料，评价噪声对人体及环境可能造成的危害，然后根据国家或部门制定的环境噪声标准，确定降噪量和应采取的治理措施。措施实施后，再经过现场实测，评定治理的效果。噪声指干扰人们休息、学习、工作，使人厌烦的声音或声震动。描述噪声特性的物理量有两种，即噪声的客观物理量和噪声的主观评价量。其中，噪声的主观评价量反映了人在心理和生理上对噪声的感受程度。表示噪声强弱的客观物理量是声压、声强和声功率，一般采用对数标度，分别用声压级、声强度和声功率级表示，以 dB（分贝）为单位。火电厂是一个噪声源相对集中、噪声辐射量大、噪声种类繁多的场所。噪声主要来自各种设备、容器及管路系统。按噪声源特点的不同可分为：(1)机械动力噪声。(2)气体动力噪声。(3)电磁噪声。(4)厂内交通噪声。(5)其他噪声。

【火力发电厂自动化】(automation of thermal power plant) 利用各种自动化仪表和计算机系统等,对火力发电厂生产过程进行监视、控制和管理,并使之安全、经济运行的技术。随着机组容量的增大,参数的提高,在人工控制方式下是无法实现机组安全经济运行的,自动化装置已成为发电厂不可缺少的重要组成部分。其主要目的是:(1)保证机组安全起停,正常经济运行。(2)提高适应电网调度和负荷变化的能力。(3)提高综合判断、处理事故的能力。(4)减轻劳动强度,改善工作条件,减少运行人员。其自动化水平包括:运动操作、监督管理、自动控制系统涉及范围、检测与自动化控制装置的性能、控制设备的性能、机组可控性和可控范围。用实际达到的性能和技术指标来综合衡量。具体体现在:机组起停、正常经济安全运行和事故处理的自动化水平上。

【火力发电厂自动化设计】(automatic design in thermal power plant) 以实现火力发电厂自动化为目标,进行其热力设备、电气设备及有关系统所需检测仪表和控制方式的设计。属于工程安装设计的范畴。其工作内容是:根据电厂的地理位置、燃料、运行方式、国家政策等,经过技术经济比较,确定自动化水平和控制方式,对锅炉和汽轮机及其辅助设备、热力系统、燃烧系统及煤粉制备系统、除灰渣系统、供水系统、补给水处理系统、燃油系统等,配置具有检测显示、自动调节、顺序控制和自动保护等功能的监控系统,按照性能价格比优选设备,进行原理图和控制室、电子设备间及现场监控设备的安装和布置设计。经过施工现场考察修正后,完成竣工图。应掌握的主要资料有:电厂建设地点、运行方式、机组的特点、容量和电厂燃料等。其他方面,如国家法律、法规和政策等。其设计过程是:(1)根据工程设计批准文件,开展自动化设计。(2)初步设计及设计前的工作。主要是决定自动化水平、控制系统功能、主要设备类型和主要电缆通道的位置。施工图则要完成实际接线图和安装布置图。(3)设计工作。是根据选定的设备开展原理图设计,控制室、电子设备室布置设计,现场监控设备的安装、布置设计和电缆敷设设计。在施工后,再完成竣工图。

【火力发电厂自动调节装置】(automatic regulating equipment in thermal power plant) 在火力发电厂自动调节系统中,当被调量受到扰动作用出现偏离时,能作相应调节,使被调量在预定范围内或按预定规律变化的自动调节仪表等装置。是工业自动化仪表的一个主要大类。其基本原理是:被调量经各种相应检测仪表测量后,由变送器转换成各种标准的传输信号,与给定值进行比较,当有偏差时,调节器按预定的调节规律动作,其输出经操作器控制执行器动作,最终使被调量趋向于给定值。其主要用于工业工程的各种温度、压力、流量和液位等参数的自动调节。其结构型式有三种:(1)基地式调节仪表。一个单台仪表,包含着从变送器到执行器的全部功能。(2)单元组合式调节仪表。由具有不同功能的若干单元仪表,按调节系统具体要求组合而成。(3)组装式调节仪表。采用机柜安装形式,内部由各种功能插件按调节系统要求组装而成。按其工作原理的不同可分为:机械式、气动式、液动式和电动式。

【火力发电技术】(thermal power generation technology) 用煤、油等燃料在锅炉内燃烧,使水变为蒸气,推动汽轮发电机组发电的技术。按其发电方式的不同可分为:燃煤汽轮机发电、燃油汽轮机发电、燃气—蒸气联合循环发电和内燃机发电。中国大陆的火力发电厂较多的是燃煤汽轮机发电。发电厂由锅炉、汽轮机、发电机三大主要设备和相应的辅助设备组成。燃料在锅炉中燃烧,把水变成高温、高压的蒸气,冲动汽轮机旋转,汽轮机带动发电机发电。发电机发出的电经过升压变压器,把电压升高后送至电网。

【火炮测速雷达】(gun muzzle velocity measuring radar) 又称初速测定雷达。用于火炮发射时测定弹丸初速的雷达。通过测量火炮弹丸初速,求取火炮初速与标准初速的偏差量,供计算射击开始诸元,了解火炮身管磨损烧蚀情况和确定装药初速偏差用。较之其他测速仪器,它测速精度高,使用简便。火炮测速雷达由天线、发射机、接收机、启动器、终端处理器、电源等组成。它是按照多普勒效应原理来测定火炮初速的。火炮测速雷达测速时通常配置在火炮近旁或装在炮身上。当雷达置放在炮身上时,雷达发射电磁波的方向与弹丸飞行的方向一致,此时弹丸的径向速度就是弹丸飞行速度。当雷达配置在火炮近旁时,适当地选择雷达天线的位置,并使雷达发射电磁波的方向与弹丸飞行的方向近乎一致,即可近似认为弹丸的径向速度与弹丸飞行速度相等。终端处理器依据弹丸飞过初始段内多个点的飞行速度推算出弹丸飞出炮口瞬间

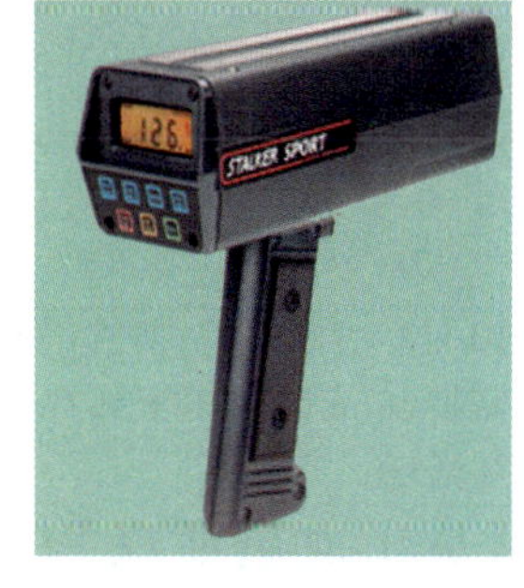

测速雷达探测器

的速度。这个速度即为火炮初速。火炮测速雷达测速的范围为50～2 000m/s。测速的中间误差为火炮表定初速的0.1%～0.5%。

【火山】(volcano) 地下深处的高温岩浆及伴生的气体、碎屑从地壳中喷溢而出形成的具有特殊形态和结构的地质体。岩浆是来自地下深处的富含挥发成分的高温黏稠的熔融物质。火山活动常伴有地震或气体逸出等先兆。按喷发方式的不同可分为裂隙式和中心式两大类型。前者沿地壳断裂分布,通常是黏度较低的玄武岩质岩浆,从裂隙宁静地、持续地溢出,形成广阔的火山岩平原和高原;后者喷发物沿火山通道喷出地面,平面上呈点状,喷发形成的地形常呈锥状,称为火山锥。世界上较大的火山大都属于这种类型。正在喷发或在人类历史上经常作周期性喷发的火山称活火山;历史无喷发记载且火山构造已遭严重破坏的火山称死火山;年轻而形态完好,但处于宁静期的火山称休眠火山。中国自新生代以来火山及熔岩活动普遍,主要分布在东北地区、内蒙古及山西、河北两省北部、海南岛及雷州半岛、云南腾冲、藏北高原及台湾等地。其中,东北地区是中国新生代火山活动最活跃的地区,已发现有34个火山群,640多座火山,并分布有大面积的熔岩台地。主要分布在长白山地、大兴安岭和东北平原及松辽分水岭地区,具有活动范围广、强度高、喷发期数多、分布密度大等特点。著名的腾冲火山群位于滇西横断山脉南段,以腾冲县城为中心成一南北延伸的长条形,面积3 000km^{2}以上,计有火山锥70多座,火山口30多个。区内遍布汽泉、热泉、沸泉,水声鼎沸,水汽蒸腾,数千米之外可见,仅90℃以上的热泉就多达10处。区内小震、群震、浅震频繁,具岩浆冲击型地震特点,表明热田下部存在有尚未溢出的残余岩浆体活动。

火山

【火山成因矿床】(volcanogenic mineral deposit) 与火山活动有成因联系的矿床。按火山作用的不同可分为:大陆火山作用形成的矿床、海底火山作用形成的矿床和次火山(又称潜火山,岩浆上升到接近地表部位、但未能冲出地面而被封存地下形成的小型岩浆体)作用形成的矿床。火山成因矿床出现于火山活动地区,如火山口、火山颈、火山管及其周围,或产于火山碎屑岩、熔岩、火山沉积岩中,以及遭受了变质作用的古火山作用地区。

【火山岛】(volcanic island) 大洋海岭上一些由于火山活动露出海面而形成的岛屿。大洋底存在多个热点,并在海底形成规模庞大的火山。地下深处的热点固定不动,而其上的大洋板块移动,所以不同时期喷发的火山便在洋底呈线状排列起来,成为无震海岭。夏威夷群岛就是典型的热点火山岛。太平洋上的莱恩、土阿莫土、吉尔伯特、土布艾等群岛以及东印度洋上的科科斯群岛等都属此类型的火山岛。

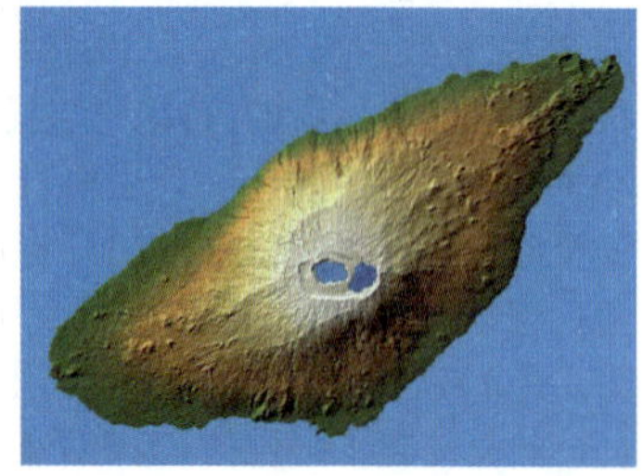
火山岛

【火山湖】(volcanic lake) 由火山活动形成的湖泊。包括火山口湖和岩浆凝固形成的熔岩堰塞湖等。火山多次反复喷发不仅会形成锥状山体,而且在锥状山体的顶部火山口会形成一个或多个封闭的低洼地,在火山喷发的间歇期由雨水、雪融水或河、泉水灌注其中而成湖,称作火山口湖。火山喷发时岩浆流向低洼地冷凝后或自身围堰成为封闭地或堰塞山谷而成湖,称作熔岩湖或熔岩堰塞湖。世界上大凡有火山发生的地方都伴随有火山湖泊分布。中国东北地区的长白山和小兴安岭就是火山湖泊集中分布的地区。长白山的天池是中国最著名也是最深的火山湖泊。而有长白山"第二天地"称号的龙湾火山湖,面积达92 km^2。由于气候和地形环境比较稳定,地下水补给丰富,久雨不涨,久旱不枯,成为当地一大奇观。

火山湖

【火腿】(ham) 以猪后腿为原料,用干法腌制成的具有特殊风味的肉制产品。古老的肉食加工品之一。成品可在室温下存放几个月。中国的传统产品如金华火腿和宣威火腿都属于此。其特点

火腿

是：生产周期长，成品咸度大，水分含量低，质地比较硬，风味浓。现在广泛采用注射盐水的方法进行腌制，生产周期大大缩短，仍具有腌制火腿的特殊风味。金华火腿以肉质新鲜的猪后腿为原料，经腌制、洗晒、发酵，即为成品。盐水火腿采用注射盐水的方法进行腌制，以罐头或塑料袋包装，成品需在0～4℃储藏，可直接食用。其生产流程是：原料经修整、称重后注射盐水，然后揉滚腌制约20h，加压装罐并真空封口，经加热杀菌、冷却后包装，移置冷藏室内储藏。

【火卫一】(Phobos) 火星的一颗卫星。是一颗形状不规则的天体，大约长27km、宽21km、高19km。距离火星9 380km，一日围绕火星3圈，这比火星自转速率快。如果人类到达火星，可以看见火星的"月亮"西升东落。它是火星两颗卫星中较大，也是离火星最近的一颗。火卫一与火星之间的距离，从火星表面算起只有6 000km，是太阳系中所有的卫星与其主星之间距离最短的卫星，也是太阳系中最小的卫星之一。火卫一在1877年由阿萨夫·霍尔发现，1971年由"水手9号"首次拍得照片，并由1977年的"海盗1号"、1988年的"火卫一号"进行观测并取得大量观测资料。火卫一密度很低，有人据此认为它是中空的。火卫一的逃逸速度很低，只有地球的千分之一。要是一个地球上的专业跳高选手能站到火卫一表面，他就能把自己"发射"进太空。正因为此，火卫一和火卫二或许某天会成为人类了解火星的、非常重要的"空间站"。特别是随着火火卫一上发现冰存在的事实，它更成了研究火星的中转站。关于其来源，多数学者认为火卫一和火卫二是被火星捕捉到的小行星，也有人认为它们是起源于太阳系外的小天体，而不是来自于小行星带。据推断，由于它的运行轨道小于同步运行的轨道，所以潮汐力正不断地使它的轨道越变越小。估计大约5 000万年后，火卫一不是撞向火星，便是被火星引力撕裂分解而成为光环。

【火险区划】(classification of forest fire risk) 从宏观林火管理的角度，把一个行政区或林区按照森林火灾危险程度的差别，进行区域范围的划分。影响林火发生发展的各种稳定因子和变化因子综合作用的结果，可以在一定时间和空间内采用一系列影响林火发生、发展及结果的指标，进行定性或者定量的综合评价。为了反映森林火险程度的差别，常选择一些数量指标系列，然后将其分成若干等级。这些能够反映森林火灾危险程度差别的数量指标系列，称为森林火险等级。中国从1992年开始进行全国森林火险区划，并制定了《全国森林火险区划等级》行业标准，按照树种(组)燃烧类型、农业人口密度、路网密度、防火期气象因子四个区划因子，将全国森林火险等级分为三级。一级火险区用红色标示，二级火险区用黄色标示，三级火险区用绿色标示。

【火线】(fire wire) 由苹果公司开发联盟开发的一种高速传送接口。一种外部串行总线标准。该技术于1995年被正式接纳为IEEE 1394工业标准，即FireWire 400。目前为IEEE 1394B标准，即FireWire 800。凭借其强大的传输性能，现已成为数字音视频设备、外部硬件及其他高速外设产品的理想接口。火线现在有三种连接线缆：四针、六针及套用于FireWire 800的九针线缆。具有两种传输方式：Backplane模式和Cable模式。Backplane模式最小的速率也比USB1.1最高速率高，分别为12.5 Mbps、25 Mbps、50 Mbps，可以用于多数的高带宽应用。Cable模式是速度非常快的模式，分为100 Mbps、200 Mbps和400 Mbps几种，可以传输不经压缩的高质量数据电影。

【火星】(Mars) 又称荧惑。太阳系的八大行星之一。距太阳平均距离为2.279×10^8km，即12.7光分。公转周期(也称火星年)687天。轨道倾角1.9″。自转周期为24时37分22.6秒。自转倾角为23°59′。质量6.421×10^{26}g，相当于地球质量的10.75%。半径3 395km。体积为地球的15%。火星平均密度为3.96g/cm³。表面重力为地球的38%。逃逸速度为5.0km/s。其固体表面温度为250K，有明显的四季变化。大气中，CO_2占95%，大气压力仅有地球的60%。表面常有尘暴发生。其核心可能由铁、镍组成。在火星上发现有氘。由它可测出过去岁月火星丢失水的数量。火星表面温度白昼赤道可达28℃，夜间降至－132℃。从地球上看，它颜色最红，所以叫火星。近年的研究表明，火星的白色极冠的主要成分可能是水冰及少量干冰。极冠大小随季节变化，夏季有时消失，冬季增大。火星表面有岩石、火山、沙漠区域，还发现有河床、沟渠、水道和山谷流域地形等，说明亿万年以前，火星上一度拥有过大量的水。进入21世纪，一系列的探测活动初步判断火星地表下有大量的水资源。因此，火星上是否有生命存在，成为人们十分关注的课题。

火星

【火星尘暴】(Mars dust storm) 火星大气

中特有的一种形状如黄色云雾的现象。由火星低层大气中裹卷尘粒的风暴所形成。尘粒细小,常被强劲的风暴裹卷到50km高空。几乎每个火星年(相当于地球上687天)都要发生一次席卷全球的激烈大尘暴,常可持续几个星期、甚至数月之久。大规模的尘暴在地球上用较大的天文望远镜即可观测到。

【火星磁场】(Martian magnetic field) 火星内部产生的磁现象。探测证实,火星没有一个全球性的偶极磁场,但存在有很多局域性偶极磁场。整个火星是由众多的区域性磁场组成的多极磁场的行星,所以火星不存在辐射带,太阳风与火星大气的电离作用,形不成大的磁层。火星各处的局域性磁场场强都很弱,仅相当于地球的1/1 000左右。

【火星大气】(Martian atmosphere) 火星的气体外层。火星大气层厚度有几万千米,但其密度很稀薄。地表面气压不足地球的1/100。其大气成分主要为CO_2,约占95%以上;其他成分有N_2(2%~3%)、Ar(1%~2%)、O_2(0.1%~0.4%)、H_2O(0.01%~0.1%),此外还有少量的CO和H_2。这些气体都是由火山排气作用由火星内部释放出来。火星上空有电离层,电离浓度最大处位于125km高空。大气温度在250km高空为-3℃,在135km高空为-138℃,全球平均气温为-63℃。但各处气温、气压均有差异,多由纬度、高度、清洁度等因素引起。

【火星地貌特征】(Martian geomorphic feature) 火星固体表面起伏状态的描述。火星表面的地貌类型有陨击坑和盆地、大面积盾形火山、峡谷、干涸河床、沙丘、平原、极区沉积层等。地表形态较地球同类地形规模和幅度要大。如火星上的最高山奥林匹斯高出周围平原24km,远比珠穆朗玛峰高。整个火星南半球较高、较平坦,但陨击坑较多,岩石年龄较老;北半球较低(平均比南半球低3~4km)、较年轻、陨击坑较少,但巨大的火山熔岩流和塌陷较广。

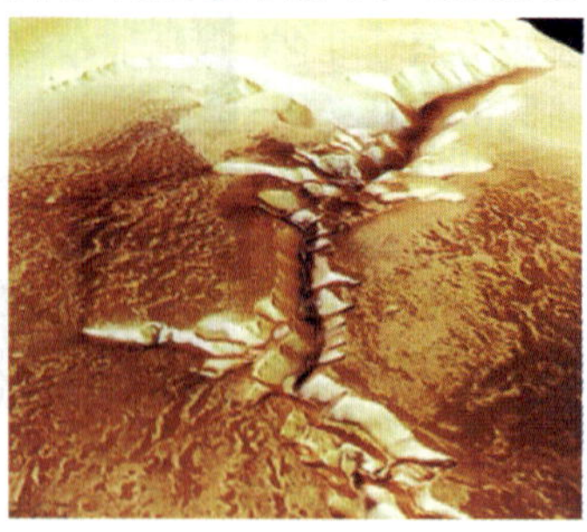
火星地貌特征

【火星航天港】(Mars spaceport) 未来对火星表面进行科学研究的中转基地和接待来往飞船的交通枢纽。火星的两颗卫星火卫一和火卫二,靠近火星,引力又小,且表面和附近的大气层中可能有水、氮和碳氢化合物。因此,它们可用作生命保障和火箭燃料,是两个天然的火星轨道航天港。

【火星探路者探测器】(Mars pathfinder) 美国研制并于1996年12月4日用“德尔它”火箭发射升空的火星探测器。其目的是探索研制新一代低成本火星探测器,验证适于频繁发射的火星科学探测计划方案,寻找火星上水和生命的迹象,研究火星土壤及岩石成分。该探测器重890kg,带有一台重11.5kg的小型火星漫游车。漫游车上带有成像仪、光谱仪和大气结构仪,有一部自主式导航系统和可使车体就地转弯的独立操纵的前、后轮。1997年7月4日,火星探路者号探测器到达火星,漫游车在探测器着陆点周围开始漫游,进行了大量科学探测,对火星环境、岩石和土壤进行了前所未有的考察和研究,获得了许多具有重要意义的新发现。

【火星卫星】(Mars' satellite) 简称火卫。现已发现两颗,都是火星的同步自转卫星。火卫一距火星较近,平均距离仅9 400km,椭球体,三轴长分别为13.5km、10.7km和9.6km,绕火星转动周期为7h39min。火卫二与火星的平均距离为23 500km,椭球体,三轴长为7.5km、6.0km和5.5km,绕火星转动周期为30h18min。两颗卫星经测定均类似富碳小行星,可能都是火星俘获的小天体。

【火焰喷涂】(frame spraying) 利用氧—乙炔喷枪,借助高速气流将喷涂的粉末吸入火焰区,加热到熔融或高塑性状态后喷射到粗糙的基体表面形成涂层的技术。火焰喷涂工艺设备简单,成本低,手工操作灵活,可以喷涂各种金属,合金和陶瓷粉末。广泛应用于曲轴、柱塞、轴颈、桥梁、钢结构防护架等。其缺点是喷射速度低、结合强度不高,仅能用于一般场合。

【火羽流】(fire plume) 在火灾燃烧中,火源上方形成的火焰及燃烧生成烟气的向上流动区域。这种流动是由燃烧高温导致的浮力驱动的。在室内火灾中,羽流承担着向上部烟气层输送热量和质量的作用,所以在火灾研究中十分重视羽流的特征。羽流的火焰部分温度很高,如果直接触及物品,很容易造成严重烧损。因此火焰高度是一个重要的基础参数。在羽流气体的上升运动中,不断将周围的空气卷吸进来,从而使其受到冷却。因此羽流的温度逐渐降低,质量流量不断增大,而向上的运动速度则降低。在稳定、空旷的环境中,羽流基本上呈轴对称向上伸展,一直到达浮力无法克服黏性阻力的高度。若火源靠近某种壁面,羽流形态则会发生一些变化,卷吸能力也会受到影响。

【火灾】(fire disaster) 在时间和空间上失去

控制的燃烧所造成的灾害。在各种灾害中，火灾是经常、普遍地威胁公众安全和社会发展的主要灾害之一。从本质上来讲，火灾是一种在人们不希望出现燃烧的地点或时间内发生的燃烧，必然造成许多不必要的损失。人类对火进行利用和控制，是文明进步的一个重要标志。失去控制的火，就会给人类造成灾难。按其发生场合的不同可分为建筑火灾、森林火灾、工矿火灾和交通工具火灾等。建筑火灾与人们的生产与生活安全关系最密切，是火灾防治的主要方面。若可燃物是连续的，火灾蔓延是由直接延烧引起的，这实际上是一种由导热、对流和辐射传热共同作用的过程。在可燃物之间存在一定间隔时，也可能发生火灾蔓延。能否发生主要由火焰辐射决定。若可燃物间距过大或火灾燃烧强度较小，便不会发生火灾蔓延。可燃物种类也对火灾蔓延具有重要影响。可燃液体，火灾蔓延会很快，而可燃固体的火灾蔓延便慢得多。针对不同可燃物采取合理的隔断是预防火灾蔓延的重要途径。根据火灾发生发展的动力学机理及火灾防治控制技术原理，可采用定性分析法、半定量分析法和定量分析法。针对人员风险、财产风险和环境风险等后果类型对火灾危险性进行定量分析，是火灾科学与消防工程的重要组成部分和今后发展的一个重要方向。

火灾

【火灾场景】(fire scene) 对一个火灾中影响火灾发展和蔓延的综合描述。是一个静态和动态场景的统一体。既有建筑、可燃物等的静态结构和分布，也有火焰传播、烟气流动等火灾发展与蔓延的动态特性。在评价特定场合的火灾危险性时，设计典型的火灾场景是重要的一个步骤，直接关系到设计与评估结论的效用和可信度。其参数是：(1)确定火灾发生的背景。包括场合结构和可燃物(初始可燃物和二次可燃物)的静态分布、通风条件、火灾发生时的气象条件、火灾探测器布置及触发条件、水喷淋布置及触发条件和室内潜在人员状况等。(2)描述火灾发展的模型。主要是确定火源的热释放速率，通常还应考虑消防设施和消防人员的参与对热释放速率曲线的影响。

火灾场景

【火灾调查】(fire invesigation) 又称火灾事故调查。火灾调查人员运用科学的方法，对火灾案件发生、发展、发现的经过情况和现场上的每一现象进行详细的访问、观察、检验、比较、分析和判断，查明火灾原因，核定火灾损失，认定火灾责任和处理火灾责任者的过程。是一门新兴的边缘交叉学科。随着新设备、新工艺、新材料、新产品的不断出现，用电、油、化学物品日趋多样化，给调查火灾起火物带来了新课题。火灾调查研究须利用当代科学技术在火灾科学、信息科技、材料科学、化学动力学、热化学以及分析技术和方法等多学科研究中的成果。

【火灾荷载】(fire load) 建筑物内用于火灾燃烧的所有可燃物的质量。一般用当量木材的质量表示。建筑物内的可燃物种类繁多。它们的燃烧放热的性能差别很大。为了研究方便，通常依据不同可燃物的热值与数量，将其转化为当量标准木材的质量。当量标准木材是人们参考常用木材的发热量而选定的一种标准可燃物，热值为 18.4MJ/kg。除质量表示外，又可采用能量来表示，即可燃物质量乘以热值。建筑物单位地板面积上的火灾荷载成为火灾荷载密度。建筑物中的火灾荷载可以分为固定的、移动的和携带的三种。对于大型公共建筑来讲，移动的火灾荷载占有很大的比例，是引起火灾的主要因素之一。固定的火灾荷载则常易引起火势的迅速蔓延。因此在建筑防火设计中应尽可能选用不燃或难燃材料，以降低火灾发生率和减少火灾损失。在建筑物发生火灾时，火灾荷载直接决定着火灾持续时间的长短和室内温度的变化情况，与火灾的严重程度有明显的关系。在进行建筑结构防火设计时，合理确定火灾荷载数值是非常重要的。

【火灾痕迹】(fire patterns) 又称火灾痕迹物证。证明火灾发生原因和经过的一切痕迹和物品。包括由于火灾的发生和发展而使火场上原有物品产生的一切变化和变动。痕迹本身属于物证。但是它有别于可以独立存在的实体物证，不能独立存在，必须依附于一定的物体上。这个带有某种痕迹的物体就称为物证。在火场勘查中通常称为痕迹物证。常见的有火烧、蔓延、炭化、灰化、烟熏、倒塌、

火灾痕迹

坍塌、变形、变色、变性、熔融、流涎、断裂、炸裂、爆炸、位移、飞落、遗弃、撬压、摩擦、撞击、间隙、层次、交叉、短路、过载、过热、烧死、烧伤、计时、记录、凹形、V形、象形、笔迹等痕迹。研究火灾痕迹物证，就是要研究每种痕迹、每个物证的形成过程，找出它们的本质特征，并利用这种特征证明火灾发生和发展过程的事实真相。认识了其形成过程、特征及证明作用，也就基本掌握了临场鉴定的原理和一些鉴定方法。这是解决火灾现场问题的关键。

【火灾科学】(fire science) 又称火灾学。研究火灾发生、发展及其防治的机理与规律的应用性基础科学。其研究内容是：各类火灾的共性问题和产生的机理、条件、预兆和危害程度。包括起火、火灾蔓延、烟气运动、灭火、火灾对人的危害及火灾防治、不同种类火灾中的特殊现象。如森林火灾中的火旋风、室内火灾中的轰燃、油罐火灾中的扬沸等。其研究特点是：(1)改变把火灾作为单纯的偶发性灾害进行研究的传统，认为火灾的机理和规律具有普遍性。(2)火灾的规律具有确定性和随机性的双重特性，这是火灾科学区别于一般工程科学的特征。(3)改变控制火灾单纯依靠增加探测扑救装备和人力，而主要进行探测和扑救研究的概念，在火灾防治科研体系中，以对火灾机理和规律的科学认识为基础，谋求火灾防治有效性、合理性和经济性的统一。(4)自觉根据质量、动量守恒和能量守恒等普适定律开展研究，定量描述火灾现象的规律，改变了原来的主要依靠火场观测和关联数据的传统研究方法。

【火灾模型】(fire model) 一类以计算机为基本工具计算火灾的发展与烟气流动的数学模型。可分为随机性模型和确定性模型两类。随机性模型把火灾的发展看成一系列连续的事件或状态，由一个事件转变到另一个事件(如由着火到稳定燃烧)，并用某种数学方法表示。在分析有关的试验数据和火灾事故统计数据的基础上，建立概率与时间的函数关系。确定性模型则是以物理和化学定律为基础，用相互关联的数学公式来表示火灾的发展。这类模型可用某些物理参数定量描述火灾的特点。目前在火灾科学研究中得到广泛应用。用于建筑火灾研究的确定性模型主要有区域模型、场模型和网络模型等。区域模型通常把起火房间分为上部热烟气层与下部冷空气层两个区域。对于横截面积不太大的空间，区域模型算出的结果能够反映烟气层的变化；场模型是把一个房间划为几百甚至上千个控制体，可以给出室内某些局部的状况变化，但其计算量很大，一般只有在需要了解某些参数的详细分布时才使用这种模型；网络模型把整个建筑物作为一个系统，其中的每个房间为一个控制体，可以考虑多个房间，但其计算结果比较粗糙。

【火灾三角形】(fire disaster triangle) 又称火灾三要素。物质燃烧过程发生的可燃物、氧化剂和点火能。三者互相依赖，互相作用，构成了火灾三角形。三个要素同时存在才可能发生燃烧现象，缺少任一条件，燃烧都不能发生。并非三个要素同时存在，就一定会发生燃烧现象，必须相互作用才能发生燃烧。对于可发生火灾的场合来讲，氧化剂空气是经常存在的，可燃物的类型、数量及形态具有至关重要的影响。因此应当给予密切关注。对于有较多可燃物的地方，是否会出现足够强的点火能，便成为能否起火的关键条件。

【火灾探测系统】(detection system of five disaster) 把计算机技术、电子技术及人工智能结合起来，及时让火灾发生后所引起的光、热、烟的变化反馈给火灾监控中心的系统。主要探测系统有感烟探测系统、感光探测系统、感温探测系统和复合探测系统等。感烟探测器不宜用于产生烟少的(燃烧物通常为非碳氢化合物)的火灾。在正常生产时，用到红外线或紫外线的地方，也不宜用感光探测器，以免引起误动作。火灾探测系统主要用于大型的核电站、水电站，海上钻井平台等场所，地铁、列车、轮船等人员聚集的交通工具，存放贵重物品的仓库，不可中断工作的电信机房、控制室以及制造芯片的洁净厂房等。

【火灾现场勘察】(spot investigation of fire disaster) 火灾调查人员运用科学的手段和方法，对火灾现场有关的场所、物体、痕迹、尸体等进行实地查找、勘验、鉴别，提取能证明起火原因、火灾性质和火灾责任的痕迹物证的过程。其主要任务是围绕确定起火部位、起火点、起火原因、人员伤亡情况，查明火灾责任、核查火灾损失收集痕迹物证。是一项复杂、细致、耐心、艰苦而又具有很强技术性、科学性、法律性的工作。

火灾现场勘察

【火灾自动报警系统】(auto fire alarming system) 又称火灾智能报警系统。触发装置、火灾报警装置、火灾警报装置和联动控制装置的总称。触发装置的作用是探知火灾产生时的烟、温、火焰等信息并传递给火灾报警器的装置。触发装置有自动和手动两种。常见的自动触发装置有感烟探测器、感温探测器、火焰探测器、可燃气体探测器等;手动触发装置如手动报警按钮、消火栓按钮等,是在火灾现场由人员向消防控制室报告发生火灾的装置。火灾报警装置对触发装置探知的烟、温、火焰等信息,进行判断、识别、处理,确认火灾发生后向火灾联动控制装置发出指令。根据建筑物规模的大小,可由一台火灾报警控制器和多台区域显示器组成区域报警系统、集中报警系统和控制中心报警系统。当火灾发生时,现场的声光警报器、警铃、火灾应急广播就会发出声光信号,通知人们尽快疏散,为快速灭火争取时间。联动控制装置的作用是在火灾确认后,自动控制分散在建筑物不同部位的消防设备,使其统一、协调、有序地工作。在火灾发生时,联动控制装置对声光警报器、警铃发出指令,发出声光信号,并进行火灾应急广播。同时,切断非消防用电,打开应急照明,疏导火场人员疏散;将消防电梯迫降在一层,以备消防人员使用。开启相关部位的排烟风机,进行排烟和送风;启动消防泵、喷水泵实施灭火。

【火正】 ❶上古官名。一说是帝颛顼(另说为帝喾高辛)时始设火正,掌管民事,名叫黎。古书记载"(颛顼)命南正重司天以属神,火正黎司地以属民",黎的后人世袭火正一职。一说帝尧(陶唐氏)时设立的天文官,是颛顼的儿子,叫阏伯,负责观测大火星,目的是"授民以时",以便安排农业生产。大火星简称火、火星、大火,也称辰星,也因阏伯居商丘而得名商星。一说火正即祝融,原名重黎。在担任火正官时,黄帝赐他姓"祝融氏",掌管火的天神。❷指仲夏。古以五行配四时,火旺于夏,故称。❸指汉朝。南朝宋谢灵运《撰征赋》:"系列山之洪绪,承火正之明光。"南朝武帝刘裕为汉高祖刘邦弟刘交之后。

【货架期】(shelf life) 肉类食品从生产日到消费时能保持产品质量的期限。肉类及其制品,由于其自身的化学组成和周围环境因素的影响,随着时间的推移,将会因微生物的繁殖引起腐败;或因空气中氧的作用和固有组织酶的作用而变质,常采用低温冷冻、加热杀菌、脱水干燥、盐渍、辐射等方法防止早期腐败变质,延长其货架寿命。

【货物标志】(goods mark) 为便于辨认识别,以利货物的交换、装卸、分票、清点、核查而在货物或其包装上,用印刷或烙印的方法书写的图案和文字。一般包括主标志、副标志、注意标志和危险物标志。其中,主标志是货主的代号,一般以图案或文字表示;其内容是收货人名称的缩写、贸易合同的编号等,通常印刷在箱装货物的端面。后者俗称唛头。副标志是主标志的补充,内容有目的港、发货港、货物品名、规格、编号、货物尺码和重量等。注意标志是以图形或文字表示在储运过程中应注意的事项。危险货物标志是表明货物的危险性质。国际上对危险品统一以规定的图案和文字表示。这种标志要求醒目,以便工作人员正确操作,以保证人身、货物和运输工具的安全。

危险品货物标志

【货运飞船】(freight transport spacecraft) 由运载火箭发射、往返于地面和空间站之间的运货航天器。飞行时间有限、仅能一次性使用的返回型无人航天器。属于天地往返运输系统范畴,功能比较单一。有较大的货舱,可比载人飞船携带更多的仪器、设备和消耗性物品从地面运往空间站,再从空间站把需要回收的实验样品等有效载荷带回地面。货运飞船具有较先进的自动控制系统,能与空间站实现自主交会对接,对接后由站上航天员搬运物资。国际上真正的货运飞船只有俄罗斯"进步号"等不多的型号。

货运飞船

【霍耳效应】(Hall effect) 当电流垂直于外磁场方向通过导体或半导体薄片时,在薄片垂直于电流和磁场方向的两侧产生电势差的现象。美国物理学家霍耳1879年在研究载流导体在磁场中导电的性质时发现这一效应。产生的横向电势差称为"霍耳电势差"。霍耳电势差是由于运动载流子受到磁场的作用力而在薄片侧面积聚所致。1980年,德国物理学家冯·克利青从金属－氧化物－半导体场效应晶体管中发现一种新的霍耳效应，即量子霍耳效应。半导体的载流子浓度远比金属的小，所以半导体的霍耳效应显著，而金属的霍耳效应很小。根据霍耳系数的正负号可以判断半导体的导电类型。利用霍耳效应可以测量半导体中载流子的种类和浓度，还可用来测量磁感应强度。

【霍夫曼编码】（Huffman coding） 一种可变字长编码的压缩编码方式。是美国数学家、计算机学家霍夫曼（David Albert Huffman）于1952年提出一种编码方法。该方法完全依据字符出现概率来构造异字头的平均长度最短的码字，有时又被称之为最佳编码。在计算机信息处理中，霍夫曼编码是一种一致性编码法，用于数据的无损耗压缩。它使用一张特殊的编码表将源字符进行编码。这张编码表的特殊之处在于，它是根据每一个源字符出现的估算概率而建立起来的，出现概率高的字符使用较短的编码，反之出现概率低的则使用较长的编码。这便使编码之后的字符串的平均期望长度降低，从而达到无损压缩数据的目的。

【霍乱弧菌】（V. cholera） 人类霍乱的病原体。霍乱是一种古老且流行广泛的烈性传染病之一，曾在世界上引起多次大流行。其临床症状主要表现为：剧烈的呕吐，腹泻及失水。死亡率较高。属于国际检疫传染病。霍乱弧菌包括两个生物型：古典生物型和埃尔托生物型。这两种型别除个别生物学性状稍有不同外，形态和免疫学性基本相同，在临床病理及流行病学特征上没有本质的差别。自1817年以来，全球共发生了七次世界性大流行。前六次病原是古典型霍乱弧菌，第七次病原是埃尔托型所致。人类在自然情况下是霍乱弧菌的唯一易感者。主要通过污染的水源或食物经口传染。在一定条件下，霍乱弧菌进入小肠后，依靠鞭毛的运动，穿过黏膜表面的黏液层，可能藉菌毛作用黏附于肠壁上皮细胞上，在肠黏膜表面迅速繁殖，经过短暂的潜伏期后便急骤发病。该菌不侵入肠上皮细胞和肠腺，也不侵入血流，仅在局部繁殖和产生霍乱肠毒素。此毒素作用于黏膜上皮细胞与肠腺，使肠液过度分泌，从而患者出现上吐下泻，泻出物呈"米泔水样"并含大量弧菌。从病人排泄物中分离出古典型霍乱弧菌和埃尔托型霍乱弧菌为比较典型。革兰阴性菌。菌体弯曲呈弧状或逗点状，一端有单根鞭毛和菌毛，无荚膜与芽胞。经人工培养后，易失去弧形而呈杆状。取霍乱病人米泔水样粪便作活菌悬滴观察，可见细菌运动极为活泼，呈流星穿梭运动。营养要求不高，在pH8.8～9.0的碱性蛋白胨水或平板中生长良好。对热、干燥、日光及一般消毒剂均很敏感，经干燥2h或加热55℃ 10min即可死亡，煮沸立即死亡；对酸敏感，在正常胃酸中仅能存活4min，接触1∶5 000～1∶10 000盐酸或硫酸、1∶2 000～1∶3 000升汞或1∶500 000高锰酸钾，数分钟即被杀灭；在0.1%漂白粉中10min内即可死亡。氯化钠的浓度高于4%或蔗糖浓度在5%以上的食物、香料、醋及酒等，均不利于霍乱弧菌的生存。

【霍曼轨道】（Hohmann orbit） 飞向行星的能量最省的唯一轨道。是与地球轨道及目标行星轨道同时相切的双切椭圆轨道。由奥地利科学家霍曼在1925年首先提出，因而叫"霍曼轨道"。它以太阳为一个焦点，远日点（或近日点）和近日点（或远日点）分别位于地球轨道和目标行星轨道上。轨道的长轴等于地球轨道半径与目标行星轨道半径之和。在限定二次脉冲推力的情况下，这是能量消耗最少的轨道，但飞行时间和飞行路程较长。从低轨道向高轨道过渡，要作两次加速；相反，要作两次减速。

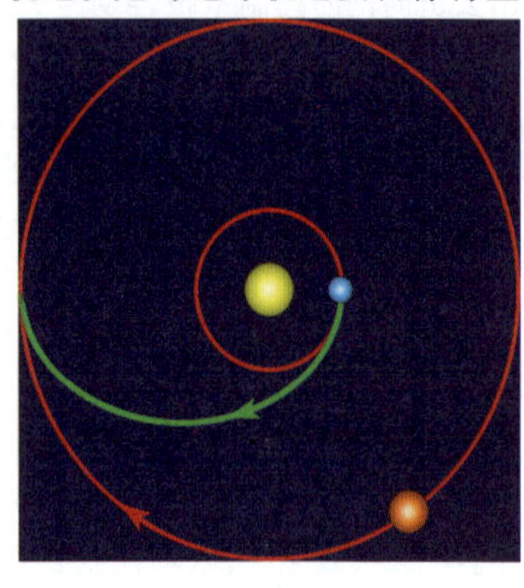
霍曼轨道

【霍桑效应】（Howthorne effect） 人们被关注的本身，会影响被关注者的行为的现象。心理学上的一种实验者效应。最先是由美国芝加哥霍桑厂的一个研究报告中提升的一种效应。动物和人类中都存在霍桑效应，尤其以人类强大。来自工业管理研究表明：在个体和群体水平上进行干预所产生的效益中，霍桑效应占10%～15%。现在知道不论医学临床、实验室及公共卫生社区都普遍存在霍桑效应。在试验中，研究者对自己感兴趣的实验组研究对象较对照组更为关心，而受到"关照"的研究对象产生的霍桑效应，往往会夸大客观效果的效应。霍桑效应产生于对外界人际关系的感知（他人暗示），不同人格的人的霍桑效应差异较大。有的弱有的强；有人很容易产生，有人很难产生；有的是正面的有的是负面的；可表现为"疗效"，也可表现为"副作用"。霍桑效应存在的正面或负面反应，总是会影响实验的效度，而达不到实验研究的目的。目前，为避免霍桑效应多采用随机化双盲对照试验。首先将受试者随机分配到处理组或对照组，受试者和接触受试者的实验人员都不知道谁在处理组还是对照组，称为"双盲"。随机化双盲对照试验中处理组和对照组都有霍桑效应，只不过在两组中平衡，结果无偏倚，但会降低试验效力，扩大假阴性的可能。从另一方面看，霍桑效应也是一种临床医疗和公共卫生可干预性手段，它提示公共卫生和医务工作者应该学习心理知识、掌握并巧妙运用各种心理暗示技术，才能理性而有效的完成公共卫生和临床医务工作。

【霍托尔空天飞机】(Hotol space plane) 英国航宇公司和罗·罗公司提出并研制的水平起降、单级入轨空天飞机。其1986年公布的设计参数为：机身长62m，翼展19.7m，最大直径5.7m，起飞重量196t(后来增加到250t)，有效载荷7t。其最大特点是：完全利用大气中的氧助燃，其发动机兼有吸气式发动机和火箭发动机的双重功能。该计划的背景是国际上日益扩大的卫星发射市场和寻求降低发射成本、提高竞争力的途径。研制“霍托尔”的直接目的是把人造卫星和空间站部件送入太空，也能为未来的高超声速民航机提供必要的技术储备，本身还可以作为一种高超声速洲际轰炸机使用。

【藿香】(agastache) 中药名。药性：辛、微温。归脾、胃、肺经。功效：化湿，止呕，解暑。用于湿浊中阻，脘痞呕吐，暑湿倦怠，胸闷不舒，寒湿闭暑，腹痛吐泻，鼻渊头痛。用法与用量：煎服，5～10g。鲜品加倍。阴虚血燥者不宜用。

【藿香正气水】 方剂名。组成：苍术160g、陈皮160g、厚朴(姜制)160g、白芷240g、茯苓240g、大腹皮240g、生半夏160g、甘草浸膏20g、广藿香油1.6ml、紫苏叶油0.8ml。制法：以上十味，苍术、陈皮、厚朴、白芷分别照流浸膏剂与浸膏剂项下的渗漉法，用60%乙醇作溶剂，浸渍24h后进行渗漉，前三种各收集初漉液400ml，后一种收集初漉液500ml，备用。继续渗漉，收集续漉液，浓缩后并入初漉液中。茯苓加水煮沸后，80℃温浸二次，第一次3h，第二次2h，取汁；生半夏用冷水浸泡，每8h换水一次，泡至透心后，另加干姜13g、5g，加水煎煮二次，第一次3h，第二次2h；大腹皮加水煎煮3h，甘草浸膏打碎后水煮化开；合并上述水煎液，滤过。滤液浓缩至适量，即得。用量：口服，一次5～10ml，一日2次，用时摇匀。功能主治：解表祛暑，化湿和中。用于治疗外感风寒、内伤湿滞、夏伤暑湿、头痛昏重、脘腹胀痛、呕吐泄泻等。

J

【击穿电压】(breakdown voltage) 电介质在电场作用下发生击穿时的电压。此时电介质丧失其原有的绝缘性质,从而导致电工设备发生事故。击穿电压的大小与材料的种类、厚度、使用温度和压力等因素有关。

【击穿强度】(breakdown strength) 电介质发生击穿时的电场强度。当加在电介质上的电场强度高于其临界值时,使通过电介质的电流剧增,导致电介质极化、分解或破裂,完全失去绝缘性能。此时的电场强度为该电介质的击穿强度。

【机场监视雷达】(airport surveillance radar ASR) 又称终端监视雷达、一次监视雷达。一种安装于机场的近程搜索雷达。用于终端管制区内监视飞行目标,并在显示器上标出目标距离和方位。空中交通管制人员根据雷达提供的信息掌握管制空域的空情,并通过数字传输系统或通信网络引导飞机以适当的距离和高度接近及进入机场的着陆跑道方向,以便由机场的着陆引导系统接管,使飞机安全着陆。雷达的作用距离约为100~200km,具有很高的分辨率与精度。机场监视雷达需与二次监视雷达配合使用。

【机床】(machine tool) 又称工作母机。用于制造机器的机器。由传动装置、工作循环机构、辅助机构和控制系统联合在一起,形成统一的工艺综合体。通过不同的工艺方法,来改变材料的形状,加工零件的平面、内外圆柱面、内外圆锥面,内外沟槽,以及螺纹和齿形等各种成形面。一般分为金属切削机床、锻压机床、木工机床和特种加工机床等。机床是现代机械制造业中最重要的加工设备。它所担负的加工工作量,约占机械制造总工作量的40%~60%。机床的技术性能直接影响所加工的产品的质量和经济性。因此,机床工业的发展和机床技术水平的提高,对推动国民经济的发展起着重大作用。

数控机床

【机床动刚度】(dynamic rigidity of machine tool) 机床在交变力作用下所表现的刚度。其数值以使机床产生单位振幅的振动所需的交变力表示。动刚度 $KD = PD/A$ (N/μm)。其中,PD 为交变力(N);A 为在 PD 作用下系统振动的振幅(μm)。机床动刚度越大,则在交变力作用下振幅越小。机床的动刚度不是一个常数,除与其静刚度有关外,与交变的激振力频率有重要关系。当激振力频率远低于机床的自然频率时,动刚度与静刚度约相等;当两者频率相等时,动刚度很小,趋近于零;当激振频率远高于机床的自然频率时,动刚度也随之增大,甚至比静刚度大若干倍。

【机床附件】(accessories of machine tool) 为扩大机床工艺范围而采用的附属装置。一般包括卡盘、吸盘、弹簧夹头、虎钳、回转工作台、分度头、中心架、跟刀架、顶尖套筒及钻、磨、攻丝夹具等附属装置,也包括机床上下料装置、机械手和工业机器人等机床附加装置。

【机床夹具】(jig of machine tool) 在机械加工过程中,用以固定工件相对于刀具和机床的正确位置且把工件可靠地夹住,并使这个位置在加工过程中不因外力的影响而变动的工艺装备。用以使工件定位和夹紧的机床附加装置。在机床加工中,确定工件相对于刀具的正确

三爪卡盘

加工位置,以保证其被加工表面达到所规定的各项技术要求的过程称为定位。在已定好的位置上,将工件固定并可靠地夹住,防止其在加工时因受到切削力、惯性力、离心力、重力及冲击和振动等的影响,发生位移而破坏定位的过程称夹紧。按其适用工件的范围和特点的不同可分为通用夹具、专用夹具、组合夹具和可调夹具;按其适用的机床的不同可分为车床夹具、铣床夹具、钻床夹具、镗床夹具及数控机床夹具;按其动力源的不同分为手动、气动、液压、气液压、电磁和自紧等夹具。

【机床接触刚度】(contact rigidity of machine tool) 机床零件的结合面在外力作用下抵抗接触变形的能力。以正压力与变形的比值表示。接触刚度不是常数。在外力作用下,接合面开始时不但有弹性变形,而且还有局部塑性变形,因而变形较大。随着变形的增加,接触面积也逐渐增加,接触变形逐渐减小,接触刚度相应地逐渐增大。

【机床进给运动】(feed motion of machine tool) 不断将切削层金属投入切削,形成完整加工表面的运动。不同的金属切削机床,进给运动可以有一个或几个,也可以没有。根据运动方向的不同,进给运动有纵向进给、横向进给、径向进给、切向进给等多种。如车床上刀架的移动,铣床上工作台的移动,均为进给运动。在孔的珩磨加工中,没有进给运动。

【机床静刚度】(static rigidity of machine tool) 机床在静态下抵抗作用力(静力)引起变形的能力。在数量上,用 $K = P/y$ (N/mm)表示,P 为切削力的静力部分(N);Y 为由切削力的静力部分所引起的刀具和工件之间的相对位移(mm)。

【机床运动】(motion of machine tool) 在机床上加工零件时,工件和刀具之间的相对运动。按其运动性质的不同可分为直线运动和旋转运动。按其功能的不同可分为:(1)表面形成运动。即形成工件表面所必需的工件或刀具的最基本运动(或称切削运动),如车圆柱表面时,工件的回转运动和车刀的纵向移动;车削端面时,工件的回转运动和车刀的横向运动。(2)非表面形成运动(或称辅助运动)。包括刀具(或工件)的趋近、退回,工件的夹紧,机床的控制(接通、断开、变速、变向等)、分度、校正,以及砂轮的修正等。此外按其运动组合形式的不同可分为简单运动和复合运动。

【机床主运动】(main motion of machine tool) 切除工件上切削层,使之转变为切屑的最基本的运动。一般主运动的速度最高,消耗功率最大。各种常规的金属切削加工机床,其主运动一般只有一个。如车床主轴带动工件旋转,铣床主轴带动铣刀旋转,磨床主轴带动砂轮旋转等。

【机电排灌】(pumping drainage and irrigation) 利用机电提水设备及其配套建筑物进行农田排水和灌溉的技术措施。通常包括排灌系统、电力输配系统和联系两系统的泵站工程。机电排灌工程受水源、地形和地质等条件的影响较小,具有机动灵活、适应性强、一次性投资小、工期短、受益快等优点。但由于消耗能源,其排灌成本要比自流排灌高。通常适用于以下几种情况:(1)无自流排灌条件。(2)采用自流排灌不经济。(3)需要提引结合、相互补充。(4)跨流域调水。(5)采用喷灌、滴灌方式等。机电排灌经历了由往复泵到叶片泵,由热力拖动到电力拖动,由小流最到大流量,由低扬程到高扬程,由自流排灌系统中的田间配套工程到多梯级、长距离、大流量、高扬程、多目标、大规模等的发展过程。

机灌站

【机电一体化】(mechanical-electric system) 将机械技术与电子技术、计算机技术有机结合的新型工程技术。包括机电一体化产品和机电一体化生产系统两部分。机电一体化产品是在信号控制下工作的自动装置,小到电子式照相机,大到数控机床等设备。机电一体化生产系统是使用计算机辅助设计,并依照程序通过计算机控制加工设备参数的变化和运行,形成柔性生产线进行自动化加工的系统。机电一体化产品和生产系统的结构,都是由测试传感部分、信息处理及控制单元、机械执行装置和动力驱动部分等组成。机电一体化产品和生产系统,在大规模集成电路和微型计算机等新技术支持下,不仅使机械产品的质量、产量和使用性能提高,并且缩短了新产品的设计、生产周期。

【机顶盒】(set-top box, STB) 一种能将数字电视信号转换成模拟电视信号的转换设备。能把有线电视前端与网上传输的数字信号转变为模拟的音频和视频信号,用户只要

数字电视机顶盒

安装一个机顶盒,就可在模拟电视机上观看数字电视节目。按其功能的不同可分为:上网机顶盒、数字卫星机顶盒、数字地面机顶盒、有线电视数字机顶盒以及新出现的IPTV机顶盒等。机顶盒自身的软硬件配制还可作为多媒体终端,提供IP电影、电视点播和通信等多种服务。

【机动车变更登记】(modified register of vehicles) 机动车所有人由于自身的原因或其他法定原因,需要对机动车的全部或部分登记事项进行的变更登记。其主要内容是:申请改变机动车车身颜色、更换车身或者车架;营运机动车改为非营运机动车或者非营运机动车改为营运机动车、机动车所有人的住所迁出车辆管理所管辖区的;机动车因质量问题,制造厂更换整车;小型、微型载客汽车加装前后防撞装置;申请机动车转入的;货运机动车加装防风罩、水箱、工具箱、备胎架等。

【机动车登记管辖】(register and administer of vehicles) 各级机动车登记管理部门对机动车登记管理的权限分工。中国机动车登记管理的主要业务部门是公安机关交通管理部门。按登记管辖方式的不同可分为:(1)地域管辖。是指同级公安机关交通管理部门之间对机动车管辖权限的分工。(2)级别管辖。是指上下级公安交通管理部门之间行使机动车管辖权的权限分工。(3)特殊管辖。是指对特殊团体或机关机动车登记业务的管辖,如中国对军队、武装警察等特殊团体的机动车进行特殊的管辖,一般由军队自己的职能部门或特殊的专门机关进行登记管理。

【机动车抵押登记】(mortage register of vehicles) 机动车所有人因为自身工作或经济利益的需要,利用其所拥有的机动车作为动产进行的财产抵押。以此取得工作便利或一定的经济利益,来满足自身的需要。申请机动车抵押登记应提供机动车登记证书;申请机动车抵押登记必须由机动车所有人(抵押人)和抵押权人共同申请;必须提供抵押人和抵押权人依法订立的主合同和抵押合同;必须提供抵押人和抵押权人的身份证明等。

【机动车尾气污染】(vehicle exhaust pollution) 由机动车尾气排放所造成的环境污染。其污染物分为气态污染物和固态污染物。前者主要有一氧化碳、碳氢化合物和氮氧化物等;后者主要有碳烟颗粒、铅等。其中对人危害最大的有一氧化碳、碳氢化合物、氮氧化物、铅的化合物、碳的颗粒物和苯并[α]芘等。

机动车尾气污染

【机动车注册登记】(register of vehicles) 机动车所有人到国家职能部门办理合法登记手续,以对其机动车所有权取得合法有效手续与凭证的行为。其主要内容是:首先填写《机动车注册登记/转入申请表》,提交法定证明、凭证,并交验机动车。车辆管理所在办理机动车入户注册手续时,主要对机动车的车辆类型、颜色、发动机号码、厂牌型号、车辆识别代号及主要特征和技术参数进行确认,核对车辆识别代号的拓印膜,对提交的凭证、证明进行审查,核发机动车号牌、登记证书、检验合格标志和行驶证。

【机动车转移登记】(shifting register of vehicles) 由于机动车所有人自身的原因或其他法定原因,原机动车所有人对机动车所有权转移给新的所有人所进行的登记。其主要内容是:(1)现机动车所有人的姓名或者单位名称、身份证号码、住所地址、邮政编码和联系电话。(2)转移登记的日期。(3)海关解除监管的机动车,登记海关出具的《中华人民共和国海关监管车辆解除监管证明书》的名称、编号。(4)机动车获得方式。(5)机动车来历凭证的名称、编号。(6)改变机动车登记编号,登记机动车登记编号。(7)现机动车所有人住所不在现登记地车辆管理所管辖区内的,登记转入地车辆管理所的名称。

【机动飞行】(maneuvers) 简称机动。飞行状态(速度、高度和飞行方向)随时间变化的飞行动作。按飞机运动轨迹的不同可分为:(1)平面机动飞行。又可分成铅垂面内机动飞行(如俯冲、跃升)、水平面内机动飞行(如平飞加减速)。(2)空间机动飞行。有盘旋升降、战斗转弯等。飞机单位时间内改变飞行状态的能力称机动性。飞行状态改变的范围越大,改变状态所需的时间越短,飞机的机动性就越好。飞机作曲线机动飞行时需要有向心力。若航迹弯曲向上或在水平面内弯曲向左或向右,升力应大于飞机重力。通常把机动飞行时飞机升力与飞机重力的比值称为法向过载。机动性能高的飞机能承受较大的过载。机动飞行是评价军用飞机性能优劣的主要指标之一。

机动飞行

【机构】(mechanism) ❶依照国家法律设定并享有行政权利、担负行政管理职能的那部分国家机关。在中国,又称为"国家行政机关"。❷两个或两个以上的构件通过活动连接以实现规定运动的构件组合。它只产生运动的传递或变换。机构的运动特性主要取决于构件间的相对尺寸、运动副的性质以及相互配置方式等。机构的种类繁多。按其组成的各构件间相对运动的不同可分为平面机构和空间机构;按其运动副类别的不同可分为低副机构和高副机构;按其结构特征的不同可分为连杆机构、齿轮机构、斜面机构等;按其所转换的运动或力的特征的不同可分为匀速和非匀速转动机构、直线运动机构等;按其功用的不同可分为安全保险机构、连锁机构、擒纵机构等。

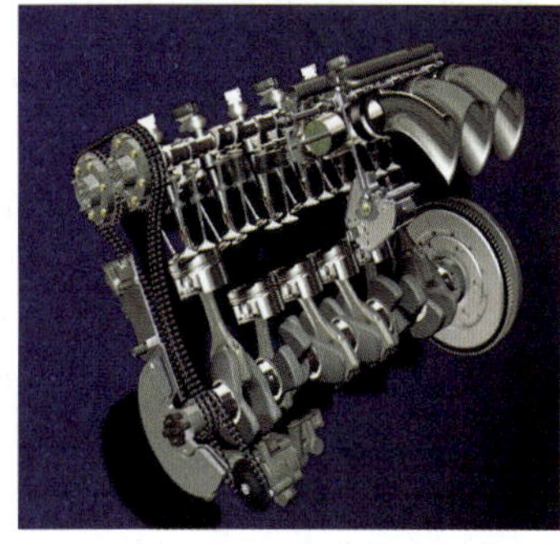
连杆机构

【机构分析】(analysis of mechanism) 对机构在结构、运动和动力三方面所作的分析。其目的是掌握机构的组成原理、运动性能和动力性能。

【机构学】(theory of mechanism) 机械学的一个分支。以运动学和动力学为主要理论基础,以数学分析为主要手段,研究各类机构的基本运动规律及运动和动力分析与综合的理论、方法的技术基础学科。其主要内容有:(1)机构的运动分析与综合,动力分析与综合,机构系统(组合机构)的合理组成方法及其判据,对机构精度的动态分析,运动副间隙、摩擦、润滑与冲击所引起的机构运动变化。(2)稳态与非稳态下的动态响应和动态过程。(3)构件弹性变形的运动弹性动力学。(4)视整个机构系统为柔体的多柔体系统动力学和逆动力学分析、综合及控制等。现代智能机械、机器人、生物医学工程的发展,对机构学提出了许多新的要求和研究课题,出现了诸如矢量法、张量法、旋量法、方向余弦矩阵法、球面三角法等机构分析的新方法,同时还出现了诸如多自由度系统分析与综合的新理论,逐渐形成了一般机构学、机器人机构学和仿生机构学等分支学科。

【机构运动分析】(kinematic analysis of mechanism) 已知机构主动件的运动规律,对其各从动件的运动情况进行分析。包括位移分析、速度分析和加速度分析。运动分析的主要方法有图解法和解析法。由于计算机的应用,使解析法的应用增多。分析时一般假定主动件作等速运动,而不考虑作用在机构各构件上的力、构件的弹性变形,以及各运动副中的间隙对机构运动的影响。对位移分析和速度分析详述如下:(1)机构位移分析是指已知机构主动件的运动规律,求其从动件上各点的位置、位移和轨迹,以及各从动件的位置和角位移。位移分析是速度分析的基础。通过位移分析,能确定各构件运动所需的空间,判断它们在运动中有无碰撞,进而确定从动件的行程,考察从动件或其各点能否实现预期的位置要求等。(2)机构速度分析是指已知机构主动件的运动规律,求其从动件上各点的速度和各从动件的角速度。速度分析是加速度分析的基础。通过速度分析,能确定从动件的速度变化是否合乎工作中的运动要求。

【机构自由度】(freedom degree of mechanism) 又称机构活动度。描述或确定机构中各构件相对机架的运动所必需的独立参变量(坐标数)。为使机构的构件间获得确定的相对运动,必须使机构的原动件数等于机构自由度数。

机构自由度

【机会成本】(opportunity cost) 资源用于某种用途后放弃了其他用途而失去的最大收益。当稀缺资源具有多种用途时,资源只能投资到一些项目或部分项目,而资源间相互替代和选择的结果是获利最大的项目取得稀缺资源,从而达到资源优化配置。资源利用上的这种竞争,必然要放弃资源投入到其他项目中取得收益的机会。如选择了A方案,就要放弃B方案投资机会,放弃的B方案的可能收益,就是A方案的机会成本。机会成本是投资决策中经常采用的一种成本,尤其在项目的国民经济分析中经常采用。但它不是一个实际的成本,而是放弃的资源投入机会而失去的可能的收益。

【机夹可转位刀具】(pinch turning cutting tool) 将预先加工好的有一定形状、一定几何角度的多角形硬质合金刀片,用机械的方法夹紧在特制的刀杆上或刀盘上的刀具。由于刀具的几何角度,是由刀片形状及其在刀杆或刀盘槽中的安装位置来确定的,故不需要刃磨。在使用中,当一个切削刃磨钝后,只要松开刀片夹紧元件,将刀片转位,改用另一新切削刃,重新夹紧后即可继续切削。待全部刀刃都磨钝后,再装上新刀片继续工作。可转位刀片的型号已经标准化,种类很多,可根据需要选用。可转位刀具装卡快捷、定位准确、强度高、寿命长、刀片利用率高,是一种应用广泛的高效切削刀具。

【机架】(stander) 在机构中用以支撑、连接、安装机器运动构件件和其他功能零件的构件。如机床的床身、汽车和拖拉机底盘、发动机缸体、飞机机身、舰船船体等。

【机敏复合材料】(smart composite materials) 具有感觉和调节双重功能的复合材料。该材料能检知环境变化并作出响应,使之与变化后的环境相适应,即具有自诊断、自适应或自愈合等功能。如,具有自诊断功能的机敏复合材料,是把光导纤维、增强纤维一同与基体复合,每根光导纤维均有独立的光源与检测系统。当复合材料发生破坏和应力集中时,可使该处光导纤维发生断裂或相应的应变,从而诊断出破坏部位的情况。再如,用于对振动产生自适应阻尼的机敏复合材料,是把压电材料和形状记忆材料与高聚物构成的执行材料复合在一起。当压电材料检知振动时,信号启动外接的电路使形状记忆材料发生形变,由于受高聚物基体约束的综合作用改变了材料的振动模态而减振。机敏复合材料已用于主动控制振动与噪声,主动探测复合材料构件的损伤,主动根据环境改变构件的几何尺寸,主动控制树脂基复合材料的固化工艺过程等。

【机器】(machine) 工作时同时产生运动和能量的转换的构件组合。由一个或多个机构组成。它能利用或转换机械能来代替或减轻人的劳动。

机器狗

【机器安全防护】(safeguarding of machine) 在机器上使用安全防护装置保护人员的措施。包括机器防护装置和机器保护装置两大类。其中,机器防护装置是指构成机器的组成部分,用于提供保护的物理屏障。它主要包括固定式防护装置、活动式防护装置、可调式防护装置、联锁防护装置、带防护锁的联锁防护装置、可控防护装置等。机器保护装置是指机器防护装置以外的安全装置。它安装在机器上,不作为机器的组成部分,用来保护人员安全与健康的,如联锁装置、使动装置。这些措施使人员远离那些不能合理消除的危险或者通过本质安全设计措施无法充分减小的风险。机器安全防护包括选择和实施合适的防护装置和保护装置。在选择防护装置时还需考虑由防护装置本身带来的危险,如防护装置的锐边、尖角或材料以及防护装置的运动等。

【机器的可靠性】(reliability of machinery) 机器、部件、零件在规定条件下和规定时间内完成规定功能的能力。包括使用条件、维护条件、环境条件、储存条件和工作方式等。某些电子元器件在实验室中使用和在火箭上使用,其可靠性就可以相差好几个数量级。机器在超负荷下使用和连续不断工作都会使可靠性降低,相反,产品在减负荷下使用,可靠性提高。规定时间根据不同对象和工作目的而异,如火箭要求几秒或几分钟内工作可靠,而一台机床要求的可靠使用时间长得多。机器设备的可靠性随使用时间的增加而逐渐降低。规定功能是机器设备本身的性能指标和包括人安全、方便、舒适的操作机器的功能。机器设备达到规定的功能,则可靠;当其丧失规定功能,则称其发生故障、失效或不可靠。

【机器翻译】(machine translation) 又称自动化翻译。计算语言学的一个分支。自然语言到另一种或多种自然语言的信息处理技术。建立在语言学、数学和计算机科学的基础之上。研究如何利用电子计算机按一定程序自动进行自然语言之间翻译的问题。语言学家提供适合于计算机进行加工的词典和语法规则,数学家把语言学家提供的材料形式化和代码化,计算机科学家给机器翻译提供软件手段和硬件设备,并进行程序设计。缺少上述任一方面,机器翻译就不能实现。其过程分为原文分析、原文译文转换和译文生成三个阶段。实现方式有直接方式、转换方式和中间语言方式三种。

智能型英汉机器翻译系统

【机器紧急操作】(emergency operation-machine) 用于终止或阻止紧急状态的所有操作和功能。其目的是立即终止或阻止紧急状态。在机器正常运行期间或机器部件发生故障或失效时都有可能出现紧急状态。

【机器可预见的误用】(reasonably fore-seeable misuse machine) 不是按照设计者预

定的方法而是按照容易预见的人的习惯来使用机器。为了提高机器的安全水平，在机器的设计阶段就应当预测机器可预见的误用。机器可预见的误用一般有：(1)在机器失灵、故障等情况下人的无意识的本能反射行为。(2)在操作时图省事走捷径，采用错误的方法，或由于疏忽（不小心）所导致的差错。(3)由于动作不准确造成的控制过度、达不到或偏离规定位置。(4)其他外来干扰等非操作者的行为对操作者产生影响而引发的错误。

【机器联锁装置】(interlocking device) 用于防止危险机器功能在特定条件下运行的机械、电气或其他类型的装置。是一种机器保护装置。其机器使动装置，是与启动控制一起使用并且只有连续操动时才能使机器运行的附加手动操作装置。其特性是：(1)与0类停机或1类停机相连。(2)设计时需要考虑人类工效学原则。(3)对于二位置形式。位置1：开关的断开功能（操动器不起作用）；位置2：使动功能（操动器起作用）。(4)对于三位置形式。位置1：开关的断开功能（操动器不起作用）；位置2：使动功能（操动器起作用）；位置3：断开功能（超过中间位置操动器起作用）。

【机器人触觉系统】(robot tactile system) 使机器人具有类似人体皮肤感觉功能的系统。由传感器、信息、检测、处理和识别系统构成。分为集中式和分布式两类。集中式触觉传感器用单个传感元件检测各种信息；分布式触觉传感器检测分布在表面上的力或位移，并通过多个输出信号模式的解释得到各种信息。其研究重点为分布式传感器，以提高分辨率和提高信息处理速度为目标，实现触觉传感器智能化。

【机器人第零定律】(robot zeroth law) 对机器人的不得伤害人类，或目睹人类将遭受危险不得袖手旁观的最基本要求。机器人第一定律：机器人不得伤害人类个体，或者目睹人类个体将遭受危险而袖手旁观，除非这违反了机器人学第零定律；机器人第二定律：机器人必须服从人给予它的命令，当该命令与第零定律或者第一定律冲突时例外；机器人第三定律：机器人在不违反第零、第一、第二定律的情况下要尽可能保护自己的生存。

【机器人机构学】(theory of robot mechanisms) 机器人机械学的一个分支。以机器人机械系统为对象，研究其各组成机构的基本运动规律及运动、动力分析、综合的理论和方法的学科。其研究内容是：(1)新机型和新结构研究，使机器人总体结构简化，造价降低。(2)操作机构研究，以期生产出具有高定位精度、高承载能力和高刚度等特点的新型手臂及手腕系统。(3)周边或末端执行机构研究。(4)步行机构研究，以便研制出步态或步行机器人。

【机器人控制语言】(robot control language) 用在机器人编制程序中描述机器人运动的语言。现阶段的机器人还没有理解人的自然语言的能力。为让机器人产生人们所希望的动作，必须预先设计机器人的运动过程和编制完成这种运动过程的先后顺序，即为机器人编制程序。对机器人控制语言的基本要求是：必须在实时处理时间内，能使三维空间内机器人各构件的位置与姿态按要求发生物理性的变化。此外，机器人语言系统必须容易掌握。现有的机器人控制语言有很多种，但还没有形成国际通行标准。

【机器人视觉系统】(robot vision system) 赋予机器人具有的视觉功能的系统。其任务是对二维或三维图像进行感知、处理和理解。其组成部分有：(1)照明和光学系统，由照明光源、摄像镜头和滤光镜等组成。(2)图像输入系统，主要指视觉传感器等。(3)图像处理系统，是对图像进行数字化处理的运算部件。(4)图像的显示与存储系统，为CRT和磁盘存储器。其图像输入，早期采用摄像机作视觉传感器，后来采用固态传感器。与摄像机相比，其优点是：体积小巧，空间畸变小，便于信息处理。其缺点是灵敏度和分辨率稍差。目前已经开发出专用图形加速处理器。

机器人视觉系统

【机器人听觉系统】(robot auditory system) 使机器人具有声音和语言感觉的系统。其功能是：(1)测量声波信号的频率、强度、相位等物理量。(2)识别、测距周围环境和障碍物。(3)以声波为传播媒介，接收、处理和解释语言信息。人类自然语言的识别是其关键技术。在单呼语言识别系统中，对于每个被识别的对象单词都预先准备好其标准的向量序列。识别时，把传感器接收的声音信号变换成单词的特征向量序列，将其与各单词的标准模式之间的相似性逐一进行比较，并把相似性最高的单词作为识别的结果输出。

【机器人武器】(robot weapon) 一种可用于作战的智能装置。目前已发明的各种规格的机器人有如下几种:(1)机器蝇。其重量只有10g,体积与苍蝇相近,主要用于侦察和间谍活动。在这种机器蝇上,装有微型摄像机和两个小太阳能发动机,靠像刀片一样厚的双翼飞行。(2)自动进攻器。长90cm,装有特制的电脑,能分辨数百个目标,无需人的介入就可作出进攻决定。其特点是靠一个长22cm的小型发动机飞行。这种进攻器,成群出动,每群300架,能击落1.525×10^4m高空的常规飞机。(3)兀鹰。一种无人驾驶飞机,可以在一万米高空、连续52h在战场上空盘旋。它不携带任何武器,只需一个人在地面通过监视屏进行遥控。其主要任务是对敌占区进行测量和拍摄。(4)猫头鹰。可放进士兵背包里的小型飞机,能在10min内将各个部件组装完毕,然后空袭敌方目标。

机器人武器

【机器人行走系统】(robot walking system) 一种能使机器人按程序发生位移的机械系统。最早的机器人行走系统是与地面连续接触的轮式和履带式系统,已被广泛采用。受仿生学的影响,各种与地面离散接触的步行或步态行走系统正被大力地研究与开发。两足、四足与六足步行系统已相继问世。它们能自由行走于崎岖不平地带或松软地面,并可上下台阶,跨越较大的障碍。具有这种行走功能的步行机器人,适用于沼泽、沙漠、油田、矿山、海洋、灾区、战场和外星等无路场合的作业并完成相应的任务。机器人行走系统的深入研究,将为机器人的应用开拓更加广阔的天地。

六足机器人

【机器识图】(machinery figure-distinguishing) 基于人认识过程中视觉和语言的联系而建立的自动识图系统。从结构入手,检查待识别图像是属于哪一类"句型",是否符合事先规定的句法。按此原则,若句法正确就能识别出来。识图方法除统计法外,还有语言法。在工业、农业、国防、科学实验和医疗领域广泛应用。

【机器视觉】(machine vision) 见计算机视觉。

【机器学习】(machine learning) 人工智能学的一个分支。研究机器获取新知识、新技能,并识别现有知识的学科。其研究内容是计算机怎样模拟或实现人类的学习行为,以获取新的知识或技能,重新组织已有的知识结构使之不断改善自身的性能。其研究方向是根据生理学、认知科学等对人类学习机理的了解,建立学习模型,发展学习理论和方法,建立具有特定应用的学习系统。其应用遍及人工智能学的各个领域。

【机器意外启动】(unexpected start-up) 由于某种不可预见因素而使机器产生的危险启动。其原因是:(1)由于控制系统的内部失效或外部因素对控制系统的影响导致的启动指令。(2)由于对机器的启动控制器或其他零部件(如传感器或动力控制元件)不适宜的动作所产生的启动指令。(3)动力源中断后又恢复产生的启动。(4)机器的零部件受到内部或外部的影响(重力、风力、内燃机的自动点火等)产生的启动。

【机身长细比】(fuselage length and fineness ratio) 又称机身长径比。机身长度 l_{sh} 与机身最大当量直径 d_{sd} 之比,即:$\lambda_{sh}=l_{sh}/d_{sd}$。飞机类型不同,机身的长细比也有很大不同。亚声速飞机的长细比在6~8之间,运输机的长细比大都为12~15,超声速飞机的机身长细比可达20左右。机身长细比不但对机身的摩擦阻力,黏性压差阻力以及波阻都有直接影响,而且还将影响到机身的俯仰力矩和偏航力矩。机身长细比的选择还应考虑到平尾与立尾、设计的要求等。

【机体防御机制】(body defense mechanisms) 机体固有的抵抗内外致病因子侵害的功能。机体的整个体表被覆着表皮(复层鳞状上皮),体内的管腔器官(如呼吸道、消化道、泌尿道等)均被覆着黏膜,它们又都附有各种腺体,不断地产生分泌物,这些是组成机体抵抗致病因子侵入的第一道屏障。皮肤和黏膜的屏障作用有两方面,即机械性屏障作用和腺体分泌物对致病因子的杀死、稀释、冲洗、排出等作用,可使机体免遭一些损害。若第一道屏障未能阻止致病因子的侵入,致病因子将进入机体。致病因子侵入后,机体内出现炎症反应和免疫应答,以清除致病因子,并使损害的组织经肉芽组织及间质细胞再生而愈合,这是机体防御的第二道防线。机体经常处于各种致病因子的威胁,如生物性因子(细菌、病毒、真菌、寄生虫等)、物理性因子(如过冷、过热、电、放射等)、化学性因子(如强酸、强碱、药物等),以及机体本身免疫反应引起的损伤等,均可能引起机体的损害。机体本身具有完整的防御体系,以保护机体免遭致病因子的损害。机体防御功能被破坏,则疾病发生。疾病发生后,机体的防御功能又能尽量消除致病因子,减少损害,使病变愈合,使受损害组织的功能尽可能恢复。但有时损伤愈合的结果,又可导致新的损害及功能障碍,如患乙型肝炎的肝组织愈合后可发生肝硬变。

【机体联合反应】(associated reaction of body) 当身体某一部位进行抗阻运动或主动用力时,诱发患侧肌群不自主的肌张力增高或出现运动反应。是脱离随意控制所释放的姿势反应。这种异常的反射在偏瘫的迟缓性瘫痪期并不存在,而在痉挛性瘫痪期,正常肢体或身体其他部分的有力的、随意的肌肉收缩可以不自主地使患肢的肌张力增高并出现运动。痉挛的程度越高,联合反应越有力、越持久。通常上肢患侧所出现的运动反应与正常侧的运动类型相同,即健侧屈曲引起患侧屈曲、健侧伸展引起伸展。一般来讲,上肢较易引起屈曲反应。下肢患侧所出现的运动反应与正常侧的运动类型有相同的也有相反的,即健侧外展引起患侧外展、健侧内收引起患侧内收、健侧屈曲引起患侧伸展、健侧伸展引起患侧屈曲。一般来讲,下肢较易引起伸展反应。

【机头】(handpiece) 注塑机中用来连续挤出特定形状塑料产品的成型模具。是挤出成型的关键部分。其作用是将挤出机挤出的熔融塑料由螺旋运动变为直线运动,并使熔融塑料进一步塑化,产生必要的成型压力,保证塑件密实,通过机头获得所需要的塑件。机头主要由以下几部分组成:(1)口模。(2)芯棒。(3)过滤网和过滤板。(4)分流器和分流器支架。(5)机头体。(6)温度调节系统。(7)调节螺钉。与机头对应的生产设备是塑料挤出机。通常只适用于热塑性塑料制品的生产。广泛用于管材、棒材、单丝、板材、薄膜、电线电缆包覆层、异型材等加工。

【机务维修区】(machinery maintenance area) 维修厂、维修机库、维修机坪等设施的所在区域。机务维修区内还有为保证航空港正常工作所必需的各项设施,如供水、供电、供热、供冷、下水等各种公用设施以及消防队、急救站、自动电话站、储油库、铁路专用线等。

【机械】(machinery) 一切具有确定的运动系统的机器和机构的总称。如机床、拖拉机等。是一种人为的实物构件的组合。其特征是:(1)假定力加到其各个部分也难以变形。(2)这些物体必须实现相互的、单一的、规定的运动。(3)把施加的能量转变为最有用的形式,或转变为有效的机械功。

机械

【机械安全标准化】(standardization of machinery safety) 一项机械安全领域内的标准化活动,这个活动是由三个关联的环节组成,即制定发布和实施机械安全标准。这个活动过程在深度上是一个永无止境的循环上升过程。即制定标准,实施标准,在实施中随着科学技术进步对原标准适时进行修订、再实施。每循环一周,标准就上升到一个新的水平,充实新的内容,产生新的效果。标准化的目的是获得最佳秩序和社会效益。机械安全标准化不仅需要"获得最佳秩序和社会效益",而且更加注重保护人员的安全与健康。机械安全标准化获得的最佳秩序和社会效益可以体现在多个方面,如可保证和提高机械产品的安全水平,保护消费者和社会公共利益;消除贸易壁垒,扩大国际贸易和交流等。应该说明,这里的"最佳"是从整个国家和社会利益来衡量,而不是从一个部门,一个地区,一个单位,一个企业来考虑的。在开展机械安全标准化工作过程中,可能会遇到贯彻一项具体的安全标准对整个国家会产生很大的经济效益或社会效益,而对某一个具体单位、具体企业在一段时间内可能会受到一定的经济损失。但为了整个国家和社会的长远经济利益或社会效益,我们应该充分理解和正确对待最佳的要求。

【机械除鳞】(machinery descaling) 采用机械方法进行线材表面清理的工艺技术。主要指剥去热轧盘条表面附着的氧化铁皮。传统的化学酸洗由于对环境污染,迫使人们寻求新的钢丝表面清理技术。目前较成熟的钢丝无酸洗表面清理技术以机械方法为主,包括钢丝弯曲除鳞和喷丸除鳞。弯曲除鳞是采用三组反复弯曲轮,使其互成120°角,将线材反复弯曲,使线材基体产生弹性变形,从而达到使氧化铁皮剥落的目的。机械剥壳率为80%~90%。对表面质量要求严格的产品,还需要补充酸洗。弯曲除鳞只能处理中小规格的盘条或钢丝。喷丸除鳞是用一定粒度的钢丸高速冲击盘条表面,除去氧化铁皮的方法。此法不仅去除彻底，并且表面留下击打的印纹，有利于拉拔时的钢丝表面带入润滑剂。喷丸设备分为：(1)敞开式喷丸机。盘条从放线架通过喷丸机后由收线架收线，在喷丸机内经多个喷丸器从不同方向将钢丸喷向盘条表面除去氧化铁皮。(2)封闭式喷丸机。是将整捆盘条在横轴上散开，并置于喷丸室内，横轴上有一定方向排列的凸起，横轴转动使盘条展开并暴露出各个表面，被不同方向安装的喷丸器喷出的钢丸击打，钢丸会反弹击打多次，使盘条表面清理干净彻底。采用喷丸清理的盘条不再需要酸洗。

【机械传动】(mechanical drive) 利用机械方式传递动力和运动的传动。机械传动有多种形式。主要可分为两类：(1)靠机件间的摩擦力传递动力和运动的摩擦传动，包括带传动、绳传动和摩擦轮传动等。摩擦传动容易实现无级变速，能适应轴间距较大的传动场合，过载打滑还能起到缓冲和保护传动装置的作用。但这种传动一般不能用于大功率的场合；也不能保证准确的传动比。(2)靠主动件与从动件啮合或借助中间件啮合传递动力或运动的啮合传动，包括齿轮传动、链传动、同步齿形带传动、螺旋传动和谐波传动等。啮合传动能够用于大功率的场合，传动比准确，但一般要求较高的制造精度和安装精度。

机械传动

【机械创新设计】(mechanical creation-design, MCD) 通过设计人员的创新思维，运用创新设计理论和方法，设计出结构优良和高效率的新机械的设计活动。是增强机械产品竞争力的根本途径。机械创新设计的关键就是新颖性，即在理论上要新，在结构上要新，在组合方式上要新。根据机械设计方法的不同可分为开发型创新设计、变异型创新设计和反求型创新设计等基本类型。开发型机械创新设计是从产品应有的功能出发，去构思新的技术方案，开发满足消费新需求的机械新产品。此类创新设计通常包括产品规划、原理方案求解、技术设计和施工设计等阶段。变异型创新设计是针对已有产品的缺点或新的工作要求进行的改进设计。它通常针对基型产品的工作原理、机构类型、结构方式、参数大小等进行一定的变换或求异。其目的在于使变异后的产品更适合市场需要。反求型创新设计，是针对已有的先进产品或设计进行逆向思考、分析其关键技术，并在消化、吸收的基础上设计出同类型新产品的过程。根据创新设计的内容与特点，机械创新设计通常包含原理方案创新、机构方案创新、结构方案创新和外观设计创新等。

【机械动力学】(dynamics of machinery) 研究机械在运转过程中的受力情况、机械中各构件的质量与机械运动之间的相互关系的学科。是机械原理的主要组成部分和现代机械设计的理论基础。其研究内容包括：(1)在已知外力作用下具有确定惯性参量的机械系统的真实运动规律。(2)分析机械运动过程中各构件之间的相互作用力。(3)研究回转构件和机构平衡的理论和方法。(4)研究机械运转过程中能量的平衡和分配关系，包括机械效率的计算和分析、调速器的理论和设计、飞轮的应用和设计等。(5)机械振动的分析研究。(6)机构分析和机构综合。此外，机械动力学的研究对象已扩展到包括不同特性的动力机和控制调节装置在内的整个机械系统，控制理论已渗入到机械动力学的研究领域。在高速、精密机械设计中，为了保证机械的精确度和稳定性，构件的弹性效应已成为设计中不容忽视的因素。各种数值模拟理论和方法以及运动和动力参数的测试方法，日益成为机械动力学研究的重要手段。

【机械镀】(mechanical plating) 将活化剂、金属细粉、冲击介质和一定量的水混合为浆料，与工件一起放入滚筒中，借助于滚筒转动产生的机械能作用，在活化剂与冲击介质的机械碰撞的共同作用下，在铁基表面逐渐形成镀层的一种新兴表面防护技术。其原理不同于热浸镀或电镀。它在室温下进行，不存在高温冶金反应，也无热镀所形成的树枝状结晶组织和金属化合物，从而避免了高温退火对工件产生的不良影响。在该工艺中，工件表面没有电场的直接作用，故不发生还原反应，从根本上避免了氢脆的产生及危害。锌层、锡层、镉层、铝层和这些金属的混合层，都能通过机械镀获得。机械镀因在室温下进行、能耗小、成本低、工艺简单、配方多样、操作方便、生产效率高、无氢脆现象、环境污染少

机械镀

而越来越受关注，应用前景十分广阔。

【机械风化】(physical weathering) 见物理风化。

【机械复合加工】(mechanical complex-machining) 以常规机械加工为主，辅助其他加工方法，应用机械、化学、光、电、磁、流体和声等多种能量进行综合加工的过程。这类复合加工中主要有机械－超声、机械－激光、机械－磁力、机械－化学、机械－超声－电火花、机械－电化学－电火花等多种组合方式，相应形成了电解在线修整磨削、磁力研磨、机械化学研磨和抛光、超声电火花磨削以及电解电火花磨削等复合加工工艺。

【机械工程学】(mechanical engineering) 以有关的自然科学和技术科学为理论基础，运用在生产实践中积累的技术经验，研究和解决在开发设计、制造、安装、运用和修理各种机械中的理论和实际问题的一门应用学科。按其内容的不同可分为动力机械学、物料搬运机械学、粉碎机械学等；按其服务行业的不同可分为农业机械、矿山机械、纺织机械、电工机械等分支学科；按其工作原理的不同可分为热力机械、流体机械、仿生机械等分支学科。按机械在其研究、开发、设计、制造、运用等过程中的不同阶段又可划分为互相衔接、互相配合的几个分支系统，如机械科研、机械设计、机械制造、机械运用和维修等分支学科。这些分支学科互相交叉，重叠，又分化成上百个分支学科。

【机械合金化】(mechanical alloying) 通过高能球磨使粉末经受反复的变形、冷焊、破碎而达到元素间原子水平合金化的复杂物理化学过程。在球磨初期，反复地挤压变形，经过破碎、焊合、再挤压，形成层状的复合颗粒。复合颗粒在球磨机械力的不断作用下，产生新生原子面，层状结构不断细化。在机械合金化过程中，层状结构的形成标志着元素间合金化的开始，层片间距的减小缩短了固态原子间的扩散路径，使元素间合金化过程加速。机械合金化技术是制备新型高性能材料的重要途径之一。采用机械合金化工艺制备的材料具有均匀细小的显微组织和弥散的强化相，力学性能往往优于传统工艺制备的同类材料。机械合金化也是一种合成细晶合金粉末材料的有效方法。

【机械化程度】(agricultural mechanization level) 机械替代用工量与全部用人畜力作业用工量的比值。机械替代用工量即机械作业用人畜力来完成时的用工量。机械化程度只与机械作业项目数、该项目人畜力作业的用工量有关，而与采用什么样的机械，机械生产率大小无关。因此它是一个有多少项目实现了机械化的度量，还不是机械化本身水平高度的度量。通过对不同时期农业机械化程度的对比，可以反映其发展速度及劳力转移的可能性。

【机械基准】(mechincal datum features) 工件上确定着其他点、线、面位置的点、线、面。基准有设计基准和工艺基准之分。前者为设计零件图纸时所采用的基准、后者为加工过程中对工件其他面定位、测量、对刀等所采用的基准。如图所示的箱体零件，顶面B的设计基准为底面A(尺寸H)；孔Ⅰ的设计基准为底面A与角尺面C(尺寸 X_1、Y_1)；孔Ⅱ的设计基准为底面(A孔Ⅰ的中心(尺寸 Y_2、R_1)；孔Ⅲ的设计基准为孔Ⅰ与孔Ⅱ的中心(尺寸 R_2、R_3)。工艺基准分为：工序基准、定位基准、测量基准与装配基准。

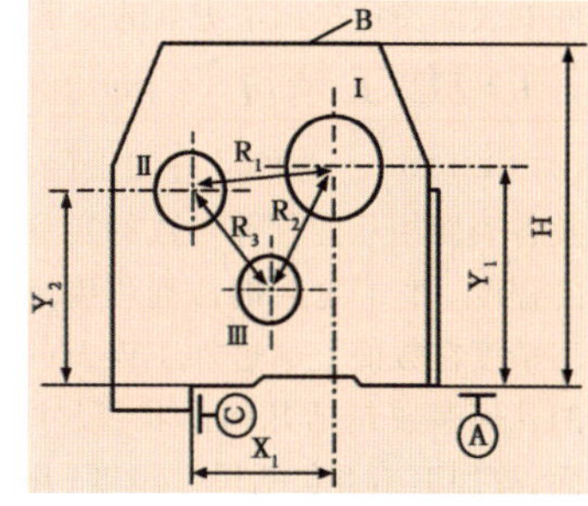

机械基准

【机械加工】(mechanical machining) 用加工机械对工件的尺寸、形状或性能进行改变的过程。按被加工工件所处的温度状态，可分为冷加工和热加工。一般在常温下加工，并且不引起工件的化学或物相变化，称冷加工。一般在高于常温状态的加工，会引起工件的化学或物相变化，称热加工。冷加工按加工方式的不同可分为：切削加工和压力加工，常用的有车、钳、刨、铣、磨、钻、镗、铆、冷冲(辊)压、光整等工艺手段。常见的热加工有热处理、锻造、铸造和焊接等。

机械加工产品

【机械加工表面质量】(surface quality of mechanical machining) 零件在机械加工后表面层的微观几何形状误差和物理力学性能。零件的机械加工质量不仅指机械加工尺寸精度，还包含表面质量。按含义的不同可分为：(1)表面的几何特征。包含表面粗糙度、表面纹理方向、伤痕等。(2)表面层物理力学性能。包含表面层加工硬化、表面层残余应力、表面层金相组织变化等。机器零件的损坏，在多数情况下是从表面开始的。这是由于表面是零件的边界,常常承受工作负荷引起的最大应力和外界介质的侵蚀。这是引起应力集中而导致零件损坏的根源。产品的工作性能、可靠性及寿命,在很大程度上取决于主要零件的表面质量。在现代机器中,许多零件是在高速、高压、高温、高负荷下工作的,因而对零件的表面质量提出了更高的要求。

【机械加工精度】(mechanical machining precision) 零件经过加工后的尺寸、几何形状以及各表面相互位置等参数的实际值与理想值相符合的程度。它们之间的偏离程度则称为加工误差。加工精度在数值上通过加工误差的大小来表示。零件的几何参数包括几何形状、尺寸和相互位置三个方面,故加工精度包括尺寸精度、几何形状精度和相互位置精度。在设计时,这些精度要求以公差来表示。尺寸公差的数值说明这些尺寸的加工精度要求和允许的加工误差大小。几何形状精度和相互位置精度用专门符号规定或在零件图样的技术要求中用文字说明。机械加工误差由多种因素引起,如工艺系统的几何误差、受力变形所引起的误差、系统热变形所引起的误差、工件残余应力引起的误差、刀具磨损误差及测量误差等。

【机械冷藏集装箱】(mechanical refrigerate container) 用压缩式、吸收式制冷等机械制冷作冷源的一类冷藏集装箱。箱内温度随货物的要求任意调定,能连续制冷。供长途装运冷藏货物。在各类冷冻、冷藏食品运输中广泛应用。

机械冷藏集装箱

【机械密封】(mechanical sealing) 又称端面密封。旋转轴采用的动密封。其主要特点是:动密封面垂直于旋转轴承,且由弹性元件、辅助密封圈等构成轴向磨损补偿机构。其优点是:密封性能良好,漏泄量低于10ml/h,摩擦功率损失小,对轴磨损轻微,工作状况稳定;其缺点是:结构复杂,材料品种多,加工工艺特殊,安装要求高和维修不便等。

机械密封件

【机械能守恒定律】(conservation law of mechanical energy) 任何力学系统在无外力作功或外力作功之和为零,且系统内又只有保守力做功时,其机械能将始终保持不变。经典力学中的基本定律作为牛顿运动定律的推论,机械能守恒定律是自然界最普遍规律之一的能量守恒定律在力学中的特殊表现。

【机械抛光】(mechanical polishing) 在专用的抛光机上提高硬质材料构件的表面平整和光亮程度的抛光方法,借助于高速旋转的、抹有含极细研磨剂抛光膏的抛光轮和磨面间产生的相对磨削和滚压作用,来消除磨痕。机械抛光的质量取决于抛光膏中研磨剂粒度的大小,且可根据研磨剂颗粒的大小分为粗抛光和细抛光。当研磨剂粒度小于1.0μm时,抛光面光滑平整,为细抛光。当研磨剂粒度大于1.0μm时,抛光面会有较深划痕,为粗抛光。

抛光机

【机械强度学】(theory of mechanical strength) 研究机械结构在各种形式的载荷和环境影响下的应力、应变和由此产生的各种形式失效的机制与规律,以及强度设计的理论与方法的技术基础学科。其主要研究内容有:(1)机械结构的损伤与失效理论。(2)机械结构强度分析的数值计算方法。(3)机械结构应力分析与应力监测技术。(4)机械结构强度设计理论和安全评定准则。(5)改进结构强度的优化设计等。机械结构强度学是发展能源、国防、交通运输等技术装备的重要技术基础。各种大型先进机械设备,如矿山开采设备、发电设备、核动力设备、冶金设备、化工设备以及汽车、机床、船舶等的设计合理性、先进性和运行可靠性等都与之关系密切。

【机械沙障】(mechanical sand barrier) 沙面上设置的各种形式的障蔽物。是工程治沙的主要措施之一。一般采用柴、草、树枝、黏土、卵石和板条等材料制成。按沙障材料的不同可分为:柴草沙障、薪土沙障、砾石沙障、树枝沙障和沥青沙障等;按沙障高度的不同可分为:高立式沙障、低立式沙障和平铺式沙障等；按其孔隙度的不同可分为：透风结构沙障和非透风结构沙障等。立式沙障是实践中采用最为普遍的形式。它在降低风速的同时，还能有效地滞留跃移沙粒，从而减少输沙率。机械沙障防风治沙效果与沙障材料、孔隙度、高度、方向、配置形式、间距等有关。在选用沙障材料时，要考虑取材容易、价钱低廉、固沙效果良好、副作用小等因素。由于所用材料和排列的疏密不同，沙障孔隙的大小不同，积沙作用也不同。孔隙度越小，沙障越紧密，积沙范围越窄。紧密结构的沙障积沙的最高点恰在沙障的位置上，所以沙障很快就被积沙埋没，失去继续拦沙的作用。孔隙度大的沙障，积沙范围延伸得远，积沙量多，积沙作用大，防护的时间也长。在沙丘部位和沙障孔隙度相同情况下，积沙量与沙障高度平方成正比。沙障高度为30～40cm时效果最显著。沙障设置应与主风方向垂直。通常在沙丘迎风坡设置。其配置形式是：行列式、格状、人字形、雁翅形和鱼刺形等。常用行列式和格状式两种。在沙丘坡面上确定沙障间距时，需根据沙障的高度和坡度进行计算。距离过大，沙障容易被风掏蚀损坏；距离过小，则浪费工料，防沙作用也小。机械沙障的作用是控制风沙运动方向、速度、结构、改变风蚀和微地貌状况。

【机械设计】（mechanical design） 根据使用要求对机械的工作原理、结构、运动方式、力和能量的传递方式、各个零件的材料和形状尺寸、润滑方法等进行构思、分析和计算并将其转化为具体的描述以作为制造依据的工作过程。是机械工程的重要组成部分，是决定力学性能的最主要因素。由于各产业对机械的性能要求不同而有许多专业性的机械设计，如纺织机械设计、矿山机械设计、农业机械设计、船舶设计、汽车设计、机床设计、压缩机设计、内燃机设计、汽轮机设计、泵设计等。机械设计大体可分为：(1)新型设计(开发性设计)。应用成熟的科学技术或经过实验证明可行的新技术，设计未曾有过的新型机械。(2)继承设计。根据使用经验和技术发展对已有的机械设计更新，以提高性能、降低制造成本或减少运行费用。(3)变型设计。为适应新的需要对已有的机械作部分的修改，从而设计出不同于标准型的变型产品。

【机械设计学】（theory of mechanical design） 应用机构学、机械振动学、摩擦学、机械强度学等学科的机构分析、动力分析、强度与刚度分析、摩擦学分析等理论与方法，研究机械产品的设计理论、设计方法和设计技术的一门应用性学科。其设计过程一般从形象思维开始，经过逻辑推理和判断以及相应的分析、综合与决策，产生设计方案。然后再进一步将方案具体化，产生机构模型、结构模型和机械系统模型。最后通过设计计算、工艺设计成为加工图样(或信息)。现代化机械设计的主要特征有：(1)设计过程融合技术、社会、经济诸因素，成为一个系统工程。(2)由经验性和随意性向科学化和模式化发展。(3)强调理论分析与实验分析相结合，强调系统全局功能综合目标，追求使用条件下的最佳功能。(4)突破传统的余量法设计模式，从实际工况出发，引入动力学、摩擦学和可靠性等新概念，用模拟仿真技术发展各种模式的识别及建模技术。(5)采用以数据库为核心、以交互式图形系统为手段、以工程分析计算为主体的一体化计算机辅助设计系统。(6)向高度集成化、智能化和自动化方向发展。

【机械式指示电表测量机构】（measuring mechanism of mechanical indicating ammeter） 利用电磁或静电效应产生力矩，驱使可动部分运动，带动指针或光点在度盘上偏转，以此反映测量值大小的机构。主要包括磁电系、电磁系、电动系、静电系等测量机构。测量机构包括可动部分与静止部分。驱使可动部分偏转的力矩称为转动力矩。为分辨转动力矩的大小，需要一随偏转角α而变化的反抗力矩。反抗力矩一般由游丝或张丝提供。可动部分及其所带动的指针，停留在上述两力矩平衡的位置。

【机械手】（manipulator） 一种能模仿人手的某些动作、具有操作功能的机械装置。主要由手部和运动机构组成。根据被抓取物件的重量、形状、材质等的区别，手部被设计成夹持型、托持型和吸附型等几种结构形式。根据改变被抓取物件位置与姿态的要求，运动机构有不同自由度之分。常用的具有两三个自由度，能完成升降、伸缩、旋转等动作。机械手有人工操作型和自动控制型。用于原子反应堆操持铀棒的主从式机械手，就是由人工操纵的。用于机械制造如数控机床、自动生产线、加工中心、柔性制造系统上的机械手，则是一种自动化机械装置。它可以按照固定程序在控制系统指挥下完成抓取、搬运物件、操持工具或更换刀具等工作。各种类型的机械手已经在机械制造、冶金、轻工、原子能及危险工作环境等领域广泛应用。

机械手

【机械寿命】(mechanical endurance) 所设计机械的零、部件在预定正常使用的期限内不致报废的期限。即在此期限内不出现断裂或产生塑性变形的现象。产品的寿命应按规定条件要求检查后确定。

【机械唯物主义】(mechanical materialism) 以纯粹力学观点去解释自然界、人和人的认识论的唯物主义哲学。是唯物主义哲学的第二发展阶段。把一切都归结为机械运动,用纯粹力学的观点解释各种现象,甚至把人也看成是机器。17 世纪英国的霍布斯、荷兰的斯宾诺莎,以及 18 世纪法国的拉美特利、狄德罗、爱尔维修、霍尔巴赫等人是这一哲学形式的主要代表人物,而拉美特利则是它的最典型的代表人物。他认为人与动物相比不过是一架更精致、更加复杂的机器。他说:人的身体是一架巨大的、极其精细、极其巧妙的钟表。因此,人的一切活动都是机械运动。

【机械压力机】(mechanical press) 一种用曲柄连杆或肘杆机构、凸轮机构、螺杆机构传动的压力机械。工作平稳,精度高,操作条件好,生产率高,易于实现机械化、自动化。机械压力机在数量上居各类锻压机械之首。

机械压力机

【机械原理】(mechanical theory) 研究机械中机构的组成结构和运动规律,以及机器的结构、受力、质量和运动规律的理论学科。人们一般把机构和机器合称为机械。这一学科的主要组成部分为机构学和机械动力学。

【机械运动】(mechanical motion) 物体之间或物体内各部分之间相对位置发生变化的过程。是自然界中最简单、最普通的运动形式。机械运动有三种基本形式:平动、转动和振动。例如,物体下落、地球转动、弹簧伸长和压缩等都是机械运动。而其他较复杂的运动形式,如热运动、化学运动、电磁运动、生命现象中都含有位置的变化,但不能把它们简单地归结为机械运动。机械运动是研究其他运动形式的基础。

【机械载荷】(mechanical load) 施加于机械或结构上的外力。如拉、压、弯、扭、交变和复合载荷等。机械载荷可以从不同的角度进行分类:(1)根据大小、方向和作用点是否随时间变化可以分为静载荷和动载荷。其中静载荷包括不随时间变化的恒载和加载变化缓慢的准静载(如锅炉压力);动载荷包括短时快速作用的冲击载荷、随时间作周期性变化的周期载荷和非周期变化的随机载荷。(2)根据载荷分布情况可分为集中载荷和分布载荷,其中分布载荷又可分为体载荷、面载荷和线载荷。(3)根据载荷对杆件变形的作用可分为轴向拉伸或压缩载荷、弯曲载荷和扭转载荷等。

【机械振动】(mechanical vibration) 简称振动。物体(或物体的一部分)在某一中心位置两侧所做的往复运动。其特征是:(1)有一个“中心位置”,称为平衡位置。(2)运动具有往复性,即围绕中心作往复运动。产生机械振动的条件是:每当物体离开平衡位置就会受到回复力的作用和足够小阻力。机械振动的强度由振动频率和振幅决定。机械振动有强迫振动、自激振动等多种类型。机械振动在机械设计与制造中具有重要意义。在多数情况下,机械振动对力学性能或作业具有不良影响,甚至具有破坏性的危害,故需要在设计中考虑如何消除或减小振动的影响。但是也可以利用机械振动来完成某些特定功能,如振动分选、振动清理、振动破碎、振动输送、振动切削等在工程中有广泛的应用。

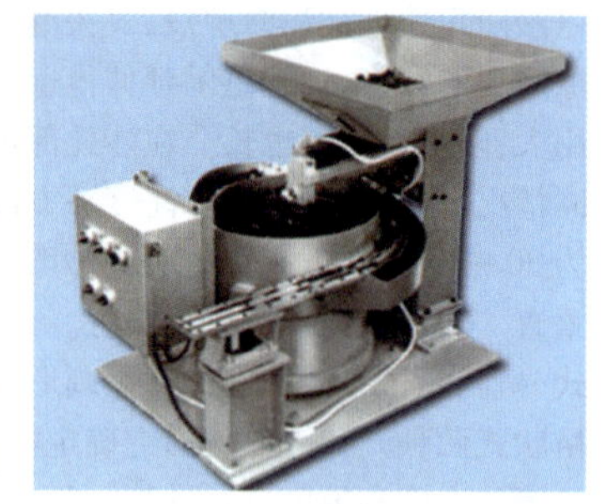
机械振动盘

【机械振动学】(theory of mechanical vibration) 以力学、数学和声、光、电、磁学等为理论基础,以机械振动和噪声等物理量为研究对象的新兴技术学科。其主要研究内容是:研究相关的基础理论及探寻故障诊断方法;研究改善机械设备的运行状态与工作环境等问题;发展相关的实验分析技术和实用型的专家诊断系统。它运用机电一体化技术,通过对机械设备的振动、噪声和油膜特性等频谱信号的采集与分析,对信号在时间域、频率域以及其能量功率的变化进行系统研究,深入探讨设备的动态特性与发展趋势,有效地预防重大设备安全事故,为设备管理从粗放型的事故维修、计划维修转变为科学的预防维修提供强有力的技术支撑。机械振动学对提高机械加工质量,降低机械振动噪声,开展设备故障诊断与科学维修,防止机械故障,预测并延长机械的使用寿命,保障安全生产,保护生态环境等具有重要意义。

【机械制造工艺流程】(process of mechanical manufacture） 在机械产品的生产过程中，从原料到制成成品的各项工序安排的程序。在生产过程中合理地安排制造工艺流程，是确保机械产品的制造质量、提高产品的可靠性和使用寿命、缩短产品生产周期、节约生产成本和维修费用等方面的重要环节，对机械产品的生产管理、质量控制、成本管理和售后服务等方面具有重要影响。

【机械制造柔性自动化技术】（flexible automation technology of mechanical manufacturing） 以数控技术为核心，将计算机技术、信息技术与生产技术有机结合在一起的新型制造技术。其应用范围包括产品设计、加工制造和相应的信息与管理系统。柔性自动化技术是当今机械制造业适应市场动态需求，依产品（零件）特点及生产规模进行优化配置、实现高效生产和加速产品更新的重要手段。采用柔性自动化技术，能够提高生产效率和产品质量、降低成本、减轻劳动强度、缩短制造周期和交货期。

【机械制造学】（machinery manufacturing discipline） 机械工程学的一个分支。研究各种机械的制造系统、制造过程和工艺方法的学科。包括机械制造冷加工学和机械制造热加工学两大部分。机械制造冷加工学的研究的内容为：（1）机械制造系统及其自动化、集成化与智能化。（2）机械加工和装配工艺的过程和方法。（3）机械冷加工的基础理论（切削机理，机械的性能如精度、刚度、热变形、振动、噪声、可靠性等的测试原理等）。机械制造热加工学的研究内容包括：（1）经济、高效地将材料加工成一定形状及尺寸的机械零件。（2）保证并改进材料内部组织、表面性能、化学成分和加工性能。（3）保证机械零部件和结构件的抗疲劳、蠕变、断裂、腐蚀、磨损等性能及提高寿命。（4）加工工艺、加工装备及生产过程自动化。机械制造学还可细分为铸、锻、焊、金属材料热处理、无损探测、表面工程等若干分支学科。

【机械制造自动化】（automation of mechanical manufacturing） 在无人直接参与的情况下，将原材料或毛坯加工为机械产品的机械制造过程。整个制造过程从计划、管理、组织、控制到操作，均无人直接参与。它是机械制造领域的高科技。其内容包括：（1）制造系统的理论和方法。（2）柔性制造系统。（3）设计与制造一体化技术。（4）工厂自动化通信网络、数据库。（5）人工智能技术及自动化中的规范化、标准化等。机械制造自动化经历了四个发展阶段：自动单机或刚性自动线阶段；以数控机床与加工中心为代表的现代机械制造自动化阶段；以柔性制造系统、柔性生产线为代表的新型自动化阶段；以计算机集成系统为代表的包括设计、制造、管理的全程自动化阶段。机械制造自动化将人们从笨重的体力劳动中解放出来，可节省劳动力，提高生产效率，保证产品质量，降低成本，缩短制造周期，加速产品的更新换代。

【机翼】（wing） 飞机上用来产生升力的主要部件。其升力值的大小与机翼翼型、机翼面积和平面形状有关。常见的平面形状有矩形、梯形、三角形及后掠形等。前两种翼型多用于亚音速飞机，后两种翼型多用于高亚音速、跨音速和超音速飞机。

机翼

【机载敌我识别器】（airborne） 军用机上用于识别雷达所发现目标的敌我属性的电子设备。包括应答机和问答机两种类型。它与装备在己方其他飞机、舰艇、坦克和雷达站的询问机或问答机组成合作式的目标敌我识别系统。应答机是一种被动式的敌我识别装置。在收到己方询问信号时，能自动回答一组编码信号，供问方识别。问答机除具有应答功能外，还能主动向需识别的目标发出询问信号。在作战飞机上，问答机通常与机载火控雷达交联工作。当火控雷达收到己方飞机回波信号时，问答机也收到应答信号，并在雷达显示器目标回波附近显示出识别标志。根据有无识别标志即可判断目标的敌我属性。有的机载敌我识别器与空中交通管制雷达兼容，除了发出特定的用以表达属性的编码外，还能给出载机高度等信息。研制通信、导航、识别综合系统，进一步提高抗干扰和在目标密集条件下识别敌我的能力，是机载敌我识别器发展中需继续解决的课题。

【机载电子设备】（airborne electronic equipment） 安装在飞机上为完成飞行和作战任务所需要的各种电子设备的总称。主要用于通信、导航、目标探测、电子对抗、信息综合与处理、座舱显示与控制以及飞机发动机和武器系统的控制。当前，机载电子设备已成为决定飞机战术、技术性能和作战效能的重要因素，其性能高低是衡量飞机先进性的重要标志之一。按机载电子设备的功能的不同可分为：通信设备、导航设备、目标探测设备、电子对抗设备、信息综合处理设备、座舱显示和控制设备等。在现代军用飞机上，电子设备所占的比重不断增加，在某些非电子系统中已逐步得到应用。不同类型的电子设备之间,电子系统与非电子系统之间大多有信息交换,许多电子设备已成为飞机上几个系统共同需要的设备,如各系统中的微处理机、综合电子显示系统、大气数据计算机、数据传输设备、记录设备和各种传感器等。

【机载动目标检测雷达】(airborne MTD radar) 搜索、测定移动目标的机载雷达。其原理是利用动目标回波与杂波干扰具有不同的多普勒频率,借助多普勒滤波器组(通常用快速傅里叶变换实现)和自适应门限等处理技术,进一步提高抑制杂波干扰能力,以达到探测、锁定动目标的目的。

【机载防撞设备】(airborne collision avoidance equipment) 一种能在空中探测碰撞危险并向飞行员提供回避措施的设备。其主要功能是:(1)探测本机周围空域的全部具有潜在危险的其他飞机或物体。(2)估计会发生碰撞危险的距离。(3)若有危险确定所需的正确机动及开始机动的时间。机载防撞设备的作用是帮助飞行员掌握周围空情,主动实施避让,以防碰撞。

【机载公共设备的智能管理】(intelligent management of the public airborne equipment) 将飞机机电系统中液压、燃油、刹车、电源等公共设备进行科学组合的管理方法。使整个公共设备系统的管理除完成各自单独的功能外,还具有互相替代、余度、重构与自修复的功能。飞机智能公共设备的管理与控制,为飞机机电系统提供一种综合控制与监测方法,为飞机提供统一、完整、轻型、高效和多功能的机电系统。

【机载激光测深仪】(airborne laser-sounder) 从飞机上发射激光脉冲测量水深的仪器。用于清澈海域的水深测量。最大测量深度约70m。主要由激光发生器、扫描仪、接收器和光学平台组成。激光发生器发射垂直海面的红外光束,另一组激光器发射绿色光束,向下垂直于飞行方向进行直线、弧线、圆形或椭圆扫描,以增加一条航线上的测深点数量。接收器接收发射及散射后的回波能量,根据海面和海底反射信号的时间差求取水深。经过地面设施的深度信息处理、飞机姿态校正、海洋环境参数改正等,最终获得海底地形数字成果,绘制出高精度海底地形图。

【机载警戒与控制系统】(airborne warning and control system ,AWACS) 利用安装在飞机上的监视雷达等各种机载电子设备搜索、探测、识别、测量目标,作出分析对策,执行指挥使命的大型电子系统。该系统是二战后发展起来的一个军事警戒与控制系统。由雷达探测系统、敌我识别系统、电子侦察和通信侦察系统、导航系统、数据处理系统、通信系统、显示和控制系统等诸多子系统组成。它实际上是把监视雷达及相应的数据处理设备搬到高空,以克服地面监视雷达的盲区,从而有效地扩大整个空间的警戒范围。

【机载武器系统】(airborne weapon system) 由飞机上的武器和弹药、装挂和发射装置、火力控制系统构成的综合系统。作战飞机的重要组成部分。其效能发挥与载机本身及其机载设备的性能有关。武器和弹药用来直接杀伤和破坏空中、地面和水面(下)的各种目标;装挂和发射装置用来把武器和弹药装挂在飞机上,并确保其正常工作和投射;火力控制系统用来搜索、识别、跟踪和瞄准目标,控制弹药的投射方向、时机和密度,使其命中目标。为保证机载武器系统的正常工作,还配有必要的检查测量设备。不同的作战飞机,配备的武器系统也不同:(1)歼击机的武器。以空空导弹为主,航空机关炮(枪)为辅。装有航空瞄准具或先进的综合火力与飞行控制系统,配备的机载雷达可远距探测目标以及完成对空空导弹的制导,夜间作战的飞机还装有微光电视、红外探测设备。(2)强击机的武器。有航空机关炮,空地导弹(反雷达导弹、反坦克导弹等),常规炸弹(爆破弹、杀伤弹、穿甲弹、燃烧弹、反跑道弹,油气弹、子母弹等),制导炸弹,空投地雷,水雷,鱼雷以及战术核炸弹等;配备有射击轰炸瞄准具或高度自动化的综合导航攻击系统。(3)新型轰炸机有攻防两类武器。攻击武器以巡航导弹为主,常规炸弹为辅;防御武器以电子干扰为主,诱惑导弹为辅。火力控制系统配有轰炸瞄准具或综合导航轰炸系统。(4)武装直升机的武器有航空机关炮(枪)、空地火箭弹、反坦克导弹,常规炸弹等,配有简单的火力控制系统。

机载武器系统

【机载预警雷达】(airborne early warning radar) 安装在预警飞机上用于探测、监视空中各高度特别是低空和超低空的飞行目标和海面目标的雷达。自20世纪60年代第一代机载预警雷达装备使用以来,

机载预警雷达

已发展到第三代。第三代机载预警雷达不仅能及早截获和监视低空目标，而且还可引导和指挥己方战斗机进行拦截和攻击，从而成为空中预警指挥中心。未来战争要求其识别目标能力更好，机动性能更强，具有更大的空域覆盖范围，向控制系统提供更为实时、准确的大容量信息，以应对各种复杂的电子环境的挑战。

【机载自卫电子战系统】（airborne self-defence electronic warfare system） 为及时向驾驶员发出威胁警报，而在飞机上安装的电子战系统。该系统由威胁告警、侦察监视与电子干扰设备组成。其主要任务是：在飞机突入敌方目标区上空进行攻击的全过程中，利用雷达、红外、激光报警设备，自动搜索、截获和识别敌地空导弹雷达、炮瞄雷达、目标引导雷达、机载火控雷达、空空导弹雷达或红外制导系统等的电磁辐射信号，用灯光和音响向机组人员发出威胁告警，并自动或人工引导有源或无源电子干扰设备实施有效的压制性干扰或欺骗性干扰，使敌方无法发现目标和实施攻击，达到保护自身安全的目的。机载自卫电子战系统已成为现代作战飞机突防时的一种关键性“软杀伤”自卫武器。它与专用电子干扰飞机、反雷达飞机相结合，构成航空兵夺取空中优势或电磁优势的三大支柱，在现代空中作战中占据十分重要的地位。

【机织 CAD 系统】（woven fabric CAD system） 辅助机织物设计的电脑软件系统。分为小提花（多臂）织物和大提花织物设计系统。该系统包括纱线 CAD 模块、组织 CAD 模块、外观模拟系统模块和自动控制模块。大提花系统还包括图案设计模块、纹版处理和自动冲孔模块。当彩色纱线织物组织设计后，可给出纱线、组织、织物结构配置好的布面外观模拟图像，逼真地显示出真实织物的外观效果，进行织物的三维外观模拟。在小提花系统中，自动控制模块根据纹版图控制电子多臂机构进行织造。在大提花系统中，控制冲孔机轧制纹版或直接控制电子提花机进行织造。该系统已在纺织行业中广泛应用。

【机织物】（woven fabric） 由两组相互垂直排列的纱线，在织机上按一定规律交织而成的织物。在特定情况下，简称织物。沿机织物纵向排列的纱线，称为经纱；沿横向排列的纱线，称为纬纱。机织物按照经纬交织方法的不同可分为平纹、斜纹、缎纹、提花以及各种变化组织。其中平纹、斜纹、缎纹是最基本的三原组织。常见的机织物有衣料、毛巾、被罩、棉毛毯和工业运输带等。

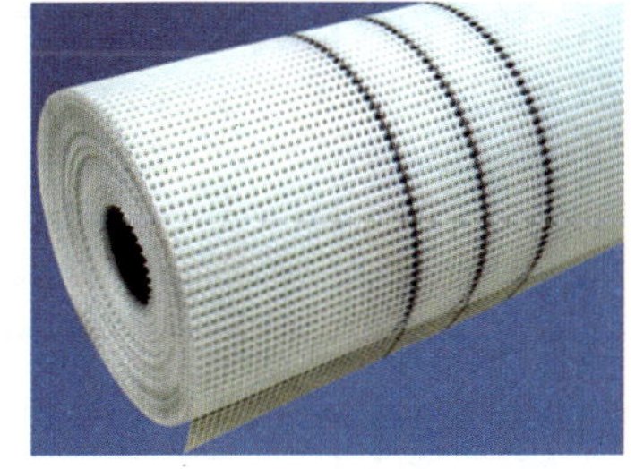

机织物

【机组性能试验】（unit performance test） 通过对机组部件的实际使用运行，并获得机组性能试验数据的过程。机组性能分为设计性能和实际运行性能。设备设计制造单位在试验研究和已有经验的基础上，根据用户的要求预期机组应具有的性能为设计性能。实际运行性能是指机组在运行中所能达到的性能。在机组运行中，按试验规程的要求，求得实际运行性能，以此作为考核验收机组各主、辅机及系统是否达到设计性能的依据，并作为指导机组运行、改进和定型生产的主要依据。主要性能试验包括：锅炉性能试验、汽轮机性能试验和透平发电机性能试验。按照试验项目内容和数量的不同可分为专项性能试验和综合性能试验。专项性能试验一般是为了求得某项性能数据，对该项性能进行评定。或为了解决某项性能的特殊问题而进行的。如为寻求过热器超温的原因而进行的过热器特性试验；为消除汽轮发电机组振动过大而进行的轴承振动试验。综合性能试验除了锅炉和汽轮机性能试验外，还包括机组供电效率及污染排放（包括粉尘）与噪声等试验。综合性能试验，其按试验目的的不同可分为：常规性能试验、性能考核试验和性能鉴定试验。

【肌电控制】（myoelectric control） 通过肌体的生物电信号对仿生设备，如仿生骨骼、仿生手臂、仿生腿等进行的速度和力量控制。它是假肢技术的一大创新，也是自动化控制在人体仿生学方面的突破和发展。对于患者而讲，尽管实际上已经截肢了，但通常还会有感觉，认为他们的四肢还在，这种感觉被称之为“幻肢感”。而这种感觉为肌电控制提供了生物电信号。肌电电压信号通常通过两个被安置在残肢皮肤表面上的电极来测取的。通过电极中的放大器，可以对测取的电压信号进行放大。然后，这个经放大的电压信号就可以被用来控制肌电假肢的张开、合闭和旋转等动能了。其原理是：患者残肢肌肉在收缩时，会发生复杂的生化反应，在皮肤表面产生可被测取的微小电位差。这种肌电电位差信号传递到微感器，经电极中的放大器进行放大，成为控制信号，输入微电脑，再由微电脑发出活动指令，通过微型马达等驱动系统带动义肢指骨关节张合。当需要产生肌电信号的时候，患者移动或者弯曲他们的残肢来产生强烈的肌电信号，这种条件反射就能转换成手的动作。肌电控制使得患者能够胜任日常生活中的事务。另外，肌电控制假肢在接收大脑经由肢残肌肉传来的生物电信号,经安装在假肢臂筒内的电子和机械系统处理产生动作后,还能把产生的脉冲信号反馈回大脑。目前,肌电控制仿生手提供了多种的抓握方式,提高了手的灵活性,几乎涵盖了所有的日常生活。这使得医生、技师、理疗师对患者的康复有了新的更好的选择,也提高了患者的生活质量。

【肌动蛋白】(action protein) 肌肉细丝和真核细胞内骨架中微丝的主要成分。以单体和多聚体两种形式存在。非聚合、呈球状的单体的肌动蛋白,称为球状肌动蛋白,其外形类似花生果。单体经过多聚化,可以形成纤维状的肌动蛋白。肌动蛋白的功能是:(1)与肌丝滑行收缩有直接的关系。(2)通过聚合和解聚,对细胞的形态和功能产生一系列的影响。

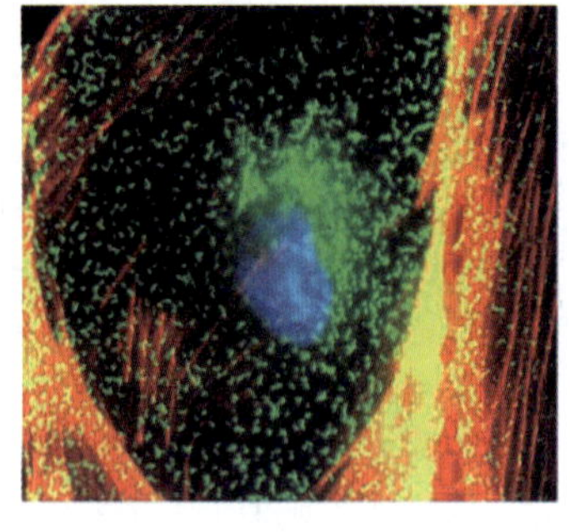
肌动蛋白

【肌红蛋白】(myoglobin, Mb) 由一条肽链和一个血红素辅基组成的结合蛋白质。是肌肉内储存氧的蛋白质。相对分子质量约 18 000(18kDa)。存在于人的心肌及骨骼肌内。正常人血液中含量甚少,血清正常值 1.69 ± 0.94 nmol/L。其氧饱和曲线为双曲线型。肌红蛋白存在于肌肉中,心肌中的含量特别丰富。其主要功能是在肌肉中运输氧和储存氧。其多肽链中氨基酸残基上的疏水侧链大都在分子内部,亲水侧链多位于分子表面,因而具有较好的水溶性。

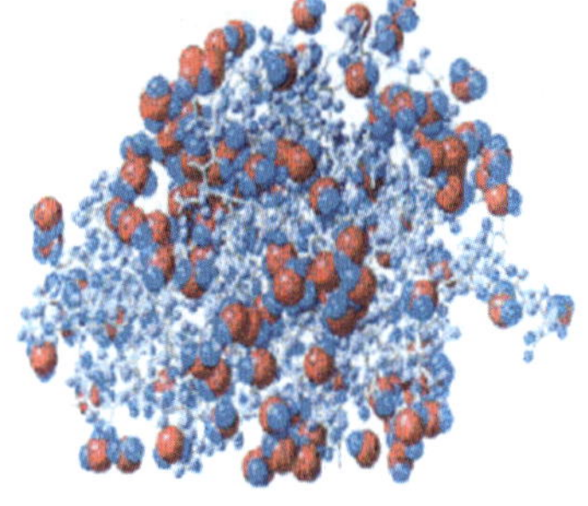
肌红蛋白

【肌力】(muscle strength) 肌肉随意收缩所能产生的最大的力。其大小取决于肌肉横截面积、参与收缩的运动单位的多少和参加收缩的运动单位收缩的同步性等。肌力评定是指对肌肉的力量进行评估,了解病情、制定治疗方案的方法。常用的方法有手法肌力检查、简单仪器检查和等速运动型仪器检查等。(1)手法肌力检查。不需任何仪器,临床实践中应用广泛、实用、有效(详细分级见下表)。(2)应用简单仪器的肌力评定。针对手部的一些肌力的评定,通常用握力计、捏力计、水银血压计等方法检查。(3)应用等速运动型仪器评定。是一种大型复杂仪器,仪器内部有特制的机构使运动的角速度保持恒定。等速运动仪可以全面、客观地测定不同肌肉收缩形式下的肌肉力量。由于仪器较贵、程序繁琐、测试耗时长,因而不常用。在肌力训练中,通常要遵从一些原则,如阻力原则、超常负荷原则、训练次数宜多的原则、训练至疲劳但不过度疲劳的原则等。通过动力性运动、静力性运动等训练法改善肌肉力量。

手法肌力检查的详细分级

级 别	特 征
5	能对抗的阻力与正常相应肌肉的相同,且能做全范围的活动
5 -	能对抗的阻力与 5 级相同,但活动范围 < 100% 而 > 50%
4	能对抗阻力,但其大小达不到 5 级的水平
4 +	在活动的初、中期能对抗的阻力与 4 级同,但在末期能对抗 5 级的阻力
4 -	能对抗的力与 4 及同,但活动范围 < 100% 而 > 50%
3	能做抗重力运动,且能完成 100% 的范围,但不能对抗任何阻力
3 +	情况与 3 级相仿,但在运动末期能对抗一定的阻力
3 -	能做抗重力运动,但活动范围 < 100% 而 > 50%
2	不能抗重力,但在消除重力影响后能做全范围的活动
2 +	能抗重力运动,但运动范围 < 50%
2 -	在消除重力影响下能活动,但范围 < 100% 而 > 50%
1	触诊能发现有肌肉收缩,但不能引起任何关节运动
0	无任何肌肉收缩迹象

【肌球蛋白】(myosin protein) 肌肉结构蛋白的一种。由 6 条肽链组成的纤维状蛋白质。在横纹肌中构成粗肌丝的主要成分。头部具有 ATP 酶活性,属于可与肌动蛋白丝相互作用的马达蛋白质。由两条重链及四条轻链组成。分子构型如豆芽状。两条重链的大部分互

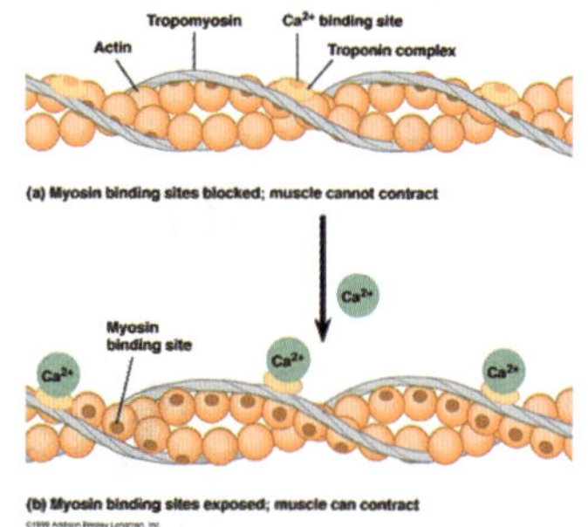

肌球蛋白分子

相绕成双螺旋状，构成豆芽的颈部；重链的其余部分与轻链一起构成豆芽的豆瓣部分。肌球蛋白主要作用是为肌肉收缩提供力。

【肌肉松弛药】(muscle relaxants) 又称肌松药、神经肌肉阻断药。选择性地干扰神经肌肉传递生理顺序的药物。是全身麻醉中重要的辅助用药。用以在全麻诱导时便于作气管内插管和在术中保持良好肌肉松弛度。使用肌松药可避免深全麻对人体的不良影响。但肌松药没有镇静、麻醉和镇痛作用，因此不能在病人清醒时应用，更不能代替麻醉药和镇痛药。使用时必须注意气道管理，根据肌松程度作扶助或控制呼吸，保证病人有效和足够的每分通气量。肌松药还适应于消除危重病人机械通气时的人机对抗，以及痉挛性疾病的对症治疗。应注意不同肌松药的药理学特性存在一定差异。

肌肉松弛药

【肌肉注射】(intramuscular injection) 又称肌注。向肌肉实质内给药。不是向肌肉间或肌膜上注射。因而要选择面积大而厚实的肌肉。大中型动物选臀部、大腿部、肩胛部肌肉。鸟类则用胸肌。大小鼠、豚鼠等臀部痛觉敏感，因而多用大腿或小腿的大肌肉。注射时能看到肌肉的膨隆。不论在任何部位做肌注，拔针时不按住针刺的伤口，注射的药液会漏出。注射量也取决于注射部位，但要求给药时的剂量上限是：小鼠0.05ml，大鼠和豚鼠0.2ml，兔和猫为1ml，犬和山羊、绵羊、猪等为4ml。

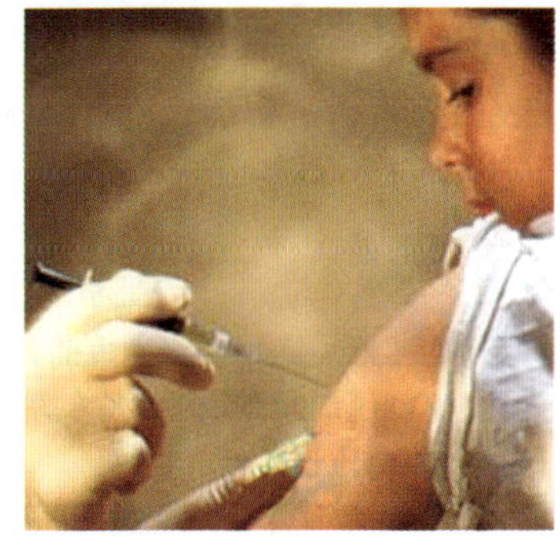
肌肉注射

【肌酸－磷酸激酶】(crealine phos-phokinase) 一种广泛存在于骨髓肌、心肌等肌肉组织中的酶。用RIA法可测其同工酶。在急性心肌梗死后5～8h，GPK－MM及GPK－MB升高。其升高较晚，于24h达到高峰，且持续时间较长(约3～4天后恢复正常)。在心肌梗死发作后期GPK－MM的测定对该病的转归有一定的价值。由于在各种骨骼肌损伤及肾功能衰竭等时GPK－MM也可升高，故在心肌梗死的诊断中应注意排除干扰因素。

【肌无力综合征】(myasthenic syndrome) 一种传递障碍自身免疫性疾病。神经与肌肉接头部位因乙酰胆碱受体减少而出现传递障碍。该病是后天性运动神经末梢的疾病。典型的病人多见于50～70岁男性。患者主诉肢体带状肌群无力，主要是上肢，而下肢、眼肌或延髓受累较轻或未被累及。主要临床特征与重症肌无力相同。但它常伴有肿瘤，特别是小细胞肺癌。肌无力先于肿瘤症状出现，继发出现于家族性自主神经功能异常，表现为口干，眼肌损伤，使眼球对不同距离的调节能力受损，排尿困难和便秘。

【肌营养不良】(Ducenne muscular dystrophy, DMD) 又称假肥大型肌营养不良。进行性加重，对称性肌无力及肌变性、萎缩为特征的遗传性疾病。多发生在学龄前及学龄期儿童。是X连锁隐性遗传，男性发病，女性传递。是因携带染色体XP21上编码抗肌萎缩蛋白基因突变所致。实际上2/3患者基因来自母亲，1/3患者是自身抗肌萎缩蛋白基因突变引起，与母亲无关。其主要表现是：(1)进行性肌无力及运动障碍。婴儿会走时，走路不稳，易跌倒，无力；以后波及髋肌，走路鸭步态，跌倒频繁，不能上楼、跳跃；继而波及上肢及全身肌肉。5岁时症状明显，10岁不能独立行走，20岁咽喉肌、呼吸肌无力，出现声低、吞咽及呼吸困难而死亡。轻者可活到40岁。(2) Gower征。由于髋部肌无力，小儿3岁时不能从仰卧位直接站立。必须是第一步翻成俯卧位，第二步双下肢分开，双手按地支撑，第三步一手按同侧小腿，另一手移至膝部及大腿部支撑，第四步躯干部深鞠躬位逐渐竖直，腰前凸成站立位。这一典型特征称Gower征。(3)假性肌肥大及肌萎缩。疾病早期，下肢出现肌萎缩时代偿性腓肠肌脂肪及胶原组织增生出现假性肌肥大，全身其他部位出现明显肌萎缩。因肩部肌肉萎缩，举臂时肩胛骨外离胸壁如鸟翼，称“翼状肩胛”。部分患儿伴心肌病变，少数有轻度智力低下。其诊断，除典型临床表现外，肌酸磷酸激酶(CPK)升高，肌电图异常，肌肉活检可诊断并可除外其他肌病。也可做基因检查帮助诊断。治疗困难，可锻炼、针灸及中医治疗。

【鸡白痢】(pullorosis discasc of chickcn) 一种由鸡白痢沙门氏杆菌引起的常见的鸡的传染病。其排泄物是重要的传播媒介，同时也可通过鸡蛋垂直传播。本菌对热及直射阳光的抵抗力不强，常用的消毒药物都可迅速杀死本菌。传染源为病鸡和带菌鸡。雏鸡患病耐过或成年母鸡感染后，多成为慢性和隐性感染者，长期带菌，是本病的重要传染源。带菌鸡卵巢和肠道含有大量病菌。经带菌蛋垂直传播是本病最主要的传播方式。也可通过消化道、呼吸道、眼结膜或交配感染。感染动物为鸡和火鸡。不同品种、年龄、性别的鸡都有易感染性。但雏鸡比成鸡，褐羽鸡、花羽鸡比白羽鸡，重型鸡比轻型鸡，母鸡比公鸡更易感。珍珠鸡、雉鸡、鸭、野鸡、鹌鹑、金丝雀、麻雀和鸽也可感染。本病一年四季均可发生，尤以冬春育雏季节多发。其主要症状和病变是：雏鸡表现不吃饲料，怕冷，身体蜷缩，翅膀下垂，精神沉郁或昏睡；排白色黏稠或淡黄、淡绿色稀便，肛门有时被硬结的粪块封闭，呼吸困难。成年鸡无临床症状，少数感染严重的病鸡表现精神萎靡，排黄绿色或蛋清样稀便。主要病变可见肝脏、脾脏肿大、脆弱，有坏死点，肾脏暗红充血或苍白贫血，常出现腹膜炎变化。产蛋鸡可见卵巢萎缩，卵子变性，病鸡产蛋停止。杜绝病原菌的传入，清除群内带菌鸡，同时严格执行卫生、消毒和隔离制度是防控本病的基本原则。对发病鸡可选用磺胺类、庆大霉素、土霉素等进行治疗。

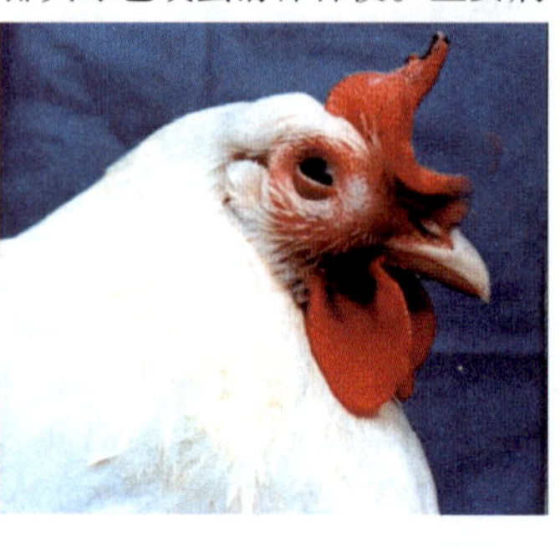

鸡白痢

【鸡败血支原体病】(mycoplasma gallisepticum of chicken) 由鸡败血支原体引起鸡和火鸡的一种慢性呼吸道传染病。鸡表现为气管炎和气囊炎，以气喘、呼吸啰音、咳嗽和鼻漏为特征。火鸡表现为气囊炎及鼻窦炎。支原体对外界环境的抵抗力不强，离开鸡体后很快失去活力，常用的消毒药可迅速杀死支原体。病鸡、隐性带菌鸡和带菌种蛋是主要传染源。病原体通过空气中的尘埃或飞沫经呼吸道感染，也可经被污染的饲料及饮水由消化道传染。但最重要的是经卵垂直传播，因而可使本病代代相传。配种和授精也可传播本病。不同年龄的鸡和火鸡都可感染，尤以1~2月龄的雏禽最易感，成禽多呈隐性经过。鹌鹑、珍珠鸡、孔雀、鹧鸪和鸽子也可被感染。本病一年四季均可发生，但以寒冷季节较严重。本病呈慢性经过。成年鸡多散发，幼鸡则成批发生，发病率10%~50%。单纯感染死亡率一般很低。人工感染潜伏期为4~21天，自然感染可能更长。最初表现为流鼻涕、打喷嚏。而后出现咳嗽、气喘、啰音。最后因鼻炎、鼻窦炎及结膜炎，鼻腔和眶下窦中蓄积渗出物而出现眼睑肿胀，严重时眼部突出、眼球萎缩，常造成一侧或两侧失明。病变主要在鼻腔、喉头、气管内，表现为黏膜水肿、充血、出血，窦内充满黏液或干酪样物质。严重的可波及到气囊和肺部，气囊混浊、囊壁增厚，腔内含有大量干酪样渗出物。有的可见纤维素性或脓性心包炎、肝周炎与气囊炎一道发生。加强饲养管理和兽医卫生防疫工作是预防本病的关键，另外免疫接种可以减少感染。该病发生时，可选用抗生素进行治疗，常用太妙菌素、泰乐菌素、红霉素等疗效较好。

【鸡病毒性关节炎】(chicken viral arthritis) 由呼肠孤病毒引起家禽的关节滑膜炎、腱鞘炎的传染病。该病毒对热有抵抗力。本病只感染鸡。2周龄雏鸡较易感，自然发病多见于4~7周龄。直接或间接接触可引起传播。病鸡可通过消化道和呼吸道排出病毒。粪便是主要接触性传染源。本病可以垂直方式传递。病鸡产的蛋有的带毒，孵出的雏鸡发病。肉用鸡和产蛋鸡均可感染本病，以肉用鸡发病较多。鸡群发病率5%~10%，死亡率约1%。慢性病鸡由于发育停滞，无商品价值而淘汰的可达20%~30%。对肉用鸡危害很大。其症状表现是：病鸡表现消瘦、贫血、排出水样稀粪及较多的白色尿酸盐；精神沉郁，食欲减退，步行困难，常伏在鸡舍一角，逐渐衰竭而死。关节炎多发生在跗关节和趾关节，多数是两侧关节受侵害。发病鸡群发育不整齐，出现大量跛行鸡。目前防控本病最有效的方法是对种鸡进行疫苗接种。平时应搞好饲养管理，加强消毒。

【鸡产蛋下降综合征】(egg drop syndrome of chicken) 由禽类腺病毒引起的一种传染病。任何年龄的鸡均易感。鸡感染禽类腺病毒后影响整个产蛋期的生产。本病多为垂直传播，通过胚胎感染小鸡。鸡群产蛋率达50%以上时开始排毒，并迅速传播。也可水平传播，多通过污染的蛋盘、粪便、免疫用的针头、饮用水传播，传播较慢且呈间断性。笼养鸡比平养鸡传播快。肉鸡和产褐壳蛋的重型鸡较产白壳蛋的鸡传播快。最初症状是有色蛋壳的色泽消失，出现薄壳、软壳、无壳蛋和小型蛋。薄壳蛋蛋壳粗糙像砂纸，或蛋壳一端有粗颗粒，蛋白呈水样。蛋壳无明显异常的种蛋受精率和孵化率一般不受影响。病程持续4~10周，产蛋下降幅度达10%~40%。发病后期产蛋率会回升；有的达不到预定的产蛋水平，或开产期推迟；有的出现一过性腹泻。对本病应采取综合性防控措施。对该病尚无成功的治疗方法，发病后应加强环境消毒和病鸡消毒。

【鸡传染性法氏囊病】(infectious bursal-disease of chicken) 又称鸡传染性腔上囊炎。

由双RNA病毒科的传染性法氏囊病毒引起的一种鸡传染病。以法氏囊淋巴组织和淋巴细胞坏死为特征。病毒损害法氏囊,可导致免疫抑制。1957年在美国冈博罗地区首先发现,现已遍布世界大多养鸡地区。在自然情况下仅鸡感染,常见于2～15周龄鸡。病鸡为主要传染源,消化道、呼吸道、眼结膜均可感染。传播迅速,常呈暴发流行,发病率高。由于免疫抑制,常并发其他疾病,使病死率增加。根据流行病学、临床病理变化,可初步诊断。确诊需分离病毒和血清学试验。可用免疫血清治疗或被动免疫。其预防可选用疫苗免疫接种。

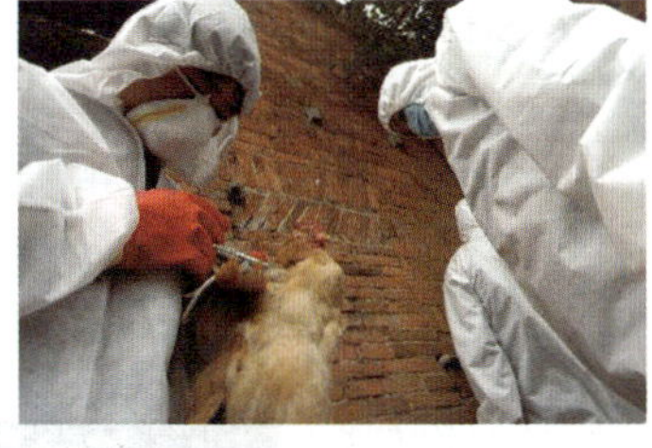

接种鸡疫苗

【鸡传染性贫血】(chicken infectious anemia) 由传染性贫血因子引起的雏鸡再生障碍性贫血和全身性淋巴组织萎缩的传染病。鸡是唯一宿主。所有年龄的鸡都可感染。主要通过蛋垂直传播,雏鸡一般在出壳后2～3周龄发病。其症状表现是:一般在感染后10～12天症状表现明显。病鸡表现为精神沉郁,虚弱,行动迟缓,羽毛松乱,啄肉髯,腿、面部和可视黏膜苍白,生长不良,体重减轻和消瘦。临死前还可见拉稀,血液稀薄如水,血液凝固时间延长。鸡血细胞压积下降,从正常值30%下降到20%以下。本病一般在感染后10天开始发病,14～16天发病和死亡率达高峰,20～28天后存活的鸡可逐渐恢复。死亡率一般10%～30%,高的可达60%。如有继发和并发感染时,可加剧死亡。成年鸡感染后一般不出现症状,产蛋率、受精率、孵化率均不受影响。鸡传染性贫血没有疫苗可以预防,也无药物治疗,只能依靠综合防治措施,及时淘汰阳性鸡。

【鸡传染性支气管炎】(infectious bronchitis of chicken) 由传染性支气管炎病毒引起的鸡的一种急性高度接触性呼吸道传染病。其症状表现是:呼吸困难,发出啰音,咳嗽,张口呼吸和打喷嚏。如果病原不是肾病变型毒株或不发生并发病,死亡率一般很低。产蛋鸡感染通常表现为:产蛋量降低,蛋的品质下降。本病广泛流行于世界各地,是养鸡业的重要疫病。病毒对环境抵抗力不强,对普通消毒药过敏,对低温有一定的抵抗力。具有很强的变异性,目前世界上已分离出30多个血清型。本病感染鸡,无明显的品种差异。各种日龄的鸡都易感,但5周龄内的鸡症状较明显,死亡率可到15%～19%。发病季节多见于秋末至次年春末,但以冬季最为严重。环境因素主要是冷、热、拥挤、通风不良,特别是强烈的应激作用如疫苗接种、转群等可诱发该病发生。其传播方式主要是通过空气传播。此外,人员、用具及饲料等也是传播媒介。本病传播迅速,常在1～2天内波及全群。一般认为不能通过种蛋垂直传播。自然感染的潜伏期为36h或更长一些。发病率高,雏鸡的死亡率可达25%以上,但6周龄以上的死亡率一般不高。病程一般多为1～2周。本病尚无特效疗法。发病时严格执行隔离、检疫等卫生防疫措施,鸡舍注意通风换气,加强饲养管理,补充维生素和矿物质饲料,增强鸡体抗病力,可预防此病的发生。

【鸡马立克氏病】(Marek's disease) 由马立克氏病毒引起的一种鸡淋巴瘤性传染病。以外周神经、性腺、虹膜、各种脏器、肌肉和皮肤多形性淋巴细胞浸润为特征,为典型的淋巴组织增生性疾病。根据病变发生的主要部位和症状的不同可分为:神经型(古典型)、内脏型(急性型)、皮肤型和眼型四个类型。有时可混合发生。自然感染宿主主要是鸡。火鸡、山鸡和鹌鹑亦有类似病变。病毒主要通过呼吸道吸入而感染鸡。马立克氏病的发病率与鸡的品种、病毒的毒力和饲养管理的方式有重要关系。多发生于4周龄以上的鸡。无特效药物治疗。可用火鸡疱疹病毒和用自然弱毒作疫苗,免疫19日龄鸡胚或1日龄雏鸡。

【鸡尾酒疗法】(cocktail therapeutics) 同时使用3～4种药物、在艾滋病毒繁殖周期的不同环节有针对性地抑制或杀灭艾滋病病毒以治疗艾滋病的一种方法。该方法由华裔科学家何大一教授提出。该疗法对艾滋病具有特殊疗效,但也有其局限性。如对早期艾滋病人相当有效,而对中晚期患者的帮助不大,因为这些患者的免疫系统已被艾滋病病毒不可逆性地破坏。此外,此疗法的花费甚高,非一般人所能承受。

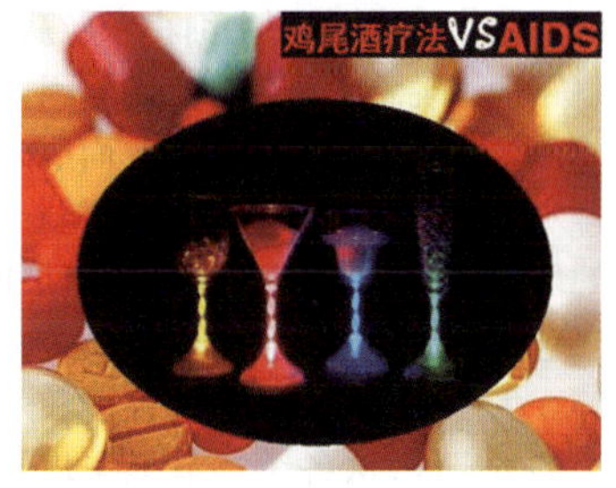

鸡尾酒疗法

【鸡新城疫】(newcastle disease) 又称亚洲鸡瘟。由新城疫病毒引起的鸡急性高度接触性传染病。常呈败血症经过。以呼吸困难、下痢、神经机能紊乱,黏膜、浆膜出血为特征。分四种类型:(1)速发性嗜内脏型。常呈毁灭性流行,发病率和病死率可高达90%以上。(2)速发性嗜肺脑型。可出现神经症状,病死率各异,但仔鸡可高达90%。(3)中发型。

主要引起小鸡的呼吸系统,间或神经系统的致死性感染。(4)缓发型。鸡仅呈一种轻度的或无症状的呼吸道感染。病原为副黏病毒科鸡新城疫病毒。鸡、火鸡、珍珠鸡和野鸡都有易感性。野鸟中宿主谱很广。主要经呼吸道、消化道传播。创伤和交配也可感染。春秋两季多发。其预防措施主要是疫苗接种。其治疗可用血清。

【鸡胸】(pectus carinatum) 外凸型胸廓畸形。按畸形形态的不同可分为:船形胸,球形鸽胸,单侧鸡胸三种类型。以胸骨中下1/3交界处最为常见。常伴两下部肋软骨凹陷或胸骨柄部和上部肋骨向前突起,或局限性一侧的几个肋软骨凸起,而胸骨则无明显改变。见于佝偻病、哮喘和先天性心脏病患者。对心肺功能影响较小,严重者可以发生限制性通气功能障碍,一般无需治疗。

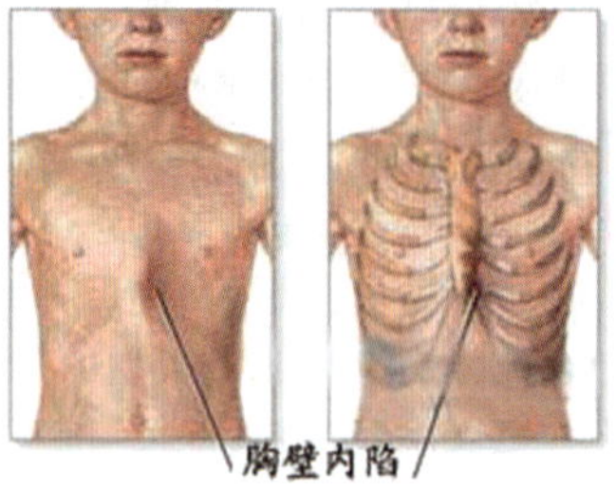

鸡胸

【奇函数】(odd function) 满足$f(-x)=-f(x)$的函数$f(x)$。定义域为D的函数$f(x)$满足定义域D关于原点对称且对任何$x\in D$都有$f(-x)=-f(x)$。奇函数的图形关于原点对称;两个奇函数的积为偶函数;奇函数的和、差仍为奇函数。

【唧浆】(thick liquid erupting) 地表水通过道路面层渗入基层,使基层软化、膨胀,在车辆荷载的连续作用下,基层中细小颗粒从面层空隙喷射出的道路病害现象。产生唧浆的原因,除了受气候条件影响外,主要与路面结构类型、面层碎石级配、路基路面排水、超载车辆通行等有关。随着时间的推移和雨水的反复侵蚀,面层的抗渗水和基层的抵抗冲刷能力越来越差。唧浆可以引发多种病害,如网裂、龟裂、翻浆等。为了确保公路的使用性能和寿命,要重视唧浆病害的危害性,从各个环节上采取积极有效的预防措施,如合理设计路面结构、精心施工、确保工程质量、完善路基、路面排水设施和对汽车限载。

【积差相关系数】(product-moment correlation coefficient) 又称相关系数。描述具有线性关系的两个随机变量之间,相关关系的方向及密切强度的指标。总体相关系数ρ常常未知,常用样本相关系数r表示。当变量服从双变量正态分布时,样本相关系数的计算公式为:

$$r=\frac{\Sigma(X-\bar{X})(Y-\bar{Y})}{\sqrt{\Sigma(X-\bar{X})^2\Sigma(Y-\bar{Y})^2}}$$

式中X和Y分别代表两随机变量,$\bar{X}$和$\bar{Y}$分别代表两随机变量的算术均数。其特点是:(1)是一个无量纲的数值,取值在-1到1之间。(2)$\rho>0$,说明两变量之间存在正相关关系;$\rho<0$,说明两变量之间存在负相关关系;$\rho=0$,说明两变量之间无线性相关关系。(3)$|\rho|$越接近1,说明两变量之间的相关关系越密切;$|\rho|$越接近0,说明两变量之间的相关关系越不密切。

【积分控制器】(integral controller) 在积分控制中,控制器的输出与输入误差信号的积分成正比关系的装置。对一个自动控制系统。如果在进入稳态后存在稳态误差,则称这个控制系统是有稳态误差的或简称有差系统。为了消除稳态误差,在控制器中必须引入"积分项"。积分项对误差取决于时间的积分,随着时间的增加,积分项会增大。这样,即便误差很小,积分项也会随着时间的增加而加大。它推动控制器的输出增大使稳态误差进一步减小,直到等于零。因此,比例+积分控制器,可以使系统在进入稳态后无稳态误差。

积分控制器

【积分曲面】(integral surface) 一个偏微分方程(组)的解所表示的曲面。确切地说,如果解所表示的曲面$\lim\limits_{n\to\infty}\sum\limits_{n=1}^{\infty}f(\xi_i,\eta_i)\Delta\alpha_i$。在某个空间内可作为一个曲面的表示,那么该曲面就称为这个方程(组)的积分曲面$\iint_D f(x,y)d_xd_y$。

【积分学】(integral calculus) 主要研究有关积分的理论、计算及其应用的学科。微积分学的一个重要组成部分。与微分学同时产生于17世纪。当时提出了两类问题:一类是已知物体的加速度$a(t)$(t为时间),求物体的速度$v(t)$和路程$s(t)$;另一类是求平面曲线所围图形的面积,曲线的弧长,曲面旋转所围空间立体的体积等。在研究以上两类问题中产生了积分学,积分学包括不定积分和定积分两部分。

【积分中值定理】(mean value theorem of integrals) 进行积分计算的基本定理。其包括积分第一中值定理和积分第二中值定理。积分第一中值定理:设f在$[a,b]$上连续,g在$[a,b]$上可积且不变号，则存在一点 $\xi\in[a,b]$ 使得 $\int_a^b f(x)g(x)dx = f(\xi)\int_a^b g(x)dx$。积分第二中值定理：设 f 在 $[a,b]$ 上可积，g 在 $[a,b]$ 上非减且 $g(b)\geqslant 0$，则存在 $\xi\in[a,b]$ 使得 $\int_a^b f(x)g(x)dx = g(b)\int_\xi^b f(x)dx$。

【积极防御】（active defence） 以积极主动的攻势行动对付进攻之敌的防御。通常体现为在战略防御中采取积极的战役、战斗进攻行动，或在战役、战术防御中采取阵前出击、火力反击、反冲击、反突击、反空降、纵深打击等各种攻势行动，以消耗和歼灭敌人，为转入反攻和进攻创造条件。

【积温】（accumulated temperature） 在规定时间内符合条件的各日平均温度或有效温度（实际温度中对植物生长、发育起积极有效作用的那部分温度）的累积值。衡量地区气候热状况的一个指标。一般以生物学最低温度作为指标温度，如0℃、5℃、10℃等，即主要农作物各发育期要求的最低温度。植物在达到一定的温度总量时才能够完成生活周期。凡是高出生物学最低温度的气温值称为活动温度，其累积值称为活动积温。活动积温是活动温度减去生物学最低温度所得的差值，又称有效温度，其累积值称为有效积温。在生长期内温度低，则生长期延长；如温度高，则生长期缩短。

【积雨云】（cumulonimbus） 垂直发展极盛、云体臃肿高大、顶部有丝缕状冰晶结构的浓黯云块。属低云族。云体浓厚庞大。云中含有大量的水，多由水滴和冰晶（分布在云顶）组成。出现时降水时间短，但强度很大，雨滴也大。常伴有雷电和大风。发展猛烈时也会有冰雹和龙卷风出现。

积雨云

【积云】（cumulus） 垂直向上发展、顶部有圆弧形凸起、底部近乎水平的孤立分散的云块。属低云族。云体边界分明。由水滴组成。常见于晴天。由空气对流上升，水汽冷却凝结而成，有明显的日变化。云底高度为600～2 000m。分淡积云和浓积云两类。对流旺盛时可发展成积雨云，消散破裂时常形成碎积云。

积云

【基本初等函数】（fundamental elementary function） 按照函数的原始定义给出的构成函数家族基本运算对象的若干种形式单一的六种函数。(1) 常值函数。又称常数函数。$y=c$（c 为常数）。(2) 幂函数。$y=x^a$（a 为实常数）。(3) 三角函数。其中包括正弦函数 $y=\sin(x)$；余弦函数 $y=\cos(x)$；正切函数 $y=\tan(x)$；余切函数 $y=\cot(x)$；正割函数 $y=\sec(x)$；余割函数 $y=\csc(x)$。(4) 反三角函数。其中主要包括反正弦函数 $y=\arcsin x$（$y=\sin^{-1}x$）；反余弦函数 $y=\arccos x$（$y=\cos^{-1}x$）；反正切函数 $y=\arctan x$（$y=\tan^{-1}x$）；反余切函数 $y=\operatorname{arccot} x$（$y=\cot^{-1}x$）。(5) 指数函数。$y=a^x$（$a>0$，$a\neq 1$）。(6) 对数函数。$y=\log_a(x)$（$a>0,a\neq 1$）。由基本初等函数经过有限次数的四则运算和复合运算所组成的函数仍称为初等函数。基本初等函数和初等函数在其定义区间内均为连续函数。

【基本负荷发电厂】（base load power plant） 承担电力系统日负荷曲线基本部位负荷的发电厂。基本负荷一般是指日负荷曲线最低负荷以下部分。基本负荷大部分由基本负荷发电厂供应，其余一小部分由夜间低容负荷时不停机的中间负荷发电厂供应。基本负荷发电厂是系统中运行最经济的，除检修或事故停机外均连续运行，所带负荷变动较小。基本负荷发电厂有：径流小电厂、核电厂、按给定热负荷运行的供热式火电厂、带强制负荷的火电厂、使用劣质煤的火电厂、洪水期各种类型的水电厂等。水电和火电密度不同的电力系统，基本负荷发电厂的选择也不同。

【基本建设】（basic building） 国家用投资形式实现扩大再生产能力的新建、扩建和改建的工程项目。主要包括工厂、矿山、铁路、桥梁、港口、农田水利、商店、住宅、学校、医院等工程的建造和生产机械、车辆、船舶、飞机等设备的购置。按建设性质的不同可分为新建、扩建、改建和重建（恢复）工程；按建设项目用途的不同可分为生产性建筑和非生产

基本建设

性建筑;按建设工作内容的不同可分为建筑工程、设备安装工程、设备、工具、器具的购置等。基本建设对于发展国民经济,提高人民物质文化生活水平和加强国防实力,扩大和增加国民经济的物质技术基础有重要作用。可以调整国民经济的重大比例关系,调整产业结构,合理分布生产力,促使国民经济科学持续、稳定、协调发展。

【基本粒子】(elementary particle) 构成物质的最基本的单元。过去认为基本粒子只有电子、质子和中子,现在已发现了几百种基本粒子。随着科学技术的发展,现在已经认识到不能把它们看成物质最后的、最基本的组成单元。根据其相互作用力的不同,粒子又分为强子、轻子和传播子三大类。强子就是所有参与强力作用的粒子的总称,轻子是参与弱相互作用和电磁相互作用的粒子,光子参与电磁作用。按照现在的认识,组成强子的夸克、轻子和媒介子属于物质结构的同一层次。它们可成为现阶段的基本粒子。基本粒子要比原子、分子小得多。质子、中子的大小,只有原子的十万分之一,而轻子和夸克的尺寸更小,还不到质子、中子的万分之一。

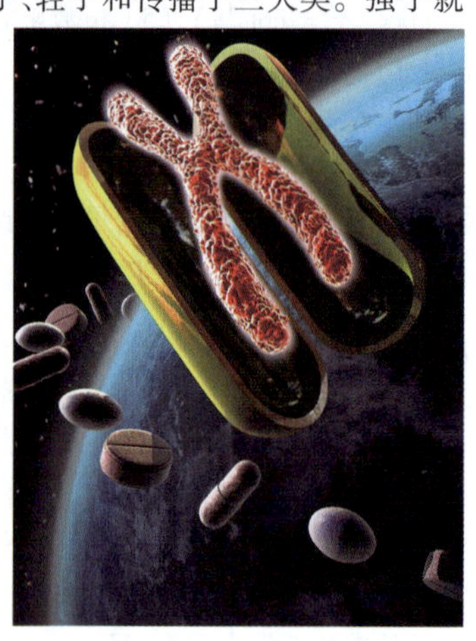
基本粒子

【基本输入输出系统】(basic input output system, BIOS) 一组固化到计算机内主板上一个ROM芯片上的程序。保存着计算机最重要的基本输入输出的程序、系统设置信息、开机自检程序和系统自启动程序。其主要功能是为计算机提供最底层的、最直接的硬件设置和控制。当计算机加电时,处理器就会读取基本输入输出系统(BIOS)中的开机自检程序,完成对计算机硬件部分的检测。如果自检发现错误,则给出提示信息或鸣笛警报;如果没有发现错误,则根据系统设置信息进行初始化,然后通过引导程序完成整个系统的引导工作。目前市场上主要的BIOS有AMI BIOS、Award BIOS以及Phoenix BIOS。

【基本相互作用】(fundamental interaction) 自然界中决定物质结构和变化过程的作用。近代物理确认各种物质之间的基本的相互作用可归结为四种:(1)引力作用。存在于一切具有质量物体之间。是一种长程吸引作用,也是自然界最弱的一种作用。(2)电磁作用。为存在于带电或具有磁矩的物体之间的长程作用。(3)弱相互作用。属于一类支配原子核β衰变的作用。仅在微观尺度上起作用,其力程最短,强度排在强相互作用和电磁相互作用之后,并且对称性较差。许多守恒定律在弱作用条件下都遭到破坏,例如宇称守恒在弱作用下就不再成立。(4)强相互作用。是属于一类将质子与中子结合成原子核的短程作用,为自然界中最强的一种作用。强作用具有最强的对称性,遵从的守恒定律最多。

牛顿与万有引力

【基本有机化工】(basic organic chemical-industry) 简称有机化学工业。以石油、天然气、煤等为原料,生产各种有机原料的工业。其所用的直接原料主要有:氢气、一氧化碳、脂肪烃类(甲烷、乙烯、乙炔、丙烯、四个C以上的脂肪烃)、芳香烃类(苯、甲苯、二甲苯、乙苯)等。每一类原料都可制得一系列产品。其原料按用途的不同可分为:(1)用于生产高分子化工产品的原料,即聚合反应的单体。(2)用于其他有机化学工业,包括精细化工产品的原料。(3)用于溶剂、冷冻剂、防冻剂、气体吸附剂生产的原料。按其产品所用原料的不同可分为:(1)合成气系产品。(2)甲烷系产品。(3)乙烯系产品。(4)丙烯系产品。(5)四个C以上脂肪烃系产品。(6)乙炔系产品。(7)芳烃系产品。

【基波电流】(fundamental current) 将非正弦周期电流函数按傅里叶级数展开,序数为1的分量。即和原周期电流同频率的正弦电流分量。在复杂的周期性振荡中,包含基波和谐波。当正弦波电压施加在非线性电路上时,电流就变成非正弦波。非正弦波电流在电网阻抗上产生压降,会使电压波形也变为非正弦波。非正弦波可分解为傅里叶级数,其中频率与工频相同的分量称为基波,频率大于基波的分量称为谐波。

【基础代谢】(basal metabolism) 人体在清醒而又极端安静的状态下,不受肌肉活动、环境温度、食物及精神紧张等影响时的能量代谢。是人体为了维持生命,各器官进行最基本的生理机能消耗的能量,如维持正常体温、基础血流和呼吸运动、骨骼肌的张力及某腺体的活动等。其水平常用基础代谢率表示。基础代谢率随着性别、年龄等不同而有生理变动。男子的基础代谢率平均比女子高，幼年比成年高；年龄越大，代谢率越低。一般来讲，基础代谢率的实际数值与正常的平均值相差10%～15%之内属于正常。超过正常值20%时，属于病理状态。在甲状腺机能减退时，基础代谢率比正常标准低20%～40%；在甲状腺功能亢进时，基础代谢率比正常标准高出25%～80%。其他如肾上腺皮质和脑下垂体机能低下时，基础代谢率也会降低。同一环境下的同一种恒温动物，其基础代谢率与其体表面积成正比。

基础代谢

【基础代谢率】(basal metabolic rate) 在基础代谢状态下，单位时间内每平方米体表面积的能量消耗。人通常以每平方米体表面积、每小时产热量的kJ数表示。测定动物的基础代谢率比较困难。一般测定静止能量代谢，而以24h内，每千克代谢体重(即体重的0.75次方)的产热量(kJ)表示：$Q = KWn$。Q为静止能量代谢率，W为体重；K为常数，因动物而异，如兔为64.7，绵羊为72.4，猪为68.1，奶牛为117等。n为幂数，其值为0.63～0.80。为便于计算，一般采用0.75。成年哺乳动物的静止能量代谢率约为9 717KJ。

【基础地理信息数据】(fundamental geographic information data) 依地形图图示将具有共同特征和关系的要素归类、分类、分级的信息属性数据。反映要素在空间分布的特征及其在空间的相互关系，描述要素的质量、数量特征和其他描述性信息属性数据。

【基础科学】(fundamental science) 又称基础自然科学。研究自然界的不同层次的物质结构、特性、存在方式及其运动规律的科学。是一切自然科学的基础，也是其他学科知识的基础。通常把数学、物理学、化学、生物学、地球科学、天文学称为基础科学。探索未知、创造新知识、为人类认识与改造自然提供依据。随着现代科学技术的发展，基础科学的范围也在扩大，由上述六类相互交叉形成的各门边缘学科，如物理化学、生物化学等，实际上也起着科学知识的基础性作用。基础科学具有探索性、理论指导性、数学化、科学抽象程度高、预言可检验性等特点。按照知识结构，可分为经典基础科学、现代基础科学、综合性基础科学、横断学科型基础科学。基础科学本身是无阶级性的，但对它的核心概念与理论的哲学分析，则有不同的哲学派别之分。

【基础梁】(foundation beam) 又称地基梁。支撑在柱基础上或桩承台上的梁。梁的一种形式。主要用作单层工业厂房围护墙的基础。一般用钢筋混凝土制成，多用预制。在用作独立柱基的多层框架结构和框架剪力墙结构中，为加强基础的整体性和刚性，提高结构的抗震性能，在纵横方面都设置地基梁。除承受墙体重量外，还兼有连梁的功能。这种梁尽可能用现浇方法施工，或采用整体式施工方法。

【基础埋深】(base depth) 从室外设计地坪至基础垫层底面的垂直距离。埋深大于等于5m或埋深大于等于基础宽度的4倍的基础称为深基础；埋深在0.5～5m之间或埋深小于基础宽度的4倍的基础称为浅基础。基础埋深不得浅于0.5m。实际工程施工角度来讲，基础埋深的原则是要在冰冻线以下，同时尽可能在最高地下水位以上，考虑腐殖土层具备承载力，基础埋深要考虑与地基整体、协同承载建筑物的压力。

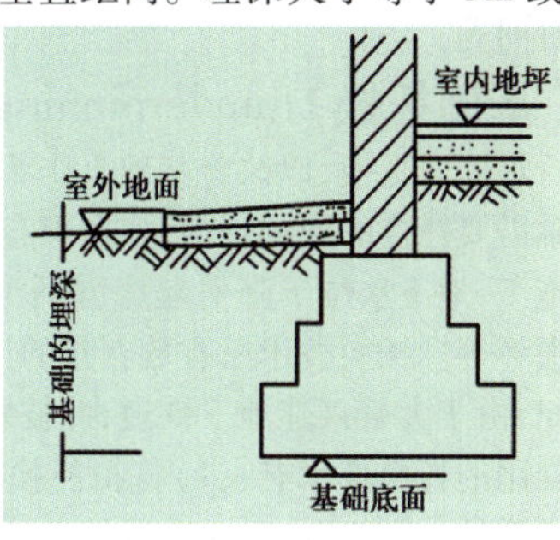

基础埋深

【基础培养基】(basic medium) 人工配制的含有适合细菌生长繁殖所需的营养物制品。可供大多数细菌生长。在牛肉浸液中加入适量的蛋白胨、氯化钠、磷酸盐，调节pH值至7.2～7.6，经灭菌处理后，即为基础液体培养基；如再加入0.3%～0.5%的琼脂，则为基础半固体培养基；加入2%～3%的琼脂，则为基础固体培养基。

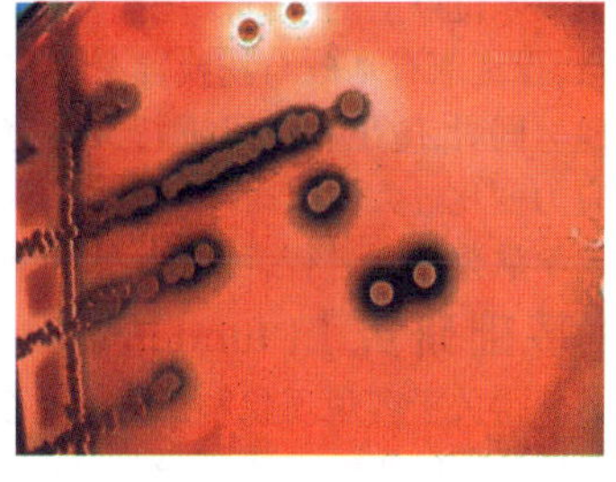
基础培养基

【基础生命支持】(basic life support) 又称初期复苏处理或现场急救。通过向心、脑及全身重要器官供氧，以延长机体耐受临床死亡时间为主要目标的一种措施。包括心跳及呼吸停止的判定、畅通呼吸道、人工呼吸、建立有效循环和转运等环节，即急救的ABC步骤。也包括识别心脏猝死、心脏病发作、卒中及异物气道阻塞、心肺复苏术和用自动体外除颤器进行除颤等。

【基础体温】(basal body temperature) 又称静息体温。人经过较长时间(6～8h)的睡眠以后醒来,尚未起床、进食、说话、情绪变化等任何活动之前所测量到的体温。通常是人体一昼夜中的最低体温。间接反映机体的基础代谢水平。基础体温高,表明基础代谢高。男性基础体温一般较女性高,且每天的基础体温一般变化不大。发育成熟女性的基础体温与生理周期(月经周期)一样,呈周期性变化。这种基础体温的变化与女性的排卵有关。测量女性基础体温具有如下作用:(1)判断是否排卵,指导避孕。(2)诊断早孕和判断孕早期安危。(3)观察黄体功能。(4)提示其他病变。(5)推算适宜的内膜活检时间等。

【基础托换】(underpinning) 对原有基础进行加固或更换,以改善基础工作状态的技术措施。基础需要托换的原因很多,如在现有建筑物下进行隧道施工,地下水位下降引起房屋下沉,原有基础腐蚀或损坏等。托换技术已有数百年的历史。但直到20世纪,由于大量兴建地下铁道,此技术才得到较大发展。常用的托换技术有:(1)将拟托换的基础上的荷载传递到桩(或沉井)上。设置桩的方法有:千斤顶压入法、打入法及钻孔灌注法等。桩可能是粗直径的,定向排列的群桩,也可能是细直径的、不定向排列的树根桩。(2)从原结构物基底向下挖坑达到合适的地基持力层,然后用混凝土填充形成墩,使荷载传给墩;或者将基础扩大,以减小基底压力。这些方法适用于地下水位以上的基础。托换基础施工要严格控制质量,保证原有基础与托换部分连接,使荷载能有效传递。同时,施工需分段进行,以避免原有建筑结构的应力变化过大。有时将基础托换与地基处理措施如化学灌浆结合进行,可以得到较好的效果。

【基础研究】(fundamental research) 为了获得关于客观现象和可观察事实基本原理的新知识所进行的实验性或理论性研究工作。不以任何应用为目的。按研究目的和性质的不同可分为:(1)实验性基础研究。又称科研工程型基础研究。如高能加速器的建造与高能物理研究等。(2)综合考察型基础研究。如中国开发大西北的考察等。(3)自选型基础研究。又称不定向研究或纯基础研究。(4)定向型基础研究。上述分类只具有相对意义,如大型科研工程、大型工程技术研究,已把基础研究、应用研究、技术开发结合为一体,以科学、技术、生产联合体形式出现,已成为科学技术一体化研究模式。

【基带】(base band) 又称基本频带。由计算机或终端产生的频谱从零开始,而未经调制的数字信号所占用的频率范围。由信源(信息源,也称发终端)发出的没有经过调制(进行频谱搬移和变换)的原始电信号所固有的频带(频率带宽)。其特点是:频率较低,信号频谱从零频附近开始,具有低通形式。按原始电信号的特征及基带信号的不同可分为:数字基带信号和模拟基带信号。相应地,信源也可分为数字信源和模拟信源。在通信中,由于基带信号具有频率很低的频谱分量,出于抗干扰和提高传输率考虑一般不宜直接传输,需要把基带信号变换成其频带适合在信道中传输的信号。变换后的信号就是频带信号。其主要用于网络电视和有线电视的视频广播。

基带芯片

【基带传输】(base band transmission) 一种不搬移基带信号频谱的传输方式。未对载波调制的待传信号称为基带信号。它所占的频带称为基带。基带的高限频率与低限频率之比通常远大于1。模拟信号经过信源编码得到的数字基带信号,不经过调制,直接送到信道传输,称为数字信号的基带传输。基带传输系统常用的传输媒体有双绞线和同轴电缆。基带传输系统的全部带宽用于单路信道传输,可以双向传输,要求采用总线型的拓扑结构,距离可达数千米。基带传输系统主要由码波形变换器、发送滤波器、信道、接收滤波器和取样判决器等5个功能电路组成。基带传输系统的输入信号是由终端设备编码器产生的脉冲序列。为了使这种脉冲序列适合于信道的传输,一般要经过码型变换器。码型变换器把二进制脉冲序列变为双极性码,有时还要进行波形变换,使信号在基带传输系统内减小码间干扰。当信号经过信道时,由于信道特性不理想及噪声的干扰,使信号受到干扰而变形。在接收端为了减小噪声的影响,首先使信号进入接收滤波器,然后再经过均衡器,校正由于信道特性不理想而产生的波形失真或码间串扰。最后在取样定时脉冲到来时,进行判决以恢复基带数字码脉冲。

【基尔霍夫定律】(Kerchief's Law) 表明集总参数电路中有关支路电流之间和有关支路电压之间的约束关系的定律。包括两条定律。基尔霍夫第一定理又称基尔霍夫电流定律。其内容为:对于任一集总参数电路中的任一节点,在任一时刻,通过该节点的所有支路电流的代数和等于零。基尔霍夫第二定律又称基尔霍夫电压定律。其内容为:对任一集总参数电路中的任一网孔或回路,在任一时刻,沿着该网孔或该回路的所有支路电压的代数和等于零。

【基极二极管】(collector base diode) 见单结晶体管。

【基价】(basic price) 又称基础价。制造某种物品需要的原料价格。造成市场价格比基价高的因素有:(1)物品的稀有程度。如稀有的装备,新型的舰船等,虽然基价不高,但是由于比较稀有,所以价格较高。(2)原料的市场波动。(3)利润的需要。物品要在成本的基础上获取相应的利润,价格高是很正常的。在建筑行业里,可以分为定额和清单基价。定额基价指人工、材料、机械三项消耗指标的价格总和。清单基价指综合单价,除了包括人材机等直接费,还包括各种费、税的摊销。商品房的基价是指经过核算而确定的每平方米商品房基本价格。商品房的销售价一般以基价为基数增减楼层,朝向差价后而得出。基期价格是指在定额编制时,以某年为基期年,以该年某一地区工、料、机单价为基础计算的完成定额计算量单位的合格产品所需要的人工、材料和机械台班使用给的合计价值。

【基坑工程】(foundation pit engineering) 又称开挖工程。建筑物基础工程或其他地下工程施工中所进行的基坑开挖、降水、支护和土体加固的总称。为综合性岩土工程。不仅涉及土力学中典型的强度、稳定与变形问题,而且涉及土与支护结构共同作用以及工程、水文地质等问题。同时还与计算技术、测试技术、施工设备和技术等密切相关。其特点是:(1)一般情况下都是临时结构,安全储备相对较小,风险性较大。(2)具有很强的区域性和个案性,由场地工程、水文地质条件和岩土的工程性质以及周边环境条件的差异性所决定。基坑工程的设计和施工,必须因地制宜,切忌生搬硬套。(3)是一项综合性很强的系统工程,它不仅涉及结构、岩土、工程地质及环境等多门学科,而且基坑开挖、降水、支护和土体加固等工作环环相扣,紧密相连。(4)具有较强的时空效应,支护结构所受荷载如土压力及其产生的应力和变形在时间上和空间上具有较强的变异性。在软黏土和复杂体型基坑工程中尤为突出。(5)对周边环境会产生较大影响。基坑土方开挖的施工工艺一般有放坡开挖和在支护体系保护下开挖两种。前者既简单又经济,但基坑不太深而且基坑平面之外有足够的空间供放坡时才适这用。

基坑工程

【基面】(face) 通过主切削刃上的某一点,与主运动方向相垂直的平面。车刀主偏角和副偏角的大小,在基面内测量。

【基体】(matrix) 复合材料中的基本组分。按原材料类别的不同可分为高聚物(树脂)基、金属基、陶瓷基、玻璃与玻璃陶瓷基、碳基(包括石墨基)和水泥基等。其中,高聚物(树脂)基又可分热固性高聚物基(如环氧树脂、不饱和聚酯和聚酰亚胺等)和热塑性高聚物基(如各种通用型塑料,以及聚醚酚、聚苯硫醚、聚醚酮等高性能品种)。基体是制作复合材料的基础。

【基团】(radical) 组成分子的原子集团。包括各种官能团和以游离状态存在的自由基(或称游离基)。按其原子组成的不同可分为烃基和官能团;按官能团对有机物性质影响的不同可分为羟基、醛基、羧基等;按基团所处位置的不同可分为端基和桥梁基。

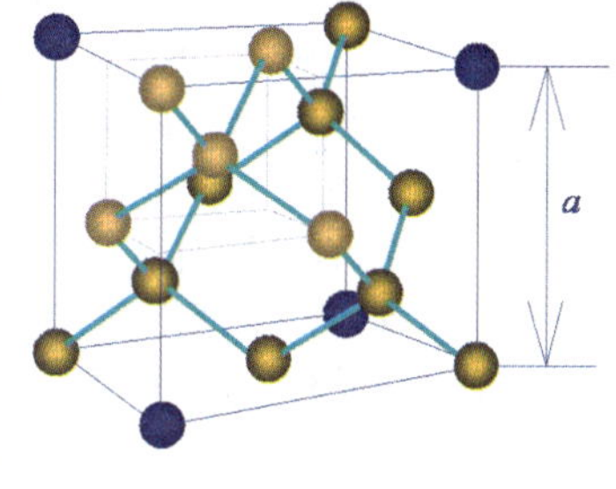

基团

【基线】(base line) 测绘学中指在三角网测量中,经精确测定长度的直线段。是三角测量中推算三角锁、三角网起算边长所依据的基本长度边。其精度直接影响到整个测量的精度。

【基线测量】(base line measurement) 为施工测量的平面控制而布设的基准线测量。根据基线点的设计坐标和已知控制点的坐标的关系,按测量点的平面位置的方法标定出来。在面积不大、地势较平坦的建筑场地上,这样的基准线称为建筑基线,其布设形式根据建筑设计总平面图上建筑物的分布、现场地形条件以及原有测图控制点的分布情况来确定,常见的布设形式有直线形、直角形、丁字形或十字形等几种。布设建筑基线时,建筑基线应平行或垂直于主要建筑物的轴线,以便采用直角坐标法测设建筑物轴线。建筑基线相邻点间应互相通视,点位不受施工影响,且能长期保存。基线点应不少于3个,以便检测基线点有无变动。

【基性岩】(basic rock) 在全碱-二氧化硅分

类中指 SiO_2 含量介于45% ~52%的一类岩石。火成岩的一个大类。基性是一个常用的化学术语。主要矿物成分为辉石、基性斜长石，有时含少量橄榄石，不含石英或石英含量极少。色深，密度较大。在基性岩中，常见的深成岩为辉长岩；浅成岩为辉绿岩、辉长辉绿岩；火山岩为玄武岩。与其有关的矿产是铁、钛、钒、铜、镍等。

基性岩

【基因】(gene) 控制性状的基本遗传单位。即携带有遗传信息的 DNA 或 RNA 序列。通过指导蛋白质的合成来表达其所携带的遗传信息，从而控制生物个体的性状表现。按其功能的不同可分为：(1)编码蛋白质的基因。(2)没有翻译产物的基因。(3)不转录的 DNA 区段。其特点是：(1)能忠实地复制自己，以保持生物的基本特征。(2)能够突变。绝大多数突变会导致疾病，小部分是非致病突变。非致病突变给自然选择带来了原始材料，使生物可以在自然选择中选择出最适合自然的个体。

【基因靶向技术】(technology of gene targeting) 在生物体内诱发精确、定向的基因删除或替代而不累及其他基因的生物技术。使人们能按照设计对哺乳动物细胞基因组进行定点、定量的改变，从而改变细胞或整体的遗传结构和特征。是精确修饰基因组的最有效方法。中国已将其应用于凝血调节机制的研究，建立了蛋白质 Z 缺失和凝血因子突变的动物模型。

【基因表达】(gene expression) 把储存在 DNA 顺序中的遗传信息不断地进行转录和翻译，转变成具有生物活性蛋白质分子的过程。生物体内的各种功能蛋白质和酶，都具有相应的结构基因编码。其功能是：(1)传递功能。通过复制使亲代的遗传信息传递给子代，从而使前后代保持了一定的连续性。(2)表达功能。蛋白质是生物性状的主要体现者。基因通过 DNA 控制蛋白质的合成从而控制生物的性状，使遗传信息得以表达，从而使后代表现出与亲代相似的性状。基因表达已经成为生物学、医学和药物开发研究中的主流技术。在诸多领域应用广泛。

【基因表达调控元件】(regulating element of gene expression) 位于基因上下游，调控基因表达时间、强度、位置等的蛋白质或 DNA 序列。基因表达调控可见于从基因激活到蛋白质生物合成的各个阶段。可分为转录水平(基因激活及转录起始)、转录后水平(加工及转运)、翻译水平及翻译后水平，但以转录水平的基因表达调控最重要。基因转录激活调节的基本要素分为以下两方面：(1)顺式作用元件。与受其调控的效应基因位于同一条染色体或 DNA 分子上的转录调控区的遗传元件。在原核生物中，大多数基因表达通过操纵子模型进行调控。其顺式作用元件主要由启动基因、操纵基因和调节基因组成。在真核生物中，与基因表达调控有关的顺式作用元件主要有启动子(被 RNA 聚合酶识别、结合并起始转录的一些 DNA 元件)、增强子(可增强基因转录频率的 DNA 元件)和沉默子(帮助降低或关闭临近基因表达活性的一段 DNA 元件)。(2)反式作用因子。一些与基因表达调控有关的蛋白质因子。原核生物中的反式作用因子主要为特异因子、激活蛋白和阻遏蛋白。而真核生物中的反式作用因子通常称为转录因子。转录调控大多是通过顺式作用元件和反式作用因子复杂的相互作用而实现的。

【基因重排】(gene rearrangement) 在正常的分化过程中，体细胞 DNA 分子核苷酸序列的重新排列。DNA 重排广泛存在于动物、植物和微生物的体细胞基因组中。其作用是：(1)可能导致 DNA 顺序的变化。(2)可能产生新基因，用于特定环境中的表达，如动物的免疫球蛋白。(3)可能改变已有基因的表达模式，调控其他基因的表达。

【基因簇】(gene cluster) 定位于染色体的特殊区域、基因家族的各成员紧密成簇排列成大段的串联重复单位。基因簇少则可以是由重复产生的两个相邻相关基因所组成，多则可以是几百个相同基因串联排列而成。当基因产物的需求量很大时，一个基因可以产生大量的串联重复。例如 rRNA 基因和组蛋白基因。也有一些基因簇在染色体上的排列并不十分紧密，中间会包含一些无关的序列，但总体是分布在染色体上相对集中的区域。一个基因簇中的基因，往往是编码催化同一新陈代谢途径的不同步骤的酶的结构基因。例如人类白细胞抗原(HLA)系统的7个连锁基因座，排列成 A－C－B－D－DR－DQ－DP，形成一个基因簇。基因簇研究的意义在于：可以利

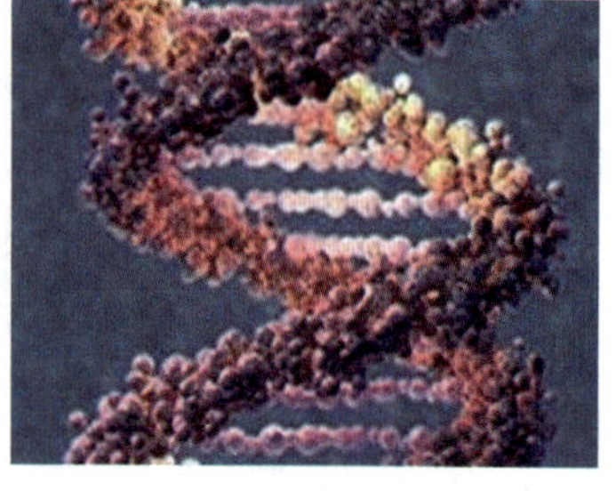
基因簇

用基因簇来检测基因组进化中涉及的因素。

【基因导入】(gene insertion) 把已知基因转移到真核细胞,并且整合到基因组中得到稳定表达的技术。是改变物种遗传性状的最根本途径。要把基因导入细胞,首先要把细胞克隆化。目前已经得到了若干真核细胞克隆化基因,如β-珠蛋白基因,TK基因等。利用显微镜操作把这些基因注入到小鼠受精卵的原核中,再把受精卵植入到生殖管道中,发育成的个体不仅能表达注入基因决定的性状,而且能把该基因传到第二代。这方面最成功的例子是“超级小鼠”的诞生。这些小鼠生长快,74天时的体重就接近同窝正常小鼠的两倍。这一成果的意义不仅为遗传工程和遗传疾病(如巨人症)的研究提供了模型,而且也为加速经济动物的生长提供了新的技术途径。

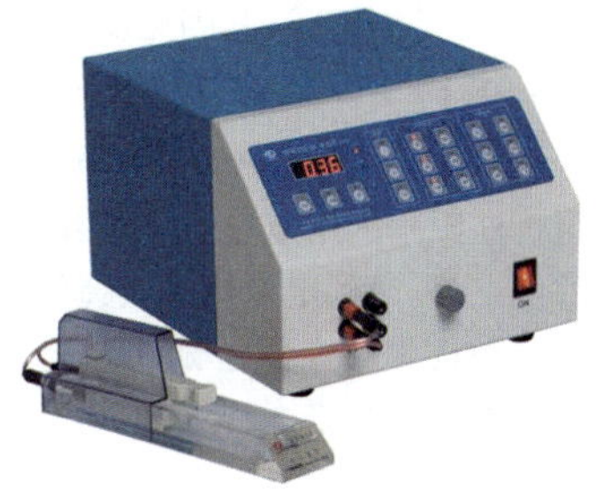
基因导入仪

【基因定位】(gene orientation) 利用杂交、侧交和自交,分别求出基因间的交换率和相对距离,然后在染色体上确定基因间的排列顺序的过程。对于研究基因的结构、功能和相互作用有重要意义,并可应用于基因工程中的重组体DNA操作。其所采用的主要方法有:(1)两点测验。先用三次杂交,再用三次侧交(隐性纯合亲本)来分别测定两对基因间是否连锁,然后再根据其交换值确定它们在同一染色体上的位置。(2)三点测验。通过一次杂交和一次用隐性亲本侧交,同时测定三对基因在染色体上的位置。是基因定位最常用的方法。

【基因多态性】(genetic polymorphism) 又称遗传多态性。在一个生物群体中,同时和经常存在两种或多种不连续的变异型或基因型或等位基因的现象。从本质上来讲,多态性的产生在于基因水平上的变异,一般发生在基因序列中不编码蛋白的区域和没有重要调节功能的区域。对于一个体而言,基因多态性碱基顺序终生不变,并按孟德尔规律世代相传。人类基因多态性在阐明人体对疾病、毒物的易感性与耐受性、疾病临床表现的多样性以及对药物治疗的反应性上都起着重要的作用。有关血管紧张素转换酶(ACE)基因多态性不同基因型其个体血清ACE活性差异的研究,首次从基因水平揭示了人类不同个体间生物活性物质的功能及效应可能存在着差异的本质,从而为探讨基因多态性疾病不同临床表型之间的联系以及对治疗反应性的影响提供了先例。

基因多态性

【基因工程】(genetic engineering) 按预先设计的蓝图,将外源基因通过体外重组后导入受体细胞内,使其复制、转录、翻译表达,从而获得新物种的技术。其重要特征是:(1)外源基因在不同的寄主生物中进行繁殖,能够跨越天然物种屏障。(2)一种确定的DNA小片段在新的寄主细胞中进行扩增,实现少量DNA样品“拷贝”出大量的DNA。其基本操作步骤是:(1)获取目的基因。(2)构建基因表达载体。(3)将目的基因导入受体细胞。(4)对导入受体细胞后的目的基因进行检测和鉴定,看其是否可以稳定维持和表达其遗传特性。运用基因工程技术不但可以培养优质、高产、抗性好的农作物及畜、禽新品种,还可以培养出具有特殊用途的动植物。一些困扰人类健康的主要疾病,也可以通过基因工程技术根治。

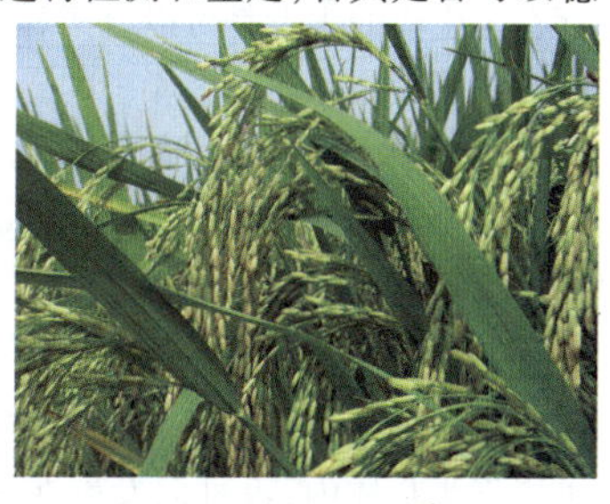
转基因作物

【基因工程菌】(gene engineering strain) 用基因工程方法构建的非天然菌株。具体方法是将所需要的某一供体的遗传物质DNA大分子抽提出来,在离体条件下用适当的工具酶进行切割后,把它与作为载体的DNA分子连接起来,然后与载体一起导入某一易生长、繁殖的受体菌中。上述重组载体进入受体菌后,能通过自主复制而得到大量扩增,从而使受体菌表达出供体基因所提供的部分遗传性状。

【基因工程抗体】(genetically engineered antibody) 以基因工程技术等高新生物技术为平台而制备的生物药物的总称。由于目前制备的抗体均为鼠源性的,在临床应用时,对人是异种抗原,重复注射可使人产生抗鼠抗体,从而减弱或失去疗效,并增加了超敏反应的发生概率。因此,在20世纪80年代初期,人们开始利用基因工程制备抗体,以降低鼠源抗体的免疫原性及其功能。目前多采用人抗体的部分氨基酸序列代替某些鼠源性抗体的序列,经修饰制备基因工程抗体。后者被称为第三代抗体。基因工程抗体主要包括嵌合抗体、人源化抗体、完全人源抗体、单链抗体和双特异性抗体等。

【基因互作】(interaction of gene) 几对基因相互作用决定一个单位性状发育的遗传现象。可以分为基因内互作和基因间互作。其功能有:(1)互补作用。(2)积加作用。(3)重叠作用。(4)显性上位作用。(5)隐性上位作用。(6)抑制作用。基因互作是生物遗传过程中的重要现象,常用于生物雄性不育系的选育繁殖制种技术中。

【基因库】(gene pool) 某一生物群体中全部个体所带有的全部基因的总和。通过生物活体来保存生物基因信息。对二倍体生物来说,有 n 个个体种群的基因库由 $2n$ 个单倍体基因组所组成。在一个有 n 个个体的群体基因库中,对每个基因组来说,各有 $2n$ 个基因,共有 n 对同源染色体。例外的是,性染色体和性连锁基因,在异型配子的个体中只有单份剂量存在。生物的表型是可以直接观察的,但基因型和基因无法直接观察。基因库中的变异,可用基因型的频率或基因频率来研究。如果知道特定基因型与其相应的表型之间的关系,就能够将表型的频率转换成基因型的频率。

【基因扩增】(gene amplification) 特定基因拷贝数选择性地大量增加的现象。基因的扩增既可以发生在体内,也可以发生在体外。在体内,细胞在发育分化或环境改变时,对某种基因产物的需要量剧增,可以通过基因扩增来满足需要;在体外,可以通过模仿细胞内 DNA 复制过程来扩增基因。基因扩增在激活原癌基因引起癌症的过程中起重要作用。在肿瘤细胞中,某些原癌基因扩增,拷贝数异常增加,导致表达产物增加,使细胞持续分裂而导致癌变。如能揭示哪些基因片断能够扩增及扩增的机理,就可通过化学的方法阻断癌症的形成和阻止肿瘤的生长。

【基因漂移】(gene transfer) 转基因植物在授粉时发生杂交,将转基因植物的基因转移到附近非转基因植物的体内,导致物种基因变化,对环境发生不可预测影响的现象。转基因生物造成的基因漂移可能会破坏野生生物的遗传多样性,例如转基因作物花粉随风飘散,造成的基因污染。

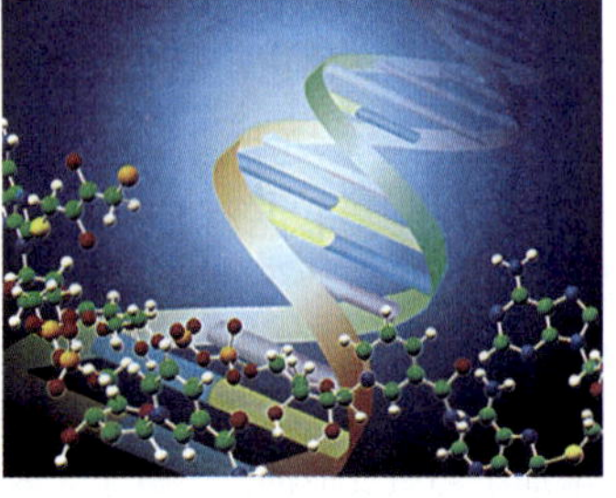

基因漂移

【基因枪法】(gene gun method) 将外源基因导入植物细胞及哺乳动物细胞的一种方法。其基本的操作方法是:将钨或金的粒子用 DNA 包裹然后轰击靶细胞,当粒子通过细胞时,粒子表面的 DNA 脱落并可能插入到核基因组中,从而使外源基因 DNA 得以在靶细胞中稳定转化并有可能获得表达。基因枪法的优点是:(1)转化效率高。(2)受体广泛。(3)操作简单。其在转基因植物、转基因药物、生物反应器、基因治疗、基因免疫等方面均有广泛的应用,并显示了巨大的经济和社会效益。

【基因敲除】(gene knock-out) 通过同源重组将外源基因定点整合入靶细胞基因组上某一确定的位点,以达到定点修饰改造染色体上某一基因目的的一种技术。克服了随机整合的盲目性和偶然性。是一种理想的修饰、改造生物遗传物质的方法。其诞生是分子生物学技术上继转基因技术后的又一革命。尤其是条件性、诱导性基因打靶系统的建立,使得对基因靶位时间和空间上的操作更加明确,效果更加精确、可靠。其发展将为发育生物学、分子遗传学、免疫学及医学等学科提供一个全新的、强有力的研究、治疗手段,具有广泛的应用前景和商业价值。目前该技术主要应用于动物模型的建立,而最成熟的实验动物是小鼠。对于大型哺乳动物的基因敲除模型还处于探索阶段。

【基因突变】(gene mutation) 在基因内部遗传结构的改变。基因突变是生物进化的重要因素之一。其发生与脱氧核糖核酸的复制、DNA 损伤修复、癌变和衰老都有关系。按其表型效应的不同可分为:(1)形态突变型。(2)生化突变型。(3)致死突变型。按其基因结构改变类型的不同可分为:(1)碱基置换突变型。(2)移码突变型。(3)缺失突变型。(4)插入突变型。按其遗传信息改变方式的不同可分为:(1)错义突变型。(2)无义突变型。不论是什么类型的突变,都具共同的特性:(1)随机性。(2)稀有性。(3)可逆性。(4)少利多害性。(5)不定向性。在诱

基因突变

变育种、害虫防治和诱变物质的检测等方面应用广泛。

【基因污染】(genetic pollution) 外源性基因扩散到其他物种所造成的自然界基因库的混杂或污染。如转基因大豆含有矮牵牛的抗除草剂基因。这些外源基因能通过花粉传授等途径扩散到其他物种造成基因污染。生物在经过基因改造后,具有"杂交"优势。当它们回到自然环境中时,往往会获得更多的生殖机会,同时还有可能对与其相关的和相互依存的生物产生影响,破坏原有的生态平衡,进而使被改造过的基因,较快地扩散到它的后代中去,使原有种群面临绝种的危险。

基因污染

【基因武器】(genetic weapon) 又称DNA武器。运用先进的遗传工程技术及类似工程设计的办法而制造成的生物武器。按人们的需要通过基因重组,在一些致病细菌或病毒中接入能对抗普通疫苗或药物的基因,或者在一些本来不会致病的微生物体内接入致病基因。基因武器的使用方法简单多样,可以用人工、飞机、导弹或火炮把经过基因重组的细菌、携带细菌昆虫和带有致病基因的微生物,投入他国的主要河流、城市或交通要道,让病毒自然扩散、繁殖,使人、畜在短时间内患上一种无法治疗的疾病,使其在无形战场上丧失战斗力。由于这种武器不易发现且难防难治,一些科学家对它的忧虑远远超过当年一些核物理学家对原子弹的忧虑。

【基因芯片】(genetic chip) 通过微电子技术和微加工技术将大量特定序列的探针有序地固定于支持物上,然后与标记的样品进行杂交,通过杂交信号的强弱判断靶分子数量的系统。其原理是利用核酸双链的互补碱基之间的氢键作用,形成稳定的双链结构,并通过检测目的单链上的荧光信号来实现样品的检测。其主要类型有:(1)固定在聚合物基片(尼龙膜、硝酸纤维膜等)表面上的核酸探针或cDNA片段,通常用同位素标记的靶基因与其杂交,通过放射显影技术进行检测。(2)用点样法固定在玻璃板上的DNA探针阵列,通过与荧光标记的靶基因杂交进行检测。(3)在玻璃等硬质表面上直接合成的寡核苷酸探针阵列,与荧光标记的靶基因杂交进行检测。其技术特点是:(1)可行性。(2)多样性。(3)微型化。(4)自动化。其优势是:(1)操作方便。(2)信息综合处理能力强。(3)结果可靠。(4)仪器配套齐全。在生命科学研究与实践、医学科研及临床、药物设计、环境保护、农业、司法和军事等多个领域有着广泛的用途。

【基因型】(genotype) 与表现型相对应。决定个体性状的基因组合。基因型对一种生物的发展有极大影响,但是它不是唯一的因素。一般来说即使基因型相同的生物也会表现出不同的外显型(表现型);同样的基因在不同的生物体中可能不同地表达。同卵双胞胎拥有相同的基因型,尽管他们的外显型非常相似,但是仍有稍微的不同之处,如同卵双胞胎的指纹不同。人类的疾病几乎都与遗传有关,也都受环境的影响,只是不同的疾病受环境与遗传两个因素影响的程度不同。某些疾病明显地受遗传支配,而另一些疾病则受环境的作用。人们可以应用这个关系的原理来防治遗传病。

【基因型选择】(genotype selection) 通过表型所估测的基因型而进行选择的育种方法。家畜选种方法之一。质量性状的基因型可根据表型直接判断,也可通过测交或系谱分析的方法判断基因型,然后再进行选择;数量性状的基因型一般都利用数量遗传学的原理和方法,根据本身或亲属的表型值来估测种畜的育种值,根据育种值的大小进行选择。基因型选择可取得较好的效果,但计算方法比较复杂,而且所用资料必须准确可靠。

【基因医学】(genetic medicine) 医学的一个分支。研究对基因的缺损、失灵而进行弥补、修正系列工程的学科。其研究内容包括理论研究和临床实践两个方面。理论上探讨基因的意义、作用、特征和结构及其与各种病变的关系,临床上研究确定DNA的缺损部位和修补方法(包括物理性、化学性、生物性方法,特别是药物的选择)。基因医学的研究为遗传病的防治指明了方向。

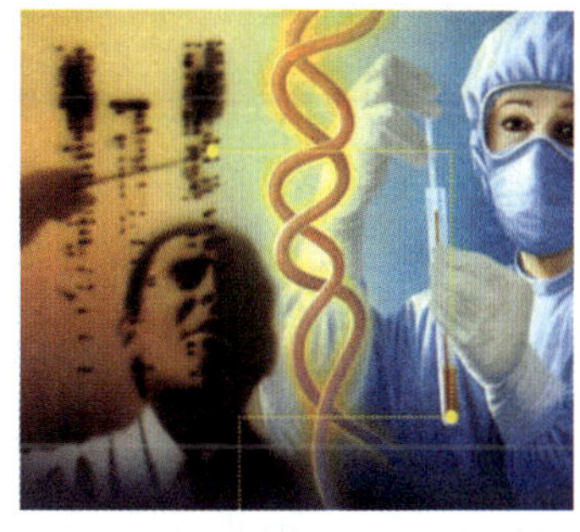
基因医学

【基因疫苗】(genetic vaccine) 又称DNA疫苗。利用具有抗原性的蛋白质基因经过人工改造或仅仅利用其抗原基序构建的可在体内表达的一种基因工程疫苗。抗原基因在一定时限内的持续表达，不断刺激机体免疫系统，使之达到防病的目的。其特点是：(1)纯度高。(2)价格廉。(3)生产过程简单。(4)疫苗安全可靠。(5)可进行大规模生产。它已成为疫苗研究领域中的热点之一。其研究方向与世界卫生组织儿童计划免疫长远目标(用一种疫苗预防多种疾病)相吻合。艾滋病和T细胞淋巴瘤的基因疫苗已进入到了临床前阶段。基因疫苗的研究将会在根治疑难杂症方面发挥重大作用。

基因疫苗

【基因诊断】(gene diagnosis) 又称DNA诊断。直接检测基因的结构及其表达水平，从而对疾病作出诊断的方法。其优势在于：以基因作为检查材料和探究目标，是一种针对特定的基因，诊断的特异性强。目前已发展成为一门独具特色的诊断学科。该学科是利用分子生物学及分子遗传学的技术和原理，具有放大效应，诊断的灵敏度高，诊断范围广。其基本方法是建立在核酸分子杂交、PCR和DNA序列测定或几种技术联合使用基础上的。其临床意义在于不仅能对疾病作出早期确切诊断，而且也能确定个体对疾病的易感性及疾病的分期分型、疗效监测、预后判断等。其原理和方法不仅适用于遗传性疾病(如地中海贫血、苯丙酮酸尿症等)、遗传易感性疾病(病毒性肝炎、结核病、淋病、艾滋病等)、多种肿瘤的诊断和分型，并且能够应用于司法领域(如亲子鉴定、个体识别、性别鉴定和种属鉴定)和器官移植的组织配型等诸多领域。

【基因治疗】(gene therapy) 以正常基因导入造血干细胞或其他组织细胞，矫正、替代缺陷基因，或从基因水平调控细胞中缺陷基因表达的一种疾病治疗方法。应用基因工程技术将正常基因引入患者细胞内，以纠正致病基因的缺陷而根治遗传病。纠正的途径既可以是原位修复有缺陷的基因，也可以是用有功能的正常基因转入细胞基因组的某一部位，以替代缺陷基因来发挥作用。狭义的基因治疗是将目的基因导入靶细胞后，与宿主细胞发生整合，成为宿主基因组的一部分，目的基因的表达产物起治疗疾病的作用。而广义的基因治疗则包括通过基因转移技术或反义核酸技术、核酶技术等，使目的基因得到表达、或封闭、剪切治病基因的mRNA，而达到治疗疾病的目的。基因治疗的基本程序包括：(1)选择和制备目的基因。在对疾病分子机制了解清楚的基础上，选择对于疾病治疗特定的目的基因。(2)选择基因转运载体。载体通常分为病毒载体和非病毒载体两大类，目前多采用逆转录病毒、腺病毒、腺相关病毒、痘苗病毒和单纯疱疹病毒载体。(3)选择靶细胞。将受体细胞分为生殖细胞和体细胞两类，理论上讲生殖细胞是最理想的。(4)转移基因。将外源性治疗基因导入靶细胞并进行表达。

【基因组】(genome) 单倍体细胞中包括编码序列和非编码序列在内的全部DNA分子。包括有机体的全部遗传特征。人的基因组分为细胞核内的核基因组和线粒体内的线粒体基因组。核基因组是单倍体细胞核内的全部DNA分子；线粒体基因组是一个线粒体内所包含的全部DNA分子。

【基因组“精细图”】(genome fine chart) 一张包括基因在染色体上的分布和定位及以基因多态性为基础的用于育种的遗传标记在内的精细图谱。中国已绘制出水稻基因组“精细图”。这是全世界第一张农作物的基因组精细图谱，也是一项令世界瞩目的科学研究成果。精细图不仅包含了水稻基因在染色体上的分布和定位，同时还找到了用于育种的遗传标记。它覆盖了97%的基因序列，并可将序列中97%的基因精确地定位在全部12条染色体上，准确性达到了99.99%，达到国际公认的精细基因图标准。它为阐明水稻基本生物学性状的遗传基础，以及识别、筛选具有经济价值的遗传基因打下了坚实基础。

基因组“精细图”

【基因组学】(genomics) 研究生物基因组的结构与功能，揭示生命现象本质的一门学科。其主要工具和方法是：(1)生物信息学。(2)遗传分析。(3)基因表达测量。(4)基因功能鉴定。研究的主要内容是：(1)生物基因组的基本结构和组成。(2)基因组内基因的表达和调控。(3)遗传图谱与物理图谱。(4)基因组测序。(5)基因组序列解读。(6)染色体的结构与基因的表达调控。(7)基因组活性的调控。其研究目标是充分合理地利用各种有效资源，为预防和治疗人类遗传疾病提供科学依据。

【基质金属蛋白酶】(matrix metalloproteinases, MMPs) 一类在降解细胞外基质组分

中发挥重要作用的中性内肽酶。因其活性依赖于锌离子等金属离子而得名。因其可以降解细胞外基质中的所有组分，并可与细胞外微环境中的多种生长因子和细胞因子相互作用，从而在创伤愈合、骨吸收、怀孕、分娩以及乳腺萎缩等与组织重塑有关的生理过程中发挥作用。另外，在类风湿性关节炎、骨关节炎、角膜溃疡、牙周疾病、动脉粥样硬化、心肌梗塞、神经退行性疾病、以及肿瘤的侵袭和转移等，以细胞外基质过度破坏为主要特征的病理过程中，亦发挥着重要作用。

【基准面】（datum surface） 标注物体之位置尺寸前，必须首先建立的位置尺寸之起点。一个完整的尺寸标注，除了物体之大小尺寸外，还需要包括各形状几何体之位置尺寸。

【基准试剂】（standard substance） 又称基准物质。分析化学中用于直接配制标准溶液或标定其他溶液浓度的试剂。基准物质应满足以下要求：(1)组成与化学式完全相符。(2)纯度足够高(≥99.9%)。(3)性质稳定，不易失水、吸水或变质。(4)参加反应时，按反应式定量地进行，没有副反应。(5)要有较大的摩尔质量，以减少称量误差。常用的基准物质有银、铜、锌、铝、铁等纯金属及氧化物、重铬酸钾、碳酸钾、氯化钠、氟化钠、邻苯二甲酸氢钾、草酸、硼砂、三氧化二砷等纯化合物。

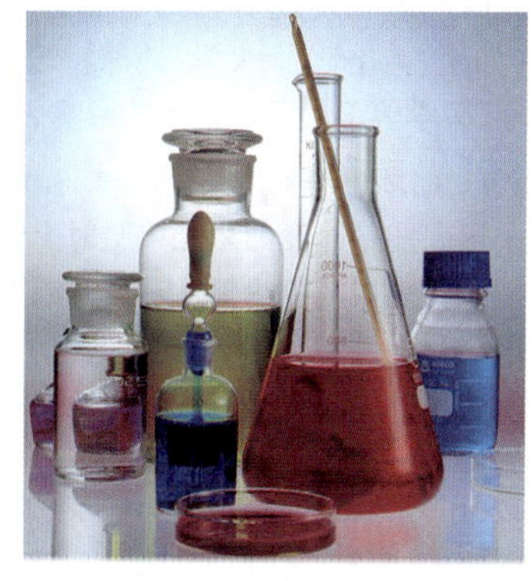

基准试剂

【基准收益率】（basic yield） 在工程经济学中，选择特定的投资机会或投资方案必须达到的预期收益率。是计算净现值等经济评价指标的重要参数，故常被称为基准折现率或基准贴现率。它是投资方案和工程方案的经济评价和比较的前提条件，是计算经济评价指标和评价方案优劣的基础。它的高低会直接影响经济评价的结果，改变方案比较的优劣顺序。确定基准收益率要考虑的因素有：(1)资金成本与资金结构。(2)风险报酬。(3)资金机会成本。(4)通货膨胀。

【畸胎发生】（teratogenesis） 胎儿发育异常。高等动物的正常发育是一个按严格时、空程序进行的复杂过程。在每一个发育阶段，细胞、组织和器官都可受致畸因素的影响，使正常发育过程受到扰乱，因而发生不同程度的畸形。一般以眼、神经系统、面部结构、四肢、心血管和泌尿生殖系统的异常较为常见，如白内障、小眼、小头、裂腭、短肢等。若用实验胚胎学的手术方法干扰胚胎的发育过程，特别是改变发育中细胞的相互关系或改变器官芽基的原有位置，都可引起胚胎的畸形发育。实验畸胎学研究也发现，在怀孕期间胚胎可因营养因素或接受一些环境因子，如化学药物、射线、病毒等的作用而发生畸形。这两方面的研究是相辅相成的，都有助于了解动物和人类的正常和异常发育的过程。

【畸胎瘤】（teratoma） 发生于卵巢生殖细胞的肿瘤。由多胚层组织结构组成。肿瘤可含外、中、内胚层组织。与妊娠无关。其类型包括：(1)成熟畸胎瘤。又称皮样囊肿。属良性肿瘤。占畸胎瘤95%以上。可发生于任何年龄，以20~40岁居多。肿瘤多为单侧，直径5~10cm，圆形或椭圆形，壁光滑，腔内充满油脂和毛发，有时可见牙齿和骨骼。由于肿瘤重心不均称，易在体位突然改变时发生蒂扭转，属妇科急腹症。(2)未成熟畸胎瘤。属恶性肿瘤。占畸胎瘤1%~3%。复发及转移率高。多见于年轻患者(平均年龄11~19岁)。肿瘤多为实性，由分化程度不同的未成熟胚胎组织构成，主要为原始神经组织。其治疗以手术摘除肿瘤。良性肿瘤的年轻患者应注意保留卵巢功能；恶性肿瘤术后应辅以化疗。

【畸形中央尖】（abnormal central cusp） 在𬌗面颊舌尖中间突出一圆锥状尖锐的额外尖的牙齿发育异常现象。多见于下颌前磨牙，尤以第二前磨牙最多见。其内可有牙髓伸入，很易折断而继发牙髓和根尖周病。其病因是由于在牙发育期间，牙乳头组织向成釉器突起，在此基础上形成釉质和牙本质。是牙齿先天性发育异常疾病。临床检查很容易明确诊断。其治疗方法是：(1)低而圆钝的中央尖，患牙无症状不需处理。(2)高而锐的中央尖在未建立对𬌗关系前应分次调磨该尖，每次间隔2~3周，一次磨的厚度不得超过0.5mm，调磨后涂75%氟化钠甘油糊剂；如X线片见有髓角突入尖内，应尽早作直接盖髓术。(3)年轻恒牙并发牙髓病时，应作直接盖髓术或活髓切断术；并发根尖周炎者，应行根尖诱导成形术。(4)成人患牙已并发牙髓和根尖周病者，做根管治疗；如牙根形成不足1/2，又继发牙周病者，应拔除。

【激波】（shock wave） 气流中的强压缩波。以超音速飞行的飞行器或炮弹，前面的气流被压缩，会形成一个压力、温度和密度突然升高、流速突然减慢的波面，此波面称为激波。雷击，炸弹爆炸，核或其他形式的强爆炸所产生的气流剧烈扰动以及超音速气流绕物体的流动都会形成激波。激波有一定厚度，其值甚小，只是气体分子自由程的几倍。在理想气流中，激波被抽象化为一个没有厚度的气流参数突变的界面。在激波内部存在着气体质点间的内摩擦，部分机械能转化为热能。因此，只要有激波出现，就意味着气流机械能的损耗，波阻的产生。激波分为正激波和斜激波。正激波是波面与气流方向垂直的激波。气流流经正激波，压力、温度和密度突然升高，流速由超音速降为亚音速，气流方向不变。在同一马赫数下，它是最强的激波。斜激波是波面沿气流方向倾斜的激波，以激波角表示它向后倾斜的程度。气流流经斜激波时，压力、温度和密度也都突然升高，但不如经过正激波时强烈，流速可能降为亚音速，也可能仍为超音速。气流通过斜激波后，方向要向外转折。激波依附于物体表面的称附体激波，不依附于物体表面的称离体激波。圆锥形物体在超音速运动中产生的附体激波又称圆锥激波。物体的半顶角大，飞行马赫数小，则产生离体激波；半顶角小，飞行马赫数大，则产生附体激波。飞机超音速飞行时，各部分产生的激波要汇合成一前一后的两个激波向外传播，并传至地面。对地面某一点来说，激波经过时由于波面前后压力突变，将伴随着产生爆炸音响，称为超音速爆音。前后两激波时间间隔约0.12～0.22s，故地面听到急促连续的两响爆音。如飞行高度较低，激波会对地面的人、畜和建筑物造成损害。所以一般情况下，超音速飞行不应低于规定高度。飞行器在飞行中，激波的产生和它的形状，对飞行器空气动力有很大影响。一些国家对高速飞行的飞行器作了大量的试验和研究，以便采用合适外形，推迟激波产生或减小波阻。

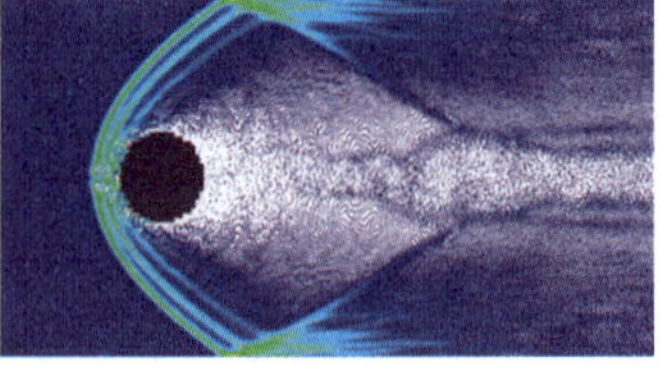

激波

【激动药】(agonist)　既有亲和力又有内在活性的药物。能与受体结合并激动受体而产生效应。按其内在活性大小的不同可分为完全激动药和部分激动药。前者具有较强亲和力和较强内在活性；后者有较强亲和力，但内在活性不强。与激动药并用还可以拮抗激动药的部分效应，如吗啡为完全激动药，而喷他佐辛则为部分激动药。

【激光】(laser)　受激辐射光放大的简称。利用光照、加热、放电等手段激发特定物质，并在谐振腔的作用下，使物质内部发生受激辐射的振荡过程而获得的一类特殊的光。其特性是：(1)方向性强。激光几乎是一束定向发射的平行光。表征其发射程度的发散角很小，一般为毫弧度(mrad，1mrad＝3min26s)数量级。现可得到发散角在1s以下的激光束。(2)亮度大(功率密度大)。激光的亮度远大于太阳光的亮度。若用透镜将其会聚，可得到很高的功率密度，以至在极小的局部范围内产生几百万度高温，几百万个大气压，每米几十亿伏的强电场。(3)单色性高。激光是近于单一频率的光。如，氦－氖(He－Ne)激光器输出的6.328×10^{-7}m激光谱线的线宽可达到1×10^{-17}m。其单色性远优于以往的一般单色光源。(4)相干性好。激光的线宽窄，位相在空间的分布也不随时间变化，故具有良好的时间相干性和空间相干性。以往用普通光源无法产生的光学效应、不能观察到的光学现象，被激光逐一揭示出来。从而加深了对光和物质相互作用规律的认识，促进了基础学科理论的发展。激光的产生和发现对物理学和自然科学的其他学科(如生物、化学、天文学、地球物理学等)以及国防、工业、医学等部门都有巨大的影响。

激光

【激光表面淬火】(laser surface hardening)　采用高能量密度的激光束照射工件表面并快速移动，使工件表层吸收热量后迅速升温至相变点以上，在光束移开后，因表层与基体间存在巨大的温度梯度，致使表层产生自淬火过程，激光速照身上工件表面激光表面淬火时，激光束的功率密度达1×10^4～1×10^5W/cm^2，冷却速度达1×10^4～1×10^6℃/s。目前国内用于激光表面淬火的激光器大多数为多模输出的CO_2激光器。激光表面淬火的特点是：(1)组织细化，硬度提高。(2)热影响区小，工件变形小。(3)自冷淬火，无冷却介质污染。(4)加热指向性好，为局部淬火提供方便。用这种方法处理内燃机缸套内壁，可使耐磨性大幅度提高，获得良好的经济效益。

【激光表面改性】(laser surface modification)　将激光作用在材料或工件表面，改变其化学成分或组织结构以提高零件或材料性能的技术。激光具有高辐射亮度、高方向性和高单色性三大特点，可实现材料表面的快速加热和冷却。在激光加热过程中，其热影响区的范围很窄，几乎不影响周围基体的组织。若将激光作用在金属表面上，控制合适的工艺参数，可改善其表面性能，如提高金属表面硬度、强度、耐磨性、耐蚀性等多种性能。激光表面改性技术在金属材料中得到大量应用，除表面淬火外，还有激光表面非晶化、合金化和脉冲硬化等。

【激光表面熔化】(laser surface melting) 将连续的或脉冲的高能量密度激光束快速扫过材料表面,使之产生一层非常薄的熔化层的热处理技术。激光束移过之后,熔化层迅速冷却,使得整个材料表层产生新的金相显微组织,从而改变表面的力学性能。

【激光玻璃】(laser glass) 一种以玻璃为基质的固体激光材料。由基质玻璃和激活离子两部分组成,其各种物理化学性质主要由基质玻璃决定,光谱性质则主要由激活离子决定。由于基质玻璃与激活离子彼此间互相作用,所以激活离子对激光玻璃的物理化学性质有一定的影响,而基质玻璃对激光玻璃的光谱性质的影响也相当大。激光玻璃广泛应用于各类型固体激光器中,并成为高功率和高能量激光器的主要激光材料。

【激光测距仪】(laser ranging device) 一种利用激光对目标距离进行准确测定的仪器。其工作原理是:向目标射出一束很细的激光,由光电元件接收目标反射的激光束,计时器测定激光束从发射到接收的时间,计算出从观测者到目标的距离。若激光是连续发射的,测程可达40km左右,并可昼夜进行作业;若激光是脉冲发射的,一般绝对精度较低,但用于远距离测量,可以达到很好的相对精度。其特点是:(1)重量轻。(2)体积小。(3)操作简单。(4)速度快。(5)准确,误差仅为其他光学测距仪的五分之一到数百分之一。广泛用于地形测量、战场测量,坦克、飞机、舰艇和火炮对目标的测距,以及云层、飞机、导弹和人造卫星的高度测量等。

激光测距仪

【激光测量仪器】(laser measuring instrument) 装有激光发射器的各种测量仪器。这类仪器种类较多。其共同点是将一个氦氖激光器与望远镜连接,把激光束导入望远镜筒,并使其与视准轴重合。利用激光束方向性好、发射角小、亮度高、红色可见等优点,形成一条鲜明的准直线,做为定向定位的依据。在大型建筑施工,沟渠、隧道开挖,大型机器安装,以及变形观测等工程测量中应用甚广。常见的激光测量仪器有:(1)激光准直仪和激光指向仪。两者构造相近,用于沟渠、隧道或管道施工、大型机械安装、建筑物变形观测。(2)激光经纬仪。用于施工及设备安装中的定线、定位和测设已知角度。(3)激光水准仪。除具有普通水准仪的功能外,还可做准直导向之用。如在水准尺上装自动跟踪光电接收靶,即可进行激光水准测量。(4)激光平面仪。一种建筑施工用的多功能激光测量仪器,其铅直光束通过五棱镜转为水平光束;微电机带动五棱镜旋转,水平光束扫描,给出激光水平面,可达20的精度。适用于提升施工的滑模平台、网形屋架的水平控制和大面积混凝土楼板支模、灌筑及抄平工作,精确方便、省力省工。

【激光测速】(laser velocity-measuring) 利用激光技术测定某种物体移动速度的技术。对被测物体进行两次有特定时间间隔的激光测距,取得在该一时段内被测物体的移动距离,从而得到该被测物体的移动速度。其优点是:(1)有效距离远。(2)测速精度高。其缺点是:(1)测速成功率低。(2)只能在静止状态下应用。(3)价格昂贵。

【激光传感器】(laser transducer) 一种利用激光技术进行测量的传感器。由激光器、激光检测器和测量电路组成。是一种新型测量仪表。其优点是:能实现无接触远距离测量、速度快、精度高、量程大、抗光电干扰能力强等。已广泛应用于国防、生产、医学和非电测量等各方面。

【激光打孔】(laser drilling) 将激光束用透镜聚焦于工件表面以获得高功率密度的微小光斑,使光斑区域内的材料迅速熔化而形成微孔的过程。孔径在0.01~1mm范围内,小的可达0.001mm。激光打孔技术已成功应用于加工钟表的宝石轴承孔、金刚石拉丝模小孔、涡轮叶片的冷却孔、发动机喷嘴小孔等。所用激光光源多为红宝石、钕玻璃、钇铝石榴石等固体激光器。其特点是:(1)激光打孔是非接触加工,所以无工具磨损。(2)工件不承受机械力,不会变形。(3)可方便地利用聚焦系统实现小孔的精确定位。(4)有利于实现自动控制。(5)可加工超硬材料,如金刚石等。

【激光打印机】(laser printer) 将激光扫描技术和电子显像技术相结合的非击打输出设备。由激光器、声光调制器、高频驱动、扫描器、同步器及光偏转器等组成。其工作原理是:把接口电路送来的二进制点阵信息调制在激光束上,之后扫描到感光体上;感光体与照相机组成电子照相转印系统,把射到感光鼓上的图文映像转印到打印

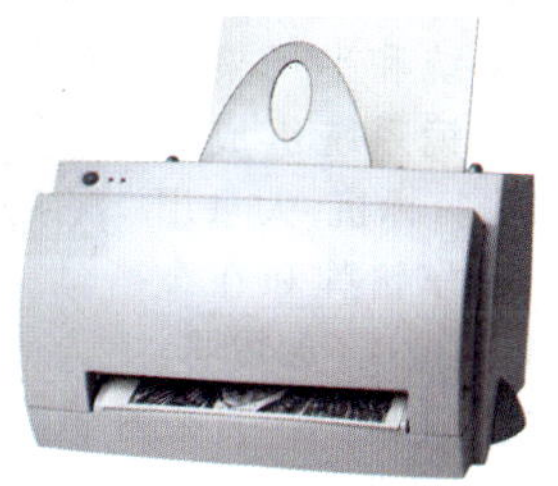
激光打印机

纸上。具有打印质量好、速度快、无噪声的特点，在现代社会各领域广泛应用。

【激光电镀】(laser electroplating) 利用激光照射加速电沉积速度，同时改善镀层质量，提高镀层结合力的激光强化电镀技术。与无激光照射的电镀(普通电镀)相比，激光电镀的金属沉积速度快1 000倍之多，镀层的牢固度也提高很多。激光电镀技术对微型开关、精密仪器零件、微电子器件和大规模集成电路的生产和修补具有重大意义。

激光电镀

【激光淀积】(laser illuviation) 利用激光的热效应使某些难熔的金属或非金属材料，在真空或其他适当条件下，淀积在工件或材料(基底)表面的加工方法。可用来制作各种光学薄膜、导电薄膜、化合物薄膜和合金薄膜。如果在基底上加盖掩膜，将淀积金属材料有选择地淀积到基底上，即可实现集成电路或其他微型电路各元件之间的连接。

【激光雕刻】(laser sculpture) 用激光束在金属或其他材料上刻出沟槽、文字和图案的加工技术。利用激光雕刻图形，不仅雕刻速度快、省时省力，而且不易出错。尤其是在难以雕刻的金属上，激光雕刻更显示出其他雕刻工艺无法比拟的优势。过去激光雕刻应用于制造电容量较小的间隙电容器、在薄膜电阻上刻出螺旋沟槽以增加阻值等。现在结合仿形技术或用电子计算机控制，增加伺服扫描系统和平场聚焦的振镜系统组成的激光打标机，大量用于制作铭牌和在金属、非金属(如皮带、皮包)上雕刻出复杂图案。激光雕刻具有加工精度高、刻线窄细、效率高和便于自动控制等优点。

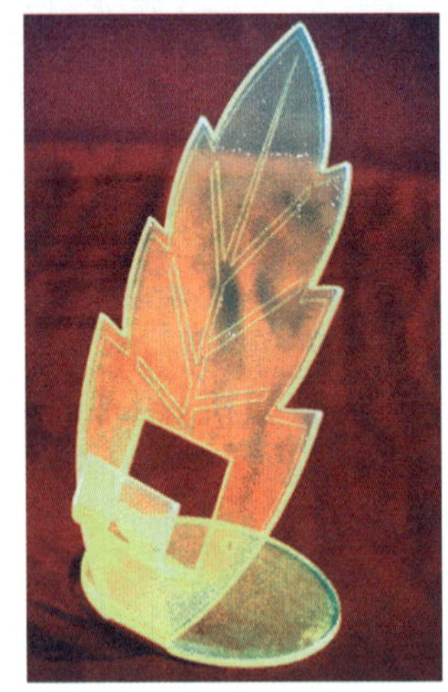
激光雕刻

【激光雕刻印花技术】(laser engraving-printing technique) 激光对布匹或服装厚度方向进行的完全或部分腐蚀而形成孔洞或花纹图案的技术。将布匹或服装固定在一个框架上，由激光装置控制发射激光的强度，同时按照一定规律移动框架进行印花。与电子绣花技术原理类似，激光雕刻印花技术能在织物或服装上形成个性化的图案、图像、标识等。广泛应用于服装的装饰图案和商标制作。

【激光堆焊】(laser overlaying welding) 用激光的高能束热源，将具有所需性能的金属粉末在待堆焊零件表面进行熔敷而形成金属层的堆焊技术。该工艺可实现热输入的准确控制，涂层厚度大，零件的热畸变小，零件表面材料的成分和稀释率可控性好，可获得组织致密、性能优越的堆焊层，可在普通材料上覆盖高性能(耐磨、耐高温、耐蚀等)堆焊层，节省贵金属。基材的加热不受金属蒸气的影响，熔敷金属冷却快，熔敷层的耐磨性成倍地提高。其能源利用率高，可达30%以上。激光堆焊为无接触加工，无加工惯性，焊接工艺参数一经确定，焊接质量易于保证，并易实现自动化。

【激光二极管】(laser diode) 一种可从PN结发出具有良好谱线的相干光－激光的特殊二极管。本质上是一个半导体二极管。按照PN结材料来分，有同质结、单异质结、双异质结和量子阱等几种激光二极管。量子阱激光二极管具有阈值电流低，输出功率高的优点，是目前市场应用的主流产品。同其他激光器相比，激光二极管虽然具有效率高、体积小、寿命长的优点，但是其输出功率小、线性差、单色性不太好。在双向光接收机的回传模块中，上行发射一般都采用量子阱激光二极管作为光源。激光二极管在计算机的光盘驱动器和激光打印机的打印头等小功率光电设备中广泛应用。

激光二极管

【激光发射光学系统】(laser launching optical system) 将激光器发出的光束通过变换，扩大到所需的口径并向目标发射的系统。与捕获跟踪瞄准系统和自适应光学系统一起构成一个完整的光束控制系统。为了减小光束的发散角，降低传输通道的功率密度，激光发射光学系统的口径视功率的不同而异，最大的可达几米。

【激光反应气体切割】(laser reacting

gascutting） 用激光作为预热热源，用氧气等活性气体作为切割气体，类似于氧－乙炔焰切割的激光切割方法。金属材料被激光迅速加热到熔点以上时，喷射的纯氧或压缩空气，一方面与熔融金属作用，产生激烈的氧化反应并放出大量的氧化热；另一方面将熔融的氧化物和熔化物从反应区吹出，在金属中形成切口。由于氧化反应产生了大量的热，所以切割所需要的激光功率只是激光熔化切割的1/2，而切割速度远远大于激光熔化切割和气化切割。这种激光切割多用于碳钢、钛钢、热处理钢和铝等易氧化金属材料的切割，其切割氧气不仅能给金属助燃，提高切割速度和效率，而且能使切口狭小，热影响区小，提高切割质量和精度。其借助氧的作用还可以切割较厚的工件。目前广泛采用大功率 CO_2 气体激光器切割，可切割钢板、钛板、石英、陶瓷、塑料及木材等。一台3kW的 CO_2 气体激光器切割钢铁金属材料的厚度可达20mm以上，切割非金属材料如有机玻璃可达50mm以上。

【激光工作物质】（laser material） 又称激光增益媒质。用来实现粒子数反转并产生光的受激辐射放大作用的物质体系。可以是固体（半导体、晶体等）、气体、液体等媒质。但是并非各种物质都能产生粒子数反转。这是因为处于高能级的粒子很不稳定，粒子在高能级上时都具有一定的“寿命”，总会自发地或在外加的刺激下迅速回到低能级上。对激光工作物质的主要要求，是尽可能在其工作粒子的特定能级间实现较大程度的粒子数反转，并使这种反转在整个激光发射作用过程中尽可能有效地保持下去。因此，要求工作物质具有合适的能级结构和跃迁特性。

【激光光谱学】（laser spectroscopy） 以激光为光源的一个光谱学分支。在常规光谱学中，光谱线的相对宽度一般为 1×10^{-6}（mm），而且所使用光源的强度很弱。这些缺点限制了光谱学发展。自激光器出现之后，由于激光具有高强度、单色性、方向性以及频率可调变等异乎寻常的性质。所以，激光同原子和分子之间的相互作用显示出了前所未有的性质，使得谱线的相对宽度减少了许多数量级。此外激光脉冲的持续时间可以短到几十飞秒，即非线性和相干性。这就赋予了光谱学以各种新面貌，因而形成了激光光谱学。激光光谱具有极高的光谱分辨率及极高的探测灵敏度，能以皮秒及亚皮秒的时间尺度来研究分子和凝聚体，并能以新的方式来研究光化学及光物理的问题。

【激光焊接】（laser welding） 用激光的热效应对材料进行焊接的焊接方法。焊接装置由激光器、聚焦与观察瞄准系统和工作台组成。常用的激光器为5kW以下的 CO_2 激光器以及400W的钇铝石榴石激光器。经聚焦后的激光束，功率密度非常高，可产生使所有金属和非金属熔化的高温，既可实现对高熔点和极易氧化金属的焊接，也可进行同种金属、不同金属、金属与非金属材料之间的焊接；既可焊接微型件（电子器件引线等），也可焊接大型构件；还可通过透明罩对罩内物体进行焊接。它具有作用时间短、焊接精度高、焊接质量高、不受电磁场影响、易实现自动化等优点，具有推广价值。

激光焊接

【激光合金化处理】（laser alloying） 在零件表面敷以合金粉末，然后用激光加热熔化，使之在零件表面上形成特殊合金层的化学热处理技术。如将碳、氮或其他气体扩散渗入用激光加热的低合金钢零件表面中去，可以改变表层的化学成分。当零件表层的化学成分、组织结构改变后，表层的耐磨性能、耐热性能和耐腐蚀性就会有很大提高。

【激光技术】（laser technology） 研究开发产生激光的方法并根据激光的特性对其加以应用的技术的总称。主要包括：调制与偏转技术、调Q技术、锁模技术、选模技术、放大技术、稳频技术、倍频与参量振荡技术、激光传输技术等。可用于光纤通信、激光制导、激光雷达、激光保鲜、激光育种和激光医疗等方面。

【激光角膜切削术】（laser cornea cutting method） 一种新型屈光矫正手术。利用激光切削角膜中央视区盘状前弹力层及前基质层，使角膜前曲率变平，从而使角膜屈光减小以达到矫正屈光的目的。

【激光晶体】（laser crystal） 可将外界提供的能量通过光学谐振腔转化为激光的晶体材料。由发光中心和基质晶体两部分组成。大部分激光晶体的发光中心由激活离子构成，所用的基质晶体主要有氧化物和氟化物。其特点是：(1)物理化学性能稳定。(2)光学均匀性好。(3)价格便宜等。用该晶体制成的固体激光器可用于光谱学、生物医学、军事等诸多领域中。

激光晶体

【激光聚变】(laser fusion) 利用高功率激光引发的核聚变反应。是激光与原子能这两大新技术互相结合的产物。其基本设想是:在反应腔中置入由氢的同位素氘和氚的混合物组成的半径为几百微米甚至更小的亚毫米球形靶丸燃料;选用波形和脉宽合适的多路大功率激光脉冲,同时从各个方向均匀、对称地照射小球丸,使燃料表面迅速气化。高速喷出的气流,犹如一个以激光为动力的球形火箭,使球丸靶面受球形对称的反作用,从而为球丸产生向心爆炸提供所需的驱动压力和一系列汇聚的球形冲击波。冲击波在靠近球心处会合,使球丸压缩到液态氢密度的一万倍,压力达一万亿大气压,电子和离子的温度达到一亿度的量级,比太阳中心的密度和温度还高。在这样条件下,已电离的氘核和氚核的随机速度足以使它们产生有效的核聚变反应。这就是激光加热和压缩等离子体的向心爆炸理论。实现激光聚变的关键在于大功率、窄脉宽、高效率、波段合适的激光器件的研制。激光聚变可能为裂变反应堆发电厂提供一种高效率"增殖"裂变物质的新方法。它的研究对中子弹、微型战术核武器、等离子体武器、脉冲 X 射线源和 X 射线激光器的研制都有一定的推动作用。

【激光拉曼光谱法】(laser Raman spectrometry) 应用激光光源,以拉曼效应为基础来检测物质分子的振动和转动能级光谱表征的方法。激光具有单色性好、方向性强、亮度高、相干性好等特性,可增强拉曼光谱,其灵敏度比常规拉曼光谱可提高 1×10^4 ~ 1×10^7 倍。用近红外激光光源,可防止样品受光分解和荧光干扰。激光拉曼光谱与傅里叶变换红外光谱相配合,已成为分子结构研究的主要手段。在有机化学方面可用于鉴定化学键、官能团。对于高分子化合物,拉曼光谱可以提供关于碳链或环的结构信息。在生物大分子、离子乃至活体组成的测定和研究、环境分析中痕量物质的检测、材料科学等方面也有广泛应用。

【激光雷达】(laser radar) 用激光器作为辐射源的雷达。由发射机、天线、接收机、跟踪架及信息处理等部分组成。发射机是各种形式的激光器,天线是光学望远镜,接收机采用各种形式的光电探测器。按激光形式的不同通常分为脉冲激光雷达和调频连续波激光雷达。激光雷达波长短、方向性好,很小的天线口径就可获得很窄的波束;具有极高的测量精度和分辨力,不受地面杂波干扰,多普勒测速灵敏度高;对等离子体的穿透能力强,蓝绿激光适合水下传播。但在大气中衰减大,云、雾、烟、尘等的吸收和散射会大大影响激光雷达的作用距离。激光雷达主要用于对各种飞行器的轨迹测量和跟踪、武器控制、交通管制、大地测量、水下探测和气象观测等。

激光雷达

【激光冷却】(laser cooling) 利用激光和原子的相互作用减速原子运动以获得超低温原子的高新技术。早期的主要目的是为了精确测量各种原子参数,用于高分辨率激光光谱和超高精度的量子频标(原子钟),后来却成为实现原子玻色–爱因斯坦凝聚的关键实验方法。当原子在频率略低于原子跃迁能级差且向传播的一对激光束中运动时,由于多普勒效应,原子倾向于吸收与原子运动方向相反的光子,而对与其相同方向行进的光子吸收概率较小。两束激光的净作用是产生一个与原子运动方向相反的阻尼力,从而使原子的运动减缓(即冷却下来)。1985年美国国家标准与技术研究院和斯坦福大学首先成功地进行了激光冷却原子的实验,并得到了极低温度(2.4×10^{-6} K)的钠原子气体。激光冷却有许多应用,如:原子刻蚀、原子钟、光学晶格、玻色–爱因斯坦凝聚、原子激光、高分辨率光谱等。

【激光器】(laser device) 利用受激辐射原理使光在某种受激发的工作物质中放大或发射的器件。由激励系统、激光工作物质和光学谐振腔三部分组成。目前使用的激励手段,主要有光、电和化学反应等。按工作物质的不同可分为:固体激光器、气体激光器、液体激光器和半导体激光器等类型。光机电一体化设备中主要采用固体激光器,金属零件加工中多采用的是气体激光器,而激光医疗中则主要采用气体激光器和半导体激光器。

激光器

【激光切割】(laser cutting) 利用沿预定切割线路移动的聚焦激光束对材料局部加热进行的一种热切割技术。对硬、脆非金属材料如陶瓷、石英等,激光束使切口材料迅速汽化,称为激光气化切割;对难熔金属材料如钢板、钛板等,激光束使切口材料迅速熔化,并借助气嘴吹气去除,称之为激光熔化切割。

吹氧可提高切割速度,增加切割厚度;吹惰性气体,可使切口光洁平直、少氧化。由于激光切割的温度超过11 000℃,几乎所有的材料均可用激光切割。又由于它的切缝细窄、尺寸精确、切口光洁、质量优良,故除用于几微米至50mm厚的金属板材切割外,也在木材加工业中用来切割胶合板、刨花板,服装行业用来大量裁剪衣料等。所用的激光器一般为大功率的连续二氧化碳激光器。

【激光切削加工】(laser cutting machining) 利用激光束代替刀具来制造机器零件的特种加工方法。其加工精度与表面粗糙度均已达到一般切削加工的水平。由于它易实现自动化、柔性化、集成化、智能化加工,所以具有很大的发展潜力。正在研究开发的有:(1)将激光器、导光系统、计算机数控、加工机床、机械手等集成为一体的高性能、柔性、复杂加工系统。(2)结构简单、价格低廉、操作方便、生产率高的专用机床以及激光切削加工中心等。

【激光全息存储技术】(laser holographical memory technology) 一种利用激光干涉原理将图文等信息记录在感光介质上的大容量信息存储技术。由光电动态控制系统和视频解码系统两个部分组成。是通过将缩微胶片上的影像转变为光信息,然后制出存储密度更大的全息图的方法实现的。与缩微影像不同,全息图是由干涉条纹组成的影像。条纹影像记录了入射光线的全部信息-振幅和相位。在阅读还原时,需在激光的照射下,利用条纹影像的衍射原理使其再现。其特点是:(1)存储容量大。(2)记录速度快。(3)信息不易丢失。(4)可长期保存。(5)便于复制。(6)可记录立体影像。

【激光全息术】(laser holography) 能同时记录从物体来的光波振幅和光波相位,同时反映物体纵、横状况的一种立体照相技术。发展了无损检测技术、激光照相显微术、全息照相存储技术等,具有强烈视觉冲击效果,以及信息显示大容量、多通道和色彩丰富等特点。是国际上用于公众防伪的主流技术。其便于识别、难于仿制和易于批量生产的特点很难在短时期内被其他防伪技术所替代。在工业生产和科学研究中已发挥重要作用。作为一种防伪新手段,先后被应用在信用卡、证件和有价证券的防伪方面。

全息摄影

【激光热处理】(laser heat treatment) 使用激光对工具进行淬火的技术。可实现表面淬火和局部淬火。可使处理位置精确地限于某个部分。既可使工具需耐磨的地方得到高硬度,而且需韧性的地方仍保持韧性。具有热负荷低、热变形小的特点。目前研究的激光热处理方法有两种,一种是固态处理即激光硬化;一种是液化处理即激光熔化。采用高功率CO_2激光器进行改变高速钢组织和成分的激光处理,通过喷粉于熔化层可产生高合金熔化层。表面熔化厚度约0.5mm,铸态组织极细,回火硬度高。使车刀切削寿命显著提高。对已淬火的高速工具钢,在接近固相线温度下再进行激光淬火,其寿命可提高3~5倍。可用于各种导轨、大型齿轮、轴颈、汽缸内壁和模具轧辊的激光处理。

【激光熔化吹气切割】(laser melting gas-cutting) 一种在切割过程中使材料发生熔化并被吹除而形成切口的激光切割方法。当激光光束射到材料表面时,材料被迅速加热至熔化,并借与光束同轴的喷嘴喷吹惰性气体,如氩、氦、氮等气体,依靠气体压力将液态金属或其他材料从切缝中吹除形成切口。这种切割方法不需要使材料完全气化,所需的能量只有气化切割的1/10。其主要用于一些不易氧化的材料,如纸、布、塑料、橡皮及岩石混凝土等非金属材料的切割,也可用于不锈钢及易氧化的钛、铝及其合金等活性金属的切割。

【激光手术刀】(laser scalpel) 一种应用于外科手术治疗的激光器。激光作用于生物机体时,能被吸收转化成热能,几秒钟内温度可高达数百至上千摄氏度,同时可产生很强的光压。这种机械作用与热效应一起,能使激光成为一把锐利的"光刀",可以用来切除浅表肿瘤等。

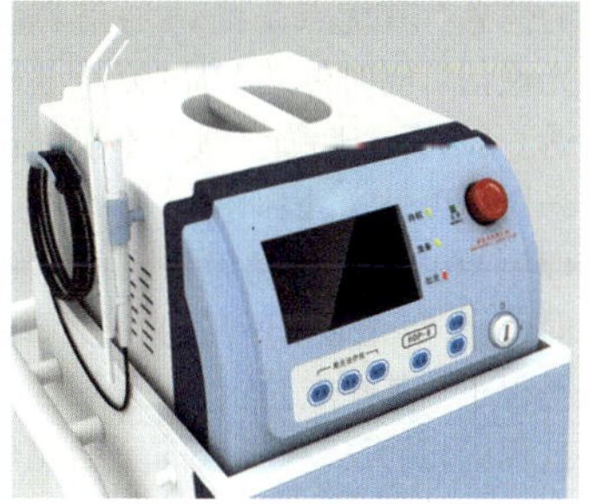

激光手术刀

【激光束加工】(laser assisted machining) 利用能量密度很高的激光束使工件材料熔化、蒸发或气化而予以去除,从而完成各种加工任务的特种加工方法。激光具有方向性好、单色性好、亮度高的特点,经透镜聚焦后可获得微米量级的光斑。脉冲激光焦点处的功率密度高达$1\times10^{8}\sim1\times10^{10}$ W/cm^2,温度高达 10 000℃，几乎任何材料都会在瞬间被熔化、气化。因此，它可以对诸如金刚石、硬质合金、陶瓷、红宝石、玻璃等硬度大、熔点高、易碎易裂的材料进行加工。平均加工精度可达 0.01mm，最高加工精度可达 0.001mm，表面粗糙度 *Ra* 可达 0.4～0.1μm。其加工系统一般由激光器（主要为固体激光器和 CO_2 激光器）、光学系统（包括聚焦的振镜和扫描反射镜）、机械操纵系统（工件夹具及载物台等）、观察对准系统组成。激光加工包括打孔、雕刻、刻印、焊接、切割、修整、表面淬硬、合金化处理、切削加工等内容。它具有适合微细加工、高硬脆高熔点材料加工、不污损工件、无工具损耗、加工速度快和质量好等特点。

【激光通信】（laser communication） 利用激光技术实现信息传送的系统。包括发送和接收两个部分。发送部分主要有激光器、光调制器和光学发射天线；接收部分主要包括光学接收天线、光学滤波器、光探测器。其工作原理是：在发送端，将要传送的信息送到与激光器相连的光调制器中，光调制器将信息调制在激光上，通过光学发射天线发送出去。在接收端，光学接收天线将激光信号接收下来，送至光探测器，光探测器将激光信号变为电信号，经放大、解调后还原为原来的信息。其优点是：（1）通信容量大。在理论上，激光通信可同时传送 1 000 万路电视节目和 100 亿路电话。（2）保密性强。激光不仅方向性特别强，而且可采用不可见光，因而不易被敌方所截获，保密性能好。（3）结构轻便，设备经济。由于激光束发散角小，方向性好，激光通信所需的发射天线和接收天线都可做得很小。其缺点是：（1）信号衰减严重。激光在传播过程中，受大气和气候的影响比较严重，云雾、雨雪、尘埃等会妨碍光波传播，严重影响通信的距离。（2）瞄准困难。激光束有极高的方向性，这给发射和接收点之间的瞄准带来不少困难。其应用主要有：（1）地面间短距离通信。（2）短距离内传送传真和电视。（3）可作导弹靶场的数据传输和地面间的多路通信。（4）通过卫星全反射的全球通信、星际通信以及水下潜艇间的通信。

激光通信

【激光推进】（laser propulsion） 工作过程不依赖推进剂本身所含的化学能，而是通过吸收远距离传输的激光能量产生推力的推进系统。该系统航天器无需自身携带能源供给系统，所需能量由激光光束提供。其优点是：比冲高，发射微型卫星费用低，发射准备时间短且可大批量发射以及活动部件少，结构简单，可靠性高。它的实际应用将对航天技术产生革命性的影响。早在 1963 年德国火箭科学家就提出了光子驱动宇宙飞船的概念。之后美国科学家最早提出了现在人们所研究的激光推进的基本概念。美国还进行了一系列光船飞行试验，引导了当今激光推进研究的潮流。激光推进系统的潜在用途非常广泛：除将微型卫星送到近地轨道外，还可以用于轨道转移和轨道上升和维持卫星的轨道参数。将来大推力的激光推进航天器研制成功后，人类乘坐“光船”遨游太空也许不再是梦想。

激光推进

【激光陀螺仪】（laser gyroscope）） 利用环形闭合光路中相向运行的两束激光在惯性空间中随转动所产生的频率差或相位差来测定转速的一种新型惯性导航装置。按检测角速度的方式的不同可分为：（1）环形激光陀螺。是检测正反两束激光的频率差。其核心部件是环形激光器。一般采用氦－氖气体激光器。通常是在一块石英玻璃内加工一个三角形的环形光路，在一段光路上放置氦－氖激光器，在三个顶角处粘上三个反射镜片，从而构成环形谐振腔。其中一个反射镜片是半透明镜片，其上装有一块合光棱镜，外加一个光电探测器。当激光陀螺随载体转动时，从激光器两端输出的两束光在环形光路内反向旋转运动，沿转动方向运行的光束所经过的光程比逆向运行光束经过的光程长，于是产生光程差，使两束激光的谐振频率不同，在输出端即产生频率差，频率差随转动角速度成正比例变化，通过测量频率差即可得出转速。（2）光纤激光陀螺。是检测正反两束激光的相位差。用光纤线圈代替谐振腔，正反运行的光束由外部激光源注入光纤，两束激光在输出端产生相位差，相位差随转动角速度成正比例变化，通过测

激光陀螺仪

量相位差即可得出转速。与一般的机电陀螺相比，激光陀螺的优点是：无活动部件，结构简单，耐冲击振动，可靠性高，寿命长；测量范围宽；启动时间短；直接数字输出，便于和计算机联用；功耗少，体积小，重量轻，成本低。

【激光物理学】(laser physics) 研究激光的基本性质以及新型激光器及其发光机理的学科。是激光科学与技术的学科基础。激光科学与技术在国民经济和国防建设上有着广泛的应用，例如，工业生产过程中的激光加工、激光检测；信息技术中的激光通信；能源中的激光核聚变；军事上的激光武器、激光制导、激光测距、激光雷达；医学上的激光医疗以及激光在农业上、在科学研究中、在文化娱乐等方面的应用，都是有目共睹的。激光物理学在探索新的激光工作物质和新的激光产生机理以及开拓新的激光波段等方面，都有很大的进展。激光的应用越来越广泛，在凝聚态物理中激光已经成为重要的工具和研究对象。激光物理主要研究激光原理、激光技术和激光器件，以及激光领域的最新发展动态。

【激光铣削】(laser milling) 利用激光逐层地将材料从表面烧蚀掉，形成较深的盲孔或者盲槽，甚至将材料彻底切穿的工艺技术。只要选择合适的激光波长和功率密度，就可以在许多材料，特别是超硬、超脆性材料表面"铣削"出各种异形孔和槽。

【激光釉化】(laser glazing) 一种采用激光技术对材料表面进行改性而形成釉化层的加工工艺。利用功率密度很高的激光束在很短时间内作用于材料表面，使材料表面迅速熔化，然后通过材料基体的激冷作用使表面熔化层形成一层微晶或非晶层，即釉化层。激光釉化现仅用于铸铁、碳素钢、合金钢、高温合金等金属材料。激光釉化后的材料表面，其组织成分较均匀。除出现微晶或非晶外，还可出现新的亚稳相，使材料表面具有优异的电磁、化学和力学性能，如高硬度、良好塑性及耐蚀性和耐磨性等。激光釉化主要用于材料表层防护和获得材料表层特殊冶金组织。

【激光照排系统】(laser scanning phototypesetting system) 一种采用激光扫描成像型的计算机信息排版系统。由输入、电子计算机信息处理和激光扫描记录三部分组成。输入部分可以用磁带或磁盘等，也可接受由通信系统的输入；信息处理部分由操作控制台、电子计算机和硬磁盘驱动器组成，按照输入代码和操作控制指令，完成控制、编排、拼排和曝光四个主要程序，对整机起着控制、指挥、调度和监视的作用；激光扫描记录部分是激光平面线扫描记录经计算机处理后输出的点阵字形信息。其优点是：(1)激光束直线性好，解像力可达每厘米400线以上，字符清晰度高。(2)排出的不是单个字符而是整版。

激光照排系统

【激光蒸发气化切割】(laser evaporation-cutting) 在切割过程中使材料发生气化形成切口的激光切割方法。当激光光束射到金属材料表面时，材料沿高能量密度激光束的轨迹，立即被加热到沸点以上，产生金属蒸气而急剧气化，并以蒸气的形式由切口喷出逸散，且在蒸气快速喷出的同时形成切口。由于材料的气化热一般很大，所以气化切割需要很大的功率和功率密度。激光蒸发气化切割多用于极薄金属材料的切割，也可用于非金属材料的切割。在切割木材、塑料等材料时，它们在切割过程中几乎不会熔化就直接气化。

激光蒸发气化切割

【激光直接制造技术】(direct laser fabrication，DLF) 在对三维计算机辅助设计模型切片分层和截面填充后，借助激光熔敷方法快速制造出致密的近净形金属零件的技术。在航空、航天、造船、模具等重要工业领域内具有极大的应用价值，代表了快速成型与制造技术未来的发展方向。可应用于：(1)快速模具制造，特别是塑料注射成型用模具的制造。(2)航空、航天等武器装备领域内的高精复杂零件的快速制造和修复。(3)梯度功能材料的设计与制造。(4)超硬、稀有金属材料的零件制造和修复。

【激光制导】(laser guidance) 应用激光作为跟踪目标和传输信息的手段，将导弹、炮弹、航空炸弹等导向目标的技术。激光制导具有命中精度高、抗电磁干扰能力强等优点，因而得到广泛应用，是精确制导武器的一种重要制导方式。按制导方式的不同可分为：(1)激光寻的制导。其原理是当瞄准跟踪目标后，由目标指示器发射出编码脉冲激光照射目标，随即发射激光制导武器。武器在飞行过程中，装在头部的激光寻的器接收由目标反射回的激光信号,经光学系统会聚在光电探测器上,将光信号转为电信号,然后经放大,运算处理,得出引导信号,驱动执行机构使武器导向目标。寻的制导用的目标指示器一般采用波长为1.06μm的掺钕钇铝石榴石脉冲激光器。激光寻的制导已用于炸弹、炮弹和导弹。美国激光制导的“灵巧”炸弹,其投弹圆概率偏差仅为1m左右(普通炸弹为90~100m),可以高空投掷,从而减少载弹飞机的损失。美国激光制导的“铜斑蛇”反坦克炮弹,用155mm榴弹炮发射,命中概率80%~90%。激光制导的空地导弹,其圆概率偏差小于1m。(2)激光波束制导(驾束制导)。通常用于地空手弹和反坦克导弹,其作用距离3~8km。激光制导的主要缺点是易受云、雾、雨、雪和烟尘等影响,不能全天候使用。

【激光制导炸弹】(laser guided bomb) 利用目标反射的激光引导投向目标的制导炸弹。其头部有激光导引头和控制舱,尾部有稳定尾翼和舵面。激光制导炸弹由飞机携带,可以从高空投掷,也可以从中低空投掷。照射目标的激光器通常装在投弹飞机上或另一架飞机上。在炸弹投向目标的整个过程中,要连续用激光照射目标,炸弹上的激光导引头把接收到的激光信号经过光电转换变成电信号,输入到控制组件,引导炸弹飞向目标。激光制导炸弹命中精度较高,有较强的抗电子干扰能力。其缺点是:受云、雾、雨、雪和烟尘等的影响,不能全天候使用;携带激光器的飞机在炸弹命中目标之前不能离开,容易受到敌方防空火力的攻击。

激光制导炸弹

【激活剂】(activator) 能提高酶活性的物质。其中大部分是离子或简单的有机化合物。按其分子大小的不同可分为:(1)无机离子。如金属离子(K^+,Mg^{2+},Ca^{2+}等)、阴离子(Br^-、Cl^-等)、氢离子等。(2)有机分子。如谷胱甘肽,乙二胺四乙酸(EDTA)等。(3)蛋白质等生物大分子。如能对酶原激活的物质。按其受体的不同可分为酶激活剂、神经递质激活剂和激素受体激活剂。其作用原理是:在它与受体结合后,使受体的活性增强或改变。如果受体是酶,会使之活性增强;如果受体是神经突触膜,会影响到神经信号传递。

【激活作用】(activation) 激活剂对酶的激活过程。在生化反应中,主要包括下列含义:(1)酶原激活。即无活性的酶在其他酶或激活剂的作用下,分子结构发生变化,使之变为有活性。(2)酶的活化作用。即酶在其他物质的作用下,酶活性提高的现象。(3)化合物活化。如在细胞内蛋白质的合成过程中,氨基酸分子必须有ATP(三磷酸腺苷)活化才能与氨基酰-tRNA结合。

【激励】(driving) 原子或分子在接收外界能量后,从最低能量状态的基态跃迁到较高能量状态的过程。在原子或分子中,各种激励态所具有的能量只能是确定的分立的数值。被激励原子或分子所吸收的能量也是确定的分立的数值,称之为激励能或激励单位。其单位相应用电子伏或伏表示。激励是由入射的光子、电子、中性原子、带电粒子与原子之间的相互碰撞造成的。产生激励的碰撞概率用激励截面来表示,单位为平方米。

【激素】(hormone) 又称荷尔蒙。内分泌细胞分泌的高效生物活性物质,在体内作为信使传递信息,对机体生理过程起调节作用的化学物质。是生命中的重要物质。激素的分泌均极微量,为毫微克(十亿分之一克)水平,但其调节作用均极明显。激素作用甚广,但不参加具体的代谢过程,只对特定的代谢和生理过程起调节作用。调节代谢及生理过程的进行速度和方向,从而使机体的活动更适应于内外环境的变化。对肌体的代谢、生长、发育、繁殖、性别、性欲和性活动等起重要的调节作用。人体内分泌细胞有群居和散住两种。群居者形成了内分泌腺,如脑垂体、甲状腺、甲状旁腺、肾上腺、胰岛、卵巢及睾丸。散住者如胃肠黏膜中有胃肠激素细胞,丘脑下部分泌肽类激素细胞等。其作用特点是:(1)高度专一性,包括组织专一性和效应专一性。(2)极高的效率,激素与受体有很高的亲和力,因而激素可在极低浓度水平与受体结合,引起调节效应。(3)多层次调控。

【激素避孕】(hormonal contraception) 用女性甾体激素避孕。是一种高效避孕方法。甾体避孕药的激素成分是雌激素和孕激素。其作用机制为:抑制排卵、改变宫颈黏液状态、改变子宫内膜形态与功能,使子宫内膜与胚胎发育不同步、不利于受精卵着床、改变输卵管的功能、避孕药分为短效和长效。由于长效避孕药中激素含量高,副作用大,现渐趋于淘汰。以复方短效口服避孕药应用最广

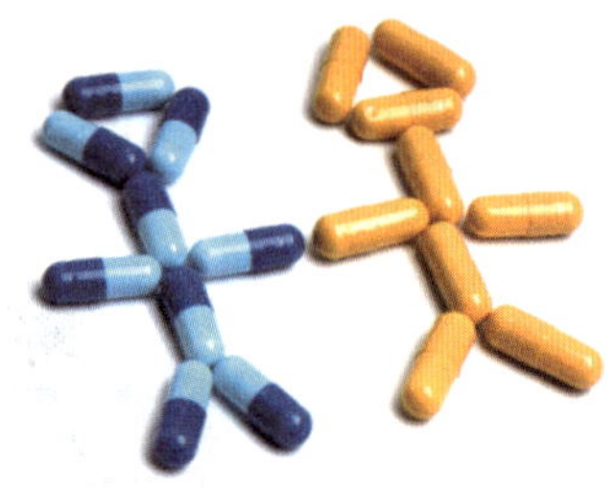
激素避孕胶囊

泛。为雌、孕激素组成的复合制剂。雌激素成分为炔雌醇。孕激素成分各不相同,构成不同配方,如避孕1号、避孕2号、妈富隆、达英-35、美欣乐等。避孕药的副反应有恶心呕吐、头晕乏力、不规则阴道出血。第三代短效口服避孕药激素含量低(如妈富隆、达英-35、美欣乐),停药后即可妊娠,不影响子代生长发育。长效避孕药中激素含量高,需停药后6个月妊娠。

【激素灭活】(hormone inactivation) 多种激素在发挥其调节作用后,主要在肝中进行代谢(即生物转化),并使其活性降低或丧失的过程。灭活过程对于激素作用的时间及强度具有调控作用。灭活后的产物大部分随尿排出。肝细胞膜上存在可与某些水溶性激素特异结合的受体,并通过内吞作用,将激素吞入细胞内进行代谢转化。一些脂溶性的类固醇激素,如性激素、盐皮质激素醛固酮及糖皮质激素,可通过扩散作用进入肝细胞,与肝细胞内的葡萄糖醛酸或活性硫酸等结合,丧失其活性。在干细胞严重损伤时,激素的灭活功能降低。体内的雌激素、醛固酮、抗利尿激素等水平升高,可出现男性乳房女性化、蜘蛛痣、肝掌以及水、钠潴留等现象。

【激素原】(prohormone) 许多肽激酶在活体内合成前首先合成的具有较大分子量的肽。是体内通过酶法转化而形成的一类相似但又有别于合成代谢激素的一类物质。其作用与合成代谢激素有相似之处,可以增加肌肉的围度和力量,减少体内脂肪,提高性功能等作用。一旦进入体内,将会转化为类固醇类似物。但并不是绝对安全,它会给身体带来一定的副作用。也有的激素原首先以更大分子量的物质合成,这时则称为前激素原。激素原被运动员用来提高力量、肌肉尺寸、耐力,缩短体力回复时间或增加瘦体重。有些老人用其代替处方药,是激素替代疗法的另一种选择。

【级进模】(progressive die) 又称连续模。在压力机一次行程中,在不同位置上同时完成数道冲压工序的模具。级进模所完成的同一零件的不同冲压工序是按一定顺序、相隔一定步距排列在模具的送料方向上的。压力机一次行程可以得到一个或数个冲压件。

【级进杂交】(grading crossing) 两个品种杂交,其杂种后代连续几代与其中一个品种进行回交,最后所得的畜群基本上与此品种相近,同时也吸收了另一个品种个别优点的杂交方式。通常有两种形式:(1)改造杂交。某一品种生产低劣,可将该品种母畜与另一高产品种公畜杂交连续3~4代后,生产性能接近或超过高产的优良性能。(2)引入杂交。某一品种基本上能满足需要,但个别性状不佳,则选择此性状特别优良的另一品种进行杂交改良,可纠正原有品种的个别缺点,以提高畜群的生产性能。

【级数】(series) 一列数相加形成的表达式。即数学表达式$\sum_{n=1}^{\infty} a_n$,其中$\{a_n\}$为一数列,又称数项级数。

【极大值和极小值】(maximum value-and minimum value) 若区间$[a,b]$上的函数$f(x)$在$x=x_0$附近有定义,且$f(x_0)$的值比x_0附近其他点上的函数值都大,则称$f(x_0)$是函数在x_0附近的极大值。x_0称为极大值点。类似地,若函数$f(x)$在$x=x_1$附近有定义,且$f(x_1)$的值比x_1附近其他点上的函数值都小,则称$f(x_1)$是函数在x_1附近的极小值。X_1称为极小值点。函数的极大值和极小值统称为极值(如图)。这里所说的极值只限于一元函数的极值。极值只是通过在某点附近比较函数值的大小而得到的结果,因此极大值或极小值不一定就是函数在其定义域上的最大值或最小值。也正因为极值是一种局部性概念,所以在函数的定义域上极值可能不止一个。而且在同一个定义域上极小值不一定都比极大值小。

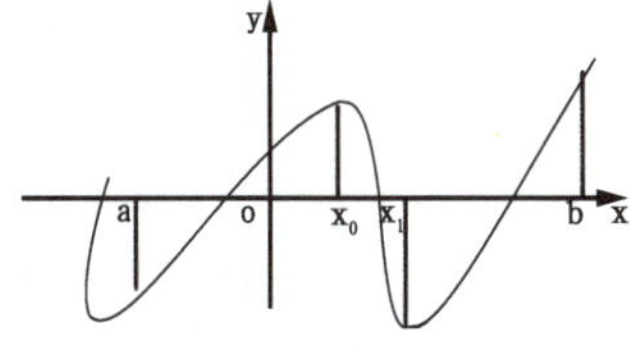

函数极值示意图

【"极地号"考察船】("JIDI" survey ship) 中国国家南极考察委员会早期使用的极地科学考察船。1971年由芬兰建造,1986年由中国改装。船长152.4m。吃水深度10m。满载排水量约13 000t。可抗12级风力。船上设有五个实验室,可适时完成考察活动中的各项测试实验工作。船上设有收音机平台、污水处理和海水淡化装置,可长时间承担海上科学考察任务。1986~1987年和1988~1989年,"极地号"两次远航南极海域,为中国创建南极科学考察站"长城站"和"中山站"运送考察队员和建站物资,并首次进行中国环球航行和海洋多学科综合性考察。

"极地号"考察船

【极地气团】(polar air mass) 形成于极圈以外中、高纬度地区的气团。按形成源地的不同可分为极地大陆气团和极地海洋气团。气团厚度很大,可从下垫面直达对流层顶部。极地大陆气团的特点是：冬季低温、干燥、晴朗、层结稳定，常伴有强逆温；夏季逆温层消失，云量增多。影响中国的极地大陆气团主要来自西伯利亚和蒙古一带，但到达时已发生变性，称为变性极地大陆气团。在冬季影响中国大部分地区，形成严寒、干燥、晴朗的天气。在夏季，主要影响西北、华北和东北地区，气温升高，常为多云天气。极地气团偶尔也达江淮流域，与热带海洋气团相遇形成阴雨天气。影响中国的极地海洋气团，多由极地大陆气团移入海洋而变性，在冬季影响沿海各省，形成天气阴沉、时而小雨的情景。

【极点】（pole） 孤立奇点的一种。指函数 f 去心邻域 $0<|z-z_0|<\delta$ 内解析，但 $\lim\limits_{z\to z_0}f(z)=\infty$。$z_0$ 为 f 的极点的充要条件是 f 在 z_0 的去心领域内的洛良级数不含主要部分，只含有限多项。

【极端气候（天气）事件】（extreme climate and weather event） 特定地区的天气状态严重偏离其平均态的事件。极端天气事件的出现概率等于或小于10%。例如，在夏季常常发生暴雨，但如果一次暴雨的强度接近或超过了历史最高纪录，就可以说这是一次极端天气事件。气候是天气状态的平均。极端气候事件是某一特定时期内许多天气事件的平均值的结果本身（如某个季节的降水）是极端的。如果一个月的总降水量接近或超过了该月份历史最高纪录，就可以说这个月的降水量属于极端气候事件。由于极端气候（天气）事件直接威胁到人类赖以生存的环境，因而各国政府和国际机构高度重视并深入开展极端气候（天气）时间变化的研究。通过研究弄清极端气候（天气）事件的变化规律和原因，为提高灾害性气候（天气）事件的预测和为国家防御自然灾害提供科学依据。

【极端天气】（extreme weather） 严重偏离多年平均状态和概率的天气或气候事件。通常指50年一遇到100年一遇的小概率的天气事件，也是在统计意义上极不容易发生的天气事件。极端天气往往和灾害现象相联系，比如多年不遇的干旱或多年不遇的强降水，必然会造成旱灾或洪水和涝灾。超级暴风雪、超级沙尘暴、超级飓风和超级台风都属于极端天气范畴。2005年到2009年冬季，中国南方发生的大面积雾凇冻雨以及北半球暴风雪即属于极端天气现象。2010年春季中国新疆维吾尔自治区和美国及欧洲出现百年一遇的暴雪极端天气，造成了一些城镇或乡村房屋和汽车被埋，道路中断，商店停业，学校停课，致使百万计的家庭停电，危及上千万人的正常生活。

极端天气

【极端微生物】（extremophiles） 依赖于一种或多种极端物化因子的特殊生命形式。在100℃以上或0℃以下、近饱和的盐度、pH＞10或pH＜2等极端环境下，具有极端的生命形式。已发现的极端生命形式包括嗜热菌、嗜冷菌、嗜酸菌、嗜盐菌和嗜压菌等。开展极端微生物的研究，对于揭示生物圈起源的奥秘，阐明生物多样性形成的机制，认识生命的极限及其与环境的相互作用的规律等，都具有极为重要的科学意义。在极端微生物中发现的适应机制，还将成为人类在太空中寻找地外生命的理论依据。其研究成果，将大大促进微生物在环境保护、人类健康和生物技术等领域的利用。

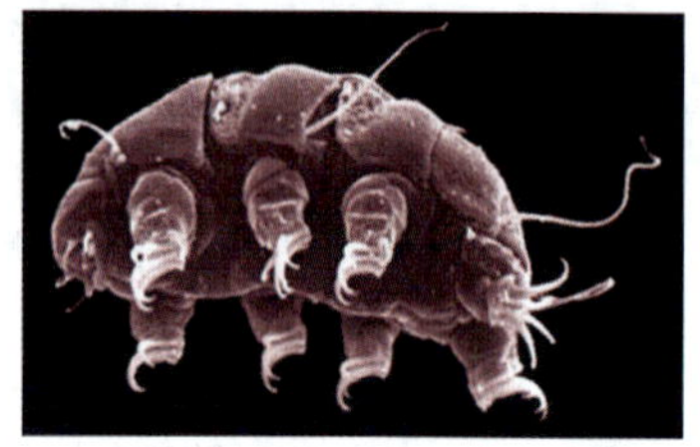
极端微生物

【极轨道】（polar orbit） 又称极地轨道。倾角为90°的人造地球卫星轨道。工程上常把倾角约90°且能经过两极地区的轨道（如太阳同步轨道）称为极轨道。只有在极轨道上运行的卫星，才能每圈都经过地球南北两极上空。卫星选用极轨道，往往是为了达到覆盖整个地球的目的。气象卫星、照相侦察卫星、地球资源卫星等常选用极轨道以观测包括两极地区在内的整个地球表面。

【极谱分析】（polarographic analysis） 以滴汞电极为阴极的电解分析方法。电化学分析的一种。用作指示电极的滴汞电极，是小面积的极化电极。它的电位随外加电压的变化而变化。而参比电极是大面积的去极化电极。电解要在支持电解质并消除了迁移电流的静止溶液中进行。通过测量电解过程中所得到的电流－电压（或电位－时间）曲线来测定溶液中被测物质的浓度。此法操作简便，方法灵敏，尤为适合微量分析，且可同时测定几种组分。此法应用范围广。凡是能被还原或氧化的无机物质或有机物质，都可应用极谱分析。

【极限状态】（limit state） 工程结构或结构部分出现不适合使用或不安全的特殊状态。可分为两类：（1）承载能力极限状态。例如，截面发生破坏等。(2)正常使用极限状态。例如,在使用过程中产生过大变形或开裂过宽等。

【极限状态设计法】(limit state design-method) 按极限状态进行设计的方法。当整个结构或结构的一部分呈现极限状态时,就不能满足设计规定的某一功能要求的特定状态。此特定状态称为该功能的极限状态。它是针对破坏强度设计法的缺点而改进的工程结构设计法。分为半概率极限状态设计法和概率极限状态设计法。

【极远紫外勘察者】(universial UV detector) 美国研制和发射的紫外天文卫星。1992年6月7日由"德尔它"火箭送入514km×529km的低倾角轨道。其主要目的是观测过去未详细研究的天体辐射紫外线与X射线之间的电磁波频段,对某些大质量、高温度恒星辐射的更短的紫外线进行观察,包括观测白矮星软辐射中的极远紫外线。

【极值】(extremum) 极大值和极小值的统称。极大值点和极小值点统称为极值点。极大(小)值指函数$f(x)$在包含x_0的某区间内有定义,在一个更小的区间内的任何点都有$f(x_0)\geqslant f(x)$或$f(x_0)\leqslant f(x)$,则称$f(x_0)$为函数$f(x)$的一个极大值或极小值。

【即插即用】(plug and play,PNP) 在计算机内插入一个装置并使计算机确认此装置存在的操作。任务是把物理设备和设备驱动程序相配合,通过操作设备,在每个设备和它的驱动程序之间建立通信信道。只有同时具备以下条件才可实现:(1)标准基本输入输出系统。(2)操作系统。(3)设备。(4)驱动程序。

【即刻全口义齿】(immediate complete-denture) 又称预成义齿。在患者的天然牙尚未完全拔除前预先做好,牙齿拔除后立即戴入的过渡性修复方式。是可以在拔牙创愈合期间短期内使用的全口义齿。其适应证是:(1)适用于修复不能保留的前牙或上颌、下颌剩余的任何数目牙的病例。因前牙对患者的发音和面部外型特别重要,故特别适用于教师、演员及外交人员等有特殊职业需求的患者。(2)全身及局部健康状况良好,可以一次经受拔除较多牙齿。对于全身慢性病患者如心血管疾病、糖尿病等,全身抵抗力弱,创口不易愈合者,以及局部患有急性根尖周炎、牙槽脓肿、急性牙周炎等不宜采用即刻全口义齿修复。其优点是:(1)拔牙后立即戴上义齿:保持其面部外形、语言和咀嚼功能,不妨碍患者社交和工作,并且较易适应义齿。(2)颌面部肌的张力和颞下颌关节未发生改变,容易求得正确的颌位关系。(3)对拔牙创施加压力,有利于止血和保护伤口免受食物的刺激引起的感染,加速伤口愈合。(4)减小牙槽嵴的吸收,防止废用性萎缩。(5)可以作为医师制作最终全口义齿的参照物。其缺点是:(1)一次拔除多数牙齿,并需修整牙槽骨,诊治时间长,对年老体弱、多病者不适应。(2)戴入后,需较长时间观察和诊治,由于牙槽骨的吸收,义齿需要进行重衬和调𬌗,或重新修复。

【即时信息】(instant messaging,IM) 一种在网络用户之间进行在线实时交流的工具。可以使计算机用户能够在网上跟踪同时在网上浏览。只要输入口令,就可以找到浏览的网页,并可输入文本同对方进行即时对话。按应用对象的不同,可分为个人应用型和企业应用型。即时信息服务是免费的,本身没有什么经济效益,但随着网络用户的日益增多,使即时信息已经形成良好的服务市场的品牌效应,其潜在的经济效益空间非常大,已经成为国内外一些著名门户网站激烈争夺的网络服务项目。占主导的是个人应用型。常用网上通信和网上聊天的有信使、腾迅和新浪等。

【急产】(precipitate) 从子宫规律收缩开始到胎儿胎盘娩出不足3h者。当产道无阻力、子宫收缩力较强时,可使胎先露迅速下降,临产时间显著缩短。急产可导致会阴、阴道、宫颈裂伤;子宫收缩力过强可影响胎盘血循环,使胎儿宫内缺氧,新生儿窒息;胎儿娩出过快,不能适应外界压力的突然变化,可发生颅内出血。急产可导致无准备的接生,使产妇和新生儿感染概率增加。

【急回运动】(quick return motion) 牛头刨床的曲柄摇杆机构在推动滑枕时的运动。该机构的曲柄在等速转动的情况下,摇杆往复摆动的速度往前的工作行程慢,往后的返回行程快。曲柄摇杆机构的这种运动性质称为急回运动。一般情况下,往前的工作行程慢有助于提高工件的加工质量,而回程时空载,有利于提高机床的生产率。除曲柄摇杆机构外,偏置式曲柄滑块机构和摆动导杆机构等在以曲柄为主动件时均存在急回运动。

牛头刨床

【急性出血性坏死性肠炎】(acute hemorrhagic necrotiging enteritis) 一种非特异性

肠炎症。病因不明,可引起广泛的局限性小肠坏死,其中以空肠居多,其次在回肠。临床表现多样,极易误诊。有下列情况时要警惕该病的存在:(1)有不洁饮食史并出现严重腹痛和腹泻者。(2)腹痛多位于脐周,左上腹及中上腹,严重时可全腹痛。(3)血便、果酱或豆汤样大便并奇臭。(4)腹部 X 光透视可见肠管积气有液平,肠痉挛和狭窄,卧位盆腔呈月形暗影,紧靠盆腔下缘(其他急腹症均无此特征)。(5)腹腔镜检查可见肠管充血、渗出、血管扩张、水肿、出血、肠壁粗糙、坏死僵硬、粘连。(6)手术可明确诊断,术中可常见血性或米汤样粉红色腹水、伴腹腔感染时可见混浊性腹水,肠壁水肿增厚、淤斑。该病发病急,病程短,病情重,应高度重视。

【急性出血性结膜炎】(acute hemorrhagic conjunctivitis) 又称流行性急性出血性结膜炎。由某种病毒引起的眼结膜急性出血性炎症。中国称流行性红眼病。其病原呈多样性,主要为微小核糖核酸病毒。多种血清型能引起流行,最常见是肠道病毒 70 型,其次为柯萨奇病毒 A 组 24 型和腺病毒 3、7、8、11、19 型及 37 型的变异株。人群普遍易感。传染源为本病患者。通过直接或间接接触眼分泌物而被感染。主要通过患眼 - 手 - 物品 - 手 - 健眼、患眼 - 水 - 健眼的方式传播。1969 年首次暴发流行于非洲的加纳、尼日利亚,迅速蔓延到亚洲的新加坡、马来西亚、日本、印度及欧洲的一些国家。中国北京、上海、广州、香港及台湾等地也曾先后发生过暴发流行。其传染性极强。多发生在夏秋季节。潜伏期短,接触传染源后大多在 24 ~ 48h 内发病。其临床特点是:急性起病,眼部刺激症状明显,常合并结膜下出血,具有明显的流行性。

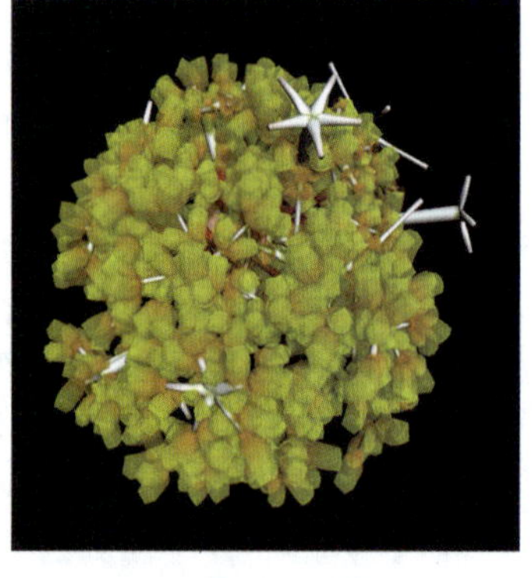

急性出血性结膜炎病毒

【急性毒性实验】(acute toxicity test) 又称单次给药毒性实验。对动物通过单次或短时间内多次(一天内分 2 ~ 3 次)给药,在给药后的 14 天内连续观察动物的情况,了解动物所产生的毒性反应及其严重程度的实验。包括定性和定量两个方面。为临床安全用药及监测提供参考。定性观察是观察服药后动物有哪些中毒表现,其毒性反应出现和消失的速度、涉及哪些组织和器官、最主要的毒性靶器官、损伤的性质及可逆程度、中毒死亡过程有哪些特征、死亡的原因可能是什么。定量观察就是观察药物毒性反应与剂量的关系。化学药物的主要指标是近似致死剂量(ALD)和半数致死剂量(LD_{50})。中药的急性毒性试验一般测定最大给药量、最大无毒性反应剂量和最大耐受量。急性毒性试验一般用啮齿类小鼠。

【急性感染性多发性神经炎】(acute infectious polyneurits) 又称 Guillain - Barre 二氏综合征。一种原因不明的发展较快的多发性神经炎。其可能是以淋巴细胞为中介的自身免疫性疾病。病前有腹泻者最多,其次为短期的不明原因发热。其主要的病理改变在于周围神经、神经根及后根节。神经症状迅急出现,在一周左右达高峰,严重者一天内四肢已全瘫。瘫痪常从两下肢开给,继之两上肢肢体瘫痪,在近端较重。绝大多数病人在两三周内瘫痪可停止发展,一个月左右即进入恢复期。另 70% 的病人有脑神经症状,面瘫最多见。舌咽及迷走神经亦受侵犯(吞咽困难、发音低哑、咳嗽无力、咽反射消失),并可侵犯舌下神经(舌伸不出)、三叉神经(张口不能、咀嚼无力)。本病不发热,也无中毒感染症状。脑脊液有典型的蛋白 - 细胞分离改变,即蛋白增高而细胞不增多,四周达高峰。病人功能一般恢复良好,但过程较慢。轻者三个月左右完全恢复,重者需半年至一年。

【急性坏死溃疡性龈炎】(acute necrotizing ulcerative gingivitis ,ANUG) 又称战壕口、梭杆菌螺旋体性龈炎。发生于龈缘和龈乳头的急性炎症和坏死。其病因有:(1)微生物的作用。梭形杆菌和螺旋体是其主要致病菌。(2)已存在的慢性龈炎或牙周炎。是其发生的重要条件。(3)吸烟的作用。使牙龈小血管收缩,影响牙龈局部的血流。(4)身心因素。(5)使机体免疫功能降低的某些因素。如营养不良、恶性肿瘤等。其临床表现是:本病好发于青壮年,以男性吸烟者多见。起病急,病程短,常为数天至 1 ~ 2 周。以龈乳头和龈缘的坏死为其特征性损害,尤以下前牙多见。初起时龈乳头充血红肿,极易出血,常伴有疼痛,个别牙龈乳头的顶端发生坏死性溃疡。溃疡迅速向周围邻牙扩展,使龈缘如虫蚀状,坏死区出现假膜,易檫去。龈乳头被破坏后,与龈缘成一直线,如刀切状。病损一般不波及附着龈。同时患者有典型的腐败性口臭。其治疗原则是:(1)除去坏死组织并初步刮除大块牙石。(2)局部用氧化剂冲洗和含漱。(3)全身给以维生素 C 等支持疗法,重症者可口服甲硝唑控制病情。(4)及时进行口腔卫生指导,建立良好的口腔卫生习惯,以防复发。(5)有系统性疾病者及时予以治疗。

【急性上呼吸道感染】(acute upper respiratory infection) 又称上感、感冒。各种病原引起的以鼻、咽部感染为主的上呼吸道炎症。90%为病毒感染,常见为鼻病毒、呼吸道合胞病毒、流感病毒等。主要分以下两类:(1)疱疹性咽峡炎。柯萨奇病毒引起。好发于夏秋季。主要表现为高热,咽痛,颌下淋巴结肿大。咽部充血有几个或数十个疱疹;疱疹直径2~4mm,灰白色,周围红晕,痛剧烈,分布在扁桃体、悬雍垂、舌根及软颚处;1~2天后溃破形成溃疡,因痛不能进食,哭闹,烦躁等;颌下淋巴结肿大有压痛。大约1周左右好转。(2)咽结合膜炎。病原体是腺病毒3、7型引起。特点为高热难退,咽、眼刺痛。咽痛明显,充血,上有白色易剥离分泌物,周边红晕;眼部痛多为单侧滤胞性眼结膜炎,可伴球结膜出血;颈部及耳后淋巴结肿大。大约1~2周可愈。根据典型临床表现可做出诊断,能从病变部检查到病毒可确诊。其治疗方式是:可用抗病毒药物,继发细菌感染可用抗生素,口服中药清热解毒药等;注意口腔护理,避免刺激性食物;清淡放凉进食,补充维生素;喷喉,点眼等;高热用退热药及支持疗法。

【急诊医学】(emergency medicine) 临床医学的一个分支。研究急危重症疾病的发生、发展规律及其诊治方法的学科。包括院前急救、医院急诊、医疗病房建设和急诊医疗体系管理学。它综合和发展了临床各学科中有关急诊的知识和理论,是一门综合性学科。急诊危重病人救治水平的提高,成为现代医学进步的一个显著标志。急诊病人可以有不同临床学科的疾病。如冠心病患者发生车祸后,不仅有外科、骨科和神经外科急症情况,而且还会发生心内科急症。急诊医学要求急诊科医生必须打破传统的医学分界,掌握各学科抢救技术与操作方法,具备全面的急诊学科知识。

【疾病爆发调查】(disease breakout survey) 对局部地区短期之内出现大批相同性质病例或其他卫生事件的调查。是预防医学及公共卫生的一种紧急情况。要求调查人员在最短时间内了解爆发情况,查明爆发原因,提供有效控制措施,防止疾病蔓延或事态扩大。

【疾病分布】(distribution of disease) 疾病在不同人群、不同时间、不同地区的存在方式及其发生、发展规律。是流行病学描述性研究的主要内容。也是进行分析性研究的基础。疾病的分布是一个经常变化的动态过程,可受到病因、环境及人群特征等自然因素和社会因素的影响而变化。每种疾病都有其特异性和规律性的分布特征。通过对疾病在不同人群、地区和时间分布特征的描述和对比分析,认识疾病流行的基本特征,探索疾病流行规律和影响因素,为合理地制定疾病的防治、保健对策及措施提供科学依据。

【疾病监测】(surveillance of disease) 又称流行病学监测。长期、系统、连续收集一个地区某种疾病及影响因素的资料,经过分析将信息及时反馈,以便采取措施并评价其效果的一种预防疾病、保障健康的有效措施。此外,通过监测进一步明确人群易感性,对具备危险因素的人群进行早期干预,可以达到有效预防疾病的目的。目前,疾病监测已有传染病发展到恶性肿瘤、慢性病、出生缺陷以及健康状况等多个病种。除疾病之外,还包括对环境、营养、药物不良反应、计划生育等多种卫生事件的监测。在中国已经建立了国家级、省级、市级及城市、农村等不同层次的监测体系。是一个国家和地区预防疾病保障健康的重要手段之一。

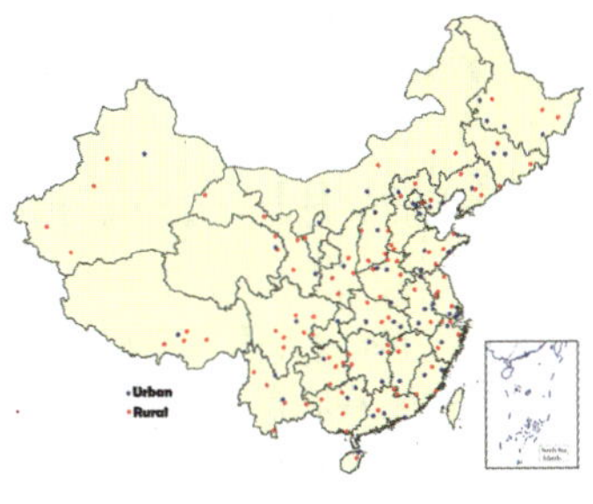

疾病监测

【疾病流行强度】(disease epidemic-strength) 在一定时期内,某病在某地区某人群中发病率的变化及其病例间的联系程度。常用散发、爆发和流行表示。散发是指发病率呈历年的一般水平,各病例间在发病时间和地点上无明显联系,表现为散在发生;爆发是指在一个局部地区或集体单位中,短时间内突然发生很多症状相同的病人,这些人多有相同的传染源或传播途径;流行是指某病发病率在某地区显著超过该病历年发病率水平。

【疾病模型】(disease model) 利用其他种属疾病动物进行包括人类疾病的动物疾病为目的研究时所使用的疾病动物。用动物疾病模型系统的表现来说明人类疾病的历史只有十几年。利用疾病模型可进行发病机制、诊断、治疗等有关研究。所以生命科学领域对疾病模型的需求急速扩大。自然界动物表现的

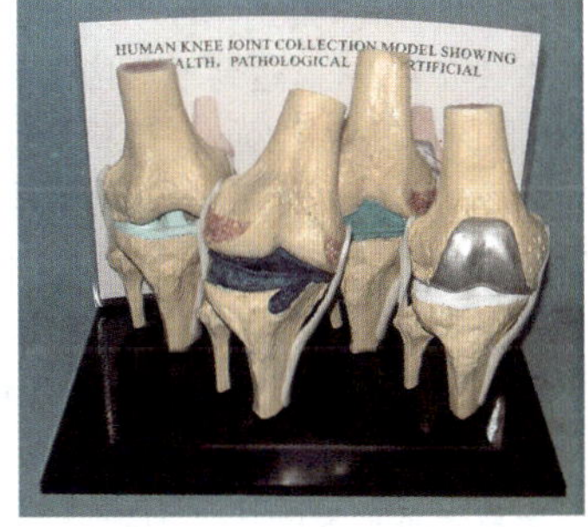
疾病模型

各种疾病,不都是人类疾病模型,有可能是动物种间相互模型。从这个意义讲,可广义地认为人做为灵长动物的一种,人的疾病模型可能存在于广大的动物界,所以可以发现并利用疾病模型进行发病判别、诊断、治疗的研究。疾病模型分为自发性动物模型和诱发性动物模型。前者是指在自然情况下发生的疾病。与人类的某种疾病相似,包括突变系的遗传疾病和近交系的肿瘤疾病模型。通过选择交配遗传育种而使疾病特征保留下来的动物模型叫遗传动物模型。与其相对的是正常状态动物通过使用物理的化学的致病因素作用于动物,造成动物组织、器官或全身一定的损害,出现某些与人类疾病类似的功能、代谢或形态结构方面病变,这种动物模型叫诱发性动物模型。在实验研究时,有时也将上述两种动物模型组合使用。

【疾病自然史】(natural history of disease) 在不加任何人为干预的情况下,疾病自然的发生和发展过程。可以分为四个时期:(1)易感期。疾病尚未发生,但已经存在疾病发生的潜在危险因素。(2)临床前期。又称亚临床期。从疾病发生生物学改变到出现临床症状和体征之前的一段时间。此时,个体没有明显的临床症状。如果采用某些灵敏度和特异度高的检测方法,可以早期发现疾病。(3)临床期。病人出现疾病的临床症状和体征。(4)结局。疾病治愈、病情控制、发生残障或死亡。许多疾病可能会留下后遗症,造成不同程度的功能障碍,丧失劳动力。

【集成测试】(integrated testing) 又称组装测试、联合测试、子系统测试、部件测试。在单元测试的基础上,将所有模块按照设计要求组装成子系统或系统,检查软件单位之间的接口是否正确的测试活动。其对象是模块间的集成和调用关系。其目的是:(1)在把各个模块连接起来的时候,穿越模块接口的数据是否会丢失。(2)各个子功能组合起来,能否达到预期要求的父功能。(3)一个模块的功能是否会对另一个模块的功能产生不利的影响。(4)全局数据结构是否有问题。(5)单个模块的误差积累起来,是否会放大,从而达到不可接受的程度。其特点是:(1)目的性、针对性强,测试项发现问题的效率高,定位问题的效率也较高。(2)能够较容易地测试到系统测试用例难以模拟的特殊异常流程。从纯理论的角度来讲,集成测试能够模拟所有实际情况。

【集成创新】(integrated innovation) 技术创新的形式之一。通过把多种单项技术的有机组合、融会贯通而实现的技术创新。其主体是企业。特点是:(1)更关注实用性,即企业生产与管理的关联度更高。(2)明确的方向性,即企业客户找到切入点,有的放矢。(3)周期较短。(4)效果更明显。其作用是:(1)促进企业的技术进步。(2)提高企业的科学管理水平。(3)增强企业的综合竞争能力。

【集成电路】(integrated circuit, IC) 以密集芯片组成的微型电子器件或部件。将晶体管、二极管、电阻器、电容器等元件和连接它们的导线,通过特殊加工工艺,做在一块半导体薄片上,经过封装形成完整的、具有特定功能的电路。按其集成度的不同可分为:小规模、中规模、大规模、超大规模、甚大规模和巨大规模集成电路。超高速集成电路已达 1×10^7 ~ 1×10^9 个晶体管,其相应线宽尺度为0.5μm。采用集成电路,使计算机的可靠性大大提高。现代高技术对集成电路的性能要求更高,其应用前景广阔。

集成电路

【集成化智能设计】(integrated intellect-design) 利用电子计算机模拟人类对知识和信息进行搜集、分析、处理、加工、管理和应用,达到对机械产品进行自动决策和设计目的的现代设计方法。是将智能工程的方法应用于机械设计,使之高度自动化和智能化,为解决复杂机械系统的设计提供的一种设计方法。集成化是指不同学科、不同领域知识的集成;经验和理论知识的集成;各种设计功能的集成,包括建模和仿真、分析和计算、设计和执行等;各个不同专家系统的集成;字符推理系统(专家系统)和数值计算程序库的集成;各种不同形式的信息(符号、数据、图形等)的集成。进行集成化智能设计的关键在于开发有关的软件系统。

【集成开发环境】(integrated development environment, IDE) 将编辑、编译、调试等功能集成在一个操作平台上的编程开发软件。一般包括代码编辑器、编译器、调试器和图形用户界面工具。其功能是提供程序开发环境的应用程序。其特点是集代码编写、分析、编译等功能于一体,可以独立运行,也可以和其他程序并用。多被用于开发 HTML 应用软件。

【集成框架】(integrated framework) 支持企业对计算机集成制造系统、并行工程和敏捷制造中的各类应用系统进行信息集成和过程集成的支撑软件系统。由集成框架和中间件平台两部分组成。前者是实现工具和应用软件集成管理、过程管理以及优化管理的支撑软件系统。其功能是:(1)提供图形用户接口和面向对象的软件开发工具。(2)应用软件的封装与启用。(3)建立过程模型及工作流程。(4)应用数据转换与翻译。(5)客户机/服务器分布计算环境下的分布对象处理。(6)支持多厂商网络和平台的运行。后者由计算机硬件平台、系统软件、网络、数据库及其共性中间件组成。其功能是:(1)分层次地实现信息集成。(2)提供分布数据的管理。(3)实现各站点间的相互通信。(4)支持多媒体应用。(5)在多媒体应用和异构数据库管理条件下,依靠表达管理实现用户接口的表达或显示功能。(6)提供一组面向专业人员和非专业人员的功能软件。

【集合】(set) 把一定范围的、确定的、可以区别的事物当作一个整体来看待,并将其集在一起。其中各事物称为集合的元素或元。含有有限个元素的称为有限集;含有无限个元素的称为无限集;空集是不含任何元素的集,记做 Φ。集合的运算有:(1)并集。以属于 A 或属于 B 的元素为元素的集合成为 A 与 B 的并(集)。(2)交集。以属于 A 且属于 B 的元素为元素的集合成为 A 与 B 的交(集)。(3)差。以属于 A 而不属于 B 的元素为元素的集合成为 A 与 B 的差(集)。集合的性质为:(1)确定性。每一个对象都能确定是不是某一集合的元素。(2)互异性。集合中任意两个元素都是不同的对象;不能写成$\{1,1,2\}$,应写成$\{1,2\}$。(3)无序性。$\{a,b,c\}$ $\{c,b,a\}$是同一个集合。集合的表示方法,常用的有列举法和描述法。

【集合论】(set theory) 又称集论。数学的一个分支。一门研究集合的数学学科。这里的集合指由一些抽象的数学对象构成的整体。集合论在数学中占据着独特的地位。其基本概念已渗透到数学的所有领域。集合论的创立者是19世纪末20世纪初德国伟大的数学家康托尔。

【集聚环锭纺】(compact and ring spinning) 见紧密纺纱技术。

【集落刺激因子】(colony stimulating factor,CSF) 一组体内外促进祖细胞增殖、分化为各种成熟细胞的低分子量糖蛋白。其不仅可调节造血细胞的增殖和分化,且参与血液病细胞生长以及肌体抗感染免疫的调节。按其刺激骨髓细胞所能形成克隆的细胞类型特点的不同可分为两大类:I类因子作用于造血干细胞,包括IL-3或multi-CSF,粒细胞-巨噬细胞集落刺激因子(GM-CSF)。II类因子作用于更为成熟的造血祖细胞及其分化的特殊系列细胞,包括巨噬细胞集落刺激因子(M-CSF),粒细胞集落刺激因子(G-CSF),红细胞生长素(EPO)。CSF对细胞的作用是通过细胞上CSF受体产生的。重组人集落刺激因子已作为肿瘤生物疗法之一开始应用于临床。概括有:(1)肿瘤化疗、放疗引起的血细胞减少症。(2)各种疾病引起血细胞减少症,如AIDS、放射损伤等。(3)骨髓移植后的造血恢复。(4)先天性白细胞减少症。(5)急性白血病诱导治疗。其中以辅助肿瘤化疗的应用最多。其主要不良反应有:骨痛,特别在高剂量时明显;另有发热、寒战、恶心、头痛;剂量较大时可出现中央静脉导管血栓。但可减少化疗的并发症,特别是对骨髓衰竭和继发感染,从而使病人可耐受大剂量的化疗。这在提高肿瘤病人的化疗效果,使肿瘤消退,延长患者生存期有重要意义。

【集落形成法】(clonogenic assay) 一种常用于对抗肿瘤药物进行细胞水平药效学评价的细胞水平实验方法。单个具有持续增殖分裂能力的肿瘤细胞连续分裂6代以上,可形成含有50个以上细胞的集落。通过记数集落,可准确反映抗肿瘤药物作用于一定量的细胞后,仍能保存持续增殖分裂能力的肿瘤细胞数。本法能够准确地反映药物作用后的细胞是否仍具有持续增殖分裂的能力。集落形成法被公认为检测细胞存活的理想方法。常用于悬浮培养细胞和新鲜切除的人肿瘤细胞的培养。目前广泛用于细胞毒剂体外抗肿瘤效应的研究。

【集群移动通信】(trunking communication) 一种用在集团调度指挥通信的移动通信系统。是传统专用无线电调度网的高级发展阶段。使用多个无线信道为众多用户服务,就是将有线电话中继线的工作方式运用到无线电通信系统中,把有限的信道动态自动地分配给整个系统的所有用户,在最大限度上利用整个系统信道的频率资源。它运用交换技术和计算机技术,为系统的全部用户提供了很强的分组能力。是一种特殊的用户程控交换机。目前,逐渐形成了多频道、多基站的集群通信系统,可以提供话音及各种非话音业务。和普通的移动通信不同,其特点是话音通信采用PTT,按键以一按即通的方式接续,被叫无须摘机即可接听,且接续速度较快,并能支持群组呼叫等功能。主要应用在专业移动通信领域。

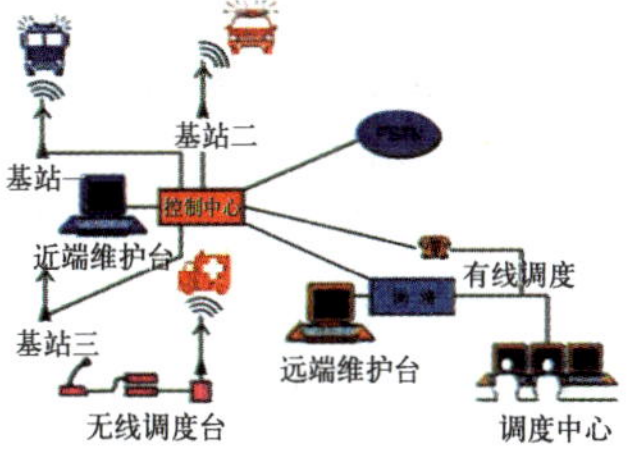

集群移动通信

【集散控制系统】(distributed control system,DCS) 以微处理器为基础对生产过程进行集中监视、操作、管理和分散控制的集中分散控制系统。将若干台微机分散应用于过程控制,全部信息通过通信网络由上位管理计算机监控,实现最优化控制,整个装置继承了常规仪表分散控制和计算机集中控制的优点,克服了常规仪表功能单一、人-机联系差以及单台微型计算机控制系统危险性高度集中的缺点。既实现了在管理、操作和显示三方面集中,又实现了在功能、负荷和危险性三方面的分散。由现场控制级、过程控制级和经营管理级组成。与常规模拟仪表及集中型计算机控制系统相比,其特点是:(1)系统构成灵活。(2)操作管理便捷。(3)控制功能丰富。(4)信息资源共享。(5)安装、调试方便。(6)安全可靠性高。在现代化生产过程控制中起着重要的作用。

【集线器】(hub) 在局域网中连接多个计算机或其他设备的一种线路连接设备。是实现对网络进行集中管理的一种工作单元。在开放式通信系统互联参考模型中,集线器处于数据链路层。主要提供信号放大和中转的功能。集线器采用共享带宽的工作方式,在从一个端口向另一个端口发送数据时,其他端口处于等待状态,数据传输效率低,在中、大型的网络中已不多采用。集线器技术在向多功能和智能化的方向发展。它的使用可以优化网络布线结构,使得布线方便灵活,易扩展,易维护,可靠性高。

【集雨灌溉】(rain water collection for irrigation) 在干旱、半干旱地区,就近集蓄降雨径流灌溉农作物、林草或其他栽培植物的简易灌溉措施。其工程有两种类型:(1)不具备调蓄工程设施的沟洫类集雨灌溉工程。由于集雨量有限,需与农业耕作及土壤保墒措施密切结合。(2)具备调蓄工程设施的雨水集蓄利用工程,即人工收集雨水、加以存蓄并进行调节利用的微型水利工程。

【集约化养殖】(intensive culture) 又称精养。一种在单位水体中苗种密度高、物质和能量投入多、管理精细、产出高的水生经济动植物的生产方式。以"集中、密集、节约"为前提,综合应用了现代科学技术的发展成果,以工业化生产方式安排生产,充分发挥了养殖群体的潜力。集约化、规模化的饲养方式,不但需要非常大的资金投入,而且必须具备科学的饲养知识。集约化水产养殖的方式有工厂化养鱼、流水养鱼、池塘循环流水养鱼和网箱养鱼等。不同的养殖对象所需要的集约化养殖条件和技术各有不同。目前,工厂化养鱼、流水养鱼和网箱养鱼的集约化程度和单产水平已高出一般池塘养殖的十多倍。

集约化养殖

【集约农业】(intensive agriculture) 依靠各种要素的提高,在资源配置和管理更加科学合理的前提下,来提高单产,从而实现增产目标的农业生产活动。还包括农产品加工、储藏、保鲜、运输、销售等环节。

【集中供冷】(central cool-supply) 利用供冷站通过通往各幢大楼的或工厂的管网分配系统,向一群大楼、工厂甚至整个居民区供冷的方式。集中供冷站采用中心制冷装置,通过冷冻水的分配系统为每一幢大楼或工厂的空调系统服务。集中供冷比每一幢大楼或工厂单独供冷优越,能减少劳务费用,降低能量消耗,缩小空间要求和简化维护保养。

【集中供热】(central heat-supply) 由一个或者几个集中热源,通过热力管网,供应用户生产或生活用热的供热方式。在能源总的利用效率、供暖质量和卫生条件、保护环境、减少污染、防火及安全保障,以及总体投资和长期运行费用等诸多方面,均具有较大优越性。根据《大气污染防治法》的规定,开展城市集中供热主要包括两方面内容:(1)城市建设应当统筹规划,在燃烧煤炭进行供热的地区,统一解决热源,发展集中供热。(2)在集中供热管网覆盖地区,不得新建燃煤供热锅炉。这一规定,主要是为了最大限度地利用现有的热资源,由集中供热管网统一供热,防止资源浪费和产生新的污染源。

集中供热

【集中运输】(centralized transportation) 由一个运输单位把货物从一个发货点运往许多收货点,或从许多发货点运往一个收货点的汽车运货方式。实行集中运输,由发货单位负责装货,运输单位负责货物的运输和交接(由驾驶员完成),收货单位负责卸货。收、发货单位不必派人取、送货物,节省了人力。实行集中运输可以加强货运的计划性,便于统一调度车辆。组织循环运输,减少空驶,提高运输效率,减少车辆的需要量,加快货物运达速度,降低运输成本,并为使用汽车列车、专用运输汽车和装卸机械创造了条件。

【集装箱运输】(container transportation) 将货物集合装入箱式容器并用大型运载车辆实现“门到门”的新型运输方式。按其用途的不同可分为:干货集装箱、冷冻集装箱、开盖集装箱、框架集装箱、液体罐式集装箱等;按其箱体材料的不同可分为:钢制集装箱、铝合金集装箱、玻璃钢集装箱等。集装箱运输有以下特点:(1)具有耐久性,可反复使用。(2)专门为运送商品而设计,可在一种或多种运输方式转运时连续使用,无需中途换装。(3)设有便于装卸和搬运的装置,方便转运。(4)便于货物装满或卸空。(5)为了促进集装箱在国际的流通,国际标准化组织规定了集装箱统一的外部尺寸、重量、结构和强度等。

集装箱运输

【瘠土观赏植物】(ornamental plants in-poor soil) 能够在干旱、瘠薄的土壤中正常生长发育的花卉。如马尾松、油松、刺槐、沙枣、合欢、沙棘和黄连木等。其中,如马尾松分布极广,河南、山东南部、两广、台湾、四川中部、贵州,遍布于华中华南各地。一般在长江下游海拔700m以下,中游约1 200m以上,上游约1 500m以下均有分布。马尾松根系发达,主根明显,对土壤要求不严格,有根菌。喜微酸性土壤,但怕水涝,不耐盐碱,在石砾土、沙质土、黏土、山脊和阳坡的冲刷薄地上,以及陡峭的石山岩缝里都能生长。马尾松为中国长江流域各省重要的荒山造林树种。

【几何大地测量学】(geometric geodesy-surveying) 又称天文大地测量学。大地测量学的一个分支。研究用几何方法测定地球形状和大小以及地面点几何位置的学科。在17~18世纪已经有了显著的进展。17世纪初,测量仪器研制的进展和三角测量法的出现,为几何大地测量学的发展提供了技术基础。各国为了测制精密地图,迫切要求实施大地测量,从应用方面促进了几何大地测量学的发展。几何大地测量采用一个旋转椭球代表地球形状,用几何方法测定它的形状和大小,并以该椭球面为参考研究和测定大地水准面,从而建立大地坐标系。地球椭球的形状和大小用其扁率和长半轴表示。地面点的几何位置用其在大地坐标系中的大地经度、纬度和大地高程表示。

【几何光学】(geometrical optics) 不考虑光的波动本性,而仅以光的直线传播性质为基础,研究光在透明介质中传播问题的光学。其理论基础是:光的直线传播定律、光的独立性定律及光的反射和折射定律。由实际观察和直接实验得到的这三个基本定律,仅是光的传播规律在一定条件下的近似。如果研究对象的几何线度与光波波长相近,则由几何光学得出的结果与实际情况有显著的差别,此时必须用波动光学来研究。只有当研究对象的几何线度远大于光波波长,由此波长可视为零时,几何光学和波动光学的结论才一致。由于在实际应用中大多数光学元件的线度比波长大得多,因此,从实用观点来看,几何光学理论仍是严密的、正确的。它在应用上比波动光学简单、明了,是光学系统设计的理论基础。由于几何光学不考虑光的干涉、衍射等现象,因此对某些问题,如光学系统的像场分布、成像质量、光学仪器的分辨本领等,不能只靠几何光学去处理,必须同时应用光的波动理论,才能获得圆满的解决。

【几何均数】(geometric mean) 将n个观察值$X_1, X_2, X_3, \cdots X_n$,的乘积开$n$次方。用$G$表示:

$$G=\sqrt[n]{X_1 \cdot X_2 \cdot X_3 \cdot \cdots \cdot Xn}$$

常用于原始观察值分布不对称,但经对数转换后呈对称分布的资料,即对数正态分布资料。医学中常见的抗体滴度资料,观察值间往往呈倍数关系,宜用几何均数进行描述。

【几何三大问题】(three famous prob-lems-in geometry) 又称三大作图问题。在2 400多年前,古希腊几何学家提出的尺规作图三大问题是:(1)三等分任意角问题,即把任意一个已知角三等分。(2)立方倍积问题,即求作一个立方体,使它的体积等于已知立方体体积的2倍。(3)化圆为方问题,也称圆积问题,即求作一个正方形,使它的面积等于一已知圆的面积。这三个问题吸引了历代许多学者进行研究,长期未能解决,被称为几何三大著名问题。直至1837年,旺策尔用代数方法首先证明了前两个问题均属尺规作图不能问题。1882年,林德曼证明了第三个问题也属于尺规作图不能问题。

【几何声学】(geometrical acoustics) 声学的一个分支。用声线观点研究声学的学科。声线跟光学中的光线相似,是代表声能传播途径的线。

【几何学】(geometry) 简称几何。研究空间形式及其相互关系的学科。几何学起源很早,并且与测量有密切关系。早在上古时期,中国就已利用规矩制作方圆,服务于日常生活和生产实践。在秦汉五百年间成书的《周髀算经》和《九章算术》中,对图形面积的计算已有记载,刘徽、祖冲之、王孝通等对几何学都有重大贡献。17世纪欧洲工业迅速发展,以前所用的几何方法不能满足实际需要。笛卡儿利用代数方法研究几何问题，建立了解析几何。公元前7～8世纪，耕地面积、仓库容积的测量和计算方法传入希腊，通过柏拉图创立的Academia学院成员的系统研究，使几何从地积、体积测量和计算中抽象了出来，逐渐形成了一门系统的独立学科。特别是欧几里得将丰富而零散的几何研究资料，运用逻辑方法，采用公理化的方法加以系统整理，建立了一个完整的几何体系，撰写成一部《几何原本》流传至今，被人们称为欧几里得几何。文艺复兴之后的欧洲，代数学有了迅速的发展，几何学开始摆脱和代数学的隔离状态。18世纪，由于微积分在几何方面的应用，又开辟了微分几何这一领域。19世纪末，希尔伯特发表了《几何基础》。他用近代观点建立了严密的欧几里得几何公理体系，使得《几何原本》中的公理体系真正完善，并且使数学公理法基本形成，促使数理逻辑的发展。20世纪以来，几何学的迅速发展，产生和形成了众多的几何学分支，如射影微分几何、整体微分几何、仿射微分几何、一般空间微分几何、代数几何、计算几何和拓扑学等。特别是在理论物理中爱因斯坦相对论的出现，又促进了微分几何的发展，反过来，微分几何又为现代科学技术服务。

【挤出成型】(extrusion molding) 将粒状或粉状塑料加入料斗中，通过加热使熔融呈流体状，在挤压系统的作用下而获得截面形状一定的塑料型材的技术。其特点是：(1)能连续成型，生产量大，生产率高，成本低。(2)塑件的几何形状简单，截面形状不变，所以模具结构也较简单，制造维修方便，塑件的内部组织均衡紧密，尺寸比较稳定。(3)适应性强，除氟塑料外，几乎所有的热塑性塑料都可以采用挤出成型。(4)所用设备结构简单、操作方便、应用广泛。

【挤出机】(extruder) 一种用于塑料挤出成型的设备。由主机和辅助机组成。其主机是挤塑机。它由挤压系统、传动系统和温度调节系统组成。挤压系统包括螺杆、机筒、料斗和机头。塑料通过挤压系统而塑化成均匀的熔体，并在压力下被连续挤出。传动系统的作用是驱动螺杆，供给螺杆在挤出过程中所需要的力矩和转速。温度调节系统通常用电加热(分为电阻加热和感应加热)，加热片装于机身、机脖、机头各部分，由外向内加热，以达到工艺操作所需要的温度。辅助机主要包括放线装置、校直装置、预热装置、冷却装置、牵引装置、切断器、吹干器、印字装置和收线装置等。

挤出机

【挤压】(extrusion) 使金属坯料在挤压模内受压而成型的加工方法。按照金属坯料受挤压时温度的高低，挤压又可分为冷挤压、热挤压和温挤压三种。冷挤压是在室温下进行的挤压；热挤压温度与锻造温度相同；而温挤压则是将金属加热到100～800℃(在金属相变点以下)后进行挤压。挤压常用于生产各种形状复杂、深孔、薄壁、异型断面的零件。其中冷挤压、温挤压工艺在提高材料利用率、提供高品质毛坯件方面广泛应用。

【挤压膨化食品】(extrusion puffing food) 经膨化设备的加工而成的食品。以谷物粉、薯类或豆类粉及淀粉等为主要原料，添加或不添加糖、食盐等辅料，经输送、混合、进料、挤压膨化、切割成型、调味、干燥和包装等工艺加工而成的产品。在挤压膨化过程中，可使淀粉糊化和蛋白质变性，一些天然存在的抗营养因子和有毒物质被破坏，微生物数量大大减少，产品的适口性显著提高。按其产品类型的不同可分为：膨化小食品、早餐谷物食品、膨化速食早餐食品和挤压组织化蛋白等。由于生产这种膨化食品的设备结构简单，操作容易，设备投资少，收益快，所以发展得非常迅速，并表现出了极大的生命力。但是，由于膨化食品大多含有较多对人体有害的铝和铅，不宜多食。

挤压膨化食品

【挤压研磨】(extrusion grinding) 又称磨料流加工。以一定压力迫使磨料与黏弹性高分子介质的混合物(黏性磨料)通过被加工工件表面，利用磨粒的滑擦、挤压及刮削作用提高工件表面精度的工艺方法。常用的磨料有氧化铝、碳化硼、碳化硅、金刚石粉等。其特点是：(1)由于黏性磨料是半流动状态，故可加工任何形状工件的表面。(2)几乎适用于任何金属材料，也可用于陶瓷、硬塑料等。(3)在不破坏零件原有形状精度条件下达到较高尺寸精度及较低粗糙度值(可呈镜面)。(4)生产效率高。它主要应用于各种拉丝模、挤压模、冲模、引伸模等复杂型面的光整加工，也可对复杂内、外型面的喷嘴小孔、交叉孔、叶轮、齿轮面等进行抛光、去毛刺，还可以去除激光和电火花加工后产生的硬化层与微观缺陷等。

【挤压铸造】(extrusion casting) 又称液态模锻、固液态挤压。对浇注入铸型腔内的液态或固液态金属施加机械压力，使之成形和凝固的铸造方法。固液态金属即半凝固金属，具有类似液体的粘性流动性。一般在液压机或专用挤压铸造机上进行。工艺过程包括铸型准备、浇注、合型加压和开型取出铸件四个步骤。特点是：(1)在压力作用下结晶凝固，组织致密。(2)已经凝固的金属会发生微量塑性变形，晶粒细化。(3)固-液相区会进行很好的进行补缩，避免了缩孔、缩松的产生。(4)表面光洁度好。但不适于形状结构复杂的铸件，并且在铸件高度方向上很难控制尺寸精度。适用于生产各种力学性能高、气密性好的厚壁铸件，如汽车和摩托车的铝轮毂、发动机铝缸体、铝缸盖、铝合金压力锅及铜合金轴套等。

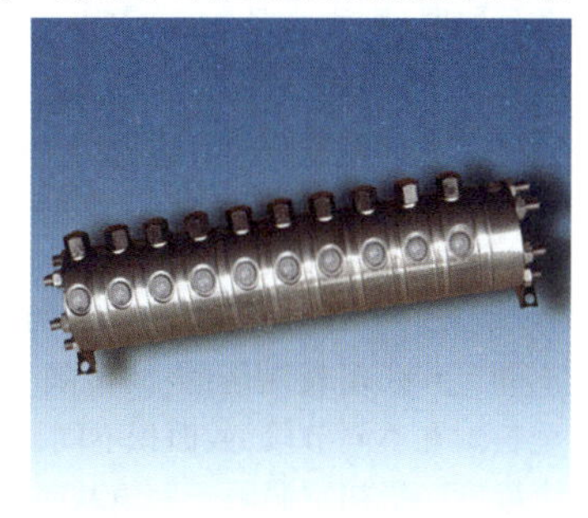

挤压铸造

【挤压综合征】(crush syndrome) 身体某部位被外部重物长时间挤压后出现的病症。当四肢或躯干肌肉丰满的身体某部位被外部重物长时间挤压或长时间固定某种体位时，在解除压迫后，会出现以肢体肿胀、肌红蛋白尿、高血钾为特点的急性肾功能衰竭。多发生于房屋倒塌、工程塌方、交通事故等意外伤害以及战争或强烈地震等自然灾害中。此外，亦偶见于昏迷与肢体长时间被固定的手术患者中。

【给水调度】(water supply system dispatch) 组织和协调给水系统各组成部分之间的运行管理工作。以确保供水安全、提高服务质量和降低运行费用。对大型的、复杂的多水源给水系统，调度工作是十分重要的。在用水高峰时，各水源和处理厂一般都按最高能力供水；在非高峰用水时，要留有余地。水质有差别时，宜优先采用优质水；耗能不同时，宜先采用低能耗水源，优先采用重力流或靠近用水中心水源。多用途水源要考虑全局，统筹调度。给水管网中有水的调节构筑物和增压泵站时，水库的储水调节和水泵的运行要同整个给水系统的工作协调，以保证管网中水压适度，耗能较少。给水系统的调度建立在各组成部分工作情况的信息上。调度中心应及时地充分地掌握有关水质、水压、流量、电源、电耗等参数的数据，才能作出正确的判断和决定。出现事故(例如电源中断、水管爆裂、设备失灵、水源意外污染等)时，要及时采取措施避免或减轻不利影响。给水调度需要在水源、给水处理厂和管网枢纽点设置各种有关仪表和通信手段。给水系统常分级调度，各组成部分各自进行运行调度，同时向总调度中心输送信息，接受指令。调度中心应对给水系统运行期间所积累的技术资料进行整理和分析，以便从中找出各组成部分和整个系统的工作规律，并据此研究和制订调度方案。这些数据不但可以供本系统作改进工作的依据，而且可以供新建工程作参考。

【给水度】(specific yield) 单位体积饱和岩土体在重力作用下所释放出水的体积。地下水位下降单位值时，单位面积地下水位以上土体所释放的水层厚度也称给水度。为无因次数。给水度大的岩土，如砾石、中粗砂等，释水性能强；给水度小的岩土，如黏土等，释水性能弱。给水度是水文循环研究、地下水资源评价和农田排灌设计中的重要水文地质参数。不同岩土的给水度不同。给水度除与岩土的空隙度有关外，还取决于孔径大小及其连通的情况，以及水温与水质。常用的确定给水度的方法有：(1)筒测法。将土料装入底部装有滤料的特制测筒中，先使土样饱和，筒口设保护装置不使水分蒸发。然后放水至待测深度，测得放水量，并除以水位降深范围内的土体体积，即得各降深范围内的平均给水度。(2)水文动态法。利用平原地区河流的水文资料及地下水资料，根据流域水量平衡关系推求。(3)抽水试验法。可近似求得抽水的岩土地下水降深幅度内的平均给水度。

【给水管道施工】(construction of water-supply pipe line) 给水管道的定线、开挖沟槽、下管、接口、覆土、试压、冲洗、消毒和工地清扫等全部工作过程。为了提高施工质量、降低施工费用，缩短工期，减少对交通的干扰，管道施工应有良好的施工组织。施工完毕后应有竣工图作为技术资料存档备查。其施工工序是：(1)定线。按照设计图纸，首先在施工现场定出埋管沟槽位置。同时设置高程参考桩。(2)开挖沟槽。按定线用机械或人工破除路面。(3)下管。首先将管材沿沟槽排好。管材下槽前作最后检查，有破损或裂纹的剔除。(4)接口。做法随管材而异。给水管道常用的管材是铸铁管、球墨铸铁管、钢筋混凝土管

给水管道施工

或钢管,有时用石棉水泥管。铸铁管、球墨铸铁管和钢筋混凝土管大多采用承插接口,少数和闸阀连接的铸铁管用法兰接口。(5)覆土和试压。接口做好之后应立即覆土。覆土时留出接口部分。试压后再填土。覆土要分层夯实,以免施工后地面沉陷。(6)冲洗和消毒。放水冲洗管道至出水浊度符合饮用水标准为止。用液氯或次氯酸盐消毒。管道内含氯水停留一昼夜后,余氯应在20ng/L以上。然后再次放水冲洗,对出水作常规细菌检验,至合格为止。

【给水系统】(water supply system) 为居民或工厂、矿场、铁路供给生活、生产等用水的系统。由取水构筑物、水厂、输水、配水管道、调节构筑物组成。给水的来源分为地表水源和地下水源。地表水主要来源于江河、湖泊、蓄水库和海洋等;地下水来源于地面以下,分浅层地下水、深层地下水和泉水等。地表水易受自然条件影响,水中悬浮物、杂质含量较多,浊度也高于地下水,同时易受工业废水、生活污水等人为污染,其水色、嗅、味变化较大。水质要进行混凝→沉淀→过滤→消毒及除臭、除味处理后方可满足使用要求。地下水由于水流经岩层时溶解了各种可溶性矿物质,水中含盐量较多,硬度较高。地下水必须进行除铁、除锰、除氟处理后方可使用。

【脊髓灰质炎】(poliomyelitis) 见小儿麻痹症。

【脊髓灰质炎疫苗】(poliomyelitis vaccine) 又称小儿麻痹症活疫苗,脊髓灰质炎口服活疫苗。为预防脊髓灰质炎发生而研制的脊髓灰质炎病毒减毒活疫苗。其制剂规格是糖丸。单价糖丸Ⅰ型为红色,Ⅱ型为黄色,Ⅲ型为绿色;三价糖丸为白色。口服液是三价活疫苗。其适应症是麻痹性脊髓灰质炎。使用对象主要为儿童。其不良反应可见发热、头痛、腹泻等,偶有皮疹,2~3天后自行痊愈。极少数发生的严重不良反应为疫苗相关性麻痹病。其用法用量规定:口服糖丸剂,婴儿一般于第2、4、6月龄时各服一丸;1.5岁~2岁,4岁和7岁时再各服1丸(直接含服或以凉开水溶化后服用)。口服液体疫苗,初期免疫3剂,从出生第2个月开始,每次2滴,间隔4周~6周,于4岁或入学前加强免疫1次。可直接滴于婴儿口中或滴于饼干上服下。在服疫苗后,若有发热、体质异常虚弱、严重佝偻病、活动性结核及其他严重病疾以及1周内每日腹泻4次者均应暂缓服用。艾滋病病毒感染、异常丙种球蛋白血症、淋巴瘤、白血病、广泛性恶性病变以及其他免疫缺陷者(如服用皮质激素、抗癌药、免疫抑制药或接受辐射等)均属禁忌。

【脊髓空洞症】(syringomyelia) 脊髓的一种慢性、进行性的病变。属先天性发育性脊髓异常,内有空洞形成的病变。病因不十分清楚。其病变特点是脊髓(主要是灰质)内形成管状空腔以及胶质(非神经细胞)增生。常好发于颈部脊髓。当病变累及延髓时,则称为延髓空洞症。临床特点是:肌肉萎缩,相应节段痛温觉消失,触觉和本体觉相应保留,肢体瘫痪及营养障碍等。此病多在20~30岁发生,偶可起病于童年。男多于女。起病较隐蔽,病程也较缓慢。经常以手部肌肉萎缩无力或感觉迟钝而引起注意。表现出来的症状也因病变的部位和范围不同而不同。其病理表现是:空洞多限于颈髓,可伸延脊髓全长。在不同节段,截面积不同,在颈髓、颈膨大达最大程度。最初空洞限于后角基底或髓前连合,囊肿缓慢扩大累及两侧更多灰质和白质,有时脊髓实质只剩下狭窄边缘,神经组织退变消失。空洞可伸延至延髓,罕有到脑髓者。其治疗方法有:选择性手术治疗;中药;放射治疗等。

【脊髓损伤】(spinal cord injury) 由各种原因引起的脊髓结构、功能的损害常造成损伤水平以下脊髓功能障碍。按其致病因素的不同可分为外伤性及非外伤性脊髓损伤两大类。后者主要是因脊柱、脊髓的病变(肿瘤、结核、畸形等)所引起,约占脊髓损伤的30%;前者的发病率因各国情况不同而有差别,发达国家比发展中国家发病率高。其神经功能分类:国际上广泛应用的是,美国脊髓损伤学会制定的脊髓损伤神经功能分类标准,简称1992 ASIA标准。在2000年,ASIA又在临床应用的基础上对ASIA标准作了个别的修正。目前采用2006年第六版脊髓损伤神经学分类国际标准。其评定内容包括:(1)脊髓损伤的水平。①运动水平。②感觉水平。③脊髓功能部分保留区。(2)脊髓损伤的程度。①完全性脊髓损伤。②不完全性脊髓损伤。③脊髓损伤综合征。其临床处理方法包括:(1)合理制动、院前院后急救。(2)药物治疗。(3)外科治疗。其并发症的防治包括:(1)运动系统。关节挛缩,骨质疏松,异位骨化,痉挛。(2)呼吸系统。呼吸衰竭,肺部感染,肺不张。(3)心血管

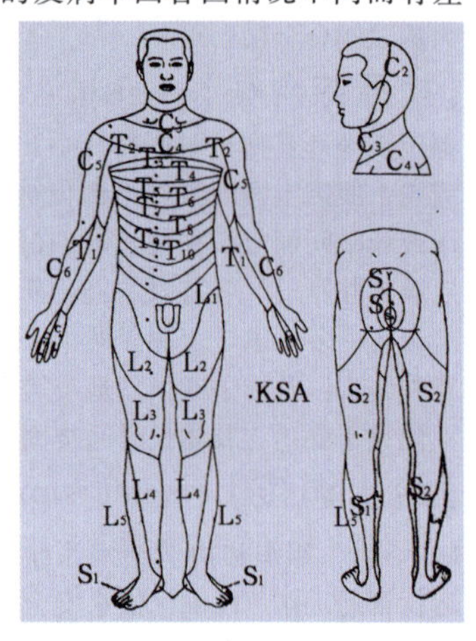

脊髓损伤

系统。深静脉血栓,直立性低血压,低心率。(4)消化道系统。应激性溃疡,便秘。(5)排尿障碍。(6)压疮。(7)疼痛。(8)自主神经反射亢进。其康复应从受伤现场开始。脊髓损伤后可立即引起全身多系统的功能障碍,因此进行早期康复及预防各种早期并发症对患者的预后有重要意义。长期以来,脊髓损伤康复被认为是在脊髓损伤后期或恢复期进行的,认为康复是临床治疗的延续。因此,中国多数脊髓损伤患者,在综合医院骨科或神经外科接受了急救处理和外科治疗后,便被通知出院或转入疗养式的医院休养,等待可能的恢复。由于没有开展早期康复,压疮、垂足、泌尿系感染等并发症发生率高,患者的体质和心理发生不利于康复的变化。

【脊髓小脑变性征】(spinocerebellum-ataxia) 以运动失调为主要症状的一组疾病。病理学上是以小脑及其传入、传出途径的变性为主体的疾病;临床上是以肢体共济失调和构音障碍为主要特征。是由小脑、脑干、脊髓、周围神经以及偶尔基底节的变性所造成。这些综合征中有许多是遗传性的;另一些则属散发性。本病病因不明,但大多有家族遗传倾向。20岁以前起病者多为常染色体隐性遗传,而20岁以后起病者则多为常染色体显性遗传。大致可分为主要由脊髓变性引起的共济失调,小脑性共济失调或多系统萎缩三大组。Friedreich共济失调是脊髓共济失调的原型。属于常染色体隐性遗传,相关的基因定位于第9号染色体。在5~15岁之间出现步态不稳,继而出现上肢共济失调与呐吃,智力往往也有减退,震颤如有出现是属于次要症状;腱反射消失,并有大纤维传导的感觉(振动觉与位置觉)丧失;常见弓形足,脊柱侧凸和进行性心肌病变。血β-脂蛋白缺乏症等病都具有共济失调的某些临床表现,但后者的代谢障碍基础目前不明。小脑共济失调一般起病于30~50岁之间,散发的病例与显性遗传的病例均有报道。病理变化局限于小脑以及偶尔下橄榄体。临床上只有小脑功能障碍的体征。在多系统萎缩中,共济失调在青年和中年发病。附加的症状包括不同组合的强直,锥体外系症状,感觉障碍,下运动神经元症状与自主神经功能障碍。在某些家族中可发生视神经萎缩,色素沉着性视网膜炎,眼肌瘫痪和痴呆。某些发病机制不明的全身性疾病,也能产生共济失调。其临床表现是:初期走路时,步履不稳,肢体摇晃;动作反应迟缓及准确性变差。中期说话时发音含糊不清,无法控制音调;眼球转动不平顺,影像容易产生重叠;肌肉不协调感加重,无法写字;有时感到吞咽困难,进食时容易呛咳。晚期说话极不清楚,甚至无法语言;肢体乏力,不能站立。目前尚无可以根治的药物,治疗的重点在复健治疗,使患者尽可能维持最高的生活自理能力。研究表明:小脑萎缩的大多数患者是属于遗传性的,且病情呈慢性、进展性恶化,若得不到有效的控制,很快就会危及生命。所以,一旦发现应及早用药治疗,有效地控制病情、改善原有的症状、提高生活质量、延缓生命。

【脊柱侧弯】(scoliosis) 以脊柱的某一段在冠状面上持久地偏离身体中线,使脊柱向侧方凸出弧形或"S"形为主要表现的疾病。通常还伴有脊柱的旋转和矢状面上后突或前突的增加或减少,同时还有肋骨左右高低不等平、骨盆的旋转倾斜畸形和椎旁的韧带和肌肉的异常。是一种症状或X线体征。可由多种疾病引起。通常发生于颈椎、胸椎或胸部与腰部之间的脊椎,也可以单独发生于腰背部。侧弯的出现在脊柱一侧,呈"C"型;或在双侧出现,呈"S"型。可引起胸腔、腹腔和骨盆腔的容积量减小,还会降低身高。其症状表现是:肩和骨盆的倾斜,长期不对称姿势,优势手、下肢不等长,肌肉凹侧组织紧张,凸侧组织薄弱、被牵拉。按其弯曲方向的不同可分为:侧凸,后凸,鞍背,圆背,畸胸和旋转性。其中旋转性弯曲是最复杂,最难治的一种侧弯。按其性质的不同可分为先天性的脊柱侧弯和特发性的脊柱侧弯。先天性的脊柱侧弯,是指脊柱结构发生异常。即出生后有三角形半椎体、蝶形椎、融合椎,还有肋骨发育的异常,导致脊柱发生倾斜,导致侧弯或后凸畸形。临床较少见,多需要手术矫正。特发性的脊柱侧弯,是指脊柱结构基本没有异常,由于神经肌肉力量的失平衡,导致脊柱原来应有生理弯曲变成了病理弯曲。即原有的胸椎后凸变成了侧凸等。临床常见,多由于长期不良姿势,不良生活习惯引起。多数可以通过保守治疗取得理想效果。其治疗方法有:手法复位,牵引,支具固定,电疗,药物以及手术等。目前比较成熟的手术是两种:一是内固定架矫正,二是外固定架矫正。对于特发性脊柱侧弯,治疗上应根据畸形发展时年龄、发展

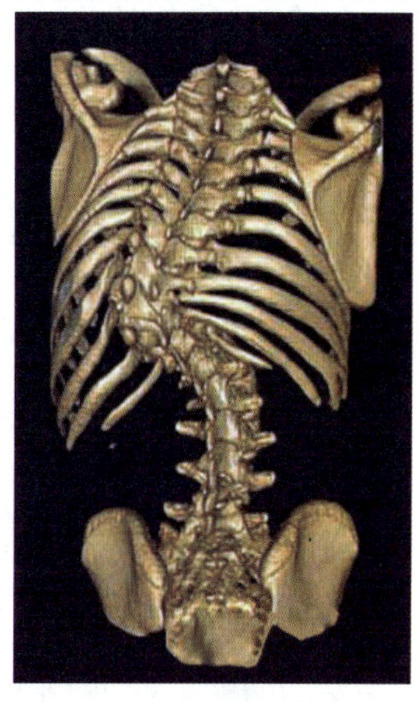
脊柱侧弯

速度、侧弯度数、生长发育程度、外观畸形、躯干平衡及未来发展趋势等因素，选择非手术和手术治疗。但总的治疗原则为在青春发育终止前尽可能地选择非手术治疗；遇到必须在此前手术的患者，也应先采取非手术治疗方案以推迟手术年龄。非手术治疗是治疗脊柱侧弯的早期手段，目的是防止脊柱侧弯加重，避免胸廓畸形发育，避免出现心肺胃肠泌尿生殖系统等严重的内脏刺激症状。手术治疗是针对非手术治疗效果不好、脊柱侧弯度数过大出现明显内脏刺激症状的患者。是否决定选择手术及采用何种手术方案，还要考虑患者的骨龄、生长发育状态、弯曲的类型、结构特征、脊柱的旋转、累及的脊柱数、顶椎与中线的距离，特别是外观畸形和躯干平衡等因素。脊柱侧弯 Cobb 角小于 45°，是可以采用脊柱侧弯矫形器来保守治疗的，大于 45°考虑手术治疗。

【脊柱裂】（spina bifida） 胚胎发育过程中，椎管闭合不全而引起的一种先天畸形。临床上常分为隐性脊柱裂和囊性脊柱裂。前者指仅有椎板缺如而无椎管内容膨出。合并椎管内的脊髓畸形者则称为脊髓发育不良。后者指椎管内容从骨缺损处膨出。按膨出内容的不同又可分为脊膜膨出和脊髓脊膜膨出等。最常见的形式为棘突及椎板缺如，椎管向背侧开放。以骶尾部多见，颈段次之，其他部位较少。病变可涉及一个或多个椎骨，有的同时发生脊柱弯曲和足部畸形。脊柱裂常与脊髓和脊神经发育异常或其他畸形伴发，少数伴发颅裂。其病因主要是在胚胎期发育发生障碍所致，关键在于椎管闭合不全。正常人有 20% ~25% 有脊拄裂。有的病人表现为腰背部皮肤上有一撮长毛、血管痣或酒窝样凹陷，并可在该处摸到凹陷。其症状表现是：少数病人到成年后可产生遗尿、尿失禁等症状。有的刚出生的婴儿，在腰部有一膨出的囊包，壁很薄可透光，婴儿啼哭时，囊包的张力增加，如溃破则很易感染，引起脑膜炎。此型是因脊股由脊柱裂口处膨出所致，称“脊膜膨出”或“囊性脊柱裂”。如果椎管内的脊髓，神经组织也同时膨出，则称“脊髓脊膜膨出”。可产生两下肢无力，肌肉萎缩，小孩较晚才会走路，但步态跛行，臀部及大腿后侧皮肤感觉迟钝或麻木，足底及臀部可发生溃疡，大小便不能控制。成人则有阳痿等症状。少数病人可有一段脊髓完全暴露在裂口处，有些在表面可有薄层纤维膜盖覆。此型称“脊髓外露”，症状更为严重，且容易感染，预后极差。患有脊柱裂的病人，常伴有身体其他部位的先天性发育异常；如足内翻，足外翻，弓形足，先天性脑积水，脊柱侧弯等。隐性脊柱裂不产生临床症状者不需治疗。有临床症状的隐性脊柱裂，脊膜膨出及脊髓脊膜膨出症等均需手术治疗，手术时间愈早，疗效愈好。术前应保护膨出部以防止破溃，如不慎破溃则应立即送医院紧急处理，以免感染引起脑膜炎。

【脊椎动物】（vertebrata） 又称有脊椎骨动物。脊索动物的一个亚门。这类动物一般体形左右对称，全身分为头、躯干、尾三个部分。躯干被横膈膜分成胸部和腹部，有比较完善的感觉器官、运动器官和高度分化的神经系统。包括鱼类、两栖动物、爬行动物、鸟类和哺乳动物等五大类。脊椎动物和人类生活的关系密切，为人类提供了肉、蛋、奶等食物，皮装、皮鞋等皮革制品，羊毛衫、羽绒服等服装制品。此外，许多脊椎动物能捕食农林害虫、害兽，对农林业有益。通过研究蝙蝠超声波定位的机理，人们还研制出了雷达。

左：滇金丝猴 上：三胞胎华南虎
下：大熊猫

脊椎动物

【计划免疫】（planned immunization） 根据某些特定传染病的疫情监测和人群免疫状况分析，按照规定的免疫程序有计划地进行人群预防接种，提高人群免疫水平，达到控制以至最终消灭相应传染病的目的而采用的重要措施。计划免疫使预防接种更有科学性、规范性、计划性和合理性。其主要内容包括：(1) 儿童基础免疫。(2) 成人免疫。(3) 免疫程序的制定。(4) 预防接种的种类。(5) 预防接种组织。在中国，由各级疾病控制中心或卫生防疫部门和社区医疗卫生单位构成计划免疫网络系统，负责免疫计划的实施和完成情况的检查。

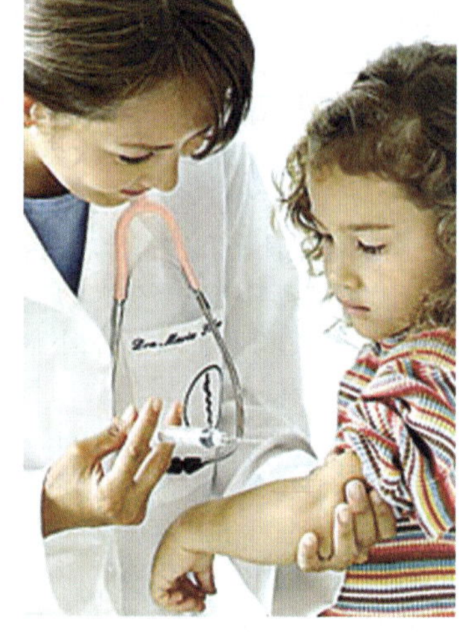
计划免疫

【计量与测试】（metrology and measurement）一种以保持量值统一和传递为目的的测量技术。它受计量法规和专门管理机构的制约。计量是将被测的量与作为单位的标准量进行比较，以确定其比值的操作过程。测试是指对某物或某量进行验证或确定其特性的试验或检验过程。中国的法定计量单位以国际单位制的基本单位为基准，还包括国际单位制中具有专门名称的导出单位和国家选定的非国际单位制单位。

【计日工】（daily work） 在施工过程中，完成发包人提出的施工图纸以外的零星项目或工作，按合同中约定的综合单价以钟点计价的劳务活动。一般只包括在合同价格内，用于工程量清单中没有合适细目的零星附加工作或变更工作。计日工的单价或合同总额价一般作为工程量清单的附件包括在合同内，由承包人在投标时根据计日工明细表所列的细目填报。当工程量清单所列各项均没有包括，而这种例外的附加工作出现的可能性又很大，且其工程量又很难估计时，常用计日工明细表的方法来处理这种例外。计日工明细表由总则、计日工劳务、计日工材料、计日工施工机械以及计日工汇总表等五个方面内容组成。相应的表格有4个，即计日工劳务单价表、计日工材料单价表、计日工施工机械单价表以及计日工汇总表。

【计算复杂性理论】（computational complexity theory） 计算机科学的一个分支。用数学方法研究使用数字计算机解决各种算法问题的理论。创立于20世纪40年代。是算法分析的理论基础。从计算中所需各种资源的耗费分析入手，研究各类问题之间在计算复杂程度上的相互关系和基本性质。其特点与作用是：(1)弄清某些求解问题的固有难度。(2)评价某个计算模型的优劣。(3)获取高效的计算模型。研究计算复杂性常用的计算模型，有图灵机、随机存取机、组合线路等。通过这些计算模型可以研究问题复杂性的上界和下界，或寻求最佳算法。

【计算化学】（computational chemistry） 理论化学的一个分支。在物理化学理论基础上研究原子和分子性质、化学反应途径，解释具体的化学问题、发现新的化学现象的学科。其主要目标是：利用电脑程序预测分子的性质，如总能量、偶极矩、振动频率、反应活性等，并解释一些具体的化学问题。计算化学有时也被称为计算机科学与化学的交叉学科。因为只有很少的化学体系可以进行精确计算，所以计算化学并不追求完美无缺或者分毫不差。但是，几乎所有种类的化学问题都可以采用近似的算法来表述。计算化学研究的发展方向：(1)分子结构和性能的关系。(2)化学反应如何发生。(3)预测化学反应的产物及新化合物具有的化学性质。(4)生物大分子的空间结构、取向和形态。(5)分子－分子体系的排列和相互作用。(6)计算机对化学过程的模拟等。

【计算机】（computer） 按照指令对各种数据和信息进行自动加工和处理的电子设备。由中央处理器、主板、内存、电源、显卡等多个零配件组成。按照数据表示的不同可分为数字计算机、模拟计算机及混合计算机三类；按照规模或系统功能的不同可分为巨型、大型、中型、小型和微型五种。计算机科学与各学科相结合，改进了研究工具和研究方法，促进了各学科的发展。广泛应用在各行各业中，产生了显著的经济效益和社会效益，引起了产业结构、产品结构、经营管理和服务方式等方面的重大变革。

计算机

【计算机安全】（computer security） 防范计算机信息系统和信息资源不受自然和人为因素的威胁和危害。一般采取增设软件系统安全机制，对数据进行加密处理；在计算机内设置操作日志，对重要数据的读、写、修改进行自动记录等方法。其涉及内容有：(1)计算机安全理论与策略。(2)计算机安全技术、安全管理、安全评价。(3)安全产品以及计算机犯罪与侦察、计算机安全法律、安全监察等。其分类是：(1)实体安全。包括机房、线路、主机等。(2)网络与信息安全。包括网络的畅通、准确及其网上的信息安全。(3)应用安全。包括程序开发运行、输入输出、数据库等。

【计算机病毒】（computer virus） 编制或在计算机程序中插入的破坏计算机功能或数据，影响计算机使用且能够自我复制的一组计算机指令或程序代码。具有寄生性、传染性、潜伏隐蔽性、破坏性、可触发性等特点。根据存在媒体的不同可分为网络病毒、文件病毒、引导型病毒；根据传染方法的不同可分为驻留型病毒和非驻留型病毒；根据算法的不同可分为伴随型病毒、“蠕虫”型病毒、寄生型病毒、诡秘型病毒、变型病毒等。

【计算机病毒对抗】（countermeasure against computer virus） 利用计算机病毒进

行信息战的一种新的技术手段。计算机病毒所攻击的是 C^3I 系统的核心部件，而且有隐蔽性和传染性。其主要特点是：(1)增加了电子对抗的攻击途径。(2)扩展了电子对抗的作用时间。(3)增加了攻击的突然性。(4)提高了攻击的可靠性。未来战争破坏力最大的已不再是核打击，在电脑已经成为军事指挥、武器控制和国家经济中枢的情况下，计算机病毒打击将更直接、更危险。

【计算机病毒武器】(computer virus weapon) 一类隐蔽在计算机资源中、能自我复制、传染，并破坏计算机正常运行的有害程序。计算机病毒可用作攻击敌方计算机及其网络的一种武器。计算机病毒按其破坏程度的不同可分为两类：(1)良性病毒。它能传染其他程序，但不破坏系统功能。(2)恶性病毒。不但能传染，而且能破坏系统功能，使计算机无法运行，如果计算机联网，将使整个网络瘫痪。计算机病毒如同生物病毒一样，依附于一定的运载平台而存在。其寄生方式主要有寄生于某个主程序周围、依附于计算机操作系统中或侵入应用程序中等三种。

【计算机产业】(computer industry) 计算机制造业和计算机服务业的总称。一种省能源、省资源、附加价值高、知识和技术密集的产业。包括生产各种计算机系统、外围设备、终端设备，以及有关装置、元件、器件和材料的制造。提高性能和价格比是计算机产品更新的目标和动力。计算机产品，一般仅包括硬件子系统和部分软件子系统。为使计算机在特定环境中发挥效能，一些计算机制造厂家十分重视向用户提供各种技术服务和销售服务。一些独立于计算机制造厂家的计算机服务机构，开始出现于 20 世纪 50 年代。到 60 年代末期，计算机服务业在世界范围内已形成独立行业。

计算机产业

【计算机电源】(computer electric power source) 安装在计算机主机箱内的封闭式独立电源部件。包括输入电网滤波器、输入整流滤波器、变换器、输出整流滤波器、控制电路、保护电路。输入技术指标有输入电源相数、额定输入电压、电压的变化范围、频率、输入电流等。输入电源的额定电压因国家或地区不同而异，中国为 220V。开关电源的电压范围比较宽，一般为 180～260V。一般的计算机电源都带有 115/230V 转换开关，以适应不同国家/地区的交流电压。交流输入功率为 50Hz 或 60Hz，在频率变化范围影响开关电源的特性时多为 47～63Hz。其特点与作用是：(1)将交流电通过一个开关电源变压器变换为 5V，-5V，+12V，-12V，+3.3V 等稳定的直流电。(2)供应主机箱内系统主板、软盘、硬盘驱动及各种适配器扩展卡等系统部件使用。(3)一个备份电源保证安全供电。(4)可以通过为节点和磁盘提供电池后援来增强硬件的可用性。

【计算机仿真】(computer simulation) 一种描述性技术。应用电子计算机对系统的结构、功能和行为以及参与系统控制的人的思维过程和行为进行动态性比较逼真的模仿。其特点是：(1)建立系统数学模型，并转变为仿真模型。(2)设计对模型的实验框架。(3)运行模型，刻画系统行为特性。(4)对行为特性定量分析，得出定量分析结果。主要用于系统论证分析、系统开发、系统运行和维护等。

【计算机辅助测试】(computer aided test，CAT) 借助信息处理系统对产品或零件进行测试和检查。是计算机辅助质量保证的重要方面。在电子产品中，从大规模集成电路、电路印刷版、插件到整机均可通过计算机进行测试。测试的目的是确定被测对象有无故障以及对故障作出定位。常见的计算机辅助测试有逻辑分析仪、联机仿真器和微机开发系统。广泛应用于机械、电子和航空领域。

【计算机辅助纺织工艺规划】(CAPP for textile) 计算机自动形成的纺织产品工艺路线。是只能通过工艺设计才能与制造结合实现信息和功能的集成。是重要的生产准备工作之一。计算机辅助纺织工艺过程设计，向上与计算机辅助纺织品设计系统相接，向下与计算机辅助纺织品制造系统相连，是连接设计与制造之间的桥梁。设计信息只能通过工艺过程设计才能生成制造信息。

【计算机辅助工程】(computer aided engineering，CAE) 广义上讲，是计算机在工程中的应用技术的总称；狭义上讲，是计算机在制造工程中的应用技术的总称。主要包括计算机辅助设计、计算机辅助工艺规划、计算机辅助制造、计算机辅助测试、计算机辅助质量保证、计算机辅助管理等一系列计算机辅助自动化单元技术和计算机集成制造系统等自动化综合技术。

【计算机辅助工艺规划】(computer aided process planning，CAPP) 计算机和多种先进技术相结合在工艺设计上的综合应用。其特点与作用是：(1)提高工艺过程的质量。(2)促使工艺过程优化和标准化。(3)提高工作效率。(4)使工艺卡整洁、清晰。它是连接计算机辅助设计与计算机辅助制造的桥梁,使设计信息通过工艺规划生成制造信息,使设计通过规划与制造实现功能和信息的集成。

【计算机辅助绘图】(computer aided drafting,CAD) 利用相关设备和软件,借助计算机屏幕绘制并输出图形的过程。是计算机辅助工程、计算机辅助制造和产品数据管理的基础。在计算机辅助绘图中,对零部件所作的任何改变,都会在计算机辅助工程、计算机辅助制造和产品数据管理中有所反应。

【计算机辅助几何设计】(computer aided geometric design,CAGD) 以计算机几何为理论基础,以计算机软件为载体进行几何图形的表达、分析、编辑和求解等工作的一种技术方法。是涉及数学及计算机科学的一门新兴的边缘学科。其研究内容是在计算机图像系统的环境中曲面的表示和逼近。它主要侧重于计算机设计和制造(CAD/CAM)的数学理论和几何体的构造方面。随着CAGD理论及其应用的不断发展,从飞机、船舶、汽车设计、工程器件模具设计,到生物医学图像处理等都能看到其广泛的应用。

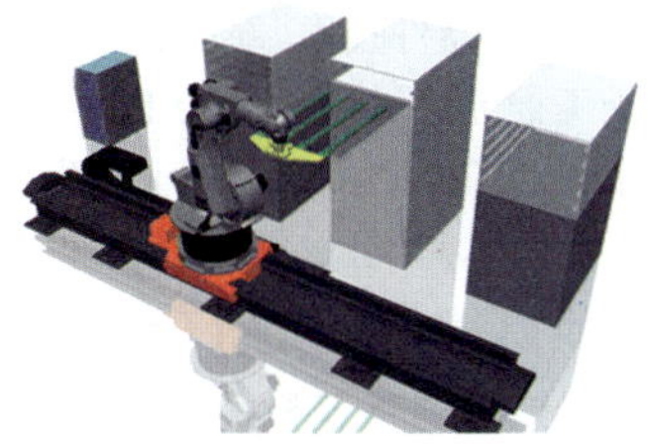
计算机辅助几何设计

【计算机辅助教学】(computer aided instruction,CAI) 在计算机辅助下进行的各种教学活动。以对话方式与学生讨论教学内容、安排教学进程、进行教学训练的方法与技术。它综合应用多媒体、超文本、人工智能和知识库等计算机技术,克服了传统教学方式上单一、片面的缺点。它的使用能有效地缩短学习时间,提高教学质量和教学效率,实现最优化的教学目标。其研究内容是:(1)课件制作技术和开发环境。(2)如何与传统教学模式实现有机融合。

计算机辅助教学

【计算机辅助决策支持系统】(computer aided decision support system) 以管理科学、运筹学、控制论和行为科学为基础,以计算机技术、仿真技术和信息技术为手段,以提高决策效率为目的,具有一定智能作用的人机系统。由数据库管理软件、模型库管理软件及管理用户和系统接口软件组成。其任务是:(1)分析和识别问题。(2)描述和表达决策问题以及决策知识。(3)形成候选的决策方案。(4)构造决策问题的求解模型。(5)建立评价决策问题的准则。(6)对多方案、多目标、多准则情况进行比较和优化。(7)综合分析,包括情景分析、作用和影响分析等。在企业及政府决策中有广阔的应用前景。

【计算机辅助设计】(computer aided design,CAD) 利用计算机辅助完成设计任务的理论、方法和技术。帮助设计人员完成计算、信息存储和制图等项工作。包括产品的构思、功能设计、结构分析、加工制造等。其特点与功能是:(1)提高设计的自动化程度和质量,缩短设计周期。(2)借助计算机高速运算能力,完成复杂的设计任务。在机电、电子、建筑、美术、广告、时装等领域广泛应用。

【计算机辅助生产管理】(computer aided production management) 使用计算机技术对生产系统进行计划、控制、协调与均衡,使之有节奏地进行生产的管理系统。其目的是提高劳动生产率、降低成本、提高产品质量、满足市场的需求。该系统具有如下功能:(1)需求管理。(2)制订生产计划。(3)进行系统分析和辅助决策。(4)对生产车间进行控制。(5)提供信息库。

【计算机辅助制造】(computer aided manufacturing,CAM) 通过计算机与生产设备的直接或间接联系,对制造工厂的作业进行设计、管理和控制的过程及技术。计算机数值控制是其核心技术。其他支持技术有计算机辅助数控零件编程、计算机辅助工艺规划、计算机辅助进行生产进度安排、提供材料需求计划等。具有生产效率高、周期短的特点。可以提高产品加工精度,实现操作过程自动化。特别适用于生产对象形状复杂、精度要求高、设计更改频繁和生产批量小的情况。

【计算机辅助质量保证】(computer aided quality assurance,CAQ) 贯穿于产品生命周期各个阶段,针对过程、零件和产品的计划、监督和控制,采用计算机系统实现质量保证的方法。包括从设计到使用特性和从生产现场到管理的质量报告系统。随着产品品种增加和新生产模式的采用,要求及时而正确地获取急剧增加的质量信息,以及时发现质量问题并加以改进。该系统适应了上述需求,成为计算机集成制造系统的主要功能子系统之一。它多以企业本身的质量管理和质量保证模式为基础,实现主要环节的计算机控制。

【计算机过程控制】(computer process control,CPC) 利用计算机系统对生产过程进行在线监视、操作指导、控制和管理的技术。20世纪50年代,美国率先使用计算机自动完成了对生产过程参数的巡回检测,并在此基础上构成了闭环控制系统。主要应用于连续生产过程或批量生产过程中。

【计算机集成制造】(computer integrated manufacturing,CIM) 将传统的制造技术与现代信息技术、管理技术、自动化技术、系统工程技术等有机结合形成的生产管理体系。它使企业产品全生命周期各阶段活动中有关的人员组织、经营管理和技术及其信息流、物流和价值流等有机集成并优化运行,以达到产品上市快、高质、低耗、服务好、环境清洁等目的,进而延长产品生命周期,增强企业的生命力,使企业具有市场竞争优势。CIM中的“制造”是广义概念,包括了产品全生命周期各类活动－市场需求分析、模型设计、详细设计、生产、支持(包括质量控制、销售、采购、服务等)及产品报废、回收和环境处理等的集合。

【计算机集成制造系统】(computer integrated manufacturing system,CIMS) 一种应用于工业生产全过程的综合自动化系统。包括市场预测、订单处理、采购、仓库和销售管理、生产计划控制、产品设计与制造、人员培训等多个方面。CIMS是现代制造企业的一种生产、经营和管理模式。它利用计算机通过信息集成实现现代化的生产制造,以求得企业的总体最佳效益。在CIMS中,通信系统是最重要的部分,能在正确的时间内将正确的信息传送到正确的地点,是实现计算机集成制造技术的关键。CIMS具有通信距离短、实时性强、开放性好、标准化高、网络服务多样化的网络特点。由于各个部分对通信要求的差别很大,针对不同的需求需要采用不同的网络结构。CIMS一般由六个子系统组成:(1)计算机辅助经营与生产管理系统。(2)计算机辅助产品设计、开发工程系统。(3)自动化加工制造系统。(4)计算机辅助储运系统。(5)企业质量控制系统。(6)数据库与通信系统。

计算机集成制造系统

【计算机技术】(computer technology) 计算机领域中运用的技术方法和技术手段。信息社会中的核心技术。具有明显的综合特性。离散数学、算法论、语言理论、控制论、信息论、自动机论等,为其发展提供了理论基础。粗略分为系统技术、器件技术、部件技术和组装技术等。它在电子工程、应用物理、机械工程、现代通信技术、数学等学科和工业技术的基础上产生和发展,又在几乎所有科学技术和国民经济领域中得到广泛应用。

计算机技术

【计算机兼容性】(computer compatibility) 一种或多种计算机的软硬件之间的相互配合程度。分硬件兼容和软件兼容两种。软件兼容是指系统软件与软件之间和各种程序设计语言是否会起冲突。硬件的兼容性就是计算机各个组成配件之间及其外部设备搭配后运行时是否顺利的程度。相对于硬件,几种不同的计算机部件,工作时能够相互配合,即它们之间兼容性比较好,反之就是兼容性不好。相对于软件,几个同时运行的软件之间,能稳定地工作不出错误,即它们之间兼容性好,否则就是兼容性不好。

【计算机科学】(computer science) 研究多种与计算和信息处理的系统科学。主要研究计算机系统结构、程序系统、人工智能以及计算本身性质和信息处理等。其特点是:研究基于冯·诺依曼计算机和图灵机,是大多数实际机器的计算模型。其研究方法是:从抽象的算法分析、形式化语法,到具体的编程语言、程序设计、软件和硬件等。其研究内容包括:(1)计算机程序能做什么和不能做什么。(2)如何使程序更高效地执行特定任务。(3)程序如何存取不同类型的数据。(4)程序如何显得更具有智能。(5)人类如何与程序沟通。

【计算机控静脉麻醉靶控输注】(target controlled infusion,TCI) 用计算机技术控制麻醉深度,并根据临床需要随时调整给药的系统。该系统以药物－药效动力学理论为依据,利用计算机对药物在体内的运行过程、效应过程进行模拟,并寻找到最合理的用药方案,进而控制药物注射泵,实现血药浓度或效应部位浓度稳定于预期值(靶浓度值)。

它可以迅速达到并稳定靶浓度，诱导时血流动力学平稳、麻醉深度易于控制、麻醉过程平稳、还可以预测病人苏醒和恢复时间。按靶浓度设定部位的不同分为血浆靶控输注和效应室靶控输注；按调节机制的不同分为开放环路靶控和闭合环路靶控。靶控输注使用简便，精确，可控性好，但由于药代学模型的误差、个体变异性的影响、输注泵的精确度以及药效的相互作用也会影响靶控输注的麻醉效果。

【计算机流水线】(computer assembly line) 采用一定的规则和程序保证计算机工序通道顺序的组织形式。一种用于提高计算机运算速度和提高各个部件使用效率的技术。它的工作方式由不同功能的电路单元(指令、译码、发生地址、执行指令和数据回写等单元)组成指令处理流水线。其特征与优点是:(1)可以把计算机的指令执行过程或一些费时的操作，分解成若干个可独立执行的步骤。(2)通过设置一些执行部件，在同一时间内重叠处理多条指令。(3)可通两条流水线来同时执行两条命令，实质是实现并行处理。

【计算机器件技术】(computer device technology) 在真空、气体或固体中，利用和控制电子运动规律制造计算机电子器件技术。按照材料和用途的不同可分为电真空器件、充气管器件和固态电子器件。按照计算机器件技术的发展阶段的不同可分为:(1)第一代，以电子管为主要元件。(2)第二代，以晶体管为主要元件。(3)第三代，集成电路。(4)第四代，大规模和超大规模集成电路。(5)第五代，功能越来越强，使用和维护越来越方便。以电子器件在技术上的变革作为计算机划时代的标志，使机器组装密度提高约4个数量级，速度约提高5~6个数量级，可靠性提高约4个数量级，功耗降低约3~4个数量级，价格降低约4~5个数量级。计算机器件技术的进步，提高了计算机系统的性能价格比。

【《计算机软件保护条例》】(Regulation on the Protection of Computer Software) 于2001年12月20日经国务院批准发布，并于2002年1月1日起施行。宗旨是:保护计算机软件著作权人的权益，调整计算机软件在开发、传播和使用中发生的利益关系，鼓励计算机软件的开发与应用，促进软件产业和国民经济信息化的发展。内容是:(1)总则。(2)软件著作权。(3)软件著作权的使用和转让。(4)法律责任。(5)附则。

【计算机软件著作权】(copyright of computer software) 计算机程序及有关文档所享有的一种权利。受保护的软件必须由开发者独立开发，即必须具备原创性，同时必须是已固定在某种有形物体上而非存在于开发者的头脑中的。软件著作权人享有的权利:(1)发表权。即决定软件是否公之于众的权利。(2)身份权。即表明开发者身份及其软件上署名的权利。(3)使用权。即在不损害社会公共利益的前提下，以复制、展示、发行、修改、翻译、注释等方式使用其软件的权利。(4)使用许可和获酬权。即许可他人全部或部分使用其软件的权利和由此获得报酬的权利。(5)转让权。即向他人转让使用权和使用许可权的权利。

【计算机视觉】(computer vision) 又称机器视觉。对描述景物的图像数据进行计算机加工处理，以实现类似于人的视觉感知功能。用各种成像系统代替视觉器官作为输入手段，由计算机代替大脑完成处理和解释。其最终目标是:使计算机能像人一样通过视觉观察和理解世界，具有自主适应环境的能力。此研究始于20世纪60年代初，80年代取得重要进展，已成为人工智能、图像处理和模式识别等相关领域的成熟学科。应用于条形码识别系统、指纹自动鉴定系统、信函分拣系统、办公自动化文字识别系统、工业自动检验方面的有无损探伤系统和机器人等领域。

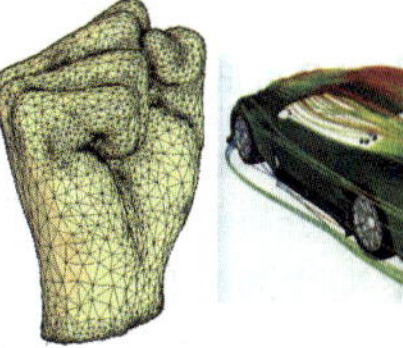
计算机视觉

【计算机数控】(computer numerical control, CNC) 用一台小型或微型通用计算机来控制单台数控机床的技术。在数控机床的发展初期，是用专用数控装置来控制机床的。专用数控装置通用性差，代码不统一，价格昂贵，不能适应数控机床的发展。20世纪70年代初期，出现了小型通用计算机数控系统。在控制某一加工对象时，将事先编好的系统程序通过输入装置输入计算机，存放在存储器里，由系统程序来实现数控机床的控制逻辑。专用数控装置控制机床由专用固定接线的硬件结构来实现数控，一经形成就难以改变，因此又称为连接数控。计算机数控由存放在小型计算机中的系统程序软件来实现，能方便地修改，因此又称为软联结数控。其特点是:(1)软件功能强，能利用软件增强机床的功能，易于利用系统程序实现不同控制，具有柔性。(2)零件的全部加工程序可一次性地输入到计算机的存储器中。(3)简化了程序编制，修改方便。(4)易于设立各种诊断程序，进行故障诊断和检测。(5)能方便地实现数字伺服控制和可编程顺序控制。

【计算机数学基础】(basic mathematics

for computer) 见计算理论。

【计算机算法】(computer algorithm) 用计算机语言对其所执行的计算过程的具体描述。其特点是:(1)正确性,即对于任意的一组输入,总能得到预期的输出。(2)必须由一系列具体步骤组成,每一步都能被计算机理解和执行。(3)每个输入过程步骤都有确定的执行顺序。(4)步骤的有限性,它与计算机程序密切相关。计算机程序是算法的一个实例,是将算法通过某种计算机语言表达出来的具体形式;同一个算法可以用任何一种计算机语言来表达。

【计算机体系结构】(computer architecture) 计算机科学的一个分支。研究计算机硬件、软件的概念性结构及其功能、特性的学科。其内容包括:计算机体系的多级层次结构、硬件、软件的功能分配和界面的确定以及数据表示、寻址方式、指令系统、中断系统、存储系统、输入输出系统、流水线处理机、超标量处理机、互联网络、向量处理机、并行处理机和多处理机等。

【计算机图形学】(computer graphics, CG) 一种使用数学算法将二维或三维图形转化为计算机显示器的栅格形式的学科。其研究内容是:(1)计算机中的图形表示。(2)利用计算机进行图形计算、处理和显示的相关原理与算法。其主要目的是利用计算机产生具有真实感的图形。广泛应用于计算机辅助设计、计算机仿真、计算机动画、自然景物模拟、电子出版及软件开发可视化等领域。

【计算机网络】(computer network) 具有独立功能的计算机及其外部设备,在网络用户间实现软硬件资源共享和信息交换的系统。由多台计算机通过传输介质和软件物理连接组成。包括:计算机、网络操作系统、传输介质以及相应的应用软件四部分。其发展经历了面向终端的单级计算机网络、计算机网络对计算机网络和开放式标准化计算机网络三个阶段。按照地理范围的不同可分为广域网、城域网和局域网。按照拓扑结构的不同可分为星形、总线、环形、树形、网状等类型。已广泛应用于各个领域、行业和部门。

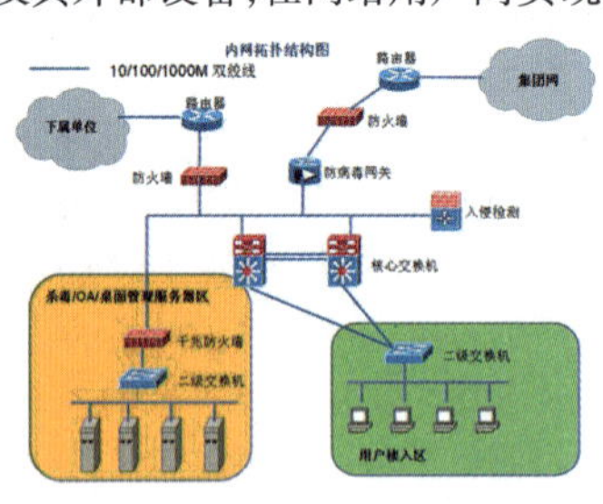

计算机网络

【计算机网络安全】(computer network security) 利用网络管理控制和技术措施,保证在一个网络环境里数据的保密性、完整性及可使用性受到保护的统称。包括物理安全和逻辑安全两个方面。物理安全指系统设备及相关设施受到物理保护,免于破坏、丢失等。逻辑安全包括信息的完整性、保密性和可用性。对计算机信息构成不安全的因素很多,其中包括人为的因素、自然的因素和偶发的因素。不仅包括组网的硬件、管理控制网络的软件,而且也包括共享的资源和快捷的网络服务。在技术层面采取的对策是:(1)建立安全管理制度。(2)网络访问控制。(3)数据库的备份与恢复。(4)应用密码技术。(5)切断传播途径。(6)提高网络反病毒技术能力。(7)研发并完善高安全的操作系统。保护计算机网络系统中的硬件、软件和数据资源,不因偶然或恶意的原因遭到破坏、更改、泄露,使网络系统连续可靠地正常运行,网络服务正常有序。

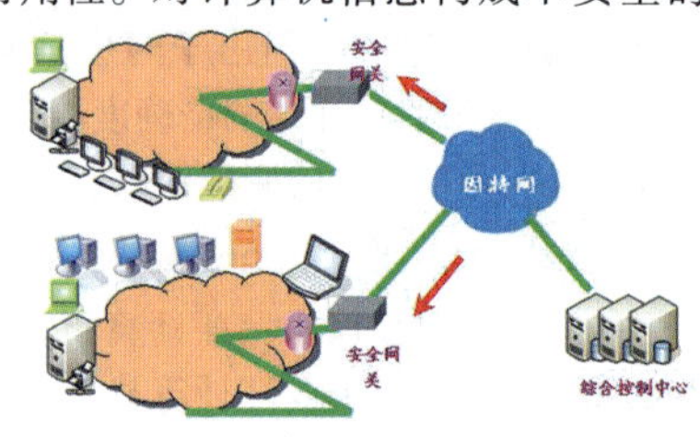

计算机网络安全

【计算机网络战】(computer network warfare) 又称网络战。以计算机和计算机网络为主要目标,以先进信息技术为基本手段,在整个网络空间所进行的各类信息攻防作战的总称。是信息战的主要作战样式。它的“攻”与“防”都是围绕“信息内容”和“信息基础设施”这两个方面来进行的。其攻击手段包括黑客攻击、病毒传播、信道堵塞、节点破坏等。这种作战样式正在发展之中。这种以网络作为对抗平台的无形战争样式必将给传统战争观念、战争时空和战争形态带来巨大的冲击。

【计算机文化】(computer culture) 人类社会的生存方式因使用计算机而发生根本性变化所产生的一种崭新文化形态。源于计算机技术。其特点是:(1)计算机理论及其技术对自然科学、社会科学的广泛渗透表现的丰富文化内容。(2)计算机的软、硬件设备,作为人类所创造的物质设备丰富了人类文化的物质设备品种。(3)计算机应用介入人类社会的方方面面,从而创造和形成的科学思想、科学方法、科学精神、价值标准等成为一种崭新的文化观念。它代表新的时代文化,已成为人类现代文化的重要组成部分。完整准确地理解计算科学与工程及其社会影响,已成为当代人的一项重要任务。

【计算机系统可靠性】(reliability of computer system) 在规定的条件下和时间间隔内，计算机系统正确运行的概率。评价计算机性能的一项重要指标。靠容错和非容错两种方法实现。它包括系统可靠性模型的建立、系统可靠性计算与分配、系统故障检测与诊断、容错计算、系统正确性证明等理论和技术。其判断标准是：(1)程序不为故障所破坏或停止。(2)结果不包括由故障所引起的错误。(3)执行时间不超过一定的限度。(4)程序运行在允许的领域内。

【计算机应用】(computer application) 计算机与其他学科相结合的一门边缘学科。研究计算机应用于各个领域的理论、方法、技术和系统。包括信息系统、工厂自动化、办公室自动化、家庭自动化、专家系统、模式识别、机器翻译等。按应用问题信息处理形态的不同可分为：(1)科学计算，求取各种数学问题的数值解。(2)数据处理，收集、记录数据，并经处理产生新的信息形式。(3)知识处理，进行知识的表示、利用、获取。其应用范围如下：(1)计算机辅助设计、制造、测试。(2)处理各种商务、数据报表文件，进行各类办公业务的统计、分析和辅助决策。(3)国民经济管理、公司企业经济信息管理及物资、财务、劳资、人事管理等。(4)图书资料、历史档案、科技资源、环境等信息检索自动化，建立信息系统。(5)工业生产过程综合自动化、工艺过程最优控制、武器控制、通信控制和交通信号控制。

【计算机语言】(computer language) 能完整、准确和规则地表达人们的意图，并用以指挥或控制计算机工作的符号系统。用于人与计算机之间的通信。是人与计算机之间传递信息的媒介。其发展经历了从机器语言、汇编语言到高级语言的历程。机器语言是用二进制代码表示的、计算机能直接识别和执行的一种机器指令的集合。它是计算机的设计者通过计算机的硬件结构赋予计算机的操作功能，具有灵活、直接执行和速度快等特点。汇编语言是一种用助记符表示的仍然面向机器的计算机语言。其特点是：不仅用符号代替了机器指令代码，而且助记符与指令代码一一对应，基本保留了机器语言的灵活性。高级语言是指与自然语言相近并为计算机所接受和执行的计算机语言。

【计算机直接制版技术】(computer to plate，CTP) 版面图文信息经数字化处理后不经制软片工序而直接输出到印版上去的技术。其优点是：省略制软片工序，节省软片及化学药剂费用、场地及劳动力，缩短生产周期，提高图文复制质量(因为在图文复制中，少一次周折，少一层失真的概率)，对报社来说可延迟截稿发印时间。更深一步的意义和作用，是便于实现从印前到印刷及印后的全数字化工作流程，可进一步提高印刷企业的生产效率和品质，提高经济效益和社会效益。

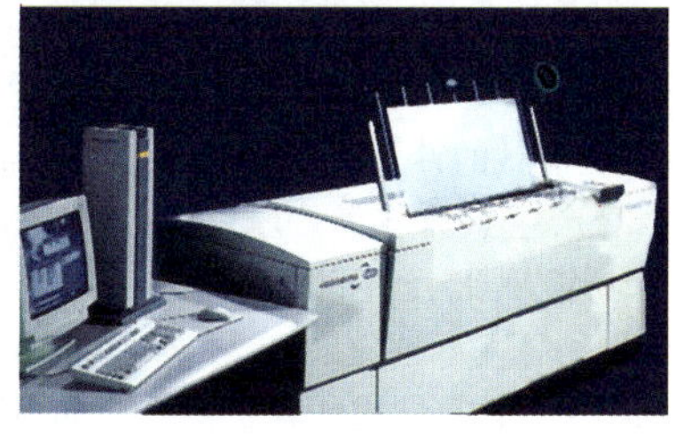
计算机直接制版机

【计算几何】(computational geometry) 应用数学和计算数学的一个分支。在计算机环境中研究几何模型的设计、表示、分析和输出、交互修改等问题的学科。计算几何的内容大致分为曲线造型、曲面造型和形体造型三个部分。它们之间有着相互支持和相互补充的密切关系。用于造船、航空、汽车等工业领域。

【计算理论】(theory of computation) 又称计算机数学基础。用来研究计算过程与功效的数学理论。计算机科学的理论基础。主要包括算法、算法学、计算复杂性理论、可计算性理论、自动机理论和形式语言理论等。已广泛应用于计算机科学的各个领域。随着科技的发展，该理论将更多地应用于其他领域。

【计算力学】(computational mechanics) 研究计算机和计算数学在力学中应用的计算性学科。是以计算数学方法，并借助现代电子计算机解决力学中的各类实际问题的一门新兴学科。第二次世界大战后，电子计算机的出现使复杂的数字计算不再成为不可逾越的障碍，为计算力学的形成奠定了物质基础。与此同时，计算机的使用与电子计算机的各种计算方法也得到相应的发展。计算流体力学、计算结构力学是计算力学的两个重要研究分支。

【计算模型】(model of computation) 刻画计算的一种抽象的形式系统或数学系统。算法是对计算过程步骤的一种刻画，是计算方法的一种实现方式。计算机科学中通常所说的计算模型，不是指在其静态或动态数学描述基础上建立求解某一(类)问题计算方法的数学模型，而是指具有状态转换特征，能够对所处理的对象的数据或信息进行表示、加工、变换、输出的数学系统。由于观察计算的角度不同，产生了各种不同的计算模型。

【计算数学】(computational mathematics) 主要研究数值计算方法的设计、分析和有关的理论基础与软件实现问题的学科。是20世纪40年代随着计算机的诞生和发展，而逐渐引人注目并得到快速发展的一个数学分支。计算数学几乎与数学科学的一切分支有联系，它利用其他数学分支的成果来发展新的、更有效的计算方法及理论；反过来，又对数学学科本身产生愈来愈大的影响。在中国，计算数学从1956年开始，经过50余年的发展，在基础研究上已经取得一些卓越成果，在科学计算中解决了许多重要科学工程计算课题。其中最重要的有：20世纪60年代初期，冯康等人在大型水坝工程应力计算上，独立创造了有限元方法并最早奠定其理论基础。

【计算物理学】(computational physics) 研究计算机和计算数学在物理学中应用的计算性学科。是以电子计算机为工具，应用各种数值计算方法，解决物理学问题的一门新兴边缘学科。是物理学、数学和计算机三者相结合的产物。在第二次世界大战期间，美国在核武器研制过程中涉及很复杂的非线性微分方程组求解问题，对此用传统的分析方法求解是根本不可能的，求数值解又涉及大量复杂的计算，这就促使电子计算机的出现和发展，而计算机的发展又促进了可用于电子计算机的数值方法和技巧的发展。计算物理学正是在这种形势下应运而生的。从20世纪50年代以来，计算物理学得到了飞速的发展，在科学工程技术和国防科研中发挥了很大的作用。

【记忆棒】(memory stick, MS) 又称MS卡。一种利用闪存制造的存储电子信息的小型存储器。除串行传送之外，还支持并行传送，以实现多种数据的同时传递与接收。在平行传送模式中，数据以大于160Mbps(理论值)的速度传送，使实时记录DVD质量的动态图像成为可能。记忆棒允许记录有版权保护的内容及高速数据传送，在广泛的产品领域内维持高兼容性，包括小型移动设备。通过连接适配器，它同样可以应用于兼容标准尺寸记忆棒的产品。记忆棒尺寸为：50mm x 21.5mm x 2.8mm，重4g。具有极高稳定性和版权保护功能，包括了Memory Stick PRO、Memory Stick Duo、和比Duo更小的Memory Stick Micro，并具有写保护开关。被大量应用于摄像机、数码相机、VAIO个人电脑、彩色打印机、录音机、LCD电视等。

记忆棒

【记忆细胞】(memory cell) 细胞在接受抗原刺激后，未经过淋巴细胞分裂而出现的一类细胞。平时处于休止状态，但能长期保持对抗原刺激信息的记忆，一旦再次遇到同样抗原刺激便迅速增殖，而成为具有免疫活性的淋巴细胞。在体液免疫中，吞噬细胞对侵入机体的抗原进行摄取和处理，呈递给T淋巴细胞，T淋巴细胞再呈递给B淋巴细胞，并刺激B细胞增殖、分化产生浆细胞和记忆细胞。对抗原具有特异性的识别能力。当抗原二次感染机体时，记忆细胞可直接增殖、分化产生浆细胞，并产生抗体，与抗原结合。在细胞免疫中，T细胞增殖、分化产生效应T细胞和记忆细胞。效应T细胞可识别感染抗原的细胞，与此细胞结合，让其裂解使抗原暴露，随后抗体与抗原结合，杀灭病原体。记忆细胞在抗原二次感染细胞时，可直接增殖、分化产生效应T细胞。可在人体内存在数月，甚至几十年，使人体避免受到相应病原体的二次侵入。

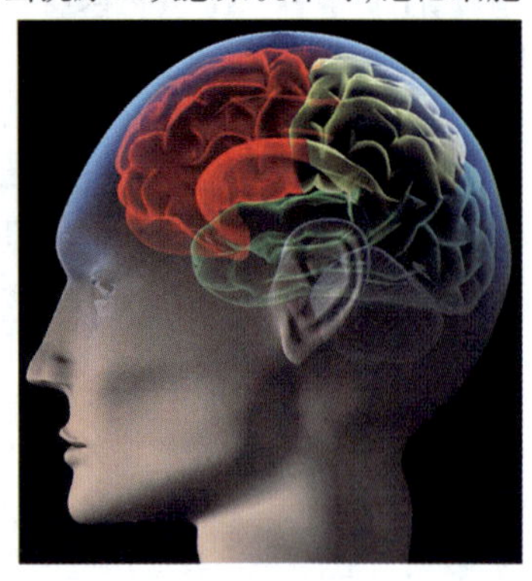
记忆细胞

【技术】(technology) 人类为实现社会需要而创造和发展起来的手段、方法和技能的总和。作为社会生产力的总体技术力量，包括工艺技巧、劳动经验、信息知识和实体工具装备，即整个社会的技术人才、技术设备和技术资料。技术的实现需要通过社会协作，得到社会支持，并受到社会多种条件的制约。这些社会因素直接影响着技术的成败及其发展进程。

【技术报告】(technical report) 记述研究过程、阐明科研成果、表达科技思想的文字材料。专业性强，内容具体，有保密性，一般专供本行业有关专家和主管部门阅读。其文体结构，一般与科学论文大致相同。

【技术标准】(technical standard) 对工农业产品和工程建设的规格、性能、质量、检验方法以及对技术文件上常用的图形、符号等所做的技术规定。中国采用的技术标准分为国际标准、国家标准、省部标准和企业标准四级。是从事生产和建设的共同标准和依据。对于保证产品和工程质量、合理利用资源、提高劳动生产效率、维持与调整生产、建设与生态环境协调发展等都有重要作用。按其内容的不同可分为基础标准、产品标准、工艺标准、工艺装备标准、安全与环境保护标准等。

【技术创新】(technical innovation) 运用先进的科学技术知识,改造劳动手段、劳动对象、劳动条件、生产工艺及其所制造产品的创造性活动。其目的是提高劳动效率、获取新的经济价值。比如,计算机及其网络技术的研制、开发及应用等。企业是技术创新的主体。技术创新是推动企业技术进步,保持其旺盛生命力的重要途径。

【技术创新工程】(technical innovation project) 创新管理机制,集成相关科技资源,引导和支持创新要素向企业集聚,加快以企业为主体、以市场为导向、产学研相结合的技术创新体系建设的系统工程。是中国国家科技部、财政部、教育部、国务院国资委、全国总工会和国家开发银行为全面贯彻党的十七大和全国科学技术大会精神,根据国务院《关于发挥科技支撑作用促进经济平稳较快发展的意见》(国发[2009]9号)的要求,于2009年6月共同组织实施。旨在促进经济平稳较快发展,加快国家创新体系建设,建设创新型国家。其指导思想是:以科学发展观为指导,围绕提高自主创新能力、建设创新型国家的战略目标,促进科学技术为经济社会发展服务,经济社会发展依靠科学技术和自主创新,以确立企业技术创新主体地位为主线,充分运用市场机制,引导和支持创新要素向企业集聚,增强企业自主创新能力和产业核心竞争力,为推进经济结构战略性调整,加快发展方式转变,建设创新型国家提供有力支撑。其总体目标是:形成和完善以企业为主体、市场为导向、产学研相结合的技术创新体系,提升企业自主创新能力,降低关键领域和重点行业的技术对外依存度,推动企业成为技术创新主体,实现科技与经济更加紧密结合。其主要任务有:(1)推动产业技术创新战略联盟构建和发展。(2)建设和完善技术创新服务平台。(3)推进创新型企业建设。(4)面向企业开放高等学校和科研院所科技资源。(5)促进企业技术创新人才队伍建设。(6)引导企业充分利用国际科技资源。

【技术创新型企业】(technological innovation-oriented enterprise) 具有健全的技术创新体系和机制,进行持续技术创新,并取得显著技术创新效果的有竞争力的现代企业。是工业企业发展的高级形态,既具有生产型企业和生产经营型企业的传统优点,又有新的内涵,把企业竞争从单纯的生产竞争和营销竞争扩展到技术创新的竞争,把技术创新作为企业的核心职能,在企业内部实现技术创新的制度化,集研究与开发、生产、销售三位一体,形成研究与开发、生产、销售三者互动的健全的体制和机制,通过持续技术创新,获得持续性的收益。其创新体系由以下几个部分构成:(1)生产学习系统。企业对生产制造系统进行不断改进的活动主体、关系网络和相关制度的综合体系。(2)搜寻系统。企业技术创新体系的主体,在企业技术创新体系中处于主导地位。其技术创新的主体主要是企业的研究开发部门,功能是在企业现有的技术模式基础上,沿着既定的技术轨道,向生产学习系统提供新产品、新工艺。(3)探索系统。为企业及时捕捉下一次技术创新机遇,培育企业未来的利润源泉,引导企业进行战略技术创新的活动主体、关系网络和相关制度的综合体系。(4)文化创新系统。企业技术创新的基础,企业成功的秘诀和企业生存与发展的关键。企业塑造和更新企业创新文化的主体、关系网络和相关制度的综合体系。其创新机制包括:(1)创新发展机制。企业依靠技术创新求发展的机制。使企业技术创新与企业发展之间形成良性互动,形成由技术创新到获得利润,由利润支持再技术创新,再创新再获得利润的良性循环。(2)社会运行机制。使企业作为社会中的组织系统,与社会形成良性的互动的稳定模式。(3)创新运作机制。具体技术创新项目运营的稳定性模式。(4)创新组织管理机制。企业各职能部门间的相互作用及其规律。上述创新机制中,社会运行机制是基础;创新发展机制是根本,是灵魂;创新运作机制和创新组织管理机制是具体内容。

技术创新型企业

【技术发明】(technical invention) 运用已有的知识、经验和科学理论,创造出符合人们要求的、具有实际应用价值的人工制品、工艺路线或操作方法的一种活动。是科学技术创造的一种活动方式和结果。主要指新技术、新产品的创造。中国《专利法》的有关条款规定,发明包括新的生产工艺、机械设备、制造方法、物质合成、无性繁殖植物及新颖设计等。技术发明和科学发现虽然都属于创造,但二者并不完全相同。其区别主要是:(1)目的不同。科学发现的目的主要是为了认识自然界,而技术发明的目的主要是为了改造自然界。(2)创造者所

太阳能飞机

处的地位不同。在科学发现活动中，创造者不能创造自然界不存在的东西，而在技术发明活动中，发明者可以充分发挥自己的主观能动性，创造出自然界中原来不存在的东西。(3)结果不同。科学发现的结果具有唯一性，任何发现者不能凭主观改变对象，而技术发明的结果或产品则具有多样性，而且受创造者主观能力的直接影响，对于同一功能要求的技术产品也可以有不同的满足方式。(4)时效性不同。许多科学发现是短时间内难以见效的，而技术发明则见效较快。在科学不发达的过去，多数技术发明都是在生产、生活经验长期积累的基础上实现的。在当代，随着科技的进步，新的意义重大的技术发明更多地依赖于科学理论的指导。

【技术服务】(technical service)　拥有技术的一方为另一方解决某一特定技术问题所提供的各种服务。即应需求方的要求，技术拥有方所开展的非常规性的计算、设计、测量、分析、安装、调试，以及提供技术信息、改进工艺流程、进行技术诊断等活动。在上述服务中，按双方事先的约定或国家的有关规定，需求方给服务方应得的报酬。

技术服务

【技术改造】(technical reformation)　在生产部门中采用先进的技术设备和新工艺取代过时的、落后的技术装备和工艺方法的过程。是固定资产再生产的重要手段之一，并在企业原有基础上以内涵扩大再生产为特征。基本手段是：利用企业折旧基金和生产发展基金、国内外技术改造贷款，采用国内外新技术、新工艺、新设备、新材料，并积极进行智力开发以不断提高职工的科学技术水平。目的是提高企业素质，促进产品升级换代，提高企业经济、社会、环境效益。技术改造是加速国民经济现代化的基本途径之一。

【技术革命】(technical revolution)　狭义的解释是指某一单项技术的革命性突破，如蒸汽机、内燃机、炼钢技术、电力技术、电子计算机技术的出现。它们可分别称为动力技术革命、冶金技术革命等。广义的解释是指整个技术体系的革命性变化，并引起社会生产力质的飞跃，如18世纪的蒸汽动力技术革命、19世纪的电力技术革命和当前以微电子技术为中心的新技术革命。一般文献都指广义的技术革命。根据单项技术革命在整个技术体系中所占的地位，狭义的技术革命也可能导致广义的技术革命，如由电机的发明和改进而引起的电力技术革命。技术革命通常表现为技术体系中主导技术或主导技术群的更迭，后者又以一项或多项新技术的崛起为前提。当原有技术体系不能满足社会生产和生活的需要，甚至阻碍它们进一步发展，就会促使发生技术革命，而科学是否能够提供必要的原理和方法，以及现有各门类技术能否保证它们的实施，则为技术革命的发生提供可能。技术革命的动力既源于技术水平与社会生产力之间的矛盾，又源于科学技术自身发展的内在逻辑。

技术革命

【技术革新】(technical innovation)　技术发展的一种渐进形式。在原有技术基础上发生的局部性的技术变革。其宗旨是：使技术和生产的某种要素得到改进，或使这些要素之间的相互关系(如工艺系统、机器体系、生产管理组织)趋于完善。渐进形式的技术革新与飞跃形式的技术革命，是技术发展的相辅相成的两种方式。一方面，技术革新在技术革命之前或技术革命过程中为其准备必要的基础和条件，并使其成果得以完善和扩展；另一方面，技术革命为技术革新开辟了崭新的方向和领域，使它达到新的水平。任何构成技术革命基础的重大技术突破，都要通过一系列原理性发展和局部性改良，即通过一系列技术革新来实现。技术革新的历史与技术本身一样悠久。

【技术合同管理】(management of technical contract)　技术合同管理机关依照国家法律，对技术合同的订立、履行、变更和解除进行监管和检查、调解、仲裁以及查处其中违法活动的总称。

【技术教育】(technical education)　将科学理论、工程技术的知识与技能传授给受教育者的活动。理论联系实际的原则是技术教育的特征，受教育者既要知道“为什么”，又要懂得“怎样做”。技术教育的出现使社会开始涌现出“有文化的劳动者”，长期以来脑力劳动与体力劳动的对立、科学家与工匠之间传统的隔离状态开始消除。技术教育主要分为专门技术教育、职业技术训练与辅助技术教育三种类型。专门技术教育在高等和中等专业技术院校内进行，任务是培养工程师、设计师、工艺师和技术员。这类学校是技术教育体系中的主要部分。其普及程度和教学质量直接影响社会生产和经济的发展水平。职业技术训练由职业中学和技工学校完成,使学生毕业后成为有一定科学文化知识和专门技能的劳动者。这类学校曾是近代技术教育的早期形式,在以经验为主要基础的技术发展时期里起过重要作用。辅助性技术教育一般贯穿于普通中学教学实践中,使学生在步入社会前有起码的技术知识。技术教育发展的主要方向是根据新技术革命的动向和特点调整结构层次,提高质量,不断注入新内容、新方法,以适应未来社会的需要。对在职工程技术人员的再教育,是由于知识更新周期缩短和新知识领域兴起所导致的结果。

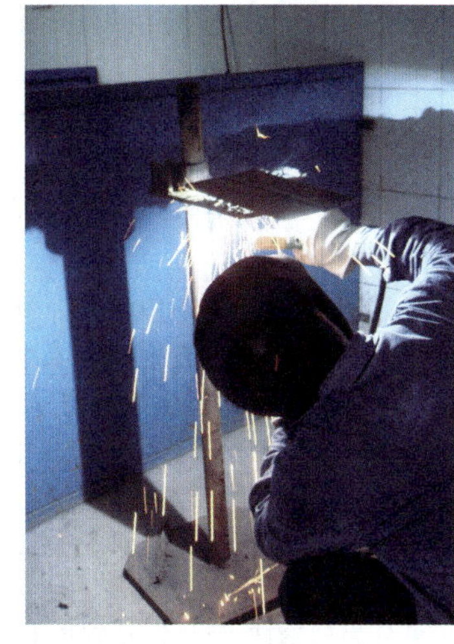
技工实习

【技术进步】(technical progress) 技术的新变革、发明、革新及其在生产、管理等各方面应用所表现出来的经济、社会、环境、效益提高的效能。技术变革、发明、革新是技术进步的形式,技术进步导致生产各要素的革新,经济、社会、环境效益的提高,则是其内容的体现。衡量技术进步的指标有:(1)代替性指标。即技术代替人的体力和智力的程度。(2)科学性指标。即科学原理在生产中运用的水平。(3)人与环境协调性指标。即技术引起环境正负效应的比度。从社会生产效果的角度,技术进步可分为劳动节约型、资本节约型和劳动与资本不变型。

【技术经纪人】(technical agent) 在技术市场中,为促成他人技术交易而从事中介、经纪或代理等并取得合理佣金的经纪业务的公民、法人或其他经济组织。其目的是促进科技成果转化。

【技术经济】(technical economy) 狭义指用经济观点来分析和解决技术问题的理论。广义指研究技术和经济的关系问题的理论。技术经济问题广泛存在于国民经济各部门和经济活动的各个环节中,技术在一定经济条件下产生、发展和起作用,而经济上的需要是技术发展的前提和动力。任何技术活动,总是力求以尽可能少的劳动耗费去获取尽可能多的即最佳的社会经济效果,在经济上合算,并技术上先进适用、生产上可行、社会上合理的经济效果。一个技术方案是否被采用,不仅要考虑技术水平的先进性,而且必须考虑该方案是否适合本国本地的资源条件和社会经济发展水平。

【技术经济学】(technical economics) 一门研究技术和经济之间辩证关系的新学科。是从经济角度研究在一定社会条件下的再生产过程中即将采用的各种技术措施和技术方案的经济效果的学科。其研究目的是:通过对各种技术方案的分析、对比、论证和择优过程,选定符合本国和本地区资源特点和经济条件的技术,使之有效地服务于社会经济建设。研究内容是:(1)技术经济学学科本身的建设。即包括研究技术经济的含义,技术经济效果的概念,该学科在国民经济中的地位及其研究对象、内容、基本理论和方法等一系列问题。(2)技术经济比较原则。即从经济学角度研究国民经济建设中两个以上技术方案在满足需要、消耗费用、价格指标和时间因素四个方面的可比性。(3)技术方案的经济衡量标准。研究在衡量技术方案的先进性时,如何考虑国民经济按比例发展的需要和经济效果。(4)技术经济计算方法。即研究技术方案经济比较的计算方法,投资、劳动力资源占用量的计算方法,成本和资源占用量的计算方法等。(5)技术方案的各种技术经济指标体系。技术经济学在国民经济的各个部门得到广泛应用。

【技术经济指标体系】(economic target system of technology) 评价一个技术方案的经济效益所采用的各种技术经济指标。技术经济指标包括:(1)经济指标体系和技术指标体系。(2)货币指标体系和实物指标体系。(3)综合指标体系和单项指标体系。综合指标体系能够反映技术方案综合技术经济状况;单项指标体系只能反映某个局部的技术经济状况。(4)数量指标体系和质量指标体系。反映技术经济各方面数量关系的是数量指标体系;反映内在和外在的本质、特征与功能的指标体系是质量指标体系。(5)相对数量(单位数量)指标体系和绝对数量(总数量)指标体系。(6)宏观指标体系和微观指标体系。反映宏观范围的技术经济指标形成宏观指标体系;反映微观范围的技术经济指标形成微观指标体系。(7)动态指标体系和静态指标体系。考虑时间因素的技术经济指标体系是动态指标体系;不考虑时间因素的技术经济指标体系为静态指标体系。(8)技术经济评价指标体系。

【技术决策】(technical decision) 为达到最优的技术发展目标,对若干个经过评价的准备行动方案进行判决性选择的过程。正确的技术决策离不开技术预测、技术评估、技术评价等工作,还要运用决策理论和方法。技术决策可分为技术战略决策和技术战术决策、单目标决策和多目标决策、单阶段决策和多阶段决策以及确定性决策和风险性决策等不同类型。技术决策的正确与否，决定着技术开发工作的成败。

【技术开发】（technical development） 由掌握技术的一方或其受另一方的委托，就某种技术项目所进行的研究、设计、试制、应用推广等项活动的经营业务。

【技术开发活动】（technical development activity） 在应用研究或引进技术的基础上，进行产品、工艺、装备的设计和研制，生产新产品、新装置，建立新工艺或新系统而进行的相关产品或技术的实质性改进活动的总称。是企业在激烈的市场竞争中抢得先机，形成自身人力积累，使别人难以模仿和超越，确保企业竞争优势的重要保障。其原则主要是：（1）以企业为主体，实行企业、研究院所、高等院校的联合，开展跨行业、跨地区的协作，避免低水平、封闭式的重复开发。（2）以消化吸收引进技术、实现产品与装备的国产化为重要途径，并与自主开发、国际合作开发相衔接，实行多种途径的二次开发。（3）以产品为龙头，以工艺为基础，从原材料、基础件、元器件到整机，实现配套开发。（4）以市场为导向、以提高经济效益为中心、以国际先进水平为目标，针对工业生产技术上的薄弱环节和关键，实行高起点开发，促进产品升级换代，提高产品与技术水平。其主要内容是：新产品的开发、新设备与工具的开发、新生产工艺的开发、新能源与原材料的开发和改善环境的新技术开发等。

【技术开发项目】（technical development program） 在一定时限内，通过技术开发活动，将科学技术潜在的生产能力转化为现实社会生产力而开展的一系列相关工作的总称。具有继承性、探索性、创造性、不确定性等特点。是企业在激烈的市场竞争中保持技术优势、求得生存和发展的前提条件。是推动人类社会发展所需知识的重要源泉。受制因素包括内因和外因两部分。其内因是：（1）项目组织或单位获取信息与知识的能力。这是影响项目成败的关键因素，获取信息与知识的能力越强，项目的选择余地就越大，不确定性就越低。（2）技术因素。对项目成败有着直接影响，包括技术开发组织的整体技术水平和技术结构，决定项目组织能否实现较高技术层次上的自我开发创新性技术，取得开发时间和合作上的优势。（3）组织管理因素。即项目顺利实施的内部环境。（4）经济因素。项目组织的经济实力直接影响项目的规模和强度。项目的投资收益率、回收期及财务风险控制能力等均影响项目的成败。其外因是：（1）政策因素。（2）社会环境因素。（3）市场因素。

太行航空发动机项目

【技术科学】（technical science） 以基础科学的理论为指导，研究同类技术中共同性理论问题，揭示其一般规律的科学。是指导工程技术研究的理论基础。是基础科学转化为直接生产力的桥梁，也是基础科学和应用科学的主要生长点。它在经济发展中占有重要地位，是现代科学中最活跃、最富有生命力的研究领域。从工程科学技术体系的角度，技术科学可分为理论技术科学、基础技术科学和工程技术科学三个层次。

【技术贸易】（technical trade） 以技术为商品进行的交易活动。由于技术商品的特殊性，在实际贸易中，往往同它的载体一起进入技术市场。技术贸易应作广义的理解，即包括实物形态与知识形态两方面商品的交易活动。实物形态的技术商品，是指技术上先进的设备，是新技术的载体。国际技术贸易多是这种形式。中国技术贸易以知识形态商品的交易为主要内容。它包括：（1）各种形式的工业产权（专利、商标等）的许可证贸易。（2）非专利技术的交易（专有技术）。（3）技术咨询。（4）技术服务。（5）委托技术开发和合作开发。（6）技术入股或技术、资金入股建立合作企业等。技术贸易与一般商品贸易最大的不同，在于交易双方是一种长期合作关系。它是技术知识和信息的传授、传播过程，只有双方密切合作，技术贸易才能得以实现。

技术贸易资格证书

【技术目标】（technical targets） 技术系统要达到预定的技术目的所必须做到的具体指标。技术目的通常采用定性形式，而目标一般要定量描述。如确定飞机制造以民用为目的，其目标则包括飞机的航程、速度、载重量、安全系数、噪声、污染、成本、可维修性、期望寿命等数据。目标选择要求全面、准确，以免给技术评价带来困难。

【技术目的】(technical purpose) 技术主体对所期望的技术客体的预先设定。常常体现在技术规划中的技术指标和技术要求的制定之中,是技术活动的指向,是技术发明创造的内在动因。它的实现是一个由技术的社会属性与技术的自然属性相耦合与反复调整的过程,取决于其是否符合技术本身的发展规律和技术体系各部分之间相关性的要求,即取决于能否创造出实现技术目的的最佳技术手段和方法。

【技术能力】(technical ability) 一个国家、部门、企业、个体所拥有的技术力量和具有胜任工程技术任务的能力。由技术人员、技术装备、技术信息、技术投资和技术教育等因素构成,体现为技术活动过程中研究、开发、设计、制造、调试、革新、改造、推广、选择、引进、消化、创新、转移等能力。技术能力的评价指标是:(1)专利登记数。(2)重大技术成果数。(3)技术贸易总额。(4)技术密集型产品总产值。(5)技术密集型产品出口额。(6)制造业增加额。在评价技术能力时,还要考虑其潜在的能力。

【技术培训】(technical training) 一方为另一方提供某种知识或技能培训的经营活动。技术市场上的一种经营活动。职业上岗培训和继续教育工程等一般的成人教育,不能纳入技术市场的经营范围。

技术培训

【技术评估】(technology assessment) 以社会总体利益最佳化为目标,对某项技术可能带来的社会影响进行定性、定量的分析,从而对其利弊得失作出评价的一种系统管理技术。其重点在于研究技术应用可能产生的长远的、间接的、不可逆转的、出乎常人预料的负效应。特点在于其社会整体性、高度有序性、跨学科性、中立性和批判性。其程序大体是:(1)资料准备阶段。(2)影响分析阶段。(3)研究对策阶段。(4)综合评价阶段。其方法有:专家评估法、经济分析法、运筹学评价法和综合评价法。

【技术评价】(technical evaluation) 对技术开发方案或工程项目的技术水平、材料来源、投产运行、推广前景、最低成本及各项技术参数能否达到系统目标等进行评审和选择,以确定最优方案的一项技术管理技术。技术方案优劣可采用“技术价值”作出定量描述。技术价值等于方案中各技术评价项目得分的算术平均值与评分标准的最高分数之比。在评价时,还要重视方案中风险因素的分析和新技术保持先进性的时间的预测。还要涉及经济、社会、人类工程学方面的评价。技术评价与技术评估在范围上、侧重点上有所不同。

【技术入股】(technology share holding) 一方以技术作为投资,与另一方合作,共同组成经济实体的技术交易形式。

【技术商品】(technological commodity) 一种知识性商品。是生产科学技术这一特殊生产部门的产品,是智力劳动的产物。作为商品,它也具有使用价值和价值。其使用价值表现在它一经物化到生产过程中去,就可以创造经济效益和社会效益。其价值是凝聚在技术成果中的科技人员的智力劳动即活劳动,以及在研制过程中消耗的物化劳动。技术商品要进入技术市场进行流动和交流才能实现其价值。其主要特征是:(1)载体的非实物性。一般商品都有具体的物品形态。它不是实体物品,而是一种表现于文章、设计、模型、技巧、诀窍之中的可以转化为物品的知识。(2)使用价值的间接性。它要经过“物化”以后,与生产结合才能实现其使用价值。(3)品种、数量的单一性。它要求具有创造性和新颖性,在一定时间和地域内是独一无二的、专有的。(4)寿命的无形磨损性。它不是有形的“物”,不存在有形磨损。其寿命(包括自然寿命和商业寿命)只决定于无形磨损。所谓无形磨损,是指技术商品随着时间的推移,丧失了技术的先进性和商品的竞争性,逐渐退出流通与交换领域。

【技术商品化】(commercialization of technology) 技术作为一种商品在市场上进行买卖的过程。包含两层意思:一是指技术是商品,二是指具有商品属性的技术要实现商品化。因此知识性技术产品也应当并可以在市场上进行买卖。作为商品用于交换的知识性产品,是指那些能够提高生产力的技术发明与研制成果。基础研究性的科学成果,一般不属于商品化的范畴。这是因为,科学成果是人们对自然规律的发现和对客观事物规律的认识,它对造福人类,推动社会、经济、技术进步具有重大的意义。但是,它不能直接应用于工农业生产和生活之中。因此,科学成果既不是商品,也不能商品化。进入技术市场的技术产品,具备下述四个条件:(1)先进性。它是技术商品的技术水平或创新程度的反映,只有先进的技术商品才能在技术市场上具有竞争力。(2)成熟性。指技术商品一旦用于生产和生活,能具有稳定性和可靠性,能达到预期的技术要求和目标。(3)经济性。指技术商品价格能适应于买方的经济支付能力和应用该技术的投资能力,而且能获得经济效益。(4)适用性。指技术商品对买方需求的适应范围和程度。

【技术商品使用权】(use rights of technological commodity) 使用技术商品的权利。在一般情况下,技术商品的使用权和所有权是分离的。技术商品的非持有人只有得到持有人的允许才能获得使用权。在技术转让中,其持有人所转让的是商品的使用权。同一个技术商品可以有一个持有人,但可以同时有多个享受使用权的人。

【技术商品寿命】(life of technological-commodity) 技术商品的自然寿命和商业寿命的总称。一般商品的寿命是由有形损耗和无形损耗两个因素决定的。作为一种知识产品,它没有有形损耗,其寿命完全取决于无形损耗。其无形损耗有两种形态:第一种形态是新一代技术商品的出现,使原有技术商品失效;第二种形态是技术商品的传播、推广,使原有技术商品逐渐丧失价值。两种形式的无形损耗,使得技术商品有两种寿命,一是自然寿命,二是商业寿命。所谓自然寿命,就是从这一新技术的诞生到第二代新技术取代它之前这一段时间。新技术一旦出现,原有技术将迅速被淘汰,它的寿命就结束了。这是由第一种形态的无形损耗决定的。自然寿命的终结,技术商品的使用价值也随之终结。所谓商业寿命,就是从这一新技术的诞生到全面推广这一段时间。一项技术商品全面推广以后,谁都可以无偿使用,因而它不再是商品了。商业寿命终结以后,技术商品还有使用价值,但没有交换价值了。

【技术商品所有权】(ownership of technological commodity) 在法律规定的范围内,技术商品持有人对其占有(持有)、使用和处置的权利。占有权(持有权)即对技术商品事实上的支配权。因为技术商品和其他的商品一样是一种财产,因而就应该归某自然人或法人所有。由于技术商品的特殊性,其所有权的归属是一个复杂的问题。从中国目前的实际情况出发,判断技术商品所有权的归属,应依据如下两个原则:(1)以法律为依据。在中国《专利法》、《合同法》中已作出明确规定的,则以法律为依据。(2)以创造性劳动为依据。技术商品是创造性劳动的产品,应根据其投入的智力劳动和物化劳动的量,并以智力的创造性劳动为主,来确定其归属权。

【技术商品学】(science of technological-commodity) 以商品经济理论为基础,研究和揭示技术的商品属性及其生产、流通、消费的一般规律,探讨技术商品的价格形成、技术贸易和技术市场的运行机制的一门新兴学科。其研究对象是:可以作为商品对待的技术成果。其研究内容有:(1)技术商品的范围界定和形成条件。(2)技术商品的生产、流通和消费的特点及规律。(3)技术商品的价值、价格和与此相联系的技术贸易和技术市场等。

【技术市场】(technology market) 狭义的技术市场,是指作为商品的技术成果进行交换的场所。广义的技术市场是技术成果的流通领域,是技术成果交换关系的总和。技术市场的交换关系,主要是技术成果的生产者、经营者、消费者之间的关系。技术市场与一般的实物性商品市场不同,有特定的经营方式和经营范围。按照地区划分,技术市场可以分为本埠技术市场、省区技术市场、中国技术市场和国际技术市场等。按照产业可分为工业技术市场、农业技术市场、交通运输技术市场、建筑技术市场。按照技术商品的形态可分为软件市场、硬件市场和综合技术市场等。其作用在于推动科研和生产的紧密结合,促进科技进步和经济发展。

中关村数码大厦

【技术市场预测】(forecast of technology-market) 运用科学的方法和手段,对技术商品、技术服务和技术经营的发展趋势作出分析和判断。广义的技术市场预测是探讨技术市场的基本发展趋势及其社会功能的变化。它是站在全社会的高度,从宏观层面上展开的技术市场预测研究活动。它解决技术市场的方向性、政策性和战略性问题。技术市场预测对技术商品生产者、使用者和经营者有以下重要意义:(1)帮助技术商品生产者了解新技术的寿命周期、发展方向,判断新技术的经济潜力和影响,从而确定技术研究开发的战略。(2)帮助企业了解新技术、新产品的发展趋势及其供需关系,作出购买新技术商品或产品更新换代的正确决策。(3)帮助技术商品经营者,把握技术市场的发展趋势,制订市场经营战略。它应用的技术方法,主要是预测技术。

【技术手段】(technical means) 人们从事生产活动或非生产活动的各种手段的总和。是技术实体的表现形式,即技术的"硬件"部分,如工具、机器、仪器、设备等。

【技术属性】(technical attribute) 体现技术本质的特性。从哲学观点的角度,技术是人与自然、社会自然与天然自然的联系中介,具有自然的和天然的双重属性。技术的自然属性即技术的物质性、关联性以及技术的形成、创新所遵循的自然规律性,技术最终应用后的成果以物质形态出现。技术的社会属性即技术的社会需要性、经济性、社会条件的制约性以及技术后果的社会效应性。如果一项技术只体现一种属性,则不可能存在下去。

【技术体系】(system of technology) 在一定的技术发展阶段,各门技术在一定的组织和功能水平上相互联系和相互作用的系统。同一技术体系的各项要素,如能源、材料、工艺、信息收集及加工处理,大致处于相同等级且彼此协调,使技术体系在一定时间内得以相对稳定地发展。它的整体性表现在其独特技术思想和原理,还表现在其组成门类不能脱离体系的总体水平而独立运动。它的有序性表现在两方面:(1)横向扩展的结果,使其体系内形成一系列相对独立的技术群;(2)每个技术群都有纵向层次构造,形成技术体系、技术群、分支技术群和单元技术的格局。近代以来,世界各国的技术体系经历了机械技术体系、电力技术体系、化工技术体系和目前的以信息技术为中心的技术体系等阶段。

【技术外溢】(technology spillover) 企业、地区或行业等进行研发活动所获取的新知识会通过各种渠道,如人员流动、有形产品信息等,溢出到别的部门,而本部门却得不到应有报酬的现象。具体表现为技术持有方的技术非自愿地溢出给受让方而享受不到任何回报。技术外溢既有正面作用,又有负面影响。积极作用表现在:外商投资、跨国贸易等对东道国相关产业或企业的产品开发技术、生产技术、管理技术、营销技术等产生提升效应,对外寻求新技术的发展可以使公司具有不需要雇佣专门研究人员就能使用某些新技术的优势。技术外溢按对当地企业的提升效应的不同可分为:平行外溢和垂直外溢两种。对当地竞争企业的技术创新的示范、刺激与推动,称为平行外溢;对当地上下游关联企业的技术进步的示范、援助与带动,称为垂直外溢。

【技术外溢效应】(technological spillover-effect) 外商直接投资对东道国相关产业或企业的产品开发技术、生产技术、管理技术和营销技术等方面产生的正的或负的影响。其规模和范围对于不同的经济体来说具有差异性,取决于东道国和东道国产业的特定的时代背景条件及经济政治环境具体特征和文化倾向等因素。包括东道国从事投资和学习、吸收外国知识和技能的能力和动机、传统的技术优势、与外资公司直接投资和技术的互补程度、对潜在的技术外溢效应的捕获敏感度、与外商公司进行直接竞争的技术实力、一定的人力资本存量和较发达完善的基础设施等。在总体上,东道国引进外资的政策应该强调具有较高技术含量或技术密集型的外商直接投资,不仅要注重设备机器等硬技术的引进,还应注重管理、知识和研发等软技术的引进。应该强调开发和掌握具有自主知识产权的核心技术,形成技术转移到技术开发进而技术创新的良性循环,以此提高东道国企业的可持续的竞争力,促进东道国企业真正的技术进步。

【技术选择】(technology choice) 一个国家或地区根据其发展目标及条件,通过技术评估与比较,对最有利的技术类型、结构进行筛选的过程。在技术选择中,要根据自身的自然资源、人力资源、技术条件、文化传统等因素,按照技术的先进性、经济性、适用性、相关性、可调性等原则,对各类技术进行选择。技术选择实质上是一个国家或地区的科技现代化道路的选择。其根本任务是通过对各种技术类型的选择,并根据需要引进、消化与创新,大力推进国家经济与社会的全面发展。

【技术要素】(technical elements) 组成技术或技术系统的基本单元或组分。包括主体要素和客体要素两部分。主体要素可分为主体的经验、技能和科学知识。客体要素可分为材料、能源、信息、工具(机器、设备、装置)和工艺。人们利用技术的主体要素对客体要素进行加工、处理、控制,才能形成技术产品。技术的客体要素是技术进步的标志,而技术的主体要素在技术发展中起主导作用。

【技术引进】(import of technology) 一个国家、地区或企业在其发展过程中,引进他人的先进技术、新产品或关键设备。目的是加速科技进步,更新其产品或技术,或者为了调整、优化其产品(业)结构。途径是购买专利技术、引进先进而适用的工艺技术、引进先进的成套设备或生产线等。积极而又慎重地开展技术引进工作,是推动技术进步、促进技术开发的有效途径,也是花钱少、见效快的捷径。

汽车装配流水线

【技术预测】(technical forecast) 以技术未来发展为对象,对技术总体发展水平与趋势、专门技术发展趋势以及老技术的更新、淘汰作出预先估测。在新技术的开发与应用前景的预测上,技术预测应包括定时、定性、定量和概率估计四个要素。具体内容可概括为:(1)预测崭新的发明。(2)预测发明的应用领域。(3)预测新设备、新工艺、新技术、新材料、新能源的出现及其在产业部门的应用前景。技术预测的方法可分为类比性预测法、归纳性预测法和演绎性预测法。技术预测对推动技术创新,促进技术进步有重要意义。

【技术原理】(technical principle) 运用创造性思维与技术试验,把已有的科学原理与技术重新组合,转变为物化的机制、途径、手段、方法的一种理论。主要是技术设备的工作原理。它也要用概念、原则、数学公式、图像来表达,但必须同实际的技术对象、技术过程、技术工艺等直接对应,具有很强的指向性或具体性。技术原理可分为专业基础性技术原理和专业性技术原理。前者如电工原理,后者如电机原理。它是技术创新的内在依据,是新技术的功能及其结构构思的导向器。

【技术政策】(technical policy) 一个国家或地区、部门为实现一定时期的任务和目标而制定的有关技术发展的行动准则和实施措施的规定。其主要内容有:(1)从技术能力、经济和社会条件的实际出发,根据技术与经济社会协调发展原则,确定发展目标。(2)分析行业生产力现状、技术水平、发展能力和产品结构,确定行业结构。(3)从技术能力、自然条件、经济条件和社会条件出发,在促使国家技术进步的前提下,对技术先进性与经济社会方面的合理程度作出评价。(4)促使技术进步的途径、路线和措施的规定,如加强研究开发,加速科技成果商品化,促进传统技术改造,完善质量保证体系,推行标准化、通用化、系列化,合理利用资源和保护生态环境等。技术政策的制定必须遵循针对性、重点性、时效性、灵活性和稳定性相统一等原则。

【技术支持】(technical support) 以某种手段为某行业或领域提供的技术帮助、技术服务的统称。常有的技术支持方式有电话技术支持、上门服务技术支持等。包括进行技术上的维护和服务上的沟通两方面内容。随着科技的不断进步,技术支持工作的性质和内容也发生着变化,如不仅在软件领域中分售前技术支持和售后技术支持,而且对技术要求很高。面对各种各样的客户,要搞好技术支持工作,必须要有扎实的技术功底、充分的心理准备和积极的服务态度。

【技术中介】(technology agency) 为技术商品的供需双方提供中间服务的经营方式。其主要内容是提供信息、组织洽谈,或提供其他的辅助服务。

【技术转让】(technology transfer) 技术成果由一方转让给另一方的经营方式。所转让的技术包括获得专利权的技术、商标以及非专利技术,如专有技术、传统工艺、生物品种、管理方法等。技术的转移并不意味着知识本身与原来的主体相分离,而只是向新的法律主体传授特定的现有技术,赋予其申请专利、实施专利或者使用非专利技术的权利。

【技术转移】(technology transformation) 在国家、地区、行业内部或行业之间以及技术自身系统内输出与输入的活动。联合国曾将其定义为系统知识的转移,是从产生的地方转移到使用的地方。其主要内容是:技术成果、信息、能力的转让、移植、引进、交流和推广普及。其转移目的,不是为了展览,而是为了得到应用。转移的技术一般与过去的技术相比,更为新颖,更为先进。现代技术转移的特点是:(1)在意识上,从不自觉转移到有目的地自觉地转移。(2)在速度上,从自然地缓慢转移到人为地加速转移。(3)在流向上,从由东向西单向转移到纵横交错互补型交流转移。(4)在主体成分方面,从个人单一转移到集体团伙之间的转移。(5)在交换代价方面,从无偿的技术交流到有偿的技术转让。(6)在技术类型上,从转移以硬技术为主到软硬技术结合转移并以软技术为主;(7)在转让过程方面,从一次性交易,即现货交易到多次、长期交易。(8)在管理体制方面,从民间的松散型发展为国家干预下的约束性转让。

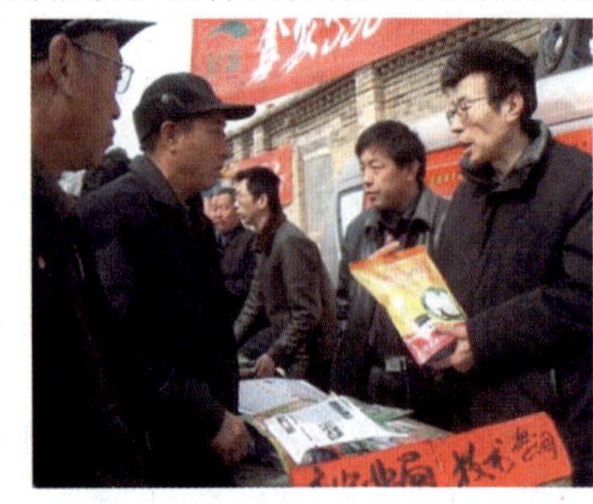
技术转移

【技术状态控制】(technology slate control) 稳定已经确定的技术状态。包括对正式确定技术状态的某一项目进行技术状态更改时,对该项目进行的系统评审、全面协调工作及最终完成审批手续。对已批准更改的内容,应以正式技术文件下发贯彻实施。文件应规定出该项目的功能、特性和技术指标。这些技术特性的更改应一直处于受控状态;要记录和报告更改进程以及实施状况。

【技术咨询】(technology consultation)

掌握技术和知识的一方受另一方的委托，提供各种可供选择的决策依据的一种智力服务形式。顾问方利用知识、技术、经验和信息，为委托方的特定技术项目进行分析、论证、评价、预测和调查，提出咨询报告，供委托方决策时参考。其内容主要包括：政策咨询、管理咨询、工程咨询等。

【季风】(monsoon) 由于海洋和陆地之间热力差异或行星风带随季节变化而引起的大范围盛行风。因其随季节改变而改变，所以称为季风。各地天气情况，会因季风的改变而改变。世界季风区域分布很广，以亚洲大陆季风最强盛。中国大陆冬季为高压控制，盛行偏北风；夏季为低压控制，盛行偏南风。冬季风盛行时，气候表现为低温、干燥、少雨；夏季风盛行时，则多表现为高温、湿润和多雨。

【季风气候】(monsoon climate) 一种气候类型。季风盛行地区的气候。中国大部分地区位于东亚副热带季风气候区。其主要气候特色是四季分明。夏季暖湿多雨，冬季干冷，春、秋是过渡季节。南亚的热带季风气候区，其气候特色是干、湿两季十分明显。季风气候对于农业生产十分有利，特别是热带季风气候区，多是世界主要的粮食生产基地。但因季风气候的年际变化十分明显，所以季风气候区也易出现旱、涝等自然灾害。

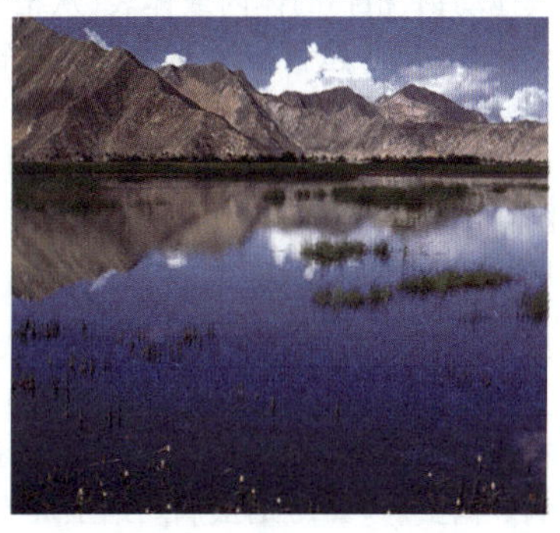

季风气候

【季节洄游】(seasonal migration) 见越冬洄游。

【季节性河流】(season stream) 旱季断流的河流。多分布在干旱半干旱或沙漠地带。在降水量较少的冰川区也有季节性河流发育。季节性河流无长期稳定的液态水源补给。当降雨来临或冰雪融化并且能够产生一定地表径流量时，河流得以恢复；一旦降雨和冰雪融化停止河流随即断流。季节性河流流程比较短，流量一般都不大。但是河床长时间干涸，一旦暴雨来临或者冰雪大规模融化进入河床后，极易引发山洪、泥石流等灾害。

季节性河流

【季节性流行病】(seasonal epidemic) 某些经常发生于一年中的一定季节，或在每年的一定季节出现发病率升高的疾病。这是因为某些季节里有某种因素，如湿度、温度、雨量、节肢动物、宿主抵抗力对致病因素起作用的结果。弄清造成疾病季节性升高的原因，能更有效地采取防治措施。

【季雨林】(seasonal rainforest) 分布于热带、有周期性干湿季节交替地区的一种森林类型。植被有明显的季相变化。主要树种在旱季落叶，雨季复出新叶，大部分灌木和草本植物相继开花。由于开花期比较集中和某些植物具有大型花朵，季雨林的外貌较雨林华丽，但群落结构比雨林简单，种类组成亦较贫乏。通常乔木分为2～3层，高度平均在25m左右；下层常有一些常绿树种，但具有旱生特征。林内藤本植物和附生植物少。季雨林在亚洲、非洲和美洲的热带地区呈现连续的带状分布，以东南亚地区最为典型。中国的季雨林主要分布在北回归线附近及以南地区，包括台湾、海南、广东、广西、云南和西藏的部分地区，是中国热带季风气候地带的代表性植被类型。

季雨林

【济生肾气丸】 方剂名。组成：熟地黄160g、山茱萸(制)80g、牡丹皮60g、山药80g、茯苓120g、泽泻60g、肉桂20g、附子(制)20g、牛膝40g、车前子40g。制法：以上十味，粉碎成细粉，过筛，混匀。每100g粉末用炼蜜35～50g加适量的水泛丸，干燥，制成水蜜丸；或加炼蜜90～110g制成小蜜丸或大蜜丸，即得。用量：口服，水蜜丸一次6g，小蜜丸一次9g，大蜜丸一次1丸，一天2～3次。功能主治：温肾化气，利水消肿。用于治疗肾虚水肿、腰膝酸重、小便不利、痰饮喘咳等。

【既病防变】(get ready for disease changes) 在疾病发生的初始阶段，应力求早诊断、早治疗，以防止疾病的发展及转变的一种理念。因为在疾病的初期阶段，病位较浅，病情较轻，正气未衰，所以比较易治。倘若不及时治疗，病邪就会由表入里，病情加重，正气受到严重耗损，以至病情危重。因此既病之后，就要争取时间及早诊治，防止疾病由小到大，由轻到重，由局部到整体，防微杜渐，这是防治疾病的重要原则。

【继代培养】(subculture) 又称传代培养。继初代培养之后的连续数代的扩繁殖培养过程。培养物在培养基上生长一段时间以后，由于营养物质枯竭，水分散失，以及代谢产物的积累，必须转移到新鲜培养基上才能继续培养。细胞、组织或其切段等，就是通过更换新鲜培养基及不断切割或分离的方式，进行连续多代繁殖以扩大培养的。

【继代选育】(selection in successive generation) 在一定的家畜群体中，连续几个世代内继续保持一致的选种标准和选种方法来建立家畜品系的方法。采用这种方法应先建立基础群，后封闭畜群，并在闭锁小群内逐代根据生产性能、体质外形、血统来源等进行相应的选种选配，以培育出符合预定品系标准、遗传性稳定、整齐均匀的畜群。选择基础群是决定品系质量的起点。基础群由若干头公畜和一定比例的母畜所组成。它们可以是异质的，也可以是同质的。在通常情况下，当预期的品系要求同时具有几方面的特点时，则基础群以异质为宜；当预期的品系只需要突出个别少数性状时，则基础群以同质为好。基础群各个体的近交系数最好都为零，尤其是公畜间应无亲缘关系。基础群应有一定数量的个体。基础群组建后，至少在4~6个世代内，不得引入外来畜种。具体的选配方式，视情况而定。每个世代在出生时间、饲养条件和选种标准上应保持一致，坚持多留精选，要特别照顾家系，要缩短世代间隔。

【继发性污染物】(secondary pollutant) 见二次污染物。

【寄存器】(register) 一种有限存储容量的高速存贮部件。用来暂存指令、数据和位址。通常以可保存的位元数量来估量，以寄存器档案的方式来操作，有非常高的读写速度和数据传送速度。其用途是：(1)将寄存器内的数据执行算术及逻辑运算。(2)用来指向内存的某个位置。(3)读写数据到电脑的周边设备。

【寄生】(parasitism) 一种生物寄居于另一种生物的体内或体表，并摄取后者养分以维持其生命的生活方式。前者为寄生者，后者为寄主。所谓寄主是指寄生物或病原物赖以生存的生物体。寄生者主要有病毒、立克次氏体、细菌、真菌、寄生性动物和少量的种子植物。按照寄生方式的差异，寄生性可分为专性寄生和兼性寄生、外寄生与内寄生及半内寄生、全寄生与半寄生等。寄生物依赖寄主提供全部营养物质的生活方式称全寄生。如：许多病原菌和列当属、菟丝子属的植物。寄生物自身能够合成部分营养物质，但有一部分生活物质依赖寄主提供的寄生方式称为半寄生，如玄参科的小禾草属、马先蒿属、山萝花属、疗齿草属和檀香科的一些植物。寄生一般对寄主是有害的，但也有中性的和有利的。大多数寄生都有选择性。农业生产上常利用寄生物防治害虫。如利用赤眼蜂防治棉铃虫，利用金小蜂防治红铃虫，利用白僵菌、绿僵菌防治害虫等。

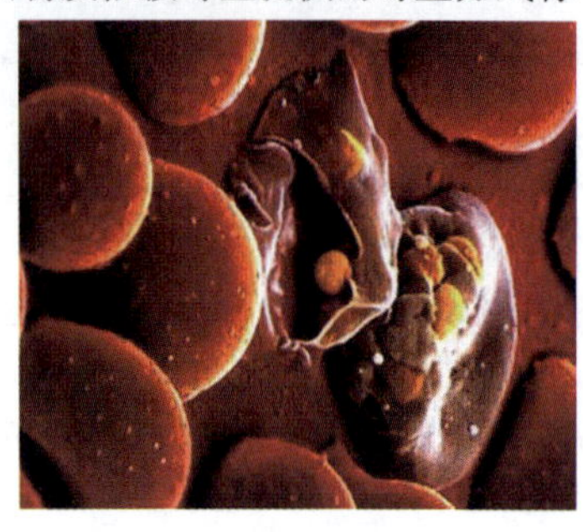

寄生

【寄生虫】(parasitc) 营寄生生活的动物的统称。如锥虫、疟原虫、虱、蛔虫、小麦线虫等。寄生于其他动物、植物的体内或体表，从宿主获得全部或部分营养，并引起和传播疾病。研究寄生虫的形态结构、在动物界的分类地位、生活活动和生存繁殖的规律，阐明寄生虫和宿主以及外界环境因素的相互关系的科学称寄生虫学。

【寄生虫病】(parasitis disease) 一些寄生虫寄生于人和动物体内所引起的疾病。寄生虫的种类繁多。传播途径广泛，可经呼吸道、皮肤、胎盘等途径感染。小儿的感染率比成人高。最常见的有蛔虫病。钩虫病。(1)蛔虫病。蛔虫成虫似蚯蚓样，寄生于小肠。雌雄异体，雌虫每日排卵20万个，随大便排除体外，在适宜的温度下经5~10天发育成感染卵。卵被人吞食进入胃肠，幼虫破壳而出，穿破肠壁进入血液；周游全身，后通过门静脉进入肺脏。穿破肺组织进入肺泡，沿支气管上移至咽部，再吞咽下，入胃肠，幼虫在小肠发育成成虫，长期寄生在人体内。雌虫寿命为1~2年。其主要的症状是：①幼虫移行表现。全身过敏出现荨麻疹；入肺有咳，可发生嗜酸性肺炎，入脑出现癫痫病等。②成虫症状。腹痛、食欲不振，异食癖等。成虫在肠道可并发胆道蛔虫，肠梗阻等。其治疗可用甲苯咪唑片。(2)钩虫病。寄生于小肠，虫卵随大便排出。在温暖、潮湿、疏松土壤中孵育成幼虫。幼虫从人身皮肤进入血流及淋巴管，周游全身，入肺，上移至咽，再咽下，在小肠发育成成虫。寿命一般3年，最长达15年。其临床表现是：①幼虫表现。幼虫入皮肤，局部有红色、点状丘疹或小水疱。入肺有咳、血丝痰等。②成虫症状。贫血。因成虫在肠壁上不断吸血，肠壁出血处不易凝固。婴儿由于大量出血可导致死亡，1 岁内婴儿死亡率 4%。贫血严重者出现贫血性心功能不全。消化道有绞痛、严重的异食癖等。其治疗方法是：驱虫用甲苯咪唑、左旋米唑、噻嘧啶等；支持疗法，输血，补充造血原料如铁剂等。

【寄生物病】（parasitic disease） 由寄生于宿主体内外各种生物引起疾病的统称。广义的寄生物病指各种生物性致病因素，如细菌、病毒、霉菌、支原体、立克次氏体，及寄生虫（包括原生动物和各种大小不同的多细胞动物）引起的疾病；狭义的寄生物病指寄生虫病。

【寄生植物】（parasitic plant） 以寄主的身体为定居空间，并全靠吸收寄主的营养而生活的植物。其身体结构简单，以专性固定器官（吸盘、小钩等）侵入寄主体内或体表以获取水分和无机盐类；有的寄生植物尚保留含叶绿素的器官，能进行光合作用，如槲寄生属和小米草属；有的叶退化为小鳞片，不能进行光合作用，如菟丝子属、列当属和无根藤属；有的寄生植物仅保留花，植物体的器官均转变为丝状的细胞束，贯穿寄主细胞间隙吸取营养，如大花草、白粉藤属等。很多寄生植物还具有很强的繁殖力和生命力。如独脚金属植物，一株可产生 50 万粒种子，生命力可保持 20 年之久。多数寄生植物具有一定的专性，即某种寄生植物只限于寄生在一定的植物科属中。

寄生植物

【鲫】（crucian carp） 俗称喜头、鲫拐子、鲫瓜子、河鲫鱼、月鲫仔、鲼、鲋、寒鲋。属鲤形目，鲤科，鲤亚科，鲫属。体侧扁而高。腹部圆。头较小。吻钝。口端位。无须。下咽齿侧扁。背鳍和臀鳍均具一根粗壮且后缘有锯齿的硬刺。鳞较大。整个身体呈银灰色。背部深灰色。腹部灰白色。为广布、广适性鱼类，在中国除青藏高原外各地各种水域皆产。生长适温10～32℃。耐低氧。杂食性。生长较慢，当年仅长至 50g。常见的个体 250g 左右。1 冬龄即性成熟。产卵水温 15～16℃以上。可在池塘等静水环境中产卵。受精卵具有黏性，粘附于水草上发育。鲫鱼的养殖品种繁多。常见的各种金鱼，便是普通鲫鱼经人工选育而成的变种。在中国已知有两个种（黑鲫、鲫）和一个亚种（银鲫）。其中以鲫及其亚种银鲫的经济价值较大。中国的地方性优良鲫鱼品种有：彭泽鲫、淇河鲫、方正银鲫、滇池高背（型）鲫鱼（又称高背鲫）、海拉尔银鲫（产于内蒙古海拉尔地区）等。异育银鲫是以方正银鲫为母本，兴国红鲤为父本，人工交配所得的子代。在国外，日本也培育出了河内鲫。1976 年引进到中国，称为白鲫。

鲫

【加成反应】（addition reaction） 能在含双键或三键的两个碳原子上各加上一个原子或原子团的反应。其多为放热反应。是烯烃和炔烃的特征反应。一般是由两分子反应生成一分子，相当于无机化学的化合反应。根据其反应机理的不同可分为：（1）亲电加成反应。即由任何亲电试剂与底物发生的加成反应，例如，烯烃与如氢卤酸（亲电试剂）的加成反应。（2）亲核加成反应。由亲核试剂与底物发生的加成反应，例如，醛或酮的羰基与格氏试剂的加成反应。（3）自由基加成反应。自由基与底物发生的加成反应，例如，烯烃在过氧化物存在下与溴化氢的加成反应。（4）环加成反应。两个或更多的含有不饱和键的分子结合生成环状加成物的反应。（5）加成聚合反应。简称加聚反应（详见加聚反应）。

【加工精度】（machining precision） 零件加工后，其尺寸、形状、相互位置等参数的实际数值与理想准确数值相符合的程度。零件要做得绝对准确，既没必要，也不可能。因为切削加工总是有误差的，因此只需根据其使用要求，把零件的实际参数限制在一定的误差范围之内即可。零件实际参数值与其理想值相符合的程度越高，即加工误差越小，则加工精度就越高。零件实际参数的最大允许变动量，就称为公差。加工精度包含尺寸精度、形状精度和位置精度。相应的尺寸误差、形状误差、位置误差的最大允许变动量就分别用尺寸公差、形状公差、位置公差来限制。

【加工余量】（machining allowance） 在毛坯加工成零件的过程中需除去的材料层厚度。有表面加工总余量和工序余量之分。工序余量是指某一工序所切除的材料层厚度，即相邻两工序的工序尺寸之差；加工总余量（毛坯余量）是指毛坯尺寸与零件图样的设计尺寸之差。加工余量又有双边余量和单边余量之分。对于零件外圆和孔等回转表面,加工余量指双边余量,即以直径方向计算,实际切削的材料层厚度为加工余量的一半。平面的加工余量则是单边余量,它等于实际切削的材料层厚度。合理地确定加工余量,对提高加工质量和降低成本都有十分重要的意义。加工余量过大,不仅增加机械加工的工作量,降低生产率,增加材料、工具和电力的消耗,提高加工成本,而且对某些精加工来说,加工余量太大也会影响加工质量。若加工余量太小,又不能消除工件表面残留的各种缺陷和误差,则会造成废品。

【加工中心】(machining centre) 具备刀库并能按程序控制自动更换刀具,对一次装夹的工件进行多部位、多工序加工的数控机床。是一种自动化程度更高的数控机床。工件经一次装夹后,数控系统可按预先编制的程序依照加工工序自动选择和更换刀具,自动改变机床主轴转速、进给量及刀具相对工件的运动轨迹等,按步骤完成多部位、多工序(如车、铣、钻、镗、铰孔、攻丝)的加工。按主轴布置方式,加工中心分为立式和卧式两类。刀库有盘式和链式两种。换刀机构常见的为机械手,也有由主轴与刀库直接交换刀具的无臂式换刀装置。加工中心由于可实现一次装夹、工序集中和自动换刀等功能,有利于提高加工精度,减少工件装夹、测量和机床调整等非机动辅助时间,从而提高了工效。它适用于小批量、多品种、高精度、形状复杂零件的加工。

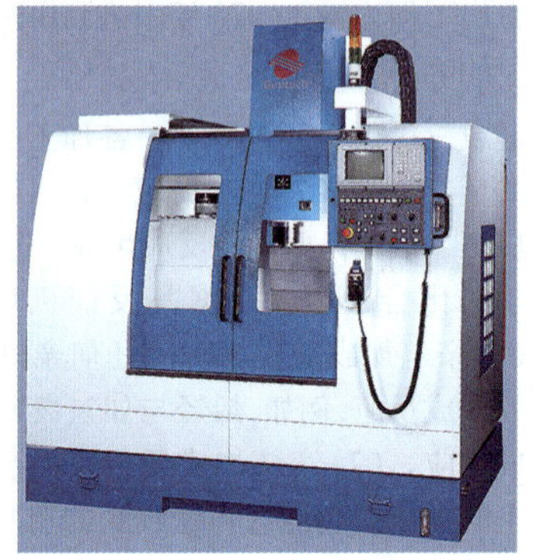

加工中心

【加筋路堤】(road dam with bar) 通过堤底面铺设土工合成材料与砂石材料组成的加筋垫层,使基底保持完整连续,约束浅层地基软土侧向变形的一种路堤。可以改善软基浅部的应力场,均化应力分布,从而提高地基承载能力和稳定性,调整不均匀沉降。加筋路堤的破坏形式与加筋情况有关,大致有五种类型:(1)筋材断裂破坏。路堤中心沉降较大,形成一弓形基底沉降剖面,土工合成材料被拉断裂后,呈对称圆弧滑动。地基的潜在滑动面应通过最大拉力点。所以,对加筋堤的稳定验算,除了要考虑拉筋的抗滑力外,更重要的是按限定潜在滑动面验算其稳定性。(2)滑动破坏。土工织物筋材被拉断,土和地基一起滑动,筋材基本上不改变滑弧的位置。破坏的主因是地基较弱和所铺设的土工织物的强度低所致。(3)地基土塑性破坏。当地基土已进入剪切破坏时,而填土和筋材尚未破坏,地基的剪切破坏具有对称性,如果两侧施加反压重,就有可能获得新的平衡。所采用的加筋垫层具有足够的抗拉强度和刚度,保证了基底和上部填土的整体性。(4)薄层挤出破坏。软土层厚度较薄,在填土施工中突然下沉,但很快就趋于稳定。突然下沉说明地基已出现局部剪切破坏。很快就趋于稳定,说明塑性挤出后,地基土又获得新的平衡。(5)水平滑移破坏。由于设计边坡过陡,在填土与加筋层之间产生较大的滑动力,当筋材与填土的摩阻力不能满足时,就会沿筋材表面发生水平滑移破坏。

【加聚反应】(addition polymerization) 由不饱和或环状单体分子加成聚合生成聚合物的一种化学反应。反应中没有水或其他低分子副产物的释出,而且所生成的聚合物元素成分与原用单体的成分相同。按参加反应的单体种类和聚合物本身的构型的不同可分为:(1)均聚合反应。(2)共聚合反应。(3)定向聚合反应。均聚合反应是一种在不饱和或环状单体分子间进行的聚合反应。形成的聚合物有聚乙烯、聚丙烯、聚氯乙烯等。共聚合反应是两种或多种单体共同参加的聚合反应。在形成的聚合物分子链中含有两种或多种单体单元,如ABS树脂等。定向聚合反应是在聚合过程中,控制反应条件,使单体聚合成具有定向而有规则结构产物的反应,即全同立构型或间同立构型的聚合反应。形成的聚合产物叫定向聚合物。

【加力比】(degree of augmentation) 又称加力度。在同样飞行条件下,加力式喷气发动机的加力推力与其不加力时最大推力之比。是评定加力喷气发动机及其加力燃烧室性能的指标之一。该发动机可通过向加力燃烧室喷油量的改变控制加力推力变化。加力喷气发动机加力比的变化范围一般约为1.05 ~1.70。通常希望,加力比的变化范围要大些,用以改善飞机的操纵性。

【加密技术】(encryption technology) 利用技术手段保护机密数据在传输和使用过程中不被窃取或篡改的措施和方法。按照其加密密钥的不同类型,分为对称加密算法和非对称加密算法两类。前者加/解密采用相同的密钥,后者则是采用不同的密钥。在发文端,加密算法把明文数据转换为密文数据传送到收文端;收文端再通过相应的密钥算法把密文还原成明文。使用加密技术有利于保证数据的私密性、完整性和数据占有者身份的合法性。

【加强绝缘】(reinforced insulation) 基本绝缘经改进后，在绝缘强度和机械性能上具备了与双重绝缘同等防触电能力的单一绝缘。在构成上可以包含一层或多层绝缘材料。属于Ⅱ类设备的绝缘结构，包括双重绝缘、加强绝缘及另加总体绝缘等三种绝缘结构形式。双重绝缘指工作绝缘（基本绝缘）和保护绝缘（附加绝缘）。前者是带电体与不可触及金属件之间的绝缘，是保证电气设备正常工作和防止电击的基本绝缘。后者是不可触及金属件与可触及金属件之间的绝缘，是用于工作绝缘损坏后防止电击的独立绝缘。单一的加强绝缘应具有上述双重绝缘同等的绝缘水平和机械强度。另加总体绝缘是指若干设备在其本身工作绝缘的基础上另外装设的一套防止电击的附加绝缘物。

加强绝缘

【加权平均数】(weighted average) 当加入事物的某种重要程度对数据影响因素（因子）后所得到的平均数。也可以讲，加权平均数是在对不同数据相应课以合理的比重后得到的平均数。我们把影响数据重要程度的因子称为权重。设有一组数据 x_1，$x_2 \cdots x_k$，它们的权重分别为 $f_1, f_2 \cdots f_k$，则加权平均数的计算公式为：$(x_1f_1 + x_2f_2 + ... x_kf_k)/n$，$n = (f_1 + f_2 + ... + f_k)$。算术平均数是加权平均数的一种特殊情况。事实上，当各个数据的权重相同时，加权平均数就成为算术平均数。例如，设某运动员在一次射击比赛中共射出15发子弹，打中的环数有10、9、8、7、6，每种环数上射中的次数分别为5、4、2、3、1。则该射手的加权平均成绩为：$(10\times5+9\times4+8\times2+7\times3+6\times1)/(5+4+2+3+1) = 131/15 \approx 8.7$（环）。再如，某校规定，学生各项成绩占总成绩的比重为：平时成绩占20%，中考成绩占30%，期考成绩占50%。若某考生平时成绩85分，中考成绩92分，期考成绩98分，则该生的加权平均成绩为：$(85\times0.2+92\times0.3+98\times0.5)/1 = 17+27.6+49 = 93.6$（分）。

【加热冲裁】(heating blanking) 见红冲。

【加热炉】(heating furnace) 工业生产中给材料或工件加热的设备。主要由耐火材料砌成。用气体、液体、固体燃料或电能供热。按其结构形式的不同可分为箱式炉、井式炉和坑式炉；按其作业方式的不同分为连续炉和周期炉；按其加热材料在炉内移动形式的不同可分为滑轨式、辊底式、爪式和步进式等。广泛用于轧制、锻造、热处理以及搪瓷、玻璃等工业。

加热炉

【加热切削】(heating cutting) 在切削或磨削过程中，用热源加热工件的待加工区，以改善材料的切削加工性能，使难加工材料的切削得以顺利进行的复合加工方法。利用加热切削法，不但可减小切削力，提高切削速度，减少刀具磨损，而且还可以降低表面粗糙度，提高加工表面的质量。加热切削的热源种类很多，其中通电加热、焊炬加热、整体加热、火焰和感应局部加热及导电加热等，通称为一般热源。但这些热源都存在加热区过大、热效率低、温控困难、加工质量难以保证等问题，使加热切削不理想，因而难以应用到生产实际中去。目前，加热切削的加热方式主要有用于毛坯预加工的整体加热和用于粗加工的等离子弧感应加热，以及用于半精加工和精加工的导电加热和激光加热。

【加热温度】(heating temperature) 轧钢时将钢锭或钢坯加热达到能够移出加热炉时的温度。是一个温度范围，即允许最高加热温度到允许最低加热温度的区间。热轧前对钢锭或钢坯进行加热和日和是要提高金属塑性，降低变形阻力。若加热温度不够，容易造成设备事故、轧制困难、钢的内部组织与性能不均匀；若加热温度过高，加热时间过长，则会导致钢的氧化脱碳、性能下降、过热和过烧甚至报废。不同的钢因其化学成分和组织不同，加热温度范围也不同。各种钢的加热温度范围可以在铁碳平衡图中确定。确定钢的加热温度范围，除了考虑其化学成分和组织外，还应考虑坯料的断面尺寸大小、轧制道次多少、轧制速度以及终轧温度的高低。

【加速度】(acceleration) 描述速度变化的快慢和方向的物理量。速度的变化与其所历时间的比值，称为这段时间内的“平均加速度”。如果这一时间极短（趋近于零），这一比值的极限称为物体在该时刻的加速度或“瞬时加速度”。加速度与速度无必然联系,加速度很大时,速度可以很小,速度很大时,加速度也可以很小。加速度是矢量。它的方向就是速度变化的极限方向。常用单位为 m/s^2、cm/s^2 等。

【加速侵蚀】(accelerated erosion) 人为活动或突发性自然灾害破坏自然生态平衡所产生的侵蚀现象。分人为加速侵蚀和自然加速侵蚀两种。人为加速侵蚀是由人类不当的经济活动,如滥伐、滥垦、滥牧、不合理耕作以及开矿、修路、工程建设等引起的破坏性的侵蚀现象。自然加速侵蚀是自然界本身在某一时段出现的突发性环境剧变引起的侵蚀现象。如由地震诱发的滑坡、崩塌和泥石流等,由气候变化引起的冰雪融水所造成的侵蚀以及洪水泛滥造成的强烈冲刷等。在加速侵蚀中,人类活动影响加剧了自然侵蚀速度,远大于土壤形成速度。通常以允许土壤流失量作为衡量加速侵蚀的下限指标。加速侵蚀破坏性大,导致土壤退化和土地沙化、毁坏土地资源,大量泥沙淤塞河湖及库坝,对农林牧生产、水利设施、电力和航运建设的危害极大,是人类研究和防治的主要对象。

【加速任务试车】(accelerated mission test) 使发动机按照预先制订的能充分反映外场使用情况下的加速任务而进行的试车。它在地面试车台上进行,试车目的是能提早暴露并发现发动机在外场使用时可能出现的结构上的故障和缺陷,进而进行改进。

【加速试验法】(accelerated test) 以化学动力学为其理论基础,在短时间测定药物质量变化情况的一种实验法。即认为药品内成分的含量与该成分的分解速度有关,分解的速度越快则在一定的时间内该成分的浓度降低越多。其目的是:通过试验求出反应速度常数和活化能,根据阿仑尼乌斯公式作图计算出药物的储存期限。在药物研究中加速试验主要用以:(1)新产品的处方筛选,在生产过程中用以改进处方、生产工艺和包装条件。(2)确定产品的稳定性,预测产品的储存期。(3)确定处方中个别原料的投料量。(4)在原料改变时作各批产品稳定性的相关试验。常用的方法有:低温法,恒温法,升温法等。但应注意的是加速试验法测定的有效期为暂时有效期,必须与留样观察法的结果对照,才能确定产品实际的有效期。

【加速图形端口】(accelerated graphics-port, AGP) 又称 AGP 插槽。为提高视频带宽而设计的总线结构。它将显示卡与主板的芯片组直接相连,进行点对点传输。它不是正规总线,不具通用和扩展性,只能和端口显卡相连。工作频率为 66MHz,是 PCI 总线的一倍,并且可为视频设备提供每秒 528 兆字节的数据传输率,实际上是 PCI 的超集。能更快速地处理及显示影像、图形。同时可使用部分主存储器充当显示内存,降低系统成本。

【加性高斯白噪声】(additive white gaussian noise, AWGN) 在通信上叠加在信号上的一种最基本的噪声与干扰模型。其特点是:其通信信道上的信号分布在很宽的频带范围内。无论有无信号,噪声都是始终存在的。因此通常称它为加性噪声或者加性干扰。噪声的功率谱密度在所有的频率上均为一常数,则称这样的噪声为白噪声。如果白噪声取值的概率分布服从高斯分布,则称这样的噪声为高斯白噪声。AWGN 的幅度分布服从高斯分布,而功率谱密度是均匀分布的。

【加州鲈鱼】(large-mouth black bass) 俗称大嘴黑鲈 。硬骨鱼纲,棘臀鱼科。体延长而侧扁,稍呈纺锤形,横切面为椭圆形。体高与体长比为1:3.5~1:4.2,头长与体长比为 1:3.2~1:3.4。头大且长。眼大,眼珠突出。吻长,口上位,口裂大而宽。牙为绒毛细齿,锐利。颌骨、腭骨、犁骨都有完整的梳状齿,多而细小,大小一致。背肉肥厚。尾柄长且高。全身披灰银白或淡黄色细密鳞片,但背脊一线颜色较深,常呈绿青色或淡黑色,同时沿侧线附近常有黑色斑纹。腹部灰白。肉食性,掠食性强,摄食量大,常单独觅食,喜捕食小鱼虾。幼鱼摄食量可达总体重的 50%,成鱼达 20%。1 周年以上才成熟。繁殖的适宜水温为 18~26℃。初重 1kg 的雌鱼怀卵 4~100 000 粒。为多次产卵类型。每次产卵 2 000~10 000 粒。原产于美洲淡水湖泊中。1983 年引入中国养殖,经人工驯化,可在 1% 以下的咸淡水中正常生长。喜欢栖息在较清澈的水层,且有水生植物分布的水域。为食用经济鱼类。

加州鲈鱼

【夹层玻璃】(sandwich glass) 在两片或多片平板玻璃之间夹有有机塑料透明膜,经过加热加压黏合而成的玻璃复合制品。其原片可采用普通平板玻璃、钢化玻璃、镀膜玻璃、吸热玻璃、彩色玻璃等。夹层玻璃具有安全特性,能抵挡意外撞击的穿透,减少破碎或玻璃掉落的危险。夹层玻璃中的 PVB 胶片具有对声波的阻尼功能,能有效地控制声音的传播,起到良好的隔音效果。夹层玻璃还具有控制阳光的特性,能有效地减弱太阳光的透射,防止眩光,而不致造成色彩失真,能使建筑物获得良好的美学效果;能阻挡紫外线,可保护家具、陈列品或商品免受紫外光辐射而发生褪色。夹层玻璃广泛应用于建筑物的门、窗、天花板、地板和隔墙以及工业厂房天窗、商店橱窗上。通过设计与选材,夹层玻璃还可以用作电磁屏蔽玻璃、防火玻璃和防盗玻璃等。

【夹层复合材料】(intercalation compound material) 由性质不同的表面材料和芯材组合而成的材料。通常面材薄、强度高;芯材质轻、强度低,但具有一定刚度和厚度。夹层复合材料分为实心夹层和蜂窝夹层两种。

【夹丝玻璃】(wired glass) 在玻璃板内嵌有金属丝网的具有特殊功能的平板玻璃。因为玻璃体内部含有金属丝网,使玻璃和金属丝网连成了一个整体。与普通玻璃相比,提高了强度,改善了原来的易碎性质。当遭到破坏时,由于金属丝的牵拉作用,玻璃裂而不碎,不会整体崩裂,可保持相当的整体性。这使它具有一定的安全、防火、防震性能和防盗效果。夹丝玻璃在受热炸裂后不会崩塌碎落,可以在相当程度上保持整体性,阻滞空气流动,减缓火灾蔓延的速度,争取宝贵的灭火时间。在震动较大的工业厂房的门窗、采光天窗等处,在需要安全防火的仓库、图书馆等场合,夹丝玻璃有广泛的应用。

【夹心钢】(sandwich steel) 一种外层为碳素钢或低合金钢,中心为不锈钢铸成的钢锭及由此轧制成的各种钢材。用于制造特殊部件。

【夹心配合物】(sandwich complex) 两个或两个以上 π 配体环多烯或大环配体相互平行,金属原子被夹在两个平行环之间的配合物。如二茂铁〔$Fe(C_5H_5)_2$〕、二苯铬、六氟合二苯铬、金属酞菁配合物等。夹心配合物有良好的光、电、磁性质,从而引起了人们广泛的关注。如二茂铁及其衍生物被广泛地用作火箭燃料的添加剂、汽油的抗震剂、硅树脂和橡胶的熟化剂、紫外光吸收剂等。

【家畜】(livestock) 能满足人类对肉、乳、蛋、毛皮的需要,且能分担人类一定的劳役、经过长期驯养和驯化了的各种动物,如狗、猪、羊、牛、马等。它既是一种生活资料,又是一种生产资料。经过人类长期的驯养和驯化,以及精心的培育,其体型和生理机能与野生时期有很大差异。生物性能(如产肉、乳、皮、毛和繁殖力等)比野生时期要高得多,性情也温顺得多。

南阳黄牛

【家畜标号】(animal marking) 为便于识别和记录家畜,而给其个体进行编号的方法。主要有三种:(1)剪耳法。在幼畜左右耳的不同部位剪以缺口,以代表不同的数字,常用于猪和羊。(2)环标法。牛多在耳部扣以带有号数的金属(多用铝合金制)环,家禽在肩、翅或脚上扣以塑料制的标号。(3)烙印法。在角上或身体明显部位的皮肤上用烙铁烙号或液氮冷冻标号。此外,尚有在浅色皮肤的耳壳内侧刺墨和颈部系牌等法。至于临时标记有涂色和剪毛等法。

【家畜产科学】(obstetrics of domestic animal) 研究母家畜生殖器官解剖、生殖、生理以及怀孕期、分娩期、产后期疾病、乳房疾病、新生仔畜疾病的学科。与解剖学、生理学、组织胚胎学、内分泌学、生物化学、遗传学、营养学、病理学、外科学以及繁殖学等诸多学科关系密切且相互渗透。

【家畜传染病学】(science of infection disease in demestic animal) 研究家畜、家禽传染病发生、发展的规律以及预防和消灭这些传染病方法的学科。是兽医科学的重要临床学科。其研究内容是:家畜传染病发生和发展的规律,预防和消灭传染病的一般原则,以及各种畜禽传染病的分布、病原、流行病学、发病机理、病理变化、临床症状、诊断技术、免疫预防、治疗和综合防治措施等。

【家畜繁殖年限】(domestic animal breeding period) 家畜保持正常繁殖能力的年数。健康家畜到衰老期,母畜发情周期停止,公畜无交配能力。繁殖年龄随品种、营养、气候等条件不同稍有差异。一般母马为 20 ~25 年,母猪为 8 ~12 年,母黄牛为 18 ~28 年,母水牛为 20 ~25 年,母绵羊为8 ~9年;公畜繁殖年限比母畜稍长。

【家畜繁殖学】(reproduction in domestic animal) 是畜牧科学的一个分支。研究家畜繁殖的自然规律,并用相应的技术措施,保持家畜具有正常生殖机能和较高的繁殖能力的学科。也可包含对实验动物如小鼠、大鼠、兔、

家畜繁殖学

猫、狗等的繁殖研究。其主要研究内容包括:家畜生殖器官的解剖及功能、生殖激素、公畜的生殖生理、母畜发情、人工授精、自然受精、妊娠与妊娠诊断、分娩与助产、发情控制、胚胎移植和提高繁殖力的措施等。研究现代繁殖科学技术的目的,在于提高家畜的受精率和保胎,提供更多的仔畜,促进畜牧业生产发展。

【家畜环境卫生学】(animal environmental hygiene) 家畜卫生学的一个分支。研究外界环境因素对家畜作用和影响的基本规律,并制定利用、改造和控制环境的方法,以保证家畜健康,充分发挥其生产潜力的学科。本学科涉及物理学、化学、生物学和社会学。外界环境因素主要指空气、土壤和环境,如气温、气湿、气流、太阳辐射、噪声、有害气体、水、土壤以及人类对家畜的管理等。相关学科有气象学、气候学、生态学、行为学、微生物学、饲养学和农业工程学等。

【家畜寄生虫病】(parasitosis of domestic animal) 由寄生虫寄生于家畜的体内或体表而引起的疾病。常见的寄生虫是:蠕虫、原虫、昆虫、蜱、螨等。一般以慢性消耗性过程为主,表现为贫血、衰弱、营养障碍和生长发育不良等症状。

【家畜紧急接种】(emergency vaccination for domestic animal) 在发生传染病时,为了迅速控制传染病的流行,而对尚未发病的家畜临时进行的预防接种。紧急接种使用免疫血清比较安全,注射后立即生效。而疫(菌)苗一般只用来预防接种,用于紧急接种则很不安全。

【家畜口齿鉴别】(mouth and teeth determination for livestock) 根据家畜牙齿出生、脱落、更换及磨损的一般规律,对家畜年龄的判断。(1)牛:初生时有一对乳门齿,生后一周长第二对,两周后长第三对,三周后长第四对,四个月后乳门齿面逐渐磨损,2 岁长出第一对门齿,3 岁生第二对牙,3.5 ~4岁生第三对,4 ~5 岁全部门齿更换齐全,俗称“齐口”。6 岁以后的年龄靠观察口齿磨损程度估计。(2)马:初生时上颌或下颌齿龈露出乳门齿的前缘,生后 1 个月乳中齿出现,乳门齿前缘少许磨损,6 个月乳隅齿的发生黏膜肿胀,表示隅齿将发生,乳中齿后缘磨损,1 周岁时隅齿前缘磨损,2.5 ~3 岁生出永久门齿一对,3.5 ~4 岁又生永久中间齿一对,4.5 ~5 岁永久隅齿出现,切齿全部脱换,俗称“齐口”。6 岁以后的年龄主要依据永久切齿磨损程度估计。(3)羊:初生时有乳门齿一对,不久在两侧再生牙齿一对,2 周后又生一对,3 ~4 周后生最后一对,1 ~1.5 岁时乳门齿脱落更换为永久齿一对,1.5 ~2 岁更换第二对,2.5 ~3 岁更换第三对,3.5 ~4 岁更换第四对永久齿。此时称“齐口”。

【家畜利用年限】(productive life) 家畜作为种用或生产某种产品所能利用的时间。除供屠宰的肉畜外,其他各种家畜的生产力都不止表现一次。因此,利用年限越长,一生的总生产力也越高。合理的营养,高质量的饲养管理,不仅可提高种用价值和产品质量,还可延长利用年限,提高一生的生产力。

【家畜内科病】(internal medicine of domestic animal) 家畜内部器官系统的非传染性疾病。例如消化系统、呼吸系统、心血管系统、泌尿系统、神经系统的疾病;血液、造血器官以及营养代谢、中毒、遗传等疾病,都可列入内科病的范畴。最初兽医学只分内科病和外科病两大类,以后随着生物学和医学的发展,家畜传染性和寄生虫性内科病分别独立形成学科。由于家畜内科病、外科病和产科病都不具有传染性和侵袭性,也可合并称为家畜普通病。

【家畜胚胎学】(embryology of domestic animal) 兽医学的基础学科之一。研究家畜个体胚胎生长、发育规律的学科。其研究内容包括:生殖细胞的发生和发展、受精和卵裂、囊胚、胚层形成和分化、组织发生和器官原基形成、器官系统的发育等。广义上,还包括动物从出生到成年的器官系统发育过程。根据家畜胚胎的生长发育规律,实施胚胎移植,改良家畜品种,增加群体数量,促进家畜业发展,是其重要应用领域。

【家畜生产力】(productive force of domestic animal) 家畜生产各种产品或服役及在生产这些产品的过程中利用饲料和设备的能力。是评定家畜品种优劣的最重要指标。计算方法因家畜的用途不同而异。如役畜的挽力、速度、持久力;乳畜的产乳量、乳脂率;肉畜的平均日增重、饲料利用率;绵羊的剪毛量、净毛率、毛的细度、长度;家禽的产蛋量、蛋重;种畜的受胎率、繁殖率、成活率等。

家畜生产力

【家畜生理成熟】(physiological maturity of domestic animal) 又称家畜发育成熟。家

畜个体组织器官生长发育完全,机能和形态达到稳定时的状态。此时机体机能、新陈代谢达到均衡稳定。各种家畜成熟期各异,猪、羊一般为2~3岁,牛4~5岁,马5岁。

【家畜生态学】(ecology of domestic animal) 研究家畜生产环境对其种类、数量分布、形态和生理机能的影响规律与家畜对环境服习、驯化和适应的学科。以家畜及其生存环境为研究对象。家畜是生态系统和生态平衡的组成部分,对人类生存、环境污染和治理均有重要影响。其主要研究内容包括:家畜种质资源的地理分布、家畜的气候生理、天然草场资源及其生态平衡、家畜行为、生物地球化学与家畜疫病、生态畜牧业模式和经济效益等。该学科的应用和发展将对控制地貌植被的破坏、防止草场退化、丰富人类食物资源、保障人类健康和保持地球生态平衡产生重大影响。

【家畜生殖生理学】(physiology of animal reproduction) 又称繁殖生理学。研究公母畜生殖细胞生长发育、发情周期、配种、受精、怀孕、分娩及泌乳等生殖生理活动的学科。

【家畜饲养学】(livestock feeding) 研究饲料与家畜之间供求关系的学科。其研究内容包括:研究饲料所提供的营养物质在家畜体内的生理功能、饲料营养价值的评价方法和指标、各种饲料的营养特性和利用方法;研究不同种类、不同生产目的和生产水平的家畜对各种营养物质的需求量,从而为家畜制定合理的饲养制度和提供最佳的饲料配方。家畜饲养学以多种学科为基础,诸如动物营养学、动物生理生化生态学、家畜行为学和生物统计学等,均为家畜饲养学提供了理论依据,增加了新的内容。特别是对有关维生素、矿物质、纤维素、氨基酸和饲料添加剂的研究和应用,更是推动了饲养科学的发展。

家畜饲养

【家畜卫生学】(domestic animal hygiene) 研究家畜机体与外界环境相互关系与作用规律的学科。其目的在于保持与增进家畜健康,最大限度地提高其生产力。其任务是通过人为的方法,大力消除不利因素,充分利用有利因素,并制定出各种科学实用的卫生措施、标准和规则,以促进畜牧业的发展。

【家畜系谱】(animal pedigree) 记载一头种畜的父母及其各祖先的编号、名字、生产成绩及鉴定结果等方面的资料文件。除血统关系外,通过系谱还可查看该种畜祖先的生产成绩、育种值、发育情况、外貌评分以及有无遗传疾病、外貌缺陷等。用以推断该种畜种用值的大小。系谱一般记载3~5代。主要形式有:竖式系谱、横式系谱、结构式系谱和畜群系谱。

【家畜系谱鉴定】(pedigree test) 根据系谱记载中的有关祖先信息来评定家畜优劣的鉴定方法。通过查阅和分析各代祖先的生产性能、生长发育及其他材料,可估计该种畜的近似种用价值。通过系谱审查也可了解该种畜祖先的近交情况、优秀种畜祖先的选配情况,作为今后选配工作的借鉴。在鉴定时,重点是父母代,然后是祖代、曾祖代。五代以上意义不大。因为本身尚无生产记录,更无后裔鉴定材料。所以系谱鉴定多用于幼年或青年时期的后备种畜。系谱鉴定的重点是祖先的生产性能,有无遗传疾患及近交、杂交情况。在鉴定时,祖先中公畜的后裔测验成绩比各代母亲的表型值材料更重要。

【家畜行为】(animal behaviour) 动物个体和集体自发地或非自发地所表现的动作模式。动物致力于各内在和外界条件的适应及调整的过程,或者是对刺激的反应。刺激存在于动物外部或内部的能量变化。这种变化可导致动物效应器能量输出的更大变化。观察动物的行为常能推断出动物内部的状态。动物的活动、鸣叫、身体姿态、色泽、气味等均可作为信息,引起其他动物的行为反应。行为不只限于动作,动物完全不活动也是一种行为,例如睡眠;雄羚羊完全不动地站在山巅上,表示是一种领域行为。

【家畜行为学】(ethology of domestic animal) 研究家畜习性和活动规律的应用行为学。是畜牧学和兽医学的基础学科。目的在了解各种家畜正常和异常的行为模式,行为产生的原因和生理学意义。畜牧兽医工作者根据这些学识,为家畜创造合乎行为特性的饲养、管理、繁育、利用和疾病防治的条件。其内容可分为四大部分:(1)行为的来源,包括本能和后天获得。(2)动物互通信息的方法,包括视、听、嗅、尝、触、身体姿态和行动表现。(3)各种正常的行为体系,如摄食、排便、母仔、性、争斗、仿效、探索、群体优胜、领头和领域等。(4)异常行为及其控制措施。各种行为体系和异常行为均有种间的特异性,因而常在上述总论的基础上再分述各种家畜的行为模式。家畜行为学以生态学、进化论、生物气候学、解剖学、内分泌学、神经生理学、遗传学、营养学、群体生物学和生理学等为基础。其研究方法有自然条件下或人工环境中用肉眼观察、仪器记录、电视监测和无线电遥测等。大量数据经电子计算机处理,使行为研究从属于数学准则;同时应用生理学方法和后效条件反射等进行深入的研究。

【家畜性成熟】(sexual maturity of domestic animal) 家畜生殖器官发育完善,具有繁殖能力的状态。但此时因体躯生长发育尚未完成,故不宜配种。家畜公母性成熟期不一:牛 12 ~ 24 月龄,8 ~ 14月龄;水牛 18 ~ 30 月龄,15 ~ 20 月龄;马 18 ~ 24 月龄,12 ~ 18 月龄;驴 18 ~ 30 月龄,12 ~ 15 月龄;猪3 ~ 6月龄,5 ~ 8 月龄;绵、山羊分别为 5 ~ 8 月龄,6 ~ 10 月龄。

【家畜育种】(domestic animal breeding) 通过改良家畜本身从而提高畜牧生产力的一项综合措施。即通过选择、培育、杂交等手段提高家畜的种质,扩大和改良现有家畜品种,创造新的高产品种、品系,合理利用杂交优势等。

【家畜育种学】(domestic animal breeding science) 畜牧科学的一个分支。以遗传学理论为指导,研究家畜品种的形成、保存、利用、提高、培育的学科。其主要内容包括:家畜起源、品种形成、品种改良的理论与技术方法、种畜选择原理、选配方法、杂种优势利用原理与方法,以及与此有关的保证家畜育种工作高效进行的组织措施和现代分子育种理论等。

【家庭康复】(home rehabilitation) 以家庭为基地进行康复的一种措施。利用家庭的一切资源进行康复训练,积极指导患者参加家庭生活和家务劳动,以家庭一员的身份同家庭其他成员相处,使得家庭康复成为生活的一个组成部分。可帮助患者适应家庭生活环境,提高日常生活能力。

家庭康复

【家庭小菜园】(small family garden) 以自给自足为种植目的的小型菜园子。一般多指小片的菜地或宅旁、屋顶、阳台、窗台、室内等小面积的蔬菜种植园。可以是房前屋后的空地,也可以是花盆、栽培槽、水培箱等。自己亲手操作,体验种植和收获的乐趣,同时享受到新鲜美味的蔬菜。适宜种植的主要蔬菜种类有番茄、辣椒、茄子、黄瓜、苦瓜等果菜,白菜、韭菜、芹菜、生菜、苦苣、观音菜、空心菜等叶菜,以及豌豆苗、香椿芽等芽菜。在室内和阳台等种植时要注意卫生和安全。随着农业科技的发展,近年来逐渐发展起来的室内管道式蔬菜水培架、水培墙等栽培系统,干净、美观,作为家庭园艺产品的一种很受市场欢迎。城市林立的高楼和紧张的生活节奏,给人们造成了一种沉闷感、压抑感,这些新的家庭园艺产品不仅绿化了室内环境,而且把菜园搬到了自己家中,随时可以吃到自己亲手种植的放心蔬菜。室内种植可选用耐荫蔬菜,如观音菜、生菜、韭菜等叶菜和芽菜。

家庭小菜园

【家系选择】(family selection) 将平均表型值较高的家系全部个体留作种用的家畜育种方式。被选择的性状以家系为单位分别计算出各自的平均数,按平均值的高低进行选择。一些遗传力低的性状,宜采用家系选择,因家系平均表型值接近于家系平均育种值。平均表型值高,意味着具有较高的育种值。此外,在纯繁中还由于家系内各个体都具有相近的基因型,它们之间的差异主要是由环境因素影响而造成,在选择时可忽略不计。

【家鱼】(major Chinese carp) ❶与野杂鱼相对应。适宜人工饲养的青鱼、草鱼、鲢鱼和鳙鱼。它们都属于鲤形目,鲤科。俗称四大家鱼。在淡水中生活。分布在水下层、中层和中上层。适合混养。具有生长迅速、抗病力强的共同特点。适于作为大众食用鱼。在唐代以前,鲤鱼是最为广泛养殖的淡水鱼类。但是因为唐皇室姓李,所以鲤鱼的捕捞,销售均被禁止。渔业者只得从事其他品种的生产,这就产生了青、草、鲢和鳙的四大家鱼。这四种鱼分别摄食螺蚌、水生植物和浮游生物。由于这 4 种鱼栖息水层不同、食性不同,混合饲养能充分利用水体空间和水体中饵料资源,增加单位水体的鱼产量。因此,成为中国 1 000 多年来在池塘养鱼中选定的混养高产的鱼种。❷泛指青鱼、草鱼、鲢鱼、鳙鱼、鲤鱼、鲫鱼和鳊鱼等大宗淡水养殖品种(或称主导养殖品种)。它们占内陆养殖总产量的 80% 左右。

【家族性矮小体型】(body familial short stature) 与家族的体格特征有关、无任何内分泌功能异常表现的一种体型。身长虽有一定程度不足,但其生长率、骨和牙的发育、性成熟均正常,无任何内分泌功能异常表现,体型矮小为遗传所致。

【甲醇燃料】(methanol fuel) 甲醇、变性醇添加剂与现有国标汽、柴油按一定比例调配制成的新型清洁燃料。可替代汽油、柴油,用于各种机动车、锅炉等。其主要功能是:(1)冷却作用,可以降低发动机温度,不致过热。(2)高抗爆能力,能够在高于优质汽油所允许的压力下燃烧而不会爆震,适合高压缩比、高性能的发动机并能充分发挥其高辛烷值的作用,输出更大的功率。

【甲醇燃料电池】(carbinol fuel cell) 采用纳米技术制成的以甲醇为动力的燃料电池。以甲醇和水为原料,在催化剂的作用下,甲醇被电解为质子、电子和二氧化碳,质子通过质子膜到达电池的另一极产生电流。甲醇燃料电池的催化剂通常涂在由碳制成的基底上。这是因为碳具有良好的导电性能,能够耐受电池中的酸性环境。甲醇燃料电池可用于汽车、笔记本电脑、手机及其他便携式电子设备。

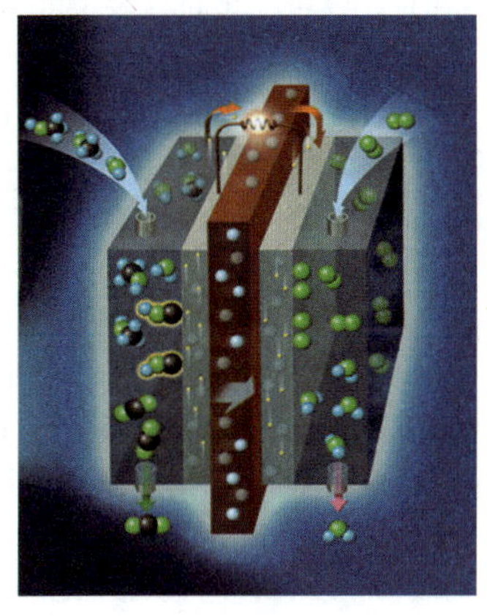
甲醇燃料电池

【甲醇中毒】(methyl poisoning) 摄入过量甲醇引起的毒性反应。甲醇又称木醇、木酒精,为无色、透明、略有乙醇味的液体。摄入甲醇5~10mL就可引起中毒,30mL可致死。甲醇对人体的毒性作用是由甲醇本身及其代谢产物甲醛和甲酸引起的,主要特征是以中枢神经系统损伤、眼部损伤及代谢性酸中毒为主,一般于口服后6~36h发病,表现为头痛、头晕、乏力、步态不稳、嗜睡等。重者有意识朦胧、谵妄、癫痫样抽搐、昏迷、死亡等。造成中毒的原因多是饮用了含有甲醇的工业酒精所致。

【甲基化酶】(methylase) 能够催化甲基($-CH_3$)从给体分子转移给受体分子的一类酶。属转移酶类,即催化引入一个甲基到一个分子中。甲基化是细胞中一种普遍而重要的修饰方式。主要由DNA甲基化酶和蛋白质甲基化酶完成。DNA甲基化酶不仅在维持DNA甲基化和基因组稳定性等方面起着重要的作用,还在哺乳动物的早期胚胎发育过程中扮演着重要的角色。蛋白质甲基化酶中的蛋白质精氨酸转移酶和赖氨酸转移酶都参与组蛋白甲基化,在基因转录过程中起着重要的调节作用。蛋白质精氨酸转移酶还在RNA加工、信号传导、蛋白质定位以及生殖细胞发生过程中起着重要的作用。

【甲壳素】(carapace) 又称甲壳质、几丁聚糖。一种天然高分子聚合物。属于氨基多糖。学名(1.4)-2-乙酰氨基-2-脱氧-β-D-葡萄糖。分子式为$(C_8H_{13}NO_5)n$。单体之间以β(1-4)糖苷键连接。相对分子质量为1.03×10^6。理论含氮量6.9%。甲壳素是自然界中唯一带正电荷的可食性动物纤维。医学科学界将其誉为继糖类、蛋白质、脂肪、维生素和矿物质(无机盐)之后,人体必须的第六生命要素。甲壳素是存在于蟹壳等甲壳动物外壳的可食性动物纤维素。由于其独特的分子结构和理化性质及良好的生物相容性、可降解性,使它在医药、食品、化妆品、农业、环保,以及酶的固化载体等方面具有广泛的用途。甲壳素每年生物合成资源可达2×10^{10}t,是地球上仅次于植物纤维的第二大生物资源。甲壳素具有如下功能:(1)降血糖。(2)降血脂。(3)降血压。(4)强化人体免疫、活化淋巴细胞。(5)抑制非正常细胞生长、扩散和转移。(6)提高抗肿瘤药物的疗效。(7)排除放射治疗和抗癌药物细胞毒物质。

【甲壳质纤维】(chitin fiber) 由具有多活性氨基的生物高分子多糖类化合物制成的纤维。其原料来自甲壳类动物的外皮或外壳。其强度大约在0.97~2.73cN/dtex,伸长率为8%~14%,密度为1.5g/cm³。其保水率在130%以上。具有止血、镇痛、抗菌、防霉、去臭消炎和促进伤口愈合的功能。在医疗、纺织、印染、造纸、生化、食品、日用化工、农业和环境保护等方面广泛应用。

【甲醛污染】(formaldehyde pollution) 由甲醛造成的污染。甲醛分子式HCHO。别名蚁醛。为无色气体。有辛辣刺鼻气味。易溶于水、醇和醚。甲醛具有很活泼的化学和生物学特性。其40%的水溶液称为“福尔马林”。工业中应用甲醛的领域有:皮革、造纸、塑料、树脂、人造纤维、橡胶、药品、染料、炸药和油漆等。也用作生物体防腐剂及物件消毒等。甲醛对人体的影响主要是对黏膜和皮肤的刺激作用,表现为眼部烧灼感、流泪、结膜炎、眼睑水肿、角膜炎、鼻炎、嗅觉丧失、咽喉炎和支气管炎等。严重者可发生喉部痉挛、声门水肿和肺水肿。长期接触低浓度甲醛,可发生头痛、软弱无力、消化障碍、视力障碍和心悸等。

【甲醛中毒】(formaldehyde poisoning) 由甲醛引起的毒性反应。甲醛又称蚁醛,是一种无色,有强烈刺激性气味的气体。甲醛在常温下是气态,通常以水溶液形式出现。能与蛋白质中的氨基结合,使蛋白质变性,并可溶解类脂质,对细菌、病毒、芽孢、真菌均有强大的杀灭作用。还可硬化组织和止汗。10%甲醛液(含甲醛4%),常用来固定解剖标本及保存疫苗及血清,也用于器械和橡胶手套的消毒。甲醛对人体健康危害主要为:(1)刺激性大。不宜做皮肤及黏膜的消毒。蒸发液对眼及呼吸道黏膜也有刺激作用,能引起流泪咳嗽。高浓度吸入时可出现呼吸道严重水肿。(2)致敏性强。皮肤直接接触甲醛时能引起过敏性皮炎、色斑、坏死,吸入高浓度甲醛时可诱发支气管哮喘。(3)有致突变作用。实验室高浓度吸入时,可引起鼻咽癌。甲醛的去除是一个缓慢的过程。若人体与之接触后应快速用清水冲洗。工作环境中有甲醛应戴防毒口罩。

【甲胎蛋白】(alphafetoprotein, AFP) 一种胚胎性抗原。1964年Tatarinov首先将其作为原发性肝细胞肝癌的诊断指标之一。是一相对分子质量为70 000(70kDa)的单链多肽糖蛋白。正常生理条件下主要由胚胎肝细胞合成,出生后合成即停止。新生儿血中水平1~2周内急剧下降至基本正常。半衰期约为3.5d。成人血清正常值<20μg/L。原发性肝细胞肝癌患者血清AFP约90%呈高水平持续升高(400μg/L),且对术后疗效观察、肿瘤复发的监测等也十分敏感。病毒性肝炎活动期和肝硬化患者血清AFP的升高是一过性较低水平的,一般在50~200μg/L,很少超过400μg/L。AFP升高还可见于胃癌、结肠癌以及畸胎瘤等,但这种升高一般不大于400μg/L。正常孕妇血清中AFP可升高至约200μg/L,以胎龄3个月时最高。过度升高除了双胎外,可预示胎儿窘迫、死胎、母儿血型不合、胎儿严重神经管缺损畸形。如整个孕期AFP始终不升高,可能表明流产、葡萄胎或胎儿Down's综合征。ConA结合型AFP主要见于原发性肝癌,故检测AFP异质体可大大提高对原发性肝细胞肝癌诊断的特异性。

【甲型H1N1型流感】(A-typeH1N1flu) 由A型流感病毒,携带有H1N1亚型猪流感病毒毒株引发的流感。其病毒包含有禽流感、猪流感和人流感三种流感病毒的核糖核酸基因片断,同时拥有亚洲猪流感和非洲猪流感病毒特征。医学测试显示,目前抗猪流感病毒的药物对这种毒株有效。其临床表现是:早期症状与普通流感相似,如发热、咳嗽、喉痛、身体疼痛、头痛、发冷和疲劳等。有些还会出现腹泻或呕吐、肌肉痛和眼睛发红等。部分患者病情可迅速进展,来势凶猛。表现为:突然高热、体温超过39℃,甚至继发严重肺炎、急性呼吸窘迫综合症、肺出血、胸腔积液、全血细胞减少、肾功能衰竭、呼吸衰竭、败血症、休克及多器官损伤而导致死亡。如患者原有疾病亦可加重。2009年4月30日,中国卫生部下发的《人感染猪流感诊疗方案(2009版)》中指出,其诊断标准有以下四种情况:(1)医学观察病例。曾到过猪流感疫区,或与病猪及猪流感患者有密切接触史;1周内出现流感临床表现者,需对其进行7天医学观察(根据病情可以居家或医院隔离)。(2)疑似病例。曾到过疫区,或与病猪及猪流感患者有密切接触史(也可流行病学史不详);1周内出现流感临床表现,呼吸道分泌物、咽试子、痰液、血清H亚型病毒抗体阳性或核酸检测阳性。(3)临床诊断病例。被诊断为疑似病例,且与其有共同暴露史的人被诊断为确诊病例者。(4)确诊病例。从呼吸道标本或血清中分离到特定病毒;用RT-PCR(将RNA的反转录和cDNA的聚合酶链式扩增相结合的检测技术)对上述标本检测,有猪流感病毒RNA存在;经过测序证实,或两次血清抗体滴度4倍升高,可确诊为人感染猪流感。其预防措施有:养成良好的个人卫生习惯,充足睡眠,勤于锻炼,减少压力,足够营养;勤洗手,尤其是接触过公共物品后要先洗手再触摸自己的眼睛、鼻子和嘴巴;打喷嚏和咳嗽的时候应该用纸巾捂住口鼻;室内保持通风等。其治疗方法是:(1)对症支持治疗。对疑似和确诊患者应进行就地隔离治疗,强调早期治疗。对人感染H1N1者,目前主要是综合对症支持治疗。注意休息及营养,多饮水,密切观察病情变化。发病初始48h内是最佳治疗期。对高热、临床症状明显者,应拍胸片,查血像。(2)药物治疗。应及早应用抗病毒药物,可试用奥司他韦(oseltamivir 达菲)。如出现细菌感染应使用抗生素。

甲型H1N1型流感

【甲型脑炎】(encephalitis A) 又称嗜睡性脑炎。由甲型森林脑炎病毒引起的一种中枢神经系统感染性疾病。在1917年4月,由Von Economo首次提出,故又称Von Economo脑炎。病人和带毒者可能是本病的传染源。发病季节为冬、春季。可能是通过空气、飞沫,经呼吸道传播。人群普遍易感,以10~40岁多见。潜伏期约4~15天。其临床表现是:急性期以发热、嗜睡、眼肌瘫痪、运动过多为临床特征。急性起病,发热伴头痛、肢体疼痛、全身不适、恶心、呕吐、兴奋躁动或谵妄等。继而出现脑膜刺激征及脑炎症状。病人常有睡眠紊乱、失眠、嗜睡、睡眠时间颠倒及昏迷等特征出现。部分患者有肢体或脑神经麻痹，少数患者表现为颜面部肌肉抽搐及肢体不自主运动。病程约2～5周。约30%病人可完全恢复，30%留有各种后遗症。危重病例多在起病2周内死亡，病死率30%。慢性病人可从急性期直接发展而来或数年的暂时缓解后发病，以帕金森综合征为主要表现，如步态细小、表情痴呆、智力减退等。也可出现自主神经功能失常和内分泌失常等。

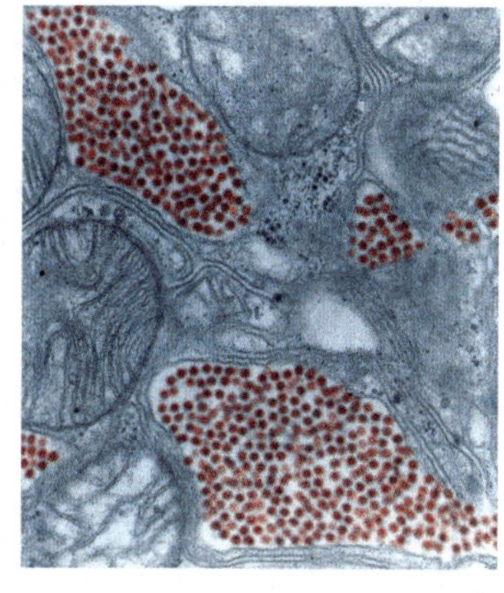

甲型脑炎病毒

【甲状舌管囊肿】（thyroglossal tract cyst） 一种与甲状腺发育有关的先天性畸形。胚胎发育过程，如果甲状舌管退化不全形成残存上皮，停留在盲孔与甲状腺峡部间，其分泌物积聚可形成甲状舌管囊肿。多见于1～10岁儿童。其临床表现是：在颈前正中线、舌骨下方，呈圆形，表面光滑、边界清楚，无压痛，随吞咽上下移动。囊内分泌物积聚易继发感染，囊肿破溃或切开引流后形成瘘管，经久不愈。可依靠穿刺细胞学和碘油造影明确诊断。其治疗方法有：(1)手术治疗。在美兰指示下切除囊肿、瘘管和舌骨中段。(2)有急性炎症时应先控制感染。若已形成脓肿，则应切开引流。待炎症消退后，再行手术切除。

【甲状腺功能亢进症】（hyperthyroidism） 又称甲亢、大脖子病。常见的、多发的内分泌疾病。按临床上病因的不同可分为原发性和继发性两类。前者常见，是一种自体免疫性疾病；后者较少见，由结节性甲状腺肿转变而来。该病可由各种原因导致甲状腺功能增强，或因甲状腺激素水平在血液中的增高，致使机体的神经系统、循环系统、消化系统、心血管系统等多系统出现一系列高代谢症候群，及高兴奋症状和眼部症状。其临床表现主要为：心慌、心动过速、怕热、多汗、食欲亢进、消瘦、体重下降、疲乏无力及情绪易激动、性情急躁、失眠、思想不集中、眼球突出、手舌颤抖、甲状腺肿大，女性可有月经失调甚至闭经，男性可有阳痿或乳房发育等。甲亢引起的眼部改变，一类是良性突眼，患者眼球突出，眼睛凝视或呈现惊恐眼神；另一种是恶性突眼，由良性突眼转变而成，常有怕光、流泪、复视、视力减退、眼部肿痛和有异物感等。由于眼球高度突出，使眼睛不能闭合，结膜、角膜外露而引起充血、水肿、角膜溃烂等，甚至失明。

【甲状腺激素】（thyroid hormone） 由甲状腺分泌的激素。维持机体正常代谢、促进生长发育所必需的激素，包括甲状腺素和三碘甲状腺原氨酸。正常人每日释放量分别为70～90μg和15～30μg。能促进新陈代谢和生长发育，提高神经系统的兴奋性；呼吸、心律加快，产热增加。当人遭遇危险而情绪紧张时，首先会刺激下丘脑释放促甲状腺激素释放激素。血液中这一激素浓度的增高会作用于脑垂体促进其释放促甲状腺激素，即提高血液中促甲状腺激素的含量，促甲状腺激素进一步作用于甲状腺，使其腺细胞分泌量增加，即分泌大量的甲状腺激素。另外甲状腺激素在生长方面及体温调节方面分别与与生长激素、肾上腺素起协同作用。目前临床上甲状腺激素主要用于甲状腺功能低下（呆小病或粘液性水肿）的替代疗法；也用于治疗单纯性甲状腺肿，减轻甲亢患者服用抗甲状腺药后的突眼、甲状腺肿大及防止甲状腺功能低下等。

【甲状腺危象】（thyroid storm） 甲状腺功能亢进患者病情恶化时出现的一系列症状。早期，患者原有的症状加剧，伴中度发热、体重急剧下降、恶心、呕吐、大汗、腹痛、腹泻甚而谵妄、昏迷。其主要诱因为：(1)精神刺激。(2)感染。(3)随意停药。(4)手术或放射性核素碘治疗前，未做好准备工作。此病可危及生命。死亡原因多为高热虚脱、心力衰竭、肺水肿及水、电解质代谢失常。实验室检查结果和一般甲亢症状相仿，甲状腺碘Ⅲ蛋白增高较明显。此外，周围血白细胞增高，尤其以中性粒细胞增高更明显，肝、肾功能亦出现异常。

【贾卡经编机】（Jacquard warp knitting-machine） 带有提花装置的拉舍尔经编机。生产网眼类装饰织物的主要设备。利用贾卡导纱针的偏移形成花纹，是经编工艺中形成花纹的最有效的方法之一。按其机型的不同可分为机械式、电磁式和压电式三大类。按其提花原理的不同可分为成圈型、衬纬型、压纱型和浮纹型四种。该机能生产出图案多变、花纹丰满、层次分明、质地稳定的提花经编织物。用于生产室内装饰面料、装饰性服装面料、女性内衣面料及其他花边辅料等。

【钾素肥料】（potassium fertilizer） 简称钾肥。以钾为主要养分的肥料。肥效大小取决于氧化钾含量。主要有氯化钾、硫酸钾、草木灰、钾污盐等。其肥效较大，大都能溶于水，并能被土壤吸收，不易流失。在钾肥使用适量时，能使作物茎秆长得健壮，不易倒伏，且能增强其抗旱、抗寒和抗病虫害能力，促进其开花结实。

【钾－氩法】(potassium-argon dating method) 一种同位素地质年龄值测定方法。主要利用含钾矿物中钾同位素(^{40}K)捕获电子形成氩同位素(^{40}Ar)的过程,进行定量分析,求出矿石或岩石形成的年龄。为了得到可靠的地质年龄值,矿物、岩石从形成起必须保持封闭状态,以免K、Ar的混入和丢失,造成年龄测定值失真。最适宜进行钾－氩法年龄测定的矿物有云母、角闪石等,有时也选用钾长石。

【假病毒】(pseudovirus) 一种能够整合另外一种不同种类病毒的囊膜糖蛋白,从而形成具有外源性病毒的囊膜,而基因组保持着反转录病毒本身基因组特性的反转录病毒。是非病毒DNA被与病毒外型相同的蛋白质外壳包裹成的微生物颗粒。属于主要感染真菌和无脊椎动物的假病毒科。形态为单链RNA。美国艾伦·戴蒙德艾滋病研究中心主任兼首席执行官何大一表示,他领导的研究小组已经构建出一种非典假病毒。这种假病毒模式可以帮助研究人员更安全地开发抗非典病毒药物和疫苗。据介绍,这种假病毒外面是非典病毒蛋白,里面是艾滋病病毒蛋白。假病毒进入细胞的过程和非典冠状病毒一样,但进入后会自行死掉,因而没有危害。假病毒模式被广泛应用于艾滋病病毒的研究中。科学家通过追踪假病毒进入细胞的轨迹,来寻找阻碍病毒侵犯人体的方法。

【假彩色摄影】(flase color photography) 又称红外彩色摄影。利用彩色红外片进行的摄影。任何反射红外波段的地物在假彩色摄影图像上呈红色。反射红光的呈绿色。反射绿光的呈蓝色。假彩色摄影图像中的色彩不是地物的真颜色,是一种假拟颜色图像。但其信息量丰富,色彩鲜艳,对地物,特别是对近红外较多的地物,如植被,具有较高的分辨率。广泛应用于农林植被、水利水文、环境监测、地学调查和军事侦察等方面。

【假化石】(pseudo fossil) 在成因上与生物无关而误认为是化石的物体或构造。如地下水渗入较紧闭的岩石裂隙后,其中所含的铁、锰等物质由于温度、压力以及地下水化学条件的变化,逐渐沉淀在裂隙壁上,形成一种黑色薄膜,形状为羽状或树枝状,很容易使初学者产生误判。

假化石

【假膜】(pseudomembrane) 又称伪膜。为灰白色或黄白色的覆盖于皮肤或黏膜的一层结构。是疾病的一种临床表现。如复发性阿弗他溃疡,在溃疡的表面常有假膜形成,其由炎症渗出的纤维素形成网架,将坏死脱落的上皮细胞和炎症渗出的细胞聚集在一起而形成。因其不是组织本身,所以能被擦掉或撕掉。不过在不同疾病或疾病的不同阶段撕脱有难易之分。因为黏膜的角化病变也为白色但不能被撕脱,所以临床中可以据此来作为排除黏膜的角化病变如白斑的依据。

【假设检验】(hypothesis) 见显著性检验。

【假孕】(fake pregnancy) 又称想象妊娠。结婚多年未曾怀孕过的不孕妇女出现的自觉怀孕的现象。少数多年不孕妇女出现闭经时,会感到乳房肿胀、恶心、呕吐、食欲改变等,甚至腹部逐渐出现脂肪堆积而隆起,形似妊娠时增大的子宫,并可自觉有胎动。但经妇产科检查却未发现怀孕。假孕是中枢神经系统－下丘脑功能失常而导致闭经的一种典型实例。假孕妇女体内泌乳素和孕激素增高到一定的水平,抑制了排卵,故而出现闭经。以后又由心理问题转换成躯体症状,表现出恶心、呕吐、腹部膨隆、“胎动”等症状,医学心理学上称其为“转换性癔症”。在确诊为假孕以前,必须认真地排除宫内孕和宫外孕的可能,同时还应鉴别有无盆腔肿瘤或精神病等疾病。然后,耐心细致地进行心理疗法,并适时地给予人工治疗,以调整其月经周期,设法使其真正妊娠。

【假植】(heel in) 在起苗分级后,不立即造林,而是把苗木集中起来,埋藏在湿润的土壤中的一种技术。时间较短的假植称为“临时假植”。其做法为:选择避风阴湿、排水良好、便于管理的地方,把苗木的根系和茎的下部用湿润的土壤埋好,踩实。如只假植三五天,只需将苗木根部浸水或用湿土遮盖即可。凡秋后起苗当年不造林、需要假植越冬的,称为“长期假植”。长期假植应开掘假植沟,沟为东西向,沟深视苗木大小而定,沟一边成45°斜坡,将苗木单株或扎成小捆摆在假植沟中,苗梢朝南、壅土踏实,然后再放第二行,直到苗木放完为止。若苗根较干,应将苗根用水浸一昼夜后再假植。若土壤干燥,假植前应灌溉,但不宜太多。假植时应遵从“疏排、深埋、踩实”的原则。面积较大的假植地要分区、分树种、定数量(每一定数量做一标记),并在地头插标牌,注明树种、苗龄、数量、假植时间等。假植期间要经常检查,发现覆土下沉时要及时培土。春季化冻前要为假植苗木清除积雪。早春时,若苗木不能及时栽植,为抑制苗木萌发,应进行遮阴处理。

【价键理论】(valence bond theory) 以获得分子薛定谔方程近似解的处理方法来研究电子配对形成定域化学键的理论。最早发展起来的化学键理论。主要描述分子中的共价键和共价结合。其要点是:(1) 在成键原子间由自旋方式相反的未成对价电子进行配对成键。(2)形成共价键的原子轨道要进行最大重叠,成键原子间电子出现的概率密度越大,形成的共价键越牢固。共价键具有饱和性和方向性。价键理论与经典电子对键概念相吻合,对研究分子中的化学键及分子间的作用力,以及对了解物质的性质和变化规律都具有重要意义。

【价值工程】(value analysis,VE) 又称价值分析。以产品或作业的功能为核心,以提高产品或作业的价值为目的,力求以最低寿命周期成本实现产品或作业使用所需求的必要功能的一项有组织的创造性活动。其特点是:(1)以使用者的功能需求为出发点。(2)对功能进行分析。(3)系统研究功能与成本之间的关系。(4)努力方向是提高价值。(5)需由多方协作,有组织、有计划、按程序进行。

【价值论】(axiology) 哲学的一个分支。关于一般价值的哲学理论学说。研究内容主要包括价值的本质、构成和评价标准等。作为一门独立的理论学说形成于20世纪初。其促成因素有:(1)人们对其他人如何生活的关注日益增强。(2)人们对存在于社会内部的价值缺乏一致的看法。其研究目的和意义是:适应社会和科学发展的需要,分析、评判各种文化思潮和其中所蕴涵的价值观念,构成一个较为完整的价值体系,作为人们思想和行为的准则。它是帮助人们在价值多元化趋势日益强化的社会环境中树立正确的价值观念,确立正确的价值导向,以便克服价值冲突和价值危机,在更高层次上形成社会共识和理想。它所研究的不是某种主观的想象物,而是从客观的物的价值、劳动的价值及人的价值中抽象和提升出来的。按照日常的习惯,人们往往将物的价值称作效用,将劳动的价值称作效益,将人的价值称作意义,但无论是物的“效用”、劳动的“效益”,还是人生的“意义”,都不过是一般价值的特殊表现而已。

【驾驶适宜性检测】(test of driving ability) 确定一个人是否适合驾驶机动车辆而对其心理和身体功能情况所进行的检测和培训。其主要内容是:(1)速度估计检测。该项检查的目的是诊断驾驶员的速度感觉和焦躁性。(2)处置判断检测。检查驾驶员在驾驶中注意力分配及其持续的能力,还可以衡量驾驶员方向操作的正确性。(3)复杂反应判断检测。可以检查驾驶员在行车中,对交通场面相继发生的变化能否正确而迅速地进行处置的能力。(4)动视力检测。检查驾驶员对移动物体的辨别能力。(5)夜视力检测。测定驾驶员在黑暗中看到物体的程度以及突然进入黑暗后对视力下降的恢复能力。通过检测和培训可以全面提高驾驶员群体素质,进而降低道路交通事故的发生率,提高道路交通的安全性。

【架空层】(empty space) 建筑物深基础或坡地建筑吊脚架空部位不回填土石方形成的建筑空间。即把建筑物用柱子架起来的那一层。如江南水乡依水而建的高脚楼、傣家的竹楼、苗家的吊脚楼、苏州园林的水榭和地处山西一千四百年前建的的悬空寺等均含有架空层。以前多用木柱架空,也有用石材的。随着科技的进步、建筑材料的发展,钢结构和钢筋混凝土逐步取代了木桩和石材。这种建筑结构形式安全、隔潮、通风、因地制宜、体现特定的艺术风情。架空层建筑古多用之,近代少见。

架空层

【架空客运索道】(impractical passenger transportation rope way) 由动力驱动,利用柔性绳索牵引厢体等运载工具在空中运送人员的机电设备,包括客运架空索道、客运缆车、客运拖牵索道等。中国的客运索道始于20世纪70年代初,晚于货运索道开发近70年。客运索道的特点是:(1)缩短了空间的行程,减少了乘客出行的时间行程,提高了办事的效率。(2)适应恶劣环境的能力强,不因天气等因素的影响而停运。(3)设计合理,结构紧凑,占用空间少。(4)应用范围广,可在各种条件下进行建造和运营。(5)由于其驱动一般为电力,对环境污染小,噪声也低。(6)运行安全可靠,维护简单,易于实现自动化、机械化操作大大降低了人员成本。(7)投资费用低,资金回笼速度快,经济效益较好。(8)能源消耗低,一般仅为汽车能耗的1/10~1/20,在今天石油资源紧张的情况下,其优势

架空客运索道

越加明显。(9)由于索道属于特种设备,其在设计、制造、安装、检验、使用、维护等方面都有特殊的要求,保证了其运行的可靠性。(10)现代化检测设施的应用和安全保护装置的配备以及国家对特种设备的监察与管理的力度加大和行业通过国标,更规范了对客运索道的安全管理。

【架空输电线路】(overhead power transmission line) 架空敷设的、用以输送电力的导线和用以防雷的架空地线的统称。其特点与功能如下:(1)具有低电阻和高强度的特性,能减少运行时的电能损耗和承受线路上的动态和静态的机械载荷。(2)具有耐大气腐蚀和耐电化学腐蚀的能力。最常用的架空导线有铝绞线、钢芯铝绞线、铝合金绞线和钢芯铝合金绞线。架空输电线路选用强度较高的导线。配电线路选用铝绞线。重冰区或大跨越线路选用钢芯铝合金绞线。高海拔地区的架空输电线路或变电所中选用扩径导线。大容量的架空输配电线路选用耐热铝合金绞线。一般的电力线路采用单根导线。220kV以上超高压、特高压输电线路,采用两根以上的分裂导线。分裂导线与截面的单根导线相比,具有载流能力大、表面场强小等优点,可减少电量和无线电干扰,并能提高系统的稳定性。

架空输电线路

【嫁接】(grafting) 将植物的芽或茎段等接到另一植株的干、枝或根的一定部位上,并使之愈合在一起,形成新的植株的过程。植物的芽或茎段被称为"接穗",承受接穗的部分称为"砧木"。嫁接的方法有:(1)芽接。在砧木上嫁接单芽,是应用最广泛的嫁接方法。最常用的是T形芽接,此外还有方块形芽接、嵌芽接等。此方法的优点是操作简便快速、伤口小、接合牢固、适宜嫁接期长、节省接穗、成活率高。芽接时不需剪砧木,芽接未活还可以补接,可用于大量繁殖。(2)枝接。砧木上嫁接一段枝条(含一个或多个饱满芽)的嫁接方法。其中应用较多的方法就是腹接、切接和劈接。此外还可以采用皮下接、舌接、靠接和桥接等。

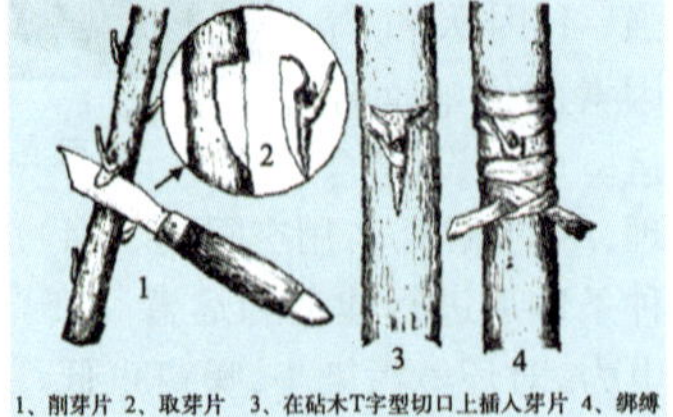

T字形芽接

【嫁接亲和力】(grafting affinity) 砧木和接穗经嫁接能愈合并正常生长的能力。嫁接是否成功,亲和力是最基本的条件。亲和力越强,嫁接愈合性越好,成活率越高,生长发育越正常。砧、穗不亲和或亲和力低的表现形式有很多:愈合不良,嫁接后不能愈合,不成活;愈合能力差,成活率低;有的虽能愈合,但接芽不萌发;有的愈合的牢固性很差,萌发后极易断裂;有的生长不正常,嫁接后虽能生长,但枝叶黄化,叶片小而簇生,生长衰弱,以致枯死;有的砧穗接口上下生长不协调,造成"大脚"、"小脚"或"环缢"现象;有的嫁接组合接口愈合良好,虽能正常生长结果,但经过若干年后表现严重不亲和,如桃嫁接到毛樱桃砧上,进入结果期后不久,即出现叶片黄化、焦梢、枝干甚至整株衰老枯死现象。亲和力的强弱,取决于砧、穗之间亲缘关系的远近。一般来讲,亲缘关系越近,亲和力越强。同种或同品种间的亲和力最强,如板栗接板栗、秋子梨接南果梨等。同属不同种间的亲和力较不同科不同属的强。此外,砧穗组织结构、代谢状况及生理生化特性与嫁接亲和力大小也有很大关系。如中国板栗嫁接在日本板栗上,由于后者吸收无机盐较多,而产生不亲和;而中国板栗嫁接在中国板栗上则亲和良好。嫁接柿、核桃时常因单宁类物质较多,而影响成活。

【尖峰负荷发电厂】(peak-load power-plant) 承担电力系统日负荷曲线尖峰部位负荷的发电厂。在日负荷曲线上,一般将平均负荷以上部分称为尖峰负荷。电力系统尖峰负荷的特点是功率高而持续时间短。与之相应的尖峰负荷发电厂,则负荷变动大,机组开停频繁,且利用小时低。通常选用以下各类电厂作尖峰负荷发电厂:(1)非径流式常规水电厂。(2)抽水蓄能电厂。(3)启动时间短,跟随负荷变化快的火电厂。(4)装有燃汽轮机发电机组的电厂。

【尖锐湿疣】(condyloma acuminata) 由人类乳头瘤病毒(HPV)感染所致的生殖器、会阴、肛门等部位表皮的瘤样增生。其临床表现为:(1)多发部位。主要发生在潮湿温暖的部位。男性在阴茎龟头、冠状沟、系带、尿道口;女性多发于大小阴唇、阴蒂、肛周、宫颈和阴道。尤其易发生于有慢性淋病、白带多及包皮过长者。(2)症状及体征。初起为淡红色丘疹,以后逐渐增大,融合成乳头状、菜花状或鸡冠状等的增生物,部分皮损根部可有蒂。常无自觉症状，少数病人的肛门、直肠、阴道有疼痛，性交痛，擦之易糜烂出血，若继发感染、可伴恶臭。有肝脏病变或妊娠期间的患者，疣体迅速增大，皮损长期不愈。(3)潜伏期。平均三个月，多见于性活跃的青、中年男女。(4)传播途径。直接性接触传染是主要的传播途径。病期平均在三个半月时传染性最强。也有母婴传染和间接物体传染，但通过日常生活用品如内裤、浴盆和浴巾传染极少。

【尖牙向后结扎】(laceback) 用结扎丝从牙弓最远中的磨牙颊面管至尖牙托槽之间进行8字形连续结扎。正畸治疗中的一项技术，用于直丝弓矫治程序中的第一阶段。第一阶段排齐整平牙弓时，为防止前牙唇倾与覆䪼加深，常采用此技术。所有的病例，无论拔牙或不拔牙，只要不希望尖牙冠长轴前倾者都应采用此技术。

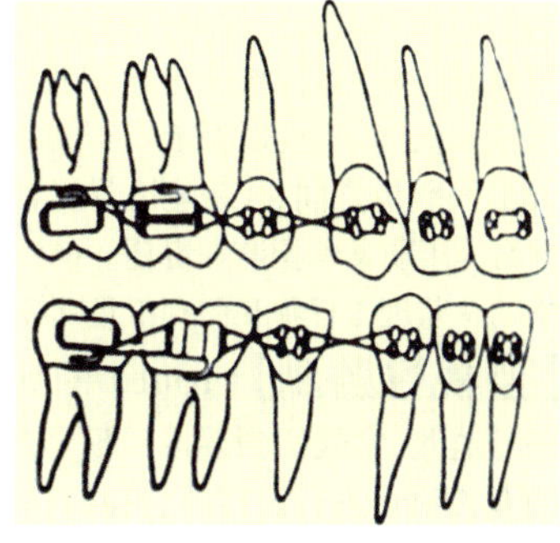

尖牙向后结扎

【坚固内固定】(rigid internal fixation, RIF) 将小型接骨材料放入骨折两断端起固定作用的一种外科技术。是近20年来发展起来的颌骨骨折内固定新技术。骨折在愈合中需要稳定的环境，固定物能坚强地抵消影响愈合的各种不良应力，并能维持骨折在正确的位置上，直到愈合，因而被称为“坚强”或“坚固”内固定。其优点是：没有颌间牵引固定带来的弊病，如口腔卫生不良、继发龋、进食及语言障碍等；使用方便，效果优于以往许多固定方法，术后大大减少了颌间固定的时间，甚至不用颌间固定。在多数情况下已成为颌骨骨折手术的首选。其接骨材料的种类有：不锈钢制品、纯钛制品和高分子材料。其中纯钛制品因其优良的生物相容性和耐腐蚀性，在临床上被广泛采用，术后可长期留在体内。

【坚果】(nut) 果实内含一粒种子的一类闭果。果实的一种。成熟时果皮坚硬，全部变为木质或革质。干燥不裂开。含水分较少。食部多为种子或种子的附属物。常见种类有栗、松榛、栎、核桃、银杏、榧等。多为落叶乔、灌木（极少数常绿）树的种子。种植多年始结果，但寿命较长。绝大多数极耐贮运。种子富含淀粉和油脂，可直接食用或炒食。保藏时注意防氧化。坚果是植物的精华部分，营养丰富，含蛋白质、油脂、矿物质、维生素较高。对人体生长发育、增强体质、预防疾病有一定的功效。

坚果

【坚果果类果树】(nut tree) 食用果实或种子有坚硬的外壳，壳内为可食用的种子的果树。如核桃、板栗和松子等。

【间隙效应】(channel effect) 又称管道效应、沟槽效应。当炮眼直径与药卷（包）直径之间的间隙值在一定范围内时，造成的长柱状装药传爆中断的现象。影响间隙效应的因素很多，如炸药性质、初始密度、岩石性质和孔壁粗糙程度等。一般认为产生间隙效应的原因是：爆轰波在传播过程中，其高温高压爆轰气体使其前端间隙中的空气受到强烈压缩，从而在空气间隙内产生了超前于爆轰波传播的空气冲击波。这样，药卷在爆轰波到达之前已受到冲击波的强烈压缩，直径缩小而密度增大，引起爆轰波参数恶化。在药包直径缩小和密度增大到一定程度时，可导致爆速下降，甚至造成爆轰中断。采用耦合散装炸药可以从根本上克服间隙效应。不过即便是混合炸药，因其类型或品种不同，对间隙效应抵抗能力也相差很大。一定的炸药药卷直径，产生间隙效应的间隙值有一定的范围，可以通过控制药卷与炮眼眼壁的间隙尺寸来克服间隙效应。亦可在连续药卷上，隔一定距离套上硬纸板或其他材料做成的隔环，以阻止间隙内空气冲击波的传播或削弱其强度。试验表明，采用水胶炸药或乳化炸药，可以消除因间隙效应发生的爆轰中断现象。

【肩难产】(shoulder dystocia) 胎儿头颅娩出后，胎儿前肩被嵌顿在耻骨联合上方，用常规助产方法不能娩出胎儿双肩的现象。其原因有巨大胎儿和骨盆狭窄。一旦发生肩难产，可导致新生儿臂丛神经损伤、锁骨骨折、颅内出血、新生儿窒息甚至死亡；产妇可发生严重会阴、阴道撕裂伤、产后出血以及产褥感染等严重并发症。产前估计胎儿过大或骨盆狭窄者，应选择剖宫产分娩。

【肩手综合征】(arm hurting syndrome) 由多种疾患引起的上肢自主神经功能异常而引起的疼痛综合征。其主要临床表现是：局部疼痛、触痛、肿胀、活动度减少、皮色暗红、血管运动不稳定、皮肤营养障碍和局部骨质疏松等。病程一般经过三个时期：(1) Ⅰ期（急性期）。持续几星期至6个月。患者主要症状为病侧手突然浮肿，并很快使运动范围明显受限。水肿主要出现在病侧手的背部,包括掌指关节、拇指及其他四指。皮肤失去褶皱,特别是指节、近端及远端的指间关节。水肿触之有柔软感和膨胀感,常终止于腕关节及其近端。手肌腱被掩盖而看不出。手的颜色发生改变,呈橘红或紫色,特别是手处于下垂状态时。水肿的表面有微热及潮湿感。指甲逐步发生变化,与健手相比表现为苍白、不透明。同时伴病侧上肢肩及腕关节疼痛,关节活动范围受限制,特别是在前臂被动外旋、腕关节背屈时更为显著。指间关节明显受限,突出的指骨因水肿而完全看不出。(2)Ⅱ期。平均持续约3~6个月。手的症状更为明显,手及手指有明显的难以忍受的压痛加重;肩痛及运动障碍。手的水肿减轻,但血管通透性发生变化,出现皮肤湿度增高、发红等症状,可见于绝大多数病人。病侧手皮肤、肌肉明显萎缩,手掌呈爪形,手指挛缩。X线可见病侧手骨质疏松样变化。肉眼可看到在腕骨间区域的背侧中央和掌骨与腕骨结合部出现坚硬隆起。(3)Ⅲ期。水肿、疼痛完全消失,但未经治疗的手的活动能力永远丧失,形成固定的有特征性的畸形手。腕屈曲偏向尺侧,背屈受限制,掌骨背侧隆起、固定、无水肿,前臂外旋受限。拇指和食指间部分萎缩、无弹性,远端及近端的指间关节固定于轻度屈曲位,即使能屈曲也是在很小程度范围内,手掌呈扁平;拇指和小指显著萎缩,压痛及血管运动性变化消失。是不可逆的终末阶段。病侧手完全废用,成为终身残疾。其治疗方法是:防止腕关节掌屈,向心性缠绕压迫手指,冰水浸泡法,冷水-温水交替浸泡法,主动运动,被动运动,星状神经节阻滞等。总的原则是:早期发现,早期治疗。发病三个月内是治疗最佳时期。一旦慢性化,没有任何有效治疗方法。

【肩痛】(shoulder pain) 由各种肩部疾病所引起的,以肩部的自发性疼痛、运动性疼痛和关节功能障碍为表现的一系列症候。引起肩痛的常见疾病有:肩关节周围炎、肩手综合征、肩袖撕裂、颈椎病、胸腔出口综合征、臂丛神经炎等。其临床表现因不同的原因而有所不同。其治疗措施有:药物和手术,运动疗法,物理因子治疗等。

【监督控制系统】(supervisory control system) 利用计算机对工业生产过程进行监督管理的数字控制系统。是在操作系统基础上发展起来的一种闭环控制结构。其功能为:(1)其输出可根据生产过程的状态、环境、条件等因素,按事先规定的控制模型计算出生产过程的最优值,实现系统整合。(2)可进行顺序控制、最优控制以及适应控制计算,使生产过程始终处于最优状态。监督控制内容极为广泛,主要有控制、操作、指导、管理和修正模型等。

【监理单位】(surveillance unit) 具有法人资格、并取得建筑主管部门颁发的工程施工监理资质证书,从事工程监理业务的经济组织。是建筑市场的三大主体之一。是监理工程师的执业机构。其监理原则是:(1)禁止超越本单位资质等级许可的范围或者以其他工程监理单位的名义,承担工程监理业务。(2)禁止允许其他单位或者个人以本单位的名义,承担工程监理业务。(3)不得转让工程监理业务。(4)与被监理工程的施工承包单位以及建筑材料、建筑构配件和设备供应单位有隶属关系或者其他利害关系的,不得承担该项建设工程的监理业务。(5)应当依照法律、法规以及有关技术标准、设计文件和建设工程承包合同,代表建设单位对施工质量实施监理,并对施工质量承担监理责任。(6)应当选派具备相应资格的总监理工程师和监理工程师,进驻施工现场。

【监视性监测】(routine monitoring) 又称例行监测、常规监测。按照预先布置好的网点对指定的有关项目进行定期的、长时间的监测。包括对污染源的监督监测和环境质量监测,以确定环境质量及污染源状况,评价控制措施的效果、衡量环境标准实施情况和环境保护工作的进展。监视性监测是监测工作中量最大、面最广的指令性任务,是监测站第一位的工作。其工作质量是环境监测水平的主要标志。

【检错码】(error-detecting code) 能够通过分析接收到的数据检测传输错误的编码。通常检错码比必需传送的基本信息传送更多的信号要素。常用的检错码有奇偶检验码、方阵校验码、循环冗余码等。如奇偶检验码根据被传输的一组二进制代码的数位中"1"的个数是奇数或偶数来进行校验。采用奇数的称为奇校验;反之,称为偶校验。若用奇校验,则当接收端收到这组代码时,校验"1"的个数是否为奇数,从而确定传输代码的正确性。这种方法虽简单实用,但只能对付少量的随机性错误。

【检流计】(galvanometer) 检测微小电流、电压和电量的高灵敏度的磁电系指示电表。包括普通检流计、冲击检流计、振动检流计和振子等。使用时应注意:(1)使用前须将光点调到零位。(2)按正常工作位置安放,有水准仪的检流计必须先调好水平,然后检查检流计

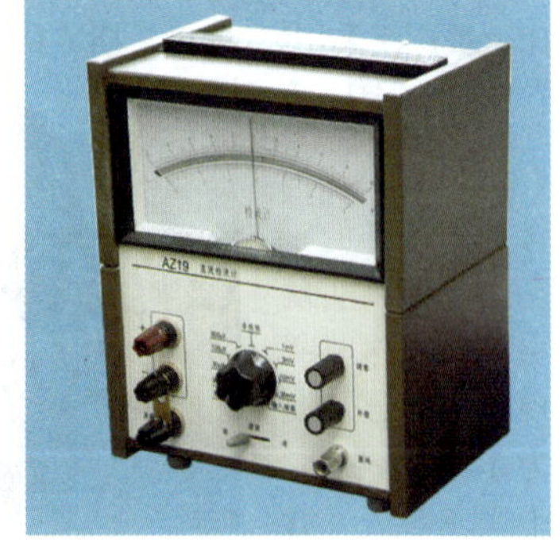

检流计

偏转是否良好。(3)按说明书选好外临界电阻,使其工作近于临界状态。(4)在测量时,灵敏度应逐步提高,以避免烧坏检流计。(5)在搬动检流计时,须将开关置于“短路”位置上,或将线圈机械止动器锁上。用于电桥、电位差计中作为指零仪表,也可用于测量微弱电流、电压以及电荷等。

【检修闸门】(bulkhead gate) 在检修水工建筑物各种泄流孔口和进出水道以及工作闸门和门槽时,用以临时挡水的闸门。通常为平面闸门或叠梁闸门。当布置条件适宜时,采用拱形闸门较为经济。检修闸门一般在静水中操作。但在计算启闭力时,要考虑由于工作闸门可能漏水产生水位差而引起的摩阻力。设置检修闸门的数量需根据工程的重要性、相同孔口的数量、工作闸门运用的频繁程度和预定的检修期确定。同时,需考虑设置门库,以便存放门叶及吊杆等。

【检验功效】(effect of test) 假设检验中拒绝不正确的 H_0(无效假设)的概率。记为 $1-\beta$(其中 β 为Ⅱ型错误的概率)。其意义是:当两个总体参数间确实存在差异时,按照目前的检验水准能够发现这种差异的概率。一般要求检验功效在0.8以上。其影响因素有:(1)总体参数间的差异。总体参数间的差异越大,检验功效越大。(2)个体变异程度的大小。个体变异程度越小,检验功效越大。(3)样本含量的大小。样本含量越大,检验功效越大。(4)检验水准 a。a 越大,检验功效越大。

【检验试车】(check test) 工厂试车后向订货部门交付发动机前,制造部门对发动机分解检查、重新装配后在地面试车台按照规定试车程序检查装配质量和性能数据所进行的试车。其目的是在所有工作状态下检查发动机的工作情况。发动机性能合格和工作状态正常后方可交付给用户。否则,便需要增加排除故障的附加工厂试车。在交付发动机时,订货部门还要再对发动机进行交付试车。

【检验水准】(level of test) 又称显著性水准。假设检验中拒绝了实际上成立的 H_0(无效假设)的概率。用 a 表示,由研究者事先确定,统计上习惯取0.05作为检验水准。有单侧和双侧之分,与 H_1(备则假设)一致。其用途是:(1)作为假设检验中判断拒绝 H_0 与否的界限。如两独立样本均数的假设检验中,选择 a 为0.05,就意味着当 $P>0.05$(P表示出现目前样本统计量乃至更极端情形统计量的概率)时,不拒绝 H_0,即将造成两样本均数不同的原因归结为抽样误差; $P\leq 0.05$,则拒绝 H_0,接受 H_1,认为两总体均数不同。因此,a 实际上就是用来判断是否拒绝 H_0 的一个概率水准。(2)用于衡量Ⅰ类错误的大小。a 越大,Ⅰ类错误的概率也越大。如将 a 定为0.05,则犯Ⅰ类错误的概率就是0.05。因此,假设检验中,欲控制Ⅰ类错误的概率,可以取较小的 a。

【剪力墙结构】(shear wall structure) 又称抗震墙结构。房屋建筑中采用墙体抵抗风或地震产生的水平作用的结构。一般用钢筋混凝土做成。包括平面剪力墙和筒体剪力墙两大类。平面剪力墙周边通常设有梁和柱。钢筋混凝土框架结构的多层、高层建筑中,为增加房屋的刚度、强度及抗倒塌能力,可在某些部位的框架中布置这种剪力墙。筒体剪力墙由电梯间、楼梯间、设备及辅助用房的间隔墙围成,筒壁均为现浇钢筋混凝土墙体,其刚度、强度较平面剪力墙高,可承受较大的水平及竖向荷载。该结构常用于高层建筑、高耸结构和悬吊结构体系中。

【剪毛机】(clipping machine) 剪取或修剪畜毛的机械。常用的剪毛机主要用于剪取绵羊毛,也有少数专用于剪取兔毛,修剪牛毛、马毛和狗毛的。绵羊剪毛是养羊业中一项繁重而季节性强的工作,剪毛适宜期一般为20天左右。采用机械剪毛可加快剪毛速度,减轻劳动强度,缓和剪毛季节劳动力紧张状况。用机器剪的毛被完整、毛茬低而平齐,不仅可提高每只羊的剪毛量,还可提高羊毛的等级。

剪毛机

【剪切变形】(shearing deformation) 当构件受到一对大小相等、方向相反、作用线相距很近的横向力的作用时,在两力作用线之间的截面将发生的相对错动的变形。机械工程中受剪切变形的结构很多,例如用剪板机剪断钢板的情况就是利用剪切的典型例子。剪断钢板时,上刀刃和下刀刃分别压在钢板的两侧表面上,从而使钢板的上下两侧分别受到大小相等、方向相反的两个力作用。由于两个刀刃互相靠近,所以两个力的作用线相距很近。在这样一对力的作用下,位于两力作用线之间的金属晶格截面将发生相对错动,最终某一截面被剪断。

【剪切浇口】(shear gate) 又称潜伏浇口。分流道位于分型面上,塑料熔体通过型腔侧面斜向注入型腔,进料口不在分型面上的浇口形式。是由点浇口演变而来的。由于浇口设在隐蔽处,浇口痕迹不影响表面质量及美观效果。

【减反射玻璃】(anti-reflection glass) 在

普通玻璃表面镀覆一层折射率比玻璃小的材料的薄膜而制成的玻璃。可见光是一种复合光，波长有一个范围，将反射率降低到零是非常困难的，一般将玻璃的反射率降低到2% ~3% 即可满足使用要求。减反射玻璃一般用在临街店面的橱窗、博物馆的画框、展柜、商店柜面等场合。一些特殊行业，例如电视机、计算机显示器、仪表盘、眼镜玻璃等也使用减反射玻璃。

【减肥蔬菜】(diet vegetable) 利用蔬菜本身的物理或生物学功能，促进人体减肥保健的蔬菜的统称。如韭菜：因其含纤维素较多，故有增进肠蠕动而产生通利大便的作用，借以排出肠内过多的营养成分及代谢废物，有利于减肥和清洁肠腔。豆芽：含水分多，含脂肪少，热量低，其中尤以绿豆芽最为显著。黄瓜：是四季常用佳蔬之一。因其含有丙醇二酸这种物质，能够抑制体内的糖类物质转化成脂肪，从而可有效地减少体内脂肪堆积。白萝卜：其本身含热量甚低，还含有一种能促使脂肪进行新陈代谢的酶类物质，可减少脂肪在皮下聚集。冬瓜：含水分高，含热量很低，它有明显的利尿功能，故在"清理"体内环境和减肥上功效显著。

减肥蔬菜

【减色印刷】(color reducing printing) 彩色印刷方法之一。用品红(M)、黄(Y)、青(C)三原色油墨按不同比例叠合实行全彩色复制的印刷方法。白光可以简单的看成是蓝(B)、绿(G)、红(R)三原色光等量混合的结果。如果从白光中分别减去不同比例的三原色光，就可以获得自然界中的任何颜色。减色法就是从白光中减去一种或两种以上的原色光而得到另外一种色光的方法。对印刷品而言，人眼要能感知到其表面的颜色，必须照射白光(蓝、绿、红)在印刷品的表面。白光照射到印刷品的表面，然后通过印刷品表面对光线的选择性调制，光线再反射进入人眼产生视神经冲动传入大脑，由大脑形成颜色。换句话讲，印刷品的颜色是白光中一部分光线被吸收的结果色。根据减色法原理，只需要采用三种分别能吸收蓝、绿、红的物质，通过控制这三种物质的量以分别实现控制蓝、绿、红三种原色光的量，就实现了物体颜色的再现。控制蓝、绿、红三种原色光量的物质，称为色料。它们能吸收蓝、绿、红三原色光，所以在白光下这三种色料分别反射或透射绿和红、反射或透射蓝和红、反射或透射蓝和绿，进入人眼后，分别表现出黄、品红、青三种颜色，正好是色光三原色的补色。减色法形成颜色的方程可以表示如下：

$$C + M = B \quad C + Y = G$$

$$M + Y = R \quad C + M + Y = K(\text{黑})$$

印刷上就是根据这一原理来完成彩色印刷的。

【减数分裂】(meiosis) 生殖细胞特有的染色体数量从双倍体减少为单倍体的细胞分裂过程。由紧密连接的两次分裂组成，减数分裂Ⅰ分离的是同源染色体，减数分裂Ⅱ分离的是姐妹染色体，类似于有丝分裂。在这两次分裂之间一般有一很短的间期，不进行DNA合成，从而也不发生染色体复制。减数分裂主要类型有：(1)配子减数分裂。(2)孢子减数分裂。(3)合子减数分裂。由于细胞核分裂两次，而染色体只复制一次，所以经过减数分裂染色体数目减半。减数分裂能够保证生物种染色体数目的稳定，还可使它在新的环境条件下不断进化。

【减速器】(retarder) 利用机械零件之间的速度转换，将原动机的高速运动调整到低速运动的机械装置。如齿轮减速器即是将电机/原动机的回转数减速到所需的速度，并得到较大转矩的动力传动机构。其主要作用是：在降速的同时提高输出扭矩，同时降低负载的物理惯量。齿轮减速器有斜齿轮减速器(包括平行轴斜齿轮减速器、锥齿轮减速器等)、圆弧齿轮减速器、行星齿轮减速器、摆线针轮减速器、涡轮蜗杆减速器、行星摩擦式机械无级变速器等。其他减速器还有谐波减速器、摩擦轮减速器和金属带式摩擦减速器等。

【减压防压织物】(decompress fabric) 以中空聚酯纤维为原料的经编间隔织物。具有减少骨骼部位压力、排除水分和增强皮肤透气性强的特性。用于制作脚跟保护垫、轮椅座罩、手术台盖布、膝盖矫形件等。比如，制成的轮椅坐垫既舒适，又能长期减压和防止热量积聚。手术台盖布比传统的凝胶垫减压25%，能将液体吸入第二层，改善隔热效果。经消毒可循环使用。弹性膝盖矫形件防止热量积聚，保持皮肤舒适。

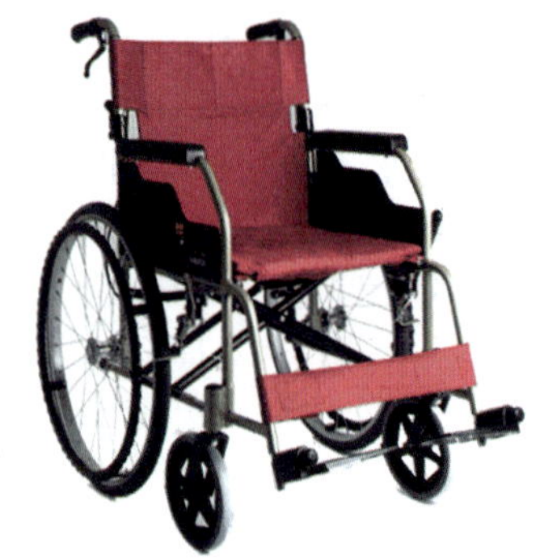
减压防压织物

【减压井】(relief well) 降低作用在闸坝下游或堤内覆盖层中的承压水头及渗透压力，防止管涌和沼泽化等现象的一种井管排渗设施。有些减压井也可在一定程度下起到降低坝、堤浸润线位置的作用。当闸坝下游透水性弱的覆盖层难以承受过大的渗透压力,采用其他防护措施如排渗沟等难以解决问题或不够经济时或在工程运用中,闸坝下游出现翻砂、冒水、管涌、流土等征兆必须加以补救时,常在下游适当位置设减压井系统以减压排渗。其设计,主要是确定井的位置、井距、井径、井深和井的构造,计算相应的渗透流量和减压效果。井距一般为 15 ~ 30m 或更小。建成后还要根据运行期间实际观测资料进行必要的补井调整。井管内径一般不小于 15 ~ 30cm。井内渗水需设排水沟排走。井的出水口愈低则排水效果愈好,但井口应高出排水沟水位0.1 ~ 0.3m,以免倒灌入井。减压井由井孔、井管、反滤层、井口结构和排水沟等部分组成。运行期间,要定期检查,加强管理和维护。

【减压储藏】(decompression storage) 将果品置于密闭容器内,用真空泵抽气降低压力的一种储藏方法。把储藏器的气压降低,造成一定的真空度,一般降至$1.013\,25\times10^4$Pa甚至更低。这种减压条件可使蔬菜水果的储藏期比常规冷藏延长几倍。减压处理最先在番茄、香蕉等果实上进行,效果明显。现已证明对其他蔬菜也很有效。这种方法效果虽好,但其缺点是制造耐压容器投资太大。目前仍处于试验阶段。

【减振合金】(high damping alloy) 又称阻尼合金。具有使振动能在材料内部消耗(也叫内摩擦或内耗)的合金材料。可分为两大系列:(1)合金系列减振合金,包括复相型(如铸铁、铝锌合金)、铁磁性型(如高纯铁、高纯镍、高铬钢等)、位错型(如高纯镁、镁-镍、镁-锆合金等)和孪晶型(如铜-铝-钛系合金等)。(2)复合系列减振合金,包括束缚型(在金属材料之间夹入黏弹性物质)、非束缚型(将黏弹性物质贴敷或涂覆在钢板表面)合金。减振合金广泛应用于航空航天、交通运输、铁路及船舶制造等行业。

【减重训练】(partial weight training, PWT) 以传统实践为依据,利用悬吊装置不同程度地减少上身体重对下肢的负荷,在理论上有利于支撑能力不足的患者早期进行各种步行训练的方法。其临床应用可以追溯到 1958 年,Margaret H 和 Margaret HSR 出版了专著《康复治疗中的悬吊疗法》。但是由于方法的局限和认识不足,没有得到发展。减重训练对于神经瘫痪患者应用的新热潮开始于 1989 年加拿大学者 Visintin 等的报道,发现痉挛性瘫痪者进行 40% PWS 活动平板训练 6 周后,平衡功能、步行速度和步行耐力均显著高于常规训练组;随访 3 个月时,训练组的步行速度和运动恢复得分进一步提高。对于减重负荷,国际上普遍采用的减重程度为≤40%体重。治疗涉及脑血管病、脊髓病变、骨关节疾病等。对于脑血管病人来说,在减重状态下,可以调节下肢的肌肉张力,避免和缓解由于早期负重行走带来的不必要的下肢伸肌协同运动,以及由这种异常模式导致的足下垂、内翻等病理性步态,及早输入符合正常人生理的步行模式,促进正常步态恢复,提高步行能力。

减重训练

【简并引物】(degenerate primers) 具有相同长度但不同顺序的寡核苷酸混合物。其作用是:可以用来扩增由蛋白质中氨基酸序列推导出的基因特异性区域的序列。因为遗传密码是简并的,大多数氨基酸由多个密码子编码,所以必须利用一系列碱基数目相同但序列不同的寡核苷酸来扩增目的蛋白质的编码序列。

【简单网络管理协议】(simple network management protocol, SNMP) 专门设计用于在 IP 网络管理网络节点的一种标准协议。是一种应用层协议。SNMP 使网络管理员能够管理网络效能、发现并解决网络问题以及规划网络增长。SNMP 有 3 种: SNMPV1 、SNMPV2 、SNMPV3。第 1 版和第 2 版没有太大差距,但 SNMPV2 是增强版本,包含了其他协议操作。与前两种相比,SNMPV3 则包含更多安全和远程配置。为了解决不同 SNMP 版本间的不兼容问题,RFC3584 定义了三者共存策略。SNMP 信息通用格式为:(1)版本号。(2)团体名称,用于在访问代理器之前进行认证管理。(3)协议数据单元,不同版本有所不同。SNMP 的体系结构是围绕着以下四个概念和目标进行设计的:保持管理代理的软件成本尽可能低;最大限度地保持远程管理的功能,以便充分利用互联网的网络资源;体系结构必须有扩充的余地;保持 SNMP 的独立性,不依赖于具体的计算机、网关和网络传输协议。在后来的改进中,又加入了保证 SNMP 体系本身安全性的目标。

【简单线性回归模型】(simple linear regression model) 定量地描述因变量和自变量之间数量关系的方程。总体线性回归方程的一般表达

式为：$\mu_{Y|X}=\alpha+\beta X$。式中，$\mu_{Y|X}$ 表示 X 取某一定数值时相应 Y 总体均数；α 为回归直线在 Y 轴上的截距，其统计学意义是 X 取值为0时根据方程估计出的 Y 的平均水平；β 为总体回归系数，即直线的斜率，其统计学意义是 Y 每改变1个单位，Y 平均改变 β 个单位。由于在简单线性回归模型中 α 和 β 常常未知，需根据样本数据对其进行估计，设 α 和 β 的估计值分别为 a 和 b，则可得到样本的线性回归方程 $\bar{Y}=a+bX$，$\bar{Y}$ 表示 X 取某一定数值时相应 $\bar{Y}$ 总体均数 $\mu_{Y|X}$ 的点估计值。其用途是：(1) 定量描述两变量之间的依存关系。(2) 利用回归模型进行预测。(3) 利用回归模型进行统计控制。

【简单相关】(simple correlation) 又称线性相关。在两个随机变量服从双变量正态分布假定的前提下，分析两变量之间有无线性联系的统计分析方法。常通过散点图和线性相关系数描述两随机变量之间的相关方向和相关程度。如果两个变量的大多数观察值具有同时增大或同时减小的直线变化趋势，就称为正相关；如果一个变量随着另一个变量的增大而减小，称为负相关；若两变量无任何线性变化趋势，则称为零相关。

【简单序列重复】(simple sequence repeat, SSR) 又称微卫星 DNA。广泛分布在真核基因组中的由一系列非常短的核苷酸(几个核苷酸)为重复单位组成的长达几十个核苷酸的串联重复序列。不同遗传材料重复次数不同，导致了 SSR 长度的高度变异性。这一变异性正是 SSR 标记产生的基础。SSR 标记的基本原理是：根据微卫星重复序列两端的特定短序列设计引物，通过 PCR(聚合酶链反应)扩增微卫星片段。因为核心序列重复数目不同，所以扩增出不同长度的 PCR 产物。这是检测 DNA 多态性的一种有效方法。SSR 标记的优点是：(1)标记数量丰富，具有较多的等位变异。(2)共显性标记，呈孟德尔遗传。(3)技术重复性好，易于操作，结果可靠。其缺点是：开发此类标记需要预先得知标记两端的序列信息，且引物合成费用较高。SSR 标记被广泛应用于基因定位及克隆、疾病诊断、亲缘分析或品种鉴定、农作物育种、进化研究等领域。

【简单邮件传输协议】(simple mail transfer protocol, SMTP) 用于在互联网上进行电子邮件传输的协议。属于 TCP/IP 协议簇中应用层的协议。电子邮件系统由用户端收发电子邮件的用户代理、互联网上负责邮件发送与中转的邮件传输代理及邮件投递代理组成。邮件传输代理或邮件投递代理服务器根据 SMTP 协议，寻找发送或中转电子邮件的下一个目的服务器，通过发送或中转，最终将电子邮件从发件人的邮件服务器送达属于收件人的邮件代理。SMTP 重要特性之一是其能跨越网络传输邮件。在这种方式下，电子邮件的发送可能经过从发送端到接收端路径上的大量中间邮件传输代理或邮件投递代理。SMTP 要经过建立连接、传送邮件和释放连接三个阶段。具体为：(1)建立 TCP 连接。(2)客户端向服务器发送 HELO 命令以标识发件人自己的身份，然后客户端发送 MAIL 命令。(3)服务器端以 OK 作为响应，表示准备接收。(4)客户端发送 RCPT 命令。(5)服务器端表示是否愿意为收件人接收邮件。(6)协商结束，发送邮件，用命令 DATA 发送输入内容。(7)结束此次发送，用 QUIT 命令退出。SMTP 常用命令有：(1)标识用户身份，HELO。(2)发件人，MAIL FROM。(3)收件人，RCTP TO。(4)验证邮箱是否存在，VRFY。(5)帮助，HELP。(6)退出，QUIT 等。

【简单蒸馏】(simple distillation) 使混合液经过一次部分气化和部分冷凝的过程而进行分离的方法。常用于混合液中各组分的挥发度相差较大，对分离要求又不高的场合。其作用是：(1)分离液体混合物，仅对混合物中各成分的沸点有较大的差别时才能达到较有效的分离。(2)测定纯化合物的沸点。(3)提纯，通过蒸馏含有少量杂质的物质，提高其纯度。(4)回收溶剂，或蒸出部分溶剂以浓缩溶液。

【简谐振动】(simple harmonic vibration) 又称简谐运动。物体在受到大小跟位移成正比，且方向始终相反的外力作用下所作的运动。是一种最简单的振动。其基本特征是振动物体的运动参量随时间按余弦定理变化，即 $x=A\cos(\omega t+\phi)$。式中 A 为振幅，ω、ϕ 分别表示振动的角频率与初相。

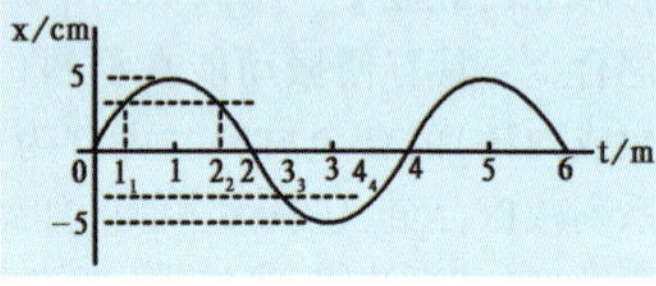

简谐振动图像

【简支梁桥】(polystyrene foam) 一端由固定支座支承，另一端由活动支座支承的梁作为上部结构主要承重构件的梁桥。适用于中、小跨度。其主梁以孔为单元，两端设有支座，为静定结构，最大弯矩在跨中央。在地基不匀沉降时，简支梁桥上部结构内力不受影响，一孔遭破坏，邻孔不受牵连。

简支梁桥

它可以分片(段)预制,分孔架设和修复。这种桥结构简单,制造运输和架设比较方便,因此多做成标准设计,便于构件生产工艺工业化、施工机械化并降低造价,赢得工期,提高质量。其缺点是邻孔两跨之间有异向转角,影响行车平顺。

【碱】(base) 与酸相对应。在电离时生成的阴离子全部是氢氧根离子(OH^-)的化合物。能与非金属氧化物和盐反应。和酸发生中和反应。能使酸碱指示剂变色。按其电离度大小的不同可分为:强碱和弱碱。常见的氢氧化钠和氢氧化钙为强碱。氨水为弱碱。碱是非常重要的工业原料,用途广泛。

氢氧化钠

【碱回收】(recovery of base) 将碱法制浆造纸生产中产生的黑液中的碱回收再利用的方法。是达到回收碱并循环利用的一种实用技术。是控制碱法制浆造纸生产工艺中水污染的一种方法。其完整的工作流程为:黑液提取→蒸发浓缩→焚烧回收→苛化→回用。先将溶解性固形物从纸浆纤维中分离出来,通过蒸发,使黑液浓缩;然后送入碱炉中焚烧,将木素等可燃物烧掉,剩余的无机物主要成分是碳酸钠和硫化钠;将其熔融后经过苛化还原成碱。碱回收技术不仅可降低黑液污染,而且可回收热能、化学能,减少生产成本和增加经济效益。

【碱基】(base) 嘌呤和嘧啶的衍生物。是核酸、核苷和核苷酸的组成成分。碱基共有五种:胞嘧啶(缩写作 C)、鸟嘌呤(G)、腺嘌呤(A)、胸腺嘧啶(T,DNA 专有)和尿嘧啶(U,RNA 专有)。C、G、A、T 四种碱基组成 DNA 的双螺旋结构。C、G、A、U 四种碱基结合组成 RNA 的单链结构。DNA 和 RNA 的主要碱基略有不同。其重要区别是:胸腺嘧啶是 DNA 的主要嘧啶碱,在 RNA 中极少见;相反,尿嘧啶是 RNA 的主要嘧啶碱,在 DNA 中则极稀有。除主要碱基外,核酸中也有一些含量很少的稀有碱基。稀有碱基的结构多种多样,多半是主要碱基的甲基衍生物。

【碱基对】(base pair) 形成 DNA、RNA 单体以及编码遗传信息的化学结构。组成碱基对的碱基包括腺嘌呤(A)、鸟嘌呤(G)、胸腺嘧啶(T)、胞嘧啶(C)、尿嘧啶(U)。碱基对是一对被氢键连接起来的相互匹配的碱基(即 A:T,G:C,A:U 相互作用)。它常被用来衡量 DNA 和 RNA 的长度。它还可以与核苷酸互换使用。

【碱基互补配对原则】(the principle of complementary base pairing) 碱基间一一相对应的关系。在 DNA 分子结构中,由于碱基之间的氢键具有固定的数目和 DNA 两条链之间的距离保持不变,使得碱基配对必须遵循一定的规律,即腺嘌呤(A)一定与胸腺嘧啶(T)配对;鸟嘌呤(G)一定与胞嘧啶(C)配对。根据碱基互补配对的原则,一条链上的 A 一定等于互补链上的 T;一条链上的 G 一定等于互补链上的 C。

【碱基置换】(base substitution) 基因突变的一种类型。由一对碱基的改变而造成的基因突变。若其中一个嘌呤被另一个嘌呤所取代或一个嘧啶被另一个嘧啶所取代的置换称为转换;而一个嘌呤被一个嘧啶所取代或一个嘧啶被一个嘌呤所取代,这种置换则称为颠换。其作用是:若碱基置换发生于编码多肽的区域,则因密码子突变而使转录、翻译遗传信息发生变化。因此,可能出现一种氨基酸取代原有的某一种氨基酸,也可能出现了终止密码子而使多肽链合成中断,不能形成原有的蛋白质而完全失去某种生物学活性。例如人类正常血红蛋白中的 β 链第 6 位的谷氨酸变为缬氨酸,便成为镰刀型细胞贫血症的血红蛋白,所对应的碱基变化是由 GAA 变成了 GUA。

【碱金属元素】(alkali metal elements) 元素周期表ⅠA 族元素中所有的金属元素。包括锂(Li)、钠(Na)、钾(K)、铷(Rb)、铯(Cs)、钫(Fr)6 种。前 5 种存在于自然界中,钫只能由核反应产生。碱金属是金属性很强的元素。其单质也是典型的金属,表现出较强的导电、导热性。碱金属的单质反应活性高,在自然状态下只以盐类存在。钾、钠是海洋中的常量元素,在生物体中也有重要作用;其余的则属于轻稀有金属元素,在地壳中的含量十分稀少。周期表自上而下,碱金属元素的金属性逐渐增强。每一种碱金属元素都是同周期元素中金属性最强的元素。但锂与同族的其他元素有很大不同,由于锂的原子半径很小,因此锂化合物表现出共价性,其化学性质与镁近似(锂-镁对角线规则)。能直接与很多非金属元素形成离子化合物,与水反应生成氢气。除锂外,所有碱金属单质都不能和氮气直接化合。可用电解法制备单质。碱金属的盐类具有广泛的工业用途,并在日常生活中得到广泛使用,如食盐(氯化钠)。

【碱熔法】(alkali fusion method) 将不溶性物质与氢氧化钠或碳酸钠共热熔融,使其变为可溶性物质的一种方法。在实验室中,常作为分析的最初步骤。在冶金工业中,常用以分解矿石,提取铝和各种稀有金属(锆、稀土等)。例如,锆英石经与氢氧化钠熔融而分解后,用热水浸取,可将锆酸钠与溶入水中的硅酸钠分离。

【碱土金属元素】(alkaline earth metal elements) 元素周期表ⅡA族元素中所有的金属元素。包括铍(Be)、镁(Mg)、钙(Ca)、锶(Sr)、钡(Ba)、镭(Ra)6种。因其氧化物兼具碱性和土性(难溶于水和难熔融)而得名。碱土金属在自然界均有存在,前5种含量相对较多。镭为放射性元素。单质为灰色至银白色金属。除镭外均为轻金属。有较强的导电、导热性。硬度差别大,铍可以刻玻璃,钡却很软。碱土金属存在明显的周期性,但铍与铝(Al)存在一定的相似性。碱土金属的单质反应活性较高,是较强的还原剂,可与水、氧、卤素等反应。其氢氧化物的碱性比碱金属弱,$Be(OH)_2$为两性。其化合物中除铍外,皆为离子晶体,但溶解度较小。可用电解方法制备单质。在工业上用途广泛。

【碱性底吹转炼钢法】(basic bollom-blown convertor smelting steel) 又称托马斯法。用碱性炉衬,空气从炉底风眼吹入的炼钢法。英国的托马斯等人所发明。原料用高磷生铁,以供应吹炼时所需的大部分热能。在装入铁液前,加适量石灰,用作去磷去硫。在吹炼初期,硅和锰迅速氧化。中期碳氧化。最后磷氧化。一般吹炼时间约20min。

【碱性热风化铁炉】(basic hot wind melting iron furnace) 用碱性或中性炉衬并装有预热鼓风设备以强化熔炼的化铁炉。在熔化过程中,配制碱性渣以进行铁水的炉内脱硫。新型碱性热风化铁炉备有水冷炉壁、水冷风口、虹吸出渣出铁和收尘及煤气回用装置,以延长炉龄、降低燃料消耗和提高产品质量。是铸造车间和部分炼钢车间的一项重要设备。

【碱性食品】(basic food) 食物中含金属钾、钠、钙、镁等元素较多,经体内代谢,最后产生碱性物质的一类食品。大多数水果、蔬菜、豆类、牛奶、杏仁、栗子、椰子等富含钾、钠、钙、镁,在体内代谢生成碱性物质。按产生碱性物质的碱性大小排列依次为:海带、黄豆、甘薯、土豆、萝卜、柑橘、西红柿、苹果。

碱性食品

【碱性岩】(alkalirock) SiO_2含量较低而碱质较高的一类岩石。火成岩的一个大类。碱金属元素中钠多于钾。主要矿物成分为碱性长石(微斜长石、正长石、钠长石)、各种副长石(霞石、钙霞石、方钠石)以及碱性深色矿物(霓石、霓辉石、钠闪石、钠铁闪石)。深成岩的代表是霞石正长岩,浅成岩为霞石正长斑岩,喷出岩为响岩(成分与霞石正长岩相当的熔岩)。与其有关的矿产主要有铌(Ne)、锆(Zr)、铁(Fe)、钛(Ti)、磷(P)及稀土元素等。

霞石正长岩

【碱性纸】(alkaline paper) pH值大于7.0的纸。在制造中使用新型施胶剂,如烷基烯酮二聚物、烷基丁二酸酐等,增加了胶料与纤维之间的结合力,提高了纸张的化学稳定性和老化性。碱性纸的优点是化学稳定性高,不仅其保存性良好,白度不易变化,而且可以使用碳酸钙作为纸的填料。

【碱中毒】(alkalosis) 由于体内原发P_aCO_2(二氧化碳分压)降低或HCO_3^-(碳酸氢根)增高而致pH上升的疾病。可分为呼吸性碱中毒和代谢性碱中毒。前者的主要原因是由各种换气过度所致,可由于颅内病变、呼吸系统疾患、精神因素及人工呼吸机通气过度而引起。临床表现主要是由于碱中毒时,游离钙下降而出现神经肌肉兴奋性增高,表现手足搐搦、四肢发麻等。严重碱中毒还可引起低钾血症,出现心脏病变。唯一有效的治疗是纠正通气过度。短期吸入含3% CO_2的气体可能有帮助。病人出现低钙、低钾症状应及时纠正。后者主要是由于医源性给碱性液过多,严重呕吐引起低氯性碱中毒,或呼吸性酸中毒治疗时P_aCO_2下降太快所致。临床常缺乏特异性症状与体征。严重病例可有低钙及低钾表现。治疗首先针对原发病。绝大多数代谢性碱中毒由于失氯原因引起,静脉滴注生理盐水即可纠正。对由于盐皮质激素过多所致代谢性碱中毒,用生理盐水无效。可用安替舒通等利尿药来抵消盐皮质激素对肾小管的作用。用盐酸、氯化铵或盐酸精氨酸治疗,只适用于严重代谢性碱中毒需快速纠正时,但用药需十分谨慎。合并肾功能衰竭的病人,可采用血透析治疗。

【间变】（anaplasia） 又称退行发育。细胞在分化成熟的过程中受到不同因素的作用，发生了质的变化，以致在形态、结构、代谢、行为等方面显示出分化差或甚至未分化的情况。是恶性肿瘤的特征之一。其表现即细胞恶性的表现，也是分化差的表现。包括形态学的异形性、失极性、幼稚性、生长活跃性等。基本上是一个不可逆的变化，其程度往往决定着肿瘤的恶性程度。

【间谍软件】（spyware） 在用户不知情的情况下，在电脑上安装后门、使用或散播用户的个人信息或敏感信息的软件。是恶意软件的一种。能够削弱用户对其使用经验、隐私和系统安全的物质控制能力；使用用户的系统资源，包括安装在用户电脑上的程序；搜集、使用、并散播用户的个人信息或敏感信息。间谍软件其实是一个灰色区域，所以并没有一个权威的定义。然而，正如同名字所暗示的一样，它通常被泛泛地定义为从计算机上搜集信息，并在未得到该计算机用户许可时便将信息传递到第三方的软件，包括监视击键、搜集机密信息、获取电子邮件地址和跟踪浏览习惯等。间谍软件还有一个副作用，即影响网络性能，减慢系统速度，进而影响整个用户的使用情况。

【间断河】（Intermittent stream） 水流间断出现在河道中的河流。间断河现象多出现在沙砾石堆积比较多而且厚的河段或者有喀斯特暗河发育的地段。当河水流经时便潜入地下变成伏流，到沙砾层堆积变薄或消失的地段以及到暗河尖没地段时又重新变成明流。如此反复而成奇观。在一些喀斯特地貌区常常可以观察到间断河现象。在中国喀喇昆仑山中冰碛砾石堆积丰富的叶尔羌河上游的冰水河道中也能看到这一现象。当雨季来临或冰雪大规模融化季节到来，河水暴涨，潜流孔穴和暗河空间容纳不下太多的水量时，间断河现象则会消失。

间断河

【间接还原】（indirect reduction） CO 和 H_2 作为还原剂还原铁氧化物生成 CO_2 和 H_2O 的反应。属放热反应。可逆反应，需要一定的过量还原剂。在 1 100℃ 以下进行。温度小于 800℃ 时 CO 作为还原剂，温度大于 800 ~ 1 100℃ 时 H_2 作为还原剂。分别逐步将铁氧化物还原为 $Fe_2O_3 - Fe_3O_4 - FeO - Fe$。间接还原不发生焦炭的消耗，有利于降低焦比。采用改善矿石的还原性、控制高炉煤气的合理分布等措施，可以促进间接还原。

【间接接触电击防护】（indirect contact protection against electric shock） 由于电气设备内部的绝缘故障，而造成其外露可导电部分可能带有危险电压，当人员误接触到设备的外露可导电部分时，便可能发生触电的防护。保护接地与保护接零是防止间接接触电击最基本的措施。在当前中国电气标准化从传统标准向国际标准过渡的情况下，掌握保护接地和保护接零的方法和应用，对安全用电是十分重要的。防护措施有保护接地 IT 系统、TT 系统和 TN 系统（保护接零）。

【间接凝集试验】（indirect agglutination test） 又称被动凝集试验。将抗原交联或吸附在颗粒性载体上进行的凝集试验。按所用载体的不同可分为：乳胶凝集和间接血凝等，可用以检测抗体。与抗体致敏者称为反向间接凝集，可用以检测抗原。

【间体】（mesosome） 由细胞质膜内褶形成的充满层状或管状泡囊的囊状结构。是细菌细胞内唯一的细胞器，一般位于细胞分裂部位或其邻近部位。其主要功能是：（1）促进细胞间隔的形成。（2）参与遗传物质的复制。（3）向核运送营养物质和能量。间体能够表现各种生命现象，例如新陈代谢、生长发育、繁殖、遗传、变异、应激性和对环境的适应等。

【间歇导尿】（intermittent catheterization） 周期性地用导尿管将尿液从膀胱引出的一种治疗方法。格特曼在 20 世纪 40 年代提出，对脊髓损伤患者实施无菌性间歇导尿术代替留置导尿。Lapides 在 1971 年提出间歇性清洁导尿术替代无菌导尿术。间歇导尿最好有专人负责，次数以每4 ~ 6min导尿一次为宜，要求每次导尿时膀胱容量不超过 500ml。患者每日液体摄入量应严格限制在 2 000ml 以内，并要求能够逐步做到均匀摄入。导尿次数，可根据排尿恢复情况及排出尿量多少而作出相应的调整。当残余尿量少于 100ml 或膀胱容量 20% 以下时，即膀胱功能达到平衡后，可停止导尿。对膀胱逼尿肌无力，残余尿量持续保持在 100ml 以上或更多的患者，需要长期使用间歇性导尿术。应结合患者不同的具体情况，协助患者及家属制定切实可行的长期使用方法，并定期复查。

【间歇口腔进食】（intermittent oral feeding） 又称间歇经口腔至食管进食。分次将加工成流质的食物、饮品及药物等机体需求的物质，通过特定的从口腔插入至食管部的导管送达胃部，以提供营养支持的一种方法。2003 年，由郑州大学第四附属医院曾西主任率先在中国创制并应用于临床。与临床鼻饲管饮食法比较，其优点是：避免了鼻腔气道的不畅引起的呼吸困难；避免了消化道出血的危险；避免了营养不良，食道返流等；病人的依从性好，每次需要进餐时插管，完毕后拔出导管即可。进食次数依据病人的病情及每次进食的量来确定。

【间歇灭菌】(fractional sterilization) 利用流通蒸气在一定间隔时间内反复杀灭细菌的方法。在 100℃温度下，用 30min 杀死培养基内杂菌的营养体，然后将含有芽孢和孢子的培养基在温箱内或室温下放置 24h，使芽孢和孢子萌发成为营养体。再以 100℃处理 30min，再放置 24h。如此连续灭菌三次，即可达到完全灭菌的目的。通常在有流动蒸汽的灭菌锅中进行，也可用普通铝锅代替。适用于明胶、牛乳等物质的灭菌。

【间歇指令通气】(intermittent mandatory-ventilation，IMV) 自主呼吸的频率和潮气量由患者自己决定，通气机以设定频率给予患者正压通气，即在患者自主呼吸的同时间断地给予正压通气，自主呼吸的气流由通气机的通气大流量恒流供给的通气方式。总分钟气量为自主呼吸通气量加机械通气量之和。指令通气可以与患者自主呼吸不完全同步或同步进行，通过适当调节 IMV 的频率和潮气量。当肌松剂辅助全麻时，一旦患者有微弱自主呼吸恢复即可使用此模式，便于手术结束时尽早拔除气管导管。

【间作】(intercropping) 在同一块田地上，将两种或两种以上生育季节相近的作物，同时或同一季节成行或成带相间种植的一种种植方式。在间作时，不同作物间存在对光、水、肥的激烈竞争，宜选株型高矮不同、生育期稍有参差、根系差异较大的作物合理配制。不同作物隔行种植者称“条状间作”，如一行甘薯间种一行玉米；不同作物多行一组间隔种植者称“带状间作”，如四行玉米三行大豆间作。合理间作可提高土地和光能的利用率，增加单位面积产量。

间作

【建模系统】(modeling) 见产品造型系统。

【建设单位管理费】(management fees of construction unit) 建设单位在建设项目的立项、筹建、建设、竣工验收、总结等方面所发生的费用。主要包括：(1)工作人员的工资、工资性补贴、施工现场津贴、社会保障费用(基本养老、基本医疗、失业、工伤保险)、住房公积金、职工福利费、工会经费、劳动保护费。(2)办公费、会议费、差旅交通费、固定资产使用费如办公及生活房屋折旧、维修或租赁费、车辆折旧、维修、使用或租赁费，通信设备购置、使用费、测量、试验设备仪器折旧、维修或租赁费、其他设备折旧、维修或租赁费等、零星固定资产购置费和招募生产工人费。(3)技术图书资料费、职工教育经费和工程招标费。(4)合同契约公证费、法律顾问费、咨询费、建设单位的临时设施费、完工清理费、竣工验收费、各种税费、建设项目审计费、境内外融资费用、业务招待费、安全生产管理费和其他管理性开支。由施工企业代建设单位办理“土地、青苗等补偿费”，应在建设单位管理费项目中支付。当建设单位委托有资质的单位代理招标时，其代理费应在建设单位管理费中支出。

【建设工程安全生产管理条例】(construction project safety Management Regulations) 一部对建设工程安全生产管理提出原则要求的专门法规。是中国依法制定的第一部全面规范建设工程安全生产管理的行政法规。2003 年 11 月 12 日国务院第 28 次常务会议通过，由国务院总理温家宝签署国务院令，于 2003 年 11 月 24 日公布，自 2004 年 2 月 1 日起施行。其立法目的是：加强政府对建设工程安全生产活动的规范和约束，实施政府的监督管理职能，保障人民群众生命和财产安全。其立法是依据《中华人民共和国建筑法》和《中华人民共和安全生产法》，进一步细化，对建设工程活动中涉及的各方面做出具体规定。强调“安全第一、预防为主、综合治理”，“以人为本、关爱生命”，紧密结合建设工程安全生产特点和实际，确立了一系列建设工程安全生产管理制度。其特点是：(1)确立了建设工程安全生产的基本管理制度。(2)规定了参与建设活动的各方主体的安全责任。(3)明确了建设工程安全生产监督管理体制。(4)明确了建立生产安全事故的应急救援预案制度。(5)明确了建筑工人安全与健康的合法权益。(6)规定了违法行为的法律责任。《建设工程安全生产管理条例》的颁布实施对提高工程建设领域安全生产水平，促进经济发展，维护社会稳定都具有十分重要的意义。

【建设工程承包合同】(construction contract) 又称基本建设承揽合同。承包方按期完成并交付发包方所委托的基本建设任务，而发包方按期进行验收和支付工程价款或报酬的合同。是承揽合同的一种特殊形式。承包方的责任有：(1)因勘察设计质量低劣或未按期提交勘察设计文件拖延工期造成损失，由勘察设计单位继续完善设计，并减收或免收勘察设计费，直至赔偿损失。(2)工程质量不符合合同规定，发包方有权要求限期无偿修理或者返工、改建，经过修理或者返工、改建后，造成逾期交付的，承包方偿付逾期的违约金。(3)工程交付时间不符合合同规定，偿付逾期的违约金。发包方的责任有：(1)未按合同规定的时间和要求提供原材料、设备、场地、资金、技术资料等，除工程日期得予顺延外，还应偿付承包方因此造成停工、窝工的实际损失。(2)工程中途停建、缓建，应采取措施弥补或减少损失，同时赔偿承包方由此而造成的停工、窝工、倒运、机械设备调迁、材料和构件积压等损失和实际费用。(3)由于变更计划，提供的资料不准确，或未按期提供必需的勘察、设计工作条件而造成勘察、设计的返工、停工或修改设计，按承包方实际消耗的工作量增付费用。(4)工程未经验收，提前使用，发现质量问题，自己承担责任。(5)超过合同规定日期验收或付工程费，偿付逾期的违约金。

【建设工程公开招标】(open tender of construction project) 又称竞争性招标。招标人通过报刊、电视等公众媒体或信息网络介绍、发布建设工程招标公告或招标信息，邀请不特定的法人或者其他组织进行投标的招标方式。分为国际竞争性招标和国内竞争性招标。其发包的方式，是

廉租住房工程开标会

一种无限制的竞争方式。其优点是：投标不受地域限制，招标人有较大的选择余地，可在众多的投标人中选定报价合理、工期较短、信誉良好的承包商，有助于打破垄断和实行公平竞争。其缺点是：招标周期长、工作复杂和投入资金太多。近年来，工程建设领域公开招标倍受青睐，有些地方甚至在名义上取消了邀请招标。要求凡适于招标的工程项目，一律采用公开招标的方式进行(极少量经批准采用议标的除外)。统计资料显示，一些地方建设工程的公开招标率，已高达80%以上。其基本程序是：招标公告→资格预审→发放招标文件→投标预备会→编制、递送投标文件→开标→评标→中标合同谈判与签订。

【建设工期定额】(construction of a fixed duration) 建设项目或单项工程从破土至全部建成交付使用所需的定额时间。是加强建设工程管理的一项基础工作，具有法规性、普遍性和科学性。法规性系指建设工期定额是考核工程项目工期的客观标准和对工期实施宏观控制的必要手段。由建设行政主管部门或授权有关行业主管部门制订、发布。作为确定建设项目工期和工程承发包合同工期的规范性文件，未经主管部门同意，任何单位或个人无权修改或解释，建设工期的执行与监督工作也由发布部门或授权部门进行日常管理。普遍性系指建设工期定额的编制是依据正常的建设条件和施工程序，综合大多数企业施工技术的管理水平，具有广泛的代表性。科学性系指建设工期定额的制订、审查等工作采用科学的方法和手段进行统计、测定和计算等。在建设前期主要作为项目评估、决策、设计时按合理工期组织建设的依据，还可作为编审设计任务书和初步设计文件时确定建设工期的依据。对于编制施工组织设计、进行项目投资包干和工程招标投标及鉴定合同工期具有指导作用。此外也可作为提前或延误工期进行奖罚、工程结算和竣工期调价的依据。

【建设投资中基本预备费】(preparatory charge in construction investrnent) 又称工程建设不可预见费。在项目实施中可能发生的难以预料，而需要事先预留的费用。主要指设计变更及施工过程中可能增加工程量的费用。一般由下列三项内容构成：(1)在批准的设计范围内，技术设计、施工图设计及施工过程中所增加的工程费用；设计变更、工程变更、材料代用、局部地基处理等增加的费用。(2)一般自然灾害造成的损失和预防自然灾害所采取的措施费用。(3)竣工验收时为鉴定工程质量对隐蔽工程进行必要的挖掘和修复的费用。基本预备费按工程费用(建筑工程费、设备及工器具购置费和安装工程费之和)和工程建设其他费用两者之和乘以基本预备费的费率计算。

【建设投资中涨价预备费】(perparatory-rising charge in construction investment) 又称价格变动不可预见费。对建设工期较长的项目，在建设期内可能发生材料、设备、人工等价格上涨引起投资增加，需要事先预留的费用。即从估算时刻起到项目建成期间因建设费用上涨而增加的费用。其计算方法一般是取定价格上涨指数后，以估算年价格水平下估算的投资额为基数，采用复利方法计算涨价预备费。涨价预备费以建筑工程费、设备及工器具购置费、安装工程费、基本预备费之和为基数，按年价格

上涨指数估算。

【建设项目财务评价】(financial evaluation of construction projects) 又称建筑企业经济评价。在国家现行财税制度和市场价格体系下，对预测项目直接发生的财务效益和费用，编制的财务报表等的评价。考察拟建项目的获利能力、偿债能力，计算财务评价指标，据此判断项目的财务可行性，为投资决策提供依据。财务评价是经济评价的核心内容，为国民经济评价提供了基础。其内容主要包括：财务效益和费用的识别与计量、资金筹措、财务报表的编制、财务评价指标的计算与分析等。其目的和任务主要是：(1)评价拟建项目的获利能力。(2)评价拟建项目对投资和贷款的偿还能力。(3)为企业制定资金规划，合理地筹措和使用资金。(4)评价项目承受风险的能力。(5)为协调企业利益和国家利益提供依据。其作用是：(1)是项目评价决策的重要组成部分。(2)是投资决策的重要依据。(3)在项目或方案比选中起着重要作用。(4)可以有效地支持投资各方谈判，促进平等合作。

【建设项目总投资】(total investment in construction projects) 投资主体为获取预期收益，在选定的建设项目上投入所需全部资金的经济行为。所谓建设项目，是指在一个总体规划和设计的范围内，实行统一施工、统一管理、统一核算的工程，由一个或数个单项工程所组成。建设项目按用途的不同可分为生产性建设项目和非生产性建设项目。前者总投资包括固定资产投资和包含铺底流动资金在内的流动资产投资两部分；后者总投资只有固定资产投资，而不含流动资产投资。建设项目总造价是项目总投资中的固定资产投资总额。其内容包括：(1)固定资产投资。包括建筑工程费、设备购置费、安装工程费及其他费用。其中其他费用项目实施费用，如可行性研究费用、其他有关费用，项目实施期间发生的费用，如土地征用费、设计费、生产准备金、职工培训费。(2)流动资产投资。指项目投产前预先垫付，在投产后的经营过程中购买原材料、燃料动力、备品备件、支付工资和其他费用以及在成品、半成品和其存货被占用的周转资金。在生产经营活动中流动资产以现金、各种存款、存货、应收及预付款项等流动资产形态出现。

【建筑安装计划】(construction installation-plan) 建筑管理部门规定建筑产品生产任务、指导生产经营活动的综合性安排。建筑业计划体系的重要组成部分。其编制原则是：(1)根据国家固定资产投资计划和国民经济各部门对建筑产品的需求，做好综合平衡，保证计划的科学性。(2)落实为完成建筑安装任务所需要的材料，确保国家重点工程建设，照顾一般项目。(3)在保证工程质量、提高经济效益的前提下，保证生产不断增长，完成国家规定的各项任务。(4)充分发挥生产能力，调动企业和职工的积极性。(5)发展和推广新技术，使科学技术成果迅速转化为生产力。按其指标体系的不同可分为：(1)产值指标。包括施工产值，竣工产值(商品产值)，净产值和附属、辅助生产单位产值等。(2)产量指标。包括施工工程量，竣工工程量和附属、辅助生产单位产品产量等。(3)效率指标。包括全员劳动生产率，利润总额和成本降低额等。综合计划定额，是编制建筑安装计划和进行综合平衡的依据之一。它按照不同的计划层次分别制订。主要的定额种类有：每 $100m^2$ 工业、民用建筑工程平均综合材料消耗定额，每万元建筑安装工作量的主要材料、燃料、动力消耗和储备定额，每万元建筑安装工作量的建筑机械装备定额，劳动生产率定额，单位建筑产品造价，工期定额，竣工率定额，流动资金占用率定额和产值工资率定额等。

【建筑材料耐火极限】(fire resistance limited of building materials) 任一建筑构件，从受火作用时起，到构件失去稳定性或完整性、绝热性时止，抵抗火的作用时间。通常用小时(h)来表示。一般通过时间—温度标准曲线进行的耐火实验取得数据。耐火极限的判定条件是失去稳定性、失去完整性和失去绝热性。但在实际应用时要具体问题具体分析：(1)分隔构件如隔墙、吊顶、门窗指失去完整性或绝热性。(2)承重构件如梁、柱、屋架指失去稳定性。(3)承重分隔构件如承重墙、楼板指失去稳定性、完整性或绝热性。

【建筑采光】(architectural lighting) 为建筑物创造的天然适宜用光环境。根据建筑功能及视觉要求的不同，在建筑物外围(墙、屋顶)上布置各种形式和不同面积的采光设施(侧窗、天窗)，为人们提供复合建筑物天然采光要求的光环境。

建筑采光

【建筑防火墙】(building firewall) 建筑内

设置的竖向分隔体或直接设置在建筑物基础上及钢筋混凝土框架上具有耐火性能的墙体。由不燃烧体构成，耐火极限不低于3h，可减小或避免建筑、结构、设备遭受热辐射危害和防止火灾蔓延。

建筑防火墙

防火墙是防火分区的主要建筑构件。防火墙通常有内防火墙、外防火墙和室外独立防火墙几种类型。

【建筑防排烟设施】（smoke control facility of building） 在建筑物特定区域内为排除火灾产生的烟气而安装的设施。是建筑物防火、保安全的重要内容。防排烟设施分为机械加压送风的防烟设施和可开启外窗的自然排烟设施。建筑防排烟的设计、施工、监督、验收等，均应严格遵照现行国家有关防火规范的规定。主要有《建筑设计防火规范》、《高层民用建筑设计防火规范》、《人民防空工程设计防火规范》、《汽车库、修车库、停车场设计防火规范》等。

【建筑高度】（building height） 建筑物室外地平面至外墙顶部的总高度。是根据防火规范计算的。其基本规定是：（1）烟囱、避雷针、旗杆、风向器和天线等，在屋顶上的突出构筑物不计入建设高度。（2）楼梯间、电梯塔、装饰塔、眺望塔、屋顶窗和水箱等，建筑物之屋顶上突出部分的水平投影面积合计小于屋顶面积的20%，且高度不超过4m的，不计入建筑高度。其具体计算方法是：（1）建筑为坡度大于30°的坡屋顶建筑时，按坡顶高度一半处到室外地平面计算建筑高度。（2）文物保护建设控制地带内的建筑高度，按建筑物和构筑物的最高点（包括电梯间、楼梯间、水箱间、烟囱等构筑物）计算建筑高度。（3）中国传统大屋顶形式，按檐口至地面高度计算建筑高度。

建筑高度

【建筑隔声测量】（measurement of building sound insolation） 测量建筑物墙板、门、窗和楼板隔离声量的方法。可在实验室或现场进行。其测量部位是：（1）墙板、门和窗隔声测量。在实验室测量时用稳态声源作发声系统，分别在声源室和相邻的接收室测出平均声压级，并计算出墙板的隔声量r。（2）楼板隔声测量。国际上采用标准撞击声级ln作为楼板隔声的评价指标。测量时用合乎国际标准的撞击器在被测的楼板上撞击，同时在接收室测出平均声压级l′，然后计算出ln。现场测量方法与实验室相似，只是测量结果包括了侧向传声的因素。

【建筑工程保险】（insurance of construction project） 承保以土木建筑为主体的民用、工业用和公共事业用的工程在整个建筑期间因自然灾害和意外事故造成的物质损失，以及被保险人对第三者依法应承担的赔偿责任为保险标的的险种。是随着现代工业和现代科学技术的发展在火灾保险、意外伤害保险及责任保险的基础上逐步演变而成的一种综合性保险。其主要特征是：（1）承保范围广。（2）被保险人范围宽。（3）保险期限不等。其适用范围是：（1）建筑工程保险适用于各类民用、工业用和公共事业用的建筑工程，如房屋、道路、水库、桥梁、码头、管道以及各种市政工程项目的建筑。（2）被保险人包括工程有关人员，工程承包人，技术顾问和其他关系方。其保险责任范围是：（1）建筑工程保险所承保的自然事件。（2）意外事故建筑工程保险所承保的意外事故。（3）人为风险建筑工程保险承保的人。（4）第三者责任部分的保险责任。费率的依据是：（1）保险责任范围的大小，它与保险费率成正比。（2）工程本身的危险程度。（3）承包人及其他工程关系方的资信、经营管理水平及经验条件。（4）保险人本人以往承保同类工程损失的记录。（5）工程免赔额的高低及第三者责任和特种危险的赔偿限额。建筑工程保险的保险期限与保证期建筑工程的保险期限包括从开工到完工全过程，由投保人根据需要确定。

【建筑工程测量】（construction survey） 建筑工程在设计、施工阶段和竣工使用期间的测量工作。其设计阶段测量主要是提供地形资料，供工业企业总平面图的设计使用。总平面图的设计分为初步设计和施工图设计两个阶段。初步设计常在1∶2 000比例尺的地形图上布置厂房和运输线路等的位置。施工图设计是在1∶1 000或1∶500比例尺的地形图上确定各建筑物的位置和尺寸。因此，在建筑工程设计以前，首先要测绘这种大比例尺的地形图。施工阶段的测量包括:建立施工控制网,建筑物放样,实测和编绘竣工总平面图。

【建筑工程掺合料】(construction admixture) 拌制建筑水泥混凝土和砂浆时,掺入的煤灰等混合材料。属于辅助胶凝材料,可部分取代水泥。在许多场合,如果水泥与掺合料一起使用会得到性能更好的混凝土。为改善混凝土拌合物及硬化后混凝土的性能或节约水泥而加入的天然、人造或工业废料。其掺合料的种类主要有粉煤灰、硅灰、磨细水淬矿渣和天然沸石粉等。使用掺合料的目的是:(1)利用掺合料的活性效应,降低水泥用量。(2)利用掺合料的形态减水效应,降低用水量。(3)利用掺合料的微集料效应,填充混凝土中的孔隙,改善界面结构,最终达到提高混凝土耐久性的目的。其主要作用是:(1)可增加混凝土的密实性,减少在高温状态下混凝土的变形。(2)在用普通硅酸盐水泥时,掺合料中的 Al_2O_3 和 SiO_2 与水泥化合物 $Ca(OH)_2$ 的脱水化合物 CaO 反应形成耐热性好的无水硅酸钙和无水铝酸钙,同时避免了 $Ca(OH)_2$ 脱水引起的体积变化。掺合料应选用熔点高、高温下不变形且含有一定数量 Al_2O_3 的材料。

混凝土掺合料

【建筑工程承包制】(construction contracting system) 建筑企业与发包人签订合同,确定双方的责任与权利,由建筑企业承包建筑工程项目的经营制度。承包制在建筑业有悠久历史。早期的施工人员采用点工方式从事建筑生产,后逐步发展为包工制和包工包料制。在 19 世纪初,各主要资本主义国家先后形成了比较完善的建筑工程承包制,规定了相应的法规、条例和章程。现代建筑工程承包制又有新的发展,出现了多种承包方式。按合同性质的不同可分为:(1)固定总价合同承包。(2)成本加酬金合同承包。(3)固定单价合同承包。(4)统包合同或“交钥匙”合同承包。承包制是世界各国建筑业普遍实行的商品经营方式。由于现代建筑工程规模日益扩大,技术日趋复杂,专业化程度日益提高,承包方式也趋向多样化。

【建筑工程粗骨料】(construction aggregate) 用于建筑工程的粒径大于 4.75 mm 的石骨料。常用的有碎石及卵石两种。碎石是天然岩石或岩石经机械破碎、筛分制成的颗粒。卵石是由自然风化、水流搬运和分选、堆积而成的颗粒。卵石和碎石颗粒的长度大于该颗粒所属相应粒级的平均粒径2.4倍者为针状颗粒;厚度小于平均粒径 0.4 倍者为片状颗粒。建筑用卵石、碎石应满足国家标准《建筑用卵石、碎石》(GB/T 14685 - 2001)的技术要求。岩石的抗压强度,采用直径 50mm,高 50mm 的圆柱体或边长 50mm 的立方体试样测定。强度要求大于砼强度的 1.5 倍,也不能小于 45MPa。

【建筑工程设计】(architecture engineering design) 对不同的作业空间,合理组织、有机结合而形成的建筑物设计方案。分为方案设计、初步设计和施工图设计几个阶段。根据不同规模和工程的实际需要,设计阶段可以进行调整。一般包括各层平面图、立面图、剖面图及详图等内容。其依据是:工艺作业的要求或业主的功能要求、城市规划的要求,国家、地方及行业的有关规范等。

【建筑工程项目成本费用】(cost of construction project) 在一定时期内为生产和销售建筑工程产品而花费的各种费用。主要由建筑工程成本、费用和税金三大部分组成:(1)建筑工程成本。主要包括:前期工程费、建筑安装工程费、公共配套设施费、基础设施费和间接费用。(2)建筑工程费用。是指与项目建设无直接关系、不能计入某个特定项目成本的费用。这些费用在其发生期间直接进入当期损益,包括管理费用、财务费用和销售费用。(3)建筑工程税金。是指建筑工程项目转让、出租、销售、提供销售材料、转让无形资产和出租固定资产,应缴纳的城建税、营业税、土地增值税、教育费附加等。。此外,还有一些涉及到建筑工程项目全过程的费用,如管理费用、财务成本和销售费用等,也是建筑工程项目成本费用的重要组成部分。控制项目成本费用应特别关注的最重要的环节,是设计阶段和工程、设备、材料合同洽谈阶段的成本管理。

【建筑工程项目成本管理】(cost management of construction project) 在完成一个建筑工程项目过程中,对所发生的成本费用支出所进行的科学管理工作。是建筑企业管理的一个重要组成部分。是增强企业市场竞争力,保持企业持续、稳定、健康发展的有效途径。是建筑企业改善经营管理,提高企业管理水平进而提高企业竞争力的重要手段之一。按其项目成本管理内容的不同可分为:(1)成本预测。是成本计划的基础,为编制科学、合理的成本控制目标提供依据。它对提高成本计划的科学性、降低成本和提高经济效益,具有重要的作用。其内容主要是:使用科学的方法,结合中标价根据各项目的施工条件、机械设备人员素质等对项目的成本目标进行预测。(2)成本控制。对象是工程项目,其主体则是人的管理活动,目的是合理使用人力、物力、财力,降低成本,增加效益。(3)成本核算。为了便于进行成本控制,成本核算指标的设置应尽可能与成本计划相对应。将核算结果与成本计划对照比较,使其及时反映成本计划的执行情况。(4)成本分析。是成本管理的一个重要环节。在分析内容上,不只以施工过程为对象,并不只限于经济方面因素分析的方法,把分析对象扩大到经营全过程,深入到技术领域,开展技术经济分析;在分析作用上,把分析重点由考核成本计划执行情况,转移到开展成本效益分析,实现经济效益最优化;在分析时间上,增强分析时效,把由事后分析为主转变为事前分析为主;在分析范围上,不但要开展企业成本分析,还要推行责任单位成本分析。建筑工程项目成本管理控制的重点是:应该对前期工程费,建筑安装工程费,间接费用,基础设施费,公共配套设施费进行控制。

【建筑工程项目筹资方式】(financing modes of construction projects) 可供企业在建筑工程项目筹措资金时选用的具体筹资形式。如吸收直接投资,发行股票,利用留存收益,向银行借款,利用商业信用,发行公司债券,融资租赁和杠杆收购等。其中前三种方式筹措的资金为权益资金,后几种方式筹措的资金是负债资金。筹资渠道与筹资方式存在一定的对应关系:筹资渠道解决的是资金来源问题,筹资方式则解决通过何种方式取得资金的问题。一定的筹资方式可能只适用于某一特定的筹资渠道,但是同一渠道的资金往往可采用不同的方式取得,同一筹资方式又往往适用于不同的筹资渠道。企业在筹资时,应实现两者的合理配合。筹资方式的选择随着中国金融市场的发展,有多种方式可以选择。

【建筑工程项目筹资决策】(funding decision-making of construction project) 对建筑工程项目各种筹资方式的资金代价进行比较分析,使企业资金达到最优结构的判断过程。其核心是在多渠道、多种筹资方式条件下,力求筹集到最经济、资金成本最低的资金来源。为满足企业融资的需要,应对筹资的途径、筹资的数量、筹资的时间、筹资的成本、筹资风险和筹资方案进行评价和选择,从而确定一个最优的资金结构。筹资决策是企业财务管理相对于投资决策的另一重要决策。企业的财务管理工作,特别是筹资决策,起着连接金融市场和实业投资市场的桥梁的作用。投资决策与筹资决策密不可分。投资决策一旦做出,理财人员必须进行筹资决策,为企业投资筹措所需要的资金。其基本方法有:(1)比较筹资代价法。包括比较筹资成本代价、比较筹资条件代价、比较筹资时间代价等。(2)比较筹资机会法。包括比较筹资的实施机会,比较筹资的风险程度等。(3)比较筹资的收益与代价法。如果筹资项目预期经济效益大于筹资成本,则该方案可行。

【建筑工程项目筹资渠道】(financing channel of construction project) 建筑工程项目筹集资金来源的方向与通道。体现了资金的源泉和筹资渠道的选择。按其筹集资金来源的不同可分为:(1)内部筹资渠道。从企业内部开辟资金来源有三个方面:企业自由资金、企业应付税利和利息、企业未使用或未分配的专项基金。在企业购并中,尽可能选择这一渠道。这种方式保密性好,企业不必向外支付借款成本,因而风险很小。(2)外部筹资渠道。企业从外部所开辟的资金来源,其主要包括:专业银行信贷资金、非金融机构资金、其他企业资金、民间资金和外资。从企业外部筹资具有速度快、弹性大、资金量大等优点,在购并过程中是筹集资金的主要来源。但其缺点是保密性差,企业需要负担高额成本,产生较高的风险,在使用过程中应当注意。筹资渠道的筹划对于任何一个处于生存与发展状态的企业来讲,是其进行一系列经营活动的先决条件。筹资作为一个相对独立的行为,对企业经营理财业绩的影响,主要是借助资本结构的变动而发生作用的。在筹资活动中应重点考察以下几个方面:(1)筹资活动会使资本结构有何变化。(2)资本结构的变动会对企业业绩及税赋产生何种影响。(3)企业应当选择怎样的筹资方式,如何优化资本结构配置才能在节税的同时实现所有者税后利益最大化目标。

【建筑工程预算】(construction budget) 简称建设预算。预先计算和确定每个新建、扩建、改建和复建项目所需全部费用的技术经济文件。在建造房屋及其附属工程之前,对其所需要的物化劳动和活劳动的消耗都要事先加以计算。根据拟建建筑工程的设计图纸、建筑工程预算定额、费用定额(即间接费定额)、建筑材料预算价格以及与其配套使用的有关规定等,预先计算和确定每个新建、扩建、改建和复建项目所需全部费用。按其设计阶段的不同可分为初步设计概算和施工图预算。

【建筑工程自营方式】(project carried out by owner) 建设单位自行组织劳力、筹集材料、配备机具完成施工任务直至竣工验收交付使用的经营方式。采用该方式建造的工程称自营工程。通常由建设单位成立临时机构负责施工管理,或由业务机构兼管。中国在20世纪50年代初,由于建筑工程承包力量薄弱,不能适应建设的需要,许多企业、事业单位发展了自营力量,完成了不少工程建设任务。随着施工力量的不断发展,建筑生产专业化、联合化程度的不断提高,自营工程量在全国建筑工程总量中所占比重迅速下降。在第一个五年计划(1953~1957年)初期,建筑业已普遍采用承包方式。自营方式与承包方式相比有明显特点,如由临时机构管理,不利于保证工程质量、积累建设经验和提高职工素质,也不利于提高劳动生产率和降低工程成本。但它作为一种补充性质的经营方式,仍有必要,如当工程零星或处在边远地区,工程性质特殊而当地又缺乏建筑力量等情况下,多以自营方式组织施工。

【建筑工业化】(building industrialization)
按照大工业生产方式改造建筑业,使之逐步从手工业生产转向社会化大生产的过程。是一个逐步过渡、长期发展的过程。它的基本途径是:建筑标准化,构配件生产工厂化,施工机械化和组织管理科学化,并逐步采用现代科学技术的新成果,以提高劳动生产率,加快建设速度,降低工程成本,提高工程质量。其主要内容是:(1)改革传统的建筑材料。发展新型轻质、高强、复合、高效能材料和组合部件,以改善建筑功能。(2)逐步实现建筑标准化。在统一模数制、协调建筑尺寸和建筑参数的基础上,首先实现建筑构配件标准化,形成可以互换通用的系列化标准产品,满足各种标准设计,如房屋单元和功能单元定型的需要;进而以房屋建筑为对象,根据一定的技术经济要求,把相关的科研、设计、材料和构配件生产以及机械装备、施工工艺和组织管理等各方面统一协调起来,形成砌块、大板、框架和盒子等多种类型的建筑体系。(3)建立各种建筑构配件、装饰材料、商品混凝土和其他建筑制品等专业工厂,实现工厂化生产。(4)发展建筑机械制造工业。用现代施工机具装备建筑业,减少手工操作,用机械操作代替体力劳动,提高施工机械化水平。(5)改革经营管理方式,实现组织管理科学化。推行专业化与协作,采用现代科学手段和管理方法,组织立体交叉平行流水作业,以充分利用时间和空间,缩短工期,使最终产品能够分期分批地配套交付使用,不断提高经济效益和社会效益。在中国,应坚持从实际情况出发,因地制宜,量力而行,逐步发展的方针;并坚持改造传统工艺,引进先进技术,推广多层次的适用技术,推行工厂生产与现场预制相结合,混凝土预制与现浇相结合,机械化、半机械化与改良工具相结合的技术政策。

建筑工业化

【建筑构成要素】(architecture elements)
建筑功能、建筑物质技术条件和建筑形象的统称。构成建筑的三个要素,彼此之间是辩证统一的关系。(1)建筑功能是指人们建造房屋的基本目的。首先要满足人们各种不同的使用要求。其次应满足人们的生理卫生要求,即在房间内应生活工作舒适,不冷,不热,不噪,在通风、采光、日照、遮阳、保温、隔热、隔声等方面都应满足要求,创造一个良好的卫生环境和生活工作环境。(2)建筑物质技术条件是实现建筑功能的重要手段。建筑材料、建筑结构、施工技术、建筑设备等是建筑的物质要素,它们的发展对建筑功能的实现起着促进作用。同样,它们的滞后也约束着建筑业的发展和提高。(3)建筑形象是建筑体型、立面构图、色彩、质感、细部装饰等的综合反映,也是建筑功能和物质技术条件的综合反映,既满足了人们物质生活的需求,也满足了人们精神生活的需求。

【建筑构件安全系数】(safety factor of building component) 工程结构物所有材料的极限应力与所容许的最大工作应力的比值。安全系数的确定需要考虑荷载、材料的力学性能、试验值和设计值与实际值的差别,计算模式和施工质量等各种不确定因素。还涉及工程的经济效益及结构破坏可能产生的后果,如生命财产和社会影响等诸因素。它与国家的技术水平和经济政策密切相关。容许应力设计法的安全系数是规定的材料弹性极限(或极限强度、流限)与容许应力之比。破坏强度设计法中的安全系数则是计算的破坏荷载与规定的标准荷载之比。

【建筑构件耐火极限】(fire resistance of building units) 构件在标准耐火试验条件下,从受到火的作用时起到失去稳定性或完整性或隔热性时止的这段时间,用小时(h)表示。失去稳定性是指构件在试验过程中失去承载能力或抗变形能力。失去完整性是指分隔构件(如楼板、屋面板、门、窗、墙体、吊顶等)当其一面受到作用时,在试验过程中,构件出现穿透性裂缝,火穿过空隙,火焰穿过构件,使其背面可燃物起火。失去绝热性是指分隔构件失去隔绝过量热传导性能。对建筑构件进行耐火试验,研究构件耐火极限,可以为正确制定和贯彻建筑防火法规提供证据,为提高建筑结构耐火性能和建筑物的耐火等级,降低防火投资,减小火灾损失提供技术措施,同时对火灾烧损后建筑结构加固补强工作有重要作用。

【建筑构件燃烧性能】(combustion properties of building components) 建筑构件遇火燃烧的难易和快慢程度。建筑构件,如墙壁、柱、梁、楼板、屋顶和楼梯等,按其在受到火烧或高温作用下的变化特点的不同可分为:(1)非燃烧体。用非燃烧材料制成的构件。指在空气中受到火烧或高温作用时不起火、不微烧、不炭化的材料,如金属材料、天然或人工的无机矿物材料等。(2)难燃烧体。用难燃材料做成的构件,或用可燃材料制成而用非燃材料做保护层的构件。难燃材料系指在空气中受到火烧或高温作用时难起火、难微燃、难炭化,当火源移走后燃烧或微燃立即停止的材料,如沥青混凝土、经过防火处理的木材以及用有机物填充的混凝土和水泥刨花板等。(3)燃烧体。用可燃材料制成的构件。是指在空气中受到火烧或高温作用时立即起火或微燃的材料,如木材等。

【建筑构造学】(building construction science) 研究建筑物的构成、各组成部分的组合原理和构造方法的学科。其研究内容是:根据建筑物的使用功能、技术经济和艺术造型要求提供合理的构造方案,作为建筑设计的依据。在进行建筑设计时,不但要解决空间的划分、组合和外观造型等问题,而且还要考虑建筑构造上的可行性。同时,还必须研究能否满足建筑物各组成部分的使用功能。在构造设计中,应综合考虑结构选型、材料的选用、施工的方法、构配件的制造工艺、技术经济和艺术处理等问题。建筑结构是构成建筑物并为使用功能提供空间环境的支承体,承担着建筑物的重力、风力撞击、振动等作用下所产生的各种荷载;同时又是影响建筑构造、建筑经济和建筑整体造型的基本因素。为此就要研究建筑物的结构体系和构造形式的选择;影响建筑刚度、强度、稳定性和耐久性的因素;结构与各组成部分的构造关系等。按其建筑结构体系类型的不同可分为:木结构建筑、砖混结构建筑、骨架结构建筑、装配式建筑、工具式模板建筑、筒体结构建筑、悬挂结构建筑、薄膜建筑和大跨度结构建筑等。对于建筑物来讲,屋顶、墙和楼板层等都是构成建筑使用空间的主要组成部件,它们既是建筑物的承重构件,又都是建筑物的围护构件。

【建筑光学】(building optics) 光学的一个分支。研究天然光和人工光在建筑中的合理利用,创造良好的光环境,满足人们工作、生活、审美和保护视力等要求的应用学科。建筑物理学的组成部分。其研究内容主要是:与建筑有关的光的性质和光的视觉性质、天然采光和人工照明等。在一个相当长的历史阶段,人类利用天然光和火光照明,曾在建筑中创造了不少有效的采光和照明方法。例如中国传统建筑中的南窗北墙的采光方法,古埃及太阳神庙中的高侧窗采光方法等。但天然采光受季节、昼夜、地理位置和气候变化的影响很大。火光照明效果差,烟尘大,且容易引起火灾。玻璃的大量生产,19世纪白炽电灯的发明,使建筑采光及照明技术理论和实践进入一个新阶段,逐步形成建筑光学,并日趋完善。天然光的变化规律逐步为人们所掌握。各类建筑的采光方法和控光设备相继研究成功,各种新型电光源和灯具也在建筑中得到广泛的应用,使这一学科在建筑功能和建筑艺术中发挥日益重要的作用。

国际机场航站楼

【建筑光学测量】(building optical measurement) 以光度测量技术为基础,进行建筑各项光学参数的测量。主要包括光源和灯具的光度测量,采光、照明的数量和质量评价指标的定量测量,光学材料的参数测量。光度测量系统是由光电传感器、检流计、导轨和被测光源或标准光源组成。在光电传感器前配有滤光片,使传感器对各种波长的光的相对灵敏度与光谱的光视效率一致。根据上述原理已制成光度计、积分光度计、照度计等光度测量装置。光电传感器经过改进,使响应时间缩短,测量范围扩大,测量精度提高。例如,硅光电池可使响应时间达到纳秒量级。在8个量级的光度动态范围内,线性度可达0.05%,测量精度可达0.01%。特别是测试装置带有模数转换电路时,可把测量所得的量以数字形式输出,并可配以微型计算机,直接得出测量结果。

【建筑红线】(control line) 又称建筑控制线。控制城市道路两侧建筑物或构筑物靠临街面的界线。由道路红线和建筑控制线组成。道路红线是城市道路(含居住区级道路)用地的规划控制线;建筑控制线是建筑物基底位置的控制线。基底与道路邻近一侧,一般以道路红线为建筑控制线,如城市规划需要,主管部门可在道路红线以外另定建筑控制线,称为后退道路红线。《民用建筑设计通则》(GB50352-2005)规定建筑物的台阶、平台、窗井、地下建筑及建筑基础,除基地内连通城市管线以外的其他地下管线不允许突出道路红线。允许突出道路红线的建筑突出物在规范中有严格规定。

【建筑环境学】(building environment theory) 反映建筑、人和自然环境三者之间关系的学科。以研究建筑热湿环境、声环境、光环境和室内空气质量为主要内容。是建筑环境与设备工程专业的技术平台与技术基础。是了解人和生产过程需要何种室内外环境,掌握室内外环境形成的特征和影响因素及通过改变或控制室内环境的基本原理与方法,为创造人工环境提供理论基础。建筑环境学从现有建筑的环境出发,掌握现有建筑环境的特点、基本理论与变化规律,以查找现有建筑环境的不足,为通过工程设计达到改善建筑环境提供必要的理论基础。其内容主要有:建筑外环境、室内空气环境、建筑热湿环境、建筑声环境、建筑光环境和建筑环境的综合控制与评价等。

【建筑环境噪声控制】(building environmental noise control) 为创造安静的环境,对室内外噪声所采取的综合治理措施。按噪声源的不同可分为:室外噪声控制和建筑噪声控制。在建筑设计上,控制室外噪声的措施主要是:(1)建筑平面规划。制定合理的城市规划是控制室外噪声的一个重要措施。其原则是,根据噪声特点和要求的安静程度,按功能进行建筑分区,或在建筑平面上进行合理布置,避免交通干线穿越住宅区或安静程度要求较高的地区。为控制飞机噪声,应合理地选择机场规模、位置,至市区的距离和跑道布置。(2)隔声屏障。在声源和建筑物之间用实心物体遮挡直达声。人造的或天然的物体,例如实心围篱、围墙、土堤、山丘或其他建筑物都可应用,也可利用地形起伏和深入地面的路堑来达到屏障的目的。此法对高频声最为有效,一般可降低噪声中的高频部分15~25dB。但对于波长较长的低频声,则容易产生绕射,因而隔声效果较差。(3)绿化降噪。其降噪效果取决于树木高度、栽植密度和种植面积的宽度以及树丛的枝叶层是否延伸到地面。由于实际情况的复杂多变,加上测量条件的差异,绿化带噪声衰减值的实测数据有较大出入。(4)外墙构件降噪。外墙隔声主要取决于窗的结构。大多数建筑物是用单层窗,隔声性能差。利用阳台或花台栏板对声波的遮挡作用,加上室内平顶或上层阳台底面的吸声处理,可减少这部分表面对交通噪声的反射声能。在建筑噪声控制中,主要措施是控制建筑设备的噪声,包括建筑设备隔振、空气声隔声、固体声隔声和吸声降噪等措施。

建筑环境噪声控制

【建筑机械】(building machinery) 又称施工机械。为施工服务的机器与设备的统称。包括挖掘机械、建筑起重机械、铲土运输机械、桩工机械、压实机械、路面机械、混凝土机械、混凝土制品机械、钢筋和预应力机械及装修机械等。其动力装置有电动机式、内燃机式、柴油机式和气动式;动力传递有机械式、液力式、液压式和全液压式;行走机构有履带式、轮胎式、轨道式、步履式、手扶式、拖式和便携式等;操纵方法有机械式、液压式、电动式、气动式、复合式、自控式和遥控式;作业方式有连续作业式和周期作业式。建筑机械广泛应用于民用住宅、工业厂房、公用设施和国防建设的施工中。

【建筑机械设备管理】(management of construction equipment) 建筑机械设备从购置、使用、维修、更新改造直至报废的全过程。建筑机械设备是现代建筑业的主要生产手段,是建筑生产力的重要组成部分。加强机械设备管理,对提高生产效率、降低工程成本、缩短工期和提高工程质量具有重要作用。其任务是:(1)根据生产需要,选择性能和负荷能力适用的机械设备,使建筑生产建立在先进合理的物质技术基础上。(2)建立健全机械设备使用、管理责任制,执行生产、技术、安全操作规程,保证安全生产,节约费用,提高使用机械设备的经济效益。(3)做好机械设备的运输、安装、使用、拆卸等工作,提高其利用率,降低故障率。(4)做好维修保养,使机械设备经常处于良好的技术状态,保证正常运转。(5)做好机械设备的日常管理工作,如验收、登记、保管、调拨、处理、报废等,并保存完整的技术经济资料。(6)对机械设备及时更新改造。

【建筑给排水施工】(construction of water supply and drainage works) 建筑供水系统和排水系统的施工。供水系统主要包括高压消防给水管、生产生活给水管和泡沫消防管;排水系统主要包括生产污水排水管、生活污水管和雨水及清净下水排水管。此系统的大部分网道埋于地下,一旦出现问题将会影响设备装置的正常运作。加强施工过程的安全和质量管理是十分重要的。建筑给排水施工的要求是:(1)管道安装材料的质量和尺寸标准要统一。(2)对给排水、湿式喷淋消防工程进行监控管理。(3)对室内给水管道安装施工质量进行管理。

(4)对管道附件及卫生器具给水配件的安装施工质量进行管理。在建筑给排水施工中,安全质量管理的要求是:(1)实行跟踪监理,加强过程控制。(2)严把分部分项工程质量评定关。分项工程质量是工程项目质量的基础,是确保工程项目质量的前提。在给排水施工过程中,要加强给水、排水管道工程的施工管理,提高施工技术水平,确保工程质量,做到安全生产,节能减耗,提高经济效益。

建筑给排水施工

【建筑技术】(architectural technology) 人类对建筑材料、建筑施工和建筑理论不断改进和提交所获取成果的总称。主要是围绕材料,施工和理论。构木为巢、掘土为穴是人类最早的土木工程活动。公元8世纪建于山西五台山的南禅寺正殿是遗留至今较完整的中国木构架建筑。公元前21世纪出现的天然混凝土,有力地推动了古罗马拱券结构的发展。中世纪,欧洲建筑技术除罗马风格,还发展了哥特式教堂的新结构体系。从17世纪中叶到20世纪中叶,开始使用铸铁、钢材、混凝土、钢筋混凝土和早期的顶应力混凝土,标志着现代建筑技术进入了一个崭新时代。

【建筑技术经济】(tech-economy of construction) 运用技术经济学的原理和方法,研究建筑技术的经济效果的学问。建筑生产力的重要因素。其经济效果体现于:(1)采用某种技术所获得的成果与劳动消耗相比较,即直接经济效果。(2)采用某种技术对国民经济有关部门产生的经济效果,即相关经济效果。两者的总和构成综合经济效果。任何一项技术能否产生良好的综合经济效果,不仅取决于该项技术本身的成熟程度,而且受资源条件和经济发展水平的制约。其研究的任务是:结合建筑产品的特点,从经济的角度对技术方案、技术措施和技术政策进行分析、评价、论证和选优,为在一定时期、一定的自然和社会条件下发展建筑技术提供决策的经济依据。在中国,建筑技术经济的研究遵循技术发展的规律和社会主义经济规律,促使建筑生产以一定量的劳动占用和使用价值,即具有特定功能和质量优良的建筑产品。在讲求技术方案对个别单位、个别部门的经济效果时,要重视综合经济效果,并以能否提高社会的综合经济效果为决定技术方案取舍的标准。其研究内容是:(1)建筑技术方案的经济评价。(2)从建筑业和国民经济全局着眼,进行建筑技术经济问题的研究。(3)建筑技术经济理论和方法的研究。具体的分析方法有多指标对比法、费用与效益分析法和数学分析法。

【建筑间距】(building spacing interval) 建筑物之间的水平距离。应符合建筑总体规划的要求和环境质量的需要,根据所在地区的日照、通风、防止噪声和视线干扰、防火、防震、绿化、管线埋设、建筑布局形式以及节约用地等要求,综合考虑确定。中国大部分地区的住宅布置,通常把日照要求作为确定房屋间距的主要因素。日照间距是指前后两列房屋之间为保证后排房屋在规定日获得必需的日照所需要的水平距离。为满足建筑消防需要,房屋间距还应满足建筑设计的防火规范。

【建筑胶黏剂】(building adhesive) 在建筑业中使用的具有黏接作用的有机材料的统称。包括用于建筑装饰装修施工中各种内外墙体、楼板、地面装饰、吊顶、屋面和地下防水、金属构件和管道的安装,用于建筑结构构件在施工、加固、维修和用于建材产品制造及其他设备的各种胶黏剂及黏接铺装材料等。还可用于道路标志、水坝防漏、军事工程应急维修以及堵漏等方面。

建筑胶黏剂

【建筑节能】(energy saving of building) 在建筑中合理使用和有效利用能源以提高能源利用效率的技术。其主要途径有减少围护结构的散热和提高供热系统的热效率两个方面。前者要求适当控制建筑体形系数,即建筑物外表面积与其所包围的体积的比值。建筑外形尽可能规整,避免不必要的凸凹变化。采用高效保温材料,使用多层门窗,用空心砖、加气混凝土等新型墙体材料代替实心黏土砖。加强门窗、外墙、屋顶和地面的保温等。后者要合理提高锅炉的负荷率,改善锅炉运行状况,采用管网水平衡技术,加强供热管道保温等。

【建筑结构】(building structure) 建筑物中由建筑材料做成用来承受各种荷载或者作用,以起骨架作用的空间受力体系。按其所用建筑材料的不同可分为:混凝土结构、砌体结构、钢结构、轻型钢结构、木结构和组合结构等。(1)混凝土结构是以混凝土为主要材料建造的工程结构。包括素混凝土结构、钢筋混凝土结构、预应力混凝土结构等。(2)以砌体为主制作的结构称为砌体结构。它包括砖结构、石结构和其他材料的砌块结构。分为无筋砌体结构和配筋砌体结构。(3)钢结构是由型钢和钢板通过焊接、螺栓连接或铆接而制成的工程结构,是主要的建筑结构类型之一。(4)木结构是单纯由木材或主要由木材承受荷载的结构,通过各种金属连接件或榫卯手段进行连接和固定。(5)组合结构是同一截面或各杆件由两种或两种以上材料制作的结构。具体来讲,包括钢与混凝土组合结构和组合砌体结构。

【建筑经济合同】(the economy contract-of building) 为完成一定的建筑工程任务,直接发生经济关系的当事人双方或多方,按照有关法律规定的内容和形式,通过平等协商,为明确各方在经济上的责任和权利所签订的契约。是商品交换关系的法律表现,也是保护竞争、促进联合的法律手段。主要条款有标的物的数量和质量,价款或酬金,履约期限,地点和方式,守约应行使的权利和违约应承担的责任等。按其内容的不同可分为:(1)勘察设计合同。勘察设计单位与建设单位根据批准的设计任务书、选址报告签订。合同内容规定提交勘察、设计基础资料和设计文件的期限和质量要求,付费方式和其他协作条件等条款。如一个建设项目由几个设计单位共同设计时,建设单位与指定的主体设计单位签订设计总合同,主体设计单位与配合设计单位签订分合同。(2)建筑工程承包合同。建设期限在一年以上的大中型建设项目,由建设单位与建筑企业根据批准的计划任务书、工程项目表、初步设计和设计概算,签订工程总合同,并据此进行施工准备工作;再根据年度投资计划,工程项目表和施工图预算,签订年度施工合同。明确规定工程地址、范围、工程量、建设工期、中间交工工程、开竣工日期、工程质量、工程价款、技术资料交付时间、材料和设备的供应、拨款和结算、交工验收、双方相互协作条件等条款,并据此组织施工。在实行招标承包的情况下,建筑企业在中标后与建设单位签订上述合同。(3)物资供应合同。根据建筑工程承包合同条款规定,由负责备料的一方与建筑材料物资供应单位签订。(4)劳务合同。一般指为处理现场土石方工程或配合施工招募临时工的劳务供应合同。由建筑企业或建设单位按照政府有关规定或习惯做法,与城镇劳动服务公司、乡村有关单位或其他经济单位签订,内容包括用工人数、条件、待遇、合同期限以及有关劳保、福利等。

【建筑力学】(architectural mechanics) 力学的一个分支。以研究建筑结构和构件在各种条件下的强度、刚度和稳定性等为主要内容的学科。主要包括:(1)材料力学。研究材料在各种外力作用下产生的应变、应力、强度、刚度和导致各种材料破坏的极限。研究材料在外力作用下破坏的规律;为受力构件提供强度、刚度和稳定性计算的理论基础条件;解决结构设计安全可靠与经济合理的矛盾。(2)结构力学。它主要研究工程结构受力和传力的规律以及如何进行结构优化。对工程结构在外载荷作用下的应力、应变和位移等的规律进行探讨。分析不同形式和不同材料的工程结构,为工程设计提供分析方法和计算公式;确定工程结构承受和传递外力的能力;研究和发展新型工程结构。按其分析研究问题的不同可分为:物体的受力分析,平面力系的合成与平衡,空间力系的平衡,平面图形的几何性质,平面体系的几何组成分析,静定结构的内力分析,杆件的应力与强度计算,应力状态与强度理论,杆件的变形和结构的位移计算,超静定结构的内力计算,影响线和压杆稳定等。

【建筑美学】(architectural aesthetics) 建筑学的一个分支。在建筑学和美学的基础上,研究建筑艺术和审美观念的学科。是建筑设计过程中的重要因素。人类对建筑的审美活动,源远流长,历史悠久。国外关于建筑美学的专门研究,最早可追溯到德国古典美学的集大成者—黑格尔。黑格尔视建筑为艺术之始,把它作为艺术发展的第一阶段—象征型艺术的代表。真正的建筑美学新风,是20世纪50年代开始酝酿的。英国美学家罗杰斯·思克拉顿运用美学理论,从审美的角度论述了建筑具有实用性、地区性、技术性、总效性和公共性等基本特征。美国现代建筑学家托伯特·哈姆林提出的现代建筑技术美的统一、均衡、比例、尺度、韵律、布局中的序列、规则的和不规则的序列设计、性格、风格和色彩等法则,较全面地概括了建筑美学的基本内容。它按照美的规律,从事建筑美的创造。把创作主体、客体、本体和受体之间的关系和交互作用作为基本任务。其具体内容是:(1)建筑艺术的审美本质和审美特征。(2)建筑艺术的审美创造与现实生活关系。(3)建筑艺术的发展历程和建筑观念、流派、风格的

建筑美学

发展嬗变过程。(4)建筑艺术的形式美法则。(5)建筑艺术的创造规律和应具有的美学品格。(6)建筑艺术的审美价值和功能。(7)鉴赏建筑艺术的心理机制、过程、特点、意义和方法等。根据当前建筑美学的发展趋势,重点研究建筑美与城乡环境的关系、建筑美的审美效应、建筑美和山水园林的关系等。

【建筑密度】(building density) 在一定用地范围内所有建筑物的基底面积与用地面积之比。一般以百分比表示。建筑密度 = 建筑首层面积/规划用地面积。它是城市规划的定额指标之一。在居住区规划中,建筑密度通常是指居住建筑的密度。可以直接反映出一定用地范围内的空地率和建筑物的密集程度。居住建筑密度指标,取决于包括院落的组织,绿地所占的比率、气候、防火、防震和地形条件等对住宅建筑布置的要求,以及建筑层数、层高、房屋间距和排列方式等各项因素。一般情况下,平均建筑层数愈高,建筑密度愈低。根据 1980 年中国国家基本建设委员会颁发的《城市规划定额指标暂行规定》,新建居住区的居住建筑密度是:4 层楼区一般为 26% 左右;5 层楼区一般为 23% 左右;6 层楼区不低于 20%。

【建筑面积】(building area) 又称建筑展开面积。建筑物各层外墙(或外柱)外围以内水平投影面积之和。包括使用面积、辅助面积和结构面积。它是表示一个建筑物规模大小的经济指标。其中住宅的使用面积是指住宅中分户门内全部可供使用的净面积的总和,包括卧室、起居室、厅、厨房、卫生间、壁橱、阳台和室内走道、室内楼梯等。建筑面积的计算范围和计算方法应依据国家建设主管部门颁发的《建筑工程建筑面积计算规范》确定。

【建筑面积毛密度】(gross density of building area) 又称建筑容积率。每公顷居住区用地上拥有的各类建筑物的建筑面积或居住区总建筑面积与居住区用地的比值,即 m^2/hm^2。附属建筑物也应计算在内(不计算面积的附属建筑物除外)。

【建筑模型】(architectural model) 以其特有的形象性表现出建筑设计方案之空间效果的模型。是建筑设计及都市规划方案中,不可缺少的审查项目。它介于平面图纸与实际立体空间之间,把两者有机地联系在一起,是一种三维的立体模式。有助于设计创作的推敲,可以直观地体现设计意图,弥补图纸在表现上的局限性。它既是设计师设计过程的一部分,同时也属于设计的一种表现形式,被广泛应用于城市建设、房地产开发、商品房销售、设计投标和招商合作等方面。使用易于加工的材料依照建筑设计图样或设计构想,按缩小的比例制成的样品。是在建筑设计中用以表现建筑物或建筑群的面貌和空间关系的一种手段。对于技术先进、功能复杂和艺术造型富于变化的现代建筑,尤其需要用模型进行设计创作。制作建筑模型的材料很多,主要分两大类:(1)化工类。石英玻璃、海绵、有机玻璃、三氯甲烷、油漆、工程塑料、合成塑性版和泡沫板等。(2)植物类。木板、多层板、高密度板、竹条、纸板等。

建筑模型

【建筑模数】(construction module) 在建筑设计中,统一选定的协调建筑尺度的增值单位。是选定的标准尺度单位。作为建筑物、建筑构配件、建筑制品以及有关设备尺寸相互间协调的基础,世界各国均采用 100mm 为基本模数,用 M 表示,即 1M = 100mm。同时还采用:1/2M(50mm)、1/5M(20mm)、1/10 M(10mm)等分模数;3M(300mm)、6M(600mm)、12M(1 200mm)、15M(1 500mm)、30M(3 000mm)、60M(6 000mm)等扩大模数。使用 3M 是《中华人民共和国国家标准建筑统一模数制》中为了既能满足适用要求,又能减少构配件规格类型而规定的。

【建筑气象学】(architectural meteorology) 气象学的一个分支。研究气象对建筑的影响以及建筑物气象效应的一门学科。其研究内容包括:(1)城市规划与气象。在建筑规划和设计时,要考虑宏观气象条件的影响。如全年只有一个盛行风的地区,工业区应设在盛行风的下风方,居住区则应在其上风方,以减少工业向大气排放的污染物对居民的影响。冬季风和夏季风风向相反的地区,居民区则应设在最小风频的下风方,使居住区的空气受污染的程度最小。另外还要考虑与局地环流有关的地方性气候特征的影响。(2)建筑结构设计与气象。风压和雪压是建筑设计的侧向载荷与铅垂载荷的主要基本参数。取值偏大,会使工程造价过高,造成浪费;取值偏小,则建筑物的安全无保障。只有取值合理,才能既保证安全,又节约投资。(3)采暖、通风、空气调节、采光等与气象。(4)地基、管道工程、建筑施工等与气象。如决定地基基础和管道的埋置深度,必须考虑冻土,建筑施工则要避开可能出现的不利天气时段。此外,建筑节能也是建筑气象所研究的重要课题。建筑气象对于建筑业的发展具有重要意义。在设计高层建筑时,除须考虑地震因素外,还须考虑风荷载等气象因素的影响。不合理的建筑布局会导致空气污染加重。如何正确使用气象资料,保证建筑设计既安全、经济和实用,又有合理的布局,形成良好的气象效应,是建筑气象学的研究内容。随着现代建筑科学技术的发展,为设计和建造在不同气象条件下的良好的室内小气候环境,无论在城市规划、建筑设计,建筑的形式和材料、建筑工艺和施工等方面,都要掌握当地的气候规律。在建筑规划或设计时,不但要考虑大气候的影响,还要考虑与局部环境条件有关的小气候的影响。如"城市热岛"、"城市风"等。山区工厂排放的热量,可使近地面层热状况改变,引起逆温强度变弱、逆温中心抬高。在逆温时,大气稳定,污染物质很难扩散。因此,在工厂设计时,烟囱有效高度通常应在逆温层之上。

多雨气候下的骑楼街景

【建筑企业】(building enterprise) 从事建筑产品生产和经营的经济实体。是建筑生产力发展和建筑技术进步的主导力量。构成建筑企业的基本条件是:(1)有一定的生产对象和经营目标。(2)拥有一定数量的固定资产和流动资金。(3)有一定的组织机构和经营管理人员。(4)拥有一定数量和技术水平的劳动队伍。(5)依法登记,获得批准,在银行开户,具有法人资格。中国建筑企业在国民经济中担负的任务主要是:在国家计划指导下为社会提供建筑产品和劳务;在生产过程中实现价值增殖,增加国民收入,为国家和企业提供积累。中国建筑企业的设置原则是:(1)地区化。即以大中城市为依托,按地区建设规模及辐射能力部署建筑力量。(2)专业化。按照建筑产品性质,实行专业化分工与协作。(3)联合化。随着生产力的发展,把勘察设计、建筑安装、建筑制品生产及科学研究等业务活动分别组合在不同的联合体中。

【建筑企业财务状况】(financial situation of construction enterprise) 一定时期内建筑企业经营活动体现在资金筹集与资金运用方面的状况。它是建筑企业一定期间内经济活动过程及其结果的综合反映。是反映建筑业企业财务状况的统计报表,它由总承包、专业承包的建筑业法人单位填报。此报表包括年初存货、年末资产负债、利润及分配、应付工资、福利、应收工程款等内容,主要涉及69项统计指标。是企业一定日期的资产及权益情况,是资金运动相对静止状态时的表现。在美国会计界,常将资产负债表称为财务状况表。在当前公认的资产负债表定义中,也常认为资产负债表是反映企业某一特定时点财务状况的报表。反映财务状况的会计要素包括资产、负债和所有者权益 。财务状况分析主要是利用会计核算及有关方面提供的资料,运用反映企业财务状况的各项财务指标对企业经济活动所进行的研究和评价。财务状况分析的目的主要在于考察和了解企业财务状况的好坏,促进企业加强资金循环,保证企业经营的顺利发展。

【建筑热工学】(architectural thermal engineering) 建筑物理学的一个分支。研究建筑物室内外热湿作用对建筑围护结构和室内热环境影响的学科。其主要任务是:研究如何创造适宜的室内热环境,以满足人们工作和生活的需要。其研究的范围包括:室外热湿参数及其对室内热环境的影响,建筑材料热物理性能,房屋热稳定性,建筑热工测试的技术以及特殊建筑热工,如空调房间热工设计、地下建筑传热等。建筑物常年经受室内外各种气候因素的作用,属于室外有太阳辐射、室外空气的温湿度、风、雨、雪和地下建筑物周围的土壤或岩体的温度和裂隙水等。由于室外热湿作用经常变化,建筑物围护结构本身及由其围成的内部空间的室内热环境也随之产生相应的变化。属于室内的气候因素有:进入室内的阳光、空气温湿度、生产和生活散发的热量和水分等。室内外热湿作用的各种参数,是建筑设计的重要依据。它不仅直接影响室内热环境,而且在一定程度上影响建筑物的耐久性。建筑物既要抗御严寒和酷暑,又要把室内多余的热量和湿气散发出去。对于特殊建筑,如空调房间、冷藏库等不仅要考虑热工性能,而且还要考虑投资和节能等问题。

【建筑热湿环境】(building thermal and wet environment) 建筑室内热湿状态与各种内外扰之间的响应关系所形成的环境。是建筑环境中最主要的内容。主要反映在空气环境的热湿特性中。其主要原因是:(1)外扰。主要包括室外气候参数,如室外空气温湿度、太阳辐射、风速和风向变化和邻室的空气温湿度。均可通过围护结构的传热、传湿、空气渗透使热量和湿量进入到室内,对室内热湿环境产生影响。(2)内扰。主要包括室内设备、照明和人员等室内热湿源。无论是通过围扩结构的传热传湿还是室内产热产湿,其作用形式基本属于对流换热、导热和辐射三种形式。某时刻在内外扰作用下进入房间的总热量,称为该时刻的得热。得热量的显热部分,包括对流得热、通过围护结构导热形成的围护结构内表面与室内空气之间的对流换热和辐射得热。如果得热量为负，则意味着房间失去了显热或潜热量。由于围护结构本身存在热惯性，使其热湿过程的变化规律相当复杂。通过围护结构的得热量与外扰之间存在着衰减和延迟的关系。

【建筑设计】（architectural design） 技术人员按照建设任务，把施工过程和使用过程中所存在的或可能发生的问题，事先作好通盘的设想，拟定好解决这些问题的办法、方案并用图纸和文件表达出来的技术工作。作为备料、施工组织工作和各工种在制作、建造工作中互相配合协作的共同依据。便于整个工程得以在预定的投资限额范围内，按照周密考虑的预定方案，统一步调，顺利进行 。并使建成的建筑物充分满足使用者和社会所期望的各种要求。在古代，建筑技术和社会分工比较单纯，建筑设计和建筑施工并没有很明确的界限，施工的组织者和指挥者往往也就是设计者。在近代，建筑设计和建筑施工才分离开来。在西方从文艺复兴时期开始萌芽，到产业革命时期才逐渐成熟；由于建筑所包含的内容和所要解决的问题越来越复杂，中国则是在清代后期在外来的影响下逐步将建筑施工与设计分开。

建筑设计

【建筑设计规范】（architectural design specification） 政府或立法机关颁布的对新建建筑物所作的最低限度的技术要求。是建筑法规体系的组成部分。按建筑法规体系的不同可分为：主要涉及行政和组织管理的法律，包括惩罚措施规范，侧重于综合技术要求；标准，则偏重于单项技术要求。各国建筑法规体系层次区分并不相同。随着建筑活动的发展和深化，建筑设计规范需要不断修订和更新。有些国家设有专门研究机构，随时更新条目，定期修编。其内容一般分为：(1)行政实施部分。规定建筑主管部门的职权、设计审查和施工、使用许可证的颁发、争议、上诉和仲裁等内容。(2)技术要求部分。主要包括建筑物按用途和构造的分类分级；各类(级)建筑物的允许使用负荷、建筑面积、高度和层数的限制等；防火和疏散，对有关建筑构造的要求；对结构、材料、供暖、通风、照明、给水排水、消防、电梯、通信和动力等的基本要求和某些特殊和专门的规定等。有些国家的大城市还制定与建筑设计规范平行的火警区域规范和分区规范。前者规定市区由于防火要求不同而对区内建筑物提出的技术要求，后者规定不同区域内的建筑功能类型以及对建筑物高度等的限制。

【建筑设计机构】（organizations of building design） 从事建筑设计工作的组织。包括建筑设计院、建筑设计室、建筑设计公司、建筑设计事务所、建设公司设计部等。中国的建筑设计机构按其管理层次的不同可分为：部属、省、自治区、直辖市，省辖市、地区，县三级管理。在建筑设计机构内，拥有给水、排水、供暖、空调、电气、工艺和经济等方面的各种专业人员。可以进行完整的建筑设计。有的为民用或工业建筑设计，有的还从事设计咨询、可行性研究、勘探测量和设计技术审定等工作。主要技术人员必须经过考核，取得不同等级的执照后方可承担规定范围内的设计任务。西欧和美国等多采用建筑设计公司和建筑设计事务所的形式。这些国家的许多中小建筑设计公司或建筑设计事务所，一般只有建筑、结构两个主要专业的设计人员。承接任务时，在建筑方案确定之后，将其他专业设计工作包给专业设计公司或事务所去完成。日本还采用建设公司的形式，这类公司大都拥有设计、科学研究和施工等方面的力量，可承担工程设计和施工的全部工作。中国在 1953 年以前的建筑设计机构也采用建筑设计公司和建筑设计事务所的形式，以后采用设计院和建筑设计室。从 20 世纪80 年代开始实行经济体制改革，又出现了不同类型的建筑设计机构。

【建筑生产基地】（building production base） 直接为建筑安装施工生产各类制品、半成品和材料以及为其提供服务的各种生产与服务性企业或单位的总称。按其服务范围的不同可分为：(1)地区型和城市型生产基地。设置在工程建设较集中的地区或城市。由一定数量的有关生产或服务单位组成。其规模较大，生产也比较稳定。这种生产基地常设有各类水泥制品厂、钢筋混凝土预制构件厂、沥青混凝土厂、木材加工厂、金属结构厂、砂石采掘场、建筑机械和运输汽车修理厂等。(2)现场型生产基地。在某些大型施工现场，由于工程规模大，施工工期长，又离集中的生产基地较远，就需在现场建设上述各种附属生产企业，为本工程提供产品和服务。在各种施工现场还设置规模大小不等的模板和钢筋加工车间、石灰熟化和砂浆与混凝土搅拌站、露天预制场以及动力设施等。按其服务时间长短的不同可以分为永久性生产基地和临时性生产基地。地区型、城市型或特大的现场型生产基地大都建成永久性基地，以便在较长时间内为建筑安装施工服务。一般现场型的生产基地则多是临时性的，通常采用装拆式结构和移动式的机械化装置。建筑生产基地的各类生产或服务，如运输性企业与一般企业不同之处在于：它们都直接隶属于施工部门，并且基本上只为有关的施工单位服务；它们的产品一般都是半成品或直接开采的砂、石等材料，而不是一般的建筑材料。

建筑生产基地

【建筑声测量】(architectural acoustics measurement) 以声学测量技术为基础，对建筑声学中各种参数的测量。常用的仪器设备有：(1)声源和振动源测量设备。包括振荡器、噪声发生器、滤波器、功率放大器、扬声器、火花发生器和撞击器等。(2)接收设备。包括传声器、声透镜、声抛物镜和拾振器等。(3)记录和分析设备。包括测量放大器、滤波器、声级计、声谱仪、频率分析仪、记录仪、录音机、示波器、声功率计算器、数字频率分析仪、声强分析系统、台式计算器和电子计算机等。在测量时，可以根据测试的要求，将上述仪器设备进行各种组合。一般测量取125～4 000Hz倍频程或1/3倍频程带，特殊情况可扩展到63～8 000Hz。按其所测参数方法的不同可分为：音质测量方法、吸声测量方法、消声测量方法 和隔声测量方法 。

【建筑声学】(architectural acoustics) 声学的一个分支。研究建筑中声学环境问题的学科。主要研究室内音质和建筑环境的噪声控制、室内声波传输的物理条件和声学处理方法，以保证室内具有良好声学条件；还研究控制建筑物内部和外部一定空间内的噪声干扰及其危害。因此，室内声学就是建筑声学的基本内容。室内声学的研究方法有几何声学法、统计声学法和波动声学法。其设计内容包括：体型、容积、最佳混响时间及其频率特性的选择与确定，吸声材料的组合布置和设计适当的反射面以及合理组织近次反射声等。声学设计时要考虑以下两个方面：(1)要加强声音传播途径中有效的声反射，使声能在建筑空间均匀分布和扩散，如在厅堂音质设计中应保证各处观众席都有适当的响度。(2)要采用各种吸声材料和吸声结构，以控制混响时间和规定的频率特性，防止回声和声能集中等现象。

【建筑师】(architect) 以具有建筑学相关学科的知识及建筑设计技能并能用之为社会服务的专业人员。他们使用美学及实用方面的技能与知识，构思、设计建筑物。在自己经营的业务中，或作为专家提供服务时，能够合理地运用设计、规划技能。凡是涉及保障生命、健康及财产安全的建筑物，必须由注册的建筑师设计。在许多国家，建筑师受到法律保护。未按法律规定的程序注册而使用建筑师的称号，或承担按法律规定必须由建筑师进行的建筑实践者，均属犯法行为。注册建筑师可以是政府设计机构的成员，也可以独自经营或合伙经营建筑事务所，也可以是设计公司的主持人或雇员。鉴于建筑师的工作直接影响到国家财产和公众利益，对建筑师实行严格的注册制已成为国际惯例。

【建筑施工安全管理】(building construction safety management) 在现场施工过程中运用现代安全管理方法和科学技术手段，防止危险、危害因素导致伤亡事故、职业病、设备或财产损失，为实现预定的安全生产目标要求而采取的管辖、控制和处理措施。施工安全管理的原则要求是：有效控制，科学管理，便利施工，全过程动态安全管理。其任务是正确贯彻执行国家和地方的安全生产、劳动保护和环境卫生的法律法规、方针政策和技术标准、技术规范，使施工现场安全生产工作做到目标明确，组织、制度、措施落实，保障施工安全。其内容是：(1)建立健全安全生产管理机构和配备安全生产管理人员。(2)建立健全安全生产管理体系和安全生产责任制。(3)编制安全生产资金计划。(4)编制和实施施工组织设计和专项施工方案的安全技术措施。(5)抓好安全教育培训工作。(6)安全检查。(7)伤亡事故的调查和处理。(8)施工现场的安全管理，即施工现场作业、设施设备和作业环境安全管理等。

【建筑施工安全技术】(building construction safety technology) 为防止在建筑工程施工中发生生产安全事故和职业危害，针对工程特点、环境条件、劳力组织、作业方法、施工机械、供电设施等制定的确保安全施工的技术措施。其内容有：(1)土石方开挖的坡度大小和采取固壁支撑的措施。(2)起重架子、脚手架的负荷计算、锚固措施、搭设和拆除的程序和方法。(3)脚手架施工时架设安全网的程序、方法。(4)多层交叉作业隔离措施的设置方法。(5)吊装工程高处作业系挂安全带的方法。(6)施工机具制动装置的技术要求。(7)电气设备保护接地的办法和技术要求。(8)爆破工程用药量与警戒时间和安全范围的规定。(9)原有建筑物、构筑物拆除的程序和方法。(10)易燃品仓库的设置地点和安全距离。(11)工地消防器材的配置和防火措施。(12)防腐材料的化学性能安全注意事项。(13)施工工程与周围通行道路及民房防护隔离的措施。(14)高于周围避雷设施的金属构筑物的防雷措施等。安全技术措施应根据工程实际情况而制定，力求具体明确，切实可行。建筑施工安全技术措施是建设工程项目管理规划、实施施工组织设计的重要组成部分。有效的安全技术措施在施工过程中可以起改善劳动条件、消除危险隐患、减少事故发生等作用，并且可以解除工人精神上的紧张状态，增加安全感，提高生产效率。

【建筑施工安全检查】（construction safety inspection） 根据建筑施工的特点就当前事故发生情况和建筑施工技术手段的针对性检查。是国务院建设行政主管部门或国务院负责安全生产监督管理部门或建筑施工企业的上级管理机构依照《建筑施工安全检查标准》，对建筑工程项目安全施工状况进行的一项安全生产监督管理工作。按其检查内容的不同可分为：安全管理、外脚手架、施工用电、龙门架与井字架、塔吊、施工机具等方面 56 个检查项目。其中，在安全管理、文明施工、落地式外脚手架、门形脚手架、施工用电、挂脚手架、吊篮脚手架、附着式脚手架、基坑支护、模板工程、施工用电、龙门架与井字架、外用电梯、塔吊、起重吊装 15 张检查评分表中设立了保证项目和一般项目。保证项目是安全生产检查的重点和关键。对一个施工现场的安全生产情况的评价是以在汇总表的总得分以及保证项目达标情况来评定的。评价结果分为优良、合格、不合格三个等级。通过安全生产检查可以发现施工过程中的不安全因素（人的不安全行为和物的不安全状态）、危害或污染环境的问题，从而采取技术或管理对策，消除不安全因素或环境影响因素，保障安全生产。

井字架

【建筑施工电梯】（elevator for constraction） 建筑中用以载人载货的升降施工机械。由于其独特的箱体结构使其乘坐起来既舒适又安全。施工升降机在工地上通常是配合塔吊使用。一般载重量在 1～3t，运行速度为 1～60m/min。施工升降机的种类很多。按其运行方式的不同可分为无对重和有对重两种；按其控制方式的不同可分为手动控制式和自动控制式。按需要还可以添加变频装置和 PLC 控制模块，另外还可以添加楼层呼叫装置和平层装置。升降机为适应桥梁、烟囱等倾斜建筑施工的需要，可根据建筑物外形，将导轨架倾斜安装，而吊笼保持水平，沿倾斜导轨架上下运行。

建筑施工电梯

【建筑施工企业安全评价】（safety assessment on construction enterprise） 对建筑施工企业安全生产能力、安全设施、安全管理体系等作出评分。《施工企业安全生产评价标准》从两大方面对安全生产能力进行综合评价。其内容包括：（1）建筑企业安全生产条件的评价。应主要从安全生产管理制度、资质、机构与人员管理、安全技术管理、设备设施管理四个方面来确认建筑企业是否具备必要的安全生产条件。其中，安全生产管理制度分项主要从安全生产责任制度、安全生产资金保障制度、安全教育培训记录、安全检查制度、生产安全事故报告制度五个方面进行评价；资质、机构与人员管理分项主要从企业资质和从业人员资格、安全生产管理机构、分包单位资质和人员资格管理、供应单位管理四个方面进行评价；安全技术管理分项主要从危险控制、施工组织设计（方案）、专项安全技术方案、安全技术交底、安全技术标准、规范和操作规程、安全设备和工艺的选用八个方面进行评价；设备与设施管理分项主要从设备安全管理、大型设备装拆安全控制、安全设施和防护管理、特种设备管理、安全检查测试工具管理五个方面进行评价。（2）建筑企业安全生产业绩评价。应主要从生产安全事故控制、安全生产奖罚、项目施工安全检查、安全生产管理体系推行四个方面的相关记录或有效证明材料，对施工企业安全生产业绩进行评价。对建筑施工企业安全生产条件单项评价、安全生产业绩的单项评价和安全生产能力综合评价的结果均分为合格、基本合格、不合格三个等级。其中，企业安全生产能力综合评价结果，是根据安全生产条件与安全生产业绩两个单项的评价结果评定的。

【建筑施工事故】（construction accident） 在建筑工程施工现场发生的事故。一般会造成人身伤亡或伤害，或造成财产、设备、工艺等损失。具有严重性、复杂性、可变性和多发性的特点。据统计，建筑施工事故的类型主要是高处坠落、施工坍塌、物体打击、机械伤害（含机具伤害和起重伤害）和触电等类型，习惯称为“五大伤害”。这五类事故所造成的死亡人数分别占全部建筑施工事故死亡人数的 53%、15%、10%、9% 和 7% 左右。

【建筑史】（architectural history） 建筑物的历史或对建筑历史本身的研究。其主要研究内容是建筑风格演变。即对建筑物的既往或建筑活动的既往进行的调查研究。自从有了人类存在,便开始了对于人造环境不懈的追求。在人类文明历史中,建筑本身对于文明的发展和社会形态的形成有着直接地反映或影响。各国之间对于建筑史的分类和描述有着很大的差异。

【建筑市场】(construct market) 建筑产品生产流通全过程中买卖关系的总和。按其地域范围的不同可分为:国际建筑市场和国内建筑市场、城市建筑市场和农村建筑市场等。按其市场客体的不同可分为:建筑产品市场、建筑劳务市场、建筑资金市场、建筑技术市场和建筑机械市场等。按其出售方式的不同可分为期货市场和现货市场。形成建筑市场的条件是:(1)建筑企业是相对独立的商品生产经营者。(2)建筑产品、劳务或机械等是商品,可以自由买卖。开放建筑市场,可以促使企业转变经营模式,使其成为真正的商品生产者和经营者,对完善建筑市场机制,实现建筑产品商品化,促进技术进步和建筑业的发展,具有重要作用。

【建筑通风设施】(building ventilation facility) 建筑物内与室外空气直接流通的窗口、洞口、自然通风道或机械通风装置。建筑设计中十分重要的内容之一。利用自然通风的生活、工作房间的通风开口面积,不得小于该房间地板面积的1/20;厨房开口有效面积不小于房间地板面积的 1/10,并不得小于0.6m^2;厨房上方应安装排除油烟设备,并设排烟道。无自然通风的卫生间、浴室使用机械通风。

【建筑物】(building) 又称建筑。供人们生产、生活或其他活动的房屋和场所。包括居住建筑、公共建筑、工业建筑、农业建筑和园林建筑等。居住建筑即住宅。公共建筑是人们用于工作、学习、医疗、旅行的非生产性建筑,如图书馆、办公楼、医院、商店、体育馆、纪念馆等。工业建筑指供工业生产用的建筑物,包括生产用的厂房、动力用的发电站以及储存原材料、成品用的仓库、办公楼房等。农业建筑主要指饲养牲畜、储存农机具和农产品及其他各种农业生产用的建筑物。园林建筑是指建造在园林内,供人们游玩、休憩用的建筑物,如亭、台、楼、阁、厅、廊、榭等。建筑物价格不含建筑物所占用的土地的价格。建筑物应具备人能居住和活动的稳定空间,是人造自然的主体。一般情况下,建筑的建造目的既侧重于人可以活动的内部的空间,又侧重于获得建筑物的内外部形象,如教堂、纪念碑等。

建筑物

【建筑物变形监测】(building deformation monitoring) 用测量仪器测定建筑物及其地基在建筑物荷载和外力作用下变形状况的活动。“变形”是个总体概念,既包括地基沉降、回弹,又包括建筑物的裂缝、倾斜、位移及扭曲等。在进行变形监测时,一般在建筑物特征部位埋设变形监测标志,在变形影响范围之外设测量基准点,定期测量监测标志相对于基准点的变形量。从历次监测结果的比较中,了解变形随时间而变化的情况。变形监测周期随单位时间内变形量的大小而定。变形量较大,监测周期宜短;变形量减小,建筑物趋向稳定时,监测周期宜相应放长。

【建筑物防雷装置】(thunder-preventing-device of building) 在建筑物上装设的防雷电设备。由接闪器、引下线和接地装置组成。接闪器又称受雷装置,是接受雷电流的金属导体。在建筑物周围或屋面上设置的避雷针、避雷网、避雷带或避雷线都是常见的接闪器。接闪器通常采用圆钢、焊接钢管、扁钢或镀锌钢绞线制成,也有利用建筑物的金属屋面作为接闪器的。为了建筑物的美观,利用屋面混凝土构件内的钢筋做接闪器也是一种常见的方法。引下线又称引流器,是敷设在建筑物墙面或墙内的导线。它把雷电流由接闪器引到接地装置。引下线采用圆钢或扁钢,通常可沿建筑物外墙明敷。对于建筑艺术较高者可暗敷,或利用墙、柱内的钢筋、钢柱作为自然引下线。接地装置是埋在地下的金属导体组和连接导线的总称。它把接闪器接受的雷电流发散到大地中去。埋于土壤中的垂直接地体采用角钢、钢管或圆钢,并用扁钢或圆钢制成的水平接地体焊连构成人工接地体。水平接地体一般埋深不小于0.5m。接地体应尽量避开建筑物的出入口或人行道。否则,应采取深埋、将局部包绝缘物或敷设沥青层的措施。高层建筑混凝土基础由于其埋层较深,土壤中含有水分,其中钢筋往往有很好的接地性能,可以作为自然接地体。

建筑物防雷装置

【建筑物放样测量】(survey of building setting out) 在实地标定出设计的建筑物的平面位置和高程的测量。建筑物平面位置的放样是从测量控制点或建筑方格点出发,按设计坐标在实地标定建筑物的主轴线,再由主轴线建立矩形控制网,作为厂房的施工控制网。然后根据它放出建筑物的其他轴线,定出柱基中心位置,按柱基的设计尺寸,用灰线标出基坑范围。对于小型建筑物,也可以不建立矩形控制网,由主轴线按基础平面图在龙门板上定出墙中心线,划出墙边线和基础边线并放出基槽等开挖边线。这些工作也称为建筑物的“定位”或“放线”。建筑物高程的放样根据建筑场地中的水准点,用水准测量的方法进行。一般在龙门桩上测设出建筑物底层室内地坪的设计高程线,即 ±0 标高线。建筑物各部分的标高通常都是相对于 ±0 标高线。

【建筑物荷载】(building load) 建筑物结构自重和施加于结构上的外力之和。例如恒载、楼面活荷载、车辆荷载、雪荷载、风荷载、吊车荷载、屋面积灰荷载、波浪荷载等。实际上,作用和荷载可以通用,但习惯上荷载专指直接作用。

【建筑物耐火等级】(fire resistance grades of building) 衡量建筑物耐火程度的分级标准。是由建筑物墙、柱、梁、楼板、屋顶承重构件和吊顶等主要建筑构件的燃烧性能和耐火极限的最低者所决定的。划分建筑物耐火等级的目的在于根据建筑物不同用途提出不同的耐火等级要求,做到既有利于安全,又节约基本建设投资。根据中国多年的火灾统计资料,结合建筑材料、建筑设计、建筑结构及其施工的实际情况,并参考国外划分耐火等级的经验,将普通建筑的耐火等级划分为四级。耐火等级的划分是以楼板为基础的。在建筑结构中所占的地位比楼板重要者,如梁、柱、承重墙等,其耐火极限高于楼板;比楼板次要者,如隔墙、吊顶等,其耐火极限低于楼板。影响耐火等级的因素包括四个方面:建筑物的重要性、建筑物的高度、火灾危险性和建筑物的使用性质。

【建筑物耐久性等级】(building durability grade) 衡量建筑物耐久程度的分级标准。建筑物的寿命主要根据建筑物的重要性和规模大小划分,并以此作为基建投资和建筑设计的重要依据。耐久等级的指标是使用年限,使用年限的长短依据建筑物的性质决定。影响建筑寿命长短的主要因素是结构构件的选材和结构体系。耐久性等级一般分为四级:一级耐久年限为 100 年以上,适用于重要的建筑和高层建筑。二级耐久年限为50~100年,适用于一般性建筑。三级耐久年限为25~50年,适用于次要建筑。四级耐久年限为 15 年以下,适用于临时性建筑。

【建筑物排水系统】(drainage system in construction) 将人们在日常生活或生产中使用过的水及时收集、输送并排出建筑物的系统。按其排水的来源和水受污染情况的不同可分为:(1)生活排水系统。将民用住宅建筑、公共建筑以及工业企业生活间的生活污水、废水排除。(2)工业废水排水系统。用来排除工业生产过程中的生产废水和生产污水。生产废水污染程度较轻的,如循环冷却水等,可回收利用。生产污水污染程度较重的,一般需要经过处理后才能排放。(3)雨水排水系统。用来排除屋面雨水、雪水的系统。一般用于大屋面的厂房及一些高层建筑雨、雪水的排除。若生活废水、工业废水及雨水分别设置管道排出室外的称为建筑分流制排水;若将其中两类以上的污水、废水合流排出的,则称为建筑合流制排水。建筑排水系统是选择分流制排水系统还是合流制排水系统,应综合考虑污水污染性质、污染程度、室外排水体制是否有利于水质综合利用及处理等因素来确定。

建筑物排水系统

【建筑物下采矿】(mining under building) 采用专门技术和安全措施开采建(构)筑物下矿体的采矿方法。地下采矿会对地表及其上面的建筑物产生破坏性的影响。这是由于随着地表的移动,地面建筑物的基础相应地产生了变形,使主要建筑物的支承构件上产生了附加应力。在不同的地表变形作用下,建筑物受到不同的影响,如下沉、倾斜、水平变形、曲率变形等。但因建筑物具有一定抵抗变形的能力,所以建筑物与地表在开采影响下产生的变形及其变化过程并不完全一致,而是与建筑物的结构型式、平面布置、尺寸、基础深度、材料性质、荷载情况以及地基性质等有关。为保护建筑物的安全,在建筑物下采矿的措施有:防止地表突然下沉,减小地表下沉值,减小地表变形。开采方案的设计应遵守以下原则:(1)以保护地面建筑物为主。主要是指在井下采取的开采措施应尽量减少地表的移动变形值以达到保护地面建筑物的目的。如对一些保护等级较高的建筑物以及在建筑物密集的城镇、村庄下采矿时,都应以保护地面建筑物为主。(2)以井下采矿为主。此时对地面建筑物则采取搬迁、加固及维修等保护措施。一般是采前加固，采后维修。对于地面建筑物质量较好、数量较少时常用此种方法。(3)开采与加固维修相结合。即在井下采取减少地表的移动变形值的开采措施，对地面个别有影响的建筑物进行加固维修，使二者结合起来。目前采用这种方法的较多，既可尽量开采建筑物下的矿产资源，又可保证建筑物的正常使用。

【建筑吸声测量】(architectural sound absorbing measurement) 测量建筑物吸声材料和结构吸声系数的方法。其测量方法有：(1)驻波管法。用来测量声波垂直入射时试件的吸声系数。测量的步骤是把试件放在驻波管的一端，在管子另一端用振荡器和扬声器发出某一频率的声信号以平面波的形式传播，管内的入射和反射声波叠加形成驻波，通过一探管传声器测量它的极大值和极小值，在频率分析仪上便可量度出材料的吸声系数。驻波管法应用简便，容易比较各种材料的吸声性能。(2)混响室法。用来测量声波无规则入射时试件的吸声系数。把试件（面积约为10～12m^2）装置在符合国际标准规定的混响室，分别测量空室和装入试件后室内的混响时间，算出试件的吸声系数 α。混响室法比较符合实际情况，测量的数据可直接用于工程设计。

【建筑消声测量】(construction noise reducing measurement) 测量建筑设备通风系统中消声器的方法。主要有：(1)透射损失测量。用测量声功率的设备，在管道中测量入射于消声器的声功率 W1 和由消声器透射的声功率 W2，由此计算出消声器的透射损失。这种测试用来检查消声器的性能适合在实验室进行。(2)插入损失测量。消声器插入管道前后，在消声器出口管段同一测点测得声压级差。这种测试宜用来检验装设消声器后的综合效果。

【建筑信息管理】(information management in construction) 对建筑生产经营活动中的有关信息进行收集、加工、传输、存储、检索等过程的总称。建筑业各级、各部门对生产经营活动进行分析、研究和决策的科学手段，可分为：(1)固定信息。具有相对稳定性，在一定时间内可在各项管理工作中重复使用，如定额、计划价格和单位估价表等。(2)流动信息。反映某一时刻生产经营活动各个环节、各种工作的实际变化情况，如市场价格，建设地区的经济社会状况、生产、劳动、材料、设备、财务、成本等各种资料。时间性很强，必须及时收集、整理和分析。按其信息产生顺序的不同可分为：基础信息、计划合同信息和检查信息。按其信息传递关系的不同可分为：自上而下的信息、自下而上的信息和横向信息。其内容主要有：(1)信息收集。收集初始信息，是信息管理的基础工作。建筑信息存在于建筑行业的内外和生产经营活动的始终。因此，建筑管理机构要掌握信息的来源和流向，保证其可靠性、真实性、完整性和统一性，消除信息间的矛盾和重复。(2)信息加工。是信息管理的中心环节。包括对信息进行分类、排序、编辑、计算、比较和选择，使其符合一定的目的和要求。在采用电子计算机处理时，包括把信息转化为电子计算机能识别的数据码等工作。(3)信息传输。即信息的输入和输出，形成信息流。信息存储是将并非立即使用或虽属立即使用，但还要作长期使用或参考的信息存储起来。(4)信息检索。是拟定一套简捷、适用的查找方法，以便在大量存储信息中准确、迅速地查出需用的信息。(5)信息输出。是将经过处理的信息，按照需要的格式，打印出各类报表和明细表册等技术文件。

【建筑形象】(building image) 建筑物的艺术效果。根据建筑的功能及审美要求，结合地域及环境条件，通过一定的技术、材料条件，遵守某些基本原则，如建筑的比例、尺度、均衡、韵律、建筑的体型、外立面、色彩等创造出良好的艺术效果。建筑形象不单纯体现在美观上，同时还要反映出不同社会、民族、地域及时代的特征。

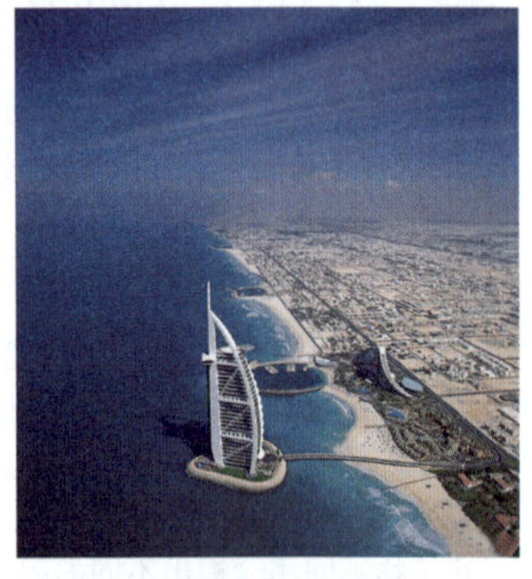
建筑形象

【建筑学】(architecture) 研究建筑技术、建筑艺术和建筑环境的学科。旨在总结人类建筑活动的经验，以指导建筑设计创作，构造某种体形环境等。传统的建筑学的研究对象包括建筑物、建筑群以及室内家具的设计，风景园林和城市村镇的规划设计等。随着建筑事业的发展，园林学和城市规划逐步从建筑学中分离出来，成为相对独立的学科。它不仅要满足人们物质上的需求，而且要满足人们精神上的需求。社会生产力和生产关系的发展和变化，政治、文化、宗教、生活习惯等的变化，都会对建筑技术和艺术产生重大影响。建筑物是反映一定时代人们的审美观念和社会艺术思潮的艺术品，建筑学有很强的艺术性质，在这一点上不同于其他工程技术学科。建筑艺术主要通过视觉给人以美的感受。可以创造出庄严、雄伟、幽暗、明朗的气氛，使人产生崇敬、自豪、压抑和欢快等情绪。建筑艺术是一门综合性很强的艺术。其主要研究领域有:建筑设计、建筑历史、建筑艺术、建筑美学、建筑构造和建筑物理。相关研究领域有:建筑材料、建筑力学、建筑结构和建筑施工。与其有密切联系的领域有:城市规划、城市设计、园林景观设计和室内设计。相关领域有:建筑经济、市政工程、环境工程、结构工程学、交通工程学、防灾工程学、水利工程、岩土力学和水力学等。

【建筑业】(building industry) 专门从事土木工程、房屋建设和设备安装以及工程勘察设计工作的生产部门。狭义上主要包括建筑产品的生产活动。广义则涵盖了建筑产品的生产以及与建筑生产有关的所有的服务内容,包括规划、勘察、设计、建筑材料、成品及半成品的生产、施工及安装,建成环境的运营、维护及管理、相关的咨询和中介服务等。其产品是:各种工厂、矿井、铁路、桥梁、港口、道路、管线、住宅、公共设施的建筑物、构筑物和设施。其类型主要有:房屋和土木工程建筑业,建筑安装业,建筑装饰业和其他建筑业。它是国民经济的重要物质生产部门,与整个国家经济的发展、人民生活的改善有着密切的关系。增长速度很快,对国民经济增长的贡献也很大。作为国民经济的支柱产业,具有宏观经济形势的相关性和政策敏感性。

【建筑业总产值】(gross production ralue of construction enterprise) 以货币表现的建筑安装企业在一定时期内生产的建筑业产品价值的总和。具体内容包括:(1)建筑工程产值。指列入建筑工程预算内的各种工程价值。(2)设备安装工程产值。指设备安装工程价值,不包括被安装设备本身价值。(3)房屋、构筑物修理产值。指房屋、构筑物修理所完成的价值,但不包括被修理房屋、构筑物本身的价值和生产设备的修理价值。(4)非标准设备制造产值。指加工制造没有定型的、非标准的生产设备的加工费和原材料价值,以及附属加工厂为本企业承建工程制作的非标准设备的价值。(5)工程勘测与设计产值,指工程勘测与设计活动创造的价值。

【建筑音质测量】(building acoustic quality measurement) 测量建筑厅堂基本音质参数的方法。其测量参数是:(1)混响时间。当声音在厅堂内达到稳态后切断声源,声音的衰减信号经测点的传声器拾取,通过接收系统把衰减曲线记录下来,根据衰减曲线的斜率和记录纸的纸速便可量度出混响时间。此外,还可用数字频率分析仪和台式计算器作自动测量。(2)声场不均匀度。通过接收系统测量各测点的声压级,可得出声场的不均匀度。(3)方向性扩散。以声透镜作接收器,沿水平方向360°旋转,通过接收系统描绘出对应水平各个方向的声音强度的分布图形,根据图形可计算出水平方向性扩散值。(4)反射声分布。通过接收系统,利用示波器可观察到直达声和按时间排列的反射声分布图形。也可以用时间延迟频谱装置测量反射声的能量分布。(5)清晰度。它是一项主观测听指标。由发音人按规定时间间隔发出若干单音节,经过听者收听并记录,然后统计听者正确听到的音节数占所发音节数的百分比,此值即为音节清晰度。

【建筑噪声测量】(construction noise measurement) 测量建筑设备噪声的方法。主要有:(1)声压级测量。最简便的测量方法是采用声级计直接测量,或再接一台记录仪把噪声信号记录下来。也可以用数字频率分析仪进行测量,便于对噪声信号作快速分析和数据处理。(2)声功率测量。采用声功率计算器可直接测量出噪声源的声功率。若用声强分析系统测量则更为方便,它可以在多个噪声源的情况下,鉴别被测的噪声源及判定其方位和声功率。

建筑噪声测量

【建筑照明光度测量】(architectural lighting survey) 用测量装置对建筑照明光度参数的测量。建筑采光的数量评价指标是采光系数,可用测量照度的方法计算求得,也可直接用采光系数测量仪测量。其主要数量评价指标是:(1)平面照度。即照射到某一表面上的光通量与被照面的面积之比,可用照度计测量。(2)平均球面照度。指被测点为球心的“小球”面上的平均照度,可用平均球面照度计测量。(3)平均柱面照度。指轴线通过被测点的圆柱面上的平均照度,可用平均柱面照度计测量。其主要质量评价指标是:(1)采光照明均匀度。指被测面上的最低采光系数或照度与该面上的平均采光系数或平均照度之比,可用照度计测量后计算得出。(2)被照面的亮度和亮度分布。可用亮度计测量并计算确定。(3)眩光。视野内的亮度分布不均匀和亮度差过大引起的眩光,常用眩光指数或限制照明器的亮度进行评价。眩光指数和照明器的亮度可通过亮度测量和计算确定。

【建筑制图】(architectural graphing) 按有关规定将建筑设计的意图绘制成图纸的技术工作。在建筑设计的不同阶段,绘制不同内容的设计图。在建筑设计的方案设计阶段和初步设计阶段,应绘制初步设计图;在技术设计阶段,应绘制技术设计图;在施工图设计阶段,应绘制施工图。对初步设计图的基本要求是:(1)通常要画出建筑总平面图、建筑平面图、建筑立面图、建筑剖面图和建筑透视图或建筑鸟瞰图。(2)能表现出建筑中各部分、各使用空间的关系和基本功能要求的解决方案。包括建筑中水平交通和垂直交通的安排,建筑外形和内部空间处理的意图,建筑和周围环境的主要关系,结构形式的选择和主要技术问题的初步考虑。(3)这个阶段的设计图应能清晰、明确地表现出整个设计方案的意图。

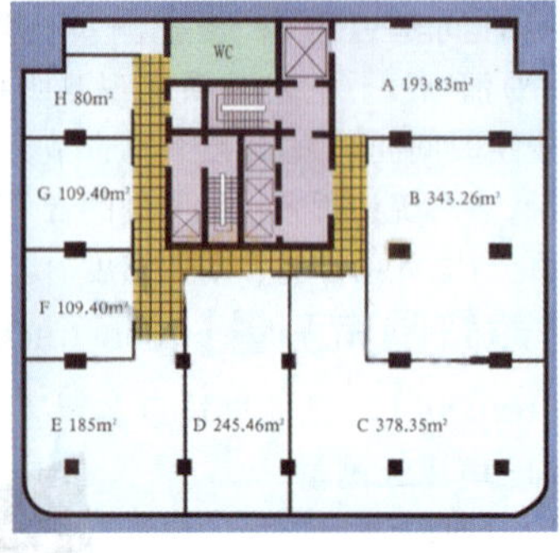

建筑制图

【剑杆引纬】(rapier inserting) 用往复移动的剑状杆插入或夹持纬纱,将机器外侧固定筒子上的纬纱引入梭口的方法。根据剑杆的软硬程度的不同,有刚性和挠性(伸缩式和盘带式)之分;剑杆的配置有单剑杆引纬和双剑杆引纬。对于双剑杆,按其纬纱交接方式的不同可分为插入式和夹持式两种。剑杆引纬是将纬纱引入梭口中,引纬运动是约束性的,纬纱始终处于剑头的控制之下,凡棉、毛、丝、麻、玻璃纤维、化学纤维或轻、中、重型织物都可用相应的剑杆织机来织造。剑杆织机具有轻巧的选纬装置,换纬便当,可进行8色任意换纬,最多可达16色,选纬运动对织机速度不产生任何影响。剑杆引纬特别适合于多色纬织造,在装饰织物加工、毛织物加工、棉质色织物加工中应用广泛。

【剑杆织机】(rapier loom) 用往复移动的剑状杆插入或夹持纬纱将机器外侧固定筒子上的纬纱引入梭口的织布机械。按其剑杆的软硬程度的不同可分为伸缩式和盘带式两种。按数量剑杆有单、双配置之分。凡棉、毛、丝、麻、玻璃纤维、化学纤维或轻、中、重型织物都可用相应的剑杆织机来织造。

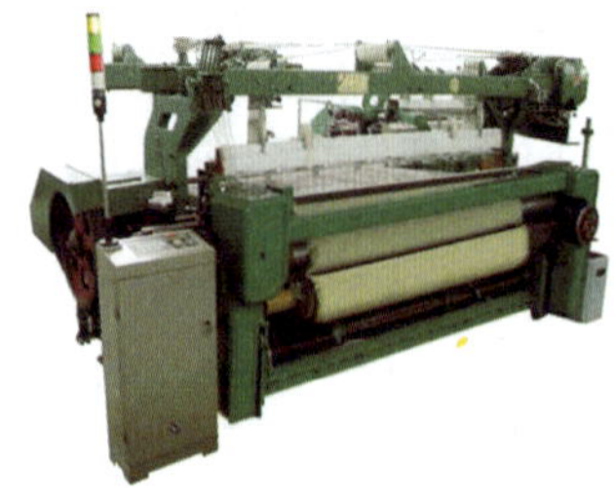
剑杆织机

【剑尾鱼】(swordtail) 又称剑鱼、青剑。银汉鱼目胎鳉科常见的热带鱼。其特点是:雄鱼尾鳍下叶有一呈长剑状的延伸突。体长纺锤形,侧扁。通体橄榄色。鳞片边缘褐色,两侧中部有一条深红色条纹,从鳃后直至尾部,条纹上下有浅蓝色镶边。雄鱼尾鳍下端延长似剑,其长度超过体长。剑尾绿色或橙色,边缘黑色。背鳍上有红斑。雄鱼3月龄后,尾鳍下叶延长,呈箭状。雌鱼色泽较雄鱼逊色,无剑尾。适温范围20~25℃。弱酸性、中性或微碱性水中都能正常生长和繁殖,最适生长水温为22~24℃。能忍受低温。杂食性。性格温和,易和别的热带鱼混养。剑尾鱼6~8月龄性成熟。卵胎生。每隔4~5周繁殖1次。每次产鱼苗20~30尾。原产于墨西哥、危地马拉等地的江河流域。已人工培育出红、白、黑、黄、朱砂等多种体色、多种鳍形的品种,更具有观赏价值。与新月鱼近缘。广泛用于遗传及医学研究。

剑尾鱼

【健康】(health) 生理、心理及社会适应三方面全部良好的一种状态。多数专家共识的健康标志有13个方面:生气勃勃,性格开朗充满活力,正常的身高体重,光滑有光泽的头发,坚固并带淡红色的指甲,粉红的舌头,食欲旺盛,正常的体温脉搏和呼吸率,健康的皮肤,正常的大小便,不易得病,明亮的眼睛及粉红的结膜,健康的牙龈与口腔黏膜。

【健康风险评价】(health risk assessment) 见生态风险评价。

【健康气象】(healthy meteorology) 气象学的一个分支。专为人们健康提供服务的气象研究。其主要研究内容包括:从致病原因入手,加强疾病发生发展和传播的气象条件研究;建立气象灾害及相关灾害频发区流行病预警、预报及应急防御系统;实时发布中短期医疗气象预报、警报;在评判舒适度等气象指数的基础上,应用模糊综合判别方法,完善半经验半定量化和客观化的气象指数预报方法,开展舒适度、风寒、热浪等气象指数的短期预报业务并发布相关预警、预报信息;分析和利用臭氧、紫外线强度和花粉浓度的实时观测数据,完善相应的专业气象数值预报模式,开发和改进臭氧、紫外线、花粉监测、预报系统,及时准确发布预警、预报信息,加强影响评估工作,为人类健康服务。

【健康食品】(healthy food) 有益于健康并安全无害的食品。提供特殊营养素或具有特定保健功效的食品。具有一般食品的共性,其原材料也主要取自天然的动植物,经先进生产工艺,将其所含丰富的功效成分作用发挥到极致,从而能调节人体机能,适用于有特定功能需求的相应人群食用的特殊食品。其特点是:(1)植物性的。因为如果人类摄取过多的动物性东西,体内就会分泌出一种荷尔蒙,人体的免疫力就会下降。(2)不具药性的。(3)完整的,即没有经过化学方式提炼或合成。(4)植物营养素的含量高。(5)营养成分多。(6)不干扰人体自身修复及抵抗疾病的能力。按其功能的不同可分为:营养补充型、抗氧化型、减肥型和辅助治疗型等。其中,营养素补充剂的保健功能是补充一种或多种人体所必需的营养素。而功能性健康食品,则是通过其功效成分,发挥具体的、特殊的调节功能。都是以保健为目的,不能速效,而需要长时间服用方可使人受益。

【健康养殖】(healthy breeding) 以保护动物健康、人类健康、畜产品安全为目标的养殖。包括为养殖对象提供良好的生长环境,在全生育期提供优质、全面、经济、环保的饲料,最大限度发挥畜禽生产潜力,降低疾病发生,生产出无污染、个体健康的畜禽产品,供人类需求。在水产业中,健康养殖是指采用投放健康苗种、投喂质量安全的全价饲料及人为控制养殖环境条件等技术措施,使养殖生物保持最适宜生长和发育的状态,以减少养殖病害发生、提高产品质量和养殖效益的养殖方式。实施健康养殖的含义为:(1)旨在实现安全高产。(2)改造养殖对象的生存环境。(3)使养殖对象的健康得到保障。(4)选择适宜的养殖模式,以混养轮养等生态养殖为主。根据不同水生动物的不同习性,利用养殖物不同的生理特征,合理利用水体的空间,保持良好的空间环境、水体环境和生态环境,进行生态防治,并按无公害标准要求生产,进行科学养殖,可保持持续发展。

【健脾丸】(spleen pellet) 方剂名。组成:党参200g、白术(炒)300g 、陈皮200g 、枳实(炒)200g、山楂(炒)150g 、麦芽(炒)200g。制法:以上六味,粉碎成细粉,过筛,混匀。每100g粉末加炼蜜130~160g制成小蜜丸或大蜜丸,即得。用量:口服,小蜜丸一次9g,大蜜丸一次1丸,一天2次;小儿酌减。功能主治:健脾开胃。用于治疗脾胃虚弱、脘腹胀满、食少便溏等。

【舰艇】(naval vessel) 装备有武器、主要在海上进行战斗活动或勤务保障的船只。舰艇的发展使战争的范围和规模不断扩大。第一次世界大战后,海军出现了航空母舰。第二次世界大战期间,航母成为海军的主要舰种。第二次世界大战后,随着现代科技和造船工业的飞速发展,水面舰艇跃升到一个崭新的阶段。20世纪50年代初期,航空母舰开始装备喷气式飞机和机载核武器。20世纪50年代末,舰艇开始装备导弹。20世纪60年代,出现了导弹巡洋舰、导弹驱逐舰、核动力航空母舰、核动力巡洋舰和直升机母舰。20世纪70年代以来,出现了搭载垂直短距起降飞机的航空母舰、通用两栖攻击舰以及导弹、卫星跟踪测量船和海洋监视船等。潜艇的发明是20世纪舰艇技术发展的又一结晶。

舰艇

【舰艇惯性导航】(ship inertial navigation) 又称舰艇惯导。利用舰艇移动时的惯性力测得加速度而实现舰艇定位的导航技术。可在全球海域、全天候、自主、连续、隐蔽地导航。舰艇惯性导航具有连续工作时间长、灵敏度和精度较高等特点,是大型水面舰艇和核动力潜艇等的重要导航方式。其导航设备有多种结构形式。常用的主要部件是惯性平台和加速度计。惯性平台一般由三个互相垂直安装的陀螺仪控制,模拟地平坐标系,提供精确的方位和水平基准。两个加速度计分别按南北、东西方向装在惯性平台上,测得惯性力从而求得在这两个方向上舰艇的加速度。通过计算机进行两次积分及南北、东西方向矢量合成等运算,能直接显示包括海流影响在内的舰艇对地航速、航程和航向、纵横倾角等运动参数,并可由输入的初始经纬度,连续自动地推算和显示舰艇的实时地理坐标。其优点是:不依赖外界物标和信息,不向外辐射任何能量,因而不受外界干扰。其缺点是:定位误差随时间的延长而增大,需借助其他导航手段定期对其进行重调校正;设备精密,造价昂贵,在舰艇上普遍使用尚有困难;使用维护都需较高的技术水平。

【舰艇雷达】(shipborne radar) 又称舰载雷达。装备在舰艇上的各种雷达的统称。主要用于探测和跟踪空中、海上目标,为舰载武器系统提供目标坐标等数据,引导舰载机飞行和着舰,保障舰艇安全航行和战术机动等。按其战术用途的不同可分为:(1)舰艇警戒雷达。包括对空警戒雷达和对海警戒雷达,用于发现和监视空中、海上目标,与舰艇雷达敌我识别系统相配合判定目标的敌我属性,给火控雷达提供目标指示。(2)舰艇火控雷达。包括炮瞄雷达、鱼雷攻击雷达和导弹制导雷达,用于自动跟踪空中和海上目标,为武器射击指挥仪或火控计算机提供目标坐标数据，控制舰艇火炮、鱼雷、导弹的射击或提供导弹初始制导和半主动寻的制导。(3)航海雷达。用于测定舰位，保障舰艇安全航行，有的航海雷达还配有询问器，能与直升机上的应答器协同工作，以指挥引导舰载直升机的飞行。(4)舰载机引导雷达。一般装在航空母舰上，保证对舰载机进行指挥引导。(5)着舰雷达。装在航空母舰上，用于在低能见度条件下引导舰载机安全着舰。(6)舰艇多功能雷达。能同时完成对海空多批目标的搜索、跟踪和武器控制等。

舰艇雷达

舰艇上装备雷达的种类和数量，取决于舰艇的战斗使命、武器配备、吨位大小和雷达自身功能。舰艇雷达具有下列特点：天线平台常配有稳定系统或波束指向校准等设备，以减小舰艇摇摆对雷达性能的影响；设有海杂波抑制装置，以减小水杂波对目标探测的影响；设有航向稳定系统，以消除舰艇航向变化对雷达跟踪和显示带来的影响；具有较强的防潮、防霉、防盐雾和抗震能力。

【舰艇天文导航】(ship celestial navigation) 又称天文航海。舰艇上观测天体高度和记录测天时刻以确定舰位的导航技术。通常利用航海六分仪、射电六分仪、潜艇测天潜望镜、星光导航仪等测得日、月、星体高度(仰角)，并根据记录的天文钟测天时刻的世界时，可从《航海天文历》中查得天体坐标，相应地求得天体在地面上的投影点的地理坐标。以该坐标为圆心、天体顶距(天体高度的余角)为半径的圆是天文舰位圆；在同一地点测算两个天文舰位圆，靠近推算舰位的一个交点，即为天文舰位。天文导航还包括观测天体方位确定罗经差，计算日、月出没及晨昏朦影时间等，供拟定航海计划和作战计划参考等。

【舰艇隐身技术】(stealth technique of ship) 减少舰艇本身作用或舰艇与周围介质(或能量)相互作用下产生的物理能量强度的技术。用于降低敌方探测设备和自导武器的探测、跟踪和攻击效果。具体方法包括降低船体的噪声辐射、热(红外)辐射、磁场强度和对声、光、电磁波的反射强度等综合性防御技术措施。通常的隐身技术有：(1)反雷达隐身技术。采取的措施有：减小舰艇上层建筑几何尺寸，改进外形，变锐边结构为圆弧结构，使电磁波产生漫反射，以减小回波能量；将吸波材料涂敷于上层建筑外表面或均匀混合到非金属材料中再制成结构件，以吸收电磁波，达到减少或消除回波之目的。(2)反声波隐身技术。采用低噪声动力装置和先进的隔振装置，以减小振动噪声；设计制造低噪声螺旋桨，加设螺旋桨通气装置；应用计算机控制螺旋桨的叶面精加工，以降低空泡噪声；在船体底部设置气幕系统产生气幕层，以减小噪声外传能量；贴敷吸声材料，在燃气轮机进气管中装消音装置，以降低机械噪声等。(3)反红外隐身技术。常采用在排烟管处装设喷射冷却器，降低排烟温度；用红外发烟剂或红外烟幕，吸收红外线辐射，遮挡辐射源等。(4)反可见光隐身技术。可采用模拟背景的伪装涂色，一般涂以随环境变化的涂料，迷惑对方。(5)反电子侦察隐身技术。包括：控制己方雷达和通信设备的使用，以减少主动发射电磁波；使用散射面积小的微带天线和发展双基地雷达；使用电子对抗设备，干扰敌方电子侦察等。舰艇采用隐身技术，对于提高生存力和战斗力具有重要意义。

【舰艇综合导航】(ship integrated navigation) 舰艇上利用两种或两种以上定位设备的信息，经过综合优化处理后实施定位导航的技术。其核心是电子计算机技术和数字优化处理技术。一般由专用计算机、接口设备和电子导航设备构成。一般的水面舰艇大都采用由陀螺罗经、计程仪、卫星导航仪，奥米加导航仪或罗兰导航仪等构成的综合导航系统。战略导弹潜艇、航天测量船等要求定位精度极高的舰船，采用惯性导航和无线电导航设备等组成的综合导航系统。巨型油轮、大型远洋运输船的综合导航系统，还同雷达、船舶操纵控制系统综合构成自动导航和自动驾驶系统。综合导航的优点是：能有效地利用各种导航设备的信息，互相取长补短，提高整个系统的定位、导航精度和扩大工作范围；可以通过故障检测自动断开故障子系统或自动转换到备用工作模式，提高导航的可靠性；可以通过增加接口或减少系统的分设备，扩大或减少功能，增加导航的灵活性；还可实现舰艇的集中控制，提供最佳航线，保证航行安全，节省燃料，减轻舰员劳动强度，提高经济效益。

【舰载电子战系统】(naval electronic warfare system) 装备在舰艇上、由电子侦察、有源干扰和无源干扰三类装备组成的电子战系统。为现代海军水面舰艇武器的重要组成部分。其装备包括专用电子侦察船和作战舰艇上电子侦察设备；有源干扰装备包括大功率雷达噪声干扰机、通信声干扰机、欺骗式干扰机、自由飞行式或拖曳式有源雷达诱饵等；无源干扰装备包括箔条、红外诱饵弹及各种反射体。其主要任务是对敌海军航载、机载和岸上的雷达、通信系统进行侦察,必要时实施干扰,并在海战中对敌方制导系统实施干扰,掩护己方水面舰艇实施海上作战和保护舰艇编队安全。

【渐伐】(shelterwood cutting) 又称遮荫木法或伞伐法。在一部分老林木树冠遮荫下进行的采伐。老林虽能对幼苗起保护作用,但当其遮荫对幼苗、幼树起妨碍作用时,可按把所有林木伐去。但不是将伐区上所有林木一次伐光,而是在较长期限,如10~20年分两次或多次伐掉伐区上全部成熟林木。在数次采伐过程中,逐渐为林下更新创造有利条件。由于这种方法留有较多的母树提供种源,可以说是母树法的进一步发展。渐伐与皆伐一样,最适合在所有林木几乎达到采伐年龄的同龄林,包括相对同龄林中应用。渐伐以后,形成的林分基本上仍为同龄林(林木间年龄相差不超过10~20年)。典型的渐伐可分为预备伐、下种伐、受光伐和后伐四个步骤。每次采伐要按一定的更新要求进行。

【溅射镀】(sputter coating) 用几十电子伏或更高动能的荷能粒子轰击材料表面,使其原子获得足够的能量而产生飞溅,并变为气相再沉积在基体上成膜的工艺技术。这种飞溅出的粒子散射过程称为溅射,被轰击的材料称为靶。溅射镀膜是利用溅射现象来达到制取各种薄膜的目的,即在真空室中利用荷能离子轰击靶表面,把被轰击飞溅出的粒子在基体表面上沉积。溅射镀膜的致密性好,结合强度高,基片温度较低,但成本较高。

【溅蚀】(splash erosion) 雨滴打击地面,使细土颗粒与土体分离,并被溅散跃起的水滴带动而产生位移的过程。在地表径流发生以前,溅蚀就已经开始。雨滴打击地面所引起的土粒移动情况,决定于地面坡度、雨滴打击力及打击方向、土壤颗粒间切应力和土壤团聚状态等。溅蚀使土壤结构破坏。溅散细小土粒进入径流之中,一部分随径流流失,成为片蚀重要物质来源;一部分随水下渗,堵塞土壤孔隙,阻滞雨水入渗,增加地表径流量。雨滴打击作用增加坡面径流紊动性,增加径流冲刷和搬运能力。改良土壤结构或采用增加地面覆盖、增加土壤抗侵蚀力,可消除或减缓溅蚀。

【溅渣保护】(spitting slag protection) 将残渣喷溅到转炉的内衬上,来提高炉衬寿命的技术。美国LTV公司1991年开发。在转炉出钢后留下部分终渣,用调渣剂将黏度和氧化镁含量调整到适当范围,再用氧枪或氮枪喷吹氮气,使炉渣溅到炉壁内衬上,达到补炉的目的。可实现计算机控制贱渣工艺操作。其保护作用包括:(1)对镁碳砖表面脱碳层的固化。(2)减轻高温炉渣对镁碳砖的直接冲刷侵蚀。(3)抑制镁碳砖表层氧化。

【鉴别培养基】(differential medium) 加入某种试剂或化学药品,使难以区分的微生物能快速鉴别出来的培养基。某种微生物在这种培养基上培养后,由它所产生的某种代谢产物与这种特定的化合物或试剂,能发生某种明显的特征性反应。据此便可以快速将其与其他种微生物区别开来。主要用于不同类型微生物的快速鉴定,如用来检查细菌能否产生硫化氢的醋酸铅培养基。

【键盘】(keyboard) 由一定数量键组成的盘状计算机输入设备。使用者通过击键向计算机输入程序、命令、数据等,是人对计算机进行控制的重要工具。计算机键盘的键数,少的有83个,多的可达105个。键盘有三个区:中央为打字键盘区,右侧为数字键区,第三个区是10~12个特殊功能键。由键盘输入的内容通常都在显示器屏幕上及时显示出来,使用方便,是重要的人机交互式输入设备。

键盘

【江蓠】(gracilaria) 俗称龙须菜、海面线、棕仔须、粉菜、海菜、蛇菜、沙尾菜。红藻门,真红藻纲,杉藻目,江蓠科,江蓠属的统称。本属共约近100种。中国的种类有龙须菜、江蓠、芋根江蓠、脆江蓠、凤尾菜和扁江蓠等十多种。江蓠体内充满藻胶,含胶达30%以上。是提取琼胶的主要原料。藻体呈圆柱形、单轴形、线形分枝,主枝1~2次分支,一般互生或则偏生。雌雄同体或异体。藻体基部稍有缢缩(这是鉴定不同品种的特征)。每株基部为小盘状固着器,直径一般0.5~1.5mm,大的可达4mm。株高10~50cm,高的可达1m,人工养殖的更高。藻枝肥厚多汁易折断。呈红褐色、紫褐色,有时带绿或黄。藻枝干后收缩变为暗褐色。中国沿海各地均有分布。现广东、广西等南方沿海已发展养殖。沿海群众用其胶煮凉粉食用,也直接炒

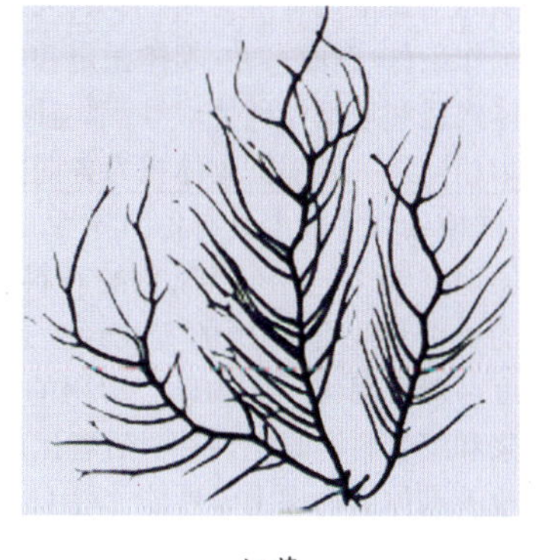
江蓠

食。煮水加糖服用,具有清凉、解肠热、养胃滋阴的功效。

【江阴长江公路大桥】(Jiang Yin Great High Way Bridge) 1999年在江苏省靖江市十圩村与江阴市间,横跨长江建成的中国首座跨径超千米的特大型钢箱梁悬索桥梁。大桥全线建设总里程为5.176km,总投资36.25亿元,大桥长3 071m,主跨1 385m,桥塔高190m,两根主缆直径为0.870m。桥面按六车道高速公路标准设计,桥面宽33.8m,设计行车速度为100km/h;桥下通航净高为50m,可满足5万吨级轮船通航。该桥为两根钢筋混凝土空心塔柱与三道横梁组成的门式框架结构,重力式锚碇,主梁采用流线型箱梁断面,钢箱梁全宽36.9m,梁高3m。1994年开工建设,1999年10月建成通车。是国家"九五"期间重点建设项目,是20世纪中国第一、世界第四大钢箱梁悬索桥。是国家公路主骨架中同江至三亚国道主干线以及北京至上海国道主干线的跨江"咽喉"工程。

江阴长江公路大桥

【浆果类果树】(berry tree) 果皮较薄,食用果肉饱含水分,果肉多呈浆水状,不耐运输的果树。如草莓、葡萄和猕猴桃等。

【浆砌石坝】(masonry dam) 又称污工坝。用胶结材料将比较规则平整的石料砌筑成的坝。这种坝可就地取材,坝顶可以溢流,施工导流和渡汛问题容易解决。比一般土石坝工程量少,比混凝土坝节省水泥和木材。但耗费劳力较多,工期较长。浆砌石坝的主要型式有重力坝、拱坝、大头坝、连拱坝等。其工作条件、剖面尺寸、坝体稳定和应力的分析方法、坝体构造和地基处理要求等,都与同型式的混凝土坝基本相同。一般都把砌体视为各向同性,但由于砌缝存在,使砌体实际上具有各向异性。浆砌石坝要求使用质地坚硬、完整、不易风化的石料。根据坝高及岩石的类别和性质,中国的实践经验是,石料的湿抗压强度一般采用40~80MPa。常用的胶结材料有水泥砂浆和细骨料混凝土两种。后者比前者水泥用量少,能改善砌体的物理力学性能,采用者日益增多。胶结材料一般用28天龄期的强度作为设计强度。

【浆砌石谷坊】(masonry check dam) 以块石或青砖为原料,灰浆为黏结材料修建的小型拦挡建筑物。多用于土石山区有常流水的沟道。分全部浆砌和表面浆砌两类。表面浆砌是上下游坝坡及顶部用灰浆衬砌,厚度一般为0.8m,坝体内填干石块。表面浆砌石谷坊的抗冲能力大于干砌石谷坊。但由于内部是透水性强的干砌石,浆砌部分受到水压力,容易损坏。在缺乏粗石料的地方,也可用青砖砌坝体,用灰浆勾缝,一般用1:2或1:3的石灰砂浆,用水泥砂浆效果更好。按其形式的不同可分为:(1)阶梯式。采用较方正大块石铺砌而成。下游坝坡为1:1。上游坝坡为1:0.2。下游坝坡砌成阶梯状,形成多级小跌水,起消能作用。(2)拱坝式。适于在沟窄水急的沟道。利用拱的作用把上游水流和泥沙的压力通过坝体传递到两岸。(3)梯形式。断面较大,稳定性较高,但用料较多。坝顶宽一般为0.8~1m。下游坝坡1:1~1:2。上游坝坡1:0.5。在修建时,要先做好清基工作。浆砌石谷坊可防止沟床下切,减小沟道纵坡。

【浆砌石拦沙坝】(masonry check dam for sediment storage) 用灰浆黏结块石修筑的拦沙坝。分拱坝和重力坝两类。平面呈圆弧形。利用拱形将作用在坝体上的泥沙压力、水压力的水平分力传到两岸,垂直分力通过坝体传到地基。拱坝的应力以压力为主。断面应力分布比较均匀,可以充分发挥浆砌石抗压强度高的特点,减少坝体厚度,节省筑坝材料。浆砌石重力拦沙坝断面设计需考虑经济、安全的要求,其内不允许产生拉应力。浆砌块石具有抗水流冲刷的能力,可以与泄洪建筑物结合起来。溢流拦沙坝段多布置在坝体中间,避免高速水流淘刷河岸。溢流口断面一般为梯形,边坡为1:0.75~1:1。对于泥石流沟道,溢流口断面可为弧形。山洪及泥石流从坝顶溢流具有很大的能量,对坝下游基础和沟床产生强烈冲刷并使之变形,需要设置消能设施。常用的消能设施有副坝和护坦两种。为了有足够库容拦蓄泥沙,拦沙坝坝体上需要设置放水孔。

浆砌石拦沙坝

【浆染联合机】(sizing and dyeing combining machine) 将浆纱和染纱两道工序结合在一起的设备。应用于纺织工业织前准备工序中。能同时适应有梭和无梭织机的配套需要,满足淀粉浆、化学浆、混合浆等对纯棉、麻及其混合织物、化纤及其混纺等短纤维织物经纱上浆的工艺要求。已成为棉纺织厂开发生产高产值、高效益织物品种的关键设备。

【浆纱】(sizing /slashing) 在经纱上施加浆料以提高其可织性并将经过浆纱的纱片,在张力均匀、排列均匀和卷绕密度均匀一致的情况下,卷绕成成形良好的织轴的工艺过程。织前准备过程之一。包括经轴上浆,织轴上浆,整浆联合,染浆联合,单纱上浆,绞纱上浆。在织造过程中,如不浆纱,由于经纱不断受到开口、打纬的间隙式张力和卷取等持续性张力作用,容易断头。同时,经纱不断与机器部件摩擦,纱线上毛羽纠缠导致开口不清或者纱线缠结而形成织造疵点。为此,在织前必须要浆纱。将纱线通过溶解在水中的具有黏附性的浆料,将短纤纱中的纤维黏附在一起提高保合力而增加纱线强度,将纱线表面的毛羽贴服在纱线表面,通过浆液中添加减摩剂降低摩擦系数,利用抗静电剂耗散静电,防止纤维突出以呈毛羽,使织造可以顺利进行。上浆后,需将多余的浆液压出、纱线烘干、分绞并卷绕到织轴上。

【浆纱机】(sizing machine) 为增加纤维抱合力、纱线强度和耐磨性能,减少纱线表面毛羽,给纤维上浆的设备。一般由车头、机架、浆槽、轧辊和烘房构成。有单浆槽浆纱机和双浆槽浆纱机。有的浆纱机增加了预湿工艺,在经纱上浆前经热水浸渍和挤轧,以提高上浆质量和节约浆料,还可降低印染工序的退浆成本,节约能源。先进的浆纱机还配有在线检测,有效地控制上浆率,节约浆料。

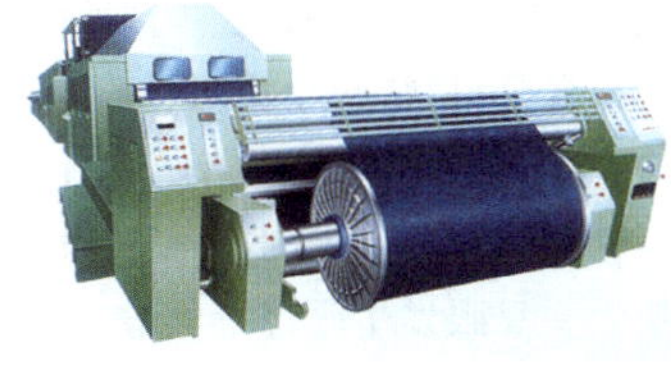
浆纱机

【浆纱新技术】(new sizing technology) 在浆料开发、浆液调制和上浆工艺上采用的新技术。包括预湿上浆、溶剂上浆、泡沫上浆和热熔上浆等。可以实现阔幅、大卷装、高速高产、低能耗、高质量、生产过程的高度自动化和集中方便的操纵与控制。浆纱通过浆液渗透增加纤维之间的抱合力来增加纱线的强力,降低纱线织造断头率。新浆料开发重点是变性淀粉、降低成本和减少退浆废液等。调浆技术由计算机控制每个浆料组分的称量、煮浆时间、温度、搅拌速度、调煮程序,实现全过程自动化,并对浆液的调制质量实行在线监控和调整。

【僵尸网络】(botnet) 控制者和大量感染了僵尸程序的被控制者之间形成的控制网络。僵尸程序就是实现恶意控制功能的程序。控制者采用一种或多种传播手段,将大量主机感染僵尸程序,通过控制通道控制被感染的主机,从而在控制者和被感染主机之间所形成的一个可一对多的控制网络。之所以用僵尸网络这个名字,是为了更形象地让人们认识到这类危害的如下特点:众多的计算机在不知不觉中如同中国古老传说中的僵尸群一样被人驱赶和指挥着,成为被人利用的一种工具。僵尸网络往往成为分布式拒绝服务攻击中的攻击平台。

【降海洄游】(catadromous migration) 某些在淡水中生长的水产动物,在一定时期向海洋所做的洄游。例如鳗鲡,在淡水中生长,到成年(性成熟时)向江河下游移动,最后到深海产卵。

【降水距平】(precipitation anomaly) 某年月(年)降水量与累年月(年)平均降水量的差值。差值为正时称为正距平,差值为负时称为负距平。正距平表示该年降水量大于累年平均降水量,负距平则相反。降水距平是衡量一个地区气候状况的指标之一。

【降水量】(amount of precipitation) 假定在无渗漏、无蒸发、无流失情况下,一段时间内降落到平地上的水层的深度。如为固态降水(雪、冰雹等),则需折合成液态水计算。降水量通常以毫米(mm)为单位进行计量。降水量用雨量器或雨量计测定,每天8时和20时定时观测两次。把一月或一年内的测得的降水量相加,即为当地的月降水量和年降水量。多年观测记录的平均值,即为平均月降水量和平均年降水量。中国降水量的分布很不均匀,东南多,西北少。华南地区多在1 000~1 500mm以上,而北方多少于800mm。最少的新疆塔克拉玛干沙漠,年降水量还不足10mm。

雨量器

【降雨入渗补给系数】(recharge coefficient of rainfall) 一定时期内降水入渗补给地下水的水量与同期内降水量的比值。降落到地表的水,一部分蒸发返回大气或为植物截留和填洼,一部分产生地表径流,其余部分渗入地下。下渗的水首先补充包气带的水分和产生表层流,多余部分到达潜水面补给地下水。降水入渗补给系数的变化范围在0~1之间。最基本的是每次降雨过程的次降雨入渗补给系数,也有用季,如汛期、非汛期降雨入渗补给系数,还有用年降雨入渗补给系数和多年平均降雨入渗补给系数的。影响降雨入渗补给系数的因素主要有：土壤质地、地下水埋深、降雨量、降雨强度、雨前土壤含水量、地貌、植被和水利化程度等。水利化程度对降雨入渗补给系数有较大的影响。如果某一区域的排水系统完善，雨后能迅速将地表径流排出，则降雨入渗补给系数小；反之，排水不畅的地区，地表径流或地表积水不断补给地下水，使降雨入渗补给系数加大。目前，计算降雨入渗补给系数的方法主要有地下水动态法和流量过程线分割法两种。

【酱油】(saucer) 用豆、麦、麸皮等为原料经发酵或化学方法制造的液体调味品。酱油分为酿造酱油、配制酱油和化学酱油三类。这三类酱油有本质上的区别，制作方法不同，口味也不同。酱油的成分比较复杂，除食盐的成分外，还有多种氨基酸、糖类、有机酸、色素及香料。以咸味为主，亦有鲜味、香味等。它能增加和改善菜肴的口味，还能增添或改变菜肴的色泽。

【交叉建筑物】(crossing structure) 渠道与河渠、洼地、溪谷、山梁及道路等相交时所修建的建筑物。分两大类：(1)平交建筑物。渠道与另一水道相交时修建的有共同流床的建筑物。适用于两水道底部高程相近的情况。其工作特点是：相交两水流可能互相掺混流向下游，也可能在不同的时间内分别通过。(2)立交建筑物。渠道与另一水道或道路等在不同高程上相交时修建的建筑物。常用的有渡槽、倒虹吸管、涵洞、隧洞及农桥等。其型式选择涉及的因素较多，主要考虑渠道与相交对象的特性，相对高程差、输水流量、相交处地形地质条件、工程量和造价等。其中有些因素又与渠道线路位置密切相关。灌区渠道上的交叉建筑物类型多、数量大、分布面广，常在整个灌区工程中占很大比重。

渡槽

【交叉科学】(interdisciplinary science) 又称跨学科科学。是研究的内容或方法突破一个专门学科的界限，深入到两门或两门以上学科的交界地带，形成自成一体的较普遍的概念、定律、原理体系的科学。是包括边缘学科、综合性学科、横断学科在内的一组学科群。学科交叉的途径、方法是多种多样的，可以由两门学科以上的自然科学交叉，如物理化学、生物物理；也可由两门学科以上的社会科学交叉，如教育经济学；在现代，更有自然科学与社会科学两大门类之间交叉，如科学社会学，技术经济学。国内外的一些科学家预测，21世纪将进入交叉科学的时代。

【交叉免疫】(cross immunity) 机体感染一种病原体或人工接种某一抗原后，形成对同种及另一种病原体或抗原的免疫力。这是由于天然抗原之间存在着共同的抗原成分或共同的抗原决定簇所致。一般血缘越近，交叉免疫的程度越高。

【交叉铺网机】(cross lapping machine) 对无纺布梳理机梳理出的薄型纤网多层铺叠，以生产出高克重厚型纤网的装置。主要有机架、铺棉输送带、输送小车、小车拖动、补偿小车、铺网小车、出网帘、进网帘及气动等部件组成。为保证铺网导带正常运转，采用反应灵敏、抗干扰性强的光电检测的气动纠偏装置。铺网需作往复运动，小车采用铝合金材料，减小换向时的冲击。

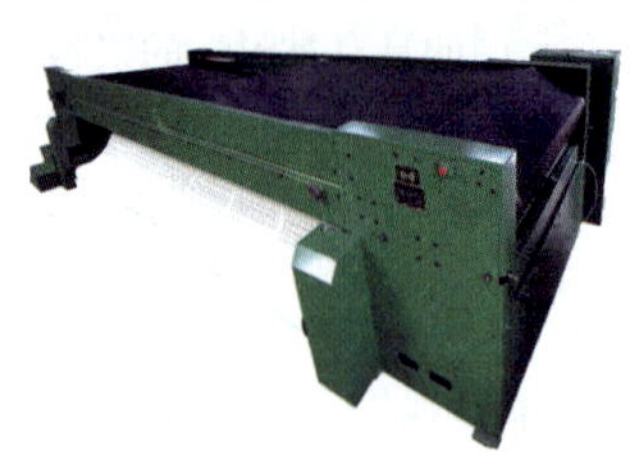
交叉铺网机

【交感性眼炎】(sympathetic ophthalmia) 一种特殊类型的眼炎。眼外伤中最严重的并发症。病人一只眼发生眼球穿孔伤，视力严重下降，该眼称为主交感眼。另一只未受伤的眼随后也发生了炎症，称为被交感眼。呈现双眼葡萄膜炎。病人往往一眼受伤却双眼失明，好发于年幼的儿童。伤后2～8周最为好发，也有在数年之后发病。其临床症状表现为：眼部及眼眶疼痛，畏光、视力下降，角膜周围出现睫状充血，角膜后壁有细微沉淀物，房水混浊，虹膜充血、变色、瞳孔缩小。随着病情的进展，出现虹膜后粘连，虹膜表面生长新生血管，瞳孔缘结节，瞳孔闭锁或膜闭，且经常发生继发性青光眼。

【交互设计】(interaction design) 人工制品、环境和系统的行为，以及传达这种行为的外形元素的设计与定义。首先旨在规划和描述事物的行为方式，然后描述传达这种行为的最有效形式。借鉴了传统设计、可用性及工程学科的理论和技术。是一个具有独特方法和实践的综合体，而不只是部分的叠加。它也是一门工程学科，但具有不同于其他科学和工程学科的方法。作为一门关注交互体验的新学科，交互式设计产生于20世纪80年代，由美国著名设计师比尔·莫格里奇在1984年一次设计会议上提出的。一开始被命名为“软面”(Soft Face)，后来更名为Interaction Design－交互设计。从用户角度来说，交互设计是一种如何让产品易用、有效而让人愉悦的技术。它致力于了解目标用户和他们的期望，了解用户在同产品交互时彼此的行为，了解“人”本身的心理和行为特点，同时，还包括了解各种有效的交互方式，并对它们进行增强和扩充。交互设计还涉及到多个学科，以及和多领域多背景人员的沟通。

【交互式图形系统】（interactive graphics system） 运用各种人机交互工具，实时输入、处理并显示图形信息的系统。一种边操作边显示图形，并能随时按照操作者的意图进行增加、删除和修改，最终得到所希望的图形的作图系统。人机交互工具以屏幕字符选单、图标选单、对话框、鼠标器及键盘为主。还有图形输入板、数字化仪、光笔、跟踪球和操纵杆等。其特点是：将人的创造能力和计算机的高速运算能力、巨大存储能力、逻辑判断能力很好地结合起来，提高出图的速度和质量。其工作过程与传统的手工绘图相近似，易于掌握，是当前计算机图形系统发展的主流。

【交互输入设备】（interactive input device） 使用者用以直接和计算机进行信息交换的设备。通常和显示器连用。常见的有键盘、鼠标器、触摸屏、数字化仪、光笔等。使用者在输入时，从显示器的屏幕上可以看到输入的内容和计算机所做的反应。

【交换机】（switch） 在网络通信中完成信息交换的一种通信设备。网络集线器的换代产品。集线器作为共享带宽的网络设备，它不能识别目的地址，而采用广播方式发送信息，易造成网络阻塞，降低传输效率，且存在信息安全隐患。而交换机拥有一条高带宽的外部总线和内部交换矩阵，不采用广播方式发送信息。它的每一个端口都单独享有总带宽的一部分资源，而不是共享统一的带宽资源；对于接收到的信息，它通过查找网卡地址对照表确定信息传输的目的地址，再通过内部交换矩阵直接向目的节点发送信息，保证了每个端口的信息传输速率和整个网络的运行效率。当前交换机已成为网络通信的主要信息交换设备。

交换机

【交界性肿瘤】（borderline tumor） 病理上处于良、恶性肿瘤之间的一种肿瘤。良性肿瘤和恶性肿瘤之间界线不是绝对的，良性向恶性演变也呈渐进性。因此存在着一些良恶性之间的中间肿瘤，称为临界性肿瘤或交界性肿瘤。此外，主观上难以区别良恶性的肿瘤也可称为交界性肿瘤。属于交界性肿瘤的有交界性浆液性囊腺瘤、交界性黏液性囊腺瘤、皮肤隆凸性纤维肉瘤、非典型性脂肪瘤、血管瘤样纤维组织细胞瘤等。

【交联淀粉】（crosslinked starch） 变性淀粉的一种。用多官能团的化学试剂处理淀粉，通过交联反应而得到的变性淀粉。与原淀粉相比，交联淀粉可以抑制淀粉颗粒在水中的膨胀，同时增加淀粉热黏度的稳定性。食用淀粉经交联反应后，可制成磷酸酯、醋酸酯和羟丙基酯化淀粉等。具适宜的糊化性能、黏度和组织形态。用于制作罐头、调味汁及婴儿食品等。

【交联剂】（cross-linking agent） 能促进或调节聚合物分子链间共价键或离子键形成的物质。在不同行业中有不同的名称，例如，在橡胶行业称为硫化剂；在塑料、胶黏剂或涂料行业称为固化剂、熟化剂、硬化剂等。以上称呼虽有不同，但所反映的化学本质是相同的。通常是分子中含多个官能团的物质，如有机二元酸、多元醇等；或是分子内含有多个不饱和双键的化合物，如二乙烯基苯和二异氰酸酯等。它可同单体一起投料，待缩聚（或聚合）到一定程度时发生交联，使产物变为不溶（不熔）的交联聚合物；也可在线型分子中保留一定数量的官能团（或双键），再加入特定物质进行交联，如酚醛树脂的固化和橡胶的硫化等。

【交联聚乙烯管材】（crosslinking polyethylene pipe） 在普通聚乙烯原料中加入硅烷接枝料使其线性分子结构改性成三维交联网状结构的塑性管材。其特点是：不含增塑剂，不会霉变，不滋生细菌，不含有害成分，可应用于饮用水传输；耐热性、耐压性、耐腐蚀性好，能经受大多数酸性、碱性类化学药品的侵蚀；隔热效果好，可节约能源；可任意弯曲，不易脆裂；在同等条件下，流体阻力小，水流量比金属管大；蠕变强度高，可配金属管材，可省去连接。具体制法是在普通聚乙烯原料中加入硅烷接枝料，添加引发剂、交联剂、催化剂等助剂，经预处理、混合、熔融后接枝挤出成型。使用寿命可长达50年。主要应用于建筑工程的冷热水和饮用水管道、地面或常规采暖系统、石油化工行业流体输送系统、制冷系统或纯水系统管道以及地进式煤气管道等。

【交流电】（alternating current，AC） 大小和方向随时间作周期性变化的电压或电流。其基本形式是正弦电流。中国大陆交流电供电的标准频率规定为50Hz。交流电随时间变化的形式可以是多种多样的。不同变化形式的交流电其应用范围和产生的效果也是不同的。以正弦交流电应用最为广泛,且其他非正弦交流电一般都可以经过数学处理后,化成为正弦交流电的叠加。正弦电流是时间的函数。

【交流电动机】(alternating current motor) 依靠交流电源运行的电动机。把交流电能转换为机械能。与直流电动机相比,具有结构简单、价格便宜、维护方便、惯性小、工作可靠等优点。其单机功率、电压和转速都比直流电动机高得多。有同步电动机、感应电动机和换向器电动机三大类。同步电动机运行时的转速与所接电源频率之比为恒定值。这一转速就是同步转速。感应电动机运行时的转速低于同步转速。交流电动机又有多相和单相之分。

【交流电动机保护】(protection of alternation current motor) 对交流电动机运行中出现的故障和危及安全运行的异常工况所采取的保护措施。交流电动机在启动、制动或正常运行中,其供电电源系统、交流电动机自身及其负载,有可能出现故障或者危及安全的异常工况。此时,交流电动机保护系统将自动切断电源,或者给出信号由值班人员消除异常工况的根源,以减轻或避免交流电动机及其他设备的损坏和对由同一母线供电的用户的影响。交流电动机所出现的故障和异常工况不同,其保护措施也不相同。

【交流电动机制动】(alternation current-motor brake) 将交流电动机电磁转矩的方向改变为与转子转向相反,以实现电动机的停转或限速的方法。制动的目的是使电动机转子尽快地停转或由高速迅速地变为低速或限制位能性负载的下降速度。交流电动机的制动方式和直流电动机的一样,分为能耗制动、反接制动和回馈制动三种方式。随着电力电子技术的进步与发展,软启动器正在推广应用。能耗制动可分为感应电动机的能耗制动和同步电动机的能耗制动。反接制动又分为正转反接制动和正接反转制动两种。回馈制动用于带位能性负载或惯性作用而超速的感应电动机。

【交通标线】(traffic marking) 由箭头、文字、立面标记、突起路标和道路边线轮廓标等构成的交通安全设施。可以与道路交通标志配合使用,也可单独使用。用以管制和引导交通。中国现行的道路交通标线分为三大类:(1)指示标线。指示车行道、行驶方向、路面边缘、人行横道等设施的标线。包括双向两车道路面中心线、车行道分界线、车行道边缘线、左转弯待转区线、左转弯导向线、人行横道线、高速公路车距确认标线、高速公路出入口标线、停车位标线、港湾式停靠站标线、收费岛标线、导向箭头和路面文字标线等。(2)禁止标线。指告示道路交通的通行、禁止、限制等特殊规定,机动车、机动车驾驶人和行人需严格遵守的标线。包括禁止超车线、禁止路边停放车辆线、停止线、停车让行线、减速让行线、非机动车禁驶区表线、导流线、专用车道线和禁止掉头标记等。(3)警告标线。是指促使机动车驾驶人和行人了解道路变化的情况,提高警觉,准确防范,及时采取应变措施的标线。它包括车行道宽度渐变标线、接近障碍物标线、接近铁路平交道口标线、减速标线和立面标记等。

交通标线

【交通标志】(traffic mark) 用彩色图形符号和文字传递特定信息,用来管理交通、指示行车方向以保证道路畅通与行车安全的法定标示牌。在公路、城市道路以及一切专用公路上行驶的车辆和行人都必须遵守。交通标志分为主标志和辅助标志两大类。主标志中有警告标志、禁令标志、指示标志和指路标志四种。交通标志的形状、颜色、尺寸、图案种类和设置地点均按《道路交通标志和标线》的规定执行。交通标志应位置适当,内容准确、完整,外观醒目和美观。其作用是:(1)警告标志是警告车辆、行人注意危险地点的标志。(2)禁令标志是禁止或限制车辆、行人交通行为的标志。(3)指示标志是指示车辆、行人行进的标志。(4)指路标志是传递道路方向、地点、距离信息的标志。辅助标志是附设在主标志之下,起辅助说明作用的标志,分为表示时间、车辆种类、区域、距离、警告、禁令理由等类型。各种标志的颜色、形状是:(1)警告标志的颜色为黄底、黑边、黑图案,形状为等边三角形,顶角朝上。(2)禁令标志的颜色为白底、红圈、红杠、黑图案,图案压杠。其中解除禁超车、解除限制速度

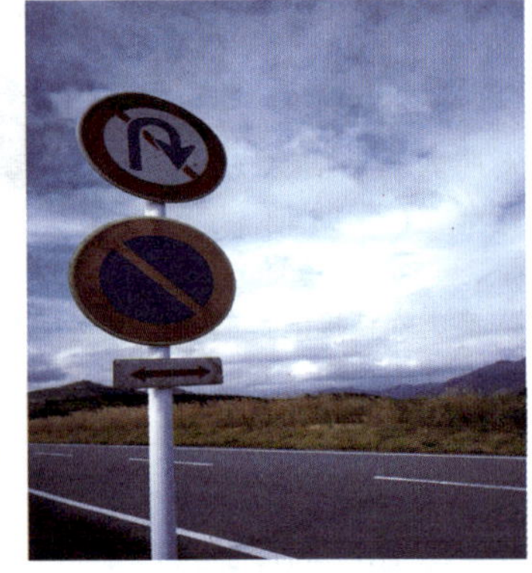
交通标志

标志为白底、黑圈、黑杠、黑图案,图案压杠。形状为圆形,让路标志为顶角向下的等边三角形。(3)指示标志的颜色为蓝底、白图案。形状为圆形、长方形和正方形。(4)指路标志的颜色除里程碑、百米桩、公路界牌外,一般为蓝底、白图案。

【交通冲突】(traffic conflict) 交通行为者明显感到事故危险存在,并采取了积极有效的相应避险行为的交通遭遇事件。道路使用者在行驶过程中,与另外一个道路使用者或者道路设施在时间、空间上相互接近,如果该道路使用者不采取必须的交通行为,如转换方向、改变车速、突然停车等,就会发生碰撞的交通现象。类似于交通事故,交通冲突可以表述为交通参与者在空间运动与其他参与者或者交通设施相互作用的结果。在某种意义上,交通事故同属于交通冲突的范畴,交通事故与交通冲突的成因及发生过程完全相似;两者之间的唯一区别在于是否存在损害后果。凡造成人员伤亡或车物损失的交通事件称为交通事故,否则称为交通冲突。对于一起交通冲突的发生,道路用户必须是处于碰撞的过程中。交通冲突的首要条件是在发生碰撞的线路上,一个用户的行为影响另一个用户,除非另一个用户采取避让行为以避免交通事故的发生。有时,另一个用户要么没有意识到碰撞的潜在性,要么在评估时间间隔和追尾时间上缺乏判断力,以致没有作出避让行为。没有避让行为而引发的冲突和近似过失情形,或者当避让行为不充分或不恰当时,在基本定义的规定下也被认为是交通冲突。

【交通岛】(traffic island) 在车道之间设置的高出路面的岛状设施。其目的是控制车辆行驶方向和保障行人安全。包括导流岛、中心岛、安全岛等。导流岛是指为车流导向指定的行进路线而设置的交通岛;中心岛是指设置在平面交叉中央的圆形或椭圆形的交通岛;安全岛是指设置在往返车行道之间,供行人横穿道路临时停留的安全地带。

交通岛

【交通地理信息系统】(geography information system for transportation, GIS-T) 收集、存储、管理、综合分析和处理空间信息和交通信息的计算机软硬件系统。多种交通信息分析和处理技术的集成。按其功能特点的不同可分为:(1)基本功能。用于编辑、显示和测量图层,主要包括对空间和属性数据的输入、存储、编辑以及制图和空间分析等功能。(2)叠加功能。允许两幅或更多图层在空间上比较地图要素和属性,分为合成叠加和统计叠加。(3)动态分段功能。将地图网络中的连线根据其属性将特征相近的连线分段。(4)地形分析功能。主要通过数字地形模型(DTM),以离散分布的平面点来模拟连续分布的地形,为道路设计创建一个三维地表模型。这在道路设计中是十分需要的。(5)栅格显示功能。允许 GIS 包含图片和其他影像,并可对这些图片对应的属性数据进行叠加分析,从而对图层进行更新。(6)最短时间路径分析模型。在运输需求模型中已经使用了很多年。集成化的 GIS－T 具有这一功能,而无须与其他软件创建链接。

【交通调查】(traffic survey) 对道路交通流及有关的交通现象进行了解,并对其资料进行分析与判断,从而掌握交通状态及有关的交通现象规律的过程。总的来讲,交通调查的内容包括规划区域交通运输调查、社会经济及土地利用基础资料调查、相关的政策和法规调查、建设资金调查、交通规划影响调查等五个方面。是交通工程学重要的组成部分。为交通规划、交通管理与控制、交通设施建设、交通流理论研究等方面提供基础数据。依据这些数据准确分析规划区域交通现状,对交通规划涉及的经济、运输、交通量等作出准确可靠的预测,制订出合乎社会发展规律并且与交通需求相适应的交通规划方案。

【交通管理】(traffic management) 国家对道路、车辆、船舶、驾驶人员和行人的管理。其目的是使交通尽可能安全、畅通、公害小、能耗少。其基本原则是:(1)交通分离原则。通常采取道路交通标线设隔离墩、建立体交叉和专用道及采用交通信号控制等措施,在空间和时间上分离道路上的交通。(2)交通流量均分原则。一般采用单向交通、禁行交通、禁止左转弯、分流过境交通、错峰上下班制度等。(3)交通连续原则。即合理设置交通过程中的换乘设施,并注意工程设施及安全设施的连续性。(4)按速度划分车道原则。车道按车速大小由里向外排列。(5)优先权原则。包括直行车优于转弯车通行,干线道路上的车优于支线道路上的车通行,铁路列车和有轨电车优于其他种车通行,消防车、救护车、警备车等紧急车辆优于其他种车辆通行等。交通管理方法主要是:(1)采取工程技术管理措施,如设置标线和交通标志,设计交通自动控制系统,规划专用车行道、单向车行道,选用安全设施等。(2)制定、执行交通法规,建立车辆监理机构,进行法制管理。(3)广泛开展宣传教育与培训。

【交通规划】(traffic planning) 对交通布

局、土地利用模式和发展前景制定的专项规划。包括道路建设实施方案、进度安排、旧路改造和经费预算等。是区域总体规划的重要组成部分。按其时限的不同可分为长期规划和短期规划。前者着重贯彻新的交通政策,筹划新的交通系统和道路网络,改善现有设施;后者着重发挥现有设施作用。按其范围的不同可分为城市交通规划和大区域交通规划。交通规划内容要求做到科学化、定量化、,综合化和重视环保。

【交通监理】(traffic surveillance) 对民用机动车辆的行政管理和技术监督。其具体内容是:(1)对车辆使用技术的监督,包括旧车技术改造更新、节约能源、车辆保养和修理、技术培训、防止环境污染等。(2)对行车安全进行管理,包括对车辆的鉴定、驾驶人员的考核、核发和管理牌证。(3)负责维护交通秩序和交通事故的处理工作。

【交通控制系统】(traffic control system) 按交通规则正确指挥交通的系统。按其控制道路的不同可分为普通道路交通控制系统和高速公路交通控制系统。前者分为点控制系统、线控制系统和面控制系统;后者是指对高速公路上匝道、交汇和行驶速度进行控制的系统,由各种检测器、信号机、可变标志、通信传输系统、设在控制中心的中心处理机及外围设备组成。为了直观了解道路上的交通状况和控制效果,设有电视监视系统。交通控制系统将采用大规模集成的电子化设备和微型计算机,向程序行驶系统发展,以改变定周期的系统控制,增加系统的灵活性,以适应瞬时变化的交通流量。

交通控制系统

【交通量】(traffic volume) 又称交通流量。道路的交通需求指标之一。在规定时间内通过道路某地点或某断面的车辆和行人的数量。交通量可分为机动车交通量、非机动车交通量及行人交通量等。交通量一般指机动车交通量。交通量是道路与交通工程中的一个基本交通参数。交通量瞬时即变。常用平均交通量、高峰小时交通量、设计小时交通量表示代表性交通量。对于双车道或单车道公路,交通量按双向通过的数量计算;对于多车道公路常以一个车道的单向通过车辆数计算。

【交通量观测】(traffic volume survey) 又称交通量调查。对通过道路某一断面各种类型车辆数量的统计记录。按其分类标准的不同可分为间隙式和连续式或道路断面流量观测和交叉口流量观测两种。按预先确定的观测日期,对交通量进行定期地统计观测的,是间隙式观测;全年按小时连续不断地对交通量进行统计观测的,是连续式观测。道路断面流量观测按两个方向分别计数;交叉口流量观测按进入交叉口的各条道路并区分右转、直行、左转分别计数。观测方法是用人工或仪器将通过规定观测断面的各种类型车辆分别记录在表格或计数器具上,将记录结果进行整理并登记于规定的表格上。

【交通流】(traffic flow) 汽车在道路上连续行驶形成的车流。广义上还包括其他车辆的车流和人流。在某段时间内,在不受横向交叉影响的路段上,交通流呈连续流状态;在遇到路口信号灯管制时,呈断续状态。定量描述交通流的参数是:(1)交通流量。又称交通量,表示交通流在单位时间内通过道路指定断面的车辆数量,单位是辆/小时或辆/天。(2)交通流速度。简称流速,表示交通流流动的快慢,单位是 m/s 或 km/h。(3)交通流密度。表示交通流的疏密程度,即道路单位长度上含有车辆的数量,单位是辆/千米。三个参数之间的关系是:交通流量等于交通流速度和交通流密度的乘积。

交通流

【交通流分配】(distribution of traffic flow) 根据已知的道路网描述,将预测得出的交通量,按照一定的规则符合实际地分配到路网中的各条道路上的预测模型。这样可求出路网中各路段的交通流量、所产生的费用矩阵,并据此对城市交通网络的使用状况做出分析和评价。交通流分配是交通规划中的一个重要步骤。主要有平衡分配法、非平衡分配法和随机平衡法。交通流分配分为静态交通流分配和动态交通流分配。静态交通流分配是以交通量为对象、以交通规划为目的而开发出来的交通需求预测模型;动态交通流分配则是以路网交通流为对象、以交通控制与诱导为目的开发出来的交通需求预测模型。

【交通气象】(traffic meteorology) 气象学的一个分支。专门为交通安全提供服务的气象研究。其主要研究内容包括:交通安全和运行与气象的相互关系,交通气象预报、警报,建立交通气象实时监测、信息自动收集、交通气象预报、警报业务系统等。交通气象监测预报警报系统主要包括:公路气象监测预报警报系统、轨道交通气象监测预报警报系统和内河航运气象监测预报警报系统等。随着交通事业的迅速发展,对气象服务的需求也迅速增加。加强交通气象监测、预报、预警工作,建立交通气象实时监测、信息自动收集、交通气象预报、警报业务系统,是交通运输畅通、减少交通事故的重要保障。

【交通事故分析】(traffic accident analysis) 对交通事故分布规律、成因、预测、评价以及安全改善等方面进行的研究。目的在于找出与人、车辆和道路有关的可能发生事故的原因,找出交通安全管理工作的薄弱环节,以便拟定防治措施,减少交通事故的频率和严重程度。交通事故发生的原因主要包括人、车辆、道路及道路环境四个因素,人的因素是主要的。在人的因素中,驾驶人员应负主要责任。如不按规定速度行车、强行超车、逆行、不适当的左右转弯和骑自行车人违章。行人违章行为包括行人横过马路不走人行道、行人走车行道、猛跑等。车的因素包括刹车失灵、机件失灵,货车装载超高、超宽、超重以及货车未拴牢等。道路因素,城区道路“三板块”的很少(即机动车行道的两旁是自行车车行道),大多数都是“一板块”形式,机动车与非机动车混合行驶,彼此干扰大。有的路面高低不平,冬季结冰打滑等,这些都是造成交通事故的直接原因。交通事故基本分析方法有:(1)统计分析法。用统计的方法去分析交通事故。其理论基础是概率论和数理统计。(2)分类法。又称分层法。它既是加工数据的一种方法,也是分析交通事故的一种基本方法。把性质不同的数据以及复杂的交通事故原因理出头绪,划分清楚,给人一明确的、直观的、规律性的概念。(3)排列图法。找出事故主要原因的一种有效方法。(4)统计调查分析表法。利用统计调查表来进行数据整理和粗略的原因分析。(5)坐标图法。在坐标纸上画出的坐标图来分析交通事故的严重程度。这种方法简单直观,适用于进行比较性分析。

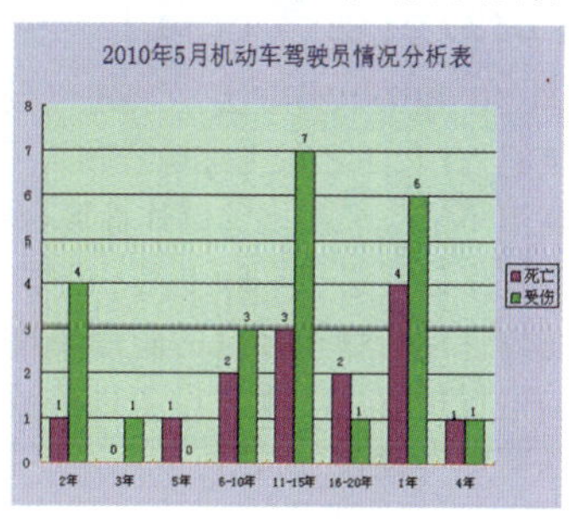

交通事故分析

【交通信号】(traffic signal) 传送交通管理信息的光、电波、声音以及动作的总称。道路交通常用的信号有手势信号和灯光信号。手势信号是由交通管理人员通过手臂动作表示,灯光信号由道路交通信号灯显示。交通信号的作用是分配给互相冲突的交通流以有效的通行权,使交通流运行安全、合理。在国际上,交通信号的含义大同小异,正趋于统一。安装在交叉路口的交通信号灯多为自动控制的信号灯,有的是固定周期,有的是变化周期。用信号灯控制一个交叉口交通的方式称为点控制;将一条道路上几个交叉口的信号灯联系起来,协调运转,控制交通的方式称为线控制;用计算机控制几条道路上的若干个交叉口的信号灯,使之协调运转,称为面控制。

交通信号

【交通信息发布系统】(traffic information circulating system) 高速公路交通管理者向道路使用者提供气象、事故、施工等道路行车条件信息,发布交通管制指令的平台。常见的交通信息发布系统由固定式指示牌、可变情报板、可变限速标志、无线广播电台、路侧有线广播等构成。它是高速公路交通安全保障体系的重要组成部分,是交通管理者及时向道路使用者发布指令或提供信息、确保行车安全的有效手段。

【交通诱导】(route traffic guidance) 又称交通路线引导系统、车辆导航系统。以缓解城市交通拥堵为目的,为全体交通参与者提供交通信息,使其合理安排出行时间和出行路线,提高效率的一种交通控制手段。分为户外信息显示诱导、广播诱导等多种形式。是交警指挥中心的重要组成部分。它利用车辆定位技术、电子交通图、计算机和先进的通信技术,使得车载计算机能够自动显示车辆的位置、交通网络图和道路交通状况。它与其他子系统相互配合,通过信息发布,实现主动调节和被动控制的有机结合,从而完成城市交通的优化管理。是智能交通系统的核心内容之一。

【交通诱导屏】(route guidance screen) 又称可变情报板。由普通道路标志和可变信息标志相结合组成的多功能信息显示屏。以呈现道路整体路线轮廓的图形方式提供前方的道路走向。可实时处理和分析交通动态状况,根据道路交通管理的要求和交通诱导信息发布当前道路的实际情况,从而诱导市民选择合适线路,避免交通拥堵。将交通诱导屏高速公路可变情报板安装于高速公路路面上方,为驾驶人员提示目前的路况信息,如前方施工、车祸地点、强风、浓雾等警示标语;还可显示简单的图形、限速值等,以便驾驶人员能更好地掌握目前的路况,避免交通阻塞,减少交通事故。

【交通运输】(communications and transportation) 各种运输和邮电通信的总称。即人和物转运输送,语言、文字、符号、图像等的传递播送。按其手段的不同可分为:公路运输、铁路运输、航空运输、水路运输和邮电运输。按其方式的不同可分为:成组运输、散装运输、循环运输、集成运输、托挂运输、综合运输和联合运输等。

交通运输

【交通运输污染源】(the transportation-pollution source) 由交通运输设备和设施造成的环境污染的总和。对环境的危害主要是交通工具运行中产生的噪声和振动污染,燃料燃烧产生的有害废气排放造成的大气污染,有害废弃物和清洗(清扫)车、船体的扬尘、污水(油轮压舱水)产生的污染,以及运载有毒有害物质泄漏时发生事故引发的环境污染。它们对城市环境、河流、湖泊、海湾和海域构成威胁。

【交通运输用海】(traffic and transport sea) 为满足港口、航运、路桥等交通需要所使用的海域。包括港口用海、航道、锚地和路桥用海。交通运输用海是沿海国家最为重要的海上产业之一。

【交通噪声】(traffic noise) 一般指机动车辆在城市内交通干线上行驶所产生的噪声。主要为机动车发动机壳体的震动声、进气声、排气声、喇叭声以及车轮与地面的摩擦声。是一种不稳定的噪声。其声级随时间等因素而变化。城市交通干线的等效A声级可达65~75dB,汽车鸣笛较多的地方则在80dB以上。

【交织】(union fabric) 用不同纤维分别纺纱后再混合织造,或用不同的纱线与长丝混合织造的技术。交织与混纺同样起到"混合"的效果,与混纺相比,交织是"粗线条"的混合。交织有不同的形式,例如用不同纤维的单纱并线后交织,再如用不同的经纱和纬纱交织,还可把不同纤维的纱线,不同色泽的纱线、长丝直接排列在经纱、纬纱上交织,可织出各种条形、格形、嵌线形、夹花型等不同的花纹。

【交-直-交变频器】(AC-DC-AC inverter) 将恒压恒频的交流电通过整流电路变换成直流,然后再经过逆变电路将直流变换成可调压调频的交流电的电路。其原理是:利用电力半导体器件的通断作用将工频电源变换为另一频率的电能控制装置。这种变频器虽然多了一个中间直流环节,但是输出交流电的频率是任意的。变频器的负载通常是异步电机,其功率因素小于1,故在中间直流环节和电动机之间总存在无功功率的交换。其主要类型是:VVVF变频、矢量控制变频和直接转矩控制变频等。其缺点是:输入功率因数低,谐波电流大,直流回路需要较大的储能电容,再生能量又不能反馈回电网,即不能进行四象限运行。为此,一种替代性的变频器-矩阵式交-交变频应运而生。这种变频器没有中间的直流环节,从而省去了体积大且价格贵的电解电容,而且功率因数为1,输入电流为正弦且能四象限运行,系统的功率密度大。该技术目前虽尚未成熟,但仍吸引着众多的学者深入研究。

变频器

【浇封型电气设备】(encapsulated electrical apparatus) 将电气设备或其部件浇封在浇封剂中,使之在正常运行和认可的过载或认可的故障下不能点燃周围的爆炸性混合物的防爆电气设备。其基本设计思想实际上是一种典型的阻止点燃源与爆炸性混合物相接触的防爆原理。它是一种相对较新的保护方法。浇封设备以前被认证为Exs特殊型防爆电气设备,通常可和Exi一起使用,用来处理储能或功率耗散元件。基本的安全设计措施包括:(1)将电气元件用树脂浇封起来,浇封剂的自由表面与被浇封元件或导体件的浇封厚度不小于3mm。(2)浇封剂的介电强度、吸水性、耐光照、耐寒以及表面电阻等必须按相应标准进行考核。(3)限制浇封剂表面的温度。

【浇口】(pouring gate) 即进料口。浇注系统中连接分流道与型腔的熔体通道。浇口的设计与位置的选择恰当与否,直接关系到铸件塑料能否被完好地高质量地浇注成型。按其截面尺寸大小及其结构特点的不同,可分为限制性浇口和非限制性浇口两大类。塑机常用的浇口形式有:直接浇口、侧浇口、扇形浇口、平缝浇口、环形浇口、盘形浇口、轮辐浇口、爪形浇口、点浇口、潜伏浇口和护耳浇口等。

【浇注系统】(gating system) 熔融物料进入模具型腔所流经的通道。分普通浇注系统和热流道浇注系统两种形式。普通浇注系统一般由主流道、分流道、浇口和冷料穴四部分组成。浇注系统的设计是模具设计的一个重要环节,设计合理与否对塑件的性能、尺寸、内外部质量及模具的结构、塑料的利用率等都有较大影响。

【胶带钢丝绳】(rubber tape wire rope) 又称输送带用钢丝绳。用作钢丝绳芯输送带骨架增强材料的镀锌钢丝绳。由于钢丝绳芯输送带要求抗拉强度高(适用于单机大跨度、长距离、大运量、高速度输送物料)、耐冲击、耐曲挠疲劳、伸长率小、成槽性好(易于形成深槽形、多装物料并防止散落),并且要求运行平稳,不易跑偏。所以对胶带钢丝绳提出了与普通镀锌钢丝绳不同的技术要求。胶带钢丝绳既有一般钢丝绳的特点,又有轮胎钢帘线的特点。其主要性能有:(1)物理性能。①捻制类型。包括右交互捻、左交互捻、右同向捻、左同向捻、平行捻和交叉捻。一般按左右各半交货,使用时左右捻的钢丝绳纵向均匀排列。②直线性。又称平直度。在不加张力的情况下,将6m长的钢丝绳从工字轮中拉出,放置在距离为75mm的两根平行线之间的平面上,除绳端500mm外,钢丝绳不应与任何一根平行线相接触。③残余扭转。去除绳头1~2m后,在绳头50mm处弯成直角,紧捏住弯头防止其旋转,从工字轮中拉出6m,然后将绳头放开,让其自由旋转,不得超过4圈。④不松散性。将钢丝绳任一端分别解开相互间隔的三个股,约两个捻距长,当把这三个股重新归位后,股不自行散开。⑤定长。根据用户要求定尺切割。⑥接头。股中钢丝需要对焊时,接头之间距离和数量的规定。(2)力学性能。包括抗拉强度、扭转、反复弯曲和伸长率。(3)黏合性能,与橡胶的黏合力。(4)化学性能。包括:①镀层质量、厚度。②镀层成分。③润滑剂残留量。胶带钢丝绳的生产工艺流程是:线材-粗拉-热处理-中间拉拔-热处理-电镀锌-细拉-捻股-合绳。

胶带钢丝绳

【胶合木结构】(glued timber structure) 用胶黏方法将木料或木料与胶合板拼接成尺寸与形状符合要求而又具有整体木材效能的构件和结构。现代木结构的一个重要分支。广泛应用于各种工程上。(1)用木板或小方木重叠胶合成矩形、工字形或其他截面形式的构件及由之组成的结构。其优点是:不仅可以小材大用、短材长用,而且还可将不同等级(或树种)的木料配置在不同的受力部位,做到量材适用,提高木材的利用率。但这种构件在少量生产的情况下,其价格要比普通木料高,只有在成批生产或大量利用废料时才能收到良好的技术经济效果。(2)用胶合板为镶板、普通木材或胶合木为骨架的胶合结构。按其受力状态的不同可分为:以胶合板主要承受剪切应力的结构和以胶合板主要承受正应力的结构。优点在于板面宽大,而又具有较好的匀质性。因此,适应性强,用作承重结构,容易满足建筑设计的要求,要有特定的质量标准。胶合木结构的强度和耐久性在很大程度上取决于胶合质量。

胶合木结构

【胶凝作用】(gelatinization) 见凝胶。

【胶体】(colloid) 又称胶状分散体。粒径1~100nm的粒子(分散相)分散在介质(分散介质)中形成的分散体系。是一种高度分散的多相不均匀体系。胶体粒子可以是单个分子也可以是分子聚集体。物态可以是固体、液体和气体。按其分散介质的不同可分为气溶胶、固溶胶和液溶胶。按其分散相和分散介质亲合力的不同可以分为:(1)亲液胶体。分散相在分散介质中能自动分散,是热力学稳定体系。(2)疏液胶体。则不能自动分散,是热力学不稳定体系。胶体具有独特的表面性质、电性质、光学性质等,能发生丁达尔现象和电泳现象,能聚沉、渗析、吸附等。胶体广泛应用于农业生产、工业生产、医疗卫生和日常生活中,如豆腐的制造就是利用胶体的聚沉。

【胶体化学】(colloidal chemistry) 物理化学的一个分支。研究胶体、大分子溶液及乳状液等分散体系和与界面现象相关的体系的各种性质及规律的学科。其内容包括各种分散体系的形成条件、稳定性和物理、化学性质,表面现象和表面层性质(如吸附作用、润湿作用、表面活性剂性质等)。1861年,英国科学家格雷厄姆(Thomas Graham)提出"胶体"概念。现在胶体化学的发展已深入到工农业生产、医疗卫生和日常生活的各个方面,如复合材料和功能材料的研制、新能源开发、土壤改良、海水淡化、人工降雨、污染防治、生物膜和血液的研制等。

【胶体聚沉】(colloid coagulation) 见聚合氯化铝。

【胶体溶液型药剂】(medical colloid solution) 一般在 0.5~1μm 之间大小的固体颗粒药物或高分子物质分散在溶媒中形成胶体分散体系的液体药剂。胶浆剂是胶体溶液型药剂中的一种。临床上常见的有用作胃镜检查时的麻醉剂如盐酸可卡因胶浆。除胶浆剂外,还有一些其他制剂如胃蛋白酶合剂、甲酚皂溶液和硫溶胶制剂等也属此类。

【胶原】(collagen) 一种不溶性的纤维状蛋白质。是结缔组织的主要成分。具有高抗张能力,是决定结缔组织韧性的主要因素,也是机体必不可少的有机物,并在多种生命活动中发挥着极其重要的作用。主要分布在皮肤、骨、肌腱、血管、角膜等组织中,例如人体皮肤组织中胶原占 70%,维持着皮肤的滋润和弹性。机体中胶原如发生异常,将直接影响正常的生命活动。引起胶原异常的机制主要有:(1)胶原在体内合成及降解的平衡发生失常。(2)胶原分子结构的异常。(3)组织中各种类型胶原的特定比例失常。(4)胶原分子在组织中组装成胶原纤维的过程遇到障碍或胶原与基质中其他大分子间的交联发生异常。

【胶原缝合线】(collagen suture) 用胶原材料制成的一种医用可吸收缝合线。是人体器官和组织的植入型可吸收医疗手术缝合材料。胶原缝合线具有术后伤口反应轻、愈合好、疤痕小、不必拆线等特点。广泛应用于普外科、妇产科、骨科、泌尿科、肝胆科、胸科、眼科等临床专业学科。

【胶质菌】(gel fungus) 新鲜的或干燥的子实体经浸泡后可恢复到柔软、有弹性的胶质状的菌类。如银耳、金耳、花耳、黑木耳和毛木耳等。其中,银耳、金耳、黑木耳均是腐木生,是中国最常见的人工培养生产的食用药用两用菌。

银耳

【胶子】(gluon) 理论上预言的在夸克间传递强相互作用的粒子。共有 8 种。带色荷且静质量为 0。自旋为 1。与电荷间通过交换光子来实现电磁相互作用相似,携带色荷的夸克间的强相互作用是通过交换胶子而实现的。胶子带有色荷,因而胶子与胶子之间也会发生强相互作用,即胶子本身可以发射或吸收胶子。迄今为止,人们还未从实验中发现自由状态的胶子。

【焦比】(coke ratio) 平均生产每一吨合格生铁和所消耗的干焦量(吨)的比值。一般大高炉的焦比为 0.4~0.8;小炉子为 0.7~1.2,或再大一些,用冷风的小高炉常在 2.0 以上。降低焦比就意味着每一批料中,矿石相对增多,焦炭相对减少。这就能够多出生铁,炼铁的成本也就降低了。用不同鼓风方法和提高炉顶煤气的压力都能降低焦比。

【焦耳-汤姆逊效应】(Joule-Thomson-effect) 气体通过多孔塞时发生的温度变化现象。气体在管道中流动时,由于局部阻力,如遇到缩口和调节阀门时,其压力明显下降,这种现象称为节流。实验发现,实际气体节流前后的温度一般将发生变化。造成这种现象的原因是因为实际气体的焓值不仅是温度的函数,而且也是压力的函数。大多数实际气体在室温下的节流过程中都有冷却效应,即通过节流元件后温度降低,这种温度变化称为正焦耳-汤姆逊效应。少数气体在室温下节流后温度升高,这种温度变化称为负焦耳-汤姆逊效应。焦耳-汤姆逊效应可以用于制冷和空气的液化等。

【焦化工业废水】(coking wastewater) 由原煤在高温干馏、煤气净化和化工产品精制过程中产生的废水。其成分复杂多变,水质随原煤组成和炼焦工艺而异。焦化废水中含有数十种无机和有机化合物。其中无机化合物主要是氨盐、硫氰化物、硫化物、氰化物等;有机化合物包括酚类、单环及多环的芳香族化合物、含氮、硫、氧的杂环化合物等。通常 CODcr 浓度≥1 000~3 000mg/L,NH_3-N≥1 000mg/L。焦化废水是一种可生化性差、难生物降解、处理难度大、污染严重的工业废水。焦化废水处理大致分为物化法(吸附法)、化学处理法(催化氧化法、焚烧法、臭氧氧化法、光催化氧化法、电化学氧化法等)、生物处理法和循环利用法。

【焦距】(focal length) 又称焦长。从透镜的光心到光聚集之焦点的距离。是光学系统中衡量光的聚集或发散的度量方式。在照相机中,焦距是指从镜片中心到底片、CCD 等成像平面的距离。具有短焦距的光学系统比长焦距的光学系统有更佳聚集光的能力。简单地说焦距是焦点到面镜的顶点之间的距离。

【焦虑症】(anxiety disorder) 又称焦虑性神经症。以广泛和持续性焦虑或反复发作的惊恐不安为主要特征的神经性障碍。其症状主要有头晕、胸闷、心悸、呼吸急促、口干、尿频、尿急、出汗、震颤等植物神经症状和运动性紧张。焦虑情绪并非由实际威胁或危险所引起,其紧张不安与恐慌程度也与现实处境很不相称。女性患病率明显高于男性。根据临床症状和病理特点的不同,中国的精神疾病分类将其分为:(1)广泛性焦虑症。以经常或持续的、无明确对象或固定内容的紧张不安,或对现实生活中的某些问题过分担心或烦恼为特征。(2)惊恐发作,或称惊恐障碍。以反复出现强烈的惊恐发作,伴濒死感或失控感,以及严重的植物神经失常症状为特征。

【焦炭】(coke) 由煤等经干馏而成的一种固体燃料。根据干馏温度、煤种和用途的不同可分为高温焦、中温焦、冶金焦、煤气焦、石油焦和沥青焦等。焦炭通常是指煤经高温干馏而成的高温焦。其主要成分是固定碳,还含少量挥发物与杂质。呈银白色或灰黑色。有金属光泽。坚硬而多孔。燃烧时无烟。大块的焦炭称为块焦或冶金焦,冶金焦挥发物含量要小于1.5%,灰分小于15%,硫分小于1%,气孔率约为40%等。主要用于钢铁与其他金属的冶炼和铸造,还用作气化和化学工业的原料,也可用作燃料。

焦碳

【焦糖化反应】(caramelization reaction) 又称卡拉密尔作用。不含氨基化合物的糖类在高温加热时生成焦糖等褐色物质的反应。糖类尤其是单糖在没有氨基化合物存在的情况下,加热到熔点以上的高温(一般是140~170℃以上)时,因糖发生脱水与降解,也会发生褐变的反应。当不含氨基化合物的糖类加热到150~200℃时,会生成焦糖等褐色物质,可使面包和糕点产生良好的色泽和风味。焦糖化反应在酸和碱条件下均可进行,但速度不同。如在pH8时要比pH5.9时快10倍。糖在强热的情况下生成两类物质:(1)糖的脱水产物。即焦糖或酱色物。(2)裂解产物。即一些挥发性的醛、酮类物质。它们进一步缩合和聚合,最终形成深色物质。

【角动量】(angular momentam) 又称动量矩。描述物体转动状态的物理量。一动量为$\vec{p}=m\vec{V}$的质点,相对于惯性参照系的原点O的位置矢量为$\vec{r}$。如果质点的动量$\vec{p}=m\vec{V}$处处和它的矢径$\vec{r}$相垂直,把质点动量的量值P和矢径$\vec{r}$的量值r的乘积定义为质点对给定点O的角动量的量值。用L表示,$L=rP=rmV$。在一般情况下,质点动量和它对于给定点的矢径不一定垂直,其夹角为θ,于是$L=rP\sin\theta$。当$\vec{r}$与$\vec{p}$之间的夹角为0°或180°时角动量为零。角动量是矢量,方向垂直于矢量$\vec{r}$和动量$\vec{p}$所组成的平面,指向是由从$\vec{r}$到$\vec{p}$的右手螺旋的前进方向所确定。角动量的方向与角速度的方向一致。角动量$L=rP\sin\theta$和力矩$M=rF\sin\theta$非常相似,因此,角动量也可看做动量对定点的矩,所以有时也称为动量矩。它的单位为kg·m²/s。角动量的概念,在大到天体的运动,小到质子、电子的运动的描述中,都要应用到。例如,电子绕核运动,具有轨道角动量,电子本身还有自旋运动,具有自旋角动量等。原子、分子和原子核系统的基本性质之一。角动量是有一定的不连续的量值。这称为角动量的量子化。质点对过原点O的一定轴转动时的动量矩是它对O的动力矩在这个轴线上的投影。当刚体以角速度ω绕定轴转动时,刚体上每一质点对转轴的动量矩就应是$L=RmV$。这里R是该质点对转轴的垂直距离,V是这一质点绕轴转动的速度,即$V=R\omega$。所以这一质点绕固定轴转动的动量矩可以写为$L=mR^2\omega$。它的方向是由R到V沿转轴按右手螺旋前进的方向。从而,刚体绕定轴转动的动量矩的数量等于各个质点的动量矩的代数和,即

$$L=\sum_{i=1}^{n}m_iR_i^2\omega。$$

【角峰】(hornpeak) 又称金字塔角峰。由冰雪作用而形成的特殊山峰形态。峰体一般均呈四面尖顶状,犹如埃及的古金字塔。是由冰雪,尤其是冰川对山体四面同时进行溯源侵蚀而成。南极的文森峰,尼泊尔的鱼尾峰,珠穆朗玛峰,乔戈里峰,南迦巴瓦峰,以及绝大多数冰川地区的山峰都具有典型的角峰形态。目前世界上最美丽最壮观的金字塔角峰当数中国西藏普兰县境内的冈仁波齐峰。它每年都会吸引成千上万世界各地的学者、专家、游客

角峰

和香客前去考察、探险、旅游和转山膜拜。角峰和刃脊、U型谷、冰川磨光面等，均为典型的冰川侵蚀地貌，也是判断有无发生过第四纪古冰川作用的重要标志性地貌形态。

【角化细胞膜套】(cornified envelope, CE) 又称角化膜套。由交联蛋白和脂质聚集组成的复层上皮的表层细胞外的一层坚韧的外套。厚 15mm。在细胞的终末分化过程中形成。在角化上皮中，这一结构完全取代了胞浆膜，并且成为表皮和角化口腔上皮的上皮屏障的一个基本组成部分。因此，复层鳞状上皮的角化层由具有蛋白质膜套的细胞所组成，这些蛋白膜套既与细胞内的角蛋白细胞骨架交叉连接，也与外层表面特化的脂质相交叉连接。其有许多组成成分，其中一些成分是在上皮细胞内特殊形成的，然后被整合进 CE。而其余成分的功能，则主要因为其他的功能而著称，如作为桥粒蛋白(如桥粒蛋白、膜蛋白、桥粒芯蛋白)，或作为与分化和(或)膜/细胞骨架的功能相关联的蛋白质。在非角化口腔上皮的表面，可能会形成一些改良或不完全形的 CE，其渗透性与角化区相比有很大区别，对药物的传运有很大影响。

【角膜接触镜】(contact lens) 又称隐形眼镜。一种戴在眼球角膜上矫正视力或保护眼睛的镜片。有硬镜和软镜之分。软性接触镜是 20 世纪 60 年代初发明并应用的。由于它能吸收大量的水分，又称为亲水接触镜。它的光学透明性、组织稳定性和组织相容性好，又具有亲水性、渗透性、柔软以及不易丢失、试戴期短等优点。硬性透气性角膜接触镜较软性角膜接触镜具有更多的优点：质材氧通透性高，良好的矫正近视，散光及圆锥角膜的光学特性，使用更安全，护理更方便，有阻止或减缓儿童近视进展的临床表现。硬性透气性角膜接触镜在发达国家已很普遍，在国内发展势头良好，有取代软性角膜接触镜的趋势。

【角闪石】(amphibole) 又称闪石。钙铁、钙镁、镁铁质双链结构硅酸盐矿物的统称。类质同像十分普遍。角闪石可分为斜方角闪石和单斜角闪石两个亚族。斜方角闪石属斜方晶系。主要是直闪石，其化学式为$(Mg,Fe)_7[Si_4O_{11}]_2\cdot(OH)_2$，常呈放射状或纤维状集合体，颜色随铁含量增加而加深，有白、灰、绿及黄褐色，玻璃光泽，硬度为5.5～6。主要产于富含镁(Mg)的变质岩中。单斜角闪石包括透闪石($Ca_2Mg_5[Si_4O_{11}]_2\cdot(OH)_2$)、阳起石($Ca_2(Mg,Fe)_5[Si_4O_{11}]_2\cdot(OH)_2$)、普通角闪石($NaCa_2(Mg,Fe,Al)_5[(Si,Al)_4O_{11}]_2(OH)_2$)等。透闪石晶体呈长柱状或针状，白色或浅灰色，由不纯的碳酸盐岩遭受接触变质形成。常与阳起石形成类质同像系列，隐晶质致密块状者即为著名的“软玉”。普通角闪石暗绿至黑色，是中性火成岩、角闪片岩、角闪岩等变质岩的主要造岩矿物。

【角闪岩】(amphibolite) 又称斜长角闪岩。由以角闪石为主的铁镁质暗色矿物组成的一种变质岩。为主要由普通角闪主石(90%～40%)和斜长石(10%～60%)组成的区域变质岩石。其他暗色矿物包括辉石、绿帘石、铁铝榴石、黑云母和绿泥石等。当透辉石含量大于角闪石时，则称为斜长辉石岩。角闪岩粒度变化较大，构造为片麻状、条带状或块状。它们是基性火成岩、凝灰岩或泥灰岩经中高级变质作用的产物。根据其原岩性质的不同可分为两种：一类是由基性侵入岩和火山岩形成的正斜长角闪岩，另一类是由铁镁质泥灰岩形成的副斜长角闪岩。

角闪岩

【角宿一】(Spica) 室女座 α 星。全天最亮的 21 颗恒星之一。视星等为 0.98，距太阳系距离约 275 光年。在天球上具体位置约为赤经 13 时 20 分，赤纬 -10°。属中国古代二十八宿中的角宿。

【铰削加工】(ream machining) 用铰刀从工件的孔壁上切除微量的金属层，使被加工孔的精度和表面质量得到提高的半精加工和精加工的方法。在铰孔之前，被加工孔一般需经过钻孔或扩孔加工。根据铰刀的结构不同，铰削可以加工圆柱孔、圆锥孔。既可以用手工操作，也可以在车床、钻床、镗床、数控机床等多种机床上进行。铰削加工的加工质量较高。生产效率也比其他精加工方法高。但是其适应性较差，一种铰刀只能用于加工一种尺寸的孔、台阶孔和盲孔。此外，铰削对孔径也有所限制，一般直径小于 80mm。

【矫形器】(orthosis) 又称矫形器械、矫形装置。装配于人体外部，通过力的作用，以预防、矫正畸形，补偿功能和辅助治疗骨关节及神经肌肉等疾患的器械的总称。其作用是：稳定、支持、固定、保护、预防、矫正畸形、减

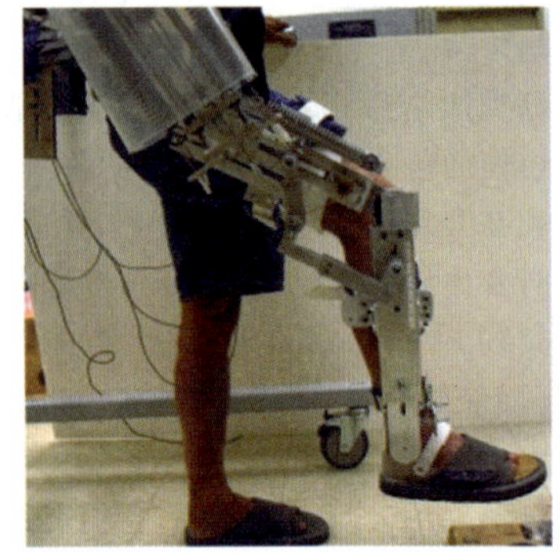
矫形器

轻承重和改进功能。其分类包括:(1)按其装配部位的不同可分为上肢矫形器、下肢矫形器和脊柱矫形器。(2)按其作用的不同可分为装矫形器、保护用矫形器、稳定用矫形器、减免负荷用矫形器、功能用矫形器、站立用矫形器、步行用矫形器、夜间用矫形器、牵引矫形器和功能性骨折治疗矫形器。(3)按其主要制造材料的不同可分为塑料矫形器、金属矫形器、皮质矫形器和布制矫形器。(4)按其治疗疾病的不同可分为脊髓灰质炎后遗症用矫形器、马蹄内翻足矫形器、脊柱侧弯矫形器、先天性髋脱位矫形器、骨折治疗矫形器和股骨头无菌坏死矫形器等。矫形器的处方由医师制定,由矫形器技师承担执行责任。矫形器技师按处方进行测量、绘图、制作;制成半成品后试样,进行初检;初检满意后移交治疗师进行适应性使用训练;治疗师通过各种临床的客观检查、评估后提出修正意见,直至产品完成。

【矫直机】(leveling machine) 对压力加工(如轧制、拉拔等)后的工件进行矫直的设备。矫直可使工件沿全长具有正确而均匀的几何形状。按其用途的不同可分为板材矫直机、型材矫直机和管材矫直机等;按其结构的不同又可分为辊式矫直机、拉力矫直机和压力矫直机等。热处理后工件产生变形,也可在矫直机上进行矫正。

【搅拌器】(stirrer) 利用叶轮或桨叶的转动使反应物混合均匀,并防止暴沸以及加快反应速度或缩短时间的搅拌设备的核心部件。按其搅拌釜内产生的流型的不同可以分为:(1)轴向流搅拌器。如推进式叶轮、新型翼型叶轮搅拌器。(2)径向流搅拌器。如各种直叶、弯叶涡轮叶轮搅拌器。搅拌器通常自搅拌釜顶部中心垂直插入釜内,有时也采用侧面插入、底部伸入或侧面伸入方式。

搅拌器

【校平与整形】(leveling and shaping) 利用模具使坯件局部或整体产生不大的塑性变形,以消除平面度误差和提高制品形状及尺寸精度的冲压成型方法。这种工序大多在其他冲压工序之后进行。校平与整形允许的变形量都很小,因此必须使坯件的形状和尺寸相当接近制件。校平与整形后制件精度高,因而模具成型部分的精度也相应的提高。校平多用于冲裁件,消除其拱弯造成的不平。对薄料、表面不允许有压痕的制件,一般用光面校平模,对较厚制件常采用齿形校平模。整形一般用于弯曲、拉深成型工序之后。整形模与一般成型模具相似,只是其工作部分的定形尺寸精度高,粗糙度值要求更低,圆角半径和间隙值都比较小。

【校验码】(check code) 由前面的数字通过某种运算得出,用以检验该组数字的正确性的代码。代码作为数据在向计算机或其他设备进行输入时,容易产生输入错误,为了减少输入错误,编码专家发明了各种校验检错方法,并依据这些方法设置了校验码。凡设有校验码的代码,是由本体码与校验码两部分组成(如组织机构代码),本体码是表示编码对象的号码,校验码则是附加在本体码后边,用来校验本体码在输入过程中准确性的号码。每一个本体码只能有一个校验码,校验码通过规定的数学关系得到。其原理是:系统内部预先设置根据校验方法所导出的校验公式编制成的校验程序,当带有校验码的代码输入系统时,系统利用校验程序对输入的本体码进行运算得出校验结果之后,再将校验结果与输入代码的校验码进行对比来检测输入的正确与否。如果两者一致,则表明代码输入正确,系统允许进入;如果不一致,则表明代码输入有误,系统拒绝进入,并要求代码重新输入。常见的校验码有中华人民共和国居民身份证的最后一位,图书标准书号(ISBN)的最后一位等。

【校正基因】(suppressor gene) 又称阻抑基因、抑制基因。能部分地或全部地使另一基因的突变效果逆转的基因。这类校正常发生在 tRNA 基因(作用是将氨基酸带到 mRNA - 核糖体复合物上,并通过 tRNA 上的反密码子与 mRNA 上的密码子识别配对,将氨基酸插入到正在合成的多肽链的适当位置上。)或 tRNA 基因相关的基因上。tRNA 上一个核苷酸的改变可能使某个氨基酸的密码子发生改变而影响蛋白质的合成。校正 tRNA 通过改变反密码子区来校正基因突变,以维持翻译作用译码的正确性。

【教学地图】(teaching map) 供各级各类学校教学使用的专用地图。是一种直观的教具。其特点是:(1)内容简明,重点突出,直观性强,色彩鲜明。(2)比例尺小。(3)密切结合教学需要和学生年龄特征。其类型包括教学用的挂图、地图集、填充图和教科书中的地图插图。

【教育附加费】(education surtax) 为了多渠道筹集教育经费,改善中小学办学条件,以纳税人实际缴纳的增值税、消费税、营业税为计征依据而征收的一种专项附加费。是投资项目建设中必须交纳的费用，具有专款专用的性质。凡是缴纳增值税、消费税和营业税的单位和个人，除缴纳了农村教育事业附加费的单位外，都是缴纳教育附加费的纳税义务人。根据国家的相关规定，以各单位和个人实际缴纳的增值税、消费税和营业税的税额为计征依据，税率为3%，分别与增值税、消费税、营业税同时缴纳。

【酵母菌】（yeast） 真菌的一个类群。以糖类、淀粉和其他工农业副产物为原料，用发酵培养法生产的微生物制品。单细胞。呈圆形、卵形或椭圆形。内有细胞核、液泡和颗粒体物质。其特点是：(1)个体一般以单细胞状态存在。(2)通常以出芽繁殖，有的进行两均分裂，有的种类能产生子囊孢子或掷孢子、冬孢子、担孢子等，有的种类在一定条件下能形成假菌丝或真菌丝。(3)能发酵糖类产能。(4)细胞壁常含甘露聚糖。(5)喜在含糖量较高、酸度较大的水生环境中生长。广泛存在于自然界中。是食品工业中应用最多的微生物。能分解碳水化合物产生酒精和二氧化碳。种类繁多。生产上常用的有食用酵母、饲料酵母和葡萄酒酵母等。其中食用酵母中又分成面包酵母、食品酵母和药用酵母等；根据含水分多少，有干酵母和鲜酵母之分。广泛用于酿酒、制作面包及提取多种酶制剂和生产菌体蛋白、核苷酸等。

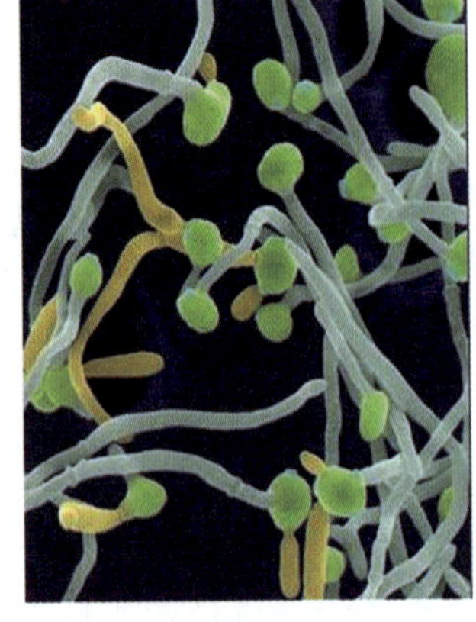
酵母菌

【阶跃操纵】（step-control） 航空器稳定性与操纵性试飞中的一种操纵动作。其特点是：在给定的试验状态，迅速地将操纵面（平尾、副翼、方向舵）操纵至一定位置并保持不变，让航空器自由运动。

【皆伐】（clear cutting） 将伐区上的林木在短期内一次全部伐光或者几乎全部伐光，伐后采用人工更新或天然更新恢复森林的一种作业方式。皆伐迹地一般采用人工更新，但在目的树种天然更新有保障的皆伐迹地，可采用人工促进天然更新。通常进行人工更新的皆伐迹地，也常有不少天然更新的阔叶林木，故提出“栽针保阔”的办法；同样，天然更新的迹地，如果更新不良，仍需进行局部人工更新。皆伐迹地上形成的森林一般为同龄林。由于皆伐迹地完全失去了原有林木的遮蔽，在裸露迹地上的小气候、植物和土壤条件与林内相比均有显著的变化。中国在20世纪80年代以前通常采用的有三种皆伐方式：即带状间隔皆伐、带状连续皆伐和块状皆伐，现在仅用块状皆伐。林业发达的芬兰、瑞典等国也多为块状皆伐，美国、加拿大则多用连续带状皆伐。

【接触电击】（contact shock） 人与设备带电部分的接触，使电流通过人体或动物体而引起的病理、生理效应。按照发生电击时电气设备的状态，电击可分为直接接触电击和间接接触电击。直接接触电击，是直接触及或过分接近正常运行时的带电体发生的电击（如误触接线端子发生的电击），也称为正常状态下的电击；间接接触电击，是触及正常状态下不带电，而当设备或线路发生故障时意外带电的导体发生的电击（如触及漏电设备的外壳发生的电击），也称为故障状态下的电击。电击事故在生产中时有发生，对人的生命或健康造成极大损害。应当采取相应措施，力求避免。

【接触器】（contractor） 在正常电路条件下，可频繁地接通、承载或分断电流，且可远距离控制的非手动开关电器。其主要控制对象有：交流电动机、直流电动机、照明灯、电阻炉等。在自动控制与电力拖动系统中，有时要求电动机连续地进行启动、停止或改变转动方向，因此要求接触器有较高操作频率和较高工作寿命。按其被控电路电流性质的不同可分为：直流接触器和交流接触器。按其极数的不同可分为：单极、二极、三极等。按其灭弧介质的不同可分为：空气式、油浸式和真空式。按其驱动机构的不同可分为：电磁式、液压式和气动式。按其有无触头可分为：有触头和无触头接触器。

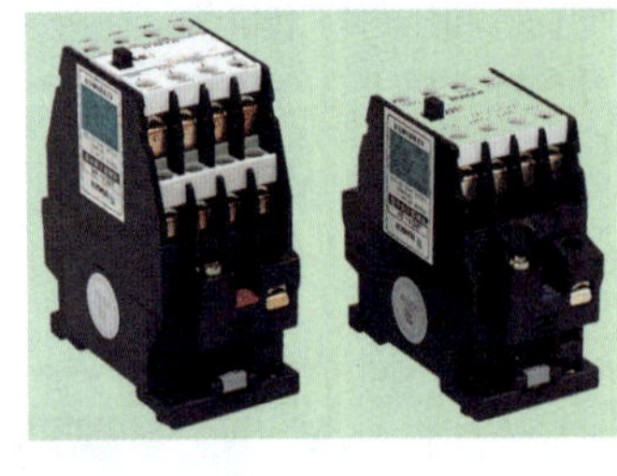
接触器

【接触抑制】（contact inhibition） 培养细胞的运动与其他细胞接触后而受到抑制的一种现象。体外培养中某些贴壁型细胞的生长特性之一。狭义的接触抑制指细胞运动由于与其他细胞接触而受到限制。例如正常的成纤维细胞，其细胞运动由于与其他细胞接触而受到限制，因此呈现具有一定方向性的排列。而转化的成纤维细胞，因为失去了这一限制，所以呈现多方向性的互相堆积而成十字排列。广义的接触抑制又称密度依赖性生长抑制。对于正常细胞，进行单层培养时，在一定面积内细胞的密度增加，增殖将受到抑制。而对于转化细胞，细胞间的接触增加则发生堆积。在单层的细胞片上，可观察到多层的细胞团形成的岛状体。这说明转化细胞的生长和分裂已失去控制，调节细胞正常生长和分裂的信号其不再起作用。

【接触应力】(contact stress) 两个物体相互压紧时,在接触区及附近产生的应力。接触应力和对应的接触变形具有明显的局部性。接触应力随着离开接触处的距离的增加而迅速减小。因材料在接触处的变形受到各个方向的限制,所以接触应力是三向应力。在齿轮、滚动轴承、凸轮、机车车轮、轧辊等机械零件的强度计算中,接触应力具有重要意义。

【接地技术】(linking wire with the under ground line) 电气设备的某些部分用导线与埋设在土壤中或水中的金属导体相连接的技术。接地体与接地线总称为接地装置。按其作用的不同可分为:工作接地、保护接地、防雷接地和防静电接地四种形式。工作接地是指电气设备因为正常工作或排除故障的需要,将电路中的某一点接地。保护接地又称为安全接地。当电气设备的绝缘发生损坏时,其金属外壳或架构可能带电,为了防止人身碰及触电,必须将电气设备的金属外壳或架构接地。防雷接地是为了使雷电流泄入大地而将防雷设备接地。防静电接地是为了防止静电危险而设的接地。

【接干】(measure making trees high) 根据树木种类和分枝习性、立地条件、树势强弱、树龄大小和经营管理水平等,培育林木高干的技术措施。可采取如下几种培育方法进行接干:(1)平茬法。在造林后第1年进行或于第1年、第2年连续进行,时间多在冬初。方法是用利刀在靠近地面处将茎截断,随即用土埋好;翌年待萌芽条长到10~15cm时将生长最好的留下,其余全部去掉。(2)抹芽法。在春季栽植后,待长高至3~5cm时,在靠近苗木顶端处保留一个健壮芽,其余侧芽全部除去,使养分集中于保留芽的生长发育中。(3)自伤接干法。在春季发芽前半个月,在树干最上部用刀砍口,促使形成徒长枝,使主干接着向上延续。(4)剪梢接干法。又称平头法。在定植后的当年或次年春季,将干枯的顶梢剪除,然后培育一个健壮芽,促使其迅速向上生长。

接干

【接合】(conjugation) 细胞与细胞间的直接接触而产生的遗传信息的转移和重组过程。细胞接合时,供体细胞通过细胞表面的性伞毛与受体细胞相连接,供体细胞的染色体DNA单链向受体细胞转移,并和受体细胞染色体DNA发生重组。这种接合相当于高等动植物的有性生殖。但二者有如下重要区别:(1)细胞接合中的两个细胞是一般的营养细胞,而不像高等生物经减数分裂形成雌雄配子。(2)两细胞只是暂时沟通,而不是融合成一个合子细胞。(3)接合后形成的是部分合子,而不是雌雄配子的两套染色体。(4)部分合子中发生重组的部分只限于进入受体细胞的染色体片段,而不是任何一个染色体部位。(5)基因重组的方式不同。

【接户线】(users-linking line) 从供电线路上接至供电部门与用户供电设备责任分界点间的一段线路。接户线归供电部门运行维护。由低压架空配电线路供电的用户,供电部门与用户的责任分界点为用户墙外第一支持物。由低压电缆配电线路供电的用户,责任分界点在电缆终端尾线与用户电缆接合处。由高压架空配电线供电的用户,用电设备为户内装置,责任分界点为用户变电所外穿墙套管;用户设备为户外设置,责任分界点在用户第一高压设备连接处。由高压电缆配电线路供电的用户,责任分界点在电缆终端尾线与用户第一高压设备连接处。接户线技术要求是:架空接户线应选用绝缘软导线,并按松弛拉力标准敷设。敷设好的接户线的对地高度和安全间距,均应满足当地电力部门的规定。接户线的导线截面应满足负荷最大时的导线的安全载流量要求。

【接入服务器】(access server) 通过网络和终端仿真软件把异步设备连接到某一局域网或广域网上的通信处理服务器。一般放在公用电话网与互联网之间。用户可通过公用电话网拨号到接入服务器上,实现远程接入互联网、拨号虚拟专网、企业内部网等网络。按其级别的不同可分为:小型接入服务器、中型接入服务器、大型接入服务器和超大型接入服务器。其功能主要有:(1)互联网接入服务。(2)支持多链路捆绑。(3)中继合群功能。(4)防火墙功能。(5)接入认证授权与计费功能。(6)网络管理功能。(7)IP电话功能。(8)来电显示功能。(9)回呼功能。(10)拨号虚拟专网功能。(11)企业内部网功能。(12)数据旁路功能。(13)设备管理功能。

接入服务器

【接穗】(scion) 见嫁接。

【接枝共聚物】(graft copolymer) 在聚合

物主链的某些原子上接有与主链化学结构不同的聚合物链段的侧链共聚物。如接枝氯丁橡胶、SBS 接枝共聚物等。

【秸秆还田】(straw turnover) 将作物秸秆直接掩埋入土作为后茬作物的肥料的措施。由于秸秆中含有多糖类物质,直接耕翻后培肥改土的效果优于堆(沤)腐后施用的效果。秸秆在土壤中的矿质化和腐殖质化是微生物参与的生物化学过程,而微生物的正常生命活动需要一定的水热条件和适宜的碳氮比(C/N)。因此,耕翻后应注意保蓄土壤水分,旱地应保持田间持水量的60% ~80%,水田要浅水勤灌,并配施适量速效性氮肥,调节碳氮比,以防微生物与作物竞争氮素。秸秆还田作业通常是边收边翻,中国南方水田应在稻谷脱粒后将切碎的稻草撒在田面,浸泡3~4天再耕翻,5~6天后耙平插秧,避免分解产物(如有机酸、植物毒素等)在嫌气条件下对植物根产生危害。耕翻前应切碎秸秆,每公顷用量一般以4.5~6.0t为宜,耕翻时将其全部埋入土中。带病的秸秆不宜直接还田。

【街坊】(block) ❶邻居。邻近房屋构成的群体并形成较稳定的独立的区域。❷在地籍测量中,指城市中以道路或自然界线(如河流)划分的区域,是确定地籍区、地籍子区的依据,是对地块进行编号与管理的基础。

【节电效益评估】(benefits assessment of electricity-saving) 在实施节电技术项目之前所进行的技术合理性、可行性和经济效益优劣的综合分析及预测、评价。企业为了进行合理用电而采用的技术项目,一般需要投入一定的资金,首先应按经济效益评估方法标准进行节电效益评估,以便用比较少的人力、物力和财力,取得较大的效益。其评估方法有:(1)净现值与净现值率法。(2)内部收益率法。(3)投资回收期法。(4)投资借款偿还期法。

【节流式流量计】(throttling flowmeter) 见差压式流量计。

【节能】(conservation of energy) 按照世界能源委员会1979年提出的定义:采取技术上可行、经济上合理、环境和社会可接受的一切措施提高能源资源利用效率的技术或方法。节能就是在生产出同样数量和品质产品的同时,尽可能地减少能源消耗量,或者是以同样数量的能源消耗量,生产出比原来数量更多或品质更好的产品。节能本质上是尽可能有效地利用能源、提高用能设备或工艺的能量利用率。

【节能材料】(energy saving materials) 能降低系统能源消耗、提高能源利用率的材料。是材料科学研究的重点。种类很多,如高性能结构陶瓷(如 Si_3N_4 陶瓷和 SiC 陶瓷)具有优异的高温力学性能和化学稳定性,可代替合金制造热机,通过工作温度的提高来提高热效率。非晶态铁基软磁材料导磁率高、矫顽力小、电阻率大、能耗低,用于制造变压器可节约能源。超导材料因其零电阻、直流传输无损耗等特点受到广泛关注,但目前还无法达到工业要求。绝热材料用于建筑物和工业设备,可降低因散热引起的能耗。聚氨酯保温建筑材料能保温、防水、隔音、吸振,导热系数低,化学性质稳定,使用寿命长,对周围环境不造成污染。在工业炉中,使用陶瓷纤维炉衬可以节能20% ~40%,还可以使工业炉的自重降低90%,钢结构重量降低70%。轻型高强材料可大幅度减轻汽车、轮船等的重量而节约能源。

【节水灌溉】(water-saving irrigation) 以最低限度的用水量获得最高产量或经济收益的灌溉方法。其主要有:渠道防渗、低压管灌、喷灌、微灌,并辅以严格的灌溉管理制度。

节水灌溉

【节水农业】(water-saving agriculture) 在加强管理、保护水质、防止污染的基础上,科学用水、节约用水的农业。在保证效果的前提下,尽可能节约农业用水,是节水农业的宗旨。要求对传统的灌溉技术进行改革。

【节水型城市】(water-saving city) 由原建设部与国家发展和改革委员会根据《国务院关于加强城市供水节水和水污染防治工作的通知》(国发(2000)36)以及《国务院关于做好建设节约型社会近期重点工作的通知》(国发(2005)21号)的要求,组织实施的节水城市考评活动。为此制定了《节水型城市申报与考核办法》和《节水型城市考核标准》。除了基础条件和基础管理指标外,节水型城市技术考核的主要指标有:(1)万元国民生产总值(GDP)和万元工业增加值取水量均低于全国平均值50%或年降低率≥5%。(2)工业取水量达到国家颁布的GB/T18916定额标准,工业用水重复利用率≥75%。(3)节水型企业覆盖率≥15%,节水器具普及率100%。(4)城市污水处理率,直辖市、省会≥80%,地级市≥70%,县级市≥50%;城市工业废水排放达标率100%。(5)城市再生水利用率≥20%。节水型城市实行申报制,全国设市城市均可申报节水型城市。

接受申报为双数年。住房和城乡建设部与国家发展和改革委员会在当年6月30日前受理申报材料。考核验收工作每两年进行一次，复查每四年进行一次。

【节水栽培】（water-saving cultivation）以浇灌最少量的水得到最大经济效益的作物产量为目标的栽培技术。其任务是在作物增产、稳产的前提下，探求最充分地利用天然降水和土壤蓄水，减少灌溉用水量的技术措施。节水措施主要有：生物措施，如选用耐旱作物和品种；农艺措施，如深耕、中耕、耙耱、增施有机肥等；工程措施，如渠道防渗，先进灌溉技术利用和保墒剂的利用等。

节水栽培

【节约型农业】（resource-saving agriculture） 通过改善农田生产条件，提高农田综合生产力，使粮食生产、农村清洁能源被充分利用的新型农业。须做好节地、节水、节肥、节药、节种、节工、节能七大重点技术的研究和推广。节地，从强化耕地质量管理、加强耕地质量建设入手，提高耕地的高效集约利用水平；节水，即发展节水应用新技术；节肥，即加快建立科学施肥的测土、配方、示范、推广体系，提高肥料利用率；节药，即遏制不合理地过量使用化学农药；节种，即提高种子质量，推广精量半精量播种、穴盘育苗等技术；节工，即大力推广少耕免耕等简化栽培和机械化生产技术，减少手工作业量，促进农村劳动力的转移和农民增收；节能，即大力推广沼气发电、炊事用能、秸秆发电、燃料乙醇、生物柴油等生物能源，节约广大农村的生产和生活用电。

【节约用电技术】（economizing on electricity technique） 节约电能的措施和方法。节能技术的重要组成部分。贯穿在机电设备的设计制造、造型匹配、运行管理的过程中，是随着对能源重要性认识的深化而逐步发展起来的一门技术。在20世纪70年代初，由于爆发世界性的能源危机，世界多数国家将能源节约问题列为重要课题，开始了能源政策的研究，电能的节约和节能技术的开发普遍得到重视。节约用电技术的发展从对旧设备的改造开始，逐步扩大到改革生产工艺和操作方法，进一步发展到设计制造节能设备，同时对设备的经济运行也日益重视。

【节制闸】（regulator） 调节上游水位，控制下泄流量的水闸。天然河道的节制闸称为拦河闸。渠道的节制闸利用闸门启闭，调节上游水位和下泄流量，以满足向下一级渠道分水或控制、截断水流的需要。节制闸常建在分水闸、泄水闸的稍下游，以利分水和泄水；或建在渡槽、倒虹吸管等的稍上游，以利控制输水流量和事故检修；并尽量与桥梁、跌水、陡坡等结合，以取得经济效益。渠系节制闸的过水宽度要与上、下游渠道宽度相适应，以利于连接。当采用轮灌时，节制闸上、下游渠道的设计流量相同，下游水位即为与设计流量相应的渠水位；当采用续灌时，节制闸上下游设计流量不同，水位需取相应流量的渠水位，但下游水位需计算下一级节制闸壅水的影响。渠道节制闸多用开敞式，闸槛高程宜与渠底相平。采用平底宽顶堰，闸下消能防冲工程比较简单，视流状态可依靠护坦上置的消力墩扩散水流，撞击消能。上下游翼墙力求平顺，常采用扭曲面过渡，以减少水头损失。在平原圩区的河渠上，在短距离内设置两个节制闸，分级挡水。这样，可起简易船闸的作用，既可解决好内外的交通运输，又可起到防洪排涝和控制水位的作用。

施工中的节制闸

【拮抗药】（antagonist） 能与受体结合，具有较强亲和力而无内在活性的药物。本身不产生作用，但因占据受体而拮抗激动药的效应，如纳洛酮和普萘洛尔均属拮抗药。少数拮抗药以拮抗作用为主，同时尚有较弱的内在活性，因此有较弱的激动受体作用，如氧烯洛尔。按其与受体结合是否具有可逆性的不同可分为竞争性拮抗药和非竞争性拮抗药。前者与激动药竞争相同受体，其结合是可逆的。通过增加激动药的剂量与拮抗药竞争结合部位，可使量效曲线平行右移，但最大效能不变。后者与激动药并用时，可使亲和力与活性均降低。即不仅使激动药的量效曲线右移，而且也降低其最大效能。

【拮抗作用】（antagonism） 两药物联合应用后，可减弱或抵消其中一药或两药原来单独应用时所应有效应的现象。按其作用机理的不同可分为：（1）药理性拮抗作用。两药作用于相同受体系统，一药为激动剂，另一药为拮抗剂。（2）生理性拮抗作用。两药作用于不同受体系统，且各自独立作用于不同效应器，为作用相反的两个激动剂的作用结果。

(3)功能性拮抗作用。同生理性拮抗，为作用于相同效应器的结果。(4)化学性拮抗作用。又称中和性拮抗作用。为两激动剂自身相互作用而失活。

【洁净煤发电技术】(clean coal technology for power generation) 在火力发电领域内，采用旨在减少污染和提高效率的煤炭加工、燃烧、转化和污染控制等新技术而进行发电的工艺技术。常规燃煤发电技术效率相对偏低，污染比较严重。为满足可持续发展的要求，必须采用和开发洁净煤发电技术。工业国家生产的原煤大部分用于发电。目前，中国发电用煤占全国原煤产量的40%左右。在21世纪这一比例将会显著增加。由此可见，洁净煤发电技术是洁净煤技术最要的组成部分。当前，正在研究、开发或利用的洁净煤发电技术的内容包括：先进发电技术、燃煤电厂污染物排放控制技术(燃煤燃烧前、燃烧中和燃烧后的处理技术)、燃煤电厂固体废弃物处理和利用技术等。煤炭由于其资源丰富，在21世纪电力能源结构中仍占有重要地位。洁净煤发电技术具有广阔的发展和应用前景。

【洁净煤技术】(coal cleaning technology) 煤炭在开发和利用的过程中采用的旨在减少污染、提高利用效率的加工、燃烧及污染控制技术。在最大限度利用煤炭化学能同时，控制污染物释放达到最低水平。洁净煤技术主要包括：(1)选煤技术。(2)型煤加工技术。(3)水煤浆技术。(4)先进的燃烧器。(5)循环流化床燃烧技术。(6)烟气净化技术。(7)燃煤炭联合循环技术。(8)煤炭气化技术。(9)煤炭液化技术。(10)磁流体发电和燃料电池等一些新的先进发电方式。洁净煤技术以选煤技术为基础，在把煤炭运送到使用场所之前，力争除去或减少原煤中所含的灰分、矸石和硫分等杂质。

【洁净能源】(clean energy) 大气污染物和温室气体零排放或排放量很少的能源。主要有三类：可再生能源、氢能和核能。

【结肠过敏综合征】(colon allergy syndrome) 又称结肠神经官能症，神经性腹泻。结肠运动功能和(或)分泌功能异常的非器质性疾病。实际上本病并无炎症过程。其临床表现有两种：(1)为结肠疼痛伴有便秘或腹泻，或便秘腹泻交替出现。(2)为无痛性腹泻。本病多见于女性，以20～50岁为主。其病因是：除与精神因素有关外，如摄食不慎，食物过冷、粗糙，月经期间，过劳等因素可加重症状。其临床表现是：腹痛为突出的症状，可持续数年；一般位于左下腹；呈间歇性的隐痛或阵痛，可持续数小时到数天；大便无血但含有黏液；同时伴有嗳气、饱胀、恶心、疲乏软弱、失眠、头痛、心悸、胸闷和尿频等症状。乙状结肠镜检查无特殊发现。

【结构材料】(structural material) 具有优良力学性能的工程材料。主要用于制造工程建筑中的构件、机械装备中的支撑件、连接件、运动件、传动件、紧固件、弹性件以及工具、模具等。这些结构零部件都在受力状态下工作，因此力学性质(强度、硬度、塑性、韧性等)是其主要性能指标。在许多使用场合，还必须考虑环境方面的特殊要求，如高温、低温、腐蚀介质、放射性辐照等。结构件均有一定的形状配合和精度要求。因此，结构材料还需有良好的可加工性能，如铸造性、冷(或热)成型性、可焊性、切削加工性等。

结构材料

【结构蛋白】(structure protein) 对细胞和组织的形态结构起重要作用的蛋白质。如肌纤维中的肌动蛋白和肌球蛋白及细胞骨架中的蛋白质、胶原蛋白质等。其作用不但有维持细胞形态、机械支持和负重的功能，而且具有防御、保护、营养和修复等作用。

【结构钢】(structural steel) 又称建筑钢。制造各种结构和机器零件的碳素钢与合金钢的总称。一般强而韧，具有良好的加工性。可分为建筑用钢和机器用钢。前者一般不经热处理而使用，要求有良好的可焊性和抗蚀性；后者又分为渗碳钢和调质钢，要求有良好的热处理性能。

【结构工程设计】(structural engineering design) 确定构筑物结构形式及构件尺寸的设计。是对建筑设计方案进行结构造型设计、力学分析与计算、结构构造分析等，确定建构筑物的结构形式、构件尺寸的设计过程。分为方案设计、初步设计和施工图设计几个阶段。根据不同规模和工程的实际需要，设计阶段可以进行调整。包括计算书和图纸等内容。其依据包括工艺作业的要求、建筑空间要求，国家、地方及行业的有关规范等。

【结构化程序设计】(design of structured-program) 可由顺序、选择和循环三种基本控制结构表示任何程序的设计方法。这三种基本结构程序设计思想，对计算机软件技术产生了深远影响，被认为是软件发展史上的第三个里程碑。其特点是：(1)没有GOTO语句。(2)一个入口，一个出口。

(3)自顶向下、逐步求精的分解。(4)主程序员组。现今又有了面向对象程序设计方法,这是程序设计方法的又一进步。

【结构化学】(structural chemistry) 化学的一个分支。在原子、分子水平上研究物质分子结构与组成的相互关系,以及结构和各种运动相互影响的学科。阐述物质的微观结构与宏观性能的相互关系,是直接应用多种近代实验手段测定分子静态、动态结构和静态、动态性能的实验科学。其任务是:从各种已知化学物质的分子结构和运动特征中,归纳出物质结构的规律性,还要说明某种元素的原子或某种基团在不同的微观化学环境中的价态、电子组态、配位特点等结构特征。结构化学一般从宏观到微观、从静态到动态、从定性到定量,分不同层次来认识客观的化学物质。演绎和归纳是结构化学研究的基本思维方法。

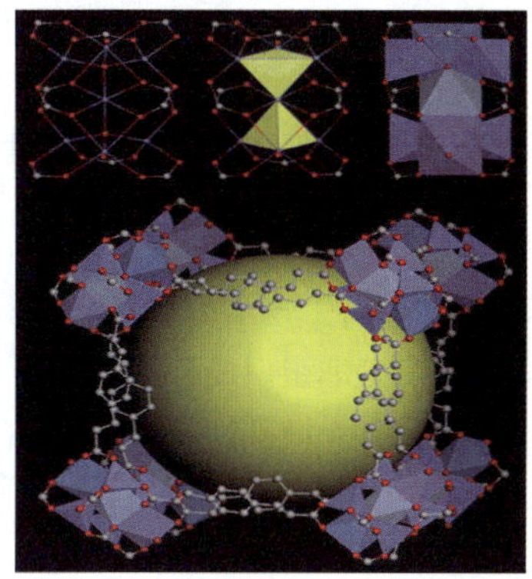

结构化学

【结构化语言】(structured language) 用于描述加工假设的控制结构的逻辑语言。其功能是:只允许使用顺序、分支、循环这三种逻辑结构。其特点是:(1)兼具自然语言的易理解性和程序设计语言的严格精确性。(2)能够把执行某个特殊任务的指令和数据从程序的其余部分分离出去、隐藏起来,易于阅读和维护。(3)比非结构化语言更易于程序设计,编写出的程序更易于进行维护。已广泛应用于程序设计中。

【结构基因】(structural gene) 调节基因以外的、编码任何蛋白质产物的基因或编码任何RNA的基因。前者持代谢酶类、转运蛋白质及细胞骨架成分等的编码基因;后者包括mRNA、rRNA和tRNA等的编码基因。真核生物结构基因不但在两侧有非编码区,而且在其内部也存在许多不编码蛋白质的间隔序列。将结构基因去除非编码序列后再连接,可翻译出完整的蛋白质。

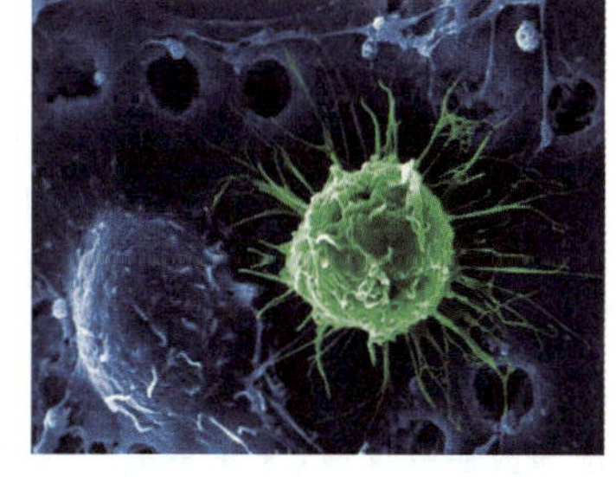

结构基因

【结构可靠度】(reliability of structure) 工程结构具有的安全性、适用性和耐久性的能力。由于影响可靠性的各种因素存在着不定性,如荷载、材料性能的变异,计算模型的不完善,制作质量的差异等,工程结构的可靠度只能用概率度量,称为可靠概率;结构不能完成预定功能的概率,称为失效概率。工程结构设计的目的,就是力求最佳的经济效益,将失效概率限制在适当范围之内。失效概率愈小,可靠度愈大。工程结构的失效标准和各种结构的安全等级划分,各种作用效应和结构抗力的变异性的分析,概率模式和极限状态设计方法的选择,及工程结构材料和构件的质量控制与检验方法等,都是工程结构可靠度分析和计算的重要依据。

【结构可靠性设计】(structural reliability design) 根据载荷和强度的统计特性,按给定的可靠性要求、可靠性准则进行的结构设计。结构可靠性是指在规定的使用条件与环境下和在规定的使用寿命内,结构能承受载荷、耐受环境而正常工作的能力。这种能力通常用一种概率,即结构可靠度来度量。与之相对的是结构失效概率,两者之和为1。结构可靠性设计是一种用概率理论严密化的设计概念。结构可靠性设计包括:确定结构的失效准则和失效模型;确定结构的设计可靠性指标及可靠性指标的分配;对结构进行可靠性分析、可靠性实验和可靠性预测。飞机结构可靠性是保证飞行安全的基本条件,飞机结构设计的根本目的在于保证结构的可靠性。现代飞机结构破坏模式主要是疲劳断裂破坏,所以对于飞机设计的结构可靠性分析主要是疲劳断裂可靠性分析(见可靠性工程)。在飞机结构设计中单纯依靠提高元件的抗疲劳断裂性能的效果是有限的,更有效的是将结构设计成具有破损安全或损伤容限的特性(见损伤容限设计,破损安全结构),同时具有良好的可检测性和可维修性,保证裂纹的及时发现和修复。

【结构力学】(structural mechanics) 固体力学的一个分支。研究工程结构受力和传力的规律,以及如何进行结构优化的学科。其任务是:(1)研究工程结构在外载荷作用下的应力、应变和位移等的规律。(2)分析不同形式和不同材料的工程结构,为工程设计提供分析方法和计算公式。(3)确定工程结构承受和传递外力的能力。(5)研究和发展新型工程结构。人类在远古时代就开始制造各种器物,如弓箭、房屋、舟楫和乐器等,这些都是简单的结构。随着社会的进步,人们对于结构设计的规律以及结构的强度和刚度逐渐有了认识,并且积累了经验。这表现在古代建筑的辉煌成就中，如埃及的金字塔，中国的万里长城、赵州安济桥和北京故宫等。尽管在这些结构中隐含有力学的知识，但并没有形成一门学科。就基本原理和方法而讲，结构力学是与理论力学、材料力学同时发展起来的。其发展的初期是与理论力学和材料力学融合在一起的。在19世纪初，由于工业的发展，人们开始设计各种大规模的工程结构。对于这些结构的设计，要作较精确的分析和计算。因此，工程结构的分析理论和分析方法开始独立出来，到19世纪中叶，它开始成为一门独立学科。19世纪中出现了许多结构力学的计算理论和方法。其研究方法主要有：工程结构的使用分析、实验研究、理论分析和计算三种。在结构设计和研究中，这三方面是交替进行并且是相辅相成的。新型工程材料和新型工程结构的大量出现，向结构力学提供了新的研究内容并提出新的要求。计算机的发展，为结构力学提供了有力的计算工具。同时，结构力学对数学及其他学科的发展也起了推动作用。

【结构耐久性】(structural durability) 结构及其部件在材料性能劣化的作用下，能够维持其应有性能的能力。在结构设计中，结构耐久性指在预定作用和预期的维修与使用条件下，结构及其部件能在预定的期限内维持其所需的最低性能要求的能力。

【结构受力】(force on structure) 结构上所受的各种集中力或分布力的集合。前者为直接作用力，后者为间接作用力。这种作用，在一定条件下往往相互随机依存。为了简化计算，上述各种作用力在时间上或空间上往往被假定为各自随机独立，作为一个单独的作用力考虑。上述作用力使结构产生压力、拉力、剪力、弯矩、扭矩和线位移、角位移、裂缝等结构效应。结构除由外力引起的变形外，还可以由于某些原因使结构间接地产生约束变形（由于混凝土收缩、钢材焊接、大气温度变化等原因使结构材料发生膨胀或收缩等变化，受到结构的支座或节点的约束而使结构间接地产生的变形）和外加变形（由于基础不均匀沉陷、地震等原因，使结构被强制地产生的变形）。

结构受力

【结构陶瓷】(structural ceramics) 具有机械、热、化学和生物等效能的一类陶瓷。具有耐高温、耐磨、耐腐蚀、耐冲刷等性能，可以承受金属材料和高分子材料难以胜任的极端环境。按其组分的不同可分为：氧化物陶瓷、氮化物陶瓷、碳化物陶瓷、硼化物陶瓷等。结构陶瓷在能源、航天航空、机械、汽车、冶金、化工、电子和生物技术等方面具有广阔的应用前景。

【结构域】(structural domain) 在蛋白质亚基结构中明显分开的紧密球状结构区域。由二级结构和结构模体以特定的方式组织连接，在蛋白质分子中形成两个或多个在空间上可以明显区分的三级折叠实体。是蛋白质生物活性部分的结构基础。不同蛋白质分子中结构域的数目不同，同一蛋白质分子中的几个结构域彼此相似或很不相同。结构域与蛋白质完成生理功能有着密切的关系，有时几个结构域共同完成一项生理功能，有时一个结构域就可以独立完成一项生理功能，但是一个结构不完整的结构域不可能产生生理功能。

【结合蛋白质】(binding protein) 由简单蛋白与其他非蛋白成分结合而成的蛋白质。按其非蛋白部分的不同可分为核蛋白（含核酸）、糖蛋白（含多糖）、脂蛋白（含脂类）、磷蛋白（含磷酸）、金属蛋白（含金属）及色蛋白（含色素）等。例如青霉素结合蛋白是在某些人体内存在的蛋白质，能够和青霉素特异性结合，使青霉素具有完全的抗原性（一般青霉素只有半抗原性，不会引起人体的超敏反应）。当青霉素具有完全的抗原性后，会引起人体严重的超敏反应，甚至危害患者的生命。

【结合制革鞣法】(combination tanned leather) 同时采用两种或多种鞣法进行鞣制成革的方法。常用的结合鞣法有铬植鞣法。铬植鞣法可分为：(1)先铬后植鞣法。(2)先植后铬鞣法。(3)重铬轻植鞣法。(4)重植轻铬鞣法。铬植鞣法的成革较重，丰满，坚实，适于苯胺染料染色，易修饰，耐湿、热，不易变形。但过度复鞣，会削弱皮革的强度。

【结核菌素试验】(tuberculin test) 又称OT试验、PPD试验。用于诊断结核菌所致IV型超敏反应的皮肤试验。OT是从结核菌液体培养基中提炼出的结核代谢产物，主要成分是结核蛋白。PPD是用化学方法从结核菌培养液中提取结核菌纯蛋白，比OT更精纯，不产生非特异性反应。目前常用PPD做试验。其方法是：用PPD0.1ml（5结核菌单位），在人左前臂掌侧中下1/3处皮内注射，皮丘6～10mm，48～72h观察结果。注射处硬结直径<5mm为（－），≥5mm为（＋），直径10～19mm（＋＋），≥20mm（＋＋＋）。除硬结外，有水疱，破溃淋巴管炎及双圈反应为极强度反应（＋＋＋＋）。如果疑是结核患者，应从单位结核菌PPD进行试验，防止局部反应过度

及可能的病灶反应。其临床意义是：阳性反应提示，接种介苗后，无临床表现，过去曾感染过结核；3 岁以下（＋＋）示为现在新感染结核，应治疗；强阳性示为活动性肺结核；有（－）或原（＋）变成（＋＋）均示为新近结核感染。阴性反应提示未感染过结核；感染结核在 4～8 周内，体内还没有出现结核反应；有结核感染而出现阴性反应者为重症结核病，重度营养不良，患麻疹、水痘、风疹、百日咳急性传染病后，大约三周后逐渐恢复反应；应用激素及免疫抑制病人，原发及继发免疫缺陷病人也不能出现阴性反应。

【结经机】（warp tying-in machine） 将机织轴上的经纱与新织轴上的经纱一一打结连接，然后拉动了机织轴的经纱把新织轴的经纱依次穿入经停片、综眼和钢筘的机器。有固定式和活动式两种。固定式结经机在穿经车间工作；活动式结经机可移动到织机后操作，直接在机上结经。结经机由挑纱机构、聚纱机构、打结机构、前进机构和传动机构五个主要部分组成。打结速度一般是 400 结/分。在织造同一品种的织物时，使用结经机可以大大提高生产效率。但结经次数过多时，易产生经纱层次不清等缺点。在生产过程中结经三次后便要重新穿经。

【结晶化学】（crystal chemistry） 又称晶体化学。研究晶体的制备、结构、化学组成、性质以及相互之间的关系和规律的一门学科。与材料科学的关系非常紧密。结晶化学为制造各种晶体材料提供了理论基础，同时在理想晶体的基础上，通过制造各类缺陷可实现对晶体的改性。结晶化学不仅是现代化学的重要基础学科之一，而且是材料科学和生命科学的重要支柱。

【结晶器】（crystallizer） 又称冷凝器。冷却钢水，使之迅速形成具有足够厚度的初生坯壳的装置。是连铸设备中的关键部件。夹层结构。内壁用紫铜或黄铜制作。夹层空隙中通冷却水。结晶器壁的形状是上大下小，锥度0.4%～0.8%。长度一般 700～900mm。其横断面形状和尺寸是按照连铸坯所要求的断面形状和尺寸来设计的。能上下振动以减轻拉坯时的阻力，避免凝壳与结晶器粘连。连铸小方坯时，可用植物油、矿物油或石蜡进行润滑。连铸板坯和大方坯时，使用保护渣浇铸。采用铯（Cs）的 γ 射线，根据其穿透的强度变化，来监测结晶器内的钢液面高度。也可用电磁场强度变化及光学原理，自动控制钢液面高度。

【结晶型层状硅酸钠】（status of layered sodium silicate） 学名层状结晶二硅酸钠，简称层硅。以硅酸钠（水玻璃）和氢氧化钠为原料制成的可溶性化合物。按其组成和结晶形态的不同可分为 α、β、γ、δ 四种。其中 δ 结晶的助洗作用最好。一般作为助洗剂用的层硅，其 δ 结晶组成应大于 80%。结晶型层状硅酸钠溶于水的速度缓慢，但在水中钠离子很快被水中的钙、镁离子置换，生成细小颗粒分散在水中，不易沉淀在被洗织物表面上，且进入排污系统成为水玻璃，对环境无害。其离子交换能力、去污作用及吸水后的流动性等指标均好于一般的硅酸盐。结晶型层状硅酸钠还广泛应用于洗涤、建筑、造纸和纺织等行业。

【结石】（calculus） 人体导管腔或腔性器官中形成的固体块状物。由无机盐或有机物组成。结石的形成与外界环境、饮食习惯、遗传趋向、代谢改变等因素有关。主要见于胆囊及膀胱、肾盂中以及胰导管、唾腺导管等的腔中。可造成管腔梗阻，产生疼痛、出血或感染等症状。其成分、形状、质地、对机体的影响等均不相同。常见的有胆结石、膀胱结石、输尿管结石和胃结石等。

结石

【截割高度】（cutting height） 简称截高。采掘机械截割机构工作时在底板以上形成的空间高度。通过安装有截割滚筒的、用液压控制的摇臂，可以做到根据采高调节截割高度。采煤机的最小截割高度、最大截割高度都取决于煤层的厚度。当煤层厚度小于 0.8m，最小截割高度在0.65～0.8m时，只能采用爬底板采煤机；当煤层厚度为0.8～1.3m，最小截割高度在 0.75～0.90m 时，可选用骑槽式采煤机。利用采煤机破煤时要经常注意顶底板、煤层、煤质变化和刮板输送机载荷的情况，可随时调整截割高度。将截割高度进行合理的调节对矿井防尘也有较好的作用。大多数的采煤机都配备有控制器，可以使采煤机在一定时间内能保持恒定的截割高度，避免采煤机截割顶底板，从而减少了粉尘的生成。

【截割滚筒】（cutting drum） 简称滚筒。外围装有截齿或其他破煤工具的圆筒形截割头。采煤机的工作机构。同时，采煤机的降尘系统还将其作为内喷雾压力水的通道。滚筒的主要作用是落煤、装煤。按其工作方式的不同可分为钻削式滚筒和滚削式滚筒两类。煤矿通常使用的是滚削式的螺旋滚筒。

截割滚筒的完好标准是:(1)滚筒无裂纹或开焊。(2)喷雾装置齐全,水路畅通,喷嘴不堵塞,水成雾状喷出。(3)螺旋叶片磨损量不超过内喷雾的螺纹。无内喷雾的螺旋叶片,磨损量不超过原厚度的1/3。(4)截齿缺少或截齿无合金的数量不超过10%,齿座损坏或短缺的数量不超过2个。(5)挡煤板无严重变形,翻转装置动作灵活。为防止滚筒伤人,检查或更换截齿需要转动滚筒时,不得开电动机转动,必须在打开离合器的状态下用手扳动。为避免截割滚筒产生火花引起瓦斯爆炸,必须安装和使用内、外喷雾装置,抑制粉尘,冷却截齿,消灭火花。

截割滚筒

【截割速度】(cutting speed) 采煤机截齿齿尖运动的线速度。判断截齿齿尖寿命主要指标之一。与切割头的直径、转速和牵引速度有关。因截割速度是截齿尖的圆周速度和牵引速度的合成,实际上前者远比后者大,故在工程设计中,用圆周速度近似代替截割速度。当功率与转速一定时,圆周力与直径成反比,因此切割头外径减小时,圆周力增大。为了切割硬岩、增大圆周力,可采用小直径、低转速切割,但生产率降低。截割速度只有和采煤机的牵引速度配合适当才能取得较好的效果。最佳截割速度取决于被切割的矿物特性,矿物越硬、越韧、研磨性越大,选择的截割速度越低。实验表明,截割速度在1~5m/s,对煤岩一般取3~5m/s;当截割石英含量为30%~40%、抗压强度为100~120N/mm^2的砂岩时,最佳截割速度为1.5~2m/s。

【截根术】(root amputation) 将患根分叉病变的多根牙中破坏最严重的一或两个牙根截除,消灭分叉区病变,同时保留牙冠和其余的牙根,继续行使功能的一种根分叉病变治疗方法。常用于磨牙的Ⅲ度或Ⅳ度根分叉病变。其适应症是:(1)多根牙的某一个或两个根(上颌磨牙)的牙周组织破坏严重,且有Ⅲ度或Ⅳ度根分叉病变,而其余牙根病情较轻,牙齿松动不明显者。(2)磨牙的一个根发生纵裂或横折,而其他根完好者。(3)磨牙的一个根有严重的根尖病变,根管不通或器械折断不能取出,影响根尖病变的治愈者。(4)牙周-牙髓联合病变,有一根明显受累,患牙可以进行彻底的根管治疗。术前应对患牙做牙髓治疗,并调𬌗以减轻该牙的𬌗负担,也可缩减牙冠的颊舌径。患者必须掌握正确的菌斑控制方法,否则手术的长期疗效必定不佳。术后患者应尽量不用患牙咀嚼,待3~4周后患牙逐渐恢复到术前的稳固度后方可使用。截根后的牙槽窝愈合与拔牙窝愈合过程相同。术后并发症是余留牙根的牙周破坏继续加重或根折。

【截流】(river closure) 在水利工程施工导流中,截断原河道,迫使原河水流向预留通道的工程措施。为了施工需要,有时采用全河床水流截断方式,通过河床外的泄水建筑物把水流导向下游;有时采用河床内分期导流方式,分段把河道截断,水流从束窄的河床或河床内的泄水建筑物导向下游。

截流

【截流沟】(interception ditch) 为拦截排水地区上游高地的地表径流而修建的排水沟道。可以保护某一地区或某项工程免受外来地表水所造成的渍涝、冲刷、淤积等危害。截流沟拦截的高地径流直接排入承泄区而不向下游保护地区汇集,从而减轻了下游排水。有时截流沟所汇集的高地地表径流还可以利用,以扩大水源。截流沟的设计标准可略高于保护地区的除涝标准,也可与之相同。其设计流量的计算方法,可根据截流沟集水区面积、地形、地貌特征以及具有的实测降雨径流资料加以选择。一般根据设计流量近似地按恒定均匀流量进行水力计算,以确定截流沟的横断面尺寸和沟底纵向比降。

【截深】(cutting depth) 采掘机械工作机构每次切入煤体或岩体内的深度。按截割深度不同,有深截深和浅截深之分。采掘机械(如采煤机)工作时,其工作机构(滚筒、煤刨或截冠)切入煤壁并随采煤机沿工作面移动,从而实现落煤。截深越大,采煤机沿工作面往返一次的生产率越高。但为了充分利用煤层压张效应,降低采煤比能耗,且使装煤及工作面管理容易些,常采用浅截深的工作机构。

【截渗环】(seepage cutoff collar) 又称截流环。装置在坝下埋管管身外壁,用于防渗的环形结构。其作用是加长渗流的渗径,减小其坡降和流速,防止沿管外壁与填土的结合面产生集中渗流,避免填土产生渗透变形。一般为10~20m,环厚为0.3~0.6m,凸出于管外壁的高度为0.5~1.5m。对于均质土坝,截渗环一般布置在坝体上游部分;对于塑性芯墙或斜墙土坝,一般布置在防渗体范围内。在土基上坝下埋管的截渗环,尽量布置在每节管的中间位置,不宜设在管的接缝处,以免因不均匀沉降而破坏。在岩基上坝下埋管的截渗环,可设在管节接缝处。截渗环的材料一般用混凝土。

【截水槽】(cutoff trench) 又称截水墙。在土石坝地基内挖槽填土,截断河床覆盖层,以控制渗流,防止地基渗透变形的一种坝基垂直防渗设施。能较彻底地截断坝下地基的渗流,有效地解决地基渗漏问题。其造价较低,施工简易。当覆盖层不深时,多优先采用。截水槽通常只设一道。当坝的防渗体为黏土芯墙或黏土斜墙时,截水槽与防渗体相连接,槽内用相同的土料回填。均质土坝的截水槽可设于距上游坡脚1/3~1/2坝体宽度处。截水槽是在坝下的透水层中开挖明槽,直达相对不透水层。槽的断面为梯形,底宽可根据回填土料的允许渗透坡降和回填时的施工条件而定,一般不小于3m。边坡要满足施工期间的稳定要求,并有利于与回填土相结合。槽内回填的不透水土料要分层压实,与坝体防渗设施填筑质量一致,并连成整体。截水槽适用于地基透水层深度不大于15m的情况。当透水层深度过大时,开挖困难,宜采用其他防渗措施。为使截水槽底部与不透水层接合良好,避免发生集中渗流,对于岩层,可在接合面上设置混凝土齿墙或混凝土板。对于黏土层,需将槽的底部嵌入约0.5~1.0m。

【姐妹染色单体】(sister's chromatid) 细胞分裂间期由同一条染色体复制形成的由一个着丝点连在一起的两条染色单体。在细胞分裂的间期、前期、中期成对存在,其大小、形态、结构及来源完全相同。细胞中每对姐妹染色单体之间的化学组成是一致的,DNA分子的结构相同,所包含的遗传信息也相同。在有丝分裂和减数分裂Ⅱ的后期,每对姐妹染色单体都随着着丝点的分裂而彼此分开。分开后就成为独立的染色体,随着母细胞分裂进入两个不同的子细胞。

【解蔽剂】(demasking agent) 化学分析中用以将掩蔽的干扰离子重新释放出来的试剂。例如,铜合金中存在Cu^{2+}、Pb^{2+}和Zn^{2+}三种离子时,可先在氨性酒石酸溶液中,用KCN掩蔽Cu^{2+}和Zn^{2+},然后以铬黑T为指示剂,用EDTA滴定Pb^{2+};滴定结束后加入甲醛作解蔽剂,破坏$Zn(CN)_4^{2-}$,使Zn^{2+}重新释放出来,即可用EDTA继续滴定,以测定Pb^{2+}的含量。

【解冻】(thaw) 使冻结物料组织中的冰晶融化,恢复冻前状态的冻结逆过程。在解冻时,在温度高于冻结品的介质中,冻品表层的冰首先解冻成水,逐渐向内延伸,直至全部解冻。由于细胞的吸水过程极快,所以目前倾向快速解冻。解冻终温由解冻食品的用途而定。用作加工原料的冻品,半解冻(即中心-5℃)即可。按其解冻方法的不同可分为:外部加热解冻、内部加热解冻、组合解冻和腌制解冻。

【解毒作用】(detoxication) 有毒物质经过物理、化学或生物学过程转化降解成无毒的物质或毒物性质未变但失去毒性作用的现象。如芦苇能将酚代谢为二氧化碳;有机磷农药水解后毒性迅速减少;有些重金属在无脊椎动物体内与蛋白质结合成金属硫蛋白或被黏液所包裹形成金属颗粒而失去毒性作用。人的体内或多或少都会受到一些污染,常会导致身体过敏性的机能减退,以及癌症等现代病的出现。猪血、食用菌类、鲜果汁、豆类、海藻等可排除体内毒素。

解毒食品

【解列】(disconnect) 当发电机和电力系统其他部分之间、系统的一部分和系统其他部分之间失去同步并无法恢复同步时,将它们之间的联系分成两部分的技术措施。最终为维持电力系统稳定运行、防止事故扩大造成严重后果的重要措施。当电力系统受到干扰时,其稳定性遭到破坏,发电机之间失去同步,电力系统就过渡到非同步振荡的状态。非同步振荡的结局有两种:(1)利用发电机和电力系统允许的短期非同步运行的性能,采取适当的技术措施,使失去同步的两部分重新进入同步振荡过程,而后衰减到新的稳态运行状态。(2)无法恢复同步,则将两个不同步部分之间的联系切断,分解成两个互不联系的部分,从而结束非同步振荡。

【解脲脲原体】(M. urealyticum) 人生殖道分泌出的一种支原体。为脲原体属中唯一的一个种。因其生长需要尿素而得名。菌落微小,直径仅有15~25μm。分解尿素为其代谢特征。产物为氨氮,使培养基pH上升,导致自身死亡。解脲脲原体可引起泌尿生殖道感染,是非淋球菌性尿道炎中仅次于衣原体(占50%)的重要病原体。由于80%孕妇的生殖道内带有解脲脲原体,因此可通过胎盘感染胎儿而导致早产、死胎,或在分娩时感染新生儿,引起呼吸道感染。解脲脲原体还可引起不孕症。

【解吸】(desorption) 又称脱附、脱吸。液相中的溶质组分从溶液中分离的过程。是吸收或吸附的逆过程。其目的是获得纯度较高的溶质,并使吸收剂得以再生和循环使用。可分为物理解吸和化学解吸。常用的解吸方法是减压、升温、气提(空气或水蒸气)。在实际生产中,通常是升温与吹气并用,且多用水蒸气作为解吸剂,自下而上地通入解吸塔。待解吸的溶液则自上而下流动。从塔底得到再生的吸收剂,从塔顶引出水蒸气和溶质。工业上通常采用吸收和解吸联合操作的流程,如用水或碱溶液吸收工业废气中的二氧化碳后,再加热或降压使二氧化碳逸出,以得到纯净的二氧化碳。

【解析函数】(analytic function) 又称全纯函数、正则函数。指函数f在复平面上的某区域D内有定义的一个复变数的复值函数。其中如果导数$f'(z)=\lim\limits_{h\to 0}\frac{h(z+h)-f(z)}{h}$,在$D$内处处存在,则$D$内的每一点都是这个函数的解析点(或全纯点)。在$D$内每一点$z_0$的附近,解析函数$f(z)$可以表示成$(z-z_0)$的幂级数。

【解析几何】(analytic geometry) 又称坐标几何。在坐标系中用代数方法研究图形性质的学科。17世纪,笛卡儿认为数与图形之间有着密切关系,采用代数方法研究几何问题,建立坐标系,创建了解析几何,并促进了微积分的发展。解析几何又分作平面解析几何和空间解析几何。平面解析几何,除了研究直线的有关性质外,主要是研究圆锥曲线(圆、椭圆、抛物线、双曲线)的有关性质;空间解析几何,除了研究平面、直线有关性质外,主要研究柱面、锥面、旋转曲面等。在解析几何中,首先是建立坐标系。坐标系将几何对象和数、几何关系和函数之间建立了密切的联系,这样就可以对空间形式的研究归结成数量关系的研究了。用这种方法研究几何学,通常称为解析法。

【介入治疗】(interventional therapy) 在医学影像设备的引导下,将特制的导管、导丝等精密器械引入人体内,对病灶进行诊断和局部治疗的技术。微创手术之一。其多数项目都是在血管内进行的,如冠心病、心律失常、肿瘤、血管瘤、各种出血和脑血管畸形等。介入治疗具有微创、有效和并发症低的特点。几乎涉及临床各专科、各系统,已成为部分疾病的常规诊治措施。

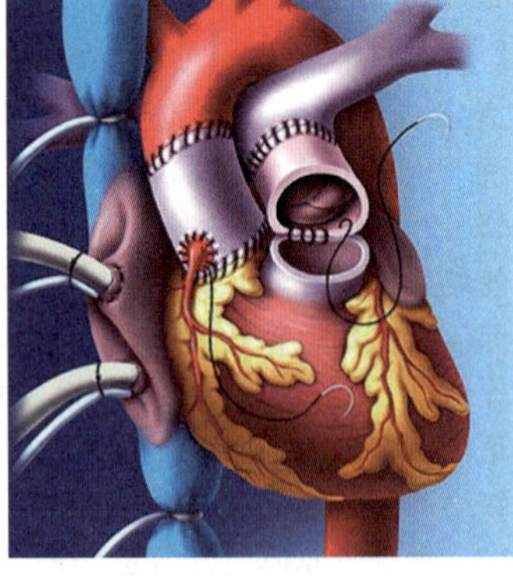

介入治疗

【介质访问控制】(material access control,MAC) 控制网络上多个设备共享传输信道的方法。其中包括竞争方式、令牌方式等,还提供网络设备通信的寻址信息。介质访问控制层决定该层的硬件地址。这个地址是和网络无关的。因此无论将那个硬件插入到网络的何处,无论网络地址是什么,它有相同的介质访问控制地址。介质访问控制地址通常由设备生产供应商指定。在以太网中,将一系列的介质访问控制地址分配给生产供应商,然后生产供应商将不同的地址分配给生产的每个接口。介质访问控制地址包含12位。前面的6位是组织标识符,是分配给供应商的特定的编号;后面的6位是系列号。这样,每个网络接口插件可以在任何给定的局域网或广域网上有不同的介质访问控制地址。

【介质陶瓷】(dielectric ceramics) 又称电容器介质陶瓷。具有离子位移极化和电子位移极化特性的氧化物陶瓷。通常具有相对较高的介电常数、低的介质损耗及优异的温度和频率稳定性,因而被广泛用作高频电容器介质材料。按其温度特性的不同可分为温度稳定型和温度补偿型两类。工业上最常用的电容器介质陶瓷材料有金红石陶瓷、钛酸钙陶瓷、镁镧钛陶瓷、钙钛硅陶瓷和锆酸盐陶瓷等。

【介子】(meson) 参与强相互作用其自旋为整数的粒子。包括π介子,η介子和κ介子。介子的发现是从核力的研究开始的。两个荷电粒子之间的作用力是通过光子的交换来实现的。把这种观点应用到核子之间的作用力上去,核力是通过交换介子而实现的。根据实验测得的核力强度,计算的结果表明,如果核力是由于核子之间交换粒子而产生的话,那么这种粒子的静止质量的大小约为电子静止质量的200~300倍。1947年从宇宙射线发现的π介子符合这种要求。介子类的基本粒子的静质量介于轻子和重子之间,所以取名为介子。介子都不能稳定存在,经历一定的寿命后会转变成其他粒子。近几年在高能加速器中使粒子相互碰撞,常有新的介子(共振态)发现。

【芥菜类蔬菜】(mustard vegetables) 属十字花科芸薹属一二年生草本植物。小亚细亚和伊朗起源的黑芥与地中海沿岸起源的芸薹杂交形成的异源四倍体植物。在中国演化出6个变种:(1)根芥菜主根形成肥大肉质根。(2)茎芥菜。茎部肥大,形成多种形状的肉致茎。(3)叶芥菜。有大叶芥、花叶芥、瘤芥、包心芥、分蘖芥等多种类型。(4)薹芥菜。其肥大的花茎供食用。(5)芽芥菜。其食用部分是短缩茎上肥大的腋芽连同茎部。(6)子芥菜。支柱高大,分枝多,种子研成粉末供调味用。芥菜类蔬菜含有硫代葡萄糖甙,水解后产生挥发性的芥子油,具有特殊的辛辣味。在栽培上,发芽期和幼苗期要求温度稍高,产品器官形成期需要较低的温度,并要求一定的昼夜温差。经低温春化后,在长日照和较高的温度条件下抽薹、开花、结子。易感染病毒病,应加强防治。

芥菜类蔬菜

【芥菜型油菜】(mustard) 又称大油菜、高油菜、辣油菜、苦油菜等。由芸薹和黑芥通过自然种间杂交后双二倍化进化而来的一个复合种。中国是其起源地之一。因其叶形和株型与芥菜酷似,故名。在中国各地均有分布。包括大叶芥油菜和细叶芥油菜。其果细而短,有辛辣味。耐瘠耐旱、耐寒,适应性强。其类型分化中心在中国西南的川、黔、滇三省,且以云贵高原区和蒙新内陆区分布最多。以新疆、云南分布最为集中,种植面积大。世界上以印度种植面积最大(占70%),主要分布于恒河流域;俄罗斯次之,主要分布于顿河流域和外高加索地区。

芥菜型油菜

【借款偿还期】(paying period of loan) 项目投产后以利润、折旧、摊销及其他收益偿还建设投资借款本金所需要的时间。一般以年为单位为表示。该指标可由借款还本付息计划表推算。不足整年的部分可用线性插值法计算。计算出的借款偿还期指标越短,说明偿债能力越强。其适用于那些不预先给定借款偿还期限,而是按项目的最大偿还能力和尽快还款原则还款的项目。对于可能预先设定还款期限的项目,应采用利息备付率和偿债备付率指标评价项目的偿债能力。

【借款合同】(loan contract) 当事人约定一方将一定种类和数额的货币所有权移转给他方,他方于一定期限内返还同种类同数额货币的合同。借款合同的主要特征是:(1)借款合同的标的物是金钱。原则上只发生履行迟延,不发生履行不能。(2)借款合同是转让货币所有权的合同。当贷款人将货币交给借款人后,货币的所有权移转给了借款人,借款人可以处分所得的货币。这是借款合同的目的决定的,也是货币这种特殊种类物作为其标的物的必然结果。(3)借款合同一般为有偿合同(有息借款),也可以是无偿合同(无息借款)。(4)借款合同一般为要式合同,应当采用书面形式。自然人之间的借款合同的形式可以由当事人约定。贷款人的权利是:(1)有权请求返还本金和利息。(2)对借款使用情况的监督检查权。贷款人可以按照约定监督检查贷款的使用情况。(3)停止发放借款、提前收回借款和解除合同权。借款人未按照约定的借款用途使用借款的,贷款人可以停止发放借款、提前收回借款或者解除合同。借款人的权利义务是:(1)提供真实情况。(2)按照约定用途使用借款。(3)按期归还借款本金和利息。当借款为无偿时,借款人须按期归还借款本金;当借款为有偿时,借款人除须归还借款本金外,还必须按约定支付利息。

【借入资金】(borrowed fund) 与自有资金相对应。在金融市场上通过负债方式从资金提供者那里取得的资金。主要包括:(1)从国家银行取得的借款,如流动资金借款、基本建设借款、结算借款等。这些借款应按规定用途使用,到期必须归还,并需支付利息。(2)在结算过程中尚未支付和预收的款项,如未交税金、应付货款、应付工资和预收货款等。这些款项只能供企业暂时使用,不是经常性的,其数额也经常变动。(3)在西方国家,私营企业的借入资金,除银行借款和应付款项外,还包括企业发行的公司债券。按其借入资金性质的不同,可分为长期借入资金和短期借入资金。长期借入资金的筹集方式有长期借款、发行长期债券和利用融资性租赁。短期借入资金的筹集方式有短期借款、发行短期债券、利用商业信用和利用经营性租赁。在生产经营过程中,由于资金周转不足或其他方面的原因,使企业的资金出现短缺时,企业可以向银行或其他金融机构借入借款,并按规定支付本息。按其借款时间的不同,可分为短期借款和长期借款。

【金的提取】(gold extracting) 从金精矿中获得纯金的工艺方法。按照工艺过程的不同,其主要方法包括:⑴混汞法。用于提取矿石中的自然金。即在矿浆中加入汞,使其润湿金粒形成金汞合金 $AuHg_2$,称为汞膏,与其他矿物和脉石分离。取出汞膏将其清洗后在蒸馏炉内加热至420℃,使汞膏受热分解。其中的汞以气体状态逸出并在管道中被冷却、液化和回收。汞膏中的金被分解为海绵金。⑵液氯化法。先将精矿在800℃下进行氧化焙烧,再将产出的焙砂在含盐酸的溶液中通氯气浸出,金的浸出率达

99%。固液分离后,向浸出液中通入 SO_2 使金还原,再用氯化铵液清洗,得到的金粉纯度为 99.9%。但此法不适于处理含银高的金矿石。⑶氰化法。即用含氰化物的水溶液溶解矿石中的金,氰化浸出后进行固液分离,再用锌将其置换而沉淀出金。氰化法生产成本低,浸出速度快,金的回收率高,是世界各国生产黄金的主要方法。目前,又不断改进形成氰化-炭浆法、氰化-炭浸法、氰化-树脂法和氰化-堆浸法等工艺方法。其实质是氰化浸出,用木炭或树脂吸附,再把金解吸出来。⑷硫脲浸出法。硫脲又称为硫化尿素。其水溶液能够溶解金,适宜处理氰化法难以处理的金矿石。对硫脲浸出的矿浆,可用炭浆法、树脂浆法和铁浆法等方法提取金。

【金刚石】(diamond) 化学成分为单质碳的一种矿物。与石墨同是碳的同质多象变体。等轴晶系。晶体多细小,常呈八面体或菱形十二面体。晶面常弯曲。质纯者无色透明,常带有蓝、黄、褐、黑等色调,折射率高,金刚光泽。在紫外线或X射线照射下可发出天蓝色或紫色荧光。其摩氏硬度为10。是自然界最硬的矿物。金刚石是良好的半导体,其导热系数比铜高5倍。原生金刚石矿床产于金伯利岩或钾镁煌斑岩中,岩石遭风化破坏后会转入砂矿中。按其质量和用途的不同可分为宝石级金刚石和工业级金刚石。前者为透明色美、颗粒较大的晶体,经人工加工琢磨而成为高级宝石;后者多用作研磨材料、切削工具材料及电子工业、激光技术等领域的高级导热材料。

金刚石

【金刚石锯片】(diamond saw blade) 以金刚石磨料为工作物质、与金属结合剂和基体共同组成的切割工具。有圆锯、排锯等多个类型。常用圆锯片的直径为105~2 500 mm。其原料为人造金刚石和金属结合剂(多种金属粉末)组成的复合材料。其制造方法是:经过配混料、压制、烧结,或烧结后焊接,以及应力校正、修磨、开刃等工序制成。主要用来切割硬脆材料,如大理石、花岗石、耐火材料、混凝土、沥青路面等。金刚石锯片是应用最广、用量最大的一类金刚石工具。与金刚石锯片类似的,还有金刚石钻头和金刚石磨具(如青铜结合剂砂轮等),也是由金刚石和金属组成的复合材料。此外,还有树脂结合剂金刚石磨具、陶瓷结合剂金刚石磨具等。这些工具的应用范围很广。

【金刚石锯片基体钢】(base steel of diamond raw disk) 金刚石锯片基体用的合金钢的统称。具有刚性与韧性适中的特点。例如50Mn2V钢的主要力学性能:$\sigma_b \geqslant 1\,300$MPa,$\delta_5 \geqslant 5\%$,HRC≥40%,规格8-9X1 850mm。用它代替原先使用的65Mn钢作为锯片基体,锯片复焊次数提高1倍以上,锯片的校正难度小,成本低,质量稳定,使用寿命长,刚性与韧性适中。主要指标接近国际水平。

【金刚石聚晶】(polycrystalline diamond) 以金刚石与适当的结合剂(钴、镍、钛、硅、硼等)为原料,在高压高温下聚结而成的一种复合超硬材料。通常金刚石聚晶还带有硬质合金衬底,并与之组成双层复合刀具材料。这种材料具有耐磨性高、抗冲击韧性强、热稳定性好和结构致密均匀等特点。广泛用于制造石油、地质钻头和机加工刀具,用于切削硬而脆的非金属材料,以及硬质合金、冷硬铸铁等难加工材料。

【金刚石钻探】(diamond drilling) 采用金刚石钻头进行的钻探。金刚石钻头在一定轴心压力作用下,以回转方式破碎孔底岩石。由于金刚石是自然界中硬度最高的矿物,所以用金刚石钻头可以有效地钻进地层中中等硬度以上的岩石,提高钻进效率,降低钻进成本。采用金刚石钻探,还可以提高岩心采取率,减小钻孔弯曲度。金刚石钻探均为小口径钻探,所以钻探设备较轻便,在地质勘探、油气勘探及多种工程施工中获得广泛应用。

【金红石】(rutile) 化学成分为二氧化钛(TiO_2)的一种矿物。常有铁、铌、钽等元素以类质同象混入其中。四方晶系。晶体呈粒状或针状,通常为四方柱或四方双锥的聚形。褐红色,含铁高时呈黑褐色。条痕浅褐或黄褐色。金刚光泽。含铁高时呈半金属光泽。硬度为6。密度4.2~4.3g/cm³。解理平行四方柱完全。有多种成因类型。当含金红石的岩石遭受风化破坏后,可聚集在一起形成砂矿。金红石是提炼金属钛的主要矿物原料。

金红石

【金鸡纳反应】(cinchonism) 奎宁以及从金鸡纳树皮中提取的其他生物碱,治疗剂量时出现的一系列的反应。表现为耳鸣、头痛、恶心、呕吐、腹泻、腹痛、视力和听力减退等，甚至出现暂时性耳聋。多见于重复给药时，停药一般能恢复。

【金矿床】(gold deposit) 金的含量达到工业开采要求的自然状态下的地质体。贵金属矿床之一。金矿床类型很多。矿床的分类方案也不统一。按其矿床成因及赋存状态的不同可分为：(1)早前寒武纪含金－铀砾岩型。(2)含金－石英脉型。(3)糜棱岩带中交代蚀变型。(4)中新生代火山机构中的金－银矿脉型。(5)细粒浸染金矿。(6)铁－金建造。(7)金－砷建造。(8)含金块状硫化物型。(9)砂金矿等。此外，还有斑岩金矿、钨－锑－金建造和金－铜－石英脉等。金的主要矿石矿物以自然金为主，金银矿、碲金矿及针碲金矿等次之。金矿的形成时代，以前寒武纪最为重要，但在中国多与显生宙构造－热事件有关。金矿化与多种岩浆岩有成因联系，但与花岗岩类和煌斑岩关系最为密切。

【金龙鱼】(golden arowana) 名贵的淡水观赏鱼。硬骨鱼纲，辐鳍亚纲，骨舌鱼目，骨舌鱼科。中国大陆称为“龙鱼”，中国香港称之为“龙吐珠”，中国台湾称之为“银带”，日本称之为“银船大刀”。体呈长带形，侧扁。尾呈扇形。背鳍和臀鳍呈带形，向后延伸至尾柄基部。胸鳍较大。尾鳍短小呈圆扇形。口上位，口裂大而下斜。下颚比上颚突出，长有一对短而粗的颏(颐)须。肉食性。性情凶猛。卵生。受精卵在雄鱼口中孵化。饲养水温24～30℃。有不同形态的几个品系。名贵的有过背金龙鱼和红龙鱼。红龙鱼的金色鳞片只长到由腹部往上第四排，体色逐渐变红；过背金龙金色鳞片可长过背部覆盖全身。过背金龙鱼原产于马来西亚。红龙鱼主要出产于印度尼西亚。此外还有出产于澳大利亚的星点龙(珍珠龙)和出产于南美亚马逊河的银龙和黑龙等。金龙鱼是远古遗存物种，国际濒危保护动物。其繁殖养殖生产受到华盛顿公约(CITES)的约束。

金龙鱼和银龙鱼

【金绿宝石】(chrysoberyl) 古称金绿玉。矿物名称。化学成分为 $BeAl_2O_4$，常含微量铬和铁。正交晶系。单晶体呈假六方形板状或短柱状，心形双晶较常见。集合体呈细粒状。透明至微透明。玻璃光泽。硬度8.5。密度3.7g/cm^3。常呈黄绿色。无色者少见。有的具有变色效应或猫眼效应。均为名贵的宝石品种。主要产于花岗伟晶岩与超基性岩的接触变质带内。

【金茂大厦】(Jin Mao Tower) 融办公、商务、宾馆为一体的智能化高档楼宇。又称金茂大楼。位于上海浦东新区黄浦江畔的陆家嘴金融贸易区，遥对东方明珠广播电视塔。于1994年4月开工，1998年8月建成。地上88层，若再加上尖塔的楼层共有93层，地下3层，建筑面积达57 151 m^2。有130部电梯，由著名的美国芝加哥SOM设计事务所的设计师Adrian Smith设计。该楼第3～50层为可容纳10 000多人同时办公的、宽敞明亮的无柱空间；第51～52层为机电设备层；第53～87层为世界上离地面最高、设施最齐全、装修最豪华的超五星级金茂凯悦大酒店。其中第56层至塔顶层的核心内是一个直径27m、阳光可透过玻璃折射进来的净空高达142m的“空中中庭”，环绕中庭四周的是大小不等、风格各异的555间客房和各式中西餐厅等；第86层为企业家俱乐部；第87层为空中餐厅；距地面341m的第88层为国内第二高的观光层，可容纳1 000多名游客。设计师以创新的设计思想，巧妙地将世界最新建筑潮流与中国传统建筑风格结合起来，成功设计出世界级的、跨世纪的经典之作。

金茂大厦

【金门大桥】(Jinmen Bridge) 1933年动工，1937年5月竣工，横跨金门海峡，连接加利福尼亚和旧金山的一座悬索桥。由工程师约瑟夫·斯特劳斯设计。是世界著名的桥梁之一。是近代桥梁工程的一项奇迹。桥面宽27.4m，有6条车行道和两条宽敞的人行道，横跨于美国加利福尼亚州宽1 900m的金门海峡之上，耗资达3 550万美元。其钢塔耸立在大桥南北两侧，高342m。钢塔的顶端用两根直径为92.7cm、重2.45万吨的钢缆相连。钢缆中点下垂，几乎接近桥身，钢缆和桥身之间用许多细钢绳连接。钢缆两端伸延到岸上并锚定于岩石中。大桥桥体依靠桥两侧的两根钢缆所产生的巨大拉力高悬于海面之上。钢塔之间的大桥跨

金门大桥

度达1 280m，为世界所建大桥中罕见的单孔长跨度大吊桥之一。从海面到桥中心部的高度约60m，即使涨潮时，大型船只也能畅通无阻。

【金牛座】(Taurus) 黄道十二星座之一。位于白羊座和双子座之间。中心位置：赤经4时20分，赤纬+17°，面积约797平方度。座内有亮于四等的星28颗，其中α星是橙色一等星，为北半球冬季夜空的主要亮星之一。座内最有名的天体为昴星团、毕星团和蟹状星云。昴星团的7颗亮星是北半球冬季初昏星空的主要标志。

【金枪鱼】(tuna) 又称鲔鱼、吞拿鱼。类属鲈形目鲭科金枪鱼属鱼类的统称。是大洋暖水性洄游鱼类。太平洋、大西洋、印度洋都有广泛的分布。体长形，粗壮而圆，呈流线形，向后渐细尖而尾基细长。尾鳍叉状或新月形。尾柄两侧有明显的棱脊。背、臀鳍后方各有一行小鳍。肩部有由扩大之鳞片组成的胸甲。皮下有发达的血管网，作为一种长途慢速游泳的体温调节装置。一般背侧暗色，腹侧银白。广义的金枪鱼是指鱼类中的鲭科、箭鱼科和旗鱼科共计约30种鱼类。经济价值较大的种类包括：蓝鳍金枪鱼、马苏金枪鱼、大眼金枪鱼、黄鳍金枪鱼、长鳍金枪鱼、鲣鱼等6种。黄鳍金枪鱼、大眼金枪鱼、长鳍金枪鱼为延绳钓的主捕对象，鲣鱼为杆钓的主要对象。蓝鳍金枪鱼最大可长到约4.3m，800kg重。世界上有70多个国家从事捕捞金枪鱼的渔业生产，主要有日本、美国、菲律宾、西班牙和印度尼西亚等国家，产量占世界金枪鱼总产量70%。近年来，世界金枪鱼的年产量保持在300万吨上下。金枪鱼的主要消费国是日本和美国。日本对金枪鱼的需求量很大，一般年消费80万～90万吨，约占世界需求量的三分之一。

金枪鱼

【金融安全】(finance security) 货币资金融通的安全和整个金融体系的稳定。是金融经济学研究的基本问题。在经济全球化加速发展的今天，金融安全在国家经济安全中的地位和作用日益加强。金融安全是和金融风险、金融危机紧密联系在一起的，既可用风险和危机状况来解释和衡量安全程度，同样也可以用安全来解释和衡量风险与危机状况。安全程度越高，风险就越小；反之，风险越大，安全程度就越低；危机是风险大规模积聚爆发的结果。作为整个经济和社会的血液，金融的安全和稳定，直接影响到经济与社会的整体发展。如果失去了金融安全，极有可能引起社会动荡。另一方面，金融安全又必须建立在社会稳定的基础上，因为社会不稳定的某些突发性因素往往是引发金融危机的导火索。按金融业务性质的不同可分为：银行安全、货币安全、股市安全等。

【金属】(metal) 具有光泽而不透明、富有延展性、导热性及电导性的一类结晶物质。一般经铸造、压力加工、焊接等工艺可制成各种形状的零件或型材。上述各项性质都和在金属中有自由电子的存在有关。在常温下除汞外都是固体。化学性质活泼的金属(如钠、钾、镁、钙、锶和钡等)的氧化物或氢氧化物一般都呈碱性(个别的呈两性，例如Al_2O_3等)。通常分为黑色金属(铁、铬、锰等)和有色金属两大类。有色金属又分为重金属(铜、镍、铅、锡、锌等密度在五以上的金属)、轻金属(钠、钙、铝、镁等密度在五以下的金属)、稀有金属(锆、铪、铌、钽等三十余种)及贵金属(金、银、铂、铑、铱等)四类。金属同非金属之间没有绝对的界限，有些化学元素按其性质可列为金属，也可列为非金属(如砷、锑、碲等)。

【金属壁纸】(metal wallpaper) 用彩色印刷的铝箔与防水基层纸复合而成的装饰用纸。具有金碧辉煌、庄重华贵、图案清晰、表面光洁、耐水、耐磨、不起斑、不发霉和不变色等特点。适用于宾馆、酒店、商场等建筑的大堂、门面、墙面、天花板和包柱的装饰。

【金属表面转化技术】(chemical conversion coating technology on metal surface) 采用化学处理液，使金属表面与溶液界面上产生化学或电化学反应，在金属表面形成一层附着力良好、难溶、稳定的化合物薄膜的处理技术。所生成的膜称为化学转化膜。化学转化膜同金属上别的覆盖层(例如金属的电沉积层)不一样，它的生成必须有基底金属的直接参与。这些膜层能保护基体金属不受水和其他腐蚀介质的影响，或提高有机涂膜的附着性和耐老化性，或赋予表面其他性能。例如，金属挤出、深拉延等冷加工时，在金属表面形成磷酸盐膜后可减小拉拔力、减少拉拔次数、延长拉拔模具寿命，改善金属塑性加工性能。几乎所有工业上常用的金属都可以在选定的介质中通过转化处理取得不同应用目的的化学转化膜。常用的表面化学转化方法有氧化、磷化、钝化三种。

【金属玻璃】(metal glass) 液态金属以极快的速度冷却凝固时得到的非晶态金属。具有类似玻璃的结构特征。金属是一种典型的晶体材料，许多特性是由其内部结构决定的。玻璃是一种非晶体材料，固态玻璃及液态玻璃内部原子均呈无序失常排列。金属玻璃兼具二者的特性，不透明，拥有独特的机械和磁性特征，不易破碎和变形，是制造变压器、高尔夫球棒等产品的理想材料，是一种有良好前景的新材料。

金属玻璃

【金属蛋白】(metalprotein) 一类含金属元素的蛋白质。按其所含元素的不同可分为:(1)含铁蛋白。如血红蛋白、肌红蛋白、细胞色素等。前两者具有载氧、储氧功能，细胞色素 C 是电子传递载体。(2)蓝铜蛋白。即含铜蛋白，如血浆蓝铜蛋白和质蓝体。前者参与机体内铜的调节，后者是生物过程中的电子传递体。(3)铁硫蛋白。是一类含铁、硫的天然原子簇金属化合物与蛋白质链上半胱氨酸结合的金属蛋白。是生物体内重要电子传递体。(4)金属酶。具有催化生物体内化学反应的金属蛋白。金属离子常常位于活性中心。

【金属电子论】(electron theory of metals) 研究金属中电子运动状态以及与此有关的电、热输运过程的理论。金属电子论认为，金属中的价电子是自由电子，它们可以通过碰撞与金属离子交换能量，并在一定温度下达到热平衡。金属电子论可很好地解释金属良好的导电和导热性能。

【金属钝化】(metal passivation) 使金属表面状态发生变化，从而具有贵金属的低腐蚀速率等特征的过程。是防止金属腐蚀的方法之一。金属与周围介质自发地进行化学作用而产生的金属钝化，称为化学钝化或自钝化作用。若金属通过电化学阳极极化引起钝化称为阳极钝化。通常强氧化剂(浓 HNO_3、$KMnO_4$、$K_2Cr_2O_7$、$HClO_3$等)可使金属钝化。金属钝化主要理论有:(1)吸附理论。在金属表面上生成氧或含氧离子表面吸附层。(2)成相膜理论。在金属表面上生成致密的覆盖性良好的氧化膜。吸附层或氧化膜的作用都是把金属和溶液隔开，降低金属的腐蚀速率，使金属成为钝态。钝化后的金属将失去原有的某些特性。

【金属多孔材料】(metal porous material) 又称金属泡沫材料。含有泡沫状气孔的金属材料或具有微孔结构的金属功能材料。质轻，隔音，阻燃，有很强的吸能本领和电磁屏蔽作用。该类材料出现于20世纪80年代后期，是国际上迅速发展起来的一种物理功能与结构一体化的新型工程材料。其所具备的多种优异物理性能，特别是阻尼性能，在消声、减振、分离工程、催化载体、屏蔽防护、吸能缓冲等高技术领域获得了广泛应用，并受到国防工业部门的高度重视。

金属多孔材料

【金属腐蚀】(corrosion of metal) 金属与环境组分发生化学反应所引起的腐蚀。例如，与大气、海水、淡水、土壤以及生产生活用的原材料和产品接触。这些物质和金属发生化学作用或电化学作用引起金属腐蚀，同时还存在机械力、射线、电流、生物等作用。金属腐蚀发生的根本原因是:金属及其本身较其某些化合物(如氧化物、氢氧化物、盐等)原子处于自由能较高的状态，这种倾向在条件(动力学因素)具备时，就会发生金属单质向化合物的转变。金属发生腐蚀的部分，由单质变成化合物，产生生锈、开裂、穿孔、变脆等破坏。

【金属构件裂纹】(metal component crack) 在金属表面及内部的细小裂缝。是一种缺陷，因不适当的工艺过程而形成。主要有铸造裂纹、轧制裂纹和热处理裂纹等。大多数成分复杂、杂质总量较高、或有少量非平衡共晶的合金，都有较大的裂纹倾向。尤其是大型铸锭，在冷却强度大的连铸条件下产生裂纹的倾向更大。当金属存在皮下气泡、非金属夹杂物、残余有害元素、加热不均、冷却不当以及热应力较大时，在轧制过程中或热处理过程中均容易产生裂纹。裂纹是锭、坯或加工制成品报废的主要原因。由铸锭残留下来微裂纹常常是制成品在使用中早期失效的主要根源。控制合金成分、限制杂质含量、选择合适工艺以及细化晶粒等方法均可防止产生裂纹。

【金属管工艺性能试验】(metal tube-technological property test) 按照使用时工艺过程的状况，检验金属管进一步机械加工时变形性能的方法。适用于无缝管或焊接管。金属管因用途和规格不同，需进行不同的工艺性能试验，以确定其对机械加工的适用性并显示其缺陷。具体包括:(1)扩口试验。检验金属管从径向扩张到规定直径的变形性能，并显示其缺陷的方法。试验时将不同锥度的顶心，用压力机或其他方法压入试样的一端，扩张到规定的扩口率。(2)缩口试验。检验金属管从径向压缩到规定的直径的变形性能，并显示其缺陷的方法。试验时用压力机或其他方法将试样的一端压入不同锥度的顶模,压缩到规定的压缩率。(3)压扁试验。检验金属管被压扁到规定尺寸时的变形性能。试验时用压力机将试样压扁。(4)弯曲试验。检验金属管承受规定尺寸及形状的弯曲性能的方法。试验时,根据技术条件的规定的方法(机械或人工、带充填物或不带、有弯心或无)将金属管弯曲到规定的弯曲角。(5)卷边试验。检验把金属管一端的管壁向外卷曲的规定尺寸和形状的变形性能。试验时先用压力机将扩口顶心压入试样的一端,然后再用一定形状的卷边顶心使管壁均匀地卷至规定要求。以上各种试验后,均要在经过试验处检查试样是否出现裂缝、裂口、或焊接开裂,以判断是否合格。

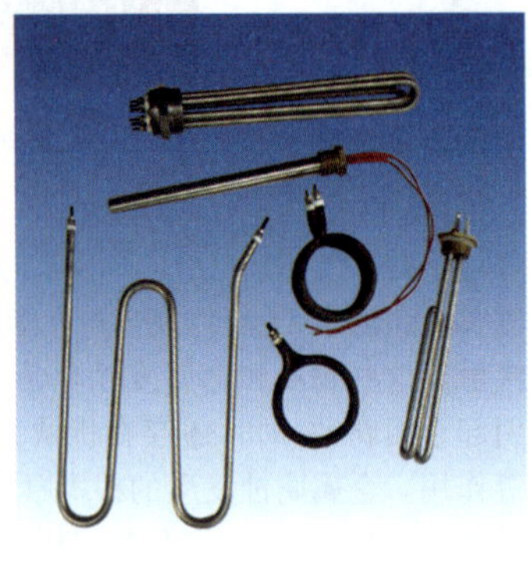
金属管工艺性能试验

【金属化学加工】(chemical machining of metal) 利用化学溶液(如酸、碱或盐的水溶液)与金属产生化学反应,使金属腐蚀成型的加工方法。主要包括:(1)化学铣削。利用经过控制的化学腐蚀来去除不需要的金属而使零件成型的加工方法。化学铣削的优点是:可加工难切削金属且不产生应力、裂纹、毛刺等,操作简单。其缺点是:加工精度不高,腐蚀液对人体有害。主要应用于大面积不易机械加工的薄壁、内表层的金属减薄刻蚀,也可加工型模、型孔及金属表面蚀刻图案、花纹、文字等。(2)光化学加工。利用照相复制与化学腐蚀相结合的一种加工方法。用此种方法对各种复杂微细形状的薄片零件进行加工叫光学冲切;用于制造标牌和面板的叫光学雕刻;用于制造集成电路、大规模集成电路以及刻度盘、光栅等叫光刻。(3)化学表面处理。将工件浸入化学溶液中以改变工件表面状态的方法。包括酸洗、化学抛光和化学去毛刺等。

【金属回收率】(rate of metal recover) 用产品中金属含量占原料中该金属总含量的百分率表示。选矿和冶金过程的一项重要技术经济指标。

【金属基复合材料】(metal matrix composite material, MMCM) 一种以陶瓷(连续长纤维、短纤维及颗粒)为增强材料,以轻合金(如铝、镁、钛等)为基体材料而制备的材料。按其复合材料的不同可分为铝基、镁基、钢基、铁基及铝合金基复合材料;按其增强相形态的不同可分为颗粒增强金属复合材料、晶须或短纤维增强金属复合材料及连续纤维增强金属基复合材料。由于其具有高的比强度、比模量、耐高温、耐磨损和热膨胀系数小、尺寸稳定性好等优点,以及无高分子复合材料常见的老化现象和在高真空条件下不释放小分子的特点,克服了树脂基复合材料在宇航领域中使用时存在的缺点,成为各国高新技术研究开发的重要领域。已在航天、军事领域及汽车、电子仪表等行业中显示出了巨大的应用潜能。

【金属间化合物】(intermetallic compound) 又称金属互化物。在一定的条件下,金属相互化合而形成的化合物。其化学成分通常符合A_mB_n的形式,例如,Al_2Zn_3、CuZn、Cu_5Zn_8等。其组成与普通化合物不同,常可在一定范围内变动。其组成元素的化合价也很难确定,但有显著的金属结合键。

【金属键】(metallic bond) 金属原子间依靠自由共用的电子与排列成晶格状金属离子间的静电吸引而形成的键。化学键的一种。无方向性。原子堆积方式只要求密堆积,以使势能最低,结合最稳定,因而大多数金属为面心立方密堆、六角密堆或体心立方密堆结构,其熔点、沸点随金属键的强度而升高。另外,从共有电子来看,金属键实质上是一种不饱和共价键,且结合能比完全的共价键要低。这使得一般金属具有良好的延展性、导电性、导热性。

【金属绝热材料】(metal insulation material) 将铝、不锈钢、铜、锡、钛等金属加工成厚度为0.2mm以下的薄板所制成的一种绝热材料。是利用金属的反射而使外来热(辐射热)传给空间从而取得隔热的作用。这种材料在低温工程及恒温建筑物围护结构中得到广泛应用。目前主要是核电站应用较多。

【金属-空气电池】(metal-air cell) 以空气中的氧气作为正极活性物质,金属作为负极活性物质的一种高能电池。使用的金属一般是镁、铝、锌、镉、铁等;电解质为水溶液。其中锌-空气电池已成为成熟的产品。金属-空气电池具有较高的比能量。这是因为空气不计算在电池的重量之内。锌-空气电池的比能量是当前生产的电池中最高的,已达0.4kw. h/kg,是一种高性能中功率电池,并正向高功率电池的方向发展。目前生产的金属-空气电池主要是一次电池;研制中的二次金属-空气电池为采用更换金属电极的机械再充电电池。由于金属-空气电池工作时要不断地供应空气,因此不能在密封状态或缺少空气的环境中工作。此外,电池中的电解质溶液易受空气湿度的影响而使电池性能下降;空气中的氧会通过空气电极并扩散到金属电极上,形成腐蚀电池而引起自放电。

【金属矿产】(metallic ore) 能为工业上提取某种金属元素的矿产资源。根据金属元素的性质及其工业用途的不同可分为以下五大类别:(1)黑色金属矿产。主要为含铁(Fe)、锰(Mn)、铬(Cr)、钒(V)、钛(Ti)等元素的矿产。(2)有色金属矿产。主要为含铜(Cu)、铅(Pb)、锌(Zn)、锡(Sn)、铋(Bi)、锑(Sb)、铝(Al)、镁(Mg)、钴(Co)、钨(W)、钼(Mo)、汞(Hg)等元素的矿产。(3)贵金属矿产。指含金(Au)、银(Ag)、铂(Pt)的矿产。(4)放射性金属矿产。指铀(U)矿、钍(Th)矿等。(5)稀有、稀土以及分散元素矿产。如含锂(Li)、铍(Be)、铌(Ne)、锆(Zr)、铈(Ce)组、钇(Y)、钽(Ta)、锗(Ge)、铟(In)、镓(Ga)、镉(Cd)、硒(Se)、碲(Te)等元素的矿产。

【金属矿床】(metallic mineral deposit) 工业上开采的能提取金属物质的各种自然状态下的地质体。在当前的科学技术条件下,金属矿床泛指工业上能开采利用的金属矿物、金属化合物及金属元素的地质堆积体。按其工业用途及金属元素性质的不同可分为:(1)黑色金属矿床。如铁、锰、铬、钒、钛矿床等。(2)有色金属矿床。如铜、铅、锌、锡、铋、锑、汞、镍、钴、钨、钼、铝、镁矿床等。(3)贵金属矿床。如金、银、铂矿床等。(4)放射性金属矿床。如铀、钍矿床等。(5)稀有、稀土及分散元素矿床。如锂、铍、铌、钽、锆、铈族、钇族、锗、镓、铟、镉、硒、碲等元素的矿床等。

金属矿床

【金属矿物】(metallic mineral) 具有明显金属特性的矿物。具体指导电性、导热性良好,呈金属、半金属光泽及各种金属色(金黄、铅灰、铁黑等)。金属矿物绝大多数是重金属元素的硫化物和少量氧化物,如黄铁矿(FeS_2)、辉钼矿(MoS_2)、方铅矿(PbS)、磁铁矿(Fe_3O_4)等。

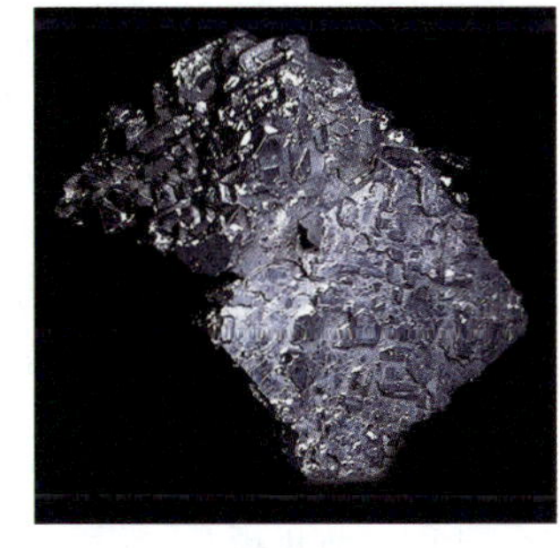
方铅矿

【金属面聚氨酯夹芯复合板】(metal sheet polyurethane insulation sandwich panel) 以彩色镀锌钢板为外表面用材、经数道辊轧使其成为压型板后与液体聚氨酯发泡复合而成的墙板。外表面涂层为聚酯型、硅改性聚酯型、氟氯乙烯塑料型等高级彩色涂料。聚氨酯材料具有优越的黏结性能,可使泡沫芯材和面材间形成牢固的连接键,不需要其他黏结材料。金属面聚氨酯夹芯板重量轻,强度高,具有高效绝热性。它施工方便、快捷,可多次拆卸、变换地点重复安装使用。带有防腐涂层的彩色金属面夹芯板有较强的耐火性,被普遍用于冷库、仓库、工厂车间、仓储式超市、商场、办公楼、洁净室、旧楼房加层、活动房、战地医院、展览场馆和体育场馆、候机楼等的建造中。

【金属面聚苯乙烯夹芯板】(metal sheet-polystyrene insulation sandwich panels) 将彩色钢板压型后采用高强聚氨酯胶做胶黏剂、把内外两层0.5~0.8mm 厚的彩色钢板与聚苯乙烯泡沫塑料加热和加压固化而形成的复合夹芯板。芯体材料是聚苯乙烯泡沫塑料。聚苯乙烯泡沫塑料是用聚苯乙烯颗粒在预发泡机中经蒸汽加热熟化、成型后成为聚苯乙烯泡沫塑料板块,将其按需要切成各种尺寸的板材待用。金属面聚苯乙烯夹芯板重量轻,强度高,具有高效绝热性;施工方便、快捷;可多次拆卸,可变换地点重复安装使用;带有防腐涂层的彩色金属面夹芯板有较好的耐火性能。金属面聚苯乙烯夹芯板普遍用于冷库。

【金属膜分离技术】(metal membrane-separation technology) 在金属膜与外界压力的作用下,不改变溶液的化学形态而将溶剂和溶质进行分离或浓缩的技术。其分离原理是:当流体经过滤膜表面时产生膜化,在压力的作用下,将流体中的液体分离出来,而流体中的颗粒则被不同精度的膜分离后随浓度高的流体无间断地分离流出,进入循环系统,并经数次循环浓缩、过滤达到预期分离目的。金属膜分离可以在较宽的化学条件、压力和温度范围内运行,具有较优良的机械强度和稳定性,在使用过程中不易破裂。其组件可在高达177℃的温度和6.9×10^6Pa的压力下长期使用。该技术优点是:(1)耐酸碱和有机溶剂、耐高温、抗弯、抗震动、不需加密封(焊接成型)、不易碎、不易被压实、不易老化。(2)可在高温、高压、高黏度、高固含量、高溶解性有机溶剂体系、苛刻的pH值等体系中使用,可反复冲洗,使用寿命长。其应用领域包括:(1)催化剂的回收(高温)。(2)米糖浆中糖泥的过滤(高黏度)。(3)取代陶瓷膜微滤。(4)一些发酵液的过滤。

【金属强化】(metal strengthening) 通过

合金化、塑性变形和热处理等手段，提高金属强度的方法。金属强度指抵抗塑性变形的能力。主要是抗拉强度和屈服强度。在塑性变形中晶面滑移形成位错运动，增加对位错的阻力即为金属强度提高。金属强化的方法主要有：固溶强化、沉淀强化、变形强化、晶界强化、亚晶强化和位错强化。

【金属氢化物储氢】（hydrogen storage in metal hydride） 利用某些金属在一定压力和温度下能将氢气吸入并储存起来的特点来储藏氢气的技术方法。这些金属当压力降低或温度升高时又可将氢气释放出来。可由移动的加氢汽车向金属充氢，也可以在专用加氢站由管道向金属充氢。金属氢化物不会自燃，比较安全。金属在吸氢时，会逐渐由大块裂为小块，经多次循环后将变为小颗粒甚至粉末。

【金属燃料】（metal fuel） 金属铀和铀合金型核燃料。金属铀核燃料导热性能好，密度高，易加工，是石墨水冷堆、石墨气冷堆和重水堆等类型核反应堆的常用燃料。铀合金型核燃料熔点低，化学性质活泼，高温性能差，辐照稳定性差，一般作为材料试验堆和钠冷快堆的核燃料。

【金属热还原法】（metal thermit recyded method） 用活性较强的金属，将被还原的金属从其化合物中置换出来，以制备金属或其合金的方法。其还原过程的时间很短。在还原过程中，常产生足够的热量（有时外加热量），以维持反应的自发进行，并使金属和形成的渣分离。常用以制取稀有金属和铁合金。常用的还原剂有钠、镁、钙、铝、硅等。对还原剂的要求是：价廉、具有较高的纯度、不与被还原的金属组成合金以及杂质和形成的渣易于去除等。在炼制铁合金时，常用硅铁或铝作为还原剂，有时两者并用。在制取稀有金属时，则用钠还原氟钽酸钾制取金属钽粉，用镁还原四氯化锆制取海绵锆，用钙还原稀土（除钐、铕、镱外）氟化物制取稀土金属等。

【金属热塑性变形】（metal hot plastic deformation） 金属在高温下进行的塑性变形。即在热轧条件下稳定地改变金属的形状而不使其受到破坏的变形。在一般情况下，金属的高温变形抗力都很小，但其塑性则还取决于金属内在因素和热轧时的外部条件。内在因素包括：化学成分、组织结构和非金属夹杂物等。纯金属及其固溶体塑性好，例如纯铁以及碳在钢中固溶体奥氏体。金属化合物塑性很低，例如渗碳体 Fe_3C。外部条件包括：变形温度、变形速度、应力状态以及加热介质等。变形温度过高会晶粒粗大，过低则产生加工硬化。

【金属塑性成型】（metal plasticity forming） 将具有塑性的金属，在热态或冷态下借助锻锤的冲击力或压力机的压力，使其产生塑性变形，以获得所需形状、尺寸及力学性能的毛坯或零件的加工方法。各种钢和大多数有色金属及其合金都具有不同程度的塑性，均可在冷态或热态下进行塑性加工成型。按其成型方式不同，可分为轧制、拉丝、挤压、自由锻造、模型锻造、板料冲压及新的塑性加工技术。

【金属陶瓷】（cermet） 由金属或合金与一种或几种陶瓷所组成的非匀质复合材料。常用的金属有铁、镍、铬、钴等。常用的陶瓷有耐高温的氧化物、硅化物、硼化物、碳化物和氮化物等。金属陶瓷兼具金属和陶瓷的某些优点，如金属的韧性、延性、热导和陶瓷的高熔点、高强度、抗氧化和抗蠕变性。多数金属陶瓷硬度很高，能经受1 000℃的高温，抗磨性、抗蚀性良好，有导电性、可焊接性，韧性大大高于氧化物陶瓷，但仍低于金属材料。制备方法是将金属粉与陶瓷粉混合均匀后成型，再烧结致密化即成。也有采用陶瓷坯体浸渍金属等方法制备。金属陶瓷在制造机械密封环、拉丝模、轴承等许多耐磨、耐腐蚀机械零件方面广泛应用。

金属陶瓷

【金属添加剂】（metal flux additive agent） 在有色金属及其合金熔炼过程中添加的熔剂或造渣材料。通过对所用添加剂的成分、性能和加入量的调整，可以提高熔体脱气的精炼效果，减少金属氧化、吸气及挥发。按其用途的不同可分为：覆盖剂、精炼剂、氧化剂和还原剂。按其性质不同的可分为酸性、碱性和中性添加剂。硼砂、硅砂为酸性，苏打、碳酸钙为碱性，分别排除碱性和酸性渣。碱金属、碱土金属的氟盐和氯盐，以及木炭、米糠和麦麸为中性，常用作铝、铜和镁及其合金的覆盖剂和精炼剂。为制备具有良好性能的添加剂，可根据需要分别加入稀释剂、浓缩剂、增重剂、氧化剂和变质剂等，制成复合熔剂。制备复合熔剂一般有混合法和熔化法两种。混合法要在混合前先将各种原料熔炼、烘干，去除湿气和结晶水。熔化法是按一定加料顺序将各种原料加入炉内，加热熔化，浇铸成块，密封包装，使用前破碎。

【金属物理】（metal physics） 研究金属和合金的结构（指电子状态及原子排列）、成分、组织和相的大小与分布形成的理论，以及金属结构和组织对其性能影响的学科。对不包含金属电子状态研究的狭义的金属物理，在欧美称为物理冶金，在中国常称为金属学。具体来讲，金属物理狭义的内容包括：缺陷、合金相结构及其形成的理论，相图、凝固、固态相变、扩散和金属的力学性能等。

【金属吸气】(metal inhaling) 气体进入有色金属熔体或铸锭的现象。在金属熔体熔炼时以及在浇铸过程中都会吸气。如果最终在铸锭中存在气体，就会形成气孔和疏松，降低金属制品的性能。金属中气体主要来源于：⑴炉料、熔剂带有的水分。进入熔池后蒸发出水蒸气，与熔体反应造成吸气。是铝液中的氢和氧化物的来源。⑵炉气。在熔炼时不仅有氮、氧，而且有一氧化碳、二氧化碳、二氧化硫和氢气及水蒸气。⑶浇铸过程中接触的空气。按照气体在金属熔体中存在形式的不同可分为：(1)以离子或原子状态溶解于金属晶格内，形成间隙式固溶体。(2)超过溶解度或不溶于金属的气体，以分子状态吸附在金属液的表面。(3)若气体与金属中某元素的化学亲和力大于气体间的亲和力，则与其形成固态化合物存在于金属中。吸气过程主要包括吸附和扩散两个阶段。⑴吸附阶段。又可分为物理吸附和化学吸附。①惰性气体如氦、氩等与金属没有亲和力，属于物理吸附。②当金属与气体之间有一定亲和力时，吸附在金属表面的气体就可离解为原子状态，属于化学吸附。只有在气体分子离解为原子时，气体才能被金属液吸收。⑵扩散阶段。被吸附在金属表面的原子，只有向金属内部扩散，才能溶解于金属中。扩散就是气体原子从浓度较高的表面向浓度较低的内部运动的过程。吸附在金属表面的气体及固态化合物比较容易除去。溶解于金属中，构成固溶体的气体不容易除去。

【金属纤维】(metal fiber) 由金属制成的纤维、外涂塑料的金属纤维、外涂金属的塑料纤维和包覆金属芯线的总称。金属熔化时具有很高的温度和很大的表面张力，不能采用普通的挤压方法纺丝，必须采用特殊方法制成。其主要原料有：铁合金、铜合金、镍合金、铝合金、银、锰镍合金等。具有良好的导电性和热传导性，耐高温、耐弯曲、耐磨损。应用于纺织物制品、多孔材料制品和增强复合材料等方面。混入少量金属纤维制成的混纺织物，用于防静电、导电、屏蔽等方面，如化工、石油行业的安全作业服、防尘服、外科手术衣等。有些特种合金纤维应用于航空、航天、原子能、电子及军工部门的高技术领域。

【金属纤维补强非氧化物基陶瓷复合材料】(metal fiber reinforced and non- oxide ceramic matrix composite) 以非氧化物作为陶瓷基体、以难熔金属纤维作为增强体、通过适当的复合工艺而组成的一类复合材料。广义的金属纤维包括外涂塑料的金属纤维、外涂金属的塑料纤维以及外包金属的芯线纤维。金属具备延展性、导热性和高强度等理想性能，但高温性能略显逊色。而陶瓷的高熔点、高强度、抗氧化和抗蠕变性能，恰好弥补了金属的不足。金属与陶瓷相结合，大大改善了金属的抗氧化、耐腐蚀和耐磨损等性能。

【金属纤维补强氧化物基陶瓷复合材料】(metal fiber reinforced oxide ceramic-matrix composite) 以氧化物作为陶瓷基体，以难熔金属纤维作为增强体，通过适当的复合工艺结合在一起而组成的一类复合材料。广义的金属纤维包括外涂塑料的金属纤维、外涂金属的塑料纤维以及外包金属的芯线纤维。金属具备延展性、导热性和高强度等理想性能，但高温性能略显逊色。而陶瓷的高熔点、高强度、抗氧化和抗蠕变性能，恰好弥补了金属的不足。金属与陶瓷相结合，大大改善了金属的抗氧化、耐腐蚀和耐磨损等性能。

【金属型铸造】(metal mould casting) 依靠重力将熔融金属浇入金属铸型而获得铸件的方法。其特点是：(1)金属铸型不同于砂型铸型，可一型多铸，一般可浇注几百次到几万次，故亦称永久型铸造。(2)铸件精度较高，表面质量较好。(3)铸件冷却速度快，晶粒细，故铸件力学性能好。其缺点是：制造成本高、周期长，不适合单件、小批量生产；铸件冷却快，不适合于浇注薄壁铸件，铸件形状不宜太复杂。目前，金属型铸造主要用于中、小型有色合金铸件的大批量生产，如铝活塞、汽缸体、缸盖、油泵壳体、轴瓦、衬套等，有时也用于生产一些铸铁件和铸钢件。

金属型铸造

【金属学】(science of metal) 一门研究金属及合金的学科。是以物理、物理化学和结晶学等为基础，从狭义的金相学发展出来的。其目的在于：应用金相、物理、物理化学和力学等方法，研究金属及合金在加工和热处理过程中，金相组织和晶体结构变化的规律；化学成分、冶炼方法等对组织结构的影响，以及组织结构和性能间的相互关系；寻求改善合金的性能和测定性能的方法;研制具有优越性能的新型金属材料等。

【金属压力加工】(metal press forming) 利用金属的塑性,借助相关设备,在外力作用下对金属或合金所进行的加工处理的总称。其目的是:改变金属材料的形状和尺寸,使之成为半成品或成品,并同时改变其内部组织结构,从而改善其力学性能。按其加工工艺的不同可分为:轧制、锻造、冲压、拉拔、挤压等。按其加工温度是否在再结晶温度以下或以上又可分为冷加工、温加工和热加工。随着生产技术的发展,综合的金属压力加工工艺日益获得广泛应用,如连铸连轧、轧制和拉拔联合加工等。

【金属原子簇络合催化剂】(metal clusters coordination catalyst) 含有三个以上金属原子,且金属原子之间是直接键合成分子骨架,再以配价键和适当基团结合成分子的催化剂。这类原子簇化合物以分子为单位分散于反应体系中,由于金属原子排布成严格的空间结构,并可含有多种不同的金属原子,故有些原子簇化合物具有甚高的催化活性和催化选择性,而且能同时活化多种键。最常见的是Ⅷ族元素的原子簇化合物。原子簇化合物可利用还原法、热解法、光解法、架桥法等方法进行制备。

【金相分析】(metallography analysis) 应用金相方法对金属及合金的组织进行分析。分为宏观分析和显微分析。前者一般对金属断口直接进行观察,或将金属剖面磨光和侵蚀后进行观察。后者须先取样、磨平、抛光制成高度光亮的平面,再经过侵蚀,使组织显露,然后在光学或电子显微镜下进行观察。金相分析是研究金属及合金最重要的方法之一。

【金相学】(metallography) 有狭义和广义两种。狭义的金相学是一门研究金属及合金内部组织的学科。使用金相显微镜或电子显微镜,研究金属及合金因化学成分、冷凝、压延、焊接、热处理等所引起的内部组织改变及其对性能的影响。近来,使用显微镜研究金属断口的形态已成为金相学的一个组成部分。广义的金相学与金属学类同。

【金相组织】(metallography structure) 用金相方法观察到的金属及合金的内部组织。可分为两类:(1)宏观组织。又称低倍组织。用内眼或放大镜(通常小于30倍)观察到的组织,即晶粒的大小、形态、分布和存在的缺陷(如偏析、缩孔、气孔、裂纹、夹杂等)。由宏观组织,可鉴定金属材料的质量和存在的缺陷及由此而造成金属构件在使用中的损坏原因。(2)显微组织。用金相显微镜或电子显微镜观察到的内部组织。由显微组织可研究金属在形变、热处理等过程中组织的变化,以获得评定金属材料性能的依据。钢中常见的显微组织有:铁素体、渗碳体、珠光体、奥氏体、马氏体、莱氏体、索氏体、屈氏体和贝氏体等。

【金星】(Venus) 又称太白星、长庚星、启明星。太阳系中八大行星之一。距太阳平均距离 1.081×10^8km,即6.0光分。公转周期225天,轨道倾角3.4°;逆向自转,周期243天,自转轴倾角为3°。在天球上位于太阳以西时、每日清晨日出前出现在东方天空。质量 4.87×10^{27} g。固体表面半径为6 050km。云层表面半径为6 100km。体积为地球的85.6%。平均密度为5.26g/cm³。表面重力加速度为地球的88%。逃逸速度为10.3km/s。金星是天空中亮度仅次于太阳和月亮的天体。固体表面有宽广的环形山,有山脉、峡谷和一条超过2 000km长的地裂缝。温度为480℃。表面为厚云覆盖。云层温度为-20℃。大气的主要成分为二氧化碳(CO_2)。大气压强为地球的90倍。有一个电离层,磁场为地球的千分之一。

金星

【金星磁场】(Venusian magnetic field) 金星内部产生的磁现象。探测表明,金星上存在弱磁场,在赤道处仅相当于地球磁场强度的1/1 000。但由于太阳风与金星电离层的相互作用,金星有磁层存在,磁层顶在1.1倍金星半径处。磁层内有来自太阳风和金星大气的等离子体。

【金星大气】(Venus' atmosphere) 金星周围形成的大气圈。其主要成分有:二氧化碳(CO_2)占96.5%、氮气(N_2)占3.5%和极少量水蒸气、二氧化硫(SO_2)、氧气(O_2)和一氧化碳(CO)等。大气压9MPa。大气温度随高度而变化,高层冷,低层热,表面因温室效应最高温度达480℃,各处温差不超过10℃,为太阳系中表面最热的行星。大气中有浓密的酸云层,几乎遮盖全球。因下层气温高,酸云不会变成酸雨。金星表面还探测到大气发光的气辉现象和闪电。

【金星地貌特征】(Venusian geomorphic feature) 金星地表的起伏形态。金星地表主要类型有平原、山脉、峡谷、山脊、火山和陨击坑。其表面积60%以上高程差不超过500m,这可能是由于地表温度很高、岩石强度不大,易产生塑性流变所致,仅5%的面积高程差大于2 000m。金星南北半球地貌差别显著:北半球主要为多山脉、少陨击坑的高地,南半球主要为平坦、多陨击坑的平原。探测到最大陨击坑直径可达160km,深达500m。金星地表分布有一条深1.5km,长达2 000km的峡谷,为金星地表最大的构造单元。

【金银花】(honeysuckle) 又称二花、忍冬。中药名。药性:甘、寒。归肺、心、胃经。功效:清热解毒,疏散风热。用于痈肿疔疮、喉痹、丹毒、热血毒痢、风热感冒、温病发热。用法与用量:煎服,6~15g。外用适量。脾胃虚寒及气虚疮疡脓清者忌用。

金银花

【金鱼】(gold fish) 又称金鲫鱼。硬骨鱼纲,鲤形目,鲤科,鲤亚科,鲫属,鲫鱼。系野生鲫鱼经过人工家化选育而成的观赏鱼类。金鱼的外部形态,与鲫鱼有极大的不同,几乎没有一个单一性状没有发生变异。其体态变异包括体色、体形、鳞片数目、鳞片形态、背鳍、胸鳍、腹鳍、臀鳍、尾鳍、头形、眼睛、鳃盖、鼻隔膜等。一般体短而肥,尾鳍4叶。颜色有红、橙、紫、蓝、墨、银白、五花、透明等。形态多变,品种繁多,可分为:(1)金鲫种。体形似鲫,单尾鳍。(2)文种。体形短而宽,有平头、高头和虎头等,尾鳍分叉,体形像“文”字。(3)龙种。眼球凸出于眼眶外,具双尾鳍。(4)蛋种。体形粗短,似鸭蛋,各鳍短小,无背鳍。适温范围广,最适产卵温度为18~24℃。卵生。金鱼原产于中国,12世纪时南宋已开始金鱼家化的遗传研究。世界各国的金鱼均由中国直接或间接引种。根据日本学者松井佳一(1934)的研究,中国金鱼传至日本的最早记录是1502年。金鱼传到英国是在17世纪末叶,到18世纪中叶。双尾金鱼已传遍欧洲各国,传到美国是在1874年。

金鱼

【金智工程】(golden intelligence engineering) 实现世界范围内的资源共享、科学计算、学术交流和科技合作的一种与教育科研有关的网络工程。其主体部分是中国教育和科研计算机网示范工程(CERNET)。1994年12月由原国家计委正式批复立项实施。CERNET由教育部主持。清华大学、北京大学、上海交通大学等10所高校承担建设任务。包括全国主干网、地区网和校园网三级网络层次结构。网络中心设在清华大学。中国教育和科研计算机网是中国第一个由国家投资建设的全国性学术计算机互联网络。是全国最大的公益性互联网络。金智工程的建成和投入使用促进了中国教育信息化的发展。目前中国范围内的高等院校及大部分中小学已经建成校园网。

【金字塔】(pyramid) 古代埃及、美洲等地的一种方锥形建筑物。形似汉字“金”字,故称“金字塔”。为法老(国王)陵墓。埃及金字塔已有4 500年历史,规模宏伟,结构精密,塔内除墓室和通道外都是实心,顶部呈锥角。金字塔历经多次地震仍岿然不动,完好无损,被誉为世界八大奇迹之首。埃及已发现金字塔约80座。其代表是吉萨金字塔群、哈夫拉金字塔、孟卡拉金字塔、人面像金字塔。还有众多小金字塔。胡夫金字塔(又名齐奥普斯金字塔)为埃及最大的金字塔,高达149.59m(已侵蚀为137m),底成正方形,边长230.35m,大约用了230万块巨石叠砌而成。每块石重约2.5t,缝隙密合,不施泥灰;塔身是正方锥形,塔身坡为51°,东南角与西北角的高度误差仅为1.27cm。入口在北侧,离地14.5m处有三个墓室,法老墓室中安放着用红花岗石制成的王棺。该金字塔由农民、奴隶历时30年建成。古代美洲金字塔为宗教建筑,塔呈阶梯形,塔顶有庙宇。墨西哥特奥蒂瓦坎城的太阳金字塔,塔基基本是正方形,边长约210m,高约64m,始建于公元1世纪,是美洲现存最大的金字塔。

金字塔

【津液】(fluid and humor) 中医术语。人体一切正常水液的总称。包括各脏腑组织的内在体液及正常的分泌物,如胃液、肠液、涕、泪和唾等。津液广泛地存在于脏腑、形体、官窍等器官的组织之内和组织之间,起着滋润和濡养作用。

【襟翼】(flap) 安装在机翼后缘附近的翼面。也是后缘的一部分。襟翼可以绕轴向下方偏转,从而增大机翼的弯度,提高机翼的升力。襟翼的类型有很多,如简单襟翼、开缝襟翼、多缝襟翼和吹气襟翼等。

【紧急避孕】(emergency contraception) 无保护性生活后或避孕失败后几小时至几日内,妇女为防止非意愿妊娠的发生而采取的补救避孕法。其适应证是:(1)避孕失败。避孕套破裂、滑脱,安全期计算错误,宫内节育器脱落,漏服短效避孕药等。(2)性生活未采用任何避孕方法。(3)遭到性暴力。其方法有:(1)宫内节育器。带铜宫内节育器可用于紧急避孕,特别适合希望长期避孕者,在无保护性生活后5日(120h)之内放置。(2)紧急避孕药。①雌、孕激素复方制剂(中国有复方左炔诺孕酮片),在无保护性生活后72h内服4片,12h再服4片。②单孕激素制剂(左炔诺孕酮片),无保护性生活后72h内服1片,12h再服1片。③米非司酮,无保护性生活后120h内服1片(10mg/25mg)。紧急避孕药仅对1次无保护性生活有效。由于激素计量大,副作用亦大,不能替代常规避孕方法。

【紧密纺纱技术】(compact spinning-technology) 又称集聚环锭纺。消除纺纱加捻三角区,提高成纱质量的细纱纺纱新技术。在短程纺流程中,纤维之间平行,纱线结构均匀,毛羽减少70%以上,织造中很少产生断头。棉结少,原料的适纺支数大大拓宽,纱的强度增加10%。取消烧毛工序,减少上浆浆料,不必上蜡,停台少。

【紧张热定型机】(heatsetting machine) 在一定张力下,对纤维加热,使其内部的有序排列稳定的设备。经过牵伸后的纤维,其内部的长链分子虽然大部分已沿纤维轴线方向有序排列,但它的这种结构是在外力下形成的,不够稳定。热定型使其内部的这种有序排列稳定下来。紧张热定型机由机架(传动箱体)、辊筒、润滑装置、电机、减速机和绕辊检测装置及门、罩等组成。传动箱体和辊筒均为钢板焊接结构。设有夹套加热结构,可使用蒸汽对纤维加热。为提高辊筒表面的耐磨性和防滑,在其上镀有梨面铬。

【锦】(damask) 用预先染色的桑蚕丝或化学纤维长丝作经纬,采用缎纹组织提花织成的一类丝织物。纬丝的颜色在三种以上,具有大花纹的特点。用料考究,工艺复杂,色泽瑰丽,花纹精致古雅,价格昂贵。南京云锦、成都蜀锦、苏州宋锦和广西壮锦,并称为中国四大名锦。

锦

【锦玻璃】(mosaic glass) 又称马赛克。以玻璃为基料经磨成细粉并加入氧化物乳浊剂、氧化剂等添加剂,利用烧结法或压延法制作而成的一种小规格的彩色饰面玻璃。一面光滑,另一面带有槽纹以利于砂浆黏结。有透明、半透明、不透明、乳浊、砂化等各种类型,还有红、白、黄、蓝、绿、灰、黑、金色、银色等70余种颜色。可以单色拼排,也可以按设计拼成不同颜色组合的复杂图案,甚至可以拼接成大型壁画。主要用于建筑物内外墙的墙面装饰。

【锦鲤】(brocarded carp) 由鲤经过长期的选育而产生的一种观赏鱼。色彩斑斓美丽,体形硕长,花纹多变,姿态矫健。在生物学上属于硬骨鱼纲,鲤科。近百年来经过养殖学家的精心选育,育出许多优良品种,共有13个品种类型。即红白锦鲤、大正三色锦鲤、昭和三色锦鲤、写鲤、别光锦鲤、浅黄秋翠、衣锦鲤、变种鲤、黄金、花纹皮光鲤、光写、金银鳞和丹顶。其色彩、斑纹及鳞片的分布各有特点,如体侧白色上有红色花纹的红白系、头顶部正中有红色斑块的丹顶系等。多数体披光彩夺目的鳞片,也有与德国镜鲤杂交而成的少鳞或无鳞品种。一般寒冷地区锦鲤的体色与品种优于温暖地带的。2~3龄时体形最美,色彩最鲜艳。寿命长达数十年,被视为吉祥长寿的宠物。锦鲤生性温和,喜群游,易饲养,对水温适应性强。最适饲养温度18~23℃,繁殖水温16~23℃,卵生。锦鲤在日本又称为“神鱼”,象征吉祥、幸福。许多优良品种都是日本培育出来的,也因此许多锦鲤都是用日本名称来命名的。它是日本的国鱼,被誉为“水中活宝石”和“观赏鱼之王”。锦鲤体格健美、色彩艳丽、泳姿雄然,具极高的观赏和饲养价值。

锦鲤

【进尺】(footage) 地质勘探工作中钻进施工获得的以米为度量单位的长度数值。钻探或钻井工程专用术语。按其计算时间的不同可分为班进尺(一个作业班8h内钻进的长度)、日进尺、月进尺、年进尺等;一个钻头钻进的总深度,称为钻头进尺。进尺是钻探或钻井的工作量指标,是检查和衡量一个钻探施工单位完成钻探计划和进行统计、核算、核定工作定额的一个基本项目。

【进化】(evolution) 生物从水生到陆生、从简单到复杂、从低级到高级的变化过程。其特征是:(1)不同层次的形态结构逐步复杂化和完善化,生理功能愈益专门化,效能亦逐步增高。(2)遗传信息量随着进化而逐步增加。(3)内环境调控的不断完善及对环境分析能力和反应方式的发展,加强了机体对外界环境的自主性,扩大了活动范围。生物界物种和类群的进化,通过不同方式进行。物种形成的方式(小进化)主要有渐进式和爆发式。物类形成(大进化)常常表现为爆发式的进化过程,从而使旧的类型和类群被迅速发展起来新生的类型和类群所替代。生物的进化既包含有缓慢的渐进,也包含有急剧的跃进;既是连续的,又是间断的。整个进化过程表现为渐进与跃进、连续与间断的辩证统一。

【进化树】(phylogenetic tree) 生物分类学家和进化论者根据各类生物间的亲缘关系的远近,把各类生物安置在有分枝的树状的图表上。用这个树形图表可以简明地表示生物的进化历程和亲缘关系。从树根到树顶代表时间向度,下部的主干代表共同祖先,大小枝条代表相互关联的线系。

【进口匝道控制】(entry ramp control) 对从匝道进入高速公路的交通量进行控制的管理方法。根据气候条件、车流密度合理地控制,以达到交通量的最佳组合。这种方式可以将车辆从进口匝道驶入高速公路的过程分解为两个阶段:(1)车辆从匝道进入加速车道。(2)车辆从加速车道汇入主线。进口匝道控制围绕这两个阶段的交通控制来展开。对第一阶段的控制主要是调节驶入主线的交通流量,使得匝道下游的主线流量不超过其通行能力或服务流量,称为流量控制;对第二阶段的控制主要是帮助驶入车辆安全地汇入主线,并尽可能地减少驶入车流对主线车流运行的影响,称为汇入控制。

【进水闸】(intake sluice) 又称渠首闸。设在渠系首部控制入渠流量的水闸。其型式主要根据引水条件进行选择。当上游水位变幅小,引水流量大,引水口渠底高程较高时,宜采用开敞式水闸;当上游水位变幅大,闸底高程受低水位引水要求控制时,可用胸墙式水闸或涵洞式水闸。如果进水口的防洪水位远高于引水水位,则采用涵洞式更为合适。进水闸的闸孔数目和尺寸,通过水力计算确定。计算的原则是在河道出现设计保证率的低水流量时,能引进设计入渠流量。闸顶需高出闸前最高洪水位,并留有一定超高。闸槛高程的选择需充分考虑建坝后上游河势变化给进水闸取水带来的困难,一般宜高出河底1~1.5m。进水闸闸孔宜取三孔或三孔以上的单数孔。其取水方式有两种。(1)无坝取水。其闸址一般选在河流弯道顶点偏下游的凹岸边,以充分利用弯道环流的作用,达到取水防沙的目的。进水闸的平面布置有正面、侧面两种形式。(2)有坝取水。其进水闸的平面布置有正面引水、侧面排沙和侧面引水、正面排沙两种类型。前者多建于宽浅的多沙河流人工整治段上;后者常用于稳定河段。

【近岸波】(near-shore wave) 由外海风浪或涌浪传至海岸附近受地形作用、改变波动性质而形成的一种海浪。近岸波在向岸传播过程中,波动要素发生较迅速的变化。首先,波动传播速度随海水变浅而变小,致使波峰线发生弯转,渐渐和等深线平行。其次,波速和波长也随海水变浅而减小,所以近岸波波速和波长分别比远离海岸的外海的波速和波长小。由于海浪的折射可引起波向线的辐散或辐聚,加上波速的变化,即使忽略摩擦、渗透和破碎的影响,波高也要发生变化。除上述波动性质的变化外,近岸波在传播过程中还会发生波形的变化。波峰前侧不断变陡,后侧不断变平,波面变得越来越不对称。达到一定程度时,便发生近岸波的卷倒破碎现象,同时形成水体的向前流动。由于辐射应力的作用,破碎线向海和靠岸的两侧,还会出现平均水面的降低和升高。近岸波在传播过程中,如遇到障碍物,还会发生绕射和反射现象。近岸海域,是人类活动频繁的区域,此处水域的环境状况与人类有着密切的关系,而近岸海浪则是构成近岸水域环境状态的重要方面。因此,对于海港建筑、海岸防护、近岸航运、海洋养殖和军事活动等,近岸波的分析和研究非常重要。

近岸波

【近代农业】(modern agriculture) 由手工工具和畜力农具向机械化农具、由直接经验向近代科学技术、由自给自足生产向商品化生产转变的农业。其基本特征是:畜力牵引的半机械化农具成为主要生产工具;拖拉机、脱谷机等农业机器相继问世,并在一些地区推广;农业生产中开始应用生物科学和农业科学的成就,在此基础上产生的育种、栽培、饲养、土壤改良等农业技术得到了一定程度的推广;农业劳动组织有了分工协作,打破了自然经济的狭隘界限,商品生产得到较快发展。近代农业是现代农业的初期或萌芽时期。

【近等基因系】(near isogenic line) 只有目标性状基因有差异,其他性状基因相同的品系。是通过不平衡杂交获得的。理论上,每回交一次后代个体中来自授予亲本(非轮回亲本)的遗传组成在上代基础上减少50%,来自轮回亲本的基因相应的递增。通过不断回交、选择,可以育成基因型和轮回亲本相似而又具有来自不同授予亲本个别性状的一系列品系。多次回交也无法完全恢复轮回亲本的原有遗传组成,只能基本相似。可用以研究个别基因在同一遗传背景下的差异与作用。育种上则利用近等基因系之间的杂交,在高产遗传背景上再获得具有综合抗病性(或其他性状)的优异新品种。

【近地轨道】(near-earth orbit) 从临界轨道高度至1 000km高度的低空间轨道。航天器能保持在空间围绕地球自由飞行的最低轨道高度(约110～120km)称为"临界轨道高度"。近地轨道对军事航天活动有特殊意义。部署在近地轨道上的军用航天器,能很方便地探测敌方目标。如侦察卫星一般运行在200km 或更高的近地轨道上,以获取高分辨率的地面目标照片和图像。地球资源卫星、气象卫星、航天飞机和空间站等也多采用近地轨道。

【近地小行星】(earth-approaching asteroid) 运行轨道接近地球的小行星。包括阿莫尔型(轨道近日距略大于1个天文单位距离)、阿波罗型(轨道近日距略小于1个天文单位距离)和阿登型(轨道半长径小于1个天文单位,轨道远日距大于0.9个天文单位距离)三类小行星。现已发现有一百多颗。这类小行星的直径从几百米到20km 不等,多数为1～3km。其中1994年10月掠过地球的一颗近地小行星与地球的距离仅为1.05×10^5km,几乎与地球相撞。近地小行星有与地球碰撞的危险,还时刻危及人造地球卫星和宇宙飞船的安全。有学者认为,可以利用近地小行星作为宇宙飞船的载体,进行深空探测。

近地小行星

【近海风力发电】(offshore wind power generation) 开发利用近海风力场进行的发电活动。海风同陆地风相比,风力较强,也比较稳定。利用近海风力发电节约能源,环保清洁。安装于海上的涡轮机,虽然制造和维护成本较高,但能克服噪声大、影响居民生活等缺点。世界上第一座近海风力发电站,安装在瑞典近海海域,功率为2.2×10^5kW。风力发电原理与水利、火力发电基本相同。随着科学技术的发展,英国科学家利用油气勘探技术,设计出一种1.4MW的漂浮式涡轮机,可置于水下300m处,可为100余家住户供电。这种涡轮机叶片旋转速度快,发电能力可超过陆地上的涡轮机。为达到中等规模发电站的发电量,可把几台涡轮机连在一起。电力将通过一条高性能电缆经一台水下转换器输送到岸上。

近海风力发电

【近海工程】(offshore projects) 又称离岸工程。为开发利用近海资源而在近岸水域兴建的各种建筑物。包括多个产业,如航运、渔业、养殖、采矿、波浪能利用和浅海油气开发等。其中油气开采、海洋能利用和海水增殖、养殖业发展,是目前各沿海国家最为重视和优先发展的海洋工程之一。

【近海渔业】(offshore fishery) 在本国领海和其专属经济区海域内从事渔业生产的产业。海洋渔业的组成部分。按其渔业结构的不同可分为近海捕捞业和海水增养殖业。后者一般处于领海以内的范围。

【近红外分析仪】(near infrared instrument) 一种采用近红外反射技术,快速测定粮食样品成分含量的仪器。基于粮食或食品成分含量与其近红外光谱关系来预测粮食及其制品成分(如水分、脂肪、蛋白质、淀粉和粗纤维)含量的。近红外分析方法(NIR),是近年来在粮食质量测定中迅速发展起来的新技术。它是利用粮食中某一成分在近红外谱段中(700～2 500nm),对特定波长近红外光能量与其含量有等比吸收的原理。在20世纪70年代,被美国确定为非破坏检测粮食水分、蛋白质和脂肪的标准方法。风淋室和风淋通道在美国、法国、丹麦、瑞典、日本和澳大利亚等农业发达国家,已经将NIR检测装置作为小麦、大麦和稻谷蛋白质认定的基准装置。近年来,中国粮食和农业部门引进了多种型号的近红外分析仪,使近红外应用技术迅速发展,在农产品质量控制上发挥了一定作用。

【近交衰退】(inbreeding depression) 有亲缘关系的亲本进行交配,可使原本是杂交繁殖的生物增加纯合性，往往伴随出现后代减少、后代弱小或后代不育的现象。从遗传学角度解释近交衰退发生的原因主要有两点：(1)有害隐性基因的暴露。一般病态的突变基因绝大多数都是隐性的，处于杂合状态时不表现出病态或不利的性状。但经过一段近亲繁殖，纯合的基因(纯合子)比例渐渐增多，有害的隐性基因相遇成为纯合子而出现了不利的性状，对个体的生长发育、生活和生育等产生明显的不利影响。(2)多基因平衡的破坏。个体的发育受多个基因共同作用的影响。对环境适应较好的野生或杂交动物，由于自然选择的作用有利于保存那些生物适应能力较强的基因组合具有平衡的多基因系统，近交繁殖往往会破坏这个平衡，造成个体发育的不稳定。

【近交系】(inbred line)　经连续20代以上全同胞兄妹交配或年幼亲代与子代交配而育成的品系。在近交系品系内所有个体都可追溯到一对共同祖先，其近交系数达到或超过98.6%。这一定义是针对啮齿类动物而规定的。对其他动物，或因很难进行长期近亲交配，或因费时太久，有人提议把血缘系数达80%以上者(相当于连续4代兄妹交配)称为近交系。事实上，由于研究工作的特殊需要，目前已培育出少数兔、犬、猫、鸡等动物的近交系。近交系动物具有同基因性、高基因纯合性、遗传稳定性、表现型均一性、遗传特性可辨性、品系特性等特征，已成为用量最多的实验动物种类之一。

【近交系动物】(inbred animal)　至少经过20代以上连续全同胞或亲子交配，品系内所有个体都可追朔到起源于第20代或以后代数的一对共同祖先的动物群。近交系的近交系数应大于99%。近交系动物经过20代以上近交以后，个体有98.6%以上的遗传位点是纯合的，个体间遗传差异小。而不同近交系之间由于近交而固定的基因不同，因此遗传差异很大。每个近交系都有各自特有的遗传组成和生物学特性，且在长期传代和世界各地分布后保持不变。

近交系动物

【近交系数】(inbreeding coefficient)　某个体由于近交而造成相同等位基因的比率。可以衡量产生个体所结合的两个配子在遗传上的相似程度，即近交的遗传效应。近交系数用符号 F 代表，以0～1之间的尺度来表示，$F=0$ 为完全杂合，$F=1$ 则达到理论上的完全纯合。菲康纳(Feiconer1960)研究指出，全同胞兄妹交配前4代，近交系数上升率分别为28%、17%、20%和19%。从第5代开始，每代上升率恒定为19.1%。其计算公式 $Fn=1-(1-\Delta F)n$。式中 ΔF 为近交系数上升率，n 表示近交代数。由此可计算出第5代后的近交系数。近交系数还可用公式 $FX=\sum(1/2)n+n'+1(1+FA)$ 计算，式中 FX 等于 X 动物的近交系数，n 等于由 X 的父亲至共同祖先的世代数，n' 等于由 X 的母亲至共同祖先的世代数，FA 等于共同祖先 A 的近交系数。

【近景摄影测量】(close-range photogrammetry)　又称非地形摄影测量。在近距离(一般指100m以内)拍摄目标的图像，经加工处理，确定被摄目标的大小、形状或体积的技术。是一种快速、精确的测量技术，也是军事摄影测量的组成部分。是在地面摄影测量的基础上发展起来的。用以测量不规则物体的外形及燃烧、爆炸、晶体生长等不可接触物体的特征。近景摄影测量能提供被摄目标的轮廓线图、等值线图和动态目标的轨迹，实现被摄目标的三维重建。主要用于监测军事工程的变形，测量弹体运动速度与轨迹，靶标弹着点定位，炮口冲击波的研究，飞机、舰艇等设计、生产中的质量控制等。在国民经济建设中也得到广泛应用。

近景摄影测量

【近净成型技术】(forming technology near net shape)　在零件成型后，仅需少量加工或不再加工，就可用作机械构件的成型技术。建立在新材料、新能源、机电一体化、精密模具技术、计算机技术、自动化技术、数值分析和模拟技术等多学科高新技术发展的基础上。它正在改造传统的毛坯成型技术，使其由粗糙成型向优质、高效、高精度、轻量化、低成本的高技术成型发展。它使得成型的机械构件具有精确的外形、高的尺寸精度、形位精度和好的表面粗糙度。该技术是新工艺、新装备和新材料等各项新技术成果的综合集成表现。

【近亲婚配有害效应】(harmful effect on-consanguineous marrige)　由于近亲婚配携带相同基因的可能性增加，使隐性遗传病纯合子患者频率增加的现象。其具体表现形式是在该类人群中遗传病大量增加。其发生机制是根据已知有亲缘关系个体间的婚配系数和群体中某个隐性致病基因的基因频率,可以推断近亲婚配生育隐性纯合子的概率,并据此估计近亲婚配的有害程度。

【近亲交配】(inbreeding) 简称近交。亲子、兄妹等近亲间进行的交配。近缘交配的一种,在家畜、家禽的品种改良中常被采用。近亲交配在保持优良家畜品种方面是有用的(如 Favourite 短角牛)。主要目的在于提高有关目标性状(A)纯合体(AA)的出现率,以及使群体内性状达到均一化。近交能使群体的杂合性降低,纯合性提高,使遗传性状逐渐稳定。每一代杂合性降低的速率因近交形式的不同而异:自交为1/2,全同胞交配为1/4,半同胞交配为1/8,同祖后代间交配为1/16。在一个群体中进行多代近交,能使群体分化成多个由不同基因型组成的小群,并导致各小群逐渐纯化。选择可使各小群的纯化程度得以保持或继续提高;如不进行选择,则小群的变异就会扩大。近亲交配也可能在后代群体中出现衰退现象。

【近熟林】(near mature forest) 由接近成熟的林木构成的林分。林木经过中龄林生长发育阶段,在形态、生长、发育等方面开始出现一些质的变化。其特点是:(1)林木个体增大到一定程度,高生长开始减缓甚至停滞,树冠有较大幅度的扩展。冠形逐步变为钝圆形或伞状,林下透光增多,有利于次林层及林下幼树的生长发育。下木层及活地被物层发育良好,林内生物多样性接近处于高峰。(2)材积年生长量及生物量增长均接近高峰,在维持一段时期后逐渐下降。(3)林木大量结实,且种子质量接近最佳,为自身的更新创造了良好条件。

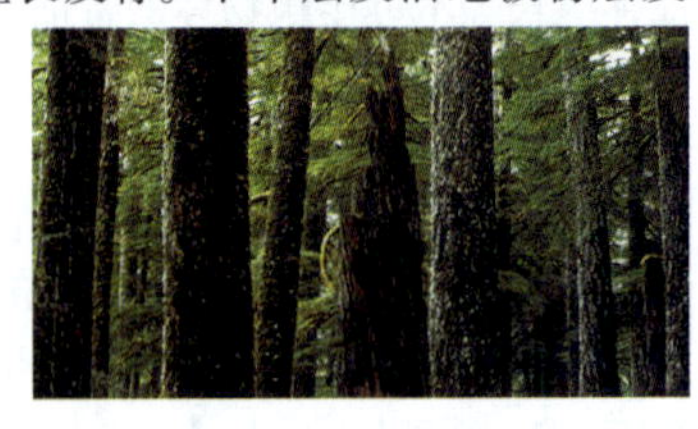
近熟林

【近似计算法则】(approximate evaluation rule) 进行近似计算时应遵循的法则。这些法则是:(1)不超过十个近似值相加减时,要把位数较多的数四舍五入,使比小数位数最少的数多一位小数;计算结果保留的位数要与原近似数中小数位数最少者相同。(2)近似数相乘除时,各因子保留的位数应比有效数字位数最少的位数多一位,所得乘积(或商)的可靠数字的位数与原近似数中有效数字位数最少者的位数相等。(3)近似值乘方或开方时,原近似值有几位有效数字,计算结果就可以保留几位数字。(4)所取对数的位数应与真数有效数字的位数相等。另外还要注意:在进行近似计算的过程中,中间结果应比上述各法则所指示的位数多取一位,但在进入最后一次计算时,这一位"后备数字"仍要舍去;两个相近的数相减或把很小的数作为分母进行除法运算,都是计算结果产生较大相对误差的原因,因而应尽量避免。

【近似算法】(approximate algorithm) 一种控制在给定误差之内、结果虽然达不到问题的最优解,但却可以使相对误差确保在一固定水平之上的算法。是解优化问题的一种算法。

【近终形连铸】(approach end shape continuous casting) 使连铸坯断面形状接近于用其轧制出产品断面形状的连铸技术。与热送、直接轧制配合。尽量缩小铸坯断面,减少轧机轧制道次,部分甚至全部取代压力加工。可提高作业率和成品率。在带材和异型材方面取得发展。薄板坯连铸机提供的薄板坯可连轧薄板和薄带。异形坯连铸机提供的异形连铸坯可以轧制工字钢、槽钢和 H 型钢等型材产品。

【近终形铸造】(casting near net shape) 使铸件形状和质量(主要指尺寸精度和表面质量)达到或接近产品最终要求的铸造技术。所要接近的"形"不仅是某个零件的形,而且也是某个组合构件的形。也就是将原先由若干零件组装而成的一个组合构件,改由铸造方法一次成型。为此,铸件结构必然大型化、复杂化、整体化,从而对铸造技术提出了更高的要求。近终形铸造是少余量、无余量铸造的重大发展。其目的在于将制品所需的机械加工和组装工序减至最少,以降低能耗、物耗和工耗,使铸件尽快投放市场,增强企业的竞争力。

【浸出法制油】(oil extraction by leaching) 应用固-液萃取的原理,选用某种能够溶解油脂的有机溶剂,经过对油料的喷淋和浸泡作用,使油料中的油脂被萃取出来的一种取油方法。其基本过程是:(1)把油料生坯、预榨饼或膨化料胚浸于选定的溶剂中,使油脂溶解在溶剂中形成混合油,然后将混合油与浸出后的固体粕分离。(2)利用溶剂与油脂的沸点不同对混合油进行蒸发和汽提,使溶剂汽化与油脂分离,从而获得浸出毛油。(3)出油后的固体粕含有一定量的溶剂,经脱溶烘干处理后得到成品粕。(4)从湿粕蒸脱、混合油蒸发、汽提和其他设备排出的溶剂蒸汽和混合蒸汽经过冷凝、冷却以及溶剂与水的分离。分离出的溶剂循环使用。分出的废水经蒸煮处理进一步回收溶剂后排放。(5)为了排除系统中积存的空气以保持正常的工作压力,还需不断地将不凝气体集中并经回收溶剂后排空。其优点是:粕残油低、粕质量好和适宜大规模工业生产。其缺点是:所用溶剂大多易燃易爆和浸出毛油质量较差。浸出法取油,在国内外得到广泛的应用。

【浸种催芽】(seed soaking and greminating) 见催芽。

【禁带】(forbidden band) 两个能带间不能为电子占据的能量范围。该范围的宽度也被称为禁带宽度。一般情况下,半导体与绝缘体的禁带宽度约为0.1～10 eV。

【禁航区】(no-flying zone) 又称禁飞区。在某一地区的上空,禁止任何未经特别申请许可的航空器(包括飞机、直升机、热气球等)飞入或飞越的空域。划定禁航区,很大程度上是基于国防建设的需要。禁航区为重要军事基地、政府机构、重要建筑(如核电厂、水坝)的上空。基于飞行安全,有时将摩天大楼、火山活动区等上空定为禁航区。对于船只而言,也有类似的禁止航行水域,也称禁航区。

【禁忌证】(contraindication) 药物不适宜应用于某些疾病、情况或特定的人群,或应用后会引起不良后果,在具体给药上应予禁止或顾忌的一些疾病。如儿童、老年人、孕妇及哺乳期妇女、肝肾功能不全等,对禁止的指征应绝对禁止使用;对顾忌的指征应适当的顾忌,尽量不用或改换药物替代;对慎用的指征应谨慎小心使用,并在用药后密切观察药物的不良反应和身体情况。可分为一般禁忌证、特殊禁忌证和绝对禁忌证三种。

【禁渔期】(closed season) 在规定水域内禁止对某种渔业资源的捕捞,或禁止某类渔具作业的时期。一般是对重要经济水产动物的产卵场、越冬场及产卵洄游的重要场所,以及幼体集中分布的水域或藻类自然繁殖场所,通过国家和地方政府的法令,或国际的渔业协定,来规定某一时间内禁止捕捞。

【禁渔区】(closed area for fishing) 全面禁止一切捕捞生产或某类渔具作业的水域。和禁渔期的性质相同,只是禁渔期是对时间而言,禁渔区是对水域而论。

【茎尖培养】(stem tip culture) 把茎尖的分生组织或包括有此分生组织的茎尖分离进行无菌培养的方法。包括微米级、纳米级的茎尖分生组织和更大的芽的培养。茎尖经过培养会长出茎叶,并分化出根而形成新植株。是研究植物形态建成,尤其是研究由营养生长转入生殖发育过程的有力工具。利用马铃薯、甘薯茎尖培养,已培养出无毒种苗在生产上广泛应用。

茎尖培养

【茎尖脱毒】(shoot apex for virus-free) 利用病毒在植物体内分布不均的特性,采用小的茎尖离体培养而脱除植物病毒的技术。在茎尖分生组织中(包括原套、原体等),维管系统尚未发育完善,病毒仅能通过刚形成的少量的胞间连丝进行细胞间转移,且多数病毒还需借助运动蛋白(MP)对胞间连丝进行修饰方能容病毒核酸通过。因此茎尖分生区的病毒传播速度很慢,组培后获得无毒苗的概率也较大。马铃薯是用块茎种植的无性繁殖作物,在生长期间容易被病毒侵染造成病毒性退化,给生产造成威胁。为了解决这一问题,中国于20世纪70年代引进了马铃薯茎尖脱毒技术。马铃薯脱毒苗的生产与快繁技术,使脱毒薯推广迅速,比一般种薯增产30%～50%,甚至一倍以上。同时中国各地在马铃薯生产过程中,因地制宜地创造了多种保种技术,如一季作地区的夏播留种;中原二季作地区的阳畦留种和春季早收留种并实行秋播;云南一些地区的三季薯留种法等。这对防止马铃薯种薯的迅速退化和减产都有显著作用。脱毒薯和留种技术相结合,既能增产,又能延长种薯使用年限。

【《京都议定书》】(Kyoto Protocol) 全称为《〈联合国气候变化框架公约〉京都议定书》。联合国气候变化框架公约的补充条款。1997年12月,在日本京都由联合国气候变化框架公约参加国第三次会议制定。京都议定书规定工业化国家要减少温室气体的排放。到2010年,全世界温室气体(包括二氧化碳、甲烷、氮氧化物、氟利昂等六种气体)的排放总量要比1990年减少5.2%。2008～2012年的五年内,欧盟国家应减少8%,美国7%、日本6%、加拿大6%、东欧各国5%～8%。新西兰、俄罗斯和乌克兰不必削减,可将排放量稳定在1990年水平上,发展中国家没有减排义务。允许爱尔兰、澳大利亚和挪威的排放量分别比1990年增加10%、8%、1%。《京都议定书》需要在占全球温室气体排放量55%的55个国家批准之后,才具有国际法效力。各个国家之间可以互相购买排放指标,也可以以增加森林面积吸收二氧化碳的方式按一定计算方法抵消。经过近八年争执,京都议定书最终获得120多个国家的确认履行,并于2005年2月16日起正式生效。中国于1998年5月29日签署了该议定书。

【京杭大运河】(BeiJing-Hangzhou Grand Canal) 沟通海河、黄河、淮河、长江、钱塘江五大水系、纵贯南北、人工开挖的水上交通要道。是世界上里程最长、工程最大、最古老的运河之一。北起北京(涿郡),南到杭州(余杭),经北京、天津两市及河北、山东、江苏、浙江四省,全长约1 794km,从开凿到现在已有2 500多年历史。京杭大运河的流向、水源和排蓄条件在各段均不相同,非常复杂,流向总体概括为四个节点、五种流向。在两千多年的历史进程中,大运河为中国经济发展、国家统一、社会进步和文化繁荣作出了重要贡献,至今仍在发挥着巨大作用。京杭大运河显示了中国古代水利航运工程技术领先于世界的卓越成就,留下了丰富的历史文化遗产,积淀了深厚悠久的文化底蕴,凝聚了中国政治、经济、文化、社会诸多领域的庞大信息。2006年5月,京杭大运河,被中国国务院列入第六批全国重点文物保护单位名单。

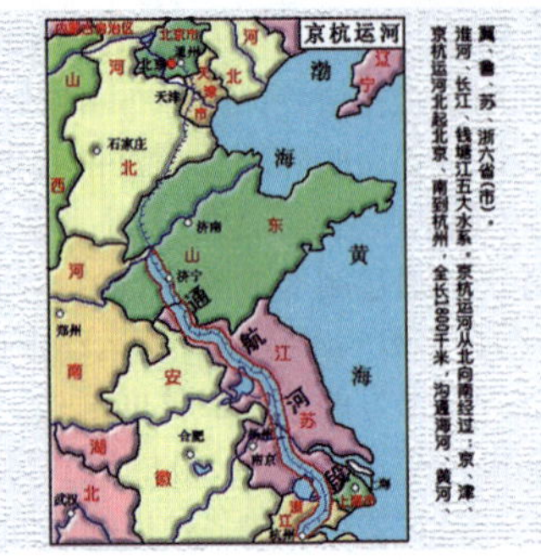

京杭大运河

【京沪高速铁路】(Beijing-Shanghai-High speed Railway) 一条从北京南站出发终止于上海虹桥站,纵贯北京、天津、上海和河北、山东、安徽、江苏四省的客运专线。总长1 318km,是中国目前最长的客运专线之一。2008年4月18日开工建设,预计2011年末通车,概算投资为2 209.4亿元,速度目标值为350km/h。包括六大重点工程:北京南站、济南黄河大桥、南京大胜关长江大桥、丹昆特大桥、上海虹桥站和南京南站。京沪高速铁路具有很多技术亮点:(1)选线设计避免高填、深挖和长路堑等路基工程,并绕避不良地质条件地段。(2)重视解决移动和固定设备的匹配兼容,具备本线旅客列车和跨线旅客列车共线运行条件,实现路网资源最大化。(3)路基、桥涵、隧道、轨道等各类结构物的设计满足强度、刚度、稳定性、耐久性要求。(4)车站的位置、布局、规模,参照沿线城市的经济、客运量、铁路运输组织、通过能力和技术作业需要,结合工程条件、城市规划等统筹研究确定。主要客站按照现代综合交通枢纽的建设理念,实现多种交通方式无缝衔接。(5)最小曲线半径、最大坡度、到发线有效长度、动车组类型、列车运行控制方式、运输调度方式、追踪列车最小间隔时分则根据行车速度、沿线地形地质条件、输送能力和用户需求等,经技术经济比选后确定。(6)桥、隧和路基上电缆槽、接触网、声屏障、综合接地线、通信、信号电缆过轨等设备,加强系统设计,充分考虑设施综合利用。(7)安全封闭、全立交设计。设置防灾安全监控系统,根据需要对自然灾害和异物侵限等进行监测。(8)统筹研究、科学论证工务工程、牵引供电、通信信号、信息系统、电动车组、运用维修各子系统的协调配合及系统优化和集成,实现高速度、高密度、高安全性。(9)认真执行国家节能、节水、节材等有关政策,因地制宜地利用太阳能、风能、地热能等可再生能源,提高能源、资源的利用效率,减少污染。(10)重视保护生态环境、自然景观和人文景观;重视水土保持、生态环境敏感区的保护、防灾减灾及污染防治工作。

京沪高速铁路

【京津风沙源治理工程】(sand resource control project of Beijing and Tianjin) 为解决京津及周边地区风沙危害而开展的风沙治理工程建设工作。2000年6月经国务院批准进行京津风沙源治理工程试点工作,2001年全面实施。范围涉及北京、天津、河北、山西、内蒙古五省(自治区、直辖市)的75个县(旗、市、区),规划总治理任务1 486万公顷。计划从2001年到2010年,通过采取对现有植被的保护、封山(沙)育林、人工造林、飞播造林、退耕还林、草地治理等生物措施和小流域综合治理、舍饲禁牧、生态移民等工程措施,对沙化草原、浑善达克沙地、农牧交错地带沙化土地和燕山丘陵山地水源保护区沙地进行重点治理,计划退耕还林262.9万公顷、营林造林494.4万公顷、草地治理1 062.8万公顷,使森林覆盖率由目前的8.7%提高到20.1%,可治理的沙化土地基本得到治理,使北京、天津周围风沙天气和沙尘暴明显减少,生态环境得到明显改善

【经编织物】(warp knitted fabric) 由一组平行排列的经纱,同时沿着经向弯曲,互相缠绕成线圈而形成的织物。因线圈是沿着经向连续不断地相互套结,故称为经编。经编织物比纬编织物要紧密一些,纱线之间互相缠绕相扣,所以不会像纬编织物那样出现一针脱圈而产生线圈脱散的现象,不易脱散,起球和勾丝。经编织物包括各种经编汗布及各种化纤经编布等,用来制作各种服装和装饰织物,如窗帘、桌布等。

【经典科学】(classical science) 在科学史

上具有划时代标志、成为现代整个科学基础的近代科学。通常把在19世纪末以前发展成熟的物理学称为经典科学，如经典力学、经典电磁学、经典热力学。主要特征是权威性。其根本性原理或核心原理的适用范围会随着科学的发展而发生变化，从而使其在整个科学体系中起着奠基性的作用。

【经典物理学】(classical physics) 19世纪末发展建立起来的比较完整的研究宏观物理现象的学科。包括力学、热学、分子物理学和电磁学等。没有考虑量子现象和高速运动影响，故经典物理仅适用于宏观和低速的物理运动形式。从20世纪开始发展起来的物理学称为近代物理学。

【经腹壁羊膜腔穿刺术】(amniocentesis) 在中晚期妊娠时用穿刺针经腹壁、子宫壁进入羊膜腔抽取羊水供临床分析诊断，或注入药物的治疗方法。其适应证有：(1)胎儿发育异常或死胎需羊膜腔内注药引产。(2)评估胎儿有无遗传病，抽羊水查染色体。(3)早产并有病理情况，必须在短时间内终止妊娠，或胎儿未成熟需向羊膜腔内注药促进胎儿肺成熟。(4)胎儿成长受限，向羊膜腔内注入氨基酸等促进胎儿发育。(5)羊水过多，胎儿无畸形，需放出适量羊水以改善症状，延长孕期，提高胎儿存活率。其穿刺注意事项是：(1)应严格无菌操作，以防感染。(2)穿刺前应查明胎盘位置，勿伤及胎盘。(3)术前排除生殖道感染和心、肝、肾功能障碍。(4)患者必须住院，术后严密观察有无反应。

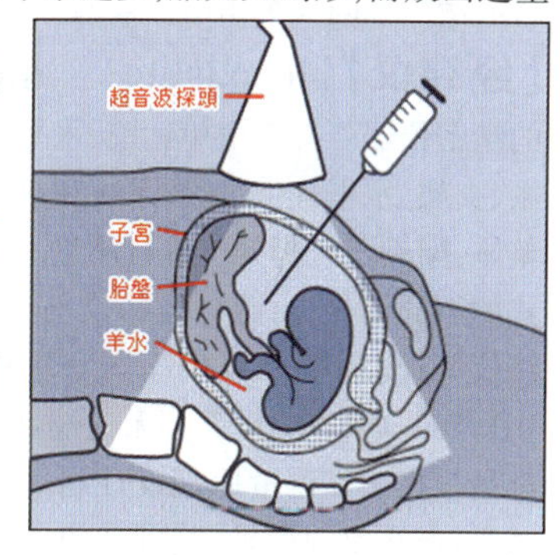

经腹壁羊膜腔穿刺术

【经济产量】(economic yield) 即按作物栽培目的所收获的可利用的主产品的总量。由于作物种类和栽培的目的不同，它们被用来作为主产品的部分也不同，如子粒、块根、种子和纤维等。经济产量一般以单位面积作为主产品的鲜重或风干重表示。其体现了作物的有效生产力。

【经济地图】(economic map) 反映工业、农业、商业、能源、交通运输等社会经济现象的分布、状态和相互关系以及变化规律的专题地图。按其内容的不同可分为：(1)综合经济地图。又称经济地理图。反映制图区域国民经济各部门生产结构和发展水平综合情况，把工业、农业、能源、交通运输等多种要素有机地联系起来。(2)部门经济地图。反映制图区域某一种生产部门情况的地图。还可以分为基本经济部门地图和专业部门经济地图。前者如工业地图、农业地图、能源地图、交通运输地图和商业地图等；后者如轻工业地图、重工业地图，甚至更具体的钢铁工业地图或纺织工业地图等。

【经济动物】(economic animal) 一切有经济价值的动物。作为人类社会生活需要(如肉用、乳用、蛋用、皮毛用等)而驯养、培育、繁殖生产的动物。特种经济动物养殖业近年来发展很快，种类也越来越多。从利用价值上可以将特种经济动物分为药用动物、裘皮(革)用动物、肉用动物和观赏动物等几大类。

【经济林】(non timber products forest) 以木材以外的林产品为主，为工业及人民生活提供物种原料或生活资料的森林。如油茶、油桐、乌桕、棕榈以及木本油料和木本粮食树种等。经济林以其周期短，效益高，适宜农户经营的优势，在丘陵山区农村产业结构的调整中，作为开展多种经营的骨干项目，有力地推动了农村商品生产的发展。

经济林

【经济施肥】(economical fertilizer application) 以经济效益为主要目标的施肥方法。在确定施肥量时，根据肥料报酬递减率原理，选择产投比较大、经济效益最大的施肥量，而不能选择作物达到最高产量时的施肥量。通过合理的施肥技术，实现化学肥料的最高增产效果。

【经济信息攻击】(attack of economic information) 见经济信息战。

【经济信息战】(economic information war) 用经济信息攻击及封锁等手段破坏敌国经济的信息战。经济信息攻击是指一个国家、组织或个人通过计算机网络系统为破坏别国经济而实施的“信息攻击行动”。经济信息封锁是指切断敌国与外部世界的经济信息联系的行动。其效果取决于敌国对外贸易的依赖程度，越是依赖进出口贸易的国家，其经济受到的损害就越大。实施经济信息封锁的方法是中断与敌国的电子信息交换、关闭通向敌国的互联网和切断与敌国的有线与无线通信等。

【经济杂交】(commercial crossing) 为获得生活力强、生产性能高的杂种后代，充分利用杂种优势，最大程度地提高家畜商品生产效率而进行的杂交形式。家畜杂交繁育方法之一。其形式多样，名称繁杂。通常分为三种方式：(1)终端杂交。包括二元杂交(单杂交)、回交、三元杂交、四元杂交等。(2)轮回杂交。包括两品种、三品种及多品种轮回等。(3)终端轮回。包括纯种父本与两品种轮回杂交母本杂交、单杂交父本与两品种轮回杂交母本杂交、纯种父本与三品种轮回杂交，母本杂交、单杂交父本与三品种轮回杂交母本杂交等。为了提高经济杂交效果，必须注意亲本品种的选择与提高、配合力测定、采用适当的杂交方式、提供适宜的饲养条件以及建立纯繁与杂交的配套体系等环节。

【经济作物】(economic crops) 又称特用作物、工艺作物。收获物主要供作加工原料的作物。产品价值较高。原意相对于粮食作物而言。按其用途的不同可分为：纤维作物，如棉、麻等；油料作物，如大豆、花生、芝麻、油菜等；糖料作物，如甘蔗、甜菜等；香料作物，如薄荷；药用作物，如地黄、山药等和嗜好类作物，如饮料类作物、烟草等。

经济作物

【经浆联合机】(warping and sizing combining machine) 将整经和浆纱两道工序结合在一起的设备。适用于小批量、多品种的生产要求，尤其适合色织品种的生产工艺特点和技术要求。由于它采用多单元拖动和计算机集中控制，故控制精度高、可靠性好和品种适应性强，是织物试样和色织多品种、小批量生产的最佳选择。

经浆联合机

【经筋】(meridian sinew) 针灸名词术语。是十二经脉之气输布于筋肉骨节的体系，是附属于十二经脉的筋肉系统。其循行分布均起始于四肢末端，结聚于关节、骨骼部，走向躯干头面。十二经筋行于体表，不入内脏，有刚筋、柔筋之分。刚(阳)筋分布于项背和四肢外侧，以手足阳经经筋为主；柔(阴)筋分布于胸腹和四肢内侧，以手足阴经经筋为主。

【经络】(meridian and collateral) 人体内运行气血的通道。包括经脉和络脉。"经"，有路径的含义，为直行的主干；"络"，有网络的含义，为侧行的分支。经脉以上下纵行为主，系经络的主体部分；络脉是从经脉中分出侧行，系经络的细小部分。《灵枢·脉度》指出："经脉为里，支而横者为络，络之别者为孙。"经络纵横交错，遍布全身，是人体重要的组成部分。

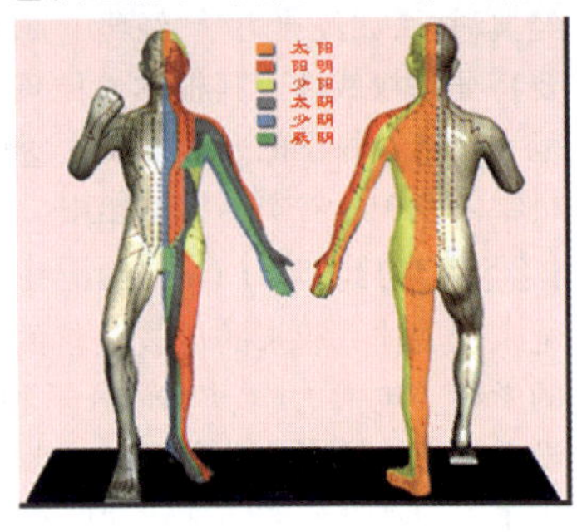

经络

【经皮激光椎间盘减压术】(precutaneous laser disk decompressuer, PLDD) 于穿刺部位的皮肤和肌肉进行局部麻醉后，在C型X光机的全程定位下，将直径0.7mm的穿刺针穿入突出的椎间盘节段，直接将突出物汽化，使其消失，从而解除对神经的压迫，达到治疗的目的的一种治疗技术。是目前治疗椎间盘突出的有效的方法。

【经纬仪】(theodolite) 测定水平角和垂直角的精密仪器。一般由望远镜、水平度盘、垂直度盘、轴系、支架、水平气泡、读数系统和机座等组成一个有机整体，架设于三脚架上进行测量。按其读数原理和方式的不同可分为：游标经纬仪、光学经纬仪和电子经纬仪等；按精度等级中国国家标准将其分为DJ07、DJ1、DJ2、DJ6、DJ15等。无论经纬仪采用何种技术，都是根据角度测量原理设计制造而成的。其主要原理是：经纬仪的横轴、竖轴和望远光轴垂直相交。测量时，在测站O点将经纬仪安置在三脚架上。利用对中器和水准器等将仪器对中、置平，使仪器竖轴与地面标志中心位于同一铅垂线上，同时保证仪器水平度盘在水平面内、垂直度盘在铅垂面内。此时用望远镜瞄准目标A并在水平度盘上读取角度值a，同理可读得目标B的水平角度值b，两者之差$\beta=a-b$即视线OA与OB在水平面上投影后的夹

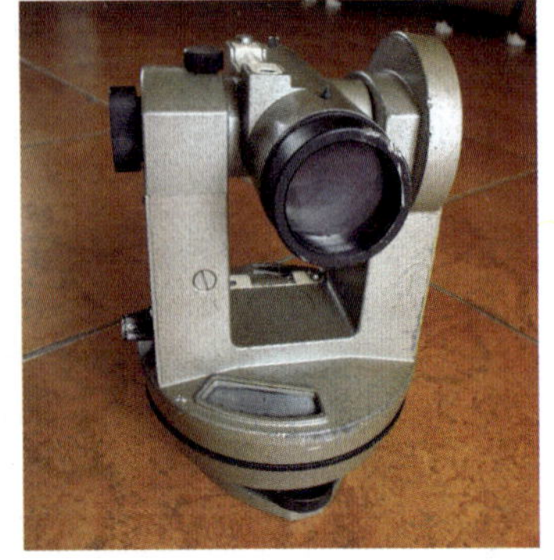

经纬仪

角。由于垂直角以特定的水平或天顶方向为基准,所以视线 OA 或 OB 的垂直角可直接在垂直度盘上读取。

【经验科学】(experiential science) 凭借观察、实验和生产实践等感性经验方法所取得和积累起来的、尚未上升为系统理论的经验认识层次的科学。基本特征是:知识的直接现实性、描述性、陈述性、形态学特性和实用性。广义而言,即从世界科学通史的角度看时,从古代到近代 18 世纪为止,除数学和力学有一定理论高度外,其他基本上都是经验科学性质的,其中包括中国古代的实用科学在内。狭义而言,即从近代发展起来的以经验方法为基础的科学历史来看,其前期阶段(16~18 世纪)的科学多数处在经验科学的水平上。

【经阴道后穹隆穿刺术】(culdocentesis) 用经阴道后穹隆穿刺对抽出物进行观察、化验、病理检查的诊断方法。直肠子宫陷凹是腹腔最低部位,故腹腔内的积血、积液、积脓易积存于该处,阴道后穹隆顶端与子宫陷凹贴接,选择经阴道后穹隆穿刺术进行抽出物的肉眼观察、化验、病理检查,是妇产科临床常用的辅助诊断方法。其适应证有:(1)疑有腹腔内出血,如宫外孕、卵巢黄体破裂。(2)疑盆腔内有积液、积脓。(3)盆腔肿块位于直肠子宫陷凹内,穿刺抽出肿块内容物行细胞学检查以明确性质。(4)在 B 超引导下经阴道后穹隆穿刺取卵,用于助孕技术。其禁忌证有:(1)盆腔严重粘连。(2)临床高度可疑恶性肿瘤。(3)宫外孕采用非手术治疗应避免穿刺,以免引起感染。

【经营成本】(operating cost) 又称付现成本。在一定期间内由于生产和销售产品及提供劳务而实际发生的现金支出。是工程经济分析中使用的特定概念。属于工程项目的现金流出,数量上等于项目总成本费用扣除固定资产折旧费、无形资产摊销及其他资产摊销费和利息支出等以后的差额。经营成本 = 总成本费用 - 折旧费 - 摊销费 - 维检费 - 利息支出或经营成本 = 外购原材料费 + 燃料动力费 + 工资及福利费 + 外部提供的劳务及服务费 + 修理费 + 其他费用。

【荆芥】(nepeta) 中药名。药性:辛、微温。归肺、肝经。功效:祛风解表,透疹消疮,止血。用于感冒、头痛、麻疹、风疹、疮疡初起。炒炭治便血、崩漏、产后血晕。用法与用量:煎服,4.5~9g,不宜久煎。发表透疹消疮宜生用,止血宜炒用。

荆芥

【惊厥】(convulsion) 突然发作的全身性或局限性肌群强直和阵挛性抽搐。是小儿常见的症状。发生率是成人的 10~15 倍。其原因有:(1)颅内因素。感染原因为细菌、病毒等引起的脑膜炎及脑炎等;非感染见于脑损伤、畸形、出血及占位性病变等。(2)全身疾病引起。由于感染引起见于热惊厥,中毒性脑病,肺炎等;非感染引起窒息,溺水,苯丙酮尿症,低钙,中毒(农药,鼠药)等。其表现是:(1)局部抽搐。双眼直视,上翻,面肌抽动,肢体有节奏抽动;最不典型的为新生儿痉挛引起阵发性青紫。(2)全身发作时抽搐。双眼凝视,上翻,口吐白沫,四肢肌肉抽动,屏气,意识不清,大小便失禁。其病因复杂。最常见的是感染引起的热性惊厥(FS)。由于发热也引起惊厥,故又称为发热惊厥,发病率 2%~8%。原理不明,可能和大脑发育不完善有关。有遗传史。其中:(1)典型 FS。多见于 6 个月~3 岁的儿童,6 岁后罕见。发生在发热 1~2 天内,突然发热达 39°C 以上出现惊厥。抽搐仅一次,每日 2 次。全身抽搐,数分钟停止。抽后一般情况好,神志清,不留后遗症。30%~50% 患儿以后发热还会惊厥。1 周后脑电图正常。多是上呼吸道感染引起发热惊厥。(2)复杂型 FS。体温37~38℃即开始抽搐,并多次抽搐。抽搐持续时间长。脑电图 1 周后恢复正常。部分小儿家族有癫痫史及小时有发热惊厥史。预后较差,易发展为癫痫。其治疗方法是:退热止惊及治疗原发病。复杂型 FS 需服苯巴比妥钠治疗 1 年,防止转变为癫痫及频繁发作惊厥。

【晶胞】(cell) 又称单胞。按照晶体内部结构的周期性,划出一个个大小和形状完全相同的平行六面体。晶体结构的基本重复单位。将一个个晶胞上、下、前、后、左、右并置起来就构成整个晶体结构。晶胞是晶体的代表,是晶体中的最小单位。晶胞的代表性体现在以下两个方面:一是代表晶体的化学组成;二是代表晶体的对称性,即与晶体具有相同的对称元素(对称轴、对称面和对称中心)。一般来讲,晶胞都是平行六面体。整块晶体可以看成由无数晶胞无隙并置而成。

【晶格】(lattice) 又称空间格子,空间点阵。一种表示晶体内部构造规律性的几何图形。由无数在三维空间内相互平行排列的六面体构成。这种六面体称为单位格子。其每个角都有一个结点,有时每个面或体的中心也有一个结点。结点表示实际晶体中原子(离子或分子)的位置。由单位格子表示的最小实际晶体,称为晶胞。单位格子的三个棱长 a、b、c 和三者之间的夹角 α、β、γ 决定结点或实际晶体中原子(离子或分子)的分布规律。通过晶格中的结点的平面称为“晶面”。晶格共有14种形式。1855年由法国学者布拉维(Auguste Bravais,1811~1863)认定,故被称为布拉维空间格子。

【晶间断裂】(intergranular fracture) 金属或合金受外力作用时,沿晶界发生的断裂现象。如在高温长期载荷下使用或晶界受到严重腐蚀时,均易发生晶间断裂。晶间断裂一般没有塑性变形或塑性变形很小。不易觉察,易造成结构件的突然断裂,发生灾难性大事故。

【晶间腐蚀】(intercrystalline corrosion) 金属或合金在腐蚀介质中,沿其晶粒界面发生、发展的腐蚀作用而引起的晶界弱化甚至破坏的现象。大多数金属或合金都可能产生晶间腐蚀,且不易检查,危害性极大。这种腐蚀使晶粒间的结合力削弱,严重时可使金属或合金的强度完全丧失,稍微受力就会破碎甚至成粉状。不锈钢、镍基合金、铝合金、镁合金等都是晶间腐蚀敏感性高的材料,在受热情况下使用或在焊接过程中都可能造成晶间腐蚀。铬镍不锈钢在500~700℃温度范围内工作,极易引起晶间腐蚀。为防止晶间腐蚀,在铬镍不锈钢中除了包含有13%以上的铬以外,还加入能强烈形成碳化物的元素Ti、Nb等,使之在钢中形成TiC、NbC,不形成碳化铬,以保证奥氏体中有均匀而足够的含铬量,而不至于引起晶间腐蚀。如1Cr18Ni9Ti、1Cr18Ni9Nb等钢,在500~700℃温度内工作,也不会引起晶间腐蚀。

【晶界】(grain boundary) 又称晶粒间界。多晶体中晶粒间的分界面。由于相邻晶粒的位向不同,晶界层的原子排列没有晶粒内部的规则,且疏松,易于聚集杂质。故晶界可视作晶体的一种面缺陷,易受侵蚀。在显微镜下,晶界作为晶粒的轮廓被显示出来。

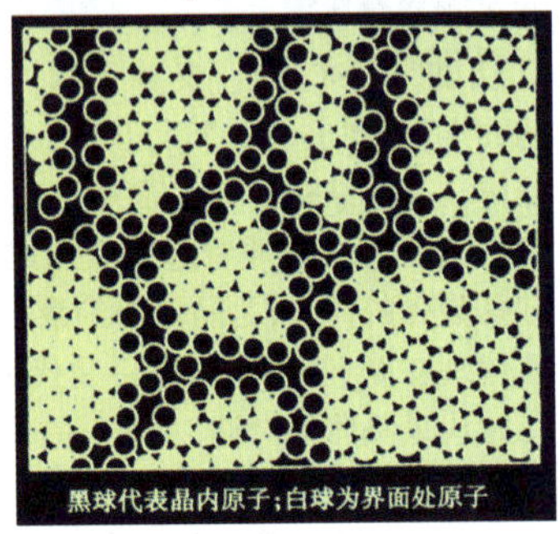

晶界

【晶界强化】(grain boundary strengthening) 细化晶粒,增加晶界从而得到较多的量值,提高金属强度的方法。通过形变、再结晶获得较多的晶粒,从而得到较多的晶界。晶界部位不仅自由能较高,而且存在缺陷和空穴,因此会阻碍金属塑性变形产生的位错滑移。晶粒越小,晶界越多,晶界阻力也越大,抵抗滑移变形的能力越强。晶界强化可以同时提高金属的强度和韧性,这是其他强化机制所不能得到的。

【晶粒】(crystal grain) 组成多晶体的外形不规则的小晶体。在物质的结晶过程中,通过晶核(结晶中心)生成和晶体成长形成。由于在成长过程中相邻晶体互相阻碍,因而获得不规则的外形。晶粒的大小和形状对材料性能有显著影响。

【晶粒长大】(grain growth) 晶体结晶中晶粒生长的过程。晶粒越小,晶界越多。晶界能量高,所以小晶粒能量状态越高。晶粒并吞小晶粒而长大后晶界总面积减少,能量降低。所以,从小晶粒长大到大晶粒是自由能降低的自发过程。在凝固结晶时,液相原子不断向晶核表面沉积,导致固-液界面不断向液相推移和扩展,晶粒逐渐长大。当液态金属冷却到熔点以下时,会先后出现一批晶核同时长大。这些晶核长大的同时还可能再出现新的晶核及新晶核长大,直到完全凝固。在固相转变中,晶粒长大表现为晶界的推移。只要客观条件许可,例如温度的升高或时间的延长,阻碍晶界移动的质点从弥散到聚合或溶解而失去抑制作用,或是出现晶粒尺度不均匀时,小晶粒就会长大成为粗晶粒。结晶过程中如果形核率高,而长大速度小,可以得到细晶粒。

【晶粒度】(grain grade) 多晶体中晶粒平均大小的尺度。在钢中,目前通用的标准是按晶粒的大小分等级。级数越大,表示单位面积上晶粒数目越多,即晶粒越细。在工业生产中,通常用在100倍的显微镜下所示的晶粒和标准等级图片相比较,来评定晶粒度。常以1~4级为粗晶粒钢;5~8级为细晶粒钢。晶粒度对金属材料的性能有较显著的影响。当其晶粒细且均匀时,综合力学性能良好。

【晶体】(crystal) 微粒在三维空间有规律地周期性平移重复排列,形成具有各自构造的固体物质。每种结晶质物体(晶体)都具有固定的熔点、晶格能和固定的物理化学性质。大多数结晶质物体可在自然界形成自身固有的几何多面体外形。

晶体

【晶体对称性】(crystal symmetrical characteristic) 晶体在宏观和微观上具有的对称特征。主要由点、线、面组成的对称要素(对称中心、对称轴、对称面、平移轴等)表现出来。宏观对称表现在晶体外形上,由各晶面、晶棱等在三维方向上呈有规律地重复出现构成;微观对称则表现为晶体结构中各原子及其组合在三维方向与位置上呈现的有规律的重复。对于任何一个晶体,其宏观对称和微观对称都是统一的。前者是后者的外在表现,后者是前者的内在根源。晶体的对称性是晶体的重要性质,是晶体分类的重要依据。

【晶体多形性】(crystal polymorphism) 又称同质多象、同质异象。晶体的化学成分相同而晶体结构不同的特性。物质在不同的物理化学条件下,可以结晶成晶体结构不同的晶体 - 同质多象变体。根据变体数目的不同,有同质二像、同质三象等区分,如α - 石英和β - 石英。不同的同质多象变体,虽然成分相同,但因晶体结构不同,因而在晶形和物理性质上有明显的差异,并且各自都有一定的稳定范围。当环境条件(温度、压力、介质性质等)发生变化时,晶体结构就不再稳定,而转变为新条件下稳定的变体。如在常压下,573℃是α - 石英和β - 石英相互转变的相变温度,高于此温度,α - 石英会相变为β - 石英;低于此温度,又会发生逆向转变。迄今已发现很多物质都存在同质多象体。晶体多形性是物质中一种较为普遍的现象。

晶体多形性

【晶体二极管】(crystal diode) 见半导体二极管。

【晶体管】(transistor) 以半导体材料为基础的单一元件。包括晶体二极管、三极管和场效应管等。一般专指晶体三极管。后者对电信号有放大和开关等作用,是应用最广泛的器件之一。在电路中用V、VT、Q或GB表示。其内部含有两个PN结,外部通常为三个引出电极的导线。其分类是:(1)按晶体管使用的半导体材料的不同可分为硅材料晶体管和锗材料晶体管。(2)按晶体管极性的不同可分为锗NPN型晶体管、锗PNP晶体管、硅NPN型晶体管和硅PNP型晶体管。(3)按结构及制造工艺的不同可分为扩散型晶体管、合金型晶体管和平面型晶体管。(4)按电流容量的不同可分为小功率晶体管、中功率晶体管和大功率晶体管。

晶体管

【晶体光学】(crystal optics) 光学的一个分支。研究光在晶体中传播规律的学科。主要研究光通过晶体或从晶体表面反射时所发生的反射、折射、双反射、双折射、偏振、吸收、干涉、色散和旋光等现象的规律。其研究成果有助于阐释晶体的某些重要性质,在光性矿物学中是借以鉴定矿物的依据,在激光技术等领域内也广泛应用。

【晶体缺陷】(crystal defect) 晶体中存在的各种各样的不完整性。通常将缺陷分为点缺陷、线缺陷、面缺陷和体缺陷。在考察材料的机械性能时,线缺陷、面缺陷和体缺陷是非常重要的。点缺陷对材料的功能性质具有关键性的影响,因而是固体化学和物理所最关心的一类缺陷。晶体中的点缺陷主要有:空位缺陷、间隙缺陷和杂质缺陷等。

【晶体三极管】(transistor) 又称半导体三极管、晶体管。一种具有三个电极、能起放大、振荡或开关等作用的半导体器件。按工作原理的不同可分为双极型晶体管和场效应晶体管。晶体管是在半导体单晶上制备两个pn结,组成PNP或NPN的结构,中间的区域叫基区,边上两个区域分别叫发射区和集电区。同电子管相比,它具有体积小、重量轻、耗电少和高可靠性等特点,是构成集成电路的基础元件。广泛应用于各种电子电路中。

【晶体形核】(crystal nucleation) 晶体结晶中晶核形成的过程。按其金属相变状态的不同可分为:(1)凝固结晶形核。液态金属中的原子,虽然是无序排列的,但是存在着由数量不多的原子组成的近程规则排列的原子团。后者时而组成又时而消失。当冷却到结晶温度以下时,就能稳定存在。在保温或继续冷却时,这个原子团就会吸引其周围的原子按其几何形状进行有规则的排列。在凝固结晶中起着核心作用,成为晶核。足够的过冷度对结晶形核过程的稳定进行是不可缺少的。(2)固相转变形核。例如同素异构转变、重结晶等,固相金属的微观区域中由于原子的热运动,存在着浓度起伏。又由于某一瞬间原子排列无序,存在着结构起伏,进而造成能量起伏。当加热或冷却引起温度变化时,将会在这种微观区域内产生自由能较低、较稳定的新相晶核。晶界处的原子由于排列不规则,比晶粒内的原子具有更高的能量,往往首先在原先晶粒的晶界上形成晶核。固相转变形核需要更大的过冷度。

【晶体织构】(crystal texture) 晶体在变形、冷凝、电解及热处理等过程中形成的沿某些晶体位向趋向一致的组织。按其形成方式的不同可分为:通过液态金属或合金冷凝形成的称铸造织构;通过塑性变形形成的称形变织构;在塑性变形后经退火形成的称退火织构。织构可用X射线衍射法等测定。具有织构的金属或合金呈现明显的各向异性。利用某一方向突出的性能,如硅钢片经一定规范条件轧制和退火后,得到织构。沿一定方向,其导磁率最大,这是发挥硅钢片潜力的途径之一。

【晶系】(crystal system)　晶体按对称型对称特点的不同所进行的分类级别。晶体的32种对称型可归属7个晶系,分别为:(1)等轴晶系。又称立方晶系,属高级晶族。对称特点是有4个3次对称轴。晶体的3个结晶轴相互垂直,结晶轴单位 $a=b=c$。(2)四方晶系。又称正方晶系,属中级晶族。对称特点是只有1个4次对称轴。晶体的3个对称轴相互垂直,结晶轴单位 $a=b\neq c$。(3)三方晶系。属中级晶系。对称特点是只有1个3次对称轴。晶体的3个水平结晶轴互成120°,与直立轴垂直,结晶轴单位 $a=b\neq c$。(4)六方晶系。属中级晶族。对称特点是只有1个6次对称轴。晶体的3个水平轴与直立轴垂直,结晶轴单位 $a=b\neq c$。(5)斜方晶系。又称正交晶系,属低级晶族。对称特点是无高次对称轴,晶体的3个结晶轴相互垂直,结晶轴单位 $a\neq b\neq c$。(6)单斜晶系。属低级晶族。对称特点是无高次对称轴,晶体的结晶轴只有一组正交,结晶轴单位 $a\neq b\neq c$。(7)三斜晶系。属低级晶族。对称特点是无高次对称轴,晶体的3个结晶轴相互斜交,结晶轴单位 $a\neq b\neq c$。

【晶须】(crystal fiber)　在人工控制条件下以单晶形式生长成的一种纤维。直径非常小(微米数量级),不含有通常材料中存在的缺陷(晶界、位错、空穴等),原子排列高度有序,因而强度接近于完整晶体的理论值。除具有高强度性能外,还具备一些特殊的磁性、电性和光学性能。高温时,晶须比常用的高温合金强度损失少得多。1975年从稻壳制备出β-SiC晶须为工业生产打开局面。20世纪80年代后实现了大规模生产SiC晶须,又开发了SiC晶须的金属基、陶瓷基、树脂基的复合材料,发展了 Al_2O_3、Si_3N_4、TiN、TiB_2 等晶须新品种。晶须主要用作复合材料的增强剂。用其增强的复合材料一般具有高强度的特性。主要用于航空航天飞行器构件和部件,在机械、汽车、化工、生物医学和日用工业中也得到应用。

【腈纶】(acrylic)　由85%以上的丙烯腈和不超过15%的第二、第三单体共聚,经湿法或干法纺丝制成的短纤或长丝。聚丙烯腈纤维的中国商品名。腈纶的主要重复单元化学式为 $-CH_2-CH(CN)-$,加入第二和第三单体为了改善染色性能。其截面一般为圆形或哑铃形,纵向平滑或有1~2根沟槽。腈纶手感柔软、弹性好,有"合成羊毛"之称,耐日光和耐气候性特别好。断裂伸长25%~46%。湿强为干强的85%~95%,吸湿性能较低。标准条件下的回潮率为1.2%~2.0%,对化学品稳定性良好。较多地用于针织面料和毛衫。

腈纶

【睛明】　中医穴位名。属足太阳膀胱经。定位:在面部,目内眦角稍上方凹陷处。主治:目赤肿痛,眦痒目眩,迎风流泪,目翳,头痛,视物不明;色盲,夜盲,近视,结膜炎,泪腺炎,砂眼,电光性眼炎,角膜炎,视神经炎,视神经萎缩等。刺灸法:嘱病人闭目,医者将患者眼球推向外侧固定,针沿眼眶边缘缓慢直刺0.3~0.5寸,不宜提插捻转,禁灸。

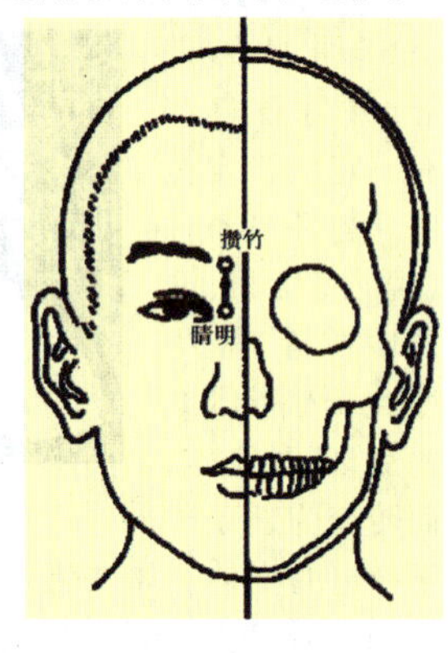

睛明

【粳稻】(keng rice)　一种茎杆较矮,叶子较窄,深绿色,米粒短而粗的亚洲栽培稻亚种。由籼稻在中纬度地区或低纬度的高山地带温和气候下,长期驯化演变而成的变异型。耐寒性较强。适宜在温带地区生长。在中国,主要分布在华北、西北、东北等温带地区。粳稻植株较矮,茎秆坚韧,叶片较窄,色泽浓绿,剑叶开度大。叶片茸毛少或无毛,稻谷的茸毛长而集生于颖棱上,并由基部向顶部递增。但是云南省的一些高原粳谷无茸毛。芒由长芒到无芒,略呈弯曲状。谷粒短圆而厚,谷粒不易脱落。较耐寒,耐弱光,但不耐高温。谷粒直链淀粉含量较低,蒸煮的米饭往往较黏。

粳稻

【精】(essence)　❶经过提炼或挑选的。❷提炼出来的精华。❸在中医学中有三种不同的概念:

(1)世界上所有气中的精粹部分。(2)泛指人体中一切有用的成分。既包括无形而动之精气,也包括有形之精,如先天之精、后天水谷之精等。(3)专指肾中所藏之精,即肾精。

【精播高产栽培技术】(cultivation technology of precise quantity seeding) 简称精播。一套小麦产量高、经济效益高、生态效应好的高产与高效栽培技术。其基本内容是:在地力高、土、肥、水条件好的土地基础上,通过减少基本苗数,依靠分蘖成穗等而实现高产的一套综合技术。该技术较好地处理了群体与个体的矛盾,使麦田建立起合理的群体动态结构,从而改善群体内的光照条件,促进个体生长健壮,提高分蘖成穗率。单株分穗多,每一单茎的光合同化量高,从而就能保证作物穗大、粒饱。在5 250kg/hm^{2}以上的地力条件下运用这一栽培技术,一般可产小麦7 500kg/hm^{2}以上。

【精冲技术】(fine blanking technology) 既具有冲裁工艺特点,又能大幅度提高剪切面质量和尺寸精度的冲裁方法。冲裁是冲压工艺的分离工序,具有生产率高、材料利用率高、产品重量轻、制品刚度好、易于实现自动化生产等优点。精冲件尺寸公差等级可达IT7或IT8级;剪切面表面粗糙度可达3.6~0.2μm;剪切表面完好率较高,撕裂较少,所以精冲零件的剪切表面一般不需后续的机械加工。按其工艺方法的不同可分为负间隙冲裁、小间隙圆角刃口冲裁、同步剪挤冲裁、强力压边精冲、对向凹模精冲、平面压边精冲和往复成型精冲等。精冲工艺已用于以板材为原料的各种齿轮、摩托车主动和从动链轮、空压机阀板的大批量生产中。

【精冲压力机】(fine blanking press) 专为完成精冲工艺和精冲复合工艺而设计、制造的专用压力机械。其基本特点是:(1)能同时提供冲裁力、压边力和反压力。(2)冲裁速度可调。(3)滑块行程速度的变化能满足快速闭合、慢速冲裁和快速回程的要求。(4)滑块有很高的导向精度和刚度。(5)封闭高度重复精度高,有精确的封闭高度指示。(6)机身刚性好。(7)有可靠的模具保护装置。按其主传动结构的不同可分为机械式和液压式。

【精简指令系统计算机】(reduced instruction system computer, RISC) 一种经体系结构设计精简计算机操作步骤的指令系统。需要更复杂的外部程序。根据指令系统中各种指令应用的规律,将最常用的指令及一些控制较为简单的寄存器直接做在超大规模集成电路芯片上,通过减少译码、存储、寻址方式和次数,增加运算速度。该技术极大地提高了计算机的运算速度。它的问世成为计算机体系结构发展史上的一个里程碑。

【精矿】(concentrate) 在选矿流程中经分选作业所得到的有用成分含量最高的产品。其有用成分和杂质的含量均符合工业要求。精矿可直接提供给冶金或相关的应用部门使用或进行深加工。

【精炼】(refining) 除去冶炼金属中的杂质,以获得工业纯金属或高纯金属的冶炼过程。火法冶金的一项重要过程。常用精炼方法有氧化精炼、硫化精炼、电解精炼、蒸馏精炼、沉淀精炼、碱性精炼、氯化精炼和区域提纯等。按金属种类、杂质情况和要求纯度的不同,可以单独或结合使用上述精炼方法。

【精馏】(rectification) 利用回流使液体混合物得到高纯度分离的方法。按其操作方式的不同可分为:(1)连续精馏。(2)间歇精馏。按其混合物组分数的不同可分为:(1)二元精馏。(2)多元精馏。按其是否在混合物中加入影响气-液平衡的添加剂可分为:(1)普通精馏。(2)特殊精馏(包括萃取精馏、恒沸精馏和加盐精馏)。若精馏过程伴有化学反应,则称为反应精馏。精馏是工业上应用最广的液体混合物分离操作方法。广泛用于石油、化工、轻工、食品和冶金等领域。

【精馏塔】(rectification tower) 能提供混合物气-液两相接触条件,实现组分分离的设备。主要由塔体、气-液传质装置(塔盘或填料)和再沸器等组成。其工作机理是:利用混合物中各组分的分子量及沸点的不同,使气-液相物料在塔内多次接触、部分气化和部分冷凝、进行质量和热量的交换。在操作时,将塔顶冷凝所得的部分液体从塔顶回流入塔内,在气-液接触元件上与下部上升的蒸汽密切接触,使低沸点组分沿精馏塔向上不断增加浓度,高沸点组分则沿着相反方向不断增加浓度,从而将混合物分离为轻组分含量较大(相对于塔底)的塔顶产品和重组分含量较大(相对于塔顶)的塔底产品,也可由塔身任意部位引出不同馏分的产品。精馏塔种类很多,主要有板式塔与填料塔两种类型。广泛应用于化工、医

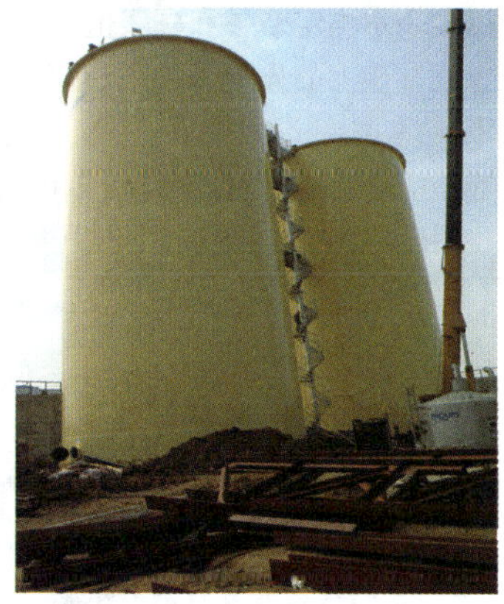
精馏塔

药等行业中的吸收、精馏、萃取等。

【精米率】(ratio of milled rice) 稻谷糙米碾去糠皮后所得精米的百分率。其中碎米总重的百分率,称为碎米率;碾米后所得的完整不破碎精米占糙米的百分率,称为整精米率。整精米率或碎米率,是稻谷碾米品质的指标之一。

【精密成型技术】(precise forming technology) 利用熔化、结晶、塑性变形等物理化学变化过程,按预定的设计要求成型机械零件,使其达到或接近最后要求的形状、尺寸和性能的成型技术。是现代技术(计算机技术、新材料技术、精密加工与测量技术等)与传统成型技术(铸造、锻压、焊接、切割等)相结合的产物。它不仅可以减少机械加工余量、提高材料的利用率、减轻污染,而且可使构件材料获得传统方法难以获得的化学成分与组织结构,从而提高产品的质量与性能。精密成型技术是生产高技术、高性能产品的关键技术。它包括:精密铸造(熔模铸造、消失模铸造、压力铸造)、精密锻压(冷锻精密成型、高速锻造、精密冲压)、精密焊接与切割等。这些技术广泛地应用于汽车、农机、家电、仪表等产品关键件的生产,如进(排)气管、转向节、齿轮、连杆及复杂轮廓件(如汽车覆盖件)等的制造。

【精密度】(precision) 在规定的测试条件下,同一个均匀供试品,经多次取样测定所得结果之间接近的程度。用来表示测量结果中随机误差的大小,即精密度仅依赖于随机误差而与被测量的真值或其他约定值无关。精密度表示测定值之间的接近程度,准确度表示测定结果和真实值的接近程度。精密度是保证准确度的先决条件,只有在消除系统误差的前提下,精密度高,准确度也高,精密度差,则测定结果不可靠。精密度通常用标准偏差或相对标准偏差表示,有时也用极差表示,少数情况下也用算术平均差表示。

【精密锻压】(precision forging) 一种在精度高、刚性好的锻压设备上使用精密模具制造无切削余量或少切削余量锻件的工艺技术。与普通模锻相比,锻件的模锻斜度小、表面光洁、凹凸圆角半径小,主要尺寸容差(允许的最大偏差和额定指标的比率)小。精密锻压工艺在航空航天工业中用于制造形状复杂、壁薄、要求金属流线分布合理和难切削材料的锻件,例如,整体叶轮、叶片、钛合金和高温合金零件等。采用精密锻压可以节约贵重材料,减少切削工时,减轻毛坯重量,提高产品性能。航空航天工业中常用的精密锻压方法有精密模锻、等温模锻、超塑性等温模锻和多向模锻等。

精密锻压

【精密工程测量】(precise project survey) 以毫米级或更高精度进行的工程测量。精密工程测量技术包括精密直线定线、测量角度(或方向)、测量距离、测量高差以及设置稳定的精密测量标志。从测量方案设计、实地施测到成果处理和利用的各个阶段中都要利用误差理论进行分析。除常规的测量仪器和方法外,常需设计和制造一些专用的仪器和工具。计量、激光、电子计算机、摄影测量、电子测量技术以及自动化技术等也已应用于精密工程测量工作中。主要用于重要的科学试验和复杂的大型工程。例如高能加速器设备部件的安装、卫星和导弹发射轨道及精密机件传送带的铺设等,都要进行精密工程测量。

【精密合金】(precision alloy) 具有特殊物理性能的合金材料。通常包括磁性合金、弹性合金、膨胀合金、热双金属、电性合金、储氢合金、形状记忆合金和磁致伸缩合金等。此外,实际应用中也常把一些新型合金划入精密合金的范畴,如阻尼减振合金、隐身合金、磁记录合金、超导合金和微晶非晶合金等。其中一些典型的双金属材料已作为温度感温元器件广泛应用于热工仪表及温控电开关等领域。

形状记忆合金

【精密加工】(precision finishing) 机械加工尺寸精度范围在3~0.3μm,表面粗糙度*Ra*为0.3~0.03μm的先进加工技术。应用精密加工技术是提高机电产品性能、质量、工作寿命和可靠性,以及节材、节能的重要途径。如提高汽缸和活塞的加工精度,就可提高汽车发动机的效率,减少油耗;提高滚动轴承的滚动体和滚道的加工精度,就可提高轴承的转速,减少振动和噪声;提高磁盘加工的平面度,从而减少它与磁头间的间隙,就可大大提高磁盘的存储量;提高半导体器件的刻线精度(减少线宽,增加密度)就可提高微电子芯片的集成度等。

【精密模锻】(precision die forging) 在压力机上使用精密模具和模座进行模锻的工艺技术。型面尺寸精度可控制在0.13mm以内，模锻后再经化学铣切、磨削和振动光饰、拉榫头等加工工序即可制成叶片。适用于制造中、小尺寸的钛、不锈钢压气机叶片等。

【精密栽培】(precision cultivation) 根据市场对农产品的需求，对农作物生产特性及相关因素进行科学分析，并组织实施的作物栽培方法。这种栽培方法省工、省物，能提高经济效益。例如，利用电脑分析市场趋势和经济效益，确定栽培种类、品种和面积，机械配合激光做到严格按预定比例平整土地；利用精密播种机进行精细播种；根据对植物叶中各种有效成分与水分含量的分析，以及对土壤中含水量及肥力的分析，进行配方施肥和适时适量灌水；利用遥感技术预报病虫害、产量和天气等。

【精品农业】(excellent agriculture) 以生产高质量的农产品为目的，打造出优质农产品品牌的农业生产方式。发展精品农业就是要发展优质、品牌、高效和具有高市场竞争力的农业。

【精气】(essential qi) ❶精诚之气。❷阴阳元气。❸中医指人体构成和维持生命的精华物质及其功能。是生命活动的动力。《素问·通评虚实论篇》:"邪气盛则实，精气夺则虚。"具体如生殖之精、饮食化生的精微物质-营气、卫气等。

【精确化作战】(accurate conducting operations) 信息化作战中充分利用精确制导武器直接有效地打击敌人的作战行动。利用精确制导武器在速度、精度、隐身、距离、突防方面的优势，在强大的情报保障和指挥控制能力支持下，采取集中火力而不是集中兵力的方法，在不与对于直接接触的远距离状态下进行作战。与过去的作战行动比较，其特征是：信息与火力高度融合、打击目标直指敌重心、作战效能空前提高、战场生存威胁严重等。构成要素包括精确的侦察定位系统、精确的指挥控制网络、精确的火力打击体系和精确的效果评估手段等。信息化作战的一体化、网络化、精确化三大支撑中，精确化是最先出现并影响战争进程的作战方式，并在信息化作战初级阶段就成为战场上的主宰。

【精确瞄准系统】(precise aiming system) 能极大地消除瞄准误差、进行快速瞄准的先进瞄准装置。指平时所说的简易火控系统或射击控制系统。精确瞄准系统的出现，极大地提高了武器打击的准确度和有效性，在一定程度上改变了战争的形态。

【精确战】(precision warfare) 使用高精度武器装备实施的作战行动。利用先进技术手段，在综合电子信息系统提供的信息支持下，用信息化、智能化的武器装备实施作战行动。要求对作战目标实施精确的探测与定位，对作战决策实施精确的运筹，对兵力投送实施精确的计划，对作战行动实施精确的指挥与控制，对部队作战实施精确的保障，对打击效果实施精确的评估，实现以较小的代价达到较佳的作战效果。

【精确制导技术】(precision guided technology) 实现对精确制导武器制导的共用技术。目前已大量采用的精确制导技术有：有线制导系统、微波雷达制导系统、电视制导系统、红外制导系统和激光制导系统等。精确制导技术是通过自动化控制系统和侦察器材实现的。其基本原理是：利用目标的各种物理现象，捕捉可提供目标的位置信息和特征，使用探测器和敏感器捕获这些目标信息和特征，将目标与周围背景区分开，从而达到发现和识别目标，并对目标进行精确定位；而后将捕获的目标和有关信息传送给情报处理中心，最后通过电子计算机为作战兵器下达摧毁目标的指令。精确制导这一术语产生于20世纪70年代中期。精确制导技术在军事领域广泛应用，是武器发展史上的一个新的里程碑。

精确制导技术

【精确制导武器】(precision guided weapon) 命中概率大于50%或命中精度(圆概率偏差)小于战斗部毁伤半径的武器。按其运载平台的不同可分为机载、舰载、陆基等。通常采用导引、控制装置或系统调整受控对象(导弹、制导炸弹和制导炮弹)的运动轨迹，使之完成规定的精确打击任务。

【精神病学】(psychiatry) 现代医学科学的一个分支。主要研究精神障碍的病因、发病机理、病象和临床规律以及预防、诊断、治疗和康复等有关问题的学科。现代精神病学不单涉及各种精神病、神经症、心身疾病或伴随躯体疾病的精神障碍的诊治，还涉及到适应障碍、人格障碍、性心理偏异，以及诸多类别的儿童智力、能力或品德上发育障碍的预防、矫正和处置问题。现代精神病学在理论上涉及自然科学、心理科学和社会科学的若干分支，在实践上已发展到与社会心理卫生相结合的阶段。精神病学与临床各科有着不可分割的联系。如许多神经系疾病，代谢、内分泌疾患和内脏疾病的不同阶段有可能并发精神障碍,需要处置;患一般躯体病症者也易产生一些心理、情绪问题,并因此干扰了原疾病的诊治,需要进行鉴别和治疗。精神病学的许多研究方法,如人格测查、情绪评定量表等,可以应用于心身疾病的调查和研究,或应用到其他临床科室。精神病学的病因理论研讨,已扩展到心理学、遗传学、生理心理学、神经精神内分泌学、精神药理学、神经生理生化学等许多基础领域。在这些不同的领域中,围绕心理障碍的研究成果,会促进各相关基础医学的发展。

【精神发育迟滞】(mental retardation) 又称低能、弱智。因一组先天的或儿童期疾病而引起的精神活动发育受阻疾病。其临床表现是:智力低下和由此而导致的社会适应力下降,伴有躯体及神经系统体征者(如先天愚型、癫痫、伸舌样痴呆、头颅异常等)。早期发现较容易。按其病因的不同可分为:(1)遗传因素。染色体异常,遗传代谢异常,结节性硬化症,颅脑畸形。(2)孕期因素。感染,如风疹;中毒,如烟酒药不良反应及一氧化碳、农药中毒等;物理性损伤,如缺氧、放射线等;内分泌疾病;母体疾病,妊娠毒血症和高血压等。(3)围生期因素。如早产、窒息等。(4)出生后因素。如感染、头部外伤、癫痫等。(5)心理社会因素。其中遗传因素的影响较大。按其智商(IQ)高低、智力缺损程度和社会适应能力的不同,可分为:(1)轻度。IQ 为50~70,为最常见的一类,占该病的 80%~85%,语言发育迟缓,个人生活能自理,分析、理解、判断及抽象思维能力较差。(2)中度。IQ 为 35~49,约占该病的 10%~20%。语言、运动功能发育明显落后于同龄儿童,口齿不清,发音含糊,一般不能独立生活,常需他人的指导和照顾。(3)重度。IQ 为 20~34,占该病的 10% 以内。语言功能明显障碍,不能理解别人的言语,日常生活须别人照护,不能接受学习教育。(4)极重度。IQ 为 20 以下,约占该病的 1% 以内。出生时即有明显畸形,生活完全需人照料,多因继发疾病而死亡。

【精神分裂症】(schizophrenia) 一种以思维、情感、意志、行为互不协调为临床特征的常见的精神病。按其病情发展的快慢可分为急性精神分裂症和慢性精神分裂症。前者起病时外表与常人无异,但其思维奇特,行为怪异,有时喃喃自语,有时疑神疑鬼,与众人格格不入;后者则潜隐起病,逐渐与社会、家庭疏远,生活日趋被动、退缩,对切身利益相关之事漠然处之,精神功能的失常逐渐明显。该病多发于青年期,男女发病率相近。早期发现早期治疗,约有 70% 的患者可以缓解,回归社会。但也有一小部分病人预后较差。精神分裂症病因至今未明,但遗传因素在精神分裂症的发病上占重要地位。该病起病常有一定的诱发因素,如躯体患病时发生精神分裂症。这可能是生理性非特异性应激所致。另外,社会心理应激事件亦可诱发精神分裂症。

【精神药品】(psychotropic drug) 直接作用于中枢神经系统,使之兴奋或抑制,连续使用能产生依赖性的药品。精神药品不是毒品,但也直接作用于人的中枢神经系统,使之极度兴奋或抑制。按其使人产生的依赖程度和危害人体健康的情况,可分为第一类和第二类两种。对精神药品的运用应严格按照国家颁布的《麻醉药品和精神药品管理条例》,认真管理,严禁滥用。

【精梳机】(combing machine) 对精梳小卷进行梳理、除杂、混合、集束成均匀的棉条,并有规律地排放在条筒内的设备。用于高档织物的工艺过程是:梳理棉周期性地从两端、梳理过的棉与分离罗拉倒入机内的棉网相结合,再将棉网输出机外。精梳机一般由成卷罗拉、给面罗拉、给棉板、上下钳板、锡林、分离罗拉和风机等组成。锡林、顶梳多为钢板焊接结构,锡林为锯齿型梳针,顶梳为针布。梳棉机最高车速可达 500 钳次/米。经过精梳可以纺制更细的纱线。其纱线的均匀度、纤维伸直度、光洁度和强力明显提高,短绒率明显降低。是纺织厂必备的产生设备之一。

精梳机

【精饲料】(concentrate) 又称精料。单位体积或单位重量内含营养成分丰富,粗纤维含量低,消化率高的一类饲料。按营养价值分类,凡每千克干物质含消化能在11 077kJ以上,粗纤维含量低于 18%,天然水分低于 45% 的均属精饲料。可分为高能量精料,如禾谷类籽实及加工副产品;高蛋白质精料,如动物性饲料、豆科籽实及其粮油加工副产品。

【精细化学品】(fine chemical) 具有特定的应用性能,其合成工艺步骤多、反应复杂、产量小而产值高的化学品。按其性质和用途的不同可分为:农药、染料、涂料、颜料、试剂和高纯物、信息用化学品、食品和饲料添加剂、黏

精细化学品

合剂、催化剂和各种助剂、化学药品和日用化学品、高分子聚合物中的功能高分子材料等。广泛应用于国民经济的各行各业。

【精细陶瓷】(fine ceramics) 又称高性能陶瓷。一种在陶瓷坯料中加入特别配制的无机材料，经1 360℃左右的高温而烧制成型的陶瓷。主要包括结构陶瓷和功能陶瓷两大类。与传统陶瓷最主要的区别是具有优良的力学、热学、电、磁、光、声等特性。是高技术产业发展的基础材料之一。广泛应用于国民经济的各个领域。

精细陶瓷

【精细陶瓷粉料】(fine ceramic powder) 生产精细陶瓷用的粉料。粒径为 $1\times10^{-4}\sim1\times10^{-6}$mm的陶瓷微细粒子。观察超微粉末要借助电子显微镜。用精细陶瓷粉制作的精细陶瓷可分为硬陶瓷(结构陶瓷)和软陶瓷(功能陶瓷)两大类。制作硬陶瓷多以氮化硅(Si_3N_4)、碳化硅(SiC)、氮化铝(AlN)等非氧化物粉末为原料；制作软陶瓷多以氧化锆(ZrO_2)、氧化铝(Al_2O_3)、碳化硅(SiC)、氧化铍(BeO)、氧化硅(SiO_2)、氧化镁(MgO)等氧化物粉末为原料。

【精细陶瓷纤维】(fine ceramic fiber) 一种由精细陶瓷制成的特种陶瓷纤维。其特点是：(1)在化学上由稳定的单一物质构成，是由相对原子质量较小的原子通过共价键结合成强共价键分子，通常为非氧化物系物质，如SiC和Si_3N_4。(2)在物理上必须由细微粒子构成。其构成粒子的结晶化和晶体生长倾向要尽可能小。能满足以上要求的特种陶瓷纤维已有多种，如碳化硅纤维、氮化硅纤维和氮化硼纤维等。广义上讲，氧化铝(Al_2O_3)和氧化锆(ZrO_2)等氧化物陶瓷纤维，也具有独特的高硬度、高耐磨、高耐温性能及强增韧作用，所以中国也把它们归入精细陶瓷纤维的范围。精细陶瓷纤维直径较小，通常小于30μm，一般用作耐热材料和作复合材料增强组分。在冶金、环保、化工、原子能、汽车和航天等诸多领域，常将由这种纤维制成短切纤维、布、毡和纸等纤维的二次制品，以适应多种用途。

精细陶瓷纤维

【精血不足】(essence and blood insuf ficiency) 中医术语。维持人体生命活动的营养物质(精和血)匮乏的一种病症。症见面色苍白、神疲体倦、心悸气短、自汗盗汗、脉细弱无力等。长期精血不足会导致脏腑功能的减退。由于肾主藏精，肝主藏血，所以临床治疗常用养肝补肾之法。

【精养】(intensive aquiculture) 见集约化养殖。

【精液超低温保存】(semen deep freezing preservation) 又称精液冷冻保存。以液氮和干冰为冷源将经过特殊处理的精液，进行超低温的保存方式。可以完全抑制精子的代谢活动，使精子生命处于静止状态，一旦升温又能复苏而不失去受精能力。是人工授精技术的一项重大革新。它使精液能长期保存，而不受时间、地域和种畜生命的限制，便于开展省际、国际之间的协作，极大地提高优良公畜的利用率，加速家畜品种的育成和改良步伐。

【精液液态保存】(liquid semen preservation) 在0℃以上，精液以液态作短期保存的方法。分常温(15～25℃)保存和低温(0～5℃)保存两种。常温保存是将精液保存在一定变动幅度的室温下，又称变温保存或室温保存。其设备简单，便于推广，特别适宜猪全份精液的保存。低温保存是在抗冷剂保护下，将精液缓慢降温至0～5℃保存，利用低温抑制精子活动、降低代谢和能量消耗，抑制微生物生长，以延长精子存活时间。保存效果比室温保存时间长。

【精整加工】(fine finish) 在精加工后进行的为获得更小的表面粗糙度，并稍微提高精度的再次加工。精整加工的加工余量小，如研磨、超精磨削和超精加工等。

【精准农业】(precision agriculture) 根据空间变异，定位、定时、定量地实施一整套现代化农业操作技术体系的农业。由现代信息技术支持的全球定位系统、农田信息采集系统、农田遥感监测系统、农田地理信息系统、农业专家系统、智能化农机具系统、环境监测系统、土壤养分信息管理、网络化管理系统和培训系统等10个系统组成。其核心意图是：实时测知作物(畜禽)个体或小群体或微小地块上生产及病情的实际情况，进而确定其针对投入(肥、水、药、料等)的最佳量、质和时机,以求最低投入换取最优效果。如利用计算机分析市场趋势和经济效益,确定栽培种类、品种和面积;根据叶片分析和土壤、植物含水量进行配方施肥和适时适量浇水等。

【精准施肥】(precious fertilization) 按照每一操作单元的具体条件,精细准确地调整各种土壤施肥量,最大限度地减少肥料投入以获得最高产量和最大经济效益,同时保护农业生态环境、土地等自然资源的施肥新技术。是精准农业的重要组成部分。根据作物生长中的土壤性状,分析作物的需肥规律,调节肥料的投入(包括施肥量、比例和时期),充分利用土壤生产力,以最少的肥料投入达到更高的收入,从而提高化肥利用率,改善农田环境,增加农业种植效益。

【鲸鱼】(whale) 哺乳纲鲸目动物的统称。其中大部分种类生活在海洋中,仅有少数种类栖息在淡水环境中。体形同鱼类十分相似,所以俗称为鲸鱼。但因为鲸类动物具有胎生、哺乳、恒温和用肺呼吸等特点,与鱼类完全不同,因此属于哺乳动物。鲸类的体温恒定,大约为36.0℃左右。皮下的脂肪很厚,可以保持体温并且减轻身体在水中的密度。尾鳍和鱼类不同,可作上下摆动,是游泳的主要器官。其骨骼具有海绵状组织,体腔内有较多的脂肪,可以增大身体的体积,减轻身体的密度,增大浮力。听觉十分灵敏,而且能感受超声波,靠回声定位来寻找食物、联系同伴或逃避敌害。外鼻孔有1~2个,位于头顶,俗称喷气孔。繁殖能力很差,平均两年才生下一头幼鲸。鲸鱼分为两类:(1)须鲸类。无齿,有鲸须,鼻孔两个,如长须鲸,蓝鲸、座头鲸、灰鲸等。(2)齿鲸类。有齿,无鲸须,鼻孔一个,如抹香鲸、独角鲸、虎鲸等。由于人类的捕杀和环境的污染,鲸的数量已经剧烈减少。如在20世纪的蓝鲸,有近36万头被杀戮,目前仅存不到50头。在地球上生活了5 000多万年的鲸,许多种类已经濒临灭绝。中国发现的鲸类动物有9科、26属、38种,如蓝鲸、江豚、白鳍豚等。中国的鲸类动物除白鳍豚和中华白海豚两种被列为国家一级保护动物外,其他所有种均被列为二级保护动物。

鲸鱼

【井壁】(shaft wall) 在井筒围岩表面构筑的具有一定厚度和强度的整体构筑物。井筒的一个重要组成部分。其材料和结构类型的选择,既要考虑井筒的用途、断面大小、深度、服务年限,又要考虑到井筒穿过的岩层情况和开凿方法。不但要经济、合理,而且要考虑就地取材和施工条件。按其井壁用材和结构形式的不同可分为:(1)砌筑式井壁。主要有料石井壁、混凝土井壁、砖井壁。(2)整体式井壁。主要有混凝土井壁、钢筋混凝土井壁。(3)装配式井壁。如木井框、弧形支架(邱宾块)、预制钢筋混凝土管柱。(4)组合井壁。由上述两种或两种以上材料组合而成的多层井壁。例如预制砌块与素混凝土或钢筋混凝土组合,钢板筒与混凝土或钢筋混凝土的组合等。(5)锚喷井壁。主要有纯喷射混凝土、金属网喷射混凝土及锚杆、金属网喷射混凝土三种。

【井底车场】(shaft well bottom) 在矿井的某一水平或阶段的井筒附近、连接井筒和水平主要巷道的一组巷道和硐室的总称。其作用是联系井筒提升和井下运输两个生产环节。井底车场还为矿井的供电、排水、通风服务。为完成这些任务,在井底车场内布置一系列轨道运输线路和硐室。由于井田开拓方式、大巷运输方式不同,井底车场的形式也不同。按其矿车在车场内运行特点的不同可分为环行式和折返式两大类型。前者的特点是重列车在车场内总是单向运行,调车工作简单,通过能力较大,但车场的开拓工程量较大。后者的特点是空、重车在车场内折返运行,车场的开拓工程量相对较小。根据车场两端是否可以开出车,折返式车场又可以分为梭式和尽头式两种。

井底车场

【井框】(wall crib) 矩形立井井筒中用以维护围岩稳定的杆件式木质框形支架。多用于地方小煤矿。井框有密集式和间隔式两种。密集式井框多用于围岩不够稳定、地压又较大的地段内,也可用于自下而上掘进的反井中。间隔式井框又分两种:(1)悬吊式井框。自上而下安设,下部井框被上部井框所悬吊。井框之间借助于悬吊挂钩联系,其稳定性较差。挂钩的连接处一般在上下井框中间,井框构件由方木制作。这种井框自上而下架设,围岩悬露面积可以得到减小,其基础井框间的段高可以加大,一般为20~30m。当围岩不够稳定时,采用此种方法较合适。其缺点是金属零件多、消耗量大、加工及安装复杂。(2)架立式井框。自下而上安设,上部井框用撑柱支立在下部井框上。除在井框间的撑柱及外围背扳以外,其他构造同前。由撑柱隔开的井框间距,一般为0.5~1.5m。架立式井框的优点是构造简单,节省材料,架设快。由于不架设临时支架,一般适用于围岩有较大暴露面的岩层中。其分段高一般为3~5m。

【井漏】(lost well circulation) 又称钻孔漏失。在钻孔施工的钻探过程中诸如钻孔内的冲洗液或其他介质(固井水泥浆等)部分或全部流失,漏入地层孔隙、裂缝等空间的现象。钻井工程中常见的一种井内复杂情况,多数钻井过程都有不同程度的漏失。其原因通常是井筒内液柱压力大于地层压力,地层孔隙大、渗透性好、存在溶洞、裂隙等也是其中的重要原因。此外,钻井措施不当也会引发井漏,如开泵过猛、下钻速度过快都会引起压力激动压漏地层。严重的井漏会导致井内压力下降,影响正常钻进或不能钻进,或引起井壁失稳、诱发地层流体涌入井筒并引发井喷。发生井漏时要及时进行处理,首先要查明漏失的原因,之后根据漏失的严重程度采取相应的堵漏措施,如增加泥浆黏度、在冲洗液中加堵塞物、下套管即用水泥浆封漏等。

【井喷事故】(well blowout) 钻井过程中地层流体(石油、天然气、水等)的压力大于井内压力而大量涌入井筒,并从井口无控制地喷出的现象。其原因是对钻井的底层压力情况不清或预计不准,使用的钻井液密度不足以平衡地层压力,导致地层流体大量涌入井筒,再加上地面控制系统失灵无法有效控制。井喷既是一种十分有害的钻井事故,也是一种最直接的油、气、水显示。但一旦发生,往往产生严重后果,必须采取严密的预防措施。在油气田的勘探施工中,一旦出现井涌(井喷的前兆,指钻孔内流体层压力大于钻井液或洗井液液柱静压力时,流体层中的流体或气体侵入钻孔、积累上升至孔口呈沸腾的现象),一定要迅速准确地关总井,控制井口,防止井喷事故发生。井喷事故多发生在油气田的勘探与开发中。

井喷

【井渠结合灌溉】(irrigation by conjunctive use of surface and groundwater) 利用井渠抽引地下水和地表水联合进行灌溉的方式。可合理地利用地表水、地下水资源,充分发挥水资源的效益。按其在灌溉中所占比例的不同可分为以井为主和以渠灌为主两类。井渠结合灌溉必须具备良好的成井条件和地下水水质符合灌溉要求。其优点是:(1)渠灌的渗漏水可以补充地下水,起到回灌的作用。(2)井灌开采地下水,降低地下水位,防治土壤盐碱化,起到竖井排水作用。(3)开采地下水可腾出地下空间,增大降雨入渗量,减轻除涝排水负担。

井渠结合灌溉

【井圈】(crib ring) 立井掘进时用以支撑背板维护围岩稳定的组装式圈形金属骨架。立井掘进的临时支护。随着井筒掘进,工作面与永久支架之间露出一段高度不超过2~4m的岩帮。为了施工安全,必须用井圈加以支护。井圈一般由小号槽钢、顶柱、乙型挂钩、井圈连接销钉板、槽钢井圈对头背板、木契等组成。有对头板型和搭接背板型两种。井圈架设的工作内容是:(1)接收送入井内的材料。(2)挂乙型挂钩。(3)将金属井圈挂在钩子上并连接起来。(4)测定井筒中心线,固定井圈位置。(5)上背板,并用木楔楔紧。(6)清理余料,送出井筒。架设井圈工作,要求背板与井帮之间必须填实,井圈不得里进外出,一架井圈直径两端的水平误差不得超过50mm。拆除井圈的工作内容与架设井圈内容相同,作业顺序相反。

【井式炉】(pit furnace) 安置在车间地面以下,炉身是圆筒形的深井式热处理炉。炉身用耐火材料砌成。有炉盖,加热时盖上。井式炉是周期式作业炉,处理一批工件后取出。适用于杆类、长轴类零件的热处理,也适宜成卷的线材及制品堆放在炉内进行热处理。配有专用吊车将工件垂直装入和吊出井式炉。可使用气体或液体燃料,通常有多个小型烧嘴,沿炉膛内壁切线方向安装,以避免火焰直接喷射到工件表面。也可以以电为热源,发热元件在带有沟槽的耐火砖内沿炉壁从上至下螺旋状均匀布放,使炉内温度一致。井式炉炉膛截面一般为圆形,直径0.5~4.5m,炉膛最深超过30m。线材制品行业用的井式炉直径和深度均为2~3m。井式炉可分为:井式电阻炉、深井式电阻炉、大型井式炉、全纤维井式炉、井式回火炉和井式气体渗碳炉。小型井式炉多采用电加热,还可以带有特制的金属罐,进行气体渗碳、渗氮、光亮退火等热处理。要求精确控制炉温的大型井式炉,宜采用电加热。

井式炉

【井田】(mine well field) 划给一个矿井或平硐进行采矿的矿床或矿床的一部分。一个矿山可由一个或几个井田构成。井田的划分主要取决于矿床的地质条件和采矿的经济技术要求。大型矿床和矿体比较分散、比较复杂的矿床,一般可划分成几个井田开采;而小型矿床多用一个井田进行采矿。为了采矿方便,采掘作业又将井田按一定高度自上而下用水平坑道将井田划分出几个区段,称为阶段。这种小阶段称为中段或分段。有时为方便采矿,还把一个阶段又分成几个小阶段,称为采区。在开采水平或倾角极小的矿体时,还常用水平坑道将井田划分成一系列呈水平分布的长方形区段,称为盘区。

【井田尺寸】(mine field size) 井田的走向长度、倾斜长度和井田面积。一般由矿区总体设计的井田划分确定。其中:(1)井田走向长度。是表征矿井开采范围的重要参数。除煤层赋存和地质构造及矿区开发条件外,影响井田走向长度最重要的因素是矿井的开采强度和矿山设备的技术水平与能力。随着采煤机械化水平的提高,生产能力的提升,以及矿山开采设备的不断改进,井田走向长度有日益增大的趋势。(2)井田的倾斜长度。是井田沿煤层倾斜方向的水平宽度。对具体的矿井,相对应井田倾斜长度有井田上下界的垂直高度和开采煤层的倾斜长度。井田的倾斜长度是表征矿井开采深度及沿深度方向的开采广阔程度的重要参数。一般情况下它制约着开采水平垂直高度与数目、上下山的长度与阶段数目的划分。(3)井田面积。与矿井的井型大小密切相关。中国煤矿矿井的井田面积一般为数平方千米到数十平方千米。集体小煤矿的井田面积多小于1km^2。由于井田深部边界可能随开采的发展而扩展,所以井田面积是可变动的参数。

【井田境界】(mine field boundary) 又称井田边界。矿井开采的边界。在将煤田划分为井田时,应充分考虑地质构造、储量、水文、煤层赋存情况、开采技术条件、开拓方式,并结合地貌、地物等因素,进行技术经济比较后,根据已批准的矿区总体设计来确定。当有地质构造或地貌、地物可作为井田自然境界时,应尽量利用,以减少煤柱和井巷工程。除非精查勘探发现地质或其他开采技术条件出现较大变化,或者主要技术原则有所变更必须重新调整之外,一般不再修改。对于需要调整井田境界,且由此引起井田储量增减较大、需要重新研究生产能力的,应把修改方案报送原审批单位重新审查。对于独立的井田或煤田边缘部分,其境界常以最小可采厚度、煤层露头及自然构造为界。凡以勘探范围或最小可采厚度划定的井田境界,需要充分注意发生外延扩大或缩小的可能性。

【井下安全电压】(safety extra-low voltage under well) 又称安全特低电压。为防止触电事故而采用的特定电源供电的电压系列。在任何情况下,该系列的上限值(两导体间或任一导体与地之间)均不得超过交流(50~500Hz)有效值50V。

【井下保护接地】(shaft bottom protective earthing) 用导体把电气设备中的所有正常不带电的外露金属部分和埋在地下的接地极连接起来。运行中的井下电气设备发生事故(如由于内部绝缘损坏,发生一相碰壳事故),会使其金属外壳以及与电气设备所接触的其他金属物上出现危险的对地电压。人体接触后,有可能发生触电危险。在这种情况下,避免触电最可靠的办法就是装设保护接地。由于有了保护接地,就可将带电设备外壳的对地电压降低到安全数值,一旦人体接触这些外壳,不致发生触电危险。《煤矿安全规程》规定,在煤矿井下指定地点应敷设主接地极、局部接地极,并用电缆铅包、铠装外皮及接地线芯相互连接起来,形成一个总接地网。

【井下接地母线】(under well earth busbar) 与主接地极连接,供井下主变电所、主水泵房等所用电气设备外壳进行连接的母线。

【井下接地装置】(under well earthing device) 各接地极、接地导线和接地引线的总称。《煤矿安全规程》对井下保护接地装置的检查和维护有下列规定:凡有值班人员的机电硐室和有专职司机的电气设备,交接班时必须由值班人员和专职司机对保护接地进行一次表面检查。其他设备的保护接地,则由维护人员每周至少进行一次表面检查。此外,每年至少要将主接地极和设置在水沟中的局部接地极从水仓和水沟中提出,详细检查一次。电气设备在每次安装、检修或迁移后,都应详细检查其接地装置的完善程度。发现接地装置有损坏时,应立即处理。凡电气设备的保护接地装置未修复之前，禁止向该设备送电。井下保护接地网的接地电阻值每季度至少测量一次。新安装的电气设备保护接地装置，在投入运行前须测定其接地电阻值，合格后方准投入运行。

【井下漏电保护装置】(earthleakage protective equipment) 又称检漏装置。矿用隔爆型检漏装置、矿用隔爆型选择性检漏装置、漏电指示器和漏电闭锁装置等的总称。漏电保护装置是运行中的电网绝缘水平降低到危险值(漏电动作电阻值)以下，漏电电流超过极限安全电流值(30mA)人触及电网一相时，能自动切断漏电线路电源的装置。广泛用于变压器中性点不接地的高、低压电网，起到监视网络绝缘状况，准确、可靠地切断漏电线路电源的作用。一般具有绝缘监视、漏电指示、漏电闭锁、自动选择漏电支路、断电以及漏电试验等功能。低压漏电保护装置还具有补偿电网对地电容电流以降低漏电电流的功能。

【井下漏电闭锁装置】(earth leakage interlock unit) 当井下供电系统绝缘电阻低于设定值时可切断电源、使开关闭锁不能送电的装置。主要由漏电闭锁电路和执行电路元件组成。当漏电故障排除后，方可解除闭锁，允许开关合闸。设置漏电闭锁装置，可以检测并闭锁不送电线路和设备的漏电故障，减少漏电保护的动作次数，缩小漏电故障的停电范围。采用带漏电闭锁的漏电保护系统，可使绝缘电阻低于漏电闭锁动作电阻值的电缆段不带病投入运行；同时，在电网运行时，如某点发生漏电，可通过漏电闭锁装置较快地检出，恢复电网无故障部分的供电。

井下漏电闭锁装置

【井下杂散电流】(shaft bottom stray current) 又称泄漏电流。直流牵引网路中的直流漏电电流。井下架线电机车的直流电网都是用轨道作为电流回路，轨道和地之间一般不设绝缘，因而会有部分电流从轨道流入地下。由于这部分电流在地下作无规律的杂散运动，所以称作杂散电流。该电流会对邻近的金属管道和铠装电缆金属外皮造成腐蚀，缩短金属管道和铠装电缆的使用寿命；还可能引起电雷管的先期爆炸，威胁人员安全。其大小取决于电阻的大小。轨道的电阻越大，杂散电流也越大。因此，减少杂散电流的主要途径是减少轨道电阻。

【井下总接地网】(under well general earthed system) 又称保护接地系统。用导体将所有应连接的接地装置连成一体的接地系统。当井下每个电气设备设置单独的保护接地装置时，即使采用了降低接地电阻的措施，其接地电阻值仍往往降低不到需要的数值，还不能可靠地预防人身触电。但是，如果把井下各个电气设备的保护接地装置互相并联起来，则可将总的接地电阻值大为降低，使它满足规定要求。因此，为可靠地预防人身触电，对井下电气设备要建立接地网。它由主接地极、局部接地极、接地母线、辅助接地母线、连接导线、接地导线、铠装电缆的金属铠装和铅皮以及橡套电缆的接地芯线等组成。

【井巷施工】(sinking and drifting) 进行井巷掘进和永久支护的作业。矿山工程中的主要任务之一。要根据矿井所处的地理位置、地形地貌、地质构造、岩石性质、水文地质条件、矿井规模、投资现状、人员素质、施工设备等诸因素来进行。各种井巷在地下构成一个庞大的运输系统，并将地面与地下联系起来。这些井巷的施工统称为井巷工程，其中以竖井施工最为复杂。竖井施工包括井筒施工、井底车场施工及提升设备的安装三个部分。为保证竖井工程符合设计要求，测量工作贯穿于施工的全过程。竖井施工测量包括井筒中心和井筒十字中线的标定；竖井掘进时的测量；井底车场的标定及提升设备的安装测量。

井巷施工

【井字楼盖】(grid floor) 用梁把楼板划分成若干个正方形的小区格，支承在周边柱、墙或更大边梁上的楼盖。其特点是：(1)从双向板演变而来的一种结构形式。当其跨度增加时，板厚也随之增加。但由于板厚自重加大，而板下部受拉区的混凝土往往被拉裂。为了减轻板的自重，可以使板的下部受拉区的混凝土减去一部分，使钢筋与混凝土更加经济、合理。这样双向板就变为在两个方向上形成井字式的区格梁。这两个方向的梁通常等高，不分主次。(2)能形成规则的梁格，使顶棚较美观。常用的梁格布置形式有：正交正放、正交斜放、斜交斜放等。(3)比一般梁板结构具有较大跨高比,适用于受层高限制且要求大跨度的建筑。

【颈臂综合征】(cervico brachial syndrome) 以颈椎退行性病变为基础(椎间盘突出、骨质增生等)以及由此引起的颈肩部酸麻、胀痛症状的总称。发展过程很长,常和身体素质、职业、生活习惯、寒冷有明显关系。如财务人员、电脑人员、驾驶员、教师等是颈椎病的高发人群。其主要症状表现是:(1)颈、项、肩的活动受限或疼痛。(2)由颈向肩、臂、手指放射疼痛。(3)颈椎运动受限,颈肌紧张。(4)感觉-运动障碍见于肩-臂-手指,偶见麻痹与肌萎缩。(5)手指的血液循环障碍。(6)偶见头痛、眩晕、恶心、呕吐、耳鸣、听力障碍等。

【颈动脉窦综合征】(Weiss Barker syndrome) 又称颈动脉窦反射亢进综合征。突然发生眩晕、虚脱、耳鸣或季肋不适、或有意识丧失但无惊厥的一组症状。正常人压迫颈动脉窦,可有心率轻度减慢;而反射亢进者,压迫后心跳可停止2~3s以上。男性多见。主要发生在50岁以上。按其症状表现形式的不同可分为:以心动过缓为主的心脏抑制型,以血压低下为主的血管抑制型,以及以意识丧失为主的脑型。突然意识丧失常为本病的主要表现。其发生与周围血管阻力急速明显下降有关,此时心排血量并未增加,因而造成一时性脑贫血。患者直立时感头晕、恶心、面色苍白、出冷汗、心率减慢和血压低下等,平卧后症状可缓解。精神兴奋、情绪激动和躯体疼痛等均为诱发因素。抗胆碱能药物如阿托品,可起预防和治疗作用。

【颈椎病】(cervical spondylosis) 由于颈椎间盘退行性变或椎间盘突出致颈椎失稳、骨赘形成,刺激、压迫了周围组织,造成其结构或功能性损害引起一系列临床症状的综合征。30岁以后椎间盘开始退变,加上颈椎间盘在承重的情况下频繁地做各种运动,极易劳损和创伤。因头胸间肌肉的牵拉,使间盘向某局部或四周膨出,致椎间隙狭窄,小关节突重叠、错位,椎间孔上、下径变短,活动时相邻椎骨间不稳定,继而导致一系列的病理变化刺激或压迫周围的组织出现相应症状。是中老年人常见病,发病率高。年龄的增长致椎间盘、韧带老化或颈椎先天畸形、发育性椎管狭窄是颈椎病发生的内因;交通意外、颈部过伸过屈运动、不得法的牵引或按摩等造成颈部损伤也是发病的重要因素。按其临床症状的不同可分为:颈型、神经根型、脊髓型、椎动脉型、交感神经型和各型症状、体征互相参杂的混合型。其诊断依据病史、症状、体征、影像学检查等。其治疗多采用颈椎牵引、物理治疗、按摩等非手术的治疗方法,少数非手术治疗无效或病情严重、进展快者,可采取手术治疗。近来的研究认为,颈椎病与冠心病、脑缺血性疾病、运动神经疾病、消化系统疾病等多种慢性病有密切关系,因此颈椎病越来越来受到国内外学者的重视。

【景点】(spot) 风景区的精华和核心部位。是串联风景区的点,是景区中特别值得驻留观赏、临物感慨、使人精神得到升华的地方。如河南登封景区中的少林寺、塔林、中岳庙、嵩阳书院等。

景点

【景观】(landscape) 又称自然风光。从地理学上对大致同质的地形地貌体或生态系统的综合认定。比如河流景观、湖泊景观、山地景观、喀斯特景观、森林景观、草原景观、冰川景观等。随着社会的进步和发展,人们又给景观赋予许多人文理念,比如园林景观、寺庙景观、道路景观、桥梁景观等。无论地貌景观还是人文景观一旦具有欣赏、休闲、参观等旅游价值后,即可称之为旅游景观。

【景观地图】(landscape map) 又称综合自然地理图。反映地理景观的空间结构、区域分布、组成要素及其相互联系的专题地图。于20世纪初在苏联首先出现。制图对象是地理综合体,即各种不同的地理要素组成相互联系、相互制约的矛盾统一体。主要反映制图区域各要素综合发展的规律,揭示内在的联系和制约,提供完整的区域景观概念。其图型主要有组合图型和合成图型。前者是同时把各种不同地理要素表示在一幅图上,后者所表示的是地理综合体本身,即在不同比例尺的景观图上可以表示出不同等级的地理综合体,实际上就是景观类型图。大比例尺景观图(大于1∶10万),可以表示相和限区,对县以下单位制订农业技术措施,如土地规划和管理、合理排灌和农业用地的合理利用、土壤改良等均具有重要实践意义。中比例尺景观图(1∶10万~1∶100万),以表示限区为主。小比例尺景观图(小于1∶100万),只表示景观。中、小比例尺景观图是制定省(区)和全国性农业规划和自然区划的重要依据。

【景观设计学】(landscape architecture) 关于景观的分析、规划布局、设计、改造、管理、保护和恢复的学科。是建立在广泛的自然科学和人文与艺术学科基础上的应用学科。是在众多学科基础上所产生的边缘性、交叉性、综合性学科。主要分为:(1)景观规划。在较大尺度范围内,基于对自然和人文过程的认识,协调人与自然关系的过程。(2)景观设计。为某些使用目的安排最合适的地方和在特定地方安排最恰当的土地利用,并对这个特定地方进行设计。与建筑学、城市规划、环境艺术和市政工程设计等学科有紧密的联系。它所关注的问题,是土地和人类产外空间的问题。与现代意义上的城市规划的主要区别在于它包括城市与区域的物质空间规划设计。城市规划,主要关注社会经济和城市总体发展计划。中国目前景观设计工作滞后,城市规划专业仍在承担城市的物质空间规划设计。只有同时掌握关于自然系统和社会系统双方面知识、懂得如何协调人与自然关系的景观设计师,才有可能设计出人地关系和谐的城市。

【警戒水位】(warning water level) 使汛期河流湖泊主要堤防险情可能逐渐增多的水位。游荡型河道,由于河势摆动,在警戒水位以下也可能发生塌岸等较大险情。大江大河堤防保护区的警戒水位,多取定在洪水普遍漫滩或重要堤段开始漫滩偎堤的水位。此时河段或区域开始进入防汛戒备状态,有关部门开始进一步落实防守岗位、抢险备料等工作。穿堤涵闸视情况停止使用。该水位由防汛部门根据长期防汛实践经验和堤防等工程出险基本规律分析确定。中国大江大河及湖泊以水文控制站作为河段或区域的代表,拟定警戒水位,经上级部门核定后颁布下达。

【径流】(runoff) 在水文循环过程中,降雨及冰雪融水等在重力作用下沿地表或地下向河流、湖泊、沼泽和海洋等汇集流动的水流。在一定时段内通过某一过水断面的水量称为径流量。它往往是地区水资源量的主要组成部分。从降雨到达地面至水流汇集于流域出口断面的整个过程成为径流形成过程。径流是水文循环的主要环节,也是水量平衡的基本要素。按其存在的空间位置的不同可分为地表径流、地下径流和壤中流;按其补给形式的不同可分为降雨径流、冰雪融水径流;一年中不同时期的径流分别称为汛期径流、枯季径流、年径流。描述径流的特征值有:(1)流量。单位时间内通过某一过水断面的水体体积,以 m^3/s 计。(2)径流总量。一定时段内通过某一断面的总水量,以 m^3 计。(3)径流模数。一定时段内单位集水面积上所产生的平均流量,以$m^3/(s \cdot km^2)$计。(4)径流深。一定时段内集水面积的径流量所折算的平均水层厚度,以 mm 计。(5)径流系数。一定时段内降水所产生的径流量与该时段降水量的比值,以小数或百分数计。径流年内变化存在明显丰枯变化。中国的河流,一般冬季(12至1月)是枯水季节,春季(3至5月)是南方径流逐渐增多季节,夏季(6至8月)是全年径流最丰富的季节,秋季(9至11月)是径流减少的季节。人工控制和调节天然径流的能力,密切关系到工农业生产和人们生活是否受洪水和干旱的危害程度。因此,径流的测量、计算、预报等工作,是水利建设的重要任务。

地表径流

【径流林业】(runoff forestry) 将径流就地拦蓄并直接利用,以维持林木正常生长发育的林业生产活动。其核心技术是密度控制与集水整地。在干旱、半干旱地区,为保证每株林木水分的需求,应依据水量平衡原则,综合考虑树木生长速度、蒸腾耗水需求、降水量及树木可能利用水量及土壤蒸发、渗漏损失,估算出每一株树木所需要的水分营养面积,作为确定造林密度主要依据。造林密度要控制在降水资源环境容量允许的范围之内。集水整地系统由微集水区组成,即产生径流的集水面和渗蓄径流的植树穴。根据地形条件,以林木为对象在整个林地形成集水区与栽植区,组成一个完整的集水、蓄水、水分利用系统。集水区须修成一定坡度、地表较结实、平整和不易产生土壤侵蚀的地段。如果要增加径流系数,需整修集水区地表。整修的方法是:清除掉杂草,平整坡面,土壤压实和拍光。边界由 15 ~ 20cm 高、垂直于等高线的土埂组成。在干旱、半干旱地区,通过一系列地表防渗技术对集水区进行处理,增加降水利用率,减小土壤无效蒸发,提高土地生产力和经济效益。在极干旱或林木需水量较大情况下,须对地表进行适当防渗处理,进一步提高降雨产流率,增强对降雨空间分配强度。

【径流式水电站】(run offer type hydropower station) 基本不调节径流,按来水流量发电的水电站。当来水流量大于电站水轮机过水能力时,水电站满出力运行,多余的水量,直接经泄水建筑物泄向下游,称为弃水。当来水较少时,全部来水通过机组发电。但在来水小于水轮机过水能力时,有部分装机容量因缺水而未被利用。水电站这种运行方式称为径流发电。与径流式水电站相对应的是调节式水电站。其运行方式是用水库调节径流,根据用电要求发电:来水多于需要时,水库蓄水;不足时,水库补水。水电站一般只在枯水季进行日调节,在汛期常采用径流发电方式，所以有人认为日调节水电站也属径流式水电站。径流式水电站中有高水头或低水头的引水式水电站，也有低水头的坝式水电站。径流式水电站不调节径流的原因是：(1)水库不具备相应的调节库容，没有能力调节。(2)虽有一定库容，但受综合利用要求制约而不调节径流。

径流式水电站

【径流调节】(regulation of runoff) 利用水库或湖泊按发电、防洪和其他综合利用水资源的要求，改变河川径流时空分布的理论和方法。水电站水库的径流调节，在改变河川径流时空分布时，也同时改变水能的时空分布。河川水流的丰枯周期变化及其随机性，常不能适应发电。其解决问题的基本途径是：利用水库的容积和泄流设施储存和泄放水量，通过调节周期的水量平衡，进行水库运行的决策，从而改变径流及水能的时空分布，达到合理地满足发电、防洪及其他水资源用户需求的目的。经水库调节以后，较能适应水资源用户要求的流量，称为调节流量。

【净空】(clearance) 又称建筑界限。为保证车辆、行人和船舶通行安全，在道路、隧道中或桥梁下一定高度和宽度范围内不允许有任何障碍物存在的空间界限。由净高和净宽两部分组成。

【净现值】(net present value, NPV) 将项目整个计算期内各年的净现金流量，按某个给定的折现率，折算到计算期期初的现值代数和。是反映投资方案再计算期内的获利能力的动态价值指标。当给定的折现率(i) = 行业基准收益率(i_c)，如果NPV(i_c) =0，表明项目达到了行业基准收益率标准，而不是表示该项目投资盈亏平衡。当NPV(i_c) >0，表明该项目的投资方案除了实现预定的行业收益率，还有超额的收益。当NPV(i_c) <0，表明该项目不能达到行业基准收益率水平，但不能确定项目是否亏损。净现值法的评判准则是：NPV >0，该方案在经济上可行，即项目的盈利能力超过其投资收益期望水平，可以考虑接受该方案；NPV =0，说明该项目的盈利能力达到了所期望的最低财务盈利水平，也可以考虑接受该项目；NPV <0，该方案在经济上不可行，可以考虑不接受该方案。多方案优选时，如果不考虑投资额限制时，净现值越大的方案越优。

【痉挛】(spasticity) 随速度的增加而牵张反射的阻抗增加的一种现象。是上运动神经元损伤后，由于脊髓和脑干反射亢进而使局部对被动运动的阻力增大的一种状态。也可以说是肌肉收缩的神经控制异常引起。其病理生理特点目前没有定论。许多脊髓及脊髓上通路，以及多神经元机制似乎都与反射兴奋性的提高有关。与反射亢进有关的神经通路和神经机制还不是十分清楚。最值得注意的是最后公共通路的理论。脊髓前角或脑干里的α运动神经元，是所有运动输出传递的最后公共通路。每一个运动神经元都接受和总汇来自脊髓和脊髓上传入的兴奋和抑制信号。一定数量的传入及兴奋和抑制的相对平衡，决定了运动神经元何时活动的比例。每一个运动神经元的放电都向下传导到运动轴突，结果产生有关运动单位的收缩。在放电频率很高的情况下，肌肉即产生强直性收缩，因而力量也很强。自主性脊髓上传入、反射性脊髓或脊髓上传入，或是两者的联合作用，都可以引起运动神经元的放电及引起肌肉收缩。痉挛就是在来自节段上的传入部分或全部地减弱后，脊髓或脊髓上反射的兴奋过度。还有学者认为，痉挛是相对性牵张反射亢进，即动态γ运动神经元(γ1)活动性过高状态。Delwaide 提出肌痉挛的原因在于突触前抑制的减弱。截瘫患者中证实了Ⅰa纤维突触前抑制的减弱，但在脑血管病的患者中否定了Ⅰa纤维突触前抑制的减弱。其评定方法包括：(1)徒手法。①痉挛的 Ashworth 分级。②Penn 的痉挛分级。(2)仪器法。①肌电图。②钟摆试验；③等速运动仪测定。其治疗方法有：(1)运动疗法。(2)物理疗法。(3)全身用药。(4)神经阻滞。(5)椎管内用药。(6)手术等。

【竞争性抑制作用】(competitive inhibition) 竞争性抑制剂与底物分子竞争酶的活性中心，从而阻碍酶与底物结合形成中间产物的过程。其特点是：(1)竞争性抑制剂与底物分子结构相似，二者竞相争夺同一酶的活性中心。(2)抑制剂与酶的活性中心结合后，酶失去催化作用。(3)竞争性抑制作用的强弱取决于抑制剂与底物之间的相对浓度。应用竞争性抑制作用原理，阐明某些药物的作用机制，并指导探索合成控制代谢的新药物，有极为重要的意义及实用价值。典型的例子是磺胺类药物，对磺胺类药物敏感的细菌，不能直接利用环境中的叶酸。而是在菌体内二氢叶酸合成，酶催化下，以对氨基苯甲酸等底物合成二氢叶酸。后者在二氢叶酸还原酶作用下生成四氢叶酸，携带运载“一碳单位”参与核苷酸与核酸的合成，磺胺类药物的化学结构与对氨基苯甲酸结构相似，是二氢叶酸合成酶的竞争性抑制剂，抑制二氢叶酸进而四氢叶酸的合成。影响“一碳单位”代谢，从而抑制了细菌体内核苷酸→核酸→蛋白质的生物合成，导致细菌死亡。人体能直接利用食物中的叶酸、核苷酸、核酸合成，不受磺胺类药物的干扰。许多抗代谢类抗癌药物，如氨甲蝶呤、5－氟尿嘧啶、6－巯基嘌呤等几乎都是酶的竞争性抑制剂，分别抑制四氢叶酸、脱氧胸苷酸、嘌呤核苷酸合成，以达到抑制肿瘤生长的目的。

【静电】(static electricity) 两种物质紧密接触后再分离或物质间相互摩擦而使物质带电的现象。其特点是：(1)电量不大而电压极高，即静电电流很小，一般只在微安级至皮安级，而静电电压则高达数千伏或数万伏。(2)绝缘体上静电消散很慢。(3)存在感应现象，即金属导体在静电场中，其表面的不同部位可以感应出不同的电荷，或导体上原有电荷经感应后可重新分布，并可能产生很高的电压。(4)静电能够被屏蔽。

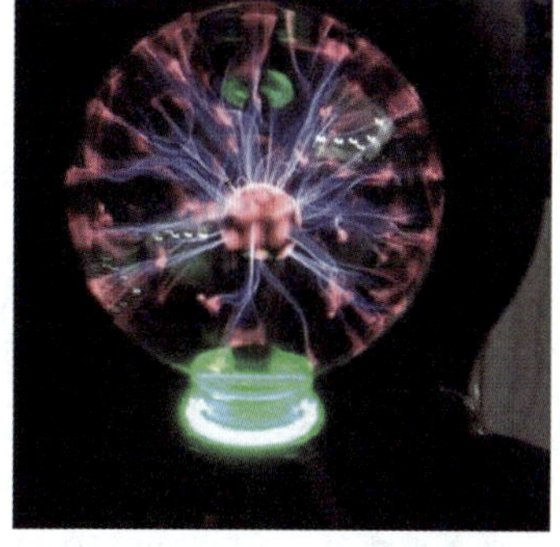
静电球

【静电场】(electrostatic field) 存在于静止带电体周围空间，以电场强度矢量表征的一种特殊形式的物质。静电场对静止电荷有作用力。在电工技术中，通常不必涉及个别原子的细微结构呈现的微观电场，只研究上亿个以至更多带电粒子的统计平均效应。因此上述静止带电体是指宏观上相对观察者没有运动的带电体。人们把静止电荷称为静电场的场源。在无限大的真空中，两个静止点电荷之间的作用力，可由库仑定律确定。描述电场的基本物理量是电场强度矢量 E 和电位移矢量 D。

【静电除尘器】(precipitator) 利用强电场清除气体中带电粉尘的除尘装置。其原理是：用强电场使气体发生电离并使其中的粉尘也带上电荷，在电场作用下粉尘与气体即可分离。除尘器的电极形式有平板式和管式两种。通常负极称放电极，正极称集尘极(或沉降极)。如管式静电除尘器把220V(或380V)的交流电经过升压整流装置，变为$3\times10^4\sim6\times10^4$V的高压直流电；电源负极连接除尘器中心的电晕线，圆筒壁为集尘极连接电源正极，由导线接地。电晕线和圆筒壁之间形成静电场，电晕线周围空气产生电离，形成大量负离子和电子，向集尘极运动。含尘气体进入除尘器，不带电的尘粒和负离子结合，带上负电，运动到集尘极后失去电荷成中性，通过振动等沿集尘极落入灰斗。净化后的气体，从除尘器出口处排出。

静电除尘器

【静电纺纱】(electrostatic spinning) 用小型加捻管高速回转进行加捻形成纱线的纺纱技术。棉条子喂入后，经过分梳辊的梳理，使其成单纤状态，依靠吸风管的气流作用，将单纤维输入静电场。静电纺纱产量高，卷装大，工艺流程短。静电纺纱将棉条直接纺成筒子，使原来的粗纱、细纱、络筒三道工序并为一道，适纺范围广。但对棉条的回潮率要求高。静电纺纱对纺化纤比较困难，加捻效率低、纱疵较多。

【静电纺丝技术】(electrospinning technology) 以静电作为牵引力制备纳米超细纤维的技术。在静电纺丝工艺过程中，将聚合物熔体或溶液加上几千至几万伏的高压静电，在毛细管和接地的接收装置间产生强大电场力。将其施加于液体的表面时，产生电流。相同电荷相斥导致电场力与液体的表面张力的方向相反，产生一个向外力。当电场力超过临界值，排斥的电场力将克服液滴的表面张力形成射流。当射流从毛细管末端向接收装置运动的时候，出现加速现象，导致射流在电场中的拉伸，最终在接收装置上由纳米纤维形成无纺布。可用于屏障和分离膜、医用敷料非织造布、新型的轻质复合材料和智能纤维等。

【静电复印】(xerography) 利用静电感应原理获得复制件的方法。静电感应使带静电的光敏材料表面在曝光时，按影像使局部电荷随光线强弱发生相应的变化而存留静电潜影，经一定的干法显影、影像转印和定影而得到复制件。

静电复印机

【静电屏蔽】(electrostatic shielding) 空腔导体可保护腔内空间的电场不受腔外带电体影响或接地空腔导体可保护腔外空间的电场不受腔内带

电体影响的现象。广泛应用于电器、仪表和电缆等设备上,使其不受外界电场的干扰,也不对外界产生影响。

【静电式推进系统】(electrostatic propulsion system) 又称为离子推力器。利用静电场力加速离子使之高速排出产生推力的推进系统。按其离子源的不同可分为电子轰击式推力器、接触电离式推力器和感应电离式推力器三种类型。离子推力器的优点是:寿命长,连续工作时间长,效率和比冲高,技术成熟。其缺点是:所需电源功率大,体积大,结构复杂,零件较多,推力小,目前尚难用于小卫星。另外,由于推力器的栅极在离子轰击下易于发生腐蚀,影响推力器的工作寿命。

【静电式扬声器】(electrostatic loudspeaker) 又称电容式扬声器。极薄的振膜在静电力的作用下作前后移动的扬声器。振膜质量极轻,能捕捉音乐信号中极为细微的变化。与广泛使用的电动式扬声器相比,它无磁体,而是利用音频信号源和直流极化电源的协同作用,促使振膜表面积累一定密度的电荷,振膜受到方向交替变化的电场作用,并伴随音频信号源而振动发声。效率为2%,理论失真则仅为0.02%左右。其特点是:(1)能够做得薄而轻,易于悬挂或安装。(2)比大多数扬声器简单,仅用2~3个元件即可构成,成本比绝大多数扬声器低。(3)柔顺性极优,解析力极佳,能捕捉音乐信号中极为细微的变化,使人感到非常逼真,有临场感。其主要缺陷是需要极化电压和面积较大。它作为一种高科技产品,有着巨大潜在市场。

静电式扬声器

【静电泄漏】(electrostatic leakage) 静电电荷通过绝缘体缓慢释放的过程。绝缘体上较大的泄漏有两条途径:一条是绝缘体表面泄漏;另一条是绝缘体内部泄漏。前者遇到的是表面电阻;后者遇到的是体积电阻。静电通过绝缘体本身的泄漏很像电容器放电,其电量符合以下规律:$Q = Q_0e^{-t/x}$。式中,Qo 为泄漏前的电量;t 为泄漏时间;e 为泄漏时间常数。对于生产过程中产生的有害静电,放电时间常数越大,静电越不容易泄漏,危险性越大。通常取绝缘体上静电电量泄漏一半,即当 $Q = Qo/2$ 时所用的时间来衡量静电泄漏的快慢,亦即衡量危险性的大小。这个时间称为半值时间。通过简单运算,可求得半值时间为 $t_{1/2} = 0.693RC = 0.693\varepsilon\rho$。因为绝缘体静电泄漏很慢,所以,同一绝缘体各部分可能在较长时间内保持不同的电压。同一绝缘体某些部位的电压可能不高,而另一些部位可能带有危险电压。湿度对静电泄漏的影响很大。随着湿度的增加,绝缘体表面凝成薄薄的水膜,并溶解空气中的二氧化碳气体和绝缘体析出的电解质,使绝缘体表面电阻大为降低,从而加速静电泄漏。空气湿度降低,很多绝缘体表面电阻率升高,静电泄漏变慢,静电的危险性增大。因此,静电事故多发生在干燥的季节。吸湿性越大的绝缘体,其静电受湿度的影响也越大。

【静电学】(static electricity) 电磁学的一个分支。研究静电场的性质、静止带电体和静电场的相互作用以及有关的现象和应用等的学科。

【静电印花】(electrostatic printing) 又称彩色激光转印。运用静电复印机或激光打印机的印制原理,通过加热把彩色图像转印到等承印物上的数字印花技术。与喷墨印花相似。其速度比喷墨打印机快数十倍,没有定量限制。印花墨粉主要有颜料型(黏着型)和染料型两种。在静电印花中墨粉先从墨盒中靠磁力吸附到硒鼓边的磁辊上,由带静电潜影的硒鼓表面吸附,然后转移到织物上形成花纹,最后经加热固着在纤维上完成印花过程。彩色激光转印可以应用在任何纤维种类上。印花织物色牢度和手感欠佳。

静电印花

【静电中和】(static electricity neatralization) 正、负离子与静电源上的正负电荷中和,从而消除电源上积累的静电。是消除静电的重要措施之一。产生正负离子的装置称为离子静电消除器。按其种类的不同可分为:高压式、同位素式、离子流式等。静电中和也可采用静电刷来实现。在某些特殊情况下,还可采用防静电剂来实现静电中和。这类喷剂通常是阳离子或阴离子表面活性剂。

【静力触探方法】(test by statics) 将圆锥形的金属探头以静力方式按一定速度均匀压入土中,量测其贯入阻力借以间接判定土的力学性质的一种原位测试方法。该方法快速简便,可以较精确地测得土的贯入阻力指标,了解土层原始状态的力学性质。

特别是对于软土地层，静力触探方法有着不可替代的作用。静力触探的仪器设备主要包括静力触探仪、反力装置和探头。静力触探仪一般分为手摇轻型链式、液压式及电动机械式三种形式。工作时可根据地质条件或场地条件选用不同的形式。反力装置可用单叶片螺旋状地锚或重压来取得反力，通常是将仪器固定在汽车上，利用车身自重或载重来平衡反力。探头一般分为单桥探头和双桥探头。

【静力收缩】（isometric contraction） 又称等长收缩。当肌肉收缩力与阻力相等时，不引起关节运动，肌肉长度不发生改变的收缩。在对抗固定物体而等长收缩时，肌肉的张力视主观用力程度而定。如要通过屈肘提起放在地面上极重（实际上拿不动）的东西时，屈肘肌进行的就是等长收缩。可利用等长收缩的运动方式进行体能训练。

【静力学】（statics） 力学的一个分支。研究物体在外界作用下，机械运动状态保持平衡的条件的学科。例如一个刚体平衡的条件是它所受外力的矢量和为零，同时这些外力对任何或由所产生的力矩相互抵消。

【静脉麻醉】（intra-venous anesthesia） 麻醉药从静脉注入后经血液循环作用于中枢神经系统，产生全身麻醉的麻醉方法。经静脉注入体内产生麻醉的药物称为静脉麻醉药。在静脉麻醉时，用药对呼吸道没有刺激作用，经静脉直接注入血液循环，病人无明显不适且很快意识消失。因此，可用于全身麻醉的诱导和维持，其麻醉浓度的静脉麻醉药多可以用于镇静和催眠。是临床较常用的一种麻醉方式。

【静脉炎】（phlebitis） 由于长期输注浓度高、刺激性较强的药液，或静脉内放置刺激性大的导管时间过长，引起的局部静脉壁发生化学炎性反应，或因输液过程中未严格执行无菌操作，引起的局部静脉感染。其临床表现主要是：在输液部位沿静脉走向出现条索状红线，局部组织发红、肿胀、灼热、疼痛，有时伴有畏寒、发热等全身症状。预防其发生，应严格执行无菌技术操作，对血管壁有刺激性的药物应充分稀释后应用，并防止药物溢出血管外。同时，有计划地更换输液部位，以保护静脉。

【静平衡】（static balance） 又称单面平衡。在转子一个校正面上对其不平衡质量的方位和大小进行校正平衡，以保证转子在静态时是在许用不平衡量的规定范围内。

【静水孵化】（still water incubation） 与流水孵化相对应。又称池塘孵化。受精卵直接在池塘或网箱等静止水体内进行孵化的方法。人工孵化方式之一。多用于黏性卵的孵化。利用苗种池，经过清塘消毒后，注入无敌害清水。将附满鱼卵的鱼巢分散悬挂于孵化池中，避免相互重叠。在鱼苗刚孵出时，还不会游泳须附在鱼巢上，不应该立即将鱼巢取走，待卵黄囊基本吸收，能主动游泳觅食时，方可取出鱼巢。放巢数量，依每巢鱼卵数、受精率和孵化率评估及鱼池放苗密度计算而定。鱼苗孵出后就池培育。

静水孵化

【静水压力】（hydrostatic pressure） 静水中相邻两部分之间以及静水对边壁的作用力。衡量静水压力大小的指标为静水压强，即作用于单位面积上的静水压力。静水压强有两个特性：（1）静水压强的方向与作用面的内法线方向一致。（2）任何一点上各个方向的静水压强大小都相等，与作用面的方位无关。

【静态测试】（static testing） 不运行被测程序本身，仅通过分析或检查源程序的语法、结构、过程、接口等来检查程序的正确性的测试。对需求规格说明书、软件设计说明书、源程序做结构分析、流程图分析，并从符号执行来找错。静态方法通过程序静态特性的分析，找出欠缺和可疑之处，如不匹配的参数、不适当的循环嵌套和分支嵌套、不允许的递归、未使用过的变量、空指针的引用和可疑的计算等。静态测试结果可用于进一步的查错，并为测试用例选取提供指导。

【静态定位】（static positioning） 将全球定位系统（GPS）接收机静置在固定测站上，观测数分钟至2h或更长时间，以确定测站位置的卫星定位方法。按其定位目的的不同可分为：（1）绝对静态定位。以确定单点的三维地心坐标为目的。（2）相对静态定位。将两台或两台以上的GPS接收机安置在几个固定测站上进行同步观测，以求取测站点间基线向量。（3）快速静态定位。基于整周模糊度快速逼近技术，依靠计算方法的改进和相应的软件实现快速定位。通常用双频接收机只需同步观测5～10min，单频接收机亦仅需15min左右。

【静态链接库】（static library，LIB） 与动态链接库相对应。又称LIB文件。包含只能静链接使用的代码和数据的库。是共享代码的一种方式。

编译器在链接时将静态链接库的代码和数据包含在最终的可执行文件中，在可执行文件运行时，在需要的时候，调用其内部已经包含的代码与数据。在应用程序开发阶段，使用静态链接库有助于促进代码模块化和代码重用，提高开发效率。

【静态随机存取存储器芯片】（static random access memory chip） 一种可随机存取、不需周期性刷新、能稳定保持所存信息的存储器集成电路。其特点是：(1)具有静态存取功能。(2)性能较高。(3)是易失性存储器，在电源中断时，所存数据会遭到破坏。其优点是：节能，速度快，不必配合内存刷新电路，可提高整体的工作效率。其缺点是：集成度低，相同的容量体积较大，而且价格较高，少量用于关键性系统以提高效率。

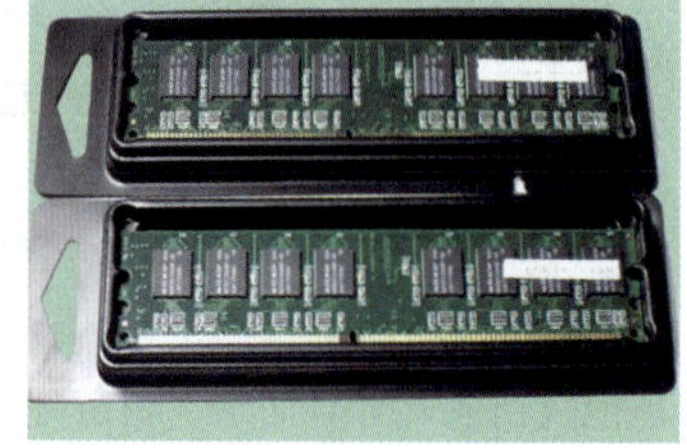

静态随机存取存储器芯片

【静态投资回收期】（recovery period of stalic investment） 不考虑资金的时间价值，以项目净收益来回收项目全部投资所需要的时间。以 p_t 表示。其判定准则是：采用该指标对单方案进行经济评价时，应将计算出的静态投资回收期与根据同类项目的历史数据，和投资者意愿确定的基准投资回收期 P_{to} 作比较，只有当 $P_t < P_{to}$ 时，该技术方案方可接受。对多方案比较，应以投资回收期最短的方案为优。

【静压轴承】（static bearing） 是利用压力泵将润滑剂强行泵入轴承和轴，或工作台与导轨之间的微小间隙的滑动轴承。滑动轴承的一种。按润滑性质的不同可分为：非完全流体润滑滑动轴承、完全流体润滑滑动轴承和无润滑滑动轴承。静压轴承属于全流体润滑轴承。按润滑剂的种类可分为两类：一类是液体静压轴承，主要使用油为润滑剂；另一类是气体静压轴承，主要使用空气作为润滑剂。其中液体静压轴承使用较为普遍，而空气静压轴承主要使用在极高转速的机构上，如陀螺仪。静压轴承经常使用在低速运行而又要求承载能力高，以及高转速和高旋转精度等领域，如各种重型与高精度的机床。静压轴承承受载荷的范围极广，从以克计的精密仪器到载荷达数千吨的重型设备都有采用。

静压轴承

【静液挤压】（hydrostatic extruding） 利用高压的静压液体代替凸模把坯料挤出凹模的挤压工艺。在冷挤压过程中，凸模直接施加作用力于毛坯，使其发生变形，在毛坯与凹模的侧壁之间存在着摩擦阻力。静液挤压是将凸模移动施压于液体产生静压，压力通过液体传给毛坯而促使其变形。毛坯的侧表面浸在液体之中，不存在摩擦阻力，因而使挤压力大为减小。同时，由于高压液体介质将凹模包围，等于给凹模加了预应力圈，这样便能进一步提高挤压的变形量，并有利于高强度材料的冷挤压。适用于低塑性合金的成型。可用静液挤压法加工的金属材料很多，如铝及其合金、镁及其合金，铜及其合金、锌及其合金、碳钢、不锈钢、高强度钢、高速钢、镍基高温合金、铍、钽、锆及其合金等。

【静止锋】（stationary front） 移动速度缓慢、南北摆动或短时静止的锋。为形成中国连阴雨天气的主要锋系。中国的静止锋多由于冷风移动过程中受地形的阻挡而形成，常出现在南岭、云贵高原及天山一带，分别称为：华南静止锋、云贵静止锋和天山静止锋。由于锋面坡度平缓且移动缓慢，锋后云雨区宽广。

【静止细胞】（resting cell） 又称休眠细胞、G0 期细胞。处于不增殖状态的细胞。细胞暂时离开细胞周期，停止分裂。此时细胞只进行极微弱的内部原有物质代谢，不增殖，且对不良环境的敏感性下降。当静止细胞受到一定的内外因素刺激后，会迅速返回细胞周期成为增殖细胞。肿瘤治疗中，当周期中的肿瘤细胞被药物大量杀灭时，G0 期细胞即可进入增殖期而成为肿瘤复发的根源。

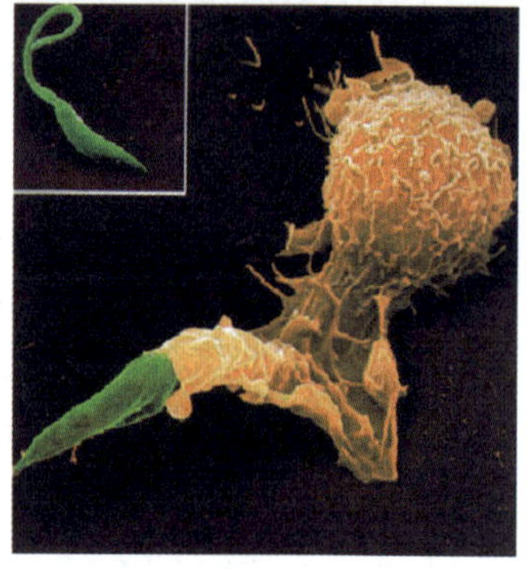

静止细胞

【静置澄清除渣】（stewing transparent deslagging） 利用夹渣与金属熔体的密度不同，在静置的条件下将夹渣除去的工艺方法。适用于金属熔体与非金属夹杂物之间密度差较大，并且夹杂物颗粒也较大的合金。一般是让金属熔体在精炼温度和熔剂覆盖下保持一段时间，使夹杂物上浮或下沉而除去。在熔炼过程中采用稍稍过热的温度，增加金属的流动性，有利于澄清除渣。夹渣的尺寸和形状对上浮或下沉以及时间有影响。片状夹渣有利于上浮而不利于下沉。一般在静置炉中对已经熔炼好的金属进行静置澄清，除了除渣以外，还有保温和控制铸造温度的作用。铝合金通常静置 20～30min。此法耗时长，并且难以除去细小分散的夹渣。

【镜面反射】(mirror reflection) 又称单向反射。光线照射到平滑表面后严格按一定方向反射的现象。光反射的一种。发生镜面反射的光束，可以按反射定律确定反射光束的方向。在反射方向上，反射表面呈与光源相近的亮度；在其他方向上，反射表面呈黑暗状态。能够发生镜面反射的表面如平面镜、光滑金属面、水面、漆面等。镜面反射可在摄影中形成耀眼闪光，一般应加以适当处理。

【镜像技术】(mirror image technology) 把某种存储介质上存储的数据或信息，通过软件或其他网络设备，在另外的存储介质上形成相同副本的技术。数据被存储在软件系统、磁盘、光盘、数据库、网站等共享服务器空间内。其中，一台服务器被指定为主服务器，另一台为从服务器。客户只能对主服务器上的镜像的卷进行读写，从服务器上相应的卷被锁定以防对数据的存取。主、从服务器分别通过心跳监测线路互相监测对方的运行状态，主服务器因故障停机时，从服务器将在很短的时间内接管主服务器的应用。主要用于数据备份。

【镜像文件】(mirror image) 一类独立的由多个文件按照一定的格式，通过刻录软件或者专用镜像文件制作工具而制作的文件。常见的镜像文件格式有 ISO、BIN、IMG、TAO、DAO、CIF、FCD、CCD、CZD、DFI、CUE 等。其应用范围比较广泛。常用于软盘和光盘等数据备份等。

【纠错码】(error-correcting code) 传输过程中发生错误后能在接收端自行发现或纠正错误的编码方式。即把原码字按某种规则变成有一定冗余度的码字，并使每个码字的码元间有一定的关系。关系的建立称为编码。码字到达收端后，用编码时所用的规则去检验。如果没有错误，则原规则一定满足，否则就不满足。由此可以根据编码规则是否满足以判定有无错误。当不能满足时，在可纠能力之内按一定的规则确定错误所在的位置，并予以纠正。纠错并恢复原码字的过程称为译码；码元间的关系为线性时，称为线性码；否则称为非线性码。分组码和卷积码是两类较重要的纠错码。分组码是对信源待发的信息序列进行分组编码，它的校验位仅同本组的信息位有关；卷积码不对信息序列进行分组编码，它的校验元不仅与当前的信息元有关，而且同以前有限时间段上的信息元有关。

【九窍】(nine orifices) 中医用术语。口、两鼻孔、两目、两耳及前、后二阴的全称。《素问·阴阳应象大论篇》："六经为川，肠胃为海，九窍为水注之气。"马莳注："头有七阳窍，下有二阴窍，人身止有此九窍耳。"

【九针】(nine classical needles) 中医针灸用九种针具的总称。即镵针、员针、鍉针、锋针、铍针、员利针、毫针、长针和大针。《灵枢·官针》："九针之宜，各有所为，长短大小，各有所施也，不得其用，病弗能移。"说明九针的形状、用途各异，应据情选用，方可去病。

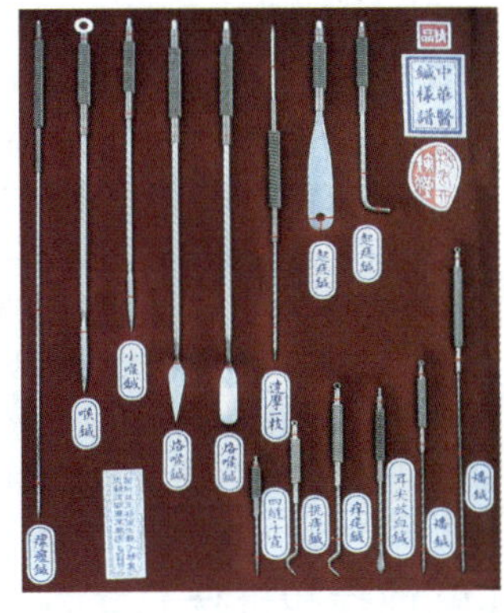
九针

【韭黄】(yellow Chinese chives) 在一定人工措施条件下，使韭叶由绿变黄的韭菜。其主要措施是在韭菜出土之时，将遮光物盖在韭苗上半月以后，长成的韭叶由绿转黄，便成韭黄。韭黄比韭菜更加鲜嫩香美。由于韭黄是韭菜隔绝光线，完全在黑暗无阳光条件下生长，不能产生光合作用，不能合成叶绿素，所以长成的韭叶，就会变成黄色。韭黄色泽金黄，质地脆嫩，味道较清淡而又不失葱蒜类特有的辛香味。初春时节的韭菜品质最佳，晚秋的次之，夏季的最差。春季食用有益于肝。

韭黄

【旧城改造】(transformation of the old city) 改造旧城区，改善居住环境，激活旧城活力，提升城市品位的活动。旧城是指城市建成区中某些经济衰退、房屋年久残旧、市政设施落后、居住质量较差的地区。旧城改造不仅是一个工程建设问题，而且包括旧城区内的土地利用与调整、旧城区内的各种项目(道路交通、住宅、各种市政设施、商业网点、园林绿化等)的新建、改建和扩建。前者主要指对城市基础设施所进行的改造;后者则是指对城市功能所进行的提升。在旧城改造中,根据不同的情况和目的,可以采取的方式是:(1)全部拆除,重新建设。(2)局部修复、改建与添建,改善环境。(3)重做地区规划,保护历史文化遗产。

【救命伞】(safety umbrella) 从高层建筑物上紧急逃生的专用伞状织物。在发生火灾、地震、和空遇恐怖袭击时可载42~84kg的人体,从35m以上高度开伞降落逃生。

【救生塔】(escaping tower) 载人飞船发射初始阶段为应急救生而设在飞船顶端的塔形逃逸装置。载人飞船发射救生系统的主要设备。主要由塔架、逃逸固体火箭发动机和分离固体火箭发动机组成。1983年9月27日,苏联联盟T-10号飞船发射时,运载火箭第一级点火后即发生爆炸。但是,由于飞船上安装了救生塔,所以在火箭临爆炸前,救生塔将飞船拖离危险区使两名航天员获救。这是载人航天史上第一次成功使用救生塔救生的记录。

【就地拌和桩法】(mixed pile on site) 利用搅拌和高压将需要处理的地基土和固化剂拌和,通过固化剂的水化、离子交换、团粒化、硬凝等反应(作用)过程就地加固软土的方法。常用的固化剂有水泥、石灰、活性工业废料和硅酸钠水溶液(水玻璃)。按其施工方法的不同可分为:(1)深层搅拌法。通过特制的深层搅拌机械,在地基中就地将软黏土和固化剂强制拌和,使软黏土硬结成具有整体性、水稳性和足够强度的地基土。根据上部结构的要求,可对软土地基进行柱状、壁状和块状等不同形式的加固。深层搅拌机一般由双层管组成,外管下端带叶片,靠管上端的电动机带动旋转,内管供输送水泥或生石灰。(2)高压喷射法。利用高压喷射流切削土体及灌浆杆的旋转和升降,使土体在原位与固化剂通过搅拌混合均匀,凝固后在地基中形成直径约0.6~1.2m的圆柱体。意大利的比萨斜塔的地基,就是用旋喷桩加固的。喷射管有单管、二重管和三重管等多种形式。高压喷射法克服了传统压入法的缺点,可较准确地控制浆液的用量、浓度和处理范围,可用于砂性土和黏性土。此外,还可用于基坑施工止水、防止涌土、流砂和坍土。

【就地保护】(in site conservation) 又称原境保存。在生物的原产地对生物及其栖息地开展保护的方式。其目的是为了保护生物的多样性。就地保护的对象,主要包括有代表性的自然生态系统和珍稀濒危动植物的天然集中分布区等。就地保护的主要方式是建立自然保护区或设立封育区。自然保护区与珍稀濒危植物收集区是生物多样性就地保护的场所,是野生植物的天然基因库和避难所。通过建立自然保护区,不仅保护了其中的所有植物种类,而且保护了它们的生态系统过程。就地保护基本保持了原有的植物生境,生长范围无太大变化,易于繁殖和管理,除个别植物,生长一般较好。封育保护效果明显,在无人为干预的条件下,植被恢复较快。建立珍稀濒危植物保护基地也是植物就地保护的重要措施之一。对于个别珍稀濒危植物的分布区,由于面积较小、植物种类单一、生态系统脆弱,应在其天然分布区建立就地保护点。

【居间合同】(intermediary contract) 中间人向委托人报告订立合同的机会或者提供订立合同的媒介服务,委托人支付报酬的合同。其特征是:(1)居间人只向委托人报告订立合同的机会或者提供订立合同的媒介服务,委托人是否与第三人订立合同,与居间人无关,居间人不是委托人与第三人之间的合同的当事人。(2)居间人对委托人与第三人之间的合同没有介入权,只负责向委托人报告订立合同的机会或者为委托人与第三人订约居中斡旋,传达双方意思,起牵线搭桥的作用,对合同没有实质的介入权。(3)居间合同是双务、有偿、诺成合同。居间人的主要义务是报告订约机会或者提供订立合同媒介的义务,忠实义务和负担居间费用的义务。委托人的主要义务是支付居间报酬的义务和偿付费用的义务。居间人未促成合同成立的,不得要求支付报酬,但可以要求委托人支付从事居间活动支出的费用。

【居里温度】(Curie temperature) 又称居里点、磁性转变点。材料可以在铁磁体和顺磁体之间改变的温度点。即铁电体从铁电相转变成顺电相的相变温度。低于居里点温度时该物质成为铁磁体,此时和材料有关的磁场很难改变。当温度高于居里点温度时,该物质成为顺磁体,磁体的磁场很容易随周围磁场的改变而改变。这种现象是19世纪末著名科学家居里(Curie)在自己的实验室里发现的。后来,人们把这个温度点叫"居里点"。

【居民生活用水】(living water needed in households) 居民日常生活所需用的水。包括饮用、洗涤、冲厕、洗澡等。中国卫生部于2001年6月7日颁布了新《生活饮用水卫生规范》,并

居民生活用水

于2001年9月1日起执行。其中对生活饮用水水质标准的一些项目作了修改并增加了一些项目。新的水质标准卫生规范明确规定:生活饮用水由集中式供水单位直接供给居民作为饮水和生活用水。新的水质标准共96项,分为常规检验项目和非常规检验项目。该规范规定了34项常规检验项目。在原35项水质项目基础上还增加了铝(0.2 mg/L)、耗氧量每100mL水样中不得检出粪大肠菌群。另据统计:银,DDT,666,苯并(a)芘在一般情况下都不得超标。这次修订把它们列入非常规检验项目。同时,对镉、铅、四氯化碳作了较严的规定。如将镉由0.01mg/L改成0.005mg/L、铅由0.05 mg/L改为0.01 mg/L 、四氯化碳由0.03 mg/L改为0.002 mg/L。非常规检验列入62项,除10项无机物外皆为有毒有害有机物,增加了有关的农药、除草剂、微囊藻毒素-LR,消毒副产物:三卤甲烷、卤乙酸、亚氯酸盐、一氯胺等与其他有毒有害有机物。常规检验项目中比较大的变动是:浊度由原来的3 NTU(浑浊度)改为1 NTU;特殊情况下不超过5NTU。此外增加了新的有机物综合性指标—耗氧量。据国际上研究,浊度不仅是感官性指标而且是微生物指标。浊度低,才使细菌病毒裸露于水中,消毒剂与之反应才能有效杀灭。中国大中城市自来水厂目前出厂水大都在1 NTU以下。

【居住建筑】(residential building) 供人们日常居住生活使用的建筑物。主要包括:住宅、别墅、宿舍和公寓。是以家庭为单位的住宅形式,要求保证居住的安全和私密性。平面布局多为对外封闭,而向内开敞,这是影响居住建筑形式和设计的重要因素。古代居住建筑都是采用地方材料和手工建造,形成了因地而异的住宅构造类型。如在北美洲和中国东北、云南森林资源丰富的地区出现了井幹式住宅。在生产大量皮革的游牧地区,以植物枝条和皮革、织物建成便于拆装的帐篷式住宅。在中国黄土高原,则出现了利用生土建造的窑洞住宅。气候条件对居住建筑影响很大。在寒冷或风沙较大的地区,住宅形态以封闭为主,如古罗马庞培城和中国北京的四合院。在炎热、潮湿地区,则以通风避潮为主,如东南亚和中国云南、贵州等地区的底层架空的干阑式住宅。取暖和炊事的方式,对居住建筑的设计也有很大影响。欧洲一些用火墙取暖的地方,壁炉和火墙成了房屋的核心;中国北方用火炕取暖的住宅就形成"一明两暗"的平面,南向开大窗,其他三面为实墙形式。各民族的风俗习惯,家庭的结构也是影响居住建筑平面布局的重要因素。

居住建筑

【居住区用地】(land for habitation) 住宅用地、公建用地、道路用地和公共绿地的总称。住宅用地即住宅建筑基底占地及四周合理间距的用地;公建用地是与居住人口规模相对应配建的、为居民服务和使用的各类设施的用地,以及建筑基底占地、所属场院、绿地和配建停车场用地等;道路用地为居住区道路、小区路、组团路及居民汽车地面停放场;公共绿地是为满足规定的日照要求,适合于游憩活动设施的、供居民共享的集中绿地,包括居住区公园、小游园和组团绿地及其他块状绿地等。

【居住小区】(habitation district) 被城市道路或自然分界线所围合,并与居住人口规模(10 000~15 000人)相对应,配建有一整套能满足该区居民基本的物质与文化生活所需的公共服务设施的居民生活聚居地。

【局部编织】(partial weave) 见休止编织技术。

【局部浸润麻醉】(local infiltration anesthesia) 将麻醉药注射于手术区的组织内,分层阻滞组织中的神经末梢而产生麻醉作用的麻醉方式。主要用于体表短小手术、有创性的检查和治疗术。注入局麻药要逐层浸润,穿刺针进针应缓慢,在改变穿刺针方向时,应先退针至皮下以避免针干弯曲或折断。每次注药前应常规抽吸注射器,以防局麻药液注入血管内。手术部位有感染及癌肿不宜使用局部浸润麻醉。

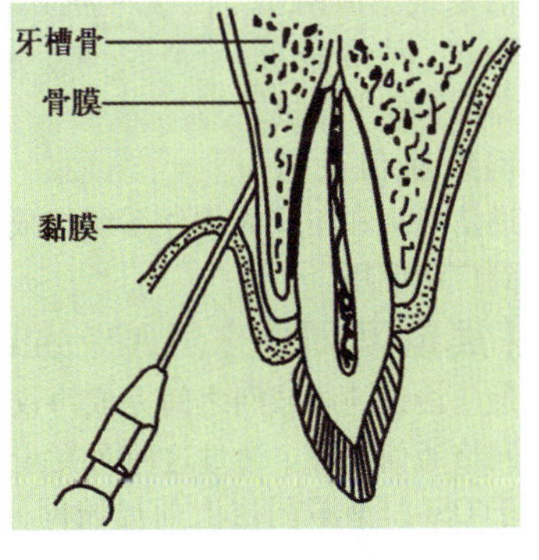

局部浸润麻醉

【局部麻醉】(local anesthesia) 又称局麻。用药物暂时地阻断人体某些部位周围神经的传导功能,使受这些神经支配的相应区域失去痛觉的一种麻醉方式。其特点是:神经阻滞的可逆性和无组织损害性;其优点是:简便易行,病人保持清醒,安全性大,并发症少,对病人的生理功能影响较小。常用的局麻方法有:表面麻醉、局部浸润麻醉、区域阻滞麻醉和神经阻滞麻醉。适用于一般表浅和局限的中小型手术或作为其他麻醉方法的辅助手段。对于小儿、患有精神病或神志不清欠合作的病人,不能单独使用局部麻醉来完成手术;对局麻药过敏的病人,也不能施行局部麻醉。在施行局麻时,要熟悉周围神经的解剖,掌握正确的操作技术,熟悉局麻药的药理性能,以免发生毒性反应。

【局麻药毒性反应】(local anesthetic toxicity) 在局部麻醉过程中,血液中麻醉药物的浓度超过机体的耐受能力,引起中枢神经系统和心血管系统出现各种兴奋或抑制的临床症状。其发生有较大的个体差异性。轻者病人只感觉到有些不适,不需特别处理;严重者发生抽搐、惊厥、甚至呼吸心跳停止而致死。因此,在施行局麻时,要重视其防治。其常见原因有:(1)一次用量超过限量。(2)药物误入血管。(3)注射部位对局麻药的吸收过快。(4)个体差异致对局麻药的耐受力下降。

【局域网】(local area network,LAN) 在若干平方千米范围内的一个企业、一个学校或一片楼宇内建立的计算机网络通信系统。由网络协议、网络服务器、终端计算机、网络通信设备、通信线路和相应的软件系统组成。在各个行业已得到广泛应用。

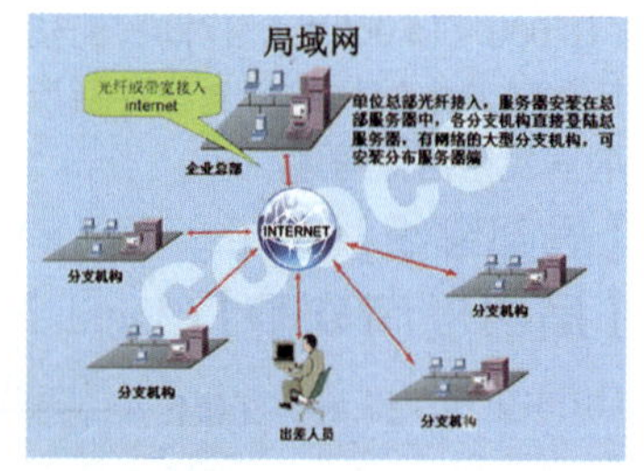

局域网

【局域网网关】(LAN gateway) 在有不同通信协议的局域网之间完成协议转换和数据传送的网络通信设备。通过这种网关,运行不同协议或运行于OSI模型不同层上的局域网,网段间可以相互通信。局域网网关也包括远程访问服务器。它允许远程用户通过拨号方式接入局域网。常见的有:AppleTalk协议与TCP/IP协议转换的网关和IPX协议与TCP/IP协议转换的网关。

【菊花】(chrysanthemum) 中药名。药性:辛、甘、苦、微寒。归肺、肝经。功效:疏散风热,平抑肝阳,清肝明目,清热解毒。用于风热感冒、头痛眩晕、目赤肿痛、眼目昏花。用法与用量:煎服,5~9g。

菊花

【咀嚼效能】(masticatory efficiency) 机体在一定时间内对定量食物咀细的程度。是咀嚼作用的实际效果,也是衡量咀嚼能力大小的一个重要生物指标。影响咀嚼效能的因素包括:(1)牙齿的功能性接触面积。(2)牙周组织状态。(3)颞下颌关节疾患。(4)全身性疾患或口腔内软组织炎症、外伤后遗症等。(5)其他。如过度疲劳、精神紧张、不良咀嚼习惯等。

【咀嚼周期】(chew cycle) 咀嚼食物时下颌运动的程序和重复性。根据咀嚼时下颌运动的轨迹图形,咀嚼周期具有形态和时间的变化:(1)轨迹图形似水滴状形态。(2)时间变化为。快(开口)-慢(最大开口)-快(闭口)-慢(咬合接触)。一个咀嚼周期所需时间平均为0.875s,其中咬合接触时间平均为0.2s。在咀嚼周期中,每一程序所持续的时间和咀嚼运动的特性,可随食物的大小、硬度、滋味、特点及某些疾病的性质而异。

【矩磁材料】(rectangular hysteresis materials) 磁滞回线近似矩形的磁性材料。要求剩磁比高、矫顽力低、开关时间短、足够高的居里温度、信噪比高、抗干扰性强。可分为金属和铁氧体两类。金属主要是坡莫合金(Fe-Ni合金)。其优点是矫顽力小、矩形好、温度稳定性好。其缺点是:涡流损耗大、对应力敏感,不耐腐蚀。铁氧体有镁锰、锰铜等。其优点是电阻率高、抗腐蚀、信息记录可靠性好。其缺点是磁感应强度小,温度稳定性差,速度慢。利用其矩磁性,可制造快速随机存储器,用于计算机;在自动控制中作开关元件、磁放大器等;在微波器件中用作固定相移量的锁式相移器。

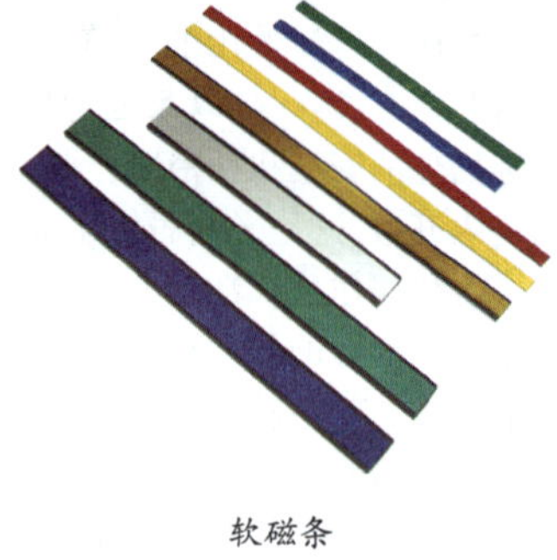
软磁条

【矩阵】(matrix) 将 mn 个元素 $a_{11},a_{12},a_{13},\cdots,a_{mn}$ 排成 m 行(横排是"行")、n 列(纵排是"列")的矩形

$$\begin{vmatrix} a_{11} & a_{12} & \cdots & a_{1n} \\ a_{21} & a_{22} & \cdots & a_{2n} \\ & \cdots\cdots & & \\ a_{m1} & a_{n2} & \cdots & a_{nn} \end{vmatrix}$$

称为 m 行 n 列的"矩阵"。当 $m=n$ 时,称为 n 阶"方阵"。矩阵可按某些规则进行加法、乘法以及数与矩

阵相乘运算。矩阵的概念最初由解线性方程组产生，中国古代用筹算法解线性方程组时就是用筹码排成矩阵来进行的。矩阵理念在近代工程技术、物理及其他数学学科中有广泛的应用。

【矩阵的秩】(rank of matrix) 从一个矩阵中，任意去掉若干行和若干列(包括不去行或不去列的情况)，使留下的行和列构成方阵，这样得到的一切不同阶数方阵所对应的行列式中，那些不等于零的行列式，阶数可能不同，其中最大阶数称为原“矩阵的秩”。例如，矩阵

$$\begin{vmatrix} 1 & 0 & 1 \\ 2 & 1 & 3 \\ -1 & 2 & 1 \end{vmatrix}$$

它的二阶方阵$\begin{vmatrix} 1 & 0 \\ 2 & 1 \end{vmatrix}$所对应的行列式$\begin{vmatrix} 1 & 0 \\ 2 & 1 \end{vmatrix} \neq 0$，而且它的所有三阶方阵所对应的行列式都等于零，所以它的秩是2。

【巨大胎儿】(fetal macrosomia) 体重达到或超过4 000g的胎儿。孕期营养过剩是生成巨大胎儿的常见原因。其次见于糖尿病孕妇和身材高大孕妇，偶尔可见于过期妊娠胎盘功能正常者。分娩时巨大胎儿发生头盆不称、难产概率高，可导致新生儿肩难产、臂丛神经损伤和颅内出血等。产妇可导致阴道、宫颈裂伤，产后出血多，甚至子宫破裂。应注意孕期营养平衡，适当活动。当估计胎儿超过4 000g时应选择剖宫产。

【巨人症和肢端肥大症】(gigantism and-acromegaly) 脑垂体分泌生长激素过多引起的组织、骨骼及内脏的增生肥大及内分泌代谢失常的疾病。发病在青春期前，骺部未闭合者为巨人症；发病在青春期后，骺部已闭合者为肢端肥大症。多数病人起病在青春期前，至成人后继续发展，形成“肢端肥大性巨人症”。其临床症状是：在生长期，生长发育过度，身高多在2m左右，生长过速可持续到20岁以上，食欲强，肌肉发达，性欲旺盛；在衰退期，精神不振，乏力，背佝偻，阳痿，迟钝。其治疗方法有：药物治疗、放射治疗和手术治疗。

【巨噬细胞】(macrophage) 结缔组织内的细胞成分之一。各种巨噬细胞均起源于骨髓干细胞，经前大单核细胞分化增殖为单核细胞。单核细胞循环于血液中，当它穿出血管壁，进入组织，则分化成熟为巨噬细胞，成为机体内吞噬能力最强的细胞。单核细胞和巨噬细胞都能消灭侵入机体的细菌、病毒，吞噬、分解异物颗粒，消除体内衰老、损伤的细胞和变性的细胞间质，刺激和增进淋巴细胞的免疫活性，并作为破坏肿瘤细胞和某些微生物的效应细胞及免疫应答的调节者。由于巨噬细胞具有高度的异质性，所以上述这些功能不是由所有的巨噬细胞在同一时间内执行的，也不是所有的巨噬细胞都具有这些功能。巨噬细胞的异质性的形成是由其不同的成熟和分化阶段所致。

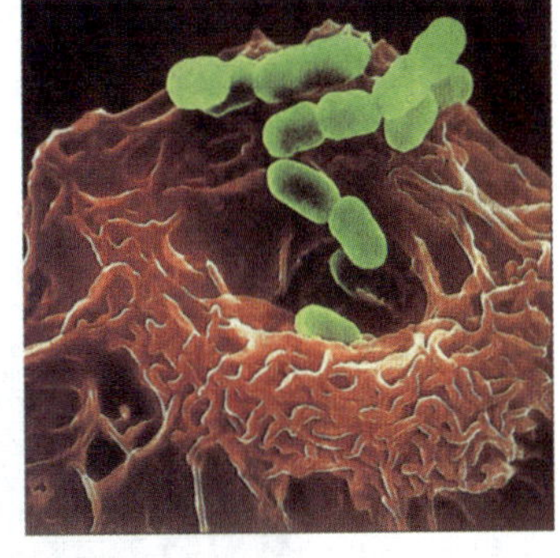

巨噬细胞

【巨细胞病毒】(cytomegalovirus, CMV) 又称细胞包涵体病毒。一种疱疹病毒组DNA病毒。由于感染的细胞肿大，并具有巨大的核内包涵体而得名。具有典型的疱疹病毒形态，其DNA结构也与其相似，但比疱疹病毒(HSV)大5%。对宿主或培养细胞有高度的种特异性。人巨细胞病毒(HCMV)只能感染人及在人纤维细胞中增殖。病毒在细胞培养中增殖缓慢，复制周期长，初次分离培养需30～40天才出现细胞病变。其特点是：细胞肿大变圆，核变大，核内出现周围绕有一轮“晕”的大型嗜酸性包涵体。分布广泛。人与其他动物皆可遭受感染。引起以生殖泌尿系统、中枢神经系统和肝脏疾患为主的各系统感染，从轻微无症状感染直到严重缺陷或死亡。

【巨细胞病毒感染】(cytomegalo virus infectiot) 由人巨细胞病毒侵入人体，引起全身感染的一组征候群。巨细胞病毒属疱疹病毒，广泛存在于自然界。人体受感染的细胞，胞体变大，胞核及胞浆中有包涵体，故又称为巨细胞包涵体病。中国是感染高发区，孕母中95%查到抗体。孕妇病毒通过胎盘传染给胎儿称先天感染。出生时吸入含病毒的羊水或生后吸入含病毒的乳汁而发病为后天感染。先天感染者，垂直感染为30%～50%，大约1/2生后有症状。如早产，宫内发育不良，生后黄疸，肝脾肿大，肝功能异常；血小板减少，皮肤瘀斑；贫血；小头畸形，脑积水；脉络膜视网膜炎等。严重感染者30%死亡。存活中90%有后遗症，如智力低下、运动障碍、耳聋、癫痫、瘫痪等。后天感染者，生后多无症状。足月儿可有肝炎和肺炎表现，预后良好。早产儿表现重，出现肝脾肿大、血小板减少、贫血等。大部分可治愈，但死亡率也很高。根据病史及临床表现，从尿、脑脊液、唾液中分离出病毒可诊断。另外生后2周内查到巨细胞病毒IgM(+)也可证明有宫内感染。应排除其他先天感染，如弓形虫、风疹病毒、单纯疱疹病毒等。

目前无有效的抗病毒药物，用更昔洛韦（丙氧鸟苷）有一定疗效：每日5mg/kg，静脉点滴，用2~3周体息1~2周，共用2~3疗程。此药副作用是骨髓抑制及神经毒，应注意。

【巨蟹座】（Cancer） 黄道十二星座之一。位于双子座与狮子座之间。中心位置：赤经8时40分，赤纬 +20°，面积约506平方度。座内恒星均较暗，有亮于四等的星仅有4颗。每年冬春黄昏，中国全境均能看到。

巨蟹座

【巨型计算机】（super computer） 在一定时期内在世界范围内速度最快、性能最高、体积最大、耗资最多的计算机系统。具有很强的计算和处理数据的能力。其主要特点是：高速度和大容量，配有多种外部和外围设备及丰富的、高功能的软件系统。主要用来承担重大的科学研究、国防尖端技术和国民经济领域的大型计算课题及数据处理任务。是强有力的模拟和计算工具，对国民经济和国防建设具有重要价值。

巨型计算机

【巨型南瓜】（giant pumpkin） 特大型南瓜。葫芦科南瓜属植物。美国引进。该瓜一般重100~200kg，最大可达250kg以上。特大南瓜植株长势强、蔓生。主蔓长350cm。主蔓结瓜、3~4结开花。花黄色。雌雄同一蔓上开花。花朵大。开花率高。坐果率高。平均每株结瓜5~8个。幼瓜小时浅黄色。呈圆形或椭圆形，有条纹；老熟瓜变橘黄色，有纵棱沟，无蜡粉，表皮富有光泽。瓜肉厚、绵、甜、香。所含营养丰富。加工成粉后，是上好的治疗糖尿病食品。

巨型南瓜

【拒爆】（misfire） 又名瞎炮、盲炮。发爆后炸药未爆炸的现象。其主要原因是：(1)在有淋水工作面使用非抗水普通纸壳雷管。(2)炮孔数目过多，起爆网路的连接方法不合理，某些雷管电流过小而拒爆。(3)雷管本身的质量问题，如中途熄火，起爆能力不够和储存期过长使雷管受潮等。处理拒爆时必须遵守下列规定：(1)连线不良造成的拒爆，可重新连线爆破。(2)在距拒爆至少0.3m处另打同拒爆眼平行的新炮眼，重新装药爆破。(3)严禁用镐刨或从炮眼中取出原放置的起爆药卷或从起爆药卷中拉出电雷管，严禁将炮眼残底（无论有无残余炸药）继续加深，严禁用打眼的方法往外掏药，严禁用压风吹这些炮眼。(4)处理拒爆的炮眼爆炸后，爆破工必须详细检查炸落的煤、矸，收集未爆的电雷管。(5)在拒爆未处理完毕以前，严禁在该地点进行同处理拒爆无关的工作。

【拒绝服务攻击】（denial of service attack） 设法让被攻击的目标机器停止为用户提供服务或资源访问的攻击，使计算机网络无法提供正常服务。黑客常用的攻击手段之一。攻击者通过发送大量数据给受害者，达到使之拒绝服务的目的。有计算机网络宽带攻击和连通性攻击。前者以极大的通信量冲击网络，使网络资源消耗殆尽，使用户合法请求无法通过；后者以连续不断的请求消耗计算机资源，使得无法处理合法用户的请求。

【拒水整理】（water-resistant finishing） 防止水滴渗过织物的整理技术。利用低表面能的整理剂，依靠表面层原子或原子团的化学力，使水不能润湿织物，同时使织物保持良好的透气和透湿性，有助于人体皮肤和服装之间的微气候调节，增加穿着舒适感。拒水整理剂主要为吡啶类、羧甲基类和有机硅类，此外还有金属络合物类。它有浓重的色泽，拒水效果持久。经拒水整理加工的面料，主要用于制作户外装、运动装和休闲装等。

【拒油整理】（oil-repellent finishing） 使油类不能润湿织物的整理技术。将拒油整理剂与助剂配成溶液，经过轧烘焙工艺，使纤维的表面张力低于各种油类的表面张力而产生拒油作用。拒油整理剂一般是含有全氟烷基侧链的聚合物乳液（或溶液）。这种全氟烷基在纤维表面定向密集堆砌，形成一个界面很低的表面。拒油整理织物具有良好的透气性和拒水性，常用做高级雨衣、旅游服的面料。

【剧药】（drastic） 药理作用强烈，极量与致死量比较接近，服用超过极量可严重危害人体健康，甚至引起死亡的药。其最小致死量大约在15g以下。洋地黄、毒甙片、狄戈辛片和秋水仙碱片等均属剧药。其药品外包装上均标有明显的"剧"字样,以便识别。剧药必须在医师的指导下使用,严防超量发生中毒。

【距离测量】(distance measurement) 测量地面上两点连线长度的工作。通常需要测定的是水平距离,即两点连线投影在某水准面上的长度。是确定地面点的平面位置的要素之一。在三角测量、导线测量、地形测量和工程测量等工作中都需要进行距离测量。距离测量的精度用相对误差(相对精度)表示。即距离测量的误差同该距离长度(n)的比值,用分子为1的公式$1/n$表示。比值越小,距离测量的精度越高。距离测量常用的方法有量尺量距、视距测量、视差法测距和电磁波测距等。

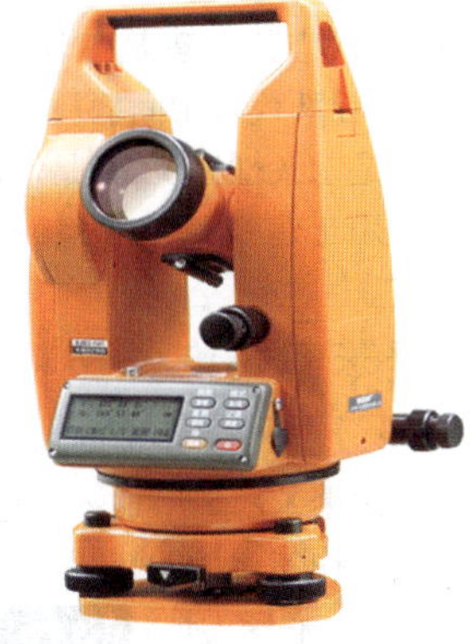
光学测距仪

【锯齿棉】(saw ginned cotton) 用锯齿式轧棉机加工轧得的皮棉。在锯齿轧棉机中,用几十片圆形锯片抓住,并带住籽棉通过嵌在锯片中间的肋条,由于棉籽大于肋条间隙,故被阻止,使棉纤维与棉籽脱离。纤维被锯齿拉下来,皮棉呈松散状态。锯齿式轧棉机上有专门的除杂设备排除僵片肃清杂质,因而锯齿棉含杂和短绒较少,纤维长度较整齐。但锯齿作用剧烈,容易损伤较长纤维和产生轧工疵点。

【聚氨酯】(polyurethanes) 聚氨基甲酸酯的简称。由异氰酸酯(单体)与羟基化合物聚合而成的化合物。由于含强极性的氨基甲酸酯基,不溶于非极性基团,具有良好的耐油性、韧性、耐磨性、耐老化性和黏合性。用不同原料可制得适应较宽温度范围(-50~150℃)的材料。包括弹性体、热塑性树脂和热固性树脂。高温下不耐水解,也不耐碱性介质。聚氨酯弹性体用作滚筒、传送带、软管、汽车零件、鞋底、合成皮革、电线电缆和医用人工脏器等;软质泡沫体用于车辆、居室、服装的衬垫;硬质泡沫体用作隔热、吸音、包装、绝缘以及低发泡合成木材。此外聚氨酯还可制成乳液、磁性材料等。

【聚氨酯建筑密封膏】(polysulphide sealant for building) 以聚氨酯聚合物为主要成分的双组分反应固化型的建筑密封材料。其产品按流变性的不同可分为N型-非下垂型(下垂度不大于3mm)和L型-自流平型(5℃自流平)。按其技术性能的不同可分为优等品、一等品和合格品三种。密封膏与多种建筑材料(如木材、金属、玻璃、塑料等)有很强的黏结力,适用于装配式建筑的屋面板、外墙板的接缝密封,混凝土建筑物的沉降缝、伸缩缝的密封,阳台、窗框、卫生间等部位接缝防水密封,给排水管道、蓄水池、水塔、桥梁等工程的接缝密封与渗漏的修补等。

【聚氨酯树脂】(polyurethane resin) 全称聚氨基甲酸酯树脂。主链链节含有氨基甲酸酯基的聚合物。通常由二元或多元的异氰酸酯和二元或多元醇,经加成聚合反应生成。在聚氨酯分子中,除含有大量氨基甲酸酯键(又称氨酯键)外,还含有酯键、醚键、缩二脲键、脲基甲酸酯键等,在大分子链之间还存在氢键。用聚氨酯制作的涂料具有许多优异性能,如特强的耐磨性,优良的附着力,优良的耐化学药品性和耐候性。

聚氨酯树脂合成革

【聚氨酯橡胶模】(polyurethane rubber-die) 用聚氨酯橡胶为材料制作的模具。聚氨酯橡胶是介于橡胶与塑料之间的弹性体。具有一定的强度、硬度、耐油、耐磨、耐老化与抗撕裂性能,可以用来进行薄料冲裁。其冲裁模是一种半模结构,以钢制的凸模(或凹模)及一个装在容框内的聚氨酯橡胶模垫为凹模(或凸模)作为冲裁模的模具工作元件。欲使装在容框内的聚氨酯橡胶在冲裁过程中能够使板料分离,必须满足下列条件:(1)保证橡胶模模垫能产生足够的压力,以克服板料的抗冲裁强度,使板料经弹性变形,塑性变形,达到断裂而形成所需冲裁件。(2)模具应具有完善的压料与顶件装置,以防止冲压时坯料侧滑。(3)钢凸模(或凹模)切入橡胶达到一定的深度后,才能保证板料分离。(4)钢凸模(或凹模)须有锋利的刃口。(5)由于每次冲压,钢凸模(或凹模)要进入橡胶,故橡胶模垫表面必须具有一定的耐磨与抗撕裂性能。常用的聚氨酯橡胶冲裁模主要有:形状简单的小型零件冲裁模、窄条状的小型薄料零件冲裁模、轮廓形状比较复杂的薄料零件冲裁模、环形薄料零件冲裁模、较厚或较硬零件的橡胶冲裁模等。

【聚苯胺复合导电纤维】(polyaniline

compound conductive fiber） 采用成纤高分子为基体，聚苯胺为导电剂，经纺丝制成的纤维。其导电性能好，在导电材料和抗静电领域用途广泛，如在服装行业可与普通合成纤维交织，制作抗静电工作服和电磁波屏蔽服，作为孕妇、儿童的防护服；在工业方面可作半导体器件、电磁波屏蔽材料及抗静电材料。

【聚苯并咪唑纤维】（polybenzimidazole fiber） 又称PBI纤维、托基纶。由间苯二甲酸二苯酯和联苯四胺缩聚而成的杂环高分子耐热纤维。具有很好的耐高温性、耐炎热性、阻燃性、尺寸稳定性、穿着舒适性和耐化学腐蚀性。但耐光性能较差。主要用于要求纤维阻燃、耐高温和无烟、低毒的领域。它的耐热性使之可取代石棉，制作防护服（消防服、防高温工作服、飞行服）和救生用品等。美国曾经用它制作阿波罗号宇宙飞船和空间实验室的宇航密封舱耐热防火材料和航天员的航天服和内衣，还可用作宇宙飞船重返地球及喷气飞机减速用的降落伞、减速器和热排出气的储存器、耐高温的过滤材料反渗透膜等。它在高温下具有石墨化的倾向，可用于制造石墨纤维。

【聚苯硫醚树脂】（polyphenylene sulfide，PPS） 以二氯苯和硫化钠为原料，在极性溶剂中进行溶液聚合制得的高分子化合物。是一种半结晶聚合物。其分子结构是由硫原子和苯环交替连接而成，在分子主链上具有苯硫基。PPS树脂具有很高的热稳定性，化学稳定性，高阻燃性，高模量，抗蠕变性以及耐化学品性。添加玻璃纤维和矿物填料能够进行精密成型，制造精度要求较高的部件。广泛应用于工业领域中，作为高性能绝缘体或各种金属代用品，如电气和电子零件、精密零件、汽车零件、机械零件等。

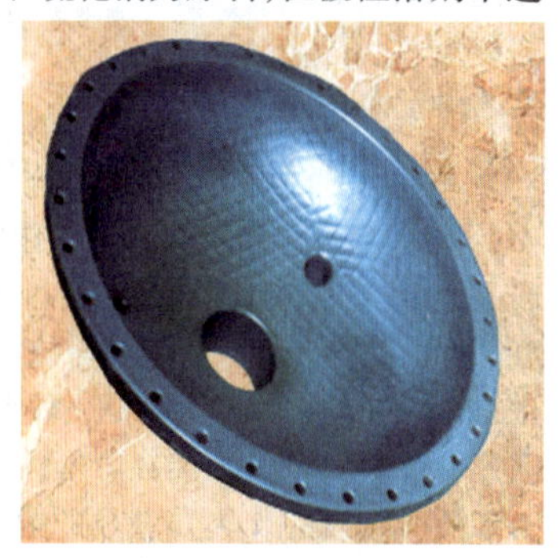

聚苯硫醚树脂防腐盖

【聚苯醚】（polyphenylene oxide，PPO） 2,6-二甲基苯酚在铜盐和胺的联合催化作用下，在空气或纯氧中进行氧化和缩聚而成的高分子化合物。具有优良的物理力学性能、耐热性和电气绝缘性，吸湿性低，强度高，尺寸稳定性好，在高温下耐蠕变，是最优异的热塑性工程塑料。溶于二氯甲烷、二氯乙烷、氯仿、四氯化碳。不溶于乙醇、丙酮等。易于加工成型，挤出、注射和模压均可。在制造医疗器械中可代替不锈钢，能承受蒸气消毒；也用于机械和电子零部件、绝缘材料等。

【聚苯模块混凝土复合绝热墙体】（polystyrene module concrete composite insulation wall body） 采用绝热混凝土模板技术制成的复合墙体。由加筋的聚苯乙烯泡沫塑料板连接组成模块，将其在建筑工地拼接组装成所需要的大模板，再在两模块中间插放钢筋与浇灌混凝土。此种模块既是永久性模块，又是墙体的高效绝热材料。最初主要用于建筑私人住宅，现在愈来愈多地用于公共建筑。

【聚苯乙烯泡沫塑料】（expanded polystyrene，EPS） 一种硬质闭孔结构的轻型高分子材料。由聚苯乙烯中加入发泡剂后加热软化产生气体制成。均匀、封闭的空腔结构使其具有吸水性弱、介电性能优良、质量轻及力学强度较高等特点。聚苯乙烯泡沫塑料施工简便，易于搬运，具有充分抵抗交通荷载的强度。在日常生活中，聚苯乙烯泡沫塑料用于仪器外包装及新鲜食品运输箱使用。作为一种新型工程材料，聚苯乙烯泡沫塑料还不断被用于各类土木工程，有效地解决了软基过度沉降、路堤与桥台连接处差异沉降，以及建筑物防潮、保温和水利设施的保温防冻、防渗等工程问题。

聚苯乙烯泡沫塑料

【聚苯乙烯树脂】（polystyrene，PS） 由苯乙烯单体通过自由基聚合而制成的高分子化合物。是无色透明的聚烯烃热塑性树脂。聚苯乙烯质地硬而脆，无色透明，可以和多种染料混合呈现不同的颜色。聚苯乙烯树脂的化学稳定性比较差，易被有机溶剂溶解，被强酸强碱腐蚀，不抗油脂，受到紫外光照射后易变色。但电绝缘和热绝缘性能极好，具有高于100℃的玻璃化温度，常被用来制作各种需要承受开水温度的容器。适用于制作日常生活中的一次性塑料餐具、透明CD盒、计算机和电视机外壳、透明塑料水杯，包装用泡沫塑料等。聚苯乙烯树脂还可以和其他橡胶类型高分子材料共聚生成各种不同力学性能的新产品。

【聚变靶丸】（target capsule of fusion） 惯性约束聚变中包容氘、氚（DT）热核燃料的微型小球。基本结构为外面一层固体外壳，由玻璃、金属或塑料组成烧蚀层和推进层;里面一层是燃料层,由氘氚冰或其他含氘氚的材料组成;最里面充以氘氚气体。聚变能量即由氘氚燃料产生。

【聚变反应】(fusion reaction) 轻原子核聚合成为较重原子核的反应。由于轻核的比结合能比中重核的比结合能低,因此,在原子核聚变过程中会释放出巨大的能量。核聚变既是宇宙中恒星之所以能够释放出巨大能量的根本原因,也是人类可资利用的最具开发前景的能源。

【聚变能】(fusion energy) 见核聚变。

【聚变燃料】(fusion fuel) 可发生热核聚变反应的核燃料。主要有氘、氚、锂等。氘在海水中含量丰富,约占其总量的1/65 000。海水中的氘容易提取,是相对廉价的核燃料。若将海水中的氘全部提出来作为聚变燃料,可供人类使用几百万年。氚在自然界里存在很少,靠氘-氘、中子-锂反应产生。氚是放射性元素,半衰期为12.3年。锂在自然界分布甚广,容易提炼,蕴藏量较丰富。氘-氚作为聚变燃料,可在不太高的温度下实现核聚变反应。氘-氘作为聚变燃料,点火条件比氘-氚燃料要高些。

【聚丙烯树脂】(polypropylene, PP) 由丙烯单体经聚合而成的高分子化合物。按其分子结构的不同可分为:(1)无规则聚丙烯。(2)等规则聚丙烯。(3)间规则聚丙烯。随着改性技术和应用领域的拓展,聚苯烯树脂成为合成树脂中发展最快的一种。常用于制造编织袋、打包带、捆扎绳、洗衣机内筒、周转箱等。

【聚沉】(coagulation) 胶体粒子在某种条件下相互聚集形成沉淀的过程。胶体稳定的原因是胶体粒子有相同的电荷而互相排斥,在溶液中加入电解质,增加了胶体中离子的总浓度,而给带电荷的胶体粒子创造了吸引相反电荷离子的有利条件,从而减少或中和原来胶粒所带电荷,使它们在相互碰撞时,可以聚集起来,迅速沉降。加热则可加快胶体粒子的热运动以增加其结合机会,使胶体粒子聚集而沉淀下来。电解质的聚沉能力用聚沉值表示。聚沉值是在一定条件下使胶体聚沉的最低电解质浓度,一般以毫摩尔/升(mmol/L)表示。电解质的聚沉能力主要由与胶体粒子带相反电荷的反离子决定。反离子价数越高,电解质的聚沉能力越大。聚沉值大致与反离子价数的6次方成反比(舒尔茨-哈迪规则)。

【聚电解质】(polyelectrolytes) 又称高分子电解质。在主链或侧链中带有多个可电离的离子性基团的高分子。具有较强的离子导电性,且质轻,黏弹性好,易成膜。按其电离的基团的不同可分为:(1)聚酸类。如聚丙烯酸、聚甲基丙烯酸、聚苯乙烯磺酸、聚乙烯磺酸、聚乙烯膦酸等。(2)聚碱类。如聚乙烯亚胺、聚乙烯胺等。此外,还有无机类的聚磷酸盐、聚硅酸盐和天然的核酸、蛋白质。后两者因一分子中具有酸性和碱性两种可电离的基团,所以称为高分子两性电解质。聚电解质还对生物显示出许多生理作用。可用作食品、化妆品、药物和涂料的增稠剂、分散剂、絮凝剂、乳化剂、悬浮稳定剂、胶黏剂,皮革和纺织品的整理剂、土壤改良剂、油井钻探用泥浆稳定剂、纸张增强剂、织物抗静电剂等。

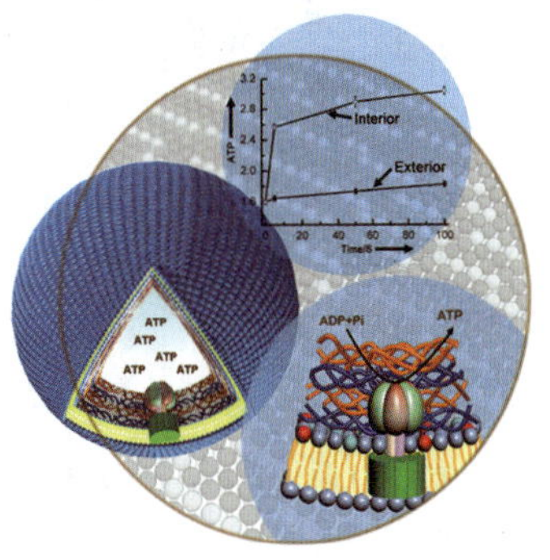

聚电解质

【聚丁烯管材】(polybutene pipe) 由1-丁烯合成的高分子惰性聚合物制成的热塑性塑料管。其特点是:抗拉强度高,抗冲击性好,热降因子小,可塑性强,耐热,耐寒,无毒,无味,抗化学腐蚀性好,不受酸碱性溶液影响,熔融温度较低等。主要用于给水、热水、饮用水的输送,建筑用水暖供热、中央空调、地板辐射采暖、太阳能热水器热水输送、电信电气用配管、电镀、石油和化工管道等领域。

聚丁烯管材

【聚对苯撑并双唑纤维】(polyphenylene-benzo-bisthiazole fiber, PBO) 学名聚对亚苯基-2,6苯并双唑。商品名为Zylon。20世纪70年代美国研究人员开发的高性能有机纤维。是含有杂环芳香族的聚酰胺家族中最有发展前途的成员,被称为21世纪超级纤维。强度、模量超过了碳纤维和钢纤维;耐热性和难燃性都远远超出现有的有机纤维。耐热性比聚苯并咪唑纤维高,在火焰中不燃烧、不收缩且柔软。具有优良的抗冲击性、抗蠕变、耐药品、耐切割、耐磨和耐高温等特性;吸湿性只有0.6%,在吸放湿时纤维尺寸稳定性好,自身又很柔软,加工性能好。聚对苯撑并双唑纤维的各项性能与其他纤维的比较如表：

PBO 与其他高性能纤维的性能比较

纤维品种	断裂强度(N/dtex)	模量(GPa)	断裂伸长率(%)	密度(g/cm^3)	回潮率(%)	LOI	裂解温度(℃)
PBO zylon HM	3.7	280	2.5	1.56	0.6	68	650
PBO zylon AS	3.7	180	3.5	1.54	2	68	650
对位芳族聚酰胺(Kevlar)	1.95	109	2.4	1.45	4.5	29	550
间位芳族聚酰胺 Nomex	0.47	17	22	1.38	4.5	29	400
钢纤维	0.35	200	1.4	7.80	0	-	-
碳纤维	2.05	230	1.5	1.76	-	-	-
高模量聚酯	3.57	110	3.5	0.97	0	16.5	150
聚苯并咪唑(PBI)	0.28	5.6	30	1.40	1.5	41	550

【聚对苯二甲酸丙二醇酯纤维】(polytrimethylene terephthalate fiber, PTT) 一种兼有涤纶和锦纶性能的新型聚酯纤维。与聚对苯二甲酸乙二酯、普通涤纶纤维与聚对苯二甲酸丁二酯纤维同属聚酯纤维。具有柔软性和弹性回复性、抗褶皱性、尺寸稳定性、耐候性、易染色性以及良好的屏蔽性能。弹性、染色性优于涤纶，与氨纶相当，其抗褶皱性、耐污性、耐光性均优于锦纶。与 PET 涤纶一样挺括、干爽。

【聚对苯二甲酸丁二醇酯】(polylbutylene terephthalate, PBT) 由对苯二甲酸与1,4-丁二醇或对苯二甲酸二甲酯和1,4-丁二醇为原料，经聚合而成的高分子化合物。为乳白色半透明到不透明、结晶型热塑性聚酯。其优点是：(1)高耐热性、韧性、耐疲劳性。(2)自润滑，低摩擦系数。(3)吸水率低，仅为0.1%，在潮湿环境中仍保持各种物性(包括电性能)。(4)电绝缘性高。作为一种综合性能优良的工程塑料，广泛用于电子电气、汽车、机械、仪器仪表等行业做结构件，也适用于要求润滑性以及耐腐蚀性的结构件。

【聚对苯二甲酸丁二醇酯纤维】(polybutylene terephthalate fiber, PBT) 一种具有耐久性、稳定性和柔软性的聚酯纤维。大分子基本链节的柔性部分较长，强度为2.7～4.5cN/dtex，伸长率为30%～60%，密度为1.32g/cm^3。其特点是：(1)手感柔软和吸湿性、耐磨性、卷曲性、拉伸弹性和压缩弹性好。(2)具有较好的染色性能，可用普通分散染料进行常压染色，色泽鲜艳，色牢度及耐氯性优良。(3)具有优良的耐化学药品性、耐光性和耐热性。PBT 纤维是理想的仿毛、仿羽绒原料，适用于制作游泳衣、连裤袜、训练服、体操服、网球服、舞蹈服、弹力牛仔服、滑雪裤、医用绷带等高弹性纺织品。

【聚对苯二甲酸乙二醇酯】(polyethylene-terephthalate, PET) 简称聚酯。对苯二甲酸与乙二醇进行缩聚反应制得的高分子化合物。是生产涤纶纤维的原料，具有耐热性和良好的耐磨性，以及一定的强度和优良的不透气性。用它制成的双向拉伸薄膜广泛用于录音带、电影及照相软片等；用它双向拉伸吹塑制成的瓶子，由于透明及二氧化碳不易透过，常用作碳酸饮料的容器。

【聚对苯二甲酸乙二醇酯瓶】(tpolyethylene terephthalate bottle) 又称 PET 瓶。由聚对苯二甲酸乙二醇酯类材料制成的塑料饮料瓶。聚对苯二甲酸乙二醇酯俗称涤纶树脂，是对苯二甲酸与乙二醇的缩聚物。乳白色或浅黄色。PET 瓶的特点是：(1)表面平滑有光泽，耐蠕变，抗疲劳，耐摩擦，尺寸稳定性好。(2)磨耗小而硬度高，具有热塑性塑料中最大的韧性。(3)电绝缘性能好，受温度影响小，但耐电晕性较差。(4)无毒，抗化学药品稳定性好，吸水率低，耐弱酸和有机溶剂，但不耐热水浸泡，不耐碱。PET 瓶成为今日饮品包装主流，许多需要高温杀菌才得以填充的饮品，如加味水、果汁、乳制品、茶饮料、能量饮料等也相继使用。这种材料耐热至70℃，只适合装暖饮或冻饮。装高温液体或加热则易变形。高温时有对人体有害的物质溶出，不能放在太阳下晒，不要装酒、油等。

【聚砜】(polysulfone, PSF) 在主链上含有二苯撑砜基团的高分子化合物。可分为聚芳砜和聚醚砜。PSF 是略带琥珀色非晶型透明或半透明聚合物，具有力学性能优异、刚性大、耐磨、强度高、尺寸稳定性好、成型收缩率

聚砜制品

小、耐温性好、介电性能优良等优点。可进行注塑、模压、挤出、热成型、吹塑等成型加工。主要用于电子电气、食品、日用品、汽车、航空、医疗等领域。

【聚合】(polymerization) 由单体进行反应生成高分子聚合物的过程。若单体聚合生成相对分子质量较低的低聚物,则称为齐聚反应,所得产物称齐聚物。由一种单体的聚合称为均聚合反应,其产物称均聚物。两种或两种以上单体参加的聚合,则称为共聚合反应,其产物称共聚物。按其聚合反应过程中是否析出低分子物可分为:(1)缩聚反应。(2)加聚反应。按其反应机理的不同可分为:(1)逐步聚合。(2)链式聚合(也称连锁聚合)。按单体和聚合物的结构的不同可分为:(1)定向聚合(或称立构有规聚合)。(2)异构化聚合;(3)开环聚合。(4)环化聚合。聚合反应是合成高聚物的基础。广泛应用于人类生活、生产、科研等各个领域。

【聚合度】(degree of polymerization) 聚合物分子中重复结构单元的数目。是衡量聚合物分子大小的指标。常用符号 n 表示。由于聚合物是由一组不同聚合度和不同结构形态的同系物的混合物所组成,因而聚合度是统计上的平均值。聚合度不同,聚合物的性能也不同。

【聚合反应】(polymerization reaction) 见聚合。

【聚合反应工程学】(polymer reaction engineering) 反应工程学的一个分支。以高分子聚合物聚合反应过程为主要研究对象,以反应技术的开发、聚合过程的优化及其反应器设计为主要目的的工程技术学科。其主要研究内容包括:(1)聚合物产品质量的数学分析方法。(2)反应动力学与相行为。(3)反应器的多态问题。(4)混合与传热。(5)动态控制和优化。(6)工业聚合反应器连续化和新型聚合反应器的研究。(7)聚合物的挥发过程。

【聚合分散介质】(polymerization dispersion medium) 不溶或微溶单体,能溶解乳化剂和引发剂,并能使溶解的乳化剂分子聚集在一起形成胶束的介质。该介质对自由基聚合反应不起阻聚作用,能保证聚合反应在很宽的温度和压力范围内进行。其本身黏度低,利于传热和传质。在乳液聚合过程中,应用最多的分散介质是水。

【聚合氯化铝】(polyaluminium choride) 由铝灰与盐酸缩聚而得或由结晶氯化铝热解后与水熟化缩聚,再经固化而得的介于氯化铝和氢氧化铝之间的无机高分子化合物。是通过羟基桥联聚合成的无色或黄色树脂状固体。其溶液为无色或黄褐色透明液体,无沉淀。有较强的吸附性能。易溶于水。水解过程伴有电化学、凝聚、吸附和沉淀等过程。聚合氯化铝是絮凝剂,主要用于水厂、灾区饮用水或游泳池水的净化,还用于给水的特殊水质处理、除铁、除镉、除氟、除放射性污染、除浮油等。也可用于石油开采、精密铸造、医药、造纸、制革等工业。

【聚合酶链式反应】(polymerase chain-reaction,PCR) 体外酶促合成特异 DNA 片段的方法。典型的聚合酶链式反应由高温变性模板、引物与模板退火、引物沿模板延伸等三步反应组成一个循环,通过多次循环反应,使目的 DNA 得以迅速扩增。PCR 能快速特异扩增任何已知目的基因或 DNA 片段,每一循环经过变性、退火和延伸,DNA 含量即增加一倍。广泛应用于基因的分离、克隆和核苷酸序列分析、突变体和重组体的构建、基因表达调控的研究、基因多态性的分析、遗传病和传染病的诊断、肿瘤机制的探索、法医鉴定等方面。

【聚合设备】(polymerization equipment) 为完成聚合反应而使用的专门装置。化学纤维,无论是人造纤维(又称再生纤维)或合成纤维都是由高分子化合物经再加工而制成的。合成纤维要把分子量很低的单体经聚合(加聚或缩聚)后成为分子量很大的成纤高聚物,需要该装置完成。形成成纤高聚物的单体种类很多。它们聚合时需要的设备和工艺条件也各不相同,有合成塔、聚合釜等各种形式。如聚酯(涤纶)的聚合设备,由五釜、四釜、三釜流程,发展到新三釜、二釜流程。聚合釜有圆盘釜、鼠笼釜、栅缝降膜塔等不同结构。工艺条件不同,设备的操作条件也不一样,有常温的,有高温高压的,还有真空状态的等。

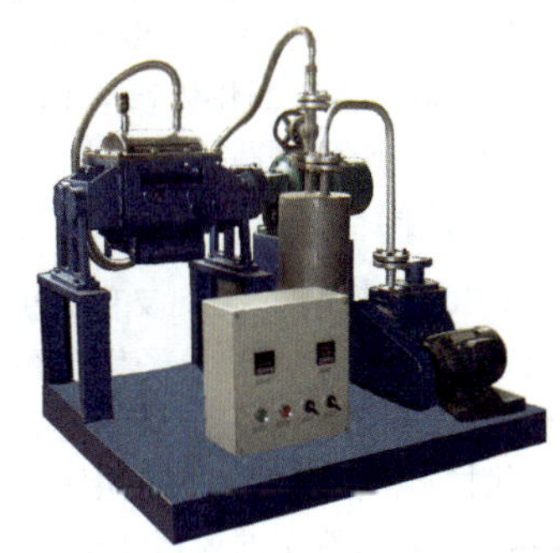

聚合设备

【聚合物】(polymer) 由一种或多种物质的单体经聚合反应而生成的分子量比一般有机化合物高得多的有机材料。一般化合物的分子量为几十至几百,合成高分子聚合物的分子量为上万甚至上百万,因此又称为高聚物。高聚物可以是天然产物如纤维素、蛋白质和天然橡胶等;也可以是用合成方法制得,如合成橡胶、合成树脂、合成纤维等非生物高聚物以及合成生物有机高分子等。按其性能和用途的不同可分为:(1)合成树脂。(2)合成橡胶。(3)合成纤维。按其主链结构的不同可分为:(1)碳链。(2)杂链。(3)元素有机高分子。由一种单体合成的叫均聚物,由两种以上单体合成的分别叫二元、三元等共聚物。其特点是:(1)种类多。(2)相对密度小(仅为钢铁的1/7~1/8)。(3)比强度大。(4)绝缘性好。(5)耐腐蚀性好。(6)加工容易,可部分取代金属、非金属材料。在国民经济及日常生活中广泛应用。

【聚合物混凝土】(polymer concrete) 由有机聚合物、无机胶凝材料与集料有效结合而成的一种新型混凝土材料的总称。可分为三种类型:(1)聚合物改性混凝土,简称PMC。(2)树脂混凝土,简称PC。(3)聚合物浸渍混凝土,简称PIC。它克服了普通水泥混凝土抗拉强度低、脆性大、易开裂、耐化学腐蚀性差等缺点,扩大了混凝土的使用范围。

【聚合杂交】(convergent cross) 以适应性和综合性状较好的品种(品系)作为基础亲本,以能按育种目标向基础亲本分别提供特定性状遗传基础的几个材料作供体亲本的杂交技术。第一年将基础亲本分别与供体亲本杂交;第二年将头年杂交而来的杂种再杂交。实现第一轮聚合;第三年将头年第一轮聚合的杂种又进行杂交,实现第二轮聚合。这种杂交方式有利于保持基础亲本的主要优良性状,又可将各供体亲本提供的特定遗传基础丰富到新品种中去。例如基础亲本A与供体亲本B(矮)、C(大穗)、D(大粒)和E(抗病)进行聚合杂交。

【聚甲基丙烯酸甲酯】(polymethyl methacrylate,PMMA) 又称有机玻璃。由甲基丙烯酸甲酯聚合而成的高分子化合物。具有透明度好、机械强度高、重量轻、易于加工等优点。是常用玻璃的替代材料。除了在飞机上用作座舱盖、风挡和弦窗外,也用作吉普车的风挡和车窗、大型建筑的天窗(可以防破碎)、电视和雷达的屏幕、仪器和设备的防护罩、电信仪表的外壳、望远镜和照相机上的光学镜片等。

【聚甲醛树脂】(polyoxymethylene resin,POM) 由甲醛单体经聚合而成的高分子化合物。是高度结晶的聚合物。有低分子量和高分子量两种。具有类似金属的硬度、强度和刚性,在很宽的温度和湿度条件下都具有很好的自润滑性、良好的耐疲劳性、低摩擦系数并富有弹性,对大多数溶剂有较好的抗化学品性。广泛用于代替各种有色金属和合金制作汽车、机械、仪表、农机、化工零部件,如齿轮、凸轮、轴承、衬套、垫圈、阀门、液体输运管道、把手及化工容器等。

聚甲醛树脂

【聚氯乙烯】(polyvinyl chloride,PVC) 由氯乙烯经聚合而成的高分子化合物。结构式$(-CH_2-CHCl)_n$。工业品是白色或浅黄色粉末。密度约1.4。含氯量56%~58%。低分子量的易溶于酮类、脂类和氯代烃类溶剂。高分子量的则难溶解。具有极好的耐化学腐蚀性。但热稳定性和耐光性较差,100°C以上或长时间阳光暴晒开始分解出氯化氢,因此制造塑料时需加稳定剂。电绝缘性优良,不会燃烧。用于制造塑料、涂料和合成纤维等。依据其中所加增塑剂的多少,可制得软质和硬质两类塑料。前者可用于制塑料薄膜(如雨衣、台布、包装材料、农膜等)、人造革、泡沫塑料和电线套层等。后者可用于制板材、管道、阀和门窗等。采用悬浮法聚合,可制得粉状树脂;采用乳液法聚合,可制得糊状树脂。它们均可用于制软质或硬质塑料。

【聚氯乙烯弹性防水涂料】(polyvinyl chloride elastic waterproofing coating) 以聚氯乙烯为基料、加入改性材料和其他助剂配制而成的弹性防水涂料。按施工方式的不同分为热塑型和热熔型。按耐热和低温性能的不同可分为801和802两个型号。801代表耐热温度为80℃,低温柔性温度为-10℃;802代表耐热温度为80℃,低温柔性温度为-20℃。该涂料的断裂延伸率不小于350%,在加热处理、紫外线处理、碱处理后断裂延伸率均不小于280%,恢复率不小于70%,不透水性为0.1MPa水压30min不渗水,黏结强度不小于0.20MPa。该涂料适用于工业与民用建筑屋的渡槽、贮水池、蓄水屋面、水沟、天沟等的防水、防腐;还适用于建筑的伸缩缝、钢筋混凝土屋面板缝、水落管接口处等的嵌缝、防水、止水;也可粘贴耐酸瓷砖及化工车间屋面、地面的防腐蚀工程。

【聚氯乙烯树脂】(polyvinyl chloride resin,PVC) 由氯乙烯单体经聚合而成的、具有热塑性的高分子化合物。聚氯乙烯具有阻燃、耐化学药品性高、机械强度及电绝缘性良好等优点。可通过模压、层合、注塑、挤塑、压延、吹塑中空等方式进行加工。主要用于生产人造革、薄膜、电线护套等塑料软制品,也可生产板材、门窗、管道和阀门等塑料硬制品。

【聚醚砜】(polyether sulfone,PES) 由砜基、醚基和次苯基经聚合而成的高分子化合物。其特点是:(1)耐热等级高。(2)力学性能好,尺寸稳定。(3)耐化学药品。(4)耐热水、耐水解性。(5)阻燃性。(6)易于加工成型。(7)电性能优异。这些特点决定了它拥有多种优良性能。适用于制造高强度、低蠕变性、高尺寸稳定性、能在较高温度下使用的制品,广泛应用于电子电气、机械设备、交通运输等领域。

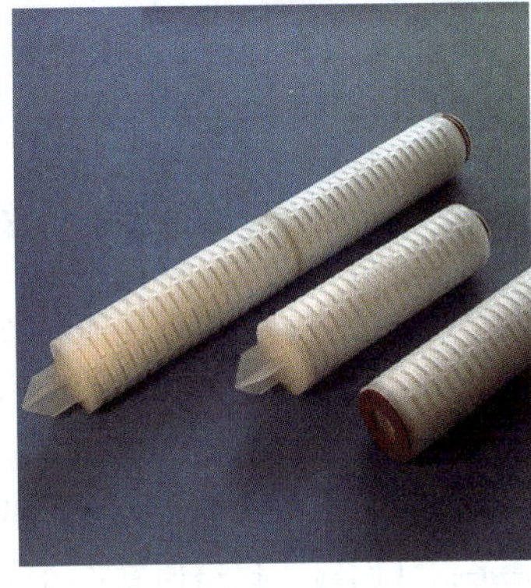
聚醚砜

【聚醚醚酮】(polyether-ether-ketone, PEEK) 由4,4′-二氟苯酮、对苯二酚和碳酸钠为原料,二苯砜为溶剂经聚合而成的高分子化合物。具有较高的阻燃性,对化学品、高温、高热都有极高的耐受性,而且在燃烧过程中,烟以及有害气体的排放量都极低。能够通过传统的技术如注射成型、挤出和压缩成型等。方法进行加工。可与其他聚合物共混或添加玻璃纤维或碳纤维等。广泛应用于汽车、飞机、医药、电子及化学工业上。

【聚醚酰亚胺】(polyetherimide, PEI) 由4,4′-二氨基二苯醚或间苯二胺与2,2′-双[4-(3,4-二羧基苯氧基)苯基]二苯甲烷二酐(4B)经聚合而成的高分子化合物。可分为非增强级别和增强级别。具有优良的力学性能、电绝缘性能、耐辐照性能、低温及耐磨性能,并可透过微波。加入玻璃纤维、碳纤维或其他填料可达到增强改性的目的。可和其他工程塑料组成耐热高分子合金,可在-160~180℃使用。广泛应用于汽车制造、航空航天、电子工业中。

【聚萘二甲酸乙二醇酯纤维】(polythylene naphthalate fiber) 由聚对苯二甲酸乙二酯的苯环置换成萘环而构成的聚酯纤维。其特点是:(1)高模量,高强度,抗拉伸性能好,伸长率可达14%。(2)尺寸稳定性好,不变形,熔点和玻璃化温度较高,热稳定性好;有优良的耐热性能。(3)具有较好的阻燃性、耐化学腐蚀性、抗紫外线、抗收缩等性能。主要用于汽车充气安全袋、轮胎和传送带等的骨架材料、增强材料、过滤材料、缆绳、服装和服饰材料等。

【聚能效应】(cavity effect) 又称空穴效应、锥孔效应、空心装药效应。在一端有空穴的炸药装药爆轰时,爆轰产物在空穴的轴线方向上汇聚,并在这个方向上增强破坏作用的现象。即人为地控制炸药包的形状,使之爆炸后释放出来的能量汇集于某一方向上,达到对目的物增强局部破坏作用。影响聚能效应强弱的主要因素有:(1)炸药性质。在影响聚能效应的炸药性质中,主要是爆速和炸药密度。炸药密度和爆速愈高,聚能流的能量也愈大。同时,由于爆速的增加,爆轰波通过聚能穴的时间就缩短,这样在形成聚能流时,能量的损失也小。因此,采用高爆速的炸药制造聚能药包,有利于增强聚能效应。(2)聚能穴的形状和尺寸。聚能穴有圆锥形、半球形、抛物线形及曲线形等。试验证明,圆锥形聚能效果较好,且以锥顶角35°~60°为宜。锥顶角过大,聚能射流细而长,不稳定。反之,锥顶角过小,则聚能射流短,且速度低。(3)聚能穴的材质。聚能穴通常分无罩和有罩两种,后者的聚能效应比前者大得多。罩体的材料有金属、黏土、陶瓷、厚纸等。实验证明以金属为佳。此外,每一种材料的罩都有其最适宜的厚度。小于或大于这个厚度,聚能效应就会降低。对于钢罩,通常采用1~2mm的厚度。

【聚偏氟乙烯】(polyvinylidene fluoride, PVDF) 由三氟乙烯经聚合而成的高分子化合物。除了具有阻燃性能外,它还具有极强的刚性、抗磨性、抗腐蚀性、化学稳定性以及良好的耐候性。在149℃时,仍能够保持力学性能。可制成型材、片材、管材以及膜等,一般用在化学储藏和加工设备、流体处理、半导体设备上。在汽车、建筑、电子等领域应用广泛。

【聚乳酸】(polylactic acid) 以乳酸为原料经缩合生产的新型聚酯材料。在自然环境下"容易被生物分解"的塑料,即容易被微生物降解,变成水和二氧化碳等物质。其特点是:热稳定性好,加工温度170~230℃;抗溶剂性好,可用多种方式进行加工,如挤压、纺丝、双轴拉伸、注射吹塑。由其制成的产品除能生物降解外,其生物相容性、光泽度、透明性、手感和耐热性也好,还具有一定的耐菌性、阻燃性和抗紫外线性。传统塑料以石油和天然气为原料,它们在自然环境下很难分解,造成很大的环境问题。使用聚乳酸塑料,为解决"白色污染"开辟了一个新途径。作为包装材料、纤维和非织造物,聚乳酸被广泛应用于服装(内衣、外衣)、产业(建筑、农业、林业、造纸)和医疗卫生等领域。

【聚乳酸防粘连膜】(plla adhension barrier) 由生物相容性良好的聚乳酸材料加工而成的可降解吸收的医用薄膜。可将手术创面与机体组织有效地隔离开,避免它们直接接触产生粘连。手术创面愈合后,可逐渐降解吸收。适用于预防腹腔、胆囊、盆腔及骨科等手术后的组织粘连。

【聚乳酸缝合线】(polylactic acid suture) 用聚乳酸制成的一种医用可吸收缝合线。是人体器官和组织的植入型可吸收医疗手术缝合材料。聚乳酸是一种高分子材料,对人体无毒无害,具有生物相容性,并可在生物体内发生生物降解而变为水和二氧化碳,因此是一种理想的生物医学材料。聚乳酸缝合线能够被人体吸收,省去了拆线的麻烦,但疤痕的问题尚未解决。聚乳酸缝合线具有多种用途。广泛应用于普外科、妇产科、骨科、泌尿科、肝胆科、胸科、眼科等临床学科。

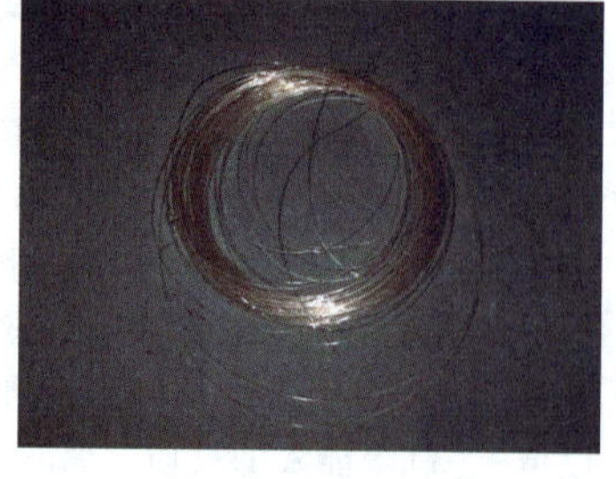
聚乳酸缝合线

【聚乳酸纤维】(polylactic acid biodegradation fiber,PLA) 又称玉米纤维。由玉米淀粉发酵制成乳酸,经过聚合、熔融纺丝或干法纺丝制成的纤维。可完全生物降解。其制品废弃后,在土壤或海水中经微生物作用可分解为二氧化碳和水;燃烧时,不散发毒气,不污染空气,是一种生态纤维。具有吸湿低、悬垂性、手感好和卷曲持久、收缩率可控制等优点。广泛应用于非织造布、织造地毯和毛毯等。

聚乳酸纤维

【聚三氟氯乙烯】(polychlorotrifluoroethylene,PCTFE) 由三氟氯乙烯以过氧化物作引发剂经自由基聚合而成的高分子化合物。其合成方法有:(1)本体聚合。(2)溶液聚合。(3)分散聚合。耐热、耐酸、耐碱和耐有机溶剂,溶于芳香烃和四氯化碳。具有优良的化学稳定性、绝缘性和耐候性,可在125~196℃的温度下长期使用,机械强度和硬度优于聚四氟乙烯。在化工、原子能工业方面用途极广。常应用于性能要求较高的化工设备、绝缘电缆、无线电器件、电容器和耐热或耐低温的配件等。

【聚四氟乙烯】(polytetrafluoroethylene,PTFE) 又称塑料王。由四氟乙烯经聚合而成的高分子化合物。是使用氟取代了聚乙烯中的氢原子的高分子材料。具有抗酸、抗碱、抗各种有机溶剂等特点。除熔融金属钠和液氟外,它能耐其他一切化学药品,在王水中煮沸也不起变化。同时具有耐高温和润滑性好等特点。其电性能和力学性能也极优良。广泛用于化工业、食品业、纺织业、印刷业、桥梁建设等领域。

【聚四氟乙烯纤维】(polytetrafluoroethylene,PTFE) 以聚四氟乙烯树脂为原料,经纺丝制成薄膜后切割或原纤化而制成的一种合成纤维。即耐腐蚀、不黏着、摩擦系数小、使用范围广的氟纶。其化学稳定性超过所有的天然纤维和化学纤维,几乎不受任何化学试剂腐蚀,不受潮,不燃烧,不黏着,不吸水。它既能在较高的温度下使用,也能在很低的温度下使用,具有良好的电性能和抗辐射性能。可作为飞机结构材料,火箭发射台的屏蔽物。可用来制作人造血管、人造气管,修补内脏,缝合非吸收组织等。在纺织工业中,可作各种面料、帐篷、伞面、手提包和鞋的材料等。

【聚碳酸酯】(polycarbonate ,PC) 由碳酸二苯酯和双酚A经酯交换和缩聚而制得的一种热塑性树脂。无毒。无臭。无色(或淡黄色)透明的固体。种类很多,最具实用价值的是双酚A(4,4'-二羟基二苯基丙烷)型聚碳酸酯。其玻璃化温度149℃,密度约1.2。结晶熔点220~230℃。溶于二氯甲烷和对二戊烷,稍溶于芳烃和酮等。耐盐类、酸类、脂肪烃类溶剂,但不耐碱。在甲醇中溶胀,有优异的冲击韧性,是较好的工程塑料。介电性、耐热耐寒性和成型加工性良好,可加工成板、管、棒等型材及薄膜等,模制品的成型精度高。可用于制造齿轮等机械零件、电气仪表零件,也可作防弹玻璃、安全头盔、防护罩、医疗器械、食品或药品包装薄膜的材料。

【聚酰胺】(polyurethanes) 聚氨基甲酸酯的简称。由异氰酸酯(单体)与羟基化合物聚合而成的聚合物。主链含-[-NH-R-CO-]-。重复结构单元。化学式-(-OC-R-NH-)-n。由于含强极性的氨基甲酸酯基,不溶于非极性基团,具有良好的耐油性、韧性、耐磨性、耐老化性和黏合性。用不同原料可制得适应较宽温度范围(-50~150℃)的材料,包括弹性体、热塑性树脂和热固性树脂。高温高压下不耐水解,也不耐碱性介质。主要用于合成纤维及增强塑料等。

【聚酰亚胺涂层胶】(polyimide coatings)

高纯度聚酰胺酸溶液经适当热固化处理后形成的薄膜材料。其特点是:耐高温,耐辐射,耐腐蚀,耐湿热以及优异力学性能和电绝缘性能。该系列产品具有很好的黏接性能,适用于微电子工业中的半导体器件表面的密封、应力缓冲保护和芯片的表面钝化,以及粒子阻挡层、多层金属互联结构、多层基板的层间介电绝缘和液晶取向膜等。

聚酰亚胺涂层胶

【聚酰亚胺纤维】(polyimide fiber, PI) 由均苯四酸二酐和芳香族二胺聚合得到聚酰胺酸预聚体,再通过溶液纺丝而制得的纤维。具有良好的机械力学性能,强度高,耐高辐射性强,用高能的 γ 射线照射 8 000 次后,纤维强度和电性能基本不变。其耐热性强,电绝缘性好,无毒,阻燃。其织物可用于宇航、核动力站、可燃气体过滤器、强热源辐射热的绝热屏地毯、高温防火保护服、赛车防燃服、装甲部队的防护服和飞行服等。它的复合材料广泛应用于高科技行业,如航空电缆、高温绝缘电器、航空火箭发动机喷管、原子能设施中和航空发动机的结构材料等。

【聚星】(multiple star) 由多颗恒星组成、彼此在引力作用下运动的恒星小系统。两颗恒星组合在一起称为双星,三颗以上的恒星组合在一起称为聚星,有时也按成员星的数目分别称作“三合星”、“四合星”等。如北斗六(中名“开阳”)就是由七颗恒星组成的聚星,也称“七合星”。聚星可分为普通聚星和四边形巨星两大类,是天文学中重要的研究课题,在现代天文学研究中占有一定的地位。

【聚乙烯醇】(polyvinyl alcohol, PVA) 由聚乙酸乙烯酯经皂化而成的高分子化合物。分子式 $(C_2H_4O)_n$。白色粉末。溶于水。不溶于汽油、煤油、植物油、苯、甲苯、二氯乙烷、四氯化碳、丙酮、醋酸乙酯、甲醇、乙二醇等。微溶于二甲基亚砜。120 ~ 150℃可溶于甘油。冷至室温时成为胶冻。耐矿物油、油脂、润滑剂和大多数有机溶剂。不吸收声音,但能正确传音。主要用于制造聚乙烯醇缩醛、汽油管道和维尼纶纤维;也可用于临时保护用薄膜、织物、皮革等的胶黏剂、装订用的胶料、织物的上浆剂、乳化剂等。

【聚乙烯醇塑料薄膜】(polyvinyl alcohol-plastic film) 以低醇解度的聚乙烯醇添加多种助剂在一定温度、压力下加工成型的薄膜。其主要性能有:(1)水溶性和降解性。聚乙烯醇塑料薄膜在水中一定时间后,能被水溶解和降解。(2)防静电性。聚乙烯醇薄膜具有良好的防静电性。(3)聚乙烯醇薄膜对水分及氨气具有较强的透过性,但对氧气、氮气、氢气及二氧化碳气体等具有良好的阻隔性。作为一种新颖的绿色包装材料,它能保持被包装产品的成分及原有气味。被广泛用于多种产品的包装,如农药、化肥、颜料、染料、清洁剂、水处理剂、矿物添加剂、洗涤剂、混凝土添加剂、摄影用及园艺护理的化学试剂等。

聚乙烯醇塑料薄膜

【聚乙烯树脂】(polyethylene resin, PE) 由乙烯聚合而成的高分子化合物。具有优良的耐化学药品性,不吸湿并且有好的防水蒸气性。可用于包装及塑料管材、异型材等。其产品主要以薄膜为主(用量占 60% 以上),如农用地膜、棚膜、包装用膜和保护膜等,其他为管材和吹塑、注塑类容器等。

【聚乙烯异相离子交换膜】(polyethylene-heterogeneous ion-exchange membrane) 由苯乙烯磺酸型阳离子交换树脂、苯乙烯季铵型阴离子交换树脂以聚乙烯黏合剂经混炼拉片再用尼龙网布增强并热压而成的聚乙烯阳离子交换膜(简称阳膜)和聚乙烯阴离子交换膜(简称阴膜)。它具有交换容量大、膜面电阻小、选择透过率大、爆破强度大、易修复等优点。主要应用于电渗析、海水淡化、锅炉水软化等方面。

【卷管理器】(volume manager) 又称逻辑卷管理器。一种把硬盘空间分配成逻辑卷的方法。通过提供逻辑卷,向用户应用和文件系统提供透明的设备在线管理。应用程序和文件系统无需直接管理物理设备,数据的安全性、完整性、输入/输出性能的调整和设备在线扩展等均可由卷管理器机制实现。服务器进行在线管理时,不必因备份和维护而进行脱机。

【卷积码】(convolutional code) 信道编码的一种。是 1955 年由 Elias 等人提出的。一种非常有前途的编码方法。卷积码将 k 个信息比特编成 n 个比特,但 k 和 n 通常很小,特别适合以串行形式进行传输,时延小。与分组码不同,卷积码编码后的 n 个码元不仅与当前段的 k 个信息有关,还与前面的 N-1 段信息有关,编码过程中互相关联的码元个数为 $n \times N$。卷积码的纠错性能随 N 的增加而增大,而差错率随 N 的增加而指数下降。同样,在卷积码译码过程中,不仅从此时刻收到的码组中提取译码信息,而且还要卷积码编码器利用以前或以后各时刻收到的码组中提取有关信息。卷积码的纠错能力随约束长度的增加而增强,差错率则随着约束长度增加而呈指数下降。在编码器复杂性相同的情况下,卷积码的性能优于分组码。描述卷积码编码器过程的方法有很多,如矩阵法、多项式、码树和网格图等。

【卷曲机】(curl machine) 将合成纤维变成像天然纤维一样具有三维弯曲状态的机械。经过牵伸和定型的合成纤维形状为直线形。天然纤维的微观外形为三维空间的弯曲状,在纺纱时相互间抱合力较强。为了使合成纤维也尽量像天然纤维一样具有三维弯曲状,须用卷曲机对其进行卷曲加工。

卷曲机

【卷取温度】(coiling temperature) 轧件到达卷取机时的温度。对轧件的金相组织和晶粒度大小有重要影响。卷取温度除了受到终轧温度影响外,还同轧后冷却的设计与控制有关。大多数先共析铁素体的形核及长大是在卷取温度以下的极其缓慢冷却条件下完成的,可以近似认为是等温转变过程。因此,卷取温度对钢材性能的影响可以理解为对转变温度的影响。所以卷取温度对钢的组织性能影响是十分显著的。卷取温度较高时,铁素体晶粒粗大均匀;卷取温度较低时,铁素体晶粒变小,同时珠光体趋于弥散细小。

【卷纬机】(weft winding machine) 将筒子卷装的纱线卷绕成符合有梭织造要求并适合梭子形状的纡子的机器。主要有卧锭式和竖锭式两种。卧锭式卷纬机的锭子工作位置呈水平状态。卧锭式自动卷纬机锭速快,自动化程度高,生产效率高,操作工劳动强度低。但此设备占地面积大,棉纺织厂中应用较少。常用于毛织、绢织生产。竖锭式卷纬机的锭子工作位置呈竖起状态,卷纬结构与细纱机相似。此设备具有产量高,纡子质量较好,工人看锭数多,占地面积小,维修方便等优点。因此,在棉织生产中被广泛应用。

【卷扬机】(hoister) 又称绞车。由动力驱动卷筒、卷绕绳索完成牵引工作的起重机械。根据所用卷筒数量的多少,可分为单筒、双筒和三筒三种;根据卷扬机卷扬速度的不同,可分为快速型和慢速型两种。建筑施工中应用较多的是电动单筒快速卷扬机。

卷扬机

【卷云】(cirrus) 白色无暗影、带有柔丝光泽、丝缕结构散乱分布的云。属高云族。常呈羽毛状、小钩状、马尾状等。均由细小冰晶构成。云底高度一般为 5 ~ 10km,寒冷或高原地区可低一些。云的厚度一般为 1.5 ~ 2.5 km。按其形态的不同可分为毛卷云、密卷云、伪卷云和钩卷云。

卷云

【决策科学】(science of decisionmaking) 一门研究科学决策的理论、原则、程序和方法的综合性学科。产生于 20 世纪 50 年代的美国。关于决策的定义,不同的学者理解不尽一致。从本质上讲,决策是人们在改造世界的过程中,寻求并实现某种最优化预定目标的活动。研究内容是:(1)现代决策的意义和特点。(2)现代决策的体制。(3)决策的类型。(4)决策的程序。(5)决策的方法。(6)决策中的心理学问题。它是社会化大生产的产物,对于实现决策的科学化和民主化有重要意义。

【决策科学化】(decision-making scientification) 以科学的理论为指导、科学的方法为手段、科学的程序为依托、科学的评估为保障、法律或制度为依据而进行的决策过程。是相对于传统的经验决策而言的。其目的是降低决策的成本和风险。其特点是在决策过程中运用先进的科学思想、理论、方法和技术。其基本要求是:(1)严格实行科学的决策程序。(2)充分依靠专家或智囊团。(3)运用科学的决策技术。(4)运用科学思想方法决断。

【决策论】(decision theory) 运筹学的一个分支。是研究依据问题的属性,从多个可供选择的方案中用数量方法如何寻找(选取)最好或满意的方案的学科。是决策分析的理论基础。在实际生活与生产中对同一个问题所面临的几种自然情况或状态,又有几种可选方案,就构成一个决策问题。决策者为对付这些情况所取的对策方案就组成决策方案或策略。决策论是在概率论的基础上发展起来的。随着概率论的发展,早在1763年贝叶斯发表条件概率定理时起,统计判定理论就已萌芽。1815年拉普拉斯用此定理估计第二天太阳还将升起的概率,把统计判定理论推向一个新阶段。统计判定理论实际上是在风险情况下的决策理论。这些理论和对策理论概念上的结合发展成为现代的决策论。决策论在包括安全生产在内的许多领域都有着重要应用。决策问题根据不同性质通常可以分为确定型、风险型(又称统计型或随机型)和不确定型三种。确定型决策是研究环境条件为确定情况下的决策;风险型决策是研究环境条件不确定,但以某种概率出现的决策;不确定型决策是研究环境条件不确定,可能出现不同的情况(事件),而情况出现的概率也无法估计的决策。

【决策民主化】(democratization decision-making) 决策时广泛听取专家和群众的意见,集中民智,反复论证,集体讨论决定的决策过程。其关键是坚持民主集中制原则。其特点是在决策过程中,各种决策要素能够畅通、规范、高效、有序地发挥作用。其基本要求是:(1)增强决策过程的透明度。(2)通过各种途径、形式广泛听取各方面专家及群众的不同意见。(3)充分依靠集体和群众的智慧。

【决策支持系统】(decision support system,DSS) 以管理科学、计算机科学、行为控制论为基础,以计算机技术、人工智能技术、经济数学方法和信息技术为手段,主要面对半结构化的决策问题,支持中高级决策者的决策活动的一种人机交互系统。主要由会话系统、数据库、模型库、方法库和知识库及其管理系统组成。功能是:为决策者迅速而准确地提供决策需要的数据、信息和背景材料,帮助决策者明确目标,建立和修改模型,提供备选方案,评价和优选各种方案,通过人机对话进行分析、比较和判断,为正确决策提供有力支持。其特点是:(1)灵活开放、按用户所需;(2)人机交互多,强调人的作用;(3)强调决策者个性需求。一个好的决策支持系统能够节约部门能源、降低运营成本、提高工作效率。

【决定系数】(coefficient of determination) 回归平方和与总平方和之比。记为R^2。其计算公式为:

$$R^2 = \frac{SS_{回归}}{SS_{总}}$$

R^2考察在Y的总变异中,由X所引起的变异占多大的比重,是衡量回归模型拟合效果的重要统计量。其特点是:(1)R^2取值在0到1之间,R^2越大,说明回归模型的拟合效果越好。(2)R^2等于相关系数(r)的平方。

【决口】(levee breach) 堤防被洪水破坏,形成缺口,洪水外流而出现的险情。按其洪水分流情况的不同可分为两类:(1)改道决口。多沙的堆积性河流,水中河床高于两岸地面,决口易造成主河道或全河夺流,进而形成河流改道;(2)分流决口。一般河流河床低于两岸地面,决口后一部分水流从口门流出,大部分水流仍走老河道。决口原因有:(1)漫决。当发生超标准洪水、风暴潮或冰坝壅塞河道,水位剧增漫过堤顶面形成决口。(2)冲决。水流、潮浪冲击堤身,发生坍塌,抢护不及而形成决口。(3)溃决。堤身、堤基土质较差或有隐患,如猫、鼠、蚁洞穴及裂缝、陷井等,遇大水溃堤。发生渗水、管涌、流土、漏洞等严重渗漏现象,因防堵不及导致险情扩大而形成决口。(4)扒决。有计划扒口分洪或以邻为壑或军事上的水攻、人为地掘堤开口。此外,还有因地震使堤身塌陷、裂缝或滑坡而致决口泛滥。

决口

【绝对零度】(absolute zero degree) 理论上所能达到的热力学的最低温度。即热力学温标下的0度,也即等于摄氏温标零下273.15度(-273.15℃)。在绝对零度条件下,物体没有内能。绝对零度只可无限逼近,但永远无法达到。

【绝对熵】(absolute entropy) 热机计算中的热力学参数。假设纯物质在热力学温度0 K(绝对温度零度)时的熵为零,以此作为起点的熵称作绝对熵。在热力学计算中,对化学成分发生变化的化学反应物系等,必须采用绝对熵计算。

【绝对湿度】(absolute humidity) 单位体积空气中含有的水蒸气的质量。空气湿度的一种表示方式。其单位是g/m³。其最大限度是饱和状态下的最高湿度。绝对湿度只有与温度一起才有意义。因为空气中能够含有的湿度的量随温度而变化,在不同的高度中绝对湿度也不同，因为随着高度的变化空气的体积也在变化。但绝对湿度越靠近最高湿度，它随高度的变化就越小。

【绝对时空观】(absolute space time view) 强调时间和空间具有绝对性，是两个独立的彼此没有联系的时空观。牛顿力学的时空观。时间均匀地流逝，空间无限地广延。然而现代科学证实，宇宙中根本不存在绝对静止的空间和物质，也不存在绝对流逝的时间。在爱因斯坦的相对论中，时间与空间相互联系且与运动有关。

【绝对误差】(absolute error) 又称误差或观测误差。测量值与真值之差。绝对误差按其性质的不同可以分为：随机误差、系统误差和过失误差；按其产生的原因可分为：仪器误差、方法误差、试剂误差、操作误差和环境误差。随机误差又称抽样误差，是由测试过程中诸多因素随机作用而形成的误差。

【绝对致死剂量】(absolute lethal dose, LD_{100}) 化学物质引起受试对象全部死亡所需要的最低剂量或浓度。如再降低剂量，就有存活者。以mg/kg(体重)表示。但由于个体差异的存在，受试群体中总是有少数高耐受性或高敏感性的个体，因此LD_{100}常有很大的波动性。在外来化合物急性毒性试验中，由于其可随实验动物品种、敏感性、动物数量不同而发生变化，故难以在实验中得到重复的结果。一般不用绝对致死剂量来衡量外来化合物急性毒性的大小。

【绝热材料】(heat insulation) 对热流有较强阻抗作用的材料。导热系数小于0.12W/(m·K)的材料。能减少热量传递，减少热流量。按其绝热原理的不同可分为：体积型绝热材料和反射型绝热材料。前者利用材料本身所含的孔隙隔热，因为空隙内的空气或惰性气体的导热系数很低，如泡沫材料、纤维材料等；后者具有很高的反射系数，能将热量反射出去，如金、银、镍、铝箔等。对于一个特定的场合，采用何种材料取决于工作温度、环境条件、机械强度要求和经济指标等因素。

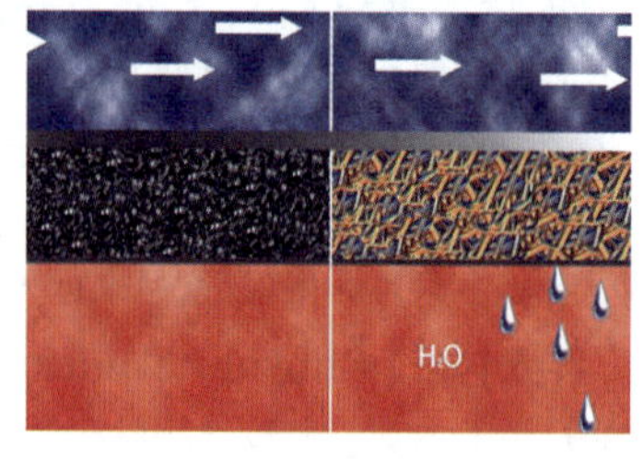

绝热材料

【绝热过程】(adiabatic process) 一个与外界无热量交换的绝热体系的状态变化过程。即指在和周围环境之间没有热量交换或者没有质量交换的情况下，一个系统的状态的变化。根据热力学第一定律，在绝热过程中，系统对外所作的功等于内能的减少量。根据热力学第二定律，在可逆的绝热过程中，系统的熵不变。但在现实中，不存在真正意义上符合定义的绝热过程。绝热过程只是一种近似。用良好绝热材料隔绝的系统中进行的过程，或由于过程进行得太快，来不及与外界有显著热量交换的过程，都可近似地看作绝热过程。例如内燃机、蒸汽机汽缸中工作物质的膨胀过程，压汽机汽缸中的压缩过程，汽轮机喷管中的膨胀过程，以及气象学中空气团的升降过程，还有声波在空气中的传播过程等，都可当作绝热过程处理。气体的绝热过程通常由气体压强的变化引起，可分为：(1)绝热压缩。发生在气压上升时。这时气体温度也会上升。例如，在给自行车打气时，可以感觉到气筒温度上升，这正是因为气体压强上升的足够快到可视为绝热过程的缘故，热量没有逃逸，因而温度上升。柴油机在压缩冲程时正是靠绝热压缩原理来给燃烧室内的混合气体点火的。(2)绝热膨胀。发生在气压下降时。这时气体温度也会下降。例如，给轮胎放气时，可以明显感觉到放出的气体比较凉，这正是因为气体压强下降的足够快到可视为绝热过程的缘故，气体内能转化为机械能，温度下降。实际工作中，还引入绝热指数(过程为可逆的绝热过程时的多变指数，理想气体的绝热指数等于比热容比，恒大于1)的概念，以方便研究与计算。

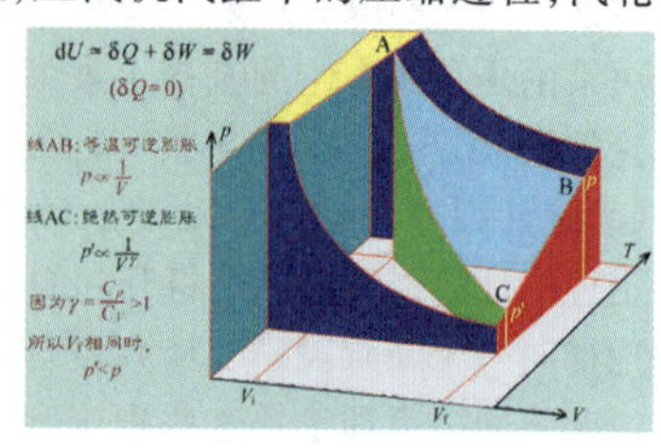

绝热过程

【绝热理论燃烧温度】(flame temperature of heat insulation) 假定燃烧反应在接近绝热的条件下进行，物系的动能及位能变化可忽略不计且对外不作有用功，燃料完全燃烧时燃烧产物所能达到的最高温度。

【绝缘配合】(insulation coordination) 在三相交流电力系统中，综合考虑系统中出现的各种工作电压、过电压限制装置和措施的特性以及绝缘的性能，恰当地选择线路和输配电设备应具有的绝缘水平，并选定相应的实验类型和实验方法。绝缘配合的原则由技术与投资相比较来确定。提高绝缘水平将使线路和设备投资加大。降低绝缘水平则会增大保护设备的投资，也会增大线路和设备的停电事故率和绝缘故障率。输电线路的绝缘配合，主要是根据在正常运行条件下的工频电压决定绝缘子链的长度，同时根据工频电压、雷电过电压和操作过电压来综合选定导线至接地部分的空间距离。输配电设备的绝缘配合,则主要是根据工频过电压、预期操作过电压倍数和避雷器残压来确定电气设备的绝缘水平。

【绝缘陶瓷】(insulating ceramics) 以离子键或共价键化合物为主晶相的功能陶瓷。其特点是:具有高电阻率,低高频损耗和高抗电强度。常用的绝缘陶瓷有氧化铝陶瓷、氮化铝陶瓷、堇青石瓷、橄榄石瓷和氧化铍瓷等。常被作为高频绝缘材料,如集成电路管壳、基片、绝缘子、密封件等,广泛用于各种电子电路和元器件的绝缘、支撑与封装上。

绝缘陶瓷

【绝缘体】(insulator) 又称非导体。不容易导电,具有良好的电绝缘性的物体。其电阻率一般为 $1\times10^{8}\sim1\times10^{18}\Omega\cdot m$。一般电绝缘体也是热绝缘体。如空气、木、棉、毛、玻璃、电木、橡皮、石蜡和塑料等都是不导电的物质。

【绝缘子污秽放电试验】(pollution discharge test of insulators) 测量污染绝缘子的电压、电流等放电特性的试验。是确定绝缘子的耐污性能。可分自然污秽试验和人工污秽试验。自然污秽试验为在自然污秽环境中和征程运行电压下进行的绝缘子污秽试验。在所选的污秽环境中建立实验站,把各种绝缘子安装于站内带电运行,长期记录各种数据,如气候条件、绝缘子上积污情况、绝缘子的泄漏电路幅值大小和脉冲频数、绝缘子耐受运行时日等,从而比较绝缘子的耐污性能的优劣。人工污秽试验指在人工创造的污秽环境和条件下,用合适电源进行的绝缘子污秽试验。

【军队指挥学】(science of military command) 军事学的一个分支。研究军队指挥规律和方法的学科。军事学术的组成部分。其主要任务是:总结军队指挥的实践经验,揭示军队指挥的一般规律,预测军队指挥的发展趋势,阐明军队指挥的原理原则,为提高军队指挥效能和达到军队指挥目的提供理论指导和科学方法。按其指挥任务范围的不同可分为战略指挥学、战役指挥学和战斗指挥学。按其部队军兵种的不同可分为合成军队指挥学、海军指挥学、空军指挥学、战略导弹部队指挥学以及炮兵、坦克兵、防空兵、空降兵等兵种指挥学。

【军港工程】(naval port projects) 又称舰艇基地工程。用于保证舰艇兵力停泊、驻屯并提供作战保障、技术保障和后勤保障的海军工程。一般建在具有重要军事地位和良好自然条件的海湾、岬角、岛屿和江河海岸。按其驻泊条件和保障能力的不同可分为供各种舰艇驻泊的综合军港工程和供某种舰艇驻泊的专用军港工程。军港设施包括水域工程和陆域工程两部分。水域工程主要有港池、进出港航道、锚地、防波(沙)堤、助航标志、海岸防护建筑等水工建筑物,有的还有水上机场。陆域工程主要有码头、船坞和滑道、船台等水工建筑物;供油、供气、供电和给水、排水设施;舰艇、武器和技术装备的检修设施;弹药、军需等物资的装卸、补给和仓储设施;铁路专线和道路等辅助设施;环境监测和污染防治设施;舰艇消磁设施;舰员训练和生活设施;岸舰导弹,岸炮、高炮和地空导弹阵地,雷达站,声呐站等对海对空防御设施。对港址的选择,要依据海军部队的作战任务和兵力部署,一般选在对预定海战场具有最大控制力的地点,并考虑有适宜的筑港条件。既要有满足舰艇停泊航行的水域,还须具备毗连水域符合布局和构筑工程设施的陆区条件。军港工程建设一般分规划、设计、施工三个阶段:(1)对港址进行全面调查和必要的勘察、规划,是新建军港的前期工作。主要从作战需要和经济效益等方面进行全面的可行性论证研究,确定建港的性质、规模和工程项目的总体布局等。(2)设计是在规划的基础上进行军港建设的具体设想和计划。一般分为初步设计和施工设计两个阶段。对特别重要和复杂的工程,在初步设计阶段和施工设计阶段之间增加技术设计阶段。根据建设地点、规模和编制,提出设计任务书及设计文件,并编制年度工程建设计划,做好施工前的准备工作。(3)施工是设计的实施,组织相应的水工及陆上的施工力量,按施工计划进行。工程竣工,经检查、验收后,交付使用。

军港工程

【军事测绘学】(milctary cartographer) 为军事需要研究测量与描绘地球及其自然表面形态和人工设施、确定目标的空间位置、绘制军用地形图和实施军事测绘保障的理论和技术的学科。其主要研究内容包括:军事大地测量、军事摄影测量与遥感、军事地图制图与地理信息工程、卫星导航定位与军用时频、军事海洋测绘、军事工程测量、军事测绘保障以及军事测绘装备等。其任务是:获取、处理、分发和应用战场环境地理空间信息,为军队信息化建设、一体化联合作战和精确打击提供及时、可靠、统一的地理空间信息保障。

军事测绘学

【军事大气环境】(military atmospheric-environment) 军事活动涉及的地球大气圈。是军事活动的自然环境之一。军事活动可能涉及到的大气圈层次,从地下军事设施的底部直到大气圈顶界,实体就是大气圈本身。军事活动存在于大气圈中又与大气圈存在相互作用。大气圈作为军事活动的外部环境之一,会对军事活动造成影响、制约,也可为其提供可资利用的条件。大气圈与军事活动间的相互作用,使得大气的某些物理性质呈现出特殊的军事意义,并导致某些特殊现象的发生和大气局部结构的变化。军事活动对大气圈的依存关系表现为需求、适应、选择和利用。对军事活动而言,按大气的热力学性质一般将大气圈划分为对流层、平流层、中间层、热层和外层等五层。

【军事地理信息系统】(military geographic information system) 应用于军事目的的数字化地理信息系统。是运用系统工程和信息科学的理论与方法,在计算机及相应软件的支持下,对一定地区的地理信息进行采集、存储、检索、分析、显示和输出的技术系统。主要应用于军事训练、战场环境分析、军事基地规划、军事行动准备与实施等方面。其子系统有:(1)多媒体地理数据采集与输入子系统。数据源包括图形(地图)、遥感图像、统计数据、空间定位数据、正文(文档)、声音、照片和视频图像等。(2)多媒体地理数据库子系统。包括空间数据库、专题数据库、文档库和声音库等。(3)分析应用支撑子系统。包括模型库、知识库和符号库。(4)空间分析子系统。主要以地理数据库为基础,从模型库中调用有关的分析和应用模型,解决军事地理空间分析与应用的基本问题,包括专题分析和综合分析等。(5)辅助决策子系统。在地理数据库子系统、分析应用支撑子系统的支持下,辅助决策者作出决策,包括作战模拟、方案评估及方案优选等。(6)地图绘制与输出子系统。在地理数据库和符号库的支持下,直接为用户提供结论性专题地图和专题数据库,包括屏幕地图、电子沙盘、军事专题地图、作战方案标绘和态势图等。作为指挥自动化的配套设备,该系统为了解战场地域结构、研究战役方向、战场预设、战役部署、兵力集结与调动、防护条件、后勤保障体系等提供依据,为指挥员制定作战计划和作战方案提供所需的战场态势、作战信息以及基本的辅助决策手段。

【军事工程】(military engineering) 用于军事目的的各种工程建筑和为保障军队作战行动而采取的其他工程技术措施的统称。包括:军事工程建筑物和构筑物,建筑过程中的工程侦察、勘测、设计、施工、维护等技术活动;其他工程技术措施包括:布雷、排雷、破坏作业、克服障碍物、漕渡、工程伪装以及野战给水中的非建筑性工程技术措施等。按其用途的不同可分为阵地工程、战略和战区指挥所及通信枢纽工程、军事交通工程、军队渡河保障工程、军事爆破工程、军队伪装工程、军队给水工程,军港工程、军用机场工程、武器试验场工程、军事训练基地工程、后勤基地和基地仓库工程、军用输油管线工程、营房工程以及大多从属于以上各工程的障碍物工程等。军事工程是土木工程及其他许多工程技术在军事上的综合运用。各项军事工程设施的修建、抢修和维护,作战保障中采取的工程技术措施,都需要运用许多学科或专业的知识与技术,如运用工程地质勘察、水文地质勘察、工程测量、工程力学、土力学、工程控制论、工程设计、建筑材料、建筑设备、铁路工程、道路工程、桥梁工程、隧道及地下工程、飞机场工程、港口工程、水利工程、特种工程结构、给水和排水工程、渡河工程、爆破工程、伪装工程、军事系统工程、工程机械等学科或专业的理论、技术、组织实施方法以及电子计算机、力学测试及激光、遥感、遥控、遥测等技术。因而军事工程从涉及的科学技术知识范围的广泛性来讲,具有知识的综合性。另外,随着战争特别是武器装备的发展,需要综合运用多种军事工程才能有效地保障军队的作战行动。因而现代军事工程常常是为了一个目的而将多种工程有机地组合起来形成一个综合体。

军事工程

【军事工程测量】(military projects survey) 研究在军事设施和国防工程建设中所进行的

与地形有关的信息采集与处理、施工放样、设备安装以及变形分析与预报等理论和技术。其目的是:为各种军事工程建设提供精确测量数据和地形图,保障工程建设按设计施工和对工程进行有效的管理。按其军事工程种类的不同可分为军用道路测量、坑道测量、军用机场测量、靶场工程测量、海港工程测量以及其他特殊工程测量;按其军事工程建设的阶段的不同可分为勘测设计阶段测量、施工测量、运营管理阶段测量;按其测量精度的不同可分为普通和精密军事工程测量。

军事工程测量

【军事工程地质学】(military engineering geology) 研究与军队行动和军事工程构筑有关的地质问题的地质学学科。研究内容包括:岩土的工程地质性质(包括成因类型、物质组成,结构构造、物理力学性质)、区域分布特点以及改良岩土性质的措施;地质环境及区域地质条件对部队行动的影响,判明不同地质条件对战斗车辆、运输车辆通行的影响;各种物理地质现象和工程地质现象对军事工程构筑的影响;进行岩土分类,研究这些地质现象发生和发展的规律,拟定克服的手段和防治方法;地质工作方法、手段及新技术的应用。军事工程地质学的应用领域包括:(1)调查、研究预定战区的地质结构和工程地质,水文地质条件,论证永久性阵地工程,战略和战区指挥所、军港工程、军用机场、导弹基地、后勤基地、通信工程设施、国防公路等的选点、选线,设计、施工和维护的适宜性;(2)通过地质勘察,为构筑筑城工事,筑城障碍物,军用道路、军用桥梁、军用水中工程,实施军事爆破、渡河、工程伪装、野战给水等提供理论和实践的资料依据;(3)根据岩土性质,分析并判定作战行动地区的地形通行战斗车辆和运输车辆的能力;(4)调查天然建筑材料、地下水源、溶洞等的分布情况和数量、质量,提出开发利用的意见。

【军事工程学】(science of military engineering) 研究军事工程及其勘察、设计、施工、维护、管理以及工程装备的结构、性能、特点、运用等技术的一门综合性学科。军事工程学的研究涉及众多学科领域,如与基础科学中的数学、物理学、化学、地学等都有关系,与技术科学中的工程力学、工程控制论和工程科学中的土木工程学的关系尤为密切。军事工程学的理论体系,是由各分支学科理论体系所组成的集合体。其研究内容包括:(1)军事工程设施的结构、性能、特点和战术技术指标及要求。(2)对施工作业场区的工程勘察及对现地地形和地质条件采取的趋利避害的工程技术措施。(3)工程设计和对新技术、新工艺的应用。(4)工程材料、设备的选用和预制构件的加工技术。(5)工程施工程序、组织实施方法和预防事故的技术措施。(6)对各种工程设施和工程装备的维护与管理。(7)与军事工程构筑和工程技术措施相匹配的工程装备系列、种类、结构、性能和运用。(8)军事工程在战争和战役、战斗中的整体效益和地位作用。(9)军事工程设施,保障军队作战行动的工程技术措施,武器装备及其他军事技术和技术活动之间的互补、协调和相互制约的关系。(10)军事工程学与工程保障学及其他学科间的相互关系。军事工程学按其研究所涉及的工程专业技术和工程设施的用途不同,划分为一系列分支学科。主要有:筑城、障碍物工程、军事爆破工程、军用道路工程、军用桥梁工程、军队渡河保障工程、工程伪装、军队给水工程、军用水中工程、军用铁路工程、军港工程、军用机场工程、战略导弹阵地工程、军用输油管线工程和营房工程等。

【军事工程装备】(military equipment for projects) 军队用于遂行工程保障任务的专用装备。通常分为:(1)工程侦察器材。包括观察器材、测绘器材、摄影器材、摄像和录像器材、水陆工程侦察车等,用于获取有关工程保障的情报、资料。(2)军用工程机械。一般包括野战工程机械、建筑机械和保障机械,用于实施工程作业及其辅助作业。(3)渡河桥梁器材。包括舟桥器材、机械化桥、拆装式金属桥、坦克架桥车,门桥器材、两栖渡河车辆,轻型渡河器材(包括冲锋舟、橡皮舟、制式徒步桥)、架桥作业车、打桩设备及其他桥梁器材等,用于开设渡场,架设桥梁,克服江河、沟谷等障碍。(4)路面器材。包括车载式自动敷设路面、人工或机械敷设的构件式路面等,用于快速克服泥泞、松软地面和江河岸滩、浅滩等障碍。(5)地雷战和反地雷战器材及陆军水雷和空飘雷、爆破器材。包括地雷、布雷器材(包括火箭布雷车、机械布雷车、单兵布雷器等)、探雷器材(包括探雷器、探雷针、探雷车等),扫雷器材(包括

军事工程装备

扫雷器、扫雷车和手工扫雷工具，如扫雷锚、扫雷钩、保险销等）和各种配套器材，用于设置和克服地雷障碍物，爆破器材包括实施爆破作业用的炸药、定型装药、火具、各种爆破器、起爆器、核爆破装置、专用导电线和检测仪表等，用于加快工程作业速度、克服障碍物和实施破坏作业。(6)工程伪装器材。包括伪装涂料，遮障伪装器材、单兵伪装器材、模拟伪装器材、无源干扰伪装器材，冷光光源，消音和隔音器材以及伪装作业机具等，用于隐蔽真目标，设置假目标等作业。(7)野战给水器材。包括水源侦察，钻井，汲水、净水，储水和输运水器材及水质检验设备等，用于在野战条件下对军队实施给水保障。(8)成套野战工事构件。包括成套的装配式工事构件、各种集装箱式和充气式工事等，用于战时快速构成各种野战工事。(9)移动式非爆炸性障碍器材。包括蛇腹形钢带网，刺钢带，电网，刺钉等，用于快速构成防步兵障碍物。(10)电工器材。包括发供电设备、照明设备、充放电装置和电动作业机具等，用于保障军队在野战条件下进行工程作业所需的电力供应和人员工作、生活用电。(11)工具分成套工具和单件工具。成套工具。有水工、铁工、钳工、电工、焊工工具和修理工具等，用于实施工程作业和维修工程机械、车辆等；单件工具有大小军锹、军镐、破坏剪等，用于土工作业、扫清射界和破坏铁丝网等。

【军事海洋学】(military oceanography) 海洋学的一个分支。研究海洋自然环境对军队建设、军事活动的影响和海洋学在军事上应用的学科。在军事科学和海洋学结合的基础上发展起来的边缘学科，同海洋学各分支学科及军事地理学、军事航海学、军事气象学、军事水文学等学科密切相关。其主要研究内容有：(1)海洋调查研究。主要是使用各种先进的海洋观测设备和技术手段，对海洋环境状况或现象进行系统的调查、监测和监视，以获取海洋物理、化学、生物、地质、水文、地球物理（重力，磁力）和气象等数据资料。(2)海洋自然规律的利用。包括对海洋资料的分析研究，掌握海洋环境要素的特性及其在海洋各种界面层上发生的现象、过程和分布变化规律；研究海洋环境与军事活动的关系以及海洋军事活动对海洋生态环境的影响等。它可以为海军军事战略方针和发展规划的制订，海军基地、港口和水上、水中工程设施的建设，海军舰艇、水中武器、水声设备及各种水下控制、监测系统等的研制与改进，实施海上作战，舰载飞机和各种武器的使用、防护以及海上搜索、救援、打捞等各个方面的海军建设及海上军事活动等提供科学数据和理论依据。(3)海洋环境保障。包括提供海洋资料；绘制军用海洋图表；发布平时或战时、综合或专项的海洋环境预报；评价舰艇在各海洋区域全寿命期的作战使用价值等。随着海洋战略地位日益加强，海洋争夺日益激化，军事海洋学的研究将逐步趋于远洋、深海，并重点加强水声学和海底军事利用的研究。

军事海洋学

【军事化学】(military chemistry) 化学的一个分支。研究物质的组成、结构、性质、变化及其在军事领域应用的学科。军事技术的基础学科之一。火炸药是包括用于发射弹丸的发射药，火箭或导弹的推进剂以及使弹药发生爆轰的炸药等。它是兵器的能源。枪弹、炮弹、地雷、水雷、鱼雷、航空炸弹和导弹等都必须装填火炸药，才能发射或爆炸，达成杀伤破坏之目的。核装药也称核燃料或核炸药，是一种含有易裂变或可聚变核素的物质，可在瞬间释放出巨大能量而发生爆炸。核装药所含的核素主要有铀235、钚239、氘、氚等。核燃料还可用作航空母舰和潜艇的核动力能源。毒剂是军事行动中以毒害作用杀伤人、畜的化学物质，是化学武器的主要组成部分。为了有效地防御化学武器，防化器材在军事化学等学科的促进下，也向高效多能、准确可靠、轻便实用和灵敏自动的方向不断发展。军用化工产品是在国防科技工业和各种武器装备中，需要使用大量普通化工产品和某些具有特殊性能的化工产品，包括各种酸、碱、燃料、油料、颜料、填料、化学试剂、特种橡胶、特种塑料、特种纤维和特种胶片等。现代化武器杀伤力大，人员伤亡复杂，军队医疗保障需要使用相应的特效药物，如抗菌素、解毒药、辐射防护剂等。在开发这些化工产品过程中，都要应用军事化学的理论知识。

【军事技术】(military technology) 直接运用于军事领域的技术科学和应用技术的统称。主要指武器装备研制和生产所涉及的科学技术、发挥武器装备效能的操作使用和维修保养技术，以及军事工程和指挥控制技术等。有时也专指操纵使

军事技术

用武器装备的技能,如射击技术、驾驶技术、飞行技术、电子设备操作技术等。军事技术是构成军队战斗力的重要因素。

【军事技术情报】(military technical intelligence) 反映武器装备性能、特点、现状与发展的情报。军事情报的类型之一。具有不间断性、针对性、时效性、准确性和广泛性等特点。其内容主要包括:敌方武器装备的性能、特点、技术参数及生产工艺,可直接应用于军事领域的科学技术成果及对军事装备产生重要影响的基础理论等。对军事技术情报的一般要求是:密切关注作战对象及相关国家科学技术和武器装备的发展动向,尤其要关注那些可能对军事思想、作战理论、作战方式和军队编制产生重大影响的新武器技术。对各种来源的情报资料,及时进行分析研究,多方验证,互相补充,去伪存真。根据不同类型的武器和装备器材,及时进行分类,并迅速上报和提供有关部门。

【军事谋略】(military stratagem) 为达到一定军事目的所运用的计谋与策略。是战争主体主观能动性的创造与发挥。具有对抗性、机巧性、诡秘性和科学性。贯穿于军事斗争的全过程,普遍存在于战争指导和作战指挥之中。对战争的进程和结局具有重要影响。

【军事气候资源】(military climatic resources) 可资国防建设和军事活动开发、利用的气象条件。按其性质的不同可分为:物质资源、能量资源和信息资源三大类。军事气候物质资源,是指大气及其生成物等可资军事开发、利用的物质条件。它主要包括大气中的水成物、固态粒子、降水及其在地表上的存留物等,具有重要的战术应用价值,是作战组织实施中不可忽视的资源条件之一。如云、雾、冰雾、烟、霾、风沙、吹雪和降水等提供的视程障碍,可作为隐蔽军事行动的天然遮障;积雪具有天然伪装效果,可构成天然障碍物,也可营造露营设施;在积雪地可就地取材用雪冰、“雪(冰)混凝土”构筑简易工事;冰封的湖泊、河流可以提高陆地的可通行性等。军事气候能量资源,是指气候要素中蕴藏的可资军事开发、利用的能量,主要包括太阳辐射能、地气系统辐射能、风能,以及由降水和特定地形共同形成的水能等。太阳辐射能提供的光能和地气系统辐射能提供、维持的地表和大气热量,在军事上的开发、利用多见于后勤保障,诸如借助光、热效应太阳灶、太阳能热水器、烘干器和寒冷季节野外宿营地点选择,以及光、热在后勤补给上的应用等。风能开发、利用的着眼点是将空气运动的动能有效地转换成其他形式的能量。如可在适宜地区建造风力发电站,针对遂行军事活动地区的风能资源条件,建造节能或使用率高的军事设施等。水能开发、利用的着眼点是将水的势能转换成其他能量形式。如可在适宜的地区建立固定的或应急的水力发电站等。军事气候信息资源,是指大气状态表露或隐含的可资军事判定、利用的信息。军事活动通常都有自己的最低气象条件,武器装备的使用及其战术运用效果也受制于特定的气象条件。战区的气候状况,其中包括某些盛行天气过程及其可能带来的大气状况,常常可用作判定敌人行动方式及企图,或者用于隐蔽己方行动方式和意图的重要信息。

【军事气象学】(military meteorology) 气象学的一个分支。主要研究气象条件对军队行动、武器使用和对技术装备的影响以及对部队作战、训练和国防科学试验实施气象保障的手段和方法的学科。其研究主要内容有:军事气候、军事行动的气象保障、气象战、各军兵种武器装备与气象等。气象条件对军事活动的影响,既有有利的一面,又有不利的一面。即使同一种气象条件,也常因人们的主观处置不同而有不同的效果。在战争中,正确运用气象条件去夺取胜利,历来为兵家视为是不可缺少的指挥艺术。

【军事情报学】(science of military intelligence) 军事学的一个分支。研究军事情报工作规律和指导规律的学科。军事学术的重要组成部分。其研究对象是军事情报工作实践。其研究内容主要包括:军事情报的本质及其在国防建设、军队作战中的地位和作用;军事情报工作的规律;军事情报工作的原则和方法;军事情报工作系统的建设和管理;军事情报学与相邻学科的关系;军事情报工作的历史及发展趋势等。其基本任务是:揭示军事情报工作规律和阐明指导军事情报工作的理论与方法。用于指导军事情报工作实践。

【军事实力】(military power) 现实的、能够直接用于战争的军事力量。指现有的武装力量员额及军事设施、装备、物资等的数量和质量,有时指军队或军队的某一级组织现有的建制单位、人员、武器装备的数量与质量等。

军事实力

【军事水文地理学】(military hydrography) 军事学的一个分支。研究地球表面各类水体对军事活动影响规律的学科。军事学术的一个组成部分。其研究对象是陆地水文和海洋水文。其主要研究内容是:实施军事水文地理保障的理论与方法。其任务是:了解和掌握地球表面水体的性质、运动、地理分布、时间变化等对军事行动的影响,揭示陆地和海洋水文与军事活动之间的关系。陆地水文研究陆地上各类水体的特性,如位置、形状、大小、水情和地区分布及其对军事活动的影响;海洋水文研究海洋区域特点、水道测量和海洋水文要素等对军事活动的影响。其目的是:为加强国防建设、做好军事斗争准备、维护海洋权益以及为抢险救灾等提供军事水文地理依据。

【军事通信系统】(military communication system) 军队中用以保障军事指挥的通信网络。由通信装备、设施以及通信人员组成,是军队指挥系统的组成部分。其作用是把指挥系统诸要素联结成一个有机的整体。现代军事通信系统要完成人与人之间、人与机器之间,以及机器与机器之间的通信。组成军事通信系统的装备有传输设备、交换设备、用户设备、保密设备、供电设备和维护测试设备等。

【军事系统工程】(military system engineering) 运用系统科学的理论和定量与定性的方法,对军事系统实施合理的筹划、研究、设计、组织、指挥和控制,使各个组成部分和保障条件综合集成为一个协调的整体,以实现系统功能与组织最优化的技术。是现代参谋组织、现代作战模拟、现代通信和网络等技术密切结合的体现。广泛用于国防工程、武器研制、军队作战、后勤保障、军事行政等领域。现代作战模拟需要建立军事对抗活动的数学模型,定量描述战斗过程的武器效能,偶然因素影响,策略运用得失,以及其他可变因素对战斗过程的效应。军事系统工程将许多学科的知识和技术综合起来,有效地实现预定的系统目标。军事系统工程应用的重要的科学理论有系统学、运筹学、信息论、控制论、心理学和国防经济学等;重要的技术有预测技术、建模技术、优化技术、计算机仿真和信息技术等;常用的方法有系统分析、规划计划预算系统(PPBS)、网络管理技术、现代作战模拟、政治军事对抗模拟和技术对抗模拟等。其实施步骤,并不都遵循完全相同的工作程序。武器研制系统工程遵循的一般程序是:武器系统概念研究、先期技术演示与验证、武器系统全面研制、武器系统生产与部署等阶段。国防系统分析则贯穿于实现军事系统的全过程。

【军事训练】(military training) 军事理论教育和作战技能教练的统称。包括部队训练、院校教育、预备役训练等。训练内容包括共同科目、技术、战术和战役法等。训练方法包括理论教学、图上作业、实物操练、计算机模拟和实兵演习等。目的是进一步提高军人的军事素质和作战能力,培养部队高度的纪律性和优良的战斗作风。

军事训练

【军事训练学】(science of military training) 军事学的一个分支。研究军事训练的现象及其规律,用以指导军事训练实践的理论知识的学科。军事学术的重要组成部分。其基本任务是:研究军事训练的基本理论与自身发展特点、训练的方针原则与指导思想、训练的管理与体制、训练的内容体系、训练的组织实施方法与形式、训练的法规与制度、训练保障、训练心理以及与其他学科的关系等。

【军事演习】(military exercise) 在设定情况下进行的作战指挥和作战行动的演练。部队在完成理论学习和基础训练之后实施的近似实战的综合性训练。按其规模的不同可分为战术演习、战役演习;按其对象的不同可分为首长机关演习和实兵演习;按其形式的不同可分为室内演习和野外演习、单方演习和对抗演习、实弹演习和非实弹演习、分段演习和综合演习;按其目的不同可分为示范性演习、研究性演习和考核性演习。

军事演习

【军事医学】(military medicine) 医学的一个分支。运用医学原理和技术、研究军队平时和战时特有的医疗和卫生保障的学科。其主要研究内容包括:卫生勤务、野战外科、军队流行病、生化武器防护医学、核武器防护医学、军事毒理学、军事航海医学、军事航空航天医学、军队卫生学等。军事医学都以一般医学理论为基础,主要研究解决现代战争条件下部队的实际医学问题。开展军事医学研究的目的,是通过卫生勤务和医疗保障措施的实施,更好地维护军人的健康和对伤病员的救治。

【军事运筹学】(military operations research) 军事学的一个分支。系统研究军事问题的定量分析及决策优化的理论和方法的学科。军事学术的重要组成部分。其研究对象为军事运筹的理论与实践。其研究领域涉及:作战指挥、军事训练、武器装备研制与发展,军队体制编制、军队管理、后勤保障等各个方面。其主要任务是:为各类军事运筹分析活动提供理论和方法,用以揭示各类军事系统的功能、结构和运行规律,科学地辅助军事决策和军事实践,合理利用资源,提高军事效能,启发新的作战思想。

【军事侦察】(military reconnaissance) 为获取军事斗争所需情报而进行的活动。按其任务范围的不同可分为战略侦察、战役侦察、战术侦察;按其活动空间的不同可分为地面侦察、海上侦察、空中侦察、空间侦察;按其军兵种和活动方式的不同可分出各种不同的侦察。

【军团病】(legionnaires disease) 由军团菌科细菌所致的急性呼吸道传染病。常呈散在发病或小流行,亦可暴发流行。多发生于中老年或有慢性疾病的患者。由空调、供水系统、雾化吸入污染的水源引起感染。其特征为:肺炎伴全身性毒血症症状,确诊依赖于特异性抗体的检查及在痰、胸腔积液、肺组织活检标本中分离出细菌。其临床表现为:缓慢起病,反复寒战,高热,并伴头痛、肌痛、乏力,也常有腹痛、呕吐、腹泻和全身衰竭;多数病人有咳嗽、胸痛、少量黏液痰,或有血痰;肺部有啰音和实变体征。严重者出现周围循环衰竭、呼吸衰竭。

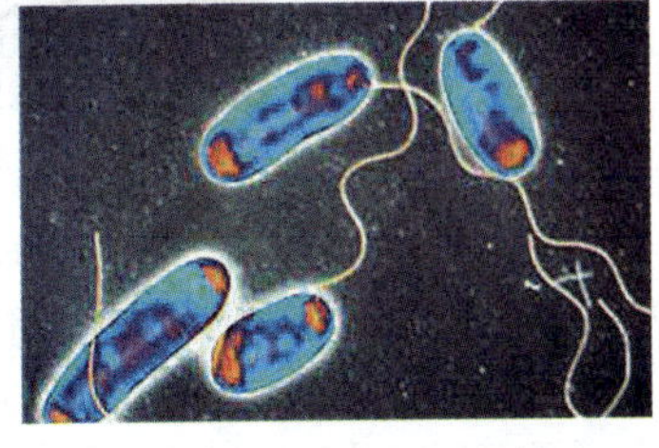

军团病病菌

【军用标准化】(military standardization) 制定、修订、发布和实施军用标准的全部活动过程。它是在国防科技、国防工业和军事技术装备等的发展中,对具有多样性、相关性特征的重复事物和概念,以特定的程序和形式,制定、修订、发布和实施统一的标准,是建立在科学技术成果和实践经验的基础上,为国防科技、国防工业和军事技术装备长远发展开辟道路的一项综合性技术基础工作。其"军用标准"是一种法规性文件,是为了满足军事要求而制定的技术标准。它是从事国防科研、试验,生产和使用、维修活动的共同技术依据。通常按其适用范围分为国家军用标准,专业标准和企业标准三类。通过军用标准的制定、修订与贯彻执行,确保军品的质量、生产的稳定性和再现性,缩短研制和生产周期,节省人力、物力和财力,提高武器装备的通用互换程度,增强部队战斗力,促进国防科技、国防工业及军事技术装备的快速发展。军用标准化的基本任务是:科学地发展军品的品种和规格;提高军品的系列化和通用化程度;扩大同类产品的使用范围;建立军用标准体系;为军事技术装备的研制、试验、生产、使用及维修等技术活动提供一整套技术先进、构成合理的军用标准,并组织贯彻执行。

【军用电子学】(military electronics) 研究电子学在军事领域应用的学科。电子学的重要组成部分。现代军用电子学的研究以微电子学和实现军事信息采集、变换、传输、处理、存储与再现等信息作业的技术手段为核心,并已逐渐转向多功能综合电子系统和直接用于作战的"软、硬杀伤"武器系统等方面的应用研究。军用电子学具有如下特点:(1)应用目的性强。以军事需求为依据,以电子技术为基础,旨在提高总体的作战能力和效益。(2)应用范围广泛。几乎遍及从武器研制、作战指挥到后勤保障等各种军事活动之中,深刻地影响着军事行动的方式。(3)技术密集、发展迅速。研究内容多属军用高技术领域,更新换代快。(4)通用性强。研究成果既可直接用于提高部队的战斗力,也可迅速转化为生产力。(5)交叉学科多。研究内容几乎涉及电子学的全部分支,还与其他学科相互渗透,形成了许多新的学科。其研究范围按性质的不同可分为:(1)应用电子系统。主要有通信、雷达、制导、侦察、电子对抗、军用电子计算机、定向能武器等系统,以及综合多种系统功能的大型电子系统等。其特点是用电子学方法实现一种或多种军事应用功能。(2)军用电子系统的技术基础理论与基础技术。包括电子线路与网络分析、微波、天线、电波传播、测量、电源、显示,信号与信息处理、信息论、数字运算与数字仿真,自动控制原理、可靠性理论等各种技术或理论基础等。(3)军用电子材料、元件、器件的制造与工艺。如固体电子器件与集成电路、真空电子器件、光电子器件,电子元件、电子材料等及其有关的制造工艺技术,为构成军用电子系统提供物质基础。从学科研究领域的发展上看,军用电子学主要研究微电子学、光电子学、军用电子计算机、人工智能与机器人、超导电子学、生物电子学等。

【军用仿生导航系统】(military biomimetic navigation system) 利用生物技术手段模拟动物导航系统的军事导航系统。自然界中的许多动物都具有导航能力。经研究发现，鸟的导航系统只有几毫克，但精确度极高，探测误差小于0.03μW/m²。一些国家利用生物技术手段模拟动物的导航系统来简化军事导航系统，以提高精度，缩小体积，减轻重量，降低成本，增强在复杂条件下的导航能力。

【军用光学技术】（military optics technology） 应用于军事领域的光学技术。主要研究电磁波从紫外到红外波段范围内光的产生、传输、探测、处理，光与物质的相互作用及其在军事上的应用。现代军用光学技术是以光学和光电子学为基础，与精密机械，电子和计算机等技术相结合而形成的一门新兴的综合技术，是现代军事技术的组成部分。军用光学技术的发展，不仅为军队建设提供了现代化的武器装备和技术手段，增强了国防实力，同时还推动了信息技术、精密加工、新材料等新兴技术和新兴产业的发展，促进了科学技术和国民经济总体水平的提高，增强了综合国力。通常按工作原理和技术发展分为：光学仪器、微光夜视技术、红外技术、激光技术和光电综合应用技术等几大类。

【军用航天技术】（military space technology） 把航天技术应用于军事领域、为军事目的进入天空和开发、利用天空的一门综合性工程技术。把航天技术中的航天器设计与制造、航天运输系统设计与制造、运载器与航天器试验、航天器发射、火箭制导和控制、航天器轨道控制、航天器姿态控制、航天器返回技术、航天器测控、航天器信息获取技术、航天医学工程等工程技术应用于军事领域，并组成不同的军用航天工程系统，完成特定的军事航天任务。军用航天技术的应用十分广泛。它的发展和应用与军事技术现代化关系十分密切。各种军用卫星的发展，使军事侦察、通信、测绘、导航、定位、预警、检测和气象预报等的能力和水平空前提高，在军事指挥及作战中起着重要的作用。

军用航天技术

【军用航天器】（military spacecraft） 用于军事目的的航天器。包括军用卫星、载人飞船、航天飞机以及未来的军用空间站、航空航天飞机（简称空天飞机）和空间武器等。最常见的军用航天器是各种军用卫星，如侦察卫星、通信卫星、气象卫星、导航卫星、测地卫星、反卫星卫星和军事技术试验卫星等。迄今世界各国共发射了5 000多个航天器，其中70%用于军事目的。军事航天器的应用，主要包括航天监视、航天支援、航天作战以及航天勤务保障四个方面。航天监视是指充分利用航天器监视范围大、不受国界和地理条件限制、可定期重复监视某个地区、可以较快地获得其他手段难以得到的情报等优势，通过航天器上的各种侦察探测设备对目标进行监视。航天支援是指利用军事航天器，支援地面和空中军事活动以增强军事力量的效能。航天作战是指利用航天器载激光、粒子束、微波束等定向能武器或动能武器，攻击、摧毁对方的航天器及弹道导弹等目标，或者由载人航天器的机械臂、太空机器人或航天员，直接破坏或擒获敌方的军用航天器。航天勤务保障是指在太空利用航天器实施检测、维修。某些民用卫星也可兼有军事用途。

【军用机场】（military airfield） 为军用飞机、直升机起飞、着陆、停放和组织、保障飞行活动而专门修建的场所。航空兵遂行作战、训练等各项任务的基地。通常由飞行场地、作战指挥设施、航空工程保障设施、后方勤务保障设施和航空兵营区组成。军用机场的场址，应符合战略方针、战场布局和战术技术要求：地形、地质、气象、水文和交通运输条件较好；在飞行场地周围能划定一个限制地物高度的净空区。按其性质的不同可分为：(1)永备机场。跑道和保障设施多为永久性的，可供航空兵常年驻用。(2)野战机场。一般铺设装配式金属板或其他简易道面的跑道，配备活动式保障设备，只供航空兵临时驻用。按其适应机种的不同可分为：(1)特级机场。主要供远程轰炸机和大型运输机使用，跑道长度为3 200～4 500m。(2)一级机场。主要供中程轰炸机和中型运输机使用，跑道长度为2 600～3 200m。(3)二级机场主要供歼击机、强击机和近程轰炸机及中型运输机使用，跑道长度为2 000～2 600m。(4)三级机场主要供初级教练机和小型运输机使用，跑道长度为1 200～1 600m，或为直径2 000m左右的土质圆形场地。

军用机场

【军用机器人】（military robot） 用程序控制的、能够代替人来完成某些军事任务的自动化机械电子装置。能模拟人类的某些功能，如视觉、听觉、触觉以及行走等，可在许多复杂、恶劣、危险的环境中代替人执行某些作战任务。现代机器人一般包括三个主要部分：传感分系统、执行机构分系统和控制分系统。它能自动地进行行动规划,并通过控制分系统把传感分系统和执行机构分系统连接在一起,构成一个有机的整体,共同完成赋予的任务。按其控制方式的不同可分为遥控式机器人、半自主式机器人和自主式机器人。它们在军事上的应用非常广泛,仅在陆军中就可列举出上百种用途。其中主要有:操纵武器装备,施放烟幕,欺骗敌人,站岗放哨,巡逻,侦察,布雷,扫雷,运输、抢修装备,救护伤员等。例如,国际上正在研制或已投入使用的军用机器人有:车辆救护机器人、"步兵先锋"机器人、"欺骗系统"机器人、战术侦察机器人、核生化侦察机器人、"地面观察员"机器人、"战斗搬运夫"机器人等。尽管军用机器人还很不完善,其生存能力、适应性以及功能等许多方面与战场上的实际需要也还有很大的差距,然而它所显示的重要作用已引起了许多国家的高度重视,有些国家的军队将装备军用智能机器人。它们将直接或间接投入军事行动,必将对未来作战方式产生重大的影响。

军用机器人

【军用生物能源】(military biological energy) 通过生物技术制造出的可替代汽油、柴油供军队使用的能源。主战兵器的机动装备大都以汽油、柴油为燃料,跟踪补给任务重、要求高。生物技术可利用红极毛杆菌和淀粉制成氢,每消耗1g淀粉就可生产出1mL氢。氢和少量燃料混合即可替代汽油、柴油。这样,机动装备只需要带少量的淀粉,就能进行长时间、远距离的机动作战。日本、加拿大等国把细菌和真菌引入酵母,酶解纤维生产酒精,或用基因工程方法使大肠杆菌把葡萄糖转化为酒精,代替汽油或柴油,可随时为军队的机动装备提供大量的生物燃料。

【军用通信装备】(military communication cquipment) 军队中用于实施通信保障的技术装备的总称。军队组织通信联络、保障指挥的重要工具,是军事通信系统的重要组成部分。现代战争对军用通信装备的要求是体积小,重量轻,便于机动,性能优良,可靠性高,互通性、抗毁性、抗干扰性和保密性好,操作简便,易于维修。按其手段的不同可分为无线电通信装备、有线电通信装备和光通信装备;按其使用范围的不同可分为通用通信装备(指陆、海、空三军都适用的通信装备)和专用通信装备(指适合某一军种或兵种特殊应用的通信装备);按其用途和使用条件的不同可分为移动式和固定式两类;按其传送信息过程中功能的不同可分为传输设备、交换设备、用户设备、保密设备、供电设备、测试设备等。此外,移动通信装备还可进一步分为便携式和车载(机载、舰载)式。

军用通信装备

【军用无人机】(military unmanned aircraft) 用遥控设备或自备程序控制装置操纵的不载人飞机。无人机多数是专门设计的,也有是用有人驾驶飞机或导弹改装的。与有人驾驶飞机相比,无人机结构简单,重量轻,尺寸小,成本和使用费用低,机动性高,隐蔽性好,能完成有人驾驶飞机不宜执行的某些任务。随着微电子技术、计算机技术、控制和导航技术及新材料技术的发展,军用无人机发展迅速,其应用范围不断扩大。

军用无人机

【军用移动通信卫星】(military mobile-communication satellite) 专门用于军事目的的通信卫星。该卫星系统按轨道的不同可分为高、中、低三种类型。高轨道的包括地球静止轨道和大椭圆轨道。地球静止轨道战术卫星通信系统,由于可提供机动终端的服务,因此也属于军用移动通信卫星系。统。但真正的全球军用移动卫星通信系统是由中、低轨道卫星群组成的移动通信网这类系统具有以下特点:(1)具有全球无缝隙覆盖能力,电

军用移动通信卫星

波覆盖区域不受地形地貌影响，可真正实现全球化和个人化；(2)能满足建立陆、海、空、天立体化全方位通信网的要求；(3)具有优良的通信能力，可实现小型移动终端和手持机通信。

【军制学】(science of military system) 军事学的一个分支。研究军事制度及其发展规律的学科。军事科学的重要学科之一。其基本任务是：揭示军事制度的发展规律，阐明军事制度的原理原则，为军事制度的制定、改革与实施提供理论依据。军制学的理论体系，主要由军制基础理论、军制应用理论、军制史和军制发展理论等构成。

【均相催化】(homogeneous catalysis) 催化剂与反应物同处于均匀物相中的催化。可分为液相均相催化和气相均相催化。其所用的催化剂包括：(1)液态酸碱催化剂。(2)可溶性过渡金属化合物催化剂。(3)一氧化氮气态分子催化剂。均相催化剂的优点是活性中心比较均一，选择性较高，副反应较少，易于用光谱、波谱、同位素示踪等方法来研究催化剂的作用。其缺点是催化剂难以分离、回收和再生。

【均相络合催化剂】(homogeneous coordination catalyst) 在反应体系中可溶成均一相的络合物催化剂。多数为金属有机化合物、过渡金属的盐类。如烯烃羰基合成制醛的羰基钴催化剂、膦改性的羰基钴催化剂和羰基铑催化剂、乙烯氧化制乙醛的钯催化剂、甲醇羰基化制醋酸的铑催化剂、烯烃聚合反应中的齐格勒催化剂(四氯化钛－烷基铝)、齐格勒－纳塔催化剂(三氯化钛－烷基铝)，共轭烯烃环化反应中的镍催化剂等。其制备较容易。在工业上应用广泛。

【均质坝】(homogeneous earth dam) 又称均质土坝。坝体绝大部分由均一土料填筑而成的坝。整个坝体(除排水设施外)采用渗透性较小的土料。施工期孔隙水压力消散缓慢，对沉降及建坝过程中的坝体稳定不利，故不宜采用黏粒含量高的肥黏土。塑性指数为7～17，黏粒含量为10%～30%，渗透系数不大于1×10^4的壤土较为适宜，填筑干容重为15～17kN/m^3。坝型构造简单，施工简便。当坝高低于40m，当地又有足够的，合乎要求的单一土料时，采用这种坝型比较经济。早期修建的中、低坝常用这种坝型。但均质坝的边坡较缓，需要土料较多，可能造成耕地、园林和植被的破坏，影响生态环境。因雨天不能施工，施工速度慢、造价高，在高坝建设中很少采用。均质坝的坝基为透水地层时，可采用垂直防渗或水平铺盖防渗。当河床覆盖层不深时，一般采用黏土截水槽达到相对不透水层。如河床覆盖层很深，常采用混凝土防渗墙或灌浆帷幕。有些工程在坝体上游设置黏土铺盖以延长渗径，减少渗透流量和渗透坡降。

均质坝

【君臣佐使】(sovereign, minister, assistant and courier) 中药术语。根据单味中药在处方中的作用而定的配伍方式。君、臣、佐、使的配合(现在一般改称主、辅、佐、引)，是组方的基本原则。君药是针对病因或主证的药物，可用一味到数味；臣药是协助君药发挥作用的药物；佐药是协助君药治疗兼证，或消除君、臣药物不良反应的药物；使药是通过经络引导诸药直达病所或起调和诸药作用的药物。

【菌根型食用菌】(mmycorrhizal edible fungi) 与树木形成外生菌根的食用菌。由于这类真菌与树木形成菌根的特殊习性很难改变，目前人工驯化培养难度仍然很大。实际上，在食用菌中，如松口蘑、鸡油菌、美味牛肝菌、羊肚菌、干巴菌、松乳菇、红菇等许多味道鲜美、品味高的野生食用菌都属于树木的外生菌根菌。但只有极少数品种正在探索半人工栽培技术。研究开发数量大、种类多、资源丰富的菌根型食用菌，一直是食用菌科技人员的一项艰巨任务。

菌根型食用菌

【菌胶团】(zoogloea) 活性污泥法处理废水过程在通气条件下由生物群体形成的一种黄色或褐色的絮状物。即细菌之间按一定的排列方式互相黏集在一起，被一个公共荚膜包围形成一定形状的细菌集团。菌胶团性状不规则，有手指状、树枝状、羽状，大小0.02～0.2mm。其中含有活性和死亡细胞、微生物产物、未经消化残渣等非活性物质。菌胶团一般是由多种类细菌构成的絮凝胶团。主要细菌有假单孢菌属、球衣菌属、菌胶团属、胶团芽孢杆菌、硝化单胞菌属等。菌胶团是活性污泥和生物膜的重要组成部分，有较强的吸附和氧化有机物的能力，在水生物处理中具有重要作用。

【菌落】(colony) 单个微生物在培养基表面或内部生长、繁殖到可以用肉眼看得见的、有一定形态结构的子细胞生长群体。不同种类的微生物所形成的菌落,在大小、形状、光泽度、颜色、硬度和透明度等方面具有不同的特征。例如,无鞭毛的球菌,常形成较小、较厚、边缘较整齐的菌落;有鞭毛的细菌则形成大而扁平、边缘呈波状或锯齿状的菌落。每种微生物在一定条件下所形成的菌落,可以作为菌种鉴定的重要依据。

【菌毛】(pilus) 细菌表面存在的一种比鞭毛更细、更短而直硬的丝状物。分为普通菌毛和性菌毛。前者与细菌吸附和侵染宿主有关;后者为中空管子,与传递遗传物质有关。菌毛具有使菌体附着于物体表面的功能。结构较鞭毛简单,无基粒等复杂构造。每个细菌有250~300条菌毛,直径3~10nm。有菌毛的细菌一般以革兰阴性致病菌居多,借助菌毛可把它们牢固地黏附于宿主的呼吸道、消化道、泌尿生殖道等的黏膜上,进一步定植和致病,有的种类还可使同种细胞相互粘连而形成浮在液体表面上的菌醭等群体结构。

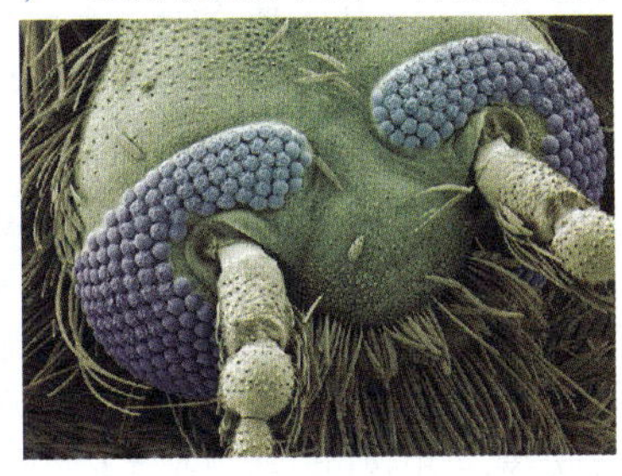
菌毛

【菌群失调】(dysbacteriosis) 机体某部位正常菌群中各菌种间的比例发生较大幅度变化而超出正常范围的状态。由此产生的病症,称为菌群失调症或菌群交替症。菌群失调时,多引起二重感染或重叠感染,即在原发感染的治疗中,发生了另一种新致病菌的感染。其发生多见于使用抗生素和慢性消耗性疾病等。临床上长期大量应用广谱抗生素后,大多数敏感菌和正常菌群被抑制或杀灭,但耐药菌则获得生存优势而大量繁殖致病。如耐药金黄色葡萄球菌引起腹泻、败血症,对抗生素不敏感的白假丝酵母菌引起鹅口疮、阴道炎、肠道和肛门感染。调整菌群平衡最直接的方法就是补充有益菌,在日常饮食中多食用一些含乳酸菌的酸奶、奶酪等。如果口腔溃疡、腹泻、便秘等病症严重,单靠食用酸奶和奶酪不能改善,可以在医生的指导下,服用可以补充双歧杆菌、乳杆菌和乳酸菌的药物。

【菌丝】(hypha) 许多丝状真菌和某些细菌(如放线菌)中,构成营养体的大量分枝或不分枝的丝状体。放线菌的菌丝细胞纤细、无隔、分枝。真菌的菌丝较粗、有分枝,其中少数无隔、多核,多数有隔、单核或少核。菌丝通过顶端生长而延伸,通过侧生而分枝。埋入基质中以吸取营养为主的菌丝称营养菌丝;伸展在空间的菌丝称气生菌丝。众多菌丝交织形成菌丝体。菌丝具有无性繁殖功能,可用于接种、扩大。

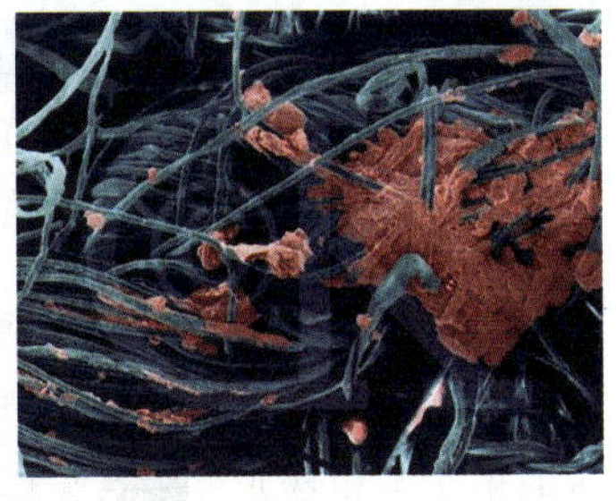
菌丝

【菌丝系统】(hyphae system) 由担子菌子实体的菌丝所组成的体系。担子菌子实体种类不同,菌丝组成也不同。按菌丝组成的不同可分为三种体系或三种类型:(1)单型菌丝。又称一体菌丝。在担子菌的子实体中只存在一种菌丝,即生殖菌丝。(2)双型菌丝。一种担子菌子实体中除有生殖菌丝外,还有骨骼菌丝或联络菌丝,组成其菌丝体系。又称二体菌丝型。(3)三型菌丝。一种担子菌子实体中除有生殖菌丝外,还存在有骨骼菌丝和联络菌丝,共同组成该担子菌的菌丝系统。

【菌索】(rhizomorph) 细长分枝、似根须的索状菌丝体。由索状菌丝体组成,顶端可生长延伸达数厘米到数十厘米。外表皮黑褐色,由紧密排列的厚壁细胞组成。内部是无色薄壁菌丝组织。蜜环菌可在树桩或倒木上形成大量菌索。假蜜环菌菌索呈鹿角状分枝,安络小皮伞菌索分枝细长,呈褐黑色似马鬃。二者均是食用和药用两用菌。

【菌苔】(lawn) 在斜面培养基上划直线接种,由母细胞繁殖长成的一片密集的、具有一定形态结构特征的细菌群落。不同微生物在特定培养基上生长形成菌苔,一般都具有稳定的特征,如形状、颜色等。菌落与菌苔的区别是:菌落是由一个细胞繁殖形成的群体,彼此分散独立,互不相连;而菌苔则相反,不是分散独立,而是相互连成一片。根据菌苔特征可对微生物进行分类和鉴定。

【菌物】(mycetese panomyces) 真菌、假菌和类菌原生物的统称。菌物不同于动物和植物,是有别于动植物之外的一类独立的生物类群。它与动物界和植物界并列,均属于原核生物。菌物没有叶绿素,不能进行光合作用,只能依靠摄取其周围可以吸收的有机物质生存。将菌物称为"微生物"是不科学的,因为相当多的菌物并不是"微"生物,而是大型生物。但把菌物统称真菌也不恰当。因为黏菌和卵菌都不是真菌。菌物生物多样性高度丰富,据估计自然界的菌物物种多达150万种。目前人们已知的还不到10万种。菌物与人类关系密切,其中相当多的种类可以食用和药用。此外,还有相当多的菌物与植物形成菌根关系,既有益于自身的生长发育,又可分解树木纤维素或木质素,使木材形成白腐或褐腐,回归大自然参与自然界的物质循环,维持生态平衡。

金针菇

【菌种保藏】(strain preservation) 为使菌种经过长时间后不污染杂菌、保持其形态特征和生理性状所进行的保藏。低温、干燥和隔绝空气是保藏菌种的重要因素。在这样条件下,菌种的生命活动将处于休眠状态(孢子、芽孢等),代谢相对静止,生长受抑制,很少发生突变,可使菌种保持较长时间。菌种保藏有许多方法。对不同的菌种应采用不同的方法:(1)定期移植法。包括液体、斜面和穿刺培养。菌种长好后于4℃保存,适合于各类菌种。(2)石蜡油封存法。适用于霉菌、酵母和细菌。(3)冷冻干燥法。-20~-40℃,适用于霉菌、酵母、细菌、放线菌;-40~-90℃,适用于霉菌、酵母、细菌、放线菌、微细藻类、原虫、噬菌体、病毒。(4)滤纸片法。适用于霉菌、酵母、细菌、放线菌、原虫。(5)沙土法。适用于霉菌、放线菌、芽孢杆菌。(6)硅胶法。适用于霉菌、酵母。(7)明胶片法。适用于异养型的多种细菌。(8)麸皮法。适用于根霉、曲霉、青霉、红曲霉、赤霉。(9)真空干燥法。适用于霉菌、细菌、酵母。菌种保藏有利于选育优良的纯种菌种。

【菌种选育】(strain breeding) 从微生物群体中筛选优良品种的过程。微生物生长繁殖过程中常会发生变异,个体之间亦会出现差异。菌种选育就是按照生产的要求,根据微生物的遗传和变异的理论,用人工方法造成菌种变异,再经过筛选获得优良品种。选育的目的是为了改善菌种的特性、提高产量、改进质量、降低成本、改革工艺、方便管理及综合利用等。其基本方法有:自然选育、生产育种、抗噬菌体菌株选育、诱变育种、代谢控制育种及原生质体技术和体外重组DNA技术(基因工程)等。

菌种选育

【菌株】(microbial strain) 微生物品系。任何由一个独立分离的微生物单细胞或单独病毒粒子繁殖而成的纯种群体及其一切后代。一种微生物的每一不同来源的纯培养物均是该菌种的一个菌株。同一个菌株中的每一个个体都具有遗传性的)纯的克隆关系。菌株名称以符号和(或)编号表示,写在学名后。一旦菌株发生变异,均应标上新的菌株名称。在进行菌种保藏、筛选或科学研究时、在进行学术交流或发表论文时、在利用菌种进行生产时,都必须标明该菌种及菌株名称。

【菌株分离】(strain isolation) 从混杂的菌样中获得纯菌株的方法。一般可用平板划线法、平板表面涂布法、浇注平板稀释法、单细胞分离法、菌丝顶端分离法等。对于抗药物突变株或营养缺陷性突变株的分离,可用含相应药物或营养物的选择性培养基平板法,包括梯度平板法、夹层分板法或影印平板法等。

【菌株退化】(degeneration of strain) 因细胞群体中个别细胞发生负变等自发突变,再经多次移种、传代,使突变个体的比例逐步扩大,甚至在群体中占优势的现象。其结果是:使微生物个体和群体特征的各个方面发生变化,其中最重要的是使产物的产量下降、营养物质代谢和生长繁殖能力下降、发酵周期延长、抗不良环境条件性能减弱等。防止菌种退化的措施有:(1)控制传代次数。(2)创造良好的培养条件。(3)利用不同类型的细胞进行移种传代。(4)采用有效的菌种保藏方法。

【皲裂】(rhagade) 黏膜或皮肤发生的线状裂口。可见长短不一、深浅不等的裂隙。轻者仅为干燥、龟裂;重者裂口深达真皮,易出血,疼痛。多见于唇部、掌面、十指尖、手侧、足侧、足跟等处。由于某些疾病或炎性浸润使组织失去弹力变脆而成,如核黄素缺乏时可引起其发生。当其较浅时,仅限于黏膜的上皮层时容易愈合而不遗留瘢痕;当其较深已达黏膜下层时,能使黏膜出血及引起灼痛,以后愈合时发生瘢痕。

【竣工测量】(finish construction survey) 工程竣工验收时为获得各种建筑物、构筑物及地下管网的平面位置、高程等资料而进行的测量工作。主要包括:测绘基础开挖基面的地形图或纵横断面图、进行建筑物过流部位或隐蔽部位及各种重要孔洞的形体测量、测绘外部形变监测设备的埋设、安装、竣工图以及测量施工区的竣工平面图。

现代科学技术知识词典

A TERMINOLOGICAL DICTIONARY OF MODERN SCIENCE AND TECHNOLOGY

第三版

（下卷）

彩图本

王济昌 主编

中国科学技术出版社

·北京·

现代科学技术知识词典

下卷

第三版　彩图本

X-Z

2263-2804

中国科学技术出版社

X

【西尔斯大厦】(Sears Tower) 位于美国伊利诺伊州芝加哥市,是20世纪世界最高的建筑之一。2009年7月16日改名为韦莱集团大厦。由SOM建筑师事务所设计。1974年竣工。建筑面积41.8万平方米,高443m。地上110层,地下3层。底部平面68.7m×68.7m,由9个22.9m见方的正方形组成。整个大厦平面随层数增加而分段收缩。1~50层为9个宽度为23.86m的方形筒组成的正方形平面;51~66层截去一对对角方筒单元;67~90层再截去另一对对角方筒单元,形成十字形;91~110层又切去三个正方形,由两个方筒单元直升到顶。大厦的造型犹如9个高低不一的方形空心筒子集束在一起,挺拔利索,简洁稳定。不同方向的立面,形态各异,突破了一般高层建筑呆板对称的造型手法。这种束筒结构体系是建筑设计与结构创新相结合的成果。大厦在1974年落成时曾一度是世界上最高的大楼,超越当时纽约的世界贸易中心。后者在被马来西亚的国家石油公司双塔大厦超过之前,保持了世界上最高建筑物的纪录达25年。

西尔斯大厦

【西风急流】(west wind jet) 中高纬度西风带内的高空急流。为围绕南北半球的大型天气系统。其宽度800~1 000km,厚度一般为6~10km,急流轴10 000~12 000km。遇到高空的强大闭合系统时,急流会改变方向甚至发生分支和汇合现象。西风急流的风速一般可达50~80m/s,在北半球,东亚海上和日本上空的西风急流最强,冬季风速可达150~180m/s。

【西尼罗河病毒】(West Nile virus) 西尼罗河病毒属黄病毒科的致病病毒。这种病毒通过扁虱和蚊子传播。其他黄病毒包括黄热病,、日本脑炎和登革热等。在极少数病例中,西尼罗河病毒也能通过输血、器官移植和哺乳传播,并且在怀孕期间这种病毒可进行母婴传播。蚊子叮咬受感染的鸟后会携带西尼罗河病毒。据了解,已有130多种鸟类感染了西尼罗河病毒。超过40多个种类的蚊子能携带此种病毒。这种病毒在蚊子的血流内循环,并侵入其唾液腺。因此,当这种蚊子叮咬人畜后,便将病毒传播到他们的血液中。西尼罗河病毒一旦进入人体,便会迅速繁殖,还能够穿过血脑屏障。通常,该屏障能够防止细菌和病毒侵入大脑。但有少数病毒,包括单纯疱疹病毒、东部马脑炎和西尼罗河病毒,能够穿过该屏障。迄今为止,科学家还不完全清楚这种现象产生的具体原因。但这有可能是因为人体在对这些病毒产生免疫反应时,释放了某种物质。它的侵入使免疫系统产生炎症反应,导致出现感染西尼罗河病毒最严重的症状:脑炎或脊髓炎。通常是由鸟类携带,经蚊子传播给人类。病毒感染者主要有发烧、肌肉疼痛等类似感冒的症状,其中有小部分人会出现脑炎和脊髓炎。大多数人在感染病毒后会出现头疼等类似感冒的症状,但老人、慢性病患者和免疫力低的人会并发脑炎甚至导致死亡。有1/10的感染者终身无法痊愈。

【西式糕点】(western-style pastry) 欧美等国家制作的糕点食品。糕点的一类。以奶油、牛奶、糖、鸡蛋、精粉为主料,以果酱、可可、水果或果干(如葡萄干等)为辅料,经挤糊、成型、烘烤、内挤花、美化而成。有突出的奶香、蛋香和果香风味。不同国家的糕点其形状、大小不同。可分为英式、俄式、德式、法式、意式等。按产品工艺特点,又可分奶油精酥类、奶油混酥类、蛋白类、蛋糕类、茶酥类、水点

西式糕点

心类和肥面类等。

【西式火腿】(western-style ham) 欧美等西方各国所产火腿的统称。火腿的一类。西式肉制品中主要品种之一。中国也有大量生产。品种品目繁多,尚无统一分类方法。按其原料种类的不同可分为:猪肉火腿、牛肉火腿、火鸡肉火腿和鸡肉火腿等。按其所用肉块部位的不同可分为:腿肉火腿、通脊火腿、肩肉火腿和腹肉火腿等。按其带骨与否可分为:带骨火腿、半带骨火腿和去骨火腿。按其腌制方法的不同可分为:不加水腌制(干腌)和加水腌制(注射盐水)。按其所用肉块大小的不同可分为:整块肉火腿和小块肉火腿(切开再成形肉制品或盐水火腿)。还可按有无烟熏、生熟程度等方法分类。著名或常见的产品有:意大利巴马火腿、美国乡村风味火腿、史密斯费尔特火腿、锦州小火腿、哈尔滨烘火腿、压缩火腿、方腿、圆腿、熏腿、肉卷、罐装火腿等。

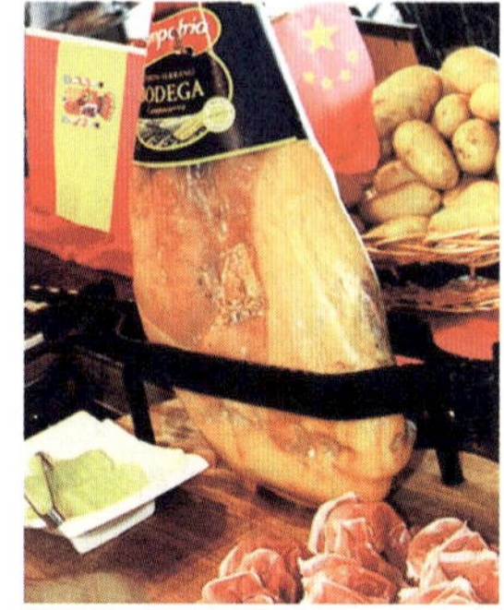
西式火腿

【西式肉制品】(western-style meat product) 以法、意、德、俄等国制作方法加工的肉类制品的统称。肉制品的一类。原料多用猪牛混合肉,调味料用盐而不用酱油,香料则用玉果粉、胡椒、大蒜、洋葱等。产品鲜嫩味淡,风味特殊,多具地方特色,如波洛尼亚香肠、法兰克福香肠、维也纳香肠、罗马火腿、威尔士培根等。至今没有统一的分类方法。日本农业标准(JAS)分:培根、火腿、压缩火腿、香肠及混合制品。美国联邦检验署分:腌肉制品(不烟熏或蒸煮)、烟熏、干燥和蒸煮肉制品、香肠、罐装肉、方便肉制品。西式肉制品在中国也有一定市场。

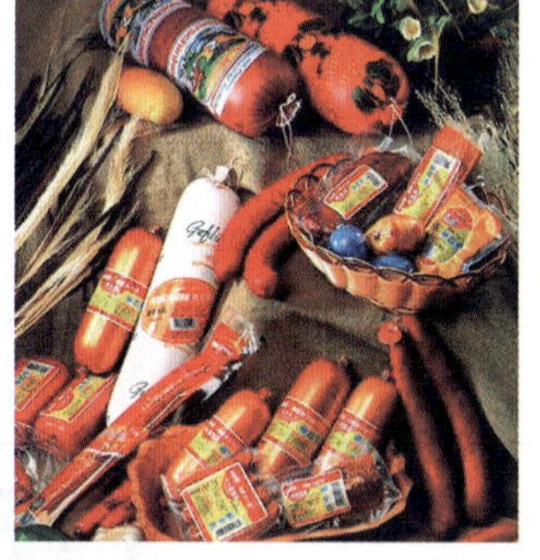
西式肉制品

【吸尘整理】(cleaning treatment) 增加非织造布对粉尘或尘埃的吸附能力的整理过程。主要采用抗静电剂、吸湿剂、石蜡乳液等吸尘剂对非织造布进行浸渍处理,既亲油又亲水,增强对粉尘的吸附能力。经过吸尘整理的非织造过滤材料,对水泥制造工业极有价值,适宜作公共建筑、旅馆和医院入口处的吸尘垫。

【吸附】(absorption) 一种物质把周围的液体或气体的分子或离子吸着在其表面的现象。在固体与气体之间、固体与液体之间和液体与气体之间都可以发生吸附现象。按其性质的不同可分为:(1)物理吸附。(2)化学吸附。(3)分子筛吸附。物理吸附的吸附能力小,被吸附的物质很容易脱离,具有可逆性,但吸附过程中不改变被吸附物的结构和性质;化学吸附的吸附能力较大,但发生化学变化,有新物质生成;分子筛只吸附一定体积的分子。吸附作用在催化、脱色、脱臭和防毒等过程中具有实用价值。在化工和环保等领域中得到广泛应用,如用活性炭吸附水中溶解性有机物,以净化废(污)水,提高水质等。

【吸附-生物降解活性污泥法】(adsorption-biodegradation) 又称AB法。一种A、B两段曝气、沉淀工艺串联的活性污泥法废水处理工艺。其工艺主要特点是:A段为高负荷段,具有很强的生物吸附、絮凝作用和氧化能力、将废水中的有机物吸附于活性污泥中,通过氧化分解,剩余污泥在A段沉淀池中被分离排出;B段是低负荷段,活性污泥具有沉淀性能好、污泥指数低的特点。与传统工艺比较,AB法具有脱氮除磷功能,运行稳定,BOD去除效率高,工程投资和运行费用低。

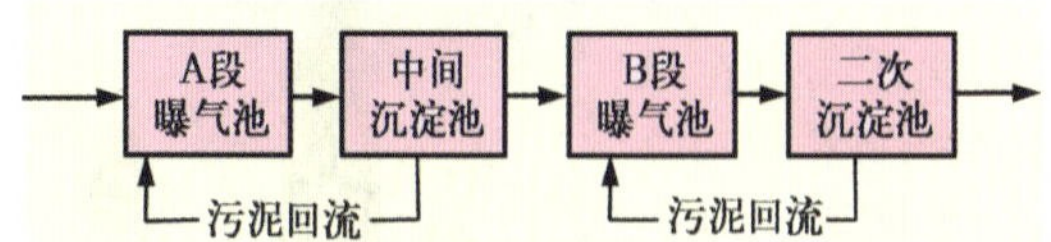

吸附-生物降解活性污泥法

【吸附处理法】(absorption process) 一种净化水质的技术。利用多孔性固体(吸附剂)吸附污废水中某种或几种污染物(吸附质)以回收或除去某些污染物,达到净化水质的目的。吸附作用是发生在不同物质界面上的物质传递,是溶剂、溶质和固体吸附剂综合作用的现象。吸附处理法的三个步骤是:污、废水中的污染物被吸附剂吸附、分离吸附剂和废水、再生或更新吸附剂。常用的吸附剂有:活性炭、磺化煤、活化煤、沸石、硅藻土、焦炭和木屑等。该法具有适用范围广、吸附效率高、可以脱附再生、性能稳定、有利于综合利用、操作简便和能耗低等特点。已用于多种污、废水处理、给水处理以及污、废水二级处理及出水的深度处理中。

【吸附法脱臭】(absorption deodorizing) 利用吸附原理去除恶臭气味的方法。可利用的吸附剂有两类:一类是活性炭、活化氧化铝、分子筛和硅胶等。它们对恶臭物质的吸附限于其表面,多为物理吸附。另一类是离子交换树脂和碱性气体吸附剂等。

【吸附剂】(absorbent) 能够将其他物质聚集到自己表面的物质。如硅胶就是应用广泛的一种极性吸附剂。其主要优点是化学惰性，且具有较大的吸附量。硅胶的吸附活性取决于其含水量。当含水量小于1%时，活性最高；大于20%时活性最低。一般采用含水量为10%～20%的硅胶作吸附剂。此外常用的吸附剂还包括：氧化铝、活性炭、聚酰胺、聚苯乙烯和磷酸钙等。

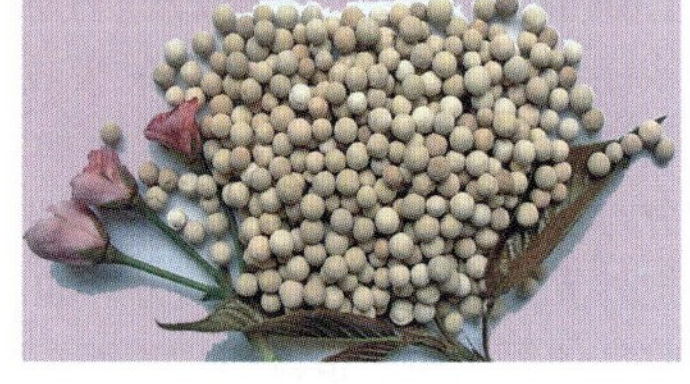
吸附剂

【吸附精炼】(adsorption refining) 通过金属熔体与吸附剂相接触，使其与熔体中的气体和非金属夹杂物发生作用而一起除去的工艺方法。包括物理作用、化学作用或机械作用。常用的吸附剂有气体、盐类固体和过滤介质等。向熔体导入惰性气体时，在气泡上浮的过程中，与悬浮的夹渣相遇时，就会将其吸附在气泡表面而被带出去。向熔体加入低熔点熔剂，在高温下与非金属夹杂物接触时，也会产生润湿和吸附作用。熔剂的吸附能力取决于其化学组成。对于铝合金来讲，氯化物比氟化物的吸附能力好，在氯化钠和氟化钾的混合物中加入少量氟化物(如冰晶石)会更好。吸附精炼只对吸附剂到达之处的熔体起作用。熔体的净化程度取决于相接触的面积或时间。属于吸附精炼的有：吹气精炼、氯盐精炼、熔剂精炼、吸附除渣、溶解除渣、化合除渣和熔体过滤等方法。是铝材行业广泛使用的精炼方法。

【吸附色谱法】(absorption chromatography) 混合物随流动相通过所选吸附剂而使其分离的方法。早期色谱分离技术之一。常用的流动相有正己烷、正庚烷、异辛烷、氯仿、异丙醇和乙腈等。常用的吸附剂有氧化铝、硅胶和聚酰胺等有吸附活性的物质。吸附过程是可逆的。被吸附物在一定条件下可以解吸出来，然后再吸附、再解吸，形成一个动态平衡。吸附色谱过程就是不断地产生吸附与解吸的矛盾统一过程，非常适合于分离不同种类的化合物。主要应用于某些分子量不大的物质的分离提纯，有的如羟基磷灰石也适用于生物大分子的分离提纯，应用范围比较广。例如分离醇类与芳香烃等，以及磷脂、甾类化合物、脂溶性维生素、非极性石油烃类和农药残留量等。

【吸附式制冷循环】(absorbing refrigeration cycle) 以热能为驱动力的制冷循环。其原理是：固体吸附剂对某种制冷剂气体具有吸附作用，周期性地冷却和加热吸附剂，使之交替吸附和解吸。解吸时释放出制冷剂气体，使之凝结为液体，吸附时制冷剂液体蒸发产生制冷作用。

【吸光系数】(absorption coefficient) 吸光物质在单位浓度及单位厚度时，在一定波长下测得的吸光度。在给定单色光、溶剂和温度等条件下，是物质的特征常数，表明物质对某一特定波长光的吸收能力。不同物质对同一波长的单色光，可有不同的吸光系数。吸光系数愈大，表明该物质的吸光能力愈强，灵敏度愈高。因此，吸光系数可作为吸光物质定性分析的依据和定量分析灵敏度的估量。因溶液浓度单位不同，有两种表达方式：摩尔吸光系数和百分吸光系数。前者是指浓度为1mol/L的溶液，在厚度为1cm的吸收池中，在一定波长下测得的吸光度。后者是指一定波长下，吸光物质的溶液浓度为1g/100ml(1%)，液层厚度为1cm时，溶液的吸光度。

【吸空气发动机】(air breathing engine) 又称航空发动机。为航空器提供动力的发动机。从航空器周围大气中吸取空气作为燃料燃烧的氧化剂。按其工作方式的不同可分为：(1)活塞式航空发动机。早期在飞机上或直升机上应用的发动机，用于带动螺旋桨或旋翼。目前仅小功率的仍然应用在轻型飞机和直升飞机上。(2)燃气涡轮发动机。应用最广泛的一种发动机。包括燃气涡轮喷气发动机、燃气涡轮风扇发动机、燃气涡轮螺旋桨发动机和燃气涡轮轴发动机。它们都有压气机、燃烧室和燃烧涡轮。燃气涡轮螺旋桨发动机主要用于时速小于800km的飞机，燃气涡轮轴发动机用于直升机，燃气涡轮风扇发动机用于更高时速的飞机，燃气涡轮喷气发动机用于超声速飞机。(3)冲压发动机。其特点是：无压气机和燃烧涡轮，进入燃烧室的空气由高速飞行的冲压作用增压。它构造简单，推力大，特别适用于高速高空飞行。

吸空气发动机

【吸热玻璃】(heat absorbing glass) 能吸收红外线辐射能，并保持较高可见光透过率的平板玻璃。可将进入室内的太阳热能减少20%～30%，可降低空调负荷。还可以吸收可见光，减少紫外线的透射，减轻对人体的损害，防止紫外线对室内用品造成褪色和变质影响。有本体着色和表面镀膜两大类产品。前者是在无色透明平板玻璃的配合料中加入特殊着色剂，采用浮法、垂直引上法和平拉法等工艺生产；后者是在玻璃表面喷镀吸热层的氧化物薄膜。吸热玻璃多在炎热地区或空调建筑物中使用。用作一般建筑物的外墙和高层建筑的玻璃幕墙、门窗玻璃、玻璃镜，既能吸热又能起到颜色玻璃的装饰作用，还可以制作玻璃家具、汽车玻璃、灯具等。

吸热玻璃

【吸声】(sound absorption) 当声波入射到物体表面时部分声能被物体吸收并转化为其他形式能量的现象。物体的吸声性能与它的性质、结构和声波的入射角度及声波的频率有关。

【吸声材料】(sound absorbing material) 具有较强吸收声能、减低噪声的材料。按其吸声原理的不同可分为：(1)靠从表面至内部许多细小的敞开孔道使声波衰减的多孔材料并吸收中高频声波。(2)靠共振作用吸声的柔性材料、膜状材料、板状材料和穿孔板，可扩大吸声范围，提高吸声系数。(3)用装饰吸声板贴壁或吊顶，多孔材料和穿孔板或膜状材料组合装于墙面，或采用浮云式悬挂，均可改善室内音质，控制噪声。多孔材料除吸收空气声外，还能减弱固体声和空气声所引起的振动。将多孔材料填入各种板状材料组成的复合结构内，可提高隔声能力，减轻结构重量。

吸声材料

【吸声砌块】(sound absorbing block) 能提高吸声功能的砌块材料。一种新型建筑材料。主要用于音响效果要求较高的建筑物墙面上，如应用在剧院、音乐厅和礼堂等。

【吸湿排汗纤维】(moisture absorbing and sweat conducting fiber) 排水、扩散和挥发水分的聚酯纤维。该纤维使水珠无法在纤维表面产生稳定的接触角而会流动，在纤维十字截面上有四个沟槽，当有水珠滴落时便迅速吸收，沟槽产生毛细管效应，加速了排水和输水效果。人体的汗液利用纱中纤维上的细小沟槽被迅速地扩散到布面，再利用十字形截面产生的高面积比，将水分快速地挥发到空气中。十字形截面还使纱线具有良好的蓬松性。聚酯纤维具有较高的湿屈服模量，在湿润状态时不会像海绵纤维那样倒伏，始终保持织物与皮肤间的微气候状态，使人体感到干爽、舒适。

【吸收】(absorption) 物质(体)吸收其他实物或能量等的过程。❶实物的吸收。一种物质使另一物质进入其内并与之融和。例如，石灰或硫酸吸收水分、血液吸收养料、固体或液体吸收气体等。❷物体把外界的某些物质吸其内部。如海绵吸收水、木炭吸收气体等。❸特指机体把组织外部的物质吸到组织内部。如肠黏膜吸收养分、植物的根吸收水和无机盐等。❹辐射或能量的吸收。辐射及某种形式的能量被物体表面吸收或在介质内传播并逐渐被介质吸收，并转化为其他形式的能量。如声波、电磁辐射被物体表面吸收或玻璃吸收紫外线、金属吸收 X 射线、水吸收声波等。❺组织或团体接受。如吸收成员、吸收意见。❻学习、总结、消化。如吸收世界各地的先进经验和文明成果、成熟做法等。

【吸收半衰期】(half life of absorption, $T_{1/2}ka$) 药物吸收进入体内一半所需的时间。是衡量药物在体内吸收速度的尺度。计算公式为：

$$T_{1/2}ka = 0.693/Ka。$$

其中 Ka 为吸收速率常数。

【吸收光谱】(absorption spectrum) 具有波长连续分布的光在透过物质时，某些波长的光被物质吸收而产生的暗线或暗带组成的光谱。由于物质所在的状态不同，吸收光谱有不同的形状；如在原子状态中，为比较分开的暗线光谱；在气体或蒸气的分子状态中，为密集的暗线组成的暗带光谱；处于固体或液体状态中的物质，则往往将一定波长区域的光线全部吸收，而不表现出明显的暗线或暗带。在一般情况下，物质吸收光谱的波长与该物质的某些发射光谱波长相等。因为发射光谱一般必须在高温下获得，而高温下的分子或晶体往往易于分解，因此吸收光谱最宜用于研究它们的结构。又由于分子的振动和转动光谱都位于红外区域，所以人们特别重视红外吸收光谱的研究。

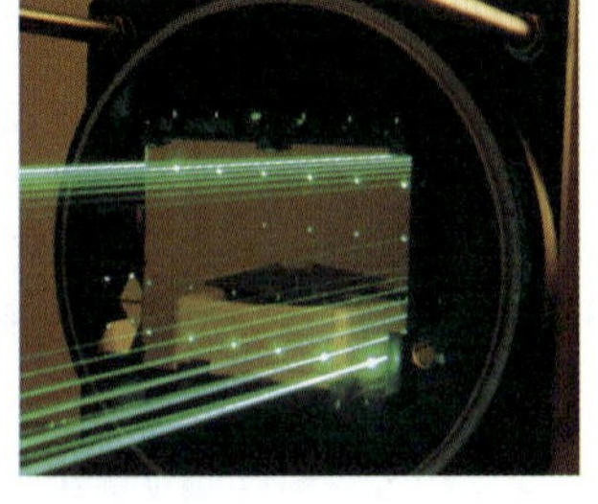
吸收光谱

【吸收式制冷循环】(absorbing refrigeration cycle) 以热能作为驱动力的制冷循环。根据气体在溶液中溶解度随温度的变化而变化的原理进行工作。分为高压侧和低压侧两部分。蒸发器和吸收器属于低压侧。蒸发器内的压力由所希望的蒸发温度确定,该温度必须稍低于被冷却介质的温度;吸收器内压力稍低于蒸发压力,一方面是因为在它们之间存在着管道等流动阻力,另一方面也是溶液吸收蒸汽所必须具有的推动力。冷凝器和发生器属于高压侧。冷凝器内的压力是根据冷凝温度而定的,该温度必须稍高于冷却介质的温度;发生器内的压力由于要克服管道阻力等影响而应稍高于冷凝器的压力。

【吸收线】(absorption line) 用光照射某种物质时,由于某些频率的光被组成物质的原子或分子选择性地吸收,而在光谱中形成的暗谱线。在物质结构分析中获得了应用。

【吸塑模具】(plastics breathing mould) 以塑料板、片材为原料,以负压成型塑料制品的成型模具。吸塑模具因成型时压力较低,所以模具材料多选用铸铝或非金属材料制造。其原理是:利用抽真空成型方法或压缩空气成型方法,使固定在凹模或凸模上的塑料板、片,在加热软化的情况下变形而贴在模具的型腔上得到所需成型产品。主要用于一些日用品、食品和玩具类包装制品生产方面。

吸塑模具

【吸痰】(sputum absorbing) 经口、鼻腔、人工气道将呼吸道的分泌物吸出,以保持呼吸道通畅,预防吸入性肺炎、肺不张、窒息等并发症的一种方法。吸痰装置有中心负压装置、电动吸引器等。是利用负压吸引原理,连接导管吸出痰液。主要用于年老体弱、危重、昏迷、麻醉未清醒前等各种原因引起的不能有效咳嗽、排痰者。

【吸氧】(oxygen absorbing) 吸入高于空气中氧浓度的氧气。是常用的改善呼吸状况的技术之一。通过吸氧提高动脉血氧分压和动脉血氧饱和度,增加动脉血氧含量,纠正各种缺氧状态,促进组织的新陈代谢,维持机体生命活动。是辅助治疗多种疾病的重要方法之一。供氧装置有氧气筒及氧气压力表和管道氧气装置(中心供氧装置)两种。常用的吸氧方法有:鼻导管给氧法、鼻塞法、面罩法、氧气枕法、氧气头罩法等。

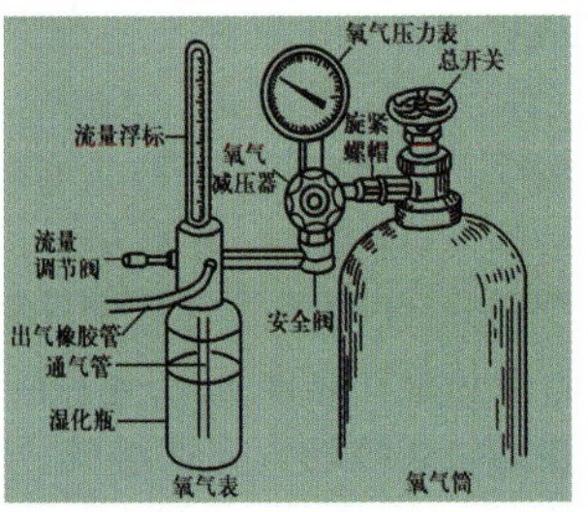

供氧装置

【吸音砖】(acoustical ceramic tile) 具有吸音功能的陶瓷砖。属于多孔性陶质制品。其中的气孔能起到吸音作用。吸音砖表面上釉,便于清洗,还有隔热保温作用。使用吸音砖可以使室内音响设备获得适宜的音响效果。

吸音砖

【希帕克卫星】(Xipake satellite) 欧洲联合研制并发射的恒星观测卫星。1993年8月15日由阿丽亚娜运载火箭送入同步轨道。其目的主要是对选定的12万颗恒星的亮度、位置和视差进行详细观测。卫星呈六棱柱体,重1 140kg,装有口径290mm的视差望远镜,其精度比地面的望远镜高10~100倍。利用它可对恒星进行精确定位和视差测定。此外,卫星还将对40万颗恒星进行中等精度测定,其精度将与地面测量的最大精度相当。获得的数据和全新的星图将成为天文学研究的基本参考资料。

【希帕索斯悖论】(Hippasus paradox) 见第一次数学危机。

【矽肺】(silicosis) 又称硅肺、硅沉着病。由于长期吸入大量含游离二氧化硅粉尘引起的以肺组织纤维化为主要特征的疾病。是尘肺中进展最快、最为严重、也最常见、影响面较广的一种职业病。发病比较缓慢,一般多在接触矽尘5~10年才开始发病,有的可长达15~20年以上。但在某些接触含硅量高、粉尘浓度大又缺乏有效措施的作业中,如干式凿岩工、石英粉碎工中,接尘1~2年就有矽肺发生,称为速发性矽肺。矽尘是一种进行性致病因素,一旦接触一定量矽尘以后,脱离接触矽尘作业时未查出患有矽肺,也可能经过若干年后发现矽肺,称之为晚发性矽肺。因此,对调离矽尘作业的工人,还应进行追踪体检。矽肺是一种不可逆的病理组织改变,目前尚无使其消除的办法。因此,对于已诊断为矽肺者,首先应调离粉尘作业岗位,并根据病情采取相应措施。该病以综合治疗为主,减轻病人痛苦,延缓病情进展,延长寿命。此外,还要加强营养,预防感染,坚持锻炼以增强体质,或安排适当的劳动与休息,或在医务人员指导下,进行康复活动。

【矽卡岩】(skarn) 主要由钙、镁硅酸盐矿物组成的接触变质岩石。产出于岩浆岩侵入体与碳酸盐岩围岩的接触带。在热接触变质作用基础上和高温汽水热液的影响下,经接触交代作用(又称接触交代变质作用,即岩浆结晶晚期释放出大量挥发分和热液,对接触带附近的岩石进行的化学成分及结构构造的改造)形成。根据其所含主要矿物的不同可分为两种类型:一种是以石榴子石和辉石为主要矿物,称为钙质矽卡岩;另一种以橄榄石和透辉石为主要矿物,称为镁质矽卡岩。矽卡岩与多种金属和非金属矿床有密切关系,是寻找相关矿床的重要标志。

矽卡岩

【矽卡岩矿床】(skarn mineral deposit) 产生在火成岩体与碳酸盐类岩石或火山-沉积岩系内外接触带的接触交代矿床。因含有大量矽卡岩矿物,故称矽卡岩矿床。外接触带一般距火成岩体200~400m,少数可达1 000m以上,基本上不超过热变质带的范围。内接触带则在岩体内部。矽卡岩主要由钙、铁、镁、铝的硅酸盐矿物组成,其形成温度在400~600℃之间。一般金属矿物多形成于200~450℃。这类矿床的成矿过程,常可分为矽卡岩期和石英-硫化物期两个成矿期及若干个成矿阶段。矿化主要受接触带控制。其中一部分产在内接触带中,即火成岩体内;大多数产在外接触带中,即围岩内。矿体形态较为复杂,常呈似层状或不太规则的透镜状、囊状、脉状等,规模大小变化很大。相关的矿产有铁、铜、铍、锡、钼、钨、铅、锌、硼和水晶等。

【硒】(selenium) 一种化学元素。元素符号Se。成人体内硒的总量在6~20 mg,遍布各组织器官和体液,肾中浓度最高。人体对食物中硒的吸收率为60%~80%。主要在小肠吸收。代谢后大部分经尿排出。尿硒是判断人体内硒盈亏状况的指标。硒的其他排出途径为粪、汗。硒的生理作用主要是:(1)重要的自由基清除剂,是谷胱甘肽过氧化物酶的组成成分。在体内,谷胱甘肽过氧化物酶与维生素E抗氧化作用可以互相补充,具有协同作用。(2)是构成谷胱甘肽过氧化物酶的活性成分。能防止胰岛β细胞氧化破坏,促进糖的代谢、降低血糖和尿糖。(3)可保护视网膜,增强玻璃体的光洁度,提高视力,有防治白内障的作用。(4)是维持心脏正常功能的重要元素。当人体血硒水平降低时,会造成有害物质沉积增多,从而使心脑血管疾病的发病率升高。(5)硒与金属有很强的结合力,可形成金属硒蛋白复合物,能抵抗镉对肾、生殖腺和中枢神经的毒害。(6)经在肝癌高发区调查中发现,肝癌的发病率与血硒水平呈负相关。补硒的预防癌症实验结果表明,可使肝癌发生比例下降。硒被称为人体微量元素中的"抗癌之王"。

【硒蛋白】(selenoprotein) 含硒代半胱氨酸的蛋白。硒在体内以硒代半胱氨酸的形式存在于约30种蛋白质中。其中包括谷胱甘肽过氧化物酶、硒蛋白P、硫氧还蛋白还原酶、碘甲腺原氨酸脱碘酶等。谷胱甘肽过氧化物酶是其中最重要的含硒抗氧化蛋白。后者能使还原型谷胱甘肽转变为氧化型谷胱甘肽,以消除H_2O_2(活性氧之一)或有机过氧化物,从而保护细胞膜,保护细胞中重要的活性物质不受H_2O_2及其他强氧化剂的破坏。硒蛋白P是血浆中的主要硒蛋白。它可表达于各种组织,如动脉内皮细胞和肝血窦内皮细胞。硒蛋白P是硒的转运蛋白,也是内皮系统的抗氧化剂。硫氧还蛋白还原酶参与调节细胞内氧化还原过程,刺激正常和肿瘤细胞的增值,并参与DNA合成的修复机制。碘甲腺原氨酸脱碘酶可激活或去激活甲状腺激素,这是硒通过调节甲状腺激素水平,来维持机体生长、发育及代谢的重要途径。

【悉尼歌剧院】(Sydney Theatre) 世界著名建筑之一。悉尼市的标志。位于澳大利亚悉尼市奔尼浪岛上。由丹麦建筑师约恩·乌松设计。其外观为三组巨大的壳片,耸立在南北长186m、东西宽97m的现浇钢筋混凝土结构的基座上。第一组壳片在地段西侧,四对壳片成串排列,三对朝北,一对朝南,内部是大音乐厅。第二组在地段东侧,与第一组大致平行,形式相同而规模略小,内部是歌剧厅。第三组在它们的西南方,规模最小,由两对壳片组成,里面是餐厅。其他房间都巧妙地布置在基座内。整个建筑群的入口在南端,有宽97m的大台阶。整体分为三个部分:歌剧厅、音乐厅和贝尼朗餐厅。歌剧厅、音乐厅及休息厅并排而立,建在巨型花岗岩石基座上,各由四块巍峨的大壳顶组成。这些"贝壳"依次排列,面向海湾,最后一个则背向海湾侍立,像是两组打开盖倒放着的蚌。高低不一的尖顶壳,外表用白格子釉磁铺盖,既像竖立着的贝壳,又像两艘巨型白色帆船。贝壳形尖屋顶由2 194块的弯曲形混凝土预制件,用

悉尼歌剧院

钢缆拉紧拼成,外表覆盖着105万块白色或奶油色瓷砖。施工时间14年,耗资10亿美元,为现代建筑史上所罕见。

【悉生动物】(gnotobiotic animals) 又称已知菌动物、已知菌丛动物。通过对无菌动物人工投予某些已知微生物而获得的动物。根据投入已知菌的种类,分别称为单菌、双菌、多菌动物。即其体内含有已知的单菌、双菌、三菌或多菌的动物。一般是将1~3种已知的微生物人工接种于无菌动物体内定居。是使特定的微生物定居于无菌动物的动物,可以说是一种动物与微生物的复合体。饲养于隔离器中,饲养方法与无菌动物相同。由于这种动物是有菌的,所以隔离器内也有这种微生物的存在。无菌动物接种一种已知菌就是单菌动物,以此类推。由于此种动物和无菌动物一样是放在无菌隔离器内饲养的,因此选用此种动物作实验准确性很高,可排除动物体内带有的各种不明确的微生物对实验结果的干扰。常用于研究微生物和宿主动物之间的关系,并可按研究目的来选择某种微生物。现在已把无菌动物、单菌动物、双菌动物、多菌动物和特殊病原体动物总称为悉生动物。

【悉生生物学】(gnotobiology) 以无菌隔离技术提供的各种动物为实验对象,研究实验动物本身以及各种动物特别是动物与微生物之间相互依存和制约关系的学科。是近二十年来随着无菌动物研究的飞跃发展而形成的跨越生物学、医学、兽医学的新兴学科。其研究包内容括:无菌动物的培育、悉生动物的培育、悉生环境的控制和维持、悉生动物生物学特性和应用的研究。

【烯二炔类抗肿瘤抗生素】(enediyne antitumor antibiotics) 由放线菌产生,其结构均由蛋白质和发色基团两部分组成,烯二炔是其共有的结构部分的一类抗肿瘤药物。是迄今已知的具有强烈细胞毒作用的抗肿瘤抗生素。其强烈的抗肿瘤活性,与其独特的分子结构有紧密的关系。烯二炔裂解DNA的活性中心,而其他结构部分不尽相同,各自发挥功能。按其结构的不同可分为九元环烯二炔类和十元环烯二炔类两种类型。前者由一个蛋白质和一个含九元环烯二炔的发色团以非共价健结合而成。其抗肿瘤活性部分是发色团,蛋白质没有抗肿瘤活性,但具有稳定和保护发色团活性的作用。唯一的例外是1998年发现的N1999A2,可以不依赖于辅基蛋白而以发色团的形式单独存在。后者没有蛋白质部分,稳定性比九元环烯二炔类好;烯二炔是该类抗生素保持高活力的必须结构部分,当烯二炔芳构化后活力会大幅度下降。

【稀散元素】(rare and dispesive element) 自然界中不形成独立矿床而以杂质状态分散于其他矿物中的元素。如硒、碲、锗、镓、铟和铊,也包括铼和铪。可从冶金、化工作业的各种烟尘、残渣或中间产品中提取。前6种主要用于制造半导体材料。铼是电子管电热丝与热电偶丝原料之一。铪的热中子俘获截面大,用作原子核反应堆控制棒材料。

【稀土金属】(rare-earth metal) 在元素周期表第三副族中钪、钇、镧系17种元素的总称。它们的名称和化学符号分别是钪(Sc)、钇(Y)、镧(La)、铈(Ce)、镨(Pr)、钕(Nd)、钷(Pm)、钐(Sm)、铕(Eu)、钆(Gd)、铽(Tb)、镝(Dy)、钬(Ho)、铒(Er)、铥(Tm)、镱(Yb)、镥(Lu)。原子序数是21(钪)、39(钇)、57(镧)~71(镥)。稀土元素在18世纪末开始陆续发现。当时人们常把不溶于水的固体氧化物称为土。稀土一般是以氧化物状态分离出来的,又很稀少,因而得名。由于稀土金属具有很多优异特性,已广泛应用于电子、石油化工、冶金、机械、能源、轻工、环境保护和农业等领域。

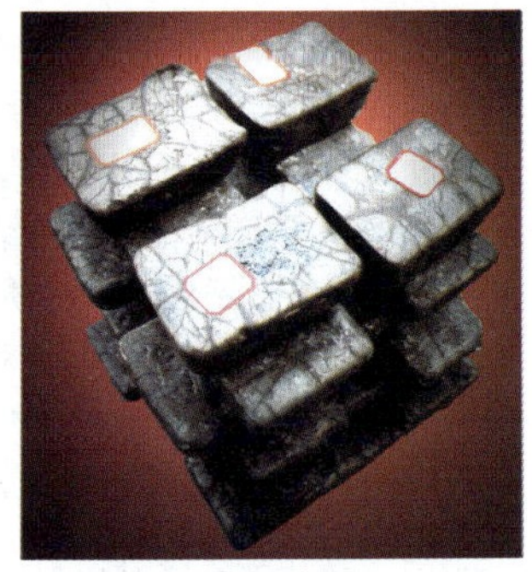
稀土金属

【稀土金属有机化学】(organic chemistry of rare-earth metal) 化学的一个分支。研究稀土金属有机配合物的组成、结构及特性、稀土金属-碳键的形成及其化学转化的学科。稀土金属有机配合物有很多独特、重要的化学性质和物理性能。可以催化多种有机反应、催化烯烃聚合、催化极性单体聚合;在有机合成中,稀土金属有机配合物可以作为催化剂,用于研制开发绿色化工产品。基于稀土金属有机化学研究对结构化学的发展和高科技材料的制备所具有的重大意义,已受到科学界的高度重视,成为当前金属有机化学研究的热点之一。

【稀土陶瓷材料】(rareearth ceramic material) 在陶瓷中添加稀土元素而制成的复合材料。可分为稀土功能陶瓷和稀土结构陶瓷。前者包括绝缘材料(电、热)、电容器介电材料、铁

稀土陶瓷材料

电和压电材料、半导体材料、超导材料、电光陶瓷材料、热电陶瓷材料、化学吸附材料和固体电解质材料等。在传统的压电陶瓷材料中掺杂微量稀土氧化物，可以大大改善这些材料的介电性和压电性。用这些材料制作的各种电子元件已获得广泛应用。后者主要指掺杂稀土的 Si_3N_4、SiC、ZrO_2 等耐高温、高强度和高韧性陶瓷，即工程陶瓷。主要用于高温燃气轮机、陶瓷发动机和高温轴承等高技术领域。

【稀土元素化学】(rare earth element chemistry) 无机化学的一个分支。研究稀土元素的原子和离子结构及光谱性质，稀土元素各种化合物及配合物的合成、性质及其规律性，稀土元素的提取，分离原理、方法及有关的分离基本知识的学科。由于稀土元素(钇和镧系元素)具有独特的电子结构，它们在原子、分子结构和化合物性质上都有别于其他过渡元素，对稀土元素的基本化学和物理性质的了解，是深入研究稀土元素的结构和性能的基础。通过研究发现稀土元素的新性质、新材料，开拓稀土元素的应用领域，提出新工艺流程，从而更好地开发利用稀土资源。

【稀土元素矿床】(rare earth elements deposit) 稀土元素含量达到工业开采要求的自然状态下的地质体。按矿床成因及矿物共生组合的不同可分为：稀土－磁铁矿矿床(白云鄂博式)、含稀土碳酸岩矿床、花岗岩风化壳型稀土矿床、含稀土伟晶岩矿床、含稀土磷块岩矿床以及独居石矿矿床等。其中，与超基性岩、碱性岩、碳酸岩和火山岩有关的矿床主要为铈族稀土(轻稀土)矿床；与花岗岩和花岗岩伟晶岩有关的主要为钇族稀土(重稀土)矿床。稀土元素的矿物种类很多，独立矿物有60种以上。其中主要有稀土磷酸盐矿物，如独居石、磷钇矿等；稀土氟碳酸盐矿物，如氟碳钙铈矿、氟碳铈矿等；其次是含铌、钽、铀、钍的稀土复杂氧化物，如铌钇矿、褐钇铌矿、烧绿石等。

稀土元素矿床

【稀有金属】(rare metal) 在地壳中含量较少、分布较散、提炼较难或应用较晚的金属。按其物理和化学性质、在矿床中共生情况以及生产方法上的不同可分为五类：(1)高熔点稀有金属，如钨、钼、钽、铌、锆等。(2)稀散金属，如镓、铟、铊、锗等。(3)稀有轻金属，如铍、锂等。(4)稀土金属，如镧、铈、镨、钇等。(5)放射性稀有金属，包括天然放射性元素(如铀、钍、镭、钋、锕等)和人造超铀元素(如镎、钚等)。稀有金属及其合金是原子能、航空航天等工业和半导体、特种钢、耐热合金等生产所必需的原材料。

【稀有气体】(rare gas) 元素周期表中ⅧA族元素，包括氦、氖、氩、氪、氙、氡6种元素。氡具有放射性。单质为单原子分子，无色无臭，微溶于水，熔点和沸点都很低，随着原子量的增加，熔点和沸点增大。空气中约含0.94%(体积百分比)稀有气体。其中绝大部分是氩。氦原子的最外层电子构型为 $1s^2$，其余均为8电子构型(ns^2np^6)，是稳定的满壳层结构。故稀有气体的化学性质很不活泼，过去人们曾认为它们与其他元素之间不会发生化学反应，所以称之为“惰性气体”。1962年，英国化学家N. Bartlett合成了第一个稀有气体化合物 $Xe[PtF_6]$，此后不断合成了新的稀有气体化合物，从而使“惰性气体”名称被“稀有气体”所代替。可利用其化学惰性可作为保护气，也可利用其通电发光性能制作霓虹灯。

【稀有血型】(rare blood type) 特定人群中少见或罕见的血型。对汉族人来讲，主要是指RH阴性血，发生比例仅为万分之三，因此也被称为“熊猫血”。这些人如果出现意外或因病需要输血时，必须输入ABO血型相同的RH阴性血，否则将会出现溶血反应，危及生命。RH阴性血型的女性，如果孕有RH阳性的胎儿，有可能发生死胎、早产、新生儿溶血症，且随着怀孕次数的增加，病情有可能加重。该血型有遗传性。

【稀有元素矿床】(rareelement ore deposit) 稀有元素含量达到工业开采要求的自然状态下的地质体。按稀有元素分散和富集情况的不同可分为：(1)在自然界中形成独立矿物或矿床的，如锂、铯、铍、铌、铂、锆等。(2)经常不构成独立矿物或矿床的，如铼、铪、铷、镓、锗、铟、镉、硒和碲等，称为分散元素。按矿床成因的不同可分为：(1)岩浆矿床，如铌、钽和锆等。(2)伟晶岩矿床，如锂、铯、铍、铌、钽、锆、铪等。(3)汽化－热液矿床，如锂、铷、铯、铌、钽等稀有元素和各种分散元素。(4)生物化学和化学沉积矿床，如锗、镓等。(5)盐类矿床，如锂、铷、铯等。(6)砂矿床，如铌、钽、锆、稀土元素等。

【溪洛渡水电站】(Xiluodu Hydropower Station) 位于四川省雷波县与云南永善县接壤的溪洛渡峡谷段。是金沙江下游四个巨型水电站中最大的一个，装机容量与世界第二大水电站伊泰普相当。总装机容量为 1.26×10^7kW。年发电量居世界第三，为 5.712×10^{10} kW · h。相当于三个半葛洲坝，是中国第二大水电站。是金沙江下游河段开发规划中的第三个梯级。枢纽工程的混凝土双曲拱坝坝高 278m，正常蓄水位 600m，总库容 $1.157 \times 10^{10}\text{m}^3$，调节库容 6.46×10^{10}m，工程静态投资 459.28 亿元，总投资 792.34 亿元。工程以发电为主，兼有防洪、拦沙和改善下游航运条件等综合效益，并可为下游电站进行梯级补偿。是中国国家西电东送的重点工程之一。

溪洛渡水电站

【熄爆】(incomplete detonation) 又称不完全爆炸，半爆。装药起爆不能继续传播而中止的现象。在发生熄爆时，应分析原因，采取措施，同时严格遵守下列规定：(1)在专人监视下进行检查，并在危险区边界设警戒，严禁无关人员进入警戒区或在警戒区内进行其他作业。(2)因地面网络连接错误或地面网络断爆出现拒爆，可再次连线起爆。

【羲和】(Xihe) ❶中国古代神话传说中执掌天文历法的官吏。一说相传他是黄帝时代的官。《史记·历书》记载："黄帝考定星历"。同书《索隐》引《系本》及《律历志》："黄帝使羲和占日，常仪占月……容成综此六术而著《调历》"。另一说是羲氏和和氏的并称。传说尧曾命羲仲、羲叔和和仲、和叔两对兄弟分驻四方，以观天象，并制历法。《书·尧典》："乃命羲、和，钦若昊天，厤象日月星辰，敬授人时。"❷古代神话传说中的人物。一说是驾御日车的神。《楚辞·离骚》："吾令羲和弭节兮，望崦嵫而勿迫。"王逸注："羲和，日御也。"《初学记》卷一引《淮南子·天文训》："爰止羲和，爰息六螭，是谓悬车。"原注："日乘车，驾以六龙，羲和御之。"另一说是太阳的母亲。《山海经·大荒南经》"东南海之外，甘水之间，有羲和之国。有女子名曰羲和，方浴日于甘渊。羲和者，帝俊之妻，生十日。"❸代指太阳。《后汉书·崔駰传》："氛霓郁以横厉兮，羲和忽以潜晖。"李贤注："羲和，日也。"晋葛洪《抱朴子·任命》"昼竞羲和之末景，夕照望舒之馀耀。"❹王莽时主掌全国财赋的官吏。《汉书·王莽传中》："更名大司农曰羲和，后更为纳言。"因为羲和是传说中掌天文的官，主张复古的王莽在掌权后就把天文官改称羲和。著名天文学家刘歆就曾被任命担任羲和这个官职。❺最有名的传说见于《尚书·胤征》篇，当时发生了日食，羲和是夏仲康王的天文官。因他沉湎于酒色而荒废了天象的观测和推算，而没有预测到，引起了恐慌。于是仲康王依据《政典》："先时者杀无赦，不及时者杀无赦"，命胤侯征伐并处决了羲和。这次日食是世界上人类第一次记载的日食。

羲和

【习惯性流产】(habitual abortion) 连续发生三次或三次以上的自然流产。习惯性流产的妇女，应该积极寻找原因，包括夫妇双方的染色体检查、血型检查。子宫颈口松弛的患者，多为先天性宫颈功能发育不良造成。这种妇女在妊娠时，随着胎儿逐渐长大，本应关闭的子宫颈口因为承受不住越来越大的胎儿的重量而张开，导致胎儿排出。这种情况常常表现为晚期流产。每次怀孕都会旧病复发，是晚期习惯性流产的常见原因之一。为预防流产的发生，患者要尽量卧床休息或在怀孕的 3～4 个月时，通过手术把子宫颈扎住。

【席恩综合征】(Sheehan syndrome) 由于产后大出血休克时间过长，使脑垂体缺血坏死，继发严重垂体功能减退，垂体分泌促性腺激素、促甲状腺激素、促肾上腺皮质激素障碍导致的一组综合征。患者表现为产后闭经、无乳汁、性欲减退、毛发脱落等症状。闭经时间长者出现第二性征衰退、生殖器官萎缩。还可出现畏寒、血压低、基础代谢率降低等。

【洗流】(washing air flow) 空气动力学中直匀流绕过升力面时，流线发生弯曲而产生的气流。向上的气流叫做"上洗"，向下的气流叫做"下洗"。同样，处于直匀流中的飞机垂直尾翼也会使气流形成"侧洗"。在空气动力学中，升力面可以用涡线或涡面代替，所以流场中的上洗、下洗或侧洗可以看作是涡所诱导的结果。机翼的自由涡向后拖出，如果平尾处于机翼下洗作用之下，将使平尾效率降低。在气动布局时，应尽量减小主翼对尾面的下洗影响。

【洗脱】(elution) 见柱色谱法。

【铣床】(milling machine) 用铣刀对工件进行铣削加工的机床。铣床除能铣削平面、沟槽、齿面、螺旋面和花键轴外，还能加工比较复杂的型面，效率较刨床高。铣床种类很多。按其布局形式和适用范围的不同可分为：升降台铣床、龙门铣床、单柱铣床和单臂铣床、仪表铣床、工具铣床等。其他铣床还有键槽铣床、凸轮铣床、曲轴铣床、轧辊轴颈铣床和方钢锭铣床等。它们均为加工相应的工件而制造的专用铣床。按其控制方式的不同可分为：仿形铣床、程序控制铣床和数控铣床等。

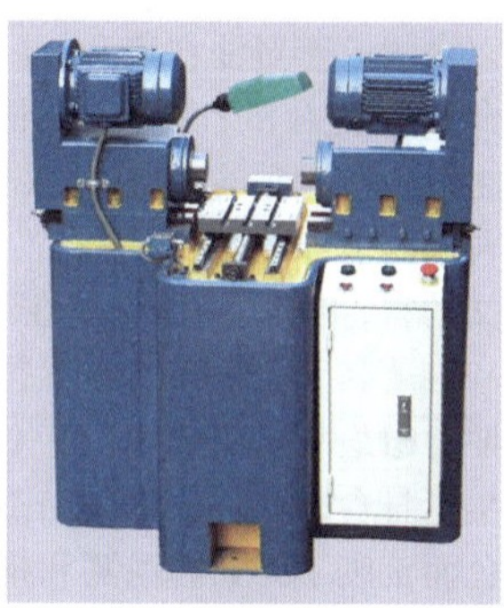
铣床

【铣削加工】(milling machining) 在铣床上用铣刀对工件进行的切削加工。用铣刀可对平面、斜面、台阶面、沟槽、成型表面、型腔表面、螺旋表面进行切削加工。适用于工件的粗加工和半精加工。铣削加工时，铣刀的旋转是主运动，铣刀或工件沿坐标方向的直线运动或回转运动是进给运动。不同坐标方向运动的配合联动和不同形状刀具相配合，可以实现不同类型表面的加工。

【喜光蔬菜】(positive vegetables) 又称阳性蔬菜。在强光照条件下才能生长良好的蔬菜。适于阳光充足的季节和无庇荫的田地栽培。光照度首先影响蔬菜作物的光合作用。在光饱和点以内，随光照强度的增加，光速率增大。但当超过光饱和点后，光照度增加光合速率不再增加。喜光蔬菜具有短的节间，叶小，叶面往往与光线平行，表面具蜡持或绒毛。在冬季反季节栽培时要注意适当合理的补充光照，随时清除棚膜表面的灰尘和积雪，以及膜下水滴，水雾。经常保持棚膜干净透明，提高透光率。要求强光照的蔬菜主要有西瓜、甜瓜、南瓜、番茄、茄子等，还有些薯芋类，如芋头、豆薯等。

喜光蔬菜

【喜温性蔬菜】(heat tolerance vegetables) 适于气候温暖季节栽培的一类蔬菜。根据各种蔬菜对温度条件的要求及能耐受的温度，可将蔬菜分为5类(不包括藻类、菌类和蕨类植物)。这是安排蔬菜栽培季节的重要依据。喜温性蔬菜同化适温为20～30℃，温度达到40℃时，同化作用小于呼吸作用。它们都不耐寒，温度在15℃以下不能开花结实，10℃以下时即停止生长，不能忍耐5℃以下的低温，遇短期0℃以下的温度趋于死亡。这类蔬菜包括一二年生的草本蔬菜，如黄瓜、番茄、辣椒、菜豆、茄子等。喜温蔬菜不耐轻霜，应于晚霜终止后定植，在早霜来临前收获完毕。

喜温性蔬菜

【系泊】(mooring) 利用系缆设备将船舶安全牢固地系结于码头、岸壁、浮筒、船坞或其他船舶的一种停泊方式。其具体形式包括船侧系泊、首尾系泊、船尾系泊、单浮筒系泊等。系泊设备主要包括四部分：系缆索是一种具有标准尺寸、能提供足够拉力的索具；带缆桩是固定于露天甲板适当位置、用于系固缆索的桩柱，可根据系缆的直径选用标准件；导缆器是引导缆索通过、变换缆索方向、限制缆索导出位置从而使缆索不致和甲板上其他构件发生摩擦的器具；绞缆机械是用以收放缆索的机器。可分为缆索卷车和系缆机械。

系泊

【系带矫正术】(lace surgery) 采用外科手术方法进行矫正以去除系带异常影响的一种术式。系带是由黏膜折叠形成的。临床上常见唇、颊、舌系带过短或附着过低，影响舌及唇颊运动，并伴发育等功能障碍或影响义齿修复。包括唇颊系带矫正术和舌系带矫正术。二者又分为系带修整术和系带切除术。前者是将系带切断以改变其附着位置、不致妨碍龈缘；后者是将系带连同它与骨面的联系一起切除，例如，上中切牙之间因为粗大的唇系带相隔而出现较大间隙，此时可用系带切除术。其适应证是：(1)系带附着位置低，过于靠近龈缘，牵拉龈缘与牙齿分离者，或影响翻瓣术的愈合者。(2)系带粗大并附着至龈缘处，致使上中切牙出现间隙者。(3)舌不能自由前伸，伸舌时舌尖部呈V字形。其矫正时机是：唇系带矫正无特殊要求。对于舌系带的矫治选择在1～2岁为最佳，以防影响幼儿学说话。

【系绳推进】(tether propelling) 不使用推进剂和发动机而利用系绳的作用使航天器在太空的位置和速度发生改变，从而实现航天器的轨道转移的推进方式。目前的航天飞行每次太空飞行都必须带上完成飞行任务所需的全部推进剂，费用昂贵，效率极低。采用系绳推进只要用一条长绳索将两个在太空的物体（卫星、飞船等）连在一起，将一个太空物体的能量和动量传递给另一个，就能将航天器从低轨道推到高轨道。如两颗卫星组成的系绳系统转动一段时间分离后，下面的卫星转入较低轨道，上面的卫星则升高自己的轨道。由导电材料制成的绳索在绕地球运动时切割地球磁力线，成为一台发电机，可以向绳系的两个太空物体供电。1966 年美国双子星座飞船 11 号和 12 号在航天飞行过程中曾分别进行过太空系绳试验。在飞行过程中，双子星座飞船上的航天员曾用一根长 30m 的绳索将一段阿吉纳火箭系在飞船座舱上，以便进行人工重力试验。自此以后各国航天科学家在这方面进行了大量试验研究。

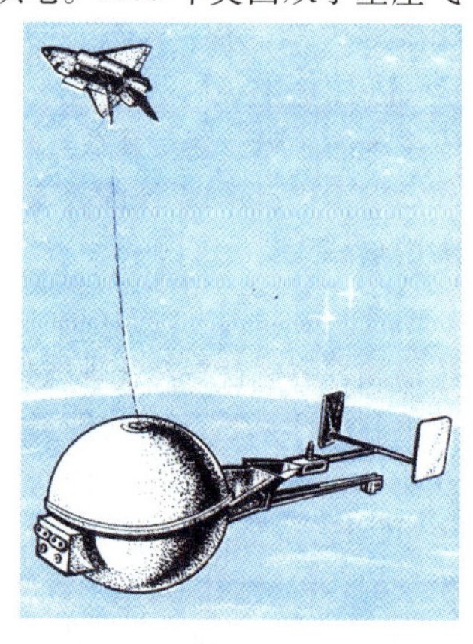
系绳推进

1992 年和 1996 年，美国航空航天局通过航天飞机进行过两次系绳卫星系统的试验。试验表明，一根 50km 长的绳索，可产生 7.4kV 的电压，5A 的电流，功率 32kW。尽管这个系统在变成现实之前还要克服诸多技术障碍，但它的发展潜力是巨大的。系绳推进系统主要用来完成现有的航天器不可能完成、不适于完成、不能经济地完成的一些任务。

【系水力】（water hinding capacity） 又称保水力。用以描述猪肉的保水能力的肉质指标。其概念有三个方面：(1) 在外部因素作用下，超量纳入并滞留水分的潜能。(2) 在外力作用条件下，可以榨出多少水分。(3) 在自然重力条件下，肌肉液体流失程度。系水力的测定方法，可归为三类：第一类，利用外力改变猪肉的保水结构，然后对改变了的结构和水分的损失进行度量。如压力称重法、压力滤纸面积法、离心法、核磁共振法、膨胀法和毛细管法。第二类，不加任何外力只在重力作用条件下度量猪肉的液体流失，如滴水损失和滤纸法。第三类，通过腌制或加温度量猪肉的失水程度。如水浴损失、熟肉率和拿破率等。

【系统安全管理】（system safety management） 对系统或产品全寿命周期的安全问题的计划、组织、协调与控制。是确定系统安全大纲要求，保证系统安全工作项目和活动的计划、实施和完成与整个项目的要求相一致的一种安全管理方法。在安全管理活动中，系统安全管理是针对传统安全管理的缺陷，运用管理的手段，采用系统工程的原理和方法，合理选择危险控制方法，合理分配风险到产品寿命周期的各个阶段，使产品在满足性能、成本、时间等约束条件的前提下，取得最佳的安全性。以实现安全目标为核心，把企业生产过程中的各要素、各阶段、各部门、各环节的安全管理工作有机地组织起来，形成一个目标明确、互相协调、综合治理的整体。通过对系统或产品进行全面评价，把握全局，控制安全形势，提高管理水平，减少伤亡事故，达到最佳安全状态。其核心是建立并实施系统安全大纲。其主要特点是：(1) 注重系列化、整体化、横向综合化。(2) 运用现代科技和系统工程原理、方法来进行安全管理工作。(3) 以"事前"为主。作为系统或产品全寿命周期管理的组成部分，从风险识别入手，通过对系统风险的分析、预测、评价去认识安全问题，从而采取相应措施，消除或控制危险因素，使系统优化，达到最佳安全程度。

【系统测试】（system testing） 将已经确认的软件、计算机硬件、外设、网络等元素结合在一起形成系统，进行信息系统的各种组装测试和确认测试。其目的是：通过与系统的需求相比较，发现所开发的系统与用户需求不符或矛盾的地方，从而提出更加完善的方案。其任务是：尽可能彻底地检查出程序中的错误，提高软件系统的可靠性。系统测试的对象不仅包括需要测试的产品系统的软件，而且还包含软件所依赖的硬件、外设甚至包括某些数据、某些支持软件及其接口等。因此，必须将系统中的软件与各种依赖的资源结合起来，在系统实际运行环境下来进行测试。

【系统抽样】（system sampling） 又称机械抽样。先将调查总体的全部单位排序，随机抽一个单位为起点，然后依次每隔若干个单位抽取一个单位的概率抽样方式。其抽样间隔 = 总体单位数/样本含量。其主要优点是：简便和节省时间，且其抽样误差小于单纯随机抽样。

【系统发生】（phylogeny） 又称种系发生。生物体最初由单细胞生物发展成无脊椎动物，进而成为脊椎动物，再进化成为高等动物以至人类的过程。在漫长的进化过程中，为了防御外界有害因子对生物体的侵袭，并在与之不断的对抗中，种系逐渐生成各种特有的免疫防御机构和功能，并发展壮大形成完善的免疫系统。

【系统分析法】（system analysing way） 应用系统科学原理对已有的系统进行研究、探索、分析，从中找出规律的一种方法。采用此种方法，应采取以下三个步骤:(1)系统的模型化,即采用数学的方法,对所研究的系统抽象化而构成模型。(2)系统的最优化分析,即根据模型求解得出系统目标的最优解答。(3)系统的综合评价,即从系统的整体观点出发,综合分析其技术水平和经济效益等问题,选出适当而又能实现的优化方案。通过上述研究,以及对系统进行定性和定量的分析,能为决策者提供选择的方案。

【系统工程】(system engineering) 一门立足整体,统筹全局,使整体与部分辩证地统一,将分析和综合有机地结合,使系统达到整体最优的学科。它涉及“系统”与“工程”两个侧面。所谓系统,即由相互作用和相互依赖的若干组成部分结合而成的具有特定功能的有机整体。其特征是:(1)整体性。即系统是由两个以上元素组成的有机整体。(2)相关性。即系统各元素之间相互作用、相互依赖。(3)目的性。即系统应有明确的目标与特定功能。(4)适应性。即系统对环境变化之适应功能。(5)等级结构性。即系统本身又可以分为多个等级层次的子系统。传统概念中的“工程”,是把科学技术的原理应用于实践,设计与制造出有形产品的过程,可称其为硬工程。系统工程学中的“工程”概念,不仅包含“硬件”的设计与制造,还包含与设计和制造“硬件”紧密相关的“软件”,诸如预测、规划、决策和评价等社会经济活动过程的“软工程”。这就扩充了传统“工程”概念的含义。这两个侧面有机地结合在一起,即为系统工程。它是多学科的高度综合。其思想和方法来自各个行业与领域,又综合吸收了邻近学科的理论与方法。在科学研究和经济建设中广泛应用。

【系统工程法】(system engineering method) 一种组织管理系统的规划、研究、设计、制造、试验和使用的科学方法。以系统为对象,把要组织和管理的事物,用统计、运筹、模拟等方法,经过分析、推理、判断和综合,建立系统模型,进而以最优化的方法,求得系统技术上先进、经济上合理、时间上最省、运转协调的效果。任何大的系统问题,都可以归结为工程问题。在使用系统工程方法解决问题时,一般有以下步骤:(1)摆明问题。(2)选择目标。(3)系统综合。(4)系统分析。(5)系统优化选择。(6)系统发展(决策)。(7)实施选定的方案,并把实施过程中的信息反馈到上面的各个阶段。

【系统故障诊断】(system fault diagnostics) 判断系统有无故障和确定故障位置的技术。基主要内容包括:(1)分离出发生故障的部位。(2)判别故障的类型。(3)估计出故障的大小和时间。(4)对系统进行评价和决策。故障诊断通常与故障检测相结合,以改善系统的可靠性和可维修性。故障检测是指当系统发生故障时可以及时发现并报警。当有条件能比较准确地建立系统的动态数学模型时,可采用基于数学模型的诊断方法。它又可以分为线性系统和非线性系统的故障检测两种。其优点是:可充分利用系统内部的深层知识,更有利于系统的故障诊断。其缺点是:系统的建模误差和外部动态干扰,将对系统的故障检测与诊断结果产生重大影响。

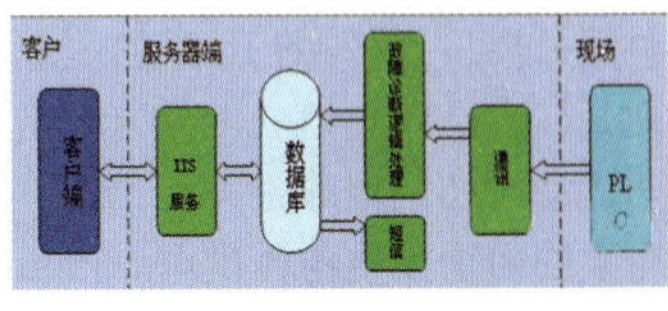

系统故障诊断动能框图

【系统管理】(system management) 信息传输和智能平台操作管理的技术。其功能是:(1)有效地利用计算机的软硬件资源。(2)提高机器的吞吐能力、解题时效。(3)便利操作使用。(4)改善系统可靠性,降低算题费用。其特点是:(1)对计算机系统的各种资源以至用户程序实行有效的管理、调度和指挥。(2)中央管理和网络分散系统之间的资源和控制的正确平衡。(3)信息系统及系统管理的外购。(4)专有、兼容以及软件之间的选择。(5)互联网及网络接口的使用。(6)控制信息系统的图像和用户界面安全管理。按其管理层次的不同可分为:(1)系统监控、系统配置和系统操作管理。(2)事件关联和自动化处理。(3)业务影响管理。

【系统集成】(system integration) 应用综合布线系统和计算机网络统一整合系统功能的技术。其功能是:使资源达到充分共享,实现集中、高效、便利的管理。本质是最优化的综合统筹设计。按照系统的不同可分为:计算机软件、硬件、操作系统技术、数据库技术和网络通信技术等集成。实现集成的关键在于解决系统之间的互联和互操作性问题。其特点与作用是:(1)它是一个多产品、多协议和面向多种应用的体系结构。(2)以满足用户的需求为根本出发点。(3)选择最适合用户的需求和投资规模的产品及技术。(4)体现更多的是设计。调试开发和技术含量。(5)技术是核心,管理和商务活动是项目实施的保障。(6)性能价格比的高低是评价项目设计是否合理的重要因素。广泛应用于通信、电力等智能化信息管理服务领域。

【系统兼容性】(system compatibility) 计算机系统软硬件可适用于其他计算机系统的能力。是避免用户在老产品型号上开发的软件遭受废弃的一种重要设计思想与技术措施。其作用是:(1)保护用户的已有资源；(2)节约厂商和用户的开发成本。兼容性表现在软硬件的许多方面。实现方法有：机器语言程序兼容、汇编语言程序兼容、高级语言程序兼容、系统软件兼容、软件系统兼容、设备或部件兼容和整机兼容等。

【系统结构技术】(system structure technology) 计算机硬件、软件和计算机科学理论紧密结合的技术。由程序设计系统结构和硬件设计系统构成。前者是系统的概念性结构与功能，关系到软件设计的特性；后者是计算机的组成或实现，主要着眼于性能价格比的合理化。该技术使计算机系统获得良好的解题效率和合理的性能价格比。传统计算机的组成与高级语言之间的严重脱节，给软件的可靠性、源程序编译效率、系统解题效率带来不利影响。计算机系统结构技术的广泛应用，促进了电子器件、微程序设计、固体工程技术、虚拟存储器技术及操作系统和程序语言等方面的进步和发展。

【系统论】(system theory) 研究系统的一般模式、结构和规律的学问。研究各种系统的共同特征，用数学方法定量地描述其功能，寻求并确立适用于一切系统的原理、原则和数学模型。是具有逻辑和数学性质的一门新兴学科。系统论认为，整体性、关联性、等级结构性、动态平衡性和时序性等是所有系统共同的基本特征。这些特性既是系统所具有的基本特征，也是系统论的基本思想观点。它表明了系统论不仅是反映客观规律的科学理论，而且是科学研究思想方法的理论，具有科学方法论的含义。这正是系统论这门学科的特点。系统论的核心思想是系统的整体观念。任何系统都是一个有机的整体，而不是各个部分的机械组合或简单相加。系统的整体功能是各要素在孤立状态下所没有的新质。系统中各要素不是孤立地存在着，在系统中都处于一定的位置上，起着特定的作用。要素之间相互关联，构成了一个不可分割的整体。要素是整体中的要素，如果将要素从系统整体中割离出来，它将失去要素的作用。正像人手在人体中是劳动的器官一样，一旦将手从人体中砍下来，那时它将不再是劳动的器官了。系统论的基本思想方法，就是把所研究和处理的对象当作一个系统，分析系统的结构和功能，研究系统、要素、环境三者的相互关系和变动的规律性，并优化系统的整体功能。从系统观点看问题，世界上的任何事物都可以看成是一个系统。系统是普遍存在的。大至浩瀚的宇宙，小至微观的原子。一粒种子、一群蜜蜂、一台机器、一个工厂和一个学会团体等，都是系统。整个世界就是由各种系统集合成的大系统。

【系统软件】(system software) 支持应用软件运行的软件。通常由计算机厂家提供，包括操作系统、数据库管理系统、编译软件等。操作系统把硬件裸机改造成为功能完善的虚拟机，使计算机系统的使用和管理更加方便，计算机资源的利用效率更高，上层的应用程序可以获得比硬件提供的功能更多的支持。数据库管理系统是一种操纵和管理数据库的大型系统软件，它对数据库进行统一的管理和控制，以保证数据库的安全性和完整性。编译软件是把用高级程序设计语言书写的源程序，翻译成等价的计算机汇编语言或机器语言的目标程序的软件。

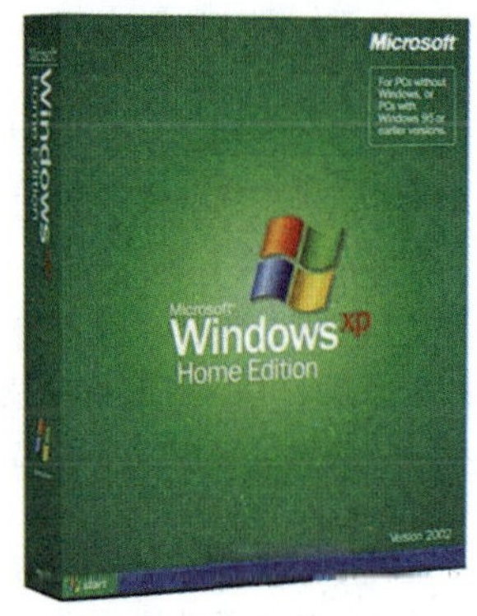

Windows xp 操作系统软件

【系统生物学】(system biology) 以系统论和实验、计算方法整合研究为特征，研究生物系统组成成分的构成与相互关系的结构、动态与发生的学科。系统生物学不同于以往仅仅关心个别的基因和蛋白质的分子生物学，在于研究细胞信号传导和基因调控网络、生物系统组成之间相互关系的结构和系统功能的涌现。系统生物学的基本工作流程分为四个阶段：(1)对选定的某一生物系统的所有组分进行了解和确定，描绘出该系统的结构，包括基因相互作用网络和代谢途径，以及细胞内和细胞间的作用机理，以此构造出一个初步的系统模型。(2)系统地改变被研究对象的内部组成成分(如基因突变)或外部生长条件，然后观测在这些情况下系统组分或结构所发生的相应变化，包括基因表达、蛋白质表达和相互作用、代谢途径等的变化，并把得到的有关信息进行整合。(3)把通过实验得到的数据与根据模型预测的情况进行比较，并对初始模型进行修订。(4)根据修正后的模型的预测或假设，设定和实施新的改变系统状态的实验，重复第二步和第三步，不断地通过实验数据对模型进行修订和精练。系统生物学的目标就是要得到一个理想的模型，使其理论预测能够反映出生物系统的真实性。

【系统网络体系结构】(system network architecture，SNA) IBM公司开发的一种用来连接IBM公司3 270系列产品的网络体系结构。体系结构中包括大型计算机系统、中型机计算机系统、3 270终端和台式计算机及一个使这些系统与主机系统通信或系统间相互对等通信的策略。因为只是针对集中化的IBM主机计算环境设计的，所以它不适合于现在对等、客户机/服务器、多供应商产品和多协议的环境。由于它是 IBM 公司开发的专有协议,如果要在其他主机系统中应用,需在网络的每一个节点增加支持系统网络体系结构的软件和硬件。随着互联网的发展和普及,越来越多的用户采用开放的 TCP/IP 协议。现在,在 IBM 公司的传统上只支持系统网络体系结构环境的机器上也开始支持 TCP/IP 协议。

【系统维护】(system maintenance) 一种使计算机系统保持在或重新恢复到正常工作状态的技术措施。其内容有检查、测试、调整、更换设备和修理等。实施维护诊断自动化的主要软件是功能检查程序和自动诊断程序。其任务是:改正软件系统在使用过程中发现的隐含错误,扩充在使用过程中用户提出的新的功能及性能要求。其目的是维护软件系统的正常运作。按其形式的不同可分为:(1)运行状态维护。(2)运行故障维护。(3)报错故障维护等。

【系统误差】(system error) 又称可测误差或恒定误差。由某个或某些因素按照某一确定的规律起作用而形成的误差。影响结果的准确度。系统误差的特点是有规律性。按其出现规律的不同可以分为:(1)固定系统误差,即对一组测量值的影响是相同的,使全部测量值都增加或减少某一固定量值,不增加测量值的波动性,因此不影响测定结果的精密度。(2)比例系统误差,即使一组测量值中每一个测量值都按同样的比例增加或减少,但相对误差保持不变。(3)服从其他规律的系统误差,如周期性系统误差。重复测定不能发现和减少系统误差,只有改变试验条件才能发现。系统误差可以设法校正和避免。需要注意的是,系统误差总是使测量结果偏向一边,或者偏大,或者偏小。多次测量求平均值并不能消除系统误差。消除测定中系统误差可采取以下措施:(1)做空白实验。即在不加试样的情况下,按试样分析规程在同样操作条件下进行的分析,所得结果的数值称为空白值。然后从试样结果中扣除空白值就得到比较可靠的分析结果。(2)注意仪器校正。具有准确体积和质量的仪器,如滴定管、移液管、容量瓶和分析天平砝码,都应进行校正,以消除仪器不准所引起的系统误差。(3)作对照试验。对照试验就是用同样的分析方法在同样的条件下,用标样代替试样进行的平行测定。将对照试验的测定结果与标样的已知含量相比。在分析过程中检查有无系统误差存在,作对照试验是最有效的办法。通过对照试验可以校正测试结果,消除系统误差。

【系统性红斑狼疮】(systematic lupus erythematosus, SLE) 一种累及多系统多器官的自身免疫性的炎症性结缔组织病。由于细胞和体液免疫功能障碍,会产生多种自身抗体。发病机理主要是由于免疫复合物形成。确切病因不明。病情呈反复发作与缓解交替过程。本病以青年女性多见。发病与遗传、感染、内分泌、环境(如日光和紫外光照射能使全身和皮肤症状加重)和药物有关。临床症状表现为:(1)全身症状,如发热,尤以低热常见,全身不适,乏力,体重减轻等。(2)约 40% 患者有面部典型红斑,称为蝶形红斑。(3)约 90% 以上患者有关节肿痛,且往往是就诊的首发症状。(4)约 50% 患者有肾脏疾病临床表现。(5)肺和胸膜受累约占 50%。(6)神经系统损害约占 20%,一旦出现,多提示病情危重。(7)血液系统,依次有贫血、白细胞减少和血小板减少等。

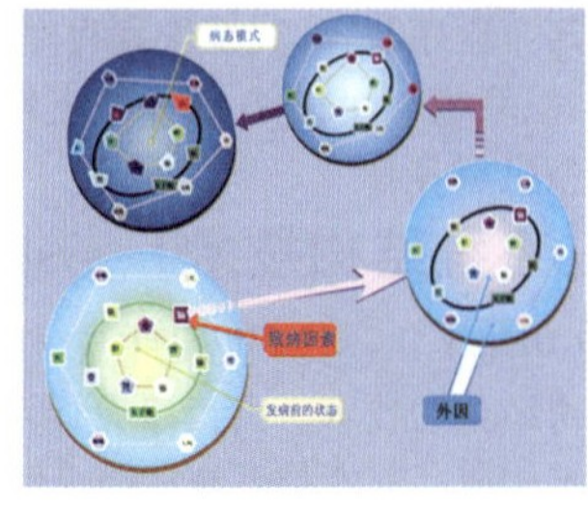

系统性红斑狼疮

【系统应用技术】(system utility technology) 计算机系统程序设计自动化和软件工程技术的总称。程序设计自动化是计算机推广的必要条件。软件生产工程,主要包括软件开发的方法论和软件开发的支援系统。方法论研究程序设计的原理、原则和技术,借以生产出价格合理、可靠和易读的程序;支援系统则主要对软件生产过程各阶段提出支持工具,以提高软件生产的效率与质量。计算机系统应用技术已受到重视并已普遍推广。

【系统育种】(line breeding) 又称选择育种。从现有品种或引进品种中,选择优良的变异个体,通过鉴定、比较和繁殖,培育成新品种的一种育种方法。包括个体选择法和混合选择法。混合选择法,又分为混合单株选择法、单株混合选择法和集团选择法。系统育种方法选出的优良变异个体易于稳定,只要育种目标明确,从严选择,就容易收到良好的效果。

【系外行星】(extrasolar planet) 泛指在太阳系以外的行星。自 1990 年代首次证实系外行星存在,截至 2006 年 10 月 3 日,人类已发现 210 个系外行星。太阳系外行星的特点为:(1)高质量。当中 90% 超过地球的 10 倍,很多明显地超过太

系外行星

阳系最重的木星。(2)大部分有大量气体。如太阳系中的巨行星一样。部分小型的行星被怀疑由岩石构成,类似地球和其他太阳系内行星。(3)有很大的轨道,有较高的偏心率。相比于母星,行星一般都是极为暗淡的,母星的光芒往往会掩盖了系外行星的影象,故此天文学家一般都以间接方法寻找系外行星。现时有六种成功的间接方法:(1)天体测量法。是搜寻系外行星最早期的方法。这个方法是精确地测量恒星在天空的位置及观察那个位置如何随着时间变动。如果恒星有一颗行星,则行星的重力将令恒星在一条微小的圆形轨道上移动。这样一来,恒星和行星围绕着它们共同的质心旋转。天体测量法的优势是对大轨道的行星最为敏感,因此能和其他对小轨道行星敏感的方法互补不足。然而这种方法需要数年以至数十年的观测方能确认结果。(2)视向速度法。和天体测量法相似,视向速度法同样利用了恒星在行星重力作用下在一条微小圆形轨道上移动这个事实,但是目标是测量恒星向着地球或离开地球的运动速度。虽不受距离影响,但测量需要高准确度,因此只适用于160光年以内相对离地球较近的恒星。(3)脉冲星计时法。脉冲星是超新星爆炸后留下来超高密度的中子星。随着自转,脉冲星发出极为有规律的电磁波脉冲,因此脉冲的轻微异常能显示脉冲星的移动。和其他星体一样,脉冲星亦会受其行星影响而运动,故此计算其脉冲变动便可估计其行星的性质。(4)凌日法。运用行星行经其母星和地球之间(即凌)、母星光度轻微下降的现象估计系外行星质量的方法。光度下降的程度与母星及行星的大小相关。该方法的缺点是,只有少数情况系外行星经地球和母星之间,而且轨道愈大机率便愈小;另外,这种方法亦很容易出现错误观测。凌日法的主要优点是配合视向速度法能得知行星的密度,有助于了解行星的大气结构,从而估计行星的物理结构。(5)重力微透镜法。重力微透镜是重力透镜现象的一种,是星体引力场导致远处另一星体的光线路径改变而造成类似透镜的放大效应,这一现象只会当两个星体和地球几乎成一直线才会出现。另外,行星本身的引力场亦会对透镜现象造成可测量的影响,因为需要精确对准。这种方法对于位处地球和星系中心之间的行星特别有效,因为星系中心可提供大量背景星体。(6)恒星盘法。很多恒星都被尘埃组成的恒星盘包围,这些尘埃吸收了恒星的光再放出红外线,因此可以被观测。即使尘埃的总质量还不及地球,它们的总表面积仍足以反射出可观测的红外线。哈勃太空望远镜可以通过其近红外线摄影机和多物体光谱仪观测这些尘埃,一般相信这些尘埃是在彗星或小行星碰撞中形成,而尘埃盘可以显示有行星的存在。有些尘埃盘中间有空洞或形成团状,都可能表示有行星在"清理"其轨道或尘埃受到行星引力影响而结集。此外,在一些特殊情况下,现代的望远镜亦可以直接得到系外行星的影象。例如行星体积特别大(明显地大于木星),与母星有一段较大距离,且较为年轻,故此温度较高而放出强烈的红外线。随着系外行星的发现,便令人引伸到它们当中是否存在外星生命的问题。

【郄穴】(xi acupoint) 中医穴位分类名。郄,有间隙的意思。十二经脉和奇经八脉中的阴跷、阳跷、阴维、阳维脉之经气深聚的部位。人多分布于四肢肘、膝以下,临床多用于治疗急性病症。十六郄穴即肺经:孔最;心包经:郄门;心经:阴郄;大肠经:温溜;三焦经:会宗;小肠经:养老;脾经:地机;肝经:中都;肾经:水泉;胃经:梁丘;胆经:外丘;膀胱经:金门;阴跷脉:交信;阳跷脉:跗阳;阴维脉:筑宾;阳维脉:阳交。

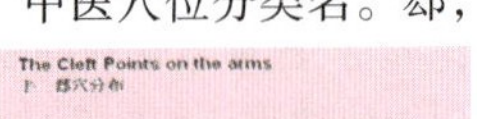

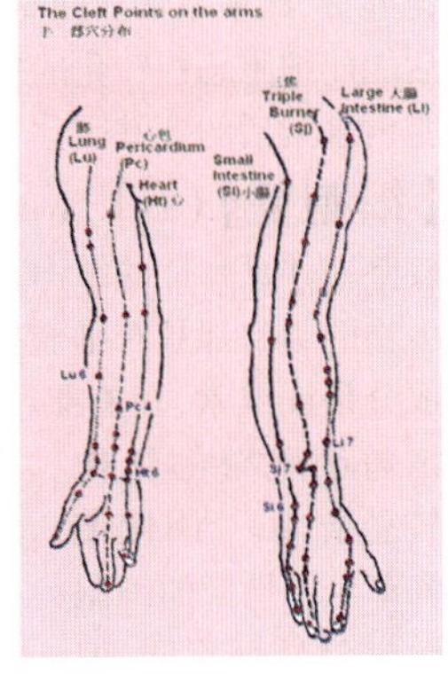

郄穴

【细胞】(cell) 由膜包围着含有拟核的原生质所组成的生命活动的基本单位。其结构特征是:每个细胞都有细胞膜、细胞质和细胞核;绝大多数细胞都非常微小,只有在显微镜下才能看清它们的面貌。种类繁多。按其进化地位、结构和遗传装置的类型与主要生命活动形式的不同可分为原核细胞和真核细胞。细胞可独立作为生命单位,也可多个细胞组成细胞群体或组织、器官和机体;细胞还能够进行分裂和繁殖。细胞是遗传的基本单位,并具有遗传的全能性。人体最大的细胞是成熟的卵细胞(直径0.1mm);最小的细胞是淋巴细胞(直径6μm);寿命最长的细胞是神经细胞;寿命最短的细胞是白细胞。

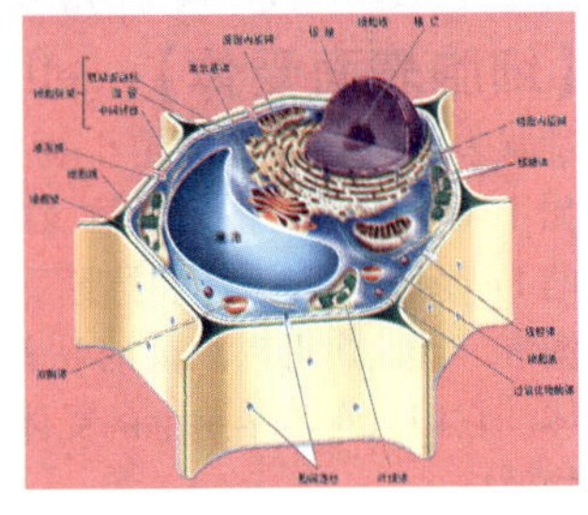

细胞

【细胞(组织)化学染色】(cytochemical staining) 利用染色剂可与细胞的某种成分发生反应而着色的原理,对某种成分进行定性或定位研究的方法。利用这种方法,细胞的各种成分几乎都能显示，包括无机物、蛋白质、糖类、脂类、核酸和酶等。

【细胞癌基因】(cellular oncogene) 编码调节细胞生长或分化有关蛋白质而在其突变或过表达时可转变为癌基因并引起细胞癌变的正常细胞基因。正常细胞内存在与病毒癌基因同源的序列。这类基因在正常细胞基因组中，不仅存在，而且可以表达。这类基因表达产物具有促进正常细胞生长、增值、分化、发育及其调控等功能。如果细胞癌基因结构发生突变或异常表达，必然导致细胞生长增殖和分化异常，此现象常和肿瘤的发生有关。为了与被激活后能使细胞恶性转化的癌基因区分开来，而将正常细胞内未激活的癌基因称为原癌基因。

【细胞壁】(cell wall) 细胞膜外的一层较厚、较坚韧并具弹性的结构。绝大部分真菌、植物和原核生物的细胞都具有细胞壁。植物细胞细胞壁的主要成分是纤维素，还有果胶质、半纤维素和木质素等。细菌细胞壁的结构较复杂，革兰阴性菌和革兰阳性菌的细胞壁成分显著不同，但所有细菌的细胞壁都具有肽聚糖。细胞去除细胞壁后可获得原生质体（有细胞壁的细胞通过酶解使细胞壁溶解而得到的具有质膜的原生质球状体）。细胞壁作用是：(1)机械强度高，保护细胞并维持细胞形态。(2)部分调节细胞的物质交换。(3)细胞壁的成分与抗原性、致病性及对病毒的敏感性均有关系。

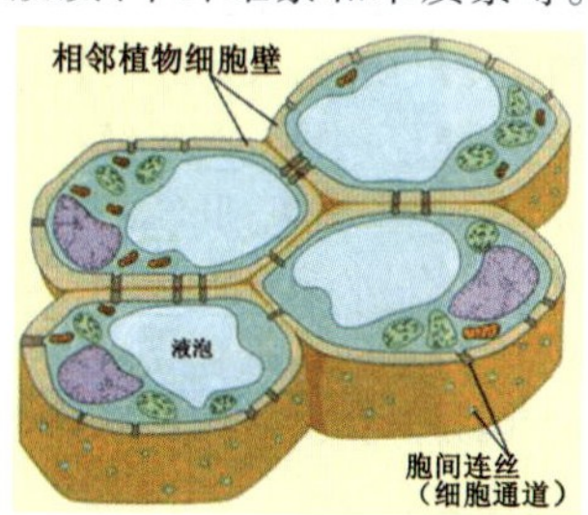

细胞壁

【细胞表面受体】(cell surface receptor) 细胞表面能与某些特定生物物质结合的特定结构。如T细胞表面的抗原受体、红细胞受体；B细胞表面的Fc受体、C3b受体和抗原受体（SIg）等。此外，如激素、毒素、病毒和细菌的黏着等亦均存在相应的受体。它们只有与细胞上的受体结合后，才能发挥其生物效应。

【细胞病理学(cell pathology) 病理学的一个分支。以细胞为单位研究患病机体变化的学科。由德国病理学家魏尔肖（Virchow）于1858年建立。目前已发展到利用现代科学技术如电子显微镜、细胞化学等手段，进一步揭示疾病和各种病理过程中的细胞超微结构和机能的变化。

【细胞电泳】(cell electrophoresis) 在一定pH下细胞表面带有净的正电荷或负电荷，能在外加电场的作用下发生泳动的现象。各种细胞或处于不同生理状态的同种细胞，由于荷电量的不同，故在一定的电场中的泳动速度也不同。利用细胞电泳手段研究生命结构的表面性质，鉴定细胞或单细胞有机体的功能和病理状态具有重要的意义。

【细胞凋亡】(apoptosis) 通过一种具有高度特征化的程序实现的细胞主动死亡。有核细胞一方面受遗传基因控制着细胞分裂增殖，另一方面同样受遗传基因控制着细胞的主动死亡，从而维持细胞数目的恒定。这种调控始终贯穿于生物体生长发育的全过程。如果平衡一旦失调则可能导致疾病的发生。其典型的形态学和生物化学特征为：凋亡细胞先出现膜皱褶、隆起，但无膜破裂；细胞质浓缩，细胞核浓缩呈新月形，细胞核的DNA在核间小体断裂成不连续的180～200bp的片段，并可见到典型的梯形电泳带和凋亡小体。研究发现，加入如H_2O_2或消耗细胞内抗氧化物均可诱导细胞发生凋亡。因而认为抗氧化的化合物为细胞凋亡发生的抑制剂。在细胞发生凋亡时，可见到细胞内Ca^{2+}浓度升高、PH值降低及转谷酰胺酶活性升高等细胞化学方面的变化，而这些变化则与DNA内切酶的激活有关。导致细胞凋亡发生的信号种类繁多，有外部信号及引起细胞增殖、分化的信号。依赖某种重要的生长因子可以防止细胞发生凋亡，如CSF可阻止造血干细胞发生凋亡，并使细胞按原来的分化方向继续分化。反之，具有多种生物学调节功能的TNF，在体外可诱导肿瘤细胞、树突状细胞及大鼠肝细胞出现凋亡。其生物学功能是：(1)清除无用的或多余的细胞。人脑在发育过程中有95%的细胞死亡。(2)除去不再起作用的细胞。如蝌蚪变态时的尾部细胞死亡，哺乳动物子宫内膜上皮细胞在月经期死亡。(3)除去发育不正常的细胞。如脊椎动物视觉系统的发育，没有形成正确神经元连接的神经元被清除掉。(4)除去一些有害细胞，胸腺细胞在离开胸腺之前被诱导死亡。

【细胞动力学】(cell cytokinetics) 研究生物系统或人工系统中细胞群体的来源、变化、分布和运动规律，以及研究各种条件对这些过程如何影响的一门学科。也是定量研究细胞繁殖过程中其形态结构和生理特征在一定时间和空间中的动态变化的学科。目前细胞动力学的研究集中在细胞群体的增殖比例上，因为这一指标常常可以代表细胞的增殖活性。掌握了细胞动力学、细胞周期，可了解体内肿瘤细胞增长规律，便于合理用药、联合用药，能更好地提高肿瘤的治疗效果。

【细胞冻存】(cell cryopreservation) 保存微生物或动植物细胞株的一种常用方法。具体做法是将细胞置于－196℃液氮中低温保存，使细胞暂时脱离生长状态而将其特性保存起来,在需要的时候再将细胞复苏用于实验。冻存细胞时,通常向培养基中加入保护剂甘油或二甲基亚砜,使溶液冰点降低以提高胞膜对水的通透性。这样,在缓慢冻结条件下,细胞内水分渗出,减少了细胞内冰晶形成,从而避免冻存时冰晶所造成的细胞损伤。细胞冻存的作用是:(1)减少细胞传代及日常维持过程中的大量耗费。(2)减少因传代次数增加和体外环境条件变化所导致的细胞生物特性变化。(3)防止因细胞污染或其他意外事件而造成细胞丢种,起到细胞保种的作用。(4)可以利用细胞冻存的形式来购买、寄赠、交换和运送某些细胞。

【细胞毒性T细胞】(cytotoxic T cells, CTL) 一种能直接杀伤病毒感染细胞、同种异体移植细胞或肿瘤细胞的免疫效应细胞。这类效应细胞对于靶细胞的杀伤作用具有抗原特异性,即需要有抗原的致敏后才能表现出对带有抗原的靶细胞的杀伤作用。是由无杀伤活性的前T细胞衍化而来。这种前身细胞对放射线极为敏感。当其转变为具有杀伤功能的成熟CTL以前,必须由Th细胞提供白介素-2,促使其衍化成为成熟的CTL。亦即Ts细胞对CTL表现出辅助作用。

【细胞分化】(cell differentiation) 在个体发育中,相同细胞的后代在形态、结构和生理功能上发生稳定性差异的过程。其特点是:(1)分化是稳定的变化。(2)分化之前先有决定。在细胞分化中,细胞核起决定作用。细胞核内含有该种生物的全套遗传信息,在条件具备时,它可使所在细胞发育分化为由各种类型细胞所组成的完整个体。细胞分化不仅发生在胚胎发育中,而且一生都在进行着,以补充衰老和死亡的细胞。通过细胞分化形成的各种不同的细胞,进而形成不同的各具功能的器官,使生物体成为一个完整的个体。

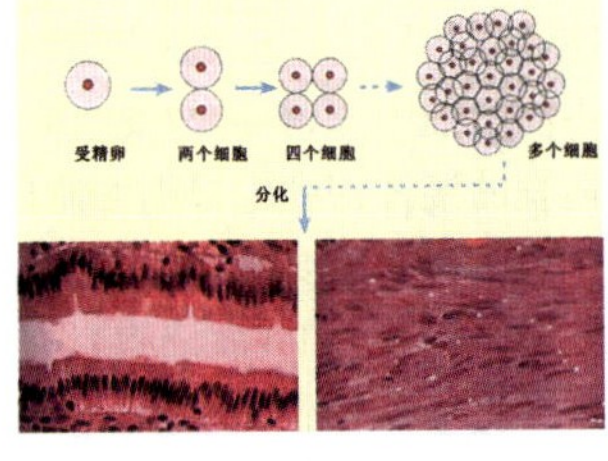

细胞分化

【细胞分裂】(cell division) 一个细胞分裂为两个细胞的过程。分裂前的细胞为母细胞,分裂后形成的新细胞为子细胞。可分为原核细胞的分裂和真核细胞的分裂。在真核细胞的分裂中,按细胞核分裂状况的不同又可分为:有丝分裂、减数分裂和无丝分裂。在单细胞生物中,细胞分裂是个体的繁殖;在多细胞生物中,细胞分裂是个体生长、发育和繁殖的基础。在生物体内,大多数细胞生活周期较短,需要不断更新。这种细胞更新,完全靠细胞分裂来实现。

【细胞分选】(cell sorting) 将目标细胞从细胞群体中分离出来的技术。其方法主要有两种:流式细胞仪分选和免疫磁珠分选。(1)流式细胞仪分选又分为两类。一类是由机械分选,采用捕获管来实现;另一类是通过电磁偏转板实现分选。这后一种是大多数高速分选仪器采取的方式。即由喷嘴射出的液柱被分割成一连串的小水滴,根据选定的某个参数由逻辑电路判明是否将被分选,而后由充电电路对选定细胞液滴充电,带电液滴携带细胞通过静电场时发生偏转,落入收集器中,其他液体则被当做废液抽吸掉。(2)免疫磁珠分选技术是将磁性微珠直接或间接耦联在抗体上,通过抗原抗体反应使磁珠耦联的抗体与表达相应抗原的细胞特异性结合。磁性标记的细胞在经过一个带有梯度的高强度磁场时会滞留在磁场中,而不表达相应抗原的细胞因为没有磁性标记而首先流出来,由此达到磁性分离的目的。离开磁场后,磁性标记细胞不再受磁场作用而被洗脱下来。

【细胞复苏】(cell thawing) 从液氮中取出冻存细胞并使其在培养条件下恢复生长的过程。具体做法是首先从液氮中取出冻存管或安瓿,立即放入37℃水浴中速融。然后用培养基稀释细胞,低速离心,去除上清液(冻存液与所加培养基的混合液体),再加适量培养基悬浮细胞。最后接种细胞于培养瓶中,在37℃的CO_2孵箱中培养。

【细胞工程】(cell engineering) 应用细胞生物学和分子生物学的原理与方法,按照人们设计的蓝图,在细胞水平上研究改造生物遗传特征,以获得具有目标性状的细胞系或生物体的工程技术。其涉及的领域相当广泛。按其技术范围的不同可分为:(1)细胞融合技术。(2)细胞拆合技术。(3)染色体导入技术。(4)基因转移技术。(5)胚胎移植技术。(6)细胞组织培养技术。按其操作对象的结构层次的不同可分为:(1)染色体工程。(2)染色体组工程。(3)细胞质工程。(4)细胞融合工程。其优势在于避免了分离、提纯、剪切、拼接等基因操作,只需将细胞遗传物质直接转移到受体细胞中就能够形成杂交细胞,能够提高基因的转移效率。

【细胞骨架】(cell cytoskeleton) 真核细胞中的蛋白纤维网络结构。包括细胞质骨架和细胞核骨架。由微丝、微管和中间纤维构成。微丝确定细胞表面特征,使细胞能够运动和收缩;微管确定膜性细胞器的位置和作为膜泡运输的导轨;中间纤维使细胞具有张力和抗剪切力。细胞骨架在细胞运动、细胞分裂、受精作用、基因表达、信息传递、能量转换以及维持细胞形态等方面具有重要作用。还能把分散在细胞质中的膜层结构网络在一起,固定在一定空间,使它们执行自己的功能。

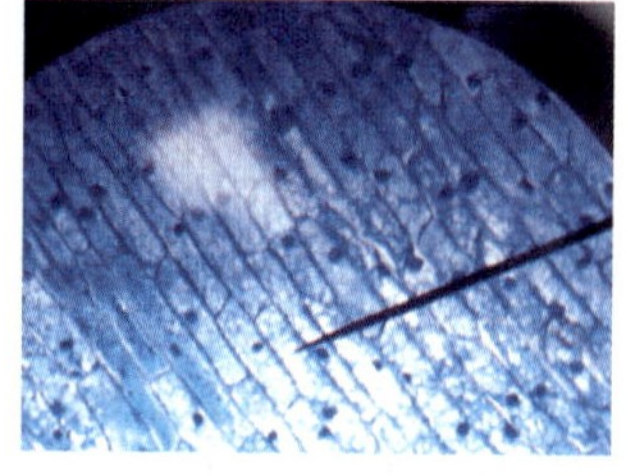

细胞骨架

【细胞骨架蛋白】(cytoskeletal protein) 细胞质中由蛋白质丝组成的非膜相结构的蛋白质。细胞骨架是真核细胞质中的蛋白质纤维网架体系,由微管、微丝和中间丝组成。三个系统又分别由许多性质不同的蛋白质构成。构成细胞骨架的主要蛋白是肌动蛋白、微管蛋白和中间丝蛋白。其功能对于细胞的形状、运动、物质运输、染色体的分离和细胞分裂等起着重要的作用。细胞骨架蛋白改变与疾病的关系是:(1)老年痴呆症等疾病与细胞骨架中的成分改变有关。(2)细胞骨架蛋白的基因发生突变会引起遗传病的发生。(3)研究发现,肿瘤细胞中的细胞骨架形态发生特异性的改变。

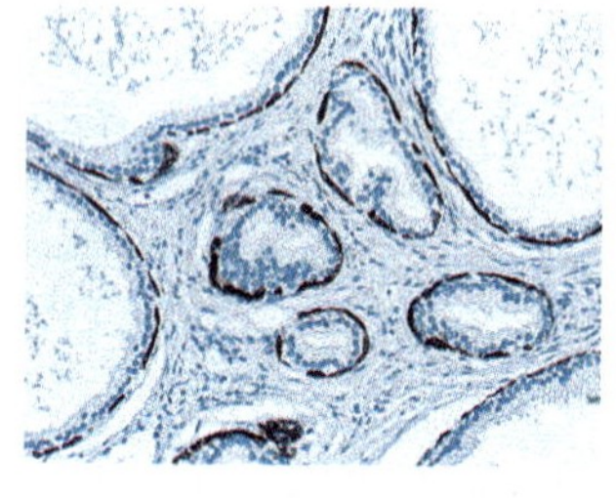

细胞骨架蛋白

【细胞核】(cell nucleus) 细胞内遗传信息储存、复制和转录的主要场所。细胞的控制中心。其结构由核被膜、染色质、核仁和核基质等组成。其主要功能是遗传和发育。前者表现为通过DNA染色体的复制和细胞分裂,维持物种的世代连续性;后者表现为通过调节基因表达的时空顺序,控制细胞的分化,完成个体发育的使命。

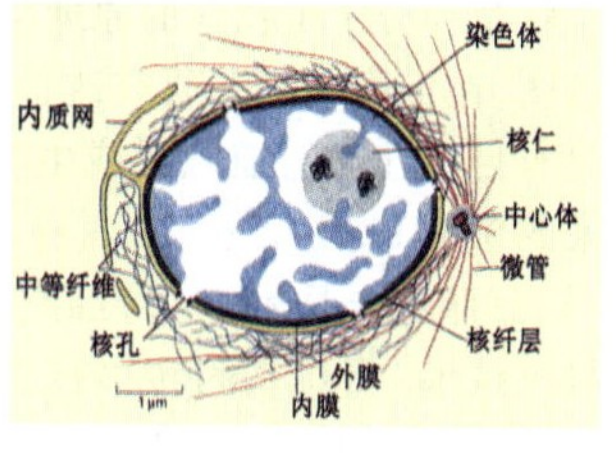

细胞核

【细胞坏死】(necrosis) 因各种突发的意外事件所导致的细胞被动死亡过程。引起细胞坏死的原因很多,包括病原体、电离辐射、药物、组织缺血缺氧等。细菌毒素除直接引起细胞坏死外,还可通过免疫反应(如补体)激活自然杀伤细胞和巨噬细胞或释放细胞因子引起细胞坏死,以减少病原的入侵。细胞坏死的表现是:膜通透性增高,细胞肿胀,崩解释放出内容物,引起临近组织的炎症反应。细胞坏死研究对于缺血、缺氧、抗感染和抗肿瘤等方面具有重要的意义。如抑制细胞坏死,能够防止正常组织损伤;激活细胞坏死可用来杀伤肿瘤细胞。

【细胞计数法】(cell counting) 用于计数培养样品中细胞数的方法。细胞学实验的一项基本技术。是了解培养细胞生长状态、测定培养基、血清、药物等物质生物学作用的重要手段。细胞计数可以手工或自动进行。按其计数方式的不同可分为:(1)直接计数法。取一合适稀释度细胞,在显微镜下用血球计数板计数,以获得统计结果。(2)间接计数法。将细胞稀释并涂布在营养琼脂平板上,经培养后计数平板上长出的菌落数。通常认为长出的单个菌落是由原先培养物中的单个活细胞长成的。

【细胞接种密度】(inoculum density) 接种活细胞的密度。体外培养细胞中,细胞接种数对细胞的生长有影响。适宜的接种密度,可以促进细胞增殖,而接种密度太低或太高都不利于细胞的生长增殖。当接种密度较低时,细胞生长繁殖较慢,最终细胞产量也低。尤其是贴壁动物细胞,接种密度低到某一临界值时,细胞甚至不会在介质面上扩展。反之,当接种密度过高时,排出物或其他代谢产物容易达到饱和,能量来源也快速耗尽,也会防碍细胞的增殖。不同的细胞株,合适的细胞接种密度不同。如何选择适宜的接种密度应根据细胞的代谢和生长繁殖速度以及工作的需要确定。一般来讲,代谢旺盛、生长速度快的细胞(如肿瘤细胞),接种密度宜偏低;正常组织细胞生长较慢,代谢不够旺盛,接种密度可偏高。如果培养细胞是为了保种或不需急用,接种密度可偏低;为了便于观察细胞形态结构,接种密度也可适当降低。

【细胞抗原】(cell antigen) 由多种抗原成分组成的呈细胞状态的抗原。如细菌、原虫、异种或同种异型红细胞及其他有核细胞、肿瘤细胞和吸附有小分子半抗原的自身细胞等。是一种有多种抗原成份的复合体,主要为嵌合在细胞膜上的糖蛋白。

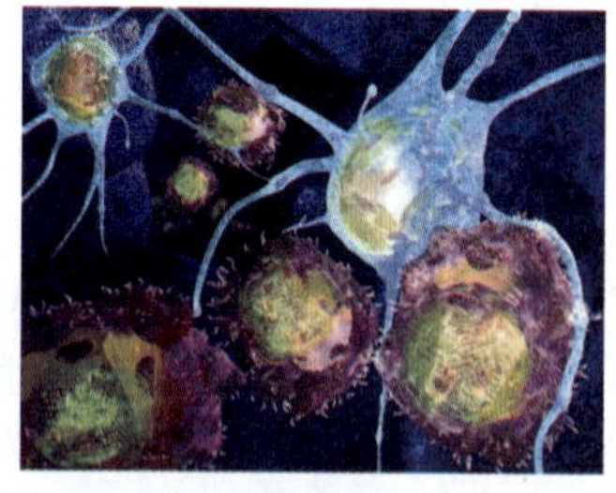

细胞抗原

【细胞库】(cell bank) 用来培养生产连续多批制品的细胞系。该细胞系来源于经充分鉴别和证明无外源因子的一个原始细胞库和一个主细胞库。工作细胞库是从主细胞库中取一定数量的细胞制备的。

【细胞免疫】(cell immunity) 致敏T细胞对再次进入机体细胞中的相同抗原的直接杀伤作用及其所释放的细胞因子的协同杀伤作用。致敏T细胞由T细胞受到抗原刺激后,增殖、分化、转化而产生。按其产生过程的不同可分为:感应、反应和效应三个阶段。其作用机制是:(1)致敏T细胞的直接杀伤作用。当其与带有相应抗原的靶细胞再次接触时,两者发生特异性结合,产生刺激作用,使靶细胞膜通透性发生改变,致细胞肿胀、溶解和死亡。在此过程中,其本身并未受到伤害,因此可重新攻击其他靶细胞。参与这种作用的致敏T细胞,称为杀伤T细胞。(2)通过与淋巴因子的相互配合而协同杀伤靶细胞。如皮肤反应因子可使血管通透性增高,使吞噬细胞易于从血管内游出;巨噬细胞趋化因子可引导相应的免疫细胞向抗原所在部位集中,以利于对抗原进行吞噬、杀伤和清除等。在抗感染免疫中,其主要参与对细胞内寄生的病原微生物的免疫应答及对肿瘤细胞的免疫应答;参与迟发型变态反应和自身免疫病的形成;参与移植排斥反应及对体液免疫的调节。既是抗感染免疫的主要力量,又是导致免疫病理的重要因素。

【细胞膜】(cell membrane) 又称质膜。包裹于细胞表面将细胞与外界微环境隔离的界膜。其基本结构是:(1)脂双层。(2)膜蛋白。(3)膜糖和糖衣。其功能是:(1)分隔形成细胞和细胞器,为细胞的生命活动提供相对稳定的内环境。(2)屏障作用,膜两侧的水溶性物质不能自由通过。(3)选择性物质运输,伴随着能量的传递。(4)生物功能,包括激素作用、酶促反应、细胞识别、电子传递等。(5)物质转运功能,细胞与周围环境之间的物质交换,通过细胞膜的转运功能来实现。(6)受体功能,受体是细胞识别的特殊结构,其本质是蛋白质。

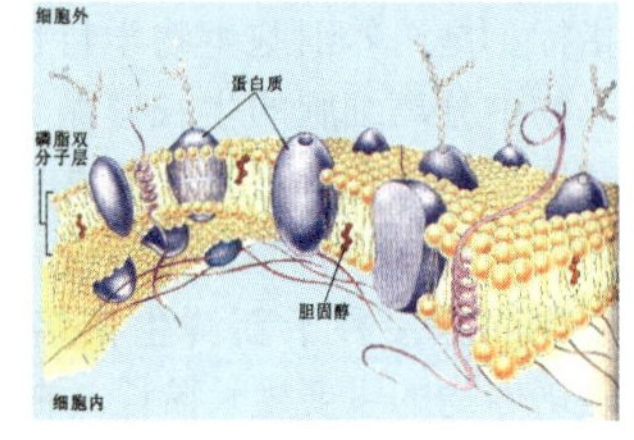

细胞膜

【细胞内抗体】(intracell antibody) 又称内抗体。在细胞内合成并作用于细胞内组分的抗体。若在抗体基因的N端或C端加入引导序列,就能使抗体表达定位在亚细胞部位,如胞浆、线粒体、内质网或细胞核部位。可以提供一种其他方法不能做到的研究分子功能的方法。由于内抗体可抑制病毒复制和抑制生长因子受体或癌蛋白,因此有用于基因治疗的应用前景。

【细胞内受体】(intracellular receptor) 位于胞质溶胶、核基质中的受体。主要是同脂溶性的小信号分子相作用。位于胞质溶胶中的受体要与相应的配体结合后才可进入细胞核。其识别和结合的是能够穿过细胞质膜的小的脂溶性的信号分子,如各种类固醇激素、甲状腺素、维生素D以及视黄酸。其基本结构都很相似,有极大的同源性。通常有两个不同的结构域:一个是与DNA结合的中间结构域;另一个是激活基因转录的N端结构域。此外还有两个结合位点:一个是与脂配体结合的位点,位于C末端;另一个是与抑制蛋白结合的位点。

【细胞培养】(cell culture) 将动植物组织或细胞从机体内取出,分散成单个细胞或直接培养单细胞生物,使其在含有必要生长条件的培养基或培养瓶中继续生长与增殖的过程。其主要内容包括:(1)微生物细胞培养。(2)植物细胞培养。(3)动物细胞培养。细胞在体外培养中所需的条件与体内细胞基本相同。其主要条件是:(1)无污染环境。(2)恒定的温度。(3)气体环境。(4)细胞培养基。大规模的细胞培养,为营养品、疫苗生产和药物研究、开发与肿瘤防治提供了全新的手段。

【细胞器】(organelle) 细胞质中具有一定结构和功能的微结构。真核细胞的典型结构特征之一。细胞中的细胞器主要有:线粒体、内质网、中心体、叶绿体、高尔基体、核糖体、溶酶体、液泡、微体等。它们组成了细胞的基本结构,使细胞能正常地工作,运转。其中:(1)线粒体。是细胞进行有氧呼吸的主要场所。(2)叶绿体。是绿色植物进行光合作用的细胞所含有的细胞器。(3)内质网。是细胞内蛋白质的合成和加工,以及脂质合成的“车间”。(4)高尔基体。对来自内质网的蛋白质加工,分类和包装。(5)溶酶体。分解衰老、损伤的细胞器,吞噬并杀死入侵的病毒或细菌。(6)液泡。调节细胞内的环境,使细胞处于吸涨饱满的状态,是植物细胞保持坚挺的细胞器。(7)核糖体。是蛋白质合成的场所。(8)中心体是细胞分裂时内部活动的中心。(9)微体在短时间内帮助多种物质转换成别的物质。

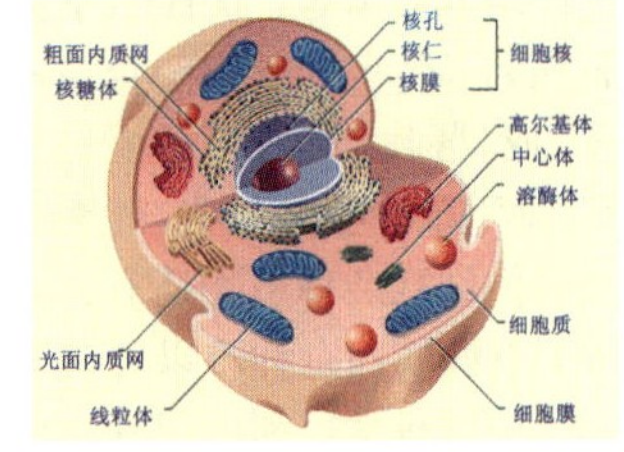

细胞器

【细胞溶解】(cytolysis) 细胞外膜丧失机能后,细胞中的物质分散或溶解在水中的现象。如因病理或生理原因导致的细胞裂解，通过攻击细胞膜最终引起细胞内容物释放的细胞毒性效应等。细胞溶解一词主要是针对无细胞壁的动物细胞，对植物细胞的溶解现象称为原生质吐出。利用这种现象可提取细胞中的酶。

【细胞融合】（cell fusion） 在体外通过人工培养和诱导，使两个或多个细胞合并成一个双核或多核细胞的过程。诱导细胞融合的方法有：(1)生物方法（病毒）。(2)化学方法（聚乙二醇 PEG）。(3)物理方法（电激、光激）。细胞融合可分为自发融合和诱发融合，不仅能产生同种细胞融合，也能产生种间细胞的融合。广泛应用于细胞生物学、医学研究和植物育种等诸多领域，如在植物育种方面已经成功的有萝卜×甘蓝、粉蓝烟草×郎氏烟草、番茄×马铃薯等。

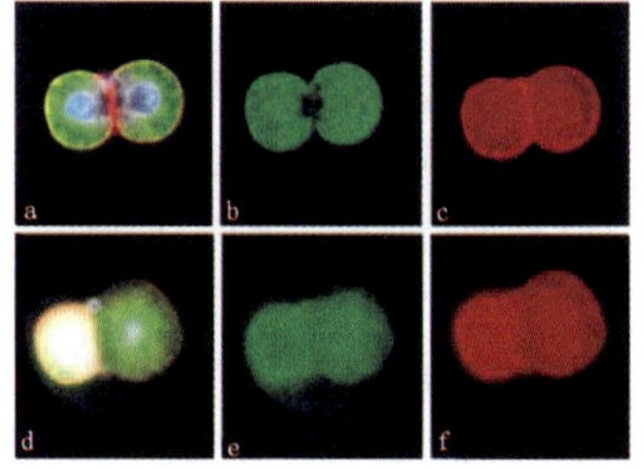

细胞融合

【细胞融合育种】（cytomixis breeding） 将一种生物细胞中携带遗传信息的细胞核或染色体整体地转移给另一种生物细胞，使新细胞产生具有所需要的新功能，从而改变体细胞遗传性状的育种方法。广义地讲，也包括细胞核和卵移植、动物和植物组织培养技术等。美国科学家采用细胞融合技术将番茄和马铃薯的细胞融合在一起，培育出称为“番茄薯”或“薯番茄”的新型植物。植株的地上部分结番茄，地下部分生长根茎，产量高，品质好。获得成功的属间体细胞杂种植物还有：烟草×大豆、甘蔗×高粱等。这些属间杂种难以通过采用有性杂交的方法得到。中国科学家利用细胞融合技术已培育出普通烟草与黄花烟草、普通烟草与粉蓝烟草、烟草与矮牵牛、烟草与天仙子等种间和属间体细胞杂种植株，为远缘杂交育种开辟了新途径。

【细胞色素】（cytochrome） 含有血红素辅基的一类蛋白质。血红素基团是由卟啉环结合一个铁原子构成的。在氧化过程中，血红素的铁原子可以传递单个的电子而不必成对传递。血红素中的铁通过 Fe^{3+} 和 Fe^{2+} 两种状态的变化传递电子。电子传递链中至少有 5 种类型的细胞色素 A、A_3、B、C、和 C_1。它们间的差异在于血红素基团中取代基和蛋白质氨基酸序列的不同。其作用是细胞色素广泛参与动物、植物、酵母、好氧菌、厌氧光合菌等的氧化还原反应。

【细胞色素 C】（cytochrome C） 生物氧化过程中的电子传递体。其作用原理是：在酶存在的情况下，对组织的氧化、还原有迅速的酶促作用。通常外源性细胞色素 C 不能进入健康细胞。但在缺氧时，细胞膜的通透性增加，细胞色素 C 便有可能进入细胞及线粒体内，增强细胞氧化，提高氧的利用。用于组织缺氧的急救和辅助用药。如一氧化碳中毒、催眠药中毒、新生儿窒息、严重休克缺氧、麻醉及肺部疾病引起的呼吸困难、高山缺氧、脑缺氧和心脏疾病引起的缺氧等。

【细胞色素 P450】（cytochrome P450） 参与内源性物质和包括药物、环境化合物在内的外源性物质的代谢的一类亚铁血红素－硫醇盐蛋白的超家族。在细胞中，其主要分布在内质网和线粒体内膜上。作为一种末端加氧酶，参与了生物体内的甾醇类激素合成等过程。近年来，对其结构、功能特别是对其在药物代谢中的作用的研究有了较大的进展。最新研究表明，细胞色素 P450 还是药物代谢过程中的关键酶，而且对细胞因子和体温调节都有重要影响。在哺乳动物主要存在于微粒体和线粒体中。已发现几乎 1 000 种细胞色素 P450 广泛分布于各种生物机体内，在生理上有功能意义的就有约 50 种。根据氨基酸序列的统一性分为 17 个家族和许多亚家族。氨基酸序列有 40% 以上相同者划为同一家族，以阿拉伯数字表示；同一家族内相同达 55% 以上者为一亚家族，在代表家族的阿拉伯数字之后标以英文字母表示；在同一亚家族的当同工酶则再以阿拉伯数字表示。

【细胞生长曲线】（cell growth curve） 以存活细胞数对培养时间作图所得的曲线。是测定细胞绝对生长数的常用方法，也是判定细胞活力的重要指标。是培养细胞生物学特性的基本参数之一。培养物中分离细胞的生长遵循典型的生长曲线。按各时期细胞生长状态及该曲线曲度的不同，可将其化分为：(1)延滞期。是细胞适应培养基所需的时间。发生在细胞接种于新鲜生长培养基时。(2)对数期。是培养物的主要生长阶段。在此期间，细胞呈指数生长。若在对数坐标上作图，此段生长曲线呈一直线。(3)过渡期。是处于指数期与稳定期之间的一段时间。可由数分钟至数天不等。(4)稳定期。此时细胞停止生长，达到培养系统所能承受的程度。在多数细胞系统中，这一时期的死亡细胞与新生细胞达到平衡。哺乳动物细胞通常在稳定期停止分裂。(5)衰亡期。此时细胞的总数维持不变，但其中的活细胞数逐渐减少。若补给新鲜培养基则能使其维持新的生长曲线。衰亡期的发生是因为细胞缺少营养物质、过于拥挤(特别是哺乳动物细胞)，或是因为代谢所产生的废物积聚并变得具有毒性所致。

【细胞识别】(cell recognition) 细胞通过其受体与胞外信号物质分子选择性地相互作用，导致胞内一系列生理生化变化，最终表现为细胞整体的生物学效应的过程。是细胞发育和分化过程中的重要环节，许多重要的生命活动均与细胞识别有密切关系。如受精过程，是精卵细胞识别的结果，具有种的特异性；血液中的白细胞能识别侵入的细胞，并将其吞噬，这是异种间的细胞识别。细胞识别的分子基础是细胞表面受体间或受体大分子间互补形式的相互作用。

【细胞衰老】(cell aging) 细胞表现出的生理功能下降和紊乱，并永久性停止分裂。是不可逆的生命过程。人的衰老与细胞的衰老相关联。组成细胞的化学物质在运动中不断受到内外环境的影响而发生损伤，造成其功能退行性下降而老化的现象。衰老是机体在退化时期生理功能下降和失常的综合表现，是不可逆的生命过程。对多细胞生物而言，细胞的衰老和死亡与机体的衰老和死亡是两个不同的概念。机体的衰老并不等于所有细胞的衰老，但是细胞的衰老又是同机体的衰老紧密相关的。其特征是：(1)细胞内水分减少，体积变小，新陈代谢速度减慢。(2)细胞内酶的活性降低。(3)细胞内的色素积累。(4)细胞内呼吸速度减慢，细胞核体积增大，线粒体数量减少，体积增大。(5)细胞膜通透性功能改变，物质运输功能降低。细胞的衰老与死亡是新陈代谢的自然现象。通过细胞衰老的研究可了解衰老的某些规律，对认识衰老和最终找到推迟衰老的方法都有重要意义。

【细胞通信】(cell communication) 一个细胞发出的信息通过介质传递到另一个细胞产生的相应反应。通信方式有：(1)细胞间隙连接，两个相邻的细胞以连接子相联系。(2)膜表面分子接触通信，细胞通过其表面信号分子与另一细胞表面的信号分子选择性地相互作用，最终产生细胞应答。(3)化学通信，细胞分泌一些化学物质至细胞外，作为信号分子作用于靶细胞，调节其功能。

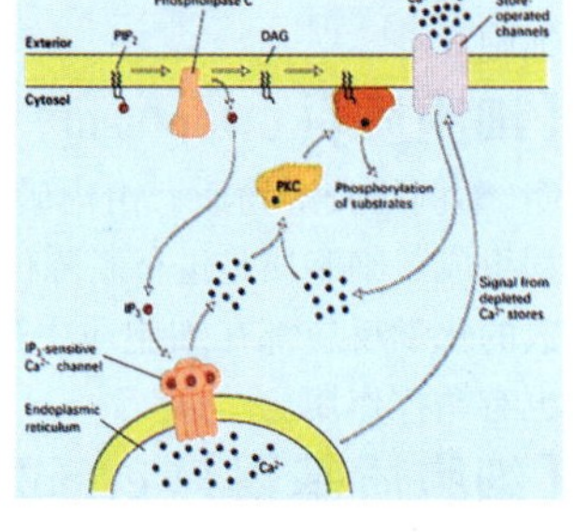

细胞通信

【细胞同步化】(cell synchronization) 挑选或强迫进行可逆的阻遏而得到的细胞生长、分裂周期中处于相似阶段的生长细胞群体的过程。在一般培养条件下，群体中的细胞处于细胞周期的不同时相中。为了研究某一时相细胞的代谢、增殖、基因表达或凋亡，常需采取同步化方法使细胞处于同一时相。在肿瘤的治疗中，若采用周期同步化的药物，使细胞同步在某一期，然后再使用敏感的药物治疗，或者同步化后进行放疗，这样会使治疗效果最大化。细胞同步化分为自然同步化和人工同步化两种方法。前者因为细胞群体受多种条件限制，将对结果有很大影响，所以一般都采取后者。

【细胞外基质】(extracellular matrix) 分布在细胞表面或细胞之间的大分子结构物质。按其组成的不同可分为：(1)糖胺聚糖和蛋白聚糖。(2)结构蛋白，如胶原和弹性蛋白；(3)黏着蛋白，如纤维蛋白和层粘连蛋白。其功能是：(1)影响细胞的存活、生长与死亡。(2)决定细胞的形状。(3)控制细胞的分化。(4)参与细胞的迁移。它具有生物相容性好、可被人体降解吸收等特点，常被用于医疗上作组织工程支架的材料。

【细胞微管】(cell microtube) 一种具有极性的细胞骨架。是由α,β两种类型的微管蛋白亚基形成微管蛋白二聚体而组成的长管状细胞器结构。其功能是：维持细胞形态，辅助细胞内运输，与其他蛋白共同装配成纺锤体、基粒、中心粒、鞭毛和纤毛神经管等结构。与秋水仙素结合的微管蛋白可加合到微管上，并阻止其他微管蛋白单体继续添加，进而破坏纺锤体的结构。长春花碱具有类似的功能。紫杉醇能促进微管的聚合，并使已形成的微管稳定，然而这种稳定性会破坏微管的正常功能。这些药物可以利用其破坏微管的功能以阻止细胞分裂，成为癌症治疗的新希望。

【细胞微丝】(cell microfibre) 存在于真核细胞中一个实心状的纤维。直径为4～7nm。主要由肌动蛋白构成。一般细胞中含量约占细胞内总蛋白质的1%～2%，但在活动较强的细胞中可占20%～30%。和肌球蛋白(一种分子马达蛋白)一起作用，使细胞运动。具有多种功能，在不同细胞其表现不同。参与细胞的变形虫运动、植物细胞的细胞质流动与肌细胞的收缩。在一般细胞主要分布于细胞的表面，直接影响细胞的形状。在肌细胞组成粗肌丝、细肌丝，可以收缩(收缩蛋白)；在非肌细胞中主要起支撑作用、非肌性运动和信息传导作用。

【细胞系】(cell line) 原代培养物成功传代后形成的细胞群体。按其生存期限的不同可分为有限细胞系、连续细胞系和无限细胞系。前者的生存期有限；后者已获无限繁殖能力，并能持续生存。无限细胞系有的只有永生性,但仍保留接触抑制和无异体接种致癌性;有的不仅有永生性,异体接种也有致癌性 。由某一细胞系分离出来的、在性状上与原细胞系不同的细胞系,称为该细胞系的亚系。

【细胞信号转导】(cell signal transduction) 细胞通过胞膜或胞内受体感受信息分子的刺激,经细胞内信号转导系统转换,从而影响细胞生物学功能的过程。水溶性信息分子及前列腺素类(脂溶性)必须首先与胞膜受体结合,启动细胞内信号转导的级联反应,将细胞外的信号跨膜转导至胞内;脂溶性信息分子可进入胞内,与胞浆或核内受体结合,通过改变靶基因的转录活性,诱发细胞特定的应答反应。

【细胞学说】(cell theory) 关于细胞构成、细胞发生与发展、细胞功能、细胞新陈代谢以及生物体与细胞关系的学说。其主要内容有:(1)细胞是有机体,一切动植物都是由单细胞发育而来, 即生物是由细胞和细胞的产物所组成的。(2)所有细胞在结构和组成上基本相似。(3)新细胞是由已存在的细胞分裂而来。(4)生物的疾病是因为其细胞功能失常造成。细胞学说论证了整个生物界在结构上的统一性,以及在进化上的共同起源。这一学说的建立推动了生物学的发展,并为辩证唯物论提供了重要的自然科学依据。恩格斯曾把细胞学说誉为19世纪自然科学的三大发现(能量守恒和转换定律、细胞学说、进化论)之一。

【细胞因子】(cytokine) 由细胞分泌的具有生物活性的小分子蛋白质物质的统称。其作用特点是:多效性,重叠性,协同性,拮抗性和双重性。其作用方式有:(1)自分泌作用。(2)旁分泌作用。(3)内分泌作用。其种类很多。最常应用的有:(1)干扰素。(2)集落刺激因子。(3)白细胞介素类。(4)肿瘤坏死因子。(5)趋化因子。(6)生长因子。(7)胸腺制剂。细胞因子研究具有非常重要的理论和实用意义。它有助于阐明分子水平的免疫调节机理,有助于疾病的预防、诊断和治疗,特别是利用基因工程技术生产的重组细胞因子已用于治疗肿瘤、感染、炎症和造血功能障碍等,并收到良好疗效。具有广阔的应用前景。

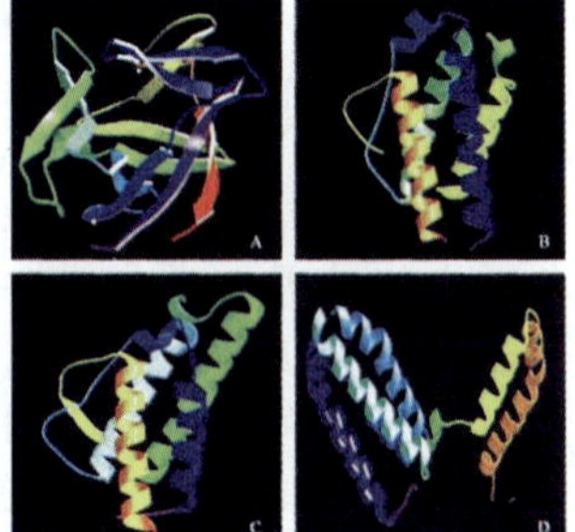

细胞因子

【细胞永生化】(cell immortalization) 体外培养的细胞自发地或受外界因素影响从增殖衰老危机中逃离, 从而具有无限增殖能力的过程。是近年来生物科学探索较多的领域之一。其特点和作用是:(1)可以利用各种细胞永生化的方法使那些传代困难、增殖慢、易衰老的细胞获得永生,从而提供更多的细胞资源。(2)有利于了解细胞增殖与衰老的分子机制。(3)为治疗肿瘤、控制肿瘤细胞增殖以及器官移植的研究奠定基础。

【细胞运输】(cellcell transport) 细胞与环境间的物质交换。包括细胞对营养物质的吸收、原材料的摄取、代谢废物的排除及产物的分泌。如细胞从血液中吸收葡萄糖以及细胞质膜上的离子泵将 Na^+ 泵出,将 K^+ 离子泵入细胞都属于这种运输范围。

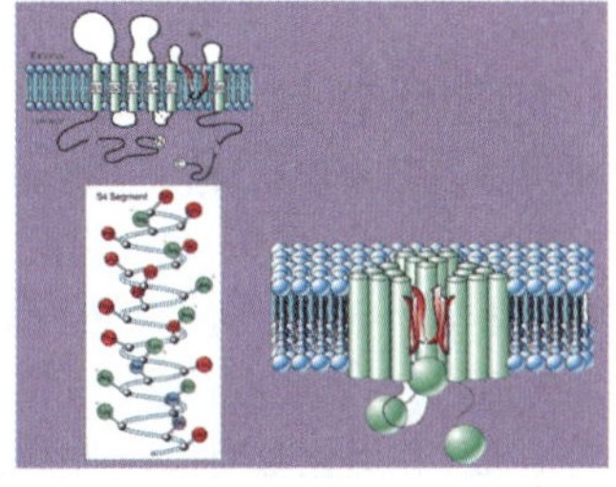
细胞运输

【细胞增殖】(cell proliferation) 细胞通过分裂而增加数量的过程。生物体的重要生命特征。是生长、发育、繁殖和遗传的基础,也是维持细胞数量平衡和机体正常功能所必需。单细胞生物以细胞分裂的方式产生新的个体。多细胞生物以细胞分裂的方式产生新的细胞,用来补充体内衰老和死亡的细胞。

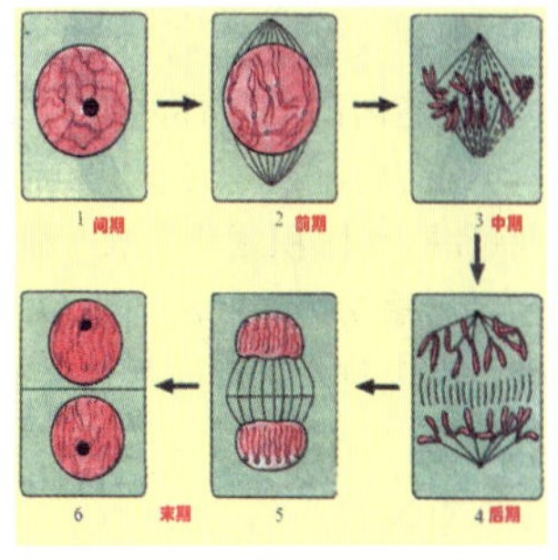

植物细胞的有丝分裂

【细胞质】(cytoplasm) 细胞膜包裹的无色透明、黏稠状胶溶物质。由内膜系统、细胞骨架和内含物组成。细胞质是进行新陈代谢的主要场所,绝大多数的化学反应都在细胞质中进行。同时它对细胞核也有调控作用。

【细胞质基因】(cytoplasmic gene) 又称染色体外基因、核外基因。位于线粒体、叶绿体等细胞器上的基因。其与核基因的共同点是:(1) 均按半保留复制。(2) 表达方式一样。(3) 均能发生突变,且能稳定遗传。两者的不同点是:(1)细胞质基因突变频率大,具有较强的定向突变性;正反交不一样,基因通过雌配子传递;基因定位困难;载体分离无规律,细胞间分布不均匀；某些基因有感染性。(2)核基因突变频率较小，难于定向突变；正反交一样，基因通过雌雄配子传递；基因可以通过杂交方式进行定位；载体分离有规律、细胞间分布均匀；基因无感染性。遗传学中通常把染色体基因组控制的遗传现象和遗传规律称为核遗传，而把细胞质基因所决定的遗传现象和遗传规律称为细胞质遗传。细胞质遗传的特点是：(1)母系遗传。无论正交、反交，F1 代总表现母本的性状。(2)不符合孟德尔遗传法则，杂交后代不出现一定的分离比。两种遗传方式相互协调和制约。一般情况下，核基因在遗传上处于主导地位。但在某些情况下也表现出细胞质基因的自主遗传作用。

【细胞质遗传】(cytoplasmic inheritance) 子代的性状由细胞质内的基因所控制的遗传现象。其遗传特点是：(1)母系遗传。连续回交，母本核基因可被全部置换掉，但由母本细胞质基因所控制的性状仍不会消失。(2)由细胞质中的附加体或共生体决定的性状，其表现往往类似病毒的转导或感染，即可传递给其他细胞。(3)基因定位困难，遗传方式是非孟德尔遗传，杂交后代不表现有比例的分离，带有胞质基因的细胞器在细胞分裂时分配是不均匀的。在植物育种中应用广泛。

【细胞中间纤维】(cell intermediate fibre, IF) 又称中间丝、中等纤维。细胞骨架的第三种纤维结构。为中空的骨状结构，直径介于微管和微丝之间(8～10nm)。其化学组成比较复杂。构成它的蛋白质多达 5 种，常见的有波形蛋白、角蛋白。在不同细胞中，其成分变化较大。使细胞具有张力和抗剪切力。有共同的基本结构，即构建成一个中央 α 螺旋杆状区，两侧则是大小和化学组成不同的端区。端区的多样性决定了其外形和性质的差异和特异性。

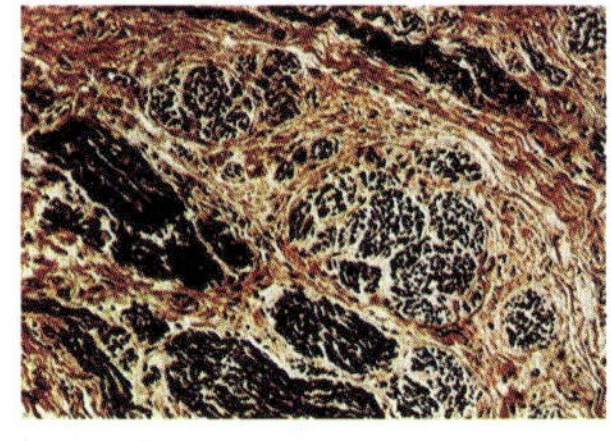

细胞中间纤维

【细胞周期】(cell cycle) 能持续分裂的真核细胞从一次有丝分裂结束后生长，到下一次分裂结束的循环过程。其长短反映了细胞所处的状态。是一个细胞物质积累与细胞分裂的循环过程。通常可划分为分裂间期和分裂期。前者是物质准备和积累阶段；后者是细胞增殖的实施过程。整个周期可表示为：G1 期→S 期→G2 期→M 期。其中分裂间期又可以划分为 DNA 合成前期(G1)、DNA 合成期(S)和 DNA 合成后期(G2)；在此期间的任务主要是完成染色质中的 DNA 复制和相关蛋白质的合成。M 期，又称为有丝分裂期，细胞一分为二。整个细胞周期的时间和细胞周期中各期的持续时间因细胞类型不同而异。

【细胞周期蛋白】(cell cycle protein) 在整个真核生物的细胞周期中，浓度随细胞周期的变化而时升时降的一类蛋白质家族。是细胞周期调节分子。人类细胞周期蛋白已被分离命名的共有 8 类，即 A 至 H，还包括一些亚类，如细胞周期蛋白 D1、D2、D3。所有的细胞周期蛋白都具有一定的氨基酸序列的相似性，并依此来作为细胞周期蛋白的分子结构标志。其功能是通过活化周期蛋白依赖激酶调节细胞周期各时相的转换与进行。

【细胞周期关卡】(cell cycle checkpoint) 控制细胞增殖周期的限速位点。在 DNA 复制和有丝分裂前负责确定 DNA 合成的完整性，监控 DNA 的复制、DNA 损伤修复以及阻断细胞进入有丝分裂期，精确调节细胞周期的进行，以防止增殖周期中发生错误。其机理是：在细胞进入下一个细胞周期时相前，监控细胞调控途径和 DNA 的完整性；细胞应答 DNA 损伤，使细胞周期关卡被激活，导致细胞周期阻断，以修复损伤的 DNA；或者通过细胞凋亡或终止生长的方式诱导细胞死亡。

【细胞周期检验点】(cell cycle checkpoint) 又称细胞周期关卡。真核细胞周期中决定细胞能否进入下一个阶段的监控点。是细胞分裂周期中存在的一种反馈调节机制。其作用是在 DNA 复制和有丝分裂前，负责确定 DNA 合成的完整性，监控 DNA 复制、DNA 损伤修复和阻断细胞进入有丝分裂期，精确调节细胞周期的进行，以防止增殖周期中发生错误。当细胞周期检验点被激活、细胞周期被阻断时，会进行损伤 DNA 的修复，或者通过细胞凋亡或终止生长的方式诱导细胞死亡。为确保细胞周期进程的精确性，细胞需要如下关卡的检验：(1)在 G1 期阻断或延缓细胞从 G1 期进入 S 期。(2)在 S 期放慢 DNA 复制子的起动率。(3)在 G2 期延缓 G2 期细胞进入 M 期。(4)在 M 期阻断细胞有丝分裂的进行。

【细胞周期特异性药物】(cell cycle specific agent) 仅对恶性肿瘤细胞增殖周期中某一期细胞有杀灭作用的药物。如羟基脲、阿糖胞苷、巯嘌呤、甲氨喋呤等，能干扰 DNA 的合成，对恶性肿瘤细胞的 S(DNA 合成)期有特异性杀伤作用；长春新碱和长春花碱，则可特异地杀伤处于 M(有丝分裂)期的细胞。

【细胞周期阻滞】(cell cycle arrest) 阻止细胞周期运行、使细胞周期停滞在检验点的过程。

在细胞周期的各阶段，细胞分别进行着 DNA 复制、蛋白质合成及细胞分裂等重要的生理活动，只有上一个时相中的主要事件完成后，才有可能进入下一个时相。当细胞识别周期进程中的错误后，会诱导产生特异性抑制因子，阻止细胞周期进一步运行。例如射线或者化学物质引起了 DNA 损伤或突变，细胞就会暂时停滞于 G1 期或 G2 期，以赢得足够的时间进行 DNA 损伤修复，确保错误的遗传物质不会传到子代细胞中。

【细胞株】(cell strain) 通过选择法或克隆形成法从原代培养物或细胞系中获得具有特殊性质或标志的细胞群。其特殊性质或标志必须在整个培养期间始终存在。按其传代能力的不同可分为有限细胞株和连续细胞株。前者不能继续传代或传代数有限；后者可以连续传代。对于人类肿瘤细胞，在体外培养半年以上，生长稳定，并连续传代的，可称为连续性细胞株或细胞系。由原细胞株进一步分离培养出与原株性状不同的细胞群，称为该细胞株的亚系。

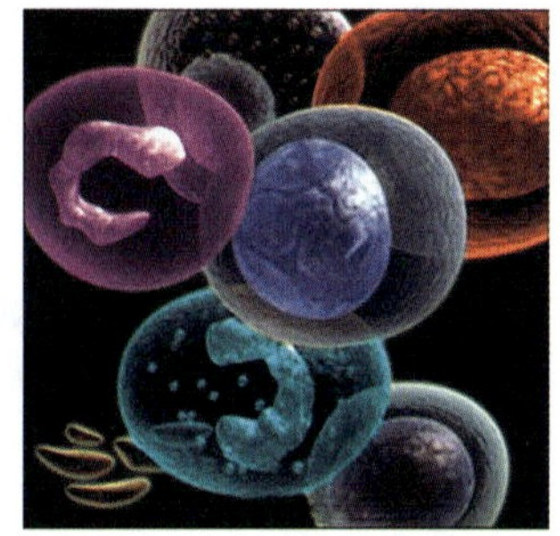

细胞株

【细胞转染】(cell transfection) 真核细胞捕获外源 DNA，并通过掺入作用而获得新的遗传信息的转化过程。按转染稳定程度的不同可分为：(1)瞬时转染。外源 DNA/RNA 不整合到宿主染色体中，因此一个宿主细胞中可存在多个拷贝数，产生高水平的表达，但通常只持续几天。多用于启动子和其它调控元件的分析。(2)稳定转染。又称永久转染。外源 DNA 既可以整合到宿主染色体中，也可能作为一种游离体存在。细胞转染是研究基因表达调控、突变分析等的常规工具。随着功能研究的兴起，其应用越来越广泛。

【细沟侵蚀】(rill erosion) 坡面径流汇集成的小股水流将地面冲成深度和宽度一般不超过 20cm 小沟的水力侵蚀。主要发生在 3°以上的坡耕地。小沟的横断面常呈槽形，沟缘线和斜坡的分界很明显。在土壤比较黏重的地区，细沟横断面又常呈 V 形。纵断面大致与斜坡坡面平行，沟头有一个小的跌差。在雨量不大时，细沟断断续续，上下并不相连；在大雨时，上下沟道相互贯通。细沟在距分水岭不远的地方开始出现，一般以与等高线正交的方向，均匀地分布在坡地上。在较平展的直形坡上，细沟可保持大致互相平行的状态；在起伏多变的坡地上，常形成复杂的细沟网；在凹形坡上，细沟不断汇集而呈树枝状分布；在凸形坡上，细沟呈放射状分布。细沟数量很多，分布密度大，位置极不固定，可被耕耘作业填平。细沟侵蚀的强度主要取决于地表高低不平的程度、土壤抗冲性以及径流的流量和流速。细沟侵蚀对农业危害较大，能冲走肥沃的表土和种子，使作物根系裸露，产量下降。采取等高耕作、带状间作、沟垄耕作及少耕法、免耕法、增加地面覆盖等措施，可以程度不同地防止或削弱细沟侵蚀。

【细菌】(bacteria) 常存在于土壤和水中及大多数多细胞生物体内和体外的一种单细胞微生物。主要由细胞壁、细胞膜、细胞质和核质体等部分构成。有的细菌还有夹膜、鞭毛、菌毛等特殊结构。绝大多数细菌的直径是 0.5～5μm。按其形状的不同可分为：球菌、杆菌和螺形菌 。按其生活方式的不同可分为：腐生生活菌、寄生生活菌和自养生存菌。细菌对环境、人类和动物既有害又有益。一些细菌成为病原体，导致破伤风、伤寒、肺炎、梅毒、霍乱和肺结核等疾病的发生。而在土壤中，微生物中固氮菌的酶将氮气转化为氨，可以被植物利用。存在于肠道内的细菌，如乳酸菌可以阻止具有潜在威胁的有害微生物生长，以及分泌有益人体的物质。将细菌经基因工程修饰后可用于生产生物药物，例如胰岛素，或者用于有毒废物的生物处理。

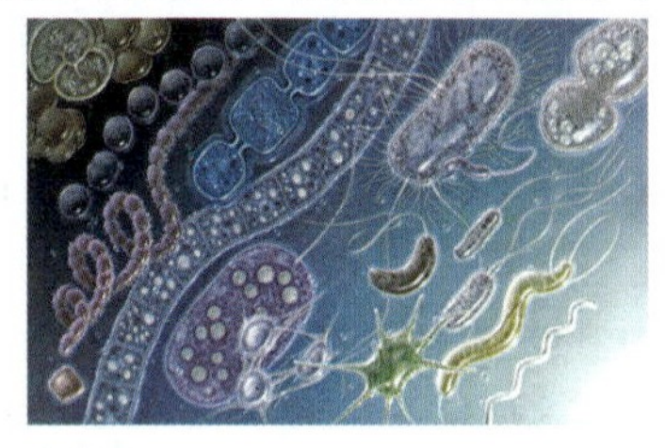

细菌

【细菌 L 型】(L type of bacteria) 细菌在不利的外界环境影响下失去细胞壁而形成的变异型。最早由 Klieneberger 于 1935 年在 Lister 研究所发现，故以其研究所的第一个字母命名为 L 型。其形成只是细菌生活史中的一个阶段。细菌变为 L 型后细胞壁可有不同程度和不同层次的缺失，并有下面新的抗原层暴露出来。这些不同层次表面抗原的改变，可引起机体产生不同的免疫应答。有时细菌变为 L 型后其致病性大为减弱，使疾病转变为慢性或迁延不愈，因而产生了许多不典型的病例，使疾病难以识别。除少数细菌如念珠状链杆菌和类杆菌等可自发形成 L 型外，大多数细菌的 L 型需经诱导产生。其诱导因素有：(1)影响细胞壁合成的抗菌药物。如内酰胺类抗生素。(2)裂解细胞壁的因素。如溶菌酶、胆汁、噬菌体等。(3)机体免疫因素。如抗体、补体、巨噬细胞等。细菌变为 L 型后，细胞壁的某些抗原大量丢失，丢失并不一定由表层依次向下。细菌L型具有黏附能力，并可借此侵入细胞。其可黏附于巨噬细胞胞，而后被吞噬。吞噬细胞在吞噬L型后期吞噬功能降低，该变化常见于抗生素治疗之后。L型的黏附是L型引起致病的因素之一。如金黄色葡萄球菌L型可黏附于精子的头和尾，从而影响了精子的动力，由此提出这是造成不孕症的原因之一。细菌L型细胞膜抗原的特异性不如细胞壁高，且不同细菌细胞膜之间有共同抗原成分。L型由于其具有交叉免疫，因此有希望可用以制备广谱而安全有效的新疫苗。其感染所引起的炎症缺少中性粒细胞，而是以单核细胞、淋巴细胞浸润为主的间质性炎症。其细胞膜中含有大量脂多糖。细胞膜不仅有增强脂多糖的佐剂作用，而且还能改变反应的类型，所以L型可以作为一种有效的免疫佐剂。有报道称化脓性链球菌Su株对多种动物的肿瘤有抑制作用，变成L型后虽经多次传代，仍能保留其亲代菌抗肿瘤特性。

【细菌病害】（bacterial disease） 由细菌寄生引起的植物病害。细菌个体增长速度快，数量大，容易引起腐烂、萎蔫、溃疡、焦枯、穿孔等症状。受病组织呈水渍状，病斑透明或半透明，病部有细菌溢浓等。所有植物病原细菌都是杆状菌，且大多数不形成内生孢子（芽孢），对不良环境的抵抗主要依靠细菌细胞外壁的黏胶物质（荚膜）。目前已知的植物病原细菌有300余种。在中国发现的有70余种。在大田作物及果树蔬菜上均有发生。

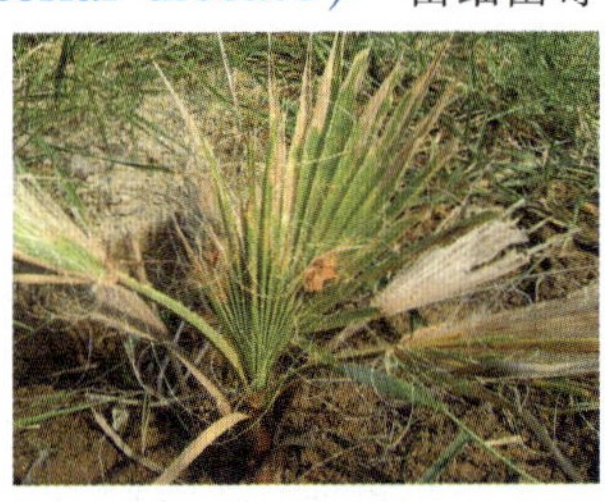
细菌病害

【细菌毒素】（bacteria toxin） 由细菌产生的内、外毒素及侵袭性酶。与细菌的致病性密切相关。细分为菌体外毒素和菌体内毒素两种。在菌体外毒素中，也有通过菌体的破坏而放出体外的。菌体外毒素大多是蛋白质，其中有的起着酶的作用。白喉杆菌、破伤风杆菌和肉毒杆菌等的毒素均为菌体外毒素。而菌体内毒素，其化学主体是来自细菌细胞壁的脂多糖和蛋白质的复合体，如赤痢杆菌、霍乱弧菌及绿脓杆菌的毒素等。内毒素即革兰阴性菌细胞壁的脂多糖，其毒性成分为类脂a。菌体死亡崩解后释放出来。外毒素是由革兰阳性菌及少数革兰阴性菌在生长代谢过程中释放至菌体外的蛋白质。具有抗原性强、毒性强和作用特异性强的突出特点。某些细菌可产生具有侵袭性的酶，能损伤机体组织，促进细菌的侵袭、扩散，是细菌重要的致病因素，如链球菌的透明质酸酶等。

【细菌肥料】（bacterial fertilizer） 又称菌肥、生物肥料、接种剂等。人工方法培养某些有益微生物而制成的生物肥料。能把土壤中的有机肥里所含的难以被植物吸收的营养物质转换成易于吸收的营养物质或通过自身分泌的物质加速植物生长的一类"特殊"肥料。确切地讲它不是肥料，因为它本身并不含有植物生长发育需要的营养元素，而只是含有大量的微生物，在土壤中通过其生命活动，一方面可以将土壤中某些难于被植物吸收的营养物质转换成易于吸收的营养物质；另一方面可以分泌一些有利于植物生长的代谢产物，刺激植物生长。细菌肥料种类很多。如含固氮菌的菌肥还可以固定空气中的氮素，直接提供植物养分；磷菌肥料能转化土壤中的磷化合物为易被作物吸收的有效磷；钾菌肥料能分解土壤中难溶的钾长石等，释放出易溶的钾盐。

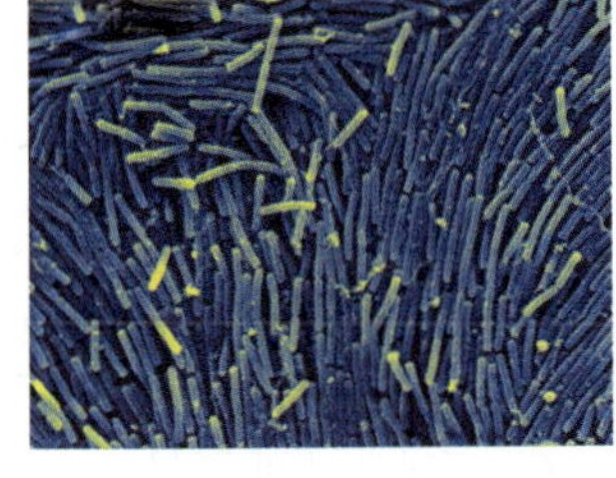
细菌肥料

【细菌接合】（bacterial conjuction） 细菌通过细胞的暂时沟通和染色体转移而导致基因重组的过程。在细菌接合时，供体细胞通过细胞表面的性伞毛与受体细胞相连接。同时，供体细菌的染色体DNA单链向受体细胞转移，并和受体细菌染色体DNA发生重组。其生物学意义相当于高等动植物的有性生殖。二者区别是：(1)细菌接合中的两个细胞是一般的营养细胞，而不像高等生物经减数分裂形成雌雄配子。(2)细菌接合过程中两细胞只是暂时沟通，而不是融合成一个合子细胞。(3)细菌接合后形成的是部分合子，而不是雌雄配子的两套染色体。(4)细菌的部分合子中发生重组的部分只限于进入受体细菌的染色体片段，而不是任何一个染色体部位。(5)基因重组的方式不同。细菌接合现象的发现，使人们认识到微生物和高等生物在遗传规律上的一致性，推动了分子遗传学的发展。

【细菌耐药性】（bacterial resistance） 又称抗药性。细菌对于抗菌药物作用的耐受性。耐药性一旦产生，药物的化疗作用就明显下降。按其发生原因的不同可分为获得耐药性和天然耐药性。自然界中的病原体，如细菌的某一株也可存在天然耐药性。当长期应用抗生素时，占多数的敏感菌株不断被杀灭，耐药菌株就大量繁殖，代替敏感菌株，而使细菌对该种药物的耐药率不断升高。目前，认为后一种方式是产生耐药菌的主要原因。为了保持抗生素的有效性，应重视其合理使用。耐药的机制有以下几种：(1)产生灭活酶。(2)抗菌药物作用靶位改变。(3)改变细菌外膜通透性。(4)影响主动流出系统。

【细菌生长曲线】(bacterail growth curve) 表示细菌生长时细胞数量增加与生长时间关系的曲线。细菌的生长具有规律性。通常所说的细菌生长曲线是指以裂殖方式增殖的细菌，当接种到液体培养基中后，在适宜的生长条件下，以细菌细胞数的对数为纵坐标，生长时间为横坐标所绘成的生长曲线。可分为四个主要部分，反映了细菌生长的四个主要阶段，即延迟期、对数生长期、静止期和衰亡期。多细胞真菌的繁殖方式与细菌的不同，其生长曲线也与细菌的不同，一般只经历延迟期、最高生长期和衰亡期，看不到对数生长期。

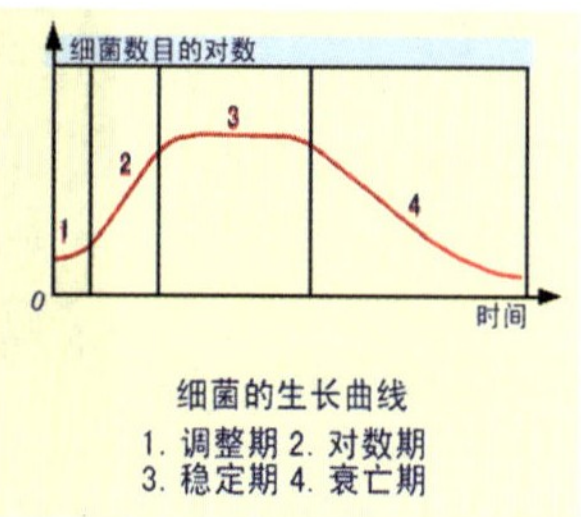

细菌生长曲线

【细菌性食物中毒】(bacterial food poisoning) 由于食用被细菌污染的食物而造成的中毒现象。以胃肠道症状为主，常伴有发热症状，其潜伏期比化学性中毒的长。有较明显的季节特点，多发于夏秋季气温和湿度较高的季节，且常常为集体突然暴发，发病率高，病死率低，一般病程短，预后良好。常见的细菌性食物中毒病原菌有沙门菌属、葡萄球菌、蜡样芽孢杆菌、副溶血性弧菌、肉毒梭菌、致病性大肠菌等。

【细菌冶金】(bacteriosmelt) 又称细菌选矿。利用某些微生物的代谢产物作为氧化剂，溶浸矿石并从中回收各种有用金属的一种方法。湿法冶金的一种新工艺。常用氧化铁硫杆菌和氧化硫杆菌使矿石中的金属硫化物氧化，如能将黄铁硫氧化成硫酸和硫酸高铁。硫酸和硫酸高铁是很好的浸取剂，从而将矿石中的有用金属，如铜、铀、镍、钴、锌和镉等溶浸出来。经进一步处理，即可从中回收这些有用金属。在浸取过程中，硫酸高铁被还原成硫酸亚铁，细菌能将亚铁再氧化成高铁，从而使过程不断循环进行。选矿新工艺。此工艺的优点是设备简单，操作方便，可以综合回收多种金属。其缺点是细菌培养比较麻烦，浸出周期比较长。该法适于处理贫矿、尾矿、小而分散的富矿以及某些难采矿和老矿山废矿。

【细孔铸造】(fine hole casting) 能获得比常规铸造方法更细更窄的内腔或孔洞的铸造方法。不同的铸造方法和铸造合金可铸出的孔径不同。较小的孔一般不易铸出，而改由其他方法成型(如机械加工、激光或电加工等)。由于形状复杂或其他原因，某些孔洞用其他方法都无法成型，只好用特殊方法铸造成型。最有代表性的实例就是空心涡轮叶片的气流冷却通道成型技术。该通道的最细最窄的部位仅有1mm左右，形状迂回曲折，只能借助由石英玻璃或其他材料制成的陶瓷型芯铸造成型。待铸件铸成后，再用苛性钾溶液将陶瓷型芯从铸件中溶解脱除。针对不同铸造合金还可采用其他材料和方法制成水溶型芯来形成铸件上的细孔。

细孔铸造

【细络联合】(combination of spinning and winding) 在细纱机和络筒机之间增加一个连接系统，把细纱落纱机落下的管纱自动送到自动络筒机络纱，并把空管运回的工艺。其优点是：(1)省去了管纱运输，节省人力和加工成本。避免了因运输时管纱、筒纱间的摩擦碰撞而造成毛羽和损坏，减少了纱疵。(2)将络筒机上络纱质量的全程监控延伸至细纱机上，把有缺陷的管纱造成的原因追踪到细纱机的锭子上，把质量事故消灭在萌芽状态。(3)满足多品种、小批量的要求，缩短生产周期。(4)整体设计(多机台连接)可节约占地30%左右。

【细纱机】(spinning machine) 将粗纱加工成细纱的纺纱机械。由喂入、牵伸、加捻和卷绕机构组成。经过牵伸、加捻将喂入的粗纱或条子用前罗拉牵伸拉细到所需的线密度，并将牵伸后的须条加上适当的捻度变成细纱，再将纺成的细纱按一定成型要求卷绕在细纱管上。根据加捻和卷绕机构的不同可分为：环锭细纱机、走锭细纱机、帽锭细纱机和翼锭细纱机等。

细纱机

【潟湖】(lagoon) 浅水海湾被泥沙淤泥积成的沙嘴或沙坝所封闭或接近封闭而成的湖泊。有的在高潮时可以与海水相通。按其形成的地质构造特征的不同可分为两类：(1)海岸型湖。分布于堆积型海岸带或沿岸流比较强烈的地区。受海浪和沿岸流的作用,泥沙带被移动,在海湾湾口形成沙嘴或沙坝,将海岸封闭形成湖泊。(2)环礁湖。又称礁湖。被珊瑚环礁堵截成的海湾,通常还有一个至若干个出口与大海相通。与海水不通的湖,与海洋隔绝后,随着时间的推移和长期的沉积作用,以及地表淡水的注入,湖中原有的咸水会逐渐淡化而成淡水湖,称为"残迹湖",如中国杭州的西湖。

【峡谷】(gorge) 由河流强烈下切而成的两坡陡峭的"V"字形谷地。通常分布在河流的上游。如果峡谷的上游有蓄水条件,地质基础良好,则可作为水库坝址。世界著名的峡谷有美国的科罗拉多大峡谷、中国的雅鲁藏布大峡谷、秘鲁的科尔卡峡谷、尼泊尔的喀里根德格峡谷,以及中国长江上游金沙江段的虎跳峡、重庆奉节至湖北宜昌的长江三峡和中国台湾的太鲁阁大峡谷等。峡谷内不一定常年都有流水,气候变化会使原来的河流消失而剩下一条干谷,如美国的布莱斯峡谷。还有一类纯粹由于地质构造而形成的裂谷,如著名的东非大裂谷。

峡谷

【狭义相对论】(special theory of relativity) 由爱因斯坦创立的关于时空性质的理论。狭义相对论创立于1905年,是建立在两条基本原理之上的:(1)狭义相对性原理。物理定律在所有的惯性系中都具有相同的表达形式,即所有的惯性系对运动的描述都是等效的。(2)光速不变原理。真空中的光速是常量,它与光源和观察者的运动无关,即不依赖惯性系的选择。狭义相对论变革了从牛顿以来形成的时空概念,揭示了时间与空间的统一性和相对性,建立了新的时空观。空间和时间都与运动有关,否定了绝对时空的存在。能完美地解释物体在高速运动时的力学规律,预言了运动时钟变慢的时间膨胀效应和物体在运动方向收缩的效应。狭义相对论在原子、原子核和高能物理领域广泛应用。

爱因斯坦

【霞】(twilight colours) 日出日落前后天空或云层上出现的彩光。每天早晚,由于太阳高度较低,阳光接近地平线,这时光线通过的大气层最厚,阳光中波长较短的各色光几乎被水蒸气和尘埃散射掉,剩下光波较长的红、橙、黄等色反映在天空或云层上,被称为霞。早上出现在东方天空的霞叫早霞,傍晚出现在西方天空的霞叫晚霞。

霞

【霞石正长岩】(nepheline-syenite) 一种碱性深成火成岩。化学成分富含碱质,特别富含钠质。主要矿物为碱性长石及各类副长石(如霞石等)。通常成规模不大的岩体,有时与其他类碱性岩共生,形成碱性杂岩体。与之有关的矿产有铌(Nb)、钽(Ta)、锆(Zr)、钍(Th)、铀(U)和稀土元素矿产等。

霞石正长岩

【下部结构】(substructure) 与上部结构相对应。桥梁支座以下或无铰拱起拱线和固结框架底线以下的部分。把上部结构传来的荷载安全地传送到基础上。桥台、桥墩属于下部结构。桥台是位于桥梁两端与路基相连接的支承上部结构和承受桥头填土侧压力的构造物;桥墩是多孔桥梁中,处于相邻桥孔之间支承上部结构的构造物。桥墩由墩帽、墩身和基础三部分组成。桥墩分重力式桥墩、轻型桥墩两大类。桥墩不仅应具有足够的强度、刚度和稳定性,而且对地基的承载能力、沉降量、地基与基础之间的摩阻力等也应具备一定的要求,以避免在荷载作用下有过大的水平位移、转动或沉降。

【下承式桥】(through bridge) 桥面系设置在桥跨主要承重结构(桁架、拱肋、主梁等)下面的桥梁。有开式和穿式两种。桥面净空必须满足有关规定,一般在桥梁建筑高度受到严格控制

下承式桥

时选建此桥。为了保证车辆和行人的安全通过，桥面以上垂直于行车方向应保留界限空间，包括桥面净宽和净高。

【下导风】(catabatic wind) 南极地区从内陆向边缘吹刮的低空定向风。面积巨大的南极冰盖是地球表面最巨大的冷源。南极四周海洋洋面的上升气流源源不断地聚集、幅合在冰盖上空，在冰盖冷源作用下，聚集，幅合在南极上空的气流降温下沉，下沉的气流沿着南极冰盖表面向四周流动，于是便形成了从南极内陆向南极周边吹动的定向风。因其方向固定，而且风向总是从内向外、从上向下，科学家称之为“下导风”。下导风不停地将南极内陆冰雪物质吹移到南极周边、下游地带，这是南极冰盖冰雪物质再分配和运动的重要方式，在研究南极冰盖物质平衡和冰盖趋势变化中具有十分重要的意义。下导风在南极造成的风吹雪是南极科考和内陆旅行中最大的障碍之一。南极冰面普遍存在的“箕形”负地形和浅丘状正地形就是下导风造成的典型冰雪地貌景观。

【下合穴】(xiahe acupoint) 中医穴位分类名。六腑相合于下肢阳经的腧穴。这是因六腑居于腹部，与足经关系密切，所以在足三阳经上各有其合穴。即足太阳膀胱经合穴委中，足阳明胃经合穴足三里，足少阳胆经合穴阳陵泉，手太阳小肠经下合于下巨虚，手阳明大肠经下合于上巨虚，手少阳三焦经下合于委阳。

【下颌运动】(mandibular movement) 以神经为主导，肌肉为动力，在颞下颌关节和𬌗的共同配合下完成的一种复杂的三维空间运动。包括下颌骨的上提、下降、前进、后退和左右侧向运动。其制约因素是：左、右侧颞下颌关节、𬌗以及神经肌肉结构。其记录方法有直接观测和轨迹描记。直接观测法包括：开口度、开口型、下颌前伸和侧方运动的检查，可以大致判断下颌运动是否异常。轨迹描记反映了𬌗、颞颌关节、咀嚼肌三者的动态功能关系，通过下颌运动轨迹描记仪来实现。临床常用的检查下颌运动轨迹的方法是描记下颌切点运动轨迹。下颌运动轨迹描记可以辅助制作出符合生理学结构的修复体。

【下丘脑－垂体－卵巢轴】(hypothalamic pituitary ovayian axis, HPOA) 由丘脑、垂体、卵巢组成的一个完整而协调的神经内分泌系统。其每个环境均有其独特的神经内分泌功能，并且互相调节、互相影响。其主要生理功能是控制女性发育、正常月经和性功能，因此又称性腺轴。下丘脑－垂体－卵巢轴的神经内分泌活动还受大脑高级中枢调控。在下丘脑促性腺激素释放激素的调控下，脑垂体分泌促性腺激素，卵巢功能依赖于促性腺激素的作用，而月经的调控又受卵巢分泌性激素的调节。此外它还参与机体内环境和物质代谢的调节。

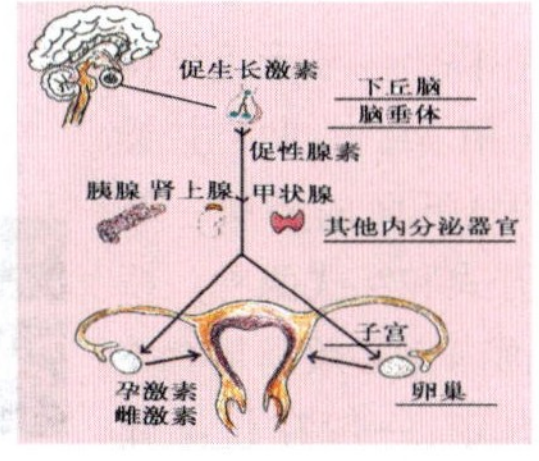

下丘脑－垂体－卵巢轴

【下行列车】(down bound train) 与上行列车相对应。在下行方向运行的列车。下行方向是铁路运输部门对每一条铁路或区段分别作出的规定，一般在干线上向远离首都方向运行或在支线上向远离连接干线的车站方向运行定为下行方向。下行列车编号为奇数。

【下行通风】(descensional ventilation) 采煤工作面的风流沿工作面的倾斜方向由上向下流动的通风。当采煤工作面进风巷道水平高于回风巷道水平时，采煤工作面的风流就会由上向下流动。其主要优点是：(1)采煤工作面及其进风流中的煤尘、瓦斯浓度相对较小些。(2)采煤工作面及其进风流中的空气被加热的程度较小。(3)下行风流方向与瓦斯自然流向相反，当风流保持足够的风速时，就能对向上轻浮的瓦斯具有较强的扰动、混合能力，因此不易出现瓦斯分层流动和局部积聚的现象。其主要缺点是：(1)运输设备在回风巷道中运转，安全性较差。(2)工作面一旦起火，所产生的火风压和下行通风工作面的机械风压作用方向相反，会使工作面的风量减少，瓦斯浓度升高，故下行通风在起火地点引起瓦斯爆炸的可能性比上行通风要大些，灭火工作更困难。(3)除浅矿井的夏季之外，采用下行风时，采区进风流和回风流之间产生的自然风压和机械风压的作用方向相反，削弱了矿井通风能力，一旦主通风机停止运转，工作面的下行风流就有停风或反风(或逆转)的可能。

【下一代广播电视网】(next generation broadcasting network, NGB) 广播电视网、互联网、通信网三网融合，有线无线相结合、全程全网的广播电视网络。是以有线电视数字化和移动多媒体广播(CMMB)的成果为基础，以自主创新的“高性能宽带信息网”核心技术为支撑，构建的适合中国国情的下一代广播电视网络。中国下一代广播电视网(NGB)的核心传输带宽将超过 1×10^{12} bit/s、保证每户接入带宽超过 4×10^{7} bit/s，可以提供高清晰度电视、数字视音频节目、高速数据接入和话音等“三网融合”的“一站式”服务，使电视机成为最基本、最便捷的信息终端，使宽带互动数字信息消费如同水、电、暖、气等基础性消费一样遍及千家万户。同时下一代广播电视网(NGB)还具有可信的服务保障和可控、可管的网络运行属性,其综合技术性能指标达到或超过国际先进水平,能够满足未来 20 年每个家庭"出门就上高速路"的信息服务总体需求。

【下载】(download) 与上传相对应。把互联网上远程计算机上的信息保存到本地机算机上的活动。互联网上文件传输的专门术语。下载可以显式或隐式进行。只要是获得本地电脑上所没有的信息的活动,都可以认为是下载,如在线观看。广义上,凡是在屏幕上看到的不属于本地计算机上的内容,皆是通过"下载"得来;狭义上,人们只认为那些自定义了下载文件的本地磁盘存储位置的操作才是"下载"。随着电脑的普及,这个词使用的频率越来越高。按下载方式的不同可分为:(1)使用浏览器下载。这是许多上网初学者常使用的方式,它操作简单方便,在浏览过程中,只要点击想下载的链接(一般是 zip、exe 之类),浏览器就会自动启动下载,只要给下载的文件找个存放路径即可正式下载了。若要保存图片,只要右击该图片,选择"图片另存为"即可。(2)使用专业软件下载。它使用文件分切技术,就是把一个文件分成若干份同时进行下载。这样下载软件时就会感觉到比浏览器下载的快多了。更重要的是,当下载出现故障断开后,下次下载仍旧可以接着上次断开的地方下载。(3)通过邮件下载。只要向因特网上的 ftpmail 电子邮件网关服务器发送下载请求,服务器将你所需的文件邮寄到你所指定的信箱中,这样就可以像平时收信那样来获得所需的文件了。(4)小挪移下载。使用该方式可以将网上一个服务器上的文件移至另一个相对较近、下载速度较快的服务器上,然后再从该服务器上将文件下载下来。它借鉴了网络蚂蚁的操作界面,通过鼠标拖动就可以完成各个输入项的填写,并通过 HTTP 协议提交到小挪移主页中,其具体的下载工作将由小挪移来帮你完成。

【下种伐】(seed-year cutting) 在预备伐若干年后,为了疏开林木,促进结实和创造幼苗生长条件而进行的采伐。最好结合种子年进行,可以使更新所需的种子尽量多地落在渐伐林地上。同时,下种伐本身可以适当地破坏死地被物,增加种子与土壤的接触机会。为达此目的,可于林冠下辅以带状或块状松土。下种伐的采伐强度一般为 10% ~25%,伐后林分郁闭度应保持在 0.4 ~0.6,以保护林冠下的幼苗免受高温、早晚霜和杂草的危害。如果伐前林分郁闭度只有 0.4 ~0.5,以及在预定采伐的林分中,有足够数量目的树种的幼苗、幼树,就可以不进行下种伐。

【夏花】(fry) 又称鱼秧或乌仔。春季孵化的、经 20 ~30 天饲养后,体长达 3cm 左右的在夏季出池的鱼苗或鱼种。其主要取食浮游生物,也能食饲料。在放养前必须培肥水质,以繁殖天然饵料。放养后仍需投喂饲料。施放的肥料有人畜粪、水草以及无机肥料等。投喂的饲料有豆饼、糠麸、酒糟、芜萍、浮萍等。夏花在放养或运输前,常经过 1 ~2 次拉网锻炼,使其体质健壮,能经受搬运。

【夏花生】(summer peanut) 又称夏播花生。夏季播种,秋冬收获的花生品种。多在一年两熟、两年三熟或三年五熟制地区采用。其前茬以油菜、冬小麦为多。后茬以冬小麦为多。在两年三熟制地区则多冬闲。由于其生育期较短,以早播为宜,并需整地保墒或浇水播种,以利早出苗、早齐苗。

夏花生

【夏季低温】(summer microtherm) 夏季气温长时间偏低的现象。东北地区是中国重要的粮食基地。一般来讲,这里夏季温度较高,雨水丰沛,对一年一熟的作物比较适宜。但有的年份夏季出现低温就可能严重影响作物生长。夏季低温是造成中国东北地区粮食减产最重要的气候灾害。

【《夏小正》】(《*xia xiao zheng*》) 中国现存最早的科学文献之一。也是中国现存最早的一部农事历书。原为《大戴礼记》中的第 47 篇。夏小正原文收入《大戴礼记》中,在唐宋时期散佚(而大戴礼记亦有一半同时散佚)。现存的《夏小正》为宋朝傅嵩卿著《夏小正传》把当时所藏之两个版本《夏小正》文稿汇集而成。但因经文与传文(以自己的文字解释)在篇章中混集而没有说明的关系,《夏小正传》中不尽是原来之全部篇章。书中除二月、十一与十二月外,每月载有确定季节的星象(主要是拱极星象与黄道星象)以指导务农生产。另外亦有记载当月植物之生长形态、动物之活动习性与祭祀。因原稿散佚与成形之问题,成稿年代争论很大,但一般认为最迟成书在春秋时期。据《史记·夏本纪》载:"太史公曰:孔子正夏时,学者

夏小正

多传《夏小正》云”。故人们认为是孔子及其门生考察后所记载下的农事历书，所收录之有关夏朝的也多是物候等文化讯息。由于内容涉及星象与农业赖以使用之历法的关系，对古代天象与先秦历法研究也有相当重要之参考价值。

【夏玉米】（summer maize） 夏季播种的玉米。由于前茬作物多为冬小麦，又称为麦茬玉米。主要分布在中国黄淮海平原地区。山西南部和陕西关中平原地区也有栽培。有套种与直播两种方式。套种的通常在五月下旬前后（多在麦收前8～10天）播入麦行间；直播的则在麦收后随即播种。夏玉米播种要早，农谚有“春争日，夏争时”之说。早播能充分利用有限的生长季节，满足夏玉米生长发育的要求，使其能积累较多的干物质，增加单位面积产量。还可以避免雨季来临时对玉米幼苗造成的涝害，并躲开秋霜的冻害影响。夏玉米早播，早收，早腾地，有利于适时播种冬小麦。在夏玉米生长期间，气温由高到低，雨量由多到少。因此，在栽培技术上，应注意选用前期耐涝、后期脱水快、抗逆性较强的早熟品种；适当加大种植密度，增加单位面积株数和总体产量。

夏玉米

【仙后座】（Cassiopeia） 北天拱极星座之一。位于北半球天空仙女座以北。中心位置：赤经1时，赤纬+63°。面积约598平方度。座内亮于四等的星11颗，5颗较亮的星排列成“W”形，隔北极星与北斗星遥遥相对，可用来指示北极星位置。在北半球秋、冬、春三季黄昏，中国各地均可看到。

【仙环菌】（marasmius oresdes） 分布比较广泛并能形成蘑菇圈的真菌。主要指一种大型真菌硬柄皮伞。常见于草原、林间草地或公园及草坡。夏秋时节生长成蘑菇圈，同时伴随蘑菇还出现深绿色的草圈。此种生态现象民间，将其称为“仙环菌”。实际情景是：这类蘑菇的孢子开始在草地上萌发时，菌丝便向四周等距离生长蔓延，形成圆圈。以后逐年扩大，到了夏秋季便生长出成圈排列的蘑菇。蘑菇圈小到数十厘米，大到直径百米。中国已知能形成蘑菇圈的真菌除了著名的硬柄皮伞外，还有花脸蘑菇、紫丁香蘑、田野蘑菇等20多个品种。其中许多品种可以食用和药用。甚至有人大胆设想，利用这类真菌的这一习性改造退化的草原牧场。

仙环菌

【仙女座】（Andromeda） 北天星座之一。位于仙后座之南、飞马座之北。中心位置：赤经0时10分，赤纬+38°，面积约722平方度。座内有亮于四等的星18颗。其中亮星γ、β、δ、α排成一列，从东北向西南伸展，直达飞马座。北半球秋季，常出现在黄昏时分的天空上。

仙女座

【先导化合物】（lead compound） 最初发现的具有特定生理活性和全新结构的化合物。可作为进行结构修饰的模板，通过构效关系、定量构效关系和三维定量构效关系研究，以获得预期药理作用的理想药物。是通过优化药用，减少毒性和副作用，可以使其转变为一种新药的化合物。一旦通过基因组学和药理学方法发现和证实了一个有用的治疗靶子，识别先导化合物就是新药开发的第一步。一般来讲，很多潜在化合物被筛选，大量紧密结合物被识别。然后这些化合物，经过一轮又一轮地更加严格性的筛选来决定它们是否适合于先导药物优化。

【先锋树种】（vangard tree species） 常在裸地或无林地上天然更新、生长成林的树种。一般为更新能力强、竞争适应性强、耐干旱瘠薄的阳性树种，如马尾松、山杨、白桦等。稳定的森林被破坏后，迹地裸露，小气候剧变，特别是光强、温度变幅大。此时，稳定群落中的原主要树种难以更新，而不怕日灼、霜害，不畏杂草的喜光树种，依靠其结实和传播的能力，先锋树种抢先占据了地盘。很多次生林组成树种属先锋树种，由于不耐蔽荫，往往在成林后被其他树种逐渐替代。

白桦

【先复位机构】（pro reposition mechanism） 在注塑合模前使推出机构复位的机构。在有活动镶块和合模产生干涉的情况下，应考虑设计先复位机构。设计带斜导柱侧抽芯机构注塑模时，在模具结构允许的条件下，应尽量避免在侧型芯的投影范围内设置推杆。如果受模具结构的限制而在侧型芯下一定要设置推杆时，应首先考虑能否使推杆在推出一定距离后仍低于侧型芯的最低面。当这一条件不能满足时，就必须分析产生干涉的临界条件并采取措施使推出机构先复位，然后才允许侧型芯滑块复位，这样才能避免产生干涉现象。先复位机构主要有弹簧式、楔杆三角滑块式、楔杆摆杆式、连杆式等。

【先进技术】（advanced technology） 对当代生产的发展起主导作用并居于先进地位的技术。在一定历史时期居于先进地位的技术，随着时间的推移，会被更先进的技术所取代而成为落后的技术，失去它在生产中的主导地位。先进技术是一个动态概念，又是一个世界性的概念。它是指在当代世界范围内居于先进地位、对生产起主导作用的技术。技术的先进性表现在许多方面，如提高生产效率，提高产品质量和性能，提高工艺的完善程度和加工过程的简便省力程度以及生产文明程度等。在技术实践中，必须把技术上的先进性与生产上的可行性、经济上的合理性、社会上的有益性结合起来综合考虑，选择那些既先进又适合本国本地实际情况的技术作为发展和引进的标准。开发或引进先进技术，既可较快缩小国家之间技术上的差距，又可较大幅度地提高国民经济的效益。

【先进探测技术】（advanced detection technology） 搜索、发现、跟踪空中、地面和海上各种运动或固定目标的先进技术。目前研究和改进的重点探测技术有：（1）脉冲多普勒雷达技术。（2）相控阵雷达技术。（3）逆合成孔径技术。（4）低观测特征目标探测技术。（5）地形跟踪和地形回避技术。（6）机载雷达多目标探测和跟踪技术。（7）机载光、电搜索和跟踪技术。（8）多探测数据融合技术。（9）风切变探测技术。随着电子技术的发展，各种先进探测技术将获得更大的发展。

【先进陶瓷材料】（advanced porcelain material） 采用精制的高纯、超细无机化合物为原料及先进制备工艺技术制造的性能优异的陶瓷材料。一般分为结构陶瓷、陶瓷基复合材料和功能陶瓷三类。根据工程技术对产品使用性能的要求，其产品可以分别具有压电、铁电、导电、半导体、磁性或高强、高韧、高硬、耐磨、耐腐蚀、耐高温、高热导、绝热或良好生物相容性等优异性能。当前研究的热点是：陶瓷材料的强韧化技术、纳米陶瓷材料的制备合成技术、先进结构陶瓷材料体系的设计以及电子陶瓷材料的高匀、超细技术。

先进陶瓷材料

【先进制造技术】（advanced manufacturing technology，AMT） 以提高综合效益为目标，以信息技术为支撑，使原材料成为产品而采用的一系列高新技术和现代管理技术的总称。AMT强调计算机技术、信息技术和现代管理技术在产品设计、制造和生产组织管理等方面的综合应用及环境保护。它包括三大主体技术群：工程设计技术群、工程制造技术群、现代管理技术群。在这三大主体技术群之间存在大量的信息交换，组成一个有机的整体。工程设计技术群包含计算机辅助设计、系统设计、可靠性设计、虚拟设计和工业造型设计等先进设计技术。工程制造技术群包含计算机辅助制造、计算机集成制造系统、数控技术、柔性制造系统和快速成型等先进制造技术。现代管理技术群包含管理信息系统、决策支持系统、企业资源规划、经济信息系统和产品数控管理等。

【先天梅毒】（congenital syphilis） 母亲的梅毒螺旋体，通过胎盘传给胎儿引起胎儿梅毒症状。因母亲患梅毒，且未经治疗而引起。几乎胎儿全部受累。母孕4个月左右，大约1/2胎儿发生早产、流产、死胎。（1）早期梅毒。幸存的新生儿，大约生后2～3周发病。其主要表现是：①发育营养差，消瘦，老头面容。②肝、脾、淋巴结肿大。③皮疹。多形红斑、水疱、脓包、表皮脱落，皮疹多在臀部、掌跖、口周及外生殖器。④流涕、鼻塞、声嘶、口腔黏膜斑、鼻口、肛周线状糜烂，留下放射状皱裂。⑤骨病。四肢痛，不能活动，肿胀；X线检查80%～90%有骨及骨膜炎。⑥多在生后3～6个月出现神经梅毒、脑膜炎，可导致死亡。（2）晚期梅毒。多发生在2岁以后，症状同后天梅毒三期。出现角膜炎、神经性耳聋、骨损伤和牙齿异常。骨损伤表现为：关节积水、鞍鼻、前额骨和胫骨中部增厚，向前凸出。诊断先天梅毒依据是：母有梅毒史及婴儿临床表现，生前查胎盘及羊水可见梅毒螺旋体，生后做梅毒血清学实验，梅毒螺旋体抗体抗原结合实验。治疗简单有效：青霉素5万u/kg每次，一日2次，静脉点滴7天；第二周改为每8h1次，共1～14天。青霉素过敏者可改用红霉素口服或注射，每日用15mg/kg，共用12～15天。治疗结束要定期复查。

【先天性风疹综合征】（congenital rubella syndrome） 一种先天性病毒疾病。孕妇在妊娠早期若患风疹，病毒会通过胎盘感染胎儿。新生儿可为未成熟或患先天性心脏畸形、白内障、耳聋和发育障碍儿等。该病称为先天性风疹或先天性风疹综合征。母体感染风疹是否传递给胎儿，与母体发生感染的时间迟早有关。在胚胎的第 2 ~ 6 周时感染，对心脏和眼部的影响最大；在妊娠中期，则不易构成慢性感染。妊娠第一个月时感染风疹，胎儿病变发生率可高达 50%，第二个月为 30%，第三个月为 20%，第四个月为 5%。孕妇感染风疹后可发生流产、死产、畸形活产，也可能正常生产。也可为隐性感染。胎儿几乎所有的器官都可能发生暂时的、进行性或永久的病变。其临床表现是：(1)出生时可表现出一些急性病变。如新生儿血小板减少性紫癜，且常伴有其他暂时性的病变和长骨的骺部钙化不良、肝脾肿大、肝炎、溶血性贫血和前囟饱满。(2)心脏畸形。最常见者为动脉导管未闭，肺动脉狭窄或其分支狭窄，大多数患婴出生时心血管方面的症状并不严重。(3)耳聋。失听可轻可重，一侧或两侧。失听亦可为先天风疹的唯一表现，多见于怀孕 8 周以后感染者。(4)眼部缺陷。最具代表性的是梨状核性的白内障，多为双侧，常伴有小眼球。亦可发生青光眼，表现为角膜增大和混浊，前房增深，眼压增高。(5)发育障碍及神经方面的畸形。对中枢神经亦能致病。造成程度不同的发育缺陷。脑脊液中常有细胞数增多。智力、行为和运动方面的发育障碍亦为先天性风疹的一大特点。可造成永久性的智力迟钝。一般说来，先天性心脏畸形、白内障及青光眼是由于孕期最初 2 ~ 3 个月内的病毒感染所致；而失听及中枢神经的病变则往往是孕期后期受感染所致。

【先天性睾丸发育不良综合征】(Klinefelter syndrome) 又称克什综合征、先天性曲细精管发育不良。以男性乳房发育，小睾丸，无精子症和尿卵泡刺激素(FSH)生物活性增高为特征的一组综合征。1942 年 Keinefelter 首先报道。其主要原因是性染色体核型异常。正常男性染色体为 46XY；而此病典型染色体畸形为 48XXY 或 46XY/47XXY 嵌合体，少数类型为 48XXXY、48XXYY、49XXXYY、49XXYYY 等。典型核型多 1 个 X 染色体，可能来源于母亲。患者睾丸活检：曲细精管发育不良，骨管增厚，玻璃样变和硬化，无生殖细胞和 sertoli 细胞。随着年龄增长变化越明显，其变化可能和血中促性腺激素水平升高有关。其临床表现是：青春期前缺乏症状，不引起注意，青春期后发现性不发育：小阴茎，小睾丸，睾丸容积 <4ml、硬、无弹性；乳房增生常见，身材较高，宦官体形：皮肤细嫩，脂肪分布女性型，肌肉不发达，胡须、阴毛、腋毛缺如或明显稀少，声尖。成人后不能产生精子，不能分泌足量的男性性激素，婚后不能生育及过正常的性生活。其治疗方法是：替代疗法。患儿 11 ~ 12 岁开始，庚酸睾酮 50mg，每 3 周肌注 1 次，每隔 6 ~ 9 周增加 50mg，直到每 3 周 200mg 的成人维持量，可促进男性化及性功能。如果有精子，可生育自己的孩子，但要注意子代染色体异常的风险。

【先天性卵巢发育不全综合征】(Turner syndrome) 身体矮小，颈蹼及幼稚的外生殖器为特点的一组综合征。1938 年 Turner 首先报道 7 例。其病因主要是性染色体畸形。引起染色体畸形的原因可能与电离辐射、化学药物及病毒、支原体感染等有关。人正常染色体，女性 46 条染色体 XX，而此病染色体为 45 条 XO，也有多种嵌合体 45X/46XX；45X/47XXX 等，也可有性染色体结构异常：X 染色体长、短臂缺失或易位等，女性 XX 染色体缺失 1 个 X 染色体，丢失的染色体可能是来自父亲精母细胞染色体不分离造成。其临床表现是：(1)第二性征不发育。虽有 1 个 X 染色体，可表现为女性外表，到青春期女性第二性征不表现；乳房不发育，外阴幼儿型，无阴毛、腋毛等，阴道、子宫小，卵巢小无卵胞发育，不分泌雌激素，活检卵巢薄皮质，髓质及门部皮质内有典型卵巢间质。(2)颈蹼。颈短而宽粗，发际低，半数以上颈部皮肤松弛，从耳后乳突部至肩峰呈蹼颈。(3)体格矮小。成人身高不超过 150cm，多在 135 ~ 140cm，体质落后。(4)其他畸形。肘外翻，35% 有心脏畸形，主动脉缩窄多见。第 4、5 掌骨短，多痣等。(5)多数患者智能正常。其诊断，除临床表现外，检查染色体畸形 45X 可明确诊断。其治疗方法是：从青春期开始替代疗法。12 岁开始，用雌、孕激素进行治疗；做人工月经周期，一方面对患者心理安慰，另一方面子宫内膜脱落可预防子宫内膜癌发生；身体矮小可用生长激素及苯丙酸诺龙治疗。在骨骺闭合前治疗，否则效果差。

【先天性无丙种球蛋白血症】(congenital agammaglobuli naemia) 又称 Bruton 病、X 连锁无丙种球蛋白血症。在前 B 淋巴细胞发育成 B 淋巴细胞过程中发生障碍，导致不能形成浆细胞，不能产生免疫球蛋白(Ig)，造成 Ig 缺如或减少的一种白血病。1952 年 Bruton 首次报道。是 X 性联隐性遗传。小儿生后 4 ~ 8 个月发病(6 个月内有母体给的 IgG)，出现反复的细菌感染，如中耳炎、气管炎、肺炎、脑膜炎、败血症等。随着年龄增长可患类风湿关节炎、皮肌炎、硬皮病、淋巴细胞白血病及淋巴瘤。体检发现淋巴结很小、触不到、不发育；扁桃体小或缺如。查血中 IgG、IgA、IgM 均降低，IgG <2g/L 或缺如，血球凝集素(IgM)效价低，疫苗接种后不产生抗体，

外周血中 B 淋巴细胞减少。T 淋巴细胞数量及功能正常。淋巴结活检发现生发中心及浆细胞缺如。如不积极治疗，有 1/2 患儿在 10 岁前死亡。其治疗主要用定期输入血浆及免疫球蛋白的替代疗法，并积极的控制感染，加强营养及各种支持疗法。

【先天性心脏病】（congenital heart disease，CHD） 胎儿期心脏和大血管发育异常，导致心血管各部畸形。是小儿最常见的心脏病。引起胎儿心脏畸形的原因很多。心脏的胚胎发育，在孕 12 周内完成。在此期内可能的因素是：病毒感染，如风疹、流感、腮腺炎、柯萨奇病毒等；遗传疾病；各种染色体畸形伴心脏畸形，如 21 - 三体综合征等。不明原因者也不少见。按其血液动力学的不同可分为三类：(1) 无分流型（无青紫型）。肺动脉狭窄、主动脉狭窄等。(2) 左向右分流型（潜伏青紫型）。如房间隔缺损，室间隔缺损，动脉导管未闭等。(3) 右向左分流型（青紫型）。如法合四联症等。最常见的为室间隔缺损，占先心 50%，房缺损占 5% ~ 10%，动脉导管未闭占 15%，法四占 10%。①室间隔缺损。小缺口（Roger 病）直径 < 5mm；中型缺口直径 5 ~ 15mm；大缺口直径 > 15mm。小缺口无症状，仅胸骨左侧第Ⅲ ~ Ⅳ肋像听到Ⅲ ~ Ⅳ级响亮粗糙全收缩期杂音，常有震颤。大缺口，左室向右室分流量大，导致肺淤血，易患呼吸道感染，体循环血量减少，患儿消瘦、乏力、多汗，易导致心衰。扩张的肺动脉压迫喉反神经引起声音小、嘶哑；长期肺内血管中过多，引起不可逆的肺动脉高压，使右室向左室分流血量，患儿持续青紫，即称艾森曼格（Eisenmenger）综合征。胸前左右心室大，肺动脉扩张，肺野充血，心脏彩超可确定室缺大小及其他心脏畸形。小缺口占 20% ~ 50% 可自然闭合，多在 1 岁内闭合；大缺口手术治疗。②法格四联症。四部分畸形。即室间隔缺损、右心室肥厚、主动脉畸跨、肺动脉狭窄。表现持续青紫，蹲踞症状：行走或玩时需蹲下片刻再行走，蹲下能缓解缺氧症状。杆状指（趾）。发作性脑缺氧：活动、哭闹、激动时，突然抽搐、昏迷甚至死亡，是肺动脉突然梗阻引起脑缺氧。心脏杂音在胸骨左侧第Ⅱ、Ⅲ、Ⅳ肋像听到Ⅱ ~ Ⅲ级喷射性收缩期杂音。胸部 X 线：靴形心，肺收缩减少。心脏彩超可确诊。治疗需手术。

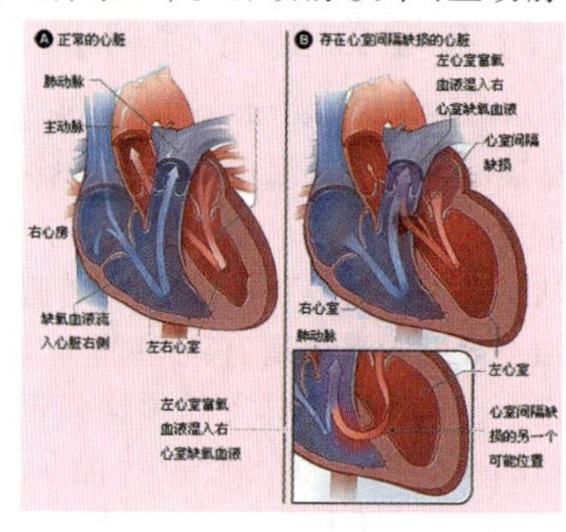

正常心脏与室间隔缺损心脏的比较

【先天性胸腺发育不全】（congenital thymic hypolasia） 又称 Digeorge 综合征。胎龄 6 ~ 8周时第三和第四咽囊管发育障碍，导致胸腺及甲状旁腺发育不全。1968 年 Digeorge 首先报道。是典型 T 淋巴细胞缺陷性疾病。是罕见的先天性疾病。大部分病例第 22 号染色体缺乏。通常伴有心脏及大血管畸形、食道不发育、颜面结构异常等。病理改变为胸腺及甲状旁腺缺乏，导致 T 淋巴细胞免疫缺陷，造成严重的病毒和真菌感染。甲状旁腺参于钙磷代谢，能在血中低钙时将骨钙转移至血中，避免产生低钙抽搐。甲状旁腺缺陷会引起顽固性的低钙抽搐。其临床表现以完全性缺陷或发育不全而定。完全缺如婴儿，生后出现严重感染和治疗困难的低钙抽搐，很快夭折。发育不全的小儿表现为：(1) 生后 1 个月开始反复感染。多是细胞内感染病毒、结核、真菌以及寄生虫等。常因严重感染而死亡。如接种减毒活疫苗牛痘、麻疹、卡介苗等，接种后会出现严重的全身反复，如全身反应，甚至死亡。(2) 低钙抽搐。顽固性、严重的低钙抽搐，补钙不能纠正低血钙。(3) 心脏畸形。多是主动脉和肺功脉畸形，如右位主动脉，法洛四联症等。(4) 面部发育畸形。眼距宽，眼向上歪斜，耳部凹下，尖嘴唇，上腭弓及悬雍垂畸型等。其治疗方法是：需要对症处理，免疫重建才能纠正此病。

【先天性愚型】（Down's syndrome） 又称唐氏综合征。由常染色体异常所引起的疾病。患儿常矮小，伴有特殊面容和智能低下，鼻梁低下，两眼距宽，两眼外眦向外上，口半张，常伸舌口外；手掌纹常通贯，小指短而向内弯曲；有时伴有先天性心脏病。通过染色体分析可以确诊。

【先张法】（pretensioning method） 借助于混凝土与预应力筋间的黏结对混凝土产生预压应力的技术。在浇筑混凝土构件之前，张拉预应力筋，将其临时锚固在台座或钢模上，然后浇筑混凝土构件，待混凝土达到一定强度（一般不低于混凝土强度标准值的 75%），并使预应力筋与混凝土间有足够黏结力时，放松预应力筋，钢筋弹性回缩，借助于混凝土与预应力筋间的黏结，对混凝土产生预压应力。先张法生产有台座法、

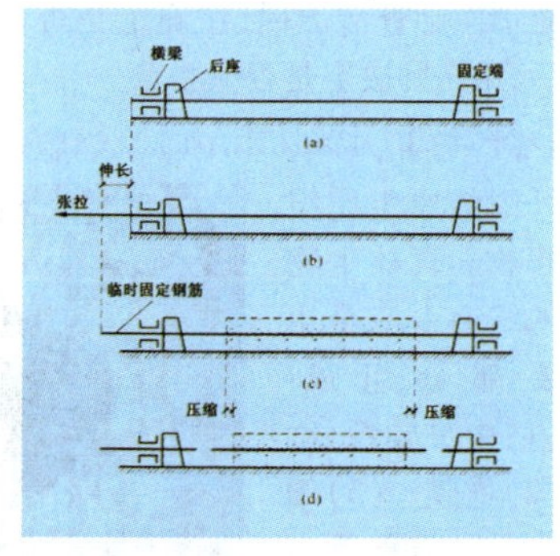

先张法

台模法两种。在用台座法生产时,预应力筋的张拉、锚固、构件浇筑、养护和预应力筋放松等工序都在台座上进行,预应力筋的张拉力由台座承受。台模法为机组流水、传送带生产方法,此时预应力筋的张拉力由钢台模承受。此法多用于预制构件厂生产定型的中小型构件。

【先兆临产】(threatened labor) 妊娠晚期出现预示不久将临产的症状。按其症状的不同可分为:(1)假临产。子宫收缩持续时间短(<30s),不恒定,间歇时间长且不规律,子宫收缩强度不增加,宫颈口不扩张者。常在夜间发生,清晨消失。用镇静药物能抑制子宫收缩。(2)胎儿下降感。孕妇自觉上腹部受压感消失,呼吸较前轻快,进食增多的现象。是胎儿先露部下降进入骨盆的原因。(3)见红。临产前24~48h,宫颈口附近的胎膜与该处子宫壁分离,毛细血管破裂有少量出血,与宫颈管内黏液栓相混合排出者。是分娩即将开始的可靠征象。若阴道出血超过月经量,应考虑病理情况(如前置胎盘、胎盘早剥)。

【先兆流产】(threatened abortion) 在妊娠不满28周出现的腹痛、阴道流血、宫颈扩张等症状。妊娠12周内为早期先兆流产,其后的称晚期先兆流产。与孕妇及胎儿两个方面有关。孕妇方面包括内分泌功能失调,如黄体功能不健全、甲状腺功能不足等;孕妇感染性疾病、高热、严重贫血、严重营养不良、放射性、毒性物质接触及生殖道畸形如双子宫、子宫肌瘤等均易导致先兆流产。胎儿方面的因素最突出的是受精卵的染色体出现异常,约占整个流产儿的25%左右。怀孕四周前的流产中100%是畸形,其中75%为染色体异常;怀孕12周前的流产中畸形约占12%,其中5.3%是染色体异常。先兆流产的防治原则是:已知流产和染色体异常有极明显的关系,不要强行保胎。在表现先兆流产症状时,最明智的作法是请医师查清原因,在确定是否为遗传学上的原因后,由医师决定是否保胎。

【纤毛】(flagellum) 细胞表面上生长的毛状纤细的原生质突起物。真核生物的纤毛由三个主要部分组成:(1)中央轴纤丝。(2)质膜。(3)细胞质。与鞭毛有相同的结构。两者的区别是:鞭毛较长(一般长约150μm),数目少;纤毛较短(5~10μm),数目多。鞘藻的游动孢子、纤毛虫和某些无脊椎动物都有纤毛。其作用是运动、摄食和呼吸等。在哺乳动物中,纤毛只出现在一些特殊细胞的游离面。如呼吸道的上皮细胞可借助纤毛的定向摆动排除黏液和粉尘。

纤毛

【纤黏连蛋白】(fibronectin,FN) 由两个多肽通过羧基端的一对二硫键结合形成的一种大型的糖蛋白。存在于所有脊椎动物体内,每条FN肽链约含2 450个氨基酸残基,整个肽链由三种类型的模块重复排列构成。细胞表面及细胞外基质中的FN分子间通过二硫键相互交联,组装成纤维。与胶原不同,FN不能自发组装成纤维,而是在细胞表面受体指导下进行的,只存在于某些细胞表面。转化细胞及肿瘤细胞表面的FN纤维减少或缺失,系因细胞表面的FN受体异常所致。

【纤维增强复合材料】(fiber reinforced composite material) 将强度极高的金属或非金属的纤维和金属母体或聚合物母体复合在一起而形成的一种材料。其研究开始于20世纪50年代初。从晶须强化材料开始,目前已着眼于连续长纤维的增强。纤维增强金属有:(1)非金属晶须增强金属:蓝宝石、石墨、碳化硅等晶须增强铜、银、镍等。(2)金属晶须增强金属:钨、镍等晶须增强银基合金等。(3)连续长纤维增强金属或聚合物:如硼、碳、石墨等长纤维增强金属母体如铝、钛等。增强聚合物母体如塑料、环氧树脂等。

【纤维增强混凝土】(fibre reinforced concrete) 以混凝土(或砂浆)作基材、以非连续的短纤维或连续的长纤维作增强材质组合成的复合材料。由于在混凝土基体中均匀分散着一定比例的特定纤维,混凝土的韧性得到改善,抗弯性和折压比得到提高。按纤维种类的不同可分为:钢纤维增强混凝土、玻璃纤维增强混凝土、合成纤维增强混凝土、天然纤维增强混凝土、碳纤维增强混凝土和混杂纤维增强混凝土等。纤维增强混凝土广泛应用于强度要求较高的大体积混凝土工程和抗折、抗拉强度要求较高及要求韧性较好的楼面混凝土柱、梁等结构混凝土工程、桩用混凝土重要的设备底座和飞机场跑道等。

【纤维植物资源】(fiber plant resources) 体内含有大量纤维组织的一类植物。包括目前农业中广为栽培的棉、麻等经济作物。植物纤维是普遍存在于植物体内的一种机械组织。植物所以能够坚固的生长,并使叶片伸展接触空气和阳光进行正常的生长发育,这种机械组织起着重要的作用。植物纤维按其存在部位的不同可分为以下几类:(1)韧皮纤维。主要指双子叶植物茎干韧皮部的纤维,这种纤维通常采用剥皮去获取,如桑树皮、构树皮、大麻等。(2)木材纤维。主要指裸子植物和双子叶植物树干中的木质纤维,用加工木材的方法获得,如松、杨树等的纤维。(3)叶纤维及茎秆纤维。主要指存在于单子叶植物叶和茎中的纤维,如剑麻、龙须草等。(4)根纤维,只存在于根部的韧皮纤维,如马蔺根纤维。(5)果壳纤维。指存在于果壳中的纤维,如椰子壳纤维。(6)种子纤维。指存在于种子表面的纤维,如棉和木棉种子上的毛。(7)绒毛纤维。如香蒲雌花序上的绒毛,棉花莎草花序上的毛。它们可能是退化的苞片或花被,但形态及经济用途则与纤维相同。

【纤维组织】(fibrous structure) 金属或合金中的偏析物或夹杂物,在变形(冷加工或热加工)过程中伸长或排列成的纤维状组织。具有纤维组织的金属及合金显示各向异性。此外,金属或合金经强烈的冷加工变形后,其晶粒沿变形方向拉长的组织,也称为纤维组织。后者可通过再结晶退火消除。

【籼稻】(hsien rice) 一种茎秆较高较软,米粒长而细的亚洲栽培稻的亚种。植株除推广的半矮生性品种外,一般株高多在1m以上,叶片宽,色泽淡绿,剑叶开度小。叶片茸毛多,有短小茸毛散生于颖壳。大多为无芒或短芒。谷粒细长而稍扁平,一般长度为宽度的二倍以上。谷粒易脱落。较耐湿、耐热和耐强光,但不耐寒。谷粒和米粒在1%的石炭酸溶液中浸渍12h,可产生淡茶褐色到黑色的染色反应。米粒直链淀粉含量较高,故蒸煮的米饭不黏。煮饭黏性较弱而胀性较好。适于高温、多湿的亚热带和热带气候。广泛分布于南亚次大陆、东南亚各地。中国主要在华南和淮河以南的平地、低地栽种。

籼稻

【鲜切花】(cut flower) 具有生命力和观赏价值的、不污染环境的花、枝条、叶片和果实等插花材料。目前世界公认的四大切花是香石竹、菊花、月季花和唐菖蒲。此外作为切花栽培的还有非洲菊、马蹄莲、飞燕草属、晚香玉、小苍兰属和百合属等花卉。

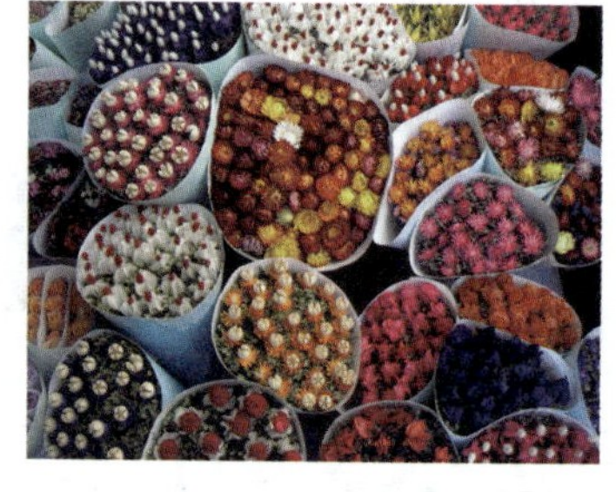

鲜切花

【鲜切花保鲜】(keeping cutflowers fresh) 采用一定的人工处理措施和切花保鲜剂使鲜切花的保鲜期延长的一种技术措施。包括两个方面:一是耐储性。主要是指生产、储运中的保鲜和售前催花。二是耐插性。即售后保鲜。是指消费者如何延长鲜切花瓶养的时间。经保鲜处理后,可使鲜切花的货架寿命延长2~3倍以上,花朵增大,并能较长时间地保持叶片和花瓣的色泽。其关键措施是:运输前后的杀菌处理、低温储藏、快捷运输和使用保鲜剂等。

【鲜切花采后预处理】(pretreatment of cut flowers after harvesting) 将高温期采切的鲜花,立即转入冷房中以散去田间热,以利于延长鲜切花寿命的措施。一般在午后采切的切花,由于栽培环境温度较高,切花带有大量田间热,通过预冷处理,结合硫代硫酸银(STS)处理,有利于有效延长鲜切花寿命。鲜切花是活的生命体,不断进行着呼吸作用,通过消耗体内的碳水化合物,以维持其生命。鲜切花的呼吸强弱,是影响其寿命的主要内部因素。营养物质在呼吸过程中损耗,意味着鲜切花逐步在衰败。因此,鲜切花的衰败速度常与呼吸强度成正比。而鲜切花的呼吸强度与其本身所处的环境温度有很大关系。温度越高,呼吸强度就越高,呼吸消耗就越多。因此,尽量降低呼吸不仅会减少花朵萎蔫和皱缩机会,保持良好的商品外观质量,而且会减缓鲜切花的衰败进程。所以,将高温期采切的鲜花,进行采后预冷处理,是一项延长鲜切花寿命的有效措施之一。

【鲜切花分级】(classification of cut flowers) 根据鲜切花的外观形态、色泽、新鲜度和健壮情况以及花茎长度、花朵直径、花序中小花的数量和重量等对生产的鲜切花进行的等级划分。是保证鲜切花品质的质量控制过程。它可以帮助栽培者和经销商使产品更能符合市场的需求,保证鲜切花质量的统一性,保护生产者的经济利益。在实际操作中必须按照特定的统一标准对鲜切花进行分级,使产品高度规格化和商品化。目前,中国的鲜切花市场尚不规范,许多鲜切花生产者不清楚鲜切花的分级标准,鲜切花的出口及出口后常遇到许多问题。在国际上,广泛使用的鲜切花分级标准有:欧洲经济委员会(ECE)标准和美国花卉栽培者协会(SAF)标准。中国农业部于1997年12月19日也发布了鲜切花国家行业标准,首批出台的有月季、唐菖蒲、菊花、满天星和香石竹鲜切花标准。此标准自1998年5月1日开始实行。

【鲜切花连续周年生产技术】(continuous production technology of cut flowers) 利用一定的栽培设施,在一年中连续不断地生产鲜切花来供应市场需求的系列配套技术措施。生产者必须根据设施情况和不同地区的自然气候条件,通过温度、湿度和光照等管理,适当调节栽培日历、确定定植、摘心和采花时间,从而达到四季供应的目的。不同的气候条件、不同的鲜切花、不同设施类型的周年管理技术是不同的。因此,不能够生搬硬套。以设施切花月季的主要生产类型及栽培日历为例,就有多种生产类型和管理日历。设施切花月季的生产类型是:夏季一时休整型(加温)、夏季采花型(加温)、冬季一时休眠型(无加温)和冬季一时休眠型(加温)等。其中冬季一时休眠型,可以在典型的冬季寒冷、夏季炎热的地区使用。这种栽培类型可以利用普通塑料大棚或简易设施栽培。由于设施成本较低,虽然产量不高,但是从经营的角度考虑也比较有利。

设施切花月季的主要生产类型及栽培日历

<table>
<tr><th>栽培类型</th><th>1月</th><th>2月</th><th>3月</th><th>4月</th><th>5月</th><th>6月</th><th>7月</th><th>8月</th><th>9月</th><th>10月</th><th>11月</th><th>12月</th></tr>
<tr><td>夏季一时休整型(加温)</td><td colspan="12">芽接苗定植 10/41/615/71/910/10
△--------△————————⊙——————⊙———
●●●●●●●●●●●●
25/65/8
●●●●●●●●●●●●●●●———×—
——×———●●●●●●●●●●●
--------------------+ +----------------</td></tr>
<tr><td>夏季采花型(加温)</td><td colspan="12">芽接苗定植 25/325/510/720/820/11
--------△——————⊙———————⊙———
●●●●●●●●●——
15/210/4
——————×——————●●●●●●●●●
●●●●●●●●●●●●●●———
+------------+</td></tr>
<tr><td>冬季一时休眠型(无加温)</td><td colspan="12">芽接苗定植 25/315/515/720/820/10
△----------△————⊙——————⊙——
——●●●●●●●●————
15/225/4
—————×——————●●●●●●●—⊙—
—●●●●●●————</td></tr>
<tr><td>冬季一时休眠型(加温)</td><td colspan="12">芽接苗定植 25/31/615/720/830/11
△--------△————————⊙——————⊙——
—●●●●●●●●●●●——
30/110/4
+-----+
——×——————●●●●●●●—⊙——
●●●●●●●●●——
+--------------+</td></tr>
</table>

注:△定植;⊙摘心;×剪枝或捻枝;

●采花期间;+-------+加温期间。

【鲜切花脉冲溶液处理】(pulse solution treatment of flowers cutting) 把花茎下端置于含有较高浓度的糖和杀菌剂溶液中一定的时间,达到延长其采后寿命的方法。一般把花茎下端置于含有较高浓度的糖和杀菌剂溶液中12~24h。其主要目的是:为其补充糖分,适应较长时间的储藏和运输,延长鲜切花寿命。蔗糖浓度因鲜切花的不同种类而异,一般为2%~4%,如月季、菊花;少数浓度可高达10%,如香石竹、鹤望兰和丝石竹。蔗糖浓度较高时,脉冲处理时间宜短些,否则易对叶片和花瓣造成伤害。脉冲处理的环境条件,一般温度在20~27℃,光照强度为1 000lx左右。脉冲处理能影响鲜切花的整个货架寿命,是一项非常重要的采后处理措施。此外,它还能使鲜切花开放更快、显色更佳和花瓣更大。一些对乙烯敏感的鲜切花,用硫代硫酸银(STS)进行脉冲处理后,可有效地抑制切花产生乙烯,对延长采后寿命具有显著作用。其具体方法是:先配制好STS溶液,浓度为0.2~4mg/ml,把鲜切花茎端在水下剪切后,插入STS溶液中。一般在20℃温度下处理20min。如鲜切花准备长时间储藏或远距离运输,STS溶液中应加糖,并适当延长处理时间。在欧洲,STS脉冲处理是一项硬性规定;在荷兰,如果香石竹和六出花未作STS处理,花卉拍卖行将拒不接收。可以肯定,将来所有对乙烯敏感的鲜切花在进入国际市场之前,都会要求用STS处理。

【咸潮】(salty tide) 又称海水倒灌。海水涨潮时,沿河道自河口向上游上溯,受海水入侵的河流含盐量增加、带有咸味的现象。当沿海地带含水层的地下水开采量超过它的补给量,淡水体水头下降到低于附近海水楔形体水头时,淡水-咸水界面就会向陆地方向推进,形成咸潮,造成地下水污染,水质恶化,使农田减产,土地盐碱化,严重威胁农业生产和居民生活。

【咸水灌溉】(salty water irrigation) 用含盐量为2~5 g/L的微咸水进行灌溉的方法。虽能补充作物需水,但水中含有较高的多种盐类,在土壤积累到一定数量时,会抑制或妨害作物生长。因此,仅适用于水源短缺地区的抗旱临时灌溉。

【咸水湖】(salty lake) 湖水矿化度在1~35g/L的湖泊。湖水的化学组成多为氯化物,矿化度高,硬度也较淡水湖大,多为硬水或极硬水。中国的咸水湖主要分布在青藏高原、内蒙古和新疆等地。

咸水湖

【涎石症】(sialolithiasis) 由发生在涎腺腺

势互补,有利于城乡生产要素的合理流动和组合。(3)实现按照市场经济体制和农村生产力发展要求,建立全方位的、权责一致、上下贯通的管理和服务体系。(4)发挥了资源优势和区位优势,实现农产品优势区域布局和农产品贸易国内外流通。

【现代农业产业体系】(modren agricultural industrial system) 集食物保障、原料供给、资源开发、生态保护、经济发展、文化传承、市场服务等产业于一体的综合系统。是多层次、复合型的产业体系。其构成内容是:(1)农产品产业体系。包括粮食、棉花、油料、畜牧、水产、蔬菜、水果等各个产业,以确保国家粮食安全和主要农产品供给。(2)多功能产业体系。包括生态保护、生物能源等相关的循环农业、特色产业和乡村旅游业等,充分发挥现代农业优势,提高经济、社会效益。(3)现代农业支撑产业体系。包括农业科技、现代科学管理、社会化服务、农产品加工、市场流通、信息咨询等相关产业,提升农业现代化水平,增强农业抗风险能力、国际竞争能力和可持续发展能力。

【现代医学模式】(modern medicine model) 又称生物-心理-社会医学模式。把生物、心理因素和社会因素结合起来,强调无论是躯体、精神、心理或社会环境的改变均可导致健康状况改变的医学模式。是20世纪70年代末,美国医学家恩格尔首先倡导的。传统的医学模式是生物医学模式。生物医学模式是建立在实验生理学、细胞病理学、微生物学的基础上,以药物和手术为主要治疗手段。现代医学研究发现,由于生物学因子和理化刺激因子对人类的侵袭所导致的传染性疾病的发生率和死亡率已居次要地位,依靠药物和手术的治愈率很低。因此,生物-心理-社会医学模式的出现,是现代医学的必然趋势。其内涵是:(1)恢复了心理社会因素在医学研究系统中应有的位置。(2)更加准确的肯定了生物因素的含义和生物医学的价值。(3)全方位探求影响人类健康与疾病的因果关系。其内容,是从生物学、心理学、社会学三个不同领域,综合考察人类健康和疾病,运用综合措施防病治病,增强人类的健康。不仅反映了医学技术的进步,而且标志着医学道德的进步。

【现代有机合成化学】(modern organic synthesis chemistry) 化学的一个分支。主要从事结构复杂及具有高生理活性的天然产物研究、合成的学科。如具有植物生长调节作用的油菜甾醇及其类似物、抗疟药物鹰爪素类天然产物、前列腺素类似物、白三烯、昆虫信息素和具有抗癌活性的埃坡霉素、吡嗪双甾体等的合成研究;在复杂分子合成中用改良的、光氧化反应、等立体选择性方法学的研究,以及复杂分子的分离、结构鉴定方法的研究等。进入21世纪以来,其最新进展主要有:有机合成方法学、自由基环合反应、多组分反应、串联反应、不对称催化反应、复杂分子全合成、组合化学与多样性导向的合成、光电材料导向的有机合成、微环境中的有机合成、有机合成反应和计算化学等。

【现代预测学】(modern theory of forecasting) 运用现代科学技术推测未知事件的学科。产生于20世纪50年代。其研究目的是:减少人类在生产、生活等方面由于不确定性因素导致错误决策所产生的风险。以辩证唯物主义的可知论为理论基础,以客观事物的可预测性为基本前提。运用计算机专家系统、决策支持系统和人工神经网络等现代科学技术和方法,进行安全评价预测。在社会预测、经济预测、科学预测、技术预测、军事预测等领域广泛应用。

【现代园林】(modern garden) 与现代城市结构、功能相结合的新型城市园林。是对人类生活方式极端人工化所产生后果的一种平衡或补偿,是城市土地的一种利用方式。例如美国纽约的中央公园。现代园林是为大众服务的,具有公益性,且以自然、生态为主导的园林势必将代替以视觉景观为主的园林。社会经济的高速发展使城市迅速扩大,大量人工环境的建成以及由此带来的环境污染等负面影响,不仅给人类带来了生存危机,制约着社会经济的发展,而且对城市本身的生存与发展提出了严峻的挑战。人们不得不回过头来审视工业化带来的后果,反思如何控制环境污染,净化城市空气,改善人居环境,以利于人类和城市的可持续发展。现代园林建设可以优化环境质量,建立生态健全的环境,促进人类身心健康,陶冶人们的情操,提高人们的生活质量。现代园林的特点体现在大众、生态和节约上。随着城市人口、空间、资源、环境等压力的不断增加,现代园林的生态功能会越来越重要,最重要的途径就是增加水、园林植物、动物、未铺装地面等生态要素的比例。中国人多资源少,节约资源显得特别重要。

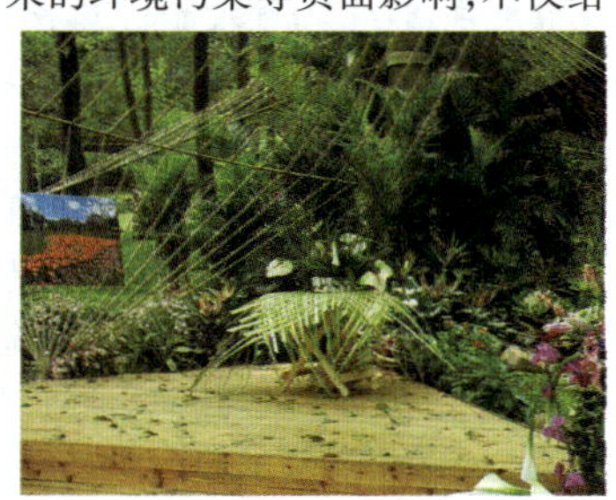
现代园林

【现代中医学】(modern Chinese medicine) 在传统中医学的基础上,以现代科学技术知识为基础，整理、认识和指导中医学的理论、法则和临床实践的一代新中医学。是中国传统医学与相关的现代医学的结合。还包括相互交叉的其他边缘科学相互渗透，但以传统中医学为主导的学科。

【现金流】（cash flow） 一段时间内企业现金流入和流出的数量。企业在销售商品、提供劳务或是出售固定资产、向银行借款的时候都会取得现金，形成现金的流入。而企业为了生存、发展、扩大需要购买原材料、支付工资、构建固定资产、对外投资、偿还债务等，都会导致企业现金流的流出。从企业整体发展来讲，现金流比利润更为重要，它贯穿于企业的每个环节。现金管理通常包括企业账户及交易管理、流动性管理、投资管理、融资管理额风险管理等。规划现金流主要是通过运用现金预算的手段，并结合企业以往的经验，来确定一个合理的现金预算额度和最佳现金持有量。如果企业能够精确地预测现金流，就可以保证充足的流动性。企业的现金流预测可以根据时间的长短的不同可分为短期、中期和长期预测。通常期限越长，预测的准确性就越差。选择何种现金流的预测方式，根据企业的整体发展战略和实际要求而定。

【现金流量表】（statement of cash flows） 又称账务状况变动表。反映企业一定期间现金流入和流出的会计报表。是财务报表的三个基本报告之一。所表达的是在一固定期间内，一家机构的现金的增减变动情形。主要反映出资产负债表中各个项目对现金流量的影响。按其用途的不同可分为经营、投资和融资三类。其特点是：(1)反映企业的现金流量，评价企业未来产生现金净流量的能力。(2)评价企业偿还债务、支付投资利润的能力，谨慎判断企业财务状况。(3)分析净收益与现金流量间的差异，并解释差异产生的原因。(4)通过对现金投资与融资、非现金投资与融资的分析，全面了解企业财务状况。

【现值】（present value） 资金发生在某一特定时间序列始点上的价值。在工程经济分析中，它表示在现金流量图中0点的投资数额或投资项目的现金流量折算到0点时的价值。折现计算法是评价投资项目经济效果时经常采用的一种基本方法。将时点处资金的时值折算为现值的过程称为折现。

【限电】（power limit） 在电力供应中有意抑制需求或有计划缩减供应量的措施。电力系统发电装机容量不足，火力发电厂燃料供应短缺，水力发电厂来水偏枯，输变电能力不足或故障等，均会引起电力缺额。当电力供应不足时，为保证国民经济重要部门和社会生活必需的用电，需要对一些次要的用电需求进行限制，以保障电力系统安全和维持合格的电能质量。通常的限电规定是由政府通过行政命令来发布或经政府批准的。根据缺电引起的原因，限电分为事故限电和计划限电。

【限期治理制度】（system of undertaking treatment within a prescribed limit of time） 政府主管部门为解决某一环境问题或为实现某一环境目标，对造成污染或其他环境问题的单位发布的限期治理决定的一种行政强制措施。被限期治理的单位必须如期完成治理任务，否则将承担相应的法律责任。这项制度适用于已经对环境造成严重污染的企事业单位，以及建设在风景名胜区、自然保护区和其他需要特殊保护的区域内的各种设施。

【限制性氨基酸】（restricted amino acid） 食物中所含与人体所需相比偏低的某一种或某几种氨基酸。其中，偏低最多的氨基酸，又称第一限制性氨基酸。依偏低程度类推，还有第二限制性氨基酸、第三限制性氨基酸等。正是这些限制性氨基酸，使得植物性蛋白质的营养价值降低。一些常见植物蛋白质中的限制性氨基酸主要是赖氨酸、苏氨酸和蛋氨酸。

【限制性内切酶】（restriction endonuclease） 又称限制性酶。可识别双链DNA上特定的位点，并将两条链切断形成黏末端或平末端的一类酶。具有极高的专一性。由W. Arber、H. Smith和D. Nathans等人于1979年从细菌中分离出。限制酶可以用来解剖纤细的DNA分子。在分析染色体结构、制作DNA的限制酶谱、测定较长的DNA序列、基因的分离、基因的体外重组等研究中是不可缺少的工具。

【限制性片段长度多态性】（restriction fragment length polymorphism，RFLP） 不同个体或种群间的基因组DNA经一种或几种限制性内切酶消化后所产生的DNA片段的差异。因长度数量各不相同，各自有其独特的电泳图谱，反应出个体和种群间基因组DNA序列的差异。RFLP作为第一代分子生物学标记技术自问世以来广泛运用于生物学研究中。其优点是：(1)无表型效应。检测不受环境条件和发育阶段影响。(2)共显性。可以区别纯合基因型和杂合基因型。(3)可利用的探针多，可以检测到很多遗传位点。(4)结果稳定可靠，重复性好。其缺点是：(1)操作烦琐，相对费时。(2)具有种属特异性，且只适应单/低拷贝基因，限制了其实际应用。(3)多态信息含量低。

【限制修饰系统】（restriction modification

system）　一种存在于细菌，可保护个体免于外来DNA侵入的系统。也可能存在于其他原核生物。有些细菌体内含有的限制酶，可将双股DNA切断，之后其他的内切酶再将切下的片段降解，因此能将入侵的外来DNA摧毁；有些病毒则演化出对抗此系统的机制，其DNA经过了甲基化或糖基化的修饰，可阻碍限制酶的作用；另外还有一些病毒，如T3及T7噬菌体，则合成出一些可抑制限制酶的蛋白质；而为了进一步对抗病毒，有些细菌演化出专门辨识并切割已修饰DNA的限制系统。

【线材剥皮】（wire rod speeling）　用旋削或刮削的方法剥去一定深度的线材表层的工艺技术。主要用于制造高应力油回火弹簧钢丝原料的加工。线材表面缺陷遗留到钢丝会引起应力集中，也会增加该处的实际应力，成为弹簧疲劳失效的初始点。所以消除表面缺陷是提高弹簧疲劳寿命的有效方法。需要消除的缺陷包括热轧工艺或随后冷却所引起的表面裂纹、表面脱碳和近表面非金属夹杂物。去掉表面缺陷的线材能用来制造高性能弹簧钢丝，满足弹簧行业越来越苛刻的技术要求。剥皮与不剥皮相比，在其他条件完全相同的情况下，制成钢丝的疲劳强度可提高50MPa。剥皮方法分为旋削和刮削两种。（1）旋削。一般针对直径10～20mm的盘条，矫直后用旋转的刀具削去一定深度的表层，盘条运动速度为1～50m/min，刀具旋转速度1 000～6 000r/min，切削刀的调整范围最大5mm。切削表面粗糙度Ra为1～2.5μm。可对1t重的盘条成卷地收、放线处理。旋削后的盘条进行拉拔和淬火－回火处理。（2）刮削。曾经有过在盘条周围布置多个刀具，当盘条前进时依次进行刮削的方法。但目前刮削主要指模削。模削主要处理直径小于10mm的盘条。模削的工具是剥皮模，由碳化钨制造。工作时盘条由较小拉拔量的拉丝模和定位模定中心，把剥皮模放置在中间进行刮削。刮削下来的铁削用旋转刀具切断。刮削深度为0.1～0.15mm，盘条运动速度最高可达200m/min。由收线卷筒作为盘条的前进动力，可对2t重的盘条成卷地处理。还可以在作业线上增加机械除鳞装置代替酸洗。模削具有以下优点：表面更光洁，能处理5mm以下的钢丝，生产效率高，处理成本低，操作简便。模削的缺点是：钢丝表面会产生一种硬化层，需要软化处理，才能进一步拉拔和淬火－回火处理。

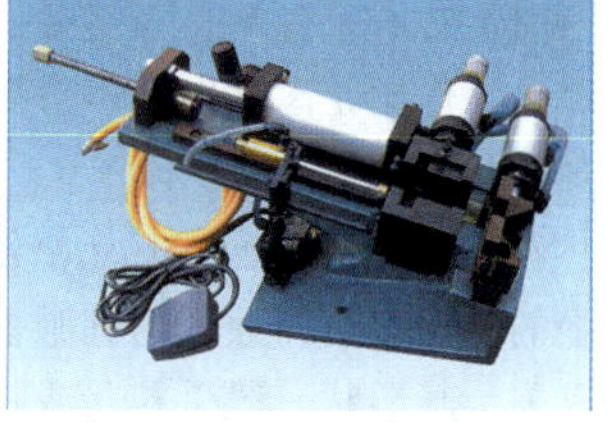
线材剥皮机

【线材控制冷却】（wire rod controlled cooling）　线材经热轧后在受控状态下的冷却过程。其主要优点是：提高线材的综合力学性能，改善在其长度上的性能均匀性；晶粒细化；氧化损失少；获得需要的组织，有利于线材的进一步加工。按照所得到的组织的不同可分为：（1）珠光体型控制冷却。为了获得有利于拉拔的索氏体组织，轧后急冷至索氏体相变温度进行转变。（2）马氏体型控制冷却。轧后急冷到马氏体转变温度以下，钢的表面转变为马氏体。线材离开冷却段后自身的余热会使其回火，最后得到中心为索氏体、表面为回火马氏体的组织。加拿大斯太尔摩钢铁公司和美国摩根公司开发的控制冷却工艺成为目前应用最为普遍的工艺，称为斯太尔摩冷却工艺。其特征是：线材从精轧机组出来，进入由多段水箱组成的水冷段进行强制性穿水冷却。水冷段长约30～40m，由2～5个水箱组成。线材从水箱的导管中穿过，冷却水从导管中的喷嘴喷到线材的四周，线材从1 050℃左右被冷却到800℃左右的相变温度。然后进入吐丝机，呈松散卷状布放在运输机上，被下面的风机进行风冷，冷却到约500℃完成相变后，进入集卷器收卷打捆。整个过程可以根据钢种和终轧温度实现计算机控制。

【线材扭转试验】（wire rod torsion test）　测定线材在扭转时的塑性形变性能的方法。显示线材的不均匀性、表面缺陷及部分内部缺陷。试验时将试样夹紧在线材扭转试验机的两个夹头上。其中一个夹头不能转动，但可以沿轴线方向自由移动，并有拉紧试样的加力装置。另一个夹头可使线材绕轴线旋转，而不能沿轴向移动。有记数装置，扭转360°为一次。试验直到线材扭断为止。扭转次数多的代表塑性形变性能好。一般线材只进行单向扭转试验。而对于例如汽车阀门弹簧钢丝等承受高交变扭力的钢丝，则需进行双向扭转。即在一个方向上扭转一定次数后，在相反方向上继续扭转，直到扭断为止。需要满足试验次数的要求。断后检查断口，平断口表明是韧性断裂；如果不是平断口，例如劈裂，则是脆性断口，标志着存在内部缺陷。

线材扭转试验

【线材轧机控冷设备】（wire rod rolling mill controlled cooling equipment）　高速线材连续轧机对轧后线材进行在线控制冷却的装置。

典型的冷却方式是采用水冷加运输机散卷冷却，即斯太尔摩冷却。水冷采用层流式冷却喷嘴快速冷却线材。快速冷却装置一般由2～5个水冷箱和中间连接导管组成。出精轧机的线材首先进入第一组水箱进行水冷，使轧件表面温度急剧下降，但不能低于400℃，以防止产生低温马氏体组织。轧件心部和表面温度差不能过大，以防止表面产生裂纹。通过两组水箱之间的导管时，线材心部的热量向外散出，使线材表面温度回升，并使其断面温度趋于一致。如此经过多个水箱和导管反复进行冷却，一直冷却到稍高于该线材的奥氏体相变温度，即吐丝温度。每组水箱内设有若干个正向喷嘴和一个反向喷嘴，最后一组水箱末尾还设有一个反向压缩空气喷嘴。反向水喷嘴和压缩空气喷嘴的作用是防止冷却水被线材带出而造成线材的过度冷却或轧件冷却不均。导管的外部采用喷水冷却，以降低导管的温度和提高其使用寿命。水冷导管的内径要与线材直径相适宜，内径过小线材不易通过，并容易引起磨损，内径过大会造成线材在冷却管中摆动。根据所轧制的钢种对水冷速度的要求，来设定开启正向冷却水喷嘴的数量和水箱的数量，以控制线材吐丝温度。线材吐丝温度一般控制在750～850℃。高速线材轧机轧后快速冷却设备主要技术性能和参数有：水冷器的形式、水冷段全长、每段水箱长度、水箱中水喷嘴数量、冷却水压力、清扫反向水喷嘴数量、清扫反向水压力、压缩空气压力、最大冷却能力、水温、水质、水箱耗水量、总耗水量和总供水能力等。运输机散卷冷却是在冷却运输线上进行的。其功能是均匀地控制冷却速率，以便生产出满足要求的最终产品的组织和力学性能。辊式运输线全长103m，共12段，其中9段带保温罩，共11台离心式风机，辊道下风室可调节风量在辊面的纵向分布。根据不同的钢种采用适宜的冷却速率，使线圈到达集卷处的温度为400～600℃。

线材轧机控冷设备

【线导鱼雷】（wire guided torpedo） 通过导线传输制导指令导向目标、攻击敌方潜艇或水面舰艇的鱼雷。由潜艇、水面舰艇或反潜直升机发射。航速可达35～60kn，航程可达46km。连接发射控制系统与鱼雷之间的导线为抗拉力强、抗腐蚀性好的特制导线，直径一般小于1.2mm，芯线直径小于0.4mm，长度比鱼雷的最大航程长数百至数千米。发射鱼雷时，装在发射平台和鱼雷上的放线器同时放线，使导线悬浮在水中又基本不受拉力，以保证平台与鱼雷之间的信息传输通畅。火控系统通过导线控制鱼雷的航向、航速、深度和姿态；鱼雷通过导线向火控系统传回自身的工作状态、运动姿态、位置以及目标的方位、距离和干扰情况等信息，并按照指令向目标航行。线导鱼雷的主要优点是抗干扰性能好、命中精度高。为了进一步提高命中精度，线导鱼雷一般都装有末段声自导系统。鱼雷在接近目标进入声自导作用距离时启动声自导系统，开始自主搜索、跟踪和识别目标直至命中。

线导鱼雷

【线粒体】（mitochondria） 存在于真核细胞中的一种重要而独特的细胞器。与细胞的能量代谢有关。其形状一般呈粒状或杆状。主要化学成分是蛋白质和脂类。是碳水化合物、脂肪和氨基酸最终氧化放能的场所。线粒体虽然也能合成蛋白质，但是合成能力有限。主要作用是：为各种生命活动提供能量。线粒体利用呼吸链吸收氧气燃烧食物，将其转化为机体可利用的能量分子三磷酸腺苷（ATP）。线粒体细胞数量越多，细胞能量代谢越旺盛。如人体每天大约消耗相当于人体重数量的能量分子ATP，线粒体便不断制造ATP分子维持生命活力所必需的能量。

【线坯连铸及连轧】（wire-bar continuous casting and rolling） 对有色金属盘条进行及连续轧制的生产方法。主要包括：（1）Properzi法。广泛用于生产电工用铝导线。由竖炉、保温炉、轮带式连铸机、剪切机、去棱机、Y型三辊轧机、清洗机和卷线机组成。连铸机主要由结晶轮与环状钢带组成。结晶轮是一个紫铜环。铜环外端做成U型槽，由环状钢带扣紧槽口组成线坯铸模。环状钢带由张紧轮将其拉紧。铜环和钢带喷水冷却。金属液从竖炉、流槽、漏斗流入U型槽内立即被钢带扣紧并随之转动，在结晶轮转动过程中冷却凝固。环状钢带只覆盖铜环的一半周长，随结晶轮转动半周后，钢带脱离槽口，金属线坯也脱离U型槽，进入后续的轧

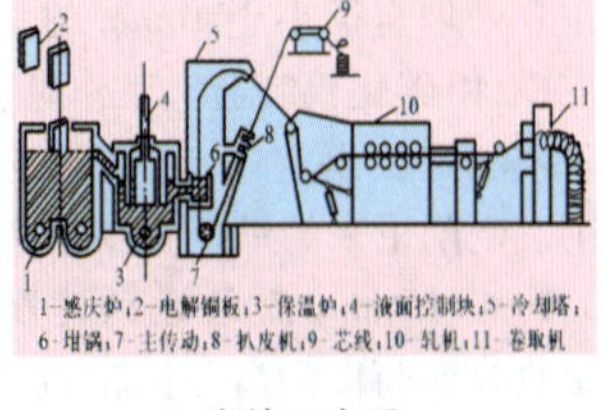
连铸示意图

制区域。其特点是设备结构简单,易于加工制造。(2)上引法。由熔沟式感应炉(木炭覆盖)、流槽(气体密封)、保温炉(保护性气体覆盖)和结晶器组成。连铸示意图最先是用来生产无氧铜棒坯。利用真空吸铸原理,将铜液吸入水冷结晶器中冷凝成铜棒,铜棒凝固收缩脱离模壁,被从上面牵引出来。模内处于真空状态,冷却较慢。因此采用多孔结晶器同时上引,通过夹持辊盘卷到卷线机上。可同时上引 24 根铜棒,并可同时生产 8～12mm 不同规格的铜线坯和铝线坯。还可生产黄铜、白铜、青铜、锌、镉等金属及其合金的棒、带和线坯。(3)浸渍成形法。来源于浸涂上蜡技术。当一根铜芯杆通过铜液时,吸取周围的铜液的热量而温度升至熔点。铜液因失去热量而凝固于铜芯杆之上,使铜芯杆直径增加。当铜芯杆直径为 12.7mm 时,浸渍后可得到直径 21mm 的线坯。浸渍时,先将扒皮的洁净铜芯杆穿过真空室垂直上升,并高速通过坩埚内的铜液。很快便成为直径更大的线坯。然后进入冷却塔,冷却到热轧温度时轧制到所需直径。全部过程在氮气保护下进行,可得到表面光亮的无氧铜线坯。浸渍后的线坯可以重新作为铜芯杆使用。特点是可生产小规格线坯,质量好,生产率高,目前成为生产铜线坯的主要方法。可以卷取成 3～10t 的盘条,适于中小型电线电缆厂。

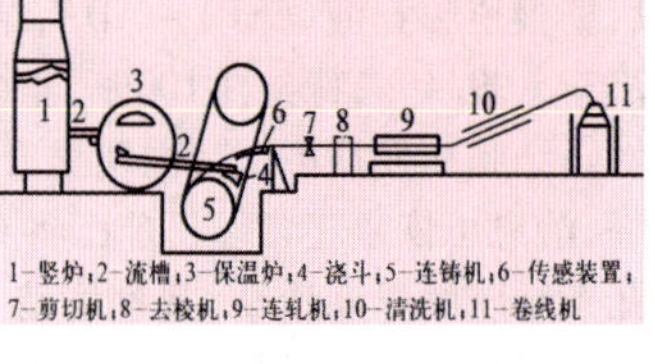

连轧示意图

【线式作战】(linear operation) 见非线式作战。

【线损】(line loss) 电力网中电能的损耗。电力网中输送、转换、分配电能的元件,是由导线或导线和铁芯组成的。由于导线和铁芯具有事实上的电阻和磁阻,当电能或磁道流经导线或铁芯时,要消耗一部分电能。这部分电能损耗称为线路损失,简称线损。线损率是电力网的一项技术经济指标。线损分为可变损失和固定损失两部分。可变损失是指随输送电能量大小而变动的电能损失。它包括:(1)升压、降压变压器的铜损。(2)输电、配电线路以及接户线的损耗。(3)变电所母线、开关、电抗器和互感器绕组等的损耗。固定损失指与负荷大小无关的电能损失。它包括:(1)升压、降压变压器的损失。(2)电容器的介质损耗。(3)电能表电压线圈损耗。(4)调相机、电抗器的固定损耗。(5)互感的铁芯损耗。(6)110kV 以上电气设备的电晕损耗。线损是电能的浪费,必须采取相应的措施将其降到最低限度。

【线型低密度聚乙烯】(linear low density polyethylene,LLDPE) 在有机金属催化剂存在的情况下,使乙烯、α－烯烃共聚而成的高分子化合物。与低密度聚乙烯相比,耐环境应力开裂性好,使用温度范围宽,拉伸强度、冲击强度高。但加工性差,需加入助剂或低密度聚乙烯共混。工业生产采用低压气相法、溶液法、淤浆法和高压法等工艺,由乙烯聚合而成。主要用于生产地膜、食品包装袋、容器衬里、涂层和吹塑中空容器等小型制品。

聚乙稀

【线性规划】(linear program) 在线性不等式组或线性方程组约束条件下求线性目标函数的最大值或最小值的问题。满足线性约束条件的解称为可行解,由所有可行解组成的集合称为可行域。线性规划问题的数学模型的一般形式为:(1)列出约束条件及目标函数。(2)画出约束条件所表示的可行域。(3)在可行域内求目标函数的最优解。线性规划起源于 20 世纪 30 年代,第二次世界大战之后发展极为迅速。求解线性规划的单纯形法与计算机的结合使线性规划的应用非常广泛。在 20 世纪 60 年代之后,线性规划和组合优化、图论以及计算机科学的相互渗透,展现出广阔的发展图景。

【线性预测编码】(linear predictiveing,LPC) 一种最基本的低速率语音编码方法。LPC 语音编码的基础是语音产生模型。在这个模型中,语音是由激励信号激励一个自适应滤波器(即 LPC 滤波器)而产生。它是一种类似于人类语音产生方式的、采用周期性的脉冲激活过滤器的语音编码方案。该编码之所以是可预测性的,原因在于其采用过去的数据信息(由向量所代表的),以一种向前反馈的方式预测未来的值。它既是一种语音分析技术,又是一种以低的比特率对高质量的语音进行编码的方法。它不仅提供了语音参数的精确评估,而且估算起来相对有效。LPC 是通过分析话音波形来产生声道激励和转移函数的参数,对声音波形的编码实际就转化为对这些参数的编码,这就使声音的数据量大大减少。在接收端使用 LPC 分析得到的参数,通过话音合成器重构话音。合成器实际上是一个离散的随时间变化的时变线性滤波器。它代表人的话音生成系统模型。时变线性滤波器的作用:在分析话音波形时主要是当作预测器使用,而在合成话音时当作话音生成模型使用。随着话音波形的变化，周期性地使模型的参数和激励条件适合新的要求。LPC 滤波器的参数是通过线性预测的方法，即用过去的样值预测当前样值提取的。美国联邦标准 FS1015 的 2.4kbit/s 的 LPC－10编码和 LPC－10E 编码就是 LPC 语音编码的典型例子。主要用于电话线路上的窄带语音保密通信。

【陷阱类】（traps） 固定设置在水域中，使捕捞对象受拦截、诱导而陷入的渔具。按其作业方式的不同可分为：拦截和导陷两种形式。按其结构的不同可分为：(1)插网。是由长带形网衣和插竿构成的陷阱类渔具。又可分为：导陷式插网和拦截式插网。前者将网墙按“八”字形、曲弧形等形状插置，诱导鱼类进入圈网、取鱼部等；后者按地形插置，借助涨落潮流或河川急流，截留鱼虾类。适用于有水位落差的浅滩。(2)建网。是捕捞沿岸性鱼类的常用大型定置网渔具。其结构主要由网墙、网圈、网导、网坡和网底或网箱等组成。中国主要分布于威海、烟台沿海，当地称为“落网”，捕捞鲅鱼、黄姑鱼、鲈鱼、梭鱼和带鱼等。(3)箔旋。是由竹、树枝、芦苇等材料构成的一种陷阱类渔具。一般由导墙、陷阱和集鱼部组成。导墙有适应往复流的一字形和适应单向水流的人字形。陷阱和集鱼部为葫芦状，前大后小。用于内陆浅水区。

网箱

【腺病毒】（adenovirus） 一种没有包膜的直径为 70～90 nm 的颗粒状病毒。由 252 个壳粒呈廿面体排列构成。每个壳粒的直径为 7～9 nm。衣壳里是线状双链 DNA 分子，约含 35 000bp，两端各有长约 100bp 的反向重复序列。由于每条 DNA 链的 5′端同相对分子质量为 55×10^{3} Da 的蛋白质分子共价结合，可以出现双链 DNA 的环状结构。对啮齿类动物有致癌能力，或能转化体外培养的啮齿类动物细胞。使细胞转化只需要腺病毒基因组的一部分。这些基因位于基因组的左端，约占整个基因组的 7%～10%。尽管腺病毒分布很广，但对人体不出现致癌性。人体细胞是一类允许细胞，即这类细胞允许感染入侵的病毒在细胞内复制增殖，最后细胞裂解死亡而释放出大量子代病毒。在体外培养的多种人体肿瘤细胞中均未查出腺病毒颗粒，但在人的 1 号染色体上有 adl2 的整合位点，这意味着人体细胞对于腺病毒也可能是非允许细胞。即这类细胞在病毒感染后，病毒不能在细胞内复制增殖，但可整合在受感染细胞的基因组内。这些细胞被病毒转化，表型发生改变，且可在体外无限期地培养传代。

【腺苷脱氨酶】（adnosine deaminase，ADA） 一种与机体免疫活性有重要关系的核酸代谢酶。是嘌呤核苷代谢中的重要酶类，属巯基酶。广泛分布于人体的各个组织，在胸腺、脾、淋巴组织中含量高。血液中红细胞、粒细胞及淋巴细胞中高，且活性是血清 40～70 倍。ADA 检测用于疾病的诊断、鉴别诊断、治疗及免疫功能的研究。(1)肝损伤的指标。判断急性肝损伤，急慢性肝病进度。(2)血液病。再生障碍性贫血，溶血性贫血均增高。1973 年 Piras 首先报道结核性脑膜炎患者脑脊液中 ADA 明显升高，用于鉴别化脓性脑膜炎、病毒性脑膜炎。以后据报道脑脊液(CSF)－ADA，结核性脑病阳性率为 73%～99.4%，特异性 100%，非结脑的对照组均为阴性。结脑初发病 1 个月内明显升高，3 个月后明显下降，治愈可恢复正常。目前已将 CSF－ADA 检测作为儿童结脑的早期诊断、观察病情、疗效及鉴别诊断的可靠指标，方法简便、快速。结核性胸水 ADA 也明显增高，用于鉴别非结核及恶性癌胸水。ADA 缺乏是一种先天免疫性疾病，常染色体隐性遗传。ADA 缺乏会抑制 T、B 淋巴细胞分化，导致 T、B 淋巴细胞严重不足。属严重的联合免疫缺陷病。注射 ADA 或输注红细胞可得到缓解，骨髓移植可纠正此病。

【腺性唇炎】（cheilitis glandularis） 以唇口缘及唇部内侧的唇腺增生肥大，下唇肿胀或偶见上下唇同时肿胀为特征的唇炎。其病因不明。有常染色体显性遗传可能。后天因素可能与使用具有致敏物质的牙膏或漱口水以及吸烟、情绪等有关。好发于成人男性。临床可分为三型：单纯型、浅表化脓型和深部化脓型。其临床表现是：腺体肿大硬韧，翻开唇内侧黏膜可见针头大、紫红色、中央凹陷的导管开口，有黏液性或脓性分泌物溢出。扪诊有粟粒样结节。浅表化脓型可见表浅溃疡及痂皮，深部化脓型可见唇慢性肥厚增大及深部脓肿、瘘管形成与瘢痕。其病理检查可发现唇腺腺体明显增生，腺管肥厚扩张，导管内有嗜酸性物质，腺体及小叶内导管周围炎细胞浸润。上皮细胞胞内轻度水肿。脓性腺性唇炎可见上皮下结缔组织小脓肿形成。其治疗方法是：(1)局部注射泼尼松龙混悬液。(2)10% 碘化钾溶液，每次 10ml，每日 2 次，口服。(3)继发感染者可用抗生素控制，感染控制后可用金霉素甘油、氟轻松软膏等。

【霰】（sleet） 白色或乳白色不透明圆锥形或球形的颗粒固体降水。霰粒的直径 2～5mm，由过冷水滴碰撞在冰晶(或雪花)上冻结而成。霰落地后反跳,易碎裂。霰通常在温度近于0℃时降落,常见于下雪之前或与阵性雨雪同时降落。

【乡土树种】(native tree species) 又称本地种。在一定的自然分布区范围内自然传播,与其自然地理条件,尤其是气候、土壤等相适应而能稳定生长的树木。包括乔木灌木和木质藤本的木本树种种类。乡土树种一般是在某一地区内原有自然分布生长,而不是从其他地区迁移或引入的物种。乡土树种在森林培育中具有较大的优势:(1)适应当地自然条件。乡土树种是在当地经过长期自然选择和系统演化而成,对本地区的气候、土壤、生物等自然环境条件具有极强的适应性。(2)有较强的适应性和抗逆性。乡土树种是在当地自然环境下经过长期选择的结果,对当地的各种气候、土壤等生长环境的异常变化都有很强的适应性和抗逆性。(3)易于种植、养护和管理。乡土树种的适应性、抗劣性、抗病虫害能力强。(4)最能反映园林景观的地方特色。(5)利于保护乡土植物资源。不同区域都有其极具地方特色的珍稀濒危植物,若能将其中的部分植物种类培育成园林植物,一方面可通过扩大种群达到保护的目的;另一方面还可对市民开展直观的科普教育。

【乡土园林树种】(native garden tree) 本地区天然分布的、易种易活、易管理的园林植物。因为乡土植物经过成千上万年的自然选择和淘汰,已经适应了当地气候、土壤等各种自然条件,其大量种植不仅能取得最大的生态效益,还会将养护成本降至最低。如河南各地的乡土植物毛白杨、刺槐、楝树和国槐等,只要种下去活了基本不用管理,在园林养护中显现了乡土植物的优势。

乡土园林树种

【相乘】(overwhelming) 中医五行学说术语。五行中的某一行对其所胜一行的过度克制。五行相乘的原因有太过和不及两个方面。太过所致的相乘,是指五行中的某一行过于亢盛,对其所胜一行进行超过正常限度的克制,引起所胜一行的虚弱,从而导致五行之间生克制化的异常;不及所致的相乘,是指五行中的某一行过于虚弱,难以抵御其所不胜一行的正常限度的克制,使其本身更显虚弱。五行相乘的次序是木乘土、土乘水、水乘火、火乘金和金乘木。

【相对高程】(relative elevation) 又称假定高程。地面点沿铅垂线到某一指定水准面的距离。表示地面点空间相对位置的一个分量。当测区附近没有国家水准点时,可假定某一点的高程为起算值,以确定其他各点的高程。待与国家水准点联测后,即可换算成绝对高程。

【相对论效应】(relativity effect) 由狭义相对论揭示的一类有关被测物体相对于观察者运动而引起的运动学效应。如尺度收缩与时间延滞等。其中,尺度收缩是指运动物体会在其运动方向上产生收缩,即 $l = l_0\sqrt{1-\frac{v_2}{c^2}}$。式中 l_0, l 分别代表原长和运动长度, v, c 分别代表物体运动速度和真空中的光速。而时间延滞则强调,相对于静止系统而言,一个运动系统中的一切过程都要变缓。具体地讲,若假定某过程在静止条件下延续的时间长度为 t_0,则其运动条件下的时间长度就会变为 $T = \frac{T_0}{\sqrt{1-\frac{v_2}{c_2}}}$。在航天领域研究中得到广泛应用。

【相对论宇宙论】(relativity theory about cosmology) 以爱因斯坦广义相对论为基础的有关宇宙学的理论。该学说认为,宇宙空间的曲率处处相等。正曲率空间对应于一个没有边界,但体积有限的闭合宇宙;零曲率空间对应于一个平直的开放宇宙;负曲率空间则对应于一个双曲型的开放的宇宙。天文观测表明,宇宙正在膨胀之中。如果是闭合宇宙,则宇宙膨胀将逐渐减慢到零并转化为收缩;相反,如果是开放宇宙,则宇宙膨胀将永远继续下去。

【相对密度】(relative density) 物质的密度与标准物质的密度之比。用符号 d 表示,是无量纲量。在多数情况下,标准物质是水,即同体积物质的质量和同体积的水的质量之比。实际应用中,对于气体,作为参考密度是在标准状态下干燥空气的密度;对于液体和固体,则为该物质的密度和水在4℃时的密度的比值。过去称为密度,现已废除。

【相对生物学效应】(relative biological effectiveness, RBE) 引起某一特定水平生物效应的参考辐射剂量与引起相同水平生物效应的某种辐射剂量之比。不同类型的辐射产生的生物学效应有明显的差别,在放射生物学中通常用相对生物学效应来表示这种辐射损伤的程度差别。由于X射线的辐射生物学已有上百年的实验积累,所以RBE通常以250keV的X射线作参照标准。现在也有以$^{60}Co\gamma$射线作为标准的。其值为:RBE = 标准射线(X,γ)产生某效应的剂量/待比射线产生同一效应的剂量。RBE是一个相对量,受辐射品质、辐射剂量、分次照射的次数、剂量率、照射时是否有氧等多种因素的影响。另外在肿瘤放射治疗中,更多的射线能量并不一定能引起更大的生物学效应,所以RBE在放疗条件的选择上具有重要意义。

【相对湿度】(relative humidity) 湿空气中水蒸气分压力,与同一温度同样总压力的饱和湿空气中水蒸气分压力的比值。空气湿度的一种表示方式。相对湿度表示湿空气离开饱和空气的远近程度。相对湿度为100%的空气是饱和的空气。相对湿度是50%的空气含有达到同温度的空气的饱和点的一半的水蒸气。相对湿度超过100%的空气中的水蒸气一般凝结出来。随着温度的增高空气中可以含的水就越多,也就是说,在同样多的水蒸气的情况下温度升高相对湿度就会降低。因此在提供相对湿度的同时也必须提供温度的数据。

【相对危险度】(relative risks, RR) 又称相对危险性/、危险比、率比。暴露于某致病因子人群的某病发病率(或死亡率)与未暴露对照人群的发病率(或死亡率)的比值。多用于研究病因。是反映暴露与发病(死亡)关联强度的最有用的指标。表明暴露组发病或死亡的危险是非暴露组的多少倍。RR值越大,表明暴露的效应越大,暴露与结局关联的强度越大。如某致病因子与某病无关,则RR=1。如RR大于1,则表示暴露于某致病因子的人,患某病(或死于某病)的机会较未暴露于某致病因子的人为大。其相对危险因素评估包括四个步骤:(1)筛选敏感个体。(2)确定剂量-反应关系基线。(3)确定暴露。(4)估计由危险因素引起的疾病负担及通过减少危险因素可以避免的负担。

【相对误差】(relative error) 误差与被测量的真值之比。常用百分数表示。这里的真值可以是约定真值,也可以是相对真值。在无法得到测量的约定真值和相对真值时,常在被测参量没有发生变化的条件下重复多次测量,用多次测定的算术平均值代替相对真值计算相对误差。用相对误差通常比用绝对误差更能说明不同测量的精确程度。一般说相对误差小,其测量精度高。

【相对性原理】(principle of relativity) 关于物理定律在所有惯性参照系中都成立的原理。最早由意大利物理学家伽利略(Galileo)发现,称为伽利略相对性原理。它强调力学定律在所有惯性参照系中都相同,因而在一个惯性参照系内部所作的任何力学实验都无法判断该参照系相对其他惯性参照系的运动。爱因斯坦推广了伽利略相对性原理,认为一切物理规律在所有惯性参照系中都严格成立。迄今为止,已有大量事实证明了相对性原理的正确性。

【相对育种值】(relative breeding value) 在家畜育种工作中,为便于种畜间的相互比较,而把育种值化为没有单位的相对值。表示家畜育种值的方法之一。转换的基本公式为RBV(相对育种值)=$(\hat{A}/-\bar{P})\times100\%$。式中$\hat{A}$为被测定种畜某性状的估计育种值。$\bar{P}$为畜群该性状的平均表型值。相对育种值通常以100为标准,超过标准的越多越好;低于标准的一般不作种用。因为它低于畜群的平均水平。

【相对原子质量】(relative atomic mass) 原子质量与核素C-12原子质量的1/12($1.660\,540\,2\times10^{-27}$kg)之比。无量纲。符号为Ar。对于天然元素,根据各同位素丰度求得元素平均原子质量,再与C-12原子质量的1/12相比可得元素相对原子质量。如天然氢由^1_1H(相对原子质量为1.007 825 035,丰度99.985%)和^2_1H(相对原子质量为2.014 107 79,丰度0.015%)组成,则氢元素的相对原子质量为1.007 825 035 × 99.985% + 2.014 107 79 × 0.015% = 1.007 94。天然放射性元素由于衰变会导致其丰度发生变化,从而使元素原子量发生细微的变化。对于人工合成元素,则用半衰期最长的同位素的相对原子质量作为元素的相对原子质量。如原子序数为99的人工放射性元素锿(Es),已知有质量数为243~256的同位素14种,^{252}Es的半衰期最长为350天,它的相对原子质量252.083 0即为元素Es的相对原子质量。

【相恶】(mutual inhibition) 中药配伍术语。两种药物合用,一种药物能使另一种药物原有功效降低,甚至丧失。如人参恶莱菔子,因莱菔子能削弱人参的补气作用。

【相反】(antagonism) 中药配伍术语。两种药物合用,能产生或增强毒性反应或副作用。如“十八反”、“十九畏”中的若干药物。

【相干波源】(coherent source) 对振动方向相同、相位相同或相位差恒定的波源统称。干涉是波的基本特征,包括水波、声波和光波在内的一切波都能发生干涉。

【相干光】(coherent light) 两束振动方向相同、振动频率相同、相位相同或相位差保持恒定,且在相遇的区域内会产生干涉现象的光。获得相干光的一般方法有:(1)波阵面分割法。将同一

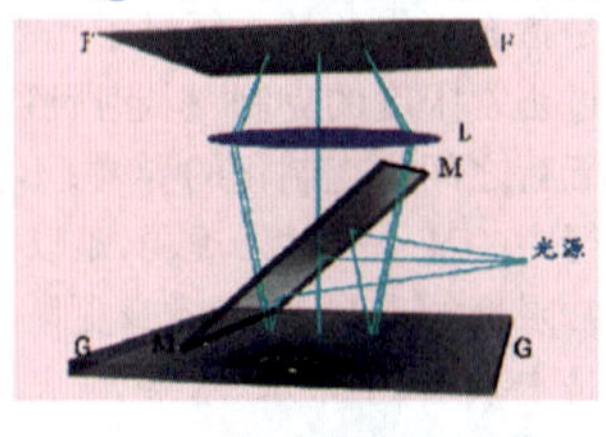

相干光

光源上同一点或极小区域(可视为点光源)发出的一束光分成两束,让它们经过不同的传播路径后,再使它们相遇。这时由同一光束分出来的两束光的频率和振动方向相同,在相遇点的相位差也是恒定的,因而是相干光。如杨氏双缝干涉实验。(2)振幅分割法。一束光线经过介质薄膜的反射与折射,形成的两束光线产生干涉的方法,如薄膜干涉。

【相关系数】(correlation coefficient) 表示两个变量之间相关程度的一个参数。用 r 表示。r 没有单位。在 $-1 \sim +1$ 的范围内变动,其绝对值越大,表示变量之间的相关程度就越大。当一个变量随另一个变量增大而增大时,称它们为正相关,r 为正值;当一个变量随另一个变量增大而减小时,称它们为负相关,r 为负值。

【相关休眠】(dormancy) 果树上除芽以外的其他器官的存在使得部分芽不能萌发生长而处于休眠状态的现象。例如,枝的顶端优势抑制侧芽的萌发,果实也能影响侧芽萌发。这种休眠多在生长季发生,采用修剪方法或使用生长调节物质便可解除。

【相克】(restraining) 中医五行学说术语。借木、火、土、金、水五种物质之间互相制约和排斥的关系,来说明脏腑之间相互制约的生理现象。如木克土,土克水,水克火,火克金,金克木。

【相邻信道干扰】(adjacent channel interference,ACI) 又称交叉失真、边带干扰。由相邻信道的发射机所引起的干扰。是由接收器中允许附近频率进入接收器的不合格滤波器引起的。当一个相邻信道在离一个移动装置的接收器很近的地方发射,同时该移动装置正在一个相邻频率上设法接收基站的传输时,相邻信道干扰最为普遍。它常出现在移动装置正在接收基站的弱信号之时。在多载波同一转发器使用时也会出现交调干扰。为避免交调干扰,转发器必须工作在足够的回退点。现在中国大多数省台上星节目都是几个节目共用一个转发器。因此,同一转发器用户相互之间如若不加强沟通,互相监测,随意加大上行功率,则会发生强烈邻道干扰。

【相杀】(mutual suppression) 中药术语。一种药物能减轻或消除另一种药物的毒性或副作用。如生姜能减轻或消除生半夏和生南星的毒性,所以生姜杀生半夏和生南星的毒。

【相生】(engendering) 中医五行学说术语。借木、火、土、金、水五种物质之间互相滋生和促进的关系来说明脏腑之间互相协调和促进的生理现象。如木生火,火生土,土生金,金生水,水生木。

【相使】(mutual assistance) 中药术语。在性能功效方面有某些共性,或性能功效虽不相同,但治疗目的一致的药物配合应用,而以一种药为主另一种药为辅,能提高主药疗效。如黄芪配茯苓,茯苓能增强黄芪补气利水的治疗效果;款冬花配杏仁,杏仁可增强款冬花祛痰止咳效果。

【相畏】(mutual restraint) 中药学术语。一种药物的毒性反应或副作用,能被另一种药物减轻或消除药物配伍关系。如生半夏和生南星的毒性能被生姜减轻或消除,可说生半夏和生南星畏生姜。在中药学中也有把"相畏"称为"相杀"的说法。这是原中药配伍关系从不同角度的两种说法。所以半夏畏生姜又可以叫半夏杀生姜。

【香肠】(sausage) 将动物的肉绞碎成泥状,再灌入肠衣制成的长圆柱体的管状食品。一个种古老的食物生产和肉食保存技术。将猪、牛、羊肉或禽肉原料,经腌制切碎成丁,或绞碎、斩拌、乳化成糜,再添加拌和各种调味料、香辛料、黏着剂,充填入天然肠衣或人造肠衣中,扭绞或结扎后经烘烤、蒸煮、烟熏、干燥、冷却或发酵等工序而制成。可以是经过加工的半成品,也可以是直接食用的成品。食用方便。其分类方法是:(1)按其原料肉绞切程度的不同可分为:绞肉型香肠和乳化型香肠。(2)按其腌制程度的不同可分为:鲜香肠和脂制香肠。(3)按其蒸煮程度的不同可分为:生香肠和熟香肠。(4)按其烟熏程度的不同可分为:不烟熏香肠和烟熏香肠。(5)按其发酵程度的不同可分为:不发酵香肠和发酵香肠。(6)按其加水程度的不同可分为:不加水香肠和加水香肠等。生产香肠的工厂可以按不同配料,充分利用原料和副产品,成本较低。在香肠中,一般都含有大量优质蛋白质和铁、锌等多种人体必需的无机盐和 B 族维生素。各种香肠的配料与加工工艺各有特色,制品也各具风味。

香肠

【香豆素】(coumarin) 又称双呋喃环、氧杂萘邻酮。天然存在于黑香豆、香蛇鞭菊、野香荚兰以及兰花中的一种重要香料。溶于乙醇、氯仿和乙醚。不溶于水,而较易溶于热水。香豆素可由水杨酸和乙酸酐在乙酸钠存在条件下发生反应而制得。其衍生物有些存在于自然界,有些则可通过合成方法制得;有的游离存在,有的与葡萄糖结合在一起。其中不少具有重要经济价值。如双香豆素,过去由甜苜蓿植物腐败析出,现在可用人工合成。香豆素可作为一类口肌抗凝血药。香豆素类药物的作用是抑制凝血因子在肝脏内合成。

【香附】(cyperus rotundus) 中药名。原名:莎草。多年生草本植物。始载于《名医别录》、《唐本草》始称香附子。《本草纲目》将其列入草部芳草类,名"莎草香附子"。《本草纲目》中称:"莎叶如老叶而硬,光泽有剑脊棱,五、六月中抽一茎三棱中空,茎端复出数叶,开青花,成穗如黎中存有细子。其根有须,须下结子一、二枚。子上有细黑毛,大者如羊枣而两头尖。采得燎去毛,暴干货之。"现今所用香附及其加工方法与历代本草所载相符。其药性:辛,微苦,微甘,平。归肝、脾、三焦经。其功效是:疏肝解郁,调经止痛,理气调中。用于肝郁气滞、胁痛、腹痛、每次月经不调、痛经、乳房胀痛、气滞腹痛。用法与用量:6~12g,煎服。香附生于荒地、海边、沟边或田间向阳处。中国各地均产。其中山东的东香附、浙江的南香附品质较佳。

香附

【香港地铁模式】(Hong Kong pattern of subway) 在市场经济条件下,香港特区政府和地铁公司针对香港地铁沿线开发的一种管理模式。其模式要点是:(1)通过许可协议,政府承诺在地铁沿线的指定地点授予地铁公司土地开发权。(2)地铁公司与政府共同规划线路,磋商任何与车站有关的开发机会。(3)地铁公司就拟开发土地编制总纲发展蓝图,政府认可后,地铁公司通过招标邀请开发商进行合作开发,按合作条件分配利益。特区政府主要依据《地铁公司条例》对地铁公司的经营行为进行监控和管理。政府与开发商的关系通过地铁公司以市场化的方式进行协调。香港地铁沿线的开发是在市场经济条件下,政府和地铁公司的责任都十分明确的前提下的一种商业运作方式。这种方式的好处是:使沿线开发与地铁建设协调的主动权全在地铁公司的掌握之中,可以根据地铁的建设进程和市场条件,决定何时招标;可以主动地研究地铁和建筑物的协调配合方案。地铁公司在地铁沿线开发过程中扮演了城市开发集成商的角色。

【香格里拉】(xianggelila) 四川、云南和西藏三省区毗邻地区的称谓。其地貌特征是:曾经发生过冰川作用,冰川退出后出现有冰川湖泊、盆地、"U"型谷、雪山环抱下的草原和森林的地貌特点。广义的大香格里拉包括西藏的林芝、昌都,四川的甘孜、凉山、攀枝花,云南的大理、丽江、迪庆和怒江州等地区。香格里拉一词最早来源于美籍英国作家詹姆斯·威尔逊。他根据美国科学探险家洛克于20世纪30年代在中国川、滇、藏一带的考察日记撰写的小说《失去的地平线》中。书中将该区一个称"香格里拉"的地方描写成一个雪山包围、风光秀丽、金银满谷;道教、儒教和佛教互为包容;藏族、汉族和其他少数民族彼此和谐的世外桃源和人间天堂。有专家认为"香格里拉"一词可能是洛克先生对藏语"香巴拉"(风光迤逦之地)的音译;也有专家认为是洛克先生对云南迪庆和川西甘孜一带方言藏语"xamgyinyilha"(心中的日月)的音译。1998年云南省报请国务院批准将迪庆地区的中甸县更名为"香格里拉县"。2001年,根据有关专家建议,由西藏自治区政府提出,经四川和云南两省政府同意,将川滇藏毗邻地区作为"大香格里拉生态旅游区"进行统一规划,整体保护,建立川、滇、藏三省区高层长期协调机制,在充分调研和论证之后报请国务院批准进行开发建设和保护。

香格里拉

【香精】(essence) 由人工合成的模仿水果和天然香料气味的浓缩芳香油。一种人造香料。人类所合成的第一种香精是香兰素。它是由德国的M.哈尔曼博士与G.泰曼博士于1874年合成的。现在,各种水果和鱼类的味道都可用化学方法合成。食用香精是参照天然食品的香味,采用天然和天然等同香料、合成香料经精心调配而成具有天然风味的各种香型的香精。包括水果类水质和油质、奶类、家禽类、肉类、蔬菜类、坚果类、蜜饯类、乳化类以及酒类等各种香精。食用香精的剂型有液体、粉末、微胶囊、浆状等。适用于饮料、饼干、糕点、冷冻食品、糖果、调味料、乳制品、罐头、酒等食品中。多用于制造食品,还用于化妆品和卷烟等。

香精

【香料花卉】(spice flowers) 可以提取香精、香料的花卉。桂花可作食品香料和酿酒;茉莉、白兰等可熏制茶叶；白兰、玫瑰、水仙花和腊梅等可提取香精。其中玫瑰花中提取的玫瑰油，在国际市场上被誉为“液体黄金”，其价格比黄金还贵。广泛应用于食品和其他轻工业领域。

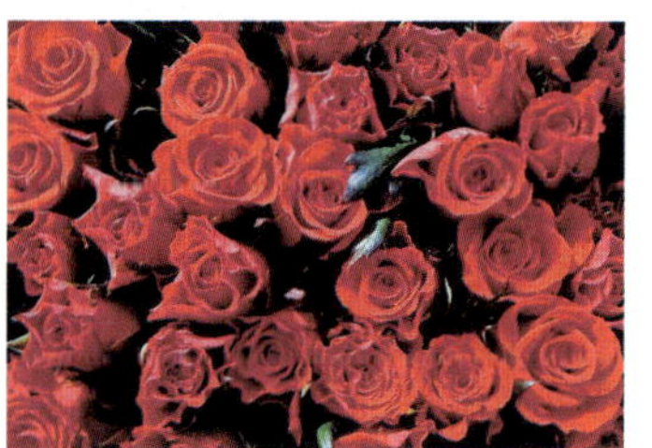

玫瑰

【香料化学】(spicery chemistry) 研究天然香料、合成香料和香精的组成、分类和性质以及天然香料的来源、提取方法与合成香料的原理和工艺过程中的化学工业学科。包括各种香料的理化性质、香气特征、天然存在、安全管理、主要用途等。香料是一种能被嗅觉嗅出香气或味觉尝出香味的物质，是配制香精的原料。在化妆品、食品和烟酒工业等领域具有重要作用。

【香料烟】(spice tobacco) 又称土耳其烟、东方型烟。具有特殊芳香、叶片较小的一种晾烟。吸味好，易燃烧，填充力强。其芳香主要来自腺毛分泌物或渗出物。宜种在有机质少、肥力不高、土层薄的山坡砂土中。栽种密度宜大，施肥宜少，特别要控制氮肥适当施用磷、钾肥。不打顶，使其叶小而厚，符合生产要求。品质以顶叶最好，自下而上分次采收。在调制时，先晾至凋萎变黄再曝晒。其化学成分介于烤烟与晒红烟之间，而烟碱含量较低。为晒烟香型和混合香型卷烟的重要原料。

香料烟

【香农定律】(Shannon's law) 描述有限带宽、有随机热噪声信道的最大传输速率与信道带宽、信号噪声功率比之间的关系基础理论。在有随机热噪声的信道上传输数据信号时，数据传输速率 R_{max} 与信道带宽 B、信噪比 S/N 的关系为：$R_{max} = B \cdot \log2(1+S/N)$。在公式中，$R_{max}$ 单位为 bps(比特每秒)，带宽 B 单位为 Hz，信噪比 S/N 通常以 dB 数表示。它给出了一个有限带宽、有热噪声信道的最大数据传输速率的极限值，表示对于带宽只有 3 000Hz 的通信信道，信噪比在 30db 时，无论数据采用二进制或更多的离散电平值表示，都不能用越过 30 kbps 的速率传输数据。通信信道最大传输速率与信道带宽之间存在着明确关系，人们可用带宽取代速率。

【香砂养胃丸】(xiangshayangwein pellet) 方剂名。组成：木香 210g、砂仁 210g、白术 300g、陈皮 300g、茯苓 300g、半夏(制)300g、香附(醋制)210g、枳实(炒)210g、豆蔻(去壳)210g、厚朴(姜制)210g、广藿香 210g、甘草 90g。制法：以上十二味，粉碎成细粉，过筛，混匀。另取切碎的生姜 90g、大枣 150g，分次加水煎煮，滤过。取上述粉末，用煎液泛丸，以总量 5% 的滑石粉－四氧化三铁(1:1)的混合物包衣，低温干燥，即得。用量：口服，一次 9g，一天 2 次。功能主治：温中和胃。用于治疗不思饮食、呕吐酸水、胃脘满闷、四肢倦怠等。

【香辛蔬菜】(condimental vegetable) 含有特殊芳香或辛辣味的一类调味用蔬菜。为一二年生或多年生草本或木本植物。如葱、姜、蒜、紫苏、花椒、薄荷、茴香、山葵、芫荽、莳萝、香芹、辣根等。由于不同国家或民族的饮食习惯不同，作为香辛的种类也各异。例如中国人喜食葱、姜、蒜；日本人喜食以山葵作生鱼片佐料；欧洲、美洲人喜食香芹、辣根等调味。香辛菜往往兼有医疗功效。越来越多的香辛植物正被开发利用和人工栽培。

香辛蔬菜

【湘绣】(Hunan embroidery) 中国四大名绣之一。是以湖南长沙为中心的刺绣产品的总称。制作时将绒丝在溶液中进行处理，防止起毛。这种绣品当地称作“羊毛细绣”。湘绣多以国画为题材，形态生动逼真，风格豪放。湘绣人文画的配色特点以深浅灰为主，素雅如水墨画。湘绣日用品色彩艳丽，图案纹饰的装饰性较强。

湘绣

【湘云鲫】(carassius auratus) 属硬骨鱼纲，鲤形目，鲤科。是由湖南师范大学生命科学院刘筠院士为首的课题组，利用湘江野鲤(2n = 100)为原始父本，红鲫(2n = 100)为原始母本，通过远缘杂交获得的异源四倍体鲫鲤(AT)群体。该四倍体鱼与二倍体日本白鲫杂交获得了不育的三倍体鱼－三倍体湘云鲫。背部青黑色。侧、腹部白色。与其他鲫鱼相比,湘云鲫具有如下优良特性:性腺不育,可在任何淡水渔业水域进行养殖,不会造成其他鲫、鲤鱼品种资源混杂,也不会出现繁殖过量导致商品鱼质量的下降。生长速度快。湘云鲫生长速度比普通鲫鱼品种快 3～5 倍。杂食性。摄食力强,兼有滤食浮游生物的特点,饵料利用率高。生存温度 0～32℃。成活率高。抗病力强,未发现大规模感染疾病的现象。耐低氧。是中国重要养殖品种之一。

湘云鲫

【箱式变电站】(box substation) 将电力变压器和高、低压配电装置等设备组合在一个或几个箱体内的可吊装运输的配电变电所。成套性强,安装周期短,节省占地。属于无人管理站。有的箱式变电站使用干式变压器、难燃性电容器和不用油的断路器,以提高其防火性能。箱式变电站在配电网内,既可连接为放射式供电,又可连接为环网式供电。箱体造型和颜色还具有美化环境的作用。按照高压配电装置结构型式的不同,箱式变电站可分为气体绝缘封闭式、空气绝缘开关柜式和开关元件组装式三种类型。目前仅限于生产 10kV 及以下电压等级的箱式变电站。近年来,箱式变电站的体积在不断增大,而发热现象随之日益突出。因此,变压器的露天安装和将高低压配电装置装在 1～2 个箱内的组合式变电站,则成为发展的方向。

【箱形基础】(box foundation) 由钢筋混凝土顶板、底板、纵横交错的内外侧墙板组成的空间格构式整体结构。有单层和多层之分。其特点是:(1)箱基宽阔的基础底面使地基受力层范围扩大,较大的埋置深度(一般大于 3m)和中空结构型式使开挖卸去的土重抵偿了上部结构传来的部分荷载在地基中引起的附加应力,与一般实体基础相比,它能显著提高地基稳定性、降低基础沉降量。(2)由顶、底板和纵、横墙形成的结构整体性使箱基具有比筏板基础大得多的空间刚度,用于抵抗地基或荷载分布不均匀所引起的差异沉降,使建筑物只发生大致均匀的下沉或不大的整体倾斜,而不引起上部结构中过大的次应力,减少了对上部结构的影响,抗震性能较好。(3)箱基形成的地下室可以提供多种使用功能,如冷藏库和高温炉体下的箱基有隔断热传导的作用,以防地基土的冻胀和干缩。但由于内墙分割,使它不如筏基那样提供可充分利用的地下空间,难以适应工业生产流程和提供停车场通道。

【响应】(response) ❶回声相应,比喻用言语行动表示赞同、支持某种号召或倡议。❷在电气工程中,系统在激励作用下所引起的反应。是独立电源产生的。独立源(作为激励)作用于某个线性电路时,电路中其他元件产生的电流或电压是响应;独立电压源的电流和独立电流源的电压也是响应;在线性自动控制系统里,当输入某个信号时,输出和状态变量也是响应。系统输出可以被分解成输入及其各阶导数的线性组合。

【想象疗法】(imagine therapy) 在不伴有肢体运动时,通过思维中对记忆的预定动作进行排演、呈现,以达到恢复运动功能的治疗方法。研究发现,多种类型的中枢损伤患者,经过想象性运动训练,可以有助于运动功能的恢复。其研究把脑高级功能的研究和人体运动功能的研究有机地结合。是近几年国际上的研究热点之一。中国医学中的意念,即是通过心意的活动来影响人体的生理活动,从而达到治病强身的目的。意念由“神”派生,随神所遣,可导气出入,是调节神形相合稳定的要素。

【向光性】(phototropism) 与背光性相对应。植物生长器官受单方向光照射而引起生长朝光源方向弯曲的现象。产生向光性的原因是,在单方向光照射下,向光面的生长素向背光面作横向运输,致使器官两侧生长素不均等分布,背光面的生长素多,因此背光一侧的生长较向光一侧快,从而引起向光弯曲。植物的向光性以嫩茎尖、胚芽鞘和暗处生长的幼苗最为敏感。向光性使生长旺盛的向日葵、棉花等植物的茎端随太阳而转动。向光性有利于植物吸收更多的日光进行光合作用,是一个有益的生物学特性。

【向家坝水电站】(Xiangjiaba Hydropower Station) 金沙江下游梯级开发中最末的一个梯级电站。坝址位于四川省宜宾县、云南省水富县两县交界的金沙江下游河段上。正常蓄水位 380m,死水位 370m;水库面积 95.6km^2,水库为峡谷型水库;控制流域面积 $4.588 \times 10^5 km^2$;占金沙江流域面积的 97%;水库总库容 $5.163 \times 10^9 km^3$;回水长度 156.6km。上距溪洛渡电站坝址 157km,下距水富县城区 1.5km,距宜宾市区 33km。坝型为重力坝,坝顶高程 383m,最大坝高 161m,坝顶长度 909.3m。装机容量 $6 \times 10^6 kW$,正常

向家坝水电站

蓄水位 380m 时,保证出电 2.009×10^6kW,多年平均发电量 3.0747×10^{10}kW·h,装机年利用 5 125h。工程总体目标是 2005 年正式开工,2008 年截流,2012 年首批机组发电,2015 年建设完工。

【向量处理机】(vector computer) 以流水线结构为主的面向向量型并行处理计算机。为提高运算速度,它采用先行控制和重叠操作技术、运算流水线、交叉访问的并行存储器等并行处理结构。发展方向是多向量机系统或细胞结构向量机。其特点是:(1)向量型并行计算与流水线结构相结合,能克服通常流水线计算机中指令处理量太大、存储访问不均匀、相关等待严重、流水不畅等缺点。(2)可充分发挥并行处理结构的潜力,显著提高运算速度。(3)适用面广,使用方便,发展迅速。适用于线性规划、傅里叶变换、滤波计算,以及矩阵、线性代数、偏微分方程和积分等数学问题的求解。主要解决气象研究与天气预报、航空航天飞行器设计、原子能与核反应研究、地球物理研究、地震分析和大型工程设计,以及社会和经济现象大规模模拟等领域的大型计算问题。

【向斜】(syncline) 岩层褶曲构造的一种基本形式。核部为新岩层、翼部为老岩层的褶曲。正常情况下,向斜褶曲的外形是岩层向下的弯曲变形,岩层自翼部向核部倾斜。如果两翼岩层倒转,形成扇形褶曲,则岩层自核部倾向翼部,看上去外形好像背斜,但实际上仍是向斜。

向斜

【向心加速度】(centripetal acceleration) 物体做圆周运动时,由向心力产生的加速度。物体受到沿半径指向圆心方向的力称为向心力。向心加速度的数学表达式为:$a=\frac{v^2}{r}$,式中 v 为物体运动速度,r 为圆周半径。向心加速度反映速度方向变化的快慢。

【向阳红 10 号考察船】(Xiangyanghong-10Survey Ship) 中国自行设计、建造的综合性远洋科学考察船。1978 年由上海建造下水。船长 156m,满载排水量约 12 500t,可不靠岸连续航行 18 000n mile,抗 12 级台风。船上设有 20 多个实验室、12 部 11 000m 水文绞车等,并配有各种先进仪器设备及遥感遥测及通信、导航定位仪器。曾多次完成中国发射高空载火箭和各种实用卫星的海上测量任务,并为创建南极"长城"站运送过考察队员。

向阳红 10 号考察船

【项目建议书】(project proposal) 项目主管单位在投资前对拟建项目初步设想的建议性文件。是基本建设程序中最初阶段的工作。根据国民经济长远规划和生产力布局的要求,经过调查研究和技术经济比较,说明拟建项目建设的必要性。包括以下几个方面:(1)建设项目提出的必要性和依据。(2)产品方案、拟建规模和建设地点的初步设想。(3)资源情况、建设条件、协作关系。(4)投资估算和资金筹措设想。(5)项目进度安排。(6)经济效益和社会效益的初步估计。按照项目建设规模,分别经各级计划部门审查、批准后,列入基本建设长期工作计划,并开始进行项目的可行性研究。

【项目投资回收期】(reeovery period of project investment) 以项目的净收益回收项目投资所需要的时间。一般以年为单位,并从项目建设开始年算起,若从项目投产开始年算起的,应予以特别注明。投资回收期有动态和静态两种,静态回收期的计算方法与动态相同,只是每年的净现金流量不需要贴现。投资回收期越短,表明项目的盈利能力和抗风险能力越强。投资回收期的判别标准是基准投资回收期,其取值可根据行业水平或者投资者的要求设定。

【相】(phase) 在物质系统内部物理、化学性质完全相同,但与其他部分具有明显分界面的均匀部分。体系中相的总数称为相数,用符号 P 表示。其特性有:(1)相与相之间有界面,各相可以用物理或机械方法加以分离,越过界面时性质会发生突变。(2)一个相可以是均匀的,但不一定只含一种物质。相数特征有:(1)气体。一般是一个相,如空气相,其组分复杂。(2)液体。视其混溶程度而定,可有若干个相。(3)固体。固态硫有单斜晶硫和正交晶硫两个相;碳有金刚石和石墨两个相;α 铁、β 铁、γ 铁和 δ 铁是铁的四个固相;混合物中有几种物质就有几个相,如水泥生料,但如果是固溶体时则为一个相。

【相变】(phase transformation) 物质从一种相转变为另一种相的过程。物质在固、液、气三相之间转变时,常伴有吸热或放热以及体积突变现象发生。单位质量物质在等温等压条件下,从一相转变为另一相时吸收或放出的热量称为相变潜热。通常把伴有相变潜热和体积突变的相变称为第一类(或一级)相变。不伴有相变潜热和体积突变的相变称为第二类(或二级)相变。例如无外磁场时超导物质在正常导电态与超导态之间的转变;正常液氦与超流动性液氦之间的转变等。相变是有序和无序两种倾向相互竞争的结果。相互作用是有序的起因。热运动是无序的来源。在缓慢降温的过程中,当温度降低到一定程度,以致热运动不能再破坏某种特定相互作用造成的有序时,就可能出现新相。

【相变储能建筑材料】(building materials of phase change energy storage) 一种由相变材料与建材基体复合制备的新型储能建材。能够将能量以相变潜热的形式储存起来,实现能量在不同时空位置之间的转换。制作方法有浸泡法、掺加能量微球法和直接混合法三种。产品如相变混凝土、相变石膏板等。利用相变储能建筑材料与暖通空调等领域密切配合构筑建筑的围护结构,可以降低室内温度波动,提高舒适度,使建筑供暖或空调少用或者不用能量,减小空气处理设备的容量,达到最佳的建筑节能效果。相变储能建筑材料的发展方向有两个:相变材料的筛选与改进;相变材料与基体材料的复合方法。

保温材料

【相变强化】(transformation strengthening) 通过固相转变使金属强度增加的工艺。固相转变后会发生晶格的某些变化,从而使其强度增加。例如经过淬火,奥氏体转变成马氏体,是使钢强化的常用方法。马氏体是在 $\alpha-Fe$ 中的过饱和固溶体。过饱和的碳使晶格产生畸变,阻碍位错的运动,从而使钢的强度增加。又如奥氏体进行等温分解(如等温淬火)获得贝氏体的固相转变。贝氏体中铁素体的平均晶粒变小,单位面积内的碳化物数量增加,强度提高。其转变温度越低,强度越高,并且获得的贝氏体组织可使钢具有强度和韧性良好配合的力学性能。

【相分离】(phase separation) 由环境条件变化产生的在相与相之间出现分离的不稳定现象。在胶料中由于橡胶的高黏度,即使所含各组分分散不均也不会出现相分离,在宏观上仍保持均一性,只是由于橡胶柔性分子在小区域内的高活动性,使不相容的两相分离而形成微观多相形态。只有加入适当溶剂后,由于橡胶分子活动性增大,黏度降低,两种橡胶才会自动分离而出现宏观相分离。

【相结构】(phase structure) 固态金属和合金中组成相的晶体结构的简称。纯金属具有由同一种原子组成的一定晶体结构。合金的晶体由不同类的原子组成。由于组元元素的相互作用不同,具有不同的晶体结构。其基本类型有:固溶体、中间相等。通过 X 射线结构分析,可以对金属及合金的相结构进行辨别、认定和深入研究。

【相控阵雷达】(phased-array radar) 利用电子技术控制阵列天线各辐射单元的馈电相位,使天线波束指向在方位和仰角上快速变化的雷达。是一种相位扫描雷达。相控阵天线通常是由数百甚至上万个辐射单元排列成的平面阵列天线,阵面固定不动,由电子计算机控制移相器,形成多个波束在空间扫描,可以在数微秒内使天线波束指向变换到搜索范围内的任意位置。相控阵雷达目标容量大,数据量大,可同时监视和跟踪数百个目标。一部雷达可具有搜索、识别、跟踪、制导和无源探测等多种功能。对复杂目标环境的适应能力强,反干扰性能好,可靠性高,但设备复杂、造价昂贵,且波束扫描范围有限。一个天线阵的最大扫描范围为 90° ~ 120°。当需进行全方位监视时,需配置 3 ~ 4 个天线阵面。相控阵雷达主要应用于战略导弹防御、靶场测量,以及对空监视、地面炮位侦察、火控、制导和飞行管制等方面。

相控阵雷达

【相图】(phase diagram) 又称平衡图、状态图。用来表示相平衡系统的组成与温度、压力之间关系的一种图。可通过实验测定来绘制。它能直观地指出系统可存在的相态以及可实现的相变。例如表示某一合金系中,各种成分的合金在极其缓慢的加热或冷却条件下,即接近平衡的条件下,其内部组织随温度、成分而变化的图解。不仅能表明不同成分合金的结晶或熔化温度,还能指出不同温度下的相组成以及各种相的含量。相图在物理化学、矿物学和材料科学中具有很重要的作用。

【相位】(phase) 又称相、周相或位相。某一物理量随时间或空间位置作正弦变化时,决定该量在任一时刻或位置的状态的一个数值。例如某一作谐振动的量 A 按照 $A=A_0\sin(\omega t+\theta)$ 的规律发生变化时,其中 $\omega t+\theta$ 就称为相位。它确定 A 在时刻 t 的数值。

θ 是 $t=0$ 时的相位，称为初相。A_0 和 ω 分别表示 A 的振幅和角频率。在这种情况下，相位可用角度表示，故又称"相角"。

【相须】(mutual reinforcement) 中药术语。两种性能功效相类似的药物配合使用时能增强原有疗效的配伍方式。如知母配黄柏能明显加强滋阴降火的作用；龙骨配牡蛎能明显加强潜阳固涩的作用。

【相转移催化反应】(phase transfer catalpstic reaction) 在适当的反应条件下，用相转移催化剂使实体与底物相遇并转移其相区的化学反应。相转移催化剂能将反应实体从一相转移到另一相，主要有季铵盐类、聚乙二醇类及冠醚类等。相转移催化反应速度快，反应条件温和，操作简便，副反应少，选择性好，不需要价格昂贵的无水溶剂或非质子溶剂，可以用碱金属氧化物水溶液代替酚盐、烷氧盐、氨基钠及氰化钠等，并且能使采用传统方法难以实现的反应顺利进行。

【相转移催化剂】(phase-transfer agent) 在化学反应中能将反应实体从一相转移到另一相的一种催化剂。常用的相转移催化剂是冠醚和季胺盐。具有生产成本低、选择性能好等优点。在化工生产和科学研究中广泛应用。

【像差】(aberration) 实际光学系统所成的像与理想光学系统所成的像之间的偏差。像差分单色像差和色像差两种。在初级像差理论中，单色像差又有球面像差(球差)、彗形像差(彗差)、像散、像场弯曲和畸变五种。它们都是由于非傍轴光线参与成像造成。色像差(色差)由于光学元件对不同波长的光有不同折射率引起。

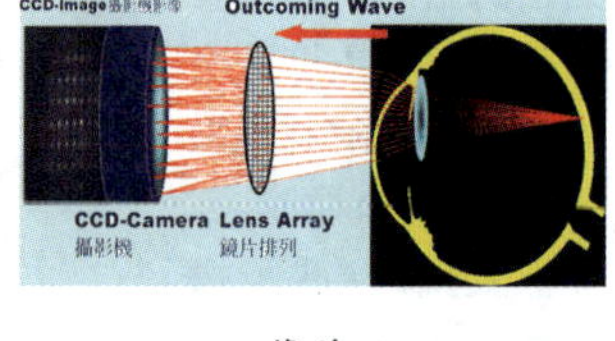

像差

【像底点】(photo nadir) 又称底点。过摄影物镜的光心做铅垂线与像片面的交点。地形起伏在像片上的投影差均朝向或离向像底点移位。在像片上以像底点为顶点作出的方向线不会因地形起伏引起方向偏差。在水平像片上像底点与像主点重合。

【像空间坐标系】(photo space coordinate system) 为便于进行空间坐标的变换而建立的描述像点在像空间中位置的坐标系统。以摄影中心 s 为坐标原点，x,y 轴与像平面坐标系中的 x,y 轴平行，z 轴与主光轴重合，形成像空间右手直角坐标系 $s-xyz$。

【像片定向】(photo orientation) 在摄影测量中，恢复立体像对在摄影瞬间的空间相关位置和确定像片或立体模型在物方坐标系中所处方位及比例尺的作业过程。在仪器上安置像片并将像片主点置于相片盘中心后，使左右像片基线与仪器 x 轴平行的像片定向过程，称为像片基线定向；恢复像片内方位元素者，称为像片内部定向；恢复像片外方位元素者，称为像片外部定向；恢复或确定立体像对在摄影瞬间两像片间相对关系者，称为像片相对定向；确定像片或立体模型在物方坐标系中所处方位及比例尺者，称为像片绝对定向。其中，像片相对定向又称像对相对定向。按相对位置的不同可分为：(1)单独像对相对定向。以摄影基线为基准，用像对两个光束的五个角旋转值表示。(2)连续像对相对定向。以其中一张像片为基准、另一张像片的两个直线移动值和三个旋转角值表示。像片绝对定向按定向方式的不同分为：(1)单张像片的绝对定向。在恢复摄影光束的情况下，根据三个不在一直线上的地面控制点，反求其六个像片外方位元素值。(2)几何模型的绝对定向。是确定由相对定向所获得几何模型的比例尺归化系数、模型的三个角度的旋转和其坐标原点的三个平移值，使它正确地处于地面坐标系中。

【像片方位角】(azimuth of photograph) 又称主垂面方位角。在摄影测量中，从地面指北方向顺时针量至摄影方向线的角。是进行像片解译的参照。

【像片方位元素】(photo orientation elements) 像片内、外方位元素的总称。其中，像片内方位元素是确定摄影光束在像方几何关系的基本参数，即像主点的像平面坐标值和摄影机主距值。像片外方位元素是确定摄影光束在物方几何关系的基本数据，包括三个位置参数(线元素)和三个姿态参数(角元素)。

【像片基线】(photo base line) 像片上相邻像主点间的连线。摄影基线在像片上的反映。其作用是为了准确接图和拼图。

【像片纠正】(photo rectification) 将倾斜像片变换为具有规定比例尺的水平像片的技术。其原理是投影变换。按纠正方式的不同可分为：(1)图解纠正。根据透视理论和利用像片平面与图面的透视对应关系，建立相应的射线束或透视格网进行转绘。(2)解析纠正。根据像片断面数据或数字高程模型，用解析方法在正射投影仪上实现。(3)数字纠正。根据遥感器的构像方程和建立的高程数字模型，对数字图像像元进行纠正。在航空摄影测量中，像片纠正主要用于制作平坦地区的像片平面图。

【像片倾角】(tilt angle of photograph) 在航空摄影时,摄影主光轴不在铅垂方向,使得像平面偏离水平面位置的角度。按其方向的不同可分为航向倾角与旁向倾角两种。前者指像平面偏离水平面位置在航线方向的偏角;后者指像平面偏离水平面位置在与航线方向正交方向的偏角。二者均属于航摄像片的外方位元素。

【像平面坐标系】(photo coordinate system) 表示像点在像平面上的位置的坐标系统。通常采用右手坐标系,x 轴和 y 轴的选择按需要而定。在解析和数字摄影测量中,常根据框标来确定像平面坐标系,称为像框标坐标系。

【像素】(pixel) 又称像元。它是最小的图像单元。是衡量计算机、电视机等显示器的重要指标。每个像素都有不同的颜色值,像素越高,显示效果越好。做成数字图像的最小单位。是数字图像中最小的可分辨面积。每个像元都由它所在图像中的坐标位置及表示亮度的数字值来确定。表示相应面积范围内地物的波谱特征。由于像元是从扫描检测器所取得的模拟信号中以某一最佳的间隔抽样而来,因而其面积可能会小于检测器的地面分辨率或瞬时视场。

【像元】(pixel)见像素。

【像主点】(principal point of photograph) 又称主点。航摄仪物镜的主光轴与像平面的交点。在检定航摄仪时,通常采用框标坐标系来确定像主点的坐标。像主点坐标是航摄仪的内方位元素之一。它偏离框标中心一般很小(<0.02mm)。因此,在实际应用中,都将框标中心近似地视为像主点。

【橡胶】(rubber) 在很大的程度范围内具有高弹性的一类高分子材料。其种类较多。可分为天然橡胶和合成橡胶两大类。天然橡胶由橡胶植物所得的胶乳经加工而成,如三叶橡胶、古塔波橡胶等。合成橡胶由单体经聚合或缩聚而成,如丁苯橡胶、顺丁橡胶等。未经硫化的橡胶俗称生橡胶或生胶。已硫化的橡胶称硫化橡胶,俗称熟橡胶或橡皮。具有密度小、硬度低、柔性好、不透气、绝缘性好等特性,广泛用于制造轮胎、胶管、胶带、胶鞋等,各种橡胶制品是工业、农业、交通运输业中极为重要的材料之一。

三叶橡胶

【橡胶坝】(rubber dam) 又称纤维坝。向锚固于底板上的坝袋内充水或气形成的坝。坝袋由若干层高强力合成的纤维织物(如锦纶,维纶帆布等)经橡胶黏结并用橡胶做保护层的胶布袋组成。既可挡水,又可溢流。坝高可根据需要由增减袋内的水(气)量加以调节。洪水期排掉袋内的水(气),坝袋缩塌,可显著提高泄洪能力。多用作灌溉、供水、防潮和小型水电站等工程的挡水坝,也可用于溢洪道、分水闸、节制闸和船闸的闸门。宜建在推移质不严重的中小河流、人工河道和渠道上。

橡胶坝

【橡胶密封制品】(rubber sealing products) 为防止流体介质从被密封装置中泄漏及外界灰尘、泥沙和空气(对真空而言)进入被密封装置内部而使用的橡胶制品。密封件的作用,均通过橡胶与被密封件相接触而实现,故要求胶料的弹性高、耐油及耐老化性能好。应根据工作条件选用橡胶材料,如耐油密封制品采用丁腈橡胶,耐高温和耐腐蚀介质的密封制品采用硅橡胶、氟橡胶、乙丙橡胶、丙烯酸酯橡胶等。其制品虽小,对保证各种装置和设施的性能、节约材料和能源、防止环境污染等作用重大。广泛应用于各种机械、仪表、管道、家用电器、车辆和其他交通工具及建筑等行业。橡胶密封制品的品种繁多。其中O形圈广泛应用于静态和往复运动机件的密封;油封广泛应用于轴密封。两者占密封制品总数的一半以上。

橡胶密封制品

【逍遥丸】(xiaoyao pellet) 方剂名。组成:柴胡100g、当归100g、白芍100g、白术(炒)100g、茯苓100g、炙甘草80g、薄荷20g。制法:以上七味,粉碎成细粉,过筛,混匀。每100g粉末加炼蜜135~145g制成大蜜丸,即得。用量:口服,一次1丸,一天2次。功能主治:疏肝健脾,养血调经。用于治疗肝气不舒、胸胁胀痛、头晕目眩、食欲减退、月经不调等。

【消臭纺织品】(deodorizing textiles) 采用抗菌物质抑制微生物生长防止臭味的纺织品。按消臭方法的不同可分为氧化法和吸收法。氧化法主要是利用人造氧化酶产生活性氧氧化臭分子;吸收法是用碳素纤维制成的织物来吸收环境中的臭味。消臭织物主要应用于床上用品、餐橱用品等方面。

【消臭纤维】(deodorization fiber) 能抑制微生物繁殖或杀死细菌,具有防臭、消臭功能的纤维。作为纤维制品的抗菌、防臭剂,主要有芳香族卤化物、有机硅季胺盐、烷基胺类、无机化合物等。把上述试剂在后加工时混入纤维,加工成消臭织物。主要用于床上用品、毛毯、被褥、地毯、鞋垫、卫生间用品、汽车内装饰用品等。

【消毒】(disinfection) 杀死病原微生物、但不一定能杀死细菌芽孢的方法。通常用化学的方法来达到消毒的目的。用于消毒的化学药物称为消毒剂。其目的是:(1)防止病原体播散。(2)防止病者再被其他病原体感染,出现并发症,发生交叉感染。(3)保护医护人员免受感染。按其目的的不同可分为:疫源地消毒和预防性消毒两种。前者是指对有传染源(病者或病原携带者)存在的地区进行消毒,以免病原体外传;后者是指在未发现传染源情况下,对可能被病原体污染的物品、场所和人体进行消毒。其常用的方法有:物理消毒法、化学消毒法和生物消毒法。影响消毒及消毒方法的因素有:(1)病原体的种类。(2)消毒对象的性质。(3)消毒场所的特点。(4)卫生防疫方面要求。(5)消毒剂量(包括消毒的强度及作用时间)。(6)消毒物品污染的程度。(7)消毒的温度、湿度及酸碱度,有关化学拮抗物。(8)消毒剂的穿透力及表面张力等。

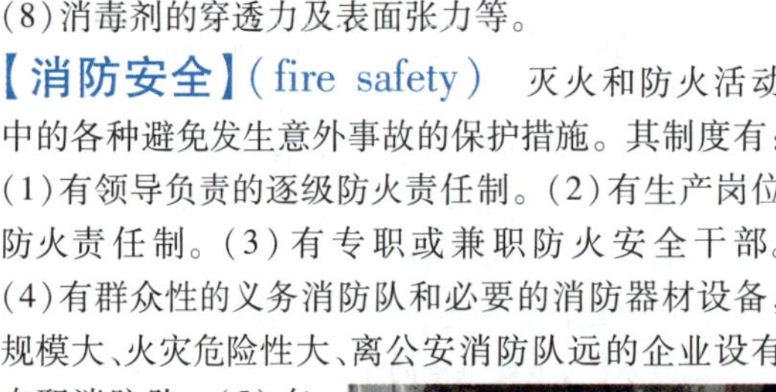

【消防安全】(fire safety) 灭火和防火活动中的各种避免发生意外事故的保护措施。其制度有:(1)有领导负责的逐级防火责任制。(2)有生产岗位防火责任制。(3)有专职或兼职防火安全干部。(4)有群众性的义务消防队和必要的消防器材设备,规模大、火灾危险性大、离公安消防队远的企业设有专职消防队。(5)有健全的消防安全制度。(6)对火险隐患能及时发现和立案整改。(7)对消防重点部位做到定点、定人、定措施,并根据需要采用自动报警、灭火等新技术。(8)对职工群众普及消防知识,对重点工种进行专门的消防训练和考核。(9)有消防档案和灭火作战计划。(10)对消防工作定期总结评比,奖惩严明。

消防演习

【消防法律法规】(fire protection laws and regulations) 国家制定和认可的,依靠国家强制力执行的,规定消防部门、国家机关、团体、企事业单位和公民有关消防权利、义务的法律规范的总和。由消防法律、行政法规、地方法规、消防规章、消防技术标准构成。其中,包括《中华人民共和国消防法》、《森林防火条例》、《草原防火条例》、《化学危险物品管理条例》、《易燃易爆化学物品消防安全监督管理办法》、《集贸市场消防安全管理办法》、《火灾统计管理规定》、《建筑工程消防监督审核管理规定》、《消防监督检查规定》、《火灾事故调查规定》、《公共娱乐场所消防安全管理规定》、《建筑内部装修设计防火规范》、《高层民用建筑设计防火规范》、《建筑设计防火规范》等100多部。其中,《中华人民共和国消防法》居于核心地位。

【消防工程】(fire protection engineering) 探索火灾规律、研究火灾预防与控制理论和技术的新兴综合性学科。其研究内容是:(1)科学方面。包括燃料的引燃机理、火焰的化学反应机理、燃烧抑制与灭火机理、烟气的生成及其毒性。(2)技术方面。包括可燃气体环境中电器设备的使用、建筑防火技术、火灾探测报警技术、灭火技术、火场指挥技术、火灾危险性评估、火灾调查和火灾保险。(3)心理生理方面。包括紧急状态下人的行为模式、逃生方式的选择、事件发生时所造成的心理压力及其缓解。(4)管理方面。包括消防部门的规划与管理、灭火指挥预案、紧急应变计划、人员的管理。(5)法律方面。包括消防安全法律法规的制定与颁布实施、消防司法中的技术问题。随着社会的进步和发展,消防科学技术的社会功能日益凸显,社会需求日益增加。在20世纪中期以后,消防工程进入高速发展阶段。

消防工程

【消防通信系统】(fire services communication system) 为消防领域传输数据、话音、图像等信息的专用通信系统。由数据通信、指挥通信、图像通信、电话通信、通信网络管理系统及通信传输信道组成。用于传输

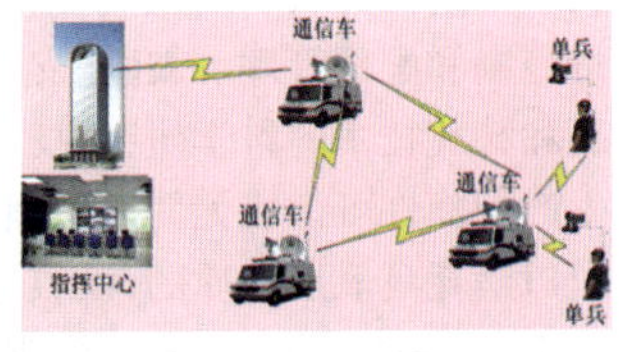

消防通信系统

各种数据和指令。指挥通信系统用于消防员作业时各级指挥控制中心之间、指挥控制中心与所属小组诸岗位之间的指挥通信(包括指挥调度系统和专用指挥电话系统等)。图像通信系统用于消防探测方面的图像信息的采集、处理、传输和显示。电话通信系统用于消防单位内及与外界的通信联络。消防通信系统能把消防的各个方面有机地结合起来,及时对各种火灾进行预警,迅速采取有效措施,扑灭初期火灾。

【消费电子】(consume electronics) 围绕消费者应用设计的与生活、工作、娱乐相关的电子产品。其特点是:(1)新的视频技术不断涌现,可以显示来自广播、卫星、电缆、互联网、数码相机和摄像机,甚至电话等各种来源的信息。(2)家庭信息内容的移动化,从客厅到汽车内部,在不同的地点间调用。(3)无线技术迅速普及,体现了消费电子和IT产品正在加速融合。其功能与作用是:(1)最终实现消费者自由选择资讯、享受娱乐的目的。(2)侧重于个人购买、个人消费行为的电子产品。(3)人们对信息的整合运用与随时调整的要求越来越高,消费电子潜移默化地改变人们的生活。(4)消费电子新品正从各个角度向消费者展示着数字生活的全新概念,给人们带来了耳目一新的全面享受。

【《消耗臭氧层物质管理条例》】(Used up ozone layer material manaqement act) 由国务院第104次常务会议于2010年3月24日通过、自2010年6月1日起施行的管理条例。其宗旨是:加强对消耗臭氧层物质的管理,履行《保护臭氧层维也纳公约》和《关于消耗臭氧层物质的蒙特利尔议定书》规定的义务,保护臭氧层和生态环境,保障人体健康。该条例共六章四十一条。主要内容是:(1)总则。(2)生产、销售和使用。(3)进出口。(4)监督检查。(5)法律责任。(6)附则。本条例适用于在中华人民共和国境内从事消耗臭氧层物质生产制造、利用消耗臭氧层物质进行生产经营和进出口的所有活动。国务院环境保护主管部门统一负责全国消耗臭氧层物质的监督管理工作。国家逐步削减并最终淘汰作为制冷剂、发泡剂、灭火剂、溶剂、清洗剂、加工助剂、杀虫剂、气雾剂、膨胀剂等用途的消耗臭氧层物质。对消耗臭氧层物质的生产、使用、进出口实行总量控制和配额管理。鼓励、支持消耗臭氧层物质替代品和替代技术的科学研究、技术开发和推广应用。无生产配额许可证或无使用配额许可证生产、使用及进出口消耗臭氧层物质的,没收违法所得,拆除、销毁相关设备、设施,并处罚款。构成违反治安管理行为的,由公安机关依法给予治安管理处罚;构成犯罪的,依法追究刑事责任。

【消弧线圈】(extinction coil) 一种中性点接地的电抗器。用来补偿中性点不接地系统中由于单相接地故障而产生的线对地容性电流。消弧线圈的铁芯设有气隙,以保证电感值之线性,线圈设有抽头以调节电感量。其作用是:减少单相接地电流,促成接地电弧自熄。在中性点不接地系统中正确使用消弧线圈,能有效地消除大部分单相瞬时接地故障,减少跳闸率和设备损坏率,提高供电的可靠性。

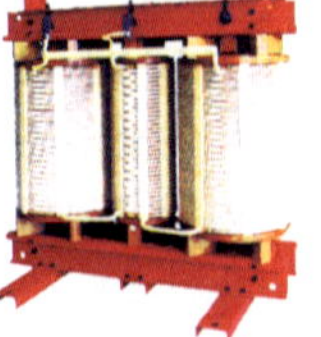

消弧线圈

【消化能】(digestible energy) 饲料总能扣除粪便中损失的能量。即饲料总能减去粪能所得的差。一般称表观消化能。称其为"表观",是因为粪中除了未被消化的饲料外,尚含有部分消化液和消化道脱落黏膜等代谢产物,以及消化道后部的微生物。粪能是动物采食饲料总能中的最大损失,如牛羊采食粗料时,粪能损失约占总能的40% ~50%;精料约占20% ~30%。饲喂平衡日粮的猪,总能中约20%在粪能中损失。饲料消化能的测定,只需计算每日饲料消耗量和排粪量,采取料、粪样品,在测热器中分别燃烧测得,不必作化学分析,手续简便。也可按饲料可消化的各种有机养分以公式计算得到。消化能现常作为猪的能量需要指标。

【消火栓系统】(fire plug system) 用以扑灭火灾的消防设施系统。一般分为室内消火栓系统和室外消火栓系统两部分。室内消火栓系统一般用于扑灭建筑物内初起的火灾,包括室内消火栓、消防水枪、消防水带、消防卷盘、消火栓箱、消防水泵、消防水箱、消防水池、水泵接合器、管道系统等设施。室外消火栓系统是设置在建筑物外面消防给水管网上的供水设施系统,主要供消防车从市政给水管网或室外消防给水管网取水实施灭火,也可以直接连接水带、水枪出水灭火,包括室外消火栓、管道及控制阀。

【消渴】 中医病名。以多饮、多食、多尿、乏力、消瘦或尿有甜味为主要临床表现的气血津液病证。分上消、中消、下消三种。由于禀赋不足、饮食失节、情志失调、劳欲过度等原因均可导致本病。消渴病与西医学的糖尿病相类似。

【消力池】(stilling basin) 促使在泄水建筑物下游产生底流式水跃的消能设施。一般可将下泄水流的动能消除40% ~70%,使下泄急流迅速变为缓流,并可缩短护坦长度,是一种有效而经济的消能设施。消力池的型式通常有下降式、消力槛式和综合式等三种。(1) 下降式。降低护坦高程形成的消力池。用以加大尾水深度,促使下泄急流在池中产生底流式水跃。(2)消力槛式。在护坦末端设置消力槛而形成的消力池。多用于水跃淹没度不足或开挖消力池有困难的情况 (3)综合式。既降低护坦高度又设置消力槛而形成的消力池。多用于尾水深度与第二共轭水深相差较大的情况。

【消力墩】(baffle pier) 消力池中起辅助消能作用的小墩。利用对水流的反击作用,将水流分成许多小水股,使其转折,并在墩后互相撞击。另外水流与消力墩表面摩擦以及水流所产生的旋滚等可造成强烈紊动。这些均可增加消能效果。跃后水深降低,从而可减少消力池开挖深度,缩短长度,节省工程量和投资。消力墩是用钢筋混凝土做成的小墩。多布置在消力池前半段,设1~2排,交错排列。前排距消力池斜坡段坡脚的距离约为未设辅助消能工时的跃后水深的0.8倍。墩的高度一般可取下游水深的0.15~0.25倍,并不大于0.5~1.5m,墩间净距小于或等于墩宽,约为墩高的0.5~0.75倍。前后排净距可略大于墩高。消力墩的型式很多,常用的见图。消力墩的消能效果与它的型式、尺寸、布置以及泄流情况、下游水深等有直接关系,常需通过水工模型试验确定。对于小型堰闸,也可参照已建工程的试验成果和运用经验确定。当跃前流速大于15m/s时,不宜采用消力墩。因为在流速过高的情况下,消力墩工作条件极其恶劣,局部真空和空蚀能使消力墩迅速破坏,甚至影响消力池本身的安全。

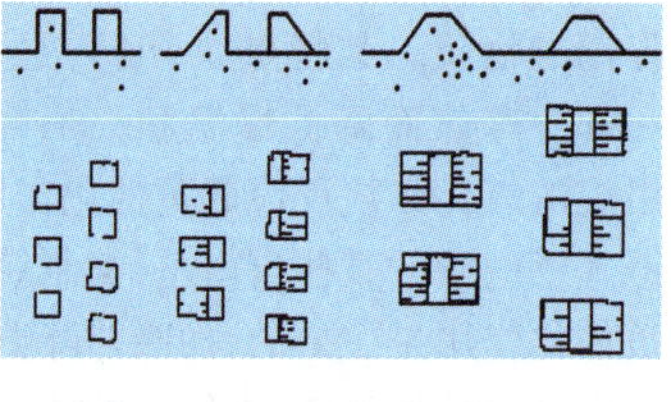

消力墩的型式及布置示意图

【消力槛】(baffle sill) 泄水建筑物下游护坦上,用以消能的连续槛形设施。其作用是壅高护坦上的水深,促使下泄水流产生掩没水跃,同时将底部高速水流挑向水面,使水流扩散,削减下游侧边回流,出池水流尽早恢复到河(渠)道的正常流速分布状态,以缩短下游防护段的长度。当消力槛位于护坦末端时,常称为尾槛。消力槛也可设于消力池内,起辅助消能作用。在池内水深不足的情况下,有助于促成水跃,改善开闸初始水流的消能情况。消力槛有两种形式:(1)实体槛。其断面一般多为折线形实用堰,如矩形、迎水面直立或倾斜的梯形等。(2)齿槛。由一系列高低相间的齿组成。齿的断面一般为梯形或三角形。消力槛在平面上的布置,一般采用直线形,也可采用向下游方向凸出的曲线或折线形,以助于水流更好地扩散。

【消能工】(energy dissipater) 消除泄水建筑物或落差建筑物下泄急流的多余动能,防止或减轻水流对水工建筑物及其下游河渠等的冲刷破坏而修建的工程设施。多余动能系指建筑物上游水流动能与下游正常水流动能之差。它通过水流内部的紊动、掺混、剪切及旋滚,水股的扩散和水股之间的碰撞等,转换成热能而逸散掉的能量。常用的消能工有:(1)通过水跃消除多余动能的水跃消能工,又称底流消能工。(2)利用泄水建筑物出口的挑流鼻坎将下泄急流抛向空中,然后落入下游河床水垫中来消除多余动能的挑流消能工。(3)利用泄水建筑物出口的鼻坎将下泄急流的主流挑至水面,通过主流在表面扩散及底部旋滚和表面旋滚来消除多余动能的面流消能工。此外,还有为提高消能效率,用于较低流速情况下的辅助消能工,以及超空穴消能工、压力消能工、自由跌落式消能工等。消能工的选型与建筑物的形式、枢纽布置、上下游水位、地形、地质、运用要求等因素有关。对大中型和重要工程,还要进行水力模型试验。为了保证建筑物及枢纽正常运行,要求做到消能工本身不受空蚀(物体受到气体空泡流冲击后表面出现的变形和材料剥蚀现象)、磨蚀等损伤,下游岸坡稳定,河床不出现危害性冲刷。

【消泡剂】(antifoaming agent) 能降低水、溶液、悬浮液的表面张力,防止泡沫形成或使原有泡沫减少或消失的物质。可分为油基型和水基型。其有效活性组分大体相同。常用的有:(1)有机硅类。(2)聚醚型表面活性剂。(3)脂肪酰胺型表面活性剂。用于发酵、造纸、制胶、印花、配合胶乳、涂料、精制甜菜糖、锅炉水和污水处理等领域。

有机硅消泡剂

【消气材料】(getter material) 又称吸气剂、消气剂或收气剂。通过物理化学作用能有效地吸收活性气体的功能材料。在真空器件中,消气剂能维持并提高真空度,使器件性能稳定,工作可靠,使用寿命延长。消气材料分为蒸散型和非蒸散型。前者主要靠金属的蒸散和蒸散后形成的薄膜表面吸气,如钡镁、钡铝、钡钍、钡铝等合金,主要用于显像管、示波管、功率管、摄像管等;后者最常用的为锆铝消气剂,应用于各类电子管、特种灯泡及其他真空器件。锆铝合金制成的消气剂泵可获得超高真空，用于超高真空炉、高能加速器、核聚变等装置。由其制成的惰性气体净化器应用于激光器和半导体的生产中。另一种最常用的非蒸散型消气剂为锆石墨消气剂，是室温使用的消气剂，也可制成间接加热的环型、片型和直接通电加热的热子型器件。它应用于不能或不宜使用蒸散钡膜的电子管及其他真空器件，特别适用于导弹、卫星和雷达等控制系统中需长期储存的电真空器件。

【消声】（voice elimination） 消减空气动力性噪声。将多孔吸声材料固定在气流通道内壁或按一定方式固定在管道中，以达到削弱空气动力性噪声的目的。消声量一般可达到 10～50dB。是常用的控制噪声的一种措施。

【消声器】（muffler） 利用消声原理消除或降低空气噪声的传播而允许气流通过的一种器件。消除空气动力性噪声的主要设备。通常用于气流噪声的控制，如风机噪声、通风管道噪声和排气噪声等高噪声。国内多采用多孔扩散消声器或小孔消声器。前者是根据气流通过多孔装置扩散后速度降低的原理而制造的消声器。后者是根据移频原理设计制造的消声器。

消声器

【消失模铸造】（lost foam model casting） 用发泡塑料模型代替普通模型，在造型结束后填充浇入金属液，使泡沫塑料模气化、燃烧，金属液填充原先泡沫塑料所占据的空间位置，冷却凝固后形成所需铸件的铸造方法。消失模铸造可分为实型铸造法（又称 FM 法）和抽真空消失模铸造法（又称 EPC 法）。前者指泡沫塑料模结合有黏结剂自硬砂铸造的方法；后者指泡沫塑料模采用无黏结剂干砂结合抽真空的铸造方法。消失模铸造法具有铸件尺寸精度高、铸件结构设计灵活、生产工序简化、生产率高和液态金属利用率高等优点。

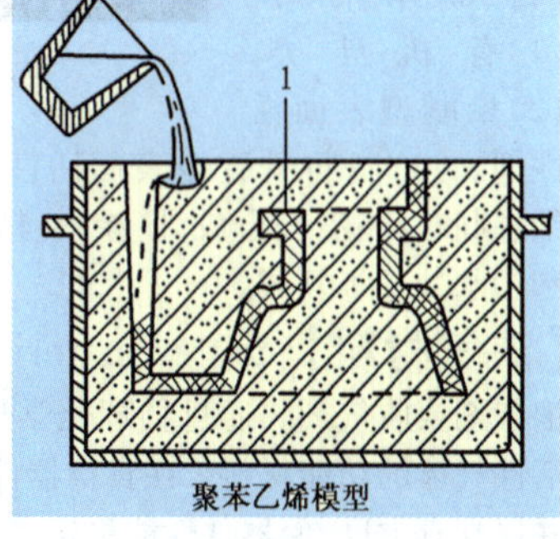

消失模铸造

【消烟】（smoke eliminating） 减少燃烧过程中烟气生成的技术。在材料中加入阻燃剂能有效地阻止有焰燃烧，烟气的生成量却大大增加了。这种烟基本上是材料热分解的产物，包括不完全燃烧产物和多种中间组分，大多具有较大的毒性，危害性更强。减少烟气生成的主要方法是在使用阻燃剂的同时加入抑烟剂。抑烟剂有吸附型和反应型两类。前者可把某些有毒组分吸附在一定区域，使其不能扩散；后者则可与热分解或与不完全燃烧产物发生化学反应，生成密度较大、不易成烟的物质。多数无机阻燃剂都具有消烟作用。目前使用较多的有氢氧化铝、氢氧化镁、碳酸钙、陶土等，而许多钼化合物、钒化合物、硅化合物也有消烟作用。

【消焰剂】（flame coaling agent） 用以降低炸药的爆温，并对可燃气体或煤尘的氧化反应起阻化作用的物质。其特点是：(1) 热容量较大，可以吸收一部分爆热而降低爆温和火焰存在的时间。(2) 对甲烷的氧化燃烧反应起负催化作用，能破坏甲烷氧化链式反应中的某些自由基，抑制烷类气体的爆炸。其负催化作用是主要的，而吸热降温是次要的。消焰剂与爆炸火焰接触时，在短暂的时间内能起吸热、隔热、降低氧气含量或消除火焰中的活性基团、终止燃烧链等物理化学作用，使爆炸不能继续进行。

【硝化甘油类炸药】（nitroglycerine explosive） 硝化甘油被可燃剂和（或）氧化剂等吸收后组成的混合炸药。硝化甘油混合炸药和硝化甘油比较，前者对撞击和震动较不敏感，较不易冻结，储运和使用都较安全。硝化甘油混合炸药中的硝化甘油成分一旦冻结后，它的敏感度会大幅度的提高，所以在储存管理时要注意防冻工作。同时，当气温低于 10℃（耐冻的低于 -20℃）时不能运输。硝化甘油类炸药的优点是：威力高，耐水（可在水下爆破），密度大，具有可塑性，爆炸稳定性高；其缺点是会“老化”、“渗油”，机械敏感度高，生产和使用安全度较差，价格昂贵，目前已很少使用。

【硝酸铵类炸药】（ammonium nitrate explosive） 又称硝铵炸药。以硝酸铵为主、加可燃剂或再加敏化剂（硝化甘油除外）、可用雷管起爆的混合炸药。是中国矿山最广泛使用的工业炸药。其特点是氧平衡接近于零，有毒气体产生量受到严格限制。炸药均为粉状，用纸包装加工成圆柱形药卷，外涂一层石蜡防水，储存期为 4～6 个月。硝酸铵和烈性炸药混合组成的硝铵炸药是一种威力大而又比较安全的炸药，故有安全炸药（爆炸时的威力较大，但所产生的热量较少不能引起可燃气体或粉尘爆炸）

之称。硝酸铵类炸药主要用于矿山爆破工程。由于其中含有硝酸铵容易受潮，不可长期保存，所以在储运工作中除注意防爆外还应注意防潮并及时运送。

【硝酸】(nitric acid) 五价氮的含氧一元强酸。与盐酸、硫酸并称三大强酸。分子式 HNO_3。无水纯硝酸是无色液体，因其常含有某些杂质，一般带有微黄色。发烟硝酸为红褐色液体，在空气中猛烈发烟并吸收水分，是强氧化剂，能使铁钝化而不致继续被腐蚀。硝酸溅于皮肤能引起烧伤，并染成黄色斑点。在工业上，硝酸一般用氮氧化法制得。在实验室中，可由硫酸作用于硝酸钠制取。硝酸用途极广，可供制氮肥（如硝酸铵）、王水（一份体积浓硝酸和三份体积浓盐酸混合而成的无色液体）、硝酸盐、硝化甘油、硝化纤维素、硝基苯、梯恩梯炸药和苦味酸等。

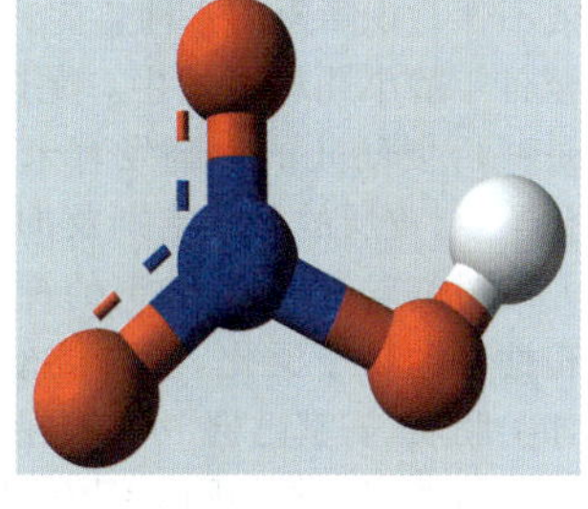

分子模型式

【硝酸纤维素】(nitro cellulose) 又称纤维素硝酸酯。由纤维素经不同配比的硝酸和硫酸的混合酸硝化而制得的化合物。分子式是 $[C_6H_7O_2(ONO_2)_m(OH)_{3-m}]_n$ (m=1~3)，微黄色。外观像纤维。根据纤维素的结构，每个环最多只能引入三个硝酸酯基团。硝酸酯基团引入的多少决定了硝酸纤维素的性质和用途。其表征方法通常是用含氮量和代表聚合度的黏度。含氮量 13% 以上的称为火棉，可用于制造火药；含氮量 12.6% 的称为胶棉，用于制造爆胶（即硝酸纤维素溶解于硝化甘油中而形成的胶体）；含氮量为 8%～12% 称为弱棉，可用于制造电影胶片、硝基清漆等。

【小班】(subcompartment) 又称林相班。林分特征和立地条件基本一致，并与相邻地段有明显区别，要求采取相同经营措施的林地区划单位。是林场内最基本的经营单位，也是清查森林资源、统计计算和资源管理最基本的单位。小班面积的大小，因划分条件和经营条件而异。但其最小面积，天然林在北方一般为 $2hm^2$，人工林 $0.1hm^2$，南方经营条件好的林区可大些，平均一般为 $3～20hm^2$，最小小班面积以能在基本图上反映出来为准。生态公益林的小班面积可适当放宽，但一般不应大于 $35\ hm^2$。划分小班具体的依据有权属、土地类别、林理、优势树种或优势树种组、龄级或龄组、郁闭度、林型或立地条件类型、地位级或地位指数（级）、林木起源、坡度级和出材率等级等。区划小班的方法可分为 3 种，即航空相片或卫星相片判读勾绘、用地形图现地勾绘和罗盘仪实测。不论采取何种方法划分小班，均应到现地核对，对不合理的界线进行修正。

【小班经营法】(working system for subcompartment) 又称检查法。最初由法国林学家顾尔诺(A. Gurnaud)于 1863～1875 年间做了试验，后由瑞士林学家毕沃莱(H. Biolley1825－1898)进行了数十年的实验，总结成的检查法。其后，各国林学家相继进行了大量试验。其主要内容为：(1)把森林区划为 $12～15hm^2$ 的林班，不设作业级和轮伐期，以林班为森林经营的单位。(2)定期对每个林班进行森林资源清查，每次采用同一种工具和数表，清查的间隔期决定于一个径级上升到另一个径级所需的年数。(3)为一定类型的森林确定基本蓄积量，要求始终保持基本蓄积量作为木材收获的源泉。(4)把林木划分为三个直径组，小径木为 20～30cm，中径木为 35～50cm，大径木为 55cm 以上。小、中、大三叶直径组的蓄积应保持 2∶3∶5 的比例，作为森林收获调整的目标。(5)森林作业法实行集约择伐作业，择伐对象遍及各径级。(6)年伐量以连年生长量为依据。小班经营法是组织森林经营单位的一种特殊形式，它只适于十分集约经营的组织经营单位要求。按小班固定经营小班或小班经营组为单位，设计与实施经营措施的组织经营方法，就是小班经营法的中心内容。小班经营法特点是：(1) 区划成固定的经营小班。(2) 作业法、经营措施的设计和执行单位是经营小班。(3) 定期进行生长量的调查，按连年生长量确定采伐量。(4) 不仅适用于同龄林经营，更适用于集约经营的异龄林，在采用集约择伐作业的条件下，最能发挥土地生产力。

【小冰期】(little ice age) 又称明清小冰期。地球进入第四纪以来距今最近的一次寒冷期。因其降温幅度和降温时段均比新冰期小而被称为“小冰期”。小冰期最早起始于 14 世纪中上叶，延续时间 400 多年。地球各地出现的强势时段各有差异。北美洲出现在 1330～1700 年之间，欧洲法国南部出现在 1550～1700年之间，阿尔卑斯和冰岛则出现在 1800～1850 年之间。在中国，此次寒冷期最盛时段出现在明朝末年到清朝期间的 1550～1900 年之间。南半球小冰期出现的时间晚于北半球。小冰期时地球平均气温的降幅不如新冰期，只比现在低 1～2℃ 左右。

小冰期

小冰期遗留的冰碛物规模远小于新冰期,冰川有明显的减薄,但长度变化不大。在中国西藏东南部和横断山区小冰期冰碛物上只生长着稀疏的杨、柳、杜鹃以及一些草灌类植被。

【小鹅瘟】(gosling plague) 由鹅细小病毒引起的雏鹅急性败血性传染病。病雏鹅的临诊特点是:精神委顿,食欲废绝,严重下痢,有时出现神经症状,死亡率高。发病鹅普遍出现下痢、口吐黏液、采食量减少等症状,个别鹅出现转脖、抽搐的情况。日龄较大者一般没有出现神经症状。剖检可见肠道的血管怒张,十二指肠的黏液增多,黏膜呈现橘黄色,小肠中后段膨大增粗,肠壁变薄,里面有容易剥离的凝固性栓子;肝脏肿大,呈棕黄色;胆囊明显膨大,充满蓝绿色胆汁;胰腺颜色变暗,个别的胰腺出现小白点;心肌颜色变淡;肾脏肿胀;法氏囊质地坚硬,内部有纤维素性渗出物。有神经症状的鹅剖检时,可见脑膜下血管充血。本病的预防主要在两个方面,一是孵化房中的一切用具和种蛋彻底消毒,刚出壳的雏鹅、雏番鸭不要与新引进的种蛋和成年鹅、番鸭接触,以免感染;二是做好雏鹅、雏鸭的预防,及时做好免疫接种。

【小儿肺炎】(infant pneumonia) 由各种病原及其他因素如吸入、过敏等引起的肺部炎症。是婴幼儿最常见的疾病。按病原体的不同可分为:细菌性肺炎、病毒性肺炎、霉菌性肺炎、支原体肺炎等。小儿多见于支气管肺炎。其主要表现为:发热、咳嗽、气促及肺部啰音。(1)发热。可高、可低的弛张热、稽留热、不规则发热等。新生儿和重度营养不良儿体温可表现低体温或体温不升。(2)咳嗽。开始频繁刺激性干咳,后有痰鸣,咳后呕吐、呛奶等。(3)气促。呼吸快,鼻翼扇动,三凹征及口周青紫等。(4)肺部啰音。在背部下侧,脊柱旁或全肺可闻到固定的中小水泡音。(5)全身中毒症状。烦躁,进食少,精神差,可伴呕吐及腹泻。病情进一步恶化,全身除肺外其他器官均受累,称为重症肺炎。表现为心力衰竭,突然烦躁,呼吸困难加重,心率>180次/分,呼吸>60次/分,肝大,浮肿等;中毒性脑病者,表现为脑水肿,嗜睡,前面隆起,抽搐,昏迷等;中毒性肠麻醉,呼吸性及代谢性酸中毒等多脏器衰竭导致死亡。还可并发液胸、液气胸等。除典型临床症状外,需检查及寻找病原体,摄胸片及胸CT可探明病变轻重及排除气管异物、结核等。其治疗方法是:加强护理及支持疗法,对症处理:退热、止咳、止抽等;应用抗生素及抗病毒药物;有严重喘憋、呼吸衰竭、全身中毒症状明显、休克、肺水肿者,可使用糖皮质激素,疗程3~5天,不能长期使用。

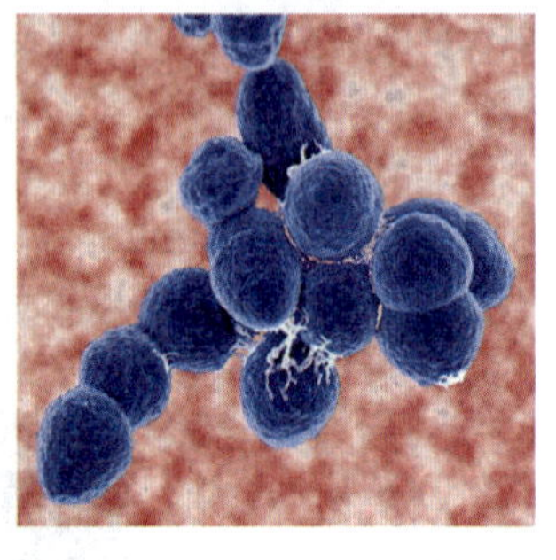
肺炎链球菌

【小儿惊觉】(pedo-convuision) 小儿时期突然发作的全身或局部肌群强直性和阵挛性抽搐,伴或不伴意识障碍的一种急症。发病率很高,自新生儿至各年龄小儿均可发生。尤以婴幼儿多见。其原因是:(1)婴幼儿的大脑发育未成熟,皮层神经细胞分化不全,皮层的分析鉴别及抑制功能较差;又因神经元的树突发育不全,轴突的神经髓鞘未完全形成,兴奋性冲动易于泛化。(2)婴幼儿脑组织的化学成分如类脂质、氨基已糖、水和电解质的分布以及酶的活性等与发育成熟的脑组织不同;兴奋性神经介质和抑制性神经介质的动态平衡因年龄而异。小儿脑组织的耗氧量较高。(3)婴幼儿期某些特殊疾病如产伤、脑发育畸形等可引起惊厥。(4)免疫机能低下,容易患急性感染及中枢神经系统感染。其临床表现是:(1)惊厥。为突然发生的全身性或局部肌群的强直性或阵挛性抽动,常伴有不同程度的意识改变。(2)惊厥持续状态。惊厥发作持续30min以上,或两次发作间歇期意识不能回复者。为惊厥的危重症,死亡率较高。(3)高热惊厥。小儿高热常伴发惊厥,多在体温上升早期发作,时间短暂。小儿惊厥一旦发生,必须立即控制惊厥,避免因惊厥持续时间过长引起缺氧性脑损伤。

【小儿麻痹症】(poliomyelitis) 又称脊髓灰质炎。由脊髓灰质炎病毒引起的急性传染病。多见于婴幼儿,在六个月至三岁之间发病,成年人较少见。病毒经口腔进入人体,通过血液循环影响全身,主要损害脊髓前角灰质的运动神经细胞。其临床表现是:发热、咽痛、肢体疼痛、运动功能障碍,但感觉正常。病毒也可以影响脑干、脑膜等神经组织,但智力不会受到影响。

【小儿免疫】(immunity of children) 出生后小儿免疫器官和免疫细胞的功能和发育特点。小儿免疫器官和免疫细胞生后已发育成熟,但免疫功能低下及各种免疫屏障发育不完善:皮肤薄嫩、淋巴组织滤过不完全、单核巨噬细胞、中性粒细胞吞噬功能差、血脑屏障、胎盘屏障预防功能差、胃酸等。所以小儿易患各种感染性疾病。(1)细胞免疫。T淋巴细胞的主要功能是防御细胞内的病原体如病毒、结核、真菌等。胎儿T细胞功能不完善,易发生宫内感染,如巨细胞病毒、风疹病毒等。生后外周血T细胞绝对数达成人水平,但分泌细胞因子少。如干扰素(EFN)新生儿是成人 1/8;白介素 -4(IL -4)是成人 2/3,大约 3 岁达成人水平。(2)体液免疫。B 淋巴细胞是在骨髓和淋巴组织中发育成熟,产生免疫球蛋白(Ig)。IgG 胎儿可通过胎盘从母体获得,生后 6 个月衰退消失,以后靠自己产生;1 岁时达成人量的 60%,8 ~ 10 岁达成人水平。IgM 不能通过胎盘从母体获得,胎儿 12 周自己能合成,1 岁达成人的 75%,6 ~ 8 岁达成人水平;生后脐血中 IgM 水平很低,如果发现增高,提示小儿有宫内感染。IgM 是抗革兰阴性菌的主要抗体。血清型 IgA 发育最晚,1 岁时为成人的 3%,青春期达成人水平;分泌型 IgA 出生时很低,故婴幼儿易患消化道及呼吸道感染,3 ~ 4 岁达成人水平。IgD 及 IgE 出生时很低;IgG 和变态反应有关,7 岁达成人水平。免疫器官、免疫细胞、免疫因子在发育过程中发生缺陷,则生后成为原发性免疫缺陷病。

【小儿脑瘫】(children with cerebral palsy) 婴儿在出生前或出生早期由于某些原因造成的非进行性脑损伤所致的综合征。其主要表现是:中枢性运动障碍和姿势异常,可伴有智能落后及惊厥发作,行为异常,感觉障碍及其他异常。尽管临床症状可随年龄的增长和脑的发育成熟而变化,但是其中枢神经系统的病变却固定不变。

【小儿年龄分期】(age stages of children) 根据小儿生长发育过程中不同阶段生理、病理、解剖等特点的不同,对小儿年龄所进行的分期。通常分为以下八期:(1)胎儿期。受精卵形成到小儿出生,共 280 天(40 周)。胎龄以胎儿周龄计算。此期全靠母亲生存,母体的健康、营养等对胎儿影响很大。(2)新生儿期。胎儿出生后,从脐带结扎至 28 天。此期脱离母体独立生存,死亡率高。(3)围产期。从胎龄 28 周至生后 7 天。(4)婴儿期。从出生到 1 周岁内。此期生长发育迅速,各种器官逐渐完善,但不成熟。需供给各种营养及蛋白质,保证生长发育需要。(5)幼儿期。从 1 岁至 3 周岁。此期智力发育增快,语言、思维能力增强,但易发生意外撞伤、中毒等。(6)学龄前期。3 周岁至 6 ~ 7 岁。此期体格发育稳定增长,智力发育更完善。(7)学龄期。6 ~ 7 岁至 11 ~ 13 岁(青春期)。此期体格发育稳定增长,除生殖系统外,各个器官发育接近成人。(8)青春期。从 10 岁至 20 岁。女孩青春期大约比男孩早 2 年。女孩大约 11 ~ 12 岁开始,18 岁结束;男孩大约 12 ~ 13 岁开始,20 岁结束。此期体格发育迅速增长,个体差异加大,生殖系统发育成熟,逻辑思维、道德观念达到一定水平,需进行心理及生理卫生的知识教育。

小儿年龄分期

【小儿贫血】(anemia of children) 小儿外周血中单位容积内,红细胞数、血红蛋白量或红细胞压积低于正常。是一个症状及综合征。诊断是否有贫血,其标准和成人不同。WHO(世界卫生组织)规定标准:年龄 6 个月 ~ 6 岁,血红蛋白 < 110g/L,6 岁 ~ 14 岁 < 120g/L;海拔每升高 1 000m,血红蛋白(Hb)上升 4%,低于以上标准均称为贫血。目前中国暂定新生儿贫血的诊断标准:Hb < 14g/L;婴儿 1 ~ 4 月 Hb < 90g/L,4 ~ 6 月 < 100g/L,可诊断贫血。贫血分轻度贫血 Hb 不低于 90g/L;中度贫血 Hb 不低于 60g/L;重度贫血 Hb 不低于 30g/L;极重度 Hb 低于 30g/L。贫血原因很多而且复杂。(1)红细胞和 Hb 生成不足。①生理性贫血。必须是 2 ~ 3 月婴儿,早产儿可提高,出现轻度贫血 RBC(红细胞计数 3.0×10^{12} 个/升,Hb100g/L 左右)。②造血物质缺乏。小儿多见。缺乏叶酸、维生素 B12 等。因喂养不当、生长发育迅速等引起。③骨髓造血功能障碍。小儿可见到有先天性纯红再障、先天性再障(范可尼氏贫血)等。④小儿感染引起贫血。又称感染性贫血。感染引起一种特殊类型的贫血。如雅克什氏贫血等。(2)溶血性贫血。①红细胞本身膜、Hb 结构及酶先天性异常均可引起贫血。如遗传性球形红细胞增高症、地中海贫血等。此病均有遗传史及家族史。②红细胞外的因素引起溶血。如免疫性溶血性贫血、新生儿溶血症、感染中毒等。(3)失血性贫血。不管什么原因引起失血多,均可贫血。其治疗原则是:去除病因;如感染要控制感染;遗传病需要干细胞移植等;必要时要输血。

【小儿清热止咳口服液】(oral liquid for children) 方剂名。组成:麻黄 90g、苦杏仁(炒)120g、石膏 270g、甘草 90g、黄芩 180g、板蓝根 180g、北豆根 90g。制法:以上七味,麻黄、石膏加水煎煮 30min,再加入苦杏仁等五味,煎煮二次。第一次 2h,第二次 1h,合并煎液,滤过。滤液减压浓缩至约 600ml,静置 24h,滤过。滤液加蜂蜜 200g、蔗糖 100g 及苯甲酸钠 3g,煮沸使溶解,加水至总量 1 000ml,搅匀,冷藏 24 ~ 48h,滤过。灌封,灭菌,即得。用量:口服,1 ~ 2 岁一次 3 ~ 5ml;3 ~ 5 岁一次 5 ~ 10ml;6 ~ 14 岁一次 10 ~ 15ml,一天 3 次。用时摇匀。功能主治:清热,宣肺,平喘,利咽。用于治疗小儿外感、邪毒内盛、发热恶寒、咳嗽痰黄、气促喘息、口干音哑、咽喉肿痛等。

【小儿身长】(baby height) 小儿头顶至足底长度的总和。受遗传、内分泌、疾病、营养等影响。青春期后个体差异很大。出生时平均身长为 50 cm,第 1 年增长快,1 岁时达 75cm,2 岁时为 85cm。2 岁以后至青春期每年增长 5~7cm。其身长(cm)计算公式为:年龄×7+70。

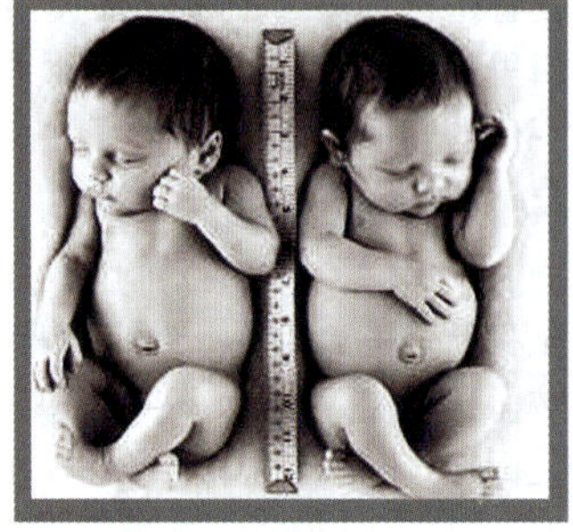

小儿身长

【小儿体重】(body weight in childhood) 小儿身体各器官系统与体液重量的总和。是衡量体格增长的重要指标。反映小儿的营养状况。临床用药、输液等均按体重计算。小儿出生时平均体重为 3kg,出生后前半年每日体重大约增加 0.9kg;后半年体重大约增长 0.5kg。1 岁时体重达 9kg(出生时的 3 倍);2 岁时达 12kg(出生时的 4 倍)。2 岁至青春期每年体重增加 2kg。其计算公式为:体重=年龄×2+8。

【小儿血象】(blood characteristics of children) 小儿时期血液及其组分的表象。小儿正常血象与成人不同。不同的年龄血象表现也不同。其特点是:(1)红细胞数与血红蛋白量。①出生后。红细胞数(RBC)$5\times10^{12}\sim7\times10^{12}$个/升,血红蛋白量(Hb)150~220g/L。因宫内是缺氧环境,故红细胞数和 Hb 明显增高。②生后 2~3 个月。生理性贫血期。因呼吸建立,不缺氧,生后红细胞大量破坏,生后 2~3 个月 RBC3×10^{12}个/升,Hb90~110g/L。负反馈,红细胞生成素下降,使骨髓造血减少;生长发育迅速,血液循环量增加,此期出现生理性贫血。③3 个月后。RBC、Hb 逐渐上升,到 12 岁达成人水平。网织红细胞婴儿期已同成人。(2)白细胞数及分类。①白细胞数(WBC)。生后 $1.5\times10^{10}\sim2.0\times10^{10}$个/升,增高的原因是产程刺激及内外环境的变化。生后 8~12h 进食少,血液浓缩,WBC 大约 $2.1\times10^{10}\sim2.8\times10^{10}$个/升。生后 1 周降至 1.2×10^{10}个/升,婴儿期 1.0×10^{10}个/升左右,8 岁达成人水平。②白细胞分类(DBC)。出生时中性粒细胞占 60%~65%,淋巴细胞占 30%~35%。生后 4~6 天中性粒细胞和淋巴细胞相等。以后小儿淋巴细胞占 60%~65%,中性粒细胞占 30%~35%,直到 4~6 岁粒、淋巴细胞相等,以后同成人。(3)血小板数。同成人。$1.50\times10^{11}\sim2.50\times10^{11}$个/升。(4)血红蛋白分类。①血红蛋白结构变化。出生后 HbF(胎儿血红蛋白)占 70%,HbA(血红蛋白 A)占 30%,HbA2(血红蛋白 A2)<1%。生后 HbF 迅速被 HbA 代替。1 岁时 HbF<5%,2 岁<2%。成人 HbA95%,HbA22%~3%,HbF<2%。②血容量。相对比成人多。新生儿血容量占体重 10%,平均 300ml;儿童占体重 8%~10%;成人占体重 6%~8%。

【小儿厌食】(anorexia of children) 长期缺乏食欲,看到食物不想吃,甚至拒食的现象。其原因有:(1)慢性疾病。如肝炎、结核、慢性肠炎及寄生虫病等。(2)喂养不当。营养不良导致小儿严重的厌食。在非洲,小儿营养不良主要是供给不足引起。而中国有丰富的营养物质供给,主要是喂养不当、母乳喂养不添加辅食或给过多的高蛋白饮食等,造成小儿微量元素缺乏、营养性贫血等各种营养缺乏症。(3)药物。很多药物的副作用,如大环内酯类药等,易引起小儿厌食。(4)家庭和精神因素。家庭矛盾,过分溺爱,强迫进食等可引起厌食。其临床表现为:(1)食欲不振。对各种食物不感兴趣,强迫喂养则小儿闭口不张,或撬开口,食物放入而不咽下。(2)营养不良及各种营养缺乏症。长期供给不足,体重明显减少、消瘦,营养不良或各种微量元素、维生素缺乏。(3)免疫系统功能减低。易患各种感染,肺炎,腹泻等。其预防及治疗方法有:合理喂养,预防疾病,家庭和睦等。其治疗,首先是去除病因,并给于助消化药物和中医中药的治疗。

【小夹板固定】(fixation with small splint) 骨折复位后选用不同的材料制成适用于各部位的小夹板用以保持复位后的位置的固定方法。常用材料有柳木板、竹板、衫皮板、纸板等。根据肢体的形态加以塑形,制成适用于各部位的小夹板,并用系带扎缚,以固定垫配合保持复位后的位置。小夹板固定是从肢体功能出发,通过扎带对夹板的约束力、固定垫对骨折端防止或矫正成角畸形和侧方移位的效应力和利用肢体肌肉的收缩活动所产生的内在动力,克服移位因素,使骨折断端复位后保持稳定。它是治疗骨折的良好固定方法之一。

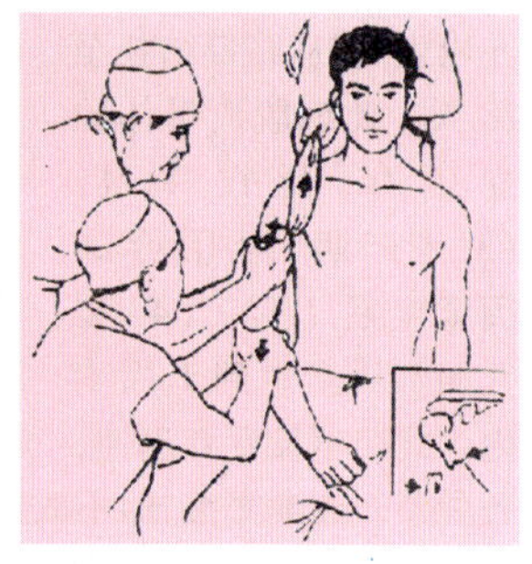

小夹板固定

【小科学】(small science) 在历史上以传统的增长知识为主要目的、以个人研究或学科交叉影响甚少的小型研究为主要特征的科学。一般来说，小科学是指 19 世纪以前的自然科学活动，是科学社会化程度不高的产物。

【小口径钻探】(slim-hole drilling) 采用直径小于 76mm 钻头进行的钻进施工方法。小口径钻进主要采用的是金刚石钻头，但有时也应用硬质合金钻头。小口径钻进时，钻具与孔壁的间隙小，钻具不易弯曲，因而钻孔弯曲度、钻具磨损及动力消耗等都比较小。由于小口径钻孔内被破碎的岩石少，所用的钻具及设备也相对轻便。中国采用的金刚石钻头直径旧规格是 76、66、56、46、36(mm)几种，新规格是 78、59、46、36(mm)。小口径钻探的发展趋势是微径钻进和超小径钻进，使用的是绳索取心钻具。

【小老树】(short old trees) 一些生产力低、质量差与密度太小的人工林与天然次生林。在这些林中有的由于密度小，树种组成不合理，而不能充分发挥地力；有的生长不良，树干弯扭，枯梢或遭病虫害与自然灾害后生长势衰退，它们成林不成材。这些林不能按经营要求提供用材或产量很低，也不能较好地发挥防护作用，没有培育前途。我们将这些林称为低价值林。就低价值人工林来说，涉及的树种较多，主要有杉木、马尾松、油松、杨树、榆树、刺槐、黄波罗、水曲柳等，且多表现出未老先衰的特征，所以形象地把它们称作“小老头”林或“小老树”。在 20 世纪五六十年代，南方大搞杉木万亩片林与用材林基地时，从山下到山脊都一律植杉，在杉木产区的边缘地带，可见到较多的杉木“小老头”林，约占基地总面积的 30%。杨树在北方平原与沙区是主要造林树种之一，也是形成“小老头”林最多的树种。据黑龙江省绥化地区和嫩江地区的 10 个国有林场调查，杨树成林面积的 38.1% 是“小老头”林；据辽宁省朝阳、锦州、阜新、铁岭和沈阳等地区的不完全统计，“小老头”林面积约占调查地区人工林面积的 27%，其中杨树“小老树”又占“小老头”林总面积的 61.3%。就次生林来讲，涉及的树种主要有山杨、白桦、黑桦、栎类，以及落叶松、马尾松、云南松等。杨、桦、栎在北方次生林区占有很大的比重。因多次砍伐而萌生成林后，山杨的病虫害越来越严重，生长衰退；白桦则密度过低；黑桦占有较好的立地却不能生产较好的用材；栎林在严重破坏后形成一些灌丛状林分或干形不良，难以培育为用材林。

小老树

【小流域产沙模型】(model of sediment yield in small watershed) 小流域产沙量与其影响变量之间的定量化的数学表述。主要用于预估在自然因素及人类活动作用下，小流域产沙量的量值及其变化，为进行小流域水土保持规划、治理、沟壑工程设计和估算水土保持措施的减沙效益提供科学依据。其类型是：(1)根据概率论及数理统计建立的多元回归产沙量经验方程。(2)用半经验半成因方法结合流体力学、泥沙运动力学模拟侵蚀和输沙过程的机理性模型。

【小流域经济】(economy of small watershed) 以小流域为单元，在规模化综合治理开发的基础上，发展起来的产业化、商品化农业生产模式。在治理水土流失中发展小流域经济，就是以小流域为单元，以治理开发为基础，以经济效益为中心，以振兴当地经济和提高农民生活水平为目标，山、水、田、林、路统一规划。将工程措施、林草措施和农业技术措施优化配置。既治理水土流失、改善生态环境，又充分合理地利用自然资源。因地制宜地发展种植业、养殖业、加工业和旅游业，使小流域成为发展商品生产的基地。中国小流域经济模式，可概括为种植型、种养型、种养加结合型、旅游观光型等。把治理与开发融为一体；把治理水流失与治穷致富融为一体；把水土保持的生态效益、社会效益与区域的经济发展融为一体。实现了水土保持工作由防护性治理向开发性治理的转变。是群众实践和科研探索的结晶，也是水土保持工作深化改革的成果。其主要经验是：(1)正确处理治理与开发的关系。(2)以市场为导向，积极发展支柱产业和有高附加值的优势产品。(3)依靠科技进步，不断提高治理开发生产的科技含量。(4)积极培育和发展小流域的市场机制。

【小流域水土流失观测】(observation of soil erosion and water loss in small watershed) 布设相应的观测设施，对小流域内各类坡地及沟道的径流泥沙所进行的系统测定。是建立小流域产流产沙数学模型、研究小流域治理优化模式、分析计算水土保持措施综合效益、规划设计水土保持工程的基础性工作。对实验小流域站网布设，除特殊需要(如研究泥沙输移规律)外，面积以不超过 50km^2 为宜，其自然条件和土地利用状况需具有代表性。对径流场(小区)布设和观测设备要服从研究目的及课题设计。选择在地形、坡向、土壤、植被等方面有代表性的场地。场地坡度要均匀。场地布设宜相对集中。根据研究目的及地形、人员等条件，确定试验小区数目和试验内容。观测设施和仪器有:护埂、承水槽、集水池以及自记雨量计、自记水位计和定时自动取沙装置。大型径流场使用的设备有H形量水槽、记水位与自动取沙设备。沟道径流站选址设计与测验方法是:根据站网布设规划,对观测断面进行具体设计,包括断面选位、测流方案确定、测流建筑物设计和测验仪器选择等。断面需设在主沟及支沟出口附近,以控制集水区径流泥沙。地点选在沟道顺直、沟床稳定、无回水影响的地段。测验方法应按沟道可能出现的最大、最小流量,悬移质及推移质含沙量等进行选择。方便、精确的方法是测流槽和溢流堰。在流量大、河槽固定的沟段测流可用流速仪,或用核测法、磁测法测流;在水流汹涌、岩石堆积、地势复杂的石山区沟道,可采用溶液法或用光学流速仪测流。测定悬移质含沙量用常规法,也可用同位素含沙量计或光电测沙仪。测定推移质可用机械采样器、推移质测槽进行示踪测验等方法,也可采取单站遥测、多站巡测及流域集控系统等自动测报方式。

【小流域综合治理】(small watershed management) 又称流域治理。以小流域为单元,合理安排农、林、牧等各业用地,因地制宜对水土流失进行综合治理与开发的措施。小流域治理实际上就是山丘区水土保持。面积一般为10~30km^2。其措施主要包括:水土保持农业技术措施、水土保持林草措施和水土保持工程措施。以小流域为单元进行综合治理,是山丘区有效开展水土保持的根本途径。许多国家已经把小流域治理与流域水土资源及其他自然资源开发、管理与利用结合起来,以水土资源可持续经营为目标,按流域成立有权威的经营管理机构。随着经济发展以及山区资源进一步开发与利用,世界各国小流域治理在规划、设计与施工方面,将不断引进各项新技术,加快治理速度,提高治理效果。

【小龙虾】(redswamp crayfish) 又称红螯虾、淡水小龙虾、克氏原螯虾。属于节肢动物门,甲壳纲,十足目,爬行亚目,蛄科,螯虾亚科,原螯虾属。体呈圆筒形。头胸部较粗大。外壳坚硬。各步足的基节、座节完全愈合,上肢和足鳃合并。胸部末节不具侧鳃。喜栖息于水草、树枝、石隙等隐蔽物中。昼伏夜出。不喜强光,多聚集在浅水边爬行觅食或寻偶。有掘洞的习性,洞穴的深度在50~80cm。通常在水沟边营穴而居。杂食性,食物匮缺时亦自相残杀。生命力强。小龙虾的繁殖力低。小龙虾原产于墨西哥、美国南部路易斯安那州、密西西比州等地,1918年,日本从美国引进小龙虾作为饲养牛蛙的饵料。二战期间,小龙虾从日本传入中国,现已成为中国淡水虾类中的重要资源,广泛分布于长江中下游各省市。随着人工养殖的开展,现在中国黄河流域也已有分布。

小龙虾

【小麦胚芽】(wheat germ) 存在于小麦粒底部与麦穗连接处的一种胚状幼芽。是小麦制粉的副产品,同时也是小麦籽粒的精华。在小麦粒中,胚芽仅占2%,但含有高浓度的维持生命运动的各种营养成分,是一种完全蛋白质。营养成分有:(1)富含天然维生素E、维生素B_6、β-胡萝卜素等。(2)含有丰富的油酸、亚油酸和亚麻酸等不饱和脂肪酸。(3)含有多种微量元素以及谷胱甘肽、廿八碳醇等生理活性物质。其功能与作用是:(1)小麦胚芽是优良的食品添加剂,在面包、糕点、糖果和饮料等食品中加进胚芽不仅会大大提高其营养价值,而且能改善风味,增加食欲。(2)经精炼的小麦胚芽油具有防止动脉粥样硬化病变和抗衰老作用,正日益成为健康营养食品。(3)小麦胚芽油可应用于口红、唇膏、眼膏、胭脂、防晒霜、面霜、护肤乳液、护发膏等化妆品。

小麦胚芽

【小麦前氮后移技术】(technology of postponing nitrogen fertilizer application to wheat) 又称氮肥后移技术。在小麦全生育期所施的氮肥中,根据土壤肥力水平确定氮肥的底肥和追肥比例,将返青期追肥的时间后移至拔节期的小麦栽培技术。特别适宜于中国北方冬麦区和黄淮海冬麦区土壤肥力较高的中筋和强筋小麦生产。其技术要点是:在中等肥力麦田,底氮肥减少到50%,追氮比例可增加到50%;土壤肥力高的麦田,底氮肥可减少到30%,追氮比例可增加至70%。此技术能显著提高小麦产量,较传统施肥方法增产10%~15%,能明显改善小麦品质,不仅可以提高小麦子粒中蛋白质和湿面筋的含量,并且还能延长面团形成时间和面团稳定时间,最终显著改善优质强筋小麦的营养品质和加工品质。可将氮肥的利用率提高10%以上,从而减少氮肥对环境的污染。

【小区污水处理系统】(community sewage treatment system) 排水系统不在城市市政管网覆盖范围内,独立设置的,污水处理量小于或等于4 000m^3/d的污水处理系统。小区污水属生活污水,不含工业废水。其特征为水质水量变化较大,污染物浓度低,污水可生化性良好,处理难度小。其处理工艺依据污水排入水体的功能不同而异,应根据当地环保部门的要求确定处理程度,以确保出水水质。基本原则是:(1)整体规划,使外观设计与小区建筑环境相协调;紧凑布置,节省用地;尽量减少对周围环境的影响。(2)工艺简单实用,设备性能稳定,处理程度高,污泥产量少,采用节能技术,方便管理等。常用的处理工艺有:化粪池、一级处理(初次沉淀池)、二级生物处理及三级回用消毒处理等。使用该系统的地方包括:居民生活小区或者具有多种功能的建筑区域如医院、港口、公园、商业中心、郊外住宅区、疗养区和学校等。

【小犬座】(Canis Minor) 天赤道附近主要星座之一。与双子座和巨蟹座为邻。中心位置:赤经7时40分,赤纬+7°。面积约183平方度。座内只有两颗亮星,α星为淡黄色一等星,β星为三等星。在北半球,α星出现在银河西南方天空,是冬季星空中很亮的一颗目视恒星。

【小水电】(small hydropower sta tion) 装机容量很小的水电站或水力发电装置。世界各国对小水电没有一致的定义和容量范围的划分界限。即使同一国家,不同时期,标准也不尽相同。一般按其装机容量的不同可分为:微型(micro)、小小型(mini)和小型(small)三档。有的国家只有一个档次,有的国家则分为两个档次,差异较大。与大水电相同的优点是:不污染大气,使用可再生能源、无能源枯竭之虑,成本低廉等。与大水电相比较其独特的优点是:(1)对生态环境影响的正面影响大,负面影响较小,甚至没有。(2)淹没土地少,移民问题小,且容易解决。(3)多数情况可用当地建筑材料,可吸收当地劳动力建设,从而降低建设费用。(4)设备易于标准化,有利于降低造价,缩短建设工期。(5)一般距负荷近,输电损失小。因此,小水电比较适用于向广大农村和山区的分散用户供电。其缺点是:(1)多数无调节性能好的水库,发电能力有明显的季节性,年际间所能提供的电能也不均衡,适应负荷能力差。(2)单站装机容量小,水电站位置很分散,难以远距离传输,对大电力系统的作用不大。

【小水力资源】(small hydropower resource) 装机容量为2.5×10^4kW以下的水力发电资源。中国的小水力资源十分丰富,分布范围广。全国小水力资源的理论蕴藏量为3.78×10^{12}kW,年发电量可达2×10^{11}~2.055×10^{11}kW·h。目前仅开发16%。

【小湾水电站】(Xiaowan Hydropower Station) 西电东送的标志性工程。位于滇西南涧县与凤庆县交界的小湾。是澜沧江中下游河段规划梯级中的第二级。建成后装机容量4.2×10^6kW,年发电量1.885 3×10^{10}kW·h。电站建成后将形成容量1.491 4×10^{10} m^3的水库。坝址地形地质条件优越,适于修建高坝大库。坝高292m,具有调节水资源的能力,是所有中下游梯级电站中最高的一座。大坝由混凝土双曲栱坝,坝后水垫塘及二道坝、左岸一条泄洪洞及右岸地下引水发电站组成。以发电为主兼有防洪、灌溉、拦沙及航运等综合利用的效益。

小湾水电站

【小舞蹈病】(sydenham) 发生于儿童身上的一种无意识的运动疾病。该病常伴有心理障碍,与风湿病有密切关系,是风湿热的一种表现。主要病变在基底核大脑皮层脑干和小脑等处散在的动脉炎、神经细胞变性,软脑膜亦有轻度炎症反应。舞蹈病以女童居多,年龄大都在5~12岁左右。其临床表现是:最初出现情绪不稳,易激动等精神症状;随后出现全身或部分肌肉不自主的无意识的运动。多见于四肢和颜面部,交替出现扭头、缩颈、挤眉、弄眼、歪嘴、伸舌、端肩、手舞足蹈等动作,致使不能持物,不能进食,影响写字和说话等。越是兴奋、越是注意力集中,发作越加重。

【小行星】(asteroid) 沿椭圆轨道绕太阳运行的一种小天体。大多分布在火星与木星轨道之间,组成小行星带。公转周期多为3.3~5.7年。最著名的小行星有谷神星(最早被发现的小行星,直径1 070km,质量1.17×10^{24}g)、智神星(第二个被发现的小行星,直径560km,质量2.6×10^{23}g)、灶神星(最

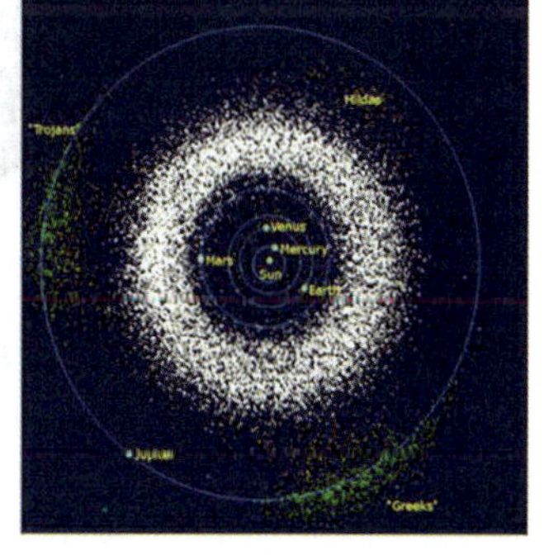

小行星带

明亮的小行星,直径 550km、质量 2.4×10^{23} g)、爱神星(直径不足 100km,公转周期 642 天,自转周期 5 时 16 分,为著名的变光小行星)。原来一直以太阳系第九大行星出现的冥王星(直径 1 350km)现已从大行星中除名,只能作为矮行星与其他小行星为伍。目前正式编号的小行星有 5 万多颗。其中轨道半径约一个天文单位距离的近地小行星有可能与地球相撞,对地球有潜在威胁。已有国际组织对这些近地小行星进行监测。太阳系内在火星与木星轨道之间的小行星密集区,形状如带状。该带宽约 1.6 天文单位距离。太阳系中 97% 的小行星聚集在这里,总数约 50 万颗,总质量可达 2.1×10^{24} g。

【小型计算机系统接口】(small sized computer system interface, SCSI) 一种用于小型计算机主机系统与主机系统之间系统级接口器件。接口的母线上可以连接主机适配器和八个 SCSI 外设控制器。SCSI 是个多任务接口,设有母线仲裁功能。挂在一个 SCSI 母线上的多个外部设备可以同时工作。SCSI 目前版本为 Ultra 640 SCSI。其最大同步传输速度达到 640MB/s。采用 SCSI 接口的硬盘称为 SCSI 硬盘。后者性能好、稳定性高,在服务器上得到广泛应用,而普通 PC 机应用较少。

【小型空压机】(small-sized air compressor) 压缩空气的气压发生装置。是气源装置中的主体,可将机械能转换成气体压力能。按其工作原理的不同可分为:容积式压缩机、往复式压缩机和离心式压缩机。容积式压缩机通过压缩气体的体积,使单位体积内气体分子的密度增加以提高压缩空气的压力;离心式压缩机通过提高气体分子的运动速度,使气体分子具有的动能转化为气体的压力能,从而提高压缩空气的压力;往复式压缩机(活塞式压缩机)则直接压缩气体,当气体达到一定压力后排出。空气压缩机可用于风动工具、仪表控制及自动化装置、车辆制动、食品和制药工业、大型船用柴油机的启动、油井压裂、高压空气爆破采煤、武器系统、喷漆、吹瓶机等。

小型空压机

【小熊座】(Ursa Minor) 北天拱极星座之一。位于大熊座、猎犬座以北,北天极即在座内。中心位置:赤经 15 时,赤纬 +75°。面积约 256 平方度。座内有亮于四等的星 7 颗,组成斗形,很像北斗星,但规模较小、较暗,又名“小北斗”。斗柄末端的 α 星即北极星。每年春、夏、秋季黄昏,在北纬 20° 以北地区,几乎通宵都可看见。

小熊座

【小浴比染色技术】(small bath ratio dyeing technology) 水介质的使用量与染料使用量的比值较小的染色工艺。带动织物运行的动力源是气流,水仅仅作为染化料的载体,省去驱动织物运行的用水,浴比减小。热交换效率高,常温至 90℃,升温速率可达 8 ~ 10℃/min,大大缩短了升温时间,降低了蒸汽的消耗量。有非常显著的节能降耗效果和环保效应。染色浴比从1 : 50降至 1 : 8 左右,耗水量及污水排放量只是常规的 1/5 ~ 1/6,染色成本降低 20% 以上。

【小种】(race) 生长在特别环境下,具有与本物种相区别的特征性状的物种。是在遗传学上再分类的结果,有时用来指一部分渐变群。小种之间的变异,可以是或不是适应性的变异,而是生态型之间的变异。因此,“小种”是较“生态型”更普通的术语。植物病原物在种、亚种或致病变种以下的一个非正式的分类单元。

【小组制护理】(teamnursing) 由一位管理经验丰富、决策水平和技能较高的护理人员任组长,领导一组护理人员对一组病人提供护理。各小组有较大权责。小组成员由不同级别的护理人员组成,在小组长的计划、指导下共同参与并完成护理任务,实现确定的目标。一般 3 ~ 4 人一组,负责 10 ~ 20 位病人的护理。其特点是:(1) 水平沟通和协调。(2) 系统、连续护理,易出成果。(3) 水平、经验、才智能级化。(4) 易于培养护士。(5) 耗费人力及设备。(6) 责任到组不到人。(7) 要求组长的组织、业务、技能能力强。小组制护理,能发挥各级护士的作用,能了解病人一般情况,但护士个人责任感相对减弱。

【校园网】(campus network) 在一个学校范围内为教学、科研和管理等提供资源共享的计算机网络。可为学校提供先进的信息化教学环境,丰富的、可共享的公共教学资源,并实现办公自动化和对校内事务的综合管理。其特点是:(1)教育专网,为学校服务的计算机网络。(2)一个信息系统,具有大量的教育信息和基础数据。(3)具备多媒体信息传输能力,具有为学校和学校之间的教育提供网络环境、实现资源共享、信息交流、协同工作等基本功能。

【效价】(titer) 病毒或抗原与抗体等活性高低的量值。也用作生物制品活性高低的标志。一般以显现反应的最高稀释度来表示。病毒的效价以单位体积中所含的感染单位来表示。病毒能产生反应的最小量称为感染单位。实际工作中常用噬斑计数法进行测定。

【效价强度】(titer concentration) 能引起等效反应的相对浓度或剂量。其值越小,强度越大。效价强度是评价一种药品的重要指标。

【效率】(efficiency) ❶机械设备或一个系统有效利用的能量与其输入总能量的比值。❷单位时间内,完成的工作量。效率广泛用来比较不同系统或设备性能的优劣。常用的效率有热效率、机械效率、工作效率等。

【楔横轧技术】(wedge rolling technology) 在轧件轴线与轧辊轴线平行时,两个带楔形凸棱的轧辊以相同的方向旋转并带动圆形轧件反向旋转,轧件在楔形孔型的作用下,轧制成各种形状的台阶轴的轧制工艺技术。其主要工艺特点是在轧制过程中,工件的变形主要是径向压缩轴向延伸。楔横轧工艺与一般锻造工艺相比,产品质量好,尺寸形状精度高;材料利用率高;振动小,噪声低,劳动条件好,劳动强度低;易于实现机械化与自动化;模具成本低,比锻造一般低30%,且模具寿命长;设备重量轻,地基浅,投资少。楔横轧技术广泛应用于汽车、拖拉机、摩托车和内燃机等轴类零件毛坯的生产,如汽车变速箱轴、拖拉机变速箱轴、汽车差速器主动伞齿轮坯、羊角预制坯、凸轮轴以及空心的阶梯轴类。

【协定处方】(agreement prescription) 医师会同本院药师,根据临床医疗需要,结合本医疗机构用药经验,针对一些常见病多发病,相互协商制定的处方。一般可事先调配或制备医院制剂。是医疗机构为了减少病人候药时间或方便病人服用,经医院“药事委员会”研究审定,并在药监部门备案,事先调配的方剂(多见中药饮片配方)。此方可用于调剂或制剂,但只能在医院内使用。协定处方调配成制剂的,必须取得制剂批准文号。按医院的协定处方配制的制剂,为“非法定制剂”,不能在市场上流通,取得制剂批准文号的,也只能在本院使用。

【协调世界时】(coordinated universal time) 又称协调时。以原子时为基准的一种时间计量系统。用符号UTC表示。由于原子时秒长与世界时不等,累积下去,两者的差别会愈来愈大。因此,国际上规定,自1972年1月1日起,协调时与原子时只相差整秒数。当此值较大时,协调时就跳动1s(即增加或减少1s)使二者同步。调整的这1s,称为“闰秒”。

【协同设计】(collaborative design, CD) 企业内不同设计部门、不同专业方向,或者同一项目的不同设计单位之间,进行“分解-协调-配合”,完成产品的设计研发工作的设计方法。协同设计由流程、协作和管理三类模块构成。协同设计的目的是:(1)建立科学的工作模式。(2)建立统一的语言环境。(3)专业团队协同设计。(4)项目团队协同设计。(5)设计文件资料的统一管理。协同设计实施中应注意的问题:(1)各级领导对协同设计的认识和理解是协同设计成功实施的最重要的保证。(2)明确实施协同设计的目标。(3)制定明确的需求分析和可行的实施方案。随着互联网技术的发展和协同概念的增强,协同设计正逐渐成为计算机辅助设计和其他现代设计技术的助推剂,是提高产品质量、设计速度、设计效率与设计资源利用率,降低成本的有效途径。它符合全球经济一体化趋势的要求。

【协议转换器】(protocol converter) 见网关。

【协作通信】(cooperative communication) 一种可以使具有单根天线的移动台获得类似于MIMO(多入多出)系统中的某些增益的通信方法。其基本思想是在多用户环境中,具有单根天线的移动台可以按照一定的方式来共享彼此的天线从而产生一个虚拟MIMO系统,从而获得发分集增益。通过使用中间客户机作为通信中介,可以在发起客户机与移动设备之间传送至少一个协作消息。使用带有一根天线的移动台,在多用户环境中可以共享其他移动用户的天线,这样可产生多根虚拟发射天线,进而得到相应的分集增益,改善移动通信系统的性能。现在通用的信号处理方法有检测转发机制、放大转发机制以及编码转发机制。

【邪气】(pathogenic factor) 中医泛指各种致病的因素。邪气包括六淫、七情内伤、疠气、饮食失宜、劳逸损伤、外伤、寄生虫、虫兽所伤等。有时也包含机体内部继发产生的病埋代谢产物,如:痰饮、淤血、宿食和内湿等。

【邪正盛衰】(exuberance and debilitation of the healthy qi) 疾病发生、发展过程中致病

邪气与机体抗病能力之间相互斗争所发生的盛衰变化。一般来讲,邪气侵犯人体后,正气与邪气即相互发生作用。一方面是邪气对机体的正气起着破坏和损害作用;另一方面正气对邪气的损害起着抗损害驱除邪气并消除不良影响的作用。邪正的斗争,及在斗争中邪正双方力量的盛衰变化,不仅关系着疾病的发生、发展,影响着病机、病证的虚实变化,而且直接影响着疾病的转归。

【斜击式水轮机】(turgo turbine) 又称德里亚水轮机。其叶片倾斜地装在转轮体上,随着水头和负荷的变化,转轮体内的油压接力器操作叶片绕其轴线相应转动的机械。其最高效率稍低于混流式水轮机,但平均效率大大高于混流式水轮机。与轴流转桨水轮机相比,抗气蚀性能较好,飞逸转速较低,适用于40~120m水头。这种水轮机还可用作可逆式水泵水轮机。当它在水泵工况启动时,转轮叶片可关闭成近于封闭的圆锥因而能减小电动机的启动负荷。斜流式水泵水轮机转轮的叶片可以转动,在水头和负荷变化时仍有良好的运行性能,但受水力特性和材料强度的限制。到20世纪80年代初,它的最高水头只用到136.2m(日本的高根第一电站)。对于更高的水头,需要采用混流式水泵水轮机。

斜击式水轮机

【斜井】(inclined well) 与地面直接相通的倾斜巷道。其作用与立井和平硐相同。不与地面直接相通的斜井称为暗斜井或盲斜井。其优点是:掘凿比较容易,速度快,技术和设备简单,费用也较少。沿煤层掘进的小型斜井,具有投资少、建井期短、出煤快的优点。开采浅部煤层普遍选用斜井。当采用斜井方式开拓时,按其用途的不同也分为主井、副井和风井。斜井井筒的组成与立井井筒相似,也分为井颈、井身和井底三部分。近年来,由于大能力带式输送机的出现,装备带式输送机的主斜井和暗主斜井越来越多,斜井开采的深度也相当大。

【斜井跑车事故】(inclined accident) 发生在倾斜井巷中的一种危害较大的运输事故。其主要原因有:钢丝绳断绳跑车、连接件断裂跑车、矿车底盘槽钢断裂跑车、连接销窜出脱轨跑车、制动装置不良引起跑车、工作失误造成跑车。主要预防措施有:(1)按规定设置可靠的防跑车装置和跑车防护装置,实现"一坡三挡"。(2)倾斜井巷运输用的钢丝绳连接装置,在每次换钢丝绳时,必须用两倍于其最大静荷重的拉力进行实验。(3)对钢丝绳相连接装置必须加强管理,设专人定期检查,发现问题,及时处理。(4)矿车要设专人检查。矿车的连接钩环、插销的安全系数不得小于6。(5)矿车之间的连接、矿车和钢丝绳之间的连接必须使用不能自行脱落的装置。(6)把钩工要严格执行操作规程,开车前必须认真检查各装置。(7)斜井串车提升,严禁蹬钩。行车时,严禁行人。(8)斜井轨道和道岔的质量要合格。(9)斜井支护完好、轨道上无杂物。

【斜井人车信号装置】(inclined shaft manrider signalling) 供斜井人车与矿井提升机房间进行信号联络的装置。斜井人车的信号装置除跟车工外其他人员严禁操作。早期的斜井人车信号装置均采用火花接触型架线式装置。其主要缺点是:操作不方便,容易失灵,安装麻烦等。目前较常用的斜井人车信号装置有矿用Rx斜井人车信号装置等定型产品,组成联络系统。该信号装置是无线电感应式安全火花型设备,全晶体管携带式。适用于有瓦斯和煤尘的矿井。为煤矿斜井人车上信号工之间及与井口信号站(或绞车房)进行信号联络。机内设有发射和接收装置,在有良好感应线的情况下,传输距离可达2km。它有多路音频信号,可向绞车房显示"开车"、"停车"及"急停"信号。当跟车司机发出"急停"信号时,在声光显示的同时切断电动机电源,使车辆紧急制动。

【斜拉桥】(cable-stayed bridge) 以固定于索塔并锚固于桥面系的斜向拉索作为上部结构主要承重构件的桥梁。第二次世界大战后设计的桥型之一。由桥墩、桥台、辅助墩、塔柱、缆索和主梁组成。主梁为缆索多点悬吊,其跨越能力大,内力小,高度低,施工方便,可用钢结构、预应力混凝土结构建造。箱形钢梁与钢筋混凝土桥面板组成的结合梁做主梁,用钢材较少,重量轻,噪声小。多用于城市桥,也可做铁路桥、人行桥和管道桥。2008年中国建成的杭州湾跨海大桥是该类桥梁的代表,全长36km,为世界最长的斜拉桥。大桥设南、北两个航道。其中北航道桥主跨为448m的钻石型双塔双索面钢箱斜拉桥,通航标准35 000t;南航通桥主跨为318m的A型单塔双索面钢箱斜拉桥,通航标准3 000t。除南北

世界第一斜拉桥-苏通大桥

航通桥外，其余引桥梁用 30 ~ 80m 不等的预应力混凝土连续箱结构。

【斜模铸造】(inclined mould casting) 又称转动模铸造。将铸模倾斜放置的浇铸方法。浇注时铸模处于倾斜位置，金属流沿着铸模壁流入模底。浇注到铸模壁的 1/3 时，一边浇注，一边缓慢转动铸模。在刚要浇注到预定高度时，使铸模正好转到竖直位置。特点是金属液流柱较短，并且是在氧化膜的下面注入模内，浇注过程中铸模内液流平稳，可保持液体表面层氧化膜的完整性，能够减少金属氧化以及夹杂的混入。浇注时金属液不直接冲击模底，避免了因金属液翻腾而卷入气体。铸模可制成铸铁模或水冷模。适用于容易氧化生渣的合金。用水冷模铸造时，冷却强度大，铸锭组织细密。常用于浇铸铝合金小扁锭。机械化生产，劳动强度小，但生产率较低。

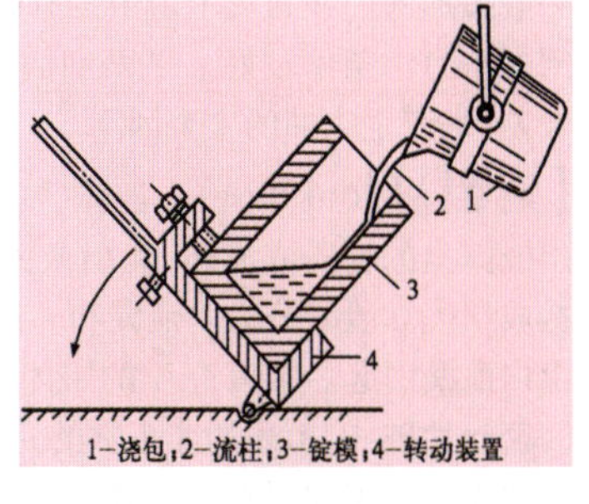

斜模铸造

【斜刃冲裁】(diagonal cutter blanking) 将凸模(或凹模)刃口平面做成与其轴线倾斜的斜刃将材料切离的冲裁加工方法。斜刃冲裁相当于把冲裁件整个周边长分成若干小段进行剪切分离，因而能显著降低冲裁力。斜刃口模具虽然能够降低冲裁力，但是增加了模具制造费用，刃口也易磨损，修磨困难，冲件不够平整，不适于冲裁外形复杂的冲件。大型工件的斜刃口冲模一般把斜刃布置成多个波峰的形式。

【斜视】(strabismus) 一只眼注视目标，另一只眼偏离目标，两只眼的位置不能对称的一种视觉异常。该病分为内斜视和外斜视等。内斜视俗称“斗鸡眼”。目前中国儿童斜视患病率为 1%。其原因是：多由于先天性眼外肌的位置发育异常引起，也可能父母的遗传因素有关。此外，婴幼儿发育不完善，如断奶、换牙、惊吓以及震动等，都可以使大脑的融合功能受到破坏而造成斜视。如遭遇产伤或眼外伤，也可使儿童出现斜视。儿童斜视要做到早发现、早治疗。在 3 岁以前进行矫治时机最佳。

【斜翼机】(oblique wing airplane) 左右两半翼为一整体且可绕机身垂直枢轴转动的飞机。在原理上它与变后掠翼飞机相似。飞机在起飞、着陆和低速飞行时，机翼位置如图中的虚线所示，相当于平直机翼，这时机翼展长最大，诱导阻力小，升力系数大，起飞着陆和低速飞行性能好。飞机以高亚音速和超音速飞行时，机翼可绕枢轴转动某一角度。这时，一侧机翼前掠，另一侧机翼后掠，都可以推迟激波的产生，从而减小阻力，提高巡航时的升阻比；机翼在斜翼位置时，整个飞机横截面面积沿机身轴的分布较后掠翼飞机均匀，近于流线体，在降低波阻方面比后掠翼更为有利；斜翼机在停放时可斜置机翼，减小停放空间；斜翼机左右半翼连成一体，简化了机翼与机身的连接结构。其主要缺点是机翼与机身的连接结构刚性较差。此外，在斜置位置上左右半翼不对称，还会由滚转操纵引起俯仰和偏航运动。美国国家航空航天局在研究和实验的基础上制造了小型斜翼验证机 AD－1。机翼斜置角变化范围从 0° ~ 60°，总重 726kg。

斜翼机

【谐波齿轮传动】(harmonic gear drive) 又称谐波传动。依靠柔性零件产生弹性机械波来传递动力和运动的一种新型行星齿轮传动。其关键在于采用了一个可以变形的柔性齿轮(柔轮)，齿的啮合随着柔轮的变形进行。其特点是：(1)承载能力高。在谐波传动中，齿与齿的啮合是面接触，加上同时啮合齿数(重叠系数)多达 30%，因而单位面积载荷小，承载能力高于其他传动形式。(2)传动比大，传递功率高。一级传动的传动比范围为 50 ~ 500，二级可达 2 500 ~ 25 000。(3)零件少、体积小、重量轻。(4)传动效率高、寿命长。(5)传动平稳，无冲击，无噪声，运动精度高。(6)由于柔轮承受较大的交变载荷，因而对柔轮材料的抗疲劳强度、加工和热处理要求较高，制造工艺复杂，综合了许多现代科学技术知识。谐波传动已广泛应用于电子、航天航空、机器人等行业。

【谐波电流】(harmonic current) 将非正弦周期性电流函数按傅里叶级数展开，其频率为原周期电流频率整数倍的各正弦分量的统称。频率等于原周期电流频率 K 倍的谐波电流称为 K 次谐波电流。K 大于 1 的各次谐波电流也统称为高次谐波电流。

【谐波功率】(harmonic power) 同频率的谐波电流和电压构成的功率。在电力系统中谐波产生是由于非线性负载所致。当电流流经负载时，与所加的电压不呈线性关系，就形成非正弦电流，从而产生谐波。谐波频率是基波频率的整倍数。法国数学家傅里叶分析原理证明，任何重复的波形都可以分解为含有基波频率和一系列为基波倍数的谐波的正弦波分量。谐波可使电能的生产、传输和利用的效率降低,导致电气设备过热、产生振动和噪声,并使绝缘老化,使用寿命缩短,甚至发生故障或烧毁。谐波可引起电力系统局部并联谐振或串联谐振,使谐波含量放大,会造成电容器等设备烧毁。谐波还会引起继电保护装置和自动控制装置误动作,使电能计量出现混乱。在电力系统外部,谐波对通信设备和电子设备也会产生严重的干扰。

【谐波雷达】(harmonic radar) 又称金属再辐射雷达或电子目标探测雷达。接收非线性目标再辐射的谐波信号以探测目标的雷达。当非线性目标被电磁波照射激励后,将产生与照射频率相同的基波再辐射和为照射频率整数倍的各次谐波辐射。人工制造的物体中非线性目标很多,主要有两类,即带有PN结点和金属接点的目标。它们的伏安特性有很大不同。当其受到电磁波照射后,再辐射的谐波信号也相差很大。PN结再辐射的偶次谐波信号比奇次谐波信号强,而金属接点再辐射正好相反。谐波雷达不仅可以探测非线性目标,而且还能识别目标的类别。特别适于探测带有PN结的电子装置,如窃听器收转电台和带电子引信的地雷等。广泛用于国防、公安、安检、交通和城建等领域。

【谐振】(resonance) 又称共振。振荡电路在某种频率的外加电动势或电流的作用下,其中电感性与电容性电抗或电纳相消,因而呈现纯电阻性的现象。这频率称为谐振频率,大致等于电路的固有频率。电感与电容串联的电路在发生谐振时,电抗相消,电路内电流振幅最大。这种现象称为串联谐振(或电压谐振)。电感与电容并联的电路在发生谐振时,电纳相消,并联电路的总阻抗一般为最大。这种现象称为并联谐振(或电流谐振)。将电路的电流(或总阻抗)对其相应的频率所绘成的曲线,称为谐振曲线。

【泄洪闸门】(flood discharge gate) 用以宣泄洪水并调节控制水库水位的工作闸门。具有承受各种静、动载荷的能力;能在动水中启闭;并具备良好的结构和水力学特性。泄洪闸门的水流流态直接影响闸门运行的可靠性,在高速水流下,往往会引起闸门及其所在建筑物产生振动、空蚀、冲刷或加剧泥沙磨损等不良后果。因而对闸门的结构动力特性和水流流态应予以十分重视。泄洪闸门常用弧形闸门、平面闸门或锥形阀等。弧形闸门和平面闸门可布置在泄水建筑物的进口、中段或出口。弧形闸门在布置上一般不设门槽,水力学条件好,动水中操作时启闭力小,适于用作泄洪闸门。平面闸门一般指直升式平面闸门,其水力学特性比弧形闸门差,但在布置上比设置弧形闸门紧凑,同时闸门可提出门槽便于检修。在泄水建筑物的出口往往选用各类阀门如锥形阀等。一般弧形闸门在布置上由于没有门槽对水流的干扰,闸门水力学条件较好。平面闸门门槽的水力学条件较差,是产生空蚀的主要因素。

泄洪闸门

【泄漏】(leakage) 液体、气体漏出。不应该流出或露出的物质或流体,流出或露出机械设备以外,造成损失。泄漏分为内泄漏和外泄漏,通常故障主要由内泄漏引起。装有介质的密闭容器、管道或装置,因密封性破坏,出现的非正常的介质向外泄放或渗漏的现象。火灾和因有毒气体引起的中毒事故都与物质的泄漏有着直接的关系。按泄漏介质性质的不同可分为气体泄漏、液体泄漏和固体泄漏。按泄漏机理的不同可分为界面泄漏、渗透泄漏和破坏性泄漏;按泄漏部位的不同可分为密封体泄漏、关闭体泄漏和本体泄漏。造成泄漏的原因是:(1)由于机械加工的结果。机械产品的表面必然存在各种缺陷和形状及尺寸偏差。因此,在机械零件连接处不可避免地会产生间隙。(2)密封两侧存在压力差,工作介质就会通过间隙而泄漏。消除或减少任一因素都可以阻止或减少泄漏。就一般设备而言,减小或消除间隙是阻止泄漏的主要途径。

【泄水建筑物】(water release bullding) 为宣泄洪水或其他需要放水而设置的水工建筑物。通常由五部分构成:(1)水库放水的溢洪道、泄水闸、泄水隧洞、泄水底孔、泄水涵管。(2)涝区排水的排水闸(排涝闸)、排水泵站。(3)河道分洪泄水的分洪闸、溢洪堤。(4)渠道排泄入渠洪水或多余水量的泄水闸、退水闸等。(5)拦河修建的溢流坝和拦河闸。既是挡水建筑物,又是泄水建筑物。在水利、水电枢纽中的作用是:(1)汛期泄放洪水,控制水库水位以保证档水建筑物的安全。(2)按照合理的调度运行方式,在汛期控制下,泄洪水流量以减轻下游洪水灾害;在非汛期有计划地放水,以保证下游

泄水建筑物

通航灌溉、工业和生活用水。(3)汛期排放泥沙,减轻水库淤积以延长水库有效库容的运行时间;在水库低水位时放水冲沙,降低进水口前淤沙高程,减少过机水流含沙量以减轻对水轮机的磨损。这种泄水建筑物又称排沙建筑物。(4)在维修大坝或紧急情况下放水降低库水位。(5)在多污物河流或寒冷地区利用开敞式泄水建筑物排放污物或冰凌以免除拦污栅被堵塞或破坏。

【泄水隧洞】(water escape tunnel) 为排泄洪水、排沙、放空水库和施工导流而设置的水工隧洞。水电站、泵站的尾水隧洞也属于泄水隧洞。主要由进口段、洞身段及出口段组成。水利枢纽的泄水隧洞进口在水面以下,流量大,流速高,需要解决高速水流带来的一些特殊问题,如掺气、空蚀、振动、以及出口流速高、能量集中给消能带来的问题等。在进口设检修闸门,用以在工作闸门或隧洞检修时挡水。隧洞首部的进口段,设有进水喇叭口、进口渐变段、闸门及其启闭设备、通气孔、平压管等,用以控制水流,保证来水平顺地进入洞身。隧洞出口应设消能工。有压隧洞多采用圆形断面,无压隧洞多采用圆拱直墙式断面。其断面尺寸取决于泄流量和施工维修等条件。一般泄水隧洞用混凝土、钢筋混凝土及锚喷衬砌。对于地质条件好,用光面爆破施工的导流或尾水隧洞,经过充分论证后也可不衬砌。

【泄水闸】(sluice barrage) 主要用闸门挡水的低水头泄水建筑物。由闸室和上下游连接段组成。闸室是泄水闸的主体,设有闸门。上游连接段的主要作用是引导水流均匀进闸;下游连接段的主要作用是消能防冲,引导水流安全排入下游河道。按其结构布置的不同可分为:涵洞式泄水闸和开敞式泄水闸。按其功用的不同可分为:节制闸、泄洪闸、排水闸和冲沙闸等。泄水闸应尽量布置在河道中泓线上。闸墩轮廓尺寸要符合流线,减少侧向收缩影响,以提高泄流能力。闸室一般用宽顶堰或低槛实用堰。开敞式泄水闸堰顶设闸门,闸门顶与上游正常库水位齐平,也可在闸门顶以上设一段短胸墙以减少闸门尺寸。闸室为挡水建筑物,在设计载荷作用下应整体稳定,其应力应在允许范围内。闸室基础应采取防渗和排水措施。软基上的闸室应注意满足地基的承载能力,必要时进行加固处理。闸室可以是在闸墩分缝的整体结构,也可以是在闸墩两侧分缝的分离式结构。分缝中应设止水。闸室下游连接段设消力池和防冲海漫。其设计应考虑可能出现的最不利的水力条件,以选定消力池的类型和大小。

泄水闸

【泻溜】(debris slide) 崖壁和陡坡上的土石经风化形成的碎屑,在重力作用下,沿着坡面下泻的现象。坡地发育的一种方式。陡坡上土石岩体受冷热、干湿和冻融的交替作用,造成土石表面松散和内聚力降低,形成了与母岩体接触不稳定的碎屑物质,并时断时续地顺着坡面向下泻落,在坡麓逐渐形成锥形碎屑体-岩屑锥。其坡面角度与泻溜物质的安息角一致,通常为35°~36°。泻溜形成的堆积物常被洪水冲刷、搬运。在由黏土、页岩、粉沙岩和风化的砂页岩、片麻岩、千枚岩、花岗岩等构成的35°以上的裸露陡坡,易发生泻溜。如果泻溜形成的堆积物不被流水冲走,坡地将逐渐变得平缓。泻溜强烈的地方将影响交通,堵塞渠道和沟谷,并为洪水提供大量泥沙,淤填水库和河道。其防治措施是:(1)植树种草,保护坡面。(2)固定岩屑堆,防止冲刷。(3)在建筑物和道路旁边的陡坡上砌石护坡、喷洒水泥浆或沥青等胶结物。(4)修挡土墙、挖护路沟,拦阻泻溜物质。

【泻药】(laxatives drugs) 能增加肠内水分,促进蠕动,软化粪便或润滑肠道促进排便的药物。临床上主要用于功能性便秘。分为三类:(1)容积性泻药。为非吸收的盐类和食物性纤维素等物质。包括硫酸镁、乳果糖、食物纤维素等。(2)接触性泻药。包括酚酞、比沙可啶等。(3)润滑性泻药。通过局部滑润并软化粪便而发挥作用。适用于老人及痔疮、肛门手术患者。包括液体石蜡、甘油等。

【蟹种】(larval crab) 又称扣蟹。在天然水体中成长或经人工培育数月,体重达到5~16g的性腺未成熟的幼蟹。幼蟹是成蟹养殖的苗种来源。判断蟹种的优劣的方法是一看、二爬、三查。一看,即看蟹种的规格和外观。规格均匀、爪尖完整、内脏和鳃部无病变的为优质蟹种;规格不均匀、外观差、爪尖磨断或有焦点的为劣质蟹种。二爬,即将蟹种放在塘口的堤上让它爬。能自己爬下水的是优质蟹种,爬不走的蟹种是劣质蟹种。三查,即在一批蟹种中随机抽取10只进行检查。如果发现有1只蟹的肝脏发生病变,或有2只蟹鳃部发生病变,或有一只蟹的爪尖磨断或发焦,或有3只蟹有缺肢、断肢痕迹,或有2~3只蟹全身呈浅茶褐色,这批蟹种便是劣质蟹种,不能购买。否则,第一批蟹蜕壳

螃蟹

时会大量死亡。

【心包络】(pericardium) 又称心包、膻中。中医术语。包在心脏外面的包膜,具有保护心脏的作用。心居于包络之中,包络在心之外,所以《内经》比之为心之宫城。在经络学说中,手厥阴心包经和手少阳三焦经互为表里,故心包络也被称为脏。在藏象学说中,心包络乃心之外围,有保护心脏的作用,故当外邪侵犯心脏时首先使心包受病。

【心电图】(electrocardiogram, ECG) 心脏在每个心动周期中,由起搏点、心房、心室相继兴奋,伴随着心脏生物电的变化,通过心电描记器从体表引出多种形式的电位变化的图形。是心脏兴奋的发生、传播及恢复过程的客观指标。心脏周围的组织和体液都能导电,因此可将人体看成为一个具有长、宽、厚三度空间的容积导体。心脏好比电源,无数心肌细胞动作电位变化的总和可以传导并反映到体表。在体表很多点之间存在着电位差,也有很多点彼此之间无电位差而是等电的。这样在人体内及体表均有电流自心电偶的正极流入负极,形成一个心电场。可通过心电偶中心的垂直于电偶轴的零电位面把心电场分为正、负电位区。心电场在人体表面分布的电位就是体表电位。心电图机将此体表电位的电信号放大及按心脏激动的时间顺序记录下来,即为心电图。探查电极面对除极电偶的正极则录出正波,面对负极录出负波。电极越靠近心电偶轴,则电位的绝对值越高,波形越大。每一次心脏搏动场包括收缩和舒张,称为一个心动周期;相应的心电活动包括除极和复极,成为一个心电周期。心电图是反映心脏兴奋的电活动过程,对心脏基本功能及其病理研究方面,具有重要的参考价值。用于对各种心律失常、心室心房肥大、心肌梗死、心律失常、心肌缺血等病症检查。可以分析与鉴别各种心律失常;也可以反映心肌受损的程度和发展过程和心房、心室的功能结构情况。在指导心脏手术进行及指示必要的药物处理上有参考价值。然而,心电图并非检查心脏功能状态必不可少的指标。因为有时看似正常的心电图不一定证明心功能正常;相反,心肌的损伤和功能的缺陷并不总能显示出心电图的任何变化。所以心电图的检查必须结合多种指标和临床资料,进行全面综合分析,才能对心脏的功能结构做出正确的判断。

正常心跳

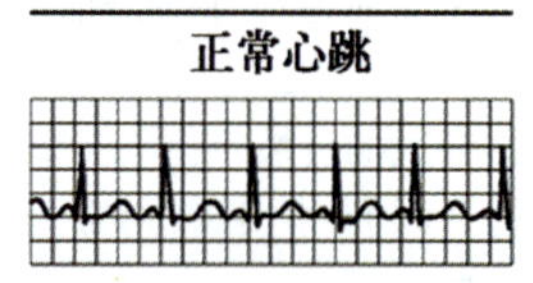

快速心跳

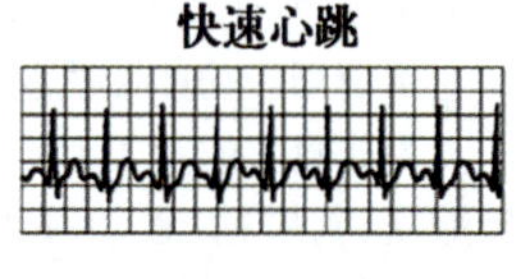

缓慢心跳

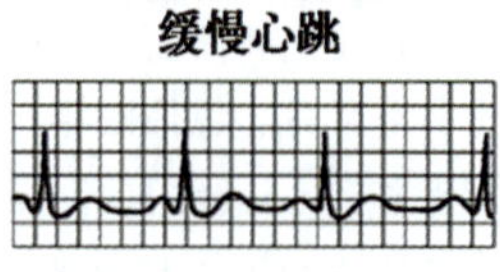

不规规则心跳

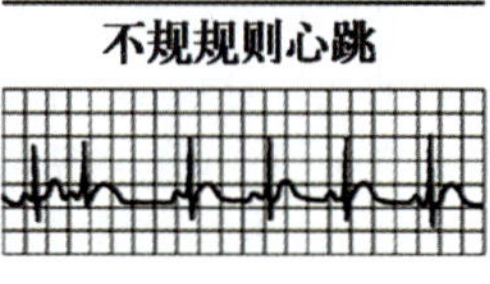

心电图

【心电运动试验】(esercise stress testing) 通过分级运动的方式,充分调用心血管生理储备力,诱发相应的生理和病理生理表现,以确定最大心脏负荷能力的评定方式。是心电图学的重要组成部分。从20世纪30年代起,运动试验开始受到重视;在40~50年代期间,学者们对二阶梯运动试验进行了深入的研究;在50年代中期以后,二阶梯运动试验逐渐被平板运动试验和踏车运动试验所取代。其目的是通过运动检测以了解患者运动训练的安全性。是协助康复方案制订的重要基础。其类型包括:症状限制性运动试验、低水平运动试验和简易运动试验三类。常用的试验方案有 Bruce 方案、Naughton 方案、Balke 方案,以及踏车试验方案等。在有条件的情况下,最好对所有进行心脏病康复的对象进行运动试验,以保证训练的安全性。

【心动周期】(cardiac cycle) 心脏每收缩和舒张一次构成的一个周期。在心动周期中,心房与心室各按一定时程进行交替收缩与舒张。心房先收缩,当心房开始舒张后一极短时间,心室收缩,然后舒张,此时房、室均处于舒张状态,称为全心舒张期;在其末期,心室舒张尚未结束,心房又开始收缩,于是进入下一个心动周期。其持续时间与心率有关。若心率加快,则心动周期缩短,收缩期与舒张期均相应缩短,但舒张期缩短的比例更大。而冠状血流量在心舒期增加,故心率过快,心舒张期明显缩短,对心肌的持久活动不利,也不利于血液回心。由于心室在泵血活动中起主要作用,故心动周期通常是指心室的活动周期。心脏活动由一连串的心动周期组成,所以心动周期可作为分析心脏活动的基本单位。每一心动周期包括三个主要方面的功能活动:一是窦房结产生兴奋,并由特殊传导系统扩布到整个心脏;二是心房肌与心室肌相继收缩与舒张,造成心房与心室内压和容积的改变,推动血液流动;三是随着心腔内压力的变化发生瓣膜活动,并出现心音。

【心肺复苏术】(cardiopulmonary resuscitation, CPR) 在患者停止呼吸、心跳、心脏失去功能的情况下,借助心外按摩与人工呼吸的合并使用挽救患者生命的救生措施。在一般情况下,脑细胞缺氧4~6min后就会受损,一旦超过6min,就会造成无法复原的脑损伤。如果在呼吸、心跳停止的早期,即刻施行心肺复苏术,及时供氧,则可帮助患者身体恢复循环功能,有效提高生存机会。心肺复苏术在医疗界被广泛认为是所有急救技术中最基本的救命技术。

【心肺功能】(cardiopulmonary) 人的摄氧和转化氧气成为能量的能力。是人体新陈代谢的基础,也是人体运动耐力的基础。人体全身均需要依靠氧气,以燃烧体内储存的能量,让其变成热能。器官及肌肉得到热能才能活动。整个过程牵涉心脏泵血功能、肺部摄氧及交换气体能力。氧气由肺部吸入,肺部容量大小及活动次数会影响到氧气获得的量。心脏则负责把氧气通过血液循环系统送到各个器官及部位,心脏跳动的强弱会影响血液的流量,改变携带氧气的能力。心血管和呼吸系统虽然分属于两个生理系统,但功能上密切相关,其功能障碍的临床表现接近,康复治疗互相关联。

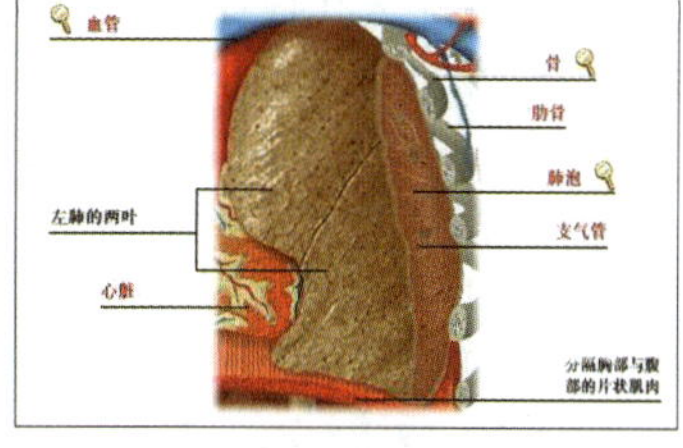

肺解剖图

【心肌梗塞后综合征】(postmyocardial infarction syndrome) 急性心肌梗塞后数周至数月内出现原因不明的发热,伴有心包炎、肺炎或胸膜炎症状。该综合征的发病机理可能与自身免疫有关,在急性心肌梗塞中发病率约占1% ~10%。其临床表现是:发热、胸痛(疼痛程度不等,常持续数日,可因深呼吸、咳嗽而加重或坐位前倾而减轻)、咳嗽、心悸、关节痛、呼吸困难等。体检可发现有心包摩擦音或心包积液体征、胸膜摩擦音和胸腔积液体征、肺部听诊有湿性啰音。重症者可出现心包填塞、心力衰竭症状。实验室检查的项目有:血白细胞增高、血沉加快、免疫球蛋白增高。ECG 心电图显示在心肌梗塞的基础上出现心包炎,呈多导联 ST－T 改变。

【心肌梗死】(myocardial infarction) 在冠状动脉病变的基础上血流中断,使相应的心肌出现严重持久的急性缺血最终导致心肌的缺血性坏死征象。发生急性心肌梗死的病人,在临床上常有持久的胸骨后剧烈疼痛、发热、白细胞计数增高、血清心肌酶升高以及心电图反映心肌急性损伤、缺血和坏死的一系列特征性病变,并可出现心律失常、休克或心力衰竭,此属冠心病的严重类型。心肌梗死的原因,多数是冠状动脉粥样硬化斑块或在此基础上血栓形成,造成血管管腔堵塞所致。按照病因、病理、心电图和临床症状等不同,心肌梗死可分为不同的类型,除上述共有的表现外,还各有其特殊性。

【心肌缺血再灌注】(myocardial ischemic reperfusion,MIR) 心肌细胞因缺血发生可逆性的、可存活的损伤的现象。在纠正缺血时,这种损伤反而会加重继而引起细胞死亡或进一步的功能障碍,是一种复杂的病理生理变化过程。其表现形式是:(1)再灌注可使缺血区存活的心肌和血管内皮细胞发生可逆及不可逆性损伤坏死,这是再灌注损伤最重要的一种表现。失去血管内皮细胞的保护作用,缺血局部舒血管因子减少,缩血管因子增多,常可导致缺血损伤及坏死面积扩大。(2)尽管恢复供血,但缺血区可发生无复流现象和冠脉血流储备减少,使缺血区心肌并无或无充分的血流供应。(3)短时间缺血后再灌注导致心肌顿抑现象,使局部存活的心肌收缩功能暂时性减退或消失。(4)在短暂的(在5 ~15min之间)冠脉缺血后、再灌注数秒到数分钟内出现再灌注心率失常,常表现为室速或室颤。

【心理动力理论】(psychological motivation theory) 认为受伤害工人的刺激心是事故原因的理论。事故致因理论之一。这种理论是基于心理学家弗洛伊德的个性动力理论。这种论点的持有者波丁(Bordin)、纳切曼(Nachmann)和西格尔(Segal)认为职业选择的目的在于满足需要和促进个人发展。其主要内容包括:(1)成人的生理和智力活动与其个人早期的生理和心理发展过程有关。(2)在复杂的成人活动中包含着与婴儿简单活动相同的本能满足。(3)人一生的最初六年,决定了他未来的职业需求模式。职业选择取决于人生最初六年中所形成的需要。(4)家庭压力对个体需要的发展影响极大。(5)成人在工作中会显示出一种婴儿期冲动的升华。(6)如果缺乏职业信息,职业期望可能遭到挫败。个人产生职业问题可能有三方面原因:一是依赖性强,缺乏对自己的责任感和自信心,缺乏职业决策能力;二是缺乏信息,即缺少职业决策所必须的根据;三是在选择职业过程中由于自身的犹豫或环境的干扰而引起的心理冲突或焦虑。指导者的任务首先在于查明个体职业问题的范围,然后同被指导者共同作出新的尝试性的决策,或改变被指导者的某些行为。其观点是:(1)认为无意识动机是可以改变的,与事故倾向理论相反。(2)认为人的品性缺陷不是固有的,稳固的,而是可以修正的。(3)一个人可能属于具有事故倾向族,但通过教育和训练可以降低其事故率,而不必从工作中将他们调离。

【心理护理】(mental nursing) 在护理过程中,护士以心理学理论为指导,以良好的人际关系为基础,通过与患者交往,影响改变病人不良心理状态和行为,发挥医疗护理的最佳作用的一种护理方式。是护理心理学的重要内容。是护理手段和方法之一。

是整体护理中不可缺少的重要组成部分。其工作着眼于病人心理与生理的相互转化的因果关系，因此有助于消除不良的心理刺激。防止心身疾病的恶性循环。使病人回归社会中，适应社会环境。增加病人对医护人员的信任。有助于发挥药物与手术的疗效。有助于调动病人的主观能动性，使其积极主动地做好自我护理。以利于病体康复与健康保持。其注意事项主要是：(1)主动关心患者需要。(2)体察患者的情绪采取有效对策。(3)巧妙积极暗示。(4)重视语言作用。(5)注意药物心理效应。患者用药过程既有生理效应又同时产生心理效应，而且心理效应会影响生理效应。因此给药时要熟悉药物作用及副作用，要针对患者用药心理采取恰当用药措施，使药理生理效应与心理效应达到最完美的结合。(6)改善病房环境，调节患者心情，使患者通过周围环境产生舒适愉快感。(7)学好沟通技巧，加强交流，消除患者心理障碍。

【心理现象】(mental phenomena)　又称心理。心理活动的表现形式。个人在社会活动中通过亲身经历和体验表现出的情感和意志等活动。一般把心理现象分为两类，即心理过程与个性。前者是指人的心理活动过程，包括人的认识过程、情绪和情感过程、意志过程；后者是指由于每个人的先天素质和后天环境不同，心理过程在产生时又总是带有个人的特征，从而形成了不同的个性。人的心理过程和个性是相互密切联系的。一方面，个性是通过心理过程形成的。如果没有对客观事物的认识，没有对客观事物产生的情绪和情感，没有对客观事物的积极反应的意志过程，个性是无法形成的。另一方面，已经形成的个性又会制约心理过程的进行，并在心理活动过程中得到表现，从而对心理过程产生重要影响，使之带有个人的色彩。其内容包括：心理动力、心理过程、心理状态、心理特征等个体心理系统；个体意识与无意识；群体心理等。

【心理战】(psychological warfare)　敌对双方为争夺民心、瓦解敌方士气所进行的斗争。双方通过广播、电视、传单、计算机网络等信息传媒，制造各种利己而不利敌的信息。是一种重要的信息战模式。实施心理战有助于以有限的兵力、最小的伤亡和物质消耗达到预想的军事目的。现在信息心理战的主要目标越来越指向敌方的决策层，迫使其动摇立场，改变决策，或使其决策失误。另外，采用的技术装备越来越先进。除了利用广播和电视等传媒手段外，还采用了语言模拟技术、虚拟现实技术和激光技术等，因而大大提高了心理战的效果。

【心理障碍】(psychological barrier)　由不良刺激引起的心理异常现象。属于心理活动中的轻度创伤。如遇到挫折后或愤怒攻击，或消沉自卑；遇到两难其全难以抉择时的心理冲突；考试前的过分紧张焦虑等。多伴有情绪的焦虑或抑郁、紧张或恐惧，以及生理功能的改变，但往往只是暂时的、在一定情景下偶然发生的，是正常心理活动中的局部异常状态。每个正常人在特定情况下都可能产生不同程度的心理障碍，但其社会功能完好无损，往往不需经过治疗，只要改变不良生活习惯，适当应用心理防御措施就会自然消失。但是，严重而持久的心理障碍，不仅会对人格发展产生影响，而且也会诱发一些精神疾病。

【心理治疗】(psychotherapy)　又称精神治疗。以心理学的理论为指导，以良好的医患关系为桥梁，运用心理学的技术与方法治疗病人心理疾病的过程。广义的心理治疗泛指一切影响人的心理状态、改变理解行为的方式和方法。包括对患者所处环境的改善，周围人(包括医生)语言、行为的影响(如安慰、鼓励、暗示、示范等)，特殊的环境布置等一切有助于疾患治愈的方法。而狭义的心理治疗，则是在确立了良好的心理治疗关系的基础上，由经过专门训练的心理治疗师运用心理治疗的有关理论和技术，对病人进行帮助，以消除或缓解病人的心理问题或人格障碍，以促进人格向健康、协调方向发展的过程。心理治疗的技术和方法有：暗示、催眠术、精神分析、行为矫正、生物反馈、气功、瑜珈、体育运动、音乐、绘画、造型等。心理治疗的目的在于，解决患者所面对的心理困难与心理障碍，减少焦虑、忧郁、恐慌等精神症状，改善病人的非适应性行为，包括对人对事的看法，从而促进其人格成熟，使被施治者能以较适当的方式来处理问题，适应生活。

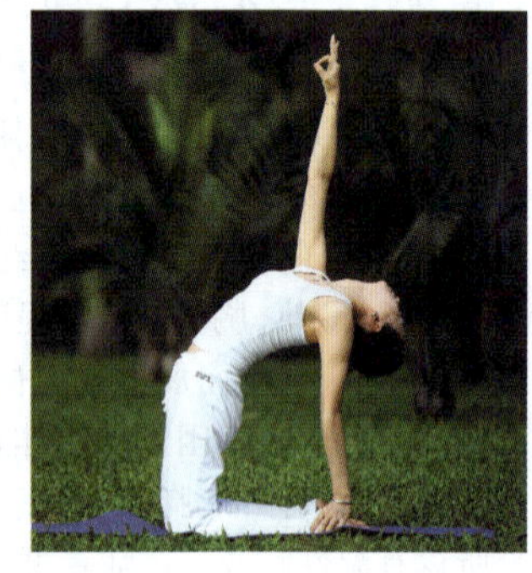

瑜伽

【心内膜弹力纤维增生症】(endocardial fibroelastosis, EFE)　又称心内膜硬化症。心内膜下弹力纤维和胶原纤维增生为主要病理改变的一种疾病。分为原发性及继发性。继发性是先天性心脏病并发 EFE，病情的轻重取决于心脏畸形情况。原发性 EFE2/3 是在 1 岁内发病，病变主要累积于左心室，至今病因不明。其主要临床表现为充血性心力衰竭，常在呼吸道感染后发病。按病情轻、重、缓、急的不同可分为三型:(1)暴发型。生后6个月内发生,突然呼吸困难、青紫、烦躁、心动过速、心音低钝、奔马律;肺内有干、湿性啰音;肝增大、浮肿,少数出现心源性休克、猝死。(2)急性型。生后4天发病,常在伴肺炎时发生充血性心衰。多数死亡,少数治疗后缓解。(3)慢性型。多是6个月以上婴儿发病,稍缓慢。长期反复心力衰竭,经治疗可缓解,能活到成人。死亡原因是心力衰竭。此型约占1/3病人。诊断较困难:(1)1岁内婴儿突然心力衰竭。(2)胸部X线示:心脏球形,左室大为主,心薄弱。(3)心脏无明显杂音。(4)心电图,左心室肥大,ST段改变及T皮倒置,房室传导阻滞。(5)超声检查,左室下收缩功能降低,心内膜回声增强。(6)必要时做心导管,左室舒张压增高。组织学确诊需心内膜活检。应与病毒性心肌炎、心型糖原累积病、扩张型心肌病等鉴别。治疗主要是控制心力衰竭。长期服用洋地黄,直到症状消失、胸X及心电离恢复正常后1~2年可停药;有细菌性肺炎可用抗生素治疗。死亡率20%~25%,多在2岁前死亡。持续治疗,有痊愈可能。

【心身疾病】(psychosomatic diseases) 又称心理生理疾病。介于躯体疾病与神经症之间的一类疾病。心身疾病有狭义和广义两种理解。狭义的心身疾病是指心理社会因素在发病、发展过程中起重要作用的躯体器质性疾病。如原发性高血压、溃疡病。广义的心身疾病是指心理社会因素在发病、发展过程中起重要作用的躯体器质性疾病和躯体功能性障碍。心身疾病对人类健康构成严重威胁,是造成死亡率升高的主要原因。亚历山大(Alexander)最早提出七种经典的心身疾病是:溃疡病、溃疡性结肠炎、甲状腺机能亢进、局限性肠炎、类风湿性关节炎、原发性高血压及支气管哮喘,并认为与特定的心理冲突有关。现在则认为心理社会因素在各种疾病发生中均有作用。心身疾病的发病学机制是:(1)心理动力理论。(2)心理生物学理论。(3)学习理论。其诊断要点是:(1)明确的躯体症状。(2)寻找心理社会因素并明确其与躯体症状的时间关系。(3)排除躯体疾病和神经症的诊断。心身疾病的预防原则是:心身疾病是心理因素和生物因素综合作用的结果,因而心身疾病的预防也应同时兼顾心、身两方面;心理社会因素大多需要相当长的时间作用才会引起心身疾病(也有例外),故心身疾病的心理学预防应从早做起。

【心腧】(xinyu acupoint) 中医穴位名。属足太阳膀胱经,心的背腧穴。定位:在背部,当第五胸椎棘突下,旁开1.5寸。主治:癫狂,痫证,心胸烦闷,心悸,健忘,失眠,心痛,咳嗽吐血,遗精,盗汗;心肌炎,心包炎,风湿性心脏病,冠心病,神经衰弱,精神分裂症,肋间神经痛等。刺灸法:斜刺0.5~0.8寸(不宜深刺);艾炷灸3~5壮,或艾条灸5~10min。现代研究证明:针刺心俞穴对心房颤动有良好的疗效,有控制心率的作用,心电图观察,针刺心腧穴可使胸前导联发生变化,心脏病人表现更明显。

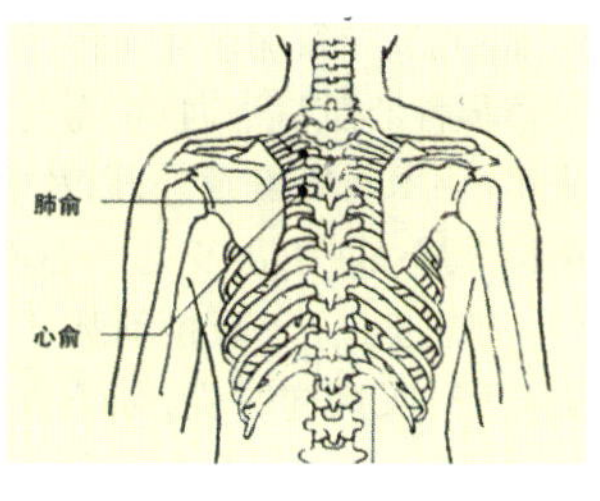

心腧穴

【心土层】(subsoil layer) 表土层和底土层之间的土层。一般很少受农事活动的影响。旱作土的心土层一般保持自然土壤淀积层的形态和性状,耕种引起的变化小。水稻田的心土层,在正常情况下,发育为斑纹层多棱柱状结构,垂直节理(裂缝),透水性良好,养分供应及时,但铁质严重淋失时,就形成灰白色的白土层(白土、白散泥等)。低湿年重的水稻土(青泥土)的心土层,与上层分界不明显,无定型结构,似黏糕状,滞水,土性冷凉,苗期养分不足,发稞迟。

心土层

【心源性脑缺血综合征】(cardiogenic cerebral ischemia syndrome) 见阿-斯综合征。

【心脏起搏器】(heart pacemaker) 一种能帮助功能减弱的心脏维持心室功能的医疗装置。其主要作用是:用一定形式的脉冲电流刺激心肌造成兴奋并在心脏扩布,使心肌发生收缩,维持必要的血流循环功能。对于严重的房室传导阻滞和其他原因造成的心率失常、用药物治疗无效时,可使用起搏器。

【心脏死】(heart death) 心跳先于呼吸停止所引起的死亡。主要见于心脏的原发性疾病或心脏损伤,如冠心病、心肌或心瓣膜病、心包积液、心脏传导系统疾病或心率失常以及心脏外伤等。心跳停止是渐进性的,但也有心跳骤停的。后者可发生于上述心脏的各种原发性疾病或心脏损伤,也可发生在高碳酸血症、低钾血症或外来强烈刺激引起的迷走神经反射以及电击等情况。

【心脏骤停】(caraiac arrest) 心脏突然丧失

泵血功能、导致循环完全停止的征象。常见原因为各种器质性心脏病、药物中毒与过敏、电解质失常、酸碱失衡、手术与麻醉意外,以及电击、溺水和窒息等。其中以冠心病为最多见。心脏骤停的诊断要点是:(1)神志丧失。(2)颈动脉、股动脉搏动消失,心音消失。(3)叹息样呼吸,如不能紧急恢复血液循环,很快就呼吸停止。(4)瞳孔散大,对光反射减弱以至消失。(5)心电图表现。心室颤动或扑动,约占91%;心电－机械分离有宽而畸形、低振幅的QRS,频率20～30次/分钟,不产生心肌机械性收缩;心室静止,呈无电波的一条直线,或仅见心房波。心室颤动超过4分钟仍未复律,几乎均转为心室静止。心脏骤停常迅速伴有呼吸骤停,因此应心肺复苏同时进行。

【心轴】(mandrel) 加工或检验盘套类零件时一种主要用于定位的轴。零件加工时采用的心轴有圆柱体心轴、锥度心轴和可胀心轴。其中的锥度心轴和可胀心轴靠摩擦力夹紧。零件检测时采用的心轴主要是锥度心轴。

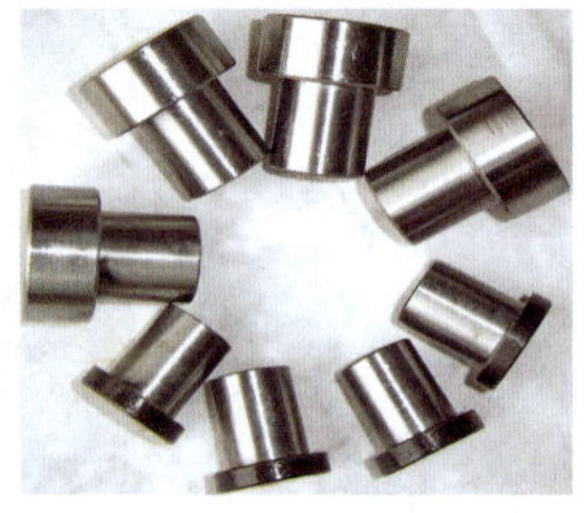

心轴

【芯片】(chip) 通过一系列特殊工艺把三极管、二极管等一些有源器件和电阻、电容等无源器件以及它们之间的电路连线集成在小块的硅质晶片上所组成的集成电路。按照摩尔定律,芯片的集成度每18个月就会翻一番。目前芯片的线宽由0.13μm向小于90nm的大小发展,集成的晶体管的数目也数以亿计。电子信息产业成为全世界的第一大产业,而集成电路芯片技术和软件技术被列为电子信息产业的两大支柱。以芯片为代表的电子信息技术已广泛应用于国防和经济社会的各个领域。

【芯片组】(chipset) 计算机主板或扩展卡上的一组芯片。构成主板电路核心的统称。就是把以前复杂的电路和元件最大限度地集成在几个芯片内的芯片组。主板芯片组几乎决定着主板的全部功能,其中中央处理器(CPU)的类型、主板的系统总线频率、内存类型、容量和性能,以及显卡插槽规格,是由芯片组中的北桥芯片决定的;而扩展槽的种类与数量、扩展接口的类型和数量等,是由芯片组的南桥芯片决定的。从一定意义上讲,芯片组性能的优劣,决定了主板的好坏与级别的高低。按其用途的不同可分为服务器/工作站、台式机、笔记本等类型;按芯片数量的不同可分为单芯片组、多芯片组,标准的南、北桥芯片组和多芯片芯片组(主要用于高档服务器/工作站);按其整合程度高低的不同可分为整合型芯片组和非整合型芯片组等。

【辛烷值】(octane number) 火花点火式发动机燃烧过程中燃料抗爆震能力的一种实验室标准量度。用一台标准结构的单缸四冲程发动机来测量某种给定燃料的抗爆震能力。测定方法是与由两种纯碳氢化合物按不同比例组成的基本参考燃料进行比较。这两种纯碳氢化合物中的一种具有非常高的抗爆震性能,另一种则很低。具有高抗爆震性能的异辛烷的辛烷值规定为辛烷值标度100,抗爆震性能很差的正庚烷规定其辛烷值标度为零。辛烷值是指与待测汽油抗爆震性能相同的异辛烷和正庚烷的混合物中异辛烷所占的百分率。

【锌的生产】(zinc production) 从选矿后的锌精矿中提取金属锌的方法。包括火法炼锌和湿法炼锌两种。湿法炼锌具有金属回收率高、产品质量好、环境污染较轻等优点,逐渐取代火法炼锌。锌矿主要以硫化物矿闪锌矿(ZnS)及氧化物矿菱锌矿($ZnCO_3$)的状态存在。火法炼锌和湿法炼锌均是针对氧化锌而言的。因此,对硫化物矿,需要先将精矿进行焙烧,主要分为氧化焙烧和硫酸化焙烧两种。氧化焙烧是在氧化气氛中使硫化物成为氧化物,焙烧后的焙砂和所收集的烟尘统称焙烧矿,作为火法炼锌的原料。湿法炼锌的硫酸化焙烧是部分硫酸化焙烧,即将矿石中的硫化物大部分氧化为可溶于稀硫酸的氧化物,部分地转变为水溶性硫酸锌,以弥补湿法炼锌过程中硫酸的损失。火法炼锌基于氧化锌在高温下被炭还原。其基本反应如下:$C + ZnO = Zn + CO$,$CO + ZnO = Zn + CO_2$,$CO_2 + C = 2CO$。反应产物的锌是气相锌,经冷凝后成为液态金属锌,进行铸锭。火法炼锌包括:平罐法炼锌、竖罐法炼锌、电热法炼锌和密封鼓风炉法炼锌。炼出的粗锌品位为97%～99%,还需在精馏塔内利用各种金属沸点不同的原理而进行精馏法精炼。精炼后可得到99.99%～99.995%的纯锌。湿法炼锌是基于氧化锌能够溶解于稀硫酸溶液中,形成硫酸盐,而与其他脉石分离。先将焙烧矿浸出,即用稀硫酸作溶剂使焙烧矿中氧化锌溶解进入溶液,与不溶解的固体残渣分离。然后用中和水解法净化,使溶液中一些金属杂质水解生成氢氧化物沉淀而除去。最后进行电解沉积,提取纯度高的金属锌。即以净化后的硫酸锌溶液作

闪锌矿石

为电解液，以铅－银合金板作阳极，铝板作阴极，通直流电进行电解。阴极上析出金属锌，阳极上放出氧气。定时取出阴极板剥下锌，熔化铸锭。废液可返回用作浸出。

【锌基合金模】(zinc alloy die) 以锌为基体的铜、铝三元素另加微量铁元素组成的四元合金通过铸造方法所制成的模具。用锌基合金可以制造冲裁模、弯曲模、拉延模以及局部成型模。其主要特点是：(1)模具结构简单，对于小型模具可以采用整体结构，大型模具和形状复杂的模具可以采用镶拼结构。(2)冲模制模周期短，制模技术简便。(3)锌基合金来源广，且机械加工性能良好，焊接方便。(4)铸造性能好，气孔少。(5)可以反复重熔再制模。(6)成本低，仅为普通钢模的1/6～1/8，为铋－锡低熔点合金模的1/4～1/5。(7)应用范围广，不但可以进行各种金属板料的成型工艺，而且可用于冲裁工艺。比如压弯4mm厚度以下的低碳钢板，冲裁厚度4mm以下的钢板，模具寿命可达数千次至数万次。(8)对于冲裁，能够自动补偿冲裁间隙，使冲裁模间隙均匀，故冲裁件剪切断面光亮带大。对于局部成型、弯曲和拉延工艺等，有自润性，可以保护工件表面，进行无损成型。

【锌缺乏病】(zine deficiencg disease) 因机体锌摄入量少于所需量而引起的疾病。常见于儿童。锌是人体特别是儿童必须的微量元素之一。由于小儿生长发育迅速，需锌量较多，易造成锌缺乏。引起缺锌的原因有：喂养不合理，供锌食物不足；长期腹泻使锌不能吸收；营养不良小儿及长期胃肠道外营养；反复的出血、溶血等。其主要表现是：锌参于神经胶质细胞分裂增殖，缺锌可造成脑损伤，智力发育迟缓；锌影响味蕾细胞更新及唾液磷酸酶活性，锌缺乏可引起食欲减退、厌食、异食等；锌影响核酸及蛋白质合成，缺乏易导致生长发育停滞，性成熟推迟，细胞免疫和体液免疫功能下降，易感染等(以肺炎及腹泻多见)。严重的锌缺乏还会出现皮肤干燥，头发干枯，眼损害等。若查出血浆中的锌含量降低，并结合临床表现，可确诊此病。补锌2～3个月可纠正锌缺乏。还应多食含锌丰富的食物，如禽蛋类、瘦肉、肝和鱼等。

【新冰期】(neoglaciation) 地球进入距今1万多年(即全新世)以来发生过的最为寒冷的时期。因为发生在人类出现以来最近的时期，同时又区别于第四纪当中发生过的各次大冰期，于是被称为“新冰期”。新冰期发生于距今2 000～3 000年前，在中国相当于战国到东汉末年之间。这一时期地球上绝大多数冰川都发生了明显的前进。地球年平均气温下降3℃左右，许多喜温喜湿的动物向更温暖的地方迁移，一些喜温喜湿的植物大片死亡或收缩。中国长江中下游曾经大量生活的大象、犀牛种群也从此消失。新冰期冰川后退时留下了大量的冰碛物质。根据这些冰碛物分布的规模和空间位置推测，当时的冰川比现在的冰川厚五分之一以上，长十分之一左右。在中国西藏东南部和横断山一带的新冰期冰碛物上，已经生长出茂密的原始森林。

冰期

【新材料】(new material) 新出现或正在发展中的、具有传统材料所不具备的优异性能或特殊功能的材料。是一个泛指名称，它与传统材料之间并没有截然的分界，是在传统材料基础上发展而成的。传统材料经过组成、结构、设计和工艺上的改进，从而提高材料性能或出现新的性能，都可能发展成为新材料。

【新陈代谢】(metabolism) 见代谢。

【新城疫】(newcastle disease) 由新城疫病毒引起禽类的一种急性、热性、败血性和高度接触性传染病。以高热、呼吸困难、下痢、神经紊乱、黏膜和浆膜出血为特征。具有很高的发病率和病死率。是危害养禽业的一种主要传染病。世界动物卫生组织将其列为A类疫病。鸡、野鸡、火鸡、珍珠鸡、鹌鹑易感。其中以鸡最易感，野鸡次之。不同年龄的鸡易感性存在差异，幼雏和中雏易感性最高，两年以上的老鸡易感性较低。水禽如鸭、鹅等也能感染本病，并已从鸭、鹅、天鹅、塘鹅和鸬鹚中分离到病毒。但它们一般不能将病毒传给家禽。病鸡是本病的主要传染源。鸡感染后临床症状出现前24h，其口、鼻分泌物和粪便就有病毒排出。病毒存在于病鸡的所有组织器官、体液、分泌物和排泄物中。在流行间歇期的带毒鸡，也是本病的传染源。鸟类也是重要的传播者。病毒可经消化道、呼吸道，也可经眼结膜、受伤的皮肤和泄殖腔黏膜侵入机体。该病一年四季均可发生，但以春秋季较多。鸡场内的鸡一旦发生本病，可于4～5天内波及全群。该病的防控主要有三个方面：一是采取严格的生物安全措施，防止病毒侵”入鸡群；二是免疫接种，提高鸡群的特异性免疫力；三是一旦发生，应对可能污染的场地、物品、用具采取严格的消毒措施，并将死禽进行无害化处理，以消灭传染源。

【新发传染病】(emerging infectious diseases) 在人群中新确定和过去存在于人群中，但是其发病率突然增加或者地域分布突然扩大，可引起局部或世界范围内公共卫生问题的传染病。包括两类，一类是过去没有，现在才出现的疾病，如艾滋病、莱姆病、汉坦热等；另一类是过去基本消失或控制，现在又死灰复燃的传染病，如疟疾、结核病、霍乱等。20 世纪 70 年代以来，世界各地先后发现了 40 多种新的传染病，中国存在或潜伏的约 20 余种。其特点是：(1)新发传染病中 3/4 是人畜共患病。(2)传染范围广，不易控制。(3)难以预防和防范。由于缺乏基线资料，对新发传染病进一步流行的趋势很难预测，给预防、控制和治疗带来极大困难。

【新概念武器】(weapon of new concept) 工作原理、杀伤破坏机理和作战运用方式与传统武器相比有显著不同的高技术武器群体的统称。通常具有较高的作战效能和效费比，能够取得较好的作战效果。其主要特征是：(1)创新性。在设计思想上有显著的突破和创新，是创新思维和高技术相结合的产物。(2)时代性。武器新颖，时代感强。(3)探索性。新概念武器科技含量高，技术难度大，在技术途径、经费投入、研制周期等方面不确定因素多，因此探索性强，风险大。此外，一些新概念弹药、计算机网络攻击手段以及高超声速武器也属于新概念武器的范畴。

【新构造运动】(neotectonic movement) 发生在新近纪和第四纪的构造运动。可发生于不同时代、不同类型、不同活动程度的构造单元中，对现代地貌的形成有重大影响。新构造运动的出现，表明地壳发展进入了一个新阶段。例如，珠穆朗玛峰中新近纪脱离海洋环境，新近纪末上升至海拔 2 000m，早更新世末达 2 500～3 400m，青藏高原上升约 1 000m。至中更新世纪末，珠穆朗玛峰升达 6 000m 以上，高原面达 3 000m，东亚与南亚季风环流正式形成。中国长江中下游由亚热带荒漠草原发展为亚热带森林，西藏高原由热带亚热带森林草原向高寒荒漠发展，西北地区由干旱、半干旱荒漠草原向干旱荒漠发展。新构造运动对地震活动也有控制作用，地震活跃区即新构造作用区，地震的强度与新构造运动幅度和性质关系紧密。

【新合纤面料】(new synthetic fabric) 综合超细、超高收缩等加工技术织成的高科技涤纶面料。属于第五代异形截面及涤纶染整加工的新产品。超越了前四代产品单纯追求仿毛和仿丝的观念，强调服用性能，具有防水、仿麂皮绒和超柔软等风格。

新合纤面料

【新技术文件系统】(new technology file system, NTFS) 建立在保护文件和目录基础之上的一个基于安全性的文件系统。以簇为单位来存储数据文件。但簇的大小并不依赖于磁盘或分区的大小。NTFS 将整个磁盘分区上每件事物都看作一个文件，而文件的相关事物又视为一个属性。其主要特点有：(1)可支持 2TB 的分区。(2)发生系统失败事件时，可自动恢复文件系统的一致性。(3)支持对分区、目录及文件压缩。(4)可进行磁盘配额管理，为用户所能使用的磁盘空间进行配额限制。(5)可进行目录及文件权限管理。(6)支持目录及文件加密。

【新近纪】(Neogene Period) 曾称新第三纪、上第三纪。地质年代中新生代第二个纪。延续时间距今约 2 350 万年～260 万年。这一时期生物界面貌与现代更为接近。中国除西部及东部个别地区有海相沉积外，其余地区均为陆相沉积，局部地区有岩浆活动及火山喷发。沉积矿产有石油、天然气、煤、硅藻土、石膏、岩盐和含铜砂岩等。新第三纪分为中新世和上新世两个世，代表符号为“N”。

【新能源】(new energy resource) 采用新技术开发利用的能源。一般指可再生的能源。是未来世界的持久性能源。如太阳能、海洋能、风能、氢能、核能、地热能和生物质能等。

【新能源材料】(new energy resource material) 实现新能源的转化和利用以及发展新能源技术中所用到的关键材料。包括以储氢电极合金材料为代表的镍氢电池材料，以嵌锂碳负极和 $LiCoO_2$ 正极为代表的锂离子电池材料、燃料电池材料，以硅半导体材料为代表的太阳能电池材料，以及铀、氘、氚为代表的反应堆核能材料等。其研究热点和技术前沿包括：高能储氢材料、聚合物电池材料、中温固体氧化物燃料、电池电解质材料和多晶薄膜太阳能电池材料等。

【新能源汽车】(new energy automobiles) 使用新能源、不排放或少排放废气的汽车。新能源汽车包括有：混合动力汽车(HEV)、纯电动汽车(BEV)、燃料电池汽车(FCEV)、氢发动机汽车以及燃气汽车、醇醚汽车等。氢气是目前最被看好的新能源汽车环保燃料。氢能车辆研究技术路线有两种：一种是燃料电池技术，另一种是氢内燃机技术。

混合动力汽车

前者的原理是氢、氧在催化剂作用下，在燃料电池中经电化学反应产生电能，以此作为驱动汽车的能源。燃料电池车的普及需要满足以下几点：(1)提高燃料电池的容量和成本降低。(2)确保车内空间。(3)燃料价位适宜。(4)氢气站的普及。目前，全世界约有500辆燃料电池车在商业化运营。在新能源汽车领域，中国唯一在世界上领先的技术就是纯电动客车。中国把燃料电池大客车作为燃料电池商业化的突破口。后者是氢和氧在内燃机内直接燃烧产生动力的技术。在2006年底，新款氢内燃机轿车的推出，标志着世界上第一辆氢能驱动、几乎零排放的家用轿车的诞生。目前，中国重点开发混合动力、纯电动和燃料电池三类新能源汽车，并形成了汽车动力系统技术和产学研合作研发体系。其中，混合动力车的开发技术最成熟。其原理是采取传统的内燃机和电动机作为动力源，通过油、电互补的工作模式，节约油耗，降低碳排放量。

【新生代】(Cenozoic Period) 地质年代中显生宙的第三个代。新生代为地史上距今最近、也是最新、延续时间最短的一个代。始于距今6 500万年，延续至今。新生代生物界已与现代接近，动物界哺乳动物及鸟类极为繁盛，植物界以被子植物为主，故新生代有哺乳动物时代和被子植物时代的名称。新生代可划分为三个纪共七个世：古近纪(古新世、始新世、渐新世)、新古近纪(中新世、上新世)和第四纪(更新世、全新世)。古近纪、新近纪曾有合称为第三纪的说法。除第四纪从260万年延续至今外，其余时间均为古近纪、新近纪延续的时间。第四纪以人类出现为最重要的特征，故第四纪又称灵生纪。其更新世又是全球性的大冰期，故又有冰川世之称。

【新生儿Apgar评分】(Apgar score) 判断新生儿有无窒息及窒息严重程度的一种方法。在1953年，由美国纽约哥伦比亚大学的Virginia Apgar(阿普卡)医师提出。该评分至今仍是国际公认的在产房评价新生儿状态的最简捷实用的方法。半个世纪以来的实践证明，它可以评价新生儿有无抑制，但不能明确抑制的原因。该评分法以出生后1min时的心率、呼吸、肌张力、喉反射和皮肤颜色5项体征为依据，每项为0～2分，满分10分。8～10分属正常新生儿；4～7分为轻度窒息(又称青紫窒息)，需清理呼吸道、人工呼吸、吸氧等措施才能恢复；0～3分为重度窒息(又称苍白窒息)，需紧急抢救。对缺氧较严重的新生儿，经抢救于出生5 min、10 min再次评分。Apgar评分与新生儿预后关系密切。

【新生儿败血症】(neonatal septicemia) 致病菌进入血液，生长繁殖，产生毒素，导致新生儿全身感染出现的一系列表现。新生儿败血症的感染，可发生于出生前(宫内感染)、出生时(分娩时)、出生后。其常见的病原菌有：生后7天内发病多为大肠杆菌，7天后发病多为葡萄球菌。易患败血症的原因是：新生儿特异性和非特异性免疫发育不完善，IgA、IgM缺乏，细胞产生的细胞因子如白细胞趋化因子等很少，故病菌进入体内易扩散引发败血症，早产儿更易发病。新生儿败血症表现很不典型：早期仅有反应差，进奶少，不哭或哭声小，腹胀、呕吐、体重不增；体温可高可低可不升。病情进一步加重，则出现黄疸加重，肝脾肿大，可同时伴肺炎、脑膜炎等。查白细胞数可高达2.0×10^{10}个/升，也可低于5×10^{9}个/升，血小板减少。查C反应蛋白有一定帮助：6～8h内升高，8～60h可达高峰。反应蛋白很高有诊断意义，病情好转可迅速降低。血培养出细菌可确定诊断。其治疗除支持疗法，细心护理外，合理应用抗生素要早期、足量、联合，疗程10～14天，有并发症用3周。球菌感染用青霉素，大环内脂类，万古霉素；杆菌用第三代头孢，亚胺培南等。病情严重可静脉点滴大剂量丙种球蛋白，每日400mg/kg，共3～5天，输血及血浆等。由于抗生素的不断发展，新生儿败血症的死亡已大大降低。

【新生儿出血症】(hemorrhagic disease of the newborn, HDN) 又称为新生儿维生素K依赖因子缺乏症。由于维生素K缺乏，导致维生素K依赖凝血因子活性降低而引发的新生儿出血。其原因有：(1)储存少。母体中维生素K经胎盘通透性低，仅为1/10量。(2)摄入少。母乳中含维生素K量很低，故此病多见于母乳喂养婴儿。(3)合成少。生后肠道无细菌，不能合成维生素K。维生素K缺乏，肝内合成凝血因子活性降低。肝合成凝血因子Ⅱ、Ⅶ、Ⅸ、Ⅹ，需要维生素K参与才能合成，合成是在肝细胞微粒合成并具有活性。其主要的症状是出血。早发型在生后24h内发病，多见于颅内出血，脐残端出血等。重者可致命。其典型表现是：生后2～5天发病，早产儿可迟至2周，多见于脐残端、消化道出血及皮肤紫斑等。预后好，有自限性。1周后好转。晚发型在生后1～3个月发病。多因母乳喂养，慢性腹泻，使用抗生素等而发病。多见于颅内出血，预后差。其诊断依据是：查凝血时间及部分凝血活酶时间均延长，而查血小板数正常。其治疗常采用肌注或静脉点滴维生素K，每日1～2mg，每日1次，共用3天。用药2h凝血因子水平提高，24h完全纠正。用药后出血立即停止，以后需纠正贫血。出生后立即注射维生素K1mg，可预防此病发生。

【新生儿分类】(category of newborns)

按新生儿胎龄、出生体重及出生体重和胎龄关系等对新生儿进行的分类。(1)根据胎龄进行分类。新生儿胎龄是从母妊娠的最后1次月经的第1天算起到分娩为止,共40周。胎龄以周计算。①足月新生儿。胎龄≥37周,<42周。②早产儿。胎龄<37周。③过期产儿。胎龄≥42周。(2)根据出生体重进行分类。出生体重指生后1小时的体重。①低出生体重儿。体重<2 500g。②极低出生体重儿。体重<1 500g。③超低体重儿。体重<1 000g。低体重儿多见于早产儿。在足月儿及过期产儿出现低体重呈为足月小样儿。④正常出生体重儿。体重>2 500g,<4 000g。⑤巨大儿。出生体重超过4 000g。(3)根据出生体重和胎龄的关系分类。由于母亲与胎儿的各种复杂因素,胎儿在宫内生活,不一定会随着胎龄的增长,胎儿体重也在增长,呈线性正相关关系。如果正相关被打破,出现胎龄大体重轻或胎龄小体重很重,可以用胎龄和体重关系能更好判断胎儿生长的情况,并采取相应措施,保证胎儿的健康成长。①小于胎龄儿。出生体重在同胎龄儿平均体重第10百分位以下。②适于胎龄儿。出生体重在同胎龄儿平均体重第10至90位之间。③大于胎龄儿。出生体重在同胎龄儿平均体重的第90百分位以上婴儿。

【新生儿寒冷损伤综合症】(neonatal cold injury syndrome) 又称新生儿硬肿症。由于低温、感染等因素引起新生儿的冷损伤。其病因有:(1)体温中枢发育不完善。(2)新生儿体表面积相对大,易散热。(3)皮下脂肪少,消瘦,除热能力差。(4)体内棕色脂肪少。棕色脂肪是寒冷时主要产热来源。(5)体内饱和脂肪酸含量高,熔点高,遇冷脂肪凝固,出现皮肤硬肿。(6)感染增加热量的消耗,病情会进一步加重,造成全身多脏器损伤。多在寒冷季节发病,早产儿多见,多在生后1周内发病。其主要表现是:(1)硬肿。皮肤从深红色变成暗红色,皮肤和皮下组织手触像硬橡皮样,可有指凹形水肿。硬肿顺序:小腿→大腿外侧→臀部、会阴部→面颊→上肢→全身。(2)低体温。体温在35℃以下,轻度体温30~35℃,重度低于30℃。全身、四肢冰冷。婴儿活动少,血压低,不吃,不哭。(3)全身多脏器损伤,循环障碍,心音低钝、弱、慢,呼吸暂停、表浅,血液黏稠,血小板减少,可出现代谢性酸中毒等。其诊断依据是:早产儿,低体温,典型皮肤硬肿即可诊断。硬肿面积越大,体温越低,腋下温度-肛温=正值,则病情越重。治疗除控制感染,支持疗治,小量肝素及对症治疗外,主要是要恢复体温。婴儿放入温箱进行复温疗法:肛温>30℃,放在中性温度中6~12h恢复体温;肛温<30℃,放入温箱比肛温高1~2℃,每小时升高0.5~1℃;体温达34℃,放入封闭温箱中35℃,12~24h。

【新生儿核黄疸】(kernicterus) 又称胆红素脑病。新生儿高胆红素血症,使大量胆红素通过血脑屏障进入脑组织,引发脑病的一种病理现象。新生儿出生后无论任何原因引起血中未结合胆红素增高,如没有和蛋白结合,游离于血中,即可通过血脑屏障进入脑部。因为新生儿的血脑屏障发育不全(和成人不同)很易使胆红素进入脑组织,造成大脑基底节、视丘下核、苍白球等部分的脑损伤。因为下丘脑核被染成黄色,故称为新生儿核黄疸。血中胆红素越高发生核黄疸的概率越高。警界线为血清胆红素322μmol/L(20μg/dl)。其主要表现是:(1)核黄疸前期。反应差,嗜睡,拒奶,无吸吮能力。(2)警告期。除上述症状外,出现尖叫、呕吐等,持续1/2~1天。(3)痉挛期。凝视,呼吸不规律,双吸气,发热,抽搐,足弓反张持续12~48h。(4)恢复期。症状逐渐好转,抽搐停止,恢复吸吮,持续2周。(5)后遗症期。一般在生后2个月后出现核黄疸四联后遗症:手足徐动,无目的,不协调的动作;眼球运动障碍,形成落日眼。听觉障碍,耳聋。牙釉质发育不良,牙呈绿色或深褐色。还可有智力低下、脑瘫、抽搐等。治疗除对症处理外,要立即将血、脑中的胆红素水平迅速降低,采取换血、血浆置换、光照疗法,静脉点滴白蛋白,肝酶诱导剂苯巴比妥应用等。

【新生儿黄疸】(jaundice of newborn) 新生儿期出现的黄疸现象。新生儿黄疸可分为生理性黄疸和病理性黄疸两类。严重的黄疸可并发核黄疸(黄疸脑病),是新生儿至死及致残的重要原因。生理性黄疸的原因有:(1)红细胞破坏增多,产生胆红素多。(2)肝脏酶发育不完善,不能将未结合胆红素(间接胆红素)转变为结合胆红素(直接胆红素),从肝脏排出。(3)通过肠肝循环又将胆红素再吸收入血。以上原因使50%~60%足月儿,80%早产儿出现生理性黄疸。其特点有:(1)生后2~3天出现黄疸,4~6天最重,7~8天消失。足月儿最迟不超过2周黄疸消失,早产儿不超过4周。(2)婴儿一般情况好。(3)血胆红素测定,足月儿<221μmol/L(12.9mg/dl);早产儿<257μmol/L(15mg/dl)。具备以上条件,称为生理性黄疸,否则为病理性黄疸。病

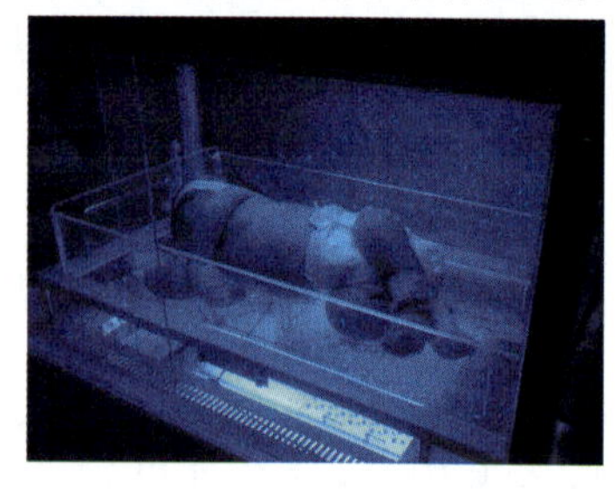

光照疗法治疗黄疸

理性黄疸的原因有:(1)产生过多。如新生儿溶血病等。(2)肝病。婴儿肝炎综合征,先天性酶缺陷等。其特征是:(1)黄疸出现早。多在生后24h内出现。(2)黄疸重。超过生理性黄疸血清胆红素。(3)持续时间长。足月儿>2周,早产儿>4周。(4)结合胆红素>34μmol/L(2mg/dl)。(5)黄疸消失后再次出现黄疸。母乳性黄疸的原因不明。母乳喂养小儿,生后3~8天出现黄疸,1~3周达高峰,6~12周消失。可疑母乳性黄疸,停母乳72h,黄疸明显减轻,可诊为母乳性黄疸。

【新生儿颅内出血】(intracranial haemorrhage of newborn) 由于产伤和缺氧引起的脑出血。是新生儿常见的脑损伤。新生儿在产前、产中、产后各种原因均可引起胎儿和新生儿缺氧。在分娩的过程中,胎位不正、胎头过大难产,或用胎头吸引器、产钳、急产、臀牵引等均可引起颅内出血。另外,早产,出血性疾病,某些药物如利福平、苯妥英钠等亦可引起颅内出血。其临床表现和出血部位、出血量多少有关。出血少可无症状,出血量大可短期内死亡。其主要表现是:兴奋、嗜睡、昏迷;颅内压增高,前囟隆起,呼吸心律不齐;瞳孔不对称、对光反射消失;可伴有黄疸以及贫血。其颅内出血部位有:(1)脑膜下出血。急性、大量出血很快死亡。亚急性出血表现为惊厥,预后出现硬脑膜下积液、惊厥发作,发育不良。(2)蛛网膜下腔出血。出血少无症状,大多预后良好,个别出现脑积水。(3)脑室周围及脑室内出血。多见于早产儿(胎龄<32周)。根据头颅CT分Ⅳ级:Ⅰ级脑室管膜下出血;Ⅱ级脑室出血,无脑室扩大;Ⅲ级脑室出血伴脑室扩大;Ⅳ级脑室出血伴脑实质出血。Ⅰ~Ⅱ级无症状,绝大部分可存活,Ⅲ~Ⅳ级50%死亡,存活50%有后遗症如脑积水等。(4)小脑出血。多发生在早产儿。多数出现呼吸暂停,心动缓慢,常伴有肺出血及肺透明膜病。预后差,在短期内死亡。头颅影像学检查是最好诊断方法。如CT、B超及MRI不仅能确定诊断,而且能判断出血的部位及出血量,及对预后有指导意义。治疗以止惊、止血、降颅压为主,硬脑膜下出血可进行穿刺抽血治疗。

【新生儿溶血病】(hemolytic disease of newborn,HDN) 母子血型不合引起同族免疫性溶血症。ABO血型大约1/20发病;MN血型不合很少,大约占0.1%。(1)ABO血型不合。母为O型血,子为A型或B型(父亲遗传),子血进入母体,母体发生抗A抗B的红细胞抗体。母体的抗体IgG通过胎盘进入胎儿,则胎儿出现溶血病。如果母孕前接触过自然界A或B血型抗原物质,则母孕第1胎即可发病。(2)Rh溶血。母的血型系统Rh(-),胎儿Rh(+)(父亲遗传),溶血原理同上。一般在第2胎发病。Rh因子血型抗体有6种:C、c、D、d、E、e。临床上D(+)称为Rh(+)。中国人汉族99.6%为Rh(+)。如果母子Rh均(+)仍有溶血,则考虑其他Rh因子不合。溶血病的主要表现是:生后24h黄疸、贫血、肝脾肿大,水肿明显。Rh血型不合病情表现严重。应在生后出现胆红素脑病前用换血疗法。分娩前可诊断。检查父母血型,如果血型合,需测母体血中抗体滴度可诊断。新生儿生后,查母子血型,测子的血内抗体容易诊断。其治疗原则是:严重溶血可换血。换血特征是:(1)产前诊断,生后严重贫血。(2)血胆红素>20mg/dl。(3)出现早期核黄疸症状。轻中度黄疸可用光照疗法,静脉点滴白蛋白及诱导剂苯巴比妥等。

【新生儿脱水热】(dehydration fever) 新生儿在出生后2~3天内体温升高,可达39~40℃,一般发热在数小时及1~2天内恢复正常的现象。常伴有新生儿体重下降,但不超过10%。新生儿生后2~3天内由于呼吸、出汗、皮肤蒸发、排便及吃奶少或母乳不充足等原因,使体内水分丢失,体液减少。如不补充水分,易引起脱水热。另一原因是由于天气炎热及护理不当,包的过严,保温过度,出汗过多或暖箱温度过高,体内水份损失比盐多,引起高血钠,出现高热。新生儿脱水热,体温升高是由于水分没有即时补充引起。新生儿表现是:一般情况好,精神好,吃奶好;个别小儿有轻度烦躁不安,尿少,皮肤潮红,干燥等。经喂水后体温恢复正常,喂奶后则体重也很快恢复正常。新生儿发热是一个严重的症状。如果是感染引起,婴儿会出现反应差,拍打足底不哭或不能大声哭,嗜睡,精神差,面色发灰,进奶困难等。其补液的方法是:开水或5%葡萄糖液,每2小时喂1次,每日10~30ml;如口服困难可静脉点滴液体。补液后体温很快正常。

【新生儿学】(neonatology) 儿科学的一个分支。研究新生儿的生理、病理、疾病、保健等的一门学科。是围生医学的一部分。新生儿是指从生后脐带结扎到足28天。此期婴儿出现巨大的生理变化。从在宫内生活,靠母体供给营养及进行各种生理活动,如呼吸、循环等,到出生后要转变为自己独立生活,呼吸、循环的建立,眼看耳听,靠自己大小便等。此期必须精心护理,让婴儿逐渐适应生活环境。细心观察各种疾病的产生,并做出正确的诊断及治疗。对于先天性疾病,如无肛门及各种产伤、感染等,均需立即手术或内科保守治疗等。

【新生儿窒息】(asphyxia of newborn) 因产前、产时、产后各种原因,造成婴儿生后无自主呼吸或呼吸抑制的现象。窒息后出现一系列的病理生理变化,可导致伤残和死亡。其原因有:孕母年龄太大(>40 岁)太小(<20 岁),孕期饮酒、吸毒,或患高血压、心脏病、糖尿病等;宫内胎盘功能不全、脐绕颈、小儿发育畸形、产时难产、产程用麻药等,均可使婴儿发生窒息。窒息后,婴儿由于缺氧引起全身的病理生理改变,低氧、高碳酸血症、酸中毒等。表现为全身青紫或苍白,口唇发紫,呼吸表浅,或呼吸、心律慢不规律,心音弱,肌张力松驰,喉反射消失。生后用 Apger 评分可判定窒息的程度。窒息后有严重的后果,肝功能损伤黄疸加重、肺出血、心肌损伤、心律紊乱、心衰等。生后立即行呼吸复苏,使用国际上的 ABCDE 复苏方案:A(ainway)清理呼吸道,B(breathing)建立呼吸,C(circulation)维持正常循环,D(drug)药物治疗,E(e-valuation)评估。一般需严格按照此顺序,不能颠倒步骤,但极个别需 A→B→C→D 才可复苏。复苏的过程需要保温,复苏后转入(新生儿重症监护)病房,进一步观察治疗。

【新生儿重症监护室】(neonatal intensive care unit, NICU) 具备高水平的新生儿急救医护人员,完善的监护治疗设备及新生儿运转系统,用来抢救、治疗危重新生儿的特殊病房。兴起于 20 世纪 70 年代末,一般设在儿科病房中。由于 NICU 的建立,大大降低新生儿的死亡率。(1)所需条件。①医护人员条件。护士与病儿比例为 2. 5:1,医生为 1:2。护士必须经过培训,包括心肺复苏,气管插管、静动脉穿刺、中心静脉插管、胸腔引流、使用各种呼吸机及监护仪、氧疗、换血、静脉营养等。在此室工作的医师必须掌握围生儿生理、病理,胎母药物应用,新生儿呼吸、循环、血液、体温平衡、血气分析、营养需要及喂养等基础知识。还要有丰富临床经验,熟练各种抢救技术及插管技术,评价抢救效果及调节抢救措施,并正确诊断及制定有效的治疗计划。②设备。室内宽敞明亮,阳光充足,室温 24 ~ 26℃。每个床位占 10 ~ 12m^2。总床位 6 ~ 18 张,必须有 20% 空床。室内设有暖箱,远红外辐射加热床及各种仪器:复苏器、呼吸机、吸氧引流器、输液泵、床边 B 超及 X 线检查等。室内各种物品及空气定期消毒。转运车上也必须有各种抢救设备。(2)NICU 入室对象。极低及超低体生早产儿需上呼吸机,及患有休克、惊厥、多脏器功能衰竭、严重的心肺紊乱、腹水、酸中毒、换血、手术前后、全胃肠道外营养以及重度围生窒息儿等。

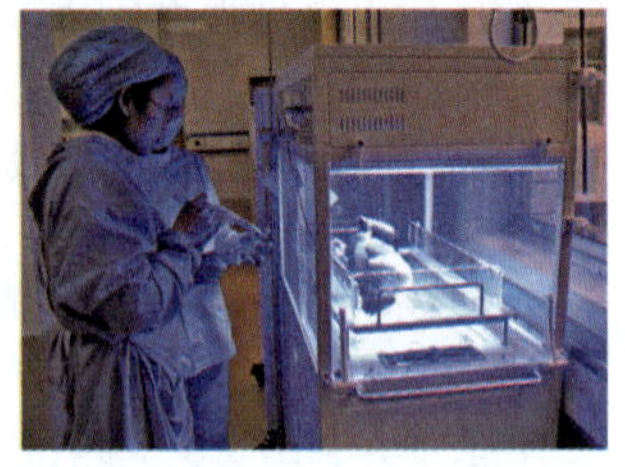
新生儿重症监护室

【新兴技术】(newly emerging technology) 自 20 世纪 40 年代以来由一系列重大科学发现所形成和发展起来的新技术群。由核技术、航天技术、电子计算机技术、生物工程、海洋工程、新能源、新材料和光通信等高新技术组成。是现代技术革命即第三次技术革命的结果和标志。上述这些新技术正在或已经形成了相应的新兴产业。

【新星】(nova) 一种短时间内亮度有很大增加的爆发性变星。亮度最大可以增加到几十万甚至几百万倍以上,并释放出巨大能量。亮度增加阶段时间不长,一般可经历 30 年左右,然后逐渐减弱,最终回复到原来的亮度,仍保持恒星的形式和大部分质量。在银河系中,至少已发现有 200 多颗新星。

【新型玻璃】(new type glass) 采用精制、高纯或新型的原料,利用新工艺,在特殊条件下或严格控制形成过程而制成的具有特殊性能或功能的玻璃。人们把能大规模生产的平板玻璃、器皿玻璃、电真空玻璃和光学玻璃称为普通玻璃,而把二氧化硅含量在 85% 以上或 55% 以下的硅酸盐玻璃、非硅酸盐氧化物玻璃以及非氧化物玻璃等称为特种玻璃。新型玻璃包括特种玻璃及一些功能玻璃,如安全型玻璃和节能型玻璃等。具有广阔的应用开发前景。

【新型电池】(new type battery) 利用高新技术开发的各种性能均优于常规电池的电池。其特点是:容量大,能效高,稳定性好,使用安全,温度适应范围广,充电时间短。如采用纳米技术开发的锂镍锰氧化物改性电池,内置有超级蓄电器,可把能源作为一个电场来储存,其能效比常规电池大为提高;纸电池,能折叠,能剪切,可以随意弯曲变形,并能够生物降解。这种纸电池还可以像传统干电池那样,通过串联的方式提高电压,给任何电器供电。此外还有将光能转化为电能的光电池,把核能直接转化为电能的原子电池以及氧 - 氢燃料电池、硅纳米线电池等。新型电池既可用作电动混合燃料汽车的动力,也可作为再生能源的备用能源,还可用作手机、笔记本电脑、充电商务通以及跑步机上的电源。

【新型纺纱】(new spinning technology) 将加捻和卷绕分开进行的一项纺纱新技术。使纤维加捻成为具有一定物理力学性能和外观结构的纱线。实施不同的加捻过程,采用

新型纺纱

不同的加捻机构,产生各种各样的新型纺纱方法。具有以下特点:(1)产量高。采用新的加捻方式,加捻器转速不再像钢丝圈那样受线速度的限制,输出速度的提高可使产量成倍的增加。(2)卷装大。加捻卷绕分开进行,卷装不受气圈形态的限制,可以直接卷绕成筒子,减少因络筒次数多而造成停车时间长。(3)流程短。普遍采用条子喂入,筒子输出,省去粗纱、络筒两道工序,工艺流程缩短,劳动生产率提高。(4)改善生产环境。新型纺纱机机械化程度高,飞花少、噪声低,有利于改善工作环境。

【新型高热传导复合材料】(new highly heat conductive composite material) 由20%的铝粉,加80%的碳纤维,混合少量的多层碳纳米管,在500~600℃的温度下,加压50MPa而成的一种新型复合材料。加入多层碳纳米管后,与铝相比热膨胀率降低了30%,同时解决了提高热传导性和降低热膨胀率的难题。利用铝和碳纤维开发的另一种复合材料可用来制作幻灯机散热材料,使以前的幻灯机排风扇由五个减少到一个。

【新型钴基高温合金】(new type nickel-base high temperature alloy) 由三份钴与一份铝和钨组成的新型合金。三种元素组合后其性能呈现强化现象。这种合金耐热温度为1 100℃,比目前应用于喷气发动机和天然气燃气涡轮机的镍基耐热合金的耐热程度高50~100℃,且高温时硬度增加两倍。该合金在飞机喷气发动机及企业用天然气燃气涡轮机等高温环境,以及热能高效化、消减二氧化碳排放等方面具有极高的应用价值。

新型钴基高温合金

【新型硅酸盐水泥】(new type silicate cement) 在硅酸盐水泥熟料中加入适量石膏后磨细制成的具有中等水化热的水硬性胶凝材料。水化热较低是中热水泥的主要特征之一。其适用标准为GB200-2003。生产这种水泥时不允许掺加混合材料。主要适用于要求水化热较低的水利工程及大体积混凝土工程等。

【新型建筑材料】(new type building material) 区别于传统的砖瓦、灰砂石等建材的新建筑材料的统称。具有轻质、高强度、保温、节能、节土和装饰性等优良特性。其性能和功用各不相同,包括的品种和门类很多。按其功能的不同可分为:墙体材料、装饰材料、门窗材料、保温材料、防水材料、黏结和密封材料,以及与其配套的各种五金件、塑料件及各种辅助材料等;按其来源的不同可分为:天然材料和人造材料;按材质的不同可分为金属材料、非金属材料等。采用新型建筑材料,不但使房屋功能改善,还可使建筑物具有现代气息,满足审美需求。有的新型建材可以显著减轻建筑物自重,为推广轻型建筑结构创造了条件,推动了建筑施工技术现代化。

【新型浆料】(new size) 能满足上浆生产工艺的无污染或少污染的浆料。以提高耐磨性、毛羽的贴附性与可织性为主,适合两高一低的上浆工艺,适应于高支高密织物的开发和无梭织机的使用。在环境保护上有较高的要求,从原料的生成、浆料的生产、上浆应用、退浆排放液的处理以及纺织品在服用和废弃的全过程中,均无害且可自然降解。其开发成功促进了浆料质量的提高和应用配比的合理性,降低了浆料成本,扩大了使用范围。

【新型控制技术】(new type controlling technique) 超越经典控制理论和现代控制理论范围的一类新型控制技术。20世纪50年代以来,经典控制理论和现代控制理论的发展和应用,在自动控制领域中发挥了巨大作用,取得了令人满意的效果。随着科学技术的进步和工业生产、军事技术的发展,被控对象日益复杂,对控制质量的要求也日益增高。许多被控对象往往具有非线性和不确定性,难以建立精确的数字模型,有些对象甚至无法建模。对于这类系统,用传统的控制理论很难有效处理。为了解决这类系统的控制问题,一类新型的控制技术就逐渐发展起来了。新型控制技术有鲁棒控制、模糊控制、智能控制和神经网络控制等。

【新型炮钢】(new type cannon steel) 炮用新型Cr-Ni-Mo-V钢以及Cr-Mo-V钢。具有高洁净度、高均匀性、组织细化的特点。其强韧性、耐低温疲劳性、耐烧蚀磨损性以及寿命较传统产品均有大幅度提高。热挤压炮身用牌号为710、716和717的薄壁炮钢,性能达到国外先进水平。720、715厚壁炮钢具有良好淬透性,提高了钢的强度,改善了钢的低温韧性,提高了钢的使用寿命。

【新型硼钢】(new type boron steel) 高洁净度细晶粒含硼合金钢。综合力学性能良好,冷热加工性优良。同时具有优良的窄淬透性带(5~5.5HRC)、细晶粒(7~8级)、弯曲冲击性(115/91及101/84J/cm^2)。例如,牌号为17CrMnBHZ的硼钢,成功用于越野载重汽车的齿轮、齿轮轴。在高洁净度基础上的硼钢，硼含量能精确控制，因此淬透性带窄，能节约大量贵重合金元素，是合金钢发展的主要方向之一。

【新型塑料模具钢】（new type die steel for plastic） 塑料模具用的高硬度耐磨合金钢。品种牌号有 O6Ni6CrMoVTiAl 、06Ni7Ti2Cr 等。前者为低 Ni 马氏体时效钢，热处理简单且变形小（0.02% ~0.05%），时效后硬度达 HRC43 ~48，易切削、光洁度达▽12。用于制造录音磁带塑料盒模具。模具使用寿命比 40CrT10A 提高 2 倍以上。后者用作胶片打孔精密模具，热处理简单，变形小（变形量 0.025% ~0.008%），硬度高（HRC40），使用寿命长，与德国 X90CrMoV18 钢模比较，打孔寿命提高 50%。

【新型弹簧钢】（new type spring steel） 含硼的硅锰弹簧钢。综合性能优于普通弹簧钢。例如，汽车用的水淬 35SiMnB 新型弹簧钢，代替 60Si2Mn 板弹簧钢。其脱碳倾向小，水淬不裂，淬截面大于 30mm 以上，且力学性能高于普通弹簧钢。

新型弹簧钢

【新型造纸工艺技术】（new papermaking processing technology） 采用新型蒸煮、漂白、涂布的造纸工艺技术。其特点是：（1）能源消耗少。（2）纸浆利用率较高。（3）蒸煮能力大为提高。新型无硫制浆技术是新型造纸工艺技术发展的方向。

【新一代互联网】（internet of new generation） 一种在性能上将优越于现在使用的互联网。与现在使用的互联网相比，具有以下五大优势：（1）地址更充裕。将采用 IPv6 为核心协议，能提供更大的 IP 地址空间，约为现有互联网的 1 029 倍。（2）速度更快。主干网和城域网传输速率将比现在提高 100 倍到 1 000 倍。（3）质量更好。传输质量将具有 QoS 保证，可以实现高清晰数字电视的 IP 网络传输。（4）网络更安全。通过真实原地址认证等手段，网络本身要提供安全保证。（5）使用更灵活。通过有线和无线接入的无缝融合，实现网络接入使用的充分可移动。

【薪柴】（firewood） 通过采伐、抚育间伐、更新改造和修枝打杈等途径从林木上取得用于居民取暖或炊事的短小枝干，以及棉花秸秆等。薪柴资源的多少取决与林木面积、类型、地理位置和单位面积产薪量。

【薪炭林】（fuel forest） 以生产燃料为经营目的的天然林与人工林。是中国五大林种之一。具有生长快、适应性和抗逆性强、热能高、易燃和无臭味等特点。多栽植在土地较贫瘠的地区。其主要类型是：（1）栎类薪炭林。（2）松类薪炭林。（3）豆科薪炭林。（4）杨柳类薪炭林。（5）条类薪炭林。（6）杂灌丛薪炭林。短轮伐期、高产量、多用途和永续利用是现代薪炭林的经营方针。其树种选择应遵循以下原则：（1）生长快，产量高，繁殖易，樵采周期短。（2）萌芽力和根蘖力强。（3）多功能，多效益。（4）抗性强，对自然条件要求不严格。（5）优先选择豆科等能固氮、改良土壤的树种。（6）易燃，热值高，燃烧时无火花、无毒气。选择造林地址。应充分考虑薪炭林周期短、适应性强、樵采频繁、地力消耗大等特点。在合理利用土地资源的前提下，尽可能选用地势平缓、阳光充足、交通便利的宜林地。造林密度一般要求 6 000 株/ ~1 000 株/公顷。薪炭林实行适宜的混交，既能充分利用空间、增加群体抗性，又能长短结合、一林多用。根据薪炭林的经营目的和树种特性确定作业方式。如培育薪柴兼有水土保持作用的林分，可实行矮林作业；以培育薪炭林兼农用小径材为主的林分，可采用中林作业；以培育用材为主兼修枝获取薪炭用材的林分，可采用乔林作业。

【囟门】（fontanel） 婴幼儿颅骨结合不紧所形成的骨间隙。有前囟门、后囟门之分。后囟门呈三角形，约在出生后 2 ~4 个月时闭合。前囟门呈菱形，约在出生后 12 ~ 18 个月时闭合，是临床望诊的主要部位。

【信道】（channel） 信源体与信宿体之间信息传输的路径。是衔接信源和信宿的桥梁。通信系统的信道就是电信号通过的路径。它分为有线信道和无线信道。其特征是：（1）具有一定的信息容量。信道容量由信道的频带、可使用的时间以及能通过的信号功率与干扰功率之比来决定。一般来讲，频带愈宽，可使用的时间愈长，信号干扰比愈大，信道容量就愈大。（2）具有多向性和交叉性。（3）具有存储信息的特点，是信息的传输和存储媒体。（4）由于物理原因，会使传输的信号产生衰减或失真。（5）信道中有多种无用电磁信号的干扰，主要有随机噪声、脉冲干扰和正弦干扰等。

【信道模型】（channel model） 网络规划中用于描述信息传输通道各种指标的模型。来源于对多径效应的估计。在信道模型中列出了不同路径的平均延时和功率差别。在第三代合作伙伴计划（3GPP）的 TS25.943 标准中，定义了各种信道模型，目前常用的有 TU3，TU50，RA3，RA50 等信道模型。

其中,TU 即城区,RA 即农村,而 3 和 50 代表运动的速度。ITU 也定义了信道模型,可以与 3GPP 联系起来,其中 PedB 和 VehA 等价于 TU,PedA 等价于 RA。城市与农村信道模型的差别在于多径中 LOS 视距是否占主导地位。显然城市是非视距为主的。信道模型决定了 Eb/No 参数,此外,信道模型也决定了 F 和正交因子等参数的取值。从使用的角度看,每种信道模型代表不同无线网络参数的集合。

【信道容量】(channel capacity) 信道能无错误传送的最大信息率。对于只有一个信源和一个信宿的单用户信道,它是一个数。其单位是比特每秒或比特每符号。它代表每秒或每个信道符号能传送的最大信息量,或者说小于这个数的信息率必能在此信道中无错误地传送。信道容量是信道的一个参数,反映了信道所能传输的最大信息量,其大小与信源无关。信道容量比较通用的计算方法是迭代计算,可借助计算机得到较精确的结果。对于连续信道,只需把输入集和输出集离散化,就仍可用迭代公式来计算。

【信风】(trade wind) 低层大气中由副热带高压南侧吹向赤道附近低压区的大范围气流。副热带地区近地层空气向赤道及极地两侧流动。其中向赤道流动的气流在地球自转作用的牵引下,在北半球形成东北风,在南半球形成东南风。其位置、范围和强度随副热带高压等作比较规律性的季节性变化。因它在热带海洋上很有规律地稳定出现,故称其为信风;又因古代海上贸易要靠它吹送商船,故又有贸易风之称。它是全球大气环流的重要组成部分 - 哈德莱(Hadley)环流的下沉分支之一。终年吹着信风的地带称为信风带,多指南北半球副热带高压赤道一侧为信风所占据的纬度带。这一带上信风持久、恒定,在太平洋和大西洋的洋面上表现得十分明显。

【信号】(signal) 运载消息的工具。包括光、声、电等信号。人们通过对光、声、电信号的接收,知道对方要表达的消息。如广播信号、电视信号和雷达信号等。信号的基本指标:持续时间、频带宽度和强弱程度。

【信号发生器】(signal generator) 又称信号源、振荡器、函数信号发生器。用来产生特定电信号的设备。各种波形曲线均可以用三角函数方程式来表示。按其信号波形的不同可分为:(1)正弦信号发生器。主要用于测量电路和系统的频率特性、非线性失真、增益及灵敏度等。按其性能用途的不同又可分为:低频(20Hz ~ 10Hz)信号发生器、高频(100KH_Z ~ 300MHz)信号发生器、微波信号发生器、扫频和程控信号发生器、频率合成式信号发生器等。(2)波形信号发生器。能产生某些特定的周期性时间函数波形(正弦波、方波、三角波、锯齿波和脉冲波等)信号,频率范围可从几个微赫到几十兆赫。(3)脉冲信号发生器。能产生宽度、幅度和重复频率可调的矩形脉冲的发生器。可用以测试线性系统的瞬态响应或用作模拟信号来测试雷达、多路通信和其他脉冲数字系统的性能。(4)随机信号发生器。通常又分为噪声信号发生器和伪随机信号发生器两类。噪声信号发生器主要用途是在待测系统中引入一个随机信号,以模拟实际工作条件中的噪声而测定系统性能;外加一个已知噪声信号与系统内部噪声比较以测定噪声系数;用随机信号代替正弦或脉冲信号,以测定系统动态特性等。它在生产实践和科技领域中有着广泛的应用。

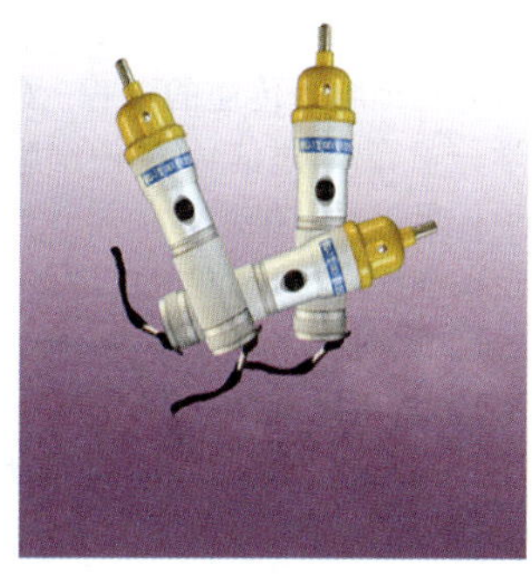
信号发生器

【信号分子】(signal molecules) 生物体内主要用来在细胞间和细胞内传递信息的分子。有特定的信号源产生的可通过扩散或体液转运等方式进行传递,作用于靶细胞并产生特异应答的一类化学物质。按其来源和作用机制的不同可分为:(1)激素。按其化学本质的不同可分为类固醇衍生物类、氨基酸衍生物类、多肽和蛋白质类以及脂肪酸衍生物类。(2)神经递质。多细胞生物中有几百种不同的信号分子。按其化学本质的不同可分为有机胺类、氨基酸类和神经肽类。(3)生长因子。由普通细胞合成并分泌的化学信号分子。主要有表皮生长因子、成纤维细胞生长因子、血小板衍生生长因子等。(4)细胞因子。是由普通细胞合成并分泌的多肽或蛋白质类化学信号分子。常见的有白介素、干扰素、淋巴毒素、集落刺激因子、肿瘤坏死因子、转化生长因子、趋化因子等。

【信号肽】(signal peptide) 新合成多肽链中用于指导蛋白质跨膜转移的 N 末端的氨基酸序列。由约 15 ~ 25 个氨基酸组成,在 N 末端附近除有碱性氨基酸外,还主要含疏水性氨基酸,特别是在其中部没有带电荷的氨基酸。在合成过程中,前体物质多肽靠此序

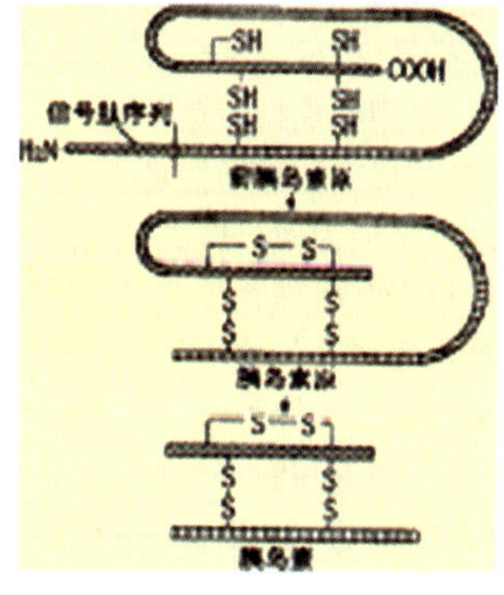

信号肽

列与膜结合,形成膜结合型多核糖体。它在经过内质网膜时被膜上的肽酶将信号肽切断而除掉,而新生的多肽则通过内质网膜进入腔内,最终被分泌到胞外。

【信号转导】(signal transduction) 细胞外信号通过与细胞表面的受体相互作用转变为胞内信号并在细胞内传递的过程。外界信号包括光、电、化学分子等,通过信号转导,细胞能感受、放大和整合各种外界信号。细胞内信号转导通路是解释生命生理现象和疾病机理的基础,许多疾病都是由细胞信号转导调节失控所致。理解机体生长、发育和代谢的调控机理,就可以有针对性地研究生产治疗某种疾病的药物。如酪氨酸磷酸化抑制剂,是第一类用于临床的信号转导治疗药,对银屑病的角质形成细胞生长有抑制作用。

【信宿】(information sink) 信息传输的终点或目的地。信息的接收者或利用者,是信息的归宿。信宿可以是人,也可以是设备。其特点是:(1)有针对地接收与之相关联的信源发出的信息。(2)具有存储、处理、反馈信息的能力。它对信息的处理和利用决定着信息的价值。信源发出的信息只有被信宿接收和利用,才能发挥作用。

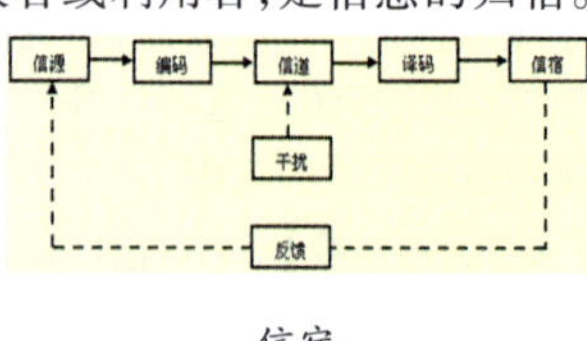

信宿

【信息】(information) ❶音讯,消息。❷泛指消息和信号的具体内容和意义。通信系统传输和处理的对象。是客观事物状态和运动特征的一种普遍形式。在客观世界中大量地产生、存在和传递着。其表现形式多种多样。可以由声音、语言、文字、符号、图像、动画、气味等形式来表示其具体内容。在社会、经济和科技的发展中广泛应用。

【信息安全】(information security) 信息传输和处理系统的安全性与系统中信息自身的安全性。根据国际标准化组织的定义,信息的安全性主要是指信息的完整性、可用性、保密性和可靠性。完整性是指信息在存储或传输过程中不被修改、破坏和丢失;可用性是指信息可被合法用户访问并按规定要求使用;保密性是指信息不被泄露;可靠性是指保证信息系统能为用户提供有效的信息服务。在信息时代,信息安全面临着计算机病毒、网络入侵、预置陷阱、计算机犯罪等各种威胁。目前,实现信息安全的手段和措施主要有加密、鉴别、控制、筑防火墙、防毒、防电磁泄漏、检测和管理等。

【信息安全保密通信】(information security and confidential communication) 集信息安全和通信保密于一体的通信。通信包括话音、数据、图像、传真和文电等,每一种通信业务都需要加密保护。防止计算机病毒入侵,也是信息安全保密的一项基本功能。加密是保护信息安全的可行而有效的手段。密码体制是实现信息安全保密的技术基础。传统的密码体制主要有:(1)用于话音加密的序列密码体制。(2)用于计算机数据加密的分组密码体制。其共同特点是:发信者和接收者必须掌握相同的密钥,而且要绝对保密,经常更换。密钥的产生、存储、分发等工作给通信带来了很大麻烦。20世纪70年代中期,美国的两位学者提出了公开密钥密码体制的新思想:每个用户都有一对密钥,一个是公开密钥,用于加密;另一个是秘密密钥,用于解密,由用户保管。它的重要依据是:从公开密钥推断出秘密密钥是十分困难的。未来信息安全保密通信将进一步向多密级、综合化、全自动方向发展。密码技术已处于微电子密码阶段,未来可能进入纳米电子密码阶段。

【信息材料】(information material) 现代信息技术中用于信息收集、存储和处理显示的材料。分为敏感材料、信息存储材料、信息运算与处理器件材料、信息传输材料、信息显示材料等,还包括无机化合物所构成的荧光粉、化合物半导体材料和液晶等。其主要特点是质量要求高、技术发展快和材料更新快。

【信息产业】(information industry) 以信息技术为手段,对信息资源进行研究、开发,对信息进行收集、生产、处理、传递、存储、经营和应用,并为科学技术与经济发展及社会进步提供有效服务的综合性行业。信息产业不仅包括用于信息处理的元器件及软、硬设备的制造,还包括与信息内容的处理直接相关的信息科学技术人才的教育与培训、信息科学技术的研究与开发、各种领域的信息处理、各种信息媒体等。

【信息处理技术】(information processing technology) 以电子计算机及其网络为手段,以信息为加工对象,实现对信息的有效收集、加工、存储和传输的技术。按其所处理信息对象的不同可分为:文字处理技术、表格处理技术、图形与图像处理技术、声音处理技术和电子文档管理技术等。其中最重要、最核心的技术是芯片技术和软件技术。

【信息传输技术】(information transmission technology) 通过信息传输介质形成的信道,快捷、高效、安全地把信息源体传送到信息宿体的技术。包括以金属线和光纤材料等为介质的有线传输技术和以电磁波、红外线等为介质的无线传输技术。已广泛应用于广播、电视、电话、电报以及各种计算机网络通信中。

【信息反馈】(information feedback) 在信息系统中,将输出信号返回输入端,与原始定值进行比较,形成偏差信号的过程。在管理工作中,它是一个不断循环的过程。作为现代化管理的重要手段,没有良好的信息反馈,企业就无法对各项活动进行有效控制。

【信息高速公路】(information expressway) 实现信息高速传输的网络系统。它以光纤电缆作为信息传输的主干线,由支线光纤电缆、计算机系统、多媒体终端等硬件设备以及相应的软件所组成。具有高速度、大容量、交互式和多媒体等特性,可以使人们高速快捷地获取并享用所需要的信息资源。此概念最早由美国在20世纪90年代初提出,现已被公认为各个国家信息化建设所必要的基础设施。其发展目标是:(1)在企业、研究机构和大学之间进行计算机信息交换。(2)通过药品的通信销售和X光照片图像的传送,提高以医疗诊断为代表的医疗服务水平。(3)使在第一线的研究人员的讲演和学校里的授课发展成为计算机辅助教学。(4)广泛提供地震、火灾等的灾害信息。(5)实现电子出版。(6)带动信息产业的发展,产生巨大经济效应,增强国际实力,提高综合国力。

【信息管理】(information management) 在整个管理过程中,收集、加工和输入、输出信息的统称。以现代信息技术为手段,对信息资源进行计划、组织、领导和控制的社会活动。是信息生产者、信息、信息技术的有机体。其过程包括信息的收集、传输、加工和储存。其对象是信息资源和信息活动。目的是控制信息流向,实现信息的效用与价值。其特点与作用是:(1)人是控制信息资源、协调信息活动的主体,信息的收集、存储、传递、处理和利用等活动过程都离不开信息技术的支持。(2)人类社会围绕信息资源的形成、传递和利用而开展的管理活动与服务活动,以信息的产生、记录、收集、传递、存储、处理等活动为特征,形成可以利用的信息资源。(3)采用以电子计算机为主的技术设备,通过自动化通信网络,与各种信息终端相连接,利用完善的通信网,沟通各方面的联系,保证迅速及时地收集情况和下达命令。

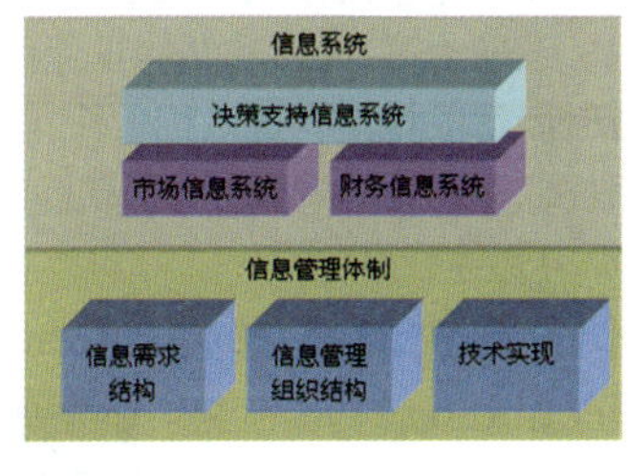

信息管理

【信息光学】(information optics) 应用光学、计算机和信息科学相结合而发展起来的一门新的光学学科。信息科学的一个重要组成部分,也是现代光学的核心。是近年来发展起来的一门新兴学科。它已渗透到科学技术的各个领域,成为信息科学的重要分支,得到越来越广泛的应用。其知识范围涉及系统分析、衍射理论、相干光理论、光学变换、光全息和信息处理等领域。

【信息国防】(information national defence) 一个国家安全战略信息的防护。一个国家为了保护本国的安全和利益,夺取未来战争的胜利所拥有的有关信息战的资源、技术、装备和系统作战的能力。强调把信息力量建设置于现代国防建设的核心地位,确立信息技术、信息装备、信息系统应用上的优势,以适应打赢信息化战争的需要。信息国防以信息防御和信息进攻为核心,依靠信息技术发展新型装备和系统,并把这些信息兵器与信息系统综合成一个完整的体系。

【信息化】(informatization) 培育、发展以智能化工具为代表的新的生产力并使之造福社会的过程。智能化工具又称信息化生产工具。它具有信息获取、传递、处理、再生及利用的功能。信息化包括四个方面:(1)信息网络体系,包括信息资源、各种信息系统及公用通信系统等。(2)信息产业基础,包括信息科学技术研究与开发、信息设备制造及信息咨询等。(3)社会运行环境,包括农业、管理体系、政策法规、文化教育和道德观念等。(4)效用积累过程,包括人口素质、国家现代化水平和人民生活质量等方面的不断提高,精神文明和物质文明的不断进步等。

【信息化包装】(informatization package) 一种在食品包装中安装有防盗窃、防假伪、指示时间－温度和指示食品出现腐败等装置的电子指示器的现代智能化包装技术。这些智能化仪器能告诉消费者欲购食品的真实情况。其中的时间－温度指示器是建立在化学、机械学、酶学和微生物学等基础上的质量监控系统,可以指示包装食品的温度变化和因温度变化而引起的质量变化情况。信息化包装在法国、意大利等国的超市中已有使用。

【信息化弹药】(informatization ammunition) 又称精确制导弹药。采用精确制导技术,直接命中概率在50%以上的武器。主要包括制导炸弹、巡航导弹、防空导弹、炮弹、鱼雷、水雷等。这类武器依靠自身的动力装置推进或靠飞机、火炮等投掷,由制导系统控制其飞行线路和弹道,能够获取和利用目标所提供的位置和特征信息,对目标实施精确打击,因而具有较高的作战效能。信息化弹药有的自成火力单位,有的则装备在飞机、舰艇、坦克、装甲战车等作战平台上,有的则可由单兵操纵发射,通常具有较强的全天候、全方位、超视距精确打击能力和抗干扰能力。世界各国军队都已将信息化弹药列人发展重点。

信息化弹药

【信息化战场】(informatization battlefield) 以信息技术为基础,能支持指挥人员、作战人员和保障人员作战活动的一体化作战空间。具体方法是用信息网络将军队作战系统和作战职能联为一体,实现战场信息共享和实时交换。包括战场武器装备的信息化、战场人员的信息化和战场活动的信息化。按作战空间和领域的不同可分为:信息化陆战场、信息化空战场、信息化海战场、信息化空间战场、电磁战场和心理战场等。

【信息化战争】(informatization war) 以信息化为主导,以高质量的机械化装备为平台,运用信息化技术、手段及信息化理论和战法进行的战争。信息化战争是人类社会进入信息时代的必然产物,是信息时代战争的基本形态。

【信息化作战】(informatization conducting operations) 高度依赖信息、信息系统、信息化武器装备的敌对双方,围绕信息流程,在陆、海、空、天、电、网、认知等全维战场上展开的,以夺取和建立信息优势为核心的一体化对抗行动。其主要特色是:以信息为主导、以体系为核心,通过一体化的组织形式、网络化的结构形式、精确化的打击形式,在全维战场进行综合对抗。其作用机理是通过人工智能辅助决策系统对其他各相关系统进行有效控制,将信息优势转化为时空优势、决策优势和行动优势,从而产生和释放更大的作战效能。其内在的构成要素主要包括:(1)信息。以信息和信息技术为主导。(2)力量。信息化军队、信息化武器装备。(3)战场。陆、海、空、天、电磁、网络、认知等多维空间战场。(4)方式。一体化、网络化、精确化作战。(5)目的。争夺军事、政治、经济、科技、外交、文化的综合优势。信息化作战与人类战争历史上曾经出现过的以动能和热能为核心资源的冷兵器作战、热兵器作战和机械化作战有着本质的区别。它是继机械化作战、核作战形态之后的一种新的作战形态,是信息时代社会生产方式和生活方式在战争领域的具体体现。未来信息化作战的总趋势,将主要向多元可控、一体作战、精确作战、快速作战和隐形作战等方面聚焦。

【信息化作战平台】(informatization fight platform) 大量采用信息技术的各类武器的统一作战载体。包括采用信息技术的坦克与装甲车、火炮与导弹发射装置、作战舰艇、作战飞机与直升机等各类武器。它们通常装有大量电子信息设备,如一体化传感器、电子计算机、信息化弹药、自动导航定位设备等,集成了光电技术、新材料技术、新能源技术等众多高新技术,具有较强的探测、识别、打击、机动、定位、突防和隐身等综合能力。信息化作战平台主要包括:(1)以各种先进作战飞机和直升机等组成的空中信息化作战平台。形成以计算机为中心的共用机载雷达和多种信息测量传感器,能综合控制航炮与导弹等各种武器的现代机载火力控制系统。(2)以各种军用卫星和航天飞机等组成的太空信息化作战平台。能实施各类太空信息支援、指挥和能对敌方卫星以及空中、海上、陆地目标实施攻击,是未来信息化战争中夺取制天权和制信息权的基础,也是世界主要国家军队争相抢占的重点。主要包括军用卫星系统、反卫星卫星系统和各类载人航天器等。(3)以先进的坦克、自行火炮等组成的陆上信息化作战平台。具有机动力、打击力、防护力,夜战和快反能力强、通风条件便利,乘员体力消耗小等特点。(4)以航空母舰及各种大型舰艇、潜艇等组成的海上(水下)信息化作战平台:具有动力系统先进、航速高、续航力好,外形和结构设计科学,有良好的机动灵活性、适航性,不沉性、抗毁性、隐形性和三防能力,舰种多、装载制导武器多、舰载机数量多、机种全、作战能力强等特点。

信息化作战平台

【信息获取技术】(information acquisition technology) 采集、探测、测量和感知信息的各种技术的总和。包括:(1)物理传感器、化学传感器、生物传感器等传感探测技术。(2)遥感卫星、气象卫星、全球定位系统等测量、遥感遥测技

光电传感器

术。(3)通信信号侦察和非通信信号侦察等电子侦察技术。(4)传感器阵列和传感器融合技术等信息融合技术。

【信息技术】(information technology) 关于信息的产生、发送、传输、接收、变换、识别和控制等应用技术的统称。是在信息科学的基本原理和方法的指导下,扩展人类信息处理功能的技术。主要包括传感技术、通信技术、计算机技术以及缩微技术等。主要支柱是通信技术、计算机技术和控制技术。信息技术是当代世界范围内新技术革命的核心技术,是现代科学技术的先导。

【信息技术革命】(information technology revolution) 人类驾驭信息资源的能力所发生的划时代的巨大进步。包括信息的表达、处理、存储、传输及其应用的能力。迄今为止,人类社会已经发生了五次信息技术革命:(1)口头语言的产生和应用,使人类获得了交流信息的手段。(2)文字语言的发明和应用,使信息可以储存在文字里,超越时空界限,久远流传。(3)造纸术和印刷术的发明和应用,扩大了信息交流和传递的容量和范围,使人类文明得以迅速传播。(4)电报、电话和电视等电子媒介的发明和应用,使信息的传递手段发生了根本性的变革,大大加快了信息传输的速度,使信息能瞬间传遍全球。(5)电子计算机及其网络的发明和应用,从根本上改变了人类驾驭信息的手段,突破了人类大脑及感觉器官加工处理信息的局限性,增强了人类加工利用信息的能力。信息在当代已经成为发展科学技术、提高生产力和繁荣经济及发展社会的重要资源。以电子计算机及其网络技术为核心的现代信息技术,将使人类进入一个崭新的历史时代－信息社会时代。

【信息技术外包】(IT outsourcing) 企业以长期合同的方式委托信息技术服务商向企业提供部分或全部的信息功能。涉及信息技术设备的引进和维护,通信网络的管理,数据中心的运作,信息系统的开发和维护、备份和灾难恢复以及信息技术培训等。其特点与作用是:(1)资源在商业战略和企业部门中被重新分配,非IT业务的投资得到加强,有利于强化企业核心竞争力,获得对市场作出有效反应的能力。(2)有利于信息不足的企业获取最好、最新的技术,与技术退化有关的难题得到解决。(3)由于是信息技术厂商提供专业化服务,信息技术服务的效率会得到较大提高,服务的成本也会得到一定的节约等。(4)形成外包业务产业,有利于促进信息技术厂商形成分行业的解决方案,有利于一批专业信息技术厂商的成长。(5)由于规模化经营,能够持续降低信息技术服务的成本,提高服务效率。(6)外包业务的集中,有利于知识和软件在不同企业间的重用,有利于信息技术人员的快速成长等。

【信息加密】(information encryption) 利用密码技术对信息进行的伪装。用密码体制把明文变换成密文(难以理解的形式)的操作。即使当信息被窃取或被泄漏时,获取者也难以识别,由此达到保证信息安全的目的。加密技术的核心是密码,即按约定法则对信息进行明密变换的手段。

【信息鉴别】(information authentication) 对系统或网络中信息交换的合法性、有效性和交换信息的真实性进行的证实。防止对信息进行有意修改等主动攻击和干扰的重要手段,是保证信息安全的一项重要措施。一般包括报文鉴别、身份鉴别和数字签名鉴别三种类型。

指纹签到

【信息经纪人】(information broker) 充当信息生产者(信息资料公司)与信息产品消费者(信息产品用户)中介的中间商人。联络信息生产者和消费者的中介。按信息生产者的要求推销信息产品和招揽信息用户。

【信息科学】(information science) 以信息为研究对象,以信息运动规律为基本研究内容,以扩展人的信息处理能力为主要研究目的的跨领域、多学科的科学。由信息论、控制论、计算机科学、仿生学、系统工程与人工智能等学科互相渗透、互相结合而形成。其研究内容有:(1)信息的概念和度量,信息的表达、存储与传输。(2)信息的处理与控制机制以及信息的组织与应用。信息普遍存在于生物、社会、工业、农业、国防、科学实验、日常生活和人类思维等各领域。信息科学对工程技术、社会经济和人类生活等方面产生巨大影响。

【信息流】(information flow) ❶信息处理过程中信息在计算机系统和通信网络中的流动。❷信息从一个假设的结构流到另一个假设结构中去。包括信息的收集、传递、处理、储存、检索、分析等渠道和过程。是在空间和时间上向同一方向运动中的一组信息,有共同的信息源和信息接收者。是由一个分支机构(信息源)向另一个分支机构(地址)传递的全部信息的集合。首先,人们从环境中接受信息,刺激推动感受器,并转变为神经信息。然后信息进入感觉登记,感觉登记时间一般在百分之几秒内,并有部分信息丢失。感觉登记信息很快进入短时记忆,信息在此阶段可以持续20~30s。短时信息的容量一般只能储存七个信息项目。当信息从短时记忆进入长时记忆时,信息发生了关键性的转变。长时信息是个永久性的信息储存库。这是学习的信息加工模式。

【信息论】(information theory) 研究信息的本质及其传输规律的学问。研究信息的计量、发送、传递、变换、接收和储存的一门新兴学科。狭义信息论是关于通信技术的理论。是以数学方法研究通信技术中关于信息的传输和变换规律的一门学科。广义信息论,则超出了通信技术的范围来研究信息问题,它以各种系统、各门学科中的信息为对象,广泛地研究信息的本质和特点,以及信息的取得、计量、传输、储存、处理、控制和利用一般规律的学科。广义信息论包括了狭义信息论的内容,是狭义信息论在各个领域的应用和推广。它的规律更一般化,适用于各个领域。它是一门横断学科。广义信息论也称为信息科学。

【信息媒体】(information media) 包括感觉、表示、显示、存储和传输五类媒体的统称。感觉媒体是直接作用于人的感官,产生视、听、嗅、味、触等感觉的媒体。数据、文字、语言、声音、图形、图像、视频等都是感觉媒体。表示媒体是为了对感觉媒体进行有效的传输,以便于进行加工和处理而人为地构造出的一种信息媒体。包括语音编码、图像编码及文本编码等。显示媒体是表现或显示感觉媒体的物理设备。分为输入显示媒体和输出显示媒体两种类型。话筒、摄像机、键盘、鼠标等是输入显示媒体;扬声器、电视屏幕、电脑显示器、打印机等是输出显示媒体。传输媒体是传播信息的物理载体。信使、报纸、电缆、光纤、无线电链路都是传输媒体。存储媒体是用于存储信息的媒体,包括纸张、磁带、磁盘、光盘等。

报纸

【信息农业】(information agriculture) 以农业信息技术、空间信息技术和计算机网络技术为基础,集与农业生产有关的信息采集、传输、处理和应用为一体的集成农业生产技术。是随着计算机技术、通信技术和农业技术的不断发展而形成的。因此,信息农业也可以理解为信息化农业,是将农业信息学理论及各种信息技术应用于整个农业生产全过程所产生的一项新型产业。换言之,信息农业就是将各种信息化技术应用于农业生产、管理及服务等各个环节,使农业生产以数字化、精确化形式运行。信息农业与传统农业相比,具有明显的技术优势和客观化、科学化的特点;与精确农业相比,其信息技术基础更为强大,涉及的信息面也更为广泛。

【信息欺骗】(information deceit) 采用各种手段或提供虚假信息使敌方怀疑信息的正确性的措施。现代军队的信息获取,主要依赖于各种先进的战场侦察器材和数字化通信网络。侦察器材无论如何先进,也都只能机械地寻觅或接受被监视对象的外部现象,不可能透过事物的外部现象去发现其内在本质。经常运用的信息欺骗手段有:雷达欺骗、光学欺骗、传感器欺骗、通信欺骗、计算机网络欺骗、新闻媒体欺骗和对精确制导武器的欺骗等。

【信息熵】(comentropy) 信息论中用于度量信息量或有序化程度的一个概念。一个信息系统越是有序,信息熵就越低;反之,一个系统越是混乱,信息熵就越高。信息熵主要衡量的是离散随机事件的出现概率,从信息传播的角度来讲,信息熵可以表示信息的价值。它可以作为衡量信息价值高低的标准,从而做出关于知识流通问题的更多推论。熵首先是物理学里的名词,后被引入传播中表示信息的不确定性。高信息度的信息熵低,低信息度的熵高。具体来讲,凡是导致随机事件集合的肯定性、组织性、法则性或有序性等增加或减少的活动过程,都可以用信息熵的改变量作为统一的标尺来度量。

【信息社会】(information society) 又称信息化社会。在工业化社会以后信息起主要作用的社会。在农业社会和工业社会中,物质和能源是主要资源,所从事的是大规模的物质生产。在信息社会中,信息成为比物质和能源更为重要的资源,以开发和利用信息资源为目的的信息经济活动迅速扩大,并逐渐成为国民经济活动的主要内容。

信息社会

【信息优势】(information superiority) 能在阻止敌方自由利用信息和信息系统的同时,己方拥有占优势的信息搜集、处理、分发和利用能力的一种状态。一般来讲,作战一方占有信息优势,就可以对兵力及火力进行更加有效的指挥控制。获取信息优势是现代战争中敌我双方战场争夺的一个焦点,其核心是夺取制信息权。

【信息元中继】(information cell relay) 见异步传输模式。

【信息战】(information war) 综合运用信息技术和武器打击敌人的信息系统的一种战术。能使敌方的信息系统受到干扰或瘫痪,使敌人情况不明,判断失误,难以作出决策,或者作出错误的决策,处于被动挨打局面。其核心是争夺制信息权。争夺制信息权的斗争,如同以往争夺制空权、制海权一样,成为现代战争各个战场上争夺的焦点。掌握了制信息权,也就掌握了战争的主动权。信息战将改变未来战争的作战模式。信息加火力优先打击敌信息系统的行动,逐渐取代了传统的以火力大量杀伤敌有生力量、攻城略地的战役行动。各种侦察技术手段、电子战装备和精确制导武器将在战争中起主导作用。在信息战防御方面,将更加注重隐身武器、电子伪装、电子欺骗等手段的运用。

【信息资源管理】(information resource management,IRM) 以现代信息技术为手段,对信息资源实施计划、预算、组织、分配、协调和控制的管理活动。融合了管理信息系统、记录管理、自动数据处理、电子通信网络等不同的信息技术和学科。是由多种人类信息活动整合而成的特殊形式的管理活动。其标准化涉及生产、生活的诸多领域和方面。对于促进信息产业技术进步,加强信息产业现代化管理,提高企业素质、信息产品质量及劳动生产率,开发和利用信息资源,具有重要意义。

【信息作战】(information operations) 以专门的现代信息武器,在电磁和计算机网络空间敌对双方展开的各种对抗行动。其主要方式是围绕作战的信息系统及其运行过程进行破坏与防护。是信息化战争中一种重要的作战行动或战役样式。在现代化战争中对战争进程结局有重大影响。

【信息作战力量】(information operation power) 在信息化战争中遂行各种信息作战任务的力量的总称。包括网络攻防力量(以网络为载体的信息作战力量)、电子对抗力量(在电子领域实施信息作战的力量)、情报侦察力量、通信保障力量和心理作战力量。是信息化战争中进行信息作战最重要的物质基础。对于夺取和保持信息化条件下局部战争的制信息权,为其他作战行动创造有利条件、赢得战争胜利具有重要意义。

【信源】(information source) 信息的发源地。信源中包含的信息,是人们要传输和交流的对象。人的发声系统是语声信源;观看电视,被摄制的客观物体和人物是图像信源;此外还有文字信源、数据信源和遥感信源等。从时间的连续性与否出发,又可将信源分为离散信源和连续信源两大类。

【信噪比】(ratio of signal to noise,SNR) 声源产生最大不失真声音的信号强度与同时发出的噪声强度之间的比率。有用信号功率与噪声功率的比值。通常以 S/N 表示,单位为分贝(dB)。其噪声主要有热噪声、交流噪声和机械噪声等。一般检测此项指标以重放信号的额定输出功率与无信号输入时系统噪声输出功率的对数比值分贝(dB)来表示。一般音响系统的信噪比需在 85dB 以上。信噪比越高表示产品的质量越好。

【星暴】(starburst) 一种异常强烈的恒星形成的活动。哈勃太空望远镜最新公布的一张照片展示:在距离地球 1 250 万光年的矮星系 NGC4449 中,可以看到数十万颗闪烁着蓝色和红色光芒的恒星。炽热的蓝白色大质量恒星组成的星团散布于整个星系之中,无数散发着红色光芒的区域也点缀其间 - 那里布满着尘埃,大量恒星正在形成。大片黑色的气体尘埃云则遮挡了背后灿烂的星光,构成了形状古怪的影像。NGC4449 中的恒星一直在持续诞生,但是现在这个星系中的恒星形成效率比以往高出了许多。一般来讲,星暴通常发生在星系的中心区域,但 NGC 4449 的恒星形成活动分布得更为广泛 - 不论是在星系的核心还是外围,都能看到刚刚诞生不久的极年轻恒星。星暴的原因是临近星系之间的相互作用有可能引发宇宙中星系星爆现象的发生。两个星系间的相互碰撞为新星的诞生创造了有利条件。

【星暴星系】(starburst galaxies) 含有巨大的恒星形成的暴发区的星系。其特征是红外光度明显高于光学光度。普通的星系比如银河系也形成恒星,但是形成的速度很慢。而在星暴星系中,恒星的形成是非常剧烈的。天文观测表明,在星系合并和相互作用的地方,经常出现圆盘状的恒星形星暴。天文学家认为,即使两个星系不合并,靠得很近的星系之间的相互作用也能使星系旋转不稳定,导致气体如漏斗般向核心聚集,点燃围绕核心的星暴。星暴星系以迅猛的速度产生新星,同时又以迅猛的势头引起超新星爆发。如果星暴星系能够保持稳定,它内部形成新

星暴星系

恒星的宇宙气体消耗的速度非常快。大熊座的 M82 星系就是著名的星暴星系。

【星表】(star catalogue) 载有星名、星体位置、星等、色指数、光谱型、自行及视向速度等数据的表册。按资料来源的不同可分为绝对星表(仅依观测资料)、编制星表(综合以往资料)和相对星表(参考已知资料加观测验证);按收录天体的不同可分为变星星表、双星星表和星团星表;按观测方法的不同可分为目视星表和射电星表。星表是进行天文观测和研究的基础资料。

【星等】(stellar magnitude) 恒星的亮度等级。古代天文学家把天空中 20 颗左右最亮的恒星称为一等星,把北斗七星列为二等星,把肉眼能够看到的最暗的恒星称为六等星。近代光学测得:一等星的平均亮度为六等星的 100 倍;星等相差一等,其亮度相差 2.512 倍。据此,天文学家重新测定了恒星的星等,并在星等数值中引入小数和负数。目前,天文学中使用的星等范围,从最亮的 -26.74(太阳)到 25 等星。星等分为“视星等”和“绝对星等”。视星等指在地球上所测定的恒星亮度等级,平常所说星等即指视星等。因其大小同恒星距地球距离有密切关系,故不能真实反映恒星本身的发光能力。绝对星等是指恒星在距离为 10 秒差距即 32.6 光年相同条件下的亮度等级。它真实地反映了恒星的发光能力。

【星风】(stellar catalogue) 恒星向周围发射的等离子体物质流。天文学家认为,O、B 型热星中,恒星的辐射压力及高速度的自转对星风的形成起着重要的作用。而在冷巨星中,星风则与太阳风相似,由波能不断输送给色球 - 星冕而形成,或恒星光球处的尘埃受恒星本身的辐射压力而形成。观测表明,星风以每秒数千千米的速度向外流动,使恒星在演化过程中逐渐损失质量(每年损失的质量约为恒星质量的 1×10^{14})。

【星火人才培训工程】(spark talent training project) 中国围绕农业星火计划的实施与扩散,在农村组织实施的人才培训计划。包括面授、函授和岗位培训等多种方式的技术培训、管理培训和师资培训。培训的主要目的是推广星火技术、提高经营管理水平和提高农村劳动者整体素质。培训工作的重点是培养和造就一大批农民企业家、技术人才和技术能手。

【星际火箭】(interplanetary rocket) 把航天器发射到星际轨道的火箭。一般由多级火箭组成。首先由一至两级化学火箭把航天器送入绕地球的停泊轨道。等待合适的发射窗口,再由上一级火箭把航天器送入星际轨道。由于在星际轨道上飞行的时间很长(往往以年计),而且需要的推力不是很大,因此一级火箭多用核动力发动机、电火箭等高性能非化学火箭。现代火箭技术所能达到的速度(20km/s 左右)可以飞出太阳系,但还不能实现恒星际航行。航天器只有达到接近光速的速度,恒星际航行才有实际意义。

【星际物质】(interstellar matter) 又称星际介质。主要指星际气体和星际尘埃。前者占 99%,后者仅占 1%。星际物质在宇宙空间的密度为每立方厘米 1~5 个原子。星际气体是恒星际空间的寒冷气体,主要是氢气(H_2),温度为 10~100K。星际尘埃为星际气体中的细小颗粒,主要是硅酸盐。其直径极小,温度为 5~20K。星际气体只对一定波长的光线起作用,而星际尘埃则能吸收可见光的光子,并对蓝光有较强的散射,因而会使星光变暗变红。星际物质还包括磁场和宇宙线。

【星图】(star map) 把天体在天球上的视位置投影在平面上编制的图件。按其内容和用途的不同可分为多种星图,如供天文爱好者使用的不同季节的春、夏、秋、冬季节星空图。发现于中国甘肃的《敦煌星图》绘制于公元 705~710 年,是迄今为止世界上现存的最古老的星图。

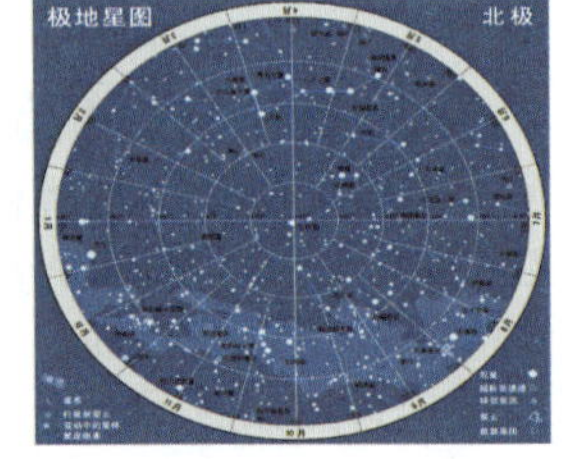

星图

【星团】(star cluster) 密集在窄小空间的有引力联系的恒星集团。一般由数十颗至数千万颗恒星组成。各成员恒星不仅有物理上的联系,可能还有共同的起源。可分为疏散星团和球状星团。前者的成员彼此之间的距离较大,一般都能望远镜分解为单颗恒星;后者由于形状呈球对称或接近球对称而得名,内部恒星十分密集,很难将其中的大部分恒星用望远镜分开。

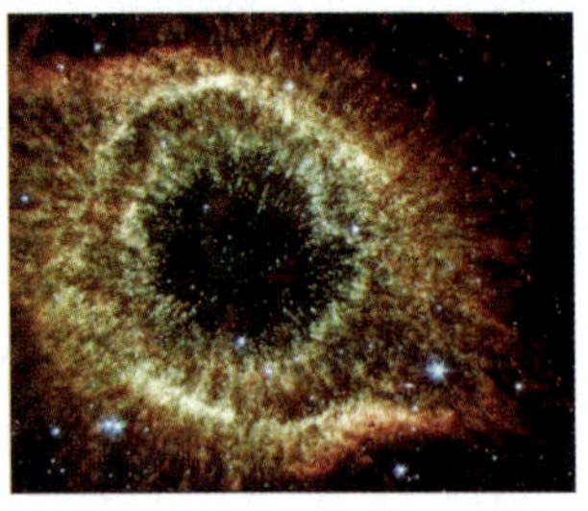
星团

【星系】(galaxy) 由千万至万亿颗恒星及星际气体、星际尘埃物质组成的庞大的天体系统。空间尺度为几千至几十万光年,质量达 1×10^{9}~1×10^{12} 太阳质量,光度为绝对星等 -9~-23 等。银河系就是一个普通星系。银河系以外的星系称为河外星系。现在所说的星系一般指河外星系。正常星系按形态的不同可分为椭圆星系、旋涡星系、棒旋星系、透镜星系和不规则星系五类。此外，还有一类特殊星系如射电星系（具有很强的射电辐射）、类星体（星系核中活动性极强、谱线红移很大）等。哈勃望远镜所能观察到的星系大约有800亿个，肯定还有许多星系未被发现，因为宇宙中最常见的是暗淡的矮星系，而它即使离地球并不遥远也很难发现，遥远了则更难发现。在银河系近旁有约1 500个星系。

星系

【星系长城】（great wall of galaxies） 宇宙中聚集成条带状的巨大星系集团。1986年，科学家利用大型天文望远镜收集到遥远的星系光谱，分析出它们的距离，发现这些遥远的星系，竟然是成群结队地向外扩散，和当初大爆炸理论提出时想像整个宇宙的星系，应该是平均分布的不一样。经过大型电脑分析整理望远镜拍摄的照片，看到这些遥远的星系像丝网一般，一层层手牵着手地不断离我们远去。迄今为止所有对星系的测量显示，我们这个宇宙现在很像一块巨大的海绵：宇宙中的星系聚集成条带状，被广阔的空旷地带和巨大的空洞分隔开。这种海绵状的结构，正是宇宙在大爆炸后一瞬间所发生的物质分布密度波动所形成的图样。为了更加明确地研究这个海绵宇宙，有必要把所有星系都画到一张宇宙地图上面去。以普林斯顿大学的天体物理学家J. 理查德. 格特为首的一组天文学家，就一直在从事这项工作。他们启动了一个名为"斯隆"的数字天空观测计划，利用新墨西哥州阿帕奇角天文台的大型望远镜，对1/4片天空中的100万个星系相对地球的方位和距离进行了测绘，并把它们描绘在一张《宇宙地图》上。正是在这个第三版地图上面，天文学家看到了一条长达13.7亿光年、被命名为"斯隆"的巨大无比的由星系组成的条带－"斯隆长城"。这种条带状的星系集团并不是第一次发现，早在1989年，天文学家就从星系地图上面发现过一个显眼的由星系构成的条带状结构。这个结构长约7.6亿光年，宽达2亿光年，而厚度为1500万光年，俨然就是一条不规则的薄带子，天文学家们形象地称呼它为"长城"。越来越多的观测证明，星系长城应是宇宙空间中超越星系和星系团的更大一级的组成结构。

【星系天文学】（extragalactic astronomy） 又称河外天文学。以星系和星系际空间为研究对象的天文学分支学科。研究的对象是银河系以外的星系（研究所有不属于银河系的天体）。其任务是探讨星系的结构、运动、起源和演化，星系对、星系群和星系团的空间结构、相互作用和演化联系，星系成团现象以及更大尺度的物质分布。星系天文学是现代宇宙学的基础。20世纪初，大部分天文学家都认为宇宙不会膨胀出银河系。1919年，哈勃用当时最大的1.5m和2.5m反射望远镜发现了近距星系－仙女星系、三角星云、人马座星云中的造父变星，并根据周光关系，测定了距离，证明它们在银河系之外，并且指出当时统称为星云的天体，大多是和银河系同一等级的恒星系统，把它们命名为河外星系，简称星系。接着，哈勃在前人发现的基础上，还揭示了星系世界普遍有谱线红移效应以及星系距离和红移大小成正比的规律，从而建立了星系天文学。20世纪50年代以前，星系天文学主要沿着两个方向发展。一是研究以10年为演化尺度的星系（即所谓正常星系）的形态、结构、运动和物理状况；建立形态分类系统，把大多数星系纳入旋涡、棒旋、透镜、椭圆和不规则五大形态框架；通过星系的自转以及星系群的运动，测定星系的质量；用测光方法和光谱方法探讨星系的恒星成分和气体成分，以及星族的划分和分布等。另一方向的进展是，建立并改进星系距离尺度，通过星系的空间分布、成团现象和红移效应，探索大尺度宇宙结构，描述今日所公认的百亿光年范围的可观测宇宙等。近几十年来，逐步打开了射电、红外线、紫外线、X射线和γ射线"天窗"；发现了短于10年的激扰活动和高能现象；探测到射电星系、类星体等形形色色的特殊河外天体。这些发现都向天体物理学和传统观念提出了严重的挑战。今天星系天文学的研究已成为天文学最活跃的领域之一。

【星系团】（cluster of galaxies） 由大量相互有力学联系的星系组成的集团。每个星系团可包括几十、几百个乃至几千个星系。按其形态的不同可分为：(1)规则星系团。具有近于球对称的外形，常有一个星系高度密集的区域，故又称球形星系团。(2)不规则星系团。结构松散，没有一定外形，也没有中央星系集中区，故又称疏散星系团。目前发现的星系团达几万个，观测到最远的星系团距离地球70亿光年以上，室女星系团和后发星系团都是著名的星系团。

【星云】（nebula） 天空中一切具有云雾状外表的天体。即一切没有明晰轮廓的天体，可分为银河系星云和河外星云。银河系星云是指银河系空间内由气体和尘埃组成的云雾状天体。按其发光性的不同可分为发射星云、反射星云和暗星云；按其形态的不同可分为弥漫星云、行星状星云、超新星爆发后残剩物质星云等。在银河系外的河外星云，实际上是与银河系同级的恒星系统，由大量恒星组成，只不过距离非常遥远，过去只能观测到模糊的云雾状。随着现代天文观测技术和手段的不断进步，现在已能十分清晰地观测到河外星云是由数不清的河外天体组成的。现在已把河外星云改称为星系或河外星系。

星云

【星状城市布局结构】(starlike urban distribution) 城市主城和若干子城呈星状散布的形态。其子城不规则地环绕着主城散点式分布。城市的中心位于主城。若干子城是区级中心。城市路网包括各子城独立的道路系统，大都为放射状干道。市政基础设施为分散设置的布局结构。星状城市一般为特大城市中主城加之若干卫星城的形态。随着城市化进程加速，星状城市布局结构往往发展为网络状的城镇布局结构或城市群，如美国的洛杉矶等城市。

【星状神经节阻滞】(stellate ganglion block) 将局部麻醉药注射在含有星状神经节的疏松结缔组织内而阻滞交感神经的方法。是一种微创治疗方法。其作用是：解除星状神经节的过度紧张及功能亢进状态，使全身自主神经系统稳定化；抑制增高的交感神经活性，恢复交感－迷走平衡；改善异常的血液流变学指标，包括降低全血高黏度及红细胞压积等而加快血液循环；扩张脑血管，改善梗塞部位血流，增加局部氧含量；调节异常变化的内分泌系统；提高机体免疫功能，对自身内环境稳定及调节起着至关紧要的作用。其适应证包括：免疫功能紊乱及内分泌功能失调性疾病；头部疾病；面部疾病；眼部疾病；耳鼻喉科疾病；口腔疾病；循环系统疾病；呼吸系统疾病；消化系统疾病；泌尿科疾病；妇产科疾病；皮肤科疾病以及颈、肩、胸部疾病等。其操作方法是：在胸锁关节上方2cm，将胸锁乳突肌内侧头与颈总动脉内缘向外推开，气管向内推开，其间隙下端处可摸到第7颈椎体，在其前外侧进针，针尖触及椎体后不要移动，抽吸针筒无回血、气或脑脊液，即可徐徐注药。也可在胸锁乳突肌后缘与颈外浅静脉交叉点下方、锁骨上方3cm处，摸到第7颈椎横突，针尖刺入到达该横突后，不要移动，抽吸针筒无误后，即行注射。一般均出现Honer(霍纳)征。

【星族】(stellar population) 星系中年龄、化学组成、空间分布及运动特征均极为接近的恒星的集合。按其分布状况的不同可分为：(1)星族Ⅰ。分布在银河系及其他漩涡星系的盘状部位或旋臂上，主要由蓝白色星、主星序和疏散星团中的形体组成。因其金属含量比星族Ⅱ多而被认为可能较为年轻。(2)星族Ⅱ。其成员为红巨星、天琴座RR型变星以及绝对星等比相同光谱型的主序星低一、二等的亚矮星。分布在球状星团、椭圆星系和旋涡星系的核心。前者恒星在太阳附近主要沿近圆形轨道环绕银河系中心运行，而后者恒星的轨道则呈偏心率较大的椭圆状。

【星座】(constellation) 天空中一群群的恒星组合。国际天文学联合会规定，将整个天球分成88个区域，一个区为一个星座。每个星座均由其中亮星的分布构成各自独特的图形，如大熊座的7颗亮星构成勺子形状，称为勺星，也称北斗星。星座的名称多以希腊神话中的英雄和动物命名。各自的界线大致与天球上天赤道的弧线相垂直和平行。进一步可分为赤道带星座、黄道带星座、南天星座、北天星座和拱极星座。中国古代曾将整个星空分为三垣、二十八宿和其他一些星宿。它们也各有一定的图形，代表一定的区域。

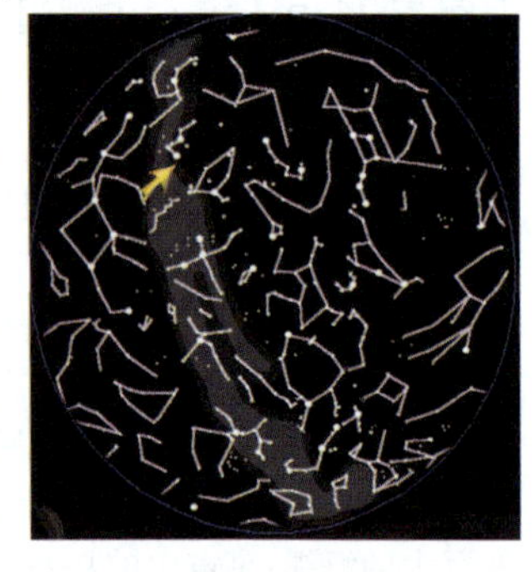
星座

【行车闭塞法】(occlusion method of driving) 通过相邻车站，线路所和闭塞分区的设备或人为控制，使列车与列车相互间保持一定时空间隔，以保证列车运行安全的行车方法。闭塞设备必须保证一个区间内，在同一时间里只能允许一个列车占用这一基本原则的实现。行车闭塞有两种基本方法：(1)半自动闭塞。此种闭塞需人工办理闭塞手续，列车凭出站信号机的进行显示发车，但列车出发后，出站信号机能自动关闭。(2)自动闭塞。通过列车运行及闭塞分区的情况，通过信号机可以自动变换显示，列车凭信号机的显示行车。随着列车速度的提高，密度的加大，其闭塞方法则采用列车运行间隔自动调整。这种制式不需要将区间划分成固定的若干闭塞分区，而是通过地面处理机提供的与前面列车的间隔距离等信息，控制列车速度，达到自动调整运行间隔，使之保持一定的距离。这种方式可以提高区间内的行车密度，大幅度提高区间通过能力，是今后发展的方向。

【行道树】(street tree) 又称荫道树或路树。以一定方式配植在各种道路两旁的乔木或灌木的统称。其功能在于为行人创造良好的小气候条件,使路面、广场、住宅和公共建筑物等不受过烈的阳光照射和调节温、湿度;消烟、滞尘、防风、净化空气和减少噪声,以及美化市容、为路景增色、保护道路和战备防护等。道路绿化作为城市绿地系统的网络和骨架,成为系统连续性的主要构成因素,直观反映城市风貌的作用十分突出。在行道树的选择应用上,城区道路多以绿荫如盖、形态优美的落叶阔叶乔木为主。而郊区及一般等级公路,则多注重速生长、抗污染、耐瘠薄、易管理等养护成本因素。甬道及墓道等纪念场地,则多以常绿针叶类及棕榈类树种为主,如圆柏、龙柏、雪松、马尾松等。近年来,随着城市环境建设标准的提高,常绿阔叶树种和彩叶、香花树种的选择应用有较大的发展并呈上升趋势。目前使用较多的行道树种有梧桐树、悬铃木、椴树、白榆、七叶树、枫树、喜树、银杏、杂交马褂木、樟树、广玉兰、乐昌含笑、女贞、青桐、杨树、柳树、槐树、池杉、水杉等。

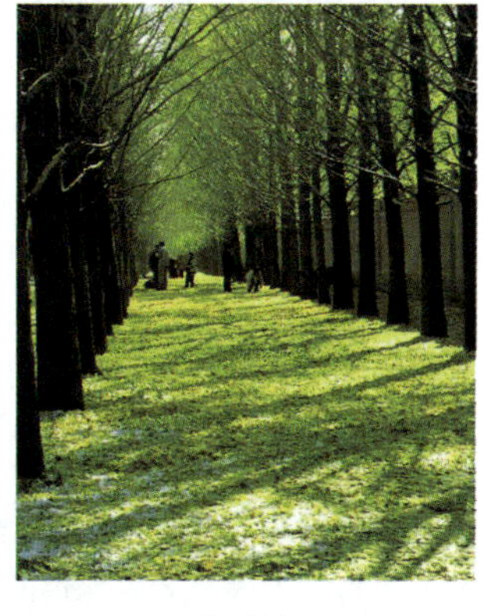

行道树

【行洪区】(flood flowing district) 天然河道及其两侧或两岸大堤之间洪水大时用以宣泄洪水的区域。天然河道包括河槽和滩地两部分。筑有堤防的河流或河段,一般洪水在两堤之间宣泄,洪水大时漫堤或有计划扒开堤防,沿堤洼地一起泄洪。这种沿堤洼地亦属于行洪区。河道内或两堤间的滩地和堤背的行洪洼地,只在大洪水时行洪,一般年份仍可垦殖。因此,在一些江河行洪区内仍有居民定居,从事生产活动。河道内行洪区的宽窄直接影响河道水位,宽的行洪区,水位涨率小,槽蓄量大,削减洪峰亦大;窄的行洪区则相反。为合理利用行洪区的土地,减少洪灾损失,中国对行洪区的利用已制定了一些措施,如调整产业结构,变单一的种植业为多种经营,弃秋保麦,控制人口的发展,试行洪水保险等。在危险区域采取有计划的逐步迁出。在洪水边缘区,避开主流,修筑庄台等避洪建筑物和救生设施,以保障行洪区人民生命财产的安全。

【行为干预技术】(technology of activity meddling) 导向行车安全状态的调整手段和技术。是综合了能力、技巧和任务的一个有意义的个人行为调整系统。行为的调整可以被看作是持续不断地向安全行为过渡的一种状态。行为干预技术包括安全培训及信息交流技术、积极的强化技术、广泛的宣传技术、群体动力学技术、人员选拔培训及重新安置的技术、行为激励技术和安全行为涉及技术。运用行为干预技术能够有效控制道路交通事故的发生。

【行为科学】(behavioral science) 运用心理学、社会学、人类学、经济学、伦理学等多种学科的知识,研究人们行为规律的一门科学。产生于20世纪20年代末30年代初期。当时以美国哈佛大学教授梅奥和罗特利斯伯格为代表的一批研究者,到霍桑工厂进行"霍桑实验"。经过数年的潜心研究,提出的人际关系学说,实际上已经是行为科学的早期形式。1949年在美国芝加哥大学举行的一次跨学科的会议上,讨论了利用现有科学知识深入探寻人类行为规律的问题,并正式将这门学科定名为行为科学。行为科学研究的内容十分广泛,可以概括为:(1)研究影响人的行为的若干心理因素。(2)研究人际关系理论。(3)研究激发动机理论。(4)研究领导行为理论。(5)研究团体行为理论。(6)研究组织发展与变革理论。(7)研究企业文化。其研究方法是:(1)文献归纳法。(2)自然观察法。(3)调查研究法。(4)实验研究法。(5)比较研究法。(6)案例研究法。

【行为疗法】(behavior therapy) 以减轻或改善患者的症状或不良行为为目标的一类心理治疗技术的总称。具有针对性强、易操作、疗程短、见效快等特点。行为治疗的概念最早有斯金纳和利得斯莱于20世纪50年代提出,其发展已有上百年的历史。以实验心理学及心理学中行为学派的理论和观点为基础,其理论渊源主要来自四个方面:(1)Pavlov经典条件反射学说。(2)Skinner操作条件反射学说。(3)Bandura及Watson学习理论。(4)Jacom再教育论。其适应范围有:(1)恐怖症、强迫症和焦虑症等神经症。(2)抽动症、肌痉挛、口吃、咬指甲和遗尿症等习得性的不良习惯。(3)贪食、厌食、烟酒和药物成瘾等自控不良行为。(4)阳痿、早泄、阴道痉挛、性感或性乐缺乏等性功能障碍。(5)恋物癖、异性服装癖、露阴癖等性变态。(6)慢性精神分裂症和精神发育迟缓的某些不良行为。(7)轻型抑郁状态及持久的情绪反应等。其方法及技术有:(1)系统脱敏法。(2)厌恶疗法。(3)行为塑造法。(4)代币制疗法。(5)暴露疗法。(6)松弛反应训练。(7)生物反馈治疗。(8)自控法等。其理论基础是:(1)条件反射理论。(2)情绪理论。(3)环境决定论。(4)人格理论。

行为疗法的一般要点是:(1)确定需要治疗的靶行为。(2)具体描述分析靶行为,如有多个靶行为,要确定治疗的先后顺序与最佳方案。(3)与被治疗者一道确定治疗的具体实施方案。(4)指导当事人如何实施方案。

【行为流行病学】(behavioral epidemiology) 应用流行病学方法研究行为和疾病与健康的关系及其在人群中的分布和影响分布的因素,并进行行为干预,以减少疾病发生、增进健康的学科。其研究内容包括为:(1)引起疾病发生和影响健康状态的行为因素。(2)这些行为因素在人群中的分布和影响分布的决定因素。(3)维持健康行为和减少危险行为的干预措施及其效果评价。

【行星】(planet) 围绕太阳运转,自身引力足以克服其刚体力而使天体呈圆球状,并且能够清除其轨道附近其他物体的天体。特指太阳系中围绕太阳运行的天体。一般不发光,以表面反射恒星的光而发亮。在太阳系中,按其距太阳的远近,共有水星、金星、地球、火星、木星、土星、天王星和海王星八大行星。水星、金星、地球、火星,称为"类地行星"或"内行星";其他的行星称为"类木行星"或"外行星"。太阳系中还有大量的小行星。其中在火星和木星之间大量分布、按一定轨道围绕太阳运行的小行星群称为小行星带。其他恒星也有类似太阳系一样的行星环绕。

行星

【行星齿轮传动】(planetary gear transmission) 一个或一个以上齿轮的轴线绕另一齿轮的固定轴线回转的齿轮传动。具有三个基本部分:太阳轮、行星架和行星轮。行星轮既绕自身的轴线回转,又随行星架绕固定轴线回转。太阳轮、行星架和内齿轮都可绕共同的固定轴线回转,并可与其他构件联结承受外加力矩。行星齿轮传动的主要特点是体积小、传动比大、承载能力大、工作平稳,其输入轴和输出轴可在同一直线上。行星齿轮传动的应用越来越广泛,并可与无级变速器、液力耦合器和液力变矩器等联合使用,使之应用范围进一步扩大。

【行星磁层】(planetary magnetic layer) 行星磁场在太阳风的作用下被限制在的特定区域。磁层中充满等离子体且其物理性质和物理过程皆受行星磁场控制,而物理过程的主要能源为等离子体流。行星磁层的边界朝向太阳方向清晰,背向太阳方向模糊。迄今的天文观测表明,太阳系的八大行星中,地球、水星、木星、土星、天王星和海王星都有磁层;水星与地球磁层相似,但规模较小;木星磁层较强且结构复杂,与地球磁层有较大差别。

【行星地球使命计划】(program of planet earth mission) 由美国提出并负责、多国联合实施的大规模地球生态系统观测研究计划。其目的是:通过全面认识地球生态系统,监视这一系统的变化,研究保护地球环境的措施。该计划将在海上、天空和空间同时进行。为了执行这个计划,各国集中发射了一系列空间平台和各种专用卫星,并组成地球环境观测网。这个观测网第一次把地球作为一个复杂的大系统,对太阳、陆地、海洋和大气在系统中的相互作用进行协同观测。获得的资料、数据和成果,对人类社会的可持续发展将产生深远的影响。

【行星际空间环境】(interplanetary space environment) 存在于地球之外行星间真空度极高的太空环境。这里存在着太阳连续发射的电磁辐射、爆发性的高能粒子辐射和等离子流(太阳风),还有来自银河系的宇宙线和微流星体。太阳连续发射的电磁波除可见光外,还有红外线、紫外线和X射线等。太阳耀斑发生爆炸时,爆发性的高能粒子流较平时可增强一万倍,持续几个小时,会导致地球上短波无线电通信中断,并对航天器机载系统造成影响。

【行星运动定律】(law of planetary motion) 太阳系中各行星运行的规律。即开普勒行星运动定律。其具体内容是:(1)行星在通过太阳的平面内沿椭圆轨道运动,太阳位于椭圆的一个焦点上。(2)行星绕太阳运动,其半径在相等时间内扫过的面积相等,即面积速度为一常数。(3)太阳系内所有的行星公转周期 T 的平方与行星椭圆轨道长半轴 a 的立方之比为一常数,即:

$$T_1^2/a_1^3 = T_2^2/a_2^3 = \cdots = 4\pi^2/GM$$

式中,G 为万有引力常数,M 为太阳的质量。开普勒第三定律更精确的表达形式为:

$$T_1^2/a_1^3(M+m_1) = T_2^2/a_2^3(M+m_2)$$

式中,m_1、m_2 为两个相应行星的质量。

【行星状星云】(planetary nebula) 恒星生命晚期形成的、围绕一颗中心热星的气体壳层星云。大多数天文学家认为,行星状星云是红巨星演化到晚期不稳定阶段抛射出外壳形成的。在低倍望远镜中具有像天王星或海王星那样略带绿色且有明晰边缘的小圆面。但在高倍望远镜下却显示出非常复杂的斑点、气流、纤维和小弧结构。因为抛出的气体云会被中心的热核聚变发射出的辐射电离发光，所以行星状星云也是发射云的一种。狐狸座的哑铃星云、宝瓶座的土星状星云均为著名的行星状星云。

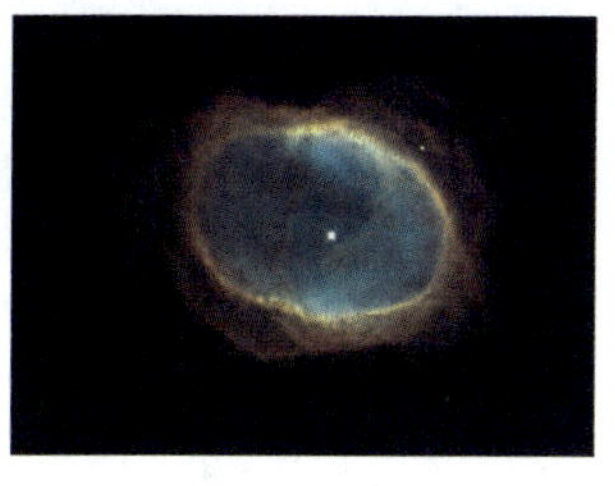

行星状星云

【行针】(needle manipulation) 又称运针。在针灸时毫针刺入穴位后，为了使患者产生针刺感应，或进一步调整针感的强弱，以及使针感向某一方向扩散和传导而采取的操作手法。

【形变热处理】(thermomechanical treatment) 又称热机械加工。压力加工和热处理两种过程的联合处理方法。某些钢在淬火前对奥氏体施行压力加工，产生一定量的塑性变形，再进行淬火，一般可使其强度及硬度增高而塑性不变。是提高钢的强度的一种方法。

【形而上学】(metaphysics) 与辩证法相对应。两种关于发展的基本观点之一。一种用孤立、静止、片面和表面的观点去看世界，否认唯物辩证法所主张的事物的发展是由其内部矛盾所引起的学说。其特点是：用孤立、静止和片面的观点去看世界，认为一切事物都彼此孤立，永远不变；如果有变化，也只是数量的增减和场所的变更，而这种增减和变更的原因，不在事物的内部而在事物的外部。形而上学的思维方法从根本上说是错误的、违反科学的。但它在人类认识发展的一定阶段上却是不可避免的。因为人们总是先研究相对静止的事物，然后才能研究事物运动的过程。形而上学的思想观点和方法在古代就已存在了。在15世纪后半叶到18世纪，在欧洲得到了系统性的强化。当时，科学家们将自然界划分为各个部分，并从外部考察其特性。这对分门别类的科学的建立和知识的积累是必要的。这种方法由英国哲学家培根和洛克从自然科学移植到哲学中，便形成了近代形而上学的思维方法。从本质上说，它属于唯心主义的方法。但是，形而上学与辩证法之间并不存在一条不可逾越的鸿沟，两者经常处于转化之中。

【形式逻辑】(formal logic) 研究思维的形式结构及其规律的科学。它撇开具体的思维内容，仅从形式结构上来研究概念、判断、推理及其相互联系的规律。其基本规律是在人们认识的初级阶段形成的。主要有同一律、矛盾律、排中律和理由充足律。这些规律表现了正确思维的确定性、一贯性和无矛盾性。它是人们必须遵守的一个基本规律。若违反了它的要求，就会造成思维混乱，贻误学习和工作。

【形式语言理论】(formal language theory) 用数学方法研究自然语言和人工语言语法的理论。其研究重点是：(1)无限制文法。(2)上下文有关文法。(3)上下文无关文法。(4)正则文法。在自然语言的理解和翻译、计算机语言的描述和编译、社会和自然现象的模拟和语法制导的模式识别等方面广泛应用。

【形式主义】(externalism) 夸大形式的作用、片面追求形式而忽视内容的一种形而上学的观点、方式和作风。割裂内容和形式的有机联系，不顾实际内容而单方面地突出形式。是和主观主义的思想作风相联系的。它不能够实事求是，一切从实际出发，理论联系实际，而是盲目地追求形式的完美。形式主义危害性很大，必须坚决反对。反对形式主义，实际上就是要确立实事求是的思想路线，按照事物的本来面目去制订计划，采取行动，而不是走向反对一切形式的另一个极端。

【形体】(gestalt) 广义形体泛指一切有一定形态结构的组织器官，包括头、躯干、肢体、五脏和六腑等有形质可见的组织。狭义形体指有特定含义的“五体”－皮、肉、筋、骨和脉是构成整个人身形体的重要组织。

【形状公差】(form tolerance) 零件单一实际要素的形状所允许的变动全量。其项目有：直线度、平面度、圆度、圆柱度、线轮廓度和面轮廓度等。

【形状记忆高分子纤维】(shape memory polymer fiber) 具有记忆初始态→固定变形→恢复起始态循环功能的纤维。在热成型时能记忆外界赋予的形状(初始形状)，冷却时可任意变形，并在更低温度下将此形变固定下来，当再次加热时能可逆地恢复原始形状。它可以通过对高分子材料进行分子组合和改性得到。促使形状记忆纤维完成上述循环的因素有光能、电能和声能等物理因素以及酸碱度、整合反应和相变反应等。如对聚乙烯、聚酯、聚异戊二烯和聚氨酯等高分子材料进行分子组合及分子结构调整，使之同时具备塑料和橡胶的共性，在常温范围内具有塑料的性质，即硬性、形状稳定恢复性；在一定温度(所谓记忆温度)下具有橡胶的特性。

【形状记忆合金】(shape memory alloy) 一种具有形状记忆效应的新型功能材料。这种合金在较低温度下变形超过屈服极限时，去除外力后仍能保持变形后的形状。但在加热到较高温度时，能自动恢复到变形前的形状，似乎对自己的原形有记忆。这种现象称为形状记忆效应。如果只能“记住”高温时的形状,就称合金具有单程形状记忆效应;如果合金材料不仅能“记住”高温时的形状,又能记住较低温度时的形状,并在温度发生反复变化时,合金材料会反复改变形状,这时称合金具有双程形状记忆效应。双程记忆合金是在单程记忆合金的基础上通过训练获得的。形状记忆合金是超弹性合金,种类繁多。主要可分为三类:镍钛基合金、铜基合金和贵金属系合金。形状记忆合金在航天、航空、机械、能源、电子、化工和医疗技术领域中有广泛应用。如用Ni-Ti丝制成的抛物面状卫星天线,在较低温度折成团状,便于放入卫星中发射。在卫星进入轨道后,在阳光照射下,天线温度升高后会自动张开。

形状记忆合金

【形状记忆塑料】(shape memory plastics) 智能塑料的一种。具有形状记忆功能的塑料。通过热、化学、机械、光、磁、电等外界刺激,触发材料响应,从而改变材料的形状、位置、应变、硬度、频率、抗震、摩擦等动态或静态技术参数,并使其具有记忆、响应、回复及适应等特性。如用形状记忆塑料制成记忆弹簧安装在门窗上,门窗就能随光照强度和温度变化自动开合,调节入室的自然光;安装在淋浴喷头上,就能根据人体需要自动调节出水温度。形状记忆塑料也可以与其他材料结合制成复合材料。其发展已受到普遍重视。

【型钢】(section steel) 又称型材。经过各种塑性加工成形的具有一定断面形状和尺寸的直条实心钢材。产品品种规格众多,各种形状和规格超过3 000种。中国的型材产量占钢材产量的一半。广泛用于机械、金属结构、桥梁建筑、汽车、铁路、船舶等领域。按其断面形状的不同可分为:(1)简单断面。常见的有圆钢、方钢、扁钢、角钢、六角钢、三角钢和椭圆钢等。(2)异性断面。又称复杂断面。包括工字钢、槽钢、钢轨、H型钢、T型钢、Z型钢、窗框钢和鱼尾板等。(3)周期断面。是指其断面沿轧材纵轴方向呈周期性变化的钢材。例如螺纹钢、带肋钢筋。型钢的生产方法包括热轧、冷轧、热弯、冷弯、冷拔、焊接和锻压等。

型钢

【型钢轧机】(section rolling mill) 轧制型钢的轧机。多为二辊式、三辊式和万能式轧机。与钢板轧制相同,钢坯在一对转向相反的轧辊间变形。所不同的是两个轧辊辊面在相同位置上必须切有与产品形状相吻合的孔型。由于型钢生产是从钢坯到钢材断面的渐变过程,因此需要一组多个孔型以缓和金属变形量在局部过于集中。为了保证坯料在适当的温度区域内完成变形和加工顺利,要求在满足产品质量的前提下尽量减少孔型数目,并将变形的主要任务分成若干段,即粗轧段、中轧段、精轧段等。现代轧钢生产线均由多架轧机分担了上述一组孔型。为了缩短生产线的长度,在轧制最初几道次时可在可逆式轧机上多轧几个道次,也可以选择有上下孔型布置的三辊轧机。轧机的布置方式有横列式、布棋式、顺列式、连续式和半连续式等。轧辊是轧机的重要组成部分。型钢轧机轧辊使用的材料有锻钢、铸钢、球墨铸铁、冷硬球墨铸铁轧辊等。

型钢轧机

【型号合格证】(type certificate) 由适航当局向申请人颁发的证明性证件。在民用航空领域,民用航空产品的型号必须符合适航的标准。民用航空产品的型号设计只有在符合适用要求和适航当局规定的专用条件或具有其认可的等效安全水平,且其持续适航文件已获得批准、在运行中没有安全隐患的条件下,适航当局才会向申请人颁发型号合格证。型号合格证制度是保证民用航空产品安全运行的重要措施之一。

【型号样机】(mock-up) 又称全尺寸样机。型号在研制的技术设计阶段,为总体协调和审查而制作的全尺寸模型。在模型上应尽可能准确地安装上所有机载设备,以及各分系统的成品、管路、电缆或与其尺寸相当的模型样件,以便协调设备与系统的空间配置,确

型号样机

定最佳布局,满足使用与维护等方面的要求,并使用户对新设计的飞机有一个完整的形象,以便于审查。早期的型号样机,主要用木材、层板、纸板与泡沫材料制作,20 世纪 70 年代后开始出现金属型号样机。型号样机一经审查批准,设计部门即可进行飞机的详细设计。

【性别鉴定】(sexual identification) 用分子标记去鉴别特殊的性染色体序列特征的过程。鉴定方法主要有:(1)间接免疫荧光法。(2)H-Y 抗原法。(3)细胞遗传鉴定法。(4)X 相关酶法。(5)特异 DNA 探针杂交法。(6)多聚酶链反应(PCR)法。性别鉴定在畜牧业生产中意义重大。科学地利用性别鉴定,可以取得如下三种积极效果:(1)可以控制牲畜后代的性别比例,充分发挥受性别限制的生产性状(如泌乳)和受性别影响的生产性状(如生长速度、肉质等)的最大经济效益;(2)可增加选种强度,加快育种进程;(3)避免动物胚胎移植中出现的异性孪生不育现象。性别鉴定技术不仅适用于畜牲,而且也适用人类。但是实施人类性别鉴别时须经有关部门批准。

【性传播疾病】(sexually transmitted disease) 由性行为接触或类似性行为接触为主要传播途径的一组传染病。20 世纪 50 年代以前,人们把梅毒、淋病、软下疳和性病性淋巴肉芽肿统称为性病。随着临床医学知识的不断进步及微生物学的发展、实验手段的改进,人们发现可由性接触传播的疾病病原体越来越多,医学界对性行为在传播疾病中的作用逐步加深了认识,使性病的概念有较大的改变。在 1975 年,世界卫生组织确定用"性传播疾病"来代替既往所称的"性病"一词。随着医学科学的发展,人们发现几乎所有的医学微生物,如病毒、衣原体、支原体、细菌、螺旋体、放线菌、真菌、寄生虫等都可以通过性接触传播,性传播疾病的范围越来越大。不仅包括性器官直接接触传播的疾病,还包括生殖器以外通过皮肤对皮肤、皮肤对黏膜、黏膜对黏膜的直接接触传播的疾病。所以性传播疾病病变不仅表现在生殖器官,也可以涉及口腔、咽部、直肠、肛门等,甚至全身的严重病变,导致伤残或死亡。还可通过母亲传给下一代。

【性分化异常病】(disorders of sex differentiation) 各种生理性别与社会性别不一致的现象。性别决定和性分化是个体正常发育和生存过程的重要环节,也是人类得以繁衍的前提。在这一过程中,多个分子事先按照一定的时序共同作用,最终决定个体性别。染色体是人体重要的遗传物质。它直接或间接地决定着人的各种特性,特别是人的性别。如果染色体核型是 46,XX,则是女性;染色体核型是 46,XY,则是男性。由染色体决定的性别称为染色体性别。其次是性腺性别,即男性的性腺为睾丸,女性的性腺为卵巢。另外就是生殖器性别。照出生时根据外生殖器确定的性别,在社会生活中构成了其社会性别。如果这几种性别是一致的,就是性分化正常的人;否则就是性分化异常。发生该病的主要病因之一是染色体异常。

【性激素】(sex hormone) 由动物性腺所分泌的激素。分为雄性激素和雌性激素。除促进和维持动物性器官的发育成熟以及生殖功能的成熟外,还促进副性征的出现以及生殖过程的进行。人体内最重要的雄性激素是由睾丸内间质细胞分泌的睾丸酮。睾丸酮及其衍生物现在已经能够人工合成和生产,供临床应用。卵巢分泌的雌性激素有两类:(1)卵泡分泌的雌激素。(2)黄体分泌的孕酮(黄体酮)。人工合成的雌性激素及其衍生物,已应用于避孕、医学和畜牧业。

【性能测试】(performance testing) 通过自动化的测试工具模拟多种正常、峰值以及异常负载条件来对系统的各项性能指标进行的测试。负载测试和压力测试都属于性能测试,两者可以结合进行。通过负载测试,确定在各种工作负载下系统的性能。目标是测试当负载逐渐增加时,系统各项性能指标的变化情况。压力测试是通过确定一个系统的瓶颈或者不能接收的性能点,来获得系统能提供的最大服务级别的测试。

【性腺成熟系数】(maturation factor) 性腺重占鱼体重的百分数。可以用来衡量性腺发育的程度。性腺成熟系数越大,表明亲鱼的怀卵量越多。性腺成熟系数可按下列公式计算:(1)性腺成熟系数 = 性腺重/体重 × 100%。(2)性腺成熟系数 = 性腺重/空壳重 × 100%。一般多采用公式(2)。四大家鱼卵巢的成熟系数,一般第Ⅱ期为 1% ~2%;第Ⅲ期约 3% ~6%;第Ⅳ期约为 14% ~22%,最高可达 30% 以上。精巢成熟系数要小得多,第Ⅳ期一般只有1% ~1.5%。

【性心理障碍】(psychosexual disorder) 又称性变态、性欲倒错、性歪曲。以异常行为作为满足个人性冲动的一种心理障碍。其共同特征是对常人不引起性兴奋的某些物体或情境,对患者都有强烈的性兴奋作用,在不同程度上干扰了正常的性行为方式。当已歪曲的性冲动付诸行动时多导致违纪。常见的性心理障碍有:恋物癖、恋兽癖、窥阴癖、露阴癖和易性癖等。较少见的还有淫秽电话癖和恋童癖等。

该类病人并没有突出的人格障碍,他们并不是道德败坏、流氓成性的人,他们多数性欲低下,甚至对正常的性行为方式不感兴趣。对一般社会生活的适应也是正常的,表现内向、不善交际,常对自己由于性心理障碍而触犯社会规范的性行为深表悔恨,但却常常屡改再犯。

【性早熟】(precocious puberty) 在性发育年龄以前出现第二性征,即乳房发育,阴毛、腋毛出现,身高、体重迅速增长,外生殖器发育的现象。在男女儿童中,性早熟的发生率大约为0.6%。其中女孩多于男孩(约为男孩的9倍)。目前一般认为,女孩在8岁前第二性征发育或10岁前月经来潮,男孩在10岁前开始性发育,可诊断为性早熟。其常影响青少年的身心健康,而智力发育一般正常。性早熟的病因很多。按下丘脑-垂体-性腺轴功能是否提前发育可分为:中枢性(真性)和外周性(假性)两类。中枢性性早熟的临床特征是:提前出现的性征发育与正常青春期发育程序相似;外周性性早熟的性发育过程与上述规律迥异。男孩性早熟以中枢神经系统异常(如肿瘤)的发病率较高,检查应注意睾丸的大小。若睾丸容积>4ml,提示中枢性性早熟;如睾丸未增大,但男性化进行性发展,则提示外周性性早熟。本病治疗依病因而定。中枢性性早熟的治疗目的是:(1)抑制或减慢性发育,特别是阻止女孩月经来潮。(2)抑制骨骼成熟,改善成人期最终身高。(3)恢复相应年龄应有的心理行为。

【胸痹】(chest impediment) 中医病名。以胸部闷痛,甚则胸痛彻背、喘息不得卧为主症的一种病症。轻者仅感胸闷如窒,呼吸不畅,重者则有胸痛,严重者心痛彻背和背痛彻心。本病的发生多与寒邪内侵、饮食失调、情志失节、劳倦内伤和年迈体虚等因素有关,相当于西医学的冠状动脉粥样硬化性心脏病(心绞痛、心肌梗死)。

【胸墙】(breast wall) 位于闸门孔口上方,支承于闸墩间的挡水墙。其作用是减小闸门和工作桥的高度,减轻闸门重量和启闭机容量。多用于挡水水位高于排水水位的排水闸或枯水水位高于设计引水位的进水闸。当拦河闸的雍水位变化较大且无排泄漂浮物的要求时,为了限制下泄流量,也可设置胸墙。胸墙的位置紧靠闸门。对于弧形闸门,胸墙置于闸门上游,不妨碍闸门的启闭。对于平面闸门,胸墙可置厂闸门的下游或上游。胸墙可简支或固定支承于闸墩上。胸墙为钢筋混凝土板梁结构,跨度较小,多采用具有楔形断面的平板,按梁式板设计,上薄下厚。在其跨度远大于高度时,可在墙顶和墙底放置主梁,按板梁系统设计。胸墙一般是不能活动的固定结构。当闸孔兼有通航任务或有宣泄特大洪水的要求时,也可做成活动胸墙。在正常运行条件下,活动胸墙起挡水作用;需要宣泄特大洪水或漂浮物时,将胸墙吊起,成为开敞式闸孔。

【胸墙式水闸】(breast wall sluice) 闸门孔口上部设有挡水胸墙的水闸。多用于上游水位变幅较大,挡水水位远高于取水、泄水水位的情况。如江河堤岸上的进水闸、排水闸等。当拦河闸因排沙防淤要求,闸槛不能抬高,而过闸单宽流量又必须加以限制时,可采用胸墙式水闸。其特点是:(1)胸墙代替部分闸门挡水,减小了闸门高度和启门力,有利于闸门操作。但过水面积受到限制,超泄能力不如开敞式水闸。(2)闸室的横向刚度大,有利于闸墩、边墩的稳定和适应地基的不均匀沉降。(3)闸室的分缝设在闸墩上,闸室的整体性强。(4)闸孔高度受胸墙构件的限制,不能过大,一般单闸孔宽度不超过10m。

【胸外心脏按压】(external chest compression, ECC) 当患者出现心脏骤停时,为确保有效循环的恢复而及时实施的胸外心脏按压疗法。在操作时,病人应平卧、去枕,抬高下肢,并在病人背后垫一块硬板或将病人移至地面。操作者立在或跪在病人胸旁,以一手掌根部按在胸骨下1/2的中轴线上,另手平行地按压在该手的手背上,手指伸直并相互交叉。通过两臂垂直有节奏地下压,胸骨下陷的幅度为3.8~5.0cm,然后立即放松,任胸廓自行回弹(两手勿离开按压部位),按压、放松的时间比为1:1。成人的按压频率为100次/分钟。

【胸腺】(thymus) 一级淋巴上皮组织构成的为人体内培育T细胞的重要中枢免疫器官。位于胸骨后、胸腔内前部。由两叶组成,外包结缔组织被膜。新生儿的胸腺一般重10~15g,至13岁左右可达30~40g。以后随着年龄的增长,胸腺逐渐缩小。到老年时期,胸腺明显缩小,仅存少量皮质及髓质,而由脂肪组织填补,以致分泌胸腺激素不足,培育T细胞的作用减弱,造成机体免疫功能衰退,易受病原体感染和易发自身免疫病。其有三大功能:(1)胸腺屏障。可以防止外来的和随血液运进的病原体及抗原异物穿过血管壁进入胸腺实质内,以避免引起炎症、组织增生、形成胸腺瘤及自身免疫抗体,防止引发重症肌无力等症。(2)促成T细胞等生成各种抗原和受体。

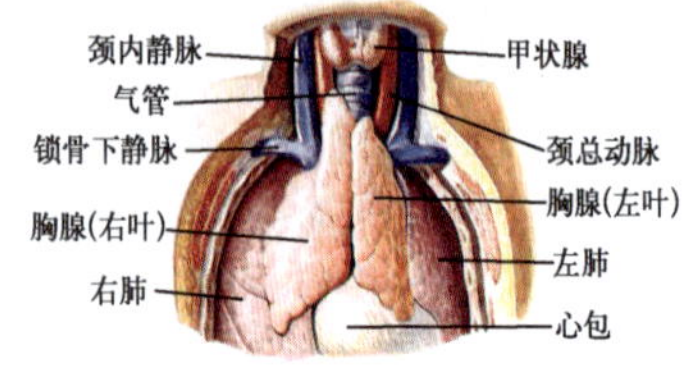

胸腺

即CD抗原、主要组成相容性复合体抗原(MHC Ag)、T细胞抗原受体、人T细胞的其他受体。(3)能成功地培育T细胞,建立强大的细胞免疫力,并有效地辅助发展体液免疫及壮大全身免疫功能。其原因是天然分泌胸腺激素产生多种细胞因子,合成神经肽等递质。

【胸腺素】(thymosin) 从小牛胸腺匀浆的上清液中提取的活性部分。纯化过程编号为F1~F8。其中F5活性最强。胸腺素含有10~15种主要成分。根据其等电点的不同可分为α、β及γ三组。首先纯化α_1成分,确定其一级结构是由28个氨基酸所组成。研究资料表明,胸腺素α_1的作用是胸腺素F5的10~1 000倍。各种胸腺素可能作用于T细胞成熟过程的不同阶段,而且不同的胸腺素制品可能诱导不同的T细胞亚群,并对NK细胞和巨噬细胞也有作用。胸腺素与许多内分泌腺如垂体、下丘脑、肾上腺皮质、甲状腺和性腺之间可能存在着互相制约的反馈机制。使用GM-CSF可增强抗肿瘤的免疫监视作用,提示胸腺素与中枢神经系统及生殖系统可能有着重要的联系。临床上主要应用于:(1)免疫缺陷。胸腺素对细胞免疫缺陷患者的效果比对其他免疫缺陷者为好。(2)自身免疫病和肿瘤。用胸腺素者生存期明显延长。

【雄黄】(realgar) 又称鸡冠石。化学成分为硫化砷(AsS)的一种矿物。提炼砷的重要矿石矿物。单斜晶系。晶体呈短柱状。晶面具纵纹。金刚光泽。断口呈树脂光泽。通常呈粒状或致密块状,有时也呈土状或皮壳状集合体。晶体半透明,橘红色,条痕呈淡橘红色。摩氏硬度1.5~2。密度3.6g/cm³。灼烧时有蒜臭味。属低温热液矿物,常与雌黄共生。主要用于制取砷和砷化物。中医学上用作解毒、杀虫药,外用治疗癣恶疮、虫蛇咬伤等症;内服微量治惊痫、疮毒等症。

雄黄

【雄激素】(androgen) 又称睾丸酮。促进雄性生殖器官的成熟和第二性征发育并维持其正常功能的一类激素。男性进入青春期后,睾丸开始分泌雄激素以促进生殖器官发育和第二性征的出现。雄性激素还能刺激食欲,促进蛋白质合成,减少尿氮的排出。它对男性性欲的产生和性功能维持有重要作用,但不是唯一的。雄激素受脑垂体和下脑丘的调节。下脑丘、脑垂体和性腺之间存在相互联系、相互制约的复杂关系,一起参与、控制与调节生殖活动。中老年人雄激素的分泌会逐渐减少,性功能也逐渐消退,各系统的代谢功能也日趋低下。医疗上应用的雄激素均为人工合成品,如基睾丸素、丙酸睾丸素等。

【雄激素类药】(androgens drugs) 人工合成的具有雄性激素效应的一类药物。天然雄性激素主要是由睾丸间质细胞分泌的睾酮。肾上腺皮质、卵巢和胎盘也分泌少量的睾酮。临床上多用人工合成的睾酮衍生物,如甲睾酮、丙酸睾酮和苯乙酸睾酮等。本类药物的药理作用有:(1)促进男性器官的发育和成熟,促进男性第二性征形成,促进精子的生成及成熟。大剂量反馈抑制垂体前叶分泌促性腺激素;对女性可减少雌激素分泌,并有直接抗雌激素作用。(2)能明显促进蛋白质合成,减少蛋白质分解,造成正氮平衡,从而促进肌肉增长,体重增加,减少尿氮排泄,同时有水、钠、钙、磷潴留作用。(3)骨髓造血功能低下时,大剂量雄激素可促进肾脏分泌促红细胞生成素,也可直接刺激骨髓造血功能,使红细胞生成增加。本类药物临床上主要用于睾丸功能不全、功能性子宫出血、晚期乳腺癌、贫血等。其不良反应有性功能改变、胆汁淤积性黄疸。孕妇及前列腺癌病人禁用。对肾炎、肾病综合症、肝功能不全、高血压及心力衰竭病人也应慎用。

【雄性不育保持系】(male sterile maintainer line) 简称保持系。给不育系授粉后能使其后代仍保持雄性不育的植物父本品系。保持系雌雄蕊均发育正常,能自交结实。生产上利用的保持系都与不育系是同一品种。这种同名或同型保持系一方面可保持雄性不育,另一方面又可保持不育系其他优良性状相对稳定。

【雄性不育恢复系】(male sterile restorer) 简称恢复系。又称育性恢复系。给不育系授粉能使其后代雄蕊发育恢复正常、自交结实的植物父本品系。优良的恢复系与不育系杂交可产生具有杂种优势的杂交种,具有显著的增产效果。

【雄性不育系】(male sterile line) 简称不育系。具有可遗传的雄性不育性的植物品系。雄蕊发育不正常失去授精能力、雌蕊发育正常能接受外来花粉进行受精的品系。配制杂交种时,以不育系作母本,可省去去雄手术,便于杂种优势的利用。

【熊猫烧香】(panda burning incense) 一种拥有众多变种的蠕虫型计算机病毒。由于中毒电脑的可执行文件会出现熊猫烧香图案,所以被称为熊猫烧香病毒。但原病毒只会对EXE图标进行替换,并不会对系统本身进行破坏。2007年1月，大量熊猫烧香变种病毒肆虐网络，用户电脑中毒后可能会出现蓝屏、频繁重启以及系统硬盘中数据文件被破坏等现象，对计算机程序、系统破坏严重。

熊猫烧香

【休克】(shock) 一种由于有效循环血量锐减、全身微循环障碍引起重要生命器官(脑、心、肺、肾、肝)严重缺血、缺氧的综合征。其人体典型表现是面色苍白、四肢湿冷、血压降低、脉搏微弱、神志模糊。按其病因的不同可分为：(1)失血性休克。急性失血超过全身血量的20%(成人约800ml)即发生休克，超过40%(约1 600ml)濒于死亡。(2)心原性休克。由急性心脏射血功能衰竭所引起，最常见于急性心肌梗塞，死亡率高达80%。(3)中毒性休克。主要见于严重的细菌感染和败血症，病死率为30%～80%。(4)过敏性休克。发生于具有过敏体质的患者。致敏原刺激组织释放血管活性物质，引起血管扩张，有效循环血量减少而致。如对药物和某些食物(菠萝等)过敏，尤以青霉素过敏最为多见，严重者数分钟内不治而亡。(5)神经原性休克。剧烈的疼痛刺激通过神经反射引起周围血管扩张，血压下降，脑供血不足，导致急剧而短暂的意识丧失。休克的一般处理包括患者平卧，全身保暖，尽量少搬动，吸氧，静脉输液以扩充血容量等，同时还应当针对不同类型的休克采取相应的治疗方式。

【休情期】disestrus) 又称间情期。母畜在发情期中未配种或未受孕，发情结束后到下一个发情周期前的间隔时期。母畜在休情期性欲已完全停止，精神、食欲、活动等均已恢复正常。在间情期的早期，子宫内膜增厚，腺体分泌活动旺盛，卵巢上形成黄体，为妊娠作好了准备，母畜若受孕，即进入妊娠期。母畜未受孕，在间情期后期，增厚的子宫内膜回缩，腺体变小，分泌停止，周期性黄体逐渐退化，母畜进入下一个发情周期。若是季节性发情的家畜，在非繁殖季节则进入乏情期。

【休闲】(fallow) ❶无事而休息，过清闲生活。❷农田在可种作物的季节内耕而不种或不耕不种，使田地暂时空闲而自然恢复地力的一种农作措施。农田按其休闲时间长短的不同可分为全年休闲、多年休闲和季节休闲。全年休闲又称赤地休闲、黑色休闲，主要为气候干旱、寒冷、人少地多的半干旱地区或高寒山区采用。多年休闲多分布于地广人稀的撂荒耕作制地区，如非洲和南美洲的部分地区，中国的西南和西北地区也有少量分布。季节休闲常为一年多熟地区采用。按土地空闲季节的不同可分为冬闲、夏闲和秋闲三种。随着农业技术的发展，一年多熟地区已很少采用休闲。但在半干旱地区，休闲仍是积储降水和消灭杂草的必要措施。

【休闲耕作制】(fallow farming system) 在熟荒耕作制抛荒年限逐渐缩短到只有1～2年的基础上发展起来的一种耕作制度。即在一块地上，一年播种作物一年空闲，空闲的一年中依靠自然过程恢复地力。在这一阶段中，已开始辅以人工养地措施，如少量施用有机肥等。西欧中世纪实行的一区休闲，二区分种的三圃制是典型的休闲耕作制。现今世界上干旱半干旱地区仍有这种耕作制。中国内蒙古、甘肃、宁夏等省区也有极少量分布。

【休闲渔业】(recreational fishery) 通过对渔业、环境、人力等资源的合理利用与优化配置，形成的集旅游观光、休闲娱乐、渔业生产于一体的一种新型产业。在旅游、垂钓、娱乐、餐饮、健身、度假等休闲产业基础上发展和衍生的一种具有时代特征的新的经济形态。通过实现第一、二、三产业结构互动，以提高渔业的社会、生态和经济效益，满足人们日益提高的精神文化需求。是休闲经济的一个组成部分。

【休止编织技术】(rest knitting technique) 又称局部编织。为了在横机上编织出三维立体结构和花式效果，使持有线圈的某些织针暂时停止工作，需要时再重新进入编织程序的编织技术。该技术可在电脑横机上通过选针实现。手摇横机上则需要对三角结构改进和特殊设计，才能进行局部编织和持圈收放针。

【修复嵌体】(inlay) 嵌入牙体中用以恢复牙体缺损形态和功能的修复体。按其覆盖牙面的不同可分为单面嵌体、双面嵌体和多面嵌体；按其部位的不同可分为䪼面嵌体、颊面嵌体和邻䪼嵌体等；按其制作材料的不同可分为合金嵌体、树脂嵌体和瓷嵌体。其适应证是：(1)各种严重的牙体缺损已涉及牙尖、切角、边缘嵴以及诸面，需要咬合重建而不能使用一般充填方法修复者。(2)因牙体缺损引起邻面接触不良，食物严重嵌塞，可用嵌体修复邻面接触点。(3)需要恢复牙冠高度及外形者可用高嵌体修复。(4)固定桥的基牙已有龋洞或要放置栓体、栓槽附着体者，可以设计嵌体作为基础固位体。其禁忌证是：(1)青少年的恒牙和儿童的乳牙，因其髓角位置高，不宜做嵌体，以免损伤牙髓。(2)邻面缺损范围小而且表浅，前牙邻、唇面缺损未涉及切角者，不宜用嵌体修复。(3)牙体缺损范围大,残留牙体组织抗力形差,固位不良者。(4)对于美观及长期效果要求高的年轻患者,前牙缺损慎用嵌体修复。其牙体制备的基本要求是:(1)其窝洞不能有倒凹,洞壁可稍外展,但不超过6°。(2)其窝洞边缘要制备洞斜面,保护洞缘薄弱的釉质,增加边缘密合度,𬌗面的洞斜面应深及釉质的全长,与洞壁呈45°。(3)如剩余牙体组织较薄弱,特别是后牙近中—𬌗—远中嵌体,其设计要覆盖整个冠面,以防牙体折裂,此类嵌体称高嵌体。(4)其窝洞的𬌗面洞缘线要离开𬌗接触区1mm,邻面洞缘线要离开接触点,位于自洁区。

【修饰酶】(modification enzyme) 通过主链的剪接切割、侧链的化学修饰,对其分子结构进行改造而生成的酶。其目的是:提高酶的活力,改进酶的稳定性和特异性,使其能催化不同底物、转化改变催化反应类型,提高催化过程的反应效率。常见方法有:(1)部分水解酶蛋白的非活性主链。(2)利用小分子或大分子物质对活性部位或活性部位以外的侧链基团进行共价修饰。(3)酶辅因子置换。酶进行化学修饰时应注意:(1)修饰剂的要求 。(2)酶性质的了解。(3)反应条件的选择。

【岫岩玉】(Xiuyan jade) 简称岫玉。以蛇纹石为主要矿物成分的玉的统称。一般质地细腻,具蜡状光泽,有透明的状似冻胶。多呈各种颜色,但以绿色为主。硬度变化较大,在2.5~5.5之间。韧性远逊于翡翠和软玉。岫岩玉是一种常见的普通玉雕材料,也用来制作手镯、项链等饰品。以产于中国辽宁省岫岩县的岫玉最为有名,岫岩玉也由此而得名。

岫岩玉

【绣】(embroidery) 用彩色丝绒、棉线在绸、布等上面做成的花纹、图像或文字的工艺织品。苏绣、粤绣、蜀绣和湘绣并称为中国四大名绣。它们是用手工或机器刺绣而成的最具代表性的秀丽和鲜艳的织物。

清明上河图

【嗅探器】(sniffer) 监视数据运行状态的软件设备。可以通过网络监听方式截获大量明文形式的数据,把网络传输的全部数据记录下来,帮助网络管理员查找网络漏洞和检测网络性能。网络管理员可据此对传输数据包进行捕获并加以分析,为防范乃至进行反攻击提供有价值的信息。广泛应用于网络维护和管理、能够捕获和分析网络流量的产品。

【虚】(deficiency) 中医术语。以正气虚损为矛盾的主要方面的一种病理反应。其主要表现是:机体的精、气、血、津液和功能衰弱,脏腑经络生理功能减退,抗病能力低下,因而机体正气与致病邪气的斗争,难以出现较剧烈的病理反应,临床上可出现一些虚弱、衰退和不足的表现。

【虚功原理】(principle of virtual work) 又称虚位移原理。受理想约束的力学系统能够保持平衡的充要条件是作用于系统的所有主动力虚功之和等于零。分析力学中的一条重要原理。虚功原理的数学表达式为:$\delta W=\sum_{i=1}^{n}\vec{F}_i\cdot\delta\vec{r}_i=0$。其中$n$是系统的质点数,$\vec{F}_i$代表作用于系统第i个质点上的主动力,$\delta\vec{r}_i$为第i个质点的任意位移。虚功原理强调,对于一个静态平衡的系统,其受到的一切外力作用,经虚位移所作的虚功总和等于零。

【虚劳】(consumptiue) 又称虚损劳伤。因脏腑亏损而致元气虚弱的一类疾病。此病在老年人中十分常见。随着增龄,五脏日渐虚衰,又加易感外邪,或久病难愈,极易使气血亏虚,阴阳失衡,发生本病。可分为阳气虚和阴血虚两大类。前者包括肺气虚、脾阳气虚和肾阳虚;后者包括心阴血虚、肝阴血虚、肺阴虚、脾胃阴虚和肾阴虚。补法为治疗虚劳之原则。临床上根据气血阴阳之不同,分别采用补气温阳和滋阴补血之法。

【虚拟存储器】(virtual memory) 把一部分磁盘空间分出来充当物理内存使用的一项技术。由硬件和操作系统自动实现存储信息调度和管理,源于英国ATLAS计算机的一级存储器概念。它将内存与外存结合使用,形成一个容量极大的虚拟内存储器。其工作速度接近于主存,每位成本又与辅存相近,在整机形成多层次存储系统。

【虚拟地景】(virtual landscape) 由计算机生成的可与用户在视觉、听觉上实行交互,使用户有身临其境之感的人造环境。是虚拟现实技术用于地景仿真的新方法。在测量与地学领域中的应用,可以看作是地图认知功能在计算机信息时代的新扩展。

【虚拟电信运营商】(virtual network operator) 一种无网络资源和电信基础设施的运营模式。本身没有电信网络资源,通过租用电信运营商的电信基础设施,对电信服务进行深度加工,以自己的品牌提供服务的新型电信运营商。与电信运营商的最大区别在于,它自身不拥有骨干和核心网络资源,而需要通过租用电信运营商的基础设施,建立自己的虚拟网络来进行运营服务。

【虚拟环绕声】(simulated surround) 用多声道来获得近似于环绕声音响效果的方法。能够把多声道的信号经过处理,在两个平行放置的音箱中回放出来,让人感觉到环绕声的效果。利用耳朵的听觉特性和人的听觉心理,把普通的立体声信号作一定函数的预处理,采用频率滤波和频率补偿的方法实现虚拟环绕声,同真正的杜比数字和家庭影院环绕声不相同。常见的非标准环绕声有虚拟杜比环绕声、SRS音效处理及 ASR 模拟环绕声技术等。其优点是:(1)它对任何单声道或普通立体声音源没有特殊要求,无须对节目源进行处理。(2)声道功放和配备多只音箱,利用原来的双声道立体声,不需增添多功效,两只音箱即可享受真实的环绕声效果。(3)对听音环境没有严格的要求。广泛用在功放、电视机、VCD、轿车音响和 AV 多媒体中。

【虚拟局域网】(virtual local area network,VLAN) 采用网络管理软件构建的端到端的逻辑网络。其业务功能是:网络中的站点不拘泥于所处的物理位置,可以根据需要灵活地加入不同的逻辑子网中。与真实局域网的区别就在于,真实的局域网是运用物理硬件来组建的,而虚拟局域网是建立在交换式局域网基础上的。通过网络管理软件构建。其特点是:(1)组网灵活。(2)网络数据安全。(3)不受物理设备的地域等条件限制。(4)经济实用。广泛应用于企业、大型局域网中,支持诸如工作级通信等。

【虚拟天文台】(virtual observatory) 利用先进的信息技术和网络技术将各种天文研究资料,包括天文数据、天文文献、计算资源和软件工具,以及天文望远镜等集中统一在一起的透明的计算机服务系统。天文学家只需登陆到虚拟天文台系统之中,便可以享受到系统所提供的丰富资源和系统服务,使自己从数据收集、处理这些烦琐的事务中摆脱出来,把精力集中到科学研究和科学探索中去。虚拟天文台的建设,为研究者提供了一个全新的网络化研究平台,使天文学研究进入数据密集型的在线科学研究新时代。公众也可以利用这个平台的丰富资源,以直接显现的直观形式学习天文知识的普及。

【虚拟物流】(virtual logistics) 以计算机网络技术进行物流运作与管理,实现企业间物流资源共享和优化配置的物流方式。利用日益完善的通信网络技术及手段,将分布于全球的企业仓库虚拟整合为一个大型物流支持系统,以完成快速、精确、稳定的物资保障任务,满足物流市场的多频度、小批量订货需求。其本质是即时制在全球范围内的应用,是小批量、多频度物资配送过程。其优势是:(1)使企业在世界任何地方以最低的成本跨国生产产品,获得所需物资,赢得市场竞争速度和优势。(2)在较短时间内,通过外部资源的有效整合,实现对市场机遇的快速响应。其组成要素是:(1)虚拟物流组织,使物流活动更具市场竞争的适应力和赢利能力。(2)虚拟物流储备,通过集中储备、调度储备降低成本。(3)虚拟物流配送,使供应商通过最接近需求点的产品,运用遥控运输资源实现交货。(4)虚拟物流服务,提供一项虚拟服务,可降低固定成本。虚拟物流可以使小企业的物流活动并入到大的物流系统中,实现在较大规模的物流中降低成本,提高效益。通过这种方式将物流企业、承运人、仓库运营商、产品供应商及其配送商等通过计算机网络技术,提供一站式的物流服务,可以改善单个企业在物流市场竞争中的弱势地位。

【虚拟现实技术】(virtual reality technology,VR) 利用信息、图形学、仿真、传感器和软件等技术,在相关硬件的支持下,在计算机系统上实现模拟真实世界的三维虚拟环境的技术。可分为初高级两个层次。初级层次以桌面为窗口,借助于软件和专业眼镜形成三维场景效果,参与者有一定的投入感,但易受周围环境干扰;高级层次需配置头盔显示器、舱形模拟器、主体投影仪和用于手控交互的模拟现实硬件设备,达到更加真实的仿真效果。广泛应用于军事、航空航天、医疗、金融、建筑设计、教育培训和文化娱乐等领域。

【虚拟现实建模语言】(virtual reality of modeling language,VRML) 在互联网上构造三维多媒体虚拟世界的开放式语言。其特点是:(1)平台无关性。(2)网络传输高速性。(3)实时性。(4)可扩充性。它作为一项和多媒体通信、因特网、虚拟现实等领域密切相关的新技术,主要用于描述一个目标对象是如何呈现在网络上的。

【虚拟演播室系统】(virtual studio system, VSS) 包括色键技术、计算机虚拟场景设计和蓝背景技术、灯光技术和摄像机跟踪技术的一种全新的电视节目制作工具。是在传统色键(俗称抠像)技术的基础上,充分利用了计算机三维图形技术和视频合成技术,根据摄像机的位置与参数,使三维虚拟场景的透视关系与前景保持一致，经过色键合成后，使得前景中的主持人看起来不仅沉浸于计算机所产生的三维虚拟场景中，而且能在其中运动，从而创造出逼真的、立体感很强的电视演播室效果。它的实质是将计算机制作的虚拟三维场景与电视摄像机现场拍摄的人物活动图像进行数字化的实时合成，使人物与虚拟背景能够同步变化，从而实现两者融合，以获得完美的合成画面。应用这项技术，背景成像依据的是真实的摄像机拍摄所得到的镜头参数，因而和演员的三维透视关系完全一致，避免了不真实、不自然的感觉。由于背景大多是由计算机生成的，可以迅速变化，这使得丰富多彩的演播室场景设计可以用非常经济的手段来实现。虽然其发展时间短，技术上还存在一些问题，但是由于它本身所具有的无穷魅力以及其不可低估的发展前景，目前已被越来越多的节目制作及有关人员所关注。

【虚拟样机技术】（virtual sample technique） 在制造第一台实体样机之前，以机械系统运动学、多体动力学、有限元分析和控制理论为核心，运用计算机图形技术，将产品各零部件的设计和分析集成在一起，为产品的设计、研究、优化提供基于计算机虚拟现实的研究平台的技术。它不仅是计算机技术在工程领域的成功应用，而且更是一种全新的机械产品设计理念。运用该技术可快速地建立包括控制系统、液压系统、气动系统在内的多体动力学虚拟样机，实现产品的并行设计，可在产品设计初期及时发现问题、解决问题，把系统的测试分析作为整个产品设计过程的驱动。已被广泛应用在航空航天、汽车制造、工程机械、铁道、造船、军事装备、机械电子以及娱乐设备等各个领域。

【虚拟仪器】（virtual instrument） 利用计算机，加上特殊设计的仪器硬件和专用软件，形成既有普通仪器的基本功能，又有一般仪器所没有的特殊功能的新型仪器。也有专家认为，虚拟仪器是“将传统测量仪器中的公共部分（如电源、操作面板、显示屏幕、通信总线和相关测量功能）集中起来共享，并利用计算机及网络技术，通过软件与硬件的结合实现多种物理仪器的共享”。具有两大优点：(1)设备利用率高，维护方便，能够获得较高的经济效益。用户可以根据实际生产环境变化的需要，通过对软件的开发，拓展 VI 功能，以适应实际生产的需要。(2)能够和网络技术结合，能够借助对象链接与嵌入、动态数据交换技术与企业内部网连接。在与外界进行数据通信时，将虚拟仪器实时测量的数据输送到因特网，实现远程虚拟测试。

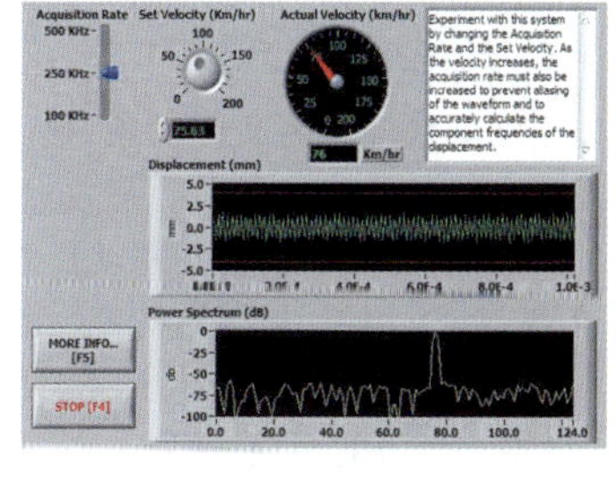

虚拟仪器面板

【虚拟制造技术】（virtual manufacturing technology） 在计算机上模拟产品的制造和装配全过程的技术。利用仿真与虚拟现实技术，在高性能计算机及高速网络的支持下，采用群组协同工作方式，通过模型来模拟和预估产品功能、性能及可加工性等各方面可能存在的问题，实现产品制造的本质过程（包括产品的设计、工艺规划、加工制造、性能分析和质量检验），并进行过程管理与控制。具备下列特征：(1)提供关键的设计和管理决策对生产成本、周期和能力的影响信息，为正确处理产品性能与制造成本、生产进度和风险之间的平衡问题作出正确的决策。(2)提高生产过程的效率，可以按照产品的特点优化生产系统的设计。(3)通过生产计划的仿真，优化资源的利用，缩短生产周期，实现柔性制造和敏捷制造。(4)可以根据用户的要求修改产品设计，及时做出报价和保证交货期。

【虚拟轴机床】（virtual axis machine tool） 将机器人技术和机床技术相结合的一种先进机床。突破了传统机床的工作轴线的概念。这类机床由并联杆系构成，其典型结构是通过可以伸缩的六条“腿”连接定平台和动平台，每条“腿”各自单独驱动。控制六条“腿”的长度就可以控制装有主轴头的动平台在空间中的位置和姿态，以满足刀具运动轨迹的要求，实现具有六自由度运动的复杂曲面的加工。由于虚拟轴机床采用闭环并联机构，形成全对称布局，故具有模块化程度高、重量轻、出力大、精度高、速度快和造价低等优点。在机床动平台装备机械手腕、电主轴、激光器或 CCD 摄像机等末端执行机构，可在一定范围内实现多坐标数控加工、装配与测量等多种功能。特别适合于复杂型腔、三元叶轮、叶片及异型零件复杂三维空间曲面的加工。

【虚拟专用网技术】（virtual private network technology） 在公共网络上创建具有专用功能的建网技术。可帮助远程用户、公司分支机构、商业伙伴及供应商同公司的内部网建立可信的安全连接，保证数据安全传输。采用此技术构建虚拟网，既可充分利用公共网资源降低建网成本，又可以满足用户的个性化需求。其功能与特点是：(1)加密数据，以保证通过公共网传输的信息不会泄露。(2)信息认证和身份认证，保证信息的完整性、合法性，并能鉴别用户的身份。(3)提供访问控制，不同的用户有不同的访问权限。按其应用方式的不同可分为：(1)内部虚拟专用网。(2)远程访问虚拟专用网。(3)外部虚拟专用网。

【虚像】(virtual image) 由物点发出的光线，经光学系统(如凹面镜、凸透镜、透镜组)反射或折射，其反射线或折射线反向延长线交点的集合所形成的图像。虚像不是实际光线的会聚，像正立，与物点同侧不能成在屏上。

【需氧发酵】(aerobic fermentation) 需氧微生物在有分子态氧存在的情况下进行的发酵。在需氧发酵过程中，需不断地向发酵装置中通入无菌空气，以满足微生物对氧的需求。氧在微生物的需氧呼吸中作为最终的电子受体。这类发酵包括绝大多数的抗生素、氨基酸以及其他代谢产物的发酵。

【许可证贸易】(trade license) 技术贸易的一种重要形式。由贸易双方以签订书面许可证协议(合同)的形式进行的一种技术贸易。主要指专利许可证贸易。通过签订许可证合同，技术持有方(简称卖方)许可技术使用方(买方)使用其专利技术，并要求买方支付一定数量的使用费。专利许可，只包含专利技术覆盖的内容，但实际上只许可买方使用专利技术往往是不够的，买方常常要求卖方转让或传授专利说明书上未公布的专有技术。专有技术虽没有专利许可问题，但由于是没有公开的技术诀窍，因此许可证贸易常常扩大到专有技术的许可，形成专利技术和专有技术的混合许可；而单纯的专利技术许可是比较少的。许可证可分为：普通许可证、独占许可证、独家许可证、分许可证和交叉许可证等。普通许可证是买方在规定的地域内使用合同中指定的专利技术。卖方保留在该地域内使用该技术，以及可再与任何第三方就同一技术签订许可证合同的权利。独占许可证是买方不仅有权在规定的地区内使用有关的专利技术，而且有权排斥包括卖方在内的一切其他人使用该技术，买方还有权向第三方发放分许可证。独家许可证除了不能排斥卖方自己使用专利技术外，其他情况与独占许可证相同。交叉许可证是技术贸易的双方，交换价值相当的技术使用权的一种许可证或互相许可对方使用自己专利技术的许可证。

【许用应力】(allowable stress) 在机械设计中允许零件或构件承受的最大应力值。判定零件或构件受载后的工作应力过高或过低的标准。等于在考虑了各种影响因素后，经适当修正的材料失效应力(屈服极限、强度极限和疲劳极限等)除以安全系数所得到的数值。是机械设计中的基本数据。在实际应用中，安全系数由国家工程主管部门根据安全和经济的原则，按材料的强度、载荷和环境情况、加工质量、计算精确度和零件或构件的重要性等加以规定。在室温静载荷下工作的零件或构件的失效，可能是屈服失效或拉伸断裂，所以应同时求得两种情况下的许用应力，并取其较小值。在疲劳强度设计中，一般应使用由安全系数表示的强度进行疲劳强度验算。只要零件或构件中的工作应力不超过许用应力，则该零件或构件在运转中就是安全的，否则就不安全。

【序列标签位点】(sequence-tagged site, STS) 已知其核苷酸序列结构和染色体位置的单拷贝 DNA 短序列。其长度一般为 200～500bp，可以通过 PCR(聚合酶链反应)技术特异性扩增获得。STS 是以 PCR 技术为基础的第二代分子标记技术之一。可用作 DNA 作图的标记。据此可以判定 DNA 的方向和特定序列的相对位置。目前已广泛应用于基因定位和种质鉴定。

【序批式活性污泥法】(sequencing batch reactor, SBR) 又称间歇式活性污泥法。在同一反应池(器)中按时间顺序由进水、曝气、沉淀、排水和待机五个基本工序组成的活性污泥处理法。其主要工艺特点是：分批式操作，间歇式曝气、静置理想沉淀，能有效控制污泥膨胀，通过调节运行方式可以同时实现脱氮除磷，容易实现自动化。该工艺适用于中小型城镇污水和工业废水处理工程。

【畜产品加工学】(animal product processing) 研究家畜产品及其副产品加工理论和实践的应用学科。其目的在于保存畜产品的优良品质，提高其利用价值，以适合人类的需要。主要内容为肉品、乳品、蛋品、毛皮及其他副产品的加工。随着科学技术的发展，某些畜产品加工已成为独立的学科，如毛纺学、制革学等。相关学科有生物学、物理学、生物化学、营养学、微生物学、机械学等。经加工的产品，能耐久藏，便于运输，利于调节市场供需，提高商品价值。

【畜牧经济学】(livestock economics) 以畜牧经济问题为研究对象，揭示畜牧经济的产生、发展和运动规律的学科。畜牧经济问题包括畜牧业的所有制、畜种和畜群问题以及畜牧业的技术、产品、价格、生产、组织、地区结构等。畜牧经济学的研究内容是：(1)畜牧业的生产关系、结构和所有制形式。(2)畜牧经济的规模、速度、效益和生产特点。(3)畜牧经济的科学管理体制和现代化发展方向。

【畜牧学】(animal science) 农业科学的一个分支。研究家畜饲养、管理、繁殖、育种和利用的理论与实践的学科。其目的在于：不断提高家畜的生产效率,为人类提供更多、价值更高的食物和优质的衣着原料,并使畜牧业经营者获得最大的经济效益。其内容可分基础理论和专科理论两大部分。前者是在普通生物学、动物生物化学、家畜解剖学、生理学、遗传学和生物统计学等的基础上,研究家畜的饲养、繁殖、育种、环境控制、饲料生产、草场管理、畜产品加工、畜牧生产的机械化和电气化,以及畜牧业经营管理的基本规律和方法;后者是在前述学科的基础上,根据各种家畜的不同生物学特性和用途,研究其饲养、管理、繁殖、育种和利用的具体措施,较偏重于生产实践,但亦可自成体系成为畜牧科学中的分支学科,如乳牛学、肉牛学、养猪学、养马学、养羊学、养禽学、养兔学和经济动物学等。此外,家畜生态和家畜行为也已成为畜牧科学中的重要研究对象。畜牧科学的进展,畜牧研究成果的推广应用,推动了整个畜牧业的迅速发展。

【畜牧业】(animal husbandry) 又称动物饲养业。利用动物自身的生长机能,用人工饲养、放牧、繁殖的方法以取得畜禽产品和役畜等的农业生产部门。可为人民生活提供肉类、蛋品、乳品等副食品,为工业提供皮、毛、羽和骨等原料以及在特定需要下提供役畜供人们役使。分为放牧畜牧业、农区畜牧业和城郊畜牧业三大类型。

养鸡场

【畜牧业结构】(composition of animal husbandry) 畜牧业中各种家畜禽的组成比例。因地区的自然和社会条件而不同,牧区以草食家畜为主,农区以猪、耕牛和鸡为主,城市郊区以乳牛、鸡等为主。从结构比例可大致了解某一国家或地区居民的膳食结构和机械化程度,反映农业生产和交通运输需要役畜的状况。

【畜牧业区划】(regionalization of animal husbandry) 以畜牧业生产为对象而进行的单项农业区划。是因地制宜地发展畜牧业的规划。其任务是:根据畜牧业生产的地域差异性,划分畜牧业适宜区。其主要内容包括:(1)畜牧业资源的数量、质量及生产潜力评价。(2)饲草、饲料类型和草场类型、结构、分布特点。(3)畜牧业生产现状。(4)畜牧业发展条件、方向、规模、水平及主要措施。主要根据不同地区的自然条件、饲料资源和社会需要等因素进行。例如牧区以发展草食家畜为主,农区以猪、鸡和耕牛为主,城市郊区以乳牛、蛋鸡等为主。中国的畜牧地理区划可分为以发展牦牛、藏羊为主的青藏高原区,以发展绵羊、黄牛、骆驼为主的蒙新高原区;以发展猪、禽为主的黄土高原区;根据气候的垂直变化和地形复杂程度的不同,可分别发展猪和禽、水牛和黄牛,山羊和马、绵羊以及牦牛的西南山地区;侧重发展乳牛、适度发展猪的东北区;充分发挥农牧结合优势,发展养猪和草食家畜的黄淮海区;以及发展养猪为主、利用草山养牛和水面发展水禽的东南区。

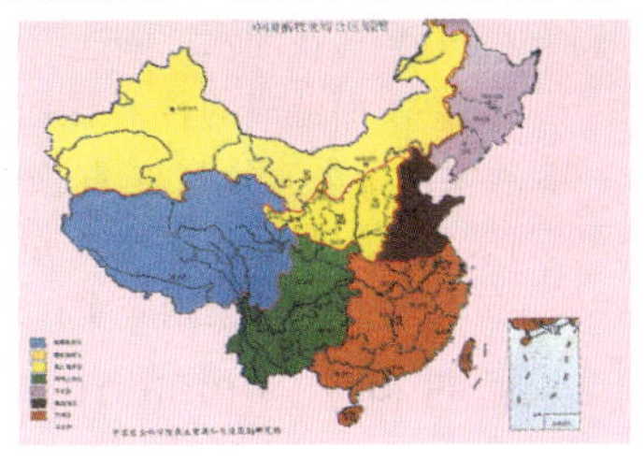
中国畜牧业综合区划图

【畜禽粪便污染】(pollution of livestock`s dung) 在畜禽养殖过程中,养殖场排放的畜禽粪便以及废渣、污水等对环境造成的危害和破坏。国家禁止在生活饮用水水源保护区、风景名胜区、自然保护区及城镇居民区等人口集中地区建设畜禽养殖场。畜禽养殖场排放污染物应按照国家规定缴纳排污费,并不得超过国家或地方规定的排放标准。

畜禽粪便污染

【畜禽预防接种】(domestic animal and poultry vaccinate) 用菌苗、疫苗或类毒素等兽医生物药品,定期地给健康家畜禽进行接种的一项技术措施。其目的是经常保持家畜、家禽的免疫力,以预防传染病的发生。

【续发率】(secondary attack rate) 在某些传染病最短潜伏期到最长潜伏期之间,易感接触者中发病的人数占所有易感接触者总数的百分比。续发率=潜伏期内易感接触者中发病人数/易感接触者总人数×100%。多用于一个家庭内、病房、集体宿舍、幼儿园班组中发生传染病时的流行病学调查。可用于比较传染病传染力的强弱,分析传染病流行因素及评价卫生防疫措施的效果。

【续灌】(continuous irrigation) 与轮灌相对应。灌溉时上一级渠道同时向所有下一级渠道供水的配水方式。在设计渠道时,应根据水源条件、农业技术措施等因素首先加以考虑和选定。在管理中,则主要根据来水流量的变化选定。在灌溉水源充沛、灌水方法和农业技术措施允许的情况下,可采用续灌。续灌时渠道在灌水期间连续供水,这有利于减少由于间断供水而造成的骨干渠道输水损失。但此时,斗渠、农渠由于水流分散,渗漏损失较大。故干、支渠多实行续灌。但当渠道引水流量低于正常情况下的40% ~50%时,干、支渠则应实行轮灌。

【续航时间】(uninterrupted flight time) 又称航时。飞行器在不进行空中加油情况下,耗尽其本身携带的可用燃料所能持续飞行的时间。飞行器最重要的性能指标之一。直接表明飞行器的持久飞行能力。续航时间与飞行速度、飞行高度、发动机工作状态等多种参数有关。合理选择飞行参数,使飞行器在单位时间内所耗燃料量最少,就能获得最长的续航时间。

【絮凝】(coagulation) 使溶液中的悬浮颗粒通过相互吸附、交联、网捕,聚结为大絮体沉降的过程。通常靠添加适当的絮凝剂完成。絮凝剂分无机絮凝剂、合成有机高分子絮凝剂和天然生物高分子三大类。其共同的特点是:能够将溶液中的悬浮微粒聚集联结,形成粗大的絮状团粒或团块。例如:添加混凝剂与水中碱性物质反应生成微小的颗粒,通过搅拌与水中悬浮颗粒集结成较大的絮状物,达到固-液分离的目的。

【絮凝剂】(flocculant) 能使胶体粒子相互聚集形成絮状团粒或团块的物质。絮凝的沉淀较松散,不易分离;而聚沉的沉淀较紧密,易分离。按其化学成分的不同可分为:无机絮凝剂和有机絮凝剂。常用的无机高分子絮凝剂有聚合铝类絮凝剂、聚合铁类絮凝剂和活性硅酸类絮凝剂以及复合絮凝剂四大类。它们能提供大量的多羟基络合离子,能够强烈吸附胶体微粒,通过粘附、架桥和交联作用,从而促使胶体凝聚。同时中和胶体微粒的电荷,破坏了胶体的稳定性,促使胶体微粒相互碰撞,从而形成絮状混凝沉淀。有机高分子絮凝剂可分为天然高分子和合成高分子两大类。从化学结构上可以分为聚胺型、季铵型和聚丙烯酰胺型。按其离解后粒子的带电情况的不同可分为:阳离子型、阴离子型、非离子型。其作用机制是除电性作用外,大分子在胶体粒子上吸附,通过架桥方式使多个胶体粒子连在一起而絮凝。无机和有机高分子复合絮凝剂成为絮凝剂研究的热点。此外,利用生物技术,从微生物体或其分泌物提取、纯化而获得的一种安全、高效且能自然降解的微生物絮凝剂可以克服无机高分子和合成有机高分子絮凝剂本身固有的缺陷,最终实现无污染排放。这已成为当今世界絮凝剂方面研究的重要课题。絮凝剂已广泛应用于水体净化、化工生产中。

【蓄电池】(storage battery) 又称二次电池。能重复使用的能量储存、转化装置。在充电时,电能转化为化学能存储在电池里;放电时,化学能又转化为电能释放出来。整个过程近似于可逆反应。能量效率高且影响电池寿命的物理变化小。包括铅酸蓄电池、镉镍蓄电池、金属氢化物镍蓄电池、铁镍蓄电池、锌银蓄电池、锌镍蓄电池、锂离子蓄电池等。

蓄电池

【蓄能】(energy storage) 从某些一次能源获得能量并将其储存的一般方法和专门技术。以这种形式储存的能源,常常可供以后另一个地方在遇到特殊的能量需要时方便地使用。

【蓄热技术】(heat storage technology) 利用蓄热装置来协调热能供求在时间和强度上不匹配的技术。按储热方式的不同可分为:(1)显热式储热。利用加热储热介质、使其温度升高而储热,又称"热容式"储热。常用的介质有水、水蒸气、砂石等。(2)潜热式储热。利用加热储热介质到相变温度时,因吸收大量相变热而储热。又称'相变式"储热。相变材料是一种利用相变潜热来储热和放热的化学材料。储热技术包括储热和取热两个过程,且都存在传热问题。利用蓄热技术对工业过程中排放的不连续、不稳定的余热和废热进行回收利用,已成为一项提高能源利用效率的重要环境友好技术。特别是相变微胶囊蓄热技术在太阳能利用、节能、工程保温材料、医疗保健产品等方面都展示出广阔的应用前景。相变微胶囊是由不同方法特制的相变材料微粒悬浮在单相传热流体中而构成的一种固液多相流体。该类多相混合物具有很大的表现比热,可明显增大传热流体与管道壁面间的传热能力,是一种集增大热传输能力和强化传热功能于一身的新型材料。

【蓄热式电锅炉】(heat storage electric boiler) 利用电力加热、具有储热功能的供热锅炉。中国大多以水为蓄热载体。蓄热式电锅炉应用电蓄能技术转移高峰电力、开发低谷用电,优化资源配置,有效地克服电加热运行成本高的缺陷,充分发挥了其清洁、

蓄热式电锅炉

安全、自动化程度高的优点，是一种广义上的节能举措。电力部门对电网平衡的要求和分时电价政策的出台，为蓄热式电锅炉技术的广泛应用带来了契机。开发合适的蓄热式电供热系统将成为今后供热系统发展的重点，对改善大气质量、保护环境也有着重要的意义。

【蓄热调温纤维】（thermo-regulated fiber） 将太阳能或红外线转变为热能并储存于其中的功能纤维。将陶瓷微粉混入腈纶、涤纶或锦纶制得。根据所用陶瓷微粉种类的不同，其蓄热调温机理可分为两种：一是将阳光转换为远红外线，相应的纤维称为阳光纤维；二是低温（接近体温）时辐射远红外线，相应的纤维称为远红外纤维。

【蓄烟池】（smoke reservior） 又称储烟仓。建筑物内部的上部空间由顶棚、挡烟垂壁、梁、隔墙等形成的用于积聚烟气的空间。通过在室内设计适当深度和容量的蓄烟池可以利用烟气的浮力作用，使烟气积聚在蓄烟池内，不蔓延至或延缓蔓延至相邻空间，是火灾早期控制烟气蔓延的重要途径，与机械排烟或自然排烟设施配合，可以提高排烟系统的烟气控制效果。

【轩辕十四】（Regulus） 狮子座 α 星。为一快速自转的恒星，为全天最亮的 21 颗恒星之一。视星等为 1.35，距太阳系距离约 84 光年。在天球上的具体位置约为赤经 10 时，赤纬 0°。位于黄道上，常被月球所遮掩。属中国古代二十八宿中的星宿。

【宣夜说】（firmament hypothesis） 中国古代有关宇宙的一个天文假说。该假说认为“天了无质，仰而瞻之，高远无极，眼瞀精绝，故苍苍然也。譬之，旁望远道之黄山而皆青，俯察仟仞之深谷而窈黑。夫青非真色，而黑非有体也。日月众星，自然浮生虚空之中，其行其止，皆须气焉。是以七曜或逝或住，或顺或逆，伏见无常，进退不同，由乎无所根系，故各异也。故辰极常居其所，而北斗不与众星同没也。”（唐《隋书·卷十九，天文上，天体》）大意是天没有形质，抬头去看，高远没有止境，所见蓝色不是真色，黑色也不是真有物体。日月星辰漂浮空中，动静都依靠“气”。宣夜说和浑天说的发展同时出现，但它在认识上较浑天说进了一步，突破了有限天穹和星体依附于天穹的观念。

【宣纸】（Xuan paper） 产于中国安徽省宣州的手工纸。比普通纸薄，较洁白。原料和制作方法与一般纸不同。一般纸的原料是木材或草类；宣纸的主要原料是青檀树枝皮。一般纸的制法是利用造纸机把纸浆平铺在网上形成薄薄的纸页，经过烘干而卷成纸卷；宣纸使用传统方法手工抄成一张张湿纸，贴在烘墙上干燥而成。宣纸润墨性强，用于书画艺术时，用浓墨而不亮、实而不死、淡而不灰，能充分体现书画艺术作品的质感、量感和空间感。还具有遇潮遇湿不变形、遇光遇热不褪色等特点，抗虫蛀性强，具有“纸寿千年”之美誉。

宣纸

【玄武岩】（basalt） 一种基性喷出岩。黑色或灰黑色细粒致密岩石，常具有气孔及杏仁状构造，柱状节理非常发育，可形成有特色的地貌景观。按其构造的不同可分为：气孔状玄武岩、杏仁状玄武岩和熔渣玄武岩。如全部或大部由玻璃质组成，称为玄武玻璃。有些自然铜、冰洲石、玛瑙和浮石产于玄武岩的气孔之中，钴土矿则产于其风化壳中。玄武岩还是很好的铸石原料。

【玄武岩地貌】（basalt landform） 在火山喷出岩玄武岩地表上发育形成的地貌形态。玄武岩的裂隙式喷发常形成平坦桌状山体和熔岩台地；中心式喷发则形成火山锥，有的还在火山口形成火山口湖，如中国吉林省白头山上的天池。中心式喷发的玄武岩火山往往成群出现，如中国山西省的大同火山群和云南省的腾冲火山群。

玄武岩地貌

【玄武岩纤维】（basalt fiber） 以火山喷出的玄武岩为原料，在 1 450～1 500℃ 的高温下熔融后通过铂、铑合金拉丝漏板制成的纤维。具有化学和物理稳定性好、吸波功能及良好的透波功能、无毒性、燃烧无熔滴、烟密度低和无污染等优点。可在 −269～700℃ 内连续工作，具有高强度、高模量的力学性能。还具有极低的热传导系数、极低的吸湿性、较高的吸音系数、防辐射、耐酸耐碱、防电磁等优点。以连续玄武岩纤维为增强体可制成各种性能优异的复合材料。广泛用于航天、航空、高速列车、汽车、船舶和建筑等方面。

【悬臂浇筑法】（cast-in-place-incantilever method） 平衡逐段地向跨中悬臂浇筑水泥混凝土梁体，逐段施加预应力的施工方法。其工序为在桥墩两侧设置工作平台进行悬浇施工、合龙段施工和边跨施工。主要用于大跨度桥梁的现场施工。

【悬臂梁桥】(cantilever beam bridge) 以一端或两端向外自由悬出的简支梁作为上部结构主要承重构件的梁桥。分单悬臂梁和双悬臂梁两种。单悬臂梁是简支梁的一端从支点伸出以支承一孔吊梁的体系;双悬臂梁是简支梁的两端从支点伸出形成两个悬臂体系。由于悬臂的负弯矩使跨中正弯矩减小,而使跨中的建筑高度随之减小。两个单悬臂梁加吊梁形成三孔体系;双悬臂梁加吊梁形成多跨体系。

悬臂梁桥

【悬臂拼装法】(cantilever erection method) 将主梁分段预制,留好预应力孔道,下部结构施工完成后进行拼装的桥梁施工方法。悬臂结构合拢后形成连续体系。节段桥梁的分段长度可根据结构的受力要求及施工机具灵活设计。悬臂拼装法节省大量支架、型钢和模板。对城市桥梁而言,不必用挂篮进行张拉钢束等作业,只需简单地移动支架即可。

【悬臂式挡土墙】(cantilever retaining wall) 由底板和固定在底板上的直墙所组成的挡土墙。是钢筋混凝土挡土墙中最常用的类型之一。墙体的稳定主要依靠底板上的填土重力维持。挡土高度8m以下时采用较多。悬臂式挡土墙墙面铅直,墙背通常略为倾斜(见图)。当填土高度不大时,直墙也可做成等厚度。其顶端的厚度一般不小于20cm,底板一般做成变厚度,底面呈水平,板厚自直墙向两边减薄。靠直墙处厚度常取墙高的1/10~1/14,边缘厚度一般不小于20cm。其底板长度由稳定计算确定,一般为墙高的0.6~0.8倍。通过调整外底板(直墙以外部分)和内底板(直墙以内部分)的长度,可改善稳定条件和基底的压力分布。各部分的尺寸可参照工程经验拟定。通过稳定及强度计算后,确定墙后是否需做排水设备及每隔定距离设伸缩沉陷缝。如有防渗要求,缝内设止水设备。

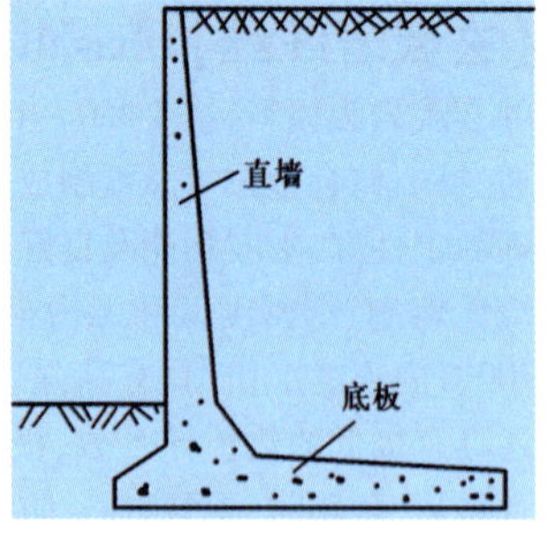

悬臂式挡土墙

【悬浮抛光】(aerosol polishing) 旨在进行电子材料无畸变的超精密加工而开发的抛光技术。是应用于高密度磁性薄膜及磁性材料加工的唯一途径的研磨方法。悬浮抛光加工具有以下特点:(1)研具平面可采用超精密金刚石切削。(2)有极高的平面度、光滑的表面和无加工变质层的表面。(3)加工面无污染。(4)生产效率高。(5)操作简单,易于生产管理。

【悬浮培养】(suspension culture) 细胞自由悬浮于培养液中生长增殖的培养方法。主要适用于非贴壁依赖性细胞培养,如杂交瘤细胞等。在大规模培养中常采用机械搅拌式生物反应器。按其适用培养模式的不同可分为:(1)批式再灌注培养。(2)流加补料培养。(3)灌流培养。其主要优点是:(1)细胞传代时无需胰蛋白酶消化分散,免遭酶类、EDTA(乙二胺四乙酸)及机械损害,种子细胞制备和传代放大较易控制。(2)细胞收率高,并可即时在线直接监测细胞生长情况,工艺可控性强。(3)操作简便,传质和传氧较好,可连续收集部分细胞进行传代放大,培养条件均一,容易放大培养。

【悬浮铸造】(suspension casting) 在浇注过程中将粉末悬浮剂加入到金属液流中,使之与熔体均匀混合并悬浮于其中的铸造方法。粉末悬浮剂包括金属及合金或是高熔点化合物。可以在流柱中或漏斗内加入。也可采用惰性气体将其喷入,能使熔体振动或搅拌,粉末在熔体中分布更加均匀。粉末悬浮剂的作用是:(1)通过吸热使粉末周围的熔体产生一定的过冷度,促进凝固。(2)使熔体增加晶核,细化晶粒,阻碍晶粒长大。(3)微合金化及弥散强化作用。特点是能够细化晶粒,改善铸锭组织和性能的均匀性,提高致密度。缺点是可能增加夹渣或气孔等缺陷。

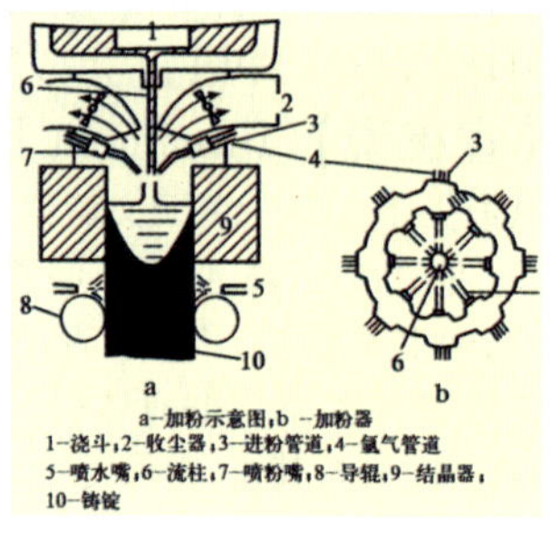

悬浮铸造示意图

【悬谷】(hanging valley) 又称冰川悬谷。差别冰川侵蚀作用形成的一种冰川侵蚀地貌景观。在同一冰川谷地系统中,主流冰川冰体厚,冰流速度快,对基岩谷床下蚀能力强;而一些和主流谷地相交的支流谷地冰川规模小,冰体比较薄,流速比较慢,对基岩谷床下蚀能力弱。经过漫长的差别侵蚀,当气候变暖,冰川退缩,于是呈现出支谷出口高悬在主谷侧坡之上的古冰川悬谷景观。

【悬河】(elevated river) 又称地上河。河床高出两岸地面的河流。流域来沙量很大的河流,在河谷开阔、比较平缓的中下游河段,泥沙大量堆积,河床不断抬高,水面相应抬升。为了防止洪水灾害,两岸大堤随之不断加固增高。年深日久,河床高出两岸地面,成为悬河。悬河一旦溃堤,将造成严重洪水灾害,往往形成河流的长期性改道。中国黄河下游段是有名的悬河,河床高出两岸地面达10余米,成为该地区的分水岭,历史上曾多次溃堤改道,影响深远。为控制悬河发展,应采取综合措施,减少流域来沙量或使被淤高的河床逐年冲刷下切。

悬河风光

【悬索结构】(suspended cable structure) 柔性受拉索及其边缘构件所形成的承重结构。索的材料可以采用钢丝束、钢丝绳、钢绞线、链条、圆钢,以及其他受拉性能良好的线材。悬索结构充分利用高强材料的抗拉性能,跨度大,自重小,用料省和施工方便。按其悬索受力状况的不同可分为平面结构和空间结构。平面悬索结构多用于悬索桥和架空管道。按其结构形式的不同可分为单层悬索结构、加劲式单层悬索结构和双层悬索结构。多用于大跨度屋盖结构中。按其结构形式的不同可分为圆形单层悬索结构、圆形双层悬索结构和双向正交索网结构。

【悬索桥】(suspension bridge) 又称吊桥。以通过索塔悬挂并锚固于两岸的缆索作为上部结构主要承重构件的桥梁。是特大跨径桥梁形式之一。跨径在600m以上,应优先考虑悬索桥方案。其主要承重结构由缆索、桥塔和锚碇组成。缆索通过两座桥塔顶两端延伸至桥台后锚固。桥面系和加劲梁通过吊杆悬挂在悬索上,具有合理的受力形式。主要承重构件 - 悬索受拉,无弯曲和疲劳引起的应力折减,采用高强钢丝制成。按其桥面系刚度的不同可分为柔性悬索桥和刚性悬索桥。

【悬饮】(pleural fluid retention) 中医术语。以胸胁饱满、胀闷、咳唾引痛和喘促不能平卧等为主要表现的病症。肺痨、癌等,以及某些全身性疾病均可导致饮邪停积胸胁,阻碍气机升降而引发本病。

【旋臂】(circle arm) 星系中螺旋状分布的带状结构。多由年轻的O型和B型亮星、刚形成的疏散星团、发射星云,以及星际气体和尘埃组成。为星系盘中的恒星形成区。银河系有4条主要的旋臂:人马臂、英仙臂、半人马臂和天鹅臂,还有几条较短的旋臂。太阳系附近的猎户臂就是这种短的旋臂段。

【旋磁材料】(gyromagnetic materials) 具有良好的旋磁效应的材料。旋磁效应是各向同性的磁性材料在稳恒磁场和高频微波磁场共同作用下磁导率变为反对称张量的现象。电磁波在旋磁材料中的传播具有非互易性,即正向和反向传输电磁波的衰减、相移或场型等存在差异,会造成入射电磁波偏振面的法拉第旋转、双折射、铁磁共振等现象。因此,要求铁磁共振线宽窄、法拉第旋转角大、较高的居里温度和高电阻率。按其组分的不同可分为:尖晶石铁氧体(如$MnFe_2O_4$、$ZnFe_2O_4$)、石榴石铁氧体(如$GdFe_5O_{12}$)和磁铅石系铁氧体(如$BaFe_{12}O_{19}$、$BaM_{o2}Fe_{16}O_27$)。可制成隔离器、环行器、相移器、倍频器、混频器、振荡器等用于卫星通信、导弹制导、微波遥感、雷达等领域。

【旋光现象】(optical active phenomenon) 偏振光通过某种物质后,其振动面将以光的传播方向为轴线转过一定角度的现象。能够产生旋光现象的物质称为旋光物质。对着光的传播方向看,有些媒质能使振动面按顺时针方向转动,这种媒质称为右旋媒质;有些媒质能使振动面按逆时针方向转动,这种媒质称为左旋媒质。当旋光物质为液体时,振动面的旋转角度$\Delta\theta = \alpha\rho l$,$l$为旋光物质的透光长度,$\rho$为旋光物质的浓度,$\alpha$与旋光物质有关的常量。

【旋光性】(optical activity) 见手性。

【旋进流量计】(vortex precession flow meter) 一种固定螺旋式的流量测试仪器。集涡街、涡轮流量计优点于一身,在很宽的流量范围内精确测量气体、液体和蒸汽的流量而不受流体物理性质的影响。可用于气体和热水的交接。其工作原理是:流量变送器入口处的固定螺旋导叶迫使流体轴向流动变成旋转运动,形成一个绕流道中心线旋转的旋涡。在后部回流的作用下,旋涡中心产生二次螺旋运动,即旋涡进动。旋涡进动的频率与流量成正比。当流量变送器的流道几何形状设计得当时,在很宽的流量范围内,频率与

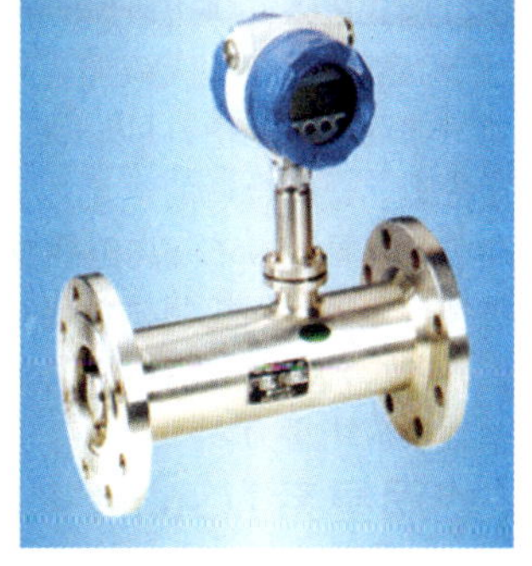
旋进流量计

流量成线性关系。用压电探头检测出旋涡进动频率，在信号变换器中，与流量成比例的脉冲频率信号被变换成4～20mA的标准电流信号输出。其主要特点是：(1)采用了最先进的信号处理技术，计量精度高。(2)安装和维护简单。(3)测量范围宽。(4)可以测量高黏度流体(黏度最大可达70mPas)。(5)同口径仪表可测更低流量，一般不需缩径。(6)传感器和电子部件和涡街流量计相同，改造和升级简便。

【旋流分离器】(cyclone separator) 又称离心分离器。使含有悬浮固体或乳化油的污、废水在设备中进行高速旋转并被分离的装置。悬浮固体和废水的质量不同，受到的离心力也不同，质量大的悬浮固体作离心运动，被甩到外侧器壁上；轻者做向心运动，集中于容器中心部分，从而达到固液分离。可分为压力式旋流分离器和重力式旋流分离器。

旋流分离器

【旋涡控制技术】(vortex control technology) 使脱体涡保持稳定、提供更大涡升力的航空控制技术。实现涡破裂控制的基本思想是利用机械的或物理的手段，通过改变涡核外部的流场条件，特别是压强分布，向涡核内部输送能量，达到推迟破裂的目的。20世纪70年代以来，先后提出了几种涡控制方法，包括涡襟翼、展向吹气、戽斗式滚动前缘增升装置、分隔和边条等。分隔部件包括导流片、缝翼和挂架涡发生器等。它们产生局部扰动，具有阻止分离区扩展的效能，能使边界层中的流动能量增加，防止过早出现随机涡流，避免力矩特性发生突变，同时还可增加升阻比。边条翼也有控制涡破裂的作用。利用铰链式边条并将边条偏转一定的上反角，能使大迎角下涡破裂现象大为减弱。导流片的存在使气流的能量向涡核区集中，可以抵抗逆压梯度，使破裂点向后推迟。选择合适的导流片形状、大小和位置，可使涡破裂点推迟35%，甚至在整个翼面上都不发生涡破裂现象。旋涡控制效益明显，使升力增加，阻力降低，可改善大迎角飞行品质，对过失速机动飞机具有很大的应用潜力。

【旋涡星系】(spiral galaxy) 具有漩涡结构的一类河外星系。其质量为$1\times10^9\sim1\times10^{11}$太阳质量，直径1.6～6.3万光年，绝对星等－15～－21等。按有无棒状物贯穿星系核心可分为：(1)通常的漩涡星系。一般有一个呈球状或椭球状的星系核(星系中心的物质密集部分)，其外为一圆盘(星系盘)。从星系盘核心延伸出两条或两条以上的旋臂叠加在星系盘上，围绕核心运动。旋臂中含有许多光度很大的巨星、超巨星和亮星云。根据旋臂展开的程度和星系核相对于星系盘的大小，这类旋涡星系还可进一步分为Sa(旋臂卷得最紧，星系核最大)、Sb和Sc(旋臂最展开，星系核最小)三类。(2)棒旋星系。有一个棒状物贯穿星系核心，旋臂从帮两端伸出。该星系中有较多的气体和尘埃，主要集中在星系的旋臂和星系盘中。

旋涡星系

【旋压】(stretch planishing) 将平板或空心坯料固定在旋压机的模具上，在坯料随机床主轴转动的同时，用旋轮或赶棒加压于坯料，使之产生局部塑性变形进而完成整体成型的加工方法。其优点是：设备和模具都比较简单(没有专用的旋压机时可用车床代替)，除可成型如圆筒形、锥形、抛物面形或其他各种曲线构成的旋转体外，还可加工相当复杂形状的旋转体零件。其缺点是：生产率较低，劳动强度较大，比较适用于小批量生产。随着飞机、火箭和导弹的生产需要，在普通旋压的基础上，又发展了变薄旋压(也称强力旋压)技术。

【旋压成型】(rotational pressure molding) 在毛坯旋转的同时，用工具使毛坯逐渐变形，并成为所需零件形状的机械成型加工方法。和零件尺寸相比，旋压时的变形区小得多，只用很小的动力就可以加工出很大的零件。在过去，这种方法主要用于制造空心旋转体零件和不能用拉伸法成型的薄钢板和有色金属零件。现在已可生产大型封头。该方法工具简单，省工时，旋压加工只需要一组比封头小得多的滚轮，便可制造直径相近、壁厚不等的各种封头，不但节省了模具费用、占地面积，也减少了更换工艺装备的时间。在加工过程中，金属的变形速度小，无减薄、无增厚、无折皱、无氧化和无烧损等现象，对不锈钢和耐酸钢封头尤其有利。

【旋翼】(lifting rotor) 又称升力螺旋桨。直升机和旋翼机等旋翼航空器的主要升力部件。旋翼相当于旋转的机翼。当它旋转时，旋翼桨叶与周围空气相互作用，从而在桨叶上产生空气动力，用以提供旋翼航空器飞行所需的升力(向上拉力)和前进力。旋翼还具有操纵面的作用，通过改变其空气动力的大小和方向，产生改变直升机位置和姿态的力和力矩。旋翼按结构型式可分为铰接式、半铰接式、无铰式和无轴承式四种。此外,为了提高直升机的性能曾研究和发展了一些新型旋翼,如“前行桨叶”旋翼和变直径旋翼等。由于其精度要求高、制造和使用成本高,且维护工作量大,没有得到广泛应用。

旋翼

【旋翼机】(autogyro) 一种利用前飞时的相对气流吹动旋翼自转以产生升力的重于空气的旋翼航空器。它的前进推力由发动机带动的空气螺旋桨提供,必须具有前进速度才能使旋翼自转产生升力。旋翼机一般滑跑加速才能起飞,但滑跑距离比飞机短得多,起飞后不能空中悬停。后期的旋翼机曾利用瞬时增大桨距的方法,实现跳跃式垂直起飞,而不需起飞滑跑。在20世纪20年代末曾得到发展,后来被直升机所代替,目前仅用于游览及体育活动。

【旋转成型】(rotational molding) 见滚塑成型。

【旋转磁场】(revolving magnetic field) 随时间在空间旋转的磁场。一种极性和大小不变,并以一定转速旋转的磁场,是电能和转动机械能之间互相的转换。以平衡三相电流通入三相对称绕组,就会产生一个在空间旋转的磁场。分为圆旋转磁场和椭圆旋转磁场。其条件是:(1)三相定子绕组是对称的,在空间相差120°电角度。(2)三相电流是对称的,相位差互差120°电角度。其特点与作用是:(1)三相对称绕组通以平衡的三相电流时,产生的是一个振幅不变的旋转磁场。(2)旋转方向由通入三相绕组中电流的相序决定的,将三相电源中任意两相绕组接线互换,旋转磁场就会改变方向。(3)如果三相电流不平衡,可用对称分量法把三相电流系统分解为正序电流系统和负序电流系统。

【旋转锻压机】(rotated forging machine) 将锻造与轧制相结合的锻压机械。在旋转锻压机上,变形过程是由局部变形逐渐扩展而完成。其特点是:变形抗力小,工作平稳,无振动,易实现自动化生产。辊锻机、成型轧制机、卷板机、多辊矫直机、辗扩机和旋压机等都属于旋转锻压机。

【旋转锻造】(rotary swaging forging) 又称径向锻造。锻造与轧制相结合的一种专门加工实心或空心长形工件的成型锻压方法。在工件(坯料)径向对称布置两个以上的锤头,并以高频率的径向往复运动打击工件。加工圆形截面的工件时,工件一面低速旋转,一面轴向移动;加工非圆形截面工件时,则工件只轴向移动而不旋转。在锤头的打击和挤压下实现断面积变小,长度延伸变长。旋转锻造广泛应用于汽车、拖拉机、机床和机车等各种机器的台阶轴生产。包括直台阶与带锥度的轴类件;截面为方形、矩形及多边形的型材;带台阶的空心轴及内壁异型材;各种气瓶、炮弹壳的收口等。

【旋转失速】(rotating stall) 压气机中气流不稳定的一种形态。气流以大迎角流入叶片排形成的单个或多个失速团,以小于转子转速并和转子同向围绕环形通道旋转的失速现象。其本质是气流出现的一种沿周向的自激振荡。

【选矿】(beneficiation) 从矿石中将有用矿物分离的过程。是介于采矿和冶炼(或其他加工工业)之间的工艺过程。其目的是获得冶炼或其他工业所需的原料。根据矿石中不同矿物的性质(物理性质、化学性质或物理化学性质),采用不同方法,将有用矿物(具有经济价值在当前经济技术条件下可以利用的矿物)与脉石矿物(不具经济价值或在当前经济技术条件下无法利用的矿物)分开,并使共生在一起的有用矿物相互分离。经过选矿,可以得到品位较高的精矿,不仅使许多贫矿或低品位矿石得到充分利用,而且还能综合利用矿产资源,大大提高有用组分的回收率,减少不必要的燃料消耗和运输、加工费用。常用的选矿方法有重选法、浮选法、磁选法、电选法、化学选矿法等。整个选矿过程包括破碎、磨矿、选分和产品脱水等环节。

选矿机械

【选矿厂】(beneficiation plant) 又称选厂。专门利用各种选矿方法和工艺流程,从原矿中获取品位较高的精矿(俗成精粉)的工厂。是矿山企业的一个主要生产单位和重要组成部分,除包括选矿前矿物原料准备、筛分以及选后的产品处理这三种主要作业及设备外,还设置有矿石储场(兼作混合矿石用)、矿仓、作业间产品的运输(皮带运输、矿浆泵送)、给矿机、浮选车间的配药室及给药机、取样机、检测仪表,选矿过程的自动控制设施,称量矿石处理量及精矿计量皮带秤,供水、供电、维修等的辅助作业及设施。选矿厂常设在矿山附近,以减少原矿的运输费用,并建筑在一定坡度的斜坡上,以便利用物料的自重作用自流输送。

【选矿流程】(beneficiation process) 又称选别流程。各选矿技术作业的组合顺序及其相互关系。矿石的选矿工艺是一个连续流程。一般由破碎、磨矿、分选、产品脱水等技术作业所组成。其流程可分为开路选矿和闭路选矿。前者中矿不返回处理,最终产品除精矿和尾矿外,还有中矿;后者中矿不断地返回流程中的某一适当作业过程,使其合理地分配到精矿和尾矿中去,产品只有合格的精矿和尾矿。一般情况下,选矿厂都采用连续闭路流程。

【选矿指标】(indices of mineral dressing) 衡量选矿过程的分选效果和处理能力的标志。主要由产率、品位、回收率和选矿比等指标构成。产率是矿产率的简称,指某一选矿产品的质量占入选原矿质量的百分比;品位分别指原矿、精矿、中矿、尾矿等各种矿石中有用组分的含量;回收率是指选矿产品(一般为精选矿)中某一有用成分的质量与入选原矿中同一有用成分质量的百分比。精矿中某一有用成分的回收率越高,说明此种有用成分被回收得越完全;选矿比指入选的原矿与选出的精矿质量的比值。选矿指标常用来表示矿石在工业上利用的可能性。

【选择培养基】(selective medium) 能将某种或某类微生物从混杂的微生物群体中分离出来的培养基。根据不同种类微生物的特殊营养需求或对某种化学物质的敏感性不同,在培养基中加入相应的物质,抑制不需要的微生物生长,促使所需微生物增殖。如在加有抗菌素的培养基中分离对抗菌素有抗性的细菌那样,在表现显性性状时,一般利用选择培养基。除用于分离恢复突变株和药剂抗性菌株之外,还用于选择重组型。

【选择性激光烧结法】(selective laser sintering) 在计算机控制下,采用具有一定能量的激光束对粉末材料进行选择性烧结,然后由离散的烧结点一层层堆集迭加成三维实体的快速原型制造技术。其过程是:先将一层较薄的可熔性粉末均匀摊布到成型台的底板上。该底板可在成型桶内作上下垂直运动。然后按计算机辅助设计数据控制激光束的运动轨迹,对可熔粉末进行截面扫描融化,并调整激光束强度正好能将设定层高的粉末烧结成型。当激光束按照给定的路径扫描移动后,就能将所经过区域的粉末进行烧结,从而生成零件原型的一个个截面。在零件原型烧结完成后,可用刷子或压缩空气将未烧结的粉末去除。SLS 工艺的特点是取材广泛,不需要另外的支撑材料。常用的材料有石蜡粉、工程塑料、陶瓷粉和冶金粉末等。选择性激光烧结法在精密铸造、功能性塑料制件生产以及功能性金属零件和模具的制造中获得日益广泛的应用。

【选择育种】(breeding by selection) 见系统育种。

【癣】(tinea) 由寄生于角蛋白组织的致病真菌引起的传染性皮肤病。可分浅部真菌病和深部真菌病。通常所说的癣是指浅部真菌病。该类皮肤病发病率较高,流行较广。占皮肤科门诊患者总数的第二或第三位,有的甚至居首位。真菌种类繁多。绝大多数不会致病。其中一小部分为条件致病菌。可存在于人的皮肤、黏膜、肠道等处。在正常情况下,各菌群间相互影响,相互制约,平衡代谢。但由于长期使用抗生素可造成体内菌群失调。当人体皮肤破损,抵抗力下降时,致病性真菌则大量繁殖,侵入皮肤、皮下组织而引起癣的发生。癣是接触传染,如通过衣物、用具或自身手足癣传染致病。环境条件亦有影响,如在温热季节和潮湿地区,皮肤或黏膜等受轻微损伤,容易发病。按其发生部位的不同可分为:头癣(秃疮)、体癣(金钱癣)、股癣(阴癣)、手癣(鹅掌风)、甲癣(灰指甲)、花斑癣(汗斑)等。不同部位的癣,其临床表现不尽相同。治疗以局部外用药物及全身口服药物为佳。

【眩晕】(vertigo) 由人的空间定位障碍所致的一种主观错觉。是对自身周围的环境、自身位置的判断发生的错觉。包括摇晃感、倾斜感、漂浮感及升降感等。其临床表现因人而异,可涉及耳鼻喉疾病、神经系统疾病、内科疾病,也可能是功能性疾病。按其病变部位的不同可分为前庭性眩晕和非前庭性眩晕两种。前者包括周围性和中枢性眩晕两类;后者包括颈性眩晕、眼源性眩晕、精神性眩晕、血液病所致的眩晕、心脏病所致的眩晕和内分泌疾病所致的眩晕等。对眩晕病人应进行全面的体检、耳科检查、神经系统检查、眼科检查及相应的辅助检查。其治疗包括:一般治疗、心理治疗、病因治疗、对症治疗、前庭代偿训练治疗、外科手术治疗以及中医中药治疗等。

【眩晕病】(twist disease) 前庭神经系统病变引起的一种运动错觉。眩晕是主观症状,是患者对于空间关系的定向感觉障碍或平衡感觉障碍。发病时患者感到外界环境或自身在旋转移动或摇晃,伴头重脚轻、头脑不清、身体平衡失调、恶心呕吐等。按病变发生部位的不同可分为:周围性或耳源性眩晕和中枢性眩晕。前者病变在迷路,后者病变在前庭神经系统。按其可能病因的不同可分为:(1)假性眩晕。常见于心血管疾病、发烧、贫血、中毒性疾病、代谢性疾病、视觉障碍、屈光不正、颈椎病、更年期综合征和神经官能症等。(2)真性眩晕。主要有前庭周围性病变,如中耳炎、药物中毒、迷路外伤和手术后遗症等;以及中枢病变,如脑干肿瘤、椎基底动脉系统血液循环障碍、脑干的炎症、皮质性病变等。但由于颈性眩晕、窗膜破裂性眩晕、耵聍压迫鼓膜以及牙源性眩晕有时以美尼尔氏病的真性眩晕形式出现而误诊。

【碹岔】(junction arch) 巷道交岔处的拱碹。其断面大,且是变化的,常和曲线相连接。施工时,对巷道规格要求较严,标定工作也有特点。测量人员必须根据设计图纸及施工情况全面考虑,使测设工作满足施工的要求。按碹岔结构的不同可分为:(1)穿尖碹岔。其优点是长度短、拱部低,工程量小,施工简单,通风阻力小;但其承载能力低。多适用于坚硬稳定的岩层,其最大宽度不超过5m。(2)牛鼻子碹岔。应用最广,可适用于各类岩层和各种规模的巷道,特别是在井底车场和主要运输巷道中用得较多。按照碹岔内线路数目、运输方向及选用道岔类型的不同,牛鼻子碹岔可进一步分为:①单开碹岔。有单线单开和双线单开两种碹岔。②对称碹岔。有单线对称和双线对称两种碹岔。③分支碹岔。有单侧分支和双侧分支两种碹岔。上述三种类型,其共同点是从分岔起,断面逐渐扩大;在最大断面上,即两条分岔巷道的中间常常要砌筑碹垛(也叫牛鼻子)以增强支护能力。其不同点是单开碹岔和对称碹岔的轨道线路用道岔连接,而分支碹岔内则没有道岔,故确定平面尺寸的方法也不相同。

【穴播地膜小麦栽培技术】(wheat hole planting film cultivation technology) 采用覆膜穴播机,改旱地条播小麦为覆膜穴播的栽培方法。穴播地膜小麦适合于与其他粮油菜的间套复种。其具体模式是:(1)地膜小麦、玉米带状种植。地膜小麦套种一或两行露地玉米。(2)地膜小麦套种花生和豆类。(3)地膜小麦套种马铃薯。(4)地膜小麦复种蔬菜。(5)地膜小麦、玉米带状种植,小麦收后复种蔬菜。该技术能够增强小麦的抗旱能力,加快小麦发育进程,提高出苗率和分蘖成穗率,增加穗粒数和亩穗数,提高千粒重,增加产量。

【穴盘育苗】(plug transplant) 以草炭、蛭石等为基质,具有不同孔数的育苗盘为容器,进行蔬菜、花卉等作物的机械精量播种,配合温室等环境调控管理,一次成苗的技术。在20世纪60年代美国最早开发,80年代在世界各国逐步发展起来。是一种高度机械化、电脑化和自动化的育苗系统。是配合最佳的环境调控技术。利用72孔、128孔、200孔直至800孔等不同规格的穴盘与基质,使养分、水分、温度、湿度和光照都能充分协调供给,育成优质秧苗。其优点是:节能,省工,省力,节省土地,节省种子,用土和节省苗床面积,便于远距离运输和实施标准化育苗技术;苗的质量好,根系活力强,定植后期无缓苗期。

穴盘育苗

【穴位】(acupuncture point) 又称腧穴、孔穴、穴道、气穴、气府、骨空、节和会。中医术语。人体脏腑经络之气输注于体表的特定部位。人体的穴位既是疾病的反应点,又是针灸的施术部位。穴位与经络、脏腑和气血密切相关。针刺穴位后,通过疏通经脉、调理气血,达到治疗疾病的目的。

【穴位埋线】(catgut-embedding therapy into point) 利用羊肠线对穴位的持续刺激作用将其埋入穴位内以治疗疾病的方法。主要用于治疗某些慢性疾病,如哮喘、胃痛、腹泻、遗尿、面神经麻痹、腰腿痛、痿证、癫痫和神经官能症等。在操作时,应严格遵守无菌操作,防止感染,还应注意根据不同的部位,掌握埋线的深度,不要伤及内脏、大血管和神经干,以免造成疼痛或功能障碍。

【穴位贴敷】(point application) 在一定穴位上贴敷药物,通过药物和穴位的共同作用以治疗疾病的一种方法。由于某些带有刺激性的药物贴敷穴位后,可以引起局部发泡,所以又称为天灸、自灸和发泡灸。若将药物贴敷于神阙穴,则称敷脐疗法,简称脐疗。穴位贴敷适用范围非常广泛,不但可以治疗体表的病症,而且可以治疗内脏病症;既可以治疗某些慢性病,又可以治疗一些急性病;此外,还可以用于防病保健。

【穴位注射】(acupuncture point injection) 又称水针。选用某些中西药物注射液注入人体有关穴位以防治疾病的方法。是针刺与药物双重作用的有机结合。穴位注射适用范围非常广泛。凡是针灸的适应证大部分可以用本法治疗。在操作时应严格遵守无菌操作,防止感染。还应注意药物的性能、药理作用、剂量、禁忌及毒副反应。药物不宜注入关节腔、血管和脊髓。在主要神经干通过的部位作穴位注射时,应注意避开神经干,以免损伤神经。

【学科】(discipline) 相对独立的知识体系。具有某一共同属性。一门学科可以包含若干个分支学科。其分类依据是:(1)研究对象。(2)研究特征。(3)研究方法。(4)研究目的与目标。(5)派生来源。分类原则是:(1)科学性原则。(2)实用性原则。

(3)简明性原则。(4)兼容性原则。(5)扩延性原则。(6)唯一性原则。中国国家标准 GB－T13735－92 把学科分成自然科学、农业科学、医药科学、工程与技术科学、人文与社会科学五个门类,下设一、二、三级学科,共有 58 个一级学科。据统计,当今自然科学的学科种类总计将近万种。

【学派】(school of thought) 科学家在科学活动中以共同的师承学说、科学理想和方法论信条为纽带而结成的稳定的社会集团。是在科学研究与交流的过程中,特别是在学术竞争的条件下,在自发的非正式组织的基础上自然形成的科学活动的群体形式。它与其他科学共同体的区别在于:(1)以一位或几位杰出的科学家作为公认的学术领袖,而把众多有才华的学者吸引到自己周围。(2)以独具一格的学术观点和思想方法作为学派的核心信念和理论基础;(3)有科学上、文化上以至哲学思维方式上的独特传统。在科学发展史上,学派的主要作用是:(1)使科学家有效地组织起来,并通过其内部的协作与论争而产生最佳的集团创造力。(2)独特的学术传统和新的研究方向,以及它所造成的"认识论环境"是科学人才层出不穷的重要条件。(3)作为强有力的学术纽带为实现学术自由、科学创新以及新学科的产生提供了有力的保证。

【学术研究】(academic research) 运用已有的理论、知识、经验对学术问题的内在本质和解决路径进行假设、分析、探讨和推出科学性结论的过程。是对未知科学问题的某种程度的揭示。研究步骤一般包括:学术问题建构、开展学术研究、形成研究结论和学术成果表达等阶段。其基本特征是:独立性、严谨性、宽容性、争鸣性、证伪性和创新性。成果力求符合事物客观规律。表达方式主要有:学术论文、论著和报告等。丰富的既有知识底蕴是学术研究的基础。学术研究是从累代所积之经验、知识中,求出通向未来的途径。随着现代科学技术的发展,学术研究更趋向于科学、规范、系统和学科的组合交叉。其研究方法更为先进,手段更为多样,成果更为丰富,显示出人类社会及其科学文明的不断进步与发展。

【学习控制系统】(learning control system) 靠自身的学习功能来认识控制对象和外界环境的特性,并相应地改变自身特性以改善控制性能的智能系统。具有学习、记忆信息、控制环境的能力和搜索、识别与推理等功能。根据是否需要从外界获得训练信息,学习控制系统的学习方式分为受监视学习和自主学习两类。

【学习障碍】(learning difficuty) 智力正常儿,在应用听、说、读、写、计算、推理等特殊技能方面,有一种或以上明显学习困难的状态。发病率大约3%～10%,男女之比4∶1。医学研究发现,可能与遗传、脑结构异常等有关。引起这些异常可能和母亲孕期酗酒、吸烟、吸毒等以及出生时早产、产伤、窒息及生后疾病等因素有关。其主要表现是:早期儿童爱哭闹,好动,受刺激后表现过激反应,养育困难。入学后语言理解困难,语言表达不良。阅读困难,读书时漏字增字,字节顺序混乱,不能分读音节。视空间障碍,如把 p 视为 q、b 为 d、m 为 w、wm 为 mw、6 为 9 等。在计算时,数字排列错误,抄漏题,顺序颠倒,计算时忘进位或错位等。在书写时,手笨拙,字迹潦草,涂抹过多,错字多,字常去偏旁部首或张冠李戴。上课不集中,焦虑,骚扰他人,攻击或恶作剧。左撇子发病率高,智力正常,但临界智力比例较高。长大后易出现品行障碍,青少年违法等问题。应采取干预措施:制定针对个体的教育、训练方法等。要持之以恒,耐心,进行手眼协调,视觉分析等训练。可通过游戏,社会技能训练。目前无特殊药物治疗,常用促进脑功能药物如脑复康,补充大量维生素及锌、铁微量元素,可能有一定好处。对儿童要充满爱心、耐心和信心,会取得学习的成功。

【学衔】(academic rank) 在学校、科研机构、企业单位及医务界等学术、技术系统中专业脑力劳动者的职称。在高等学校一般依次分教授、副教授、讲师和助教四级;在美国,还有"助理教授"级,地位在副教授与讲师之间;在英国某些大学则有"高级讲师"级,高于一般讲师低于教授。学衔的授予,主要以学术水平为根据。有些国家还规定一定的学衔须具有一定的学位,如教授、副教授须具有博士学位,讲师须具有硕士学位,助教须具有学士学位。通常认为学衔的设置起源于欧洲中世纪的大学。在中世纪的欧洲,博士和教授几乎为同义词,获得博士学位也就获得了在大学里任教的权利,实际授课的大学教师除博士称号外,还常加注教授称号。中国现行专业技术职务聘任制度规定,高等学校教师系列分教授、副教授、讲师、助教四级;研究系列分研究员、副研究员、助理研究员、研究实习员四级;中等专业学校分副教授、讲师、助教三级;卫生系列分主任医师、副主任医师、主治医师、医师。工程系列分高级工程师、工程师、助理工程师、技术员。图书情报、文艺、新闻等学术、技术系统也有相应的学衔或职务名称。

【雪】(snow) 大量白色不透明的冰晶(雪晶)及其聚合物(雪团)组成的固体降水。大多降自雨层云和高层云。按降雪程度的大小,可将降雪分为:(1)小雪。下雪时,水平能见距离 1 000m 或以上,或

24h降雪量小于2.5mm。(2)中雪。下雪时水平能见距离500~1 000m之间,或24h降雪量在2.5~5mm。(3)大雪。水平能见距离小于500m,或24h降雪量大于5mm。(4)暴雪。降雪强度特别大的降雪。为灾害性天气之一。

雪

【雪崩】(avalanche) 积雪顺沟槽或山坡在重力作用下向下快速滑动的现象。可分为沟槽雪崩和坡面雪崩。前者运动路线长,常带有一股强大的雪尘和雪风,破坏力很大;后者为积雪顺山坡下滑,雪量相对较少,破坏力也小。雪崩多发生在积雪地区的冬春季节。是山区常见的严重自然灾害。

【雪卷】(snowroll) 又称雪滚、雪团、雪圈。由积雪层裹卷而成的中空的雪的堆积体。往往横躺在地面上,好像人力而为。也有人将其称之为大自然堆积的雪人。雪卷是严寒条件下积雪在一定地形中形成的雪的圆柱体。常见于北美的大草原上。只有当气温、积雪量和雪的湿度达到某种平衡时才能形成这种奇特的现象。当雪积到一定厚度、气温正好使上层积雪融而不化、变湿变黏、且微微上翘卷曲,下层积雪继续受热上翘卷曲。如此反反复复,卷曲的两端对接而成封闭的圆柱状,在风的吹动下,雪柱体越滚越大,最终变成了极具研究价值和观赏价值的雪卷景观。

【雪龙号考察船】(Xuelong survey ship) 中国第三代南极考察船。1993年由乌克兰购进后改装而成。船长167m,宽22.6m,吃水9m,满载排水量约21 000t。最大航速达18kn,冰区通行能力1.2m厚冰层航速为0.5kn。船上装备有3 000m和6 000m调查用绞车各一部,设有低分辨率卫星云图接收设备、全自动常规气象观测设备、各种海洋要素观测记录设备及各类大洋考察实验室多个。“雪龙号”考察船是目前中国最先进的海洋考察船之一。可以承担各类海洋资源调查和科学考察的任务。

雪龙号考察船

【雪线】(snow line) 常年积雪的下界。即年降雪量与年消融量相等的平衡线。雪线以上年降雪量大于年消融量,降雪逐年加积,形成常年积雪(或称万年积雪),进而变成粒雪和冰川冰,发育成冰川。雪线是一种气候标志线。其分布高度主要决定于气温、降水量和地形条件。高度从低纬度向高纬度地区降低,反映了气温的影响。在中国西部,从青藏高原、昆仑山往北到天山、阿尔泰山,雪线高度由6 000m依次下降到5 500m、3 900~4 100m和2 600~2 900m。再往北到北极地区,雪线降至海平面。在气温相同的条件下,雪线高度取决于年降水量的多寡。在青藏高原,雪线附近的年降水量为500~800mm,雪线高5 500~6 000m;阿尔卑斯山脉雪线附近的年降水量达2 000mm,雪线高度仅2 700m左右。祁连山东段的年降水量大于西段,雪线由东(4 600~4 700m)向西(5 000m)升高。地形通过影响气温和降水而间接影响雪线高度。在喜马拉雅山,南、北坡的气温和年降水量相差极大,致使南坡雪线(4 500m)比北坡雪线(5 900~6 000m)低1 400~1 500m。雪线高度不仅有空间差异,在时间上也有一定变化。空气变冷、变湿,导致雪线降低;反之,雪线上升。这种变化有季节性的,也有多年性的。第四纪时期几次大的气候波动,出现冰期和间冰期,都引起雪线的大幅度升降。

雪线

【血常规检查】(blood routine examination) 对血液中两种主要成分－红细胞、白细胞的量和质所进行的化验检查。血液与机体的所有组织均发生联系,且参与机体的每一个功能活动。在血液发生病理性变化时,常影响全身的组织和器官。反之,器官或组织的病变又常可引起血液成分发生变化。血常规检查的项目较多。普通人工检查仅包括红细胞计数、血红蛋白测定、白细胞计数及其分类。其临床意义是:(1)红细胞、血红蛋白减少表明机体贫血。(2)红细胞形态学改变表明贫血程度加重。(3)红细胞增多多见于脱水血液浓缩、高原生活、新生儿、严重心肺疾病、真性红细胞增多症等。(4)白细胞增多见于急性感染、急性大出血、白血病等。(5)白细胞减少见于再障、自身免疫性疾病等。因此血液常规检查是最重要、最常用的化验项目。

【血豆腐】(bean curd with pig blood) 用动物的血制成的豆腐状的食品。营养丰富,价廉且烹调方便。由于猪血易变质,其加工供应一般限于每年初冬至第二年春末,从戳刀放血到制成血豆腐不应超过6h。采集食用血时,容器内放食盐(每50kg血放盐2~2.5kg),经检验合格后,方可加工。其工艺过程是：往血中加水并之使充分混合，待水、血凝结在一起，将血块均匀划分成若干小块，然后放进沸水锅，用竹木铲器轻翻，以防烧焦，到半熟时，立即起锅，放进另一盛有沸水的木桶，加盖封焖约 7～8h，即全熟。将血块用清水漂洗后上市。

血豆腐

【血管内皮生长因子】(vascular endothelial growth factor, VEGF) 由多数肿瘤细胞、伤口中角质细胞和巨噬细胞产生的一类细胞因子。是以二硫键相连的寡二聚体糖蛋白。其受体仅表达于血管内皮细胞表面，具有酪氨酸激酶活性。其功能是增加血管通透性，促进血管内皮细胞增殖，促进血管形成。该因子诱导的血管形成和血管通透性增加，对于肿瘤的生长、转移是必需的。若能抑制或阻断其信号传导，则能达到治疗肿瘤的目的。

【血管内皮抑素】(endostatin) 一种由 184 个氨基酸组成的多肽。这种天然蛋白质是胶原蛋白上的相对分子质量为 2×10^4 的 C 端片段。在 1997 年从血管内皮细胞瘤细胞中被分离出来。研究发现它对 Lewis 肺癌等一系列肿瘤有明显的抑制作用。肿瘤增长时必须形成新生血管，癌细胞从其中不断摄取营养物质与氧，掠走代谢产物，从而满足肿瘤细胞生长的需要。血管内皮抑素则抑制血管内皮细胞生成，从而阻断和破坏肿瘤组织中新的血管系统生成，使肿瘤生长减缓或停止。但随着肿瘤组织的增殖，内抑素水平会不断降低（约为正常人的 10%），肿瘤周围的新生血管就会迅速扩张。向癌症患者体内补充“外源性”内抑素、提高机体内抑素水平，让肿瘤“活活饿死”，可以治疗恶性肿瘤和有效防止手术后肿瘤扩散转移。由于成年动物和人的正常组织的生长不依赖于新生血管的生成，所以内皮细胞抑制素对正常组织没有不良反应。

【血管神经性水肿】(angioneurotic edema) 又称巨型荨麻疹、奎英克水肿。一种急性局部反应型的黏膜皮肤水肿。其发病机制属 I 型变态反应。其特点是：突发性局限性水肿，但消退亦较迅速。某些食物如鱼、虾、奶类可能是其致敏因素，药物（如磺胺）、感染因素、精神因素等可为其诱发因素。具有家族遗传性。其临床诊断主要依据是：发病突然而急速；病变为局限性水肿，界限不清，按压之韧而有弹性；皮下结缔组织疏松处为好发部位，如唇、眼睑等头面部疏松结缔组织处；病变消失迅速，症状持续数小时或数天后消失，且不留痕迹；常反复发作等。其临床治疗原则是：首先明确并隔离过敏原，可解除症状，防止复发；对于症状轻者，可以不给予药物治疗；而对于症状重者，如喉头水肿，可皮下注射 0.1% 肾上腺素 0.25～0.5ml；同时应控制感染，给予抗感染药物。

【血管生成拟态】(vasculogenic mimicry) 一种肿瘤内血管生成模式。在 1999 年，美国爱荷华州立大学的 Aniotis 等研究人的眼葡萄膜黑色素瘤微循环时，发现了一种与经典的肿瘤血管生成途径完全不同的、不依赖内皮细胞的、全新的肿瘤血管生成模式。Maniotis 等认为在葡萄膜黑色素瘤中，黑色素瘤细胞通过自身变形并与细胞外基质相互作用，模仿血管壁结构，形成可输送血液的管道系统，从而重建肿瘤的微循环，并在某个环节与宿主血管相连使肿瘤获得血液供应。他将这个过程命名为血管生成拟态。其特点是：肿瘤细胞通过自身变形和基质重塑产生血管样通道，通道内无内皮细胞衬覆，通道外基底膜过碘酸雪夫氏反应染色为阳性。该血管样通道生成机制、管壁结构等都与传统的肿瘤内血管生成不一样。因此，通过血管生成拟态构建的血管样通道，有可能成为某些肿瘤新的治疗靶点。

【血海】 ❶中医穴位名。属足太阴脾经。定位：屈膝，在大腿内侧，髌底内侧端上 2 寸，当股四头肌内侧头的隆起处。主治：月经不调，经闭，崩漏，带下，痛经，腹胀气逆，小便淋漓沥，贫血，功能性子宫出血，湿疹，瘾疹，带状疱疹，荨麻疹，丹毒，皮肤瘙痒症，神经性皮炎等。刺灸法：直刺 1～1.5 寸；艾炷灸 3～5 壮，或艾条灸 5～20min。现代实验研究表明：针刺血海穴对垂体－性腺功能有影响，尤其是与卵巢功能有关，可使黄体生成素增加，促使排卵，黄体、孕酮分泌增多。❷血的聚会之处。一指肝脏，一指冲脉。

【血红蛋白】(hemoglobin) 高等生物体内负责运载氧的一种含铁的红色蛋白质。存在于脊椎动物、某些无脊椎动物的血液和豆科植物的根瘤中。人血红蛋白由两对珍蛋白组成由四条链组成 α2β2 四聚体形态，即由四条链组成，两条 α 链和两条 β 链。每一条链中都包含一分子血红素。氧分子与亚铁血红素结合，被血液运输。每一分子血红蛋白由一个分子的珠蛋白和四个分子亚铁血红素组成。在血红蛋白中，在与人体环境相似的电解质溶液中，血红蛋白的四个亚基可以自动组装成 α2β2 的四聚体形态。珠蛋白约占 96%，血红素约占 4%。每个珍蛋白（亚基）结合 1 个血红素，其所含亚铁离子可逆地结合、释放 1 个氧分子。血红蛋白的功能是运输氧和二氧化碳,维持血液的酸碱平衡。血红蛋白的四级结构对其运氧功能有重要意义。它能从肺部携带氧经动脉血运送到全身组织,又携带全身组织代谢所产生的二氧化碳经静脉血运送到肺再排出体外。血红蛋白的这种功能与其亚基结构的两种状态有关。在缺氧的静脉血中亚基处于紧密型状态,使氧不能与血红素结合,所以在需氧组织里可以快速地脱下氧;在含氧丰富的肺里,亚基结构呈松弛型状态,使氧极易与血红素结合,从而迅速地将氧运载到组织细胞中。

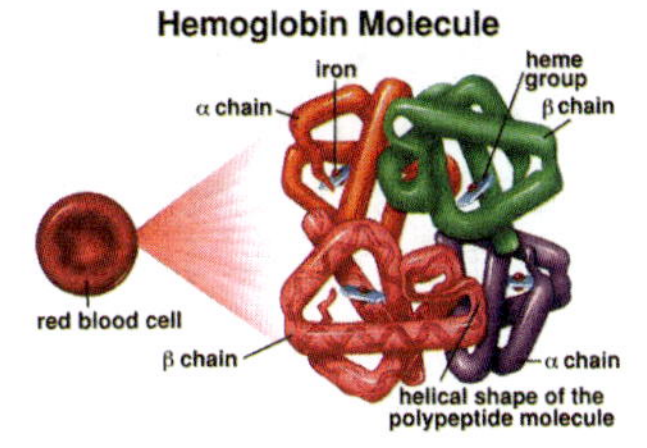

血红蛋白

【血浆蛋白结合率】(plasma protein combination rate) 药物在血浆内与血浆蛋白结合的比率。反映药物与血浆蛋白结合的程度,即血液中与蛋白结合的药物占总药量的百分数。在正常情况下,各种药物以一定的比率与血浆蛋白结合。在血浆中常同时存在结合型与游离型,而只有游离型药物才具有药物活性。同时服用两种或两种以上的药物,如果它们都可与血浆蛋白的同一部位结合,则发生竞争现象。蛋白结合能力较强的药物分子占领结合部位,使其他药物不能得到充分的结合,以致后者的游离部分增多,药效增强。这种相互作用对一些蛋白结合率较高的药物具有意义。因此要注意那些药效较强烈或毒性较大的药物,以防止药物自结合部位置换下来,使药效增强,增加危险性

【血浆清除率】(plasma clearance, CL) 肝肾在单位时间内能将血浆中的某种物质完全清除的毫升数。在肝肾生理学中提供了一个评价其排除某种物质能力的指标。是肝肾等消除药物能力的总和。反映机体清除药物的能力。与机体的肝、肾等清除药物的器官的功能状态密切相关。在某个体的肝和(或)肾功能不良时,CL 值会下降并对药物的消除产生影响。实际上,肝肾并不一定把某一毫升血浆中的某物质完全清除掉,可能仅清除其中的一部分。一般来讲,肝功能差主要影响脂溶性药物的清除率;肾功能差主要影响水溶性药物的清除率。在临床上可依据病人的肝或肾功能状态选用药物或适当调整剂量。

【血浆脂蛋白】(plasma lipoprotein, LP) 血浆中所含的脂类与蛋白质结合形成的复合物。统称为血脂。包括甘油三酯、磷脂、胆固醇及其酯、游离脂肪酸。血浆脂蛋白呈球状颗粒,具有亲水性,是血浆脂类的主要存在、运输及代谢形式。各种脂蛋白因所含脂类及载脂蛋白种类、比例不同,其密度、颗粒大小、表面电荷、电泳行为等均有所不同。按电泳法的不同可分为:(1)α 脂蛋白。(2)前 β 脂蛋白。(3)β 脂蛋白。(4)乳糜微粒。按超速离心法的不同可分为:(1)乳糜微粒(CM)。(2)极低密度脂蛋白(VLDL)。(3)低密度脂蛋白(LDL)。(4)高密度脂蛋白(HDL)。其合成部位及功能:CM 由小肠黏膜细胞合成,转运外源性甘油三酯;VLDL 由肝细胞合成,转运内源性甘油三酯;LDL 血浆中由 VLDL 转变而来,将肝内胆固醇转运至肝外组织;HDL 肝、小肠均可合成,转运肝外胆固醇入肝脏。血脂水平高于正常范围上限即为高脂血症,也称高脂蛋白血症。

【血脑屏障】(blood brain barrier) 脑毛细血管阻止某些物质由血液进入脑组织的结构。可使脑组织少受甚至不受循环血液中有害物质的损害,从而保持脑组织内环境的基本稳定,对维持中枢神经系统正常生理状态具有重要的生物学意义。其特点是:(1)脑毛细血管缺少一般毛细血管所具有的孔,或者这些孔既少且小。内皮细胞彼此重叠覆盖,连接紧密,能有效地阻止大分子物质从内皮细胞连接处通过。(2)内皮细胞被一层连续不断的基底膜包围着。(3)基底膜之外有许多星形胶质细胞的血管周足(终足)把脑毛细血管约 85% 的表面包围起来,形成了脑毛细血管的多层膜性结构,构成了脑组织的防护性屏障。在病理情况下,如血管性脑水肿时,内皮细胞间的紧密黏合处开放,由于内皮细胞肿胀、重叠部分消失,很多大分子物质可随血浆滤液渗出毛细血管,破坏脑组织内环境的稳定,造成严重后果。

【血热】(heat in blood) 中医术语。血内有热,使血液运行加速,脉道扩张,或使血液妄行而出血的病理状态。邪热入于血分,或因情志郁结,五志过极,郁久化热伤及血分,均可导致血热。临床可见身热以夜间为甚,舌质红绛,心烦或躁扰发狂、谵语,甚则昏迷,或吐血、尿血、月经提前量多、脉数等症。

【血栓】(thrombus) 在活体的心脏或血管腔内,血液发生凝固或血液中的某些有形成分互相黏集,形成的固体质块。形成固体质块的过程称为血栓形成。血液中存在着相互拮抗的凝血系统和抗凝血系统。在生理状态下,血液中的凝血因子不断被激活,从而产生凝血酶,形成微量纤维蛋白,沉着于血管内膜上。这些微量的纤维蛋白又不断地被激活了的纤维蛋白溶解系统所溶解,同时被激活的凝血因子也不断地被单核吞噬细胞系统所吞噬。这一凝血系统和纤维蛋白溶解系统的动态平衡,既保证了血液有潜在的可凝固性,又保证了血液的流体状态。在某些能促进凝血过程的因素作用下,打破了上述动态平衡,

触发了凝血过程，血液便可在心血管腔内凝固，形成血栓。血栓大致可分为白色血栓、红色血栓、混合血栓以及透明血栓四种类型。血栓形成能对破裂的血管起堵塞破裂口的作用，阻止出血。但在多数情况下，血栓造成的血管管腔阻塞和其他影响，却对机体造成如阻塞血管、栓塞、心瓣膜变形、微循环的广泛性微血栓形成等，严重的甚至有致命危害。

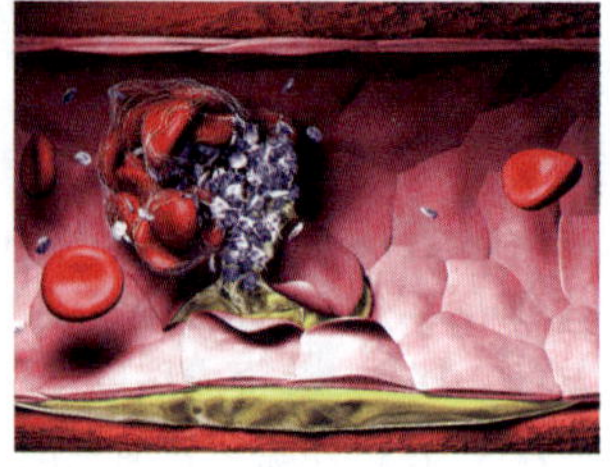

血栓

【血栓闭塞性脉管炎】(cytomegalovirus of myocardial embolism) 一种周围血管的慢性闭塞性炎症和继发神经性改变的疾病。病因未明，可能与烟碱中毒和受寒、受湿及精神因素等有关。主要发生于四肢的中小动脉和静脉，以下肢多见。男多于女，比例约为9∶1。按其发展过程及其临床症状的不同可分为三期：(1)局部缺血期。受寒冷或涉冷水之后，自觉足部麻木、发凉和疼痛，并容易疲劳和有酸胀感。随病情发展，症状逐渐加重，休息时患肢疼痛，抬高时加重，下垂时减轻；抬高时皮肤苍白，下垂时呈青紫红色。(2)营养障碍期。患肢时显麻木、怕冷和疼痛，局部缺血症状更加严重，患肢温度明显降低，足背动脉搏动消失，小腿肌肉萎缩。(3)坏死期。由于长期进行性缺血，以致患肢末端发生溃疡和坏死。

【血糖】(blood sugar) 血液中的葡萄糖。体内各组织细胞活动所需的能量大部分来自葡萄糖，所以血糖必须保持一定的水平才能维持体内各器官和组织的需要。在正常情况下，仅在较小的范围内波动，正常成人空腹血糖水平维持在3.89～6.61mmol/L之间。血糖浓度的相对恒定，是机体对血糖来源和去路进行精细调节、使之维持动态平衡的结果。血糖来源有：(1)食物中糖的消化吸收。(2)肝糖原分解。(3)糖异生作用。血糖去路有：(1)氧化分解供给能量。(2)合成肝糖原、肌糖原。(3)转变为其他物质如脂肪、非必需氨基酸和5－磷酸核糖等。(4)当血糖浓度超过肾小管的重吸收能力时糖可随尿排出。机体主要依靠如下激素调节血糖浓度：胰岛素是体内唯一降低血糖的激素；胰高血糖素、肾上腺素、糖皮质激素、生长激素等是升高血糖的激素。人体所有的细胞所需的糖都由血液来输送，所以维持血液中糖的恰当浓度是很重要的。血糖浓度维持在恒定水平具有重要的生理意义，如脑、成熟红细胞必须靠氧化葡萄糖维持其功能活动，否则会发生低血糖昏迷。

【血吸虫病】(schistosomiasis) 由血吸虫寄生于人体门静脉系统所引起的一种疾病。通过皮肤接触含血吸虫尾蚴的疫水而感染。主要病变是虫卵沉积于肠道或肝脏等组织而引起的虫卵肉芽肿。急性期有发热、肝肿大与压痛、腹泻、便血等表现，血嗜酸粒细胞显著增多；慢性期以肝脾肿大或慢性腹泻为主要表现；晚期主要与肝脏门静脉周围纤维化有关，临床表现上有巨脾和腹水等。其预防措施是：(1)控制传染源，普查与普治病人及病畜。(2)切断传播途径，查找钉螺并灭螺，这是切断传播途径的关键。保护水源，改善用水，对饮用水进行无害化处理。防止人畜粪便污染水源。(3)保护易感人群不接触疫水。雨后与早晨不在河边草地赤足行走。湖沼地区收割、捕捞和作战训练必须与疫水接触时，应确实做好个人防护措施。

【血型】(blood types) 以血液抗原形式表现出来的一种遗传性状。狭义血型专指红细胞抗原在个体间的差异。但现已知道除红细胞外，在白细胞、血小板乃至某些血浆蛋白、个体之间也存在着抗原差异。因此，广义的血型应包括血液各成分的抗原在个体间出现的差异。人类血型有ABO血型、Rh血型、MN血型及HLA血型等几个类型。其在人类学、遗传学、法医学、临床医学等学科有广泛的实用价值，具有重要的理论和实践意义。动物血型的发现也为血型研究提供了新的问题和研究方向。其成因的推测：美国科学家皮特·达达莫博士认为，人类的血型是由进化决定的。O型血的历史最为悠久，大约出现于公元前6万至4万年之间。A型血出现在公元前2.5万年至1.5万年之间。绝大多数A型血的人都居住在西欧和日本。B型血出现在约公元前1.5万年至新纪元之间。有很多东欧人是B血型。人体的血型中，最后出现的为AB型，出现还不到1 000年的时间，是"携带"A型血的印欧语民族和"携带"B型血的蒙古人混杂在一起后的产物。AB血型的人继承了抗病的能力。他们的免疫系统更能抵抗细菌，但他们易患恶性肿瘤。

【血虚】(deficiency of blood) 中医术语。脏腑百脉及形体器官失养的病理状态。由血液不足、血的营养和滋润功能减退所致。失血过多，新生之血来不及补充，或脾胃虚弱，运化无力，化源不足，或化生血液的功能减退均可导致血虚。临床可见全身或某一局部虚弱性症状和体征。

【血压】(blood pressure, BP) 血液在血管内流动时，作用于血管壁的压力。是推动血液在血管内流动的动力。心室收缩，血液从心室流入动脉，此时血液对动脉的压力最高，称为收缩压。心室舒张，动脉血管弹性回缩,血液仍慢慢继续向前流动,但血压下降,此时的压力称为舒张压。通常所说的血压指的是体循环动脉血压。是大动脉血压的间接测定。且右侧与左侧的血压不一样,最高可相差 0.133kPa(10mmHg),最低相差不到 0.075kPa(5mmHg)。健康人动脉血压的正常值,中国青壮年静息时的收缩压平均约 14.6kPa(110mmHg),舒张压平均约 9.3kPa(70mmHg),脉搏压平均约 5.3kPa(40mmHg)。低于正常值为低压;高于正常值为高压。男性 40 岁以后,女性 35 岁以后动脉血压的升高比较明显,其中收缩压比舒张压升高更为突出。男性比女性稍高,但女性在更年期后有较明显的升高。健康人动脉血压在日常生活中基本恒定,但也常有生理性变动。在运动时进食后、情绪激动时升高;睡眠时、轻松愉快时血压稍降。吸气时血压先降后升,呼气时血压先升后降。这些血压变化多呈暂时性。瘦弱的人血压多偏低,超重的人血压多偏高。影响动脉血压的因素有:心输出量、血管外周阻力、大动脉管壁的弹性、循环血量等。

【血眼屏障】(blood-eye barrier) 循环血液与眼球内组织液之间的屏障。包括血房水屏障、血视网膜屏障等结构。它使全身给药时药物在眼球内难以达到有效浓度,因此大部分眼病的有效药物治疗是局部给药。与血脑屏障相似,脂溶性或小分子药物比水溶性或大分子药物容易通过血眼屏障。

【血液更新】(renovation of blood) 又称血缘更新。在纯种繁育过程中,为防止近交衰退而引入与群本中无亲缘关系的种畜进行配种的措施。当进行几代近交后,为防止不良影响的过多积累,可在畜群中引入同品种,但与本种群无亲缘关系的种畜配种,用以降低畜群中的近交程度,达到丰富畜群遗传结构,提高群体品质的目的。

【血液净化】(blood purification) 一种用体外循环的方法达到清除血液中代谢产物、内源性抗体、异常血浆成分以及蓄积体内的药物或毒物等为目的的治疗技术。临床上常用的方法有:血液透析、血液滤过、血液透析滤过、血液灌流、血浆置换、免疫吸附和结肠透析等。腹膜透析以腹膜作为半透膜,经腹膜血管向腹腔内灌入透析液在其间弥散、超滤作用达到清除体内代谢产物,亦属血液净化技术。血液透析与腹膜透析是治疗急慢性肾功能衰竭伴容量过量或毒物中毒的最常用和有效的方法。

【血友病】(hemophilia) 遗传性凝血因子缺乏引起的一种严重性出血性疾病。分为血友病甲〔凝血因子Ⅷ(抗血友病球蛋白,AHG)缺乏〕血有病乙〔凝血因子Ⅸ(血浆凝血活酶成分,PTC)缺乏〕血友病丙〔凝血因子Ⅺ(血浆凝血活酶前度,PTA)缺乏〕三种。血友病甲、乙是 X 连锁隐性遗传,女性传递,男性发病,患者均为男性;血友病丙是常染色体不完全性隐性遗传,男女均可传递此病及发病。血友病甲最常见,血友病乙次之,血友病丙罕见。病情轻重依次为甲>乙>丙。其主要临床表现是出血,发病越早出血越重。其出血部位是:(1)皮肤黏膜出血。轻微外伤出现血肿,皮肤破损后出血不止;儿童拔牙或未脱活动牙齿,因说话,吃东西碰撞可出血不止。(2)关节出血。是最常见的症状,多见于膝关节,其他大关节也可出血。儿童期关节出血多见。关节出血分三阶段:急性期红、肿、热痛明显,功能障碍;关节炎期反复出血,血肿不能完全吸收,刺激关节组织形成慢性关节炎;关节纤维化期,僵硬、畸形、骨质破坏、肌肉萎缩,终生后遗症:膝关节屈曲、外翻等特殊的血友病步态或坐轮椅。(3)深部血肿。不同的部位引起不同症状。手术后出血不止,内脏出血,颅内出血是常见的死亡原因。其诊断,除出血症状外,需做凝血时向延长、凝血酶原消耗不良、部分凝血活酶时向延长、凝血活酶生成试验及纠正试验可鉴别血友病甲、乙、丙。注意血小板数正常,出血时间正常。其治疗方式是:(1)止血。(2)替代疗法。输注凝血因子Ⅸ、Ⅺ制品,输新鲜血及冰冻新鲜血浆等补充体内缺乏的凝血因子。(3)基因治疗。目前正在研究中。(4)避免外伤,手术时先补充凝血因子。(5)生产前的胎儿能明确诊断者可终止妊娠。

【血淤】(blood stasis) 中医术语。血液运行迟缓、流行不畅导致的血液淤结、停滞成积的病理变化。气机郁滞,气虚推动无力,痰浊阻滞脉道,寒邪侵入血分,邪热入血,外力扭挫损伤脉络,产后恶露不下等均可导致血淤。临床可见到疼痛、肌肤甲错、肢体麻木和局部组织肿胀等表现。

【熏肉制品】(bacon products) 用熏制法加工而成的一类肉制品。烟熏前肉品只经过腌制的品种有:熏猪肉、熏猪头、熏后腿、恩施熏肉、培根等;烟熏前肉品已经熟制加工的品种有:熏猪大肠、熏猪肚、熏小肚、熏鸡和熏猪蹄等。熏肉制品在加工过程中,加入了多种品食品添加剂、防腐剂,经常食用有损身体健康。

熏肉制品

【熏洗法】(washing therapy) 以中药性味功能和脏腑经络学说理论为依据,选用一定的方药经过不同加热方法而产生温热药气，利用中草药的热力或蒸汽作用于皮肤、肉里，达到开泄腠理、散邪解肌、清热解毒、消肿止痛、杀虫止痒、温经通络、活血化瘀、疏风散寒、祛风除湿、协调脏腑功能等的一种用药方法。熏洗疗法一般先熏后洗，使药物的有效成分通过皮肤的细胞、汗腺、毛囊、黏膜吸收和渗透进入人体，结合经络的沟通作用、脏腑的调节作用以及局部的刺激作用达到治疗的目的。应用范围广泛，涉及内、外、妇、儿、骨伤、五官、皮肤科等数百种疾病。由于熏洗疗法用药灵活，安全可靠，作用迅速，经济实用，易于推广。现代的美容美发及强身保健，在应用熏洗疗法中也取得很好效果。

【熏蒸剂】(fumigant) 在熏蒸过程中，药剂气体分子由昆虫气门进入气管系统，而将其消灭的杀虫剂。如溴甲烷、氯化苦、磷化铝等。敌敌畏、异丙磷等有机磷剂除具有触杀、胃毒作用外，也有较强的熏蒸作用。利用熏蒸剂杀虫、防病时，一般应在密闭的条件下进行。温度、湿度对防治效果影响很大。熏蒸剂大多数对人、畜极毒。

【熏蒸杀虫】(fumigation disinfestation) 利用熏蒸技术杀灭有害昆虫和螨类的方法。是利用一定浓度的有毒气体熏杀有害生物的技术。通过害虫的呼吸系统进入内部组织引起中毒，使其经过一定时间后死亡。其效果除药剂本身理化性能外，也受密闭状态、温度、湿度、气压和被处理材料的种类、害虫种类、虫态、抗药性和病菌类型等多种因素的影响。在熏蒸杀虫时，应取得消灭害虫的效果。储粮害虫防治应用的熏蒸剂，主要是磷化氢。常用的熏蒸方法有：常规熏蒸和环流熏蒸等。

【寻的制导】(homing guidance) 弹上制导设备(导引头)接收来自目标的辐射或反射能量，自动跟踪目标并形成制导指令，把导弹引向目标的技术。通过制导系统的导引头、计算装置和执行装置等部分实现。寻的制导通常按有无照射目标的能源和这种能源所处的地点的不同可分为：(1)主动寻的制导。其照射目标的能源位于导弹上，由导引头接收来自目标的反射能量。采用主动寻的制导的导弹，当弹上的主动导引头截获目标并转入正常跟踪后，就可以独立完成工作，而无需导弹以外的任何系统参与。(2)半主动寻的制导。其照射目标的能源不在导弹上。照射目标的能源装置可设在导弹发射点或其他地点，包括地面、水面以及空中等。(3)被动寻的制导。弹上导引头直接感受目标辐射能量。导引头依据目标的不同物理特性作为跟踪的信息来源。它的红外导引头由红外位标器、陀螺机构与电子线路等组成。红外位标器接收飞机的热辐射，经处理后形成制导指令，自动跟踪目标，并控制导弹飞向目标。随着使用方式和使用环境的不同，对寻的制导系统会有不同的要求，制导系统的组成及实现途径也就各不相同。由于攻击目标类型的不同，在寻的制导系统中需选择不同的导引规律。前置角法、追踪法以及比例导引法是几种基本方法。导引方法的选择与导引头测量信息的形成密切相关。从发展趋势来看，活动目标的性能愈来愈高。特别像飞机、导弹一类目标，飞行速度不断提高，机动能力不断增强，因此，必须改进相应的导引系统。

【寻址技术】(domain name system，DNS) 又称名字系统。由计算机网络设备自动获取合法(即有效)IP 地址的技术。分为逻辑寻址和物理寻址。按其寻址方式的不同可分为立即寻找、寄存器寻址、直接寻址、寄存器间接寻址、寄存器相对寻址、基址加变址寻址、相对基址和变址寻址。它利用字符与互联网上服务器地址相互对应的解析关系，使互联网上的资源更容易记忆和传播。在计算机体系结构中，设计通用寄存器型指令结构时，用来指明指令中的操作数是一个常数，一个寄存器操作数或者是一个存储器操作数。用于通用即插即用的联网。

【巡航导弹】(cruise missile) 又称飞航式导弹。一种在大气中飞行且外形类似飞机的导弹。其大部分航迹处于近乎等高恒速巡航飞行状态。通常按其作战使命的不同可分为战略和战术两类；按其目标种类的不同可分为对地、反舰等类别；按其速度的不同可分为亚声速、超声速和高超声速三种类别；按其射程的不同可分为近程、中程、远程和洲际四种类别；按其发射位置的不同可分为陆射、海射和空射三种类别。

巡航导弹

【巡航速度】(cruise speed) 飞机所装发动机在每千米消耗燃油最小情况下的飞行速度。在航空界，把适宜于持续进行的、接近于定常飞行的飞行状态称为巡航。在此状态下的参数称为巡航参数，如巡航高度、巡航速度等。飞机的巡航状态不是唯一的，巡航状态取决于许多因素，如气象条件、装载、飞行距离和经济性等。因此，各次飞行所选定的巡航参数(包括巡航速度)常有所不同。任务要求不同，选定的巡航速度也不同。航程巡航要求飞机能以航程最远的巡航速度飞行；航时巡航则要求飞机能以留空时间最长的巡航速度飞行。由此，巡航速度又分为远航速度和久航速度。

【巡洋舰】(cruiser) 见水面战斗舰艇。

巡洋舰

【荨麻疹】(urticaria and angioedema) 又称风疹块。皮肤和黏膜的Ⅰ型超敏反应。荨麻疹仅损害皮肤表层。多因血管性水肿的病变引发。有20%左右的人在一生中患过荨麻诊和血管性水肿。荨麻疹反复发作超过6周，称为慢性，多见于中年女性。病因复杂，急性荨麻疹与一些食物蛋白和药物感染、物理和精神等因素有关；一些病毒感染，以及肠道寄生虫感染是慢性荨麻诊常见原因之一。其临床表现是：急性可发生于任何年龄，以中青年为多见。荨麻疹和血管神经性水肿二者可以分别或同时出现，起病突然，成批发生，可见于任何部位。表现为红色匍行边缘、中央苍白、高出皮面的团块状皮疹，常伴有明显的瘙痒。通常48h内消退，但新的皮疹可反复出现。血管性水肿损及真皮和皮下组织，出现非凹陷性水肿。多见于皮下组织疏松的部位，如口周、眼周、舌、生殖器和四肢，往往边界不清，有刺痛或烧灼感。有时可累及上呼吸道出现喉血管神经性水肿而危及生命；如累及胃肠道，可能出现腹痛、恶心、呕吐。一般都在2～3天后消失。

【循环传播性共患疾病】(cyclozoonoses) 病原体为完成其循环感染或发育史，需要一种以上的脊椎动物，但不需无脊椎动物参与的人畜共患疾病。重要的有人的猪肉绦虫病、牛肉绦虫病、猪和人的囊虫病、棘球蚴病和旋毛虫病等。

【循环风】(recirculation of air) 局部通风机的回风，部分或全部再进入同一局部通风机的进风风流中的现象。其危害是：(1)使风流更污浊，温度升高，损害工作人员健康。(2)由于风流不断循环，使瓦斯、煤尘的浓度不断增高，形成事故隐患。

【循环经济】(circulatory economy) 追求更大经济效益、更少资源消耗、更低环境污染和更多劳动就业的先进经济模式。本质上是一种生态经济。要求运用生态学规律来指导人类的经济活动。与传统经济相比，其不同之处在于，传统经济是一种由“资源－产品－污染排放”的单向流动的线形经济。其特点是高开采，低利用，高排放。通过对资源粗放的、一次性的利用和不断地把资源变成废物来实现经济的数量型增长。循环经济则不同。它倡导的是一种与环境和谐的经济发展模式，强调把经济活动组织成“资源－产品－再生资源”的循环增长模式。其特点是低开采，高利用，低排放，所有物质和能源都在这个不断循环的经济活动中得到合理和持久的利用。把经济活动对自然环境的影响降低到尽可能小的程度，减量化、再利用和再循环是循环经济最重要的原则。循环经济为工业化以来传统经济转向可持续发展的经济提供了战略性的理论范式，从而在根本上消解长期以来环境与发展之间的尖锐冲突。自20世纪末开始，越来越多的发达国家都在把建立循环经济作为实施可持续发展战略的重要途径和实现方式。

【循环经济的“3R原则”】(3R principles of circulatory economy) 减量化、再利用和资源化三种原则的简称。减量化原则要求用较少的原料和能源投入，达到既定的生产目的或消费目的，进而从生产活动的源头就注意节约资源和减少污染。在实际生产中，减量化原则常表现为要求产品小型化和轻型化。此外，还要求产品的包装追求简单朴实而不是豪华浪费，从而达到减少废物排放的目的。再利用原则要求制造产品和包装容器能够以初始的形式被反复使用，要求抵制当今世界一次性用品的泛滥，还要求制造商应该尽量延长产品的使用期，而不是非常快地更新换代。再循环原则要求生产出来的物品在完成其使用功能后能重新变成可以利用的资源，而不是不可恢复的垃圾。再循环有两种情况，一种是原级再循环，即废品被循环用来生产同种类型的新产品，例如报纸再生报纸、易拉罐再生易拉罐等；另一种是次级再循环，即将废物资源转化成其他产品的原料。前者在减少原材料消耗上的效果要比后者高得多，是循环经济的理想境界。

【循环流体床锅炉】(circulating fluidified bed boiler) 又称蒸汽发生器。一种针对劣质煤而设计的，采用循环流化床燃烧方式的锅炉。按规定参数、品质生产蒸汽，用于火力发电，供热或其他用途的锅炉。其热效率与常规

循环流体床锅炉

煤粉炉相当。采用低温分级燃烧和向炉膛内给入石灰石，可在燃烧过程中，方便地脱除含硫煤燃烧产生的 SO_2，并能抑制 NO_2 的生成量，使其具有高效、低污染、燃料适应性广特点。其本体由炉膛及布风装置、循环灰分离器、回料阀、尾部受热面竖井烟道及可以加置的外置式循环灰换热器组成。其主要辅助系统有：(1)风烟系统。(2)煤制备系统。(3)石灰石制备系统。(4)灰渣处理系统。(5)燃油点火启动系统。(6)热控系统。辅助系统的性能直接影响循环流化床锅炉的可靠性和经济性。

【循环码】(cyclic code) 一种无权码。编排的特点是：相邻两个数码之间符合卡诺图中的邻接条件，即相邻两个数码之间只有一位码元不同。循环码的优点是没有瞬时错误。因为在数码变换过程中，在速度上会有快有慢，中间经过其他一些数码形式，称为瞬时错误。这在某些数字系统中是不允许的，为此希望相邻两个数码之间仅有一位码元不同，即满足邻接条件，这样就不会产生瞬时错误。

循环进制码表

十进制数	自然二进制码	循环二进制码
0	0000	0000
1	0001	0001
2	0010	0011
3	0011	0010
4	0100	0110
5	0101	0111
6	0110	0101
7	0111	0100
8	1000	1100
9	1001	1101
10	1010	1111
11	1011	1110
12	1100	1010
13	1101	1011
14	1110	1001

【循环农业】(circulatory agriculture) 一种以资源的高效利用和循环利用为核心，以减量化、再利用、资源化为原则，以低消耗、低排放、高效率为基本特征的农业发展模式。运用生态学、生态经济学、生态技术学原理及其基本规律为指导的农业经济形态。通过建立农业经济增长与生态系统环境质量改善的动态均衡机制，并以绿色 GDP 核算体系和可持续协调发展评估体系为导向，将农业经济的各种资源要素视为一个密不可分的整体加以统筹协调。

【循环水养殖】(circulatory water aquaculture) 从鱼池排出的污水，通过净化系统，除去水中的代谢产物和残饵后，重新作为水源进入鱼池的一种封闭式的流水养鱼系统。工厂化养鱼的一种类型。循环水养鱼系统源于 20 世纪 60 年代。由于许多国家受到工业污染的影响，人们开始用循环水来进行鱼、虾等的苗种培育和商品鱼的饲养。目前，采用这种养鱼系统的历史最高月产量可达 150kg/m^3 左右。

【循环性能系数】(coefficient of performance, COP) 一种用于评价热力循环优劣的指标。常用于制冷、热泵系统中。在制冷系统中，制冷量与耗功量的比值，称为制冷循环性能系数，也称为制冷装置的工作性能系数。

【循环遥控】(cyclic remote control) 遥控信息交换由时分开关操纵反复传输，因而遥控信息以一定时间间隔周期性地传输一种遥控系统的循环工作方式。循环遥控系统属于时分多路传输系统，收发双方的时分开关必须保持同步。在循环遥控系统中把多个控制对象分成若干群，每群又分若干个被控对象，称为点，分别赋予群选择地址码和点选择地址码。对每个地址均可执行不同的功能(如开、关等)，赋予相应的功能码。对需要调整的对象可设置调整码。循环遥控的信息校验采用连送校验方式。循环遥控系统可在时序电路的作用下和遥测系统结合在一起，构成遥测遥控系统。

【循环用水系统】(water system of circulation) 把生产过程中所产生的废水经过适当处理后回用到原来的生产过程或其他生产过程重新使用的系统。循环使用的水质应满足生产工艺要求，不能影响产品质量。工业用水大致可分为冷却用水、生产工艺用水和锅炉用水(生产蒸汽)。冷却用水不与原料和产品直接接触，只是水温升高，故降温后可循环使用；生产工艺用水，因同产品和原料直接接触，排出的废水的污染物种类繁多，往往要根据要求进行适当处理，按不同工艺对水质的要求，采取不同的水处理技术，再生后循环使用；锅炉用水需要进行软化等处理。

【循环运输】(circle transit) 载货汽车按循环式路线进行的运输。提高汽车行程利用率的行车组织方法。组织循环运输，一般可按经验就近调拨空车，或利用线性规划方法求出空车调拨的最优方案，编制汽车运行作业计划，以减少车辆空驶，提高行程利用率，降低运输成本。其行程利用率取决于货流分布情况和调度方案的优劣，一般高于50%。在市内短途货物运输的装、卸点较多的情况下，调度部门在编制汽车运行作业计划时，可优先考虑组织车辆沿循环式路线行驶，实行循环运输。

【循证医学】(evidence-based medicine) 医学的一个分支。一门在疾病的诊治过程中将个人的临床专业知识与现有的最好临床研究证据结合起来综合分析，为病人作出最佳医疗决策的学科。在临床医疗实践中，对患者的诊治决策，都应建立在最新的科学依据(证据)基础之上。临床医生的专业技能，应该与现代系统研究所获得的最新成果(证据)有机地结合，用以指导临床实践。循证医学是提供医学决策证据的研究，它不同于产生新知识或明确新问题的基础科学研究，而是终生不断的学习和研究的过程。其核心思想是医疗决策(即对患者的处理、治疗指南和医疗政策的制定等)应在现有的最好的临床研究依据(证据)基础上作出，同时也重视结合个人的临床经验。

【汛】(seasonal flood) 江河等水域的季节或周期性的涨水现象。常以出现的季节或形成的原因命名，如春汛、伏汛、秋汛、凌汛、潮汛等。春汛是春季江河流域内降雨或冰、雪融化汇流形成的涨水现象。夏季和秋季由于降雨汇流形成的江河涨水，称伏汛和秋汛。因冰凌阻水而引起的江河涨水现象，称凌汛。滨海地区海水周期性上涨，称潮汛。

【汛期】(flood season) 江河、湖泊洪水在一年中明显集中出现，容易形成洪涝灾害的时期。由于各河流所处的地理位置和涨水季节不同，汛期的长短和时序也不相同。按洪水发生的季节和成因的不同，汛期一般可分为四种类型：(1)夏季暴雨为主产生的涨水期，称伏汛期。(2)秋季暴雨，或强连阴雨为主产生的涨水期，称秋汛期。(3)冬、春季河道因冰凌阻塞、解冻引起的涨水期，称凌汛期。(4)春季北方河源冰山或上游封冻冰盖融化为主产生的涨水期，以及南方春夏之交进入雨季产生的涨水期，称春汛期。在黄河上，由于上游开河的凌洪传到下游，正值桃花盛开季节，故又称春汛期为桃汛期。因为伏汛期和秋汛期紧接，又都极易形成大洪水，一般二者合称为伏秋大汛期，通常简称为汛期。中国多数江河的暴雨洪水发生在伏秋大汛期。各地区汛期的起止时间不一样。汛期(主要指伏秋大汛)起止时间的划分，一般用该时段洪水发生的频率来反映，以超过年最大洪峰流量多年平均值的洪水称为“大洪水”。汛期时段的确定，是要保证90%以上的“大洪水”出现在所划定的时段内；主汛期则以控制80%以上的“大洪水”来确定时段。例如：长江5～10月中旬是汛期，7～8月是主汛期。

【殉爆安全距离】(safety gap distance) 主爆药与受爆药之间不发生殉爆的最小距离。炸药爆炸时引起它邻近的炸药爆炸，或者主发装药爆炸引起被发装药爆炸的现象叫殉爆。主发装药爆炸后能引起被发装药爆炸的最大距离称为殉爆距离。

Y

【压疮】(pressure ulcer) 又称压力性溃疡、褥疮。身体局部组织长期受压，血液循环障碍，局部组织持续缺血、缺氧，致使皮肤失去正常功能，而引起的组织破损和坏死的一种病理现象。多发生在缺乏脂肪组织保护、无肌肉包裹或肌层较薄的骨隆突出及受压部位。如仰卧位好发于：枕骨粗隆、肩胛部、肘、脊椎体隆突处、骶尾部、足跟；侧卧位好发于：耳部、肩峰、肘部、髋部、膝关节的内外侧、内外踝；俯卧位好发于：耳、颊部、肩部、女性乳房、男性生殖器、髂嵴、膝部、脚趾；坐位好发于：坐骨结节。其发生主要与压力因素、全身营养状况不良或水肿、理化因素刺激、年龄等因素有关。其病理分期及临床表现是：(1) Ⅰ期，瘀血红润期。此期为压疮初期，局部皮肤受压或潮湿刺激后，出现红、肿、热、痛或麻木，压力解除 30min 后，皮肤颜色不能恢复正常。此期皮肤的完整性未破坏，为可逆性改变。(2) Ⅱ期，炎性浸润期。红肿部位继续受压，血液循环仍得不到改善，静脉回流受阻，局部静脉淤血。受压部位呈紫红色，皮下产生硬结，皮肤因水肿而变薄，可出现水泡，此时极易破溃。破溃后，可显露出潮湿红润的疮面，病人有痛感。(3) Ⅲ期，浅度溃疡期。血液循环严重障碍，静脉血液循环严重受阻，表皮水泡逐渐扩大，破损，真皮层疮面有黄色渗出液，感染后表面有脓液覆盖，致使浅层组织坏死，形成溃疡，病人感觉疼痛加重。(4) Ⅳ期，坏死溃疡期。为压疮严重期。坏死组织侵人真皮下层和肌肉层，感染可向周边及深度扩展，可深达骨面。脓液较多，坏死组织发黑，脓性分泌物增多，有臭味；严重者细菌入血易引起败血症，造成全身感染。一旦发生压疮，不仅给病人带来痛苦，加重病情，延长康复的时间，严重时可因继发感染引起败血症而危及生命。因此，必须加强护理，预防和减少压疮的发生。

【压电陶瓷】(piezoelectric ceramics) 能够将机械能和电能相互转换的功能陶瓷材料。受到机械压力时它会产生压缩或伸长等形状变化，陶瓷的两端会产生不同的电荷。当声波作用在压电陶瓷上时，电荷就会变成电信号。反过来，在交流电压的作用下会不时伸长或缩短，变成振动，产生声音。这种现象在物理学上称为压电效应。在 20 世纪 50 年代，一种性能大大优于钛酸钡的压电陶瓷材料 - 锆钛酸铅研制成功。从此，压电陶瓷的发展进入了新阶段。至 20 世纪 60 ~ 70 年代，压电陶瓷不断改进，如用多种元素改进的锆钛酸铅二元系压电陶瓷，以锆钛酸铅为基础的三元系、四元系压电陶瓷也都应运而生。这些材料性能优异，制造简单，成本低廉，应用广泛。

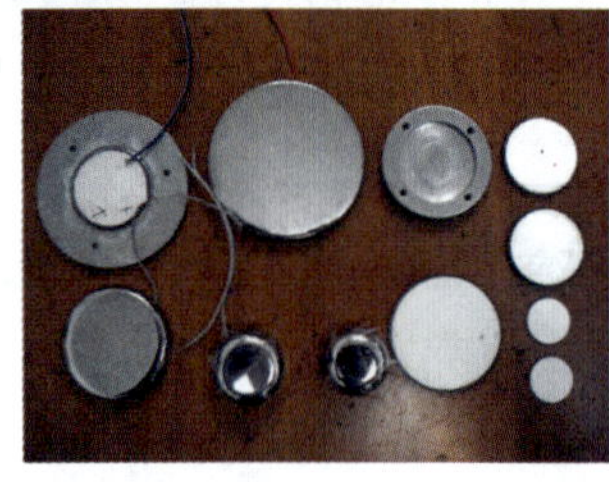
压电陶瓷

【压电效应】(piezoelectric effect) 某些电介质在沿一定方向上受到外力的作用而变形时，其内部会产生极化现象，同时在它的两个相对表面上出现正负相反电荷的现象。当外力去掉后，它又会恢复到不带电状态。这种现象称为正压电效应。当作用力的方向改变时，电荷的极性也随之改变。相反，当在电介质的极化方向上施加电场，这些电介质也会发生变形；电场去掉后，电介质的变形随之消失。这种现象称为逆压电效应或电致伸缩现象。压电效应是居里兄弟皮尔与杰克斯于 1880 年在杰克斯的实验室发现的。具有压电性的材料有：闪锌矿、钠氯酸盐、电气石、石英、酒石酸、蔗糖、方硼石、异极矿、黄晶及若歇尔盐。这些晶体都具有非晶方性结构。晶方性材料是不会产生压电性的。

【压焓图】(pressure enthalpy diagram) 以压力与焓为纵坐标和横坐标的状态参数图。压缩蒸气制冷循环的吸热量(即制冷量)、放热量和功量均与过程的比焓差有关。采用压焓图，将循环表示在 lgp - h 图上，则上述诸量均可用过程线在横坐标上的投影长度表示，对压缩蒸气制冷循环分析计算带来很大方便。

【压井作业】(measure to prevent well jetting) 对已经发生井喷或即将发生井喷的油气田

钻井,采用加重泥浆压入井内制止井口井喷的作业。压井作业必须在关闭防喷器、封住井口之后进行。加重泥浆通过被防喷器闸住的钻杆向井内泵入,充气的泥浆从放喷管线保持回压,调节针阀,逐步泄压,形成重泥浆泵入,充气的泥浆从放喷管线向外溢流、循环。待全部重泥浆泵入、重新建立井内的压力平衡后,就可以恢复继续钻进。加重泥浆应根据地层压力计算其所需的密度。密度过大,反而将油层压死;密度不足则会压不住井喷,在打开防喷器后或在继续钻井时,会再次发生井喷。

【压觉传感器】(pressure sensor) 装在机器人手指内侧、以感知被接触物体压力值大小的传感器。可分为单一输出值压觉传感器及多输出值的分布式压觉传感器。后者经常作为判断被测物体几何形状的工具使用。压觉传感器多处于实验室研究阶段。目前普遍关注的是利用材料物性原理去开发传感器。常见的材料有碳素纤维、导电硅橡胶等。

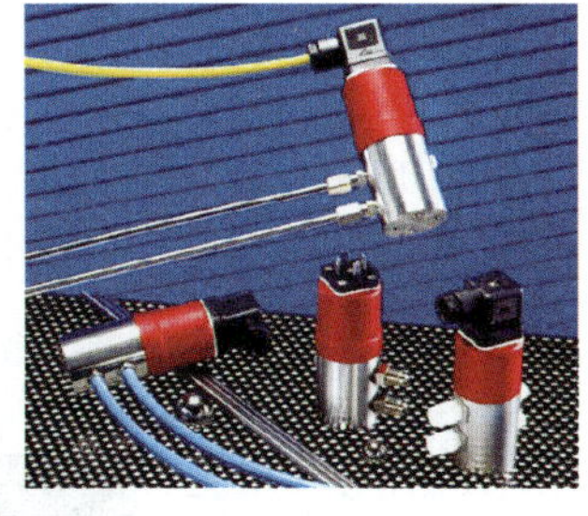
压觉传感器

【压控振荡器】(voltage controlled oscillator, VCO) 在振荡电路中采用压控元件作为频率控制器件的振荡器。是射频电路的重要组成部分。压控振荡器与普通本振相比,在谐振回路中多出了电控器件,比如变容二极管;VCO的性能指标主要包括:频率调谐范围、输出功率、(长期及短期)频率稳定度、相位噪声、频谱纯度、电调速度、推频系数和频率牵引等。通常把压控振荡器称为调频器,用以产生调频信号。在自动频率控制环路和锁相环路中,输入控制电压是误差信号电压,压控振荡器是环路中的一个受控部件。压控振荡器的类型有LC压控振荡器、RC压控振荡器和晶体压控振荡器。对压控振荡器的技术要求主要有:频率稳定度好,控制灵敏度高,调频范围宽,频偏与控制电压成线性关系并宜于集成等。晶体压控振荡器的频率稳定度高,但调频范围窄;RC压控振荡器的频率稳定度低而调频范围宽;LC压控振荡器居二者之间。

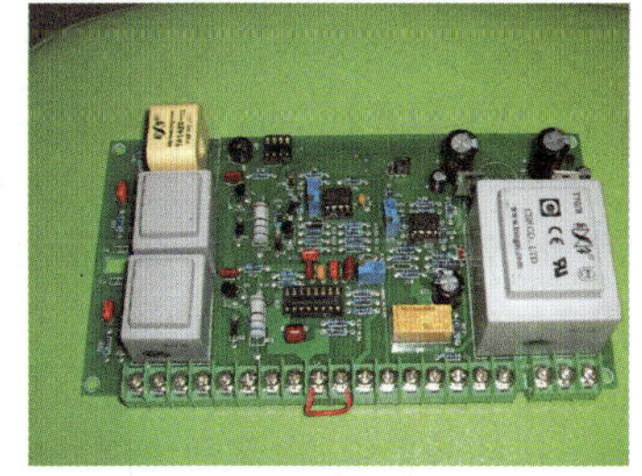
压控振荡器

【压力】(pressure) 又称绝对压力或真实压力。工质的热力学基本状态参数之一。是气体或液体分子作用于单位面积上的力。单位是帕斯卡。符号Pa。在物理学中称为“压强”。分子运动学说把气体的压力看作是大量分子撞击器壁的平均结果。

【压力变送器】(pressure transmitter) 一种用于将水压、气压等压力信号转换为电流信号的装置。主要由测压元件传感器(又称压力传感器)、测量电路和过程连接件三部分组成。它能将测压元件传感器感受到的气体、液体等物理压力参数转变成标准的电信号,以供给指示报警仪、记录仪、调节器等二次仪表进行测量、指示和过程调节。按测压范围的不同可分为:一般压力变送器(0.001~20MPa)、微差压变送器(0~1.5kPa)和负压变送器三种。其优点是:(1)工作可靠,性能稳定。(2)采用专用集成电路,外围器件少,可靠性高。(3)维护简单、轻松,体积小,重量轻,安装调试极为方便。(4)铝合金压铸外壳,三端隔离,静电喷塑保护层,坚固耐用。(5)二线制信号传送,抗干扰能力强,传输距离远。(6)高准确度,高稳定性。

【压力管道】(pressure pipeline) 利用一定压力输送气体或液体的管状设备。为了保证管道正常运行,设计规定:(1)施于气体、液体化气体、蒸汽介质或可燃、易爆、有毒、有腐蚀性的液体介质之上的工作压力必须大于等于0.1MPa。(2)管道公称直径应大于25mm。(3)按主题材料敷设装置、输送介质特性和用途进行分类。压力管道按其用途的不同可分为:工业介质管道、公用工程管道及其他辅助管道。工业管道指城乡范围内用于公共事业或民用燃气管道或热力管道;公用工程管道系指产地、储存库、使用单位间用于输送商品介质的管道。

【压力继电器】(pressure switch) 利用被测介质的压力来启闭电气触点的电气转换元件。当系统压力达到压力继电器的调定值时,发出电信号,使电气元件(如电磁铁、电机、时间继电器、电磁离合器等)动作,执行元件实现顺序动作,或关闭电动机,或使系统停止工作,起到安全保护作用。压力继电器有柱塞式、膜片式、弹簧管式和波纹管式四种。

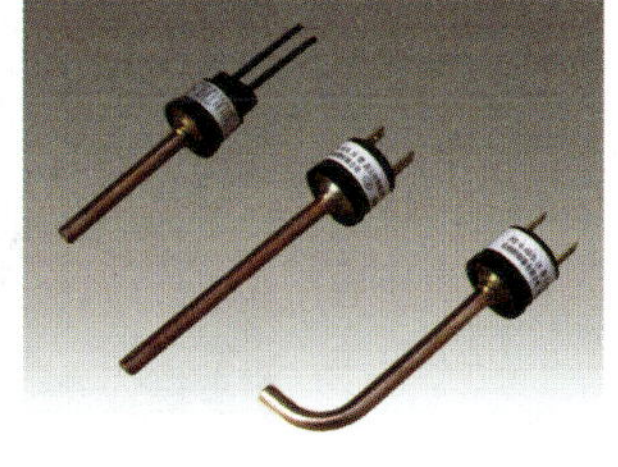
压力继电器

【压力加油系统】(pressure refuelling system) 通过飞机下部的集中点向停放在地面的飞

机增压加油时飞机接受压力加油的系统。系统包括压力加油接头、加油总管、压力加油控制阀(或电动插板开关)及油面信号器等附件。每组油箱一般设置“正常”及“应急”两套加油控制阀及油面信号器以确保加油安全及防止加油过满而胀坏油箱或溢出。由于飞机各组油箱容积不同,为使全机各组油箱基本上同时加满,通常在各加油支管中设置不同直径的“孔板”来合理分配各支管的燃油流速。各组油箱还应设置相应排气能力的压力加油通气阀,及时排出油箱内因大量进油而急剧增压的空气。

【压力前池】(presure pond) 又称压力池、前池。引水式水电站从无压引水过渡到压力管道之间的连接建筑物。具有为水轮机调节水量和水位、平稳水流的作用。它由池身、压力管道进水口组成。根据需要可设泄水、排污、排沙、排冰道等设施。某些建筑物可综合利用,如排污、排冰及排沙道可共用一个陡槽。压力前池的池身要能容纳一定的水体积,多利用有利地形,扩宽、加深形成。引水道与池身间设连接(扩散)段。压力管道进口一般为承压墙式。位置的选择应特别注意地基稳定和管渗漏条件。其功能是:(1)调节水量。无压引水道水流经过压力前池均匀分配到各压力管道。当机组出力增加时,从前池补充水量。当出力减小时,前池可容纳多余的水量。(2)平衡水流。(3)设置闸门保证事故关闭和检修。(4)排除污物、冰凌和泥沙。(5)保证电站下游用水。

【压力容器】(pressure vessel) 具有特定的工艺功能、内部或外部承受气体或液体压力,并对安全性要求较高的密封容器。与常压容器相比,其特征是:(1)最高工作压力≥9.8×10^4Pa。(2)容积≥25L,且工作压力与容积之积≥245×10^4L·Pa。(3)介质为气体、液化气体或最高工作温度高于标准沸点的液体。

压力容器

压力容器有很多种。按其承受压力作用位置的不同可分为:(1)内压容器。(2)外压容器(包括真空容器)。按其承受压力等级的不同可分为:(1)低压容器。(2)中压容器。(3)高压容器。(4)超高压容器。按其盛装介质的不同可分为:(1)非易燃容器。(2)无毒容器。(3)易燃或有毒容器。(4)剧毒容器。按其工艺过程作用的不同可分为:(1)反应容器。(2)换热容器。(3)分离容器。(4)储运容器。

【压力性尿失禁】(stress urinary incontinece, SUI) 增加腹压甚至休息时,膀胱颈和尿道不能维持一定压力而有尿液溢出。对妇女精神和心理造成很大伤害。其病因复杂,有多种影响因素,包括衰老、多产、难产及分娩损伤、子宫切除等;排便困难、肥胖、慢性阻塞性肺气肿等导致腹压增高的因素也可导致压力性尿失禁。常见于膀胱膨出、尿道膨出和阴道前壁脱垂患者。起病初期患者平时活动时无尿液溢出,仅在增加腹压(如咳嗽、打喷嚏、大笑、提重物、跑步等)时有尿液溢出,严重者在休息时也有尿液溢出。确诊压力性尿失禁必须结合尿动力学检查,即因尿道括约肌不能收缩,当腹压增加超过尿道最大关闭压力时发生溢尿。其治疗方法包括非手术(盆底肌锻炼、电刺激、药物)和手术。

【压力真空表】(combined pressure and vacuum gauge) 又称真空气压联合表、压力真空联程表。一种既可以测量压力又可以测量真空的压力测量仪表。其主要用途是:测量机器、设备或容器内的中性气体和液体的压力和负压(真空度)。广泛应用于气体输送,管道液体及密闭容器中测量无腐蚀性、无爆炸危险、无结晶体、不凝固体的各种液体、气体、蒸汽等介质的压力大小。具有结构简单、性价比高、指示直观、性能可靠等优点。

压力真空表

【压力治疗】(pressure treatment) 又称压力疗法。通过间断或持续对人体体表施加适当的压力,预防或治疗病症的一种物理疗法。始于1607年用于烧伤后增生性瘢痕的治疗。于1968年开始系统应用。应用范围主要包括:烧伤后的增生性疤痕,各种原因所致的疤痕,多种原因所致的肢体肿胀,关节置换后常规预防性治疗,以及制动病人深静脉血栓的预防等。压力的标准应保持为(3.19kPa~3.33 kPa)24~25mmHg,即接近皮肤微血管末端的压力。若压力过大,皮肤会因缺血而形成溃疡。施压物通常包括压力衣、压力垫、支托架以及空气波压力治疗仪等。

【压力铸造】(pressure casting) 简称压铸。使液态和半液态金属在高压(一般30~80MPa压力)作用下,高速充填压铸模型腔并快速凝固而获得铸件的铸造方法。主要依靠压铸机进行机械化或半自动化生产。生产效率高，产品质量好，经济效益显著。适于压铸的铸件材料较为有限，主要有锌合金、铝合金、铝镁合金、镁合金和铜合金等。压铸设备和模具投入费用高，生产准备周期长。压力铸造在汽车、仪表、电信器材、医疗器械、日用五金及航空航天等领域广泛应用。

【压路机】(road roller) 利用碾轮的碾压作用使土壤、路基垫层和路面铺砌层密实的自行式压实机械。按压实原理的不同可分为静压式压路机和振动式压路机等。具有良好的高原(海拔3 500m)作业性能，可以碾压沙性、半黏性及黏性土壤，激振力大，影响深度达1m以上。静压式压路机以内燃机为动力，采用机械传动或液压传动，以机械本身的重力作用，使被碾压层产生永久变形而密实。振动式压路机在静压式压路机上加装激振器而成，利用机重和激振力进行压实作业。有单轮、双轮、轮胎式、双振式、组合式等。压路机广泛应用于建筑、筑堤和筑坝等工程。

压路机

【压蔓】(vines mounded) 在瓜类等蔓生爬地蔬菜茎蔓的适当部位用土埋压、定向固定茎蔓的措施。其操作方法有两种：(1)埋压。即在地面挖一弧形沟，将茎蔓放入，然后盖土。(2)地面压。即在地面上用土块或土堆埋压。前者适用于地下水位低的沙土地，后者适用于土质黏重的地块和多雨地区。压后可促生不定根，使蔓、叶排列有序，以利光能充分利用和防止风害，扩大根系吸收面积和便于管理。压时应避开雌花着生的节位，以防影响果实生长和损伤茎蔓。

【压敏陶瓷】(voltage-sensitive ceramics) 对电压变化敏感的非线性半导体陶瓷。压敏陶瓷材料主要有碳化硅(SiC)、氧化锌(ZnO)、钛酸钡($BaTiO_3$)、氧化铁(Fe_2O_3)、二氧化锡(SnO_2)。其中$BaTiO_3$、Fe_2O_3利用的是电极与烧结体界面的非欧姆特性，而SiC、ZnO、SnO_2是利用晶界非欧姆特性。目前应用最广、性能最好的是氧化锌压敏半导体陶瓷。用这种材料制成的电阻称为压敏电阻器。主要用于各种大型整流设备、大型电磁铁、大型电机、通信电路等的过压保护，同时也用在彩色电视接收机、卫星地面彩色监视器、电子计算机末端数字显示装置中。其作用是用来稳定电压。

【压气机】(compressor) 向气体传输机械功，完成发动机热力循环中气体工质压缩过程以提高气体压力的机械装置。航空发动机的重要部件。其功能是将从进气道进来的空气增压，增压后再送入燃烧室加温，以提高热力循环的效率。按其构造和工作原理的不同可分为活塞式压气机和叶轮式压气机；按气流流动形式的不同可分为轴流式压气机和离心式压气机，以及兼有这两类特点的混流式压气机；按气流流动速度的不同可分为亚声速、跨声速和超声速压气机。表征压气机性能的基本参数是增压比、效率和质量流量。

压气机

【压气机机匣】(compressor case) 包容压气机转子和静子的外壳体。其内表面构成压气机流道的外壁面，并装有静子叶片环。轴流式压气机机匣的结构形式有两种，一种是整体式机匣，另一种是分开式机匣。整体式机匣重量轻、刚性均匀、热变形小，但转子必须是可拆式的，压气机的装配和检查比较困难。分开式机匣也分两种：分段式机匣和分半式机匣。前者由许多环段组成，刚性较好，但装配比较困难；后者整流器装在两半机匣内，压气机装配简单、检查方便，但机匣的机械加工复杂，同心度和密封性差。压气机机匣除了要承受内压力、轴向力、扭矩和弯矩外，还要承担装于其上的附件的重量和惯性力。随着发动机总增压比的提高，对压气机机匣的要求也相应提高，有的机匣采用双层结构，外层用于承力，内层用于安装静子叶片环和构成流道。

【压气机失速】(compressor stall) 压气机在非设计状态下工作时所引起的旋转失速和叶片颤振现象。其原因是由于流量下降使流经压气机叶片的气流迎角增大。当超过某个极限时，叶片通道中的气流产生严重分离，导致压气机性能显著恶化，引起气流脉动。其表现为旋转失速、叶片的一般失速和失速颤振。压气机失速有可能给压气机造成严重破坏。如何提高压气机的失速裕度，目前仍是一项重要研究课题。

【压气机转子】(compressor rotor) 由涡轮驱动高速旋转的对气流作功的部件(见图)。转子在工作中承受很大的惯性力、气动力、扭矩、弯矩、陀螺力矩和转子叶片产生的离心力，所以要求转子有足够的强度、抗弯刚性以及严格的平衡精度。每一级的转子包括叶片、盘及鼓筒三部分。将它们以各种不同的方式与各级转子连起来，构成整个压气机转子。各级的连接，分为可拆卸和不可拆卸两种形式。新型发动机几乎都采用了整体盘鼓混合结构，即将各级的盘和鼓用电子束焊或惯性摩擦焊焊在一起。级数较少的压气机，焊成一个整体；级数较多者，可焊成两个或三个单元，单元之间再以螺栓连为一个整体。整体式转子不必在盘上开螺栓孔，结构轻、刚性好、强度高、结构稳定性好。

【压强】(intensity of pressure) 物体单位面积上所承受的压力。在国际单位制中，压强的单位是帕斯卡(即牛顿/平方米 N/m^2)，简称帕(符号 Pa，这是为纪念法国科学家帕斯卡而命名的)。以密闭气体对容器壁产生的压强为例，气体的压强源于大量气体分子对容器壁的持续的、无规则撞击。气体压强与温度和体积有关，一定量的气体，体积越小，温度越高，其对器壁产生的压强也就越大。

【压入式通风】(forced ventilation) 又称正压通风。把主通风机安装在进风井口附近，利用风硐使之与进风井筒连通的通风方式。当主通风机运转时，经过通风机的空气获得能量，风硐内空气压力增大，使之与井下、出风井口形成压力差，促使空气沿着预定路线流动，经各用风场所后，从出风井排出。井下任一点的空气压力都大于井外同标高的大气压力。其缺点是：(1)主要进风道需要安设风门，会给运输和行人带来不便。(2)风门经常被损坏，很难维护。(3)矿井进风路线上漏风较大，通风管理工作比较困难。(4)当主通风机因故停止运转时，井下空气压力下降，破坏了巷道中的空气压力与煤岩裂隙及采空区内气压的相对平衡，有利于瓦斯从煤岩裂隙和采空区内向巷道(工作面)空间涌出，使巷道和工作面空气中的瓦斯浓度增加，可能造成瓦斯积聚，威胁安全生产。因此，一般在瓦斯矿井很少采用压入式通风。但在矿井浅部开采时，由于地表有塌陷出现裂缝与井下沟通时，为避免用抽出式通风将塌陷区的有害气体吸入井下，可在矿井开采第一水平时采用压入式通风，当开采该水平以下时再改为抽出式通风。此外，当矿井火区比较严重，采用抽出式通风，易将火区中的有毒气体抽到巷道威胁安全，这时可采用压入式通风。

【压实机】(compacting machine) 利用机械力使土壤、碎石等填层密实的土方机械。压实机械按工作原理的不同可分为静力碾压式、冲击式、振动式和复合作用式等。静力碾压式压实机械是利用碾轮的重力作用和振动作用的压路机，使被压层产生永久变形而密实。碾压和冲击作用的冲击式压路机的碾轮分为光碾、槽碾、羊足碾和轮胎碾等。光碾压路机压实的表面平整光滑，适用于各种路面、垫层、飞机场道面和广场等工程的压实。槽碾、羊足碾单位压力较大，压实层厚，适用于路基、堤坝的压实。轮胎式压路机轮胎气压可调节，可增减压重，单位压力可变，压实过程有揉搓作用，使压实层均匀密实。适用于道路、广场等垫层的压实，且不伤路面。适用于道路、广场等垫层的压实。

压实机

【压水反应堆】(pressurized water reactor) 一次回路冷却水在高压(1.5×10^4 ~ 1.6×10^4 kPa)下通过反应堆容器循环运行，仍保持液体不沸腾的反应堆。冷却水温度可达 320℃ 左右。压水堆以低浓度二氧化铀作燃料，净化的核纯轻水作冷却剂和慢化剂。一次回路的冷却剂将堆芯发出的热量通过蒸汽发生器传递给二次回路水，并产生蒸汽推动汽轮发电机发电。压水堆的燃料浓缩度为 3%，以锆合金作包壳，由 200 多根燃料元件组装成方形截面燃料组件，安装在堆芯中。

【压塑模具】(plastics compaction mould) 用于塑料压塑成型的模具。包括压缩成型和压注成型两种结构模具类型。模具结构主要由型腔、加料腔、导向机构、推出部件、加热系统等组成。主要用来成型热固性塑料。压塑模具所用材质与注塑模具基本相同。其所对应的设备是压力成型机。压塑模具也可用来成型某些特殊的热塑性塑料，如难以熔融的热塑性塑料(如聚四氟乙烯)毛坯(冷压成型)、光学性能很高的树脂镜片、轻微发泡的硝酸纤维素汽车方向盘等。

【压缩比】(compression ratio) 汽缸容积(燃烧室容积与工作容积之和)与燃烧室容积的比值。活塞式发动机的重要结构参数。表征了空气(混合气)在汽缸内被压缩的程度，以 ε 表示压缩比。当压缩比增加时，汽缸内最大压力增加，发动机热效率 ηt 增加，但爆震倾向也会增加，摩擦功增加。现代航空活塞式发动机的压缩比约为 7 ~ 10 。

【压缩成型】(compression molding) 将粉状、粒状或纤维状的热固性塑料放入模具加料室中加热、加压使其熔化并充满模腔产生化学交联反应而固化的成型方法。兼用于热固性塑料、热塑性塑料和橡胶材料。其特点是：模具较简单，易成型大型塑件，塑件耐热性好，变形小。其缺点是：生产周期长，效率低，劳动强度大，难以实现自动化，不易成型复杂塑件。常应用于仪表壳、电闸板、电器开关、插座等。

【压缩储氢】(hydrogen storage by compression) 将氢气压缩储存于高压容器中的技术方法。通常是将氢气压缩至20～25MPa加以储存。当采用船舶运输时，最高压力达40 MPa。采用压缩形态储存，可以减小氢气的容积系数，从而使储带的燃料容积减小、质量增加，达到日常使用（如用作汽车的燃料）的目的。

【压缩空气成型】(compressed air molding) 借助压缩空气的压力，将加热软化的塑料板压入型腔而成型的方法。压缩空气成型与真空成型相似，也包括凹模成型、凸模成型、柱塞加压成型等方法。不同之处在于，压缩空气成型主要依靠压缩空气成型塑件，而真空成型主要依靠抽真空吸附成型塑件。压缩空气成型采用加热板（可固定在上模座上）对模内板材加热，采用型刃切除塑件周边余料。其成型的压力数值取0.3～0.8MPa，必要时也可取到3MPa，所以能够成型厚度较大（1～5mm）的板材，且塑件的精度、表面质量通常比真空成型好。

【压缩气体制冷循环】(refrigeration cycle of compressed gas) 以气体为工质的由两个绝热过程和两个定压过程组成的制冷循环。是逆向布雷顿循环。其代表为压缩空气制冷循环。按压缩工质的的不同可分为：(1)压缩空气制冷循环。以空气为工质的一种制冷循环，由两个绝热过程和两个定压过程组成。压缩空气制冷循环的主要缺点是单位质量工质制冷量不大。因空气的比热容较小，且增压比增大循环制冷系数将减小。(2)压缩蒸气制冷循环。以低沸点物质作制冷剂，利用在湿蒸气区定压即定温的特性，在低温下定压汽化吸热制冷的循环。这种循环单位工质的制冷量不大，除了飞机空调等场合外，在其他方面很少应用。

【压缩蒸汽制冷循环】(compressed steam refrigeration cycle) 一种以蒸汽为工质的制冷循环。通过对逆向朗肯循环改进得到，采用节流阀代替膨胀机，由两个定压过程、一个绝热过程和一个节流过程组成。该循环单位工质制冷能力强，结构简单。家用空调、冰箱都是按这种循环工作的。

【压条法】(propagation by layering) 在枝条不与母体分离的状态下将其压入土中，促使压入部位发根，然后将其剪离母体成为独立新植株的植物繁殖方法。可用于扦插不易生根的树种。如在培土前对压条的各个节位进行刻伤，以促进发根。压条方法有地面压条和高枝压条两种。

【压榨法制油】(oil extraction by pressing) 利用机械力使含油料胚受挤压而出油的制油方法。一般适用于含油率高的油料，如菜籽，芝麻、花生等。在压榨取油的过程中，榨料坯的粒子受到强大的压力作用，致使其中油脂的液体部分和非脂物质的凝胶部分分别发生两个不同的变化，即油脂从榨料空隙中被挤压出来；榨料粒经弹性变形，形成坚硬的油饼。料胚受挤压后，空隙被压缩，密度增加，料胚互相挤压变形和摩擦发热，料胚间的压力、温度和黏度等发生变化，料胚内部的油分由小油滴聚成大油滴，最后在高压下打开油路流出。压力、黏度和油饼成型是压榨法制油的三要素。除料胚本身的结构外，压榨工艺参数（如压力、温度、时间、料胚厚度、排油阻力等）是提高出油效率的决定因素。按其生产方式的不同可分为间接式和连续式。主要榨油设备有：土榨机、液压榨油机和螺旋榨油机等。

【压榨机】(squeeze machine) 利用机械传动或其他压力榨取物体里的汁液的机器。如把纤维素从浸渍液中分离开来的设备。按机型的不同压榨机可分为网带式、轧辊式等。轧辊又分网眼式和沟槽式。

轧辊式压榨机

【压注成型】(forced filling molding) 将热固性塑料加入到加热室中熔融，并使塑料熔体在压力作用下通过模具浇注系统高速挤入型腔固化成型的方法。按设备的不同有三种形式：(1)活板式。(2)罐式。(3)柱塞式。压注成型对塑料的要求是：在未达到固化温度前，塑料应具有较大的流动性，达到固化温度后，又必须具有较快的交联固化速率。能符合这种要求的有酚醛、三聚氰胺甲醛和环氧树脂等。其成型特点是：(1)塑料在模具内的保压硬化时间较短，缩短了成型周期，提高了生产效率。(2)塑料在进入型腔前已经塑化，因此能生产外形复杂、薄壁或壁厚变化大、带有精细嵌件的塑件，但不易成型大型塑件。(3)塑件的密度和强度也得到提高。(4)由于塑料成型前模具完全闭合，分型面的飞边很薄，因而塑件精度容易保证，表面粗糙度也较低。其缺点是：塑料浪费大，塑件有浇口痕迹，模具结构复杂，工艺条件要求严格，操作难度大。

【压铸模锻】(compression molding) 将金属液低速或高速充进模具型腔内，在金属液的冷却过程中加压锻造，消除毛坯的缩孔缩松缺陷，使毛坯的内部组织达到锻态的破碎晶粒、毛坯的综合力学性能得到提高的成型工艺。该工艺生产出来的毛坯,外表面粗糙度可达到 R_a1.6μm。除了能适用于传统的铸造材料外,还能用变形合金、锻压合金生产出结构复杂的零件。这些合金包括:硬铝超硬铝合金、锻铝合金,如 LY11、LY12、6061、6063、LYC、LD 等。

【鸭病毒性肝炎】(duck virus hepatitis) 由鸭病毒性肝炎病毒引起雏鸭的一种以肝脏呈现出血性炎症为特征的急性烈性传染病。有三种类型:Ⅰ型呈世界性分布,Ⅱ型和Ⅲ型分别局限于英国和美国。Ⅰ型(DVH-Ⅰ)引起雏鸭的严重死亡,死亡率高达90%。中成鸭一般不发病。病雏鸭的特征是:意识紊乱,频频抽搐,肝脏呈斑点状出血,胆囊肿大,胆汁颜色变淡。在自然条件下,主要是3周龄内的雏鸭发病,成鸭呈隐性感染。通过消化道和呼吸道感染,无垂直传播。病鸭及隐性带毒成鸭是主要传染来源。潜伏期1~4天。发病急,传播快。鸭群一经出现病鸭,死亡数量即急剧上升,2~3天内达到死亡高峰。感染初期病鸭精神委顿,食欲减退、废绝,半天至1天后表现扭头,转圈,抽搐,死亡;死后常保持角弓反张死征。最急性病鸭,常未见任何异常而突然抽搐痉挛死亡。其病理变化是:肝脏肿胀,脆弱,黄褐或暗红色,表面有斑点状出血,出血灶如墨迹或刷漆样;胆囊肿大,胆汁草青色或淡红色。感染鸭胚,胚体全身出血。Ⅱ型、Ⅲ型的症状与病变类似于Ⅰ型。预防本病要改善鸭舍的卫生条件,特别注意通风、干燥、防寒及降低密度和进行免疫接种。目前较常用的治疗药物有氟苯尼考、丁胺卡那霉素、喹诺酮类药物等。

【鸭式飞机】(canard airplane) 无水平尾翼,但在机翼前方有一水平小翼面的飞机。小翼面被称为前翼或鸭翼。前翼由固定安定面和升降舵面组成(有的是全动式的)。飞机在迎角增大时一般会产生低头力矩。常规布局飞机由水平尾翼的负升力构成力矩来平衡,鸭式飞机则由前翼的附加正升力构成力矩来平衡。由于前翼的气流对后面的机翼有一定的干扰,使机翼的最大升力反而不如常规布局飞机。鸭式飞机的机翼后缘距飞机重心较远,后缘襟翼产生较大的低头力矩,使前翼需要更大的迎角。因此,鸭式飞机起飞着陆性能不好,没有得到广泛应用。但正是由于前翼的实际迎角比机翼大,先发生气流分离,机翼迎角自动减小,使鸭式飞机不易失速,有利于飞行安全。这对于构造比较简单的轻型和超轻型飞机来说十分有利。一些鸭式飞机的前翼可以起俯仰操纵和平衡作用,但多数鸭式飞机上的俯仰操纵仍然依靠机翼后缘的升降副翼来完成。

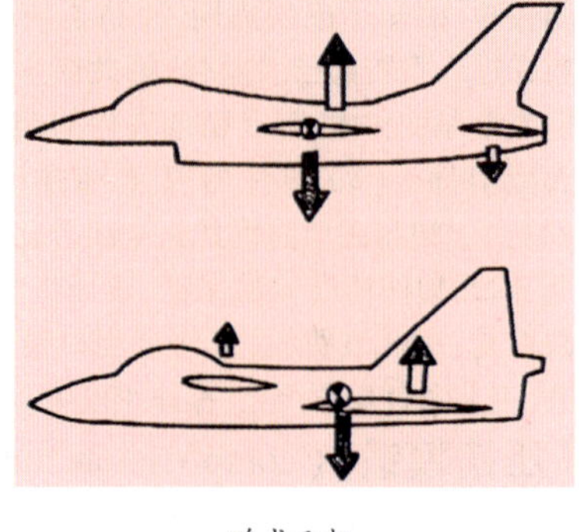

鸭式飞机

【鸭瘟】(duck plague) 又称鸭病毒性肠炎。鸭、鹅和其他雁形目禽类的一种急性、热性、败血性传染病。其特征是:流行广泛,传播迅速,发病率和死亡率均高。在自然条件下,本病主要发生于鸭,对不同年龄、性别和品种的鸭都有易感性。以番鸭、麻鸭易感性较高,北京鸭次之。自然感染潜伏期通常为2~4天,30日龄以内雏鸭较少发病。野鸭和雁也会感染发病。鸭瘟可通过直接传染,也可间接传染。本病一年四季均可发生,但以春、秋季流行较为严重。当鸭瘟传入易感鸭群后,一般3~7天开始出现零星病鸭,再经3~5天陆续出现大批病鸭,疾病进入流行发展期和流行盛期。鸭群整个流行过程一般为2~6周。病初体温升高达43℃以上,高热稽留。病鸭表现精神萎顿,头颈缩起,羽毛松乱,翅膀下垂,两脚麻痹无力,伏坐地上不愿移动;强行驱赶时常以双翅扑地行走,走几步即行倒地;病鸭不愿下水,驱赶入水后也很快挣扎回岸;病鸭食欲明显下降,甚至停食,渴欲增加。其特征性症状表现是:流泪和眼睑水肿。病初流出浆液性分泌物,使眼睑周围羽毛黏湿,而后变成黏稠或脓样,常造成眼睑粘连、水肿,甚至外翻;眼结膜充血或小点出血,甚至形成小溃疡。病鸭鼻中流出稀薄或黏稠的分泌物,呼吸困难,并发生鼻塞音,叫声嘶哑,部分鸭见有咳嗽。病鸭发生泻痢,排出绿色或灰白色稀粪,肛门周围的羽毛被沾污或结块。肛门肿胀,严重者外翻,翻开肛门可见泄殖腔充血、水肿、有出血点;严重病鸭的黏膜表面覆盖一层假膜,不易剥离。部分病鸭在疾病明显时期,可见头颈部发生不同程度的肿胀,触之有波动感,俗称"大头瘟"。加强饲养管理,坚持自繁自养。做好检疫、消毒和免疫接种是预防本病的主要措施。目前尚无特效药物进行治疗。

【鸭翼】(canard) 又称前翼。位于机翼前方的水平小翼面。鸭翼可以像水平尾翼那样起飞机纵向平衡和操纵作用。鸭翼可由固定安定面和升降舵组成,也可做成整体全动式。很多鸭式飞机的俯仰操纵并不是通过操纵鸭翼来实现,而仍是通过机翼后缘的升降副翼实现的。这时鸭翼仅用于提高飞机着陆时的配平能力,同时可用作直接升力控制面。

【鸭翼技术】(canard technology) 又称前

翼技术。一种战机气动外形设计技术。鸭翼指飞机机翼前方机身两侧的小翼面。战机的鸭翼有两种。一种是固定的,其功能是当飞机处在大迎角状态时加强机翼的前缘涡流,改善飞机大迎角状态的性能,有利于飞机的短距起降。另一种是可操纵鸭翼,其根部可以转动。欧洲的 EF－2000、法国的"阵风"和中国的歼－10,均采用这种鸭翼。它除了用以产生涡流外,还用于改善跨声速过程中安全性骤降的问题,同时也可减少配平阻力,有利于超声速空战。降落时鸭翼可偏转一个很大的角度,起减速板的作用。现代制空作战飞机的设计,多采用鸭翼技术。

【牙拔除术】(tooth extraction surgery) 运用全身或局部麻醉,通过手术的方法,将不能再行使口腔功能的牙拔出牙槽窝的过程。是口腔颌面外科应用最广泛的手术,也是治疗某些牙病和由其引起的局部或全身疾病的手段。其相对适应证是:(1)牙体病损。龋坏严重者无法修复、牙隐裂无法保留者。(2)根尖周病。不能用根管治疗、根尖切除等方法治愈者。(3)牙周病晚期。牙周骨组织支持大部丧失,采用常规和手术治疗已无法取得稳固和功能的牙。(4)牙外伤。根中 1/3 折断者、根尖 1/3 折断、脱位或半脱位牙,经观察后无法保留者。(5)错位牙。影响功能、美观、造成邻近组织病变或邻牙龋坏,不能用正畸等方法恢复正常位置者。(6)额外牙。(7)埋伏牙、阻生牙。引起邻牙牙根吸收、冠周炎、牙列不齐、邻牙龋坏者。(8)滞留乳牙。影响恒牙萌出者。(9)治疗需要。因正畸治疗需要进行减数的牙;因义齿修复需要拔除的牙;囊肿或良性肿瘤累及的牙,可能影响治疗效果者;恶性肿瘤放疗前,为减少某些并发症的发生,适当拔牙者。(10)病灶牙。引起颌骨骨髓炎、牙源性上颌窦炎等局部病变的病灶牙。在极少数情况下,口腔内患牙的局部病变可能会成为远隔组织、器官疾病的致病因素,可引发亚急性心内膜炎、某些肾炎、虹膜睫状体炎、视神经炎、视网膜炎等。在相关科医师的要求下可慎重考虑拔除。(11)骨折累及的牙。因颌骨骨折或牙槽突骨折所累及的牙,应根据牙本身的情况决定,选择性拔除。对于心脏病患者以下情况应视为拔牙禁忌证或暂缓拔牙:(1)有近期心肌梗死病史者。如必须拔牙,需经专科医师全面检查并密切合作。(2)近期心绞痛频繁发作。(3)心功能Ⅲ～Ⅳ级或有端坐呼吸、发绀、颈静脉怒张、下肢水肿等症状。(4)心脏病合并高血压者,应先治疗其高血压后拔牙。(5)有三度或二度Ⅱ型房室传导阻滞、双束支阻滞、阿斯综合征(突然神志丧失合并心传导阻滞)史者。另外对于高血压、血液病、糖尿病、甲亢以及妊娠期的病人,应注意问清病史后,根据患者病情慎重考虑决定。其常用的拔牙器械有:拔牙钳、牙挺、刮匙以及牙龈分离器。

【牙半切除术】(tooth semisection) 将下颌磨牙的牙周组织破坏较严重的一个根连同该半侧牙冠一起切除,而保留病变较轻或正常的半侧,成为一个"单根牙",从而消除根分叉病变的治疗方法。其适应证是:(1)下颌磨牙根分叉病变,其中一根受累,另一侧较健康,有支持骨,不松动,并能进行根管治疗者。(2)需留作基牙的患牙,尤其当患牙为牙列最远端的牙时,保留半个牙可作为修复体的基牙,避免做单端修复体。

牙半切除术

【牙本质过敏症】(dentine hupersensitivity) 又称过敏性牙本质。牙在受到外界刺激,如温度(冷、热)、化学物质(酸、甜)以及机械作用(摩擦或咬硬物)等所引起的酸痛症状。其特点为:发作迅速,疼痛尖锐,时间短暂。发病的高峰年龄在 40 岁左右。发病原因通常与牙本质暴露的时间、修复性牙本质形成的快慢有关。凡能使釉质完整性受到破坏,牙本质暴露的各种牙体疾病均可发生牙本质过敏症。个别釉质完整的牙也能产生过敏。临床表现主要为刺激痛,尤其对机械刺激最敏感。治疗方法是封闭牙本质小管,减少或避免牙本质内的液体流动。

【牙变色】(tooth discoloration) 由于各种内源性或外源性因素引起的牙齿颜色的改变。正常牙齿的颜色是白色或乳白色,其颜色与釉质厚度和矿化程度有关。内外界因素均可能改变釉质的厚度和矿化程度。其原因有:(1)内源性着色。包括一些由于牙组织结构、厚度改变导致的牙变色如釉质形成不全症、氟斑牙等,也包括牙组织形成过程中色素的异常进入,如与四环素沉着、高胆红素血症有关的先天性疾患。(2)外源性着色。如烟草、茶、咖啡常导致釉质表面变成棕色;牙龈出血者可导致牙面呈绿色;牙科修复材料如银汞使牙呈黑灰色等;死髓牙引起的牙齿变色等。其治疗方法是:进行牙齿漂白治疗或者烤瓷冠的掩饰治疗。

【牙槽突修整术】(alveoloplasty) 牙缺失后行义齿修复前,对于影响义齿修复后就位或固位的位于牙槽突上的骨性畸形如骨尖、锐利骨嵴和倒凹,采用外科去除的一种方式。为牙槽外科手术之一。其适应证是:(1)拔牙后牙槽骨吸收不全,骨尖、嵴有压痛者,应于拔牙后 1 个月以上进行修整。(2)义齿基托下方牙槽嵴严重突出者。(3)即刻义齿修复时,应于拔牙后同时修整牙槽嵴,使预成义齿顺利配戴。(4)上下颌间隙过小,上下颌牙槽嵴之间距离过小。(5)上颌或下颌前牙槽明显前突,不利于义齿正常殆的建立及容貌美,应适当修整。其手术步骤是:(1)麻醉。一般是在局部麻醉下进行。(2)黏骨膜切口。常采用弧形切口或"L"形切口。(3)翻瓣。注意应在充分切开骨膜后再进行翻瓣。(4)去骨修整。应适量,避免过多去骨。(5)缝合。

【牙槽突增高术】(ridge augmentation) 用手术的方法将自体骨或生物材料植入上下颌骨的牙槽突,将已经严重吸收萎缩的牙槽突增高,以提高义齿的固位力,或为种植义齿的修复创造条件的一种手术方式。为牙槽外科手术之一。所需移植材料有自体骨或羟基磷灰石等生物材料。对于伴全身系统性疾病特别是骨代谢障碍疾病者不宜行此手术。

【牙齿】(tooth) 又称牙。人和高等动物切割咀嚼食物的器官。由坚硬的骨组织和釉质组成。与人体骨骼发育有关。小儿牙齿分乳牙及恒牙。乳牙在胎儿时已有牙胚形成,未萌出。生后最早4个月出牙,最迟10个月出牙。一般应在6~8个月出牙。大约2岁至2岁半乳牙出齐,共20颗。其萌出顺序是:下中切牙→上中切牙→上侧切牙→下侧切牙→下第一磨牙→上第一磨牙→下尖牙→上尖牙→上第二磨牙→下第二磨牙。1岁内牙数为月龄-(4~6)=月龄出牙数,如10个月小儿牙数为10-(4~6)=6颗牙或4颗牙为正常,否则有可能异常。恒牙:生后6~7岁,乳牙按其萌出的顺序先后逐渐脱落,恒牙逐渐萌出。第一颗萌出的恒牙为第一磨牙,在第二乳磨牙之后;第一、二双尖牙代替第一、二乳磨牙;到12岁萌出第二磨牙,在第一恒磨牙之后;18岁以后萌出第三磨牙(智齿),在第二恒磨牙后。大约20~30岁出齐,共32枚恒牙。在出牙时,个别小儿有低热、流涎、睡不安、烦燥等症状。出牙迟及萌牙顺序紊乱、牙质发育差等多见于维生素D缺乏症(如佝偻病)、重度营养不良、呆小病、先天愚型等。

【牙齿瓷贴面】(porcelain veneer laminate) 以全陶瓷制作,通过高强度黏结剂粘贴于前牙表面以获得良好的美观效果的修复技术。牙齿贴面是采用黏结技术,对牙体表面缺损、着色牙、变色牙和畸形牙等,在保存活髓、少磨牙或不磨牙的情况下,用修复材料直接或间接黏结覆盖,以恢复牙体的正常形态和改善其色泽的一种修复方法。按制作材料的不同可分为树脂贴面和瓷贴面。瓷贴面可由铸造、粉浆涂塑及CAD/CAM三种方式完成。其优点是:(1)磨牙量相对瓷冠大大减少,一般要少50%以上。(2)对牙髓的伤害可能性小,牙齿预备后患者牙髓敏感程度小。(3)美观程度高。(4)边缘密合度高,对牙龈的刺激很小。(5)对牙齿的邻接关系、咬合关系破坏小,术后易于恢复。以涂塑成形法为例其临床操作过程是:(1)模型的准备。包括取模、灌注石膏模型以及耐火包埋料模型的预烧等。(2)贴面的烧结成形。在耐火模型上开始筑瓷成形,分别涂上遮色瓷、颈瓷、体瓷和切瓷。(3)瓷贴面的处理。烤瓷贴面烧结完成后要进行修形、试合和磨光、上釉。(4)瓷贴面的黏结。因其没有固位力,全靠黏结力,所以黏结步骤至关重要。

【牙齿邻间隙】(tooth interpoximate space) 位于接触部位的龈方,呈三角形,其底为牙槽骨,两边为邻牙的邻面,顶为两牙邻接部位的外展隙。相邻两牙的邻面接触部位的四周,环绕着向四周展开的空隙,被称为外展隙。正常时,邻间隙被龈乳头充满,有保护牙槽骨、邻牙和防止食物嵌塞的作用。该间隙也随邻面的磨耗而变小,龈乳头随年龄的增长而逐渐退缩。在进行修复治疗时,应根据具体情况,尽可能恢复其原状。

【牙齿漂白技术】(tooth bleaching technique) 利用化学制剂淡化牙釉质表面或牙本质内的色素或色斑的治疗手段。常用的漂白剂为含有氧化功能的过氧化氢,其他还有过氧化脲、过硼酸钠等。按其治疗地点的不同可分为诊室内漂白术和家庭漂白术两种。前者适用于完整的氟斑牙,轻、中度四环素牙,外染色牙和其他原因引起的轻、中度变色牙。主要是活髓牙。后者适用于外源性着色、内源性着色和因增龄所致的颜色改变效果较好。在牙齿漂白前,应首先治疗各种牙齿疾患,以防止因牙齿疾患造成的各种不适,如牙结石、软垢较多者应先进行洁治,否则将影响脱色效果。漂白治疗时必须小心,否则牙齿漂白剂会伤害牙龈和牙周组织,意外吞服牙齿漂白剂会影响身体健康。牙齿漂白效果只能维持牙齿净白一段时间,需要重复接受漂白治疗才能经常保持牙齿净白。

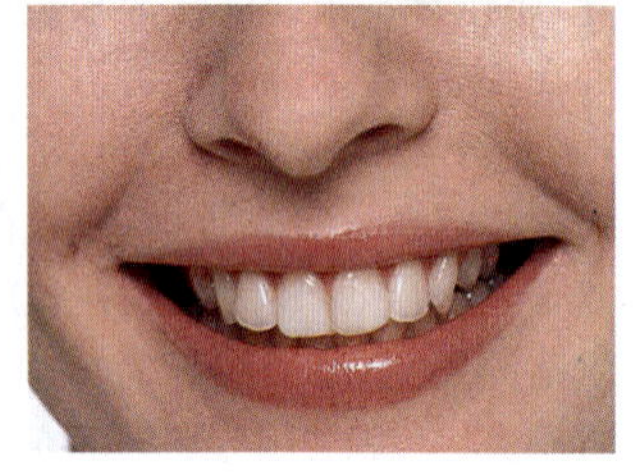
牙齿漂白

【牙齿扇形移位】(fan-shaped tooth migration) 患牙周炎时,由于牙周组织支持力的减小而造成继发性咬合创伤,可使牙发生病理性移位,特别是在缺牙未及时修复的情况下,牙本身的松动加之异常方向的合力或唇、颊、舌肌肉的作用,促使牙的移位,有时上下前牙可出现向唇方散开,出现较大的牙间隙的一种病理状态。牙齿出现扇形移位后可出现咬合紊乱、𬌗创伤等问题,并可能由此加重牙周病。其治疗方法是:在进行牙周治疗结束后,可进行正畸治疗尽量恢复其合适的唇倾度,消除𬌗创伤。

【牙齿松动度】(tooth mobility) 在病理情况下牙松动超过生理范围。是牙周炎的一种临床表现。在生理状态下牙有一定的动度,主要是水平方向,也有极微小的轴向动度,均不超过0.02mm,临床上不易察觉。患有牙周炎时,由于牙槽骨吸收、咬合创伤、急性炎症及其他牙周支持结构的破坏而使牙的动度超过了生理性动度的范围,出现病理性的牙松动。其影响因素有:牙根数目、长度、粗壮程度以及炎症程度。在临床中,常分为三度记录:Ⅰ度松动,松动超过生理动度,但幅度在1mm以内;Ⅱ度松动,松动幅度在1~2mm间;Ⅲ度松动,松动幅度在2mm以上。也可根据松动方向确定松动度,颊(唇)舌方向松动者为Ⅰ度,颊(唇)和近远中方向均松动者为Ⅱ度,颊(唇)、近远中方向和垂直方向均松动者为Ⅲ度。其临床治疗方法有:牙周洁治和刮治术、牙齿固定、拔牙治疗后进行修复治疗以及营养吸收疗法。其预防措施有:(1)全身治疗。注意提高机体的抵抗力,增加营养,增强体质。(2)局部治疗。控制炎症感染,学会正确地刷牙方法,保持口腔卫生。

【牙齿楔状缺损】(tooth wedge-shaped defect) 牙唇、颊侧颈部硬组织发生缓慢消耗导致的缺损。由于这种缺损常呈楔形而得名。其病因主要与刷牙、牙颈部结构、酸作用及牙体组织的疲劳有关。基临床症状以典型的牙颈部楔状缺损为主要表现。缺损程度可分为浅型、深型和穿髓型三型。好发于前磨牙。牙齿楔状缺损随着年龄的增长有增加趋势,年龄越大,楔状缺损越严重。

【牙根发育不良】(hypoplasia of tooth root, HTR) 又称短根异常。牙齿根部生理性发育障碍的一种疾病。是一类先天性发育异常疾病。表现为牙根短小、牙根缺如,严重者造成牙齿过早脱落。其病因尚不明确,可能与遗传性因素、全身性疾病以及放疗和化疗等医源性因素有关。其临床表现是:牙齿的变化主要发生在牙根,牙冠部基本正常。乳、恒牙均可累及,但在乳牙的牙根病损更为严重。牙齿多在萌出后6~12个月出现松动和脱落,且松动的牙齿无明显牙龈炎和牙周袋。脱落的牙齿牙根短小或无牙根。对于低碱性磷酸酯酶症患者,血清碱性磷酸酶持续降低,连续三次检测的平均值低于正常参考值(30~110IU/L)。牙根发育不良的治疗方法是:使用活动性义齿修复体来恢复因牙齿脱落丧失的咀嚼功能,修复体需随患儿牙颌的生长发育和年龄的增长而不断更换。对于低碱性磷酸酯酶症的治疗,有人曾报道可通过每周静脉注射正常人血浆,3个疗程后可达到一定效果。

【牙冠延长术】(tooth crown lengthening surgery) 降低龈缘位置,暴露健康的牙齿结构,使临床牙冠加长,从而利于牙齿的修复或解决美观问题的手术方法。在临床上由于冠桥、根面龋和残根等原因使断根位于龈下,但需要对其保留作为全冠修复体的基牙,可以施行牙冠延长术。延长该牙的临床牙冠,既可保证修复体有足够的固位,又可避免发生牙周病变。其适应证是:(1)冠析、残根、根面龋达下者。(2)根管侧穿或牙根外吸收在颈1/3处,而该牙尚有保留价值者。(3)前牙、牙冠短,笑时露龈,需改善美观者。其禁忌证是:(1)牙根过短,冠根比失调者。(2)牙齿折断达龈下过多,为暴露牙齿断缘做骨切除术后,剩余的牙槽骨高度不足以支持牙齿行使功能者。(3)为暴露牙齿断缘需切除的牙槽骨过多,会导致与邻牙不协调或明显地损害邻牙者。(4)全身情况不宜手术者。其手术重点之处是切除牙龈的同时,需去除冠向部分牙槽骨,以此来增加牙槽嵴顶以上的牙体组织长度,保持正常的生物学宽度。如果只切牙龈而不切牙槽骨,则牙龈还会重新生长至术前水平,达不到牙冠延长术的目的。

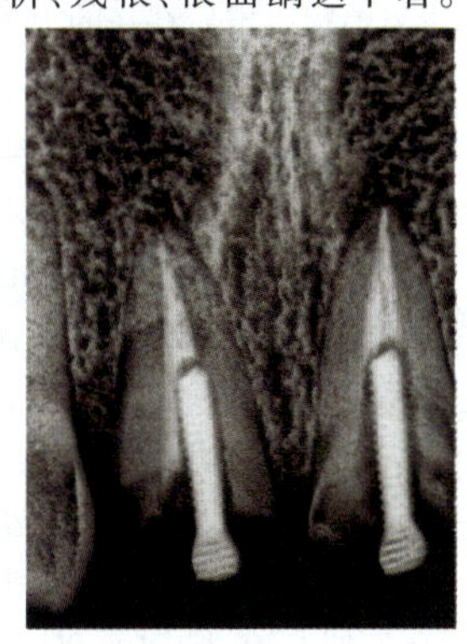

牙冠延长术

【牙颌面畸形】(dento-maxillofacial deformities) 因先天性因素、后天性因素或二者联合的原因造成颌骨发育异常,引起的颌骨体积、形态以及上下颌骨之间及其与颅面其他骨骼之间的关系异常,以及随之伴发的牙𬌗关系及口颌系统功能异常与颜面形态异常。其分类有:颌骨发育过度畸形、颌骨发育不足畸形、牙源性错𬌗畸形、双颌畸形、不对称性牙颌面畸形以及继发性牙颌面畸形。其诊断依靠临床检查、牙𬌗模型以及影像学检查。其治疗主要依靠正颌外科。因其畸形情况、治疗要求不同以及手术中需要确定切开并移动牙-骨复合体的位置和量,所以在术前需要精确的考虑和设计治疗方案、牙𬌗关系的调整,骨切开的部位,骨块的移动方向、距离。并对选定的方案预计治疗效果,作出术前预测。其内容包括:(1)头影描记设计和预测以分析观察和确定治疗方案及预期效果。(2)投影剪裁模拟手术试验以确定术前正畸治疗的目标、手术类型等。(3)计算机辅助设计与疗效预测以选择最佳方案。(4)石膏模型外科以获得矫正骨块的三维立体空间变化及结果。确定手术方案之后,必须按照严格的治疗程序进行,其治疗程序有:(1)术前正畸治疗。矫正错位牙,调整不协调的牙弓与𬌗关系,排除𬌗干扰,排齐牙列,消除牙的代偿性倾斜,以使术中能将切开骨段顺利地移动至设计的矫正位置,建立良好的𬌗关系。(2)确定手术计划。最后进行一次原手术计划的评估和预测,并做适当的调整,以使其符合实际,取得最佳效果。(3)完成术前准备。(4)正颌手术。(5)术后正畸与康复治疗。术后存在的上下牙的尖窝关系不协调,咬合不平衡等问题,需要正畸治疗来达到功能及美容效果完善的咬合关系。(6)随访观察。了解术后颌、𬌗关系可能出现的变化,进行术后效果评价。

【牙菌斑】(dental plaque) 一种细菌性生物膜。为基质包裹的互相黏附、或黏附于牙面、牙间或修复体表面的软而未矿化的细菌性群体,不能被水冲去或漱掉。菌斑由获得性膜包裹的基质、细菌性群体构成。内部为大小不等的水性通道间隔,通道内有液体流动。菌斑在口腔卫生不良时聚集,受唾液的质和量、牙面光洁度、局部 pH、氧和二氧化碳张力及饮食成分等因素的影响。菌斑微生物是引发牙周病和造成牙周组织破坏的主要因素。按其所在部位的不同,牙菌斑以牙龈缘为界分为龈上菌斑和龈下菌斑两种。菌斑可通过刷牙、龈上洁治和龈下刮治去除。

【牙列缺损】(defect of dentition) 单颌或上下颌牙列中部分自然牙。病因为龋病、牙周病、根尖周病、颌骨和齿槽骨外伤、颌骨疾病、发育障碍等。在牙列缺损后,如不及时修复,的缺失会给患者带来很多影响。其主要表是:缺隙侧的邻牙倾斜移位、松动,咀嚼功能减退,牙周组织改变,发音功能障碍,影响美观和颞下颌关节病变等。

【牙列拥挤】(dental crowding) 因牙弓内间隙不足而引起的牙排列错乱。牙列拥挤度分如下三级:轻度拥挤(Ⅰ度拥挤),牙列拥挤程度≤4mm;中度拥挤(Ⅱ度拥挤),4mm＜牙列拥挤度≤8mm;重度拥挤(Ⅲ度拥挤),牙列拥挤度＞8mm。其临床表现是:个别牙或多个牙在各个方向的错位,如唇(颊)舌向错位、近远中向错位、高低位、扭转等,还可能破坏牙弓的正常形态或上下牙弓关系,使牙弓形态不规则或不对称,前牙覆𬌗覆盖异常,后牙区拥挤可造成后牙反𬌗、锁𬌗。前牙拥挤不同程度地影响美观。部分患者因牙列拥挤导致上下牙弓𬌗关系失常而影响正常口腔功能。另外,牙列拥挤不同程度地妨碍局部牙的清洁而易发龋病、牙周病,严重者由于𬌗关系长期失常,影响口颌系统正常发育,也可能会引起颞下颌关节失常综合征。其矫治的基本原则是:应用各种正畸手段减少牙量或(和)增加骨量,使牙量骨量趋于协调,同时兼顾牙、颌、面三者之间的协调性、稳定性及颜面美观。矫治方法是牙弓扩展、邻面去釉、拔牙矫治。

【牙石】(dental calculus) 一种沉积于牙面或修复体表面的钙化或正在钙化的菌斑及软垢。由唾液或龈沟液中的钙盐逐渐沉积而成。形成后不易除去。按其沉积部位的不同,以龈缘为界,可分为龈上牙石和龈下牙石。其形成过程包括三个步骤:获得性薄膜形成、菌斑成熟和矿物化。牙石有菌斑和软垢钙化而成,平均约 12 天。表面粗糙的牙石又可为菌斑继续聚集提供良好的部位。牙石能加快菌斑的形成速度。牙石与牙周病的关系密切。流行病学调查表明,牙石量与牙龈炎症之间呈正相关。其致病作用,主要是由于其表面常可形成未钙化的菌斑,可刺激牙龈造成炎症,加之其本身坚硬粗糙,对牙龈有机械刺激。因此,在牙周病的治疗中一定要去除牙石。

【牙髓病】(pulposis) 发生于牙髓组织的病理性损害。引起牙髓病的原因有:细菌感染、物理和化学刺激、创伤、免疫反应等。其中细菌感染是导致牙髓病的主要原因。细菌感染的途径有牙本质小管、牙髓暴露、牙周途径、血源途径等。按组织病理学上的不同分为:牙髓充血、急性牙髓炎、慢性牙髓炎、牙髓坏死与坏疽、牙髓蜕变、牙内吸收;按临床上的不同分为:可复性牙髓炎、不可复性牙髓炎、牙髓坏死、牙髓钙化、牙内吸收。治疗牙髓病常用盖髓术、牙髓切断术、干髓术、牙髓塑化治疗、根管治疗、根尖诱导成形术和根管外科手术等。

【牙髓钙化】(pulp calcification) 因牙髓的血液循环发生障碍,造成牙髓组织营养不良,出现细胞变性,钙盐沉积,形成微小或大块的钙化物质的一种牙髓病理性改变。有两种形式,一种是结节性钙化,又称作髓石。另一种是弥漫性钙化。其临床表现是:(1)髓石一般不引起临床症状,个别情况出现与体位有关的自发痛。(2)患牙对牙髓活力测验的反应异常,表现为迟钝或敏感。(3)X 线片显示髓腔内有阻射的钙化物,或呈弥漫性阻射影像而致使原髓腔处的透射区消失。其治疗方法是:根管治疗。

【牙髓切断术】(pulpotomy) 切除炎症牙髓组织,以盖髓剂覆盖于牙髓断面,保留正常牙髓组织的方法。按所用盖髓剂的不同可分为氢氧化钙切断术和甲醛甲酚切断术。前者适用于根尖未发育完成的年轻恒牙。无论是龋源性、外伤性或机械性露髓,均可采用氢氧化钙活髓切断术以保存活髓,直到牙根发育完成。后者多用于乳牙的治疗。由于其常引起根尖周的免疫反应,目前临床已较少使用。其操作步骤是:(1)局部麻醉。(2)制备洞形。消毒手术域,去净洞壁龋坏组织,制备洞形。(3)切除冠髓。冲洗窝洞,用消毒钻针循洞底周缘钻磨,除去髓室顶,冲洗窝洞内残屑,用锐利挖匙或中号钻针去除部分或全部室内牙髓组织。(4)止血。生理盐水冲洗,用消毒棉球轻压止血。(5)盖髓。髓组织断面止血后,将新鲜调制的氢氧化钙糊剂盖于断面,厚度约1mm,轻压与根髓密合。(6)充填。氧化锌丁香油糊剂或聚羧酸水门汀垫底,常规充填。其预后与患者年龄、牙位及病变程度有关。牙髓炎症局限在冠髓的年轻恒牙,预后较好。如果在术后出现急性或慢性牙髓炎的症状,则应改行根管治疗术。待年轻恒牙根尖孔封闭后应行彻底的根管治疗术。

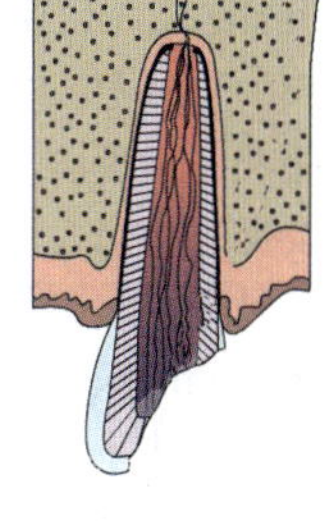
牙髓切断术

【牙髓息肉】(pulp polyp) 又称慢性增生性牙髓炎。有较大的穿髓孔并且根尖孔粗大的患牙,炎性牙髓组织增生呈息肉状经穿髓孔突出的病理现象。多见于儿童及青少年,常发生在乳磨牙或第一恒磨牙。其临床表现是:多无明显疼痛症状;增生的牙髓呈暗红色或粉红色,自龋洞突向口腔,牙髓息肉呈米粒大小或充满整个龋洞;进食时易出血或有轻微疼痛,对温度刺激表现为钝痛;增生的牙髓组织对刺激不敏感,探痛不明显。其治疗方法是根管治疗。

【牙体缺损】(dental defect) 单个或多个牙体组织部分或全部缺损。通常因龋病、外伤、发育障碍等引起。易引起邻牙倾斜、对颌牙过长、咀嚼功能减退,影响美观甚至发音等,应及时进行修复。其修复一般采用充填、嵌体、部分冠、全冠及桩核冠等方法。

【牙龈瘤】(epulis) 来源于牙周膜及颌骨牙槽突的结缔组织,没有肿瘤特有的结构,不是真性肿瘤,但有肿瘤的外形及生物学行为的一种增生物。多认为是机械刺激及慢性炎症刺激引起。与内分泌也有关,如妇女怀孕期间容易发生牙龈瘤,分娩后则牙龈瘤缩小或停止生长。按病理组织结构的不同可分为:肉芽肿型、纤维型及血管型三类。肉芽肿型牙龈瘤主要由肉芽组织构成,表面呈红色或粉红色,易出血;纤维型牙龈瘤含有较多的纤维组织和纤维母细胞,表面光滑,颜色与正常牙龈颜色无大差别,不易出血;血管型牙龈瘤含血管特别多,极易出血,如妊娠性龈瘤。其临床表现是:常见于女性青年及中年人。好发于唇颊侧的牙龈乳头,双尖牙区最常见。肿块较局限,大小不一,呈圆形或椭圆形,有时呈分叶状。肿块有的有蒂如息肉,有的无蒂,基底宽广。其生长缓慢,但在女性妊娠期可迅速增大。肿块长大可以遮盖部分牙面及牙槽突,表面可见牙压痕,易被咬伤而发生感染。随着肿块长大,可以破坏牙槽骨壁,X线摄片可见骨质吸收、牙周膜增宽的阴影。牙可松动、移位。其治疗方法是:局麻下手术切除。切除范围应包括齿槽突及受累牙齿的拔除,否则易致复发。

【牙隐裂】(cracked tooth) 又称不全牙裂、牙微裂。牙冠表面的非生理性细小裂纹。因其裂纹渗入到牙本质结构,常引起疼痛。临床检查不易发现。以上颌磨牙最多,其次是下颌磨牙和上颌前磨牙。牙结构的薄弱环节是其发生的易感因素;牙尖斜度过大和创伤性𬌗力增加了其发生的机会。其临床表现是:表浅的隐裂常无明显症状,较深时则遇冷热刺激敏感,可出现定点性咀嚼剧痛,如将棉花签置于患牙上,患者咬合时会出现短暂的撕裂样疼痛。临床使用尖锐探针可以发现,涂布碘酊以辅助检查。其治疗方法是:(1)隐裂仅达釉牙本质界,酸蚀法和釉质黏结光固化处理。(2)隐裂较深或已有牙髓病变,牙髓治疗的同时调整牙尖斜面,治疗后及时全冠修复。其预防措施是:(1)调𬌗。排除𬌗干扰,减低牙尖斜度以减小劈裂力量。(2)均衡全口𬌗力负担。治疗和拔除全口其他患牙,修复缺失牙。

【牙釉质】(enamel) 覆盖于牙冠的白色或乳白色的高度矿化的硬组织。与牙本质以釉质牙本质界相隔,主要起保护牙齿内部的作用。是全身唯一无细胞性、由上皮细胞分泌继而矿化的组织。其基质由单一的蛋白质构成而不含胶原。是人体最硬的组织,洛氏硬度值约为340,对咀嚼压力和摩擦力具有高度耐受性。其基本结构是釉柱,釉柱与其内部晶体的有序排列使其脆性降低,而且有一定的韧性。釉质内的微量元素和非羟磷灰石可改变釉质对酸侵蚀的敏感性。釉柱中晶体的排列方向也与龋病过程中脱矿方式有关。临床中可以应用氟化物,使氟离子进入磷灰石晶体中置换出 $HCO3^-$ 和 OH^-,使釉质的晶体结构变得更为稳定,从而可增强釉质的抗龋能力。对于釉质咬合面存在的裂隙,因为易使食物和细菌滞留而不易清洁,可以采用窝沟封闭来预防龋的发生。

【牙折】(tooth fracture) 牙齿受到急剧的机械外力作用造成的牙齿折断。多见于上前牙,常伴有牙髓和牙周组织的损伤,严重者常伴有牙槽突骨折。按其折断位置的不同可分为:冠折、根折和冠根联合折;按其损伤与牙髓的关系的不同可分为露髓和未露髓。其临床表现分别是:(1)冠折。有创伤史。牙冠部牙釉质牙本质折裂。如未露髓只有牙齿敏感症状;已露髓者则可见粉红色穿髓点或出血点,探之疼痛明显。(2)根折。有创伤史。牙齿有不同程度的疼痛及松动,越近牙颈部疼痛及松动越明显。可借助X线片进行诊断。(3)冠根折。多有牙髓暴露,并有明显的咬合痛。X线检查可帮助诊断。其治疗方法是:(1)冠折。缺损少,牙本质未暴露的冠折,可将锐缘磨光;牙本质已暴露,并有轻度敏感者,可行脱敏治疗;敏感较重者,用临时塑料冠,内衬氧化锌丁香油糊剂黏固,待有足够修复性牙本质形成后(6~8周),再用复合树脂修复牙冠形态;接近牙髓腔时需用氢氧化钙制剂垫底,以免对牙髓产生刺激。牙髓已暴露的前牙,对牙根发育完成者应用牙髓摘除术;对年轻恒牙应根据牙髓暴露多少和污染程度作活髓切断术,以利于牙根的继续发育。牙冠的缺损,可用复合树脂或用烤瓷冠修复。(2)根折。首先应促进其自然愈合,即使牙齿似乎很稳固,也应尽早用夹板固定,以防活动。对于根尖1/3折断,在许多情况下只上夹板固定,无需牙髓治疗,就可能出现修复并维持牙髓活力;当牙髓有坏死时,则应迅速进行根管治疗术;对根中1/3折断可在复位后用夹板固定,每月应复查1次,检查夹板是否松动和牙髓活力情况;对于颈侧1/3折断并与龈沟相交通时,将不会出现自行修复。如牙根长度足以进行桩冠修复时,可用切龈术,或用正畸牵引法或牙槽内牙根移位术,将牙根断端牵出暴露于龈上以便修复。纵行根折的预后不佳,往往需拔牙。有时可试行根管治疗术后,作牙体半切除术或截根术。(3)冠根折。凡可作牙髓治疗的后牙冠根折,均应尽可能保留。治疗后加固位钉,再作桩核以全冠修复;也可在根管治疗术后,作覆盖义齿。

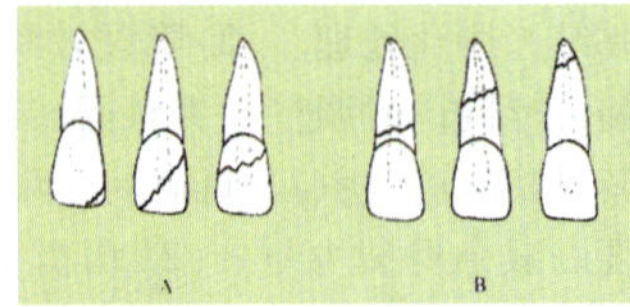

牙折

【牙周病】(periodontosis) 发生于牙齿支持组织(牙周组织)的疾病。牙周病和龋齿是口腔内的两大主要疾病。中国牙周病的患病率居于龋齿之上。牙周炎的患病率和严重性随着年龄增高而增高,35岁以后患病率明显增高,50~60岁时达高峰。牙菌斑是牙周病发病的始动因子。牙周病的局部促进因子为牙石、牙面着色、食物嵌塞、𬌗创伤、解剖因素、不良习惯以及医源性因素等。其全身易感因素为遗传、性激素、吸烟、有关的系统疾病、精神压力等。牙周病一般分为牙龈病和牙周炎。其主要症状有:(1)牙龈出血和炎症。(2)牙周袋形成。(3)牙槽骨吸收。(4)牙齿松动和移位。牙周炎可引起心血管疾病、早产和低出生体重儿、消化道疾病、呼吸道疾病等。占拔牙原因的40%左右。牙周病的治疗程序分四个阶段:(1)基础治疗,包括龈上洁治、龈下刮治。(2)手术治疗,如仍有5mm以上的牙周袋等,要进行翻瓣术等。(3)修复治疗及松牙固定术。(4)牙周支持治疗,也称维持期,即复查复治,每3~6个月复查一次。其中前两期需适当配合药物治疗。

【牙周病的分级预防】(classification prevention of periodontal disease) 根据牙周病的自然史,将其预防分为三级,即一级预防、二级预防和三级预防。其主要目的是消除致病的始动因子及促进疾病发展的危险因素。各级预防的内容与任务是:(1)一级预防。又称初级预防。包括所有针对牙周病的病因采取的干预措施。在牙周组织受到损害之前防止致病因素的侵袭,或致病因素已侵袭到牙周组织,但尚未引起牙周病损之前立即将其去除。其旨在减少人群中牙周病新病例的发生。其任务是:①对大众进行口腔健康教育和指导,最终达到清除菌斑和其他有害刺激因子的目的。②帮助人们建立良好口腔卫生习惯,掌握正确刷牙方法,同时提高宿主的抗病能力。③定期进行口腔保健,维护口腔健康。(2)二级预防。旨在早期发现、早期诊断、早期治疗,减轻已发生的牙周病的严重程度,控制其发展。对局限于牙龈的病变,及时采取专业性洁治,去除菌斑和牙石,控制其进一步发展。采用X线检查法定期追踪观察牙槽骨情况,并根据情况采取适当的治疗,如洁治、根面平整或手术治疗等。使牙周组织的健康状况得到显著改善。其效果是在一级预防基础上取得的,其长期效果与患者是否能长期坚持各种预防措施有关。(3)三级预防。以义齿修复失牙,重建功能;并通过随访、精神疗法和口腔健康维护,维持其疗效,预防复发。同时,还应治疗相关的全身性疾病,如糖尿病、血液病、营养缺乏症,增强牙周组织抵抗力。总之,牙周病的预防需要健康教育和具体预防措施相结合,其效果更有赖于患者对家庭防护措施的坚持和正确实施。

【牙周病学】(periodontology) 研究牙周组织的结构、生理、病理以及牙周病的诊断、治疗和预防的学科。其主要研究内容包括:牙周组织的应用解剖和生理;牙周病的流行病学;牙周病的病因学;牙周病的主要症状和临床病理;牙周病与全身健康的关系;牙周病的治疗、预防和疗效维护;牙周病学与口腔医学各学科之间的关系等。牙周病是口腔两大类主要疾病之一,在世界范围内均有较高的患病率。在中国更居于龋齿之上。人类对于牙周病的认识和研究经历了漫长的岁月,直到19世纪末、20世纪初才开始形成口腔医学中的一门独立学科。

【牙周袋】(periodontal pocket) 龈沟深度超过3mm的一种病理现象。正常的龈沟深度约

0.5～3mm,平均1.8mm。按其形成原因的不同可分为:(1)假性牙周袋。又称龈袋。牙龈炎时,龈沟的加深是由于牙龈的肿胀或增生使龈缘位置向牙冠方向移动,而结合上皮的位置并未向根方迁移。常见于青少年患者。(2)真性牙周袋。牙周炎时,结合上皮向根方增殖,其冠方部分与牙面分离形成的牙周袋。(3)临床上的牙周袋有时包含上述两种情况。其形成机制是:牙龈结缔组织中的炎症引起的胶原纤维破坏和结合上皮的根方增殖,随着结合上皮的根方增殖,牙周袋加深,更有利于牙菌斑的堆积和滞留,加重了炎症,形成一个进行性破坏的恶性循环。按其形态以及袋底位置与相邻组织的关系的不同可分为:即骨上袋和骨下袋两类。按累及牙面情况的不同可分为:单面袋、复合袋以及复杂袋三种。临床中可以根据牙周探针来确定其类型以及严重程度。

【牙周基础治疗】(periodontal initial therapy) 每位患者都适用的,以消除致病因素,使炎症减轻到最低程度,并为下一阶段的治疗做准备的牙周病最基本的治疗措施。是牙周病治疗程序四个阶段中的第一阶段。目的在于运用牙周病常规的治疗方法消除或控制牙龈炎症及咬合性致病因素。其内容主要包括:(1)教育并指导患者自我控制菌斑的方法,如建立正确的刷牙方法和习惯等。(2)拔除无保留价值的或预后极差的患牙,对不利于将来修复缺失牙的患牙也应在适当时机拔除。(3)施行洁治术、根面平整术以消除菌斑、牙石。(4)消除菌斑滞留因素,如充填窝洞、改正不良修复体、治疗食物嵌塞等。(5)在炎症控制后进行必要的咬合调整,使建立合适的咬合关系,必要时可作暂时性的松牙固定。(6)药物治疗。

【牙周脓肿】(periodontal abscess) 牙周炎发展到晚期,位于牙周袋壁或深部牙周组织中的局限性化脓性炎症。不是独立的疾病。是出现深牙周袋后常见的伴发症状。由于患牙存在深牙周袋,刮治的不彻底、治疗时动作粗暴将牙石推入深部组织,或者由于患牙同时并发牙髓疾病、患者的机体抵抗力弱等原因导致脓肿的发生。其临床表现是:一般为急性过程,可自行破溃排脓和消退。如果不积极治疗,或反复急性发作,可成为慢性牙周脓肿。急性牙周脓肿发病突然,在患牙的唇颊侧或舌腭侧牙龈形成椭圆形或半球形的肿胀突起,牙龈发红、水肿,表面光亮。在脓肿早期,炎症浸润广泛,使组织张力较大,疼痛较明显,可有搏动性疼痛。患牙有浮动感,叩痛,松动明显。脓肿的后期,脓液局限,脓肿表面较软,扪诊可有波动感,疼痛稍减轻。此时轻压牙龈可有脓液自袋内流出,或脓肿自行从表面破溃,肿胀消退。患者一般无明显的全身症状,可有局部淋巴结肿大或白细胞轻度增多。脓肿可以发生在单个牙齿,也可同时发生于多个牙齿,或此起彼伏。此种多发性牙周脓肿时,患者十分痛苦,也常伴有较明显的全身不适。慢性牙周脓肿常因急性期过后未及时治疗,或反复急性发作所致。一般无明显症状,可见牙龈表面有窦道开口,开口处可以平坦,仔细检查发现针尖大的开口;也可呈肉芽组织增生的开口,按压时有少许脓液流出。叩痛不明显,有时可有咬合不适感。其治疗原则是:(1)急性牙周脓肿。止痛、防止感染扩散以及脓液引流。在脓肿初期脓液尚未形成前,可清除大块牙石,冲洗牙周袋,将防腐抗菌药放入袋内,必要时全身给以抗生素或支持治疗。(2)慢性牙周脓肿。在洁治的基础上直接进行牙周手术。根据不同情况,作脓肿切除术,或翻瓣手术。

【牙周生物学宽度】(biological width,BW) 龈沟底与牙槽嵴顶之间的恒定距离。即结合上皮的根方和牙槽嵴顶之间的纤维结缔组织,其宽度约为1.07mm。包括结合上皮(约0.97mm)和牙槽嵴顶以上的牙龈结缔组织,共约2mm。即使随着年龄的增大或在病变情况下,上皮附着向根方迁移,牙槽嵴顶亦随之降低,但沟底与嵴顶间的生物学宽度仍保持不变。即牙槽骨的沉积与牙的主动萌出相伴随。当牙主动萌出或用人工牵引使牙继续萌出时,牙槽嵴顶随之增高;当将牙压入牙槽窝时,牙槽嵴亦随之发生吸收,其结果是结合上皮附着水平与牙槽嵴的关系不变。临床上,因龈下根面龋、牙冠或牙根折断不利于义齿修复,而需延长临床牙冠长度时,可以人工去除部分牙槽骨;手术中确定应去除的牙槽骨量,不仅应考虑术后义齿修复所需的临床牙冠长度、正常龈沟深度以及手术本身可能导致的术后牙槽骨轻度吸收等因素,还应考虑生物学宽度这一因素,使手术中留下足够的牙槽嵴顶至临床牙冠边缘的距离。

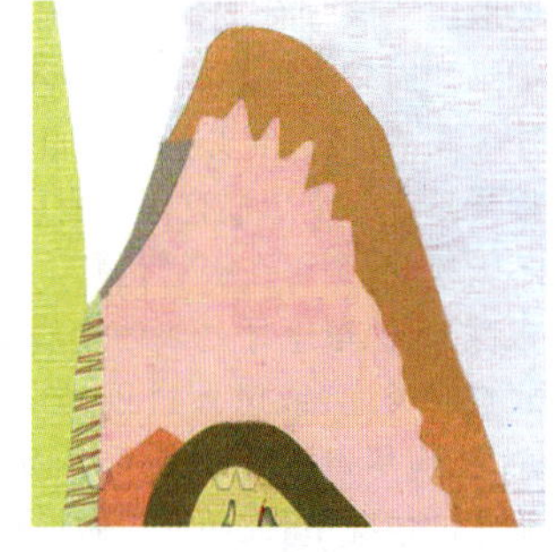
牙周生物学宽度

【牙周-牙髓联合病变】(combined periodontal-endodontic lesions) 同一个牙并存着牙周病变和牙髓病变,且互相融合联通的一种疾病。感染可源于牙髓,也可源于牙周,或二者独立发生,然而是相通的。是牙周炎的一种伴发病变。牙髓组织和牙周组织在解剖学方面是互相沟通的,二者之间存在着相互联系的交通途径,如根尖孔、根管侧支、牙本质小管以及其他解剖异常的存在。临床将该疾病分为三种类型:(1)由原发性牙髓、根尖周病引起的牙周炎症。牙髓存在病变,开髓后牙髓多已坏死,除了患牙外邻近牙齿的龈沟深度基本属正常范围。牙周组织健康。(2)由牙周病引起牙髓病变。患者多数牙齿存在深牙周袋,牙龈有红肿溢脓情况,X线片检查牙槽骨有吸收,牙齿有不同程度的松动。感染的牙髓根据炎症程度的不同,可以有活力或坏死。(3)牙周、牙髓联合性疾病同时并存。较为少见。临床上既可见深龋引起的牙髓坏死及根尖周炎症,同时又可探及深牙周袋,以及牙龈红肿溢脓。一般这种类型很难分清因果。其总治疗原则是:尽量找出原发病变,积极处理牙周、牙髓两方面的病灶,彻底消除感染源。(1)由牙髓根尖病变引起牙周病变的患牙应尽早进行根管治疗。(2)有的患牙在就诊时已有深牙周袋,而牙髓尚有较好的活力,则可先行牙周治疗,消除袋内感染,观察牙周治疗后牙髓活力。如果活力正常,可以保守治疗;如果牙髓活力迟钝,应同时做牙髓和牙周治疗。(3)逆行性牙髓炎的患牙能否保留,主要取决于该牙牙周病变的程度和牙周治疗的预后。如果牙周袋能消除或变浅,病变能得到控制,则可先作牙髓治疗,同时开始牙周炎的一系列治疗。如果多根牙只有一个牙根有深牙周袋引起的牙髓炎,且患牙不太松动,则可在根管治疗和牙周炎症控制后,将患根截除,保留患牙。如牙周病变已十分严重,不易彻底控制炎症,或患牙过于松动,则可直接拔牙止痛。总之,应尽量查清病源,以确定治疗的主次。在不能确定的情况下,死髓牙先做根管治疗,配合牙周治疗;活髓牙则先做系统的牙周治疗和调𬌗,若疗效不佳,再视情况行牙髓治疗。其预后是很大程度上取决于牙周病损的预后。只要牙周破坏不太严重,牙不是太松动,治疗并保留患牙的机会还是很大的。

【牙周医学】(periodontal medicine) 牙周病学的一个分支。研究牙周病与全身健康或疾病的双向关系的一门学科。即牙周病可能影响全身健康或疾病,而系统疾病也能影响牙周健康或疾病。其发展促使牙周病和系统病的诊断和治疗进入新的范畴。牙周炎可以通过直接感染、血液循环以及牙周细菌及其产物引起机体的免疫反应和炎症。引起心脑血管疾病、糖尿病、早产和低出生体重儿、胃幽门螺杆菌以及类风湿关节炎等全身疾病。当患者患有全身疾病如糖尿病、凝血机制异常者、心血管疾病、传染性疾病以及老年患者时,对牙周病的发生、发展、治疗及愈后都会产生影响。牙周病与全身疾病的双向关系,要求牙周病医生在对牙周病进行临床诊断和治疗中,需根据患者的全身病情和易感程度制定合理的牙周治疗计划和预防措施。同时也使人们认识到,牙周健康、口腔健康是全身健康的重要部分,患牙周炎的患者可能也处于患其他疾病的危险中。

【牙周植骨术】(periodontal bone grafting) 又称骨替代品植入术。采用骨或骨的替代品等移植材料来修复牙槽骨缺损的手术方法。属于再生性手术。目的在于通过移植材料促进新骨形成,修复骨缺损,恢复牙槽骨的解剖形态,以达到理想的骨再生或新附着性愈合。骨或骨替代品植入用材料是:自体骨、异体骨、异种骨或非骨移植材料。其适应证是:(1)骨组织解剖形态异常,如牙间骨杯状切迹缺损,骨缘过厚或参差不齐等。(2)狭窄而陡峻的骨上袋,骨峭呈"V"字形吸收者。(3)牙间区骨嵴吸收过多,形成漏斗状缺损,牙间隔骨嵴高度低于唇(颊)舌面骨嵴的高度,形成相反的波浪形。(4)向近(远)中倾斜的牙齿,近(远)中侧窄而深的骨下袋。(5)根分叉受累时,根间牙槽骨形成漏斗状缺损。

【牙周致病菌】(periodontal pathogen) 在各型牙周病的病损区,常可分离出一种或几种,具有显著的毒力或致病性,能通过多种机制干扰宿主防御能力,具有引发牙周破坏的潜能的优势菌。牙菌斑中绝大多数细菌为口腔正常菌丛,是人类与微生物长期共存进化过程中形成的微生物群,对宿主无不良影响,仅少数细菌(约30种)与牙周病的发生、发展密切相关。1996年召开的世界牙周病研讨会上,专家们一致认为下列微生物与牙周病密切相关,为重要的牙周致病菌。它们是:伴放线放线杆菌、牙龈卟啉单胞菌、福赛坦氏菌、具核梭杆菌、中间普氏菌、变黑普氏菌、黏放线菌以及齿垢密螺旋体。其致病机制为:(1)降低宿主抵抗力。如伴放线放线杆菌分泌白细胞毒素,可损伤牙龈内和外周血中的多形核白细胞、单核细胞和淋巴细胞的细胞膜,导致白细胞死亡,释放溶酶体,进一步造成牙周组织的破坏。(2)骨组织的吸收破坏。释放破骨细胞激活因子等骨吸收因子,造成牙槽骨破坏。(3)组织破坏作用。如伴放线放线杆菌释放成纤维细胞抑制因子,抑制牙周组织内成纤维细胞合成胶原,促使附着丧失,形成牙周袋。(4)为细菌生长和毒力的发挥提供养分,造成牙周局部生态环境的破坏。

【芽孢】(spore) 某些细菌生长发育后期在细胞内形成的一个圆形、椭圆形或柱形的休眠体。芽孢无繁殖功能,每一营养细胞内仅生成一个芽孢。其作用是:(1)分类鉴定。不同细菌的芽孢具有不同的特点,从形状、大小、表面特征直到与菌体的关系等,都有不同的表现,因此可以作为分类鉴定的依据或参考。(2)科研材料。由于芽孢独特的产生方式,可成为研究形态发生和遗传控制的好材料。(3)保存菌种。芽孢对不良环境有很强的抵抗力,在实验室是保存菌种的好材料。(4)分离菌种。芽孢的耐热性有助于芽孢细菌的分离。(5)生物杀虫。有些芽孢细菌在产生芽孢的同时,能产生一种双锥形的结晶内含物,可以杀死某些昆虫的幼虫。

【芽类蔬菜】(sprouting vegetables) 豆类、萝卜、苜蓿、花生、香椿等种子遮光或不遮光发芽培育成的幼嫩芽苗。大豆、绿豆、花生等种子在发芽过程中胚轴伸长、子叶肥嫩,胚芽生长而不露,称豆芽、花生芽。豌豆、蚕豆种子萌发过程中胚轴不伸长,子叶收缩,由胚芽生长形成肥嫩的茎与真叶,称嫩苗。在种子发芽过程中,消耗和分解自身储备的养分,使干物质下降,但氨基酸和维生素含量比种子丰富。质地脆嫩。生产设备简易,可随时生产,周年供应,是中国各地的重要蔬菜。栽培历史久远,并传入新加坡、美国等地。除传统手工方法外,还有工厂化生产。

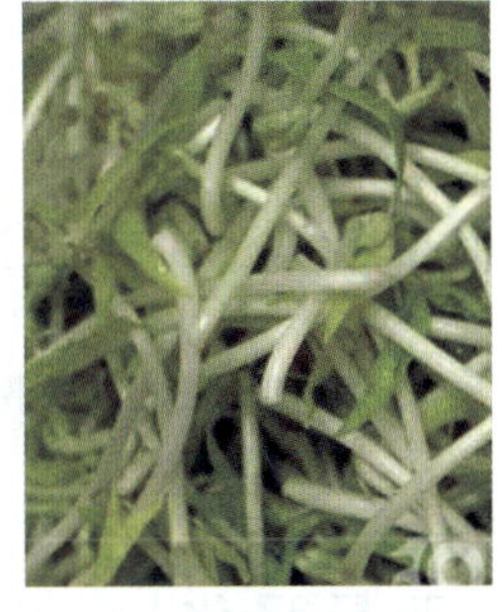
绿豆芽

【芽潜伏力】(bud incubative ability) 果树进入衰老期后,由潜伏的隐芽萌发抽生新梢的能力。芽潜伏力强的果树,枝条恢复能力强,容易更新复壮,如仁果类、柑橘、柿、石榴等。芽潜伏力也受营养条件和栽培管理的影响。如相关的条件好,隐芽的寿命就长。

【芽早熟性】(bud prematurity) 当年形成的新梢上的芽,当年又能萌发成二次枝以及三次枝的现象。桃、葡萄、石榴、枣等都具有这种现象。具有早熟性芽的果树,一年能发出多次枝,所以树冠形成快,进入结果年龄早,有早果性。

【雅丹地貌】(Yadan landform) 主要在干旱和半干旱区、干涸湖底或河、湖堆积阶地上受定向风沿裂隙吹蚀而形成的与风向一致的风蚀垄槽。常平行排列,长数十米至数百米,垄高半米至数米,槽深数米至数十米,槽宽两米左右。雅丹地貌是干旱地区中一种典型的风蚀地貌,主要出现在中国西北部的干旱地区。这种支离破碎的地面称为雅丹,以中国新疆塔里木盆地的罗布泊地区最为典型。

雅丹地貌

【雅典卫城】(Acropolis) 祭祀雅典守护神雅典娜的圣地。位于希腊首都雅典城西南,是世界新七大奇迹之一。建造在海拔150m的石灰岩山冈上。故有“高处的城市”或“高丘上的城邦”之称。距今已有3 000年的历史。建筑群建设的总负责人是雕刻家菲迪亚斯。卫城,原意是奴隶主统治者的圣地。古代在此建有神庙,同时又是城市防卫要塞。公元前5世纪,雅典奴隶主民主政治时期,雅典卫城遂成为国家的宗教活动中心。自希腊联合各城邦战胜波斯入侵后,被视为国家的象征。每逢宗教节日或国家庆典,公民列队上山进行祭神活动。作为古希腊建筑的的代表作,雅典卫城达到了古希腊圣地建筑群、庙宇、柱式和雕刻的最高水平。这些古建筑集古希腊建筑与雕刻艺术之大成,堪称人类遗产和建筑精品,在建筑学史上具有重要地位。迄今保存下来的大量的珍贵遗迹,集中展示了希腊的古代文明。雅典卫城是综合性的公共建筑,现存的主要建筑有卫城山门、雅典娜女神庙、帕提农神庙、伊瑞克提翁神庙、胜利神庙等,另有一座现代建筑卫城博物馆。

雅典卫城

【雅克什综合征】(Von Jaksch's syndrome) 又称雅克什贫血、婴儿营养感染性贫血、假性白血病性贫血。6月~2岁婴儿,因营养不良、造血物质缺乏,同时伴有感染,造成严重贫血及骨髓外造血的现象。其主要病因有:(1)营养缺乏。喂养不当或消化道功能紊乱,患者缺乏各种营养物质,如维生素D缺乏,铁、叶酸、维生素$B_1$2等造血物质缺乏等,使小儿患有佝偻病、营养性贫血及营养不良等。(2)慢性及反复感染。如肺炎、败血症、结核病等,使造血储备能力差,出现骨髓外造血、肝脾肿大。其主要临床特点是:(1)严重贫血。多见于红细胞形态的变化即小细胞、低色素性缺铁性贫血或大小细胞都有的混合性贫血。起病缓慢,面色逐渐苍白。(2)感染。不规则发热,慢性,反复感染;呈慢性消耗性表现,营养差、消瘦等。(3)骨髓外造血。肝脾明显增大,以肝大为主,可达盆腔;淋巴结可轻度肿大。(4)血象及骨髓表现。红细胞形态大小不等,以小为主,可见异形红细胞及有核红细胞;白细胞数可达3.0×10^10~4.0×10^10个/升,可见幼稚的中、晚幼粒细胞,偶见原始粒细胞,很像白血病血象,故又称假性白血病性贫血；血小板正常，偶见减小；网织红细胞轻度增高；骨髓有时基本正常，感染严重可出现感染性骨髓象，粒细胞颗粒粗大，有空泡。偶见增生低下性骨髓表现。其治疗原则是：控制感染，找出病原体对症下药，补充各种营养及造血物质如铁、叶酸、维生素B12等，支持疗法，合理喂养，必要时输血。

【雅鲁藏布大峡谷】（Yalu Zangbu Grand Canyon） 主要位于中国西藏东南部雅鲁藏布江下游河段。1998年10月，国务院根据国家民政部的报告，同意命名为"雅鲁藏布大峡谷"。是从米林县所属派乡的大渡卡村前古碉旁入口，经纬坐标为94°54′20″E，29°32′36″N，海拔3 108m，出口处在巴昔卡，全长504.6km；大峡谷平均深度为2 268m，核心地段平均深度为2 673m，最深处为6 009m，单侧峡谷最深处为7 057 m，最窄处为35m。是世界第一大峡谷。根据中国科学家的计算，雅鲁藏布大峡谷无论从它的深度、宽度和长度来比较，它是当之无愧的世界第一大峡谷。在雅鲁藏布大峡谷地区，由于大峡谷的水汽通道作用，使得该地区的雨量充沛，气候温暖，年降水量达到一万毫米以上，为世界的第二大降水带，年平均气温比同纬度高出2到8摄氏度，环境条件非常有利于生物的繁衍生息和人类在雅鲁藏布江流域生存发展。因此，对气候环境带和生物的分布，以及藏民族历史的发展都有重大的影响。在1999年，经国务院批准，雅鲁藏布大峡谷成为中国国家级自然保护区。

雅鲁藏布大峡谷

【亚急性毒性试验】（subacute toxicity test） 为了调查药物的连续使用所产生的毒性效果，在短时间内给予动物一定量的药物后检查其影响的试验。是对连续接触药物产生的症状及靶器官的检查，以了解被检药物所具有的毒性性质很有效的方法。因此，不仅仅是为了获得申请登记用的资料而实施，还可组合进药物开发过程中的高层次的筛选之中，探讨类似化合物中毒性较低的化学结构、探讨与竞争品在毒性方面的差异等。可作为与新药开发有密切关系的试验予以利用。此外，在亚急性毒性试验中，毒性变化的表现形态可因老年性变化而被修饰，所以在了解药物固有的毒性方面该试验方法也有很多优越之处。给药时间一般为90天左右，皮肤给药为21天左右，筛选试验一般在2～5个星期。多采用连续给药的方法。

【亚健康状态】（subhealth） 又称潜病状态、第三状态。介于健康与疾病之间的身体状态。在这种状态下，人的机体虽无明显疾病，却呈现出活力降低、反应能力减退、适应能力下降等异常状态。通常表现为情绪低落、心情烦躁、忧郁焦虑、胸闷心悸、失眠健忘、精神不振、疲乏无力、腰背酸痛、易感疾病等。夏季炎热，暑湿较重，加上汗泄过多，人体内耗较大，而且又因贪凉淋雨，或夜卧当风，或恣食生冷，阳气受伤，气机运转无力，更易发生亚健康状态。亚健康状态并非常态，具有双向转化的特点，既可以向第一态－健康状态转化，又可以向第二态－疾病状态转化。要摆脱亚健康状态，最主要的是靠积极主动的自我保健。

【亚晶】（sub grain） 多晶体晶粒中，位向不完全一致的小晶块。多晶体中的每一个小晶粒内，晶格取向并非完全一致，而是存在着许多尺寸很小、位向差很小的晶块，通常在1°～2°以下。这些小晶块的相互镶嵌形成了亚晶。

【亚晶强化】（sub grain strengthening） 形成亚晶，致使位错密度增加，提高金属强度的方法。钢在奥氏体变形时因晶粒内位错密度增加产生的亚晶，在随后的淬火过程中可以在其淬火产物中继续存在，具有强化作用；在奥氏体和铁素体两相区和铁素体区变形时形成的亚晶将保留到室温组织中，具有强烈的强化作用。亚晶强化的效果与亚晶的尺寸及数量有关，变形温度越低和变形量越大，形成的亚晶数量越多，亚晶尺寸也越细。亚晶越细，位错密度越大，金属抵抗塑性变形能力越强。

【亚热带】（subtropical zone） 地球温带内靠近热带的一个气候带。一般将北纬23°26′～40°和南纬23°26′～40°的区域称为亚热带。其最显著的特点是春夏秋冬四季分明，夏季气候与热带近似，高温多雨；冬季低温少雨，又不特别寒冷，最冷月平均气温不低于零度。亚热带是地球上十分重要的气候带，冬季虽然有霜冻，但全年无霜期长达8个月以上，而且雨热同季，天然植被生长良好，是世界上农作物的主要产区，一年可有两熟甚至三熟的收获。许多喜热、喜温、喜凉的动植物和农作物都可以在此带不同地区不同季节生息繁衍。中国亚热带位于秦岭、淮河以南，雷州半岛以北，横断山以东的广大地区。西藏东南部和喜马拉雅南坡的低海拔河谷地区以及台湾省，也属于此带。这里雨量和热量丰富，土地肥沃，生物生产力高，作物高产优质，是中国主要农林产区，约9亿人口生活在这一地区。

【亚热带果树】（fruit tree in sub torrid

zone） 适宜在亚热带地区栽培的常绿和落叶果树的统称。通常需要短时间的冷凉气候（10～13℃，1～2个月），以促进开花结果。气候特点是其夏季与热带相似，但冬季明显比热带冷。中国的亚热带位于秦岭、淮河以南，雷州半岛以北，横断山脉以东（北纬22～34度，东经98度以东）的广大地区。主要栽培果树有柑桔、荔枝、龙眼、香蕉、菠萝、芒果，其次还有椰子、枇杷、橄榄、西番莲、番石榴、阳桃、油梨、腰果和番荔枝等。

【亚微米加工】（submicron processing） 见超精密加工。

【亚硝酸盐中毒】（nitrite poisoning） 误食亚硝酸盐引起的毒性反应。亚硝酸盐主要指亚硝酸钠，外观及滋味都与食盐相似，在工业、建筑业中广为使用，肉类制品中也允许作为发色剂限量使用。是指由于食用硝酸盐或亚硝酸盐含量较高的肉类腌制品、泡菜及变质的蔬菜，或者误将工业用亚硝酸钠作为食盐食用而致。也可见于饮用了含有硝酸盐或亚硝酸盐的苦井水、蒸锅水后而引起。食入0.3～0.5g的亚硝酸盐即可引起中毒。亚硝酸盐为强氧化剂，进入人体后，可使血中低铁血红蛋白氧化成高铁血红蛋白，失去运氧功能，致使组织缺氧，出现青紫而中毒。亚硝酸盐中毒的临床症状为：（1）头痛、头晕、无力、胸闷、气短、心悸、恶心、呕吐、腹痛、腹泻及口唇、指甲紫绀等。（2）全身皮肤及黏膜呈现不同程度青紫色。（3）严重者出现烦躁不安、精神萎靡、反应迟钝、意识丧失、惊厥、昏迷、呼吸衰竭甚至死亡。救治的方法是及时清除毒物、吸氧，解毒剂为亚甲蓝（美蓝）。重危病人可输新鲜血液。

【亚洲树棉】（Asian tree cotton） 又称中棉。锦葵科，棉属。一年生或多年生草本或灌木。为中国黄河以南各省长期栽培的重要棉作植物。现已被陆地棉取代。幼枝有柔毛。叶3～5掌状深裂，裂片矩圆状披针形，先端微尖，基部心形，全缘，叶柄长2～7 cm。花大，两性，单生，有3枚小苞片；花萼浅杯状，近截形；花瓣淡黄带紫色，5枚；雄蕊多数，合生为柱状；子房上位，3～5室，胚珠多数。蒴果卵形，有喙，常下垂。种子有白色或棕色长绵毛。种子绵毛为纺织原料。种子可榨油。棉籽饼可作饲料。

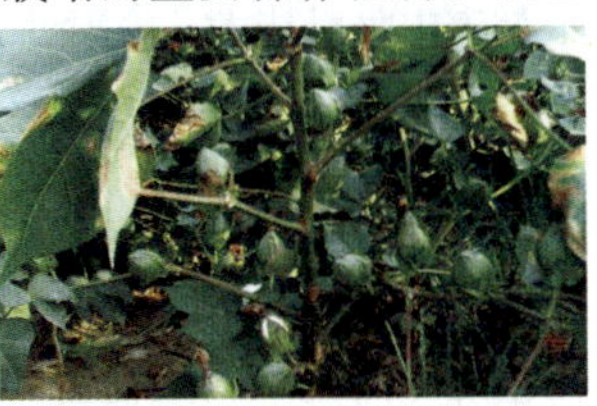

亚洲树棉

【氩氦刀】（argon-helium knife） 一种通过精确定位、然后采用超速冷冻、迅速复温的治疗系统。氩氦刀系统是由4～8个单独控制的热绝缘超导刀、高压常温氩气（冷媒）、高压常温氦气（热媒）等组成。工作时通过氩气迅速在刀尖膨胀释放能量，形成超低温，（大约60s就可以让局部温度达到-100℃），然后用氦迅速复温。这样反复的降温复温，就可以把刀头周围组织形成一个冰球，达到摧毁这个组织的目的。其中肿瘤细胞在这个冰球范围内也可以最大限度地摧毁。

【氩弧焊】（argon arc welding） 利用氩气（Ar）作为保护气体的电弧焊方法。氩气是惰性气体，既不与金属起化学反应，也不溶于液态金属。氩弧焊接的突出特点是熔池保护好，焊接接头质量高，焊接变形小。特别适合焊接铝、镁、镍、钛及其合金，也广泛用于低合金钢、不锈钢、低温钢及耐热钢的焊接。氩弧焊可分为钨极氩弧焊、熔化极氩弧焊和脉冲氩弧焊三种。钨极氩弧焊也称非熔化极氩弧焊，是用钨棒作电极，钨棒与工件之间产生电弧，再向弧间送入焊丝进行焊接。熔化极氩弧焊是以焊丝代替钨棒作为电极，由于焊丝载流能力大，故适于焊接较厚焊件。脉冲氩弧焊是人为造成基值电流叠加同极性脉冲电流，以此形式供电的氩弧焊方法。

【氩气】（argon） 元素周期表第三周期0族元素。无色。无味。单原子分子气体。是稀有气体中在空气中含量最多的一个，约为0.94%。元素符号Ar。原子序数18。相对原子质量39.948。不溶于水。熔点-189.2℃。沸点-185.7℃。化学性质极不活泼，不能燃烧，也不能助燃。但是已制备出的氩氟化氢，极不稳定，温度高于256℃即分解为氩和氟化氢。氩放电时发出紫色辉光。可用于照明设备的填允气体。氩还常用做惰性保护气体用于焊接和切割金属。

【氩氧脱碳法】（argon oxygen decarburization AOD） 又称AOD法。在AOD炉下部侧面吹入氩气和氧气进行脱碳的工艺。炉外精炼的一种手段。利用氩气稀释的方法，使脱碳反应产物CO分压降低而进行脱碳。AOD炉类似氧气转炉。氩氧枪采用气体冷却，双层套管结构。初炼炉常为电炉。专门用来冶炼高铬低碳不锈钢。能在冶炼温度不太高和常温的条件下将高铬钢水中的碳降到极低水平，而没有铬的明显烧损，取得脱碳保铬的效果。不需要真空设备。具有投资省、生产效率高、操作方便以及产品质量好等特点。其缺点是不能直接浇铸。顶底复合吹炼是从AOD法发展而成的。

【胭脂鱼】（Chinese sucker） 又称黄排、木

叶盘、火烧鳊、红鱼、紫鳊、燕雀鱼、血排、粉排、紫鳊鱼。属鲤形目，亚口鱼科，胭脂鱼属。中国国家Ⅱ级保护野生动物。濒危等级：易危。体高而侧扁，略呈三角形。吻钝圆，口小，下位，呈马蹄形。眼侧上位。无须。侧线完全。鳔2室。幼鱼阶段体呈深褐色，体侧有三条黑色横条纹。成熟个体，雄鱼体侧为胭脂红色，雌鱼体侧为青紫色，从吻端至尾基有一条胭脂红色的宽纵带，背鳍、尾鳍均呈淡红色。中国特有鱼种。主要分布于长江和闽江。常栖息于江河的中下层。主要摄食底栖无脊椎动物。生长较快。成熟个体一般体重可达15～20kg，最大个体重可达30kg。性成熟的个体每年自2月中旬游向上游急流浅滩中产卵。产卵后仍在附近逗留索饵。秋季再回到干流，在深水中越冬。目前野生状态个体的数量正逐年下降。

胭脂鱼

【烟尘】(smoke dust) 由点源在燃烧、冶炼或化学反应过程中排放到大气中的、可见的漂浮物的总称。主要成分是未完全燃烧或未燃烧的烃基燃料形成的碳基化学副产品。其中，烟指在燃烧、冶炼或化学反应过程中产生的一种可见气溶胶。连续产生，污染一定范围的烟称为烟雾。包括由大气中的某些有机污染物在阳光作用下发生光化学反应后产生的光化学烟雾。不包括水蒸气。尘通常指可以悬浮在气体中一段时间的各种粒径的固体颗粒物，包括可沉降颗粒物和悬浮颗粒物等。烟尘主要产生于矿物燃料的燃烧，特别是煤炭在发电厂的燃烧；以及柴油发动机的燃烧，木柴的燃烧及金属熔炼。直径在2.5μm以下的烟尘对于患有心脏病、呼吸系统疾病、过敏体质者及老人小孩等有较高的健康风险。

【烟囱效应】(chimney effect) 又称烟道作用。建筑物竖井机构存在内外温差时所形成的一种驱使气体流动的作用力。在多层与高层建筑物中，存在多种竖向尺寸较大的空间。按其开口形式的不同可分为竖向通风排烟管道、楼梯井、电梯井等。当室内温度较高时，会使其中的气体密度降低，于是，在竖井内会出现冷空气从下部开口进入，热气体从上部开口流出的现象，称之为正烟囱效应。当室内的温度比室外低时(如夏天使用空调时)，竖井内又会出现热空气从上部进入，冷空气由下部流出的现象，这称之为逆烟囱效应。烟囱效应的强弱与竖井高度、室内外温差和开口形式有关。竖井越高，烟囱效应越强。建筑物内失火后，内部气体(烟气)密度降低，极易沿着楼梯间、电梯竖井及管道内流动，其流速比水平流动时快几倍，从而加快了火灾中烟气在建筑物内的蔓延，甚至造成建筑火灾区域的扩大。在建筑物的竖井结构中，应采取一定阻隔措施，以减少火灾的危害。

【烟煤】(bituminous coal) 褐煤经进一步变质而形成的一个煤种。腐殖煤的一种。按其可燃基挥发分和黏结性的不同可分为：长焰煤、不黏煤、弱黏煤、1/2中黏煤、气煤、气肥煤、肥煤、1/3焦煤、焦煤、瘦煤、贫瘦煤和贫煤等煤类。烟煤色黑，条痕棕色到黑色；中等变质程度烟煤的内生裂隙最发育；光泽随变质程度的加深由沥青光泽到油脂、玻璃和金刚光泽；具有明显的条带状、凸镜状结构。未经氧化的烟煤不含游离的腐殖酸。大多数烟煤具有黏结性，燃烧时有烟，因此得名。烟煤发热量高，为28.64～37.01MJ/kg，挥发分含量大于10%～37%，碳含量76%～92%。烟煤的用途广泛，可用于炼焦、炼油、动力、气化、液化、化工以及民用燃料等。

【烟气SO_2/NO_X联合脱除技术】(combined SO_2/NO_X control technology) 用某种脱硫工艺结合脱NO_X工艺达到烟气中SO_2/NO_X合并脱除的技术。在装置上尽量一体化，技术上相互增效，达到深度脱除效果而避免废水废渣排放，并有可能将硫及其他有害物质转变成有利用价值的副产物的联合净化系统。它是常规燃煤发电机组烟气净化的主要发展方向。目前处于研究开发阶段。最简单的联合脱方法是将已有脱硫工艺和低NO_X燃烧技术或烟气脱NO_X工艺结合起来，如美国开发的“LIMB”工艺，喷钙/SNCR工艺及“SNBR”工艺；又如湿式石灰石法烟气脱硫结合SCR烟气脱NO_X工艺等。迄今已有小试或中试的真正体现一体化联脱除SO_2/NO_X的技术方法，按其技术方法的不同可分为：(1)炉内或烟道内喷射技术。喷射的吸收剂如钙基化合物与尿素的水溶液，$NaHCO_3$，石灰，或石灰、飞灰水浸浆液等。(2)在湿式石灰石烟气脱硫工艺所用的石灰石浆液中加入促进溶液和吸收NO_X的添加剂。(3)采用固体吸收剂吸附/再生工艺，如NO_XSO工艺采用碳酸钠吸收剂(以多孔氧化铝球为载体)，以及用活性炭、氧化铜、氧化锌做吸收/催化剂的工艺。(4)利用气/固催化反应原理的工艺，如SNO_X工艺和DESON-O_X工艺。(5)在电子束辐射下使烟气中的SO_2和NO_X与喷入的氨反应达到同时脱除的目的。

【烟气层】(smoke layer) 在建筑物火灾产生的高温烟气的浮力作用下，室内上部形成的烟气区。通常在一段时间内，上部烟气层与下部空气层之间存在较明显的界面。在火灾中，烟气是对人员生命安全威胁最大的因素。火灾统计表明，在建筑物火灾中，死亡的人中绝大多数是由烟气窒息导致的。若室内烟气层下降到人的头部高度，便可直接对人造成伤害。另外，烟气也可对很多室内的物品或仪器设备造成严重破坏。因此，在火灾科学与消防工程研究中，都将如何确定烟气层高度随时间的变化作为一项重要内容。烟气层内的烟气量通常用烟气层高度（即烟气层界面距地面的高度）来表示。若火灾燃烧受到控制或燃烧终止，即不向烟气层输送热量，则烟气层的温度便逐渐降低，以致与下部空气逐渐混合。当室内存在强迫气流时，烟气与空气的掺混将更加容易，于是烟气层的界面会出现不平整，不稳定，而且消散快。

【烟气脱硫技术】（flue gas desulfurization） 通过与碱性物质发生反应生成亚硫酸盐或硫酸盐而将二氧化硫从烟气中脱除的技术。最常用的碱性物质是石灰石、生石灰和熟石灰，也可以使用氨和海水等其他碱性物质。烟气脱硫分为湿法烟气脱硫技术、干法烟气脱硫技术、半干法烟气脱硫技术三种。

【烟气脱硝技术】（smoke denitrifying technology） 根据氧化剂或还原剂具有氧化、还原和吸附的特性，去除烟气中有害气体 NO_X（即硝基）的技术。按其特性的不同可分为干法（还原法）和湿法（氧化法）。干法脱硝又可分为氨选择性催化还原法和无催化还原法两种。氨选择性催化还原法是采用氨作为还原剂，将 NO_X 还原成氮（N_2）和水（H_2O）。由于氨具有选择性，它只和 NO_X 发生作用，而不与烟气中的氧进行反应，加入催化剂可以提高反应速度。无催化还原法采用氨或尿素为还原剂，其原理与氨选择性催化还原法相同，所不同的是不用催化剂。湿法脱硝的原理是：NO 通过氧化剂氧化成 N_2O，然后被水或碱性溶液吸收，以实现脱硝。湿法脱硝的方法有臭氧氧化吸收法、气相氧化吸收还原法等。

【烟雾病】（moyamoya） 一种以双侧颈内动脉末端及大脑前中动脉起始部动脉内膜缓慢增厚，动脉管腔逐渐狭窄以至于闭塞为特征的疾病。扩张的血管在血管造影时的形态如烟囱里冒出的炊烟，故称之为烟雾病。患者多为10岁以下儿童和四五十岁的成年人。轻者表现为短暂性脑缺血、头疼、肢体无力、感觉异常及视力改变等。由于这种病极为罕见，临床上很容易被误诊。该病的发病原因至今尚不清楚。

【烟叶烘烤】（fluecuring of tobacco ） 成熟烤烟烟叶在专用烤房里进行的初加工。目的是使烟叶化学成分发生一系列对品质有利的变化。叶色由绿变黄，叶中水分烤干，成为适于卷烟工业用的原料。烟叶最早的初加工方法是晒晾。在19世纪中期，美国弗吉尼亚州首先用室内火管烘烤烟叶，并一直沿用至今。通常将烘烤分做变黄期、定色期、干筋期三个阶段。整个烘烤过程需五天左右。不同时期对温度、湿度的要求各不相同，需要严格控制，以提高烘烤品质。

烟叶烘烤

【淹溺】（drowning） 当人沉没于水或者其他液体中时，液体充塞呼吸道、肺泡或反射性地引起喉痉挛、窒息或缺氧而处于临床死亡的状态。由液体阻塞呼吸道及肺泡所致的窒息称为湿性淹溺，占淹溺的90%；而由喉痉挛导致的窒息称为干性淹溺。当淹溺者从水中救出后，暂时性的窒息，尚有大动脉搏动者称为近乎淹溺。近乎淹溺后数分钟到数日死亡为继发淹溺，常因淹溺并发症所致。在救出淹溺者后，应迅速清除口、鼻中的污物，以保持呼吸道通畅，头倒悬，轻按患者背部，迫使呼吸道及胃内的水倒出，进行心肺复苏。根据溺水时间的长短，吸入量的多少，吸入水的性质以及器官损伤的情况不同采取相应的处理，治疗各种并发症，避免出现继发淹溺。

【腌渍蔬菜】（pickle） 用食盐腌制或盐液浸渍、经乳酸发酵或不发酵的蔬菜加工品。食盐和乳酸都有抑制杂菌、加强保藏性的作用。食盐还具有调味功能和析出蔬菜中的水分及部分养分，提供乳酸菌发酵的养料。蔬菜中的蛋白质和糖等物质分解，可生成风味物质，并使组织变脆。如再添加某些调味料，制品会更具特殊的芳香风味和更好的保藏性。按其发酵程度的不同可分为两种：(1)发酵性蔬菜，如酸菜、泡菜等。(2)非发酵性或轻微发酵蔬菜，如酱菜、咸菜等。四川榨菜、绍兴梅干菜、云南大头菜、天津冬菜等都是中国腌渍蔬菜的名特产品。

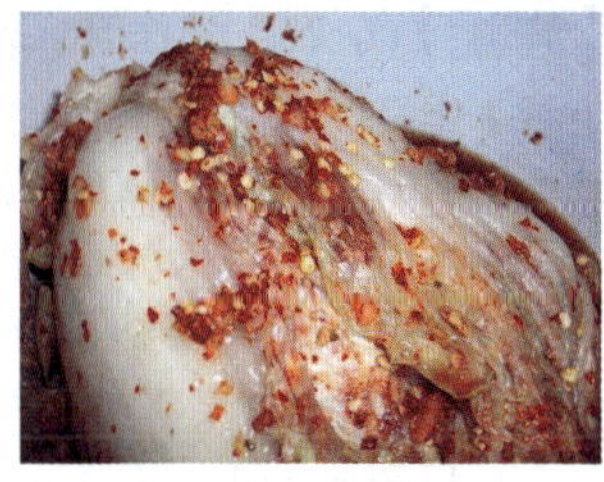
腌白菜

【延伸系数】（extend coefficient） 轧件轧制后的长度与轧制前长度的比值。分为道次延伸系数和总延伸系数。道次延伸系数是指每一道次轧制后与轧制前轧件长度的比值。总延伸系数是指轧件最终长度与原始长度的比值。轧制型材时以轧件原始横截面积与最终横截面积的比值来计算总延伸系数。总延伸系数等于各道次延伸系数的乘积。平均延伸系数可以用总延伸系数开 n 次方来计算。n 为总的轧制道次。

【延性颗粒弥散强化氧化物陶瓷】(ductile particle dispersion strengthened oxide ceramics) 以氧化物陶瓷为基体、以延性颗粒为弥散第二相制成的复合材料。将延性颗粒增强体(主要为金属颗粒)加入到陶瓷基体和玻璃陶瓷基体中可以增强其韧性。主要有 Al_2O_3/Al、Al_2O_3/Ni、ZrO_2/Zr 及 ZrO_2/Ni 等。采用延性颗粒增韧,可使陶瓷基体的韧性增加 1～9 倍。如当铝体积百分数为 20% 时,Al_2O_3/Al 复合材料的断裂韧性为 $20MPa/m^2$,比 Al_2O_3 基体的断裂韧性提高 8 倍左右。这类复合材料可用于耐磨部件及航空航天等技术领域。

【言语治疗】(speech therapy) 又称言语疗法、言语矫治。对言语障碍者通过再训练使体内发生系统内和系统间的功能重组,或利用体位的替换交流辅助器具,使言语缺陷得到代偿和改善的治疗方法。言语障碍主要是由于脑部与言语有关的结构损伤引起的。其恢复的理论有:在功能相同的系统内,将受损的功能转移给另一个新的组织或转移到未受累的部分;完全不同的系统间进行再训练,使之承担一定的言语功能。1825 年,Bouillaud 认为言语表达能力丧失与脑前部的额叶有关;1836 年,Dax 明确指出左大脑半球与语言有关;1851 年,Thomas Han 报告了用阅读、拼音和反复训练可使言语障碍改善的例子。20 世纪 40 年代,中国神经病专家许英魁已经将 Head 的检查法引入国内。

【岩爆】(rock burst) 在矿井采掘工程中,井巷或工作面周围岩体由于弹性变形能的瞬时释放而产生突然剧烈破坏的动力现象。其主要显现特征是:类似爆炸的巨声、巨大的冲击波、强烈的弹性振动、煤体挤压移动或破碎、顶板下沉或底板鼓裂等。岩爆具有很大的破坏性。是煤矿重大灾害之一。其产生条件有:(1)物质条件。煤与岩石的力学性质。(2)动力条件。地应力。(3)诱发条件。采动影响。具体地讲,与开采深度、地质构造、地应力大小和方向、采动影响、开拓设计和采掘工艺等都有密切关系。为了防治岩爆,需进行地压地质研究,分析其产生的原因,掌握其规律,开展地压预报。

【岩层移动】(strata movement) 因采矿引起采空区附近及上覆岩层的移动、变形和破坏的现象和过程。地下开采引起围岩的位移和变形。随着采空区的扩大,顶板岩层发生弯曲、离层、断裂和冒落。冒落岩石上方的岩层随破碎冒落岩石的压实继续下沉和变形。在大面积开采时,可波及地表,引起地表下沉、变形。

【岩浆矿床】(magmatic deposit) 由高温熔融状态的含矿硅酸盐熔浆或矿浆冷却、分异,使成矿物质聚集而形成的矿床。有广义和狭义之分。狭义的岩浆矿床又称正岩浆矿床(包括由岩浆结晶分异作用形成的早期岩浆矿床、由岩浆熔离作用形成的熔离矿床和由残余熔融作用形成的晚期岩浆矿床),专指在岩浆条件下直接形成的矿床;广义的岩浆矿床,则泛指在各种成因、不同性质的高温熔融或半熔融状态的硅酸盐体系中形成的矿床。

【岩浆型地热能】(earth heat of magma type) 蕴藏在熔融状和半熔融状岩浆中的巨大能量。其温度高达 600～1 500℃。在一些多火山地区,这类资源可以在地表以下较浅的地层中找到,但多数则是埋在目前钻探还比较困难的地层中。

【岩浆岩】(magmatic rock) 又称火成岩。组成岩石圈的三大岩类之一。由岩浆冷却凝结而成。由于是在热状态下形成的岩石,岩浆固结时的化学成分、温度、压力以及冷却速度不同,可以生成不同的岩石。大部分岩浆岩是结晶质的,少部分为玻璃质。常用的岩浆岩分类方法有三种:(1)按产出状态分类,可分为深成岩、浅成岩和喷出岩。(2)按岩石中主要矿物、次要矿物和副矿物的种类和含量,对岩石进行分类命名。(3)按岩石的化学成分进行的分类。目前通用的分类方法是以矿物含量或矿物成分为基础进行的以二氧化硅(SiO_2)含量为标准的火成岩分类。该分类根据二氧化硅含量将火成岩分为超酸性岩(白岗岩)、酸性岩(花岗岩)、中性岩(闪长岩)、基性岩(辉长岩)、超基性岩(又称超镁铁质岩,橄榄岩)和碱性岩(霞石正长岩)六大类岩石。

岩浆岩

【岩生植物】(rock grown plant) 直接生长于岩石表面或生长于覆在岩石表面的薄层土壤上或生长在岩石之间的植物的统称。如石葛蒲、独蒜兰等。岩生植株低矮,株形紧密;根系发达,抗性强;生长缓慢,生活期长。可与岩石搭配用于造园。岩生植物

岩生植物

出现于旱生演替的初期,能促进岩石风化和土壤的形成。岩生植物的应用在国外已有多年的历史。早在17世纪中叶,欧洲一些植物学家就为引种阿尔卑斯山上丰富多彩的高山植物而修建了高山园。以后,此类花园的植物引种扩展到一些非高山地区岩石缝隙中生长的矮生花卉与灌木,并模仿高山植物和岩生生境景观,采用自然式布局,将植物与岩石有机结合,发展成岩石园。但中国国内在这方面的研究起步较晚,应用还不够广泛。随着园林、绿化的发展和生态环境建设的需求,岩生植物的应用必将会有广阔之前景。

【岩石】(rock) 组成地壳的物质之一。地质作用的产物。是由造岩元素所构成的矿物的天然集合体。有一定结构和构造。按形成原因的不同可分为沉积岩、岩浆岩和变质岩三大类。每一类岩石根据矿物成分和结构构造的不同可进一步划分出许多种类。如沉积岩可分为碎屑岩和化学岩,岩浆岩可分为侵入岩和喷出岩,变质岩可分为区域变质岩和接触变质岩。

【岩石构造】(rock tormation) 岩石中不同矿物集合体之间、岩石的各个组成部分之间或矿物集合体与岩石其他组成部分之间的相互关系。也有人认为岩石的构造应是组成岩石的矿物集合体的形状、大小和空间的相互关系和充填方式,即这些矿物集合体的组合的几何学的特征。例如,片麻构造、块状构造、流纹构造、枕状构造、气孔状构造、晶洞构造、层状构造和空洞构造等。

【岩石结构】(rock structure) 岩石中各组成矿物的结晶程度、大小、形态以及晶粒之间或晶粒与玻璃质之间的相互关系。按其结晶程度的不同可分为全晶质结构、半晶质结构和玻璃质结构;按结晶颗粒大小的不同可分为显晶质结构和隐晶质结构;按组成矿物的相对大小的不同可分为等粒结构、斑状结构和似斑状结构等。有时因在某种岩石中较为典型,结构的名称就以岩石名称命名,如花岗结构、粗面结构等。岩石结构是研究岩石形成条件和岩石分类、命名的重要依据。

【岩石可钻性】(rock drillability) 岩石在钻进时抵抗被破碎的能力。反映了岩石钻进的难易程度。这种能力由两方面的因素决定:一是岩石的硬度、强度、塑性、脆性等物理力学性质;二是岩石埋藏的深度、岩石破碎的程度以及钻进装备的效能。在钻探和钻井的工程施工中,为了制订生产计划、生产定额和评价钻进的技术经济效果,将岩石的可钻性划分成不同等级。按岩石的破碎方式和钻进方法的不同,岩石可钻性的分级分别有:岩心钻探岩石可钻性分级,水文及工程钻岩石可钻性分级,冲击钻岩石可钻性分级,矿山钻眼岩石可钻性分级,石油钻井岩石可钻性分级等。其中,岩心钻探从松散沙质土壤到最坚硬的石英岩、玄武岩,共划分成十二级;而油气钻探多在沉积岩分布地区开展作业,岩石强度较差,只将岩石的可钻性划分成七个级别。

【岩石圈】(lithosphere) 地球表层的一个固体圈层。也是地球气候环境系统的一部分。地球是一个固体星球,表面由坚硬的岩石组成。大约在46亿年前原始地球形成,此后在地球内部的各种物理过程的作用下,地球从形成时均匀混合的物质状态逐渐分化出的地核、地幔和地壳等内部结构。各层的化学成分和物理性质都有显著的区别,压力和密度随深度的增加而增大。岩石圈包括地壳和上地幔的顶部,厚度约100km,由六大板块组成。岩石圈在地球与大气相互作用中起到非常重要的作用,向大气提供热量、水汽,并且耗损大气的动量,通过这些过程影响大气环流、水分循环和气候变化。大气与岩石圈相互作用的研究在气候变化领域有至关重要的作用。

【岩石物理性质】(physical properties of rock) 岩石在与物质世界的其他对象和现象相互作用过程中所表现出来的物理特征。根据岩石能显示出的某种特征及其在地质学和采矿上的应用,岩石的物理性质有密度、力学特性、热学特性、电磁特性、放射性特性和声学特性等。其中与地质和采矿密切相关的岩石的物理性质有岩石硬度(岩石表面抵抗其他物体压入的能力)、岩石强度(岩石抵抗外力破坏的能力,是岩石自身颗粒间结构力的表现)、岩石弹性(受外力作用产生变形的岩石在外力撤除后变形消失,岩石又恢复到原来的形状和体积的性质)及岩石塑性(岩石在外力作用下,只改变其形状和大小而不破坏自身连续性,且当外力撤除后,岩石形状和大小不能回复原状的性质)、岩石的脆性(岩石受到冲击时容易破碎的性质)等。

【岩体固化】(rock mass solidification) 通过注浆等手段增强岩体自稳能力的措施。注浆固化有以下几方面的优点:(1)注浆后围岩裂隙面变形刚度和强度等力学性能得到改善,提高了岩体抗变形性能和强度,从而提高围岩自身承载能力。(2)浆液固结体具有良好的韧性和黏结性,固结体的网络骨架作用使围岩的破坏条件由原来的裂隙弱面强度条件向接近煤岩体强度条件转化。(3)浆液充填裂隙及对裂隙面的黏结作用,使裂隙端部的集中应力大大削弱或消失,提高巷道围岩强度。(4)与锚杆锚固相结合,注浆固化可提高破碎围岩的可锚性,增加锚杆锚固长度,提高锚杆的锚固力及锚固的可靠性。(5)注浆固化减小巷道围岩松动圈,使围岩变形量小,巷道维护容易。(6)注浆固化可快速密闭,封闭水源,治理导水断层。

【岩体结构】(rock mass structure) 岩体中结构面和结构体的大小、形状及组合方式。工程地质学中的岩体,是指在一定工程范围内,由结构面和被结构面切割的岩石构成的整体。岩体结构的主要类型有:整体块状结构、层状结构、碎裂结构、散体结构等。岩体结构控制着岩体的稳定性。不同的岩体结构,其工程地质特性也不同。岩体结构是工程地质研究的基础。

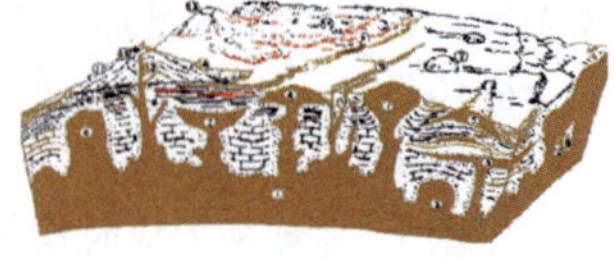
岩体结构

【岩相分析】(mineralogical analysis) 又称矿相分析。使用岩相显微镜研究矿物性能的方法。以晶体光学为基础,利用普通光和偏振光测定反射率、双反射、反射色、反射多点性、均质性和非均质性等,来研究岩石的矿物组成和结构。广泛应用于地质矿产业。在冶金行业中,用于分析矿石、合成矿物、耐火材料、炉渣,以及高炉结瘤等事故调研。

【岩心】(core) 通过岩心钻探从钻孔中取出的岩(矿)石样品。从固体矿产的矿体或矿层中取出的含矿岩石或矿石,则称为矿心。岩(矿)心是研究和了解矿区地下地质和矿产情况的重要实物材料,也是岩心钻探施工作业最终要达到的最重要的目的。

【岩心钻探】(core drilling) 从钻孔内获取岩心的钻探。固体矿产地质勘探中常用的勘探手段。钻井作业中用筒(环)状钻头和钻具在孔底破碎岩石,其中心部位保留下来的圆柱状的岩心被套在岩心管内。一个回次结束,采用特殊技术措施将岩心拧断,随钻具一起被提升到地表,供有关人员研究分析。按使用的钻头的不同,岩心钻探可分为:金刚石钻探、硬质合金钻探和钻粒钻探。岩心钻探也可用液动的冲击器进行冲击回转钻进,此时仍然可以使用金刚石或硬质合金耐冲击的岩心钻头。

【炎症反应】(entzuendliche reaction) 各种伤害性因素引起的一种常见病理过程。常见的致炎因素包括生物性、物理性和化学性等。这些因素所产生的基本病理变化与临床症状相似。前者表现为局部微血管反应和血液成分的渗出,组织与细胞的变性、坏死,以及增生和修复;后者为红、肿、热、痛和功能障碍,严重时往往伴有发热、白细胞增多和血浆蛋白增加等全身反应。因此,其实质是机体对外界有害刺激的防御反应。过于剧烈的持久的炎症反应,常导致组织损伤。一般分急、慢性两种:(1)急性。受损区由炎症介质引起微血管壁通透性升高,血浆成分与白细胞渗出。粒细胞解体并释放溶酶酶,至使组织坏死。(2)慢性。病灶中主要有T、B淋巴细胞、浆细胞和巨噬细胞,巨噬细胞吞噬异物或死亡细胞,并释放多种炎症介质。同时血管与淋巴管以及附近的成纤维细胞和巨噬细胞开始增殖。事实上,各种炎症细胞经炎症介质以协同或拮抗方式相互影响,因而各期的变化往往综合出现。

【沿岸流】(coastal current) 沿着海岸流动的海流。大多数海岸都存在由沿海岸吹动的风产生的海流。受季风和海岸形态的影响,不同季节沿岸流有不同的流向。如中国东部沿岸,夏季在西南季风作用下,在南海沿大陆海岸,有一股自西南向东北流动的海流。而冬季,在东北季风影响下,中国东部沿岸,有一股自北向南或向西南方向流动的海流。沿岸流对海岸升降流的形成和沉积物的运移有一定影响。

【沿程消能】(energy dissipation through friction loss) 在过水途径中设置流墩、多级阶梯或采取加糙底面等措施,逐步消耗分散水流能量的消能方式。使水在流动过程中,不断受到限抗或干扰而耗损能量。到下游的剩余能量很小时,就不必采取其他消能措施。沿程消能一般用于低水头、小流量的泄水建筑物。比较经济。

【沿海运输权】(right of coastal transportation) 又称沿海贸易权。某国在国内沿海从事运输贸易的权利。一般来讲,许多国家都通过立法,禁止悬挂外国旗的船舶在本国从事沿海运输贸易而将沿海运输权赋予本国船队独享。目前世界上大多数国家均未开放沿海运输权,有的也只是在区域性集团的成员国之间相互开放。《中华人民共和国海商法》第四条规定:非中国籍船舶,除非法律和条约另有特殊规定,不可在中国国内各港口间进行内航运输。在美国,根据《琼斯法案》,经营美国沿海运输必须具备下列条件:船舶必须在美国建造,必须悬挂美国国旗;船员必须为美国公民;经营管理人员必须为美国公民。保留沿海运输权是一个古老的传统和世界通行做法。其立法目的在于:一是由于国家安全上的原因。禁止及限制外国船舶进入沿海运输,可以避免对本国国防的威胁。二是保护本国的海运产业,禁止及限制外国籍船舶进入沿海运输,可以排除对本国海运产业的国际竞争。三是在国家遭遇重大自然灾害、恐怖袭击等非常时期,本国籍船舶是一支可以用于应对危机的重要力量。

【沿空掘巷】(lane with narrow coal pillars) 指工作面回采巷道完全沿采空区边缘或仅

留很窄煤柱的掘进巷道。即随着工作面的开采，将本工作面的运输或通风巷道废弃，而在下一区段回采时，沿着上区段采空区边缘掘进巷道。其基本方式有三种：(1)完全沿空掘巷，即在上工作面运输巷或回风巷废弃以后，待采空区上覆岩层移动基本稳定时，紧贴原废弃的巷道在煤体内重新掘巷。(2)留小煤柱沿空掘巷，为使巷道与采空区隔离，巷道与采空区之间留1～3m小煤柱。原则上，煤柱越小越好。(3)部保留上区段巷道，其实质是沿空留巷和沿空掘巷的混合形式，即上区段巷道在回采工作面推过以后，用密集支柱和纵向抬棚维护巷道的一半断面，然后再贴此巷开掘巷道。沿空掘巷是中国无煤柱护巷的主要形式，在国内已获得广泛应用。其优点是：减少区段煤柱的煤炭损失，改善巷道维护状况。

【沿空留巷】(lane without pillars) 区段运输平巷在上工作面回采过程中利用木垛、密集排柱、钢筋混凝土支座、充填带等方法在采空区边缘内加以维护保留，以便下工作面回采时作为回风巷复用的一种巷道不留煤柱维护法。其特点之一，就是它不改变矿田的现有开拓、准备系统。沿空留巷按经受矿压变化的不同分为五个阶段：成巷期、稳定期、首采面采动影响期、采后稳定期和次采面采动影响期。沿空留巷适用于除极难冒落顶板外的各种顶板，一般应用于开采深度较小(小于500m)，煤层倾角小于14°，在薄及中厚煤层中应用较多。沿空留巷的巷旁支护，除开采含有夹石层的复合煤层便于就地取材、采用矸石带护巷和顶板缓慢下沉的薄煤层采用木垛护巷外，应采用密集支柱、砌预制构件垛等刚性支护材料护巷。

沿空留巷

【研究机】(research aircraft) 用于探索航空、宇航科学技术领域新问题、验证新理论、检验新技术、评价新结构而专门研制或改装的航空器。机上装有试飞测试设备。研究机最初出现在第二次世界大战末期。为了探索超声速飞行的奥秘，寻求适合超声速飞行的飞机外形，美国开始研制一系列研究机。专门研制的研究机构造复杂，价格昂贵。为了降低费用，缩短周期，通常采用将现有飞机局部改装成研究机或是采用缩小比例的遥控飞行器来代替研究机。

研究机

【研究期法】(extended research) 对寿命期不等的互斥方案，采用确定一个共同计算期的方法。这种方法是根据对市场前景的预测，直接选取一个适当的分析期作为各个方案共同的计算期。这样不同期限的方案就转化为相同期限的方案了。研究期的确定一般以互斥方案中年限最短或最长方案的计算期作为互斥方案评价的共同研究期。当然也可取所期望的计算期为共同研究期。通过比较各个方案在该研究期内的净现值来对方案进行比选，以净现值最大的方案为最佳方案。

【研究性监测】(scientific research monitoring) 又称科研监测。针对特定科学研究目的而进行的监测。通过监测了解污染机理、弄清污染物的迁移变化规律、研究环境受到污染的程度，如环境本底的监测及研究、有毒有害物质对从业人员的影响研究、为监测工作本身服务的科研工作的监测(如统一方法和标准分析方法的研究、标准物质研制、预防监测)等。这类研究往往要求多学科合作进行。

【研磨】(grinding) 使用研具、游离磨料对被加工表面进行微量加工的精密加工方法。在被加工表面和研具之间置以游离磨料和润滑剂，使被加工表面和研具之间产生相对运动并施以一定压力，磨料产生切削、挤压等作用，从而去除表面凸起处，使被加工表面精度提高、表面粗糙度降低。在研磨过程中，被加工表面发生复杂的物理和化学变化，如微切削作用、挤压塑性变形、化学作用。通过研磨后，工件的尺寸精度高，表面粗糙度低，且表面耐磨性及耐疲劳强度均得到提高。

【盐】(salt) 由阳离子与阴离子所组成的中性化合物。阳离子包括金属离子、氢离子、铵根离子(NH_4^+)；阴离子包括非金属离子、氢氧根离子、酸根离子。按其金属离子与其他离子构成的不同可分为：(1)正盐。(2)酸式盐。(3)碱式盐。(4)复盐。按其酸根的不同可分为：(1)含氧酸盐。(2)无氧酸盐。按其酸碱强度的不同可分为：(1)强酸强碱盐。(2)强酸弱碱盐。(3)强碱弱酸盐。(4)弱酸弱碱盐。按其组成的不同可分

盐

为:(1)氯盐。(2)硫酸盐。(3)硝酸盐。(4)碳酸盐。(5)氯酸盐。(6)钠盐。(7)钾盐等。按其阳离子原子质量大小的不同可分为:(1)重金属盐。(2)轻金属盐。此外还可分为无机盐、有机盐。盐在化学工业和人民生活中应用广泛。

【盐湖】(salt lake) 湖水矿化度大于35g/L的湖泊。按其化学类型的不同可分为:碳酸盐类型、硫酸盐类型、氯化物类型及硫酸盐向氯化物过渡类型。盐湖矿化度极高,一般在300g/L左右。既有干盐湖,又有水盐湖,也有介于二者间的过渡型盐湖。盐湖化学类型的变化趋势是由碳酸盐类型顺次向硫酸盐类型和氯化物类型演变。中国盐湖分布于青藏高原和内蒙古、新疆地区,基本上与咸水湖分布一致。盐湖中资源丰富。中国内蒙古的盐湖盛产天然碱,新疆的盐湖盛产食盐和芒硝,青海的盐湖盛产钾(K)、硼(B)和锂(Li)等。

盐湖

【盐碱地】(saline-alkali land) 含有危害农作物生长的过量可溶性盐碱成分的土地。可溶性盐类过高的土壤称为盐土;由于土壤中交换性钠提高了土壤交换物质的饱和度,从而对作物产生有害影响的土壤称为碱土。由于过量的可溶性盐类和交换性钠往往同时存在于土壤中,故统称为盐碱土。常用饱和溶液提取液的电导率来鉴别。盐碱地是在自然条件综合影响下形成的。干旱、半干旱地区蒸发量大于降雨量,是土壤积盐的前提条件。地下咸水地区,盐碱地常相伴发生。在平原坡地、地上河两测、洼地边缘以及地下径流缓慢、水盐汇集的地方,都是盐碱地分布地区。滨海地区受海潮影响,也有大面积盐碱地。在缺乏排水设施的地区,由于灌溉引起地下水位上升,也会形成盐碱地。盐土改良一般可通过灌水冲洗和利用降雨或种稻淋洗盐分,使土壤脱盐;碱土则需施用含钙或硫酸的化学改良剂进行改良。

【盐碱土花卉】(ornamental plants grown in alkaline soil) 在土壤的pH值为7.5~8.5条件下生长良好的花卉植物。如玫瑰、紫穗槐、石竹和天竺葵等。其中紫穗槐,豆科紫穗槐属落叶灌木。又称为棉条、穗花槐。原产美国。广泛分布于中国东北、华北、河南、华东、湖北和四川等省(区)。丛生、枝叶繁密,是很好的水土保持植物。紫穗槐不仅耐寒、耐旱、耐湿,尤其耐盐碱、抗风沙,是抗逆性极强的灌木,在荒坡、道路、河岸、盐碱地均可生长。其根系发达,每丛可达20~50根萌条,平茬后一年生萌条高达1~2m,两年开花结果,种子发芽率70%~80%。

【盐皮质激素】(mineralocorticoid) 由肾上腺皮质球状带细胞分泌的类固醇激素。主要有脱氧皮质酮和醛固酮两种。其主要生理作用是促进肾小管重吸收钠而保留水,并排泄钾。与下丘脑分泌的抗利尿激素相互协调,共同维持体内水、电解质的平衡。其保钠排钾作用也表现在唾液腺、汗腺及胃肠道。在天然皮质激素中,醛固酮是作用最强的一种盐皮质激素。其理盐作用是等量糖皮质激素(皮质醇)的500倍。在正常生理状态下,由于糖皮质激素的分泌量很大,故在人体总的理盐效应中由糖皮质激素承担的约占45%,醛固酮也承担45%,另一种盐皮质激素脱氧皮质酮承担10%。平时每日醛固酮的分泌量很少,如因某种情况引起醛固酮分泌过多,其显著的钠水潴留及排钾效应则可引起低血钾、组织水肿、高血压。若盐皮质激素分泌水平过低会导致水钠流失和血压降低的症状。

【盐酸】(hydrochloric acid) 又称氢氯酸。氯化氢的水溶液。三大强酸之一。化学式 HCl。相对分子质量36.46。有毒。纯盐酸为无色液体,因其常含有杂质一般呈黄色。有刺鼻的酸味。是一种强酸,人们接触其蒸汽或烟雾,可引起急性中毒,出现眼结膜炎,鼻及口腔黏膜有烧灼感,鼻衄、齿龈出血、气管炎等。液态密度1.187g/cm^3(-84.9℃)。熔点-114.8℃。沸点-84.9℃。易溶于水。溶于乙醇、乙醚和苯。气态HCl干燥时化学性质很不活泼。碱金属和碱土金属可在其中燃烧。但不能与锌、镁、铁等较活泼的金属及大多数金属氧化物反应。潮湿时则很活泼,能与上述金属及氧化物反应。盐酸最高浓度可达43.4%,常用浓盐酸的浓度为38%。浓度20.24%的盐酸在110℃沸腾时组成不变,是共沸混合物。具有还原性。在工业上,是除硫酸之外的最重要的酸。工业上可用氢与氯直接化合制备;实验室可用浓硫酸与氯化钠反应制备。其具体制取方法是由氢气和氯气通入燃烧炉中燃烧,直接生成氯化氢气体,冷却后以水吸收而成。广泛应用于化学工业、石油工业、冶金工业和印染工业等。用于制造金属氯化物、氯乙烯、氯代烷、染料和化学药品,并用于油井酸化、食品加工、皮革、冶金、镀锌、镀锡和搪瓷工业中,还是重要的化学试剂。

【盐浴】(salt bath) 一种盐或几种混合盐在槽中加热熔化后,作为零件热处理加热或冷却用的介质。熔融温度随盐的种类或混合盐的组成而不同,可根据要求在极宽的温度范围内加以选择。常作为热处理淬火冷却介质。常用的有氯化物、碳酸盐、硝酸盐或其混合物。

【盐浴炉】(salt bath furnace) 用熔融盐液作为加热介质，将工件浸入盐液内加热的热处理炉。根据所需的工作温度，选用氯化钠、氯化钾、氯化钡、氰化钠、氰化钾、硝酸钠和硝酸钾等盐类作为加热介质。盐浴炉对工件的加热速度快，温度均匀。工件始终处于盐液内加热，工件出炉时表面会附有一层盐膜，所以能防止工件表面氧化和脱碳。可用于碳钢、合金钢、工具钢、模具钢和铝合金等的淬火、退火、回火、氰化和时效等热处理加热，也可用于钢材精密锻造时少氧化加热。加热时盐液挥发有害健康，必须通风排气。盐浴炉分为内加热和外加热两类。内加热又分为电极盐浴炉和电热元件盐浴炉两种。外加热式盐浴炉的金属炉罐放在炉膛内，用电或火焰进行加热。电极盐浴炉通过金属电极将低压、大电流引入炉内，电流流过盐液发热。盐液既是发热体又是工件的加热介质。电热元件盐浴炉，由金属槽、管状电热元件、搅拌器、隔热层和炉壳构成。这种炉通常使用硝盐，因此又称硝盐炉。盐浴炉的炉温一般在500℃左右。电极盐浴炉的温度可达1 000℃以上。

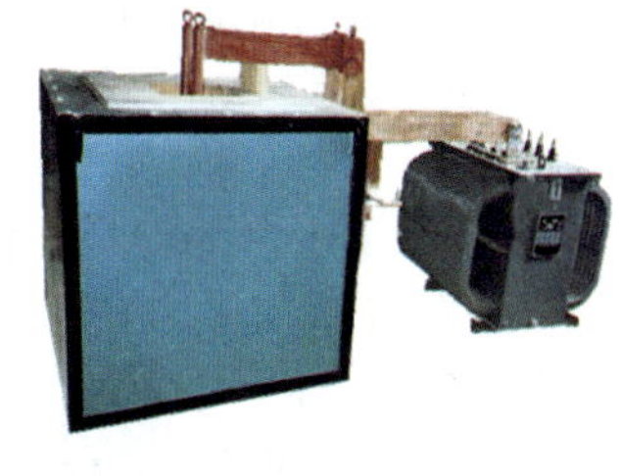
盐浴炉

【盐跃层】(halocline) 海水含盐度在铅直方向上短距离内呈现显著差异的水层。多发生在大洋表面水层被降水和融冰冲淡的海域。两种不同来源的水体重叠混合时，会产生大梯度的盐跃层。海水盐跃层的存在可导致海水密度的变化，还可影响声波在海水中的传播。

【盐渍土】(salty earth) 盐土和碱土，以及不同程度的盐化和碱化土壤的统称。在公路工程中盐渍土是指按表层1m以内易溶盐含量大于0.3%的土壤。按其易溶盐含量的不同可分为弱盐渍土、中盐渍土、强盐渍土和超盐渍土。按其化学成分的不同可分为氯盐渍土、硫酸盐渍土和碳酸盐渍土。氯盐渍土是指主要含有氯化钠和氯化钾，其次为氯化钙、氯化镁等易溶盐类的盐渍土。氯盐渍土吸湿影响深度，只限于表层，最大只有12cm。这一深度不足影响路基本体的稳定性，并且还有利于西北干旱地区的路基施工与养护。硫酸盐渍土是指化学成分主要为硫酸钠的的盐渍土。硫酸盐渍土最突出的工程地质问题是，当土中硫酸钠含量超过2%时，在低温条件下吸水结晶，体积膨胀，导致土体结构破坏，强度降低，造成路基冬季鼓胀和夏季下沉。碳酸盐渍土又称碱性盐渍土，简称碱土，是指化学成分主要含碳酸钠和重碳酸钠，具有强碱性反应的盐渍土。当土中碳酸钠含量超过0.5%时，碳酸盐渍土的膨胀率显著增大。

【颜料染色】(pigment dye) 见涂料染色。

【颜色】(colour) ❶由物体发射、反射或透过的光波通过视觉所产生的印象。人眼视觉的基本特征之一。不同波长的可见光引起人眼不同的颜色感觉。如：红$7.7\times10^{-7}\sim6.2\times10^{-7}$m；橙$6.2\times10^{-7}\sim5.97\times10^{-7}$m；黄$5.97\times10^{-7}\sim5.77\times10^{-7}$ m；绿$5.77\times10^{-7}\sim4.92\times10^{-7}$m；蓝－靛$4.92\times10^{-7}\sim4.55\times10^{-7}$m；紫$4.55\times10^{-7}\sim3.9\times10^{-7}$。但各色之间是连续变化的。发光物体的颜色，由它所发的光所含波长而定，称为光色。如果这光线由许多波长不同的单色光组成，则在人眼内引起由这些色光合迭而成的复色的感觉，称为加色混合。假如两种色光(单色光或复色光)以适当比例混合而使人眼产生白色的感觉，则这两种颜色称为补色。非发光物体的颜色(如颜料)，主要决定于它对外来照射光的吸收和反射情况。通常所谓物体的颜色，是指它们在白昼光照射下所显示的颜色。当两种颜料混合时，它们所显示的即为这两种颜料所共同反射的光线成分。例如将白昼光照射黄蓝两种颜料混合后的表面时，由于黄颜料能反射白光中的红、橙、黄和绿四种色光，而蓝颜料则吸收其中的红、橙和黄三种色光，结果使混合颜料显示绿色。这种颜色的混合与色光的加色混合不同，称为减色混合。一个对照射白光能完全反射的物体称为白体，而完全吸收照射光的物体称为黑体(绝对黑体)。一般的黑色物体则指在入射白光的各波长中，能均匀吸收其各单色光极大部分能量的物体；如果这一被吸收的部分不大(而反射部分较大)，物体就呈现出介于黑色和白色间的中性灰色。❷面貌，容貌。

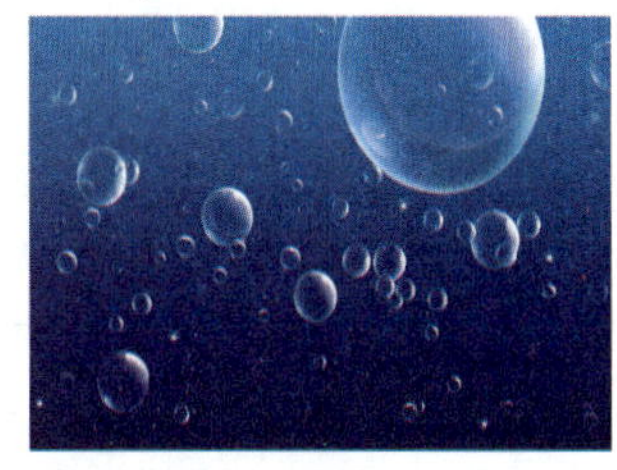
蓝色

【衍射】(diffraction) 波在传播过程中当遇到障碍物时能绕过障碍物的边缘而偏离了直线传播的现象。衍射的条件，一是相干波源(点波源)，二是波的波长大于或等于障碍物的线度。长波衍射现象明显，方向性不好；短波衍射现象不明显，方向性好。长波、短波是以波长与障碍物的线度相比较而言的。

【衍生物】(derivant) 有机化合物分子中的原子或原子团被其他原子或原子团取代所形成的化合物。如烃的衍生物有卤代烃、醇、醛、羧酸等，羧酸的衍生物有酰卤、酸酐、酯等。各类衍生物具有自己特有的化学性质。这主要是由取代的原子或原子团决定的。有些化合物既容易形成衍生物,也容易从衍生物复原为原化合物。这类化合物常有重要的应用。如醛在碱性条件下容易生成缩醛,而缩醛在酸性条件下又复原为醛,因此缩醛可用于保护醛。

【掩蔽剂】(masking agent) 化学分析中用以掩蔽干扰离子的试剂。加入这种试剂,经过一定的化学反应,可使干扰离子(物质)被掩蔽,不再干扰化学分析。常用的掩蔽方法有配合掩蔽、沉淀掩蔽、氧化还原掩蔽等。如掩蔽 Ag^+ 可用 CN^-、Cl^-、Br^-、I^-、SCN^-、$S_2O_3^{2-}$、NH_3 等,掩蔽 Al^{3+} 可用 EDTA、F^-、OH^-、柠檬酸、酒石酸、乙酰丙酮等。

【掩罩类】(falling gear) 由上而下扣罩捕捞对象的渔具。按其结构的不同可分为掩网和罩架两种类型;按其作业方式的不同可分为:抛撒、撑开、扣罩和罩夹四种形式。其中,抛撒又称撒网、天打网。小型圆锥形网具。顶端结一长绳,下网缘向内折成夹边作为网兜,并缚有沉子。在捕鱼时,将网撒成圆形,罩向水底,逐渐收拢,鱼进入网兜后起网。常用于内陆浅水区。罩是古代捕鱼的工具。一般由竹蔑等制成,近代已改为竹架铺上锥形网衣。

【眼、脑、肾综合征】(ocular-cerebral-renal syndrome) 仅发生于男性的以眼、脑、肾三部位发生症状的一种综合症。属伴性隐性遗传病。其临床症状是:白内障、发育障碍、佝偻病、肌张力低下、代谢性酸中毒、氨基酸尿和蛋白尿等。见于正常妊娠及分娩产出的男性儿童。其病程可分为三期:(1)新生儿期。仅见白内障。(2)出生后1月~1年间。出现代谢性酸中毒、氨基酸尿和佝偻病等。且呈进行性。持续数年。(3)代谢异常消失期。皮肤苍白;头围虽正常,但前额隆起;眼大,眼压亢进,具有巨大角膜等牛眼征。先天性白内障为双侧性。青光眼多见,年长儿可自愈。常见眼球震颤,高度智力障碍。全身肌张力显著低下,躯干、四肢关节松弛,呈过度伸屈性,深腱反射低下或消失。常有隐睾症。出生后数月至1年间渐显佝偻病征。股骨、胫骨和桡骨等远端关节肿胀,可见骨干部压痛与骨折。其多数病例因感染、肾功能不全、脱水症或电解质失衡而夭折于10岁前。幼儿期脑电图可见节律不整或癫痫波。其生化检查可见:存在多种肾小管功能障碍。肾小管性蛋白尿达50~4 000毫克/天,无浓缩稀释功能,尿沉渣中可出现红细胞、白细胞增加和颗粒管型。目前,对母亲的携带状态检查及生前诊断无成功病例。

【眼肌面积】(loin muscle area) 胴体中背最长肌横断面的面积。是评定胴体品质重要指标之一。于左胴最后胸椎处切开,用硫酸绘图纸,描绘出背最长肌横断面轮廓,再用求积仪计算其面积;在无求积仪时,可测量背最长肌横断面的高度与宽度,求其面积,公式为:眼肌面积 = 背最长肌横断面高度 × 背最长肌横断面宽度 ×0.7;也可用超声波扫描仪对活猪进行断层扫描,求其面积。眼肌面积与胴体瘦肉率呈正相关,通过选择增大眼肌面积,有利于瘦肉率的提高。

【眼内压】(intraocular pressure) 又称眼压。眼球内容物对眼球壁产生的压力。眼球内容物包括房水、晶体、玻璃体、血液。晶体和玻璃体相对稳定,因此眼压的波动变化主要受房水和血液的影响。眼压的作用主要是维持眼球形态、保持正常生理功能。因此眼压必须保持在恒定范围内。正常眼压为1.33~2.78kPa(10~21mmHg),两眼压差<0.53~0.67kPa(4~5mmHg),昼夜波动差<0.67kPa(5mmHg)。

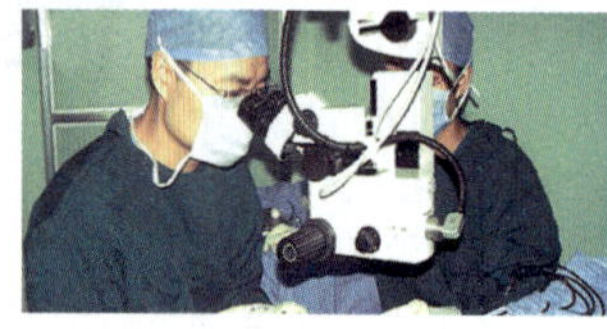

眼内压检查

【眼图】(eye figure) 利用实验的方法估计和改善传输系统性能时在示波器上观察到的一种特殊图形。观察眼图的方法是:用一个示波器跨接在接收滤波器的输出端,然后调整示波器扫描周期,使示波器水平扫描周期与接收码元的周期同步,这时示波器屏幕上看到的图形像人的眼睛,故称为眼图。从眼图上可以观察出码间串扰和噪声的影响,从而估计系统优劣程度。另外也可以用此图形对接收滤波器的特性加以调整,以减小码间串扰和改善系统的传输性能。眼图对于展示数字信号传输系统的性能提供了很多有用的信息:(1)观察码间串扰的大小和噪声的强弱。(2)直观地了解码间串扰和噪声的影响。(3)评价一个基带系统的性能优劣。(4)可以指示接收滤波器的调整,以减小码间串扰。

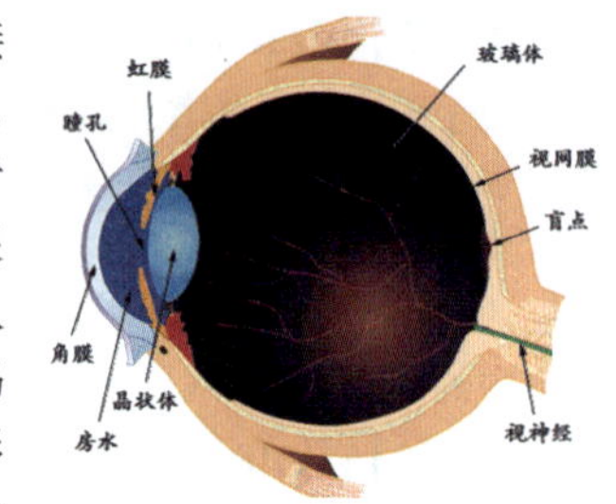

眼部结构

【演绎数据库】(deductive database) 具有演绎推理能力的数据库。人工智能研究的内容之一。通过一个数据库管理系统和一个规则管理系统来实现,研究如何有效地计算逻辑规则推理。为实现网络管理提供了技术途径。

【厌氧发酵】(anaerobic fermentation) 厌氧微生物在与没有分子态氧存在的情况下进行的发酵。适用于微生物作用于有机化合物的分解代谢。例如,发酵工业中的丙酮丁醇发酵,以及把有机废渣、垃圾密封在池中进行发酵以产生沼气等。

【厌氧呼吸】(anaerobic respiration) 见无氧呼吸。

【厌氧菌】(anaerobe) 一类只能在低氧分压的条件下生长,而不能在空气(18% 氧气)和(或)10% 二氧化碳浓度下的固体培养基表面生长的细菌。按其对氧耐受程度的不同可分为:专性厌氧菌、微需氧厌氧菌和兼性厌氧菌。是人体正常菌群的组成部分。广泛存在于人体皮肤和腔道的深部黏膜表面。在组织缺血、坏死,或者需氧菌感染的情况下,导致局部组织的氧浓度降低,才发生厌氧菌感染。可引起人体任何组织和器官的感染。其引起的症状有气性坏疽、破伤风和肉毒中毒等。抗厌氧菌类药物主要为硝基咪唑类,如甲硝唑和替硝唑等。

【厌氧膨胀颗粒污泥床反应器】(expanded granular sludge bed reactor, EGSB) 一种处理有机废水的厌氧反应器。由于反应器中废水有较高的上升流速,所以能够在较短时间内形成颗粒状的厌氧污泥。颗粒污泥层在运行时处于悬浮膨胀状态,使厌氧微生物能够与污水中的有机物充分接触,达到高效降解有机物、净化水质的目的。其特点是:反应器容积利用率高,有机容积负荷高,水停留时间短,可以缩小体积,抗冲击负荷能力强,污泥产量少、浓缩性和脱水性良好,构造简单、完全封闭,适用范围广。

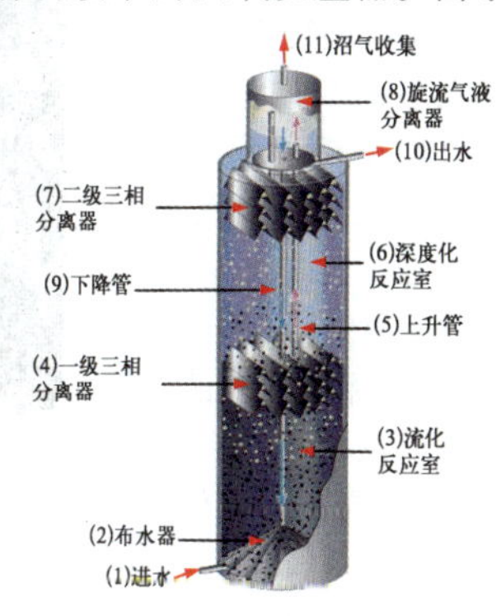

内循环厌氧反应器

【厌氧生物】(anaerobe) 生命代谢过程中不需要氧气氧化就能产生能量的生物。有氧气会抑制其生长。主要原因是其细胞内没有可以分解有毒性的过氧化物的降解酶,如酵母菌。厌氧生物能够在氧气不足或无氧气的情况下,完成生物化学反应,从而净化受到污染的水体。在污水处理中应用广泛。

【厌氧生物处理法】(anaerobic biological treatment) 无氧条件下利用兼性菌和厌氧菌分解稳定有机物以处理污水的方法。污水中复杂的有机物首先会被水解和产酸细菌分解,生成各种简单的有机物,如有机酸、醇类及 CO_2、NH_3、H_2S 等,使污水的 pH 值下降。此后,有机酸和溶解性含氧化合物的分解以及对有机酸的中和,污水的 pH 又回升。此时甲烷菌开始活动,将第一阶段分解产物继续分解为 CH_4 和 CO_2,使污水净化。厌氧分解不需另加能源,并可回收利用生物质能,产生沼气。但是存在反应速度慢、反应器容积大的缺点。

厌氧生物处理法

【验收测试】(acceptance testing) 发布或部署软件之前的最后一个测试操作。确保软件准备就绪,并可以让最终用户将其用于执行软件的既定功能和任务。是向未来的用户表明系统能够像预定要求那样工作。经一系列的前期测试后,已经按照设计把所有的模块组装成一个完整的软件系统,接口错误也已经基本排除了,接着就应该进一步验证软件的有效性。这就是验收测试的任务,即软件的功能和性能如同用户所合理期待的那样。验收测试既可以是非正式的测试,也可以是有计划、有系统的正试测试。有时,验收测试长达数周甚至数月,不断暴露错误,导致开发延期。一个软件产品,可能拥有众多用户,不可能由每个用户验收,此时多采用称为 α、β 测试的过程,以期发现那些似乎只有最终用户才能发现的问题。α 测试是指软件开发公司组织内部人员模拟各类用户对即将面市的软件产品,称为 α 版本进行测试,试图发现错误并修正。α 测试的关键在于尽可能逼真地模拟实际运行环境和用户对软件产品的操作,并尽最大努力涵盖所有 用户操作的方式。经过 α 测试调整的软件产品称为 β 版本。紧随其后的 β 测试是指软件开发公司组织各方面的典型用户在日常工作中实际使用 β 版本,并要求用户报告异常情况、提出批评意见。然后软件开发公司再对 β 版本进行改错和完善。一般包括功能度、安全可靠性、易用性、可扩充性、兼容性、效率、资源占用率、用户文档八个方面。

【验证机】(demonstration engine) 在型号机研制之前验证发动机总体方案的实验发动机。常用来验证发动机总体方案的性能、结构强度及加力燃烧室与主发动机之间和高低压压气机之间的匹配、各系统之间的协调性、初步的耐久性和可靠性。

【堰流】(weir flow) 具有自由面的水流越过各种形式堤堰的溢流形态。是自由面连续的明渠急变流,具有明显的水面降落,并伴有局部水头损失。主要研究水流流经堰的流量(Q)与其他特征量的关系。堰宽(b),即水流漫过堰顶宽度;堰顶水深H,即堰上游水位在堰顶上的最大超高;堰壁厚度(δ)和它的剖面形状;下游水深(h)及下游水位高出底坎的高度。按堰面形状和堰顶宽(δ)与堰上水头(H)比值(δ/H)的不同可分为:(1)薄壁堰。比值小于0.67。水流越过堰顶时,堰顶厚度不影响水流的特性。根据堰上的形状,有矩形堰、三角堰和梯形堰等。代表形式为尖顶堰的自由跌流,常被用来作为测流设备,堰口形状有矩形、三解形、半圆形等。(2)实用堰。比值介于0.67~2.5。堰顶厚度影响水舌的形状。其纵剖面可以是曲线,也可以是折线形。是常用的溢流坝面形式,如奥奇(Ogee)曲线,WES曲线(实用部面堰)等。有时为增大泄流能力,让堰面出现轻微负压,即真空剖面堰。此外,还有许多特殊形状的实用堰,如:拱坝溢流的瘦形堰,渠道引水的驼峰堰、侧堰等。(3)宽顶堰。比值介于1.0~2.5。堰顶厚度对水流的影响比较明显。常见于低水头砌石坝溢流段、灌溉引水渠道进口、施工围堰的临时过水缺口等。河床式水电站的泄水闸或过水断面束窄的明渠河段,因侧收缩的影响,其水面线与宽顶堰水面降落相似,称"无坎宽顶堰流"。

【堰塞湖】(barrier lake) 由火山熔岩、冰碛物、滑坡以及地震等形成的滑塌物堵塞河谷形成的湖泊。火山熔岩形成的湖泊又称为熔岩湖,冰碛物形成的湖泊又称为冰碛湖。由地震、泥石流和滑坡形成的湖泊又称为地震(泥石流、滑坡)堰塞湖。这类湖泊具有较大的不稳定性,一旦溃决会造成洪水灾害。其下游如果是人类活动高密区,必须对这类湖泊作出科学的灾害和环境评估并作出应对决策预案,或进行人为干预,实施爆破决口、泄洪等措施,以保证下游沿岸人类正常的生活和经济建设活动。当堰塞湖堵塞物质规模巨大且堆积物工程力学性质稳定时,则会形成一种新的湖泊景观,并可能形成新的小气候环境,一定程度改变当地生态系统的结构和演替规律。中国的堰塞湖多由山崩滑坡所形成的。多见于西藏自治区东南峡谷地区,且年代都很新近。如1819年在西姆拉西北,因山崩形成了长24~80km、深122m的湖泊。西藏自治区东南波密县的易贡错是在1990年由于地震影响爆发了特大泥石流堵截了乍龙湫河道而形成的。波密县的古乡错是1953年由冰川泥石流堵塞而成的。西藏自治区八宿县的然乌错是1959年暴雨引起山崩堵塞河谷形成的。中国台湾省是地震活动频繁的地区。1941年12月,嘉义东北发生一次强烈地震,引起山崩,浊水溪东流被堵,在海拔高度580m处溪流中,形成一道高100m的堤坝,使河流中断。10个月以后,上游的溪水滞积起来,在天然堤坝以上形成一个面积达6.6km^2,深160.0m的堰塞湖。最新的堰塞湖是2000年4月发生的西藏自治区易贡藏布大滑坡引起的。滑坡前的易贡湖盆地流淌着易贡河。它并不完全充满湖水,而是多余漫流呈网状分布,总面积只有26km^2,易贡河堵断后形成的易贡湖成为一个覆盖面积约33km^{2}的大湖。

堰塞湖

【焰色反应】(flame reaction) 某些金属或它们的化合物在无色火焰中灼烧时使火焰呈现特征颜色的反应。金属或它们的化合物被灼烧时,原子核外的电子吸收一定的能量,从基态跃迁到激发态,当激发态电子回到基态时,会释放出一定波长的光。焰色反应的特殊焰色,就是光谱谱线的颜色。因此可根据每种元素的特征谱线来判断某种元素的存在。如焰色黄色含有钠元素,洋红色含有锶元素,玉绿色含有铜元素等。焰色反应是物理变化,而不是化学变化。利用焰色反应,可在烟花中加入特定金属元素,使焰火更加绚丽多彩。

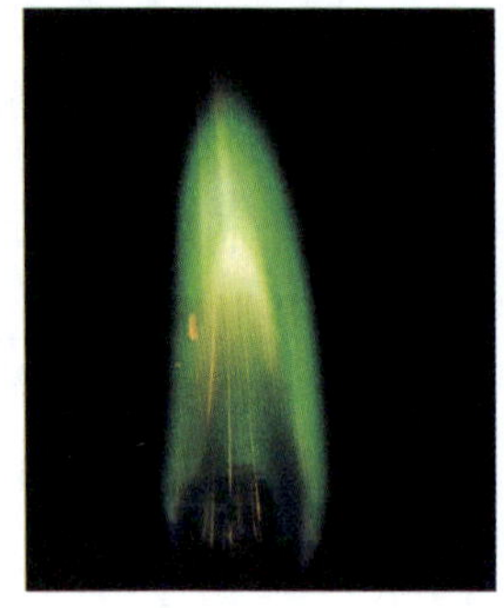
焰色反应

【扬沸】(boilover) 又称沸溢。油池火灾中出现的一种燃烧强度突然增大的燃烧现象。是含水重质油品在燃烧过程中水分突然蒸发造成的。通常重质油品中都含有一定量的水分。当将其长期存储在油桶或油罐中时,密度较大的水分便会沉在容器底部。这类容器着火时将会形成液面燃烧。在火焰的强烈加热下,油的温度逐渐升高,并不断将热量传递到底部的水中。当温度达到水的沸点时,水就会沸腾气化。由于水的沸点(约100℃) 比油低,当水气化时,其上部仍有较厚的油层,高压水蒸气将形成巨大的火柱,带着燃烧着的油喷向空中,并使油破碎成大量小滴。扬沸可导致火灾燃烧强度的提高,会造成火灾的迅速扩大。若其周围有其他可燃物或人员,极易造成巨大的损失。

【扬沙】(sand-blowing) 由于本地或附近尘沙被风吹起而造成的能见度明显下降、天空混浊的现象。多在北方的春季出现。扬沙与沙尘暴都是由于本地或附近尘沙被风吹起而造成的。共同特点是:能见度明显下降,出现天空混浊,两者大多在冷空气过境或雷雨、飑线影响时出现;所不同的是扬沙天气风较大,能见度在 1 ~ 10km 之间,而沙尘暴风力更大,能见度更小(小于 1km)。

【扬压力】(uplift pressure) 渗入建筑物及其地基内的水作用于计算截面上的向上的水压力。一般把渗水作用在缓倾角裂隙面或夹层面上的面力也叫扬压力。是浮托力和渗透压力的总和。它将减小建筑物有效重量,降低抗滑能力,是一种不利荷载。为此,常在建筑物及其地基内设置阻渗和排水设施以减小扬压力。坝底扬压力分布与基岩的节理、裂隙、断层、破碎带等的分布和防渗、排水设施情况有关,难以精确求得。各国均根据以往的大量观测资料,按如下方法近似确定实体重力坝的坝底压力分布:(1)坝基无防渗、排水设施,坝底扬压力为直线分布。(2)坝基有防渗帷幕和排水孔幕,坝底扬压力为折线分布。很多国家只采用一个折点,取在排水孔中心线与坝底相交处。

【扬子地台】(Yantze Platform) 位于中国境内,范围包括四川、云南、贵州、湖北、湖南等省大部分地区,陕西南部和广西北部,以及长江下游的安徽、江苏两省的部分地区在内的大地构造单元。地台的边缘有一些山脉环绕,如北侧的米仓山、大巴山,东侧的武陵山,西北缘的龙门山等。地台的基底为元古宙的变质岩系,变质年龄 17 亿 ~ 23 亿。约 8 亿年前后发生的晋宁运动形成了扬子地台的同一基底。新元古代为地台早期裂陷阶段,出现广布全地台的海相沉积盖层,并含有冰碛层。海相沉积一直延续到中三叠世。其中,在二叠纪中期地台西部有大规模的玄武岩喷溢。中三叠世开始的印支运动是海水撤出地台。长江下游部分与华北地台东部一起转变为活动大陆边缘,西部的四川盆地则保持稳定状态。扬子地台是中国最主要的磷矿分布区,四川西昌的钒钛磁铁矿和云南、长江中下游的铜、铁、锡等金属矿床在全国具有重要地位。

【羊背石】(sheepback rock) 又称羊背岩或鲸背岩。因岩石的形状酷似羊背而得名。是典型的冰川侵蚀地貌景观。当冰川向前向下运动时,对所过之处的基岩产生缓慢而持久的磨蚀作用。当遇到岩性较硬的基岩时冰流受阻而发生超覆且对迎冰面的基岩产生压蚀磨光作用,对背冰面产生拔蚀磨光作用。当冰川后退、显露出来的基岩形状就像匍匐在谷地中的羊群,长轴方向和冰川运动方向一致。羊背石的上游面光滑浑圆,下游面陡斜而粗糙且往往伴有新月形拔蚀裂口。地球中高纬度山岳冰川区存留的羊背石规模较小,但名副其实;而南北两极冰盖边缘分布的羊背石规模宏大,称为鲸背石或鲸背岩更为贴切。由于冰川在对基岩磨光侵蚀过程中或许夹有硬度比较大的冰碛砾石,可在羊背石面上形成道道冰川擦痕。羊背石及其擦痕是判定是否有古冰川作用以及古冰川作用规模的典型证据之一。

羊背石

【羊毛可洗整理】(wash finishing of wool) 又称羊毛防毡化处理。通过对于羊毛表面的鳞片处理,降低缩绒或毡化能力,经洗涤而不易变形的整理技术。可洗的标准是,在 40℃ 温度中洗涤 180min,其面积收缩尺寸小于 8%。采用氯化处理,侵蚀除掉部分羊毛的鳞片结构,在毛纤维表面施敷一层树脂薄膜,将羊毛鳞片空隙填实,表面变得平滑,减少鳞片之间的摩擦纠缠,防止毡缩。亦可在纤维表面沉积一些聚合物,使纤维彼此分开,或通过树脂官能基团与纤维交联,制止纤维位移产生摩擦。但氯化处理会造成羊毛的损伤,造成强力和重量下降,手感粗糙,弹性减弱,色泽泛黄。

【羊毛细化改性技术】(wool modification technology) 通过对羊毛纤维预处理、机械拉伸、化学定形,将毛条中的羊毛纤维拉细 3 ~ 4μm 的技术。轻薄化是毛织物发展的一个趋势。但超细羊毛供应紧张,价格昂贵。在 20 世纪 90 年代,澳大利亚联邦工业与科学研究院提出了将平均直径为 20 ~ 21μm 的羊毛用巯基乙酸钠或铵的溶液处理,打开羊毛结构中的二硫键,然后进行拉伸。15tex 的粗羊毛纱经过拉伸处理后,纤维的平均细度可以降至 17μm 左右,即相当于 10 ~ 11tex 支超细羊毛纱,可用于加工高档超轻薄型面料。在羊毛拉细的同时,羊毛纤维的强力增长 20%,长度增加 40% ~ 50%,具有更好的回弹性。拉伸羊毛织物不易起毛起球,呢面光洁,无刺痒感,透气性好,穿着舒适,易保养。

【羊毛纤维】(wool) 绵羊毛。纺织上最早利用的天然纤维之一。主要成分为角蛋白。截面为圆形或椭圆形,由外向内依次为鳞片层、皮质层和髓质层。鳞片层由片状细胞连续叠合而成,不仅具有保护作用,而且会影响羊毛的光泽、手感、天然卷曲和缩绒性等。皮质层连接于鳞片层下，一般由正皮质和偏皮质两种细胞组成，通常是双边分布，是羊毛卷曲的本质原因。髓质层结构松散，含有较大的气孔，几乎无强度和弹性。羊毛细度是确定羊毛品质和用途的最重要指标，其次是羊毛的长度。羊毛的强度低，手感柔软，光泽柔和，吸水性好。公定回潮率为15%。有天然卷曲，弹性好，表面的鳞片使其具有定向摩擦效应而产生缩呢。保暖性强，耐酸不耐碱，日光对其有破坏作用。可采用精纺系统、粗纺系统、半精纺系统和棉纺系统纺成纱线，也可与其他纤维混纺。最著名的是美利奴羊毛。

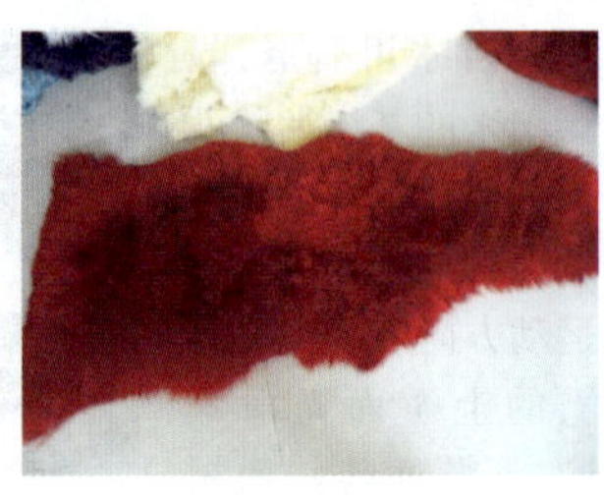
羊毛纤维

【羊水】(amniotic fluid) 怀孕时子宫羊膜腔内的液体。在整个怀孕过程中，是维持胎儿生命所不可缺少的重要成分。在胎儿的不同发育阶段，羊水的来源各不相同。在妊娠第一个三月期，羊水主要来自胚胎的血浆成分；之后，随着胚胎的器官开始成熟发育，其他诸如胎儿的尿液、呼吸系统、胃肠道、脐带、胎盘表面等，也都成为了羊水的来源。羊水的成分是：98%的水，另有少量无机盐类、有机物荷尔蒙和脱落的胎儿细胞。羊水的数量，一般来讲会随着怀孕周数的增加而增多。在20周时，平均是500 ml；到了28周左右，会增加到700 ml；在32～36周时最多，约1 000～1 500ml；其后又逐渐减少。因此，在临床上是以300～2 000ml为正常范围，超过了这个范围称为“羊水过多症”，达不到这个标准则称为“羊水过少症”。这两种状况需要特别注意。其作用有：在妊娠期，能缓和腹部外来压力或冲击，使胎儿不至直接受到损伤；能稳定子宫内温度，使不至有剧烈变化，在胎儿的生长发育过程中，胎儿能有一个活动的空间，胎儿的肢体发育不至形成异常或畸形；可以减少妈妈对胎儿在子宫内活动时引起的感觉或不适；羊水中还有部分抑菌物质，这对于减少感染有一定作用；在分娩过程中，羊水形成水囊，可以缓和子宫颈的扩张；在臀位与足位时，可以避免脐带脱垂；在子宫收缩时，羊水可以缓冲子宫对胎儿的压迫，尤其是对胎儿头部的压迫；破水后，羊水对产道有一定的润滑作用，使胎儿更易娩出。

【羊水过多】(polyhydramnios) 妊娠期羊水量超过2 000ml的现象。正常妊娠时羊水量随孕周增加而增多，最后2～4周逐渐减少。妊娠足月时羊水量约800ml。羊水过多时外观、性状与正常者并无异样。妊娠期羊水在胎儿与母体间不断交换，维持动态平衡。胎儿通过吞咽、呼吸、排尿、脐带等进行交换。当羊水交换失去平衡时，出现羊水量异常。羊水量超过25%合并胎儿畸形者，以中枢神经系统畸形(如无脑儿、脊柱裂)和消化道畸形(食道和十二指肠闭锁)最常见。急性羊水过多，常有压迫症状，孕妇感腹部胀痛，严重时不能平卧；慢性羊水过多，孕妇多能适应，无明显不适或轻微压迫症状。B超检查是检查羊水过多的重要方法，可测得羊水最大暗区垂直深度(羊水池)≥7cm，同时可了解胎儿发育情况。若羊水过多合并胎儿畸形，应及时终止妊娠。

【羊水过少】(oligohydramnios) 妊娠晚期羊水量少于300ml者。在羊水过少时，羊水呈黏稠、混浊、暗绿色。羊水过少使脐带和胎盘受压，胎儿宫内缺氧，直接影响围生儿预后。重度羊水过少(羊水量少于50ml)，围生儿死亡率可达88%。羊水的生成及其循环机制尚未明确。羊水过少可能与羊水产生减少或羊水吸收、外漏增加有关。其常见原因有：(1)胎儿泌尿系统畸形(如肾发育不全、肾缺如，输尿管或尿道梗阻致少尿、无尿，引起羊水过少)。(2)过期妊娠、妊娠期高血压疾病使胎盘功能减退，肾血流量降低，胎儿尿量减少，导致羊水过少。(3)胎膜早破使羊水外漏。羊水过少是胎儿危险的重要信号。此时，若胎儿足月应尽快终止妊娠。

【羊水栓塞】(amniotic fluid embolism, AFE) 在分娩过程中因羊水进入母体血液循环而引起的肺栓塞。可导致出血、休克和发生血管内凝血等一系列病理改变。是妇产科的一种少见而危险的并发症。其临床表现是：(1)呼吸循环衰竭。根据病情分为暴发型和缓慢型两种。前者是在前驱症状之后，很快出现呼吸困难、发绀，急性肺水肿时有咳嗽、吐粉红色泡沫痰、心率快、血压下降甚至消失。后者的呼吸循环系统症状较轻，甚至无明显症状。(2)全身出血倾向。部分羊水栓塞病人虽经抢救渡过了呼吸循环衰竭时期，继而出现DIC(弥漫性血管内凝血)。呈现以大量阴道流血为主的全身出血倾向，如皮肤、黏膜或注射的针眼处出血及血尿等，且血液不凝固。(3)多系统脏器损伤。全身脏器均受损害，除心脏外肾脏是最易受损害的器官。

【阳光工程】(sunshine project) 由中国政府运用公共财政支持，农业部、财政部、劳动和社会保障部、教育部、科技部、建设部从2004年起共同组织实施的，主要在粮食主产区、劳动力输出地区、贫困地区和革命老区开展的农村劳动力转移到非农领域就业前的职业技能培训示范项目的一项工程。按照“政府推动、学校主办、部门监管、农民受益”的原则组织实施。旨在提高农村劳动力素质和就业技能,促进农村劳动力向非农产业和城镇转移,实现稳定就业和增加农民收入的目的,以推动城乡经济社会协调发展,加快全面建设小康社会和社会主义新农村的步伐。

【阳光农业】(sunshine agriculture) 见物理农业。

【阳光纤维】(sunshine fiber) 一种吸收太阳辐射中的可见光与近红外线,反射人体热辐射,具有保温功能的阳光蓄热保温材料。该纤维以添加Ⅳ族过渡金属碳化物为主。例如含有碳化锆的纤维材料,可吸收阳光中2μm以下的可见光及近红外线进行热交换。同时,几乎100%反射由人体散发的波长约为10μm的热能,达到保温效果。用该纤维制成的服装,内温度比传统服装高2~8℃,即使在湿态下,也具有良好的吸光蓄热性能。

【阳离子改性涤纶长丝】(cation modified dacron filament) 在聚酯切片中引入带有极性基的间苯二甲酸二甲酯纺制而成的一种新型涤纶产品。其外观与普通涤纶长丝无区别。但采用了离子改性,不仅改善了纤维的吸色性能,而且使染料分子易于渗透,纤维容易染色,吸色率提高,吸湿性改善。这种纤维既保证阳离子易染,同时又增加了纤维的微孔,提高纤维上染率、透气性和吸湿性,从而进一步适应聚酯纤维的仿真丝化,使织物柔软,透气,舒适,抗静电,常温常压下可染。

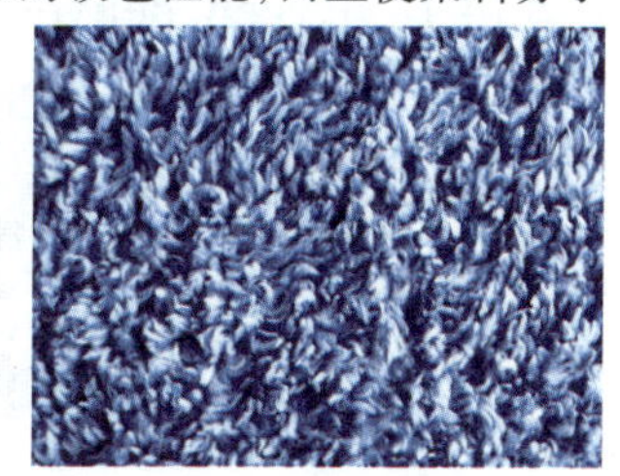
阳离子改性涤纶长丝

【阳陵泉】 中医穴位名。属足少阳胆经,本经合穴,八会穴之一,筋会阳陵泉。定位:在小腿外侧,当腓骨头前下方凹陷处。主治:半身不遂,下肢痿痹无力,膝股肿痛,胁肋痛,口苦,呕吐,黄疸,脚气,便秘,小儿惊风;肝炎,胆囊炎,胆道蛔虫症,肋间神经痛,坐骨神经痛,膝关节及周围软组织疾患,破伤风等。刺灸法:直刺1~1.5寸;艾炷灸3~5壮,或艾条灸5~10min。现代研究:针刺阳陵泉穴可使胆囊收缩,胆总管规律性收缩,排出胆道造影剂而进入十二指肠,并可促进胆汁分泌,对奥狄括约肌有明显的解痉作用和良好的镇痛作用。

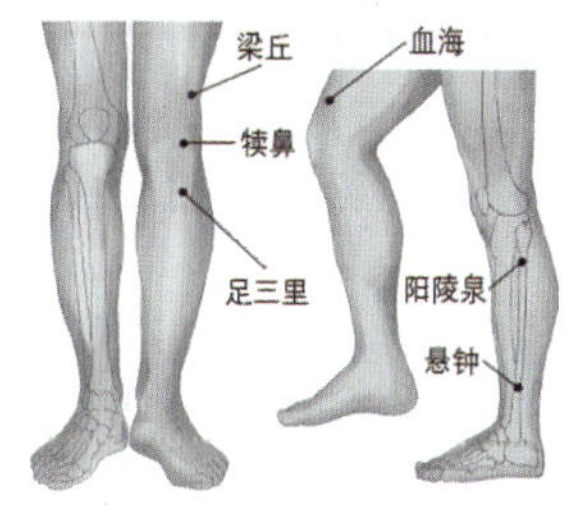

阳陵泉

【阳畦】(cold frame) 见冷床。

【阳性花卉】(heliophilous ornamental flower) 需要充足的阳光照射才能开花的花卉。必须生长在完全光照的条件下,不能够忍受任何蔽荫。如果光照不足,就会生长发育不良,不仅开花晚或不能开花,而且花色不鲜,香气不浓。多数露地1~2年生花卉和宿根花卉、仙人掌科、景天科和番杏科等多浆植物属于阳性花卉。如梅花、桃花、丁香、月季、玫瑰、木槿、紫薇、夹竹桃、向日葵、凤仙花、蜡梅、石榴、凌霄、仙人掌和荷花等。

荷花

【杨氏干涉实验】(Young's interference experiment) 英国物理学家托马斯·杨所做的光干涉实验。1801年托马斯·杨用一种特殊方式,让太阳光通过小孔射出又通过相邻两小孔(后来改用狭缝)。通过这两小孔的光相互干涉,因而在光屏上形成明暗相间条纹。该实验不仅证明了光的波动性,还可用以测定光的波长。

【养分归还学说】(theory of nutrient return) 又称归还学说。通过施肥把作物从土壤中摄取并随收获物而移走的那些养分归还给土壤的理论。由德国化学家、现代农业化学的倡导者李比希(1803~1873)提出。其核心内容是:(1)植物的原始养分只能是矿物质而不是其他任何物质。(2)植物不断从土壤中吸收矿质养分并将其带出土壤,致使土壤养分将越来越少直至贫瘠。(3)轮作倒茬的耕作制度虽能减轻和延缓土壤养分不断变得贫瘠的过程,也可使土壤养分利用更加协调,但不能从根本上避免土壤养分的耗竭。(4)如果要维持土壤中原有矿质营养水平,就必须以施肥的形式补充植物从土壤中带走的矿质营养,使土壤中的营养物质的损耗和归还达到一定的平衡。养分归还学说虽有其科学性,但也有其局限性。养分归还的数量和种类都不像养分归还学说提出的那样绝对化的等量归还,而是要根据作物种类和特性、土壤养分供应水平而定。这一学说对农业生产有重要指导作用,是恢复土壤肥力、培肥土壤和提高农业生产潜力的重要理论依据。

【养分生物有效性】(nutrient bio-availibility) 养分具有的能移动到植物根系附近被植物吸收利用的性质。主要受土壤肥力状况和理化特性的控制,同时又受作物根系吸收的影响。只有靠近作物根系表面的养分才可能被吸收。

【养分有效性】(nutrient availibility) 易被植物吸收利用的养分性质。一般指水溶性、交换性和易活化的养分。按其养分有效性的不同可分为:水溶性养分、代换性养分、缓释性养分、难溶性养分、土壤有机质和微生物体中养分。各种养分形态的转化是一个动态过程。养分供应的强度、数量和容量在平衡状态下求得。由于施肥、作物吸收及环境诸多因素的影响,各种不同形态的养分总处于不平衡状态。

【养神】 中医养生术语。调节意识思维活动以保养精神,达到健康长寿的目的。《素问·上古天真论》:"恬淡虚无,真气从之,精神内守,病安从来?"古代养生家认为清心寡欲,保养精神,不使外越耗散,是养生的要旨。

【养生】(life nurturing) 又称摄生、道生、保生。通过各种调摄保养以增强人的体质的行为。养生可以提高正气对外界环境的适应能力、抗病能力,从而减少或避免疾病的发生,使机体的生命活动处于阴阳协调、体用和谐、身心健康的最佳状态,延缓人体衰老的进程。养生对于预防疾病、提高人类健康水平和延年益寿有重要意义。

【养生十六宜】(preserve one's health sixteen-method) 中医养生方法。中医重视日常生活中的形体锻炼。十六宜的内容包括:发宜常疏,面宜多擦,目宜常运,耳宜常弹,齿宜数叩,舌宜舔腭,津宜数咽,浊宜常呵,腹宜常摩,谷道宜常提,肢节宜常摇,足心宜常擦,皮肤宜常干,背宜常暖,胸宜常护,大小便宜口勿言。

【养形】(vest to attain mental tranquility) 中医养生术语。保养身体,使之健壮不衰。《庄子·刻意》说:"吹呴呼吸,吐故纳新,熊经鸟伸,为寿而已矣。此导引之士,养形之人,彭祖寿考者之所好也。"调息、导引等是古代养形的重要方法。

【养性】(take good care of oneself temperament) 中医养生术语。精神、情性的调摄、修养。出《淮南子·俶真训》:"静漠恬淡,所以养性。"即淡泊无为之意,养性是养生的重要方面。

【养鱼八字经】(aquaculture experience) 实行"水、种、饵、管、密、混、轮、防"八字精养的科学养鱼方法。是中国池塘养鱼经验的科学总结。其中水、种、饵是水产养殖的基本条件。"水"是鱼类的生活载体,包括水源、水质、面积、水深、水温;"种"是指种苗的品质、规格、体质;"饵"是指要保证鱼类营养需要的饵料,包括饵料的质地、适口性、数量等;"密"是指成鱼养殖中鱼种放养要掌握好合理的密度;"混"是指要将多品种、多规格鱼类放在同一池中养殖,以此来发挥池塘立体效益;"轮"是指要实行轮捕轮放,提大养小、捕大放小,使鱼池保持稳定载鱼量;"防"是指要做好鱼病的防与治;"管"是指搞好日常管理工作。

池塘养鱼

【《养鱼经》】(《*on fish farming*》) 中国最早的养鱼文献。相传是春秋末范蠡撰,故又称《范蠡养鱼经》。现传世本出自《齐民要术》。全书叙述养殖鲤鱼方法,如池塘建造条件、放养时雌雄鱼搭配比例、养鱼密度、捕捞时间和经济收益等。颇有指导意义。现有古养鱼专书中尚有明黄省曾撰的《鱼经》,亦名《养鱼经》。它除介绍养鱼方法外,还记载19种常见鱼的形态和风味。

【氧供】(oxygen delivery) 又称整体氧供。单位时间内循环系统向全身组织输送氧的总量。广义地讲,氧输送与氧供两个概念可以互相通用;但严格来讲,二者还是有所不同。氧输送的氧是指由心脏泵入到体循环中的氧量,而氧供是指经过毛细血管输送到机体组织为新陈代谢所利用的氧量。

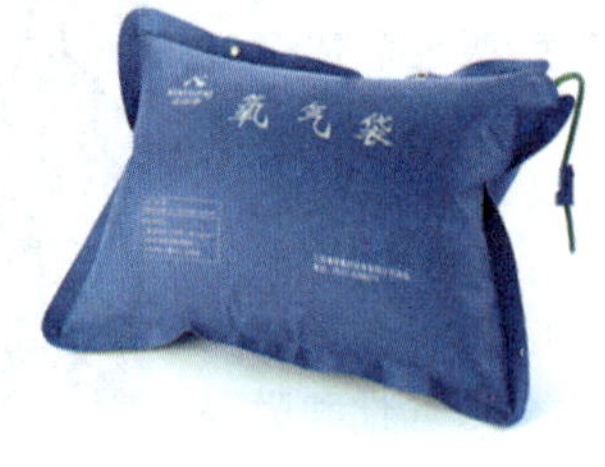

氧供

【氧化除气】(oxidizing degassing) 利用铜液中的氢、氧浓度存在着相互制约关系,向铜液中增氧,以降低氢含量的工艺方法。适用于紫铜以及铜-锡和铜-铅等合金。按照氧化介质的不同,分为吹氧和采用氧化剂两种氧化铜液的方法。前者是通过风管向熔池输送压缩空气或富氧空气,例如向铜液吹氧时,铜被氧化:$4Cu + O_2 = 2Cu_2O$,生成的 Cu_2O 溶于铜液中,与铜液中的氢发生反应:$Cu_2O + 2H = 2Cu + H_2O$,结果铜被还原,水蒸气从熔体中逸出。后者常用高温下不稳定的高价氧化物,如 MnO_2 和 KM_nO_4 等,加入铜液后的反应如下:$2MnO_2 = 2MnO + O_2$,$4KMnO_4 = 4MnO + 2K_2O + 5O_2$。产生的氧与氢生成水蒸气逸出。产生的低价氧化物 MnO、K_2O 不溶于铜液,可造渣除去。经氧化的铜液出炉前必须进行脱氧处理,以除去多余的氧。

【氧化除渣】(oxidation deslagging) 将金属熔体中的杂质氧化成渣或生成气体而排出的工艺方法。是去除一些杂质的有效方法。采用氧化精炼应具备三个条件:一是基体金属的氧化物能溶解于其自身金属液中,并能氧化杂质元素,即杂质元素对氧的亲和力大于基体金属对氧的亲和力。二是杂质元素氧化物不溶于金属熔体中。三是基体金属氧化物能被其他元素还原。氧化精炼过程是将含有杂质的金属熔体在氧化气氛下熔化,或将纯氧、空气或富氧空气导入熔池或熔池表面。或加入固体氧化剂如基体金属氧化物,使杂质元素氧化生成氧化物,或以固体析出,或溶入炉渣中,或以气体形式挥发而与熔体分离。如果生成的杂质氧化物是气态或不溶于铜液的固态物质,就能比较容易地除去,铜中的铝、锰、锌、锡和砷等元素可用此法除去。对于碱性氧化物,常加入酸性造渣剂如 SiO_2,形成稳定的渣,以利于排出。转炉炼铜和转炉炼钢均用这种方法进行精炼。

【氧化呼吸链】(oxidative respiratory chain) 又称电子传递链。电子传递和 ATP 形成的整个过程。真核生物 ATP 生成主要发生在线粒体中,营养物质代谢脱下的成对氢原子(2H),再通过多种酶和辅酶(或辅基)所催化的氧化还原连锁反应逐步传递,最终与氧结合生成水,同时逐步释放出能量。由于该过程与细胞呼吸有关,所以这一包括氧化还原组分的传递链称为氧化呼吸链。在氧化呼吸链中参与氧化还原作用的酶和辅酶(或辅基)按一定的顺序排列在线立体内膜上。其中传递氢的酶及辅酶(或辅基)称为递氢体。传递电子的酶及辅酶(或辅基)称之为电子传递体。传递氢也相当于传递电子(因 $2H = 2H^+ + 2e$),故递氢体也称为电子传递体。所以氧化呼吸链又称电子传递链。原核细胞的呼吸链位于质膜上,真核细胞的则位于线粒体内膜上。

【氧化还原】(redox) 见氧化还原反应。

【氧化还原法】(redox) 利用氧化还原反应把溶解在水中的有毒有害污染物转化成为无毒无害的新物质的方法。常用的氧化剂有氧、纯氧、臭氧、氯气、次氯酸钠、二氧化氯、三氯化铁、高锰酸钾、芬顿试剂、高铁酸盐等。常用的还原剂有铁、锌、锡、锰、亚硫酸氢钠、二氧化硫、石灰、焦亚硫酸盐等。

【氧化还原反应】(oxidation-reduction reaction) 一种物质的元素被氧化,同时另一种物质的元素被还原的反应。其本质是电子传递。在反应中一种物质失去电子,同时另一种物质必定得到电子;失去电子的作用是氧化,得到电子的作用是还原。电子得失的数目必相等。判断方法是:(1)有化合价升降的反应都是氧化还原反应。(2)有单质参加或生成的反应都是氧化还原反应。(3)复分解反应都不是氧化还原反应。

【氧化剂】(oxidizer) 在氧化还原反应里,得到电子或有电子对偏向的物质。由高价变到低价的物质。从还原剂处得到电子自身被还原变成还原产物。氧化剂和还原剂是相互依存的。氧化剂在反应里表现氧化性。氧化能力强弱是氧化剂得电子能力的强弱,不是得电子数目的多少。如浓硝酸的氧化能力比稀硝酸强,得到电子的数目却比稀硝酸少。含有容易得到电子的元素的物质常用作氧化剂。在分析具体反应时,常用元素化合价的升降进行判断,所含元素化合价降低的物质为氧化剂。一种物质是氧化剂还是还原剂,不是一成不变的,在特定的反应中,通常所说还原剂也可能是氧化剂,而氧化剂也可能变成还原剂。

【氧化磷酸化】(oxidative phosphorylation) 在结构完整的线粒体中,氧化时释放的能量供给 ADP 与无机磷合成 ATP 的偶联反应过程。线粒体内膜上镶嵌着按一定顺序排列的、由多种酶与其辅酶(或辅基)组成的递氢体和电子传递。体代谢物脱下的氢在线粒体内膜上经过一系列酶的作用,最后与激活的氧结合生成水,并释放出能量。这个过程即物质的氧化过程。而磷酸化是指物质氧化所释放的能量,使 ADP 二磷酸腺苷和 Pi 在 ATP 三磷酸腺苷合酶作用下合成 ATP 的过程。氧化磷酸化是体内获得 ATP 的主要方式。氧化是磷酸化的基础,而磷酸化是氧化的结果。

【氧化铝生产】(aluminum oxide production) 从铝土矿获得氧化铝的生产方法。主要有拜耳法和烧结法。拜耳法是奥地利人拜耳在 1887 ~ 1892 年发明的。世界上 95% 以上的 Al_2O_3 是采用此法生产的。但只适宜处理优质铝土矿。烧结法工艺流程复杂,能耗高,但能处理高硅铝土矿,如一水硬铝石矿等。(1)拜耳法。采用苛性碱 NaOH 与铝土矿中的 Al_2O_3 反应生成铝酸钠 $Na_2Al_2O_4$,再采用高温高压将其溶出。然后对铝酸钠溶液采用种分的方法分解得到氢氧化铝。即在种分槽内将氢氧化铝 $Al(OH)_3$ 晶种加入铝酸钠溶液,然后进行搅拌,使晶种与溶液接触、扩散,加速溶液分解,将分解得到的氢氧化铝经焙烧获得成品氧化铝。分解后的母液经蒸发、浓缩后用于在高温高压下溶出新的铝土矿。(2)烧结法。将铝土矿和纯碱按一定比例配料、研磨成生浆料,在窑内高温烧结成熟料，使铝土矿中的 Al_2O_3 与 Na_2CO_3 反应生成铝酸钠，能溶于水；使脉矿中的 SiO_2 与 CaO 生成硅酸钙渣，不溶于水。再将熟料用稀碱溶液湿磨溶出铝酸钠，形成粗液，去掉杂质后成为铝酸钠精液。然后向其中通入 CO_2 进行碳酸化分解，析出氢氧化铝。最后，经焙烧得到氧化铝。

【氧化锌压电电阻陶瓷】（zinc oxide voltage-sensitive ceramics） 以氧化锌为主晶相的半导体陶瓷。具有很好的电压－电流非线性，很宽的工作电压范围和良好的耐浪涌能力。用于晶体管、集成电路、电力变压、高压输变电线路等的过压及避雷保护装置。

【氧气】（oxygen） 元素周期表第二周期第 VIA 族元素。无色。无味。双原子分子气体。占干燥空气的体积比为 20.946%。元素符号 O。原子序数 8。相对原子质量 15.999 4。液态密度 1.419g/cm³（－183℃）。固态密度 1.426g/cm³（－252.5℃）。熔点 －218.4℃。沸点 －183℃。不溶于水、乙醇和有机溶剂。氧在地壳中丰度占第一位。电负性仅次于氟，所有化学元素都能与氧直接或间接化合生成各类氧化物。除了稀有气体、卤素及一些不活泼金属（如金、铂等）外，氧能与所有的金属和非金属直接反应。与活泼金属反应还可生成过氧化物和超氧化物，失去一个电子可生成二氧基正离子 O_2^+ 化合物。实验室可用氯酸钾或硝酸钾热分解制备，也可用重金属氧化物热分解或金属过氧化物与水和酸反应制备；工业上采用液态空气分馏方法制备。氧气是动物维持生命过程和燃烧过程的必要物质。广泛应用于冶金、化工、航天、环保等领域。

【氧气炼钢】（steel smelting with oxygen） 用氧气强化炼钢过程的总称。在转炉方面，有纯氧顶吹转炉炼钢、旋转式转炉炼钢、纯氧底吹转炉炼钢、纯氧侧吹转炉炼钢和富氧鼓风炼钢等。平炉炼钢中，用于强化燃料燃烧，或直接向熔池吹氧以加速反应，有时也在熔化初期用于切割并助熔料块。在电炉炼钢中，用于助熔炉料，加速脱碳。有时在冶炼高合金钢的还原初期，用以加速难熔合金的熔化。

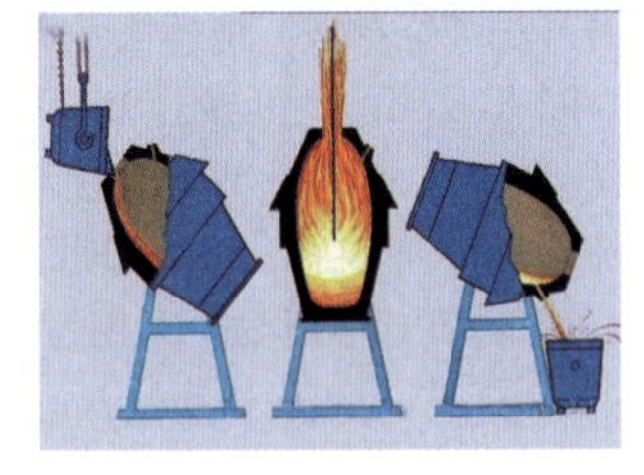

氧气炼钢示意图

【氧枪】（oxygen lance） 又称吹氧管、喷枪。顶吹转炉吹氧的装置。因其在高温下工作，所以采用循环水冷的套管结构。由喷头、枪身和尾部构成。喷头用紫铜制成，导热性能好。喷头内通高压水强制冷却。为使喷头在远离熔池池面工作时也能获得应有的搅拌作用，制成拉瓦尔型超声速喷头，采用收缩－扩张型喷孔，使气流速度在出口处达到超声速。最大限度地把氧气压力转变为动能，对加速化渣、减少喷溅和延长氧枪寿命起到良好作用。初期用单孔喷头，逐渐发展为多孔喷头。枪身由三层不锈钢同心套管构成。中心管通氧气，冷却水由中心管与中层管的间隙进入，从中层管与外层管的间隙排出。枪尾由氧气、冷却水的进出连接管头、提升氧枪的吊环和把持装置构成。氧枪由转炉附有的提升装置来控制。

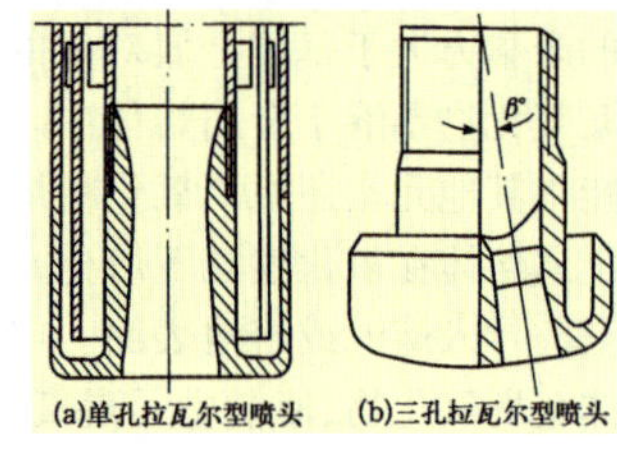

氧枪

【氧输送】（oxygen transport） 将空气中的氧输送到细胞内利用氧的部位派－线粒体的过程。包括肺通气、肺换气、氧在血液中的运输及氧在组织的释放共四个阶段。其中任何一个阶段发生障碍，都会引起缺氧。

【氧循环】（oxygen cycle） 氧在生物圈中的循环过程。生物圈中一种重要的物质循环。氧循环依靠光合作用驱动，与碳循环有着密切的联系。生物圈中的氧主要存在于空气中。空气中的氧的含量始终保持平衡，约占空气体积的 21%。在生物圈中，动植物的呼吸作用、有机物质的腐败、氧化等过程不断消耗大气中的氧，生成二氧化碳。同时，绿色植物的光合作用吸收大气中的二氧化碳，并将生成的氧气释放到大气中。在生物圈中，氧气对生物的生命活动是不可或缺的，氧元素也是生物体的主要组成元素，它在地壳和人体中的含量最高。当空气中氧的含量下降到 7%～8% 时，人就会昏迷、窒息，甚至死亡。

【氧中毒】（oxygen intoxication） 当吸入气氧分压过高时，动脉血氧分压随之增高而发生的高氧血症。血液与组织细胞间的氧分压差增大，加速氧的弥散，细胞获得过多氧而导致中毒。其发生取决于氧分压而并非氧浓度。在氧中毒时，临床上病人可出现胸骨后疼痛、咳嗽、呼吸困难、PaO_2 降低等症状。

【样本】（sample） 从总体中随机抽取部分有代表性的观察单位的变量实测值。为了保证样本的可靠性和代表性，需要采用随机化的方法抽取样本，以便总体中的每个个体都有同等的机会被抽取。在医学研究中，之所以常常采用抽样研究的方式获取样本，主要原因在于：(1)总体往往很大，若对总体进行调查，往往费时费力，在某些情况下也没有必要。(2)医学研究中某些试验本身有一定的破坏性，因此不可能对总体中每个对象均进行调查。利用统计学知识，透过样本数据对总体特征进行推断，是统计学的主要研究目的之一。

【腰阳关】 中医穴位名。属督脉。定位：在第四腰椎棘突下。主治：月经不调，遗精阳痿，腰骶痛，下肢痿痹；坐骨神经痛，神经性呕吐，盆腔炎等。刺灸法：针尖稍向上直刺0.8～1.5寸；艾炷灸3～7壮，或艾条灸5～20min。现代研究证实：电针腰阳关所产生的镇痛作用，以神经生化观察，主要是通过激发下行抑制，对痛觉冲动在脊髓内的传递进行控制和影响。另据报道，针刺腰阳关对于急性坐骨神经痛患者，可降低血清C－反应蛋白的含量，因而具有较强的镇痛作用。

【腰椎间盘突出症】(lumbar disc herniation) 又称髓核突出、腰椎间盘纤维环破裂。纤维环破裂后髓核突出压迫脊神经根而致腰腿痛的一种腰部疾患。腰椎间盘各部分，尤其是髓核，有不同程度的退行性改变后，在外界因素的作用下，椎间盘的纤维环发生破裂。髓核组织从破裂之处突出于后方或椎管内，导致相邻的组织，如脊神经根、脊髓等遭受刺激或压迫，从而产生腰部疼痛，一侧下肢或双下肢麻木、疼痛等一系列临床症状。

【摇臂】(arm) 安装并传动或驱动截割滚筒，靠上、下摆动调整截割滚筒位置高低的部件。在使用时，出现摇臂不升不降的原因主要有：(1)连接调高泵和操作阀的油管损坏或接头漏油。(2)油组不足，调高泵不能正常吸油。(3)调高泵吸入空气，不能正常排油。(4)安全阀弹簧松动，油压太低。(5)调高泵损坏。摇臂升起后又缓慢下降的原因可能是：(1)液压单向阀密封不严。(2)调高千斤顶中活塞密封损坏，两腔窜油。(3)油管中有接头漏油。

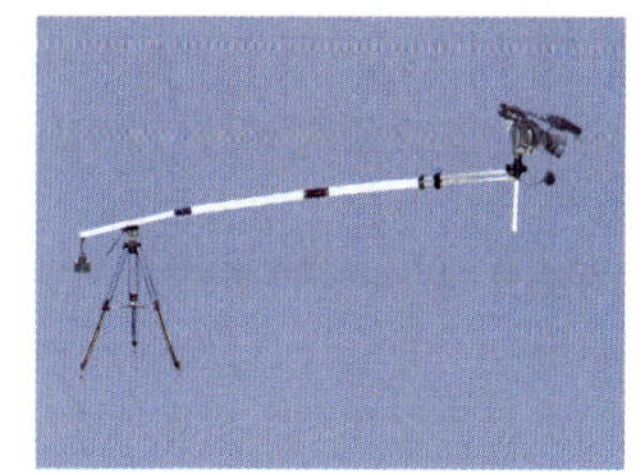

摇臂

【摇床培养】(shaking culture) 对好氧菌进行的震荡培养方法。保证好氧菌获得充足溶解氧的液体培养方法。在三角瓶中装入少量接过菌体的液体培养基，用8层纱布包住瓶口后，放置在合适的摇床上作有节奏的振荡，可保证瓶内的微生物良好生长和分泌代谢产物。摇床培养有往复式和旋转式两种。摇床上有架，可放置多个摇瓶；振荡频率和振幅均可调节；控温方式有外源型和内源型；导热方式有气传型和水传型。摇床培养广泛用于好氧菌的筛选和各种微生物的生理、生化研究等方面。

摇床培养

【遥测技术】(telemetry) 对被测对象的参数进行远距离间接测量的技术。由传感器测出被测对象的某些参数并转换成电信号，然后应用多路通信和数据传输技术将这些电信号传到远处遥测终端进行记录、处理和显示。遥测技术发展的显著特点是：遥测设备的集成化、固态化、模块化和计算机化。遥测技术在传输距离、数据容量、测量精度以及设备小型化等方面得到了长足发展，并在许多行业中广泛应用。

【遥测系统】(telemetry system) 一种将对象参量的近距离测量值传输至远距离的测量站来实现远距离测量的系统。其工作原理涉及信息采集、信息传输和信息处理等方面。实质上是一种多路数据传输系统。为了能用一个信道来完成多路信息传输，可采用多路传输技术。实际的遥测系统都是把被控对象所在地选作发送端，测量站作为接收端，两者之间通过通信设备用信道连接起来。发送端有传感、变换、采编、存储、记录重放和发送等设备。接收端有接收、解码、显示、记录和数据处理等设备。

【遥感】(remote sensing) 从不同高度的平台上收集物体的电磁波信息并对其进行加工处理、研究和应用的一种技术。不直接接触调查对象、不直接调查目标物体的形态、运动特征，而是利用对目标物体的电磁波特征进行的探测，达到对目标物体进行识别和监测的目的。处于热力学绝对温度零度以上的物体均有自发的电磁辐射，也对外源电磁辐射有特殊的反应，从而构成了自身特定的电磁波信息。利用飞机、火箭、人造卫星、宇宙飞船等携带的各类传感器，从远距离接收或探测目标物体的电磁波信息，并经过人工或计算机加工处理，转变为可运算数据或图形，供相关专业或综合性的研究使用。

【遥感地质】(remote sensing geology) 综合应用现代遥感技术来研究地质规律、进行地质调查和资源勘察的一种方法。从宏观的角度，着眼于由空中取得地质信息，即以各种地质体对电磁辐射的反应作为基本依据，结合其他各种地质资料及遥感资料的综合应用,以分析、判断一定地区内的地质构造情况。遥感地质工作的基本内容是:地面及航空遥感试验,发展适用于地质找矿、地质环境的遥感系统,进行图像、数字数据的处理和地质判释。遥感地质需要应用电子计算机技术、电磁辐射理论、现代光学和电子技术以及数学地质的理论与方法,是地质工作现代化的一个重要技术领域。

【遥感技术】(remote sensing technology) 感知远处地物目标或星体,即不和被测目标接触而探测和测量它的一些物理特性的技术。一切物体,视其种类和环境条件的不同,会有完全不同的电磁波反射或者辐射的波谱特性。通过遥感技术感知或收集到的信息,就是被物体反射或辐射的电磁波谱信息。把收集电磁波谱信息的感测仪器,称为“遥感器”,如相机、扫描器、雷达等。空间遥感技术是利用装置在航天器上的遥感器从空间感测由地面物体或星体反射或辐射的电磁波,再通过这些数据来获得对象物体或现象信息的技术。

【遥感平台】(remote sensing platform) 用于安置各种遥感仪器,使其从一定高度或距离对地面目标进行探测,并为其提供技术保障和工作条件的运载工具。现代遥感平台有气球、飞机、人造地球卫星和载人航天器等。对地观测的遥感平台应能提供稳定的对地定向,并对平台飞行高度、速度等有特定的要求,如平台姿态控制和安装精度的要求等。对于雷达类型的遥感器,则遥感平台还需提供安装天线、较大的电源功率等条件;对于热红外光谱段的遥感器,遥感平台还需要提供能满足遥感器冷到所需工作温度(制冷)的条件,如在卫星上提供安装辐射制冷器或其他制冷器的条件。遥感平台还应提供适合遥感器工作的环境,如振动和抖动小、电磁干扰小、温度在合适的范围内等。

遥感平台

【遥感图像判绘】(remote sensing image interpretation and mapping) 利用遥感图像影像特征,将地图上要表示的地形要素或其他目标判读并标绘出来的技术。判绘要使用规定的符号、颜色、文字把判读的内容描绘在像片、图纸或计算机屏幕上。是摄影测量工作的一部分。为摄影测量内业测图提供地面目标的位置和属性信息。主要用于测绘地形图、海岸带图或其他专题图。

【遥感图像信息融合】(image fusion) 将多源信道所采集到的同一目标的图像数据经过图像处理,最大限度地提取各信道中的有利信息,并综合成高质量的图像的技术。其目的是:提高图像信息的利用率,改善计算机解译的精度和可靠性,提升原始图像的空间分辨率和光谱分辨率。

【遥感卫星】(remote sensing satellite) 用作外层空间遥感平台的人造卫星。用卫星作为平台的遥感技术称为卫星遥感。遥感卫星能在规定的时间内覆盖整个地球或指定的任何区域,当沿地球同步轨道运行时,它能连续地对地球表面某指定地域进行遥感(见词条遥感技术)。通常,遥感卫星可在轨道上运行数年。卫星轨道可根据需要来确定。所有的遥感卫星都需要有遥感卫星地面站,卫星获得的图像数据通过无线电波传输到地面站,地面站发出指令以控制卫星运行和工作。遥感卫星主要有气象卫星、陆地卫星和海洋卫星三种类型。美国遥感卫星技术一直处于世界领先地位。从 1961 年发射第一颗气象卫星,到 1972 年发射第一颗陆地观测卫星,再到 1978 年发射第一颗海洋卫星,以及未来的“地球观测系统”,为世界遥感卫星技术的发展做出了重要贡献。俄罗斯过去遥感卫星发展常基于国防的需求,在很大程度上独立于世界其他遥感系统,自 20 世纪 80 年代末开始,俄罗斯政府采取积极行动,努力将俄遥感卫星系统融入世界遥感卫星系统。中国 1975 年 11 月首次发射返回式遥感卫星。最近的发射是在 2010 年 3 月 5 日,在酒泉卫星发射中心用“长征四号丙”运载火箭,将“遥感卫星九号”成功送入太空预定轨道。卫星主要用于科学试验、国土资源普查、农作物估产和防灾减灾等领域,将在中国国民经济建设中发挥积极作用。

【遥科学体系】(telescience system) 天地结合的实验研究系统。在 20 世纪 80 年代航天技术朝空间工业化方向发展时提出的新概念,包括天、地两部分,都有相同的研究、实验、加工和分析系统。利用太空中的航天员,实时与地面交换信息,用太空中的实验数据和结果指导地面上的类似实验;地面实验人员也可以不断向太空中的专家提出问题并设计新的实验项目。通过地面与太空中的对比实验,可以更深入地认识空间环境下的物理、化学现象,为空间产品加工生产开辟新途径。

【遥控技术】(telecontrolled technology) 对远距离的控制对象发送指令以实现某项动作或功能的控制技术。如“嫦娥”一号卫星的三次变轨等,均是遥控技术在航空航天领域的具体应用。遥控技术是在自动控制技术和通信技术基础上发展起来的。一般用无线电信道传输控制信息(指令),也可用光通信线路或有线电通信方法传输控制信息。遥控技术在工业过程控制、家用电器、无线电运动及儿童玩具等领域都有广泛的应用。

【遥控制导】(remote guidance) 由设在导弹以外的制导站控制导弹飞向目标的技术。制导站可设于地面、海上(舰艇)或空中(载机)。其主要功能是:跟踪目标和导弹,测量它们的运动参量,形成制导指令或控制导引波束。遥控制导的导弹制导系统主要有跟踪测量装置、制导指令计算装置、遥控传输装置和弹上控制执行装置等。遥控制导指令或导引波束指向的形成是构成遥控制导的重要环节。制导站内的计算装置,根据跟踪测量装置测得的目标和导弹的运动参量、选定的导引规律、对制导过程的动态要求和对制导精度的要求,形成制导指令。制导指令可用连续形式的微分方程组描述和计算,亦可用离散形式的差分方程组描述和计算。导引波束指向是根据制导站测得的目标运动参量形成的。它始终以波束中心指向目标,并形成等强信号线,导弹对目标的偏离就以它对等强信号线的偏离来度量。遥控制导有多种不同的分类方法,通常按所用装置的不同分为:(1)有线指令制导。是通过连结制导站和导弹的专用导线传输制导指令的一种遥控制导,多用于反坦克导弹。(2)无线电指令制导。是将制导指令经由发射天线以无线电波的形式发送到弹上的一种遥控制。(3)波束制导。又称驾束制导,是由制导站发出无线电或激光波束,作为制导基准,使弹上设备据此形成制导指令,控制导弹飞行的一种遥控制导。

【鳐】(ray) 鳃孔腹位的软骨鱼纲鳐形目,锯鳐目,电鳐目鱼类的统称。世界上有12科32属约284种。中国有9科14属约38种。体平扁。胸鳍前缘扩大与头侧相连成"体盘"。无臀鳍。眼和喷水孔背位。背鳍呈退化现象,后移至尾部。尾鳍衰退或消失。底栖。主食无脊椎动物。仅鳐科是卵生,余均为卵胎生。鳐属和电鳐目具发电器官。海产。少数进入淡水。肉可食用。肝可制鱼肝油。皮可制砂皮和皮革。鳐在欧洲是常见的商品食用鱼。

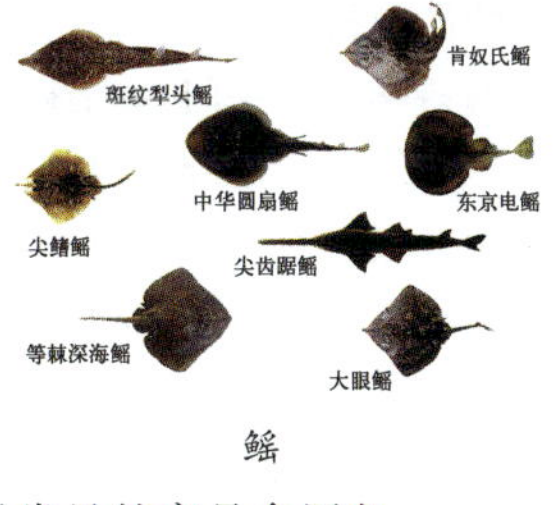

鳐

【咬合】(bite) 上颌牙与下颌牙发生接触的运动过程。由下颌运动来实现,是以神经为主导、肌肉为动力、以及颞下颌关节和𬌗的配合共同完成的动作。咬合接触的紧密程度与颌肌的收缩强度成正比,与肌功能及中枢神经的紧张有密切关系。咬合接触的规律是,正常𬌗的前牙是没有接触的,口颌系统以颞颌关节为支点,下颌支上所附丽的肌肉为力点,后牙接触为重点,构成第Ⅲ类杠杆,属于生物性杠杆,后牙受力而前牙无力。

【咬合重建】(occlusal reconstruction) 用修复或正畸的方法对牙列的咬合状态进行改造和重新建立。包括全牙弓𬌗面的再造,颌位的改正,恢复合适的垂直距离,重新建立正常的𬌗关系、骨骼关系及面部形态,使之与颞下颌关节及咀嚼肌的功能协调一致,从而消除因𬌗及骨骼异常引起的口颌系统失常和面部不协调,使口颌系统恢复正常的生理功能及面部的和谐美观。咬合重建的适应征有:错𬌗畸形患者,全牙列的牙重度磨耗、𬌗面形态破坏、咬合垂直距离降低而导致颌肌疲劳酸痛、颞下颌关节功能失常者,多数牙缺失、余留牙有严重磨耗、牙冠短小、垂直距离过低者,牙缺失、邻牙移位、对颌牙伸长导致𬌗失常而无法单纯用可摘义齿进行修复治疗者和口颌功能失常、用𬌗垫治疗已取得疗效需以永久性修复体巩固疗效者。

【咬合调整】(occlusal adjustment) 通过对牙齿的调磨或戴用某种装置来引导𬌗力沿牙长轴传导,使所有牙正中𬌗位时均有接触,使正中关系与牙尖交错位协调一致从而建立尖牙保护𬌗或组牙功能𬌗的治疗方法。临床可以通过戴用𬌗垫、临床调𬌗、截短或调磨重度伸长牙和选磨不均匀磨耗等方法来实现。𬌗垫是由丙烯酸树脂制成的,能帮助诊断咬合异常和确定治疗计划,是一种保守性的治疗方法,又是一种诊断性的治疗方法。临床调𬌗需要按一定步骤进行,应首先消除正中关系𬌗干扰,然后消除侧向前伸𬌗干扰,以免反复调整而影响工作效率。对于重度伸长牙可以首选调磨,如果仍不能解决问题,可对其做根管治疗后将牙冠截短,从而恢复正常𬌗曲线。当𬌗面出现不均匀磨耗现象时,有必要将尖锐边缘磨低、磨圆钝,以利修复。

【咬合诱导】(occlusive guidance) 在牙齿发育时期引导牙齿沿咬合的正常生理位置生长发育的方法。在儿童从第一颗乳牙萌出开始到全部恒牙建立咬合为止的漫长发育过程中,牙齿能否排列到正常的生理解剖位置,常常受到许多因素的影响,这些因素包括龋病、乳牙滞留、口腔不良习惯、乳牙早失、前后牙反𬌗等。如能早期采取措施引导牙齿恢复正常位置,对儿童的正常发育及身心健康十分有利。

【药材生产质量管理规范】(good administration practice for medicinal materials, GAP) 药材生产质量管理的基本准则。为贯彻《中华人民共和国药品管理法》,规范中药材生产过程，保证中药材质量符合规定，以满足制药企业和医疗保健事业的需要，国家药品监督管理局制定了《中药材生产质量管理规范》（简称中药材 GAP）。该规范从保证中药材质量出发，控制影响药材质量的各种因素，规范药材各生产环节乃至全过程，以达到药材真实、优质、稳定、可控的目的。其基本内容包括：总则、产地生态环境、种质和繁殖材料、栽培与饲养、采收与产地加工、包装、运输和储藏、质量管理、人员及设备、文件及档案管理、附则等。所谓中药材的生产全过程，以植物药材为例，包括从种子经过不同阶段的生长发育到形成商品药材（产地加工或初加工的产物）为止，一般不包括饮片炮制，除非在产地生产中已形成饮片。规范的研究对象是生活的药用植物、药用动物及其赖以生存的环境（包括各生态因子），也包括人为的干预，它既包括栽培、饲养物种（品种），也包括野生物种。

【药代动力学房室模型】（pharmacokinetic compartment model） 为预测药物在体内的动力学过程，从数学的角度把机体概念化为一个系统，并按动力学的特点将系统分为若干房室来进行研究的一种设计模型。房室是组成模型的基本单位，是根据药代动力学特点而划分的。应当指出，房室模型只是进行药物动力学分析的抽象概念，并不代表人体的具体器官组织。但人体各组织器官只要药物在其间的转运速率相同，则被归纳为一个房室。所以房室概念又与体内各组织器官的生理学特性（如血流量、膜通透性、与药物的亲和力等）有一定的联系。确定模型由几个房室组成和结构是药代动力学分析的一个重要问题。药物进入体循环，迅速（通常指 1～2min）均匀分布至全身，在血液与各组织器官之间保持动态平衡。此时整个机体可视作一个房室，称之为一室模型。若在平衡前有分布过程，然后逐渐与各器官组织之间保持平衡，此时把机体视作多室模型。二室模型是把身体分为二个房室，即一个中央室与一个外周室相连接的模型。其划分与人体组织器官相联系的地方在于：前者是药物首先进入的区域，包括血液及心、肝、肾、脑、腺体等血管丰富、血流通畅、易于转运的内脏组织。药物可以在数分钟内分布到整个中央室。后者一般是血管分布少、血流缓慢的组织，包括脂肪、皮肤或静止状态的肌肉等。药物进入外周室缓慢。对于一个具体药物是属于哪种房室模型的药物，要根据实验结果（药物浓度－时间曲线）进行具体分析。力学模型能够定量的描述药物载体内的动态变化规律。主要应用于预测药物在器官组织中药物浓度及代谢产物的经时过程和药物处置在动物间的外推（动物类比法），已经成为近代药理学和毒理学中一个重要组成部分。

【药峰浓度】（peak concentration） 用药后所能达到的最高血浆药物浓度。血药浓度－时间曲线上的最大血药浓度值。与药物的临床应用密切相关。其达到有效浓度才能显效，而如高出了安全的范围则可显示毒性反应。此外，药峰浓度还是衡量制剂吸收和安全性的重要指标。

【药峰时间】（drug peak time） 又称峰时。在给药后人体血浆药物浓度曲线上达到最高浓度所需的时间。药峰时间短，表示药物吸收快、起效迅速，但同时消除也快；而药峰时间长，则表明药物吸收和起效较慢，药物作用持续时间也往往延长。是应用药物和研究制剂的一个重要指标。

【药剂催芽】（pharmacy pregermination） 见催芽。

【药剂等效性】（pharmaceutic equivalence） 同一药物相同剂量制成同一剂型，但非活性成分不一定相同，在含量、纯度、含量均匀度、崩解时间、溶出速率符合同一规定标准的制剂。药剂等效性没有反映药物制剂在体内的情况。是药物制剂质量的重要指标。是新药开发与研究的基本内容。是药物制剂生产、流通与使用时的最低质量要求。

【药剂学】（pharmaceutics） 研究药物配制理论、生产技术以及质量控制等内容的综合性应用技术学科。其基本任务是：研究将药物制成适宜的剂型，保证以质量优良的制剂满足医疗卫生工作的需要。由于方剂调配和制剂制备的原理和技术操作大致相同，将两部分合在一起论述。现代药剂学有很大发展，还包括生物药剂学、物理药剂学等。

【药理学】（pharmacology） 研究药物与机体相互作用及其规律和作用机制的一门学科。是研究药物的学科之一。是研究人体内药物代谢和药物效应的科学。是一门为临床合理用药防治疾病提供基本理论的医学基础学科。药理学与基础医学、临床医学有着广泛而密切的联系。是医学教育的一门重要课程。药理学是以生理学、病理学、生物化学、微生物学和免疫学等知识来解释药理作用，又为内科学、外科学、妇产科学和儿科学等临床学科的合理用药提供理论依据。是基础课与临床课间的桥梁课程。德国人施米德贝尔（O. schmiedeberg，1838－1921）首创的实验药理学成为近代药理学的基础。其研究内容包括药效学和药动学两个方面。前者研究在药物影响下机体细胞功能如何发生变化，称为药物效应动力学；后者研究药物本身在体内的过程，即机体如何对药物进行处理，包括药物的吸收、分布、生物转化和排泄，称为药物代谢动力学。药理学研究的三大范畴是：(1)指导临床用药。(2)评价药物疗效。(3)研究开发新药物。

【药酶】(drug metabolism enzyme) 在药物的代谢中起着重要催化作用的一种酶。药物在进入人体后，一方面影响机体而产生药理作用，同时也被机体进行代谢处置。大多数药物主要通过代谢转化而丧失其药理活性，并成为水溶性高的物质排出体外。药物的代谢过程由一系列酶促反应来完成。参与的酶有两大类，即微粒体酶和非微粒体酶。前者主要存在于肝脏、肺、肾、小肠、胎盘和皮肤等部位。肝脏微粒体酶活性最高，主要是催化药物等外源性物质的代谢，所以又称药物代谢酶，简称药酶。微粒体酶的特异性低，能对脂溶性高的化合物发挥作用，参与不同药物的氧化、还原、水解和结合反应。微粒体酶中最主要的是混合功能氧化酶系。其中细胞色素P-450最重要。该酶与一氧化碳结合后在波长450nm处有最大吸收峰而得名。其含量的多寡、活性的高低可反映混合功能氧化酶代谢转化能力的高低。后者存在于血浆、胞液及线粒体中。这些酶特异性高，对特异结构的药物才起作用，如血浆中的胆碱酯酶、线粒体内的单胺氧化酶等。受这些酶生物转化的药物虽然较少，但对药物作用的影响是重要的。

【药敏试验】(drug sensitive test) 细菌对药物敏感试验的简称。用于测定自新鲜标本中分离出的菌株对于某些药物(如抗生素)是否敏感，以辅助临床选择药物。最常用的药敏试验是纸片法。即将浸有定浓度的不同种类抗生素，分别贴在涂满待检查菌株的琼脂板上，孵育一定时间后，根据纸片周围抑菌环直径的大小，判断该菌株对药物的敏感程度，从而选择有效药物进行治疗。

药敏试验

【药品非临床研究质量管理规范】(good laboratory practice for medicinal materials, GLP) 药品非临床研究质量管理的基本准则。为提高药品非临床研究(即实验室实验研究阶段)的质量，确保实验资料的真实性、完整性和可靠性，保障人民用药安全，根据《中华人民共和国药品管理法》，国家药品监督管理局制定了《药品非临床研究质量管理规范》(简称GLP)。药品非临床研究是指为评价药品安全性，在实验条件下，用实验系统进行的各种毒性试验。包括单次给药的毒性试验、反复给药的毒性试验、生殖毒性试验、致突变试验、致癌试验、各种刺激性试验、依赖性试验及评价药品安全性有关的其他毒性试验。

【药品干燥失重测定】(determination of drug loss on drying) 对药品在规定的条件下，经干燥后所减失重量的测定。干燥后主要减失的是水分和结晶水，但也包括其他挥发性的物质如乙醇等。干燥失重的检查，应根据药品组成的性质、含水情况，选择适当的方法进行测定。常用的检查的方法有：(1)常压恒温干燥法。又称烘干法。是指将药品放在烘箱中，在规定温度下进行干燥。适用于受热较稳定药品的测定。(2)干燥剂干燥法。将药品置于干燥器内，利用干燥器内储放的干燥剂，吸收药品中的水分，干燥至恒重。适用于受热易分解或挥发的药品检查。常用的干燥剂有硅胶、五氧化二磷、硫酸等。(3)减压干燥法。是指在一定温度下，减压干燥的方法。适用于熔点低、受热不稳定及较难赶除水分的药品检查。(4)热分析法。是测定物质的物理化学性质与温度关系的仪器分析方法。

【药品管理法】(Drug Administration Law) 又称《中华人民共和国药品管理法》。调整药品监督管理，保证药品质量，增进药品疗效，以保障人民用药安全、维护人民身体健康和用药的合法权益的法规。药品生产企业、药品经营企业、医疗单位的药剂管理、一般药品管理、特殊药品管理(麻醉药品、医疗用毒性药品、精神药品、放射性药品、戒毒药品等)、药品的包装、分装、商标、广告以及药品监督管理的单位等必须遵守本法。《中华人民共和国药品管理法》自1984年9月20日第六届全国人民代表大会常务委员会第七次会议通过，1985年7月1日起施行，对于保证药品质量、保障人民用药安全发挥了重要作用。为加强药品监督管理制度，《药品管理法》于2001年2月28日第九届全国人民代表大会常务委员会第二十次会议修订，从2001年12月1日起施行。药品管理法是调整国家药品监督管理机关、药品生产企业、药品经营企业、医疗单位和公民个人在药品管理、生产及使用活动中产生的法律关系的基本法律。因此，该法明确指出，国家卫生行政机关、工商行政管理机关、司法机关、药品生产企业、药品经营企业、医疗单位以及公民必须遵守和执行。它是衡量国家药品管理活动是否合法的标准，也是制定各项药品管理具体法规的依据。药品管理法的实行，标志着中国药品的生产、经营活动步入法制轨道。

【药品缓释技术】(medicine delayed release technology） 使药物有效成分随着基质的融化缓慢而均匀地从基质中释放出来的技术。其药力均衡发挥作用24～36h。该技术的出现，使药品的服用剂量大大减少。为了维持药品在身体中的浓度和持续时间，原来药剂的使用量最常见的是每次2～3片、每日3～4次，现在可以做到每次1片、每天1～2次。很多药品一个疗程的剂量只需6片。剂量减少，降低了药品成本。

【药品经营质量管理规范】（quality control standard in pharmaceutical products） 药品经营质量管理的基本准则。它适用于中华人民共和国境内经营药品的专营或者兼营企业。要求药品经营企业在购、储、运、销等环节实行质量管理，建立质量体系，并使之有效运转。药品经营质量管理规范内含药品经营管理职责、人员培训、设施和设备、进货与验货、陈列与储存、销售与服务等管理规范。

【药品临床试验管理规范】（good clinical practice，GCP） 药品临床试验管理的基本准则。为了保证药品临床试验过程规范，结果科学可靠，保护受试者的权益并保障其安全，根据《中华人民共和国药品管理法》，国家药品监督管理局制定了《药品临床试验管理规范》（简称GCP）。GCP是临床试验全过程的标准规定，包括方案设计、组织、实施、监督、稽查、记录、分析总结和报告。其基本要素是：伦理委员会、知情同意书、申办者的职责、监察员的职责、研究者的职责、数据处理、统计分析、资料保存归档、质量保障、附则等。

【药品批号】（drug batch number） 《药品生产质量管理规范》第八十五条的解释为："用于识别'批'的一组数字或字母加数字。"第六十九条对"批"的解释为："在规定的限度内具有同一性质和质量，并在同一连续生产周期中生产出来的一定数量的药品为一批。"

【药品生产质量管理规范】（standard manufacturing puality for pharmaceutical products，GMP） 药品生产质量管理的基本准则。适用于药品制剂生产的全过程、原料药生产中影响成品质量的关键工序。GMP的基本内容包括：机构与人员、厂房与设施、设备、物料、卫生、验证、文件、生产管理、质量管理、产品销售与收回、投诉与不良反应报告、自检、附则等。

【药品有效期】（drugs valid） 药品被批准的使用期限。其含义为药品在一定储存条件下，能够保证质量的期限。其表示方法，按年月顺序，一般可用有效期至某年某月。如有效期至2003年6月，说明该药品到2003年7月1日即开始失效。《药品管理法》还规定，在药品的包装盒或说明书上都应标明生产批号、生产日期和有效期。进口药品也必须按上述表示方法用中文写明。

【药品质量标准】（drug quality standard） 国家或地区对药品的质量和检验方法所作的技术规定。是药品生产、供应、使用以及管理部门共同遵循的法定依据。属于强制性标准。药品必须符合国家药品质量标准。凡药品不符合药品质量标准的均不得出厂、不得销售、不得使用。对保障人民用药安全、有效具有重要作用，也是药品现代化生产和质量管理的重要组成部分。所有从事药品生产、经营、使用、检验、科研的单位和个人均应遵循药品标准。其制定必须坚持质量第一，充分体现"安全有效，技术先进，经济合理"的原则。药品质量的检验方法是：选择应根据"准确、灵敏、简便、快速"的原则；既要考虑实际条件，又要反映出科学性强、技术先进而又不脱离生产实际。

【药膳】（medicinal dietary） 以药物和食物为主要原料，经过科学烹饪加工制成的一种具有食疗作用的膳食。它既不同于一般的中药方剂，又有别于普通的食品，是一种兼有药物功效和食品特征的特殊膳食，属于功能性食品，在保健、养生、康复中有很重要的作用。可以使食用者既能得到营养和能量，又能滋补身体，促进疾病康复。

药膳粥

【药食兼用资源】（medicinal and edible resource） 广泛作为食物原料，但同时又具有类似药物的某些特性，对某些疾病起到一定的预防或者治疗作用的农、林、水产资源。药食兼用资源除具有营养功能之外，同时还兼有性能不同的保健作用。这种作用源自其自身所含有的功能性成分。中国卫生部公布的77种药食两用中草药名单：乌梢蛇、蝮蛇、酸枣仁、牡蛎、栀子、甘草、代

罗汉果

代花、罗汉果、肉桂、决明子、莱菔子、陈皮、砂仁、乌梅、肉豆蔻、白芷、菊花、藿香、沙棘、郁李仁、青果、薤白、薄荷、丁香、高良姜、白果、香橼、红花、紫苏、火麻仁、橘红、茯苓、香薷、八角茴香、刀豆、姜、枣、山药、山楂、小茴香、木瓜、龙眼肉(桂圆)、白扁豆、百合、花椒、芡实、赤小豆、佛手、杏仁、昆布、桃仁、莲子、桑葚、莴苣、淡豆豉、黑芝麻、黑胡椒、蜂蜜、榧子、薏苡仁、枸杞子、麦芽、黄荆子、鲜白茅根、荷叶、桑叶、鸡内金、马齿苋、鲜芦根、蒲公英、益智、淡竹叶、胖大海、金银花、余甘子、葛根和鱼腥草。

【药物靶标】(drug target) 体内具有药效功能并能被药物作用的生物大分子。如某些蛋白质和核酸等。编码靶标蛋白的基因也被称为靶标基因。事先确定靶向特定疾病有关的靶标分子是现代新药开发的基础。选择药物作用靶标要考虑两个方面:(1)靶标的有效性。即靶标与疾病确实相关,并且通过调节靶标的生理活性能有效地改善疾病症状。(2)靶标的副作用。如果对靶标的生理活性的调节不可避免地产生严重的副作用,那么将其选作药物作用靶标是不合适的。

【药物半衰期】(medicine half-lifetime) 血浆中药物浓度下降到一半所需的时间。以符号 $T_1/2$ 表示。绝大多数药物按一级动力学规律消除,因此其半衰期有固定的数值,不因血浆浓度高低而改变。某些药物在体内变为活性代谢物,其半衰期值可能与其母体的不同。

【药物崩解度】(drug disintegration) 使用药典规定的检测装置,在一定条件下测得的某些剂型药物全部崩解并通过筛网所需时间的限度。通常是指片剂和丸剂。所用崩解介质通常是水、人工肠液或人工胃液。测定温度为 37±0.5℃。是衡量药品质量的指标之一。

【药物崩解剂】(drug disintegrating agent) 能使片剂药物在胃肠液中迅速裂碎成细小颗粒的物质。可使功能成分迅速溶解吸收,发挥作用。这类物质大都具有良好的吸水性和膨胀性,从而实现片剂的崩解。除缓控释片以及某些特殊用途的片剂以外,一般的片剂中都应加有崩解剂。常用的崩解剂有:干淀粉、羧甲基淀粉钠、低取代羟丙基甲基纤维素、交联聚乙烯吡咯烷酮和泡腾崩解剂。干淀粉吸水性较强且有一定的膨胀性,较适用于水不溶性或微溶性物料的片剂,但对易溶性物料的崩解作用较差。羧甲基淀粉钠是一种白色无定形的粉末,吸水膨胀作用非常显著。低取代羟丙基甲基纤维素是一种白色或类白色结晶粉末,在水、乙醇中不溶,崩解后的颗粒较细小。交联聚乙烯吡咯烷酮在水中迅速溶胀,并且不会出现高黏度的凝胶层。泡腾崩解剂是一种专用于泡腾片的特殊崩解剂。最常用的是由碳酸氢钠与枸橼酸组成的混合物。遇水时,上述两种物质连续不断地产生二氧化碳气体,使片剂在几分钟之内迅速崩解。

【药物不良反应】(adverse drug reaction) 正常剂量的药物用于预防、诊断、治疗疾病或调节生理机能时出现的有害的和与用药目的无关的反应。包括副作用、毒性反应、后遗效应和变态反应。可以是预期的毒副反应,也可以是无法预期的过敏性或特异性反应。在物质使用中,还包括用药所致的不愉快的心理及躯体反应。其发生机理比较复杂,归纳起来可分为甲型和乙型两大类。前者是由于药物的药理作用增强所致。其特点是:可以预测;一般与药物剂量有关;其在人群中的发生率虽高,但死亡率低。后者是与正常药理作用完全无关的一种异常反应。其特点是:通常很难预测,常规毒理学筛选不能发现,虽然其发生率较低,但死亡率较高。

【药物肠肝循环】(enterohepatic circulation of drug) 由肝脏排泄的药物,随胆汁进入肠道再吸收而重新经肝脏进入全身循环的过程。是药物在体内的一种特殊的药动学现象。其可以提高药物的肝靶向性和药物的利用效果。具有肠肝循环的药物,可使血药浓度下降减慢,延长作用时间。

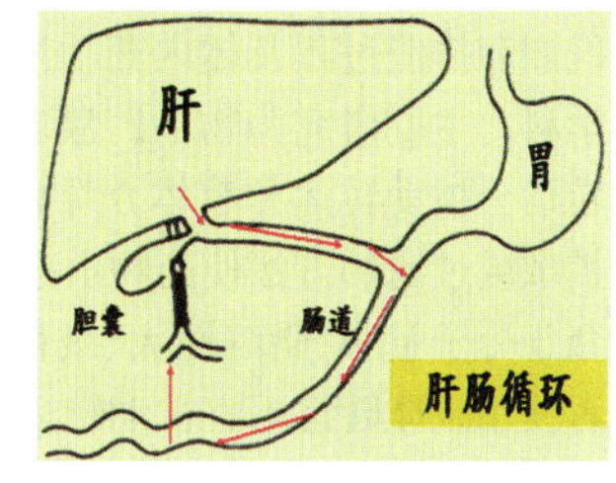

药物肠肝循环

【药物穿透促进剂】(drug penetration enhancer) 具有穿透皮肤屏障的效力,可提高局部用药的透皮量的物质。一般促进剂可与水形成氢键缔合物而具有脂溶性和水溶性,又具有高度的穿透性和载运能力。因此,若于外用制剂里加入适量促进剂,可以大大提高药物透皮吸收效果,明显增加局部药物浓度的达峰时间和达峰值,从而提高药物的疗效。常用的皮肤穿透促进剂有:二甲基亚砜、二甲基乙酰胺、二甲基甲酰胺、二甘醇单乙基醚、丙二醇、四氢糠醇以及氮酮等。

【药物次生代谢物】(drug secondary metabolite) 由次生代谢产生的一类细胞生命活动或植物生长发育正常运行的非必需的小分子有机化合物。其产生和分布通常有种属、器官、组织以及生长发育时期的特异性。可分为苯丙素类、醌类、黄酮类、单宁类、萜类、甾体及其甙和生物碱七大类。按其生源途径的不同可分为酚类化合物、类萜类化合物和含氮化合物(如生物碱)等三大类。

【药物代谢】(drug metabolism) 又称药物生物转化。药物进入机体后,在生物体内进行的吸收、分布、生物转化和排泄等过程。是机体对药物进行处置的一个不可缺少的重要环节。通过生物转化这一环节可以产生四方面的结果:(1)转化成无活性物质。(2)产生有毒物质。(3)将活性物质转化为其他活性物质。(4)将原来无活性物质转化为有活性物质。机体内的物质代谢主要在肝脏。多数药物在肝脏要经过不同程度的结构变化,包括氧化、还原、分解、结合等方式。经过代谢,其药理作用被减弱和消失。只有少数药物经过代谢才能发挥治疗作用。有些药物可诱导肝微粒体酶的活性增强,称酶促作用,从而使药物代谢加速,导致药效减弱。如苯巴比妥、苯妥英纳,可使双香豆素、糖皮质激素、雌激素代谢加快,药理作用减弱。

【药物代谢动力学】(pharmacokinetics) 药学的一个分支。研究药物在机体内的吸收、分布、代谢和排泄过程及体内药物浓度随时间变化规律的学科。主要研究药物的跨膜转运和药物吸收。跨膜转运分被动转运和载体介导转运。前者指运用简单扩散或过滤的方法使药物由高浓度向低浓度转移,适合于分子量小、脂溶性大、极性小、非离解型药物;后者使用载体转运不宜被动转运的药物,无论是逆浓度差转运还是膜泡转运,都需要消耗一定的能量。药物吸收包括多种方式:胃肠给药(口服、舌下、直肠)、注射(肌肉注射、静脉注射)和其他途径(吸入、皮肤渗透等)。这些都是药物代谢动力学研究的范围。

【药物对照品】(drug reference substance) 国家药品标准中用于鉴别、检查、含量测定、杂质和有关物质检查等标准物质。是国家药品标准不可分割的组成部分。国家药品标准物质是国家药品标准的物质基础,是用来检查药品质量的一种特殊的专用量具。是测量药品质量的基准;也是作为校正测试仪器与方法的物质标准。在药品检验中,是确定药品真伪优劣的对照,是控制药品质量必不可少的工具。

【药物分布】(drug distribution) 药物通过全身循环转运到各器官、组织的过程。药物在动物体内的分布多呈不均匀性,而且经常处于动态平衡,各器官、组织的浓度与血浆浓度处于平衡体系。药物分布到外周组织部位主要取决于四个因素:(1) 药物的理化性质。如脂溶性和相对分子质量等。(2) 血液和组织间的浓度梯度。因为药物分布主要以被动扩散方式。(3) 组织的血流量。(4) 药物对组织的亲和力。

【药物分析】(drug analysis) 药学的一个分支。运用化学、物理学、生物学以及微生物学的方法和技术研究化学结构已经明确的合成药物或天然药物及其制剂质量的学科。是分析化学在药学中的应用。药物分析也研究有代表性的中药制剂和生化药物及其制剂的质量控制方法。

【药物峰浓度】(peak concentration, cmax) 血药浓度-时间曲线上的最大血药浓度值,即用药后所能达到的最高血浆药物浓度。药峰浓度与药物的临床应用密切相关。药峰浓度达到有效浓度才能显效,而如高出了安全的范围则可显示毒性的反应。此外,药峰浓度还是衡量制剂吸收和安全性的重要指标。

【药物负荷量】(drug loading dose) 服用药物前静脉注射的一种用药方式以减短达到最适宜浓度所需时间的药量。药物都有个最适宜的治疗浓度,而服用药物后,血液中的药物浓度并不是瞬间就达到最佳浓度的,而是有一个吸收的过程。为了使血药浓度在较短的时间内达到最适宜浓度,临床上往往先静脉注射一定剂量的药物。由于这些药物是直接注入血液的,所以能够在较短时间内将血药浓度提升到最适宜的治疗浓度。静脉注射的这部分药物剂量称之为负荷量。

【药物附加剂】(drug additive) 又称辅料。药物制剂中除主药以外的一切附加材料的总称。要求其对人体无毒无害、无副作用,且化学性质稳定,不易受温度、pH 值、保存时间等因素影响;与主药无配伍禁忌,不影响主药的疗效和质量检查;不与包装材料相互发生作用。药剂学中的附加剂有多种。如液体制剂常用附加剂有:增溶剂、助溶剂、潜溶剂和防腐剂等。

【药物个体差异性】(individual differences of drug) 不同病人对同一种药物的反应存在着量或质的差异的现象。即使病人的年龄、性别和生活条件完全相同,对于同一剂量的同一种药物也可有不同反应。其表现形式有三种:(1) 高敏性。有些人对某些药物的作用比一般人敏感,使用小量药物就能产生很明显的药理作用,用量稍大就可出现中毒反应。(2) 耐受性。有些人对某些药物的敏感性较低,使用一般常用量时药理作用极不明显,甚至用到最小中毒量也能耐受。是人体对于这种量反应的另一极端。(3) 特异质。有些人对某种药物的反应和该药通常所表现的作用完全不同。对于一般人,即使应用中毒剂量也不会出现这种反应,是人体对于药物反应这种质上的不同。特异质病人使用某种药物后所出现的反应,称特异质反应。

【药物谷浓度】(blood trough concentration) 对连续给药的药物,给药间期的最低血药浓度。通常的血药浓度监测结果都是指多次用药达稳态后药物的谷浓度数值。对于血液动力学不稳定者,应增加监测谷浓度次数,以预防出现药物毒性。能够帮助医生判断用药过量或不足。如喹诺酮类的毒副反应与药物峰浓度有关,而氨基糖苷类抗生素的毒副反应则与药物谷浓度有一定相关性。

【药物过敏性口炎】(allergic medicamentosus stomatitis) 药物通过口服、注射或局部涂搽、含漱等不同途径进入机体内,使过敏体质者发生变态反应而引起的黏膜及皮肤的变态反应性疾病。严重者可累及机体其他系统。药物过敏多为1型变态反应。其临床表现是:水肿、充血、红斑、糜烂以及大量渗出等。其临床诊断依据是:(1)问诊。发病前用药,用药和发病时间有因果关系。(2)为突然发生的急性炎症。口腔黏膜红肿、红斑、起疱及大面积糜烂、渗出等。皮肤有红斑、疱疹及丘疹等病变。(3)停用可疑致敏药物后,病损很快愈合。其临床治疗方法有:(1)首先找出并停用致敏药物。(2)给予抗组胺药以抑制炎症活性介质的释放,降低机体对组胺的反应,减少各种过敏症状。如氯苯那敏(扑尔敏)。(3)10%葡萄糖酸钙加维生素C作静脉注射,可增加血管的致密性,减少渗出,减轻炎症反应。(4)肾上腺皮质激素的应用。(5)病情特别严重时,给予肾上腺素0.25~0.5mg皮下注射。但有心血管系统疾病、甲亢及糖尿病的患者禁用。(6)为了预防继发感染,必要时谨慎选用一种抗生素。但应注意所选药物与致敏药物在结构上应不相似,以免引起交叉过敏反应。(7)中医辨证施治。宜清热利湿,凉血疏风。方剂可用柴胡、防风、五味子、乌梅、甘草各9g,水煎服。(8)口腔局部以对症治疗及预防继发感染为主。

【药物含量均匀度】(drug content uniformity) 小剂量片剂、膜剂、胶囊剂或注射用无菌粉末等制剂中的每片(个)含量偏离标示量的程度。含量均匀度检查法是用来确证小剂量的单一剂量单位药物制剂的含量是否均匀的试验方法。凡检查含量均匀度的制剂,不再检查重(装)量差异。其检查方法是:除另有规定外,取供试品10片(个),照各药品项下规定的方法,分别测定每片以标示量为100的相对含量X,求其均值X和标准差S以及标示量与均值之差的绝对值A($A=|100-X|$)。如$A+1.80S\leqslant15.0$,即供试品的含量均匀度符合规定;若$A+S>15.0$,则不符合规定;若$A+1.80S>15.0$,且$A+S\leqslant15.0$,则应另取20片(个)复试。根据初、复试结果,计算30片(个)的均值X、标准差S和标示量与均值之差的绝对值A。如$A+1.45S\leqslant15.0$,即供试品的含量均匀度符合规定;若$A+1.45S>15.0$,则不符合规定。

【药物和基因纳米载体材料】(medicine and gene nano carrier material) 以纳米颗粒作为药物和基因转移载体而制成的材料。纳米颗粒作为基因载体具有如下显著优点:能包裹,浓缩,保护核苷酸,使其免遭核酸酶的降解;比表面积大,具有生物亲和性,易于在其表面耦联特异性的靶向分子,实现基因治疗的特异性;在循环系统中的循环时间较普通颗粒明显延长,不会像普通颗粒那样迅速地被吞噬细胞清除,让核苷酸缓慢释放,有效地延长作用时间,并维持有效的药物浓度,提高转染效率和转染产物的生物利用度;代谢产物少,副作用小,无免疫排斥反应等。其具体做法是:将药物、DNA和RNA等基因治疗分子包裹在纳米颗粒之中或吸附在其表面,同时,也在颗粒表面耦联特异性的靶向分子。通过靶向分子与细胞表面特异性受体结合,在细胞摄取作用下进入细胞内,实现安全有效的靶向性药物和基因治疗。药物纳米载体具有高度靶向性、药物控制释放、提高难溶药物的溶解率和吸收率的优点,可以提高药物疗效和降低毒副作用。该技术是纳米生物技术的重要发展方向之一,给恶性肿瘤、糖尿病和老年性痴呆等疾病的治疗带来变革。

【药物精神依赖性】(psychic dependence of drug) 又称心理依赖性。反复应用某药或某些嗜好,一旦停止后会感到不适的现象。如饮酒、吸烟、长期用通便药等,但并不会出现严重的病理状态。能够引起身体依赖性(成瘾性)的药物主要有麻醉性镇痛药类,如吗啡、度冷丁、可待因、美散痛等;催眠药类,如巴比妥类、水合氯醛等;此外,还有苯丙胺、可卡因、印度大麻等。成瘾性最强且对人体危害最大的药物是麻醉性镇痛药,如鸦片、吗啡和海洛因等。在患者发生急性心梗或心绞痛时,使用吗啡和度冷丁要注意防止病人成瘾。

【药物累加效应】(additive effect of drug) 药物的作用具有累加甚至协同效应的现象。如一项新的普伐他汀二级预防研究显示,阿斯匹林与他汀类药物的作用具有累加甚至协同效应,增加这两种药剂的剂量每年能够阻止成千上万例死亡病例。

【药物量效关系】(dose - respones relationship) 在一定的范围内,药物的效应与其在靶部位的浓度之间的关系。一般成正相关,而后者决定于用药剂量或血中药物浓度。因此,应定量地分析与阐明两者间的变化规律。当改变化学物质给机体的投与量时,机体反应的出现频度和反应强弱的程度,是依据剂量而发生变化。其研究有助于了解药物作用的性质,也可为临床用药提供参考资料。

【药物流产】(medical abortion) 用药物而非手术终止早孕的一种避孕失败补救措施。目前临床应用的药物为米非司酮配伍米索前列醇,终止早孕完全流产率90%以上。药物流产适应证有:(1)妊娠<49天,年龄<40岁的健康妇女,本人自愿。(2)B超确诊为宫内妊娠。(3)人工流产高危因素者,如疤痕子宫、哺乳期、宫颈发育不良。(4)多次人工流产史,对人工流产有恐惧和顾虑者。服药后应严密观察。服药过程中可出现恶心、呕吐、腹痛、腹泻等消化道症状。流产后出血时间长、出血多是药物流产的主要副反应,极少数人可发生大出血,因此必须在有正规抢救条件的医疗机构进行。

【药物耐受性】(drug tolerance) 人体对药物反应性降低的一种状态。按其性质的不同可分为先天性和后天获得性两种。前者对药物的耐受性可长期保留,多与这类患者体内某些药物代谢酶过度活跃有关;后者往往是连续多次用药后才发生的,增加剂量后可能达到原有的效应,停止用药一段时间后,其耐受性可以逐渐消失,重新恢复到原有的对药物反应水平。容易产生耐受性的药物有硝酸甘油、安定等。为了避免药物耐受性的产生,关键要合理用药,而且要在医生指导下,根据病情需要用药。

【药物首过效应】(first passed effect) 又称首过作用。药物被吸收后未到达全身循环之前即被代谢的现象。按首过器官的不同可分为:(1)肝首过效应。口服药物后即可发生,如果静脉或舌下给药则可避免。(2)肠道首过效应。(3)具有肺首过效应的只有极个别药物,如氯仿等。

【药物纤维】(medical fiber) 将药物或中草药的提取物通过某种方式加入到纤维中而制成的纤维。这种纤维中的药物通过织物与皮肤的接触或摩擦散发,达到治疗保健的功效,避免和减轻全身药物反应,实现穿衣治病的目的。药物纤维的开发技术有:(1)用共混方法把药物掺入纤维内。这是开发药物纤维的最简单的方法。此方法主要适用于化学纤丝,而对于天然真丝纤维则不适用。(2)对纤维进行改性、浸药。通过对纤维的改性,使纤维形成多孔性,或具有亲油性,或具有化学结合能力,从而增加对药物的吸附性。(3)对纤维进行接枝,即选择具有反应基的纤维,或者在纤维中引入具有反应基的官能团,纺成纤维后则具有离子交换能力。当纤维浸入含药物功能组分的溶液时,官能团相互作用结合,聚合物纤维侧链上就会接上具有药物功能的基团。(4)采用微胶囊技术。即将药物制成微胶囊,再把微胶囊充填到中空纤维内部,利用微孔纤维填埋微胶囊的方法,开发微胶囊药物纤维。

【药物相互作用】(drug interaction) 一药物的作用由于其他药物或化学物质的存在而受到干扰,使该药的疗效发生变化或产生药物不良反应的现象。即产生协同(增效)、相加(增加)、拮抗(减效)作用。合理的药物相互作用可以增强疗效或降低药物不良反应,反之可导致疗效降低或毒性增加,还可能发生一些异常反应,干扰治疗,加重病情。现代治疗很少使用单一药物,几乎都是少则2~3种、多则6~7种同时应用,难免发生药物相互作用。如近几年来,许多抗过敏药如特非那定、阿司咪唑等,与咪唑类抗真菌药、大环内酯类抗生素(红霉素等)并用后发生严重的心脏毒性,少数人甚至致死。为此,要求生产厂家在说明中尽把"相互作用"严格注明。中药更强调"忌口",这实际上是药物与食物间的相互作用。

药物相互作用

【药物相互作用系数】(coefficient of drug interaction, CDI) 两种或两种以上的药物同时应用时所发生的药效变化。同时或先后使用两种或两种以上的药物,由于药物间的相互影响或干扰,改变了其中一种药物原有的理化性质、体内过程(吸收、分布、生物转化和排泄)或组织对该药物的敏感性,从而改变了该药物的药理效应和毒理效应。其计算公式是:$CDI=AB/(A\times B)$。AB为两药联合作用组的T/C(治疗组/对照组)比值,A和B是药物单独作用组的T/C比值。理论上当$CDI<1$时,两药有协同作用。药物相互作用主要是探讨两种或多种药物不论通什么途径给予(相同或不同途径,同时或先后),其在体内引起的联合效应,具有使治疗作用得到适度增强或副作用减轻的效果。

【药物效价强度】(drng potency) 能引起等效反应的相对浓度或剂量。反映药物与受体的亲和力,其值越小则强度越大。等效应反应一般采用50%效应量。药物的效价决定不同药物的等效剂量。从临床角度看主要影响药物的剂量,而一般对疗效关系不大。高效价强度的药物可以用较小的剂量即产生期望的药效,这在某些情况下可能较为有利。如采用糖皮质激素喷鼻剂治疗过敏性鼻炎时,因鼻腔受药面积和容量有限,高效价的糖皮质激素(如布地奈德)可以微量给药即产生疗效;低效价药物因剂量较大,会增加不适感和流入口咽部的药量。

【药物效应动力学】(pharmacodynamics) 又称药效学。研究药物对机体功能的影响,即研究药物的效应及其作用机制,以及药物剂量与效应之间关系的学科。是药理学的理论基础。其研究目的主要有两个:一是确定药物的治疗作用,二是确定药物的一般药理作用。其主要内容一方面包括药理效应的特点,作用原理,临床意义以及某一药物适用于哪些疾病,哪些场合;另一方面,为了充分发挥药物的有利作用,尽量减少或避免不良反应,还必须研究影响药效的各种因素,选择最佳的用药方案,制定切合实用的药物联用组合等。其研究方法很多,概括讲可分综合和分析法。前者是指在整体动物身上进行的,在若干其他因素综合参与下考察药物作用。按实验动物情况的不同可分为正常动物法和实验治疗法。后者是采用离体脏器,如离体肠管、离体心脏、血管、子宫及离体神经肌肉制备等,单一地考察药物对某一部分的作用。其深入研究还包括细胞水平、分子水平的分析研究。

【药物性牙龈增生】(drug-induced gingival hyperplasia) 长期服用某种药物而引起的牙龈的纤维性增生和体积增大。如长期服用抗癫痫药苯妥英钠、免疫抑制药物环孢菌素,以及钙拮抗剂硝苯吡啶可引起药物性牙龈增生。其临床表现是:牙龈增生开始于唇颊侧或舌腭侧的龈乳头,一般呈淡粉红色,质地坚韧,略有弹性,不易出血。增生的牙龈从最初的小球状逐渐融合、增大直到覆盖部分牙面。增生的牙龈基底与正常牙龈之间有明显的沟状界限。常发生于全口牙龈,但以上、下前牙区为重。根据牙龈实质性增生的特点以及长期服用上述药物史可作诊断。其治疗方法有:(1)停止使用引起牙龈增生的药物是最根本的治疗。当全身病情不允许时可在内科医生的协助下,采取药物交替使用等方法以减轻副作用。(2)去除局部刺激因素。可做洁治术以消除菌斑、牙石。(3)局部药物治疗。用3%过氧化氢液冲洗龈袋,在袋内放入药膜或碘制剂,并给以抗菌含漱剂。(4)手术治疗。在全身病情稳定时,可进行手术切除并修整牙龈外形。其预防措施是:对需要长期服用可引起药物性牙龈增生药物的患者,应在开始用药前先进行口腔检查,消除一切可能引起牙龈炎的刺激因素;并且教会患者控制菌斑的方法;积极治疗原有的龈炎,可以减少本病的发生。

【药物养生】(drug health) 运用具有抗老防衰作用的药物来达到延缓衰老、健身强身目的的养生方法。用方药延年益寿,主要在于运用药物补偏救弊,调整机体阴阳气血出现的偏差,协调脏腑功能,疏通经络血脉。机体的偏颇,不外虚实两大类。因此药物养生的具体应用应着眼于补、泻两个方面。用之得当,在一定程度上可起到益寿延年的作用。但药物不是万能的。如果只依靠药物,而不靠自身锻炼和摄养,毕竟是被动的,消极的。药物只是一种辅助的养生措施。在实际应用中,应掌握如下原则:辨证进补,忌盲目进补,补勿过偏;盛者宜泻,泻不伤正;用药缓图。

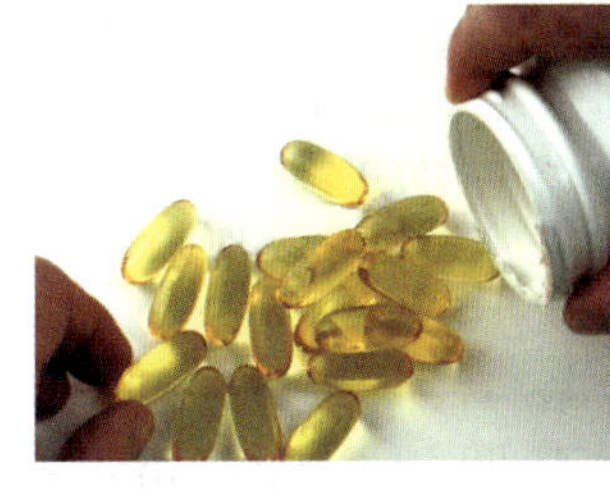

药物养生

【药物依赖性】(drug dependence) 药物与机体相互作用所造成的一种依赖状态。患者表现出一种强迫地想连续或定期使用该药的行为和其他反应,以便去感受它的精神效应或是为避免由于停药所引起的不舒适。具体表现有生理依赖性和精神依赖性。前者是指大多数具有依赖性特征的药物经过反复使用所造成的一种适应状态。用药者一旦停药,将发生一系列生理功能失常,故又称戒断综合征。后者是指使人产生一种对药物欣快感的渴求。这种精神上不能自制的强烈欲望,驱使滥用者周期性或连续地用药。某些药物连续多次服用后,身体逐渐对其产生精神上的依赖和病态嗜好。一旦停药,即会出现主观上的严重不适症状。例如,精神不振、打哈欠、流泪、流涕、出汗、全身酸痛、失眠、呕吐和腹泻等,严重时还会发生休克。所有这些药物戒断症状,在医学上称为药物成瘾性。

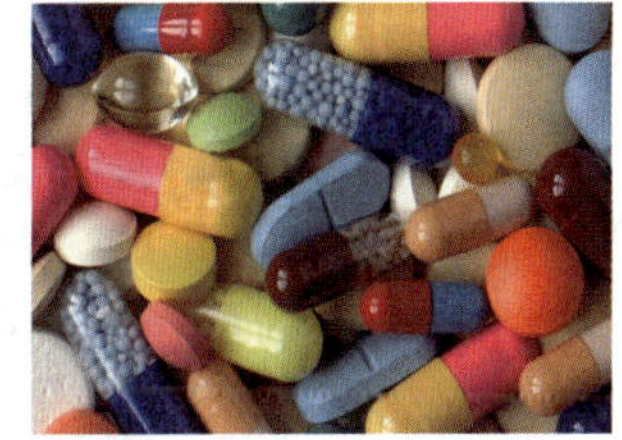

药物依赖性

【药物遗传学】(pharmacogenetics) 药理学与遗传学相结合的边缘学科。研究遗传因素对药物代谢的影响,特别是由于遗传因素引起的异常药物反应。其主要研究内容是异常药物反应的遗传基础。包括对药物反应的个体多样性的重要机理的研究,个体药物反应的蛋白质多样性的数据库的建立,以及对药物反应表现型相关基因的研究。药物遗传学的研究丰富了人类遗传学的内容,对临床医学有重要意义。

【药物治疗指数】(therapeutic index) 药物的最低中毒浓度与最低有效浓度的比值。其大小可以估计一个药物的安全程度。指数越大安全程度越高。在实验研究中往往是以半数致死量(LD_{50})和半数有效量(ED_{50})的比值(LD_{50}/ED_{50})作为测定指标。但在临床上所希望的是疗效达到100%,毒性反应或致死作用为0。但100%和0在理论上是不可能的,因而选用了ED_{99}或ED_{95}。与LD_1或LD_5分别代表疗效和毒性反应,这样,治疗指数可表示为LD_1/ED_{99}(或LD_5/ED_{95}),此时将它称为安全范围较为合适。

【药邪】(unfavorable effect of medicine) 用药不当造成疾病的一种致病因素。药物本身是用于治疗疾病的。但是,如果医生不熟悉药物的性味、功效、常用剂量、副作用、配伍禁忌而使用不当,则不仅治不好疾病,反而会导致其他疾病的发生。病人不在医生指导下擅自乱服药物也会导致新的病证形成。这些都是药邪致病。

【药芯焊丝】(coat cord weld wire) 芯部填充填料的焊丝。用于CO_2气体保护焊接。填料主要是金属粉稳弧剂和造渣剂。焊接性能优良,焊缝成形美观,焊接速度高于实心焊丝。药芯中的造气剂也产生保护气体,为焊接工艺过程提供更加有效的保护。药芯焊丝是技术含量更高的新型焊接材料。可分为有缝的和无缝的两种。目前90%以上的厂家生产的是有缝药芯焊丝。其工艺流程是:冷轧带钢→加药粉→轧成坯管(直径2.8~5.0mm)→拉拔至成品(直径1.2~3.2mm)→收线-层绕-包装。其中轧成坯管是在成形机上进行的。先将钢带轧成U形,加入药粉后再合成O形,然后在直线拉丝机上拉拔减径。无缝药芯焊丝的工艺流程是:往钢管中填药→拉拔→镀铜→层绕-收线。表面镀铜可以增加导电性。层绕是在层绕机上完成的。即在成品包装用工字轮上绕完一层换向绕第二层,保证在使用时出丝顺利;采用热塑方法密封包装,保持运输和储存时的干燥。

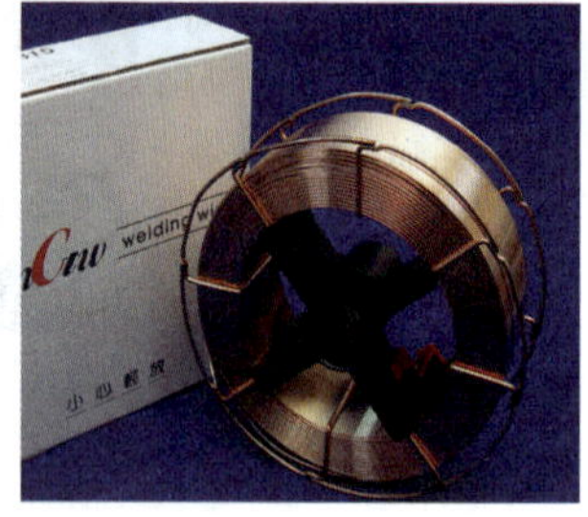

药芯焊丝

【药性】(the property of Chinese herbal medicine) 药物基本性能和特征的高度概括。在中医中药中药性理论是中药理论的核心。主要内容包括四气、五味、归经、升降浮沉、毒性等。

【药用花卉】(medicinal flower) 植株或植株的某一部分具有药用功能的花卉。牡丹、芍药、桔梗、牵牛、麦冬、鸡冠花、风仙花、百合、贝母及石斛等为重要的药用植物。金银花、菊花和荷花等为常见的中药材。

【药用菌】(medicinal fungus) 子实体(或菌核)有药用价值的大型真菌。其种类多,如茯苓、猴头菌、假蜜环菌、灵芝和雷丸等。其功能各异。茯苓具有益脾健胃、安神宁心、利水渗湿和对早期胃癌和食道癌有较好的疗效;假蜜环菌是医疗胆囊炎和降低血液中GPT(谷丙转氨酶)含量的特效药;灵芝具有强心、保肝和镇静作用;雷丸是治疗多种钩虫的有效药物。

药用菌

【药用植物资源】(medical plant resource) 含有药用成分,具有医疗用途,可以作为植物性药物开发利用的一类植物。还包括人工栽培和利用生物技术繁殖的个体及产生药物活性的物质。药用植物资源按其药用部位的不同可分为:(1)根及地下茎类,如丹参、竹等。(2)全草类,如薄荷、藿香等。(3)花类,如红花、菊花等。(4)果实和种子类,如五味子、山茱萸等。(5)皮类,如杜仲、厚朴等。(6)菌类,如灵芝、茯苓等。按其中药功能的不同可分为:(1)解表药类,如麻黄、柴胡等。(2)泻下药类,如大黄、泽泻叶等。(3)清热药类,如栀子、金银花等。(4)化痰止咳药类,如半夏、桔梗等。(5)利水渗湿药类,如金融草、石韦等。(6)祛风湿药类,如木瓜、石藤等。(7)安神药类,如酸枣仁、远志等。(8)活血祛瘀药类,如益母草、鸡血藤等。(9)止血药类,如三七、仙鹤草等。(10)补益药类,如人参、党参等。(11)治癌药类,如长春花、茜草等。按其有效成分的不同可分为:(1)含糖类药用植物,如海藻等。(2)苷类药用植物,如大黄、何首乌等。(3)生物碱类药物植物,如贝母、槟榔等。(4)挥发油类药用植物,如丁香、樟树等。(5)含单宁药用植物,如五倍子、没食子等。(6)含有机酸类药用植物,如乌梅、五味子等。(7)含树脂类药用植物,如松香等。(8)含油脂类药用植物,如薏苡仁等。(9)蛋白质类药用植物,如南瓜、菠萝等。(10)无机成分类药用植物,如夏枯草、海带等。

【药源性白血病】(drug-induced leukemia) 又称治疗相关性白血病。先前患者有其他肿瘤或非肿瘤性疾病接受长期的化学药物治疗后而引起的白血病。随着化学治疗在临床上的广泛应用,恶性肿瘤及部分免疫性疾病预后大为改观,但药源性白血病的发病率也随之逐年增加。其主要表现为急性非淋巴细胞型白血病。其类型有:原粒细胞型、早幼粒细胞型、单核细胞型、粒-单核细胞型、红-白血病型、网状细胞型、嗜酸粒细胞型、干细胞型、巨核细胞型和分类不明型。

【药源性疾病】(drug - induced diseases) 又称药物诱发性疾病。由某种药物或数种药物之间相互作用而引起的与治疗作用无关的药物不良反应。是选药不当或滥用、误用等不合理用药的必然结果。按临床用药实际情况的不同可分为三类:(1)不良反应引起的药源性疾病。是临床上最常见的药源性疾病。是由于药物的吸收、分布、生物转化排泄等药动学的个体差异、机体靶器官的敏感性增高、机体免疫异常性等引起的。(2)长期用药引起的药源性疾病。由于机体的适应性反跳现象引起的。(3)后遗效应引起的药源性疾病。包括致畸、致癌、致突变等。药物引起的损害,也和其他病因引起的损害一样,有其流行病学特点,有潜伏期、发病机制、组织学改变、临床表现及不同预后。由药物引起的各种疾病,如心律失常、弥漫性肺炎、肺纤维化、暴发型肝炎、慢性活动性肝炎、肾病综合征或肾功能衰竭、皮炎、再生障碍性贫血、溶血性贫血、精神错乱、消化道出血和癌肿等,均为明确的病症。

【药熨法】(drug iron therapy) 将中药用白酒或食用醋搅拌后炒热,装入布袋中,在患处或特定穴位适时来回推熨或回旋运转,利用温热及药物的共同作用,以达到行气活血、散寒止痛、祛瘀消肿、温经通络等作用的一种治疗方法。适用于缓解脾胃虚寒引起的胃脘疼痛、腹冷泄泻、呕吐等症状;减轻跌打损伤等引起的局部瘀血、肿痛等,缓解扭伤引起的腰背不适、行动不便等,以及风湿痹证引起的关节冷痛、麻木、沉重、酸胀等。

【药疹】(epispasis) 又称药物性皮炎。药物进入机体后所引起的皮肤和(或)黏膜损害的不良反应。皮肤科急诊中常见病。大多数药物都具有引起药疹的可能性,其中包括中草药物,但以抗原性较强者引起的最多。常见者有抗生素类,磺胺类,氨基比林、安乃近、保太松、水杨酸果等解热止痛类,催眠、抗癫痫类,抗毒素等血清类药物。根据药物结构分析,凡带有苯环及嘧啶环的药物,均具有较强的致敏力。此外,对患有先天过敏性疾病的机体及重要器官患有疾病的患者,发生药疹的危险性比较大。其临床症状表现复杂,不同的药物可以引起相同的临床症状;相同的药物在不同人的身上也可以引起不同的症状。其临床表现型包括:(1)麻疹样或猩红热样红斑型药疹。(2)固定性红斑型药疹。(3)荨麻疹型药疹。(4)Stevens-Johson 综合征型药疹。(5)紫癜型药疹。(6)中毒性坏死性表皮松解型药疹。(7)剥脱性皮炎型药疹。(8)光感型药疹。(9)系统性红斑狼疮(SLE)综合征样反应等。药疹的治疗包括病因治疗和对症及支持疗法。

【要素膳】(elemental diet) 针对临床上不同疾病的特点进行科学配方并经食品工业高新技术加工精制而成的营养食品。一般按人体营养素需要量为标准,并参照优质蛋白如人乳、鸡蛋等氨基酸模式和糖、脂肪、维生素、无机盐等营养素配制而成。是化学组成明确的一种膳。含有人体必需的各种营养素,经复水后可形成溶液或较稳定的悬浮液。要素膳含必需氨基酸、非必需氨基酸、电解质、维生素、微量元素和少量脂肪等。不需消化液的消化,在肠内占很小容积,通过肠道直接吸收。按其功用的不同可分为:营养支持用和特殊治疗用要素膳两类。可用于有胃肠道功能或部分胃肠道功能障碍、不能摄取足量常规食物以满足机体营养需求的患者,如代谢性胃肠道功能障碍、危重疾病、营养不良患者的术前营养支持及内科疾病的营养缺乏症患者。在使用时应注意:(1)使用的浓度和量应逐渐增加,约 5~7 天达到需要的供应量。小肠管饲需 10 天左右才能达到正常稀释浓度。可随意饮水,以防高渗而脱水。(2)部分病人在开始应用时可出现恶心、腹痛和腹泻等,长期应用会引起肠内细菌改变,导致凝血酶原活性降低。(3)食用时应把要素膳液加温至与体温相接近,不要与其他粉末药合并应用,以防导管堵塞。在使用时,应先用温开水先调成糊状,然后再调至适当浓度。室温存放不超过 4~6h。

【椰壳纤维】(coir fiber) 椰壳在海水中浸渍后经机械加工处理得到的纤维。主要由纤维素、木质素、半纤维素和果胶物质等组成。其中纤维素含量较高,半纤维素含量很少,力学性能、耐湿性和耐热性较好。具有天然无毒、透气滤水、弹性适中、防潮防蛀、支撑均匀、经久耐用等特点。广泛应用于民用床垫、体育用衬垫,汽车、火车、轮船的座靠垫。

椰壳纤维

【噎嗝】(choke belch) 饮食不下或食入即吐。噎即噎塞,吞咽之时梗噎不顺;嗝为格拒。噎虽可单独出现,但又可是嗝之前驱症,因此二者常并称。常因食道黏膜固有层弹力纤维增多等退行性原因,而致咽头食管运动减退的吞咽困难或因老年人食道裂孔疝、食管癌和胃癌等而致。本病轻重差异很大。有的可始终仅有吞咽困难，全身表现甚轻；有的则可由轻渐重，最后可致危证。其常见的证候有：痰气交阻、津亏热线、瘀血内结、气虚阳微。本病多虚实并存，因此治疗上常需多种治疗方法结合运用。

【冶金】（metallurgy） 金属制取及其加工的技术、方法和过程。根据原料和被制取的金属的不同，所采取的冶金工艺也不同。采用化学方法制取的称为化学冶金。采用物理方法制取的称为物理冶金。

【冶金工业】（metallurgical industry） 开采和处理（选矿、烧结）金属矿石以及冶炼、加工成材的工业部门。生产铁（有时也包括铬和锰）及其合金的工业，称为黑色冶金工业。生产非铁金属及其合金的工业，称为有色冶金工业。

【冶金学】（metallurgy） 研究冶金过程的理论、工艺、设备和经济等问题的技术科学。其基本内容包括：冶金过程的物理化学；传热和传质理论；金属组织和机械、物理与化学性能的理论基础；原料的准备和处理；金属的冶炼、加工、热处理和质量控制；设备的设计、运转和维护；冶金过程中间产品和废料的综合利用以及安全防护等。

【冶炼鼓风】（blast） 在金属冶炼中，为了使燃料充分燃烧，向冶炼炉内通风的措施。高炉鼓风有两种。一为富氧鼓风，一为加湿鼓风。所谓富氧鼓风就是在鼓入冶金炉的空气中加入氧气以提高其含氧量。通过强化燃料的燃烧或杂质的氧化，使设备的生产率显著提高，产品质量改善。所谓加湿鼓风又称蒸汽鼓风。在相应提高热风温度的条件下，以适量的水蒸气加入鼓进炉内的空气中。通过水蒸气的吸热分解，调节炉缸温度，促进炉料顺行和矿石还原，从而提高高炉产量和降低焦比，是高炉炼铁的一项技术。

冶炼鼓风

【冶炼强度】（smelting intensity） 又称焦炭冶炼强度。高炉炼铁的一项主要技术经济指标。是指每昼夜、每立方米高炉有效容积所消耗的干焦炭量，用$I_{焦}$表示。计算式为：$I_{焦}=Q_{干}/V_{有}$，[kg/(d·m³)]。式中：$Q_{干}$－每昼夜干焦装入量，kg/d；$V_{有}$－高炉有效容积，m³。由于现代高炉冶炼采用了煤粉喷吹技术，所以有了综合冶炼强度的概念。也是高炉炼铁的一项主要技术经济指标。综合冶炼强度是指每昼夜、每立方米高炉有效容积所消耗的干焦量与喷吹燃料量之和。用$I_{综}$表示，计算式为：

$$I_{综}=(Q_{干}+Q_{喷})/V_{有}, [kg/(d\cdot m^3)]。$$

$Q_{干}$－每昼夜干焦装入量，kg/d；$Q_{喷}$－每昼夜煤粉喷吹量，kg/d；$V_{有}$－高炉有效容积，m³。在一定的冶炼条件下，存在着与最低焦比相对应的最佳冶炼强度值，能使高炉高产。随着炼铁技术的进步，高炉操作条件进一步改善，需要不断地寻求新的最佳冶炼强度值来进一步降低焦比、促使高炉产量进一步增加。

【冶炼熔渣】（smelting slag） 又称冶金炉渣。将金属矿石或原料转化为金属过程中产生的伴生物质。主要包括炼铁炉渣、炼钢炉渣和冶炼有色金属的炉渣。炼铁炉渣来源于铁矿石和熔剂矿。主要成分是SiO_2、Al_2O_3、CaO和MgO。作用是去除S、P，促进矿石还原，控制生铁成分。还须具备将还原出来的铁容易分离出去的流动性。排出高炉的炉渣可制成泡沫渣，供作高炉矿渣水泥、石膏矿渣水泥或硅酸钙质肥料的原料。炼钢炉渣来源于钢水及废钢所含的杂质元素、造渣材料、氧化剂和冷却剂等。主要成分是：CaO、SiO_2、Fe_2O_3、FeO、MgO、P_2O_5和MnO等。作用是去除S、P、C、O_2以及收集夹杂物。排出炼钢炉的炉渣是制作水泥、混凝土和筑路的原料。有色金属炉渣来源于矿石、杂质和还原剂。主要成分是铁橄榄石（$2FeO\cdot SiO_2$）、透辉石（$CaO\cdot MgO\cdot SiO_2$）和钙长石（$CaO\cdot Al_2O_3\cdot 2SiO_2$）等。作用是提炼有色金属。排出冶炼炉的有色金属炉渣中大多含有铁，能够提炼铁。

【野菜植物资源】（edible wild herbs resource） 具有一定营养价值，风味独特，食用方法多样的野生菜类植物。山野菜生长在自然环境中，无污染，被誉为天然绿色食品、森林食品，越来越受到人们的青睐。按照食用器官的不同野菜植物资源可分为：（1）蕈菜类。俗称蘑菇类，绝大多数食用其肉质子实体，如猴头松茸等。（2）苗菜类。是指在适宜的采收期，食用其地上部嫩苗或嫩茎叶的野菜种类，如蒲公英、荠菜、苋菜等。（3）叶菜类。在适宜的采收期食用其嫩叶片或叶柄的野菜种类，如薇菜、蕨菜、莼菜等。（4）树芽菜类。在适宜的采收期食用木本植物早春新发嫩芽或嫩枝叶的野菜种类，如刺嫩芽、香椿芽、刺五加芽等。（5）根与根茎菜类。食用器官为地下根、根茎或鳞茎的野菜种类，如桔梗、山胡萝卜、莲藕等。（6）花、果菜类。花菜类是在适宜的采收期食用其花序、花蕾或花瓣的野菜种类，如金针菜等；果菜类是在

蒲公英

适宜的采收期食用其果实或果仁的野菜种类，如松子、山核桃仁等。

【野生动物】（wildanimal） 生存于自然状态下非人工驯养的各种哺乳动物、鸟类、爬行动物、两栖动物、鱼类、软体动物、昆虫及其他动物。按生存状况、有无经济价值和对人类危害程度的不同可分为：(1)濒危野生动物。如大熊猫、虎等。(2)有益野生动物。指那些有益于农、林、牧业及卫生、保健事业的野生动物，如肉食鸟类、蛙类、益虫等。(3)经济野生动物。指那些经济价值较高，可作为渔业、狩猎业的动物。(4)有害野生动物。如害鼠及各种带菌动物等。

野生动物豹

【野生动物细胞工程】（wild animal cell engineering） 主要针对野生动物如灵长类动物猴、野牛、盘羊、貂、貉、狐、熊猫、虎和狮子等，旨在保护和拯救濒危动物或应用于人类生殖和医学治疗而进行的细胞工程学的应用性理论和技术研究的工程技术。

【野生动植物资源保护工程】（protecting project of wild animals and plants） 以保护管理和利用野生动植物资源为目的，由国家行政机关制定的总体规划。“野生动植物保护及自然保护区建设工程”的一部分。为进一步加大野生动植物保护和管理力度，提高全民野生动植物保护意识，加大对野生动植物保护的投入，促进其持续、稳定、健康发展，并在全国生态环境和国民经济建设中发挥更大的作用，2001年6月获批的《全国野生动植物保护及自然保护区建设工程总体规划》标志着中国野生动植物保护新纪元的开始。野生动植物保护是一个面向未来，着眼长远，具有多项战略意义的生态保护工程，也是适应国际大气候、树立中国良好国际形象的外交工程。工程规划了近期目标（2001～2010年）、中期目标（2011～2030年）及远期目标（2031～2050年）。工程内容包括野生动植物保护、自然保护区建设、湿地保护和基因保存。重点开展物种拯救工程、生态系统保护工程、湿地保护和合理利用示范工程、种质基因保存工程等。

【野生花卉】（wild flower） 未经人工引种和栽培利用而具有一定观赏价值的花卉。据不完全统计，全世界植物约有35～40万种。其中近1/6具有观赏价值。现在用于观赏的多数花卉，都是逐步把野生花卉资源进行园艺化后形成的。目前尚有部分花卉正处在园艺化的过程中，或直接采来野生花卉进行应用。还有很多野生花卉有待进一步开发和应用，如野生杜鹃、野生报春、野生鸢尾等。其中有不少具有特异的基因型和表现性状以及较强的适应能力，如较强的抗虫、抗病、抗寒性等，是不可多得的抗性野生资源，具有较高的开发应用前景。

野生花卉

【野生蔬菜】（wild vegetable） 自然生长、未经人工驯化栽培的蔬菜。中国约有100种，分属30余科。中国历代农书，如《千金食治》、《食疗草本》、《本草纲目》等古籍中，有相关的分布、特征、采食方法的记述。多生于山野荒坡，很少受污染。含有丰富的蛋白质、糖、维生素、无机盐及食用纤维等营养物质，有些比栽培种含量还高，如苦苣菜、野苋菜、扁蓄、龙须菜、紫苜蓿等；还有一些具有提神、解热、杀菌、滋补和防病治病的功效，如车前草、桔梗、马齿苋、蕺菜、葳蕤及黄精等。木耳、发菜、干蘑菇及蕨菜是中国重要的出口蔬菜。有些种类含有某种有毒物质（如生物碱、甙类物质和毒蛋白），食用方法不当会出现中毒症状。通过加强资源研究开发、人工驯化、集中栽培，其应用前景广阔。

野生蔬菜

【野生型基因】（wild type gene） 自然界中原本存在的未发生碱基改变的标准的基因。要调查和控制野生型表型的基因。野生型是相对于人工培养的品系、或是自然突变体及实验室突变体而言的，特指那些在自然界中原本存在的、传统的、标准的生物体表型或基因型。具有野生型表型的性状，称为野生型性状，例如果蝇的红眼性状。在医学上，可利用野生型基因治疗遗传病和肿瘤等。

【野生植物资源】（wild plant resource） 在自然界中，在一定的时空格局下，能对人类生产、生活及对自然界产生直接或间接影响的所有野生植物的总和。中国幅员辽阔，地质历史古老，地形、气候复杂，生态环境多样，第四纪冰期受北方大陆冰盖影响较小，从而孕育了极其丰富的野生植物资源。据统计，仅高等植物，包括苔藓、蕨类、裸子植物和被子植物就有三万余种，占世界总种数的1%以上。长期以来在人们的传统思想观念中，认为野生植物是“资源无价”,导致野生植物资源的无偿占有、掠夺性开发和浪费性使用,倒卖走私野生植物的违法犯罪活动日趋严重。受经济利益的驱动,很多野生植物资源,尤其是药用资源已经遭到了毁灭性的破坏,亟需加强保护,实现野生植物资源的可持续发展。

【野兔热】(tularemia) 又称土拉杆菌病。由土拉杆菌引起许多脊椎动物自然发生的急性热性败血性疾病。病原是一种多形态细菌,革兰阴性。自然界中的啮齿类是主要带菌者。通过被患病动物的排泄物或污染的饲料、饮水、用具以及吸血节肢动物(如蜱、蝇、蚤、蚊、虱等)传播,经过消化道、呼吸道、伤口、完整的皮肤和黏膜而感染。急性型多数不显症状便死亡,个别濒死前拒食与共济失调。大多数病程较长,常发生鼻炎,流鼻涕;体表淋巴结肿胀、发硬、化脓,体温升高,白细胞增多,呈高度消瘦和衰竭。急性死尸呈败血症变化,并伴有以下特征性病变:病程较长者,淋巴结肿大明显,并有炎症,切面呈紫红色,常有针尖状的灰白色干酪样坏死点;脾脏肿大,呈暗红色,表面和切面有灰白色或乳白色粟粒至豌豆大的坏死灶;肝脏肿大,伴有多发性针尖至粟粒大的白色坏死灶;肺充血,并含块状突变区;肾脏肿大,有灰白色粟粒大的坏死灶。预防本病采取综合卫生措施和疫苗接种有较好的效果。患病动物可用链霉素、土霉素、四环素、金霉素、庆大霉素等治疗。

【野外像片调绘】(field photo annotation) 根据遥感影像特征,实地对照、判读和调查,将要表示的要素用规定的符号描绘在像片或图纸上的工作过程。其特点是:全野外作业,劳动强度大,精度高,对像片以及参考资料要求低。主要适用于图像比例尺小、地物复杂、地面目标变化大的场合。

【野杂鱼】(wild fish) 与家鱼相对应。❶非目的养殖的鱼类。❷个体小,经济价值低,能自然繁殖的鱼类。因其与家鱼争食、争氧且个体小、经济价值低,或因其凶猛性、肉食性而危害主要养殖鱼类的生存,生产上习惯把这样的一类鱼统称为野杂鱼。它们在池塘中消耗水体溶氧,与家鱼争空间、夺饵料,影响家鱼的正常摄食与生长,增加饵料消耗,影响池塘的经济效益的提高。控制这些野杂鱼类,可采取清除和生物抑制两种方法。事实上其中也有不乏美味价值高的种类,随着养殖、繁殖技术的进步,变“野”为“家”已呈日益上升的趋势。如在鱼苗池中,麦穗鱼、乌鳢、鲇、黄鳝和泥鳅等都是野杂鱼,必须除去。但是乌鳢、鲇、黄鳝、泥鳅等,又是近来开发的适宜养殖的重要经济鱼类。

野杂鱼

【叶黄素】(lutein) 自果蔬中提取的一种类胡萝卜素。一种高效的抗氧化剂。能有效消除自由基的损害,有助于延缓眼睛的老化、退化、病变,减少眼疾的发生率,还可以保护视网膜免受光线的伤害。叶黄素在甘蓝、羽衣甘蓝、菠菜等深绿色蔬菜中含量丰富。另外,南瓜、辣椒、柑橘中含有在人体内可转换为叶黄素的叶黄素酯。

【叶绿素】(chlorophyll) 绿色植物光合作用膜中的绿色色素。是植物进行光合作用时吸收和传递光能的主要成分。高等植物叶绿体中的叶绿素主要有叶绿素 a 和叶绿素 b 两种。在颜色上,叶绿素 a 呈蓝绿色,叶绿素 b 呈黄绿色。其作用有:(1)造血。(2)提供维生素。(3)维持酶的活性。(4)解毒。(5)消炎。(6)脱臭。(7)抗病强身;(8)提供丰富的纤维素。

【叶绿体】(chloroplast) 存在于绿色植物细胞中的一种色质体。主要成分有叶绿素、胡萝卜素和叶黄素,其中叶绿素的含量最多,遮蔽了其他色素,所以呈现绿色。其主要功能是进行光合作用。它是绿色植物主要能量的转换者,是能量转换的细胞器,能利用光能同化二氧化碳和水,合成储藏能量的有机物,同时产生氧。

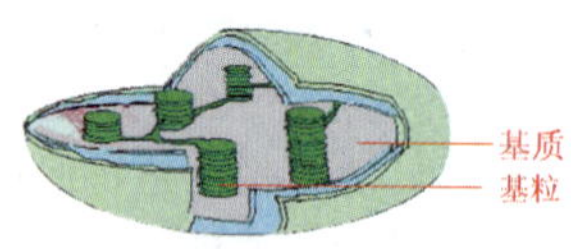

叶绿体结构

【叶面积指数】(leaf area index) 果树叶面积总和与所占土地面积之比。叶面积指数能反映树体的光合面积与效能,是果树产量形成的基础。一般果园适宜的叶面积指数为 3 ~4.5。适宜的叶面积指数既能最大限度地截获太阳光能,又能保证叶片具有较高的光合效率。在叶面积指数低的果园,果树截获的太阳光能少;叶面积指数过高时,则会使树冠郁闭,叶片的光合效率降低,甚至使部分叶片成为无效叶。

【叶面施肥】(foliar application) 将水溶性肥料或生物活性物质的低浓度溶液喷洒在生长中的作物叶子上的一种施肥方法。可溶性物质通过叶片角质膜经外质连丝到达表皮细胞原生质膜而进入植物体内,用以补充作物生育期中对某些营养元素的特殊需要或调节作物的生长发育。其特点是:(1)作物生长后期,当根系从土壤中吸收养分的能力减弱或难以进行土壤追肥时，叶面施肥能及时向植物补给养分。(2)能避免施后土壤对某些养分(如某些微量元素)所产生的不良影响，并及时矫正作物缺素症。(3)在作物生育盛期当体内代谢过程增强时，叶面施肥能提高作物的整体机能。叶面施肥可以与病虫害防治或化学除草剂相结合。在药、肥混用时，应以混合后不产生沉淀为原则，否则会影响肥效或药效。叶面施肥的施用效果取决于多种环境因素，特别是气候、风速和溶液持留在叶面的时间，因此应在天气晴朗、无风的下午或傍晚进行。

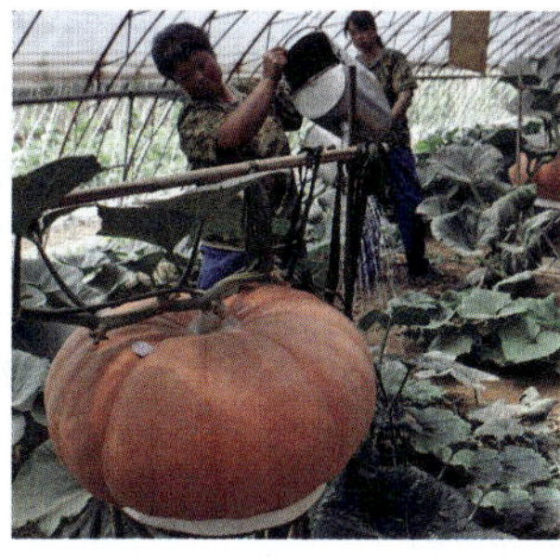

叶面施肥

【叶酸】(folic acid) 又称蝶酰谷氨酸。属水溶性B族维生素中的一种。因绿叶中富含而得名。酵母、动物肝脏、水果、及绿叶蔬菜等是叶酸的主要来源。食物中的叶酸被小肠上段吸收，在小肠黏膜上皮细胞还原酶催化下生成二氢叶酸(FH_2)，继而再加氢还原成四氢叶酸(FH_4)。FH_4 是一碳单位的运载体(或称一碳单位转移酶的辅酶)，参与嘌呤、嘧啶核苷酸的合成。叶酸缺乏时，DNA合成受到抑制，骨髓幼红细胞DNA合成减少，细胞分裂速度降低，细胞体积增大，造成具有红细胞性贫血。抗癌药物甲氨蝶呤和氨基蝶呤与叶酸结构相似，能抑制 FH_4 的生成，进而抑制胸腺嘧啶核苷酸的合成起到抗癌作用。叶酸的应用可降低胎儿脊柱裂和神经管缺乏的危险性。叶酸缺乏可引起高同型半胱氨酸血症，促使动脉粥样硬化、血栓、高血压生成以及增加结肠、直肠癌的危险性。叶酸在食物中含量丰富，肠道细菌也能合成，一般不发生缺乏症。

【页岩】(shale) 由黏土岩经过压固、脱水、重结晶及胶结作用固结而形成的一种沉积岩。组成矿物颗粒细小，岩石具有明显的片状层理(页理)。常按岩石的颜色或混入物质的名称对其进行分类，如黑色页岩、紫红色页岩、钙质页岩、硅质页岩、油页岩等。

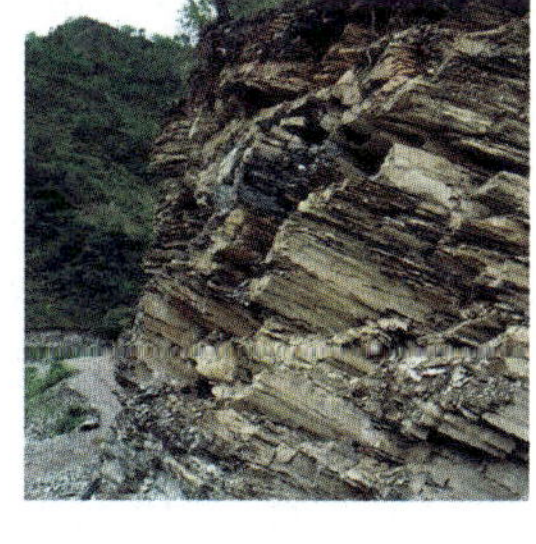

页岩

【页岩地貌】(shale landform) 发育在页岩出露地区的地貌形态。由于页岩岩性软弱，容易遭受风化侵蚀而被剥蚀，地貌形态上多表现为谷地、盆地等负地形。页岩多由黏土矿物组成，颗粒细小、空隙度差，所以不易透水，常在低平地区形成湿地和沼泽。也有质地较硬的页岩(产状平缓，有钙质胶结物存在)可以形成山地。

【夜光水泥】(luminous cement) 能在夜里发出光亮的水泥。在白天储存日光的能量，到夜晚时放出能量闪闪发光，构成夜光公路，为夜行车辆提供安全保障。多用于公路上标划车道、人行道线和各种标志等。

【夜视技术】(night vision technology) 应用光电探测和成像器材将夜间肉眼不可视目标转换成可视影像的信息采集、处理和显示的光电技术。主要用于军事装备。夜视技术的发展促使传统战法的变革。它的应用与对抗成为夜战的一项主要内容。

【夜视瞄准镜】(night vision aiming mirror) 用于轻武器的夜视瞄准器具。20世纪70年代以后出现的一种新型装备。主要类型有红外夜视瞄准镜、微光夜视瞄准镜和热成像夜视瞄准镜。红外夜视瞄准镜也称主动红外瞄准镜，主要用在机枪等轻武器上。其优点是射手可利用图像来确定目标的位置与形状。其缺点是发出红外光辐射，易被对方探测发觉。微光夜视瞄准镜是采用影像增强技术的瞄准镜。第一代采用级联式像增强管。第二代采用内装式微通道板像增强器。现在已经发展到第三代，采用负电子亲和势光电阴极。热成像夜视瞄准镜是新发展起来的一种新型的夜视器材。它利用目标与背景的温差来识别目标，将捕捉到的目标热辐射图像转换成可见光图像。

夜视瞄准镜

【液氨整理】(liquid ammonia finishing) 用液态氨对棉织物进行的表面处理。是彻底消除纤维中的内应力，以改善面料和服装功能的后整理技术。棉织物经液氨处理后，棉纤维的结晶形式由纤维素Ⅰ转变为纤维素Ⅱ，纤维截面变圆，光泽和手感改善明显，可提高纯棉等天然纤维及其混纺产品的使用性能，改善免烫效果。

【液化天然气】(liquid natural gas) 气态天然气经净化、压缩、冷却至 -160℃以下液化而成的液态天然气。主要成分是甲烷。被公认是地球上最干净的能源。无色，无味，无毒且无腐蚀性。其体积约为同量气态天然气的1/600。其重量仅为同体积水的45%左右。在燃烧后，不仅放出热量大，而且对环境污染非常小。可用专用船舶进行长距离运输，也便于储存。在使用时一般要将天然气气化之后再利用。

【液货船】（tankers） 专门用于运输液态货物的船舶。主要包括油船、液化气船和液体化学品船等。(1)油船是专门用于载运散装石油及成品油的液货船。由于油船载运的是易挥发、易燃烧和爆炸的危险货物，决定了油船在构造、设备以及营运方面必须考虑到防火、防爆、防污染等要求。(2)液化气船是专门装运液化气的液货船。装有特殊的高压液舱，先把天然气或石油气液化，再用高压泵打入液舱内运输。(3)液体化学品船是专门载运各种液体化学品，如醚、苯、醇、酸等的液货船。由于液体化学品一般都具有易燃、易挥发、腐蚀性强等特性，有的还有剧毒，所以对船舶的防火、防爆、防毒、防泄漏、防腐等方面有较高的要求，通常设双层底和双重舷侧。

液化气船

【液晶】（liquid crystal） 在一定温度范围内呈现既不同于固态、液态，又不同于气态的特殊物质态。有机化合物，主要是芳香族化合物。其特征是：既具有各向异性的晶体所特有的双折射性、旋光性、磁化率和介电等各向异性，又具有液体的流动性。可分为热致液晶和溶致液晶。其分子对电场的作用非常敏感，外电场的微小变化，都会引起其分子排列方式的改变，从而引起其光学性质的改变。在电视、电脑显示等方面应用广泛。

【液晶材料】（liquid crystal material） 性能介于液体和晶体之间、既有类似液体的流动性和连续性又有类似晶体的有序性的一种材料。在液晶中，原子或分子仅在一维或二维方向上规则排列。在光学、电学、力学性能上具有明显的各向异性，并可呈现出乳浊、双折射、彩虹、旋光等一系列奇特的现象。许多物理性能对外界刺激非常敏感，如电场、磁场、热能和声能的刺激都能引起它的光学效应。现已发现3 000多种有机化合物具有液晶形态，如芳香族、脂肪族、多环族和胆甾醇衍生的化合物等。按分子排列的不同可分为近晶型、向列型和胆甾型三种。其分子结构因类型的不同而不同：如近晶型的分子形状为棒状或圆柱状；向列型的分子形状如雪茄烟但与近晶型的有所不同，胆甾型的分子形状是平板状。从制造方法上又可分为溶致液晶和热致液晶两种。前者是把某些有机化合物放在一定的溶剂中形成液晶；后者是把某些有机化合物加热熔化形成液晶。现在常说的液晶多指热致液晶。它具有工作温度范围宽、工作电压低、驱动功率小、响应速度快和化学稳定性好等特点。广泛用于电子手表、计算器、电视显示、投影显示、彩色显示等器件和装置上。

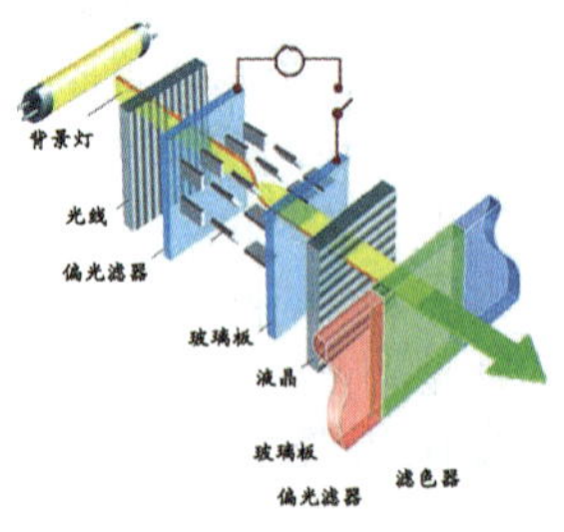

液晶材料

【液晶电视】（liquid crystal display TV） 利用液状晶体在电压的作用下发光成像的原理制成的电视显示器。其优点有：(1)轻薄便携。其重量约为传统电视的1/3。(2)色彩丰富。它拥有16.7×10^6色，画面层次分明，颜色绚丽真实。(3)分辨率大，清晰度高。(4)绿色环保。液晶显示器没有辐射，只有来自驱动电路的少量电磁波，只要将外壳严格密封即可排除电磁波外泄。因此液晶显示器又称为冷显示器或环保显示器。(5)不存在屏幕闪烁现象，不易造成视觉疲劳。(6)耗电量低，使用寿命长。其使用寿命一般为5×10^4h，比普通电视机的寿命长得多。

液晶电视

【液晶纺丝】（liquid crystal spinning） 将具有各向异性的液晶溶液（或熔体）经干－湿法纺丝、干法纺丝或熔体纺丝纺制纤维的方法。20世纪70年代发展起来的一种新型纺丝工艺。可以获得断裂强度和模量极高的纤维。液晶纺丝的溶液或熔体是液晶，刚性链聚合物大分子呈伸直棒状，有利于获得高取向度的纤维，也有利于大分子在纤维中获得最紧密的堆砌，减少纤维中的缺陷，大大提高纤维的力学性能。某些刚性链聚合物在特定条件下能形成液晶，如全对位的芳香族聚酰胺能溶解在浓硫酸中，当聚合物浓度达到临界浓度以上时，聚合物分子在局部区域便沿着同一方向排列而呈一维有序的向列型液晶。随着聚合物浓度的增加，溶液的黏度反而会下降。随着聚合物浓度进一步增大，溶液在室温下将冻结成固体，可用刚性链聚合物配成高浓度的液晶纺丝溶液。后者从喷丝孔挤出后，经高倍喷头拉伸。大分子及其聚集体易于沿纤维拉伸方向取向，然后采用低温凝固浴，使取向的液晶结构快速固定，得到高度取向的高强度高模量的纤维。

【液晶高分子】(liquid crystal polymer) 在一定条件下能以液晶相态存在的高分子。按其物质来源的不同可分为:(1)天然液晶高分子。(2)合成液晶高分子。按其液晶形成条件的不同可分为:(1)热致性液晶高分子。(2)溶致性液晶高分子。具有高强度、高模量、突出的耐热性、极小的线膨胀系数、优良的耐燃性、电绝缘性、耐化学腐蚀性、耐气候老化和能透微波以及优异的成型加工性能等。某些液晶高分子还可用作功能材料,在光电显示光能材料、光电调制等方面广泛应用。

【液晶聚合物】(liquid crystal polymer) 在一定条件下以液晶相状态存在的聚合物。按其形成方式的不同可分为:(1)溶致性液晶聚合物,其液晶态在溶液中形成。(2)热致性液晶聚合物,其液晶态在熔体中或玻璃化温度以上形成。(3)压致性液晶聚合物,其液晶态在压力下形成。液晶聚合物是高分子材料。具有很高的刚性,在高温下仍然具有良好的尺寸稳定性、抗蠕变性和低的热膨胀系数,并具有良好的耐化学品性和很高的电介质强度。被广泛用于电子、电气、光导纤维、汽车及宇航等领域。

【液晶屏】(liquid crystal screen) 由中间夹有一些液晶材料的两块玻璃所组成的板材。在此夹层的各个节点上通以微小的电流,就能够让液晶显现出图案,诸如计算器上的数字、笔记本电脑显示器上的图像等 。

【液晶显示】(liquid crystal display, LCD) 利用液晶的物理特性进行显示的技术。液晶具有独特的分子排列,是一种几乎完全透明的物质。在通电时,分子排列变得有秩序,使光线容易通过;在不通电时,分子排列混乱,阻止光线通过。大多数液晶都属有机复合物质,由长棒状的分子构成。

液晶显示器

【液晶显示材料】(liquid crystals for display material) 由多种单体液晶按一定比例混合而成的混合物显示材料。液晶是具有液体的流动性和晶体的各向异性的一类有机化合物的统称。液晶显示材料具有光学、介电、介磁等各向异性的物理性能。适用于各种类型的液晶显示器件,如:手表、计算机、仪器仪表、手机、商务通、电子记事本、笔记本电脑、液晶电视等。

【液晶显示器】(liquid crystal display panel, LCD) 由中间夹有液晶材料的两块玻璃板所构成的一种显示器。主要原理是以电流刺激液晶分子产生点、线、面,配合背部灯管构成画面。其特点是:(1)机身薄,节省空间。(2)省电,不产生高温。(3)无辐射,益健康。(4)画面柔和不伤眼。第一台液晶显示器诞生于 1968 年。

【液力变扭器】(hydraulic torque converter) 以液体为工作介质并具变速变矩功能的传动装置。由泵轮、涡轮和导轮等构件组成。泵轮和涡轮是一对工作组合,泵轮通过液体带动涡轮旋转,而泵轮和涡轮之间的导轮,通过反作用力使泵轮和涡轮之间实现转速差并实现变速变矩功能。多用于汽车自动变速箱的传动。

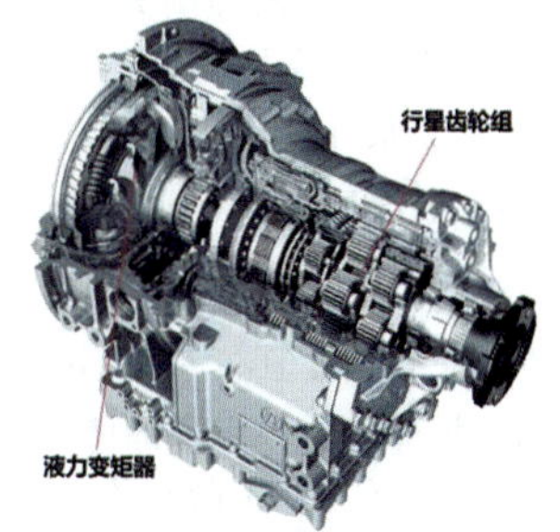

液力变扭器

【液力传动】(hydraulic transmission) 一种借助液体介质实现功率或信号传递、转换、分配及控制的传动形式。一般靠叶轮与液体之间的流体动力作用将动力机输入的转速、转矩加以转换,经输出轴带动工作机工作。在液力传动的输入、输出轴之间只靠液体为工作介质相互联系,构件之间不直接接触,属于非刚性传动范畴。其优点是:能吸收冲击和振动,过载保护性能好,具有自动根据载荷变化调节转矩、转速的能力,带载荷启动容易,可保证原动机工作稳定。液力传动是一种性能优良,且具有自适应能力的无级变速传动,是传动现代化的发展方向之一。它在冲击大、惯性大的大型机械的传动装置中被广泛应用。典型的液力传动装置有液力耦合器和液力变扭器两种。

【液力耦合器】(hydraulic couplers) 以液体为工作介质的一种非刚性联轴器。其输出扭矩等于输入扭矩减去摩擦力矩。所以它的输出扭矩小于输入扭矩。其输入轴与输出轴间靠液体联系,工作构件间不存在刚性连接。其特点是:能消除冲击和振动;输出转速低于输入转速,两轴的转速差随载荷的增大而增加;过载保护性能和启动性能好,载荷过大而停转时输入轴仍可转动,不致造成动力机的损坏;当载荷减小时,输出轴转速增加直到接近于输入轴的转速,使传递扭矩趋于零。

【液膜分离技术】(liquid membrane separation technique) 利用液膜选择透过性原理分离、纯化料液溶质的分离技术。液膜通常由膜溶剂、表面活性剂和流动载体组成。可以把两个不同组分的溶液隔开,并且通过渗透分离一种或一类物质,达到专一分离的目的。其特征是:(1)高度定向性。(2)特效选择性。(3)极大渗透性。液膜分离技术是处理工业废水的重要手段之一。可用以脱除铜、汞、铵、银、铬、镉等阳离子;也可用以脱除硫化物、磷酸根、硝酸根、氰根等阴离子;还可用以分离酚、烃类、胺、有机酸等有机物。在石油化学工业、冶金工业、生物学、废水处理等行业广泛应用。

【液态储氢】(hydrogen storage by liquid state) 将氢气冷冻、凝结成液态加以储藏的技术方法。高纯度氢在-252.8℃的超低温下呈液态。氢的质量低热值等于汽油的2.69倍,但液态氢的密度等于汽油的1/10,故在等热值情况下,液态氢的容积等于汽油的3.72倍。考虑到液态氢不能装满,充填系数按80%,则液氢容器的容积等于汽油箱容积的4.65倍。类比目前已经获得广泛应用的压缩天然气汽车,20 MPa压力的天然气的容积系数为4.47,二者比较接近,液态氢的能量密度是可以接受的。

【液态模锻】(liquid forging) 将一定量的液态金属浇入金属模内,在一定时间内加压,使之充满型腔并在压力下结晶凝固和塑性流动而成型的工艺方法。是铸造和锻造的组合工艺。兼有二者的优点,工艺简单,成本低,可获得形状复杂、力学性能良好的锻件。是一种很有前途的新工艺。主要适用于生产批量较大、形状较复杂、壁厚且要求强度高、致密性好的中小型零件,如汽车油泵壳、压力表壳体、衬套、柴油机活塞、摩托车零件等铝合金零件,齿轮、涡轮、高压阀等铜合金零件,法兰、弹头、缸体等碳钢及合金钢件。

【液体肥料】(liquid fertilizer) 又称流体肥料。成品为液态的化肥。包括:(1)液体氮肥。如无水液氨、氨水和含氮溶液。(2)液体复合肥料。常为氮肥、磷肥和钾肥盐类的混合水溶液,或是含有肥料固体盐类的悬浮体,如多磷酸铵等。其优点是:生产过程中不需干燥的工艺流程,且储存、运输和装卸方便,易于掺混农药,便于管道化运输和机械施肥。

【液体火箭发动机】(liquid rocket motor) 使用液体燃料的发动机。由液体推进剂在燃烧室中进行化学反应,产生高温、高压燃气,并以高速气流经过喷管向后喷出而产生反作用推力的发动机。通常由推力室、推进剂供应系统和发动机控制系统等部分组成。推力室用来将推进剂的化学能转化为动能;推进剂供应系统的作用是储存并按要求的流量和压力向推力室输送推进剂;发动机控制系统用来调节发动机的工作程序和工作参数。

【液体疗法】(fluid treatment) 补充体内丧失的水分及电解质,以维持正常体液容量和成分的治疗方法。各种疾病有不同的液体疗法。以婴儿腹泻的液体疗法为例。(1)静脉补液。①三步骤。补充累积失水量;补充继续丢失量;补充生理需要量。②三定。定量。根据脱水程度(Ⅲ度)。定性。根据脱水的性质,补充不同的液体。分为低渗脱水、等渗(张)脱水、高渗(张)脱水。③定时。以上液体在一定的时间内补充。补充累积失水量:Ⅰ度脱水50~80ml/kg,Ⅱ度脱水80~100ml/kg,Ⅲ度脱水100~120 ml/kg。定补渗性质:低渗脱水补2/3张含钠液;等渗脱水补1/2张含钠液;高渗脱水补1/3~1/5张含钠液。8~12h将上述液体补完,纠正累积丢失水和电解质。补充继续丢失量:在补充上液的过程中继续呕吐及腹泻者,丢失多少,补多少。一般给20ml/kg液体量,用1/2~1/3张含钠液。补充生理需要量:除丢失液体外,每日还需补充生理需要的液体及电解质:50~60 ml/kg·d。用1/3~1/5张含钠液。在补上液的过程中要见尿补钾,如有抽搐是钙低或低镁要给予补充。(2)口服补盐液。是世界卫生组织(WHO)推荐的口服补液法,用于边远山区及轻、中度脱水病人使用。

【液体黏性传动】(liquid viscous drive) 利用液体的黏性或油膜的剪切力来传递转矩和调节转速的传动形式。常见的液体黏性传动装置具有充油的两相对运动的平板,其间形成的剪切力大小与平板间的间距或油膜厚度成反比,与油的黏度和相对运动速度成正比。只需控制油膜厚度或受剪切油膜工作面积就可简单而方便地控制转矩和转速。这种传动具有无级调节转矩和转速的能力,并具有柔性、可防止过载、结构简单、工作可靠、易于生产和实现产品系列化等特点。现已开发出系列新型传动元件,如无级调速液体黏性离合器、转矩无级控制制动器等。这类传动装置在节能降耗方面具有重大意义。

【液体饲料】(liquid diet) 水分含量在30%~50%以上的高含水饲料。哺乳动物的母乳是天然液体饮料的代表。除人工乳汁之外实验动物用人工饲料属于液体的也不少。为防止成分分离而添加3%~5%

液体饲料

琼脂使之凝胶化的软型饲料也可以叫作液体饲料。一次急剧而大量地将液体饲料强制送入胃中,发生过大鼠、青蛙的休克死亡。

【液相色谱法】(liquid chromatography) 流动相为液体的柱色谱法。按其分离机理的不同可分为:(1)吸附色谱。宜于分离非极性物质、结构异构体以及从脂肪醇中分离脂肪族碳氢化合物。(2)分配色谱。宜于分离非极性的非离子化合物的同系物。(3)离子交换色谱。宜于对相对分子质量低的离子化合物的分离。(4)凝胶色谱。宜于分离相对分子质量大于 2 000 的物质。其特点是:(1)效率高。(2)灵敏度高。(3)速度快。(4)操作自动化。能与红外光谱、质谱等联用对物质进行结构分析。

【液相色谱法-质谱法联用】(coupling liquid chromatography to mass spectroscopy, LC/MS) 把具有高效、灵敏、快速特点的液相色谱法与具有高鉴别能力的质谱法在线联用的技术。是对复杂的有机化合物分离、鉴定和结构分析的一种强有力和多功能的手段。广泛应用于有机合成、石油化工、药物代谢研究、环境污染分析、食品香味分析等方面。

【液相微萃取】(liquid phase microextraction, LPME) 基于分析物在样品及小体积的有机溶剂(或受体)之间平衡分配的分离过程。主要包括:(1)基于悬挂液滴形式的微滴液相微萃取。(2)基于中空纤维的两相模式或三相模式的液-液微萃取或液-液-液微萃取。具有操作简便、快捷、精确、灵敏度高、成本低廉、易与色谱系统联用等优点。作为一种新型的样品前处理技术,可应用于环境分析领域。

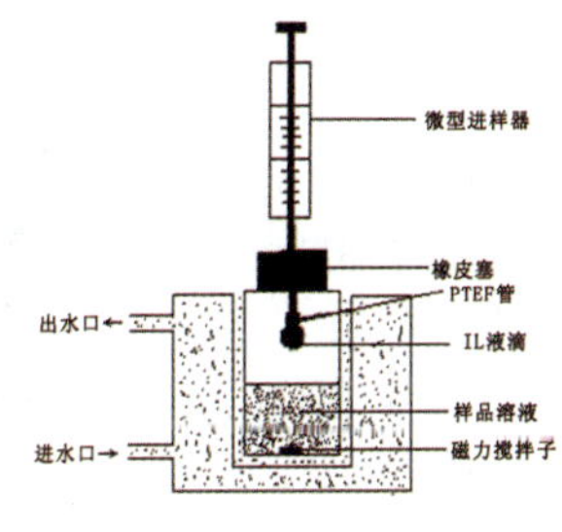

液相微萃取示意图

【液压泵】(hydraulic pump) 液压传动系统中用来将机械能转换为液压能的一种能量转换装置。是液压传动系统的动力元件,为系统提供压力油液。液压传动系统中所用的液压泵,是靠密封的工质容积发生变化而进行工作的。液压泵属于容积泵。主要有齿轮泵、螺杆泵、叶片泵、轴向柱塞泵和径向柱塞泵等。

【液压冲击】(hydraulic shock) 液压系统中油路突然关闭或换向导致压力急剧升高的现象。造成这种现象的主要原因是液压速度的急剧变化、高速运动部件的惯性力和某些液压元件反应动作不够灵敏等。如油管内液体正以某一速度运动时,若瞬间关闭阀门,则油液流速突降至零。此时,油液的动能将转化为压力能,使压力急剧升高,造成液压冲击。高速运动工作部件(如油缸部件)突然换向时,换向阀迅速关闭,缸中油液不再排出,但活塞仍会惯性运动,导致压力急剧上升,造成液压冲击。这类现象可引起系统出现剧烈振动和噪声,并损坏设备,导致严重泄漏和降低液压装置的使用寿命,或使某些元件动作失灵而造成事故。尤其是在高压、大流量系统中,其破坏性更严重。因此,在设计液压系统时,应采取适当措施来降低液压冲击。

【液压传动】(hydraulic transmission) 利用液体作为工作介质,在密封的回路里,以液体的压力能进行能量传递的传动方式。典型的液压传动装置由液压泵、液压控制阀、执行元件(液压缸、液压马达)等组成。具有以下优点:(1)液压传动的各种元件可根据需要方便、灵活地来布置。(2)重量轻,体积小,运动惯性小,反应速度快。(3)操纵控制方便,可实现大范围的无级调速(调速范围达 2 000 : 1)。(4)可自动实现过载保护。(5)一般采用矿物油为工作介质,相对运动面可自行润滑,使用寿命长。(6)很容易实现直线运动。(7)容易实现机器的自动化。当采用电液联合控制后,不仅可实现更高程度的自动控制过程,而且可以实现遥控。其缺点是噪音大、漏油且维修需要较高的技术。

【液压传动机器人】(hydraulic driving robot) 采用液压元器件驱动的机器人。具有负载能力强、传动平稳、结构紧凑、动作灵敏等特点。适用于重载、低速驱动场合。

液压传动机器人

【液压电梯】(hydraulic lift) 通过液压动力源,把油压入油缸使柱塞作直线运动,直接或通过钢丝绳间接地使轿厢运动的电梯。是机、电、电子、液压一体化产品。由泵站系统、液压系统、导向系统、轿厢、门系统、电气控制系统、安全保护系统组成。液压油从油泵经各种阀流入油缸,由柱塞动轿厢上升,当油缸内的液压油返回油箱时轿厢便下降。适合用于提升高度小载重量大,速度小且要求下置机房的场合。近几年在商场、办公楼、停车场、车站与机场等公共场合广泛使用。与其他驱动形式,如曳引电梯等垂直运输工具相比,具有机房设置灵活、运行平稳、乘坐舒适、可靠性高、易于维修、故障率低和节能性好等特点。

【液压机】(hydraulic press) 以高压液体为介质传送工作压力的锻压机械。其行程是可变的,能够在任意位置输出最大的工作压力。工作平稳,没有振动,容易达到较大的锻造深度,适合于大锻件的锻造和大规格板料的拉深、打包和压块等工作。主要包括(自由锻/模锻)水压机和油压机。某些弯曲、矫正和剪切机械也属于液压机一类。

液压机

【液压马达】(hydraulic motor) 一种将液压能转换为机械能的能量转换装置。可以实现连续地旋转运动。分为高速和低速两大类。额定转速高于500 r/min时属于高速液压马达;额定转速低于该值时,属于低速液压马达。高速液压马达的基本类型有齿轮式、螺杆式、叶片式、轴向柱塞式等。它们的主要特点是:柱塞较高,转动惯量小,便于启动和制动,调节(调速和换向)灵敏度高。高速液压马达的输出扭矩不大,仅几十牛顿·米,故称为高速小扭矩液压马达。低速液压马达的基本类型是径向柱塞式。其主要特点是:排量大,体积大,转速低(可低到每分钟几转,甚至一转),可直接与工作机连接,使传动机构大大简化。通常低速液压马达的输出扭矩较大,可达几千牛顿·米到几万牛顿·米,所以又称为低速大扭矩液压马达。

液压马达

【液压牵引】(hydraulic haulage) 采用液压调速的牵引传动型式。液压牵引系统通过液压泵排出的压力油,驱动液压马达,液压马达再经齿轮传动或直接带动驱动轮。利用改变液压泵的流量和排油方向(或利用换向阀改变油流方向)来改变液压马达的转速和转向,从而实现牵引速度的调节和牵引方向的变换。液压传动的牵引可以实现无级调速,变速、换向和停机等操作比较方便,保护系统比较完善,并且能随负载变化自动地调节牵引速度。液压牵引易发生的故障有:(1)牵引力小,牵引速度降低。(2)牵引不停。(3)牵引部有异响。(4)液化油乳化发白。液压牵引的牵引速度大小从动力传输角度来讲,主要取决于电机的转速、齿轮传动的传动比以及液压系统中主油泵的输出流量和液压马达的排量等因素。

【液压系统】(hydraulic system) 由动力元件、执行元件、控制元件、辅助元件、工作介质五部分所组成的液压传动或控制系统。该系统分为液压传动装置和液压控制装置两大类。动力元件是指液压系统中把机械能转换成液压能的元件,由泵和泵的其他附件组成。执行元件是指把液压能转换成机械能、带动工作机构做功的元件。它可以是作直线运动的液压缸,或作回转运动的液压马达。控制元件是对液压系统的液体压力、流量、方向进行控制的元件,并通过这些控制元件来实现对执行元件的运动速度、方向、作用力等控制。通过控制元件的作用,可以实现过载保护、程序控制等功能。控制元件主要指各种液压阀。辅助元件包括油箱、滤油器、油管及管接头、密封圈、压力表、油温计等。工作介质是传递能量的液压油,有各种矿物油、乳化液和合成型液压油等几大类。

【液压支架防倒装置】(tilting prevention device) 防止液压支架倾倒的装置。安在各节支架上。每节支架本身包括底座、顶梁、前立柱和后立柱。每节支架通过移溜千斤顶与输送机连接一起。这种装置做成与液压相互作用的双臂杠杆的形式。杠杆的一个臂做成叉子形状并与液压缸一起固定在前立柱上。杠杆的另一个臂靠在液压缸的导向梁上。液压支架防倒装置的工作方式如下:随着采煤机的通过使各节支架依次卸压,并把它移到新的位置,然后把它支撑起来。在立柱卸压之前和完成其支撑作业之前,往液压缸注入一定压力的工作液,以保证杠杆所需要的作用力。在移完所有的支架以后,要根据移动输送机的条件来确定液压缸的压力。

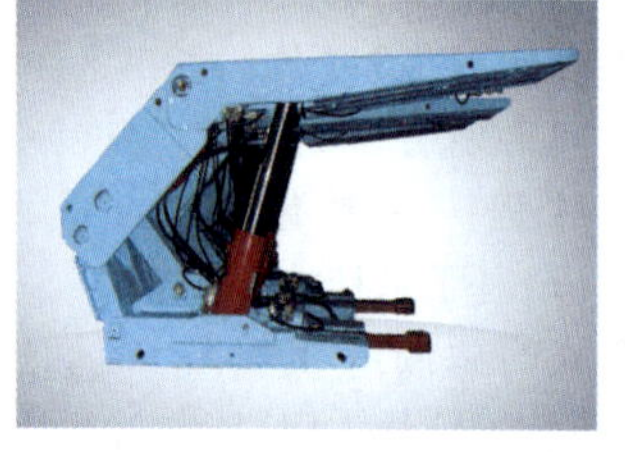

液压支架防倒装置

【液液萃取】(liquid-liquid extraction) 见萃取。

【一般配合力】(general combining ability) 某亲本在一系列杂交组合中的平均表现。从理论上讲,在不考虑误差的条件下,为某亲本在一系列杂交组合中的平均数与所有杂交组合的总平均数之差。实际上必需采用双列杂交等试验设计进行分析。试验设计的方法不同,分析公式也不同。一般由亲本的积加基因效应决定。两亲在一般配合力高的杂交组合,可望在后代中选出优良的纯合个体。

【一笔画问题】(unicursal problem) 判断一个图形,能否不重复地由一笔画成的问题。是数学上一个重要的图论问题。即判断一个图,其上是否存在一条径,这条径包含该图的每一条边恰好一次。

【一次成巷】(full completed drifting) 把巷道施工中的掘进、永久支护、水沟掘砌三个分部工程视为一个整体,一次做成巷道,不留收尾工程的一种巷道施工方法。即在一定距离内,按设计及质量标准要求,互相配合,前后连贯地、最大限度地同时施工。具有作业安全、施工速度快、施工质量好、节约材料、降低工程成本和施工计划管理可靠等优点。因此,《矿山井巷工程施工及验收规范》中明确规定,巷道的施工,应一次成巷。根据掘进和永久支护两大工序在空间和时间上的相互关系,一次成巷施工法又可分为掘支平行作业、掘支顺序作业(亦称单行作业)和掘支交替作业。在一次成巷施工中应注意:在以掘砌方式进行的施工中,掘进方面以打眼和装岩为中心,砌碹方面以挖基础和砌碹为中心。要尽量组织其他工序间的平行作业,以充分利用时间和巷道空间,缩短各工序单行作业的时间。

【一次函数及其图像】(linear function and image) 在形如$y = kx + b$(k、b为实常数,$k \neq 0$)的式子中,因自变量x的次数为1,故称y是关于x的一次函数。由于一次函数在直角坐标系中的图像是一条直线,因此又称为线性函数。一种特殊情况是,当$b = 0$时,函数变为$y = kx$,称y是x的正比例函数。其图像是经过坐标原点$(0,0)$的一条直线。一般来讲,一次函数表达式$y = kx + b$的图像是一条过点$(0,b)$和$(-b/k,0)$的直线。k称为直线的斜率,决定直线的倾斜度和方向;b是直线与y轴交点的纵坐标,称为直线在y轴上的截距。不同的k、b值决定了直线在不同象限的四种情况。(1)当$k>0$,$b>0$时,图像经过Ⅰ、Ⅱ、Ⅲ象限。(2)当$k>0$,$b<0$时,图像经过Ⅰ、Ⅲ、Ⅳ象限。(3)当$k<0$,$b>0$时,图像经过Ⅰ、Ⅱ、Ⅳ象限。(4)当$k<0$,$b<0$时,图像经过Ⅱ、Ⅲ、Ⅳ象限。分别如图所示。一次函数有着广泛的用途。在自然界与经济、社会活动中,有许多事物依照线性规律变化(增加或减少)。遇到此类问题时,就能以线性函数为数学模型加以解决。

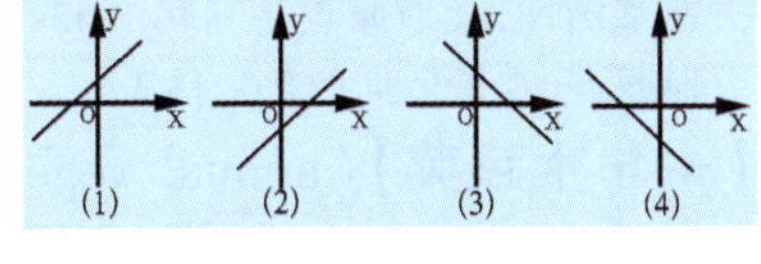

一次函数图像过不同象限示意图

【一次能源】(primary energy source) 从自然界取得的未经任何加工处理的能源。如采出的原煤、原油(石油)、天然气、水力和天然铀矿等。

【一次污染物】(primary pollutants) 又称原发性污染物。因人类活动或因自然过程从各种污染源直接向大气、土壤或水域中排放的污染物。其物理和化学性质从排放源到环境均未发生变化。常见的一次污染物有排入大气中的可吸入颗粒物如烟尘、火山灰、花粉等,以及气体如二氧化硫、氮氧化物、一氧化碳、二氧化碳;还有排入水体及土壤中的重金属离子、农药等。一次污染物又可分为反应性污染物和非反应性污染物两类。前者性质不稳定,在自然环境中常与某些其他物质发生化学反应,或作为催化剂促进其他污染物产生化学反应;后者较为稳定,不发生化学反应,或反应速度很缓慢。

【一锭多丝技术】(technology of one spindle multiple thread) 利用新设备采用一锭新工艺,同时生产两到三股丝线的技术。一锭多丝技术的运用改变了一锭单线状况,使半连续纺丝机生产能力增加,而占地和空间不变,用较少投入扩大生产规模。

【一二年生花卉】(annual and biennial flowers) 又称草花。在当地栽培条件下,春播后当年能完成整个生长发育过程的草本观赏植物称一年生花卉,如茑箩、丰支莲等;秋播后次年完成整个生长发育过程的草本观赏植物,如风铃草、雏菊等称二年生花卉。由于各地气候及栽培条件不同,二者常无明显的界限,园艺上常将二者通称为一、二年生花卉。有时也把一些作一、二年生花卉栽培的多年生花卉包括在内。繁殖方式以播种为主。常见的种类是:凤仙花、鸡冠花、一串红、紫茉莉、翠菊、金盏菊和三色堇等。此类花卉种类繁多,生长较快,花大色艳,群体观赏效果极佳。是园林布置的重要材料,常栽植于花坛、花境等处,也可与建筑物配合种植于围墙、栏杆四周。

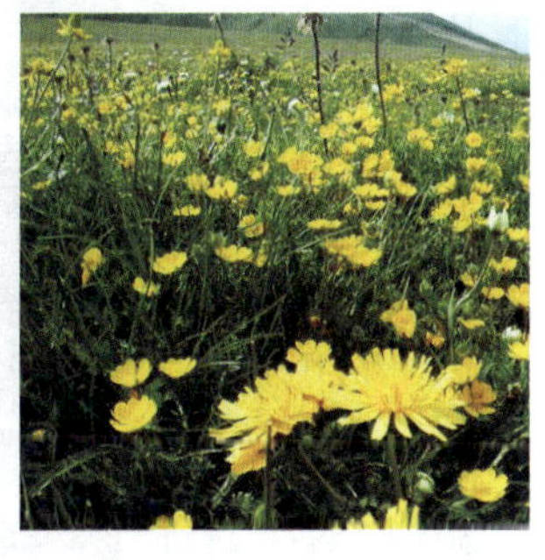

一年生花卉

【一级处理】(primary treatment) 对工业废水和生活污水的初步处理。常采用物理的和化学的方法去除废水中部分或大部分悬浮物和漂浮物、中和废水中的酸和碱。通常使用格栅、沉沙池、沉淀池等。

【一级缓存】(first cache) 处理器内部直接与CPU相连的缓冲存储器。其作用与内存一样。内置在 CPU 内部并与 CPU 同速运行,可以有效地提高 CPU 的运行效率。一级缓存越大,CPU 的运行效率越高。由于受到 CPU 内部结构的限制,一级缓存的容量都很小。一级缓存可分为一级指令缓存和一级数据缓存。一级指令缓存用于暂时存储并向 CPU 递送各类运算指令;一级数据缓存用于暂时存储并向 CPU 递送运算所需数据。

【一级消除动力学】(first -grade elimination kinetics) 体内药物在单位时间内消除的药物百分率不变的药物消除规律,也就是单位时间内消除的药物量与血浆药物浓度成正比的理论。血浆药物浓度高,单位时间内消除的药物多;血浆药物浓度降低时,单位时间内消除的药物也相应降低。其方程式为:$-dC/dt=keC$。C 为体内可消除的药物,ke 为消除速率常数,反映体内药物的代谢和排泄速率,负值表示药物经消除而减少,t 为时间。

【一级域名】(top-level domain) 见顶级域名。

【一箭发射多星技术】(technology of multi-satellite launching by one rocket) 用一枚运载火箭同时或先后将数颗卫星送入地球轨道的技术。常用的方式有两种:一种是把几颗卫星一次送入一个相同的轨道上;另一种是分次分批释放卫星,使各颗卫星分别进入不同的轨道。后者指运载火箭达到某一预定轨道速度时,先释放第一颗卫星,使卫星进入第一种轨道运行,然后火箭继续飞行。达到另一种预定轨道速度时,再释放第二颗卫星。依此类推,逐个把卫星送入各自的运行轨道。一箭多星发射技术,是发射技术和火箭与卫星分离技术上的新突破。

一箭发射多星技术

【一阶逻辑】(first order logic) 又称谓词逻辑、谓词演算。研究数学中由个体、函数及关系构成的命题以及由这些命题经使用量词和命题连接词构成的更复杂的命题及其相互间的推理关系。在数理逻辑中,一阶逻辑处于核心地位,多数常见的数学公理系统都可在一阶逻辑中表述。G. 弗雷格首先建立了一阶逻辑的形式系统(1897),人们也称之为“谓词演算”。其后,A. N. 怀特海和 B. A. W. 罗素使其进一步精确化(1910)。在一阶逻辑中描述一个数学理论,首先会涉及这个理论所讨论的对象、定义在这些对象上的函数以及这些对象之间的关系或性质。研究简单命题的各种成分(个体词、谓词、量词),以及它们的形式结构和逻辑关系,总结出正确的推理形式和规则。因为一阶逻辑仅含有个体变元和个体量词,所以称之为一阶。

【1980 西安坐标系】(Xi'an Geodetic Coordinate System 1980) 又称 1980 国家大地坐标系。中国于 1978 年 4 月经全国天文大地网会议决定、并经有关部门批准建立的坐标系。属局部大地坐标系。将全国天文大地网整体平差后建立。地球椭球采用 GRS75 椭球,大地原点位于陕西省泾阳县永乐镇。

【1956 年黄海高程系】(yellow sea Mean Sea Level 1956) 又称 1985 国家高程基准。根据青岛验潮站 1950～1956 年验潮资料确定的黄海平均海水面。水准面中各点的高程是以平均海水面起算的。平均海水面通过沿海验潮站长期对海水面观测的结果取平均值确定。在验潮站附近设置永久性的水准原点,用精密水准测量测定它到平均海水面的高程,作为水准网传算高程的基准。中国测定平均海水面的验潮站设在青岛市。采用该站 1950～1956 年的验潮资料确定黄海平均海水面,测得水准原点至黄海平均海水面的高程值为 72.289m,定名为“1956 年黄海平均海水面”。1985 年又根据青岛验潮站 1952～1979 年的验潮资料进行了计算,测得水准原点的高程值为 72.260m,定名为“1985 国家高程基准”。

【1954 北京坐标系】(Beijing Geodetic Coordinate System 1954) 中华人民共和国成立后确定的国家大地坐标系。属局部大地坐标系。实际上是苏联 1942 年大地坐标系在中国的延伸。该系统以苏联境内与中国东北地区三角锁联测的三角点为起算点,经局部平差建立。地球椭球采用克拉索夫斯基椭球,大地原点是苏联 1942 年大地坐标系的大地原点(在俄罗斯的普尔科沃)。

【一年生蔬菜】(annual vegetables) 在一年内或一个生长季节内完成其生命周期的蔬菜。即从种子萌发成幼苗开始,经生长发育、开花结果而后全株枯死的一类蔬菜。常见的有番茄、菜豆、南瓜、黄瓜、苋菜、荆芥等。

毛豆

【一年生作物】(annual crops) 在一年内或一个生长季节完成从种子萌发到种子成熟而后全株枯死整个生命活动周期的作物。这类作物喜温暖气候,在田间生育的时间也相对较短,如玉米、高粱、粟、黍、大豆、赤豆等。在这类作物中,包括需要经过一个低温的冬季才能正常地生长发育、开花结实、完成生命周期的。后者在生物学上基本属于一年生作物。例如冬小麦、冬性黑麦、冬油菜等。

【1,4-二氧杂环己烷】(1,4-diethylene dioxide) 又称二恶烷、二氧六环、1,4-二氧己环。分子式 $C_4H_8O_2$。无色液体。稍有香味。分子量 88.11。蒸气气压 5.33kPa/25.2℃。闪点 12℃。熔点 11.8℃。沸点 101.3℃。与水混溶,可混溶于多数有机溶剂。相对密度(水的为 1)1.04;相对密度(空气的为 1)3.03。属微毒类,对皮肤、眼部和呼吸系统有刺激性,且可能对肝、肾和神经系统造成损害,急性中毒时可能导致死亡。二恶烷通过吸入、食入、经皮吸收进入体内,有麻醉和刺激作用,且在体内有蓄积作用。接触大量蒸气引起眼和上呼吸道刺激,伴有头晕、头痛、嗜睡、恶心、呕吐等,甚至发生尿毒症。在化妆品中的来源是:(1)沐浴露和香波中主要的表面活性剂中的副产物。(2)表面活性剂制造过程中烷氧基化时带入的副产物。(3)绝大多数洗发类化妆品都含有 1,4 -二恶烷。在食物中的二恶烷是:海鱼、烤鸡、肉制品,西红柿番茄酱,胡椒和咖啡等,其含量都在 10~100ppm(1ppm = 1×10^{-6})。美国职业安全与健康管理局(OSHA)《职业安全与卫生条例》中规定:按每天平均工作 8h 计算,工作环境中空气里的 1,4-二氧杂环己烷含量应不能超过 100ppm 的浓度。澳大利亚卫生局的官方网站对 1,4-二氧杂环己烷的评估技术文件及推荐标准认为,日常消费品中(食品和药品除外),1,4-二氧杂环己烷的理想限值是 30ppm,含量不超过 100ppm 时,在毒理学上是可以接受的。对原料带入化妆品的微量二恶烷尚无限量规定。主要用于溶剂、乳化剂、去垢剂等。

【一碳单位】(one carbon unit) 某些氨基酸在分解代谢过程中产生的含有一个碳原子的基团。包括甲基($-CH_3$)、亚甲基或甲烯基($-CH_2-$)、次甲基或甲炔基($-CH=$)、甲酰基($-CHO$)及亚氨甲基($-CH=NH$)等。其特性是:(1)在代谢过程中化学性质活泼,参与体内嘌呤、嘧啶核苷酸及核酸合成,故与蛋白质、核酸代谢紧密联系,与细胞的增殖、组织生长、机体发育等重要过程密切相关。(2)不能以游离形式存在,需与四氢叶酸(FH_4)结合而转运和参与代谢。四氢叶酸是一碳单位的运载体。一碳单位代谢障碍或 FH_4 不足时,可引起巨幼红细胞性贫血等疾病。临床上应用磺胺类药物可抑制细菌合成二氢叶酸(FH_2),进而合成 FH_4,以此抑制细菌生长、繁殖。但对人体影响不大。应用叶酸类似物如氨甲喋呤等可抑制 FH_4 的生成,从而抑制核酸的合成,达到抗癌作用。

【一体化作战】(integratiom conducting operations) 信息化多元作战力量依托军事信息系统,在多维战场空间实施的高度融合的整体作战。其参战力量,是信息系统支持下的数字化、模块化多元作战力量;战场空间,是网络化相互连接的陆、海、空、天、电、网、认知等多维空间;行动方式,是以信息化作战为标志的整体作战行动方式。与历史上的其他作战表现形式相比,具有作战力量多元、战场空间多维、信息系统多类、对抗行动多样、保障支持精确等特点。其构成要素主要包括:一体化作战体系,一体化作战平台,一体化指挥信息系统,一体化作战力量,一体化作战空间,一体化作战行动和一体化综合保障等。一体化作战,既是一个在信息纽带的支撑和黏合作用下作战力量不断融合的渐进过程,也是一个由多体化再到一体化的水平跃升过程。在世界最近几场局部战争中,一体化的力量运用方式已经初见端倪,但还远未成熟。世界上大多数国家的军队,目前尚处在信息化条件下的作战阶段,还没有完全具备一体化作战的水平和条件,离一体化作战力量运用还相差很大。

【150 小时持久试车】(150 - hour endurance test) 发动机研制定型的一种长期试车。目的是通过这种试车来考核新研制或改型的发动机。这种试车主要是对发动机规定的工作边界条件和工作极限参数进行考核。其目的是:(1)验证经持久试车后性能参数的变化情况。(2)验证发动机各种工作状态及其性能参数是否达到设计要求指标。(3)验证在规定的边界及整个飞行工作包线范围内的环境条件下,发动机的结构完整性、长期工作可靠性、主/辅机工作的协调性。试车由 25 个阶段组成,每个阶段 6h,每个阶段试验之前应停车 2h。试验完成后分解检查发动机,如没有发现偏离技术条件的情况,则可得出发动机适用于飞行使用的结论。

150 小时持久试车

【一线通】(intergrated service digital network) 窄带综合业务数字网采用的数字传输和数字交换技术。将电话、传真、数据、图像等多种业务综合在一个统一的数字网络进行传输和处理，向用户提供基本速率和一次群速率两种接口。基本速率接口包括两个能独立工作的B信道和一个D信道。B信道用来传输话音、数据和图像，D信道用来传输信令或分组信息。它是以电话综合数字网为基础发展而成的通信网，能提供端到端的数字连接，可承载话音和非话音业务，用户能够通过多用途用户网络接口接入网络。其三大类业务是：(1)承载业务。(2)用户终端业务。(3)补充业务。其特点是：(1)通信业务的综合化。利用一条用户线，在上网的同时，可打电话，收发传真，实现会议电视功能。(2)实现高可靠性、高质量的通信。(3)可以64kb/s或128kb/s的速率使用因特网。(4)可提供主叫号码显示、呼叫等待、呼叫保持、呼叫转移、多用户号码、子地址、终端可以移动性等附加功能。(5)价格适宜。(6)使用灵活方便。用于贸易型企业(公司)、金融保险机构、股票证券交易所、医院和学校，特别是个人电脑用户。

【一氧化氮合酶支路】(branch of nitric oxide synthase) 精氨酸除在精氨酸酶作用下水解为尿素和鸟氨酸外，还可通过一氧化氮合酶作用直接氧化为瓜氨酸，并产生NO，从而使天冬氨酸携带的氮最终不形成尿素，而被氧化为NO。NO是一种具有重要生物活性的物质，作为细胞信号转导的重要信息分子，对心血管、消化道等平滑肌的松弛，感觉传入以及学习记忆等有重要的作用。先天性精氨酸代琥珀酸合成酶缺乏可出现严重的精神障碍症状。有研究表明，NO在抑制肿瘤生长方面发挥重要作用。

【一氧化碳】(carbon monoxide) 又称煤气。一种无色、无味、无臭的有毒气体。分子式为CO。化学性质较稳定。是大气中主要的污染物质之一。城市大气环境中的一氧化碳主要来源于燃煤和机动车排气。是排放量最大的大气污染物。由含碳物质的不完全燃烧产生。大气中一氧化碳达到一定浓度时，会引起一氧化碳中毒(缺氧)，使心肌梗死患者发病率增高，直至危及重症心脏病人的生命安全。

【一氧化碳中毒】(carbon monoxide poisoning) 一氧化碳与血红蛋白结合形成碳氧血红蛋白而使其失去携氧能力、造成组织缺氧窒息引起的病理生理反应。大多由于煤炉没有烟囱或烟囱闭塞不通，或因居室无通气设备所致。其临床表现是：开始有头晕、头痛、耳鸣、眼花、四肢无力和全身不适感觉，症状逐渐加重则有恶心、呕吐、胸部紧迫感，继之昏睡、昏迷、呼吸急促、血压下降，以至死亡。症状轻重与碳氧血红蛋白多少有关。其治疗措施是：迁移病人到空气畅通场所，轻症患者离开有毒场所即可慢慢恢复。供氧非常重要，因为吸入氧浓度越高，血内一氧化碳分离越多，排出越快。故应用高压氧舱是治疗一氧化碳中毒最有效的方法。一氧化碳中毒后36h再用高压氧舱治疗，则收效不大。及早送进高压氧舱，可以减少神经、精神后遗症和降低病死率。

【一元二次方程】(quadratic equation of one unknown number) 当等式两边都是整式，并仅有一个未知数且最高次数为2时的等式。任何一个一元二次方程经过整理后都可化成标准形式：$ax^2+bx+c=0$(a,b,c为实数，$a\neq0$)。一元二次方程有完整的求解方法。事实上，只要把二次项系数化为1，再把常数项移至等号右边，通过简单的配方过程，就可将左边化成一次式的完全平方：$(x+b/2a)^2=(b^2-4ac)/(4a^2)$，从而得到统一的求解公式：$x=(-b\pm\sqrt{b^2-4ac})/2a$。其中$b^2-4ac$称为根的判别式。当$b^2-4ac>0$时方程有两个不等实数根；当$b^2-4ac=0$时方程有两个相等实数根；当$b^2-4ac<0$时方程没有实数根。其实，一元二次方程就是在一元二次函数$y=ax^2+bx+c$(a,b,c为实数，$a\neq0$)中当$y=0$时所得到的等式。从这个意义上讲，一元二次函数的图像与x轴的交点就是方程的实根，与x轴无交点时无实数根。

【一元二次函数】(quadratic function) 简称二次函数。形如$y=ax^2+bx+c$(a,b,c为实常数，$a\neq0$)的函数叫作x的一元二次函数。由于在直角坐标系中，二次函数图形是一条抛物线，因此也称为抛物线函数，如图。客观世界许多事物的运动变化规律都可以用二次函数作为数学模型来表示。所以其在理论上和实际应用上均具有着重要意义。例如，圆面积s是半径r的二次函数，表示为$s=\pi r^2$；自由落体运动走过的路程s是时间t的二次函数，表示为$s=1/2gt^2$(g为重力加速度)等。二次函数有许多重要的特性。例如，(1)二次函数是以平行y轴的直线$x=-b/2a$为对称轴的抛物线。抛物线的顶点P是对称轴与抛物线的唯一交点。显然，当$b=0$时，$x=0$，抛物线的对称轴就是y轴。(2)二次项系数a决定抛物线函数开口方向和开口大小。$a>0$时，开口向上，$a<0$时，开口向下。$|a|$

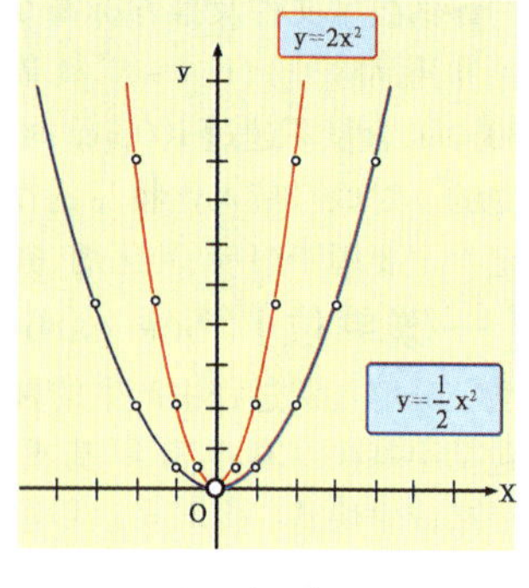

一元二次函数例图

越大开口越小，| a |越小开口越大。(3)抛物线仅有的一个顶点P也是它唯一的极值点。其坐标为：$(x,y)=(-b/2a, 4ac-b^2)/4a)$。显然，当$-b/2a=0(b=0)$时，$P$点在$y$轴上；当$\Delta=b^2-4ac=0$时，$P$点在$x$轴上。一元二次函数有三种解析表达式。(1)标准式$y=ax^2+bx+c(a\neq 0)$。(2)顶点式$y=a(x-h)^2+k(a\neq 0)$。(3)交点式$y=a(x-x_1)(x-x_2)(a\neq 0)$。在解决应用问题时，根据不同条件，可采用"待定系数法"求出二次函数的具体表达式。若已知平面上三点坐标$(x_i,y_i)(i=1,2,3)$，则可将其分别代入标准式确定系数a,b,c；若知道顶点坐标(h,k)，则可代入顶点式求系数a；若知道函数图形与x轴的两个交点坐标x_1,x_2时，则可代入交点式求系数a。

【一元一次方程】(linear equation of one unknown number) 又称一元线性方程。如果一个等式的两边都是整式，并仅有一个次数为1的未知数的等式。其标准形式为：$ax+b=0(a\neq 0)$。一般来讲，把含有未知数的等式称为方程。能使方程左右两边数值保持相等的未知数的值称为方程的解，又称为方程的根。对方程的求解过程称为解方程。如果两个方程的解相同，那么称这两个方程为同解方程。若在一个方程两边都加上或减去同一个数(或一次整式)；或在一个方程两边都乘以(或除以)同一个非零数，则得到的方程与原方程是同解。事实上，若在一次函数$y=ax+b$中令$y=0$，则就是一元一次方程。由此可知，一元一次方程的根就是一元函数的图像与x轴交点的横坐标：$x=-b/a$。在形如$y=ax^2+bx+c$(a,b,c为实数，$a\neq 0$)的式子中，因自变量x的最高次数为2，故称y是关于x的一元二次函数，简称二次函数。二次函数在直角坐标系中的图像为一条抛物线。函数$y=ax^2+bx+c(a,b,c$为实数，$a\neq 0)$也可视为二元二次方程。

【伊泰普水电站】(Yitaipu Hydropower Station) 位于巴拉那河流经巴西与巴拉圭两国边境的河段的水电站。世界上仅次于三峡水电站的第二大的水电站。1973年两国政府签订协议，共同开发界河长200km一段水力资源。历时16年，耗资170多亿美元，1991年5月建成。坝址控制流域面积$8.2\times10^5\text{km}^2$，大坝全长7 744m，宽196m，拦腰截断巴拉那河。形成面积1 350km²、库容$2.9\times10^{10}\text{m}^3$的人工湖。多年平均流量8 500m³/s。常水位时河宽约400m。枯水河槽宽250m。基岩主要为坚硬完整玄武岩。电站总库容$2.9\times10^{10}\text{m}^3$，有效库容$1.9\times10^{10}\text{m}^3$。电站安装了18台$7\times10^5$kW混流式水轮发电机组。总装机容量$1.26\times10^7$kW，可靠出$9.36\times10^6$kW，多年平均发电量$7.9\times10^{10}$kW·h。为世界上单机容量最大的发电机组。年发电量可达7.5×10^{10}kW·h。枢纽左岸属巴西，右岸属巴拉圭。主要建筑物有左岸土坝、左岸堆石坝、力导流明渠及其控制建筑物、主坝、发电厂房、右岸翼坝、溢流坝、右岸土坝等。发电厂房设在主坝和控制建筑物下游侧，并在左岸堆石坝与导流明渠及其控制建筑物之间预留后期扩建新发电厂房位置。

伊泰普水电站

【衣分】(lint percentage) 从一定重量的籽棉上轧下的皮棉重占其籽棉重量的百分率。衣分=皮棉重量/籽棉重量×100%。是棉花产量的组成因素之一。也是评定棉花品质优劣的重要经济指标之一。它与种子表面单位面积上着生的纤维根数、单根纤维重量(长短、粗细)成正比，与种子重量成反比。陆地棉品种的衣分为37%~40%。

【衣壳】(capsid) 包覆在病毒核酸外的蛋白质外壳。由一定数量的壳粒组成。壳粒是衣壳的形态学亚单位。由于病毒核酸的螺旋构形不同，衣壳的壳粒数量及排列方式也不同。病毒衣壳呈现三种对称型：(1)螺旋对称型，如流感病毒等。(2)20面体立体对称型，如脊髓灰质炎病毒、流行性乙型脑炎病毒等。(3)复合对称型，既有螺旋对称又有立体对称的病毒，如痘类病毒和噬菌体等。这些对称型可作为病毒鉴定和分类的依据。病毒衣壳装配和核酸包装机制的研究，对病毒复制、病毒病防治和阐明生命活动的基本规律具有重要意义。

【衣原体】(chlamydia) 一类在真核细胞内专营寄生生活的微生物。其特点是：(1)细胞小，直径0.2~0.3μm，能通过细菌滤器，在光学显微镜下勉强可见。(2)细胞呈球形或椭圆形。(3)其细胞构造、化学成分与细菌相似，有革兰阴性细菌的特征细胞壁(但缺肽聚糖)，细胞内同时含有DNA和RNA两种核酸，有核糖体。(4)以二等分裂方式进行繁殖。(5)有不完整的酶系，尤其缺乏产能代谢的酶系，须在严格的活细胞内寄生。(6)抵抗力较低，对热敏感。(7)DNA相对分子量很小(5×10^8)，仅为大肠杆菌的1/4。目前已发现的衣原体有：引起人体沙眼的沙眼

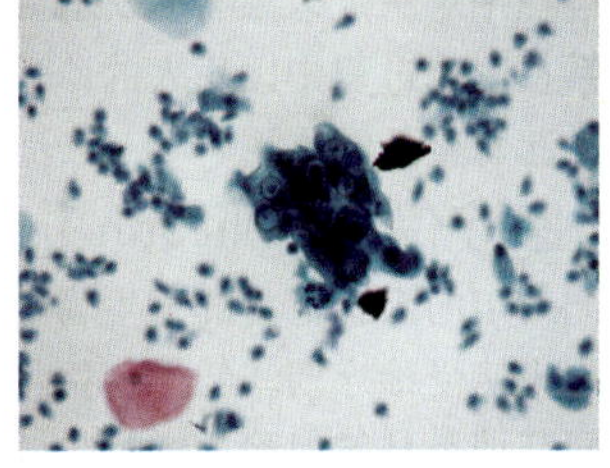
衣原体

衣原体、引起鹦鹉热等人兽共患病的鹦鹉热衣原体、引起肺炎的肺炎衣原体。

【衣原体病】(chlamydiosis) 又称鸟疫、鹦鹉热。一种由禽类衣原体传染给人的传染疾病。衣原体对高温的抵抗力不强,55℃经5min、37℃经48h即被灭活。日光照射下最多存活6天,在水中最多存活17天。对酸和碱的敏感性较低,但易被季铵化合物和脂溶剂等灭活。一般消毒药如氯化苄烷铵碘酊溶液、70%酒精、3%过氧化氢可在数分钟内破坏其感染性。对煤酚类化合物和石灰具有抵抗力。对各种鸟均有致病性,鹦鹉、鸽子最具有易感性。病鸟和带菌者是本病的主要传染源。本病可由污染的尘埃和散在空气中的液滴经呼吸道或眼结膜感染,螨等吸血昆虫也可传染。由于人也可被传染,因此要注意自身的保护。患了这种病后,往往是急性发病。其主要表现是:发冷,喉痛,严重头痛,全身不适,高热,还有精神不安,失眠,甚至昏迷,而其主要的表现为肺炎,有干咳,少量黏液性痰,有时痰中带铁锈颜色,各种检查也呈现肺部有病变表现。但是病人呈脉缓,白细胞计数一般正常。病人常有接触鸟类史。

【医患关系】(doctor-patient relationship) 医务人员与病人在医疗过程中产生的特定医治关系。是指“医”与“患”之间的关系。是医疗人际关系中的关键。医患关系的“医”包括医疗机构、医务人员;“患”包括病人、病人的家属以及除家属以外的病人的监护人。其中主要由于医生的服务态度、医术水平、负责精神等方面因素引起的医疗纠纷最为常见。其次护士负责治疗的具体操作和护理工作也易导致医疗纠纷。此外,医疗单位的管理人员有时也会成为医疗纠纷的肇事者,导致不应有的危害后果。在医疗活动中医患关系由技术性关系和非技术性关系两大部分组成。前者是指医疗过程中医务人员实施的技术性操作时与病人形成的关系;后者是指医疗过程中医务人员与病员的社会、心理等方面的关系,在医疗过程中对医疗效果有着无形的作用。技术性医患关系在医疗过程中以病人的诊治利益为准则,对医疗效果起着重要的作用。

【医疗保险】(health insurance) 以保险合同约定的医疗行为的发生为给付保险金条件,为被保险人接受诊疗期间的医疗费用支出提供保障的保险。同其他类型的保险一样,也是以合同的方式预先向受疾病威胁的人收取医疗保险费,建立医疗保险基金;当被保险人患病并去医疗机构就诊而发生医疗费用后,由医疗保险机构给予一定的经济补偿。因此,医疗保险也具有保险的两大职能:风险转移和补偿转移。即把个体身上的由疾病风险所致的经济损失分摊给所有受同样风险威胁的成员,用集中起来的医疗保险基金来补偿由疾病所带来的经济损失。是为补偿疾病所带来的医疗费用的一种保险。职工因疾病、负伤、生育时,由社会或企业提供必要的医疗服务或物质帮助的社会保险。如中国的公费医疗、劳保医疗。中国职工的医疗费用由国家、单位和个人共同负担,以减轻企业负担,避免浪费。1998年12月,国务院发布了《国务院关于建立城镇职工基本医疗保险制度的决定》,部署在全国范围内全面推进职工医疗保险制度改革工作,要求1999年内全国基本建立职工基本医疗保险制度。其范围包括:商业医疗保险、津贴给付型医疗保险、费用型医疗保险以及社会医疗保险等。医疗保险具有社会保险的强制性、互济性、社会性等基本特征。因此,医疗保险制度通常由国家立法,强制实施,建立基金制度,费用由用人单位和个人共同缴纳,医疗保险费由医疗保险机构支付,以解决劳动者因患病或受伤害带来的医疗风险。其作用有:(1)有利于提高劳动生产率,促进生产的发展。医疗保险是社会进步、生产发展的必然结果。反过来,医疗保险制度的建立和完善又会进一步促进社会的进步和生产的发展。一方面医疗保险解除了劳动者的后顾之忧,使其安心工作,从而可以提高劳动生产率,促进生产的发展;另一方面也保证了劳动者的身心健康,保证了劳动力正常再生产。(2)调节收入差别,体现社会公平性。医疗保险通过征收医疗保险费和偿付医疗保险服务费用来调节收入差别,是政府一种重要的收入再分配的手段。(3)是维护社会安定的重要保障。医疗保险对患病的劳动者给予经济上的帮助,有助于消除因疾病带来的社会不安定因素,是调整社会关系和社会矛盾的重要社会机制。(4)促进社会文明和进步的重要手段。医疗保险和社会互助共济的社会制度,通过在参保人之间分摊疾病费用风险,有利于促进社会文明和进步。(5)是推进经济体制改革特别是国有企业改革的重要保证。

【医疗废物】(medical treatment waste) 医疗卫生机构在医疗、预防、保健以及其他相关活动中产生的具有直接或间接感染性、毒性及其他危害性的废弃物。医疗废物里含有大量的病原微生物、化学污染物以及放射性

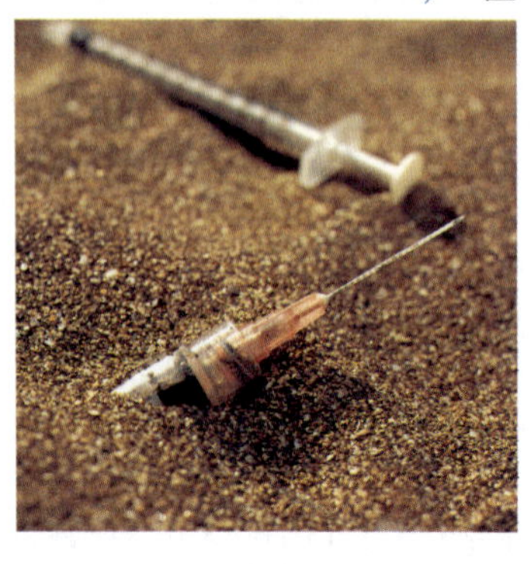
医疗废物

有害物质。在中国，医疗废物被列为一号危险废物。为防止医疗废物造成环境污染，中国采取集中方式处理医疗废物。

【医疗废物处置技术】(medical waste disposal technology) 医疗废物集中处理的技术。最常用的技术是焚烧法，其他方法还有高压蒸汽灭菌法、微波辐射法、化学消毒法、破碎高压消毒法、等离子体热解法、干馏热解法等。医疗废物主要由废纸、塑料、木竹、纤维、皮革、橡胶、手术切除物、玻璃器皿等组成。这些垃圾中大部分是有机碳氢化合物，在一定温度和有充足氧气条件下，可以完全燃烧。医疗废物经过焚烧处理后，可以使废物的体积减少85%～90%，大大减少了最终填埋的费用。

医疗废物处置技术

【医疗机构制剂许可证】(medical institution) 医疗机构配制制剂的资格证明。是为了加强药品质量管理，确保重要药品得到有效监控的一项制度。根据《药品管理法》第二十条规定：医疗机构设立制剂室，应当向所在地省、自治区、直辖市人民政府卫生行政部门提出申请，经审核同意后，报同级人民政府药品监督管理部门审批；省、自治区、直辖市人民政府药品监督管理部门验收合格的，予以批准，发给《医疗机构制剂许可证》。无《医疗机构制剂许可证》的不得配制制剂。《医疗机构制剂许可证》应当标明有效期，到期重新审查发证。根据《药品管理法》第二十二条规定：《医疗机构制剂许可证》有效期为5年。有效期届满，需要继续配制制剂的，医疗机构应当在许可证有效期届满前6个月，按照国务院药品监督管理部门的规定申请换发《医疗机构制剂许可证》。

【医疗事故】(malpractice) 医疗机构及其医务人员在医疗活动中，违反医疗卫生管理法律、行政法规、部门规章和诊疗护理规范、常规，过失造成患者人身损害的事故。其构成条件包括以下四方面的内容：(1)合法的医疗机构及医务人员。(2)在医疗活动中有违法、违规的过失行为。(3)患者存在明显的损害后果。(4)过失行为与损害后果有因果关系。中国《医疗事故处理条例》对医疗事故进行了具体分级并提出了分级依据。即：一级医疗事故，指造成患者死亡、重度残疾的；二级医疗事故，指造成患者中度残疾、器官组织损伤导致严重功能障碍的；三级医疗事故，指造成患者轻度残疾、器官组织损伤导致一般功能障碍的；四级医疗事故，指造成患者明显人身损害的其他后果的。其中每级又分几等：一级分甲等、乙等；二级分甲等、乙等、丙等、丁等；三级分甲等、乙等、丙等、丁等、戊等；四级不分等。在医疗事故发生后，医疗事故技术鉴定机构要对其进行等级鉴定，根据事故等级进行相应的法律制裁。

【医疗意外】(medical treatment accident) 医疗机构在对患者诊疗护理过程中，不是出于故意或过失，而是由于不能抗拒或不能预见的原因导致病员出现难以预料和防范的不良后果的情况。所谓不能抗拒的原因，是指医务人员遇到某种不可抗拒的力量，即医务人员自身能力、环境和条件，不能排斥和阻止损害后果的发生。所谓不能预见的原因，不仅是指医务人员没有预见，而且根据当时的条件、情况以及医务人员的技术能力也不能预见的原因。医疗意外的发生，并不是医务人员的医务过失所致，而是患者自身体质变化和特殊病种结合在一起突然发生的，且医务人员本身和现代医学科学技术不能预见和避免。医疗意外属于意外事件，由于欠缺主观要件，所以不承担法律责任。其具有以下特点：(1)发生在接受诊疗护理过程中。(2)发生快、出现后果严重。(3)病员存在特殊体质或病情。(4)难以预料和防范。医疗意外可以发生在许多诊疗护理的环节上。

【医疗用纺织品】(surgical textile) 具有医疗用途和功能的纺织品。按用途的不同可分为三大类：(1)治疗类。用于伤口止血、敷料、绷带、膏药底布等。(2)移植材料。用于人体伤口修补或替换的缝合线、血管移植物、人工关节、人造血管、人造气管、人造食管、人工肾、人造肺等。(3)卫生保健理疗用品。可用作外科手术服、织物、理疗保健织物及揩拭物以及血浆分离、过滤、采集和浓缩装置等。必须具有无毒性、无过敏性、无致癌性及与人体相容性。在消毒时不起物理或化学性能的任何变化。天然纤维有棉、丝和再生纤维黏胶人造丝，被广泛地作为非移植材料和卫生保健用品的聚酯、聚酰胺、聚四氟乙烯、聚丙烯、碳纤维和玻璃纤维等化学纤维，经过处理后能更有效地消灭细菌。非织造医疗用织物具有对细菌和尘埃过滤性高、手术感染率低、消毒灭菌方便、易于与其他材料复合等特点。非织造产品作为即用即弃的医疗用品，使用卫生、方便，能有效地防止细菌感染和医源性交叉感染。

【医务人员个人防护】(medical personal protection) 对工作中密切接触传染病人的医护人员及其他人员,应采取有效的防护措施和医疗保健措施。其主要方法有:(1)医护人员进入病区必须戴12层棉纱口罩,4h更换一次;进入病房均须穿隔离衣、鞋套,戴手套和工作帽。(2)医护人员在每次接触病人后应立即进行手的消毒。手消毒可采用有效碘含量为0.3%~0.5%的碘伏消毒液,或含70%乙醇和0.5%醋酸氯己啶复配的手消毒液,或75%乙醇溶液,或70%异丙醇溶液,或酸性氧化电位水消毒液浸泡,或擦拭手部1~3min,以防止因医护人员的手造成交叉感染。(3)在进行近距离操作时,除做好上述防护外,还应戴防护眼镜。如给病人进行气管插管或吸痰等工作时,还可以使用专业防护面具或正压防护头罩。(4)医护人员在进入、离开病区时,要注意呼吸道及黏膜防护。(5)要做好预防医院内发生感染的各项综合措施,医务人员要增强体质,注意劳逸结合,避免过度劳累,提高抵抗疾病的能力。

【医学参考值范围】(medical reference range) 又称正常值范围。医学上包含绝大多数正常人某指标的波动范围。所谓"正常人",并非是没有任何疾病的人,而是在同质的前提下排除了足以影响该所测指标的因素(包括疾病)的个体;"绝大多数",习惯上包含正常人的90%,95%或99%。医学参考值范围常被作为临床上判断某指标是否异常的参考依据。制定医学参考值范围的一般步骤是:(1)依据研究指标的特点,结合专业知识,确定研究对象的纳入标准和排除标准。(2)依据专业知识确定单侧或双侧。(3)确定范围,一般以95%参考值范围最为常用。(4)根据资料的分布特征选择不同的方法,计算参考值范围的上下限。

【医学地理学】(medical geography) 地理学的一个分支。研究人群的健康与地理环境的关系的学科。是医学和地理学相互交叉形成的边缘学科。主要研究内容包括:(1)环境与疾病关系的研究,特别是慢性疾病、心血管病和变态反应性疾病。(2)收集、研究生活在不同自然地理环境和不同地区的人群生理和健康状态的资料。(3)从多方面分析环境因素对人类健康和疾病的影响。(4)建立医学地理学监测系统,为拟订有效的保健计划和防治设施以及新经济区的开发方面提供依据。(5)环境污染所致健康和疾病的环境分析和评价。研究成果可以为人体健康提供合理的理论和建议。

【医学检验学】(medical ecsomatics) 运用现代物理化学方法、手段进行医学诊断的一门学科。主要研究如何综合运用生物学、化学、物理学、电子学、计算机以及生物化学、免疫学等多方面的知识和手段,通过实验室技术、医疗仪器设备,以手工操作或自动化分析方式,着重对人体血液、尿液、粪便及其他各种体液和分泌物进行一般性状观察及物理学、化学和形态学方面的检查,以获得有关病原体、体内病理变化和脏器功能状态等方面的信息,结合临床资料及其他检查(X线、B超、CT等)结果,进行综合分析,为临床诊断、治疗提供依据。随着科学技术的不断发展,医学检验学的内容逐渐拓宽和深化。特别是近30年来由于电子技术、计算机、分子生物学、生物医学工程等的飞速发展,使医学检验学的面貌日新月异。已从化学定性试验发展到高精密度的定量试验;从手工操作发展到高度自动化分析;从应用常量标本一次只能检测一个项目,发展到用微量或超微量标本一次检测多个项目;从必须采血标本才能检测发展到有些项目经皮肤即可检测的无创性检查方法等。这就使医学检验学跃进成为发展最为迅速、应用高精尖技术最为集中的学科之一。

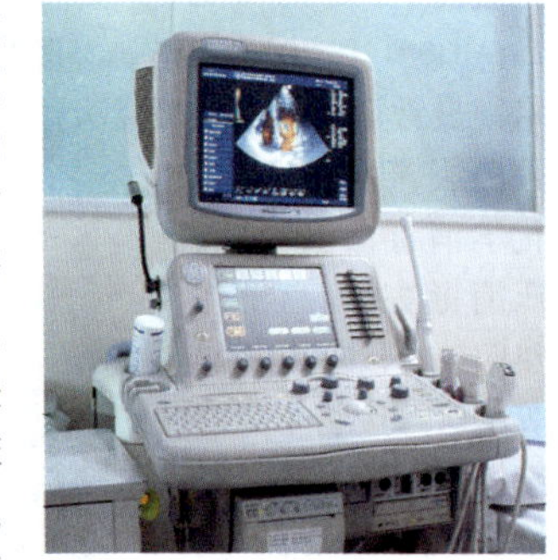

B超

【医学伦理学】(medical ethics) 伦理学的一个分支。伦理学的基本原理在医学领域中具体应用产生的一门交叉学科。其中医患关系涉及医学伦理学的许多基本问题。其特点是:医学已从医生与病人间一对一的私人关系,发展为以医患关系为核心的社会性事业,因而要考虑双方的收益和负担的分配以及分配是否公正的问题,即公益论。此外,由于生物医学技术的广泛应用,医疗费用上涨等,现代医学伦理学更多地涉及病人、医务人员与社会价值观的交叉或冲突,及由此引起的伦理学难题。例如,古代医学的传统和某些国家规定不许堕胎,但妇女在生育上要求行使自主决定权和世界人口爆炸对节育的社会需要,会引起伦理方面的冲突。

【医学统计学】(medical statistics) 统计学的一个分支。应用概率论和数理统计的方法,研究医学研究领域中数据的搜集、整理、分析与推断的学科。是认识世界的一种重要手段。有两大研究内容:(1)统计描述。即根据研究资料的类型,采用合适的统计指标对数据的特征进行描述。定量资料的常用描述指标有:算术均数、几何均数、中位数、四分位数间距、标准差和变异系数等;定性资料的常用统计描述指标有率、构成比和相对比。(2)统计推断。包含参数估计和假设检验，即根据样本提供的信息，对总体特征进行推断。

【医学心理学】(medical psychology) 心理学的一个分支。研究心理活动与病理过程相互影响的学科。是在心理学和医学相互结合、共同研究的过程中形成和发展起来的边缘学科。兼有心理学和医学的特点。研究和解决人类在健康或患病，以及二者相互转化过程中的一切心理问题，并通过对医疗实际课题的探讨推动心理学基础理论研究。医学心理学强调从整体上认识和掌握人类的健康和疾病问题，主张把人看做是自然机体与社会实体相统一的存在物，是物质运动与精神活动相结合的统一体。

【医学诊断学】(medical diagnostics) 运用医学基本理论、基本知识和基本技能对疾病进行诊断的一门学科。其研究内容是：(1)问诊。通过医生与患者进行提问与回答了解疾病发生、发展的过程。这一过程又叫病史采集，通过病史采集可以获得病人的症状。(2)体格检查。是医生用自己的感官或传统的辅助器具(听诊器、叩诊锤、血压计、体温计等)对患者进行系统的观察和检查，揭示机体正常和异常征象的临床诊断方法。(3)实验室检查。通过物理、化学和生物学等实验室方法对患者的血液、体液、分泌物、排泄物、细胞取样和组织标本等进行检查，从而获得病原学、病理形态学或器官功能状态等资料，结合病史、临床症状和体征进行全面分析的诊断方法。(4)辅助检查。如心电图、肺功能等。诊断学是从基础学科过渡到临床医学各学科的桥梁。是临床各专业学科(外科学、内科学、妇产科、儿科、五官科等)的重要基础。

【医用电子直线加速器】(medical electronic straight accelerator) 一种能产生X射线和电子射线的先进技术设备。产生的高能射线，能以电离辐射的形式作用于细胞，杀伤不同类型的肿瘤细胞。同时具有剂量高、剂量均匀性好、照射时间短且稳定、照射范围大小可按临床需要调节、半影小、病人受治疗疗程短、反应轻等特点。其临床操作比钴－60治疗机安全，对周围环境污染也比较小，已显现出取代钴－60机的趋势。

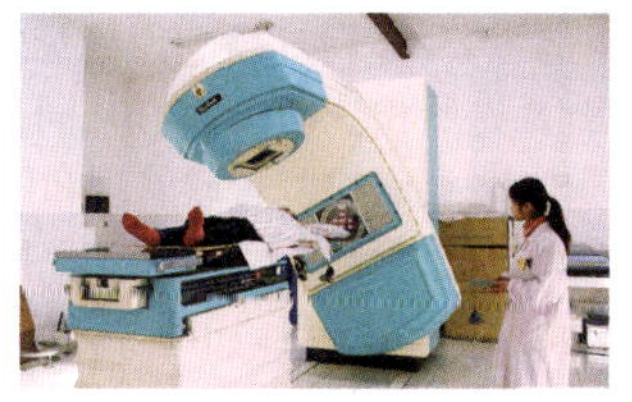

医用电子直线加速器

【医用胶黏剂】(medical adhesive) 用于医疗和生物组织的胶黏剂。常用的有以天然橡胶为基础的白胶布、透气胶带、齿科修补胶黏剂，以及皮肤和器官及组织黏接用的氰基丙烯酸高级酯胶黏剂等。该类胶黏剂要求严格，品种较少，随着医疗水平的提高，需求量增加很快。

【医用金合金】(medical gold alloy) 作为生物医学材料应用的金及其合金。主要包括纯金与金银铜合金两大类。因具有良好的理化性能、加工成型性、抗生理腐蚀性和生物相容性，在临床上得到广泛应用。金银铜合金以金为基，按其质地软硬的不同可分为Ⅰ型、Ⅱ型、Ⅲ型和Ⅳ型。其中，Ⅰ型合金的金含量高，质地软。通过提高银和铜的含量，并添加少量金属钯和铂，可制成质地较硬的Ⅱ型、Ⅲ型和Ⅳ型金合金。纯金多用于制作金色覆牙套。金银铜合金用于制作各种口腔金属修复体，如嵌体、人造冠、固定体、桥体、基托、杆、卡环和局部义齿支架等。

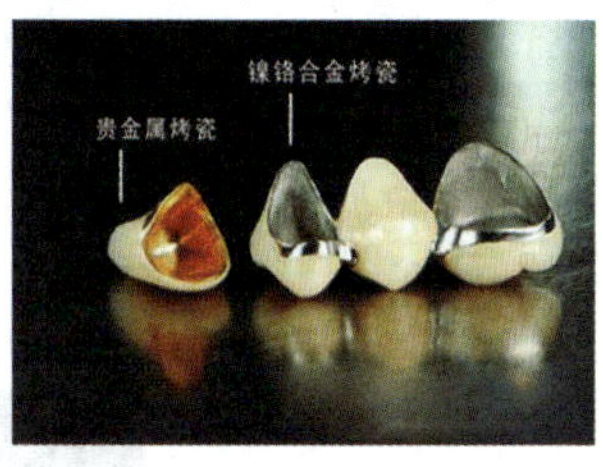

医用金合金

【医用水泥】(medical cement) 又称骨水泥。主要用于人工关节置换术的一种化工产品。其真正名称应是骨黏固剂或骨固着剂。是用单体甲基丙烯酸甲酯和聚甲基丙烯酸甲酯经聚合反应而成。在用于人工关节置换术时，可将金属、陶瓷或者塑料等材料制成的人工关节与活体骨骼相连接，并在连接处注入医用水泥保持长时间不松动。在用于治疗骨折和重建骨缺损的骨修复材料时，可经皮下注射到达需修复的部位。临床使用的骨水泥有两大类：(1)不可降解的骨水泥，如丙烯酸骨水泥，聚甲基丙烯酸甲酯等。(2)可被降解的骨水泥，如羟基磷酸钙骨水泥等。聚甲基丙烯酸甲酯是最常用的骨水泥。医用水泥广泛应用于牙科、骨科和整形外科等。

【医用碳涂层】(biomedical carbon coating) 将碳氢化合物热解沉积于金属表面和气相沉积于聚氯乙烯、聚酯、尼龙等高分子薄膜上形成的用作生物医学材料的涂层。其特点是：耐磨性、生物相容性好，特别是血液相容性优良，并具有各向同性。是重要的心血管系统修复材料。主要用于人工心瓣膜的阻塞体和瓣架等，也可用于肌肉－骨骼系统和其他软组织修复。

【医用碳纤维增强高分子复合材料】(biomedical polymer composite reinforced by carbon fiber) 作为增强体的碳纤维与医用高分子复合形成的生物医学复合材料。一类模拟自然组织结构的医用复合材料。主要用于骨水泥、人工关节臼和接骨板等。

【医用涂层材料】(biomedical coating) 以固体材料为基体,在其表面形成一层同质或异质薄膜而构成的医用表面复合材料。医用金属和合金、医用高分子材料和生物陶瓷既可作为基体,又可作为涂层。制备方法主要有等离子喷涂、气相沉积、离子溅射、离子注入、浸渍、烧结、电泳和热解等。主要用于制备人工骨、关节柄、关节臼、关节头、人工牙根、人工心瓣膜、人造血管等,也用作电学植入装置导线的绝缘层及心血管导管引导钢丝的表面涂层等。

【医用纤维】(medical fiber) 医学专用的纤维材料。包括人体代用材料和医疗卫生材料等。将相应高聚物等制成中空纤维、超细纤维、单丝、非织造布、针织物、机织物和复合材料等,再进一步加工或组装而制得。如心脏瓣膜、碳纤维腱、韧带、中空纤维人工肾、肝、脾、肺、吸收性缝合线、止血和吸血纤维、解毒纤维、绷带、卫生巾、口罩、手术衣和罩布、X 射线板、光纤胃镜、消臭杀菌纤维和保健类功能纤维等。医用纤维及其制品应具有与生物体类似的结构或与生物体器官相同的功能,同时要求对人体安全、无毒、无过敏反应、不破坏血细胞和不改变血浆蛋白成分等,可为患者解除痛苦和延长寿命。

医用纤维

【医源性损害】(iatrogenicinjury) 因治疗而对患者造成的任何损害。是指在诊断、治疗、预防等医学行为过程中引起的新的疾病。可发生在治疗的整个过程中,如因药物不良反应、用药失误、手术不当、诊断错误、器械不良事件、院内感染、血液输注、执行医嘱失误等引起的各种损害。认知医源性疾病首先要提高临床医生的医疗安全意识,日常工作中应时刻保持对医源性疾病足够的警觉性,尽可能避免或减少医源性损害的发生。

【医院级别】(hospital classification) 中国依据医院的功能所划分的三种级别。医院级别越高,病人医疗费用越高,但是得到的服务也越好,可信度也就越高。一级医院是直接向一定人口的社区提供预防、医疗、保健、康复服务的基层医院、卫生院。二级医院是向多个社区提供综合医疗卫生服务和承担一定教学、科研任务的地区性医院。三级医院是向几个地区提供高水平专科性医疗卫生服务和执行高等医学教学、科研任务的区域性以上的医院。

【医院内感染】(nosocomial infection) 又称医院获得性感染。住院病人在医院内获得的感染。包括在住院期间发生的感染和在医院内获得而出院后发生的感染;但不包括入院前已开始或入院时已存在的感染。广义地讲,是指任何人员在医院活动期间遭受病原体侵袭而引起的任何诊断明确的感染。狭义地讲,是指住院病人在入院时不存在,也非已处于潜伏期的,而在住院期间遭受病原体侵袭引起的任何诊断明确的感染,无论受感染者在医院期间或是出院以后出现症状。医院工作人员在医院内获得的感染也属医院内感染。按其病原体来源的不同可分为:内源性医院内感染和外源性医院内感染;按其感染传播途径的不同可分为:交叉感染、自身感染以及母婴感染;按其感染部位的不同可分为:呼吸道感染、泌尿道感染、胃肠道感染和切口感染;按其感染微生物种类的不同可分为:革兰阳性球菌感染、革兰阴性球菌感染、病毒感染、立克次体感染和真菌感染等。引起医院内感染的因素有:(1)有创诊断及治疗。(2)抗菌药的广泛应用。(3)患者免疫力下降。(4)其他因素,如医院环境卫生不合格、病人住院时间过长、病人在医院内接触其他病人的机会增多等,都可能造成医院内交叉感染,甚至导致医院感染的暴发及流行。其感染方式有:接触传播、经血传播、空气传播、器械传播以及自身感染等。其预防须医患双方共同努力。

【医院污水】(hospital sewage) 医院向自然环境或城市管道排放的污水。其水质随医院性质、规模和其所在地区的不同而异。每张病床每天排放的污水量约为 200 ~ 1 000L。医院污水是一种特殊的污水,成分复杂,所含的主要污染物为:病原体(寄生虫卵、病原菌、病毒等)、重金属、消毒剂、有机溶剂、酸、碱以及放射性污染物等。未经处理的原污水中含菌总量每毫升达 10^8 个以上,具有空间污染、急性传染和潜伏性传染等特征。不经有效处理会成为一条疫病扩散的重要途径,严重污染环境。医院内产生污水的主要部门和设施有:诊疗室、化验室、病房、洗衣房、X 光照相洗印、动物房、同位素治疗诊断、手术室等排水;还有医院行政管理和医务人员排放的生活污水,食堂、单身宿舍、家属宿舍排水。医院污水处理的原则是:分质分流,局部分隔治理,把污染就近消灭在污染源。主要处理方法为沉淀与消毒。目前,中国常用的消毒剂为液氯。近年来,试行用臭氧法消毒,消毒处理后均可达到排放标准。

【医院药学】(hospital pharmacy) 研究药品使用过程中,以医疗为中心,提高医疗质量为目的的一门学科。是与医院临床工作相接触的药学工作,以药剂学为中心展开的药事管理和药学技术工作。是以临床医师和病人为服务对象,以供应药物和指导,参与临床安全、合理、有效的药物治疗为职责。是以治疗效果为质量标准,在医院特定环境下的药学科学工作。包括药事管理,药品的调剂、调配、制剂,临床药学,药物研究,药品检验与质控,药物信息,药学的科研与教学,药学人才的培养和药学人员的职业道德建设等。医院药学行政机构名称由过去的药剂科逐渐被若干专业科(室)组成的药学部所代替,使之更适应当今医院药学科学发展的形势,以满足当代医院高质量药物治疗的要求。

【医院饮食】(hospital food) 根据不同病情的需要而设计安排的饮食结构。分为基本饮食、治疗饮食和试验饮食三大类。基本饮食是医院中一切膳食的基本烹调形式,包括普通饮食、软质饮食、半流质饮食和流质饮食四种。普通饮食适用于,消化功能正常,无饮食限制,病情较轻或恢复期的患者。饮食原则是,平衡膳食、美观可口,少用油炸食物以及辛辣刺激性食物,与健康人饮食相似。软质饮食适用于:消化吸收功能差,咀嚼不便,低热,消化道术后恢复期的患者。饮食原则是,平衡膳食,软烂碎,无刺激性,易消化。半流质饮食适用于:中等发热、体弱病人,消化道及口腔疾患,手术后患者。饮食原则是:半流体食物,营养丰富,少食多餐,非平衡膳食,无刺激性、易于吞咽和消化的食物,忌用油炸食物、粗纤维蔬菜和刺激性调味品。流质饮食适用于:高热病人,吞咽困难、口腔疾患和各种大手术后病人,急性消化道疾患,重危或全身衰竭病人。饮食原则是:食物呈液体状,非平衡饮食,只能短期使用。

【医嘱】(doctor's advice) 医生根据病人病情的需要拟定的治疗、检查等计划的书面嘱咐。由医护人员共同完成。医嘱的内容包括:床号、姓名、日期、时间、护理常规、护理级别、隔离种类、饮食、体位、药物及其剂量和用法、各种检查和治疗、术前准备、医生和护士的签名。其种类分为长期医嘱、临时医嘱、备用医嘱。长期医嘱是指有效期在24h以上,当医生注明停止时间后医嘱失效;临时医嘱是指有效期在24h以内,只执行一次。备用医嘱分长期备用医嘱和临时备用医嘱。长期备用医嘱是指有效期在24h以上,无停止医嘱一直有效,需要时使用;临时备用医嘱是指必要时用,仅在12h内有效,过期尚未执行即失效。医嘱是医师在医疗活动中下达的医学指令。医嘱内容及起始、停止时间应当由医师书写。医嘱内容应当准确、清楚。每项医嘱应当只包含一个内容。

【仪表飞行】(instrument flying) 又称盲目飞行。飞行员在看不见天地线和地标条件下完全依据机上仪表和设备判断航空器方位、姿态和飞行参数驾驶航空器的飞行。飞行员的必备驾驶技术。在这种飞行中,飞行员不能直观感觉飞行状态,每个仪表也只能反映出飞行状态的某一个参数。因此,飞行员必须熟悉各种仪表的位置及其指示特点,全面合理分配注意力,操作动作应柔和、细致,修正偏差要准确、及时。仪表飞行比目视飞行驾驶技术复杂,要求精力高度集中,因而飞行员容易疲劳。利用地面模拟器是训练仪表飞行驾驶技术的重要途径。

仪表飞行

【仪表机床】(instrument machine tool) 用于仪器仪表的小型零件加工的专用机床。具有精度高、体积小、重量轻、结构简单等特点。多为台式,可安装在桌面上进行加工。常见的有仪表车床、仪表铣床、仪表磨床、仪表齿轮机床等类型。

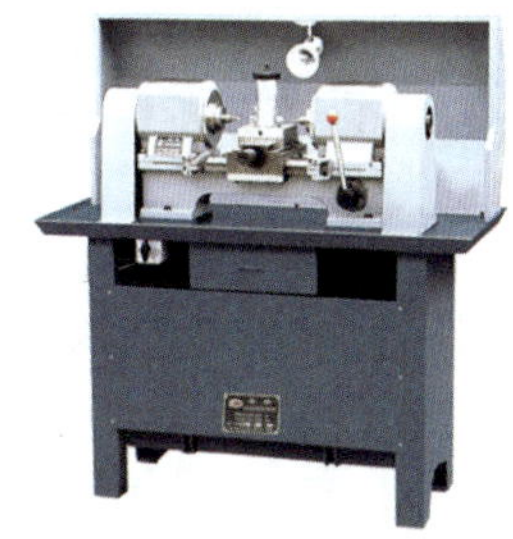
仪表机床

【仪表进近图】(instrument approach chart) 又称传云图。表示预定着陆跑道的仪表进近和相关等待程序的专用航空图。比例尺一般为1:500 000,采用双标准纬线等角圆锥投影。该图主要表示机场进近和复飞程序所需要的平面航路图、剖面图和相关表格:(1)平面航路图。详细表示机场跑道、进近航线及其相关数据、垂直障碍物、最低扇区高度、无线电设备等航空要素,概要表示居民地、河流和道路,较详细表示等高线和主要高程。(2)剖面图。详细表示下滑航线及其参数,下滑航线经过位置点的高度以及复飞程序。(3)相关表格。标注着陆最低标准和有关数据。

【仪表着陆系统】(instrument landing system, ILS) 又称仪器降落系统。飞机精密进近和着陆引导系统。包括方向引导、距离参考和目视参考系统。方向引导系统主要包括航向台和下滑台;距离参考系统主要包括指点标和测距仪;目视参考系统主要包括精密进近轨迹指示器和进近灯光系统。其作用是由地面发射的两束无线电信号对航向道和下滑道指引,建立一条由跑道指向空中的虚拟路径。飞机通过机载接收设备,确定自身与该路径的相对位置,使飞机沿正确方向飞向跑道平稳下降,安全着陆。

【仪表着陆系统关键区】(critical area instrument landing system of ILS cd-tied area) 又称仪表着陆系统临界区。在仪表着陆系统运行过程中,在航向台天线和下滑台天线周围划定的一个禁止航空器和车辆进人的区域。

【仪表着陆系统敏感区】(IIS sensitive area) 在仪表着陆系统运行过程中,所有航空器和车辆的停放和活动都必须受到管制的区域。敏感区是由关键区向外扩展的一个区域,保护敏感区是防止位于关键区之外但仍在机场围界以内的大型物体的干扰。

【仪器分析法】(instrumental analysis) 用比较复杂或特殊的仪器设备,通过测量能表征物质的某些物理或物理化学性质来确定其化学组成、含量以及化学结构的分析方法。包括:(1)光学分析。(2)电化学分析。(3)色谱分析。(4)热分析。(5)放射化学分析。(6)质谱法。(7)能谱法。与一般化学分析相比,其所使用的仪器复杂昂贵,技术要求高,但操作迅速,灵敏度和准确度高。适用于试样众多或微量、痕量的分析。

【夷平面】(planation surface) 地壳在长期稳定条件下各种外力地质作用对地表进行剥蚀与堆积过程中形成的一个近似平坦的地面。这个统一的地面既包括剥蚀面(侵蚀面、海蚀面、溶蚀面、风蚀面等),也包括沉积面(堆积面等)。是地貌发育成熟的产物。需要很长时间才能形成。标志着一个地貌发育阶段。对追溯地貌形成发展历史有重要意义。

【宜林地】(suitable land for forest) 适宜栽种林木、但目前尚未造林的土地。是林业用地中的一个类型。一般包括采伐迹地、火烧迹地、林间空旷地等,还有那些开垦为农田较为困难而适合于林木发育的荒山荒坡、乡村中大量分散的“四旁”地和城市中适于造林绿化的空隙地等。确定一块土地是否为宜林地,要从社会效益和经济效益两方面考察。一般来讲,湿润和半湿润地区的大部分农耕地都适于造林。但通常把灌溉良好、土层肥厚的土地作为农耕地,而将那些供水较差、土壤较薄的劣等农耕地和荒山荒地作为宜林地。这样,既充分利用了土地资源,又获得了较大的经济效益。随着人们对土壤侵蚀、沙化等危害的逐渐认识,大量的具有潜在水土流失和土地沙化的农耕地被划归为宜林地,以保护自然环境,确保土地资源的永续利用。

【贻贝】(mussel) 又称青口、淡菜。一种双壳类软体动物。壳黑褐色,常见生活在海滨岩石上。壳呈楔形,前端尖细,后端宽广而圆。一般壳长6~8cm。壳长小于壳高的2倍。壳薄。壳顶近壳的最前端。两壳相等,左右对称。壳面紫黑色,具有光泽,生长纹细密而明显,自顶部起呈环形生长。壳内面灰白色,边缘部为蓝色,有珍珠光泽。铰合部较长。韧带深褐色,约与铰合部等长。铰合齿不发达。后闭壳肌退化或消失。足很小,细软。营固着生活。滤食性贝类。多雌雄异体。卵生。贻贝是南北两半球较高纬度分布的品种,特别是在北欧、北美数量最多。在中国多分布于黄海、渤海沿岸,大连尤盛。有很高的药用与食疗功效。紫贻贝常出口到欧洲(试销)以及香港、澳门等地。过多的贻贝常常堵塞引水管,固着在浮筒或船底上面,致使其因增加重量而下沉,或增加重量和阻力影响航行的速度。常见的有贻贝、厚壳贻贝、翡翠贻贝等多种。

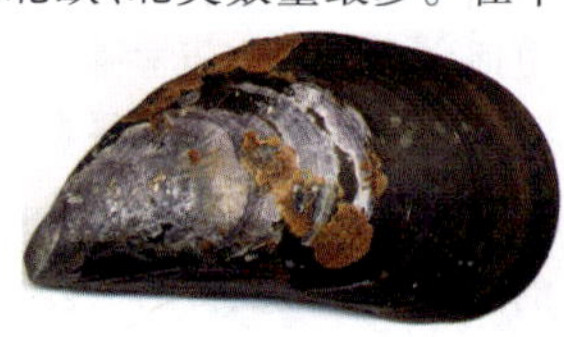
贻贝

【胰蛋白酶】(trypsin) 由胰腺分泌的一种内肽酶。最初分泌物为胰蛋白酶原,经降解而成为具有活性的酶。主要作用于精氨酸或赖氨酸羧基端的肽键。对天然蛋白质分解能力较差,但对变性蛋白质的作用较强。易溶于水。不溶于乙醇和甘油。其水溶液对热不稳定。在动物细胞培养中常使用胰蛋白酶。其作用是使细胞间的蛋白质水解从而使细胞离散,以便于进行细胞培养和观察。不同的组织或者细胞对胰酶的作用反应不一样。胰蛋白酶分散细胞的活性还与其浓度、温度和作用时间有关。在pH值为8.0、温度为37℃时,其溶液的作用能力最强。

胰蛋白酶

【胰岛素】(insulin) 胰腺分泌的一种激素。在动物体内胰腺中散布着许多细胞群,称为胰岛。胰岛β细胞受内源性或外源性物质,如葡萄糖、乳糖、核糖、精氨酸、胰高血糖素等的刺激分泌胰岛素。胰岛素于1921年由加拿大人F. G. 班廷和C. H. 贝斯特首先发现。1922年开始用于临床,使过去不治的糖尿病患者得到挽救。至今用于临床的胰岛素几乎都是从猪、牛胰脏中提取的。不同动物的胰岛素组成有所差异,猪与人的胰岛素结构最为相似。在20世纪80年代初,中国成功地运用遗传工程技术由微生物大量生产人的胰岛素,并已用于临床。胰岛素的作用主要是:可增加葡萄糖的利用,能加速葡萄糖的无氧酵解和有氧氧化,促进肝糖原和肌糖原的合成和储存,并能促进葡萄糖转变为脂肪,抑制糖原分解和糖异生,因而能使血糖降低;能抑制脂肪分解,使酮体生成减少,纠正酮症酸血症的各种症状,促进蛋白质的合成,抑制蛋白质分解,促使 K^+ 从细胞外液进入细胞内。

【胰岛素泵】(insulin pump) 又称胰岛素持续皮下注射泵(CSII)、人工胰岛装置。临床上模拟人体生理胰岛素分泌的一种胰岛素输注设备。按其结构形式的不同可分为:(1)开环式胰岛素泵。包括电动机、电池、注射器、调节器、警报器、连接管及注射针等装置,可将已知胰岛素需要量连续输入人体,并在餐前可开动调节器增加输入剂量以模仿餐后分泌增多、血浆胰岛素升高情况,并有警报器发出信号以示各种需要紧急处理情况,如胰岛素注完、电池耗尽、空针或针头脱落受阻等。此型已从较大装置改为便于携带的微小型装置。(2)闭环式胰岛素泵。此种装置复杂,体积大,不易携带与应用,仅在医院内抢救酮症酸中毒时使用。其结构主要由能连续监测血糖的血糖传感器、微电脑和胰岛素注射泵三部分组成。另外,还有胰岛素笔,其作用原理和开环式胰岛素泵相同,且更简单、实用。

【胰岛素抵抗】(insulin resistance, IR) 机体组织细胞对胰岛素作用敏感性和(或)反应性降低的一种病理反应。机体必须以高于正常的血胰岛素释放水平来维持正常的糖耐量,其结果导致继发性的高胰岛素血症。它可引起血管内皮细胞功能障碍,加重动脉粥样硬化,同时可使肾脏水钠重吸收增加,交感神经活性亢进,动脉弹性减弱,导致血压升高。胰岛素抵抗对葡萄糖的摄取利用或储存、输出的抑制作用减弱,大量的脂肪溶解和游离脂肪酸增多,造成脂肪代谢障碍,引起血糖进一步升高,形成Ⅱ型糖尿病。故临床上发现在肥胖、血甘油三酯升高、高血压与糖耐量减低同时存在的四联患者中最明显(该四联症,又称为“胰岛素抵抗综合征”),是发生心脑血管疾病的高危因素,应及早干预。目前胰岛素增敏剂噻唑烷二酮类药物可降低胰岛素抵抗,提高胰岛素作用的敏感性。

【移动床反应器】(moving bed reactor) 颗粒状或块状固体反应物或催化剂从反应器顶部连续加入,在重力作用下固体物料逐渐下移,最后自底部连续排出,以实现气固相反应过程或液固相反应过程的反应器。由于固体颗粒之间基本上没有相对运动,但却有固体颗粒层的下移运动,因此移动床反应器也可将其看成是一种移动的固定床反应器。移动床反应器的主要优点是:可以在较苛刻的条件下连续稳定运转,固体和流体的停留时间可以在较大范围内改变,返混较小(与固定床反应器相近),适用于固体物料性状以中等速度(以小时计)变化的反应过程。其缺点是:控制固体颗粒的均匀下移比较困难,操作比较复杂。

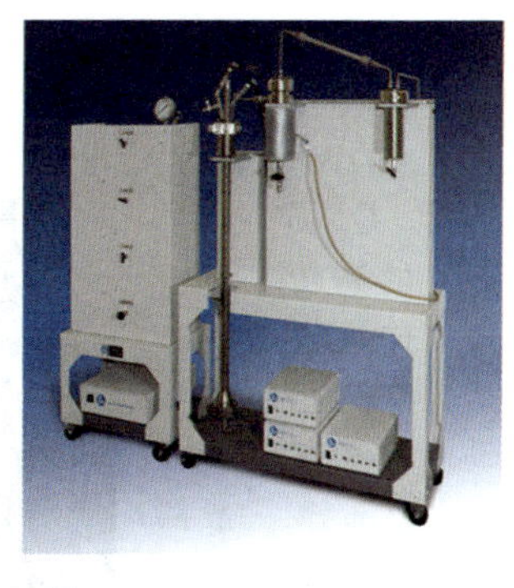

移动床反应器

【移动电话】(mobile telephone) 应用最广泛的一种无线通信终端设备。无线通信技术的发展,经历了三个时期:(1)模拟移动电话,俗称大哥大,是第一代移动通信终端,基本上只能提供语音通话业务。(2)数字移动电话,包括目前广泛使用的数字移动电话,如全球通、神州行等第二代数字移动电话,除提供语音通话业务外,还可提供较高质量的低速数据传输业务并实现国内国际信息漫游等。(3)通用分组无线业务,它是第2.5代数字移动通信技术,可提供基本通话和高速数据传输业务,用户可同时实现通话和上网。(4)采用宽带技术的第三代多媒体移动电话,具有高带宽、高速率、多媒体和个性化等特点。

【移动电话网】(mobile telephone network) 可以在移动用户之间进行通信的网络。中国已经出现了A、B、C、D、G五种移动电话网共存局面。五种网各有不同的通话范围和不同的业务功能。A网和B网是模拟网,C、D、G网是数字网。A网和B网模拟网是中国早期建设的移动电话网。C网是码分多址制式的移动电话网,接通率高,噪声小,发射功率小,能实现移动电话的各种智能业务。D网是工作在DCS1800系统的移动电话网,基本体制和现有的GSM900系统完全一致,工作于1 800MHz频段。使全球移动通信系统的容量成倍增长。G网是全球通数字移动电话网,具有漫游范围最广泛的特点。

【移动IP技术】(mobile IP technology) 为移动用户提供的、使其IP移动网络终端享有跨网漫游服务的技术。是移动通信和IP的深层融合。TCP/IP网络是该项技术对应用环境的唯一要求。只要满足TCP/IP网络,用户就可以用原来的IP地址在网上漫游并仍然享有原来网络中的一切权限。该技术将真正实现话音和数据的业务融合,适应了普及计算机时代的需求,使多媒体全球网络连接成为可能。

【移动基站】(mobile base station, MBS)

又称公用移动通信基站。在一定的无线电覆盖区中，通过移动通信交换中心，与移动电话终端之间进行信息传递的无线电收发信电台。是无线电台站的一种形式。是固定在一个地方的高功率多信道双向无线电发送机。基站的建设是移动通信运营商投资的重要部分，一般都是围绕覆盖面、通话质量、投资效益、建设难易、维护方便等要素进行。随着移动通信网络业务向数字化、分组化方向发展，基站的发展趋势是宽带化、大覆盖面建设。

移动基站

【移动式海上平台】(movable maritime platform) 可以在海上移动的施工平台。它有自己的浮力结构，可以由拖船拖拽着在海上移动。还有的自身具有移动动力装置，可以自航。移动式海上平台钻井施工时要用桩、锚或停泊系统和定位系统，在一定时间内固定在一个位置上，完成作业后方可移动。它可以在较深海域开展作业，但稳定性相对较差。常见的移动式海上平台有自升式、坐底式和半潜式平台。海上钻探船也是一种有动力、可以自航的移动式海上平台，有良好的定位系统和锚固系统，可以在海水深度达600m及更深的海区开展海上钻探工作。

【移动通信】(mobile communication) 移动体之间或移动体与固定体之间的通信。由空间系统和地面系统两部分组成。按使用要求和工作场合的不同可分为：(1)集群移动通信。它的特点是只有一个基站，天线高度为几十米至百余米，覆盖半径为30km，发射机功率可高达200W，用户数为几十至几百，可以是车载台，也可是以手持台。它们可以与基站通信，也可通过基站与其他移动台及市话用户通信，基站与市站有线网连接。(2)蜂窝移动通信。它的特点是把整个大范围的服务区划分成许多小区，每个小区设置一个基站，负责本小区各个移动台的联络与控制，各个基站通过移动交换中心相互联系，并与市话局连接。利用超短波电波传播距离有限的特点，离开一定距离的小区可以重复使用频率，使频率资源可以充分利用。(3)卫星移动通信。利用卫星转发信号实现移动通信。对于车载移动通信可采用赤道固定卫星，而对手持终端，采用中低轨道的多颗星座卫星较为有利。(4)无绳电话。它们可以经过通信点与市话用户进行单向或双向的通信。在制式上则有时分多址和码分多址两种。前者有欧洲的全球移动通信系统、北美的双模制式标准IS－54和日本的JDC标准。后者有美国Qualcomnn公司研制的IS－95标准的系统。总的趋势是数字移动通信取代模拟移动通信，移动通信向个人通信发展。

【移动硬盘】(mobile hard disk) 一种便于携带的移动存储设备。集固定硬盘与软盘的功能于一体。其特点是：保证数据安全，容量大，速度较高，防病毒传播，依赖操作系统。适于存储现行文件和短期保存数据，不宜用于长期保存档案存储。

移动硬盘

【移民流行病学】(migrant epidemiology) 对移民人群的疾病分布及其病因进行研究的学科。是通过观察疾病在移民、移民国当地居民及原居地人群间的发病率或死亡率的差异，从而探讨疾病的发生与遗传因素或环境因素的关系，以区分作用的大小。常用于肿瘤、慢性病以及某些传染病的病因和流行因素的探讨。

【移植免疫学】(transplantation immunology) 免疫学的一个分支。研究移植物与受者(又称宿主)之间相互作用引起免疫应答的理论和实践的一门学科。与实验生物学、遗传学、外科学和整形外科学关系密切。其研究的主要内容有：(1)移植物的类型。(2)移植物与宿主之间的免疫应答。(3)免疫抑制措施。其主要任务是：(1)利用定型和配型试验寻找最相容的供者。(2)采用免疫抑制措施预防和治疗排斥反应。(3)采用免疫学方法监测排斥反应。

【移植苗】(transplanting nursery stock) 将播种苗或营养繁殖苗在苗圃中起出后，经过移栽继续进行培育的苗木。通过移植的苗木截断了主根，促进并增加侧根和须根生长，抑制苗木高生长，降低苗木的茎根比值。这样的苗木属于优质苗木，造林成活率较高。移植苗有一定的株行距，扩大了单株营养面积，且养分分配均等，有利于苗木生长，可提高苗木质量和成苗率。通过移植，还可以培育良好的干形和冠形。对于珍贵树种或种源稀少的树种，播种后经过芽苗移植和幼苗移栽，节约种子，便于管理，可以提高苗木的出

树移植

苗率。苗木移植工作量大,费工费时,在条件许可的地区,应向机械化方向发展,用移植机进行移植。苗木移植前要对苗木进行分级,有利抚育管理和减少苗木分化。春季是各树种移植的最佳时期。人工移植一般用穴植和沟植法。就苗木而言,分裸根移植和带土球移植两种。

【移植性肿瘤】(transplanted tumor) 将人或动物的肿瘤组织移植到异种或同种动物的体内,经传代后,其组织类型及生长特性稳定,并能在受体动物身上继续传代,成为一可移植的瘤株。一般动物肿瘤经 20 代的连续传代后即可成为一个稳定的瘤株。是研究肿瘤的发展过程、细胞生物学特性和实验治疗的有用的肿瘤模型。可利用动物自发瘤或诱发瘤建立。中国用 615 近交系小鼠的自发瘤已建立了肺癌、肝癌、乳腺癌和白血病等不同瘤株。用诱发瘤建立瘤株,是一种更为常用和容易的方法,中国建立的瘤株有 U27(小鼠宫颈癌 27 号)、U14(小鼠宫颈癌 14 号)、Fc(小鼠前胃癌)。移植瘤经多次传代后可以产生分化上的异常,其生化及其他生物学性状也可能发生改变,故在应用时需注意。

【遗传变异】(genetic variation) 同一基因库中生物体之间呈现差别的定量描述。遗传与变异,是生物界不断地普遍发生的现象,也是物种形成和生物进化的基础。生物体亲代与子代之间以及子代的个体之间总存在着或多或少的差异,这就是生物的变异现象。生物的变异有些是可遗传的,有些是不可遗传的。生物体能遗传给后代的变异是可遗传的变异。这种变异是由遗传物质发生变化而引起的 。不可遗传的变异是由外界因素如光照、水源等造成的变异,不会遗传给后代。遗传和变异是对立的统一体,遗传使物种得以延续,变异则使物种不断进化。

【遗传标记】(genetic marker) 又称标记基因。遗传分析上用作标记的基因。可分为:(1)形态学标记。(2)细胞学标记。(3)生物化学标记。(4)免疫学标记。(5)分子标记。其优点是:(1)具有较强的多态性。(2)表现的共显性。(3)不影响农艺性状。(4)经济方便。(5)易于观察记载。它可以明确反映遗传多态性的生物特征,可以帮助人们更好地研究生物的遗传与变异规律。在遗传学研究中主要应用于连锁分析、基因定位、遗传作图及基因转移等。在作物育种中,通常将与育种目标性状紧密连锁的遗传标记用来对目标性状进行追踪选择。

【遗传病】(genetic disease) 由遗传物质发生改变而引起的或者由致病基因所控制的疾病。从基因的水平来看,按参与控制遗传病基因数量多少的不同,可将遗传病分为两大类:单基因遗传病和多基因遗传病或多因子病。前者是指某种疾病的发生主要受一对等位基因控制,且传递方式遵循孟德尔分离规律;后者是指某种疾病的发生受两对以上等位基因所控制,其传递方式也遵循孟德尔遗传定律。多基因遗传病除了决定于遗传因素(基因型)之外,还会受环境等多种复杂因素的影响,故又称为多因子病。

【遗传病理学】(genetic pathology) 病理学的一个分支。研究遗传因素在疾病发生发展中的作用,以及遗传性疾病发生的一般规律的学科。兽医科学最早注意的遗传病理是家畜的先天性畸形,一般多为病理形态学的描述。由于遗传学的技术发展,遗传病理学的研究已经进入到细胞遗传学和分子遗传学的水平,在遗传学和病理学相互渗透的基础上形成了这门边缘学科。

【遗传病筛查】(genetic disease screening) 对个体组中异常基因或染色体重排的携带者的检测普查。包括:(1)婚前筛查。(2)产前筛查。(3)新生儿筛查。其目的是:通过筛查及早发现遗传病患者和带有致病基因的个体(即携带者),及时采取预防和治疗措施。筛查能获得一套较完整的群体遗传数据,用于探讨遗传病的发病规律和流行特点。

【遗传操作】(genetic operation) 见遗传工程。

【遗传定律】(law of inheritance) 揭示生物在遗传过程中基因的分离、自由组合、连锁和互换的基本规律。分离定律、自由组合定律、连锁和互换定律被称为遗传学三大定律。其中前两个定律是由奥地利的孟德尔创立,第三个定律是由美国的摩尔根创立。其具体内容是:(1)分离定律。一对等位基因在形成生殖细胞的过程中会发生分离,并各自进入到一个子细胞中去,待以后受精时再重新组合成一对相同的或不同的等位基因。(2)自由组合定律。位于两对或两对以上同源染色体的两对或两对以上等位基因,在形成生殖细胞的过程中会发生分离,并且分离后的非等位基因会发生自由组合,产生新的基因型。(3)连锁和互换定律。位于同一对同源染色体上的两对或两对以上等位基因,在形成生殖细胞过程中会彼此分离,但在同一条染色体上的两个非等位基因,会发生连锁并一起传给子细胞或与其对应的同源染色体上的等位基因发生交换。

【遗传毒性试验】(genetic toxicity test) 又称致突变试验。能检出 DNA 损伤及其损伤的固定的实验。包括 Ames 试验、染色体畸变试验和微核试验。以基因突变、较大范围染色体损伤、重组和染色体数目改变形式出现的 DNA 损伤的固定,一般被认为是可遗传效应的基础,并且是恶性肿瘤发展过程的环节之一(这种遗传学改变仅在复杂的恶性肿瘤发展变化过程中起部分作用)。染色体数目的改变还与肿瘤发生有关和可提示生殖细胞发生非整倍体的潜在性。在检测这些类别损伤的试验中呈阳性的化合物,为潜在人类致癌剂和/或致突变剂。由于在人体中已建立某些化合物的暴露和致癌性之间的关系,而对于遗传性疾病尚难以证明有类似的关系,故遗传毒性试验主要用于致癌性预测。但是,因为已经确定生殖细胞突变与人类疾病有关,所以对可能引起可遗传效应的化合物与可能引起癌症的化合物应引起同样的关注。此外,这些试验的结果可能还有助于致癌性试验分析。遗传毒性研究在药物研发中处于比较的重要位置,尤其是在药物筛选阶段,在很大程度上试验结果将影响到药物开发的进程。近十几年,随着遗传毒理学相关领域特别是分子生物学的研究进展,遗传毒性测试评价方法也在不断改进。据报道,目前已建立的遗传毒性短期检测法已超过200种。按其检测的遗传学终点的不同可分为:(1)检测基因突变。(2)检测染色体畸变。(3)检测染色体组畸变。(4)检测DNA原始损伤。

【遗传防治】(genetic control) 利用和培育害虫种内的遗传变异、致死基因或种群不育技术、控制害虫数量和危害的防治方法。如应用电离辐射或化学药剂处理人为培育不育害虫;应用遗传杂交方法改变害虫的遗传特性、诱发染色体移位或导入一些条件性的遗传致死因子;引进在遗传上有缺陷的害虫品系,达到不育效果。主要方法是培育和释放遗传变异或不育害虫,使之与田间正常害虫竞争交配,产生不育或不能适应当地环境的后代,而使自然种群数量逐渐下降,直至在当地最终灭绝,以达到防治目的。

【遗传工程】(genetic engineering) 又称遗传操作。将某种生物的遗传物质转入另一种生物的细胞内,并使其能正确地表达,从而形成新的产物和性状的技术。遗传物质包括细胞核、染色体、脱氧核糖核酸等。其特点是:(1)可以命名生物的基因在人、动物、植物和微生物四大系统内进行交换。这是因为所有生物的基因都有通用的遗传密码,而且所翻译出来的氨基酸除极少数外,完全一样。(2)可使培育新品种的速度比常规方法迅速得多。(3)可以获得生物的定向变异,从而使现代的遗传育种学发展到一个新阶段。遗传工程在培育动植物和微生物新品种、控制遗传性疾病和癌症等方面发挥重要作用。

【遗传距离】(genetic distance) 估算两个个体或群体之间基因差异的度量。分子生态学的一个重要概念。是衡量生物群体间若干性状综合遗传差异的指标。基因之间的遗传距离是以配子形成过程中发生重组的概率(即重组率)来度量的。此外,基因间的遗传距离还可用图距度量。图距的单位是摩根(M)或厘摩(cM)。基因之间的距离除了有遗传距离外还有物理距离(基因之间的实际距离),可用碱基对(bp)数或千碱基对(kb)数来度量。遗传距离与物理距离之间并无严格的关系。在人类基因组中,1cM的遗传距离大约相当于1 000～2 000kb的物理距离。遗传距离的估计在探索品种起源、分析群体间遗传关系、绘制聚类图、预测杂种优势和指导亲本选配等方面有重要作用。

【遗传力】(heritability) 又称遗传率。亲代传递其遗传特性的能力。是数量遗传的重要参数之一。可分为广义遗传力和狭义遗传力两种。前者是指遗传变异占表型变异的百分数;后者是指基因加性作用引起的变异占表型变异百分数。遗传力的估算方法有多种,主要包括亲子相关、回归法、不同世代群体法、方差分析法、特定交配设计法以及现实遗传力法等。一般情况下,凡是遗传力较高的性状,在杂种的早期世代进行选择,收效比较显著;而遗传力较低的性状,则要在杂种后期世代进行选择才能收到较好的结果。因此,遗传力作为重要的群体遗传参数,是数量遗传和育种研究的主要目标之一。

【遗传流行病学】(genetic epidemiology) 研究与遗传相关的疾病在人群中的分布、病因以及制定预防和控制对策的流行病学分支学科。产生于20世纪70年代。是医学遗传学、流行病学与数理统计学相互结合而形成的一门边缘学科。它着重研究疾病发生中遗传因素与环境因素所起的作用,作用的方式、后果和预防控制方法。其理论基础是群体遗传学和流行病学。它应用流行病学群体资料收集和处理方法,以及分子遗传学的实验手段,并借助生物统计学的有关原理和方法来研究和阐明遗传因素、环境因素以及这两种因素的交互作用在疾病形成中的作用。遗传流行病学与传统流行病学的主要区别是其首先考虑遗传因素及家庭相似性;与医学遗传学的主要区别是其以人群为着眼点;与群体遗传学的区别在于,群体遗传学的主要任务是研究群体中的基因频率和影响基因频率的因素,而遗传流行病学则重点关注疾病或健康状态

【遗传密码】(genetic code) 又称密码子、遗传密码子、三联体密码。包含在脱氧核糖核酸或核糖核酸核苷酸序列中的遗传信息。决定蛋白质中的氨基酸排列顺序,因而决定蛋白质的化学构成和生物学功能。信使RNA(mRNA)以三联体遗传密码的方式,决定了蛋白质分子中氨基酸的排列顺序。遗传密

码的特点是:(1)连续性。指相邻的密码子之间无任何特殊符号间隔,翻译必须从起始点开始连续地一个密码子挨着一个密码子“阅读”下去,直到终止密码子为止。(2)简并性 。20 种编码氨基酸中除色氨酸和蛋氨酸各有一个密码子外,其余氨基酸都有 2 ~ 6 个密码子。(3)方向性。起始密码子位于 mRNA 链的 5′ - 端,终止密码子位于 3′ - 端,翻译时沿 5′→3′方向进行,直到终止密码为止。(4)通用性。从病毒到人类几乎使用同一套遗传密码。(5)摆动性。mRNA 密码子与 tRNA(转移核糖核酸)反密码子在配对辨认时,有时不完全遵守碱基配对规律的现象。

【遗传染色体学说】(chromosome theory of inheritance) 关于染色体和基因之间有平行现象,且基因是在染色体上的理论学说。染色体和基因之间的平行现象表现为:(1)染色体可在显微镜下看到,有一定的形态结构。基因是遗传的基本单位,每对基因在杂交中仍保持它们的完整性和独立性。(2)染色体成对存在,基因也是成对存在。(3)个体中成对的基因一个来自母本,一个来自父本。染色体也是如此,两个同源染色体也是分别来自父本和母本。(4)不同对基因在形成配子时的分离与不同对染色体在减数分裂后期的分离,都是独立分配的。遗传染色体学说认为基因是在染色体上,十分圆满地解释了孟德尔的分离定律和自由组合定律。

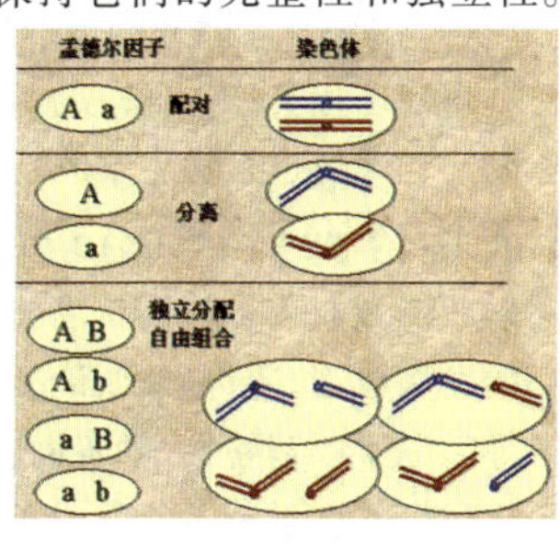

遗传染色体学说

【遗传算法】(genetic algorithm , GA) 一种基于自然群体遗传演化机制的高效探索算法。由美国学者 Holland 1975 年提出。遗传算法吸取了进化论中蕴含的搜索和优化的先进思想,提供了一个在复杂空间中进行鲁棒搜索的方法,为解决许多传统优化方法难以解决的优化问题提供了新的途径。在优化、搜索和机器学习等方面广泛应用。

【遗传图谱】(genetic atlas) 又称染色体图谱。通过遗传重组所得到的基因在具体染色体上的线性排列图。其作用是揭示生物进化过程中发生的遗传变异以及具体结构。染色体是所有生物(真核微生物和原核微生物)遗传物质 DNA 的主要存在形式。不同生物的 DNA 相对分子质量、碱基对数、长度等均不相同。利用遗传图谱,可对生物物种以及物种的变异进行精确、快速的鉴别。

【遗传信息】(genetic information) 生物为复制与自己相同的东西,由亲代传递给子代,或各细胞在每次分裂时由细胞传递给细胞的信息。即碱基对的排列顺序(或指 DNA 分子的脱氧核苷酸的排列顺序)。随着 DNA 结构研究的进展,现在已经确立了这样的概念,即基因所具有的信息可将 DNA 的碱基排列进行符号化。信息在表达时,DNA 的碱基排列首先被转录成 RNA 的碱基排列,然后再根据这种排列合成蛋白质。有的病毒遗传信息的载体不是 DNA,而是 RNA。遗传信息不仅有相应于蛋白质的基因信息,也包括对信息解读所必需的信息、控制信息表达所必需的信息,以及生物为了复制与自己相同结构所必需的一切信息。

【遗传性共济失调】(hereditary ataxias) 一组以共济失调、辨距障碍为突出症状的神经系统进行性的变性疾病。病因不明,多数为遗传性。病变除累及周围神经、脊髓和小脑外,还可不同程度地影响神经系统其他部位。其临床症状按起病年龄大小的不同可分为:(1)共济失调。常于儿童或青春期起病。呈常染色体隐性遗传。症状为步态不稳、进而步态蹒跚、以后上肢精细动作受影响,发展到有粗大的意向性震颤。病程后期出现下肢肌力减退和手部小肌肉等轻度萎缩。检查时可见肌张力减低,腱反射迟钝或消失,锥体束征常呈阳性。视神经萎缩或神经性耳聋。病儿都有脊柱后侧凸,弓形足和马蹄内翻足等骨骼畸形。疾病早期即可有心电图异常。部分病儿的智能减低。(2)小脑皮质变性。通常中年后起病,多数呈常染色体显性遗传。首先出现下肢共济失调,有构音障碍和上肢共济失调。病程可延续 20 ~ 30 年。(3)橄榄脑桥小脑萎缩。成年起病,呈常染色体显性遗传,常以躯干性共济失调起病,进而发生肢体件共济失调、构音障碍和辨距不良,常伴有眼球震颤和视神经萎缩等症状。

【遗传性球形红细胞增多症】(hereditarg spherocytosis,HS) 一种先天性细胞膜缺陷引起的溶血性贫血。多数为常染色体显性遗传,少数为常染色体隐性遗传。全世界均有此病。在中国,发病率是 10 万人中为 20 ~30 人。其发病机制是:正常红细胞直径 7μm,形如盘状。在血液循环中,当红细胞进入脾脏,脾窦中的微血管直径仅 3μm,故正常红细胞通过时需变形,扭屈通过脾微血管出脾脏。HS 的红细胞膜异常,形似球形、不能变形,在脾微血管中堆积,最终破坏溶血。其主要临床表现是:发病年龄和病情轻重有很大关系,年龄越小发病越重。表现有三大特点:贫血,黄疸,脾大。(1)贫血和黄疸。长期性溶血,在感染、劳累或情绪紧张时,诱发“溶血危象”:

突然高热、寒冷、黄疸。除贫血明显外还可出现高胆红素血症,此过程为骨髓造血失代偿出现的“再障危象”。(2)脾大。几乎所有的患者均为脾肿大。随着慢性溶血,脾增大更加明显。肝可轻度增大。其诊断依据是:除黄疸、贫血、脾大外需有实验室检查支持;红细胞形态呈球形,数量应过10%,一般20%~40%,可达80%;网织红细胞增高明显;血清胆红素升高;红细胞渗透脆性试验(+)等。常有胆石症发生;骨髓表现为增生性贫血。其治疗应注意补充叶酸,严重者可输血,防感染。根治溶血必须切除脾脏。然而脾是免疫器官,过早切脾可导致婴儿感染而死亡,必须5岁以后才能切除。切脾后溶血可停止,但红细胞形态及膜结构异常不能改变。

【遗传性乳光牙本质】(hereditary opalescent dentin) 一种牙本质发育不全的常染色体显性遗传疾病。无性连锁。可在一家族中连续几代出现。男女都可罹患。乳、恒牙均可受累。牙外观有一种特殊的半透明乳光色。无全身骨骼异常。是遗传性牙本质发育不全的Ⅱ型。其临床表现是:牙冠呈微黄色半透明,光照下呈现乳光。釉质易从牙本质表面分离脱落使牙本质暴露,从而发生严重的咀嚼磨损。在乳牙列,全部牙冠可被磨损至龈缘,造成咀嚼、美观和语言等功能障碍。严重磨损导致低位咬合时,还可继发颞下颌关节功能紊乱等疾病。X线片可见牙根短。牙萌出后不久,髓室和根管完全闭锁。其治疗方法是:由于乳牙列常有严重咀嚼磨损,故需用覆盖𬌗面和切缘的𬌗垫预防和处理。在恒牙列,为防止过度磨损,可用烤瓷冠,也可用𬌗垫修复。

【遗传性肾囊肿小鼠】(hereditary cystic kidney mouse) 先天性具有囊肿肾的小鼠。肾囊肿的形成是因先天性畸形所致。肾单位正常发育形成肾小球。尿储留于尿细管中从而形成囊肿。肾囊肿在人类的先天性畸形中出现的频率比较高,可见有幼年型和成年型,临床症状也有所不同。在动物中已报导有小鼠、大鼠和兔在肾囊肿发病的同时也可达到性成熟。因此,可认为是与人类的成年型肾囊肿相类似的模型。其病理表现为:肾肉眼所见的肾实质被含有透明或淡黄色水样液体的囊所置换,肾被膜下可见不规则的凹凸,肾体积显著增大。随着囊肿继续增大,肾实质几乎全部消失时,与人类同样因诱发尿毒症致死。KK小鼠的肾囊肿致病基因(cy)可认为由常染色体上的单一隐性基因所支配。

【遗传性状】(hereditary character) 生物体能够世代相传的一切形态特征、行为本能、生理特征以及代谢类型等。人体常见的遗传性状如双眼皮和单眼皮、有耳垂和无耳垂、能卷舌和不能卷舌等。遗传性状又分为数量性状和质量性状两类。基因决定人体的遗传性状。个体的各种性状又是通过各种蛋白质而显现的。外界条件通过直接或间接影响而对遗传性状发挥作用。

【遗传学】(genetics) 生物学的一个分支。研究生物遗传和变异(即研究亲子间的异同)的学科。其发展大致可以分为三个时期:(1)细胞遗传学时期。(2)微生物遗传学时期。(3)分子遗传学时期。其研究范围包括:(1)遗传物质的本质。(2)遗传物质的传递。(3)遗传信息的实现。遗传物质的本质包括其化学本质、遗传信息、结构、组织和变化等;遗传物质的传递包括其复制、染色体的行为、遗传规律和基因在群体中的数量变迁等;遗传信息的实现包括基因的原初功能、基因的相互作用、基因作用的调控以及个体发育中的基因的作用机制等。按其研究学科的不同可分为:(1)群体遗传学。(2)生态遗传学。(3)数量遗传学。(4)进化遗传学。遗传学研究同人类本身密切相关,对人体疾病的了解、诊治具有重要意义。它同时也是优生学的基础。

【遗传咨询】(genetic counselling) 由从事医学遗传专业人员对咨询者提出的家庭中遗传性疾病的发病原因、遗传方式、诊断、预后、复发风险率、防治等问题予以解答,并就咨询者提出的婚育问题给予医学建议的医学行为。其目的是及时确定遗传性疾病患者和携带者,并对其生育患病后代的发生风险进行预测,商讨应采取的预防措施,从而减少遗传病儿出生,降低遗传性疾病发生率,提高人口质量。其对象包括:(1)有遗传性疾病或先天畸形家族史、生育史。(2)子女有不明原因的智力低下。(3)不明原因的反复流产、死胎、死产或新生儿死亡。(4)孕期接触不良环境。(5)常规检查或常见遗传性病筛查发现异常。(6)孕妇年龄≥35岁。

【遗传资源】(genetic resource) 含有遗传功能单元的植物、动物、微生物或其他来源的具有实际或潜在价值的任何材料。包括全部或部分植物、真菌、细菌或动物及其衍生的新陈代谢,和它们以分子和物质形式存在的活体或死体,萃取物标本中的遗传起源信息等。遗传资源是生物科学研究的基础、人类生存和社会经济可持续发展的战略性资源。《生物多样性公约》确定的三个主要目标:保护生物多样性,生物多样性组成成分的可持续利用,以公平合理的方式共享遗传资源的商业利益和其他形式的利用。遗传资源利用的三大原则是:国家主权原则、知情同意原则和惠益分享原则。

【遗迹化石】(ichnofossil) 地史时期生物生活活动时产生的在底质表面或其内部的各种活动记录所形成的化石。包括足迹、钻孔、虫迹、潜穴以及蛋化石、粪便化石等。遗迹化石与实体化石的区别在于它们并非生物的遗体而是代表生物为适应某种生态条件所采取的某种行为习性活动的痕迹。大部分遗迹形成于沉积作用之后,也有一部分遗迹与沉积作用同时形成。遗迹化石对于岩相分析和古生态研究有重要意义,还可用于确定沉积地层的年代及顶、底面顺序。

遗迹化石

【遗尿症】(enuresis) 又称夜尿症。无神经系统和泌尿系统疾病时,睡眠中不自主排尿。常尿床,日间能控制排尿。多因小儿大脑皮层发育不完善,不能控制昼夜排尿中枢所致。多数是遗传因素,家族中有高遗尿发生率。部分儿童是因得不到父母的爱护,经常受打骂等,以致孤独、胆小、怕羞等也可导致夜尿症。研究认为可能和睡眠机制障碍有关。据统计:4岁遗尿占10%~20%,9岁占5%,15岁占2%。男女之比为2∶1。其主要表现是白天能控制排尿,入睡后不自主地排尿,数天1次或每夜1次,甚至每夜5~6次尿床。夜间大多数不易唤醒或站在床上、地上等乱尿,全然不知。遗尿对小儿心理产生很大影响,必须作好老师及同学的思想工作,得到他们的谅解及帮助、关怀,才能对小儿有利,才能纠正及治疗。其诊断依据是:正常小儿2岁后可自己控制大小便。小儿5岁以后,经常不自主地夜间尿床,并排除泌尿及神经系统疾病后,可以确诊。其治疗方法是:针灸关元、气海、三阴交、阳陵泉等穴位或耳针治疗;口服补肾中药;也可口服西药,但副作用明显,尽量不用。患儿随着年龄的增长,遗尿症渐渐减少到消失,一般8岁以上可控制排尿,也有十几岁还尿床。

【疑病症】(hypochon driasis) 又称疑病性神经症。以担心或相信患有一种或多种严重躯体疾病的持久性先占观念为主要临床表现的一种精神心理疾病。患者对自身躯体情况过于关注,害怕或坚信自己患有严重疾病,反复就医,即使各种医学检查阴性,医生反复解释也不能打消其疑虑,常伴有焦虑或抑郁症状。病因未明,可能与心理社会因素和人格缺陷有关。性格特征为孤僻、内向、多疑,对周围事物缺乏兴趣,有自怜倾向。可发生于任何年龄,以20~30岁首发者多,男女均可发生。该病治疗较困难,预后欠佳。

【乙醇】(ethanol alcohol) 又称酒精。一种无色透明、易挥发和易燃的液体。分子式为:CH_3CH_2OH。有酒味和刺激的辛辣味,微甘。能与水、甲醇、乙醚和氯仿等混溶。物理性质主要与其低碳直链醇的性质有关。分子中的羟基可以形成氢键。黏度大。其极性不及相近相对分子质量的有机化合物。在室温下,乙醇是无色易燃,且有特殊香味的挥发性液体。乙醇分子中含有极化的氧氢键,电离时生成烷氧基负离子和质子。是重要的有机溶剂。按其生产使用原料的不同可分为:淀粉质原料发酵酒精、糖蜜原料发酵酒精和亚硫酸盐纸浆废液发酵生产酒精。按其生产方法的不同可分为发酵法酒精和合成法酒精两大类。按其产品质量或性质的不同可分为:高纯度酒精、无水酒精、普通酒精和变性酒精。按其产品系列(BG384-81)的不同可分为:优级、一级、二级、三级和四级。其中,一、二级相当于高纯度酒精及普通精馏酒精;三级相当于医药酒精;四级相当于工业酒精。其用途主要是:(1)用于配置各种饮用酒或含酒饮料。(2)在医疗行业中,作消毒剂和杀菌剂。在其浓度为75%(体积)时,对细菌有强烈的杀伤作用。(3)可用作合成乙醛、乙醚和醋酸乙酯等的基本原料,以及制造农药、医药、橡胶、塑料、人造纤维、洗涤剂和香水等的原辅料。(4)可作为燃料使用。

【乙醇回收塔】(alcohol recovery tower) 用于乙醇精馏回收的塔状装置。由塔釜、塔身、冷凝器、冷却器、缓冲罐、高位储罐等部分组成。是利用乙醇沸点低于水及其溶液沸点的原理,用稍高于乙醇沸点的温度,将需回收的稀乙醇溶液进行加热蒸发,经塔体精馏蒸出高浓度乙醇蒸气,再经冷凝器冷却回收,获得符合浓度要求的乙醇。适用于制药、食品、轻工、化工等行业的稀乙醇回收,也适用于甲醇等其他溶媒的蒸馏。

乙醇回收塔

【乙醇依赖综合征】(alcohol dependence syndrome) 慢性乙醇中毒者一旦停饮所产生的一系列戒断症状。其临床特征是:(1)不可克制的饮酒冲动。(2)出现每日定时饮酒模式。(3)对饮酒的需要超过其他一切需求。(4)对饮酒耐受性的增高。(5)反复出现戒断症状。(6)只有继续饮酒才可能消除戒断症状。(7)戒断后常可旧瘾重染。乙醇依赖综合征可以引起肝炎、脂肪肝、肝硬化、记忆力认知力下降、消化性溃疡、胰腺炎、消化道出血、溶血和贫血等疾病。应尽快就医进行治疗。

【乙醇汽油】(ethanol gasoline) 由粮食及各种植物纤维加工成的燃料乙醇和普通汽油按一定比例混配而成的一种新型燃料。按照中国标准,乙醇汽油是用90%的普通汽油与10%的燃料乙醇调和而成。作为一种新型清洁燃料,乙醇汽油能有效改善油品的性能和质量,不影响汽车的行驶性能,并能降低一氧化碳、氮氧化物、碳氢化合物等主要污染物的排放量,是世界上可再生能源的发展重点。发展可再生车用燃料潜力很大,可促进农业生产与消费的良性循环,实现农副产品的增值与转化,具有较好的经济效益和社会效益以及广阔的市场发展前景。

【乙醇性肝硬化】(alcoholic cirrhosis) 长期过度饮酒使肝细胞反复发生脂肪变性、坏死和再生,最终导致肝纤维化和肝硬化病变。发生的机制有:(1)肝脏损伤。饮酒可导致肝超微结构损伤,肝纤维化和肝硬化。(2)免疫反应失常。①乙醇可激活淋巴细胞。②可加强乙型、丙型肝炎病毒的致病性。③加强内毒素的致肝损伤毒性。④患乙醇性肝炎时细胞因子增加,如肿瘤坏死因子(TNF)、白细胞色素(TL)等。这些细胞因子主要来源于淋巴细胞、单核细胞、纤维细胞及胶原增加,导致肝纤维化。TGF(转化生长因子)-β是目前发现的最重要的导致纤维化的细胞因子。⑤乙醇及代谢产物对免疫调节作用有直接影响,可使免疫标记物改变。(3)胶原代谢失常及肝硬化形成。①脂质过氧化促进胶原形成。②乙醇性肝病患者胶原合成关键酶脯氨酸羟化酶被激活。③乙醇可使储脂细胞变成成纤维细胞,合成层黏蛋白,胶原的mRNA含量增加,合成各种胶原。④酒内含有铁,饮酒导致摄入和吸收增加,肝细胞内铁颗粒沉着。铁质可刺激纤维增生,加重肝硬化。

【乙醇中毒】(alcoholism) 因饮酒过度所致的精神和躯体障碍。常见的精神障碍有以下几种类型:(1)震颤瞻妄。(2)近记忆和定向障碍。(3)酒精中毒性幻觉症。(4)乙醇中毒性偏执状态。

【乙肝五项】(Hepatitis B five inspections) 肝病毒(HBV)感染最常用的血清学标记。其项目及其临床意义分别是:(1)乙肝表面抗原(HBsAg)。是乙肝病毒的外壳蛋白,本身不具有传染性,是已感染乙肝病毒的标志,但并不反映病毒有无复制、复制程度、传染性强弱。急性乙型肝炎患者大部分可在病程早期转阴,慢性乙型肝炎患者该指标可持续阳性。(2)乙肝表面抗体(抗-HBs,HBsAb)。当乙型肝炎病毒侵入人体后,刺激人的免疫系统产生免疫反应,人体免疫系统中的B淋巴细胞分泌出一种特异的免疫球蛋白G,即表面抗体。表面抗体的存在,表示对乙肝病毒的感染具有保护性免疫作用。乙肝疫苗接种者,若仅此项阳性,应视为乙肝疫苗接种后正常现象。(3)乙肝e抗原(HBeAg)。来源于乙型肝炎病毒的核心,是核心抗原裂解后的产物。e抗原是可溶性蛋白。查出e抗原,表示病毒复制活跃,并且传染性较强。持续阳性3个月以上则有慢性化倾向。(4)乙肝e抗体(抗-Hbe,HBeAb)。是由e抗原刺激人体免疫系统产生的特异性抗体。e抗体出现阳性是病毒复制降低并且传染减少的标志,但并不表示病毒已被消除了。(5)核心抗体(抗-HBc)。抗-HBc阳性是一项病毒感染的标志。另外,通过五项的不同组合可判断乙肝感染的现状和转归:(1)第一项阳性,其余四项阴性。说明是急性乙肝病毒感染的潜伏期后期。(2)第五项阳性,其余四项阴性。说明是乙肝病毒的隐性携带者或处于感染的窗口期,也说明曾经感染过乙肝病毒。(3)第一、三项阳性,其余三项阴性。说明是急性乙型肝炎的早期。(4)第一、五项阳性,其余三项阴性。说明是急、慢性乙型肝炎。(5)第一、三、五项阳性,其余两项阴性。俗称"大三阳",说明是急、慢性乙型肝炎。(6)第一、四、五项阳性,其余两项阴性。俗称"小三阳",说明是急、慢性乙型肝炎。(7)第四、五项阳性,其余三项阴性。说明是急性乙型肝炎病毒感染的恢复期,或曾经感染过乙肝病毒。(8)第二、四、五项阳性,其余两项阴性。说明是乙型肝炎的恢复期,已有免疫力。(9)第二、五项阳性,其余三项阴性。说明是接种了乙肝疫苗后,或是乙型肝炎病毒感染后已康复了,已有免疫力。

【乙纶】(polyethylene) 聚乙烯纤维的商品名。密度较小,为0.95g/cm³左右。吸湿性、染色性很差。在通常大气条件下回潮率为0.4。化学性质较稳定,有良好的耐化学药品性和耐腐蚀性。耐热性较差,但耐湿热性能较好。其熔点为110~120℃,较其他纤维低,抗熔孔性很差。其耐光性与丙纶相同,在光的照射下极易产生老化。乙纶的服用性能较差,但其价格低廉。适合于制作鬃丝、扁丝或膜裂纤维。用来制造绳索、过滤布和包装带等。

乙纶

【乙酸】(acetic acid) 俗称醋酸。化学式$C_2H_4O_2$。相对分子质量60.05。无色液体。有刺激性气味。熔点16.6℃。沸点117.9℃。相对密度1.0492(20/4℃)。折射率1.3714。纯乙酸在16.6℃以下时能结成冰状的固体,所以常称为冰醋酸。易溶于水、乙醇、乙醚和四氯化碳。在水溶液中是一元弱酸,pKa=4.75(25℃)。有腐蚀性。可与铁、镁和锌等反应生成氢气和金属乙酸盐。可以与乙醇在浓硫酸存在并加热的条件下生成乙酸乙酯。加热至440℃时乙酸分解生成甲烷和二氧化碳或乙烯酮和水。可由乙醇或乙醛氧化制得,或甲醇与一氧化碳在酸性介质中催化反应而得,木材干馏也可制备。食用醋酸可由谷物发酵制取。是重要的有机酸之一。广泛应用于涂料、医药、农药、食品、染织工业等。

【乙烯发生剂】(ethrel propellant) 一些能在代谢过程中释放出乙烯的化合物。一种作为外用的生长调节剂。主要为乙烯利,即2—氯乙基膦酸,又称乙基膦。为结晶状。溶于水。其作用受pH值的影响,pH值在4.1以上时即行分解产生乙烯;其分解速度随pH值的升高而加快。不同的植株、植株的生育状态和器官内的pH值不同,因而乙烯利分解速度及乙烯的释放量也有差别。温度对乙烯的释放速度有较大的影响,最适温度是20~30℃。在低温条件下,乙烯利释放出乙烯的数量很少。在较高温度条件下,乙烯利的降解发生很快,结果造成乙烯利尚未大量进入植物体内就分解出乙烯,而达不到预期的效果。

乙烯发生剂

【乙烯基酯环氧树脂】(vinylic epoxy resin) 用双酚A型环氧树脂与甲基丙烯酸等加聚反应,再用苯乙烯稀释而制得的高分子化合物。其最高使用温度为100℃。具有优良的力学及耐腐蚀性能,黏度低,工艺操作性能好。可用不同工艺成型,生产各种规格的耐腐蚀的玻璃钢制品,如储罐、管道、卫生洁具、板材等。

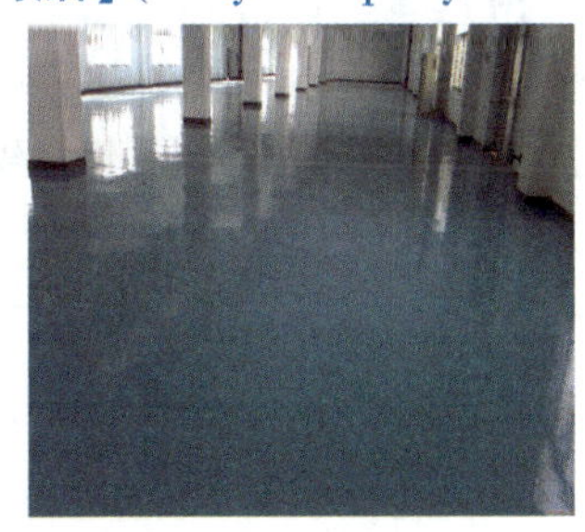
乙烯基酯环氧树脂

【乙烯-乙烯醇共聚物高阻隔性树脂】(ethylene-vinyl alcohol copolymer) 由乙烯和醋酸乙烯单体经共聚合和醇解制备的高分子化合物。乙烯-乙烯醇共聚物最显著的特点是:对气体的阻隔作用,有极好的阻气性,是合成树脂中透气率最低的树脂。可以有效地阻隔氧气、二氧化碳和其他气体的渗透。通常将其制成薄膜用作复合膜的中间层,主要用于包括所有食品的硬性和软性包装中,如无菌包装、罐装和蒸煮袋;非食品方面的应用包括包装溶剂、化学药品和医用品等。

【乙型肝炎病毒】(hepatitis B virus,HBV) 又称丹氏颗粒。引起人类急、慢性乙型肝炎的DNA病毒。属嗜肝DNA病毒科。基因组长约3.2kb,为部分双链环状DNA。其基因组共有四个ORF(阅读框),编码以下一些蛋白:Core蛋白和pre-core蛋白,Pol蛋白,X蛋白,以及S蛋白(L,M,S)。Core是核衣壳蛋白;Pre-core目前不知道其有何功能,其对病毒的复制不是必要的,但是可能与抑制宿主的免疫反应有关;X蛋白对病毒复制是重要的,还与肝癌的发生有关;S蛋白是病毒的包膜蛋白,与病毒进入细胞有关。其抵抗力较强,但65℃10h、煮沸10min或高压蒸气均可灭活;含氯制剂、环氧乙烷、戊二醛、过氧乙酸和碘伏等也有较好的灭活效果。中国的乙肝病毒感染率约60%~70%;乙肝表面抗原携带率约占总人口的7.18%。以此计算,中国约有9300万人携带乙肝病毒,其中乙肝患者大约有3000万。

【以毒攻毒】(poison against poison) 中医治则名。使用有毒性的药物治疗恶疮病毒的方法。这种方法应用较广。如大枫子辛热有毒,用以治疗麻风、疥癣;斑蝥辛寒有毒,用以治肿瘤、瘰疬;轻粉用于治疗梅毒等。用蚂蟥治疗血肿和用灭活后的蛇毒治疗麻痹也是典型的例子。

【以煤气化为基础多联产技术】(poly-generation technology based coal gasification) 将煤气化所得的合成气用于发电、供热以及生产甲醇、化肥、城市煤气、二甲醚,乃至氢、氮、纯二氧化碳等的生产技术。可以多个产品的生产过程互相耦合。与产品单独生产相比,可以大大减少基本投资和运行费用,降低各个产品的成本,调节多个产品之间的“峰-谷”,减少总的污染,因此有很好的经济、社会和环境效益。随着世界能源领域的科技进步,例如高效先进的燃气轮机、燃料电池、先进的化工流程和高效膜分离技术等已相继开发成功。在环境保护要求日益严格的情况下,煤的合理综合利用已成为新的发展方向。

【以太网】(ethernet) 采用载波侦听多路访问/冲突检测技术的局域网标准。最早由施乐公司创建并由施乐、英特尔和德州仪器公司联合开发的基带局域网规范。是一种使用广泛的局域网标准。包括同轴电缆、双绞线、光缆。支持多种速率,包括普通以太网10Mbps、快速以太网100Mbps、千兆以太网1 000Mbps。目前主要的物理媒体类型有同轴电缆、双绞线、光纤等。其特点是:(1)协议简单,实用,可靠。(2)技术成熟,产品的兼容性好。(3)价格低廉。(4)应用灵活。

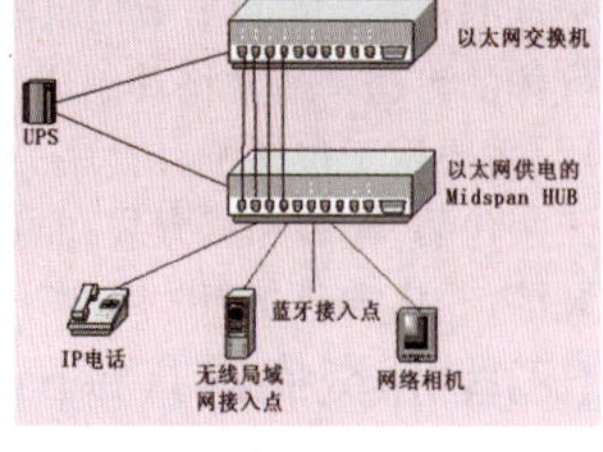

以太网

【以太网无源光网络】(ethernet passive optical network, EPON) 采用以太网技术的无源光网络。采用点到多点结构、无源光纤传输,基于以太网之上提供多种业务。它在物理层采用了无源光网络技术,在链路层使用以太网协议,利用无源光网络的拓扑结构实现了以太网的接入。它综合了无源光网络技术和以太网技术的优点。其特点是:低成本,高带宽,扩展性强,灵活快速的服务重组,与现有以太网的兼容性好和管理方便等。

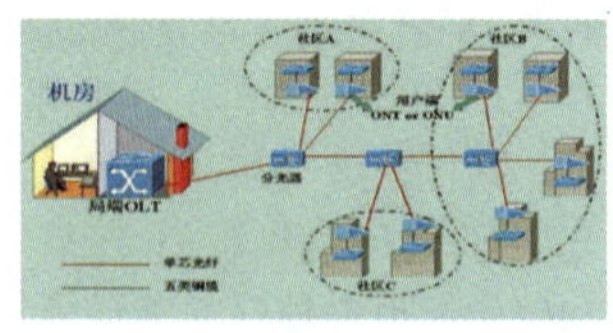
以太网无源光网络

【义齿固定连接体】(rigid connector) 将固位体与桥体连接成完全不活动的整体的义齿的一部分。牙列缺损的修复治疗可以使用固定义齿进行修复。固定义齿有固位体、桥体和连接体三部分组成。连接体是连接桥体与固位体的部分。按其连接方式的不同可分为固定连接体和活动连接体。其适用范围很广,除了半固定桥的可动连接端采用可动连接体以外,各种类型的固定桥都是不动连接体。其制作方法有整体铸造法与焊接法两种。固定连接体位于基牙的近中面或远中面,相当于天然牙的邻面接触区,其截面积为4~10 mm^2,前牙固定桥的连接体面积小,位于邻面中1/3偏舌侧;磨牙固定桥的连接体面积大,位于邻面中1/3偏𬌗;前磨牙固定桥的连接体面积介于磨牙与前牙之间,亦位于中1/3偏𬌗。其四周外形应圆钝和高度抛光,形成正常的唇颊、舌腭外展隙和邻间隙,避免其占据整个邻间隙甚至压迫牙龈而妨碍自洁作用。

【义齿活动连接体】(nonrigid connector) 将固位体与桥体通过活动关节相连接的义齿结构的一部分。牙列缺损的修复治疗可以使用固定义齿进行修复。固定义齿有固位体、桥体和连接体三部分组成。连接体是连接桥体与固位体的部分。按其连接方式的不同可分为固定连接体和活动连接体。活动关节通常是由栓体和栓道组合而成,即临床上应用的各种附着体。在半固定桥和可摘固定桥中,栓道通常位于固位体上,呈凹槽形,栓体则位于该端桥体上,呈凸形。当栓体嵌合于栓道内即形成活动关节,亦称为栓道式附着体。半固定桥可用于倾斜基牙难以求得共同就位道的病例。由于半固定桥的可动端在制作栓体栓道时要求较高的铸造精度,且固位体对基牙的保护作用较差,倾斜基牙上可设计套筒冠固位体,故临床较少用附着体制作半固定桥。而在固定-活动联合修复中,活动连接方式应用普遍。另外,当固定桥的跨度太长时,可将其分段,用活动连接体连为整体。

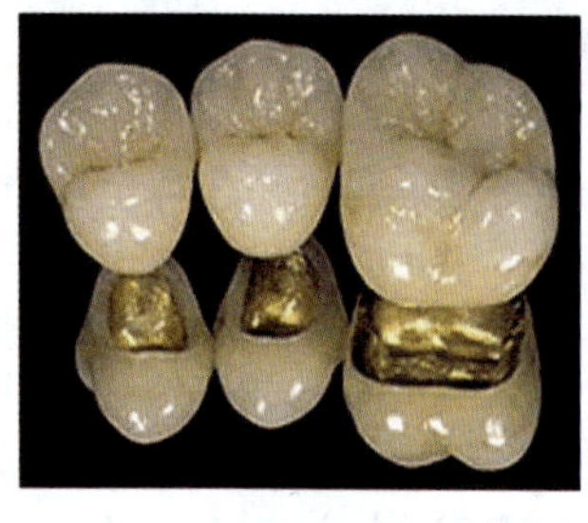
义齿活动连接体

【义齿基托】(base plate) 又称基板。覆盖在无牙牙槽嵴及相关的牙槽嵴唇颊舌侧及硬腭区上,与承受且分散𬌗力的黏膜区直接接触的部分。是可摘局部义齿的主要组成部件。按其制作材料的不同可分为:金属基托、塑料基托和金属网加强塑料基托。其功能是:(1)连接作用。排列人工牙,连接义齿各部件成一个整体。(2)修复缺损。修复牙槽骨、颌骨和软组织的缺损。(3)传递𬌗力。承担、传递与分散人工牙的咬合力。(4)固位及稳定作用。借助基托与黏膜间的吸附力、基托与基牙及相关牙之间的摩擦力、约束反力,以增加义齿的固位及稳定,同时具有防止义齿旋转和翘动的间接固位作用。

【议标】(close tender) 采购人和被采购人之间通过一对一谈判而最终达到采购目的的一种采购方式。是在建筑领域里使用较多一种的采购方式。不具有公开性和竞争性,因而不属于招投标法所称的招标投标采购方式。从实践上讲,公开招标和邀请招标的采购方式要求对报价及技术性条款不得谈判,议标则允许就报价等进行一对一的谈判。因此,有些项目,比如一些小型建设项目采用议标方式目标明确,省时省力,比较灵活;对服务招标而讲,由于服务价格难以公开确定,服务质量也需要通过谈判解决,采用议标方式不失为一种恰当的采购方式。但议标因不具有公开性和竞争性,采用时容易产生幕后交易,暗箱操作,滋生腐败,难以保障采购质量。

【异病同护】(different drsease with same care) 不同疾病在病程某一阶段出现相同证候时,

采取相同的护理措施。是中医护理的原则之一。一般情况下，异病异症应该用不同的护法。但有时几种不同的病，如具有同一证候，可以用同一种护理方法。如脱肛、子宫脱垂是两种疾病，但它们同属中气下陷，故可用补中益气的方法来进行护理。

【异病同治】(same treatment for different diseases) 中医治则名。对不同的病用相同的治疗方法。有些疾病，其发病部位虽然不同，但主要病机相同，按照辨证论治的原则，可以用同一种方法治疗。如心脏病性水肿、肾脏病性水肿、肝脏病性水肿，虽然病不相同，但病机都是阳虚水肿，均可用温阳、化气、利水的方法进行治疗。

【异步传输模式】(asynchronous transfer mode) 又称信息元中继。采用面向连接的交换方式。以信元为单位，每个信元长53字节，其中报头占5字节。其功能是：(1)来自某一用户的、含有信息的信息元的重复出现不是周期性的。(2)是一种面向连接的技术，一种为支持宽带综合业务网而专门开发的新技术，与现在的电路交换无任何衔接。(3)当发送端想要和接收端通信时，通过UNI发送一个要求建立连接的控制信号。(4)接收端通过网络收到该控制信号并同意建立连接后，一个虚拟线路就会被建立。(5)与同步传递模式不同，它采用异步时分复用技术。其特点是：(1)传输线路质量高，不需要逐段进行差错控制。(2)在通信之前需要先建立一个虚连接来预留网络资源，并在呼叫期间保持这一连接，以面向连接的方式工作。(3)信头的主要功能是标识业务本身和它的逻辑去向，功能有限。(4)信元长度小，时延小，实时性较好。它能够比较理想地实现各种QoS，既能够支持有连接的业务，又能支持无连接的业务。是宽带ISDN(B－ISDN)技术的典范。

信息元中继

【异步电动机】(asynchronous motor) 见感应电动机。

【异重流】(density current) 不同可以相混的两种流体因差异而发生的相对运动。当进入水库的挟沙浑水与库内清水相遇时，在适宜的条件下，浑水会潜入清水，沿库底向坝前运动形成水库异重流。是挟沙水流一种特殊的运动形式。与一般明渠水流不同，不是水流挟带泥沙，而是泥沙的存在造成有效重力，驱使挟沙水流运动。大气中云雾的运行，火电厂冷却池中冷热水的相互运动，以及河流入海口海水沿河底上溯形成的盐水楔等也是自然界常见的异重流现象。1935年美国科罗拉多河胡佛坝(Hoover Dam)泄水孔排出浑水，当时坝上库内却是清水，引起了水利界对异重流的重视和研究。中国在20世纪50年代中期开始在官厅水库系统地进行异重流的观测和研究。根据水槽试验及野外观测资料分析，水库异重流的产生条件可近似用下式判断：

$$\frac{{u_0}^2}{(\triangle P/P')gh_0}=0.6。$$

式中 u_0 及 h_0 分别为异重流潜入点处的流速和水深；$\triangle P$ 为清浑水的密度差；P' 为浑水密度；g 为重力加速度。由上式可见，水库入库段如 u_0 过大或 $\triangle P/P'$ 过小都不能产生异重流。悬移质中要有一定数量的细泥沙也是形成异重流的必要条件。异重流产生后能否运行到坝前需具备条件是：(1)进库流量需到一定数值，并有一定的持续时间。(2)水库纵向有一定的比降。水库平面上的扩大、缩小及弯道等局部损失，不利于异重流向坝前运动。利用异重流排沙是减少水库淤积的有效方法，特别是在干旱地区，为了节约水量，利用异重流排沙更有重要意义。

【异地育种】(allopatric breeding) 把育种材料拿到不同的地理生态条件下进行选育的方法。在不同的生态条件和栽培条件下育种，可以育成既有一定的丰产性，又有较广泛的抗逆性、抗病性的品种；也可育成既能适应长日照又能适应短日照品种；还可加代繁殖，缩短育种年限。

【异花传粉】(cross pollination) 同株或异株的两花之间的传粉过程。在实际应用中，人工实施的异花传粉和自然界的异花传粉植物均为异株间进行传粉。异株传粉能提高后代的生活力和建立新遗传性。自然界的异花传粉必须以昆虫、风、水、鸟、小型哺乳动物等为媒介。这是植物界比较普遍的现象。

【异花授粉作物】(cross-pollinated crops) 又称异交作物。在自然条件下，以不同植株上的花粉授粉而受精结实的一类作物。天然杂交率通常高于50%。近交会衰退。但连续自交多代并结合选择后选出的稳定自交系并不继续衰退。其自然群体是异质的。个体杂合。雌雄同株异花的如玉米、蓖麻；雌雄异株的如大麻；自交不亲和的如黑麦草。

【异龄林】(uneven aged forest) 林木年龄变化幅度相差一个龄级以上垂直郁闭的林分。很多的树种常常形成异龄林。它们都是耐荫种或中性种，如云杉、冷杉、红松等，能在林冠下天然更新，长成幼苗、幼树，直到长成大树。林分中的林木往往是“四世同堂”，而且是上层株数少，下层小径木与幼树幼苗多,这符合森林群落的发展方向,群落趋向稳定,生产力也较高。这样的林分只宜进行择伐。择伐更新时成熟木不论单株分散采伐或小群团状采伐。均可一直重复地进行,始终保持所采伐的林分为异龄林。采伐的过程与森林的更新紧密相结合,每次采伐之后都给森林更新创造良好的空间条件,使之有利于幼苗的发生和生长。短间隔采伐之后,都不断有新龄级林木出现。理想的择伐应该使每次的采伐量相等。一个理想的永续择伐林分,必然包括所有年龄的林木,每年都可采伐,每年都有更新。林木从1年生幼苗一直到采伐年龄的老龄木,全部存在林内。每一年龄的林木株数不等,但所占据的面积相等。其胸径和株数的分配应接近于反"J"形圆滑曲线。事实上,自然界很难找到这样一种林分。通常所指的异龄林并不是所有年龄的林木都存在。假如一个林分有三个龄级,即可称其为平衡异龄林。如果各龄级的分配很不均匀,则称为不规则的异龄林。

【异食癖】(pica) 又称嗜异症。由于代谢机能失常、味觉异常等引起的一种非常复杂的多种疾病的综合征。人和动物均可患此病。多见于1~6岁的小儿。患有此症的人持续性地咬食一些非营养的物质。其主要表现是:常偷食或用舌舔;如玻璃、硬币等;长期食后将胃塞满,不能进正常食物,出现腹痛,呕吐;异物不能排除体外,必须通过手术取出;如手术取出头发团,图钉等;长期吃灰泥易发生铅中毒,吃污物易患寄生虫病及肠道感染性疾病。其主要原因现在还不明确。以往认为是患者体内缺乏锌、铁等微量元素。现在的研究结果表明,异食癖的主要原因是:(1)心理因素引起的强迫行为。小儿生后并不知道,哪些能吃,哪些不能吃,什么东西都往口中放,不能及时制止,养成习惯。(2)肠道寄生虫病。如蛔虫病、钩虫病等。(3)微量元素及维生素缺乏。如缺铁、缺锌、缺维生素B等。由于这些原因导致体内代谢紊乱,味觉异常,治疗此病,要根据病因,采取如下必要的措施:(1)家庭特别是父母加强对幼儿的教育并创造良好的环境,培养小儿良好的卫生习惯,吃东西不挑食、不偏食,全面营养,满足儿童心理及感情需要,矫正不良习惯。(2)及时清除肠道的蛔虫、钩虫。(3)及时补充微量元素及维生素。

【异位妊娠】(ectopic pregnancy) 又称宫外孕。受精卵在子宫体腔外着床发育的现象。是妇产科常见的急腹症。正常妊娠时受精卵着床于子宫体腔内膜。按受精卵种植部位的不同可分为:输卵管妊娠、卵巢妊娠、宫颈妊娠、腹腔妊娠和阔韧带妊娠。以输卵管妊娠最常见,占异位妊娠的95%。慢性输卵管炎是输卵管妊娠的主要原因。其临床症状主要表现为停经后不规则少量阴道出血,小腹隐痛。有的把不规则阴道出血误认为月经,主诉无明显停经史。在异位妊娠破裂时,突然一侧下腹撕裂样疼痛,随腹腔内出血增多,出现面色苍白、血压下降、心率加快等低血容量休克表现,如不及时抢救可危及生命。

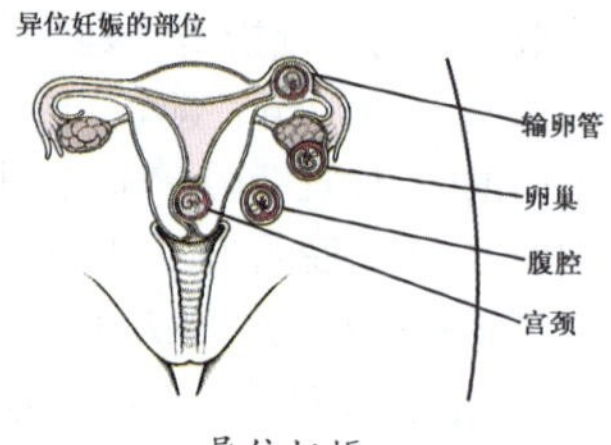

异位妊娠

【异纤维清除机】(align fiber removal machine) 利用在线检测自动清除混入棉纤维中的异种纤维的设备。棉纤维均匀地通过透明的检测通道,由光电检测机构对其检测,一旦发现异纤,由高压气阀将异物吹入杂质箱内。光电检测机构有的用光源、光电二极管,有的用高速线性扫描摄像机和超声波。

【异形截面纤维】(abnormal cross-sectional fiber) 使用非圆形纺丝孔纺制的纤维。纤维截面异形化后,织物的光泽、硬挺度、弹性、手感、吸湿、蓬松性、抗起毛起球和耐污性等都会得到不同程度的改善。不同的截面形状能赋予纤维不同的性能和风格。如三角形截面给予真丝般的光泽和优良手感;中空三角形截面能调和色调和身骨;星形截面有柔和的光泽、干燥感、较好的吸水性;U形截面有柔和的光泽、干燥感、有身骨;W形截面具有螺旋卷曲、似毛的蓬松性、粗糙感、干爽感;箭形截面有干燥的触感、自然的表面感、滑溜的清凉感;三山形扁平截面有丝绒型的深色感、蓬松而有身骨;多重、多形混纤具有干燥触感、自然的表面感、有身骨。在服装、地毯、非织造布、工业卫生等领域广泛应用。

【异形柱】(special-shaped columns) 异形截面柱的简称。在满足结构刚度和承载力等要求的前提下,根据建筑使用功能和建筑设计布置的要求而采取不同几何形状的柱。"L"型、"T"型、"十"字型等截面的柱均属此类。其截面各肢的肢高肢厚比不大于4。其各肢肢长,可能相等或不相等,但提倡采用等肢异形柱。异形柱应用在7度设防以下。抗震设计时宜采用等肢异形柱,当不得不采用不等肢异形柱时,柱两肢的肢高比不宜超过1.6,且肢厚相差不大于50mm。

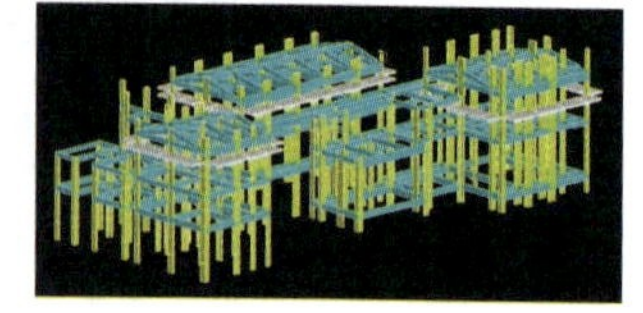
异形柱

【异型股钢丝绳】(shaped strand wire rope)

其股的横断面形状为非圆形的钢丝绳。一般钢丝绳的股的横断面为圆形,称为圆股钢丝绳。异型股主要有:三角股、椭圆股、扁股和扇形股。由于扁股与椭圆股构造相似,可归为一类。扇形股类似于三角股,所以异型股基本上分为三角股和椭圆股两大类。三角股钢丝绳的断面是由6个等边三角形的股和绳芯组成。椭圆股钢丝绳股的断面为椭圆形,股的数目不一,有的由一层股组成,有的由2~3层股组成。其外层由椭圆股组成,内层既可由椭圆股组成,也可由三角股组成,每一层为3~8个股。异型股钢丝绳具有以下特点:股面曲率小,支撑面大,磨损少;股与股之间接触点多,抗压性能好,不旋转;密度系数大,比同直径圆股钢丝绳破断拉力提高20%,使用寿命提高3倍。异型股钢丝绳的制造工艺过程包括:异型股芯的捻制,三角股芯可由三角形单根钢丝、3根钢丝、6根钢丝排列成三角形而组成;椭圆股芯可由单根椭圆形异型钢丝、几根钢丝并排排列、两个1×7并排成椭圆形而组成;股的捻制,在股芯外面包捻1~2层不同数目的圆钢丝;钢丝绳的捻制,可用普通设备制造,也可用专用设备制造。异型股钢丝绳主要用于立井提升、立井管道及索道承重、斜井卷扬、挖掘机、高炉卷扬、各种缆车和双卷扬的各种起重设备等。

【异养生物】(heterotrophy) 与自养生物相对应。将外界环境中现成的有机物作为能量和碳的来源,将这些有机物摄入体内转变成自身的组成物质,并且储存能量的生物。与自养生物的区别在于:(1)自养生物可利用大气中的二氧化碳作为唯一碳源,构建所有含碳分子,如光合细菌和高等植物等。异养生物不能利用大气中的二氧化碳,必须从环境中获得相对复杂的有机碳分子,如葡萄糖、高等动物和多数微生物等。(2)许多自养生物可进行光合作用,利用太阳能作为能量来源。而异养生物则通过分解自养生物产生的有机营养物获得能量。生物圈中自养生物和异养生物生活在一起,自养生物利用空气中的二氧化碳建造自己的有机生物分子,有些还分解水产生氧;异养生物利用这些有机物作为营养物质,把二氧化碳排放到大气中去,有些在氧化反应中消耗氧产生水。其中碳、氧和水在自养和异养间不断循环,太阳能是其中的驱动力。

【异质选配】(mating unlikes) 选择具有不同优良性状或同一性状但优劣程度不同的公母畜进行的交配。家畜选配方法之一。前者是期望将两个优良性状结合在一起,获得兼有双亲优点的后代;后者则以优改劣,希望后代能取得较大的改进和提高,又称改良选配。当畜群的品质处于停滞不前的状态或在品种培育的初期,为了通过性状的重组,获得理想型个体时,需要应用异质选配。

【抑癌基因】(cancer suppressor gene) 又称抗癌基因、肿瘤抑制基因。一类能抑制细胞过度生长、增殖从而遏制肿瘤形成的基因。正常情况下抑癌基因对细胞的发育、生长和分化的调节起重要作用。抑癌基因正常时,起抑制细胞增殖和肿瘤发生的作用。抑癌基因的两个等位基因缺失或失活,失去细胞增生的阴性调节因素,从而对肿瘤细胞的转化和异常增生起作用。对于正常细胞,调控生长的基因(如原癌基因等)和调控抑制生长的基因(如抑癌基因等)的协调表达是控制细胞正常生长的重要分子机制之一。这两类基因相互制约,维持正负调节信号的相对稳定。当细胞生长到一定程度时,会自动产生反馈性抑制,若抑制性基因高表达,调控激活生长的基因则不表达或低表达。癌基因激活与过度表达与肿瘤的形成有关。抑癌基因的丢失或失活可导致肿瘤发生。

【抑菌活性】(bacteriostatic activity) 抑菌药抑制或杀灭病原微生物的能力。可用体外抑菌试验和体内实验治疗法测定。前者对临床用药具有重要参考意义。能够抑制培养基内细菌生长的最底浓度为最小抑菌浓度(MIC)。以杀灭细菌为评定标准时,使活菌总数减少99%或99.5%以上,称为最小杀菌浓度。在一批实验中,能抑制50%~90%受试菌所需MIC,分别称为MIC_{50}及MIC_{90}。抗菌药的抑菌作用和杀菌作用是相对的。有些抗菌药在低浓度时呈抑菌作用,而高浓度呈杀菌作用。

【抑菌圈】(inhibitory zone) 在琼脂培养基平板中,药物通过扩散在其有效范围内抑制或杀死敏感指示菌所形成的圆形抑菌区域。具体做法是将某药物(如抗生素)置于一含敏感指示菌的琼脂培养基平板中,药物通过扩散会在其周围形成一个浓度由高到低的梯度,并在有效浓度的范围内,抑制或杀死敏感指示菌的生长,结果在药物周围会出现一个圆形的抑菌区域。抑菌圈越大,则药物的抑菌或杀菌效果越好。因此经常用测定抑菌圈的大小或面积来衡量抗生素及其他抑菌药物的抑菌效果。

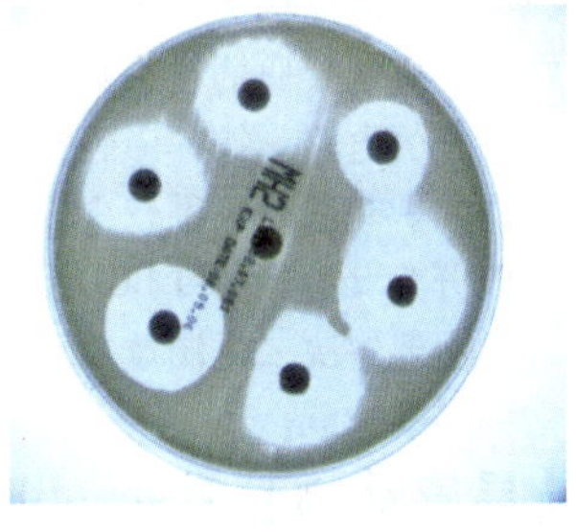

抑菌圈

【抑菌作用】(bacteriostatic activity) 某些物质或因素所具有的抑制微生物生长与繁殖的作用。如在可逆作用情况下,当抗生素不存在时,大部分细菌开始生长。抗生素对细菌的作用即为抑菌作用。当抑菌剂使用后,病菌在受抑制的一定时间内,会失去致病力;当药剂被洗除或分解后,病菌又能恢复生长繁殖。一段时间生长后,抑菌圈消失,会重新长菌。通过实验研究证实,从某些动物、植物体内分离出的单体或者化合物,能够有效抑制常见致病菌的生长繁殖。

【抑郁症】(depression) 一种以情绪低落、思维联想缓慢、兴趣或愉快情态缺乏、动作减少为主要特征的疾病。是一种危害性极大的疾病。病情轻重不一。其临床表现是:(1)情绪低落,忧郁,苦闷,沮丧,凄凉和自卑。(2)感到生活处处不如意,没兴趣,没希望。(3)不愿与别人进行沟通,厌世而不能自拔。(4)轻生,有求死感等。

【抑制性T细胞】(inhibition of T cell) 抑制体液和细胞免疫应答的一类T细胞。其细胞表面除具备T细胞所具有的标志以外,也带有其本身所特有的分化抗原。实验证明:抑制性T细胞所作用的靶细胞为辅助性细胞。这种作用方式有其免疫调节上的意义。一般在低剂量抗原刺激下,多引起辅助性细胞活化,而高剂量抗原的免疫,则同时也诱发该细胞。此外,如抗原结合于巨噬细胞的细胞膜上时,往往激发辅助性细胞形成,而未结合时,则能激发该细胞。这两种T细胞亚群不能相互转变,却能通过它们间的相互作用,而完成免疫调节作用。

【译码器】(fdecoder) 组合逻辑电路能把代码状态的特定含义“翻译”出来。译码是编码的逆过程,在编码时,每一种二进制代码,都赋予了特定的含义,即都表示了一个确定的信号或者对象。把代码状态的特定含义“翻译”出来的过程称为译码。实现译码操作的电路称为译码器。或者说,译码器是可以将输入二进制代码的状态翻译成输出信号,以表示其原来含义的电路。按其译码类型的不同可分为:(1)变量译码。一般是一种较少输入变为较多输出的器件,一般分为2n译码和BCD码译码两类。(2)显示译码。主要解决二进制数显示成对应的十、或十六进制数的转换功能。

【易感动物】(susceptible animal) 对某种传染病病原体具有易感性的动物。家畜易感性的高低主要由畜体的遗传特征、特异免疫状态以及病原体的种类和毒力强弱等因素决定。外界环境条件如气候、饲料、饲养管理以及卫生条件等因素都可能直接影响到畜禽的易感性。

【易感人群】(susceptible population) 容易接受某一特定致病因子影响的个体的集合,对传染病病原体缺乏特异性免疫力,易受感染的人群。是传染病传播流行的重要条件之一。其对致病因子侵袭的抵御力较弱,对刺激的反应较强,疾病或健康受损在此类群体中出现较早且明显。易感人群多时,一旦有传染源进入,发病人数就多。相反,易感人群少,有传染源进入也不易发病或发病人数不多。而在普遍的预防接种或某一种传染病流行以后,对该传染病的人口免疫力便会增加,使易感人群减少。在传染病流行期间要重点保护易感人群,避免其与传染源的接触,并在必要时服药预防。

【易感宿主】(susceptible host) 对传染病病原体缺乏免疫力的人和动物。对传染病容易感受的程度,称畜群易感性。畜群易感性的高低,取决于易感宿主在畜群中所占的比重及其分布情况。易感宿主比重愈大,畜群易感性也愈高;反之,则低。易感宿主分布集中比分散更容易引起流行。

【易感性】(susceptibility) 机体对某种微生物容易感染的特性。主要取决于以下因素:(1)该机体是否存在该微生物生长的必需条件,即是否带该病毒受体和所需酶系统的靶细胞。(2)免疫系统能否迅速将该侵入者杀死、清除。(3)对该微生物的致病因子,如毒素、粘附素等有无反应,是否存在受体。

【易拉罐】(pop can) 又称易开罐。用罐盖本身的材料经加工形成一个铆钉,外套上一拉环再铆紧,配以相适应的刻痕而成为一个完整的易开罐盖,不用开罐工具就能轻易开启的罐藏容器。除按易开盖的型式分类外,还有两种。一种是拉环装在罐身上适当高度,开罐划线是沿罐身四周一圈,开启后使罐分成两部分;另一种是拉环装在罐身中部,开罐划线由拉环处分上下两条分开逐渐扩展到罐底、盖卷边缝绕罐身一周,开启后使罐分为底、盖、身三部分。这种罐常用于需要状态完整的固态食品,如午餐肉、火腿等。由于易拉罐具有开启简便、安全、省力等优点,故发展较快。现在,不仅用于食品包装,也发展为小五金、小仪器等商品包装。

【易切削钢】(free-cutting steel) 含碳量为0.08%~0.16%、含硫量为0.08%~0.20%和含磷量为0.08%~0.15%的钢。为低碳、高硫和高磷钢。有时含铅量为0.15%~0.30%。在切削时,其切屑易脱落。用于制造强度、韧性要求不高,但要有较好切削性能

易切削钢

的零件。

【易熔合金】(fusible alloy) 熔点低于232℃的合金。主要是由低熔点金属铋、铅、锡、镉、铟、汞等元素构成的二元系或多元系合金。可分为共晶型合金和非共晶型合金。前者有确定的熔点,通常随组元数的增加而熔点降低;后者熔化温度有一个范围,因此在使用时必须确定失去强度的工作温度,即"屈服温度"。易熔合金主要用于电气设备、蒸汽设备的保险材料,以及火灾报警装置和消火栓的热敏元件。

易熔合金

【易(异)性癖】(transsexualism) 又称变换性别癖或性别转换症。从心理上否定自己的性别,认为自己的性别与外生殖器的性别相反,而要求变换生理的性别特征的行为。是一种心理上的变态,属于性别身份识别障碍。此种变态行为男女都有,男女比例约为3∶1。易性癖产生的原因,目前还不十分清楚。在诊断易性癖时,需要与同性恋和异装癖区别开来。同性恋患者在性伙伴的关系中,是从自己的生殖器上得到快感,没有切除外生殖器的要求;而易性癖患者与性伙伴的关系,一般是追求心理上的满足或身心合一。易性癖虽然也像异装癖一样有穿异性服装、异性打扮的偏好,但这完全是出于心理上的需要,觉得自己就是个他(她)性。因此,在穿着异性服装时并不引起性兴奋;而异装癖患者则在穿着异性服装时,伴有性兴奋,得到性满足的特点。易性癖以心理治疗为主,也可作变性手术。

【易制毒化学品管理制度】(management system of precursor chemicals) 与易制毒品生产、经营、运输、使用、储存有关的规章和规定。为了加强易制毒化学品管理,规范易制毒化学品的生产、经营、购买、运输和进口、出口行为,防止易制毒化学品被用于制造毒品,维护经济和社会秩序的管理制度。国家对易制毒化学品的生产、经营、购买、运输和进口、出口实行分类管理和许可制度。中华人民共和国国务院令第445号公布的《易制毒化学品管理条例》,自2005年11月1日起施行。主要内容包括易制毒化学品的分类和品种目录、生产与经营管理、购买管理、运输管理、进口与出口管理、监督检查以及法律责任等。

【疫苗】(vaccine) 将病原微生物及其代谢产物,经过人工减毒、灭活或利用基因工程等方法制成的,用于预防传染病的主动免疫制剂。保留了病原菌刺激动物体免疫系统的特性。当动物体接触到这种不具伤害力的病原菌后,免疫系统便会产生一定的保护物质,如免疫激素、活性生理物质、特殊抗体等。当动物体再次接触到这种病原菌时,动物体的免疫系统便会依靠其原有的记忆,制造更多的保护物质来阻止病原菌的伤害。用于人类疾病防治的疫苗有20多种。按其技术特点的不同可分为传统疫苗和新型疫苗。传统疫苗主要包括减毒活疫苗和灭活疫苗;新型疫苗则以基因疫苗为主。

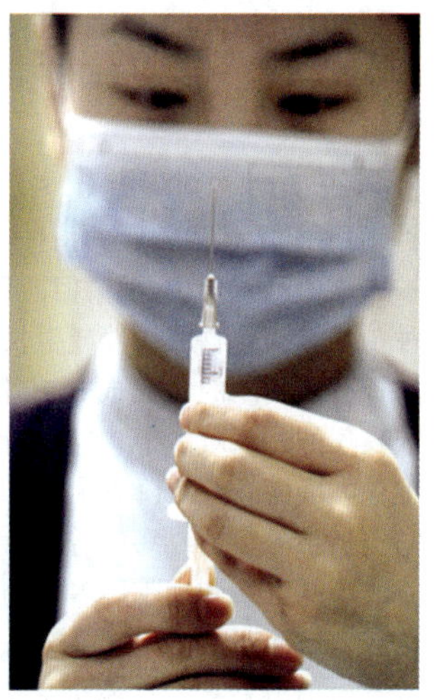
疫苗

【疫源地】(infectious focus) 传染源及其排出的病原体向四周播散所能波及的范围。即可能发生新病例或新感染的范围。形成疫源地的条件是,传染源的存在和病原体能够继续传播。其范围大小取决于传染源的活动范围、传播途径特点和周围人群的免疫状况。其消灭的条件是:传染源已被移走(住院或死亡)或不再排除病原体(治愈);通过各种措施消灭了传染源排于外环境的病原体;所有易感接触者,经过该病最长潜伏期未出现新病例或证明未受感染。

【益生菌】(bacteria) 食物中能够改善肠道菌丛平衡、对宿主健康发挥有益作用的微生物。主要包括乳酸菌、链球菌、肠球菌、拟杆菌中的某些菌株。一般应符合以下标准:(1)对宿主健康发挥有益作用。(2)是非致病菌且没有毒性作用。(3)在生物学上应当具有活性,即包含大量活菌。(4)可以在宿主肠道内定植及代谢。(5)在储存和使用过程中保持活性。(6)必须采自于宿主。益生菌对人体健康具有重要意义。其保健功能有:(1)减轻乳糖不耐受症状。酸奶是人体补充益生菌最常见的食品。通过摄入活的酸奶培养物可改善乳糖酶缺乏者对乳糖的消化吸收能力,改善乳糖不耐受功能。(2)抑制病原菌。益生菌对由于使用抗生素治疗而引起腹泻的成年人来说具有缓解作用。(3)提升胃肠道免疫功能。乳酸菌具有在肠道内生存的能力,并可以刺激机体的非特异性免疫功能,提高自然杀伤致病菌的活性,增强肠道免疫球蛋白A的分泌,改善肠道的屏障功能。某些乳酸杆菌可以同时提高体液免疫和细胞免疫功能。(4)改善消化功能。通过调节肠道pH值和结肠菌群,促进胃肠免疫功能,起到改善消化功能的作用。(5)抑制肿瘤发生。可以通过改变结肠菌群预防结肠癌的发生。(6)能降低高血脂人群的血清胆固醇水平。

【益生元】(probiotics) 以减少现在有害菌种,而有益于促进健康的菌种或活动的抗生素。不能被人体酶系统催化分解,但能选择性地促进一种或几种结肠内微生物的活性或生长繁殖,从而对宿主健康发挥有益作用的食品成分或添加剂。这类物质最初被发现的是双歧因子。益生元到达大肠后可选择性地被大肠内有益菌降解利用,却不被有害菌所利用。它包括含氮多糖或寡糖、辅酶、某些氨基酸和维生素,以及半纤维素和果胶等多种物质。

【意识障碍】(conscious disturbance) 由多种原因引起的一种严重的脑功能失常。为临床常见症状之一。意识是指人们对自身和周围环境的感知状态,可通过言语及行动来表达。意识障碍系指人们对自身和环境的感知发生障碍,或人们赖以感知环境的精神活动发生障碍的一种状态。其常见的病因有:(1)颅内疾病。包括局限性病变,如脑血管病、颅内占位性病变、颅脑外伤等;脑弥漫性病变,如颅内感染性疾病、脑水肿、蛛网膜下腔出血等;癫痫发作。(2)颅外疾病(全身性疾病)。包括急性感染性疾病,如各种败血症、感染中毒性脑病等;内分泌与代谢性疾病(内源性中毒),如肝性脑病、肾性脑病、肺性脑病、糖尿病性昏迷等;外源性中毒,包括工业毒物、药物、农药、植物或动物类中毒等;缺乏正常代谢物质,如缺氧、缺血、低血糖等;水、电解质平衡失常,如高或低渗性昏迷、酸或碱中毒等;物理性损害,如日射病、热射病、电击伤、溺水等。按其深浅程度或特殊表现的不同可分为:嗜睡、昏睡、昏迷、去大脑皮质状态以及谵妄等五种类型。其治疗原则是:(1)迅速查明病因,对因治疗。(2)病因一时未明者应行病机或对症治疗。

【溢洪道】(spillway) 为宣泄超过水库调蓄能力的洪水或降低水库水位,保证工程安全而设置的泄水建筑物。水利枢纽中的主要建筑物之一。主要由控制段、泄槽和消能工三部分组成,有时在上、下游还需设置进水渠和泄水渠。其建造需根据水文、坝型、地形、地质、运行时的水力学条件、枢纽布置及施工总体规划等,通过技术经济比较确定。其泄流量按规定的洪水标准、下游河道的安全泄量、水库淹没损失等条件,经调洪演算和方案比较确定。其型式选择和布置,对水利枢纽的安全、工程量、造价、工期和运行等有重要影响。

溢洪道

【溢流坝】(overflow dam) 又称滚水坝。坝顶可泄洪的坝。一般由混凝土或浆砌石筑成。按坝型的不同可分为:溢流重力坝、溢流拱坝、溢流支墩坝和溢流土石坝。其过流形式有:坝顶溢流、坝面溢流和大孔口坝面溢流。前两者属表面溢流,能顺利排放冰凌等漂浮物。堰顶可设或不设闸门。无闸门的溢流坝,蓄水位只能与堰顶齐平,泄洪时要靠壅高库水位形成水头,逐渐增加泄量,适用于较小水库或具有较长溢流前沿的溢流坝。设有闸门的溢流坝,能够调节水库蓄水位和下泄流量。其堰顶高程和溢流前沿长度,需根据水库和枢纽建筑物的功能、泄水要求,经水库调洪计算确定。堰顶设有闸墩,用以支撑闸门。墩上架桥以装设闸门启闭设备或设置通道。坝顶溢流的闸门检修容易、操作方便可靠,是最常见的溢流坝形式之一。

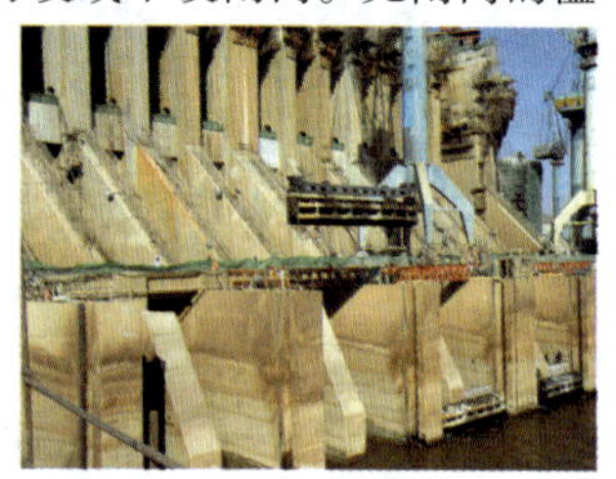
溢流坝

【溢流拱坝】(overflow arch dam) 从坝的顶部进行溢流的拱坝。一般在溢流段设闸墩、闸门、启闭机和交通桥。两侧设导墙,下游接消能工,有的不设闸门。重力拱坝下游面坡度接近于坝面溢流所要求的坡度,溢流段可布置在河床中部。中等厚度的拱坝,可在岸坡坝段溢流。薄拱坝的溢流布设形式有:(1)坝顶自由跌落式。一般布置在河床中部,适用于较小的单宽流量。(2)坝下游侧设有由构架支承的溢流面,构成滑雪道式溢流,或利用厂房顶过流,也可自厂房前挑流,将水流抛至下游较远处,适用于较大的单宽流量。(3)利用两岸坝段对称溢流。通过鼻坎挑射至远处,使两股水流相互碰撞,以消耗一部分能量。拱坝多建在狭窄河谷。其挑流消能多采用异型鼻坎,使挑射水流落水点纵向或横向拉开,以减轻对河床的冲刷。溢流拱坝的溢流段长度、孔数、孔口尺寸、位置等,需根据泄洪量大小、对坝体应力与下游冲刷的影响等研究确定。使水流不危及大坝与其他建筑物的安全,尽量不影响其他建筑物的正常运行。此外,还需根据泄流量、水头、地质条件和运用要求等设计消能工。溢流拱坝最终的布置、型式和各项参数,应通过水工模型试验验证。

【溢流重力坝】(overflow gravity dam) 坝顶可以溢流的重力坝。大多布置在河床主流部位,两侧与非溢流坝相接。其导墙与非溢流重力坝分开。坝顶溢流的堰型有开敞式和带胸墙式两种。前者超泄能力大,后者堰顶高程位于防洪限制水位以下,预泄能力较强。溢流堰的孔口尺寸和布置取决于多种因素,如洪水设计标准、洪水预报能力、下游防洪要求、库水位壅高限制、允许单宽流量、排冰、排污等。设计时一般先拟定若干个孔口布置方案,分别进行水库调洪演算,求出各方案的调洪库容、设计和校核洪水位及相应的最大下泄流量,然后估算枢纽造价和淹没损失,进行技术经济比较,选出最优方案。溢流堰的孔口尺寸最好与闸门型尺寸配套,并与坝体横缝间距协调。溢流重力坝常见的横缝布置,有墩间分缝和跨中分缝两种方式。其剖面除了满足强度和稳定要求外,还要符合泄水要求。溢流面由顶部曲线段、中间直线段和下部反弧段组成(见图)。其顶部一般设有闸墩、闸门、启闭台、工作桥和交通桥,有的还设有胸墙。溢流重力坝的单宽流量,需通过技术经济比较选定。

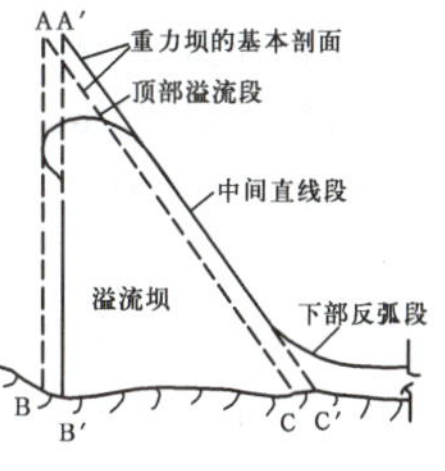

溢流重力坝坝面曲线

【溢油应急能力】(emergency response capacity to oil spoil) 在海洋和内河上发生重大船舶溢油事故时,为避免或减轻石油对海洋和河流生态环境等的污染和破坏,进行及时、有效的应急处置的能力。包括监测与预警能力、事态控制能力、人员反应能力、资源保障能力和专业清污能力等。一般以一次溢油控制清除量为基本衡量指标。中国于1998年3月31日加入《1990年国际油污防备、反应和合作公约》,船舶溢油应急体系建设工作开始起步。在2000年4月1日生效的《海环法》中,对溢油应急体系的建立和应急计划的实施提出了明确要求,授权国家海事行政主管部门负责制定的《中国海上船舶溢油应急计划》已颁布实施,涵盖了中国所有水域。2007年4月,通过《国家水上交通安全监管和救助系统布局规划》。2020年远景目标是沿海水域和内河主要通航水域的重要航段一次溢油控制清除能力达到1 000t。

【缢蛏】(razor clam) 俗称蛏子、青子、竹蚶、海蛏。软体动物门,瓣鳃纲,异齿亚纲,帘蛤目,灯塔蛤科,缢蛏属。是中国、朝鲜和日本的特有种类。贝壳长形。背腹缘近于平行,前后端圆。壳顶位于背缘,略靠前端。壳中央稍偏前方有一条自壳顶至腹缘的斜沟,状如缢痕。与回沟相应的有一条突起。贝壳关闭时,前后两端均有开口。壳薄而脆。壳面黄绿色或黄褐色。成体表皮常被磨损脱落成白色,生长纹清晰。壳内面乳白色。属广温、广盐性海洋生物。适宜水温0~39℃。适宜密度为1.005~1.020。营穴居生活。蛏洞与滩面约垂直成90°。靠水管伸至洞口索食,滤食性。雌雄异体。卵生。体外受精。中国从辽宁到广东沿海均有分布,福建、浙江两省最盛。俗称四大养殖贝类之一。出口日本。

缢蛏

【翼墙】(wing wall) 设于过水建筑物进出口两侧,用以挡土和导流的边墙。其平面布置主要考虑导流的要求。有挡水任务的过水建筑物。挡水侧翼墙的平面布置还要考虑岸边防渗的要求。顺水流方向的投影长度不小于铺盖长度。无论进口或出口,翼墙在平面上要力求平顺,避免墙前出现回流、旋涡等不利流态。其平面布置型式有直线式、折线式和曲线式等,可根据进出口的流速和地形条件选择。一般进口翼墙可用直线、折线或圆弧线;出口宜采用椭圆或其他曲率渐变的曲线。后者的曲率可从出口向下游逐渐增大。翼墙迎水面的立面布置有直立式、倾斜式、扭曲面式等。倾斜式翼墙在与过水孔口连接处,过水断面发生突变,常引起旋涡甚至回流。大型翼墙多用直立式,中小型翼墙可用扭曲式。翼墙墙顶高程根据过水建筑物的运用要求确定;原则上需高于过流的水位;流速较低时也可低于过流水位。

翼墙

【翼身融合技术】(blended wing-body configuration technology) 将飞机机翼与机身连接处的轮廓线设计成连续曲线的技术。该技术要求机翼与机身连接处的外形,无论纵向或横向截面,其轮廓线均为圆滑连续曲线,以提高飞机的空气动力学性能。

翼身融合技术

【翼身融合体】(amalgamation of body and wing) 机翼和机身融为一体、二者之间没有明显界限的飞机机体。其优点是:结构重量轻,内部容积大,气动阻力小。一般飞机翼身的组合,交接处机身侧面与机翼表面构成直角(或接近于直角)。这种组合,浸润面积大,阻力也较大。为减少翼身组合体的阻力,有些飞机在机翼与机身的交接处增装了整流带(又称整流包皮),使二者间圆滑过渡。由于消除了机翼与机身交接处的直角,飞机的飞行性能有较大改善,隐身性能也大大提高。其缺点是外形复杂,设计和制造比较困难。

【翼弦】(wing chord) 又称弦线。连接翼型前缘和后缘的一条直线弦线的长度称为弦长,通常用字母 b 来表示(见图)。弦线和弦长是描述翼型几何特性时,首先需要给定的一条基准线和基准长度。关于翼型前缘和后缘的准确定义,见翼型中弧线。

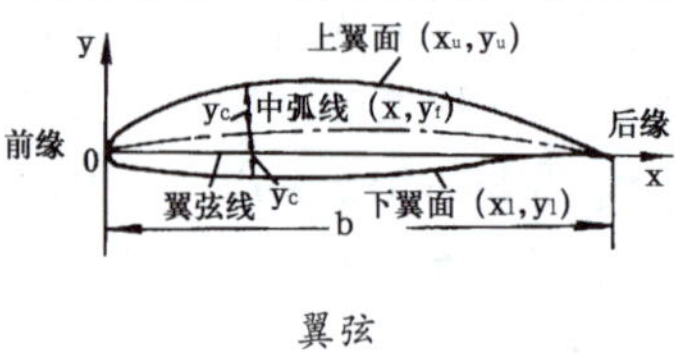

翼弦

【翼型】(airfoil profile) 平行于飞行器对称面或垂直于前缘(或 1/4 弦长点连线)的剖面形状。又称翼剖面。垂直于旋翼、螺旋桨和风扇叶片主轴的横截面外形也称翼型。翼面的空气动力特性研究,常从翼型特性研究开始。因此,翼型气动特性的分析研究和翼型形状的设计研究具有重要的意义。随着航空科学的发展,世界各主要航空发达的国家建立了各种翼型系列。美国有 NACA 系列,德国有 DVL 系列,英国有 RAE 系列,俄罗斯有 ЦАГИ 系列等。这些翼型的资料包括几何特性和气动特性,可供气动设计人员选取。

【翼型中弧线】(airofoil mean line) 又称中线或骨架线。连接前缘、后缘和至翼型上下翼面有相等距离的各个中点的一条光滑曲线。该距离沿曲线上各点的法线方向度量。中弧线的起始点和终止点定义为翼型的前缘和后缘。翼型中弧线对翼型的空气动力特性有很重要的影响,是构造翼型外形的基础。按形状的不同可分为三种情况:(1)中弧线与弦线重合。具有这种中线的翼型称为对称翼型。(2)中弧线为一条向上凸起的光滑曲线。(3)中弧线为一条 S 形的光滑曲线。具有后两种中线的翼型统称为有弯度的翼型。

翼型中弧线

【翼载】(wing loading) 飞机的满载重量(W)和飞机的机翼面积(S)的比值(W/S)。翼载的大小直接影响到飞机的机动性能、爬升性能及起飞着陆性能等。

【翼展】(wing span) 机翼两端翼尖沿垂直于飞机对称面方向之间的距离。舰载飞机的机翼大多可以向上折叠以缩短翼展,少占停放场地。变后掠翼飞机或斜翼飞机需说明各个使用角度下的翼展。翼展的确定可以包括(或不包括)翼尖油箱、翼尖导弹、翼梢小翼、电子干扰舱及其他类似附加物。

【癔症】(hysteria) 又称歇斯底里。一类由精神因素、内心冲突或情感体验、暗示或自我暗示作用于个体而引起的精神障碍。其主要临床表现有解离症状和转换症状两种。前者是指对过去经历与当今环境和自我身份的认知完全或部分不相符合;后者是指生活事件或处境引起的情绪反应,转换为躯体症状。癔症的临床表现是:(1)突然精神失常,大哭大闹,喜怒无常,多带有表演色彩,意识表现朦胧,有时出现夜游等精神症状。(2)痉挛性发作,或有癫痫样抽搐、偏瘫失语等。(3)可出现咽部有异物感,视觉听觉障碍、皮肤过敏等感觉障碍。(4)自主神经功能失常,如神经性呕吐等。

【因果性】(causality) 又称因果律。物理学中两个因果事件所表现出的具有绝对意义的顺承关系,因果顺序不容颠倒的属性。即作为原因的事件必然要早于结果事件发生。由于因果性是绝对的,因而无论进行何种变换,因果顺序都不会改变。依据狭义相对论,两个具有因果关系的事件其先后顺序在洛仑兹变换下不变。

【阴道炎】(vaginitis) 由细菌、阴道毛滴虫、念珠菌等病原体引起的阴道炎症。是妇科最常见疾病。女性各年龄组均可发病。阴道是分娩、宫腔操作的必经之道,容易受到损伤及外界病原体感染;婴幼儿和绝经后妇女雌激素水平低,局部抵抗力下降,也易发生感染。其共同特点是阴道分泌物的增多和外阴瘙痒。但因病原体不同,分泌物特点、性质及瘙痒轻重不同。滴虫性阴道炎分泌物典型特点为稀薄脓性、黄绿色、泡沫状、有臭味;念珠菌阴道炎分泌物的典型特点为白色豆腐渣样;细菌阴道炎分泌物有鱼腥臭味。由于阴道口与尿道口邻近,阴道炎性分泌物刺激尿道,可引起尿痛、尿频。阴道炎治疗应针对不同病原体采取相应治疗,全身用药和阴道局部用药相结合。同时注意保持外阴清洁,不穿化纤紧身内衣。

【阴极保护】(cathodic protection) 通过降低腐蚀电位获得防蚀效果的电化学保护技术。其形式有两种:(1)将被保护金属作为阴极,施加外部电流进行阴极极化,实施保护。其优点是适用范围广、保护时间长。其缺点是投资大,需要严格的专业维护管理。(2)用电位比所要保护的金属还要负的金属或合金作牺牲阳极,以减少或防止金属腐蚀。其优点是投资低,不需要维护。其缺点是保护范围小,需要定期更换。广泛应用于土壤、海水、淡水、化工介质中的钢质管道、电缆、钢码头、舰船、储罐罐底、冷却器等金属构筑物等的腐蚀防护。

【阴极射线】(cathode ray) 从低压气体放电管阴极发出的电子在电场加速下形成的电子流。1897年英国物理学家约瑟夫约翰·汤姆孙根据放电管中阴极射线在电磁场和磁场作用下的轨迹测定,阴极射线中的粒子带负电,并测出其荷质比。这是人类历史上第一次发现了电子。12年后密立根用油滴实验测出了电子的电荷。

【阴极射线示波器】(cathode-ray oscilloscope) 又称电子示波器。在阴极射线示波管的荧光屏上显示一种或多种瞬时变化电位差曲线的仪器。其主要部件为阴极射线示波管。由电子枪形成的电子束受加在偏转板 $X1$、$X2$ 和 $Y1$、$Y2$ 上的电位差控制,沿水平和垂直两个方向运动,射在荧光屏上形成一定的轨迹。通常把与时间成正比的电位差加到水平偏转板上,用以产生扫描线;而将随时间变化的电位差加到垂直偏转板上,这样就可显示出被测电位差随时变化的波形。

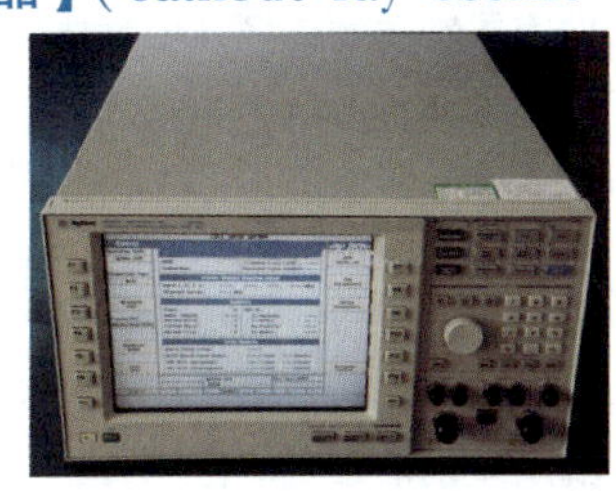

阴极射线示波器

【阴离子型层柱材料】(anion-layer pillar material) 一类具有特殊结构的层状晶体材料。具有酸性、碱性和离子交换性能的无机功能材料。其层板化学组成具有可调变性,通过离子交换可将一些具有光、电、磁、催化等功能的物质引入层内空间,用作催化剂、催化剂载体、离子交换剂、吸附剂等。在医药上可以用作抗酸药;在功能高分子材料添加剂方面可以用作红外线吸收材料、紫外线吸收和阻隔材料、新型杀菌材料、新型阻燃材料、聚氯乙烯稳定剂等。

阴离子型层柱材料

【阴陵泉】 中医穴位名。属足太阴脾经,本经合穴。定位:在小腿内侧,当胫骨内侧髁后下方凹陷处。主治:腹胀,吐泻,水肿,黄疸,小便不利或失禁,喘逆,遗精,膝痛,下肢痿痹;急慢性肠炎,细菌性痢疾,尿潴留,尿路感染,高血压,膝关节周围软组织疾患等。刺灸法:直刺1~2寸;艾炷灸3~5壮,或艾条灸5~10min。现代实验研究表明:针刺阴陵泉对大脑皮层功能有调节作用,强刺激多引起抑制过程;弱刺激则半数引起兴奋,半数引起抑制。对健康人弱刺激,多数引起兴奋过程;而强刺激影响较小。

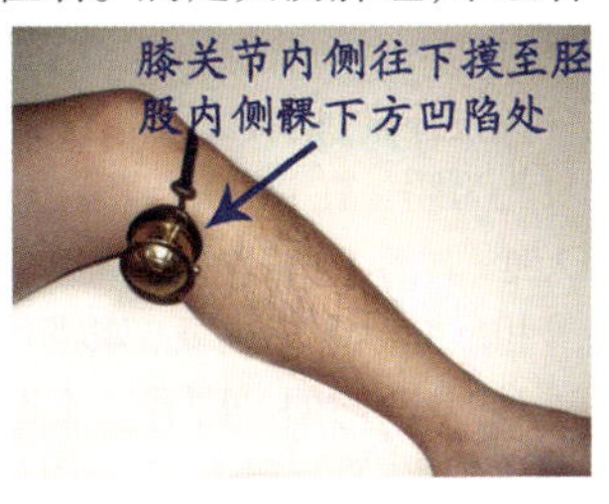

阴陵泉

【阴燃】(smolder) 又称闷烧。没有出现明火焰的缓慢燃烧现象。多种稀松或纤维状的固体物质都有可能发生阴燃。包括纸张、锯末、纤维织物、纤维素板、胶乳橡胶以及某些多孔热固性塑料等。当把它们堆积起来的时候,都有可能发生阴燃。物质的多孔结构可让少量空气渗入,以供氧化反应所需,也有助于热量的局部蓄积,以维持反应的进行。在阴燃的过程中有热分解和缓慢燃烧两个阶段。热分解使物质结构发生了质的变化,其部分产物将发生缓慢燃烧,部分产物将会挥发出来。阴燃时通常出现烟气和温度上升等现象。若发生阴燃的环境条件有了变化,例如通风过快、或清除了某些发热源,阴燃可能熄灭,也可能转换成有焰燃烧。

【阴性花卉】(shade ornamental flowers) 又称喜阴花卉。生长时需光量较少,不能忍受阳光直接照射的花卉。多原产于热带雨林或高山的阴面及林荫下面。其蔽荫度要求50%左右。如蕨类植物、兰科植物、苦苣苔科、凤梨科、姜科、天南星科以及秋海棠科等植物。许多观叶植物也属于此类花卉。

阴性花卉

【阴虚内热】(internal heat due to yin deficiency) 又称阴虚发热。由于体内阴液亏虚不能制约阳气,阳气相对亢盛,水不制火,从而形成阴虚火旺和阴虚阳亢的病理表现。症见两颧红赤，形体消瘦，潮热盗汗，五心烦热，夜热早凉，腰膝酸软，失眠多梦，口燥咽干，舌红少苔，脉细数。

【阴阳】(yin and yang) 宇宙间相互关联、相互对立的事物或现象双方属性的概括。阴阳的最初含义很朴素，指日光的相背而言，朝向日光为阳，背向日光为阴。在长期的生活实践中不断地引申其意，将天地、上下、日月、昼夜、水火、升降、内外、动静、雌雄等相反的事物和现象都以阴阳来加以概括。一般地讲，凡是运动的、外向的、上升的、温热的、无形的、明亮的、兴奋的都属于阳；相对静止的、内守的、下降的、寒冷的、有形的、晦暗的、抑制的都属于阴。

【阴阳格拒】(yin-yang repulsion) 中医术语。是阴阳失调中比较特殊的一类病机。形成的机理，主要是由于某些原因使阴和阳中的一方偏盛至极，或者阴和阳中的一方极端虚弱，双方盛衰悬殊，盛者居于内，将另一方格拒于外，迫使阴阳之间不相维系，从而出现真寒假热、真热假寒等复杂的病理现象。临床可分为阴盛格阳、阳盛格阴。

【阴阳失调】(imbalance of yin and yang) 中医术语。阴阳之间失去平衡协调的简称。机体在疾病的发生发展过程中，由于致病因素的影响，导致机体阴阳两方面失去相对的协调平衡，形成阴阳或偏盛或偏衰，或阴不制阳，或阳不制阴，或互损，或格拒，或转化，或亡失的病理状态。同时，阴阳失调又是脏腑、经络、气血、营卫等相互关系失去协调，以及表里出入、上下升降等气机失常的概括。

【阴阳学说】(yin-yang theory) 中医用来阐述人体的组织结构、生理功能、病理变化，并指导诊断、治疗、养生的学说。阴阳是两个对立统一的方面，贯穿于一切事物之中，是一切事物运动和发展变化的根源，在中国传统医学中是构成中医理论体系的重要组成部分。《内经》指出："阴阳者，天地之道也，万物之纲纪，变化之父母。"阴阳之间存在着相互对立、相互依存、相互转化的辩证关系，阴和阳又处于动态平衡之中。在 20 世纪 80 年代以后，许多学者从控制论、系统论、信息论的角度来分析阴阳的对立、依存、消长、转化，论证阴阳学说的科学性。

【荫棚】(pergola) 用来蔽荫、防止强烈阳光直射和降低温度的一种设施。不少温室花卉属于半阴性花卉，如观叶花卉、兰花等，不耐夏季温室内的高温，一般均于夏季移出室外，在遮荫的条件下培养。夏季的嫩枝叶插以及播种、上盆、分株的植物的缓苗，在栽培管理中均需要荫棚。具有避免日光直射、降低温度、增加湿度和减少蒸发等功能。给夏季的花卉栽培管理创造了适宜的环境。

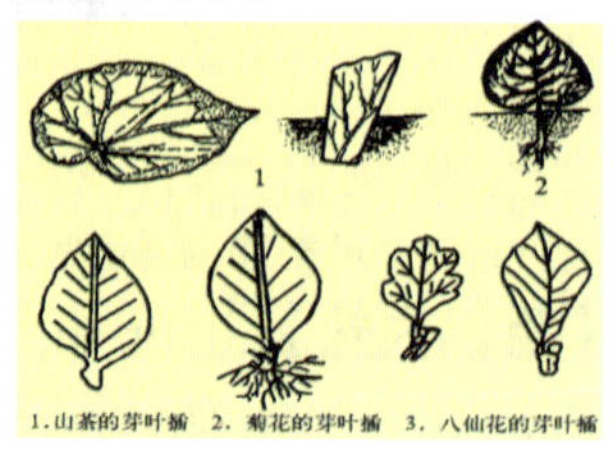

芽叶插

【音量】(volume) 又称响度、音强。人耳对所听到的声音大小强弱的主观感受。其客观评价尺度是声音的振幅大小。这种感受源自物体振动时所产生的压力，即声压。物体振动通过不同的介质，将其振动能量传导开去。所谓"介质"指空气、水、固体物质。例如：将一支"闹钟"置密封状态，就难以听到或隐约听到一点声音。若将容器内的空气抽出，成真空状态，则完全不可能听到声音。这说明我们听到闹钟的声音是靠空气传导的。因此人耳感知声音通常是以空气为介质的。医生使用听诊器以及农民赶大群牲畜过铁路时将耳朵贴在铁轨上听火车的距离，是借助固体物质的传导。用科技手段如声呐、雷达去捕捉声音就属于另一个范畴。人们为了使声音的感受量化成可以监测的指标，就把声压分成"级"－声压级，以便能客观的表示声音的强弱。其单位称为分贝(dB)。分贝是一种测量声音的相对响度的单位，大约等于人耳通常可觉察响度差别的最小值。人耳对响度差别能察觉的范围，大约包括以最微弱的可闻声为1。音量还与声源的距离有关，同时也与音色有关。

【音频卡】(audio card) 见声卡。

【音响航标】(audible navigation aids) 能发出规定响声的助航标志。可在雾、雪等能见度不良的天气中，向附近船舶表示存在碍航物或其他危险状况。它包括雾号、雾笛、雾钟、雾锣、雾哨和雾炮等。

【银河系】(Galaxy) 太阳系所在的恒星系统(星系)。由包括太阳在内的恒星、星团、星际气体和尘埃聚集而成，为外形扁平、中间稍凸的旋涡星系。除能朦胧看到像光斑一样的三个邻近银河系的河外星系外，夜晚晴空肉眼所见到的天体都是银河系的成员。银河系有银心、核球、银核、银盘、旋臂、银晕和银冕组成。总质量约等于 2×10^{12} 个太阳。其中，恒星占 90%，星际物质占 10%。估计恒星有 1 000 亿颗以上，多数集中在扁盘状的空间范围内。银河系中心厚度约 1.2 万光年，扁盘密集部分直径 8 万光年。太阳距

银河系

银河系中心约3万光年。整个银河系在转动着，离中心距离不同转速也不同。太阳系绕银河系中心的转速约250km/s，转一周约需2.5亿年。

【银灰色薄膜避蚜】(silver-gray film to avoid aphid) 根据蚜虫不喜欢银灰色并远离银灰色的原理而采取银灰色塑料薄膜趋避蚜虫的方法。菜蚜对不同的颜色的趋性差异很大。银灰色对传毒的蚜虫有较好的忌避作用。具体作法是：在田间搭50cm拱棚，每隔30cm纵横各拉一条银灰色的反光塑料薄膜，覆盖约18天撤去拱棚。避蚜效果可达80%。

【银矿床】(silver deposit) 银的含量达到工业开采要求的自然状态下的地质体。贵金属矿床之一。重要的银矿床，有产于碳酸盐岩石、含有机质页岩、千枚岩及片岩和蚀变的火山岩中的中－低温及低温热液脉状银矿床、金－银矿床、含银的方铅矿矿床和黝铜矿矿床。其矿石矿物有自然金、自然银、辉银矿、深红银矿、脆银矿及含银的方铅矿和黝铜矿等。工业矿物主要有自然银、辉银矿、硫铜银矿、锑银矿以及含银的方铅矿和含银的黝铜矿等。

【银翘解毒颗粒】(yinqiaojiedu particles) 方剂名。组成：金银花200g、连翘200g、薄荷120g、荆芥80g、淡豆豉100g、牛蒡子(炒)120g、桔梗120g、淡竹叶80g、甘草100g。制法：上九味，取薄荷、荆芥、连翘蒸馏提取挥发油，蒸馏后的水溶液另器收集；其余金银花等六味分别粉碎，加水煎煮二次，每次1h，滤过，合并滤液及上述水溶液，浓缩成相对密度为1.33～1.35(80℃)的清膏，取清膏，加蔗糖粉、糊精及乙醇适量，制成颗粒，干燥，制成1 120g，喷加上述薄荷等挥发油，混匀，即得。用量：开水冲服，一次15g，一天3次；重症者加服1次。功能主治：辛凉解表，清热解毒。用于治疗风热感冒、发热头痛、咳嗽、口干、咽喉疼痛等。

【银的提取】(extracting silver) 从银精矿中提取金属银的工艺方法。自然界的银伴生在铅锌矿、铜矿和金矿中。在电解铜阳极泥中银含量较高。按照工艺流程的不同，提取银的方法可分为：(1)火法－电解流程。是传统的提银方法。工序为：①阳极泥硫酸化焙烧，蒸晒，脱铜，除硒。②用稀硫酸对焙砂浸出脱铜。③脱铜渣还原熔炼。④电解精炼获得银的产品。(2)选－冶联合流程。工序为：①脱铜、硒、碲。②浮选去铅。③精矿氧化焙烧，熔炼，分银。④电解获得银产品。(3)焙烧－湿法流程。工序为：①低温氧化焙烧。②稀硫酸浸出，脱铜，脱硒，脱碲。③在硫酸介质中氯酸钠溶解金、铂、钯。④草酸还原金。⑤分金渣用亚硫酸钠浸出银。⑥用甲醛还原银。基于金不溶于硝酸和煮沸的浓硫酸，而银能溶于其中。银的化学精炼提纯方法包括：硫酸浸煮法，硝酸分银法和王水分金法。熔铸银锭时，将电解及化学提纯的银加入碳酸钠和松木，除去熔体中的溶解氧，采用组合立模顶铸法浇注。冷凝后清理锭面，再打上纯度等标记。

【银屑病】(psoriasis) 又称牛皮癣。常见的慢性、复发性、炎症性的皮肤病。其特征是：皮肤出现大小不等的境界清楚的红斑、鳞屑性斑块、丘疹，表面覆盖着大量干燥的银白色鳞屑。有的病人可伴有关节病变。本病中国发病率为0.123%。其病程长，可达数十年。多难以治愈，消退后易再发，有的甚至终生不愈。多在青壮年发病。其中脓疱型、关节型和红皮病型者对健康危害较大。其病因尚未明了，可能与下列因素有关：(1)遗传因素。(2)感染因素。(3)代谢障碍。(4)免疫功能失常。(5)精神因素。(6)其他。按其临床表现的不同可分为：(1)寻常性银屑病。(2)脓疱型银屑病。(3)关节型银屑病。(4)红皮病型银屑病。目前本病尚无特效疗法。治疗能使皮肤损害消退，不能防止复发。

【龈下刮治与根面平整术】(subgingival scaling and root planingSRT) 龈下刮治术和根面平整术。用比较精细的龈下刮治器刮除位于牙周袋内根面上的牙石和菌斑的一种牙周治疗方式。因龈下牙石的一部分可能嵌入表层牙骨质内，加之牙周袋内菌斑产生的内毒素可为牙骨质表层所吸收，因此在作龈下刮治时，必须同时刮除牙根表面感染的病变牙骨质，并使部分嵌入牙骨质内的牙石也能得以清除，使刮治后的根面光滑而平整，即根面平整术。龈下刮治术与根面平整术实际是同时进行的，该技术统称为SRT技术。国际上普遍使用刮治器械是Gracey刮治器，其外形结构及角度可以适用于不同牙齿、不同牙面的形状。一般常用4支，即#5/6、#7/8、#11/12和#13/14，可满足全口各区域的需要。临床操作中需要严格遵照操作要求，否则极易造成软组织的损伤。

【引导性组织再生术】(guided tissue regeneration，GTR) 在牙周手术中利用膜性材料作为屏障，阻挡牙龈上皮在愈合过程中沿根面生长，阻挡牙龈结缔组织与根面的接触，并提供一定的空间，引导具有形成新附着能力的牙周膜细胞优先占领根面，从而在原已暴露于牙周袋内的根面上形成新的牙骨质，并有牙周膜纤维埋入，形成新附着性愈合的一种牙周手术。按所用膜材料的不同可分为两类：(1)不可吸收性膜材料。如聚四氟乙烯膜。临床效果肯定，但因不能在体内降解吸收，需要作第二次手术将其取出。(2)可吸收性膜材料。如胶原膜。临床效果可靠,不需二次手术取出。其手术适应症是:(1)骨内袋。窄而深的骨内袋是其适应证。三壁骨袋因牙周膜细胞来源丰富且易于提供牙周膜细胞生长的空间,效果最好;窄而深的二壁骨袋也是较好的适应症,骨袋过宽则效果差。(2)根分叉病变。Ⅱ度根分叉病变为适应症,但需有足够的牙龈高度,以便能完全覆盖术区。(3)仅涉及唇面的牙龈退缩,邻面无牙槽骨吸收且龈乳头完好者。符合上述适应征者,需经过牙周基础治疗,包括口腔卫生指导、洁治、刮治和根面平整、调𬌗等,将牙周感染控制之后,才能进行该手术。吸烟会影响术后愈合,效果较差。

【引洪漫地】(flood diversion for irrigation and reclamation) 应用导流设施把洪水漫淤在耕地或低洼地、河滩地上以,抗御干旱、保持水土、变害为利的工程措施。其作用是:(1)落淤增肥,改良土壤。(2)改造低产地,增加稳产高产田。(3)拦引洪水,减洪用沙,削减洪峰。其类型和工程布设是:(1)引坡洪漫地。土石山区的耕地大都分布在山麓,在荒坡与耕地交界处修截水沟、引洪渠,拦截荒坡洪水,引入山麓农田。为避免洪水冲刷,洪水从上一台梯田流向下一台梯田,需修筑跌水。(2)引村庄、道路洪水漫地。村庄道路洪水流量大,肥力高,漫地效果好。引洪方法是在道路上逐段修引水土埂,引洪水入地。为了便利车辆通行,引水土埂要宽而低,埂顶呈弧形。(3)引沟洪漫地。在沟口修建拦洪、抬高水位的干砌石坝、木桩石坝或浆砌石坝等工程,在坝的两侧修引洪干、支渠,洪水经渠道引水口流入沟口外的川台坪地。(4)引河洪漫地。河流洪水流量大,可用于淤漫农田。其工程设施包括渠首工程、渠道工程和田间工程。渠首工程分自流引水和筑坝引水,渠道工程为适应洪水峰大、历时短、陡涨陡落和含沙量大的特点,须修建大断面、大坡降的渠道,保证在短时间内将洪水引入田间。田间工程主要是划块筑埂,平整土地。地块大小按洪水量多少、河谷川道地形而定,一般为0.27~0.67 hm^2。地块四周筑埂埝,结合平整土地,保证淤漫质量。

【引弧棉】(initiating arc steel fiber) 以优质钢材经特殊加工制成的,在焊接时起引弧作用的极细的钢纤维。其特点是:(1)起弧快,起弧稳,起弧成功率高达100%。(2)起弧电压小,起弧电流小,节省电能。(3)在某些场合,如平焊缝、角焊缝可不用起弧板,使用该材料直接起弧。(4)起弧时间短,提高功效,延长焊机寿命。(5)发生“断弧”现象后,进行“再起弧”时操作简单方便。(6)起弧电压、电流波动极小,波动时间短(不到1秒)。(7)能极大地减弱振荡电流对焊机元器件的损害,对焊机电流、电路有良好的保护作用。引弧棉型号为碳钢及低合金钢,其构成主要是直径 $\varphi \leqslant 0.003$mm 的纤维丝。主要应用于大型输油、输气管道、石油储罐、大型容器、船舶制造业中较厚尺寸材料等的埋弧、气体保护及自动焊接工艺。

【引火归原】(conduct fire back to its origin) 中医术语。一种治疗命门虚火上炎的方法。命门虚火上炎表现为阴寒盛于下,虚阳浮上,面色浮红,头晕耳鸣,口舌糜烂,牙齿痛,腰酸腿软,下肢发凉,舌红脉虚等真寒假热的虚寒证。引火归原法可在滋肾药中加用附子、肉桂,以引火下行,使阴阳平调,虚火不升。

【引经药】(medicinal guiding other ingredients into the affected region) 又称药引、引经报使。对某经络脏腑及身体部位有特殊作用,并能引导方中诸药以达病所的药物。引经药是组方中的使药,如:太阳经病,用羌活、防风;阳明经病用升麻、葛根、白芷;少阴经病,用柴胡;太阴经病用苍术;少阴经病用独活;厥阴经病,用细辛、川芎、青皮。按部位分头面部用黄芩、菊花;治咽喉病用桔梗引诸药至咽喉;治上肢病用桑枝;治下肢用牛膝等。

【引力波】(gravitational wave) 由宇宙间存在的引力异常和分布不均匀而形成的引力波动。是广义相对论的四大预言之一。根据爱因斯坦的引力波理论,由于天体间质量分布的不均匀和宇宙间存在大量大质量、高速度运动的天体,引力波处处存在,非常容易产生。许多加速运动的物体都可以产生引力波。但到达地面的引力波的能量非常微小。截至2007年,除了对PSR1913+16引力辐射阻尼的观测提供了引力波存在的间接证据外,人们至今还无法观测到它的存在。

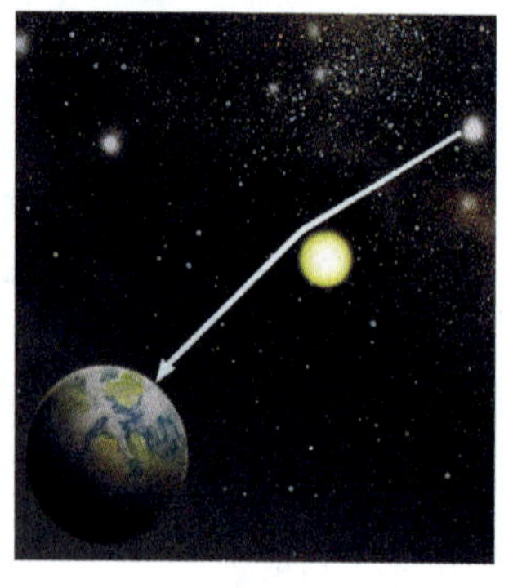
引力波

【引力波透镜】(gravitational wave len) 根据爱因斯坦的理论得出的由于质量分布不均匀所形成的弯曲空间透镜体。在1979年之前,关于空间弯曲在宇宙中形成庞大的引力透镜的观点,还只是爱因斯坦在理论上的推测。1979年,爱因斯坦的推测得到了证实。科学家首次观测到银河系外一个遥远明亮的类星体Q0597+561,被它前面一个较大的星系挡住了。这个巨大的星系对空间的弯曲使类星体穿过附近的空间，在转折、会聚作用下形成了另一个与Q0597+561完全相同的类星体影像。两者在宇宙空间看起来像一对双胞胎紧靠在一起，形成虚实莫辨的奇观。引力波透镜的出现，使天空各种星体的面貌更加离奇，有的星体被放大，有的星体被克隆，整个宇宙都呈现出虚幻的放大。它让星系光影交错，让星体虚实共存，让空间变得更加繁杂莫辨。

引力波透镜

【引力场方程】(equation of gravitational field)　又称爱因斯坦场方程。由爱因斯坦于1916年依据等效原理和广义协变原理，在黎曼几何基础上建立起来的关于时空性质与物质分布及其运动间相互制约关系的方程。广义相对论的基本方程。是一个以时空为自变量、以度规为因变量的二阶双曲型偏微分非线性方程。该方程表明，物质的存在会促使其周围时空偏离平直几何；同时，这种偏离又将反过来决定物质的运动。即物质决定时空曲率，而时空曲率又会制约物质的运动。在弱场条件下，引力场方程会自然退化为关于经典引力场的泊松方程，从而与牛顿引力理论达成一致。

【引力坍缩】(gravitational collapse)　恒星或其他天体在引力作用下急剧收缩的过程。收缩程度可达原大小的几百分之一或几千分之一。恒星一般演化到后期，耗完了内部核燃料之后，可能通过引力坍缩形成致密星体。其中，质量大于2～3倍太阳质量的恒星，演化到晚期，会迅速坍缩到一个密度很大的“黑洞”。这样的天体被称为坍缩星。

【引水拉沙】(water diversion for flushing sand dune)　在风沙地区，利用水流冲刷沙丘，把起伏不平的荒沙丘削高填低，而形成平地的工程措施。其主要工程是：引水渠、蓄水池、冲沙壕、围埂、排水口。其方法是：(1)拉沙顶。在水位高于沙丘时，冲沙壕开挖在沙丘或沙丘链的顶部。水流位能高，冲力大，左右开壕冲拉，由远而近，从高到低，依次逐层拉平沙丘。(2)冲沙腰。水位较低时，在沙丘腰部开挖冲沙壕，逐步向沙丘深腹冲淘，将沙丘齐腰拉平。(3)拉沙畔。在水位低时，冲沙壕开挖在沙丘坡脚。用树梢扎捆或木板等控制水流方向，由外及里，逐层劈沙放水，逐步拉平沙丘。如果水源充足，流量大，也可在大沙丘两侧或几个小沙丘同时冲拉。在形成的新沙地，通常先种植沙打旺、草木樨、柠条、紫穗槐等豆科草灌或压绿肥。利用拉沙水源进行灌溉，培肥地力，改良沙质土壤。然后种植水稻、马铃薯、谷子等作物，适当增施肥料，逐步将其变为良田。在沙丘改成农田后，平均每年少流失沙土4.5～30t/hm^2，生产粮食3 000 ～3 750kg/hm^2。还可发展苗圃、果园、林地或草地等多种经营。拉沙排除的积水和灌溉渗出的细流，浸润着附近沙地，草木生长茂盛，可彻底改变沙丘地貌及生态环境。

【引水式水电站】(diversion type hydropower station)　由引水系统将天然河道落差集中发电的水电站。一般由挡水建筑物、泄水建筑物、引水系统、水电站厂房、尾水隧洞(或尾水明渠)及机电设备等组成。适宜建在河道多弯曲或河道坡降较陡的河段，用较短的引水系统可集中较大水头；也适宜于高水头水电站，避免建设过高的挡水建筑物。跨流域引水发电的水电站必然是引水式水电站。其主要特点是：(1)挡水建筑物较低，库容小，调节性能差。(2)淹损失少。(3)产生脱水河段，至少使局部河段减少流量。(4)枢纽布置分散，不便于运行管理。按其引水方式的不同可分为：(1)无压引水。采用无压引水系统的水电站用无压引水道(引用明渠或无压隧洞)输送水流到压力前池，通过压力管道把水引到水轮发电机组发电。有些无压引水式水电站还要设尾水明渠。这类电站靠压力前池或靠明渠小范围水位变化调节引水流量，但可调蓄的容积很小，调节性能很差，多为径流式水电站。(2)有压引水。采用有压引水系统的水电站用有压隧洞或钢管从进水口输送水流到厂房，有些电站还要设置调压室。有压引水式水电站的厂房位置可在岸边、地下或地上。

引水式水电站

【引水隧洞】(diversion tunnel)　自水源地直接引水的水工隧洞。将水引入水轮机发电的，称为发电引水隧洞；引入灌区的，称为灌溉引水隧洞；引水供城填工业与居民生活用水的，称供水引水隧洞。发电引水隧洞多为有压隧洞，有时也可以用无压隧洞。前者与压力管道直接相连，后者水流进入压力管道前需经

引水隧洞

过压力前池，然后通过压力管道进入水电站厂房。灌溉引水隧洞和城镇供水引水隧洞大多是无压的。无压引水隧洞多采用门洞形或马蹄形断面。有压引水隧洞常采用圆形断面。

【引水系统】(water conveyance system) 从水库或河流引水至水轮机的取水、输水等水工建筑物的总称。引水系统包括：水电站进水口、引水道、压力前池、调压室和压力管道等建筑物。引水道是连接水电站进水口和调压室（或压力前池）之间的水道。主要用于集中发电水头，保证向电站连续供水。按其引水道类型的不同可分为：引水隧洞、引水明管和引水明渠等。习惯上从尾水管至下游河道的尾水渠（隧洞）和尾水调压室又可包括在引水系统之内。按其结构的不同可分为：(1)坝式引水系统。是由有压进水口及压力管道组成。它适用于坝后式、坝内式和溢流式等型式厂房。(2)无压引水道式引水系统。是由开敞式进水口、无压引水道、压力前池和压力管道组成。(3)有压引水道式引水系统。由有压进水口、有压引水道和压力管道组成。引水系统要求水流平顺，运行稳定。引水道内的水流流速宜为经济流速，即该流速使引水道的投资和电能损失的总费用为最小。引水道的断面需考虑施工条件，由技术经济比较决定。

【引物】(primer) 一段可结合在核酸链上与之互补区域的短单链RNA或DNA片段。其功能是：作为核苷酸聚合作用的起始点。核酸聚合酶可由其3′末端开始合成新的核酸链。体外人工设计的引物被广泛用于聚合酶链反应（PCR）、测序和探针合成。

【引血归经】(conduct blood to its meridian) 中医术语。一种治疗经血妄行、血不归经的方法。中医认为气摄血、脾统血，脾气不足时，统摄无权，经血妄行。补气健脾始能恢复统摄之功。补气健脾就是引血归经的方法。

【引种驯化】(plant introduction and taming) 将异地的优良品种、品系或具有某些优良特性的类群引入本地，作为育种材料或直接推广利用的育种措施。其原则是：(1)本地缺乏这种品种，引入后对改良该地品种或发展生产都有促进作用。(2)被引入的品种能适应本地自然环境和栽培管理条件。(3)没有检疫性病虫害。品种引入后，要为它的生活创造良好的环境条件，使其特性得以充分发挥，同时要重视对引入品种的保存选育提高，使其发挥更大的作用。其类型有：(1)简单引种。即将一种植物简单直接地从甲地移至乙地。由于植物本身的适应性广，以致不改变遗传性也能适应新的环境条件，或者是原分布区域与引入地的自然条件差异较小，或引入地的生态条件更适合植物的生长，植物生长正常甚至更好。(2)驯化引种。植物本身适应性很窄或引入地的生态条件与原产地的差异太大，植物生长不正常直至死亡，但是经过精细的栽培管理或结合杂交、诱变、选择等改良植物的措施，逐步改变遗传性以适应新的环境，使引进的植物正常生长。引种驯化是栽培植物起源与演化的基础；是丰富并改变品种结构，提高生活质量的快速而有效的途径；可为各种育种途径提供丰富多彩的种质资源。

【饮料】(beverage) 以水、粮食、果蔬或奶等为基本原料加工而成并供人饮用的流体或半流体食品。一般可分含酒精饮料和非酒精饮料。前者称为饮料酒，包括啤酒、果酒、汽酒、蒸馏酒等。后者又称为软饮料，包括茶、牛奶、冲饮乳制品、橘子水、咖啡、蜂蜜及各种清凉水溶液等。按其包装形式和材料的不同可分为：瓶装、罐装、散装和软包装等。按其功效和饮用对象的不同可分为：运动员饮料、保健饮料和减肥饮料等。按其商品组织形态的不同可分为：液体状、固体状及半流体状。按其制作工艺的不同可分为：发酵（酒精）饮料、无醇饮料和其他饮料三类。分别具有提神、解渴、消暑、营养、去寒和开胃等功效。

饮料

【饮食护理】(food care) 根据病情或患者的需要，采取针对性的饮食，对疾病进行治疗或防病健身的一种方法。饮食是维持人体生命活动必不可缺少的物质基础，能增强体质、抵御外邪、防止疾病的发生；是人体脏腑、四肢百骸得以濡养的源泉，是精气津液血脉的重要来源。利用饮食调理，是中医护理学的一大特色。合理的饮食，不仅能促进疾病早日康复，而且能调治疾病，尤其是对慢性疾病和重病的恢复期，合理运用饮食调护，能起事半功倍之效。

【饮食养生】(diet health) 按照中医理论，从调整饮食、均衡营养角度出发进行养生的方法。具体作法是注意饮食宜忌，合理地摄取食物，从而达到增进健康、益寿延年的目的。饮食养生必须遵循一定的原则和法度，应做到“四要”：一要“和五味”，即食不可偏，要合理配膳，全面营养；二要“有节制”，即不可过饱，不可过饥，食量适中，方能收到养生的效果；

三要注意饮食卫生，防止病从口入；四要因时因人而宜，根据不同情况、不同体质，采取不同的配膳营养。

【饮用水处理系统】(drinking water treatment systems) 对选取的水源水进行适当的处理，使之成为满足生活饮用水要求的水处理系统。给水工程的一个重要组成部分。饮用水的处理涉及到多种水处理技术。按技术的使用位置和处理对象的不同可分为：(1)常规处理。饮用水处理系统的主体部分。在以地表水为水源时，常规处理的主要去除对象是水中的悬浮物质、胶体物质和病原微生物；在以地下水为水源时，主要去除对象是水中可能存在的病原微生物。(2)深度处理。当饮用水水源受到一定程度的污染又无适当的替代水源时，为了满足生活饮用水的水质标准，必须在常规处理的基础上增加深度处理。(3)预处理。为了去除水中的悬浮物而增加在常规处理之前的水处理工艺。(4)特殊处理。指在没有替代水源的情况下，对于含有过量硬度的水、苦咸水、含较高铁离子、锰离子的原水以及高含氟水等进行处理时，必须增加特殊处理工艺。

【饮用天然矿泉水】(drinking natural mineral water) 来自地下深处的天然露头或经人工揭露的深层地下水。一种矿产资源。应在保证原水卫生安全的条件下采集和罐装。在不改变饮用天然矿泉水的特征和主要成分条件下，允许曝气、倾拆、过滤、除去超标而影响感官性能的铁离子等。除加入二氧化碳处理外，不得进行其他任何处理。应符合《饮用天然矿泉水》(GB8537－2008)中，规定的某些元素和组分的限量指标、污染物指标和微生物指标。

饮用天然矿泉水

【隐白】 中医穴位名。属足太阴脾经，本经井穴。定位：在足大趾末节内侧，距趾甲角0.1寸。主治：腹胀，泄泻，鼻衄，吐血，崩漏，月经过多，胸满痛，咳喘，多梦，惊风，癫狂，晕厥；功能性子宫出血，急性胃肠炎，精神分裂症，神经衰弱等。刺灸法：斜刺0.1寸，或用三棱针点刺出血；艾炷灸3～5壮，或艾条灸5～10min。现代研究证明：针刺隐白穴，在X线下观察，可见胃蠕动减慢。

【隐蔽抗原】(sequestered antigen) 隐蔽在某些组织内部而不易外泄的抗原。一旦因外伤或其他原因而导致外泄，即能激活淋巴系统，产生自身抗体，如眼球晶状体、甲状腺球蛋白、精子等。当这些物质外泄后，即可引起交感性眼炎、甲状腺炎和无精子症等自身免疫病。

【隐匿癌】(occult carcinoma) 原发癌甚小，临床上未能发现，首先发现的是转移性癌。如甲状腺隐匿性乳头状癌的直径小于1cm，病灶中心为纤维疤痕组织，内有散在的乳头状癌组织，向周围甲状腺组织浸润。肿瘤虽小但转移却较早，2/5病例在手术前已有颈淋巴结转移。

【隐匿型冠状动脉硬化性心脏病】(Latent coronary heart disease) 又称无症状性冠状动脉硬化心脏病。由冠状动脉硬化引起的心肌缺血、缺氧性心脏病。本病多发生在40岁以上的人，男性多于女性，脑力劳动者多见，是中年以上心血管疾病患者死亡的最主要原因之一。主要是由于机体脂类代谢异常，引起动脉内膜脂类积聚及纤维组织增生，造成了冠状血管狭窄或闭塞所致。此病的发生与精神、神经、内分泌、血液黏稠度、遗传因素，以及生活习惯、膳食条件等因素有关。当病变较轻或因心脏有较好的侧支循环时，病人多无明显的临床症状。但患者在休息时确有肯定的心肌缺血的心电图表现，或在运动后心电图出现阳性表现者，可以诊断为早期冠心病。此类病人可能突然转为心绞痛或心肌梗死，个别病人也可能出现猝死，应格外警惕，早期诊断。

【隐身玻璃】(radar reflecting and absorbing glass) 透明可视，具有反射雷达波、散射雷达波和吸收雷达波的功能，能有效阻断雷达波(频率范围1～18GHz)透过的玻璃。这种玻璃广泛应用于国防工业。

【隐身材料】(stealth material) 一种具有隐蔽自身功效的材料。在飞机、导弹、坦克、舰艇上涂上一种能吸收无线电波、红外线、紫外线或声波的材料，雷达、声呐和红外探测器之类的侦察装备就会变成"瞎子"、"聋子"。其应用方式有两种：将隐身材料固定覆盖在武器系统结构上的，称为隐身涂层；做成活动式的伪装网或伪装罩，或将结构材料做成兼有隐身和承载双功能的材料，称为结构隐身材料。现用的隐身材料均是多种结构和多种材质复合而成。

【隐身窗帘】(stealth curtain) 全称透明反射热线窗帘。用高透明度、高强度的聚碳酸酯片蒸镀上几微米厚铝膜制成的窗帘。能把太阳光中的大部分可见光反射掉，使室内的可见光减少至15%。既能使室内保持清爽，又能看到室外景色，但从室外看不到室内任何情景。

【隐身飞机】(stealth aircraft) 利用隐蔽技术减弱雷达反射波、红外辐射等特征信息,使自己不被敌方探测系统发现的飞机。按隐身方法的不同可分为:(1)减小飞机的雷达反射面。从技术角度讲,其主要措施有使用设计合理的飞机外形、使用吸波材料、主动对消、被动对消等。(2)降低红外辐射,主要是对飞机上容易产生红外辐射的部位采取隔热、降温等措施。(3)运用隐蔽色降低肉眼可视度。

隐身飞机

【隐身互联网工程】(invisible internet project) 一个免费和开源虚拟网络工程。由匿名或用笔名建造的虚拟私有网络。这个网络是一个简单层。它的应用软件能够用于彼此匿名地和安全地发送信息。其特征是:不存在中央控制的问题,对于互联网的管理与服务有关,而与控制无关。

【隐身技术】(stealth technology) 又称低可探测技术。通过多种途径,设法尽可能减弱自身信号,降低对外来电磁波、光波和红外线的反射,达到与它所处的背景难以区分,从而把自己隐蔽起来的一种新技术。任何武器装备,在运动和使用过程中,都会发出热、声、光或电磁波等表明其特征的信号。这样,就使武器装备与它所处的背景形成鲜明对比,容易被敌人发现。隐身技术涉及电子学、材料学、声学、光学等许多技术领域,是第二次世界大战后的重大军事技术突破之一。它包括雷达隐身、红外隐身、磁隐身、声隐身和可见光隐身等。很多武器装备都是通过降低雷达反射面积和减小自身的红外辐射来实现隐身的。

【隐身结构设计】(stealth structure design) 一种主要靠自身特征使遥感装置很难发现或很难跟踪瞄准的飞机结构设计方法。通过选取合理的飞机外形、结构材料和构造型式,获得小的雷达反射截面(RCF)数值,降低雷达等探测设备对飞机目标的可探测度,达到隐身的目的。现代作战飞机隐身结构设计分别采取了以下措施:(1)为减小的雷达有效反射截面,在机翼和机身之间采取圆滑过渡,合理选择进气口的外型和位置,机体表面尽量采用非金属材料,金属部位采用吸波材料。(2)为减小红外传感器探测距离,在发动机喷口四周加隔热层或红外挡板,用冷空气降低喷口温度等。

【隐身涂层】(stealth coating) 能使被涂目标与所处背景有尽可能接近的反射、透过、吸收(或发射)电磁波或声波特性的一类涂层。种类很多。有防紫外线侦察隐身涂层、防可见光侦察隐身涂层、防近红外线侦察隐身涂层、防热红外线侦察隐身涂层及吸声涂层等。多数采用涂料涂敷工艺施工。隐身涂层主要用于军事伪装,并向一种涂层具有两种以上隐身功效的多功能的方向发展。在高层建筑、微波炉等民用领域也有广阔应用前景。

【隐身武器】(stealth weapon) 不易被敌方雷达或红外、可见光、声探测等传感器发现和跟踪的武器。现有的和正在发展中的隐身武器有飞机、直升机、巡航导弹、无人机、舰船及坦克等。其中以隐身飞机最为典型。

【隐生宙】(cryptozoic eon) 又称先寒武宙、隐动宙。寒武纪以前距今5.40亿年之前的一段漫长地史时期。一般分为太古代和元古代。时间跨度从46亿年前地球上最原始地壳形成直到寒武纪开始。

【隐形玻璃】(invisible glass) 经过加工处理能将反射影响移到人的视野之外或者不反射的玻璃制品。将玻璃弯曲成适当的曲面,或者利用镀膜的方法镀以多层干涉膜,可达到无反射的程度,使人察觉不到玻璃的存在。

【隐形服装】(invisible clothing) 由后反射物质制造而成让着衣人部分隐形的服装。衣服外覆盖了一层反光小珠,装有数个小型摄像仪。穿上该衣后,衣服的前面会显示摄像仪拍下的背景影像,衣服后面则显示前景影像,使穿着者与环境混为一体,使其达到隐形效果。

【隐形矫治器】(invisalign appliances) 由安全的弹性高分子材料制成具有一定强度的透明治器。与传统意义上的矫治器不同,没有托槽或金属丝。是一系列透明的、可摘戴的牙齿排齐装置,通过定期更换矫治器对牙齿逐渐加力。通过三维计算机成像技术来描述原始牙齿位置,并在计算机辅助下制定矫治计划,制作一系列"排牙器",使牙齿最终排列在理想位置上。每一个"排牙器"有一个序号,由患者自己戴用。约每两周左右,一个"排牙器"的力量释放殆尽,患者即可按顺序换用下一个"排牙器",直至最后矫治完成。因其不用黏结托槽和调整弓丝,临床操作大大简化,整个矫治过程省时又省力。是现代口腔医学、计算机辅助三维诊断、个性化设计及数字化成型技术的完美结合。主要用在轻中度畸形。其优点是:(1)美观。几乎完全隐形。在别人毫无察觉中完成牙齿矫正,解决了许多患者对矫正牙齿的美观顾虑。(2)舒适。没有传统意义上的托槽、钢丝等矫正装置,矫正过程不再痛苦。对牙周组织的刺激及不适感最低。(3)方便。可自行摘戴,不影响社交、进食、运动等。同时复诊次数减少,节约时间。(4)清洁。口腔卫生容易维护,不会出现牙龈炎、牙齿脱矿、变色等问题。(5)便捷。短而有效的治疗疗程,一般治疗约9~12月即可完成。(6)前瞻性。使患者在治疗前看到自己牙齿治疗的全过程,并通过矫治器了解到自己牙齿在矫治后的模样。

【隐形眼镜】(contact lenses) 见角膜接触镜。

【隐性感染】(latent infection) 不呈现明显的临床症状而呈隐蔽经过的感染。隐性感染又称为亚临床型。有些疾病虽然外表看不到症状,但体内可呈现一定的病理变化;有些隐性感染疾既不表现症状,又无肉眼可见的病理变化,但能排出病原体散播传染,一般只能用微生物学和血清学方法才能检查出来。这些隐性感染病畜在机体抵抗力降低时也能转化为显性感染。

【隐性基因】(recessive gene) 二倍体生物中仅在纯合状态时才能表达出相应表型的等位基因。处于杂合状态时不能显示出其表型效应。通常显性基因会产生功能性产物,而隐形等位基因则不能。因此,如果有显性等位基因出现就会产生正常的表型,只有在正常的等位基因缺乏时(即当隐性基因纯合时)才会出现变异的表型。

【印度洋航线】(Trans-Indian Ocean Line) 跨越印度洋的国际贸易运输航线。包括以下三条主要的油运航线:(1)波斯湾-苏伊士运河-地中海-西欧、北美运输线。目前可通行载重30万吨级的超级油船。(2)波斯湾-好望角-西欧、北美航线。主要由超级油船经营,是世界上最主要的海上石油运输线。(3)波斯湾-东南亚-日本航线。东经马六甲海峡(20万吨载重吨以下船舶可行)或龙目、望加锡海峡(20万载重吨以上超级油轮可行)至日本。除此之外,印度洋其他航线还有远东-东南亚-东非航线,远东-东南亚,地中海-西北欧航线,远东-东南亚-好望角-西非,南美航线,澳新-地中海-西北欧航线和印度洋北部地区-欧洲航线。印度洋航线以石油运输线为主,同时也有不少是大宗货物的过境运输。

【印度洋环流】(Indian Ocean circulation) 位于印度洋首尾相接的独立环流系统。该系统呈逆时针方向流动。主要由南赤道流、莫桑比克暖流、厄加勒斯暖流和南印度洋西风漂流等组成。由于北印度洋处于季风盛行区域,夏季西南风时期,会形成强大的西南季风流;冬季东北风盛行时期,会形成东北季风流,此时南赤道流的北分支会与之汇合,形成印度洋上的赤道逆流。

【印花】(printing) 用染料或涂料在织物或其他器物上形成花纹和图案的技术。在纺织业中,印花与染色不同之处是:染色是将染料均匀地分布在织物上得到单一的色泽;印花则可在相同的织物上印有多种颜色的花纹图案,可视为是对织物的局部染色。印花时染料与织物之间发生的染色作用,其原理与染色相似,但方法不同。染色时,是把染料配成染液,以水作媒介染在织物上;印花时,需要得到轮廓清晰的花纹图案,即用浆料作染色介质,把染料配成印花色浆,印于织物上,经过烘燥、蒸化等一系列处理,使染料渗入织物而达到染色的效果。有模板、筛网、辊筒、静电植绒、转移、感光、数码喷射和光电成像等不同方法。常用的方法是筛网印花和辊筒印花。

印花

【印花CAD/CAM系统】(printing CAD/CAM system) 计算机辅助印花设计和制造系统。能够进行印花图案设计,并能测量颜色,配方计算,辅助制作印网、控制印花设备对织物的印制图案。由以下几个分系统组成:(1)分色(测色)系统。(2)配色系统。计算印花配方或者从颜色库中寻找最相近的颜色配方。(3)花型图案设计系统。(4)胶片、筛网制作和雕刻系统。(5)自动调浆和糊料准备系统。(6)生产质量控制系统(自动配料、连续监控)。

【印花机】(printing machine) 将由各种染料或颜料调制成的印花色浆局部施加在纺织品上,使之获得各色花纹图案的机器。分为筛网印花机、滚筒印花机、转移印花机和喷墨印花机等。按筛网形状的不同,又可分为平网印花机和圆网印花机。筛网印花劳动强度低、生产效率高。滚筒印花机是由若干只刻有凹纹的印花铜辊围绕于一个承压辊,并呈喷射形排列,故称为放射式凹纹铜辊印花机。转移印机花将花纹用染料的油墨印到纸上制成转移印花纸,然后将转移印花纸的正面与被印织物的正面贴紧,使染料热升华转移

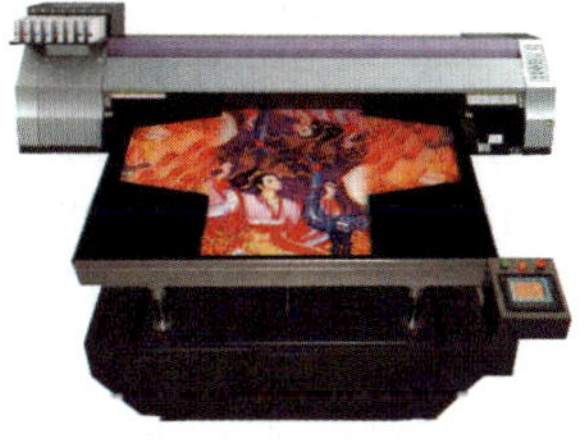
印花机

到织物上,印花图案生动逼真,加工过程简单。喷黑印花(数码印花)是把含有色素的墨水经由喷墨印花机的喷嘴喷射到织物上,由计算机按设计要求控制形成花纹图案,完成印花。喷墨印花工序简单,印花品质高档,生产灵活性强,基本没有污染,但成本较高,速度慢,色牢度受到一定影响。

【印浆回收系统】(printing paste recovery system) 在保证织物印花质量的前提下,将任意种类和数量的多余印浆全部回收再利用的技术。避免多余印浆浪费,节约成本。印浆回收系统包括计算机硬件、自动处理、清洗储存器和槽,以及用于数理逻辑和印染所利用控制的软件,与大多数计算机配色系统联合使用,可节约30%的印浆消耗和减少同等数量的废液污染,配色间的生产能力提高,进料槽和收料缸自动清洗,减少人工操作误差。

【印染CAD/CAM系统】(dyeing and printing CAD/ CAM system) 计算机辅助染色设计制造系统和辅助印花设计制造系统的统称。包括计算机测色、计算机配色、计算机颜色传输模块和染液配制系统。而印花CAD系统包括图案设计模块、测配色模块、全自动调浆模块和自动制网模块。印花CAD/CAM系统的最新发展是喷墨数码印花。

【印染工业废水】(printing and dyeing wastewater) 加工棉、麻、毛、真丝、化学纤维及其混纺产品的印染企业排出的废水。由于印染产品的原料纤维、产品种类和生产工艺不同,使用的染料、助剂种类和品种不同,加工的工艺方法不同,漂洗次数不同,因此其排放废水的水质亦不同。印染废水是以有机污染为主、成分复杂的有机废水,具有水量大、COD浓度高、色度深、碱性大、水质变化大等特点。据统计,目前全国印染废水每天排放量为 $3 \times 10^6 \sim 4 \times 10^6 m^3$。废水中含有染料、浆料、助剂、油剂、酸、碱、纤维杂质以及无机盐等。染料结构中硝基和氨基化合物及铜、铬、锌、砷等重金属元素具有较大的生物毒性,含难生物降解的有机物,属于严重污染环境的难以处理的工业废水。印染废水一般分为退浆废水、煮炼废水、漂白废水、丝光废水、染色废水、印花废水和整理工序废水等。国家提倡革新工艺,回收利用原材料和节约用水,减少废水排放量,对排放废水常采用物化法与生物法相结合的工艺进行处理。

【印刷版】(printing plate) 用于传递油墨至承印物上的印刷图文的载体。按印刷版上图文部分和空白部分关系的不同可分为:(1)凸版。印刷版上图文部分高于空白部分。(2)凹版。印刷版上图文部分低于于空白部分。(3)平版。印刷版上图文部分和空白部分几乎在同一平面上。(4)孔版。印刷版上图文由大小不同或数量不等的空洞或网眼组成。相应的印刷技术分别称作凸版印刷、凹版印刷、平版印刷和孔版印刷。

【印刷电路板】(printed circuit board,PCB) 用来插立电子零组件并已有连接导线的电路基板。可实现集成电路等各种电子元器件之间的布线和电气连接,提供所要求的电气特性,为自动装配提供阻焊图形,为元器件插装、检查、维修提供识别字符和图形。除了固定各种小零件外,其主要功能是提供各项零件的相互电气连接。它作为电子产品的构成要件,使用范围甚广,涵盖家电、产业机器、车辆、航空、船舶、太空、兵器等领域。

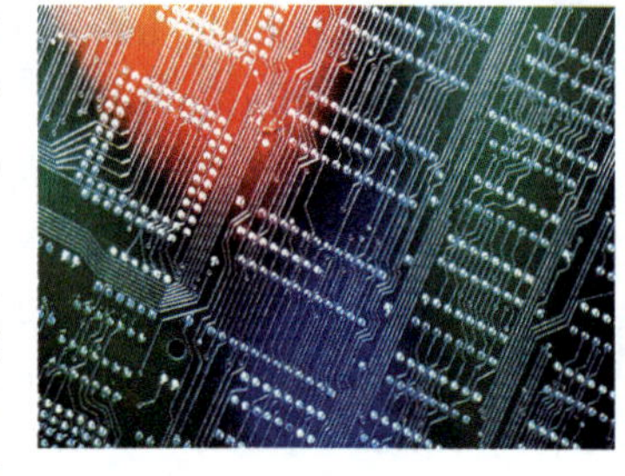
印刷电路板

【印刷电路板基布】(basic fabric for printed circuit board) 一种由玻璃纤维制成的绝缘布。制作方法是经整经、浆纱、织造预处理、热清洗、后处理等工艺过程制成。具有优良的电绝缘性能和加工性能,是电子计算机及家用电器等电子工业的基础材料。主要应用于印制电路板。

【英德石】(Yingde stone) 中国古代四大名石之一。产于中国广东省英德县经过岩溶及淋滤作用形成的石灰岩类观赏石,简称英石。以灰黑、灰白色者居多,其美学特征为石质坚挺和纹理真切。

英德石

【英国国会大厦】(Houses of UK Parliament) 世界最大的哥德式建筑物之一。早期哥特复兴时期的重要代表,同时也使哥特复兴成为英国民族风格的标志。由查尔斯·巴瑞和普金设计。建造于1840~1870年,占地三万平方米。矗立于泰晤士河畔,气势雄伟,外貌典雅。

英国国会大厦

设计的平面呈基本对称的古典格局，建筑依纵横轴线围绕十多个大致为矩形的院落布局。中央大厅位于主要纵横轴线上的交叉位置上。东面为上议院和皇家美术陈列馆，西面是下院，南面是入口，北面是图书馆和会议室。维多利亚塔和大本钟分置于东西两面的南端。

【英制支数】（British count） 表示纱线粗细程度的指标。1 lb 重的纱线，有几个 840yd，就称为几支纱。如 1 lb 重的棉纱，其长度为 21 个 840yd，就是 21 支纱。英制支数属于定重制，即重量一定（1 lb），长度越长，纱线越细，支数越高。中国过去在表示棉纱线的细度上采用英制支数，现在改为公制号数。

【婴儿猝死综合征】（sudden infant death syndrome，SIDS） 又称摇篮死亡。婴儿看上去健康，人们意想不到突然意外死亡的现象。几乎都发生在睡眠中。1969 年西雅图召开第二次国际 SIDS 会议规定定义：婴儿突然意外死亡，死后尸检未能确定致死原因者称 SIDS。至今找不到真正的、本质的猝死原因；相关的因素可能有母亲年龄小、多胎、家族史、早产支气管肺发育不全、父母吸烟、婴儿俯卧位睡眠、脑缺氧等。还和人种有关：黑人 > 白人 > 东方人。多在秋冬及初春季节发生。其临床表现是：在家中、医院、婴儿室、托儿所中的婴儿，几小时前吃奶好、精神好，等下一次喂奶时，发现婴儿已在睡眠中死亡。多是俯卧位，无呕吐、呛奶及周围物体阻塞口鼻及呼吸道，无死亡前的挣扎、哭闹等任何响声，父母及医护、看护人员发现时，婴儿已死亡。无生命体征，很安静死亡，很像熟睡中的婴儿。猝死的婴儿绝大数不能救活，多发生在午夜至晨 6 时之间。经尸检，找不到原因。其预防，采取下列措施，可能会减小死亡：仰卧睡眠，安全的婴儿床；婴儿不易放在沙发上及软床垫上睡眠，婴儿不易包承得太紧；培养父母抢救的方法，如睡眠照顾、温度适宜、定期体检、父母禁烟等。

【婴儿粪便】（stool of infant） 婴儿期排出的粪便。分正常粪便和异常粪便。（1）正常粪便。又分为：①母乳喂养粪便。每日排便 2～4 次。黄色或金黄色。稠度均匀，糊状。味酸不臭。②牛乳喂养粪便。每日排便 1～2 次。淡黄色。较硬。味臭。中性或碱性。易便秘。③母乳加牛乳喂养粪便。性状同牛乳粪便。稍软稍黄。（4）添加辅食后粪便。逐渐同成人粪便。黄褐色。稍软。每日 1 次。（2）异常粪便。根据大便性状可判断出疾病的原因。有以下几种：①泡沫便。是食淀粉及糖过多，在肠腔发酵引起。②绿色大便。可能是饥饿引起的肠蠕动过快导致。部分配方乳粉喂养后排出淡绿色大便，因加入铁剂所致。③便血。柏油便为上消化道出血或食入血及肝引起。鲜血便是下消化出血。洗肉水样大便多见于肠套叠。④灰血色大便。多是胆道阻塞或肝炎引起。⑤婴儿腹泻便。多见。次数很多，水样、蛋花汤样。如是豆腐渣样大便，则多是霉菌感染所致。

【婴儿辅食】（food supplement of baby） 婴儿期除乳制品喂哺外，所有加用的其他食品的总称。婴儿出生后是纯乳液喂哺。出生后 4 个月，随着唾液腺发育分泌唾液，可开始加淀粉类食物。7～8 个月加肉、蛋类等食物。添加辅食的原则是：从少至多，从稀到稠，从细至粗，从一种至多种，循序渐进，逐步增加，从水→汁→泥→末状食物→碎食→普通饮食。即生后 1～3 个月，菜汤、水果汁、维生素 AD 滴剂；4～6 个月，米汤、米糊、水果泥、菜泥；7～9个月，粥、菜末、肉末、豆腐、肝泥；9～12 个月，软饭、面条、碎菜、碎肉、蛋、水果、带馅食品。母乳断奶应为 1 岁。1 岁后开始喂配方奶或全脂牛奶，夜间不再进食及进奶。每日 3 餐饮食及营养丰富的食物和 2 次奶。每日供给的食品，按蛋白质、脂肪、碳水化合物分别占 10%～15%、25%～30%、50%～60%计算。

婴儿辅食

【婴儿腹泻】（infant diarrhea） 又称腹泻。多病因、多因素引起的以腹泻为主的消化道综合征。是婴幼儿最常见的疾病，仅次于呼吸道感染。病因分感染和非感染因素。非感染因素：喂养不当，食物质和量突然改变；肠道乳糖酶缺乏或活性降低；食物过敏；气候炎热消化酶活性降低等。感染因素又分肠内感染及肠外感染等。（1）肠道内感染。①细菌感染。如致病性大肠杆菌、空肠弯曲菌等。②病毒感染。如轮状病毒等。③真菌和寄生虫肠较少见。（2）肠道外感染。如肺炎、败血症等。其主要临床表现分轻型和重型。轻型：食欲不振，呕吐，大便每日 10 次以下，少数可 10 余次，带水、稀、黄色或黄绿色，有乳瓣、泡沫、酸味。患儿一般情况尚好。多是饮食或肠道外感染等引起。重型：大便次数频繁，每日十几次或数十次，水便，蛋花汤样；有多重黏液，也可有多重血液；呕吐严重，呕出咖啡食物；表现有脱水、酸中毒等电解质紊乱；中毒症状明显；发热，烦躁，萎靡，甚至休克、昏迷等。诊断较容易：除外生理性腹泻，根据临床表现可诊断为急性或慢性腹泻。急性腹泻病程在 2～3 周呈迁延性腹泻；病程超过 2 月以上称慢性腹泻。严重腹泻需在肠道找病原菌。其治疗方式是：一般不禁食，口服米汤、粥等；口服益生菌，如双歧杆菌、嗜酸乳杆菌等；保护肠胃黏膜。重症腹泻需立即纠正水电解质紊乱情况，否则会危及生命。

【婴儿肝炎综合征】（infant hepatitis syndrome） 各种原因引起婴儿肝大、肝部功能异常的肝病症状。病因复杂。（1）感染。病毒感染为主。巨细胞病毒（CMV）感染占婴肝40%～80%；肝炎病毒、风疹病毒及细菌感染等均可引起。（2）遗传代谢缺陷。半乳糖血症、络氨酸血症等。（3）肝内胆管及间质发育障碍。肝内胆管发育不良，胆管囊性扩张。（4）其他。化学物及药物中毒等。部分病人至今找不到原因。其主要表现是：消化道症状为恶心、呕吐、大便淡黄色，甚至为陶土色。肝功能明显异常，血清胆红素增高，结合及未结合胆红素均升高，以结合胆红素升高为主等。除肝病表现外，不同病因还有相应的其他症状，应引起注意。除临床症状外，需进行病因学检查。常检查感染源，如巨细胞病毒、风疹病毒、弓形虫等以及遗传代谢病检查。作超声、CT 及 MRI 排除先天性胆道畸形等。其治疗方法是：去除病因，CMV 感染用更替洛韦 5～10mg/kg 静点，2～3 周 1 疗程；保肝治疗，多种维生素、还原型谷胱甘肽、维生素 K 等；支持疗法，适当休息，注意营养等。

【婴儿痉挛】（imfantite spasms） 又称 West 综合征。婴儿期，以频繁痉挛发作、有特异的脑电图改变、智力落后为特点的一种疾病。病因复杂。可能的原因有：（1）脑损伤及畸形。宫内脑发育不全，畸形，出生时产伤、窒息、胎盘早剥等。（2）颅、脑炎症后遗症及中毒。如铅、煤气、农药中毒等。（3）代谢性疾病。低血糖，维生素 B 缺乏等。（4）遗传。癫痫病的子女 1/500 发病。有 20% 病儿找不到原因，属隐匿性。起病在 1 岁内，高峰为 4～8 个月。其发作有屈曲型，伸展型和混合型三种形式。典型型为屈曲性痉挛：突然全身性肌阵挛性抽搐，持续 1～10s，双臂屈曲前举，点头哈腰屈（或伸）腿。成串发作，每串数次或数 10 次，动作急速伴有尖叫。伸展型发作多呈角弓反张样。95% 患儿神经运动发育落后。脑电图有典型改变：高幅失律，呈持续性、不同步、不对称的慢波，多灶性棘波，尖波及棘慢波爆发。睡眠时易获得典型脑电波改变。有典型痉挛发作，典型脑电波改变及智力落后就可诊断。治疗有效。首选促肾上腺皮质激素（ACTH）和糖皮质激素。ACTH20 微克/天，肌注，共用 4～6 周，改为糖皮质激素。每天 2mg/kg 口服。2 个月后减量到停药。同时使用维生素 B_6 0.1 毫克/天肌注 7 天后停药。也可用长效激素。止痉药有硝基安定等。氯硝基安定和促肾上腺皮质激素拮抗，不应同时应用。本病发作痉挛到 3 岁后自动停止。部分改变为其他类型的癫痫发作。有病因的婴儿痉挛 80% 会留下智力低下。找不到原因且早期治疗者大约 40% 智力及运动发育达基本正常。

【婴儿米粉】（baby rice flour） 以大米为主要原料并适量加入有益婴儿健康发育的营养元素，通过现代科学工艺混合加工而成的婴儿辅助食品。以大米粉为主原料，添加乳粉、蔬菜、水果、肉类和蛋类等高营养食物为选择性配料。根据婴儿在不同年龄段生长发育的需要，添加多种维生素、蛋白质和矿物质。其营养丰富、全面和平衡。在生产中，对米粉进行预处理，使之容易消化吸收。加定量开水冲泡即可食用。是婴儿断乳期的良好方便食品。随着现代科学技术的进步，大多婴儿米粉的营养元素也越来越全面和丰富。同时，也越来越接近母乳成分。比如除钙、磷、铁、碘、锌等常规元素外，还加入了维生素 A、维生素 D、维生素 E、维生素 C、维生素 B 族维生素以及母乳中所特有的叶酸和泛酸等。

婴儿米粉

【婴儿配方乳粉】（baby milk powder） 配方乳粉的一种。以鲜牛乳为基料，添加适量大豆蛋白、葡萄糖、砂糖、维生素及钙、磷、铁等微量元素，用喷雾法制成的乳粉。其基本成分是：水分低于 3%，蛋白质 18%～21%，脂肪 18%～22%，碳水化合物 50%～56%，灰分高于 4%。每 100g 含维生素 A566 国际单位，维生素 $D_2$1600 国际单位，维生素 B_1 0.12mg，为较理想的代替母乳的婴儿食品。

【婴儿囟门】（fontanel of infant） 婴儿头顶前部中央头顶骨未合缝的地方。是婴儿的生理结构。可用来衡量颅脑发育状况、营养和疾病的性质。正常小儿生后 3～4 个月颅缝闭合。前囟是由顶骨和额骨边缘形成的棱形间隙，测量其大小的方法是：测量二条对边线中点的长度，如二线均是 1cm 则等于 1cm × 1cm。出生时前囟 1.5～2cm，生后 6 个月逐渐骨化变小，大约 1 岁至 1 岁半完全闭合，最早生后 6～8 周闭合。囟门早闭或过小多见于小头畸形；囟门过大或迟闭合多见于佝偻病、脑积水以及甲状腺机能减低的克汀病等；前囟门饱满紧张多见于颅内压增高，如颅内感染、出血、肿瘤等；前囟门凹陷见于腹泻呕吐引起的脱水及重度营养不良等。

【婴儿溢乳】（milk overflow of infant） 婴儿哺乳后出现呕吐的生理现象。大约 15% 婴儿溢乳。新生儿及小婴儿更常见。大约4~6个月溢乳基本停止。其原因是：婴儿期消化系统发育不完善，食道短宽，胃水平位，贲门括约肌松弛，幽门括约肌紧张。当奶汁进入胃后，贲门不收缩，幽门紧张，乳汁不能进入小肠而易返回食道经口溢出。在哺乳时，空气进入会加重溢乳。婴儿溢乳前无恶心、无任何不适，溢乳后一切正常，腹部无压迫感，不影响小儿的生长发育。临床上应和病理性呕吐进行鉴别。如幽门肥厚狭窄畸形，呕吐时婴儿痛苦、恶心、腹压加大、尿少、电解质失常，多在生后2周开始严重呕吐，需立即手术治疗。婴儿溢乳的预防方法是：哺乳后竖起婴儿并拍背，在婴儿打嗝后再放床上，且使其上身稍抬高；头偏向一侧，防止乳汁呕吐时呛入肺部而引起吸入性肺炎。

【婴幼儿营养】（infant nutrition） 适于婴幼儿特殊时期的营养。从初生到满月的新生婴儿期，各个器官的生理功能还不完善，消化能力较弱，对营养要求非常严格。从满月到一周岁的婴儿期，生长较快，大脑发育迅速，但消化力弱，对营养要求比较严格。在此期间，如果营养缺乏，易发生佝偻病和贫血。随着婴儿生长和消化机能的成熟，需要添加辅助食品，以适合婴儿生长发育的需要。在1~3周岁的幼儿期，刚断奶，需逐渐适应正常饮食，若饮食供应不当会使幼儿生长迟缓，发生营养缺乏病。

【鹦鹉螺】（chamberes red nautilus） 一种有螺旋状外壳的软体动物。头足纲，鹦鹉螺目，鹦鹉螺科。是现代章鱼、乌贼类的亲戚。柔软的身体占据壳的最后一室，其他部分则充满空气以增加浮力。其贝壳很美丽，外壳大而厚，左右对称，沿一个平面作背腹旋转，呈螺旋形。贝壳外表光滑，灰白色，后方间杂着许多橙红色的波纹状。壳有两层物质组成，外层是磁质层，内层是富有光泽的珍珠层。壳的内腔由隔层分为30多个壳室，动物藏身于最后一个隔壁的前边，即被称为“住室”的最大壳室中。其他各层由于充满气体均称为“气室”。每 隔层凹面向着壳口，中央有一个不大的圆孔，被体后引出的索状物穿过，彼此之间以此相联系。

鹦鹉螺

【迎角】（angle of attack） 又称攻角。飞机机翼的前进方向（相当于气流的方向）和翼弦（与机身轴线不同）的夹角。是确定机翼在气流中姿态的基准。对于直升机和旋翼机，迎角的表示方法与固定翼飞机略有不同，迎角指与前进方向垂直的轴和旋翼的控制轴之间的夹角。

【迎香】 中医穴位名。属手阳明大肠经。定位：在鼻翼外缘中点旁，当鼻唇沟中。主治：鼻塞，鼻衄，面痒，口㖞，面肿，喘息；鼻炎，副鼻窦炎，面神经麻痹，胆道蛔虫症等。刺灸法：直刺0.1~0.2寸，或者斜刺0.3~0.5寸；不宜灸。

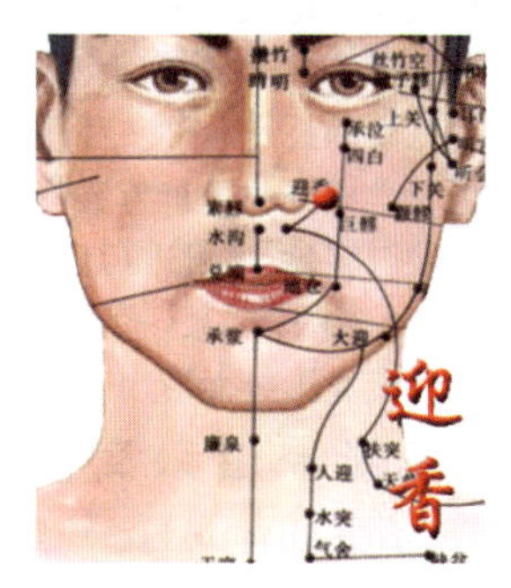

迎香

【荧光地图】（fluorescent map） 经紫外线照射在黑暗中能发光的地图。是采用荧光颜料、荧光染料及其他辅助材料制造荧光纸，并用各种颜色的耐紫外线油墨在荧光纸上印刷地图内容而成。也可用发光材料制成特种油墨在普通纸上印刷，或在荧光材料中加入不同的激活剂，使其发出不同的彩光，印制成彩色荧光地图。实用的荧光地图如荧光航图和荧光地形图，主要供夜间领航、夜间军事行动和地下采矿工程等使用。

【荧光抗体】（fluorescent antibody） 一种以共价键连接荧光染料分子的抗体。可用于对抗原分子进行显微定位。用于荧光素标记的抗体要求特异性强、纯度高、效价满意。荧光素是一种能够吸收激发光的能量而产生荧光、并能作为染料使用的有机化合物。荧光抗体技术是以荧光物标记抗体进行抗原定位的技术。在临床检验上用于细菌、病毒和寄生虫的检验及自身免疫病的诊断等。

【荧光免疫技术】（fluerescence indirect immunofluorescence technique） 具有免疫学反应的特异性与荧光技术的敏感性两种优点的一种测定技术。其基本原理是以荧光素标记抗体或抗原，使其与相应抗原或抗体结合后，借荧光检测仪察看荧光现象或测量荧光强度，从而判断它们的存在、含量、定位和分布情况。用于标记抗体的理想荧光素应有以下特点：（1）具有能与蛋白质分子形成共价键的化学基因，结合后不易解离，而未结合的色素及其降解产物容易消除。（2）与蛋白质抗体结合后能保持抗体原先的生化和免疫活性以及特异性。（3）荧光效率高，与蛋白质结合后无多下降。（4）荧光色泽与观察背景的色泽比衬明显。（5）蛋白质结合的方法简便、迅速、安全无毒。荧光免疫技术中所用抗体，要求纯度高、特异性强、效价满意（琼脂双向扩散效价≥1:32），因为非抗体的其他蛋白可产生非特异性荧光的干扰。

【荧光染色】(fluorescent staining) 利用荧光标记试剂、使细胞内组分可见并能使用荧光显微镜观察的技术总称。利用荧光染色技术可研究细胞内化学成分的分布与定位,研究细胞与组织中物质的吸收与转运,还可进行病理鉴别及细胞免疫等方面的研究。例如,与某一蛋白质特异结合的抗体能连接上一种荧光染料而被用来检测该蛋白质。

【荧光原位杂交】(fluorescence in situ hybridization, FISH) 用已知的标记单链核酸为探针,按照碱基互补的原则,与待检材料中未知的单链核酸进行特异性结合,形成可被检测的杂交双链核酸的技术。由于DNA分子在染色体上是沿着染色体纵轴呈线性排列,因而可以将探针直接与染色体进行杂交从而将特定的基因在染色体上定位。与传统的放射性标记原位杂交相比,荧光原位杂交具有快速、检测信号强、杂交特异性高和可以多重染色等优点。目前这项技术已经广泛应用于动植物基因组结构研究、染色体精细结构变异分析、病毒感染分析、人类产前诊断、肿瘤遗传学和基因组进化研究等诸多领域。

【荧光增白剂】(fluorescent whitening agent) 能在紫外光照射下激发出荧光的无色有机化合物。其功能是提高物质的白度和光泽度。主要用于纺织、造纸、塑料及合成洗涤剂等工业。

【盈亏平衡分析】(gain and lose balance analysis) 又称量－本－利分析。根据产品产量或销售量、成本和利润三者之间相互依存关系所进行的综合分析。其目的是确定盈亏平衡点,正确规划企业的生产发展水平,合理安排企业的生产能力和了解企业的经营状况以判断不确定因素对方案经济效果的影响程度等,从而选择出风险最小、经济效益较好的运行方案。

【萤火虫荧光素酶】(luciferase) 萤火虫体内能够产生生物荧光的酶。荧光素酶是自然界中能够产生生物荧光的酶的统称,其中最有代表性的是一种学名为 Photinus pyrali 的萤火虫体内的荧光素酶。1884年有学者发现,将萤火虫研磨后荧光很快会消失,添加萤火虫尾部的新鲜提取物后又能重现荧光。此后,他证实提取物中存在荧光素和荧光素酶的相互作用,并推断生物发光至少涉及可氧化的有机化合物:荧光素、荧光素酶以及氧三种基本物质。借助荧光反应中三磷酸腺苷和荧光强度之间精确的数量关系,能快速而准确地监测生物体因生理状态、疾病、细胞数量变动等原因导致ATP量的变化,进而探明相关因果关系的实质。因为所有生物都以ATP为生命活动的能量来源。其次,在有氧分子、ATP的条件下,荧光素酶催化荧光素氧化并发出便于灵敏检测的荧光。如果保持荧光素、氧和酶数量恒定,则荧光强度与ATP浓度呈正相关关系。

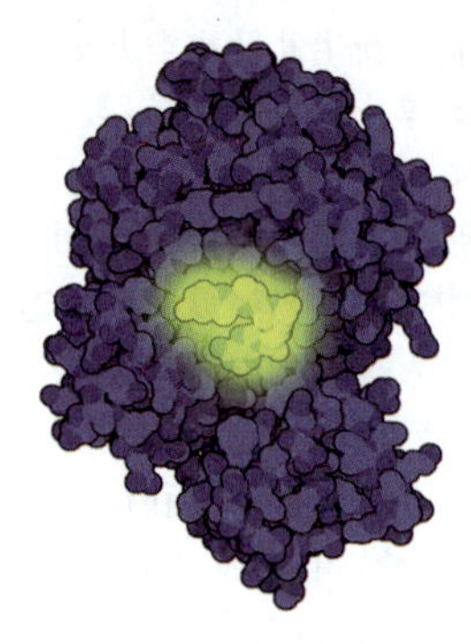
萤火虫荧光素酶

【营气】(nutrient qi) 中医术语。又称营阴。行于脉中,具有营养作用之气。营气行于脉中,化生为血,与血可分而不可离。它来源于水谷精气,通过十二经脉和任督二脉循行于全身,贯五脏而络六腑。主要生理功能包括化生血液和营养全身两个方面。

【营血】(nutrient and blood) 中医术语。营气与血液的统称。在人体内营气行于脉中,富含营养而化生为血,营气与血呈现可分而不可离的状态,常合称营血。从生理角度而言,即指血液。

【营养标签】(nutrition label) 向消费者提供食品营养成分信息和特性的说明。包括营养成分表、营养声称和营养成分功能声称。是食品标签的重要内容,显示食品的营养特性和相关营养学信息,是消费者了解食品营养组分和特征的主要途径。营养标签应首先标示能量和蛋白质、脂肪、碳水化合物、钠4种核心营养素及其含量。还可以标示饱和脂肪、胆固醇、糖、膳食纤维、维生素和矿物质等。

【营养钵育苗】(seedling in soil block) 采用小型钵状容器育苗的一种技术。可用培养土压制成钵,或在各种育苗钵如塑料钵、纸钵等中装入培养土制成营养钵。钵的口径大小一般为6～10cm。其优点是:营养条件好,栽培时能减少伤根,提高成活率,有利于提早成熟和增产,且操作方便。这种技术广泛用于蔬菜、瓜类、花卉、棉花等育苗或苗木繁殖。

【营养补充剂】(nutrition supplement) 以补充维生素、矿物质为目的而不以提供能量为目的的产品。其作用是以弥补人类正常膳食中可能摄入不足,同时又是人体所必需的营养素。它含有特定营养素,以预

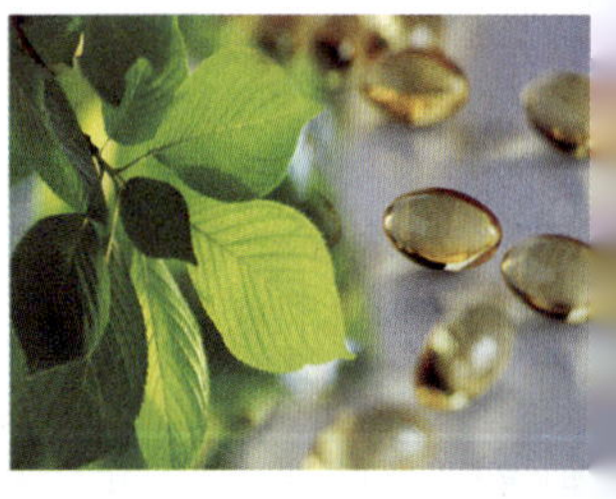
营养补充剂

防营养缺乏和降低发生某些慢性退行性疾病的危险性。它不以某种常用食品作为基质，而是多采用片剂、冲剂、胶囊等形式，如鱼肝油、维生素 A、维生素 D 油、多种维生素和矿物质复合片剂、钙制剂、多不饱和脂肪酸等。如果天然的食物能够均衡、全面地提供每天所需的营养素，便没有必要食用营养补充剂。

【营养不良】(malnutrition) 由于营养素的缺少或过多及其代谢障碍造成的机体营养失调的一种现象。其主要表现为营养缺乏和营养过剩。长期缺乏一种或多种营养素可造成营养低下，严重的营养低下并出现各种相应的临床表现或病症，则为营养缺乏病。地方性甲状腺肿、维生素 C 缺乏病、贫血、维生素 A 缺乏症等都属于营养缺乏病。它们分别是由于碘、维生素 C、铁、维生素 A 等摄入不足造成的。营养过剩是指由于营养物质过量摄入超过了机体的生理需要，造成营养物质在体内过多堆积的现象。除母乳外，任何一种天然食物都不能提供人体所需的全部营养素。平衡膳食必须由多种食物组成，才能满足人体各种营养需要，达到合理营养、促进健康的目的。

【营养调查】(nutrition survey) 相关营养种类作用关系的专项检查。主要内容包括：膳食构成、人体营养水平的生化检验、营养不足或缺乏的检查和人体测量资料分析判定。其目的是：了解与营养状况有密切关系的居民体质与健康状态，为进一步营养监测和研究营养政策提供基础情况。

【营养繁殖】(vegetative propagation) 见无性繁殖。

【营养干预】(nutrition intervention) 对人们营养上存在的问题进行相应改进的对策。营养干预工程是指国家职能部门强制性实施的营养健康工程。营养教育和营养干预正日益成为一个全球性课题。2004 年，中国卫生部召开专家讨论会，拟订了《中华人民共和国营养管理条例》，主要包括四方面内容：营养调查、营养监测和营养改善；营养食品标签；特殊人群营养保障；营养机构设置和营养技术人员培训。首部《营养法》不久将问世。这意味着政府将强制性地进行营养干预，并通过立法加以保证。立法后政府营养干预的主要模式包括营养教育的膳食调整；开展政府行为与市场并重的食物强化；以市场为主的营养素补充剂等。高血压、冠心病和肿瘤等非传染性慢性病的生成都与营养状况密切相关。实施营养教育和干预，不仅能预防青少年患上慢性病，还能提高他们的生命质量和智力水平，关系到国家的富强和民族的昌盛，意义极为重大。

【营养饥饿法】(nutritional deficiency method) 细胞生长过程中人为设计的营养生长、饥饿静止、重新培养、恢复生长的方法。培养物中的营养物质消耗殆尽后，细胞生长进入静止期，重新加入新鲜培养液，细胞恢复生长并达到同步化。培养液中磷和糖类物质的饥饿能使分裂期细胞阻止在 DNA 合成前期和 DNA 合成后期，氮源饥饿的细胞仅积累在 DNA 合成前期。其方法是：(1)让细胞在缺少某一种营养元素的培养液中至静止期。(2)继续培养 1～2 周，这时细胞处于饥饿状态。(3)将细胞转移到 10 倍体积的新鲜完全培养液中，该细胞培养物能同步生长 2～5 个细胞周期。

【营养监测】(nutritional surveillance) 搜集和分析对居民营养状况有制约作用的因素和条件，预测居民的营养状况在可预见的将来可能发生的动态变化，引导这种变化向人们期望的方向发展所采取的措施。为政府制定与食品、营养有关的政策、措施及确定营养科研工作的重点提供信息和数据库。其分类是：(1)为制定保健和营养发展计划而进行的营养监测。(2)为评价已有的营养规划实施的效果而进行的营养监测。(3)为及时预报营养不良和制定干预规划而进行的营养监测。

【营养教育】(nutrition education) 通过改变人们的饮食行为而达到改善营养状况目的的一种有计划活动。是有计划、有组织、有系统和有评价的干预活动。其核心是：提供人们膳食行为改变所必需的知识、技能和社会服务，教育人们树立食品与营养的健康意思，养成良好的膳食行为与生活方式，使人们在面临营养与食品卫生方面的健康问题时，有能力作出有益于健康的选择。其主要对象包括个体居民、组织机构、社区、政府及媒体等。其主要内容包括营养知识宣传、培训、教育、咨询等。

【营养临界期】(critical period of nutrition) 植物营养元素过多或过少、营养元素间不平衡对植物生长发育影响最大的那段时间。这一时期植物对某种养分的需要虽然绝对数量不一定很多，但很迫切。如供应量不能满足植物的要求，会使生长发育受到很大影响，以后很难弥补损失。作物营养临界期，多出现在作物发育的转折时期，一般来讲，作物生长发育初期对外界环境条件较为敏感。不同作物，营养元素的临界期有差异。大多数作物磷的营养临界期出现在幼苗期，氮营养的临界期比磷稍后，通常在营养生长向生殖生长转化的转折时期，铜营养临界期一般在孕穗期，而钾营养临界期表现不太明显。掌握植物营养临界期，适时施用肥料，是使植物生长发育良好的重要措施之一。

【营养配餐】(nutrition meal) 按人们身体的需要,根据食品中各种营养物质的含量,设计的使人体摄入的蛋白质、脂肪、碳水化合物、维生素和矿物质等几大营养素比例合理的食谱。

营养配餐

【营养强化米】(fortified rice) 又称强化米。在普通大米中添加某些营养素而制成的成品大米。即采用一定的加工工艺使成品米营养加强而制成的米。用维生素 B_1、维生素 B_2、叶酸、尼克酸、铁和锌等 6 种营养素原料,按《中国大米营养强化推荐配方》的规定与米粉配比混匀,制成与普通大米的形状、容重及色泽等各项指标近乎相同的强化米,再以 2% 的比例加入普通大米中混匀而成。食用强化米可以改善人们的膳食营养,补充缺少的微量营养素,满足人体生理的正常需要,减少各种营养缺乏症的发生,从而提高人民的健康水平。这种米在美国、日本等发达国家很受消费者欢迎。

营养强化米

【营养强化面粉】(fortified wheat flour) 以成品面粉为载体,均匀添加一种或多种营养素的小麦粉。是在面粉生产过程中添加维生素和矿物元素,进一步提高其品质及其营养价值。主要成分是根据中国人的特点,参照国际上强化营养的经验确定的。常用的营养素有:矿物质类(如铁、锌、钙)和维生素类(如维生素 B_1、维生素 B_2、叶酸、尼克酸)等。强化营养素的使用,必须符合中国国家标准《食品营养强化剂使用卫生标准》(GB14880 - 1944)的规定品种、范围和用量。营养强化小麦粉的质量,应符合中国国家标准《营养强化小麦粉》(GB/T21122 - 2007)的要求。随着人们对健康的日益关注,强化面粉的需求将会进一步增长。同时,也为强化面粉的发展创造了巨大的空间。

【营养强化油脂】(nutrient enrichment oil) 以食用油为基础油,添加营养素所制成的食用油脂。如添加维生素 A、维生素 D、维生素 E 等。是人们膳食中最重要的营养成分和能量的来源之一。其品质的优劣和食用方法的合理与否,对人们的营养乃至健康影响较大。因此油脂的营养问题受到人们的关注。油脂的营养主要取决于脂肪酸的组成。由于进行了营养强化,能更好地满足提高人们身体健康水平的要求。在生活中,合理地控制食用油的摄入量、正确选择食用油的品种和以科学合理的方法食用,对改善人们膳食结构和提高营养至关重要。

【营养水平】(nutrition level) 营养素摄入量的多少及其平衡程度。通常用膳食调查来测定。营养水平受经济收入的制约。也有人由于爱好或偏食,而使营养素摄入不均匀,造成某种营养素过多或缺乏,最终导致营养水平下降。2004 年公布的中国营养调查结果,和 1992 年相比,3 ~ 18 岁青少年的身高 10 年间平均增加了 3.3cm,营养不良和贫血的患病率都明显下降。这说明中小学生的营养水平在提高。但调查结果也显示,营养不均衡、食物搭配不合理是人们不得不面临的新问题,其中维生素 A、钙以及维生素 B_2 缺乏较严重,肥胖病人逐年上升。其评价方法包括:(1)膳食调查。(2)人体营养水平的生化检验。(3)营养不足和缺乏的临床检查。(4)人体测量与体格检查。

【营养素】(nutrient) 能促进身体生长、发育、活动、繁殖,以及维持各种生理活动的物质。营养素在人体内的功能各不相同。大致可以分为三个方面:(1)供给生命活动所需能量和维持体温。(2)构成和修补机体组织。(3)作为调节物质,维持机体的各种正常生命活动。资料表明,人体所需营养素至少需要 40 多种,可分成蛋白质、脂肪、碳水化合物、矿物质、维生素和水等六大类。膳食纤维也被认为是一类营养素。

【营养素密度】(nutrient density) 见营养质量指数。

【营养素饮料】(nutrients drinks) 添加适量的食品营养强化剂,以补充某些人群特殊需要的饮料。如以葡萄糖为主的饮料,含有维生素、牛磺酸、矿物质和其他人体必需成分的饮料。按其功能用途的不同可分为:(1)补充型(泛功能)饮料。能有针对性地补充人体运动时丢失的营养,达到增强体力和缓解疲劳的目的。(2)功能型(纯功能)饮料。在饮料中添加维生素、水溶性膳食纤维、牛磺酸、胆碱、肌醇、赖氨酸和矿物质等各种功能因子,使之具有某种功能,以满足特定人群的保健需要。

【营养性饲料添加剂】(nutritional feed additive) 添加到配合饲料中的直接对动物产生营养作用的少量或微量物质。它包括氨基酸、维生素、微量元素,还有一些具有特殊生理功能的其他营养性添加剂。

【营养性贫血】(nutritional anemia) 因造

血所需营养物质缺乏，使红细胞和血色素生成不足而引起的贫血。多发于6月～2岁小儿。其主要原因：(1)摄入不足。喂养不当，未添加辅食引起营养物质缺乏。在人乳、母乳及各种谷类含铁量少，需补充精肉、肝、血、蛋黄等。维生素 $B_1$2 及叶酸在动物性食品、内脏、海产品、蔬菜、水果、果仁等含量较丰富。婴儿每日需维生素 $B_1$20.5～1g，叶酸6～12g，铁1mg/kg(总量不能超过15mg/日)。(2)生长发育迅速需要量增加。出生时小儿平均体内血容量300ml，1岁时体内血容量平均为900ml，故需要造血物很多。(3)储存不足。铁剂是胎儿在妊娠后3个月从母体获得，如早产、多胎、双胎等在生后储铁很少，叶酸及维生素 $B_1$2 在脾内储存。小儿生后从母体获得很少，易引起铁乏。其临床表现是：(1)营养性缺铁性贫血。由于铁缺乏，小儿消瘦、乏力、口唇及皮肤黏膜苍白、食欲下降。可有反甲，肝、脾轻度肿大(骨髓外造血)等。外周血象，显示贫血明显，红细胞呈小细胞低色素象，血小板及白细胞正常。骨髓中造血活跃，中、晚幼红细胞增加，但胞体较小，胞浆发育落后于细胞核。诊断时要注意除外地中海贫血、血红蛋白病、维生素 B_6 缺乏等。(2)营养性巨幼细胞性贫血。由叶酸及维生素 $B_1$2 缺乏引起。①皮肤蜡黄、虚肿，头发黄，稀疏，舌炎，皮肤可有出血点。②神经系症状。展现呆滞、嗜睡、反应迟钝；进一步发展，不认人、不笑不哭，严重时出现不规则震颤、共剂失调，甚至抽搐。叶酸缺乏不出现神经系症状。③肝脾肿大。④外周血象：红细胞体积大，色素充盈好。还可出现红细胞减少。⑤骨髓。典型巨幼红细胞，核浆发育不平衡，老浆嫩核，粒系及巨核系也可出现胞体大、过分叶等。其治疗原则是：去除病因，补充所缺。治疗后1～2天症状好转，3～4天网织红细胞上升，7～10天达正常，2周后Hb升高，1个月Hb正常。精神神经系症状改善需几个月时间。

【营养液膜栽培】(nutrition film technique, NFT) 又称NFT栽培。在栽培容器中，营养液呈一薄的流动层，作物一部分根系浸在流动的营养液中的一种新型的水培方式。是无土栽培的一种形式。具有设备简易、投资小、成本低、便于生产上推广应用等优点，由于营养液的循环流动，使根系充分地得到水分、营养和氧气的供应，形成了定型的一种水培形式。其特点是：免去了基质栽培中的基质部分及其供液装置，营养液不停地流动可以增加和补充营养液中的氧气含量。但营养液管理不当易发生缺氧问题。根际温度一但到受气温的影响，就易发生根系温度过高或过低，故营养液温度应保持适度稳定。营养液循环使用，须严格消毒，防止病原传播。在蔬菜无土栽培中广泛应用，尤宜栽培速生叶菜。

营养液膜栽培

【营养杂交】(nutritional crossbreed) 见无性杂交。

【营养质量指数】(index of nutrition quality, INQ) 又称营养素密度。一种计算食物营养价值的单位。评价食品营养价值的一个简明指标。人们可以根据食物的INQ值大小，判定该食物对于不同人的营养价值高低和营养矢量的高低。INQ = 1，表示该食品的热能与营养素供给与人体的需要相平衡；INQ > 1，表示该食品的营养素含量相对于热能含量较高，为营养价值较高；INQ < 1，表示该食品的营养素含量相对于热能含量较低。长期食用INQ > 1或INQ < 1的食物可能会发生该营养素的营养不良或热能供给过剩，为营养价值较低。

【营养最大效率期】(maximum efficiency stage of nutrition) 某种养分在作物生长发育过程中发挥最大效率的时期。往往是在作物生长的中期。在这一时期，植物需要的养分无论是吸收速度，还是绝对数量都最大。此时作物生长旺盛，吸收养分能力最强，是作物对营养吸收量最大的时期。从外部形态看，该时期植株生长迅速，当营养缺乏时能很快从生长性状上表现出来。如氮肥的最大效率期，玉米在喇叭口至抽雄期，小麦在拔节至抽穗期，油菜在开花期，棉花在盛花始铃期。研究并掌握营养最大效率期，可以根据作物生长期的不同，施用合理的肥料。

【营业税】(sale tax) 对中国境内提供应税劳务、转让无形资产和销售不动产等业务的单位和个人的营业收入征收的一种税。计税依据是提供劳务的营业额，或转让无形资产的和不动产的销售额，不受成本费用高低的影响。其包括交通运输业、建筑业、金融保险业、邮电通信业、文化体育业、娱乐业、服务业等。转让无形资产和销售不动产两项共9个税目。不同行业采用的税率不同。交通运输业、建筑业、邮电通信业和文化体育业的税率为3%。金融保险业、服务业、转让无形资产和销售不动产的税率为5%。娱乐业的税率为5%～20%。对从事货物生产、批发或零售的企业性单位及个人经营者的混合销售行为，一律视为销售货物，不征营业税。

【影像匹配】(image matching) 用一定的算法自动识别立体像对上同名像点或目标的过程。

影像匹配是遥感影像融合、导航等应用的关键技术之一。随着遥感技术在国民经济、军事中的广泛应用，影像匹配技术也显得越来越重要。

【影像医学】(imaging medicine) 医学的一个分支。将X射线技术，以及CT、螺旋CT、磁共振、PET等影像技术，用于医学诊断和治疗的一门学科。其主要研究内容包括影像诊断学、介入放射学以及三维容积成像学等。

【影子价格】(shadow price) 通过现行市场价格调整计算而获得的，并能够反映资源真实价值和市场供求关系的价格。在绝大多数发展中国家，现行价格体系一般都存在着较为严重的扭曲和失真现象，使用现行市场价格已无法进行国民经济评价。只有采用影子价格来进行国民经济评价，才能保证评价的科学性。这是因为与项目有关的各项基础数据，都必须以影子价格为基础进行调整，才能正确计算出项目的各项国民经济费用与效益。

【应变】(strain) ❶适应时事变化；应付事态变化。❷又称相对变形。物体由于外因(受力、相变和温差等)或内在缺陷，其形状尺寸所发生的相对改变。有线应变、剪应变和体积应变。以线材的拉伸为例，某线段变形后，长度的改变值与原线段长的比值，即称为该线段上的“线应变”。

【应变时效】(strain ageing) 低碳钢或纯铁在冷加工变形后，其性能随时间而变化的现象。溶解碳、氮的低碳钢或纯铁，经过冷加工变形后在室温或在稍高温度停留，其硬度和强度增加，而塑性和冲击韧性降低。若经过淬火后再进行冷加工，其应变时效将加速进行。碳、氮和磷都是促进应变时效的元素。汽车车体的挡泥板、顶板等都是用低碳钢板冲压成型的。形变量因形状不同而不同。形变量较少的部分会产生拉伸应变而造成应变时效。其防止方法有两种。一种是在退火后进行少量冷轧，并在放置一段时间后进行一次平整加工，再进行冲压；另一种是采用脱碳、脱氮来降低碳氮在钢中的含量，或加入铌、钒、钛和铝等元素来固定碳和氮。

【应激性溃疡】(stress ulcer) 又称急性胃黏膜病变、急性出血性胃炎。机体在应激状态下，胃和十二指肠黏膜出现的急性糜烂和溃疡。其形成是由于各种应激因素作用于中枢神经和胃肠道，通过神经、内分泌系统与消化系统相互作用，使胃黏膜发生病变。主要表现为胃黏膜保护因子和攻击因子的平衡失调。

【应激与全身适应综合征】(stress and general adaptation syndrome) 机体在各种内外环境因素过强的不良刺激下出现的非特异性生理、心理反应的总和。机体自稳态受威胁、扰乱后出现的一系列生理和行为的适应性反应。表现为一动态的过程，是应激反应所导致的各种机体损害和疾病的总称。该词首先由汉斯·塞里于1946年应用于医学领域，后被广泛用于医学理论和临床实践。该病可分为三期：(1)警觉期。以交感－肾上腺髓质系统兴奋为主，并伴有肾上腺皮质激素的增多。该反应使机体处于最佳动员状态，有利于机体增强抵抗或逃避损伤的能力。此期较短，可细分为休克期和抗休克期。(2)抵抗期。警觉反应后进入该期。是以肾上腺皮质激素分泌增多为主的反应。机体代谢率升高，炎症、免疫反应减弱。由于抵抗能力的增强，出现了各种防御手段，使机体能适应已经改变了的环境。(3)衰竭期。此期是在应激因素严重或应激持久存在时才会出现，持续强烈的有害刺激，将耗竭机体的抵抗能力，机体内环境明显失衡。此时防御手段已不起作用。导致器官功能衰退甚至休克、死亡。

【应急监测】(emergency monitoring) 见特定目的监测。

【应急检测】(emergency detection) 在发生泄漏、火灾、爆炸等生产安全事故时，为完成对某种特定危险物质在空气或水体中浓度的检测任务，采用快速检测技术手段而进行的检测。实施检测的地点是事故现场或受影响的区域，并能够实时给出检测结果。有毒有害或易燃易爆气体等危险物质在事故时释放进入空气中后，或者是液态、固态有毒物质进入水体后，需要检测人员检测危险气体或溶质的危害范围、浓度的变化趋势、气体扩散的主要方向，为制订疏散人员、确定戒严范围等应急决策提供依据。

【应急照明】(emergency lighting) 在正常照明系统因电源发生故障，不再提供正常照明的情况下，供人员疏散、保障安全或继续工作的照明系统。既要满足作为照明的一般要求，又要满足应急作用的特殊要求；既要在紧急状态下照明，同时又要保证常年安装在建筑物内安全、可靠地处于良好的应急状态。应急照明不同于普通照明。按其用途的不同可分为备用照明、疏散照明、安全照明三种。(1)备用照明。在正常照明电源发生故障时，为确保应急照明活动继续进行而设的应急照明系统。(2)疏散照明。

应急灯

在正常电源发生故障时,为使人员能容易而准确无误地找到建筑物出口而设的应急照明系统。(3)安全照明。在正常电源发生故障时,为确保处于潜在危险中人员的安全而设的应急照明系统。

【应力】(stress) 物体由于外因(受力、温度变化等)而变形时,在它内部任一截面的两方即出现相互作用的力,称为内力;单位面积上的内力,称为应力。应力为一矢量。同截面垂直的称为正应力或法向应力,同截面相切的称为剪应力或切向应力。

【应力腐蚀】(stress corrosion) 金属在应力(主要是张应力)和腐蚀介质的相互作用下产生破坏的现象。在交变载荷下,这种腐蚀显著降低疲劳强度,称为腐蚀疲劳。应力腐蚀所形成的裂纹主要沿晶界发展。这种现象常出现于黄铜、某些铝合金和镁合金,以及不锈钢中。如冷凝器管、矿山用钢索等所产生的应力腐蚀也很显著。

【应力集中】(stress concentration) 受力零件或构件在形状、尺寸急剧变化的局部位置出现的应力增大现象。其重要特征是局部应力高。应力集中可导致零件或构件在较低的平均应力水平下产生断裂失效。在设计中,应考虑降低最高应力集中水平。

【应力松弛】(stress relaxation) 材料在一定温度和约束载荷状态下,总应变(包括弹性应变和塑性应变)保持不变,而应力随时间延长逐渐降低,导致回弹应力逐渐降低的现象。应力松弛可引起紧固件中的预紧力下降,导致连接件的连接随时间延长而出现松动、密封件的密封随时间延长而发生泄漏。松弛过程也会引起超静定结构的内应力随时间重新分布。黏性或黏弹性流体中的应力也将因应力松弛随时间延长而逐渐降低或消失。

【应县木塔】(Ying County Wood Tower) 又称应县佛宫寺释迦塔。世界上现存唯一最古老、最高大的纯木结构建筑。位于山西省应县城内的佛宫寺院内。是中国古建筑中的瑰宝,世界木结构建筑的典范。建于辽清宁二年(公元1056年)。塔平面为八角形,分5层6檐,底层为双檐,各层间又夹设暗层,实际为9层。塔基分上下两层,下层为方形,上层依塔作八角形。塔身逐层立柱,用梁、枋和斗栱向上垒架,层层升高,联成一个整体。塔底层有三槽柱,各楼层间设有暗层,各明层外柱均立在下层外柱的梁架上,并向塔心收进半柱径,从而构成塔身极为优美的收分曲线。木塔全高67.31m,恰等于中间层外围的周长。这种以周长作为全塔的高度,是当时设计佛塔的一种规格。木塔底层直径30.27m,体形庞大,但由于举折平缓的层层挑檐,配以向外挑出的平坐与走廊,与14m高、制作精致的攒尖塔顶和优美造型的铁刹组合在一起,显得雄壮而华美。各层檐下数十种斗栱如云朵簇拥,使木塔更加显得飘逸而生动。900多年来,木塔经受了风雨的侵蚀、强烈地震的摇撼和战争的破坏,迄今仍巍然屹立,成为中国古建筑中的奇葩。新中国成立后,首次被列为全国重点文物保护单位。在建筑技艺上它与法国的埃非尔铁塔、意大利的比萨斜塔齐名,被世人称为"世界三大奇塔"。

应县木塔

【应用层】(application layer) 又称应用实体层。直接和应用程序接口并为应用程序提供常见的网络应用服务的层。由若干个特定应用服务元素和一个或多个公用应用服务元素组成。每个特定应用服务元素提供特定的应用服务,例如文件传输访问和管理、电子邮件传输和处理、虚拟终端协议等。公用应用服务元素提供一组公用的应用服务,例如联系控制服务元素、可靠传输服务元素和远程操作服务元素等。开放系统互联参考模型的第七层。

【应用程序接口】(application programming interface, API) 软件系统中不同组成部分衔接的约定。通常通过一组预先编制好的函数提供,(称为API函数),位于动态链接库或静态链接库中。其主要目的是:让应用程序开发人员得以调用一组预先设定的功能,而无须考虑其底层的源代码如何或理解其内部工作机制的细节。程序员通过使用API函数开发应用程序,可以避免编写无用程序以减轻编程任务。API同时也是一种中间件,为各种不同平台提供数据共享。根据单个或分布式平台上不同软件应用程序间的数据共享性能,可以将API分为四种类型:远程过程调用、标准查询语言、文件传输、信息交付。API有诸多不同设计:用于快速执行的接口通常包括函数、常量、变量与数据结构;也有其他方式,如通过解释器或是提供抽象层以遮蔽同API实现相关的信息,确保使用API的代码无需更改而适应实现变化。应用程序使用API,需要在编译时连接到这组API,则执行时便可调用相关的动态链接库来显示图标。

【应用集成平台】(integrated application platform) 支持计算机复杂信息环境的集成制造

开发和运行的软件系统。其特点与作用是:(1)对各种异构、分布式环境有较好的适应性。(2)用于建立信息模型及过程模型。(3)进行信息模式转换,完成信息传递。(4)支持各应用领域软件的运行。采用开放的系统体系结构,可快速集成新的应用软件,保护原有软件资源,降低系统维护费用。它为企业提供了一套体系结构和方法学。

【应用科学】(applied science) 综合运用技术科学的理论成果,解决具体工程、生产中的技术问题,创造新技术、新工艺和新生产模型的科学。是自然科学体系中的应用理论和应用方法。如农业工程学、水利工程学和生物医药工程学等。它直接作用于生产,针对性强,注重经济效益和社会效益。它所包括的学科门类最多。社会对其投放的人力、物力、财力也最多。

【应用气候学】(applied climatology) 气候学的一个分支。研究气候学与有关专业的相互关系,并把气候资料及气候学知识应用于有关专业的学科。主要研究内容包括:如何利用与各专业有关的气候资源,防御气候灾害,分析和区划大气环境。按应用对象的不同,应用气候学可分为农业气候学、林业气候学、水文气候学、医疗气候学等。

【应用软件】(application software) 专门为某一应用目的而编制的软件。其类型有:(1)文字处理软件。用于输入、存储、修改、编辑、打印文字材料等。(2)信息管理软件。用于输入、存储、修改、检索各种信息。(3)辅助设计软件。用于高效地绘制、修改工程图纸,进行设计中的常规计算,帮助人寻求好设计方案。(4)实时控制软件。用于随时搜集生产装置、飞行器等的运行状态信息,以此为依据按预定的方案实施自动或半自动控制,安全、准确地完成任务等。它可以拓宽计算机系统的应用领域,放大硬件的功能。

【应用系统开发】(application system development) 根据用户对技术要求设计计算机系统的内部结构并加以实现和维护的过程。是计算机技术的二次开发。其工作过程是:(1)分析阶段。根据计算机用户对输入、处理过程和输出特性的需要,对原有系统进行调查分析,提出建立新系统或改造旧系统的建议。(2)设计阶段。根据系统构成和软硬件环境的要求,提出实施方案和进度安排,写出系统用户手册和操作说明书。(3)实现阶段。按照系统设计方案,完成机器配置安装、现场改造、程序编制、人员培训和数据准备等工作。(4)维护阶段。向用户发出修改通知或更新版本。系统的评价意见对应用系统开发具有指导意义。其功能指标、性能指标、可用性、可靠性、易理解性、可维护性、可移植性、系统成本等对系统寿命具有决定意义。

【应用研究】(applied research) 运用基础研究成果和有关知识,为创造新产品、新方法、新技术、新材料的技术基础所进行的研究。主要是针对某一特定的实际目的或目标开展研究工作。其主要特点是:(1)为达到预定的目标探索应采取的新方法或新途径。(2)以研究中所获取的新知识,为解决实际问题提供科学依据。(3)研究结果针对性较强,一般只影响科学技术的局部范围。(4)研究成果的形式以科学论文、专著、原理性模型或发明专利为主。

【硬磁盘】(hard disk) 计算机系统的主要外部存储器。主要由存放信息的磁性盘片、驱动器和接口三部分组成。盘片是由硬质材料制成的、双面涂有磁性物质的圆片,用于在上面存储程序、各类文件和数据。一部硬盘通常由若干个盘片和驱动器装在一起。驱动器用于为硬盘提供动力和控制功能,由驱动马达、磁头和磁头读/写控制部分组成。工作时在驱动盘片组高速旋转的同时,通过磁头从盘片上闭合的许多同心圆轨道上读/写信息。接口有电源接口和数据接口。前者用于从主机电源处获得动力;后者用于主机间转换和传输信息。具有信息存储量大、传输速率高和易于长期保存等优点。

【硬度】(hardness) 材料局部抵抗硬物压入其表面的能力。是衡量金属材料软硬程度的一项重要的性能指标。它既可理解为材料抵抗弹性变形、塑性变形或破坏的能力,也可表述为材料抵抗残余变形和破坏的能力。硬度不是一个简单的物理概念,而是材料弹性、塑性、强度和韧性等力学性能的综合指标。硬度的测定方法可分为静压法(包括布氏、洛氏、维氏硬度等)、划痕法(如莫氏硬度)、回跳法(如肖氏硬度)及显微硬度、高温硬度等多种方法。

【硬骨鱼类】(bony fishes) 硬骨鱼纲鱼类的统称。内骨骼或多或少骨化。体被硬鳞或骨鳞,有些裸露无鳞。鳃裂一般4个,外被骨质鳃盖。鳔常存在。肠一般无螺旋瓣。心脏一般无动脉圆锥。为现生存众多的一大类群。现知有近23 700种。分为总鳍亚纲、肺鱼亚纲和辐鳍亚纲。总鳍亚纲是一群古老的鱼类,现存的仅矛尾鱼一种。肺鱼亚纲有特殊的肺(鳔)循环,

硬骨鱼类

现生存仅6种。辐鳍亚纲种类繁多,现今世界重要的经济鱼类均属于辐鳍亚纲。

【硬化】(hardening) 通过各种处理,提高合金强度导致合金强化的一种方法。可分为沉淀硬化和弥散强化。通过时效处理,使过饱和固溶体中析出细小弥散的第二相粒子(如碳化物、复杂碳化物或金属间化合物),从而强化合金的称为沉淀硬化。如沉淀硬化不锈钢等。使用粉末冶金或其他方法把细小弥散的稳定质点(如金属氧化物或其他高熔点化合物质点)引入合金,从而达到强化合金的称为弥散强化。烧结铝和氧化钍弥散强化镍是典型的弥散强化合金。

【硬件】(hardware) 与软件相对应。电子计算机系统中所有实体部件和设备的统称。电脑一般由主机、输出设备、输入设备三大件组成。主机是电脑的主体。主机箱中有主板、中央处理器、内存、电源、显卡、声卡、网卡、硬盘、软驱、光驱等硬件。

【硬铝】(duralumin alloy) 又称杜拉铝。可时效强化的以铝铜镁系为基的压延合金。品种多,密度小。经自然时效或人工时效后,具有很高的强度和硬度。虽含铜较多,但抗蚀性较低。可在表面包覆一层极薄的纯铝以提高抗蚀性。广泛用作航空结构材料等。

硬铝

【硬膜外腔注药镇痛】(epidural injection pain) 手术选择硬膜外麻醉或全麻-硬膜外联合麻醉,术后留置硬膜外导管注药以缓解疼痛的一种镇痛方式。硬膜外腔给药镇痛效果确切,镇痛药用药量小,可控性强,病人可保持较好的自主活动能力,副作用较小。给药方式有持续硬膜外输注和病人自控硬膜外镇痛。常用阿片类药物有:吗啡、芬太尼或非阿片类药物氯胺酮、曲马等。镇痛药可单独应用,但常常与低浓度的长效局麻药布比卡因或罗哌卡因复合硬膜外给药,效果更好。采用硬膜外术后镇痛对正在接受抗凝治疗的病人应十分慎重。

【硬目标侵彻技术】(hard target penetration technology) 用高强度、高韧性重金属作侵彻弹体,用高能量、高密度炸药做侵彻战斗部装药的一种技术。用这种材料装填的战斗部能够承受弹丸侵彻硬目标时产生的高冲击载荷。

【硬盘播出系统】(hard disk broadcasting system) 为了方便编辑和调用,把视频和音频等媒体信息都以文件的形式储存在硬盘中,在播出时,把硬盘上的媒体文件,包括视频、音频及图片等形式的文件转变成各种信号,输出到发射机或者播出线的电视系统。主要由视频服务器、数据库服务器、上载控制站、播出控制站、上载矩阵、时间服务器,以及A/D和D/A转换器等组成。电视媒体及制作单位可以通过数据库管理庞大的素材库,并根据拍摄、制作、播出的流程设置权限,形成作业流水线,处在不同阶段的素材由专职人员进行相应的操作,最后把图像传送到千家万户。另外,广播电台也是这样的原理,区别是电视台播放的是视音频文件,而电台播放的是音频文件。其他的流程都是相似的,具体使用的设备有所区别。随着计算机技术的发展、存储技术的日益成熟,以硬盘为核心的硬盘播出系统已经被各电视台广泛应用。它以方便快捷、安全可靠、资源充分共享的优势,赢得了大家的共识。

硬盘播出系统

【硬盘分区表】(disk partition table, DPT) 硬盘的主引导记录中存储硬盘分区信息的一个配置参数表。分区从实质上来讲就是对硬盘的一种划分格式。一个硬盘可以有一个或多个分区。这些分区的配置参数放在一起形成一张表,称为分区表。分区表由4项组成,每项16个字节,共64个字节。每项描述一个分区的基本信息,通常有以下配置参数:(1)分区是否活动的标志。(2)分区开始位置。(3)分区的容量。(4)分区的文件系统类型等。

【硬铅】(lead antimony alloy) 与软铅(纯铅)相对应。是一种铅锑合金。成分为92%~96%铅和4%~8%锑,有时也含有少量锡。其抗蚀性强(略低于纯铅),机械强度较好。广泛用于制造耐酸设备、蓄电池等。由于收缩率小,适宜于制造压铸件。

【硬山式建筑】(building with gables) 双坡屋顶的两端山墙与屋面封闭相交,将木构架全部封砌在山墙以内的一种建筑形式。其山墙面没有伸出的屋檐,山尖显露突出。根据其屋檩的多少,可分为5~9檩

硬山式建筑

等几种构造。园林建筑多在七檩以下。其中五檩建筑最简单，七檩建筑最为豪华。

【硬水】(hard water) 含有较多可溶性钙、镁化合物的天然水。中国规定：1 升水中含有钙、镁化合物总量相当于 10 毫克氧化钙，硬度为 1 度。硬度 8 度以上的为硬水，8 度以下的为软水。如水的硬度是由碳酸氢钙或碳酸氢镁引起的，这种硬度称为暂时硬度。这种水称为暂时硬水。它经过煮沸以后，碳酸氢钙(碳酸氢镁)就分解成不溶于水的碳酸钙(碳酸镁)沉淀析出，降低了水的硬度。如水的硬度是由钙和镁的硫酸盐、硝酸盐或氯化物引起的，这种硬度就叫作永久硬度。相应的水称为永久硬水。它不能用加热的方法软化。天然水大多同时具有暂时硬度和永久硬度。硬水在使用时，与肥皂生成沉淀，降低肥皂去污能力；还会在锅炉或蒸汽机车的底部和管道壁上形成水垢，阻碍传热，消耗燃料，甚至导致锅炉和管道发生爆炸。软化硬水的方法包括沉淀法、加软水剂法、离子交换法、电渗析法、磁化法、蒸馏法等。

【硬玉】(jadeite) 一种铝硅酸盐矿物。其化学成分为 $NaAl(Si_2O_6)$。单斜晶系。硬度 6.5～7。密度 3.33 g/cm^3。断口呈刺状。质地坚硬。通常呈隐晶质的致密块体。白色或浅绿至翡翠色。产于变质岩中。集合体俗称翡翠。是名贵的玉石。

硬玉

【硬枝扦插】(grown up cutting) 用充分成熟的一年生枝条进行扦插的果树方法。落叶果树于早春休眠期进行硬枝扦插，常绿果树于生长期进行硬枝扦插。其方法简单容易，而且成本低。当前果树生产上应用硬枝扦插最广的是葡萄、石榴，其次为油橄榄、无花果等。例如葡萄落叶后结合冬剪采集插条，按长度要求剪成约 50cm 长，分层埋在湿沙中，温度保持在 1～5℃。扦插前将枝条剪成具 2～4 个芽的插条，长 20～25cm(珍贵品种或插条较少，也可剪成一芽一条)，剪截插条应在下端近节部成 45°角斜剪，节部具横膈膜，储藏营养物质较多，有利于发根。插条上端距最上芽 2cm 左右剪截，以便扦插时识别插条的倒、正。

【硬质合金】(hard alloy) 主要由钨、钽、钛、铝、钒等高熔点金属的碳化物、氮化物、硼化物或硅化物组成的合金的总称。分为铸造的和烧结的两类。铸造合金脆性高，用途不多。广泛应用的是烧结合金。一般由碳化钨或碳化钛和钴粉烧结而成。具有很高的硬度、耐磨性和热硬性。主要用作高速切削和加工较硬材料的刀具。但有一定的脆性，在使用过程中容易产生崩裂现象。

【硬质合金焊接式车刀】(hard alloy welding turning tool) 把一定形状的硬质合金刀片钎焊在刀杆的刀槽内而制成的车刀。其结构简单，制造刃磨方便，刀具材料利用充分，在一般的中小批量生产和修配生产中应用较多。但其切削性能受工人的刃磨技术水平和焊接质量的影响，不适应现代制造技术发展的要求，且刀杆不能重复使用，造成材料浪费。

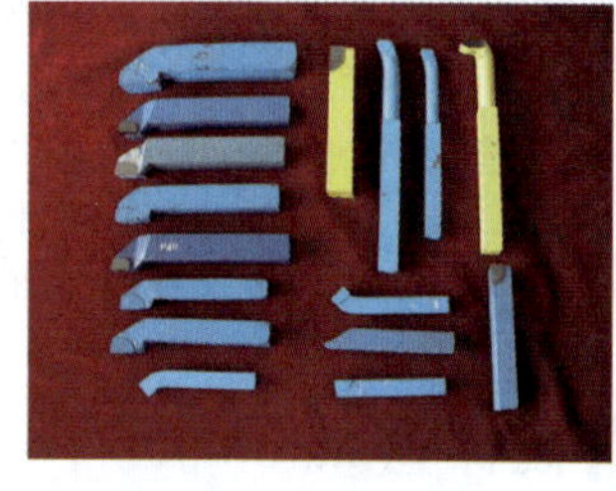

硬质合金焊接式车刀

【硬着陆】(hard landing) 航天器未经专门减速装置的减速而以较大速度直接冲撞地表的着陆方式。由于着陆速度过大，航天器将完全或大部损坏，因此航天器硬着陆就是毁坏性的着陆。硬着陆与一般航空器的着陆概念不同，苏联的“月球”2 号、5 号、7 号、8 号探测器曾在月球上硬着陆，“金星 3 号”探测器曾在金星上硬着陆。

【痈】(anthracia) 多个相邻的毛囊及其所属皮脂腺或汗腺的急性化脓性感染，或由多个疖融合而形成的炎症。其致病菌为金黄色葡萄球菌。中医称为疽。颈部痈俗称对口疮。痈初起时质地坚韧，界限不清，在中央部的表面有多个脓栓，破溃后呈蜂窝状。以后，中央部逐渐坏死、溶解、塌陷，像“火山口”，其内含有脓液和大量坏死组织。其易向四周和深部发展，局部淋巴结有肿大和疼痛。除有局部剧痛外，病人多有明显的全身症状，如畏寒、发热、食欲不振和白细胞计数增加等。痈不仅局部病变比疖重，且易并发全身性化脓性感染。唇痈容易引起颅内的海绵静脉窦炎，危险性更大。

【壅水坝】(diversion dam) 又称滚水坝。横断河道设置的用以拦截水流壅高水位的溢流低坝。为有坝取水枢纽的主要建筑物之一。其作用是在枯水期抬高水位以满足引水要求；在洪水期由坝顶溢洪。壅水坝比较低，上游形成的库容小，且常被泥沙淤积，一般不起蓄水和调节流量的作用。坝体常用混凝土或

壅水坝

砌石材料筑成,坝顶多用非真空实用堰,也有作成宽顶堰或梯形堰的,堰顶可不设或设置闸门。在土基上修建的壅水坝,构造比较复杂(见图),一般包括下列组成部分:(1)溢流坝体。当设置闸门时还包括闸墩、闸门及工作桥等。(2)防渗排水设施。包括上游侧的防渗铺盖、齿墙、防渗板桩等防渗设施及下游侧的反滤层、排水孔等排水设施。(3)消能防冲设施。包括护坦、海漫及防冲槽等。最初的壅水坝为临时性的竹笼坝、柳辊坝,以后逐渐发展到使用堆石、砌石及混凝土等材料筑成的永久性壅水坝。在中小型水库的取水工程中,还采用橡胶坝、堆石溢流坝、内填石料外包混凝土壳的硬壳坝、由若干个内填砂石料的混凝土或钢筋混凝土框格组成的框格填渣坝、桩间填石的桩石坝以及由毛条石筑成的蓑衣坝等。

【鳙】(bighead carp) 又称花鲢、胖头鱼、黑鲢、黄鲢、松鱼、大头鱼。属鲤形目,鲤科,鲢亚科,鳙属。中国淡水养殖的"四大家鱼"之一。为中国重要经济鱼类。似鲢而黑,头甚大。体侧扁,头极肥大。口大,端位,下颌稍向上倾斜。鳃耙细密呈页状,但不联合。口咽腔上部有螺形的鳃上器官。眼小,位置偏低。无须。下咽齿勺形,齿面平滑。鳞小。腹面仅腹鳍甚至肛门具皮质腹棱。胸鳍长,末端远超过腹鳍基部。

鳙

体侧上半部灰黑色,腹部灰白,两侧杂有许多浅黄色及黑色的不规则小斑点。喜生活于静水的中上层。动作较迟缓,不喜跳跃。以浮游动物为主食,亦食藻类。性成熟的年龄为4~5龄,亲鱼于5~7月在江河水温为20~27℃时于急流有涡旋水的江段繁殖;幼鱼一般到沿江的湖泊和附属水体中肥育,到性成熟时期至江中繁殖。中国各大水系均有此鱼,但以长江流域中、下游地区为主要产地。生长迅速,3龄鱼可达4~5kg,最大个体可达40kg。

【永磁电动滚筒】(permanent magnetic motorized pulley) 一种在转动的滚筒内采用高性能硬磁材料组成复合磁系,依靠磁力进行筛选、分离、清理铁质的装置。具有磁场强度高、深度大、结构简单、使用方便、不需维修、常年使用不退磁等特点。可用于水泥、磁选、矿山、钢铁、化工、耐火材料、垃圾处理等行业的选铁。也可与专用皮带输送机等配套使用。常用于以下方面:(1)贫铁矿经粗碎或中碎后的粗选,排除围岩废石,提高品位,减轻下一道工序的负荷。(2)用于赤铁矿还原闭路焙烧作业中将未充分还原的生矿选出,返回再烧。(3)在粮食、食品、饲料、材料、化工等加工过程中用于除去混杂在物料中的铁杂质。(4)燃煤矿、铸造型砂、耐火材料以及其他行业需要的除铁作业。

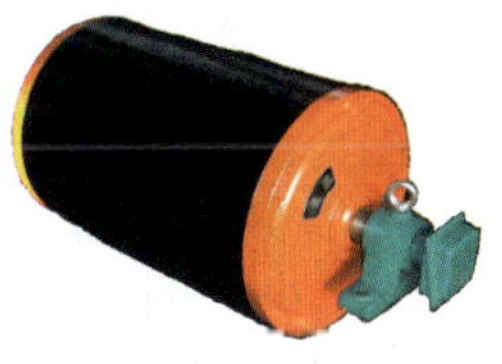
永磁电动滚筒

【永磁钢】(magnetically hard steel) 又称硬磁钢。具有较高矫顽力和剩磁的钢的总称。其磁能积较永磁合金小。常用的有碳钢、铝钢、钨钢、铬钢和钴钢。其中以铝钢和钴钢的性能较好。其金属成分的构成不同,磁性能不同,从而用途也不同。主要用于各种传感器、仪表、电子、机电、医疗、教学、汽车、航空、军事技术等领域。

永磁钢

【永磁式直流电动机】(permanent magnet DC motor) 一种定子没有励磁线圈,转子有励磁线圈的直流电动机。由定子磁极、转子、电刷、外壳等组成。定子磁极采用永磁体,有铁氧体、铝镍钴、钕铁硼等材料。按其结构形式的不同可分为:圆筒型和瓦块型等。录放机中使用的电多数为圆筒型磁体,电动工具及汽车用电器多数为专块型磁体。转子一般采用硅钢片叠压而成。小功率电动机多数为3槽,较高档的为5槽或7槽。漆包线绕在转子铁心的两槽之间。电刷是连接电源与转子绕组的导电部件,具备导电与耐磨两种性能。永磁电动机的电刷使用单性金属片或金属石墨电刷、电化石墨电刷。广泛用于电池供电的设备中。如录音机、录放机和汽车雨刷中的电机。

【永磁体】(permanent magnet) 又称硬磁体。能够长期保持相对恒定磁性的磁体。不易失磁,也不易被磁化。一般可分为天然永磁体和人造永磁体。人造永磁体一般使用具有宽磁滞回线、高矫顽力、高剩磁的材料,以保证储存最大的磁能及稳定的磁性,充磁后工作于深度磁饱和的磁滞回线的第二象限退磁部分。按其成分的不同可分为两大类:第一大类是合金永磁

永磁体

材料，包括稀土永磁材料（钕铁硼、钐钴铝镍钴）；第二大类是铁氧体永磁材料。按其生产工艺的不同可分为：烧结铁氧体、黏结铁氧体和注塑铁氧体。这三种工艺按磁晶取向的不同又可分为等方性和异方性磁体。永磁体被广泛用于电子、电气、机械、运输、医疗及生活用品等多个领域中。

【永磁同步电动机】（magneto synchronous motor） 异步启动永磁同步电动机。其磁场系统由一个或多个永磁体组成。通常是在用铸铝或铜条焊接而成的笼型转子的内部。按所需的极数装镶有永磁体的磁极。定子结构与异步电动机类似。当定子绕组接通电源后，电动机以异步电动机原理启动运转，加速运转至同步转速时，由转子永磁磁场和定子磁场产生的同步电磁转矩进入同步运行。其特点与分类是：(1)结构简单、体积小、重量轻、损耗小、效率高。(2)与直流电机相比，它没有直流电机的换向器和电刷等缺点。(3)与异步电动机相比，它不需要无功励磁电流，效率高，功率因数高，力矩惯量比大，定子电流和定子电阻损耗减小，且转子参数可测、控制性能好。(4)与普通同步电动机相比，它省去了励磁装置，简化了结构，提高了效率。(5)矢量控制系统能够实现高精度、高动态性能、大范围的调速或定位控制。在国防、工农业生产和日常生活等方面获得越来越广泛的应用。

永磁同步电动机

【永久性粒子植入】（permenent seed imptantetion） 又称体内伽马刀。将放射性同位素碘－125吸附在银棒上，外裹钛金属壳，制成直径为0.8mm、长度为4.5mm的钛金属微粒，以释放X及R等射线，按照放射治疗计划的要求，均匀而有规律地植入肿瘤组织中，实现对肿瘤的近距离治疗，从而持续有效地杀灭肿瘤细胞的一种治疗技术。是目前治疗中晚期肿瘤的有效方法。与外放疗相比，具有靶区剂量高、高度适形、周围正常组织受损较小等优点。在临床上，可用于治疗肺癌、肝癌、乳腺癌、甲状腺癌、食管癌、胃癌、结肠癌、直肠癌、胰腺癌、胆管癌、鼻咽癌、舌癌、前列腺癌、宫颈癌、阴道癌、软组织肿瘤、脑转移瘤以及骨肿瘤等。

【永久跃层】（permanent thermocline） 见主跃层。

【永停滴定法】（dead-stop titration） 又称双电流滴定法、双安培滴定法。根据滴定过程中电流的变化确定终点的方法。属于电流滴定法。永停滴定法采用两支相同的铂电极，当在电极间加一低电压（如50mV）时，若电极在溶液中极化，则在未到滴定终点时，仅有很小或无电流通过；但当达到终点时，滴定液略有过剩，使电极去极化，溶液中即有电流通过，电流计指针突然偏转，不再回复。反之，若电极由去极化变为极化，则电流计指针从有偏转回到零点，也不再变动，指针突变点即为滴定终点。

【涌浪】（ground swell） 海面上由其他海区传来，或者当地风力迅速减小、平息，或者风向改变后海面上遗留下来的波动。其特征是：波面比较平坦、光滑，波峰线长，周期，波长都比较大，在海上的传播比较规则。

涌浪

【涌流灌溉】（surge flow irrigation） 又称波涌灌溉。间歇性地按一定周期向灌水沟（畦）放水以湿润土壤的灌水方法。一般采用定时段变流程的方法，即每一个周期的放水流量及放水时间一定，而每个周期水流的推进距离不等。此法具有操作简便、易于控制等优点。涌流灌溉的一个放水和停水过程构成一个灌水周期。周期放水时间与停水时间之和为周期时间。放水时间与周期时间之比称之为循环率。完成涌流灌溉全过程所需停水过程的次数为周期数。周期数、循环率、周期放水时间和灌水流量等为涌流灌溉的灌水技术要素。结构良好的土壤、轻壤土、沙壤土及黏壤土且沟畦纵向无倒坡、沟畦长度大于70m时，适宜于涌流灌溉；涌流灌溉靠安设在沟（畦）首的可以间歇性开关的供水阀门实现，以便实行自动化管理，提高灌水质量，减轻劳动强度。

【涌泉】 中医穴位名。属足少阴肾经，本经井穴。定位：在足底部，卷足时足前部凹陷处，约当足第二、三趾趾缝缝纹头端与足跟连线的前1/3与后2/3交点上。主治：头顶痛，眩晕，失眠，咽痛，舌干，失音，鼻衄，黄疸，癫狂，善忘，中风，昏厥，小儿惊风，霍乱转筋，足心热，小便不利，大便难；下肢瘫痪，神经性头痛，三叉神经痛，高血压，休克，肝病，癔病，癫痫，精神分裂症等。刺灸法：直刺0.5～1寸；艾炷灸3壮，或艾条灸5～

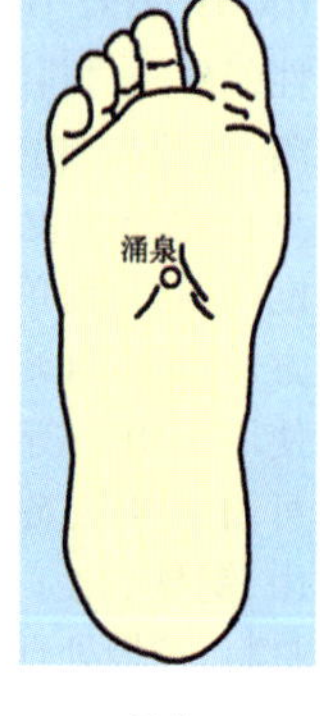

涌泉

10min。现代研究证明:涌泉穴有一定的镇痛作用,动物实验表明,针刺"涌泉"可提高痛阈,脑组织中5-羟色胺升高,去甲肾上腺素降低。

【㶲】(exergy) 与系统和环境有关的一个热力学参数。当热力系统只与环境接触时,通过可逆过程过渡到与环境相平衡的状态时所能作出的最大功量。当系统由初态到任一终态时其最大作功能力为初终态㶲之差。任何不可逆过程总是导致㶲的减少。㶲的作用是确定工质所具有能量品质高低和真正的能量贬值量,是从有用功(或有序能)的观点来研究工质在循环中的变化。它比热平衡法可提供更真实、更精确的评价,便于对热力循环进行技术经济分析,提出更有效的改进方法和措施。

【用材林】(timber forest) 以生产木材(包括竹材)为主要目的的森林。是中国五大林种之一。根据木材的用途和规格的不同,可划分为一般用材林、矿柱林、枕木用材林等。为了使用材林达到优质、速生、丰产的目的,需具备优质干材的森林群落结构及有利于树高、树干直径和林分材积生长的抚育管理措施。这是用材林基本的林学特点。当前中国的森林资源严重不足,木材的供需矛盾相当突出。由于经济实力和国际市场限制等方面的原因,大量营造用材林是解决这个矛盾的主要途径。用材林同时也具有水源涵养、水土保持、改善环境等综合生态作用。

【用地与养地】(soil using and soil cultivating) 采取耕作、施肥和管理等措施,对农业土地进行使用和保养,使之充分发挥效能的技术。实现用地与养地相结合的原则是:(1) 因地制宜,适地适种。即根据农作物的特性及土壤、气候条件等,选择适宜的农作物品种进行栽植,作到地尽其力。(2) 控制农田的利用强度,不搞掠夺式经营,不搞超负荷的农田生产。(3) 遵循农田的"能量守恒定律"和"百分之十能量转化率"等生态规律,以保持农田生态系统的平衡。合理用地,保护土壤肥力应注意的事项是:(1) 采用合理的耕作制度。如因地制宜实行草田轮作、水旱轮作、适当休闲、套种、间种、翻耕、耙、压、中耕和种植豆科牧草、绿肥,以及培养和利用土壤微生物等。(2) 加强土壤保护和管理。包括采取措施,使农田不受城市和工业"三废"(废水、废气、废渣)的污染;防止化肥、农药等对农田的不良影响;制止滥伐和滥垦、滥牧;减少洪水、干旱、风沙、盐碱等自然灾害造成的土壤侵蚀和水土流失等。

【用电安全】(safety of electric utilization) 保证人身和电气设备安全,防止用电事故发生的措施。随着国民经济的发展和人民生活水平的提高,电力已成为工农业生产、科研、城市建设、市政交通和人民生活不可缺少的二次能源。在使用电力过程中,不注意安全会造成人身伤亡事故和财产的巨大损失。随着电力事业的发展,用电设备和耗电量的增加,用电安全的重要性日益突出。保证用电安全的基本要素有电器绝缘、安全距离、安全载流量和标志。用电安全技术包括设备安全技术、电业工业技术、电气安全用具、防止人体触电、触电急救、电器防火技术和静电防护技术等。

用电安全

【用电安全管理】(safety management for the electric utilization) 对用电过程中的电气设备与电工作业行为及环境条件进行监督检查,以预防发生事故而不致停电而采取的措施。由于电力生产、供应与使用的特殊性和电能应用的广泛性,用电安全管理是一项专业性很强、具有社会意义的工作。《中华人民共和国电力法》规定:国家对电力供应和使用,实行安全用电、节约用电、计划用电的管理原则;用户受电装置的设计、施工、安装和运行管理,应符合国家标准或者电力行业标准。用电是借助于电气设备,并按人们的意志进行能量转换,用以实现某一目的的能量消费行为。用电安全主要取决于电气设备的安全可靠水平和使用操作行为的准确性以及抵御恶劣环境的有效程度。电气设备的安全可靠性与设备制造的工艺质量,供用电装置的设计、安装、维护、检修质量以及抵御恶劣环境的能力有关。使用操作行为的准确性与作业者本人安全知识和作业技能水平、作业行为的规范性等因素有关。

【用电负荷】(electricity load) 用电对象所吸取的电功率。可用功率表、电流表测量。用电对象是指用电的地区、用户以及用户内部的车间、工序、工艺或机台等。不论采用何种方式来表示用电负荷,都是指电网供给用电对象的电功率。用电对象是单台用电设备的,其用电负荷是指输入的电功率;用电对象是一个企业的,其用电负荷则是指其受电装置电网侧输入的电功率。

【用电容量】(capacity of electric utilization) 预计用户需求可能出现的最大电功率值。单位为千瓦(kW)。它不仅反映用户用电最大需求量,而且也决定了供电企业要满足用户的需求,必须具备的不小于用电容量的供给能力。用电容量是供电过程中一个非常重要的特征量。用电容量与用电最大需求量是两个概念不同、用途不同、但又相互关联的量,是建立供用电关系过程中常用的量。在用户申请用电时,一般按下列惯例确定其用电容量:对低压供电的用户,按其每台设备的额定容量之和计算;对高压供电用户,按其受电变压器额定容量之和,并加上该用户不经变压器而直接介入电网用电的高压电动机额定容量之和计算。供电企业按用电容量进行供电工程设计、计量方式的确定和继电保护的整定,并按其计算用户应交纳的供电工程贴费,签订供用电合同后,用户正式使用电源。用电容量是供电企业进行负荷管理的依据,对实行两部制电价用户的用电容量与用电最大需量可按规定选择其中一个,作为计算基本电费的依据。

【用电申请】(application for electric utilization) 用户向供电企业提出新装用电或增加用电容量的书面请求。是用户报装时需办理的第一个程序。是供用电双方建立供用电关系的第一个步骤。为了双方互相了解,能够安全、经济、合理地供用电,并建立起良好的合作关系,供电企业应在用电营业场所公告办理各项用电业务的工作程序、规章制度和收费标准。用电申请者需向供电企业提供用电工程项目批准的文件及用户名称、用电地点、电力用途、用电性质、用电设备清单、用电负荷、保安用电设备容量和保安负荷数量、用电规划等有关的用电资料。用电容量在100kW以上的用户还应提供用电功率因数的计标和用电无功补偿装置容量。此外,还需提供开户银行和账号等,并按供电企业规定的格式如实填写用电申请书及办理所需手续。

【用电无功补偿装置】(power-driven reactive compensating device) 在用电端对用电设备及配电系统消耗的无功功率进行人工补偿的装置。具有运行简便、经济、可靠等优点。常见的有并联电容补偿、同步补偿器电力电容器成套补偿和静止补偿装置。在用户端进行就地补偿是降低电网输电损耗的有效方法。主要用于提高用电功率因数,增加配电系统中各组成部分在允许温升和允许电压下降的供电能力,改善电压质量,减少电能损耗。

用电无功补偿装置

【用电需用率】(required power rate of electric utilization) 用电对象最大用电负荷与其用电设备总容量之比。需用率表明以用电设备总容量为基准的用电需求程度,用以预计用电对象最大负荷。需用率与用电对象的用电特点有关,不同的用电对象需用率不同。需用率是根据一批同类用电对象实际用电情况统计得出的该类对象的需用率。应用需用率去推断新用电对象的最大负荷,并据此去进行工程设计。随着科学技术的进步和用电结构的调整,用电对象对用电的需求规律也在逐渐变化。需用率也会随之变化。因此,间隔一定的时间应对需用率调查修正一次。

【用户环路】(customer loop) 见用户接入网。

【用户接口】(customer interface) 见用户界面。

【用户接入网】(subscriber access network) 又称用户环路。国际电信联盟在G.902建议中给其的定义是,由业务节点接口和用户网络接口之间一系列传送实体构成的网络。其任务是把用户接入核心网。接入网分有线接入网和无线接入网两种。前者有光纤接入网、铜缆接入网和光纤/同轴电缆混合接入网等;后者有基于集群无线电话的接入网、基于蜂窝移动通信的接入网和基于卫星通信的接入网。

【用户界面】(user interface) 又称用户接口、人机界面。人与计算机之间传递、交换信息的媒介和对话接口。实现信息的内部形式与人类可以接受形式之间的转换。其硬件部分包括计算机的输入、输出,软件部分包括用户与计算机相互通信的协议、约定、操作命令及其处理软件。按计算机提供信息形式的不同可分为:字符式用户接口、图形用户接口、多媒体用户接口和多模态用户接口。按使用计算机的方式不同可分为:命令行式用户接口、图形用户接口和菜单驱动式用户接口。凡参与人机信息交流的领域都存在着人机界面。

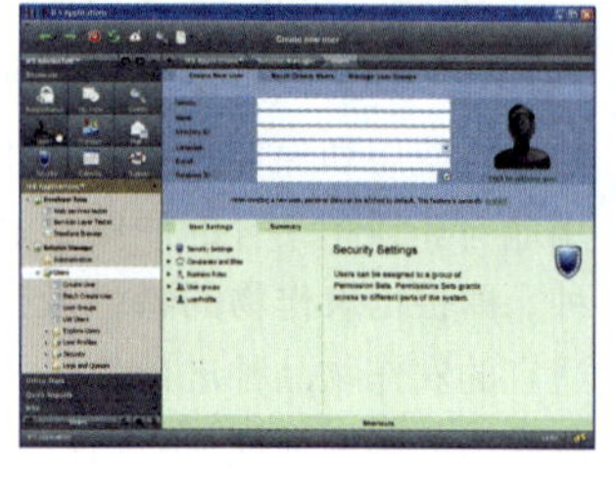
用户界面

【用户数据包协议】(user datagram protocol,UDP) 一种无连接的、不可靠的传输层协议。属于TCP/IP协议簇中网络层的协议。向应用层提供面向事务的简单而不可靠的信息传送服务。UDP所使用的包头格式中主要含有以下字段:(1)源端口。(2)目标端口。(3)数据报长度。(4)校验和。UDP包头格式中端口都是16比特,可以有在0~65 535范围内的端口号。端口用来标识数据传输通道，数据发送一方将UDP数据包通过源端口发送出去，而数据接收一方则通过目标端口接收数据。UDP是一个无连接协议，传输数据之前源端与目的端不建立连接，不需要维护连接状态，信息包的包头短，使用尽最大努力交付的原则，尽可能将数据包从源端传送到目的端。

IPV6 包格式

<table>
<tr><td colspan="3">源端口</td><td colspan="2">目的端口</td></tr>
<tr><td colspan="3">报头长度</td><td colspan="2">校验和</td></tr>
<tr><td colspan="5">数据</td></tr>
<tr><td>版本
(4位)</td><td colspan="2">业务流类别
(8位)</td><td colspan="2">流标签
(20位)</td></tr>
<tr><td colspan="2">净荷长度16位)</td><td colspan="2">下一个头(8位)</td><td>跳极限(8位)</td></tr>
<tr><td colspan="5">源IP地址(128位)</td></tr>
<tr><td colspan="5">目的IP地址(128位)</td></tr>
</table>

【用户站设备】（customer premise equipment，CPE）　又称用户驻地设备、用户端设备。位于通信网络用户侧的硬件。安装在用户所在地点，并和通信网络相连。如电话公司提供的终接设备、电话机、调制解调器；局域网设备中的集线器、交换机、路由器等。

【优果工程】（superior fruit project）　保证果树高产、优质的规范化的栽培管理技术体系。包括高接换头、规范树形、疏花疏果、果实套袋、病虫综合防治、果园除草和果园覆盖、合理施肥、节水灌溉、化学控制和适期采收十大规范化管理技术。

【优化设计】（optimal design）　从多种设计方案中选出最优方案的设计方法。以最优化的数学理论为基础，以电子计算机作辅助工具，根据设计所追求的性能目标，建立目标函数，在满足某些约束条件下，寻求最佳设计方案。从数学角度来描述，就是求取满足约束条件并能使目标函数（或评价函数）取极值的最优设计参数的设计方法。设计方案由设计参数确定，设计参数常用设计变量表示。实施优化设计的步骤是：(1)建立数学模型。(2)选择最优化算法。(3)程序设计。(4)制定目标要求。(5)计算机自动筛选最优设计方案等。通常采用的最优化算法是逐步逼近法。逐步逼近法又分线性规划和非线性规划两类。凭借电子计算机的高速运算能力进行多次迭代运算，直到求出最优化设计参数。优化设计已在机械、仪表、电子电路等领域中广泛应用。

【优树】（superior tree）　在生产量、树形、抗性或其他性状上显著优越于同等立地条件下周围同种、同龄树木的单株。优树标准随树种、选优目的、方法和立地条件的不同而不同。一般包括数量指标和质量指标两个方面。(1)数量指标。对用材树种来说，主要是生长量指标。确定生长量指标首先应考虑到现实的可能性。即优树数量指标一般不超过同龄林分中最大值。如把林分平均胸径、树高和材积都以100计，则最大径阶约为170，在中幼龄林中，最大径阶的平均树高为120；近熟林为115；过熟林为110；最大径阶的平均材积可达270。在实际工作中，数量指标常采用两种方法，即小标准地法和优势木对比法。前者一般规定优树的采集、树高和胸径应分别超过标准地平均木的150%；15%；50%。后者应超过优势木平均材积的50%；、树高5%、直径20%。(2)质量指标。主要考虑对木材品质有影响的指标，或有利于提高单位面积产量和能反映树木生长势的形态指标。一般包括：树干通直、圆满，阔叶树应注重单主干性；树冠较窄，幅度不超过树高的1/3～1/4，最好是尖塔形、圆锥形和长卵形；树干自然整枝良好，枝下高不小于树干总长的1/3，侧枝较细；树皮较薄，裂纹通直，无扭曲；木材比重，管胞长度，晚材率等根据需要确定；树木健壮，无严重病虫害；尽可能选择见到开花、结实的单株。不同树种，标准不同。

优树

【优选法】（optimum seeking method）　又称试验最优化方法。以数学原理为指导，合理安排试验，以尽可能少的试验次数尽快找到生产和科学实验中最优方案的科学方法。实际工作中的优选问题，大体上分为两类：一类是求函数的极值；另一类是求泛函的极值。如果目标函数有明显的表达式，一般可用微分法、变分法、极大值原理或动态规划等分析方法求解（间接选优）；如果目标函数的表达式过于复杂或根本没有明显的表达式，则可用数值方法或试验最优化等直接方法求解（直接选优）。优选法在数学上就是寻找函数极值的较快较精确的计算方法。1953年美国数学家J.基弗提出单因素优选法、分数法和黄金分割法，后来又提出抛物线法。至于双因素和多因数优选法，则涉及问题较复杂，方法和思路也较多，常用的有降维法、瞎子爬山法、陡度法、混合法、随机试验法和试验设计法等。优选法的应用范围相当广泛,中国数学家华罗庚在生产企业中推广应用取得了成效。企业在新产品、新工艺研究,仪表、设备调试等方面采用优选法,能以较少的实验次数迅速找到较优方案,在不增加设备、物资、人力和原材料的条件下,缩短工期,提高产量和质量,降低成本等。

【优质钢】(high-quality steel) 在冶炼质量、化学成分等方面控制严格,且杂质含量较低的钢材的总称。一般规定由平炉、电炉(或混合炼钢法)冶炼。所用原料也较纯净。在成品中磷、硫含量均不得超过 0.035%。其组织的均匀性、非金属夹杂,以及表面质量等均有严格的规定。一般用于制造要求较高的零件、工具等

【优质棉】(high quality cotton) 纤维品质较好的棉花。其标准多种多样。宏观上认为必须适销对路,能达到不同棉织物用纱的质量指标,并能获得最大的经济效益。栽培上则要求其霜后死,僵瓣少,烂铃少。

优质棉

【优质农产品基地】(high-quality farm product base) 在自然条件、社会经济条件特别适宜的地方,重点建设的供给高质量农产品的产地。由于农产品具有较强的自然区域性,而国家的建设资金又有限,有选择地建立一批这样的基地,对国家和市场所需要的优质农产品就有了可靠的保证。

优质农产品基地

【幽闭空间恐惧症】(claustrophobia) 又称密闭空间恐惧症。是对封闭空间的一种焦虑症。此类患者在某些情况下,如电梯、车厢或机舱内,可能发生恐慌症状而感到呼吸困难,或者害怕会发生恐慌症状。容易恐慌症状发作的人,通常也会产生幽闭恐惧症。倘若在封闭的空间当中产生恐慌,他们会因为无法逃离这样的情况而感到恐惧。女性发病率高于男性。成因未明,可能起因于孩提时期的创伤。研究恐惧症的心理学家认为,它是由有关该事物的不愉快童年经历所引发。不愉快经历储存在患者的记忆之中,当记忆被勾起时,恐惧便会随之而来。另外,人生中一些严重的打击,如痛失亲友,亦可引发恐惧症。其症状表现为呼吸加快(换气过度),心跳加速(心悸),感到窒息,面部发红、流汗和感到昏眩,有时会出现荨麻疹。治疗幽闭恐惧症和治疗其他焦虑症类似,可以采取一些解释性的心理疗法,或采用一些抗焦虑的药物加以治疗。

【幽门螺旋杆菌】(helicobacter pylori) 从慢性胃炎患者的胃窦黏液层及上皮细胞中分离出来一种细菌。1983 年,由澳大利亚学者 Marshall 和 Warren 首次分离出来。据有关资料统计,60% ~90% 的慢性胃炎患者的胃黏膜中均可培养出该细菌,继而发现它的感染程度与胃黏膜炎症程度呈正相关关系。1986 年,世界胃肠病学会第八届会议上便提出了幽门螺旋杆菌感染是慢性胃炎的重要病因之一,在人与人之间可经口途径传播。在感染时,由胃入十二指肠后,易黏附在幽门附近的胃窦部及胃体部的黏膜上,位于胃黏液的深层,不与胃酸直接接触。在正常黏膜上不断繁殖,逐渐侵害黏膜使之出现皱褶和肥厚。其后果是抑制了胃液及十二指肠液的正常分泌,从而破坏了黏膜的正常防御功能。该菌还能迅速水解尿素产生大量氨。氨直接或间接地使黏膜细胞受损,导致胃及十二指肠的病变,与胃癌的发病也有着密切的关系。

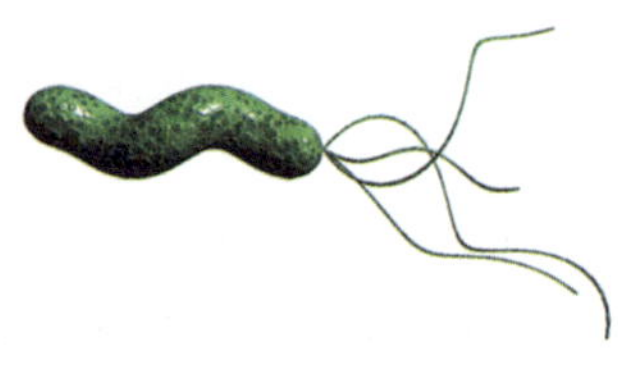
幽门螺旋杆菌

【尤里卡计划】(Eureka program) 欧洲共同体于 1985 年为联合开发高新技术而建立的“欧洲研究协调机构”联合行动计划。这个计划先由法国提出,后由西欧 17 国外交部长和科技部长讨论通过。此计划基本上是一项民用技术发展计划。其宗旨是:西欧国家共同建立一个独立的科研体系,联合发展高新技术,以弥补同美、日的差距。其重点是:计算机、机器人、通信网络、生物技术和陶瓷等新材料。特点是:以信息和自动化为核心,突出民用性质,要求短期见效。其多数项目在 20 世纪 90 年代初完成,最长期限为 10 年。整个计划经费为 242 亿美元,由西欧各国政府和企业界筹集与分摊。计划公布后,西欧各国反应积极,行动迅速,是欧洲共同体联合开发史上的一个壮举。

【尤利西斯太阳探测器】(Ulysses solar detector) 由美国和欧洲联合研制的太阳极区探测器。研制始于 20 世纪 80 年代初。1990 年 10 月 6 日由美国航天飞机“发现号”送入太空。探测器重 385kg,装有一台核发电机和九台专门用于观测太阳

表面现象以及特性的科学仪器。其目的是立体观测研究太阳,考察太阳极区的情况。1994 年 6 ~ 10 月,"尤利西斯"探测器首次飞越太阳的南极上空,观测到太阳极区景观。其发回的信息有:观测到几个巨大的冕洞,发现太阳风的速度高达 800km/s,比赤道区高出 2 ~ 3 倍;太阳南极的物质喷发所产生的震波宽度约 1×10^7km;太阳极区的宇宙线密度比预计的低,星际尘埃的质量比预计的大;极区太阳风和磁场均与赤道有明显的不同;极区日冕有巨大的扰动等。1995 年 6 ~ 9 月,"尤利西斯"探测器又首次飞越太阳北极,实现了首次对太阳的立体观测。

尤利西斯太阳探测器

【尤文氏肉瘤】(Ewing's sarcoma) 又称未分化网状细胞瘤。原发于骨髓内原始细胞的骨恶性肿瘤。好发于 10 ~ 15 岁少年。早期即可发生肺转移。预后差。对放射治疗敏感。其主要症状是:局部进行性疼痛、肿胀、皮温增高,可扪及肿块,压痛广泛。病程进展快。同时还有体温增高、血白细胞增多、血沉增快、纳差、消瘦等全身症状。其 X 线检查可见:骨干或干骺端骨质破坏较广泛,呈虫蚀样,可有葱皮样骨膜反应和软组织肿块阴影。

【邮局协议 3】(post office protocol3,POP3) 用于在互联网上接收电子邮件的协议。属于 TCP/IP 协议簇中应用层的协议。电子邮件系统由用户端收发电子邮件的用户代理以及互联网上负责邮件发送与中转的邮件传输代理及邮件投递代理组成。是关于电子邮件的一个离线协议标准,允许用户通过用户代理从属于该用户的邮件传输代理上把邮件存储到本地主机上,同时根据邮件客户端的操作删除或保留邮件服务器上的邮件。POP3 协议有三种状态:(1)认证状态。(2)处理状态。(3)更新状态。当邮件客户端与邮件服务器建立连接时,邮件客户机向邮件服务器发送自己身份并由邮件服务器成功确认,客户端即由认证状态转入处理状态,在完成列出未读邮件等相应的操作后客户端发出退出命令,退出处理状态进入更新状态,更新完成后重返认证状态。POP3 的常用命令有:(1)用户名:USER。(2)口令:PASS。(3)邮箱的统计资料:STAT。(4)邮件的唯一标识:UIDL。(5)邮件列表:LIST。(6)返回邮件:RETR。(7)删除邮件:DELE 等。(8)退出:QUIT 等。POP3 协议的默认端口为 110。

【邮路】(mail route) 邮件运输的路线。邮路和邮局共同组成邮政网路,完成各类邮件的传递业务。为了达到迅速运送邮件的目的,邮路应选用路程尽量短、贯穿邮局尽量多的安全稳定路线;选用速度快、经济效益大的运邮工具;选择同邮件封发、投递频次和时间相衔接的车次、船次、航班。邮路按邮件运输工具的不同可分为:铁道邮路、航空邮路、汽车邮路、水道邮路、旱班邮路等。中国铁道邮路是将邮政自备的火车邮厢挂在客运列车上或租用铁路行李车和用集装箱运邮。航空邮路均利用民用航空部门的飞机运邮。汽车邮路包括自办。此外,还有摩托车邮路。水道邮路分为机动船邮路和非机动船邮路。旱班邮路有步班邮路、自行车邮路、畜力班邮路等。中国还按管理体制的不同把邮路分为干线邮路、省内邮路、市内邮路和县内邮路。

【邮政编码】(post code) 由一组数码组成的表示投递区域的代码。由邮政通信部门统一编定。使用邮政编码,有助于实行邮件分拣作业的机械化、自动化,加速邮件的处理和投递。中国于 1980 年开始推行,以六位数字组成。首二位代表省(直辖市、自治区),第三位代表邮区,第四位代表县(市、区),最后两位代表投递邮件的邮局。

【邮政特快专递业务】(express mail service,EMS) 邮政实物传递业务中速度最快的一项新业务。由全球邮政共同创办,万国邮政联盟将其纳入世界邮政的业务范围,使用统一的名称业务徽标。各类信函、文件资料、金融账单、结算凭证、合同、图纸、提货单、通知书、法院传票、电信账单、请柬、稿件、证明、纳税申报资料、身份证资料及各种广告专送等信息传递,以及法律、业务处理规则规定的禁、限寄范围以外的各类货物、货样、礼品、和名、优、土、特产品的邮寄等,均可作为特快专递邮件寄递。邮政特快专递的付费方式有交付现金和记账两种方式。特快专递邮件有三种收寄方式:(1)营业窗口交寄。寄件人到就近邮局办理寄递手续。(2)到户揽收。邮政服务人员上门收取邮件的一种优质服务。(3)设置代办点。在使用特快专递业务较多的单位,邮政为方便用户而在该单位设置代办点,用户可就地交递。邮政特快专递业务目前已形成庞大的全球速递服务网络,通达国际上 200 多个国家和地区及国内 2 000 多个大中城市。

【油菜生物柴油】(rape biological diesel oil) 以油菜子为主要原料生产的生物柴油。相对于矿物柴油而言,生物柴油是通过植物油脂脱甘油后再经过甲脂化而获得的。其优点是:(1)可再生。(2)优良的环保特性,不含硫和芳香族烷烃,使得二氧化硫、硫化物等废气的排放量显著降低，其降解性高于矿物柴油。(3)可被柴油机和柴油配送系统直接利用。生物柴油在石油能源的替代战略中具有核心地位。作为生物柴油的理想原料，油菜具有独特的优势：适应范围广，发展潜力大。油菜的化学组成与柴油很相近。

油菜生物柴油

【油回火弹簧钢丝】(oil tempered spring wire) 用于制造弹簧的油淬火-回火钢丝。在生产过程中，实际上是用油淬火而不是用油回火。油回火是行业上公认的简称。弹簧厂可以直接使用油回火弹簧钢丝卷制弹簧，省去制成弹簧后再进行淬火-回火的工序。弹簧是一种常用的弹性工作原件，也是各种机械设备和仪器仪表上的基础零件。它在周期性弯曲、扭转交变应力下工作，能产生较大的弹性变形，因而能把机械能或动能转变为变形能，或把变形能转变为动能、机械能。它适用于缓冲或减震、机械的储能以及控制运动方向，如气门、离合器、制动器和调节器。弹簧在各种工业领域及人们日常生活中具有无法取代的作用。制造弹簧的主要原料是弹簧钢丝。按照生产工艺的不同可分为：冷拉、退火、油回火弹簧钢丝。按照化学成分的不同可分为：碳素、合金及不锈钢弹簧钢丝。按照用途的不同可分为：非机械弹簧钢丝、机械弹簧钢丝、气门弹簧钢丝。使用中对弹簧的要求是：尺寸精度高，抗松弛性能好，疲劳强度高。这就对弹簧钢丝的弹性和韧性提出了相应要求。油回火弹簧钢丝具有冷拉弹簧钢丝同样的强度和韧性，但其疲劳强度以及较高工作温度下的抗松弛性能要比冷拉弹簧钢丝好得多。因此，世界各国都把油回火弹簧钢丝作为制造高应力气门弹簧、轿车悬架弹簧的主要原料。油回火弹簧钢丝的生产过程是：将钢丝冷拉到所需尺寸后，通过加热到淬火温度，获得奥氏体组织，然后用油作为淬火剂淬火为马氏体，再回火为屈氏体型的回火马氏体组织。最初的油回火弹簧钢丝以碳素钢为主，后来出现了低合金钢。CrSi 钢和 CrV 钢是目前普遍使用的材料。对其主要要求是：合金成分和钢的洁净度，即杂质元素含量、气体含量和非金属夹杂物的种类及尺寸大小。

油回火弹簧钢丝

【油料作物】(oil crops) 采收种子榨取油脂为主要用途的一类作物。如油菜、花生、向日葵、芝麻、大豆、胡麻、红花、蓖麻、海甘蓝等。从油料作物中提取的油可作食用和工业用两类。食用植物油有较高的营养价值，可供给人类所需的不饱和脂肪酸。它们组成成分中的某些脂肪酸(如亚油酸)是动物油脂所不能代替的。植物油富含维生素 A、维生素 D 和维生素 E，易被人体吸收。其中亚油酸有降低血清胆固醇的作用。植物油脂在国民经济中占有很重要的地位。主要用于食品、纺织、机械、冶炼、制皂、油漆、橡胶、塑料、制革及医药等行业。提取油脂后的饼粕，可用做饲料、肥料和工业原料。

【油品管道】(oil pipeline) 又称输油管道。输送原油、成品油的管道。由连接成线的钢管、输油站、储油库等组成。输油站包括增压站、加热站、热泵站、减压站和分输站等。按所输油品的不同可分为原油管道和成品油管道。原油管道输油是原油运输的主要方式。原油管道输油的方法，按原油性质的不同可分为等温输送和加热输送。低凝固点、低黏度的原油常用等温输送方法。易凝易黏油品则须加热输送。成品油管道输送的成品油主要是汽油、柴油、航空煤油、民用液态燃料等。输油方法多采用油品顺序输送方法。即在一条管道中，按一定顺序连续输送多种油品。油品输送顺序的排列原则是相邻油品的基本物理化学性质相近，以减少混油量。成品油管道运输的油量大，交油点多，因此管道起点段的管径较大，经多处交油分输以后，输油量减少，管径则随之减小形成成品油管道多级变径的特点。

油品管道

【油品输送开式流程】(open flow of products transportation)) 每个中间泵站有不少于两个油罐的一种油品输送流程。上站来油先进入收油罐，再进入发油罐，使上站来油压力泄为常压，站内油泵从发油罐抽油输往下站。收发油罐可互相倒换使用，借此调节上下游泵站输量的不平衡，并可用于计量各站的输油量。开式流程的各泵站只为站间管道提供压力能，不能调制各泵站的压力。

【油品输送密闭流程】(close flow of oil

products transportation） 中间泵站不设油罐，上站来油直接进泵，沿管道全线的油品在密闭状态下输送的一种油品输送流程。全线各泵站是相互串联工作的系统，所以各站输量相等。同开式流程相比，油品输送密闭流程的优点是：简化了泵站流程，便于全线集中监控，避免油品在常压油罐中的蒸发损耗，减少能量损失。站间的余压可与下站进站压力叠加。在所要求的输量下，可统一调配全线运行的泵站数和泵机组及组合，最经济地实现输油。但密闭流程运行时，任何一个泵站或站间管道工作状况的变化，都会使其他泵站和管段的输量和压力发生变化。这就要求管道、泵机组、阀件、通信和监控系统有更高的可靠性。

【油品顺序输送】（deliver oil peodtcts in batches） 在一条管道中按一定顺序连续输送多种油品的管道输油工艺。顺序输送的油品主要是汽油、煤油、柴油等轻质油品类，以及液化石油气类和重质油品类。同类油品中不同规格或不同牌号的油品，也可按批量顺序输送；不同油田、不同性质的原油，按照炼制要求也可以采取分批顺序输送。根据油品顺序输送的要求，不同的油品之间可以用隔离器或隔离液隔离的方法输送，也可以用相邻的不同油品直接接触的方法输送。这两种方法都会产生混油现象。采用何种方法，由管道的起伏条件和允许混油量等而定。多种油品采用顺序输送与采用多条单一油品管道输送相比，具有明显的经济效益，且产生的混油可以采取技术措施予以处理。因此，油品顺序输送已成为成品油长距离管道输送的主要方式。

【油气勘探工程】（petroleum exploration engineering） 为查明地下油气分布规律而进行的地质勘探施工作业。由以下要素构成：(1)勘探区域。在多数情况下都须经过对土地拥有主权的国家或法人的准许，并完成相应的法律手续。(2)勘探者。应具有必备的专业知识、技能和资质，并要有坚实的石油地质学基础。(3)资金。保证能够完成整个勘探活动。在一般情况下，越到勘探后期资金的需要量越大。(4)勘探设备。由于涉及工种、工序、工艺众多，许多专用设备仅在勘探的一定阶段使用，拥有专业设备和专门技术力量的专业施工队伍是高效勘探活动的保障。此外，油气勘探工程是一个逐渐深入的认识过程，它的施工周期常常需要数年至十数年的时间，有时甚至会更长。

【油气运移】（oil and gas migration） 油气受到某种动力驱使在岩层内发生的流动。液态与气态烃类在地壳中的运动与运移可呈连续油相、扩散相、气溶相、油溶相、水溶相以及混合相态，沿岩石的孔隙、裂隙、断裂和整合面等通道渗流，或者呈现分子状态在各种气、液、固体介质中扩散。驱使油气运移的自然营力主要有静岩压力、地应力、浮力、水动力、毛细管力、分子扩散力等。油气运移的历程，包含自烃源层向输导层的运移（初次运移）以及经输导系统向储集层圈闭部位运移、聚集（二次运移）的全过程。其运移方向总是沿着阻力最小的途径，从高势能区向低势能区运移。按其与输导层（储集层）关系的不同，可将油气运移分为垂向运移（穿层运移）与侧向运移（顺层运移）。烃类的运移可导致石油与天然气的聚集，形成油气藏；也能引起烃类的分散，破坏油气藏。实际上油气藏是油气聚集与分散动态平衡过程的产物。

【油气钻探】（oil and gas drilling） 又称石油天然气钻井。以油气勘探和油气开采为目的而开展的钻探工作。由于油气的勘探与开采都是利用钻井的方法，因此钻探与开采钻井是不区分的。油气藏开发的前期以探明油气田构造的规模和范围、油气地质条件、油气层的物理性质、油气的物理化学品质以及油气储量为主，因此钻探主要以勘查油气资源为目的。油气田进入开发生产阶段，钻探工作主要以钻进油气生产井为目的，进行大规模的油气井钻探。与此同时，仍然要进一步进行物探测井和钻井地质工作。油气钻探井深及井径均较大，井深最浅 1 000m，最深 9 000m 以上，终孔孔径可达 142～190mm。因而油气钻探钻井设备功率大，设备复杂。油气钻探都是采用转盘式回转钻进，大多数情况下使用牙轮钻头和刮刀钻头进行不取心钻进（生产井）。在极硬地层中有时也使用金刚石钻头钻进。在油气田探井施钻时，在油气地层中使用筒式取心钻头部分取心，在非油气地层中不取心或少取心。

【油溶性树脂】（oil-soluble resin） 能溶于植物油中的天然树脂和合成树脂。油溶性天然树脂包括松香和达玛树脂、008009 树脂等。后者需经高温处理后才能溶解。油溶性合成树脂包括改性油溶性酚醛树脂和纯油溶性酚醛树脂。此外，还有香豆酮－茚树脂、石油树脂和萜烯树脂等。是制造清漆的重要原料。

【油田开发地质学】（petroleum development geology） 又称油矿地质学。为合理开发油田而进行的各种油田和油气层的地质研究的学科。其主要内容包括：(1)通过钻井系统地收集地下地质、地球物理及地球化学等资料，研究油田的地层剖面、构造形态、油气藏类型及油、气、水的分布规律和性质。(2)通过岩心分析、电测井曲线和试油作业,研究油层物性及其变化规律。(3)通过油井试采(或生产性试验)对油层驱动方式、生产能力以及注水(气)井的吸收能力进行研究。(4)计算油、气的储量。(5)根据以上资料,研究和编制油田开发方案。(6)在开采过程中进行油田、油井的动态分析,以保证油田和油井长期稳产、高产。(7)研究增产、增储措施,提高油,气产量和采收率。(8)有关油田的其他地质工作。

【油条】(fried twisted stick) 一种长条形油炸面食。其材料通常包括高筋面粉、膨松剂、泡打粉和盐等。将面粉发酵后,揉搓成长条状,然后放到油锅中炸至金黄色。常用做早点。传统油条是用明矾作膨松剂。无论是明矾本身,还是产生的氢氧化铝,都含有铝元素。铝是一种低毒、非必需的微量元素,是引起多种脑疾病的重要因素。可使脑内酶的活性受到抑制,使精神状态日趋恶化。过量摄入可导致老年痴呆。因此,经常食用有损身体健康。

油条

【油页岩】(oil shale) 一种棕色至黑色纹层状页岩。含液态及气态的碳氢化合物,含油率一般为4%~20%,最高可达30%。质轻,具油腻感,用指甲刻画时,划痕呈暗褐色;用小刀沿层面切削时,常呈刨花状薄片;用火柴点燃时冒烟,具油味。据以上特征可区别于炭质页岩。油页岩主要是低等生物遗体及黏土物质在闭塞海湾或湖泊环境中埋藏后,在还原条件下转化形成。其成分从黏土矿物组成的页岩到泥灰岩甚至碳酸盐岩,但不包括砂岩。成岩时代从前寒武纪直到新近纪都有。沉积岩相有浅海、湖泊、沼泽、泻湖相等。油页岩中的有机质必须大于5%以上才有工业价值。构成这些有机质的主要成分是固态的不溶解的干酪根,可溶性天然烃类极少或没有。油页岩中的干酪根和生油岩中的干酪根没有明显差别。但是,油页岩中只含腐泥型或腐泥-腐殖混合型干酪根,不含有与高等植物演变有关的腐殖型干酪根。世界上油页岩的储量很大,是一种潜在的巨大能源。

油页岩

【油炸方便面】(fried instant noodles) 与非油炸方便面相对应。以小麦粉为主要原料,添加其他谷物粉、水、食用盐或食品添加剂等,经调制、成型和油炸,达到一定熟化度,用沸水泡制后食用或直接食用的面条类方便食品。其工艺流程是:精粉、辅料、水→配料→混合→搅拌→复合→压延→蒸煮→油炸→冷却→拣选→加汤料包装→入库。其质量标准有:(1)感官指标。色泽光亮,透明度较好,有弹性,韧性,口味鲜美,无杂质,不碜牙,无异味和烹调性好(煮、泡3~5min,不夹生,无明显断条现象)。(2)理化指标。水分2.35%,酸值(以脂肪含量计)1.6%,α度92.11,复水时间2.5min,盐分0.94%,含油量21%和过氧化值(以脂肪含量计)0.21%。(3)卫生指标。细菌总数≤3 000个/克,大肠菌群≤70个/100克,病菌(肠道致病菌和致病性球菌)不得检出。其特点是干燥速度快(大约70s完成干燥),糊化度高(淀粉糊化率≥85%),复水性良好,方便且具有油炸香味。由于产品含有20%~24%的油脂,成本高。经过一段时期储存后,会产生氧化酸败现象和油腻味,使产品口感和滋味明显下降。

【油炸机】(frying machine) 在食品生产过程中用于油炸脱水的设备。由油炸主机、油加热系统、循环用油泵、过滤器和储油罐等部分组成。按其油炸压力的不同可分为:(1)常压油炸设备。按其加热热源的不同可分为电加热式、燃气式、燃油式和蒸汽加热式等;按其操作工艺的不同可分为间歇式油炸机和连续式油炸机。(2)真空油炸设备。常用的真空油炸设备有间歇式真空油炸设备、连续真空油炸设备和双锅交替式真空油炸设备等。(3)高压油炸设备(压力炸锅)。指在1个大气压以上的压力下,炸制各种中式食品和西式食品的设备。

连续式油炸机

【油炸膨化食品】(cracker) 以谷类、薯类或豆类等为主要原料,经食用油煎炸膨化而制成的食品。通常要预先用一定的工艺方法制成半熟的食品毛坯。一般是挤压未膨胀的半成品和用其他的成型工艺方法制成半熟的食品毛坯。半成品经干燥后利用食用油油炸、冷却和包装后得到成品。该法是利用油脂类物质作为热交换介质,使被炸食品中的淀粉糊化、蛋白质

油炸膨化食品

变性以及水变成蒸气从而使食品熟化,并使其体积增大。按其操作温度和压力的不同可分为:高温油炸膨化食品和低温真空油炸膨化食品。高温油炸膨化的油温一般在160~180℃,最高不超过200℃。按其产品类型的不同可分为:(1)风味型。即主要加入各种调味料制成的海鲜味、肉味、果味等不同风味的膨化食品。(2)营养型。即主要强化各种营养素提高产品营养价值。具有生产工艺简单、家庭烹制方便、口感佳、易于消化吸收、老幼皆宜等特点。但因脂肪含量较高,且食品成分变性等,不宜多吃。

【油炸食品】(fried food) 利用油脂作为热交换介质,使被炸物品成为改善风味、提高营养价值、赋其金黄色泽的食品。被炸食品中的淀粉糊化,蛋白质变性,水分以蒸气形式逸出,使食品具有多孔性,具有酥脆或外表酥脆的特殊口感。同时由于食品中的蛋白质、碳水化合物、脂肪及一些微量成分在油炸过程中发生化学变化而产生特殊的风味。油炸是一种较古老的烹调方法。油炸可以杀灭食品中的微生物,延长食品的货架期,同时,可改善食品风味,提高食品营养价值,赋予食品特有的金黄色泽。经过油炸加工的产品具有香酥脆嫩和色泽美观的特点。油炸既是一种菜肴烹调技术,又是工业化油炸食品的加工方法。在高温下煎炸的某些食品中,含有一定量的有致癌作用的丙烯酰胺等有害物质。

油炸食品

【油脂】(oil and fat) 又称脂肪。脂肪族羧酸与甘油所形成的甘油三脂肪酸酯。有油腻性。在动植物界中分布极广。在室温下呈液态的称为油,如豆油、花生油。在室温下呈固体或半固体的称为脂,如可可脂。按其来源的不同可分为植物油、动物油和鱼油等。液态油类按其在空气中能否干燥可分为:干性油、半干性油和非干性油三类。除三甘油脂外,并含有少量游离脂肪酸、磷脂、甾醇、色素和维生素等。化合态的或游离态的脂肪酸,有饱和的如月桂酸、软脂酸、硬脂酸等;有不饱和的如油酸、亚油酸、亚麻酸等。油脂一般不溶于水,溶于有机溶剂如烃类、醇类、酮类、醚类和酯类等。在较高温度,有催化剂或有解脂酶存在时,经水解而成脂肪酸和甘油。与钙、钾、钠的氢氧化物经皂化而成金属皂和甘油。按其发生化学反应的不同可分为:卤化、硫酸化、磺化、氧化、氢化、去氧、异构化、聚化和热解等。广泛用于食用、制造肥皂、脂肪酸、甘油、油漆、油墨、乳化剂、润滑油等。其制法有:压榨法、溶剂提取法、水代法和熬煮法等。所得的油脂可按不同的需要,用水化脱磷脂、干燥、脱酸、脱臭、脱色、脱蜡等方法精制。

【油脂伴随物】(accompaniment of oil and fat) 伴随在油脂中的非甘油三脂肪酸酯的统称。包括类脂物和非类脂物两大类。类脂物有:磷脂、甾醇及甾醇脂、蜡、色素、维生素E和其他油溶性维生素。非类脂物有:游离脂肪酸、脂肪醇、棉酚、气味物质、含硫化合物和其他类脂化合物等。这些物质主要由种子成熟时积累形成的或在制油过程中带入油脂中的。食用油脂中的伴随物主要有:磷脂、甾醇、生育酚等。这些物质具有较强的生理活性和保健功能。

【油脂储藏】(storage of oil and fat) 又称油品储藏。根据不同生态区域环境条件,采取适当措施保持油脂应有品质的过程。其技术原理是防止油脂的氧化和水解。其主要技术手段是控制储藏条件、添加抗氧化剂等。其关键是防止酸败变质。常用的手段主要有:(1)严格控制油脂入库质量。(2)保证装具清洁、不渗漏。(3)合理灌装。(4)密封静置。(5)合理堆放。(6)储油场所要求没有日光直接照射、干燥和清洁。常用的方法主要有:常规储藏法、抗氧化剂储藏法、抽真空储藏法、惰性气体储藏法和低温储藏法等。

【油脂化学】(fat chemistry) 研究有关油脂的结构、组成、性质、合成及其应用的学科。油脂是天然有机化合物,主要成分是各种高级脂肪酸的甘油酯。通常把在室温下呈液态的称为油,呈固态或半固态的称为脂肪。动物的脂肪组织和油料植物的籽核是油脂的主要来源。油脂、蛋白质和碳水化合物组成自然界的三大营养成分。脂肪中含高级饱和脂肪酸的甘油酯较多,而油中含高级不饱和脂肪酸的甘油酯较多。天然油脂大都是混合甘油酯。油脂有四大作用:(1)为人体提供热量。(2)提供人体自身无法合成的必需脂肪酸(亚油酸、亚麻酸等)。(3)供给脂溶性维生素(包括维生素A、D、E、K)。(4)改善食品风味和制作性能(烘焙用油、麻油香味等)。

【油脂精炼】(vegetable oil refining) 对毛油进行精制的技术。毛油经脱胶、脱酸、脱色、脱臭、脱磷、脱蜡等精制工艺,将不需要的和有害的杂质从油脂中除去,制得符合国家标准的各级食用油、工业用油。根据操作特点和所选用原料的不同,油脂精炼的方法可大致分为机械法、化学法和物理化学法三种。

【油脂模拟品】(oil and fat mimics) 以碳水化合物或蛋白质为基础成分,以水状液体系来模拟被代替的油状液体系的产品。它与油脂替代品完全不同。其类型有:(1)以蛋白质为基质的油脂模拟品。这种油脂模拟品是以乳清蛋白、卵清蛋白、大豆蛋白和微粒化蛋白等蛋白质为原料,经物理、化学处理所得到的能与水形成柔软细腻凝胶的,以水乳液体系来模拟出油脂润滑柔软、口感细腻的油状液体系。该类产品主要用于冷冻食品、乳制品、人造奶油等。(2)以碳水化合物为基质的油脂模拟品。这种油脂模拟品是以碳水化合物为原料,经物理、化学处理所得到的能与水形成柔软细腻凝胶的,以水乳液体系来模拟出油脂润滑柔软、口感细腻的油状液体系。这种类型油脂模拟品已成功地用于低脂食品,特别是冰淇淋。

【油脂氢化】(oil hydrogenation) 在镍、铜等催化剂的作用下,将氢加成到甘油三酯的不饱和脂肪酸双键上的反应过程。其目的是:(1)使液体油转变为半固体或塑性脂肪,以制成起酥油、人造奶油等特殊用途油脂的基料油。(2)提高油的氧化稳定性,防止氧化酸败。根据油脂加氢反应程度的不同,氢化分为轻度氢化和深度氢化。氢化的程度一般用油脂的碘价表示。由于碘价和油脂的折射率有很高的相关性,所以工业上多采用折射率测定法来检测油脂氢化的程度。氢化工艺的关键是要注意预防催化剂中毒。催化剂中毒后催化活性会显著降低。必须预先设法除去引起催化剂中毒的物质。油脂经过氢化会产生大量的反式脂肪酸,食用后会增加患冠心病及血栓的危险性。

【油脂水解型酸败】(grease hydrolytic rancidity) 又称脂肪酸型酸败。油脂在一些酶或微生物的作用下,水解并形成一些具有异味的酸而使其变质的现象。因油脂或食物中的脂肪水解酶霉菌所产生的脂肪水解酶的作用而引起的酸败。酸败后生成丁酸、乙酸、庚酸和辛酸等低分子脂肪酸。如油脂水解酸败后,产生挥发性脂肪酸,其气味与味道令人不快。

【油脂酸败】(rancidity of fat) 油脂在储藏期间受到空气、水分、光照、温度、杂质和某些金属的作用产生不良气味甚至败坏变质的一种现象。其主要原因是:不饱和脂肪酸的双键被空气中的氧氧化,生成过氧化物,并进一步分解生成了具有刺激性气味的醛、酮、酸等物质。油脂酸败后,色泽变深,透明度降低,酸价增高,沉淀物增多,严重降低了食品卫生的安全性。防止油脂酸败的措施有:(1)毛油精炼。严格控制油中水分。(2)防止油脂自动氧化。贮存应注意密封、隔氧和遮光,加工和贮存过程中应避免金属离子污染。(3)应用油脂抗氧化剂。这是防止食用油脂酸败的重要措施。常用的抗氧化剂有丁基羟基茴香醚、二丁基羟基甲苯和没食子酸丙酯、柠檬酸、磷酸和酚类抗氧化剂,特别是维生素 E 与 BHA(丁基羟基茴香醚)、BHT(2,6 - 二叔丁基对甲酚)具有协同抗氧化作用。

【油脂替代品】(substitute of oil and fat) 具有类似日常食用油脂的物理和化学性质,可以替代脂肪的一类以脂肪酸为基料的酯化产品。脂肪作为食品的主要成分之一,在提供能量的同时亦存在着对健康的潜在威胁。油脂替代品由于其分子内的酯键能抵抗人体内脂肪酶的催化水解而不易被人体吸收。其能量较低或完全没有能量。同时又具有与脂肪相类似的物理特性,使食品保持了许多脂肪所提供的风味和结构性状,能维持食品体系的亲油性,故不会影响风味物质的分布和释放。它可以替代脂肪而不影响口感,应用于煎炸、焙烤等食品中。

【油脂透明度】(grease transparency) 油脂透过光线的能力。反映油脂纯度的重要感官指标之一。纯净的油应是透明的。用比色管观察所得。以"透明"、"微浊"、"混浊"表示。品质合格的油脂在规定的温度下,应该是澄清透明的。油脂中含过高的水分、磷脂、皂角、蛋白质等杂质均能影响其透明度。高品质食用油无沉淀和悬浮物,黏度较小。沉淀物俗称油脚,主要是杂质,在一定条件下沉于油的底层。购油时应选择透明度高、色泽较浅(芝麻油除外)、无沉淀物的油。若有分层现象则很可能是掺假的混杂油。优质的植物油静置 24h 后,应该清晰透明,无沉淀。

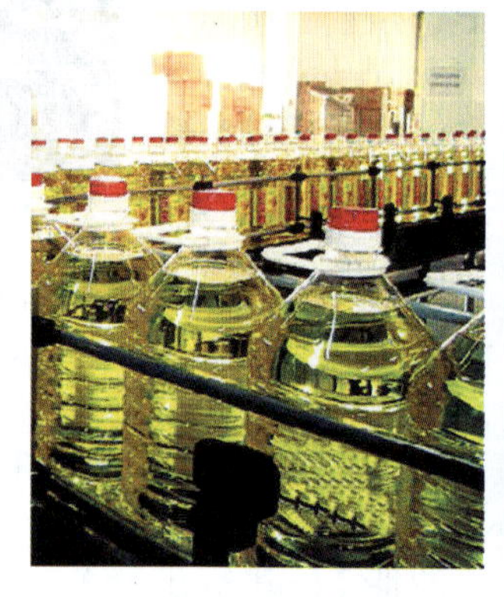
油脂透明度

【油脂脱臭】(fat deodorization) 在油脂精制过程中将其经脱酸、脱色后残留带有异味的物质予以去除的工艺过程。纯净的油脂无味。但油脂中还含有酮类、醛类、烃类等非油脂的成分,使油脂带有人们所不喜欢的气味,统称臭味。通过脱臭处理可以消除这些臭味。脱臭的方法有真空蒸汽脱臭法、加氢法、气体吹入法、聚合法和化学法等多种。工业上应用最广泛的是真空蒸汽脱臭法。在脱臭工艺完成后,整个油脂精炼过程就完成了。油脂的颜色,由深逐渐变浅,油脂的清澈度逐渐提高。

【油脂脱色】(vegetable fat bleaching) 除

去油脂中的色素以改善油脂色泽和提高品质的工艺过程。纯粹的油脂液体是无色的。常见油脂的颜色是由于含有各种色素成分所致,如叶绿素、胡萝卜素等。这些色素的存在影响了油脂的外观和油脂的用途,因此,需进行脱色处理。脱色方法有吸附、萃取、氧化加热等多种。工业上应用最广泛的是吸附脱色法。常用的吸附剂有中性土、活性白土、合成硅酸盐、硅土凝胶、活性炭等。经过吸附法脱色的油脂,不但达到了脱色的效果,而且除去了其中的不纯物质,如过氧化物、残留的少量皂角和磷脂。

【油脂烟点】(grease smoking point) 油样在避风情况下加热,至开始出现稀薄连续的蓝烟时的温度。是反映成品油脂中低分子挥发物质含量高低及脱臭操作强度的指标。用专用仪器测定。其测定方法是:(1)样品被加热后产生烟雾,当观测到有少量、连续带蓝色的烟(油脂中热分解物)时,温度计指示的温度即为烟点。(2)在样品被快速加热到150℃时,再5~6℃/min的升温速度匀速升温,在升温过程中产生的初次连续蓝烟进入光电烟雾检测器后,对检测器发出的光线产生特征反应,使检测器产生响应,进而测得准确的烟点。

【油脂氧化型酸败】(grease oxidative rancidity) 脂类中的不饱和脂肪酸在其双键处被氧化而引起的酸败。油脂在空气中氧气的作用下产生氢过氧化物。按其产生途径的不同可分为:(1)自动氧化。氧化反应是游离基的连锁反应。其酸败过程可以分为诱导期、传播期、终止期和二次产物四个阶段。氢过氧化物在光、热和酸等影响下,生成的第二次产物(如醛类、酮类、酸类、醇类、环氧乙烷和碳氢化物等)或聚合为聚合物。(2)光氧化。是不饱和脂肪酸与单质态氧直接发生氧化反应。(3)酶促氧化。自然界中存在的脂肪氧合酶,可以使氧气与油脂发生反应而生成氢过氧化物。油脂氧化不仅会导致油脂酸败变质,而且会使致植物蛋白饮料饮用性下降,所以必须采取密封、避光等措施,防止油脂氧化型酸败。

【油脂植物资源】(oil and fatty plant resources) 体内含有油脂的一类植物。植物体内的油脂属于各种脂肪酸甘油酯的混合物,但主体部分是甘油酯。此外,还有少量的非甘油酯类化合物,如黏蛋白、色素、蜡、维生素和磷脂等。构成植物性油脂的脂肪酸种类较多,但主要是不饱和脂肪酸中的油酸和亚油酸。油脂不仅是人类食物的主要营养物质之一,也是工业的重要原料,可直接用于榨油、制蜡烛等。在中国丰富的植物资源中,油脂植物资源近千种,隶属于100多个科。其中尤以樟科、大戟科、芸香科、豆科、蔷薇科、菊科、山茶科、忍冬科、卫矛科、十字花科等包含的油脂植物种类最多,含油率也较丰富,其中有些种类含油率高达50%以上,多数可作工业用油,有的可供食用,也有的可以入药。

油脂植物资源

【铀的水冶】(uranium hydrometallurgy) 从矿石中将铀浸出,由固相变为液相,再用物理化学方法使其浓缩、纯化而得到铀产品的工艺过程。有工业价值的铀矿是沥青铀矿和晶质铀矿。对其进行水冶的工序包括:(1)对精矿进行焙烧。焙烧方法包括:①氧化焙烧。在氧化气氛中焙烧矿石,除去有机物和硫化物,使杂质转变为难溶状态,并将矿石中的铀从难溶状态转变为易溶状态。②加盐焙烧。将矿石和 $NaCl$、NaF、Na_2SO_4 等盐类混合后焙烧,适宜处理含铀共生矿石,浸出效果好;③硫酸化焙烧。将矿石在含有 SO_2 的气氛中进行焙烧,生成硫酸盐后浸出;④氯化焙烧。将矿石与氯化剂混合或通入氯气进行焙烧,焙烧温度高于所生成氯化物的沸点,使生成的氯化物以气态挥发,与脉石分离。(2)浸出。不同类型的矿石伴生不同的脉石,需采用不同的浸出工艺。如硅酸盐用酸浸出,碳酸盐用碱浸出。用酸或碱的水溶液使铀从矿石中选择性地进入溶液,尽可能只让铀溶解而杂质不溶解。浸出的方法包括:渗滤、搅拌、加压液态化逆流、拌酸熟化等。(3)浸出后用浓密机或螺旋分级机等进行固液分离。(4)离子交换。又称树脂交换。将浸出液中的铀提取出来,获得纯度较高的铀化学浓缩物。(5)萃取。加入有机溶剂,与水溶液分成两层,有明显界面。金属离子从水相转移到有机相。与水中的杂质分离,达到浓缩、纯化的目的。一般用磷酸三丁酯作为萃取剂。(6)反萃取,使铀从有机相回到水相。然后电解还原成铀的水冶产品。水冶产品包括:化学浓缩物,主要有 $(NH_4)_2U_2O_7$、$Na_2U_2O_7$、MgU_2O_7;核纯产品,主要有 $(NH_4)_2[UO_2(CO_3)_3]$、UO_2、无水 UF_4 产品。(7)用金属钙或镁还原 UF_4 最终得到金属铀。金属铀和纯的 UO_2 均可作为核燃料。制成一定尺寸的棒或块即可投入反应堆使用。

【铀矿床】(uranium deposit) 地壳中铀矿物或含铀物质集合体的质和量能满足工业要求的地质体。是在一定地质作用下形成于地壳中某些特定的地质环境内,是在当前的经济和技术条件下能被经济地开采和利用的铀矿资源。根据铀矿床的某些共同地质特征，如容矿主岩、形成机制（成因）、控矿构造、蚀变、矿物共生组合等，可将铀矿床划分成若干类型。按矿床成因的不同可分为内生铀矿床和外生铀矿床。按矿床成矿环境、容矿主岩、成矿特征的不同可进一步进行细分。中国铀矿床划分为花岗岩型、火山岩型、炭硅泥岩型和砂岩型四个类型。铀矿床的概念是动态的，随着社会经济和科学技术的发展以及人们对矿物原料需要量的变化，铀矿床的范畴也在不断变化。一些过去没有使用价值的岩石或低品位矿石，现在可能已成为经济可采的铀矿床。

【铀－铅法】（uranium－lead dating method） 测定同位素地质年龄值的一种方法。主要根据对铀同位素（^{2}38U和^{2}35U）衰变为铅同位素（分别为^{2}06Pb和^{2}07Pb）的过程进行定量分析，计算出地质体或地质事件的形成时间。铀－铅法测定的地质年龄值由于有自检性，比较可靠。利用铀－铅法测定地质年龄值的适宜矿物主要为岩石中含铀、钍而普通铅含量很低的副矿物，以锆石为主。目前用独居石、钛铁矿、榍石也可进行铀－铅法地质年龄值测定。

【鱿鱼】（squid） 又称柔鱼、枪乌贼。头足纲，二鳃亚纲，十腕目，枪乌贼科。目前市场看到的鱿鱼有两种：一种是躯干部较肥大的鱿鱼，称为“枪乌贼”；一种是躯干部细长的鱿鱼，称为“柔鱼”。小的柔鱼称为“小管仔”。鱿鱼属软体动物类。体圆锥形。体色苍白，有淡褐色斑。身体分为头部、很短的颈部和躯干部。头大。头部两侧具有一对发达的眼和围绕口周围的腕足10条，有二腕延伸为细长的触手，尖端有4行吸盘，内有角质环。体表为坚韧而柔软的外套膜，内埋有骨质内壳，眼几乎与人眼一样复杂，位于头部两侧。尾端的肉鳍呈三角形。常活动于浅海中上层，垂直移动范围可达百余米。以磷虾、沙丁鱼、银汉鱼、小公鱼等为食。本身又为凶猛鱼类的猎食对象。广泛分布在大西洋、印度洋、太平洋各海域。生产枪乌贼的主要捕捞国为泰国、中国、菲律宾和越南；其总渔获量约占世界枪乌贼科总渔获量的60%。

鱿鱼

【游离小孢子培养】（dissociating microspore culture） 不经过任何形式的花药培养，直接从花蕾或花药中获得游离的、新鲜的小孢子群体而进行培养的方法。小孢子是高等植物生活史中雄配子体发育过程中短暂而重要的阶段，是减数分裂后四分体释放出的单核细胞。通过小孢子培养可以得到单倍体再生植株。这是进行单倍体相关遗传研究及遗传转化的理想材料。加倍以后得到的双单倍体（DH）纯系是遗传育种的重要种质资源。由DH系构成的DH群体是理想的永久性作图群体。科学研究发现，单核晚期和双核早期是培养小孢子诱导发育成胚的最佳时期。培养小孢子圆形和椭圆形态是游离小孢子培养中的一个关键特征。对不同基因型的大白菜品种（系）进行游离小孢子培养的结果表明，不同的基因类型其胚诱导效率差异很大。对大白菜游离小孢子培养中温度处理的作用机制、最佳温度选择及处理时间试验结果表明，高温处理能够防止小孢子沿自然发育途径发育成椭圆形成熟花粉粒。通过高温改变诱导其发育途径，转化为胚胎发生，最后产生小孢子胚。不同温度和不同时间处理的胚诱导效率比较表明：大白菜游离小孢子培养，以35℃处理24h胚诱导效果最佳。

【游离氧吸收剂】（free oxygen absorbent） 见脱氧剂。

【游离脂肪酸】（free fatty acid） 脂肪水解的产物。油脂或含油脂较多的食品，因储藏条件不适，均可引起脂肪水解。脂肪中含水，在光照、加热和催化剂的作用下，可加速水解过程。除化学水解外，还有生物化学和微生物学水解，由酶的作用所致。游离脂肪酸的形成是油脂酸败的先决条件。游离脂肪酸含量的增加，会使脂肪发烟点和燃点降低，有酸败味，乃至产生臭味。脱水、避光、低温贮存是防止脂肪水解酸败的重要措施。

【游憩林】（recreational forest） 具有适合开展游憩的自然条件和相应的人为设施以满足人们娱乐、健身、疗养、休息和观赏等需求为目标的森林。森林风景的美学价值是森林游憩功能的基础。它包含在游憩价值之中。游憩林所看重的是森林的可及性，即重点放在“好用”上。

游憩林

【有坝取水】（diversion headworks with dam） 设置壅水坝或拦河闸控制河道水流，抬高水位，保证渠首引水的取水枢纽。一般适用于河道流量能保证引水量要求，而水位低于设计引水位的情况。当水位能满足要求时，为保证较大的引水比，缩短干渠长度，壅高上游水位以改善航运条件，形成上下游水头差以利发电或冲沙，以及为两岸取水创造有利条件等目的，也可采用有坝取水。有坝取水枢纽通常由壅水坝（或拦河闸）、进水闸、冲沙闸及冲沙槽等壅水、取水及防沙设施组成。在有通航、发电、过木、过鱼等综合利用要求的枢纽中，还应根据需要设置船闸、水电站、筏道、鱼道等专门建筑物。有坝取水常用的布置型式是：（1）应用弯道环流防沙的人工弯道式取水。（2）利用含沙量沿水深垂直分布不均匀规律进行表层取水和底层排沙的分层式取水。（3）利用壅水沉沙、泄水冲沙以减少入渠沙量的沉沙槽式取水。（4）利用栏栅的筛析作用防沙的底栏栅式取水等。

有坝取水

【有毒动植物中毒】（venomous animals and plants poisoning） 食入有毒动物性和植物性食品引起的食物中毒。多由以下情况引起：（1）某些动植物在外形上与可食品相似，但含有天然毒素。（2）某些动植物食品由于加工处理不当，没有去除不可食的有毒部分，或未去除其毒素而引起中毒。（3）食用了保存不当的食物。这类食物中毒一般发病快、无发热等感染症状；其中毒食品的性质有较明显的性状特征，通过进食史的调查和食物形态学的鉴定较易查明中毒原因。

【有毒气体检测】（toxic gas detection） 利用气体检测仪器对有毒气态物质浓度进行的测定。包括对人体有毒的气体和液体的蒸气。检测地点是人员工作场所，包括设备内部、地井、巷道等空间狭小的临时工作场所，即受限作业空间。作用是确认人员出现场所空气中有毒气体浓度是否超过职业接触限值及氧气浓度是否低于缺氧危险作业的标准值，避免人体中毒或缺氧窒息。

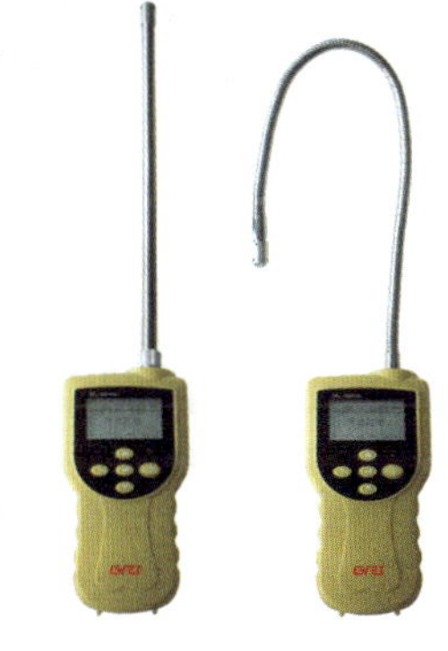
有毒气体检测仪

【有毒有害气体】（toxic and harmful gases） 与人体接触能对人身健康造成危害的气体。按其毒害性质的不同可分为：（1）刺激性气体。对眼和呼吸道黏膜有刺激作用的气体。最常见的有氯、氨、氮氧化物、光气（cocl2）、氟化氢、二氧化硫、三氧化硫和硫酸二甲酯等。（2）窒息性气体。能造成机体缺氧的有毒气体。如氮气、甲烷、乙烷、乙烯、一氧化碳、硝基苯的蒸气、氰化氢、硫化氢等。有毒有害气体对人体的危害取决于其性质、浓度、与人体持续接触时间、接触环境气象条件及人的劳动强度、年龄、性别和体质情况等。在工业生产过程中，有毒有害气体主要来来源是：（1）化学反应过程，如燃料的燃烧。（2）有害物表面的蒸发，如电镀槽表面。（3）产品的加工处理过程，如石油加工、皮革制造等。（4）管道及设备的渗漏，如炉子缝隙的渗漏和煤气管道的渗漏等。有毒有害气体须净化后才允许排入大气。常用的净化方法有燃烧法、吸收法和吸附法。其预防重点是：（1）改革生产工艺，提高生产设备的密闭性和生产过程的机械化、自动化、自动控制技术水平。（2）防止跑、冒、滴、漏，防止发生事故。（3）作好废气回收及综合利用。（4）设计合适的通风系统。（5）加强个人防护。

【有毒鱼类】（ichthyotoxin fishes） 具有毒棘或体内具毒素的鱼类。广泛分布于各热带、亚热带和温带海域，也见于淡水水域。有毒鱼类约1100余种，中国约有270余种。可分为毒鱼类、刺毒鱼类和皮肤黏液毒鱼类三大类。毒鱼类体内肌肉或内脏器官含有毒素。依据含毒部位和毒素性质的不同可分为：珊瑚礁毒鱼类、卵毒鱼类、胆毒鱼类等。刺毒鱼类具毒棘和毒腺，刺伤人体引起中毒，如毒鲉。皮肤黏液毒鱼类的皮肤有毒腺结构，大多为无鳞鱼，如鳗鲇。

有毒鱼类

【有功功率】（active power） 见平均功率。

【有害动物】（injurious animals） 能给旅馆、饭店、厨房以及食品加工企业、食品仓库等造成危害的啮齿动物和昆虫。前者如老鼠，不仅有破坏性而且是危险的传染源；后者如苍蝇及其他昆虫，包括家蝇、绿蝇、蟑螂、蚁、黄蜂、螨等也常被吸引到食品操作间。其中不少昆虫不仅将病原菌从垃圾或粪便带食品，引起食源性疾病，而且是造成储藏食品腐败的重要原因。其他如蚊、螨、臭虫等害虫也能传播人畜疾病。

【有害气体】（harmful gas） 在空气中的浓度超过正常值、持续时间超过空气自净所需时间而使空气质量恶化、对环境造成危害的气体。如工业废气、畜牧业粪便散发的气体、家庭装修中装修材料散发的气体等多为有害气体。空气中常见的有害化学气体包括二氧化硫、二氧化氮、一氧化碳、硫化氢、臭氧、甲醛、苯类及挥发性有机物等。

【有害气体中毒】(poisonous gas poisoning) 当大量的有毒有害气体在短时间内经过黏膜、呼吸道等途径进入人体后,使人体受损伤并发生功能障碍的现象。这些气体主要有一氧化碳、硫化氢、氯气等。它们主要对呼吸道黏膜、眼及皮肤有直接刺激作用。轻者表现为上呼吸道刺激或支气管炎症状,重者产生中毒性肺炎或中毒性肺水肿,甚或发展为呼吸窘迫综合征。其基本急救原则是:(1)清除毒气,将患者立即转移离开毒气污染的区域。(2)患者应安静休息,保持呼吸道通畅,必要时清除鼻腔、口腔内分泌物等,并给与充分的氧气吸入。(3)呼吸心跳停止,要立即作人工呼吸和胸外按压。(4)污染眼睛者,迅速用清水冲洗。(5)使用特效解毒药物。(6)经抢救处理病情平稳者,应尽快转送医院进一步治疗。

【有害生物综合治理】(integrated pest control) 以互不矛盾为原则,采用一切适当技术防治有害生物,使有害生物种群减少到经济损失允许水平以下的管理系统。综合治理是20世纪60年代首先由昆虫学家提出,而后逐渐被植保学界所接受并不断发展、完善起来的一个新概念。有害生物包括对农作物生产有害的各种害虫、真菌、细菌、线虫、病毒、害鸟、害兽、杂草和寄生杂草等。综合治理方法包括:农业、法规、生物、物理和化学等方法。这一管理系统中,植物有较高的产量,野生生物资源和植物生态环境不发生明显改变,对人类健康不造成危害,能使经济、社会和环境三个方面的总效益达到最优化的水平。

【有机宝石】(organic gemstone) 含有机质、在其形成过程中与动植物生命活动相关联的宝玉石。如与动物活动相关的珍珠、珊瑚、贝壳、象牙等,与植物生命活动相关的琥珀、煤精等。其主要成分可为有机质(琥珀、黑珊瑚),也可为无机质(珍珠、红珊瑚)。

有机宝石

【有机玻璃】(organic glass) 见聚甲基丙烯酸甲酯。

【有机茶】(organic tea) 一种按照有机农业的方法进行生产和加工的茶叶。在其生产过程中,完全不使用任何人工合成的化肥、农药、植物生长调节剂、化学食品添加剂等物质,并符合国际有机农业运动联合会标准,经有机(天然)食品认证机构颁发证书。有机茶叶是一种没有污染和纯天然的茶叶。有机茶也是中国第一个颁证出口的有机食品。到2002年6月份,中国共有158家企业获得有机茶中心认证,约占中国有机茶认证企业的80%。另外,还建立有机茶基地近400hm^2,有机茶的年生产量已经超过500t(其中以绿茶为主,部分为红茶及乌龙茶等)。

【有机肥料】(organic fertilizer) 能直接供给作物生长发育所必需的营养元素并富含有机物质的完全肥料。如粪尿肥、堆沤肥、绿肥、饼肥、草炭、海肥、杂肥等。这类肥料种类多,来源广,用量大,并含有植物所必需的各种营养元素、生物活性物质和有机胶体。施用有机肥料不但可补给或更新土壤有机质,培肥改土,而且还能为作物提供多种养分,从而提高产量,改善品质。但有机肥料养分含量低,碳氮比(C/N)较大,施入土中后分解慢,肥效迟缓,其中的氮素当季利用率低,在作物需肥最多的生育期有机肥还不能及时满足作物对养分的大量需要。因此,在农业生产中有机肥料与化学肥料一般配合施用。

【有机硅材料】(organic silicon material) 一种主链含有硅原子的高分子化合物。学名聚硅氧烷树脂。由于聚合度和相对分子质量的不同,有机硅材料的状态、性能和用途也不同。主要分为三类:(1)硅油。低相对分子质量线型结构聚合物,无色或浅黄色透明液体,具有高的沸点和低的凝固点,对热分解和对水或氧化剂特别稳定,无毒,无腐蚀性。可用作液压油、高级润滑油、表面处理剂、脱模剂和破乳剂,也可以用作纺织物处理剂、纸胶料和其他多种物质的防水剂,还是良好的电绝缘体。(2)硅橡胶。相对分子质量很大的线型结构聚合物。具有良好的电绝缘性(其击穿电压为20~25kV/mm)、高频损耗低,特别适于作灌注材料、高频高压电子器件包装绝缘材料。还具有良好的化学稳定性、生理惰性和耐候性。可用于制造在高温或低温下使用的橡胶制品和整形术中需要的人造器官。(3)有机硅树脂。含有活性基团,可进一步固化的中相对分子质量线型结构聚合物。具有优良的耐高温性和突出的介电性、耐电晕、耐电弧性。可用于制作耐180℃的电动机绝缘材料,耐高温涂料,耐热塑料,密封、减震、阻尼材料,层压玻璃布和保护涂层,以及耐强电流、高电压的开关材料。

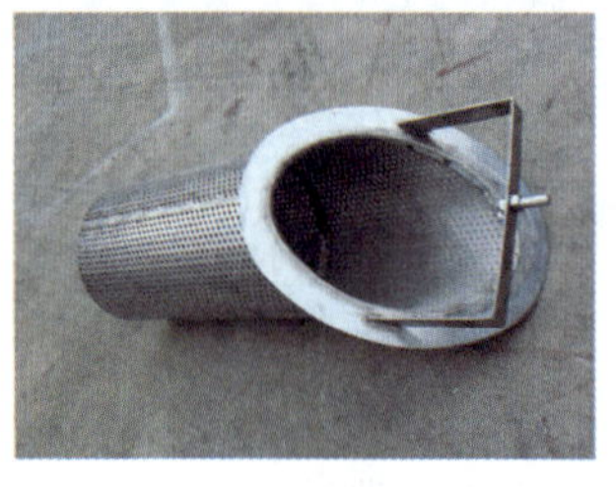

有机硅材料

【有机硅防水剂】(organic silicone waterproof agent) 以甲基硅酸钠为主要成分的防水、防污、防冻的小分子水溶性聚合物。为无色或淡黄色透明液体。易被弱酸分解,形成的甲基硅酸很快聚合成有防水性能的聚甲基硅醚(即防水膜)。无毒,无味,不挥发,不易燃,耐腐蚀性和耐候性良好,可用于混凝土、石灰石、砖瓦、石膏、矿物制品等的防水过程中。建筑物表面涂刷或喷刷该防水剂,不影响饰面的原有色泽,并能防污染,防风化,提高建筑物饰面的耐久性,还可防止发生冻裂及发花现象。

【有机硅防水涂料】(organic silicone waterproof coating) 以有机硅为主要原料的防水涂料。在有机硅中加入适量助剂配制乳化而成的防水、抗冻、耐热涂料。防水抗渗性能优良,耐低温(-10℃,2h 弯曲直径 10mm 无裂纹),抗冻性、耐热性好(80℃, 5h),不起鼓,无脱落,是一种无污染、无刺激性的新型建筑防水涂料。应用于建筑外墙后,会渗入基层一定深度并形成一层透气憎水薄膜,阻挡雨水渗入室内。单组分,冷施工,施工方便,还具有自清洁功能和保色作用。主要用于建筑物墙面防水抗渗。用在保温材料上,可降低吸水率。如与普通水性内外墙涂料内掺或外喷使用,可使普通水性涂料变成彩色防水装饰涂料。

【有机硅改性苯丙乳液涂料】(organic silicon modified styrene acrylate emulsion coating) 用有机硅乳液对苯丙乳液进行改性制得的涂料。其功能是:提高涂料的耐候性、保光性、弹性和耐久性等。采用接枝共聚反应合成的有机硅改性苯丙乳液兼具有机硅和丙烯酸树脂的优良性能,涂膜弹性好,其断裂伸长率高于苯丙乳液涂膜。

【有机硅改性丙烯酸树脂涂料】(organic silicon modified acrylic resin coating) 用有机硅对丙烯酸树脂进行改性制得的涂料。其特点是:具有优良的耐候性、耐玷污性、耐化学药品性能、保光性、保色性,不易粉化,光泽良好等。可分为溶剂型和乳液型。它是一种环保型绿色涂料。主要用于金属板材的预涂装、机器设备的涂装及建筑物内外墙的耐候装饰与装修,也可用作磨岩石刻防风化材料。

【有机硅改性醇酸树脂涂料】(organic silicon modified alkyd resin coating) 用有机硅对醇酸树脂进行改性制得的涂料。既具有醇酸树脂漆室温固化和涂膜物理、力学性能好的优点,又具有有机硅树脂耐热、耐紫外线老化及耐水性好的综合性能。其改性方法有:(1)将有机硅树脂直接加到反应达到终点的醇酸树脂反应釜中,通过简单的混合,使醇酸树脂的室外耐候性大大改进。(2)制备有机硅低聚物,用以和醇酸树脂上的自由羟基进行反应,或将有机硅低聚物作为多元醇与醇酸树脂进行共缩聚。通过化学反应改性的醇酸树脂耐候性更好。

【有机硅改性环氧树脂涂料】(organic silicon modified epoxy resin coating) 用有机硅对环氧树脂进行改性制得的涂料。既可降低环氧树脂内应力,又能增加环氧树脂韧性,提高其耐热性。采用环氧树脂与混溶性好的有机硅低聚物缩聚,制得的有机硅改性环氧树脂兼具环氧树脂和有机硅树脂的优点,不仅能提高耐热性,而且具有良好的防腐性。用聚二甲基硅氧烷改性邻甲酚酚醛环氧树脂,使其内应力大幅度降低,抗开裂指数大为提高。

【有机硅改性聚氨酯涂料】(organic silicon modified polyurethane coating) 用有机硅树脂对聚氨酯进行改性制得的涂料。可用羟基封端的聚二甲基硅氧烷与醇解蓖麻油对聚氨酯的预聚体进行共混改性而制得。这种涂料的固化速度得到改进,成膜后的附着力、硬度、耐热性也得到提高。广泛用于飞机蒙皮、大型储罐表面、建筑屋面和文物的保护。

【有机硅改性树脂涂料】(organic silicon modified acrylic resin coating) 用有机硅树脂对树脂进行改性制得的涂料。其改性方法有物理共混和化学改性。化学改性主要是在聚硅氧烷链的末端或侧链上引入活性基团,再与其他高分子反应生成嵌段、接枝或互穿网络的共聚物,从而获得新的性能。化学改性的效果一般比物理共混改性好。在涂料工业中,用有机硅树脂改性的有机树脂主要有醇酸树脂、丙烯酸树脂、环氧树脂等。有机硅改性树脂通常兼具两种树脂的优点,可弥补两种树脂在性能上的某些不足,提高其性能和拓展应用领域。

有机硅改性树脂涂料

【有机硅耐热漆】(organic silicone heat-resistant paint) 由含硅的有机化合物制成的耐热漆。能耐高温。主要用于涂敷高温设备的零部件,如发动机外壳、烟囱、排气管、热交换器、烘箱、火炉、暖气管等。

【有机硅树脂】(organic silicon resin) 用

甲基三氯硅烷、二甲基二氯硅烷、苯基三氯硅烷、甲基苯基二氯硅烷等单体做原料，在催化剂存在的情况下进行缩聚制得的高分子化合物。是一种有高度交联的立体网络结构的热固性塑料，具有优异的热氧化稳定性及防水、防锈、耐潮、耐寒、耐臭氧和耐候性能，对绝大多数含水的化学试剂如稀酸的耐腐蚀性能良好，但耐溶剂性能较差。可用作绝缘漆，如用于高压电机绝缘，还可用作耐热、耐候的防腐涂料，金属保护涂料，建筑工程防水防潮涂料，脱模剂和黏合剂等。在电子、电气和国防工业中，用作半导体封装材料和电子、电器零部件的绝缘材料。

【有机硅涂料】（organic silicon coating） 以有机硅聚合物或有机硅改性聚合物为主要成膜物质的涂料。其性能有：耐热耐寒，耐潮湿和耐气候，电绝缘，耐电晕，耐辐射，耐玷污，耐化学腐蚀等。主要品种有：(1)耐热有机硅防腐涂料。(2)耐候有机硅防腐涂料。(3)耐搔抓透明有机硅涂料。(4)脱模涂料。(5)防潮涂料。(6)耐辐射涂料。

【有机硅整理】（organic silicon finish） 将织物浸轧于含有有机硅的溶液中，经过焙烘等工艺赋予织物某种性能的整理方法。经过有机硅整理的织物，抗皱性能提高，手感柔软滑爽、丰满，仿毛感强。具有一定的抗起球、抗静电、防玷污和拒水效果。与脂肪酸复配用于合纤、天然纤维和混纺织物。有机硅溶液还可作为锦纶、涤纶和棉混纺的拒水整理剂和消泡剂等。

【有机合成】（organic synthesis） 由较简单的化合物或单质经化学反应合成有机物目标分子的反应过程。可分为：(1)基本有机合成。包括用煤炭、石油、水和空气等原材料合成重要化学工业原料，如合成纤维、塑料和合成橡胶的原料，以及溶剂，增塑剂等。(2)精细有机合成。包括用较简单的原料合成较复杂的目标分子化合物，如化学试剂、医药、农药、染料、香料和洗涤剂等。

【有机合成化学】（organic synthesis chemistry） 有机化学的一个分支。研究各种有机化合物的合成方法和理论以及有机化合物之间相互转变规律的学科。其主要研究内容包括：(1)具有生理活性有机分子和特殊光电性能的有机材料的合成。(2)天然产物分离和合成。(3)高选择性合成新方法和新技术以及立体化学控制和不对称合成（手性合成）。(4)新型药物合成。它是创造新有机分子的主要手段和工具，发现新反应、新试剂、新方法和新理论是有机合成的创新所在。近年来逆向合成法的发展为人工合成复杂有机化合物提供了科学依据。这是现代有机合成的发展方向。

【有机化合物】（organic compound） 含有碳元素的化合物的总称。通常将碳氢化合物及其衍生物总称为有机化合物，简称有机物。人类已知的有机物超过1 000万种，远远超过无机物。有机物种类繁多。按其分子中所含官能团的不同可分为：(1)烷、烯、炔、芳香烃化合物。(2)醇、醛、羧酸、酯、胺化合物。按其有机物分子中的碳架结构的不同可分为：(1)开链化合物。(2)碳环化合物。(3)杂环化合物。

【有机化学】（organic chemistry） 化学的一个分支。研究有研究有机化合物的来源、组成、结构、性能、应用合成方法，以及相关理论的一门化学基础学科。有机化合物是以碳为必要元素，和以氢、氧、氮、卤素、硫、磷等，可能元素以及个别金属或非金属元素所组成的。有机化学包括天然产物化学、有机合成化学、物理有机化学、元素有机化学、高分子化学、有机分析化学、海洋有机化学、量子有机化学、燃料化学等。有机化学与人类的物质生活、农业生产和医药卫生的密切关系，对食品与营养、香料、染料、农药、炸药、高分子材料、高能燃料、石油与煤化学、日用品化学、农副产品、药物等的发展奠定基础，因此对发展经济和改善人民生活具有重要意义。有机化学在研究生物活性物质和复杂的生命现象中也有重要的作用。

【有机结构理论】（structural theory of organic chemistry） 关于阐述形成有机分子的原子在分子中结合模式和相互影响，以及它们与该化合物性质之间相互关系的理论。瑞典化学家J. J. 贝采利乌斯1827年提出了同分异构现象的概念，开始了结构理论的研究。1858年德国化学家F. A. 凯库勒和英国化学家A. S. 库珀同时分别提出了“原子价学说”，并根据碳、氢、氮等元素的原子价，提出在有机化合物中碳原子可以相互结合成链，形成碳链学说。1861年布特列洛夫对有机化合物的结构提出了较完整的概念，提出原子之间存在着相互的影响。1865年凯库勒又将原子价理论应用到芳香族化合物中，提出苯的凯库勒结构式。1874年，荷兰的J. H. 范托夫和法国J. A. 勒贝尔提出碳原子的四面体结构假说，从而奠定了立体化学的基础。1887年J. A. 威斯利采努斯和1888年A. von. 拜耳提出几何异构现象的理论，建立了几何结构的观念。20世纪20年代，将物理学中的电子理论引用到有机化学中，形成了价键理论和近代结构学说。20世纪50年代之后，提出分子轨道理论，包括休克尔分子轨道处理法、分子轨道对称守恒原理以及前线轨道理论等。

【有机农药】（organic pesticide） 农药中属

于有机化合物的品种总称。这类农药有杀虫剂、杀菌剂、杀螨剂、除草剂、杀线虫剂及杀鼠剂等。是使用最多的一类农药。

【有机农业】(organic agriculture) 主要或完全依靠来源于生物的有机物质和有机能量来提高产量的农业生产技术体系。其特点是:尽量减少非再生资源的投入,主要靠改善植物和动物的内在生育力以及外在生育环境来提高土地生产率。如建立用地养地相结合的耕作制度、实行轮作、种植豆科作物及绿肥、秸秆还田、增施有机肥、注重水土保持、采取生物防治等。有机农业对节约能源、降低成本、减少污染、提高土壤肥力和农产品品质有良好效果。但由于有机农业全靠生物本身的物质循环和能量转换,转换效率较低,如果无大量土地或其他措施提供有机物质,则难以大幅度地提高农产品产量。因此,有机农业应该和无机农业相互结合,协调发展。

【有机生态无土栽培】(eco-organic soilless culture) 不用天然土壤和传统的营养液灌溉植物根系,而使用基质和有机固态肥并直接用清水灌溉作物的一种无土栽培技术。是利用农村中的玉米秸秆、葵花秸秆等废旧原料做基质,按一定比例配合经高温发酵而成,代替土壤进行生产。此方法不但对土壤病害达到防治的目的,而且配一次料可连续使用3～4年。是一项投资小,见效快,经济实用的方法,也是目前蔬菜无公害生产的主要方法。其特点是:(1)提高作物的产量与品质,减少农药用量,产品洁净卫生,节水节肥省工,可利用非可耕地生产蔬菜等。(2)用有机固态肥取代传统的营养液。(3)操作和管理简单。(4)大幅度降低无土栽培设施系统的一次性投资。(5)大量节省生产费用。(6)产品质优,可达“绿色食品”标准。近年来,随着人们生活水平和生活质量不断提高,人们在饮食方面的要求也有所提高,健康已成为人们追求的新目标。这项技术在全国进行了较大面积的推广应用,已成为菜农增收的主要经济来源之一。

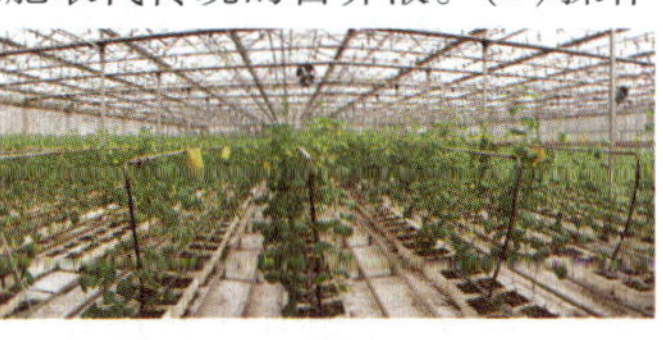

有机生态无土栽培

【有机食品】(organic food) 来自有机农业生产体系,根据国际有机农业运动联合会(IFOAM)有机农业生产要求相应的标准生产加工的,并通过权威的有机食品认证机构认证的农副产品。生产的基本要求是:(1)生产基地在最近三年内未使用过农药、化肥等。(2)种子或种苗来自于自然界,未经基因工程技术改造过。(3)生产单位需建立长期的土地培肥、植物保护、作物轮作和畜禽养殖计划。(4)生产基地无水土流失及其他环境问题。(5)作物在收获、清洁、干燥、贮存和运输过程中未受化学物质的污染。(6)从常规种植向有机种植转换需要两年以上的转换期(新开垦荒地例外)。(7)有机生产的过程必须有完整的记录档案。其加工的基本要求如下:(1)原料必须是获得有机颁证的产品或野生没有污染的天然食品。(2)已获得有机认证的原料在终产品中所占的比例不得少于95%。(3)只使用天然的调料、色素和香料等辅助原料,不用人工合成的添加剂。(4)有机食品在生产、加工、储存和运输过程中应避免化学物质的污染。(5)加工过程必须有完整的档案记录,包括相应的票据等。

【有机蔬菜】(organic vegetables) 主要或完全依靠来源于生物的有机物质和无机能量提高产量的蔬菜。来自于有机农业生产体系,根据国际有机农业的生产技术标准进行生产,经独立的有机食品认证机构认证允许使用有机食品的标志。在整个的生产过程中,都必须按照有机农业的生产方式进行,即在整个生产过程中必须严格遵循有机食品的生产技术标准。在生产过程中,完全不使用农药、化肥、生长调节剂等化学物质,不使用基因工程技术。必须按照有机食品的生产环境、质量要求和生产技术规范来生产,以保证其无污染、富营养和高质量的特点。

有机蔬菜

【有机水产养殖】(organic aquaculture) 主要依靠来自于生物的有机物质和有机能量提高产量的养殖方法。不采用化学合成肥料、饲料添加剂、药物等饲养或栽培水产动植物的一种生产方式。是水产品健康养殖的一种。

【有机酸】(organic acid) 能解离出氢离子的有机化合物。有机化合物的酸类的总称。在中草药的叶、根特别是果实中广泛分布,如乌梅、五味子、覆盆子等。按其结构的不同可分为:脂肪酸(如酒石酸、草酸)和芳香酸(如苯甲酸、水杨酸)。按其可电离的氢离子数目的不同可分为:一元酸、二元酸、三元酸等,二元以上的酸合称多元酸。常见的有机酸有羧酸、磺酸、亚磺酸、硫羧酸等。可与醇反应生成酯。可用于有机合成、工农业生产和医药工业原料,也可参与动植物新陈代谢,有些具有显著的生物活性,如土槿皮中的土槿皮酸有抗真菌作用。

【有机污染物】(organic pollutants) 造成环境污染和对生态系统产生有害影响的有机化合物。分为天然有机污染物和人工合成有机污染物。前者主要是由生物体的代谢活动及其他生物化学过程产生,如萜烯类、黄曲霉素、细辛脑、草蒿脑等;后者是随着现代合成化学工业的兴起而产生的,如合成橡胶、塑料、合成纤维、洗涤剂、涂料、染料、溶剂、农药、药品、食品添加剂等。有机污染物除污染环境外,还会影响人类健康和动植物的正常生长,干扰或破坏生态平衡。

【有机污染物降解】(degradation of organic pollutants) 利用物理、化学或生物等途径使有机污染物发生氧化分解进而发生一系列衰减变化的过程。降解程度取决于该污染物的可降解特性(通常以降解速率系数表示)和降解过程所经历的时间。有机污染物的降解表现为:在水中,发生化学或生物化学转化反应,消耗水中的溶解氧而降解,常常表现为自净作用;在大气中,在日照下发生光化学反应而降解;在土壤中,有机污染物被生物降解或发生化学降解。

【有机相变材料】(organic phase change material) 利用有机物的相变特征来储存热能的有机物的统称。按其化学成分的不同可分为:(1)石蜡相变材料。石蜡相变材料熔解热大;无毒、无腐蚀性;在500℃以下化学稳定性好;熔化时体积变化极小及没有明显的过冷现象。所以有希望用于太阳能储热。(2)非石蜡有机物相变材料。许多非石蜡有机物具有合适的相变温度及较高的相变潜热。但是有些非石蜡有机物在高温或强氧化剂中会燃烧、分解或放出毒气,故这些物质只能用于低温储热。

【有结网片】(knotted web) 与无结网片相对应。网目目脚交叉相互作结而成的网片。其优点是便于加工制造。其缺点是网结会导致网片强度降低,网结易磨损,增加网片的质量。按网结种类的不同可分为:(1)活结网片。适用于网片纵向受力,否则网目易变形。(2)死结网片。适用于网片受力方向多变。(3)双死结网片。适用于尼龙单丝等编结的网片,防止网结活动。死结网片和双死结网片使用较为普遍。

【有界函数】(bounded function) 在定义域内有界的函数。确切地讲,如果存在一个正数 $M>0$,使得对任何 $x\in D$ 都有的函数 $|f(x)|\leqslant M$,其中函数 $f(x)$ 在区间 D 上有定义,则称 $f(x)$ 是有界函数。

【有抗食品】(antibiotics residue food) 有大量抗生素残留的肉、鱼、蛋、奶等食品。目前,食品中抗生素残留是全世界范围内存在的问题。有关调查显示,中国畜牧业使用抗生素的数量,已远远超过人使用量的总和,全球每年消耗的抗生素总量中,90%被用在食用动物身上。滥用抗生素已成为农畜养殖业的一大弊端。随着存在大量抗生素残留的肉、鱼、蛋、奶等有抗食品进入市场,看不见的危险通过餐桌转移到人体上。长期食用有抗食品,即使没有直接大量服用抗生素,人们的耐药性也会不知不觉增强,还可能会引发相关不良反应。一旦动物身上的微生物感染给人,后果会更为严重。经常食用有抗食品,即使是微量的,也能使人出现荨麻疹或造成过敏性休克。更可怕的是,有抗食品还会使病菌的耐药性越来越强。人一旦患病,所需使用的抗生素剂量就会随之增加,严重的甚至会产生对抗生素的免疫,就会导致严重的后果-“无药可治”。

【有理函数】(rational function) 可用二个多项式 P,Q 之商的式表示的函数。即

$$f(z)=\frac{P(z)}{Q(z)}=\frac{a_0+a_1z+\mathrm{L}+a_nz^n}{b_0+b_1z+\mathrm{L}b_mz^m},a_n\neq0\neq b_m$$

其中分式是不可约的。

【有理数】(rational number) 如果 a、b 是两个整数,且 $b\neq0$,那么把分式 a/b 的值称为有理数。这个分数值包括整数(分母为1的分数)和带有循环的小数。按照希腊文的原意比值 a/b 是“成比例的数”。只是由于当初在译成中文时对 *rational* 一词理解上的原因才产生了有理数这种称谓,仅此而已。随之也就把不是有理数的另一类数称为无理数。并不是“有道理的数”或“无道理的数”的意思。对于一个带循环的小数可以方便地化成分数。其方法是,只要把小数中循环部分的数字依次写成9,把不循环的数字变成0并依次写在其后,所得整数即为有理数的分母。再把第一次循环前的数写成整数,减去不参与循环的数即得分子。例如循环小数0.166 6…,分母可写成90,分子为 $16-1=15$,因此分数为15/90。用同样方法得:0.314 114 1… = (3 141 − 3)/9 990 = 3 138/9 990;0.033 3… = (3 − 0)/90 = 3/90 = 1/30。在数学上,除了以0作除数外,可对有理数进行加、减、乘、除四则运算。换句话讲,对于这些运算,结果仍得有理数。若以 a、b、c 等表示任意有理数,则有以下的运算法则成立:(1)加法交换律 $a+b=b+a$。(2)加法结合律 $a+(b+c)=(a+b)+c$。(3)乘法交换律 $ab=ba$。(4)乘法结合律 $a(bc)=(ab)c$。(5)乘法关于加法的分配律 $a(b+c)=ab+ac$。(6)$0+a=a$;$0\times a=0$;$1\times a=a$。(7)对任意有理数 a,存在 $-a$,有 $a+(-a)=0$ 等。由正整数、负整数和0组成了整数域。在整数域中加、减、乘运算可以通行无阻。但除法运算却遇

到了困难。为了解决除法运算受阻的问题，就增加了分数，使数域变成了有理数域。在有理数域中，除法运算也就通行无阻了。在中国，九年制义务教育中的数学运算就是在有理数域中进行的。

【有林地】（forest land） 连续面积大于 0.067hm² 、郁闭度大于或等于 0.20、附着有森林植被的林地。包括乔木林、红树林和竹林。成活保存株数大于等于合理造林株数 85% 的人工林地，也称为有林地。乔木林系指由乔木树种组成的片林或林带。其中，乔木林带行数应在两行以上，或林冠冠幅水平投影宽度在 10m 以上。当林带的缺损长度超过林带宽度 3 倍时，应视为两条林带。两平行林带的带距小于或等于 8m 时，按片林调查。乔木林分为纯林和混交林。红树林自然分布于热带、亚热带潮间带，处于海洋与陆地的动态交界面，是能够受到潮水周期性浸淹的海岸地带的木本胎生植物群落，为陆地向海洋过度的特殊生态系。竹林是指胸径在 2cm 以上的竹类植物的林地。

【有囊围网】（bagless purse seine） 由一囊和两长翼形网所组成的捕鱼围网。是中国东海区渔民的主要渔具之一。如福建的大围缯、浙江的对网、江苏和上海的大洋网等。其两翼较长，左右对称，各约 250m；网囊宽且短，其网衣拉直长 60～80m。其捕捞对象是：带鱼、大黄鱼、小黄鱼以及鲳、鳓、马鲛、鲐、鲹、马面鲀和乌贼等。根据捕捞对象和渔场的不同，可取围、拖、张不同的操作方式。如捕捞集群的中上层鱼类以围为主，捕捞大黄鱼要围、拖结合，捕捞冬季带鱼则以张为主的形式。

【有色玻璃】（color glass） 加入着色剂后呈现不同颜色的玻璃。可分为两类：（1）分子着色玻璃。着色剂一般是氧化物，如加入 MnO_2 显紫色；加 FeO、$K_2Cr_2O_7$ 显绿色；加 CoO、Co_2O_3 显紫红色；加 CdS、Fe_2O_3、Sb_2S_3 显黄色；加 CaF_2、SnO_2 显乳白色；加 CuO、MnO_2、CoO、Fe_3O_4 的混合物显黑色。（2）胶体着色玻璃。着色剂是胶态的金、铜等。在烧制过程中通常都需要加入助熔剂。着色剂的用量、熔制时间和熔制温度都会不同程度地影响产品颜色的深浅。有色玻璃能够吸收太阳可见光，减弱太阳光的强度。玻璃在吸收太阳光线的同时自身温度提高，容易产生热胀裂。可用于装饰、滤光等。

有色玻璃

【有色金属】（non ferrous metal） 除铁、锰、铬和铁基合金以外的所有金属。可分为：（1）轻金属，即密度小于 4.5g/cm³ 的金属，如铝、镁、锂、钠、钾、钙、锶等。（2）重金属，密度大于 4.5g/cm³ 的金属，如铜、锌、镍、汞、钴、锑、铋、镉、锡、铅等。（3）贵金属，价格比较贵的金属，如金、银、铂、锇、铱等。（4）放射性金属，具有放射性的金属，如镭、铀、钫、钍、钋等。（5）稀有金属，在地壳中含量较少或者比较分散的金属，如铌、钽、锆、镥、金、镭、铪、钨、钼、锗、锂、铀等。

【有丝分裂】（mitosis） 真核细胞内出现的染色体和纺锤丝变化的一种分裂方式。通过有丝分裂，每条染色体精确复制成的两条染色单体均等地分配到两个子细胞，使子细胞含有与母细胞相同的遗传信息。细胞有丝分裂是一个连续的过程，可以分为间期、前期、前中期、中期、后期和末期。

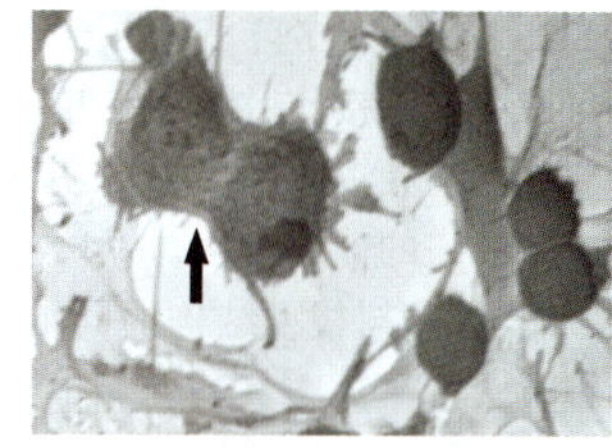
有丝分裂

【有限广播地址】（limited broadcasting） 又称受限广播地址、本地广播地址。包含一个有效的网络号和主机号的广播地址。广播地址分为直接广播地址和有限广播地址两种。CP/IP 协议规定 32 比特全为 1 的 IP 地址（255.255.255.255）用于本网广播。在主机不知道本机所处的网络时（如主机的启动过程中），只能采用有限广播方式。通常由无盘工作站启动时使用，希望从网络 IP 地址服务器处获得一个 IP 地址。在有限广播的数据包里不包含自己的 IP 地址，而直接广播地址里包含自身的 IP 地址。

【有限细胞系】（finite cell line） 一种已传代培养的、只能增殖有限的代数即告死亡的增殖培养物。即在体外生存有限不能长期传代（一般传代不超过 50 代）的细胞。有限细胞系常具备二倍体、接触抑制、贴壁依赖和无恶性等性质。有些体外培养的有限细胞系可经过自发或外界因素的影响从凋亡危机中逃离出来，从而形成具有无限增殖能力的永生化细胞系，从而克服了有限细胞系因体外增殖能力有限、培养困难等因素所造成的应用限制。

【有限状态自动机】（finite state machine） 为研究有限内存的计算过程和某些语言而抽象出的计算模型。按照自动机理论研究对象的不同可分为确定与非确定两种。非确定型可转化为确定型。它除具理论价值外，还在数字电路设计、词法分析、文本编辑程序等领域有广泛应用。

【有线电视】(cable television) 相对于无线电视的一种新型有线电视广播方式。其特点是:(1)采用与无线电视同样的广播制式和调制方式,无需改变电视机的基本性能。(2)具有播出频道多、图像质量高、服务功能强、运行机制好等多方面的优势。主要由前端、干线和分配系统三大部分组成。前端包括卫星和本地的广播电视节目及自办节目的接收、播控及用户管理系统三个部分。目前的播出频道少则数十个、多至数百个。干线主要取决于网络的传输半径,一般数公里的小型城市网或局域网,采用树枝型结构的同轴电缆布局;数十千米的城市网则采用 MMDS 或环状、星型布局的光缆干线。分配系统是有线网络进入家庭的关键,考虑到技术、经济综合效益,今后数十年内,仍将采用同轴电缆分配入户方式。但为了实现多功能服务,分配系统必须有足够的频率带宽、范围控制在 1 千米内、用户规模不宜过大。随着广播电视技术的进步,多媒体、视频压缩、光纤双向传输等系统技术及其产品,将逐步应用于城市有线电视网,使网络发展成全功能服务网,广播、电视兼容,图文、数据并茂,可以传递高清晰电视,亦可提供交互式业务。

有线电视

【有线电视网】(community antenna television, CATV) 一种具有 1GHz 带宽、用于传输电视画面和声音的通信网络。具有频带宽、容量大、抗干扰能力强、成本低和连接到千家万户的优势。在有线电视宽带网中,采用光纤同轴电缆混合网与电缆调制解调器相结合的技术来实现多媒体数字化通信。由于其存在单向传输和网络安全等问题,使得要实现通过有线电视网承担除电视业务以外的其他多媒体业务,尚需解决一系列技术性问题。中国拥有世界上覆盖范围最广的有线电视网络。实现电话网、有线电视网和数据网的三网合一,已成为人们关注的方向。

【有线广播】(wire broadcasting) 通过导线传送节目的广播。利用金属导线或光导纤维所组成的传输分配网络,将广播节目直接传送给用户接收设备的区域性广播。可有专用的传输分配网络,也可利用电信传输网络和低压电力传输网络。是一种新的媒体接受方式。其特点是:(1)应用有线电视光缆传输广播信号入户,克服了无线信号传输受覆盖区域、信号发射、障碍物干扰等因素影响音质不稳定的缺陷,音质更好。(2)为听众提供更专业化的服务。(3)介入方式多样,操作便利,成本低廉。(4)收听环境固定,周围干扰因素少,容易专注和投入,符合保留现代化家庭个人私密空间的特点。

【有效降雨量】(effective rainfall) 能被作物利用的降雨量。对于旱作物,通常用土壤计划湿润层水量平衡法确定,即 $P_e = P - R - F - E_0$。式中 P_e 为有效降雨量,P 为总降雨量,R 为地面径流量,F 为无用的渗漏水量,E_0 为降雨期间雨水蒸发量。由于 R、F 和 E_0 不易测定,一般用降雨有效利用系数与降雨量的乘积来表示有效降雨量,即 $P_e = \sigma P$ 式中,σ 为降雨有效利用系数,与降雨量、降雨强度及降雨历时、土坡质地与结构、土壤水分状况、地形坡度、作物覆盖情况、田间管理措施及地下水埋深等因素有关。提高降雨有效利用系数的主要措施是:(1)减少地面径流。如修田埂、平整土地等。(2)增加土坡入渗。如深耕、耙磨、增加土壤有机质、防止土坡板结等。(3)加强灌溉用水管理和水情预报,减少地面流失和深层渗漏。

【有效氯】(active chlorine) 从 HI 中氧化出相同量的 I_2 所需 Cl_2 的质量与指定化合物的质量之比。常以百分数表示。是衡量物质氧化能力(用于漂白或消毒)的指标。一般漂白粉的有效氯含量为 25% ~35%;次氯酸钙为 60% ~65%。可用碘量法测定。

【有效数字】(significant figure) 测量中实际能够测到的数字。由测量结果中所有可靠数字和一位存疑(或欠准)数字构成,即“有效数字等于测量结果中全部可靠数字加 1 位存疑数字”。它是测定结果的大小及精度的真实记录。用有效数字表示的测量结果,除最后一位的数字不甚确定外,其余各位数字必须确定无疑。如用最小分度值为 1mm 的米尺测量物体的长度,读数值为 5.63cm。其中 5 和 6 这两个数字是从米尺的刻度上准确读出的,可以认为是准确的,称为可靠数字;末尾数字 3 是在米尺最小分度值的下一位上估计出来的,是不准确的,称为欠准数。5.63 称为具有 3 位有效数位的有效数字。一个近似数据的有效位数是该数中有效数字的个数,指从该数左方第一个非零数字算起到最末一个数字(包括零)的个数,不取决于小数点的位置。

【有效土壤水】(available soil moisture content) 土壤水中能被作物利用的水量。作物吸收土壤中有效水分的范围,通常指旱地土壤田间持水量,和凋萎系数间的那部分土壤水分含量。虽然这部分水量可被植物全部吸收,但是其有效性随水分形态、所受吸力和移动难易而有显著差异。凋萎系数至毛管断裂含水量(约为田间持水量的 60% ~70%,土

水势约 -80kPa)为难有效水。在此范围内水分移动很慢,作物生长受到阻碍。毛管断裂含水量至田间持水量为易有效水。该范围内的水分可自由移动,能不断供给作物吸收。保持土壤含水量在毛管断裂含水量以上作物生长发育良好。土壤含水量降低至毛管断裂含水量以下时,作物生长发育就开始阻滞,故毛管含水量又称生长阻滞含水量。为了保证作物生长发育良好和高产,对旱作物灌水时,应在土壤含水量降至毛管断裂含水量之前立即进行。

【有效像素数】(effective pixel) 真正参与感光成像的像素值。最高像素的数值是感光器件的真实像素,通常包含感光器件的非成像部分。有效像素是在镜头变焦倍率下所换算出来的值。数码图片的储存多以像素为单位,像素越大,图片的面积越大。有效像素数是决定图片质量的关键。在像素面积不变的情况下,数码相机能获得最大的图片像素,即为有效像素。

【有性繁殖】(sexual breeding) 经过两性生殖细胞的结合产生后代的生殖方式。是植物普遍的繁殖方式。有性繁殖可消除有害的变异基因,有助于整个种群利用有益的基因变异进行播种繁殖,保持了基因多样性,有利于基因交流,会产生更能适应环境的后代。其优点是:繁殖数量大,根系完整,生长健壮。其缺点是:一些通过异花授粉的花卉容易发生变异,不易保持原品种的优良特征。

【有性生殖】(sexual reproduction) 经过两性生殖细胞的结合产生合子,再由合子发育成新个体的生殖方式。是生物界中普遍存在的一种生殖方式,主要方式是配子生殖。配子生殖中最常见的是卵式生殖。其优点是:产生的后代具备两个亲体的遗传性,具有更大的活力和变异性,对于生物的进化具有重要意义。

【有压隧洞】(pressure tunnel) 洞内充满水流,全部洞壁都承受内水压力的水工隧洞。坝式水电站所使用的隧洞是有压的.灌溉、城镇供水和泄水隧洞也可能使用有压隧洞。多采用受力条件好的圆形断面。当地质条件好、内水压力和洞径不大时,也可采用便于施工的门洞形或马蹄形断面。有压隧洞的围岩要有一定厚度。进口要在最低库水位以下一定深度,保证在最不利条件下,全线洞顶有 2 m 以上的压力余幅。必要时可将出口断面积稍微缩小,以提高洞内压力,隧洞的过流能力主要取决于进出口之间的水位差及出口断面尺寸。发电引水的有压隧洞要求流速适当,流态稳定,以保证发电质量,提高动能效益。引水或泄水隧洞的工作门可设在洞的末端,门后通气条件好,便于调节流量,洞内水流平稳。但检修门与工作门分设在隧洞首尾两端,管理不便。当出口地形、地质条件不利时,也可将工作闸门放在进口,管理方便.但闸门启闭过程中,要注意防止洞内出现明、满流过渡状态,以免引起空蚀和振动。

【有氧呼吸】(aerobic respiration) 与无氧呼吸相对应。生物细胞利用分子氧(O_2)将某些有机物彻底氧化分解,形成 CO_2 和 H_2O,同时释放能量的过程。在呼吸作用中,被氧化的有机物称为呼吸底物或呼吸基质,碳水化合物、有机酸、蛋白质和脂肪都可以作为呼吸底物。淀粉、葡萄糖、果糖和蔗糖等碳水化合物是最常用的呼吸底物。

【有氧运动】(aerobic exercise) 采用中等强度、大肌群、动力性、周期性运动,并持续一定时间,可以提高机体氧化代谢运动能力或全身耐力的锻炼方式。其常用的运动方式有:步行、跑步、游泳、骑自行车、划船、滑雪、跳绳以及登山等。通常以最大耗氧量的 50% ~80% 作为靶强度进行训练。除去准备活动和整理活动外,靶强度的运动时间应为 15 ~40min。运动的频度一般为每天或隔天一次。对于患有多种慢性疾病的老年人,在没有医学监护的条件下,一般采用减小运动强度和延长运动时间的方法,提高训练安全性。规范安全的有氧运动须有康复医师开具运动处方。处方中涉及运动强度、运动时间、运动方式以及运动频率等内容。不同的个体,运动处方差距会很大。运动不当有意外发生的危险。

有氧运动

【有意引种】(intentional introduction) 人类有目的、有计划实行的引种方式。将某个物种有意识地转移到其自然分布范围及扩散潜力以外,这类引种可以是授权的或未经授权的。中国从外地或国外引入优良品种有着悠久的历史。现在种植、养殖单位几乎都在从外地或外国引种。这些部门或单位包括农业、林业、园林、水产、畜牧、特种养殖业以及各种饲养繁殖基地等。虽然大部分引种以提高经济收益、观赏、环保等为主要目的,但是也有部分种类由于引种不当,成为有害物种。在中国目前已知的外来有害植物中,超过 50% 的种类是人为引种所致。有意引种的目的多种多样,主要可以分为以下方面:(1)作为牧草或饲料。中国畜牧业长期过度放牧,草场退化，加大了各地对新的优质速生牧草的需求，这给国外草种公司向中国倾销草种提供了一个极好时机。空心莲子草俗称“水花生”，20世纪50年代后，南方许多地方曾经将此草作猪饲料引种扩散，嗣后逸为野生。1986年的调查发现水花生自然发生面积约为889 600hm^2，已经成为蔬菜、甘薯等作物田及柑橘园的主要害草。(2)作为观赏植物。对奇花异草的追求，促使人们不断地引进外地的或国外的花草品种。这些花草免不了从花园中逃逸，而自然生长，其中一些外来观赏植物逃逸后成为危险的外来入侵种，如熊耳草等。(3)作为药用植物。中国传统中医药所采用的生物绝大部分为中国原产，也有部分为外来物种。其中一些已经成为入侵种，如肥皂草等。(4)作为改善环境植物。为快速解决生态环境退化、植被破坏、水土流失和水域污染等问题，人们往往片面地看待外来物种的某些特点，这就为外来物种的入侵提供了一个极好的机会。现在很多地区都在积极地进行植被恢复工作，但其中使用的一些物种是危险的外来物种。目前已经有一些物种形成入侵，典型的案例有互花大米草、薇甘菊和凤眼莲等。(5)作为食物。美食是中国传统文化的一部分。中国对食品多样性的讲究是世界任何其他国家都无法比拟的。人们为了追求食品的色、香、味、新、奇，大量引进食用植物和动物。殊不知，这样也会造成生物入侵，如作为蔬菜引进的番杏等。还有像麻类作物、宠物、水产养殖品种、异地放生以及植物园、动物园、野生动物园的引入等。

【有源光网络】(active optical network, AON) 与无源光网络相对应。又称小区交换有源光网络。含有有源电子设备的光纤接入网。从电信运营商中心机房至小区机房沿用目前已有的低芯数光缆，而从小区机房至用户端采用点对点组网方式，接入设备和配线架统一放置小区机房，整个网络采用技术成熟、成本低廉的以太网协议。是目前最低成本的光纤接入解决方案。其特点是：(1)高带宽，能轻易实现稳定双向100M宽带接入。(2)可以支持互联网宽带接入、有线电视接入和电话接入，在接入网实现三网合一。(3)网络结构简单、技术成熟。(4)只有小区机房是有源节点，集中机房配线，易于维护治理，提高设备端口利用率。(5)有效节约中心机房至小区的光缆资源，无需增加铺设中心机房至小区的光缆。

【右旋体】(dextrorotatory form) 见外消旋体。

【幼畜消化不良】(dyspepsia of young animals) 幼畜胃肠消化机能障碍导致以腹泻为主要特征的非传染性疾病。病型分为单纯性消化不良和中毒性消化不良两种。多因初乳质量低劣，哺饲不全价日粮，畜舍不洁、潮湿等所致。临床表现腹泻，频频排泄稀软酸臭粥状或水样粪便，呈灰黄或灰绿色，混有气泡和脂肪酸皂等。中毒性病例全身症状较重，腹泻频繁，排泄含黏液和血液、恶臭或腥臭水样便。伴有精神沉郁，体温升高，脉搏细弱等症状。多死于循环衰竭。应在改善饲养卫生条件基础上，采取扩充血容量、纠正酸中毒等措施，以预防该病发生。

【幼儿急疹】(infant exanthem) 又称婴儿玫瑰疹。人类疱疹病毒6型导致的婴幼儿期发疹性热病。其特点是持续高热3～5天，热退疹出。国外文献曾称为第六种病。皮疹呈浅红色斑疹或斑丘疹，直径约2～3mm，周围有浅色红晕，压之退色，多呈散在性，亦可融合，不痒。最初出现于颈和躯干，1日内迅速散布至全身，以躯干及腰臀部较多，面部及肘、膝以下则很少。数小时后开始消退，1～2日内完全消失，不留色素，偶见脱屑。少数患儿于发热期在软腭及悬雍垂可见浅红色、针尖大小的斑疹，皮疹出现后即消退。除典型病人外，更多的亚临床感染者亦是本病重要的传染源。本病终年散发，以冬春季为最多，很可能是经飞沫传播。传染性不强，于婴幼儿病室中偶有流行。2岁以下患儿占95%以上，绝大多数在1岁以内，发病2次以上者极少。潜伏期8～15天，平均10天。起病急骤，无前驱症状，体温突升至39～41℃，伴烦躁、倦睡、咳嗽、轻度鼻炎和结膜炎等，咽部轻或中度充血，常有纳差、恶心、呕吐、腹泻等。皮疹大多出现于发热骤退后，少数出现于退热时，这是本病特征之一。

【幼林抚育管理】(tending and management for young plantation) 造林后到郁闭成林前的各种管理保护工作。其内容包括土壤管理、幼林管理和幼林保护。土壤管理包括松土除草、排灌施肥和林农间作等；幼林管理包括间苗、平茬、除蘖、抹芽和修枝等；幼林保护包括封山护林、防火，防治病、虫、鼠、鸟、兽害，防除寒害、日灼、冻拔、雪折，以及人畜破坏等。目的是提高造林成活率和保存率，并促进幼林迅速生长。

【幼龄林】(young growth) 幼年林木构成的林分。一般为郁闭后5～10年或更长时间的森林，为森林的形成时期。这个阶段是从幼树个体生长发育阶段向幼林群体生长发育阶段转化的过渡时期。其特点是：幼树树冠刚刚郁闭，林木群体结构才开始形成，对外界不良环境因素，如杂草、干旱、高温等的抵抗能力增强，稳定性大大提高。同时，在这个阶段的前期林木个体之间的矛盾还很小，个体营养空间还比较充足，有利于幼林生长发育，开始进入高和径的速生期。天然更新良好的幼林此时进入全林郁闭，呈不通透的密集状态，称为密林阶段。这个时期调控林木生长发育的中心任务，就是要为幼林创造较为优越的环境条件。满足幼林对水分、养分、光照、温度和空气的需求，使之生长迅速、旺盛，为形成良好的干形打下基础。并使其免遭恶劣自然环境条件的危害和人为因素的破坏，使幼林健康、稳定地生长发育。发育较早的树种在这个时期已开始结实，属结实幼年期。

幼龄林

【幼年孤独症】（infantile lonely syndrome） 又称儿童自闭症、孤独性障碍。一类以严重孤独、缺乏情感反应、语言发育障碍、刻板重复动作和对环境奇特的反应为特征的严重情绪错乱性精神疾病。在成因、发展方式和治疗手段上和成年人的孤独症有很大区别。是一种严重的普遍性婴幼儿发育障碍。以社会相互作用、语言动作和行为交往三方面的异常，及以三岁前起病一直延续到终生为特征。孤独症无种族、社会、宗教之分，与家庭收入、生活方式、教育程度无关。该症多见于男孩，男女比例为 2.6 ：1 ~ 5.7 ：1。

【幼年类风湿性关节炎】（juvenile rheumatoid arthritis，JRA） 又称 Stiles 病。发生于幼儿时期的以慢性关节炎为其主要特征，并伴有全身多系统受累的一种结缔组织病。和成人类风湿性关节炎不同，其主要表现为全身症状：突然发热、皮疹、肝脾淋巴结肿大、关节痛或一过性关节痛。多见于16 岁以下儿童。属于慢性全身性自身免疫性疾病。病因不明。其临床表现是：(1)全身型。以全身症状为主。驰张高热，每日体温波动在 36 ~ 39℃ 之间。体温正常时患儿如常玩耍，无明显感染中毒表现。95% 患儿出现皮疹，见于全身各个部位，起红斑点或环形红斑，高热时皮疹出现，热退时疹消失，不留痕迹。可伴有肝、脾、淋巴结肿大，关节表现不明显。(2)关节型。全身可有低热，关节症状突出。关节受累≥5 个，呈多关节型；≤4 个为少关节型。受累关节多是大关节，如踝、膝、肘等多对称性，肿胀，痛疼明显，但关节不红。受累关节最终强直，关节周围肌肉萎缩，运动功能受累。JRA 必须排除关节炎及发热疾病后方可诊断。病程 6 周以上，16 岁以下儿童，有关节肿痛，查血 RF(类风湿因子)、ANA(抗核抗体)及 MRI(核磁共振成像)可协助诊断。其治疗除休息及对症处理外，可给水杨酸制剂和非甾体抗炎药；还可用甲氨蝶呤及糖皮质激素等方法。

【幼鱼】（juvenile fish） 具有与成鱼相同的形态特征，但其性腺尚未发育成熟的鱼类个体。其造型宛若成年鱼的微缩品。各鳍性状明显，鱼体色泽基本明朗，与成年鱼外形并无较大差别。一般来讲，仔鱼经 4 ~ 5 周的饲养后，可生长成理想的幼鱼个体。幼鱼的活动和体质状况都已经明显地超过了仔鱼，求食欲望强烈，食量也大，饵料和成年鱼接近。身体的增长和骨骼的生长发育速度是鱼一生中最快的阶段。一般经历 4 ~ 5个月的饲养，幼鱼就基本可以发育成大鱼的模样。

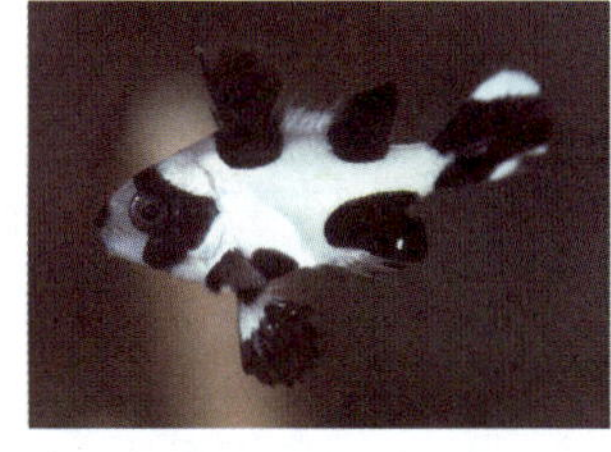
幼鱼

【诱变育种】（mutation breeding） 又称突变育种。利用物理或化学物质处理农作物种子或其他器官，诱导遗传物质产生变异，使性状发生变异，从中选育新品种的一种育种方法。其特点是：(1)变异频率比自然突变高。(2)增加打破连锁的机会。(3)能较为有效地改良如早熟、矮秆、抗病性、品质等个别性状。(4)诱发的变异较易稳定。目前利用的物理物质有 X 射线、γ 射线、中子流、激光、离子束和微波等；化学物质有秋水仙碱、甲基磺酸乙酯和硫酸二乙酯等。

【诱导酶】（inducible enzyme） 又称适应酶。在正常细胞中没有或只有很少量存在，当细胞中有特定诱导物(通常是酶的底物)存在时才能诱导大量合成的酶。如催化淀粉分解为糊精、麦芽糖等的 α - 淀粉酶是一种诱导酶。多种微生物都能产生这种酶。如果将能合成 α - 淀粉酶的菌种培养在不含淀粉的葡萄糖溶液中，就直接利用葡萄糖而不产生 α - 淀粉酶。如果将其培养在含淀粉的培养基中，就会产生活性很高的 α - 淀粉酶。诱导酶的合成除取决于诱导物以外，还取决于细胞内所含的基因。如果细胞内没有控制某种酶合成的基因，即便有诱导物存在也不能合成这种酶。因此，诱导酶的合成取决于内因和外因两个方面。在微生物需要时合成，不需要时就停止合成。这样，既保证了代谢的需要，又避免了不必要的浪费，增强了微生物对环境的适应能力。

【诱导效应】（inductive effect） 有机化学理论的重要概念之一。在有机化合物分子中，整个分子中的成键电子云向某一方向偏移所产生的效应。

其特征是：电子云偏移沿着 σ 键传递，并随着碳链的增长而减弱或消失。常以氢原子为标准比较各种原子或原子团的诱导效应的强弱。可分为：(1)负诱导效应。吸引电子能力比氢原子强的原子或原子团(如 - X、- OH、- NO_2、- CN 等)有吸电子的诱导效应，用 - I 表示，整个分子的电子云偏向取代基。(2)正诱导效应。吸引电子的能力比氢原子弱的原子或原子团(如烷基)具有给电子的诱导效应，用 + I 表示，整个分子的电子云偏离取代基。在诱导效应中，用箭头→表示电子移动的方向，并表示电子云的分布发生了变化。在阐明有机分子结构和反应特性方面广泛应用。

【诱导性多能干细胞】(induced pluripotent stem cell，IPS)　通过基因转染技术将某些转录因子导入动物或人的体细胞，使其直接重构成胚胎干细胞样的多潜能细胞。不但在细胞形态、生长特性、干细胞标志物表达等方面与胚胎干细胞相似，而且在 DNA 甲基化方式、基因表达谱、染色质状态、形成嵌合体动物等方面也与胚胎干细胞几乎完全相同。其制备技术可以在不使用胚胎或卵母细胞的前提下获取用于疾病研究或治疗的胚胎干细胞。这一突破在理论上首次证实了人类已分化成熟的体细胞同样可以被重编程为类胚胎干细胞，在技术上成功地避开了长期以来争论不休的伦理问题，突破了核移植技术缺乏卵母细胞的窘境。iPS 细胞的诱导性多能干细胞的诱导产生过程是了解基因组重序分子机制和个体特异疾病发生机制的理想模型，为获得患者自身遗传背景的胚胎干细胞提供了一个新途径，避免了干细胞移植所面临的免疫排斥问题。

【诱导阻力】(induced drag)　伴随着升力产生而出现的阻力。当机翼产生升力时，机翼下表面的压力比上表面的大，而机翼翼展长度又是有限的，所以下翼面的高压气流会绕过两端翼尖，向上翼面的低压区流去。当气流绕过翼尖时，在翼尖部分形成旋涡。这种旋涡的不断产生而又不断地向后流去即形成了所谓翼尖涡流。翼尖涡流使流过机翼的空气产生下洗速度，而向下倾斜形成下洗流。气流方向向下倾斜的角度，叫下洗角。升力是和相对气流方向垂直的。流过机翼的空气因受机翼的作用而向下倾斜，则机翼的升力也应随之向后倾斜。实际升力是和洗流方向垂直的。把实际升力分解成垂直于飞行速度方向和平等于飞行速度方向的两个分力。垂直于飞行速度方向的分力仍起着升力的作用，而平行于飞行速度方向的分力则起着阻碍飞机前进的作用。这种由于产生升力而诱导出来的附加阻力就是诱导阻力。诱导阻力的大小与机翼的升力和展弦比有很大关系。升力越大，诱导阻力越大；展弦比越大，诱导阻力越小。

【诱发发情】(estrus induction)　应用激素或其他方法促使乏情期的母畜正常发情的方法。以便按时配种，缩短母畜的繁殖周期，提高繁殖率。应用的激素有孕马血清促性腺激素、人绒毛膜促性腺激素等。

【诱发排卵】(induced ovulation)　又称诱导排卵。通过激素作用或特殊刺激促使母畜排卵的技术。与自发排卵相对而言。常用的激素为促黄体素或绒毛膜促性腺激素。其可诱发成熟或接近成熟的卵泡排卵。特殊的刺激，如刺激兔子的宫颈或给骆驼注射精液等。兔和骆驼等需要特殊刺激才能诱发排卵的动物称诱发排卵动物。

【诱发性动物模型】(experimental animal model)　研究者通过使用物理的、化学的和生物的致病因素作用于动物，造成动物组织、器官或全身一定的损害，产生类似于人类疾病的生理改变的动物。物理致病因素包括机械力、温度和压力的改变、放射线、噪声等。生物致病因素如病毒、细菌、真菌、寄生虫、生物制品、细胞、毒素等各种致病原，通过注射或接种使动物产生相应疾病。化学致病因素的作用有两方面，一是通过化学物质的烧伤、腐蚀；二是通过化学物质参与代谢实现。诱发性疾病动物模型能在短时间内复制出大量疾病模型，并能严格控制各种条件使复制出的疾病模型适合研究目的需要等特点，因而为近代医学研究所常用，特别是为药物筛选研究工作所首选。

【诱发性肿瘤】(induced tumor)　应用已知的化学致癌物质诱发的动物肿瘤。用以研究肿瘤的形态、发生、发病条件、发病机理、生理学特性及与肿瘤宿主的相互关系，包括免疫等问题。其发病率、发病时间、发生部位及组织学类型均较自发性肿瘤容易掌握。常用的化学致癌物质包括：(1)多环碳氢化合物。其中以 3,4 - 苯并芘及 3 - 甲基胆蒽的致癌性最强。(2)氨基偶氮化合物。0.06% 的 3′甲基氨基偶氮苯是一种应用较多的大鼠肝脏致癌剂。(3)芳香胺类。可引发膀胱癌、肝癌、肺癌。(4)亚硝胺类。自然界广泛存在的亚硝酸盐和二级胺，在体外或体内合成的各种类型的亚硝胺，是目前所知的强致癌物质。可以引起多部位的肿瘤，如肝癌、食管癌、肺癌。(5)霉菌毒素。种类较多，特别是黄曲霉毒素的致癌作用很强。能明显诱发动物肝癌。(6)金属元素。如砷、铬、镍、镉等。前三者与肺癌的发生有关，镉可引起前列腺癌。

【诱发幼畜排卵】(induced ovulation of young animals)　用人工方法促使幼龄母畜超数排卵的技术。对牛来讲,主要是利用胎盘或促性腺激素可引4月龄或以前的母犊发生排卵甚至超数排卵,以便提供胚胎进行移植。这种技术可缩短世代间隔,有利于后裔测定,具有一定经济意义。

【诱树】(inducing tree)　又称诱杀树、诱饵树。能诱集分散、远处的害虫以便集中杀灭的的树木。是御敌于林外、灭成虫在产卵危害之前的好办法。具有治点保面、缩小防治范围、节省劳资、容易推广等优点。目前诱杀树在天牛防治中的作用日益受到人们的重视。至今已发现许多树种具有引诱天牛的作用。根据桑天牛有喜食桑树、柞树的特点,以桑树或柞树作为诱集树种,在桑天牛发生期间,对桑树进行喷药防治。诱树防治要及时、彻底,以减轻虫源。椴树科椴树属的蒙古椴、糠椴、籽椴等能引诱光肩星天牛成虫产卵。苦楝对星天牛成虫具有较强的引诱能力。引诱直线距离在200m以上。诱饵树以设置在通风向阳的林道旁或郁闭度较小林分的林窗中为宜,距寄主植物有一定距离的林缘更佳。

诱树

【釉质发育不全】(enamel hypoplasia)　在牙齿发育期间,由于全身疾患、营养障碍或严重的乳牙根尖周感染导致釉质结构异常。按其致病性质的不同可分为釉质发育不全和釉质钙化不全两种类型。其病因是:(1)营养缺乏因素。尤其以维生素C、维生素D影响最大。(2)内分泌因素如甲状旁腺功能降低。(3)婴儿和母体的疾病。如小儿麻疹、猩红热等,怀孕期母亲所患风疹、毒血症等。(4)局部因素。如乳牙根尖周严重感染。按其程度的不同可分为轻症和重症。前者釉质形态基本完整,仅有色泽和透明度的改变,形成白垩状釉质。一般无自觉症状。后者牙面有实质缺损,釉质表面可出现带状或窝状棕色凹陷,受累牙常呈对称分布。其治疗方法是:激发痛者可用药物脱敏,缺损明显者可行充填术,前牙可用复合树脂充填、贴面法或烤瓷冠修复。其防治措施是:加强妇幼保健,搞好优生优育;从胚胎到出生后7岁,特别注意母体和儿童的营养和健康,预防全身感染和乳牙尖周感染。

【淤地坝】(sediment storage dam for building farmland)　在沟道内用于拦泥淤地的治沟工程。根据集流面积、库容大小、流域水文条件等决定工程结构。控制流域面积较大的大型淤地坝,由坝体、泄水洞和溢洪道等三部分组成;集流面积较小的中小型淤地坝,由坝体和溢洪道或泄水洞两部分组成。修筑淤地坝工程的材料一般就地取用。有砂石料的沟道,用水泥砂浆砌石筑坝。在石料缺乏时,可用预制钢筋混凝土块。在一条沟内修建多座淤地坝,是中国黄土高原水土流失严重地区重要而独特的治沟工程体系。为达到沟道分段拦蓄水沙、分散洪水和防止洪水危害的目的,坝系包括滞洪坝、种植坝、引洪蓄水灌溉坝等,并使单坝有明确分工,有机配合,生产职能可以变换,科学使用水沙,持久发挥坝系整体的最大水沙利用能力和生产效益。淤地坝的主要作用是:滞洪、拦泥、淤地、蓄水、建设农田、发展农业生产、减轻入河泥沙。淤地坝拦泥淤地效益显著。中国黄土高原地区淤地坝建设已成为当地基本农田建设的重要组成部分。

【淤灌】(warping irrigation)　既利用水分浸润,又利用淤泥肥田的一种浑水灌溉方式。除能满足作物对水分的需要外,还能起到淤填土地、冲洗盐碱、改善土壤物理性状、提高土壤肥力、促进农业增产的作用。是改良低洼地、盐碱地、沼泽地及沙荒地的有效措施之一。按土地利用状况的不同可分为:(1)白地放淤。一般在低洼沼泽地、盐碱地或沙荒地进行。它不受作物种植的限制,淤得较快、较厚。(2)灌溉放淤。与农作物灌溉同时放淤,多适用于水稻田。(3)沉沙放淤。在沿河或背河洼地,为加固堤防淤背,淤高洼地或灌区沉沙池结合放淤。按灌溉水流在格田内流动形式的不同,可分为:(1)动水漫灌放淤。边灌边排,连续放淤。用水较多,淤后溜沟多,黏沙分布不均,淤地质量较差。(2)围堤静水放淤。适用于地势封闭而低洼的地方放蓄浑水,沉积泥沙,排除表层清水。此法省水、落淤均匀,但所需时间较长。(3)动水、静水结合放淤。在动水放淤接近完成时,倒灌回淤,静水沉淀数次,淤地质量较好,速度较快。淤灌技术包括:(1)多口门分散进水。在需要增大淤区的长度时,采用此法,以保证下游有足够的落淤量。(2)局部导流。筑挡流墙或挖导流沟,引淤泥至较远处,并使落淤均匀。(3)低引高泄。根据地形和落淤厚度修建不同高程的进、出水口,在放淤过程中交替使用各种口门,以减缓淤区水流速度,使泥沙充分淤

淤灌

淀。(4)先静后动,以清顶浑。开始放淤时先将出水口堵住,淤区灌满浑水。关闭进水口,待浑水澄清后,再打开进水口和出水口,使进淤区的浑水推着清水缓缓前进,泥沙下沉,从出水口排出清水。(5)倒灌回淤。放淤即将结束时,把进水口堵住,改由出水口进水,如此倒灌回淤2~3次,以达到均匀落淤的目的。适宜淤灌的时期往往是作物生长旺季和多雨季节。因此,淤灌易引起内涝或掩埋作物,且存在着淤地与灌溉、淤地与农业生产、放淤漫地与沟渠输水等矛盾。故需统筹安排、全面规划和加强管理才能收到良好效果。随着小流域治理工作的加强和水土流失状况的逐步减轻,从长远看淤灌规模及范围将日趋缩小。

【余度飞行控制系统】(redundant flight control system) 又称多重飞行控制系统。运用余度技术,使用两个或两个以上可完成同一控制功能的分系统(通道)所构成的高可靠性飞行控制系统。其构成和工作原理见余度结构。由于单套飞行控制系统不可能满足这些系统的飞行安全可靠性要求,遂开始研制高可靠性的余度飞行控制系统。完成同一控制功能的分系统(通道)数目即系统的余度数。例如,由三个分系统构成的系,称为三余度飞行控制系统。系统的余度数越多,则各分系统同时发生故障的概率越低。余度飞行控制系统主要应用于自动着陆、低空突防、电传操纵等对飞行控制系统依赖性极强、飞行安全可靠性和任务可靠性要求很高的场合。现代军用、民用飞机都广泛采用了这种飞行控制系统。

【余度技术】(redundancy technology) 采用两个或两个以上的部件、分系统或通道,正确、协调地完成同一任务,并满足对其可靠性及故障容限要求的一种技术。保证航空产品符合生存性及不易损性要求的重要技术。其主要内容分两个方面,即是余度结构和余度管理。余度管理是保证余度系统正确、协调工作,监控系统运行状况并完成故障检测与处理工作全部功能的总称。在航空产品上使用的余度技术可以分为两大类,一类是相似余度;另一类是非相似余度。前者采用相同的硬件和相同的软件完成同一任务或功能;后者则采用不同的硬件和不同的软件来完成同一任务或功能,可以避免出现硬件或软件的共性故障,主要应用于对产品可靠性要求特别高的场合。在航空产品中,与飞行安全关系密切、对完成飞行任务至关重要的部分,都在不同程度上使用了余度技术。

【余度结构】(redundancy architecture) 余度系统通道数配置、主要部件功能编排和安装布局以及信号链传递关系的总称。系统余度结构配置与所采用的余度管理策略和方法关系密切,两者相互配合的合理设计,可使系统以最少的组成部件达到可靠性、故障容限、生存性及不易损性的要求。按照系统运行的方式,余度结构分为两种基本类别:(1)主动并列运行结构。系统由 m 重通道同时并列工作,每个通道 n 个部件组成一个符合功能要求的分系统(见框图1)。(2)备用切换运行结构。在 m 重通道组成的系统中,只有一个或一部分通道工作,其他通道处于备用状态。当工作出现通道故障时,备用通道按预定顺序接替工作(见框图2)。在实际系统余度结构设计中,可根据使用要求与场合选取其中一类或者采取两类混合的结构形式。

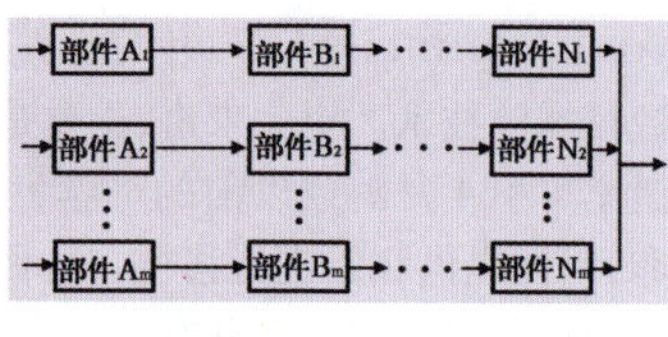

两类余度结构的框图1

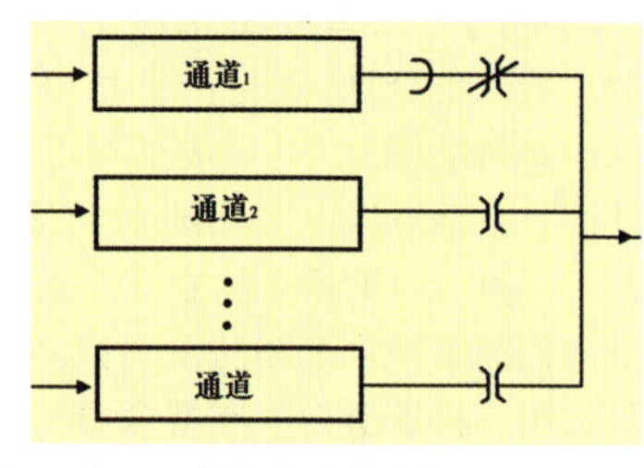

两类余度结构的框图2

【余热锅炉】(waste heat boiler) 又称废热锅炉。利用各种废气的余热和废弃物焚烧后所产生的余热为热源的锅炉。其不仅能生产热水和蒸汽,而且还可以利用产生的蒸汽来驱动汽轮机发电。就循环方式而讲,余热锅炉有自然循环和控制循环两种。按其受热面布置的不同可分为:立式和卧式两种。在工业领域中常用于发电。按其热源和用途的不同可分为:燃汽-蒸汽联合循环组余热锅炉、工业炉窑余热锅炉,废液余热锅炉和废料余热锅炉等。工业炉窑余热锅炉又可分为:水泥废汽余热锅炉和炼铁厂余热锅炉。

余热锅炉

【余震】(aftershock) 一次地震主震之后接连发生的小地震。发生在主震发生的同一区域。在通常情况下,一次主震后都会发生一系列余震,但其强度都比主震小,延续的时间可达几天、几个月,有时也有几年甚至几十年的。不过每次余震的间歇期随着时间的推移越来越长。2008年5月12日四川汶川大地震后,到2010年的3月5日,在北川还发生了3.7级余震。1976年7月28日河北唐山大地震34年后的2010年3月6日,当地还发生了4.2级的余震。

截止2010年初,汶川大地震余震已达57 000余次。其中5.0~5.9级中强余震达36次。有理论认为,余震发生的原因是地震发生时产生形变的地层收缩恢复重整所致。但最新研究认为,余震是受“动态”地震波的冲击造成的能量释放。由于地震波的衰减与主震震源距离呈指数规律,因此离主震中心距离越远,余震发生的次数越少,强度越小。在每次地震发生后,还必须加强对余震的检测和监视,以防造成新的人员伤亡和财产损毁。灾后重建也必须充分考虑余震尤其是中强余震对各项工程建设的影响。

【鱼翅】(shark's fin) 鲨鱼鳍中的细丝状软骨。是用鲨鱼的鳍加工而成的一种海产珍品。鲨鱼属软骨鱼类。其鳍骨形似粉丝。干鱼翅的种类有:海虎(来自虎鲨的翼展)、金钩(来自鲨鱼的下尾部)、牙拣(为狗鲨的翼展)、青片(为青鲨的翼展)和群翅(来自鲨鱼的背鳍)。中国从明朝开始加工鱼翅。在捕鲨之后,粗加工成为翅板(或称翅片、原翅、皮翅),细加工则成翅丝(或称软刺、明翅)。从现代营养学的角度讲,鱼翅(即软骨)并不含有任何人体容易缺乏或高价值的营养素。虽然鱼翅的蛋白质含量高达84%,但是由于缺乏人体必须的色氨酸,实际上是一种不完全蛋白质,不属于优质蛋白。鲨鱼处于海洋食物链的顶端,体内往往会积累大量的污染毒素(特别是汞)。目前,还没有确切的科学根据证明鱼翅对健康有益。鱼翅汤的美味主要来自它的配料,而不是鱼翅本身。

鱼翅

【鱼刺图法】(fishbone diagram) 又称特性要因图、因果图、鱼骨图。把系统中影响问题特性的因素、问题的特性值及其相互关联性,用简洁的线条和简明的文字绘制成条理清楚、层次分明、并标出重要因素的图形,以描述事故发生的原因与后果的关系。按鱼刺图类型的不同可分为:(1)整理问题型鱼刺图。各要素与特性值间不存在因果关系,而是结构构成关系,对问题进行结构化整理。(2)原因型鱼刺图。鱼头在右,特性值通常写成“为什么……”的形式。(3)对策型鱼刺图。鱼头在左,特性值通常写成“如何提高(改善) ……”的形式。它是一种透过现象看本质的分析方法,可以发现问题的“根本原因”。制作鱼骨图分为分析问题原因、结构与绘制鱼骨图两个步骤。

【鱼道】(fish passage) 使洄游鱼类繁殖时能顺流或逆流上溯通过河道中的水利枢纽或河坝而设置的人工建筑物或设施。因江河筑坝或兴建其他水利枢纽设施,使鱼洄游通道受阻,将影响其正常的生存和繁衍,为保护和增殖渔业资源通常在与坝平行的位置设置过鱼设施。按其结构形式的不同可分为:斜坡式鱼槽、阶梯式鱼梯、升降式举鱼机和船闸式鱼闸等。

鱼道

【鱼礁】(fish reef) 适合鱼类群集栖息、生长繁殖的海底礁石或其他隆起物。其周围海流将海底的有机物和近海底的营养盐类带到海水中上层,促进各种饵料生物大量繁殖生长,为鱼类等提供良好的栖息环境和索饵繁殖场所,可使鱼类聚集而形成的渔场。人们常选择适宜的海区,投放石块、树木、废车船、废轮胎和钢筋水泥预制块等,以形成人工鱼礁,可诱集和增加定栖性、洄游性的底层和中上层鱼类资源,形成相对稳定的人工鱼礁渔场。是保护和增殖近海渔业资源的一项有效的技术措施。

【鱼类】(fishes) 脊椎动物亚门的一大类群。终生在水中生活。用鳃呼吸。用鳍辅助运动与维持身体平衡。大多被鳞片。体温不恒定。骨胳为软骨或硬骨。多数有鳔。心脏具一心耳和一心室。听觉器官只有内耳。现存的鱼类可分为圆口纲、软骨鱼纲和硬骨鱼纲。全世界有约24 600余种。其中约40%的种类(近1万种)是生活在淡水湖泊和江河中的淡水鱼类,60%的种类是生活在海洋中的海洋鱼类。在海拔4 100m的高山湖泊中和深达7 000m的深海里都能发现鱼的踪迹。中国产鱼类约3 900种左右。

鱼类

【鱼类繁殖力】(fish fecundity) 又称鱼类生殖力。鱼类及其种群繁殖后代和生存的能力。在一个生殖期内,雌性个体可能排出的卵子绝对数量和相对数量,一般决定于雌性鱼类在其生殖期内成熟卵巢怀卵量。分为个体繁殖力和种群繁殖力。其特点是:一般海水鱼的繁殖力高于淡水鱼类和溯河性鱼类,洄游性的高于定居性的,浮性卵的高于沉性卵的,浅水产卵的高于深水产卵的,有护卵习性和卵胎生的最低。有时繁殖力的变动可作为预报渔获量的指标之一。

【鱼类含肉率】(dressing percentage) 一尾鱼除去内脏、鳞、鳃、骨骼、鳍条等所得可食部分与鱼体重的百分比。鱼的含肉率及其营养成分是评价鱼类质量高低的指标之一。黄颡鱼含肉率高,营养丰富。黄颡鱼含肉率在67.53%,与鳜鱼、尼罗罗非鱼等名优鱼类相近,属于含肉率较高的鱼类。黄颡鱼蛋白质含量15.37%,氨基酸总量14.19%,其中人体必需氨基酸含量5.87%,营养十分丰富。

【鱼类耗氧量】(fish oxygen consumption) 单位时间内在自然状态下,鱼类消耗氧气的数量。一般是以测定单位时间内水中氧气减少的量来表示。耗氧量值用来衡量鱼的代谢强度。一般分为基础耗氧率(标准耗氧率)和最高耗氧率(活动耗氧率)。基础耗氧率是指鱼体在未受到运动、食物、温度等影响而保持安静状态时的耗氧量。最高耗氧量是指鱼体活动时的耗氧情况,即活动耗氧率。鱼活动越强耗氧率越高。温度和鱼耗氧率的关系是:无论是基础耗氧率或是活动耗氧率,都受温度的影响,温度和耗氧率成正比。一般来讲,夏季鱼池中溶氧量低于冬季,而耗氧量却大大超过冬季。在酷热无风的夏季或天气闷热又无阳光的黎明前,水中溶解氧量降至1~1.5mg/L。这时家鱼就有昏迷死亡的危险。因此,在夏季必须严格定期测定溶氧量,发现缺氧及时采取强化增氧措施。鱼的体重和耗氧率的关系是:鱼类单位体重的耗氧率随体重、年龄的增加而相对地降低。如草鱼、鲢鱼、鳙鱼鱼苗的耗氧率为3.09 mg/(kg·h),鱼种为0.33~0.64mg/(kg·h),而2龄鱼为0.21mg/(kg·h),从而可以看出鱼苗比大鱼的耗氧率高。因此,在养殖及运输过程中要严加注意鱼苗的呼吸问题。鱼的种类不同,耗氧率也不同。在中国养殖的几种主要鱼类中,以鲢鱼的耗氧率为最高,鳙鱼、青鱼、草鱼次之,鲫鱼和鲤鱼最小。

【鱼类人工繁殖】(fish artificial propagation) 在人工控制条件下,促使鱼类性腺发育成熟,完成产卵、受精、孵化、发育,获得鱼苗的方法。在20世纪30年代,科学家首先利用硬骨鱼类的脑垂体前叶抽提物,注射到别种小型的硬骨鱼类,探索催产效果。苏联用干法人工授精,巴西用鱼类脑下垂体提取液对一些鱼类催产和印度用人工繁殖鲶鱼类研究相继取得成功。中国从1958年起,先后突破青鱼、草鱼、鲢和鳙四大家鱼人工繁殖技术难关,开创了鱼类人工繁殖的广阔前景。鱼类的繁殖,一般采用人工繁殖生理生态法。按其过程的不同可分为:(1)亲鱼培育。是将达到性成熟年龄的亲鱼培育至性腺发育成熟的过程。性腺发育良好的雌鱼在外形上腹部膨大、下腹松软、泄殖孔红润,可选作催情用鱼;雄鱼当轻压下腹部时有入水即散开的乳白色精液流出,方可选用。(2)催情。对卵巢出现上述性状的亲鱼,须注射催情剂促其发情、产卵。常用的催情剂,有鲤鱼脑垂体、促黄体生成素释放激素类似物、人绒毛膜促性腺激素等单独或几种混合使用。此外,适宜的生态环境条件对促使亲鱼正常发情产卵也有良好作用。(3)授精。有自然授精和人工授精两种。(4)孵化。将受精卵置于孵化环道、孵化桶等孵化器中使之发育孵化。

鱼类人工繁殖

【鱼类人工授精】(fish artificial insemination) 与鱼类自然授精相对应。在亲鱼处于发情高潮将要产卵时,进行人工采卵、采精,使鱼类精子与卵子结合完成受精作用的技术方法。性成熟的亲鱼一般将精子、卵子排出体外,在水中完成受精过程。离体的精子、卵子在原液中可保持10min左右或更长(与温度有关)仍具有活力,但遇水后卵子仅60~90s、精子仅20~30s即失去受精能力。成熟的卵子、精子受精后才能正常发育。卵的成熟程度是先决条件。因此,准确掌握采卵、授精时间,是成败的关键。操作过程应避免精子、卵子受阳光直射,动作要轻快,避免亲鱼受伤。按授精方法的不同可分为:(1)干法授精。授精前,擦干鱼体,挤卵子、精子入容器,充分混合后再加清水搅动1~2min,用清水冲洗2~3次,即可移至孵化器中孵化。(2)半干法授精。精液加生理盐水稀释后再与卵子授精。(3)湿法授精。在盛有生理盐水的容器中使精卵结合。

【鱼类摄食强度】(feeding intensity of fish) 判断鱼类等水生动物胃(肠)中食物饱满程度的标准。按胃(肠)内容物多少的不同通常分为五级:0级,空胃(肠);1级,胃(肠)内有少量食物,其体积不超过肠胃的1/2;2级,胃(肠)内食物较多,其体积超过肠胃的2/3;3级,胃(肠)内充满食物,但胃(肠)壁不膨胀;4级,胃(肠)内食物饱满,胃(肠)壁膨胀变薄。是渔业生物学常规调查项目之一。为研究索饵鱼群的重要指标。

【鱼类性腺成熟度】(maturity of fish gonad) 鱼类性腺发育成熟的阶段及其程度。按其鱼类性腺发育过程的不同可分为:(1) Ⅰ期。性腺尚未发育的个体,性腺紧贴鳔侧方的体腔膜上,肉眼不能分辨雌雄。(2) Ⅱ期。性腺开始发育或产卵后重新恢复的个体,卵巢呈肉红色的细管或扁带状,肉眼能分辨性别,但未能看出卵粒;精巢扁平稍透明,呈灰白色或灰褐色。(3) Ⅲ期。性腺正在成熟的个体,卵巢呈青灰色,肉眼已能辨别性别和能看到卵粒,卵粒互相黏连呈团块状;精巢呈粉红色或浅黄白色。(4) Ⅳ期。性腺即将成熟的个体,卵巢增大,占腹腔三分之二左右,卵粒饱满能分离,轻压鱼腹无卵粒流出;精巢显著增大,呈乳白色,轻压鱼腹会有少量精液流出。(5) Ⅴ期。性腺成熟,临产个体,卵巢松软饱满,卵粒分离进入卵巢腔,处于流动状态。轻压鱼腹,卵粒即流出;精巢充满精液,轻压鱼腹,乳白色精液即行流出。(6) Ⅵ期。产卵排精后的个体,性腺萎缩松弛,呈暗红色。残留有少量过熟而未排放的卵粒或精子,判别方法大多采用目测法和系数测定法。

【鱼类自然授精】(natural fertilization of fish) 与鱼类人工授精相对应。性成熟的亲鱼在自然状态或产卵池中自行产卵、排精,完成受精过程。开始发情的雌雄鱼,会自然出现雌鱼在前游,雄鱼在后追的现象。在发情达高潮时,两鱼并行,活动加速,身体突然侧转,尾部交合即完成1次自然授精产卵活动。随后,待卵子吸水膨大、卵膜增厚时,开始收集受精卵,或使受精卵从产卵池自动流入孵化环道。自然受精和人工授精各有优缺点,在生产中应坚持因地制宜,科学合理地采用。

【鱼溜】(fish pit) 又称鱼坑。在稻田养鱼时,鱼安全栖息的场所。便于投饲和起捕。每田块于田边或中间开挖一至数个 $1m^3$ 左右的方圆形水坑,面积约占稻田的2%~3%,在施放农药、化肥和晒田作业时供鱼躲栖。连接鱼溜的通道称为"鱼沟"。纵横交错相通。平时鱼在此觅食,栖息和游动。

鱼溜

【鱼露】(fish sauce) 又称鱼酱油。由各种小杂鱼和小虾加盐发酵而制成的一种液体调味汁品。以小虾为主制得的制品称虾酱油。一般制作工艺流程是:发酵→蛋白质水解→晒炼溶化→过滤→再晒炼→除腥→再过滤→灭菌→成品。味道鲜美,是可作酱油用的调味品。发源于广东潮汕,与潮汕菜脯、酸咸菜并称潮汕三宝。产于福建、广东等地。除当地食用外,产品大部外销东南亚各国。

【鱼苗】(fry) 又称鱼花。受精卵发育出膜后至卵黄囊基本消失、鳔充气、能平游和主动摄食阶段的仔鱼。即从鱼卵孵出不久的小鱼。其体长一般为6~9 mm。依其孵出时间长短的不同可分为嫩口鱼苗和老口鱼苗。嫩口鱼苗为孵化后0.5~2天的个体,鳃尚未出现,鱼体透明,色素较少,尾鳍和背鳍尚未分化。老口鱼苗为孵出3~7天的个体,鳍已形成,可在水中作水平游动,体上出现较多色素,尾鳍和背鳍分化。养殖鱼苗的来源有采捕天然鱼苗和进行人工繁殖两种。健壮的鱼苗一般体色鲜嫩,体形肥满匀称,大小齐一,游动活泼。

鱼苗

【鱼群探测仪】(shoal sounder) 利用声学技术探测海洋中鱼群信息的一种仪器。探测原理是测定由鱼体、鱼鳔集群反射的散射声波的强度,可以用来探测鱼群的位置、大小、范围和密集度,为捕鱼作业船提供鱼群信息。探测过程为:由船上发射固定频率的调制声脉冲,并用接收器接受来自鱼群的反射信息。使用频率有两种:一种为低频率脉冲,采用24kHz或48kHz,用于探测中等个体的鱼群;一种为高频率脉冲,采用200kHz,用于探测个体较小的鱼群。

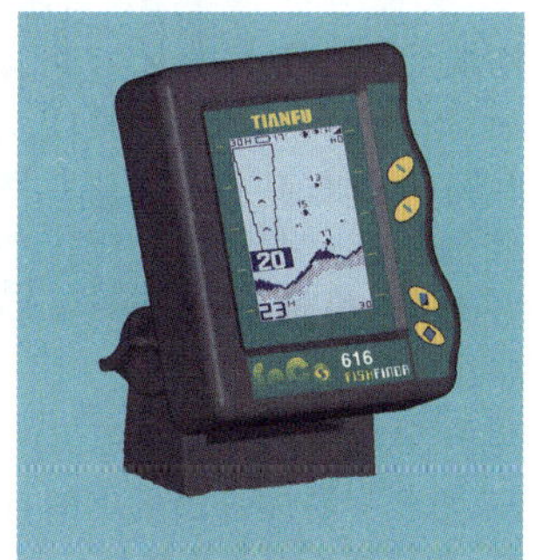

鱼群探测仪

【鱼筛】(fish grader) 用来分离不同规格鱼种的工具。要求光滑,轻巧和耐用。呈半球形。其结构分筛体和把手两部分。筛口直径为540 ~ 560mm,深300~320mm。筛口边框竹片宽25~35mm。鱼筛竹条用毛竹条、革竹条(或粉革竹条)和藤皮加工而成。要求竹条光滑、无节、粗细均匀,编结牢固。一套鱼筛共计30多把,而常用的有10多把。以"朝"表示筛号,依次表示筛目由小到大。

"朝"与筛目的公制单位换算关系表

单位:mm

筛号	筛目宽	筛号	筛目宽度	筛号	筛目宽度
一朝	0.6	五朝	2.0	十朝	7.0
一朝半	0.8	五朝半	2.2	十朝半	9.0
一朝七	0.9	六朝	2.5	十一朝	11.1
二朝	1.0	六朝半	2.8	十二朝	12.7
二朝半	1.2	七朝	3.2	三寸筛	15.0
二朝七	1.3	七朝半	3.5	三寸半	17.0
三朝	1.4	八朝	4.2	四寸筛	18.0
三朝半	1.66	八朝半	5.0	四寸半	19.0
四朝	1.8	九朝	5.8	五寸筛	21.5
四朝半	1.9	九朝半	6.5		

【鱼体长度】(fish body length) 反映鱼体外部形态的各种长度性状。以硬骨鱼纲为例,主要包括:全长、体长、叉长、头长、吻长、眼径、眼间距、肛长、尾柄长、尾柄高、体高、头宽和体宽(厚)等。全长为自吻端至尾鳍末端的直线长度;体长为自吻端(口上位的鱼自上颌前端)至尾鳍基部最后一椎骨末端的直线长度,又称标准长;叉长(尾鳍分叉的鱼类)为自吻端到尾鳍中央分叉处的长度;头长为自吻端至鳃盖骨后缘;吻长为自吻端至眼前缘的长度;眼径为沿体纵轴量出的眼眶前缘至后缘的距离;眼间距为两眼眶背缘正中间的距离;肛长为沿体纵轴量出的自吻端至肛门前缘的长度;尾柄长为自臀鳍基部至尾鳍基部的直线距离;尾柄高为尾柄部分最低处的垂直高度;体高为身体最高处的垂直高度;头宽、体宽分别指头部和躯干部最宽处的垂直于体纵轴的距离。硬骨鱼纲见示意图。

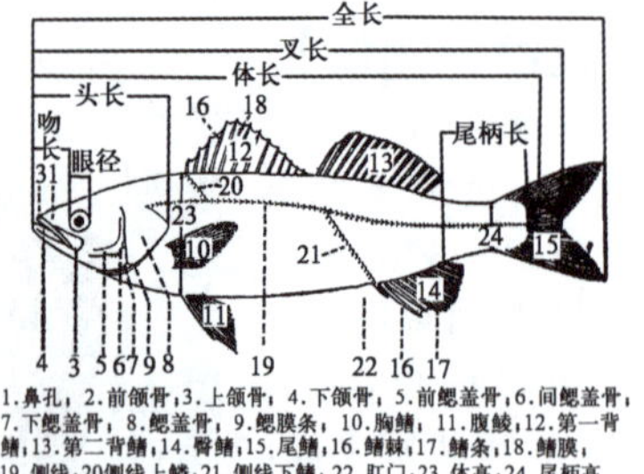

鱼体长度

【鱼体肥满度】(fattiness) 反映鱼类等水产动物的肥瘦程度和生长情况的指标。通常用体重与体长立方数的比值来表示,其公式为:$K=\frac{100W}{L^3}$式中K为肥满度;W为体重(g);L为体长度(cm)。

【鱼虾分离装置】(trawl exclusive device) 在捕捞虾、蟹的拖网、坛子网等渔具中,用来分离释放幼鱼的专用装置。是利用分离网片来减少经济幼鱼的混捕现象。一般在网身或网囊前段设置一定角度的网片,或由网片、金属或工程塑料制成的栅栏,或多孔的网筛构成的专门装置,称为"网栅"。使幼鱼从虾群中分离后,通过逃逸孔释放,保护幼鱼资源。捕捞虾蟹类资源的渔具主要是网渔具。在网渔具中,一般是利用网目捕大放小的性质,即网目的选择性,通过放大网目尺寸来达到保护经济鱼类幼鱼的目的。当捕捞对象是小型虾类时,由于其大小比要保护的经济鱼类幼鱼还要小,无法利用网目选择性来达到目的。在网口位置设置网帘,选择网帘和水平面的最佳角度,来防止兼捕混杂鱼和经济小鱼。

【鱼种】(fingerling) 鱼苗生长发育至体被鳞片、长全鳍条且外观已具有成体基本特征的幼鱼。是用以养殖成鱼的幼鱼。由鱼苗经一段时间饲养而成。因出塘季节的不同,有多种名称。在夏季出塘,体长3cm左右的鱼种称"夏花"。夏花继续培育至6~18cm,在冬季出塘,此时的鱼种称"冬花"(冬片)。越冬后春季出塘的鱼种称"春花"(春片)。冬花及春花又称"仔口鱼种"。仔口鱼种再经一年左右培育,体重长至0.25kg左右的称"老口鱼种"或"过池鱼种"。培育鱼种,需彻底清塘,并进行合理的混养。选择的鱼苗应规格整齐,个体肥壮,游动活泼。在饲养过程中,应注意投饵、施肥和防病。对越冬的鱼种,需在冬季前进行并塘处置。

鱼种

【娱乐养生】(entertoinm health) 通过参与轻松愉快、活泼多样的活动进行养生的方法。在美好的生活气氛和高雅的情趣活动(琴、棋、书、画、花木、旅游、垂钓等)之中,会使人舒畅情志、怡养心神,增加智慧、动筋骨、活气血、锻炼身体,增强体质,从而达到养神健形,益寿延年的目的。娱乐养生主要是在业余生活中进行,用健康而美好的"娱乐"形式来调剂和丰富生活内容,因此必须科学合理运用,才能起到良好的作用。要根据不同的年龄、职业、生活环境、文化修养、性格、气质,选择不同的娱乐形式,力求达到良好的养生效果。

【渔场】(fishing zone) ❶鱼类或水产经济动物高度集群,适合捕捞作业并可获得一定产量的区域。一般在江河入海口、两种海流或水系交汇和上升流等营养盐丰富的海域易形成良好渔场。

渔场

按海洋结构的不同可分为:流隔渔场、涡流渔场和上升流渔场等;按其地理位置的不同可分为:热带渔场、温带渔场和寒带渔场,以及沿岸渔场、河口渔场、海湾渔场、近海渔场、大陆架渔场、深海渔场、远洋渔场、海山渔场、礁堆渔场、极地渔场;按其渔获捕捞对象的生活阶段的不同可分为:越冬场渔场、产卵渔场和索饵渔场;按其作业方式的不同可分为:拖网渔场、围网渔场、刺网渔场和钓渔场等。❷中国有些内陆水域的养殖基地。

【渔法】(fisheries act) 泛指捕捞过程中的生产操作技术。狭义的渔法,仅指操作渔具达到捕捞目的的方法。广义的渔法,还包括作业前的准备、寻找渔场、掌握渔场和渔群探测以及渔船捕捞操作技术等。由于捕捞对象、渔场环境和使用工具的不同,渔法在不同情况下有很大差距。

【渔获量】(catch yield) 从事海洋和内陆水域捕捞活动所捕获的所有渔获物数量的总称。一般以重量表示,也有以尾数表示。联合国粮农组织的渔业统计中采用在码头卸下的鲜活渔获物重量。藻类为湿重。贝类带壳的,又称为上岸渔获量、名义渔获量。不包括未报告的渔获量。在渔业统计中,按其捕捞水域的不同可分为海洋渔获量和内陆渔获量;按其捕捞作业方式的不同可分为:拖网渔获量、围网渔获量和刺网渔获量等;按其捕捞对象的不同可分为:金枪鱼类渔获量、鲑鳟类渔获量和带鱼渔获量等。

【渔具】(fishing gear) 采捕海洋和内陆水域的鱼、虾、蟹、贝等经济动植物所使用工具总称。按其结构性能的不同可分:网渔具、钓渔具和其他渔具。按其结构与用途的不同可分为:刺网、拖网、围网、地拉网、张网、敷网、抄网、掩罩、陷阱、钓具、耙刺和笼壶12类。有的还包括利用声、光、电、气泡幕等装置在捕捞过程中起辅助作用的工具。

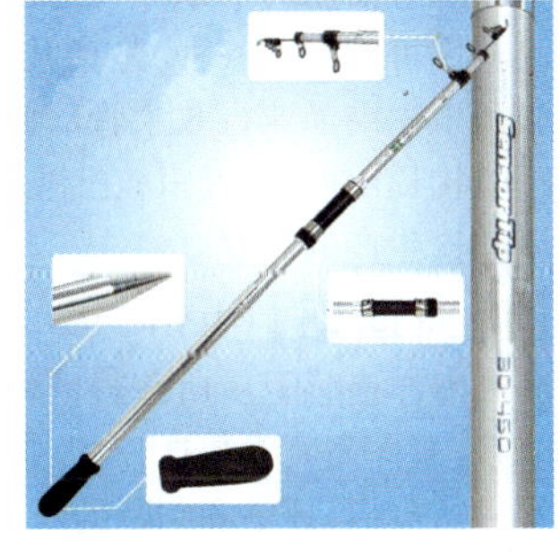

渔具

【渔情预报】(fish forecasting) 对捕捞生物渔场、渔期和资源状况的预测、预报。根据生物与环境为一体的原理,依据影响捕捞对象行动规律的生物因素(生物种类、数量、生物学状况等)和非生物性因素(海洋水文气象、捕捞强度)对渔情作出预报或预测。预报一般分为:(1)渔汛期预报。有效时间为整个渔汛期,包括渔期的起讫时间,盛渔期延续时间。预报范围有中心渔场的位置和移动趋势。结合资源分布状况分析预报渔汛期间渔获(俗称渔发)变化趋势等。这种预报一般在渔汛前发布,供渔业管理和生产者参考。(2)阶段预报。是对渔汛初期、盛期和末期渔情趋势进行预报,或者根据不同捕捞对象、渔发特点进行分阶段进行预报。这种预报是在渔汛期间发布,时间性要求较强。(3)现场预报。现场预报是对未来24h或更短时间,以及未来几天内渔场的中心位置、渔群移动方向、发展趋势进行预报。现场预报要求及时、准确,发布迅速,能够起到对现场捕捞船舶的指导作用。渔情预报可以根据不同捕捞渔类、不同渔场、不同捕捞船舶作业能力等的要求进行预报。渔情预报对渔业管理部门统筹安排生产、科学捕捞,保障捕捞作业安全等具有重要指导意义。

【渔区】(fishing area) ❶为了便于海洋捕捞生产的统一管理以及渔业资源的研究,所划定的海洋渔业水域区划单位。一般按30′×30′的经纬度为一单元,并统一编号。各国或地区的表示方法不尽相同,有的采用英语的26个字母,有的直接采用经纬度,有的则采用阿拉伯数字,如中国和日本等。❷联合国粮农组织为统一渔业统计需要,将各大洋、海和内陆水域划分的27个区域。各大洋和海按经纬度划成19个区,如太平洋和大西洋分别划成7个区。内陆水域按各洲划成8个区。❸渔业生产集中的地区。如舟山渔区等。❹沿海国家行使渔业管辖权的海域范围。

【渔汛】(fishing season) 又称渔期。鱼类或其他水产经济动物高度集中并适合于捕捞的时期。按鱼类集群程度和时间的不同可分为:捕捞初期群体数最少的初汛、捕捞中期群体最密集的旺汛和捕捞后期群体数量递减的末汛。按捕捞季节的不同可分为:春汛、夏汛、秋汛和冬汛。按捕捞对象的不同可分为:小黄鱼汛和带鱼汛等。

【渔业产业化】(industrialization of fishery) 又称渔业产业化经营。通过对生产要素优化配置和渔业产业的重新整合,使渔业的产前、产中、产后有机结合,形成具有相当规模的渔业产业链的过程。目标是充分发挥渔业产业的整体功能和规模效应,提高渔业收入。

【渔业产业结构】(structure of fisheries industry) 又称渔业部门结构。渔业内部各部门在整个渔业中所占密度和组成情况。主要指水产捕捞、水产养殖、水产品加工以及渔船修造、渔港建设、流通等部门,以及部门之间相互数量关系。一般以产量、产值、劳动力、养殖面积、资金等来反映。合理的渔业生产结构,有利于保护渔业水域生态平衡,提高渔业生产的社会经济效益。

【渔业产值】(fisheries output value) 渔业经济总产值,以货币表现的核算期内捕捞和养殖水产品及水产苗种的总产出和总成果。具体包括人工养殖的水生动物和海藻的产值、天然水生动物和天然海藻采集的产值,即包括海洋捕捞、海水养殖、淡水捕捞、淡水养殖产品以及水产苗种的产出。其计算方法是:水产品及苗种的产量分别乘其产品的现行价格。现行价格就是当年出售产品时的实际价格。水产品当年价格以各地渔业生产单位初次出售的价格的平均价格为依据。

【渔业经济总产值】(economic value of fisheries) 又称水产行业总产值。以货币表现的核算期内渔业经济活动的总产出和总成果。包括了全社会渔业、渔业工业和建筑业、渔业流通和服务业的总产值。是反映渔业生产总规模和总水平的重要指标。

【渔业生产结构】(fishery production structure) 在国家或地区内,渔业生产部门中的水产养殖业、水产捕捞业、水产品加工业及各业内部、各类生产项目之间的构成和比例关系。如渔业生产中的水产养殖业和水产捕捞业之间的比例关系。在21世纪初,全世界渔业生产结构中水产捕捞业和水产养殖业的产量比例由20世纪60年代的9:1改变为7:3;中国的为3:7。渔业生产结构具有相关性、多层性和动态性的特点。

【渔业生产要素】(fishery production factors) 用于渔业生产或提供渔业生产服务时所必须投入的各种资源的总称。主要有渔业劳动力、资本、渔业生产设施、能源和渔业资源等。在知识经济时代,还包括科学技术和渔业工作者的贡献。

【渔业水域环境容量】(environmental capacity of fishery waters) 在不危害水生生物生存和水域生态平衡,确保水产品质量的情况下,一定渔业水域环境中所能容纳的有害物质的最大负荷量。是环境、生态和经济等多种因素的一种综合概念。用于控制渔业水域污染的总量。按其自然特征的不同可分为:基本水环境容量(稀释容量)和变动水环境容量(自净容量)。某一特定水域或水体对污染物的容量是有限的。与水域环境、水域体积、水质目标、各水质要素状况、污染物的物理和化学性质有关。

【渔业现代化】(fisheries modennization) 采用先进的技术手段和科学的管理方法,把渔业建立成具有当代世界先进水平渔业的过程。主要是遵循资源节约、环境友好和可持续发展的理念,以现代科学技术和设施装备为支撑,运用先进生产方式和经营管理手段,形成渔业工贸、产加销一体化的产业体系,实现经济、社会和生态效益统一、和谐的渔业产业形态。其重点是:转变渔业增长方式,提升渔业发展质量和水平,可持续利用渔业资源,确保水产品供给和渔民持续增收。其内容是:(1)渔业生产手段现代化,包括用现代化的物资技术装备渔业,实现渔业机械化、自动化、电子化等。(2)渔业生产技术现代化,即广泛采用先进的渔业科学技术,实现渔业生产技术现代化,包括掌握先进捕捞技术、养殖品种良种化、采用配合饲料、综合加工利用水产品等。(3)渔业管理现代化,包括管理思想现代化、管理组织高效化、管理方法科学化、管理技术电子化、管理人才专业化等。

渔业现代化

【渔业许可制度】(license system of fishery) 国家为保护与合理利用渔业资源、控制捕捞强度、调整渔业生产结构、维护渔业生产秩序等所实施的禁止自由渔业活动的一系列规章制度。捕捞许可制度是渔业许可制度的一种,是指凡欲从事渔业捕捞生产,必须事先向渔业行政主管部门及其渔政渔港监督管理机构提出申请,经审核批准并取得许可证后方能从事捕捞生产的制度。

【渔业遥感】(fisheries remote sensing) 利用海洋遥感卫星所获得的海水表层温度、水色、叶绿素、海面高度等数据,对渔业资源数量、分布和渔场等进行分析、评估和判断的研究手段和方法。为提高侦察鱼群和探索渔场的能力提供依据。

【渔业资源】(fishery resource) 在天然水域中蕴藏的经济动植物的种类及其数量。包括幼体与成体两部分。水产资源蕴藏量的颤动及种群的消长,除了与自然环境、海流、水温、底质、有机盐类等的影响有关外,同时也与人们的合理采捕、亲幼体保护、水域生态系统的平衡等因素有密切关系。约占地球表面积71%的海洋蕴藏着丰富的鱼类和其他经济水产动物。已知生活在海洋中的生物种类约有17万种。其中动物有15万种左右,植物2万种左右。

【渔业资源评估模型】(fishery resources assessment model) 针对所评估的渔业资源，建立起来的一系列因素及其标准的模型。其最后结果是用量化的数值来体现的。利用数学模型考察渔业资源状况，研究捕捞等因素对种群数量影响的方法。其评估模型主要有：(1)描述种群亲体量和补充量之间关系的繁殖模型。(2)描述某一渔业资源处于稳定环境和捕捞平衡时，其资源量、平衡渔获量和捕捞努力量之间关系的平衡渔获量模型。(3)估算渔业种群捕捞死亡和资源数量之间关系的有效种群分析。(4)描述在稳定环境中的生物种群，单位补充产量与捕捞努力量和初始捕捞年龄之间关系的动态综合模型。

【宇称守恒】(parity conservation) 微观体系的运动或变化规律具有左右对称性，亦即体系变化前的宇称等于变化后的宇称。宇称守恒是与微观规律对空间反射不变性相联系，即一个物理过程和它的镜像过程规律完全相同时，该微观体系的宇称是守恒的。实验表明在强相互作用和电磁相互作用中宇称是守恒的。1956 年李政道和杨振宁通过对宇称守恒资料的认真分析，提出弱相互作用下宇称不守恒的假设，并建议通过实验来检验。1957 年吴健雄等人作的极化原子核 Co 的 β 衰变实验，证明了在弱相互作用下宇称是不守恒的。

【宇宙】(universe) 天地万物的总称。指广漠无垠的空间和存在于其中的天体和弥漫物质。是由物质组成的，不依赖于人的意识而客观存在。在时间上和空间上都是无限的，超出人类的想象。是多样而又统一的。多样性表现在物质的表现形式的多样化：密集的天体、弥漫的星云和辐射物的连续状态等。统一性则表现为它的物质性。随着人类探测技术的不断提高，宇宙的可观测范围日益扩大。目前已观测到最远的天体距地球约 150 亿光年。

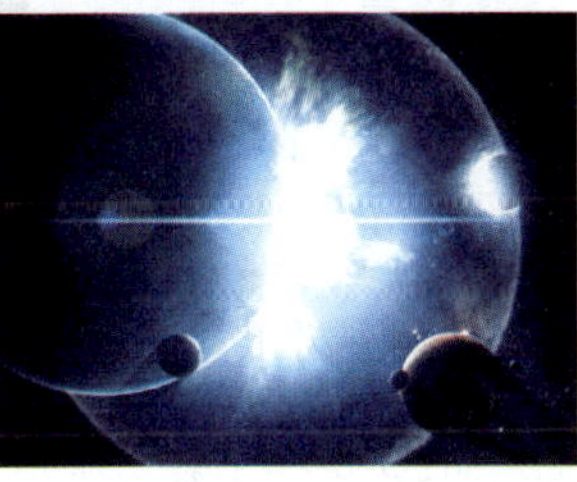
宇宙

【宇宙背景辐射】(cosmic background radiation) 来自无明显分立源天区的各向同性的电磁辐射。1965 年，美国射电天文学家彭齐亚和威尔逊在波长 7.35cm 的微波波段首先发现，后来许多研究者在从 0.5cm 到 70cm 波段上所作的观测，得出背景辐射的温度是接近 2.76K 的黑体辐射谱。因为是在微波波段上发现的，一般也称作“微波背景辐射”。在 X 射线和 γ 射线波段上也能观测到背景辐射，但量值很小，无法和微波段背景辐射相比较。宇宙背景辐射的发现为 20 世纪 60 年代天文学上的四大发现之一。彭齐亚和威尔逊二人也因此荣获 1978 年诺贝尔物理学奖。

【宇宙背景探测器】(cosmic background explorer) 又称宇宙微波背景辐射探测器。美国用于探测宇宙微波背景辐射的天文卫星。1989 年 11 月 18 日，由“德尔塔”火箭发射到太阳同步轨道。其主要任务是验证宇宙大爆炸学说提出的关于宇宙背景辐射的预言，寻找微波背景辐射可能留下的微小涟漪，用以解释星系的起源。

【宇宙大爆炸】(cosmic big bang) 解释宇宙形成和演化的一种学说。宇宙大爆炸理论创立于 20 世纪 20 年代，1946 年经伽莫夫完善而形成现代宇宙学中影响最大的一种学说。该学说认为：宇宙曾经历过一次大规模爆炸，宇宙体系不断膨胀，物质从热到冷、从密到疏地演化着。支持这一学说的事实有：(1)由同位素测定和球状星团推得的年龄值与理论预测相符，所有星体都是在宇宙温度降到几千度后才产生的，即星体的形成年龄不大于 150 亿年。(2)许多天体中氦的丰度可达 30%，用恒星内部的热核反应无法解释这个现象，只能用宇宙大爆炸早期的高温来解释这么高的氦的产率。(3)探测到宇宙的背景辐射为 3K，这个结果同大爆炸理论的预言相符。(4)河外天体有系统性的谱线红移，并且红移与距离成正比。若用多普勒效应来解释，则红移就是宇宙膨胀的反映。此学说虽是现代宇宙学中影响最大的一种学说，但是在解释星系形成、宇宙均匀各向同性起源方面还有尚未解决的难题。

【宇宙大尺度结构】(large-scale cosmical structure) 在宇宙大范围内不同星系和星系团在三维空间上的分布特征。宇宙大尺度指数百万光年以上的尺度。大多数理论天文学家相信，星系和星系团是“多泡”分布的，即星系和星系团的分布不是随机的，而是呈网状分布。星系和星系团分布在巨大的、内部为相对“空”的巨洞的“气泡”表面，而这些“气泡”充满整个宇宙空间。密集的星系、星系团及超星系团则分布在几个“气泡”交汇的地方。天文学家推测，所有大于几百万光年尺度的宇宙结构都起源于宇宙早期，已发现的宇宙中最大的结构之一是至少长 6.5 亿光年、宽 2.3 亿光年、厚 1 600 万光年的星系巨臂。

【宇宙岛】(universal island) 早期人们对星系及星系团的一种称呼。用于表达宇宙中大量恒星聚集在一起在宇宙空间形象的分布：将大量恒星聚集在一起构成的星系称作宇宙的“岛”，其余的无处不寒冷的空间则称作“海”。20 世纪 20 年代，天文学家测定了仙女座星系的距离，确认银河系之外还存在有其他恒星系统，该假说才得到证实。但在当代天文学研究中，宇宙岛连同它的同义语恒星岛、河外星云等，都已不再使用，而以“星系”代之。

【宇宙飞船】（spacecraft） 往返太空与地面的航天器。人类最早制造的航天器，也是技术较简单的一种航天器。分载人飞船、货运飞船和无人飞船。货运飞船主要用于运送货物，因此没有生命保障系统，也不回收。无人飞船主要为载人飞船做技术试验，其结构与载人飞船基本一致。在一般情况下，宇宙飞船多指载人飞船。它能基本保证航天员在太空短期生活并进行一定的工作。运行时间一般是几天到半个月，一般乘 2～3 名航天员。至今，人类已先后研究制出三种构型的宇宙飞船，即单舱型、双舱型和三舱型。虽然宇宙飞船是最简单的一种载人航天器，但它还是比卫星复杂得多。到目前为止只有中国、美国和俄国能独立进行载人航天活动。

【宇宙空间环境】（space environment） 宇宙空间及其所含的一切物质。与人类生活的近地空间环境完全不同的一种严酷环境。以太阳系为例，宇宙空间首先是超高度真空。其间为每立方厘米仅有 0.1 个氢原子和氢分子等物质构成的星际气体。其次是极端温度。受太阳光直接照射，可以产生极高温度；背向太阳光，则可以是接近绝对零度的低温。这对航天器的设计和材料的选择等提出很高的要求。第三是宇宙线辐射和各种高能带电粒子、等离子体，对航天器的运行轨道、姿态、表面材料、内部器件及电位等都会产生显著的影响。

【宇宙膨胀】（expansion of the universe） 当代宇宙模型中认为宇宙处于不断膨胀的假说。自 1912 年观测到许多遥远星系具有很大的多普勒红移后，天文学家就推算出星系沿视线方向有很大的退行速度。在此基础上，哈勃根据自己测定的距离资料，于 1929 年提出河外星系的退行速度 v 与星系至地球的距离 r 之间成正比的近似公式 $v=Hr$，即哈勃定律。式中的比例系数 H 称作哈勃常数。比利时天文学家勒梅特 1927 年也提出了大尺度宇宙空间随时间而膨胀的概念。依据上述二人的研究成果，英国天文学家爱丁顿 1930 年提出了宇宙膨胀模型，该假说从此面世。宇宙大爆炸成因说也属于宇宙膨胀假说。

【宇宙射线】（cosmic ray） 来自于宇宙空间的一类具有相当大能量的粒子流。在地球大气层外的宇宙射线称为“初级宇宙射线”，其成分主要是质子，其次是 α 粒子及少数轻原子核，能量极高。进入大气层后，与空气中的原子核相互作用形成次级宇宙射线。宇宙射线可能伤害或影响到大气层外的生物，同时它能引起许多目前无法用人工实现的核反应和粒子转变过程。今天，人类仍然不能准确说出宇宙射线是由什么地方产生的，但普遍认为它们可能来自超新星爆发、来自遥远的活动星系。人类对宇宙射线研究过程中采用的观测方式主要有三种，即空间观测、地面观测、地下（或水下）观测。

【宇宙速度】（cosmic velocity） 在地球、太阳引力场内，使物体转为人造天体，在其入轨点处必须具有的初始速度最小值。宇宙速度分为第一、第二和第三宇宙速度。其中第一宇宙速度是指绕地球飞行的人造飞行器所必须的速度，大小约为 7.9×10^3m/s。第二宇宙速度为人造飞行器能够逃离地球引力束缚而飞向宇宙空间所需要达到的最小速度。若不计大气阻力该速度的大小约等于 11.2×10^3m/s。第三宇宙速度则表示人造飞行器能够逃离太阳引力束缚所需要达到的最小速度，其值约为 16.7×10^3m/s。

【宇宙弦】（cosmic string） 假设性的、理论上可能存在的时空。这一物理概念是 1981 年维伦金等人提出来的。他们认为，宇宙大爆炸所产生出的威力应该形成无数细而长且能量高度集聚的管子。这种管子便被叫作宇宙弦。它有点儿像蜘蛛丝，但远比原子还细。你可以穿过它走路而绝不会发现它。但是，1cm 的宇宙弦比整座喜马拉雅山的质量还要大，而且质量是可变的，完全取决于其张力：拉的越长，绷得越紧，质量越大，强度也极大。宇宙弦的另一个性质就是：要么伸展到无穷远处，要么形成闭合的无终点的环圈。假设宇宙弦是成立的，它应出现于宇宙极早期时间，在大爆炸之初的 0～1S 之间的极短瞬间，诞生于大爆炸时刻的高温相变。在宇宙大爆炸初期，由于压力太大，物质还不能有所聚集。大爆炸后的 1 万年，宇宙还是由宇宙弦网以及均匀分布的辐射和物质构成其格局，环形弦还不足以把物质吸引到它周围。但是，在 1 万年后，压力急剧下降，物质也开始聚集，此时宇宙弦由于辐射引力波而失去一些能量，但是弦的密度比其他物质下降要慢得多，由此形成一个极高密度的能量线。它非常细，直径仅为 1×10^{-29}cm（相当于氢原子核半径的 10 倍），它又是异常地重，密度为 10t/cm^3。宇宙弦形成之后，会发生一系列的“重联”

宇宙弦

(每条弦的两端相互连接起来,或是与其他弦的两端相联)而演变成大小不同的环状弦或横贯宇宙的长弦。由于这种弦的密度极大,因此引力极强。一段具有两个端点的有限(短)弦,会很快地收缩形成一个点而消失。因此,存在于宇宙中的弦只有两种:一是横贯宇宙无限长的直弦;另一种是各种大小的环形弦(根据计算,大约有20%的宇宙弦是圆圈形的)。全部弦的集合构成了布满空间的网。在由环形弦和无限长弦构成的宇宙弦网中,只有环形弦才能吸引周围的物质形成各种天体结构,而无限长的弦却不吸引物质。虽然弦的质量很大,但是弯弯曲曲的弦却是极度绷紧的,其张力更大,使它们以接近光速的速度振动,并时而互相碰撞。环行弦圈吸集物质的质量与它本身的质量成正比,因此较小的弦圈吸集相对较少的物质;较大的弦圈不仅吸集更多的物质,而且将较小的弦圈也吸集到它周围。这样,较小的弦圈形成星系,较大的弦圈就形成星系团,甚至更大尺度的集团结构。整个宇宙弦网是按照"自我复制"的方式演化着。这就是说,宇宙在发展过程中,整个结构并不发生变化,只是在宇宙的膨胀中被放大以宇宙弦为基础的宇宙模型,就能预言星系和星系团的数量和结构。宇宙弦是在大爆炸的高温相变的一瞬间形成的,宇宙弦网的布局结构应该在宇宙天体的各种结构中得到反映。用它也就很容易地解释了空洞、星系链和片状结构等,而这些都是大爆炸宇宙模型难以解释的问题。

【雨】(rain) 从大气中降落到地面的液态水滴。其直径一般大于0.5mm。小于0.5mm的液态降雨叫毛毛雨。雨滴一般呈球形。根据降水量的多少和降水的强度,可将雨分为毛毛雨、小雨、大雨、暴雨和大暴雨。雨滴在云中的形成过程有两种途径:(1)暖雨过程。云滴通过凝结和碰撞形成雨滴。(2)冷云过程。在过冷云中的冰核上形成的冰晶,通过凝华、淞附长大成雪,下落到暖云区溶化成雨。

【雨灌农业】(irrigation agriculture by rain) 依靠天然降水满足植物对水分的需要,调节土地的温度和土壤养分的农业。

【雨花石】(yuhua stone) 中国古代四大名石之一。产于中国江苏省南京地区、第四纪早期雨花台砾石层中的砾石。砾石成分复杂,以玛瑙、燧石、石英岩、蛋白石、水晶、硅质灰岩为主。砾石来源为湖北宜昌地区白垩纪砾石层,经河流长期搬运、磨蚀而成为分选性好、磨圆度高的观赏石。优质者晶莹剔透,色彩斑斓,纹理真切,形象逼真,具有很高的艺术价值。

【雨林】(rain forest) 高温多雨热带气候条件下由高大常绿阔叶林树种组成的植物群落。其成分复杂,树冠茂密,层次不明显,各种蔓生、附生植物丰富,并有老茎生花(树干上直接开花)和板状根等特征。中国的海南省、台湾省及云南省南部均有分布。

雨林

【雨水收集利用技术】(use and collecting of rainwater) 又称雨水集蓄利用技术。利用一定的集雨面收集和就地利用降水的工程技术措施。包括雨水收集、存储和利用三个方面。是一项既古老又现代的简便实用技术。通常有两种利用方式:(1)直接利用。较清洁的屋面雨水收集处理后用于绿地浇灌、路面喷洒、冲洗厕所和景观补水等用途。(2)间接利用。地表径流首先通过渗滤设施下渗排除,超过设施渗透能力的径流通过雨水管渠排放。渗滤设施有植草沟、低势绿地、多孔渗水路面,以及渗透井、渗透塘、渗透管沟等。将收集的雨水回灌补充地下水,实现人工水文循环。具有投资少、见效快、易于参与和管理的特点。雨水作为一种宝贵的水资源,其开发和利用越来越受到世界各国的重视。利用范围也从生活用水向城市用水和农业用水发展。在中国西部干旱、半干旱地区,发展、推广雨水集蓄利用技术,在解决农民生活用水和农业的补充灌溉、保持水土、促进农业生产及产业结构调整、农民增收和改善生态环境等方面都发挥了重要的作用。如黄土高原地区主要通过修筑水窖、水池、涝池等蓄水工程设施,把集流面所汇集的径流拦蓄储存起来加以利用。在城市发展雨水收集和利用工程,既可涵养地下水、增加水资源,又可减轻排水系统负荷,缓解城市面源污染。雨水源头控制体现在渗透性地面、下凹式绿地和渗透沟,小区开放式排水系统,就地调蓄池,屋面雨水回用等技术的应用。

【雨凇】(glaze) 过冷却的液态降水(冻雨)碰到地面物体后直接冻结而成的毛玻璃状或透明的坚硬冰层。其外表光滑或略有隆突,是一种灾害性的天气现象。严重的雨凇厚度可达几厘米,能压断树木、电线和电杆,造成供电和通信中断,妨碍公路和铁路交通,威胁飞机安全飞行。

雨凇

【雨影区】(rain shadow area) 背风山坡雨量特别稀少的地区。来自海洋的暖湿气流沿迎风坡上升,受山坡的阻挡,将携带的大量水分降落到迎风坡上。水分减少的气流翻过山后,沿背风山坡下沉。随着气温的升高,相对湿度减小,形成云雨都十分少见的特殊天气现象。雨影区常发生在对盛行气流有显著阻挡作用的高耸山脉的背风坡。一般在季风气候区这种现象特别明显。

雨影区

【语音处理】(speech processing) 又称语音信息处理。以语音学、语言学、信息学、神经生理学、数学等多种学科理论为基础,采用计算机技术对语言中所包含的各种信息成分进行提取、加工处理,研究其规律并加以应用的一门交叉学科。语音识别和语音合成是语音处理的两大重要分支。语音处理技术应用十分广泛,包括语音识别、语音合成、连续发音识别、语音编码、语音增强、语音信号恢复、语音噪声、发音校正、声音控制以及基于语音的信息安全等。

【语音信息处理】(speech information process) 见语音处理。

【玉米赤霉烯酮】(zearalenone) 又称F-2毒素、玉米烯酮。由镰刀菌产生的一种广泛污染谷物食品的真菌毒素。主要由禾谷镰刀菌产生。粉红镰刀菌、三线镰刀菌等多种镰刀菌也能产生这种毒素。分子式:$C_18H_22O_5$。是唯一由霉菌产生的植物雌激素。具有雌激素作用。主要作用于生殖系统,可使家畜、家禽和实验小鼠产生雌性激素亢进症。妊娠期的动物(包括人)食用含玉米赤霉烯酮的食物,可以引起流产、死胎和畸胎。食用含赤霉病麦面粉制作的各种面食,也可以引起中枢神经系统的中毒症状,如恶心、发冷、头痛、神智抑郁和共济失调等。由于玉米赤霉烯酮具有严重的危害性,该毒素的研究受到世界各国的普遍重视。中国GB2715-2005规定,在供人食用的小麦和玉米中,赤霉烯酮的限量为60μg/kg;GB13078.2-2006规定,在饲料用玉米和配合饲料中,玉米赤霉烯酮的限量为500μg/kg。

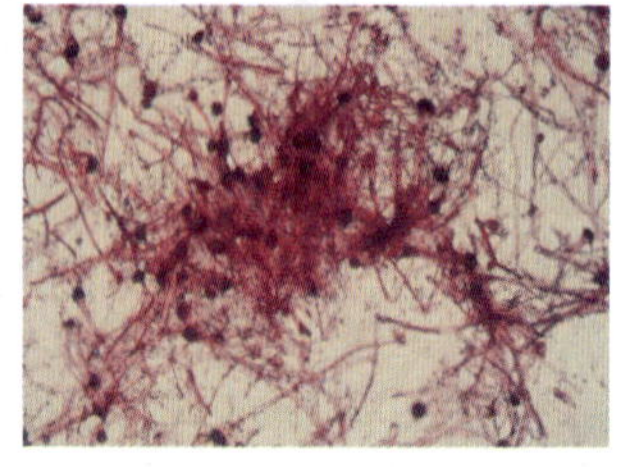
玉米赤霉烯酮

【玉米蛋白粉】(corn gluten meal) 又称玉米麸质粉。以玉米为原料,经湿磨加工,再经浓缩和干燥得到的富含蛋白质的粉状产品。是玉米湿法加工工艺生产玉米淀粉的主要副产品。是玉米经脱胚、粉碎、去渣和提取淀粉后的黄浆水,再经浓缩和干燥等工艺得到的富含蛋白质的产品。在玉米湿法加工生产淀粉的企业,可以从淀粉乳中分离出约为所加工玉米量5%~6%的蛋白粉。其蛋白质营养成分丰富,并具有特殊的味道和色泽。在饲料业中,广泛用来增加蛋白或做饲料预混料的载体。与饲料工业常用的鱼粉和豆饼比较,其资源优势明显,饲用价值高,不含有毒有害物质,不需进行再处理,可以直接用作蛋白原料。目前,中国的玉米年产量位于美国之后居世界第二位。玉米蛋白粉具有广阔的生产前景。

【玉米胚芽】(corn germ) 存在于玉米粒底部与玉米穗轴连接处的一种胚状幼芽。上部包围着胚乳。玉米中的脂肪主要分布在胚芽中,含油达30%~40%。整个玉米粒含油平均量只有4%~5%。胚芽含蛋白质15%~24%,糖类20%~24%,维生素约7.5%。每百克干胚含维生素B_1 0.499mg、维生素B_2 0.428mg、维生素C 5.09mg,钙1.73mg。所含蛋白质多为碱溶性蛋白质。其氨基酸组成中含有较多的谷氨酸和精氨酸。玉米胚芽主要用于制油,也可加工面包、饼干及婴儿食品。

【玉米胚芽油】(corn germ oil) 以玉米胚芽为原料经压榨、浸出精制而成的一种油品。油质清淡纯净,富有光泽,具有淡淡的玉米清香。其热稳定性好,加热起泡少,适用高温油炸;熔点低,较低温度下仍为液体,适宜作冷拌油。富含85%以上的不饱和脂肪酸,其中亚油酸占55%,油酸占30%。油酸能够降低对人体不利的胆固醇,而亚油酸则是人体所必需的一种脂肪酸。因此常食之对肥胖症、高血脂、高血压、糖尿病及冠心病等患者有益。玉米油富含维生素E等天然抗氧化剂。在常见植物油中其维生素E含量名列前茅,精炼后仍达油重的0.08%~0.12%。

【玉米塑料】(corn plastic) 学名聚乳酸。利用现代生物技术从玉米中提取乳酸产物,经过特殊的聚合反应过程生成的高分子材料。这种能全部降解的生物环保材料可全面取代化工塑料,被视为继金属材料、无机材料、高分子材料之后的第四类新材料。可广泛应用于工程材料、包装材料、日用器具、农用地膜、家具板材、医药医疗等领域。玉米塑料制成的骨钉、手术

玉米塑料

缝合线已应用于临床,由于其具有在体内完全降解的特性,不用再施行拔除和拆线等医疗程序。用玉米塑料还能制成人造骨骼和人造皮肤的组织工程支架,在其上面培植骨细胞或皮肤细胞,当支架材料降解后,人造骨骼和人造皮肤也随之长成。

【玉米纤维】(corn fiber) 见聚乳酸纤维。

【玉石】(jade) 自然界产出的、具有美观、耐久、稀少性和工艺价值的矿物集合体或非晶体。

【玉石纤维】(jade fiber) 运用萃取和纳米技术,使玉石和其他矿物质材料达到亚纳米级粒径,然后融入纺丝熔体之中,经纺丝加工而制成的凉爽保健型纤维。广泛用于针织、机织等多种织造工艺。其主要功能是:(1)保健。玉石中含有丰富的对人体有益的矿物质和微量元素,长期贴附在人体的皮肤上,进行释放,能改善血液微循环,促进新陈代谢,消除疲劳。(2)降温。用玉石纤维制成的织物,有较好的凉爽,特别适合在炎热的夏天或运动时穿着。(3)有一定的抗菌作用。

【郁闭度】(canopy density) 森林中乔木树冠彼此相接而遮蔽地面的程度。林地树冠垂直投影面积与林地面积之比,以十分数表示。反映林分密度的指标。完全覆盖地面为1。根据联合国粮农组织规定,0.70(含0.70)以上的郁闭林为密林,0.20~0.69为中度郁闭,0.20(不含0.20)以下为疏林。一般来讲,郁闭度大,枯枝落叶多,反之则少。另外,郁闭度大,林内温度低,蒸发小,湿度大,不易燃。据全国第五次森林清查(1994~1998年)统计结果,中国森林的单位面积蓄积量较低,林分平均每公顷蓄积量为78.06m^3,其中用材林为72.50m^3,而人工林只有34.76m^3。全国林分每公顷平均生长量为3.36m^3/hm^2,全国用材林平均郁闭度为0.53。郁闭度在0.20~0.30的森林面积占林分总面积的20.1%,表明中国人工林质量较差。

【郁证】(melancholia) 由于情志抑郁、气机不畅所引起的一类疾病。初起多表现为肝气郁结和气滞痰阻两种证候,属于实证;病久则忧郁伤神或郁火伤阴,出现心神失养、阴虚火旺的证候,此多属虚证。治疗郁证,必须重视精神的调养。肝气郁结者宜疏肝理气解郁;气滞痰阻者宜理气化痰解郁;心神失养者宜养心安神;阴虚火旺者宜滋阴降火、镇心安神。

【育成杂交】(crossbreeding for developing a new breed) 一般用两个或更多个品种相互杂交,在获得理想型个体后,通过横交固定,再经选择、培育等措施获得新品种的育种方法。为培育新品种而采取的杂交方法。按所用原始亲本品种数目的不同可分两种:(1)简单的育成杂交。在新品种培育过程中只用两个亲本品种的育成杂交。(2)复杂的育成杂交。指3个或3个以上亲本品种参加的育成杂交。

【育性恢复系】(restoring line) 见雄性不育恢复系。

【育种家种子】(breeder's seed) 种子生产过程中最原始的种子。由育种者直接生产、保存和控制,能代表该品种纯系后代的原始种子或亲本的最初一批种子。该品种具有典型性、遗传稳定性,品种纯度为100%,世代最低,产量及其他主要性状符合确定推广时的原有水平。除技术转让外,一般不作为商品,仅为繁殖原种提供种源。

【育种值】(breeding value) 基因的加性效应值。控制一个数量性状的所有基因座上基因的加性效应总和。因其无法直接度量,一般只能根据表型值进行估测。可依据本身纪录,或祖先纪录、同胞纪录和后裔纪录的任一种资料单独测算,也可利用上述多种信息合并估计。依据的资料愈多,估计的结果愈接近正确,对提高育种效率的作用也愈大。在动物育种中,一般只对群体中头数少、作用大、后裔多、资料来源广的雄性个体估计育种值。

【育种值选择】(breeding value selection) 根据种畜某个数量性状育种值进行选择的方法。个体的某个数量性状的育种值是通过本身或亲属的表型值及遗传参数值估算出来的。这个过程叫种畜的育种值估计。其基本公式为:$\mathrm{A}=\mathrm{b}_{\mathrm{AP}}(\mathrm{P}-\bar{P})+$,式中$A$为种畜某性状的估计育种值,$b_{AP}$为该性状育种值对表型值的回归系数,即遗传力加权系数,P为种畜个体该性状的表型值,$\bar{P}$为该性状的群体平均表型值。由于P和$\bar{P}$为已知,因此计算b_{AP}是估计育种值的关键,而且根据不同的记录资料有不同计算方法。例如,根据本身n次记录,则$b_{AP}=h^2_{(n)}=nh^2/1+(n-1)r_e$,式中$n$为度量次数,$r_e$为性状的重复率,$h^2_{(n)}$为个体本身$n$次度量均值遗传力;根据全同胞记录,则$b_{AP}=h^2_{(FS)}=0.5n\,h^2/1+(n-1)0.5\,h^2$,$h^2_{(FS)}$为全同胞均值的遗传力。育种值是数量性状表型值中能真实遗传给后代的数值。它由基因的加性效应所决定。又称基因的加性效应值。

【预包装食品】(prepacked food) 经预先定量包装或装入容器中,向消费者直接提供的食品。包括所有带包装的食品。不是食品的种类,是为了与裸装食品加以区别,并强调是定量包装和向消费者直接提供的。非定量包装,为了防止运输过程中遭受污染,商店称量销售带包装纸的非定量包装小块糖

(球)或小块巧克力不属于预包装食品。不向消费者直接销售的,食品企业和餐饮业所使用的原料、辅料,即使具有包装,也不属于预包装食品。

【预报地图】(prognostic map) 表现某些现象将发生变化及其对生产和生活影响的一种专题地图。是随科学技术的发展以及实测资料的大量积累和深入研究而产生和发展的一类地图。遥感遥测技术和计算机自动制图的迅速发展,使人们能够进行大范围的连续观察,结合已有预报经验,掌握许多现象的动态变化规律,进而提出未来变化的预测并通过地图正确表现现象的变化过程、特征、影响的范围和时间。如天气预报图、海况预报图、灾害(寒潮、台风、地震、森林火灾、虫害等)预报图。这种地图对及时组织力量,准备物资器材,采取预防措施,避免或减少灾害损失具有重要意义。

【预备伐】(cutting together with sowing) 在成熟林分中为更新准备条件而进行的采伐。它通常在郁闭度大、树冠发育较差、林木密集而抗风力弱和活、死地被物层很厚、妨碍种子发芽和幼苗生长的林分中进行。首先伐去病腐和生长不良的林木。其目的是为促进伐区上保留的优良林木的结实和加速林地死地被物的分解,改善土壤的理化性质,为种子发芽和幼苗生长创造条件。一般伐去林木蓄积的25% ~30%。采伐后林分郁闭度应降到0.6~0.7。如果林分平均郁闭度为0.5~0.6,则不必进行预备伐。系统进行过间伐抚育的林分,到成熟时期时林分已适当疏开,就不必进行预备伐。

【预测控制】(forecast control) 一类适用于控制不易建立精确数字模型且工业生产过程比较复杂的新型的计算机控制算法。其特点是:采用多步测试、滚动优化和反馈校正等控制策略,得到良好的控制效果。最早的预测控制是模型算法控制,首先在法国的工业控制中得到应用。现在比较流行的预测控制算法主要有:(1)模型算法控制。(2)动态矩阵控制。(3)广义预测控制。(4)广义预测极点控制。(5)内模控制。(6)推理控制。(7)灰色预测控制。已在石油、化工、电力、冶金、机械等工业部门的控制系统得到应用。

【预防矫治】(preventive orthodontics) 从胚胎第6周至恒牙列建𬌗完成前的这段时期,通过定期检查,对影响牙、牙槽骨、颌骨等正常生长发育变化中的全身及局部不良因素及时发现并去除,或对已有轻微异常趋向者从速纠正,或以各种方法诱导其趋于正常,从而使牙列顺利建𬌗、颌骨协调发育、颜面和谐生长、功能健全形成以及儿童心理发育健康的治疗手段。属于早期矫治的内容。包括早期预防和预防性矫治两方面的内容。早期预防分为三个时期:(1)胎儿时期,孕期母亲的健康保健和良好的心理状态。(2)婴儿时期,喂养和睡眠的正确方法以及及时破除不良习惯。(3)儿童时期,良好的饮食习惯、龋齿的防治以及全身和心理的维护。其内容包括:维持正常牙弓长度的保隙、助萌、阻萌,维护正常口腔建𬌗环境,去除咬合干扰,矫正异常唇、舌系带,以及刺激牙颌发育的咀嚼训练等。

【预防接种】(vaccination) 运用免疫学的原理,将相应的生物制品通过适宜的途径接种于易感者机体,使其发生免疫反应,从而产生对疾病的特异抵抗力,提高人群免疫水平,达到预防相应传染病发生的目的的人工免疫方法。其可提高人群免疫水平,以达到预防和控制针对传染病发生和流行的目的。

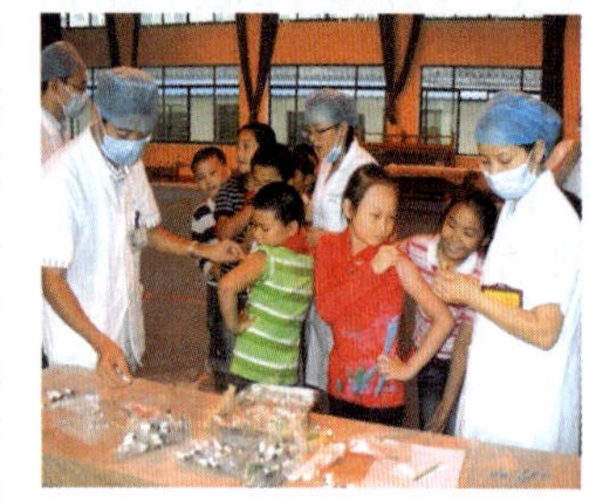

预防接种

【预防事故三E对策】(3 E countermeasures of accident prevention) 又称预防事故三E原则。从安全工程技术、安全教育和安全强制管理三方面对事故进行预防和控制的手段和途径。所谓"三E"对策就是技术对策、教育对策和管理对策。因为英文里这三个词的第一个字母都是"E",所以称之为"三E"对策。是预防事故的基本原则。事故发生的直接原因是人的不安全行为和物的不安全状态。而造成人的不安全行为和物的不安全状态的主要原因可归结为技术、教育、身体和态度以及管理四个方面。针对这四个方面的原因,可以采取三种防治对策:(1)安全工程技术对策是采用工程技术手段解决安全问题,预防事故发生,减小事故造成的伤害和损失,是事故预防和控制、实现本质安全的基本途径。安全工程技术对策涉及系统设计各个阶段,通过设计来消除和控制各种危险,防止所设计系统在研制、生产、使用、运输和贮存等过程中发生可能导致人员伤亡和设备损坏的各种意外事故。(2)安全教育对策是通过各种形式的学习和培训,努力提高人的安全意识、安全知识和安全技能水平,使人们学会从安全的角度观察和理解所从事的活动和面临的形势,用安全的理念和方法解释和处理自己遇到的新问题。(3)安全强制管理对策是用各项规章制度、奖惩条例来激励和约束人的行为,达到减少或消除人的不安全行为,减少事故的目的。预防事故"三E"对策被广泛应用于社会、企业以及各类组织的安全管理工作中。

在企业应用时，首选是工程技术，其次是教育，最后是强制管理。在风险型决策中，对自然状态统计特性的认识程度以及对待风险的态度，决定了人们在决策过程中所遵循的准则和方法。例如：最大期望值准则是以获得最大统计期望利益为目标的抉择原则，相应的决策方法是最大期望值法；最小后悔值准则是以获得最小后悔统计期望值为目标的抉择原则，相应的决策方法是最小后悔值法。

【预防兽医学】(preventive veterinary medicine) 兽医科学的一个分支。防范和减少动物疾病、营养不良及有害环境对动物群体威胁的一门学科。它是与临床兽医学相对而言的。“防重于治”是预防兽医学的基本思想。防疫、检疫、卫生监督管理是其关注的重点。随着畜牧业的发展，特别是动物种群及其流动范围的扩大，集约化饲养方式的推广，对动物群体的尤其是成批发生的疾病伤害及营养障碍，单靠治疗技术往往不能取得显著效果，必须全面贯彻预防为主的方针，积极主动地促进和维护动物健康，保护动物不受或少受疾病侵犯。预防兽医学涉及范围很广，包括动物流行病学的调查和研究、兽医卫生与兽医公共卫生措施的实施与推广、动物传染病、寄生虫病和营养代谢病的防治与监测、病原的分离与鉴定、保护畜牧生产环境安全、动物饲养方式改良、卫生统计与分析以及宣传教育等。目前，把采取有效措施来控制畜禽的遗传品质以增加生产力，也作为预防兽医学的一个重要内容。

【预防性驾驶技术】(technology for preventing accident) 驾驶员对前方可能出现的各种突发事件作出预先估计，及时采取相应的预防措施而具备的技术。对驾驶员的基本要求是：牢固的安全动机，良好的注意力，迅速的反应特性和敏锐的警觉性。在驾驶过程中运用预防性驾驶技术，一定要掌握正确的起步要领、跟车要领、会车要领、超车要领、让车要领、制动转向要领、车速控制要领、视线盲区通过要领、转弯及掉头要领、准确的换挡时机和及时的预见性。采用预防性驾驶技术，可以使驾驶员在遇到紧急情况时，能够从容地处理驾驶中突如其来的情况，避免交通事故的发生。

【预防性树脂充填】(preventive resin restoration) 仅去除窝沟处的病变牙釉质或牙本质，根据龋损的大小，采用酸蚀技术和树脂材料充填早期窝沟龋，并在牙𬌗面上涂一层封闭剂的一种充填技术。是一种窝沟封闭与窝沟龋充填相结合的预防性措施。由于不采用传统的预防性扩展，只去除少量的龋坏组织后即用复合树脂或玻璃离子材料充填龋洞，而未患龋的窝沟使用封闭剂保护。这样就保留了更多的健康牙体组织。是一种预防早期龋进一步发展的治疗方法。其优点是：使用复合树脂或玻璃离子材料作为充填剂与牙釉质机械性或理化性的结合，再与封闭剂化学性黏结，减少了漏隙产生的可能性。其适应证是：(1)窝沟有龋损能卡住探针。(2)深的点隙窝沟有患龋倾向。(3)沟裂有早期龋迹象，釉质混浊或呈白垩色。(4)无邻面龋损。按龋损范围、深度和使用的充填材料的不同，可将其分为三种类型：(1)类型A，用最小号圆钻去除脱矿牙釉质，用不含填料的封闭剂充填。(2)类型B，用小号或中号圆钻去除龋损组织，洞深基本在牙釉质内，通常用稀释的树脂材料充填。(3)类型C，用中号或较大圆钻去除龋坏组织，洞深已达牙本质需垫底，涂布牙本质或牙釉质黏结剂后用后牙复合树脂材料充填。

【预防医学】(preventive medicine) 医学的一个分支。对人与自然的各种关系进行研究，进而达到主动遏制疾病发生、增进人体健康的学科。其知识范围包括基本理论知识和卫生检测技术，以及卫生防疫、环境卫生、食品卫生监测、环境与健康等。其内容涉及临床常见疾病的预防、临床流行病学、环境卫生学、食品卫生学和卫生统计学等多个领域。

【预付款担保】(advance payment guarantee) 承包人与发包人签订合同后，承包人正确、合理对使用发包人支付的预付款的担保。建设工程合同签订以后，发包人给承包人一定比例的预付款，一般为合同金额的10%，但需由承包人的开户银行向发包人出具预付款担保。预付款担保的主要形式为银行保函。其主要作用是保证承包人能够按合同规定进行施工，偿还发包人已支付的全部预付金额。如果承包人中途毁约，中止工程，使发包人不能在规定期限内从应付工程款中扣除全部预付款，则发包人作为保函的受益人有权凭预付款担保向银行索赔该保函的担保金额作为补偿。

【预糊化淀粉】(pre-gelatinized starch) 又称可溶性α-淀粉。在淀粉糊老化之前，采用高温直接干燥处理获得的一种易溶于冷水的变性淀粉。在与冷水接触或使胶态分散时，具明显的膨胀特性，溶解速度快，黏性强。生产预糊化淀粉的快速干燥方法有滚筒法、喷雾法和挤压法等。在食品加工中，用于不进

预糊化淀粉

行热处理而要求增稠、保型的场合或作黏结剂。如馅类、酱类、脱水汤料、调味剂、布丁、果汁软糖及颗粒或块状饲料。

【预激综合征】(Wolff-Parkinson-White syndrome) 发生于心脏、以预激为特征的一类疾病。由沃尔夫等三人发现。预激是一种房室传导的异常现象,冲动经附加通道下传,提早兴奋心室的一部分或全部,引起部分心室肌提前激动。常合并室上性阵发性心动过速发作。预激是一种较少见的心律失常。其诊断主要靠心电图。临床表现是:单纯预激并无症状,并发室上性心动过速与一般室上性心动过速相似;并发房扑或房颤者,心室率多在200次/分左右,除心悸等不适外尚可发生休克、心力衰竭甚至突然死亡。心室率极快如300次/分时,听诊心音可仅为心电图上心室率的一半,提示半数心室激动不能产生有效的机械收缩。

【预警机】(early warning aircraft) 又称空中指挥预警飞机。集预警指挥、控制、通信和情报于一体的装置。它是空中活动雷达站和空中指挥中心。是现代战争重要的武器装备。是提高空中预警能力、使军事力量变得强大的最有效途径。具有巨大的战争价值。按用途的不同可分为战略预警机、战术预警机;按机种的不同可分为固定翼预警机和旋翼预警机;按使用条件的不同又可分为舰载预警机和陆基预警机。

预警机

【预警技术】(early warning technology) 采用红外探测、雷达探测和计算机处理等技术手段,远距离发现来袭的弹道导弹、飞机等目标,并迅速提供报警信息的技术。预警技术是国土防卫的重要环节,也是现代战争的必备手段。

【预警卫星】(early warning satellite) 主要用于监视、发现和跟踪敌方战略弹道导弹发射的卫星。利用红外探测器探测导弹主动段飞行期间发动机尾焰的红外信号,配合使用电视摄像机及时准确地判明弹道导弹的发射。这类卫星通常部署于地球静止轨道或周期约12h的大椭圆轨道,一般由多颗卫星组网工作。有些国家的预警卫星还装有X射线探测器、γ射线探测器和中子计数器等,以兼顾探测核爆炸的任务。典型的预警卫星有美国的"国防支援计划"卫星、俄罗斯的"预报"卫星和美国正在研制的"天基红外系统"卫星。

预警卫星

【预警侦察系统】(early warning reconnaissance system) 用于搜集各种军事情报信息,供军事指挥员及时了解战场态势的信息获取装备和系统的统称。利用电子、光学、声呐等各种信息获取手段,搜索、发现、显示、识别和储存空间、空中、海上、水下及地面等各种战略战役目标信息,为指挥员提供决策依据,为作战人员提供战场态势,并及时向可能被袭击地区发出警报,以便有效应对敌方攻击。

【预聚物】(prepolymer) 又称低聚物。单体经初步聚合而成的物质。其聚合度介于单体与最终聚合物之间。是由少数链节组成的聚合物,如二聚体、三聚体、四聚体,或这些低聚物的混合物。用于单体难于一次完全聚合成聚合物或避免聚合物在加工成型中容易发生空洞和裂缝的场合。例如,制备聚酰亚胺时,常先使均苯四酸二酐与芳香二胺在二甲基亚砜等溶剂中初步聚合成预聚物,再在300℃左右环合、脱水而成树脂或制品。

【预冷淬火】(precool quenching) 在奥氏体化了的工件出炉后,先在空气中冷却一定时间,使其温度降低一些,然后进行淬火的操作。由于在临界温度附近奥氏体的稳定性大,一般可以预冷到720℃左右。预冷能够减少工件与冷却介质间的温差,对变形和开裂的倾向能够有所降低。适用于包含薄壁或尖角形状的工件。预冷也可以在炉中进行,甚至可采用在油中预冷以及擦水、擦油的方法预冷。还可采用恒温预冷方法,可使工件内外温度达到一致。可与水淬油冷法结合成为预冷双液淬火。预冷温度不能过低,以防止析出游离铁素体和网状碳化物,以及发生珠光体转变。

【预凝固脱气】(pre-solidify degassing) 又称慢冷脱气。使金属熔体缓慢冷却而将其中溶解的气体逸出而去除的工艺方法。影响气体在金属中的溶解度的因素,除了气体分压以外,就是温度的影响。多数情况下,气体在金属中的溶解度随温度的降低而减小,将金属液缓慢冷却到固相点附近,使气体自行扩散析出即可以除去大部分气体。再将冷凝后的金属快速升温重熔,使气体来不及再次熔于金属就进行浇铸,可以得到气体含量较少的熔体。但要额外耗能费时,所以只在重熔气体含量较高的废料时使用。

【预湿上浆】(prewet sizing) 确保浆膜完整、吸浆顺畅的纱线上浆工艺。经纱上浆前,经过热水的浸渍和挤扎,除去蜡质、脂肪和尘屑。通过预湿上浆,纱线中心的水分代替部分浆液,在保证上浆质量的同时,减少浆液用量,降低上浆成本。浆纱预湿技术用轻微的高压上浆值达到较好的上浆效果。

【预缩整理】(pre-shrinkage finish) 用物理方法降低织物缩水率的工艺过程。织物在织造、染整过程中,经向受到张力,屈曲波高减小,出现伸长现象。而亲水性纤维织物浸水湿透时,纤维发生溶胀,经纬纱线的直径增加,使经纱屈曲波高增大,形成缩水。织物干燥后,溶胀消失,但纱线之间的摩擦牵制仍使织物保持收缩状态。机械预缩是将织物先经喷蒸汽或喷雾给湿,再施以经向机械挤压,使屈曲波高增大,然后经松式干燥。预缩后的棉布缩水率可降低到1%以下,纤维、纱线之间的相互挤压和搓动使织物手感的柔软性得到改善。

【预先危险性分析】(preliminary hazard analysis) 在行动前对系统内危险因素的危险程度,从危险性类别、出现条件到造成事故的结果进行定性分析、评价的一种方法。目的是判别系统的潜在危险,防止使用危险性物质、工艺和设备。如果必须使用时,也应从工艺上或设计上采取相应措施,使这些危险不致发展为事故。其特点是把分析工作做在行动之前,避免由于考虑不周而造成损失,比较经济地确保系统的安全性。其一般步骤是:(1)对生产目的、工艺过程以及操作条件和周围环境,进行详尽确切的了解。(2)调查危险源。即危险因素存在的子系统。一般可根据经验和同类生产中发生过的事故情况,查明分析对象中是否也会出现类似情况。多用安全检查表法、经验方法、事故判定技术等进行调查。(3)危险分析。即确定能造成受伤、损害、功能损失或物质损失的危险性。为衡量危险性大小,可将预计到的潜在事故划分为危险等级,以便依轻重缓急,排定次序。(4)找出消除或控制危险性的措施。即研究危险因素转化为危险状态再转化为事故的必要条件,制订事故预防措施方案和应急预案。(5)落实负责采取改进措施的部门、人员和日期,实现事故预防措施。

【预应力板柱结构】(prestressed slab-column structure) 用后张法将预制好的板、柱组成整体预应力混凝土结构。其柱距较大,楼层无梁,无柱帽。在节点处,依靠穿过柱的预应力钢筋及板和柱间的摩擦力来承受荷载。在地震区或高层建筑中可加设剪力墙。它是一种抗震性能较好的框架结构体系。

【预应力衬砌】(prestressed lining) 用机械方法或高压灌浆方法产生预应力的隧洞围岩衬护结构。为了改善衬砌在承载时的工作状态,增加衬砌强度,减小衬砌厚度,提高衬砌防渗性能,通过对混凝土衬砌施加一定的环向预应力,使之完全或部分抵消衬砌中由于内水压力作用而产生的拉应力,从而充分发挥混凝土承受压力的特点。这种衬砌结构称为预应力衬砌。主要用于内水压力较高的引水、输水、发电、泄洪隧洞以及水电站竖井。一般为圆形断面。根据产生预应力方式的不同,预应力衬砌可分为:(1)拉筋式料砌。其预应力状态由拉张钢筋而形成。(2)钢箍式衬砌。其预应力状态由分布在料砌混凝土外面的钢箍的紧束作用而形成。(3)锚束式衬砌。其预应力状态由张拉紧穿在衬砌内部的锚束而形成。(4)压浆式衬砌。其预应力状态在衬砌背后通过对围岩及其与衬砌间的空隙进行高压灌浆而形成。衬砌预应力筋多采用锚束,分有黏结型和无黏结型。有黏结锚施工一般为单圆,无黏结锚可分双圆或多圆。使用灌浆式预应力混凝土衬砌的前提条件是:必须有足够的围岩强度或上覆岩体厚度,足以承载灌浆压力。

预应力衬砌

【预应力钢绞线】(prestressed strand) 预应力混凝土结构配筋用钢绞线。是把多根冷拉预应力钢丝呈螺旋状绞合在一起,并经消除应力处理而得到的。其分类方法有:(1)按其结构的不同可分为1×2、1×3、1×7(1+6)、1×19(1+6+12、1+6+6/6、1+9+9)、1×37。(2)按生产方法的不同可分为捻制+消除应力回火,捻制+稳定化处理,模拔成形。(3)按表面状态的不同可分为无镀层、镀锌、环氧涂层、锌-铝-稀土镀层。(4)按松弛性能的不同可分为普通级和低松弛级。其生产工艺过程分为两种:一种是冷拉钢丝-捻制-消除应力回火-收线,消除应力回火在350~400℃下进行的,生产普通松弛级钢绞线。另一种是捻制后在稳定化处理生产

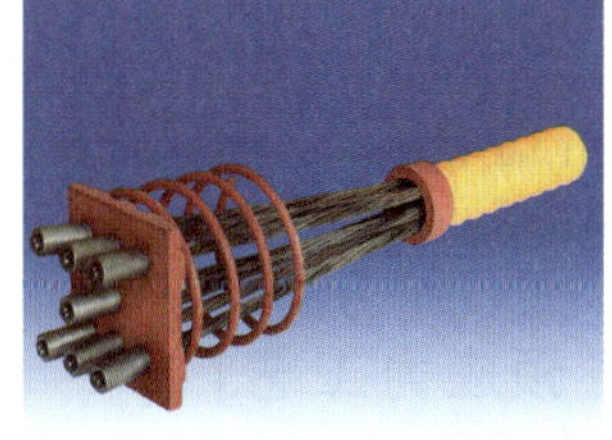

预应力钢绞线

线上进行稳定化处理，提高钢绞线的应力松弛性能，生产低松弛级钢绞线。稳定化处理工艺是使钢绞线在承受40%～48%抗拉强度的张力下，进行消除应力回火。张力是依靠两组牵引张力轮之间的速度差来获得的。中频感应加热到350～400℃时进行回火。回火后进行水冷。处理后的应力松弛值只有消除应力回火的1/4左右。

【预应力钢丝】（prestressed wire） 预应力混凝土结构配筋用钢丝。品种规格很多。其分类方法有：(1)按表面形状的不同可分为光圆的和规律变形的，如刻痕的、阴螺纹的、阳螺纹的、带肋的。(2)按加工方法的不同可分为冷拉的、矫直回火的、稳定化处理的、冷轧成形的、调质处理的。(3)按强度的不同可分为：低强度，抗拉强度800MPa以下；中强度，800～1 470MPa；高强度，1 470～1 860MPa；超高强度，1 860MPa以上。(4)按横截面形状的不同可分为圆形、椭圆形、半圆形、扭耳形和花键轴形。(5)按松弛性能的不同可分为普通级和低松弛级。(6)按表面状态的不同可分为光面、镀锌、镀锌铝稀土、环氧涂层。预应力钢丝的生产工艺流程主要有两种：一种是线材－拉拔－矫直回火、矫直＋刻痕－收线；另一种是：线材－拉拔－稳定化处理－收线。矫直回火的目的是消除应力、增大屈强比，改善钢丝的应力松弛性能，生产普通松弛级钢丝。刻痕是为了增加其与混凝土的握裹力。稳定化处理的目的是提高钢丝的应力松弛性能，生产低松弛级钢丝。稳定化处理工艺是使钢丝在承受张力下，进行消除应力回火，又称应变回火。钢丝张力可以用两种方法获得：一种是利用两组张力轮的速度差使钢丝得到张力；另一种是利用拉拔力作为钢丝张力，即对钢丝留有10%～15%的拉拔变形量，使钢丝通过生产线上的拉丝模拉成成品尺寸，张力轮相当于拉拔卷筒，张力为钢丝抗拉强度的30%～50%。钢丝在6～8kHz中频感应炉中加热到350～400℃，以消除部分残余应力，钉扎住金属内部位错。处理后的应力松弛值只有矫直回火的1/4左右。

预应力钢丝

【预应力工艺】（prestressing technique） 制作预应力混凝土结构的施工技术和相应设施的统称。包括预应力筋制作、预应力筋孔道成形。预应力筋张拉和锚固及孔道灌浆等工序，预应力筋由单根、多根钢筋、钢丝或钢绞线制成。并用混凝土将构件两端的锚具包覆严密。为了与混凝土黏结可靠，一般采用螺纹钢筋、刻痕钢丝或钢绞线。在后张法生产中，则采用光面钢筋、光面钢丝或钢绞线，并分为无黏结预应力筋和有结黏预应力筋。后张无黏结预应力筋的表面涂有沥青、油脂或专门的润滑防锈材料，用纸带或塑料带包缠，或套以软塑料管，使之与周围混凝土隔离，也可用灰浆输送泵从设置在锚具上或孔道上的灌浆口灌入。和普通钢筋一样直接安放在模板中灌筑混凝土，等混凝土达到规定强度后进行张拉。无黏结筋常用于预应力筋分散配置的构件或结构，如大跨度双向平板和双向密肋楼盖等。还要在纯水泥浆中加少量对预应力筋无腐蚀作用的混凝土外加剂。后张有黏结预应力筋是指先放置在预留孔道中，以防止预应力筋锈蚀和改善构件的受力性能。待张拉锚固后通过灌浆而恢复与周围混凝土黏结的预应力筋。应立即进行孔道灌浆。有黏结筋常用于预应力筋配置比较集中，每束的张拉力吨位较大的构件或结构。无黏结预应力的施工中，主要问题是无黏结预应力筋的铺设、无黏结预应力筋的张拉和端头锚头处理。

【预应力混凝土构件】（prestressed concrete component） 预先对受拉区的混凝土施加压力，使其成为拉应力控制在最小范围的构件。为了避免钢筋混凝土结构的裂缝过早出现，充分利用钢筋的高抗拉强度及混凝土的高抗压强度，可以设法在结构构件承受使用荷载前，预先对受拉区的混凝土施加压力，使它产生预压应力来减小或抵消荷载所引起的混凝土拉应力，将结构构件的拉应力控制在较小范围，甚至处于受压状态。或者借助混凝土较高的抗压能力来弥补其抗拉能力的不足，推迟混凝土裂缝的出现和展开，提高构件的抗裂性能和刚度。

【预应力混凝土空心板】（prestressed concrete hollow plate） 以具有预应力的钢筋为骨架，以水泥为基材而制成的空心结构的混凝土板材。一种跨度大、承载力强、抗震性能好的混凝土空心板。主要包括楼板、屋面板和外墙板，应用于工业建筑、工业性辅助建筑、商场、歌舞厅、办公楼和住宅等建筑。此外，还可作为市政工程的大型沟盖板、桥梁板、行人过街桥板、过河水渠底板等。在扩大使用面积、改善使用功能、缩短施工工期、提高资金利用率等方面具有重要意义。

预应力混凝土空心板

【预应力混凝土桥】（prestressed concrete

bridge) 以预应力混凝土作为上部结构主要建筑材料的桥梁。其主要优点是:(1)节省钢材,降低桥梁的材料费用。(2)与钢桥相比,养护费用较少,行车噪声小。(3)与钢筋混凝土桥相比,其自重和建筑高度较小,因采用高质量的材料及消除了活载所致裂纹而使其耐久性大为提高。其主要缺点是:(1)自重比钢桥大。(2)施工工艺比钢桥复杂。(3)工期较长。

预应力混凝土桥

【预应力千斤顶】(prestress jack) 采用油泵供给高压油,油缸拉伸钢筋或钢铰线的预加应力设备。按其构造特点的不同可分为拉杆式、穿心式、锥锚式和台座式四种。其工作油压在 40 ~ 51.5MPa 之间。拉杆式预应力千斤顶适用后张法张拉工艺,可张拉单根钢筋。活塞杆上快速拉头与钢筋上螺杆相连,张拉后用螺杆锚具锚定。穿心式预应力千斤顶主要适用于后张法的张拉工艺中,被拉的钢筋或钢绞线由千斤顶的中心孔内穿过。外层大油缸先张拉,然后用内层活塞反向顶压,张拉后,利用螺杆锚具或夹片式锥形锚具锚定。锥锚式千斤顶主要适用于钢筋束或钢绞线束的后张拉张法工艺中,利用外层大油缸拉伸,内层小活塞顶压锥形锚具锚定。台座式千斤顶是在先张法的后座上整体张拉或放松预应力的钢筋设备。主要应用于房屋建设,桥梁施工之中。

【预应力损失】(prestress loss) 由于预应力混凝土生产工艺和材料的固有特性等原因,预应力筋的应力值从张拉、锚固直到构件安装使用的整个过程中不断降低而产生的值。其主要原因有:(1)锚具变形和钢筋内缩。(2)预应力钢筋与孔道壁之间摩擦。(3)混凝土加热养护时,受张拉的钢筋与承受拉力的设备之间温差。(4)钢筋应力松弛。(5)混凝土的收缩徐变。(6)用螺旋式预应力钢筋作配筋的环形构件由于混凝土的局部挤压等。

【预应力重力坝】(prestressed gravity dam) 对坝体采用预加应力措施以提高坝的抗滑稳定性或改善坝体应力分布的重力坝。其设计与一般重力坝基本相同,只是在计算时增加一项荷载 - 预加应力。预加应力的措施主要有钢缆锚固法、推力法和施工分缝法。钢缆锚固法和推力法一般用于坝的加高或加固,前者较为有效,用得较多。(1)钢缆锚固法。将钢缆插进临近上游坝体预留或后钻的直孔中,下端用胶结材料锚固于完整的基岩内,上端锚定于坝顶的锚头上,再用千斤顶施加预张力。(2)推力法。在坝趾处设活动接缝,缝的一侧是坝体,另一侧是设在地基中的支撑块,用千斤顶在活动缝中施加推力。(3)施工分缝法。利用适当布置的施工纵缝,在大坝完建后进行纵缝灌浆、以施加预应力。

预应力重力坝

【预制混凝土墙板】(precast concrete wall panel) 简称墙板、壁板。在预制厂或建筑工地加工制成供建筑装配用的加筋混凝土板型构件。可以提高工厂化、机械化施工程度,减少现场湿作业,节约现场用工,克服季节影响,缩短建筑施工周期。按其使用功能的不同可分为:(1)内墙板。有横墙板、纵墙板和隔墙板三种。横墙板与纵墙板均为承重墙板,隔墙板为非承重墙板。内墙板应具有隔声与防火的功能。一般采用单一材料如普通混凝土、硅酸盐混凝土或轻集料混凝土制成,有实心与空心两种。(2)外墙板。有正面外墙板、山墙板和檐墙板三种。正面外墙板为自承重墙板,山墙板与檐墙板为承重墙板。外墙板除应具有隔声与防火的功能外,还应具有隔热保温、抗渗、抗冻融、防碳化等作用和满足建筑艺术装饰的要求。外墙板可用轻集料单一材料制成,也可采用复合材料制成。

【预制混凝土墙板生产工艺】(production of precast concrete wall panel) 在已制作好的模具内进行加工预制混凝土墙板的工艺。其生产过程可分为:清理模板、涂隔离剂、模内布筋、灌筑混凝土、振动成型、养护、拆模、检验、成品堆放和运输等工序。按其生产方式的不同可分为:平模生产和立模生产两种。按其生产工艺的不同可分为:(1)台座法。墙板在一个固定的地点成型和养护。布筋、成型、养护和拆模等工序所需的一切材料和设备都供应到墙板成型处。(2)平模机组流水法。墙板在若干个工位上制造,当在一个工位上完成一道或数道工序之后,利用起重运输设备把墙板运至下一个工位。(3)平模传送流水法。把生产过程分成若干工序,每个工序顺次在生产线上的一个固定工位上进行,被加工的墙板按一定的时间节拍在生产线上顺序地向前移动。(4)成组立模或成对立模法。墙板在垂直位置成组或成对地进行生产。通过模外设备进行振动成型并采用模腔通热,进行密闭热养护。这种方法所需时间短,占地面积小,生产效率高,但只能生产单一材料的墙板。

【域名】(domain name) 接入互联网的计算机或计算机组的名称。由一串用点分隔的名字组成,用于在数据传输时标识计算机的电子方位。互联网中的地址方案有两套:(1)IP 地址系统。(2)域名地址系统。IP 地址用二进制数来表示,使用时难以记忆和书写,因此在 IP 地址的基础上又发展出一种符号化的地址方案,来代替数字型的 IP 地址。每一个符号化的地址都与特定的 IP 地址对应。这种符号化的地址就是域名。加入互联网的各级网络依照域名系统的命名规则对本网内的计算机命名,并负责完成通信时域名到 IP 地址的转换。按域名级别的不同可分为:(1)顶级域名。(2)二级域名。(3)三级域名即网络名。(4)主机名。顶级域名有:(1)国际顶级域名。(2)国家顶级域名。二级域名又可分为:(1)组织域名。(2)企业域名。(3)类别域名。(4)地域域名等。三级域名由字母、连接符及数字组成,代表网络名等含义。国际域名由美国商业部授权的互联网名称与数字地址分配机构负责注册和管理。中国的域名则由中国互联网络管理中心负责注册和管理。

【域名系统】(domain name system, DNS) 管理域名,将域名和 IP 地址进行相互转换、解析的一套管理系统。是一个分布式的主机信息数据库,采用类似目录树的等级结构。将域名映射为 IP 地址的过程就称为"域名解析"。域名系统一般采用客户机/服务器模式向外提供域名解析服务。通常,域名系统数据库可分成不同的相关资源记录集。其中的每个记录集称为区域。区域可以包含整个域、部分域或只是一个或几个子域的资源记录。管理某个区域的域名系统服务器称为该区域的权威名称服务器。每个名称服务器可以是一个或多个区域的权威名称服务器。互联网的权威名称服务器,又称互联网根服务器,全世界只有 13 台。1 个为主根服务器,放置在美国。其余 12 个均为辅根服务器。其中 9 个放置在美国,欧洲 2 个(位于英国和瑞典),亚洲 1 个(位于日本)。

【阈值】(threshold) ❶一个领域或一个系统的界限称为阈,其数值称为阈值。在各门科学领域中均有阈值。如数学中 $y=f(x)$ 函数关系,自变量 x 值必须在函数的定义域内,因变量 y 才能有确定的值,这个函数的定义域就是 x 的阈值;在化工系统工程中用阈值来计算最优化问题,计算时要对独立变量取值范围赋予一定的数学限制,所有满足这些限制(阈值)的点构成最优化问题的可行域;在自动控制系统中能产生一个校正动作的最小输入值;刺激引起组织兴奋所必需的的最小强度,也就是刺激生物体组织时,当超过某限度时就会激烈反应的临界值。❷图像处理解释:"阈值"命令将灰度或彩色图像转换为高对比度的黑白图像。可以指定某个色阶作为阈值。所有比阈值亮的像素转换为白色;而所有比阈值暗的像素转换为黑色。"阈值"命令对确定图像的最亮和最暗区域很有用。

【御夫座】(Auriga) 北天星座之一。位于金牛星座与双子星座以北。中心位置:赤经 6 时,赤纬 +42°。面积约 658 平方度。座内有亮于四等的星 10 颗,其中 α 星(中名"五车三")是黄色的 0 等星,为北天最亮的三大亮星之一。在北半球冬季黄昏,可在中纬度地区天顶附近看到。

御夫座

【愈伤组织】(callus) 植物的培养细胞和植物伤口所形成的无定形细胞团。用无菌操作方法从植物上切取组织片,在含有生长素等的琼脂培养基上进行培养,于是在切口处便会产生无定形的细胞团。调整培养基的组成、激素的种类,愈伤组织便会产生胚状体,进而有可能得到完整的植物体。当在液体培养基中进行培养时,则可容易分离得到单细胞。

【元古宙】(Proterozoic Period) 曾称原生代、元古代。地质年代中属隐生宙第二个时代。时间距今 25 亿~5.4 亿年。元古宙已发现很多菌藻类植物化石和微体古植物化石,因而有学者将元古宙称为菌藻植物时代。元古宙末期,除藻类大量繁育外,还出现有腔肠动物、环节动物、节肢动物和介壳动物的初级形态,还发生过全球范围的大冰期。元古宙自老而新进一步划分为古元古代、中元古代和新元古代。

【元气】(source qi) 又称原气。中医术语。人体中最基本、最重要的根源于肾的气,包括元阴、元阳之气。元气由肾精化生,赖三焦循行全身,有推动人体生长发育和生殖,激发和调节各个脏腑、经络等组织器官生理功能的作用,为生命的原动力。

【元数学】(metamathematics) 一种用来研究数学和数学哲学的数学。包括形式体系的描述或定义,以及关于形式体系性质的研究,把整个形式体系当作数学研究的对象,采用有穷性方法进行研究。狭义地说元数学即证明论。

【元素有机化合物】(elemento-organic compound) 除氢、氧、氮、硫和卤素以外的元素与碳直接结合成键的有机化合物的统称。可分为:(1)金属有机化合物，即金属与碳成键的化合物、类金属（如硼、硅、砷等）与碳成键的化合物。（2）有机磷化合物。（3）有机氟化合物。许多元素有机化合物在实验研究和工农业生产等方面有重要的应用价值。如通过有机合成生产硼氢化试剂、维蒂希试剂、锆氢化试剂、锡氢化试剂和有机铜试剂等。

【元素有机化学】（elemental-organic chemistry） 有机化学的一个分支。研究有关元素有机化合物的结构、组成、性质、合成及其应用的学科。其主要内容有：（1）有机硅化合物。（2）有机镁化合物。（3）有机铝化合物。（4）有机磷化合物。（5）有机铁化合物。（6）有机锂化合物等。元素有机化学有助于解决化学上的一些理论问题，如分子中的原子相互作用、反应机理、键的构造和分子性质、双重反应性能、互变异构平衡、单键共轭概念等。在有机合成、医学、农药、国防和生命科学等领域应用广泛。

【元素周期表】（periodic table of elements） 元素周期律的表现形式。反映已知化学元素原子的内部结构和它们之间相互联系的规律的表格。元素在周期表中的位置取决于原子核外电子构型，特别是最外层电子的排布。可分为短式和长式。最常用的是长式元素周期表。周期表中同一横列元素构成一个周期。同周期元素原子的电子层数等于该周期的序数。同一纵行（第Ⅷ族包括3个纵行）的元素称“族”。族是原子内部外电子层构型的反映。周期表共有7个周期，16个族和4个区。前3个周期为短周期，其中第1个周期为特短周期，只有2个元素；第2、3周期均有8个元素；第4、5周期为长周期，均有18个元素；第6、7周期为特长周期，均应有32个元素；但第7周期至今只发现26个。周期表纵向共分为18列，其中1～2列和13～18列（即ⅠA－ⅦA和O类）为主族元素，第3～12列（即ⅢB～ⅡB）为副族元素。在长表下另列两个横行，在第一横行中以57号元素镧（La）为首至71号元素镥（Lu），共15个元素，称为镧系元素；在第二横行中以89号元素锕（Ac）为首至103号元素铹（Lr），称为锕系元素。从95号元素镅（Am）开始及至后面的元素都是人造元素，即在自然界中尚未发现的元素。

【元素周期律】（periodic law of elements） 元素的物理、化学性质随原子序数变化而变化的规律。由俄国科学家门捷列夫（1837～1907）于1869年首先发现。他根据此规律创制了元素周期表。近代根据原子结构理论，元素周期律可更准确地叙述为：元素的性质随着原子序数（即核电荷数）的递增呈周期性的变化。元素周期律揭示了自然界中物质的内在联系，反映了物质世界的统一性和规律性。它指导对元素和无机化合物的性质进行系统研究，成为发展现代物质结构理论和对元素进行分类的基础。同一族的元素性质大致相同，根据某元素在周期表中的位置，可以推断出该元素的名称、符号、原子序数、原子量、电子结构、族数和周期数，还可判断出该元素是金属还是非金属及其化学活泼性等一系列信息。

【元知识】（meta knowledge） 在设计大型专家系统时，知识层次中的控制知识集。是关于知识的知识。它属于大系统理论中的概念。设置一般是在领域知识及具体的系统中实现的。它起着减少搜索知识时间、确定知识使用的优先级、知识分类、知识项的宏观描述、控制知识的激发和运行等作用。是高层次的知识，不属于知识集本身。它们之间不是推导关系，而是控制、操作关系。元知识的运行占有优先的地位，而知识的运行可以是在元知识控制下进行。从抽象意义讲，元知识概念属于启发方法的应用，在一个大的知识处理系统中，知识积累的越多，如何有效地获取针对特定问题的最有价值知识就越困难。元知识是如何有效获取知识的知识或是建立知识之间联系的纽带，可以看成知识的索引。

【园景树】（specimen trees） 体形具有较高观赏价值、可构成美好景物的树木。可以孤植成为景物供观赏用，也可以丛植、群植、林植等形式配置在建筑物、广场、草地，也可用于湖滨、山野、疗养院、度假村、旅游区构建风景林。园景树多形体高大，树姿优美或具有突出观赏特点。单株观赏体现树木个体美，其他形式种植要求园景树形成平、立面层次、外形轮廓、色彩季相变化的群体美。在其应用上应优先选用乡土树种，并根据树种的习性、功能等方面的差异性，做好树种间的搭配。常用的树种有圆柏、雪松、银杏、玉兰、垂柳、樟树、槐树、柳树、枫香等。

【园林】（park and garden） 在一定的地域运用工程技术和艺术手段，通过改造地形（或筑山、叠石、理水）、种植树木花草、营造建筑和布置园路等途径创作而成的优美自然环境和游憩境域。包括庭园、宅园、小游园、花园、公园、植物园和动物园等。随着园林学科的发展，还包括森林公园、风景名胜区、自然保护区或国家公园的游览区以及休养胜地。园林还兼具保护和改善环境的功能。

园林

【园林匾联】（garden inscribed boards and

coup-lets) 园林中以对景色称颂为主要内容的匾额和对联。匾额横置门头或墙洞门上,在园林中多为景点的名称或对景色的称颂,以三字四字的为多。楹联往往与匾额相配,或树立门旁,或悬挂在厅、堂、亭、榭的楹柱上。楹联字数不限,讲究词性、对仗、音韵、平仄、意境情趣,是诗词的演变。相传楹联始于五代后蜀,孟昶在寝门桃符板上题"新年纳余庆,嘉节号长春"句。匾额楹联不但能点缀堂榭、装饰门墙,在园林中往往表达了造园者或园主的思想感情,还可以丰富景观,唤起联想,增加诗情画意,起着画龙点睛的作用,是中国传统园林的一个特色。曹雪芹在《红楼梦》中,借小说中人物评大观园时说:"若大景致,若干亭榭,无字标题,任是花柳山水,也断不能生色。"苏州拙政园中的"与谁同坐轩",表达了清风、明月、"我"的孤芳自赏的思想。楹联中如苏州沧浪亭的"清风明月本无价,近水远山皆有情";拙政园梧竹幽居的"爽借清风明借月,动观流水静观山";雪香云蔚亭的"蝉噪林愈静,鸟鸣山更幽",都写景、写情,发人联想,即使游人在无风、无月、无蝉、无鸟时到此,也觉得似有这一境界。济南大明湖中一联云:"四面荷花三面柳,一城山色半城湖";杭州观海亭上一联云:"楼观沧海日,门对浙江潮",写景抒情,概括性很强。又如镇江焦山别峰庵郑板桥读书处,小屋三间,门上联云:"室雅何须大,花香不在多"抒发简朴幽雅的情景。所以匾额楹联,特别是名联、名匾,不但为景观添色,而且发人深思。岳阳楼何绍基的 102 字长联,昆明大观楼的 180 字长联,状景、写情、词藻、对仗、书法、境界等都值得称道。

【园林布局】(garden layout) 根据计划确定所建园林的性质、主题、内容,结合选定园址的具体情况,进行总体的立意构思,对构成园林的各种重要因素进行综合的全面安排。是园林设计总体规划的一个重要步骤。如园林内容和艺术形式的选择,山岭、水体的位置和大体轮廓的确定,不同功能用地的划分和衔接,活动和安静景区的布置,园林主景的位置、主要出入口和干道的安排等。布局时须综合考虑平面和立面之间的关系,使全园结构形成一个能够满足功能和景观要求的统一体。经过多个方案的比较,确定合适的布局方案,然后再作深入的设计。布局是否合宜得体关系到建园的成败。园林布局要因地制宜,布局前对建园单位或园主的要求先行了解,对建园基地的情况作详细调查,不仅要了解基地自身情况,还要了解四周外围的环境。布局要顺应自然,充分利用原有的地形、地貌加以适当的改造,才能构图得体合宜。园林布局要体现时代精神、民族特色和地方风格,并要不断推陈出新。各国园林有不同的形式、流派和风格,如自然式、规则式、混合式等。布局时采取何种艺术形式,要随建园意图和基地环境而定。一般来讲,一个园的艺术形式应该统一和谐。如果用混合式,在不同形式的过渡衔接上要处理得顺理成章。有时可用"园中园"手法或集锦式方法,把不同的形式风格布置在一个整体园林中。园林是一种多维空间供游人身临其境进行游赏,组织景区、分隔空间务使全局既有分隔又有联系,各个景区互相呼应衬托。布局要突出主体,分别主次,利用地形、植物和建筑、道路等分隔空间,有开有合,有聚有散,曲折多变,小中见大,使全园既有变化又有统一,使游人感觉有不穷之景,不尽之意。风景点的布设既要注意提供游人驻足留憩细细欣赏的静观效果,也要善于运用风景透视线来联络组织各个景点,使游人在行进中感到景色时隐时现、时远时近、时俯视时仰望,不断变化,层层展开,收到步移景异的动观效果。任何公园的布局都要首先考虑实用功能上具有共同性的一些问题,例如出入口的位置与外部交通的衔接、人流的集散、车辆的停放、行政管理区的位置、运输车辆的车行道、杂物堆放场等必须选址合适。为游人提供停留、坐憩、饮食、公厕等的各种设施也要周密安排。

【园林雕塑】(garden sculptures) 园林内雕、刻、塑三种制作方法的总称。配合园林构图,多数位于室外,题材广泛。园林雕塑通过艺术形象可反映一定的社会时代精神,表现一定的思想内容,既可点缀园景,又可成为园林某一局部甚至全园的构图中心。园林雕塑按内容的不同可分为:(1)纪念性雕塑。纪念历史人物或事件,如南京雨花台烈士群像、上海虹口公园的鲁迅像等。(2)主题性雕塑。表现一定的主题内容,如广州市的市徽"五羊"、南京莫愁湖的莫愁女等。(3)装饰性雕塑。题材广泛,人物、动物、植物、器物都可作为题材,如北京日坛公园曲池胜春景区中展翅欲飞的天鹅和各地园林中的运动员、儿童及动物形象等。按其形式的不同分为圆雕、凸雕、浮雕、透雕等。使用材料有永久性材料,如金属、石、水泥、玻璃钢等;非永久性材料,如石膏、泥、木等。园林雕塑常用永久性材料的圆雕,至于凸雕、浮雕、透雕则常与建筑结合。冰

园林雕塑

雕、雪塑是东北园林冬季特有的一种雕塑艺术。雕塑可配置于规则式园林的广场、花坛、林荫道上，也可点缀在自然式园林的山坡、草地、池畔或水中。在园林中设置雕塑，其主题和形象均应与环境相协调。雕塑与所在空间的大小、尺度要有恰当的比例，并需要考虑雕塑本身的朝向、色彩以及与背景的关系，使雕塑与园林环境互为衬托，相得益彰。

【园林工程】（garden engineering） 研究园林建设的工程技术。包括地形改造的土方工程，掇山、置石工程，园林理水工程和园林驳岸工程，喷泉工程，园林的给水排水工程，园路工程，种植工程等。园林工程的特点是以工程技术为手段，塑造园林艺术的形象。在园林工程中运用新材料、新设备、新技术是当前的重大课题。园林工程的中心内容是如何在综合发挥园林的生态效益、社会效益和经济效益功能的前提下，处理园林中的工程设施与风景园林景观之间的矛盾。

【园林功能分区】（functional area of garden） 综合性公园和其他内容较复杂的大型园林按其不同功能进行的区划。其目的在于合理利用土地与基础设施，便于游赏，避免不同活动相互干扰。一般分为热闹游戏区、安静休息区、水上活动区、儿童游戏区、管理后勤区等。在分区时要照顾到各区的联系，形成全园风格统一协调的效果和道路系统的贯通。功能的分区要与地形的变化相结合，游人相对集中的项目应放在较低平坦的地带；热闹的游戏区应离出入口较近；安静休息区要与其他区适当隔离，并要建造富于层次变化的景观；管理后勤区对内、对外的联系既要方便畅通，又不能影响景观。

【园林假山】（rockery in the garden） 在园林中人工利用山石等建造的缩微山体。园林假山石源自然。是中国古典园林中不可缺少的构成要素之一。是中国古典园林最具民族特色的一部分。作为园林专项工程之一，已经成为中国园林的象征。假山还凝聚着造园家的艺术创造。利用假山可以形成园林的骨架，可以对园林空间进行分割和划分，将空间划分成大小不同、形状各异、变化多样的形态。园林中的假山是自然山地景观在园林中的体现；自然界的奇峰异石、悬崖峭壁、层峦叠嶂、海峡幽谷、洞穴泉石和海岛礁石等都可以在园林中体现出来；同时，园林假山还具有护坡、驳岸和花台等作用，还可以降低地面径流，减少水土流失。另外，假山石在园林中作为室外的自然式天然屏风、石桌凳、护栏，经久耐用，生动自然。

园林假山

【园林建筑】（garden building） 在园林中具有较高观赏价值的小型建筑。这里所说的园林建筑，特指亭、廊、榭、花架等小型的景观建筑及游艇码头、小卖部、售票亭等功能简单并具有较高美观要求的建筑，而不包括那些功能较为复杂、体量较大的建筑，如公园中的餐厅、茶室、展览馆等。园林建筑按其建筑文化背景和风格上的不同可分为中式、西式、现代等几类；按其建筑形式的不同可分为亭、廊、榭、花架、棚架、装饰构架等。现代的园林建筑最具生命力，几乎不受任何形式的限制，只要材料、技术上可以满足要求，设计者便可最大限度地发挥想象力，创作出与众不同的建筑形式来。中式或西式的园林建筑分别修建在相应的园林中。园林中这些具有造景作用，同时供人游览、观赏、休息的建筑物，从园林所占面积来看，虽然无法与天然的山、水、植物的种类与作用相提并论，只能够起到画龙点睛的作用，但是却能够吸引大量游览者，是其他元素所无法替代的。中国园林建筑形式之多样，色彩之别致、分割之灵活、内涵之丰富在世界上是鲜有可比的。比如中国苏州园林内的各种建筑种类繁多，风格独特，风情万种，引人入胜。

园林建筑

【园林借景】（view borrowing） 有意识地把园外的景物“借”到园内视景范围中来的中国园林艺术传统手法。一座园林的面积和空间是有限的，为了扩大景物的深度和广度，丰富游赏的内容，除了运用多样统一、迂回曲折等造园手法外，造园者还常常运用借景的手法，收无限于有限之中。借景可分为近借、远借、邻借、仰借、俯借、应时借等。借景方法大体有三种：(1)开辟赏景透视线。对于赏景的障碍物进行整理或去除，譬如修剪掉遮挡视线的树木枝叶等。在园中建轩、榭、亭、台，作为视景点，仰视或平视景物，纳烟水之悠悠，收云山之耸翠，看梵宇之凌空，赏平林之漠漠。(2)提升视景点的高。使视景线突破园林的界限，取俯视或平视远景的效果。在园中堆山，筑台，建造楼、阁、亭等，让游者放眼远望，以穷千里目。(3)借虚景。如朱熹的“半亩方塘”。借景内容有以下几类：(1)借山、水、动物、植物、建筑等景物。如远岫屏列、平湖翻银、水村山郭、晴岚塔影、飞阁流丹、楼出霄汉、堞雉斜飞、长桥卧波、田畴纵横、竹树参差、鸡犬桑麻、雁阵鹭行、丹枫如醉、繁花烂漫、绿草如茵。(2)借人为景物。如渔舟唱晚、古寺钟声。(3)借天文气象景物。如日出、日落、朝晖、晚霞等。此外还可以通过声音来充实借景内容,如鸟唱蝉鸣、鸡啼犬吠、松海涛声、残荷夜雨。

【园林绿地小品】(small garden ornaments) 园林中供休息、装饰、照明、展示和园林管理之用的小型建筑设施。是一种功能简单、体积小巧、造型别致、带有意境、富有特色的精巧园林要素。园林小品包括门窗洞口、花窗、装饰隔断、墙、铺地、花架、雕塑小品、花池、栏杆、阶梯与蹬道、小桥与汀布、园凳、景灯、景牌和水池等。

【园林绿化技术标准】(technological standardon of garden virescence) 园林绿化中质与量的统一尺度,以及与之相应的对策和技术措施。其目的是:(1)规定园林绿化的功能所必需的规模、数量和质量水平。(2)规定为使园林绿化建设、养护达到一定质量所必须创造的条件和工作程序。(3)为保证园林绿地中各种设施的安全和防止各种可能发生的事故、灾害而规定的必要措施。(4)为合理保护、利用风景园林资源而规定的评价方法、保护内容、范围及措施等。其内容一般包括以下六个方面:(1)绿地系统规划。(2)园林设计。(3)园林工程施工。(4)园林养护管理。(5)园林植物生产。(6)风景名胜区等。

【园林设计】(landscape design) 在一定的地域范围内,运用园林艺术和工程技术手段,通过改造地形,种植树木、花草,营造建筑和布置园路等途径创建美好自然环境的过程。涉及的知识面较广。它包含文学、艺术、生物、生态、工程、建筑等诸多领域,同时又要求综合各种知识统一于园林之中。其最终目的是要创造出景色如画、环境舒适、健康文明的游憩境域。一方面,园林是反映社会意识形态的空间艺术,满足人们精神文明的需要;另一方面,又是社会的物质福利事业,是现实生活的实景,还要满足人们良好休息、娱乐的重要场所。所以,园林设计要应用艺术和技术手段处理自然、建筑和人类活动之间的复杂关系,创建一个人与自然和谐、生态良好、景色秀丽的园林意境。

【园林相地】(site investigation) 对园址场地条件的勘察、体察、分析和利用。原是中国踏勘选定园林地域的通俗用语,明末造园家计成所著《园冶》一书中有专论踏勘选定园址的《相地》一章。相地包括园址的现场踏勘,环境和自然条件的评价,地形、地势和造景构图关系的设想,内容和意境的规划性考虑,直至基址的选择确定。可归纳为五个方面:(1)园址选择不拘朝向。其重点应着眼于造景的有利条件,例如是否有山林可依,是否有水系可通,能不能与交通繁忙道路有一定的隔离,以及有无利用原有大树、植被等条件。(2)必须在勘察过程中同时展开造景构图的设想。不仅注意地形,如方、圆、偏、正,而且要注意地势,如"环曲"、"铺云"等动向趋势以及"培高控低"利用的可能性,克服地形、地貌上的缺点来筹划方案等。(3)必须重视水文和水源的疏理问题。尤其是园林建筑布局必须联系园林理水,建筑才能获得有水面配合的优越性。(4)选地也必须考虑建园的目的性。城市土地虽不是很好的造园环境,但鉴于便利园主兼享城市生活,还是可以选用;如选乡村土地造园,要便于眺望田野景趣。(5)要十分重视原有大树等的保存和利用。

【园林学】(gardening) 研究合理运用自然因素与社会因素来创建更为舒适和促使生态平衡的人类生活境域的学科。园林学科的知识结构涉及人文、工程技术、生物与环境等方面的知识。园林学的研究范围是随着社会生活和科学技术的发展而不断扩大的,目前包括传统园林学、城市绿化和大地景物规划3个层次。传统园林学包括园林历史、园林艺术、园林植物等分支学科。现代园林学是在园林开始与整个城市规划发生了联系时产生的。其基本宗旨是:在人类居住环境和更大的郊野范围内创造和保存自然景色的美。

【园林艺术】(garden art) 在园林创作中,通过审美创造活动再现自然和表达情感的一种艺术形式。是对环境加以艺术处理的理论与技巧,是与功能相结合的有生命的艺术。园林是自然的一个空间境域,与文学、绘画有相异之处。中国园林艺术是自然环境、建筑、诗、画、楹联、雕塑等多种艺术的综合。在中国最早是作为皇家园林和私家园林的形式出现的。

园林艺术

【园林意境】(artistic conception) 通过园林形象所反映的情意使游赏者触景生情产生情景交融的一种艺术境界。园林意境寄情于自然物及其综合关系之中,情生于境而又超出由之所激发的境域事物之外,给感受者以余味或遐想余地。当客观的自然境域与人的主观情意相统一、相激发时,才产生园林意境。其特征如下:(1)园林是一个真实的自然境域,其意境随着时间演替而变化。这种时序的变化,园林上称“季相”变化；朝暮的变化，称“时相”变化；阴晴风雨霜雪烟云的变化，称“气象”变化；有生命植物的变化，称“龄相”变化；还有物候变化等。(2)在意境的变化中，要以最佳状态而又有一定出现频率的情景为意境主题。最佳状态的出现是短暂的，但又是不朽的，即《园冶》中所谓“一鉴能为，千秋不朽”。如杭州的“平湖秋月”、“断桥残雪”，扬州的“四桥烟雨”等，只有在特定的季节、时间和特定的气候条件下，才是充分发挥其感染力的最佳状态。这些主题意境最佳状态的出现，从时间来说虽然短暂，但受到千秋赞赏。(3)中国园林艺术是自然环境、建筑、诗、画、楹联、雕塑等多种艺术的综合。园林意境给予游赏者以情意方面的信息，唤起以往经历的记忆联想，产生物外情、景外意。不是所有园林都具备意境，更不是随时随地都具备意境。然而有意境更耐人寻味、引兴成趣和深刻怀念。所以意境是中国千余年来园林设计名师巨匠们所追求的核心，也是使中国园林具有世界影响的内在魅力。

【园林造景】(landscaping) 通过人工手段，利用环境条件和构成园林的各种要素制作所需要的景观，使环境具有更高观赏价值的活动。“景”即境域的风光，也称风景。是由物质的形象、体量、姿态、声音、光线、色彩以至香味等组成的，是园林的主体，欣赏的对象。自然造化的天然景(野景)是没有经过人力加工的。大地上的江河、湖沼、海洋、瀑布林泉、高山悬崖、洞壑深渊、古木奇树、斜阳残月、花鸟虫鱼、雾雪霜露等，都是天然景，园林造景时要充分加以利用。中国自南北朝以来，就发展了自然山水园。园林造景，常以模山范水为基础，“得景随形”，“借景有因”，“有自然之理，得自然之趣”，“虽由人作，宛自天开”。造景方法主要有：(1)挖湖堆山，塑造地形，布置江河湖沼，辟径筑路，造山水景。(2)构筑楼、台、亭、阁、堂、馆、轩、榭、廊、桥、舫、照壁、墙垣、梯级、磴道、景门等建筑设施，造建筑景。(3)用石块砌叠假山、奇峰、洞壑、危崖，造假山景。(4)布置山谷、溪涧、乱石、湍流，造溪涧景。(5)堆砌巨石断崖，引水倾泻而下，造瀑布景。(6)按地形设浅水小池，筑石山喷泉，放养观赏鱼类，栽植荷莲、芦荻、花草，造水石景。(7)用不同的组合方式，布置群落以体现林际线和季相变化或突出孤立树的姿态，或者修剪树木，使之具有各种形态，造花木景。(8)在园林中布置各种雕塑或与地形水域结合，或单独竖立，成为构图中心，以雕塑为主体，造塑景。

【园林植物】(garden plant) 适用于园林绿化的植物品种。包括木本和草本的观花、观叶或观果植物，以及适用于园林、绿地和风景名胜区的防护植物与经济植物。从植物特性、园林应用、生态方面进行综合分类，可分为：(1)园林树木。适于在园林绿地及风景区中栽植应用的木本植物，包括乔木和灌木、藤本。(2)露地花卉。包括一两年生花卉、宿根花卉、球根花卉、岩生花卉(岩石植物)、水生花卉、草坪植物和园林地被植物等。(3)温室花卉和室内植物。一般指温带地区须常年或一段时间在温室栽培者，又可分为热带水生植物、秋海棠类植物、天南星科植物、凤梨科植物和柑橘类植物、仙人掌类与多浆植物、食虫植物、观赏蕨类、兰花、松柏类、棕榈类植物，以及温室花木、温室盆花和盆景植物等。

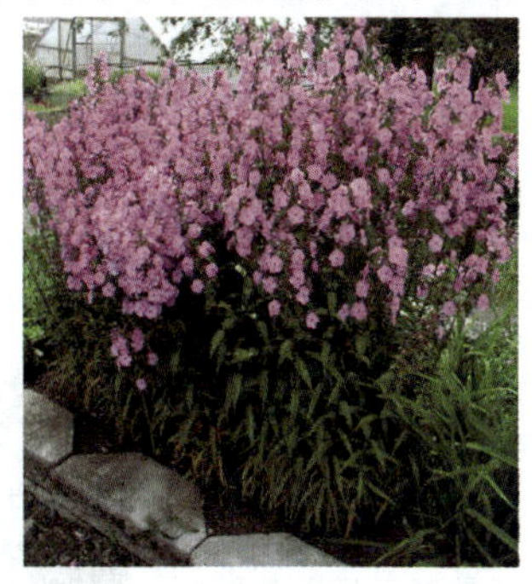
园林植物

【园林植物配置】(garden plant design) 按植物生态习性和园林布局要求，对各种植物进行科学和艺术的选择。合理配置园林中乔木、灌木、花卉、草皮和地被植物等，以发挥它们的园林功能和观赏特性。园林植物是园林工程建设中最重要的材料，园林植物配置是园林规划设计的重要环节。植物配置的优劣直接影响到园林工程的质量及园林功能的发挥。园林植物配置不仅要遵循科学性，而且要讲究艺术性，力求科学合理的配置，创造出优美的景观效果，从而使生态、经济、社会三者效益并举。园林植物的配置包括两个方面：一方面是各种植物相互之间的配置，考虑植物种类的选择，树丛的组合，平面和立面的构图、色彩、季相以及园林意境；另一方面是园林植物与其他园林要素，如山石、水体、建筑、园路等相互之间的配置。不同的园林植物具有不同的生态和形态特征。它们的干、叶、花、果等的姿态、大小、形状、质地、色彩和物候期各不相同；它们(主要指树木)在幼年、壮年、老年以及一年四季的景观也颇有差异。在进行植物配置时，要因地制宜，因时制宜，使植物正常生长，充分发挥其观赏特性。选择园林植物要以乡土树种为主，以保证园林植物有正常的生长发育条件，并反映出各个地区的植物风格。同时也不能忽视优良品种的引种驯化工作。

【园林植物造型】(design of garden plant) 运用种类不同、形状、色彩各异的植物素材，构成各种季相美、图案美、色彩美、组合美、几何美的园林景观。是园林文化的一种重要表现形式。园林植物造型根据其表现形式的不同，可分为平面式和立体式两种。

园林植物造型,被人们称之为“无笔的画”、“无言的诗”。优美的园林植物造型不仅给现代城市园林景观增添了艺术魅力,也给人们提供了文明、健康、舒适的工作和生活环境,使人的身心在快节奏的生活当中得到调整和舒缓。城市绿化要以绿为主,以美取胜,提倡植物造型。随着社会的进步,人们的物质生活和精神生活也得到了很大的提高,对园林绿化的欣赏标准也不再是简单的栽花种草,而是有景可观、有景可赏。园林植物造型就是在园林中用植物造成各式各样的生动而又有美感的形状,再经过艺术加工,神形并貌可赏性强。在园林植物造型过程中,必须巧妙利用各种植物的形体和季相色彩,挖掘独具匠心的构思,采用科学艺术的造型设计,运用栽培、修剪、攀扎、镶嵌、维护等管理技艺,才能达到富有内涵的园林艺术文化的景观精品。

园林植物造型

【园林总体规划】(general planning of garden) 园林建设项目的功能、形式和总体布局的长远计划。园林建设项目的功能包括:应取得的生态效益、游憩活动内容,以及表现的艺术主题等。为了恰当有效地发挥它的功能效益,需要对地形、水体、山石、植物配置、道路、园林建筑进行综合布置。要重点考虑园林植物、建筑与所处环境的关系、各局部之间的结合方式、形式与内容的协调,以及具体的风格特点等。还应对必要的给排水、能源供应等基础设施确定供应方式和保证措施。规划文件包括规划大纲和说明书。规划大纲说明任务范围、规模,与城市和附近环境的关系,提出对主要问题的解决途径和方式及采用的技术等级、标准,各单项工程的风格、特点等。说明书对工作的过程和重要问题作具体解释。园林总体规划是保证工程项目按计划任务正确实施并实现投资效益的综合性、战略性的指导文件,是进行园林设计的依据。

【园艺】(horticulture) 蔬菜、果树和观赏植物的繁育、栽培技术和生产经营方法。相应地分为果树园艺、蔬菜园艺和观赏园艺。园艺业是农业种植业的组成部分,对丰富人类营养和美化、改造人类生存环境有重要意义。园艺作物一般指以较小规模集约栽培的具有较高经济价值的作物。通常包括果树、蔬菜、观赏植物、香料植物及药用植物等。主要分为果树、蔬菜和观赏植物三大类。园艺起源于石器时代。在文艺复兴时期,园艺在意大利再次兴起并传至欧洲各地。中国周代园圃开始作为独立经营部门出现。历代在温室培养、果树繁殖和栽培技术、名贵花卉品种的培育以及在园艺事业上与各国进行广泛交流等方面卓有成就。20世纪以后,园艺生产日益向企业经营发展。现代园艺已成为综合应用各种科学技术成果以促进生产的重要领域。园艺产品已成为完善人类食物营养及美化、净化生活环境的必需品。

园艺

【原产地认证】(origin certificate) 由国家权威部门颁发的承认具有特定品质特征的商品是来自原有特定生产区域的标志认证。原产地标记包括原产国标记和地理标志。在中国,原产地标记的使用范围包括:标有“中国制造/生产”等字样的产品;名、特产品和传统的手工艺品;申请原产地认证标记的产品;涉及安全、卫生、环境保护及反欺诈行为的货物;涉及原产地标记的服务贸易和政府采购的商品;根据国家规定必须标明来源地的产品。中国规定原产国标记是指用于指示一种产品或服务来源于某个国家或地区的标记、标签、标志、文字、图案以及与产地有关的各种证书等。地理标志是指一个国家、地区或特定地方的地理名称,用于指示一种产品来源于该地,且该产品的质量特征完全或主要取决于该地的地理环境、自然条件、人文背景等因素。地理标志仅仅指向产品,不包括服务。

【原代培养】(primary culture) 首次传代前的培养。直接从生物体内取出细胞、组织和器官进行第一次培养的过程。其优点是:组织细胞刚脱离机体,生物性状尚未发生较大变化。原代培养在一定程度上能够反映体内的状态。原代培养的细胞在生长、繁殖一定时间后,由于空间不足或细胞密度过大导致营养枯竭,会影响细胞的生长,因此需要进行扩大培养,即传代培养。一旦进入传代培养的细胞,便不再称为原代培养,而改称为细胞系。

【原电池】(primary cell) 又称一次电池。经一次放电(连续或间歇)到电池容量耗尽后,不能再有效地用充电方法使其恢复到放电前状态的电池。其特点是:携带方便,不需维护,可长期(几个月甚至几年)储存或使用。按其制作材料的不同可分为:锌-锰电池、锌-汞电池、锌-空气电池、固体电解质电池和锂电池等。其中,最常用的锌-锰电池又可分为:(1)锌-锰干电池。制造最早而至今仍大量生产的原电池。有圆柱型和叠层型两种结构。其特点是:使用方便,价格低廉,原材料来源丰富,适合大量自动化生产。但放电电压不够平稳,容量受放电率影响较大。(2)碱性锌锰电池。以碱性电解质代替中性电解质的锌锰电池。这种电池可在规定条件下充放电数十次。

【原淀粉】(natural starch) 不经过任何化学方法处理、也不改变淀粉内在的物理和化学特性而生产的各类淀粉。原淀粉分为四大类:谷类淀粉、薯类淀粉、豆类淀粉和其他淀粉。原淀粉可作为各种浆料、添加剂、施胶剂、填充剂、黏胶剂等,也可作为各种变性淀粉、淀粉糖以及淀粉衍生物的原料。

【原动件】(driving link) 又称主动件。机构中具有独立运动能力的构件。用于不同机器中的同一机构,其主动件可能不同。如往复式空气压缩机中的曲轴活塞机构的主动件为曲轴,而在内燃机中其主动件却为活塞。

【原发型肺结核】(primary puymonary tuburculosis) 又称儿童型肺结核。结核菌初次侵入人体后,发生肺部的原发感染。包括原发综合征和支气管淋巴结核。结核杆菌属分支杆菌属,需氧菌,抗酸染色呈红色。对人类致病的有两型:人型、牛型。人型是主要的病原体。肺部感染主要通过飞沫或尘埃感染。感染结核后,症状轻重不一。婴儿感染后,可急性起病,体温达39~40℃,持续2~3周转为低热,伴中毒症状、干咳、轻度呼吸困难、肺部无啰音;体重不增,生长发育障碍。儿童起病可有低热、纳差、疲乏等结核症状;部分小儿可有疱疹性结膜炎,皮肤结节性红斑,多发性关节炎。如肺部淋巴结肿大明显,可有压迫症状,表现痉挛喘鸣、声嘶等。有临床表现,结核病接触史,结核菌素试验阳性,并有胸部X线支持可诊断。(1)原发综合征。胸片有原发病灶,肺部淋巴结肿大,连接二病灶的淋巴管炎三部分组成。呈哑铃状形。(2)支气管淋巴结结核。表现肺门有肿大的淋巴结影。注意目前已发现很多不典型的肺片表现,必要时作肺部CT检查。其治疗原则是:加强营养,支持疗法,对症处理。主要是抗结核治疗:强化治疗2~3个月-INH(异获肠)、RFP(利福平)、PZA(批泰按捺)三联,或SM(链霉素)、INH、RFP三联。以后INH加RFP或INH加EMB,疗程1年~1年半。

【原发性脑出血】(intracerebral hemorrhage) 非创伤性原因所引起的血液从破裂的脑血管直接进入脑组织的脑实质内出血。多见于中老年群体。主要病因为高血压,男性多于女性。该病几乎都是在清醒、活动时发生。病情发展很快,常在几分钟至半小时内达到顶峰。先为剧烈头痛、眩晕、呕吐、偏瘫,甚者可在短时间内意识模糊而进入昏迷状态。呼吸深沉带有鼾声,脉搏缓慢而有力,面色潮红而苍白,全身大汗淋漓,大小便失禁,血压升高(收缩压达24kPa以上)。较轻的病人可在头痛、头昏后,发生肢体无力,逐渐产生意识障碍。

【原发性污染物】(primary pollutant) 见一次污染物。

【原核生物】(prokaryote) 是一些元细胞柱的细胞组成的单细胞或多细胞的低等生物。包括蓝细菌、细菌、古细菌、放线菌、立克次氏体、螺旋体、支原体和衣原体等。其主要特点是:(1)核质与细胞质之间无核膜。(2)遗传物质是一条不与组蛋白结合的环状双螺旋脱氧核糖核酸(DNA)丝,不构成染色体。(3)以简单二分裂方式繁殖,无有丝分裂或减数分裂。(4)没有性行为,有的种类有时通过接合、转化或转导,将部分基因组从一个细胞传递到另一个细胞。

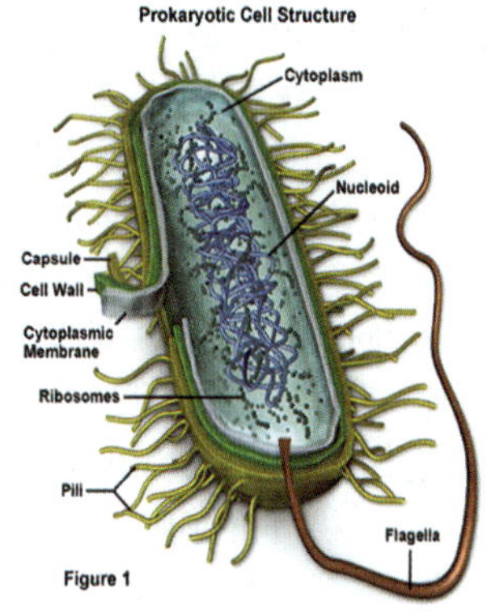

原核生物

【原核细胞】(prokaryotic cell) 构成原核生物的细胞。这类细胞没有明显可见的细胞核,同时没有核膜和核仁,进化地位较低。细胞质膜是多功能的,其最重要的功能就是运输作用,包括营养物质的吸收、废物的排除、能量代谢等。原核细胞是地球上首先出现的较原始的细胞。包括支原体、细菌和蓝藻。其中,支原体是发现的最简单、体积最小的原核细胞,也是唯一一种没有细胞壁的原核细胞。

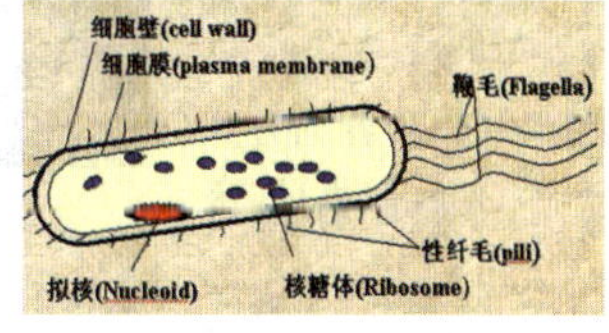

原核细胞

【原矿】(crude ore) 采出而未经选矿或其他加工过程的矿石。在煤矿中称原煤。除少数原矿可直接应用外(如原煤),绝大部分原矿都需要经过选矿或加工后才能利用。

【原理样机】(theoretic demonstrator) 先期技术开发或预先发展A阶段的试验研究装置。用于验证系统或分系统总体设计方案的可行性与部件、分系统的相容性,其目的是尽早发现研制中的技术问题。全系统由分别设计、制造的部件与分系统组成。将部件与分系统综合成完整的系统或设备时必须研究其相容性,并选取最佳设计参数。这项工作一般是通过原理样机试验来完成。常用的面包板原理样机是由主要部件或分系统在接插板或试验台上由联结导线或管线联接组成,仅用于验证系统基本工作原理的可行性。非实际尺寸原理样机可以采用不符合实际使用所需要尺寸的分系统与零部件组成进行试验。

【原生环境问题】(original environmental problem) 又称第一环境问题。在没有人为因素或人为因素很少影响的情况下自然界的某些变化、变异对生态系统的破坏。原生环境问题带来的自然灾害包括:火山喷发、地震、洪涝、干旱、台风、海啸、滑坡、泥石流等,以及区域自然环境质量恶劣所引起的地方病等。目前人类对它的抵御能力还很有限。原生环境问题不属于环境科学所解决的问题,而是新兴学科-灾害学的主要研究对象。

【原生生物】(protista) 单细胞真核生物。包括原生动物门、单细胞真核藻类及某些真菌的单细胞生物。其细胞内具有细胞核和有膜的细胞器,比原核生物更大、更复杂。有些原生生物可以利用光合作用制造食物。其特征是:(1)多为单细胞生物,亦有部分是多细胞的,但不具组织分化。(2)集多细胞生物功能于一个细胞。(3)营养的方式繁多,有些似真菌,吸收外间营养;更有部分既行光合作用,又可进食有机食物,例如裸藻。(4)所有原生生物都生存于水中。

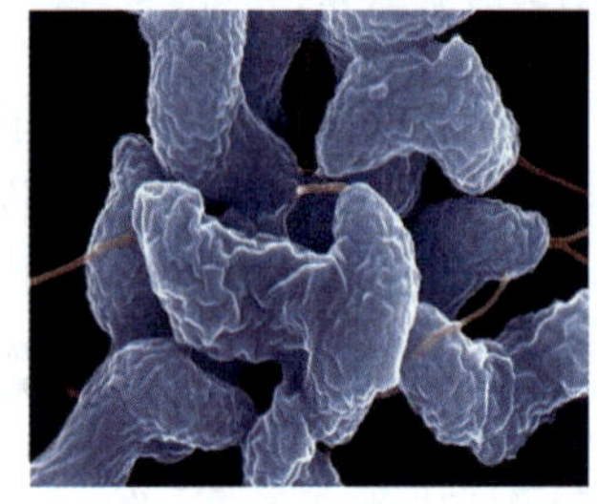

原生生物

【原生质体】(protoplast) 除去细胞壁的细胞。如植物细胞通过酶催化作用,使细胞壁溶解而得到的具有质膜的原生质球状体。动物细胞没有细胞壁,相当于原生质体。植物的各个器官,如根、茎、叶等,都可作为分离原生质体的材料。但不同物种、同一物种不同基因型、同一基因型不同取材部位等,对于原生质体的融合和培养都有影响。通过原生质体的融合而进行的体细胞杂交,为杂交育种提供了新的手段。

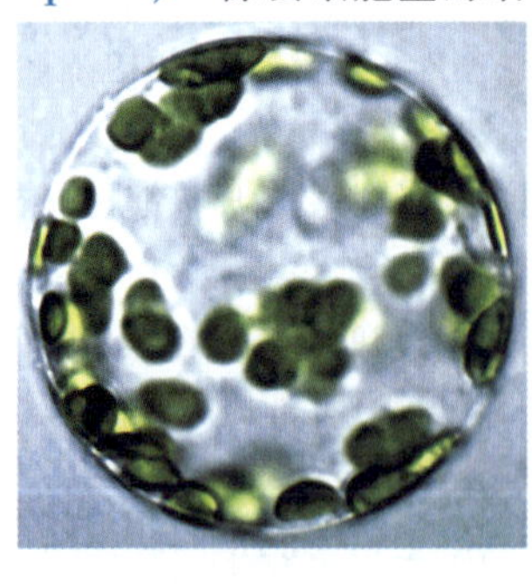

原生质体

【原生质体融合】(protoplast fusion) 将两个遗传性状不同的细胞进行融合而获得杂种细胞的技术。按其所用亲本原生质体性质的不同可分为:(1)体细胞杂交。(2)配子间细胞杂交。(3)配子-体细胞杂交。细胞融合不但可在不同种间进行,还可在亲缘关系较远的细胞中实现。利用原生质体融合可以进行异核体杂种的培育。植物的优良性状往往受多基因控制。基因工程很难实现多基因转移,而原生质体融合为一次性多基因性状的改良提供了方便。

【原始创新】(original innovation) 重大科学发现、技术发明、原理性主导技术等原始性创新活动。一种观念上的根本性创新。将会带动其他科技创新。其成果具备三大特征:(1)首创性,即前所未有,与众不同。(2)突破性,即在原理或技术或工艺等方面实现重大突破。(3)带动性,即不仅对科学技术自身的发展产生重大牵引作用,而且可能导致产业化结构的重大变革。

【原始林】(natural forest) 又称原生林、天然林。在不同的原生裸地上,经过内缘生态演替,逐步趋同,最后形成地带性过熟而稳定的森林植被。是未经人工培育、更新改造或人为破坏而仍保持自然状态的森林。它是长期受当地气候条件的作用,逐渐演替而形成的,最适合当地环境的植物群落。是生物与生物之间,生物与环境之间达到了和谐程度的,十分复杂的森林生态系统。在年龄结构上通常呈异龄性,林中有不同生长、发育阶段的群体。具有多层次的林层结构。上有大径级树木构成的主林层,下有中小径木组成的次生林层,林下还有幼苗树聚成的更新层。它具有相应原始林的灌木与草本植物及多样的野生植物;原始林中还常见到上层有高大的枯立木,地面上有腐朽程度不同的粗大倒木与松软深厚的枯落物层。这些特征都是原始林在各种自然环境干扰下长期发展的结果,有其自然的合理性。原始林分为寒温带原始林、温带原始林、暖温带原始林、亚热带原始林和热带原始林等类型。多属成熟林或过熟林。其特点是:林龄大、生长发育较稳定、年生长量低、自然枯损数量

原始林

大等。

【原水脱盐】(raw water desalination) 见海水淡化技术。

【原位癌】(carcinoma in situ atiom) 又称Bowen氏病。初起局限于黏膜内或表层内的非典型增生(重度)累及上皮的全层,但尚未侵破基底膜而向下浸润生长的癌。多见于老年人。与邻近正常组织有明显界限。发展缓慢,可在若干年内局限在上皮内。病理检查显示为一种无规律的表皮增生,属于真正的上皮内上皮癌。切片中可见上皮细胞极性失常,正常上皮细胞被许多异形或多核奇异细胞所代替,常见角化和不全角化分裂相,上皮基底膜完整。原位癌是一种早期癌。早期发现和积极治疗,可防止其进一步发展。一般预后良好。

【原位复合法】(primary site synthesis method) 将纳米粒子溶解于单体溶液再进行聚合反应的方法。包括原位聚合法和原位形成填料法。前者是将纳米粒子溶解于单体溶液再进行聚合反应的方法,其特点是纳米材料分散均匀;后者也叫溶胶凝胶法,是近年来研究领域比较活跃且前景较为看好的方法。原位复合法一般分两步:首先将金属或硅氧基化合物有控制地水解使其生成溶胶,水解后的化合物再与聚合物共缩聚形成凝胶,然后对凝胶进行高温处理,除去溶剂等小分子即可得到纳米塑料。

【原位杂交】(primary site hybridization) 将标记的核酸探针与细胞或组织中的核酸进行杂交的方法。是在研究DNA分子复制原理的基础上发展起来的一种技术。按其所用探针和靶核酸的不同可分为:(1)DNA－DNA杂交。(2)DNA－RNA杂交。(3)RNA－RNA杂交。按其探针的标记物是否直接被检测可分为:(1)直接法。(2)间接法。其本质是:使具有特异序列的探针遵循碱基互补规则,与组织细胞内待测的核酸片段结合,而使组织细胞中的特异性核酸得到定位,并通过探针上所标记的检测系统,将其在核酸的原有位置上显示出来。原位杂交已成为当今细胞生物学、分子生物学研究的重要手段。

【原型机】(prototype) 在新型飞机研制过程中,完成详细设计后所制造出的第一批供试飞验证的样机。其数量至少为5～6架,根据飞机的类别、试飞项目而定。原型机依据国家鉴定试飞大纲进行试飞验证,经试制厂进行首飞及调整试飞后转至国家试飞中心进行鉴定试飞,以验证新机的基本飞行性能、操纵品质、发动机性能,以及机载设备及系统、武器发射及飞行包线。原型机经试验和试飞,发现问题并对原设计不足之处修改后再进行试飞,直到通过设计定型审查。

原型机

【原穴】(yuan acupoint) 中医穴位分类名。原,即本原,原气的意思。脏腑原气输注、经过、留止于十二经脉四肢部的腧穴,称为原穴。脏腑病变往往反应于十二原穴,针刺原穴对治疗脏腑病变有重要意义。十二经各有原穴一个,即肺经原穴太渊,大肠经原穴合谷,胃经原穴冲阳,脾经原穴太白,心经原穴神门,小肠经原穴腕骨,膀胱经原穴京骨,肾经原穴太溪,心包经原穴大陵,三焦经原穴阳池,胆经原穴丘墟,肝经原穴太冲。

【原岩应力】(original rock stress) 又称原始应力、采前应力。天然环境下地壳岩土体内某一点所固有的应力状态。未受工程扰动地质体内每一点的天然应力。由自重应力和构造应力组成。构造应力又包含新构造应力和残余构造应力。其形成与地球的各种动力运动过程有关。包括板块边界受压、地幔热对流、地球内应力、地心引力、地球旋转、岩浆侵入和地壳非均匀扩容等。原岩体内温度不均匀,水压梯度变化,地表被剥蚀或其他物理化学作用也能影响岩体内应力的大小与分布状态。在20世纪初,瑞典地质学者海姆首先提出原岩应力概念,认为垂直应力与上覆岩层重量有关,水平应力与垂直应力相等。在1958年,瑞典人哈斯特首先开创了原岩应力的测量。接着许多国家也先后开展了这项工作。原岩应力是分析开采区周围应力重新分布的基础,研究岩体的初始应力状态,为分析开挖岩体过程中岩体内部应力变化,合理设计巷道、硐室及矿山开采支护提供依据。

【原油管道】(crude oil pipeline) 将油田生产的原油输送至炼油厂、港口或铁路转运站的长距离输油管道。由输油站、线路及附属设施组成。输油管道的起点为首站。其任务是收集原油或石油产品,经计量后向下站输送。首站的主要组成部分是油罐区、输油泵房和油品计量装置。为了加热油品有的还设有加热系统。输油泵从油罐汲取油品经加压、计量后输入干线管道。油品沿着管道向前流动,压力不断下降,需要在沿途设置中间输油泵站继续加压,直至将油品送到管道终点。为了继续加热,则设置中间加热站。原油管道的终点称末站,它属于长距离输油管的转运油库,也可能是其他企业的附属油库。末站的任务是接受来油并向用油单位供油。原油管道的特点是:(1)输油管道随着管径不同,有输油成本最低的输量范围。(2)输量大、运距长、分输点少。(3)中国各大油田所产原油多为高黏易凝原油。高凝点、高黏度给管输带来困难。

【原种】(foundation seed) 由育种家繁殖的第一代至第三代种子,或按原种生产技术规程生产的达到原种质量标准的种子。是用于进一步繁殖良种的种子。原种在种子生产中起着承上启下的作用。各国对其繁殖代数和商品质量都有一定的要求。中国对各类作物原种的质量标准主要是根据其纯度、净度、发芽率和水分四个指标来确定的。搞好原种生产是整个种子生产过程中最基本的环节,是影响种子生产成效的关键。

【原子】(atom) 构成自然界各种元素的基本单位。由原子核和核外电子组成。原子的体积很小,直径只有 1×10^{-10}m。原子的中心为原子核,它的直径比原子的直径小很多。原子的质量很小,数量级在 $1\times10^{-27}\sim1\times10^{-25}$kg,而核质量占原子质量的99%以上。原子核带正电荷。电子带负电荷。两者所带电荷相等,符号相反。因此,原子本身呈中性。原子一词来自希腊文,意思是“不可分割的”。在公元前4世纪,古希腊物理学家德谟克利特提出这一概念,并把它当作物质的最小单元。近代物理观点看,原子是物质结构的一个层次,这个层次介于分子和原子核之间。原子的理化性质取决于它的结构和内部发生的过程。相同或不同原子的互相结合组成各种不同的分子。

【原子弹】(atomic bomb) 利用铀或钚等易裂变重原子核的链式裂变反应瞬时释放巨大能量产生杀伤破坏效应的核武器。按结构的不同可分为枪法原子弹、内爆法原子弹和助爆型原子弹;按核装料的不同可分为铀弹和钚弹。原子弹爆炸是在极短的时间内实现的,其物理过程非常复杂。以内爆法原子弹为例,引爆控制系统在预定的时间或条件下发出电脉冲,引爆雷管使炸药系统起爆。炸药爆炸产生强冲击波将裂变系统向中心压缩。经过大约几十微秒,裂变系统达到最佳超临界状态时,中子点火系统及时提供足够数量的中子,引发链式裂变反应。在极短的时间内,裂变中子呈指数增长,越来越多的裂变材料发生裂变反应,放出巨大的能量。随着能量的积聚,温度和压力迅速升高,裂变系统发生膨胀,密度不断下降,最终又成为次临界状态,链式反应熄灭。从中子点火到链式反应熄灭这一裂变放能阶段,只有零点几微秒。原子弹在如此短暂的时间内释放几百吨至几万吨梯恩梯当量的巨大能量,使整个弹体及周围介质都变成了高温高压等离子体放射性气团,在空气或其他介质中强烈爆炸和传播,形成冲击波、光辐射、早期核辐射、放射性污染及电磁脉冲等五种杀伤破坏因素。

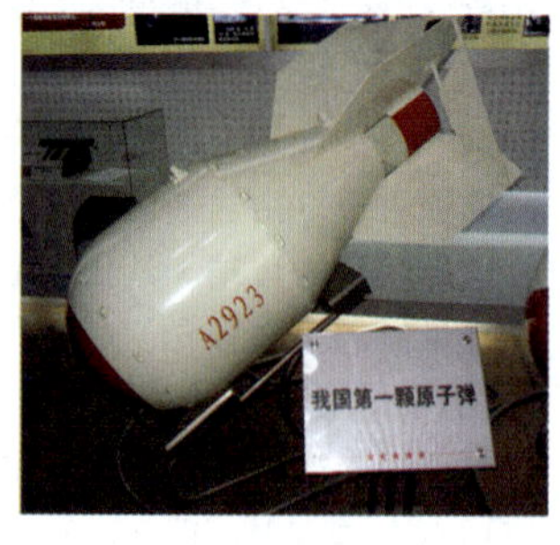

原子弹

【原子发射光谱法】(atomic emission spectrometry, AES) 光谱分析法的一种。根据处于激发态的待测元素原子回到基态时发射的特征谱线进行定性与定量分析的方法。由于待测元素原子的能级结构不同,因此发射谱线的特征不同,据此可对样品进行定性分析;而根据待测元素原子的浓度不同,因此发射强度不同,可实现元素的定量测定。按其激发机理的不同可分为:(1)火焰光度法。(2)原子荧光。(3)X射线荧光。其优点是:(1)灵敏度高。(2)选择性好。(3)分析速度快。(4)试样消耗少(毫克级)。适用于微量样品和痕量无机物组分分析。广泛用于金属、矿石、合金和各种材料的分析检验。

【原子光谱】(atomic spectrum) 由于物质的原子内部电子运动状态发生变化而产生的发射光谱或吸收光谱。由许多分立的谱线组成。每种原子都有自己的特征光谱,并按一定规律形成若干组光谱线系。原子光谱线系的性质主要决定于原子核外电子系的结构。是研究原子结构的重要依据。原子光谱的研究成果促进了光谱化学分析和其他一些学科的发展。

【原子核】(nucleus) 原子中带正电的核。位于原子的核心部分。由质子和中子两种微粒构成。原子核体积极小。其直径 $1\times10^{-16}\sim1\times10^{-14}$m,体积只占原子体积的几千亿分之一。在这极小的原子核里却集中了99.95%以上原子的质量。故原子核的密度极大。原子核的能量很大,构成原子核的质子和中子之间存在着巨大的吸引力,使原子核在化学反应中不发生分裂。当一些原子核发生裂变或聚变时,会释放出巨大的原子核能。英国科学家卢瑟福根据 α 射线照射金箔的实验中大部射线能穿过金箔,少数射线发生偏转的事实确认:原子内含有一个体积小而质量大的带正电的中心,这就是原子核。

【原子核模型】(nuclear model) 在实验基础上建立起来的描述原子核结构的唯象模型。从20世纪30年代揭示出原子核的组分(即由质子和中子组成)开始,人们已经提出了多种核结构模型,如费米气体模型、液滴模型、壳层模型、综合模型、超导模型、相互作用玻色子模型等。这些模型都能解释一部分实验事实,但不能统一地说明核的主要特征。综合各种模型可以获得较为全面的原子核结构图像,其中影响比较大的核模型有:(1)液滴模型。主要的实验事实依据是核的密度为很大的常数,显示核基本上是不可压缩的;原子核的比结合能近乎为常数,核的结合能正比于核子数,表明核力具有饱和性,核子只与邻近的几个核子相互作用。这与宏观的液滴甚为相似。(2)核壳层模型。因研究幻数而提出的核模型。(3)综合模型。又称集体运动模型。是在壳层模型和液滴模型的基础上发展起来的。一方面考虑核作为集体的转动和振动,另一方面考虑每个核子又在一个变动的非球对称的平均势场中作独立运动,这两种运动还有相互影响。

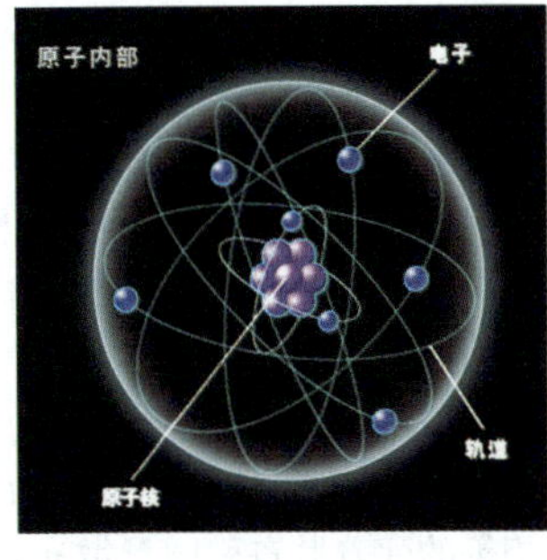

原子核模型

【原子核物理学】(nuclear physics) 简称核物理。物理学的一个分支。研究原子核的结构、性能和变化规律的学科。在较广的涵义上,还包括宇宙射线、基本粒子、中子物理、带电粒子及各种辐射与物质的相互作用等方面的研究。核物理近年来发展迅猛,是原子能科学技术的基础。世界各国都非常关注这门学科的发展。

【原子核医学】(nuclear medicine) 又称核医学、原子医学。应用放射性核素及其射线来诊断、治疗和研究疾病的一门综合性的边缘学科。是核物理、高能物理、电子学、化学、生物学、基础医学和工程医学相互渗透的产物。现代科学技术的成就为核医学的发展奠定了基础。核医学的进步又为实验医学和临床医学的现代化提供了有力的手段和新的可能。核医学能及时地反映体内生理、生化过程,及时提供动态资料,同时还能反映组织器官的整体或局部的功能,提供定量、准确的数据。利用核医学理论和技术,可简便、安全、无损伤地诊断疾病,并能有效地治疗某些疾病。

【原子经济性】(atomic economics) 在化学反应过程中使原料的原子尽可能多地进入到所需产品中。衡量原子经济性的标准是原子利用率。原子利用率越高,反应产生的废弃物越少,对环境造成的污染也越少。绿色有机合成应该是原子经济性的,原料的原子100%转化成产物,不产生废弃物。原子经济性是绿色化学的重要内容之一。基于可持续发展的必要,已成为现代合成化学中人们关注的热点。

【原子力显微镜】(atomic force microscope, AFM) 一种用于探测固体材料表面结构的分析仪器。其原理是通过检测待测样品表面与微型力敏元件间所发生的微弱原子相互作用力来研究物质的表面结构及性质。具体地讲,将微型力敏元件的悬臂一端固定,另一微小探针的尖端接近样品,此时它将与样品表面的原子产生作用,其作用力将使悬臂发生形变变化。在扫描样品时,利用传感器检测这些变化,就可获得作用力分布信息,从而以纳米级分辨率获得表面结构信息。原子力显微镜主要由带针尖的微悬臂、微悬臂运动检测装置、监控其运动的反馈回路、使样品进行扫描的压电陶瓷扫描器件、计算机控制的图像采集、显示及处理系统组成。微悬臂运动可通过隧道电流方法进行检测,当针尖与样品充分接近并进而产生相互作用时,检测这种相互作用力便可获得表面原子结构的图像。在一般情况下,AFM的分辨率可以达到纳米级水平,且对测量样品无特殊要求。例如,用AFM可测量固体表面、吸附体系等。

【原子模型】(atomic-model structure) 又称行星式原子模型、卢瑟福原子模型。该模型认为原子的质量几乎全部集中在一个直径很小且带有正电的原子核中,带负电的电子在原子核外像行星围绕太阳一样绕核作轨道运动。原子核所带的电量与核外电子的电量相等,从而使整个原子呈电中性。

【原子能】(atomic energy) 又称核能。原子核在发生变化时所释放的能量。如重核裂变和轻核聚变时所释放的巨大能量。放射性同位素放出的射线在医疗卫生、食品保鲜等方面的应用也是原子能应用的重要方面。

【原子能发电站】(atomic power station) 见核电站。

【原子物理学】(atomic physics) 物理学的一个分支。研究原子和分子的结构及其运动规律的学科。研究对象有:原子和分子的结构、各种原子类型和核外电子的分布规律;各种发射、吸收光谱、谱线的强度、分布和精细结构;原子的激发、电离、X射线的产生和特性等。

【原子吸收光谱法】(atomic absorption spectrometry, AAS) 根据处于基态的原子蒸气对该元素的特征谱线的吸收程度进行元素定量分析的方法。当试样蒸气处于高温状态时,它的部分分子会离解为原子,这些原子受外界能量的激发,发射出一定波长的电磁辐射,也能从外界吸收波长相同的辐射。该辐射通过原子蒸气时被吸收而减弱，再经过单色器和监测器测得特征谱线的吸光度或透射比，即可求得待测元素的含量。原子吸收光谱法具有测定元素多、灵敏度高、选择性好和分析速度快等优点。在科学研究和生产中广泛应用。

【原子序数】(atomic number) 元素在周期表中的序号。其数值等于原子核的核电荷数(即质子数)或中性原子的核外电子数。例如碳的原子序数是6，它的核电荷数(质子数)或核外电子数也是6。原子序数是一个原子核内质子的数量。拥有同一原子序数的原子属于同一化学元素。原子序数的符号是Z。

【原子荧光光谱法】(atomic fluorescence spectrograph, AFS) 根据原子蒸气在辐射能激发下发射的荧光强度进行定量分析的方法。原子荧光的波长在紫外、可见光区。气态自由原子吸收特征波长的辐射后，原子的外层电子从基态或低能态跃迁到高能态，约经8～10s，又跃迁至基态或低能态，同时发出荧光。若原子荧光的波长与吸收线波长相同，称为共振荧光；若不同，则称为非共振荧光。在一定条件下，共振荧光强度与样品中某元素的浓度成正比，据此可测出该元素的含量。该法简便易行，灵敏度高，选择性高，优于原子吸收光谱法和原子发射光谱法。主要用于金属元素的测定，在环境科学、高纯物质、矿物、水质控制、生物制品和医药分析等方面广泛应用。

【圆度仪】(roundness measuring equipment) 一种测量零件圆度误差的仪器。是用半径差法(即回转轴法)进行测量的。在测量时，将零件与精密轴系同心安装。零件转一周其横截面的径向变化由长度传感器测得。可以由记录器描绘被测零件截面处的实际轮廓，用同心圆模板确定其误差值。也可以将测得值送入计算机，自动评定和计算出被测零件的圆度误差，并根据需要将其结果显示并打印出来。它除了测量圆度外，还可以测量直线度、同轴度等。应用范围较广。

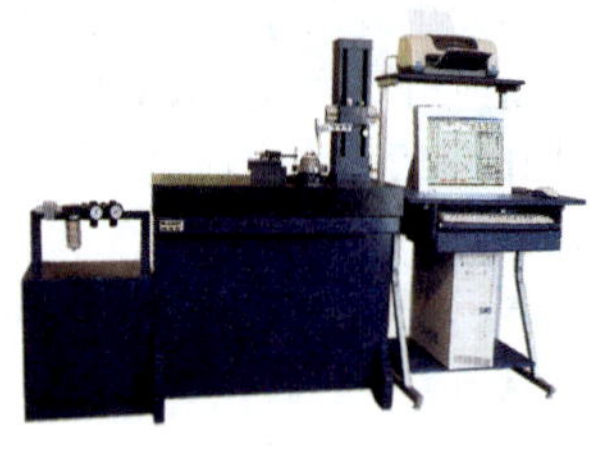

圆度仪

【圆概率偏差】(circul error probability, CEP) 又称圆概率误差、圆公算偏差。以目标为中心，弹着概率为50%的圆域的半径。用来衡量导弹或炮弹的命中精度，其值越小，武器命中精度越高。导弹(炸弹、炮弹)的弹着散布，是典型的随机现象。即从一次投射结果看，带有偶然或不确定因素。但在大致相同的条件下，从大量投射结果看，却呈现出一定的统计规律。试验结果表明，弹着散布有以下特点：各弹着点环绕着一点散开，该点叫弹着散布中心或平均弹着点。越接近散布中心弹着密度越大，越远离散布中心弹着密度越小。圆概率偏差具有对称性，且在以散布中心为中心的同一圆或椭圆上各处弹着密度相等。具有上述特征的散布叫正态散布或高斯散布。衡量导弹弹着散布或密集度的尺度还有标准差与概率偏差两种。实际弹着点偏离平均弹着点的横向或纵向偏差的均方根，称为标准差。实际弹着点落在以平均弹着点为中心的对称区间内的数量为50%时，此区间的半宽值称为概率偏差。横向、纵向相等的弹着散布称圆形散布，不相等的称椭圆散布。弹着散布范围在理论上无确定值，但在一般情况下，认为以平均弹着点为中心、两个圆概率偏差为半径的圆域，即是实际弹着区，弹着概率已达93.75%。在需要精确分析的情况下，则认为以三个圆概率偏差为半径的圆域为实际弹着区，弹着概率高达99.80%。

【圆轨道和椭圆轨道】(circulatory orbit and elliptical orbit) 航天器运行时的轨道形状。每一个轨道高度都有一个圆轨道速度，又称“环绕速度”。如500km高度环绕速度正好是7.613km/s。航天器水平方向的入轨速度与圆轨道速度相等，就形成圆轨道；大于该速度，就会形成椭圆轨道。随着入轨速度的进一步增加，还会形成抛物线轨道、双曲线轨道，直至脱离地球引力的控制。速度小于环绕速度或偏离水平方向则不能进入轨道，甚至坠入大气层中陨毁。

【圆排列】(circular permutation) 将若干元排列在圆周上。是一类重要的排列。这里并不指定圆周上哪一个位置上的元处于首位，因此圆排列与线排列不同。一般可分为两种。第一种称为单绕向圆排列：对圆周上元的排列顺序，顺时针与反时针视为不同。典型问题为手镯问题。用群的观点讲，这是在循环群作用下保持不变的圆排列。第二种称为双绕向圆排列：对圆周上元的排列顺序，顺时针与反时针视为相同。典型问题为项链问题。求给定约束条件下所有不同圆排列的个数，称为圆排列问题。

【圆网印花】(rotary screen printing) 利用刮刀使无接缝圆筒筛网内的色浆在压力的驱使下印制到织物上的一种印花工艺。始于20世纪60年代。在利用圆网的连续转动进行印花时，圆网在织物上面固定位置旋转，使织物随循环运行的导带前进，既保持了筛网印花的风格,又提高了印花生产效率。圆网印花的关键部件是无缝镍质圆网(简称镍网),常用电铸成型法制成,网眼呈六角形。圆网印花机主要由无缝环形橡胶毯、圆网机架和衬垫辊组成。在印花时,衬垫辊上升抬起橡胶毯,使橡胶毯和圆网之间保持与织物厚度相当的空隙,织物从喂入装置进入并粘贴在橡胶毯上与圆网同步运转。圆网印花机一般可印制 6~20 种色彩,除卧式排列外,还有立式、放射式以及双面印花等式样。圆网印花机通常由进布装置、印花机头、烘燥装置、落布装置等四部分组成。通常有 8 色、12 色、16 色、24 色等几种圆网印花机。圆网印花机操作简便,劳动强度小,产量高,适合各种织物的印花,同时也适合多品种小批量织物的印花。

【圆形织机】(circular loom) 用来织造圆形管状织物的专用织机。其工作原理是:载纬器在一个连续的圆形的梭口中滑行,纬纱被推紧后形成圆形织物。

【圆翳内障】(round nebula catarct) 瞳仁后晶体部分或全部混浊,障碍视力的一种眼疾。因外观形圆,翳在眼内而得名。即现在所说的白内障。为老年人多发眼病之一。男女均可发病。多为双眼。最终均只能辨别明暗。混浊已发,难以消退。本症均属虚症,间有虚中夹实。其常见的病因有:肝肾阴虚、脾虚气弱、肝郁气滞。药物治疗只用于早期,迨至晚期,视力损害严重,应行手术。

【圆柱投影】(cylindrical projection) 以圆柱面为承影面的投影。假想一个圆柱与地球相切或相割,以圆柱面作为投影面,将球面上的经纬线投影到圆柱面上。在正常位置的圆锥投影中,圆锥面展平后纬线为平行直线,经线也是平行直线,而且与纬线直交。按圆柱面与地球相对位置的不同可分为:(1)正轴投影。又称极地投影。投影面的轴与地球自转轴一致的投影。投影面为平面时,该面与地球自转轴垂直;投影面为圆柱面或圆锥面时,其中心轴与地球自转轴重合。(2)斜轴投影。指投影时承影面的轴与地轴斜交的投影。投影面为平面时,该面的法线与地球的转轴斜交;投影面为圆柱或圆锥面时,其中心轴与地球自转轴斜交。(3)横轴投影。投影时承影面的轴与地轴垂直的一类投影。投影面为平面时,该面垂直于赤道某一直径;投影面为圆柱或圆锥面时,其中心轴与赤道某一直径重合。按变形性质的不同还可分为:等角投影、等积投影和任意投影。其中,以等角圆柱投影应用最广,其次为任意圆柱投影。

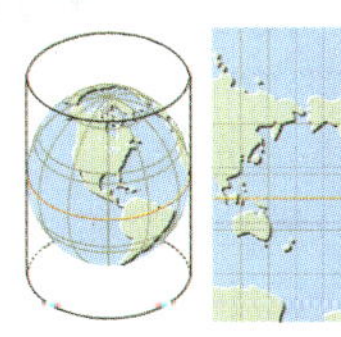

圆柱投影

【圆柱坐标机器人】(cylindrical coordinates robot) 由立柱和一个安装在立柱上的水平臂组成,其立柱安装在回转机座上,水平臂可以自由伸缩,并可沿立柱上下移动和旋转的机器人。具有一个旋转轴和两个平移轴。其结构简单,刚性好,但空间利用率低。常用于固定工作场地中重物的装卸和搬运。

【圆锥曲线】(conical curve) 用一个平面去截"对顶形状"的圆锥时,平面与圆锥面的交线可能是圆、椭圆、抛物线或双曲线等,统称圆锥曲线。如图所示。当平面垂直于圆锥轴线时,交线是圆;当不断改变平面与圆锥轴线的夹角时,会依次得到椭圆、抛物线、双曲线等。从图中还可以看出,在几种特殊情况下,圆锥曲线可退化为两条交叉的直线、一条直线或一个点。在专业性论述中,圆锥曲线通常指椭圆、双曲线和抛物线三种。它们在直角坐标系中均有明确的几何意义和相应的二元二次标准方程式。(1)椭圆。到两个定点距离之和等于定长(大于两个定点间的距离)的动点轨迹。定点称为焦点。椭圆的标准方程是:$x^2/a^2+y^2/b^2=1$。其中,称 a 为长半轴,b 为短半轴。(2)双曲线。到两个定点的距离之差的绝对值为定长(小于两个定点的距离)的动点轨迹。定点称为焦点。双曲线的标准方程是:$x^2/a^2-y^2/b^2=1$。其中,称 a 为实半轴,b 为虚半轴。(3)抛物线。到一个定点和一条定直线的距离相等的动点轨迹。定点称为焦点,定直线称为准线。当抛物线的开口与坐标轴的四个方向相同时,其标准方程也有四种基本类型,如图所示。(1)$y^2=2px$,开口朝 x 轴正方向。(2)$y^2=-2px$,开口朝 x 轴负方向。(3)$x^2=2py$,开口朝 y 轴正方向。(4)$x^2=-2py$,开口朝 y 轴负方向。其中 p 为焦点到准线的距离,$p>0$。抛物线方程更一般的形式是:$y=ax^2+bx+c$(a,b,c 为常数,$a\neq0$)或 $x=ay^2+by+c$(a,b,c 为常数,$a\neq0$)。圆锥曲线是人类科学史上的一项重大发现。早在公元前 200 多年就有研究。德国天文学家开普勒在 1609 年发表的关于行星运动的开普勒第一定律(轨道定律)中就指出:所有行星绕太阳运动的轨道都是椭圆,太阳处在椭圆

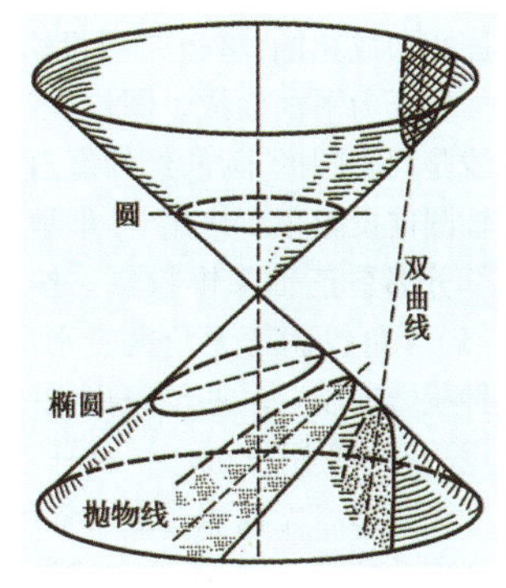

不同方向开口的抛物线

的一个焦点上。圆锥曲线以其奇妙的光学、声学和力学性质在现代科学技术,特别是在航天科技中有着重要应用。例如,从地球上发射人造地球卫星所需要的速度为7.9*km/s*,称为第一宇宙速度,卫星绕地球作圆周运动;若发射物体的速度达到11.2*km/s*时,称为第二宇宙速度,这时物体将完全摆脱地球引力的束缚沿抛物线飞行;在第一宇宙速度和第二宇宙速度之间飞行的物体则沿椭圆轨道绕地球飞行。若要求发射物体飞出太阳系,则速度要达到16.7*km/s*,称为第三宇宙速度,其飞行轨道是双曲线。

【圆锥投影】(conic projection) 以圆锥面为承影面的投影。假想用圆锥包裹着地球且与地球面相切或相割,将经纬网投影到圆锥面上,再将圆锥面展开为平面而成。圆锥投影的纬线是同心圆弧,经线是同心圆的半径,经纬线直交。横轴圆锥投影和斜轴圆锥投影很少应用,一般地图上标出圆锥投影的大部分都是正轴圆锥投影。按其性质的不同可分为:(1)等角投影。无角度变形。中国分省地图多用这种投影编制。一些国家出版的挂图、地图集也广泛使用。(2)等积投影。一种任意投影。沿经线方向长度无变形。无面积变形。常用以编制行政区划、人口密度及社会经济地图。(3)等距投影。一种任意投影。沿经线方向长度无变形。该投影在中国地图中不常用,国外如苏联曾用来编制地图集。

【鼋】(Asian giant softshelled turtle) 又称蓝团鱼、银鱼,绿团鱼、癞头鼋。国家Ⅰ级保护动物。爬行纲,龟鳖目,鳖科。外形像龟。生活在水中,短尾,背甲暗绿色,近圆形,长有许多小疙瘩。栖息于江河、湖泊中,善于钻泥沙。以水生动物为食。淡水龟鳖类中体形最大的一种。体长可达80~120 cm。体重可达50~100 kg,最大的超过100 kg。分布于缅甸、马来半岛、孟加拉、中南半岛、苏门达腊、新几内亚岛。在中国,产于云南、广西、广东、浙江、等省区。

鼋

【远程导弹】(long-ranged missil) 射程为5 000~8 000km的导弹。属战略导弹,包括远程弹道导弹和远程巡航导弹。通常携带核弹头(核战斗部),执行战略任务,打击战略目标。

远程导弹

【远程登录】(remote login) 一种仿真远程终端的特殊通信方式。是使用电信网络协议命令,把用户正在使用的终端或主机变成远程主机的仿真终端的过程。其功能与特点是:(1)本地与远程主机建立连接,建立远程主机的地址或域名。(2)在本地终端上输入命令或字符,以网络虚拟终端格式传送到远程主机。(3)将远程主机输出的数据转化为本地所接受的格式送回本地终端。(4)本地终端对远程主机进行撤销连接。(5)借助登录操作,用户可共享远程主机上的资源,并进行数据传输。

【远程登录协议】(remote login protocol) 互联网远程登录服务的标准协议。属于TCP/IP协议簇中应用层的协议。应用远程登录协议能够把本地用户所使用的计算机变成远程主机系统的一个终端。它提供了三种基本服务:(1)一个网络虚拟终端,为远端系统提供一个标准接口。(2)一个允许客户机和服务器协商选项的机制,提供一组标准选项。(3)对称处理连接的两端。远程登录服务分为以下四个过程:(1)本地与远程主机建立连接。该过程实际上是建立一个TCP连接,用户必须知道远程主机的IP地址或域名。(2)将本地终端上输入的用户名和口令及以后输入的任何命令或字符传送到远程主机。该过程实际上是从本地主机向远程主机发送一个IP数据包。(3)将远程主机输出的数据转化为本地所接受的格式送回本地终端,包括输入命令回显和命令执行结果。(4)最后,本地终端对远程主机进行撤消连接。该过程是撤销一个TCP连接。

【远程网】(telenet) 见广域网。

【远红外半导体激光器】(far-infrared semiconductor laser) 发射波长为数微米至数十微米的半导体激光器。由红外半导体激光体和红外发光二极管等组成。红外发光管特点是:发光波长,结电流大等。主要用于:(1)高分辨率激光光谱技术。(2)激光医疗和生命科学研究。(3)红外遥感和检测技术。(4)超长波长光纤通信技术。

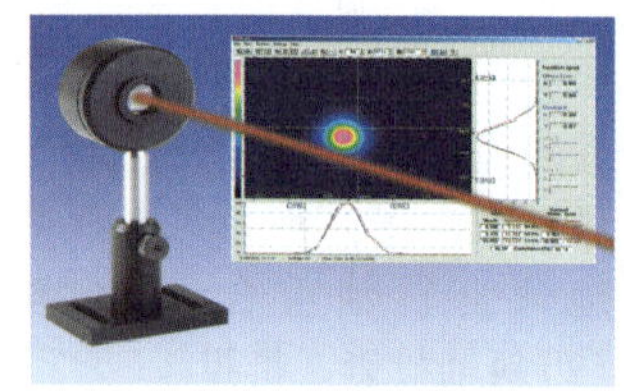

远红外半导体激光器

【远红外保健织物】(far-infrared health-caring fabric) 吸收太阳光远红外线转换成热能,再将人体的热量反射而获得保暖效果的织物。远红外线放射性物质在人体体温的作用下,能高效率地放射出波长为~14μm的远红外线,极易被人体吸收,不仅使皮肤的表层产生热效应,而且通过分子产生共振作用，使皮肤的深部组织自身发热。放射远红外线的主要是陶瓷物质，其中以氧化铬、氧化镁、氧化锆等金属氧化物性能最佳。在使用前，必须将这种远红外陶瓷破碎至粒径为数微米乃至1μm以下的微粉。远红外保健织物除用作保温材料外，还可刺激细胞活性，促进人体的新陈代谢，具有抑菌、防臭、促进血液循环等功能。常用于制作绒衣绒裤、内衣内裤、护颈、护肩、护腹、护膝等方面。

远红外保健织物

【远红外磁性纤维】（far-infrared magnetic fiber） 既具有发射远红外线功能又具有磁性功能的纤维。纤维中含有粒径小于0.5μm超细陶瓷粉末。它能吸收周围及人体自身辐射能量，高效地发射人体所需的4～14μm波长的远红外线。射线重返人体不仅可以起保温作用，而且可进入皮下深层，激活人体细胞，扩张血管，促进血液流动，改善微血管循环，改善新陈代谢。此外，它对大肠杆菌、金黄色葡萄球菌有一定的抑制作用。目前远红外功能性纤维有涤纶、丙纶长短丝。远红外纤维中使用最多的陶瓷粉是金属氧化物，如氧化铝、氧化镁、氧化锗、二氧化钛和二氧化硅。远红外纤维主要应用于保健纺织品，如远红外涤纶（丙纶）内衣裤、远红外涤纶（丙纶）盖被、远红外涤纶（丙纶）枕芯和护腰、护膝、护肘、绷裤等。

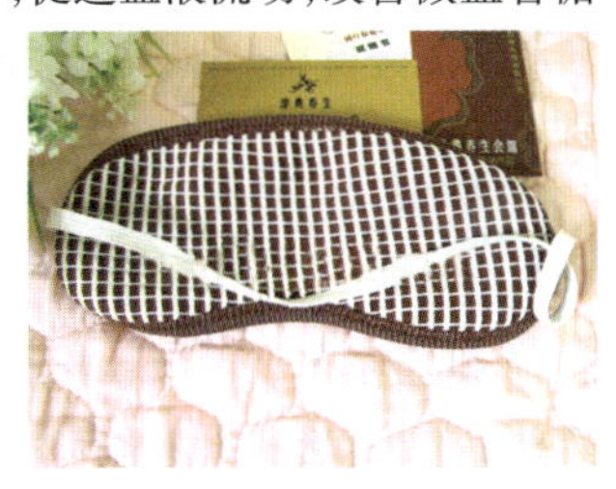
远红外磁性纤维

【远红外粉】（far-infrared powder） 具有发射远红外线功能的粉状材料。有许多物质具有较强的发射远红外线的能力，如氧化物、碳化物、硼化物、硅化物、氮化物等。用于织物的粉状材料是复合粉。它的红外线发射能力强，能满足保健需求。但在一些金属氧化物中，有的具有天然放射性，对人体有害，因此在使用时要特别注意。

远红外粉

【远红外辐射干燥技术】（far infrared radiation drying） 利用远红外辐射原理对物质进行干燥的一种技术。是20世纪70年代发展起来的一项先进技术。其干燥原理是：当红外线辐射到物体表面时，一部分在物体表面反射，其余部分射入物体。而射入物体的红外线，其中一部分透过物体，其余部分被物体吸收。吸收、透射、反射的量由随着物体的种类、性质、表面状况以及红外线的波长等多种因素而变化。绝大多数的有机物、高分子化合物、水及某些无机物等对远红外线有强烈的吸收峰（吸收带）。即在远红外线范围内的电磁波长与这些物质的振动波长相同，被干燥物体的分子吸收后产生共振，引起分子、原子的振动和转动，导致物体变热，将大量水分变成气态而扩散，最终达到干燥无菌的目的。其特点是：干燥速度快，药物质量好，具有较高的杀菌、杀虫及灭卵能力。

【远红外线杀菌】（far-infrared sterilization） 利用远红外线照射食品以达到防腐杀菌之目的的一种技术。远红外线是频率高于3×10^6MHz的电磁波。其杀菌机理主要是远红外线的光辐射和产生的高温使菌体迅速脱水干燥而死亡。用远红外线照射刚采摘的高水分新鲜柑橘、苹果等，能降低其水分含量，减少储存过程中因水分大而造成的腐烂现象。采用远红外线辐射加热，还能杀死细菌与微生物，因而可用于各种袋装食品的灭菌处理。远红外线照射到待杀菌的物品上，热量直接由表面渗透到内部，因此远红外线不仅可用于一般的粉状食品和块状食品的杀菌，而且还可以用于坚果类食品，如咖啡豆、花生和谷物的杀菌和抑霉以及袋装食品的直接杀菌。

【远近效应】（near-far effect） 当基站同时接收两个距离不同的移动台发来的信号时，由于两个移动台功率相同，则距离基站近的移动台将对另一移动台信号产生严重干扰的现象。由于手机用户在一个小区内是随机分布的，而且是经常变化的，同一手机用户可能有时处在小区的边缘，有时靠近基站。如果手机的发射功率按照最大通信距离设计，则当手机靠近基站时，功率必定过剩，而且形成有害的电磁辐射。对它进行控制的原则是：当信道的传播条件突然变好时，功率控制单元应在几微妙内快速响应，以防止信号突然增强而对其他用户产生附加干扰；相反当传播条件突然变坏时，功率调整的速度可以相对慢一些。宁愿单个用户的信号质量短时间恶化，也要防止对其他众多用户都产生较大的背景干扰。远近效应是CDMA（码分复用多址）所独有的，GSM（全球移动通信系统）无此效应。

【远距离临场感控制】（telepresence using control of teleoperator） 远距离形成对真实世界中客体和事件的实况控制。利用计算机和电子技术，通过安装在现场的视觉和非视觉传感器，使远离现场的操作者获得视、听、触、力等感觉信息。通常采用多台摄像机和图像处理技术模拟人的双目系统，以获取深度信息，理解三维景物。采用的触觉传感器主要有导电橡胶组成的开关阵列传感器、金属变形片压敏传感器、半导体压敏压力传感器、电容阵列传感器、光学阵列触觉传感器和压电传感器等。触觉传感器信号经计算机处理后以操作者便于接受和理解的形式呈现于人机界面。临场感技术采用力和力矩传感器使操作者获得力的感觉。重现现场的声音也是临场感技术的一项内容。在带有临场感技术的遥控系统中，控制信息和传感器信息在两个方向上传递。当遥控距离足够远时，信号传输的时延对系统的操作有很大的影响。采用计算机预测时延技术，可以减少信号传输时延对遥控操作带来的影响。

【远洋沉积】（pelagic sediments） 形成于水深大于 2 000m 的大洋底部的沉积。海相沉积之一。远离大陆的洋区的悬浮物从水体中缓慢沉降形成的沉积。远洋沉积的的主要沉积物是含抱球虫的石灰质软泥、含硅藻及放射虫的硅质软泥和红色软泥等。其沉积物组成的岩石称远洋岩。近年来，由于海洋地质学的迅速发展，远洋沉积的研究成果证明，大洋深处的浊流沉积作用在远洋沉积中起着重要作用，常形成厚度大、面积广的浊积岩。

【远洋渔业】（distant fishery） 远离本国，跨越大洋在他国管辖海域或在大洋公海从事远洋捕捞生产、渔获物加工和营销的产业。前者称过洋性远洋渔业，后者称大洋性远洋渔业或公海渔业。是海洋渔业的组成部分。渔船要求续航力长、机械化和自动化程度高、助渔导航设备完善、具有冷冻保藏或渔获物加工设施。有的是由大型冷冻加工运输船和若干艘捕捞渔船组成的捕鱼船队。远洋捕捞主要有拖网、围网、延绳钓、竿钓、光诱手钓等作业。

【远洋作业图】（plotting sheet） 又称空白定位图。一种没有地理要素的海图。按墨卡托投影编制，只绘出图边、经纬线格网、罗经圈等。用于船舶在大洋航行时进行航海作业。由于墨卡托投影图经度差等距离，因此图上只标注纬度值，在同一纬度范围内可全球海域通用。比例尺多为 1:20 万～1:50 万。在远洋航行中，配合小比例尺航海图进行定位点和航线计算作业，以放大幅面提高航迹推算精度，并减小航海图的损坏程度。高纬度海域不适用，只制作低于 70°区域的海图。

【远缘杂交】（distant hybrid） 在植物分类学上用于不同种、属或亲缘关系更远的植物类型间所进行的杂交。根据亲缘远近的不同可分为：(1) 种间杂交，如普通小麦 × 硬粒小麦、陆地棉 × 海岛棉、甘蓝型油菜 × 白菜型油菜、栽培花生 × 野生花生等。(2) 属间杂交，如玉米 × 高粱、普通小麦 × 山羊草或偃麦草等。也有不同科、纲植物间的杂交。种内不同类型或亚种间的杂交称为“亚远缘杂交”，如籼稻 × 粳稻等。随着生物技术的发展，在品种间杂交难以完全满足育种目标要求的情况下，远缘杂交越来越被广泛利用，并成为各项育种技术相互渗透、综合的结合点。实践表明，要使育种工作有所突破，必须打破种间界限，通过远缘杂交，充分利用野生资源所蕴藏的特征、特性，扩大基因重组和染色体间相互关系变化的范围，创造出更加丰富的变异类型。

【远紫外正性光刻胶】（deep ultraviolet positive photoresist） 以叠氮萘醌磺酸酯－酚醛树脂为主要成分的光刻胶。外观为琥珀色黏稠液体。可溶于酯、酮等溶剂。不溶于水、醇类等。受光照射光照区会发生分解，分辨率高。适用于紫外光刻技术制造掩模板、光栅、特种电子器件、液晶显示器件等。

【约瑟夫森效应】（Josephson effect） 见超导隧道效应。

【约束混凝土】（constraint concrete） 利用外部约束，改善自身原有受压特性，以提高抗压强度及延性的混凝土。混凝土多向受压时，由于侧向压力的约束，限制内部微裂缝的发展，能极大地提高混凝土的抗压强度。在混凝土构件受到轴心压力过程中，混凝土发生与轴压力相互垂直的横向变形，内部产生裂缝，此时外围的钢管或者密排环状箍筋就发生作用，向混凝土提供径向反作用力，紧紧地约束了混凝土的横向变形，从而限制内部微裂缝的发展，以提高混凝土的抗压强度和延性。

【月饼】（moon cake） 中式糕点的一类。中国传统节日食品之一。以面粉、糖、果仁、果料、火腿等为原料，经制坯、包馅、成型、烘烤制成。扁圆形，带花边，有凸起图样或“中秋”、“月饼”字样。其风味和口感因皮料、馅料不同而异。皮有硬，

月饼

有软；馅有甜、咸、荤、素之分。按其制作工艺的不同可分为：可提浆、双酥和酥皮等。月饼是圆形的，象征团圆，反映了人们对家人团聚的美好愿望。

【月堤】(semi-lunar dike) 又称圈堤。古时在重要堤段上临河或背河一侧修筑的形似新月的堤。中国明代潘季驯提出："缕堤之内复筑月堤，盖恐缕堤逼近河流，难免冲决，故欲其遇月即止也"。月堤是堤防的前卫或后卫。在堤防抢险中也有修筑月堤的。如堤脚发生管涌与流土，临河水浅而背河地势低下，则于临河一侧用土袋及土料抢筑月堤，并填土加固；若临河水深，水流较急，则于背河侧修筑月堤，将管涌圈在两堤之间，略加充水，堤防两侧的水压力差减小，配合反滤设施，能有效地制止渗流的发展。

【月海】(mare) 月球表面比较平坦的区域。曾被认为是月球上的海洋。实际上是月面的一种特征结构。在月海中存在着大范围的熔岩流，返照率较小，故颜色较暗。多数月海呈圆形，周围是山脉。月球表面经观测共有22个月海（正面19个，背面3个）。其中最大的风暴洋面积约$2.28\times10^6km^2$，其次较大的还有雨海（$8.9\times10^5km^2$）、静海（$4.4\times10^5km^2$）和莫斯科海（月球背面最大的月海，直径达300km）。

月海

【月经】(menstruation) 随卵巢的周期性变化，子宫内膜周期性脱落及出血的现象。是生殖功能成熟的标志之一。其第一次来潮称月经初潮，年龄多在11~16岁。其早晚受各种内外因素影响。中国各地区月经初潮年龄相差不大。体弱或营养不良者初潮可较迟，而体质强壮营养好者初潮可提早。出血的第一天为月经周期的开始；两次月经第一天的间隔时间称一个月经周期，一般28~30天为一个周期。周期长短因人而异，每个妇女的月经周期有自己的规律性。正常月经持续时间为2~7天，出血量30~80ml。月经血呈暗红色，不凝固。除血液外还有子宫内膜碎片、宫颈黏液及脱落的阴道上皮细胞。一般月经期无特殊症状，可有轻微下腹痛或腰骶部下坠感，不影响日常工作和学习。

【月陆】(lurain) 月球表面高出月海返照率大的区域。一般高出月面2~3km，主要由浅色斜长岩组成。月球正面的月陆面积与月海面积大体相等。月球背面的月陆面积则大些。在月陆上还分布有山脉、峭壁、环形山、辐射纹和月谷等。

【月球】(moon) 又称月亮。地球的天然卫星。沿椭圆轨道绕地球运动。与地球平均距离为384 401km。本身不发光，因反射太阳光才被看见。直径为3 476km，约为地球的1/4。质量为地球的1/81.3。密度为水的3.3倍。重力加速度为地球的1/6。表面逃逸速度为地球的1/5。自转周期与绕地球自转周期相等，都是27.3天，故永远只以同一面对着地球。人类通过飞越月球、绕月卫星、月球车、无人和载人登月探测与取样等探测手段，获得了大量有关月球的科学数据。对月球的主要科学认识有以下几个方面：(1)精确测定了月球的形状、大小和运行轨道。(2)月球表面基本上没有大气，表面气压仅为地球大气压的百万亿分之一。由于没有空气，月球是一个无声世界。月球表面平均温度白昼(120~150℃)和黑夜(-160~-180℃)温差可达300℃左右。(3)月球目前没有明显的磁场存在，但月球的岩石有极微弱的剩磁，表明月球过去曾经有过全球性偶极磁场。(4)月球表面主要地形单元为月海盆地、高地和撞击坑。据统计，月球表面直径大于1km的撞击坑，总数在33 000个以上，约占月球表面总面积的10%。(5)月球表面没有水体，在其演化历史中也没有或只有极微量的水参与。但在月球的南北极由陨石撞击形成的撞击坑中的永久阴影区里，可能有水冰存在。(6)月球有一个厚的月壳(60km)、一个岩石圈(60~1 000km)和一个部分液化的软流圈(1 000~1 740km)。软流圈底部可能存在一个小的铁核或硫化铁核。(7)月球表面覆盖着一层由岩石碎屑、角砾、粉末和撞击形成的熔融玻璃组成的结构松散、成分复杂的风化层，即月壤。月壤平均厚度是：月海为4~5m，高地为10~15m。月壤中的氦-3是地球上稀缺的、人类未来可以长期使用的、清洁、安全而廉价的核聚变燃料。(8)月球上没有生命，没有活动的有机体、化石或有机体固有的有机化合物。(9)月球和地球在成因上是相互联系的，都由相同的元素构成。但月球更富含难熔元素而亏损铁及挥发性元素。(10)现在的月球是一个古老的、"僵死"的天体。月球内部的能量已近于枯竭，地温梯度很小，每年月震释放的能量仅相当于地球的1×10^{-8}。自31亿年前起始，月球上没有发生过显著的火山活动和构造运动。月球的"地质时钟"早在31亿年之前已经停滞。

月球

【月球车】(lunar rover) 在月球表面行驶并

对月球进行考察和收集分析样品的专用车辆。月球车分为:(1)无人驾驶月球车。由轮式底盘和仪器舱组成,用太阳能电池和蓄电池联合供电。这类月球车的行驶依靠地面遥控指令。1970年11月17日,苏联发射的“月球17号”探测器把世界上第一台无人驾驶的月球车“月球车1号”送上月球。此车约重1.8t,在月面上行驶了10.5km,考察了80 000m^2的月面。(2)有人驾驶月球车。由航天员驾驶在月面上行走的车。它有利于扩大航天员的活动范围,可随时存放航天员采集的岩石和土壤标本。1971年9月30日,美国“阿波罗15号”飞船登上月球,两名航天员驾驶月球车行驶了27.9km;“阿波罗16号”、“阿波罗17号”携带的月球车,分别在月面上行驶了27km和35km,并利用月球车上的彩色摄像机和传输设备,向地球实时地发回航天员在月面上活动的情景及离开月球返回环月轨道时,登月舱上升级发动机喷气的景象。

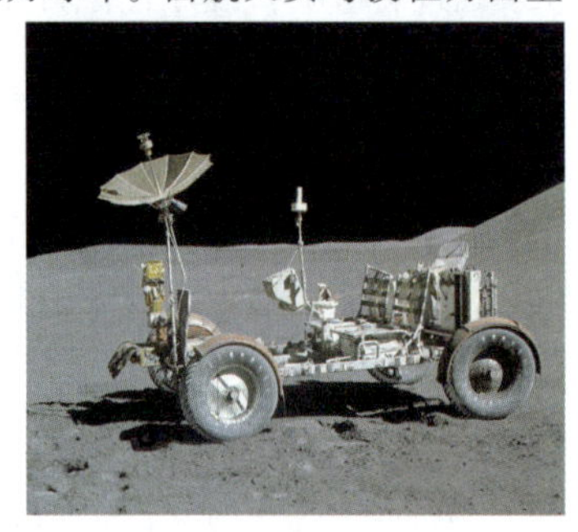

月球车

【月球基地】(moon base) 在月球表面建立的可供人类居住、研究、实验和生产的大型设施。自20世纪80年代以来,曾出现关于建立月球基地的设想。国际宇航科学院建议在今后的一定时间内,各国共同努力在月球上建立一个永久的生活区和工作站。这个基地是一个可供50~100人居住的生活区,也是一个科研站、天文台和生产基地。它还可进一步扩展成包括封闭式工作区、生活区、交通网、农业区、工业区以及娱乐区的大型月球设施。月球基地还是人类探索火星的中转站。月球基地建设的难度极大,目前还只是一种设想。

【月球内部结构】(inner structure of the moon) 月球内部的构造状态。内部为层状结构,分为三层:月壳、月幔和月核。月壳是月球的外层,厚度不均匀,正面约50km,背面约75km,月陆斜长岩月壳较厚,月海玄武岩月壳较薄。月幔位于月壳与月核之间,可进一步分为上月幔和下月幔。上月幔厚约185km,是玄武岩岩浆的源区;下月幔厚1 388km,可能是富橄榄岩的辉石岩原始物质。月幔是刚性的,上月幔刚性更高。月核是月球的中心区,直径约300~500km,质量占月球的1%,密度为6.0g/cm^3,温度约1 600℃。月核似有可塑性,但不是一个熔融的铁核,可能由金属镍、铁或榴辉岩的半熔融物质组成,相当于地球的软流圈。月球没有地球那样的板块构造。

月球内部结构

【月球起源】(origin of the moon) 月球何时以及以何种方式形成。有四种假说:(1)俘获说。认为月球在绕太阳公转时被地球俘获而成。(2)分裂说。认为月球是从早期自转很快的地球分裂而来。(3)双星说。认为月亮一开始就是地球的伴星,两者同时产生和发展变化。(4)撞击说。认为一个火星大小的星球撞击地球抛出的物质聚集形成月球。这是目前最流行的一种学说。

【月球协定】(agreement governing the activities of all nations on the moon and other celestial bodies) 外层空间法之一,全称为《指导各国在月球和其他天体上活动的协定》。于1979年12月5日在联合国大会通过,1984年7月11日生效。该协定规定,人类与月球有关的活动必须是和平的,禁止军事应用;月球探索应为全人类谋福利,月球资源属于全人类,各国不能据为己有;各国有权分享月球资源带来的利益;各国对其在月球上的宇航设备有管辖权和控制权。

【月球演化】(evolution of the moon) 月球形成、发展、演变的过程。根据对月球岩石的成分、结构和形成年龄的研究,月球的演化历史可分为几个阶段:(1)45亿年前,月球形成后曾发生过较大规模的岩浆岩事件。通过岩浆的熔离过程和内部物质调整,41亿年前形成了月球独有的斜长岩月壳以及月幔和月核。(2)在40亿~39亿年前,月球曾遭受到大量小天体的剧烈撞击,在月球表面形成了广泛分布的月海盆地,称为雨海事件。(3)在39亿~31.5亿年前,月球上发生过多次剧烈的玄武岩喷发事件,成为月海泛滥事件。大量玄武岩充填了月海,厚度达到0.2~2.5km。(4)自31.5亿年以来,月球内部能源逐渐枯竭,再也没有发生过大规模的岩浆火山活动和构造运动,全球性磁场减弱以至消失。但小天体撞击仍频繁发生,形成大量撞击坑。月震和地表热流都十分微小,月球成了一个古老的、“僵死”的天体。

【月食】(lunar eclipse) 月球因进入地球的影子而失去光明的现象。这时地球位于太阳和月球之间,三者成一直线。月球正面被地球遮掩,太阳光照不到,所以失去光明。月食可分为本影食和半影食。本影食又可进一步分为月全食和月偏食，通常所说月食指的是本影食。

【月相】(lunar phase)　月球球面变化的圆缺状况。月球本身始终是一半光明(面向太阳)一半黑暗(背向太阳)。但在地球上看，月球明暗的大小在不断变化着，有盈、亏、上弦、下弦、满月、残月之分。月相的变化取决于太阳、地球和月球三者之间相对位置的变化。这种变化是周期性的，其周期为朔望月：半个月由缺(上弦月)变圆(满月)，半个月由圆变缺(下弦月)，周而复始，循环出现。

月相

【跃层】(spring layer)　又称跃变层。在铅直方向上小尺度距离内海水状态参数(温度、盐度、密度等)存在显著差异的水层。在层结稳定的海洋中，海水的状态参数在铅直方向上通常不全是渐变的，而是有阶跃状的变化。跃层的存在，表明不同水层的海水特征值有明显的不同。按海水特征值的不同，跃层可分为温跃层、盐跃层和密度跃层。按成因与变化又分有主跃层、季节性跃层(随季节变化形成并变化的跃层)和周日跃层(昼夜间形成并变化的跃层)三种。

【跃层式住宅】(skip floor building)　上、下两层楼面分别设置卧室、起居室、客厅、卫生间、厨房及其他辅助用房，采用户内独用的小楼梯相连接的房屋。是近年来推广的一种新颖住宅建筑形式。其优点是：每户都有较大的采光面，通风较好。户内居住面积和辅助面积较大，布局紧凑，功能明确，相互干扰较小。在高层建筑中，由于每两层才设电梯平台，可减少电梯公摊面积，提高空间使用效率。其不足之处是户内楼梯占去一定的使用面积，由于两层只有一个出口，发生火灾时，人员不易疏散，消防人员也不易迅速进入。

【跃动冰川】(surge glacier)　突然发生快速运动的一种冰川类型。在常规状态下，冰川的年运动速度为几米，几十米，几百米，但很少超过几千米。可是一些为数极少的冰川却可以在一天或几天或几十天内突然快速移动几十米甚至几千米。冰川学家称之为跃动冰川。跃动冰川具有一定的跃动周期。在冰川发生跃动时，会产生冰湖溃决、洪水、滑坡、泥石流等自然灾害。冰川跃动的形成理论机制目前在科学界还未形成统一意见。在喀喇昆仑山巴基斯坦境内发现有跃动冰川的分布。中国西藏雅鲁藏布大峡谷流域也观察到两条跃动冰川：一条是位于南迦巴瓦峰西坡的则隆弄冰川，一条是波密县玉璞乡东南的米堆冰川。

【跃迁】(transition)　微观粒子量子状态的一种变化。包括从高能态到低能态以及从低能态到高能态。当粒子由于受热，碰撞或辐射等方式获得了相当于两个能级之差的激发能量时，就会从能量较低的初态跃迁到能量较高的激发态。但此时不稳定，有自发地回到稳定状态的趋势。在释放出相应的能量后，粒子自动地回到原来的状态。跃迁的过程严格遵守能量和动量守恒。同时遵守量子规则。其吸收或发射的能量都是基本能量的整数倍。跃迁中的能量一般以光的形式表现出来。

【越冬洄游】(winter migration)　又称季节洄游。鱼类在冬季为寻求适宜的水温、海底地形等所做的移动。通常在索饵洄游之后进行，洄游路径和地点，主要受水温和海流的影响。栖息于外海、大洋的鱼类，如金枪鱼、鲐鱼、鲹鱼等，在春夏季节常向水温较低的北方海区洄游，到秋冬季节又向水温较高的南方海区洄游。栖息于近海的鱼类，如大黄鱼、带鱼，在春夏季节也常向较浅海区洄游，秋冬季节向较深海区洄游。

【越鞠丸】(yuejv pellet)　方剂名。组成：香附(醋制)200g、川芎200g、栀子(炒)200g、苍术(炒)200g、六神曲(炒)200g。制法：以上五味，粉碎成细粉，过筛，混匀，用水泛丸，干燥，即得。用量：口服，一次6～9g，一日2次。功能主治：理气解郁，宽中除满。用于治疗胸脘痞闷、腹中胀满、饮食停滞、嗳气吞酸等。

【粤绣】(Guangdong embroidery)　中国四大名绣之一。广东地区刺绣品的统称。黎族创始。绣工大多是广州、潮州男子。在艺术上，粤绣构图繁密热闹，色彩富丽夺目，绣线较粗且松，针脚长短参差，针纹重叠微凸。常以凤凰、牡丹、松鹤、猿、鹿以及鸡、鹅为题材。主要绣品有衣饰、挂屏、褡裢、屏心、团扇、扇套等。粤绣的另一类名品是钉金绣。若加衬高浮垫的金绒绣，更是金碧辉煌，气魄浑厚，宜于渲染热烈的欢庆气氛。多用作戏衣、舞台陈设品以及

粤绣

寺院庙宇的陈设绣品等。

【晕厥】(syncope) 突然发生的短暂的意识丧失的一种综合征。其特点是:突然发作(少数患者有前驱症状),意识丧失时间短(一般 1～2min,罕有 > 30min),常不能保持原有的姿势而昏倒,在短时间内迅速苏醒和少有后遗症。由于脑组织对血液要求量占心搏量的 17%,耗氧量占全身耗氧量的 20%,故当脑血流突然中断 5～6s 或者收缩压降至 8.0kPa (60mmHg)即可以发生晕厥,有低氧血症时更易发生。根据病因的不同可分为:心源性、血管反射性、血源性、脑源性和药源性晕厥。多数晕厥(心源性和血管反射性)共同发生机制是脑供血或脑供氧不足,少数晕厥是由于脑组织得不到足够的能量(低血糖性晕厥),或者是使脑细胞发生病变和功能异常(如慢性铅中毒)所引起。晕厥大多数预后较好,不必特殊处理。反复发作者,应针对病因采取相应的治疗。

【云】(cloud) ❶悬浮在大气中的大量微小水滴、冰晶或两者混合的可见聚合体。❷悬浮在大气中的任何微小粒子的可见聚合体,如烟云。云分成高云、中云、低云三族。再细分为卷云、卷层云、卷积云、高层云、高积云、层云、层积云、雨层云、积云和积雨云等十种。进一步细分为二十九类。此外,还有贝母云、飞机尾迹云等特殊云种。

云

【云安全】(cloud security) 基于 Internet 平台,针对海量信息进行处理,通过对信息自身多重属性的综合计算而获得信息的风险,从而超越传统的病毒样本的分析技术。通过网状的大量客户端对网络中软件行为的异常监测,获取互联网中木马、恶意程序的最新信息,传送到服务端进行自动分析和处理,再把病毒和木马的解决方案分发到每一个客户端,整个互联网变成了一个超级大的杀毒软件。云安全技术是点对点技术、网格技术、云计算技术等分布式计算技术混合发展、自然演化的结果。由中国企业提出,在国际云计算领域独树一帜,是网络时代信息安全的最新体现。云安全计划是网络时代信息安全的最新体现。它融合了并行处理、网格计算、未知病毒行为判断等新兴技术和概念。

【云存储】(cloud storage) 通过集群应用、网格技术或分布式文件系统等功能,将网络中大量各种不同类型的存储设备通过应用软件集合起来协同工作,共同对外提供数据存储和业务访问功能的一个系统。与传统的存储设备相比,云存储不仅仅是一个硬件,而且是一个网络设备、存储设备、服务器、应用软件、公用访问接口、接入网和客户端程序等多个部分组成的复杂系统。各部分以存储设备为核心,通过应用软件来对外提供数据存储和业务访问服务。

【云和降水物理】(physics of cloud and precipitation) 研究大气中云的物理特性及其演变和降水过程的学科。主要研究内容包括:(1)云和降水微观物理学。研究云中水滴、冰晶的生成及其增长演变成为雨、雪、雹等降水粒子的微观物理过程。是云和降水物理学的重要组成部分,又是人工影响天气的主要理论基础。(2)云动力学。研究云体和云系的热力、动力过程。广义地讲,云和降水物理还包括云的辐射传输和光、电现象等的研究。它同中小尺度天气研究有密切关系。云和降水物理的研究开始很早,作为独立的一门学科,与人类生产和生活需要的增雨、消云、消雾、消雹以及减轻狂风暴雨等自然灾害有密切关系。由于云和降水过程是全球大气运动变化和天气气候中最活跃的因子,20 世纪 80 年代以来此项研究已经朝着以下几个方面进一步深入。第一是为风暴灾害预测、人工消雹降雨等提供理论基础;第二是研究对流层大气中化学过程特别是酸雨等环境问题;第三是云和气溶胶的辐射气候效应。

【云计算】(cloud computing) 通过网络把多个成本相对较低的计算实体整合成一个具有强大计算能力实体的计算方式。是分布式计算技术的一种。通过网络将庞大的计算处理程序自动拆分成无数个较小的子程序,再交由多部服务器所组成的庞大系统经搜寻、计算分析之后将计算结果传回用户。旨在通过这项技术,网络服务提供者可以在数秒之内,达成处理数以千万计甚至亿万计的信息,达到和“超级计算机”同样强大效能的网络服务。云计算的概念进一步拓展,演变成一种网络应用模式。狭义是指信息基础设施的交付和使用模式,通过网络以按需、易扩展的方式获得所需的资源;广义是指服务的交付和使用模式,通过网络以按需、易扩展的方式获得所需的服务。这种服务可以是和软件、互联网相关的,也可以是任意其他的服务,它具有超大规模、虚拟化、可靠安全等独特功效。

【云锦】(Nanjing damask) 中国四大名锦之一。产于南京。因该类丝织物的色彩、花纹绚丽如彩云而得其名。素有“中华一绝”之美誉,居四大名锦之首。云锦图案布局严谨庄重,纹样变化概括性强,常用片金勾边,白色相间,形成色晕过渡。云锦质地紧密厚重,花型题材有大朵缠枝花和各种云纹等,风格粗放饱满。南京云锦工艺独特，用老式的提花木机织造，必须由提花工和织造工两人配合完成，一天只能生产 5～6cm。这种工艺至今仍无法用机器替代。在元、明、清三朝云锦主要作宫廷贡品，是龙袍冠带、嫔妃衣饰的主要用料，亦是馈赠国外君主、使臣或赏赐朝廷大臣、皇亲国戚的高贵礼品。

云锦

【云母】(mica) 云母族矿物的统称。主要包括白云母、黑云母、金云母、锂云母、铁锂云母等。云母晶体为单斜晶系，呈假六方片状。晶体常呈柱状、板状或片状，集合体呈鳞片状。硬度为 2～3，玻璃光泽，解理面呈珍珠光泽。沿解理可剥离出极具弹性的薄片。云母是分布很广的造岩矿物，常见于火成岩、沉积岩和变质岩中。

云母

【云雾室】(cloud chamber) 又称威尔逊云室。一种早期的核辐射探测器。因英国物理学家威尔逊发明而得名。在云雾室中充满有洁净空气与酒精(或乙醚)的过饱和蒸气，因此当有带电粒子进入时，就会引起空气电离并促使酒精凝结，从而形成粒子运动的雾状径迹。由此，人们便可以通过云雾室，来观察肉眼看不见的微观带电粒子的运动和变化情况。

【匀浆膳食】(homogenized diet) 将一些正常膳食去刺骨后用高速捣碎机搅成糊状的膳食。所含的营养成分与正常膳食相似，但更易于消化吸收。因其渗透压不高，对胃肠无刺激。可避免因长期摄入牛奶、鸡蛋、蔗糖等为主的膳食中较高的动物脂肪和胆固醇所引起的腹胀、腹泻，人们可以将其调配成能量充足和各种营养素齐全的平衡膳食。匀浆中因含有较多的粗纤维，可以预防便秘。匀浆膳食在医院或家庭中均能长期使用，且无副作用。

【匀强磁场】(uniform magnetic field) 磁感应强度的大小和方向处处相同，磁力线是一系列疏密间隔相同的平行直线的区域。一个常用的特殊磁场区域。为形象解释磁场的存在而引入的示意图像。

【匀强电场】(uniform electric field) 空间各点处电场强度大小相等，方向相同，电场线是一系列疏密间隔相同的平行直线的电场区域。一个常用的特殊电场区域。如两块相同、正对放置的平行金属版，若板间距离很小，当它们分别带有等量的正负电荷时，板间的电场(除边缘附近)就是匀强电场。

【匀速圆周运动】(uniform circular motion) 质点沿圆周运动，在任意相等的时间里通过的圆弧长度都相等的运动。由于物体作圆周运动时速率不变，但速度方向随时发生变化，因而又称“匀速率圆周运动”。作匀速圆周运动的物体仍然具有加速度，其加速度方向始终指向圆心。

【允许土壤流失量】(tolerance of soil loss) 小于或等于成土速率的年土壤流失量。对坡耕地来讲，使作物在长时期内能持续稳定地获得高产而允许的年最大土壤流失量，常用 t 表示。在水土保持规划中，对一定范围内的土地在正常种植和经营管理情况下，用通用土壤流失方程所估算的土壤流失量，如果低于该土地的允许土壤流失量，说明这块土地土壤侵蚀轻微，不需要采取治理措施。允许土壤流失量的影响因素是：土壤厚度、土壤物理和化学性质、土壤有机质和植物养分亏损、播种损失、泥沙淤积、沟壑防治要求以及植物及根系发育情况等。确定允许土壤流失量是一项复杂工作。目前各国确定的指标仍不够完善，还需要积累成土速率和土壤侵蚀对土壤生产能力影响等方面的资料。

【陨星】(moteorite) 流星体燃烧后溅落到地面上的残骸。按化学成分的不同可分为三类：石陨星、铁陨星和石铁陨星；分别占总数的 92%、6% 和 2%。石陨星陨落时比较容易崩裂。研究陨星对研究太阳系的形成和演化，以及生命起源和空间科学技术，都具有重要的科学价值。陨星的化学成分有的以硅酸盐矿物为主，有的由铁(Fe)、镍(Ni)金属组成，还有的两者混合而成。有时还极其稀少地出现陨冰现象。如 1983 年 4 月 11 日陨落到中国江苏省无锡市区的陨冰，直径达 50～60cm，重约 5～9kg。

陨石坑

【孕激素类药】(progestogens drugs) 人工合成的具有孕激素效应的一类药物。孕激素主要由黄体分泌，妊娠 3～4 个月后，黄体即萎缩而由胎盘分泌，直至分娩。天然孕激素为黄体酮，含量很低，且口服无效。临床应用的孕激素均系人工合成及其衍生物。按其化学结构的不同可分为两类:(1)17α-羟基孕酮。由黄体酮衍生而得,并无生物效应,但其17α位上的羟基酯化后,其孕激素作用不但恢复且有所加强。如甲羟孕酮、甲地孕酮等。(2)19-去甲基睾酮衍生物。由妊娠素衍生而得。如炔诺酮、双醋炔诺酮、高诺酮等。孕激素对生殖系统的作用是:(1)当月经后期,在雌激素作用的基础上,使子宫内膜继续增厚、充血、腺体增生并分支,由增殖期转为分泌期,有利于孕卵的着床和胚胎发育。(2)抑制子宫的收缩,并降低子宫对缩宫素的敏感性。(3)一定剂量可抑制垂体前叶LH的分泌,从而抑制卵巢的排卵过程。(4)可促使乳腺腺泡发育,为哺乳作准备。此外孕激素在代谢上可竞争性地对抗醛固酮,从而促进Na^+和Cl^-的排泄并利尿。并有轻度升高体温作用,使月经周期的黄体相基础体温较高。临床多用于功能性子宫出血、痛经和子宫内膜异位症、先兆流产与习惯性流产、子宫内膜腺癌、前列腺肥大或前列腺癌。其不良反应较少,偶见头晕、恶心及乳房胀痛等。长期应用可引起子宫内膜萎缩,月经量减少,并易发阴道真菌感染。19-去甲睾酮类大剂量时可致肝功能障碍。

【孕马血清】(pregnant mare serum) 妊娠母马的血清。妊娠40天左右时,开始出现由子宫内膜杯分泌的促性腺激素-孕马血清促性腺激素(PMSG)。60天左右含量最高,持续约50天,然后下降,到170天时基本消失。在此期间可从中提取PMS。其生理功能与腺垂体的促卵泡激素相似,具有很强的促卵泡生长活性和促进排卵和黄体生长的作用。对雄性动物具有促进曲精细管发育和生殖细胞分化的作用。目前已广泛用于畜牧兽医实践。

【孕酮】(progesterone,P) 主要由卵巢的泡膜细胞和颗粒黄体细胞分泌的一种雌激素。妊娠期主要由胎盘合体细胞滋养层分泌。是保证受精卵着床和维持妊娠的主要激素。血清P的正常值是:青春期前<2.24 μmol/L,成年女性卵泡期0.45~5.12 μmol/L,绝经期0.19~4.48 μmol/L,妊娠孕10周>32 μmol/L,孕15周48 μmol/L,孕末期可达256~1 024μmol/L。其升高主要见于:多胎妊娠、先兆子痫、葡萄胎等;降低主要见于:无排卵性功能性子宫出血、黄体功能不全、不孕症、闭经等,妊娠时降低见于难免流产、异位妊娠及胎儿发育迟缓等。

【运筹学】(operational research) 近代应用数学的一个分支。在实行管理的领域,运用数学方法,对需要进行管理的问题统筹规划并作出决策的一门应用科学。运筹学主要研究经济活动和军事活动中能用数量来表达的有关策划、管理方面的问题。主要是将生产、管理等事件中出现的一些带有普遍性的运筹问题加以提炼,然后利用数学方法进行解决。运筹学的思想在古代就已经产生。敌我双方交战,要克敌制胜就要在了解双方情况的基础上,作出最优的对付敌人的方法,这就是“运筹帷幄之中,决胜千里之外”的说法。随着客观实际的发展,运筹学的许多内容不但用于研究经济和军事活动,有些还已经深入到日常生活当中。运筹学的具体内容包括规划论(线性规划、非线性规划、整数规划和动态规划)、图论、决策论、对策论、排队论、存贮论、可靠性理论等。运筹学的特点是:(1)其应用不受行业、部门之限制。(2)具有很强的实践性,最终能向决策者提供建设性意见,并收到实效。(3)是一门优化技术,提供的是解决各类问题的优化方法。

【运动补偿】(motion compensation, MC) 一种描述相邻帧在编码关系上相邻,在播放顺序上两帧未必相邻的方法。是描述前面一帧(相邻在这里表示在编码关系上的前面,在播放顺序上未必在当前帧前面)的每个小块怎样移动到当前帧中的某个位置去。这种方法经常被视频压缩/视频编解码器用来减少视频序列中的空域冗余。通过先前的局部图像来预测、补偿当前的局部图像,是减少帧序列冗余信息的有效方法。运动补偿通常分为全局运动补偿和分块运动补偿两类。全局运动补偿的参照模型是反映摄像机的各种运动,包括平移、旋转、变焦等。这种模型特别适合对没有运动物体的静止场景的编码。全局运动补偿的优点是:(1)仅使用少数的参数对全局的运行进行描述,参数所占用的码率基本上可以忽略不计。(2)不对帧进行分区编码,这避免了分区造成的块效应。分块运动补偿主要的参数是运动矢量,必须将其一起编码加入码流中。由于运动矢量之间并不是独立的(例如属于同一个运动物体的相邻两块通常运动的相关性很大),通常使用差分编码来降低码率。这意味着在相邻的运动矢量编码之前对它们作差,只对差分的部分进行编码。使用熵编码对运动矢量的成分进行编码可以进一步消除运动矢量的统计冗余(通常运动矢量的差分集中于0矢量附近)。运动补偿的优点是速度快,缺点是精度不高。

【运动副】(kinematic pair) 两个有相对运动的构件间的活动连接。面接触的运动副称为低副,点或线接触的运动副称为高副。

【运动极限】(exercise limit) 人类运动水平所能达到的生理极限。法国生物运动医学和流行病学研究所的专家们,对1896年现代奥林匹克运动诞生以来所创造的3 260项世界纪录进行了整理和分析。结果发现,人体潜能在100多年前只发挥了

75%，但到今天已被激发到99%。创纪录已进入减速期。事实上，人类破纪录的速度几十年前已经放缓。绝大多数的竞技体育项目都有世界纪录，而现代体育发展至今，多数世界纪录已经越来越难于被刷新，愈发接近人体运动极限。研究结果还显示，不同运动项目迈向极限的速度并不是同步的，而会是分批到达。人体运动极限的生理生化原因是：(1)短时间运动受供能系统限制。(2)临时供能只维持10s的肌肉活动。人体不同的能源系统的供能能力决定了运动能力的强弱，也相应决定了运动极限。克服极限的方法是：更好的装备、更好的训练方法以及更多地激发出运动员的潜能，如利用基因改造人体。

运动极限

【运动疗法】(kinesio therapy) 又称治疗性锻炼、运动治疗、手法治疗。徒手或借助于器械，让患者进行各种运动以达到治疗目的的方法。是以生物力学和神经发育学为基础，采用主动和被动运动，通过改善、代替和替代的途径，旨在改善运动组织肌肉、骨骼、关节、韧带等的血液循环和代谢，促进神经肌肉功能，提高肌肉、耐力、心肺功能和平衡功能，纠正躯体畸形和功能障碍的一种治疗方法。是物理疗法的一种主要形式。在公元前2000多年，古埃及的书中记载了体育训练可以配合医术治疗疾病的方法。至近代以来，运动疗法发展很快。1813年，瑞典在斯德哥尔摩设立了“中央体操研究所”研究运动疗法。进入20世纪，运动疗法获得了较快的发展。1904年，Klapp开始应用运动疗法矫治小儿脊柱侧弯。1940年，Temple Fay开始应用神经反射机制治疗患者。近年来随着运动解剖学、运动学，尤其运动生理学及神经生物学的发展，运动疗法在不断地完善，其技术得到了进一步的提高。

【运动伤害】(exertional detriment) 和运动有关而发生的一切伤害。如运动时踝关节外侧韧带扭伤、肢体被钝物挫伤或撞伤、短跑选手肌肉拉伤等。广义的运动伤害代表人体在各种不同的身体活动下所产生的身体伤害。狭义的运动伤害则专指因运动而产生的身体特殊伤害情形，以有别于日常生活中一般身体肢体的伤害。按受伤情况或症状病史的不同可分为：急性运动伤害和慢性运动伤害两种。前者是指单一次内发性或外因性的刺激，使组织器官破坏的现象。如肌肉拉伤、韧带扭伤、挫伤、骨折、关节脱臼、开口创伤等。后者是指累积多次微小伤害的身体病态现象。如慢性肌腱炎或骨膜肌腱炎、肌腱腱鞘炎、化骨性肌炎、关节炎、滑液囊炎、疲劳性骨折等。

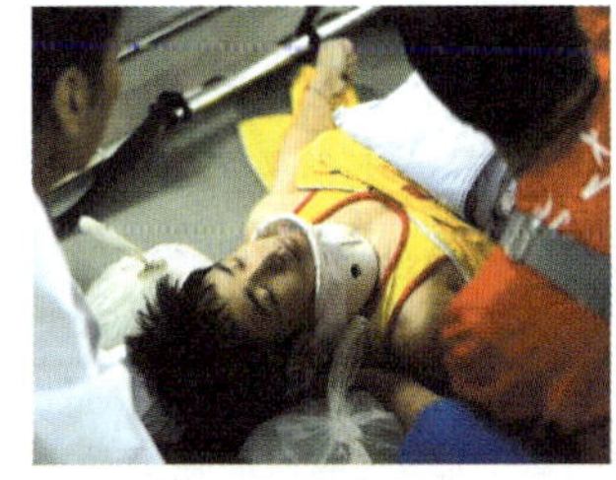
运动伤害

【运动神经细胞萎缩症】(motor neuron disease，MND) 以损害脊髓前角，桥延脑颅神经运动核和锥体束为主的一组慢性进行性变性疾病。在临床上，以上或(和)下运动神经元损害引起的瘫痪为主要表现，其中以上、下运动神经元合并受损者为最常见。本病病因至今不明。虽经许多研究，提出过慢病毒感染、免疫功能异常、遗传因素、重金属中毒、营养代谢障碍以及环境等因素致病的假说，但均未被证实。包括肌萎缩侧索硬化、进行性脊肌萎缩症、原发性侧索硬化和进行性延髓麻痹。各种类型的运动神经元疾病的病变过程大都相同，主要差别在于病变部位的不同。可将肌萎缩侧索硬化症看作是本组疾病的代表，其他类型则为其变型。(1)肌萎缩侧索硬化症。多于40～60岁隐袭发病。男性多于女性。单或双侧上肢或下肢无力、肌肉挛缩、肌束颤动以及萎缩。早期多为上肢无力。具有典型上、下神经元损害的特征，同时可影响颈、舌、咽、喉而出现延髓麻痹症状，最后躯干和呼吸肌受累，危及生命。即使病程很长，病情很重，患者始终无感觉障碍。(2)进行性脊肌萎缩。大多数患者一侧或双侧手部肌群无力和萎缩，可见肌束颤动，肌张力减低，腱反射减弱或消失，严重者呈爪形手。肌萎缩和肌无力可向上发展，感觉神经不受累，少数患者下肢可出现症状。(3)原发性侧索硬化症。成人起病，病程进展缓慢。常先侵犯下胸段的皮质脊髓束，出现双下肢无力、僵硬、行走时呈痉挛步态，逐渐累及双上肢。四肢肌张力增高，病理体征阳性。(4)进行性延髓麻痹。以逐渐加重的延髓麻痹症状首发，表现为吞咽困难、饮水呛咳、言语含糊、咳嗽无力，甚至呼吸困难。同时或稍后出现出现躯体运动神经元受损的症状和体征。本病尚无特效疗法。

【运动线法】(arrowhead method) 用箭形符号的不同宽窄显示地图要素的移动方向、路线及其数量、质量特征的方法。可以反映各种地图要素的迁移方式，如点状物体的运动路线(如船舶航行)、线状物体或现象的移动(如战线移动)、面状物体的移动(如熔岩流动)、集群和分散对象的移动(如动物迁徙)和整片分布对象的运动(如大气的变化)等。

【运动性过度紧张】(exertional overstress) 由于运动员训练水平低下，运动量一时过大，比赛经验不足，身体状况不佳及患病初愈等情况下参加比赛所造成的精神紧张。其征象为脸色苍白、脉搏快而弱、血压降低、头晕、头痛，重者可出现呼吸困难、恶心呕吐、右季肋部及心前区疼痛，甚至昏厥等现象。马拉松运动员过度紧张经常发生在比赛途中或比赛终点。其处理措施是：一旦发现运动员过度紧张，可使患者平卧休息、保暖、服糖水。个别重者可针刺人中穴及进行人工呼吸，静脉注射25%～50%葡萄糖溶液。其预防措施是：加强身体素质的训练，提高训练水平，特别要注意循序渐进的训练原则。在运动员患病或机能状况不佳时不要参加比赛。在比赛中注意合理分配自己的体力，在赛前做好充分的准备活动。

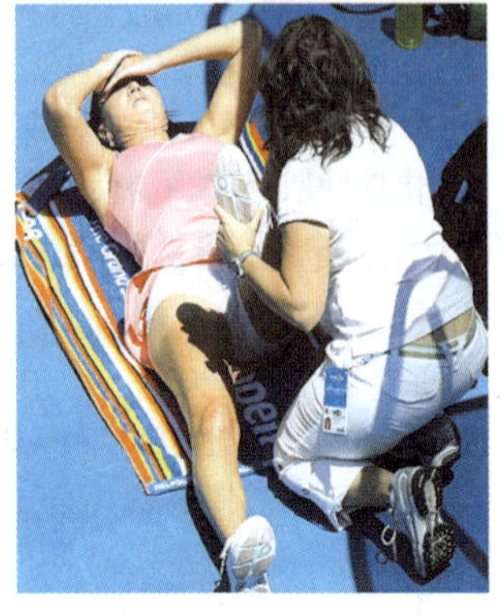

运动性过度紧张

【运动性疾病】(exertional disease) 由于运动训练或比赛安排不当而出现的疾病或异常。常见的疾病有：过度训练，过度紧张，某些心律失常，运动性蛋白尿、血尿、管型尿、血红蛋白尿、肌红蛋白尿，运动性贫血，运动性高血压，低热，运动员肝脏疼痛综合症及停训综合症等。其治疗原则是：(1)调整运动量，改变训练内容。轻度过度训练经适当调整运动量即可恢复。运动性血红蛋白尿均在直立体位下运动时发生，在卧位及坐位下不发生，所以改变训练内容后既可保持身体训练水平，又可避免发生血红蛋白尿。(2)药物治疗。多用维生素C、维生素E、三磷酸腺苷(ATP)、能量合剂(三磷酸腺苷、胰岛素、辅酶A)、灵芝和刺五加等。根据症状，可用镇静安眠、降压、止血等类药物。

【运动性晕厥】(exertional leipothymia) 在大强度的训练或激烈的比赛中或比赛后，由多种原因引起的一时性广泛性脑供血不足所致的短暂意识丧失状态。在发作时病人因肌张力消失不能保持正常姿势而倒地。按其原因及发生机理的不同可分为：(1)心源性晕厥。是比较危险的一类晕厥。可发生在足球、篮球、长跑等各项运动中。主要因为运动时心肌耗氧量增加及各种原因引起冠状动脉供血不足发生心肌缺血，引起晕厥。(2)体位性低血压晕厥。多见于径赛运动项目。当运动员以下肢为主进行运动时，下肢肌肉的毛细血管大量扩张，大量血液淤积在下肢血管中，回心血量减少，心输出量骤减，血压下降，导致脑供血不足，引起晕厥。(3)迷走反射性晕厥。主要是由于大赛前情绪过于紧张激动，或强烈的精神刺激，通过迷走神经反射，而诱发短暂的内脏血管扩张，回心血量减少，心输出量减少，血压下降，导致大脑供血不足所引起眩晕。(4)低血糖性晕厥。长时间剧烈运动后糖原耗竭，血糖下降，脑组织能量供应不足，造成脑功能严重障碍，导致晕厥甚至昏迷。

【运动学】(kinematics) 研究物体或物体各部分之间相对位置变化规律的学科。通过位移、速度、加速度等物理量，描述和研究物体位置随时间变化的关系。它是运用几何学的方法来研究物体的运动，通常不考虑力和质量等因素的影响。运动学主要研究质点和刚体的运动规律。掌握了这两类运动，才可能进一步研究变形体(弹性体、流体等)的运动。运动学为动力学、机械原理提供理论基础，也包含有自然科学和工程技术很多学科所必需的基本知识。

【运动学控制】(kinematic control) 根据机器人运动学关系式产生机器人驱动信号的控制方式。是基于静力状态下的位置和位置随时间变化所进行的控制，没有考虑产生运动所需要的力，以及机器人本身的质量和运动惯性等动态因素。具有控制系统结构简单、容易实时控制等特点。机器人系统的运动状态，通常可用运动学和动力学关系式进行描述。运动学控制方法适用于机械惯量及连杆间互相耦合较小，而工作速度和轨迹精度要求不高的机器人系统。当机器人高速运动时，系统的动态参数变化很大，会使基于运动学模型的反馈控制策略失败。要实现机器人的高速、高精度运动控制，则应考虑采用机器人系统动态特性的动力学控制方法。

【运动医学】(sports medicine) 医学的一个分支。将医学与体育运动相结合、为竞技体育和娱乐运动中的损伤和健康问题提供治疗措施和预防建议的应用性综合学科。主要研究与体育运动有关的医学问题，应用医学知识和技术，关注身体健康和诊断与治疗运动中的损伤。其研究内容主要包括：运动保健、运动营养、运动创伤及医疗体育等。现代运动医学已有《运动营养与恢复》、《运动医务监督》、《运动选材学》、《运动机能评定与处方》、《体育保健与康复学》等分支学科。运动医学与基础医学和临床医学各科有着密切的联系。

【运动饮料】(sports drink) 根据运动时生理消耗特点配制的，有针对性地补充营养，以保持、提高运动能力，加速消除运动后疲劳的饮料。其基本特点是：(1)一定的糖含量。由于运动引起肌糖原的大量消耗,肌肉又加大对血糖的摄取,引起血糖下降,如不能及时补充,工作肌肉会因此而乏力。另一方面因大脑90%以上的供能来自血糖,血糖下降将使大脑对运动的调节能力减弱,并产生疲劳感。(2)适量的电解质。运动引起出汗导致钾、钠等电解质大量丢失,从而引起身体乏力甚至抽筋,导致运动能力下降。饮料中的钠、钾,还有助于水在血管中的停留,使机体得到充足的水分。(3)无碳酸气,无咖啡因,无酒精。碳酸气会引起胃部的胀气和不适;咖啡因有一定的利尿作用,会加重水的丢失,而运动本身就要损失大量的水和电解质。此外咖啡因和酒精还对中枢神经有刺激作用,不利于运动后的恢复。(4)其他附加成分。如B族维生素,可以促进能量代谢;维生素C可用以清除自由基,减少其对肌体的伤害,延缓疲劳的发生;适量的牛磺酸和肌醇,可以促进蛋白质的合成,防止蛋白质分解,调节新陈代谢和加速疲劳的消除等。

运动饮料

【运动再学习法】(motor relearning program) 把中枢神经系统损伤后运动功能的恢复训练看作是一种再学习或再训练过程的治疗方法。利用了学习和动机的理论,以及在人类运动科学和运动技能方面获得的研究结果,在强调患者主观参与和认知重要性的前提下,着重按照运动学习的信息加工理论和现代运动学习的方法,对患者进行再教育,以恢复其运动功能。是20世纪80年代初由澳大利亚学者J. Carr等提出的一种运动疗法。近年来开始受到中国康复医疗人员的重视。其基本观点是:脑卒中后,患者丧失了在发病前已经掌握并能熟练运用的日常生活动作的能力,如起坐、行走、进餐等。其治疗重点强调:要对患者进行早期康复,并鼓励患者主动参与反复训练,尤其是在早期尽可能开始训练患者重新学习丧失了的运动功能,并掌握这些运动的技巧。其理论依据是:以生物力学、运动学、神经科学、认识心理学等为基础,把作业和功能动作看成是其导向,按照科学的运动学习方法对患者进行再教育、再行走,让患者尽早恢复运动功能。

【运输合同】(contract of transportation) 承运人将旅客或货物运到约定地点,旅客、托运人或收货人支付票款或运费合同的总称。其主要特征是:其客体是承运人将一定的货物或旅客运到约定的地点的运输行为;是有偿的、双务的合同;运输合同大多是格式条款合同等。按运输对象的不同,可分为旅客运输合同和货物运输合同两大类。旅客运输合同又称客运合同,是指承运人与旅客签订的由承运人将旅客及其行李运输到目的地而由旅客支付票款的合同。旅客主要有持票乘运、按时乘运、限量携带行李和遵守安全规则等义务;承运人主要有按约定的时间将旅客运达目的地、不得擅自变更运输路线、保障旅客在运输途中安全、提供必要生活服务等义务。货物运输合同是指承运人将货物运到约定地点,托运人或收货人支付运费的合同。托运人的义务主要包括办理有关手续,如实申报货运基本情况,包装货物,支付运费和其他有关费用的义务。托运人的权利主要包括:要求承运人按合同约定的时间安全运输到约定的地点;在承运人将货物交付收货人前,托运人可以请求承运人中止运输、返还货物、变更到货地点或将货物交给其他收货人,但应赔偿由此给承运人造成的损失。承运人的义务主要包括:按合同约定,调配适当的运输工具和设备,接收承运的货物,按期将货物运到指定的地点;从接收货物时起至交付收货人之前,负有安全运输和妥善保管的义务;货物运到指定地点后,应及时通知收货人收货。承运人的权利主要包括:收取运费及符合规定的其他费用;对逾期提货的,承运人有权收取逾期提货的保管费;对收货人不明或收货人拒绝受领货物的,承运人可以提存货物;不适合提存货物的,可以拍卖货物提存价款;对不支付运费、保管费及其他有关费用的,承运人可以对相应的运输货物享有留置权。收货人的义务主要包括及时提货、检验货物、支付托运人少交或未交的运费或其他费用的义务。收货人的权利主要包括:承运人将货物运到指定地点后,持凭证领取货物,在发现货物短少或灭失时,有请求承运人赔偿的权利。

【运输枢纽】(transport terminal-junction) 各种客、货运输方式到发和中转的结合部。运输网的重要组成部分。按其衔接运输方式的不同可分为:水陆运输枢纽、陆路运输枢纽和水陆空运输枢纽;按其担当作业性质的不同可分为:运网性运输枢纽和地区性运输枢纽。按枢纽内各种运输线路配置形式的不同可分为:尽头式枢纽、放射式枢纽、伸长式枢纽和环形枢纽。运输枢纽的形成因素是:(1)地理位置。(2)地形、水文等自然条件。(3)经济条件,如生产和贸易的结构及水平、工业企业的分布等。(4)历史交通线和既有交通网的基础。(5)运输技术的发展。(6)大宗客货流的集散。其布局原则是:服从运输网规划的要求;充分发挥各种运输方式的特长;保证整个枢纽的畅通;有利于工业城市的建设和发展;选择最佳方案节省投资，减少用地等。

【运输网】（transport network） 各种运输方式的线路与枢纽构成的网络。是运输生产的基础设施，是供运输工具行驶或航行的网络线路。由多种运输方式的线路构成综合运输网，也可由各种运输方式单个构成运输网。按其地域的不同可分为地区性运输网和国家运输网。由运输线路干线构成的网络为干线运输网。综合运输网可根据运输生产的合理性与需要，由多种运输方式的线路组成。运输网的建设和发展与经济、社会的发展密切相关。随着经济的发展，出现各种先进的运输工具，需要能承受速度高、运量大的线路。运输网的发展又促进了经济的进一步发展。一个国家需根据资源、工农业生产部门和人口分布及军事、商贸等因素，规划运输网。

【运输问题】（transportation problem） 最早从物资运输中归纳出来的一个运筹问题。分为两类：一类是满足产销平衡条件的平衡运输问题；一类是不满足产销平衡条件的不平衡运输问题。有些问题可以转化为线性规划问题，可以用单纯性法求解，也有更简便、更有效的图上作业法。

【运算放大器】（operational amplifier） 能对信号进行数学运算的放大电路。是一个基础部件。由一个信号输出端和同相、反相两个高阻抗输入端和反馈端组成。具有精巧、廉价和可灵活使用等优点。在有源滤波器、开关电容电路、数－模和模－数转换器、直流信号放大、波形的产生和变换，及信号处理等方面广泛应用。

【运算器】（arithmetic unit） 又称算术逻辑部件。计算机中执行各种算术和逻辑运算操作的部件。基本操作包括加、减、乘、除四则运算等。由算术逻辑运算单元、数据寄存器、累加器、数据总线等组成。按运算方式的不同可分为串行运算器和并行运算器两种。现代计算机通常采用并行运算器，使运算器的运算速度大大提高。按照数据的不同表示方法，可以有二进制运算器、十进制运算器、十六进制运算器、定点整数运算器、定点小数运算器、浮点数运算器等。按照数据性质的不同可分为地址运算器和字符运算器等。

【运载火箭】（carrier rocket） 由多级火箭组成的航天运输工具。其用途是把人造卫星、载人飞船、空间站或其他空间探测器等有效载荷送入预定轨道。运载火箭一般由2～4级组成。每一级都包括箭体结构、推进系统和飞行控制系统。末级有仪器舱，内装制导与控制系统、遥测系统和发射场安全系统。级与级之间靠级间段连接。有效载荷装在仪器舱的上面，外面套有整流罩。为了增大运载能力，大部分运载火箭的第一级捆绑有助推火箭，数量根据需要而定。运载火箭的技术指标包括运载量、入轨精度、火箭对不同有效载荷的适应能力和可靠性。

【运载器技术】（carrier technology） 研究、制造把航天器运送到轨道上去的技术。包括发动机技术、燃料技术、飞行控制技术、设计技术和制造技术等。把航天器运送到一定轨道上的运输工具称为运输器。运输器基本上是大型多级火箭。它一般由二级或三级火箭组成。有垂直起飞一次使用的纯火箭型和垂直、水平起飞水平降落多次重复使用的航天飞机或空天飞机。每级都由结构、发动机和制导系统组成。

【晕渲法】（hill shading） 又称阴影法。据光源的位置（直照或斜照）和地势起伏，以深浅不同的色调在陡坡或背光坡涂绘阴影，构成地形立体形象的方法。地图上表示地貌的一种方法。不能单独表示高度和实际起伏情况，常与等高线配合表示地貌。是目前在地图上产生地貌立体效果的主要方法。因为它的图面效果好，技法又较易掌握，所以很受制图者的重视。其应用范围很广。

【晕针】（faint during acupuncture treatment） 针刺过程中患者发生晕厥的现象。多见于初次接受治疗的患者，可因精神紧张、体质虚弱、过度劳累、饥饿，或大汗、大泻、大失血之后，或操作手法过重，针刺时或留针过程中易发生此种现象。临床可见患者突然出现头晕目眩，面色苍白，心慌气短，出冷汗，恶心欲吐，精神疲倦，血压下降，脉沉细；严重者会出现四肢厥冷，神志不清，二便失禁，唇甲发绀，脉微欲绝。患者出现晕针时，应立即停止针刺，将已刺之针迅速起出，让患者平卧，头部放低，松开衣带，注意保暖，给以热茶或温开水、糖水饮之，即可渐渐恢复。

Z

【扎染】(tie dyeing) 源于亚洲的一种古老的民间防染染色工艺。分为扎结和染色两个过程。用纱、线、绳等工具,对织物进行扎、缝、缚、缀、夹等多种形式组合后进行染色。织物扎结部分不易被染液透过保持原色,而未被扎结部分均匀受染,形成深浅不均、层次丰富的色晕和皱印。织物被扎的愈紧、愈牢、防染效果愈好。扎染一般以棉白布或棉麻混纺白布为原料。扎染织物具有很强的装饰性。

扎染

【杂合酶】(hybrid enzyme) 把来自不同酶分子中的结构单元或整个酶分子进行组合或交换产生的具有所需性质的优化酶杂合体。构建杂合酶的方法有:(1)定位诱变。(2)DNA 重组。(3)不同分子间交换功能域。(4)整个分子融合。主要应用于改变酶的非催化特性,创造具有新活性的酶和研究蛋白质的结构与其功能之间的关系等。

【杂合体】(heterozygote) 由两个基因类型不同的配子结合而成的合子。这种现象称为杂合现象或异型接合。杂合体的同源染色体,在其对应的一对或几对基因座位上,存在着不同的等位基因。具有这些基因型的生物都是杂合体。如精子、卵子减数分裂后,AA 产生 A、A 两种精子,aa 产生 a、a 两种卵子。这两种精子和卵子结合就会产生 AA、Aa、Aa、aa 四种配型的子代,AA 和 aa 是纯合体,Aa 就是杂合体。杂合体个体(杂种)在生活力、产量和寿命方面常比纯合体有优势。

【杂环化合物】(heterocyclic compound) 由碳原子和氧、硫、氮等原子共同组成的具有环状结构的化合物。常见的杂环化合物有五元和六元及苯并杂环化合物等。五元杂环化合物有:呋喃、噻吩、吡咯、噻唑、咪唑等。六元杂环化合物有:吡啶、吡嗪、嘧啶等。苯并杂环化合物有:吲哚、喹啉、蝶啶、吖啶等。杂环化合物广泛存在于自然界中。人工业已合成出多种多样具有各种性能的杂环化合物,其中有些可作药物、杀虫剂、除草剂、染料或塑料等。

【杂交】(cross) 不同种、属或品种的动物或植物进行的交配或结合。分为天然杂交和人工杂交,有性杂交和无性杂交,远缘杂交和种内杂交等。

【杂交不亲和性】(cross-incompatibility) 远缘杂交时,常表现出不能结籽或结籽不正常的现象。如种子极少或只有瘪籽等,是受精不亲和性的一种。分为种内杂交不亲和与种间杂交不亲和。一般雌雄配子发育良好,但不能正常受精形成合子。这对物种本身的遗传稳定有利,但对进行种内、种间杂交很不利。在被子植物中,柱头和花柱有“筛选”出自己最合适的花粉的作用。大多数植物广泛表现为同一种内的异花受精。如果遗传上差异较大如属间或种间的关系或者遗传上差异太小,如同一朵花、同一个体不同花之间的自交的个体之间交配则不亲和,这种远缘杂交不亲和以及自交不亲和的现象,是被子植物在长期进化过程中发展起来的既有利于维持种的稳定性又能保持其生活力的一种适应特性。植物杂交不亲和性是由两亲本的基因型所决定,并表现出生理上的抑制反应。造成杂交不亲和的原因是:(1)花期不遇。花粉暴裂、不萌发、花粉管不进入胚囊,双受精不完全。(2)物种间存在生殖隔离和生理上、遗传上的差异。

【杂交繁育】(cross breeding) 两个以上不同动物种群(品系、品种乃至不同种属)个体间的交配繁殖和选育方法。其作用和目的是:(1)迅速改变低产家畜,获得与原亲本品种不同的优良后代。(2)通过具有不同优点的两个或两个以上品种杂交,实现基因重组,合成新的品种。(3)不同种群杂交,充分利用杂种优势和亲本性状的互补性,提高后代的生产效益。根据上述杂交繁育的目的,可将杂交繁育分为固定杂交、轮回杂交、改造杂交、导入杂交、育成杂交和远缘杂交等形式。杂交繁育是与纯种繁育相对的一个概念。这两种繁育方法构成了繁育工作不可缺少的两个体系,互相依存,互相促进,没有纯种繁育,就产生不了优秀纯种家畜,杂交繁育就得不到良好的效果。通过杂交繁育,遗传改良的效果才能充分体现,而且杂交繁育可以培育出新的品种,又为纯种繁育提供了素材,为选育出更多优秀纯种个体奠定了基础。

【杂交方式】(way of crossing) 亲本数目不一、使用先后不同来配制杂交组合的方式。其意义在于创造符合育种目标的变异群体,加大选获期望重组体(组合)的可能性。常用的有单交、三交、双交、回交等方式。用两个以上亲本的杂交,通称多交或复合杂交。

【杂交抗体】(hybrid antibody) 免疫球蛋白(Ig)的两个 Fab 片分别针对两种不同抗原的双特异性抗体(bsAb)。一般的 IgG 类抗体均为单特异性双价抗体,IgG 的 2 个 Fab 片均针对同一种抗原决定簇。1975 年 Milstein 等发展了杂交 - 杂交瘤技术用以制备双特异性单克隆抗体(bsM - cAb)。bsMcAb 目前多用于免疫测定,亦可用来携带药物做癌症的导向治疗。

【杂交抗体技术】(hybrid antibody technique) 应用杂交抗体进行的抗原定位技术。杂交抗体的一个结合簇针对抗原,而另一针对铁蛋白、过氧化物酶或其他标记物质。已与后者结合的杂交抗体,即可用于定位细胞上的抗原。

【杂交瘤】(hybridoma) 正常细胞和肿瘤细胞融合而获得的细胞系。按杂交细胞种类的不同可分为:(1)B 细胞杂交瘤。通过一种能在培养物中无限增殖的骨髓瘤细胞与正常的能分泌抗体的 B 细胞融合而获得的细胞系。该细胞系具有两种亲代细胞的主要特性,既可以在体外无限增殖又可不断分泌针对某种抗原的抗体。因为骨髓瘤细胞不能分泌抗体,所以杂交瘤细胞只能分泌正常 B 细胞的抗体。又因为该细胞系是克隆化的细胞系,所以产生的抗体是单克隆抗体。(2)T 细胞杂交瘤。由某个 T 淋巴瘤细胞与正常的淋巴细胞融合而获得的细胞系。这样产生的杂交瘤不但获得正常 T 细胞的抗原识别特性,而且还保持淋巴瘤细胞无限增殖的特性。既可以提供一种获得同性 T 细胞抗原受体的来源,又可用来识别刺激 T 细胞的特异性抗原,如组织相容性抗原等。

【杂交瘤细胞】(hybridoma call) 在制备单克隆抗体过程中,用骨髓瘤细胞和效应 B 细胞融合而成的细胞。杂交瘤抗体技术的基本原理是通过融合两种细胞而同时保持两者的主要特征。这两种细胞分别是经抗原免疫的小鼠 B 细胞和小鼠骨髓瘤细胞。B 淋巴细胞的主要特征是其抗体分泌功能和能够在选择培养基中生长。小鼠骨髓瘤细胞则可在培养条件下无限分裂、增殖,即所谓永生性。在选择培养基的作用下,只有 B 细胞与骨髓瘤细胞融合的杂交才具有持续增殖的能力,形成同时具备抗体分泌功能和保持细胞永生性两种特征的细胞克隆。P53 一种肿瘤抑制基因。在所有恶性肿瘤中,50% 以上会出现该基因的突变。这种基因编码的蛋白质是一种转录因子,控制着细胞分裂周期的启动。许多有关细胞健康的信号向 P53 蛋白发送。如果这个细胞受损,又不能得到修复,则 P53 蛋白将参与启动过程,使这个细胞在细胞凋亡中死去。有 P53 缺陷的细胞没有这种控制作用,甚至在不利条件下继续分裂。

【杂交棉分子育种技术】(breeding technology of hybrid cotton molecular) 将基因工程与杂种优势利用相结合而培育棉花新品种的技术。攻克了三系杂交棉恢复系狭窄、抗虫性缺乏、可育性不稳以及杂种优势不明显等一系列重大难题,取得了六个方面的创新:(1)采用基因工程技术,成功研制融合抗虫基因及其高效表达载体,有效地解决了转基因棉花中两个抗虫基因难以同步高效表达的问题。(2)通过农杆菌介导和花粉管通道技术途径将抗虫基因导入优良棉花品种,获得了抗虫性达 90% 以上的新种质材料和新品种(系)40 多个,为三系杂交棉的选育提供了丰富的抗虫保持系材料。(3)以大量抗虫保持系和陆地棉常规不育系 26A 为基础材料,通过回交转育和分子鉴定,育成了抗虫性稳定、不育率和不育度均达 100% 的陆地棉细胞质雄性不育的抗虫不育系。(4)采用基因工程技术和回交转育方法,将抗虫基因导入产量、品质优异的常规恢复系 18R、19R、20R 中,育成了恢复率达 100% 的抗虫强恢复系。(5)用常规优异恢复系和转抗虫基因的强恢复系与抗虫不育系组配,选育出一批比对照常规抗虫棉增产显著或品质优良、抗虫性强的新组合。(6)转抗虫基因三系杂交棉制种比其他杂交棉制种成本一般可降低 50%,制种纯度可达 100%,制种程序简便,制种效率和制种产量均高,有利于抗虫杂交棉的大面积推广应用。

杂交棉育种技术

【杂交群】(hybrid group) 由两个或两个以

上品系动物之间交配而生的后代所组成的动物群体。实验动物的杂交群是指两个近交系之间交配繁殖的子一代动物群,这种杂交一代动物具有遗传均一、基因型相同、表型一致等优点。同时克服了近交系存在的抵抗力差,对慢性实验耐受性差,对环境变异适应性差的缺点。杂交一代的命名方法是雌性品系动物和雄性品系动物名称后面加上 F1,如 CB6F1 即 BALB/C♀与 C57BL/6♂杂交一代动物。

【杂交群动物】(hybrid strain animals) 由不同品系或种群之间杂交产生的后代。用于实验研究的杂交群是指 2 个近交系之间交配所繁殖的子一代动物,简称 F_1 代动物。其遗传组成均等地来自近交系品系,属于遗传均一、基因型相同和表型一致的动物。是医学生物学研究中所使用的相同基因型的一种。

【杂交探针】(hybrid ization probe) 能够同某种被研究的核酸序列或蛋白质多肽链特异性结合的分子。其中核酸序列的探针是一类具有放射性标记或化学标记的、并同目的 DNA 或 RNA 分子序列互补的寡核苷酸片段。而特异的单克隆抗体则可作为检测蛋白质的探针。

【杂交一代动物】(hydrid generalation 1) 两个近交品系动物之间进行有计划交配所获得的第一代动物。其特点是:(1)个体间遗传均一。(2)表现双亲的显性性状。(3)环境适应性强。(4)具有杂种优势,如体质健壮、生长快、易于饲养管理、发育均匀、手术后恢复快等优点。(5)国际上分布广,已广泛用于各类实验研究,实验结果便于在国际间进行重复和交流。F1 动物在生物医学中主要应用于干细胞的研究、移植免疫的研究、细胞动力学研究和单克隆抗体研究等方面。

虎狮兽

【杂交优势利用】(application of cross breeding superiority) 利用两个遗传种系的杂种一代优势获得生物高产的措施。杂种一代在生长势、生活力、抗逆性、产量和品质等方面优于亲本,能达到生产要求。杂交优势表现在:(1)杂交后代的营养体生长速度和有机物质积累强度均显著超过双亲。这类优势有利于农业生产,但对生物自身的适应性和进化来说并不一定有利。(2)杂交后代的繁殖器官优于双亲,如农作物结籽多,产量高;家畜产仔多,成活率高等。(3)进化上的优越性,如杂交种的生活力强,适应性广,有较强的抗逆力和竞争力。上述三种优良性状,即杂交优势都表现在杂交第一代,从第二代起杂交优势就明显下降。因此,农业生产上只是利用杂交第一代的增产优势。

【杂交育种】(cross breeding) 又称常规育种。在不同品种间杂交获得杂种,继而在杂种后代中进行选择以育成符合生产要求的新品种的育种方式。现在各国用于生产的主要作物的优良品种绝大多数是用此方法育成的。杂交育种通过杂交、选择和鉴定,不仅能够获得结合亲本优良性状于一体的新类型,而且由于杂种基因的超亲分离,尤其是那些和经济性状有关的微效基因的分离和累积,在杂种后代群体中还可能出现性状超越任一亲本,或通过基因互作产生亲本所不具备的新性状的类型。

【杂交杂交瘤】(hybrid hybridoma) 又称四交瘤。将两种分泌不同抗体的杂交瘤细胞进行融合,而产生的双倍杂交瘤细胞或杂交的杂交瘤细胞。四交瘤分泌的抗体有一部分是双特异单抗,即抗体的分子不对称与两臂的抗原结合特异性不一样。通过亲和层析可以把这种双特异单抗从四交瘤分泌的抗体中分离提纯出来。双特异单抗可用来改进治疗药物的定向释放。抗体分子的一个臂与肿瘤细胞特异结合,另一臂与药物、荧光素、酶、放射性同位素或其他物质结合。单特异抗体接上药物用作治疗剂,接上的药物对抗体的分布和特异性有影响。但是双特异单抗可以单独使用,首先与肿瘤细胞结合,再注射药物与抗体的游离臂结合而产生定向攻击靶细胞的效应。

【杂交种】(hybrid species) 又称杂种。基因不同的亲本交配而产生的子代。其基因型高度杂合,但个体间表型一致,具有很强的杂种优势。如杂交玉米、杂交高粱、杂交水稻、杂交油菜等。有生产利用价值的杂交种也可看成是一类品种。在杂种优势利用上,选出优势组合配制杂交种,杂交一代用于生产。在遗传学上配制杂交种,同时可进行遗传分析研究。

【杂种不育性】(hybrid sterility) 不同物种之间杂交所得子代不能生育的现象。如果蝇中带有 P 因子的雄性亲本和不带有 P 因子的雌性亲本杂交,产生的杂种后代因 P 因子的随机转座而导致不育,同时产生突变和染色体断裂。

【杂种优势】(heterosis breeding superiority) 杂合体在一种或多种性状上优于两个亲本的

现象。例如不同品系、不同品种、甚至不同种属间进行杂交所得到的杂种一代,往往比它的双亲表现更强大的生长速率和代谢功能,从而导致器官发达、体型增大、产量提高,或者表现在抗病、抗虫、抗逆力、成活力、生殖力、生存力等的提高。具有杂种优势的杂交子代一般都有自交衰退现象。例如玉米的植株高度显示杂种优势,也可以明显地看到自交衰退现象。根据杂种优势的原理,通过育种手段的改进和创新,可以使农(畜)产品产量显著增长。

【灾害性海浪】(disaster tide) 对海岸带人类生命财产造成损害或严重影响航运的海浪。浪高6m以上的灾害性海浪是严重的海洋灾害。中国每年都因灾害性海浪造成人员伤亡和巨大的经济财产损失。

【灾害性天气】(disastrous weather) 对大自然和人类的生命、生产活动造成严重危害的天气。包括台风、暴雨、寒潮、大风、沙尘暴、霜冻、旱涝、干热风、冰雹、雷暴和龙卷风等。中国的灾害性天气主要包括暴雨洪涝灾害、干旱灾害、热带气旋灾害、风雹灾害以及低温霜雪冻害、高温酷暑灾害和大雾灾害等。

龙卷风

【灾害医学】(disaster medicine) 医学的一个分支。研究在突发自然灾变造成人员伤亡、生态破坏的情况下为受灾病员提供紧急医疗卫生服务的学科。其主要研究内容为灾害预防医学、治疗学,以及灾后防疫等。灾害医学涉及所有临床医学及预防医学,是一门综合性很强的应用医学。

【灾难恢复】(disaster recovery) 自然或人为灾害后,重新启用信息系统的数据、硬件及软件设备,恢复正常商业运作的过程。灾难恢复规划是涵盖面更广的业务连续规划的一部分,其核心是对企业或机构的灾难性风险做出评估、防范,特别是对关键性业务数据、流程予以及时记录、备份、保护。在网络系统安全建设中必不可少的一个环节就是数据的常规备份和历史保存。一般在生产本地的备份目的主要有两个:一是生产系统的业务数据由于系统或人为误操作造成损坏或丢失后,可及时在生产本地实现数据的恢复;另一个目的是在发生地域性灾难(地震、火灾、机器毁坏等)时,可及时在本地或异地实现数据及整个系统的灾难恢复。考虑到生产本地环境安全性原因,常规数据备份一般要求一份数据至少应有两个拷贝,一份放在生产中心以保证数据的正常恢复和数据查询恢复,另一份则要移到异地保存,以保证在生产本地出现灾难后最低限度的数据恢复。

【甾体激素】(sterroid hormones) 人体内的一种内分泌激素。属于类固醇激素。类固醇激素结构的基本化学成分是多氢环戊烷烯菲。多数甾体化合物在环系碳原子的第10、13位上各有一个甲基,第17位上常有一个羟基。"甾"字就是根据上述结构而得名,"田"字代表4个环,"<<<"字代表上面三个侧链。体内合成及分泌的甾体激素按碳原子数目分成三组:孕激素含21个碳原子,为孕烷衍生物,如孕酮;雄激素含19个碳原子,为雄烷衍生物,如睾酮;雌激素含18个碳原子,为雌烷衍生物,如雌二醇、雌酮、雌三醇。甾体激素主要在肝脏代谢,其降解产物大部分经肾小球滤过或经肾小管分泌到尿中排出。

【栽培植被】(artificial vegetation) 又称人工植被。人类为利用、改造自然,在长期的生产活动中经选择、引种、培育、驯化等措施而栽培的植物群落的统称。主要指各种农作物、人工林及人工牧场等。与自然植被一样,栽培植被具有一定的外貌、结构,并与一定的生态环境相适应。虽然种群的分布大大扩展,但是仍有地带性表现。栽培植被在能量流动、物质循环速率及光合作用效能、生产潜力和生物量等方面,都较同一地带的天然植被高,对人类社会具有更大的经济意义。

【宰后检验】(postmortem inspection) 兽医人员对屠宰解体的畜禽实施的卫生质量检查与评定工作。目的是为了保证肉类产品安全卫生。在实际工作中也常将屠宰加工操作的兽医卫生监督纳入其中。《肉品检验试行规程》规定,宰后检验时每一屠体的脏器或头蹄等副产品应统一编号,或在转移时能同步运行,始终保持一定的相对关系。检查分头部、肉尸、内脏和寄生虫四项,必要时辅以实验室检查。基本上运用类似病理解剖学方法,查明各部的色泽、结构、质地、弹性和气味有无异常,屠体放血程度和营养状况以及有无出血或其他病变等。最后综合评定是否适合人类消费。

【宰前检验】(antemortem inspection) 对屠宰畜禽在放血解体前进行的健康检查、评定及处理。包括入场时、留养期间和在付宰前的检查。是屠宰加工过程中兽医卫生监督的一个环节。目的在于剔除有病的和禁宰的畜禽,以免污染和传播疾病。由于待宰动物数量较多,故生产中多采取群体和个体检查相结合的办法。前者是按种类、产地、入场批次,分批分圈进行静态、动态和饮食状态的观察以及测量体温;后者是对经群体检查被剔出疑似病、弱个体,做必要的临床和细菌学、血清学、病理学检查。

【再结晶】（recrystallization） 经冷加工变形后的金属及合金加热到一定温度时，在变形组织中开始生成新的等轴晶粒，最后取代全部组织的过程。使冷加工引起的性能的改变都被消除。钢丝在冷拉后，可通过再结晶退火消除加工硬化，以利于继续拉拔。

【再结晶退火】（recrystallization annealing） 应用于经过冷变形加工的金属及合金的一种退火方法。其目的是使金属内部组织变为细小的等轴晶粒，消除形变硬化，恢复金属或合金的塑性和形变能力（回复和再结晶）。若欲保持金属或合金表面光亮，则可在可控气氛的炉中或真空炉中进行再结晶退火。

【再热循环】（heat recycle） 将汽轮机中作过部分功的蒸汽再加热继续循环使用。具体做法是将作过功的蒸汽从汽轮机中抽出，返回到锅炉中继续加热后，再进入汽轮机中低压部分继续膨胀做功。采用再热循环可以提高火电机组的安全性和经济性。现代大型火电机组一般都采用一次再热或两次再热。

【再生革】（renewable leather） 用天然皮革的下脚料、废弃料进行加工而成的皮革。需要先将原料剥离成纤维，然后加入黏合剂和配合剂，经制浆、成型和干燥等工序制成。再生革和天然皮革一样，具有吸水性、透气性、弹性、耐磨性、质轻、柔软等优点。但其机械强度和撕裂强度较差。再生革可分为：(1)板型再生革，用来制造鞋用膛底、大底、主跟包头、车座以及包件等。(2)软质型再生革，多用来制作面层材料。

再生革皮带

【再生金属】（reproductive metal） 由废金属、合金或含金属的废料经重新提炼而得到的金属产品。如熔炼废杂铜可得再生铜。

【再生橡胶】（renewable rubber） 以废旧橡胶制品为原料退硫塑炼加工而成的、有一定可塑度、能重新使用的橡胶。按其材质的不同可以分为：(1)普通再生胶。(2)特种再生胶。按其所用废胶的不同可分为：(1)外胎类。(2)内胎类。(3)胶鞋类。再生橡胶能部分地代替生胶用于橡胶制品，以节约生胶及炭黑，同时有利于改善加工性能及橡胶制品的某些性能。常用于生产橡胶防水涂料、轮胎和其他橡胶制品等。

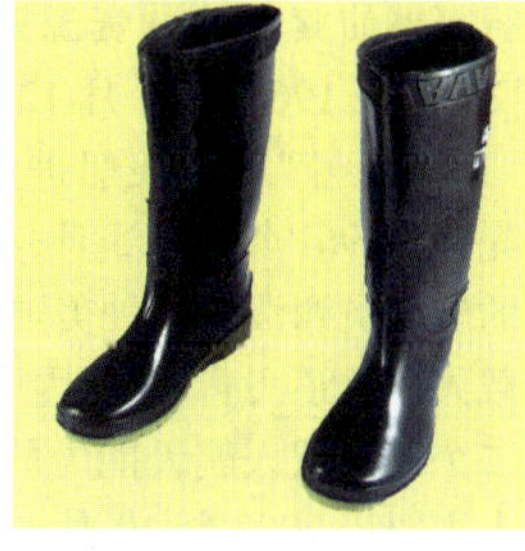
再生橡胶

【再生医学】（regenerative medicine） 通过研究机体的正常组织特征与功能、创伤修复与再生机制及干细胞分化机理，寻找有效的生物治疗方法，促进机体自我修复与再生，或构建新的组织与器官，以改善或恢复损伤组织和器官功能的学科。即利用生物学及工程学的理论方法创造丢失或功能损害的组织和器官，使其具备正常组织和器官的机构和功能。是一门研究如何促进创伤与组织器官缺损生理性修复以及如何进行组织器官再生与功能重建的新兴学科。

【再生障碍性贫血】（aplastic anemia） 由多种原因引起的骨髓造血功能衰竭的一组综合病征。临床症状是：(1)因全血细胞减少而出现相应临床症状，如白细胞减少时则病人易感染、发热等；红细胞减少时可见心悸、乏力和头晕；血小板减少则可见出血情况。有便血、尿血、呕吐、皮肤有出血点、消化道出血、脑出血；妇女月经量大，易感冒、发烧、胸闷气短、四肢疼痛等。(2)骨髓增生低下，黄髓增加呈脂肪化，造血组织（红髓）减少。(3)经一般常用的抗贫血药物治疗无效。患再生障碍性贫血后各种血细胞均下降，而淋巴细胞增多。淋巴细胞在70%以上的易患急性再生障碍性贫血。急性再生障碍性贫血潜伏期短，来势凶猛，症状突发，最易感染，高烧不退，出血。感染易在头部和口腔内发生。而慢性较易控制，病死率也较低。该病的一般诱因有药物（氯霉素、新诺明、辛可芬、苯巴比妥、安乃近等）、化学因素（砷、苯、铅中毒等）、农药中毒和物理因素（X射线辐射、核辐射等）。该病不遗传，不传染，也不影响生育。

【再生纸】（regenerated paper） 利用回收废纸经过适当处理后重新制成的纸。每生产1t再生纸，可节省纤维原料约500kg，节省氢氧化钠150kg，节电360kW·h，节煤350kg，节水约120t。生产再生纸可充分利用资源，保护生态环境。

【再制蛋】（remanufacturing egg） 鲜蛋经过盐、碱、糟、卤和炸制后，未改变蛋形的蛋制品。主要包括：(1)松花蛋。又称皮蛋、变蛋、碱蛋、彩蛋或泥蛋。中国独创的一类生食蛋品。食法简单，美味可口，风味独特和营养

松花蛋

丰富。每 100g 可食松花蛋中,氨基酸总量高达 32mg,为鲜鸭蛋的 11 倍,氨基酸种类多达 20 种,在人体内更容易消化吸收,而且便于储藏保管。(2)咸蛋。又称盐蛋、腌蛋、味蛋。一种风味特殊和食用方便的再制蛋,主要用食盐腌制而成。以蛋的重量计,用盐量一般在 10% 左右。加工方法主要有草灰法、盐泥涂布法和盐水浸渍法等。(3)糟蛋。中国的传统特产。用鲜鸭蛋经糯米酒糟糟渍而成。按其加工方法的不同可分为生蛋糟蛋和熟蛋糟蛋;按其成品外形的不同可分为软壳糟蛋和硬壳糟蛋。硬壳糟蛋一般以生蛋糟制;软壳糟蛋则有熟蛋糟制和生蛋糟制两种。

【在线辨识】(on-line identification) 见联机辨识。

【载波相位测量】(carrier phase measurement) 利用导航卫星发播信号的载波相位观测量进行高精度定位的技术。其观测量也是一种距离观测量。是以卫星发播的正弦波来量度的。是卫星接收机所接收的卫星载波信号与接收机本振信号的相位差。其观测值的精度可以达到观测信号波长的 1%。例如,GPS C/A 码伪距观测精度约为 3m,P 码伪距观测精度约为 30cm。载波相位的观测精度可以达到毫米量级,大大高于伪距观测量。利用载波相位观测量能够获得 1~2cm 的定位精度。如果采样为高精度的卫星星历数据、观测数据和数据处理软件,可进一步取得毫米级的定位精度。载波相位测量已广泛应用于精密定位、地球动力学研究等领域。

【载波侦听多路访问】(carrier sense multiple access,CSMA) 首先通过载波侦听进行冲突检测,如果没有冲突,就发送数据,如果存在冲突,就延迟后发送数据的一种介质访问机制。在这种机制下,准备传输数据的设备首先检查载波通道,如果在一定时间内没有侦听到冲突,那么这个设备就可以发送数据,如果两个设备同时发送数据,冲突就会发生,通过冲突检测,冲突域内的设备就会检测到这种冲突,设备就会延迟一个退避等待时间后发送数据。其工作过程为:(1)侦听,若空闲,发送。(2)忙,则侦听到空闲后立即发送。(3)检测到冲突,立即停止,发送阻塞信号。(4)随机等待,重新尝试发送。起源于美国夏威夷大学开发的 ALOHA 网所采用的争用型协议,并进行了改进,使之具有比 ALOHA 协议更高的介质利用率。其原理比较简单,技术上易实现,网络中各工作站处于平等地位,不需集中控制,不提供优先级控制。但在网络负载增大时,发送时间增长,发送效率急剧下降。

【载流子】(current carrier) 导体或半导体中带有电荷并输运电流的粒子。包括电子、离子等。可以是自由移动的带有电荷的物质微粒,如电子和离子;也可以是价带中的空穴。金属中与电解液中的载流子分别为电子和离子,而半导体中的载流子则为电子和空穴。

【载人飞船】(manned spacecraft) 又称宇宙飞船。能保障航天员在外层空间短期生活和工作以执行航天任务并返回地面的一次性使用航天器。包括卫星式载人飞船和登月载人飞船。载人飞船可以独立进行航天活动,也可作为往返于地面和航天站之间的“渡船”,还能与航天站或其他航天器对接后进行联合飞行。载人飞船容积较小,受到所载消耗性物资数量的限制,不具备再补给的能力。按使用功能的不同载人飞船可分为:(1)轨道舱。是航天员在轨道上的工作场所,里面装有各种实验仪器和设备。(2)返回座舱。是载人飞船的核心舱段。它是飞船上升和返回过程中航天员乘坐的舱段,也是整个飞船的控制中心。(3)服务舱。通常安装推进系统、电源和气源等设备,对飞船起服务保障作用。(4)对接舱。是用来与航天站或其他航天器对接的舱段。对接舱除对接锁紧机构外,还有气闸舱,航天员可由此出舱进入空间。(5)应急救生装置。保障在应急情况下,使航天员安全返回地面,或转移到其他航天器上。此外,登月飞船还具有登月舱。载人飞船具有多种用途,主要是:(1)进行近地轨道飞行,试验各种载人航天技术,如轨道交会、对接和航天员在轨道上出舱,进入太空活动等。(2)考察轨道上失重和空间辐射等因素对人体的影响,发展航天医学。(3)进行载人登月飞行。(4)为航天站接送人员和运送物资。(5)进行军事侦察和地球资源勘测。(6)进行临时性的天文观测。1961 年 4 月 12 日,苏联航天员加加林乘“东方 1 号”宇宙飞船进入太空,开创了载人航天之先河。1961 年 5 月 5 日,美国第一位进行亚轨道飞行的航天员谢泼德驾驶美国“水星”MR3 飞船进行首次载人亚轨道飞行,美国因此成为继苏联之后世界上第二个具有载人航天能力的国家。中国的神舟五号载人飞船于 2003 年 10 月 15 日将航天员杨利伟送入太空。这标志着中国成为继苏联和美国之后,第三个有

神舟五号

能力独自将人送上太空的国家。

【载人航天】(manned space flight) 人类驾驶和乘坐载人航天器在太空中从事各种探测、研究、试验、生产和军事应用的往返飞行活动。其目的在于突破地球大气的屏障和克服地球引力,把人类的活动范围从陆地、海洋和大气层扩展到太空,更广泛和更深入地认识整个宇宙,并充分利用太空和载人航天器的特殊环境进行各种研究和试验活动,开发太空资源。

中国航天第一人杨利伟

【载人航天器测试系统】(manned spacecraft testing system) 航天器电性能测试的电气地面支持设备。为确保载人航天器飞行试验成功,使其设计缺陷、工艺缺陷、元器件质量等问题,能在上天前得以充分暴露,对航天器必须进行集成后的电性能测试及热真空实验、力学环境实验和发射场等阶段的电性能测试。载人航天器地面测试系统一般拥有一台或两台主测试计算机和多台分系统级测试计算机连接而的成分布式的网络体系。主要设备包括:供配电测试设备、测控测试设备、控制系统测试设备、数管测试设备、有效载荷测试设备及监控管理系统等。各测试设备在监控管理系统的统一管理下完成数据采集、控制指令发送及激励信号的模拟等任务。系统具有自动化程度高、安全可靠、测试功能完善等特点。

【载人航天器故障模拟系统】(manned spacecraft fault simulation system) 在地面建立的具备系统模拟手段和故障辅助诊断手段的一套实时动态载人航天器故障模拟试验系统。对于一般的航天器(如卫星),发现故障后,可以用较长的时间确定故障的原因以及应采取的对策,地面无需设置整星级故障模拟系统。载人航天器在轨飞行时则需要快速诊断、故障定位并迅速提出对策以及实施等问题,故载人航天器必须建立一套较为完善、手段先进的故障模拟系统。模拟系统采用物理仿真、半物理仿真和数学仿真等手段。故障诊断系统是故障模拟系统的重要组成部。该系统通过接收在轨载人航天器的遥测数据,并与地面信息库储存的载人航天器的数据进行比较,详细诊断是否出现故障,若发现故障出现,则需对故障进行定位,提出解决故障对策。然后在载人航天器模拟器上进行故障仿真和对策验证,最后确定纠正在轨载人航天器故障对策措施,提供飞行任务控制中心实施。故障模拟系统的最终目的是为了确保载人航天器在轨运行时的可靠性,保证航天员在轨道飞行的安全性。

【载人火星飞行】(manned Mars flight) 发射载人飞船飞往火星考察并安全返回地球的航天计划。1989 年美国宇航局提出载人火星飞行的目标,计划在阿波罗登月 50 周年(2019 年)前载人登上火星。美国宇航局抽调几百名专家,对食物问题、封闭农业问题、动力技术问题、可靠的保障问题、心理学问题和社会学问题进行了研究,提出了多种可供选择的方案。1991 年 6 月 26 日,美国斯坦福大学与苏联航天工程界也联合提出了一项在 2012 年将航天员送上火星的计划。计划的第一步是在 20 世纪 90 年代中期发射几个火星漫游者自动取样返回飞行器。它们到达火星后,对火星进行广泛的勘察研究,然后取样返回地球,为登陆火星选择地点提供依据。第二步是在正式登火星前两年,将带有火星车的"火星住宅"和配有发动机的航天器送往火星,为载人着陆作准备。第三步是在 2012 年把第一批航天员送往火星工作一年,以后要不断轮换。这项计划还只是一种设想。

【载人机动装置】(manned maneuvering unit) 又称航天员舱外活动机动装置、太空摩托艇。能载送航天员在太空行走的一种推进装置。其外形像一个背包,由压缩氮气箱、供气系统、喷气推进器、电子控制设备、温度控制装置和蓄电池等组成。载人机动装置以高压氮气作为失重环境下的飞行动力,航天员操纵左右机械手臂上的手控器控制高压氮气从安装在不同部位的推进喷管喷出,以改变飞行的速度、方向和姿态,实现上下、左右和前后移动,达到顺转或逆转等机动目的。装置还供给航天员呼吸用氧,维持人体所需温度、湿度等生命保障条件,并装有使航天员与航天器保持在同一轨道上的专门设备。机动装置装有两套互为备份的氮气箱和供气系统,防止发生故障危及航天员安全。最初航天员靠系在身上的安全带走出载人飞船、航天站或航天飞机到舱外,活动范围受到较大限制。1984 年 2 月 7 日,美国"挑战者"号航天飞

载人机动装置

机的航天员麦坎德利斯和斯图尔特在 285km 高的飞行轨道上第一次不系安全带，驾载人机动装置以 10cm/s 速度进入太空，飞离航天飞机最远距离达 90m。苏联航天员在和平号空间站上也有载人机动装置。这种载人机动装置称为 UPMK。1990 年俄罗斯航天员太空行走时曾经使用。中国 2008 年 9 月 25 日发射的“神舟”七号飞船也曾使用载人机动装置实现了太空行走。

【载体转运】（carrier-mediated transport） 跨膜蛋白在细胞膜的一侧与药物或生理性物质结合后，发生构型改变，在细胞膜的另一侧将结合的内源性物质或药物释出的转运方式。许多细胞膜上具有特殊的跨膜蛋白，控制体内的一些重要的内源性生理物质（如糖、氨基酸、神经递质、金属离子）和药物进出细胞。其特点是对转运物质有选择性、饱和性及竞争性。主要有主动转运和易化扩散两种。

【暂估价】（provisional estimate） 招标人在工程量清单中提供的用于支付必然发生但暂时不能确定的材料的单价以及专业工程的金额。

【暂列金额】（tentative amount） 招标人在工程量清单中暂定并包括在合同价款中的一笔款项。用于施工合同签订时尚未确定或者不可预见的所需材料、设备、服务的采购，施工中可能发生的工程变更、合同约定调整因素出现时的工程价款调整及发生的索赔、现场签证确认等的费用。

【暂时冠】（temporary crown） 牙冠修复治疗中，在牙体预备后至最终冠修复完成前患者不能自由取戴的临时性全冠。其作用是：保护活髓牙、保持备牙后牙冠的自洁作用、保持𬌗面稳定性以防止对𬌗牙伸长以及恢复一定的咀嚼功能，有利于最终全冠达到最佳的牙冠形态和排列位置。其制作方法有直接法和间接法。直接法在患者口腔内直接制作，其优点是快速、简便、即刻恢复预备的形态，减少患者就诊次数。适用于单个或少数后牙的制作。有成品塑料牙面成型法、印模成形法和真空薄膜印模直接成形法三种制作方法。间接法是在口外模型上制作，操作方便，且不受时间限制，质量较高，但较为费工费料。有涂塑法、真空薄膜印模间接成型法和成品冠法三种制作方法。

【暂时性修复】（temporary restoration） 从牙体预备取模后到最终修复体完成期间的临时义齿修复行为。为改善义齿设计的诊断性修复体以及用于牙周治疗、咬合治疗和正畸治疗的一部分修复设计。在做最终修复体期间，临时性修复对提高修复的成功，缩短或消除患者的“无牙期”，获得一定诊断信息，取得患者的信任有很大作用。暂时冠桥修复包括金属暂时修复和非金属冠桥修复两种。暂时性修复具有保护作用、自洁作用、维持与稳定作用、恢复功能作用和诊断信息作用等。

【錾削】（chiselling cutting） 用手锤敲击錾子对金属工件进行切削加工的一种方法。錾削工作主要用于不便于机械加工的场合，其工作范围包括：去除凸缘与毛刺，分割材料和錾削异形油槽等，有时也用作较小表面的粗加工。錾削是钳工工作中的一项主要的基本技能，在机器设备的安装和维修中常常用到。錾削用的工具主要是各种錾子和手锤。錾削在传统工艺中也常使用。

錾削

【脏腑】（viscera and bowels） 内脏的总称。按脏腑生理功能特点的不同可分为脏、腑和奇恒之腑。脏，即心、肝、脾、肺、肾，合称五脏；腑，即胆、胃、小肠、大肠、三焦和膀胱，合称六腑；奇恒之腑包括脑、髓、骨、脉、胆和女子胞。

【脏躁】（hysteria） 中医病名。由情志内伤所致，以忧郁伤神、心神惑乱为主要病机，以精神忧郁、烦躁不宁、悲忧善哭、喜怒无常为主要临床表现的一种疾病。多发于 50 岁左右的妇女。与现代医学癔病的情感爆发颇为相似。精神创伤和长时间精神紧张是诱发本病的一个主要因素。一般多发于神经类型抑制性弱型者，患者有特殊的性格特征，如思想方法片面，心胸狭窄，缺乏理智，自我控制能力差，容易感情用事，感情反应强烈而不稳定。主要表现为心情抑郁，情绪不宁，胁肋胀痛，易怒善哭，咽中如有异物梗阻，失眠等。

【藏象学说】（visceral manifestation theory） 研究人体脏腑活动规律及其相互关系的学说。以人体心、肝、脾、肺、肾五脏为中心，以胆、胃、小肠、大肠、膀胱、三焦六腑相配合，以气、血、精、津液为物质基础，通过经络使脏与脏、脏与腑、腑与腑密切联系，外联五官九窍、四肢百骸，构成一个有机整体，对中医诊治疾病有重要的指导意义。五脏六腑，虽有一定的解剖概念，但主要是阐述其生理功能和病理现象，因而不能与现代解剖学中的同名脏器完全等同。

【凿岩机】（hammer drill） 用来直接开采石料的工具。工作时活塞做高频往复运动，不断地冲击钎尾，并从钎子的中心孔连续地输入压缩空气或压力水，将岩渣排出孔外，即形成一定深度的圆形钻孔。凿岩机分为风动式、电动式、内燃式和液压式四类。风动式以压缩空气驱使活塞在气缸中向前冲击，使钢钎凿击岩石。电动式由电动机通过曲柄连杆机构带动锤头冲击钢钎，凿击岩石。内燃式利用内燃机原理，通过柴油的燃爆力驱使活塞冲击钢钎，凿击岩石。液压式依靠液压通过惰性气体和冲击体冲击钢钎，凿击岩石。凿岩机主要适用于矿山开采和施工作业。其应用范围包括建筑拆除作业、地质勘探钻孔和地基工程，以及水泥路面、柏油路面的各种劈裂、破碎、捣实、铲凿以及消防救援和各种矿山的钻孔、劈裂、爆破、开采。

凿岩机

【早病防变】(preventive therapy at an earlier stage of illness) 在疾病发生的初级阶段应做到的早期诊断、早期治疗。指把疾病消灭于萌芽状态，防止其深入传变或危变。早期治疗意义十分重要。因为在疾病的初级阶段，病位较浅，病情多轻，病邪伤正的程度较浅，正气抗邪、抗损害和康复能力均较强，因而早期治疗有利于疾病的早日痊愈。

【早产】(premature delivery) 在妊娠28周至37周前分娩者。此时娩出的新生儿称早产儿。其体重1 000～2 499g，各器官发育不建全。新生儿生存率低。出生孕周越小，体重越轻，预后越差。既往有流产、早产史者易发生早产。应注意孕期休息，避免精神创伤，增加营养，避免性生活。在出现轻微腹痛或少量阴道流血先兆症状时，应及时到医院治疗。定期产前检查，加强高危妊娠监护，积极治疗妊娠合并症，可有效预防早产。

【早产儿】(premature infant) 又称未成熟儿。胎龄少于37周(259天)分娩的活婴。其早产原因是：母亲年龄太大或太小，营养缺乏，患有疾病如高血压、糖尿病、甲亢、病毒感染以及结核等；父母双方喝酒、吸烟、接触放射线及服用药物等。其外貌特征是：刚出生皮肤绯红薄嫩，逐渐变为绛色带暗，发亮水肿，毳毛多，胎脂多，皮下脂肪少；头大约占全身1/3，前囟大，颅缝裂开，毛发细绒、短而乱，耳软、缺乏软骨，耳舟不清；指趾甲软，未达到指、趾端，足底跖纹仅有1～2条；乳腺无结节，或结节<4mm；男婴睾丸未下降或下降不完全，阴囊皱皮少；女婴大阴唇不能盖住小阴唇。其生理特征是：生后呼吸中枢及呼吸器管发育不完全，出现呼吸不规律、暂停或青紫，胎龄越小越易出现因肺表面活性物质缺乏导致的呼吸窘迫综合症；循环系统易出现胎儿循环持续状态或肺动脉高压等，表现严重青紫、低氧血症；神经系统的原始反射不存在，不会吸吮，需滴液喂养及消化道外营养；体温中枢发育不完善，皮下脂肪少，体表面积大，易出现体温不升或低体温等；全身各个系统均发育不完善。此时，需对症采取治疗措施。早产儿的死亡率大约为12.7%～20.8%。

【早老性痴呆】(presenile dementia) 一种能引起不可逆性精神障碍的脑衰竭性疾病。研究结果显示，早老性痴呆的发生可能是由于机体逐渐失去一种对遗传毒素的抵抗能力；另一些研究结果显示，早老性痴呆的发生与人体免疫系统中的HLA基因(即人类白细胞抗原基因，由第6对染色体所携带)和免疫球蛋白基因(编码于第14对染色体上)的变异有关。还有一些研究结果显示，早老性痴呆与缺乏某些酶而不能调节主要神经介质有关。如胆碱乙酰转移酶和乙酰胆碱酯酶等的缺乏，就不能调节乙酰胆碱(主要的神经介质)的产生和再循环，从而导致脑中的某些神经细胞死亡，造成脑衰竭，发生早老性痴呆。

【早期癌】(early cancer) 原位癌伴有早期浸润。早期是指仅有微灶浸润。如胃肠道癌早期浸润是指浸润的癌细胞仍然在黏膜层内，宫颈鳞形细胞早期浸润癌是指浸润灶的范围限于自基底膜起至3mm深度的间质，这种浸润只有在显微镜下才能见到。一般认为，浸润灶的深度小于1mm才不会伴有淋巴结转移，仍可按原位癌治疗。浸润灶深度大于1mm、小于5mm或3mm者，少数可有转移。

【蚤状幼体】(zoea stage) 高等甲壳类，主要指蟹类初孵的幼体，形似水蚤幼虫。在形成有柄眼后，于背甲(头胸甲)的前方中央生出喙状突起。头胸部附肢共计3～5对，腹肢前方的5对刚萌出，第6对在此之前已接近完成，继而构成尾叉和尾扇。一般认为，蟹在蚤状幼体期孵化，但此时已可发现后方胸肢的痕迹，故应以在后水蚤幼虫期孵化为正确。除具前端的喙状突起(前刺)外，还具有背部突起(中背刺)和左右突起(侧刺)。这是虾的蚤状幼体特征。触角极短，与运动无关，利

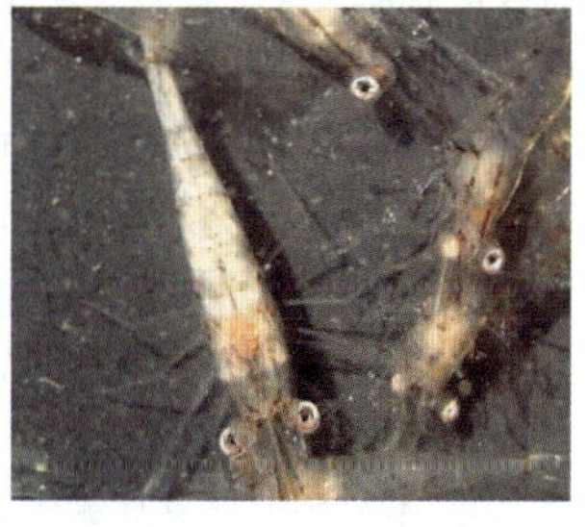

蚤状幼体

用两对叉型的颚足和腹部的伸屈运动进行游泳。

【藻类】(algae) 植物界中没有真正根、茎、叶的分化,能自养生活,生殖器官由单细胞构成和无胚胎发育的一大类群。一般生长在水体中。其特点是:(1)结构简单,一般没有真正根、茎、叶的分化。(2)能进行光能无机营养。(3)生殖器官多由单细胞构成。(4)合子不在母体内发育成胚。其种类有:蓝藻、裸藻、甲藻、金藻、黄藻、硅藻、绿藻、红藻、褐藻。可利用的海藻主要为褐藻、红藻和绿藻三类。其应用包括:(1)作为食品,有海带、裙带菜、紫菜、石花菜等多种。(2)医学价值,从褐藻中提取的藻胶酸、甘露醇和从红藻中提取的琼胶在医学上有广泛应用。(3)鱼类的天然饵料。(4)保健作用,以其丰富全面的营养、多种显著的生理功能,成为多种保健食品的良好资源。

石花菜

【藻朊酸(钙)纤维】(alginate fiber) 见海藻纤维。

【藻酸盐印模材料】(alginate impression material) 用于复制牙齿和口腔软组织的解剖形态及其关系的藻酸盐材料。藻酸盐印模粉末材料适用于牙列缺失和缺损修复的取模。湿水期短,调和细腻,无粉尘。流动性好,印模光洁,能准确还原口腔状况。强度高,抗撕裂性强,不易与托盘分离。经特殊处理,保质期长,可达5年。

【皂化价】(saponification value) 皂化1g油脂所需碱的毫克数。在制作香皂时,须准确掌握配方中各种油脂的皂化价,精确计算出需用碱的分量。碱含量的多少决定着皂类质量的高低。碱含量大皮肤不适,碱含量小油脂反应不完全,去污力不强。

【皂素植物资源】(diosgenin plant resources) 体内含有皂素的一些植物。皂素一般以钙盐、镁盐、钾盐等形式普遍存在于植物界。皂素在水溶液中经搅动易起肥皂式泡沫,故称之为皂素。中国皂素植物资源丰富,有些植物体内含有三萜类皂甙,如苏木科中的皂荚属植物所含的皂素,可用于工业发泡剂。制造泡沫水泥预制板就是利用皂荚果皮中的皂素。如无患子科中无患子属的一些植物所含有的皂素,可作农药杀虫剂良好的乳化添加剂。此外,皂素还有洗涤作用。

【造林规划设计】(tree-planting design) 又称造林施工设计、造林作业设计、造林施工调查设计。根据造林目的,对预定造林的土地提出适宜的林种、树种和各项造林技术措施及其实施方案。目前,中国各地造林规划设计大都有两种情况。一种是以确定经营方向、合理生产布局、制定原则措施等为主要内容的造林规划。这种造林规划,只解决大的战略方针,并不涉及具体的实际造林地块。另一种是在造林地详细调查的基础上,规划与设计一并完成,既有原则布局,又有施工依据,或者对远期项目做规划方针,对近期项目进行具体设计。第一种情况一般适用于较大区域,或者宜林地面积较大,造林年限较长的地区。第二种情况适用于规划设计范围不大(一个林场、一个乡或一个县),造林面积较小,近期就可以完成的造林任务。造林规划设计大致分准备工作、外业调查和内业设计三个步骤。其主要内容包括造林立地条件调查、造林地区划、林种规划和树种选择、造林技术设计、种苗规划和苗圃设计、造林检查验收、建立造林档案、造林规划设计效果评价等。

【造林梯田】(afforestation terrace) 为保持水土,并利于林木生长而修建的梯田。包括水平阶和反坡梯田。水平阶是沿坡地等高线,每隔一定间距所修建的窄阶台,阶面稍有反坡,适用于土层不厚的坡地。一般长4~5m,宽0.5~1.5m,顺坡水平间距1.5~2.5m,左右间距1m。反坡造林梯田,指田面外高里低,倾斜方向与地形坡度相反的一种造林梯田。田面反坡的大小,随地形坡度的增加而增加,一般为10°~15°。相邻两田面之间隔有斜坡。暴雨时,田面本身与斜坡上所产生的径流,应全部拦蓄于田面内。在田面内沿等高线方向,每隔5~10m筑一横埂,以免积水向两侧流动。

造林梯田

【造林学】(silviculture) 研究森林培育的理论和技术的学科。是林业学科的重要组成部分。其研究对象是森林培育的全过程,包括造林(含采伐异地更新)和森林抚育两个阶段。因此造林学也可称为森林培育学或育林学。

【造林整地】(soil preparation for tree planting) 造林前对造林地上的植被或采伐剩余物的清除、土壤翻耕和耙压、修整水利灌排沟道等一系列的准备工作。其特点是:(1)整地方法的多样性和艰巨性。造林地立地类型多、条件差、地域广、面积大,且多处在人烟稀少、交通不便区域。(2)整地深度大。由林木树体高大、根系深广等特点所致。(3)由于林木生长周期长整地费时较多。(4)整地效果的双重性。不仅要改善土壤条件,还要改变小地形、小气候和改善水土保持条件。其作用是:(1)改善立地条件,提高立地质量。(2)提高造林成活率,促进林木生长。(3)保持水土、减免土壤侵蚀。(4)便于造林施工,提高造林质量。整地方法可分为全面整地和局部整地两种。其中,局部整地又可分为带状整地和块状整地。全面整地是对造林地的土壤普遍进行耕翻。这种方法对立地条件的改善作用较大,能彻底消灭灌木、杂草,便于机械化作业和实行林农间作。但花工多,投资大,且很多地方常受地形限制。主要应用于平原地区无风蚀的荒地和沙地。局部整地的方法很多。主要有带状整地、水平阶整地、水平沟整地、反坡梯田、穴状整地、块状整地、鱼鳞坑和高台整地等。

【造陆运动】(epeirogeny) 地壳大范围的上升和下降的构造运动。常影响到大陆及大洋盆地的大部或全部。其速度慢,幅度小,范围广,常引起大面积海侵和海退。在其作用下,地壳上升时形成不高的陆地,地形起伏不大;地壳下沉时形成低缓的平原或浅海。在整个地质历史中,升降运动交替进行。地壳升降部分的轮廓、大小和分布位置不断改变。造陆运动的结果在地貌上表现为宽广的大陆、高原及低缓的海盆地、陆上大盆地,以及宽阔舒缓、平面轮廓呈不规则圆形和各种多边形的褶皱和断块山地。造陆运动也可形成地堑型断陷谷地和由成行断块组成的盆山相间地形。现代板块构造理论认为,地壳大范围轻微的升降是板块水平运动过程中波动的结果。

【造山运动】(orogeny) 地壳局部受力、岩石急剧变形而大规模隆起形成山脉的构造运动。仅影响地壳局部的狭长地带。造山运动速度快,幅度大,范围广,常引起地势高低的巨大变化。同时,随着岩层的强烈变形,也有水平方向上的位移,形成复杂的褶皱和断裂构造。褶皱断裂、岩浆活动和变质作用是造山运动的主要标志。世界上的火山带与岛弧造山带一致,是地壳不稳定区,

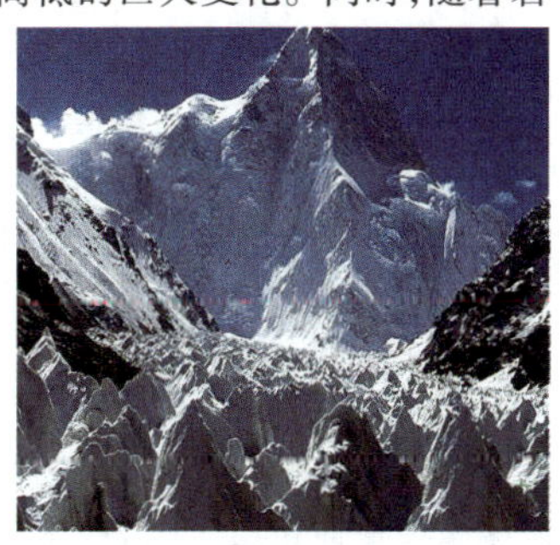

造山运动

呈带状分布,早期强烈下降,沉积巨厚岩系,晚期剧烈褶皱上升,形成高大山系,即褶皱带。现代板块构造理论认为,板块运动使相邻板块产生挤压碰撞,形成岛弧和山系。山体或岛弧即为板块的界限。这种运动在地貌上表现为高大的山系、链状岛弧和伴生的深海沟,如喜马拉雅山系及西太平洋岛弧带。

【造型花坛】(molding flower bed) 以植物材料为主题,塑造各种相对独立的景物花卉艺术造型。如花球、花钵、花车、花环、花台等。若以其为基础,利用各种植物材料塑造的园林景观,则称为造景花坛。该花坛形体较大,设计施工复杂。一般设置在广场和交通要道。

【造型设计】(molding design) 将与产品造型有关的功能、结构、材料、工艺、视觉传递、宜人性、市场关系等方面的信息进行综合而获得人-机-环境协调统一、符合时代要求的一种创造性设计。是创造物体形象的一种设计方法。它首先对造型物体提出要求,然后依次进行构思、设计、制作、使用等。造型设计由实用性、科学性、艺术性等要素组成。它与平面设计的区别在于:平面设计主要是在纸面上进行图案的设计;而造型设计涵盖面较广,除平面设计外还包括立体样本设计、文字设计和影像设计等内容。造型设计能起到美化生产环境,满足人们审美要求的作用,因而具有精神和物质两方面的功能。

芭芘娃娃

【造血干细胞】(hematopoietic stem cell) 尚未发育成熟的始祖细胞。其重要特征是:高度的自我更新或自我复制能力和可分化成所有类型细胞的血细胞。是所有血细胞和免疫细胞的起源,不仅可以分化为红细胞、白细胞和血小板,而且还可跨系统分化为各种组织细胞。造血干细胞是多功能干细胞,也是人体的储备细胞,医学上称其为“万用细胞”。造血干细胞采用不对称的分裂方式,可由一个细胞分裂为两个细胞,其中一个细胞仍然保持干细胞的一切生物特性,从而保持身体内干细胞数量相对稳定,这就是干细胞的自我更新;而另一个细胞则进一步增殖分化为各类血细胞、前体细胞和成熟血细胞,并释放到外周血中,执行各自任务,直至衰老死亡。这一过程是一直不停地进行着的。

【造血干细胞移植】(hematopoietic stem

cell transplantation) 在造血或免疫功能极度低下的情况下,移植患者自体的或同种异体的造血干细胞的治疗技术。目的是要达到重建造血与免疫功能。按造血干细胞来源的不同可分为:(1)骨髓移植。分自体骨髓移植、异基因骨髓移植。(2)外周血干细胞移植。分自体外周血干细胞移植、异基因外周干细胞移植。(3)脐血干细胞移植、胚胎干细胞移植和混合干细胞移植。按选用造血干细胞供者的不同又可分为:(1)同基因造血干细胞移植。供、受者组织相容性抗原基本相同,见于同卵双胎孪生子之间的移植。这种移植是治疗重症再生障碍性贫血的最理想方法,但同基因供者的机会极少且不适合用于遗传性疾病的治疗。(2)异基因造血干细胞移植。供、受者为同一种族,供、受者虽然基因不完全相同,但要求主要组织相容性抗原一致。这种移植适用于治疗各种类型的白血病和造血系统恶性疾病、重症遗传性免疫缺陷病以及各种原因引起的骨髓功能衰竭。通常按供者来源的不同又分为同胞兄妹供者和无血缘关系供者的异基因造血干细胞移植。(3)自体造血干细胞移植。预处理超剂量放、化疗前,采集患者自己的一部分造血干细胞,分离并深低温保存。待超剂量放、化疗后再回输给病人,以此重建造血功能。适合于淋巴瘤和实体瘤的患者。经治疗已获完全缓解的急性白血病病人,若无合适的异基因供者,也可考虑自体造血干细胞移植。

【造血器官】(blood forming organs) 生成血液细胞的器官。分胚胎造血及生后造血。(1)胚胎期造血。是出生前的造血器官。①中胚叶造血期(卵黄囊造血)。胚胎第3周开始卵黄囊造血。可生成原始有核红细胞,胚胎第6周造血衰退。②肝、脾造血期。肝脏出现造血组织是胚胎第6~8周,胎儿4~5月达最高,6个月造血逐渐减退。主要生成有核红细胞及少量粒细胞、巨核细胞。脾造血起于胚胎第8周,主要生成红、粒、淋巴、单核细胞;胎儿5个月造血功能减退。淋巴结生成淋巴细胞,维持终生。③骨髓造血。胚胎6周开始有骨髓,胎儿4个月开始造血,生成各种血细胞,维持终生造血。(2)生后造血。①骨髓造血。生后主要的造血器官,唯一产生红、粒细胞及血小板场所,也产生淋巴细胞和单核细胞。分为红骨髓和黄骨髓。红骨髓是活跃的造血组织。婴幼儿期全部是红骨髓,表明全部骨髓造血才能维持小儿正常生长发育。5岁后脂肪组织(黄骨髓)从远心端向近心端,逐渐代替长骨中的红骨髓。18岁时仅胸骨、肋骨、脊椎、骨盆、锁骨、肩胛骨内是红骨髓,参与造血。黄骨髓主要是脂肪细胞,占成人骨髓总量50%,平时不能造血。当人体需要造血增加时,可转变为红骨髓,参与造血,故称潜在的造血组织。②骨髓外造血。婴幼儿无黄骨髓,当溶血感染等原因需造血增加时,因无潜在的造血组织,只能恢复到胎儿期造血,肝、脾、淋巴结造血。出现肝、脾、淋巴结肿大,周围血中出现红、粒幼稚细胞,这是小儿一种特殊的造血反应,称为"骨髓外造血"。

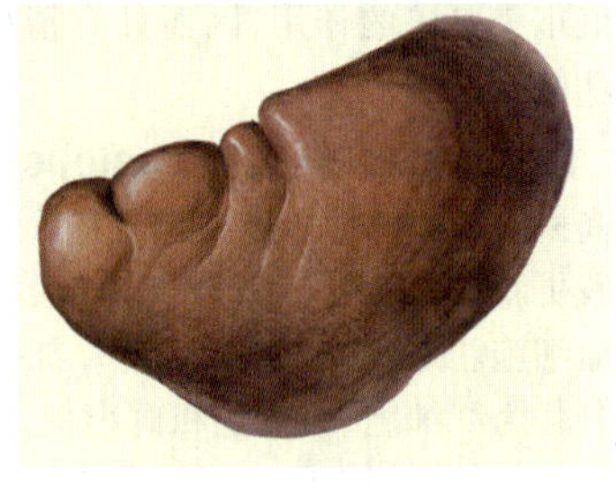

脾

【造血细胞生长因子】(hematopoietic cell growth factors) 由骨髓细胞或外周组织产生的使干细胞分化产生各种血细胞生成细胞的糖蛋白。其中某些因子可用基因重组技术合成供临床使用,如重组人红细胞生成素(EPO)、重组人G-CSF(非格司亭)、粒细胞-巨噬细胞集落刺激因子(GM-CSF)。红细胞生成素(EPO)是由肾皮质近曲小管管周细胞分泌的有166个氨基酸组成的糖蛋白,现用DNA重组技术合成,其与红系干细胞表面上的EPO受体结合,导致细胞内磷酸化及Ca^{2+}浓度增加,促进红系干细胞增生和成熟,并促使网织红细胞从骨髓中释放入血。贫血、缺氧时肾脏合成和分泌EPO迅速增加百倍以上,以促使红细胞生成。但肾脏疾病、骨髓损伤、铁供应不足等均可干扰这一反馈机制。EPO对多种原因引起的贫血有效,其最佳适应症为慢性肾衰竭所致的贫血,对骨髓造血功能低下、肿瘤化疗、艾滋病药物治疗引起的贫血也有效。临床应用的EPO为重组人红细胞生成素。粒细胞集落刺激因子(G-CSF)是血管内皮细胞、单核细胞和成纤维细胞合成的糖蛋白,主要作用是刺激粒细胞集落形成单位,促进中性粒细胞成熟;刺激成熟的粒细胞从骨髓中释出;增强中性粒细胞趋化及吞噬功能。用于自体骨髓移植及肿瘤化疗后严重中性粒细胞缺乏症。重组G-CSF称非格司亭,大剂量过久使用可产生轻中度骨痛,皮下注射可由局部反应。粒细胞-巨噬细胞集落刺激因子(GM-CSF)在T-淋巴细胞、单核细胞、成纤维细胞、血管内皮细胞均有合成。它与白介素3共同作用于多向干细胞和多向祖细胞等分化较原始的细胞,有以下作用:(1)刺激造血前体细胞增殖、分化。(2)刺激中性粒细胞、单核细胞和T细胞生长,诱导生成粒细胞、巨噬细胞集落形成单位及粒细胞/巨噬细胞集落形成单位。(3)促进巨噬细胞和单核细胞对肿瘤细胞的裂解作用。对红细胞增生也有间接作用。

【造岩矿物】(rock-forming mineral) 组成岩石的矿物。大多是硅酸盐及碳酸盐矿物,还有少量氧化物。常见的造盐矿物有石英、长石、角闪石、辉石、云母、方解石等。岩石的分类常依据组成岩石的造岩矿物的形态和含量加以区别分类。根据其在岩石分类命名中起的作用,可划分出主要矿物、次要矿物和副矿物。

【造园】(garden making) 在一定的地段范围内,利用并改造天然山水地貌或者人为地开辟山水地貌,结合植物的栽植和建筑的布置,构成供人们观赏、游憩场所的全过程。康熙皇帝是造园的代表人物,是中国古典园林最后一个高潮的奠基者和推动者。他的造园思想,不同于中国古典园林中的文人"隐逸"情愫,也有别于历代帝王的造园传统。康熙从他所崇奉的理学精神出发,强化了"致中和"的造园理念,达到了"与天地参"的境界,体现了儒家的人格追求和治世理想。通过列举康熙造园的实绩,探讨康熙造园的思想动机、价值取向、艺术风格、实学精神、深远影响,以及对康熙造园思想研究的展望,从而肯定康熙的皇家造园思想、风格和实践成就。

拙政园

【造渣材料】(slag forming material) 又称造渣剂。为了在炼钢炉内能够形成有用的熔渣所加入的物质。在钢铁行业俗称炼钢就是炼渣。通过造渣达到去除有害元素及夹杂物、防止钢水与空气接触以及保温的目的。主要有石灰(CaO)、萤石(CaF_2)和白云石($CaCO_3 \cdot MgCO_3$)。石灰来源广,价廉。石灰由石灰石用石灰窑煅烧而成。一般炼钢厂附有石灰车间。希望石灰的活性高。用其在水中的溶解速度,即水活性近似反映在炉渣中的活性。石灰脱硫、脱磷能力强。萤石熔点低,能促进石灰的溶化,并改善炉渣的流动性。转炉要求快速化渣,萤石是必备的材料。但是萤石价格高。白云石熔点比石灰低,能促进石灰的熔化。并且可以增加炉渣中 MgO 的含量,对炼钢炉的镁质耐火炉衬起到保护作用。把造渣材料在炼钢炉外混合,加入高碱度烧结矿或球团矿以及氧化锰等物质制成合成造渣材料,供炼钢使用。具有熔点低、碱度高、成分均匀的特点,能加速造渣过程,提高技术经济指标。

萤石

【造纸工业废水】(waste water from paper mill) 制浆造纸生产过程中产生的废水。包括在备料、制浆和抄纸生产过程中产生的废水。造纸废水的排水量大,成分复杂、悬浮物和 COD(化学需氧量)含量高、色度高、有恶臭。制浆造纸工业所用的纤维原料有木材和草类等,用来生产化学浆的主要组分-纤维素的含量一般都不超过 50%,其余 50% 的组分包括木素、半纤维素、无机物、可抽提物、多糖类等,大部分将随废水排放。在化学法制浆中产生的蒸煮废液(又称黑液),洗浆漂白过程中产生的中段废水,以及抄纸工序中产生的白水,对环境的污染严重。黑液中所含的污染物约占造纸生产污染排放总量的 90%,且污染物浓度高、难降解。黑液中的主要成分是木质素、聚戊糖和总碱。碱回收技术已经成熟利用在黑液治理工程中。中段废水呈深黄色,占造纸工业污染排放总量的 8%~9%。水中的有机物以可溶性 COD 为主,可生化性较差,处理难度大。主要成分是木质素、纤维素、有机酸等。漂白过程中产生的含氯废水中含有致癌物质二恶英,对环境污染严重。在碱回收系统稳定运行的基础上,制浆中段废水采用二级生化处理可以达到排放标准要求。白水水量较大,有机污染负荷低。主要含有细小纤维、填料、涂料和溶解了的木材成分,以及添加的胶料、湿强剂、防腐剂等,以不溶性 COD 为主,可生化性较低,其加入的防腐剂有一定毒性。现有造纸企业的造纸车间都采用了部分或全封闭系统以提高白水回用率,降低造纸耗水量,减少多余白水排放。

【造纸工业废水处理】(treatment of waste water from paper mill) 对造纸工业生产中不同工序产生的废水分别进行处理的过程。造纸工业生产主要有制浆和抄纸两个工艺阶段。制浆产生的废水有黑液、漂白液、中段废水;抄纸过程中产生的废水称为白水。对黑液的处理,多采用燃烧法,同时回收氢氧化钠、硫化钠、硫酸钠等。此外还有制氨肥法、制磷肥法、电渗析法等。抄纸白水有的可以直接送回纸浆稀释槽,有的可以经过沉淀、气浮分离法回收纤维和填料后循环使用。对漂白液、中段废水的处理,通常采用物化法加生化法综合治理,达到部分回用和排放标准的要求。

【噪声】(noise) ❶在某环境中,出现不应该出现的不同频率和不同强度、无规律组合在一起的声音,有嘈杂刺耳的感觉。其对人体有害。旧城噪声。❷在电路和通信中除有用信号以外出现规则的和不规则的、可懂的和不可懂的干扰信号的统称。

【噪声波武器】(noise weapon) 利用小型爆炸产生的噪声波使人减弱或完全丧失行动能力的武器。爆炸产生的噪声波可麻痹人的听觉和中枢神经,使人昏迷,进而使其行动能力丧失。噪声波武器分为专门用来对准敌方指挥部的定向噪声波武器和主要用于对付劫机等恐怖活动的噪声波炸弹。

【噪声测量仪器】(noise measuring instrument) 专门用来测量噪声的仪器。包括声级计和频谱分析仪。声级计也称噪声计,是用来测量噪声声压级和计权声级的最基本的测量仪器;适用于环境噪声和各种机器(如风机、空压机、内燃机、电动机)噪声的测量,也可用于建筑声学、电声学的测量。频谱分析仪是分析噪声频谱的仪器。仪器设置了完整的计权网络(滤波器),借助滤波器,可以将声频范围内的频率分成不同的频带进行测量。

噪声测量仪器

【噪声监测参数】(noise monitoring parameter) 噪声监测的内容和量值。包括声功率、声强和声压。声功率(单位为 W)是指单位时间内,声波通过垂直于传播方向某指定面积的声能量。在噪声监测中,声功率是指声源总声功率。声强(单位为 W/m^2)是指单位时间内声波通过垂直传播方向上的单位面积的声能量。声压(单位为 Pa)是由于声波的存在而引起的压力增加值。

【噪声控制技术】(technology of noise control) 采用降低声源噪声辐射、控制噪声传播和接收的技术。其程序是先进入现场测量现场噪声的声级和频谱,然后根据有关的环境标准确定现场的容许噪声级,并根据现场实测的数值和容许的噪声级之差确定降噪量,进而制定可行的控制方案。控制噪声应根据具体条件在噪声源、传播途径和接收者三个环节上分别采用吸声、隔声和消声的措施来达到目的。

【噪声污染】(noise pollution) 环境噪声超过国家规定的排放标准,干扰他人正常工作、学习和生活的现象。噪声的特点是无污染物存在、不产生能量积累、时间有限、传播不远、振动源停止振动噪声消失、不能集中治理。噪声来源于交通工具、工厂机器设备、建筑施工以及人们的社会活动和家庭生活。噪声对人类的危害是多方面的,主要表现为对听力的损伤、对睡眠的干扰和对人体的生理和心理健康的影响。当人在 100dB 左右噪声环境中工作时会感到刺耳、难受,甚至引起暂时性耳聋。超过 140dB 的噪声会引起眼球的振动、视觉模糊,呼吸、脉搏、血压都会发生波动,甚至会使全身血管收缩,供血减少,说话能力受影响。

【噪声污染防治】(noise pollution treatment) 控制噪声污染的措施和方法。控制噪声污染的方法常有:(1)不用噪声大的设备,或改革工艺,如改铆接为焊接;或改换机械,如用压桩机替代打桩机。(2)改革机械的构造和材料,如提高部件精度,减少碰撞,用非金属材料替代金属材料,传动部件用弹性构件,整机采用隔振机座或隔声罩,排气口设消声器,交通工具外形采用流线型等。(3)正确操作,如正确使用润滑剂,正确使用喇叭等音响设备。(4)建立隔声屏障(如隔声墙、土丘)或在建筑物表面多用吸声、隔声材料,以及城市合理规划等都是有效的措施。

【噪声性耳聋】(noise-induced deafness) 由于长期遭受 85dB 以上噪声刺激所引起的一种缓慢的、进行性的感音性耳聋。是一种职业病。早期为职业性听觉疲劳,休息以后可逐渐好转;久之则无法恢复,终致形成职业性耳聋。其主要表现是:耳鸣,耳聋,纯音测听表现为 4 000Hz 谷形切迹或高频衰减型。亦可出现头痛、失眠、易烦躁和记忆力减退等症状。其耳聋程度主要与噪声强度、暴露时间有关,其次与噪声频谱、个体差异亦有一定关系。研究发现 2 000Hz ~ 4 000Hz的噪声最易导致耳蜗损害。噪声性耳聋重在预防。

【择伐】(selection cutting) 在林中有选择性地伐去一部分成熟木,而使林地上始终保持多龄级林木的采伐方式。森林的天然更新是连续进行的是形成或保持复层异龄林的育林过程。择伐后更新的林分仍是异龄复层林。由于择伐作业伐去了一部分上层木,改善了林内光照条件,提高了土壤温度。同时,保留有较多的林木与下木,森林环境条件保持得较好,这都有助于种子的发芽与幼苗幼树的生长。因此,采伐得好的择伐林,天然更新容易获得成功,因为它符合森林发生发展进程的规律,很接近形成原始林的更新过程。其不同点仅在于择伐是通过采伐成熟林木造成林冠的疏开,而原始林则是通过老龄过熟木的自然枯死和腐朽造成林冠的稀疏。择伐通常与天然更新配合进行,但在天然更新不能保证的情况下,并不排除采用人工植苗或播种的方法,弥补天然更新的不足。按其经营集约程度的不同择伐可分为集约择伐法与粗放择伐法。

【泽泻】(alisma) 中药名。药性:甘、寒。归肾、膀胱经。功效:利水消肿,渗湿,泄热。用于小便不利、水肿胀满、泄泻尿少、痰饮眩晕、热淋涩痛、高血脂症。用法与用量:煎服,5~10g。

泽泻

【增安型电气设备】(increased safety electrical apparatus) 在设备结构上采取措施,提高安全程度,以避免在正常和认可的过载条件下不会出现产生电弧、火花或可能点燃爆炸混合物等现象的电气设备。采取的措施有:(1)绝缘绕组允许温升低于普通电气设备国家标准规定的允许温升。(2)电机运行中被堵转时,定子和转子温升达到规定温升的时间应不小于规定值。(3)导体连接应可靠,即使受震动也不应发生接触不良现象。(4)在正常运行时有火花和电弧产生的滑环等部分,必须放置在隔爆外壳内。(5)裸露带电导体的空气间隙和爬电距离比普通电气设备的大。(6)具有完善的电气和温度保护装置。其缺点是:防爆性能比隔爆型电气设备差。它所达到的安全程度不仅取决于自身的结构形式,而且还和使用的环境、维护的情况等有关系。所以《煤矿安全规程》中规定,在煤(岩)与瓦斯突出矿井和瓦斯喷出的区域,在瓦斯矿井的总回风巷、主要回风巷、采区回风巷、工作面和工作面进风、回风道应使用除增安型以外的矿用防爆电气设备。

【增感剂】(sensitizer) 提高感光乳剂的感光性能的物质。分为化学增感剂和光学增感剂两类。化学增感剂是能使卤化银微晶表面上形成较多的感光中心,提高感光乳剂感光度的化学药品。常用的有:(1)硫增感剂,如硫代硫酸钠($Na_2S_2O_3$)。(2)还原剂,如二氯化锡。(3)重金属盐,如硫氰酸金铵-$NH_4Au(CNS)_2$等,现在有研究用纳米Ag_2S、纳米ZnS作增感剂的。光学增感剂多为染料,又称增感染料。因原始卤化银乳剂仅能感受蓝紫光,由于染料被吸附于卤化银表面,扩大了吸收色光的范围,可使感色范围扩大至整个可见光区域,提高了感光度。这种增感剂用量极少,每千克乳剂仅需几十毫克,主要使用的是某些碱性的菁类染料。

【增量调制】(delta modulation, DM) 又称增量脉码调制。是一种数字信号调制的方式。将信号瞬时值与前一个抽样时刻的量化值之差进行量化,而且只对这个差值的符号进行编码,而不对差值的大小编码。因此量化只限于正和负两个电平,只用1比特传输1个样值。如果差值是正的,就发“1”码,若差值为负就发“0”码。因此数码“1”和“0”只是表示信号相对于前一时刻的增减,不代表信号的绝对值。同样,在接收端,每收到1个“1”码,译码器的输出相对于前一个时刻的值上升1个量阶。每收到1个“0”码就下降1个量阶。当收到连“1”码时,表示信号连续增长;当收到连“0”码时,表示信号连续下降。译码器的输出再经过低通滤波器滤去高频量化噪声,从而恢复原信号,只要抽样频率足够高,量化阶距大小适当,收端恢复的信号与原信号非常接近,量化噪声可以很小。增量调制与PCM比较有如下特点:(1)在比特率较低时,增量调制的量化信噪比高于PCM。(2)增量调制抗误码性能好,可用于比特误码率为10-2-10-3的信道,而PCM则要求10-4-10-6。(3)增量调制通常采用单纯的比较器和积分器作编译码器(预测器),结构比PCM简单。它是继PCM后出现的又一种模拟信号数字化的方法。它是一种把信号上的采样样值,作为预测值的单纯预测编码方式。是预测编码中最简单的一种。

【增强X射线弹】(enhanced X-ray weapon) 一种以增强X射线破坏效应为主要特征的特殊氢弹。爆高在100km以上,威力为百万吨梯恩梯当量级的普通氢弹爆炸时,由于高空空气十分稀薄,在核爆炸释放的能量中,X射线所占份额可达总威力的70%以上。强大的X射线流可用来摧毁来袭的导弹弹头。从原理上看,增强X射线可以增大X射线在核爆炸释放能量中的份额,还可使释放的X射线的能谱变硬。原子弹爆炸时的表面温度约500kK,氢弹爆炸时的表面温度约10MK。它们释放出来的X射线在来袭导弹壳体表面附近被全部吸收会产生热激波效应。如果改变核战斗部设计,将核弹爆炸时的表面温度提高到亿开量级,则发射出的X射线能谱变硬。这样硬的X射线可以透入来袭导弹壳体,对内部电子器件、电路等产生辐照效应。由于硬X射线在空气中穿透能力较强,增强X射线弹即使在60~70km高度上爆炸,X射线仍然是重要破坏因素。

【增强塑料】(reinforced plastic) 添加增强材料后制成的塑料。一种重要的高分子复合材料。按其性质的不同可分为:(1)增强热固性塑料,如不饱和聚酯、酚醛树脂、环氧树脂、有机硅树脂、醇酸树脂等。(2)增强热塑性塑料,如聚酰胺、氟树脂、聚碳酸酯、聚砜、丙烯酸类树脂、聚甲醛等。按其形状的不同可分为:(1)粒状,如钙塑增强塑料。(2)纤维状,如玻璃纤维或玻璃布增强塑料。(3)片状,如云母增强塑料。按其材质的不同可分为:(1)布基增强塑料,如碎布增强或石棉增强塑料。(2)无机矿物填充塑料,如石英或云母填充塑料。(3)纤维增强塑料,如碳纤维增强塑料。常可用作电绝缘材料、装饰材料以及用于制造机器零件和汽车、船只、无线电收音机的机壳等。

玻璃纤维圆管

【增强体】(reinforcement) 复合材料中承受载荷的组分。按几何形状的不同可分为颗粒状、线状、片状和立体结构增强体;按属性的不同可分为无机和有机增强体、合成的和天然的增强体。主要的增强体是玻璃纤维、碳纤维、碳化硅陶瓷纤维、芳酰胺纤维(芳纶)等。用玻璃纤维、碳纤维和芳纶制作的布和毡也是常用的增强体。天然的植物和矿物纤维、片材和颗粒也用来作增强体,但仅适合于低性能的复合材料。复合材料增强体发展较快,玻璃纤维、织物和毡的产量目前已逾千万吨级。还有正在发展立体结构的异形织物,以适合于各种复合材料型材和整体件的需要。

【增强胃肠动力药】(enhance gastrointestinal motility drug) 能增强胃肠平滑肌收缩力,协调胃肠运动并促进胃肠排空的药物。直接或间接激活胃肠道平滑肌上的 M_3 受体,增进胃肠道的蠕动和收缩。本类药包括以下类别:(1)M 胆碱受体激动剂。可增强胃肠道平滑肌收缩力,增加胃液、胰液分泌,增加有效胃排空。代表药为氨甲酰甲胆碱。(2)胆碱酯酶抑制剂。可减少乙酰胆碱降解。代表药为新斯的明。(3)多巴胺受体拮抗剂。可阻断突触前多巴胺受体。代表药为甲氧氯普胺。(4)5 - HT_4 受体激动剂。可激活兴奋性神经元的 5 - HT_4 受体。代表药为西沙必利。(5)促胃动素受体激动剂。可激动神经和平滑肌促胃动素受体,并增加胃十二指肠的协调性。代表药为乙琥红霉素。

【增强胃黏膜屏障功能药】(enhance mucosal barrier function drug) 通过增强胃黏膜的细胞屏障、黏液 - HCO_3^- 盐屏障或两者均增强而发挥抗溃疡病作用的一类药物。胃黏膜屏障包括细胞屏障和黏液 - HCO_3^- 盐屏障。细胞屏障由胃黏膜细胞顶部的细胞膜和细胞间的紧密连接组成,有抵抗胃酸和胃蛋白酶的作用。黏液 - HCO_3^- 盐屏障是双层黏稠的、胶冻状黏渣,内含 HCO_3^- 盐和不同分子量的糖蛋白。疏水层位于黏液下层,主要由磷脂组成。存在于胃液中的称为可溶性黏液;位于黏膜细胞表面的称可见性黏液。可见性黏液厚度约 0.2 ~ 0.6mm,覆盖于黏膜细胞表面,对黏膜细胞起保护作用。HCO_3^- 与可见性黏液相混合,在胃黏膜表面形成黏液不动层,构成黏液 - HCO_3^- 盐屏障。黏液不动层形成 pH 梯度,接近腔面的 pH 值约为 1.0 ~ 2.0,而近黏膜细胞面的 pH 值为 7.0,故能防止胃酸、胃蛋白酶损伤胃黏膜细胞。黏液和 - HCO_3^- 盐均由胃黏膜层的表浅上皮细胞分泌。在这些细胞的基底侧有前列腺素(PGE_2 和 PGI_2)受体,存在于胃黏膜中的前列腺素激活这些受体能促进黏液和 - HCO_3^- 的分泌。并且前列腺素能增加胃黏膜的血流量,促进其损伤的愈合。当胃黏膜屏障功能受损时,可导致溃疡病发作。本类代表药为米索前列醇和硫糖铝。其中米索前列醇的不良反应发生率为 13%,主要反应为腹痛、腹泻、恶心、腹部不适;也有头痛、头晕等。孕妇及前列腺素类过敏者禁用。

【增肉系数】(conversion coefficient) 见饲料系数。

【增生】(proliferation) 细胞数量的增多。通过细胞的无丝分裂或有丝分裂来完成。细胞增生可发生于生理情况下,也可以是病理过程的一个组成部分。前者见于正常的细胞生长和不断地补充,使新生细胞与死亡细胞的数量基本达到平衡,也包括为适应生理需要发生的组织细胞增生,如妊娠期的乳腺增生等。多与不同刺激引起的功能增强或与激素分泌有关。如失血可刺激骨髓导致血细胞增生,妊娠时雌激素分泌过多可引起子宫内膜和乳腺的增生。后者是指由各种致病因素引起的组织细胞增生,多有过量的表现包括一般性增生和肿瘤性增生。一般性增生称为"良性增生",指细胞增生受到一定机制控制,增生细胞的形态、功能、代谢与原有的细胞一致。肿瘤性增生又称为恶性增生。尽管其中包括良性肿瘤的增生,但是一组在特殊病因作用下,细胞不断增生质变而形成的失控制性、相对无限制性、不协调性的特殊类型的病理性增生,增生的肿瘤细胞与相应的正常细胞存在形态、功能、代谢等方面的质的区别,形成恶性肿瘤,最终发生浸润、转移,甚至危及生命。

【增生性病变】(proliferative lesions) 局限性的细胞增殖,其细胞形态和组织结构仍然保持正常组织的近似形态的一种病变。增生的细胞呈弥漫状或结节状排列,不形成包膜,引起增生的病因消失后,增生的细胞也可消退。常见的增生性病变有乳腺小叶增生、子宫内膜增生。增生的细胞出现异形性则称为不典型性增生。其中重度的不典型增生,可认为属于"疑癌"或原位癌。

【增塑剂】(plasticizer) 能增加塑料、橡胶加工成型时的可塑性和流动性能，并使成品具有柔韧性的有机物质。一般要求其无色、无臭、无毒、互溶性好、挥发性小、不燃和化学稳定性大。按其作用的不同可分为：(1)溶剂型增塑剂。(2)辅助增塑剂，即非溶剂型增塑剂。(3)催化剂型增塑剂。按其化学结构的不同可分为：(1)邻苯二甲酸酯类。(2)磷酸酯类。(3)亚磷酸酯类。(4)脂肪酸酯类。(5)环氧酯类。(6)含氯化合物等。常用的有邻苯二甲酸二丁酯、邻苯二甲酸二辛脂、磷酸三甲酚酯、磷酸三辛酯等。

【增益】(value added) 一个系统中的力、功率、位移、电信号、声波信号、电磁波信号等物理量的输出值和输入值之比，即物理量的放大程度。相应的，反映载荷与驱动力之比(机械驱动力的放大倍数)时，称为机械增益；反映功率放大倍数时，称为功率增益；反映电压比或电流比时，则称为电压增益或电流增益。由于增益是输入信号的放大倍数，而通过信号放大可以增加作用过程的准确性。所以增益也是控制机械操作或其他操作准确度的参数。增益越大，设备按照控制指令操作越准确。

【增值业务】(value added service) 运营商为满足不同消费群体的个性化信息需求，使原有网路的经济效益或功能价值增高，而提供的一系列业务组合。增值业务是一种多元化、综合性的捆绑式业务。是集语音、图片、文字等为一体的综合性业务。其内容丰富多彩，涉及面广。增值业务的种类很多，例如传真存转发业务、可视图文、可视电话、电子信箱、会议电视、电子数据互换(EDI)等。这些业务都是利用电话网、数据通信网等公用电信网的资源，通过增加一些技术设备来提供新的业务功能。这些业务中多数以语音、文字、图形、图像等多媒体形式更生动、直观、形象地表示和传递。

【增殖反应堆】(breeder reactor) 烧掉一个裂变原子、可产生一个以上的新裂变燃料原子的核反应堆。利用增殖堆可把不能直接作为裂变燃料用的铀-238和钍-232变成新的裂变燃料钚-239和铀-233，不仅可利用到天然铀的60%~70%，而且也可把储量丰富的钍资源利用起来，以补充天然铀的不足。增殖堆分为热中子增殖堆和快中子增殖堆。热中子增殖堆又分为轻水增殖堆和熔盐堆等。快中子增殖堆主要采用钠冷快堆。热中子增殖堆一般用铀-233作燃料，以钍作增殖材料。快中子增殖堆用钚-239作燃料，用铀-238作增殖材料。

【憎水玻璃】(water repellent glass) 在普通玻璃上涂一层硅有机化合物薄膜而成的一种玻璃。不沾雨水，落到其上面的水滴可形成圆珠自动滚落下去。汽车前风挡玻璃采用这种玻璃，就可省去刮水器。

【轧钢在线检测】(rolling on-line detecting) 在轧制过程中对轧制参数和轧件尺寸进行的实时检测和自动调整技术。在线检测系统包括：传感器直接获取被测物体的运动参数，并把它转换为便于传送的物理量；信号处理单元对传感器采集的信号进行放大、转换；微机运算、处理。检测参数主要有厚度、宽度、平直度、凸度、表面缺陷等。微机处理不仅在连轧中对每一架轧机轧制速度和轧辊缝隙进行自动设定和调整，并且可以预报轧制故障或紧急停车。

【轧钢自动化】(rolling automation) 用计算机实现辅助控制的轧钢自动化系统。一般由三级控制系统组成。包括设备控制、过程控制和生产控制。三级之间网络连接，构成整体控制系统。过程控制包括：速度控制、位置控制、开关控制、启动逻辑、轧件跟踪等。控制对象的执行机构有：电动机、液压机、磁力启动器、阀门和开关等。控制参数来自测温仪、测力仪、测宽仪、测厚仪和板形仪等。由数据采集系统实时传递给执行机构。板带材热连轧自动化控制技术的特点是：(1)机架间采用活套张力控制系统。(2)测厚控制系统由预定、轧件刚度控制系统、监控系统测厚仪及压下执行机构组成。(3)使用宽度测量仪，控制调宽压力机的压下量和机架之间的压力，组成板宽控制系统。(4)利用轧机工作辊弯辊系统控制板形。

【轧后冷却】(cooling after rolling) 轧件从终轧温度降低到室温的过程。轧后冷却过程就是一种利用轧后钢材本身的余热所进行的热处理过程。可分为三个阶段：(1)从终轧温度到奥氏体开始发生相变的温度阶段。在此阶段若快冷可以防止晶粒长大和碳化物析出；若缓冷则可以防止裂纹和表面产生马氏体。(2)从奥氏体开始向铁素体、渗碳体或珠光体转变到转变完成的阶段。需要根据所要求的组织和性能选择不同的冷却速度。(3)完成相变到室温的阶段。需要根据钢种是否会有碳化物析出等选择冷却方式。热轧后的型钢在不同的阶段采用不同的冷却方式对其组织性能、断面形状等都有重要影响。轧后冷却按照冷却强度的不同可分为：自然冷却、强制冷却和缓慢冷却。按冷却方式的不同可分为：空冷、堆冷、风冷、水冷和雾冷等。

【轧后余热处理】(after rolling remained treatment) 利用钢材在终轧后其自身温度仍处于奥氏体温度范围进行的热处理。是形变热处理的一种，也是变形强化和相变强化的结合。避免了钢材热处理时的再次加热，减少能耗。在型钢生产中，分为轧后余热淬火、轧后余热正火以及轧后余热表面淬火和自回火等。例如：(1)钢轨在线余热淬火处理。是采用间断冷却方式，喷水冷却使轨头表面温度迅速下降，在随后空冷时内部热量回传到表面使表面温度回升，避免发生贝氏体或马氏体转变，并且使心部也快速冷却。这种间断冷却持续到珠光体开始转变温度，然后自然冷却进行珠光体转变完成，最终获得理想的细珠光体组织，使轨头硬度高、耐磨性好。(2)锅炉管轧后余热正火处理。是使其终轧温度调至相应的正火温度，然后空冷，可以获得离线正火处理的相同效果。(3)热轧带肋钢筋的轧后余热表面淬火和自回火。是将钢筋急速冷却，使其表面淬火成马氏体，心部仍为奥氏体；然后在空气中冷却，心部热量回传到表面淬火层，使马氏体进行自回火，得到回火马氏体或回火索氏体组织。随着温度的下降，心部奥氏体转变为铁素体和珠光体，最终获得良好的综合力学性能。

【轧花机】(ginner) 在棉花的初加工中将籽棉的纤维与棉籽分离的机器。分为皮辊式轧花机和锯齿式轧花机。锯齿式轧棉采用高速转动的圆形锯片钩抓住纤维，而棉籽被肋条阻隔，形成纤维的剥离；皮辊式轧棉机采用表面粗糙的皮辊拖带籽棉通过一对定刀和动刀，棉籽被定刀与皮辊的间隙阻隔，动刀的挤轧加速纤维在根部与棉籽分离。锯齿式轧花机得到的纤维含杂低、长度整齐、短绒少，生产效率高。但容易产生索丝和棉结，且纤维损伤较大。皮辊式轧花机对纤维损伤小。其缺点是杂质多，并带有较多的黄色根部短绒（黄根）。目前在生产中，锯齿式轧花机的使用较为广泛。

轧花机

【轧制】(rolling) 使金属坯料通过一对或多对回转轧辊的空隙，使之受压产生塑性变形，从而获得所需产品的加工方法。主要用于生产各种金属型材、板材和管材，以及其他零件（如连杆、钻头、齿轮、轮箍、轴类等）。

【闸墩】(pier) 闸坝泄流段内分隔孔口的隔墩。包括中墩及边墩。是闸门及各种上部结构的支承体，并把包括闸门传来的水压力及上部结构的重力等荷载传布于水闸底板。闸墩的外形轮廓需使过闸水流平顺，侧向收缩小，过流能力大，故其迎水面常根据不同的水流流向做成弧线形或半圆形。下游端常做成鱼尾形。闸墩的长度一般取决于上部结构的布置要求和闸门型式。厚度主要取决于构造要求，必要时进行强度验算。通常是实体结构，纵向刚度很大，使闸室在纵向不会产生显著变形。若挡水高度不大，孔宽较小，闸室抗滑稳定性较大，也可把闸墩的一部分做成排架式。既可节约工程量，又可减小闸墩实体部分长度，避免闸墩出现纵向温度裂缝。闸墩承受的主要荷载是结构自重、水推力和交通桥传递的荷载及车辆制动力，在地震区还有地震惯性力。闸墩在垂直水流方向可以作为固结于底板的悬臂板或有侧移的框架竖杆，用材料力学或结构力学的方法对其进行应力计算。计算需考虑不同的荷载组合情况：(1)在正常或非常挡水水位情况下，闸门全关，核算顺水流方向的闸墩应力分布。(2)在正常或非常挡水水位情况下，个别闸门部分开启，闸墩两侧的水位不同，水压力也不同。同时还受到垂直水流方向的车辆制动力。以上两种情况为基本的荷载组合。(3)在正常挡水水位情况下，闸门全关，遇到强烈地震的情况，主要核算垂直水流方向的闸墩应力分布。此时属于特殊荷载组合。

闸墩

【闸门启闭机】(gate hoisting machinery) 控制、开启和关闭闸门的起重机械。分以下几类：(1)按其布置方式的不同可分为固定式、移动式和回转式。(2)按其传动系统的不同可分为蜗轮蜗杆传动、液压传动和齿轮传动。(3)按牵引方式的不同可分为索式、链式和杆式。用得最普遍的有螺杆式启闭机、卷扬式启闭机、液压式启闭机和移动式启闭机。启闭机的选用需根据具体情况而定。(1)在泄水建筑物中，当孔数较多时，其检修闸门常采用移动式启闭机。对于平面工作闸门，若开启时间有严格要求，常采用卷扬式启闭机；对于弧形工作闸门，也常采用卷扬式启闭机。当泄水孔口数量少时，事故闸门需采用卷扬式启闭机；孔口数量

防洪闸门启闭机

多时,事故闸门可采用移动式启闭机。当闸门需要机械加压时,可采用液压式或螺杆式启闭机。当用闸门代替工作闸门时,常采用螺杆式启闭机。(2)在引水发电建筑物中,检修闸门常采用移动式启闭机;事故闸门常采用液压式或卷扬式快速启闭机;尾水管出口检修闸门,一般采用单向移动式启闭机。(3)渠系中的水闸一般采用卷扬式或螺杆式启闭机。对缺少电源的小型水利工程,宜采用手动操作的启闭机。

【栅栏技术】(hurdle technology) 在食品生产中,将不同的栅栏因子,科学合理地组合起来,发挥其协同作用的技术。是结合一种以上食品保藏因子,共同保障食品的稳定性和安全性。存在于食品中起控制作用的因子,称为栅栏因子。提供微生物一个良好的生长环境,增加栅栏的强度。其作用主要是:从不同的侧面抑制引起食品腐败的微生物,形成对微生物的多靶攻击,从而改善食品质量,保证食品的卫生安全性。在食品加工中,应根据不同的产品采用不同的防腐技术,以阻止残留的腐败菌和致病菌的生长繁殖。按其因子类型的不同可分为:物理性栅栏、物理化学栅栏、微生物栅栏和其他栅栏。其防腐方法主要有:高温处理(H)、低温冷藏或冻结(t)、降低水分活性(aw)、酸化(pH)、降低氧化还原值和添加防腐剂等。存在于食品中起控制作用的因子,称为栅栏因子。

【栅栏效应】(hurdle effect) 又称栅栏现象。食品中两个或两个以上栅栏因子之间具有协同作用的现象。当食品中有两个或两个以上的栅栏因子共同作用时,其作用效果强于这些因子单独作用的叠加。研究结果表明,不同栅栏因子进攻微生物细胞的不同部位,如细胞壁、DNA、酶系统等。改变细胞内的 pH 值、水分活性、氧化还原电位,使微生物体内的动平衡被破坏,称为“多靶保藏”效应。对于某一个单独的栅栏因子来讲,其作用强度的轻微增加,可对食品的货架稳定性产生显著的影响。运用栅栏效应理论,合理设置多个强度缓和的栅栏因子,通过它们之间的交互作用,形成有效防止食品腐败变质的栅栏,可以开发出感官品质良好的风味食品。

【炸药】(explosive) 在一定的外力作用下(如受热、撞击),无需外界供氧,能够发生快速化学反应,生成大量的热和气体产物的物质。按其成分的不同可分为:(1)由单一化合物组成的单质炸药。(2)由两种或两种以上物质组成的混合炸药。按其性能的不同可分为:(1)起爆药。(2)猛性炸药。(3)火药。(4)烟火药。前两种引爆会发生爆轰,又称高爆炸药;后两种引爆会发生爆燃,又称低爆炸药。最早的炸药－黑色火药,是9世纪初或更早时间,由中国炼丹术士们发明的。炸药的爆炸性能主要由爆热、爆容、爆速和爆压表示。广泛用于军事、矿山和民用。

黑火药

【炸药感度】(sensitivity of dynamite) 爆炸材料在外界能量作用下发生爆炸的难易程度。炸药的感度必须适中,以6号和8号雷管能够起爆为宜。按外界作用的不同可分为:(1)热感度。指炸药在热能作用下发生分解,燃烧、爆炸或爆轰的难易程度。每一种炸药都有一个能使它引起爆轰的最低温度。这个温度值为炸药的爆发点。爆发点越低,表明炸药对热的感度越高。(2)火焰感度。(3)撞击感度。(4)摩擦感度。(5)起爆感度。又称爆轰感度。指外界爆炸能引发炸药爆炸的难易程度。即炸药对爆轰波的敏感程度,常用殉爆距离来表示。对于工业炸药,一般都要求具有良好的爆轰感度,以便可靠的进行起爆,避免不稳定爆炸;另一方面又要求炸药具有较低的机械感度和热感度,以保证生产、运输、储存和使用时的安全。

【炸药库】(explosive storehouse) 按照一定设计规范要求建造的用来储存雷管、炸药等易爆物品的场所。生产企业使用的炸药库一般有地面炸药库和井下炸药库。炸药库在矿山企业应用广泛,比如对于大型煤矿企业,不仅在地面建有炸药库,为了炸药的使用、运输和储存方便,在井下也建有炸药库。按照炸药库设计规范要求,炸药库都配备有消防设备、通信设备、报警装置和防雷装置等安全设施。每个炸药库按规定都制定有严格的管理制度。比如:爆破器材收发记录制度、采用三联式领用单和退料单制度、巡守员交接班制度等。

【炸药猛度】(brisance of dynamite) 炸药爆轰时粉碎与其接触介质的能力。衡量炸药爆炸时对与其接触的局部固体介质的破碎程度。岩石爆破时,其破碎成碎块的程度,就是猛度大小的表现。测定猛度的常用方法是铅柱法。试验时,将纯铅制的圆柱放在钢垫板上,铅柱上放圆钢体,钢体上放药卷,雷管插入药卷中,用细绳拉紧固定。起爆后,铅柱被压成蘑菇形,测出爆炸前后铅柱的高度差。就是被测炸药的猛度值。单位用毫米(mm)表示。猛度主要取决于爆速。爆速越大,猛度越高。猛度只表示炸药的局部破坏能力。两种作功能接近的炸药,虽然总的破坏能力相近,但猛度大的炸药,对局部的破坏能力却大得多。在爆破作业中,要正确选用炸药品种,才能达到理想爆破效果。对用于硬岩爆破的炸药，必须选用猛度大的，即高密度、高爆速的炸药；而对于中硬以下岩石或岩层爆破，则应选用猛度较小而爆力较大的炸药。

【炸药作功能力】(explosive power ability) 又称炸药威力。炸药爆炸产物对周围介质所作的总功。爆炸威力越大，破坏成块的程度也越高。炸药的爆炸性能即炸药总的作功能力和局部破碎能力，常用作功能力和猛度来表示。炸药作功能力是炸药爆炸后气体产物膨胀作功的能力(包括抛掷、破碎、压缩等)。它是衡量炸药特性的重要指标。其大小取决于爆炸反应时爆热的大小、爆温的高低及爆生气体的多少。爆热越大，爆温越高，爆生气体体积越大，则炸药的爆力越大。其常用测试方法是铅铸法(又称铅弹法)。具体做法是在一个200mm×200mm的铅柱中有一个125mm×125mm的圆孔。在孔中装定量(10g)的被测炸药试样进行爆炸试验，以其爆炸后对铅铸的扩孔值来相对比较各种炸药的作功能力，以毫升(mL)为单位表示。

【窄谱抗生素】(narrow antibiotics) 见广谱抗生素。

【谵妄综合征】(delirium syndrome) 一组表现为广泛的认知障碍尤以意识障碍为主要特征的综合征。常因脑部弥漫、暂时的中毒感染或代谢失常等引起。以下六类病人较容易产生谵妄：老年、儿童、心脏手术后、烧伤、脑部有损害、药物依赖者。临床表现是：往往急性起病、从认知障碍、逻辑推理障碍到感知障碍，其状态一般可持续5～7天而获缓解。如原发疾病未得到控制，则可继续发展甚至昏迷死亡。

【展成法】(generating method) 见滚切法。

【展成法加工齿轮】(gear generating method) 用齿轮刀具(滚刀或插齿刀等)的刀齿与被加工齿轮强制啮合，根据在切削中两者齿廓互为包络线的原理，加工出齿轮齿形的方法。一种加工齿轮齿形的方法。齿轮加工中的插齿、滚齿、剃齿及磨齿等，均属展成法加工。现代齿轮的大部分都是在齿轮加工机床上采用展成法加工的。

滚齿机

【展弦比】(aspect ratio) 机翼或其他升力面的翼展(机翼的长度)平方与翼面积的比值。机翼展弦比是机翼纵向细长程度的量度，用以表现机翼相对的展张程度。如果是圆形机翼就是直径的平方除以圆面积。小展弦比机翼导致大诱导阻力(见词条诱导阻力)，进而使升阻比(飞机飞行中，在同一迎角的升力与阻力的比值)小，航程性能不好，但机动性(见词条机动性)好。小航程、高机动性飞机，一般采用小展弦比机翼，如：J-8展弦比2，Su-27展弦比3.5，F-117展弦比1.65。大航程、低机动性飞机，为了减小诱导阻力，增加升力，机翼的展弦比都比较大，如：B-52轰炸机展弦比为6.5，U-2侦察机展弦比10.6。高空侦察飞机的展弦比可高达30左右。

【战场电磁环境】(battlefield electromagnetic environment) 在一定的战场空间内对作战有影响的电磁活动和现象的总和。现代战场的电磁环境是各种电磁能量共同作用的复合环境。既有自然电磁干扰源，如雷电、静电等，又有强烈的人为干扰源，如各种功率的雷达、无线电通信、导航、计算机以及与之对抗的电子战设备、新概念电磁武器等。战场电磁环境比平时的电磁环境要复杂得多。在高技术条件下的战场电磁环境，主要由各类电磁脉冲场构成。战场电磁环境是战场环境的重要组成部分。它表现为一定战场空间内各种电磁信号的总体状态。涉及的电磁活动内容广泛，并趋于复杂多变，对战争进程和结局有重要的影响。

【战场感知】(battlefield wareness) 所有参战部队和支援保障部队对战场空间内敌、我、友各方兵力部署、武器装备和战场环境信息实时掌握的过程。其内容除传统的侦察、监视、目标指示与毁伤评估等以外，还包括信息共享及信息资源的管理与控制。其能力包括信息获取、精确信息控制和一致性战场理解三个要素。信息获取是指及时、充分、准确地提供敌、我、友部队的状态、行动、计划和意图等信息的能力；精确信息控制指动态地控制和集成战术C^4ISR资源的能力；一致性战场理解是指参战人员对敌、友和地理环境理解的水平与速度，保持战术部队与支援部队对战场态势理解一致性的能力。指挥员的战场感知能力是影响战争进程的关键性因素。利用这一能力，可一致性地理解及预测战情，控制战争进程，掌握战争的主动权，夺取战场优势。

【战场环境】(battlefield environment) 作战空间中对战争态势有影响的各类客观因素的总和。包括自然因素和人文因素。战争所涉及的客观因素包括战场物质环境和战场信息环境。战场物质环境指自然地理环境、人文地理环境、气象气候环境和核生化环境；战场信息环境指电磁环境、人文社会环境和计算机网络环境。

【战斗机】(fighter aircraft) 又称歼击机。用于拦截和摧毁敌方空中目标、夺取制空权的飞机。机载武器有航炮航空火箭、空空导弹等。在空战中,敌方空中,目标种类繁多。提升战斗机的性能指标一直是各国空军研发工、作的重点。装备的机种,其性能水平和作战方式也在技术发展、使用需求、实战经验和作战观念的共同推动下不断地演变。现代战斗机已能执行防空截击、纵深遮断和近距空中支援等多种任务。喷气式战斗机已发展到以美国 F-22 为代表的第四代飞机。

歼-10 战斗机

【战斗机敏捷性】(agility) 又称机敏性。飞机迅速和精确改变其状态的能力。是衡量战斗机格斗机机动性能的一项指标。与传统战斗机的机动性不同,它反映的是飞机从一种状态变化到另一种状态的瞬间特性。可用三种能力来描述:(1)在敌机指向本机之前首先指向敌机。(2)可以长时间连续地以高转弯速率转弯,以获得多次攻击的有利地位。(3)可以极快地加速提前飞达到某点,再次获得所需机动速度或跟踪一个即将离开的目标。敏捷性不仅与结构、气动特性和发动机有关,而且与飞行控制系统及其控制能力关系密切。提高飞机的敏捷性采取的主要技术措施是推力矢量技术和涡流控制技术。二者难度都很大。

【战略】(strategy) ❶对全局性、高层次的重大问题的筹划与指导。如国家战略、国防战略、经济发展战略等。❷军事战略。筹划和指导战争全局的方略。根据对国际形势和敌对双方政治、军事、经济、科学技术、地理等诸因素的分析判断,科学预测战争的发生与发展,制定相应的方针、原则和计划,筹划战争准备,指导战争实施所遵循的原则和方法。战略具有重要的地位和作用,它是国家根本性的军事政策,是军事活动的主要依据,是运用军事力量支持和配合国家进行政治、经济、外交斗争的重要保障。战略正确与否,决定战争的胜负,事关国家和民族的荣辱兴衰。战略的基本类型是进攻战略和防御战略。它既指导战时,也指导平时;既指导军事力量的使用,也指导军事力量的建设;既指导准备与实行战争、赢得战争的胜利,也指导遏制战争、维护和平。

【战略导弹】(strategic missile) 用于打击战略目标的导弹。战略武器的主要组成部分。通常携带核弹头,用于打击政治和经济中心、军事和工业基地、核武器库、交通枢纽等目标,以及拦截来袭战略弹道导弹。战略核导弹是衡量一个国家战略核力量和军事科学技术综合发展能力的主要标志之一。按发射点与目标位置的不同分为地地战略导弹、潜(舰)地战略导弹、空地战略导弹等;按作战使用目的的不同分为进攻性战略导弹、防御性战略导弹(反弹道导弹);按飞行弹道的不同可分为战略弹道导弹和战略巡航导弹;按射程的不同分为中程、远程和洲际导弹。中程导弹射程为1 000~3 000km,远程导弹射程为3 000~8 000km,洲际导弹射程在8 000km以上。不同类型的战略导弹,其发射装置和控制设备不同,发射方式也不同。战略弹道导弹一般是多级导弹,主要由弹体、推进系统、制导系统和弹头系统等组成。弹体是连接、安装各部件和系统的圆柱形承力壳体;具有良好的空气动力外形。推进系统是用于推进导弹飞行的装置,通常采用液体或固体火箭发动机。制导系统是导引和控制导弹飞行的装置,由测量装置、计算装置、姿态控制系统等组成。通常采用惯性制导、星光-惯性制导等。弹头系统是摧毁目标的装置,主要由壳体、核装置、引爆控制系统等组成。有的还装有子弹头释放机构、末助推控制系统和突防装置。战略巡航导弹的组成与战略弹道导弹有所不同。战略巡航导弹弹体上安装有弹翼;主发动机即巡航发动机采用空气喷气发动机;助推器即加速器,一般是固体火箭发动机;采用全程制导系统;战斗部安装在导弹的前部或中部。

战略导弹

【战略导弹核潜艇】(strategic missile nuclear submarine) 以弹道导弹为主要武器的核动力潜艇。是一个国家核打击力量的重要组成部分。主要运用弹道导弹对敌方陆上战略目标进行核突击。战略导弹核潜艇排水量大,航速高,续航力大,潜水深度深,自持力长,携带远射程弹道导弹数量较多,并有自卫用的鱼雷武器,是威力强大的战略威慑力量。

【战略导弹检测技术】(strategic missile checkout technique) 对战略导弹系统、分系统或有关仪器、装置、组件的状态和性能进行检查测试的技术。战略导弹部队技术的组成部分之一。用于战略导弹的研制、定型、试验、生产、出厂检验、贮存、使用等整个过程。在研制和生产阶段,目的是对设计指标进行评估、验收、调试和校准,保证研制设计的正确和出厂产品合格;在储存和使用阶段,目的是确定导弹满足技术条件要求的程度,发现并排出故障,保证预定的可发射率。检测技术的内容,涉及战略导弹检测的原理、方法、设备及信号的获取、交换、接口、传输、处理、显示和记录等方面。此外,可靠性技术,如冗余技术、降额技术、电磁兼容技术等也是战略导弹检测技术的组成部分。

【战略核武器】(strategic nuclear weapon) 用于执行战略任务的核武器的统称。一般指由威力较高的核弹和射(航)程较远的投射系统和指挥控制系统组成的武器系统。包括陆基洲际导弹、潜基弹道核导弹、携带核炸弹、近程攻击核导弹、核巡航导弹的战略轰炸机、反弹道核导弹等。

地地核导弹

【战略环境评价】(strategic environment assessment, SEA) 对政策、规划或计划及其替代方案可能产生的环境影响进行规范的、系统的综合评价,并将结果应用于负有公共责任的决策中的系统工程。是针对项目环境评价的缺陷而提出的。建设项目处于整个决策链(战略－政策－规划－计划－项目)的末端,因此项目环评只能做修补性的努力,即对单个项目的认可或否决,并不能影响最初的决策和布局。

【战略激光武器】(strategic laser weapon) 用于攻击敌方战略弹道导弹或卫星、射程在几百千米到几千千米的激光武器。目前的战略激光武器主要采用化学激光器。攻击弹道导弹的战略激光武器功率需达到百万瓦以上。攻击卫星需要的激光功率因毁伤方式的不同而变化,最高可达百万瓦以上。1983 年美国提出“战略防御倡议”时,战略激光武器曾被列为最主要的优先发展项目。战略防御激光武器的发展重点是美国空军和弹道导弹防御局共同管理的天基(以卫星作平台)化学激光武器项目,预计在 2012 年左右可进行天基平台集成飞行试验,未来有可能进行星座式部署,拥有对战略弹道导弹的全球防御能力。美国陆军和空军也在发展这种武器。陆军于 1997 年进行用地基激光照射卫星的试验,取得初步成功。美国和俄罗斯已初步具备激光反卫星能力。

战略激光武器

【战略力量】(strategic force) 在实现战略目的、完成战略任务中起支柱作用的军事力量。是战略的物质基础和支柱。以国家综合国力为后盾,以军事力量为核心,其发展要根据国家的整体战略目的和战略方针的要求。确定其建设的规模、发展的方向和重点,并与国家的总体力量协调发展。战略力量是制定战略和进行战争的客观基础。同时,战略力量的发展也要力求与战略目的相适应。

【战略目标】(strategic target) ❶对战争全局有重大影响或对达到战略目的有重要意义的打击或防卫对象,如政治、经济和军事指挥中心、重兵集团、军事基地、重要的生产和工程设施等。❷国家或政治集团确定的一定时期内,在战略上所要达到的目的、标准和水平。

【战略情报】(strategic intelligence) 有关国家安全和战争全局所需的情报。主要包括:敌方和有关各方的军事思想、战略方针、战争计划、作战原则、战备措施、武装力量体制、军事实力、战争潜力、战略目标、军事部署,以及政治、外交、经济、科技、地理等情况。

【战略思维】(strategic thought) 是思维主体依据战略诸要素为形成战略思想、战略方针和战略决策而进行的思维活动。是从战略高度把握客观事物的高级思维形式。作为军事科学和思维科学的交叉与融合,作为思维科学在军事艺术领域最高层次的体现,战略思维是认识论、方法论在军事领域的具体运用。贯穿于战争准备与战争实施的全过程。战略思维作为全局性思维,是从全局和长远来客观辩证地观察、思考和处理问题的科学思维方式。从方法上讲,是一种总揽全局、关系全局的宏观性思维。无论研究战略问题,还是研究具体问题、局部问题,都应该遵循。

【战略通信卫星】(strategic communication satellite) 一种主要用于全球性战略通信的卫星。使用大型地球站和舰载终端为各级指挥机构提供远距离、高速率、大容量的战略指挥通信服务。通常定点于地球静止轨道,使用超高频(SHF,3～30GHz)和极高频(EHF,30～300GHz)频段。由于卫星定点在赤道上空,南北两极地区是通信的盲区,77°以上高纬度地区的效果不理想,需要靠其他卫星系统来补充。

【战略威慑】(strategic deterrence) 国家或政治集团为实现既定的政治目的,以强大的声势或威力慑服对方而采取的军事行动。是在战略层次的运用。通常以优势的军事力量为后盾或通过一定程度的武力行动,造成兵临城下的军事压力,使对方面临得不偿失或可能遭到无法承受的报复的危险,产生畏惧心理,放弃某种企图。按其政治目的的不同可分为进攻性威慑和防御性威慑;按其实施范围的不同可分为全面威慑和局部威慑;按其力量对比的不同可分为优势威慑、均势威慑和有限威慑;按其采用手段的不同可分为常规威慑和核威慑。

【战略性新兴产业】(strategic emerging industry) 关系到国民经济、社会发展和产业结构优化升级,具有全局性、长远性、导向性和动态性特征的新兴产业。是中国立足当前、应对危机、调整结构、转变发展方式的有力手段。是面向未来、着眼长远、支撑和引领中国经济社会全面协调可持续发展的重大战略选择。是拉动经济增长、扩大就业的重要引擎,对引领产业结构优化升级,转变发展方式,提高经济增长的质量,带动经济社会进步和提升中国综合国力具有重要作用。也是抢占新一轮发展制高点、促使国民经济和企业发展走上创新驱动、内生增长轨道的根本途径。在中国国民经济和社会发展第十二个五年规划纲要编制中,拟定的新兴战略性产业包括:新能源、节能环保、电动汽车、新材料、新医药、生物育种和信息产业等。涉及新能源产业、传感网与物联网、微电子等新型材料、生物医药、海洋工程五大领域约 20 个产业。其特点主要是:(1)产品具有稳定和广阔前景的市场需求。(2)有良好的经济技术效益,能耗低、污染少。(3)产业带动能力强,可以带动一批产业的兴起。通过加快战略性新兴产业的培育和发展来转变经济发展方式,促进中国经济的进一步发展。

电动汽车产业

【战略学】(strategics) 研究重大的、带全局性的或决定全局的谋划的学科。起源于军事,后来被扩展到政治、经济、科技、教育等各个领域。现代战略学作为一门综合性的新兴学科受到世界各国的重视,在近几十年的时间里得到了迅速发展。战略原是一军事术语,其含义是指对战争全局的筹划和指导。现在,战略一词的含义已大大超出了原有的军事范围,泛指重大的、带全局性的、规律性的或决定全局的谋划。这是由于现代社会活动越来越复杂,规模越来越大,政治、经济、科技、社会生活等各方面,都处于巨大变化之中。面对复杂多变的环境和激烈的竞争,任何一个国家、地区、企事业单位,要发展,要前进,其领导者都必须具备高瞻远瞩的战略头脑,能够透过纷繁多变的现象,洞察事物的本质和发展趋势,及时做出正确的战略决策,并从全局出发给予战略指导。因而战略研究得到迅速发展。战略学是一门大学科,有若干个分支。按其内容的不同可分为:军事战略学、经济社会发展战略学、科技发展战略学、文化发展战略学等;按其范围的不同可分为:国际战略学、国家发展战略学、地区发展战略学、企业战略学等。

【战区弹道导弹】(theater ballistic missile) 见战术弹道导弹。

【战区导弹防御计划】(theater missile defence,TMD) 美国于 1993 年 5 月开始制订、用于战区、主要对付战役战术导弹的防御系统研制计划。主要包括预警探测系统、指挥控制系统、火力打击系统。由高层防御和低层防御两部分组成。高层防御主要是对来袭导弹的助推段、巡航段和大气层外的再入段实施拦截;低层防御主要是对来袭导弹在大气层内的再入段和末段实施拦截。美国极力推行的战区导弹防御计划,不仅仅是一个单一的反导系统,其实质是军事结盟,是一个复杂的网络。它由设在各国(地区)的预警、探测、发射、储运等子系统组成。各成员国(地区)之间由此构成"互相依赖、互相制约"的军事体系。在亚洲,美国向日本、韩国甚至中国的台湾当局,发出了加入战区导弹防御计划的正式和非正式"邀请信",其实质就是要在亚洲建立起类似欧洲的以美国为主导的军事安全机制。

【战术弹道导弹】(tactic ballistic missile) 用于支援战场作战、压制和消灭敌方战役战术纵深目标的近、中程弹道导弹。射程在 1 000 ~ 3 500km 范围内的通常又称为"战区弹道导弹"。战术弹道导弹通常装有常规弹头,也可装低当量核弹头,一般从机动发射车上垂直或倾斜发射。与火炮和火箭炮相比,它具有射程远、命中精度高、杀伤能力强等优点。战术弹道导弹同火箭炮配合使用,提高了杀伤能力和杀伤范围。其攻击的主要目标有:指挥所、通信中心、军队集结地、装甲编队、机械化部队、导弹

战术弹道导弹

部队、前沿机场、防空阵地、后勤设施(油库和装弹库)、交通要道(隘路、桥梁)等。对于幅员较小的国家,也用于打击政治经济中心、大城市、交通枢纽等战略目标。战术地地弹道导弹由于操作维护简单,能远距离打击敌方纵深目标,生产购买便宜,特别受到第三世界国家的重视和偏爱。

【战术导弹】(tactical missile) 用于打击战役战术纵深内重要目标和直接支援部队战斗行动或进行独立作战的导弹。属近程导弹。战术导弹种类多,用途广。有打击地面目标的地地导弹、空地导弹等,有打击水面目标的岸舰导弹、空舰导弹、舰舰导弹和潜舰导弹等反舰导弹,有打击空中目标的地空导弹、舰空导弹和空空导弹。战术导弹射程远近不一,近者数十米,远者数十千米、数百千米。战术导弹由于打击目标不同,其组成也有不同特点。其制导系统有自主式制导、寻的制导、遥控制导和复合制导系统。地地战术弹道导弹常采用自主式制导系统,有的还带有末端制导系统。地空、舰空和空空导弹常采用寻的制导、遥控制导系统。反舰导弹多采用复合制导系统。战术导弹的推进系统多采用固体火箭发动机,有的采用液体火箭发动机、空气喷气发动机或组合发动机。其战斗部多采用常规战斗部,有的也采用核战斗部或特种战斗部。常规战斗部按打击的目标分类,有打击空中目标的杀伤战斗部,打击装甲目标的聚能破甲战斗部,打击水面目标的半穿甲战斗部,打击地面目标的爆破、杀伤战斗部等。

战术导弹

【战术高能激光武器】(tactical high energy laser weapon) 美国、以色列等国正在研制的战术激光武器系统。主要由以下三部分组成:(1)40万瓦级氟化氘化学激光器;(2)0.7m口径的光束定向器,用于控制激光束瞄准飞行中的目标,并在目标某一固定部位上形成能量密度尽可能高的光斑,以摧毁目标;(3)指挥、控制、通信与情报(C^3I)系统。整个武器系统可装在车辆上或数个集装箱里。车载型一次装料可供激光器射击50次,足以损伤20km远处目标的敏感元件,或直接烧坏、引爆5km远处的目标。在作战中,可用于防御火箭弹、巡航导弹、反辐射导弹、作战飞机、无人机和直升机等多种目标;既可单独使用,也可与"战区高空区域防御"系统、"爱国者先进能力-3"导弹系统等一起构成多层防御系统。在以火箭弹为目标的激光打靶试验中,该系统曾多次击落俄制多管火箭炮发射的火箭弹。

战术高能激光武器

【战术核武器】(tactical nuclear weapon) 用于支援部队作战、打击敌方军事目标的核武器。一般指由威力较低的核弹、射(航)程较短的投射工具和指挥控制系统组成的武器系统。包括近程地地核导弹、战术轰炸机携带的核炸弹、防空核导弹、核深水炸弹、舰舰和航空核导弹、反潜核导弹、核炮弹、核地雷等。

【战术通信卫星】(tactical communication satellite) 一种使用小型地球站和机动终端,主要用于为作战部队及时提供低速率的战术性指挥与控制通信服务的卫星。用户终端为机载、舰载、车载或手提肩背便携式。为适应战场实时、直播的需要,战术通信用户终端应满足小型、机动的要求,能够实现点对点通信。因此,通信天线与转发器的功率要大,抗干扰的能力也要更强。

【战术学】(science of tactics) 军事学的一个分支。研究战斗规律和战斗指导规律的学科。军事学术的重要组成部分。由合同战术学、军种战术学、兵种战术学三个层次构成。以战斗为主要研究对象。其研究领域涉及战斗的各个方面,着重研究战斗的本质、特点和规律,战斗诸要素,准备和实施战斗的原则、方法以及战术学与相邻学科的关系、战术学的研究方法等。其基本任务是揭示战斗规律和战斗指导规律,用以指导战斗实践,为夺取战斗的胜利服务。

【战役学】(science of campaigns) 军事学的一个分支。研究战役规律和战役指导规律的学科。军事学术的重要组成部分。分为合同战役学和陆军、海军、空军、战略导弹部队等军种战役学。以战役为研究对象。其研究内容包括:战役的本质、特点和规律,战役的产生和发展,战役准备与实施的方法,战役学的研究方法等。其基本任务是:揭示战役规律和战役指导规律,用于指导战役实践,为夺取战役胜利服务。

【战争动员学】(science of war mobilization) 军事学的一个分支。研究战争动员的本质和规律的学科。军事学术的组成部分。其任务是：阐明动员在战争、战略指导中的地位与作用，探索适应现代战争动员要素的指导原则、程序和方法，预测战争动员的发展趋势。战争动员学与战略学、战役学、军队指挥学、军制学、国防经济学，以及国民经济管理学、人口学等有密切联系。对平时的动员准备和战时的动员实施有直接指导作用。

【张口受限】（trismus） 张口度小于正常值。属于临床疾病的体征之一。可由感染、损伤、肿瘤、颞下颌关节疾病等各种原因所致。检查张口度时以上下中切牙切缘之间的距离为标准。正常人的张口度约相当于自身示指、中指、无名指三指末节合拢时的宽度，平均约为3.7cm。其分度是：(1)轻度张口受限。上下切牙切缘间仅可置二横指，2.0～2.5cm。(2)中度张口受限。上下切牙切缘间仅可置一横指，1.0～2.0cm。(3)重度张口受限。上下切牙切缘间距不足一横指，1.0cm以内。(4)完全性张口受限，完全不能张口。又称牙关紧闭。其治疗方法是：治疗其相关疾病后加以训练可以逐渐恢复正常开口度。

【张力控制系统】（tension control system） 张力传感器和张力控制器的一种集成系统。是一种实现恒张力或者锥度张力控制的自动控制系统。其作用主要是：实现辊间的同步，收卷和放卷的均匀控制。这种控制对机器的任何运行速度都必须保持有效，包括机器的加速、减速和匀速。即使在紧急停车情况下，也应有能力保证被分切物不破损。张力控制的稳定与否直接关系到分切产品的质量。若张力不足，原料在运行中产生漂移，会出现分切复卷后成品纸起皱现象；若张力过大，原料又易被拉断，使分切复卷后成品纸断头增多。一套典型的张力控制系统主要由张力控制器、张力读出器、张力检测器、制动器和离合器构成。按环路的不同可分为：开环、闭环或自由环张力控制系统。按监测方式的不同又可分为：超声波式、浮辊式、跟踪臂式等。主要应用于冶金、造纸、薄膜、染整、织布、塑胶和线材等设备。

【张力腿平台】（tension leg platform） 又称张力腿式平台。利用绷紧钢索或较细钢管的张力来固定井位的平台。是将钢索或钢管的一端用桩或注水泥的方法固定在海底，另一端穿过平台立柱连接到张紧机上，当操作张紧机时，能使多条钢索或钢管拉紧，使平台相对稳定。这种方法适宜深水作业，是具有较大发展前景的深海采油平台。

【张网】（stow net） 定置在水域中，利用水流迫使捕捞对象进入网囊的一种锥形囊状网具。按其结构的不同可分为：张纲、框架、桁杆、竖杆、单片和有翼单囊六种类型；按其作业方式的不同可分为：单桩、双桩、多桩、单锚、双锚、船张、樯张和并列八种形式。多为圆锥或棱锥形。具有网翼装置或不具有网翼装置之分。带有网翼的张网可增加拦截水域的面积，提高渔获性能。一般为单囊结构。其网口部分多装有保持网口张开的框架、撑杆或浮筒。在作业时，先借助于锚、碇、桩、橛、樯和杆等属具，把张网固定在有较强水流的浅水水域，利用急流迫使鱼虾等冲入网具内加以捕获。是沿海和江河地区常用的网渔具。如浙江沿海的大莆网；东海北部的鮟鱇网和帆张网；黄海和渤海的架子网和坛子网等。按其作业方式的不同可分为：(1)锚张网。用锚固定在具有较强流水水域的锥形张网，如主要捕捞海鳗、石首科鱼类的张网等。(2)船张网。敷设在船舷两侧、依靠渔船顶流抛锚作业的船张网，如专捕上层鱼虾的挑网。(3)桩张网。通过绳索固定在桩、橛上的，如主要捕捞虾类、海蜇的架子网。以上三种张网一般设置于单向流水域中，网口与水流方向相对。(4)樯张网。固定在樯、杆上的方锥形张网，主要捕小型鱼虾，大多设置在沿海有往复流的浅水区或河口处。各种作业方式一般在平潮时起网捞取渔获物，并调整网具至正常工作状态。定置作业具有投资少、产量较稳定的特点，但伤害幼鱼资源，国家采取禁渔期和限制作业区域等措施加以控制。

桩张网

【章鱼】（octopus） 俗称长章、短脚章、坐蛸、石吸、望潮、章干、八爪鱼、八带鱼。海洋软体动物八腕目头足类的统称。章鱼，说是鱼却不是鱼，但严格意义上仅指章鱼属动物。广泛分布于浅海中。体呈短卵圆形。头与躯体分界不明显，上有大的复眼及8条可收缩的腕。腕间有膜相连，长短相等或不相等。每条腕均有两排肉质的吸盘。腕的基部与称为裙的蹼状组织相连。其中心部有口。口有一对尖锐的角质腭及锉状的齿舌，用以钻破贝壳，刮食其肉。无鳍。有高度发达的含色素的细胞，故能极迅速地改变体色，遇到危险时喷出黑色的墨汁，帮助逃跑 。栖息于海底的岩石洞穴或缝隙中，喜隐匿不出。主要以蟹类等甲壳动物为食。广泛分布

章鱼

于世界各地热带及温带海域,中国常见的章鱼有:短蛸、长蛸和真蛸等。

【掌上游戏机】(handheld game console) 又称便携式游戏机、手提游戏机、携带型游乐器。方便携带的小型专门游戏机。起源于1976年,由美国Mattel公司开发的Mattel Electronics Handheld Games系列。首款上市的产品名为Mattel Auto Race,是最早将LED应用在电子游戏的掌机。在亚洲地区,特别是日本和中国,掌机游戏具有大量的用户群,并带动了大量相关软、硬件产业的发展。GBA是日本任天堂公司于2001年3月21日发售的便携式游戏机,可兼容大部分以前的Game Boy和Game Boy Color的游戏。一般简称为GBA。PSP是日本SONY开发的多功能掌机系列,于2004年12月12日发售,具有游戏、音乐、视频等多项功能。2007年9月,轻量、薄型化的PSP-2 000系列发售。2008年10月,提升液晶屏幕鲜艳及对比度并内置麦克风的PSP-3 000系列发售。2009年,PSP Go发售。

掌上游戏机

【胀缝】(expansion joint) 供水泥混凝土路面板受热伸胀而设置的缝隙。目的是为防止板体膨胀受到约束使板内产生过大的压应力。一般做成平缝形式,缝宽在2.5cm左右,缝内设传力杆,以传递荷载给邻板。缝下面的2/3部分用预制填缝板填塞,上面的1/3部分一般用填缝料填充。胀缝的间距幅度颇大,常见的为30～90m,也有长达数百米者。四季温差较大的地区,在冬季浇筑混凝土或采用膨胀性较大的集料时,间距要适当缩短。

【胀形】(bulging) 利用模具强迫板、管等工件的局部厚度减薄或表面积增大及空心件局部的径向扩张的冲压加工方法。得到所需几何形状和尺寸的制件或实现连接、密封等。冲压生产中的起伏成形、圆柱空心毛坯的胀形等均属于胀形成形方式。起伏成形是指板料在模具作用下发生局部胀形而形成凸起或凹下的冲压方法。常见的起伏成形有压加强筋和局部凹槽、凸包等。圆柱形空心毛坯胀形是指将圆柱形空心毛坯向外扩张成曲面空心制件的冲压加工方法。用这种方法可以制造如高压气瓶、波纹管、自行车三通接头以及火箭发动机上的一些异形空心件,也用于管、板连接和铆接等。

【招标控制价】(price control of tender) 招标人根据国家或省级、行业建设主管部门颁发的有关计价依据和办法,按设计施工图纸计算,对招标工程限定的最高工程造价。国有资金投资的工程建设项目应实行工程量清单招标,并应编制招标控制价。招标控制价编制应依据建设工程工程量清单计价规范;国家或省级、行业建设主管部门颁发的计价定额和计价办法和建设工程设计文件及相关资料进行。招标控制价应由具有编制能力的招标人,或受其委托具有相应资质的工程造价咨询人编制,并在招标时公布,不得随意上调或下浮。招标人应将招标控制价及有关资料报送工程所在地工程造价管理机构备查。招标控制价超过批准的概算时,招标人应将其报原概算审批部门审核。投标人的投标报价高于招标控制价的,其投标应予拒绝。

【沼气】(marsh gas) 甲烷、二氧化碳和氮气等的混合气体。具有较高的热值。可用于做饭、照明,也可作内燃机和发电机的燃料。燃烧1m^{3}沼气相当于燃烧1.2kg煤或0.7kg汽油,相当于60～100W灯泡的沼气灯照明6h。沼气由生物质能源转换而来。植物在生长过程中,吸收太阳能储藏在体内。植物死亡之后,在微生物的作用下,有机质发酵分解,产生蕴藏着大量能量的沼气。当沼气燃烧时,就转变为光和热而被利用。沼气燃烧后的产物是二氧化碳和水,不污染空气,不危害农作物和人体健康。

沼气储气柜

【沼气产生原理】(generation principle of marsh gas) 在厌氧的条件下,经发酵使复杂有机物分解转化成甲烷(沼气)的物理化学过程。在与外界隔绝的密闭条件下,经过多种微生物的分解与转化,使复杂有机物中的碳素化合物一部分彻底氧化分解成二氧化碳,另一部分彻底还原成甲烷。按发酵过程顺序的不同可分为:(1)有机化合物水解阶段。把有机废水中的多糖、蛋白质和脂类等不溶于水的大分子有机化合物水解成可溶性小分子的阶段。不论是粪水、酒清、糖醪还是其他废水,其化学成分主要是多糖、蛋白质和脂类。它们是大分子有机物且不溶于水。而发酵性细菌分泌的酶类则可把这类不溶于水的大分子有机化合物水解成可溶性小分子。(2)有机化合物酸化阶段。发酵性细菌把水解产物发酵,生成乙酸、丙酸、丁酸、醇类、水及二氧化碳的阶段。这些生成物中,只有乙酸和氢能产生沼气,丙酸、丁酸、乙醇等必须再次分解成乙酸、氢气和水。这时,产氢产乙酸菌和耗氢产乙酸菌使丙酸、丁酸等分解成乙酸，又把产生的部分二氧化碳和氢合成乙酸，为产生沼气做好了准备。(3)甲烷化阶段。产生沼气的最后一个阶段。在产甲烷菌的作用下产生甲烷。产甲烷菌包括食氢产甲烷菌和食乙酸产甲烷菌。在厌氧条件下，它们分别以氢和乙酸为主要食物，产生甲烷和二氧化碳。有机废物经过微生物的分解，最终生成了以甲烷和二氧化碳为主要成分的气体和水，只有小部分难以降解的物质和新生长的微生物细胞以厌氧菌消化的污泥形式残存。

【沼气池】(marsh gas pond) 又称厌氧消化器、沼气发生器。用于制取沼气的厌氧消化装置。主要由发酵间、储气间、进料口、出料口、导气管等部分组成。按沼气的收集和储存方式的不同可分为：(1)发酵间与储气间为同一个组合体的沼气池，又分为固定拱盖型和软袋型。(2)浮罩式沼气池。(3)发酵间与储气间(或集气器)分离的沼气池。沼气池可建在地上、地下，或一部分在地上、一部分在地下。在中国农村，小型沼气池的建筑材料通常为砖石、混凝土、钢筋混凝土等。沼气池的形式和结构应满足使用方便、受力性能好、密闭性好、便于施工和符合发酵工艺等要求。

沼气池

【沼气灯】(marsh gas lamp) 以燃烧沼气作为光源的一种灯具。主要由喷嘴、引射器、泥头、纱罩、反光罩等部分组成。在一定的压力下，沼气由喷嘴喷入引射器，同时吸入燃烧所需的空气，经引射器充分混合后，由端部小孔逸出，遇火燃烧产生的炽热火焰，将套在灯头上预浸过硝酸钍溶液的纱罩加热，氧化成氧化钍而发出白光。沼气燃烧产生的温度越高，辐射光越强，光的颜色也越白。沼气灯光含有少量紫外线，许多害虫有紫外线趋光性，因此沼气灯也可用于捕杀蚊虫。

沼气灯

【沼气发电】(marsh gas generation) 利用燃气发动机或双燃料发动机以沼气作为燃料产生动力来驱动发电机发电产生电能。沼气发电系统主要由沼气发动机、发电机、沼气脱硫器、输配电设备、余热利用设备等部分组成。以沼气为燃料的燃气发动机，按点火方式的不同分为火花点火式燃气发动机和压缩点火式双燃料发动机。中国农村的沼气发电系统一般采用小容量发电设备。

【沼气发酵肥料】(marsh gas fertilizer) 制取沼气后的残留物组成的有机肥料。作物秸秆、青草及人畜粪尿等在高度厌氧条件下发酵制取沼气之后，干物质减少40%～45%，氮的损失，只占发酵前全氮的4%左右，而速效性氮(铵态氮)比发酵前增加2～4倍，其残渣可作基肥，液体部分宜作追肥。经过制取沼气而发酵的肥料，应立即施用；若需贮存，则要加盖密闭，以免肥分损失。

【沼气生态能源技术】(marsh gas biological energy source technology) 依据生态学原理，利用各种废弃有机物生产沼气作为能源的技术。一项农业可持续发展的新技术。以沼气产生为纽带，充分利用畜牧业、种植业及生活中的各种废弃有机物(如秸秆、人畜粪便等)，通过优化整合农业资源，使农业生产系统内能量多级利用，物质良性循环，将农村经济发展科学、合理地结合一起，从而达到农业生产高产、优质、高效、低耗能的可持续发展的目的。沼气生态能源技术与国家可持续发展战略相联系，是农村能源建设、资源综合利用的重要组成部分。

【沼气灶】(marsh gas stove) 将沼气的化学能转变为热能的炉具。沼气灶通常由金属材料制成，主要由沼气喷嘴、沼气进孔、空气进孔、气体混合道、燃烧器头部和炉座等部分组成。当沼气在一定压力下从喷嘴射入沼气进孔后，空气从空气进气孔被吸入气体混合道，在燃烧器头部燃烧产生热能。

【沼泽】(mire) 一种多水的陆域。湿地的一种。其成因和类型随所在地区自然条件的不同而不同。一般认为，沼泽是地表经常过湿或有薄层积水、其主要生长湿生植物和沼泽植物、土层严重潜育化或有泥炭的形成和积累的地理综合体。沼泽的形成和发展大致可以归纳成两种方式：一种是水体沼泽化，包括湖泊、河流和水库的沼泽化；另一种是陆地沼泽化，包括森林、草甸和冻土的沼泽化。

沼泽

【沼泽土】(bog soil) 广泛分布于积水低地处的土壤。由于地表长期积水，土壤中水分处于饱和与过饱和状态，整个土层面均有潜育化(又称灰黏化作用，指在长期水浸条件下有机物嫌气分解，强烈的还原环境使土体呈青灰色的作用）特征。沼泽土上层未充分分解的有机质层厚度有50cm左右，土壤有机质含量不足20%。沼泽土排水后可成为良好的天然牧场，一些地方还可开垦为水稻田。中国的沼泽土主要分布在东北及四川西北部的松潘草地。

【沼泽相】（swamp facies） 在沼泽环境形成的沉积物。陆相沉积类型之一。在地质历史中沼泽发育的主要时代是石炭纪、侏罗纪、新近纪、古近纪。当时气候温暖潮湿，沼泽中植物丛生，有大量的泥炭堆积。泥炭埋藏在地下，经煤化作用转变为煤，所以煤成为古代沼泽相的主要成分。除煤层外，还有炭质页岩、炭质粉砂岩及黏土岩等。它们的典型构造是块状层理、水平层理，偶有小型沙纹层理；常含大量植物化石，并常有黄铁矿、菱铁矿等，反应是在还原环境下生成的。

【沼泽植被】（swamp vegetation） 由沼生植物（生长在沼泽或湿土中的植物）组成的植物群落。沼生植物生长在土壤过度潮湿、积水或有浅薄水层、排水不良的生境条件下，以草本植物为主，木本植物较少，根均着生于淤泥中，如泥炭藓、芦苇、香蒲等。沼泽植被分布较广，属于隐域植被。

【照度】（luminosity） 物体被照亮的程度。用单位面积所接受的光通量来表示。表示单位为勒［克斯］（Lux，lx），即 lx/m^2。1勒［克斯］等于1流［明］的光通量均匀分布于 $1m^2$ 面积上的光照度。照度是以垂直照射所接受的光通量为标准的，若为倾斜照射则照度下降。

【照明分类】（lighting classification） 按照使用照明的性质对照明类别进行划分的方法。以照明设备的安装部位或使用功能而构成的基本制式，称为照明方式。按照明方式，电气照明的种类繁多，各国的归类方法、名词术语不尽相同，照明的供电方式、电源切换时间和持续工作时间以及照度差异很大。按照照明的作业类别的不同可分为：正常照明、应急照明、值班照明、警卫照明和障碍照明等五大类。其中应急照明包含有备用照明、安全照明和疏散照明等。

【照相侦察卫星】（photo reconnaissance satellite） 侦察卫星的一种。装有可见光相机、电视摄像机或合成孔径雷达，以侦察目标为目的的卫星。其工作原理是借助照相机和感光胶片摄取侦察目标的图像，借助红外辐射扫描仪获取目标的热红外图像，或借助侧视雷达获取目标的微波图像。侦察卫星分返回型和传输型两种。所获取的图像信息记录在胶片或磁记录器上，通过地面回收胶片舱，或用无线电传输方式实时或延时送回地面，再经加工处理和判读，识别出军事目标并确定其位置。

【罩极式电动机】（shaded pole motor） 一种单相绕组交流电动机。通常采用笼型斜槽铸铝转子。它根据定子外形结构的不同可分为：凸极式罩极电动机和隐极式罩极电动机。凸极式罩极电动机的定子铁心外形为方形、矩形或圆形的磁场框架，磁极凸出，每个磁极上均有1个或多个起辅助作用的短路铜环。凸极磁极上的集中绕组作为主绕组。隐极式罩极电动机的定子铁心与普通单相电动机的铁心相同。罩极绕组不用短路铜环，而是用较粗的漆包线绕成分布绕组。主绕组与罩极绕组在空间相距一定的角度。当罩极电动机的主绕组通电后，罩极绕组也会产生感应电流，使定子磁极绕组磁通向被罩部分的方向旋转。

罩极式电动机

【遮阳网】（shading net） 以聚烯烃树脂为原料，加入助剂融化，经拉丝编制而成的新型网状农用塑料覆盖材料。其遮光率一般在20%～90%，颜色多为黑色和银灰色。黑色遮阳网的遮光率较强，适宜酷暑季节对光照强度要求较低蔬菜的覆盖。银灰色的透光性较好，有避蚜和预防病毒的作用，适用于初夏、早秋季节对光照强度要求较高的蔬菜覆盖。遮阳网可以降低温度，防暴雨冲刷，利于保湿防旱。

遮阳网

【折板结构】（folded plate structure） 由多块条形平板组合而成的空间结构。是一种既能承重，又可围护，用料较省，刚度较大的薄壁结构，可用作车间、仓库、车站、商店、学校、住宅、亭廊、体育场看台等工业与民用建筑的屋盖。折板还可用作外墙、基础和挡土墙。20世纪20年代，欧洲已有折板屋盖。中国在20世纪50年代有所应用，自60年代后期起，发展较快。折板结构建筑中绝大部分采用折叠式生产的V形折板屋盖。跨度一般为9～18m，预应力混凝土V形折板的跨度可达27m；折板的倾角 α 大于或等于25°，板厚35～60mm。条形平板的板宽一般小于跨度的1/5，板厚大于板宽的1/40，板与板的夹角为60°～160°；两端一般设有横隔，横隔的长度称为波宽，板面连接处称为折缝。按其截面形式的不同可分为：折线多边形、槽形、Π形和V形折板等。按其跨数的不同可分为单跨、多跨和悬臂折板。按其覆盖平面的不同可分为矩形、扇形、环形和圆形的平面折板。按其所用材料的不同可分为：钢筋混凝土折板、预应力混凝土折板和钢纤维混凝土折板。

折板结构

【折板屋顶结构】（folded plate roof structure） 一种由许多块钢筋混凝土板连接而成的整体薄壁屋顶结构。该组合形式有单坡和多坡，单跨和多跨，平行折板和复式折板等，能适应不同建筑平面的需要。常用的截面形状有V形和梯形，板厚一般为5～10cm，最薄的预制预应力板的厚度为3cm。跨度为6～40m，波折宽度一般不大于12m，现浇折板波折的倾角不大于30°；坡度大时须采用双面模板或喷射法施工。折板可分为有边梁和无边梁两种。无边梁折板由若干等厚度的平板和横隔板组成，V形折板是无边梁折板的一种常见形式。有边梁折板由板、边梁、横隔板等组成，一般为现浇，如1958年建成的巴黎联合国教科文组织总部大厦会议厅的屋顶，由意大利P. L. 奈尔维设计施工。他按照应力变化的规律，将折板截面由两端向跨中逐渐增大，使大厅屋顶的外形富有韵律感。

【折叠结构】（deployable structure） 用时展开不用时可折叠收起的结构。用于建筑领域并形成了相应的设计计算理论。1961年，西班牙建筑师皮奈偌（P. Pinero）展出了他的第一个可折叠移动的小剧院。一般可重复使用，且折叠后体积小，便于运输及储存。与永久性建筑物相比，不仅在施工上省时省力，而且可避免不必要的资金再投入而造成的浪费。随着人们对“折叠”概念逐渐理解，折叠结构在计算理论上及结构形式上都得以很大发展。按其组成单元的不同可分为杆系单元和板系单元。而杆系单元又可分为剪式单元和伸缩式单元。按其稳定平衡方式的不同可分为结构几何自锁式、结构构件自锁式和结构外加锁式。按其采用锁单元的不同可分为刚性结构和柔性结构。按其驱动方式的不同可分为液压（气压）传动方式、电动方式和节点预压弹簧驱动方式等。结构几何自锁式又称自稳定折叠结构，是工程界普遍重视的一种结构。目前这种结构已得到了广泛的工程应用。在生活领域，可用于施工棚、集市大棚、临时货仓等临时性结构；在军事上，可用于战地指挥、战场救护、装配抢修和野外帐篷等，对提高部队的后勤保障能力、增加部队战斗力有重要意义；在航空航天领域，折叠结构有着不可替代的地位，已用作太阳帆、可展式天线等。

折叠结构

【折叠式人工晶体】（folded artificial crystal） 为了把人工晶体从很小切口植入而设计制造的可以折叠或卷曲的人工晶体。可折叠式晶体的材料主要有硅酮、水凝胶、丙烯酸三种。这三种材料的生物相容性都很好，光学部直径6.0mm，但可由3.2～4.0mm切口植入眼内。植入折叠晶体者，术后效果良好。

【折射】（refraction） 波在传播过程中由一种媒质进入另一种媒质时传播方向发生偏折的现象。例如光波从空气射入水中的折射。波的折射都符合折射定律。在同类媒质中，由于媒质本身不均匀而使波的传播方向改变的现象亦称折射。

【折射定律】（law of refraction） 几何光学的基本定律之一。是确定光在折射现象中光线方向的定律。当光线由第一媒质（折射率 n_1）射入第二媒质（折射率 n_2）时，在平滑界面上，光线由第一媒质进入第二媒质时即发生折射。实验结果表明：（1）折射光线位于入射光线和界面法线所决定的平面内。（2）折射线和入射线分别在法线的两侧。（3）入射角 i 的正弦和折射角 i' 的正弦的比值，对折射率一定的两种媒质来说是一个常数。简言之，就是在光由光速大的介质中进入光速小的介质中时，折射角小于入射角；从光速小的介质进入光速大的介质中时，折射角大于入射角。

【哲学】（philosophy） 关于世界观的学问。即关于自然界、社会和人类思维及其发展的最一般规律的学问。是理论化、系统化的世界观和方法论。属于社会意识的最高形式。它所追问的都是所处时代带有根本性的重大问题。其特点是：（1）思维与存在的关系这一最基本的问题。（2）是一种高度抽象、高度思辨的理论思维形式，它所反映的都是一些事物运动规律最基本的原理、范畴。（3）是一种批判的理论，它不仅要批判日常的流行观念、科学的既存原理，而且要对自身进行批判。(4)属于一种意识形态，是经济基础之上的上层建筑的组成部分。哲学在服从认识发展规律的同时，又受到社会关系运动规律的支配。它是人类在一定历史时代所达到的最高知识成果，是时代精神的精华，同其他各种意识形态如科学、道德、艺术和宗教等，既有共同之处，又有相异之点。每一门具体科学都有一种基本理论，即大多数同行科学家在一定时期所遵循的“范式”。哲学却从未也不可能形成一个占支配地位，为大多数哲学家所普遍认同的“范式”。哲学总是在各种论点的相互争辩中前进的。没有论点的争辩，就没有哲学史。

【哲学的基本问题】(basic question of philosophy) 在哲学各种问题中最为重要的、贯穿在其他一切问题之中并构成其本质内容的核心问题，也是统帅和制约其他一切问题的根本问题。不同哲学派别的根本分歧都来源于对哲学基本问题的不同回答。恩格斯指出：“全部哲学，特别是近代哲学的重大的基本问题，是思维和存在的关系问题。”(《马克思恩格斯选集》第4卷，第219页)思维与存在的关系，从其本质意义上说，也就是主观与客观矛盾的关系。这一关系是根植于人类实践、贯穿于人类认识，表现着人类与外界环境间本质关系的一个基本矛盾。主要内容是：(1)一方面是思维对存在的地位问题，存在物质是思维精神的本源。(2)思维能够认识和把握世界，即我们能在关于世界的表象和概念中正确地反映现实。用哲学术语来表达，这个问题叫做思维与存在的同一性问题。哲学基本问题虽然在哲学的所有问题中处于中心地位，但并不能代替其他问题。脱离对其他问题的具体研究，哲学基本问题的研究就只能是一种空洞无物的纯思辨。

【褶皱】(fold) 面状构造地质体呈现的一个或一系列弯曲的变形。在地壳中最为常见的是由层状岩石或有劈理岩石受力而发生的连续性未受破坏的弯曲变形。单个褶皱规模不等，从很微小到几千米，最长的可达几十千米。褶皱弯曲最大处为褶皱的枢纽。其两侧分别称为褶皱的两翼。褶皱枢纽水平时称“平轴褶皱”，倾斜时称“倾伏褶皱”，直立时称“垂直褶皱”。褶皱的两翼向同一方向倾斜时称为“倒转褶皱”；其倾向相同、倾角相等者称为同斜褶皱。形成褶皱构造的变形作用是褶皱作用。

【褶皱山】(folded mountain) 由构造运动形成的褶皱岩层所组成的山体。根据褶皱的形式，褶皱山可分为单褶皱山(如中国重庆附近的歌乐山)、多褶皱山(如法国与瑞士交界的侏罗山)、褶皱推覆体山(如阿尔卑斯山)等。此外，造山带中的沉积岩层经过强烈的构造运动褶皱并上升，常形成巨大的褶皱山系，如喜马拉雅山系、阿尔卑斯山系等。褶皱山是内力作用在地貌上的直接表现。山体的形态主要取决于构造运动的强度及岩体本身的性状，外力只起雕塑改造作用。

阿尔卑斯山

【针刺固结法】(needle punching) 利用万枚带有钩刺的钢质刺针对蓬松的纤维网进行反复穿刺而使其得以固结形成非织造布的方式。在刺针的反复作用下，纤维不断被垂直带入纤网，如同无数由纤维束组成的“销钉”钉入纤网。纤维间存在的抱合力产生摩擦力作用，纤维相互紧密地缠结和抱合在一起，使纤网致密不再恢复到原来状态，形成具有一定强度、呈三维结构的非织造布产品。针刺固结法适合加工厚型产品，范围在80～2 000g/m²，最大范围可达60～5 000g/m²。针刺非织造布在地毯、土工布、过滤材料、合成革基布、油毡基布、造纸毛毯等领域有广泛应用。

【针对性维修】(targeted maintenance) 根据同型航空器出现某个特殊或重要的故障缺陷或失效部件进行的维修工作。具体程序由适航指令或维修工程部门发布维修通告，针对该问题进行专门检查和维修，以及对航空器经历了特殊飞行环境或特殊使用条件、任务后所规定进行的某些特定检查和维修。

【针灸】(acupuncture and moxibustion) 针刺和艾灸的总称。针刺是用特制的金属针具刺入人体穴位，运用操作手法，以疏通经络、调和气血来防治疾病。艾灸是用艾绒做成的艾柱或艾条，在选定穴位上熏灸，借艾火的热力温经散寒、疏通经络、防治疾病。针灸方法虽异，但都是借助经络穴位而发挥其防治疾病的作用，临床常配合使用，是治疗多发病、常见病的有效方法。其基本理论是经络学说，在其对疾病的认识和诊断方法上，有经脉辨证、临证配穴和补虚泻实等独特的理论体系和治疗原则。

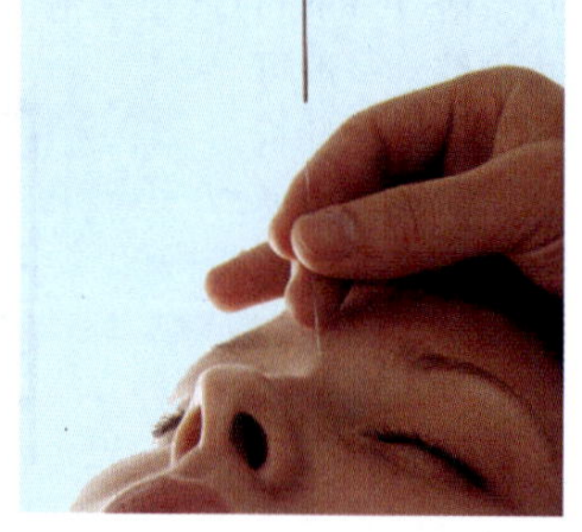
针灸疗法

【针阔混交林】(needle-broadleaved mixed forest) 由针叶树和阔叶树混合组成的森林。一般分布在针叶林与落叶阔叶林分布区之间的过渡地带。某些地区原生的针叶林或落叶阔叶林遭到破坏后,也能单独形成针阔混交林。中国的这一林种主要分布在小兴安岭、长白山以及亚热带地区的一些高山上。

【针式打印机】(stylus printer) 见点阵打印机。

【针梳机】(gilling machine) 依靠针排牵伸机构梳理、顺直纤维,制成纤维条的纺纱机器。由喂入、牵伸梳理和出条三部分组成。主要机件有上下对称配置的后罗拉、中罗拉和回转式针板等。它的牵伸主要由两部分组成。后罗拉、中罗拉和针板间为张力牵伸,其值可根据原料情况选择,一般为1~127倍;针板和前罗拉为主牵伸,其值一般为2~13倍。针梳机是改善纤维的松解平直状态和纤维条结构的均匀程度的重要装置,适宜加工长纤维。针梳机在麻纺中称并条机,在绢纺中称练条机,用于毛条制条部分,经梳理、牵伸纺制成一定细度的比较均匀的条子。广泛应用于精梳毛纺、绢纺、麻纺和化学纤维纺纱的制条和前纺工艺过程。

【针叶林】(coniferous forest) 又称泰加林。由一种至多种能适应干旱和寒冷气候特点的针叶乔木树种组成的森林。其主要优势树种有云杉、冷杉、铁杉、松及落叶松等。针叶林还可进一步分为阴暗针叶林(主要由云杉、冷杉组成)、明亮针叶林(主要由松、落叶松组成)等。世界上的针叶林主要分布在北美洲和欧亚大陆的寒温带。中国境内的大兴安岭和新疆阿尔泰地区,以及较低纬度的高山区也有分布。

云杉林

【针织机控制技术】(knitting machine control technology) 提高针织物的结构与花型变换能力、坯布质量和生产效率的自动控制技术。包括计算机控制电子选针和电子调线、电子控制牵拉和卷取、变频调速等。其特点是:(1)对针筒和针盘都可采取电子选针的双面圆纬机,增加可编织的花型与结构。(2)采用提花毛圈机在织物的一面形成提花毛圈,在另一面形成普通毛圈或平针结构。(3)同时具有电子选针和电子选沉降片装置的提花毛圈机,可以编织满地毛圈、提花毛圈、结构毛圈和花纹地组织,或者是这些组织的组合。(4)集三功位针筒和针盘针电子选针、电子四色调线、电子选针移圈为一体的双面多功能圆纬机,并可在织浮线时自动调节线圈长度。(5)在操作面板上输入的针织机的总路数、编织每横列的路数、每厘米织物长度线圈数和延伸率,自动计算出织物的牵拉速度并完成相应的设定,根据输入的每厘米织物长度所需的纱线量,自动控制纱线喂入。

【针织物】(knitted fabric) 由一根根纱线弯曲成线圈,再由线圈相互套结而成的织物。如针织坯布、针织带、袜子等。按其生产方法的不同可分为纬编织物和经编织物两大类。其特点是:(1)具有较大的伸缩性。由于针织物在编织中,由线圈套结而成,所以在织物中线圈的排列具有较大的空隙。当受到外力拉伸时,会伸长;外力解除后,又恢复到原来的状态。这种弹性,能适应人体各部位的伸展、弯曲变化,保持衣服的原来形态,穿着贴身。常用在领口、袖口等处。(2)具有较好的柔软性。编织针织物时,用的是捻度较小的纱线,编织密度较小,质地柔软,减少皮肤与织物的摩擦,感到特别舒适。(3)具有良好的吸湿性和透气性。织物内线圈与线圈之间有较大空隙,有利于吸收人体汗液,排除汗气,散发热量,夏季穿着倍感舒爽。

针织袜子

【针织物CAD/CAM系统】(knitting fabric CAD/CAM) 用于针织物辅助设计与生产的计算机系统。分为纬编和经编CAD系统,包括针织物组织设计、纱线设计、图案设计、外观模拟和控制选针模块。花型可以通过符号、颜色或图符三种方式绘制,同时计算机显示多种基本花型结构库和模拟显示针织物外观,最后通过选针机构控制针织机编织。

【针织物织可穿技术】(fabric knit and wear technology) 针织物下机之后不需剪裁、缝纫就可以直接穿着的技术。一般在纬编针织机械上进行,将电子选针、移圈技术、快速收放针成型技术、纵横密度变化技术等集成在一台机器上,扩展可编织结构,集成形与花型变化于一身,穿着合体、样式时尚。织可穿技术一次完成一件服装的整体编织,节省了原料,缩短了工序,提高了产品档次。如羊毛衫织可穿技术、全电脑无缝内衣加工技术等。产品包括羊毛衫、内衣、游泳衣、运动服、户外服装、家居便服、医疗服等。

【诊断性刮宫】(diagnostic curettage) 又称诊刮。刮取宫腔内容物作病理检查,以诊断宫腔疾病的方法。若同时疑有宫颈管病变时,需对宫颈管和宫腔分步进行刮宫,称分段诊刮。其适应症包括:(1)子宫异常出血或阴道排液需排除子宫内膜癌、宫颈管癌,或其他病变(子宫内膜炎、流产)。(2)无排卵性宫血,了解子宫内膜改变。(3)不孕症了解有无排卵,并能发现子宫内膜病变。(4)更年期宫血长期多量出血,刮宫有助于诊断,并能迅速止血。(5)可疑子宫内膜结核。分段诊刮主要区分子宫内膜癌与宫颈管癌。先刮宫颈管,再进入宫腔刮取内膜,组织分别装瓶,10% 甲醛固定,送病理检查。若刮出物肉眼观察高度可疑为癌组织时,不应继续刮宫,以防出血和癌扩散。术后注意预防感染。

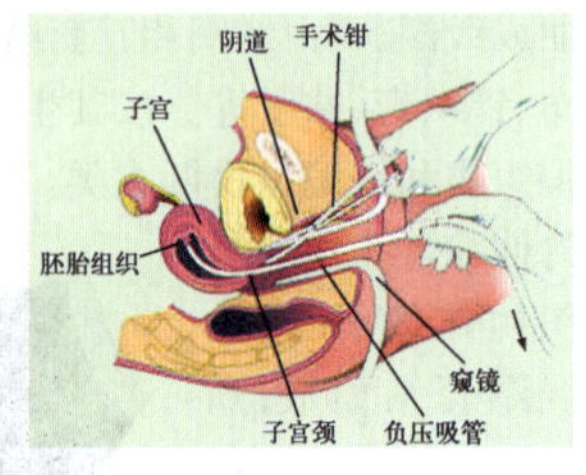

诊断性刮宫

【侦察机】(reconnaissance aircraft) 专门搜集信息的飞机。所装侦察设备有航空照相机、图像雷达、摄像仪以及红外、微波等电子光学侦察设备,有的还装有实时情报处理设备和传递装置。按其作战功能的不同可分为战略侦察机和战术侦察机。

侦察机

【侦察监视情报系统】(reconnaissance-surveillance intelligent channel) 又称信息获取系统。综合利用各种侦察监测手段收集各类军事信息的情报收集系统。即利用部署在太空、空中、陆地、海洋的各种侦察预警装备和设备,及时、准确、大量地收集选定地域及国家周边地区的军事态势、敌情动向、敌方导弹或其他飞行器来袭的预警情报和其他与作战有关的各种情报信息,为计算机辅助决策、武器控制以及指挥员定下决心提供及时准确的情报依据。主要由各类侦察子系统、预警子系统、情报处理子系统等构成。中国人民解放军的侦察监视情报系统已初具规模,正在形成实时、准确、可靠、立体的侦察监视情报系统。

【侦察卫星】(reconnaissance satellite) 携带光电设备或无线电接收机等侦察设备,从轨道上对既定目标实施侦察、监视或跟踪的情报卫星。有效载荷主要有光电遥感器和电子侦察设备。光电遥感器包括可见光相机、电视摄像机、红外相机和多光谱相机等;电子侦察设备包括无线电接收机、侧视雷达和测距雷达等。由于侦察任务的不同,侦察卫星所携带的侦察设备也不同,从而构成了不同类型的侦察卫星。与其他侦察手段相比,侦察卫星具有以下突出优势:(1)轨道高,发现目标快,侦察范围广。(2)既可长期、反复地监视全球,又可定期或连续地监视某一地区。(3)可短期内或实时地提供侦察情报,能满足军事情报的时效性要求。传输型侦察卫星利用中继卫星转发信息,可近实时发回目标的信息。(4)不受国界和地理条件的限制。

侦察卫星

【珍稀濒危动物保护】(protection of endangered species animals) 国家采用严格的法律制度和措施,对现存数量稀少、生存受到严重威胁的特产动物和珍稀动物实施保护的一项工程。中国由于独特的自然条件及演化历史,大部分地区受第四纪冰川影响较小,许多古老动物得以保存下来。中国的特产动物和珍稀动物很多,如大熊猫、金丝猴、白唇鹿、褐马鸡、黑颈鹤、黄腹角雉和扬子鳄等。珍稀野生动物是指在经济、科学、文化、教育等方面有重要意义、而现存数量稀少的动物。为了保护珍稀濒危野生动物,1988 年 12 月经国务院批准,国家确定重点保护的野生动物 257 种,其中一级保护动物 96 种(大熊猫、金丝猴、朱鹮和扬子鳄等),二级保护动物 161 种(小熊猫、大鲵等)。

金丝猴保护

【珍稀濒危植物保护】(protection of endangered plants) 国家采用严格的法律制度和措施,对现存数量稀少甚至濒于灭绝的珍稀植物实施保护的一项工程。珍稀濒危植物是自然界野生植物基因库的重要组成部分,也是培育植物新品种的重要基础。中国的珍稀植物资源非常丰富,其中有不少是中国特有或世界著名的。为了保护珍稀植物,国务院环境保护委员会于1984年7月公布了中国第一批包括354种珍稀植物的《珍稀濒危保护植物名录》。列为一级保护的是中国特产、稀有、珍贵并受到威胁的八个物种:金华茶、银杉和水杉等。列为二级的有143种(苏铁、银杏等),三级的有203种(冷杉、翠柏等)。

【珍稀野生动物七大拯救工程】(seven big-saved projects for rare wild animals) 中国有重点、有组织地实施对大熊猫、朱鹮、扬子鳄、海南坡鹿、高鼻羚羊、野马和麋鹿等七种濒危野生动物的保护工程。大熊猫保护工程:新建和完善总面积5 380km^2大熊猫保护区,建立17条保护区走廊带,工程涉及四川、陕西、甘肃三省的34个县,在32个县建设大熊猫栖息地管理站。朱鹮拯救工程:在陕西、北京等地建立13处总面积4 130km^2的朱鹮保护地及朱鹮的人工饲养繁殖和科学研究中心。扬子鳄保护和发展工程:从1983年开始,在安徽省建立100km^2扬子鳄繁殖研究中心,建立440km^2的扬子鳄自然保护区。海南坡鹿拯救工程:从1984年起,将自然保护区从400km^2扩大到1 366km^2,建立稳定的人工驯养种群。高鼻羚羊拯救工程:从1988年开始在甘肃建立了濒危动物中心。野马拯救工程:从1995年开始,在新疆吉木萨尔建立野马繁育中心,在甘肃武威建立荒漠动物繁育中心,进行野马的野化试验。麋鹿拯救工程:从1986年开始在江苏大丰县建立麋鹿保护区,面积1 000km^2,进行麋鹿圈养自然繁殖。

【珍珠】(pearl) 一些贝、螺等软体动物在外来异物的刺激下产生的、由自身分泌出的贝壳硬蛋白胶结碳酸钙质组成的、具同心层状构造的固体颗粒物。其中优质者为重要的有机宝石。每层珍珠质厚度不及0.1μm。其中的碳酸钙质(由文石及少量方解石组成)的板状微晶紧密排列,被贝壳硬蛋白黏结成层,交叠排列成同心圆、放射状构造。珍珠表皮有波浪起伏的连续曲线纹。光线经珍珠层内微晶的晶面反射出来。由于光的衍射和干涉作用,呈现出特有的珍珠光泽和晕彩。产于海水中的海水珍珠,淡水中的称为淡水珍珠。按其生成环境的不同可分为天然珍珠(野生珍珠)和养殖珍珠(人工养珠)。养殖珍珠又分为海水养珠和淡水养珠。按其形态的不同可分为:精圆、正圆、椭圆、半圆、蛋圆、梨形、泪滴形和连体珠、异形珠。按珍珠大小的不同可分为:厘珠(2~5mm)、小珠(5~5.5mm)、中珠(5.5~7mm)、大珠(7~7.5mm)、特大珠(7.5~8mm)、超特大珠(>8mm)。此外,还可以按产地进行划分,如为中国南海海域产的南珠、日本产的东珠、欧洲海域产的西珠等。

珍珠

【珍珠豆型花生】(pearl type of peanut) 又称直立小花生。果实较小,种子桃形,貌似珍珠的花生品种类型。连续开花。主茎基部生有营养枝,中上部有潜伏的生殖芽。株型直立。分枝性弱。茎枝较粗。椭圆形小叶。荚果为茧形或葫芦形。荚果含两粒种仁。种仁圆形或桃形。种皮光滑,一般为粉红色。生育期较短。春播120~130天。

【珍珠纤维】(pearl fiber) 体内和外表均匀分布纳米珍珠微粒的黏胶纤维。珍珠具有养颜护肤、清火消毒、嫩白肌肤的功效。其主要成分为碳酸钙,具有防紫外线功能。当粉碎成纳米状态加入纤维时,功能大大加强。珍珠纤维含有多种氨基酸和微量元素,纤维表面光滑凉爽,有珍珠般光泽。此外,纳米珍珠粉还具有发射红外波的功能,可改善人体微循环,对人体有保健作用。纳米珍珠纤维的载体是黏胶纤维,故具有黏胶纤维的吸湿透气特性,穿着舒适。

【珍珠岩吸音装饰板】(pearlite absorbent decorative board) 以膨胀珍珠岩为骨料、加入适量的胶结剂,经搅拌、成型、干燥、焙烧或养护、表面处理后制成的多孔性吸音材料。按所用胶黏剂的不同可分为水玻璃类、水泥类和聚合物类;按表面结构形式的不同可分为不穿孔、半穿孔和穿孔板。珍珠岩吸音装饰板的优点是重量轻、防火防潮和施工方便。常用于人流较多的公共场所或工矿厂房吊顶隔音材料领域。

【帧】(frame) 作为数据链路层上的信息组在传输介质上传送的逻辑数据单元。是网络传输的最小单位。实际传输中,在铜缆网线中传递的是脉冲电流,在光纤网络和无线网络中传递的是光和电磁波。通过特定的称为网络驱动程序的软件进行成型,然后通过网卡发送到网线上,通过网线到达它们的目的机器。在目的机器的一端执行相反的过程。接收端机器的以太网卡捕获到这些帧,并告诉操作系统帧已到达,然后对其进行存储。通常由帧头、帧尾、地址信息、控制信息、检验信息和用户数据等组成。不同的部分执行不同的功能。通过将用户数据封装成帧,保证了数据的可靠传输,实现了数据链路层上相邻节点之间的可靠通信。帧也是影像动画中最小单位的单幅影像画面,相当于电影胶片上的每一格镜头。一帧就是一副静止的画面,连续的帧就形成动画。按照视觉暂留的原理每一帧都是静止的图象,快速连续地显示帧便形成了运动的假象。在时间帧上逐帧绘制帧内容称为逐帧动画。由于是一帧一帧的画,所以逐帧动画具有非常大的灵活性,几乎可以表现任何想表现的内容。

【帧中继】(frame relay) 一种面向分组的公用数据交换通信协议。主要用在公共或专用网上的局域网互联或广域网互联。大多数公共电信局都提供帧中继服务,把它作为建立高性能的虚拟广域连接的一种途径。帧中继是从综合业务数字网中发展起来的,并在1984年推荐为国际电话电报咨询委员会的一项标准。其主要特点是:用户信息以帧为单位进行传送,网络在传送过程中对帧结构、传送差错等情况进行检查,对出错帧直接予以丢弃。同时,通过对帧中数据链路连接标识符的识别,实现永久虚电路或交换式虚电路。目前已建成的帧中继网络大多只提供永久虚电路业务。

【真彩色图像】(true-color image) 比较接近地物原有色彩的遥感图像。真彩色是指图像中的每个像素值都分成R、G、B三个基色分量,每个基色分量直接决定其基色的强度。例如,图像深度为24,用R:G:B=8:8:8来表示色彩,则R、G、B各占用8位来表示各自基色分量的强度,每个基色分量的强度等级为$2^8=256$种。图像可容纳$2^{24}=$16M种色彩(24位色)。24位色被称为真彩色。它可以达到人眼分辨的极限。其发色数是1 677万多色,也就是2的24次方。但32位色就并非是2的32次方的发色数,它其实也是1 677万多色,不过它增加了256阶颜色的灰度。为了方便,就规定它为32位色。自然界的色彩是不能用任何数字归纳的。但是这样得到的色彩,可以相对人眼的识别能力,基本上反映了原图的真实色彩。

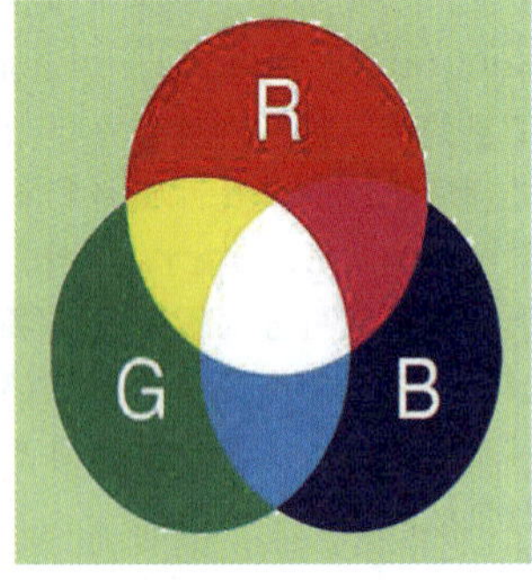

真彩色图像

【真核生物】(eukaryote) 由真核细胞构成的生物。包括所有动物、植物、真菌和被归入原生生物的单细胞生物。其共同特征是:(1)细胞内含有细胞核以及其他细胞器。(2)细胞具有细胞骨架来维持其形状和大小。(3)所有的真核生物都是从一个类似于细胞核的细胞(胚胎、孢子等)发育出来的。(4)细胞在制造蛋白质时可以用同一段染色体制造不同的蛋白质。

【真核细胞】(eucaryotic cell) 含有被核膜包围的核的细胞。这类细胞具有典型的细胞结构,有明显的细胞核、核膜、核仁和核基质。真核细胞种类繁多,既包括大量的单细胞生物和原生生物细胞,又包括全部的多细胞生物(一切动植物)的细胞。其主要特点是:以生物膜为基础进一步分化,使细胞内部产生许多功能区室,它们各自分工负责又相互协调和协作。从原生动物到人类,从低等植物到高等植物,绝大多数动植物都是由真核细胞构成的。动物细胞和植物细胞既相似又稍有区别。

【真菌】(fungus) 具有真核和细胞壁的异养微生物。菌体由菌丝组成,无根、茎、叶的分化,无叶绿素,不能自己制造养料,以寄生或腐生方式生活。通常分为:(1)酵母菌。(2)霉菌。(3)蕈菌(大型真菌)。真菌的发酵产物可制成具有不同色、香、味的食物和调味品,如腐乳、酱油等。酶制剂生产、织物的退浆、石油的脱蜡、抗生素和甾族激素药物的生产等都和真菌有关。多种真菌(如灵芝,自古以来就有仙草之称,具有滋补强壮、固本扶正的功效)是著名的药材并得到普遍应用。真菌分泌的生长素能促进植物生长。

【真菌病害】(fungal disease) 由真菌寄生引起的植物病害。真菌是植物界中最大的一个生物类群,也是很多植物重要病害的病原菌。每一种栽培植物都有几种甚至几十种真菌病害。常以各种孢子为其繁殖、传播和越冬越夏的形态,以菌丝体为其营养、寄生和破坏寄主的形态。

【真菌毒素】(mycotoxin) 由真菌产生的有毒代谢产物。广泛分布于自然界,数目庞大,估计有十万种之多。其特点是:(1)无传染性。(2)抗生素治疗及高温消毒对真菌毒素无效。(3)常由某种食物引起而暴发。(4)常有季节性。在数量庞大的真菌中,有些真菌如黄曲霉、寄生曲霉、镰刀菌、节菱孢等,能产生有毒的代谢产物,即真菌毒素。它危害人类和动物的健康,使人和动物发生真菌毒素食物中毒。

【真空泵】(vacuum pump) 利用机械、物理、化学或物理化学的方法对被抽容器进行抽气而获得真空的装置。按其工作原理的不同可分为:(1)气体传输泵。(2)气体捕集泵。气体传输泵是使气体不断地吸入和排出,来达到抽气的目的。气体捕集泵

真空泵

是使气体分子被吸附或凝结在泵的内表面上，从而减小了容器内的气体分子数目来达到抽气的目的。按其可达到的真空度的不同可分为：(1) 粗真空泵。(2) 高真空泵。(3) 超高真空泵。工业中应用最多的是水环式真空泵和旋片式真空泵等。广泛用于机械、化工、低温设备、电子行业、冶金、石油、矿山等领域。

【真空玻璃】(vacuum glass) 在两层玻璃之间保持真空状态的玻璃制品。具有非常好的保温性能。保温原理和热水瓶接近，其真空的双层玻璃构造隔绝了热传导。使用热反射玻璃能降低辐射传热。作为一种高效的透明保温材料，真空玻璃在建筑市场上具有广阔的应用前景。真空玻璃是中国玻璃工业为数不多的具有自主知识产权的前沿产品。它的研发及推广符合国家鼓励自主创新的政策，也符合国家大力提倡的节能政策。有良好的发展潜力和前景。受到生产成本和玻璃板面的限制，目前仅在一些特殊场合应用。

真空玻璃

【真空成型】(vacuum molding) 用辐射加热器将固定在模具上的热塑性塑料板、片材加热至软化温度，用真空泵抽出塑料与模具之间的空气，使其贴在模腔上成型的加工方法。其设备和模具结构比较简单，制件形状清晰，生产成本低，生产效率高。一般大、薄、深的塑件都能通过此法生产。吸塑模具因成型时压力较低，所以模具材料多选用铸铝或非金属。但由于真空成型的压力有限，所以不能成型厚壁塑件。真空成型的不足之处是成型的塑件壁厚不均匀，当模具的凹凸形状变化较大且相距较近及凸模拐角处为锐角时，塑件上容易出现皱折，塑件的周边要进行修整。主要用于一些日用品、食品、玩具类包装制品生产方面。

【真空充气包装】(vacuum package) 见食品气体置换包装。

【真空处理】(vacuum treatment) 钢液在铸锭前，先在真空下保持一定时间，以排除其中大部分气体和非金属夹杂物，从而提高钢质量的一种处理技术。主要方式有：(1)将装满钢液的盛钢桶置于真空室中进行的真空处理。(2)钢液从盛钢桶注入真空室中另一盛钢桶的真空处理。(3)采用真空容器，将盛钢桶内部分钢液反复提升至容器内或在容器内循环，进行脱气处理。并在真空室内将熔液注入锭模或铸型，从而降低金属中的气体和非金属夹杂物，以提高金属的机械和物理性能。

【真空电弧炉】(vacuum arc furnace) 真空冶金熔炼设备的一种。炉体为密闭容器，抽成真空或充以惰性气体。由炉顶通入的电极和炉底水冷结晶器通电引弧后，产生电弧，借电弧热量使金属或合金熔化，并在结晶器内凝固。电极由被熔炼的金属制成的称“自耗电极真空电弧炉”，如用不熔化的材料作电极的称“非自耗电极真空电弧炉”。产品中杂质少，气体含量低，铸锭组织好，具有优良的机械和物理性能。适宜于熔炼高熔点金属、活性金属、特殊钢和合金。

真空电弧炉

【真空冻干蔬菜】(vacuum frozen-dried vegetable) 将新鲜蔬菜快速冷冻后，再送入真空容器中脱水而成的蔬菜。在真空条件下，水分由固态冰升华成汽，从而使蔬菜脱水干燥。用冻干工艺制成的蔬菜食品，不仅色、香、味、形俱全，而且保存了蔬菜中的维生素、蛋白质等营养物质。在食用前，稍微加工，几分钟内就会复原为新鲜蔬菜。冻干蔬菜不要需冷藏设备，无需添加任何防腐剂。密封包装后，可在常温下长期储存、运输和销售，三、五年内不变质。只有5%的含水量，质量好，重量轻，可降低其经营费用。现在，在食品工业原料、烹饪原料、土特产品、调味品、补品、饮料和休闲食品等方面，都出现了日益增多的冻干产品。

【真空度】(vacuum degree) 工质压力低于当地大气压力时的压力差。常通过测定大气压力与工质实际压力的差值来间接得到工质的实际压力。一般讲“真空度高”是指工质的压力低，反之“真空度低”是指工质压力高。

【真空感应电炉】(vacuum electric induction furnace) 放在密封罩内的感应电炉。真空冶金熔炼设备的一种。可在真空或惰性气氛下加料、熔炼并浇注金属与合金，防止合金中活性元素被氧化。其优点是：产品成分准确，气体和非金属夹杂物含量低，因而提高了金属的机械和物理性能。多用于冶炼特殊钢和特种合金。

【真空冷却】(vacuum cooling) 将被冷却的产品放在真空冷却室内使之冷却的技术。即先用真空泵抽去空气，造成一个低压环境，使产品内部的水分得以蒸发。由于蒸发吸热,导致产品本身的温度降低。真空冷却可控制食品中微生物的生长,降低果蔬的呼吸强度,有利于食品的储藏和保鲜,是食品储藏保鲜的有效方法。利用真空冷却技术冷却玫瑰、康乃馨、菊花、郁金香和水仙花,在20min内温度可以降低到4~5℃。这样不仅对花本身不产生损害,还可以使其有更长的瓶插寿命。

真空感应电炉

【真空脱气】(vacuum degassing)　使金属熔体处于真空状态下,将其中溶解的气体排出的工艺方法。能够避免熔体吸气,而且为熔体中的气体逸出提供了良好条件。是分压差脱气精炼的一种方法。活性难熔金属及其合金、耐热和精密合金等,采用真空脱气法效果较好。重要用途的铜、镍、铝及其合金也逐渐使用在真空下进行熔炼和脱气的 精炼方法。真空条件下脱气的速度快、脱气程度高。按脱气的状况不同可分为静态真空脱气和动态真空脱气。前者是将熔体置于密闭的真空室内,停留一段时间。后者是将金属液通过喷嘴喷入真空炉中,使其以细小分散的液滴落入熔池中,从而增大了熔体与真空的接触界面的面积。动态真空脱气比静态真空脱气的时间短,夹渣少,熔体氢含量低。真空熔炼炉的炉体一般与真空铸造装置安装在同一真空室中,使熔炼、精炼和铸造均在真空状态下完成,可以提高金属的洁净度。

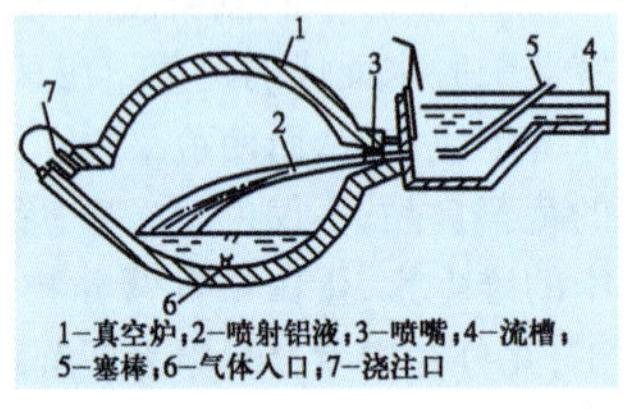

真空脱气

【真空脱氧】(vacuum deoxidizing)　在真空条件下使熔体进行脱氧的方法。在真空条件下,凡伴随有气相形成的反应过程都能进行得迅速、完全。如碳的脱氧反应为:C+O=CO。真空感应炉中熔镍,真空电弧炉熔炼钛的反应分别为:NiO+C=Ni+CO,TiO_2+C=TiO+CO。反应生成的CO气体能使熔池产生沸腾和搅拌作用,既可均匀温度和成分,加速反应过程,又能促使金属中非金属夹杂物的去除。在真空条件下,元素及其氧化物的挥发程度与常温下不同。某些金属的蒸汽压比其氧化物的蒸汽压低,在足够的温度和真空度下,其氧化物容易从金属中蒸发出来,而明显增强脱氧效果。这种现象称为自脱氧。在真空度高的电子束炉内,由于NbO挥发的自脱氧率比碳脱氧快四倍,已成为熔炼铌的主要脱氧方法。

【真空吸铸】(vacuum inhalation casting)　将铸模内抽成真空,利用大气压力使金属液吸入铸模的铸造方法。将水冷模下端浸入金属液中,用机械泵抽出铸模内的空气,金属液在大气压力作用下进入模内。经过一定的冷凝时间待其凝固后,将铸模内通入空气,凝固的锭坯由于重力作用而自铸模中脱落下来,即可获得一定长度的锭坯。其长度可由真空度来控制。若在铸模中装一根芯棒,或在铸模中部的金属液尚未凝固时使铸模内通入空气,未凝固的金属液就会在重力作用下落入熔池,这样就可以获得管坯。真空吸铸的金属和合金,一般浇注温度较低。特点是没有二次氧化,表面质量好。但生产率低,铸锭内有缩孔和疏松。适用于容易氧化生渣的合金,是生产小直径圆坯和管坯的简便方法。

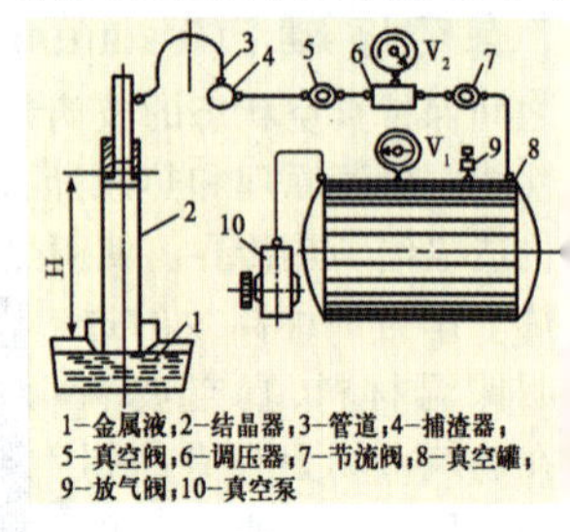

真空吸铸

【真空冶金】(vacuum metallurgy)　在真空中或在惰性气体保护下所进行的冶金过程。其作用是:实现在大气中无法进行的过程,保护金属不受氧化,分离沸点不同的物质,除去金属中的气体和其他杂质,提高金属中碳的脱氧能力等。真空冶金是稀有金属熔炼的一种主要方法。利用真空冶金能有效地提高特殊钢和合金的性能。广泛应用于金属的熔炼、精炼、浇铸、蒸馏、烧结和热处理等。

【真空油炸技术】(vacuum frying technology)　在真空状态下对食品进行油炸操作的技术。是20世纪60年代末至70年代初发展起来的一种新型食品加工技术。是在负压条件下,食品在食用油中进行油炸脱水干燥,使原料中水分充分蒸发掉的过程。它将油炸和脱水作用结合在一起。其特点是:(1)温度低,营养成分损失少。(2)减压,水分蒸发快,干燥时间短。(3)较好地保留制品本身的风味。(4)具有膨化作用,产品复水性好。(5)耗油少,油脂劣变速度慢。

【真空轧制和保护轧制】(vacuum rolling and protection rolling)　在真空中进行的轧制和在惰性保护气体中进行的轧制。随着原子能、航空、航天和电子等现代工业的发展,对所用金属材料提出了更高的需求,包括放射性金属材料、高纯度难熔金属如钨、钼、铌、钽及其合金,以及双金属材料等。这些金属具有强烈的高温化学活性,热轧时容易被氧化，使金属表面受到污染，因此必须使其在真空中或惰性保护气体中进行轧制。按结构特征的不同，真空轧机可分为两种：一种是将轧机机架和加热炉全置于真空室内；另一种是只将轧辊置于真空室内。保护气体轧机则有真空－保护气体两用型、密封箱型和保护气体加工车间型三种方式。

【真空蒸镀】(vacuum evaporation) 将工件放入真空室内用一定的方法加热使镀膜材料蒸发或升华、飞至工件表面凝聚成膜的一种新工艺。按加热方式及蒸发源分类，真空蒸镀有电阻加热蒸镀、电子束蒸镀、高频加热蒸镀和激光加热蒸镀等。

【真理】(truth) 与客观实际相符合的理论系统。是在实践基础上达到的最高层次上的主客观的统一。在形式上是主观的理论判断系统，而其内容却是客观的。真理是全面的和具体的，抽象的真理是不存在的。一切真理都是真实的认识，但并不是一切真实的认识都是真理。真理是反映了客观对象内在的本质和规律的理论系统，而只反映对象外部现象的单一判断如"长城在中国"等，只是无错误的真认识，还不能称为真理。真理的内容与客观实际的符合是相对的、近似的，只有在无限的发展中才能趋近与客观实际的绝对符合。真理是无限发展的。判定一种理论是否为真理，不是以主观感觉而定，而是要靠社会实践来检验确定。

【真理标准】(criterion of truth) 检验认识是否具有真理性的尺度。不同的真理观具有不同的真理标准。不可知论者否认世界的可知性，从而也否定了真理和真理标准的存在。大多数唯心主义者否认认识内容的客观性，从而也否定真理有客观性的判定标准。他们或者把主体自身的感觉、意见、实效作为真理的标准，或者将所谓客观的精神作为真理标准。辩证唯物主义认识论将社会性的实践作为检验真理的唯一标准。这是由真理的本性和实践的特点决定的。真理是主观和客观的统一，是认识与对象的符合。实践作为检验真理的标准，是确定性和不确定性的统一。实践的辩证发展最终一定能鉴别出某种认识是否为真理，这是确定的；但特定条件下的具体实践并不能完全地证实或驳倒某一理论，因为作为检验真理的标准，它又具有不确定性。

【真实孔径雷达】(real-aperture radar) 由一个实际天线在一个位置上接收同一地物回波信号的侧视雷达。雷达的实际天线长度称为孔径长度。这个长度越大，雷达系统的分辨率就越高。要提高其方位分辨率，必须加大天线的孔径。但天线长度的扩展是有限的，因而限制了雷达系统分辨率的提高。其最终发展趋势是被合成孔径雷达所取代。

【真丝双绉】(crepe) 又称双绉、双纡绉、中国绉。用桑蚕丝为原料制成的平纹组织丝织物。经丝采用无捻单丝或弱捻丝，纬丝依次交替织入。经过精炼脱胶后，纬向各自捻向扭曲，而在绸面上反映出两种不同捻向微细扭曲美感的绉纹。织物表面起有细微均匀的皱纹，质感轻柔、平滑，色泽鲜艳柔美，富有弹性，穿着舒适、凉爽，透气性好，绸身比乔其纱重。缩水率较大(10%左右)。宜做夏季各种服装。

真丝双绉

【真丝织物精细印花技术】(fine dye printing technology of pure silk fabric) 色彩丰富、套版正确、轮廓清晰的真丝印花技术。主要用于衣料、头巾、领带、高密真丝防羽绒被和油画等。按照印花方式的不同可分为：(1)直接印花。将调制好的色浆直接印在白绸或浅色绸上。(2)拔染印花(雕印)。将织物染上所需的底色，在印花色浆中加入能去底色染料的还原剂，如氯化亚锡等，进行印制，经过蒸化，使之底色呈白色称"拔白"，呈另一种颜色的称为"色拔"。通过染料、助剂的选用和工艺研究，使印制的织物黑度乌黑，白度洁白，色泽鲜艳，渗透好。(3)防染印花。在白绸上，刮印上能阻止其他染料上染的助剂，然后用色浆刮印底色。

【真性近视和假性近视】(true myopia and false myopia) 真性近视是由于先天或后天的因素，使眼球前后径(即眼轴)变长，平行光线进入眼内后，在视网膜前形成焦点。假性近视一般是由于长时间近距离用眼，用眼姿势不良，伏在桌上、躺在床上或动荡不稳的车厢里看书，光线过强过弱等使眼睛睫状肌常常处于紧张、疲劳状态，造成视力减退。如经适当休息或用药，使麻痹痉挛的睫状肌放松，视力就可恢复。鉴别真性近视和假性近视的方法是到医院验光。其主要特点是根据各个试镜者的不同状态，测出准确的验光度数。医学验光的内容包括验光的度数、眼位、调节力、双眼单视功能、辐辏集合功能、双眼调节平衡、主视眼的辨别等，最后综合上述情况作出正确判断。(2)通过一个简单的方法来鉴别。在5m远处挂一国际标准视力表，先确定视力，然后戴上300度老花镜，眺望远方，眼前会慢慢出现云雾状景象，半小时后取下眼镜，再查视力。如视力增强，可认为是假性近视；如视力依旧或反而下降，可按这种方法每天进行一次，连续重复 3 天，如视力仍无改善，就可以确定为真性近视。

【真性人畜共患疾病】(euzoonoses) 病原体必须通过人和动物两种宿主才能完成其生活史的疾病。属于这一类病的只有两种：猪肉绦虫病和牛肉绦虫病。牛、猪绦虫以动物为中间宿主，而人为终末宿主，二者缺一不可。否则其生活史就不可能完成。

【真值】(true value) 在计算数值表示中，用正负号加绝对值表示数据的形式。一个量或确定的目标在被观测的瞬时条件下所具有的确切数值。是一个变量本身所具有的真实值。是一个理想的概念。这种值仅在所有误差原因均被消除或对象总体是无限多时才能达到。在对象总体有限的场合，必须考虑完整的总体的值作为约定真值。被测量值本身所具有的真实大小，分理论真值、约定真值和相对真值。理论真值是指一个量严格定义的理论值(如三角形三内角和为 180°)，许多量的理论真值在实际工作中难以求得，常以约定真值和相对真值来代替。约定真值通常指国际会议、标准化组织或国际上公认的量值；相对真值通常指标准物质证书上给出的量值以及与真值的误差不超过误差界的测量值。

【砧木】(stock) 嫁接繁殖时承受接穗的植株。可以是整个植株，也可以是树体的根段或枝段。其作用是：固着、支撑接穗并与接穗愈合后形成植株继而生长和结果。砧木是树木嫁接苗的基础。嫁接用的砧木，要选择生育健壮，根系发达，适应当地环境条件和具有一定抗性(如抗寒、抗旱、抗盐碱、抗病虫能力)，与接穗具有较强亲和力的针、阔叶树种苗木作砧木。

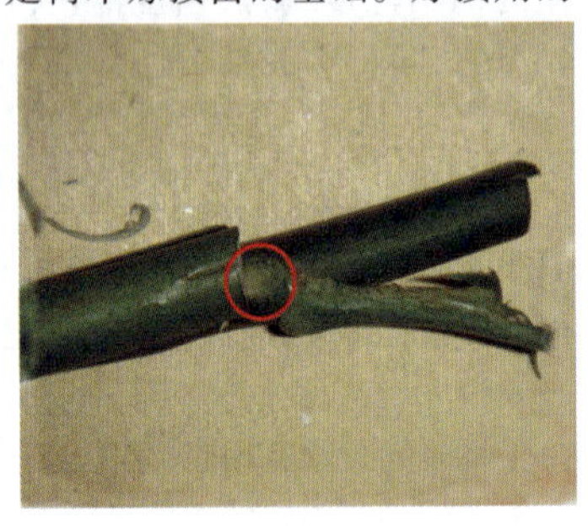
砧木

砧木可以使嫁接树的树体长得高大，也可以使树体长得矮小。同一品种嫁接在不同砧木上，树高和树冠体积会相差数倍，并且对枝条萌发的数量和组成比例、生长物候期以及树体姿态都有明显影响。栽培中利用的砧木有两类：一类是实生繁殖的砧木；另一类是无性繁殖的自根苗或无性系砧木。根据利用方式不同，把连同根系用作砧木的，称基砧；只用一段条嵌在基砧与接穗之间的称中间砧。能够使接穗长成 5m 左右高大树冠的砧木称乔化砧；使树冠长得比乔化砧树冠小 1/3 的砧木称半矮化砧。使树冠长得仅为乔化砧树冠 1/2 的称矮化砧。对不良环境条件或某些病虫害具有良好适应能力或抵抗能力的砧木，称抗性砧木。

【阵风战斗机】(rafale fighter) 法国研制的新一代战斗机。试验型“阵风 A”于 1983 年 3 月开始设计，1986 年原型机首次试飞。实用型战斗机“阵风 C”1991 年 4 月首次试飞。该机采用复合后掠三角翼，高位近耦合鸭翼和单垂直尾翼布局，机翼具有可变弯度提高升力的特点。发动机采用两侧下方进气。机载设备先进，采用了电传操纵系统、一体化显示系统和先进的雷达。全机内设系统先进，代表了 20 世纪 90 年代的技术水平。总体性能指标达到三代半超声速战斗机水平。

法国阵风战斗机

【阵列处理机】(array processor) 又称数组处理机。由多个相同处理单元构成、对数组、向量或从时域或空间中的点阵所取得的数据进行高速运算的处理机。是在巨型计算机技术的基础上，由专用的数字滤波器发展而来。它大大提高了计算机对数字信号处理的运算速度。应用在雷达数字信号处理、声呐信号处理、石油勘探地震资料处理、图像处理、实时飞行模拟、热核反应模拟、天体物理计算、结构分析和人工智能等方面。

【振荡器】(oscillator) 用来产生重复电子信号的电子元件。能将直流电转换为具有一定频率交流电信号输出的电子电路或装置。作为收发设备的基础电路，其作用是产生一定频率的交流信号。按频率的不同可分为：低频振荡器、中频振荡器、高频振荡器等；按振荡激励方式的不同可分为：自激振荡器、他激振荡器；按电路结构的不同可分为：阻容振荡器、电感电容振荡器、晶体振荡器、音叉振荡器等；按输出波形的不同可分为：正弦波、方波、锯齿波等振荡器。其中，石英晶体振荡器是一种高精度和高稳定度的振荡器。广泛应用于彩电、计算机和遥控器等各类振荡电路中。在通信系统中用于频率发生器，为数据处理设备产生时钟信号和为

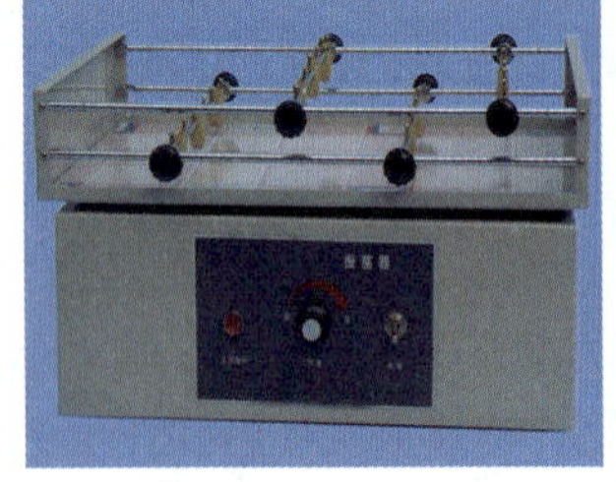
振荡器

特定系统提供基准信号。

【振荡脱气】(oscillating degassing) 使金属熔体往复振动,将溶于金属液中的气体排出的工艺方法。向金属液通入弹性波时,弹性振荡在金属液中的传播会使熔体内部产生无数显微空穴,即瞬间区域性真空。溶入金属中的气体很容易进入到空穴中并复合成为分子状态,长大成为气泡逸出熔体。振动频率越大,脱气效果越好。一般使用5 000～20 000Hz的频率。振动方法包括使用声波、超声波、交变电流或磁场等。超声波处理常用于铝。在铝液结晶过程中进行超声波处理,会使枝晶破碎,成为多个结晶核心,从而能够获得细化晶粒的效果。

【振捣】(concrete vibrating) 对卸入浇筑仓内的混凝土拌和物进行振动捣实的工序。按其工作方式的不同可分为插入振捣、表面振捣、外部振捣三种。常用的为插入式振捣器。插入式振捣器工作部分长度与铺料厚度比为1:0.8。应按一定顺序和间距振捣,间距为振动影响半径的1.5倍,插入下层混凝土5cm,每点振捣时间约15～25s。以振捣器周围见水泥浆为准。振捣时间过短,得不到密实;振捣时间过长,粗骨料下沉影响质量的均匀性。

振捣机

【振动】(vibration) 描述系统状态在某一范围内做周期性变化的过程。狭义的振动指机械振动,表示物体在一定位置附近所作的周期性往复运动。广义的振动也指电磁振荡等参量变化的运动形式。力学系统能维持振动,必须具有弹性和惯性。由于弹性,系统在偏离其平衡位置时,会产生回复力,促使系统返回原来位置;由于惯性,系统在返回平衡位置的过程中积累了动能,从而使系统越过平衡位置向另一侧运动。振动是自然界常见的现象。振动的积极方面是:有许多需利用振动的设备和工艺如振动传输、振动研磨、振动沉桩等。其消极方面是:影响仪器设备功能,降低机械设备的工作精度,加剧构件磨损,甚至引起结构疲劳破坏。

【振动病】(vibration disease) 又称职业性雷诺氏征、振动性白指、气锤病。长期接触强烈振动所引起的以肢端血管痉挛为主要表现的疾病。是职业病的一种。局部振动可能引起末梢心血管痉挛、肌肉萎缩、骨质疏松、脑电图和心电图改变等。早期表现肢端感觉异常、振动感觉减退,随着病情进展,出现手麻、疼痛、发僵、发凉等,疼痛常在夜间发生,遇冷症状更加明显。严重时末梢血管痉挛加重,手指发白,故称"白指"。白指多发生在中指、无名指和食指。先出现于远端,严重者全手发白。X线片呈现骨质囊样变和关节变形。有的病例会发生无菌性坏死;个别重症患者还会出现头痛、眩晕、胸骨后疼痛等。按其病情轻重的不同可分为:观察对象、轻度局部振动病和重度局部振动病。按其病情的不同采用理疗、运动疗法、温泉洗浴以及末梢血管扩张剂、交感神经α-受体仰制剂、镇静剂等治疗方法。其主要预防措施是:(1)改革工艺。如用焊接代替铆接。(2)有条件的应采用减振风动工具并加强保护,发放防振用品。(3)对新工人要进行就业前检查,有心绞痛、高血压、植物神经功能失常及神经炎者,避免从事振动作业。(4)接触振动作业工人需定期进行体检,发现振动病患者要及时治疗,反复发作者应调离振动作业。

【振动发电技术】(vibration technology for power generation) 一种基于压电效应回收振动能量的发电技术。利用振动发电的技术原理有压电效应、电磁感应、静电容量变化以及将振动转换为涡轮转动的能量发电等4种。振动发电属于可再生能源领域,是节能环保的创新技术。已经进入到试验应用阶段。目前主要应用在汽车上和便携式设备上。

【振动切削】(vibration cutting) 沿刀具进给方向附加低频或高频振动的切削加工工艺。可以提高切削效率,有利断屑和冷却刀具。低频振动切削具有很好的断屑效果,可不用断屑装置,使刀刃强度增加,切削时的总功率消耗比带有断屑装置的普通切削降低40%左右。高频振动切削也称超声波振动切削,有助于减小刀具与工件之间的摩擦,降低切削温度,减小刀具的黏着磨损,从而提高切削效率和加工表面质量,使刀具寿命提高约40%。

【振动筛】(oscillating screen) 又称摇动筛。用于筛析细物料的一种平板式运动筛子。主要由筛子、电动机、偏心轮等组成。靠机械作用产生快速振动。筛子是平板并略呈倾斜的网状物。电动机拖动筛子作往复运动。其摇摆架具有一定的摇摆长度。在筛子振动时,筛过物通过筛孔,未筛过物则顺筛子移动至另一端出料(或卸入粉碎机中)。根据欲分物料粒径的大小,可以制成多层式、不同规模的筛子。其最上层的筛孔最大,依次减小。因此最大块粒物料由最上层卸出,而最小

振动筛

块粒物料由末一层卸出,以实现筛分物料的目的。

【振动周期】(vibration period) 振动的物体完成一次全振动所需的时间。通常用T表示。单位时间内完成的振动的次数称为振动频率。其单位是赫兹(Hz)。周期和频率都是描述振动快慢的物理量。全振动是指物体先后两次运动状态(位移和速度)完全相同所经历的过程,单位是秒。振动物体在经过一个振动周期之后,回复到开始的状态。在阻尼振动中,振动物体不能完全恢复原状,则以连续两次以同方向通过平衡位置时所经过的时间为周期。

【振幅】(amplitude) 振动物体离开平衡位置的最大距离。在数值上等于最大位移的大小。反映了物体振动幅度的大小与振动的强弱。

【震动爆破】(concussion blasting) 又称震动放炮。在具有突出危险性煤层的掘进工作面布置较多的炮眼,装上较多的炸药,撤出人员,远距离启爆,利用炸药爆炸的强大震动力,猛然一次揭开具有突出危险的煤层,借以人为诱导突出的一种局部性防突措施。采取人为诱导突出,一是煤层本身客观上存在突出危险性,二是有计划、有组织地人为诱导突出,能避免人员的伤亡和设备设施的破坏,确保安全生产。震动爆破多用于石门揭穿煤层和煤巷掘进中。在石门揭开突出危险煤层或在突出危险煤层中掘进时,用增加炮眼数、加大装药量等措施,一次使整个巷道工作面在瞬间向前移动,诱导煤(岩)和瓦斯突出从而预防瓦斯、煤层爆炸。震动爆破揭穿煤层的效果取决于石门岩柱厚度、炮眼数目、炮眼布置和装药量等因素。

【镇墩】(anchorage block) 固定压力管道的墩座。其压力管道转角处或直线管段长度大于150m时,均需加设镇墩。有两种类型:(1)封闭式,将管段用锚栓锚固,浇混凝土于墩内。其特点是锚固紧密,传力性能好。(2)开敞式,用钢锚环将管段锚在混凝土墩上。其特点是便于检查。镇墩需设置在良好的地基上。其设计内容包括:(1)抗滑稳定计算。(2)薄弱断面的应力校核。(3)地基应力计算。其主要外荷载有:镇墩管段上下游断面轴向水压力、镇墩自重、钢管段自重和水重、温度变化时支墩的摩擦力等。

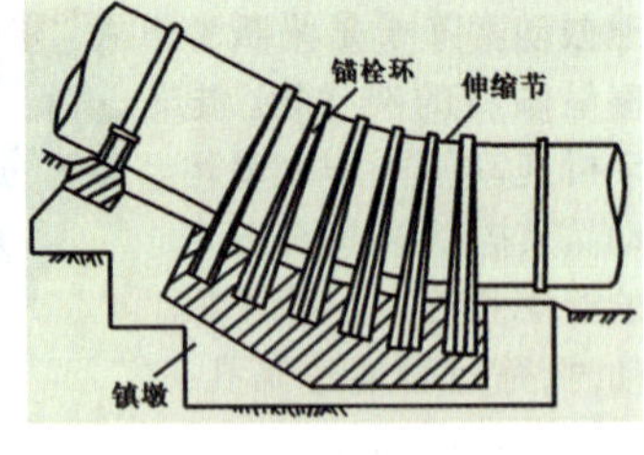

镇墩

【镇静钢】(piping steel) 脱氧比较完全的钢。先用锰铁,后用硅铁,最后用铝进行脱氧,浇铸时模内液面平静。钢锭结构致密。在所有钢种中,除部分低碳钢外,均为镇静钢。镇静钢的优点是:化学成分均匀,各部分的力学性能也均匀,焊接性和塑性都比较好,抗腐蚀性较强。脱氧程度介于沸腾钢和镇静钢之间的称为半镇静钢。

【镇咳药】(antitussive drug) 治疗各种原因引起的咳嗽的一类药物。咳嗽是呼吸系统疾病的一个主要症状。咳嗽是一种保护性反射,具有促进呼吸道的痰液和异物排出,保持呼吸道清洁与通畅的作用。在应用镇咳药前,应明确病因,针对病因进行治疗。对于剧烈无痰的咳嗽,如上呼吸道病毒感染所致的慢性咳嗽或者经对因治疗后咳嗽未见减轻者,为了减轻病人的痛苦,防止原发疾病的发展,避免剧烈咳嗽引起的并发症,应该采用镇咳药物进行治疗。目前常用的镇咳药,按其作用机制的不同可分为两类:(1)中枢性镇咳药。直接抑制延髓咳嗽中枢而发挥镇咳作用。包括磷酸可待因、氢溴酸右美沙芬、枸橼酸喷托维林等。(2)外周性镇咳药。通过抑制咳嗽反射弧中的感受器、传入神经、传出神经或效应器中任何一环节而发挥镇咳作用。本类代表药为盐酸纳克汀。有些药物兼有中枢和外周两种作用。

【蒸发沉积矿床】(evaporite deposit) 可溶盐类物质经过长期蒸发作用从溶液中析出而形成的沉积矿床。随着蒸发作用的进行,盐分不断聚集,达到饱和程度时,不同盐类将分别沉积。一般石膏在下,岩盐在其上,最上部为钾盐和镁盐,如钾、钠、钙、镁的卤化物、硫酸盐、硼酸盐及碳酸盐类等。在与海洋基本隔绝的或仅有狭窄通道与海洋相通的海湾、潟湖、残余海以及内陆的封闭湖泊环境中,干燥的气候条件使这类矿床沉积。此类矿床有石膏、岩盐、光卤石、钾石盐、钾盐镁钒、泻利盐、芒硝、无水芒硝、自然碱、钠硼解石和硼砂等盐类矿床。

【蒸发岩】(evaporite) 由含盐度较高的溶液或卤水通过蒸发浓缩作用形成的化学沉积岩。常见的岩石有盐岩,其成分为盐(NaCl)和其他伴生矿物,如石膏、芒硝、杂卤石、光卤石、钾石盐、黏土等。蒸发岩按成分的不同可分为:盐岩、石膏岩、硬石膏岩、钾镁盐岩、天然碱和钙芒硝等。蒸发岩形成于干燥气候带的湖泊或潟湖中。

蒸发岩

【蒸谷米】(boiled rice)　以稻谷为原料,经清理、浸泡、蒸煮、干燥等处理后,按常规稻谷碾米加工方法生产的大米制品。从营养、膳食和储存角度比较,蒸谷米有以下优点:(1)营养价值高。(2)出饭率高。(3)耐储存。全世界每年有相当数量的稻谷加工成蒸谷米,在欧美、中东等地区非常畅销。在国外以健康米、绿色食品著称。但由于加工成本高、米色较深、米饭黏性较差和口味习惯等原因,蒸谷米始终未被国内消费者普遍接受。

【蒸馏醋】(distilled vinegar)　用酿造醋通过蒸馏而获得的酸性调味液。食醋的一种。澄清透明。酸味爽口。具酿造醋的香气挥发成分。还可根据需要调配适量的香辛料,增添风味。

【蒸馏法】(stilling method)　利用物质的不同沸点,通过蒸馏使金属或杂质挥发,并分别冷凝,以提取、分离、精炼或净化金属的方法。广泛用于蒸馏提锌、铷、铯镉等。炼锌竖罐用碳化硅砖砌成,由于导热率高、膨胀系数低,能构成较大的容积。通常用煤气和预热空气在罐外燃烧加热,保持1 250～1 300℃的温度。先将焙烧后的锌精矿、还原剂(煤)和黏结剂(造纸废浆或糖浆)做成团块,并在焦化炉内焦化,再装入竖罐。加热到1 000℃以上时,氧化锌被还原成锌蒸气,引出后经冷凝收集而成液态的锌。团块在罐中始终保持原来形状,而不造渣。其优点是:机械化程度较高,使生产连续,劳动条件好,生产率高,产品质量较好,燃料消耗少等。但对配料和操作要求严格。另外蒸馏法还用于分馏锌镉合金,真空精炼铍、钙、镉及真空净化海绵钛、海绵锆等。

【蒸呢】(decating)　又称开口式蒸呢。利用毛纤维在湿热条件下的定形性,通过汽蒸改善其弹性、形态稳定性、手感和光泽的整理过程。汽蒸主要用于毛织物及其混纺产品,一般在常压下进行。在汽蒸前,将毛织物和衬布一起平整卷绕在多孔的蒸呢滚筒上,外面再包以衬布,在蒸呢滚筒中通入蒸汽并透过织物。数分钟后,抽气冷却,将织物调头卷绕再蒸一次。蒸呢若在密闭的压力容器中进行,称为罐蒸。将已给湿的织物夹入衬布卷绕在蒸呢滚筒上,包以衬布后置于蒸罐中,使蒸汽由滚筒的内部和外部交替透过织物。毛织物经罐蒸后,有较耐久的定形效果。蒸呢温度不宜过高,以免损伤纤维。蒸呢所用衬布的表面状态能影响毛织物的光泽和手感衬布。有光面和绒面两种,可根据整理要求选用。蒸呢还可在连续蒸呢机上进行,使毛织物在环状衬毯与多孔大蒸呢滚筒之间通过,先经蒸汽作用,再经抽风冷却。这种工艺方法也可用于蚕丝、黏胶纤维等织物。

蒸呢机

【蒸气云爆炸事故】(unconfined vapor cloud explosion accident)　由于气体或易于挥发的液体燃料的大量快速泄漏,与周围空气混合形成覆盖面很大的预混云,在某一受限空间与点火源而引发的爆炸事故。是由于以"预混云"形式扩散的蒸气云遇火后在某一有限空间发生爆炸而导致的。泄漏的油品如果没有发生沸腾液体膨胀蒸气云爆炸现象或立即引发大火,溶剂油或燃料油等物质的低沸点组分就会与空气充分混合,在一定的范围聚集起来,形成预混蒸气云。如果在稍后的某一时刻遇火点燃,由于气液两相物质已经与空气充分混合均匀,一经点燃其过程极为剧烈,火焰前沿速度可达50～100m/s,形成爆燃。对蒸气云覆盖范围内的建筑物及设备产生冲击波破坏,危及人们的生命安全。其主要原因包括:阀门泄漏、法兰失效泄漏、管线失效(损坏、破裂、腐蚀)、储罐失效(破裂、裂缝、腐蚀、超压、冲击作用)、阀门开启、满装外溢等因素导致危险物质泄漏,形成气云被引爆。发生蒸汽云爆炸现象最起码应具备的条件是:(1)周围环境如树木、房屋及其他建筑物等形成具有一定限制性空间。(2)延缓了点火的过程。(3)充分预混了的气液两相物质。(4)一定量的可燃气体、液体泄漏。

【蒸汽处理】(vapour treatment)　钢铁表面化学热处理的一种方法。将试件放在蒸汽中加热,并保温一定时间,使表面生成一层保护性的磁性氧化铁薄膜。主要用于高速钢刀具。可提高抗蚀性和使用寿命,美化表面色泽。

【蒸汽动力发电厂】(steam power plant)　又称汽轮机发电厂。采用汽轮机驱动发电机的火力发电厂。应用汽轮机发电是当前火力发电中最主要的一种电能生产方式。其中仅向用户提供电能的为凝汽式电厂。在供电的同时,还可以汽轮机抽汽(或排汽)向外界供热的则为热电厂。前者装有蒸汽深度膨胀并在凝汽器中被冷却水冷却和凝结的凝汽式汽轮机。后者则装有可从汽轮机中部抽出(或尾部排出)做过部分功的蒸汽来供热的供热式汽轮机。后一生产方式又称热电联产。统常汽轮机与发电机直接连接,构成汽轮发电机组。其特点是紧凑、可靠、运转平稳和高效率。汽轮机所需的蒸汽由锅炉生产。高参数蒸汽增大了单位质量蒸汽的做功能力,可减少汽耗、热耗和燃料消耗，所以大型蒸汽动力装置的蒸汽参数均比较高，一般采用亚临界压力 17MPa 或超临界压 25MPa，温度为 540～570℃。进入 20 世纪 90 年代，由于高温金属材料的成熟，蒸汽压力和温度得到进一步提高。

【蒸汽喷射杀菌】(uperization) 直接将蒸汽喷射到乳品中，对乳制品和植物蛋白饮料进行杀菌的方法。是一种超高温杀菌方法。在操作时，瞬间急剧加热至杀菌温度，并短时保温，然后将乳品送入空罐，使乳品压力突然降低，其体积迅速增大，进行瞬间急剧冷却。杀菌温度 135～150℃，时间 2～8s。其优点是：加热和冷却迅速，能最大限度地减少在超高温处理过程中可能发生的焦糊味、蛋白质变性和褐变等。因此，对蒸汽要求严格，必须是无油的干饱和蒸汽。

【蒸汽喷网法】(steam bonding) 又称汽刺法。纤维受气流冲击发生缠结热黏合而形成纤网的固结方法。类似射流喷网法。在非织布加工中利用高温蒸汽在高压下通过射流板的喷头高速喷出，以极细、极快的蒸汽流喷刺纤网，使纤网中的纤维在受到气流冲击发生缠结的同时，受到热作用而发生热黏合，在机械力和热的双重固结作用下形成纤网。

【蒸汽涡轮发动机】(steam turbine) 一种将水加热后形成的水蒸气之动能转换为涡轮转动的动能的机械。与原由詹姆斯·瓦特发明的单级往复式蒸汽机相比，涡轮蒸汽机大幅改善了热效率，更接近热力学中理想的可逆过程，并能提供更大的功率，至今它几乎完全取代了往复式蒸汽机。涡轮蒸汽机特别适用于火力发电和核能发电。世界上大约 80% 的电是利用涡轮蒸汽机所产生。老式船舰中也有不少使用，但是在现代化船舰中已经被燃气涡轮引擎全面取代，只有少数特例如现代级还使用蒸汽涡轮。燃气－蒸汽轮机联合循环，是把燃气轮机和蒸汽轮机这两种按不同热力循环工作的热机联合在一起的装置，有时也简称为联合循环。为了提高热机的效率，应该尽可能地提高热机中的加热温度和降低排热温度。但蒸汽轮机和燃气轮机的热力循环都不能很好满足上述要求。如把它们结合起来，以燃气轮机的排热来加热蒸汽，就可以同时取得燃气轮机加热温度较高和蒸汽轮机排热温度较低的双重优点。由于蒸汽轮机具有功率大的优点，因此在现代大型军舰上依然有广泛应用。例如大型航母，核潜艇均使用蒸汽轮机作为动力。燃气轮机由于功率不足，目前仅在中型军舰和小、中型航母上运用。对于要求高航速的大型舰船，蒸汽轮机或蒸汽轮机－分散电机－电机动力系统依然是唯一选择。

蒸汽涡轮发动机

【蒸汽雾】(steam fog) 又称蒸发雾。当水的蒸发面的温度或雨水的温度高于其以上的空气的温度时出现的雾。由水面上蒸发的水汽发生冷却达到过饱和时凝结而成。常在秋季的湖上或河上形成。在冬季，未冻结的海湾、冰冻面未冻结的地方，以及陆地上急剧变冷的空气缓慢移动到较暖的水面上时，也都是形成蒸汽雾的有利时机。

【蒸汽型地热能】(earth heat of steam type) 地下储热以蒸汽为主的对流水热系统。以产生温度较高的过热蒸汽为主，掺杂有少量其他气体，所含水分很少或没有。这种干蒸汽可以直接进入汽轮机，对汽轮机腐蚀较轻，能取得满意的工作效果。但这类构造需要独特的地质条件，资源较少、地区局限性大。

【蒸渗仪】(evaporater meter) 研究水文循环中的下渗、地表径流和地下径流、蒸散发等过程而设置的装置。这种设备设在室外空旷的观测场内或有控制装置的室内，可单个或成组、成套设置。按不同的土壤类别，剖取一定深度的原状土柱或人工配制填装的土体，装入一个四周和底部封闭但装有特制排水、供水系统的圆柱捅内，在桶底须事先垫以一定厚度的反滤层，再吊装安放在观测场内。圆桶内所盛土样表面须与场内地面齐平，圆桶所盛土体的深度，视实验的目的与任务而定，可以同一类土壤用不同深度的圆桶分装，或以同一深度的圆桶分别装入不同类别的土壤。土体表面可以栽培不同作物或任其裸露，以资进行比测试验。圆桶一侧的排水和供水系统，引入地下室内以便进行观测。观测时可用称重或直接量取水量的方式。蒸渗仪应用水量平衡原理，推求平衡因素中某些难以直接测定的或需研究的某些因素的变化过程。例如一场自然降水或人工降雨。降雨强度超过土壤下渗能力后即产生地表径流，其水量即从地表径流管流出，可用量筒定时量取流出水量，即得地表径流的流量过程。雨水由土壤入渗，除一部分保留在土壤孔隙中成为土壤含水量外，一部分继续下渗，达到反滤层形成地下径流，可通过水位控制器等装置，灵敏地量取地下径流的出流过程。降雨量扣除

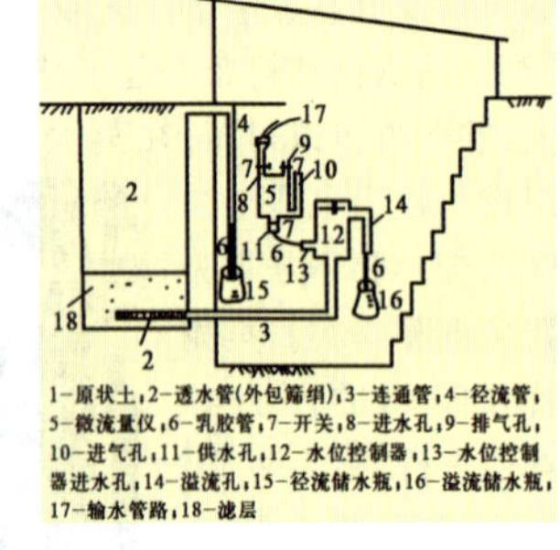

蒸渗仪

地表径流和地下径流，即得土壤含水量增量和雨间蒸散发量。如无雨或雨间蒸散发量大，可用输水设备补水，以维持水位控制器中一定水位。用微流量仪量出补水量即为蒸散发量过程。此外，还可以模拟和制造、控制某些条件，通过测定有关要素以研究专门问题。如在土体中设不同深度的饱和带，然后测定和研究降水下渗、作物的地下水利用量以及壤中流、潜水蒸发，给水度等。以研究各种农业水文常数等。中国自 1959 年开始，先后在安徽省青沟径流实验站、渭史杭灌区蒸发试验站、山东德州试验站等处建立蒸渗仪试验场地，进行系统的土壤蒸散发量的观测研究。

【蒸腾作用】（transpiration） 水分从活的植物体表面（主要是叶子）以水蒸气状态散失到大气中的生理过程。蒸腾有两种方式：(1)通过角质层的蒸腾，为角质蒸腾。(2)通过气孔的蒸腾，为气孔蒸腾。气孔蒸腾是植物蒸腾作用的主要方式。蒸腾是植物吸收和运输水分的主要动力，可加快无机盐向地上部分运输的速率，可降低植物体的温度，使叶子在强光下进行光合作用而不致损伤。植物蒸腾散失的水分量是很大的。自养的绿色植物在进行光合作用过程中，必须和周围环境发生气体交换。因此，植物体内的水分就不可避免地要顺着水势梯度流失，这是植物适应陆地生活的必然结果。适当地抑制蒸腾作用，不仅可减少水分消耗，而且对植物生长也有利。

【蒸煮袋】（retort pouch） 采用由聚酯、铝箔、聚烯烃等材料复合而成的多层复合薄膜制成的软质包装容器。随着技术水平的提高和新材料的不断出现，商家广泛使用的是由两层、三层复合而成的高温蒸煮袋。以三层复合袋为例，其内层一般称作封口层，采用的是聚丙烯塑料和聚乙烯塑料。这两种塑料都具有价格低、封合性能好的特点。中间层是阻挡层，阻挡氧气、有害微生物的侵入，可以采用铝箔、聚酯塑料、尼龙等材料。外层是加强层，起装饰和保护作用，可以选用聚酯塑料、尼龙等。高温蒸煮袋都是由以上几种薄膜材料组合而成的。

蒸煮袋

【蒸煮挤压技术】（extrusion cooking technology） 利用螺杆挤压方式在高温高压条件下对固体食品原料进行破碎、捏合、混炼、熟化、杀菌、干燥、成型等加工处理的技术。在挤压过程中，食品物料完成高温高压的物理变化和生化反应，并在挤压作用下强制通过一个专门设计的孔口，制得一定形状和组织状态的产品。蒸煮挤压属于高温高压食品加工技术。利用蒸煮挤压技术可以生产膨化小食品、营养米粉、龙虾片等食品。

【整倍体】（euploid） 与非整倍体相对应。增加或减少单倍体数整倍的染色体。如三倍体的数目是单倍体数目的三倍；四倍体的数目是单倍体数目的四倍。凡染色体数目是单倍体数的三倍以上的通称为多倍体。从生物进化的角度看，染色体结构和数目的改变，是造成种群隔离、新种形成的选择源泉和基础，对种群进化具有重要意义。

【整合蛋白】（integral protein） 又称内在蛋白、跨膜蛋白。含一个或多个疏水性片段嵌插在膜脂双层中的蛋白质。是生物膜的基本结构成分。许多具有重要生理功能的膜蛋白均属整合蛋白，如膜结合的酶类、载体蛋白、通道蛋白、膜受体等。在膜上的存在的方式是：(1)单次穿膜。疏水区贯穿脂双层，两末端分布于膜内外两侧。(2)多次穿膜。多肽链数次反折，数个疏水区反折数次穿越脂双层。(3)多个单次穿膜的亚基组成一个跨膜通道。(4)脂化或糖脂化膜蛋白借其共价结合的脂肪酸链插入膜内。(5)膜蛋白多肽链一端穿膜，另一端借糖脂化的脂肪酸插入膜内，两端均固定膜上。整合蛋白的作用是具有重要的信号传导功能，能够联系细胞外微环境与细胞内的代谢活动，与其他生长调节因子共同参与对细胞生长、增殖的调控。

【整经工序】（warping） 将纱线从一定数量的筒子上退绕，按照工艺要求的长度、幅宽平行卷绕成经轴，在织机或经编机上形成一定顺序或图案的片纱的过程。机织或经编的织前准备工序之一。可分为分批整经、分条整经和球经整经。(1)分批整经。也称轴经整经法。将织物所需的总经纱根数分成几批，分别卷绕在几个经轴上，再把这几个经轴在浆纱机或并轴机上合并，卷绕成一定数量的织轴。织轴上的经纱总根数即为织物所需的总经纱根数。其优点是：生产率高，整经质量好，适宜大批量生产；其缺点是：经轴纱片并合时不易保持色纱的排花顺序。此法主要应用在原色或单色织物中。(2)分条整经。能准确地得到色花的排列顺序，且便于改变花色品种。广泛用于花色品种多变的色织、毛织及丝织中。其缺点是：张力不均匀，换条、倒轴、接头等停车操作时间多，生产率低。(3)球经整经。主要用于牛仔布生产的整经工艺。全幅织物的总经根数按照筒子架的容量分成若干条，每条经纱在等张力下集束并交叉卷绕成网眼结构的球形卷装。

【整经机】(warping machine) 将筒子纱有序地一层一层地卷绕在织轴上的织造准备设备。为满足织造工序的需要,将筒子纱有序地卷绕在织轴(俗称盘头)上,主要由纱架和车头控制系统组成。纱架用于置放筒子纱,并控制纱线张力,使轴上纱线的张力基本一致。整经机分为分批整经和分条整经两种。分批整经通常用于一种品质或花色经纱进行规定长度大容量卷绕;分条整经通常用于对已经上浆、可免浆织造、多品种、多花色或小批量的经纱进行整经。

整经机

【整流器】(selenium rectifier) 可以将交流电流转化为直流的装置。是一个电流转换装置。其主要功能是:(1)将交流电变成直流电,经滤波后供给负载,或者供给逆变器。(2)给蓄电池提供充电电压。因此,它同时又起到一个充电器的作用。是将方向、大小时时在变的交流电,变为方向不变、大小在变的单向脉动电。再经过滤波电路、稳压电路,将脉动电变为大小不变的直流电。

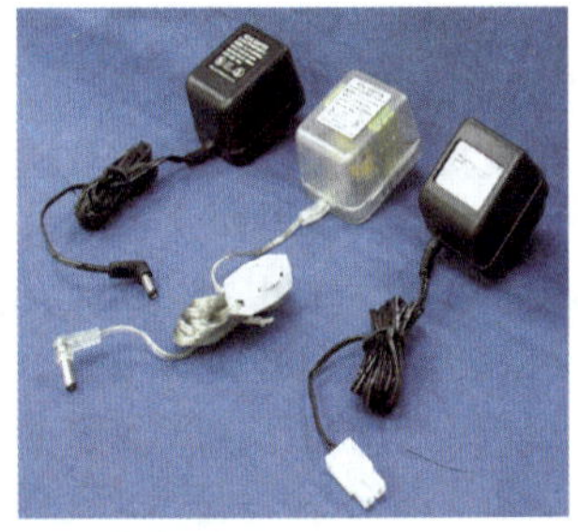
整流器

【整群抽样】(cluster sampling) 将总体按某种标准划分为一些子群体,每一个子群为一个抽样单位,用随机的方法从中抽取若干子群,将抽出的子群中所有符合条件的个体均进行调查的一种方法。其主要优点是:在大规模调查中,易于组织,节省人力、物力和财力。但由于调查单位在总体中的分布不均匀,因此抽样误差往往较大。常用于群间差异比较小的对象。

【整数线性规划】(integer linear programming) 一类要求问题中的全部或部分变量为整数的线性规划。在线性规划问题中,有些最优解可能是分数或小数,但对于某些具体问题,常要求解答必须是整数。例如,所求解是机器的台数,工作的人数或装货的车数等。为了满足整数的要求,初看起来似乎只要把已得的非整数解舍入化整就可以了。实际上化整后的数不见得是可行解和最优解,而且增加要求变量为整数值之后,使问题发生了深刻的变化,所以应该有特殊的方法来求解整数规划。在整数规划中,如果所有变量都限制为整数,则称为纯整数规划;如果仅一部分变量限制为整数,则称为混合整数规划。整数规划的一种特殊情形是0~1 规划,它的变数仅限于0 或1。

【整体煤气联合循环】(integrated gasification combined cycle) 把煤气化和燃气-蒸汽联合循环发电系统有机集成的一种洁净煤发电技术。在整体煤气联合循环(IGCC)系统中,煤经过气化产生合成煤气,经净化处理的煤气燃烧后驱动燃气透平发电,利用高温排气在余热锅炉中产生蒸汽驱动汽轮机发电。为了制备并净化煤气,IGCC 系统中还设置了空气分离设备(用于制氧供气化用,简称空分设备)和煤气除尘、脱硫设备。对采用空气作气化介质的 IGCC 系统一般不设置空分设备。这种发电系统也可以采用石油焦和生物质等作为燃料。煤经过处理后送入气化炉。气化过程所需的氧气来自空分设备。出气化炉的粗煤气被回收利用以产生蒸汽(蒸汽送入余热锅炉中去过热),然后粗煤气通过除尘、脱硫处理进入燃气轮机燃烧室,燃烧产生的高温燃气驱动透平发电。燃气透平排气的热能在余热锅炉中被回收,将给水加热成为蒸汽,用以驱动汽轮机发电。此外系统还包括硫回收设备、灰渣系统和废水处理设备。

【整体式高速钢车刀】(integral high speed steel tur-ning tool) 选择一定形状的整体高速钢刀条,并在其一端刃磨出所需切削部分形状的车刀。这种车刀刃磨方便,可以根据需要刃磨成不同用途的车刀,尤其是适宜于刃磨各种刃形的成型车刀,如切槽刀、螺纹车刀等。刀具磨损后可以多次重磨。由于其刀杆也为高速钢材料,因此也造成了刀具材料的浪费。一般用于较复杂成型表面的低速精车。

【整体重力坝】(monolithic gravity dam) 不设永久性缝,以整体作用抗御外荷载的重力坝。可在坝体较高、河谷较窄、岸坡陡峻,对岸坡坝段侧向抗滑稳定不利,或河床基岩抗剪强度指标较低而两岸岩体较好时采用。其空间结构作用比较显著。其应力与变形计算,可采用三维有限单元法或结构模型试验法,也可采用拱梁分载法的各种简化方法。由于整体重力坝的水平梁作用较小,可取单宽坝条进行应力分析,而将水平梁作用视为安全裕度。其主要优点是:(1)具有空间结构作用,大部分荷载通过悬臂梁作用传递到河床基岩处。(2)减少可能漏水的通道和节省横缝止水设备。(3)坝的整体性较好,可提高岸坡坝段的侧向稳定性。(4)当个别坝段抗滑力不足时,其不足部分可由相邻坝段承担。其主要缺点是:(1)坝体应力和变形计算比较复杂。(2)横缝灌浆增加了施工工作量。(3)对温度变化和地基变形比较敏感。

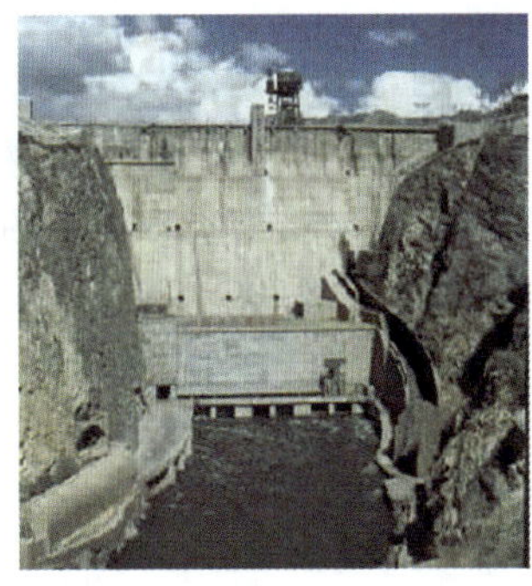

整体重力坝

【整形外科学】(plasticsurgery) 人体组织器官畸形、缺损和功能障碍的修复与重建,以及对人类容颜和体形美化重塑的学科。其历史始于公元前六世纪,印度人用额部正中皮瓣再造外鼻。真正得到发展是在两次世界大战爆发后,大量的伤员面容被毁,肢体残废,需要整形的人数量很大,许多外科医生参加了整形外科工作。同时,麻醉方法的完善、抗生素的出现以及取皮机的发明,使整形外科得到迅速发展。整形外科学反映了遗传学、免疫学、组织工程学、显微外科技术、激光医学、骨内种植体等在整形外科的应用和发展。包括颅面外科、颌面整形外科、面颈部畸形的整形及美容外科。有手外科、四肢躯干整形、泌尿生殖器整形及康复治疗等方面的内容。其治疗范围主要是皮肤、肌肉及骨骼等创伤、疾病、先天性或后天性组织或器官的缺陷与畸形。其治疗包括修复与再造两个内容。以手术方法进行自体的各种组织移植,也可采用异体、异种组织或组织代用品来修复各种原因所造成的组织缺损或畸形,以改善或恢复生理功能和外貌。

【整轧车轮及轮箍】(entire rolling wheel and wheel hub) 将成型坯料直接轧制成车轮及轮箍的特种轧制技术。整轧车轮用于铁路机车、客车车辆和矿山车辆,由轮毂、辐板、轮辋3部分组成。轮箍用于组合车轮,套在轮心上用扣环扣住。由于轮箍磨损后可以更换,所以节约钢材降低成本。对车轮及轮箍的要求是:高的机械强度和耐磨性以及抗冲击载荷能力。整轧车轮的生产流程包括:将钢坯加热镦粗、压痕、冲压成成型坯;轧制;冲孔、压弯辐板增加刚性;热处理。其中轧制是在7辊卧式车轮轧机上同时轧制踏面、轮缘、辐板,平整辋面并使车轮扩经。在轧机的7个轧辊中包括3个立辊(1个主轧辊、2个压紧辊),2个斜轧辊和2个导向辊。在轧制时,由主轧辊带动成型坯连续回转,各轧辊不断加工成型坯的各个部位,直到形成所要求的形状和尺寸。轮箍的生产流程包括:圆钢坯加热镦粗、冲孔、粗轧、精轧和热处理。其中粗轧是在8辊卧式轧机上进行的,2个立辊轧制踏面,2个斜辊轧制端面,其余为导向辊、传动辊。精轧是在7辊卧式轧机上进行的。

【正槽式溢洪道】(normal channel spillway) 过堰水流方向与泄槽轴线方向一致的开敞式溢洪道。有时专指正槽式溢洪道。由进水渠、控制段、泄槽、消能工和泄水渠组成。正槽式溢洪道由于全部是开敞的,正向进流,泄洪能力大,结构比较简单,运行安全可靠,便于施工、管理和维修。在水利枢纽中采用得最多。当枢纽附近的岸边有高程适宜的马鞍形垭口时,采用正槽式溢洪道可以节省土石方开挖量。

【正铲挖掘机】(excavator) 与反铲挖掘机相对应。采用液压传动以一个铲斗挖掘停机面以上土方的施工机械。有履带式和轮台式两种。通过铲斗挖掘、装载土壤或石块,并旋转至一定的卸料位置卸载。是一种集挖掘、装载和卸料于一体的高效施工机械。其工作特点是"前进向上,强制切土"。挖掘力大,可以直接开挖Ⅰ至Ⅳ类土和爆破后的岩石、冻土等。爆破后的岩石和冻土块粒径不能超过土斗内部最小尺寸的一半。正铲工作面的高度一般不应小于1.5m。多用于土方量较大的土方工程,对泥泞的坑洼地区不适用。斗容量有0.25m^3、0.5m^3、0.6m^3、0.75m^3、1.0m^3、2.0m^3等几种。用途范围与反铲挖掘机相同。

【正常殆六标准】(six standards to normal occlusion) 正常口腔颌面部结构的人群所具有的上下牙齿位置及接触关系的六标准。20世纪60年代,由Andrews研究了120名未经正畸治疗的正常殆而提出的。其基本内容如下:(1)磨牙关系。上颌第一恒磨牙近中颊尖咬合于下颌第一恒磨牙近中颊沟上;同样重要的是上颌第一恒磨牙的远中颊尖的远中斜面咬合于下颌第二恒磨牙近中颊尖的近中斜面上,上颌尖牙咬合于下颌尖牙和第一恒前磨牙之间。(2)牙近、远中倾斜(冠角、轴倾角)。牙临床冠长轴与殆平面垂线所组成的角为冠角或轴倾角,代表了牙的近、远中倾斜程度。临床冠长轴的龈端向远中倾斜时冠角为正值,向近中倾斜时冠角为负值。正常殆的冠角大都为正值。(3)牙唇(颊)、舌向倾斜(冠倾斜、冠转矩)。牙临床冠长轴的唇(颊)舌向倾斜度称为冠倾斜或冠转矩。不同牙有不同的冠转矩:上切牙冠向唇侧倾斜,冠转矩为正;下切牙冠接近直立;从尖牙起,上、下后牙牙冠都向舌侧倾斜,冠转矩为负,磨牙比前磨牙更明显,下颌比上颌为甚。(4)牙旋转。正常𬌗应没有不适当的牙旋转。后牙旋转后占据较多的近远中间隙;前牙正好相反,占据较少的近远中间隙。(5)牙间隙。正常𬌗牙弓中牙都保持相互接触,无牙间隙存在。(6)𬌗曲线。其纵𬌗曲线较为平直,或稍有Spee氏曲线,Spee曲线深度在0~2mm。Spee氏曲线较深时,上颌牙可利用的𬌗面受限,上牙弓间隙不足以容纳上牙。整平较深的Spee氏曲线将使下牙弓的周径和牙弓长增加,使下牙弓的𬌗面能与上牙弓建立良好的𬌗接触。颠倒的Spee曲线为上颌牙提供的𬌗面过大,上牙的间隙过多。未经正畸治疗的正常𬌗群体中牙𬌗可能存在着某些差异,但却都符合上述六项标准,偏离其中任何一项或几项,即会造成𬌗关系异常。正常𬌗六项标准是𬌗的最佳自然状态,正常𬌗的静态的、形态学的标准,也是正畸治疗的目标。

【正常椭球】(normal ellipsoid) 又称水准椭球。在研究地球重力场时通常使用的一个表面为水准面的旋转椭球。它所产生的重力场常作为地球重力场的近似,称为正常重力场。其重力位称为正常重力位。为使正常重力场尽可能接近实际重力场,取正常椭球的总质量 M 和旋转角速度 ω 尽量与实际地球相同,椭球的形状和大小尽量接近于实际地球。正常重力位梯度的模称为正常重力。根据 GM、ω、a(地球椭球的长半径)和扁率 α 这四个参数,可以算出正常重力位 U 和正常重力 γ。正常椭球面上正常重力值 γ_0 与纬度 φ 关系的公式,称为正常重力公式。

【正常足月儿】(normal term infant) 胎龄37至42周,出生时体重≥2 500g、≤4 000g,无畸形或疾病的活产婴儿。足月儿是指胎龄在39~42周(259~392天)分娩的新生儿。其外貌特征是:皮肤红润,皮下脂肪丰满,毳毛少,仅背及肩部有少量的毳毛;头大(占全身比例的1/4),颅骨质硬,鼻软骨及耳轮软骨发育良好,耳舟形成,鼻直且挺;手指及足趾甲部达到或超过指趾端,足部跖纹遍布整个足底;乳腺部可摸到结节,结节>4mm,平均为7mm,乳头明显,乳晕突出;男婴睾丸已下降至阴囊,阴囊皱皮形成;女婴大阴唇已发育,遮盖小阴唇及阴蒂;能大声啼哭,四肢活动好。其生理特征是:生后呼吸建立,胎儿肺内充满液体,通过产道挤压及儿茶酚胺释放,1/3肺液从口鼻排出,余液在肺内通过毛细血管及淋巴管吸收。循环系统建立,从胎儿血液循环转为正常人的血液循环。神经系统在出生时存在原始反射,如觅食反射、吸吮反射、握持反射、拥抱反射等,且在生后数月自然消失;如生后引不出或不消失要注意神经系统疾病。此期巴氏征阳性的病理反射存在属正常,大约2岁消失。其消化系统、免疫、血液等均和胎儿不同。

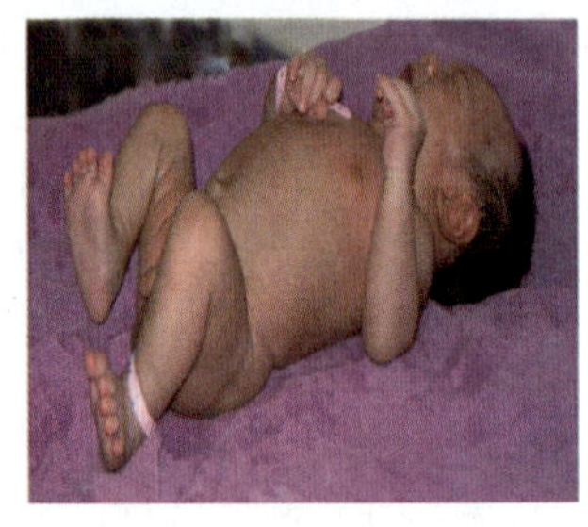

正常足月儿

【正电子】(positron) 又称阳电子。电子的反粒子。所带电量与电子相同,符号相反,质量与电子相同。它的存在最早由物理学家狄拉克所预言,1932年由物理学家安德森发现。正电子虽然单独存在是稳定的,但遇到电子会与之发生湮灭,放出两个 γ 光子。当正电子与原子核接触时,就会与核外电子发生湮灭,所以不容易观测到。正电子的发现使人联想到是否存在反质子、反中子等。现在已经证实每种粒子都存在一种和它对应的反粒子。有人设想,用反粒子制造反物质,利用物质和反物质的湮灭,释放出大量的能量,并在未来的宇宙飞船和地球上利用这种能源。

【正电子发射人体扫描仪】(positron emission tomography) 可以准确捕捉癌细胞的正电子发射断层扫描仪。目前最先进的核医学成像设备。利用正电子核素标记的放射性药物对生物体内的生理或生化过程进行示踪,通过断层成像的方式无创伤地获得生物体内的功能信息,弥补了一般CT诊断的缺陷。该仪器已经被广泛地应用于医疗诊断、药物开发和基础研究中。

【正反馈】(positive feedback) 受控部分发出反馈信息,其方向与控制信息一致,并可以促进或加强控制部分作用的反馈活动。在控制电路中,正反馈电路是指反回到放大器输入端的反馈信号是加强原输入信号的,使输入信号增加的电路。在生理中,正反馈的意义在于使生理过程不断加强,直至最终完成生理功能。在正反馈情况下,反馈控制系统处于再生状态。如体内常见的正反馈现象:排便,排尿,分娩,凝血等。另外,从信息传输的角度来讲,在传播过程中,有正反馈和负反馈之分。经过反馈,使给定信息偏离目标值的为正反馈。正反馈是传播者的给定信息与真实信息的差异倾向性加剧系统正在进行的偏离目标的活动,这种偏离活动的发生与加剧,会使传播目的与社会大系统产生越来越大的距离,不断使给定信息接近真实信息,是传播者争取有效传播的关键。正反馈可以使系统由旧稳态发展成新稳态。

【正骨八法】(eight skills in bone setting) 对骨折、脱臼及软组织损伤的八种中医整复治疗手法。即摸法、接法、端法、提法、按法、摩法、推法和拿法。

【正火】(normalization) 将工件加热到适宜的温度后在空气中冷却的工艺。正火的效果与退火相似,只是得到的组织更细。常用于改善低碳钢的切削性能,有时也用于对一些要求不高的零件进行的最终热处理。

【正畸矫治器】(orthodontic appliance) 一种治疗错𬌗畸形的装置。可产生作用力,或使咀嚼肌口周肌的功能作用通过矫治器使畸形的颌骨、错位的牙齿及牙周支持组织发生变化,以利于牙颌面正常生长发育。正畸矫治器通常是一种不锈的富有弹性的金属丝或塑料制品,或两者结合的机械装置,戴在口内或颌面部。按矫治器的作用目的不同可分为矫治性、预防性和保持性矫治器;按矫治力来源的不同可分为机械性、磁力性和功能性矫治器;按固位方式的不同可分为活动和固定矫治器。

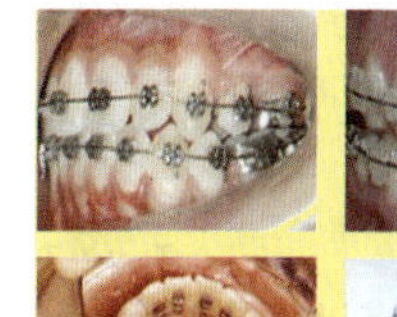
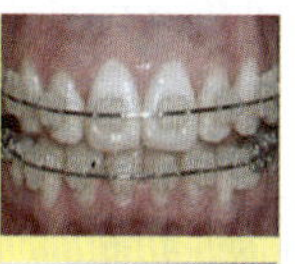
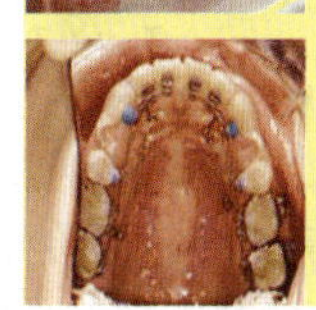
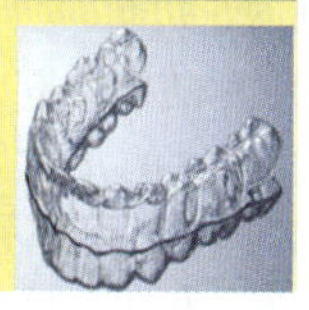

正畸矫治器

【正畸正颌术】(orthognathic surgery) 对于错𬌗畸形伴严重颌骨畸形的成年患者采用正畸正颌联合术的方式进行的治疗。错𬌗畸形的矫治包括单纯正畸、生长改建及外科正畸三种手段。对于颅面生长发育基本完成且伴有严重颌骨畸形的成年错𬌗畸形患者,是难以用单纯的正畸方法完成的,而必须结合外科手术完成治疗,即为正颌外科正畸。与其他矫治措施的目标一样,正颌外科不仅要通过颌骨手术改善面部形态美,而且必须借助手术前后的正畸治疗恢复良好的咬合关系和𬌗功能,两者缺一不可。因而科学规范的外科正畸治疗只有在正畸医师与颌面外科医师的协同配合下才能圆满完成。手术前,需要正畸治疗来消除𬌗干扰,便于手术过程中牙弓及颌骨段的移动。临床中常见的外科正畸手术方法有四种:上颌 LeFort 1 型截骨术 、口内进路的下颌升支矢状劈开截骨术、口内进路的下颌升支垂直截骨术和口内进路的水平截骨颏成形术。手术后待骨骼愈合基本完成,颌骨处于稳定期,即可开始术后正畸治疗。术后会有不同程度的复发,需要戴用保持器加以预防。

【正畸种植体支抗】(orthodontic implant anchorage) 正畸治疗中,以种植体作支抗的一种备抗方式。正确的支抗设计,控制和应用是取得良好矫正效果的重要因素。所谓"支抗"就是在矫治过程中使不希望移动的牙齿不动。在颌骨上植入种植体作为抗基,改变了原来以牙齿作为抗基的情况,矫治力的反作用力施于颌骨上,可完全避免牙齿的移位,较好地解决了正畸治疗中的重要问题,拓展了正畸治疗范围。其具有体积小、植入部位灵活、术式简单的特点。按材料、植入区域、种植体形状及其与骨的位置关系、植入后开始加载的时间以及植入方式的不同,有多种分类。其主要适应证有:(1)需要最大支抗甚至是绝对支抗的临床病例。(2)严重的牙槽高度失调,如唇牙槽关系失调所致的露龈笑。(3)严重的中线偏斜。(4)正颌外科术前辅助治疗。(5)骨性畸形矫形辅助治疗。其相对禁忌证是:(1)存在未萌恒牙者(第三磨牙除外),手术有可能损伤恒牙胚。(2)全身性或颌骨局部骨代谢疾病。(3)手术部位局部炎症:牙龈炎或牙周炎等。(4)凡是可以用常规支抗完成矫治的病例,原则上不应该采用种植体支抗。种植体作为一种美观、舒适、安全、稳定而可靠、不需要患者合作的支抗,在临床上广泛应用。

【正交】(direct cross) 在三维向量空间中,内积是零的两个向量。换言之,两个向量正交它们是相互垂直的。向量 α 与 β 正交,记为 $\alpha \perp \beta$。

【正交频分复用】(orthogonal frequency division multiplexing, OFDM) 一种多载波并行传输系统。通过延长传输符号的周期,增强其抵抗回波的能力。与传统的均衡系统比较,其最大的特点是:结构简单,可大大降低成本,且在实际应用中非常灵活,对高速数字通信是一种非常有潜力的技术。其主要思想是:将信道分成若干正交子信道,将高速数据信号转换成并行的低速子数据流,调制到在每个子信道上进行传输。正交信号可以通过在接收端采用相关技术来分开。这样可以减少子信道之间的相互干扰。每个子信道上的信号带宽小于信道的相关带宽,因此每个子信道上的带宽可以看成平坦性衰落,从而可以消除符号间干扰。由于每个子信道的带宽仅仅是原信道带宽的一小部分,信道均衡变得相对容易。OFDM 应用主要涉及的领域有:利用移动调频(FM)和单边带(SSB)信道进行高速数据通信、陆地移动通信、高速数字用户环路(HDSL)、非对称数字用户环路(ADSL)、超高速数字用户环路(VHDSL)、数字声广播(DAB)及高清晰度数字电视(HDTV)和陆地广播等各种通信系统。

【正交平面】(orthogonal plane) 又称主剖面。与基面和切削平面互相垂直的确定刀具几何角度的辅助平面之一。正交平面是通过切削刃上选定点,并同时垂直于基面和切削平面的平面。也可认为,正交平面是通过切削刃上选定点垂直于主切削刃在基面上投影的平面。

【正交试验设计】(orthogonal experimental design) 利用正交表来安排与分析多因素试验的一种设计方法。是研究多因素多水平的一种科学设计方法。正交表是一整套规则的设计表格,用 L 为正交表的代号,n 为试验的次数,t 为水平数,c 为列数。如 L9(34),表示需作 9 次实验,最多可观察 4 个因素,每个因素均为 3 水平。正交试验设计在试验因素的全部水平组合中,挑选部分有代表性的水平组合进行试验的,通过对这部分试验结果的分析了解全面试验的情况,找出最优的水平组合。其基本特点是:用部分试验来代替全面试验,通过对部分试验结果的分析,了解全面试验的情况。用正交表设计的试验具备了"均匀分散,齐整可比"的特点。是一种高效率、快速、经济的实验设计方法。在很多领域的研究中已经得到广泛应用。

【正片】(positive) 照片底片。普通胶卷冲洗出来的底片叫做负片。负片的颜色是我们实际拍摄图像的反转色,要制成照片还需再重新曝光,通过扩印或放大成照片,才变成了与所拍摄景物相同色彩的影像。而所谓反转片,又称正片、幻灯片,反转片在底片上所呈现的颜色就是实际的颜色,可以直接使用,如放映幻灯片。

照片正片

【正气】(healthy qi) 中医术语。人体的生理功能。人体对外界环境的适应能力、抗邪能力以及康复能力。正气包括的范围十分广泛,如脾胃滋养全身的功能、肾中精气调节全身阴阳的能力、卫气护卫肌表和驱邪外出的能力、经络系统调节机能平衡的生理功能等。

【正射投影】(orthographic projection) 又称直角投影。投影平面切于地球面上一点,视点在无限远处,投影光线是互相平行的直线并与投影平面相垂直的投影。属任意性质的视透方位投影。可显示出半球。按投影面位置的不同可分为正轴、横轴与斜轴三种投影。其特点是:投影中心无变形,离中心越远变形越大,所有纬线圈(正轴)或等高圈(横轴、斜轴)无长度变形。此投影变形较大,不适用于一般地图。常用于天体图,如月球图或其他天体图。

【正射影像】(orthophoto) 具有正射投影性质的遥感影像。对航摄像片进行逐点(小面积)纠正,经晒像获得的地面正射投影影像。其设备称为正射投影装置和正射投影仪。其主要消除的误差是因像片倾斜和地形起伏对像点的影响。该技术适用于各类地区的航摄像片的纠正。可直接用于影像就读、量测和专题制图,为资源与环境调查服务。

【正态分布】(normal distribution) 又称高斯分布、高斯误差定律。呈钟形曲线的连续概率分布。是法国科学家 De Moivre 于 1733 年提出的,1809 年德国数学家高斯在研究天文学的观测误差时,推导出正态分布曲线。如果随机变量 X 的概率密度函数满足如下形式:

$$f(x)=\frac{1}{\sigma\sqrt{2\pi}}e^{-\frac{(x-\mu)^2}{2\sigma^2}}$$

则称随机变量 X 服从参数为 μ 和 σ^2 的正态分布。记为 $X\sim N(\mu,\sigma^2)$。是德国数学家(Gauss. C. F,1777～1855 年)研究误差理论时发现的,故又称为高斯分布。有四个重要特征:(1)正态分布是单峰、对称分布。(2)当 $x=\mu$ 时,正态分布的概率密度最大。(3)正态分布有 2 个重要参数,μ 和 σ^2,μ 称为位置参数 σ^2 称为变异度参数。(4)正态分布曲线下面积分布呈现一定的规律。在医学研究领域,常用正态分布的原理进行医学参考值范围的制定、估计连续变量的频数分布和进行质量控制。

【正相分配色谱法】(normal phase chromatography) 又称正相色谱法。在分配色谱中,流动相的极性弱于固定相的极性的现象。在正相分配色谱中,溶质与固定性之间的作用力主要是库仑力和(或)氢键作用力。一般来讲,极性较强的组分作用力较强,因此在固定相中的溶解度比极性弱的组分大,在流动相中的溶解度比极性弱的组分小;极性强的组分在固定相中的保留较强,保留时间长,因而极性弱的组分先被洗脱,极性强的组分后被洗脱。主要用于分离溶于有机溶剂的极性至中等极性的分子型化合物。

【正向通路】(forward path) 与反向通路相对应。又称下行流通路。正向数据通道由输入到输出的信号前向通路。由信号正向通路和反馈通路构成闭合回路的自动控制系统。是电缆网络的一部分。信号从电缆网络的前端或任意的其他中心点(节点)分配到用户区。它是由业务提供者到用户,为交互业务提供某些短的信息和所需的任何其他通信。它可被包括在广播通道中。有线电视是广播,是一点对多点,是广播、发散的分配方式。

【正压型电气设备】(pressurized electrical apparatus) 通过保持内部保护气体的压力

高于周围爆炸性环境的压力,以阻止外部爆炸性混合物进入外壳的防爆电气设备。其防爆原理是:将电气设备置入外壳内,壳内无可燃性气体释放源。将壳内充入保护性气体,并使壳内保护性气体的压力高于周围爆炸性环境的压力,以阻止外部爆炸性混合物进入壳内,实现电气设备的防爆。正压型电气设备在工厂或煤矿等爆炸危险场所均可使用。运行中的正压型电气设备内部的火花、电弧,不应从缝隙或出风口吹出,通风管道应密封良好。在其安装前,应进行下列检查:(1)设备的型号、规格应符合设计要求;铭牌及防爆标志应正确、清晰。(2)设备的外壳和透光部分应无裂纹、损伤。(3)设备的紧固螺栓应有防松措施,无松动锈蚀,接线盒盖应紧固。(4)保护装置及附件应齐全、完好。(5)密封衬垫应齐全、完好,无老化变形,并应符合产品技术条件的要求。

正压型电气设备

【正治】(routine treatment) 又称逆治。中医在治疗疾病的过程中,逆疾病的临床表现性质而治的一种常用治疗法则。采用与疾病证候性质相反的方药进行治疗,适用于疾病的征象(主要指症状与体征)与疾病的本质相一致时的病证。

【郑西高速铁路】(Zhengzhou-Xian High-speed Railway) 一条连接郑州和西安的客运专线。2005 年 9 月 25 日正式开工,2009 年 6 月 28 日全线贯通,全长484.518km,其中正线长456.639km,概算投资为 501 亿元。穿越豫西山地和渭河冲积平原,南倚秦岭,北临黄河,沿线 80% 区段为黄土覆盖。湿陷性黄土区施工技术是最大的技术难题,如张茅隧道、函谷关隧道和秦东隧道。郑西高速铁路于 2010 年 2 月 6 日正式运营。其轨道结构、通信信号、弓网关系和安全平稳性等主要测试指标均达到世界领先水平,是集中国高速铁路技术之大成,具有完全自主知识产权,标志着中国高速铁路自主创新取得重大突破。

郑西高速铁路

【政策学】(science of policy) 综合运用社会科学和自然科学等多门学科的知识,分析和研究政策的制定、执行和评价等整个过程的一个新兴学科。是从政治学中发展并独立出来的一个综合性学科。它建立在社会科学各学科以及社会科学与自然科学相互交叉的基础之上,力图通过对政策过程的研究,一方面探讨国家的实际政治发展过程,从政策角度揭示社会政治生活的本质和特点;另一方面寻求政策本身的发展规律,以提高制定和执行政策的效率和效能,更好地发挥政策的作用。自从有了国家就有了政策。特别是在现代社会,政策在政治、经济、科技、文化、教育、外交、军事等社会生活的各个领域都具有极为重要的影响和指导作用。

【政府间气候变化专门委员会】(intergovernmental panel for climate change,IPCC) 1988 年由联合国专门机构世界气象组织和联合国环境署共同组建的政府间气候变化专业委员会(IPCC)。其工作职责是:对全球范围内有关气候变化及其影响、气候变化减缓和适应措施的科学、技术、社会、经济方面的信息进行评估,并根据需求向《联合国气候变化框架公约》缔约方大会提供咨询,为保护环境和国际社会在气候方面的工作提供科学技术咨询。截止 2007 年,IPCC 已经发布了四次评估报告。第一次评估报告(1990 年)确认了气候变化问题的科学基础。报告指出,“近百年的气候变化可能是自然活动或人类活动或二者共同影响造成的。”它直接推动了 1992 年《联合国气候变化框架公约》的诞生。第二次评估报告(1995 年)清晰地明确了人类活动已经对全球气候系统造成了“可以辨别”的影响。报告指出,“定量表达人类活动对全球气候的影响能力仍有限,且在一些关键因子方面存在不确定性。但是,越来越多的各种事实表明,人类活动的影响已被觉察出来。”第二次评估报告在 1997 年《京都议定书》的谈判中发挥了重要作用。第三次评估报告(2001 年)指出,“新的、更强的证据表明,过去 50 年观测到的大部分增暖‘可能’归因于人类活动。”这为各国政府制定应对气候变化的政策、实现气候公约目标提供了客观的科学信息,成为推动公约谈判的重要依据。第四次评估报告(2007 年)明确指出,观测到气候变化和影响气候系统的变暖是不容置疑的;近 50 年来除南极外各大陆都出现了显著的人为变暖;目前应对气候变化的适应和减缓方案还需要进一步完善;对未来气候变化作了长期展望。尽管气候变化在科学上还存在许多不确定性,但是 IPCC 第四次评估报告作为国际科学界和各国政府在气候变化科学认识方面形成的共识性文件,将成为国际社会应对气候变化的重要决策依据。

【政治地图】(political map) 反映世界各国、各地区、各大洲政治区划和国际政治关系,并使用各种比例尺和不同投影方法编制的一种专题地图。现代政治地图的图面要素主要包括:(1)政治地理位置。即表明各国所属的政治体系、类型和集团。(2)国界线和领土。在图上表示出领土实际标志线或假想线内的陆地、内水、领海等范围。(3)行政区划、行政中心和交通干线。(4)民族、人口、居民和宗教信仰分布状况。通过对政治地图内某些专项因素分布的图面分析,可了解一个国家或集团直至整个世界的政治地理特征和问题,如领土、外交关系、语言文化差异、民族问题和宗教信仰对国家社会政治生活的影响等。

【"症"与"证"】(symptom and syndrome) 医学术语。"症"是指疾病的具体临床表现,如发热、咳嗽、头痛、眩晕、腰酸和疲乏无力等。"证"是机体在疾病发展过程中某一阶段的病理概括,包括疾病的原因(如风寒、风热、淤血、痰饮等)、疾病的部位(如表、里、某脏、某腑等)、疾病的性质(如寒、热等)和邪正关系(如虚、实等),反映了疾病发展过程中该阶段病理变化的全面情况。"症"是疾病的外在表现,对疾病的反映不如"证"深刻、全面。"证"比"症"更能反映疾病的实质。

【支撑软件】(support software) 见软件开发环境。

【支持治疗】(supportive treatment) 加强营养、改善患者的身体状况,为其以后的医学治疗创造条件的一种治疗方法。现已经延伸到对疾病治疗的全过程。其涵盖的内容包括:减轻患者因疾病本身带来的痛苦和在治疗过程中的不良反应,如发热、疼痛、乏力、贫血、感染、呼吸困难、恶心呕吐、便秘、腹泻、营养不良、睡眠障碍、器官功能障碍等诸多症状和体征;减轻患者因患各种疾病而产生的特殊焦虑、紧张、恐惧等不良情绪和严重的心理障碍;对特殊患者的支持治疗,如高龄患者、儿童等及合并有其他重要器官疾病和基础疾病的患者,如糖尿病、冠心病、原发性高血压病等的控制与治疗;以及晚期患者的姑息治疗和临终关怀等。支持治疗需要医生、家属及社会各界的关心和爱护,才有利于提高疾病的治愈率及患者的生存质量。

【支墩坝】(buttress dam) 由一系列支墩和挡水面板组成的坝。上游面的水压力、泥沙压力等荷载经挡水面板传至支墩,再由支墩传至地基。支墩坝上游面是倾斜的,能利用部分水重增加坝的抗滑稳定性。支墩坝的空腔有利于地基天然排水,可减小坝基扬压力。支墩嵌入地基可增加阻滑能力。工程量一般较重力坝小,但其结构较单薄,抗冻和抗震能力较差。且施工复杂,模板用量较大。支墩坝的横剖面外形轮廓接近三角形,其上下游坝坡根据稳定和应力都满足设计要求来确定。上游坝坡愈缓,对抗滑稳定愈有利,但上游坝面易出现拉应力。支墩间距、上下游坝坡、支墩与挡水面板的形式及尺寸等,可通过技术经济比较选择最优方案。支墩坝按挡水面板形状的不同可分为平板坝、连拱坝和大头坝。(1)平板坝。面板为平板,通常简支于支墩的托肩(牛腿)上,面板和支墩为钢筋混凝土结构。(2)连拱坝。上游为拱形面板,常采用圆拱,与支墩连成整体,一般为钢筋混凝土结构。(3)大头坝。面板由支墩上游部分扩宽形成,称为头部。相邻支墩的头部用伸缩缝分开,为大体积混凝土结构。对于高度不大的支墩坝,除平板坝的面板外,也可用浆砌石建造。平板坝一般适宜修建中、低坝;连拱坝和大头坝一般适宜修建高、中坝。支墩坝分溢流和非溢流两种。大头坝溢流条件较好,允许宣泄较大的单宽流量;平板坝因结构单薄,允许宣泄的单宽流量较小;连拱坝一般为非溢流坝。在河谷宽阔、运输条件较差或天然建筑材料缺乏的地区,宜于修建支墩坝。

【支链淀粉】(amylopectin) 又称胶淀粉。由千余个葡萄糖残基组成,且具有支链结构的淀粉。与直链淀粉一起组成淀粉颗粒。分子相对较大,一般由几千个葡萄糖残基组成。支链淀粉难溶于水。其分子中有许多个非还原性末端,只有一个还原性末端,故不显现还原性。支链淀粉遇碘产生棕色反应。在食物淀粉中,支链淀粉含量较高,一般为65%~81%。在支链淀粉中,葡萄糖分子之间除以α-1,4-糖苷键相连外,还有以α-1,6-糖苷键相连的。带有分支,约20个葡萄糖单位就有一个分支。相对分子量在1×10^5~1×10^6之间。各分支分别卷曲成螺旋,分支间间距11~12个葡萄糖残基。只有外围的支链能被淀粉酶水解为麦芽糖。在冷水中不溶,与热水作用则膨胀而成糊状。在提高加热温度并搅拌后,可形成稳定的胶体溶液,具高黏度。凝沉性很弱,冷却后也不变化。将此种分散物脱水干燥,磨成粉末,在良好环境中也易溶胀且分散成胶体溶液。黏玉米、黏高粱、糯米等所含的几乎全是支链淀粉。可作为冷冻食品的良好增稠剂、稳定剂。

支链淀粉

【支路】(secondary access road) 次干路

与街坊路的连接线。解决局部地区交通，以服务功能为主。部分主要支路可以补充干道网的不足，可以设置公共交通线路，也可以作为非机动车专用道。路上不宜通行过境车辆，只允许通行为地区服务的车辆。

【支气管哮喘】(bronchial asthma) 由嗜性粒细胞、肥大细胞、T淋巴细胞、中性粒细胞气管上皮细胞等多种细胞和细胞组分参与的气道性炎症性疾患。这种慢性炎症导致气道高反应性的增加，通常出现广泛多变的可逆性，气流受限，并引起反复发作的喘息、窒息、胸闷或咳嗽等症状，常在夜间和(或)清晨发作、加剧，多数患者可自行缓解或经治疗缓解。其临床表现是：典型的支气管哮喘，发作前有先兆症状如打喷嚏、流涕、胸闷等，如不及时处理，可因支气管阻塞加重而出现呼吸困难，严重者被迫采取坐位或呈端坐呼吸；还可出现干咳或咯大量泡沫痰，甚至出现发绀等；一般可自行缓解或用平喘药物等治疗后缓解。非典型表现的哮喘，如咳嗽变异哮喘，患者在无明显诱因咳嗽2个月以上，常于夜间及凌晨发作，气道反应测定存在有高反应性，抗生素或镇咳、祛痰药治疗无效，使用支气管解痉剂或皮质激素有效。哮喘发病率在世界范围内呈上升趋势。其病因复杂。其主要诱发因素是：(1)遗传因素。目前认为哮喘是一种有明显家族聚集倾向的多基因遗传疾病。(2)激发因素。哮喘的形成和反复发病，常是多种因素综合作用的结果。如：①吸入物。尘螨、花粉、真菌、动物毛屑等；或硫酸、二氧化硫、氯气、甲醛、甲酸等。②感染。尤其是病毒感染。证实80%的儿童哮喘发作与50%～55%的成人哮喘发作与病毒感染有关。最常见的是鼻病毒，其次是流感病毒、副流感病毒、呼吸道合胞病毒及冠状病毒等。③食物。婴幼儿容易对食物过敏，但随年龄的增长而逐渐减少。引起过敏最常见的食物是鱼类、虾蟹、蛋类、牛奶等。④气候改变。在寒冷季节或秋冬气候转变时较多发病。⑤精神因素。病人紧张不安、愤怒、情绪激动等，也会促使哮喘发作。⑥运动。约有70%～80%的哮喘患者在剧烈运动后诱发的哮喘，称运动性哮喘。其典型病例是：运动6～10min，在停止运动后1～10 min内出现支气管痉挛；多数患者在30～60 min内可自行缓解。⑦药物。如哮喘患者因误服心得安等β_2受体阻断剂引发哮喘。或服用阿司匹林等非甾体抗炎药而诱发哮喘。⑧月经、妊娠等生理因素。不少女性哮喘患者在月经期前3～4天有哮喘加重的现象。

【支原体】(mycoplasma) 又称霉形体。一种没有细胞壁的原核细胞微生物。其细胞结构为目前发现的最小、最简单的细胞。其细胞中唯一可见的细胞器是核糖体。大小一般在0.3～0.5μm之间，呈高度多形性，有球形、杆形、丝状、分枝状等多种形态。它不同于细菌，也不同于病毒。用普通染色法不易着色，用姬姆萨染色很浅，革兰染色为阴性。可在鸡胚绒毛尿囊膜上或细胞培养中生长，营养要求比细菌高。其种类繁多。分布广泛。涉及人、动物、植物及昆虫等多个领域，给人类健康和科研工作带来不利影响。在从人体分离出的16种支原体中，有5种对人有致病性。分别为肺炎支原体、解脲支原体、人型支原体、生殖支原体及发酵支原体。其检测方法有：形态学检查、支原体培养、抗原检测、血清学方法和分子生物学方法。支原体比细菌对外界环境的抵抗力弱，45℃15min即被杀死。对肥皂、酒精、胆盐、四环素、红霉素和卡那霉素等敏感。由于青霉素的作用是抑制细菌的细胞壁合成，所以青霉素对支原体无效。

【支援保障舰船】(support safeguard ship) 为海上作战兵力提供各种保障(战斗保障、技术保障和后勤保障)的舰船的统称。主要包括军事运输船、补给船、供应船、电子侦察船、电子干扰船、海洋监视船、通信船、测量船、海洋调查船、水声调查船、防险救生船、工程船、布缆船、试验船、训练舰、修理船、破冰船、医院船、拖船和基地勤务船等。这些舰船根据任务需要，分别装有适应专业勤务需要的装置和设备，并装备有自卫武器，一般不直接参与海上作战。

支援保障舰船

【支援保障信息系统】(support-guarantee information system) 为军队作战提供支援保障的各类信息系统的统称。主要包括后勤保障类、装备保障类、科研生产类、教育训练类、工程防化保障类等分系统。信息化战争时代的支援保障，应是一种主动、精确、实时、可靠的保障。它依赖于精确管理，精确管理又依赖于先进的信息系统与网络。数字化信息技术将使每个支援保障分系统能够实时了解作战部队和指挥机构的位置及其需求，支援保障人员能按作战部队要求的时间和地点准确地提供所需的支援保障。美军在伊拉克战争中，依靠“全资产可视系统”，实现了由“储备式后勤”到“配送式后勤”的转变。该系统能够对美军陆、海、空三军对物资的采购、收发、储存、运送等所有环节实施动态、近实时的监控，使整个后勤补给系统的各种活动全景一目了然，从而准确、快速、高效地配置、调动和利用现有的后勤物资与装备器材。

【芝麻酚】(sesamol) 一种从芝麻油中提取或由胡椒胺或洋茉莉醛合成的,具有香味的高分子化合物。化学名:3,4-亚甲氧基苯酚。分子式:$C_7H_6O_3$。白色粉末。熔点62~65℃。存在于芝麻油中,但含量极少。系芳香族酚类化合物。可以与酸、醛、醇和酚等化合物反应生成酯、醚衍生物。具有非常强的抗氧化能力。常用于食品和医药的抗氧化剂。是合成抗高血压药物和心血管药物的重要原料。同时,也是农药胡椒基丁基醚的原料。广泛用于制备防霉抗菌剂、抗癌、抗高血压药品和高档洗发香波等。具有较好地开发利用价值和应用前景。

【知识】(knowledge) 人类对客观世界(客体)认识的结晶。一般来讲,知识可分为经验知识(感性知识)和理论知识(理性知识)两大类。经验知识是认识的初级形态,理论知识是知识的高级形态。人的知识是在社会实践中获取的。社会实践不仅是知识的来源,而且是检验知识是否正确的唯一标准。知识可以某种语言形式或物化成某种器物而成为人类共同的精神财富。

【知识产权】(intellectual property) 赋予人们对其精神创造物的权利,通常是在特定期限内赋予创造者就其创造物的使用独占权。广义的知识产权是指工业、科学、文学或艺术领域的知识活动所获得的法律权利。有两种基本类型:(1)工业产权(包括专利和商标)。(2)版权及与之有关的权利。其基本特点是:(1)地域性。是指知识产权在空间上的效力不是无限的,只在被依法确认的国家或地域内受该地域法律的保护。其他国家对这一权利没有保护的义务。如果需要某一国家或某几个国家对其知识产权进行保护,必须按这些国家法律申请,经审查批准后才能受到法律保护。(2)时间性。是指知识产权不是一种永恒的权利,它只能在法定的时间内受到保护;法定期限届满后,这一权利自行消失,该项智力成果即成为全社会的共同财富,任何人均可以无偿使用。(3)专有性。是指权利人的一种由法律赋予的排他的、独占的权利。例如,一项技术设计方案,甲、乙两人各自独立发现,甲在乙前面向专利授权部门申请专利并获得批准,乙想获得专利就不可能,而且乙想实施这项专利技术就得经甲同意,否则就是侵犯专利权。权利人对这种权利可以自己行使,也可以转让他人行使,并从中取得报酬。

【知识产权的国际保护】(international protection of intellectual property) 国际上通过签订双边或多边条约,实现对知识产权的国际保护。目的是保护知识产权,促进技术、知识的国际交流。专利、商标等工业产权方面最重要的国际条约是《保护工业产权巴黎公约》。此外,还有12个条约或协定已经生效。其中有《商标国际注册马德里协定》、《建立工业品外观设计国际分类洛迦诺协定》、《商标注册条约》、《保护植物新品种国际公约》、《国际承认用于专利程序的微生物保存布达佩斯条约》等。保护版权方面的国际条约有《保护文学艺术作品伯尔尼公约》、《世界版权公约》、《人造卫星播送载有节目信号公约》、《避免对版权提成费双重征税的马德里多边条约》等。上述条约或协定,除《世界版权公约》由联合国教科文组织管理外,其他都由世界知识产权组织管理或参与管理。除国际性的条约与协定外,还有地区性的条约与协定。其中重要的有《欧洲专利公约》、《非洲知识产权组织公约》等。

【知识产业】(knowledge industry) 又称为信息产业、知识工业。进行知识生产与知识服务的产业部门的总称。包括所有以生产、传递、加工贮存知识和情报(信息)为主要业务并获取利润的个人、集团、机构在内的一切产业部门。分为如下五类:(1)教育。(2)研究发展(研究开发)。(3)知识情报交流,包括出版、广播、报刊、电视和电影等。(4)信息(情报)机构。(5)信息服务。当代科学技术革命、特别是信息技术革命的发展,知识已经或正在转化为现实的社会生产力。知识产业的发展对全面提高劳动者素质、提高劳动生产率、促进经济建设和社会进步具有举足轻重的作用。在知识产业中,最有发展前途的将是"教育工业"和"信息工业"。"信息工业"主要指运用计算机技术进行信息处理和信息服务的工业,其中包括计算中心、软件公司和信息咨询服务公司等。"教育工业"则是从事人才生产和知识生产的部门。随着现代化企业本身所要求的终身教育的普及与制度化,以及电脑和人工智能等高新技术在教育、科研诸环节中的运用(其中包括教学机、学习机等的诞生),教育工业有可能发展成为大规模的知识工业。目前,知识产业属于第三产业中的一个层次。但鉴于其发展之迅速和地位之重要,国内外有些学者主张把知识产业从第三产业中独立出来,而称为"第四产业"。

【知识创新】(knowledge innovation) 以"新"为目标、为动力、为导向,通过包括基础研究和应用研究在内的科学研究,获得新的基础科学和技术科学知识的过程。是技术创新的基础。是新技术和新发明的源泉。是促进科技进步和经济增长的革命性力量。其目的是:追求新发现、探索新规律、创立新学说、创造新方法、积累新知识和应用新知识。是赋予原有知识资源以新的创造财富能力的更高意义、更高层次上的知识再生产活动。其实现途径包括:(1)知识的应用。(2)知识的发展。(3)知识的融合。(4)知识的移植。(5)知识的体系重构等。最终实现知识的应用价值,为人类认识世界、改造世界提供新理论和新方法,为人类文明进步和社会发展提供动力和智力支持。

【知识发现】(knowledge discovery in databases,KDD) 又称数据挖掘。从大量数据中辨识出有效的、新颖的、潜在有用的、并可被理解的数据的处理过程。简单地讲,就是从大量数据中提取或“挖掘”知识。知识发现的方法有统计方法、机器学习、神经计算和可视化方法等。它将信息变为知识,已在银行业、保险业、零售业、医疗保健、工程和制造业、科学研究、卫星观察和娱乐业等行业和部门得到成功应用,将为知识创新和知识经济发展作出贡献。

【知识工程】(knowledge engineering) 以知识的生产、处理与提供为目的,把知识制作成智能软件,并在电子计算机上表示和运用的一门工程技术。知识工程着重研究知识型系统的设计、构造与维护。从知识产业角度看,知识工程包括教育工程、研究开发、通信媒介、信息工程和信息服务五个方面。信息工程是通过计算机进行信息处理和信息服务,其具体内容包括计算机中心、软件公司和信息服务行业等。教育工程是指用计算机进行教学,即由计算机、电视机和电话组成的新的普及教育网。

【知识工程学】(science of knowledge engineering) 一门研究处理知识信息的学科。随着电子计算机技术和人工智能技术的发展而出现,尚处于发展和完善阶段。其研究内容有:(1)知识表示。主要包括函数型语言、推理逻辑型语言、产生式规则、框架、网络等。(2)知识运用和处理。利用已有知识解决现实生活中的各种问题。(3)知识获取。将所需要的知识输入到计算机中去解决知识工程化、知识库内知识的完全性和一致性、知识库自身的学习能力等。

【知识经济】(knowledge economy) 以知识为基础的经济。更全面地说,是以知识(主要是智力)资源的占有、配置、生产、分配、消费等为最重要因素的经济。一种新的经济形态。这个概念是由联合国的研究机构于1990年首次正式提出的。知识经济的上述定义,是由亚太经济合作组织于1996年作出的。

【知识农业】(knowledge agriculture) 以知识资源的占有、配套、生产和消费(使用)为主导因素的农业。是知识高度密集、多学科高度渗透的可持续发展的高效农业。技术创新是知识农业的基础。

【织机】(loom) 将经纬纱按织物组织规律交织形成机织物的机器。由开口、引纬、打纬、送经和卷取五大机构组成。将经纬纱按一定的规律分成上下两层,形成梭口。纬纱由引纬器引入梭口,梭口闭合,打纬机构将纬纱打紧,形成机织物。按照开口方式的不同可分为踏盘织机、多臂织机和提花织机;按照引纬方式的不同可分为有梭织机和无梭织机。无梭织机又分片梭织机、剑杆织机、喷气织机和喷水织机。无梭织机的优点是:(1)能适应高难度产品的织造要求。(2)自动化程度高,能对织造全过程进行监控。(3)速度快,效率高,产品质量好。(4)振动小,噪声低,有利于改善工人劳动条件。此外,还有一些特种织机,如多梭口织机、三相织机、三维织机和圆形织机等。

织机

【织锦缎】(brocade) 一组经与三组纬交织的纬三重提花纹织物。中国传统的丝织品种之一。19世纪末在中国江南织锦基础上发展而成。现代织锦缎按其原料的不同可分为真丝织锦缎、人丝织锦缎、交织织锦缎和金银织锦缎等四种。其花纹精致,色彩绚丽,质地紧密厚实,表面平整光泽,是中国丝绸中具有代表性的品种。织锦缎纹样和处理手法多变,其中尤以中国传统民族纹样,如梅、兰、竹、菊、龙凤呈祥、福寿如意等使用较多,也有用变形花卉和波斯纹样的。织锦缎生产工艺繁复,仅经丝准备工艺就有数十道,需经络丝、捻丝、并丝、复捻定形、练染、络丝、整经等反复并捻和染色加工。将丝线加工成既屈曲饱满、坚韧,又富有弹性的股线。例如真丝织锦经丝的加工方法是将一根(20~22D)桑蚕丝每10cm加80捻,再两根并合反向加60捻。经密130根/厘米。纬丝的准备也较一般产品复杂,纬密达102根/厘米。

织锦缎

【织女星】(Vega) 又称天孙。天琴座α星。是一颗变星,可发射X射线,为全天最亮的21颗恒星之一。视星等为-0.04,距太阳系距离约26.5光年。

属中国古代二十八宿中的牛宿。

【织物】(fabric) 由纤维或纱线构成的片状、柔性的物体。将纤维、纱线通过梭织、针织、编织、缩呢、针刺、缝编黏合等多种方法固结在一起,赋予织物以一定的机械强力。它是机织物、针织物和编织物的总称。广义上的织物还包括毯和非织造布。

【织物风格】(fabric style) 织物本身所固有的性状作用于人感官所产生的综合效应。是纺织品生产者和消费者评定织物服用品质优劣的重要依据。广义的风格指织物对人体的触觉和视觉在官能上的综合反映;狭义的风格指人手和肌肤、身体对织物的接触感。包括的内容极其丰富:客观性包括织物的原料性能、纱线结构、组织结构、色彩等因素;主观性包括视觉风格和触觉风格两部分。不同品种、不同用途的织物对风格的要求不同。风格以触觉手感评价,以手感为主,兼顾织物的光学风格和成形性。视觉评价包括由视觉产生的形感、色泽感和图像感等。其他感觉评价有声感,主要是指织物与织物间摩擦时所产生的声响效果。服用织物的风格,有棉型感、毛型感、丝绸型感、麻型感等。

【织物辅助分析系统】(fabric assistant analysis system) 自动分析织物密度、色纱排列和织物组织的系统。其功能是:(1)对织物经纬密度自动检测。自动分割织物扫描后的图像的经纬纱线,自动精确地计算出经纬纱线根数和密度并在电脑上显示出来。(2)用自动和人机互动的方式分析织物的色纱排列。(3)通过人机互动的方法识别织物组织,自动生成组织图,直观、快捷、精确、高效。

【织物公定回潮率】(commercial moisture regain of textiles) 纺织材料试样中吸着水量占试样干燥重量的百分率。即

$$回潮率=\frac{(织物湿重-织物干重)}{织物干重}\times 100\%$$

纺织材料的回潮率不同,其重量也不同。为了消除因回潮率不同而引起的重量不同,满足纺织材料贸易和检验的需要,国家对各种纺织材料的回潮率制定了相应标准,称为公定回潮率。它在数值上接近标准温度条件下测得的平衡回潮率。各国公定回潮率往往根据本国的实际情况而定。纺织材料回潮率的测试通常采用烘箱法,棉为105±3℃,毛和多数化纤为105~110℃;丝为140~145℃。烘燥时间一般为90min。此外,还可采用电阻湿法来测定。织物公定回潮率:棉纱为8.5%,棉布为8%,由65%回潮率的涤纶棉和35%回潮率的棉纱织成的布匹为3.06%,而由50%回潮率的涤纶和棉纱织成的布匹为4.2%。

【织物生物抛光处理】(biological polishing of fabric) 用生物酶去除织物表面的绒毛,使其光洁、柔软和蓬松的绿色整理技术。该技术主要应用于纤维素纤维、再生纤维素纤维的针织制品、毛巾、服装和织物的加工方面。

【织物舒适性】(comfort of fabrics) 织物赋予人体感觉舒适的功能。人体舒适感来自知觉和视觉,有生理、心理和物理等各项内容。因季节环境、生活习惯和劳动强度等的差异而不同。人体的生理舒适,要求所排泄汗液能及时散逸和保持体温。服装用的织物的透气、透湿和导热性能为主要影响因素。织物物理方面的舒适体现为手感或风格,包括柔软、回弹性和表面平整等,由织物的强度、模量、变形恢复、表面摩擦等性能决定。织物心理方面的舒适性体现为美观,由光泽、尺寸稳定和色泽决定。

【织物缩水率】(fabric shrinkage) 织物在洗涤或浸水后,其收缩的百分数。即

$$缩水率=\frac{原织物长(宽)度-洗浸后长(宽)度}{原织物长(宽)度}\times 100\%$$

在一般情况下,缩水率最大的织物是合成纤维及其混纺织物,其次是毛织品、麻织品,棉织品居中。一般家纺的面料都经过了预缩处理,将缩水率控制在国标的3%~4%以内。这样的商品以可放心购买。

【织物涂层】(fabric coating) 在织物表面涂布一层热塑性树脂,使其获得某种性能的染整工艺。涂层种类繁多,用途很广,如防风雨衣、防水尿布、防水台布、淋浴防水帷幔、防雨帐篷、防火耐热服、阻燃墙壁装饰材料、阻燃耐磨地面装饰材料、涂层遮阳布以及电影屏幕、反射落板等。用于织物涂层的材料有很多,常用的有氯乙烯树脂、丙烯酸树脂、聚氨酯树脂、天然橡胶和合成橡胶等热塑性树脂。按涂层方法的不同可分为:刮刀式涂层法、气体刮刀涂层法、棒状涂层法、静电涂层法、喷雾涂层法和真空蒸着法等。

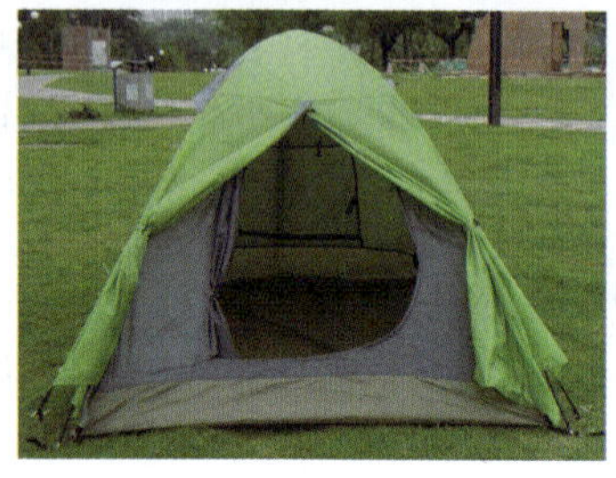

防雨帐篷

【织物涂层技术】(fabric coating technology) 将涂层涂布在织物表面的整理技术。涂层织物由基布和涂层材料组成。涂布方式分为直接涂布法和间接涂布法两类。直接涂布法是将涂层剂用物理机械方法直接均匀地涂布到织物表面;间接涂布法

又称转移涂层,是先将涂层剂用刮刀方法涂布于特制的防粘转移纸(又称离型纸)上,再与织物压合,使涂层物与织物粘接起来,再将转移纸与织物分离。涂层加工设备有很多类型,如浮动刮刀涂布机、刀辊涂布机等。多功能涂层织物具有重量轻、强度高、环境适应性好、阻燃、防水透湿、拒油、防化学腐蚀、耐老化、防红和紫外线等特点。可用于篷盖布、军工产品,旅游、运输和仓储等方面。

【织物斜纹】(twill weave of fabric) 在织物表面呈现出组织点连续而成倾斜纹路的织物组织。在一个完全组织内,经纬纱线数至少各为三根才能构成一个循环组织。斜纹组织可用分数形式表示,如每根经纱有两个经组织点和一个纬组织点,就写成1/2(读作一上二下斜纹组织);如经纬组织点各为两个,就写成2/2(读作二上二下斜纹组织)。斜纹织物的正反面是不相同的。如果正面是纬面斜纹,反面则是经面斜纹,且纹路的倾斜方向也相反。即使采用经纬各四根组成的二上二下双面斜纹,其织物正反面斜纹线的倾斜方向也相反。斜纹组织的交织次数比平纹少,所以单位面积内所能应用的经纬纱线的根数比较多,织成的织物细密厚实,身骨较柔软,有弹性,光泽比平纹好。棉织物中的卡其、华达呢和毛织物中的华达呢、哔叽等织物均采用斜纹组织。

【织物悬垂性能】(draping property) 织物因自重而下垂形成的复杂三维变形和褶裥形态。是决定织物视觉美感的一个重要因素。悬垂性与织物的抗弯性、剪切特性以及织物单位面积重量有关。通常用悬垂系数来描述织物的悬垂特性,即悬垂系数越小,织物的悬垂性越好。一般用伞形法悬垂仪测量织物的悬垂性能。悬垂性能良好的织物,能够形成光滑流畅的曲面造型,具有良好的贴身性,给人以视觉上的享受。作为主要用于衣料的纺织品,一般都需具有良好的悬垂性;而用于窗帘、帷幕、裙料的织物对悬垂性的要求更高。

【织物整理】(finishing) 又称整理。除练漂、染色和印花以外的改善织物外观、手感、尺寸稳定性以及赋予织物某种特性的加工过程。按加工方法的不同可分为物理整理、化学整理和生物整理。物理整理主要是通过机械方式,使织物的外观、性能得到改进。如通过拉幅、防缩、定型等工序,可使织物的形状稳定;通过拉毛、磨毛等工序,使织物表面形成一定的绒毛;通过轧光整理,将织物表面压平而产生一定的光泽。化学整理是利用某些化学品与纤维产生化学反应,改变纤维的物理和化学性能,有耐久的整理效果。如树脂整理能改变织物的物理力学性能,获得较持久的抗皱、免烫效果;利用抗菌剂整理可使织物具有抗菌、抑菌性能;防水处理可以使织物具有防水效果等。生物整理是发展较快的新技术。如利用纤维素酶处理棉织物,在一定程度上使棉纤维减量或脱色,可用于牛仔服仿旧整理;羊毛衫的超级防缩机可洗整理,就是羊毛纤维经过蛋白酶的处理,使羊毛表层鳞片尖端突出部分被清除,达到防毡缩效果。

【织造工艺计算系统】(weaving parameters design system) 用于纺织厂织造工艺数据的自动计算和工艺表格自动生成的CAD系统。可减轻设计人员的计算工作强度,提高准确性和计算速度,为不同企业量身定做织造工艺计算规格表。其主要功能是:(1)对总经根数、筘号、用纱量等各种工艺参数的自动计算。(2)自动生成和打印工艺数据表格。(3)存储、修改和读取工艺数据文件。

【栀子】(gardenia) 中药名。药性:苦、寒。归心、肺、三焦经。功效:泻火除烦,清热利湿,凉血解毒。焦栀子:凉血止血。用于热病心烦、黄疸尿赤、血淋涩痛、血热吐衄、目赤肿痛、火毒疮疡、外治扭挫伤痛。

栀子

用法与用量:煎服,6~9g。外用生品适量,研末调敷。脾虚便溏者不宜用。

【脂蛋白】(lipoprotein) 与蛋白质结合在一起形成的脂质-蛋白质复合物。在脂蛋白中,脂质与蛋白质之间没有共价键结合,多数通过脂质的非极性部分与蛋白质组分之间以疏水性相互作用而结合在一起。脂蛋白中的脂质能与细胞膜的组分相互交换,参与细胞脂质代谢的调节。人体脂蛋白大体可分为:(1)乳糜微粒。(2)极低密度脂蛋白。(3)低密度脂蛋白。(4)高密度脂蛋白。人体脂蛋白代谢的任一环节的失调,都能导致高脂血症或高脂蛋白血症。

【脂肪的生理意义】(fat physical meaning) 脂肪对动物体的重要作用。脂肪是组成人体组织细胞的重要组成部分,特别是磷脂和固醇。细胞膜具有磷脂、糖脂和胆固醇组成的类脂层。脑和外周神经组织都含鞘磷脂。磷脂对动物的生长发育非常重要。固醇是体内合成固醇类激素的重要物质。中性脂肪构成机体的贮备脂肪,如皮下脂肪等。此种脂肪一方面在机体需要时可被动用,参加脂肪代谢和供给能量,同时也可隔热保温和保护体内各种脏器及关节等。脂肪中常含一定数量的脂溶性维生素。膳食中的脂肪可促进脂溶性维生素的吸收。脂肪富含热能,每 1g 脂肪在体内可供给 37.7kJ 热能。一般膳食中的总热能约 17% ~25% 来自脂肪。由于富含热能,脂肪是一种比较浓缩的食物,可缩小食物的体积,减轻肠胃负担。脂肪在胃中停留时间较长,具有较高的饱腹感。它还增加膳食的美味。

【脂肪的消化吸收】(fat digestion and absorption) 食品中的脂肪在消化系统中被分解吸收的过程。唾液不含脂肪分解酶,于口腔内无变化;胃液含脂肪分解酶,部分分解为脂肪酸和甘油。但该酶最适宜的 pH 值为 5,而胃液的 pH 值为1 ~2,故作用甚微,仅有乳汁、蛋菜类脂肪部分分解。而婴儿胃液的 pH 值为 4.5 ~5,易将乳汁中脂肪分解消化。脂肪出幽门进入十二指肠,与胆汁作用而乳化,因无分解酶不会发生分解。后来受胰脏脂肪酶作用,分解成脂肪酸和甘油。甘油易溶于水,连同水溶性的低脂肪酸,经肠壁被吸收。不溶于水的,则由胆汁中的胆汁酸盐作用,变成易溶于水的化合物而被吸收。其他各种脂质有上述类似的分解、吸收过程。体内吸收脂肪积蓄于皮下及肠膜间、肌肉组织间和脏器周围,形成保护层。脂肪经脂肪酶分解为脂肪酸及甘油,再经复杂氧化分解,最后变成二氧化碳和水,并放出热能。每 1g 脂肪完全氧化可产生 37.7kJ 热量。

【脂肪动员】(fat mobilization) 储存在脂肪组织中的脂肪被脂肪酶逐步水解为游离脂肪酸和甘油,释放入血并经血液运输至其他组织氧化利用的过程。脂肪动员过程中的关键酶是甘油三酯脂肪酶。它受多种激素调控,故又称激素敏感性甘油三酯脂肪酶。它有别于胰脂肪酶和脂蛋白脂肪酶。该酶仅能特异地水解脂肪细胞内部的甘油三酯。肾上腺素、去甲肾上腺素、胰高血糖素、促肾上腺皮质激素(ACTH)、促甲状腺激素等,能激活激素敏感性甘油三酯脂肪酶,能促进脂肪动员。因此,将这类激素称为脂解激素。而胰岛素、前列腺素 E 等可抑制脂肪动员,被称为抗脂解激素。其重要意义在于当禁食、饥饿时,由于血糖浓度降低,抗脂解激素胰岛素分泌减少。与胰岛素相拮抗的激素脂解激素必然分泌增多,脂肪动员加强,机体就会消瘦。严重的糖尿病患者,一种是因部分或完全胰岛素缺失;另一种是因受体数目减少或受体敏感性降低所致。

【脂肪肝】(fatty liver) 由于各种原因引起的肝细胞内脂肪堆积过多的病变。正常成年人肝中脂类含量约占肝重的 5%。若含量超过 10%,且主要是甘油三酯堆积,肝实质细胞脂肪化程度超过 30% 以上即称为脂肪肝。按其病速度的不同可分为急性脂肪肝和慢性脂肪肝。前者临床症状类似于急性、亚急性病毒性肝炎,比较少见。表现为疲劳、恶心、呕吐和不同程度的黄疸,并可短期内发生肝昏迷和肾衰竭,严重者可在数小时死于并发症。如果及时治疗,病情可在短期内迅速好转。慢性脂肪肝较为常见,起病缓慢、隐匿,病程漫长。早期没有明显的临床症状,一般是在做 B 超时偶然发现,部分患者可出现食欲减退、恶心、乏力、肝区疼痛、腹胀,以及右上腹胀满和压迫感。由于这些症状没有特异性,与一般的慢性胃炎、胆囊炎相似,因而往往容易被误诊误治。形成脂肪肝的原因的不同可分为:(1)甘油磷脂合成原料不足,如乙醇胺、胆碱、蛋氨酸、必需脂肪酸等缺乏,可导致甘油磷脂合成不足,引起极低密度脂蛋白(VLDL)合成障碍,致使肝细胞内的甘油三酯含量增高。在肝内合成的甘油磷脂,除了作为质膜的组成成分外,还参与脂蛋白的合成,并以 VLDL 的形式将肝内合成的甘油三酯转运到肝外组织。(2)高糖、高脂饮食或大量酗酒可造成肝细胞内甘油三酯来源过多。大量酗酒还可造成肝损伤。(3)肝功能障碍影响 VLDL 的合成及转运。(4)卵磷脂不足及甲基化酶体系障碍,是引起脂肪肝较为普遍的因素。(5)脂肪酸 β-氧化有赖于肉碱携带酯酰基进入线粒体,如果体内肉碱充足就可防止血浆脂肪酸含量增高。反之若肉碱缺乏,不仅肝外组织积累脂肪较多,而且肝细胞合成脂肪也较多,故易引起脂肪肝。慢性脂肪肝可引起肝细胞纤维性变化导致肝硬化,且二者呈恶性循环。

【脂肪酸】(fatty acid) 链状羧酸的总称。一端含有一个羧基的长的脂肪族碳氢链。是最简单的一种脂。是许多更复杂的脂的成分。在有充足氧供给的情况下,可氧化分解为 CO_2 和 H_2O,释放大量能量,是机体的主要能量来源之一。一般食物所含的脂肪酸大多是长链脂肪酸。根据碳链中碳原子间双键的数目又可将脂肪酸分为单不饱和脂肪酸(含 1 个双键),多不饱和脂肪酸(含 1 个以上双键)和饱和脂肪酸(不含双键)三类。富含单不饱和脂肪酸和多不饱和脂肪酸组分的脂肪在室温下呈液态,大多为植物油,如花生油、玉米油、豆油、菜籽油等。以饱和脂肪酸为主组分的脂肪在室温下呈固态,多为动物脂肪,如牛油、羊油、猪油等。但也有例外,如深海鱼油虽然是动物脂肪,但它富含多不饱和脂肪酸,如二十碳五烯酸(EPA)和二十二碳六烯酸(DHA),在室温下呈液态。一般从脂肪水解制得,也可人工合成。自然界脂肪酸多含偶数碳原子,分布最广的有软脂酸、硬脂酸和油酸三种。前两者属饱和脂肪酸;后者为不饱和脂肪酸。其中的亚油酸、亚麻酸和花生四烯酸称人体必需脂肪酸。

【脂肪替代品】(fat substitution) 一类在口感和功能性上与脂肪相似,但热量低(低热量脂肪)或无热量的对人体无不良副作用的食品。按其基料的不同可分为:碳水化合物基、蛋白质基和脂肪基的代用品。以碳水化合物和蛋白质为基料的,主要有:改性葡聚糖、改性木薯、玉米等的淀粉、胶体和微胶囊蛋白质等。以脂质为基料的产品数目众多,主要有:糖醇、脂肪酸酯、具有空间位阻的支链甘油三酯、长短混合链甘油三酯和甘油二酯等。适当的使用脂肪替代品,能安全有效地降低食品中的脂肪含量。在减少总膳食能量和脂肪摄入量方面,扮演着越来越重要的角色。

【脂肪同质多晶】(fat polymorphism) 天然脂肪因结晶类型的不同而使其熔点相差很大的一种现象。由于脂肪是长链化合物,常会出现几种晶型,因而会有几个熔点。巧克力和人造奶油的感官质量与脂肪的同质多晶现象密切相关。脂肪的同质多晶性质,在很大程度上受到三酰甘油中脂肪酸的组成及其位置分布的影响。脂肪具有的晶型常见的有α、β′、β三种形式。三种晶型的密度、稳定性和熔点按α、β′、β依次增大。同种脂肪酸组成的甘油酯以β-2最稳定。在甘油1、3位的脂肪酸相同,而2位的不同时,则以β-3最稳定。当甘油的2、3位或1、2位被类似的脂肪酸占据时,则以β′-3最稳定。一般来讲,三酰甘油品种比较接近的脂类倾向于快速转变成稳定的β型。相反,三酰甘油品种不均匀的脂类则倾向于较慢地转变成稳定性。

【脂褐质】(lipofuscin, LPF) 又称寿斑、老年斑。为一棕褐色且具自发荧光的不溶性颗粒物质。是由不饱和脂肪酸的过氧化而形成的一种复杂化合物,与过氧化反应的自由基、过氧化氢以及过氧化歧化酶等都有一定的关系。一旦聚集过多便会影响脏器功能。如发生在脑细胞上,便会引起智力和记忆力的减退;聚集在血管壁,则会发生血管纤维性病变,引起高血压、动脉硬化、心脏病等。研究发现,脂褐斑在老年人中并不普遍,仅占27%。脂褐斑并不代表高寿,而是衰老的象征。

【脂溶性维生素】(fat-soluble vitamine) 一类不溶于水而能溶于脂肪或有机溶剂的维生素。在食物中常与脂类共存,在酸败的脂肪中被破坏。脂溶性维生素的吸收与肠道中的脂类密切相关。主要储存于肝脏中。如摄取过多,可引起中毒;如摄入过少,则缓慢地出现脂溶性维生素缺乏症状。

【脂质体】(liposome) 具有类似生物膜结构的脂质双分子层微型泡囊体。由磷脂、胆固醇等膜材包合而成。这两种成分是形成脂质双分子层的基础物质。其本身也具有重要的生理功能。脂质体的分类很多。按其结构和粒径的不同可分为:(1)单室脂质体。(2)多室脂质体。(3)含有表面活性剂的脂质体。按其性能的不同可分为:(1)一般脂质体(包括单室脂质体、多室脂质体和多相脂质体等)。(2)特殊性能脂质体。(3)热敏脂质体。(4)pH敏感脂质体。(5)超声波敏感脂质体。(6)光敏脂质体。(7)磁性脂质体。脂质体的功能是:(1)靶向性和淋巴定向性。(2)缓释作用。(3)降低药物毒性。(4)提高稳定性。脂质体可用于转移基因或制备药物。利用其能和细胞膜融合的特点,可将药物送入细胞内部。

【执行电机】(performing motor) 见伺服电机。

【执行器】(final controlling element) 又称执行机构。自动化技术工具中接收控制信息并对受控对象施加控制作用的装置。在过程控制系统中,执行器由执行机构和调节机构两部分组成。调节机构通过执行元件直接改变生产过程的参数,使生产过程满足预定的要求。执行机构则接受来自控制器的控制信息把它转换为驱动调节机构的输出(如角位移或直线位移输出)。它也采用适当的执行元件,但要求与调节机构不同。执行器直接安装在生产现场,有时工作条件严苛。能否保持正常工作直接影响自动调节系统的安全性和可靠性。按其所用驱动能源的不同可分为气动、电动和液压三种。按输出位移形式的不同可分为转角型和直线型两种。按动作规律的不同可分为开关型、积分型和比例型三类。按输入控制型号的不同可分为:输入空气压力信号、直流电流信号、电接点通断信号、脉冲信号等几类。执行器在自动控制系统中应用广泛。

【直播造林】(direct seeding for tree planting) 又称播种造林。把林木种子直接播于造林地上,使其发芽生长成林的一种造林方法。其特点是:(1)不需经过育苗,省去了栽植工序。(2)操作简便,费用较低,节省劳力。(3)苗木适应性强,根系完整,发育均衡。缺点是耗种量大,出苗率低,成林慢,在生产上没有植苗造林应用广泛。其适用条件:一是气候条件好,土壤比较湿润疏松,杂草较少,鸟兽危害不严重。二是岩石裸露,土层浅薄,植苗造林和分殖造林困难的地区。三是树种应是

直播造林

种源丰富、发芽力强、根系发达、直根性明显，且比较耐干旱，如松类、栎类、核桃、油桐、油茶、紫穗槐、柠条、花棒等。四是移植较难成活的树种，如樟树、楠木、文冠果等。五是更适于边远地区，人烟稀少地区的播种造林。

【直达干扰】(direct interference) 在简单连续波多普勒雷达和调频无线电高度表中，因发射机和接收机同时工作，部分发射信号由振动的机身、天线罩及发动机的湍流反射、散射，输入到接收机中的类似噪声的直漏信号。

【直岗拉卡水电站】(Zhiganglaka Hydropower Station) 位于青海省尖扎县与化隆县交界的黄河干流上。其坝址距上游李家峡水电站7km，距西宁市109km。是中国第一个由外商独资兴建的国家级中型水电站，也是青海省最大的外商投资项目和重点工程。电站属于河滩式电站。由河滩式电站厂房、平底泄洪闸及堆石坝组成。电站坝顶高程为2 052m，正常蓄水位高程2 050m，最大坝高 42.5m。电站设计5台$3.8\times10^4m^3$贯流式水轮发电机组。总装机容量为$19\times10^4m^3$。年平均发电量为$7.62\times10^8kW\cdot h$。其库容为$0.154\times10^8m^3$。其工程总工期为39个月。是一个以发电为主，兼有灌溉效益的中型水利枢纽工程。

【直航鱼雷】(straight-running torpedo) 没有自导装置、只能按预先设定的航深和航向航行的鱼雷。可作直线航行，也可按照程序控制设定的航向机动航行。直航鱼雷主要用于攻击水面舰艇。命中率取决于测定目标运动参数的准确度、鱼雷航深和航向控制系统的精确度。第二次世界大战中，直航鱼雷被广泛使用，战后逐渐为自导鱼雷取代。

【直击雷】(direct lightning flash) 带电云层与建筑物、其他物体、大地或防雷装置之间发生的迅猛放电现象。由此伴随而产生的电效应、热效应或机械力等一系列的破坏作用。主要危害建筑物、建筑物内电子设备和人。直击雷的电压峰值通常可达几万伏甚至几百万伏，电流峰值可达几十千安乃至几百千安。其之所以破坏性很强，主要原因是雷云所蕴藏的能量在极短的时间(其持续时间通常只有几微秒到几百微秒)就释放出来，从瞬间功率来讲，是巨大的。防避直击雷通常都是采用避雷针、避雷带、避雷线、避雷网或金属物件作为接闪器，将雷电流接收下来，并通过作引下线的金属导体导引至埋于大地起散流作用的接地装置再泄散入地。

直击雷

【直机翼飞机】(straight-wing airplane) 又称平直翼飞机。机翼平面1/4弦线基本为一直线，后掠角小于200的飞机。平直机翼有矩形翼和梯形翼两种。矩形翼的外形和结构简单，制造方便；大迎角时不会产生翼尖失速，从而保证了飞机在大迎角时的横向稳定性和操纵性。正因为具备这些优点，大多数亚声速飞机都是直机翼飞机，部分超声速飞机也采用小展弦比的直机翼，现代某些轻型飞机上仍然采用矩形翼。但由于矩形翼上载荷分布的原因，其翼根受的弯矩较梯形翼大，导致结构较重；矩形翼的诱导阻力也较梯形翼略大。所以梯形翼已经逐渐取代了矩形翼飞机。

【直浇口】(sprue) 又称主流道形浇口。注塑压力由主流道直接作用于型腔的进料口。在一般钢铁铸型中应用较多。其特点是：流动阻力小，流动路程短及补缩时间长，有利于排出深型腔处的气体。对注塑机来讲，塑件和浇注系统在分型面上的投影面积最小，模具结构紧凑，使注射机受力均匀。其缺点是：容易在进料处产生较大残余应力而导致塑件翘曲变形，浇口截面大，去除浇口困难，去除后会留有较大的浇口痕迹，影响塑件的美观等。适用于大型、厚壁、长深流程型腔的塑件和高黏度塑料(如聚碳酸酯、聚砜等)。

【直角坐标机器人】(cartesian coordinate robot) 在机械工程中能够实现自动控制、可重复编程、多功能、多自由度、运动自由度间成空间直角坐标关系、多用途的机器人。其特点是：(1)多自由度运动，每个运动自由度之间的空间夹角为直角。(2)自动控制、可重复编程，所有的运动均按程序运行。(3)一般由控制系统、驱动系统、机械系统、操作工具等组成。(4)灵活，多功能，因操作工具的不同而功能不同。(5)高可靠性，高速度，高精度。(6)可用于恶劣的环境，可长期工作，便于操作维修。它能够搬运物体、操作工具，完成各种作业。

工程机器人

【直接传播性共患疾病】(direct transmission of comorbidity) 病原体在脊椎动物和人之间通过直接接触、媒介动物或污染物而传播的疾病。病原体在传播过程中大多没有生活史上的发育过程。主要有狂犬病、口蹄疫、流行性感冒、新城疫、拉沙热、马尔堡病、淋巴细胞性脉络丛脑膜炎、鹦鹉热、炭疽、鼻疽、布鲁氏菌病、结核病、沙门氏菌病、耶氏菌病、弯曲菌病、类丹毒和钩端螺旋体病等。

【直接辐射】(direct radiation) 由太阳直接发出而没有因大气和地面介质反射和折射而改变其投射方向的辐射。

【直接广播】(direct broadcasting, DB) 通过将视像、图文和声音等节目进行点对面的广播。直接供广大用户接收(个体接收或集体接收)。广播电视节目的后期合成、播出同时进行的播出方式。按播出场合的不同可分为:现场直播和播音室或演播室直播。电视现场直播为"在现场随着事件的发生、发展进程同时制作和播出电视节目的播出方式。网络直播是指现场随着事件的发生、发展进程同步制作和发布信息,具有双向流通过程的信息网络发布方式。其形式也可分为现场直播、演播室访谈式直播、文字图片直播、视音频直播或由电视(第三方)提供信源的直播;而且具备海量存储,查寻便捷的功能。与电影单一的过去时空相比,电视直播可显现的时空既有现在时又有过去时,而网络直播除具备电视的两大时空之外还具有压缩时空的功能。如同步的文字、图片直播、赛事直播。随着互联网络技术的发展,直播的概念有了新的拓展和发展。现在更多的人关注网络直播,特别是网络视频直播更受关注。通过网络信号,在线收看球赛、体育赛事、重大活动和新闻等,这样让大众有了广阔且自由的选择空间。当然,直播技术随着移动互联技术的发展,还会有新的进步。

【直接广播地址】(directed broadcast address) 一个 Internet 特定网络号的协议地址。其指定了在一个特定网络中的主机等。一个直接广播的单一拷贝被发送到一个指定的网络,在那里它被广播到在那个网络中的所有终端。广播地址是一种特殊的 IP 地址形式。一种是直接广播地址,一种是有限广播地址。直接广播地址包含一个有效的网络号和一个全"1"的主机号。IP 路由器只转发 IP 分组,把其余的部分挡在网内(包括广播),从而保持各个网络具有相对的独立性。这样可以组成具有许多网络(子网)互连的大型的网络。由于是在网络层的互连,路由器可方便地连接不同类型的网络。只要网络层运行的是 IP 协议,通过路由器就可互连起来。

【直接还原】(direct reduction) 焦炭还原铁氧化物,生成 CO 的反应。属吸热反应。高炉炼铁的目的是将铁矿石中的铁和一些有用的元素还原出来。铁矿石在下降过程中先进行间接还原,留下来的铁氧化物主要是 FeO。因此,高炉内的直接还原实际上是焦炭与 FeO 进行的固相反应:$FeO + C = Fe + CO$。直接还原主要在 1 100℃以上进行。直接还原要通过气相进行反应。在高温下,反应产物 CO_2 会与焦炭反应生成 CO,而造成焦炭的消耗。因此不希望高炉内全部进行直接还原。从 FeO 开始直接还原出来的铁量与总铁量的比值称为直接还原度。将此值保持在 0.3 左右,可以取得降低焦比的最好结果。

【直接接触传播】(direct contact transmission) 病原体由传染源直接传给易感者而不经过外界环境而引起的传染。即在没有外界传播因素的参与的情况下,易感动物与传染源通过舐咬、交配等方式直接接触而引起的传播。如狂犬病、性病、鼠咬热即属这种传播。此外,畜牧兽医人员在剥动物皮或接产时感染布鲁菌病、炭疽、土拉伦菌病,猎人在剥旱獭皮时感染鼠疫,亦属直接接触传播。直接接触传播多造成个别病例,病例多少,视接触的频繁程度而定。

【直接接触电击的防护】(direct contact protection against electric shock) 电气装置没有发生故障正常工作时,人体不慎触及带电部分的电击事故的防护。所谓直接接触电击是指电气装置的绝缘完好无损,人体因种种原因直接触及带电部分而引起的电击。例如小孩无知,用铁丝插入插座相线插孔而引起的电击。基本防护原则是:应当使危险的带电部分不会被有意或无意地触及。防护措施是:(1)带电部分的绝缘覆盖。(2)遮栏或外护物。(3)阻挡物。(4)带电部分置于伸臂范围以外的布置。(5)装用 30mA 的 RCD 旋转控制装置的后备措施。如果上述四种防直接接触电击的措施因故失效,如果回路上装有额定动作电流不大于 30mA 的 RCD 旋转控制装置,则 RCD 还可在人体触及带电导体时切断电源避免一次电击伤亡事故。这一措施称作前四种措施的后备措施。

【直接炼钢】(direct steelmaking) 对铁矿粉进行高温熔融还原生成铁水,并连续炼成钢的工艺过程。分为三个阶段:第一步,将铁矿粉、氧化铁皮、石墨煤块、石灰块加入感应炉内加热到

直接炼钢

1 350 ~ 1 500℃,熔炼成铁水,扒渣。第二步,加入石灰粉和氧化剂,升温至 1 650℃,出钢水。第三步,铸锭。省略了烧结、球团及炼焦的操作。此炼钢法具有生产成本低、环境污染小和操作方便等特点。

【直接炼铁】(direct iron smelting) 不用高炉、矮高炉或电高炉等冶炼设备获得金属铁的方法。生产过程可在回转窑、特种竖炉、坩埚或流态化床内进行。产品可为粒铁、海绵铁或铁粉。含硫较高的粒铁作为炼铁原料;成分较纯的产品分别用于炼钢、化学工业和机械制造。也有结合直接炼铁和熔化(例如联合使用回转窑和电弧炉)而得到铁液或钢液的方法。已有多种工业规模的直接炼铁法,且在不断改进和发展中。

【直接驱动电机】(direct drive motor, DD motor) 将高精度、高性能的转子和运动载体直接连接的特殊型交流伺服电机。由于该电机采用了直接驱动方式,不会因减速机构等各种中间环节而降低伺服定位精度,可将精度直接反映到机器或加工件上,使机器获得更高的精度和响应度。由于高水准的制成工艺保证和高精度的测量反馈,使其具有无背隙、高精度的特点,适合于高精密机械或高精度要求的场合。广泛应用于精密测试、精密加工机床、半导体设备、机器人、印刷机械和精密定位设备等。

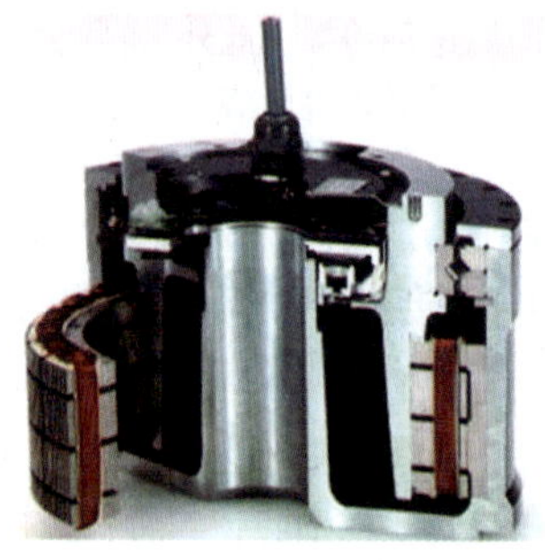
直接驱动电机

【直接数字控制】(direct digital control, DNC) 由一台计算机直接控制和管理一组数控机床或设备的控制系统。在此系统中,各台数控机床的零件加工程序都由计算机统一存储和管理,根据加工要求进行分时控制,并进行加工状态的管理和统计。计算机还可以对零件的加工程序进行编辑、修改,对操作者的指令进行处理。其控制方式包括:(1)单级控制系统。由一台计算机同时直接控制和管理多台数控机床。(2)多级控制系统。由上级计算机逐级控制和管理各级多台数控机床的计算机,形成分级递阶数控系统。直接数字控制能够提高数控机床的利用率,扩大数控系统的应用范围,增强数控系统的功能,提高数控系统的稳定性,降低加工成本。在柔性制造系统、机械加工自动线、计算机集成制造系统中应用广泛。

【直接涂层】(direct coating) 将涂层剂以浆状、泡沫状或挤压成片状直接涂敷在织物表面的纺织整理新工艺。可使织物结构固定、外观漂亮,具有防风防水、防黏绒、反光、遮光、阻燃等功能。主要用于制作雨具、窗帘、劳保服装等,将带香味的微胶囊或特种陶瓷粉固着于织物上,使其长久飘香并具有某些保健功能。

直接涂层

【直链淀粉】(amylose) 又称 β - 直链淀粉。吡喃葡萄糖仅以 α - 1,4 - 键连接的长链化合物。与支链淀粉一起构成淀粉粒的主要成分(一般占20% ~ 25%)。在水中不膨胀而溶解,但与热水不能形成典型的糊。冷却时与碘呈蓝色反应。相对分子量约 5×10^4。可从溶于温水或稀酸的淀粉可溶部分加酒精沉淀得到。其中也有极少的 β - 1,6 - 分支,在麦芽中的 α - 淀粉酶和 β - 淀粉酶(切断 α - 1,4 键)以及异淀粉酶的共同作用下,可完全水解至麦芽糖。在天然淀粉中,直链淀粉含量高的品种极少。经物理、化学和酶法变性及分离,可由原淀粉制得直链淀粉。用作淀粉薄膜和淀粉软糖的原料成分。

【直流电】(direct current) 又称恒定电流。大小和方向都不随时间变化而变化的电流。所通过的电路称直流电路。是由直流电源和电阻构成的闭合导电回路。在该电路中,形成恒定的电场。在电源外,正电荷经电阻从高电势处流向低电势处;在电源内,靠电源的非静电力的作用,克服静电力,再从低电势处到达高电势处,如此循环,构成闭合的电流线。在直流电路中,电源的作用是提供不随时间变化的恒定电动势,为在电阻上消耗的焦耳热补充能量。直流电源有化学电池、燃料电池、温差电池、太阳能电池、直流发电机等。直流电主要应用于各种电子仪器,电解,电镀,直流电力拖动等方面。

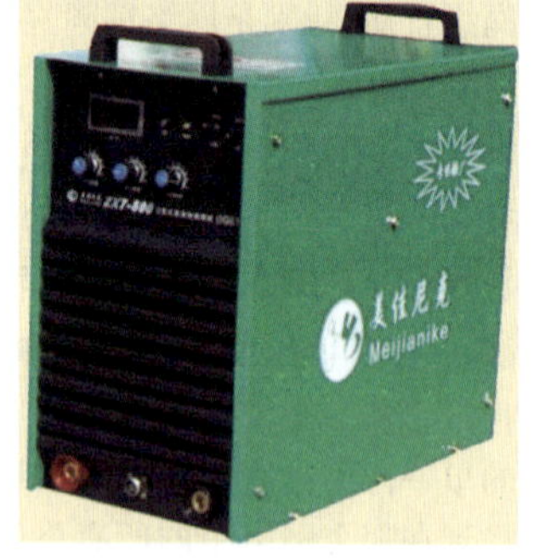

直流电源

【直流电动机】(direct-current motor) 依

靠直流电源运行的电动机。把直流电能转换为机械能。于1821年先于其他电动机问世。电池是最早提供直流电能的电源。其优点是:(1)能够在大范围内平滑而经济地调速。(2)启动、制动、过载转矩大。(3)容易控制。其缺点是:(1)由于有换向器,所以要消耗较多的有色金属。(2)运行时电刷与换向器的滑动接触,易产生火花并形成磨耗,需要经常维修。(3)制造工艺复杂,费工时。(4)造价昂贵,运行可靠性较差。按结构原理的不同可分为:换向器电动机、无换向器电动机、无刷直流电动机和单极电动机。广泛应用于电力机车、地下铁道、城市无轨电车、机床、纺织机和造纸机等启动、调速性能要求较高的场所。

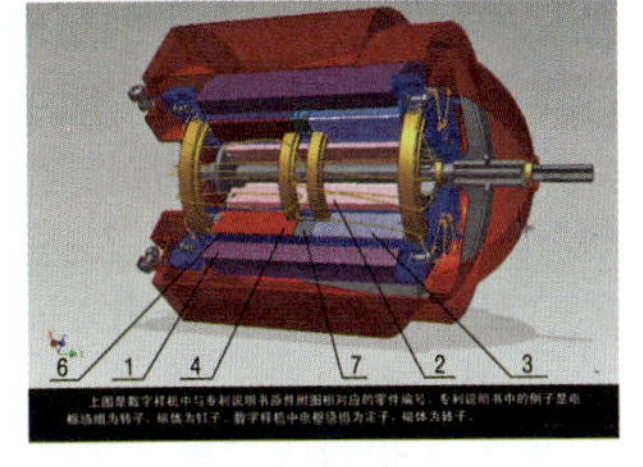

直流电动机

【直流电动机保护】(direct-current motor protection) 对直流电动机运行中出现的故障和危及安全运行的异常工况所采取的保护措施。直流电动机在启动、制动或正常运行中,当其供电电源系统、直流电动机自身或负载出现故障或者危及安全运行的异常工况时,直流电动机保护系统将自动切断电源或者给出信号,由值班人员消除异常工况的根源,以减轻或避免直流电动机及其他设备的损坏和对由同一直流电源供电的用户的影响。直流电动机保护常用继电器来实现。中小容量低压直流电动机保护,包括过电流保护、过电压保护、零励磁保护。大容量高压或特殊用途直流电动机,除上述三种保护外,还设有接地保护、过载保护、过速保护和快速过电流保护。

【直流电动机制动】(direct-current motor brake) 将直流电动机电磁转矩的方向改变为与转子转向相反,以实现电动机的停转或限速的方法。制动的目的是使直流电动机转子尽快地停转,或由高转速降为低转速及限制位能性负载的下降速度。其制动方式分为能耗制动、反接制动和回馈制动。能耗制动是将直流电动机运行时的功能消耗在外加电阻上,使其转子很快停止运转。反接制动分为电枢反接制动和转速反向的反接制动两种。前者应保持励磁电流不变,改变运行电动机电枢两端外施电压的极性,使电压与电动势同方向,从而改变电枢电流和电磁转矩的方向,使电动机迅速减速直到停转。后者适用于带有位能性负载的他励直流电动机和串励直流电动机。

【直流电弧炉】(direct current arc furnace) 使用直流电能的电弧冶炼炉。交流超高功率电弧炉存在电弧不稳、热效率不高以及石墨电极消耗大的弱点。直流电弧炉产生稳定的单向电流,有效地提高热传导效率。大电流可控硅整流器系统的发展为其工业化提供了条件。顶部使用单根石墨电极作为阴极。与交流电弧炉不同的是加炉底电极作为阳极。形成顶部电极-电弧-熔池-底部电极的负载回路。其投资成本和生产成本均低于交流电弧炉,而生产效率高于交流电弧炉。目前,最大的交流电弧炉达200t,而直流电弧炉只达150t。制约因素是大直径电极的制造,直径800mm-1 000mm的电极将在制造更大直流电弧炉中起到重要作用。

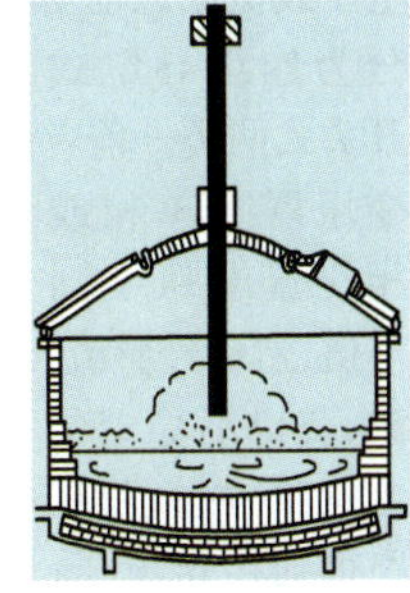
直流电弧炉

【直流电解脱气】(direct current degassing) 利用直流电解的方法排除熔体中气体的工艺方法。是根据氢在金属中呈离子状态的原理而开发的处理工艺。用两个电极插入金属熔体中的两个位置,其表面用熔剂覆盖,或以金属熔体作为一个电极,另一电极插入熔剂中,然后通直流电进行电解。在电场的作用下,金属中的 H^+ 趋向阴极,获得电荷而中和后,聚合成氢分子并随即逸出。金属中的其他负离子如 O^{2-}、S^{2-} 等则在阳极上释放电荷,然后留在熔剂中化合成渣而被除去。直流电解不仅能脱气,而且能除渣。常用于铝、铜、镁等金属及合金。

【直流输电】(direct current transmission) 以直流方式实现电能传输的技术。与交流输电相互配合,发挥各自的特长,构成现代电力传输系统。在以交流输电为主的电力系统中,直流输电有特殊的作用。除了在采用交流输电有困难的场合而必须采用直流输电外,它还能提高系统的稳定性,改善系统的运行性能,便于运行和管理。

直流输电

【直流稳压电源】(direct current stabilized voltage power source) 又称直流稳压器。其供电电源大都是交流电源,当交流供电电源的电压或负载电阻变化时,稳压器的直接输出电压都能保持稳定的电源。稳压器的参数有电压稳定度、纹波系数和响应速度等。电压稳定度表示输入电压的变化对输出电压的影响;纹波系数表示在额定工作情况下,输出电压中交流分量的大小;响应速度表示输入电压或负载急剧变化时,电压回到正常值所需时间。分为连续导电式与开关式两类。前者由变压器把单相或三相交流电压变到适当值,然后经整流、滤波,获得不稳定的直流电源,再经稳压电路得到稳定电压;后者以改变调整元件的通断时间比来调节输出电压,从而达到稳压。按照工作方式的不同,直流稳压电源分为可控整流型、斩波型和变换器型。

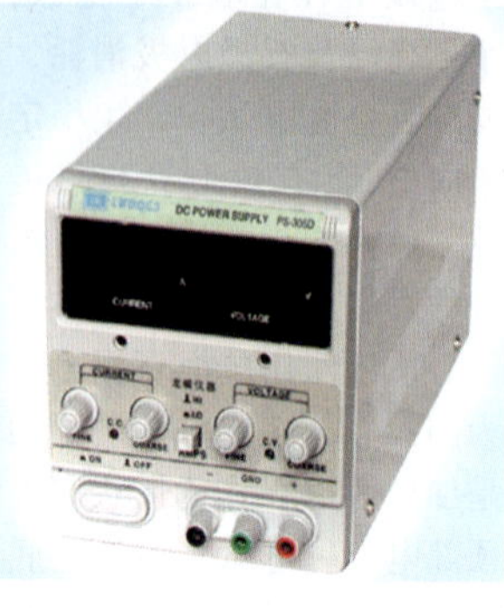

直流稳压电源

【直流稳压器】(direct current voltage stabilizer) 见直流稳压电源。

【直升机】(helicopter) 一种以动力驱动的旋翼作为主要升力和推进力来源,能在大气中垂直起落及悬停并能前后、左右飞行的重于空气的旋翼航空器。被称为"直升飞机"。直升机主要由机体和升力(含旋翼和尾桨)、动力、传动三大系统以及机载飞行设备等组成。直升机上安装有一副或几副有2~8片桨叶的大直径旋翼。旋翼不仅提供升力同时也是直升机的主要操纵面。直升机前飞所需的前进力一般由旋翼拉力前倾所产生的水平分量来提供。旋翼拉力向左、右倾斜或向后倾斜可使直升机实现侧飞或后飞。改变旋翼拉力的大小可使直升机垂直起落或空中悬停。旋翼一般由涡轮轴发动机或活塞式发动机通过由传动轴及减速器等组成的机械传动系统来驱动,也可由桨尖喷气产生的反作用力来驱动。目前实际应用的是机械驱动式的单旋翼直升机及双旋翼直升机,其中又以单旋翼直升机数量最多。中国的竹蜻蜓和意大利人达·芬奇于1483年绘制的直升机草图被公认为是直升机发展史的起点。直升机的正式研制是在20世纪初开始的。1936年德国福克成功地试飞了第一架得到公认的载人直升机FW-61。1942年美国西科尔斯基在其第一架成功的直升机(1939年)VS-300的基础上,开始成批生产R-4型直升机。到20世纪80年代,直升机性能有了很大提高,成为一个大量生产、广泛应用的机种。它的最大速度可达300km/h左右(世界纪录为400km/h),升限可达6 000m(世界记录为12 450m),航程可达809km左右。携带机内、外副油箱转场航程可达2 000km以上。根据不同的需要直升机有不同的起飞重量。当前世界上投入使用的重型直升机最大的是俄罗斯的米-26,最大起飞重量达56t,有效载荷20t。目前直升机在军用方面已广泛应用于对地攻击、机降登陆、武器运送、后勤支援、战场救护、侦察巡逻、指挥控制、通信联络、反潜扫雷、电子对抗等。在民用方面应用于短途运输、医疗救护、救灾救生、紧急营救、吊装设备、地质勘探、护林灭火、空中摄影等。海上油井与基地间的人员及物资运输是民用的一个重要方面。直升机的主要缺点是振动和噪声水平较高、维护检修工作量大,导致使用成本也较高。

直升机

【直升机回避区】(helicopter forbidden region) 为确保直升机降落所规定的回避范围。为防止操纵来不及或接地速度过大,直升机降落时都要规定的一个应予回避的高度速度组合区。在此范围内直升机禁止进行自转下降或下滑,地面人员与设备也严禁进入。回避区是确保直升机降落安全的重要措施。

【直丝弓矫治技术】(straight wire appliance) 经典的直丝弓矫正器是美国正畸学家LawrenceAndrews于1970年推出的一种源于方丝弓矫正器的新型矫正器。其最重要的理论基础是Andrews的最佳自然六标准。由于六标准对全牙弓所有牙齿的近远中、颊舌向及龈向角度和位置都有明确的期望值作为矫治目标,使得所有非完全程序化的直丝弓矫正器需要更多的弓丝调整才能实现最佳六标准。其基本原理是:消除第一序列弯曲;消除第二序列弯曲;消除第三序列弯曲;抗旋转与抗倾斜。Andrews在推出经典直丝弓矫正器后不久,陆续推出依据不同牙移动类型及移动量设计的拔牙系列托槽,矫治前先根据患者的错类型、拥挤程度及支抗要求等选择适合具体患者的类型,对拔牙病例配合不同的弹性牵引,以实现滑动法整体移动牙齿的目标。然而这种系列矫正器的方法,大大增加了正畸诊所的材料库存,使Andrews直丝弓的推广受到限制。Ronald Roth是正畸功能理论的倡导者,经过几年的直丝弓使用经验,Roth将生产Andrews托槽的模具进行了修改,得出一套符合他的矫治方法的直丝弓矫正器,于1976年正式推出,Roth称之为Roth数据的Andrews直丝弓矫正器,这套矫正器的特点是在所有可能需要移动的牙齿上增加了抗倾斜、抗扭转角度、强调过矫正,比较接近 Andrews 的拔牙托槽系列，但 Roth 认为 Andrews 的滑动法整体移动牙齿消耗更多支抗，因此去除了 Andrews 拔牙系列托槽上的常规牵引力臂，改用双钥眼弓内收曲法为关闭拔牙间隙的主要手段。Roth 数据的直丝弓矫正器也因此成为目前国际上使用最广泛的直丝弓矫正器。MBT 直丝弓矫正体系是 20 世纪 90 年代末问世的最新直丝弓矫正器，其主要是 RichardMclaughlin 医生和 JOhnBennett 医生，经过二十多年的临床探索，并结合巴西正畸医生 HugoTrevisi 的意见，于 1997 年从 3M 公司正式推出 MBT。其托槽设计具有以下特点：减小了经典直丝弓矫正器前牙特别是尖牙槽沟的近远中倾斜度；减小上后牙的近远中倾斜度；保持下后牙的倾斜度不变；增加上切牙转矩，减小下切牙转矩；保持上尖牙及前磨牙的转矩，增加上磨牙的转矩；减小下尖牙及后牙的转矩；托槽底板厚度。

【直线定向】(line orientation) 确定一直线与基本方向的角度关系。在测量中常以真子午线或磁子午线作为基本方向。如果知道一直线与子午线间的角度，可以认为该直线的方向已经确定。表示直线方向的方法有方位角和象限角两种。一般常用方位角来表示。

【职务发明】(duty invention) 发明人或设计人在执行本单位任务或者主要利用本单位的物质技术条件所完成的发明创造。职务发明创造申请专利的权利属于该单位；申请被批准后，其专利权人为该单位。

【职业暴露】(professional exposure) 医务人员在从事艾滋病防治工作或者其他工作过程中被艾滋病病毒(HIV)感染者或艾滋病病人的血液、体液污染了破损的皮肤或非胃肠道黏膜，或被含有艾滋病病毒的血液、体液污染了的针头及其他锐器刺破皮肤，而具有被艾滋病病毒感染可能性的情况。造成职业暴露的原因有：(1)没有制定内部安全防护管理制度。(2)没有遵守安全操作规程。(3)缺乏自我防护知识与技能。(4)工作中发生意外。如给 HIV 感染者或艾滋病病人注射时不慎被针头刺破手指；医疗护理和实验室工作中皮肤或黏膜意外被针刺或其他锐器损伤；感染者分泌物或血液意外溅入工作人员的眼、鼻、口中等。在职业暴露后，要对暴露者及暴露的局部进行处理，并及时做好事故的上报及记录。

职业暴露

【职业病】(occupational disease) 劳动者在生产劳动及其他职业活动中，由于职业危害因素所引起的特定疾病。在立法意义上，国家根据其社会制度、经济条件以及诊断技术水平，由政府以法律形式规定职业病名单。其特点是：(1)病因明确。(2)所接触的病因大多可检测，且需达到一定程度才可致病，一般有剂量(接触水平)－反应关系。(3)在接触同样因素的人群中常有一定的发病率。(4)如能早期诊断，合理处理，愈后对身体无影响。(5)是可以预防的。国际劳工组织《工伤事故和职业病津贴公约》提出，每个成员国必须制定工业安全与职业病预防条例，要求实施工伤保险的国家必须实行工伤预防的措施。按照《中华人民共和国职业病防治法》的规定，2002 年 4 月 18 日，国家卫生行政部门会同国家劳动保障行政部门制定的《职业病目录》，把职业病分为 10 类 115 种。其预防措施主要有技术措施、组织措施和卫生保健措施。其中，技术措施最为重要。通过改革工艺过程或生产设备，可以减少或完全消除生产过程中的有害因素，从根本上改善劳动条件。

【职业病诊断】(occupational-disease diagnosis) 对劳动者在职业活动中，因接触粉尘、放射性物质和其他有毒有害物质等因素而引起的疾病所进行的诊断活动。由依法取得职业病诊断资质的医疗卫生机构，依据《中华人民共和国职业病防治法》、国家颁布的有关职业病诊断法规、规章、标准进行。按照有关法律法规的规定，按照分级诊断的原则，根据职业史、工作场所的卫生条件、临床检查以及一些特殊检查，经综合分析、集体诊断才能确定职业病。是一项政策性和科学性很强的工作。涉及劳动法令的执行、现场劳动条件的评价，还涉及国家、企业和患者的利益等一系列问题。其诊断依据是：(1)职业史。详细询问职业史，以追查其发病原因。询问职业史应包括工种、工龄，要依次询问所接触的毒物，了解接触时间、接触环境、防护措施以及工作中是否曾发生事故等。(2)现场劳动卫生调查。到现场了解生产方式、环境污染等，尽可能得到空气中毒物浓度的资料或进行现场生产环境毒物测定。(3)临床表现。不同毒物的中毒症状各有特点，要根据毒物的不同类别来判定，如刺激性毒物主要引起呼吸道刺激症状，血液毒物主要引起血液成分改变等。(4)实验室检查。实验室检查对职业病的诊断十分重要，在某些情况下成为关键性手段。中国卫生部于 2002 年 3 月 15 日发布的《职业病诊断与鉴定管理办法》，对职业病诊断做出了明确规定。

【职业接触限值】(occupational exposure limits, OELs) 职业性有害因素的接触限制量值。劳动者在职业活动过程中长期反复接触某种有害因素,绝大多数接触者不引起有害健康的容许接触水平。其量值由国家标准规定,包括化学有害因素职业接触限值和物理因素职业接触限值两部分。化学有害因素的职业接触限值可分为时间加权平均容许浓度、最高容许浓度和短时间接触容许浓度三类。是进行工作场所卫生状况、劳动条件、劳动者接触化学与物理因素的程度、生产装置泄漏(露)、防护措施效果的监测、评价、管理、工业企业卫生设计及职业卫生监督的主要技术依据。

【职业危害】(occupational hazards) 从业人员在劳动过程中因接触有毒有害物品和遇到各种不安全因素而有损于健康的危害。其范围是:(1)在生产过程中的危害。如有毒物质和生产性粉尘的化学因素侵害,高温高压、低温低压、电离辐射、非电离辐射、噪声、振动等物理因素侵害,生产劳动过程中的疫病、细菌、病毒感染等生物因素的危害。(2)与劳动状况有关的危害。包括作业时间过长、劳动负荷过重、从业人员生理状况不适应或个别生理器官或系统过度紧张、长时间采用同一不良体位等。(3)与生产环境有关的危害。如厂房狭小、通风和照明不合理、缺乏防寒取暖和防暑降温等设施、卫生防护装置不健全等。分级标准将职业危害分为五个等级:0级危害(安全作业,可容许的风险)、Ⅰ级危害(轻度危害作业,可承受的风险;在加强个人防护的基础上,定期监测)、Ⅱ级危害(中度危害作业,中度风险)、Ⅲ级危害(高度危害作业,重大风险)、Ⅳ级危害(极度危害作业,不可承受风险)。中国卫生部、劳动和社会保障部于2002年颁布的职业病分10类共115种,包括:尘肺13种;职业性放射性疾病11种;化学因素所致职业中毒56种;物理因素所致职业病5种;生物因素所致职业病3种;职业性皮肤病8种;职业性眼病3种;职业性耳鼻喉口腔疾病3种;职业性肿瘤8种;其他职业病5种,其中包括化学灼伤等工伤事故。

【职业卫生】(occupational hygiene) 又称工业卫生、劳动卫生。❶一门研究劳动作业环境对劳动者健康的影响或危害程度,提出如何改善劳动作业环境、防止职业病危害因素的侵袭,预防发生职业病的学科。按其科学应用方法的不同可分为职业生理学、职业心理学、职业医学、安全学、职业精神病学和职业社会学等。❷工作条件或工作环境中由工作本身引起的职业疾病和损伤。随着医学的发展,职业卫生的内涵被扩大了。1950年,国际劳工组织、世界卫生组织职业卫生联合委员会第一届会议为职业卫生下了明确的定义:职业卫生工作在于促进和维持各种职业工人的身体、精神和社会福利于最佳状态;预防工作条件对工人健康的损害;保护工人免受职业有害因素危及身体健康;使工人的生理和心理特征适应于职业环境。就是要使工作适合于人,每个人适应于自己的工作。涉及工作、工作方法、工作条件及工作环境有关的各种因素。中国卫生部根据《中华人民共和国职业病防治法》制定的现行职业卫生标准有161项。其中,国家标准2项,国家职业卫生标准85项,行业卫生标准74项。包括工业企业设计要求、工作场所中有害因素职业接触限值、空气中有害物质的监测方法和采样规范、职业病危害警示标志以及多项基础标准和管理标准。

【职业中毒】(occupational poisoning) 在劳动过程中,人体通过不同途径吸收了生产性毒物而引起的中毒。按中毒程度及发病时间的不同可分为:(1)急性中毒,毒物一次或短时间内大量进入人体后所引起的中毒。在正常生产情况下,这种中毒少见,往往发生在生产过程出现意外时。(2)慢性中毒,小量毒物长期进入人体后所引起的中毒。是由于毒物在体内蓄积所致。(3)亚急性中毒,介于急性和慢性中毒之间,在较短时间内有较大剂量毒物进入人体所致。由于毒物的作用特点不同,毒物的种类繁多,其临床表现差异较大。常见的有:神经系统损害、消化系统损害、呼吸系统损害、血液系统损害、泌尿系统损害以及皮肤、眼睛、骨骼损害等。预防职业中毒要采取环境防护与个人防护相结合的综合防治措施。其预防措施是:(1)消除毒物来源。在生产工艺流程中采用无毒或低毒物质代替有毒物质。(2)降低毒物浓度。降低空气中毒物含量,使之达到乃至低于最高容许浓度。这是预防职业中毒的中心环节。(3)加强个人防护。为防止毒物进入人体,可采用防护服、防护面具、防毒口罩等防护用具。同时,加强健康教育,普及防毒知识,提高作业者进行个人防护的自觉性;实施就业前体检和定期的健康检查,做到早期发现,及时处理。(4)加强卫生监督监测。加强生产管理,定期对车间空气中毒物浓度进行监测,发现毒物超标,及时采取措施,将毒物浓度控制在最高容许浓度以下。

【植被】(vegetation) 某一地区内全部植物群落的总体。陆地表面分布着由许多植物组成的各种植物群落,如森林、灌丛、草原、荒漠、苔原、草甸、沼泽等,总称为该地区的植被。分为自然植被和人工(栽培)植被。是自然地理环境中最敏感的组成要素,对环境有强大的改造作用。组成植被的植物具有转化太阳能、提供第一级生产物的作用，在生态系统中决定着能量和物质的流动与循环。组成植被的单元是植物群落。植被是基因库。保存着多种多样的植物、动物和微生物，并为人类提供各种重要的、可更新的自然资源。

植被

【植苗造林】（forest planting） 以苗木作为造林材料进行栽植的造林方法。是生产上应用最普遍的造林方法。植苗造林所用的苗木，是在条件较好的苗圃中培育的。这类苗木具有较完整的根系，对造林地环境条件要求不严，抵抗外界不良环境因子的能力较强，幼林能较早郁闭，可以缩短幼林抚育年限。植苗造林比播种造林节省种子，但工序比较复杂，费用大，特别是大苗带土栽植。植苗造林方法一般不受树种、立地条件的限制。适用于绝大多数树种和立地条件。尤其在干旱地区、流动沙地或半固定沙地，以及杂草丛生、容易发生冻拔害及鸟兽害严重的地区，采用植苗造林更为可靠。

【植绒技术】（electroncoating technology） 把纤维绒毛按照特定的图案黏着到织物表面的工艺。该工艺分两个阶段：(1)用黏合剂在织物上印制图案。(2)把纤维短绒固定在织物施加黏合剂的部位。按照植绒方式的不同可分为机械植绒和静电植绒。在机械植绒中，织物以平幅状通过植绒室时，纤维短绒靠机器搅拌振动被筛到织物上，随机置入织物。在静电植绒时，给纤维短绒施加静电，粘到织物上，几乎所有纤维都直立定向排列。比起机械植绒，静电植绒的速度较慢，成本较高，但可生产更均匀、更密实的植绒织物。用于服装、装饰和包装等领域。

【植绒纸】（flocking paper） 又称天鹅绒纸。通过静电场的作用使某些彩色的绒毛纤维带上电荷，将其牢固地植被于纸面制得的静电植绒纸。植绒纸具有手感柔和、质感丰富、耐湿擦性、耐持久性等优点。主要用于制作奖品，礼品包装，商场橱窗的装潢布置，以及宾馆、写字楼、饭店、住宅、歌舞厅和展览中心等建筑物的室内广告、装饰等。

植绒纸

【植鞣制革法】（plant tanning） 利用植物鞣剂鞣制裸皮成革的方法。是鞣制底革、轮带革的基本方法。植鞣革呈棕黄色，质地丰满。其特点是：组织紧密，抗水性能强，潮湿后不滑溜，伸缩性小，不易变形，切口光滑。其缺点是：抗张力强度小，耐磨性，抗热性和透气性较差，储存过程中较易变质。

植鞣制革法

【植酸】（phytic acid） 又称肌醇六磷酸。从植物种子中提取的一种有机磷酸类化合物。分子式：$C_6H_{18}O_{24}P_6$。淡黄色浆状液体。易溶于水、乙醇和丙酮。不溶于无水乙醚、苯、已烷和氯仿。广泛存在于粮油籽粒的胚部和皮层内。以植酸钙镁钾盐的形式广泛存在于植物种子内，也存在于动物有核红细胞内。可以促进氧合血红蛋白中氧的释放，改善血红细胞功能和延长血红细胞的生存期。在人体内，其水解产物为肌醇和磷脂。前者具有抗衰老作用；后者是人体细胞重要组成部分。对绝大多数金属离子有极强的络合能力。络合力与乙二胺四乙酸（EDTA）相似，但比 EDTA 的应用范围更广。植酸二价以上金属盐均可定性沉淀。每个植酸分子可提供六对氢原子，使自由基的电子形成稳定结构，可作为供氧分子避免被保鲜物氧化变质。植酸能与 2、3 价金属离子（如：Ca^{2+}、Mg^{2+}、Zn^{2+}、Fe^{2+}、Fe^{3+}等）形成不溶性络合物，妨碍人体吸收。是一种抗营养因子。可以作为螯合剂、抗氧化剂、保鲜剂、水的软化剂、发酵促进剂和金属防腐蚀剂等。广泛应用于食品、医药、油漆涂料、日用化工、金属加工、纺织工业、塑料工业等领域。

【植物】（plant） 生物界中的一大类。具有光合作用能力。能利用水、矿物质和二氧化碳生产有机物的生物。可分为草本植物、藤本植物和木本植物。

【植物保护】（plant protection） 综合利用多学科知识，用经济、科学的方法，保护人类目标植物免受生物危害，提高植物生产投入的回报，维护人类的物质利益和环境利益的学科。早期植物保护仅是服务于作物栽培的一项技术措施，专业范围主要局限在田间作物病、虫害的诊断与治理。随着高产优质农业的发展，农业对植物保护的要求越来越高。为了确保农业高产、稳产，植物保护还必须了解各种可能发生的有害生物，弄清其发生流行规律，预测灾害的发生及危害程度，制定经济有效的措施与对策，及时进行预防和治理。

【植物保卫素】(phytoalexin) 又称植物防卫素。简称保卫素。植物低分子量的抗菌性代谢产物。在健康植株中其含量甚微。当遭受病原物侵染或某些生理、物理因素刺激后，引发其产生机构或阻遏其降解机构，从而迅速合成或积累到较高水平。1940年，最早在接种晚疫病菌的马铃薯块茎中发现这类物质。现已证实21科100余种植物都能合成保卫素。迄今已确定了90余种植物保卫素的化学结构。植物保卫素对真菌的抗菌作用最强，对细菌、线虫、高等植物和动物也可能有毒性。多数保卫素是类黄酮和类萜化合物。著名的有日齐素、豌豆素、菜豆菜、大豆素等。

【植物病毒】(plant virus) 见植物病毒病害。

【植物病毒病害】(plant virus disease) 由病毒引起的植物病害。植物病毒是能在植物活细胞组织内生长繁殖的一类具有无细胞结构的核酸蛋白质寄生物，也是一类具有生命特征的遗传单位。从引起的病害数量和危害性来看，病毒是仅次于真菌的重要病原物。植物病毒病害症状表现为花叶、黄化、矮缩、丛枝，少数为坏死斑点。在田间，一般心叶首先出现症状，然后扩展至植株的其他部分。植物病毒病害的发生、流行及其在田间的分布，往往与传毒昆虫密切相关。大田作物和果树、蔬菜上的许多病毒病害都是农业生产上的突出问题，如水稻条纹叶枯病、小麦梭条斑花叶病、大麦黄化花叶病、玉米粗缩病、大豆花叶病、烟草花叶病等。

【植物病毒学】(plant virology) 植物病理学的一个分支。主要研究植物病毒病害的发生特点，病毒的种类、组成和结构，病毒的传播与扩散以及病毒病的控制的学科。其研究内容包括：病毒病的症状类型及变化；病毒的分类系统及各个类群的特点；病毒粒子的结构与组分；病毒的传播与扩散；病毒的侵染；病毒的复制增殖；病毒的检测；病毒病的防治；病毒的分子遗传学。相关学科有微生物学、植物病原生物学、分子生物学、免疫学、昆虫学、植病流行学、植物检疫学以及电子显微镜的应用等。

【植物病害】(plant disease) 植物遭到外来有害生物或不利因素的影响，使生命活动过程受到干扰，导致其不能正常发育或发育不良、形态异常、枯萎或死亡等现象的统称。有害因素包括两类：(1)具有寄生性和侵染能力的有害生物（即病原物），侵染植物后引起侵染性病害。(2)有害的环境因素和植物的遗传性障碍等，引起非侵染性病害。从寄主植物方面看，两者都影响或干扰了植物正常的生长发育，均为病害。但从人类的需要或经济价值来看，有些植物受到病原物侵染所表现的异常状态对植物是有害的，但对人类是有益的，如茭白受到黑粉病侵染而使嫩茎膨大可供人食用。

植物病害

【植物病害防治学】(prevention and cure of plant diseases) 根据病害发生和发展规律，研究和阐明如何保护植物免受病害和控制各种植物病害，减轻经济损失，提高植物产品产量和质量的学科。其研究内容包括侵染原理、流行规律、防治原理和措施。防治原理包括杜绝、铲除、保护、治疗和免疫五个方面。其具体措施是防止新病害传入与扩散，保护无病区，对已发病的病区采取以选育栽种抗病品种为基础，改进栽培管理，辅以药剂防治的综合治理措施，控制或消灭病害，确保农作物的安全、高产与优质。相关学科有物理学、化学、农业机械学、气象学、微生物学、植物免疫学、植物病害流行学、农业经济学、计算机技术和系统工程学等。

【植物病害流行】(plant disease epidemics) 植物侵染性病害在植物群体中的快速侵染和大量发生的现象。植物传染病在具备如下三方面的因素时才会流行：(1)寄主的感病性较强，且其大量栽培，密度较大。(2)病原物的致病性较强，且数量较大。(3)环境条件，特别是气象、土壤和耕作栽培条件有利于病原物的侵染、繁殖、传播和越冬，而不利于寄主的抗病性。植物侵染性病害的流行，需要在其发生发展全过程的各个阶段都遇到适宜的环境条件。环境条件不仅影响植物病害在一个发病季节中的发生程度，还决定着病害的地理分布。植物病害的大流行，大多是人为的生态平衡失调的结果。农业生产活动使这种生态平衡受到干扰。尤其是在现代农业中，不仅大面积种植的植物种类愈来愈少，而且品种的单一化、遗传的单一化以及抗病基因的单一化趋势日益加强，寄主群体的遗传弹性愈来愈小。同时，密植、高水肥的农田环境加大了病害的流行潜能，新技术措施不断改变着植物病害的生态环境，引种和农产品贸易活动不断地将病原物引入新区（无病区）。在这样的情况下，必然导致一些病害的流行波动幅度增大，流行频率增高，流行程度加重。

【植物病害流行学】(plant disease epidemimology) 研究植物病害发生规律、病害预测和病害治理的综合性学科。其研究内容有:病害流行的时间动态与空间动态;病害流行的遗传学基础;病害流行的系统分析和模拟;病害流行的比较分析;病害的地理分布及其影响因素;环境因子和人类活动对病害流行的影响;病害预测原理和方法;病害的科学治理;流行学的研究方法和实验技术。依据研究具体内容的不同可分为多个二级分支学科。其中有描述流行学、比较流行学、定量流行学、系统流行学、植物地理病理学等。相关学科有植物生态学、群体遗传学、数学、计算机科学、气象学和系统工程学等。

【植物病害诊断】(diagnosis of plant diseases) 识别植物病害症状特征及变化,对其病害的分类和发生作出科学的判断。其内容包括:(1)植物病害的症状及其变化。(2)植物病原生物的分类系统及特征。(3)柯赫氏法则。(4)病原物的分离培养技术。(5)病原物的接种技术。(6)显微技术。(7)血清学技术。(8)噬菌体技术。(9)基因探针检测。(10)植物组织化学技术等。正确的诊断是有效防治的前提和基础。

【植物病理生理学】(physiological plant pathology) 植物病理学的一个分支。在植物生理学和生物化学基础上,研究植物病害发生、发展和控制的学科。其研究内容包括:病原物侵染的生理生化机制;病原物与寄主间的相互识别及其机制;病原物致病的因素及其作用过程;病原物与病植物上其他微生物的关系;寄主的抵抗反应;病害体系中的毒素、酶、生长激素和其他大分子物质的作用;病植物的代谢生理;植物病理生理学的实验方法等。相关学科有细胞生物学、分子生物学和分子遗传学等。

【植物病理学】(plant pathology) 研究植物病害症状、致病机制、发生发展规律、防治原理和措施的学科。是农业科学的重要分支学科。以植物学、微生物学和生态学等为基础,同时又和作物栽培学、育种学、土壤学、农业气象学、农业昆虫学、农业药物学、生物统计学等有着密切的联系。其研究目的在于:保护植物并使之免受或少受病虫危害,满足农业优质、高产和稳产的需求。

【植物病原生物学】(plant pathogeny biology) 研究引起植物发生侵染性病害的病原生物的学科。其研究内容是:植物病原生物种类(真菌、细菌及其他原核生物,病毒及类病毒,线虫及原生动物,寄生性种子植物和藻类);各类病原生物的分类与鉴定;病原生物的初侵染与再侵染;病原生物的寄生性、致病性及其变异;病原生物的繁殖与消长、越冬与越夏;病原生物的生理学与生物学;病原生物的控制技术。主要相关学科有植物学、微生物学、植物免疫学、植物生理学和生物化学等。

【植物病原细菌学】(plant bacteriology) 研究植物病原细菌所致病害,以及病原细菌的生物学特征、分类鉴定及细菌病害防治的学科。其研究内容是:植物病原细菌引起植物病害的各个类群的鉴定;植物病原细菌的形态特征、培养性状与生化特性;植物病原细菌的寄生性和致病性;植物病原细菌病害的特点及诊断要点和植物病原细菌病害的发生规律及防治原理等。

【植物病原学】(plant neonatology) 研究植物发生各种疾病的原因、过程及其控制的学科。其研究内容是:植物侵染性病害的症状与诊断;侵染性病害的病原生物分类、侵染、发病及流行规律,包括真菌、细菌、病毒、线虫、藻类及寄生性种子植物等;非侵染性病害的病因,如生理失调,包括营养元素供应失调、毒害、药害、冻害和风雹灾害等;植物病害的诊断;病原的生态学;病原与寄主间的互作关系。

【植物病原真菌学】(plant mycology) 研究真菌病害的特点,病原真菌的形态与结构,真菌病害的发生流行及防治的学科。其研究内容是:真菌病害的特点分类,真菌形态结构,真菌与其他病原生物的关系,真菌生长与繁殖、真菌病害的防治。相关科学有微生物学和植物学等。

【植物不定芽】(plant adventive bud) 从植物的叶、根、茎节间等通常不形成芽的部位所生出的芽的统称。在植物正常的个体发育中,芽一般是只从茎尖或叶腋的一定位置生出,所以这种在一定部位生出的芽,称为定芽。与此相反,形成的芽则统称为不定芽。在叶上生芽的例子是不多见的,但在叶片愈伤组织培养中却能够发生。落地生根、鞭叶耳蕨、过山蕨等可在叶片生芽;碎米荠等能在叶面上生芽;柳属等可在根上生芽,特别是在根或茎被切断时,更为显著。已知石榴属植物能在茎上产生不定芽,但无疑多属于潜伏期的休眠芽。不定芽只有在形成芽的各种条件都具备的组织中,才能产生出

植物不定芽

芽来,未必是任何植物在任何部位都能产生,所以定芽和不定芽只不过是器官学上的一个区别而已。不定芽的发生没有一定位置。果树地上部大枝遭受损伤,或疏除大枝后,地上、地下部失去平衡时,不定芽易萌发。不定芽萌发后易形成徒长枝,必要时可用于更新。

【植物单株选择】(plant individual selection) 又称植物系谱选择、植物基因型选择。从植物原始群体中选出一个单株的后代培育新品种的方法。在植物原始群体中选出一些优良单株,分别进行编号、单株采种并分区播种,然后根据各株系的具体表现,鉴定各亲本后代单株遗传性的优劣,从而进一步培育新品种。是个体选择和后代鉴定相结合的育种方法。适宜于有性繁殖作物的选择。是按照选择标准从原始群体中选择单株,下一代单独种植一个小区形成株系。适宜自花授粉的番茄、豆类及常异花授粉的辣椒、茄子等作物,选择的后代为纯合品种。其优点是:可对当选单株进行遗传性鉴定,消除环境影响,选择效果好;其缺点是:育种过程中技术相对复杂,而且育种的成本较高。经过多代的单株培育可以达到使后代群体基因型纯化、性状稳定的目的。

【植物蛋白】(vegetable protein) 从植物中提取的一种蛋白质。营养与动物蛋白相似,但更易于消化。主要来源于米面类和豆类,但是两者的蛋白质营养价值又有不同。前者来源的蛋白质中缺少赖氨酸(一种必需氨基酸),因此其氨基酸评分较低,仅为0.3~0.5,这类蛋白质被人体吸收和利用的程度也会差些。含植物蛋白最丰富的是大豆。

【植物蛋白饮料】(vegetable protein beverage) 以植物果仁、果肉及大豆为原料,(如大豆、花生、杏仁、核桃仁、椰子),加工调配后,再经高压杀菌或无菌包装制得的乳状饮料。按其原料的不同可分为:豆乳类饮料、椰子乳饮料、杏仁乳(露)饮料和其他植物蛋白饮料。与普通饮料相比,蛋白质含量高,富含不饱和脂肪、磷脂、矿物质、多种维生素和特殊营养成分,脂肪含量低,不含胆固醇。使用的原料不同,其营养价值也不同。花生牛奶植物蛋白饮料有较高的营养价值;核桃汁饮料因含有磷脂而具有健脑作用;杏仁饮料则具有润肺作用;椰汁含有水、蛋白质、果糖、葡萄糖、蔗糖、脂肪、维生素 B_1、维生素 E、维生素 C、钾、钙和镁等营养成分。适宜的营养补充需求。

豆浆

【植物毒害】(toxicity) 植物的根、茎、叶、花、果等直接接触到毒物而发生的有害作用。如防治病虫草害的药剂应用不当而引起的叶斑、变色、焦枯和内伤等药害;工厂区空气中含过量的二氧化硫气(达到1%~4%),可使植物产生叶失绿、生长受抑制、代谢作用降低,甚至落叶死亡等烟害;厂矿排出的有害废液(如铜、锌、锰、硝酸、硫酸等)使土壤酸度增加或溶液浓度提高,引起植物的中毒;或者由于土壤中微生物的强烈发酵作用,呈现缺氧状态而产生硫化氢,造成稻根的伤害等。

【植物发病率】(plant disease incidence) 一株植物、一块田或一个区域内发病的多少。计算公式:

$$发病率=\frac{发病样本数}{调查样本总数}\times 100\%$$

$$田块发病率=\frac{发病田块总数}{调查田块总数}\times 100\%$$

那么这个地区的

$$平均发病率=\frac{R_1+R_2\cdots+R_x}{A_1\times R_1+A_2\times R_2\cdots+A_x\times R_x}$$

如果每块田的大小和发病率不一致,那么这个地区的平均发病率。

【植物寄生根】(parasitical roots of plants) 着生在寄主的组织内部,以吸收寄主组织内水分和养料的根。如桑寄生、槲寄生等。一般多指通过根发出的吸器伸入寄主植物的根或茎中以获取营养物质。菟丝子、桑寄生与槲寄生等属于茎寄生植物。其中,菟丝子常寄生在多种植物上,如蓼科、苋科、豆科、菊科和藜科植物等,也常侵害胡麻、苎麻、花生、马铃薯和豆科牧草等旱地作物。它是大豆的恶性杂草。在大豆幼苗出土后,菟丝子种子开始萌发,缠绕到大豆或杂草上,快速生长。在一个生长季节内,能形成庞大株丛,使大豆枯黄,减产20%~50%,甚至颗粒无收。菟丝子通过旱作植物的果实和种子传播;也经地下根茎繁殖蔓延。而列当、肉苁蓉与檀香树等则属于根寄生植物。如肉苁蓉为多年生根寄生草本植物。

桑寄生

【植物检疫】(plant quarantine) 又称植检。检验输出或输入的种子、苗木、薯块、果实等农产品及其包装填充物料和运输工具是否带有植物检疫对象的工作。是植物保护的主要措施之一。其目的在于肃清和杜绝检疫对象的传播。这项工作是根据国家和地方法令进行的。国际的检疫为"对外植物检疫",国内地区间的检疫为"国内植物检疫"。

【植物检疫对象】(object of plant quarantine) 国家规定禁止的从国外或在国内地区间传播蔓延的植物危险性病、虫、杂草等有害生物。主要针对检验性有害生物、植物及其产品两大类。确定为植物检疫对象的原则是:(1)能随植物及其产品传播。(2)国内尚无发生或仅局部发生。(3)能对农业生产造成严重危害。

【植物聚氨酯塑料】(plant-degradable polyurethane plastic) 以稻草、木屑等为原料经液化后与异氰酸酯反应、合成具有微生物分解性能的聚氨酯塑料。不但具有普通聚氨酯的各种优良性能,而且可在指定时间内进行微生物完全分解,还可通过化学处理高效分解,再用于合成聚氨酯,实现可再生循环,避免化学污染。还可作为生产原料减少对自然资源的消耗,是一种全新环保材料。可降解植物聚氨酯塑料,以泡沫塑料形式应用于家具、建材、汽车和包装等多个领域。

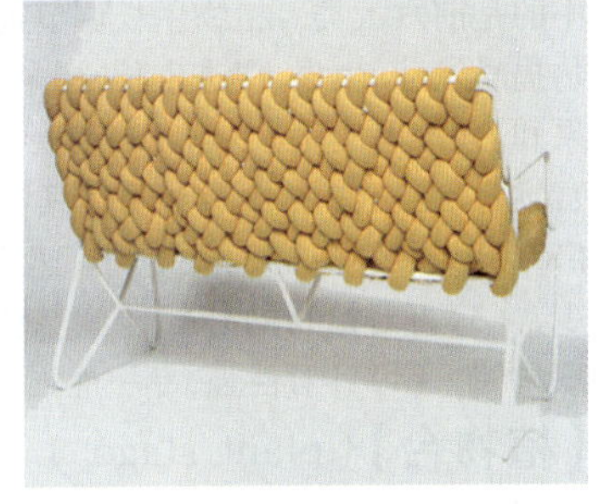
植物聚氨酯塑料

【植物抗病虫基因工程】(genetic engineering of plant pest control) 一种用基因工程的手段提高植物抗病虫能力、获得转基因植物的方法。其主要内容是:(1)抗病、抗虫及其他相关基因的分离和克隆。(2)与合适的载体及标记基因构成适于转化的重组质粒。(3)用不同的转化方法向受体植物导入重组质粒。(4)筛选转化子并鉴定转基因植株。此外,还有一种可以获得抗病转基因植物的方法,即将具有抗病虫能力的植物或微生物的DNA直接导入受体植物,从后代中筛选具有抗病虫能力的个体,得到转基因抗病虫植株。植物基因工程是细胞水平和分子水平上的遗传操作。其优点是:能最大限度地利用人们所感兴趣的外源基因,使工作更具目的性,给植物抗病虫育种提供了一条有效的途径。这些转基因作物能减少杀虫剂和农药的用量,降低杀虫剂和农药及其残留物对食物链、水体造成的污染,从而有利于保护生态环境。

【植物抗病性】(plant disease resistance) 广义上指寄主植物能减轻和克服病原物有害作用的任何遗传的特性。狭义上特指植物抵抗病原侵入、扩展和繁殖的能力。是植物与病原物长期共同演化过程中所获得和发展的适应特性。抗病性概念是相对的,是植物或品种在一定条件下,对一定的病原物或其小种所表现的不同方式和不同程度的抵抗性。

【植物抗除草剂基因工程】(genetic engineering for herbicide resistance in plant) 用基因工程的方法分离得到抗某种除草剂的基因,并人为地将其构建到合适的表达载体上,导入到植物中,培育出抗某种除草剂转基因植物的方法。植物抗除草剂基因工程有两方面的重要用途:(1)利用抗除草剂基因作为遗传转化的筛选标记基因,将某一抗除草剂基因与某一目的基因(如抗病虫基因、改善植物品质的基因等)串联构建到同一载体上,转化表达抗除草剂的特性。在转化初期只要在培养基中加入一定量的除草剂,就会杀死非转化体。(2)分离抗某一种或几种除草剂的基因,将其导入目的植物中,培育出抗除草剂转基因植物,降低植物对某类除草剂的敏感性,拓宽一些重要的常规除草剂的使用范围。

【植物免疫学】(plant immunology) 研究植物抗病性原理及其应用的学科。其研究内容是:(1)植物抗病性的性质和分类。(2)植物抗病性和病原物寄生性的起源和演化。(3)植物病原物的寄生专化性。(4)植物抗病性和病原物致病性的遗传与变异。(5)环境因素对植物抗病性的影响。(6)植物抗病性的机制。(7)抗病育种和抗病性鉴定的原理和方法。(8)抗病品种的合理使用。其相关学科有植物病原学、植物解剖学、植物生理学、生物化学、遗传学、生态学、分子生物学和植物育种学等。植物免疫学为抗病育种和合理使用抗病品种提供基础理论和基本方法。

【植物气生根】(aerial roots of plants) 某些植物具有的生长在地面以上暴露于空中,起吸收气体或支撑植物体向上生长作用的根。常见于多年生的草本或木本植物中。如榕树从大枝上发生多数向下垂直的根。是植物的变态根。按其特化型的不同可分为:支撑作用的支柱根、攀援生长的攀援根、伸出土面进行呼吸作用的呼吸根和寄生植物的寄生根等。支柱根又称支持根,指由植物茎节上长出的具有支持作用的根。如榕树,其树枝上常产生许多不定根,垂直向下到达地面后即入土形成支柱,起支持和吸收作用;如常春藤等具有攀援根,其枝条细长、不能直立,靠固着在其他物体向上攀援生长。一部分生长在湖沼或热带海滩地带的植物,如红树和水松等具有呼吸根,从泥水中伸出,暴露于空中进行呼吸。有些寄生植物如菟丝子等具有寄生根,其吸器可钻入寄主茎,依靠吸取寄主茎的营养而生活。

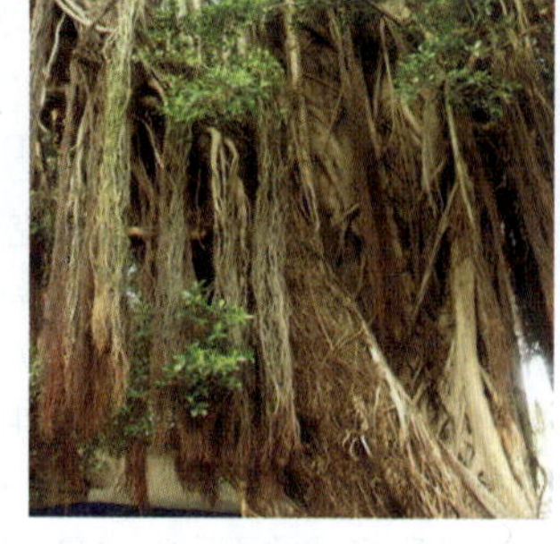
榕树根

【植物缺素症】(nutrient-deficient symptoms of plant) 植物因营养环境中缺乏某种营养元素而在外观上出现的某些特征性症状。各种营养元素对植物的生理功能不同,因而产生的缺素症各异。如植物缺氮时,由于蛋白质形成受阻,细胞分裂减少,植物生长缓慢,植株矮小,叶绿素含量降低甚至不能合成,叶片失绿,呈淡黄色;植物缺磷时,植物各种代谢过程受到抑制,植株生长迟缓,矮小,瘦弱,直立,分枝少,叶小,易脱落,叶色暗绿或出现紫红色;植物缺钾时通常是老叶和叶边缘发黄,进而变褐,焦枯似灼烧状等;植物缺铁时,上部叶片轻则出现网状黄化症状,重则全部变白,或叶缘向上轻度卷曲,并出现褐色坏死斑块,叶片过早脱落。研究和熟悉各种植物的缺素症,可以在生产实践中及早发现和防治。

植物缺素症

【植物群落】(plant community) 在一定生境(生物种群所占据的特定地区环境条件的总和)中植物种间以及植物与环境间的相互关系所联系着的植物组合。每一个植物群落,都有自己的植物种类并组成一定的外貌,群落内各种植物个体在数量比例和空间分布上也有一定规律。

植物群落

【植物人】(vegetable being) 由于大脑损伤导致长期意识障碍的患者。其临床表现是:对环境毫无反应,虽能吞咽食物、入睡和觉醒,但无黑夜白天之分;不能随意移动肢体,完全失去生活自理能力;保留有躯体生存的基本功能,如新陈代谢、生长发育等。

【植物生物柴油】(plant biological diesel oil) 利用植物生产的生物柴油。通过植物的油脂与低碳醇进行酯交换反应制得。可适用于各种柴油发动机,并在闪点、凝固点、硫含量、一氧化碳排放量、颗粒值等关键技术上均优于国内零号柴油,并可使其加工工艺达到欧洲Ⅱ号排放标准。

【植物生长调节剂】(plant growth regulator) 一种与植物激素具有相似生理和生物学效应的、具有调控植物生长和发育功能的物质。常用的有生长素、赤霉素、乙烯利、细胞分裂素、脱落酸、油菜素内酯、水杨酸、茉莉酸和多胺等。被应用在农业生产中的是前六大类。植物生长调节剂的作用是:可使植物提早发芽、生根,促进生长,提早成熟,防止落花、落果和落叶,形成无子果实,或使植物延迟开花、延迟器官发育,使植物矮壮落叶等。其特点是:(1)作用面广,应用领域多。(2)用量小、速度快、效益高、残毒少。(3)可对植物的外部性状与内部生理过程进行双调控。(4)针对性强,专一性强。

【植物台】(plant stage) 又称植台。用于温室内放置盆花的台架。设置植物台的作用是:(1)缩短盆花与温室顶部的距离,利于花卉充分利用光照。(2)保持温室内通气良好,盆内土壤排水顺畅,利于盆花健壮生长。(3)栽培管理方便。(4)利于土壤、温度与水分的调节。(5)台架下可设置水池、暖气管道或放置耐荫花卉,能充分利用室内空间。按其类型的不同可分为:(1)平台。一般高80cm,宽100cm左右。如设于温室中部而两边有通道时,宽度可为150~200cm。台面构成材料常用水泥透空板,既经久耐用,又能通气、漏水。(2)阶梯台。常用在东西走向的单斜面温室内,靠北墙放置。在双斜面温室内,设置于温室中央。阶梯台可充分利用温室空间,而且通风较好,光照均匀,但管理较为不便。

【植物体细胞杂交】(plant cell hybridzation) 又称原生质体融合。用两个来自不同植物的体细胞融合成一个杂种细胞,并且把杂种细胞培育成新的植物体的方法。植物体细胞杂交的第一步是去掉细胞壁,分离出有活力的原生质体。去除细胞壁的常用方法是酶解法,即用纤维素酶和果胶酶等分解植物细胞的细胞壁。第二步是将两个具有活力的原生质体放在一起，通过一定的技术手段进行人工诱导实现原生质体的融合。常用的诱导方法有物理法和化学法。物理法是利用离心、振动、电刺激等促使原生质体融合。化学法是用聚乙二醇(PEG)等试剂作为诱导剂诱导融合。第三步是将诱导融合得到的杂种细胞通过植物组织培养的方法进行培育，就可以得到杂种植株。植物体细胞杂交的最大优点是可以克服植物远缘杂交不亲和的障碍，大大扩大了可用于杂交的亲本基因组合的范围。根据融合时细胞的完整程度的不同可分为两大类：对称融合即两个完整的细胞原生质体融合；非对称融合即利用物理或化学方法使某亲本的核或细胞质失活后再进行融合。

【植物脱毒技术】(technique of plant virus elimination) 去除植物体内的病毒，培育无病毒植株的技术和方法。病毒感染寄主植物特别是感染无性繁殖植物后，病毒就会在植物体内不断繁殖、积累，使病害逐代加重，造成农作物产量降低和种性退化。植物脱毒所依据的原理是植物茎尖分生组织不带病毒或病毒含量较少，以及植物细胞的全能性。其具体脱毒方法是：切取感染病毒的植物茎尖，在合适的条件下离体培养，使其再生为完整的植株，再通过病毒检测，筛选出不含病毒的植株。这类不含病毒的植株就是脱毒植株。脱毒植株经过快速繁殖就可在生产中应用。马铃薯、甘薯、草莓等作物已普遍采用脱毒种苗。

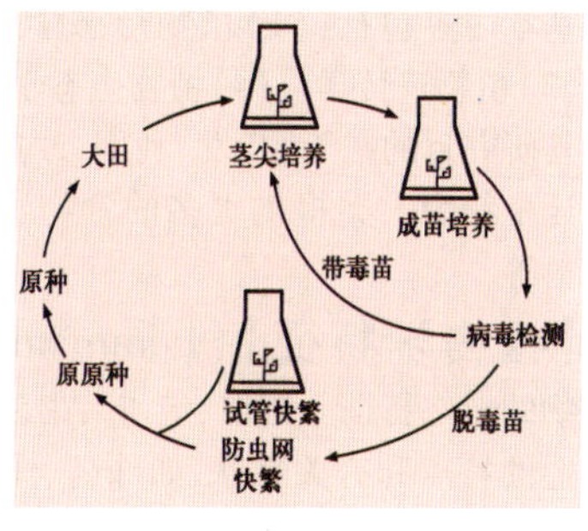

植物脱毒技术流程

【植物细胞的核型】(cell karyotype analysis of plant) 植物体细胞染色体在光学显微镜下所有可测定的数目、形态等表型特征的总称。是20世纪60年代末发展起来的一项细胞学分析技术。通过热、碱和盐等处理，再经过染色，使染色体呈现特定的形态，再对染色体进行数目和形态等鉴定判断其正常与否。生物体染色体形态结构相对稳定以及体细胞内染色体数目的恒定是生物性状稳定的前提。特定的生物具有一定数目的染色体，而且很多生物体细胞内染色体数目(2n)一般是成对存在的。例如，牡丹 2n = 10，水稻 2n = 24，普通小麦 2n = 42，茶树 2n = 30。植物的染色体组型分析，对于鉴定和确定染色体变异具有重要的作用。另外，生物细胞染色体的数目和形态特征对于鉴定系统发育过程中物种间的亲缘关系，特别是对植物近缘类型的分类，具有重要的意义，可用于物种间的分类。

【植物细胞培养】(plant cell culture) 把高等植物的细胞从植物体内分离出来，并在比较简单的培养基中进行培养以达到某种目的的技术。包括分离、培养、再生以及一系列相关的操作。植物细胞培养的意义在于：(1)可以保存每一栽培品系的优良性状。(2)培养用于无性繁殖。大大增加了无性繁殖的范围和潜力，同时能够提高繁殖速度。一个优良品种，用细胞培养再分化植株的方法，在几个月内就能大面积种植，而用常规的育种法需要好几年。(3)细胞培养能使以前不能进行无性繁殖的植物易于繁殖。(4)植物细胞培养在生物科学研究以及提供医药产品等方面也有着广阔的前景。根据不同的目的，植物细胞培养可以从不同器官取材。常用的植物细胞培养有花粉培养和原生质体培养两大类。

植物细胞产生完整植株

【植物细菌病害】(plant bacterial disease) 由病原细菌引起的植物病害。细菌的种类很多，但所致植物病害的数量和危害性远不如真菌。尽管如此，有些细菌病害仍是农业生产上的严重问题，如水稻白叶枯病、茄科植物青枯病、大白菜软腐病等。植物细菌病害的症状主要有坏死、腐烂、萎蔫和肿瘤等。这些症状在田间的特点是：(1)受害组织表面常为水渍状和油渍状。(2)在潮湿条件下，病发部有黄褐色或乳白色、黏稠、似水珠状的菌脓。(3)腐烂型病害患部往往有恶臭味。

大白菜软腐病

【植物新品种】(new varieties of plants) 经过人工培育或者对发现的野生植物加以开发，使之具备新颖性、特异性、一致性和稳定性，并给予适当命名的植物品种。作为人类智力劳动成果，植物新品种在农业增产、增效和品质改善中起着重要的作用。

【植物新品种保护】(protection of new

varieties of plants） 又称植物育种者权利。完成育种的单位或者个人对其授权品种享有排他的独占权。同专利、商标、著作权一样，是知识产权保护的一种形式。任何单位或者个人未经品种权所有人许可，不得因商业目的生产或者销售该授权品种的繁殖材料，不得因商业目的将该授权品种的繁殖材料重复使用于生产另一品种的繁殖材料。植物新品种保护制度在中国的建立和实施，标志着中国知识产权保护事业进入了一个新的发展阶段。

【植物性饲料】（feeds of plant origin） 源于植物的饲料。如青饲料、多汁饲料、青贮饲料和粗饲料等。在畜牧生产中应用最广泛。但应适当配合动物饲料饲养。

【植物休眠】（plant dormancy） 植物体或其器官的生长出现暂时停顿的现象。这种现象通常是由植物内部生理原因决定的，即使外界条件（温度、水分）适宜也不能使其萌动和生长。种子、茎和芽都可处于休眠状态。按其器官分，主要有种子的休眠、芽的休眠和木本植物的整体休眠。植物休眠是一种保护性防御机制。休眠期植物有较强的抗寒、抗高温、抗干旱和抗病虫害的能力。用人工方法使一些植物，如马铃薯、洋葱和大蒜，延长休眠期，有利于储存。在农业生产中，常需要用不同方法，解除种子休眠，以保证适时播种，不误农时。掌握植物休眠的规律，可以按照人们的需要利用促进休眠、解除休眠和延长休眠等方法控制花期。

【植物修复】（plantremediation） 利用植物对受污染环境进行修复的技术。是20世纪80年代兴起的生物修复的方法之一。其基本方式是：植物吸收、植物转化和植物与微生物的共同降解等。它不仅可以去除环境中的有机物，而且能去除环境中的重金属和放射性核素。利用植物基因工程技术，培育出高效去除环境中污染物的植物，是植物修复研究的方向之一。

【植物选择育种】（fruit tree breeding by selection） 利用现有植物种类、品种的自然变异群体，通过选择的手段而育成新品种的途径。远在人类开展杂交育种之前，所有作物的品种都是通过选种的途径创造出来的。按其选择育种方法的不同可分为实生选种和芽变选种。在杂交育种普遍开展以后，选择育种仍然为生产上提供大量的优良品种。据统计，1990～1992年，在全世界育成的品种中，杂交育种育成的品种占25%，选择育种育成的品种占52%。可见选择育种在植物育种中的重要性。选择育种的本质是差别繁殖。例如著名育种学家布尔班克曾记述了对虞美人白色花品种的选择过程：在一块开满猩红色花的虞美人地里，发现了一朵有很窄白边的花，并保留了种子播种后，从后代个体中找到了少数花瓣有白色的植株，并在花瓣有白色的植株多代繁殖的后代中，终于找到了纯白色的花的类型。又例如在苹果的品种“红星”中人们发现了一株枝条上出现了果实着浓红色的芽变，进一步选育成了新红星品种，在生产中得到了很好的推广，并在世界各国的苹果产区中发挥了较大作用。

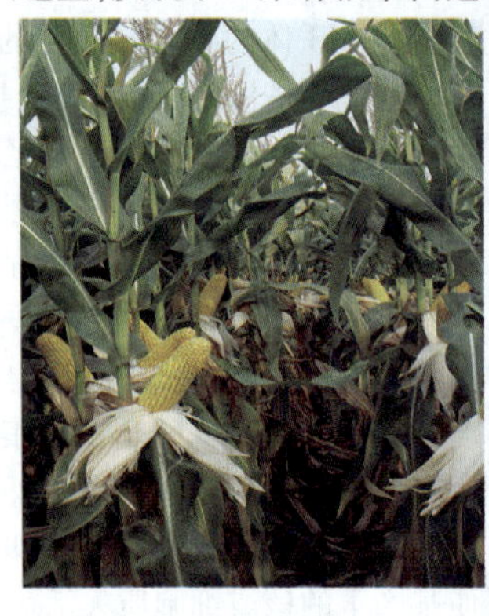

植物选择育种

【植物学】（botany） 生物学的一个分支。研究植物的形态、分类、生理、分布、遗传、进化的学科。基本内容包括：（1）植物形态学。（2）植物生理学。（3）植物遗传学。（4）植物生态学。（5）植物分类学。其研究目的在于：开发、利用、改造和保护植物资源，让植物为人类提供更多的食物、纤维、药物、建筑材料等。

【植物学特征】（botanical character） 植物的形态特征。指根、茎、叶、花、果实、种子在形态构造的特点和有关性状，如株高、株型，根、茎、叶构造，叶序、叶形、叶色、分枝方式，花序、花的构造，花色、果实、种子构造，子粒大小、色泽等。据此进行植物分类，确定种和变种，有时也可作为区别栽培品种的标志。

【植物引种驯化】（plant introduction and domestication） 在人类的选择培育下，使收集的野生植物成为栽培植物，使引进的外地作物品种成为本地作物品种的措施和过程。植物引种驯化都至少要经由种子（播种）到种子（开花结实）的过程。但有些只开花不结果的花卉植物，只要能正常生长、开花、繁殖，也可认为已达到了引种驯化要求。

【植物营养元素】（nutrient element of plant） 植物生长所需要的多种化学元素。构成植物体的各种物质，并维持其生命活动。植物体内含有几十种化学元素。一般把含量占植物干重千分之一以上的营养元素，称为“大量元素”；含量在万分之几到十万分之几的，称为“微量元素”；含量更低的称为“超微量元素”。已经确定的植物必需的营养元素有：碳、氧、氢、氮、磷、硫、钾、钙、镁、铁、锰、铜、锌、钼、硼、氯。

【植物育种者权利】(rights of plant br－eeder) 见植物新品种保护。

【植物园】(arboretum) 通过科学、计划地收集各种乔木、灌木、草本植物和攀缘植物等而形成的活植物博物馆。是城市中集中栽培和展出植物的公园。不仅是植物学研究基地，而且也是植物品种保护、展示的基地，是科研、科学知识普及和科学生产示范、休闲多功能的种植园。根据国家或某一地区发展的需要，建立不同的经济植物或园林植物的种植园，以丰富当地的植物资源。

植物园

【植物源农药】(botanical pesticide) 有效成分来源于植物体的农药。是取代化学农药、生产无公害农产品优先选用的农药品种。其突出优点是：(1)降解途径顺畅，对环境污染小。(2)成分较多、作用方式独特，害虫较难对其产生抗药性。(3)选择性强，对人、畜及昆虫天敌毒性低，开发和使用成本相对较低。其对害虫的作用独特，作用方式多样化，作用机理比较复杂，归纳起来主要有毒杀作用、拒食和忌避作用、干扰正常的生长发育作用和光活化毒杀作用等。同时，这类农药对作物还具有一定的营养作用，可提高农产品的营养价值。

【植物转基因技术】(generalion-transform technology of plant) 通过体外重组 DNA 技术，将外源基因转入到植物的细胞或组织中，从而使再生植株获得新的遗传特性的技术。转基因技术可将任何来源的基因转入植物，这不仅扩大了重要农艺性状相关基因的来源，而且可达到定向改良植物的目的。这一特点使转基因技术在作物品种改良上具有巨大的应用潜力。转基因技术目前在植物品种改良方面应用的领域有：(1)抗虫基因工程。(2)抗除草剂基因工程。(3)抗病基因工程。(4)抗逆基因工程。(5)延熟保鲜基因工程。(6)品质改良基因工程。(7)杂种优势利用基因工程。转基因技术的应用可能对人类健康和生态环境带来潜在的不良影响，主要表现是：(1)转基因生物可能对人类产生不良影响。(2)转基因生物可能对农业生产带来不良影响。(3)转基因生物可能会影响生态平衡。(4)转基因产品还可能引起社会问题以及食品安全性问题。

【植物资源】(plant resource) 能提供物质原料以满足人们生产和生活需要的植物。广义上包括农林栽培和利用的植物在内。通常特指野生的原料植物。植物资源有多种分类方法，按其用途的不同可分为：(1)食用。(2)药用。(3)工业用。(4)保护改造环境用。(5)种质资源用。

武夷山植物资源

【植物组织培养】(plant tissue culture) 根据植物细胞具有全能性的特性，利用植物离体的器官、组织或细胞以及原生质体培养完整植株的技术。可利用的植物器官有：根、茎、叶、径类、花、果实；可利用的组织有形成皮、表皮、皮层、髓部细胞、胚乳；可利用的细胞有：大孢子、小孢子、体细胞以及原生质体。是在无菌和适宜的人工培养基及光照、温度等人工条件下，诱导出愈伤组织、不定芽、不定根，最后形成完整的植株。具有培养周期短、繁殖率高、便于自动化管理的特点。目前这项技术已在花卉和果树的快速繁殖、培养无病毒植物等方面得到了广泛应用。

【止水设施】(sealing device) 又称止水、止水设备。水工建筑物内设置的防止接缝漏水的设施。闸、坝、隧洞、涵管等水工建筑物的永久缝，必须设置可靠的止水。常见的止水设备有：各种材料的止水片、混凝土止水塞、沥青油毡、柏油绳、沥青填料及其加热装置等。止水的布置和结构随水工建筑物接缝的工作特点而异。在设有横缝的上游面、溢流面、下游最高尾水位以下和穿越横缝的廊道以及孔洞周边均需设置止水系统。在软基上闸坝闸墩的横缝间、边墩与岸墙的横缝间以及岸墙与翼墙的垂直沉降缝间一般应设置竖直止水；在铺盖、水闸底板、消力池、护坦等的连接缝内以及它们与岸墙、翼墙相连处的缝内，应设置水平止水。

止水带

【止吐药】(antiemetic drug) 防止或减轻恶心和呕吐的药物。呕吐是种复杂的反射活动，由延髓呕吐中枢进行调控。呕吐具有保护作用，可把胃内毒物吐出。剧烈而频繁的呕吐可引起脱水及电解质紊乱。止吐药通过不同环节抑制呕吐反应。包括以下几类:(1)噻嗪类药物。如氯丙嗪、异丙嗪、奋乃静、三氟拉嗪等。主要抑制催吐化学感受区,对各种呕吐均有效。(2)抗组胺药。常用于晕动病呕吐。如敏克静、安其敏、苯海拉明、乘晕宁等。(3)抗胆碱能药。如东莨菪碱等。其他还有甲氧氯普胺(胃复安)、多潘立酮(吗丁啉)、止吐灵、氯丁醇等。

【止泻药】(antidiarrheal drug) 控制腹泻的药物。通过减少肠道蠕动或保护肠道免受刺激而达到止泻作用。适用于剧烈腹泻或长期慢性腹泻,以防止机体过度脱水、水盐代谢失调、消化及营养障碍。为治疗腹泻的对症治疗药。按其药理作用的不同可分为四类:(1)阿片及其衍生物。此类药能提高胃肠张力,抑制肠蠕动,制止推进性收缩,因而减缓食物的推进速度,使水分有充分的时间吸收而止泻。有复方樟脑酊、苯乙哌啶、盐酸洛哌丁胺等。(2)吸附剂。通过药物表面的吸附作用,吸收肠道中气体、细菌、病毒、外毒素,阻止它们被肠黏膜吸收或损害肠黏膜。有药用炭、白陶土等。(3)收敛保护剂。药物在肠黏膜上形成保护膜,使其免受刺激。有鞣酸蛋白、次碳酸铋等。(4)其他。通过治疗肠消化不良而止泻的乳酶生;通过抑制肠道前列腺素合成,抑制细胞分泌而达到止泻的阿司匹林;通过抑菌或杀菌而止泻的促菌生、盐酸黄连素和肠道杀菌剂;通过在肠内与胆酸络合而止泻的消胆胺;调整肠道正常菌群的生长和组成的整肠生、丽珠肠乐等。

【只读存储器芯片】(read only memory chip) 允许读出操作、不允许写入操作的半导体存储芯片。一旦写入数据,即使切断电源,只读存储器中的内容也不会消失。主板、显卡、网卡上的基本输入输出系统就是只读芯片产品。是一种非易失性存储器。主要用于存放"固件"。

只读存储器芯片

【只读光盘机】(compact disk reading only memory,CD-ROM) 又称只读光盘驱动器。控制并读出只读光盘上所存数据信息的设备。能存大量的信息,能获得高质量图像和高保真音乐。广泛应用于文献数据库、多媒体信息存储及计算机辅助教育等方面。

只读光盘机

【只读光盘驱动器】(CD-ROM drver) 见只读光盘机。

【纸色谱法】(paper chromatography) 以纸为载体的色谱法。固定相一般为纸纤维上吸附的水分,也可使纸吸留其他物质作为固定相,如甲酰胺缓冲液等。样品点在纸条上的一端,然后在密闭的槽中,用适宜溶剂进行展开。当溶剂移动一定距离后,各组分移动距离不同,最后形成互相分离的斑点。将纸取出,待溶剂挥发后,用显色剂或其他适宜方法确定斑点位置,进行定性或定量分析。纸色谱法具有设备简单、操作方便、分离速度快等优点。在医药、环境、食品、石油、染料、农药残留物及添加剂等领域广泛的应用。

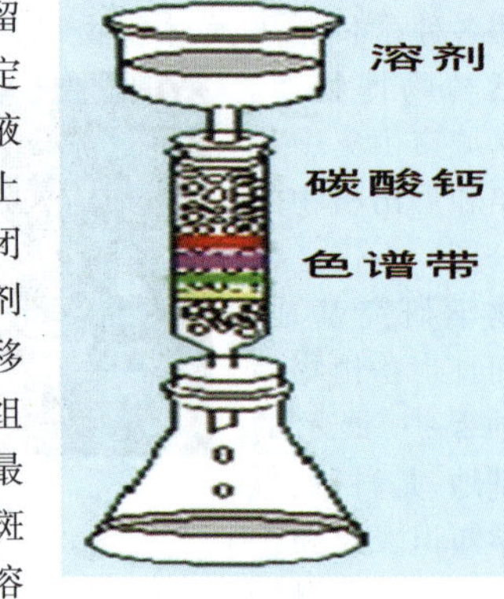

纸色谱法

【指导性计划】(guidance plan) 国家按行政隶属关系下达给计划执行单位的、具有指导和参考作用而没有强制约束力的计划。国家主要通过制定政策、法规,签订经济合同,运用经济杠杆等手段来保证指导性计划的实现。计划执行单位根据指导性计划的要求,结合市场供求关系的变化和自身条件,可以制定本单位的计划,报计划主管部门备案。由于指导性计划给了执行单位一定的机动权,因而可以使宏观控制和微观搞活结合起来,国家利益和企业利益结合起来,有利于调动企业和职工的积极性。

【指定船舶】(designated ship) 在航次租船合同中明确规定的船名。一旦在合同中确定了船名,就必须由该艘船舶执行合同规定的航次运输任务。对船舶所有人而言,在履行合同时,只能派遣合同中指定船名的这艘船舶,绝不能派遣其他船舶。否则,被认为是违约行为。对此,租船人有权取消合同并要求赔偿可能产生的一切损失。另一方面,如果当合同中指定的船舶因发生意外事故而无法执行运输任务时,租船人急需船舶,而要求船舶所有人另派其他船舶的情况下,船舶所有人没有义务提供合同以外的船舶。当然,具体要视"意外事故"发生的原因是否属合同规定的船舶所有人免责范围。为能顺利地履行合同以及避免因原指定船舶一旦发生意外事故而解除合同,通常在指定船舶的情况下,在航次租船合同中订立一项"代替船条款"。当原指定船舶不能前往执行航次运输任务时,船舶所有人可指派其他的船舶来代替原指定的船舶完成运输任务。这是有利于船舶所有人的一项选择权。

【指挥控制系统】(command and control system) 运用以电子计算机为核心的技术装备,进行信息收集、传输、处理,保障对部队和作战兵器指挥与控制的人机系统。主要由辅助决策、信息显示、信息管理、系统监控和数据库等分系统组成。在军事信息系统中,指挥控制系统是"心脏"和"龙头"。其工作性能和状态,对整个系统的性能、状态和作用的发挥举足轻重,对信息化作战的成败起着决定性的作用。在20世纪50年代,首先出现C^2系统,即指挥与控制系统;在20世纪60年代,又增加了通信,成为C^3系统;1983年又增加了计算机,成为C^4系统。自动化离不开情报、监视和侦察等要素,再加上战斗,把上述各要素集成一体,即是当今流行的C^4KISR系统。

【指令系统】(mandatory set system) 又称指令集。一台计算机所能执行的全部指令的集合。决定计算机硬件的主要性能和基本功能,是硬件设计人员和程序员都能见到的机器的主要属性。一般包括以下指令:(1)数据传送类指令。(2)运算类指令,包括算术运算指令和逻辑运算指令。(3)程序控制类指令,主要用于控制程序的流向。(4)输入/输出类指令,用于主机与外设之间交换信息。

【指令性计划】(mandatory plan) 国家按行政隶属关系下达给计划执行单位的、具有行政约束力和强制性、且必须保证实现的计划。其管理对象,主要是有关国家经济全局的重大经济活动和关系国计民生的重要产品。计划执行的单位如因主观原因未完成的,要追究责任;如遇特殊情况,需要修改和调整计划时,应按规定的权限和程序上报,并经审查批准。全民所有制企业执行指令性计划,有权要求在政府有关部门组织下,与需方企业签订合同;也可以根据国家规定,要求与政府指定的单位签订国家订货合同。不签订合同的企业可以不安排生产。

【指示剂】(indicator) 满足一定条件能使颜色发生变化的一类化学试剂。化学分析中可用来检验溶液的酸碱性;滴定分析中用来指示滴定终点。其种类包括:酸碱指示剂、氧化还原指示剂、金属指示剂、吸附指示剂、沉淀滴定指示剂等。如果滴定剂或被滴定物质是有色的,它们本身就具有指示剂的作用,如高锰酸钾。

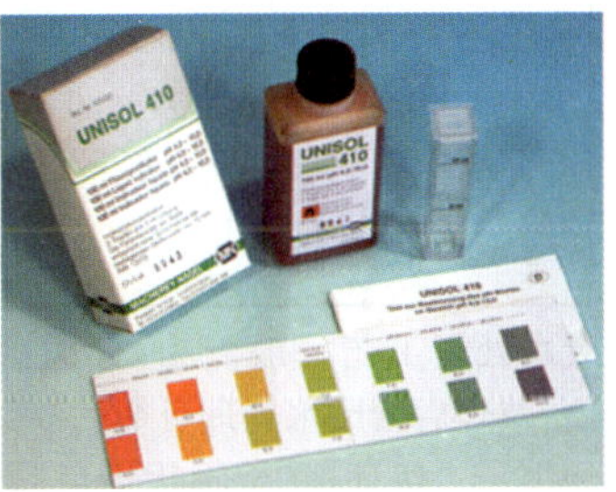

指示剂

【指数函数】(exponent function) 形如$y = a^x (a > 0, a \neq 1, x \in R)$的函数。一种基本初等函数。是在整个实数域上有定义的单调、下凸、无上界的正值函数。函数值域为大于0的实数集合,如图。从图中可以看出,函数图形过(0,1)点,当$a > 1$时函数单调递增,当$a < 1$时函数单调递减。其图形可以无限靠近x轴,但永远不相交。当互为倒数的两个数(a和$1/a$)为底数时,两个指数函数关于y轴对称。如图为函数$y = 2^x$和$y = (1/2)^x$图像。指数函数是许多自然规律的数学模型。如某些生物的繁殖过程,工农业生产总值的增长等都符合指数函数的变化规律。因此,指数函数在人类的生产、生活与科学研究领域均有着广泛的应用。

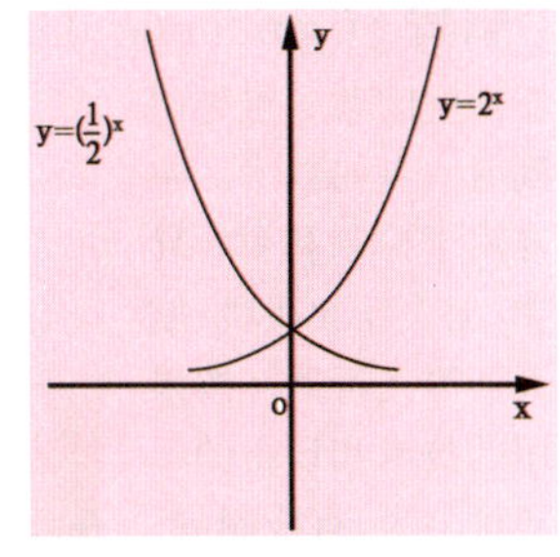

指数函数图像示例

【趾板】(plinth) 又称垫座。混凝土面板堆石坝中布置在面板周边、坐落在地基上的混凝土结构。通过设有止水的周边缝与面板连为一体,形成坝基以上的防渗体,同时又与经过基础处理后的基岩连接,封闭地面以下的渗漏通道,从而使上、下防渗结构连为整体。其主要作用除防渗外,还作为基础灌浆的盖板和面板的基座。趾板基础要求坐落在坚硬的基岩,或经工程措施处理后的基岩上。趾板线布置要尽量平顺,避开断裂发育、风化强烈、夹泥以及岩溶等不利的地质结构,尽可能减少开挖和基础处理工程量。

【至阴】 中医穴位名。属足太阳膀胱经,本经井穴。定位:在足小趾末节外侧,距趾甲角0.1寸。主治:头痛,目痛,鼻塞,鼻衄,胸胁痛,足下热;胎盘滞留,胎位不正,难产,滞产等。刺灸法:斜刺0.1~0.2寸;艾炷灸3~5壮,或艾条灸5~10min。对高血压、高水肿、妊娠中毒症、习惯性早产、习惯性流产、脐带绕颈者禁灸。近30年来的研究证明,至阴穴有矫正胎位的作用。针灸对横位或臀位具有良好的转胎效果。至阴穴矫正胎位,多用艾条灸,每日一次,每次15~20min。艾条与穴位的间距约2cm为宜,使局部有舒适的温热感。

【志留纪】(Silurian Period) 地质年代中古生代第三个纪。"志留"一名源自英国东南威尔士一个古代部族(Silures)居住的地方,这一地区志留系地层因出露较好而得名。志留纪始于距今4.38亿年,延续约2 800万年。这一时期海生无脊椎动物仍占重要地位,但珊瑚类、腕足类大量繁育。最早的呼气动物板足鲎类出现并达到极盛。植物界出现了原始陆生植物裸蕨。由于志留纪浅海广布,各海区互相沟通,使得海生动物种群之间发生混生现象,动物群分区现象不明显。志留纪可分为早、中、晚、末四个世,代表符号为“S”。

【制导】(guidance) 按照一定的规律将航空器从空间某一点导引到另一点的技术。主要用于控制和引导导弹、无人驾驶飞机、航天器等飞行器。按采用的技术和设备的不同可分为:有线制导、无线制导、红外制导、激光制导、雷达制导、音响制导、磁感应制导、惯性制导和天文制导等;按制导方式的不同可分为:寻的制导、波束制导、指令制导、自主制导和组合制导等。

制导导弹

【制电磁权】(electromagnetism dominance) 交战一方在一定时空范围内对电磁频谱使用的控制权。按规模的不同可分为:战略制电磁权、战役制电磁权、战术制电磁权。战略制电磁权,即在战争的全过程或某个战略阶段,在全部战场空间取得的制电磁权;战役制电磁权,即在战役全过程或重要战役阶段,在整个战役战场或主要战役方向取得的制电磁权;战术制电磁权,即在战斗全过程或重要战斗阶段,在局部空间取得的制电磁权。夺取制电磁权的目的是为了确保己方能自由使用电磁频谱,不受对方的电磁威胁;同时,剥夺对方自由使用电磁频谱的权利。在高技术战争中,夺取制电磁权是夺取制天权、制空权、制海权乃至战场主动权的重要条件。

【制动绳】(braking rope) 在防坠器起作用时,供其抓捕机构捕捉的钢丝绳。其上端通过连接器与缓冲钢丝绳相连。缓冲钢丝绳穿过安装在井架天轮平台的缓冲器,绕过圆木悬垂于井架的一边。制动绳的另一端穿过罐笼上的防坠器抓捕器之后直至井底,用拉紧装置固定在井底水窝。当正常提升时,钢丝绳通过连接装置拉紧拉杆,弹簧处于压缩状态,拉杆通过平衡板和连接板使两个拨杆的前端处于最低位置,抓捕器的偏向杠杆与水平轴线成30°,装在侧板内的闸瓦与制动绳保持一定的间隙。在发生断绳时,在弹簧力的作用下,拉杆下降,拨杆的前端向上抬起,装有闸瓦的侧板被抬起,偏心杠杆转动,使闸瓦与制动绳接触,实现定点抓捕。

制动绳

【制革】(leather manufacture) 将生皮鞣制成皮革的过程。其过程可分为:(1)准备。(2)鞣制。(3)整饰(理)。制革过程使用最多的设备是转鼓,浸水、浸灰、脱毛、软化、浸酸、鞣制、染色、乳液加油等工序都要在转鼓中完成,通过转鼓的机械作用,促进各种化工材料的均匀渗透,完成制剂对皮的化学作用。

【制革工业废水】(tannery industrial wastewater) 制革及皮毛加工生产过程中排放的废水。制革生产工序一般包括脱脂、浸灰脱毛、软化、鞣制、染色加工、干燥、整饰等。废水主要来源于鞣制前准备、鞣制和其他湿加工过程中。制革生产中,单位原皮综合废水量:牛皮45~75 m^3/t;猪皮 45~100 m^3/t;绵羊皮 40~60 m^3/t;山羊皮 45~60m^3/t。毛皮加工中,单位生皮综合废水量:羊剪绒 45~100m^3/t,水貂 45~70m^3/t,狐狸 45~60m^3/t,兔皮和猾子 35~45m^3/t。按制革生产工序的排水量分:浸水、脱脂、脱毛、水洗工序废水量约为 65%;脱水、浸酸、鞣制、中和染色、水洗的废水量约占 30%;染色上油的废水量仅占 1%~5%。按废水中污染物的不同可分为含硫废水、脱脂废水、含铬废水和综合废水。制革废水的特点是成分复杂、色度深、悬浮物多、耗氧量高、水量大。废水中含有油脂、胶原蛋白、动植物纤维、有机无机固形物、硫化物、铬盐类、表面活性剂、染料等多种污染物质和有毒物质。典型生产工艺制革及毛皮加工废水中单位原皮污染物产生量如下表。

污染物产生量表(单位:kg/t 原皮)

污染物指标	CODcr	SS	BOD5	氨氮	总氮	总铬	硫化物	硫酸盐
制革废水	100~250	100~150	60~110	15~30	20~40	2~5	3~10	30~70
毛皮加工废水	70~120	50~80	35~60	2~5	7~12	1~3	–	15~20

废水处理工艺一般分为:分类预处理(回收有用物质,减轻后续废水处理负荷)、一级处理(以固液分离为主)、二级处理(生物法为主)和三级处理(物理化学法为主)。

【制海权】(mastery of the sea) 交战一方

依靠其海上优势在一定的时间内对一定海域取得的控制权。分战略制海权、战役制海权和战术制海权三种。在现代战争中，制海权的空间已由海面发展至海面上空和水下多维空间。制海权的夺取和保持需要运用多种兵力和手段。

【制空权】(mastery of the sky) 交战一方依靠空中优势在一定时间内对一定空间取得的控制权。掌握制空权，可以保障陆、海、空军部队不受敌方来自空中的威胁。夺取制空权主要由航空兵、地面防空兵通过消灭敌方飞机、摧毁和压制敌方防空兵器、破坏敌方基地设施来完成。

【制氢技术】(technology of hydrogen production) 从含氢物质，如化石燃料(天然气、石油、煤)、水等制取氢气的技术。已实现工业化制氢过程的主要有：天然气、轻油水蒸气催化转化制氢法、重油部分氧化法制氢法、煤炭焦化或煤炭气化制氢法、水电解制氢法等。尚有多种制氢方法在研究过程中，如热化学循环法、光催化分解水法及生化法制氢等。从某些化工过程的副产物，如食盐电解氯碱生产过程、炼油厂原油加工过程的副产物也可得到氢气。此外，氢气还可以从甲醇分解中制得。

制氢技术

【制天权】(mastery of space) 交战一方在一定时间内对一定范围内外层空间的控制权。其目的是夺取宇宙空间优势，保证己方拥有航天行动的自由，剥夺敌方航天行动自由权。争夺制天权是交战双方为达到军事目的，使用空间与反空间武器系统，采取进攻或防御手段，对外层空间战场实施的控制过程。制天权对未来战争全局具有重大的主导作用。一方面，未来的太空军事力量“天军”，将是人类高智能、高技术的结合体，在未来武装力量中占据重要地位；另一方面，太空战场极其广阔深远，它全面包容覆盖传统的陆海空战场，具有“居高临下”的空间优势。“天军”一旦控制了太空战场，就能凭借其高智能、高技术和高空间优势，全面俯瞰陆海空战场。制天权将主导制空权、制海权和制电磁权，直接影响战争的进程与结局。争夺制天权的主要手段，是各种部署在太空以及地面、空中、海上的太空进攻性与防御性武器系统。争夺制天权的主要作战方式有：太空信息战、太空封锁战、太空轨道破击战、太空防卫战和太空对地突击战等。在军事航天技术的推动下，实施制天权作战行动，将是以“天军”为主体，其他军种参加的联合作战。

【制图模型】(cartographic model) 为反映制图对象的基本特征、典型特点及其内在联系而制定的地图数据分类、分级、取舍、概括的规律和法则。主要用于绘制各类地图。

【制图专家系统】(cartographic expert system) 利用计算机人工智能技术、地图制图专家的知识和经验形式化，输入计算机，以辅助地图设计与制作的软件系统。可以替代大量人工作业，提高制图的效率和质量。在地图制作中广泛应用。

【制图综合专家系统】(cartographic generalization expert system) 一种运用人工智能技术解决自动综合问题的制图方法。既借助于现今数学模型的研究成果，又从思维推理角度模拟制图人员的制图综合过程。在地图用途、比例尺和制图区域地理特点等条件下，通过对地图内容的选取、化简、概括和关系协调，建立能够反映区域地理规律和特点的新的地图模型的一种制图方法。可解决至今认为需要制图专家才能处理好的复杂问题。

【制信息权】(information dominance) 交战一方在一定的时空范围内对战场信息的控制权。按控制范围大小的不同可分为全面制信息权和局部制信息权；按作战层次的不同可分为战略制信息权、战役制信息权和战术制信息权。制信息权的主要表现是战场情况对己方透明、对敌方模糊，其基本目标是控制战场信息空间，最高目标是控制敌方的认识和信息系统。夺取制信息权的目的，是为了夺取并保持己方使用信息的自由权和主动权，同时剥夺对方使用信息的自由权和主动权。制信息权是夺取制空权、制海权、制天权的前提条件。在现代战争特别是信息化战中，敌对双方争夺制信息权的行动通常先于其他作战行动，并贯穿作战的始终。在作战过程中夺取和保持制信息权，为作战的胜利提供了基本保证。

【制造成本】(manufacturing cost) 企业为生产经营商品和提供劳务等发生的各项直接支出。包括直接人工费用、直接材料费用、制造费用、商品进价以及其他直接支出。其中直接人工费用是指在生产过程中直接从事产品生产、加工而发生的工人的工资性消耗。它包括直接从事产品生产人员的工资、补贴和奖金等。直接材料费用是指在生产过程中直接为产品生产而消耗的各种物资，包括原材料、辅助材料、备品配件、外购半成品、燃料、动力、包装物等费用。制造费用是发生在生产单位的间接费用，指生产部门为组织产品生产和管理生产而发生的各项费用。

包括生产单位管理人员的工资、职工福利费以及生产单位房屋建筑物、机械设备的折旧费、修理维护费、机械物资消耗费用、低值易耗费、取暖费、水电费、办公费、差旅费、运输费、保险费、设计制图费、试验检验费和劳动保护费等。

【制造业信息化】(manufacture information, MI) 制造企业信息化的简称。是将信息、自动化、现代管理与先进制造技术相结合,实现产品设计制造和企业管理的信息化、生产过程控制的智能化、制造装备的数控化以及咨询服务的网络化。其目的是:加速信息的流动与有效利用,通过改善企业的经营、管理、产品开发和生产等各个环节,提高生产效率、产品质量和企业的创新能力,降低消耗,带动产品设计方法和设计工具的创新、企业管理模式的创新、制造技术的创新以及企业间协作关系的创新。其核心任务是:设计数字化、制造装备数字化、生产过程数字化、管理数字化和企业数字化。基本内容可以概括为:设计数字化,即通过实现产品设计手段与设计过程的数字化和智能化,缩短产品开发周期,促进产品的数字化,提高企业的产品创新能力;制造装备数字化,即通过实现制造装备的数字化、自动化和精密化,提高产品的精度和加工装配的效率;生产过程数字化,即通过实现生产过程控制的自动化和智能化,提高企业生产过程的自动化水平;管理数字化,即通过实现企业内外部管理的数字化,促进企业重组和优化,提高企业管理的效率和水平,采用电子商务手段提高市场拓展和应变能力;企业数字化,即在设计、制造装备生产过程和经营管理数字化的基础上,实现企业的信息集成、过程集成和内外部资源集成,实现制造企业的整体优化,提高企业的竞争能力。

【制造执行系统】(manufacturing execution system ,MES) 上层的计划管理系统与底层的工业控制之间的面向车间层的管理信息系统。为操作人员、管理人员提供计划的执行、跟踪以及所有资源(人、设备、物料、客户需求等)的当前状态。可以为企业提供一个快速反应、有弹性、精细化的制造业环境,帮助企业降低成本、按期交货、提高产品的质量和提高服务质量。该系统适用于不同行业(家电、汽车、半导体、通信、IT、医药),能够对单一的大批量生产和既有多品种小批量生产又有大批量生产的混合型制造企业,提供良好的企业信息管理。

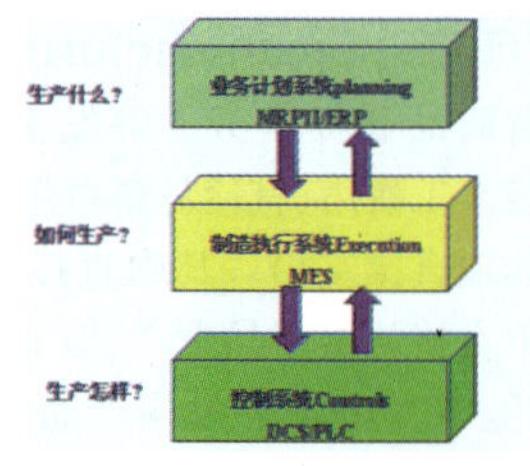

制造执行系统

【制造自动化系统】(manufacture automation system, MAS) 可自动完成从原材料到产品全部过程的制造系统。由物质流、能量流和信息流三个基本要素组成。按生产对象在制造过程中时空性态的不同可分为离散型和连续型两种;按产品品种数量和生产规模的不同可分为单一品种大批量生产和多品种小批量生产两大类型;按应用范围的不同可分为自动化工厂、自动化车间、自动化工段、自动化工作站、自动化设备五种。制造自动化系统可以提高产品的制造质量,减轻劳动强度,提高劳动生产率,提高经济效益和社会效益,是先进制造技术的发展方向。

【制造自动化协议】(manufacturing automation protocol, MAP) 基于国际标准化组织的开放式系统互联参考模型七层网络协议模型,实现把生产制造企业的信息系统、控制系统和自动化生产设备相互连接的网络协议。采用制造自动化协议可以方便地实现把不同厂家生产的各种控制系统相互连接形成一个统一的通信控制网络,以满足现代制造业对自动化生产设备和过程的某些新的控制要求。

【制种田】(seed farm-land) 用来大量配制杂交种子的田块。例如在配制杂交水稻、高粱等作物时,制种田按比例相间种植不育系和恢复系,使其产生杂交种。由不育系上收获的种子,就是杂交一代种子,供下年大田种植;恢复系上收获的种子,仍是恢复系,供下年制种田用。又如玉米自交系配制单交种时,制种田按比例相间种植两个自交系,母本自交系进行人工去雄,让其杂交。由母本自交系上收的种子,就是单交种,供下年大田种植;由父本自交系上收的种子,供下年制种田作父本种植。制种田要设置隔离区并调整播种期使父母本花期相遇,成熟时要特别注意母本和父本分收,因为母本上结的种子才是杂交种。

制种田

【质变】(qualitative change) 与量变相对应。事物由一种质态向另一种质态的突变和飞跃。事物的运动状态之一。是事物渐进过程的中断和对原有度的超越。质变是反映事物变化性质的哲学范畴之一。事物的变化是否超越既有度的范围,是区别量变和质变的根本标志。质变和量变是辩证统一的,任何质变必须有一定的量变的积累和准备,否则就不会发生质变。事物的质变在整个世界的运动发展中具有重要意义。首先,只有质变才能使新事物代替旧事物,才能真正体现出事物、世界的发展;其次,只有质变才能使量变的成果体现出来,并赋予其新的意义。

【质底法】(quality base method) 又称质别法。以色彩、晕线或面状符号表示连续或布满整个制图区域内各种制图对象质量特征的方法。由常用底色或其他整饰方法来表示各分区间质的差别而得名。此方法着重表示对象质的差别,一般不直接表示其数量特征。常用于地质图、地貌图、土壤图、植被图、土地利用图和行政区划图等。

质底法

【质点】(mass point) 将物体简化后得到的只有质量而不计大小、形状的一个几何点。是经典力学研究物体运动时经常用到的理想化的模型。是实际物体在一定条件下的科学抽象,并不一定代表很小的物体,只要物体的形状和大小在所研究的问题中属于无关因素或次要因素,即物体的形状和大小在所研究的问题中影响很小时,物体就能被看作质点。例如,在围绕太阳公转过程中,虽然地球上任一点对太阳的位移、速度等都略有差别,但由于这些可忽略不计,因而可视地球公转为质点运动。

【质反应】(qualitative response) 机体对药物的以某特定指标出现或不出现为准的反应。因此又称"有或无"反应。如死亡与存活、有效与无效、呕吐与不呕吐、惊厥与未惊厥等。这类反应属于计数资料,没有强度的差别,不能以具体的数值表示。这类指标值的大小是以一组受试者正性反应(或负性反应)出现的个数或百分率表示。通常用于表示外源化学物在群体中引起的某种毒效应的发生比例。

【质荷比】(mass charge ratio) 质谱学的基本概念之一。带电粒子的质量与所带电荷之比值。用 m/e 表示。不同质荷比值的粒子,在一定的加速电压和一定磁场强度下,所形成的弧形轨迹的半径与质荷比成正比。将被测物质离子化,按离子的质荷比进行分离,根据测量各种离子峰的强度进行结构分析。

【质粒】(plasmid) 在染色体外能够进行自主复制的遗传单位。包括真核生物的细胞器和细菌细胞中染色体以外的 DNA 分子。其特点是:(1)染色体外的双链共价闭合环形 DNA,可自然形成超螺旋结构。不同质粒的大小在 2 ~ 300kb 之间。小于 15kb 的小质粒比较容易分离纯化;大于 15kb 的大质粒则不易提取。(2)能自主复制,是能独立复制的复制子。(3)质粒对宿主生存并不是必需的,与宿主是共生关系。在基因工程中,常用人工构建的质粒作为载体。这种载体可以集多种有用的特征于一体,如含有多种单一酶切位点、抗生素耐药性等。

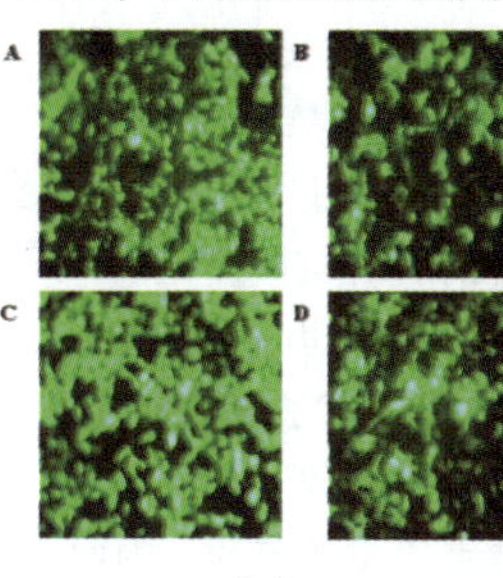

质粒

【质粒不相容性】(plasmid incompatibility) 又称质粒不亲和性。在没有选择压力的条件下,两种亲缘关系密切的不同质粒分子不能在同一寄主细胞中稳定共存的现象。两个不相容质粒在同一个细胞中复制时,在分配到子细胞的过程中会产生竞争,从而导致在子细胞中只含有一种质粒。产生质粒不相容性的主要原因是它们的复制功能相互干扰。

【质量互变规律】(law of quality and quantity exchange) 又称量变质变规律。唯物辩证法的基本规律之一。关于自然界、人类社会和思维发展的普遍规律。反映了事物发展过程中两个基本阶段的内在统一。其基本内容是:事物、现象由于内部矛盾所导致的发展是量变与质变的统一,是通过量变和质变的不断相互过渡、相互交替而实现的。量变是一种不显著的、不导致事物性质改变的变化,是事物在数量上的增加或减少;而质变则是一种显著的、根本性的变化,是事物由一种质的形态转变为另一种质的形态的变化,表现为一种突变、飞跃。唯物辩证法认为,任何事物的发展都不是单纯的量变或单纯的质变,而总是由不显著的、非根本的量变的逐渐积累而转化为显著的根本的质变,导致旧质转化为新质,同时又在新质的基础上进行新的量变过程。由量变到质变,再到新的量变,是一个循环往复、永无终止的过程。虽然就某一具体事物的发展而言,量变和质变的交替变化是有限的,但是就整个世界来说却是无限的。量变和质变是辩证的统一。没有一定的量变,就不可能发生质变;同时,量变积累到一定程度必然要发生质变,除非发生人为的干扰。质变又必定要成为新的量变的起点。对于复杂事物的发展过程来说，无论是量变还是质变都不是纯而又纯、截然分开的。总的量变过程中包含着部分质变；质变过程中有量变的特征。

【质量亏损】(mass defect) 核子结合成原子核后，核的质量总是小于其全部核子独自存在时总质量的这种结合前后的质量差值。根据爱因斯坦的质能关系，当一个系统有能量吸收或释放时，其必然伴着质量的改变。因而，质量亏损说明当若干核子从自由状态结合成原子核时要释放能量。

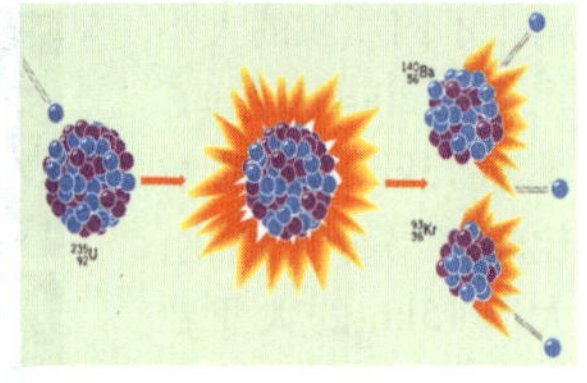

质量亏损

【质膜】(plasma membrane) 见细胞膜。

【质能关系】(mass-energy relation) 质量与能量之间的等价关系。在经典物理学中，质量和能量是两个完全不同的概念。它们之间没有确定的关系。一定质量的物体可以具有不同的能量。能量概念也有局限性，力学中有动能、势能等。在狭义相对论中，能量概念有了推广，质量和能量有确定的关系：能量(E)等于质量(m)与真空中光速(c)平方的乘积($E = mc^2$)。质能关系是狭义相对论的最重要的结论。它将物理学中原来不相干的质量守恒和能量守恒统一起来。当物体的能量发生改变时，物体质量按关系式相应改变；反过来也如此。太阳等恒星中进行着的热核反应是这一关系的最好例证。质能关系是原子能应用的重要理论基础。

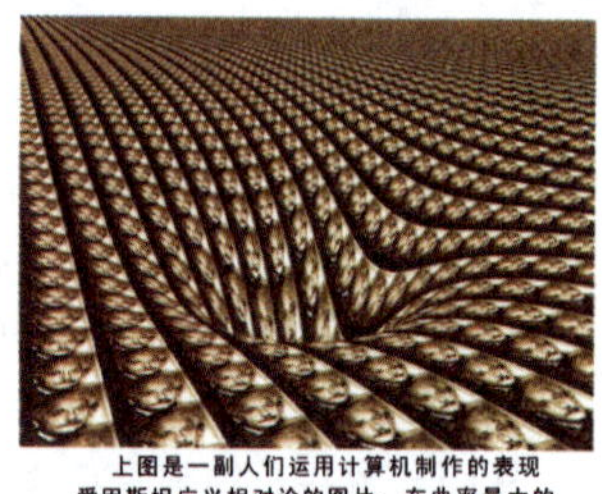

上图是一副人们运用计算机制作的表现爱因斯坦广义相对论的图片，在曲率最大的地方，爱因斯坦的照片严重扭曲变形。

质能关系

【质谱法】(mass spectrometry) 利用电场和磁场将运动的离子按其质荷比分离后进行检测的方法。待测化合物分子吸收能量(在离子源的电离室中)后产生电离，生成分子离子。分子离子由于具有较高的能量，会进一步按化合物自身特有的碎裂规律分裂，生成一系列确定组成的碎片离子，在质量分析器中按质荷比分离、检测后即得质谱图。从图中可获得有关化合物分子的相对分子质量和分子所含基团及联结次序等结构的信息。质谱法广泛用于对多种有机物和无机物进行定性和定量分析、微量杂质分析、样品中各种同位素比的测定、精确相对分子(原子)质量，为确定化合物的分子式和分子结构提供可靠的依据以及进行固体表面结构分析和生物大分子的序列分析等。

【质速关系】(mass-velocity relation) 由狭义相对论得出的物体质量对自身运动速度的依赖关系。即

$$m = \frac{m_0}{\sqrt{1 - \frac{v^2}{c^2}}}$$

式中 m_0、m 分别代表物体处于静止状态时的质量(静质量)和物体以速度 v 运动时的质量(运动质量)，c 为光速。依据狭义相对论，物体的质量并非恒定，而是一个与运动状态有关的量。当运动速度趋于光速时，物体的运动质量将变得极其巨大。

【质子】(proton) 原子核内带正电荷的粒子。也是氢原子的原子核。由卢瑟福首先发现并命名。质子静止质量 1.67×10^{-27}kg，是电子的1 836倍。带有1.60×10^{-19}C 正电荷，量值与电子电荷绝对值相同。质子是稳定粒子，平均寿命大于 1 032 年。质子不是点粒子，而具有一定的结构。目前认为质子是由夸克的基本粒子构成，由两个 +2/3 电荷的上夸克和一个 -1/3电荷的下夸克通过胶子在强相互作用下构成。质子与质子间，除了有电磁相互作用之外，还有强得多的强相互作用。在核物理中质子常在粒子加速器中加速到近光速后用来与其他粒子碰撞。这样的试验为研究原子核结构提供了极其重要的数据。质子也是宇宙射线中的主要成分。

【质子泵抑制药】(proton pump inhibitors drug) H^+/K^+ -ATP 酶抑制剂。目前治疗消化性溃疡最先进的一类药物，通过高效快速抑制胃酸分泌和清除幽门螺旋杆菌达到快速治愈溃疡。具有抑酸作用强，特异性高，持续时间长久等特点。胃酸分泌的最后步骤是胃壁细胞内质子泵驱动细胞内 H^+ 与小管内 K^+ 换。质子泵抑制药阻断了胃酸分泌的最后通道，与以往临床应用的抑制胃酸药物 -H_2 受体拮抗剂相比较，其作用位点不同且有着不同的特点，即夜间的抑酸作用好、起效快，抑酸作用强且时间长、服用方便，所以能抑制基础胃酸的分泌及组胺、乙酰胆碱、胃泌素和食物刺激引起的胃酸分泌。本类代表药为奥美拉唑。多用于治疗十二指肠溃疡、胃溃疡、卓-艾综合征、反流性食管炎及幽门杆菌感染等疾病。

【质子束手术刀】(proton beam scalpel) 一种用回旋加速器产生的高速带电质子束来做手术的装置。通过磁场线圈将回旋加速器产生的高速带电质子压缩和聚焦成直径约 2.5 ~ 3mm 的质子束用来做手术。用质子束做手术不需要麻醉，无疼痛感觉。由于质子束的焦聚点很小，不会破坏健康组织。

【治病求本】(root cause treatment of disease）　在治疗疾病时寻求疾病的本质并针对其本质进行治疗的思想方法。“本”指疾病的病机，包括病因、病性、病位、邪正关系等。病机在一定程度上反映出疾病某一阶段的症结所在。通过治本，可解决疾病的主要矛盾，其他矛盾也随之而解。

【治疗性克隆】（therapeutic cloning）　利用克隆技术产生人的早期胚胎，从其中分离胚胎干细胞，以用于人的疾病治疗的克隆技术。是目前生物工程领域最前沿的技术之一。在人类的临床医学治疗领域具有重要的研究和潜在的应用价值。虽已成功地诞生了诸多克隆动物后代，但在人的克隆问题上，各国政府都通过立法或声明明确禁止克隆人即生殖性克隆。不过许多国家的政府和科学家有条件地支持治疗性克隆，即通过克隆产生人的早期囊胚，分离胚胎干细胞，用于人类的疾病研究和临床治疗。

【治疗饮食】（therapeutic diets）　在基本饮食的基础上，增加或减少某种营养素，以达到治疗或辅助治疗疾病的目的，从而促进患者康复的一种饮食。这类饮食要求严格，计算准确。通常有高蛋白、低蛋白饮食，高脂肪、低脂肪饮食，低胆固醇、低嘌呤饮食，少渣饮食，高热量饮食，高纤维素饮食，低盐饮食，无盐低钠饮食等。

银耳红枣汤

【治疗指数】（therapeutic index）　药物的半数致死量和半数有效量的比值。代表药物的安全性。此数值越大越安全。

【致癌烃】（carcinogenic hydrocarbon）　能引起人体内产生恶性肿瘤的多环或稠环类芳香烃。多为蒽和菲的衍生物。当蒽的10位或9位上有烃基时，其致癌性增强。例如苯并芘、二苯并蒽、3－甲基胆蒽等化合物都有显著的致癌作用。煤、石油、木材和烟草等燃烧不完全时能够产生某些致癌烃。

【致癌物】（carcinogen）　能诱发哺乳动物的器官组织形成恶性肿瘤的化合物。大致可以分为化学致癌物、物理致癌物、生物致癌物和食物致癌物。其种类很多：（1）化学致癌物。如多环碳氢化合物，包括煤焦油、沥青、烟草等物质中含有的3,4－苯并芘；偶氮染料、乙苯胺、联苯胺等染料；亚硝胺类是消化系统的重要致癌物质；霉菌毒素；砷、铬、镍及其化合物以及石棉等其他无机物。（2）物理致癌物或致癌方式有慢性机械刺激、电磁场、放射线、放射性物质、紫外线、烧伤等。（3）生物致癌物。如某些病毒、细菌、寄生虫等。（4）食物致癌物。主要有霉变食物、食物添加剂、某些刺激性食物和特殊食物。

烤翅

【致病菌】（pathogen）　又称病原菌。能引起人类疾病细菌的统称。包括伤寒杆菌（能引起伤寒症）、结核杆菌（能引起结核病）等。中国食品卫生标准规定，在食品中不得检查出致病菌。

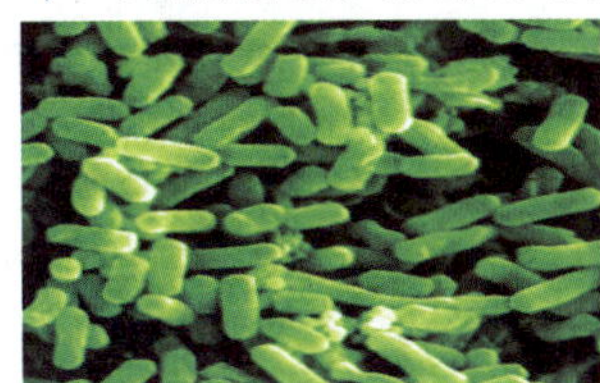
致病菌

【致敏】（sensitization）　机体或细胞因接触抗原性物质而自动产生或因接受抗体或具有免疫活性的淋巴细胞后被动产生的免疫反应性增高状态。包括三个方面：（1）接触某抗原后抗体对该抗原的敏感性增高，如超敏反应。（2）注入抗体或致敏淋巴细胞使机体致敏，称为被动致敏。（3）间接凝集试验时，将抗原或抗体交联或吸附于微载体上的过程。该配体的微球称为致敏微球，如致敏红细胞，溶血反应中与溶血素结合的红细胞亦称致敏红细胞。

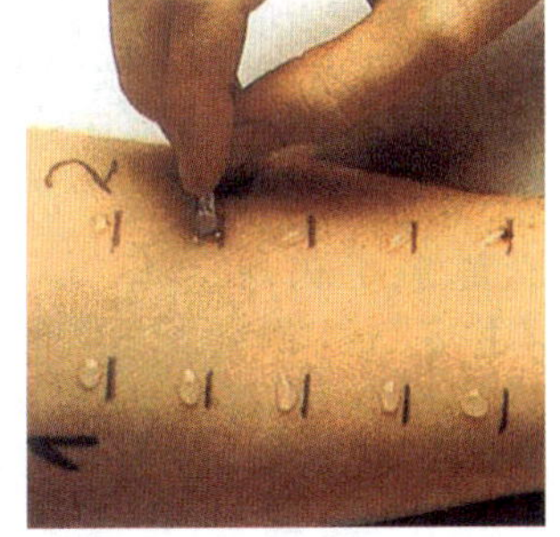
致敏

【致死合成】（lethal synthesis）　与细胞正常代谢物结构相似的外来化合物，参与代谢过程，生成高毒性的、可导致细胞死亡的毒作用。是一种特殊类型的化学损害。如氟乙酸结构相似于乙酸，在体内代谢生成氟柠檬酸，能抑制顺乌头酸酶阻断三羧酸循环，产生毒性反应；又如某些抗代谢物（嘌呤或嘧啶同型物）掺入DNA。

【致死基因】（lethal gene）　基因或染色体严重突变诱发重大变化的等位基因。其突变作用导致机体所必需的蛋白质不能发挥正常功能。按其表现的不同可分为：（1）显性致死基因。基因的致死作用在杂合体中即可表现。（2）隐性致死基因。基因的致死作用只有在纯合状态或半合子时才能表现。如果是显性突变，所有带基因者将导致发育胚胎早期死亡；如果是隐性突变，则仅以纯合体存在时才致死。

【窒息】(asphyxia) 人体的呼吸过程由于某种原因受阻或异常,所产生的全身各器官组织缺氧、二氧化碳潴留而引起的组织细胞代谢障碍、功能失常和形态结构损伤的病理状态。是人体严重缺氧的一个状况。可以导致脑部损害,严重者可导致死亡。其成因很多,主要包括:气道阻塞、低氧呼吸、接触氰化物、闭气过久、睡眠窒息症,被沙、山泥或雪活埋等;在分娩时,如果脐带绕颈,也会导致窒息。其症状是:嘴唇、指甲和眼角膜发紫,昏迷及没有呼吸。其急救原则是实行对症和病因紧急抢救:(1)病伤者取头低足高侧卧位,以利体位引流。(2)清理口腔、鼻腔、喉部的分泌物和异物,以保持呼吸道通畅。(3)心肺复苏术。(4)吸氧和抗感染治疗。(5)向急救站或附近医院呼救。

【蛭石壁纸】(cermiculite wall paper) 以蛭石颗粒为面层材料,以纸、无纺布、玻纤毡等为基层复合而成的壁纸。集装饰性和功能性为一体的一种新型墙面装饰材料。蛭石表面色彩斑斓,有淡绿、深绿、黄铜、青铜、银灰、金黄等,并闪烁着珍珠光泽,使蛭石壁纸既有原始的粗犷感,又有现代感,还具有一定的保温、吸音、吸湿等性能。适用于宾馆、饭店、商场、办公楼等建筑室内墙面、顶棚装饰。

蛭石壁纸

【智齿冠周炎】(acute pericoronitis of wisdom tooth) 智齿(第三磨牙)萌出不全或阻生时牙冠周围软组织发生的炎症。临床上以下颌智齿冠周炎多见。其发生与人类种系发生和演化过程中的食物种类变化造成的咀嚼器官退化、颌骨长度与牙列所需长度的不协调有关。下颌第三磨牙是牙列中最后萌出的牙齿,常因萌出不足导致程度不同的阻生。阻生智齿及智齿萌出过程中,牙冠可部分或全部为牙龈瓣覆盖,龈瓣与牙冠间形成较深的盲袋,食物及细菌极易嵌塞于盲袋内。冠部牙龈又常因咀嚼食物而损伤,形成溃疡。当全身抵抗力下降、局部细菌毒性增强时,可引起冠周炎的急性发作。智齿冠周炎主要发生在18~30岁的青少年和伴有萌出不全阻生智齿的患者。其临床表现是:(1)急性期,自觉患侧磨牙后区胀痛不适,当进食咀嚼、吞咽、开口活动时疼痛加重。(2)继续发展,局部可呈自发性跳痛或沿耳颞神经分布区放射性痛。(3)炎症侵入咀嚼肌时,可引起不同程度的张口受限,甚至牙关紧闭。(4)患牙龈袋处有咸味分泌物溢出。(5)炎症加重时,可引起全身上感样症状,并向周围间隙组织蔓延,引起口腔颌面部间隙感染。智齿冠周炎的治疗方法是:(1)局部冲洗。(2)切开引流。(3)口服抗菌药物及全身支持疗法。(4)冠周龈瓣切除术。(5)下颌智齿拔出术。

【智力】(intelligence) 建立在一定经验与知识的基础上所发展起来的思维活动能力。表现为个体获得信息后,能够将其加以理解、记忆、引申、演绎、评判、综合和应用的能力。至今学术界对智力的含义还没有完全一致的看法,大体上有以下几种表达方式:(1)智力是适应新环境的能力。(2)智力是思维及处理问题的能力。(3)智力是求知和学习的能力。(5)智力是观察能力、记忆能力、思维能力、想象能力和操作能力的总和。

【智力结构】(intelligence structure) 某系统内的人员在智力方面的构成状况。是现代社会的重要结构之一。是一个多序列、多层次、多要素的动态综合体。比如一个部门或单位内人员的知识层次(文化程度)、学科分类、年龄段划分等。现代科学技术的发展,使国民经济各个部门的工作效能越来越依靠人的智力。人的智力活动是多种多样的。要使这些活动具有高效能,并取得优化的结果,就要把不同智力的人员科学地组织起来,形成合理的智力结构。智力结构合理的团队,既能充分地发挥各类人员的特长,又能更好地集中群体的智慧。

【智力资本】(intellectual capital) 原指一个公司两种无形资产-组织资本和人力资本的经济价值。现代理论认为智力资本是人的一种综合能力,一种能够创造价值或效用的能力,也是智力和知识相互融合而带来效益的资本。其价值的大小由智力和知识的融合程度决定,并由智能运作创造价值和带来剩余价值,融合越好,价值越大。其存在形式由两部分构成:(1)隐含部分。人力资本除去体力劳动,可称为脑力资产。(2)外显部分。一切可以带来价值或效用的智力成果,包括创意、发明、专利、著作、作品、商标、声誉、有价信息等,可称为成果资本。

【智囊团】(think tank) 又称顾问团、思想库或脑库。由各种不同专业的自然科学家、社会科学家、软科学家所组成的一个特殊的群体。他们运用多学科的知识及其相互交叉、综合所形成的群体智慧,为社会、经济、军事、科技等方面的发展提供决策咨询。在现代科学管理和领导体制中,智囊团已经成为一个重要的组成部分。其主要功能和作用是:(1)对事物的发展进行科学预测,提出战略性建议。(2)对领导预决策进行可行性研究,提出可供选择的方案。(3)对重大决策进行综合性评价,提出决策性意见。

(4)对各种信息进行系统分析，把决策实施结果反馈给决策者。智囊团应具有合理的智力结构，拥有独立、自由的咨询研究环境。这是发挥其群体创造性、保证决策建议的客观性和获得最佳咨询效果的重要前提条件。

【智能包装技术】(intelligent packaging technology) 能指示食品是否变质的新型包装技术和延长食品保鲜期的包装技术的统称。有些材料可以吸收包装袋中的氧；有些材料会与食物变质时产生的气体相互作用，改变颜色；有些材料在温度变化时会改变颜色等。如果用这样的材料包装食品，有利于防止食品氧化变质，或为消费者提供更多的食品安全信息。

【智能玻璃幕墙】(smart glass curtain wall) 一种可以控制室外光线，提供通风的玻璃幕墙。包括玻璃幕墙、通风系统、空调系统、环境监测系统、楼宇自动控制系统。其技术核心是一种有别于传统幕墙的特殊幕墙－热通道幕墙。它主要由一个单层玻璃幕糟和一个双层玻璃幕墙组成。在两个幕墙中间有一个缓冲区，在缓冲区的上下两端有进风和排风设施。在冬天热通道幕墙内外两层幕墙中间的热通道由于阳光的照射温度升高，像一个温室。这样等于提高了内侧幕墙的外表面温度，减少了建筑物采暖的运行费用。夏天内外两层幕墙中的热通道内温度很高，这时打开热通道上下两端的进排风口，在热通道内由于热烟囱效应产生的运动气流带走通道内的热量，以降低内侧幕墙的外表面温度，减少空调负荷，节省能源。通过将外侧幕墙设计成封闭式，内侧幕墙设计成开启式，使通道内上下两端进排风口的调节在通道内形成负压，利用室内两侧幕墙的压差和开启扇可以在建筑物内形成气流，进行通风。

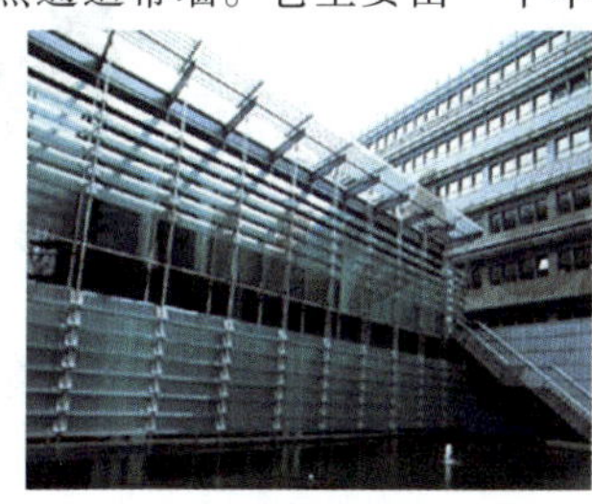

智能玻璃幕墙

【智能材料】(intelligent material) 模仿生命系统，能感知环境变化并能实时地改变自身性能，作出能与环境相适应的复合材料。是同时具有感知功能(传感器功能)、判断功能(情报信息处理机功能)和自己行动功能(执行机构功能)的材料(感知、反馈、响应是其三大基本要素)。这种材料不但可以判断环境，而且还可顺应环境，具有类似生物活体那样的病变自诊断、外部伤口自愈合、环境自适应、预告寿命，甚至自分解、自学习、自增值、自组装、自恢复及应对外部刺激自身积极发生变化等功能。由于这种材料不是过去常见的单一的、简单的组织结构，因此称之为智能材料系统。智能材料的基本组元有：光导纤维、压电材料、电磁流变体、形状记忆合金、磁致伸缩材料、各类半导体敏感材料和高分子智能材料等。所有这些都在智能材料和系统中有着广泛的应用。

【智能地雷】(intelligent mine) 又称灵巧地雷。能自主探测、跟踪、识别和主动攻击目标、具有一定人工智能的地雷。按其攻击目标的不同可分为：智能型防坦克地雷和智能型防直升机地雷。这两类智能地雷虽攻击的目标不同，但其工作原理基本相似，都是利用目标产生的特征信息(如声、震动、红外辐射等)，经由地雷上探测器(如微音探测器、震动传感器、红外传感器等)探知后，由微处理机进行实时信息处理，在判定确系攻击的目标，并进入其有效攻击范围时，能自动发出指令，发射战斗部或指令地雷爆炸去攻击目标。

智能地雷

【智能电网】(smart power grid) 又称电网2.0、电网的智能化。建立在集成的、高速双向通信网络的基础上，运用先进的传感和测量技术、先进的设备、控制方法和决策支持系统，实现可靠、安全、经济、高效、环境友好和使用安全目标的电网系统。其主要特征是：自愈激励和包括用户、抵御攻击、提供满足21世纪用户需求的电能质量、容许各种不同发电形式的接入、启动电力市场以及资产的优化高效运行。美国电力科学研究院将智能电网定义为：一个由众多自动化的输电和配电系统构成的电力系统，以协调、有效和可靠的方式实现所有的电网运作，具有自愈功能，快速响应电力市场和企业业务需求，具有智能化的通信架构，实现实时、安全和灵活的信息流，为用户提供可靠、经济的电力服务。中国的智能电网的基本特征是：在技术上要实现信息化、自动化、互动化。从广义上来讲，智能电网包括可以优先使用清洁能源的智能调度系统、可以动态定价的智能计量系统以及通过调整发电、用电设备功率优化负荷平衡的智能技术系统。电能不仅从集中式发电厂流向输电网、配电网直

交互式智能电网

至用户，同时电网中还遍布各种形式的新能源和清洁能源，如太燃阳电池能、风能、燃料电池等。此外，高速、双向的通信系统实现了控制中心与电网设备之间的信息交互，高级的分析工具和决策体系保证了智能电网的安全、稳定和优化运行。

【智能防护服装】(intelligent protective clothing) 受到撞击时迅速变硬、减缓撞击力又瞬时变软的服装。这种服装的面料平时轻而柔韧，但当受到撞击时会在1/1 000s内变硬，且撞击力越强，反应越快。这种材料由在高速运动时会彼此勾连的柔韧分子链构成。运动员使用的柔韧护膝、比赛服、运动头盔和跑鞋等，都是由这类面料制成的。

【智能复合材料】(intelligent composite material) 能够根据环境条件的变化程度非线性地使材料与之适应而达到最佳效果的一种复合材料。机敏复合材料只能作出简单线性的响应，智能复合材料是机敏复合材料的高级形式，是在机敏复合材料的自诊断、自适应和自愈合的基础上，增加了具有智能的自决策功能。是材料学、电子学、信息科学、生命科学等众多学科与技术的交叉产物。具有广阔的应用前景。

【智能互补原则】(complementary principle of capacity and intelligence) 在一个科研集团内，具有不同智能的人相互合作、相互补充、取长补短、相辅相成的原则。其主要内容是：智力水平互补、头脑类型互补、能力专长互补、知识结构互补及年龄互补等。在一个科研集团中，具有不同优势能力的科技工作者相互合作，取长补短，是十分必要的。随着现代科研课题的复杂化、边缘化，所涉及的知识甚至学科越来越多，而由于专业分工的局限，一个人的专业知识有限，因而具有不同知识背景的人相互合作是发挥科研集团整体效能的重要条件之一。智能互补原则是建立优化科研团队应遵循的重要原则之一。

【智能化住宅小区】(intellectualized residential district) 用先进的4C技术建立起来的“三位一体”的居民小区。在现代化的城乡住宅小区内，综合采用目前国际上最先进的4C技术（计算机、自动控制、通信网络和智能卡），建立一个由小区综合信息服务和物业管理中心、通信接入网和家庭智能化系统组成“三位一体”的小区服务与管理集成系统。小区智能化最终体现在小区内独立家庭运用多元信息技术，并达到监控与信息交互的程度（或能力），提供家庭安全、自动化和通信的智能化系统。该系统不仅极大地提高了小区居民的生活质量，而且进一步促进了小区物业的规范化管理。

智能化住宅小区

【智能机构】(intelligent mechanism) 利用压电晶体、形状记忆合金、超导材料、温敏材料、气敏材料等智能材料构成的、能自动完成机械装置的某些功能的机构。其研究和制造是一门涉及机构学和材料学的交叉学科。随着智能材料技术的发展，智能机构已开始受到重视。

【智能机器人】(intelligent robot) 能够根据对环境的感知，调整自身行为，执行各种拟人任务的机器人。靠感知识别工作环境、对象及状态，根据任务和识别结果进行决策、规划和行动，完成预定任务。具有学习、规划等类似人类的某些思维能力。能够自主地代替人类从事危险、厌烦、远距离或高精度等作业。在海洋开发、宇宙探测等某些特殊环境作业方面，具有广阔的应用前景。

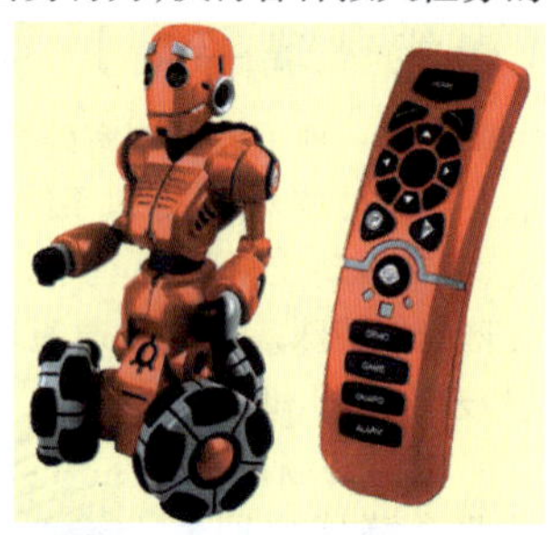

智能机器人之阿宝

【智能技术】(intellectual technology) 用于形势预测和行动决策的专门技术。随着社会的发展，出现了一些新兴学科，如信息论、控制论、决策论、博弈论、功效学、随机过程等，由此还发展出许多专门技术，如线性规划、统计决策方法、随机化方法等。还有风险最小化的决策准则，用来预测根据不同战略形势采用的不同方案可以产生什么后果。这些技术统称为“智能技术”。“智能技术”的应用可以使人们的决策活动规范化、科学化。

【智能家居系统】(smart home system) 通过家居的设施来实现家庭安全、舒适、信息交互与通信能力的智能管理系统。主要包括家庭通信、家庭设备自动控制、家庭安全防范三大功能单元。其功能是：(1)可通过手机或互联网在任何时间、任意地点对家中的电器进行远程控制。(2)可使家庭具有多途径报警、远程监听、数字留言等多种功能。

【智能结构】(intelligent structure) 具有人们期望的智能功能的结构。将具有仿生功能的材料（传感元件、驱动元件和信号处理控制系统等）融合在基体材料中，使得结构不仅具有承受载荷的能力，还具有识别、分析、判断、动作等额外功能。具体地讲,就是具有检测(应变、损伤、温度、压力及各种制导光源)、通信(数据传输)、动作(改变结构外形和结构应力分布、改变电磁场及光学反射能力和化学选择能力、改变透气性和通风)及自诊断、自适应、自修复等功能。融合在基体材料中的传感元件有光导纤维、压电元件、电阻应变丝等;融合在基体材料中的驱动元件有形状记忆元件、压电陶瓷、电流变材料、磁流变材料、磁致伸缩材料和电致伸缩材料等。信息处理方法通常采用模式识别和人工神经网络。

【智能决策支持系统】(intelligent decision support system, IDSS) 将人工智能技术引入决策支持系统而形成的一种新型信息系统。其核心思想是:将人工智能与其他相关科学成果相结合,使决策支持系统具有人工智能。该系统既能处理定量问题,又能处理定性问题。其特点是:(1)基于成熟的技术,易于构造实用的系统。(2)能充分利用各层次的信息资源。(3)基于规则的表达方式,易于掌握使用。(4)具有较强的模块性和模块重用性,开发成本低。(5)各部分组合灵活,功能强大,易于维护。(6)可迅速采用先进的支撑技术。

【智能列车】(intelligent train) 利用计算机技术实现自动运行的列车。随着计算机、自动控制技术的发展,用计算机代替人工驾驶列车已成为许多国家关注的问题。只要使计算机系统具有事物识别功能、分析判断功能、控制功能、发现异常情况的感觉功能、警戒功能等,列车就可以实现自动运行,成为智能列车。智能列车无人驾驶,驾驶室里的乘员仅监视自动运行的效果。列车可以正确启动、停止,精确控制速度,及时对紧急情况作出反应。随着智能列车的进一步发展,将实现列车群控,即由计算机控制管理区段内所有列车的运行,最大限度地提高线路的通过能力。

智能列车

【智能蒙皮】(smart skin) 有智能功能的航空器蒙皮。在航空器复合材料蒙皮中嵌入或在其表面上附着安装各种航空电子器件,使之具有信号检测、处理和传输的功能。构成智能蒙皮的基本材料组元有压电材料、形状记忆材料、光导纤维、电(磁)流变液材料、磁致伸缩材料和智然高分子材料等。蒙皮表面由众多微机电子系统元件组成,可以传感外来红外、近红外、雷达的辐射,并通过平板取向、染料抽运和粒子的取向使表面发生改变,实现与背景的良好匹配,达到伪装的目的。

苏-30MKI战斗机

【智能能源网】(smart energy resource grid) 建立在集成、高速双向通信网络的基础上、将现有的电力、水力、热力、燃气等单向运转、浪费巨大的能源网络改造成的高效互动的能源网络。具体做法是通过先进的传感和测量技术、先进的设备技术、先进的控制方法以及先进的决策支持系统技术的推广应用,推动能源组织管理的跨产业突变和产业目标置换。目前,世界上还没有一个智能能源网技术标准体系。中国能够依靠自身的巨大市场,建立影响未来百年的智能能源网标准,在百年一遇的全球工业变革中发挥主导作用。

【智能软件】(intelligent software) 具有一定人类智能行为的计算机软件。其特点是:(1)能进行知识处理。(2)可进行问题求解。(3)能适应现场环境。按其功能的不同可分为:智能操作系统、人工智能程序设计语言系统、智能软件工程支撑环境系统、智能人机接口软件、智能专家系统和智能应用软件。该软件在消费领域及商业应用领域有着广阔的应用前景。

【智能式变送器】(smart transmitter) 由传感器和微处理器组成并结合智能信号处理而制成的变送器。利用微处理器的运算和存储能力,可对传感器的数据进行处理,包括对测量信号的调理、数据显示、自动校正和自动补偿等。作为智能式变送器的核心,微处理器不但可以对测量数据进行计算、存储和处理,还可通过反馈回路对传感器进行调节,以使采集数据达到最佳。具有多种软件和硬件功能,可以完成传统变送器难以完成的任务。

电容式压力变送器

【智能塑料】(smart plastic) 具有形状记忆功能或自动痊愈功能的塑料。如将内嵌式传感器塑料编织在登山绳索里,一旦绳索磨损,强度下降,其颜色就会发生变化自动示警。已应用于探险、医学、航天及各个生活领域。

【智能网】(intelligent network) 一种以计算机和数据库为核心的电信网。在交换与传输的基础网络结构上,为快速、方便、经济地提供电信新业务而设置的附加网络结构。其突出优点是可以做到快速、经济和方便。其技术有标准模型约束,系统的实现可以独立于将要生成的新业务,且有标准通信协议支持产品的互联,为快速提供新业务创造了条件。按业务形式的不同可分为:被叫集中付费业务、大众服务业务、可选记账业务、专用虚拟网业务、广域集中小交换机业务、通用号码业务。其主要组成是:(1)业务交换点,用来识别用户对智能网的呼叫。(2)业务控制点,完成对业务的控制,通常由大、中型计算机和大型数据库组成。(3)业务管理系统,是智能网中的操作、维护、管理及监视系统。随着此项技术的发展,可实现智能网的网间互通,智能网与互联网的结合,智能网与宽带综合业务数字网的结合。

【智能温室】(intelligent greenhouse) 一种具有采用计算机自动控制系统调节植物生长环境、灌溉和施肥等项管理措施和防寒、加温、透光等性能的设施。用计算机设定温室内的温度、光照、湿度、二氧化碳浓度以及作物不同生长时期所需水分、营养等数值,通过计算机控制系统,控制温室内的机电设备,实现遮阳、湿帘风机、开窗、输液泵和施肥器等自动操作,调节温室内的温度、湿度、光照等环境以及水分和营养供给,达到植物生长发育要求。是集农业高、精、尖科技和计算机自动控制技术于一体的最先进的农业生产设施,是现代农业科技向产业化转化的物质基础。它彻底摆脱了传统农业对自然环境的高度依赖,能营造相对独立的作物生长环境,充分满足蔬菜生长条件,延长蔬菜的生长期和产品上市期,实现高产、优质和高效益。

【智能武器】(intelligent weapon) 利用人工智能技术研制的、具有某种智能特征的武器系统的统称。分智能弹药和军用机器人两大类。智能弹药与普通弹药的区别在于它增加了计算机和图像处理设备,具备了一定的智能功能。军用机器人具有士兵的一些思维,可执行多项战斗任务。已研制成功或正在研制的机器人有:反坦克兵、空中侦察警戒兵、突击扫雷兵、机动运输兵、坦克驾驶兵、图像判读员、自动翻译员和物资抢救员等。

智能武器

【智能纤维】(intelligent fiber) 具有自检测、自诊断、自监控、自校正、自修复和自适应功能的纤维。具备传感、控制和驱动三个基本要素。能通过自身的感知进行信息化处理,发出指令,并执行完成动作,从而实现了以上的“六自功能”。其性能及功能随环境变化而变化。从研究机理上看,智能纤维材料属于功能材料,有两大类:一类是对外界刺激强度具有感知的材料,用它可以做各种传感器;另一类是对外界环境条件发生变化作出相应驱动的材料,用它可以做成驱动器。用智能纤维制作的新型传感元件,在航天航空、建筑等领域具有十分重要的作用。智能纤维的应用十分广泛,如由光致变色纤维和热致变色纤维制成的变色服装和床罩、灯罩。

防伪纸

【智能型无人作战系统】(intelligent unmanned fight-system) 能代替士兵遂行各种军事任务的机器。如卫星、导弹、无人机、无人车、无人水下系统、无人值守探测系统等。其作用包括:用于核电站和核武器的维护,侦察、处理、运输、洗消辐射性或有毒材料,处置地雷或其他爆炸物,执行灭火和时间紧迫的任务,进行安全巡逻,遂行作战任务,实施水下探侧、监视、搜集和跟踪,进行航空航天侦察和监视,在危险地点装卸、运输物品,检查、清洗、修理舰艇壳体和空间站等。

【智能一体化开关】(intelligent integrated switch) 电力系统中将微处理器技术、电力电子技术、传感器技术、网络技术、通信技术和新型开关制造技术在传统电器装置上进行有机融合,使其具备智能化的开关装置。其特点是:(1)高性能、高可靠性。(2)免维护。(3)硬件软件化。(4)具备在线监测和自诊断功能。(5)提供网络化远动接口。(6)功能自适应。在整个终端电器领域有着广阔的应用前景。

家居系列三键智能开关

【智能语音识别系统】(intelligent voice recognition system) 让机器通过识别和理解过程把语音信号转变为相应的文本或命令的技术。由高精度全频段数字化音频接收系统、转换系统、处理系统三部分组成。涉及信号处理、模式识别、概率论和信息论、发声机理和听觉机理、人工智能等领域。在工业、家电、通信、汽车电子、医疗、家庭服务、消费电子产品等各个领域得到广泛应用。

【智能运输系统】(intelligent transportation system) 综合利用各种先进信息技术建立起来的实时、准确、高效的交通运输管理系统。是在较完善的公路设施基础上,将信息技术、数据通信技术、电子传感技术、全球定位技术、地理信息系统技术、计算机处理技术以及系统工程技术等有机地集成,运用于整个地面的交通管理体系。代表了世界上交通运输科技发展的前沿水平。其运作流程是:将采集到的各种道路交通及服务信息经交通管理调度中心集中处理后,传输到公路运输系统的各个用户,出行者可实时选择交通方式和交通路线;交通管理部门可利用它进行交通疏导和事故处理;运输部门可随时掌握车辆的运行情况,进行合理调度,使交通基础设施发挥最大效能。

【智能制造】(intelligent manufacturing, IM) 由制造技术、自动化技术、系统工程与人工智能等互相交织而形成的一门综合技术。利用计算机模拟制造业专家的分析、推理、判断、构思和决策等智能活动,并将这些智能活动与智能机器有机地融合起来,贯穿应用于整个制造业的各子系统,实现整个制造企业经营运作的高度柔性化和高度集成化,从而取代或延伸制造业专家部分脑力劳动,并对专家智能信息进行搜集、存储、完善、共享、继承和发展。其研究内容包括:智能活动、智能机器以及两者的有机融合技术,其中智能活动是智能制造的核心。智能制造对于提高产品质量、生产效率、市场响应能力和降低成本等具有重要意义。

【智能终端】(intelligent terminal) 具有多媒体功能的智能设备。这些设备支持音频、视频、数据等方面的功能,即本身含有微机功能而具有部分处理能力的终端。如:可视电话、会议终端、内置多媒体功能的 PC、PDA 等。典型的智能终端是微机系统。它通常采用微处理机或微型计算机进行控制,能多路复用与识别同一通道上的几条输入输出数据流;将终端设备的标准字符编码转换成为中央主机的字符编码;对数据的处理和数值的计算有一定的能力。应用在网络环境下。具备智能特点的终端服务设备统称为智能终端设备。进入 21 世纪以来,智能终端设备已成为热门研究对象。

【智能作战服】(intelligent battle suit) 具有通信、生化等多种功能的作战服装。士兵所戴的激光保护头盔是信息中枢,由纳米粒子制成,备有微型电脑显示器、昼夜激光瞄准感应仪、化学及生物呼吸面罩等。由智能纺织材料制成,能识别并主动适应周围环境。特种纤维中植入了微型发光粒子,它能通过改变颜色与环境交融。作战服具有抗热传感器或抗电磁探测器的性能,在整个宽带电磁谱上表现出"变色龙式"的伪装性能。这种服装重量轻,体积小,能抵御子弹和化学生物药剂、恶劣天气和火焰袭击。这种作战服上嵌有生化感应仪与超微感应仪,随时监视士兵的身体情况。前者可了解穿着者的心率、血压、体内与体表温度等多种指标;后者可辨识体表流血部位,使周边的军服膨胀收缩,起止血带的作用。

阻燃迷彩作战服

【智障】(mentally retardation, MR) 又称弱智、智力残疾。因脑发育不完全或大脑受到器质性的损害,从而造成认识活动的持续障碍以及心理活动障碍,使之智力显著低于正常的现象。在中国现有人口中,因各种先、后天性疾病引起的智残、智障人数已达 1 300 万左右,其中有一半是未成年人。正常人的平均智商为 100。通过检测智商可以将弱智商儿童分为五级:(1)临界落后。智商为 70 ~ 79。这类儿童经过早期的教育和训练,一般可恢复正常。(2)轻度弱智。智商为 55 ~ 69。这类儿童经过正确的教育和训练,可以接近正常。(3)中度弱智。智商为 40 ~ 54。经过专门训练,可以使之形成一定生活能力。(4)重度弱智。智商为 25 ~ 39。在专门训练下,也只能得到一定程度的改善。(5)极度弱智。智商在 25 以下。这类儿童需要对其终生监护。其主要特征是:(1)学习速度缓慢或缺乏,对于学习到的事物很难类化或转移到日常生活当中;理解力不好,在学习抽象的事物上有困难。(2)记忆力方面,看到的东西容易忘,在短时间记住一件事情会有困难,而且要不断不断地学习才容易记住,不会忘记。(3)举一反三的能力及用过去的经验来解决问题的能力较弱。其行为特点是:智能障碍程度轻微的儿童在身体、动作发展及外表都和普通儿童没有明显的差别。但是障碍程度较严重的儿童可能会在身体、体重及骨骼发展较差,发展的速率也比较慢,成熟比较晚;而且在动作发展(如:爬、跑、跳)、手功能发展(如:抓、握)、日常生活处理(如:无法自己吃饭、穿衣服或处理自己的清洁卫生)有困难;在使用金钱方面,不懂得如何用钱买东西、保管自己的钱等,都会比其年龄应有的表现,有明显落后或停顿现象。其语言特点是:(1)发音不清楚、不准确或有错误的情形发生。(2)语言理解较差,对说故事并没有兴趣,也不会和父母一起阅读。(3)常用的词汇较少、说的语句较短、较少能说出抽象内容的语句;而且通常不会配合情境适宜地表达。如很少主动和别人交谈、玩布偶的时候也比较少跟布偶说话;到了四、五岁还不会有意义的叫爸爸、妈妈,看完电视或电影之后,没有办法叙述剧情或故事的内容。其感情特点是:因为学习能力欠佳,而且经常遭遇失败的经验,对于挑战性的学习或工作,常常会表现出缺乏自信、追求成功的动机低及预期失败的心理,往往还没有尝试就退缩或过分依赖别人的协助。因为这些人格特征使得智能障碍儿童在团体里可能和同年龄的小朋友不能相处融洽,反而比较喜欢和年幼的小朋友在一起。遇到事情缺乏弹性及临机应变的能力,不会因应情境而调整自己的行为,所以也会用较原始的如拒绝、退缩、固执、压抑等行为来处理面临的冲突。其病因很多,归纳起来有先天性和后天性两种。(1)先天性。其中有遗传性的,也有非遗传性的。主要包括:染色体异常,遗传性代谢缺陷如苯丙酮尿症,先天小头畸形、脑积水,宫内获得性等。(2)后天性。如产伤、颅内出血、缺氧、窒息、感染等,以及出生后的各种脑炎、颅脑创伤、中毒、脑缺氧、脑血管病等造成的后遗症。还有些弱智患儿的病因不明。

【置换法】(replacement method) 加入电位序较高的金属,使水溶液中电位序较低的金属离子析出而成金属的提炼方法。中国在宋朝初期就开始应用废铁从含铜矿水中提出金属铜,称为胆水浸铜法。置换法也可分阶段进行。如用银从含金的混合溶液中将金置换出来,再用铜将银置换出来,最后用铁将铜置换出来。此法常用于湿法冶金过程。

【置换通风】(displacement ventilation) 一种依靠室内热源造成的空气密度梯度驱使空气流动的新型空调通风形式。与传统的混合通风方式相比较,可使室内工作区得到较高的空气品质、较高的热舒适性并具有较高的通风效率。新鲜的冷空气由房间底部以与室温相差不大(2~4℃)的送风温度和极低的速度(0.03~0.5m/s)送入室内,因其密度较大而像水一样弥漫于整个房间的底部,形成空气湖。当遇到热源,空气被加热,密度减小,以自然对流的形式向上升腾,余热和污染物也同时被携带向天花板移动,脱离人的停留区。携带余热和污染物的空气由设在房间上部的排风口排出。置换通风房间内的热源主要是工作人员、办公设备及机器设备等三大类。其特点是:(1)室内温度和污染物浓度呈层状分布底层为低温空气区,也是人体的停留区域,污染物浓度最低,空气的品质最好;顶部为高温区,余热和污染物主要集中在此区内,温度最高,污染物的浓度也最高。(2)室内空气的流动速度低,速度场平稳,呈层流或紊流状态。(3)污染物在人停留区不扩散,而被上升的气流直接携带到上部的非人活动区。很好地利用气体热轻冷重的自然特性和污染物自身浮力特性达到空气调节的目的。

置换通风设备

【置信区间】(confidence interval) 按事先给定的置信度 $1-\alpha$,估计包含未知总体参数的一个区间范围。常取95%置信区间。常用两个数值(置信下限,置信上限)表示。总体均数的95%置信区间表示的实际涵义是:如果从同一总体中重复抽取100份样本含量相同的独立样本,每份样本分别计算1个置信区间,在100个置信区间中,将大约有95个置信区间覆盖总体均数,大约有5个置信区间并不覆盖总体均数。

【中长期水文预报】(middle-and-long term hydrological forecasting) 对河流未来较长时间段内的径流量的丰枯、旱涝变化情势进行的预报。预见期3~10天的水情要素预报为中期水文预报,10天以上一年以下的为长期水文预报,超过一年的则为超长期预报。影响径流变化的主要因素是降水和蒸发,它与天气条件的变化密切相关。因此,中长期水文预报是在中长期天气预报的基础上,结合流域下垫面的变化条件进行的径流预报。(1)中期水文预报方法。主要考虑的因素是在已经出现的天气形势下,影响本流域降水量的水汽条件与抬升作用。前者常用700hPa或850hPa形势图,在水汽输送通道上选择指标站的露点或比湿来反映。后者常用冷空气强度和地形条件来表征,然后由统计方法得出预报结果。(2)长期水文预报方法。主要是考虑影响水文长期变化过程的各种因素,或分析水文要素自身变化的规律来进行预报。应用大气环流前后期的演变规律,由前期环流预报后期的水文情势是主要方法。应用水文要素自身演变的统计规律,进行长期或中期预报,是中长期水文预报的又一途径。采取的方法主要是时间序列分析。20世纪70年代中期开始，由于气象学、海洋学、统计学与计算数学等学科的发展，以及日地关系与海气关系的深入研究，尤其是大量新的探测手段的出现与电子计算机的广泛应用，中长期水文预报的研究，在影响因素的探讨、长期演变规律的研究和预报方法方面都得到新的进展。

【中承式桥】(half-through bridge) 桥面系设置在桥跨主要承重结构(桁架、拱肋、主梁等)中部的桥梁。多用于大跨径的肋拱桥。在桥梁建筑高度受到严格控制时，考虑使用此类桥梁。

【中程导弹】(medium-range missile) 射程为1 000～3 000 km的导弹。属战略导弹，包括中程弹道导弹和中程巡航导弹。通常携带核弹头(核战斗部)，打击战略目标。中程导弹是发展远射程导弹和运载火箭的基础。

中程导弹

【中断】(interrupt) 计算机中央处理器对计算机内部或外部的非正常、非预期事件作出应急反应而停机的一种机制。与进程管理密切相关，分强迫性和自愿性中断两类。按照应急反应停机情况的不同可分为：(1)外部设备请求中断。(2)中央处理器内部发生程序运行出错，电源异常等异常情况引起中断。(3)由于预先设置的程序陷阱引起中断。

【中耳炎】(tympanitis) 发生于中耳部位的炎症性疾病。是儿童发生耳痛的一种常见病因。常发生于8岁以下儿童。经常是普通感冒或咽喉感染等上呼吸道感染所引发的疼痛并发症。按其发病程度及迁延时间的不同可分为：慢性中耳炎、急性非化脓性中耳炎、急性化脓性中耳炎、慢性化脓性中耳炎、骨疡型中耳炎、胆脂瘤型中耳炎、航空性中耳炎、急性中耳炎、粘连性中耳炎以及浆液性中耳炎等。急性中耳炎是中耳黏膜的急性化脓性炎症，由咽鼓管途径感染最多见。慢性中耳炎是中耳黏膜、骨膜或深达骨质的慢性炎症，常与慢性乳突炎合并存在。急性中耳炎未能及时治疗，或病情较重，可能形成慢性中耳炎。耳内闷胀感或堵塞感、听力减退及耳鸣是最常见症状。有时头位变动可觉听力改善。有自听增强现象，部分病人有轻度耳痛。儿童常表现为听话迟钝或注意力不集中。

【中光蔬菜】(normal light vegetables) 对光照强度要求适中的一类蔬菜。主要是各种根茎类蔬菜或者直接以营养器官为产品的蔬菜。这类蔬菜储藏的物质大多为简单物质，如淀粉及单糖类等。其如白菜类、根菜类、葱蒜类、结球甘蓝、花椰菜等。大白菜的光补偿点为750lx，光合饱和点为15 000lx。喜中等光强蔬菜包括大部分白菜类、萝卜、胡萝卜和葱蒜类。此类蔬菜在生长期间，虽不要求很强光照，但光照太弱时生长不良。

花椰菜

【中国包装技术协会】(China packaging technology association) 中国包装行业组织。1980年成立，中国科学技术协会的组成部分。是由包装行业的企、事业单位和包装工作者自愿组成的经济、技术、学术团体。其宗旨是：围绕国家经济建设的中心，全心全意为包装行业企、事业单位和包装工作者服务，推动包装事业的发展。该协会对包装行业进行全面的行业管理，起着政府宏观决策的参谋和助手作用；在政府、企业之间起着桥梁和纽带作用。在中国各省、自治区、直辖市、中心城市设立的地方包装技术协会，与中国包装技术协会所设的若干职能部门和包装专业委员会、分会、联合会共同形成了中国性的行业网络，对中国包装事业的发展起着重要作用。

【中国传统建筑】(traditional architecture of China) 其形成和发展具有中国特色且历史悠久的建筑。由于幅员辽阔，各处的气候、人文、地质等条件各不相同，从而形成了中国各具特色的建筑风格。尤其民居形式更为丰富多彩。如南方的干阑式建筑、西北的窑洞建筑、游牧民族的毡包建筑、北方的四合院建筑等。相对于西方古建筑的砖石结构体系来讲，其特点是：(1)以木结构体系为主。优点很多，如维护结构与支撑结构相分离，抗震性能较高；取材方便，施工速度快等。同时木结构也有很多缺点，如易遭受火灾，白蚁侵蚀，雨水腐蚀，维持时间短；成材的木料由于施工量的增加而紧缺；梁架体系较难实现复杂的建筑空间等。(2)以四根立柱，上加横梁、竖枋而构成“间”，一般建筑由奇数间构成，如3,5,7,9间。开间越多，等级越高。紫禁城太和殿为11开间，是现存最高等级

中国传统建筑

的木构古建筑。在立面上可分为台基、屋身和屋顶三个部分。其中官式建筑屋顶体型硕大、出挑深远是建筑造型中最重要的部分。屋顶的形式,按其等级的不同可分为:单坡、平顶、硬山、悬山、庑殿、歇山、卷棚、攒尖、重檐和盔顶等多种制式。重檐庑殿为最高等级。(3)斗栱。是中国木架建结构中的关键部件。其作用是在柱子上伸出悬臂梁承托出檐部分的重量。(4)特异的外部轮廓。多层台基,色彩鲜艳的曲线坡面屋顶,院落式的建筑群,展现了广阔的空间。(5)体现了明确的礼制思想,注重等级体现。形制、色彩、规模、结构和部件等都有严格规定,在一定程度上完善了建筑形态,但同时也限制了建筑的发展。(6)天人合一思想。同样体现在古建筑的发展过程中,它促进了建筑与自然的互相协调与融合。

【中国传统医学】(traditional medicine of China) 利用中医药理论和方法研究人体生理、病理以及养生和疾病的诊断和防治的一门学科。是数千年来中国人民同疾病作斗争的过程中所积累的经验总结,有独特的理论和丰富的内涵,包括中医基础理论、中医预防医学、中医临床医学三部分。

【中国第一次环境保护会议】(The First Conference on Environmental Protection in China) 1973年8月5日至20日,国务院委托原国家计划委员会在北京举行的中国第一次环境保护会议。会议确立了中国环境保护工作方针,制定了环境保护的政策性措施,安排了近期的环境保护工作,向中国发出了消除污染、保护环境的动员令。

【《中国21世纪议程》】(China Agenda 21) 中国实施可持续发展战略的行动纲领。1994年7月4日发布。是中国政府认真履行1992年联合国环境与发展大会的原则而制定的国民经济和社会发展中长期计划的指导性文件。《中国21世纪议程》共20章,78个方案领域。其主要内容分为四大部分:(1)可持续发展总体战略与政策。(2)社会可持续发展。(3)经济可持续发展。(4)资源的合理利用与环境保护。

【中国房地产业协会】(Real Estate Association of China) 简称中国房协。由中国房地产业企业组成的全国性行业组织。1985年9月20日成立,是各地房地产业协会和从事房地产开发经营、市场交易、经纪中介、物业管理、装修装饰和房地产金融、法律等企事业单位及有关部门自愿参加组成的全国性行业组织。是在中华人民共和国民政部注册登记的具有法人资格的社会团体。业务主管部门是中华人民共和国建设部。其以加快发展房地产业,提高人民居住水平为宗旨,坚持为行业、企业改革发展服务,为政府决策服务的方针,协助政府加强行业管理,传达、贯彻执行国家的法规与方针政策,反映广大会员与企业愿望与要求,在政府与企业之间发挥桥梁与纽带作用。目前拥有会员2 100余家。权力机构是会员代表大会,每四年召开一次。下设秘书处和10个专业委员会、7个工作机构。每年举办一次全国性的住房发展论坛,并多次组织各类经验交流和各类研讨活动。向政府提出关于行业发展的经济、技术政策和法规等调查报告和建议,及时反映会员要求,协调会员关系,维护会员合法权益,推动企业经济联合和技术进步,提高全行业的整体素质和经济效益和社会效益。

【中国古代建筑】(ancient architecture of China) 以木材、砖瓦为主要建筑材料,以木构架为主要结构方式的明清以前时期的建筑。由立柱、横梁、顺檩等主要构件建造而成。各个构件之间的结点以榫卯相吻合,构成富有弹性的框架。在世界建筑体系中,中国古代有源远流长的宫殿、寺庙和住宅建筑形式,和独立发展的建筑体系。该体系在3 000多年前的殷商时期就已初步形成。其风格优雅,结构灵巧。其发展大致经历了商周、秦汉、三国两晋南北朝、隋唐五代、宋辽金元5个时期。直至20世纪,始终保持着自己独特的结构和布局原则,而且传播、影响到其他国家。从构造的角度讲,其特点是:(1)以木材作为主要建筑材料。(2)保持构架制原则。(3)创造斗栱结构形式。(4)实行单体建筑标准化。(5)重视建筑组群平面布局。(6)灵活安排空间布局。(7)运用色彩装饰手段。从传统文化的角度讲,其特点是:(1)很少有真正的建筑学理论。儒家传统的礼制思想是指导建筑创作的主要思想,而以玄学、风水堪舆之说作为补充。(2)充满了中国人现实主义的处世态度。(3)标准化的建筑个体要通过建筑空间的组合来表达个性。(4)以象征主义手法表现特定的主题。按其功能的不同可分为:居住建筑、城市公共建筑、宫殿建筑、礼制与祠祀建筑、陵墓建筑、佛教建筑、园林和园林建筑。

中国古代建筑

【中国国家科技奖励大会】(science and technology award conference of China) 中国政府每年一度召开的为奖励在科技创新和科技

进步活动中作出突出贡献的公民、组织而举办的颁奖盛会。大会上颁发国家最高科学技术奖、国家自然科学奖、国家技术发明奖、国家科学技术进步奖、中华人民共和国国际科学技术合作奖等5项国家科学技术奖。各奖项评审工作严格按照国务院颁布的《国家科学技术奖励条例》和《国家科学技术奖励条例实施细则》等法规文件规定的有关程序以及不同奖种的评价标准进行。申报奖励的项目完成时间一般为三年以上，并在实践当中得到很好的检验和应用。近年的奖励大会特别突出了对自主创新和原始创新、学科交叉协作、产学研合作、科技成果产业化项目的奖励。

中国国家科技奖励大会

【中国互联网络信息中心】(China Internet Network Information Center, CINIC) 行使国家互联网络信息中心职责的非盈利管理与服务机构。成立于1997年6月3日。在业务上接受信息产业部领导，在行政上接受中国科学院领导。承担运行和管理工作。其主要任务是：注册服务、目录数据库服务、信息服务、网站访问客流量认证、认证培训等。此外，承担与Internet有关的国家科研项目以及向社会提供Internet技术咨询和服务工作。作为国家级的互联网络信息中心，代表中国各互联网络单位与国际互联网络信息中心、亚太互联网络信息中心及其他互联网络信息中心进行业务联系。

【中国环境标志】(China environmental label) 国家对产品环境行为进行认证，并授予产品的唯一标识。标识图形由清山、绿水、太阳及十个环组成。标识的中心结构表示人类赖以生存的环境；外围的十个环紧密结合，环环紧扣，表示公众参与，共同保护环境；同时十个环的"环"字与环境的"环"同字，其寓意为"全民联合起来，共同保护人类赖以生存的环境。"中国环境标志由环境保护部确认、发布，并经国家工商行政管理总局商标局备案。中国环境标志的认证方式和程序均按ISO14020系列标准及ISO 14024《环境管理 环境标志与声明 I型环境标志原则和程序》标准，由"国家环保部环境认证中心"负责实施。产品认证后，向企业颁发的一种可以张贴在产品上的图形。目的是鼓励人们消费那些对环境影响小、污染少的产品，由此带动企业生产环境标志产品，使环境得到持续改善。中国环境标志已成为国家推动循环经济战略的重要手段。中国已经与德国、韩国、日本、澳大利亚签订了环境标志互认合作协议，成为中国企业跨越绿色技术壁垒的有力武器。国际标准化组织(ISO)颁布了与环境标志有关的一系列环境管理标准ISO14020、ISO14021、ISO14024、ISO/TR14025。分别规定了Ⅰ型、Ⅱ型和Ⅲ型环境标志计划的具体原则和程序。三种不同的环境标志，源于不同的需要和市场。Ⅰ、Ⅱ型环境标志针对普通的市场和消费者；Ⅲ型环境标志针对专业的购买者。三种环境标志有不同的名字：Ⅰ型叫环境标志，Ⅱ型叫自我环境声明，Ⅲ型叫环境产品声明。由于三种环境标志的评价方法不同，实施过程有巨大的区别。Ⅰ型的特点是要对每类产品制定产品环境特性标准；Ⅱ型是企业可以自己进行环境声明；Ⅲ型是要进行全生命周期评价，然后公布产品对全球环境产生的影响。中国在保证Ⅰ型环境标志权威性基础上，正在按着ISO14021和ISO/TR14025要求开拓Ⅱ、Ⅲ型环境标志。

中国环境标志

【中国环境标志产品认证委员会】(China Environmental Labeling Product Certification Committee, CCEL) 代表国家对环境标志产品实施认证的唯一合法机构。由原国家环保局于1993年7月向国家技术监督局申请授权组建，1993年9月，国家技术监督局正式批复同意。认证委员会由环保部门、经济综合部门、科研院校、质量监督部门和社会团体等方面的专家组成。认证委员会公正客观，在技术和管理上保持高度的权威性，代表国家对绿色产品实施第三方认证。中国环境标志认证制度是政府参与主导，通过政府、企业和消费者之间的这座绿色桥梁，传递有关环境保护的信息。认证制度符合市场机制的要求，采取自愿认证的方式，通过市场来体现环境产品的优势。认证工作与国际惯例接轨，并开展国际间的互认工作。

【中国疾病预防控制中心】(Disease Control and Prevention Center of china) 由中国政府创办的实施国家级疾病预防控制与公共卫生技术管理和服务的公益事业单位。其使命是：通过对疾病、残疾和伤害的预防控制，创造健康环境，维护社会稳定，保障国家安全，促进人民健康；其宗旨是：以科研为依托、以人才为根本、以疾控为中心。在卫生部领导下，发挥技术管理及技术服务职能，围绕国家疾病预防控制重点任务，加强对疾病预防控制策略与措施的研究，做好各类疾病预防控制工作规划的组织实施；开展食品安全、职业安全、健康相关产品安全、放射卫生、环境卫生、妇女儿童保健等各项公共卫生业务管理工作；大力开展应用性科学研究，加强对全国疾病预防控制和公共卫生服务的技术指导、培训和质量控制，在防病、应急、公共卫生信息能力的建设等方面发挥国家队的作用。

【中国建筑】（Chinese architecture） 有狭义和广义之分。狭义指中国建筑物本身而言，包括宫殿、衙署、书院、宅第、寺塔和祠庙等。广义除了包括狭义中国建筑物外，还包括空间结构物，如城郭、关塞、牌坊、陵墓、堤闸和桥梁等。

中国建筑

从风水与自然的关系，到单体建筑本身的构筑，材料和空间序位等，都表现了人的宇宙观。其类型包括：（1）长方形。空间的基本形。而不同地区有不同组合变化。（2）曲尺形。类似L型。因应不同的地势环境需要而作长度与围度调整。（3）圆形。福建省南部与西部常见此类型。为民宅使用，多作防御。又称此为客家圆楼。（4）四合院。为住宅之基本形。按其时间的不同可分为：传统建筑和现代建筑，两者以鸦片战争为分界点。其组合方式，信守均衡对称的原则。主要的建筑在中轴上，次要建筑分列两厢，形成重要的院厅。不论住宅、官署、宫殿和庙宇，原则都是相同的。其建筑的空间，反应了中国社会伦理的观念和层级分明的完整体系。其外观严肃而不失生动的趣味。研究资料表明，中国人一直都在建造着一种土生土长的文明体系和建筑体系。建筑本身是文明的一部分，文明的发展又充实了建筑的设计理念，使它变得更精致而具体。

【中国建筑学会】（Architectural Society of China） 由中国建筑类企业和建筑科技工作者组成的全国性建筑行业组织。成立于1953年。是经中国国家民政部批准注册的独立法人社团。也是中国科学技术协会的组成成员之一。其宗旨和任务是：贯彻百花齐放、百家争鸣方针，开展各种学术活动，编辑出版学术、科技刊物。对建筑重大科技问题及工程项目进行咨询、评估，组织国际学术交流、考察，促进建筑创作繁荣与科技进步。是沟通会员和建筑科技工作者与政府及其他部门的桥梁和纽带，反映他们的意见和要求，维护他们的合法权益，举荐人才，表彰先进，倡导良好的职业道德和优良学风，为会员及建筑科技工作者服务。设有个人会员和团体会员。目前共有个人会员10万余人，团体会员300多个。学会设有9个工作委员会、20个分会和秘书处。地方组织是全国各省、自治区、直辖市设置的各“省级”建筑学会或土木建筑学会。委托各地方学会发展会员，并实行属地管理。设置并定期评颁的奖项有“建筑创作奖”、“青年建筑师奖”、“优秀建筑结构奖”和“优秀论文奖”。并受建设部的委托，负责全国“梁思成建筑奖”的评审工作。

【中国建筑业协会】（China Construction Industry Association of China） 由中国建筑业组成的全国性建筑行业组织。于1986年10月成立。当时名为中国建筑业联合会，自1993年第二届理事会改为现在的名称。是全国各地区、各部门从事土木工程、建筑工程、线路管道设备安装、建筑装修装饰和科研等企事业单位、地方建筑业协会、部门建筑业协会及有关专业人士，自愿参加组成的全国性行业组织。是在中国民政部注册登记具有法人资格的非营利性社会团体。其业务范围是：（1）研究探讨建筑业改革和发展的理论、方针、政策，向政府及有关部门反映广大建筑业企业的要求和意愿，提出行业发展的经济技术政策和法规等建议。（2）协助政府主管部门研究制定和实施行业发展规划及有关法规，推进行业管理，协调执行中出现的问题，提高全行业的整体素质和经济效益、社会效益。

中国建筑协会会员证书

【中国节能产品认证标志】（energy conservation product certification mark of China） 中国节能产品的一种保证性标志。属于“自愿性产品质量认证”。采用“工厂质量保证能力＋产品实物质量检验＋获证后监督”的认证模式，并针对市场上10%～20%的高端产品来确定相应的认证标准。是一种最严格地认证模式。由中国节能产品认证中心负责认证。认证标志由“energy”的第一

中国节能产品认证标志

个字母“e”构成一个圆形图案，中间包含了一个变形的汉字“节”，寓意为节能。缺口的外圆又构成“CHINA”的第一字母“C”，“节”的上半部简化成一段古长城的形状，与下半部构成一个峰火台的图案一起，象征着中国。“节”的下半部又是“能”的汉语拼音第一字母“N”。整个图案中包含了中英文。整体图案为蓝色，象征着人类通过节能活动还天空和海洋于蓝色。其认证范围是节能和节水产品。现在已经受理家用电冰箱、微波炉、电饭煲、电热水器、水嘴、坐便器、电视机、电力省电装置等多种电器节能认证。

【中国经济可持续发展战略】（economical sustainable development strategy of China） 指导中国经济长期安全、稳定、持续发展的策略。其主要内容是：建立健全社会主义市场经济体制；促进国民经济在提高质量、优化结构、增进效益的基础上有较大的增长率；将环境成本纳入各项经济分析和决策过程，改变过去无偿使用环境并将环境成本转嫁社会的做法；将经济手段同法律和必要的行政手段配合使用，提高处理环境与经济发展问题的综合能力。

【中国居民平衡膳食宝塔】（the diet guide pagoda for Chinese people） 根据中国居民膳食指南，结合中国居民的膳食结构特点设计的，把平衡膳食的原则转化成各类食物的重量，用比较直观的宝塔形式表现出来，便于群众理解和在日常生活中实行的参考图。共分五层：（1）谷类食物位居底层，每人每天需进食300 500g。（2）蔬菜和水果占据第二层，每天需分别进食 400～500g 和 100～200g。（3）鱼、禽、肉、蛋等动物性食物位于第三层，每天需进食 125～200g（鱼虾类 50g，畜、禽肉 50～100g，蛋类 25～50g）。（4）奶类和豆类食物占第四层，每天需进食奶类及奶制品 100g 和豆类及豆制品 50g。（5）第五层塔尖是油脂类，每天不超过 25g。

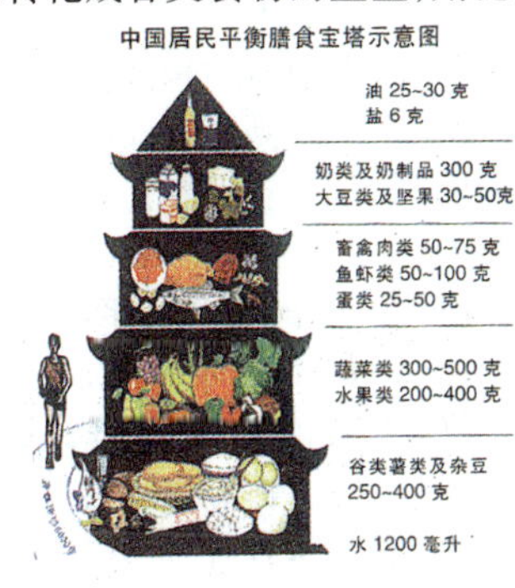

中国居民平衡膳食宝塔

【中国居民膳食指南】（Dietary guide for Chinese people） 见膳食指南。

【中国气候观测系统】（China climate observation system，CCOS） 全球气候观测系统中国委员会根据该系统要求在中国境内建立的观测系统。旨在为世界各国提供中国陆海空、生物圈和地质时期各类气候观测资料。包括 16 个关键观测区，其中选择位于南方沿海、东部沿海、北方沿海与内陆盆地具有代表性城市群落经济区作为人类活动对环境影响及其区域气候效应重点观测区；选择代表中国农业三大粮仓东北、黄淮海、长江中下游地区旱地、水浇地与水田不同类型农业生态区以及温带、亚热带森林生态区、陆地短期本底背景与三江源生态区作为气候变化对农业、草地、湿地、森林生态等影响重点观测区；选择环渤海、海南岛、西沙群岛作为全球变化与区域海洋响应重点观测区；选择高原荒漠、戈壁沙漠、冰川、草原作为典型陆面特征边界层结构与全球变化区域响应重点观测区。该系统在大气观测方面，有地面站 2 409 个、高空站 120 个、辐射站 98 个、大气成分站 4 个、民航站 144 个、农垦站 260 个；在海洋观测方面，有海洋站 60 个、浮标观测网 3 个、岸基测冰雷达站 1 个、海监飞机 1 架、观测船数艘；在陆地观测方面，建立了水文观测网和生态观测网；在冰雪圈观测方面，对雪深、冰川、冻土等资料，也相应建站进行观测和资料收集。

【中国人居环境奖】（habitat environment prize of China） 原国家建设部在 2001 年设立的一个政府奖项。采取自愿申报和推荐相结合的方式。评选对象是城镇政府。设立目的在于引导政府制定改善城镇人居环境的政策、法规，加大对城镇人居环境建设的投入，组织城镇人居环境的重大项目规划和实施，动员社会各界积极参与改善城镇人居环境工作，促进社会、经济和环境的协调发展。“中国人居环境奖”是一项复杂的系统工程，涉及城市建设、城市规划、城市管理、生态环境、文化遗产保护、节能监管等诸多定量、定性指标，考核体系科学、精细、全面；是综合反映一个城市在改善人居环境方面总体成就的最高荣誉。申报“中国人居环境奖”的前提是已被命名为“节水型城市”、已获得“国家环保模范城市”称号、已获得“国家园林城市”称号。申报“中国人居环境奖”参考指标体系包括定量指标和定性指标。其定量指标的主要内容：（1）城市人均住宅建筑面积≥25m^2。（2）城市规划建成区每平方千米人口密度≥10 000。（3）城镇最低收入家庭每户人均住宅建筑面积≥8m^2。（4）城市燃气普及率≥95%。（5）集中供热普及率≥65%。（6）城市供水普及率≥98.5%。（7）城市污水处理率≥70%。（8）城市污水处理再生利用率≥20%。（9）城市人均拥有道路面积≥11.5m^2。（10）以步行、自行车和乘坐公共汽车出行的居民比率≥55%。（11）城市规划建成区绿化覆盖率≥40%，城市规划建成区绿地率≥35%。(12)城市规划建成区人均公共绿地面积≥10m²，城市中心区人均公共绿地面积≥6m²。(13)城市生活垃圾无害化处理率≥65%。(14)城市规划建城区内符合节能设计标准的建筑面积比例，北方地区城市≥30%，过渡地区城市≥25%，南方地区城市≥20%。此项指标以2006年为基准，今后每年提高2~5个百分点。"中国人居环境奖"每年评选一次。每年的7月31日为人居奖办公室接受申报材料的截止日。

【中国社会可持续发展战略】(soeial sustainable development strategy of China) 指导中国社会长期安全、稳定、持续发展的策略。其主要内容是：努力实行计划生育、控制人口数量、坚持优生优育、提高人口素质和改善人口结构；建立以按劳分配为主体，效率优先，兼顾公平的收入分配制度，同时引导适度消费；发展社会科学，继承和发扬中华民族优良的思想文化传统，致力于文化的革新；发扬社会主义制度的优越性，不断改善政治和社会环境，保持全社会的安定团结；大力发展教育和文化事业，开展职业技术、职业道德和社会公德教育，提高全民族的思想道德和科学文化水平；发展城镇住宅建设，改善城乡居民居住环境和提高社会综合服务及医疗卫生水平；通过广泛的宣传教育，提高全民族特别是各级领导干部的可持续发展意识和实施能力，增强广大民众积极参与可持续发展的意识。

【中国生态可持续发展战略】(ecology sustainable development strategy of China) 指导中国自然生态环境长期稳定发展的策略。其主要内容是：国家保护整个生命支撑系统和生态系统的完整性，保护生物多样性；解决水土流失和沙漠化等重大问题；保护自然资源，保持资源的可持续供应能力，避免侵害脆弱的生态系统；发展森林和改善城乡生态环境；预防和保护环境免遭破坏和污染，积极治理和恢复已遭破坏和污染的环境；同时积极参与保护全球环境、生态方面的国际合作活动。

保护生物多样性

【中国十大传统名花】(ten kinds of traditional famous flowers in China) 梅花、牡丹、菊花、兰花、月季、杜鹃、山茶、荷花、桂花和水仙。

【中国食品添加剂标准化技术委员会】(China technical committee of standardization on food additives, CTCSFA) 负责中国食品添加剂标准化工作的技术工作组织。其主要任务包括：向国家提出食品添加剂标准化工作方针、政策和技术措施的建议；编制标准化的规划和计划；制定和审查食品添加剂的国家标准；承担与食品添加剂标准化工作有关的其他事宜。该技术委员会还与食品法典委员会建立有技术业务联系，以便使中国的食品添加剂的标准和法规符合国际标准和法规。

【中国土木工程学会】(China Civil Engineering Society) 由中国土木工程科学技术工作者依法组成的全国性行业组织。是中国科学技术协会的组成部分。成立于1953年9月。它的前身是1912年成立的中华工程师会（詹天佑任第一任会长），1915年改称中华工程师学会，1931年与中国工程学会合并，改称中国工程师学会。从1936年前后起，在历届年会分组活动的基础上，先后形成15个独立的专门工程学会，其中包括中国土木工程师学会。该学会拥有一大批从事土木工程建设的著名专家、教授、研究员和科技人员，为发展中国土木工程事业和不断提高科技水平而努力开展各项活动。

【中国无线电运动协会】(China Radio Sports Association) 由广大业余无线电爱好者及法律认可的业余无线电组织或单位自愿结成的中国性、专业性、非营利性社会团体。成立于1964年2月3日，发起人为原四机部部长王铮和国家体委陆上司司长张文华。在民政部注册，主管单位是国家体育总局。1984年代表中国加入国际业余无线电联盟。凡保证遵守国家和有关部门制订的有关无线电法律、法规、规章，并愿意在协会指导下从事业余无线电活动的无线电爱好者，均可申请加入协会。协会的业务范围是：(1)根据国家有关体育和无线电管理的体育方针、政策和无线电法规以及国际业余无线电组织的有关规定，统一组织、协调中国业余无线电活动的开展，促进中国及世界无线电活动的进步。(2)宣传国家有关业余无线电管理的法律、法规，宣传业余无线电活动，普及科技知识，组织广大群众和青少年参加业余无线电活动，不断提高无线电技术水平。(3)制定有关业余无线电活动管理制度、各种技术和运动证书等级标准、竞赛规则，报请主管部门批准后施行。(4)负责协调、组织中国性业余无线电培训、考核、竞赛、评比及其他活动，加强各地业余无线电组织之间的联系和交流，增进中国业余无线电爱好者之间的团结和友谊。(5)维护业余无线电爱好者的合法权益,向有关政府部门反映他们的要求和意见,对无线电运动的重大方针政策、发展战略提出建议。(6)根据主管部门有关规定,代表中国组团参加、申办国际业余无线电会议、竞赛等活动,保持与国际业余无线电组织和各国家和地区业余无线电界之间的业务联系并展开交流活动;牵头协调地方组织的国际业余无线电活动。(7)完成政府相关部门委托的其他任务。

【《中国药典》】(《China pharmacopoeia》) 国家为保证药品质量、保护人民用药安全有效而制定的法典。是执行《药品管理法》、监督检验药品质量的技术法规,是药品生产、经营、使用和监督管理所必须遵循的法定依据。《中国药典》收载品种的标准为国家对该药品品种的最基本要求。

中国药典

【中国移动多媒体广播电视】(China mobile multimedia broadcasting, CMMB) 中国自主创新的移动多媒体广播电视技术。利用数字广播电视技术,通过地面或卫星广播电视覆盖网面向18cm(7寸)以下小屏幕、小尺寸多种便携移动终端,随时随地提供点对面的广播电视节目、动画短片和信息等服务。是广播电视的补充和延伸。它在完成了技术研发、标准体系建立、设备产业化、服务奥运、规模试验、运营体系建立等工作中,走出了一条以自主创新、民族工业为支撑的产业化发展之路。目前,CMMB已在190多个城市开通信号,覆盖了手机、PDA、MP4、车载导航仪等多种便携式终端。

数字电视

【中国邮递员问题】(China postman problem) 由中国数学家管梅谷在1962年首先提出和解决的一个典型的组合优化问题,在国际上称为中国邮路问题。即一个邮递员送信,要走完他所负责投递的全部街道,完成任务后回到邮局,应按怎样的路线走,他所走的路程才会最短。如果将这个问题抽象成图论的语言,就是给定一个连通图,连通图的每条边的权值为对应的街道的长度(距离),要在图中找出一回路,使得回路的总权和最小。

【中国有机产品认证标识】(China organic product certification label) 由国家质量监督检验检疫总局公布的一种自愿性产品质量认证标识。图形中有"中国有机产品"和"中国有机转换产品"中文字样和相应的英文。有机产品是指生产、加工、销售过程符合有机产品国家标准的,供人类消费、动物食用的产品。有机食品生产和加工过程中必须建立严格的质量管理体系、生产过程控制体系和追踪体系,因此一般需要有转换期。在有机产品转换期内生产的产品或者以转换期内生产的产品为原料的加工产品,应当注明"转换"字样和转换期限。由国家标准认证服务按照中国有机产品国家标准GB/T 19630.1~19630.4-2005进行认证。国家标准认证对标识为"有机"并在中国国内销售的产品是强制性的。有机产品认证证书有效期为1年。国家标准GB/T 19630.1~19630.4-2005《有机产品》中规定,有机产品生产通用规范和要求适用于有机生产的全过程,主要包括:作物种植、食用菌栽培、野生植物采集、畜禽养殖、水产养殖、蜜蜂养殖及其产品的运输、储藏和包装。认证有机产品的基本要求分两项。一、生产基本要求有7条:(1)生产基地在最近三年内未使用过农药、化肥等违禁物质。(2)种子或种苗来自于自然界,未经基因工程技术改造过。(3)生产基地应建立长期的土地培肥、植物保护、作物轮作和畜禽养殖计划。(4)生产基地无水土流失、风蚀及其他环境问题。(5)作物在收获、清洁、干燥、贮存和运输过程中应避免污染。(6)从常规生产系统向有机生产转换通常需要两年以上的时间,新开荒地、撂荒地需至少经12个月的转换期才有可能获得颁证。(7)在生产和流通过程中,必须有完善的质量控制和跟踪审查体系,并有完整的生产和销售记录档案。二、加工/贸易基本要求有5条:(1)原料必需是来自已获得有机认证的产品和野生(天然)产品。(2)已获得有机认证的原料在终产品中所占的比例不得少于95%。(3)只允许使用天然的调料、色素和香料等辅助原料和《OFDC有机认证标准中允许使用的物质》,不允许使用人工合成的添加剂。(4)有机产品在生产、加工、储存和运输的过程中应避免污染。(5)加工/贸易全

中国有机产品认证标识

过程必需有完整的档案记录，包括相应的票据。目前，国内市场的有机产品已涉及蔬菜、茶叶、大米、杂粮、水果、蜂蜜、中药材、水产品、畜禽产品等20多个大类500多个品种。根据国家认监委统计，截至2006年底，中国获得有机认证的有机种植面积已达到约100万公顷。中国出口的有机产品主要包括大豆、茶叶、蔬菜、杂粮、水果、蜂蜜、中药材等。农业部经国务院批准，全面启动了“无公害食品行动计划”，并确立了“无公害食品、绿色食品、有机食品三位一体，整体推进”的发展战略。因此有机食品、绿色食品、无公害食品都是农产品质量安全工作的有机组成部分。

【中和处理法】(neutralization treatment) 用化学手段消除废水中过量的酸或碱、使其pH值达到中性左右的处理方法。中和处理的基本原理是：使酸性废水中的H^+和外加的OH^-(或使碱性废水的OH^-和外加的H^+)相互作用，生成水和盐，以消除其有害作用。处理含酸废水用碱做中和剂。处理含碱废水以酸为中和剂。酸和碱均指无机酸和无机碱。

【《中华人民共和国促进科技成果转化法》】(Law on Promoting the Transformation of Scientific and Technological Achievements of the People's Republic of China) 于1996年5月15日由第八届全国人民代表大会常务委员会第十九次会议通过，并于1996年10月1日起开始施行。其宗旨是：促进科技成果转化为现实生产力，规范科技成果转化活动，加速科学技术进步，推动经济建设和社会发展。其内容是：(1)总则。(2)组织实施。(3)保障措施。(4)技术权益。(5)法律责任。(6)附则。

【《中华人民共和国大气污染防治法》】(Air Pollution Control Act of the People's Republic of China) 由中华人民共和国第六届全国人民代表大会常务委员会第二十二次会议于1987年9月5日通过的环保法律。全国第九届全国人民代表大会常务委员会第十五次会议于2000年4月29日通过修订，自2000年9月1日起施行。其宗旨是：防治大气污染，保护和改善生活环境和生态环境，保障人体健康，促进经济和社会的可持续发展。该法律共七章六十六条。主要内容是：(1)总则。(2)大气污染防治的监督管理。(3)防治燃煤产生的大气污染。(4)防治机动车船排放污染。(5)防治废气、尘和恶臭污染。(6)法律责任。(7)附则。本法适用于向大气排放污染物的任何单位和个人。通过规定排污标准、建立环境监测、防污设施建设三同时，核发主要大气污染物排放许可证、征收排污费等制度，保护和改善大气环境，防治污染。任何单位和个人都有权对污染大气环境的单位和个人进行检举和控告。违反本法规定，可以责令停止违法行为，限期改正，罚款；造成重大大气污染事故、导致公私财产重大损失或者人身伤亡的严重后果、构成犯罪的，依法追究刑事责任。

【《中华人民共和国道路交通安全法》】(Road Traffic Safety Law of the People's Republic of China) 由中华人民共和国第十届全国人民代表大会常务委员会第五次会议于2003年10月28日通过，自2004年5月1日起施行。其宗旨是：维护道路交通秩序，预防和减少交通事故，保护人身安全，保护公民、法人和其他组织的财产安全及其他合法权益，提高通行效率的法律。其适用范围是：中华人民共和国境内的车辆驾驶人、行人、乘车人以及与道路交通活动有关的单位和个人。

【《中华人民共和国固体废物污染环境防治法》】(Solid Waste Pollution Prevention Law of the People's Republic of China) 中华人民共和国第六届全国人民代表大会常务委员会于1995年10月30日通过的环保法律。第十届全国人民代表大会常务委员会于2004年12月29日修订，自2005年4月1日起施行。其宗旨是：防治固体废物污染环境，保障人体健康，维护生态安全，促进经济社会可持续发展。该法律共六章九十一条。主要内容是：(1)总则。(2)固体废物污染环境防治的监督管理。(3)固体废物污染环境的防治。(4)危险废物污染环境防治的特别规定。(5)法律责任。(6)附则。本法适用于中华人民共和国境内固体废物污染环境的防治。固体废物污染海洋环境的防治和放射性固体废物污染环境的防治不适用本法。国家鼓励固体废物的减量化、资源化、无害化处理和发展清洁生产、循环经济。产生固体废物的单位和个人，对其产生的固体废物依法承担污染防治责任，应当采取措施，防止或者减少固体废物对环境的污染。本法通过规定建立固体废物污染环境监测制度，制定统一的监测规范，并会同有关部门组织监测网络。同时建立防污设施建设三同时，核发排污许可证、征收排污费等制度，保护环境，防治污染。任何单位和个人都有保护环境的权利和义务。受到固体废物污染损害的单位和个人，有权要求依法赔偿损失。违反本法规定，可以责令停止违法行为，限期改正，罚款；造成重大环境污染事故、构成犯罪的，依法追究刑事责任。

【《中华人民共和国海洋环境保护法》】(Marine Environmental Protection Law of P. R. of China) 中华人民共和国第五届全国人民代表大会常务委员会第二十四次会议1982年8月23日通过的环保法律。全国人民代表大会常务委员会第十三次会议于1999年12月25日修订通过,自2000年4月1日起施行。其宗旨是:保护海洋环境及资源,防止污染损害,保护生态平衡,保障人体健康,促进海洋事业的发展。该法律共十章九十八条。主要内容是:(1)总则。(2)海洋环境监督管理。(3)海洋生态保护。(4)防治陆源污染物对海洋环境的污染损害。(5)防治海岸工程建设项目对海洋环境的污染损害。(6)防治海洋工程建设项目对海洋环境的污染损害。(7)防治倾倒废弃物对海洋环境的污染损害。(8)防治船舶及有关作业活动对海洋环境的污染损害。(9)法律责任。(10)附则。本法适用于中华人民共和国内水、领海、毗连区、专属经济区、大陆架以及中华人民共和国管辖的其他海域。在中华人民共和国管辖海域以外,排放有害物质,倾倒废弃物,造成中华人民共和国管辖海域污染损害的,也适用于本法。沿海地方各级人民政府应当根据全国和地方海洋功能区划,科学合理地使用海域。根据保护海洋生态的需要,选划、建立海洋自然保护区。国家实施重点海域排污总量控制制度,防治陆源污染物对海洋环境的污染损害。国家海洋行政主管部门负责海洋环境的监督管理,组织海洋环境的调查、监测、监视、评价和科学研究;负责全国防治海洋工程建设项目和海洋倾倒废弃物对海洋污染损害的环境保护工作。违反本法规定,造成海洋环境污染损害的责任者,责令限期改正和采取补救措施排除危害,并赔偿损失。由海洋环境监督管理部门根据所造成的危害和损失处以罚款;构成犯罪的,依法追究刑事责任。

【《中华人民共和国合同法》】(Contract Law of the People's Republic of China) 于1999年3月15日由第九届全国人民代表大会常务委员会第二次会议通过,并于1999年10月1日起开始施行。其宗旨是:保护合同当事人的合法权益,维护社会经济秩序,促进社会主义现代化建设。其内容是:(1)总则。(2)分则。(3)附则。在总则中包括:(1)一般规定。(2)合同的订立。(3)合同的效力。(4)合同的履行。(5)合同的变更与转让。(6)合同的权利义务终止。(7)违约责任。(8)其他规定。在分则中的第十八章专门讲了技术合同的有关规定。

【《中华人民共和国环境保护法》】(Environmental Protection Law of The People's Republic of China) 1989年12月26日由第七届全国人民代表大会常务委员会第十一次会议通过的法律。后由1989年12月26日中华人民共和国主席令第二十二号公布并施行。国家环境保护的根本大法。其宗旨是:保护和改善生活环境与生态环境,防治污染和其他公害,保障人体健康,促进社会主义现代化建设的发展。该法律共六章四十七条。主要内容是:(1)总则。(2)环境监督管理。(3)保护和改善环境。(4)防治环境污染和其他公害。(5)法律责任。(6)附则。本法的适用范围包括:大气、水、海洋、土地、矿藏、森林、草原、野生生物、自然遗迹、人文遗迹、自然保护区、风景名胜区、城市和乡村等。本法规定应防治的污染和其他公害有:废气、废水、废渣、粉尘、恶臭气体、放射性物质以及噪声、振动、电磁波辐射等。本法通过规定排污标准,建立环境监测制度、建设项目防污设施三同时制度和交纳超标准排污费制度等,保护和改善生活环境与生态环境,防治污染和其他公害。

【《中华人民共和国环境噪声污染防治法》】(Environmental Noise Pollution Prevention Law of the People's Republic of China) 由中华人民共和国第八届全国人民代表大会常务委员会第二十二次会议于1996年10月29日通过的法律。自1997年3月1日起施行。其宗旨是:防治环境噪声污染,保护和改善生活环境,保障人体健康,促进经济和社会发展。该法律共八章六十四条。主要内容:(1)总则。(2)环境噪声污染防治的监督管理。(3)工业噪声污染防治。(4)建筑施工噪声污染防治。(5)交通运输噪声污染防治。(6)社会生活噪声污染防治。(7)法律责任。(8)附则。本法适用于中华人民共和国领域内环境噪声污染的防治。因从事本职生产、经营工作受到噪声危害的防治,不适用本法。地方各级人民政府应当统筹规划、合理安排功能区和建设布局,防治或者减轻环境噪声污染。各级公安、交通、铁道、民航管理部门和港务监督机构,根据各自的职责,对交通运输和社会生活噪声污染防治实施监督管理。通过建立环境噪声监测制度,制定监测规范,并会同有关部门组织监测网络,防治环境噪声污染。违反本法规定,致使环境噪声排放超过规定标准的,由县级以上地方人民政府环境保护行政主管部门责令改正并处罚款。对经限期治理逾期未完成治理任务的企事业单位,除依照国家规定加收超标准排污费外,可以根据所造成的危害后果处以罚款,或者责令停业、搬迁、关闭。

【《中华人民共和国科学技术进步法》】

(Law on Science and Technology Progress of the People's Republic of China) 于1993年7月2日由全国人民代表大会八届常务委员会第二次会议审议通过并于同年10月1日起施行。2007年12月29日第十届中国人民代表大会常委会第三十一次会议对此法进行了修订。这部科技进步法是指导和推动中国科技进步的基本法律,是推进科技进步的基本准则,也是制定科学技术发展方针、政策和法律法规的基本依据。其内容是:(1)总则。(2)科学研究、技术开发与科学技术应用。(3)企业技术进步。(4)科学技术研究开发机构。(5)科学技术人员。(6)保障措施。(7)法律责任。(8)附则。

科学技术进步法

【《中华人民共和国科学技术普及法》】(Law on Popularization of Science and Technology of the People's Republic of China) 于2002年6月29日由中华人民共和国第九届全国人民代表大会常务委员会第二十八次会议通过,并公布施行。其宗旨是:实施科教兴国战略和可持续发展战略,加强科学技术普及工作,提高公民的科学文化素质,推动经济发展和社会进步。其内容是:(1)总则。(2)组织管理。(3)社会责任。(4)保障措施。(5)法律责任。(6)附则。《中华人民共和国科学技术普及法》的颁布实施,标志着科普工作纳入了法制化的轨道。

【《中华人民共和国可再生能源法》】(Renewable Energy Law of the People's Republic of China) 由中华人民共和国第十届全国人民代表大会常务委员会第十四次会议于2005年2月28日通过。2009年12月由第十一届全国人民代表大会常务委员会第十二次会议审议通过《关于修改〈中华人民共和国可再生能源法〉的决定》,自2010年4月1日起施行。其宗旨是:促进可再生能源的开发利用,增加能源供应,改善能源结构,保障能源安全,保护环境,实现经济社会的可持续发展。该法律共有八章三十三条。主要内容是:(1)总则。(2)资源调查与发展规划。(3)产业指导与技术支持。(4)推广与应用。(5)价格管理与费用补偿。(6)经济激励与监督措施。(7)法律责任。(8)附则。国家鼓励清洁、高效地开发利用生物质燃料,鼓励发展能源作物。国家将可再生能源开发利用的科学技术研究和产业化发展列为科技发展与高技术产业发展的优先领域,鼓励各种所有制经济主体参与可再生能源的开发利用,并依法保护可再生能源开发利用者的合法权益。国家鼓励和支持可再生能源并网发电,并实行可再生能源发电全额保障性收购制度。国家财政设立可再生能源发展基金,用于补偿高于按照常规能源发电平均上网电价计算所发生费用之间的差额。

【《中华人民共和国农业技术推广法》】(Law on the Popularization of Agricultural Technology of the People's Republic of China) 于1993年7月2日由第八届全国人民代表大会常务委员会第二次会议通过,并于1993年7月2日公布施行。其宗旨是:加强农业技术推广工作,促进农业科技成果和实用技术尽快应用于农业生产,保障农业的发展,实现农业现代化。其内容是:(1)总则。(2)农业技术推广体系。(3)农业技术的推广与应用。(4)农业技术推广的保障措施。(5)附则。

【《中华人民共和国商标法》】(Trademark Law of the People's Republic of China) 于1982年8月23日由第五届全国人民代表大会常务委员会第二十四次会议通过,并于1983年3月1日起生效。其宗旨是:加强商标管理,保护商标专用权,促进生产者、经营者保证商品和服务质量,维护商标信誉,以保障消费者和生产者、经营者的权益,促进社会主义市场经济的发展。其内容是:(1)总则。(2)商标注册的申请。(3)商标注册的审查与核准。(4)注册商标的续展、转让和使用许可。(5)注册商标争议的裁定。(6)商标使用的管理。(7)注册商标专用权的保护。(8)附则。为更好地实施《商标法》,经国务院批准,于2002年8月3日发布了《中华人民共和国商标法实施细则》,并于同年9月15日开始施行。

中国地理标准

【《中华人民共和国水土保持法》】(Soil and Water Conservation Law of People's Republic of China) 水法中重要法律之一。1991年6月29日中华人民共和国第7届全国人大常委会第20次会议通过并施行。包括总则、预防、治理、监督、法律责任和附则等共十六章四十二条。总则指出:水土保持是指对自然因素和人为活动造成水土流失所采取的预防和治理措施。水土保持工作实行"预防为主,全面规划,综合防治,因地制宜,加强管理,注重效益"的方针。国务院和县级以上地方水务行政主管部门分别主管全国和本辖区的水土保持工作,编制水土保持规划,并应经同级人民政府批准。各级人民政府应当依据水土流失的具体情况,划定水土流失重点防治区,进行重点防治。预防一章要求:各级人民政府组织全民植树造林,鼓励种草,扩大森林覆盖面积,增加植被。禁止在25°以上陡坡地开垦种植农作物。已开垦的陡坡地应当逐步退耕,植树种草恢复植被或修建梯田。采伐林木必须因地制宜地采用合理的采伐方式。工程废渣不得向江河、湖泊、水库、专门存放地以外的沟渠倾倒。在山区、丘陵区、风沙区修建工程,必须有水务行政主管部门同意的水土保持方案。建设项目中的水土保持设施必须与主体工程同时设计、同时施工、同时投产使用。治理的主要措施是:县级以上人民政府应当根据水土保持规划,组织有关行政主管部门和单位,有计划地对水土流失进行治理。在水力侵蚀地区,应以天然沟壑及其集水区形成的小单元,建立水土流失综合防治体系。在风力侵蚀地区,应合理利用水源,引水拉沙、植树种草、设置人工沙障和防护林网等,建立防风固沙防护体系,控制风沙危害。国家鼓励农业集体经济组织和农民对水土流失进行治理,并实行扶持政策。监督方面的规定是:国务院水务行政主管部门建立水土保持监测网络,对全国水土流失动态进行监测预报,并予以公告。县以上地方政府水务行政主管部门的水土保持监督人员,有权对本辖区的水土流失及其防治情况进行现场检查。违反本法要承担的法律责任是:违反本法规定造成水土流失的活动和行为,县级以上水务行政主管部门有权制止,并责令采取补救措施,可处以罚款。触犯刑律的,依法追究刑事责任。

【《中华人民共和国水污染防治法》】(Water Pollution Control Act of the People's Republic of China) 由中华人民共和国第六届全国人民代表大会常务委员会第五次会议于1984年5月11日通过的环保法律。第十届全国人民代表大会常务委员会第三十二次会议于2008年2月28日修订通过,自2008年6月1日起施行。其宗旨是:防治水污染,保护和改善环境,保障饮用水安全,促进经济社会全面协调可持续发展。该法共八章九十二条。其主要内容是:(1)总则。(2)水污染防治的标准和规划。(3)水污染防治的监督管理。(4)水污染防治措施。(5)饮用水水源和其他特殊水体保护。(6)水污染事故处置。(7)法律责任。(8)附则。本法适用于中华人民共和国领域内的江河、湖泊、运河、渠道、水库等地表水体以及地下水体的污染防治。各级人民政府应当根据依法批准的江河、湖泊的流域水污染防治规划,组织制定本行政区域的水污染防治规划。本法通过规定排污标准,建立环境监测、防污设施建设三同时,核发排污许可证、征收排污费等制度,保护和改善水环境,防治水污染。企业事业单位发生事故或者其他突发性事件,造成或者可能造成水污染事故的,应当立即启动本单位的应急方案,采取应急措施,并向事故发生地的县级以上地方人民政府或者环境保护主管部门报告。违反本法规定,可以责令停止违法行为,限期改正,罚款;造成重大水污染事故、导致公私财产重大损失或者人身伤亡的严重后果、构成犯罪的,要依法追究刑事责任。

【《中华人民共和国消防法》】(Fire Control Law of the People's Republic of China) 中国消防工作的法律。消防工作的根本大法。是全社会在消防安全方面必须共同遵守的行为规范。是制定行政消防法规、规章的重要依据。其宗旨是:预防火灾和减少火灾危害,加强应急救援工作,保护人身、财产安全,维护公共安全。规定了消防工作的方针、任务及消防监督的主体,明确了机关、团体、企业、事业单位和公民个人的责任、义务等;同时对火灾预防、消防组织、灭火救援、法律责任作了规定。消防工作贯彻预防为主、防消结合的方针,并实行消防安全责任制。《中华人民共和国消防法》于1998年制定,2008年做了修订。《中华人民共和国消防法》的制定、修改和补充均由国家最高权力机构—全国人大常委会完成。

宣传画

【《中华人民共和国知识产权海关保护条例》】(Regulation on the Customs Protection of Intellectual Property of the

People's Republic of China) 于1995年7月5日由国务院批准发布，并从1995年10月1日起施行。其宗旨是：实施知识产权海关保护，促进对外经济贸易和科技文化交往，维护社会公共利益。内容是：(1)总则。(2)备案。(3)申请。(4)调查与处理。(5)法律责任。(6)附则。本条例适用于与进出境货物有关并受中华人民共和国法律、行政法规保护的知识产权，包括商标专用权、著作权和专利权；对那些侵犯中华人民共和国法律、行政法规保护的知识产权的货物(简称侵权货物)，禁止进出口。

【《中华人民共和国职业病防治法》】(Law on prevention and Control of Occupational Diseases of the People's Republic of China) 于2001年10月27日，由中华人民共和国第九届全国人民代表大会常务委员会第二十四次会议通过，自2002年5月1日起施行。共7章79条。其宗旨是：预防、控制和消除职业病危害，防治职业病，保护劳动者健康及其相关权益，促进经济发展的法规。适用于中华人民共和国领域内的职业病防治活动。其部分相关规定是：(1)用人单位应当为劳动者创造符合国家职业卫生标准和卫生要求的工作环境和条件，并采取措施保障劳动者获得职业卫生保护。(2)用人单位应当建立、健全职业病防治责任制，加强对职业病防治的管理，提高职业病防治水平，对本单位产生的职业病危害承担责任。(3)用人单位必须依法参加工伤社会保险。(4)产生职业病危害的用人单位的设立除应当符合法律、行政法规规定的设立条件外，其工作场所还应当符合职业卫生要求。(5)产生职业病危害的用人单位，应当在醒目位置设置公告栏，公布有关职业病防治的规章制度、操作规程、职业病危害事故应急救援措施和工作场所职业病危害因素检测结果。对产生严重职业病危害的作业岗位，应当在其醒目位置，设置警示标志和警示说明。警示说明应当载明产生职业病危害的种类、后果、预防以及应急救治措施等内容。(6)用人单位在与劳动者订立劳动合同时，应当将工作过程中可能产生的职业病危害及其后果、职业病防护措施和待遇等如实告知劳动者，并在劳动合同中写明，不得隐瞒或者欺骗。(7)劳动者有知情权、培训权、拒绝冒险权、检举与控告权、特殊保障权、参与决策权、职业健康权和损害赔偿权。

【《中华人民共和国著作权法》】(Copyright Law of the People's Republic of China) 于1990年9月7日由第七届全国人民代表大会常务委员会第十五次会议通过，并于1991年6月1日起施行。其宗旨是：为保护文学、艺术和科学作品作者的著作权，以及与著作权有关的权益，鼓励有益于社会主义精神文明、物质文明建设的作品的创作和传播，促进社会主义文化和科学事业的发展与繁荣。内容是：(1)总则。(2)著作权。(3)著作权许可使用和转让合同。(4)出版、表演、录音、录像、播放。(5)法律责任和执法措施。(6)附则。为了更好地贯彻施行《中华人民共和国著作权法》，国务院于1991年5月24日批准，由国家出版局发布了《中华人民共和国著作权法实施细则》，并于1991年6月1日起施行。

【《中华人民共和国专利法》】(Patent Law of the People's Republic of China) 于1984年3月12日第六届全国人民代表大会常务委员会第四次会议通过，并于1985年4月1日起开始施行。后经1992年9月4日和2000年8月25日两次修正。其宗旨是：保护发明创造专利权，鼓励发明创造，有利于发明创造的推广应用，促进科学技术的发展，适应社会主义现代化建设的需要。其内容是：(1)总则。(2)授予专利权的条件。(3)专利的申请。(4)专利申请的审查和批准。(5)专利权的期限、终止和无效。(6)专利实施的强制许可。(7)专利权的保护。(8)附则。为了更好地贯彻《专利法》，经国务院批准，于2001年6月15日公布了《中华人民共和国专利法实施细则》。

【中华绒螯蟹】(Chinese mitten crab) 俗称河蟹、毛蟹、清水蟹、大闸蟹或螃蟹。甲壳纲，十足目，方蟹科，绒螯蟹属。体近圆形，头胸甲呈方圆形，质地坚硬；头胸甲背面为草绿色或墨绿色，腹面灰白色。头胸甲额缘具4尖齿突，前侧缘亦具4齿突，第4齿小而明显。腹部平扁。雌体腹部呈卵圆形至圆形。

中华绒螯蟹

雄体腹部呈细长钟状。但幼蟹期雌雄个体腹部均为三角形，不易分辨。螯足用于取食和抗敌。4对步足是主要爬行器官。腹肢雌性4对，位于第2至第5腹节，双肢型，密生刚毛，内肢主要用以附卵。雄蟹仅有第1和第2腹肢，退化为交接器。喜掘穴而居。杂食性。自然分布区主要在亚洲北部、朝鲜西部和中国。中国北自辽宁鸭绿江口，南至福建九龙江、西迄湖北宜昌的三峡口均有分布。

【中华鲟】(Chinese sturgeon)　又称鳇鱼、鲟鱼、腊子、覃龙、鲟鲨、黄鲟、着甲、大癞子、鲟鳇等。硬骨鱼纲,鲟科。古称鳣。一种中国特有的大型溯河洄游性古老珍稀鱼类。世界现存鱼类中最原始的种类之一。濒危等级:易危。中国国家Ⅰ级保护野生动物。体梭形,头大呈长三角形。口小,腹面成一条横裂,能自由伸缩。上下唇具有角质乳突。口前方并列着4根小须。眼睛很小。眼后有喷水孔。鳃孔大,鳃膜与峡部相连。鳃耙呈短柱状,薄而尖,14~28枚。体被5纵行菱形骨板,背部1行,体侧及腹侧各2行。体侧骨板数为24~37块。尾巴的上叶长下叶短。体呈青灰色或灰褐色,腹部灰白色,各鳍灰色。近代分布于近海及长江、珠江、闽江、钱塘江、黄河等大江河。目前黄河、钱塘江均已绝迹,闽江口偶尔可见,珠江数量极少,仅长江的现存量较大。国外朝鲜西南部和日本九州西部有记载。喜栖息于水体底层。为肉食性鱼类,以摇蚊幼虫、植物碎屑、虾、蟹及小鱼等小型动物为食。是一种大型的溯河洄游性鱼类,最大个体曾记录过一尾约重680 kg。一般10龄左右初次性成熟。生殖季节在10月上旬至11月上旬。在长江葛洲坝水利枢纽修建前,中华鲟的产卵场位于金沙江下段,宜宾市往上的600 km的江段里。1982年,成立了救护中华鲟的专业机构—葛洲坝中华鲟研究所。研究所每年向长江投放中华鲟幼鲟3×10^5尾以上。

中华鲟

【中极】　中医穴位名。属任脉,膀胱的募穴。定位:在下腹部,前正中线上,当脐中下4寸。主治:小便不利,阳痿,早泄,遗精,白浊,疝气,小腹痛,月经不调,经闭,崩漏,痛经,带下,阴挺,阴痒,滞产,水肿;肾炎,盆腔炎,尿路感染,尿失禁,产后宫缩痛等。刺灸法:直刺0.5~1寸(孕妇慎用);艾炷灸3~5壮,或艾条灸10~20min。现代研究证明:在膀胱神经支配完整的情况下,针刺中极、关元可引起副交感神经的兴奋和交感神经的抑制,从而导致膀胱逼尿肌的收缩和内括约肌的松弛。

【中继卫星】(relay satellite)　主要用于数据传输的一种通信卫星。其特点是数据传输量大。中继卫星是天基测控站。转发地面站对中低轨道航天器的跟踪测控信号,中继从航天器发回地面的信息,完成对航天器的测控跟踪和数据传输。随着航天器种类和数量的增多,航天器的跟踪和控制任务越来越重,数据传输量也越来越大,单靠地面测控站难以胜任。为及时有效地完成对航天器的管理和数据收集工作,中继卫星应运而生。中继卫星的使用,减少了地面站的数量,降低了地面支持费用,并且依靠空间高远位置完善了测控手段。

【中间包】(pouring basket)　连铸流程中从盛钢桶到结晶器之间配置的钢包。由包体、包盖、水口和塞棒组成。外壳是金属结构。内衬是耐火材料。其作用包括:储存钢水;均匀钢水的成分和温度;稳定钢流;减少对结晶器的冲刷以及多流连铸时对钢水分流。为了使钢水温度保持在液相线以上15~20℃,可以对中间包钢水加热。尤其是在降低温度出钢时,用来补充钢水热量的不足。按加热方式的不同,可分为感应加热和等离子加热。

中间包

【中间负荷发电厂】(intermediate load power plant)　主要承担电力系统日负荷曲线中间部位负荷的发电厂。在日负荷曲线上,一般将平均负荷与基本负荷间的部分称作中间负荷。中间负荷发电厂所带负荷变动幅度较大。在高峰负荷期间,发电机组的最大出力接近理论出力;低容负荷期间降到技术上允许的最低出力,承担一小部分基本负荷,有的要在低谷负荷时停止发电。中间负荷发电厂一般选用:(1)日调节和周调节水电厂。其发电量可在一天之内和一周之内灵活调整,能适应日负荷的变化,除洪水期外可经常承担中间负荷。(2)水电密度较大的电力系统。主要由水电厂承担中间负荷,只是在洪水期为避免弃水才由火电厂承担中间负荷。在此情况下,火电厂带变动负荷所引起的损失,与水电厂少弃水或不弃水所取得的收益相比是值得的。(3)火电为主的电力系统。除水电厂承担一部分中间负荷外,主要由煤耗较少、效率较高、容量较小、调节性能好和起停灵活的火电厂承担中间负荷。

【中间合金】(master alloy)　在熔炼目标合金前,预先制备的用来参加熔炼的合金。例如,冶炼铝镍合金,铝的熔点660℃,镍的熔点1 452℃。如果直接冶炼,就要把铝加热到很高温度,才能将合金元素镍熔入合金,从而增加了能耗和铝的烧损。根据铝－镍二元相图,可以查到与铝的熔点相接近的某一成分的合金。制备该成分的铝镍合金,按目标合金成分取一定量,用来熔炼铝镍合金。当合金元素溶解度低、易产生偏析以及易氧化时,均可使用中间合金。当目标合金含两种合金元素时,可以制备三元中间合金。制备的方法有熔合法、热还原法和熔盐电解法。

【中间技术】(intermediate technology) 适合国情、能充分提供就业机会并便于推广和运用的技术。发展中国家对此种技术具有吸收能力,容易推广,比先进技术见效更快。但也有人对中间技术论提出很多质疑,认为中间技术产品质量差,维修费用高,生产效率低,经济上不合算。适用技术论就是在对中间技术论的批判声中产生的。

【中间相】(intermediate phase) 在固态合金中固溶体外的其他各相的总称。主要类型有:(1)符合原子价规律的正常价化合物,如 Mg_2Sn、Mg_3Bi_2 等。(2)由过渡族元素及原子半径很小的非金属(碳、氢、氮等)所组成的间隙相,如 TiC、VC 等。(3)电子化合物,如 Cu_5Sn、$CuZn_3$ 等。后两种亦可作为溶剂,溶解其他元素而形成以它们为基的固溶体。有序固溶体有时又称中间相。中间相具金属性质,或化合物性质,或介于两者之间的性质。

【中间性作物】(day neutral plant) 在长短不同的任何日照条件下都能开花结果的作物。即作物发育不受日照长短的影响。属于这类作物的有荞麦、绿豆、水稻和大豆中某些高纬度地区形成的极早熟品种,以及茄子、辣椒、番茄等。中国农民很早就发现荞麦和绿豆在生育期许可的条件下,可随时种植,因而历来作为自然灾害之后的救荒作物。

【中空玻璃】(insulating glass) 具有中空结构的节能玻璃。包括双层中空玻璃和多层中空玻璃。前者是指在两片平板玻璃中间充以干燥空气、四周密封而制成的玻璃构件;后者是指有三片或四片平板玻璃构成两个或三个空腔的玻璃构件。中空玻璃有良好的隔热、隔声性能,还可用吸热玻璃或热反射玻璃作外层原片,进一步改善采光和隔热效果。广泛应用于建筑物窗、冷藏库、冷藏柜和铁路车辆等方面。

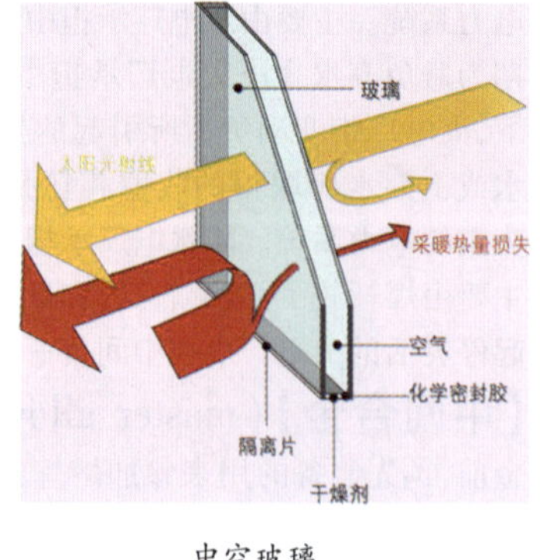

中空玻璃

【中空吹塑成型】(midheaven blow molding) 将处于高弹态(接近于黏流态)的塑料型坯置于模具型腔内,通入压缩空气将其吹胀,使之紧贴于型腔壁上,经冷却定型后得到中空塑件的成型方法。主要用于制造瓶类、桶类、罐类、箱类等中空塑料容器。

【中空纤维】(hollow fiber) 在贯穿纤维轴向上有管状空腔的化学纤维。由高聚物纺丝溶液经过特殊截面的喷丝孔挤出而成。具有蓬松度好、回弹力高、拉力强等特点。其主要用途有:(1)作为保暖材料。含有静止的空气,保暖效果好。如制成偏芯的中空纤维,热处理后可获得永久性的卷曲,提高纤维的蓬松感。(2)作为膜分离材料。通过控制纤维壁上微孔的直径,分离不同尺寸的物质,达到大小分子的分离、起浓缩或净化作用。

【中空纤维膜】(hollow fiber film) 具有分离气体、液体功能或作为生物反应器材的特种纤维膜。按照膜微孔的大小和分离原理的不同可分为:微滤膜、超滤膜、透析膜、反渗透膜及蒸发渗透膜等。可分离超微粒子、悬浊物、不同分子量等级的大分子和高聚物、菌类、血浆、血清、混合气体、离子、霉类、尿素、尿酸、肌酐和蛋白等。中空纤维膜可用于水处理、苦咸水和海水淡化装置、溶剂或重金属回收装置、人工脏器、混合气体分离装置和蒸发渗透器等。中空纤维膜具有很好的耐酸耐碱性能,机械强度高,耐细菌腐蚀,还广泛用于矿泉水、饮料配制用水、化妆品用水和电子超纯水的无菌净化处理,以及酱油、醋、酒类的无菌精制及食用油脱炼等方面。

【中矿】(medium mine) 在选矿流程中经分选作业的产品之一,其有用成分的含量介于此作业过程的精矿和尾矿之间的产品。需返回原流程中的某一适当作业过程再选,或另设系统处理。

【中量元素肥料】(secondary nutrient fertilizer) 含钙、镁、硫、氯等元素的肥料。由于中量元素在土壤中的含量一般低于临界值,施用此类肥料将使粮食作物增产 40% 左右。这类肥料既可提供作物养分,又可改善土壤的物理形状。因此,当某种中量元素严重缺失时,这种元素将成为粮食作物最大的减产因素。

【中林作业】(compound coppice system) 在同一地段既培育矮林又同时培育乔林的营林方式。按经营目的不同可分为矮林状中林、乔林状中林和典型中林。中林作业的林分,由上(层)木与下(层)木两部分组成。上木经营措施与择伐林同,下木与矮林同。上木主要由种子或实生苗形成,也可保留部分萌芽林木。同年龄的或不同年龄的上木,以单株或群状混立于由萌芽形成的下木之中。下木伐期,通常为5~15年,上木伐期为下木的2~4倍,全林呈现为多层次的复层林。中林内上木的株数越多,则下木的收获量越少。因此,上、下木的数量应有适当的比例。上、下木可以为同一树种,也可用不同树种,前者形同纯林,但年龄有显著差异,后者宛若异龄混交林。中林作业具有生产周期长、短结合收益快而材种多样的特点。

【中龄林】(middle aged growth) 由中龄林构成的林分。此时,森林的外貌和结构大体定型。林木先后由树高和直径的速生时期转入到树干材积的速生时期。在林木群体中,随着生物量的比例相对减少而干材生物量的比例迅速提高。如19年生的杉木人工林的生物量中,主干生物量的比例由原来的10%左右(3年生)提高到76.0%,而叶生物量的比例由原来的30%左右(3年生)下降到3.3%。其特点是:(1)在这个阶段,由于自然稀疏或人工抚育的调节,林分密度已显著地降了下来,再加上林冠层的提高,林下重又开始透光,枯枝落叶层分解加速,而下木层及活地被物层有所恢复或趋于繁茂,有利于地力恢复及森林防护作用的发挥。因此,这个阶段是森林生长发育比较稳定,而且材积生长加速,防护作用增强的重要时期。(2)在这个阶段里,由林木体量增大而造成拥挤过密的过程还在延续,仍需通过抚育间伐进行调节。此时林木已长成适于某些经济利用的标准,间伐可以满足部分,需要但利用要适度,还是要以保证林分结构的优化,促进林分旺盛生长为主。

【中密度纤维装饰板】(secondary density fiber decorative board) 以木质纤维或其他植物纤维为原料、施加脲醛树脂或其他合成树脂、在加热加压条件下压制成的一种板材。这种装饰板结构均匀,密度适中,板面平滑细腻,容易进行各种饰面处理,是人造板中最接近天然木材的一种人造板。其许多物理力学性能都超过刨花板,甚至比天然木材更加坚固。中密度纤维装饰板尺寸稳定性好,芯层均匀,板材的表面和边缘同时具有良好的机械加工和成型性能。其厚度尺寸规格变化多,能满足多种需要。可用于中高档家具制造、室内装修、音响壳体、乐器和车船内装修等。

中密度纤维装饰板

【中期天气预报】(mid-range weather forecast) 未来4~15天的天气预报。具体分3~5天的预报、周预报、旬预报等。预报内容主要有降水、气温和转折性天气等。其重点是预报天气过程演变趋势和特点,但逐日预报的准确率不高。预报的方法有天气图方法、统计学方法和数值预报方法等,其中以数值预报方法较为准确。

【中日照蔬菜】(medium daylight vegetables) 当昼夜长度接近于相等时,才能开花结实的蔬菜。在较长或较短的光照下,都能开花。这类蔬菜适应于光照长短的范围很大。只要温度合适,一年四季均能开花。常见的有:番茄、茄子、黄瓜、辣椒、四季豆等。北方地区秋冬季节利用高效节能日光温室,利用其对日照长短要求不严的特性,增温保温,成功地栽培了果菜类,实现了周年生产,均衡供应的目的。

中日照蔬菜

【中日照作物】(neutrophilous crop) 又称"定日照作物"。只能在一定范围的日照条件下,才能发育、开花的作物。当日照再长或再短时,就会减少花芽的形成或停留在明显的营养生长状态。例如甘蔗的某些品种只有在日照为12 h~12 h 45 min才能分化花芽,日照再长或再短都不能形成花芽。绝大多数甘蔗品种最适宜的开花日照长度是12 h 30 min左右。

【中生代】(Mesozoic Period) 地质年代中显生宙第二个代。始于距今2.50亿年,延续约1.85亿年。中生代包括三叠纪、侏罗纪和白垩纪。这一时期爬行动物(最为典型的动物是恐龙)极度发育,故中生代也称为爬行动物时代。海生动物则以菊石的规律演化为共同特征。原始哺乳类和鸟类均出现于白垩纪。早期植物以裸子植物为主,但到白垩纪,高度发育的被子植物已经出现并逐步取代裸子植物而占主要地位。随着中生代的结束,恐龙和海洋中的菊石都绝灭了。中生代地

中生代动物

壳运动强烈，称为印支运动和燕山运动，并伴随有大规模岩浆活动，在中国东部地区形成了许多重要的内生金属矿床。

【中式糕点】(Chinese style pastry) 中国各地加工制作的各式糕点的总称。糕点的一类。以面粉或米粉、豆粉、糖、油为主料，以蛋品、果仁、豆沙、调味料、食用香精和色素作辅料，经制坯、成型、烘烤、蒸制或油炸而成。历史悠久。造型精美，花样品种繁多。由于中国幅员辽阔，民族众多，各地区气候、物产条件不同，人民生活习惯也有差异，因此，糕点的品种又具浓厚的地方色彩和独特风味。在花色品种、制作方法、口味及色泽上，形成各地不同的流派。按其产品工艺特点的不同可分为：酥皮类、油炸类、酥类、蛋糕类、浆皮类、混糖皮类等。按其传统风味的不同可分为：京式糕点、苏式糕点、扬式糕点、潮式糕点、广式糕点、闽式糕点、川式糕点等多种。

中式糕点

【中式火腿】(Chinese style ham) 又称中国火腿。以新鲜的带骨带皮的猪腿作原料，经修整、腌制、洗晒、晾挂、发酵、整形等工序制作而成的生肉制品。火腿的一类。是中国最著名的传统风味肉制品之一，已有近千年历史。加工期长达数月。成品成琵琶形，皮色黄亮，肥肉洁白，瘦肉紫红，组织致密，肉质坚实。在常温干燥处可存二年以上。食前需经炖、蒸、煮等加工。按产地的不同可分为：南腿（以金华火腿为代表）、北腿（以如皋火腿为代表）和云腿（以宣威火腿为代表）三类。另外，用竹叶熏烤而成的称竹叶熏腿；用白糖腌制的称糖腿；用甜酱腌制的称酱腿；用冷风吹冻加工的称风冻腿等。

中式火腿

【中式肉制品】(Chinese style meat product) 又称中国传统风味肉制品。用中国传统烹饪工艺制成的肉制品的统称。肉制品的一类。按其所用原料的不同可分为：畜肉制品（猪、牛、羊、马、骡、驴、骆驼等肉及其内脏制品）、禽肉制品（鸡、鸭、鹅、火鸡等）、蛋制品（鸡蛋、鸭蛋、鹅蛋、鹌鹑蛋等）和野味制品（鸽子、鹌鹑、野兔、獐子）四大类。按其地方风味的不同可分为京式、苏式和广式三类。京式称北味，指黄河以北、京津和东北等地所擅长的酱制和卤制。一般辅料用量大，品种多，口味偏咸；苏式称南味，重糖重酒，味带甜，为上海、江浙一带人们所喜爱；广式称广味，色泽鲜明，味美甘香，擅长腊制和制野味。按其制作方法的不同可分为：腌腊、酱卤、灌制、熏烤、油炸和干制六类。据史书记载，中国肉制品已有二千多年的历史，奴隶社会时期已掌握用陶罐封藏食品的技术。《齐民要术》（北魏）中对肉干、肉脯、糟肉等的制造方法有详细描述。

烤鸭

【中医兽医学】(traditional Chinese veterinary medicine) 又称中国传统兽医学。研究中国传统兽医的理、法、方、药及针灸技术，以防治家畜疾病为主要内容的一门学科。具有独特的理论体系。从整体观念出发，以阴阳五行、脏腑、经络、病因病理学等基础理论为依据，通过四诊八纲，分析辩论，确定防治法则，因时因地选用植物药、动物药和矿物药组成方剂，或在畜体上选用穴位，采用不同刺激方法防治家畜内科、外科及胎产疾病。随着中国畜牧业的发展，中兽医学已成为家畜病症防治的综合性学科。

【中水利用】(utilization of recycled water) 城市污水经处理设施深度净化处理后再利用的技术。污水处理厂经二级处理再进行深化处理后的水和大型建筑物、生活社区的洗浴水、洗菜水等集中经处理后的水统称“中水”。其水质介于自来水（上水）与排入管道内污水（下水）之间，故名为“中水”。中水的利用越来越得到重视。世界上许多发达国家将中水用于厕所冲洗、园林和农田灌溉、道路保洁、洗车、城市喷泉、冷却设备补充用水等。

【中水系统】(recycled water system) 将生活污水作为水源进行水处理的系统。中水就是所谓的再生水。相应的技术称为中水技术。通常人们把自来水称为“上水”，把污水称为“下水”，而再生水的水质介于上水和下水之间,故名"中水"。经处理后的中水可用于厕所冲洗、园林灌溉、道路保洁、城市喷泉等。对于淡水资源缺乏、城市供水严重不足的缺水地区,采用中水技术,既能节约水源,又能使污水无害化,是防治水污染的重要途径,也是中国目前及将来长时间内重点推广的新技术、新工艺。中水水质必须满足卫生要求,满足人们感观要求,满足设备构造方面的要求,即水质不易引起设备、管道的严重腐蚀和结垢。中水回用系统按其供应的范围大小和规模的不同可分为四大类:(1)排水设施完善地区的单位建筑中水回用系统。(2)排水设施不完善地区的单位建筑中水回用系统。(3)小区域建筑群中水回用系统。(4)区域性建筑群中水回用系统。

【中水资源】(recycled water resource) 各种排水经处理后达到规定的水质标准、可在一定范围内重复使用的非饮用水资源。包括小区杂排水、雨水、污水处理厂出水、工业相对洁净排水等。中水主要用于城市工业冷却、城市河湖补水、城市清洁、冲厕、洗车、道路保洁、道路绿化等。由于中水是污水或废水经过处理后进行重复利用的,虽已经过消毒处理,仍可能会因为设计或运行不规范等原因而消毒不彻底,其水质与自来水有相当大的差别。因此,中水不能饮用、食用或用作其他与人体有密切接触的用途。在进行绿化、保洁等作业时,也应尽量避免与中水直接接触,或在接触后应注意冲洗干净。

【中庭庭园】(atrium courtyard) 建筑内部的庭院空间。其最大的特点是:形成具有位于建筑内部的"室外空间",是建筑设计中营造一种与外部空间既隔离又融合的特有形式,或者说是建筑内部环境分享外部自然环境的一种方式。中庭的应用可解决地下建筑固有的一些问题,诸如不良的心理反应、外部形象与特征不明显、观景与自然光线的限制、方向感差等。1976 年约翰·波特曼在亚特兰大海特摄政旅馆首次引入现代意义上的中庭建筑形式,之后世界范围内掀起了一股建造中庭的热潮。如今随着中国城市建设的迅速发展,中庭型建筑越来越多,中庭的形式和构造也越来越多样化。虽然中庭因其良好的空气品质、环境品质和突出的公共性改善了室内环境而因此深受人们欢迎,但若设计处理不当,可能会导致热环境不舒适等问题和增加能耗,会使火灾更快地蔓延到上面的楼层。

中庭庭园

【中脘】 中医穴位名。属任脉,胃的募穴,八会穴之一,腑会中脘。定位:在上腹部,前正中线上,当脐中上 4 寸。主治:胃痛,腹胀,恶心呕吐,反胃,肠鸣泄泻,纳呆,黄疸,便秘,虚劳吐血,喘促,头痛失眠,心悸,癫狂,惊风,产后血晕;急、慢性胃肠炎,消化性溃疡,胃下垂,肠梗阻,神经衰弱,高血压等。刺灸法:直刺 0.5~1 寸;艾炷灸 3~7 壮,或艾条灸 10~20min。孕妇慎用。现代研究:针刺中脘穴对胃肠功能有调整作用,对胃液分泌有一定作用。针刺中脘可使健康人的胃蠕动增强,表现为幽门立即开放,胃下缘轻度升高。

【中微子】(neutrino) 一种中型的轻子。是组成自然界的最基本的粒子之一。常用符号 ν 表示。中微子不带电。自旋为 1/2。质量非常轻(小于电子的百万分之一)。以接近光速运动。中微子是 1930 年德国物理学家泡利为了解释 β 衰变中能量似乎不守恒而提出的,20 世纪 50 年代才被实验观测到。中微子只参与非常微弱的弱相互作用,具有最强的穿透力。穿越地球直径那么厚的物质。在 100 亿个中微子中只有一个会与物质发生反应,因此中微子的检测非常困难。大多数粒子物理和核物理过程都伴随着中微子的产生,例如核反应堆中核裂变、太阳的核聚变、天然放射性、超新星爆发、宇宙射线等。宇宙中充斥着大量的中微子,大部分为宇宙大爆炸的残留,大约为每立方厘米 100 个。中微子的质量和磁矩尚未测到,大小未知,此外还有大量谜团尚未解开。中微子研究已成为粒子物理、天体物理、地球物理的交叉与热点学科。

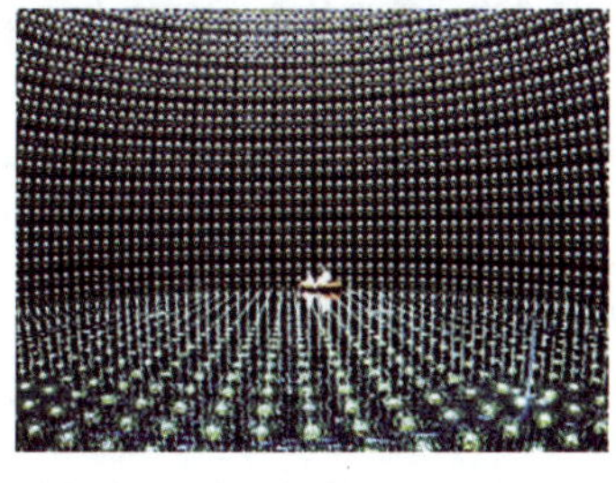
中微子

【中位数】(median) 把一组样本数据按由小到大排列后,位置处在最中间的数据。当数据个数 N 为奇数时,第(N+1)/2个数据就是中位数;当数据个数 N 为偶数时,第 N/2 个数据与第 N/2+1 个数据的算术平均值就是中位数 。中位数是统计学名词。在统计学和数据分析中有广泛的应用。它常常可以从总体上反映出一组数据在中等水平上的状况。与一组数据的算术平均值相比,可避免个别特殊数据对平均数的严重干扰,造成分析结果与真实情况的严重偏离。例如,在调查 100 位居民的收入时,只有少数居民的年收入超过千万,而多数居民的年收入只在三万左右。如果用平均数计算,结果可能大家都是百万富翁。如果采用中位数进行评估,肯定得到一个三万元左右的数字,较能反映多数居民的人状况。例如,1,2,3,6,7,8,9,50 的中位数是(6+7)/2 =6.5;而 2,3,3,4,5,7,8 的中位数是 4。

【中文信息处理】(Chinese information processing) 用计算机对中文进行转换、传输、存储、分析的学科。包括汉字信息处理和汉语信息处理两部分。前者是其关键和基础;后者是其高级阶段。在汉字输入的基础上,研究汉语的词汇、句法、语义、语境的自动处理问题。应用于中文信息检索、机器翻译、自然语言理解、汉语人机接口和问答系统等领域。

【中文信息检索】(Chinese information retrieval) 以中文文献为主要处理对象,对其结构化和非结构化数据及其多媒体信息进行储存、索引、查询和管理的方法和技术。快速、准确是信息检索的研究重点。其主要研究内容包括:信息检索的数学模型、文献处理、提问和词汇处理、实现技术、检索效率、标准化、扩展传统信息检索的范围等。在政府、高校和信息中心等部门广泛应用。

【中误差】(mean square error) 依据有限次观测计算方差的估计值,并以其平方根作为均方差的估计值。在相同测量条件下得到一组独立的观测误差 $\Delta_1,\Delta_2,\cdots,\Delta_n$,误差平方中数的平方根即为中误差。用 m 表示中误差,

$$m=\pm\sqrt{\frac{[\Delta\Delta]}{n}}$$

测量中常用 m 作为衡量精度的标准:m 小,观测精度高;m 大,观测精度低;m 相等,则表明测量条件相同,为等精度观测。

【中西药靶向给药系统】(Chinese and western drug targeted delivery system) 将中药或西药用不同的载体并定向用药的系统。能直接定位于靶区(靶器官、靶组织、靶细胞),使靶区药物浓度高于其他正常组织,从而提高疗效,降低不良反应。靶向给药按载体的不同可分为:脂质体、微粒、纳米粒、乳剂等;按靶向部位的不同可分为:肝靶向、肺靶向、脑靶向等制剂。

【中西医结合】(integration of traditional Chinese and Western medicine) 现代医学和传统医学两大医疗体系的互相结合。由于中西医学是在不同历史条件下、不同国度产生和发展的,受到不同国情、不同生产力水平、文化科学发展水平,以及当时哲学思想的影响,故而两大体系既有共性又有各自的特性。两者结合,能发挥各自的防病、治病优势。

【中心法则】(central dogma) 遗传信息在细胞内生物大分子之间转移的基本法则。是所有具有细胞结构的生物所遵循的法则。遗传信息的转移过程可分为:(1)DNA 的自我复制,这个过程有很多的酶参与其中。(2) DNA 通过转录将信息传递给 mRNA(信使核糖核酸)。(3)在真核生物中,mRNA 经过修饰(主要是剪切)后,从细胞核进入细胞质。(4)mRNA与核糖体结合,核糖体读取 mRNA 的信息并合成蛋白质。

【中心静脉压】(central venous pressure, CVP) 测定的位于胸腔内的上下腔静脉近心房入口处的压力。通常是经右侧颈内静脉或锁骨下静脉穿刺置入导管,导管深达第二肋间,约 8~12cm;也可选用左颈内静脉或肘静脉或股静脉。主要反映右心室对回心血量的排出能力,受心功能、静脉血管张力、静脉回流量、胸膜腔内压等因素影响。适用于严重脱水、休克、失血量多、心血管功能不全、手术复杂而时间长、术中有体液和血液大量丢失、手术本身可引起血流动力学显著变化、术中需施行血液稀释或控制性降压等病人的检查。

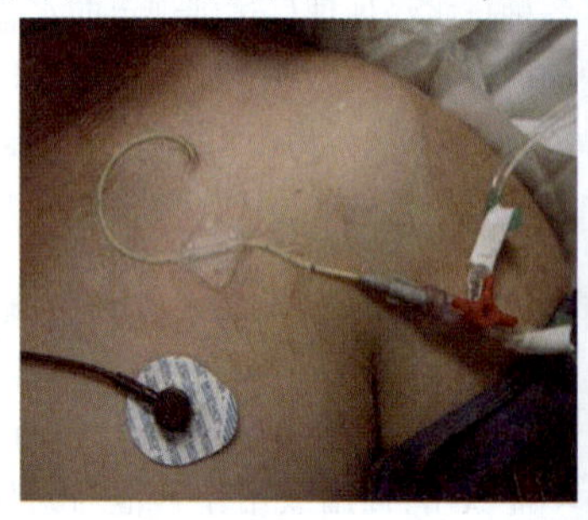
中心静脉压测定

【中心投影】(center projection) 投影方法的一种。取空间某一定点 S 为极点,连接极点和实体上任意点 A 的直线,与定平面 P 相交时所得到 A 的投影(a)。即 a 是 A 在平面 P 上的中心投影;S 称为投影中心或透视中心;直线 AS 称为投影线,P 称为投影面。

【中性点】(neutral point) 见中性点接地方式。

【中性点非有效接地系统】(system with non effectively earthed neutral) 又称小接地电流系统。中性点不接地,或经高值阻抗接地或谐振接地的系统。通常其系统的零序电抗与正序电抗的比值大于 3;零序电阻与正序电抗的比值大于 1。中性点非有效接地主要有不接地和经消弧线圈接地两种方式。前者又称为中性点绝缘。在这种电力系统中,中性点对地的电位偏移称为中性点位移,对系统绝缘的运行条件至为重要。后者即为防止单相接地时产生稳定或间歇性电弧而采取的减小接地电流

的措施,通常是在中性点与地之间接入消弧线圈。消弧线圈是一个具有铁芯的可调电感线圈,它的导线电阻很小,电抗很大。中性点经消弧线圈接地的电网又称为补偿电网。

【中性点接地方式】(dead earthed neutral point model) 又称中性点。电力系统中性点和大地之间的连接方式。电力系统中性点是三相电力系统中绕组或线圈采用星形接法的电力设备各相的连接对称点和电压平衡点。其对地电位在电力系统正常运行时为零或接近于零。电力系统中性点接地是一种工作接地。其目的是保证电力设备和整个电力系统在正常及故障状态下,具有适当的运行条件。中性点接地方式的选择是一个涉及电力系统中许多方面的综合性技术课题,对于电力系统设计与运行有着多方面的影响。在选择中性点接地方式时,应该考虑以下几个方面:(1)供电可靠性与故障范围。(2)绝缘水平与绝缘配合。(3)对继电保护的影响。(4)对通信与信号系统的干扰。(5)对系统稳定性的影响。中性点接地方式有不接地、经电阻接地、经电抗接地、经消弧线圈接地和直接接地等。按其特性的不同可分为有效接地系统和非有效接地系统两类。

【中性点绝缘配电系统】(distribution system insulated from earth) 变压器中性点与地绝缘的配电系统。当发生单相接地时,通过故障点的电流主要是电容性电流。当人体触及载流的导体或带电外壳时,受伤的程度主要取决于设备电压、变压器中性点是否接地、网络绝缘电阻及电容等。采用中性点绝缘配电系统的矿山电网的安全运行条件,主要取决于设备的电压、网络的绝缘电阻即电容的变化所引起的触电电流的变化。在中性点绝缘配电系统中,一般用零序电流互感器作为接地保护用。零序电流互感器套在三相电缆上,相当于是一个单匝贯穿式电流互感器,三相统包电力电缆可以视作电流互感器的一次绕组。正常运行时在零序电流互感器的铁心中不出现磁通,互感器的二次侧没有感应电动势产生,也就没有电流输出。当配出线的某一相出现接地故障时,在该相线路中流过一个对地电容电流,通过分析可知此电流为电网正常时对地电容电量的三倍。于是在零序电流互感器的铁心中有磁通产生,互感器二次即有电流输出,接地继电器动作,发出接地故障信号。

中性点绝缘配电系统

【中性点有效接地系统】(system with effectively earthed neutral) 又称大接地电流系统。中性点直接接地或经一低值阻抗接地的系统。通常其零序电抗与正序电抗的比值小于或等于3;零序电阻与正序电抗的比值小于或等于1。因在110kV以上的电力网中,变压器等电器的造价大约与其绝缘水平成正比,降低绝缘水平具有重大的经济意义。所以110kV以上的电力网都把中性点直接与地连接。这种系统的中性点的电位固定为地的电位,某一相与地之间的绝缘损坏时,该相的电源经过损坏处与地短接,形成单相短路。由于此时中性点的电位固定为零,非故障相对地电压不升高。这就大大降低了电力网的造价。中性点有效接地系统的优点是网络的电压等级愈高,其经济效益愈显著。

【中性粒细胞类白血病反应】(leukemoid reaction) 机体受某种因素刺激后导致外周血白细胞数显著增高或出现幼稚细胞的一种暂时性的白细胞增生反应。其临床特点是:(1)有明确的病因,如严重的感染、外伤、出血、溶血、恶性肿瘤及药物过敏等。(2)实验室检查白细胞可高达$30\times10^9/L$以上,以中性粒细胞为主。一般不伴贫血或血小板减少,周围血可见到幼稚粒细胞,成熟中性粒细胞往往有中毒颗粒和空泡;骨髓检查除显示粒系增生、左移及中毒性改变外,无白血病细胞、亦无染色体异常。(3)原发病经治疗去除后,血象随之恢复正常。

【中性树种】(neutral species) 介于喜光和耐阴树种之间的树种。随其树龄、环境条件的不同,表现出不同程度的偏喜光或偏耐阴特性。喜光树种是指那些只能在全光照条件下正常生长发育,不能忍耐庇荫,且在树冠下不能完成更新过程的树种;而耐阴树种则是指那些能忍耐庇荫,在树冠下可以正常更新的树种。

【中央处理器】(central processing unit, CPU) 具有运算器和控制器功能的大规模集成电路。在计算机中起着最重要的作用,是计算机的心脏,构成了计算机系统的控制中心,可对各部件进行统一协调和控制。由逻辑运算单元、控制单元

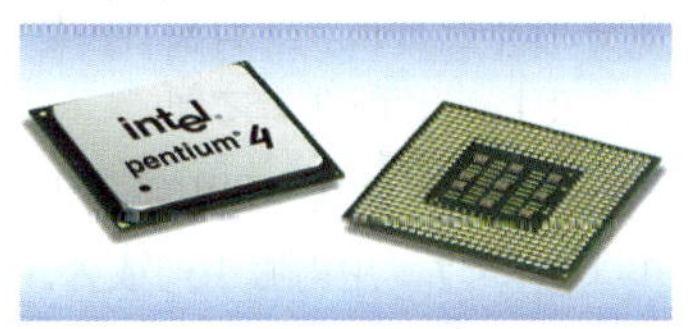

中央处理器

和存储单元组成。1971 年第一个四位微处理器芯片 Intel 4004 问世,随后迅速发展。现今已广泛应用。

【中性温度】(neutral temperature) 温度适中的环境温度。人都有最适宜环境温度,医学上称“中性温度”。成人的中性温度为 25～28℃。人在中性温度的环境中,能维持正常的核心温度(体温),基础代谢率最低;皮肤蒸发、散热最低。也就是人的氧消耗最低,是人的最舒适温度。中性温度对新生婴儿非常重要,因体温中枢发育不完全皮下脂肪薄,体表面积相对大,皮肤角化层差,易散热。(故中性温度的控制高低,可造成新生儿严重的疾病,甚至死亡)。胎儿在宫内是恒温,大约是 37.2～37.7℃,生后半小时核心温度下降2～3℃。足月正常新生儿中性温度为 33～35℃。早产儿由于棕色脂肪细胞少,产热能力差,环境温度低,可造成婴儿体温不升。由于早产儿汗腺发育不全,环境温度太高可发生体温升高,引发脱水热。所以新生儿的中性温度以体重、胎龄、出生日龄的不同而不同。日龄、胎龄越小则中性温度越高。如体重 1 000g 新生儿重症监护室,出生时中性温度 35℃,10 天后 34℃,3 周后 33℃,5 周后 32℃;而足月新生儿体重 > 2 500g新生儿重症监护室,出生 2 天内 33℃,2 天后 32℃。

【中性岩】(intermediate) 在全碱－二氧化硅分类中指 SiO_2 含量介于 52% ～63% 的一类岩石。火成岩的一个大类。深色矿物含量在 30% 左右。主要矿物成分为角闪石和中性斜长石,可以含有少量石英,色深灰。常见的中性岩:深成岩为闪长岩、石英闪长岩;浅成岩为闪长玢岩、石英闪长玢岩;火山岩为安山岩。与其有关的矿产为铁、铜等多种黑色金属和有色金属。正长岩、粗面岩类从二氧化硅含量看,也可作为中性岩类,但其矿物成分中钾长石和酸性斜长石占岩石总量的四分之三,处在中性岩和酸性岩之间。

中性岩

【中药避孕】(contraception by Chinese medicine) 用内服中药或外用中药达到避孕目的的方法。若达到终生不孕称为绝育,亦名断产、断子、绝胎。《本草纲目》:“马槟榔核仁,欲断产者常嚼二枚,久则子宫寒冷不孕。”又“故蚕纸烧末酒下,终身不孕。”《医林辑要》以零陵香为末,酒服二钱,云能绝育一年。

【中药不良反应】(adverse reaction of traditional Chinese medicine) 合格的中药在正常用法用量下出现的与用药目的无关的或意外的有害反应。其类型主要有副作用和毒性反应。前者指在治疗剂量下,伴随药物疗效而发生的与防治目的无关的意外有害作用;后者是指药物引起生理生化机能异常和病理改变,甚至危及生命。毒性反应可在体内各系统发生。其临床症状表现是:消化系统表现为恶心、呕吐、腹泻、便血、黄疸等;神经系统表现为眩晕、头痛、惊厥、抽搐、呼吸抑制等;心血管系统表现为心悸、胸闷、心律不齐等;造血系统表现为白细胞缺乏、溶血性贫血、血小板减少性紫癜及再生障碍性贫血等。

【中药流产】(abortion by Chinese medicine) 在妊娠三个月以内,以内服中药或外用中药达到流产的目的的方法。汪嘉谟《胎产辑萃》:“妊娠羸弱或挟疾病,脏腑虚损,气血枯竭,既不能养胎,致胎动而不牢固,终不能安者则可下之,免害妊妇,方用牛膝汤(牛膝、川芎、朴硝、蒲黄、当归、桂心)。”根心堂主人《坤道指南》打胎方:“归尾、红花、丹皮、附子、大黄、桃仁、官桂、莪术各五钱,白醋糊为丸,每服三钱,黄昏一付,半夜一付,五更一付,或一付即下,不必再服。”

【中药现代化】(modernization of traditional Chinese medicine) 将传统中医药的优势、特色与现代科学技术相结合,按照国际认可的药品标准规范对中药进行研究、开发、生产、管理,以适应当代社会发展需求的过程。即以中医药理论和经验为基础,借鉴国际上通行的医药标准和规范,运用现代科学技术对中药进行研究、开发、生产、经营和监督管理。其目的是将传统中药开发成为具有“三效”(高效、速效、长效)、“三小”(剂量小、毒性小、不良反应小)和“三便”(便于储藏、便于携带、便于服用)的现代中药和天然药物。其发展趋势是数字化中药,即在现代计算机技术、网络技术和现代测试技术的支持下,根据中药成分的结构、含量等多项特征进行数字

中药数字化测定

化测试,以期用定量科学的数字化方法,解释传统的中医药理论。

【中药现代剂型】(Chinese modern medicine formulations) 中药制剂在吸取西方医药技术和现代科学理论之后而研制出的现代新剂型。随着制药工业和新药开发的不断进展,中国中药制剂水平已从传统经验型逐步上升到科学制药水平,现代制药设备的引进和新技术的应用,使一批现代中药新剂型显现。如中药注射剂、滴丸剂、膜剂、软胶囊、气雾剂、中药袋泡剂、贴膜剂、微囊制剂、脂质体制剂、栓剂、长效制剂、速效制剂等。为了增强竞争力,中药必须借鉴现代科学技术的发展,按照对传统医药"安全、有效、稳定、均一、经济"的要求,在疗效和剂型方面实现"三小(剂量小、毒性小、副作用小)、三效(高效、速效、长效)、五方便(生产、运输、服用、携带、储藏)"。

【中药的药物代谢动力学】(pharmacokinetics research of traditional Chinese medicine) 又称中药药代动力学。借助于动力学原理,研究中药活性成分、组分、中药单方和复方在体内吸收、分布、代谢和排泄的动态变化规律及其体内时量-时效关系,并用数学函数加以定量描述的一门边缘学科。药物进入体内后,经过吸收入血液,并随血流透过生物膜进入靶组织与受体结合,从而产生药理作用,作用结束后,还须从体内消除。通过建立数学模型,求算相应的药物代谢动力学参数后,可以对药物在体内过程进行预测。中药药代动力学通过探讨中药在体内发生的代谢或者生物转化途径,进一步确证代谢产物的结构,研究代谢产物的药效或者毒性,从而发现生物活性更高、更安全的新药。

【中药药效学】(pharmacodynamics of Chinese medicine) 研究中药对机体作用规律,即阐明中药对机体的作用及作用原理的学科。中医学传统重视的是临床,辨证施治,最主要的是四气五味。中药基本作用是祛除病邪,消除病因,增强机体抗病能力,调整阴阳之平衡,促进气血运行,恢复脏腑协调功能,使机体恢复至正常状态。中药药效学研究,应遵循中医药理论,运用现代科学方法,制定具有中医药特点的试验方案,根据中药的功用主治,选用或建立与中医"证"或"病"相符或相近似的动物模型和试验方法,对中药的有效性做出科学的评价。

【中药饮片】(decocting pieces) 可直接用于中医临床的一种中成药。中药材按中医药理论、中药炮制方法,经过加工炮制处理后制成的片、块或段等形状的中成药,可直接饮用。

【中药质量标准】(quality standard of Chinese material medical) 根据药品质量标准的要求所制定的符合中药特点、控制中药质量的技术规范。是对中药质量及其检验方法所作的技术规定。用于指导中药生产、经营、使用、检验和监督管理部门的法定依据。中药饮片质量标准是对饮片内在质量的真实性、纯净度和品质优良程度所做的技术规定。每种中药饮片均应有相应的质量标准,这不仅是保证中医临床疗效的关键,也对中药饮片打入国际市场有着重要作用。中药制剂质量标准必须在处方固定和原料质量、制备工艺稳定的前提下方可拟定质量标准草案,质量标准应确实反映和控制最终产品的质量。

【中医护理学】(science of nursing of traditional Chinese medicine) 在中医药理论体系指导下,应用整体观念的理念、辨证施护的方法、传统的护理技术,指导临床护理、预防、保健、康复的一门应用学科。其任务是:预防疾病、维护健康;既病防变,控制病情;病后调护,促进健康;积极养护,以防复发;适度锻炼,养生防病。

【中医时间医学】(timing of Chinese medicine) 中医以时辰作为计时标准,研究疾病发生、发展、转归及治疗与时间之间关系的学科。观察脏腑、经络的活动时间节律,如肺心病多死于冬季,肝经病多死于春季,心经病多死于夏季。在治疗方面,中医讲究"春夏养阳,秋冬养阴"。用药的效果与时辰或季节有一定的关系。有的研究者在"夏至"开始给慢性支气管炎患者服加味右归丸,取得良好的效果。子午流注针法被认为是最有特色的时间治疗学内容。在子午流注针法对心输出量和心排出量的影响实验中,运用肢体血流图为指标,发现按时开穴针刺较随机取穴能显著使舒张期延长,心率减慢,说明时间医学是有一定科学性的。

【中医整体观念】(holism of Chinese medicine) 中医学中关于人体本身的统一性、完整性及其与环境密切联系的思想。中医理论认为任何事物都是一个整体的一种观念。事物内部的各个部分是相互联系不可分割的,事物和事物之间也有密切的联系,整个宇宙是个大的整体。从这一观念出发,中医认为人体是一个有机的整体,人体的结构互相联系不可分割。人体的各种功能互相协调,彼此为用,在患病时体内的各部分亦互相影响。同时,中医认为人和环境之间互相影响,是一对不可分割的整体。整体观念是中医的一种思想方法,贯穿于中医的生理、病理、诊法、辨证、养生和治疗等所有的领域。

【中医治则治法】(therapeutic principle and

method of Chinese medicine） 中医在治疗疾病时所必须遵守的总法则和针对征候的具体治疗方法。治则是指中医治疗疾病的准则，包括治病求本、早治防变、调整阴阳、扶正祛邪、三因制宜、调理气血、调治脏腑等内容。治法是根据治则所采用的温法、汗法、清法、下法、和法、补法、消法、吐法等治疗方法。近年来，治则理论的主要进展，是提出治疗温病不能拘泥于“卫之后方言气，营之后方言血”、“到气才可清气”的顺应疗法及当先证而治，截断扭转的原则。即重用清热解毒，抑制病原，使病程阻断或缩短，并早用苦寒攻下，迅速排出邪热瘟毒，及时凉血化淤。治则的某些提法，现仍存在争议。

【中子】（neutron） 原子核内不带电荷的组成粒子。查德威克实验确定，其质量为 1.67×10^{-27}kg，比质子的质量稍大。自由中子是不稳定的粒子，可通过弱作用衰变为质子。中子是组成原子核不可缺少的成分。虽然原子的化学性质是由核内的质子数目确定的，但是如果没有中子，由于带正电荷质子间的排斥力，就不可能构成除氢之外的其他元素。对于质子数一定的原子核，中子数可以在一定范围内取几种不同的值，形成一个元素的不同同位素。中子包含两个具有 -1/3 电荷的下夸克和一个具有 +2/3 电荷的上夸克，其总电荷为零。

【中子弹】（neutron bomb） 一种以高能中子辐射为主要杀伤因素、冲击波和光辐射效应相对较弱的特殊性能核武器。具有很强的辐射穿透力，能有效地杀伤坦克和地面建筑物中的人员。同时可大幅度减少非直接攻击目标的连带毁伤。

中子弹

【中子嬗变掺杂硅单晶】（monocrystalline silicon from neutral tansmutation） 采用中子嬗变掺杂技术制备的硅单晶。其特点是：电阻率高，掺杂均匀，径向电阻率分布均匀和可以避免常规掺杂时杂质条纹的产生。广泛用于制备电力电子器件等领域，如用于制造硅靶摄像管、射线探测器、静电感应晶体管、静电感应晶闸管、绝缘栅双极晶体管等。

【中子星】（neutron star） 一种比白矮星密度更大、主要由中子及少量质子、电子组成的超密恒星。其质量的下限为太阳的10%，上限为太阳的150% ~ 200%。半径为 10 ~ 20km。平均密度为 1×10^{11} ~ 1×10^{15} g/cm³。中子星磁场强度大，中心温度高，自转很快，可发出强烈的无线电脉冲，脉冲周期即自转周期。其成因是高温高压下外围电子有足够能量进入原子核，与质子合成中子。

中子星

【终毒物】（ultimatetoxicant） 外源化学物质可直接与内源性靶分子反应并造成机体损害时的化学形态。是外源化学物质引起毒作用的关键。大致有三种情况：(1)外源化学物质本身就是终毒物。如强酸、强碱、尼古丁、氨基糖苷类、环氧乙烷、异氰酸甲酯、重金属离子、氰化氢、一氧化碳和蛇毒等。(2)外源化学物质本身相对无毒性，经体内的代谢活化后，毒性增强，转为终毒物。如由乙二醇形成的草酸可引起酸中毒和低血钙，并可因草酸钙沉淀而导致肾小管阻塞。(3)外源化学物质经某种代谢过程激发了内源性毒物的产生。如氧自由基爆发，脂质过氧化物大量蓄积等。

【终端能源】（final energy） 经过输送和分配、在各种用能设备中使用并最终贬值为无用能的能源。是消费者最终消耗的能源，如供居民供热、制冷的电力、煤炭和天然气等。

【终端设备】（terminal device） 通过通信线路或数据传输线路向计算机发送数据或信息及接收计算机输出的数据或信息的设备。终端通常设置在便于用户使用的地方，距计算机可近可远。与计算机较近时，可直接连接；距离较远时，可借助计算机网络连接。终端的品种繁多。按其用途的不同可分为通用终端和专用终端两种。作为计算机的输入输出设备，应用十分广泛。

【终身教育】（lifelong education） 又称继续教育。狭义的是指已在学校毕业参加工作的科技人员，再返回学校学习或进行其他形式的进修。广义的是指对于一个人的整个一生所进行的教育。终身教育思想产生于20世纪60年代的欧洲，现在已成为国际上的一种教育思潮。其直接推动者是联合国教科文组织。其重要的代表人物之一是法国的格朗。他在其著作《终身教育引论》中提出了五条基本原理：(1)要防止知识老化，保持教育的连续性。(2)要使教育计划和方法同各国特殊的、独自的目标相适应。(3)要在教育的一切阶段上，面向不断发生变革的生活，培养活生生的人才。(4)要冲决传统教育所沿袭的观念和制度，采取各种有效的方式和方法进行教育。(5)要采取各种技术的、政治的和行政的措施,动员和争取各行各业都要参与教育。

【终轧温度】(finishing temperature) 在轧制过程中轧件进入最后道次轧制或最后轧制阶段时轧件的温度。对产量和质量都有重要影响。终轧温度过低,塑性降低,变形抗力增高,容易出现表面缺陷。终轧温度过高,钢的实际晶粒度增大,力学性能降低。终轧温度的确定要考虑设备能力,轧件的化学成分、形状及尺寸大小,避免晶粒长大以及带状碳化物或网状碳化物的产生。

【终值】(future value) 资金发生在某一特定时间序列终点上的价值。其含义是指期初投入或产出的资金转换为计算期末的期终值,即期末本利和的价值。

【钟鼓楼】(clock tower) 钟楼和鼓楼的合称。中国古代司时的公共性楼阁建筑。据史书记载汉代已有“天明击鼓催人起,入夜鸣钟催人息”的晨鼓暮钟制度。唐朝都城长安在宫城正门承天门上设置钟鼓,作为全城的司时中心,早晚根据承天门的钟鼓声开启各坊门、宫门。元代在大都城(今北京)宫城之北建了钟楼和鼓楼。钟鼓楼有两种,一种建于宫廷内,一种建于城市中心,多为两层建筑。宫廷中的钟鼓楼始于隋代,止于明代。它除报时外,还作为朝会时节制礼仪之用。城市中的钟鼓楼为专用报时建筑。建于明洪武年间的西安钟楼鼓楼是现存最古老的阁式建筑。此外,唐代寺庙内也设钟和鼓,元、明时期钟楼、鼓楼相对而建,专供佛事之用。

钟鼓楼

【肿瘤标志】(tumor marker) 识别肿瘤的明显标志。主要指由癌细胞分泌脱落到体液及组织中的物质,或是机体对肿瘤发生反应产生并进入到其中的物质。这些与肿瘤相关的物质称为肿瘤标志。其特点有:(1)敏感性高,能早期测出所在的肿瘤。(2)特异性好,能鉴别肿瘤和非肿瘤患者,准确率基本达 100%。(3)有器官特异性,能对肿瘤定位。(4)血清中浓度与瘤体大小、临床分期相关,可用以判断预后。(5)半衰期短,能反映肿瘤的动态变化、监测治疗效果、复发和转移。(6)测定方法精密度、准确性高,操作简便,试剂盒价廉。标志物包括:肿瘤相关抗原类、蛋白类、酶类、多肽激素类、癌基因及产物类、神经介质类。

【肿瘤二级预防】(secondary prevention of cancer) 又称临床前预防、“三早”。消除疾病于萌芽时,对潜在或隐匿的肿瘤采取“三早”措施,以期根治疾病于初发时的预防措施。其医护人员的作用是:(1)了解机体各部位潜在癌症的警告信号,并向健康人群宣传有关知识。(2)指导人们如何进行自我监测、自我查体。(3)说明有轻微症状的病人应积极就医,并定期随访。(4)对恐癌症患者耐心解释,同时宣传肿瘤知识。(5)对高危人群定期随访,并宣传“三早”的重要性。

【肿瘤干细胞】(tumor stem cell) 肿瘤组织中占很小比例且具有干细胞样能力的肿瘤细胞亚群。其特点是:能够无限增殖、自我更新和多向分化。一个肿瘤干细胞能够产生整个肿瘤组织的(处于不同分化阶段的)所有肿瘤细胞,因而被认为是肿瘤产生的根源,又是肿瘤治疗的靶点。它与正常干细胞的区别是:(1)正常干细胞的自我更新具有反馈机制,增殖和分化处于平衡状态,是有序的。而肿瘤干细胞这一调节机制并不存在,其增殖分化是无序的,失控的。(2)肿瘤干细胞不具有分化为成熟细胞的能力,其分化程序异常,这与有正常分化程序的干细胞有着本质区别。(3)肿瘤干细胞倾向于积累复制错误,而正常干细胞的发育机制要防止这种现象的出现。

【肿瘤姑息性手术】(cancer palliative surgery) 当对肿瘤的原发病灶或其转移性病灶的切除达不到根治目的时,为了防止其危害患者的生命及对机体功能造成的不良影响,和消除某些不能耐受的症状所采用的手术方法。或用某一简单的手术,暂时防止和解除一些可能发生的症状,而提高生存质量。如消化道肿瘤的姑息性切除或改道手术,可以解除肿瘤的出血,防止空腔脏器的穿孔,防止消化道的梗阻以及肿瘤引起的疼痛。不能进食时可作胃造瘘或空肠造瘘等以维持营养,从而为进一步治疗创造条件。有时肿瘤的体积较大,手术治疗已不能达到根治的目的,但可对原发病灶作大部分切除,以利于其他治疗方法来控制手术后所残存的瘤细胞,此为减积手术。临床上适于作减积手术的肿瘤有卵巢肿瘤、软组织肉瘤等。

【肿瘤坏死因子】(tumor necrosis factor, TNF) 能引起肿瘤组织出血坏死的细胞因子。根据来源与结构的不同可分为 TNF - α 和 TNF - β 两种类型。它们具有相同的结合受体,有抗肿瘤作用,也是重要的致炎因子和免疫调节因子。其生物效应是:(1)对多种肿瘤细胞均有杀伤或抑制作用,其敏感性因肿瘤细胞类型而异。(2)呈剂量依赖性地抑制病毒介导的细胞病变的发展。(3)能够增强T细胞产生以IL-2为主的淋巴因子,提高IL-2R的表达水平,促进T、B淋巴细胞的增殖、分化和产生抗体。能够诱导单核-巨噬细胞系统的前体细胞分化,增加其吞噬能力和氧化代谢水平,促使骨髓释放中性粒细胞和巨噬细胞。(4)对中性粒细胞和单核细胞有趋化作用,可使之活化和脱颗粒,释放炎症介质。能启动凝血过程,引起小血管阻塞,造成局部组织血液供给中断和出血坏死。(5)可刺激成骨细胞内的碱性磷酸酶活性,促进软骨细胞进行软骨更新。肿瘤坏死因子的不良反应包括发热、头痛、恶心、呕吐、全身倦怠、肌肉酸痛等。高剂量时可导致休克、肾功能不全等。与其他具有肿瘤抑制作用的细胞因子或某些抗肿瘤药物联合应用,既可减少各种药物的用量、降低毒副作用,又可提高疗效。

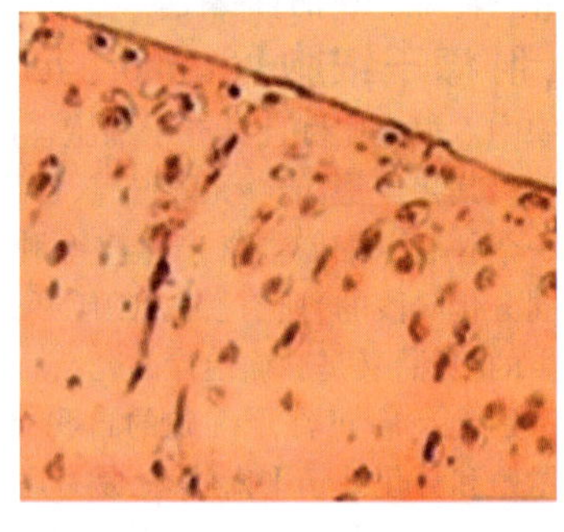
肿瘤坏死因子

【肿瘤近期疗效】(term effect of tumor) 抗肿瘤治疗后肿瘤缩小的程度及肿瘤退缩后维持的时间。根据WHO(世界卫生组织)的癌治疗客观效果判定标准,按治疗后肿瘤大小变化的不同可将疗效分为:完全缓解、部分缓解、无变化、恶化。(1)完全缓解(CR)。肿瘤病变完全消失并至少维持4周以上。(2)部分缓解(PR)。肿瘤病灶的最大径及其最大垂直径(两径)的乘积减少50%以上,并维持4周以上,无新的病变出现。(3)无变化(NC)。肿瘤病灶的两径乘积缩小50%以下或增大25%以下,无新的病变出现。(4)恶化(PD)。肿瘤病灶的两径乘积增大25%以上或出现新病灶。其疗效结果的表达方式有:(1)完全缓解率(CR率)。为达到CR的例数占可估价例数的百分比。可估价的例数为治疗的总例数减去治疗中断或死于其他疾病或失访的例数后所得的差。(2)部分缓解率(PR率)。为部分缓解的例数占可估价例数的百分比。(3)有效率(缓解率)。CR率与PR率之和。(4)缓解期和中位缓解期。从出现缓解到复发或增大所持续的时间,称为缓解期;中位缓解期为将不同缓解期从小到大排列,最后得到的居中数值。

【肿瘤浸润】(tumor-infiltrating) 肿瘤物质或细胞在质或量方面异常地分布于组织间隙的现象。是恶性实体瘤的生长特征之一,是肿瘤转移的前奏。是肿瘤细胞粘连、酶降解、移动、基质内增殖等一系列过程的表现。其特点是:(1)组织浸润。一般都在基质中压力最小处增殖生长,即所谓“直接播散”。(2)淋巴管渗透。沿淋巴管连续生长蔓延,进而导致肿瘤的淋巴道转移。(3)血管渗透。指肿瘤细胞侵入局部毛细血管或小静脉后沿血管管壁生长蔓延。比较常见。(4)浆膜及黏膜面蔓延。由于肿瘤发生浸润会直接影响治疗和预后,因此,应十分重视肿瘤的显微镜下浸润。病理医师必须对此详细报告,以引起临床医师治疗上的考虑与警惕。

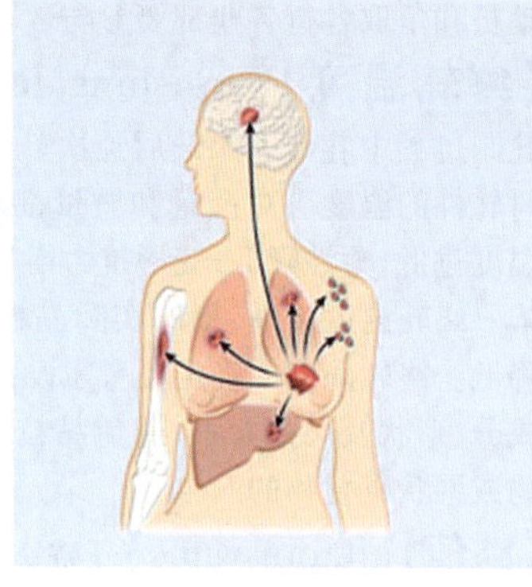
肿瘤浸润

【肿瘤临床试验第1期】(phase Ⅰ cancer clinical trial) 研究病人对药物耐受性、药物的药理作用和抗肿瘤作用的临床药理学实验研究。在对药物耐受性研究中确定人对药物的最大耐受剂量(MTD)、受剂量限制的毒性、毒性的可恢复性以及适宜的给药方案;药理研究中包括药物生物利用度、药物生物转化、血浆清除和排泄等药物代谢动力学方面的研究。大多数新的抗肿瘤药物的临床试用剂量,是根据临床前药理研究所提供的。目前已较多地采用1/10小鼠LD_{10}剂量作为临床第1期试验的推荐剂量,观察2~4周,再适当增加剂量,直至MTD。为防止蓄积性毒性,不宜在同一病人身上递增药物剂量,一般需要受试对象为20~30例。病例选择的标准是经病理确定诊断的晚期恶性肿瘤患者,并对常规(标准)治疗不再有效,一般状况好,仍保留能够评价毒副反应的脏器功能,如骨髓、肝、肾和心脏功能完好。由于以骨髓功能作为主要毒副作用的指标,故不宜选用白血病患者。

【肿瘤临床试验第2期】(phase Ⅱ cancer clinical trial) 根据第1期已确定的剂量,对常见的人体肿瘤筛选系列,进行临床试验,以确定药物的抗瘤谱、疗效、疗效与剂量关系以及疗程与毒副作用的关系的药物抗肿瘤作用的试验阶段。无论第1期临床试验有无抗肿瘤作用,只要毒副作用可以耐受,都应进行本期的研究。受试对象应选择经病理确立诊断的晚期肿瘤病人,且其一般状况好,主要脏器都能耐受相当大的剂量。评价疗效的标准是以肿瘤大小的变化和病人生存期为客观疗效指标,不用生存率来评价疗效。根据中国对新药临床试验的要求,该期所需总的病例数应在300例以上,其中主要病种不少于100例,某一被试肿瘤至少15~30例。

【肿瘤临床试验第3期】(phase Ⅲ cancer clinical trial) 又称临床比较试验期。将受试药与常规标准治疗药物进行比较,以确定新药的临床使用价值,同时也可进行联合用药的研究,通过协作组进行更广泛的临床观察临床药理研究。是临床试验第2期研究的深入和继续。其疗效的评价不仅包括有效率、中位有效时间,也包括生存时间及生存率。病例选择条件与第2期相同,研究的病例数取决于两方面因素:(1)若预期试验组的疗效数据与对照组的差值较大,则受试的例数可较少,反之则较大。(2)如各组本身的有效数据的误差大,则需要的例数多,反之则少。

【肿瘤临床试验第4期】(phase Ⅳ cancer clinical trial) 通过前瞻性随机对照研究,继续观察抗肿瘤药物的抗瘤谱、疗效与毒副作用,并与手术治疗、放射治疗或免疫治疗等不同治疗方法进行综合研究,以确定药物在综合治疗中的价值的临床药物研究。毒副作用研究可进一步观察长期毒副反应,如第2肿瘤的发生、不育症和骨髓再生不良等。本期研究也适用于抗肿瘤药物以外的综合治疗。大多要有较大的协作组,才有可能在较短的同一时期内得到足够的病例数供试验。

【肿瘤免疫学】(tumor Immunology) 免疫学的一个分支。利用免疫学的理论和方法,研究肿瘤的抗原性、机体的免疫功能与肿瘤发生、发展的相互关系、机体对肿瘤的免疫应答及其抗肿瘤免疫的机制、肿瘤的免疫诊断和免疫防治的学科。其主要研究内容包括:(1)肿瘤抗原。(2)对肿瘤的免疫应答。(3)肿瘤的免疫诊断。(4)肿瘤的免疫治疗。

【肿瘤三级预防】(tertiary prevention of cancer) 又称临床预防、康复性预防。防止疾病恶化,防止残废的预防措施。医护人员的作用是:(1)协助医生尽早确立最佳诊疗方案。(2)及时排除治疗中发生的不良反应。(3)尽量减少功能损害并尽快恢复机体功能。(4)指导病人如何提高生命质量,正确地面对人生。

【肿瘤时辰疗法】(tumor chronotherapy) 根据人体昼夜节律,以及肿瘤细胞在昼夜不同时间生长特性的差异而制定的肿瘤治疗方案。可以提高对肿瘤治疗的疗效,降低副作用。早在1960年就已经开始肿瘤时辰疗法的研究,但一直进展缓慢,主要原因是缺乏肿瘤时辰疗法与昼夜节律相互关系的直接证据。近十年来的研究表明,昼夜节律不仅能抑制肿瘤的发展进程,还与临床患者的预后密切相关,有可能成为肿瘤治疗的新指标。

【肿瘤细胞】(tumour cell) 又称癌细胞。通常指那些引发肿瘤的恶性细胞,而非附着生长的正常细胞。广义的还包括形成肿瘤的转化细胞。肿瘤细胞有三个显著特征:不死性、迁移性和失去接触抑制。此外,肿瘤细胞还有许多不同于正常细胞的生理、生化和形态特征。肿瘤细胞的培养是研究癌变机制、抗肿瘤药物的敏感性、肿瘤细胞分子生物学特性的重要手段。肿瘤的形成往往涉及多基因突变,需要较长时间发展。肿瘤治疗的常规方法有手术、放疗和化疗三种:(1)手术切除肿瘤的治愈率,取决于肿瘤的位置、大小和性质。(2)放疗就是用放射线杀死肿瘤细胞,但也会杀伤正常的细胞。(3)化疗主要是使用DNA合成抑制剂或细胞分裂抑制剂之类来抑制肿瘤细胞,同样会杀伤正常细胞而引起副作用。目前还有一些新的治疗措施正在研究之中,如抑制血管生成、促进肿瘤细胞分化、免疫治疗、基因治疗等。

【肿瘤细胞动力学】(dynamics of tumor cell) 研究肿瘤细胞在细胞总数、细胞成分方面变动规律的一门学科。肿瘤要增大,肿瘤细胞就必须分裂增殖。一次分裂结束到下一次分裂结束的时间,称为细胞周期(Tc)。细胞周期分为G_1、S、G_2、M等四期。每期都有不同的生化活动。在S期,细胞合成DNA,使DNA含量增加1倍。DNA是控制细胞增殖及代谢的基因的主要成分,因此也是不少化疗药作用的主要对象。在G_2期,肿瘤细胞以S期合成的DNA为模板转录合成RNA,再翻译合成蛋白质。以后细胞进入M期,发生有丝分裂,生成两个含有全部遗传信息的子细胞。在G_1期,刚分裂出来的子细胞合成RNA及蛋白质,并为S期合成DNA作准备。不同增殖期肿瘤细胞对化疗和放疗的敏感性不同。S期细胞对细胞周期特异性药物敏感性较强,而M、G_1、G_2期细胞对细胞周期非特异性药物及放疗较敏感。如果细胞缺少营养或机体受免疫抑制,肿瘤细胞可暂时停留于延长的G_1期,即静止状态的G_0期。除细胞周期非特异性药物外,其他化疗药对G_0期细胞杀伤作用不大。当肿瘤呈指数生长时,较多肿瘤细胞处于S期,生长缓慢后,较多细胞处于G_1期或G_0期,对化疗更不敏感。一个肿瘤群体内,既然包括不同增殖期的肿瘤细胞,这就为作用于不同增殖期化疗药物的联合治疗提供了理论根据。

【肿瘤一级预防】(the prevention of cancera) 又称病因预防。预防肿瘤发生的措施。其护理人员的任务是:(1)了解肿瘤发生的可能病因和危险因素。(2)向社会提倡大卫生观念,针对化学、物理、生物等具有致癌、促癌因子和体内外致病条件,向有关部门提出治理“三废”、保护环境的有效措施。(3)向健康群体宣传合理饮食、适宜锻炼、去除陋习、保持健康等有关知识。(4)指导高危人群的自我防护、减少接触致癌因子,并定期给予检查。

【肿瘤远期疗效】(long-term effect of tumor) 抗肿瘤治疗后生存时间与生存质量的观察。为一种非直接的观察指标。相应的指标有:(1)平均生存期。一组病例经某种治疗方式治疗后,估价各例数的生存时间,再除以可估价的总列数所得之商。(2)中位生存期。一组病例经某种治疗方式治疗后,估价各例数的生存时间不相同,按生存时间数值的大小顺序排列,求居中的一中位数值。(3)生存率。在临床试验第3、4期研究中,延长生命效果的百分数即生存率。从治疗起始日期计算,常以1年生存率、2年生存率、3年生存率、5年生存率及10年生存率等来表示。

【肿瘤转移】(metastasis) 恶性肿瘤细胞脱离其原发部位,通过各种渠道转运到不连续的靶组织继续增殖生长,形成同样性质肿瘤的过程。原有的肿瘤称“原发瘤”,新形成的肿瘤称为“继发瘤”或“转移瘤”。是恶性肿瘤的特点之一。包含脱离、转运和生长三个主要环节。肿瘤浸润和肿瘤转移是互有关系的不同病理过程。肿瘤浸润是肿瘤转移的前提,但不等于一定发生转移,然而肿瘤转移必定包含一个浸润的过程。其一般特征是:转移瘤与原发瘤相隔一定距离,即不具连续性。藉此可与肿瘤浸润导致的直接蔓延相区别。多数情况下转移瘤呈多个,罹及的淋巴结往往由近及远,顺次发展。血道转移者受累器官多表现为分散的、近包膜的球形结节。多数转移瘤保留其原发瘤的生物学特性,藉此可对其进行追索。转移瘤往往比原发瘤有更强的生长特性。肿瘤转移与肿瘤细胞本身的生物学特性有一定关系。不同类型的肿瘤其转移途径的倾向性也不同。一般来讲,癌多发生淋巴道转移,肉瘤多循血道转移,有些肿瘤尚有一定的器官转移倾向性。其类型有:(1)淋巴道转移。是癌的常见转移途径。循淋巴道转移的肿瘤以癌为多见,尤其是胃、胰、肺、乳腺、结肠、鼻咽等部位的癌肿。(2)血道转移。凡恶性肿瘤与血管关系密切,间质中含较多薄壁血管或血窦的容易发生血道转移。大多数肉瘤、肝癌、肾癌等多循血道转移。血道转移多在被转移的器官中形成多个、体积大致相仿、球形的结节,并倾向于在器官的边缘部生长。(3)种植性转移。指除淋巴道、血道以外的另一种恶性肿瘤转移途径,导致浆膜面、黏膜面或其他处转移瘤的生长。以腹膜为最常见,其次为胸膜、蛛网膜下腔。

【种畜】(breeding stock) 用作繁殖后代的公母畜。是畜牧业生产的重要生产资料。种畜品质的优劣,直接影响到畜牧业生产,因此要严格选择。其主要考察内容是:(1)体型、外貌、生长发育情况以及生产性能。(2)了解其祖先3~5代的情况,避免近亲繁殖。(3)考察其后代,以便了解它的遗传性能。种畜在生产性能、遗传品质、适应性等方面都应该是优良的。

种牛

【种畜场】(breeding stock farm) 改良、培育和繁殖推广优良种畜的基地。在建场前应有明确的经营方向和育种计划。在场址选择、场区规划、建筑物布局和防疫卫生上较商品牧场有更高的要求,对交通运输方便与否则属次要。需要有完善的饲养管理措施和成熟的育种技术,并建立严格的档案制度。对每头家畜进行编号和作各种记录,并有种畜卡片。在立档的基础上把畜群分为核心群、基本群和淘汰群。核心群的后裔是全畜群后备畜的主要来源;淘汰群可直接用于生产畜产品;基本群的数量最多,主要用于生产种用商品家畜。一般采用品系繁育,有必要也可亲缘交配;如为改良现有品种和培育新品种,可利用杂交繁育。

种畜场

【种畜后裔鉴定】(progeny test of tud stock) 又称后裔测定。根据种畜后代生产性能来评定其优劣的一种方法。是评定家畜种用价值高低的最可靠方法。在相同的饲养管理条件下,种畜的后代比其他种畜或其他种畜后代,或畜群平均水平有更高的生产力时,则证明它是优于其他种畜。鉴定方法有女母对比法、不同后代比较法和同龄女儿比较法等。

【种畜精液冷冻】(semen freezing) 把精液保存于-79℃或-196℃,使其能够长期保存,以使优良种畜精液充分利用,加速畜种改良的技术。在冷冻过程中,先用含甘油的保存液将精液逐渐降温至0~5℃,静置几小时,再进行降温冷冻。降温速度是精液冷冻的关键。有的由5℃至-15℃采取缓慢降温;有的从-15℃(猪为5℃)至-79℃或-196℃采取快速降温，这样能使精子原生质发生玻璃样硬化，而不发生水结晶。玻璃样硬化的精子解冻后能恢复活力。

【种畜生产性能测验】(performance test of stud stock) 根据种畜本身所表现的生产成绩评定其优劣的方法。测验项目因家畜种类、用途不同而异。例如，肉用家畜包括初生重、断奶重、增重率、饲料利用率和体型等；乳用家畜包括初产日龄、305天泌乳量、乳脂率等。在进行生产性能测验时，应注意在稳定和适宜的饲养管理条件下进行，以增加资料的可比性。

【种畜选配】(mating system) 根据育种目标或良种利用目的，选择适合的公母畜所进行的交配。分为个体选配和种群选配。目的是达到产生符合要求的后代。个体选配原则着眼于配偶间的品质和亲缘关系；种群选配眼于配偶双方所属种群的特性，及其在原代中可能产生的作用。选配的作用是：(1)创造必要的变异，为培育新的理想型家畜创造条件。(2)稳定遗传性，使理想的性状固定下来。(3)把握变异的方向，使变异在后代中得到加强或更加突出，从而形成该畜群独具的特点，培育有特点的品种或品系。

【种畜综合鉴定】(comprehensive evaluation of stud stock) 根据种畜个体品质及其祖先和后裔的表现情况进行全面的鉴定。其中个体品质包括外形体质、生长发育和产力等。评定种畜优劣方法之一。幼年期以系谱鉴定为主；成年后以个体品质鉴定为主；种畜有一定数量的后代，且后代已表现具体生产性能时，则以后裔鉴定为主。

【种传病害】(seed-borne disease) 植物的种子、苗木、种茎、种根等繁殖材料因携带有病原物而引起植物感染的一类病害。植物的繁殖材料、根际土壤及包装物料等均可携带病原物，随运输而传带到异地，成为侵染源。如小麦散黑穗病菌、稻干尖线虫、棉花枯萎病与棉花黄萎病和多种病原细菌，均可由种子或种苗携带传播，引起寄主植物发病。

【种蛋】(breeding egg) 专供纯系繁殖的种用禽蛋。来源于高产的品种或品系。有其父母代生产性能的记载，并要求具有高的受精率和孵化品质。蛋重和壳色应符合该品种或品系特征，其他质量指标均达到孵化规格要求。种蛋的优劣直接影响孵化品质，对子代的影响更深远。因此，种禽场对种蛋的生产与管理要求十分严格。

鸡蛋

【种间杂交】(interspecific cross) 远缘杂交的一种。不同种的生物间的互相交配。如普通小麦与圆锥小麦杂交、陆地棉与海岛棉杂交等。种间杂交常出现难以交配性和杂种难孕性，且杂种后代分离世代长，难以稳定。但后代变异类型多，变异范围广，可得到一般种间杂交难以得到的变异类型。在选育新品种工作中，品种间杂交达不到育种目标时，常采用种间杂交。

【种内杂交】(intra-specific hybridization) 又称近缘杂交。同一物种之内不同亚种、类型、品种个体间的杂交。个体间的亲缘关系一般较近，种内的杂交可能性在于树木的变种、生态型、地理型、品种之间的杂交，由于亲缘关系较近，一般都没有困难。有的类型或品种虽由于分布区距离远，花期不一致，但进行控制授粉，则无明显的遗传障碍。种内杂交可结合新的遗传因素，增加生长势和适应性，对树种的改良起到良好作用。近交能使群体的杂合性降低，纯合性提高，使遗传性状逐渐稳定。在一个群体中进行多代近交，能使群体分化成多个由不同基因型组成的小群，并导致各小群逐渐纯化。选择可使各小群的纯化程度得以保持或继续提高；如不进行选择，则小群的变异就会扩大。近交虽可使显性有益性状的基因纯合，但也可使隐性有害性状的基因纯合。正常异交繁殖的动植物进行近亲交配时，常产生近交衰退现象，即近交后代表现生活力、生产力、繁殖力、抗逆性、适应性下降和生长发育缓慢等。近交衰退的程度依品系种类的不同而异。但连续近亲交配若干代后，其后代的生活力、适应性和产量等不再继续降低。在生产中，防止和减轻近交衰退的措施有：(1)根据遗传学原理和商品生产的要求，合理选择有效的近交形式。(2)控制群体的近交程度。(3)加强选择和淘汰。近交是选育、保持和繁殖植物原种，包括自交系的重要方法之一。

【种胚嫁接】(embryo grafting) 将一蔬菜的胚切下来作接穗，嫁接到另一蔬菜的胚乳上，使其萌发生长成一株嫁接苗的方法。其步骤是：(1)浸种。将用作接穗和砧木的种子，放入清水中浸种半天，使种子吸水膨胀。浸种时间不能过长，否则会使胚乳变软而不易切胚。(2)催芽。将浸种后的种子放入培养皿中的湿滤纸上，置于24～30℃的温度下进行催芽。当胚芽刚刚萌动时立即停止催芽，不要延长时间，以免幼芽生长过长、长势变弱而不易接活。(3)切胚。用已消毒的锋利刀片，将作为接穗和砧木的种子已萌动的胚，沿边缘呈三角切下。两者的大小必须一样。接穗胚应带有完整的吸收层。因此,切割时要带少许胚乳,以保证吸收层不遭损坏。但所带胚乳又不能过多,否则就失去了嫁接的意义。(4)接胚先在作砧木种子的切口处,用消毒过的针尖稍稍刺破,然后将作接穗的胚,小心嵌放进去。注意要使接穗和砧木的种皮要紧密接合。(5)接后管理。将嫁接后的种子播在沙盘里,待萌发后再移栽土壤中。

西红柿

【种群】(population) 在一定空间范围内同时生活着的同种个体的集群。按其空间格局的不同可分为:(1)均匀型。(2)随机型。(3)成群型。研究生物种群数量变动的规律和影响数量变动的因素,可以控制种群数量,维持生态平衡,为工农业生产服务。

大雁种群

【种性】(characters strain) 食用菌生产品种的特性。是用来鉴别食用菌菌种或品种优劣的重要标准之一。包括对温度、湿度、酸碱度、光线、氧气等的要求,以及抗病力、产量、质量、培养周期等性状。

【种衣剂】(seed coating chemicats) 一种种子处理剂的剂型。药剂的有效成分与黏合剂按一定比例混合配制而成。种衣剂处理种子后,在种子外表形成包衣,既能透水透气、保持种子正常的萌发,又可通过药剂的作用杀死种子内外的病菌。由于黏合剂的作用,可控制释放药剂的速度,延长药效。所用的黏合剂有水溶性的或可分散的多糖类及其衍生物,如藻酸盐、淀粉、半乳甘露型糖、纤维素等,也有合成聚合物如聚环氧乙烷、聚乙烯醇、聚乙烯、吡咯烷酮等。

【种质资源】(germplasm resources) 又称遗传资源或品种资源。携带各种种质的材料。种质是指农作物亲代传递给子代的遗传物质。古老的地方品种、新培育的推广品种、重要的遗传材料及野生近缘植物等,都属于种质资源的范围。随着现代科学的发展,科学家已经将世界上大部分植物的有用基因收集起来,储存在一个“仓库”中,这个仓库为“基因库”,俗称“种质库”。迄今为止,全世界已建成各类种质库500多座,收藏有种质资源180多万份。其中,禾谷类120万份、豆类35万份、根茎类8万份、饲料类20万份。设置于北京的中国农业科学院国家种质库,收藏种质7万多份。

【种质资源表现型】(germplasm resource phenotype) 种质资源的形态。如植株高矮、成熟期早晚、抗病或感病状况等。其不仅受外界环境条件的影响,而且往往是多个基因共同作用的结果。因此,表现型不能反应基因类型。

【种质资源基因型】(germplasm resource genotype) 种质资源中控制其性状的基因数目、显隐性、纯合或杂合等。

【种子病害】(seed diseases) 因有害微生物或病原物的侵染或污染导致储藏、运输、播种育苗期间的种子或种苗霉烂变质、坏死甚至死亡的一类病害。常见的如窖藏期马铃薯和甘薯的环腐病或软腐病,粮食、玉米、花生种子的霉变,水稻烂芽、烂秧,棉籽烂种或烂芽等。种子和种苗储藏条件不良常导致腐生物和其他微生物的危害。种苗受冻害、虫伤或日灼后,也常诱发或加重各种微生物的侵染和危害。种子病害和种传病害都是种子病理学的主要研究内容。

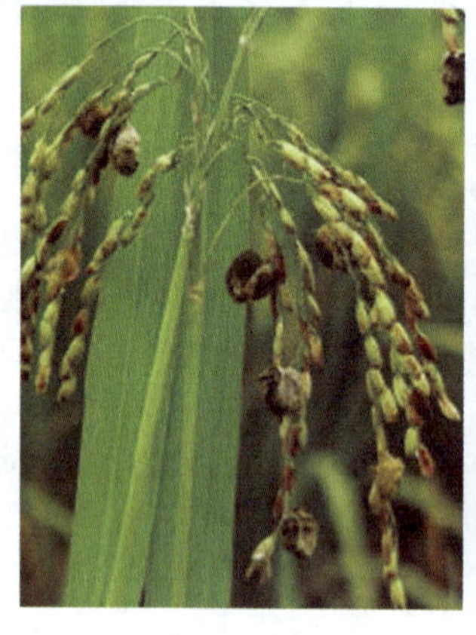
水稻病害

【种子病理学】(seed pathology) 研究植物种传病害与种子病害的发生规律和防治方法的学科。其研究内容有:植物种子病害及其病原物或病因;植物种传病害及其病原物;病原物的种子传播机制;种传病害和种子病害的流行因素;种子健康检验的原则和方法;种传病害与种子病害的防治;种传接种体和种子病害的定量分析与评估等。种子病理学以探讨病害的种子传播规律和种传病害的防治方法为主要目的,为植物检疫、种子生产和种子检验事业服务。相关学科有植物病理学、植物病原学、植物学、种子学和植物检疫学等。

【种子处理】(seed treatment) 作物播种前选用物理、化学或生物学等方法,对播种材料进行消毒,给予某种刺激或补充某些营养物质等措施的统称。如晒种、浸种、药剂处理、菌肥拌种、种子肥育、微波或辐射处理、层积处理等。种子处理能刺激种胚，提高酶活性，加速储藏物质的转化，提高种子生活力，防治某些病虫害等。

魔芋晒种催芽

【种子储藏】（seed storage） 为延长生命力对不需要随采随播的种子进行储藏的措施。在储藏期间，外界条件的变化，往往使种子变质，影响种子的生命力。同时，树种结实还有大小年现象，间隔期有的可以达到3～5年。而造林工作是长期工作，这就需要在大年时多采集，以备小年时造林用。还需要研究储藏种子的方法，以保证其生命力。如杨柳等短命种子，采种后1～2周就逐渐丧失发芽能力，一个月之后就不能发芽。而得当的储藏方法可以将其寿命延长到2～3年，发芽率仍达90%。根据种子的安全含水量的高低，可把种子储藏方法分为：(1)干藏法。即将安全含水量低的种子，在经过充分干燥的环境里储藏。(2)湿藏法。即将安全含水量高的种子存放在经常湿润而又低温通气的环境里。

种子储存室

【种子春化型蔬菜】（seed vernalization type of vegetables） 在种子萌动后即可感应低温通过春化的一类蔬菜。如白菜、萝卜、荠菜等。其春化处理应在种子处在萌动状态下才能进行。如果是干燥的种子，即处在休眠状态的种子，对低温则无感应。低温处理的时间，两年生蔬菜大多在10～30天之间。但品种及种类之间会有差异。通常春性品种，通过春化的时间较短；冬性强的品种需要的时间较长。春化处理时的植株大小与处理时间长短也有关系。因为种子春化并非只在种子萌动时，才对低温敏感，而到长成幼苗后，对低温的反应可能更为敏感。

荠菜

【种子发芽测定】（seed germination test） 鉴定种子发芽能力的工作。发芽能力是播种材料必须具备的品质。通过发芽测定才能确切了解各个种批对播种的适宜程度。种子发芽是内在的发芽能力和外界环境条件共同作用的结果。因此，在充分满足发芽所需水分、氧气、温度、光照等条件下测定，即在室内人为控制的环境中测定。不同作物的发芽过程，对水分、温度、光照、所需时间不同，应根据不同作物种子发芽测定规程进行测定。

【种子发芽势】（germinating viability） 种子在最适宜条件下发芽时，最初几天内发芽种子数占供试种子总数的百分率。是种子发芽速度、整齐度和活力的指标。发芽势＝（规定时间内种子发芽数/供试种子数）×100%。测定发芽势的规定时间为：大麦、小麦、黑麦、棉花、油菜、玉米均为3天；水稻、大豆、花生均为4天。由于发芽势是根据发芽期间发芽最快的一些种子计算的，故发芽势高时，说明种子发芽快而齐整。

【种子含水量】（seed moisture content） 种子中游离水和结合水的重量占供试种子重量的百分率。水是种子生命活动的必要条件。但在储藏中如含水量过高，种子中各种酶活化，种子呼吸作用增强。呼吸所释放的二氧化碳、水汽和热一般难于从种子堆中排除，种子堆便会出现自潮、自热和窒息现象，使种子迅速败坏。种子含水量太低，种子中类脂物质自动氧化生成的游离基会对细胞中的大分子造成伤害，使酶钝化、膜受损伤、组朊变性、染色体歧变，也会加速种子的变质死亡。不同作物储藏时对水分含量的要求不同，应根据不同作物的特点控制合理的种子含水量。中国主要作物种子安全储藏水分的最高限度为：稻13.5%，粳稻14%，小麦12%，大豆、玉米均为13.5%。

【种子呼吸】（seed breathing） 种子形态成熟并进入休眠状态、仍进行微弱呼吸作用的生理现象。种子通过呼吸作用促进内部物质的转化和分解，释放能量维持其生命活动。种子呼吸会使种子的含水量、重量、品质发生变化，从而影响储藏时的稳定性。种子呼吸分为两种：有氧呼吸和无氧呼吸。有氧呼吸放出二氧化碳和水，同时产生热能供种子生理活动的需要。但当种子储藏条件不良时，呼吸作用所产生的热能及水很大部分积聚在种子周围，使储藏的种子发生自热自潮现象，成为进一步促进种子呼吸的因素（温度高、潮湿）。随着呼吸强度的增加，储藏的营养物质消耗得越快、越多，放出的水分和热量越多，越易产生自热自潮现象，形成恶性循环。另外，产生的大量二氧化碳如果不能及时排出，势必隔绝氧气的供应，使种子的有氧呼吸转变成无氧呼吸。无氧呼吸释放的能量较少，但消耗的营养物质较多，同时产生酒精、乳酸等有害物质。种子储藏的关键就是控制种子呼吸作用的性质和强度，使种子进行微弱的有氧呼吸。

【种子加工】(seed processing) 对种子进行预清、烘干、精选分级、药物处理、包装运输等项作业的总称。利于种子安全储藏和提高种子质量。加工后的种子，不但发芽率高，发芽势好，幼苗健壮，产量高，而且又可减少用种量和便于机械化作业。根据中国《种子法》的规定，销售的商品种子必须经过加工、包装，并达到相应的种子质量标准。

种子加工机

【种子检验】(seed testing) 应用专门仪器按照规定的测试程序和方法鉴定农作物种子的类型和种子质量，并按规定标准进行分级的工作。是提高农作物种子品质，实现种子品质标准化的最终技术环节。这里的种子是广义的，包括种子、果实、块茎、鳞茎、地上茎、块根等繁殖体。种子检验的任务是评定农作物种子的质量。经检验合格由检验单位发给证书后，方可发放、销售。种子检验的基本内容是：(1)种子真实性。即送检种子所属的类型和品种是否与所附证件(如标签、送验单等)中所填报的完全相符。(2)品种纯度。指某个品种的种子或其植株所表现的遗传特性的一致程度。用具有该品种典型性的种子或植株数在整个样品中所占百分率表示。(3)净度。指种子的洁净程度。即从种子样品中除去杂质和废种子后的好种子占重量的百分率。(4)发芽力。指种子在适宜条件下，一定时间内能正常发芽、长成幼苗的能力，通常用发芽率和发芽势表示。(5)生活力。指种子发芽的潜在能力或种胚具有的生命力。休眠种子，在一般条件下不能正常发芽，但具有发芽的潜力，须采用特定方法测定其生活力。(6)水分。即种子的含水量。用种子样品中所含水分占总重量的百分率表示。(7)千(百)粒重。将风干种子称重，一般以g表示。(8)种子健康状况。种子样品中受病原菌感染和害虫侵蚀的籽粒占总数的百分率。此外，还可根据需要增加其他项目，如破碎率、容重、活力等。

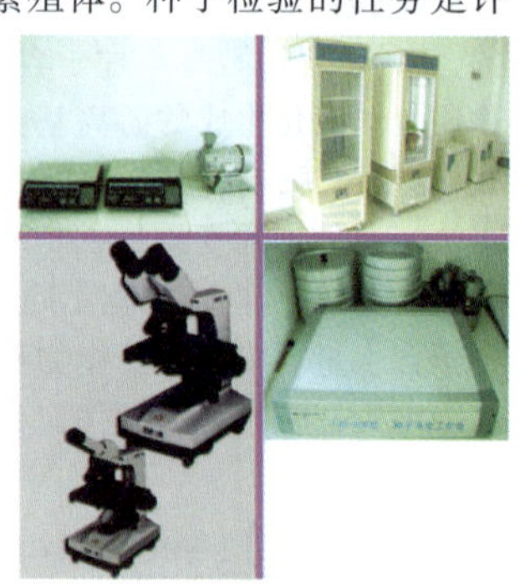
种子检验

【种子扩大培养】(seed inoculum expanding culture) 将保存在斜面、沙土管或冷冻管中的生产菌种经过一系列的步骤逐级扩大培养从而获得一定数量和质量的纯种的过程。发酵工程的一个组成部分。现代发酵生产的规模越来越大，每只发酵罐的容积有几十甚至几百立方米，与之相应所需种子的量很大。对于有些产品的种子液体积占发酵液体积的10%，因而种子的量可高达几到几十立方米。其目的是保证接种量与菌种驯化的需要，缩短发酵时间、保证生产水平。

【种子萌发】(seed germination) 在适宜的外界条件下种胚恢复活跃生长，突破种皮、进而完成自养生长前的生长过程。种子萌发过程可分为吸水、萌动和发芽三个阶段。首先是吸水膨胀，软化种皮；随后酶的活动加强，导致呼吸作用、同化作用加剧，营养物质转化为种胚所能利用的状态，并输送到生长部位；生长素增加，抑制物质减少或消失，细胞分裂，分生组织(具有持续分裂能力的细胞群)分化出胚根并突破种皮，发芽生长。种子萌发最重要的环境因子是水分、温度和氧气。

种子萌发

【种子寿命】(seed life) 种子在常温下维持其生命力的时间。其关键是保持种子胚的生命力。各种植物种子的自然寿命不同。种子外表的蜡质和厚厚的角质层都能使种子具备不透性而难以萌发，而长寿种子常具备不易透水、不易透气的坚硬、致密的种皮。种子的胚得不到充足的水分和氧气，生理活动就会变弱，继而进入休眠状态而成为长寿种子。一旦种皮被破坏，胚得到萌发的条件，种子就会打破休眠状态而萌动。

【种子休眠】(seed dormancy) 具有生命力的种子由于种皮障碍、种胚尚未成熟或种子内含有抑制物质等原因，在适宜萌发条件下也不能萌发的现象。有两种情况:(1)由于芽得不到所需要的基本条件,如水分、温度和氧气等,致使种子不能萌发。若能满足这些基本条件,种子就能很快萌发。这种处于被迫情况下的种子休眠,称为“强迫休眠”或“浅休眠”。如杨、榆、桑、栎、油松、落叶松等种子。(2)种子成熟后,即使有了适宜发芽的条件,也不能萌发或发芽很少,这种情况称为“生理休眠”或“深休眠”。如红松、白皮松、杜松、椴树、水曲柳等种子。种子成熟后便进入休眠状态,这是种子适应不良环境的自我保护措施。通常所说的种子休眠,实际上是指生理休眠。根据引起种子休眠的原因,可把林木种子生理休眠分为外源休眠类型、内源休眠类型和综合休眠类型。

种子休眠

【种子质量标准化】(seed quality standardization) 在种子生产中,不同级别的种子品质必须符合国家质量标准的一种规定。凡不符合一定质量标准的种子,不得作为该级种子出售,应根据其实际质量,令其降级或禁止使用。种子质量标准化,可以防止伪、劣、杂种的扩散,保证农业生产者获得符合一定质量标准的良种。

【中毒】(poisoning) 机体过量或大量接触化学毒物,引发组织结构和功能损害、代谢障碍而发生疾病或死亡者。中毒的严重程度与剂量有关,多呈剂量-效应关系。按其发生发展过程的不同可分为:急性中毒、亚急性和慢性中毒。一次接触大量毒物所致的中毒,为急性中毒,多次或长期接触少量毒物,经一定潜伏期而发生的中毒,称慢性中毒;介于两者之间的,为亚急性中毒。由于毒物种类较多,接触毒物的时间和剂量的大小不同,其临床表现各异。常见的中毒有铅中毒、汞中毒、砷中毒、锌中毒等。其治疗一般采取:(1)立即将病人移离中毒现场。(2)立即吸氧。(3)静滴过氧化氢等药物。(4)降低颅内压力。(5)使用肾上腺皮质激素、抗氧化剂、脑细胞赋能、钙离子拮抗剂等药物。(6)纠正酸碱平衡。(7)镇静冬眠。(8)预防和及时控制感染。(9)中枢苏醒剂等。

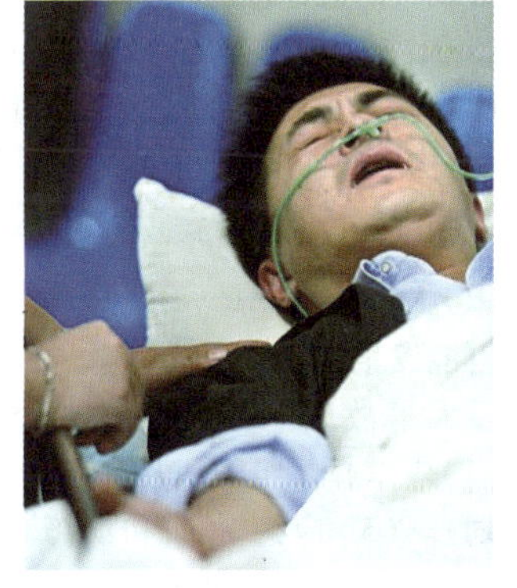
中毒治疗

【中毒机理】(toxicosis mechanism) 化学物质对生物机体发生毒性作用的机理。是由于接触化学物质对生物机体产生的毒性反应。即化学物质作用于机体的一部分,使机体产生特定的反应结果。因此化学物质毒性作用发生机理,是阐明该化学物质作用于生物机体的哪个部位,产生何种作用,以及在这种作用下,生物机体产生什么样的反应,有何表现等。在阐明某种化学物质毒性时,如已了解其毒性作用机理,将成为预测同类使用目的的相同化学物质的毒性作用的重要情报来源。这是进行毒性实验的关键环节。

【众数】(mode) 数据中出现次数最多的观测值。用 M_0 表示。若众数只有一个,则概率分布称为单峰的。间断性变数资料的观察值易于集中于某一个数值,众数容易确定;连续性变数的资料,由于各观测值不易集中于某一数值,难以确定众数。

【种植点配置】(spacing of planting spot) 在一定造林密度的基础上,种植点在造林地上的排列形式。造林密度只表示在单位面积上种植株数的多少,而配置是表示这些株数以什么样的方式排列在造林地上。其关系是造林密度通过种植点的配置得到表现,而种植点的配置又以一定的造林密度为基础。不同的配置方式对林木之间的关系、树冠发育、资源利用率(土地利用率、光能利用率)以及幼林抚育都有影响。造林地上种植点的配置,通常采用正方形、长方形和三角形配置形式。

【种植业】(crop farming) 利用植物的生活机能,通过人工培育,以取得粮食、副食品、饲料和工业原料的生产活动。主要包括粮食作物、经济作物、饲料作物、绿肥作物以及蔬菜、观赏园艺作物等项生产活动。中国通常把粮、棉、油、麻、丝、茶、糖、菜、烟、果、药、杂作为种植业。其主要特点是:以土地为基本生产资料,利用农作物的生活机能,摄取、转化和蓄积太阳能,以取得产品。

茶场

【种植业区划】(regionalization of plant) 农作物种植区域的划分。以种植业为对象进行的单项农业区划。属农业部分区划。按照归纳相似性、区别差异性的原则进行。其任务是:根据农作物的生态要求和地区的生态环境条件，因地制宜地划分种植业适宜种植区。种植业区划包括各种农作物区划，如小麦区划、水稻区划等。其主要依据是：自然经济条件，地理分布特点及生产现状、作物构成、耕作制度、生产水平和生产潜力。其目的是：调整种植业生产结构和布局，为建立农作物商品基地提供科学依据。

【种植义齿】(implant supported denture) 由牙种植体及由其支持的上部结构组成的修复体。在牙种植修复中，牙种植体又称下部结构，为人工材料所制，经手术植入失牙区颌骨内或骨膜下。上部结构在结构上与可摘或固定义齿类似，通过各种连接形式与种植体的基桩相连。种植义齿的优点是：(1)支持、固位和稳定功能比较好。(2)可避免或减少固定义齿需做的基牙预备及其可能发生的不良后果。(3)由于种植义齿无基托或基托面积较小，具有良好的舒适度。按牙种植体植入部位的不同可分为：骨内种植体、骨膜下种植体、根管内种植体、穿骨种植体；按种植材料的不同可分为金属种植、陶瓷种植、复合种植、玻璃碳种植、聚合体种植等；按种植体形态的不同可分为：螺旋状、圆柱状、叶状、猫状等；按固位方式的不同可分为：固定式种植义齿、可摘式种植义齿；按缺牙数目和修复方式的不同可分为：单个牙种植义齿、多个牙种植义齿、全颌种植义齿。

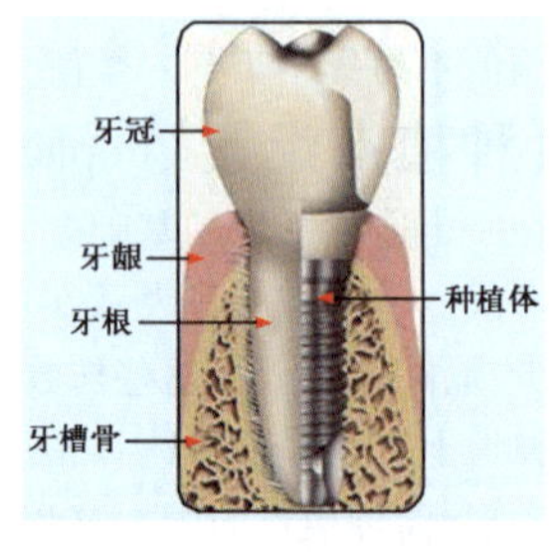

种植义齿

【种植指数】(cropping index) 见复种指数。

【种植制度】(cropping system) 又称栽培制度。一个生产单位乃至一个农业区，在当地自然、经济条件下一年或几年内所采用的作物种植体系。包括熟制、作物布局、轮作方式以及种植方式。与土壤耕作、施肥和灌溉等技术体系共同组成耕作制度。制定种植制度时应根据并充分利用当地的自然、经济条件，正确处理好作物与作物间、作物与土壤间的关系，用地与养地相结合，保证高产稳产。

【重大环境污染事故】(serious pollution environment accidental) 违反国家规定、造成重大环境污染事故、使公私财产遭受重大损失或者人身伤亡的严重后果的事件。具体指向土地、水体、大气排放、倾倒或者处置有放射性的废物、含传染病病原体的废物、有毒物质或者其他危险废物的事件。《中华人民共和国环境保护法》中明确规定："违反本法规定，造成重大环境污染事故，导致公私财产重大损失或者人身伤亡的严重后果，对直接责任人员依法追究刑事责任……"。后来又在《水污染防治法》、《大气污染防治法》、《固体废物污染环境防治法》和《环境噪声污染防治法》等专项环境法中作了相关规定，并进一步明确对重大环境污染事故的有关责任人员可以参照《刑法》第115条和第187条的规定追究刑事责任。目的在于尽量避免重大环境污染事故的发生。

【重大事故】(major accidents) 在生产活动中发生的重大火灾、爆炸或毒物泄露，并给现场人员或公众带来严重危害或对财产造成重大损失，对环境造成严重污染的事故。是指造成10人以上30人以下死亡或者50人以上100人以下重伤或者5 000万元以上1亿元以下直接经济损失的事故。重大事故应逐级上报至国家安全生产监督管理部门和负有安全生产监督管理职责的有关部门；由事故发生地省级人民政府、设区的市级人民政府、县级人民政府负责调查。省级人民政府、设区的市级人民政府、县级人民政府可以直接组织事故调查组进行调查，也可以授权或者委托有关部门组织事故调查组进行调查。特别重大事故以下等级事故，事故发生地与事故发生单位不在同一个县级以上行政区域的，由事故发生地人民政府负责调查，事故发生单位所在地人民政府应当派人参加。负责事故调查的人民政府应当自收到事故调查报告之日起15天内做出批复。事故发生单位主要负责人未依法履行安全生产管理职责、导致事故发生的依法给予处分；构成犯罪的，依法追究刑事责任。

爆竹厂爆炸

【重大事故应急救援体系】(major accident emergency rescue system) 针对各种可能发生的重大事故所建立的应急体制和机制总称。重大事故应急系统的重要组成部分之一。包括：(1)应急救援组织机构。(2)应急救援预案(或称计划)。(3)应急培训和演习。(4)应急救援行动。(5)现场清除与净化。(6)事故后的恢复和善后处理。是一项复杂的安全系统工程。中国大中城市以及矿山、化工、建筑、石油、冶金、电力等行业的重大事故应急救援体系正在建设完善。重大事故应急救援包括事故发生单位自救和对事故发生单位以及其周边受到事故危害区域的社会救援。其中，工程救援和医学救援是应急救援中最主要的两项基本救援任务。

【重大事故应急救援预案】(major accident emergency plan) 又称事故应急计划。针对各种可能发生的事故所需的应急行动而制定的指导性文件。是重大事故应急系统的重要组成部分之一，也是事故预防系统的重要组成部分。其总目标是：能以最快的速度发挥最大的效能，有序地实施救援，达到尽快控制突发紧急事件的发展事态，并尽可能消除事故，将事故对人、财产和环境的损失减小到最低限度。针对各种不同的突发紧急事件制定有效的应急预案，不仅可以指导应急人员的日常培训和演习，保证各种应急资源处于良好的备战状态，而且可以指导应急行动按计划快速、有序、高效进行，防止因行动组织不力或现场救援工作的混乱而延误事故的处理，从而降低人员伤亡和财产损失。应急预案应明确应急系统中各机构的权利和职责，建立培训及演习等准备程序，明确所涉及的法律法规，对特殊危险建立专项应急预案等；具有科学性、实用性、权威性。应急预案包括：(1)对紧急情况和事故灾害的辨识、评价；(2)对人力、物资和工具等资源的确认与准备。(3)指导建立现场内外合理有效的应急组织。(4)设计应急行动战术。(5)制定事故后的现场清除、整理及恢复措施等。《中华人民共和国安全生产法》、《中华人民共和国职业病防治法》、《中华人民共和国消防法》、国务院《关于特大安全事故行政责任追究的规定》、国务院《危险化学品安全管理条例》、国务院《使用有毒物品作业场所劳动保护条例》、国务院《特种设备安全监察条例》等法律、法规对各级政府和生产经营单位制订重大事故应急救援预案都有明确的具体规定。

【重大事故应急系统】(major accident response system) 针对发生重、特大事故突发性、复杂性、分散性和激变性的特点，实现应急救援现场与远程指挥调度的功能系统。是一项涉及政府法令、政策、计划、管理、诸多领域，应对紧急突发灾难性事故的一系列社会性防灾减灾的系统工程。由于自然灾害或人为原因，当事故或灾害不可避免的时候，有效的应急救援行动是唯一可以抵御事故或灾害蔓延并减缓危害后果的有力措施。统计结果表明，有效的应急系统可将事故损失降低到无应急系统的6%。在事故或灾害发生前建立完善的应急系统，制定周密的救援计划，而在事故发生时采取及时有效的救援行动，事故发生后进行系统恢复和善后处理，可以拯救生命、保护财产、保护环境。应对紧急突发灾难性事故的救援工作，涉及众多政府部门和多种救援力量、资源的统筹调配，成为一项社会性的系统工程，受到政府和有关部门的重视。重大事故应急系统包括建立应急救援体系和重大事故应急救援预案。系统可以迅速地提供该事故单位的基本信息数据库，包括企业基本情况、安全管理机构、危险源、企业危险化学品、企业图片信息(人员分布、人员疏散通道指示图、消防供水管道图、危险气体管线图、供电网络图等)、企业周边环境以及应急救援服务机构、应急救援预案等信息。

【重大危险源管理信息系统】(major hazard installations management information system) 运用管理信息系统的技术平台，对重大危险源信息进行收集、识别、接受、储存和利用的信息系统。根据中国对重大危险源的辨识标准，长期地或临时地生产、搬运、使用或储存危险物品，且危险物品的数量等于或者超过临界量的单元的情况都可纳入重大危险源管理信息系统。主要由数据接收、危险源企业信息、重大危险源分级、应急救援管理等功能模块构成。

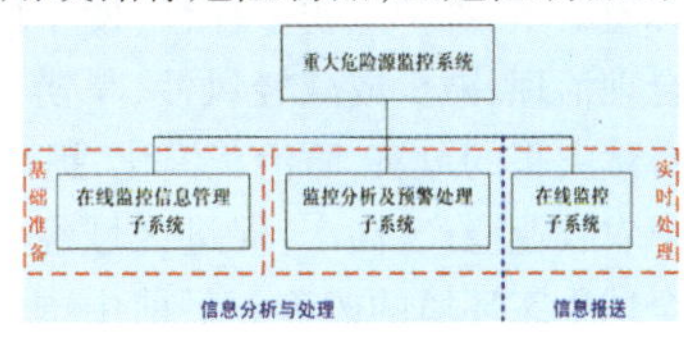

重大危险源管理信息系统

能够将某一区域内所有的重大危险源信息动态采集并自动建库，制定相应的应急预案，结合网络化的地理信息系统技术，在电子地图上方便、快捷、形象地展示重大危险源及其重大事故隐患的地理分布总体概况及发生事故时的抢险、应急救援预案等信息。中国现已开发了政府版和企业版的重大危险源管理信息系统，并在相关部门投入使用。其作用及影响是：(1)是企业安全绩效评估的工具。(2)是企业改善安全生产状况的工具。(3)是衡量企业安全工作好坏的标志。

【重点防护林体系建设】(main protecting forest system) 在一定的自然地理区域依据地形条件，土地利用状况，主要自然灾害情况，在发展生产总体规划的基础上，以林带、片林、林网相结合，乔木、灌木、种草相结合所构成的防护林的总体建设。规划的防护林体系多以某一林种为主体。如水土流失地区以水土保持林为主体；在风沙地区，以农田防护林为主体，结合其他林种，构成当地的防护林体系。为了提高防护林体系的总体效益，在规划配置上要考虑以最小的林业占地面积发挥最大的防护效益。因此，应确定合理的防护林覆被率。一般在平原农地或草原牧场，覆被率为5%～10%为宜；在山地丘陵区，一般不宜小于30%。而且，要注意防护林体系内各个林种空间分布上的均匀、合理性；在防护林林分树种组成结构上，除了考虑各组成树种生物学的稳定性外，应发挥其最大的防风、固沙、保持水土和调节径流的作用，同时，也应考虑当地立地条件和适生植物的种类。中国在“三北”防护林工程的树种组成配置上明确提出草类、灌木、乔木相结合的原则。一些环境条件较好的农区、沿海地区或具有灌溉条件的地区，防护林体系的树种组成和经营有向多层次、多形式、多目标发展的趋势。如强调农林混作，泡桐与粮食作物间作和多种经济作物的混作，以及同牧草栽培结合等。这种立体林业的防护林体系，既可发挥植物群体相互依存，克服不良条件的影响，提高其防护效益，又可充分发挥土地生产潜力。其目标是根据中国自然条件和社会经济发展的需要，通过保护、改善、建造以林为主的人工复合生态系统，发展森林资源，提高森林覆盖率，维护生物多样性，使中国的水土流失得到合理治理，减少或减轻风沙、旱涝、台风、海潮等各种自然灾害的危害，防治荒漠化，提高国土保安能力，保障农牧业稳产、高产，促进区域经济的可持续发展和全球生态环境的改善。目前中国的防护林体系建设包括三北防护林体系建设工程，长江中下游防护林体系建设工程、沿海防护林体系建设工程、平原绿化工程、太行山绿化工程、防沙治沙工程、淮河太湖流域防护林体系建设工程、黄河中游防护林体系建设工程、辽河流域防护林体系建设工程及珠江流域防护林体系建设工程等。

【重点污染物排放总量控制制度】(system of total amount control of pollutants) 在特定时期内综合经济、技术、社会等条件，采取通过向排污源分配水污染物排放量的形式而实行的污染控制方式及其管理规范。这种控制方式是针对水污染物浓度控制存在的缺陷、在污染源密集情况下无法保证对水环境质量的控制和改善的情况下提出来的。它可将一定空间范围内排污源产生的水污染物的数量控制在水环境容许限度内。

【重点污染源自动监控系统】(automatic monitoring system of key pollution sources) 安装在重点污染源排放口，能连续、自动监控水污染物、大气污染物和噪声排放的自动监控系统。自动监控系统由自动监控设备和监控中心组成。自动监控设备是指在污染源现场安装的用于监控、监测污染物排放的仪器、流量(速)计、污染治理设施运行记录仪和数据采集传输仪等仪器、仪表。监控中心是指环境保护部门通过通信传输设备和线路收集重点污染源自动监控数据信息的计算机软件和设备等。其数据作为环境保护部门进行排污申报核定、排污许可证发放、总量控制、环境统计、排污费征收和现场环境执法等环境监督管理的依据；并可以按照有关规定向社会公开发布。

【重核裂变】(heavy nuclear fission) 由一个重原子核分裂成两个或多个中等原子量的原子核，引起链式反应并释放出巨大能量的核反应。如当用一个中子轰击铀-235 的原子核时，它就会分裂成两个质量较小的原子核，同时产生 2~3 个中子和 β、γ 等射线，并释放出大约 200MeV 的能量。新产生的中子轰击另一个铀-235原子核，引起新的裂变。以此类推，使裂变反应不断持续下去，从而形成裂变链式反应。与此同时，核能也连续不断地释放出来。

【重金属】(heavy metal) 其密度在五以上的金属。有色金属的一类。有铜、镍、钴、铅、锌、镉、铋、锡、锑和汞等。在国民经济中占有重要地位。如铜由于具有优良的导电、导热和抗蚀性能，成为电工和换热设备常用的材料，同时可与锌、锡等配制成黄铜和青铜等合金。镍、钴及其合金常用作抗腐蚀、耐高温和具有特殊性能的材料。铅、锑、锌、锡等及其合金广泛用于机械制造、化工、电工及其他工业部门。

铜套

【重金属废水处理】(treatment of waste water containing heavy metal) 利用物理、化学方法对矿冶、机械制造、化工、电子、仪表等工业生产过程中产生的重金属废水进行的治理。对于重金属废水的治理，采用的措施有：(1)使废水中呈溶解状态的重金属离子转变成不溶的化合物或单质，经沉淀、上浮从废水中去除。主要应用方法有：中和沉淀法、硫化物沉淀法、上浮分离法、离子浮选法、电解沉淀法、电解上浮法和隔膜电解法等。(2)使废水中的重金属离子在不改变化学形态的条件下浓缩和分离，常应用反渗透法、电渗析法、蒸发法、离子交换法等。

【重金属污染】(heavy metal pollution) 由重金属元素所引起的环境污染。密度在 5 以上的金属统称为重金属。环境污染所说的重金属主要是指汞、镉、铅、铬等生物毒性显著的重金属元素，以及具有一定毒性的一般重金属元素如锌、铜、钴、镍、锡等。重金属离子随废水排出时，即使浓度很小，也可能由于富集作用造成污染。

【重力】(gravity) 狭义上,地球表面物体受到的地球引力。方向竖直向下。地面上同一点处物体受到重力(G)的大小跟物体的质量(m)成正比,用关系式 $G=mg$ 表示。通常在地球表面附近,g 取值为 9.8N/kg,表示质量是 1kg 的物体受到的重力是 9.8N。实验上测量到的重力受地球自转所产生的惯性离心力的微小影响,同一物体在地球上不同纬度和高度,所受重力稍有不同,愈近两极或愈近地面,重力愈大。广义上,任何天体使物体向该天体表面降落的力,都称重力,例如月球重力、火星重力等。

【重力坝】(gravity dam) 用混凝土或砌石等材料建筑的,主要依靠坝体自重保持稳定的坝。在平面上,其坝轴线通常呈直线,有时为了避开不利的地形、地质条件,或因布置上的要求,也可布置成折线或曲率不大的拱形。在水压力及其他荷载的作用下,主要依靠坝体自重产生的抗滑力来满足稳定要求;同时依靠坝体自重产生的压力来抵消由于水压力所引起的拉应力以满足强度要求。按其横剖面形式的不同可分为:实体重力坝、宽缝重力坝、空腹重力坝和腹拱重力坝;按其是否溢流可分为:溢流重力坝和非溢流重力坝;按其建筑材料的不同可分为:混凝土重力坝和浆砌石重力坝。

混凝土重力坝

【重力测量】(gravimetry) 测定重力加速度值或重力场的技术。按其原理的不同可分为绝对重力测量和相对重力测量。前者是直接测定一点的重力值,后者是测定两点间的重力差,然后再推算出各点的重力值。相对重力测量是重力测量的主要方法。在测量时,全球至少要有一个已知重力值的点。其重力值通过绝对重力测量方法测定。这个点称为国际重力基准(点)。重力测量的结果在国防和经济建设中有着广泛的用途:在远程武器方面,可用于计算地球重力场的不均匀对弹道导弹飞行轨道的影响,以便在射击准备中进行修正,确保导弹精确命中目标;在空间技术方面,可用于计算卫星轨道,以提高运用卫星确定地面点坐标和卫星导航的精度;在大地测量方面,可用于计算垂线偏差和高程异常,为推求地球形状、大小和确定点位精确位置提供数据;在地质勘探方面,可用于研究地壳深部构造和区域地质构造。

【重力除尘器】(gravity precipitator) 使含尘气体通过管道的扩大部分(重力沉降室)流速降低而使较大尘粒沉降的除尘设备。为避免气流旋涡将已沉降尘粒带起,常在沉降室加挡板。通过沉降室的气流速度不得大于 3m/s,压力损失一般为 98～1 961Pa,能捕集粒径大于 50μm 的尘粒。重力除尘器分干式和湿式。前者除尘效率为 40%～60%;后者除尘效率为 60%～80%。重力除尘器适用于含尘气体的净化。为提高除尘效率,可降低沉降室高度或设置多层沉降室。

重力除尘器

【重力拱坝】(gravity arch dam) 又称厚拱坝。坝体最大厚度与坝高之比大于 0.35 的拱坝。承受的水压力、温度荷载和地震荷载等,相当大的一部分由悬臂梁作用传至底部岩基,另一部分由拱的作用传至两岸。河谷愈宽、悬臂梁的作用愈大,拱的作用愈小。当河谷宽高比大于 5 时,拱的作用很小,荷载主要由悬臂梁承担,坝体剖面和工程量与重力坝接近,但坝的安全度仍比重力坝高。重力拱坝多采用单曲拱坝体型。一般为定圆心,定外半径,结构简单,设计、施工方便,在中小型工程特别是砌石拱坝中,采用这种体型的较多。重力拱坝的下游面坡度较缓,有可能采用坝面溢流和较大的单宽流量。对混凝土强度和对地基的要求比薄拱坝低。坝体内可设排水管和各种廊道。水电站厂房可布置在坝后。其应力分析可采用拱梁分载法、有限单元法或结构模型试验。混凝土重力拱坝厚度较大,施工时除设置临时性横缝外,有时还需设置纵缝。纵横缝均需进行接缝灌浆,以保证坝身形成整体。

重力拱坝

【重力基准】(gravimetric datum) 相对重力测量的起算基点。在重力测量时,全球至少要有一个已知重力值的点。其重力值通过绝对重力测量方法测定。这种测定了绝对重力值的点称为国际重力基准(点)。历史上有过两个国际重力基准,即维也纳重力基准和波茨坦重力基准。前者以奥地利维也纳天文台的重力值为基准,其值为 981.290(0.01 伽),1900 年开始使用。凡是由它推算的其他点的重力值,称为维也纳系统的重力值。后者以波茨坦大地测量研究所摆仪厅的重力值为基准,其值为

981.274(0.003G),1909年开始采用。凡是由它推算的其他点的重力值,称为波茨坦系统的重力值。全球的重力值大部分属于波茨坦系统。属于维也纳系统的重力值只要减去16毫伽,即可算得波茨坦系统的重力值。在20世纪30年代以后所进行的绝对重力测量表明,波茨坦原来测定的重力值大了12～16mG,经过一段时间工作以后,国际大地测量协会决定采用1971国际重力基准网(IGSN-71),以代替原来的波茨坦国际重力基准。IGSN-71有1 854个点,分属于108个国家和地区的494个城市,每个点的重力值的中误差都小于(0.1mG),都可以作为重力基准。随着绝对重力测量技术的广泛应用,重力基准网的建设已经由单点基准逐步转向多点基准。

重力基准点的观测

【重力勘探】(gravity prospecting) 又称重力勘查、重力法。测量与围岩有密度差异的地质体在其周围引起的重力异常,以确定这些地质体存在的空间位置、大小和形状,从而对工作地区的地质构造和矿产分布情况作出推断的一种方法。地球物理勘探方法之一。其方法的理论依据是牛顿万有引力定律。所要求的地球物理条件是勘探对象与围岩有一定的密度差,其体积足够大,能产生用现代重力仪器可以观测到的重力异常。除陆地测量外,已发展了海洋、航空和井中重力测量。重力勘探用来研究地壳运动及其均衡性核地壳厚度变化;研究区域地质构造,圈定盆地边界;寻找金属矿床和储油构造等。在区域地质研究、能源与矿产资源勘探、工程地质学以及岩石圈结构与构造研究等方面获得了广泛应用。

【重力侵蚀】(gravitational erosion) 又称块体运动。坡地表层土石物质受重力作用,失去平衡,发生位移和堆积的现象。常见于山地、丘陵、沟谷和河谷的坡地以及人工开挖形成的渠道和路堑的边坡。主要由土石松软破碎、地形高差大、坡度陡、坡面缺少植物覆盖和坡体存在难透水层所致。在这些条件下,当土石受地震、降水、地表径流、地下水、海浪、风、冻融、冰川、人工采掘和爆破等外营力作用时,便会激发重力侵蚀。分为蠕动、崩塌、滑塌、崩岗、滑坡和泻溜等类型。在沟谷和河谷中,小规模重力侵蚀形成的堆积物易被径流冲走,形成泥石流。而大规模的崩塌和滑坡堆积物,有时会造成江河和沟谷堵塞,形成天然坝库。这种天然坝库,在黄土高原称聚湫,有水者称水湫,无水者称干湫。重力侵蚀对工农业生产、人民生命财产安全危害很大,如破坏耕地,掩埋庄稼,摧毁城镇、村庄和厂矿,破坏道路和通信设施,堵塞河道、水渠和淤填水库等。防治重力侵蚀需采取相应的综合措施,如种树种草,保护植被,防御坡面冲刷,维持土石稳定等。在径流切割、冲淘活跃的河谷,底部或岸坡应建造防冲设施,固定沟床和坡基。在重力侵蚀危害严重的城镇、村庄、厂矿、水库、道路和渠道通过的地方,需采取工程防护措施。对于危害较大的滑坡可采用排水工程,消除滑坡的诱发因素。治理耗资巨大的山崩或大滑坡,应采取预防或避险措施。

【重力式挡土墙】(gravity retaining wall) 主要依靠自重维持稳定的挡土墙。是挡土墙中常用的型式之一。其断面呈梯形。按墙背倾斜方向的不同,可分为俯斜、直立和仰斜三种形式。挖方式的挡土墙,一般墙背和墙面均取仰斜式,施工方便,土压力较小,墙身截面比较经济。填方式的挡土墙,墙背需回填土,常采用俯斜式和直立式,使填土易于夯实;构筑墙面多为直立或微仰,微仰可增大墙前利用空间,加强墙身的抗倾覆稳定性。由于工作的需要,如安装闸门,有些墙面必须做成直立的。墙身多采用混凝土或浆砌石建造,墙顶及底板一般采用混凝土筑成。常将底板宽度适当扩大,以减小基底压力及其分布的不均匀性。为保证挡土墙的正常运用,墙身需设沉陷缝、止水设备及排水设施等。

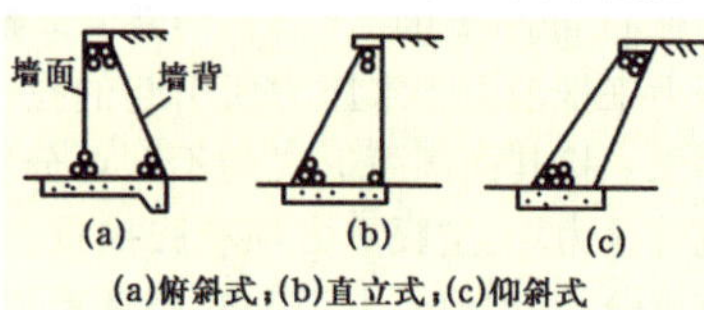

重力式挡土墙剖面

【重力线】(gravity line) 又称力线。与等位面正交的空间曲线。重力场中某一点的重力方向就是经过这点重力线的切线方向。重力线的扭曲程度与重力值水平梯度的大小有关。

【重力选矿】(gravity concentration, gravity separation) 又称重选。利用被分选矿物颗粒间相对密度、粒度、形状的差异及其在介质(水、空气或其他相对密度较大的液体)中运动速率和方向的不同,使之彼此分离的选矿方法。按具体选矿方式的不同可分为:(1)跳汰选矿。利用强烈振动造成的垂直交变介质(通常是水和空气)流,使矿粒按

螺旋选矿机

相对密度分层并通过适当方法分别收取轻重矿物，以达到分选目的的重力选矿过程。是处理密度差较大的粗粒矿石最有效的重选方法之一，常用于钨、锡等有色金属矿石和煤的选矿。(2)溜槽选矿。利用沿斜面流动的水流进行选矿的方法。在溜槽内，不同密度的矿粒在流水的动力、矿粒重力、矿粒与槽底的摩擦力等因素的作用下发生分层，使密度大的矿粒集中到下层、密度小的矿粒集中到上层被水流带走，达到分离的目的。(3)摇床选矿(淘汰盘)。指用摇床进行选矿。是用于处理较细矿粒的一种重力选矿方式，主要用来处理钨、锡和稀有金属矿石。(4)重介质选矿。以密度大于水的介质作为分选介质的选矿方法。用密度介于有用矿物与脉石矿物之间的重液或重悬浮液作为介质，使密度小于介质的矿粒上浮于介质表面，密度大于介质的矿粒下沉于容器底部，以达到分选的目的。重力选矿广泛应用于处理煤、有色金属、稀有金属、贵金属矿石，也用于对石棉、金刚石等非金属矿石的加工。

【重力仪】(gravimeter) 测定重力加速度值的仪器。按其测定方式的不同可分：(1)绝对重力仪。直接测定一点重力值。是依据物理学中自由落体定律设计的。按物体运动方式的不同可分为自由下落式和上抛式两类。自由下落式绝对重力仪的原理是使一物体在真空中自由下落，记录从某一时刻起算的两个时间段内分别下落的距离，求算重力加速度；上抛式绝对重力仪的原理是将一物体在真空中垂直上抛，到顶点后又沿原路径下落，在运动轨迹上选取一定距离的上、下两个位置，记录物体两次通过下位置的时间间隔和两次通过上位置的时间间隔，求算重力加速。两种形式的仪器都采用激光干涉系统测定距离，用石英频标测定时间间隔，观测数据经计算机处理后直接输出重力值的结果。该结果需加大地震动干扰、光束垂直性偏差以及高度等项改正。(2)相对重力仪。测定两点间重力差。其原理相当于一个重物悬挂在一个弹簧秤上，重物所受的重力与弹簧的弹力方向相反。当大小相同时重物处于平衡状态，如果重力发生变化，平衡位置也发生变化，在两地分别用测微器读出平衡位置，依据平衡位置的变化量就可算出两地的重力差。由于相对重力仪的弹簧存在弹性疲劳现象，因而重力仪会产生零点漂移(在重力不变的情况下重力仪读数也会随时间的推移缓慢地变化)。零点漂移对观测结果的影响只能通过加改正予以削弱；其大小是衡量重力仪质量的重要标志之一。(3)超导重力仪。20世纪60年代末，美国研制出了超导重力仪。其核心部件是由超导铌丝绕成的两组线圈和外表涂铅的铝制空心超导球，两组线圈分别安装在超导球的周围和下方。由于超导现象，在线圈接通电源后立即切断电源，线圈之间形成一个永久磁场，超导球因抗磁性而悬浮在磁场中。当超导小球所受重力与悬浮力相平衡时停止在一个位置上。重力变化时小球发生位移，依这个位移量就可算出重力变化量。由于超导电流的固有稳定性，超导重力仪零点漂移极小，约为2微伽/年，测量精度达到微伽甚至更高。但维持超导现象需要较大的设备，仪器笨重，不宜流动，通常只适用于在固定台站进行观测。重力仪用于地球重力场测量、固体潮观测和重力勘探等方面。

重力仪

【重力异常】(gravity anomaly) 实际重力值与正常重力值之差。反映了地球形状和质量分布与正常椭球的差别。分为纯重力异常和混合重力异常。前者是同一点上实际重力值与正常重力值之差，又称扰动重力。后者是地面点 A 的实际重力值与相应点 N 的正常重力值之差。相应点 N，是沿 A 点正常重力线自正常椭球面向上量取正常高 H^{γ}(A 点正常高)的点。按对实际重力值所加改正数的不同，混合异常又分为：(1)空间异常 Δg。地面点 A 的实际重力值 g 与相应点 N 处正常重力值之差，即：

$$\Delta g = g - \gamma_N \approx g - \gamma_0 + 0.3086H^{\gamma}$$

式中，γ_0 由正常重力公式算得，$0.3086H^{\gamma}$ 为空间改正。(2)布格异常。实际重力值加层间改正后与相应点 N 处正常重力值之差。层间改正，是消除该点地下正常高那一层地形质量对地面点重力值影响所加的改正。在计算这项改正时，中间层质量的密度通常取地壳平均密度($2.67g/cm^3$)。(3)完全布格异常。实际重力值加层间改正和局部地形改正后与相应点正常重力值之差。其局部地形改正是消除地面点周围高出水准面的地形质量和在点水准面下无质量处填补上地形质量对重力值影响所加的改正。局部地区改正总是正值。计算时地形质量的密度仍取地壳平均密度。(4)均衡异常。地面点实际重力值加层间改正、局部地形改正和均衡改正后，与其相应点的正常重力值之差。均衡改正，是根据地壳均衡假说，在似大地水准面下补偿一定的质量对地面点重力值影响所加的改正。对于不同的均衡假说，均衡改正的计算方法和结果各不相同。重力异常主要用于求定地球扰动位、地球重力位以及高程异常、垂线偏差等，是研究地球形状、卫星轨道摄动和修正远程导弹弹道的重要数据。

【重量分析】(gravimetric analysis) 用天平称量化合物的质量从而计算出被测化合物组分含量的分析方法。其操作步骤是:(1)取样。(2)溶解样品。(3)沉淀。(4)过滤。(5)洗涤。(6)干燥。(7)灼烧。(8)称量。其优点是:精确度高,常作标准方法。其缺点是:程序麻烦,时间较长。适用于被测物质与试剂能生成一定组分的难溶化合物的情况。

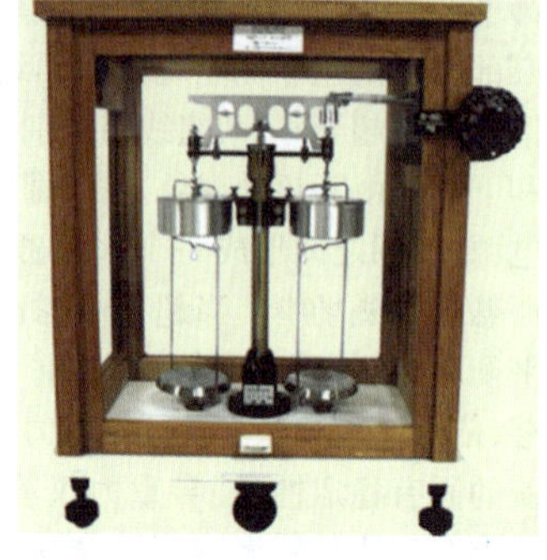
重量分析

【重水】(heavy water) 又称氧化氘(D_2O)。由氘(^2H,重氢)和氧组成的化合物。一种与水类似、在常温常压下无色无味的液体。相对分子质量比水大。其中子慢化性能比轻水好,因此重水被用作重水堆的慢化剂和冷却剂。重水电解后制得的氘可作为聚变堆的燃料和氢弹的装料。重水通常是从天然水中分离制取的。以硫化氢和水进行双温交换的化学交换法,是目前工业规模生产低浓度重水的主要方法。此外还有液氢精馏法、水电解法、水蒸馏法等。

【重水反应堆】(heavy water reactor) 又称重水堆。用重水即氧化氘(D_2O)作为慢化剂的核反应堆。

【重心驱动】(drive at the center of gravity, DCG) 在机床设计时,使刀具和工具相对运动的驱动作用于运动件的重心,以提高机床性能的设计技术。它是根据机械运动动力学理论发展而成的机床结构设计技术。该技术最大限度地避免因驱动力不作用在运动件重心而造成的扭转运动和由运动件产生的惯性作用,从而降低机床的振动,减小机床构件(例如机床床身、立柱等)发生弯曲和变形,达到从根本上提高切削速度、缩短加工时间、提高加工精度、改善加工质量、延长刀具寿命等目的。DCG 是解决机床振动问题、改善加工质量和缩短加工时间的有效设计方案。

【重油】(heavy oil) ❶原油经分馏提取汽油、煤油、柴油后的液态残余物。暗黄色,分子量大,黏度高,沸点高,挥发性差,并且含有大量的由硫、铅、钾、钠、钙、镁、铁、钒、锌等元素的化合物组成的灰分。重油的密度约为 0.90~0.95g/cm³。重油虽然因混有一些重柴油比纯渣油容易燃烧,但因含有较多杂质,不仅在燃烧方面产生困难,而且还产生积炭、积焦和排气冒黑烟等一系列问题。用作化工原料。❷又称杂酚油。高温煤焦油分馏中在轻油和中油后的230~300℃蒸出的馏分。黄绿色。黏稠而重。密度约为1.04~1.07 g/cm³。杂酚油直接与油或水接触时对人体健康和环境存在风险。广泛用作木材的防腐剂、有机合成及制药工业原料等。可从中提取苊、芴、甲酚、二甲酚、喹唑、异喹啉等。

重油

【重症肌无力】(myasthenia gravis) 一种传递障碍自身免疫性疾病。神经与肌肉接头部位因乙酰胆碱受体减少而出现传递障碍。其临床主要特征是:局部或全身横纹肌在活动时易于疲劳无力,经休息或用抗胆碱酯酶药物后可以缓解。病程呈慢性迁延性,缓解与恶化交替,多数病人经治疗可以达到临床痊愈。但往往由于精神创伤、全身各种感染、过度劳累等多种因素复发或加重病情。症状的反复性为该病的特点。

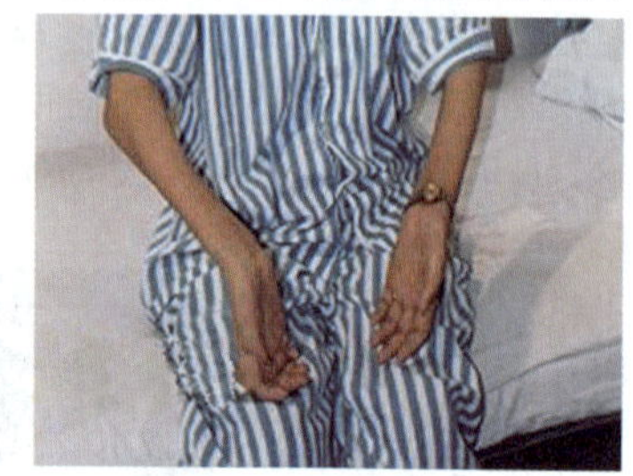
老年人重症肌无力

【重症监护治疗病房】(intensive care unit, ICU) 为适应危重患者强化医疗需要集中必要的医护人员和设备形成的医疗组织形式。包括四个要素:即危重症患者、受过专门训练和富于经验的医疗技术人员、完备的临床病理生理监测和抢救治疗设施以及严格科学的管理。其目的是:尽可能地排除因人员和设备因素而产生的对治疗的限制,最大限度地体现当代医学的治疗水平,使危重症的预后得以改善。ICU 可分为综合 ICU 或专科 ICU。ICU

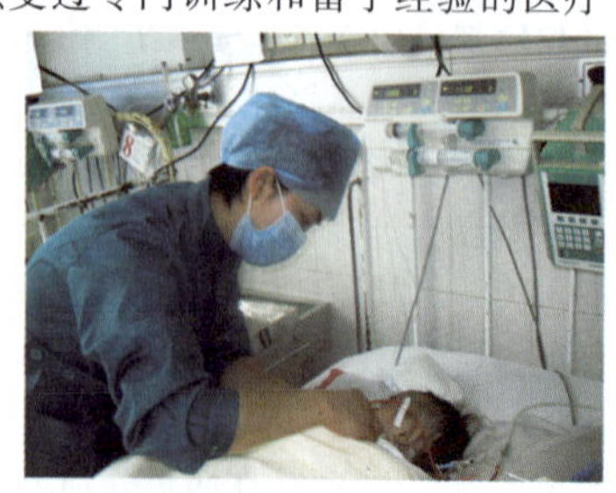
小儿重症监护治疗病房

收治对象主要是病情危重、出现一个或数个急性器官功能不全或衰竭并呈进行性发展，经强化治疗后可能好转或痊愈的患者。

【重子】(baryon)　统计性质属费米子，即自旋为 h 半奇数倍的强子。如质子和中子就是重子。另外还有 Λ、Σ、Ξ、Ω 等粒子。对于重子可定义一个量子数，即重子数 B，重子的重子数为 +1，反重子的重子数为 -1。重子数在所有相互作用中守恒，质子以外的其他重子最终都要衰变为质子，从而保证了质子的稳定性。目前，人们已经发现，所有重子都是由 3 个夸克构成的。

【周边眼】(control hole)　在井巷工作面为控制掘进断面周边而钻凿的炮眼。其作用是爆破后形成巷道轮廓，保证巷道断面形状、尺寸、方向和坡度等符合设计要求。对于巷道而言，处于巷道顶部的周边眼称为顶眼，处于巷道两帮的周边眼称为帮眼，处于巷道底部的周边眼称为底眼。周边眼布置比较简单，应以 500～800mm 的间距沿井巷的轮廓均匀布置，并保证各转折点都有一个炮眼，以便岩石能沿设计的巷道轮廓及方向均匀崩落，且不崩坏支架，不出现超挖和欠挖现象。

【周环反应】(pericyclic reaction)　化学反应过程中能形成环状过渡态的协同反应。可分为：(1)电环化反应。(2) 环的加成反应。(3) σ-迁移反应。其特征是：(1)多中心的一步反应，反应进行时键的断裂和生成是同时进行的。(2)反应进行的动力是加热或光照，不受溶剂极性影响，不被酸碱催化，不受任何引发剂的引发。(3)反应有突出的立体选择性，生成空间定向产物。在立体选择有机合成中有重要的用途。

【周口店动物群】(Zhoukoudian fauna)　华北地区更新世中期以北京周口店第一地点洞穴堆积中发现的化石群为代表的的一个哺乳动物群。是与北京猿人同时期的一个动物群。化石种类相当丰富，仅周口店第一地点发现的哺乳类就有 94 种。其中有些是更新世早期动物群的残留种或其变种，如三门马、梅氏犀、纳玛象、中国鬣狗等。有些是更新世中、晚期特有的新种，如肿骨鹿、葛氏斑鹿、洞熊、最后斑鬣狗、最后剑齿虎、杨氏虎、德氏水牛等。还有些现生种如大熊猫以及安氏鸵鸟等化石。该动物群中包括比较喜湿与比较耐旱的、比较喜暖的与比较耐寒的多种生态类型的动物，反映了当时周口店一带自然环境的复杂性，同时也表示第一地点的地层可能是先后不同阶段的产物。此外，在河北井陉青石岭洞穴堆积，山西、陕西、甘肃东部、河南北部等地更新世中期地层中，也发现有类似的动物群化石。

中国鬣狗古架化石

【周期非特异性药物】(cell cycle non-specific agents)　对处于细胞增殖周期中的各期 (G_1、S、G_2、M) 或是休止期的细胞 (G_0 期) 均具有杀灭作用的药物。大多能与细胞中的 DNA 结合，阻断其复制，从而表现其杀伤细胞的作用。抗肿瘤药物中的烷化剂及阿霉素、博莱霉素等抗癌抗生素即属于此类药物。

【周期函数】(periodic function)　对任何 $x \in D$ 都有 $f(x+T)=f(x)$ 的函数。其中 D 为函数的定义域，T 为一个正数并称为 $f(x)$ 的周期。如果 T 为 $f(x)$ 的周期，则 nT (n 为正整数) 都是 $f(x)$ 的周期。$f(x)$ 的所有周期中如果有一个最小，则称其为 $f(x)$ 的最小周期(也简称周期)。

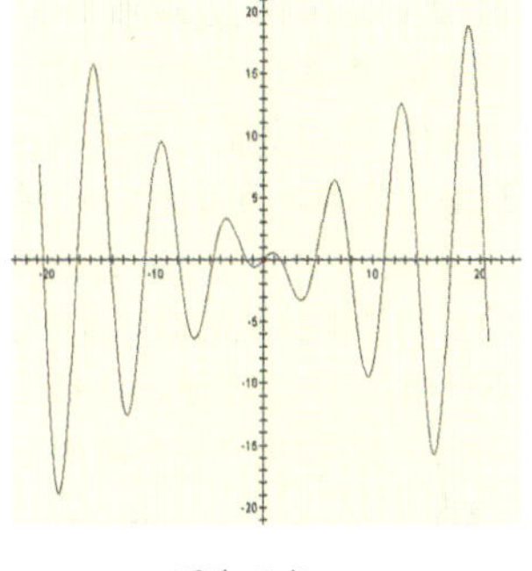

周期函数

【洲际导弹】(intercontinental missile)　射程在8 000km 以上的导弹。战略核武器的重要组成部分。拥有这种导弹的国家，不必远涉重洋就能直接对敌国实施战略性攻击。按飞行弹道的不同可分为洲际弹道导弹和洲际巡航导弹；按发射点与目标位置的不同可分为地地洲际导弹和潜地洲际导弹。洲际弹道导弹通常为多级的液体推进剂导弹或固体推进剂导弹，采用惯性制导或复合制导，携带核装药单弹头或多弹头。它具有推力大，飞行速度快，射程远，命中精度高，威力大等优点。地地洲际弹道导弹多数尺寸大、笨重、不便机动，一般配置在导弹发射井内，采用自力发射(热发射)或外力发射(冷发射)。潜地洲际弹道导弹配置在核动力潜艇内，采用水下冷发射。

洲际导弹

【轴承钢】(ball bearing steel) 含碳量高的铬钢。经淬火和低温回火后(有时还要进行冷处理),具有高的硬度和耐磨性。主要用于制造滚珠和滚柱轴承。为提高其使用寿命,对此类钢纯净度的要求特别严格。

轴承钢

【轴承钢丝】(bearing wire) 用于制造轴承零件的钢丝。轴承零件在工作条件下所承受的交变载荷大,应力高,需要良好的综合力学性能以及高的圆度、高的表面光洁度和高的抗疲劳性能。按照化学成分和使用特性的不同,轴承钢可分为:高碳铬轴承钢、无铬轴承钢、渗碳轴承钢、抗蚀性轴承钢、耐高温轴承钢、中碳合金轴承钢等。对钢材的要求是合金元素含量、钢中非金属夹杂物、碳化物、表面脱碳和其他缺陷的控制。典型的GCr_{15}轴承钢丝的生产工艺流程是:线材球化退火—表面清理—拉拔。其中球化退火的目的是消除热轧时产生的网状碳化物和粗大片状珠光体组织;表面清理包括化学方法和机械方法除去氧化铁皮;拉拔采取小减面率多道次的工艺。

【轴承合金】(bearing alloy) 制造轴承的合金的总称。要求与轴面的摩擦系数小,轴颈的磨损少,能承受足够大的比压。常用的有:(1)锡、铅、锌或铝为基的耐磨合金。(2)青铜(锡青铜和铅青铜),强度高,用于大比压、大转数下工作的轴承。(3)铸铁,价最廉,具有相当大的比压,但摩擦系数大,不能在高速下使用。(4)粉末轴承(自润滑含油轴承或多孔轴承)合金,有含石墨和不含石墨两类,特别适用于精密机构,并已用于较大的轴承。

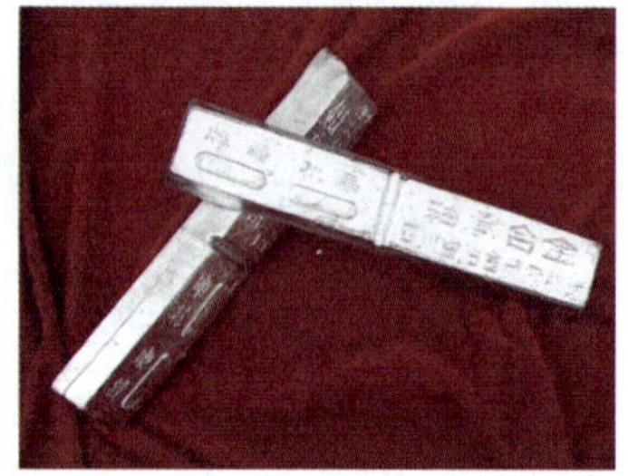

锡基轴承合金

【轴流泵】(axial flow pump) 靠旋转的叶轮对液体产生的推力把水压向高处,水流沿轴向进入和流出叶轮的高比转数泵。其特点是流量大,扬程较低。多用于平原河网地区大面积排水、灌溉和跨流域的调水工程中。目前中国生产的最大轴流泵的口径为4 500mm,抽水流量为$60m^3/s$,配套功率5 000kW。由于扬程变化对轴流泵工作效率影响较大,在结构上,大型轴流泵的叶片多为可调式,以适应水位的变化,扩大高效区工作范围。近年来,在研制低扬程轴流泵的过程中,又出现了贯流式和斜置轴伸式等泵型。这类泵型的特点是:流道平缓,水力损失小,装置效率高,土建投资省,且贯流泵容易实现双向运行或可逆运行。

【轴流式水轮机】(axial flow turbine) 轴面水流由轴向进入、轴向流出转轮,将水流能量转换为旋转机械能的反击式水轮机。按其转轮叶片转动方式的不同可分为:轴流转桨式和轴流定桨式。使用的水头范围一般为3~80m。结构比较复杂。主要部件包括蜗壳、座标、顶盖、导水机构、转轮室、转轮、底环、尾水管、主轴和导轴承等。其中,蜗壳一般为混凝土浇筑型,水头较高时,使用钢制蜗壳。混凝土蜗壳是直接在厂房水下部分大体积混凝土中浇筑成的蜗形空腔,断面形状一般为"T"形或"Γ"形。钢制蜗壳的断面为圆形。转轮室分为中环和下环两部分。转轮包括轮体(又称轮毂)、叶片和泄水锥。定桨式转轮叶片按一定角度固定于转轮体上;转桨式则在转轮体内设有一套使叶片转动的操作和传动机构。转轮体有圆柱形和球形两种。转轮叶片的数目一般为4~6个。小型低水头轮机也有采用3个叶片的。轴流转桨式水轮机具有双调节性能,即导叶及转轮叶片均可调节。能在水头和负荷变化较大范围内保持水轮机的运行稳定性和高效率,比定桨式应用得更为广泛。

轴流式水轮机

【轴压比】(axial compression ratio) 柱或墙的轴压力设计值与柱或墙的全截面面积和混凝土轴心抗压强度设计值乘积之比值。反映了柱(墙)的受压情况。《建筑抗震设计规范》和《混凝土结构设计规范》都对柱轴压比规定了限制,主要是为了控制柱的延性。因为轴压比越大,柱的延性就越差,在地震作用下柱的破坏呈脆性。

【昼夜节律】(circadian rhythm) 又称昼夜钟。生物体内的有关分子,在昼夜不同时间规律地表达变化,从而更好地适应于所处环境的生理现象。可调节人体多种生理功能,包括血压、激素的产生、睡眠和觉醒、消化液分泌以及免疫功能。其失常可明显影响人体的健康,与失眠、时差失调、胃病、冠心病以及忧郁症等有直接的关系。在肿瘤患者中,也常见到昼夜节律的失调。

【皱纹革】(shrink leather) 将皮革表面加工成美观皱纹的皮革。其常用的方法有:(1)化学起皱法。通过加强碱膨胀、重软化,结合使用收敛性强的鞣剂(如高碱度硫酸铬等)处理,使粒面紧缩起皱,形成比较自然而有立体感的持久皱纹。(2)压花法。能做到压出的皱纹均匀一致,但难以持久。现在多采用化学起皱纹法结合摔纹或压花纹后再结合摔纹,效果较好。皱纹革可用于鞋面、皮制球及包件等的制作等。

皱纹革

【侏罗纪】(Jurassic Period) 地质年代中中生代第二个纪。侏罗纪名字来源于法国与瑞士交界的侏罗山系。此地区侏罗系地层出露完好,化石丰富。"侏罗"是日语音译。侏罗纪始于距今2.05亿年,延续约7 000万年。侏罗纪可分为早、中、晚三个世。其代表符号为"J"。这一时期是地史上海水覆盖陆地比较广泛的一个纪,也是整个生物界变化最少的一个时期。整个生物界反映了典型的中生代面貌。无论是动物界的恐龙、陆上昆虫及海生生物菊石、箭石,还是植物界的苏铁、松柏及银杏,都极为繁盛。在侏罗纪时期,中国东部为一广阔陆地,有含煤的陆相沉积及局部的岩浆活动及火山喷发;南部及西部地区有海相地层及相关沉积矿产。

侏罗纪

【侏儒症】(dwarfism) 又称小矮人、生长激素缺乏症。因生长激素分泌不足而引起的生长迟缓、身材矮小的疾病。影响因素很多,其中最重要的是脑垂体内分泌腺的影响。脑垂体分泌的激素已知有十几种,其中与身高有关的是生长激素。它可以促使骨骼成长、变粗。由垂体性疾病而引起的侏儒症,称为"垂体侏儒"。垂体侏儒的病因有两种,一种是原发性,病因不明,部分属遗传性疾病;一种是继发性,即由于垂体周围组织有各种病变。前者多见于男孩,初生时正常,一般三四岁开始发现生长发育落后,随着年龄的增长,孩子越大越显出智力的落后。后者发病年龄可在任何时候。如继发于垂体肿瘤,症状发生于肿瘤初起之时,并可伴有其他肿瘤的表现。垂体侏儒患儿从外观上看,比其实际年龄要小,但其四肢、躯干、头面部的比例都很匀称,身高成比例地缩小,智力发育可不受影响。这种孩子出牙也晚,多数有性腺发育不全,第二性征发育不全或缺乏。往往在青春发育期后仍保持儿童面容,嗓音不变粗,仍保持音调较高的童音。真正的垂体侏儒比较少见。

【珠光体】(pearlite) 一种常温下铁碳合金的基本金相组织。是由奥氏体发生共析转变时形成的铁素体和渗碳体组成的机械混合物。用符号P表示。在平衡条件下,形成的珠光体的碳质量分数ω_c = 0.77%,其硬度HBS = 180左右,力学性能介于铁素体和渗碳体之间。铁素体薄层与渗碳体薄层交替重叠的层状复相物称为片状珠光体,其性能取决于片层间距;若渗碳体呈粒状分布在铁素体基体上,称为球状(或粒状)珠光体,工艺性能好于片状珠光体。珠光体的硬度、强度、塑性和韧性等综合力学性能较好。

【珠光颜料】(pearlescent pigment) 能产生类似珍珠光泽的颜料。具有耐热、无毒、耐光及良好的分散性。由多种金属氧化物薄层构成。改变金属氧化物薄层,能产生不同的珠光效果。广泛应用于涂料、汽车及日常用品等领域。

【珠母贝】(pearl oysters) 软体动物门,双壳纲,珍珠贝目,珍珠贝科贝类的统称。贝壳较大。壳质坚厚。近圆形或方形。背缘直,壳顶约位于背缘中部,前后有耳状突起。右壳前耳下方具明显的足丝孔。壳表有各种生长鳞片。壳呈灰白色、黄褐色、绿褐色等。贝壳内面珍珠层厚,具美丽的珍珠光泽。肌痕大,马蹄形,极明显。韧带细长,呈褐色,位于背缘。无水管,直肠末端有肛门膜。营附着生活。足退化而足丝发达。滤食性贝类。常见的饵料有硅藻、甲藻以及一些小型浮游动物,另有一些有机碎屑和浮泥等。适温范围15~30℃,最适水温为23~28℃。多雌雄异体。卵生。主要分布在热带和亚热带海域。中国对珍珠贝的采捕和利用已有2 000多年历史。中国东南沿海已发现约20种,并已开展人工养殖。经济价值较大的有合浦珠母贝、大珠母贝、珠母贝、企鹅珍珠贝和长耳珠母贝等。其中大珠母贝所产珍珠颗粒大,色泽好。

【株型】(plant type) 植株高矮、分蘖(或分枝)多少及角度、叶片面积及倾斜角度等性状所构成的植株的外形。按其植株高矮,水稻等禾本科作物可分为高秆型和矮秆型两大类;按其分蘖习性及叶片大小、长短及披散程度,分为紧凑型和松散型等。棉花根据果枝和叶枝形态可分为筒型、塔型、丛生型。株型与光能利用及光合产物分配有密切关系,直接影响作物产量。株型也是鉴别作物品种的重要标志之一。

【株型育种】(plant type breeding) 以培育适应一定地区的自然条件和栽培条件的理想株型为主要目标的育种。株型不同,对光能的利用不同,产量也不同。一般认为,改变株型应着眼于改进叶冠接受的光量,要求单位面积上总的叶面积摄取较多的日光量。可通过引种、杂交和人工引变等方法,培育理想株型的优良新品种。

【猪传染性胃肠炎】(transmissible gastroenteritis of pig,TGEV) 由冠状病毒科的猪传染性胃肠炎病毒引起的一种急性、高度接触性肠道传染病。特别是冬春季节,往往是猪传染性胃肠炎的高发季节。潜伏期12~24h,有时长达四天。一般在3~4天内暴发并迅速传播,约经10天左右达到高潮,随后呈零星发病。主要表现为呕吐、严重腹泻和脱水。不同年龄的猪均可发病。哺乳子猪发病会造成大批死亡。死亡率与年龄的关系甚为密切。日龄越小,病程越短,死亡率越高。如不采取有效措施,5日龄以内的子猪病死率可高达100%,10日龄为50%左右,5周龄以上的猪死亡率较低,生长育成猪或公母猪发病几乎没有死亡。本病呈地方流行,有明显的季节性,以冬春两季发病最多。50%左右的患病子猪有短暂的体温升高(40.2~40.6℃),精神委顿,厌食,呕吐和明显的水样腹泻;粪便呈黄色、淡绿色或灰白色,水样并有气泡,pH值检验呈酸性,内含凝乳块,腥臭,但不见有血液;病猪迅速出现脱水、消瘦等症状。病猪有渴感,常找地方饮水,被毛粗乱,体质衰弱。在发病末期,由于脱水,粪稍黏稠,体重迅速减轻,体温下降,发病后2~7天死亡。耐过的小猪生长较缓慢,往往成为僵猪。个别怀孕母猪会出现流产。哺乳母猪常与子猪一起发病。母猪食欲不振,呕吐,进而腹泻;部分母猪体温升高,高度衰弱。哺乳母猪患病后乳房收缩,泌乳减少或完全无乳,子猪因饥饿及脱水,死亡严重,尸体消瘦。对本病的预防主要采取加强饲养管理、改善卫生条件和免疫预防措施。治疗尚无特效药物,唯一的办法是对症治疗,即减轻失水、酸中毒和防止继发感染。

【猪传染性萎缩性鼻炎】(porcine contagious pleuropneumonia) 一种由支气管败血波氏杆菌和产毒素多杀巴氏杆菌引起的猪呼吸道慢性传染病。不同年龄的猪均有易感性,而以幼猪的病变最为明显。病猪、带菌猪经呼吸道将病原体传给仔猪。只有生后几天至几周的仔猪感染后才能产生鼻甲骨萎缩。成年猪感染后看不到症状,而成为带菌猪。发病仔猪(最早1周龄,6周龄~8周龄最显著)喷鼻,流鼻液。表现摇头不安,鼻痒拱地,前肢抓鼻。以后症状逐渐加重,持续3周以上,鼻甲骨开始萎缩,仍打喷嚏,流浆液性、脓性鼻液,气喘。严重时,因喷嚏用力鼻黏膜破损而流血,甚至喷出鼻甲骨碎片,往往是单侧性的。鼻甲骨在发病后3~4周开始萎缩,鼻腔阻塞,呼吸困难;有明显的鼻变形,鼻面部皮肤形成皱纹,上颌部异常发达和门齿咬合不正;因鼻泪管阻塞而由眼泪和灰尘在内眦部形成半月状条纹的泪斑等症状。加强检疫,防止带菌猪引入猪场,适时进行疫苗免疫接种,可有效降低猪群的发病率。抗生素治疗可明显降低感染猪发病的严重性和副作用。

【猪丹毒】(swine erysipelas) 由猪丹毒杆菌引起的一种急性人畜共患传染病。其临床及病理学特征是:急性型呈败血症变化;亚急性型在皮肤上出现紫红色疹块;慢性型表现非化脓性关节炎、皮肤坏死和疣性心内膜炎。本菌为革兰染色阳性细长的小杆菌,不形成芽孢和荚膜,不能运动;在慢性病猪的心内膜疣状物上,多呈长丝状。对环境抵抗力强,但对消毒药的抵抗力弱,一般常用的消毒药均可在5~15min内将其杀死。不同年龄猪均有易感性,但以3个月以上的架子猪发病率最高,3个月以下和5年以上的猪很少发病。人类可因创伤感染发病。本病的主要传染原是病猪,其次是临床康复猪及健康带菌猪。病原体随粪、尿、唾液和鼻分泌物等排出体外;污染土壤、饲料、饮水等,经消化道和损伤的皮肤而感染(这是人感染本病的主要途径)。带菌猪在不良条件下抵抗力降低时,细菌也可侵入血液,引起自体内源性传染而发病。流行无明显季节性,但夏季发生较多,主要发生于有吸血昆虫活动的季节,冬、春季只有散发。猪丹毒经常在一定的地方发生,呈地方性流行或散发。此外,某些非传染性疾病的存在,饲喂了有毒、有霉变饲料,气温变化过大,饲料突然改变和猪只过度疲劳等,均可诱发本病的发生。免疫接种是预防本病最有效的办法。治疗主要以抗生素为主,以青霉素对本病的治疗效果最好。

【猪繁殖与呼吸综合征】(porcine reproductive and respiratory syndrome,PRRS) 又称猪蓝耳病。由猪繁殖与呼吸综合征病毒引起的以妊娠母猪的繁殖障碍及各种年龄猪特别是仔猪的呼吸道疾病为特征的一种传染病。现已经成为规模化猪场的主要疫病之一。中国将其列为二类传染病。该病毒在外界环境中的抵抗力相对较弱,对高温敏感。是一种高度接触性传染病,呈地方流行性。PRRSV只感染猪,各种品种、不同年龄和用途的猪均可感染,但以妊娠母猪和1月龄以内的仔猪最易感。患病猪和带毒猪是本病的重要传染源。主要传播途径是接触感染、空气传播和精液传播,也可通过胎盘垂直传播。易感猪可经口、鼻腔、肌肉、腹腔、静脉及子宫内接种等多种途径而感染病毒。猪感染病毒后2~14周均可通过接触将病毒传播给其他易感猪。从病猪的鼻腔、粪便及尿中均可检测到病毒。易感猪与带毒猪直接接触或与污染有PRRSV的运输工具、器械接触均可受到感染。感染猪的流动也是本病的重要传播方式。本病的潜伏期差异较大,引入感染后易感猪群发生PRRS的潜伏期,最短为3天,最长为37天。本病的临诊症状变化很大,且受病毒株、免疫状态及饲养管理因素和环境条件的影响。低毒株可引起猪群无临诊症状的流行,而强毒株能够引起严重的临诊疾病,临诊上可分为急性型、慢性型、亚临诊型等。加强饲养管理,及时进行疫苗接种是预防本病的主要措施。发现发病猪群早期应用猪白细胞干扰素或猪基因工程干扰素肌内注射,可收到较好效果。

【猪肺疫】(swine pasteurellosis) 由多种杀伤性巴氏杆菌所引起的一种急性传染病。急性或慢性经过。急性呈败血症变化,咽喉部肿胀,高度呼吸困难。对多种动物和人均有致病性,以猪最易感。无明显季节性发生,但以冷热交替、气候剧变、潮湿、多雨时发生较多,营养不良、长途运输、饲养条件改变或不良等因素促进本病发生。一般为散发。潜伏期1~5天。最急性型,晚间还正常吃食,次日清晨即已死亡,常看不到表现症状。病程稍长,体温升高到41~42℃,食欲废绝,全身衰弱,卧地不起,呼吸困难,呈犬坐姿势,口鼻流出泡沫。病程1~2天,死亡率100%。急性型(胸膜肺炎型),体温40~41℃;痉挛性干咳,排出痰液呈黏液性或脓性,呼吸困难,后成湿、痛咳;胸部疼痛,呈犬坐、犬卧;初便秘,后腹泻;在皮肤上可见淤血性出血斑。慢性型,持续咳嗽,呼吸困难,鼻流少量黏液;有时出现关节肿胀、消瘦、腹泻,经2周以上衰竭死亡。病死率60%~70%. 加强管理、免疫接种能有效预防本病。治疗用青霉素、链霉素、广谱抗生素、磺胺类药物均有效。

【猪附红细胞体病】(eperythrozoonosis of pig) 由附红细胞体引起的猪传染性疾病。附红细胞体是立克次氏体目,乏浆体科,属附红细胞体属,真菌类。其形态呈环状、哑铃状、S形、卵圆形、逗点形或杆状。大小介于0.1~2.6nm之间。对干燥和化学药品的抵抗力很低,但耐低温。一般常用消毒剂均能杀死。人、牛、猪、羊等多种动物均可感染,且感染率较高。猪附红细胞体病可发生于各龄猪,但以仔猪和长势好的架子猪死亡率较高,母猪的感染也比较严重。患病猪及隐性感染猪是重要的传染源。其临床症状主要表现是:仔猪体质变差,贫血,肠道及呼吸道感染增加;育肥猪日增重下降,急性溶血性贫血;母猪生产性能下降等;哺乳仔猪,5日内发病症状明显,新生仔猪出现身体皮肤潮红,精神沉郁,哺乳减少或废绝,急性死亡。一般7~10日龄多发。体温升高,眼结膜皮肤苍白或黄染,贫血症状,四肢抽搐、发抖,腹泻、粪便深黄色或黄色黏稠,有腥臭味。死亡率在20%~90%,部分很快死亡。大部仔猪临死前四肢抽搐或划地,有的角弓反张。部分治愈的仔猪会变成僵猪。加强饲养管理,注意环境卫生,给予全价饲料,增强机体免疫力,减少不良应激等对本病的预防有重要意义。发病动物用血虫净、土霉素和四环素等药物治疗有较好效果。

【猪副伤寒】(paratyphus suum) 由沙门氏菌属细菌引起仔猪的一种传染病。急性者为败血病,慢性者为坏死性肠炎,有时发生卡他性或干酪性肺炎。多发生于2~4月龄小猪,6月龄以上猪只很少发生。一般消毒药能迅速杀死猪副伤寒杆菌。本病一年四季均可发生。健康猪常有带菌现象,病猪和带菌猪是主要传染源。主要是通过消化道,幼猪吃食被病原体污染的饲料、饮水后引起发病。不合理的饲养管理和猪舍潮湿、阴暗及过早断乳等,均能降低幼猪的抵抗力,促进本病流行。其症状表现是:(1)急性型。来势迅猛,很象猪瘟症状。开始时体温上升至41~42℃,停食,不愿行动,精神沉郁,腹部卷缩,拱背、腹泻,粪便很臭。2~3日后,体温稍下降,肛门、尾、后腿等部污染混合血液的黏稠粪便。有时伴有咳嗽和呼吸困难。由于心脏衰弱,皮肤(特别是耳尖、四肢. 胸腹等处)变成暗红色。(2)慢性型。病初,由减食到不食,腹泻常有周期性,粪便呈淡黄色、黄褐色、淡绿色不等,有恶臭。腹泻日久,病猪大便失禁,粪便内混有血液和假膜。开始1~3日有高热征以后呈弛张热,有些病例体温不高。皮肤特别是胸腹部常有湿疹状丘疹,被毛蓬乱、粗糙、失去光泽。精神衰竭,皮肤暗紫色,特别以耳尖、耳根、四肢比较明显。腰背拱起,后腿软弱无力,叫声嘶哑。强迫其行走时,则行走蹒跚。病的末期,往往极度衰弱死亡。病程可延长到2~3周左右。死亡率为25%~75%。采取良好的兽医生物安全措施,实行全进全出制的饲养方式,控制饲料污染,消除发病诱因等是预防本病的重要环节。发病动物使用庆大霉素、黏杆菌素、乙酰甲喹、硫酸锌霉素等有一定的效果。

【猪链球菌病】(swine streptococcicosis) 由多种链球菌感染所引起的猪类疾病。包括猪败血性链球菌病和猪淋巴结脓肿。猪链球菌病主要感染猪。猪群流行本病时,与其经常接触的牛、犬和禽类不见发病。在实验动物中,以家兔最为敏感,仓鼠次之。分布广泛。一年四季均可发生,春、秋多发,呈地方流行性。多经呼吸道和消化道感染。病猪与健康猪接触,或由病猪排泄物(尿、粪、唾液等)污染的饲料、饮水以及物体可引起猪大批发病而造成流行。外伤、阉割或注射消毒不严等也可造成传染和散播。其症状和剖检变化比较复杂,容易与多种疾病混淆,必须进行实验室检查才能确诊。其防治方法是:(1)初发病猪每头每次用青霉素80~180万IU,每日2次,肌注。(2)庆大霉素1~2 mg/kg体重,每日2次,肌注。(3)加强管理,注意平时的卫生消毒工作,病猪尸体及其排泄物等作无害处理。(4)严格消毒,病猪及可疑病猪应立即隔离治疗。

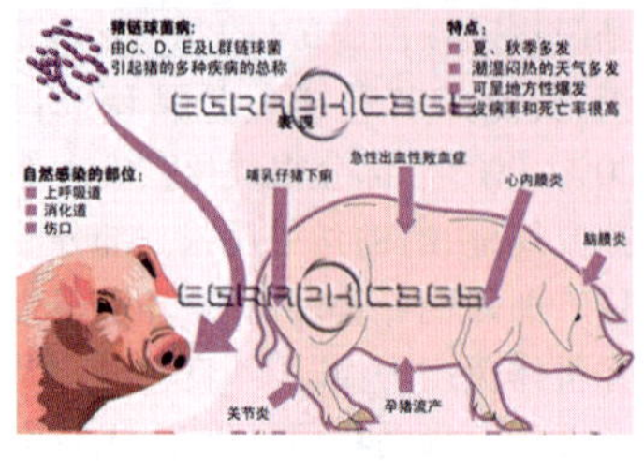

猪链球菌病图解

【猪流行性乙型脑炎】(porcine epidemic encephalitis type B) 由日本乙型脑炎病毒引起的一种急性人兽共患传染病。患病猪主要特征为高热、流产、死胎和公猪睾丸炎。许多动物感染后可成为本病的传染源,猪的感染最为普遍。主要通过蚊的叮咬进行传播。病毒能在蚊体内繁殖,并可越冬,经卵传递,成为次年感染动物的来源。由于经蚊虫传播,因而流行与蚊虫的孳生及活动有密切关系。有明显的季节性,80%的病例发生在7、8、9三个月。猪的发病年龄与性成熟有关,大多在6月龄左右发病。其特点是:感染率高,发病率低(20%~30%),死亡率低;新疫区发病率高,病情严重,以后逐年减轻,最后多呈无症状的带毒猪。猪只感染乙脑时,临诊上几乎没有脑炎症状的病例。猪常突然发生,体温升至40~41℃,稽留热;病猪精神萎缩,食欲减少或废绝,粪干呈球状,表面附着灰白色黏液;有的猪后肢呈轻度麻痹,步态不稳,关节肿大,跛行;有的病猪视力障碍;最后麻痹死亡。妊娠母猪突然发生流产,产出死胎、木乃伊胎和弱胎,母猪无明显异常表现,同胎也见正产胎儿。流产胎儿脑水肿,皮下血样浸润,肌肉似水煮样,腹水增多;木乃伊胎儿从拇指大小到正常大小;肝、脾、肾有坏死灶;全身淋巴结出血;肺瘀血、水肿。子宫黏膜充血、出血和有黏液。胎盘水肿或见出血。公猪除有一般症状外,常发生一侧性或两侧性睾丸肿大,患病睾丸阴囊皱襞消失、发亮,有热痛感,约经3~5天后肿胀消退;有的睾丸变小变硬,失去配种繁殖能力。如仅一侧发炎,仍有配种能力。公猪睾丸实质充血、出血和小坏死灶;睾丸硬化者,体积缩小,与阴囊粘连,实质结缔组织化。根据本病发生和流行特点,消灭蚊子和免疫接种是预防本病的重要措施。治疗尚无特效药物。

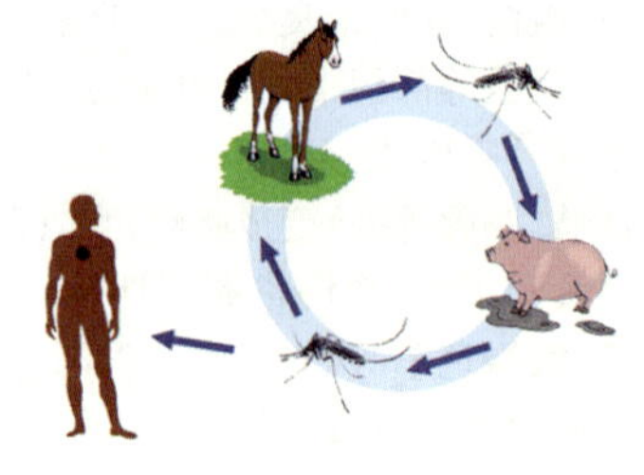
流行性乙型脑炎传播

【猪水泡病】(swine vesicular disease) 又称猪传染性水疱病。由肠道病毒属的病毒引起的一种急性、热性接触性传染病。其特征是:病猪的蹄部、口腔、鼻端和母猪乳头周围发生水疱。本病仅发生于猪。不同品种、年龄的猪均可感染发病。病猪和带毒猪的粪、尿、鼻液、口腔分泌物、水疱皮及水疱液含有大量病毒,通过病猪与易感猪接触,可经损伤的皮肤、消化道等感染。该病一年四季均可发生。猪只密集、调动频繁,往往造成发病率较高。病初体温升高至40~42℃;在蹄冠、趾间、蹄踵出现一个或几个黄豆至蚕豆大的水疱,继而水疱融合扩大,充满水疱液,经1~2天后,水疱破裂形成溃疡,真皮暴露,颜色鲜红。由于蹄部受到损害,病猪行走出现跛行。有些病例,由于继发细菌感染,局部化脓,可造成蹄壳脱落,不能站立。在蹄部发生水疱的同时,有的病猪在鼻端、口腔和母猪乳头周围出现水疱。一般经10天左右可以自愈,但初生仔猪可造成死亡。水疱病发生后,约有2%的猪发生中枢神经系统紊乱,表现向前冲,转圈运动,用鼻摩擦猪舍用具,有时有强直性痉挛。本病目前尚无有效的疫苗和治疗药物。

【猪伪狂犬病】(porcine pseudorabies) 由伪狂犬病毒引起的多种家畜和野生动物的一种急性传染病。除猪以外的其他动物发病后通常具有发热、奇痒及脑脊髓炎等典型症状。均为致死性感染,但呈散发形式。猪是伪狂犬病毒的自然宿主和储存者。仔猪和其他易感动物一旦感染该病,死亡率高达100%。成年母猪和公猪多表现为繁殖障碍以及呼吸道症状。在中国,该病也广泛存在,并严重发病,尤其是猪的伪狂犬病,给养猪业造成了巨大的经济损失。伪狂犬病自然发生于猪、牛、绵羊、犬和猫;多种野生动物、肉食动物也易感。水貂、雪貂因饲喂含伪狂犬病毒的猪下脚料也可引起伪狂犬病的暴发。实验动物中家兔最为敏感,小鼠、大鼠、豚鼠等也能感染。病猪、带毒猪以及带毒鼠类为本病重要传染源。病毒主要通过已感染猪排毒而传给健康猪;被伪狂犬病毒污染的工作人员和器具在传播中起着重要的作用。而空气传播则是伪狂犬病毒扩散的最主要途径。在猪群中，病毒主要通过鼻分泌物传播，乳汁和精液也是可能的传播源。除猪以外的其他动物感染伪狂犬病毒后，其结果均是死亡。猪发生伪狂犬病后，其临诊症状因日龄而异。成年猪一般呈隐性感染，怀孕母猪可导致流产、死胎、木乃伊胎和种猪不育等综合症候群。15日龄以内的仔猪发病死亡率可达100%，断奶仔猪发病率可达40%，死亡率20%左右；对成年肥猪可引起生长停滞、增重缓慢等。具有一定的季节性，多发生在寒冷的季节，但其他季节也有发生。本病尚无有效药物治疗，紧急情况下用高免血清治疗可降低病死率。加强检疫和管理、免疫接种是控制本病的主要措施。

【猪瘟】（swine fever） 又称猪霍乱。俗称烂肠瘟。由猪瘟病毒引起的一种急性热性接触性传染病。仅发生于猪和野猪。其特征是以高热稽留、白细胞显著减少、微血壁变性并引起内脏器官出血坏死和梗死。病猪是主要传染源。经消化道、呼吸道、眼结膜及皮肤伤口等感染。各种年龄、性别和品种的猪都可感染。按症状和病程的不同可分为：最急性、急性、亚急性和慢性等类型。最急性型少见。除体温升高外常无明显病症，多在1～2d内因循环障碍和休克而突然死亡。急性型最常见。体温上升到41℃以上，食欲减退或废绝，眼结膜发炎并有脓性分泌物，鼻腔常流出脓性黏液。初期便秘，后期腹泻，有时粪便带血。皮肤常有点状出血，病程7～12d，病死率可达80%～100%。亚急性型除有上述症状外，体温变化无规律，极度消瘦。病程可延至1～2个月，完全康复的很少。慢性型由低毒力病毒引起，发病率和死亡率较低，大猪都能耐过。剖解可见内脏器官广泛出血、坏死，以细小点状为特征，脾边缘梗死。亚急性和慢性病例在盲结肠黏膜上出现纽扣状肿，骨骺线增厚。根据临床症状、流行病学和剖解变化可作分析诊断。实验室方法有免疫荧光技术、酶联免疫吸附试验和免体交叉免疫试验等。病初或紧急防疫时可用抗猪瘟血清，对症治疗可减轻症状。使用抗生素药物控制继发感染，隔离病猪，彻底消毒。对其他健康猪应紧急预防接种，严格检疫，定期接种猪瘟兔化弱毒疫苗。

【猪细小病毒病】（porcine parvovirus） 由猪细小病毒引起的一种猪的繁殖障碍病。以怀孕母猪发生流产、死产以及产木乃伊胎为特征。病毒对热及酸碱有较强的抵抗力。各种不同年龄、性别的家猪和野猪均易感。传染源主要来自感染细小病毒的母猪和带毒的公猪。病毒能通过胎盘垂直传播。感染种公猪也是该病最危险的传染源。污染的猪舍是猪细小病毒的主要储藏所。具有很高的感染性，易感的健康猪群一旦病毒传入，3个月内几乎可导致猪群100%感染；感染群的猪只，较长时间保持血清学反应阳性。本病多发生于春、夏季节或母猪产仔和交配季节。母猪怀孕早期感染时，胚胎、胎猪死亡率可高达80%～100%。母猪在怀孕期的前30～40天最易感染，孕期不同时间感染分别会造成死胎、流产、木乃伊胎、产弱仔猪和母猪久配不孕等不同症状。病毒的感染率与动物年龄成正比。本病目前尚无有效治疗方法，应在免疫预防基础上，采取综合性防控措施。

【猪应激综合征】（porcine stress syndrome） 猪个体遭受不良环境因素的刺激而产生的一系列抗逆反应性疾病。多发生于皮特伦猪、波中猪和兰德瑞斯等品种。由于日常管理中某些环境和精神压迫因素，如搬迁、分群、交配和使用某种麻醉药所致。也与遗传有关。症状有尾部颤抖，白色皮肤交替地出现红白斑，转而发绀，呼吸困难，体温升高，肌肉僵硬，不爱走动，死于虚脱。剖检可见白猪肉和黑硬干猪肉病变。预防应从遗传选育着手，逐步淘汰应激易感猪。在饲养管理上减少应激因素，或预先投服镇静剂。

【猪圆环病毒病】（porcine circovirus infection） 以猪圆环病毒-2为主要病原、单独或继发感染其他致病微生物的猪一系列疾病的总称。圆环病毒有两个血清型，PCV-1型没有致病性。其症状表现是：体重减轻，渐进性消瘦，虚弱；呼吸困难，过速，偶有咳嗽；皮肤苍白，结膜黄染；下痢、腹泻；中枢神经紊乱；全身淋巴结肿大，尤以腹股沟淋巴结为最，肿大达3～4倍，切面充血、出血；肺弥漫性病变，密度增加，坚实成橡皮样，表面呈花斑状；肝花斑状，萎缩；脾肿大，切面呈肉状；肾被膜有白色病灶，肿大；回肠有花斑状。目前尚无特效的预防和治疗方法。应采用全进全出的饲养管理制度，保持良好的卫生和通风状况，确保饲料品质和使用抗生素控制继发感染，以及淘汰发病猪并进行无害化处理等综合性防控措施。

【猪支原体肺炎】（swine mycoplasmal pneumonia） 又称猪地方流行性肺炎。由猪肺炎支原体引发的一种猪慢性肺炎。猪肺炎支原体生长需求极为苛刻，分离相当困难。其在基本肉汤培养物中生长缓慢，经3～30天，培养物才产生轻微的混浊，并产酸使颜色发生变化。带菌猪是本病的主要传染源。病原体经气雾或与病猪的呼吸道分泌物直接接触传播。经母猪传给仔猪使本病在猪群中持久存在。其严重程度常因管理水平、季节、通风条件、猪的密度以及其他环境因素改变而有很大差异。最早可能发生于2～3周龄（地方品种有9日龄的）的仔猪。但一般传播缓慢，在6～10周龄感染较普遍，许多猪直到3～6月龄时才出现明显症状。易感猪与带菌猪接触后，发病的潜伏期长的为10天或更长时间。所有自然发生的病例均为混合感染，包括支原体、细菌、病毒及寄生虫等。预防本病主要在于坚持采取综合性防控措施，疾病的有效控制取决于猪舍的环境包括空气质量、通风、温度及合适的饲养密度。目前可用于治疗的药物较多，如泰妙菌素、泰乐菌素、林可霉素、壮观霉素等抗生素。

【蛛网膜下腔出血】(subarachnoide heamorrhage) 因脑底或脑浅表部位的血管破裂，血液直接进入蛛网膜下腔引起的疾病。其临床症状主要有：(1)头痛和呕吐。突发剧烈头痛，呕吐，颜面苍白，全身冷汗。如头痛局限于某处时，则有定位意义：前头痛提示病变在小脑幕上和大脑半球(单侧痛)；后头痛表示后颅凹病变。(2)意识障碍和精神症状。多数患者无意识障碍，但可有烦躁不安。危重者可有谵妄，不同程度的意识不清及至昏迷，少数可出现癫痫发作和精神症状。(3)脑膜刺激征。青壮年病人多见且明显，伴有颈背部痛。老年患者、出血早期或深昏迷者可无脑膜刺激征。(4)其他症状。如低热、腰背腿痛等。亦可见轻偏瘫，视力障碍，第Ⅲ、Ⅴ、Ⅵ、Ⅶ等颅神经麻痹，视网膜片状出血和视乳头水肿等。此外还可并发上消化道出血和呼吸道感染等。

【竹胶合板】(bamboo glued board) 以竹片为原料将其加工成篾并编制成席，再经干燥、施胶，以不同厚度要求进行数层叠合，并按其单位压力2.5～3.0MPa进行加压固结形成的板材。具有强度高、韧性好、弹性好、防火、耐侵蚀、耐磨、耐冲击等特点。适用于高层建筑中的水平模板、剪力墙、垂直墙板、高架桥、立交桥、大坝、隧道和梁柱模板等。

竹胶合板

【竹节纱】(slub yarn) 在长度方向上出现粗、细节状的纱线。外形很像竹节，故称竹节纱。分等节距竹节纱和不等节距竹节纱。其加工方法有后罗拉增速法、包缠法、植入法、热定型法等。用竹节纱织成的织物表面能显示竹节波纹或花朵，既可增加布面外观效应，又能减少贴肤面积，适宜作为夏季服装的面料或装饰面料。

竹节纱

【竹结构】(bamboo structure) 用竹材制成的建筑结构。在中国南方盛产竹材的地方，用竹材建造房屋由来已久。利用竹篾编成竹索做成能跨越20～30m的吊桥，称为竹索桥。这种桥梁在中国的应用历史悠久。结构用的毛竹在中国南方各地均能种植。一般4～6年即可成材。毛竹中空呈管状，内有横膈，壁厚约为直径的1/10。竹竿有节，节距从根到梢随直径减小而增大。竹材的强度主要由管状纤维支持，一般三根纤维成束，称为维管束。从竹壁内侧的竹黄部分到外侧的竹青部分，维管束逐渐密集。

竹结构

【竹炭纤维】(bamboo carbon fiber) 将毛竹经高温碳化处理的微粉纳米化后，融入化学纤维纺丝熔体经过纺丝、拉伸和定型所得到的功能性纤维。竹炭主要由碳、氢、氧等元素组成，质地坚硬，细密多孔，吸附能力强，是同体积木炭的10倍以上，所含矿物质是同体积木炭的5倍以上。竹炭纤维具有良好的吸湿保温、除味抗菌、净化空气与水质的功效和自然、环保特性，且不易受洗涤次数影响，适用于生产贴身和防护型纺织品。可以制作医疗防护服饰、婴幼及孕妇防护服、床上用品、高档内外衣面料、宾馆及家庭、车船等交通工具装饰用品、空气过滤用材、防家用电器电磁波辐射用品等。

【竹纤维】(bamboo fiber) 又称竹子再生纤维素纤维。竹子进行加工而获得的纤维。包括竹浆纤维和竹原纤维。前者由竹子经粉碎后采用水解、碱处理及多段式的漂白精制而成浆粕，再将不溶性的浆粕予以变性，转变为可溶性黏胶纤维用的竹浆粕，最后经过黏胶抽丝制成；后者是将竹子经过粉碎，经高温蒸煮，

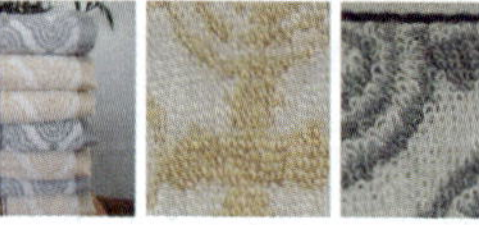

竹纤维

除糖分、除脂肪、消毒和晾干等工序制成，也称原生竹纤维。具有良好的韧性和稳定性，且防缩水，防皱褶，抗起球，不过敏。

【逐次冲裁】(gradualness cutting) 在冲裁加工时，将各段直线、圆弧、圆孔，分别使用切边模、切角模、圆弧冲模、圆孔冲模等，分别进行冲裁的加工方法。任何冲裁件，尽管其形状和尺寸各异，但其冲裁轮廓线(冲裁件成品或弯曲件、拉延件的冲裁半成品件)大多是由直线、不同半径的圆弧和圆孔等组成。

【逐次冲压】(gradualness punch) 将逐次冲裁出的半成品件，再用通用弯曲模、拉延模进行加工，得到冲压件的加工方法。对冲压件质量要求不高、产品更新换代频繁、生产批量小的厂矿企业多用逐次冲压加工。

【主板】(mainboard) 又称主机板。计算机系统中最大的一块电路板。包括中央处理器、主存储器、支持电路和总线控制器以及接插件。有 Baby AT 和 ATX 两种。其类型和档次决定着系统的类型、档次和性能。主板上安装有控制芯片组、基本输入输出系统(BIOS)芯片和各种输入输出接口、键盘和面板控制开关接口、指示灯插接件、扩充插槽及直流电源供电接插件等元件。它将各种周边设备紧密地联系在一起。有了主板，中央处理器才可以控制硬盘、软驱、键盘、鼠标、内存等周边设备，从而形成一个完整的微机系统。

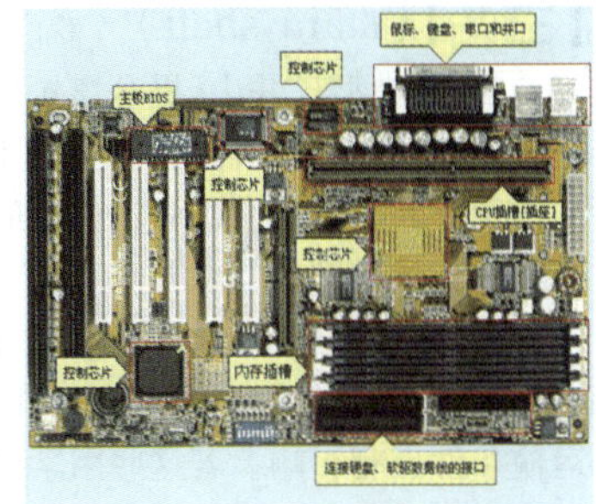

主板

【主存】(main memory) 又称主存储器、内存储器。在计算机中存放当前正在执行的程序以及被程序所使用的数据(包括运算结果)的存储器。一般采用半导体存储单元。存储器的类型有：(1)随机存储器。(2)只读存储器。(3)可编程序的只读存储器。(4)可擦除、可编程序的只读存储器。(5)电擦除的可编程序只读存储器。其主要技术指标为存储器容量和存储器速度。其特点是：速度比辅助存储器快，容量比高速缓冲存储器大。按其存储形式的不同可分为：基本主存、保留主存、上位主存、高端主存等。

8mb－64mb 主存

【主存储器】(main memory) 见主存。

【主导技术】(leading technology) 对整个技术体系起主导作用、对其他技术门类的变革有决定性意义的技术。可以是单项技术，如 18 世纪工业革命时代的机械技术；也可以是一个技术群，如当今新技术革命中的微电子技术、生物遗传工程技术、新能源技术、新材料技术等。即使是单项性的主导技术，它也是由科学基础相近、技术功能相互补充、技术目的相同的几个分支技术组成的，如电力技术至少由电力生产、输送、分配、电器制造及绝缘和导电材料研制等技术分支构成。主导技术的性质和水平决定整个技术体系的性质和水平，从而在很大程度上规定了社会生产、生活的状态。18 世纪下半叶至 19 世纪下半叶，经济发达国家在工业、农业、交通运输、日常生活以至科学研究、社会交往和办公业务等领域，无不借助于机器技术。从总体上说，那个时代是机械化的时代。当时，连人们的思维方式也打上机械论的烙印。机械技术对于其他技术门类作出的功绩在于机械力代替人力，使人们在很大程度上摆脱了作为生产原动力的状态。

【主动靶向药物】(active targeting drug) 通过载体结构修饰或生物识别作用将药物定向运送至病变部位发挥药效，而不损伤周围的正常细胞、组织和器官的药物体系。目前研究较多的是肿瘤靶向给药系统。肿瘤组织的病理生理特征与正常组织存在显著不同，主要表现为肿瘤部位血管渗透性增强，大分子药物、载体等可穿透血管内皮细胞进入肿瘤组织，又由于清除障碍，可长时间、高浓度蓄积在肿瘤部位，这种作用称为渗透和滞留增强效应。主动靶向药物是可与肿瘤特定的靶点(受体、相关的蛋白等)特异性结合的药物，如抗体及其偶联物等。

【主动件】(driving link) 见原动件。

【主动控制技术】(active control technology) 在设计航空器时采用反馈控制技术与结构设计、气动设计及动力装置设计等综合协调以获得布局合理、性能先进的航空器的设计技术。现代飞机设计一般均采用此种技术。

【主动吸收】(active absorption) 与被动吸收相对应。养分离子逆电化学势梯度进入植物细胞内的现象。需要消耗生物代谢能量。作物根系对养分的主动吸收具有选择性。目前虽然对作物主动吸收养分的机理尚不太清楚，但从能量观点和酶动力学原理提出的两种主动吸收的假说得到了普遍认可。(1)离子泵学说。认为作物根系细胞原生质膜上分布着ATP酶，许多阳离子如K^+、Na^+等都是ATP酶的活化剂，能使ATP活化而分解，释放出能量，为植物吸收养分提供动力。(2)载体学说。依据是酶动力学理论。在酶促反应中，底物浓度对其反应速度的影响曲线，与养分浓度对作物吸收养料速度的影响曲线非常相似。该学说认为，根细胞质膜上存在着一种特殊的物质—载体，对离子具有一定的专一性。

【主动运动】(active movement) 在不加辅助也不给予任何阻力的情况下由患者主动完成的运动。运动疗法中常用的运动方式之一。其他运动方式包括：被动运动、主动－辅助运动、抗阻运动、牵引运动等。其作用是：增强肌力和改善功能，改善心肺功能和全身状况。适用于肌肉能够移动肢体自身的自重或抗地心吸力进行运动，但尚不能对抗任何额外的阻力情况。

【主动运输】(active transport) 与被动运输相对应。物质逆着浓度梯度，由低浓度向高浓度运转的过程。物质在细胞内外浓度不同时形成梯度。运输的动力来自载体的协助和能量的作用。它是物质通过质膜的主要途径。

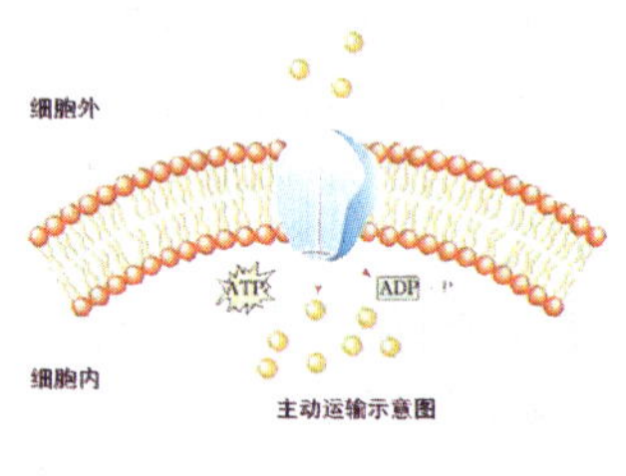

主动运输

其运输特点是：(1)逆浓度梯度(逆化学梯度)运输。(2)需要能量或与释放能量的过程偶联，并对代谢毒性敏感。(3)都有载体蛋白，依赖于膜运输蛋白。(4)具有选择性和特异性。

【主动姿态稳定】(active attitude stabilization) 与被动姿态稳定相对应。根据姿态误差，即测量值与标称值之差形成控制指令，产生控制力矩来实现姿态控制的方法。是姿态稳定控制方法的一种。采用主动、被动或者二者结合类型取决于飞行任务对定向和稳定的要求、功率要求、重量限制、轨道特性、控制系统和航天器上仪器设备的相互配合等因素。在航天器飞行控制中通常采用主动姿态控制。主动姿态控制系统由姿态敏感器、控制器和执行机构(也称力矩器)组成。主动姿态控制常用的姿态测量装置有陀螺仪、红外地球敏感器、太阳敏感器、恒星敏感器、磁强计和射频敏感器等；常用的控制力矩装置有喷气执行机构、磁力矩器和飞轮等。主动姿态控制系统的主要优点是：精度较高，灵活性大，快速性好(尤其是喷气控制)。其主要缺点是：需要消耗航天器上的能源，控制电路较复杂，成本较高。

【主飞行显示器】(primary flight display) 又称垂直状态显示仪。能综合显示俯仰、倾斜和飞行高度、速度、马赫数、升降速度、航向等多种重要飞行参数的下视显示器。

【主干路】(arterial road) 在城市道路网中起骨架作用的道路。联系城市中主要居住区、交通枢纽和城市的主要公共活动中心，是全市性的主要客货运输线。主干路系统在城市内部且同郊区的公路干线网连接成整体。

主干路

【主机板】(mother board) 见主板。

【主井】(main shaft) 专门用做提升煤炭的井筒。在大、中型矿井中，提升煤炭的容器多采用箕斗，所以主井又称为箕斗井。主井是地下矿的咽喉。它的位置、功能和断面规格，对矿山的基建投资、生产安全和经济效益都有很大影响。其位置可以选择在矿体的上盘、下盘或侧翼原岩中，主要取决于矿区的地形、工程地质条件和矿床赋存条件。选厂位置和外部运输条件也有影响。若这些因素允许，主井宜布置于矿体下盘比较稳固的岩层中，但应尽可能避开含水层、流沙层、大的断层和破碎带。在沿着矿体走向方向上，宜选择在矿石从井下运送到选厂矿仓总运输功最小的位置上；在垂直走向方向上，宜选择在采空区周围岩层移动范围以外不小于20m处。若位于采空区周围岩层移动范围以内或位于矿体中，应留保安矿柱予以保护，以避免井筒受岩层移动的影响而发生破坏或变形。主井的断面规格主要取决于提运设备的外形尺寸、装备管缆和附属设施所需要的断面面积以及必要的安全间隙和满足通风的要求等。此外，还应为以后扩大矿山年产量留有余地。

【主令电器】(master control electrical apparatus) 又称主令开关。用来接通、分断及转换控制电路，发布控制命令的低压电器。由触头系统、操作机构和定位机构组成。由于它所转换的电路为控制电路，触头的工作电流不大，因此结构尺寸及操作力较小。多用于各种机械、电气设备的启动按钮、停止按钮，起重机、刨床中的行程开关、限位开关，电梯控制中常用的接近开关，冶金轧钢及起重等电气设备中。

【主令开关】(master switch) 见主令电器。

【主流道形浇口】(artery melod gate) 见直浇口。

【主偏角】(tool cutting edge angle) 刀具主切削刃的切削平面与假定进给平面之间的夹角。规定在基面内测量。其主要功用是:(1)影响参与切削的切削刃长度和单位切削刃上的负荷,在背吃刀量和进给量一定的情况下,主偏角减小,单位切削刃上的负荷随之减小;另外,主偏角减小,刀尖角将增大,将改善刃尖处的强度和散热条件,可提高刀具耐用度。(2)主偏角增大,吃力抗力下降,有利于减少工艺系统的弹性变形和振动。(3)增大主偏角可使切屑变得窄而厚,容易断屑。对孔加工刀具,增大主偏角,还有利于排屑。

【主线交通控制】(main route traffic control) 又称高速公路交通分流。根据高速公路上的紧急情况,为保证主线交通安全,交警等部门所采取的交通控制方式。当高速公路上出现紧急情况,需要控制道路主线上的交通流量时,高速公路经营管理单位、交警及路政部分通过可变情报板、可变限速标志、发布交通管制信息及采取人工诱导相结合的方式,将主线上的车流转移到周边替换道路上去,以保证高速公路主线的交通安全。这种交通控制方式,能在短时间内有效地控制高速公路主线上的车流,预防因恶劣天气造成的交通事故。

【主要树种】(principal species) 又称目的树种。在混交林中数量最多,最符合经营目的的树种。一般为高大乔木。林分生长中后期林冠居于上层。同一混交林中主要树种的数量有时是一个,有时是两三个。一般具有最大的经济价值。如果主要树种同时又是优势树种,就更加理想。当优势树种与主要树种所占蓄积比重相等时,在测树时,应将主要树种写在林分组成式的最前面。主要树种质量高,经营价值大,是主要经营对象。一个森林中的主要树种可有一个或数个,在数量上可以占优势,也可能不占优势。

【主引导记录】(master boot record, MBR) 又称主引导程序、主引导扇区。硬盘分区的第一个扇区,即整个硬盘的0磁头0柱面1扇区,总共512个字节的数据。整个记录由三部分组成:(1)主引导程序。(2)硬盘分区表。(3)结束标志。主引导程序用于硬盘启动时将系统控制转给用户指定的并在分区表中登记了的某个操作系统。分区表记录了硬盘格式化之后的分区信息。结束标志为十六进制的AA55,存储时低位在前,高位在后。

【主跃层】(main thermocline) 又称永久跃层、永久温跃层。大洋热力结构的重要组成水层。其强度在经向和纬向都有变化。在纬向上,赤道附近的主跃层较强、较薄,其上界的深度也较浅。随着纬度增高,主跃层在中纬度逐渐变弱,上界的深度变深,厚度也稍微增加。在较高的纬度,主跃层重新变浅,厚度减小,强度加大。最后,在极锋区出现于海洋表层。在经向上,沿赤道一带的主跃层有着自西向东逐渐变浅的趋势。大洋主跃层的这种水平变化,主要取决于大洋环流和局部地区年平均海-气能量交换强度。大洋表面的风系和风生环流对主跃层也有重大影响。

【助剂】(auxiliary agent) 赋予产品某种特殊性能所添加的辅助化学药剂的统称。按其功能的不同可分为:(1)稳定化助剂,如抗氧剂、光稳定剂等。(2)提高强度的助剂,如硫化剂、补强剂等。(3)改善加工性能的助剂,如增塑剂、软化剂等。(4)改善表面性能的助剂,如润滑剂、柔软剂等。(5)赋予特殊性能的助剂,如着色剂、增效剂等。

【助熔剂】(flux) 能降低其他物质的软化、熔化或液化温度的物质。在冶金学中,其主要作用是与矿物中的杂质结合成渣而与金属分离,以达到熔炼或精炼的目的。按其化学性质的不同可分为:(1)以氧化钙、氧化镁为主要组分的碱性助熔剂。(2)以二氧化硅为主要组分的酸性助熔剂。(3)以萤石、氧化铝为主要组分的中性助熔剂。利用助熔剂可在高温下从熔融盐熔剂中生长各种晶体,包括从金属到硫族及卤族化合物,从半导体材料、激光晶体、光学材料到磁性材料、声学晶体,也可用于生长宝石晶体。

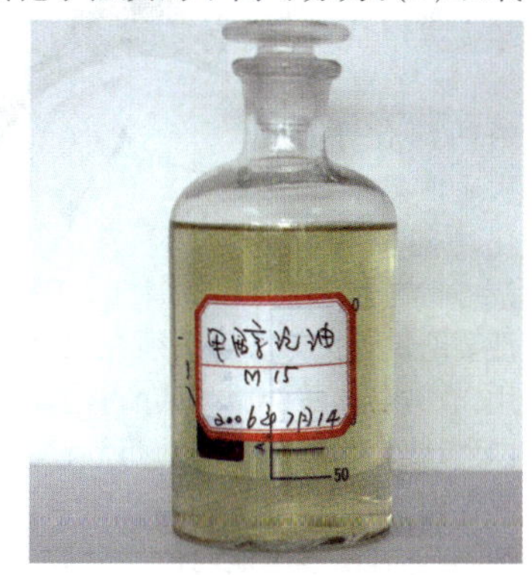

甲醇助溶剂

【助色团】(auxochrome) 本身不生色,但能增强生色团生色效应的官能团,如羟基、氨基和卤素等。这些官能团(或称基团)其波长在200~400nm之间没有吸收,不能显色,但当其连接到生色团或共轭体系上时,就可以使色原体变成染料。例如,在色原体偶氮苯中,引入助色团氨基,即成能染上纤维的苯胺黄。助色团有时也能加深色原体的颜色。例如,在黄色色原体蒽醌中,引入两个羟基后生成红色的染料茜素(1,2-二羟基蒽醌)。助色团可分为吸电子助色团和给电子助色团两类。

【助推发动机】(booster engine) 为改善飞机性能和适应性而安装的一种短时间工作的小型发动机。安装该发动机的优点,一是能使飞机在短时间内获得较大的额外推力,二是在主推进发动机发生故障停车时,可以提供应急推力。其缺点是:飞机正常飞行时,助推发动机不工作,成为飞机上无用的死重。早期军用飞机主要使用的助推发动机是固体火箭发动机(后来也用涡轮喷气发动机);民用飞机一直采用涡轮喷气发动机作为助推发动机。目前,助推发动机一般已不再使用。

【助消化药】(digestive drugs) 能促进胃肠消化过程的药物。多数是消化液中的主要成分,如盐酸和多种消化酶制剂等,可用于消化道分泌功能不足。也有一些药物能促进消化液的分泌,并增强消化酶的活性,以达到帮助消化的目的。本类药包括胃蛋白酶、胰酶和乳酶生。其中胃蛋白酶为一种消化酶,常用于吃了蛋白性食物后、缺乏胃蛋白酶的消化不良、病后恢复期的消化功能减退,以及食欲不振与慢性萎缩性胃炎等。但必须在酸性条件下才能发挥作用,故常与盐酸合用。胰酶含有多种消化酶,如胰蛋白酶、胰淀粉酶及胰脂肪酶等,主要用于食欲不振及胰腺病、糖尿病引起的消化不良,于饭后服用。但片剂不可嚼碎,也不能与酸性药物并用。乳酶生片,又称表飞鸣。含有大量活的乳酸杆菌,在肠内能分解糖类,生成乳酸,使肠腔酸度增高,从而抑制肠内病原菌的生长繁殖,且能防止蛋白质发酵和减少肠内产气。故适用于治疗消化不良、肠胀气及小儿饮食失调引起的腹泻等症。也可辅助治疗长期使用广谱抗生素导致的菌群失调症。

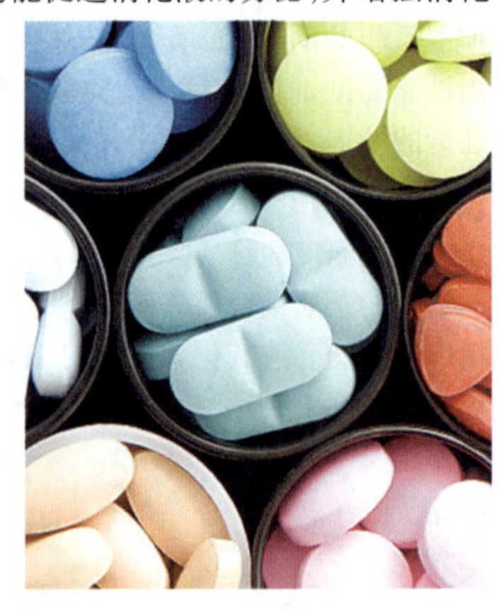
助消化药

【住宅层高】(floor height) 上下两层楼面或楼面与地面之间的垂直距离。普通住宅层高为2.80m。

【住宅产业化】(housing industrialization) 用工业化生产方式建造住宅。是机械化程度不高和粗放式生产的生产方式升级换代的必然要求。它以提高住宅生产的劳动生产率,提高住宅的整体质量,降低成本,降低物耗和能耗为前提。其主要内容是:(1)住宅建筑的标准化。(2)住宅建筑的工业化。(3)住宅生产、经营的一体化。(4)住宅协作服务的社会化。它以科技进步为核心,采用新技术、新材料、新工艺和新设备,提高科技进步对住宅产业的贡献率,提高住宅的整体质量水平,全面改善住宅的使用功能和居住质量,高速度、高质量、高效率地建设符合市场需求的高品质住宅。

【住宅社会学】(sociology of residence) 社会学的一个分支。研究住宅与社会中的人口、家庭、环境、经济发展和公共服务等因素相互关系的学科。在诸多问题上与多门学科相交叉。是介于建筑学、规划学、经济学、消费学、美学、人类学和生态学之间的边缘学科。同时,又与人口社会学、家庭社会学、经济社会学、环境社会学和社会心理学等有着十分密切的关系。其研究的主要内容是:(1)住宅建设同社会、经济因素的关系,住宅在国民经济和社会发展中的地位和作用。(2)城市住宅的社会环境及住宅的规划和管理。(3)不同居住对象,如青年、老年、伤残者、复婚家庭等对住宅的不同需求。(4)居民的人际交往和邻里关系,以及住宅造成的社会隔离问题。(5)住宅政策和居住法。(6)住宅建设的规模和发展趋势的预测。其研究,对于实现人的基本权利,提高生活质量,保障社会秩序和安全,促进社会经济发展,都有重要作用。

【住宅生态卫生排水系统】(residential drainage ecosys) 从源头对生活污水进行分类收集、减少污染物扩散的居民楼卫生排水系统。由住宅内使用的免冲水生态厕所和小区内的污水处理站组成。前者将粪、尿在源头分类收集以综合利用。粪、尿源分离管路密闭安装,管路内设置专门的通风设备,使管路保持微负压状态,防止卫生安全隐患。后者将居民日常生活产生的其他生活污废水通过小区的污水处理站进行处理,达到排放或绿化用水标准。使用该系统楼房住户平均每户节约1/3的用水量,小区污染物实现了零排放,良好的环境更有利于居民的健康。既实现了污染物资源化,又节约了用水。中国内蒙古自治区鄂尔多斯市郝兆奎生态小区是全球第一个在不少于1 000户的小城镇多层楼房中使用生态卫生系统的实验基地。生态卫生排水系统于2005年投入使用。经国家权威部门评估,该项目在经济上和技术上都是可行的。此项技术在中国广大农村和小城镇地区很实用。它改变了传统市政污水管网的构架,不仅可以做到资源的再利用,而且可以在不需要大规模投入管网建设的情况下,极大地改善农村和小城镇的人居环境。

【贮电材料】(electric energy storage material) 能够贮存电能的超导材料。由于超导磁体可以获得极高的电流密度和磁通密度,从而可达到极高的能量密度。超导磁体贮存电能具有很大的优越性,不仅可以改善电网的稳定性和调节峰值负载,而且可以把多余的电引入贮能装置的超导线圈,使之以磁场形式无损失地贮存起来。

【贮机械能材料】(mechanical energy storage material) 能够储存机械能的材料。如利用形状记忆合金具有超弹性的特点制作成储能元件,安装在诸如汽车制动器上,将汽车减速或停车通过制动器消耗的能量回收起来用于下一个加速。这种装置也可安装在其他需反复进行加速-减速工作的机器上。

【贮能材料】(energy storage material) 可用来直接储存能量或通过能量转换来储存其他能量的材料。按储存能量的不同可分为储电材料、储机械能材料、储太阳能材料、储氢材料等。储能材料在生产和生活领域有广泛的用途。

【贮太阳能材料】(solar energy storage material) 能够将太阳能储存起来的材料。在非晶态的金属-类金属系合金材料中,具有很强的太阳能吸收特性。例如,Fe60Mo15 W2Cr5Cl5Al3 和 Fe72Cr8P13C7 非晶合金,其电阻率比同类成分的结晶态材料的电阻率大得多,具有很好的太阳能吸收特性和极好的耐蚀性。把这种非晶态合金的带材或丝材卷绕成螺旋状置于水流之中(作为回收热的介质),制成直接吸收太阳能的装置。把这种非晶态薄膜包覆在铝管或铜管外表面上,而在管内通过水流即构成太阳能热水器。

【注册表】(registry) Windows 中使用的中央分层数据库。在 Windows 3.0 推出 OLE 技术的时候,注册表就已经出现。随后推出的 Windows NT 是第一个从系统级别广泛使用注册表的操作系统。但是从 Microsoft Windows 95 开始,注册表才真正成为 Windows 用户经常接触的内容,并在其后的操作系统中继续沿用至今。在不同系统上注册表的基本结构相同。其中的复杂数据会在不同方式上结合,从而产生出一个绝对唯一的注册表。注册表用于存储一个或多个用户、应用程序和硬件设备配置系统所必需的信息。注册表包含 Windows 在运行期间不断引用的信息,如每个用户的配置文件、计算机上安装的应用程序以及每个应用程序可以创建的文档类型、文件夹和应用程序图标的属性表设置、系统上存在哪些硬件以及正在使用哪些端口;保存关于缺少数据和辅助文件的位置信息、菜单、按钮条、窗口状态和其他可选项;还保存了安装信息,如安装软件的用户、软件版本号和日期、序列号等。注册表存储 Windows 系统目录下,通过 regedit. exe 程序可以存取注册表数据库。

【注册监理工程师】(registered management engineer) 经全国统一考试合格,取得《监理工程师资格证书》并已注册登记的工程建设监理人员。1992 年 6 月,建设部发布了《监理工程师资格考试和注册试行办法》,中国开始实施监理工程师资格考试。1996 年 8 月,建设部、人事部下发了《关于全国监理工程师执业资格考试工作的通知》。从 1997 年起,全国正式举行监理工程师执业资格考试。考试工作由建设部、人事部共同负责,日常工作委托建设部建筑监理协会承担,具体考务工作由人事部人事考试中心负责。考试每年举行一次。考试时间一般安排在 5 月中旬。原则上在省会城市设立考点。

【注册建造师】(licensed builder) 经全国统一考试合格,取得注册建造师资格证书并经注册登记的从事建设工程项目总承包和施工管理关键岗位的专业技术人员。分为注册二级建造师和注册一级建造师。建造师是以专业技术为依托、以工程项目管理为主业的执业注册人员。建造师是懂管理、懂技术、懂经济、懂法规,综合素质较高的复合型人员,既要有理论水平,也要有丰富的实践经验和较强的组织能力。建造师注册受聘后,可以建造师的名义担任建设工程项目施工的项目经理、从事其他施工活动的管理、从事法律、行政法规或国务院建设行政主管部门规定的其他业务。在行使项目经理职责时,一级注册建造师可以担任特级、一级建筑企业资质的建设工程项目施工的项目经理;二级注册建造师可以担任二级建筑业企业资质的建设工程项目施工的项目经理。大中型工程项目的经理必须逐步由取得建造师执业资格的人员担任。但取得建造师执业资格的人员能否担任大中型工程项目的项目经理,应由建筑业企业自主决定。

【注册结构工程师】(registered structural engineer) 依法取得注册结构工程师资格并已注册从事土木工程结构设计、施工及其相关业务的人员。分一级注册结构工程师和二级注册结构工程师。1997 年 9 月,建设部、人事部下发了《注册结构工程师执业资格制度暂行规定》,决定在中国实行注册结构工程师执业资格制度,并成立了全国注册结构工程师管理委员会。考试工作由建设部、人事部共同负责,日常工作委托全国注册结构工程师管理委员会办公室承担,具体考务工作委托人事部人事考试中心组织实施。考试每年举行一次。考试时间一般安排在6月上旬。原则上只在省会城市设立考点。

【注册岩土工程师】(registered geotechnical engineer) 对建筑方面土质、岩石结构及特点有较深造诣并已注册的专业人才。全国实行注册建筑师制度和注册结构工程师制度后,1998年6月全国注册工程师管理委员会又公布成立"全国注册岩土工程师考题设计与评分专家组",拉开了在中国推行注册岩土工程师的序幕。专家组主要负责制定《全国注册岩土工程师考试大纲》、完成《全国注册岩土工程师考试复习手册》的编写、负责完成全国注册岩土工程师考试试题设计、负责制定评分标准和培训评分员、协助管委会确定报考条件、组织和编写《全国注册岩土工程师考试复习教程》。

【注浆】(thick liquid injecting) 通过钻孔向有含水裂隙、空洞或不稳定的地层压注水泥浆或其他浆液,以堵水或加固地层的施工技术。按注浆地点的不同可分为:(1)地面预注浆。是在井筒开凿之前,用钻机从地面于井筒周围钻进注浆孔到裂隙含水岩层,利用设置在地面的注浆泵,把配制好的浆液经过各注浆孔压送到地层裂隙中,形成不透水的注浆壁,达到堵水的目的,然后再进行井筒开凿。(2)工作面预注浆。是在竖井(或隧道)开掘到含水层之前暂停掘进作业,利用含水层上部的不透水层作为防护岩帽(否则要构筑混凝土止浆垫),然后从作业面的周边或断面内,设置注浆孔,将胶结材料压入地层中。待浆液胶结、硬化,在竖井或隧道的周围形成隔水帷幕、被注地段地质条件改善后,再继续进行掘进作业。含水岩层预注浆方案的选择,可把地面预注浆及工作面预注浆两种方案在整个含水层范围内的注浆工程费用进行比较,采用费用较低的一种方案。

注浆机

【注浆堵漏王】(grouting and plugging agent) 以甲苯二氰酸酯与三羟基水溶性聚醚为主要原料所制成的高分子凝胶体堵漏剂。具有无毒、无污染、黏度低、可灌性好和耐腐蚀等优点。在低温下可操作。在一定范围内凝胶时间不受水量影响。其注浆工艺简单,止水快,堵水效果好。其优点是:抗渗性好,强度及延伸率高,耐腐性及稳定性好。该产品广泛用于土木建筑工程的防水堵漏、大坝基础的注浆和坝体混凝土裂隙的防渗、补强,隧道、矿井、水池及地下工程渗漏部位的注浆堵漏等。

【注射成型】(injection moulding) 又称注塑成型。将粒状或粉状的塑料加入到注射机的料斗受热熔融并使其保持流动状态,通过压力注入闭合的模具冷却定型成为所需塑件的成型方法。注射过程一般包括加料、塑化、充模、保压、倒流、冷却和脱模等步骤。注射成型能一次成型形状复杂、尺寸精确和带有金属或非金属嵌件的塑件。其成型周期短,生产率高,易实现自动化生产。除氟塑料以外,几乎所有的热塑性塑料都可以用注射成型的方法成型。一些流动性好的热固性塑料也可以用注射方法成型。其缺点是:所用的注射设备价格较高,注射模具的结构复杂,生产成本高,不适合单件小批量生产。

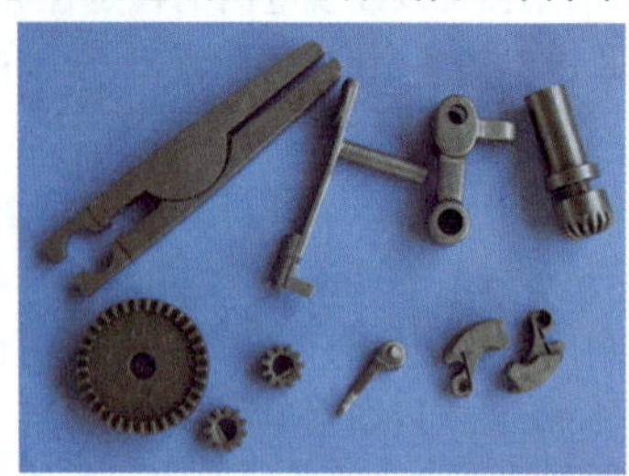
注射成型

【注射法】(administering injection) 将无菌药液或生物制剂注入体内的方法。按药物注入体内组织的不同可分为:皮内注射、皮下注射、肌内注射、静脉注射及动脉注射。注射给药的特点是药物吸收快、血药浓度迅速升高。适用于因各种原因不宜口服给药的患者。但注射给药会造成一定程度的组织损伤,可引起疼痛及潜在并发症的发生。

【注射模具】(injection mould) 又称注塑模具。用于塑料注塑成型的模具。是热塑性塑料产品生产中应用最为普遍的一种成型模具。模具材料通常采用塑料模具钢模块,常用的材质主要为优质碳素结构钢、碳素工具钢、合金工具钢、高速钢等。其结构通常由成型部件、浇注系统、导向部件、推出机构、调温系统、排气系统和支撑部件等部分组成。与塑料注塑成型模具对应的加工设备是塑料注塑成型机。从生活日用品到各类复杂的机械、电器、交通工具等的塑料零件,多是用注塑模具成型的。

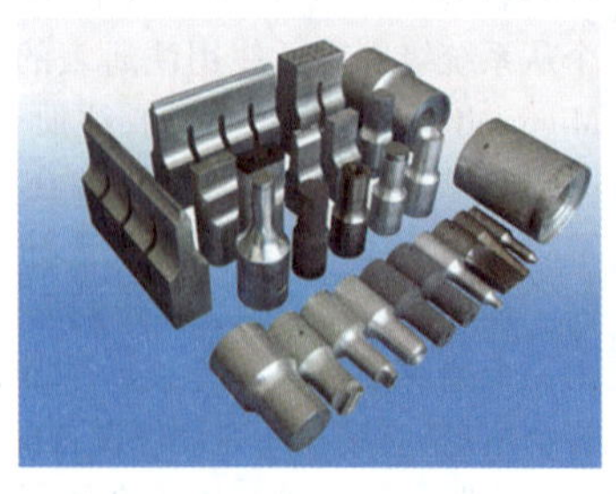
注射模具

【注射模塑法】(injection molding) 又称注塑法、注射成型法。将原料由注射机的加料漏斗加入压筒,加热使软化或变成流体,用栓塞经喷嘴压入模具,冷却后脱模即得制品的热塑性塑料加工成型方法。在某些情况下,也可用于热固性塑料。此方法易于实现工业化。常用以制造大量的小件日用品和工业品,如无线电配件、电器零件等。

【注塑成型】(pouring plastics molding) 见注射成型。

【注塑吹塑成型】(injection blow molding) 先用注塑机将塑料在注塑模中注塑成型坯,然后将热的塑料型坯移入中空吹塑模具中进行中空吹塑成型的方法。注塑吹塑成型的优点是塑件壁厚均匀,无飞边,不需后加工。由于注塑的型坯有底面,因此中空塑件的底部没有拼合缝,不仅外观美,强度高,而且生产效率高。但是注塑吹塑成型所用的设备与模具的投资较大,因而多用于小型中空塑件的大批量生产。

【注塑机】(injection machine) 一种用于注塑成型的设备。由注塑系统、锁模系统和塑模三大部分组成,分为柱塞式注塑机和螺杆式注塑机两大类。其成型方法可分为:热塑性塑料注塑成型、排气式注塑成型、流动注塑成型、共注塑成型、无流道注塑成型、反应注塑成型、热固性塑料注塑成型等。注塑机能一次成型外形复杂、尺寸精确或带有金属嵌件的质地致密的塑料制品。广泛应用于塑料制品工业。

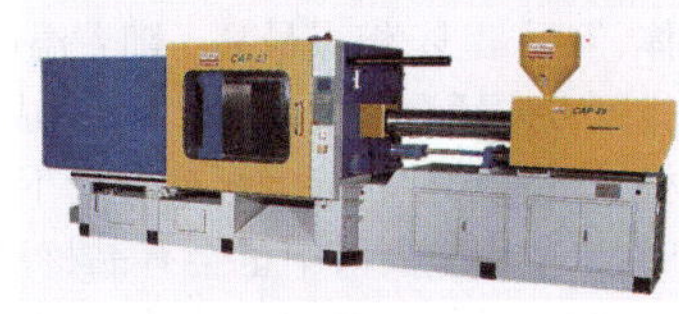

注塑机

【注塑拉伸吹塑成型】(injection stretching blow molding) 将注塑成型的有底型坯置于吹塑模内,先用拉伸杆进行周向拉伸后再通入压缩空气吹胀成型的加工方法。与注塑吹塑成型相比,注塑拉伸吹塑成型在吹塑成型工位增加了拉伸工序,使塑件的透明度、抗冲击强度、表面硬度、刚度和气体阻透性能都有很大提高。注塑拉伸吹塑成型可分为热坯法和冷坯法两种方法。

【注塑模具】(plastics injection mould) 见注射模具。

【注塑压力】(injection pressure) 柱塞或螺杆头部轴向移动时其头部对塑料熔体所施加的压力。其作用是克服塑料熔体从料筒流向模具型腔的流动阻力,给予熔体一定的充型速率以便充满模具型腔。注塑压力的大小取决于注塑机的类型、塑料的品种、模具浇注系统的结构、尺寸与表面粗糙度、模具温度、塑件的壁厚及流程的大小等。其影响因素很多,目前难以作出具有定量的结论。在其他条件相同的情况下,柱塞式注塑机作用的注塑压力应比螺杆式注塑机作用的注塑压力大。注塑压力的另一决定因素是塑料与模具浇注系统及型腔之间的摩擦系数和熔融黏度。摩擦系数和熔融黏度越大,注塑压力越高。同一种塑料的摩擦系数和熔融黏度是随料筒温度和模具温度而变动的。此外还与其是否加有润滑剂有关。

【驻波】(standing wave) 频率和振幅均相同、振动方向一致、传播方向相反的两列波叠加后形成的波形并不向前推进的波。一弦线的一端与音叉一臂相连,另一端经支点O并跨过滑轮后与一重物相连。音叉振动后在弦线上产生一自左向右传播的行波,传到支点O后发生反射,弦线中产生一自右向左传播的反射波。行波与反射波叠加后便会形成驻波。在驻波中振幅为零的点称为波节。其振幅最大处称为波腹。驻波的平均能流密度等于零,能量只能在波节与波腹间来回运行,即以动能和位能的形式进行交换储存,而不能传播出去。

【驻极体】(stay polarity) 电介质电极化后其极化强度能长期保持的物体。可以用融化的树脂、蜂蜡等的混合物放在电容器中加以强电场使之电极化,并在场中凝固而获得。开始时,凝固了的混合物与正极接触的一面带有负电荷,与负极接触的一面带有正电荷。从电容器中取出,经过几天之后,这种电荷逐渐消失,最后在这两个表面上又出现与前相反的电荷,虽经过较长时期(可达好几年),这些电荷不再有显著的衰减。这样就成为驻极体,在许多方面同永磁体很相似。例如,把驻极体分割为两部分时,每一部分的两个表面上也都分别出现正负电荷;欲保持驻极体的电荷,最好用导体把两表面连接起来,好象用衔铁来保持永磁体的磁性一样。驻极体可用来制造电容微音器(无电源电话机)或静电计等。

【柱色谱法】(column chromatography) 将色谱填料装填在色谱柱管内作固定相的色谱方法。是最基本的分离方法之一。其工作原理是,将样品以流动相通过色谱柱管进行洗脱,分离为不同的色带,从而将混合物进行分离。常见的洗脱方式有两种:一种是自上而下依靠溶剂本身的重力洗脱;另一种是自下而上依靠毛细作用洗脱。收集分离后的纯净组分也有两种不同的方法:一种方法是在柱尾直接接收流出的溶液;另一种方法是烘干固定相后用机械方法分开各个色带,以合适的溶剂浸泡固定相提取组分分子。广泛应用于混合物的分离过程，包括对有机合成产物、天然提取物以及生物大分子的分离等。

【柱式采煤法】(pillar mining method) 在煤层内开掘煤房或用巷道将煤层切割成方形煤柱然后再回采的采煤方法。按回采方式的不同可分为房式、房柱式及巷柱式三种。房式及房柱式采煤法，是在煤层内开掘一些煤房，煤房之间以联络巷道相通。回采在煤房中进行。煤柱留下不采称为房式采煤。煤柱等煤房采完后再采称为房柱式采煤。巷柱式采煤是在采区范围内预先开掘大量巷道，将煤层切割成方形煤柱，然后有计划地回采这些方形煤柱，采空地带的顶板任其自行跨落。该方法与壁式采煤方法相比，需要沿煤层走向和倾斜开掘大量的煤巷，采煤工作面不支护或极少支护，所以存在巷道掘进量大、产煤量少、劳动生产率低、通风条件恶劣、生产环境安全性差和煤炭资源损失多等缺点。目前已很少采用。

【柱状晶】(column crystal) 晶体形态的一种。物质在结晶过程中，沿散热相反的方向得到特别发展的晶体。例如，在金属铸锭中，其表层为极薄的细晶带，中心为等轴晶带，两者之间为柱状晶带。柱状晶对钢铸锭的压力加工有不利的影响。

六方柱状晶

【著作权】(copyright) 又称版权。个人或法人依法对其文学、科学和艺术作品的独占权利。这些权利，非经本人许可或转让，或法律许可，他人不得行使。为了保护版权，世界上大多数国家都制定了版权法或著作权法。版权保护的对象是具体的文学、科学和艺术作品。这些作品必须具有两个特点：(1)必须是作者的创作，包括翻译与改编，而不是抄袭别人的作品。(2)必须以一定的形式固定下来，而使别人能够直接或通过仪器设备间接看到、听到和触到，包括文字形式、口头形式以及其他形式，如绘画、书法、雕塑、电影、摄影、录像、图表等。作者享有的版权包括人身权和财产权。人身权有发表权、署名权、维护作品完整权。财产权是作者准许他人出版、上演、改编、翻译、广播、展览自己的作品而获得金钱和其他物质报酬的权利。作者可以把这些权利部分或全部转让给他人。版权保护期限一般为作者有生之年加死后20～90年，各国立法以规定作者死后50年居多。

计算机软件著作权
登记证书

软件著作权

【铸锭】(cast ingot) 将金属液注入锭模或特种结晶器内冷凝成锭的工艺过程。浇铸钢锭的方法有：将钢锭模与底板放置坑内的坑铸法和放在平车上的车铸法。按浇铸方式的不同可分为：从锭模顶部注入的上铸法、从底部注入的下铸法和连续铸锭法等。对于有色金属，通常采用上铸法和半连续铸锭法。

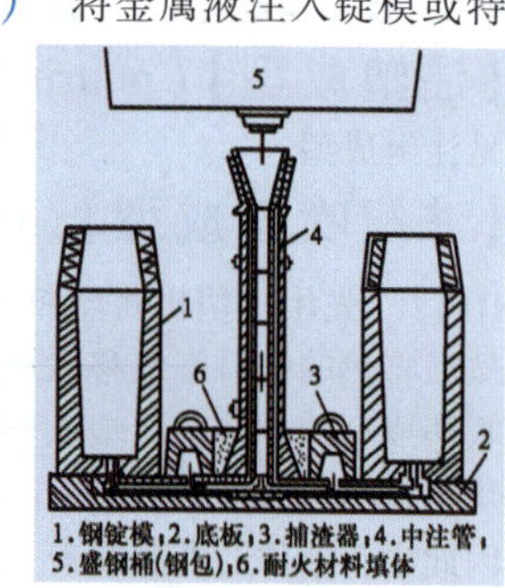

下铸法装置

【铸锭凝固】(ingot solidification) 液态金属在锭模中结晶并形成铸锭组织的过程。成分均匀的金属液凝固时，在模壁处最先结晶析出较纯金属晶体，溶质最少，熔点最高。随着温度下降，这些晶体中排列方向适合的便向内生成，形成彼此大致平行并与模壁垂直的柱状晶。温度继续下降达到一定过冷度时，未凝固金属液中也会有晶核形成并长大，而成为悬浮在金属液中的等轴枝晶。随着凝固的进行，柱状晶与枝晶之间及各枝晶之间的金属液中富集了较多的熔质，所以柱状晶和枝晶长大过程中其熔质的含量逐渐增高。剩下的金属液中的溶质含量最高、熔点较低，最后凝固。于是凝固过程中出现了溶质偏析。按分布的不同可分为“V”型和“Λ”型。按成分的不同可分为正偏析和负偏析。正偏析是指其熔质含量高于金属液成分的。反之称为负偏析。受合金成分、锭模形状及大小、冶炼和浇铸方法等因素的影响，铸锭偏析是无法避免的。一般来讲，铸锭的重量和体积越大，以及合金元素越多，偏析越严重。铸锭头部和心部较铸锭底部和外部的偏析严重。加速冷却可以改善偏析程度。铸锭开坯后，在锻轧加热时适当地延长保温时间，相当于进行扩散退火，也能减轻其偏析的程度。

【铸钢】(cast steel) 又称浇钢。用于铸造铸件的钢。通常分为碳素钢及合金铸钢两类。前者的含碳量一般为0.1%～0.4%(有时为0.4%～0.8%)。后者加有一种或几种合金元素，以提高铸钢的某些性能。铸钢与铸铁相比较，具有较高的机械性能，如强度、韧性等。其成分根据用途而定。按合金元素含量的不同可分为低合金铸钢和高合金铸钢。后者大都具有特殊的物理、机械和化学性能，例如含高锰的耐磨铸钢，含铬、镍、钼的不锈铸钢，含铬、镍、钼、硅的耐热铸钢等。铸钢件通常需要进行热处理以改善性能。

【铸坯切割】(casting billet cutting) 将连铸坯按照规定的长度进行截断的操作。根据切割的方式不同可分为用氧气切割机的火焰切割和用剪切机的机械切割两种。火焰切割投资少，设备简单，切口平整，但有金属损失。机械切割剪切速度快，操作简单，无金属损失，生产成本低。但是设备复杂，投资大。一般小方坯采用机械切割。大方坯、圆坯和板坯大多采用火焰切割。其中断面较小时只用一支切割枪切割，而断面较大时需要两支切割枪从铸坯两侧同时切割。

【铸铁机】(cast iron machine) 一种浇铸生铁块的设备。由装有一系列铸型的循环链带组成。铁液在一端逐一注入运行中的铸型，途中喷水冷却，在达到铸铁机尾部链带作反向运动时，凝固的铁块自动从铸型中脱落下来。

【铸造】(casting) 熔炼金属，制造铸型，并将熔融(或液态)金属浇入铸型，凝固后获得一定形状和性能的铸件的成型方法。铸件通常作为毛坯再经机械加工制成零件。铸造方法一般分为砂型铸造和特种铸造，其中砂型铸造应用最为普遍。

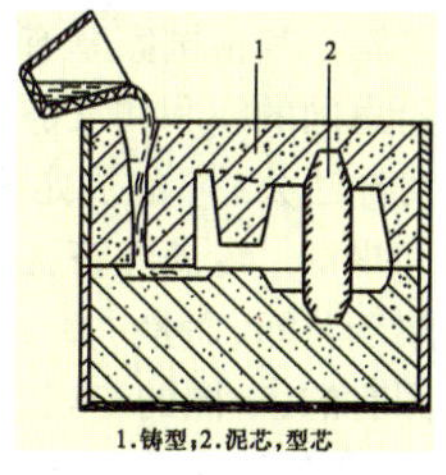

铸造，浇铸

【铸造铝合金】(casting aluminum alloy) 其成分在铝合金二元相图中单相固溶体区的最大溶解度点以右的合金。由于存在共晶体，因而其流动性较好，且高温强度较高，可防止发生热裂，宜于进行铸造，所以称为铸造铝合金。牌号以ZL打头。能用于铸造各种形状复杂的零件。按合金元素的不同可分为：Al－Si、Al－Cu、Al－Mg和Al－Zn为基的四类。Al－Si类主要用于制造形状复杂但强度要求不高的铸件，如内燃机气缸体、气缸盖。生产上经常采用变质处理。Al－Cu类主要用于制造高强度和在高温下工作的零件，例如内燃机活塞，具有明显的淬火时效强化作用。Al－Mg类密度小，力学性能好，强度高，具有抗腐蚀性，可用于制造在腐蚀性介质中工作的零件，例如氨用泵体、泵盖及舰船配件等。Al－Zn类具有较高的强度，价格便宜，用于制造医疗器械零件、仪器零件和汽车发动机零件，也用于制造日用品。淬火时效强化的效果不大，多在铸造状态下使用。大多数铸造铝合金均需要进行热处理。其目的是：提高力学性能，消除铸造中引起的内应力，稳定其在高温下工作的尺寸和组织，改善铸件的切削性能。一般来讲，由于铸造铝合金组织较粗大，其力学性能比变形铝合金低。

铸造铝合金

【铸造气孔】(casting blowhole) 存在于铸锭或铸件内部或表面的孔洞。铸锭或铸件缺陷之一。也常出现于焊件的焊缝中。其形状规则，孔壁圆滑。由液态金属冷凝时析出的气体或来自铸型本身的气体未能及时排出造成。情况严重时使铸件和焊件的力学性能降低，甚至造成废品。铸锭中未受氧化的气孔可在热轧时焊合；如受到氧化，则无法焊合而在成品中形成裂缝。

【铸造应力】(casting stress) 铸锭在凝固和冷却过程中的收缩受到阻碍而产生的应力。包括热应力和相变应力。在冷却中，铸锭外层温度低，冷却快故体积收缩量大。内层温度高，冷却慢故体积收缩量小。收缩量与收缩率的不同，导致铸锭内外层之间产生的应力。属于热应力。由于发生金属相变，新旧相的体积不同，而引起不均匀收缩所产生的应力。属于相变应力。这些体积变化以及由于各部位冷却温度不同和温度变化的差异等，均将在铸锭内产生较大而不平衡的应力。铸造应力是产生铸锭裂纹的直接原因。控制浇铸温度、浇铸速度以及制定合理的冷却工艺，能降低铸造应力。对于某些高合金钢，例如高速钢、高铬钢，浇铸后即使缓慢冷却，有时在存放过程中仍会自行开裂，甚至爆炸。因此需要在48h内及时退火才能避免。

【抓铲挖掘机】(clam shellexcavator) 铲斗由两个或多个颚瓣铰接而成的土方机械。颚瓣张开，掷于挖掘面时，瓣的刃口切入土中，利用钢索或液压缸收拢颚瓣，挖抓土壤。松开颚瓣即可卸土。用于基坑或水下挖掘，挖掘深度大。也可用于装载颗粒物料。工作特点是直上直下，自重切土。其挖掘能

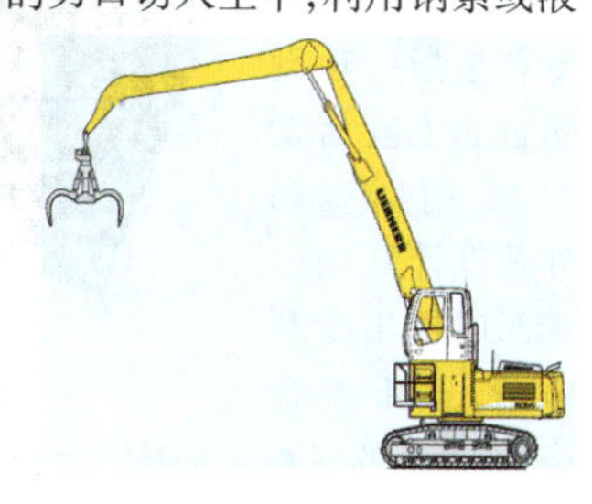
抓铲挖掘机

力较小，只能开挖停机面以下一、二类土，如开挖窄而深的基坑、深槽、沉井中土方施工、疏通旧的渠道等。特别适于水下挖土，或者用于装卸碎石、矿渣等松散材料。在软土等地质条件不良的地区，常用于开挖基坑，有些地区用于冲抓桩的成孔施工。

【专才与通才】(spcialist and generalist) 专才是指在某一学科专业领域内，有深厚的理论基础和较高的专业才能的人才。通才是相对于专才而言的，是指具有多学科、多专业的渊博的理论基础，又具有多种才能的人才。现代科学技术的发展，既深入分化，又高度综合。各学科专业之间的相互影响和相互渗透，相继产生了大量的边缘学科，加强了各学科专业之间的联系和依赖。为了更好地适应科学技术的发展，现代社会所需要的专才也要适当的通，知识面不能太窄；通才也要适当的专，而不能肤浅和一知半解。

【专机运输】(special flight) 为国家元首、政府首脑及重要社会活动家出行所提供的专机服务。属航空运输的一种特殊方式。专机有两种：一种是专用的专机，仅执行专机运输任务，没有任务时处于待命状态；另一种是选调执行普通客运任务的飞机担任专机，完成专机运输任务后仍执行普通客运任务。

【专家系统】(expert system) 具有智能特点的计算机程序。其智能化主要表现为能够在特定的领域内模仿专家思维来求解复杂问题。通常由人机交互界面、知识库、推理机、解释器、综合数据库、知识获取等六部分构成。其特点是：(1)需要大量与所研究领域问题密切相关的知识。(2)启发式的解题方法。(3)借助于演绎方法、归纳方法和抽象方法。(4)需处理问题的模糊性、不确定性和不完全性。(5)能对自身的工作过程进行推理。(6)采用基于知识的问题求解方法。(7)知识库与推理机分离。专家系统几乎渗透到各行各业。广泛应用在工程、科学、医药、军事、商业等领域。

【专利】(patent) 既有垄断、专有的意思，又有披露、公开的含义。这里所说的专利是指一项发明创造(包括发明、实用新型和外观设计)，向主管部门提出专利申请，经审查合格后，授予的专利。而习惯上使用的"专利"一词，有时指取得专利权的发明创造，有时指记载专利发明创造内容的专利说明书。在《中华人民共和国专利法》中，发明是指对产品、方法或者其改进所提出的新的技术方案；实用新型是指对产品的形状、构造或者其结合所提出的适于实用的新的技术方案；外观设计是指对产品的形状、图案或者其结合以及色彩与形状、图案的结合所作出的富有美感并适于工业应用的新设计。

专利证书

【专门化磨床】(specialized grinder) 专门磨削某一类零件，如曲轴、凸轮轴、花键轴、导轨、叶片、轴承滚道及齿轮和螺纹等的磨床。此外，还有珩磨机、研磨机、坐标磨床和钢坯磨床等多种类型。

【专属经济区】(exclusive economic zone) 其宽度自领海基线量起不应超过300海里的沿海国管辖海域位于领海之外并邻接领海的一个区域。在第三次联合国海洋法会议上确立的一项新制度。沿海国在其专属经济区内可行使以勘探和开发、养护和管理海床上覆水域和海床及其底土的自然资源为目的的主权权利，以及在该区内从事经济性开发和勘探的主权权利。沿海国有下列事项的管辖权：人工岛屿、设施和结构的建造和使用；海洋科学研究；海洋环境的保护、保全和在一定范围内享有行政管辖权、民事管辖权、刑事管辖权和国际法所赋予的其他权利的管辖。其他国家享有航行、飞越等自由，但是应顾及沿海国的权利和义务，并应遵守沿海国按照《联合国海洋法公约》的规定和其他国际法则所制定的法律和规章。专属经济区的法律地位既不属于领海，也不属于公海，而是一种独立的特定的法律地位。它不是固有的，一国的专属经济区需要国家正式宣布。中国于1998年6月26日公布了《中华人民共和国专属经济区和大陆架法》。

【专题地图学】(thematic cartography) 地图学的一个分支。研究专题地图的理论、设计编制、技术工艺及其应用原理方法的学科。自19世纪开始，随着自然科学的专题研究出现了专题地图，并不断分化和深入。有单要素的、多要素的，有小区域的、大范围的，且各种专题地图各有其独立的对象、研究方法及地图模式。各专题地图的内容，具有一定的主题和特点。如地质图反映地层岩石的分布、形成与发展，反映地壳运动的空间、时间和强度；地貌图反映地貌营力、物质基础和发育过程。

【专题海图】(thematic chart) 表示海洋空间的某种或某几种专题要素的海图。分为自然现象海图和社会经济现象海图两类。自然现象海图可细分为海洋水文图、海洋生物图、海洋重力图、海洋磁力图等。社会经济现象海图则细分为航海历史图、海上交通图、海洋水产图、海洋区划图等。专题海图的表示方法主要有符号法、等值线法、范围法、底质法、动线法和统计图法等。

【专业承包】(speciaiized contract) 中国农村集体经济组织中,专业组、专业农户或专业性服务组织承包集体经济的资源、机具、设备、厂房等,进行专业化生产或服务的经营方式。它充分体现各尽所能、按劳分配的原则,有利于发挥承包者的技术、资金优势,促进农村专业化分工;能充分开发和利用各种自然资源,有利于多种经营的发展;能激发各专业人员学习科学技术,提高农民素质;能促进农村产业结构的调整,商品经济的发展有利于能安排和利用农村剩余劳动力,有利于增加农民收入,扩大农业资金积累,繁荣农村经济。

【专业技术军官】(professional and technical officer) 军队中从事专业技术工作的军官。一般评定有专业技术职称。包括从事专业技术教学、专业技术科学研究、工程技术、卫生技术、会计、审计、经济、新闻、出版、图书、翻译、体育、文艺、档案等工作的军官。

【专业协会】(professional association) 从事某种专业生产的生产者,为适宜商品经济发展的需要,自由结合而成的非经济实体性质的民间组织。不受行政区域限制、具有机动灵活性、技术性和专业性。其主要任务是:以某种专业生产技术为纽带,将分散经营的生产者组织起来,以团体力量维护协会成员的利益,并在生产资料供应、技术指导、产品销售等方面为其成员提供有效服务,从而提高专业生产者的市场竞争能力,取得较好的经济收益。

【专用地图】(map of special use) 根据某种专门用途设计编制的地图。在其内容和形式上都有一些特殊的要求。比如,供教师和学生使用的教学地图,主要考虑直观教学的特点,内容重点突出,形式上层次分明,符号与字体醒目。专用地图有大、中、小各种比例尺。制图范围有世界、大洲、国家、省区或更小区域。其形式有单张图、多幅图和地图集。专用地图使用对象明确,发行量较大,具有较好的经济效益和社会效益。

【专用复合肥料】(fertilizer for special purpose) 简称专用肥料。最适合某种或某类经济作物和园艺作物的复合肥料。作物配方施肥技术是开发这种肥料的关键技术。此项技术运用经田间施肥试验的土壤、生物测试诸参数来确定作物施肥的养分搭配和数量。由于施肥定量的科学化,从而克服了传统经验型施肥技术难以避免的片面性和盲目性,因而能提高肥料效益,节约资源,降低成本,有利于环境保护。研究开发专用复合肥料,既可收到施肥技术具有的效益,又可免除农户混配肥料的劳作,并可防止混配失误。

【专用机器人】(special robot) 在固定地点以固定程序工作的机器人。其结构简单,工作对象单一,无独立控制系统,造价低廉。附设在加工中心机床上的自动换刀机械手就是专用机器人的一种。

【专用夹具】(fixture for special purpose) 用于安装特殊工件或工件特定工序的夹具。具有工件安装方便、快捷等优点。适用于固定产品的大批量生产。

【专用绿地】(specified green belt) 工厂、学校、部队驻地、科研单位、机关、医院等范围内和私人住宅范围内绿地的统称。由单位和群众建造、使用和管理。专用绿地是城市分布最为广泛的绿地形式,对改善城市生态作用明显。不同性质的单位对环境功能的要求,如改善气候卫生条件、美化景观、户外活动环境的等重点不同,因而专用绿地的内容、形式、布局、植物配置等方面也各有特点。

专用绿地

【专用小麦粉】(special-purpose flour) 与通用小麦粉相对应。又称专用粉。专供生产某类食品或者只作某种用途的小麦粉。种类很多,按适用食品种类的不同可分为:面包粉、面条粉、饺子粉、馒头粉、饼干粉、糕点粉、自发粉、汤用粉和面糊粉等。按质量标准的不同可分为精致级和普通级两种。高档专用粉属高附加值产品,能给加工企业带来较高的效益。随着经济发展和人民生活水平的提高,高质量和多品种的面制食品的需求量日益增大。按食品的种类和质量要求,生产不同适应性的专用粉,以供给家庭、作坊和大型面制食品加工企业使用,已经成为中国面粉工业发展的方向和重点。

专用小麦粉

【砖红壤】(laterite brick red soil) 由热带地区富铝化作用所形成的土壤。其地表自然植被为热带雨林和季雨林。其分布地区的年降水量在1 400 ~ 2 000mm。剖面上有大于2 ~ 3m厚的红色风化层。黏土矿物以高岭石为主，并伴生有三水铝石（$Al_2O_3 \cdot 3H_2O$）及赤铁矿（Fe_2O_3）等。土壤的pH值4.5 ~ 5.0。在中国，主要分布区为广东省雷州半岛、海南省及云南省滇南低海拔谷地。

【砖石砌体施工】（brick and stone works） 用砂浆把砖石块材砌筑成坚固砌体的施工作业。其横向基面稳定，层次分明；竖向错缝排列。横竖接缝填满砂浆能承受较大压力和一定推力。除灰浆搅拌和材料运输使用机械外，均为手工操作。所用工具有：大铲、瓦刀、刨锛、锤、凿、靠尺板、线锤、皮数杆、铁水平尺和砖夹等。在施工前，砖石经过检验和选择分类。砂浆经试配，确定配合比。按施工图测量放出墙体线和立皮数杆。皮数杆是保证砌体垂直高度的依据，用以控制砖石的分层皮数、水平缝的砂浆厚度和建筑物的门窗等洞口、预制梁板、加强钢筋的位置。砌筑前将皮数杆立在墙体转角及内外墙交接处。

砖石砌体施工

【转杯纺纱】（rotor spinning） 又称气流纺纱。将棉条喂入一个分离装置，分离成单根纤维，然后被气流输入纺纱杯中，凝聚于杯内四周的凝棉槽中。当集来的纤维从纺纱杯中往外引出时，即被加捻成纱的纺纱工艺。最为成熟的自由端纺纱工艺。转杯纱的结构可分为纱芯和外包纤维两部分。纱芯结构紧密，近似环锭纱；外包纤维结构松散，无规则地缠绕在纱芯外面。转杯纱比环锭纱条干均匀，伸长度较大，纱条结构蓬松，吸色性好，耐磨性高20% ~ 30%。适宜纺牛仔布用纱。

气流纺纱

【转导】（transduction） 通过病毒将一个宿主的DNA转移到另一个宿主细胞中引起基因重组的现象。可分为普遍性转导和局限性转导。在普遍性转导中，噬菌体可以转导染色体的任何部分到受体的细胞中；在局限性转导中，噬菌体总是携带特定的片段到受体细胞中。两者的主要区别是：(1)被转导的基因共价地与噬菌体DNA连接，与噬菌体DNA一起进行复制、包装以及被导入受体细胞中。(2)局限性转导颗粒携带特殊的染色体片段并将固定的个别基因导入受体。在实验中，常用基因重组办法把目的DNA插入病毒基因组，实现目的基因的转导。转导在基因精细结构分析中广泛应用。

【转动惯量】（moment of Inertia） 又称惯性矩。物体转动惯性的度量。物体绕某轴的转动惯性被定义为 $I = \sum_i m_i r_i^2$，其中 m_i 表示物体中第 i 个质点的质量，r_i 表示该质点到转轴的距离，求和遍及整个刚体。物体的转动惯量只取决于物体的形状、质量分布以及转轴的位置，而与其转动状态（如角速度的大小）无关。在相同力矩的作用下，转动惯量越大的物体获得的角加速度越小；反之，物体获得的角加速度就越大。

【转 化】（transformation） ❶转变；改变。❷一种生物吸收另一种生物的遗传物质并转变后者遗传性状的现象。可分为自然遗传转化和人工转化。前者感受态的出现是细胞一定生长阶段的生理特性；后者则是通过人为诱导的方法，使细胞具有摄取DNA的能力，或人为地将DNA导入细胞中。其过程包括有转化能力的染色体DNA片段的吸附、吸收和整合三个阶段。转化的研究不但在理论上有重要意义，而且在基因工程中是将质粒或病毒载体引入宿主细胞的一种重要手段。在高等植物中，某些体细胞能在一定的培养条件下生长成完整的植株。因此可通过转化培养将细胞培育成不同基因型的新种植株。

【转化生长因子β】（transforming growth factor β, TGF-β） 电压噬细胞、脑细胞和表皮细胞产生、可诱导上皮发育的一类多肽类生长因子。几乎所有的肿瘤细胞均能分泌TGF－β。大多数的机体细胞也能分泌TGF－β，其中以血小板中的TGF－β含量最高。因此，常利用血小板作为提取和纯化天然TGF－β的来源。一般来讲，多数机体细胞所分泌的是处于非活化状态的TGF－β，需要经过酸性环境处理或蛋白酶的裂解作用才能成为活化状态。其作用有：(1)对细胞增殖的影响。对细胞增殖有双重作用，即可抑制，也可促进。该作用还与靶细胞的类型和其他的细胞因子的作用有关。如一定浓度的TGF－β能促进正常细胞的增殖，但却抑制肿瘤细胞的增殖。在正常的情况下，有些细胞如支气管上皮细胞、角膜细胞、肝细胞等的增殖能力将被TGF－β强烈抑制。一旦这些细胞发生恶变，便失去了对TGF－β抑制增殖的反应性。(2)对细胞分化的影响。TGF－β对细胞增殖的影响常伴有对细胞分化的影响。可抑制胰岛素和氢化可的松对肾上皮细胞的增殖作用,但不抑制这些激素诱导的蛋白质合成,结果使由激素引起的细胞分化状态得以稳定,同时,又可引起细胞肥大。(3)免疫调节作用。从三方面对免疫功能起抑制作用:一是抑制免疫效应细胞的增殖;二是抑制免疫效应细胞的分化和活性;三是抑制细胞因子的产生及其免疫调节作用。

【转化细胞】(transformed cell) 又称连续细胞系。丧失了对许多与生长控制有关刺激的敏感性、获得无限增殖能力的细胞。典型的表现是失去了对贴壁的严格依赖和细胞密度的抑制。细胞转化在培养过程中可自发发生,转化时伴随着染色体的变化,二倍体常变为异倍体,但并不一定为恶性。它在培养过程中可自发发生。用某些病毒、化学品和致癌因子处理细胞,可增加转化的频率。因转化细胞更易培养,可无限传代,所以有的转化细胞已用于生产人用疫苗和药物蛋白。但使用时应严格检测和控制这些细胞本身或携带的致癌因子。

【转基因】(transgene) 把DNA分子转接到另外生物体内的一项生物技术。是将不同来源的DNA分子进行重组,克服天然物种生殖隔离屏障,并将具有某种特性的基因分离和克隆,再转接到另外的生物细胞内,从而创造出自然界中原来并不存在的新的生物类型和功能。

转基因生菜

由于染色体遗传物质的交换而使其表现形态得以改变。该过程通过有性生殖来实现。转基因是大自然中每天都在发生的事情。这类基因转移没有目标性,好的和坏的基因都可以一块转移到不同的生物个体中。

【转基因产品】(genetically modified products,GMP) 转入由植物、动物或微生物细胞中提取的基因,从而使生物获得某种良好的特性,经繁殖生长后所制成的产品。转入的基因大部分来自细菌和病毒,其产品具有抗虫害、抗病毒、抗真菌、抗除草剂、改良品质等特性。如北极鱼体内的某个基因有防冻作用,将它提出植入西红柿里,制造出属于转基因产品的耐寒西红柿;从富含胡萝卜素的一种作物中分离出相应的基因,转移到水稻中去,即成为富含胡萝卜素的大米;通过控制矮牵牛色素基因,可使它变成了各种各样的颜色。在中国市场上看到的蓝色玫瑰,就是通过转基因获得的。由于转基因产品对人类健康和生态环境可能产生潜在的不利影响,

蓝色玫瑰

所以在转基因产品是否有害没有定论之前,对转基因产品进行检测显得非常重要。

【转基因产品检测】(testing for presence of genetically modified product) 对转基因动植物和微生物产品进行转基因成分的定性定量检测方法。其检测方法有:(1)蛋白质的转基因产品检测方法。包括酶联免疫吸附法、侧向流动免疫测定法和Western bolt杂交法。(2)核酸的转基因产品检测方法。包括核酸分子杂交技术、通用元件筛选PCR(聚含酶链式反应)检测、基因特异性PCR检测、构建特异性PCR检测、品系特异性PCR检测、定性PCR检测、复合定性PCR检测、巢式PCR检测、竞争性定量PCR检测、PCR-ELISA检测、实时荧光定量PCR检测和基因芯片技术。中国已建立了由转基因产品检测方法、转基因产品检测方法行业标准制订和转基因产品检测试剂盒开发三部分组成的转基因产品检测体系,研究开发出亲和诱捕提取DNA的方法、检测试剂盒、杂交诱捕反向PCR方法、转基因植物产品的筛选芯片和转基因产品品系特异检测芯片等多种方法。其中杂交诱捕反向PCR方法,使中国在转基因产品的品种、品系检测研究中达到了世界先进水平。

【转基因动物】(transgenic animal) 用人工方法将外源基因导入到动物体内与动物本身的基因组整合并随细胞的分裂而增殖所产生的动物。其特点是能将遗传信息稳定

荧光小猪

地传给下一代。常用方法有显微注射法和体细胞核移植方法。其主要应用领域有:(1)研究基因结构与功能的关系,细胞核与细胞质的相互关系,胚胎发育调控以及肿瘤等。(2)用来建立多种疾病的动物模型,进而研究这些疾病的发病机理及治疗方法。(3)可作为医用或食用蛋白的生物反应器等。

【转基因技术】(transgene technology) 将分离和修饰过的目的基因,导入到生物体基因组中的技术。由于导入基因的表达,引起生物体能够把目的基因继续传给子代,被导入的目的基因称为转基因。“遗传工程”、“基因工程”、“遗传转化”均为转基因的同义词。经转基因技术修饰的生物体常被称为“遗传修饰过的生物体”。转基因技术,包括外源基因载体、表达载体、受体细胞,以及转基因途径等。其常用方法有:(1)显微注射。(2)基因枪。(3)电破法。(3)脂质体等。利用转基因技术可以改变动植物性状以及培育新品种。也可以利用其他生物体培育出人类所需要的生物制品,用于医药、食品工业等方面。转基因植物可提高植物药用多肽或工业用酶的产量,改善食品质量、提高农作物产量、抗虫害、提高对病原体的抵抗力等。转基因食品是利用转基因技术,改造生物的遗传物质,使其在性状、营养品质、消费品质等方面向人类所需要的目标转变。转基因作物存在潜在生态风险,即可能对环境产生不利影响,包括对农田生态系统以及自然生态系统均有不同的影响,从而影响到生物多样性的保护和可持续利用,同时也考虑到对人类健康的危害。

【转基因生物】(transgenic biology) 用人工方法将外源基因转入动物或植物体内使其表达出原来没有的某种新性状的生物。利用转基因技术可以改变动植物性状,培育新品种;也可以利用其他生物体培育出人类所需要的生物制品。用于医药、食品等方面。

【转基因食品】(genetically modified food) 利用分子生物学基因工程技术培育出的新动植物品种所生产的食物。世界上第一种基因移植作物是1983年培植成功的一种含有抗生素类抗体的烟草植株。随着基因重组技术的日趋成熟,引发了农业生产上的第二次绿色革命。美国首先成功培育出耐储藏的西红柿、抗病的甜椒等。世界各国也不断地培育出新的转基因作物。全世界已经投入试验生产的转基因作物已超过4 500种,播种面积达到$4 \times 10^7 hm^2$。中国也培育出了自己的转基因作物:抗虫棉和推迟成熟期耐储藏的西红柿。

【转基因食品安全性】(safety of genetically modified food) 通过人为转基因的动、植物制成的食品的安全性问题。因这些食品来源的动植物对于生物进化、生态环境及人类健康的影响还都是未知数。如果把这种转基因动物或植物不加任何限制地利用,可能会带来安全性问题。无论来自于转基因植物还是转基因动物的食品都有安全性问题。现在国际上对转基因食品的争论很大。美国等国家由于自身的利益对转基因食品持积极态度,而欧洲等一些国家则持反对态度。其争论的焦点主要是引起的贸易争端等问题。

【转基因食品安全性评价】(safety evaluation of genetically modified food) 对转基因食品进行严格的科学试验,积累足够的证据,从而作出合理缜密的安全性评价。其目的是为了消除由于转基因技术应用于食品而引发的疑虑及不安定因素,保证人类健康和安全。评价总原则为:(1)促进而不是限制基因工程的发展,同时保障人类健康和生态环境。(2)考虑到基因、转基因植物种类及环境多样性,应采取个案分析原则。(3)逐步完善的原则。(4)在积累数据和经验的基础上,使监督管理趋向宽松化和简单化。目前,普遍公认的转基因食品安全性评价方法,是经济发展合作组织于1993年提出的实质等同性原则,即通过生物技术产生的食品及食品成分,是否与目前市场上销售的食品具有实质等同性。实质等同性是指利用一个现有的食物或食物成分与新的食物或食物成分相比较,如果实质上是相同的,那么它就可以被认为是安全的。这种检测和评价是一种分析比较的过程。实质等同性对转基因食品进行安全评价的过程是:(1)了解每个转基因植株的背景,选择可以比较的植物。(2)实质性比较,进行表型特征和构成成分的比较。(3)得出比较结果及进一步处理。(4)加标签后上市。在标签上对转基因食品可能出现的过敏反应或经加工后可消除有害影响进行说明。

【转基因食品标示】(genetically modified food labeling) 在国家工商行政管理专门机构认证许可,正式注册的转基因食品质量证明标志。在食品产品中(包括原料及其加工的食品),含有基因修饰有机体或表达产物的,要标注“转基因XX食品”或“以转基因XX食品为原料”。标识的标注方法有:(1)转基因农产品的直接加工品,标注为“转基因XX加工品(制成品)”或者“加工原料为转基因XX”。(2)用农业转基因生物或用含有农业转基因生物成分的产品加工制成的产品,但最终销售产品中已不再含有或检测不出转基因成分的产品,标注为“本产品为转基因XX加工制成,但本产品中已不再含有转基因成分”或者标注为“本产品加工原料中有转基因XX,但本产品已不再含有转基因成分”。(3)转基因食品来自潜在致敏食物的,还要标注“本品转XX食物基因,对XX食物过敏者注意”。转基因食品采用下列方式标注:(1)定型包装的,在标签的明显位置上标注。(2)散装的,在价签上或另行设置的告示牌上标注。(3)转运的,在交运单上标注。(4)进口的,在贸易合同和报关单上标注。转基因食品的标签应当真实、客观,不得有下列内容:明示或暗示可以治疗疾病;虚假、夸大宣传产品的作用;卫生部规定的禁止标识的其他内容。

【转基因育种】(transgenation breeding) 根据作物的育种目标,从供体生物中分离目的基因,经DNA重组与遗传转化或直接运载进入受体作物,经过筛选获得稳定表达的遗传工程体,并经过田间试验与大田选择育成基因新品种或种质资源的育种方法。涉及的内容有:(1)目的基因的分离与改造、载体的构建及其与目的基因的连接等DNA重组技术。(2)通过农杆菌介导、基因枪轰击等方法使重组体进入受体细胞或组织,以及转化体的筛选、鉴定等遗传转化技术和相配套的组织培养技术。(3)获得携带目的基因的转基因植株(遗传工程体)。(4)遗传工程体在有控条件下的安全性评价以及大田育种研究直至育成品种。

【转基因植物】(transgenic plant) 用人工方法将外源基因转入植物体内使之表达出原来没有的某种新性状的植物。其目的是:培育出具有抗旱、抗盐碱、抗病虫害等抗逆特性或品质优良的作物新品种。其常用方法有:(1)农杆菌介导转化法。(2)基因枪法。(3)花粉管通道法。利用植物的转基因技术,可用来生产外源基因的表达产物,如人的生长素、胰岛素、干扰素、表皮生长因子、乙型肝炎疫苗等。

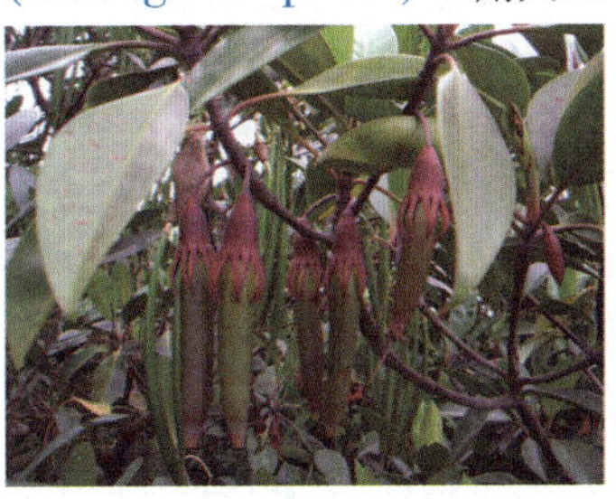

转基因植物

【转录】(transcription) 生物体内以DNA(脱氧核糖核酸)为模板合成RNA(核糖核酸)的过程。转录过程以一段DNA分子单链(基因)作为模板,4种三磷酸核糖核苷酸(NTP)为原料,按碱基配对的原则,在依赖DNA的RNA聚合酶的催化下合成相应的RNA。从而将DNA携带的遗传信息传递给RNA。这是基因表达的重要环节,也是体内RNA生物合成的主要方式。转录生成的初级产物,绝大多数是不成熟的RNA(只有原核生物mRNA例外),是各类RNA的前体。这些RNA的前体必须经过加工修饰,使之变成具有生物活性的成熟RNA后,才能进入胞质发挥功能。此外,生物体也可以通过RNA自身复制合成RNA,但主要在RNA病毒中进行。转录和复制有许多相同或相似之处:如酶促的核苷酸聚合过程,以DNA为模板,需依赖DNA的聚合酶,聚合过程都是核苷酸之间形成磷酸二酯键,并遵从碱基配对规律等。

【转体架桥法】(bridge erection by swinging method) 利用河岸地形预制半孔桥跨结构,在岸墩或桥台上旋转放置跨中合龙的施工方法。整个转动体系分竖转体系和平转体系。竖转体系由前后各半拱、索塔、扣索、撑架和竖转提升控制系统组成;平转体系由上转盘、下转盘和牵引系统组成。转体施工主要包括平转磨盘制作及研磨、拱肋拼装、竖转铰安装、竖转平转设施安装、竖转、平转合龙六大工序,关键在于竖转施工和平转合龙。竖转施工是指利用塔架作支撑体,通过起吊设备和平横重系统将在地面上已拼装焊接好的拱肋利用竖转铰提升至设计高程;平转施工即利用平转牵引设备牵引上转盘,将台身和拱肋以平转磨盘为中心,绕磨轴水平旋转180°,使两个半跨拱肋对接合龙焊为整体。

【转向架】(bogie) 又称走行部。支承客车车体并使之在轨道上运行的装置。是高速客车的关键部件。提高旅客列车速度的过程也是高速客车转向架技术发展的过程。高速客车转向架必须保证列车在高速运行时的稳定性和良好的曲线通过性能,以保证高速列车安全行驶,乘坐舒适,减少维修。一般由构架、轮对、轴箱及定位装置、弹簧悬挂装置、牵引装置和基础制动装置等部分组成。降低转向架自重是高速转向架技术开发的一个重要方面,它对改善车辆振动性能和减小轮轨之间的动力作用等均具有显著效果。高速转向架轻量化的主要措施之一是采用无摇枕结构。

高速货车转向架

【转移印花】(transfer printing) 经转印纸将染料转移到织物上的印花工艺。选择在150～230℃升华的分散染料,与浆料混合制成“色墨”,按照设计图案要求,将“色墨”印刷到转移纸上。将印有花纹图案的转移纸与织物密切接触,染料从印花纸转移到织物上,经过扩散进入织物内部而着色。按印花方式

转移印花

的不同可分为：升华法、热扩散法、泳移法、熔融法和油墨层剥离法等。升华法转移印花效果好，工艺简单，不必蒸化或焙烘，无需水洗。但转移纸在使用后难再利用，印花前纺织品需要经过预处理，耗能，耗水，产生污水。

【转移支付】（transfer payment） 从国民经济角度来讲，不伴随着资源增减的纯粹货币性质的转移。在项目效益与费用的识别过程中，经常会遇到项目与各种社会实体之间的货币转移。这些都是财务评价中的实际支出，从国民经济角度来看，它们并不影响社会最终产品的增减，都未造成资源的实际耗用和增加，仅仅是资源的使用权在不同的社会实体之间的一种转移。在国民经济评价中，转移支付不能计入项目的效益或费用，关键是对转移支付的识别和处理。如果以项目的财务评价为基础进行国民经济评价时，应从财务效益与费用中剔除在国民经济评价中计做转移支付的部分。常见的转移支付有：税金、补贴、国内贷款利息、国外贷款与还本付息和折旧等。

【转辙机】（switch machine） 道岔控制系统的执行设备。是转辙装置的核心和主体。除转辙机本身外，还包括外锁闭装置和各类杆件、安装装置，共同完成道岔的转换和锁闭。其主要作用是：(1)转换道岔的位置，根据需要转换至定位或反位。(2)道岔转至所需位置而且密贴后，实现锁闭，防止外力转换道岔。(3)正确地反映道岔的实际位置，道岔的尖轨密贴于基本轨后，给出相应的表示。(4)道岔被挤或因故处于“四开”（两侧尖轨均不密贴）位置时，及时给出报警及表示。对转辙机的基本要求是：(1)作为锁闭装置，当尖轨和基本轨不密贴时，不应进行锁闭；一旦锁闭，应保证不致因车通过道岔时的震动而错误解锁。(2)作为转换装置，应具有足够大的拉力，以带动尖轨作直线往返运动；当尖轨受阻不能运动到底时，应随时通过操纵使尖轨回复原位。(3)作为监督装置，应能正确地反映道岔的状态。(4)道岔被挤后，在未修复前不应再使道岔转换。按其锁闭道岔方式的不同可分为内锁闭转辙机和外锁闭转辙机；按其传动方式的不同可分为电动转辙机和电动液压转辙机；按其供电电源种类的不同可分为直流转辙机和交流转辙机；按其类型的不同分为可挤型转辙机和不可挤型转辙机。

转辙机械

【转炉】（convertor） 利用鼓入的空气、纯氧或纯氧加燃料油（或天然气、水蒸气、二氧化碳）以氧化液态金属中杂质，并产生所需热能的可转动的冶金炉。炉形有梨形、直桶形和鼓形几种。按炉衬化学性质的不同可分为：酸性转炉和碱性转炉。按风眼或供氧管位置的不同可分为：底吹转炉、侧吹转炉和顶吹转炉等。在有色金属吹炼时，采用酸性或碱性侧吹鼓形转炉，利用熔融金属中硫的氧化产生所需的热能。

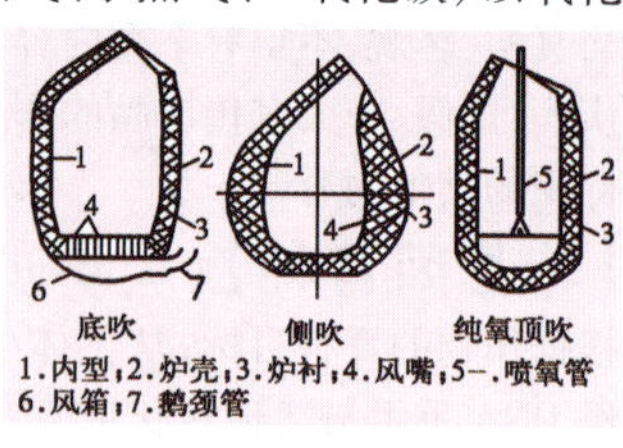

三种转炉部面图

【转炉利用系数】（converter available coefficient） 转炉炼钢车间生产过程中，反映转炉利用程度、炼钢生产技术和管理工作水平的技术经济指标。转炉利用系数 =

$$\frac{\text{合格钢的产量(t)}}{\text{转炉座数} \times \text{公称容量(t)} \times \text{日历时间(昼夜 d)}}$$

以全部投入生产的转炉（不扣除由于备用、待料或其他原因而停炉的座数），在日历时间内，平均每吨公称容量或每立方米容积每昼夜所产合格钢的吨数来表示。中国规定按公称容量（吨）计算。

【转速悬挂】（speed hang-up） 燃气涡轮发动机在启动或加速供油时出现的一种转速滞迟现象。分为热悬挂和冷悬挂。热悬挂是当发动机启动或加速时，转速不上升或上升很慢，而涡轮后燃气温度却急剧上升伴有发动机抖动现象；冷悬挂是当发动机启动和加速时，转速和涡轮后燃气温度都不上升或上升很慢的现象。

【转塔车床】（turret lathe） 机床上具有回转轴线与主轴轴线垂直或倾斜的多工位转塔刀架、另外还带有横刀架的车床。刀架上安装多把刀具，在工件一次装夹中，可依次使用不同刀具完成多种车削、钻孔等工序。但因为没有丝杠，一般只能用丝锥和板牙加工螺纹。适用于成批生产中加工形状

转塔车床

较复杂的工件。

【转子动力学】(rotor dynamics) 固体力学的一个分支。研究支承系统在旋转状态下振动、平衡和稳定性问题的学科。转子是涡轮机、电机等旋转式机械中的主要旋转部件。其研究内容主要是:(1)临界转速。由于制造中的误差,转子各微段的质心一般对回转轴线有微小偏离。在转子旋转时,由上述偏离造成的离心力会使转子产生横向振动。这种振动在某些转速上显得异常强烈。这些转速称为临界转速。(2)通过临界转速的状态。一般转子都是变速通过临界转速的。故通过临界转速的状态为不平稳状态。(3)动力响应。在转子的设计和运行中,常需知道在工作转速范围内,不平衡和其他激发因素引起的振动有多大,并把它作为转子工作状态优劣的一种度量。(4)动平衡。确定转子转动时转子的质心、中心主惯性轴对旋转轴线的偏离值产生的离心力和离心力偶的位置和大小并加以消除的操作。在进行刚性转子(转速远低于临界转速的转子)动平衡时,各微段的不平衡量引起的离心惯性力系可简化到任选的两个截面上去。在这两个面上作相应的校正(去重或配重)即可完成动平衡。(5)转子稳定性。转子保持无横向振动的正常运转状态的性能。若转子在运动状态下受微扰后能恢复原态,则这一运转状态是稳定的;否则是不稳定的。转子的不稳定通常是指不存在或不考虑周期性干扰下,转子受到微扰后产生强烈横向振动的情况。转子稳定性问题的主要研究对象是油膜轴承。

【转子发动机】(rotor engine) 采用三角转子旋转运动来控制压缩、做功和排放,与传统的活塞往复式发动机的直线运动迥然不同的发动机。由茧形壳体和一个安置在其中的三角形转子组成。缸体内部空间总是被分成三个工作室,转子转动这些工作室也在运动。依次在摆线型缸体内的不同位置完成进气、压缩、做功(燃烧)和排气四个过程。转子发动机体积小,重量轻,结构精简,扭矩均匀,运行安静,噪声小,可靠性高和耐久性好。其缺点是:耗油量比较大,功率输出轴位置较高,加工制造难度大,成本高等。主要用作汽车引擎。

转子发动机

【转座】(transposition) 因子改变自己位置的生物学现象。如从染色体上的一个位置转移到另一个位置,或者从质粒转移到染色体上等。转座途径有复制转座和非复制转座。转坐因子是细胞中能改变自身位置的一段DNA序列。它既能给基因组带来新的遗传物质,又能在某种情况下启动或关闭某些基因,并常使基因组发生缺失、重复或倒位等DNA重排。一方面带有不同抗药性基因的转座因子,在细菌质粒间的转座会导致多价抗药性质粒的形成,使多种药物药效降低,对人类健康造成威胁;另一方面具有独特功能的转座因子已经成为遗传学研究中一种有用的工具。

【转座子】(transposon) 在原核和真核细胞中一类能在基因组内移动的转座元件。通常含有编码转座酶的基因和抗生素抗性基因等。以相同或不相同的自身,在基因组或生物体之间移动位置。其作用是:引起基因重排、基因突变和表型变化等;是基因组不稳定性的主要内在因素之一;也是生物体生长、发育的遗传调控因子之一;在进化和生物多样性的保持中发挥了至关重要的作用。

【桩工】(pile work) 各种类型桩基础工程施工技术的统称。桩基础通常由许多根桩组成,桩身全部或部分埋入覆盖层或人工回填土等软弱地基中。顶部由承台联成一体,再在承台上修建上部建筑物。上部荷载通过承台和桩传送给地基土持力层。桩有竖直的,也有倾斜的,大多采用的竖直桩。桩基础具有承载力大,沉降速率缓慢和沉降量小而均匀等优点,是水利工程和其他土木工程松软地基的主要处理措施之一。还常将单桩连接成墙,用于挡土或防渗。桩基础工程在中国的应用已有悠久的历史并积累了丰富的施工经验,有不少建造在桩基础上的建筑物,如钱塘江海塘工程、上海龙华塔、西安灞桥、北京御河桥等。桩是通过桩身侧面和底端向地基传递荷载的。按其传力方式的不同可分为:(1)端承桩。只依靠进入岩层或坚实土层的桩底端的支承力承担荷载,不计桩身侧面与土的摩擦力。(2)摩擦桩。主要依靠桩身侧面与土的摩擦力承担荷载,同时也计及底端岩土的支承作用。按制桩材料的不同可分为木桩、钢桩、混凝土桩和碎石桩等。按桩水平截面形状的不同可分为:圆桩、方桩、十字桩、工字桩、三角桩、板桩和管桩等。按其施工方法的不同可分为打入桩、灌注桩、旋喷桩和振冲桩等。

【桩工机械】(pile-driving machinery) 将桩贯入地层以加强地基承载能力的施工设备。按其工作原理的不同可分为:打桩机、压桩机、振动沉桩机、灌注桩钻孔机等。按打桩机桩锤运动动力源的不同可分为:有落锤、汽锤、柴油锤、液压锤等几种。压桩机是利用静力推压桩顶使桩贯入地层的机械。按其加压机构的不同可分为机械式和液压式两种。二者均依靠设备自重及配重将桩分节压入地层。振动沉桩机是利用振动作用使桩沉入地层的机械。灌注桩钻孔机是利用取土或挤土装置在地层桩位上成孔,以灌注混凝土成桩的机械。其不需预制混凝土桩,对现场施工的适应性强。打桩机、压桩机均备有专用桩架,桩架上附有吊桩用的钢索卷扬设备,可使桩按要求就位。桩的运动方向由桩架引导。沉桩机、钻孔机一般无专用桩架,而由起重机或挖掘机配合工作。随着中国各种基础设施建设和住房建设的快速发展,桩工机械制造业及其市场得到了前所未有的高速发展。目前有几十家专业生产企业及上百个产品型号。

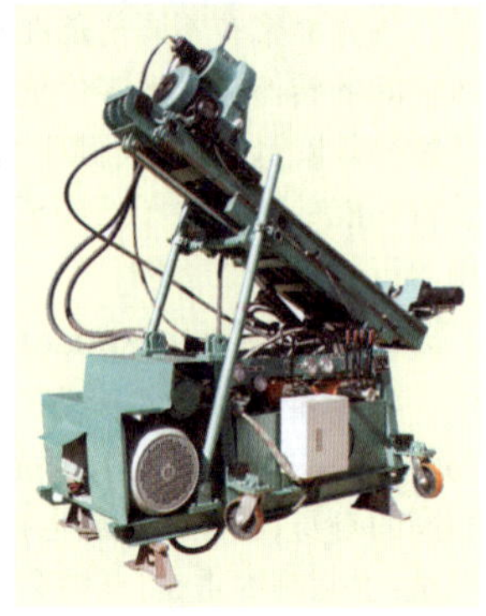
桩工机械

【桩冠】(post crown) 利用金属冠桩或纤维冠桩插入根管内以获得固位的一种全冠修复体。当患牙已呈残冠,经根管治疗并充填,将余牙预备成形,根管制备成桩孔,选择合适材料的桩置于根管内,在桩的上端用冠恢复。按其结构、材料、制作方法的不同可分为:简单树脂桩冠、金属舌面板桩冠、烤瓷桩冠、组合式桩冠或核桩冠和铸造冠桩。也可采用桩、核,冠修复。桩冠的固位良好,外形和牙冠色泽接近自然牙,美观舒适,制作简便,支持与受力形式合理,是一种比较理想的残根残冠修复。其适应证是:(1)临床冠大部分缺损,无法用冠修复。(2)临床冠完全缺损,断面达龈下,但牙根足够长者。(3)畸形牙直接预备固位形不良者。(4)错位牙或畸形牙而非正畸适应证者。对牙根的要求是:必须经过完善的根管治疗,尖周无炎症或炎症已完全控制,无骨质吸收或骨质吸收不超过根长的1/3,且骨吸收已稳定。对基桩的要求是:长度大于或等于修复牙冠长,根管内长度大于牙根在牙槽骨内的1/2,根尖封闭(桩底距根尖孔)4mm;直径为牙根直径的1/3～1/2;适应牙根及根管的形态,密合性好。其制作时机是:一般在经过成功的根管治疗后1～2周,确定无临床症状时,才可以做桩冠修复。如果有瘘管,需要待瘘管完全闭合后,而且无根尖周症状时才开始做桩冠修复。其优点是:牙体组织得到尽量保留;铸造桩与牙根管密合,力的分布均匀,抗脱位力及强度大为增强,保留的牙体组织不易折裂;使许多原本需拔除的残冠、残根经过治疗后被保留下来并恢复功能和美观。

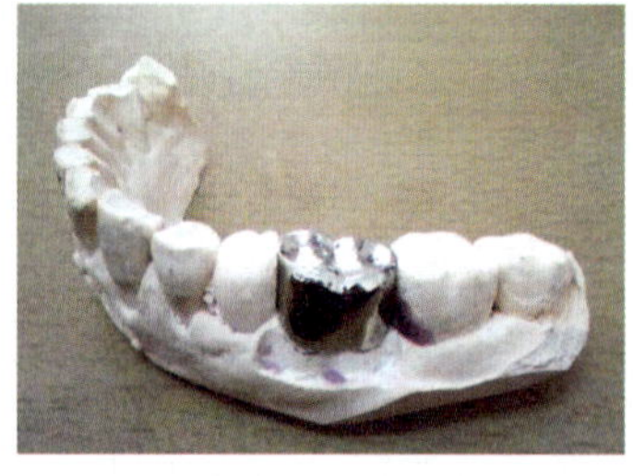
桩冠修复

【桩基础】(pile foundation) 用承台或梁将沉入土中的桩联系起来,以承受上部结构压力的基础形式。当天然地基土质不良,不能满足建筑物对地基变形和承载力要求时,常采用桩基础将上部建筑物的荷载传递到深处承载力较大的土(岩)层上,以保证建筑物的稳定和减少其沉降量。当软弱土层较厚,采用桩基础施工,可省去大量的土方开挖、支撑和排(降)水设施。按桩的传力和作用性质的不同可分为:端承桩和摩擦桩两种。端承桩是穿过上部软弱土层而达到下部持力层(岩石、砾石层、砂层或坚硬土层)上的桩,上部结构荷载主要是由桩尖阻力来平衡;摩擦桩是把建筑物的荷载传布在桩四周土中及桩尖下土中的桩,其大部分荷载靠桩四周表面与土的摩擦力来支承。桩基础在建筑工程中应用广泛。具有良好的经济效果。

桩基础

【桩基施工】(pile foundation construction) 按设计要求,施工生产中桩、桩承台采取预制和灌注的施工方法。按其施工法的不同可分为:预制桩和灌注桩两大类。打桩方法的选定,除了根据工程地质条件外,还要考虑桩的类型、断面、长度、场地环境和设计要求。打桩施工工序是:定坐标→开轴线→定桩位→复线→桩机就位→焊接桩尖→吊桩→桩头对正→桩身垂直度调正→打桩→接桩→再打桩→打至设计要求→锯桩(露出地面部分)。预制桩的施工方法有:锤击法、振动法、压入法和射水法。灌注桩的施工工序主要是成孔和灌注混凝土。按其成孔方法的不同可分为:(1)套管成孔灌注桩。(2)干作业成孔灌注桩。(3)泥浆护壁成孔灌注桩。(4)爆扩成孔灌注桩。

桩基施工

【装机容量】(installed capacity) 电站发电机组的总发电功率。电站最重要的特征之一。电站在运行中,处于工作、备用和检修状态的容量分别称为工作容量、备用容量和检修容量,三者之和称为必需容量。比如在必需容量之外,加大水电站装机容量,目的是为在汛期多发季节性电量,替代火电电量,减少系统的燃料消耗,但不能减少电力系统的装机容量。这部分容量称为重复容量。在不同的水文年和不同的季节,随着电站运行状态以及电力系统对水电站的要求不同,这些容量是不同的。在一定的条件下,它们之间是可以相互转化的。工作容量即水电站为担负电力系统负荷机时发出的有功功率。水电站日最大工作容量与日平均出力、系统负荷和能否进行日调节有关。丰水期和负荷大时,工作容量大,相应备用容量可小些;枯水期和系统负荷小时,工作容量较小,备用容量可大些。水电站装机容量的大小取决于电力系统的负荷及其特性、水电站的能量指标、水库调节性能、水电站在系统中的地位和作用及其技术经济特性等。

【装甲兵技术管理】(armored forces technical management) 装甲兵各项技术工作的计划、组织、实施和协调活动的总称。其主要任务是:在坦克及其他装甲车辆的型号论证、研制生产、使用维修和退役的全寿命过程中,对有关的各项技术工作实施有效的管理,用最少的费用获得最佳的装备效能,使坦克及其他装甲车辆经常处于完好的技术状态,保障作战和训练任务的完成。装甲兵技术管理贯穿于各项技术工作的始终。技术管理的主要内容有:科研管理、装备管理、使用与维修管理、装备监造管理、生产管理、器材管理、战时技术保障和技术人员教育与训练等。

【装配】(assembly) 将合格的零件,按图纸要求组装成部件或整机并经过调试、检验使之成为合格产品的生产工艺过程。是机械产品制造的最后阶段。其质量直接影响到整机的质量。机械设备的使用性能很大程度上与装配质量有关。如果装配质量有问题,即使零件的制造精度再高,也可能使设备不能正常运转,甚至产品根本不能交付用户使用。为了控制装配的质量,常将装配分三个阶段进行:(1)组件装配。将零件连接成为组件的装配过程。(2)部件装配。将组件及零件连接组成部件的装配过程。(3)总装配。将部件组件及零件最后连接调试成为合格整机的过程。

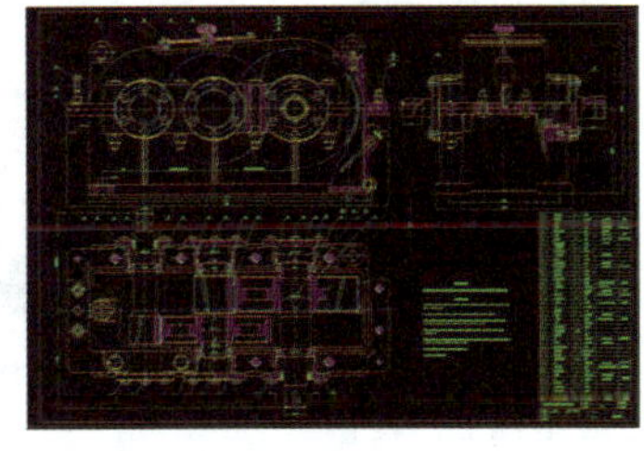
装配图

【装配式坝】(precast dam) 将预制的混凝土构件或钢筋混凝土构件用胶结材料连成整体的坝。将大部分部分现场浇筑的混凝土改为预制构件的拼装胶结,减少现浇混凝土量,可以基本不受大体积混凝土温度控制的限制,便于连续施工。但其施工复杂,工序较多,装配构件连接质量必须严格保证。其型式有装配式实体重力坝、装配式框格重力坝、装配式空心柱重力坝、装配式空腔溢流重力坝和装配式支墩坝等。装配式坝除应校核坝的整体稳定性外,还须校核沿坝身水平截面抗滑稳定性和坝体应力情况。装配式坝采用的装配率高时,施工速度快;但装配构件数目加多,接缝随之增加,坝的整体性不易得到保证。如多用现浇混凝土,能较好保证坝体结构的整体性。但装配率就要降低,影响施工速度。装配率小于30%的坝也称为整体装配式坝。已建的装配式坝的装配率,大多为20%~60%。在大中型工程中,装配式坝尚未广泛推广。

【装配式衬砌】(prefabricated lining) 用工厂或工地预制的构件拼装而成的隧道衬砌。与整体式衬砌相比,可以减轻工人的劳动强度,节约劳动力,降低建筑材料消耗和提高衬砌质量。一般地讲,装配式衬砌的造价较低,施工进度也较快。衬砌拼装就位后,就能够立即承重,拼装工作可以紧接隧道开挖面进行,缩短了坑道开挖后毛洞的暴露时间,使地层压力不致过大。而且不用临时支撑,有助于机械化快速施工和工业化生产。采用装配式衬砌是地下工程的发展方向之一。圆形隧道装配式衬砌的结构材料有混凝土、钢筋混凝土、铸铁、铸钢、钢板和混凝土等。钢筋混凝土管片衬砌的构件形式,有箱形管片和板形管片。素混凝土衬砌则多做成刚性砌块。砌块最适用于较小直径或含水量较低的稳定地层内,各块间接缝的防水需要妥善处理。砌块式结构的施工拼装速度快,费用较低。管片则适用于不稳定地层各种直径的隧道内,其纵向和环向管片间都通过螺栓相联结,中间设置防水层嵌缝,防水性能好。但拼装速度低,施工费用增加。

【装配式渡槽】(precast aqueduct) 将槽身与支承结构的大部或全部分成若干单元体,预制、装配而成的渡槽。渡槽为架空结构,现浇时需搭设支撑与脚手架。进行高空作业,不仅耗费材料,而且使用劳力多、工期长、造价高。采用预制装配方法,槽身和支承结构在地面预制,模板可重复使用,还可因地制宜地使用地模,既节省木材和劳力,又有利于提高工程质量、加快施工速度。装配时采用吊装,可节省支撑与脚手架,从而降低工程造价。故装配式渡槽在中国得到广泛应用。其结构向轻、强、巧、薄方向发展。各种结构型式与新型材料,预应力混凝土、纤维混凝土、玻璃钢、塑料板、高强钢丝等的装配式渡槽有广阔的发展前景。其缺点是:整体性不如现浇渡槽好,抗震、抗风稳定性较差,施工吊装需要一定数量的起重设备等。

【装配式建筑】(prefabricated building) 用预制的构件在工地装配而成的建筑。其优点是:建造速度快,受气候条件制约小,节约劳动力并可提高建筑质量。17 世纪向美洲移民时期所用的木构架拼装房屋,就是一种装配式建筑。1851 年伦敦建成的用铁骨架嵌玻璃的水晶宫是世界上第一座大型装配式建筑。第二次世界大战后,欧洲国家以及日本等国房荒严重,迫切要求解决住宅问题,促进了装配式建筑的发展。20 世纪 60 年代,装配式建筑得到大量推广。按其结构形式和施工方法的不同可分为:砌块建筑 、板材建筑、盒式建筑、骨架板材建筑和升板升层建筑。其特点是:(1)工人劳动强度大幅度减少,交叉作业方便有序。(2)房屋装配中的每道工序都可以像设备安装那样检查其精度,以确保房屋制造的质量。(3)施工时噪声低,物料堆放场地减少,有利于环境的保护。(4)由于工厂化的生产和现场的标准装配,使房屋制造成本降低,并容易满足室内设备安装和装饰装修的要求。

装配式建筑

【装配式水闸】(precast sluice) 闸身结构采用分块预制构件,采用装配方法施工的水闸。能提高工程质量,加快施工速度,改善施工条件,节约投资和材料,并有利于结构型式向“轻、强、巧、薄”方向发展。根据已建工程部分统计资料,采用预制装配方法施工比现浇混凝土施工的水闸可降低造价约 20% ~ 30%。但装配式水闸的整体性稍差。其总体布置、结构型式,各部件的设计要求和计算方法均和普通水闸相同或类似,底板的施工方法与现浇水闸无显著区别,仅墩墙及其上部结构采用预制构件,装配施工。组成墩墙的预制构件型式,要力求轻型化、规格化和简单化。既要满足墩墙体型的要求,又要便于预制、吊装和拼接。但其构件的规格不宜太多,以利批量生产。装配式水闸适用于大型灌区中定型的中小型水闸。

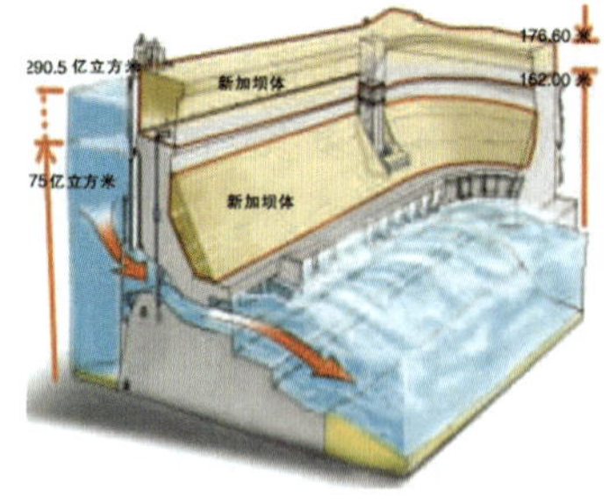

装配式水闸

【装饰混凝土砌块】(decorative concrete block) 具有装饰效果的混凝土块材。由水泥、粗细集料、色质集料、颜料和水,按一定比例配料、搅拌而成型。经过前期预加工或后期处理,使砌块外表面具有类似天然石材的装饰效果。其主要品种有:劈离砌块、凿毛砌块、条纹砌块、磨光砌块、坍陷砌块、雕塑砌块和露集料砌块等。广泛应用于建筑、市政、水利、园林和道路等工程。

装饰混凝土砌块

【装饰抹灰】(ornament plastering) 提高质感、线型、色彩效果的工程装饰活动。指水磨石、水刷石、干粘石、斩假石、拉毛灰和喷涂等改善和提高建筑物使用功能。其一般要求是:(1)为求得同一墙面色泽一致,施工前应一次将水泥和颜料干拌均匀,石子、水泥、沙子的品种、规格和配合比等应始终一致。(2)抹灰前应在阳台、雨罩、柱垛、勒脚和窗台等处水平、垂直两个方向拉通线找平找正,每步架贴灰饼,再进行抹灰,并注意做好泛水和滴水线箱。室外水泥砂浆墙面尽量做成毛面。(3)同一墙面不接搓。必要时,把接搓位置设在阴阳角及雨落管处,不宜明显。

【装修机械】(decoration machinery) 对建筑物表面进行修饰和加工处理的机械。主要用于房屋内外墙面、顶棚和地面、屋面的铺设及修整。有抹灰机、涂料喷涂机、裱糊机、地面修整机、屋面机、装修平台、吊篮和手持装修机具等。具有轻便灵活,转移方便,甚至可随身携带等优点。

涂料喷涂机

随着建筑功能的提高和新型装饰材料的增多不少厂家正,不断开发新机种,逐步扩大机械配套,进一步减少振动、噪声和污染,提高安全可靠性,并朝轻型化、组合化、多能化方面发展。

【装药量】(charge quantity) 装入炮眼或待爆硐室内的炸药质量。其多少是爆破作业中的一个重要问题。装药量少了,达不到预期的爆破效果;装药量多了,会发生岩石的过分抛掷而飞石,既浪费又影响安全生产。在单自由面和单药包爆破时,装药量的多少取决于要求爆破的岩石体积、爆破类型等,同时随着爆破的质量(块度)问题的重要性日渐突出,在计算装药量时也需考虑该因素。在用药包群和多自由面爆破矿岩时,计算平行炮孔群爆时的装药量,一般先按具体情况确定每个炮孔所能爆下矿岩体积,再分别求出每个炮孔的装药量,尔后累计算出总装药量。计算扇形炮孔群爆时的装药量时,应先按一排炮孔所能爆下矿岩体积,再分别求出各排炮孔的装药量,最后累计总装药量。经验比较丰富的"老矿山",可用一次爆破的总矿(岩)石体积,乘以单位耗药量,求出总装药量,再加上装药散耗系数(机械装药不超过10%),最后结合实际情况分配到各个炮孔。

【装载机】(shovel loader) 装载运输物料的建筑机械。种类很多。根据发动机功率的不同可分为:小型(功率小于74kW)、中型(功率在74~147kW)、大型(功率147~515kW)和特大型(功率大于515kW)装载机四种。根据行走系结构的不同可分为轮胎式和履带式两种。其中轮胎式装载机按其车架结构型式和转向方式的不同又可分为铰接车架折腰转向、整体车架偏转车轮和差速转向装载机三种。根据卸载方式的不同可分为前卸式(前端式)装载机和回转式装载机两种。根据作业过程特点的不同可分为:间歇作业式(如单斗装载机)和连续动作式(如螺旋式、圆盘式、转筒式等)装载机。装载机在装载物料时,其技术经济指标在很大程度上取决于作业方式。

装载机

【壮锦】(Guangxi damask) 中国四大名锦之一。采用棉线或麻线作经,丝线作纬织成的平纹彩绸。产于广西。近代采用染色桑蚕丝、黏胶丝、金银丝为原料,用粗而无捻的真丝作彩纬制造。两面起花,使织物的厚度增加。壮锦的花纹图案,常以梅花、蝴蝶、鲤鱼和水波纹等作题材,色泽艳丽,千姿百态。壮锦品种繁多。其花边绸色彩对比强烈,具有粗犷浓艳的艺术风格。其幅宽仅33cm左右。常被壮族人民用来作腰带绸、头巾、围巾、被面、台布、背带、背包、坐垫、床毯、壁挂和屏风等。

布艺挂包

【状态方程】(state equation) 工质压力、体积、物质的量、温度之间的关系式。借助状态方程可以计算诸如内能、焓和熵这样一些无法直接测定的状态参数。理想气体的状态方程最为简单,可表示为$pV=nRT$。式中,p表示压力;V表示体积;R表示气体常数;T表示绝对温度;n为物质的量。

【状态机】(state machine) 一个有向控制路径。由一组节点和一组相应的转移函数组成。状态机通过响应一系列事件而"运行"。每个事件都在属于"当前"节点的转移函数的控制范围内。其中函数的范围是节点的一个子集。当函数返回"下一个"节点时,这些节点中至少有一个必须是终态。当到达终态,状态机停止。状态机包含一组状态集、一个起始状态、一组输入符号集、一个映射输入符号和当前状态到下一状态的转换函数模型。当输入符号串,模型随即进入起始状态。它要改变到新的状态,依赖于转换函数。

【状态监控】(work condition monitoring) 对设备部件的工作状态进行的事实监测。对某些不会直接影响使用安全性(例如采用了余度技术)的项目,没有功能隐患或功能失常时易于发觉的部件,所采用的只对其工作状态实施监测的事后维修方式。是保证设备安全运行的重要措施。

【锥坡】(conical slope) 为防止冲刷,保护桥头路堤土坡稳定,在两侧设置的锥形护坡。顺桥方向的护坡为"溜坡"。横桥方向的坡度应与路堤边坡一致。顺桥向坡度应根据高度、土质情况和水淹情况来决定。跨越水流桥梁的锥坡宜用片石(并设有沙砾填层)或其他材料铺砌。

【准静态过程】(quasi-stationary process) 热力学系统所进行的每个中间态皆为平衡态的一种理想化过程。由于过程的进行必然引起系统状态的改变和打破原来的平衡,因而真正意义上的中间平衡态是不存在的。但是,如果适当控制外部参量,使其变化过程进行得非常缓慢,则此时系统所经历的每个中间态都可以近似地视为平衡态,这种过程就被称为准静态过程。

【准科学】(quasi science) 处于孕育期的潜科学。科学演化过程中的最初阶段。"准科学"的概念最早于1952年提出,用来表示那些不成熟的科学。其特征是:(1)概念的不确定性。准科学是科学思想形成之初的朦胧形态的科学,其中既有对客观事实的正确描述,也有研究者们的直觉猜测,还有被后来的实践证明是不符合客观事物发展规律的错误认识。准科学中的概念在发展中不断变化,谬误被淘汰,真知被确认和完善。(2)智力常数较低。由于准科学所形成的概念具有很大的不确定性,因而使相应的科学观察和实验仅停留在最初级阶段,只限于表现和演示,水平较低而易于非本专业的研究者参加这一创造活动。这样有利于打破各种学科的界限,从更广阔的范围内从事准科学研究。(3)知识熵高(熵:热力学中的概念,意指某种状态自发实现的可能性。知识熵是指各种不同的知识及其相互碰撞的状况随机产生的概率)。由于准科学在广阔的研究领域内引起了众多的来自不同专业的研究者,使得准科学领域内思想活跃跳动,思路纵横驰骋,知识熵很高。它为科学创造提供了条件和可能性。

【准同步数字系列】(plesiochronous digital hierarchy,PDH) 数字通信网的每个节点上都分别设置高精度的、具有统一的标准速率的数字传输体系。尽管每个时钟的精度都很高,但总还是有一些微小的差别。为了保证通信的质量,要求这些时钟的差别不能超过规定的范围。因此,这种同步方式严格来讲不是真正的同步,所以称为"准同步"。采用这种同步方式的数字通信网也就称为准同步数字体系。这种系列对传统的点到点通信有较好的适应性。而随着数字通信的迅速发展,点到点的直接传输越来越少,而大部分数字传输都要经过转接,因而此系列便不能适合现代电信业务发展的需要,以及现代化电信网管理的需要。

光端

【灼口综合征】(burning mouth syndrome,BMS) 又称舌痛症、舌感觉异常、口腔黏膜感觉异常。发生在口腔黏膜,以烧灼样疼痛感觉为主要表现的一组症状。常不伴有明显的临床损害体征、无特征性的组织学改变。以舌部为主要发病部位,伴随症状多有口干、味觉改变、头痛、情感变化(压抑、焦虑、易怒)。在更年期或绝经期妇女中发病率高,女性患者约为男性的7倍。发病常有明显的精神因素。舌烧灼样疼痛为最常见的临床症状,但也可表现为麻木感、刺痛感、味觉迟钝、钝痛不适等感觉异常。疼痛部位多发生在舌根部。舌痛呈现晨轻晚重的时间节律性改变。临床检查无明显阳性体征。具有在空闲时加重,工作吃饭时反而减轻或消失等特点。其临床治疗方法有:(1)消除局部刺激。(2)停用可疑药物。(3)积极治疗全身系统性疾病。(4)对于疼痛明显者可用0.5%达克罗宁液局部涂布,但勿长期频繁使用。(5)配合心理专科医生给予心理治疗。

【浊度仪】(turbidimeter) 一种用于测量悬浮于水或透明液体中不溶性颗粒物质含量的测量仪器。其工作原理是:用光经过这些颗粒时所产生的光的散射或衰减程度来定量表征这些悬浮颗粒物质的含量。

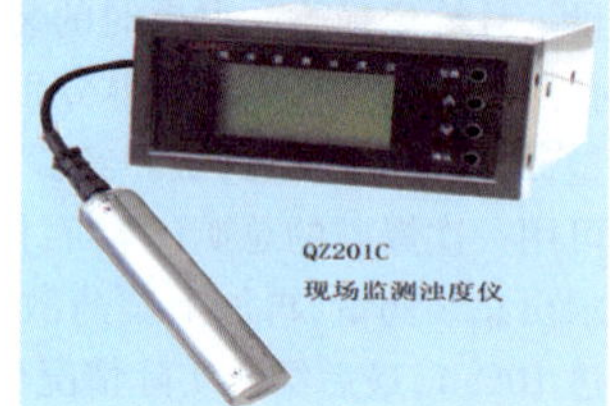

浊度仪

【着陆场】(landing field) 航天器预定在地球表面着陆的区域。地表着陆区主要根据航天器的运行规律,选择在内陆人烟稀少、地势平坦的地区,应远离航道、渔场和居民点。着陆区内应配备有搜索、捕获、跟踪测量目标运行轨道和落点位置等的光学测量、雷达测量和遥测设备,以及必要的通信、运输和救护力量。

着陆场

【着色剂】(coloring agent) 可以使物质显现需要颜色的物质。可以是有机或无机的,可以是天然的或合成的。着色剂主要分颜料(不溶)和染料(可溶)两种。颜料按组成可分为有机颜料和无机颜料。无机颜料热稳定性、光稳定性好,价格低,但着色力相对差,相对密度大,常见的有钛白粉、氧化锌、氧化铁、锌钡白、炭黑、铬酸盐、锡化物等。有机颜料着色力高,色泽鲜艳,色谱齐全,相对密度小,缺点是耐热性、耐候性和遮盖力方面不如无机颜料,常见的有炭黑、偶氮颜料、酞花菁、喹哪酮、异吲哚酮、蒽醌、硫靛及各种酸碱颜料等。染料的优点是:密度小,着色力高,透明度好,但其一般分子结构小,着色时易发生迁移。染料是有强烈着色能力的有机化合物,具有色彩鲜艳、色谱齐全、着色力大等特征。着色剂耐热、耐光、耐溶剂性一般不佳,易从物质中渗出或迁移,常见的有偶氮、紫环酮、喹啉和蒽醌几类。其中蒽醌染料和萘环酮染料的光和热稳定性比较好。

着色剂

【着色力】(tinctorial strength) 简称色力。又称着色强度。颜料以其本身颜色使被着色物具有颜色的能力。在颜料浓度保持一定的条件下,能够使被着色物所呈现的颜色(同于该颜料所具有的颜色)越深,则该颜料的着色力越高。着色力不仅取决于颜料的化学结构,也与颜料的粒径、分散性以及被着色物质的组分、材质及应用条件等多种因素有关,如粒径较小(0.05~0.1μm),分布均匀,即可显示高的着色力;但粒子过细,透明度增加,遮盖力降低。着色力测定方法通常采取与标准样品(着色力为100%)相比较,用其差别比值确定,以百分数表示。同时也可采用仪器测色方法定量测出。

【着丝点】(kinetochore) 着丝粒两侧具有三层盘状或球状结构的蛋白质。其定位与形成,决定于着丝粒特异的DNA顺序,在有丝分裂一开始便形成。着丝点与纺锤体的纺锤丝连接,与染色体移动有关。在分裂前期和中期,着丝粒把两个姐妹染色单体连在一起,到后期两个染色单体的着丝粒分开,纺锤丝把两条染色单体拉向两极。

【仔猪白痢】(white scour of piglets) 由致病性大肠杆菌引起的10~30天龄仔猪非败血性、急性肠道传染病。为迟发型大肠杆菌病。以大肠杆菌O8、O138、O139、O141等群常见。患病猪及带菌母猪是主要的传染源。本病的发生与各种应激因素(阴雨潮湿、冷热不定、突然变更饲料、乳汁不足或太浓和圈舍污秽等)有关。临床上以排出灰白色、糨糊状、有腥臭味稀粪为特征。其发病率可达50%,死亡率较低。但影响仔猪生长发育和降低饲料报酬,造成较大经济损失。应根据临床症状及病原的分离鉴定进行诊断。其防治原则是:(1)对症疗法,如收敛、止泻、助消化等。(2)敏感抗菌药物治疗。用硫酸锌霉素、头孢唑啉、卡那霉素、庆大霉素、氧氟沙星、环丙沙星等抗生素治疗有效。根据药敏实验选药可降低用药成本,保证猪肉产品安全。(3)微生态制剂。(4)本场(地)大肠杆菌灭活疫苗预防。

【仔猪黄痢】(yellow scour of piglets) 由致病性大肠杆菌引起的新生仔猪的一种高度致死性传染病。早发性大肠杆菌病。以大肠杆菌O8、O45、O60、O101、O115、O138、O139、O141、O149、O157等群较为常见。不同地区有不同血清型的流行。本病的流行没有季节性。带菌的母猪和患病仔猪是主要的传染源。通过吸乳、饮水、饲料和用具的污染进行传播。发病猪以排出黄色或黄白色水样粪便和迅速死亡为特征。1~3日龄仔猪窝发病率高达90%~95%,一般发病率为30%~60%。死亡率一般在30%左右,有的高达80%以上乃至全窝死亡。根据发病日龄、腹泻、排黄色稀粪、发病率病死率很高和急性死亡等特点进行初步诊断,确诊需进行病原的分离鉴定。防治原则是:(1)母猪产前2~4周本场(地)大肠杆菌灭活疫苗预防效果较好。(2)应用微生态制剂以及根据药敏结果用敏感抗菌药物预防和治疗有较好效果,硫酸锌霉素、卡那霉素、庆大霉素、氧氟沙星等抗生素治疗有效,根据药敏实验选药可降低用药成本,保证产品安全。(3)加强饲养卫生管理。

【咨询学】(consultation) 研究咨询活动的性质、功能、程序和方法的新兴学科。是随着现代咨询业的兴起而发展起来的。其研究内容是:(1)咨询的性质与功能。(2)咨询的特点和要求。(3)咨询活动的分类。(4)咨询的基本程序。(5)咨询的方法。(6)咨询人员的素质与职业道德。

【姿态捕获】(attitude acquisition) 航天器由未知姿态到已知姿态的定向过程。是另一类典型的姿态机动。按姿态捕获方式的不同可分为:全自主、半自主和地面控制。(1)全自主捕获方式。就是整个捕获过程完全由星上设备完成,从姿态信息获得、控制指令综合到执行机构工作。采用全自主姿态捕获方式的有德国天文卫星AEROS。它由星上模拟式太阳敏感器和磁强计得到姿态信息,通过星上电子逻辑装置控制电磁铁使自旋轴指向太阳。热容量绘图卫星HCMM采用磁强计和安装在飞轮上的地平扫描仪来控制磁力矩使姿态对地球指向稳定。(2)半自主姿态捕获方式。是由地面站和星上设备共同组成的。如高能天文观察卫星HEAO首先利用模拟式太阳敏感器使自旋轴粗精度指向太阳,其精度在几度范围内。而地面站的计算机根据遥测传送下来的星跟踪器数据,通过相应软件精确确定卫星三轴姿态,并算出陀螺漂移的校正量,然后把这些信息送上卫星,最后通过控制喷气推力器使卫星姿态精确指向目标。(3)地面控制姿态捕获方式。可以分为开环和闭环两种形式。闭环形式类似于星上全自主控制。

这种闭环形式的地面控制是利用星上姿态敏感器，通过下行通道遥测传送到地面站，由地面站计算机把这些数据处理成为姿态控制有关的信息，然后通过上行通道遥控星上执行机构。星上和地面站共同组成一个闭环控制系统，并且以实时方式进行。这种系统的主要优点是：灵活性大，可以使用地面站大容量计算机，并且具有连续快速提供各种指令的能力，而不增加星上质量和设备的复杂性。姿态捕获在实际卫星中是一个经常需要执行的控制模式。地球同步轨道卫星的姿态捕获是在对自旋体的消旋和速率阻尼的基础上进行的，分为太阳捕获、地球捕获和偏航捕获三个阶段完成。

【姿态轨道控制系统】（attitude and orbit control system，AOCS） 实现航天器保持运行姿态和轨道的控制目标的机动系统。分为姿态控制系统和轨道控制系统两大部分。姿态控制是航天器在规定或预先确定的方向（可称为参考方向）上定向的过程。它包括姿态稳定和姿态机动。姿态稳定是指使姿态保持在指定方向，而姿态机动是指航天器从一个姿态过渡到另一个姿态的再定向过程。常用的姿态控制方式有：(1)重力梯度稳定。即利用重力梯度力矩来稳定航天器空间姿态。(2)自旋稳定。即依靠旋转动量矩保持自旋轴在惯性空间的指向。(3)三轴稳定。即依靠主动姿态控制或利用环境力矩，保持航天器本体三条正交轴线在某一参考空间的方向。轨道控制是根据航天器现有位置、速度、飞行的最终目标，对质心施以控制力，以改变其运动轨迹的技术，有时也称为制导。轨道控制按应用方式的不同可分为：(1)轨道机动。指使航天器从一个自由飞行段轨道转移到另一个自由飞行段轨道的控制。(2)轨道交会。指航天器能与另一个航天器在同一时间以相同速度达到空间同一位置而实施的控制过程。(3)返回控制。指使航天器脱离原来的轨道，返回进入大气层的控制。

【姿态机动】（attitude maneuver） 航天器从一个初始姿态转变到另一个姿态的再定向过程。如果初始姿态未知，当航天器与运载工具分离时，航天器还处在未控状态；或者由于受到干扰影响，航天器姿态未控姿态机动到预定姿态的过程称为姿态捕获或对准。典型的姿态机动是自旋卫星姿态机动，也就是自旋轴机动。实现自旋轴机动常用的方法是采用喷气和磁力。

【姿态扰动】（attitude disturbance） 在轨道上运动的航天器受各种力和力矩的作用，其中一些力矩使航天器的姿态产生的扰动。作用于航天器的扰动力矩有气动力矩、重力梯度力矩、太阳辐射力矩，以及空间微粒碰撞产生的力矩等。扰动力矩是相对的，在有些情况下可把上述扰动力矩作为姿态稳定力矩，如重力梯度稳定、磁稳定等。在轨运行的载人航天器所受到的扰动总体上可以分为外部扰动和内部扰动。研究表明，外部扰动可以用简单的分析来描述，并可以通过外部环境参数来估计；内部机械运动引起的扰动也是可以预测和计算的。而内部由航天员活动引起的扰动，因其本身具有很大的随机性而难以预计。有的载人飞行任务需要航天器具有很高的指向精度和稳定度，这就需要对航天员的扰动进行定量分析，以便对飞行任务进行评估并能指导或改进航天器系统设计特别是姿态控制系统的设计。因此，研究航天员舱内活动对载人飞船姿态的扰动影响具有重要的理论与实践意义。

【资本金】（capital） 企业在工商行政管理部门登记的注册资金。中国有关法规遵循实收资本与注册资金相一致的原则。股份有限公司的资本金被称为股本，股份有限公司以外的一般企业的资本金被称为实收资本。《中华人民共和国公司法》对公司注册资本的最低限额的主要规定是：(1)股份有限公司注册资本的最低限额为人民币 1 000 万元，其中上市公司注册资本的最低限额为人民币 5 000 万元。股份有限公司的注册资本最低限额需高于上述所定限额的，由法律、行政法规另行规定。(2)有限责任公司注册资本的最低限额为：以生产经营为主的公司人民币 50 万元；以商品批发为主的公司人民币 50 万元；以商业零售为主的公司人民币 30 万元；科技开发、咨询、服务性公司人民币 10 万元。特定行业的有限责任公司注册资本最低限额需高于前款所定限额的，由法律、行政法规另行规定。其种类按照投资主体的不同可分为国家资本金、法人资本金、个人资本金和外商资本金。

【资产利润率】（asset profit ratio） 又称投资盈利率、资产所得率、资产报酬率、企业资金利润率。企业在一定时间内实现的利润与同期资产平均占用额的比率。反映企业资产盈利能力的指标。这项指标能促进企业全面改善生产经营管理，不断提高企业的经济效益。其计算公式为：资产利润率 =（利润总额/资产平均占有额）×100% 。这一指标可进一步扩展为：资产利润率 = 销售利润率 × 资产周转率。该比率越高，表明企业的资产利用效益越好，整个企业盈利能力越强，经营管理水平越高。影响企业资产利润率的因素有：(1)资产平均占用额。企业加强资产管理，加强资产的利用率，其占用额会相对减少，资产利润率升高。(2)实现利润。企业全面改善生产经营管理，降低成本费用，利润总额增加，资产利润率上升。

【资金成本】(cost of capital) 企业为筹集和使用资金而付出的代价。一般包括资金筹集成本和资金使用成本两部分。(1)资金筹集成本。是指在资金筹集过程中所支付的各项费用,如发行股票或债券支付的印刷费、发行手续费、律师费、资信评估费、公证费、担保费、广告费等。资金筹集成本一般属于一次性费用,筹资次数越多,资金筹集成本也就越大。(2)资金使用成本,又称资金占用费。是指占用资金而支付的费用,主要包括支付给股东的各种股息和红利、向债权人支付的贷款利息以及支付给其他债权人的各种利息费用等。资金使用成本一般与所筹集的资金多少以及使用时间的长短有关。具有经常性、定期性的特征,是资金成本的主要内容。

【资金时间价值】(time value of funds) 不同时间发生的等额资金在价值上的差别。在工程经济分析中,无论是技术方案所获得的收益或所消耗的人力、物力和自然资源,最后都以价值形态,即资金的形式表现出来。而资金是运动的价值。资金的价值随时间变化而变化,是时间的函数,其变动的那部分资金就是原有资金的时间价值。任何技术方案的实施,都有一个时间上的延续过程。由于资金时间价值的存在,使不同时间上发生的现金流量无法直接加以比较。因此,要通过一系列的换算,通过同一时间点上的对比,才能符合客观实际情况。这种考虑了资金时间价值的经济分析方法,使方案的评价和选择变得更加现实和可靠,构成了工程经济学讨论的重要内容之一。

【资源管理器】(explorer) Windows 由系统提供的资源管理工具。其功能是:管理数据库、持续消息队列或事务性文件系统中的持久性或持续性数据。其作用是:(1)查看电脑的所有资源。(2)清楚直观地识别电脑的文件和文件夹。(3)对文件进行打开、复制、移动等各种操作资源管理器的浏览窗口,包括标题栏、菜单栏、工具栏、左窗口、右窗口和状态栏等几部分。

win7 资源管理器

【资源节约型社会】(resource-saving society) 一种低消耗、高效益的社会发展模式。即在生产、流通、消费等领域,通过采取法律、经济和行政等综合性措施,提高资源利用效率,以求以最少的资源消耗获得最大的经济和社会收益。建设节约型社会的目的在于追求更少资源消耗、更低环境污染、更大经济和社会效益,实现可持续发展。其核心是:正确处理人和自然的关系,通过资源的高效利用、合理配置和有效保护,实现经济社会和生态的可持续发展。节约型社会的根本标志是人与自然和谐相处,体现了人类发展的现代理念。

【资源经济学】(resource economics) 环境经济学的一个分支。研究自然资源与社会经济相互关系及其发展变化规律的学科。是在研究资源合理开发利用和保护过程中由污染经济学、生态经济学等学科相互交叉形成的一门介于环境科学、经济科学和技术科学之间的边缘学科。其主要研究内容包括:(1)相关基础理论,包括自然资源的分类及其在经济发展中的地位和作用。(2)自然资源稀缺的经济策略与缓和途径。(3)主要自然资源,如能源、水资源、土地资源和森林资源等的合理开发利用和管理等。

【资源再生产业】(renewable resource industry) 以废物和废旧资源为原料进行再生产的产业。对废物和废旧资源进行处理、处置和再生,使之在全社会循环利用。发展资源再生产业对于中国社会进步和经济发展具有重要意义。

【子宫复旧不全】(subinvolution of uterus) 分娩后的子宫体积回缩、胎盘剥离面的修复等功能受到阻碍的现象。正常情况下分娩后,由于子宫肌肉的收缩、缩复作用,迫使肌层内血管管腔闭锁或狭窄,子宫肌细胞缺血并发生自溶,子宫体积明显缩小,胎盘剥离面亦随着子宫的缩小和新生内膜的生长而得以修复。很多因素会导致子宫复旧不全。其临床表现是:血性恶露时间延长,可达 7~10 天或更长时间;血量明显增多,呈浑浊或伴有臭味。在血性恶露停止后,还可有脓性分泌物排出。有时还可出现大量流血,产妇多有腰痛及下腹坠胀感。偶有恶露量少而腹痛剧烈者。检查发现子宫较同时期的正常产褥期子宫为大且软,多为后倾后屈位,常有轻度压痛,宫颈软,宫口多未关闭。

【子宫肌瘤】(uterine myoma) 由子宫平滑肌细胞增生形成的子宫良性肿瘤。是女性生殖器官最常见的良性肿瘤。常见于 30~50 岁的妇女。据统计约 20% 育龄妇女有子宫肌瘤,因无症状而未发现。确切病因不明。因子宫肌瘤好发于生育年龄,绝经后萎缩,提示可能与女性性激素有关。其症状轻重与肌瘤大小、部位有关。部分患者可无明显症状,在体检时发现;黏膜下肌瘤表现为月经量增多和经期延长、不孕、贫血；肌瘤较大时可在腹部摸到较硬肿块，可压迫膀胱引起尿频、下腹坠胀不适等。如果肌瘤小无症状，特别近绝经期妇女可定期观察；肌瘤大，症状明显，或合并贫血、不孕者，应手术治疗。

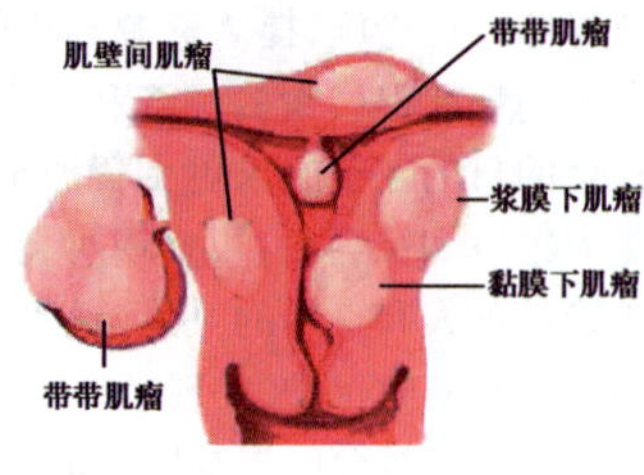

子宫肌瘤

【子宫内膜癌】(endometyial carcinoma) 发生于子宫内膜的恶性肿瘤。以来源于子宫内膜腺体的腺癌最常见。是女性生殖道三大恶性肿瘤之一。确切病因不清。可能与子宫内膜长期受雌激素作用，无孕激素拮抗有关(如无排卵型功血、多囊卵巢综合征、绝经延迟等)；约20%患者有家族史；肥胖、高血压、糖尿病是子宫内膜癌的高危因素。患者早期可无明显症状，或表现为月经紊乱、经期延长、绝经后出现不规则阴道出血；晚期肿瘤压迫周围组织或神经时可引起下腹和腰骶部疼痛、贫血、消瘦等。诊断性刮宫是诊断子宫内膜癌最常用、最有价值的方法；分段诊刮能鉴别子宫内膜癌和宫颈管腺癌，为制定治疗方案提供依据。早期患者以手术治疗为主，术后按病理分期及高危因素选择放疗或药物(化学药物和激素)治疗；晚期则采用手术、放疗、药物综合治疗。

【子宫内膜异位症】(adenomyosis) 常见妇科疾病之一。具有生长功能的子宫内膜组织出现在子宫腔被覆黏膜以外的身体其他部位。一般仅见于生育年龄的妇女，以25～45岁妇女居多。初潮前无发病史，绝经后或切除卵巢后，异位内膜组织逐渐萎缩吸收。其临床表现是：疼痛是该病最常见主诉。表现为周期性的月经前后及行经时的疼痛，并进行性加重，疼痛时伴有出冷汗、恶心和呕吐。其疼痛的表现因病灶部位的不同而异。出血是该病的另一常见症状。表现为月经量增多，经期延长或异常出血，同时可导致生殖器官的粘连和阻塞。生育年龄妇女中约有40%～50%的不孕症患者与子宫内膜异位症有关。

【子宫内膜增生过长】(simple hypenplasia) 无排卵性功能失调性子宫出血患者根据血内雌激素浓度的高低和作用时间的长短，以及子宫内膜对雌激素反应的敏感性，子宫内膜表现出不同程度增生变化。根据国际妇科病理协会的意见分类如下：(1)简单型增生过长。即腺囊型增生过长。指腺体增生有轻至中度结构异常，子宫内膜局部或全部增厚，或呈息肉样增生。(2)复杂型增生过长。即腺瘤型增生过长。指腺体增生拥挤且结构复杂，子宫内膜腺体高度增生，呈出芽状生长，腺体数目明显增多，出现背靠背，间质明显减少。(3)不典型增生过长。即癌前病变。指腺上皮出现异型性改变，腺上皮细胞增生，层次增多，排列紊乱，细胞核大深染。10%～15%可发展为子宫内膜癌。

【子宫破裂】(rupturc of uterus) 分娩期或妊娠晚期子宫体或子宫下段发生破裂者。若诊治不及时可导致胎儿和孕产妇死亡。其原因是：(1)梗阻性难产(骨盆狭窄、头盆不称、巨大胎儿、胎位异常)，使胎先露下降受阻，为克服阻力子宫强烈收缩而发生破裂。(2)瘢痕子宫。前次剖宫产、子宫肌瘤剔除术后子宫壁瘢痕破裂。(3)子宫收缩药物使用不当，导致子宫收缩过强。子宫破裂多发生于分娩期，通常是渐进发展的，分为先兆子宫破裂和子宫破裂两个阶段。前者多发生于有梗阻性难产因素的孕妇。子宫呈强直性收缩，胎先露下降受阻，产妇烦躁不安、下腹剧痛难忍、少量阴道出血；由于膀胱受压充血，出现排尿困难和血尿，胎心率异常。如未及时发现和处理，子宫肌壁完全破裂时，产妇突然下腹撕裂样剧痛，继而出现面色苍白、呼吸急促、血压下降等休克表现。检查可见全腹压痛、反跳痛，腹壁下可清楚摸到胎体，胎心音消失等体征。一旦发生子宫破裂危及孕妇和胎儿生命，应以预防为主，认真产前检查，有异常情况提前住院。

【子宫切除术】(total hysterectomy) 因治疗需要而将子宫全部或局部切除的手术。为妇科最常施行的手术之一。按切除范围大小的不同可分为全子宫切除术和次全子宫切除术(保留宫颈)。手术途径有经腹(包括开腹和腹腔镜)和经阴道两种。近年腹腔镜下子宫切除术已较成熟，具有创伤小、术后恢复快、腹壁无疤痕等优点，但对盆、腹腔严重粘连者不适用。其适应证有：(1)子宫肌瘤大于3个月妊娠子宫，或肌瘤虽小，但伴有多量子宫出血，经药物治疗无效者。(2)严重功能失调性子宫出血药物治疗无效者。(3)子宫恶性肿瘤(如子宫内膜癌、宫颈原位癌)。(4)卵巢恶性肿瘤。

【子宫输卵管造影】(hysterosalpingography，HSG) 通过导管向宫腔及输卵管注入造影剂，行X线透视及摄片，根据造影剂在子宫、输卵管和盆腔内的显影情况了解子宫形态、输卵管是否通畅、阻塞部位的一种检查方法。其适应证有：(1)不孕症了解输卵管是否通畅、阻塞部位。(2)评价输卵管成形术或再通术后效果。(3)了解宫腔形态，确定有无子宫畸形、宫腔粘连等。其注意事项是：(1)造影时间为月经干净3～7天，术前3天禁性生活。

(2)作碘过敏试验(应用碘造影剂)。(3)排除生殖道感染。(4)造影后2周禁盆浴和性生活,给予抗生素预防感染。

【子宫脱垂】(uterine prolapse) 子宫从正常位置沿阴道下降至宫颈外口达坐骨棘水平以下,甚至子宫全部脱出于阴道口以外者。常伴有阴道前壁和阴道后壁脱垂。其病因有:(1)分娩损伤。是子宫脱垂最主要的原因。在分娩过程中产程延长和手术助产,使盆底肌、筋膜和子宫韧带过度伸展,张力降低;产褥期过早参加体力劳动,因此时损伤组织尚未修复,过高腹压导致子宫脱垂。多次分娩增加盆底组织受损机会。(2)长期腹压增加。如慢性咳嗽、习惯性便秘、经常超重负荷(肩挑、举重、长期站立)等。(3)先天性盆底组织发育不良。临床上分为3度:①Ⅰ度。轻型,宫颈外口距处女膜小于4cm,尚未达处女膜;重型,宫颈外口已达处女膜,在阴道口能见到宫颈。②Ⅱ度。轻型,宫颈已脱出于阴道口外,宫体仍在阴道内;重型,宫颈及部分宫体已脱出于阴道口外。③Ⅲ度。宫颈及全部宫体脱出于阴道口外。其治疗方法包括:(1)支持疗法。加强营养,适当安排工作和休息,避免重体力劳动。(2)非手术。盆底肌肉锻炼、子宫托。(3)手术。

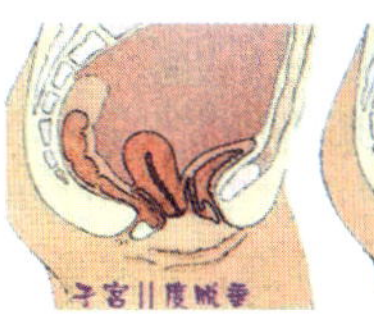
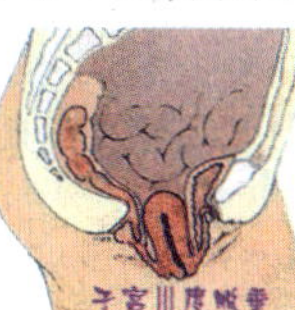

子宫脱垂

【子宫腺肌病】(adenomyosis) 子宫内膜腺体及间质侵入子宫肌层的病理改变。多发生于30~50岁经产妇。约15%同时合并子宫内膜异位症,约半数合并子宫肌瘤。多次妊娠及分娩、人工流产、慢性子宫内膜炎等造成子宫内膜基底层损伤,与本病发生密切相关。其主要症状是:月经量过多、经期延长、逐渐加重的痛经。异位内膜在子宫肌层多呈弥漫性生长,故子宫均匀性增大呈球形,一般不超过12周妊娠子宫大小。少数子宫腺肌病病灶呈局限性生长,形成结节或团快,似肌壁间肌瘤,称为子宫腺肌瘤。因局部反复出血导致病灶周围纤维组织增生,与周围肌层无明显界线,手术时难以剥出。其治疗应根据患者症状、年龄、有无生育要求而定。症状较轻、有生育要求、近绝经期患者可用药物治疗,均可缓解症状;年轻希望生育者可行病灶挖除术;症状严重、无生育要求或药物治疗无效者应行子宫切除术。

【子囊菌】(ascomycete) 有性孢子生长在子囊内的菌类。子囊形状的大小因品种不同。如羊肚菌、盘菌和块菌等。

【子埝】(small dike on levee crown) 又称子堤。为防止洪水漫溢,在堤顶临时修的小堤。堤防遇超设计标准的洪水,可能漫溢时,常在堤顶加筑子埝。子埝的结构形式和施工方法取决于汛情缓急、流速、风浪、取材条件以及堤顶宽度和抢险力量。子埝应修筑在堤顶的临河一侧,离堤肩留约1.0m的距离,以免受水流冲刷而坍塌;子埝后边要留有余地,以供抢险交通之需。常用的子埝的类型有三种:(1)纯土子埝。以土料修筑,用于堤顶较宽、附近有质地较好的土源、水面风浪较小的堤段。(2)土袋子埝。系在堤的临河一侧用土工合成材料编织袋或麻袋装土料堆叠,背侧培土逐层夯实,用于堤顶不宽,附近土质不良或风浪较大处。(3)桩柳子埝。系在堤顶以木桩、木板、苇把、柳石枕等作为子埝临河护坡,后边加填土戗,用于堤顶较窄而材料条件许可的地方。在子埝施工前,必须清除堤顶杂物及附着物,铲去表土。在施工时,要全线同时并进,分层加筑夯实。不宜分段进行,以免洪水从低处漫溢。中小水库土坝遇超标准洪水时,也可在坝顶修筑子埝,防止漫坝。

土袋子埝

【子实体】(fruiting body) 真菌的菌丝体在基物上生长发育到一定阶段后分化形成繁衍后代的一种特殊的器官结构。其上可以产生孢子。担子菌子实体又称为担子果,子囊菌的子实体又称为子囊果。子实体的形状、大小、质地、颜色因种类而异。如常见的蘑菇类呈伞状,菌盖菌柄肉质;多孔菌类多生树木上,呈木蹄、扇形,木质,有的呈珊瑚状;马勃类多呈球形;银耳、木耳类多呈片状或花瓣状,革质或胶质;自囊菌类有呈马鞍状、蜂窝状及盘状的,质脆,多生地上。

黑木耳

【子网掩码】(subnet mask) 又称网络掩码、地址掩码、子网络遮罩。一种用来指明一个IP地址的哪些位标识的是主机所在的子网以及哪些位标识的是主机的位掩码。不能单独存在,必须结合IP地址一起使用。其格式与IP地址相同,长度为32位,也可以使用十进制的形式。例如,二进制形式的子网掩码形式为:1111 1111、1111 1111、1111 1111、0000、0000,左边是网络位,用二进制数字"1"表示;右边是主机位,用二进制数字“0”表示;采用十进制的形式为:255.255.255.0,用4个小数点分割的字节来表示。A类地址的默认子网掩码为255.0.0.0;B类地址的默认子网掩码为255.255.0.0;C类地址的默认子网掩码为:255.255.255.0。

【子午流注】(midnight-midday ebb flow) 中医术语。推算经气流注盛衰开合、按时取穴的一种治疗方法。以井、荥、输、经和合五腧穴配合阴阳五行为基础,运用干支配合脏腑,干支纪年纪月纪日纪时。由于人体的气血按照一日十二时辰的阴阳消长有规律地流注于经脉之中,人体的各种功能也随着时辰的转换发生周期性变化,故针刺治疗亦当依据气血盛衰的周期变化规律而循经取穴。

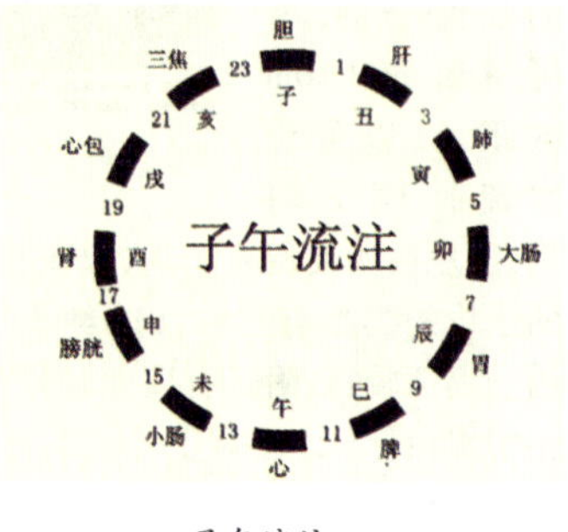

子午流注

【子午仪卫星导航系统】(transit satellite navigation system) 系统中所有卫星的地迹与地球子午圈重合的一种导航系统。美国霍普金斯大学应用物理实验室和美国海军研制的海军导航系统(NNSS)。该系统于1958年开始研制,当时主要目标是为北极星潜艇提供全球导航和精密定位。1964年正式使用,并一直工作至今。子午仪系统是全球全天候导航定位系统,其定点定位精度约几十米,航行定位精度约100~200m。该系统共有六颗卫星,分别运行在离地约1 080km的六条近圆轨道上,轨道面倾角约90°。卫星连续向地面发射载频为400MHz及150MHz的导航信号。系统的地面站组包括四个跟踪站、一个计算中心和两个注入站。用户设备称为子午仪导航仪。子午仪卫星导航系统的缺点是定位所需时间较长,每次定位需十几分钟,相邻两次定位间隔时间达一个半小时或更长。

【子痫】(eclampsia) 妊娠20周以后妊娠高血压综合征的特殊表现。包括水肿、高血压和蛋白尿,特别于妊娠晚期发展呈最严重而紧急情况时,以抽搐及昏迷为特点,可并发肾功能衰竭、心力衰竭、肺水肿、颅内出血、胎盘早期剥离等。先兆子痫则是于抽搐前,在妊高征基础上伴有头痛、头晕、眼花、上腹不适、恶心等症状,预示子痫即将发生的阶段。本病发病急,病情变化快,后果严重,处理复杂,特别在急诊处理时,要求迅速诊断,及时抢救。在先兆子痫阶段如能及时治疗则可避免子痫发生。如实验室检查见血小板计数可有轻度下降,末梢血涂片有红细胞碎片或变形红细胞。少数患者血清内有纤维蛋白降解产物,鱼精蛋白副凝集试验阳性,提示有弥散性血管内凝血情况存在。一旦发生抽搐、昏迷即诊断为子痫。子痫可以发生在产前、产时或产后1周内,多数发生在产前。子痫抽搐前多数有先兆子痫症状,也有个别患者前驱症状不明显,突然发作抽搐或进入昏迷。子痫发作时开始于面部,眼球固定,斜视一方,瞳孔放大,从嘴角开始出现面部肌肉痉挛;数秒钟后全身肌肉收缩,面向一侧歪曲,双手臂曲屈握拳,腿部旋转,约持续10余秒。下颌及眼皮一开一合,全身上下肢迅速强烈阵挛,口吐白沫,舌被咬破时口吐血沫。眼结膜充血,面部发紫发红,历时1~2min进入昏迷。昏迷后常有鼾声,少数患者抽搐后立即清醒,亦可停止片刻再发生抽搐。抽后血压常上升,少尿或无尿,尿蛋白增加。进入昏迷后体温上升,呼吸加深。抽搐中可能发生坠地摔伤,骨折。昏迷中如发生呕吐可造成窒息或吸入性肺炎,亦可有发生胎盘早剥、肝破裂、颅内出血及发动分娩。先兆子痫和子痫的治疗应以预防为主,凡妊高征患者,血压较高,水肿较重,尿蛋白阳性者均应收入院治疗。当出现有先兆子痫症状来急诊检查时也应立即入院,积极对症治疗,以免子痫发作。一旦子痫发作都应立即采取紧急抢救措施。

【紫菜】(laver) 红藻门,原红藻纲,红毛菜目,红毛菜科,紫菜属的统称。日语称海苔。紫菜外形简单,由盘状固着器、柄和叶片3部分组成。叶片是由1层细胞(少数种类由2层或3层)构成的单一或具分叉的膜状体。其体长因种类不同而异,自数厘米至数米不等。含有叶绿素和胡萝卜素、叶黄素、藻红蛋白、藻蓝蛋白等色素。因其含量比例的差异,致使不同种类的紫菜呈现紫红、蓝绿、棕红、棕绿等颜色。但以紫色居多。紫菜因此而得名。紫菜的一生由较大的叶状体(配子体世代)和微小的丝状体(孢子体世代)两个形态截然不同的阶段组成。叶状体行有性生殖。雌性细胞受精后经多次分裂形成果孢子,成熟后脱离藻体释放于海水中萌发,成长为丝状体。丝状体产生壳孢子囊枝,进而分裂形成壳孢子。紫菜叶状体多生长在潮间带,喜风浪大、潮流通畅、营养盐丰富的海区。广泛分布于世界各地,但

紫菜

以温带为主。现已发现约70余种。自然生长的紫菜数量有限，产量主要来自人工养殖。主要品种有"坛紫菜"、"条斑紫菜"、"圆紫菜"等。

【紫铜】(red copper) 又称赤铜、红铜。工业纯铜(包括电解铜)。因具紫红色而得名。熔点为1 083℃。相对密度为8.9。具有优良的导电性、导热性、延伸性和适中的机械性能。常用作导电、导热的材料，如电线、换热器等。

【紫外－可见分光光度法】(ultraviolet-visible spectrophotometry, UVB) 利用物质对紫外光或可见光的吸收强度的差异进行定性定量分析的方法。当紫外光或可见光照射物质时，其分子外层电子被激发而跃迁到较高的能级而发光。分子中不同的键合情况，会在不同波长处出现不同强度的光的吸收，从而构成吸收光谱。其优点是：灵敏度高，快速，易于自动化。适用于微量、痕量分析及动力学研究。广泛用于含有双键、三键、芳香环、杂元素的有机化合物及金属络合物等的定性与定量分析。

【紫外线】(ultraviolet ray) 波长介于可见光的短波极限与X射线长波端之间的电磁辐射。其波长约为$4\times10^{-7}\sim4\times10^{-9}$m。可分为近紫外、远紫外和真空紫外三个区。近紫外区与可见光的紫端相接。真空紫外区与X射线相接。空气对波长短于2×10^{-7}m的紫外线有较强吸收。紫外线在真空中才能有效地传播，故名真空紫外线。大气层外的臭氧层对紫外线有强烈吸收，可保护地球上的生物免遭太阳辐射中紫外线的伤害。普通玻璃对紫外线有较强吸收，因而在紫外区使用的光学元件必须采用能透过紫外线的材料，如石英等。紫外线能使多种物质激发荧光。常见的荧光灯就是利用荧光粉将放电管产生的紫外线转换成可见光以供照明。强紫外线对皮肤和眼睛可造成伤害。人工紫外光源一般是利用气体的弧光放电，如汞弧灯和氙弧灯等。检测紫外线一般用光电管、半导体光电元件及感光乳胶等。紫外线能杀菌，在医疗与工业上广泛应用。

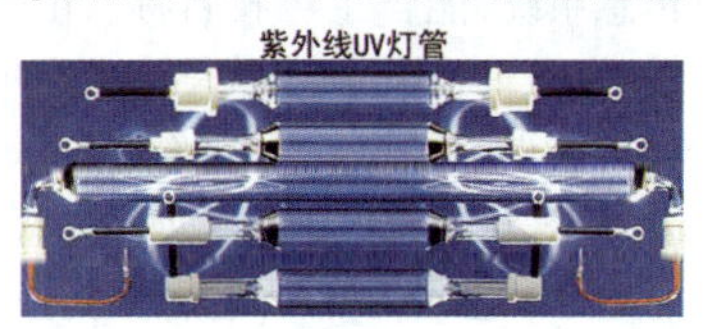

Uv光灯

【紫外线屏蔽剂】(ultraviolet screening agent) 能高效、长效屏蔽全波长范围紫外线的功能性添加剂。这种添加剂无毒，在分散状态下呈透明状，无遮盖力。主要用于PE(聚乙烯)、PP(聚丙烯)、PET(聚对苯二甲酸乙二醇酯)、PA(聚酰胺)、PVC(聚氯乙烯)、EVA(乙烯－醋酸乙烯共聚物)、PU(聚氨酯)和ABS(丙烯腈－丁二烯－苯乙烯共聚物)等高分子材料的紫外线屏蔽和抗老化。

【紫外线吸收剂】(ultraviolet absorber) 具有吸收紫外线特性的高效光稳定剂。其挥发性低，在透明制品及高温加工的工程塑料中尤具效果。与抗氧剂并用，具有良好的协同效应，可提高制品的耐候性和热氧稳定性。适用于聚苯乙烯、聚甲基丙烯酸甲酯、聚酯、硬质聚氯乙烯、聚碳酸酯和ABS树脂等。

【紫外遥感】(ultraviolet remote sensing) 使用电磁波中紫外波段进行的遥感。紫外辐射的波长介于紫光和X射线之间。按波长的不同可分为：远紫外(4～210μm)、中紫外(200～300μm)和近紫外(300～380μm)。由于地物对紫外线的反射能力较低，加上大气吸收及散射作用的影响，在一般情况下，紫外影像上记录的信息量都比较少，探测高度也多在2 000m以下。但是，紫外影像对解译碳酸岩及水面油污染的分布有利。

【紫外正性光刻胶】(ultraviolet positive photoresist) 以邻重氮萘醌为主要成分的光刻胶。是琥珀色透明液体。可溶于醇、酮和酯。遇水会析出固体。易燃。受光和热作用会发生分解反应。对二氧化硅和金属有较好的黏附性，耐酸性较强。主要用于大规模及超大规模集成电路、半导体分立器件、液晶显示器、全息图像及光栅、声表面波器件及传感器等的微细加工，也用于掩模板、印刷电路板的光刻工艺中。

【自闭症】(autism) 人为地自我封闭于一个相对固定与狭小的环境中的一种病症。由隔绝与其他人的交往而导致的心理障碍。是广泛性发育障碍最常见的一种形式。主要有三个特点：缺乏想象力，交流困难和不愿与他人互动。1/3的患儿会出现发育"退化"—孩子在生长到两岁的时候似乎会发生智力倒退，失去语言和社交能力。在成人患者中，约有3/4为男性。每个患者之间的差异极大。他们往往会表现出一系列奇怪行为，包括不能主动与人交往，害怕与人进行身体接触，存在听力和视力问题，反复出现某种奇怪的臆想等。约有3/4的患者还存在着学习困难的情况，他们的管理能力也得不到正常发挥，无法为自己的未来进行计划。患者无视别人的存在，亦无法认识到他人对待事物的观点有可能异于自己，对人们行为的原则无法理解。由于患者的"中心连贯性"很差，总是纠缠于一些细节。

【自持振荡】(autonomous oscillation) 在无外作用时非线性系统内部产生的稳定的等幅振荡。改变非线性系统的结构和参数，可以改变自持振荡的振幅和频率或消除自持振荡。对线性系统,围绕有些非线性系统在没有外界周期变化信号的作用下,系统中就能产生具有固定振幅和频率的稳定周期运动。如振荡发散的线性系统中引入饱和特性时就会产生等幅振荡。这种固定振幅和频率的稳定周期运动,其振幅和频率由系统本身的特性所决定。自持振荡具有一定的稳定性,当受到某种扰动之后,只要扰动的振幅在一定的范围之内,这种振荡状态仍能恢复。在多数情况下,不希望系统有自持振荡。长时间大幅度的振荡会造成机械磨损、能量消耗,并带来控制误差。但是有时又故意引入高频小幅度的颤振,来克服间隙、摩擦等非线性因素给系统带来的不利影响。因此必须对自持振荡产生的条件、自持振荡振幅和频率的确定,以及自持振荡的抑制等问题进行研究。所以自持振荡是非线性系统一个十分重要的特征,也是研究非线性系统的一个重要内容。其平衡状态只有发散和收敛两种运动形式,其中不可能产生稳定的自持振荡。

【自动重发请求】(automatic repeat request,ARR) 应用于数据链路层的一种通信协议。是通信中用于处理信道所带来差错的方法之一。通过接收方请求发送方重传出错的数据报文来恢复出错的报文。传统自动重传请求分成为三种,即停等式 ARR,回退 n 帧 ARR,以及选择性重传 ARR。后两种协议是滑动窗口技术与请求重发技术的结合。由于窗口尺寸开到足够大时,帧在线路上可以连续地流动,因此又称其为连续 ARR 协议。三者的区别在于对于出错的数据报文的处理机制不同。在三种 ARR 协议中,复杂性递增,效率也递增。除了传统的 ARR,还有混合 ARR。在混合 ARR 中,数据报文传送到接收方之后,即使出错也不会被丢弃。接收方指示发送方重传出错报文的部分或者全部信息,将再次收到的报文信息与上次收到的报文信息进行合并,以恢复报文信息。在现代的无线通信中,主要应用在无线链路层。比如,在 WCDMA 和 CDMA2 000 无线通信中都采用了选择性重传 ARR 和混合 ARR。它的优点是比较简单。缺点是通信信道的利用率不高,信道还远远没有被数据比特填满。

【自动重合闸】(auto reclosing) 架空线路或母线因短路或断路而断开后,被断开的断路器经预定短时延而自动合闸的设施开关。能使断开的电力元件重新带电。如果故障未消除,则由保护装置动作将断路器再度断开的自动操作循环。长期运行统计说明,架空线路的短路故障绝大多数具有暂时性质,当故障消失,故障点的绝缘即可迅速恢复,从而提供正常运行条件。采用自动重合闸,可以使短路断开的线路迅速得以恢复供电。在供电网中,它可以提高对用户供电的可靠性;而在主要输电网中,则可以快速恢复电力网的完整性,从而提高电力网的安全水平。在各级电压电力网中,自动重合闸的应用极为普遍。对于电缆线路,因故障多为永久性,一般不实施重合闸,以避免严重损坏。自动重合闸也可用于变电所母线。

【自导鱼雷】(homing torpedo) 带有制导系统、能自动搜索、跟踪和导向目标的鱼雷。分声自导鱼雷和尾流自导鱼雷。可由水面舰艇、潜艇或飞机携带发射,用以攻击敌方舰船。声自导鱼雷是利用水声技术自动寻找目标的鱼雷。按自导方式的不同可分为被动声自导鱼雷、主动声自导鱼雷和主被动复合声自导鱼雷;按搜索方式的不同可分为单平面自导鱼雷和双平面自导鱼雷。单平面自导鱼雷在水平方向搜索目标,用于攻击水面舰艇;双平面自导鱼雷能在水平和垂直两个方向搜索目标,主要用于攻击潜艇,也可攻击水面舰艇。尾流自导鱼雷靠跟踪舰艇尾流导向目标,用于攻击水面舰艇。在水面舰艇航行时,船体水流和排泄物经螺旋桨的搅动形成具有声、热等特性的尾流,可在水面保留数十分钟,长度达数千米,是其水面运动轨迹的特有标记。尾流自导鱼雷装有识别、跟踪舰艇尾流的传感系统,能自主寻找目标。由于舰艇尾流的持久性,以及缺乏探测、干扰尾流自导鱼雷的有效措施,发现了也很难摆脱。只要解决鱼雷远航所需的动力装置,这种鱼雷就可以实施远距离有效攻击。

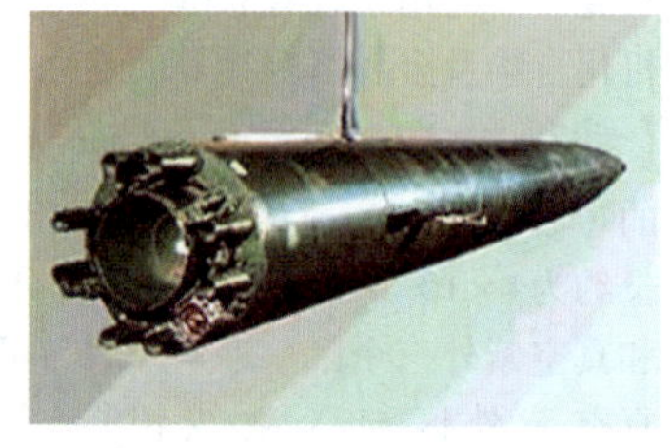

自导鱼雷

【自动白平衡】(auto white balance) 使电视幕墙有良好的色彩一致性的平衡技术。电视在使用中会不可避免出现漂移,需定期的用彩色分析仪来校正。电视机一般是孤立使用,白平衡的少量漂移及偏差不会影响使用效果,而对电视幕墙来说将会影响视觉效果。当漂移积累到一定程度时,需用彩色分析仪(高精而昂贵)来校正。这样校正工作,既不方便又无法保证效果的稳定,而且专业化水平的维护又限制该产品的普及。为了克服已有技术的不足之处,以一种完全自动化的方式来完成白平衡的调校,使一般性的维护非专业化。综合了成本及技术的双重因素,使用了分色(可分时)的自动白平衡闭环调控技术。即在背投箱体内安装了光强检测探头(可以是单片也可以是三片)。可广泛应用于各类背投电视及电视幕墙显示单元中。基本电路由光电传感器、适配及数/模转换电路部分、数值比较电路部分、执行电路部分、输入输出接口电路部分及电脑控制电路等部分组成。其基本工作原理是:由投影光机所发出的红、兰、绿测试光信号,被置于(镜头与屏幕之间)光通路中的光电传感器接收,光电传感器所产生的电信号经适配及模/数转换电路进行数模转换后的测量数值又在数值比较电路中进行与预定数值的比较并输出差值。此差值作为控制量去控制执行电路来调整投影光机的三基色光输出的响应曲线;然后再重复上述过程,直至测量数值与预定数值的误差达到允许的限度内。系统的校准过程是:用机外的光电传感器在屏幕处所测得的数据,与机内的光电传感器同时所测得的数据进行比较,校准机内的适配及数/模转换电路的响应曲线。

【自动测向仪】(automatic direction finder) 又称全自动无线电罗盘。一种能自动、连续地测量飞机相对地面导航台的方位角、引导飞机归航的导航设备。主要由环状天线、垂直天线(亦称定边天线)、测角器、接收机、伺服系统和指示器组成。由于自动测向仪的精度较低,且易受外界噪声和天电的干扰,所以通常用于中近程导航。

【自动程序设计】(automatic programming) 采用自动化手段进行程序设计的技术和过程。后引申为采用自动化手段进行软件开发的技术和过程。其目的是提高软件生产率和软件产品质量。按广义的理解,是尽可能借助计算机系统(特别是自动程序设计系统)进行软件开发的过程。软件开发指的是,从问题的非形式描述、经形式的软件功能规格说明、设计规格说明,到可执行的程序代码、调试,及至确认、交付使用的全过程。按狭义的理解,是从形式的软件功能规格说明到可执行的程序代码这一过程的自动化。按纵向理解,低级自动化是从软件设计规格说明到可执行的程序代码这一过程的自动化,系统只起程序人员的作用。中级自动化是从形式的软件功能规格说明、设计规格说明,直到可执行的程序代码这一过程的自动化,系统除了起程序人员的作用外,还起设计人员、系统分析人员的作用。高级自动化是从非形式的问题描述、经形式的软件功能规格说明、软件设计规格说明,直到可执行的程序代码这一全过程的自动化。系统除了起程序人员、软件设计人员、系统分析人员的作用外,还起领域专家的部分作用。按横向理解,在上述各种纵向理解级别上,根据人工干预的程度,又可区分各种不同的自动化级别。从关键技术来看,自动程序设计的实现途径可归结为演绎综合、程序转换、实例推广和过程实现等。

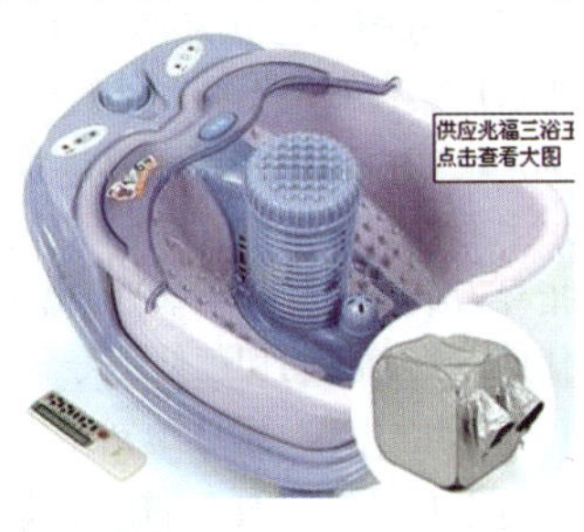

足疗机自动程序设计

【自动穿经机】(automatic drawing in machine) 自动将经纱按照织造工艺穿过停经片、综丝和钢筘筘片的纺织机械。由分纱机构、综丝机构、吸片机构、穿引机构和各种自停机构组成。分纱机将固定在纱架上的经纱自动分成单根纱,同时综丝机构在完成自动排综、插综、送综后由定位器定位。吸片机构自动吸住停经片并送到定位器定位,然后穿引机构驱动穿引钩将经纱按织造工艺设计要求依次穿过停经片、综丝后送到钢筘上方,由旋转式插筘刀自动插入筘中,循环往复。机上还配备停经片、综丝、插筘失误自停、过载自停以及空纱自停等装置。自动穿经机有利于降低劳动成本、提高产量并确保正确穿经。

自动穿经机

【自动分拣异纤装置】(automatic defibrillators varies sorting device) 在轧花、开清过程中有效识别并去除非纤维物质的纺织装置。在棉纺生产中,用于在线检测清除异性纤维的装置有三类:带有清除异纤的电子清纱器、棉条检测器和用于开清棉系统的异纤检测清除装置。实用的检测异纤技术有:光学技术检测、超声波技术检测和数码摄像技术检测。

【自动扶梯】(escalator) 带有循环运行梯级,用于向上或向下倾斜输送乘客的固定电力驱动设备。由梯路和两旁的扶手组成。其主要部件有梯级、牵引链条及链轮、导轨系统、主传动系统、驱动主轴、梯路张紧装置、扶手系统、梳板、扶梯骨架和电气系统等。梯级在乘客入口处作水平运动,以后逐渐形成阶梯;在接近出口处阶梯逐渐

自动扶梯

消失，梯级再度作水平运动。自动扶梯提升高度：一般在10m以内，特殊情况可到几十米。倾斜角度一般为30°或35°。速度一般为0.5m/s。有的梯型可达到0.65～0.75m/s，梯级宽度为600～800mm或1 000mm。理论输送能力：按照速度0.5m/s计算，不同梯级宽度的输送能力相应为4 500人/小时、6 750人/小时、9 000人/小时。可广泛用于车站、码头、商场、机场和地下铁道等人流集中的地方。

【自动过渡控制】（automatic transition control） 在直升机飞行中自动调整其高度和速度的一种控制方式。分向上和向下过渡两种形式。通过该系统将直升机自动地从巡航状态某一高度和速度的初始点，平滑精确地减速下降到较低预定悬停高度点上，称为“向下自动过渡控制”；反之，则称“向上自动过渡控制”。

【自动黑平衡】（automatic black balance） 摄像机摄取黑色目标时输出的红、绿、蓝信号电平相等的技术。使彩色监视器成灰黑色，而不带任何色彩。自动黑平衡调整可在拍摄黑色目标时自动调节机内电路，使三路输出电平一致。黑平衡电路具有记忆功能，黑平衡调整准确后可自动记忆保持，不需要随时调整。自动黑平衡能使黑电平维持在某一预定位置。黑电平代表了电视图像的底色，如果黑电平变动，会引起图像色调、层次和对比度等发生变化，故要求黑电平保持一致。彩色摄像机的功能是：(1)具有录像机功能，可进行摄录、放像、复制放像、录制广播节目、组合编辑、插入编辑等操作。(2)高速电子快门，用来拍摄高速运动的物体，自具有慢动作放像功能的录像机上放像，可以得到非常清晰的画面。(3)淡入淡出特技功能，拍摄画面是可直接应用淡入淡出效果。(4)自定时/间隔摄录功能，可用于自拍和有时间间隔的定格摄像。(5)摄像/录像检索，方便及时检查拍摄效果。(6)日期/时间录制，可以把拍摄的日期时间录在画面上。(7)后期配音功能，可以先拍画面，再用摄录机录声音。(8)标题叠加。(9)数码特技。

【自动化】（automation） 机器或装置在无人干预的情况下按规定程序或指令自动进行操作或控制的过程。其组成有：(1)程序单元。决定做什么和如何做。(2)作用单元。施加能量和定位。(3)传感单元。检测过程的性能和状态。(4)制定单元。对传感单元送来的信息进行比较，制定和发出指令信号。(5)控制单元。进行制定并调节作用单元的机构。其研究内容包括自动控制和信息处理两个方面。从应用观点来看，研究内容有：过程自动化、机械制造自动化、管理自动化、实验室自动化和家庭自动化等。广泛用于工业、农业、军事、科学研究、交通运输、商业、医疗、服务和家庭等方面。

【自动化地图制图】（automatic cartography） 利用计算机和输入、输出设备及自动制图软件，对地图信息进行数字化、数据处理、图形输出而获取地图产品的技术。

【自动化技术工具】（automatic tool） 在自动化系统中完成信息的获取、转换、显示、传送处理和执行等功能的工具。按其复杂程度的不同可分为：自动化元件、自动化仪表和自动化设备。是实现自动化的关键。在工业生产系统中，通过自动化仪表可以了解生产过程中物质的变化状态，将生产过程控制在预定条件下，确保生产的优质、高效和安全。在某些高温、辐射污染等恶劣工作条件下，没有合适的仪表就无法实现控制。自动化技术的发展取决于元件、仪表的发展。自动化元件、仪表与设备的发展趋势是系统化、多样化、智能化。其水平是国家科技水平的标志。

【自动化生产刀具】（cutting tool of automatic production） 适应自动化生产线和设备需要的刀具和刀具系统。如数控机床、加工中心和自动生产线上广泛采用的不锈钢或工程塑料制的刀套及刀库等。应满足如下要求：(1)能快速更换，即与机床能快速、准确地接合或脱离，并适应机械手或机器人操作。(2)有很好的稳定性和重复定位精度，通常要求在机床上的安装精度小于5μm。(3)有较广的适用范围。已开发的有模块化刀具系统(BTS)。为适应柔性制造系统和计算机集成制造系统的发展，人们已在大力研究开发刀具管理系统。它不仅能显示上万件刀具或辅具中任一件在生产中的周转情况，指导刀具与辅具的组装、刃磨与尺寸检查，还能预报任何一把刀具的切削使用寿命。

【自动化仪表】（automatic instrument） 由若干自动化元件构成的，具有较完善功能的自动化技术工具。是整个自动化系统中的子系统。其主要功能是：信息形式的转换，将输入信号转换成输出信号；同时具有测量、显示、记录或测量、控制、

自动化仪表

报警等数种功能。其发展趋势是:(1)控制目标由实现过程工艺参数的稳定运行发展为以最优质量为指标的最优控制。(2)控制方法由模拟的反馈控制发展为数字式的开环预测控制。(3)由传统的手动定值调节器及各种顺序控制装置,发展为以微型机构成的数字调节器和自适应调节器。

【自动驾驶仪】(autopilot) 稳定飞行器飞行姿态并通过它去操纵飞行器飞行的自动控制装置。能够减轻驾驶员的负担,使飞机自动地按预定的姿态、航向、高度和马赫数飞行。飞机受暂时干扰时,自动驾驶仪敏感元件能检测出姿态的变化,并将变化信号输送给计算机。计算机算出需要修正的舵偏量,通过伺服动作器驱动舵面作相应的偏转,使飞机恢复到原有稳定的飞行状态(见图)。自动驾驶仪还可接受给定指令,并按指令来控制飞机的飞行。随着科学技术的发展,机上自动装置的水平日益提高,自动驾驶仪除起稳定作用外,更多的是与机上其他系统交联,完成复杂的飞行任务,发展成为自动飞行控制系统。

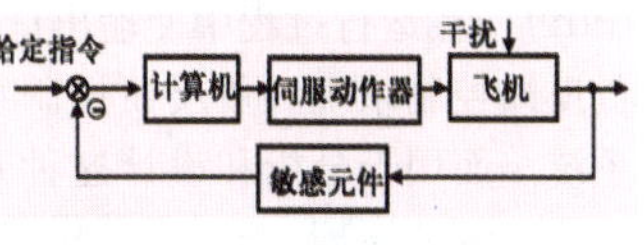

自动驾驶仪原理

【自动进场着陆系统】(auto matia approach and landing system) 自动引导飞机安全着陆的综合控制系统。其飞行控制和推力控制系统,能自动引导飞机按下滑轨迹飞行和准确地把飞机引导到着陆点并自动拉平着陆。为使飞机下滑轨迹偏差、速度偏差、姿态偏差达到控制方案预定的准确度指标,必须有准确测量进场着陆轨迹的设备,并提供飞机偏离轨迹的信息。目前应用的有仪表着陆系统(ILS)、微波着陆系统(MLS)和雷达定位系统等。

【自动空气开关】(automatic air switch) 见低压断路器。

【自动控制系统】(automatic control system) 对组成现代机械的动力机(主要是电动机或电动机群)进行程序控制和调速的自控装置。对电动机进行速度控制(即调速),是控制系统中的重要环节。调速包括:(1)人为地或自动地改变电动机的稳定转速,以满足工作机械的要求。(2)稳定速度,即要求转速不随负载及其他外界因素的变化而变化,保持在所需要的数值上。这就要求随时用传感器监视转速的数值,并在控制环节中与事先输入的规定转速比较后,发出相应的速度调节信号,构成闭环稳速系统。当转速要求只有有限的几级时,可采用有级调速。此种调速方法简单,可用异步电动机变极调速或直流电动机电枢串联多级变阻器调速等,也可采用机械传动来实现。当要求电动机转速在一定范围内平滑地调节到任何数值时,用无级调速系统。该调速法转速变化均匀,适应性强并容易实现自动化。无级调速可采用异步电动机变频调速或直流电动机变压调速等来实现。

【自动链路建立】(automatic link establishment,ALE) 在短波自适应通信中,根据链路质量分析矩阵(LQA)自动建立通信链路的功能。是短波自适应通信最终要解决的问题。自动链路建立是基于接受自动扫描、选择呼叫和LQA综合运用的结果。是短波通信的重要环节。通过链路质量分析算法,对扫描的信道进行打分并存储。在此基础上选择信道,进行点到点和点到多点的通信,并及时更新链路质量数据。但是在协议的研究模拟中,由于系统复杂,涉及硬件多,调试困难,提出了一种通过计算机声卡传输ALE信号的解决方式,给出了硬件和软件环境,克服了仿真调试的环境困难。

【自动领航仪】(automatic navigator) 又称大气数据推算导航系统。利用真空速、风速、风向和航向等信息自动进行航位推算的机载领航设备。它首先通过导航三角形求出地速,再对时间积分,从而得到飞机的即时位置。按领航参数解算所采用的坐标系的不同可分为:直角坐标领航仪、地理坐标领航仪、大圆圈坐标领航仪和极坐标领航仪四种。自动领航仪的领航精度不高,属于比较初级的自动航位推算装置。在现代机载导航系统中,通常作为备用的领航设备。

【自动络筒机】(automatic winding machine) 能够实现纱线退绕、自动清除弱节并接头、重新卷绕成新卷的全自动化机械。是计算机技术、传感器技术、变频调速技术及络纱工艺技术相结合的装置。是技术复杂、难度很高的纺织设备。具备精密卷绕、电子清纱、空气捻接和毛羽控制、空管及满筒自动运输、满筒自动换筒生头、筒子纱自动包装入库等一系列自动化生产处理装置,并有数据自动显示与记忆、事故跟踪、人机对话和异纤自动检测清除等先进装置。

自动络筒机

向前与细纱机自动对接，向后与自动化仓储连接。

【自动落纱】（automatic doffing） 粗细纱工序之间机械装置自动连接的工作系统。包括粗纱和空管的运输轨道、机械手、传感器、信息数据处理、粗纱管纱处理机和细纱换粗纱机等装置。粗纱自动落纱速度仅仅需要3～5min，大大减少用工人数，减少粗纱在运输过程中的损耗。

【自动喷水灭火系统】（autospouting for fire fighting system） 在火灾发生时，能自动启动喷头洒水灭火的一种控火、灭火系统。由洒水喷头、报警阀组、水流报警装置、加压泵、高位水箱和管道等组成。多在人员密集不易疏散、外部增援灭火与救生较困难、火灾危险性较大且可以直接用水灭火的场所内设置。灭火效率高，水渍少，已经成为国际公认的最有效的自动扑救室内火灾的消防设施。一些发达国家已在家庭住宅中安装这一系统。

自动喷水灭火系统

【自动痊愈功能塑料】（spontaneous recovery function plastics） 智能塑料的一种。具有自动修复功能的塑料。在塑料加工成型过程中，加入预先内注有特殊树脂的超微胶囊，当塑料出现破损时，可使预先埋伏的催化剂激活胶囊中的特殊树脂，使在树脂基质中均匀混合的特殊树脂开始自动软化，变成黏稠液体，注入和填充出现的缝隙或孔洞中并逐渐凝固，从而使合成材料长期持续自动修复破损部位。该塑料无需再按以往的修补方式在破损部位穿孔、打眼、填充和打补丁等，从而延长使用寿命，克服疲劳和磨损产生的老化。用于制造坚固耐久的手机线路板、汽车、宇宙飞船等。

【自动生产线】（automatic production line） 用工件传输系统将若干台数控机床或自动机械按加工工序组合起来，自动完成加工、检验、装配和运输等生产任务的自动化机械制造系统。在自动线上，工人不直接参与操作，其主要任务是对自动线进行管理、监督、调整和维修。在自动线中，设备的连接方式分刚性连接和柔性连接两种。后者常在综合自动线、装配自动线和较长的组合机床自动线中采用。机械制造业中常见的自动线有：铸造、锻造、冲压、热处理、焊接、切削加工、涂装和装配自动线；也有能完成从毛坯制造、零部件加工、装配、检验和包装、运输等工序的综合自动线。自动线适用于互换性强、标准化、大批量的零部件加工以及有稳定市场、技术先进和批量很大的产品的生产。

【自动式前缘缝翼】（automatic front slat wing） 用滑动机构与机翼相连，并根据迎角的变化而自动开闭的飞机机翼装置。在小迎角情况下，空气动力将它压在基本机翼上，处于闭合状态。当迎角增大到一定程度时，机翼前缘的空气动力变为吸力，将前缘缝翼自动吸开。自动式前缘缝翼可以使飞机在起飞和着陆阶段，获得较大的升力并减少起飞和着陆的滑跑距离。

【自动调节系统】（automatic regulating system） 在运行过程中使输出量与期望值保持一致的负反馈控制系统。负反馈控制系统常称为自动调节系统。而用于分析和设计这种系统的经典控制理论常称为调节原理。自动调节系统主要由测量元件、调节器和调节阀所组成。其调节规律有比例调节、积分调节和微分调节。在分析自动调节系统特性时，给定值的形式不同会涉及不同的分析方法。故按照给定值形式的不同，自动调节系统可分为定值调节系统、随动调节系统和程序调节系统三类。自动调节系统广泛用于工业生产和国防技术中，例如温度、频率和压力调节系统等。

自动调节系统

【自动图像分析】（automatic image analysing system，SIAS） 主要用于形态定量研究和细胞核 DNA 含量测定的一种图像分析技术。由于可采用病理切片测定，且有取材方便、数量大、定位准确和病史资料完整等特点，并可与常规染色切片对照，故该技术即可用于前瞻性研究，又可用于回顾性分析，从而为病理诊断提供客观正确的指标。（1）形态病理分析。将病理切片置于显微输入装置，通过高分辨的电视摄像系统进行扫描，图像显示在荧光屏上，利用计算机对图像进行几何学与统计

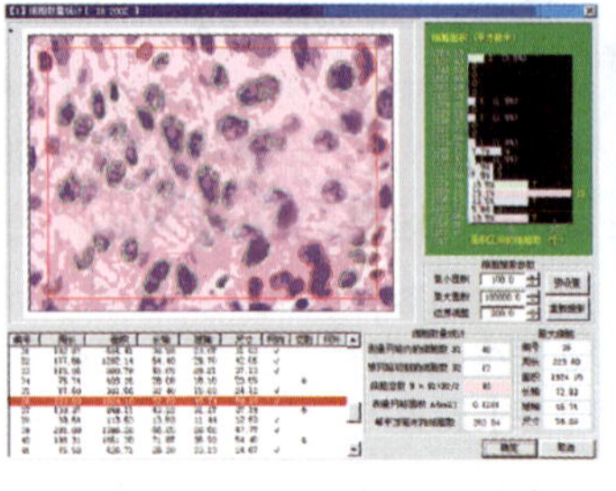

自动图像分析

学处理,其结果由电传打字机打出。通过检测的内容有:①组织学指数。包括结构异形指数,腺体形成指数,间质中微血管数量测定。可提示肿瘤对放射治疗的敏感性和疗效。②细胞学指数。(2)核面积及核DNA含量测定。可直接客观地反映出细胞增殖过程中核酸代谢情况,作为增殖能力的重要生物学指标。

【自动推理】(automating reasoning) 在计算机支持下从已知判断推出新判断的求解过程。其理论和技术是程序推导、程序正确性证明。其内容有:定理机器证明、程序正确性验证、程序自动生成、逻辑程序设计、非单调推理、模糊推理、约束推理、定性推理、类比推理、归纳推理、自然演绎法、归结方法和重写方法。广泛应用于专家系统、智能机器人等基础研究领域。

【自动线】(automated line) 能实现产品生产过程自动化的机器体系。它通过采用一套能自动进行加工、检测、装卸、运输的机器设备,组成自动化的生产线,实现产品的生产。是在连续流水线基础上形成的,是一种先进的生产组织形式。其发展趋势是:提高可调性,扩大工艺范围,提高加工精度和自动化程度,同计算机结合实现整体自动化车间与自动化工厂。

【自动线控制系统】(automated line control system) 用于保证自动线内的机床加工、工件传送、故障寻检以及辅助设备按照规定的工作循环和连锁要求正常工作的自控装置。为适应自动线的调试和正常运行的要求,控制系统有三种工作状态:调整、半自动和自动。在调整状态时,可手动操作和调整,实现单台设备的各个动作;在半自动状态时,可实现单台设备的单循环工作;在自动状态时,自动线能连续工作。控制系统有"预停"控制机能。当自动线在正常工作情况下需要停车时,能在完成一个工作循环,各机床的有关运动部件都回到原始位置后才停车。自动线的其他辅助设备是根据工艺需要和自动化程度设置的。如工件自动检验装置、自动换刀装置、自动捧屑系统和集中冷却系统等。为提高自动线的生产率,必须保证自动线的工作可靠性。影响自动线工作可靠性的主要因素是:加工质量的稳定性和设备工作的可靠性。

【自动液压千斤顶】(hydraulic jack) 一种采用柱塞或液压缸作为刚性顶举件的千斤顶。一种简单的起重设备。一般只备有起升机构,用以起升重物。其构造简单,重量轻,便于携带,移动方便。

【自动增益控制】(automatic calue added control) 使放大电路的增益自动地随信号强度而调整的自动化控制方法。实现这种功能的电路简称AGC(自动增益控制)环。AGC环属于闭环电子电路,是一个负反馈系统。按控制电路的不同可分为:(1)增益受控放大电路。位于正向放大通路,其增益随控制电压而改变。(2)控制电压形成电路。主要由检波器和低通平滑滤波器构成,有时也包含门电路和直流放大器等部件。其电路广泛用于各种接收机、录音机和测量仪器中。常被用来使系统的输出电平保持在一定范围内,因而也称为自动电平控制;用于话音放大器或收音机时,称为自动音量控制。其控制方式是:(1)利用增加AGC电压的方式来减小增益的方式,称为正向AGC。(2)利用减小AGC电压的方式来减小增益的方式,称为反向AGC。正向AGC控制能力强,所需控制功率被控放大,工作点变动范围大,放大器两端阻抗变化也大;反向AGC所需控制功率小,控制范围也小。

【自动轧管机组】(automatic rolling tube unit) 轧机装有回送装置,每轧完一道次后将钢管从后台自动送到前台继续轧制的生产热轧无缝钢管的机组。具有产品范围广和生产效率较高的优点。品种的尺寸范围是:外径12.7~600mm,壁厚2~60mm,长度4~16m。按照所生产的品种范围的不同可分为小型机组、中型机组和大型机组。其主要设备包括:管坯准备设备、加热设备、穿孔设备、轧管设备、均整设备、定径设备、减径设备和矫直精整设备等。管坯准备主要是用定心机定心。管坯穿孔是用穿孔机将实心管坯穿成空心毛管。轧管机将毛管减壁延伸,每轧完一道次,回送辊的气动夹具夹起钢管回送到前台。通常在自动轧管机上轧2~3道次,使其壁厚接近成品尺寸。均整、定径、减径是为了获得直径准确、外形圆整的钢管。矫直精整包括矫直、切头和修磨。

自动轧管机组

【自动制网技术】(automatic screen making technology) 应用计算机自动分色,直接控制机械部件在花网上打出花型的技术。此技术可减少制网时间,提高印制精度,适应多品种、快交货的需求。自动制网技术有喷墨、喷蜡和激光三类。

【自动终端情报服务】(automatic terminal information service, ATIS) 又称情报通播。机场自动连续播放的信息服务。通过一个单独的无线电频率进行广播,包括天气、可用跑道、气压及高度表拨正值等与飞行相关的信息。飞行员通常在和管制员建立联系前收听通播,了解相关情况以减少管制员的工作量及避免频道拥挤。在正常情况下,通播每小时更新一次,依次以字母 A, B, C…Z 表示。在中国大陆的国际机场,情报通播一般使用中文和英文交替循环进行。主要内容包括:机场名称、通播发布时间及代码、预期进出类别、使用跑道、起始高度、进场频率、重要的跑道道面情况、地面风向风速、能见度、跑道视程和现行天气报告等信息。

【自动抓棉机】(automatic bale plucker) 经输棉管道借风机的抽吸将抓取的均匀棉束送至下道工序进行加工的机器。是位于纺纱工艺的第一道工序。有圆盘式、往复式等形式。适用于各种等级的原棉或棉型化纤。往复行走式自动抓棉机应用较为广泛。由行走小车、转塔、抓棉臂、打手及压棉罗拉、输棉道和地轨、抓棉臂悬挂装置、转塔旋转装置、打手摆动装置以及电气控制系统组成。

自动抓棉机

【自发辐射】(spontaneously generated) 在没有任何外界作用下,处于激发态的原子中的电子在激发态能级上只能停留一段很短的时间,就自发地跃迁到较低能级中去,同时辐射出一个光子的现象。各原子的自发辐射过程完全是随机的,所以自发辐射光是非相干的。如白炽灯、日光灯、霓虹灯等光源的发光。

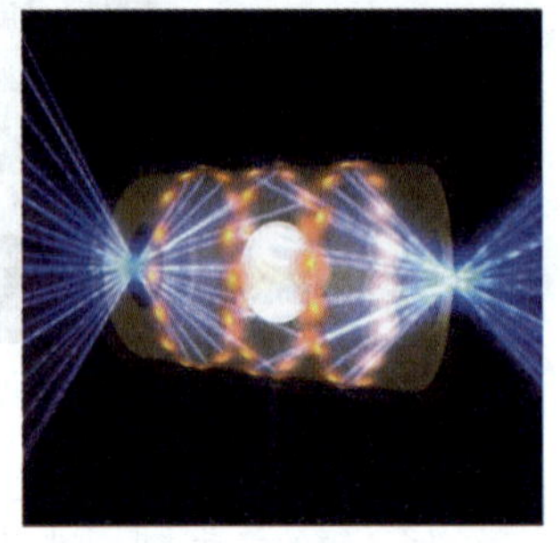
自发辐射

【自发突变】(spontaneous mutation) 微生物在没有人工参与下发生的突然变异。引起自发突变的因素有:(1)DNA 复制错误。(2)自发的化学变化。(3)氧化作用损伤碱基。

【自发性动物模型】(spontaneous animal model) 实验动物未经任何人工处置,在自然条件下发生的或由于基因突变的异常表现,通过遗传育种保留下来的动物模型。其中主要包括近交系的肿瘤疾病模型和突变系的遗传疾病模型。突变系的遗传疾病很多,可分为代谢性疾病、分子疾病和特种蛋白质合成异常性疾病。如无胸腺裸鼠、肌肉萎缩症小鼠、肥胖症小鼠、癫痫大鼠、高血压大鼠、无脾小鼠和青光眼兔等。它们为生物医学研究提供了许多有价值的动物模型。近交系的肿瘤模型随实验动物种属、品系的不同,其肿瘤的发生类型和发病率有很大差异。利用这类动物疾病模型来研究人类疾病的最大优点,就是疾病的发生、发展与人类相应的疾病很相似,均是在自然条件下发生的疾病,其应用价值很高。因此,近年来十分重视对自发的动物疾病模型的开发。有的学者甚至对狗、猫的疾病进行大规模的普查,以发现自发性疾病的病例,然后通过遗传育种,将这种自发性疾病模型保持下来,并培育成具有特定遗传性状的突变系,以供研究。近年来许多动物遗传病的模型就是通过这样的方法建立的。在这方面,小鼠和大鼠的各种自发性疾病模型开发和应用得最多。这类模型在遗传病、代谢病、免疫缺陷病、内分泌疾病和肿瘤等方面的应用正日益增多。

【自感】(self inductance) ❶电路中因本身电流变化而引起导电体中产生感生电动势的电磁感应现象。在具有铁心的线圈中特别显著。在电工、无线电技术和日常生活中应用广泛。❷自感系数的简称。数值上等于单位时间内电流强度变化一单位时由自感而感生电动势的量值。数值上也等于电路回路所包围面积的磁通量与产生这一通量的电流强度的比值。在实用单位制中,自感系数的单位为亨利(H),相当于电流强度变化 1A/s(安培/秒)引起 1V(伏特)的自感应电动势。

【自汗】(spontaneous sweating) 经常日间汗出不止、活动之后更甚的病理现象。自汗常见于气虚、阳虚证。由于阳气亏虚,不能固护肌表,玄府不密,津液外泄,故常见自汗。每当活动则更加耗伤阳气,因而汗出尤甚。

【自花授粉作物】(self pollinated crops) 在自然条件下,以同一植株上的同花或邻花内的花粉授粉,而能正常受精结实的一类作物。其天然杂交率一般小于 5%。自交不衰退。其纯系品种的遗传组成,群体是同质的,个体是纯合的。如水稻、小麦、大麦、大豆、番茄等。也有人将营养繁殖系内和纯系内的授粉称准自花授粉;群体内绝大部分个体自花授粉,而小

水稻

部分异花授粉者专称为常自花授粉作物,如高粱。

【自交不亲和性】(self incompatibility) 又称自交不育性。某些植物在自然条件下,虽然两性器官都正常,但以本花、本株或同一品系的异株花粉授粉时,其不能受精或不能正常结实的现象。常见于某些雌雄同株植物。它给作物种子防杂保纯带来了困难。但某些作物可利用这一特性育成自交不亲和系,简化去雄手续,产生杂交种子,发挥杂种优势,如大白菜的自交不亲和系,苹果、梨等果树中自交不育的某些品种。适当配制与主栽树同时开花、花粉发育正常和所结果实的经济价值较高的品种作授粉树,可使主栽树增加结果,如在梨用鸭梨、青香蕉苹果用红香蕉苹果作授粉树等。

【自洁免洗服装】(self cleaning clothing) 可以自动进行清洁的服装。利用尖端的分子纳米技术,将二氧化钛微粒混杂到传统的纺织面料中,在阳光的照射下,面料中的二氧化钛微粒可以起到催化分解面料表面的油脂、污垢、污染物和有害微生物的功能。另一种方法是用一种双亲性的高分子聚乙烯醇为原料,制备具有超疏水性表面的纳米纤维,其疏水基团向外,分子间氢键向内,使整个体系的表面能降低,表现出超强的疏水性。应用这种面料制成的衣服、领带具有不沾雨水、油脂和油墨等脏物,从而达到自洁免洗的效果。

【自溃坝】(fuse plug spill way) 需要泄洪时能自行溃决的土石坝。为非常泄洪设施。溢流堰常为宽顶堰或实用堰,用来控制泄流和保护坝基,其上布置自溃坝。自溃坝平时拦蓄洪水,当水库水位超过预定的非常溢洪道启用水位时,土石坝自行溃决,宣泄洪水,以保证大坝安全。自溃坝按溃决方式的不同可分为漫顶自溃式和引冲自溃式两种。(1)漫顶自溃式。在洪水超过自溃坝坝顶时,水流漫顶冲刷下游坝坡,导致坝体崩溃。漫顶自溃坝不宜太高,已建成的一般在6m以下。当自溃坝较长时,为使溃决过程中下泄流量逐渐增加,常以隔墙分为数段,各段坝高不同,逐级启用。(2)引冲自溃坝。在自溃坝上设引冲槽,槽底低于自溃坝顶,洪水首先经引冲槽冲开缺口下泄,缺口向两侧扩展,使整个坝体在较短时间内自行溃决。引冲自溃坝一般多采用易被冲刷的黏土斜墙或黏土心墙坝,坝壳采用含黏土量较小、粒径较均匀的砂砾料填筑。引冲槽槽底高程根据非常溢洪道的启用条件确定。

【自流浇注料】(self flowing pouring material) 一种无需任何外力即可流动和脱气的可浇注施工的耐火材料。浇注料由一定粒度级配的耐火骨料、粉料和高效分散剂组成,能否具有自流和自动铺展的功能,关键在于微粉品种、数量与高效分散剂的合理运用。与振动浇注料相比,具有如下优点:(1)能在自重作用下流动而无需振动。(2)能自动铺展开并可达到振动浇注料无法达到的部位。(3)能较好地保证浇注料的性能在实际使用时得以充分体现。(4)可泵送施工,降低劳动强度、加快施工进度。(5)可减少噪声污染。

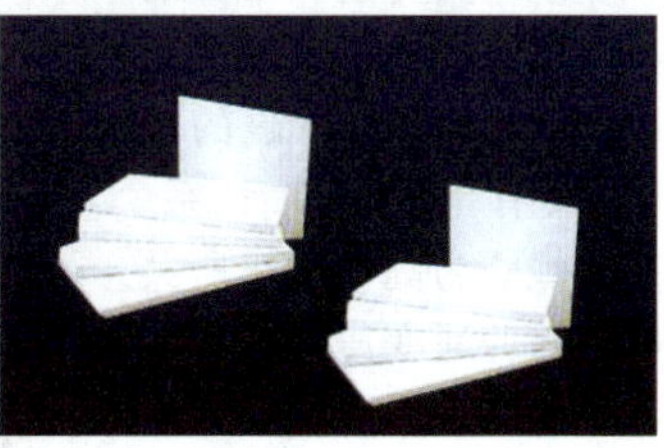
刚玉自流浇注料

自流浇注料可用于连铸中间罐衬、电炉顶三角区、出钢口、盛钢桶、加热炉、高炉出铁沟、铸铁感应炉和锅炉保护管等多个领域。尤其适合薄壁或形状复杂无法振动成型的部位使用。

【自流盆地】(artesian basin) 一种具有承压蓄水构造的向斜盆地。分为大型复式构造盆地和小型单一向斜构造盆地。自流盆地一般分补给区、承压区和排泄区三部分。有时可有几个承压含水层,它们有各自不同的承压水位。在水位高低不同时,可造成含水层间通过弱水层或断层"天窗"而发生水力联系,形成含水层间的补给关系,高水位含水层补给低水位含水层。自流盆地按向斜构造的封闭程度,分为封闭型自流盆地和开放型自流盆地。前者为向斜构造比较完整的承压盆地,地下水径流条件差,水交替程度弱,水矿化度高;后者常被断层或水文网切割,承压水常沿断层或河谷排泄于地表。

【自黏性橡胶密封带】(self adhesive sealing ribbon) 以丁基橡胶和三元乙丙橡胶为基料,加入防老剂和无机填料经混炼压延制成的密封材料。其优点是:黏性好、延伸率大和密封效果好,有良好的耐候性、耐久性及耐腐蚀性。材料无毒,无气味,使用简便,保管容易。多用于水渠、储水槽、卫生洁具与墙面的接缝密封等。

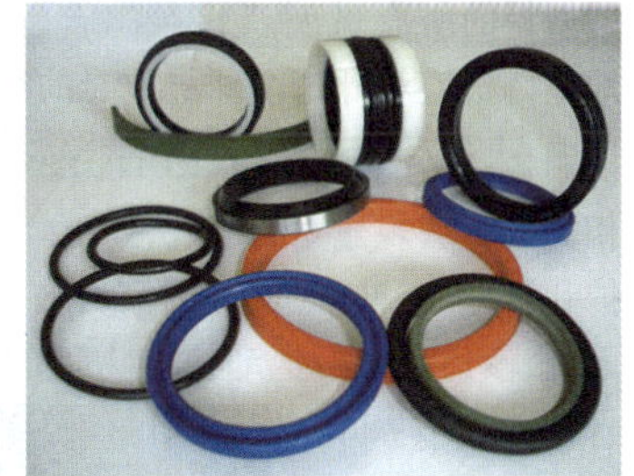
自黏性橡胶密封带

【自捻纺纱】(self-spinning) 把加捻与卷绕分开进行,低速高产的新型纺纱技术。将两根须条同时施加假捻(两端握持、中间加捻),形成两根具有正、反捻交替的单纱,再利用它们的自捻作用,使两根单纱结合成一根具有真捻效果的双股纱。自捻纺纱纺得的纱支比较粗。

【自耦变压器】(autotransformer) 至少有两个绕组具有公共部分的变压器。在自耦连接的两个绕组之间,既有磁的耦合,又有电路上的联系。公共线圈为高低绕组所共有。与普通变压器的不同在于:自耦变压器的二次绕组输出电流除通过磁感应从一次绕组传递外,较大一部分直接由电源通过电路供给;普通变压器的二次电流通过磁感应传递。

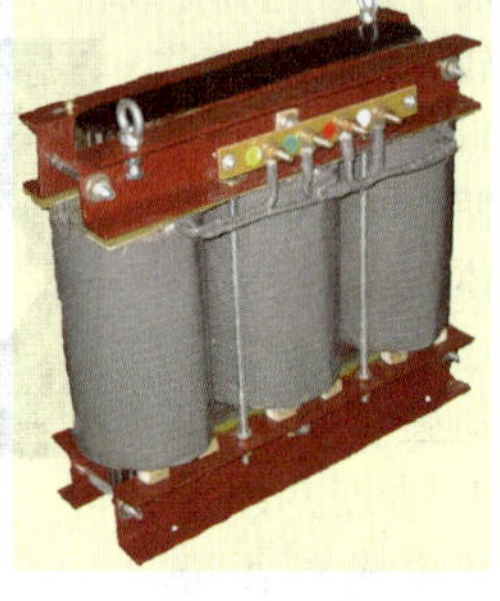
自耦变压器

【自群繁育】(intersex breeding) 根据育种目标将理想型的杂种公母畜进行互相交配,固定理想杂种的遗传性,使其成为新的独立品种的繁育方式。家畜杂交育种中的一个必然工作阶段。采用的选配方法主要是同质选配,甚至是比较彻底的同质选配(亲缘选配),以巩固和发展理想杂种的优良特性,并结合适当的异质选配以改进某些缺点。理想杂种大致经过二至三代的自群繁育。如果后代生产性能和体质外形等已表现相当整齐一致,不再出现显著分离现象,且能继续繁殖相似的后代时,即表明遗传性已基本稳定。

【《自然》】(《*nature*》) 英国于1869年创办的一种周刊杂志。与美国编辑出版的《科学》杂志一并称为目前世界上最早的和最具权威性的国际科技刊物。其办刊宗旨是:“将科学发现的重要结果介绍给公众,使之尽早知道全世界自然科学的每一个分支中取得的所有进展。”该杂志自创刊以来,始终如一地坚持报道和评论全球最重要的突破性科研成果。

【自然保护区】(nature reserve) 依据国家相关法律法规建立的、依法划出一定面积予以特殊保护和管理的自然区域。国家对有代表性的自然生态系统、珍稀濒危野生动植物物种的天然集中分布区、有特殊意义的自然遗迹等保护对象所在的陆地、陆地水体或者海域,依法划出一定面积予以特殊保护和管理。目的在于使这一区域保持自然状况,维持生物多样性,保证生物资源的持续利用和自然生态的良性循环。区域内人的各种活动均受到不同程度的限制。自然保护区是一个国家的自然综合体的陈列馆、野生动植物的基因库,而且也是环境保护事业不可或缺的一项基础建设工作。建立一个较为完备的自然保护区体系对一个国家的可持续发展意义重大。

罗山

【自然被动免疫】(natural passive immunity) 机体在自然情况下被动获得的免疫力。如母体通过胎盘和母乳传给婴儿和乳儿的免疫力,这种免疫力对于六个月婴儿预防麻疹、白喉等传染病有明显作用。因此,母乳喂养婴幼儿对其身体健康非常重要。

【自然辩证法】(natural dialectics) 马克思主义哲学的一个分支。研究自然界和自然科学发展的最一般规律的科学。研究内容包括自然观和自然科学及技术中的哲学问题。马克思主义的自然辩证法是在19世纪自然科学发展的基础上建立起来的。主要工作是由恩格斯完成的。他从19世纪50年代开始注意搜集和研究自然科学的成果,并对其进行哲学概括。从1870年起,着手系统研究自然科学的哲学问题,写成了多篇论文和札记。这些论文和札记构成了后来出版的《自然辩证法》一书的主要内容。中国的自然辩证法研究起初主要是围绕恩格斯《自然辩证法》一书所提出的问题而展开的,后来,随着自然科学的突飞猛进和西方科学哲学研究成果的不断引进,其研究的领域也越来越广,对许多问题的探讨也越来越深入。

【自然地图】(natural map) 又称自然地理图。反映自然环境各要素和现象的形成、演化、结构特征及其相互联系的专题地图。按其反映内容的不同可分为:地势图、地质图、地球物理图、地貌图、气候图、水文地理图、土壤图、植被图、动物地理图、环境保护图、综合自然地理图(即景观地图)等。每一部门的自然地图还可以进一步细分。如地质图包括有:普通地质图、地质构造图、矿产图、第四纪地质图、古地理图、水文地质图和工程地图等。自然地图常用的表示方法有:质底法、等值线法、范围法和统计图表法等。

【自然光】(natural lighting) 又称天然光。一种不直接显示偏振现象的光。是无数不同偏振方向光的无规则集合,且各方向振动强度都相同,直接观察时不能发现光强偏向于哪一个方向。天然光源和一般人造光源直接发出的光都是自然光。

【自然交配】(natural mating) 公母畜(禽)

以其本性完成交配的统称。家畜(禽)的配种方法之一。可分为:(1)自由交配。公母畜(禽)常年混群饲养并任意交配。(2)分群交配。在配种季节,指定公畜与一定数量的母畜合群饲养并自由交配。(3)圈栏交配。母畜发情时指定公畜在栏内自由交配,配后即可分离。(4)人工辅助交配。母畜发情时指定公畜在圈内或配种架内,在人工帮助下完成交配。在养猪生产中,圈栏交配和人工辅助交配在一定情况下仍在应用。

华南虎

【自然科学】(natural science) 研究自然界不同事物的运动、变化和发展规律的科学。其主要特点是:(1)它是知识形态的生产力。这个特点,是自然科学的社会本质。(2)虽然是一种系统知识和社会意识形态,但它不是上层建筑,本身并没有阶级性。(3)具有重复验证性。它所依据的事实和得出的结论,都可以进行重复验证。一般来讲,现代自然科学是由基础科学、技术科学和应用科学三大部分组成的科学总体。这三大部分各有其研究的对象和目的,既是自然科学体系中的不同组成部分,又是三个密切联系的不同层次,因而互相影响,相互促进。

【自然科学的门类结构】(structure of natural science) 按照自然科学的不同学科在自然科学总体中的不同作用和地位进行分类,并把它们有机地联系起来,建立的自然科学的体系结构。作为自然科学三大门类的基础科学、技术科学和应用科学,又由相应的科学理论和技术手段所组成。比如基础科学由基础理论和实验技术组成;技术科学由技术理论和专业技术组成;应用科学则由应用理论和应用技术(工程技术、生产技术等)所组成。如果只从科学的角度看,科学理论包括基础科学理论、技术科学理论和应用科学理论;从技术方面看,技术则包括实验技术、专业技术和生产技术。

【自然流产】(spontanous abortion) 妊娠不足 28 周,胎儿体重不足 1 000g 而终止者。妊娠 12 周前终止者,称为早期流产;妊娠 12 周至 28 周前终止者,称为晚期流产。在自然流产中,80% 为早期流产。染色体异常是早期流产最常见的原因。其他原因有孕妇全身疾病(如严重感染、高烧)、子宫畸形、内分泌失常、腹部外伤、环境因素(过多接触放射线和甲醛、铅、苯等化学物质)和免疫功能异常等。按其发展阶段的不同可分为:先兆流产、难免流产、不全流产和完全流产四种。此外,流产还有如下三种特殊情况:(1)稽留流产(过期流产)。胚胎或胎儿已死亡滞留宫腔内未能自然排出者。(2)习惯性流产。发生自然流产≥3 次者。(3)流产合并感染。在流产过程中,出血时间长、有组织残留或非法堕胎引起宫内感染,严重时可并发盆腔炎。

【自然侵蚀】(natural erosion) 又称地质侵蚀或正常侵蚀。地表物质不受人为影响,而在地质构造运动以及水、雪、冰、风、重力等外营力作用下不断受到侵蚀的现象。自大陆形成以来,自然侵蚀就一直存在。自然侵蚀的产生与发展取决于自然因素的变化,如地质构造运动、冰川活动、气候变迁等。大量地表径流、冰雪、风力、海浪等,长时间对地球表面反复剥蚀和堆积,不断塑造地形,形成山脉、丘陵、平原、河流、湖泊等,奠定了现代地貌格局,构成了人类赖以生存的基础。自然界同时存在着土壤形成和自然侵蚀两个过程。两者构成的复合过程,决定着土壤类型、土层厚度及其在陆地表面的分布。自然侵蚀包括缓慢的渐变和剧烈变化两种过程。前者在茂密森林或草地上进行,侵蚀速度非常缓慢,流失土壤可由成土作用得到补偿;土壤流失量小于成土速率,可以形成"正常的"土壤外观和完整的土壤剖面;不仅不破坏土壤,而且可以促进土壤更新和提高土壤肥力。后者则由于气候、地质构造和生态环境的剧烈变化,导致土壤侵蚀强烈发展,侵蚀速率远大于成土速率,不仅不能形成正常土壤剖面,而且往往毁坏土壤本身。自然侵蚀强度并非一成不变,随着自然环境的变化,呈相对强弱交替的现象。

被侵蚀后的岩石

【自然生物处理法】(natural biologic treatment of wastewater) 利用在自然条件下生长、繁殖的微生物(不加人工强化或略加人工强化)处理废水的技术。其特点是:工艺简单、建设与运行费用低,但其净化功能受自然条件的制约。主要处理技术有稳定塘法和土地处理法。其中,常用的稳定塘法是利用水塘中自然繁育的微生物的生命代谢作用,氧化分解废水中的有机物。

【自然土壤】(natural soil) 自然条件下形成的土壤。自然因素包括成土母质、气候、生物、地形和时间等。在未经人类开垦利用的情况下,由上述因素综合作用形成的各类土壤总称为自然土壤，如生长自然植被的红壤、黄壤、盐土和沼泽土等。

【自然稀疏】(self thinning) 在个体密度非常高的植物群落中，随着个体生长差异逐渐变大，个体间对光、水和营养物质等条件的竞争逐渐加剧，引起的处于劣势的个体逐渐枯死、个体密度逐渐降低的现象。是植物群落所具有的自我调节机能之一。

【自然休眠】(dormancy) 即使给予植物适宜生长的环境条件仍不能使其萌芽生长，需要经过一定的低温条件，解除休眠后才能正常萌芽生长的休眠。落叶果树的冬季落叶休眠属于这种休眠。落叶果树只有正常进入自然休眠状态，才能进行以后的生长发育循环。果树在休眠状态可安全地度过寒冬、干旱等恶劣自然环境条件。北方落叶果树进行设施栽培时，应考虑其自然休眠特性。

【自然选择】(natural selection) 又称自然淘汰。通过自然界的力量对生物进行的选择。在生存斗争中，适者生存、不适者被淘汰的过程。演化是导致种群在遗传特性上趋异的因素之一。由于对食物和空 间的竞争，以及对捕食者的作用，可影响某一种群的组成。那些对周围发生有利变异的生物存活下来，不利变异的则被消灭，达尔文把这种现象叫做自然选择。经过长期的自然选择，微小的有利变异得到积累而成为显著的有利变异，从而产生了适应特定环境的生物新类型。自然选择的作用比遗传漂变大得多，自然选择在大小种群中都能成为它们演化的有效动力。因为某些个体和其他个体留下更多的后代，许多世代以后，具有能使生物存活和留下更多后代的特征的基因，靠牺牲那些提供较少适应度的基因来增加其频率，只要环境中有足够的变异让不同的遗传品系去适应环境的不同部分，一个种群就能够对自然选择作出反应而分歧。这种对环境异质性充分协调的现象在所有有机体类型中，甚至在种群水平上，都是一种极其普遍的现象。自然选择就是生存竞争，其效应在于生物对环境的适应。因而物种在整个演化过程中，自然选择起主要的导向作用，它控制着群体内变异发展的方向，同时导致适应性性状的形成。目前保留下的生物资源都是自然选择的结果。自然选择的类型包括：(1)稳定性选择。利于中间类型的选择，选择结果数量性状的平均值不变，变量减少或不变。(2)定向性选择。利于性状表现型的极端类型的选择，结果导致群体遗传组成的定向变化。(3)多向性选择。对一性状的表现型作两个以上方向的选择，属不利于中间类型的选择。

【自然语言处理】(natural language processing) 计算机科学的一个分支。研究能实现人与计算机之间用自然语言进行有效沟通的理论和方法的学科。它融语言学、计算机科学、数学知识于一体。研究领域涉及自然语言。其特征是：(1)要求系统输入能处理大规模的真实文本。(2)对系统输出，虽不要求能对自然语言文本进行深入理解，但应能从中抽取有用的信息。它不是一般地研究自然语言，而在于研制能有效实现自然语言通信的计算机系统，特别是其中的软件系统。

【自然语言理解】(natural language understanding) 又称人机对话。人工智能学的一个分支。研究人类如何使用自身熟悉的本族语言与计算机进行信息交流，并探索人类自身的语言能力和思维活动本质的学科。其主要应用领域有机助人译或人助机译系统、自然语言人机接口或人机对话、信息理解和自动文摘等。内容涉及语言学、心理学、逻辑学、声学、数学和计算机科学。需解决的中心问题是：语言传输信息和从语言符号中获取信息。兴起于20世纪60年代初。现在，语音理解和书面理解已经取得一定成果。

【自然蒸发】(natural evaporation) 在自然条件下水面发生的气化现象。能源为太阳辐射。自然蒸发是地面水(从海洋与大陆)进入大气的唯一形式，也是地球表面上热量交换的主要方式。主要影响因素是：太阳辐射、大气湿度、温度、风、气压等。人类很早就利用这一现象浓缩海水制取食盐。

【自然资源】(natural resource) 自然环境中与人类社会发展有关的、能被用来产生使用价值并影响劳动生产率的自然诸要素。包括有形的土地、水体、动植物、矿产和无形的光、热等资源。自然资源是社会物质财富的源泉，是社会生产过程中不可缺少的物质要素，是人类生存的自然基础。按其在地球上存在位置的不同可分为地表资源和地下资源；按其在人类生产和生活中用途的不同可分为劳动资料性自然资源和生活资料性自然资源；按其利用限度的不同可分为可再生资源和非再生资源；按其数量及质量稳定程度的不同可分为恒定资源和亚恒定资源。

【自燃】(spontaneous combustion) 可燃物在空气中没有外来火源的作用，靠自热或外热而发生燃烧的现象。可分为热自燃和化学自燃两种。在通常条件下，一般可燃物质和空气接触都会发生缓慢的氧化过程，速度很慢，析出的热量也很少。同时不断向四周环境散热，不能像燃烧那样发出光。如果温度升高或其他条件改变，氧化过程就会加快，析出的热量增多，不能全部散发掉就积累起来，使温度逐步升高。当达到这种物质自行燃烧的温度时,就会燃烧起来。这类自燃不需要由外界加热,如长期堆积且通风不良的柴草、原煤等的自燃就是这类自燃。化学自燃是在常温下依靠自身的化学反应而引发的燃烧现象,如金属钠在空气中的自燃。使某种物质受热发生自燃的最低温度就是该物质的自燃点,又称自燃温度。

自燃事故

【自燃点】(spontaneous ignition point) 使某种物质受热并发生自燃的最低温度。在通常条件下,一般可燃物质和空气接触都会发生缓慢的氧化过程,但速度很慢,产生的热量少。如果温度升高或其他条件改变,氧化过程加快,产生的热量增多,但热量不能全部散发而积累起来,使温度逐步升高。当到达自燃温度时,这种物质不需要明火就会燃烧起来,即引起自燃。自燃可分两种情况。由于外来热源的作用而发生的自燃称为受热自燃;某些可燃物质在没有外来热源作用的情况下,由于其本身内部进行的生物、物理或化学过程而产生热量自动燃烧起来,称为本身自燃。通常能引起本身自燃的物质有植物产品、油脂类、煤及其他化学物质,如磷、磷化氢、玉米棒芯等。

【自熔性烧结矿】(self fluxing sintering ore) 在烧结料中加入适量熔剂,使其碱度等于或接近高炉炉渣碱度的一种烧结矿。用它做原料时,高炉炉料中可不加或少加熔剂。其冶炼性能优于普通烧结矿。使用这种烧结矿,有利于降低焦比和提高高炉的生产能力。

【自杀基因】(suicide gene) 又称药物敏感基因。能控制细胞按照一定的程序进行自杀以完成生物功能的基因。一些来自病毒或细菌的具有一些特殊的功能,其表达产物可将原来对哺乳动物细胞无毒的或毒性极低的前药转换成毒性产物,导致这些细胞死亡的一类基因。如蝌蚪尾巴的消失,就是自杀基因控制的。细胞的自杀过程由一种或几种酶控制,随着细胞分裂次数的增多,有关的自杀基因被激活,指挥产生一些破坏性物质,导致细胞增殖停止。为维持一部分组织细胞的正常数量,多余的细胞会"自杀身亡"。根据细胞自杀机制可将自杀基因作为治疗性目的基因应用于疾病治疗。需有下列三个成分:(1)能编码一种酶的自杀基因。该基因通常来源于病毒或真核细胞,其编码的酶能将无毒的前药转变为活性毒物,引起靶细胞死亡。在缺乏前药的条件下,该种基因的表达对机体无害。该基因编码的酶对基质(前药)应具有高度催化效能。(2)基因转移载体。为了转移自杀基因至靶细胞,一般采用基因工程改造的逆转录病毒、腺病毒和腺病毒相关性病毒作为载体,也有人采用阳离子脂质体作为载体。(3)能被自杀基因编码的酶作用的前药。这种前药在自杀基因不存在时,对机体无毒或仅有微小毒性,而在自杀基因编码的酶特异性作用下,前药转化为活性药物,后者的细胞毒性较无活性的前药至少强100倍。

【自身免疫】(autoimmunity) 当自身耐受性受到破坏时,免疫系统对自身成分产生的免疫应答。正常情况下,机体对其自身组织成分不产生免疫应答的现象称为自身耐受性。

【自身免疫病】(autoimmune disease) 由自身免疫反应导致其组织器官损伤和相应功能障碍为主要发病机制的一类疾病。可分为:(1)器官特异性。靶抗原定位于特定器官或细胞类型,病理改变局限于特定器官。(2)非器官特异性。靶抗原多为细胞核成分或线粒体等,病理改变发生于多种器官及结缔组织。其特征是:(1)病因不清,女性易患,有遗传倾向。(2)可检出高效价自身抗体或自身反应性T细胞,应用患者血清或淋巴细胞可使疾病被动转移。(3)常有重叠性,可出现多种自身免疫病特征,病情反复发作和慢性迁延,患者对外源性抗原免疫应答降低。自身免疫病由于发病机理不清楚,诊断、防治都比较困难,需要结合多方面的资料综合考虑。

【自升式平台】(jack up platform) 又称起重型平台或桩脚型平台。桩腿能够升降的钻井平台。整个平台由甲板和桩腿组成。作业时升降机放下桩腿,插入海底一定深度固定,把平台甲板升出海面之上,不受波浪的影响。在钻井作业结束后,利用升降机先使甲板降至海面,然后利用平台浮力用升降机把桩腿从海底中拔出来,使平台浮出海面,进入拖航或自航状态,移向新的钻井位置。这种平台稳定性好,能在水深10~110m的海域作业,是目前世界上应用最广、数量最多的海洋石油钻井平台。

自升式平台

【自适应结构】(self adaptive structure) 随使用条件变化能自动改变飞行器几何形状的结构。20世纪80年代以来,美国、日本、德国等国都对自适应结构进行了大量研究,出现了变弯度机翼、层流控制、机敏起落架、智能蒙皮,以及机翼、机身、发动机进气道一体化等新概念和新技术。可分成两大类:(1)制造复合材料结构时埋入传感器、微处理器、驱动器系统。这种结构将使自身具有随使用条件和环境变化而改变应力状态、振动特性的能力,能够提高结构承载力、寿命和阻尼特性,能自动监测结构的完整性,防止结构破坏,提高结构可靠性和生存力。(2)直接使用智能材料的结构。这种结构能够发挥飞机结构的最大潜力,能在接近结构极限的状态下飞行,而不必担心结构疲劳。

【自适应控制】(adaptive control) 能够自动适应外界环境变化而不改变自身运动状态的航空航天控制方法。不论外界发生巨大变化或系统产生不确定性,控制系统都能够自行调整参数或产生控制作用,使系统仍能按某一性能指标运行在最佳状态。是现代航空航天业中广泛使用的一种技术方法。

【自适应网卡】(adaptive network card) 又称快速以太网卡。具有一定的智能并自动适应远端网络设备(集线器或交换机)的网卡。其功能与特点是:(1)可根据网络连接对象的速度,自动确定工作速率。(2)可以根据网络设备与网线的实际情况,自动调整传输速率。(3)可以在两种不同的速率间自动切换。按照网卡的层次结构的不同可分为:总线、存储总线、系统总线和外部总线。多用于服务器与交换机之间的连接,以提高整体系统的响应速率。当前最流行的是10/100Mbps自适应网卡。该类卡既支持10Mbps,又支持100Mbps,可根据网络连接对象的速度,自动确定是工作为10Mbps还是在100Mbps。

【自适应遥测系统】(adaptive telemetry) 对被测量信息内容、外界环境条件或任务变化具有自行适应能力的遥测技术。将自身的性能与外界变化的要求相比较,并自动地对需要调整的参数进行选择、控制或调节,使系统尽可能在最有效状态下工作。其内容包括:(1)数据压缩。根据被测信息内容的变化自动剔除冗余信息,在给定时间内减少传送一定信息量所需的带宽或在给定带宽内减少传送一定信息量所需的时间,而不损失所传的信息。(2)格式可变。根据环境和任务的变化,调整传送多路被测信息所编排的时序格式,从而保证遥测系统能有效地工作。格式可变的内容包括字长、采样率、帧结构、码速率、带宽、同步方式等。数据压缩和格式改变都是按预定的控制程序完成的。其优点是:(1)可以降低发射功率和缩小带宽。(2)在同等发射机功率和带宽条件下,可以利用更多通道数,增加信息率。(3)在给定发射功率范围内改善接收的信号噪声比,增加作用距离范围。(4)降低地面通信线的占用率。(5)减少地面数据存储器的容量和缩短数据处理的时间。自适应遥测有较强的通用性和灵活性,能提高系统的有效性和可靠性,扩大遥测的服务范围,提高遥测的服务质量。自适应遥测的缺点是:不能恢复已剔除的数据,还要增加机上和地面的硬件设备。

【自酸蚀黏结技术】(self-etching technique) 在黏结牙本质表面直接应用含酸性功能成分的偶联剂/黏结剂,通过功能成分自身的酸性,溶解牙本质表面的玷污层,形成黏结剂的渗入通道,同时与仍保留的部分玷污层及有机胶原纤维混合,待黏结剂结固后即形成了强有力的黏结层。该技术省却了单独酸蚀后冲洗步骤,不但简化了操作,缩短了临床工作时间,而且由于可以对玷污层溶解而不去除,保留了牙本质小管口的管栓,因而显著减少了牙本质黏结术后敏感症,也避免了牙本质黏结面湿润程度、酸蚀脱矿时间等因素对牙本质黏结的影响,降低了技术敏感性。

【自体活性物质】(autologous active substances) 又称局部激素。在局部合成后,不进入血液循环,主要在合成部位附近发挥作用,且半衰期短暂的一类物质。多数是机体受到伤害性刺激后产生,然后以旁分泌方式到达邻近部位发挥作用。如组胺、前列腺素、白三烯、5-羟色胺和血管活性肽类(P物质、激肽类、血管紧张素、利尿钠肽、血管活性肠肽、降钙素基因相关肽、神经肽Y和内皮素等)以及一氧化氮和腺苷等。这些不同种类的物质具有不同的结构和药理学活性,广泛存在于体内许多组织。包括天然的和人工合成的自体活性物质以及抑制某些自体活性物质或干扰其与受体相互作用的自体活性物质阻断剂。

【自我保护能力】(ability of self-protection) 一个人在社会中保存个体生命的最基本能力。包括生活自理能力、自我防范能力、自我救护能力和自我调整能力。涉及面很广。如防盗窃、防诈骗、防抢劫、防滋扰、防性侵害、防灾害性事故以及消防安全、交通安全、出行安全、购物安全、运动安全、保密安全、饮食安全、心理安全、计算机网络安全等诸多问题。❶自我保护能力是孩子独立生活的可靠保障。它有助于孩子尽早摆脱成人的庇护,成为一个独立自主的有生存能力的个体。应从孩子幼年起就坚持对他们进行安全教育,培养和提高孩子的自我保护能力。其内容是:(1)家庭生活安全。(2)户外活动安全。(3)交通安全。(4)消防安全。(5)社会生活安全。(6)发生自然灾害时的自护自救。❷工矿企业自我保护能力。有关资料显示,工矿企业发生的人身事故,接近80%是由于操作者人为造成的。在实际生产中,职工的自我防护极为重要。自我防护能力强的职工同等情况下有较少的事故伤害。因此,有必要进行安全知识、安全技能、安全意识、安全态度等方面的教育,提高在校学生的安全素质,促进其身心健康和全面发展。

【自修复飞行控制系统】(self repair flight control system) 在飞行控制系统(包括气动操纵面)出现故障的情况下能够自动根据损坏程度重构控制系统、保证飞机正常工作和安全飞行的控制系统。包括一套软件系统,存有正常状态下的飞机性能模型,具有故障检测、辨识和重构功能。当飞行出现故障时,该系统利用检测和隔离软件识别实际数据与模型数据的差异,重构控制综合器,根据差异计算出将飞机恢复到完好状态所需要的舵面偏转量,进而保证飞机正常飞行或使飞行员安全救生。

【自旋电子学】(spintronics) 利用电子自旋来制造电子元件的电子学。在电子材料中,主动控制载流子自旋动力学和自旋输运的一个新兴领域。研究与电子的电荷和自旋密切相关的过程。包括自旋源的产生、自旋注入、自旋传输、自旋检测及自旋控制。其最终目的是实现新型的自旋电子器件。在此领域内,磁性半导体和半金属是重要材料;自旋注入半导体异质结是新型自旋电子器件的基本结构;自旋极化的电子在磁性半导体、半金属和半导体异质结中的输运是研究的核心问题。加强自旋电子学的研究,对提高微电子技术与信息通信技术具有重要意义。

【自寻的式制导系统】(homing guidance systen) 利用装在导弹上的设备接受目标辐射或反射的电磁波而形成导引信号的制导系统。根据信号来源的不同可分为:主动式、半主动式和被动式三种。根据信号物理特征的不同又可分为:红外、电视及雷达等自寻的系统。主动式和被动式自寻的系统均具有“发射后不管”的能力。半主动式寻的系统需要设在导弹外的一个照射源,如载机上的雷达。

【自养生物】(autotroph) 与异养生物相对应。靠无机营养生活和繁殖的生物。绿色植物是自养生物,因为它们的营养是水和二氧化碳。在光的作用下,把水和二氧化碳变成淀粉等有机物。自养生物可分为光能自养和化能自养。高等植物、蓝藻(一种其细胞内有光合色素的原始单细胞藻类)等能进行光合作用,属于光能自养。消化细菌等属于化能自养,它能利用无机物氧化时放出的化学能。自养生物与异养生物的区别见异养生物。

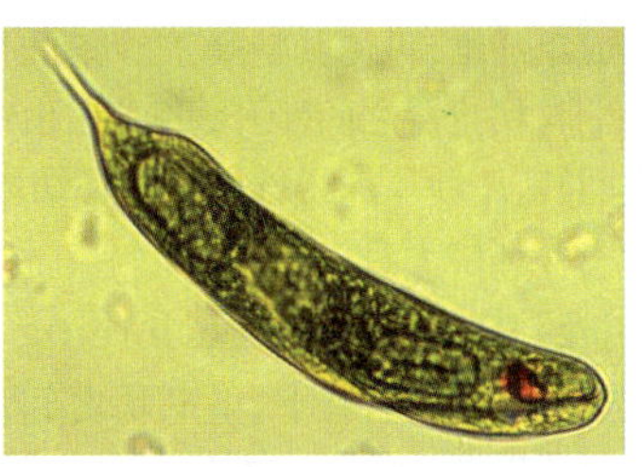

自养生物

【自硬砂精确砂型铸造】(self setting precision sand casting) 以自硬树脂砂作为造型材料,用人工或机械方法在砂箱内制造出型腔及浇注系统的铸造方法。在通常的铸造生产中,主要采用黏土砂造型,其铸件质量差,生产效率低,劳动强度大,环境污染严重。自硬树脂砂具有高强度、高精度、高溃散性和低的造型造芯劳动强度等特点。

【自由跌落式消能】(overfall energy dissipation) 利用水流自由跌落至下游水垫中消耗下泄水流能量的消能方式。既简单又经济,但要求下游水位较深和河床基岩较好。为使跌落水流不淘刷坝趾,应采用下列措施:(1)在坝趾下游水流跌落范围内设置护坦,用以保护河床。(2)在适当位置修建二道坝,抬高下游水位,增加水垫深度。(3)同时设置护坦与二道坝。(4)开挖下游河床形成水垫塘。这种方式最初应用于低落差的跌水,后来多用于中、高水头薄拱坝的坝顶溢流。

【自由度】(degree of freedom) 在力学系统中指独立坐标的个数。一个力学系统可由一组坐标来描述。比如一个质点在三维空间中的运动,在笛卡儿坐标系中,由 x,y,z 三个坐标来描述;或者在球坐标系中,由 r,θ,φ 三个坐标描述。而在机加工工艺中常用于描述零件在夹具定位时的约束状况。在三维直角坐标系中,有沿 x,y,z 三轴的平移和绕 x,y,z 三轴的旋转共六个自由度。零件在夹具中的空间定位设计就是要解决对其六个自由度的限制。

【自由端纺纱】(open-ended spinning, OES) 纱线的末端与喂入须条不连续而产生断裂的纺纱过程。需经过分梳牵伸—凝聚成条—加捻—卷绕四个工艺过程。即首先将纤维条分解

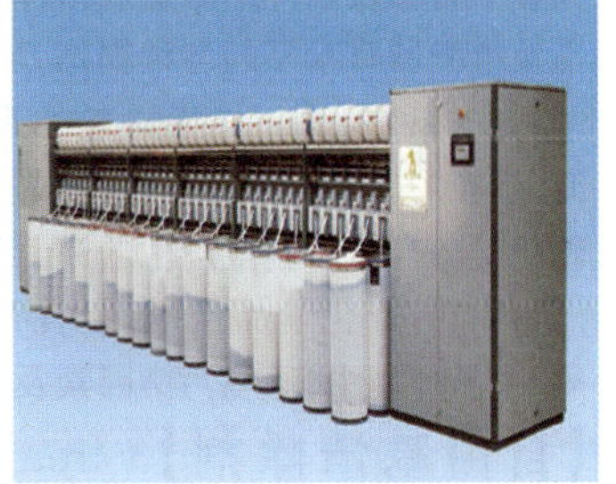

自由端纺纱机

成单纤维,再使其凝聚于纱条的尾端,使纱条在喂入端与加捻器之间断开,形成自由端,自由端随加捻器回转,使纱条获得捻回。转杯纺纱、涡流纺纱、摩擦纺纱等都属于自由端纺纱。

【自由锻造】(free forging) 利用冲击力使加热的金属坯料在上、下砧块之间产生塑性变形,以获得所需锻件的加工方法。自由锻造分手工自由锻造和机器自由锻造两种。手工自由锻造只能生产小型锻件,效率低。机器自由锻造能生产各种大小的锻件,效率较高,是目前工厂普遍采用的自由锻造方法。自由锻造使用通用工具和设备,可锻造各种质量的锻件,小到不足1kg,大到几百吨。由于自由锻造是局部变形,变形抗力小,特别适用于生产大型锻件。但由于自由锻造锻件尺寸精度低,形状简单,生产效率低,故只适用于单件小批量生产。

【自由航空港】(free air port) 不交费、税,不被检查的国际机场。在一个国际机场内,机组、旅客、行李、货物、邮件和供应品,只要他们仍留在指定的地区内,就可以下机或卸货,或留在机上,也可以转运,直至运至该国领土以外的任一地方,而无需缴付任何费用或关税;除特殊情况外,也不接受任何检查。

厦门国际航空港

【自由基】(free bodicals) 能够独立存在、含有一个或多个未成对电子的分子或分子的一部分。具有配对的倾向。大多数自由基都很活泼,具有高度的化学活性。在其配对反应过程中,又会形成新的自由基。在正常情况下,人体的自由基处于不断产生与清除的动态平衡中。是机体有效的防御系统,如不能维持一定水平,会对机体的生命活动带来不利影响。但当自由基产生过多或清除过慢时,会通过攻击生命大分子物质及各种细胞造成机体在分子水平、细胞水平及组织器官水平的各种损伤,加速机体的衰老进程并诱发各种疾病。如脂褐素的累积、免疫功能的降低、癌症的促发、缺血后再灌注的损伤、白内障、动脉硬化等。自由基过量产生的原因有:人体非正常代谢产物,与有毒化学品接触,吸食毒品,长期生活在富氧/缺氧环境中,环境污染因素及辐射污染等。

【自由基清除剂】(free radical scavenger) 能清除代谢过程产生的过多自由基,可增进人体健康的功能成分。其分类是:(1)酶类。包括超氧化物歧化酶、过氧化氢酶、谷胱甘肽过氧化物酶等。(2)非酶类。包括维生素E、维生素C、β-胡萝卜素、还原性谷胱甘肽和黄酮类等。自由基多为强氧化剂,通过清除作用,可控制自由基的形成,达到防病、抗病的目的。在姜、绿茶、银杏果、银杏叶、竹叶、花椰菜、番茄、海带、紫菜、南瓜、茼蒿、芥菜、韭菜花、番薯叶、空心菜、芒果、柑橘类、柿子、番石榴、木瓜、奇异果、草莓、柠檬、香蕉、葡萄、核桃、腰果和芝麻等许多食品中都含有丰富的抗自由基的活性成分。

绿茶

【自由距离】(free distance) 任意长度的卷积码序列之间的最小汉明距离。在分组码中常以最小距离作为纠错能力的量度。由于卷积码不划分为一组一组的,因而自由距离作为纠错能力的量度更为合理,特别适用与维特比算法。卷积码也是如此。常用的距离有两种:最小距离 dmin 和自由距离 df。dmin 是卷积码中长度为 $n \times K$(K 为约束长度)的编码序列之间的最小距离。

【自由能】(free energy) 封闭系统在等温等压条件下作出的最大有用功所对应的状态函数。是封闭系统中化学反应达到平衡的判据。在达到化学平衡时,产物的浓度将远远大于反应物的浓度。自由能决定一个化学反应是顺向进行还是逆向进行。在等温等压过程前后,自由能不可能增加。如果发生的是不可逆过程,反应总是朝着自由能减少的方向进行。

【自由女神像】(State of Liberty) 矗立于美国纽约港入口处自由岛上的巨型铜像。面向大海,总高92.95m,总重225t,由19.8m高的底基、27.1m高的底座和46.05m高的铜像3部分组成,耗资35万美元。女神像右手高举火炬,左手捧着《独立宣言》。此铜像是法国雕塑家弗雷德里·奥古斯特·巴托尔第应法国政府之邀

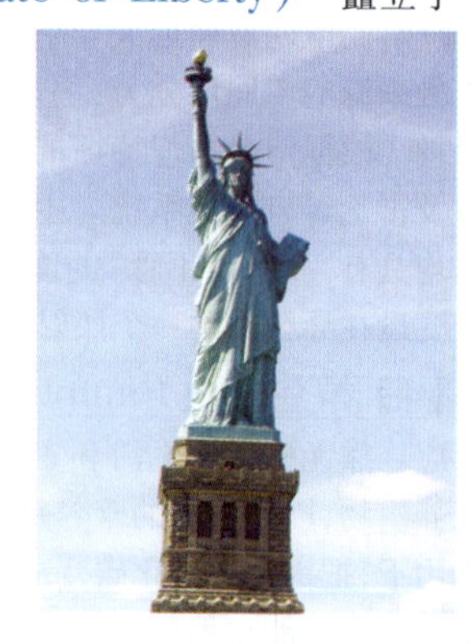

自由女神像

而设计,系法国政府为纪念美国独立100周年送给美国的礼物。1884年7月4日法国将铜像送给美国,1886年12月28日正式在美国揭幕。女神像内部有22层,电梯可达铜像脚底的第10层,往上有171级踏步的螺旋楼梯可登上铜像头顶的额部瞭望室,里面可容纳40人。再往上,沿着长12.5m的右臂攀登,可爬到火炬底座的瞭望室,此处可容纳12人。

【自有资金】(equity fund) 与借入资金相对应。企业为进行生产经营活动所经常持有,可以自行支配使用并毋须偿还的那部分资金。各个企业由于生产资料所有制形式和财务管理体制的不同,取得自有资金的渠道也不一样。全民所有制企业的自有资金构成是:(1)来自国家财政拨款和固定资产的无偿调入。(2)来自企业内部积累。即按国家规定,从成本和税后留利中提存的各项专用基金。(3)来自定额负债,即企业根据有关制度和结算程序的规定,对应付和预收的款项中能够经常使用的一部分资金。例如,应交税金,应交利润,预提费用,以及某些生产周期长、按完工程度预收的货款中能够经常支配使用的部分。集体所有制企业的自有资金主要来自民众投入的股金和由企业内部积累形成的公积金、公益金及其他各项专用基金。在西方国家,私营企业的自有资金,主要来自股东的投资和企业的未分配利润

【自愈合纤维】(self-remedy fiber, SRF) 扯断、擦伤或磨损后具有自行愈合功能的纤维。纤维各个部分分散存在许多内含催化剂和该聚合物单体的微胶囊中,在遭受损伤时,微胶囊同时受到破坏,而单体则在催化剂催化下快速完成聚合反应,使纤维得到愈合。这种纤维织物已应用于航空航天工业中的燃油箱、复合材料中,具有高度保安功能;若用作服装材料,则具有高度保型能力,在遭受较小破坏时,无须织补。

【自整角机】(selsyn) 利用自整步特性将转角变为交流电压或由转角变为转角的感应式微型电机。在伺服系统中被用作测量角度的位移传感器。还可用以实现角度信号的远距离传输、变换、接收和指示。两台或多台电机通过电路的联系,使机械上互不相连的两根或多根转轴自动地保持相同的转角变化,或同步旋转。电机的这种性能称为自整步特性。在伺服系统中,产生信号一方所用的自整角机称为发送机,接收信号一方所用自整角机称为接收机。广泛应用于冶金、航海等位置和方位同步指示系统和火炮、雷达等伺服系统中。按其用途的不同可分为力矩式和控制式(变压器式)两种。力矩式用于同步指示系统,控制式用作测角元件。

自整角机

【自主创新】(self innovation) 通过研究拥有自主知识产权的独特的核心技术,以及在此基础上实现新产品的价值的过程。包括原始创新、集成创新和引进技术消化、吸收再创新。所谓原始创新,是指前所未有的重大科学发现、技术发明和原理性主导技术等创新成果。原始性创新是最根本的自主创新,是最能体现智慧的创新,是一个民族对人类文明进步作出贡献的重要体现。所谓集成创新,是指通过对多种现有技术的有效集成,形成有市场竞争力的产品或者新兴产业。所谓引进技术消化、吸收、再创新,是指在引进国内外先进技术的基础上,学习、分析和借鉴,进行再创新,形成具有自主知识产权的新技术。引进、消化、吸收和再创新是提高自主创新能力的重要途径。发展中国家通过向发达国家直接引进先进技术,尤其是通过利用外商直接投资方式获得国外先进技术,经过消化、吸收实现自主创新,不仅大大缩短了创新时间,而且降低了创新风险。

【自主系统】(autonomous system) 又称自治系统。一个有权自主地决定在本系统中应采用何种路由协议的小型单元。一个自主系统有时也被称为是一个路由选择域。拥有一个16位的全局唯一的号码,称为自主系统号。自主系统是一个单独的可管理的网络单元,如一所大学、一个企业或者一个公司的可管理的网络。一个自主系统网络内部进行路由信息的通信使用内部网关协议,而各个自主系统网络之间是通过边界网关协议来共享路由信息的。

【自主知识产权】(independent intellectual property) 创造者自主研究、开发而形成的知识产权。创造者对其使用、转让和发展可以完全自主地进行处置。其特征是:(1)原创性,即以自行研发、委托研发或合作研发等形式原始取得。(2)知识产权人的创造性行为蕴含在知识产品中。创造性包括开拓性的发明创造和对原有技术的改进、组合。(3)取

自主知识产权证书

得和存在应由国家有关机构的权利认定。

【字符输入设备】(character input device) 将字符编码输入到计算机中的设备。是计算机常用的一种外围设备。使用最广泛的是键盘输入设备。由于计算机不能直接处理人们惯用的字符,因此需要采用字符输入设备将字符转换成计算机能接受的代码。这种转换称为编码。通常采用的标准编码是ASCII码。应用键盘可以将字符转换成ASCII码,并输入到主机。在输入字符时可以进行检查、修改、删除和增加等,操作十分方便。为了加快字符的输入速度,减小输入设备对主机的影响,常采用输入缓冲或分时技术。光学字符识别输入设备已进入实用阶段。它识别的对象是字符页或其他字符媒体。

【渍害田】(farmland with excessive soil moisture) 因地下水位过高,土壤过湿,导致作物减产的农田。土壤水分过多,妨碍植物根系的呼吸作用。土壤中空气交换减弱,氧气供应不足,好气性细菌活动微弱,嫌气性细菌活动加强,营养物质矿化和有效养分释放十分缓慢,造成土壤养分供应不足和失调。在缺氧环境下有机质分解,产生大量有毒物质,抑制种子发芽和根系的发育。渍害田的形成与地理位置、水文气象、土壤质地和人类活动关系密切。农田排水不良,灌溉定额过大和渠道渗漏等,也是形成渍害田的重要因素。改良渍害田的措施是:(1)水利措施。主要是排水工程,在渍害田外部开挖截流截渗沟,拦截地表水和地下水;在渍害田内部修建除涝排水系统,排除多余的地面积水;修建地下排水系统,控制地下水位。(2)农业措施。包括种植绿肥,秸秆还田,深耕晒垡,水旱轮作,选用良种,调整种植计划,选种耐淹作物等。水利措施和农业措施相结合,是改良渍害田的有效途径。

【宗地】(parcel) 又称丘。权属界址线所封闭的地块。在一般情况下,一宗地为一个权属单位。同一个土地使用者使用不相连的若干地块时,则每一地块分别为一宗地。是土地登记的基本单元,也是地籍调查的基本单元。

【宗地草图】(sketch map of parcel) 土地管理部门在地籍调查时绘制的描述宗地位置、界址点、线和相邻宗地关系的实地草编记录图件。其比例尺是概略的,但勘丈尺寸是精确的。宗地草图注记实地界址点间距及界址点与邻近地物间的关系距离。

【宗地图】(parcel map) 通过实地调查绘制的、描述宗地位置、界址点、界址线、四至和相邻宗地关系的图件。界址点是宗地权属界线的拐点或转角点。界址线是界址点之间的连接线。所谓四至即每宗地四邻的名称。宗地图与地籍图表示的内容统一。通常作为土地使用证的附图和地籍分宗档案的附图。具有法律效力。

【宗气】(ancestra qi) 中医术语。由肺吸入的清气与脾胃化生的水谷精气结合而成聚于胸中之气。它的生成与脾肺二脏有关,积聚胸中,以贯心脉,对呼吸运动和血液循环具有推动作用。宗气走息道而司呼吸,贯心脉而行气血,与人体的视、听、言和动等机能有关。

【综合布线】(generic cabling system) 一种模块化的、灵活性极高的建筑物内或建筑群之间的信息传输通道。既能使语音、数据、图像设备和交换设备与其他信息管理系统彼此相连,也能使这些设备与外部相连接。它还包括建筑物外部网络或电信线路的连接点与应用系统设备之间的所有线缆及相关的连接部件。综合布线由不同系列和规格的部件组成。其中包括传输介质、相关连接硬件,如配线架、连接器、插座、插头、适配器以及电气保护设备等。这些部件可用来构建各种子系统。它们都有各自的具体用途,不仅易于实施,而且能随需求的变化而平稳升级。

综合布线机房

【综合单价】(comprehensive unit price) 完成一个规定计量单位的分部分项工程量清单项目或措施清单项目所需的人工费、材料费、施工机械使用费和企业管理费与利润及一定范围内的风险费用。由于分部分项工程费是由分项工程量乘以综合单价汇总而成的,所以综合单价是计算分部分项工程费的基础。其内容包括人工费、材料费、机械费、管理费和利润。除上述五项费用外,还应考虑风险因素,如材料涨价等。其计算依据包括工程量清单、定额、工料单价、费用及利润标准、施工组织设计、招标文件、施工图纸及图纸答疑、现场踏勘情况和计价规范等。

【综合单位线】(synthetic unit hydrograph) 通过建立单位线要素与地理特征值之间的关系,根据地理特征推求单位线的方法。是在缺乏暴雨洪水资料地区,根据流域自然地理特征,推求设计洪水的重要手段。时段单位线和瞬时单位线均可进行地理综合,分别称为综合经验单位线和综合瞬时单位线。综合瞬时单位线在中国应用很广。

【综合电子战系统】(integrated electronic warfare system)　把单个或多个作战平台上的不同种类、不同型号、不同频段与不同用途的电子战装备及多种作战手段有机地组合在一起的完整、通用的多功能的电子战系统。其特点是:突出系统的综合设计、信息资源的综合利用和电子对抗资源的综合管理与控制,实现多种电子战功能的综合化。是现代军事斗争中体系对抗的必然产物,是打赢信息化战争最有效的“电子兵器”。在现代战争中具有重要的作用。

【综合抚育间伐】(comprehensive cutting)　既可从林冠上层选伐,又可从林冠下层选伐林木的抚育方式。可以砍除生长落后、径级较小的濒死木和枯立木,此外也砍伐极个别粗大的、干形不良的林木,综合抚育法是在树木所有的高度和径级中砍伐林木,采伐强度的大小取决于林分的性质、组成、林相和经营目的。采伐后使保留的大、中、小林木都能直接地接收充足的阳光,形成多级(阶梯)郁闭。这种抚育方法,开始仅在国外阔叶混交橡林中采用,并取得良好的效果。实践证明:此法的灵活性很大,在选木时要求较高的熟练技术和对群落有特别的认识,而且抚育后林分生长效果经常并不理想,尤其在针叶林中,易加剧风害和雪害的发生。因此,有不少人反对在喜光针叶林中采用这种方法。

【综合灌溉定额】(comprehensive irrigation duty)　在一个灌区内,同一时期各种作物灌溉定额的面积加权平均值。其主要用于:(1)计算全灌区的灌溉用水量。(2)衡量全灌区灌溉用水量是否合适,与自然条件及种植比例类似的灌区进行对比,评价灌区用水的管理水平。(3)根据水源供水量推求可灌溉面积。

【综合航空电子系统】(integrated avionics system)　将飞机上的所有航空电子功能综合成一体化的系统。20世纪80年代中期,美国提出“宝石柱”综合航空电子系统计划。90年代初,又提出更为完善的“宝石台”计划。综合性设计经历了分立式、集中式、集中分布式和资源共享式的演变和发展过程,最终实现了电子系统的高度综合。其主要特点是:(1)系统结构进行了变革。(2)采用了标准电子模块设计。(3)采用了高速数据总线。(4)所有任务软件都用Ada语言编写。(5)采用了人工智能和神经网络技术。综合航空电子系统提高了容错性、通用性和可靠性,提高了故障探测和隔离能力,提高了系统处理能力,简化了维修工作并减少了维护费用,使通信、导航、识别、雷达和电子战等系统在功能和性能上又有一个飞跃。

【综合回收】(compreshensive recovery)　冶金生产中,从原料提取主要成分外,同时回收其他有用成分的技术。如从铅锌矿石中除提取铅或锌外,还从废料或中间产品中提取其他有用金属,如镓、铟、铊、锗和镉等。对于综合利用原料和降低产品成本起着重要作用。

【综合机械化采煤】(compreshensive mechanized coal mining)　又称综采。回采工作面全部工序实现机械化的采煤方法。回采工作面用双滚筒采煤机落煤装煤、可弯曲刮板输送机运煤、自移式液压支架支护顶板,组成长壁工作面综合机械化设备,可以完成破煤、装煤、运煤、支护及控顶等五个主要工序。与炮采、普采相比,其优点是:(1)工人大量的工作是操纵机械手把,大大减轻了劳动强度。(2)使用液压支架管理顶板,工人在支架保护下进行操作,大大减少了冒顶事故及安全事故。(3)综采使生产更加集中化,提高了生产能力和生产效率。(4)降低材料消耗和生产成本。

综合机械化采煤

【综合科学】(integrated science)　将多学科的理论与方法综合起来对某一特定对象进行综合性研究的科学。如空间科学、海洋科学、环境科学、材料科学等。在综合科学中,有些新兴综合学科不仅涉及自然科学的诸多学科,还涉及社会科学的某些领域,甚至还必须采用人文学科的理论和方法进行综合研究。

【综合控制系统】(integrated control system)　将飞机的分系统和飞行控制系统结合在一起的战术飞行管理系统。包括综合飞行/火力控制和综合飞行/推进控制。前者是通过能进行解耦操纵的飞行控制系统,把飞行平台与火力控制系统综合在一起的攻击操纵系统。该系统可以扩大攻击范围,提高命中精度,提高生存力,缩短攻击时间,增加攻击机会,改善战斗机整个武器系统的空对空和空对地作战效果。由此发展而来的自动机动攻击系统,已用于美国第四代战斗机F-22上。后者研究始于20世纪70年代中期,在F-111E上试飞了自动油门控制与发动机数字控制系统的交联。20世纪80年代又利用F-15和F-18飞机进行了短距起落、地形跟踪与回避、格斗机动条件下综合飞行/推力控制的试飞与仿真。综合控制系统将飞行控制、推力控制、动力管理与控制、热管理、燃油管理、航空电子及火控系统综合在一起,提高了飞机系统的管理水平。

【综合控制与显示系统】(integrated control and display system) 运用计算机、电子显示和控制以及多路传输总线技术,把机载航空电子设备的显示器和控制器按功能横向综合而成的人机接口系统。1978 年,美国在 F-18 战斗机上首先安装了综合控制与显示系统。现役战斗机综合控制与显示系统采用的主要技术有全息平视显示器和彩色多功能显示器,开始采用彩色阴极射线管显示数字地图及传输战术信息。未来的发展方向是大屏幕全景显示器、虚拟现实头盔以及多媒体多通道综合控制与显示。

【综合论事故模型】(accident model of comprehensive theory) 以各种社会因素、管理因素和生产中的危险因素及其相互联系来描述事故发生、发展的理论。事故致因理论之一。认为事故的发生是由极其深刻而广泛的众多因素(包括直接原因、间接原因和基础原因)被偶然事件触发所造成的结果。导致事故发生的直接原因是指物的不安全状态和人的不安全行为。这些物质的、环境的和人的原因构成了生产中的危险因素。事故的间接原因是指管理缺陷、管理责任等因素。造成间接原因的因素称为基础原因,包括政治、经济、文化、教育、法律等。偶然事件的触发,系指由于起因物和肇事人的作用,促成了某种类型事故的发生。

【综合农业区划】(integrated agricultural regionalization) 根据农业的自然条件和社会经济条件及在生产上形成的综合性特征和差异所进行的区域划分。是整个农业区划体系的主体和核心。一般以单项性农业区划为基础。是单项性区划的有机综合与集中概括。综合农业区划为制订农业发展规划,科学指导农业生产提供依据。

【综合业务数字网】(integrated services digital network, ISDN) 一个国际标准的数字电话网络。典型的电路交换网络系统。通过普通的铜缆建立更高速率和质量的数字连接,用来支持包括话音和会话在内的多种电信业务。是以电话综合数字网(IDN)为基础发展而成的通信网。客户能够通过有限的一组标准多用途用户网络接口接入这个网络。综合业务数字网有 6 种信道:(1)A 信道,4kHz 模拟信道。(2)B 信道,64kbps 数字信道,用于语音数据、数字传真等。(3)C 信道,8kbps/16kbps 的数字信道,用于传输低速数据。(4)D 信道,16kbps 数字信道,用于传输用户接入信令。(5)E 信道,64kbps 数字信道,用于传输内部信令。(6)H 信道,384kbps 高速数据传输数字信道,用于图像、视频会议、快速传真等。标准化的接入速率是:(1)基本速率接口(BRI)。(2)主速率接口(PRI)。(3)混合速率。其特点是:(1)多种业务的兼容性。(2)数字传输。(3)标准化的接口。(4)使用方便。(5)终端移动性。(6)费用低廉。主要的应用领域有局域网、多点屏幕共享、视频、话音/数据综合、文件交换、远端通信、图像、多媒体文件的存取、基于计算机的主叫用户号码识别等。具有通信业务的综合化、实现高可靠性及高质量的通信、使用方便、费用低廉等优越性。

【综合一贯运输】(comprehensive unified transport) 将火车、汽车、船舶和飞机等交通工具,通过优化组合、实现优势互补的一种运输方式。如卡车-火车-卡车、卡车-船舶-卡车、卡车-飞机-卡车、卡车-船舶-火车-船舶-卡车、卡车-船舶-卡车-飞机-卡车等。把卡车的机动灵活,铁路、海运的成本低廉和飞机的快捷有机结合起来,通过优势互补实现运输的高效、价廉和快捷,既节约了人力、财力,又缓解了道路的压力,保护了环境。

【综合渔业】(comprehensive fishery) 以水产养殖为主,兼营作物栽培和畜禽饲养,实行综合经营(如都市休闲渔业、垂钓渔业、观光度假等)与综合利用的生产方式。渔业是综合渔业的主体,它同农业、果林业、畜禽业、虫菌及工副业一起,构成综合渔业的第一层次;渔业内部的鱼类养殖与虾、蟹、贝等名贵水产品构成生产结构的第二层;鱼类养殖中苗种繁殖与养捕结构,构成了综合渔业结构的第三层次。综合渔业不仅可以建立没有废弃物的人工生态体系,而且可以根据市场需要,调整生产结构,还可以降低水产养殖的成本,提高经济效益。

综合渔业

【综合运输体系】(integrated transportation system) 综合利用铁路、公路、水路、管道和航空等进行运输的方式。以逐步形成和不断完善技术先进、网路布局和运输结构合理的交通运输体系。涉及各种运输方式、国民经济各部门及技术经济和组织管理问题。大致可分为三个方面:运输体系的综合发展,各种运输方式的综合利用和运输技术发展方向与先进技术的应用。运输方式包括铁路运输、公路运输、水路运输、航空运输和管道运输等多种。每种运输方式有不同的技术经济特点,适应着不同的自然地理条件和运输需要。应根据每种运输方式的技术装备,充分发挥每种运输方式的优点,协调各种运输方式之间的关系,科学地组织管理,才能充分发挥综合运输体系的优越性。

【棕壤】(brown soil) 又称棕色森林土。分布在中国温带湿润半湿润地区落叶阔叶林或以落叶阔叶树为主的针阔混交林下形成的地带性的土壤。成土母质多为花岗岩、片麻岩、砂页岩的风化物。分布范围主要在山东半岛、辽东半岛及河北省东部地区。棕壤分布区年降水量较多,土层较厚,肥力较高,适宜种植小麦、玉米、大豆、花生等粮油作物和苹果、梨、枣等落叶果树。

【总承包服务费】(contract service fees) 总承包人进行工程分包时对自行采购的设备、材料等进行管理、服务以及施工现场管理、竣工资料汇总整理等服务所需的费用。是在工程建设施工阶段实行施工总承包时,当招标人在法律、法规允许的范围内对工程进行分包和自行采购供应部分设备、材料时,要求总承包人提供相关服务,如分包人使用总包人脚手架、水电接剥等和施工现场管理所需的费用。

【总回风巷】(main wind lane) 为全矿井或矿井一翼回风用的回风风流所经过的巷道。一般布置在(全煤组或分组)最下一个可采煤层底板下、不受开采影响的较坚硬岩石中,以减少压煤和有利于维护。当最下一个煤层的薄或中厚煤层,自然发火不严重,无煤和瓦斯突出危险,煤质坚硬,围岩稳定时,也可考虑沿煤层布置。总回风巷服务的时间都比较长久,一般在数年或十多年。矿井总回风巷的布置原则和运输大巷的布置原则基本相同。通常除第一阶段的回风水平外,其余都是上阶段的运输大巷作为下阶段的总回风大巷。开采近水平煤层群时,总回风巷布置有三种情况:(1)总回风巷与运输大巷均在同水平上并列平行布置。此种布置的缺点是上山部分的乏风下行。(2)为减少乏风下行,可使总回风巷与运输大巷重叠,布置在运输大巷上面比较稳定的煤层内。但要留保护煤柱,降低了回采率。(3)可采用盘区内开设风井的方式,盘区内的回风巷直接与风井相通,不另设为整个阶段服务的总回风巷。

【总价合同】(lump sum contract) 又称总价包干合同。根据合同规定的工程施工内容和有关条件,业主应付给承包商的规定金额。分固定总价合同和变动总价合同两种。根据施工招标时的要求和条件,当施工内容和有关条件不发生变化时,业主付给承包商的价款总额就不发生变化。它适用于以下情况:(1)工程量小、工期短、在施工过程中环境因素变化小,工程条件稳定并合理。(2)工程设计详细,图纸完整、清楚,工程任务和范围明确。(3)工程结构和技术简单,风险小。(4)投标期相对宽裕,承包商可以有充足的时间详细考察现场、复核工程量,分析招标文件,拟定施工计划。变动总价合同又称可调总价合同,合同价格是以图纸及规定、规范为基础,按照时价进行计算,得到包括全部工程任务和内容的暂定合同价格。它是一种相对固定的价格,在合同执行过程中,由于通货设计变更、工程量变化和其他工程条件变化膨胀等原因而使所使用的工、料成本增加时,可以按照合同约定对合同总价进行相应的调整。

【总平面图】(general plane figure) 又称总体布置图。在建设基地的地形图上,把已有的、新建的和拟建的建筑物、构筑物以及道路、绿化等按与地形图同样比例绘制出来的平面图。表明新建房屋所在基础有关范围内的总体布置,反映新建、拟建、原有和拆除的房屋、构筑物等的位置和朝向,室外场地、的布置,地形、地貌、标高等以及原有环境的关系和邻界情况等。是房屋及其他设施施工的定位、土方施工以及绘制水、暖、电等管线总平面图和施工总平面图的依据。在建筑总平面图中应包括的内容是:(1)建筑场地所处的位置与大小。(2)新建房屋在场地内的位置以及与其邻近建筑物的距离。(3)新建房屋的方位用指北针表明,有时用风向频率玫瑰图表示常年风向频率与方位。(4)新建房屋首层室内地面与室外地坪及道路的绝对标高。(5)场地内的道路布置与绿化安排。(6)扩展房屋的预留地。由于建设工程的性质、规模及所在基地的地形、地貌的不同,建筑总平面图所包括的内容有的较为简单,有的则比较复杂,必要时还可分项绘出竖向布置图、管线综合布置图、绿化布置图等。

标准建筑总平面图

【总线】(bus) 相互连接计算机各部件并传输数据所采用的一组公共信号线。为了简化硬件电路的设计,简化系统结构,常用一组线路,配置以适当的接口电路,与存储器和各台外围设备连接。其特点是:(1)公用性,同时挂接多种不同类型的功能模块。(2)在机箱内以总线扩展槽形式提供使用。(3)一般为并行传输。(4)定义的信号线多,且齐全,包括分离的数据、地址和控制信号线以及电源线。应遵循的规范是:(1)总线定时协议。(2)总线的物理特性,包括信号、电源、地址的电气特性,以及连线、接插件的机械特性。(3)总线带宽,是总线所能达到的最高传输率,单位是 Mb/s。按连接对象的不同可分为:(1)片总线。中央处理器芯片内部的总线。(2)内总线。计算机各功能部件之间的传输通路。(3)外总线。计算机系统之间或计算机主机与外围设备之间的传输通路。按信息传输形式的不同可分为并行总线和串行总线。并行总线特点是传输速度快,但系统结构较复杂;串行总线特点是结构简单,但传输速度较慢。

【总悬浮颗粒物】(total suspending particle,TSP) 飘浮于空气中的粒径小于 100μm 的微小固体颗粒和液粒。主要来源于燃料燃烧时产生的烟尘、生产加工过程中产生的粉尘、建筑和交通扬尘、风沙扬尘以及气态污染物经过复杂物理化学反应在空气中生成的相应的盐类颗粒。直径大于 10μm 的尘粒,容易沉降,称为降尘;直径小于 10μm、长期在空气中飘浮而不易沉降的尘粒称为可吸入颗粒物(或飘尘),其危害最大。在中国的东北及中西部地区,总悬浮颗粒物污染较为严重。

总悬浮颗粒物

【纵波】(longitudinal wave) 又称疏密波。振动方向与传播方向一致的波。如声波在气体中传播时,由于气体微粒的振动方向与波的传播方向一致,故称纵波。

【纵缝】(longitudinal joint) 在水泥混凝土路面上与路中心线相平行的接缝。主要是为了减少板体因温度变化而产生的翘曲及收缩应力。其间距一般为一次铺筑的宽度。在按车道宽度施工时,其铺筑宽度为3~3.75m,常采用企口缝形式。用现代化的筑路设备,铺筑宽度可达 15m,但必须在其间加设纵缝。常采用假缝的形式。纵缝宽度不大于 1cm,缝内宜设置拉杆,以防止接缝扩大,使相邻的混凝土板在横向连成整体。

【纵隔】(mediastinum) 左右胸膜之间的器官、结构和结缔组织的总称。呈矢状位。位于胸腔正中偏左。上窄下宽。前短后长。前界为胸骨,后界为脊柱,两侧为胸膜,上为胸廓上口,下为横膈。在正常情况下,纵隔位置较固定。一侧发生气胸时,纵隔向对侧移位。在解剖学上常采用四分法,即以胸骨角和第 4 胸椎体下缘的平面,将纵隔分为上纵隔和下纵隔;下纵隔又以心包的前、后壁为界划分为前纵隔、中纵隔和后纵隔。临床上多采用三分法,即以气管和支气管的前壁以及心包后壁为界分为前纵隔和后纵隔,又以胸骨角平面分为上纵隔和下纵隔。纵隔间隙为纵隔器官间的窄隙,其内填充以疏松结缔组织,适应器官活动和胸腔容积的变化。间隙内的结缔组织与颈部器官周围和腹膜后隙的结缔组织相延续。因此颈部血肿或炎症积液可向下蔓延至纵隔,胸部创伤空气可向上扩散至颈部,炎症积液也可向下蔓延至腹膜后隙。

【纵向弛豫】(longitudinal relaxation) 见弛豫。

【粽子】(rice dumpling) 又称角黍。以糯米为主要原料,裹入或不裹馅料,用粽叶包扎成型,煮或蒸至熟而成的食品。有正三角形、正四角形、尖三角形、方形和长形等各种形状。按其生产工艺的不同可分为:馅类、无馅类和混合类。按其保鲜方式的不同可分为:速冻类、真空包装类和其他类。粽子是的节日食品。传说是为祭投江的屈原而制。是中国历史上迄今为止文化积淀较深厚的传统食品之一。

粽子

【走罐】(slide cupping) 又称推罐法、飞罐法。使用拔罐在皮肤上来回移动以达到医疗效果的一种治疗方法。其具体做法是:选用玻璃罐,先在罐口涂稍许润滑油,或在走罐所经的皮肤上涂以润滑油,将罐吸拔好后,手握罐底,稍倾斜,使后边着力,前边略提起,慢慢向前推动,来回推拉移动数次,至皮肤潮红为度。本法适用于面积较大、肌肉丰厚的部位,如腰背、大腿等处。在操作时,注意要选口径较大的罐,罐口要平滑厚实。

【走火入魔】(out of sense) 练习气功者在练功过程中由于选择功法不当,或操作未掌握要领,或因指导不当而致偏离正常的现象。若出现胸腹胀痛，或头胀痛如箍，甚至内气周身乱窜、外动不已、癫狂等失常的现象，称为走火。在走火的基础上，症状进一步加重，产生幻景、躁狂、神志错乱的失常现象，称为入魔。

【租船合同】（contract for leasing ships） 又称租船租约。租船人和船东，根据自愿的原则，双方意思表示一致所达成的协议。海洋运输合同的一种。合同中规定船东提供船舶给租船人使用并由租船人支付一定的运费或租金给船东，以及有关当事人双方的权利与义务、责任与豁免等条款，以确定双方的经济和法律关系。租船合同与其他合同一样，是当事人根据法律规范的要求，设定和变更民事法律关系的协议。但这种变更仅限于法律中的任意性规范，而对法律中的强制性规范不得予以更改，否则属违法合同. 违法合同是无效的。租船合同范本种类很多，合同内容也因租船方式不同而各异，又因合同是否得到公认和广泛采用而分为标准租船合同格式和非标准租船合同格式以及厂商租船合同格式。标准租船合同常用的格式有标准杂货租船合同，古巴食糖租船合同，澳大利亚谷物租船合同，北美谷物租船合同，威尔士煤炭租船合同，油轮租船合同和巴尔的摩式合同。标准期租船合同常用的格式有：纽约土产交易所定期租船合同和中国租船公司定期租船合同。

【租船运输】（transport by leasing ships） 一种不定期船运输方式。与班轮运输相比，租船运输没有固定航线、港口、船期和运价，是根据国际租船市场的行情和租船人的实际需要，船舶所有人出租整船或部分舱位给租船人使用，以完成特定的货物运输任务。是租船人按约定的运价或租金支付运费的商业行为。其特点是：（1）适合运输低值的大宗货物。（2）根据货主的货运需要和船东供船的可能，由双方洽商租船运输条件，并以租船合同形式加以肯定，作为双方权利义务的依据。（3）在进行租船时必须进行租船市场行情调查和研究。租船运输的作用主要表现在以下几个方面：（1）租船一般都是通过租船市场，根据双方的需要选择、洽租以取得最佳经济效果，满足各自的需要，为开展国际贸易提供便利条件。（2）租船运输充分发挥自身优势可降低单位运输成本。（3）租船运价受供求关系影响极大，属于竞争性价格，一般比班轮运价低，有利于低值大宗货物运输。（4）由于租船运输的限制较少，只要船舶能够安全往返的航线和港口，租船都可以进行直达运输，极大地方便了货主的需求。

租船运输

【足三里】 中医穴位名。属足阳明胃经，本经合穴。定位：在小腿前外侧，当犊鼻下3寸，距胫骨前缘一横指。主治：胃痛，呕吐，腹胀，腹痛，泄泻，便秘，喘咳痰多，乳痈，肠痈，头晕耳鸣，心悸，虚喘，水肿，脚气，癫狂，中风，下肢痹痛，眼睑下垂；急、慢性肠胃炎，胃痉挛，消化性溃疡，急性胰腺炎，肠梗阻，痢疾，胃下垂，子宫脱垂，胆囊炎，胆石症，面神经麻痹，下肢风湿痛，产后血晕及一般虚弱症等。刺灸法：直刺，略偏胫骨方向深0.5～1.5寸；艾炷灸5～15壮，或艾条灸10～30min。现代研究证明：针刺足三里对胃运动及分泌功能有明显的调整作用，能使原来处于紧张或收缩亢进的胃运动减弱，使原来处于弛缓状态或较低兴奋状态的胃运动增强。对正常人针刺足三里穴，多数可使胃蠕动加强。

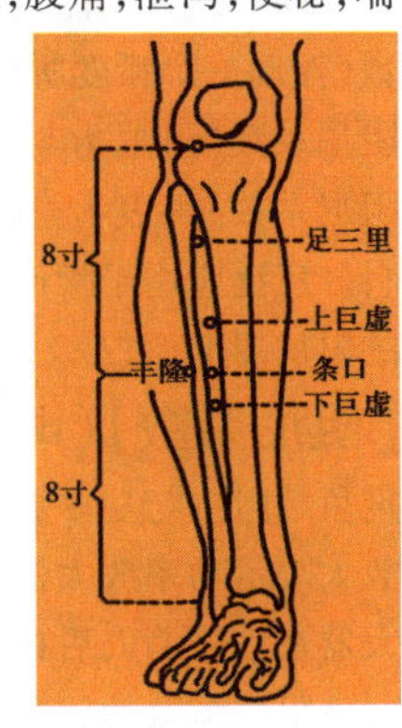

足三里

【阻车器】（car stop） 又称停车器。装在轨道上或罐笼或翻车机内使矿车停止、定位的装置。矿井运输中较为重要的设备。其任务是将运行中的矿车、推车机、翻车机、爬车、罐笼等运输设备停止在某一要固定的位置。其操作方式有手动、气动、液动三种。其结构形式有阻轮、阻轴及阻缓冲器三种。

【阻抗匹配】（impedance matching） 信号传输过程中负载阻抗和信源内阻抗之间的特定配合关系。一件器材的输出阻抗和所连接的负载阻抗之间所应满足的某种关系，以免接上负载后对器材本身的工作状态产生明显的影响。对电子设备互连来讲，信号源连放大器，前级连后级，只要后一级的输入阻抗大于前一级的输出阻抗5～10倍以上，就可认为阻抗匹配良好。对于放大器连接音箱来讲，电子管机应选用与其输出端标称阻抗相等或接近的音箱，而晶体管放大器则无此限制，可以接任何阻抗的音箱。阻抗匹配的条件是：（1）负载阻抗等于信源内阻抗，即它们的模与辐角分别相等。这时在负载阻抗上可以得到无失真的电压传输。（2）负载阻抗等于信源内阻抗的共轭值，即它们的模相等而辐角之和为零。这时在负载阻抗上可以得到最大功率，这种匹配条件称为共轭匹配。如果信源内阻抗和负载阻抗均为纯阻性，则两种匹配条件是等同的。

【阻尼】(damping) 材料或结构阻碍物体作相对运动,并把运动的能量转变为热能的一种物理效应或能力。内阻尼是指材料内部的阻尼,是当振动的物体发生变形时,在材料内部产生的应力应变的弛豫现象(即应变落后于应力变化的现象)。一种材料或结构的阻尼的大小可用阻尼容量(振动系统每振动一个周期所损失的能量与总振动能量的比值)、损耗系数(振动一个弧度所损失的能量与总能量的比值)或阻尼系数(阻尼力与振动速率之比)与阻尼比(相对阻尼系数)等表示。阻尼效应高的材料,称为阻尼材料。广泛应用于噪声控制和隔声技术及减震和隔振的阻尼器上。

【阻尼系数】(damping factor) 放大器的额定负载阻抗与功率放大器实际阻抗的比值。阻尼系数大表示功率放大器的输出电阻小。阻尼系数是放大器在信号消失后控制扬声器锥体运动的能力。具有高阻尼系数的放大器,对于扬声器更象一个短路,在信号终止时能减小其振动。功率放大器的输出阻抗会直接影响扬声器系统的低频品质系数,从而影响系统的低频特性。扬声器系统的品质系数值不宜过高,一般在0.5～1范围内较好。功率放大器的输出阻抗是使低频品质系数值上升的因素。所以一般希望功率放大器的输出阻抗小、阻尼系数大为好。阻尼系数一般在几十到几百之间,专业功率放大器的阻尼系数可高达200以上。

【阻尼振动】(damped vibration) 振动系统受到阻尼作用造成能量损失而使振幅逐渐减少的振动。不论是弹簧振子还是单摆,由于外界的摩擦和介质阻力总是存在,所以振动过程中要不断克服外界阻力做功,消耗能量,振幅就会逐渐减小,经过一段时间,振动就会完全停下来。能量减少的方式有两种:一种是由于摩擦阻力的作用使振动系统的能量逐渐转化为热运动的能量,例如单摆摆动的过程中振幅减小或停下来就是由于系统的阻力作用使摆的机械能转化为空气的内能;另一种是振动系统引起周围物质的振动,使能量以波的形式向四周发出,例如琴弦发出声音不仅因为有空气的阻力要消耗能量,同时也因为以波的形式辐射而减少能量,最后琴弦会停止振动。

【阻燃】(flame retarding) 使材料具有减缓、终止或防止热辐射性的能力。有机合成材料大都易燃,且燃烧时产生大量烟雾和有毒气体,需采取一定的安全使用措施,阻燃技术便随之发展起来。降低聚合物的可燃性方法是:(1)合成耐热性材料。这类聚合物的成本过高,仅用于某些特殊场合。(2)利用物理的或化学的方式。将阻燃性添加剂加入到聚合物的表面或体内。可燃聚合物的燃烧通常可分为热分解、热自燃和热点燃等阶段。针对不同的阶段采取凝聚相(固相或液相)阻燃、气相阻燃或中断热交换阻燃等途径使可燃材料难燃或不燃。经过阻燃处理后的材料,在燃烧过程中,阻燃剂在不同的相区内起到抑制燃烧的作用。有机合成材料已广泛应用于建筑材料、仪器仪表、日用家具、室内装饰及人们的衣着住行等各个领域。

【阻燃材料】(flame retardant material) 一种能够阻止燃烧而本身并不容易燃烧的保护材料。固体的有水泥、钢材、玻璃等。液态的也简称为阻燃剂。在需防火墙体等各种材料表面上涂上阻燃剂后,能保证起火时不被烧着,也不会使得燃烧范围扩大。主要包括有机、无机、卤素和非卤材料。有机的是以溴系、氮系和红磷及化合物为代表的一些阻燃剂。无机的主要是三氧化二锑、氢氧化镁、氢氧化铝,硅系等阻燃体系。阻燃剂的应用方式分为添加型阻燃剂和反应型阻燃剂。主要适用于有阻燃需求的塑料,延迟或防止塑料尤其是高分子类塑料的燃烧。

【阻燃纺织品】(flame retardant fabric) 具有不燃性质或离开火焰后自行熄灭的织物。其制造方法是:(1)使用阻燃纤维织造纺织品,阻燃纤维有诺梅克斯、凯芙拉、聚苯并咪唑、聚对苯撑并双唑、芳砜纶和石棉等。(2)将阻燃剂单体与高聚物共聚或在聚合体中加入阻燃剂,经混溶加工制成共混纤维,织成阻燃织物。(3)将阻燃剂用喷涂、浸轧或涂层对织物进行处理,遇到火种发生物理和化学反应,达到阻燃效果。阻燃纺织品可按纤维品种、产品用途、整理工艺和阻燃耐久性的不同进行分类。

布带绳

【阻燃剂】(anti-flammability agent) 能阻止塑料、橡胶、纤维、涂料和木材等物质引燃或抑制火焰蔓延的添加剂。能够增加易燃物质的耐燃性。遇火时,阻燃剂能生成大量的不可燃气体或药剂薄膜,从而阻断燃烧,达到防火目的。

【阻燃型彩色聚酯压敏胶带】(flame resistant colored pressure sensitive adhesive tape） 在聚酯薄膜上涂敷经超细处理的阻燃型彩色压敏胶而制成的产品。具有颜色多样（红、蓝、白、绿等）、色泽均匀、黏着力大、不易老化、绝缘性能优良、阻燃等特点。用于各种变压器的层间绝缘、铁氧体外包封及其他电视、电器的绝缘材料。

【阻燃性工程塑料】（inflaming retarding engineering plastic） 具有阻燃性能的工程塑料。其特点是：有较高的强度，尺寸稳定，耐化学品，耐磨性好，高热阻性等。最主要的是它的高热阻性，使用温度较高，一般不容易产生燃烧。即使在燃烧过程中，也会出现焦化的趋势，利于阻止火焰的蔓延，避免造成更大的损失。利用这些特性，常用于制造机动车引擎内部零部件、刹车系统部件、需要耐受高温的电子系统部件。在工业设备中，常用在高温和有化学品腐蚀的使用环境中。

【阻燃整理】（flame retardant finish） 用某些化学品对织物进行阻燃处理的技术。由于纤维素纤维易燃，此类织物的阻燃整理受到特别重视。用磷酸酯化的产品手感柔软，阻燃性极好，但织物的断裂强力下降30%～40%。棉织物的耐洗要求阻燃整理，可用四羟甲基氯化膦、四羟甲基氢氧化膦、N－羟甲基二甲基膦酸酯、丙烯酰胺或乙烯基膦酸酯的低聚物等。阻燃整理织物耐洗性可达50次以上，阻燃性仍符合标准。羊毛织物本身不易燃烧，且离火能自熄，其阻燃整理只需利用锆盐或钛盐与羊毛形成络合物进行。阻燃织物常用于公共场所的装饰布及制作老人、儿童服装等。

【阻塞路由器】（obstructed router） 见内部路由器。

【阻塞性黄疸】（obstrucetive jaundice） 各种原因引起胆汁排泄受阻，使胆小管和毛细胆管内压力增高而破裂，致胆汁中结合胆红素返流入血，造成血浆胆红素升高、超出正常水平而出现的黄疸。如胆管炎症、肿瘤（尤其胰腺癌）、胆结石或先天性胆道闭锁等疾病，可引起阻塞性黄疸。其特征是：血浆结合胆红素浓度升高，而未结合胆红素浓度无明显改变，与重氮试剂直接反应呈阳性；大量结合胆红素可透过肾小球滤过，因而尿中胆红素阳性；尿液颜色变深，可呈茶叶水色。由于胆管阻塞排入肠道的胆红素减少，生成的胆素原也减少，完全阻塞的病人粪便因无胆色素而变成灰白色或白陶土色。

【阻生牙】（impacted teeth） 由于各种原因，使其部分萌出或完全不能萌出，并且以后也不能萌出的牙。即牙齿在颌骨内由于位置不正，不能萌出到正常咬合位置。最常见的阻生牙是下颌第三磨牙，其次是上颌第三磨牙和上颌尖牙。由于阻生牙的牙冠部分或全部为牙龈覆盖，在牙龈与牙冠之间就形成细菌繁殖区，当机体抵抗力下降或细菌毒力增强时就会引起冠周发炎。阻生牙牙冠周围的牙龈常常会发炎、疼痛，严重时脸颊可以肿胀，张口困难，甚至会全身发烧，颌下淋巴结肿大。阻生牙常常还会引起邻牙齿禹坏、松动，牙槽骨吸收等症状。所以，能引起这些病变的阻生牙应该拔除。人们常说的“尽头牙”在口腔医学中称“智齿”，也称第三磨牙。它是人类口腔中萌出最晚的一颗牙，往往在18～25岁才萌出。是由于随着人类的进化，由于颌骨变小，而没有足够的位置，从而形成智齿错位萌出。这种牙不但无功能反而有害，必须尽早拔除，以防止进一步发炎。而一般情况下，阻生牙的处理应根据不同的情况采取拔除、正畸牵引、导萌的等不同的措施。

【阻透性树脂】（barrier resin） 对小分子气体（氧、水汽、液体及气味等）具有屏蔽功能的高分子化合物。可分为：(1)乙烯－乙烯醇共聚物。(2)偏氯乙烯共聚物。(3)聚萘二甲酸乙二醇酯。(4)尼龙。(5)聚对苯二甲酸乙二醇酯等。用阻透性树脂生产的阻透性薄膜主要用于方便食品、药品、化妆品、茶叶和香料等包装。使包装物在储藏、运输过程中，保香，保味，保质，延长保质期。

【组播传输】（multicast） 主机之间一对一组的通信模式。加入了同一个组的主机可以接受到此组内的所有数据。网络中的交换机和路由器只向有需求者复制并转发其所需数据。主机可以向路由器请求加入或退出某个组，网络中的路由器和交换机有选择的复制并传输数据，即只将组内数据传输给那些加入组的主机。这样既能一次将数据传输给多个有需要的主机，又能保证不影响其他不需要的主机的其他通信。其优点是：(1)相同数据流的客户端加入相同的组共享一条数据流，节省了服务器的负载。(2)服务端的服务总带宽不受客户接入端带宽的限制。(3)允许在互联网宽带网上传输。其缺点是：(1)与单播协议相比没有纠错机制，发生丢包错包后难以弥补。(2)现行网络虽然都支持组播传输，但在客户认证、传输质量控制等方面还需要完善。

【组播技术】（multicast technology） 单个发送者对应多个接收者的一种网络通信。在组播技术中，通过向多个接收方传送单信息流方式，可以减少具有多个接收方同时收听或查看相同资源情况下的网络通信流量。较为典型的是采用组播地址的IP组播。组播技术基于“组”这样一个概念，属于接收方专有组，主要接收相同数据流。该接收方组可以分配在英特网的任意地方。组播技术涵盖的内容相当丰富，从地址分配、组成员管理，到组播报文转发、路由建立、可靠性等诸多方面。IP 组播技术有效地解决了单点发送多点接收的问题，实现了 IP 网络中点到多点的高效数据传送，能够大量节约网络带宽、降低网络负载。作为一种与单播和广播并列的通信方式，组播的意义不仅在于此。更重要的是，可以利用网络的组播特性方便地提供一些新的增值业务，包括在线直播、网络电视、远程教育、远程医疗、网络电台、实时视频会议等互联网的信息服务领域。

【组合成网技术】（combined webbing technology） 将各种成网方法组合在一起的纺织成网工艺。是非织造布技术革新的重要方面。干法成网、湿法成网和聚合物挤压成网工艺及其产品都具有各自的特色。将这些成网方法组合起来应用，可以取长补短，生产出性能更好的产品。

非织造布购物袋

【组合冲模】（combined stamping die） 一种类似于组合夹具或儿童玩的积木的冲压模具。这种模具需要配备许多标准的模板、固定板、定位板和顶料板等元件，应用时根据加工工件的形状和尺寸，临时由模具钳工组装而成。每副组装完毕的组合冲模，只能用于冲压一种工件。当冲压任务完成之后，将模具解体，分成若干个标准模具元件，可以再与其他的模具元件组合，成为冲制另一种工件的组合模具。实际应用的组合冲模有两种：(1)在组合夹具元件的基础上，根据冲模的特点和要求，补充一些必要的模具专用零件所组成的冲模，习惯上称之为积木式组合冲模。(2)完全按照冲模的结构特点和要求，设计制造许多标准的冲模元件，组装冲模时需再添加些专用零件（主要是工作部分），称之为配套式组合冲模。

【组合导航】（integrated navigation） 将两种或两种以上的导航技术组合起来应用的导航方式。早期飞机主要是目视导航。20 世纪 20 年代开始发展仪表导航，30 年代出现无线电导航，50 年代惯性导航进入飞机应用，50 年代末多普勒导航问世，60 年代中“子午仪”卫星导航正式投入使用，80 年代初出现地形辅助导航，80 年代末 GPS 全球定位系统逐渐进入航空领域。随着航天、航空和航海技术的发展，人们对飞机、导弹、舰船等运载体的导航精度要求越来越高。从 20 世纪 80 年代初以来至今，发挥不同导航系统特点的组合导航逐渐得到应用且发展迅速。组合导航系统一般都以惯性导航系统为基础，辅之以其他导航手段，如惯性－天文组合导航系统、惯性－天文－多普勒组合导航系统等。组合导航系统一般具有 1～3 种功能：(1)协合功能。利用各分系统的导航信息，形成分系统所不具备的导航功能。(2)互补功能。组合后的导航功能虽然与各分系统的导航功能相同，但它能够综合利用分系统的特点，从而扩大了使用范围和提高了导航精度。(3)余度功能。两种以上导航系统的组合具有导航余度的功能，增加了导航系统的可靠性。

【组合化学】（combinatorial chemistry） 一门将化学合成、组合理论、计算机辅助设计及机械手结合为一体，并在短时间内将不同构建模块经巧妙构思，系统反复连接，从而产生大批的分子多样性群体，形成化合物库，然后以某种手段对库成分进行筛选优化，得到有目标性能的化合物结构的学科。在有机领域最引人注目的成就是对传统药物合成化学的冲击。药物的开发是一个耗时耗费的过程。一种新药从开始研制到上市，一般需 8～10 年时间，研究费用高达2～5亿美元。药物的研制历程之所以这样长，其重要原因是先导化合物的发现与优化速度缓慢。组合化学能够加快化合物库的合成及筛选速度，从而加快新药的研制速度。经过十几年的发展，组合化学方法已成为新药研制的重要工具。它的出现被誉为近年来药物合成领域的最显著的进步之一。

【组合机床】（modular machine tool） 以大量通用部件为基础，配以少量按工件特定形状和加工工艺设计的专用部件和夹具组成的高效专用机床。采用多面、多轴、多刀、多工位或多工序同时加工的方式，生产效率比通用机床高几倍至几十倍。由于通用部件已经标准化和系列化，能缩短设计和制造周期，可根据需要，灵活配置组成各种类型的组合机床及其自动线。组合机床主要用于平面加工和孔加工，能完成铣平面、刮窝和车端面以及钻、扩、绞、镗孔、攻丝等多种工序。适合加工箱体类、盘类、壳类等工件。加工精度稳定，精度较高。铣削平面的表面粗糙度 Ra 可达 2.5～0.63μm；镗孔精度可达 IT7 或 IT6 级，孔距精度可达 ±0.02mm。在汽车、柴油机、电机、自行车和军工等

组合机床

行业大批量生产中广泛应用。

【组合夹具】(modular fixture) 利用一套标准元件和通用部件(如定位装置、动力装置等)按工件的加工要求组装而成的夹具。标准元件有不同的形状和尺寸,配合部件具有良好的互换性。在改变产品时拆散后,可根据加工对象重新组装。使用组合夹具,对新产品试制或单位小批量生产,可缩短生产准备时间,减少专用夹具的种类和缩短试制周期。

组合夹具

【组合结构】(combined structure) 钢部件和混凝土部件组合成的建筑结构。常用于多层和高层建筑中的楼面梁、桁架、板、柱,屋盖结构中的屋面板、梁和桁架,厂房中的柱及工作平台梁、板及桥梁中。

【组合控制】(composite control) 又称复合控制。一种将开环系统控制和闭环系统控制方式组合到一起的控制形式。是开环控制和闭环控制相结合的一种控制方式。它是在闭环控制回路的基础上,附上一个输入信号或扰动信号(是破坏系统输入量和输出量之间预定规律的信号)的返馈通路,用来提高系统的控制精度。其主要特点是:(1)具有很高的控制精度。(2)可以抑制几乎所有的可量测扰动,其中包括低频强扰动。(3)补偿器的参数要有较高的稳定性。

【组合设计】(combined design) 组合学的一个分支。研究各种类型的组合设计的性质、存在性、构造方法及相互关系等问题的学科。设计的构造方法基本上可以分为两类,即直接构造和递推构造。利用有限几何构造设计以及利用有限群构造设计是主要的直接构造方法。组合设计正处于迅速发展时期,不仅积累了大量的材料,而且逐步形成了以平衡不完全区组设计为主线、将各种类型的组合设计加以统一的理论体系。

【组合体系桥梁】(combined-system bridge) 主要承重构件采用两种独立结构体系组合而成的桥梁。组合体系可以是静定结构,也可以是超静定结构;可以是无推力结构,也可以是有推力结构;结构构件可以用同一种材料,也可以用不同的材料制成。常用的结构形式有:(1)拱、梁组合体系桥。较为简单的拱、梁组合体系有单跨无推力结构,如系杆拱(即刚性拱和柔性拉杆的组合)、刚梁柔拱、刚梁刚拱;较复杂的拱、梁组合体系为多跨布置的无推力或有推力的结构体系。(2)梁、桁架组合体系。桥面荷载直接作用在弦杆上,弦杆如同一个桁架节间长的实腹梁。(3)索、梁组合体系。如有加劲梁的悬索桥和斜拉桥(如南浦大桥、杨浦大桥)均属此类体系。

组合体系桥梁

【组合学】(combinatorics) 又称组合数学。研究数的技巧的数学分支。随着人们对数的了解和研究,在形成与数密切相关的数学分支的过程中,如数论、代数、函数论以至泛函的形成和发展,产生了各种数数的技巧。西方人认为组合学开始于17世纪。组合学一词是德国数学家莱布尼茨(Leibniz, G. W)在数学的意义下首次应用。到了18世纪,组合学才得以脱胎开始成为一个学科。20世纪初期,庞加莱(Poincare. J. H)联系多面体问题发展了组合学的概念与方法,导致了近代拓扑学从组合拓扑学到代数拓扑学的发展。近20年来,用组合学中的方法已经解决了一些即使在整个数学领域也是具有挑战性的难题。组合学也正在渗透到其他自然科学以及社会科学的各个方面。根据组合学研究与发展的现状,可以分为如下五个分支:经典组合学、组合设计、组合序、图与超图和组合多面体与最优化。如何在上述的五个分支的基础上建立一些统一的理论,或者从组合学中独立出来形成数学的一些新的分支,是21世纪向数学家们提出的一个新的挑战。

【组合最优化】(combinatorial optimization) 在具有离散变量的问题中,从有限个解中寻找最优解的问题。即把某种离散对象按某个确定的约束条件进行安排,当已知合乎这种约束条件的特定安排存在时,寻求这种特定安排在某个优化准则下的极大解或极小解问题。组合最优化的理论基础包含线性规划、非线性规划、整数规划、动态规划、拟阵论和网络分析等。它表现出两个突出的特点:一是它的广泛应用性;另一个是现实世界里的组合优化问题大部分都很难解决。组合最优化发展的初期,研究一些比较实用的基本上属于网络极值方面的问题,如广播网的设计、开关电路设计、航船运输路线的计划、工作指派、货物装箱方案等。自从拟阵概念进入图论领域之后，对拟阵中的一些理论问题的研究成为组合规划研究的新课题，并得到应用。现在应用的主要方面仍是网络上的最优化问题。组合最优化技术提供了一种快速寻求极大解或极小解的方法。

【组件对象模型】(component object model, COM) 关于如何建立组件以及如何通过组件建构应用程序的一个规范。包括规范和实现两部分。前者是一套为组件架构设置标准的文档，它定义了组件与组件之间的通信机制，这些规范不依赖任何特定的语言和操作系统；后者是一个组件对象模型库的应用程序编程接口，它为组件对象模型规范的具体实现提供核心服务。其特点是：(1)语言无关性。它采用的是一种二进制代码级的标准，而非源代码级的标准。(2)进程透明性。客户与服务器既可在一个进程中，也可不在一个进程中。(3)位置透明性。客户与服务器既可以在一台机器上，也可跨越网络。(4)版本兼容性。组件可以在不妨碍已有客户的情况下被升级。

【组态软件】(supervisory control and data acquisition) 又称数据采集与监视控制、组态监控软件、系统软件。一些数据采集与过程控制的专用软件。它们处在自动控制系统监控层一级的软件平台和开发环境，使用灵活的组态方式，为用户提供快速构建工业自动控制系统监控功能的、通用层次的软件工具。组态软件的应用领域很广，可以应用于电力系统、给水系统、石油、化工等领域的数据采集与监视控制以及过程控制等诸多领域。组态软件是有专业性的。一种组态软件只能适合某种领域的应用。组态软件大都支持各种主流工控设备和标准通信协议，并且通常应提供分布式数据管理和网络功能。对应于原有的HMI(人机接口软件)的概念，组态软件还是一个使用户能快速建立自己的HMI的软件工具或开发环境。在组态软件出现之前，工控领域的用户通过手工或委托第三方编写HMI应用，开发时间长，效率低，可靠性差；或者购买专用的工控系统，通常是封闭的系统，选择余地小，往往不能满足需求，很难与外界进行数据交互，升级和增加功能都受到严重的限制。组态软件的出现使用户可以利用其功能，构建一套最适合自己的应用系统。

【组元】(constitutional element) 简称元。又称组分。处在平衡状态的各个相能独立变化时的最少数目的化学物质。例如，水、冰和水蒸气虽属于不同的相，而组元均为H_2O。在合金系中，一般指纯化学元素，例如Fe、Al、Cu等。化合物也可作为合金的组元，例如Fe_3C、CO_2等。在矿物系中，化合物SiO_2、Al_2O_3、CaO、MgO、FeO和Fe_2O_3等是矿物系的组元。

【组织胺】(histamin) 一种活性胺化合物。除骨与软骨外，广泛存在于人及各种动物的组织中，以肺、肠及皮肤含量最多。主要储存于肥大细胞以及血液中的嗜碱性粒细胞和血小板中。各种机械损伤、抗原抗体反应以及某些化学物质(如多黏菌素B、右旋糖苷等)，均可激活细胞脱颗粒释放组织胺。为急性炎症以及速发型超敏反应的重要介质。作用于靶细胞表面的H_1、H_2受体而产生其炎症效应：(1)扩张小血管、增加微血管通透性，引起微动脉、毛细血管前括约肌、微静脉等小血管扩张。(2)皮肤出现三重反应，引起疼痛或痒感。(3)经H_2受体激活Ts细胞，抑制T淋巴细胞介导的细胞毒作用、淋巴细胞增殖以及淋巴因子的产生。

【组织工程】(tissue engineering) 应用细胞生物学和细胞工程学原理，研究开发能修复和改善损伤组织结构与功能的生物替代物的一门学科。其研究内容有：(1)种子细胞。(2)生物材料。(3)构建组织和器官的方法与技术。(4)组织工程的临床应用。其三大要素是：(1)支架。(2)细胞。(3)信息因子。其目的是：修补或修复由于意外损伤等引起的功能丧失的体内组织，满足临床和康复的需要。对一些尚没有办法根治的疾病，如恶性肿瘤、糖尿病、心脏病、早老性痴呆症、帕金森氏症、中风和其他疾病提供解决方案。

【组织培养】(tissue culture) 应用无菌操作方法，培养生物的离体器官、组织或细胞，使其在人工条件下继续进行生长和发育的一种生物技术。主要包括器官培养、离体受精、细胞培养以及原生质体培养等。是研究细胞、组织的生长、医学和分化和器官形态建成规律的一种重要手段。在医学和农业生产上广泛应用。如用茎尖培养，进行快速繁殖以获得无病毒品系；利用胚胎培养、试管受精和克隆技术克服杂种不育或远缘杂交不亲和性的障碍；通过花粉和花药培养获得单倍体植株，缩短育种年限。离体原生质体培养，也为细胞杂交工作发展创造了条件。

【组织相容性】(histocompatibility) 在不同个体间进行组织或器官移植时，受者和供者双方相互接受的程度。如果移植物能被受者所接受，则可视为“相容”，此移植成功。不能相容时则发生排斥反应，移植物难以存活，移植失败。移植能否成功取决于供者与受者细胞表面抗原(特别是白细胞表面抗原)上的差异。引起快而强的排斥反应的抗原，称为主要组织相容性复合体抗原或复合体分子(MHC)。它是染色体上的一群紧密连锁的基因群。在所有脊椎动物的基因组中均有MHC存在,人类的MHC称为人白细胞抗原(HLA)。在有些疾病中,患者HLA抗原的检出率远较正常人高。这些疾病大多是病因和发病机制不明,并伴有免疫功能异常和有遗传倾向性的疾病。最为典型的疾病为发作性睡眠病,其次为强直性脊椎炎。除了发现一些疾病与HLA呈正相关外,也有呈负相关的,如青少年型糖尿病。

【组织修复】(tissue repair) 局部组织、细胞因某种致病因素的作用遭受损伤和死亡后,由邻近健康细胞的再生来修补,以恢复组织完整性的过程。修复过程的快慢及完整与否受许多因素影响。这些因素除受损伤的组织类型外,还有致损伤因子、营养、血液供应、感染、组织缺损多少等。再生是指组织损伤后细胞分裂增生以完成修复的过程。如伤口的修复即通过血管、结缔组织、上皮组织等组织的再生以完成修复的过程。此外还有人工结构,如人工肾、人工关节、人工瓣膜等来修补或替换损伤的组织或器官,这是一种人工的修复过程。断肢再植就是充分利用了修复再生的规律。

【祖母绿】(emerald) 又称绿宝石。祖母绿一名是按波斯语的音译而来,助不剌、祖母绿、子母绿、助木勒、芝麻绿都是它古代音译的名字。属高档宝石,是最珍贵的绿柱石变种。绿柱石成分为$Be_3Al_3[Si_6O_{18}]$,六方晶系,晶体多呈六方柱。玻璃光泽。硬度7.5。性脆。密度2.63~2.91g/cm³。翠绿色是铬类质同象代替铝而呈色,通常含量Cr_2O_3 0.15%~0.20%。深绿色的可达0.5%~0.6%。含铁或钒的绿柱石也呈绿色,但是在某些专著和教材中及一些地区性珠宝业协会认为,含Fe^{2+}的只能归入绿色绿柱石,而绿祖母的绿是专指含铬、钒的翠绿色及稍带黄或蓝的翠绿色绿柱石亚种。颜色有不均匀的分带性时,核部和边部不仅颜色不同,折射率也不同,密度和折射一般高于绿柱石的其他变种。所有祖母绿都含有包裹物,只不过有的要用放大镜或显微镜才能看到。根据包裹体特征可推定祖母绿的产地。世界上著名的祖母绿产地有哥伦比亚、巴西、津巴布韦、赞比亚、南非、坦桑尼亚、印度、巴基斯坦、阿富汗和俄罗斯。

祖母绿

【钻爆法】(mine tunneling method) 隧道工程中通过钻眼、爆破和出渣而形成结构空间的一种开挖方法。是目前修建山岭隧道最通行的方法。按开挖分布情况的不同可分为:全断面、台阶、环行开挖预留核心土、双侧壁导坑、中洞、中隔壁和交叉中隔壁开挖法。

【钻床】(drilling machine) 用于工件孔加工的机床。主要用于加工外形复杂、没有对称回转轴线工件上的孔,如箱体、支架、杠杆等零件上的单个孔或孔系。其特点是:加工过程中工件固定不动,让刀具移动,将刀具中心对正孔中心,并使刀具作旋转运动(主运动),沿主轴方向进给。其操作可以是手动,也可以是机动。通常钻床可以分为以下几类:(1)台式钻床。钻孔一般在13mm以下,最小可加工0.1mm的孔。(2)立式钻床。其主轴不能在垂直其轴线的平面内移动,故钻孔时要使钻头与工件孔的中心重合,就必须移动工件。它只适合加工中小型工件。(3)摇臂钻床。适用于加工大型工件和多孔工件,有一个能绕立柱作360°回转的摇臂。其主轴可在摇臂上滑动。

钻床

【钻进工程】(drilling engineering) 有广义和狭义之分。广义的钻进工程是指钻进作业的全过程,即从开钻到钻完一个孔的全部施工过程;狭义的钻进工程则仅指钻孔(井眼)的施工中,钻孔底部钻头破碎岩石加深孔身的作业工序。地质勘探工作中常指的是后一种概念。为规范钻探施工生产中的各项活动,常由地质勘探主管部门制定和颁发一些钻探规程,即钻探技术规定,如岩心钻探规程、水文地质钻探规程、砂矿钻探规程、工程施工钻探规程、冲击回转钻探规程和定向钻探规程等,主要内容包括钻孔结构、设备及其安装、钻进参数、工程质量、护臂堵漏、事故处理、安全防护和现场管理等,以确保钻探作业能够安全、规范、有序地进行。在石油勘探及供水钻井等行业里,钻进则明确地只指钻头工作延伸井深,即狭义的钻进概念,对广义的钻进概念多称为钻井。

【钻进工程设计】(drilling engineering design) 在石油及天然气勘探、开发中组织钻井施工作业的一项最基础的计划。该计划分为地质设计、钻井口径设计、施工进度设计及费用预算四个部分。其主要内容有：井位选择，设备选型，井身结构和套管程序的确定，钻柱设计及下部钻具组合，钻井参数设计，钻井液的选择及参数设计，固井设计，地层孔隙压力监测，漏失试验，油气层保护，环境保护，安全生产，防喷要求及措施，施工进度计划和全井成本预算等。

【钻进过程】（drilling procedure） 钻机在地层中钻探的过程。有狭义和广义之分。前者仅指钻头在钻孔（井）底工作的过程，又称为纯钻进过程；后者指钻井施工生产的过程，称为全钻进过程。通常情况下指的是全钻进过程。它包括起下钻（钻井施工中为提取岩心或更换新钻头、处理事故等，从孔内提出，又向孔内下入钻具的作业）、钻进（钻机带动孔底钻头破碎岩石加深孔深的工艺过程）、取心（钻探施工中用取心工具取出圆柱状岩心的过程，是获取地质资料最可靠的方法之一）、测斜（在钻探或钻井工程施工中，使用测量孔斜的仪器下入到孔内，测量其中某一点的钻孔顶角及方向角的一个辅助作业工序，其目的是保证钻探施工的质量）等工序。

【钻进技术】（drilling techniques） 用钻头钻入地层或用其他方法形成钻孔的技术。按取心与否可分为取心钻进（采取岩心）和不取心钻进（不采取岩心）；按所用磨料和器具的不同可分为硬质合金钻进（采用硬质合金钻头）、金刚石钻进（采用金刚石钻头）和钢粒钻进（采用钻粒钻头和硬质钻粒即钢粒进行的钻进）等；按碎岩方式的不同可分为冲击钻进（利用钻头冲击力破碎岩石的一种钻进方法）、回转钻进（钻头回转破碎孔底岩石的一种钻进方法）和冲击回转钻进（一种在回转钻进的同时加入冲击作用的钻进方法）等；按循环方式的不同可分为正循环钻进（钻进时由泥浆泵将洗井介质经钻柱压入孔底、而后由钻柱与孔壁间的间隙返回地面实现循环冲洗的一种钻进方法）、反循环钻进（钻进时由泥浆泵将洗井介质经由钻柱与孔壁间的间隙压入孔底而后由钻柱中心返回地表实现循环的一种钻进方法）等。此外，还有其他一些类型的钻进技术，如空气钻进（以空气作为冲洗孔底和冷却钻头的介质）、加压钻进（孔内钻具质量小于钻头破碎岩层所需压力时用给进装置加压以实现正常钻进的一种钻进）、减压钻进（孔内钻具质量大于钻头破碎岩层所需压力时用给进装置减压以实现正常钻进的一种钻进）、涡轮钻进（利用涡轮钻具作为井下动力机带动钻头的一种钻进方法）、螺杆钻进（利用螺杆钻具作为井下动力机带动钻头的一种钻进方法）、喷射钻进（在正常回旋钻进方法的基础上用高压水射流形成水力、机械联合作用实现破碎孔底岩石的一种钻进方法）等。

【钻进技术参数】（drilling technical parameters） 影响钻进效率的诸技术因素参变量。通常影响回转钻进的主要技术参数是：钻头压力、钻头转速和泥浆泵冲洗液排量，简称钻压、转速和泵量。钻头压力是指钻进时作用在钻头上的总压力。在钻探施工时，钻头必须有足够的压力才能有效地破碎岩石。适当提高钻压可以提高钻进速度，但钻压过大又容易造成钻孔弯曲和钻具折断事故。钻压的大小决定于钻进方法、钻头直径、钻头类型及所钻地层岩石的性质以及钻进时其他相应的技术条件。钻头转速指钻头在孔底每分钟的转数。在钻进中适当提高转速也可使钻进速度相应提高。但是对于不同的岩石、不同的钻进方法和不同的钻头类型，合理的和最优的转速都不相同。泥浆泵冲洗液排量又称排量，指钻进时每分钟泵入孔内的冲洗液流量。泵量的大小直接影响钻孔（井眼）的冲洗效果，但是泵量过大又容易造成对孔壁的冲刷，影响孔壁的稳定性，并易产生孔斜。钻进技术参数的具体数值与钻进方法、孔的深浅、孔径大小、钻头类型有关。在不同的条件下，它们差别极大。调整好钻进技术参数及其配合，可以提高钻进效率（即钻进速度）、降低钻进成本，保证钻孔质量。

【钻进数学模型】（mathematical model of drilling） 以影响钻进过程的各种因素为因子而形成的描述钻进过程动态变化规律的数学表达式。是一个由若干个方程式组成的非线性方程组，主要由三个基本方程组成，即钻速方程、钻头磨损方程和钻井成本方程。模型里的全部变量有四个：钻压、转速、钻头工作时间和钻头水马力，目标函数是钻进单位进尺成本。组成模型的非线性方程组存在有极值。由此即令钻进单位成本最小为极值条件，可以求解出最优的钻压、转速、钻头工作时间和钻头水马力。该模型是最优化的钻进数学模型。这三个方程式是联立关系，经过代换可以合成一个自变量是钻进单位成本和4个变量的多元非线性方程式。

【钻井】（drill well） 石油天然气部门、水文地质和工程地质勘探部门及地热等部门对钻孔的通称。如石油天然气探井和生产井、供水井、地热井及钻探施

钻井施工

工的水井。钻井有两个概念：一是指钻出的井眼及钻孔；二是指钻进，与钻进为同一概念，泛指钻井方法即钻进方法、钻进速度、钻进技术措施、钻井参数及钻进施工过程等。按钻探施工中孔内压力状况的不同，在油气勘探工作中还常常提到压力平衡钻井和负压钻井。前者指20世纪70年代发展起来的钻开油层的一种先进钻井工艺。即在钻井时控制泥浆密度，维持泥浆的静液柱压力与地层压力处于平衡状态。其最大优点是有利于发现油气层，不会钻失油层或将低压油层压死；此外，平衡钻井还可以获得高的钻井速度。后者又称欠平衡压力钻井，指在油气钻井过程中，保持井筒内的介质压力略低于地层孔隙压力，使地层中流体可以自由地进入井筒，通过地表井压控制装置进行有控制地边放喷、边钻进的过程。负压钻井有利于保护油气层和及时发现新的油气层，也有利于提高钻速。多用于地层压力较低、物性条件较差的地区实施钻探作业。

【钻具】(drilling tools) 钻探或钻井时除钻头外下入孔内所有柱形工具的总称。是将动力机械产生的动力通过钻机传给钻头的主要连接器件，包括主动钻杆（为方钻杆，整个钻杆柱最上部的第一根钻杆，主要作用是接受钻机的旋转力矩）、钻杆（特制的无缝钢管，是钻探施工时组成孔内钻具的主要部分）、钻铤（连接钻头和最下一根钻杆之间的加重钻杆，作用是加重钻具底部重量，拉直钻杆以减少钻杆折断和钻孔弯曲）、岩心管（连接在钻头上部用于容纳和保护岩心的一段管材，钻进时还有导正钻具的作用），各种连接接头或接箍，以及扩孔器、稳定器等。其主要作用是：(1)传递扭矩直达孔底，供给钻头破碎岩石的回转功率。(2)给钻头施加钻压。(3)输送冲洗液，冲洗孔底并冷却钻头。在各种孔底动力钻进和冲击回转钻进中，钻具还可进一步分为涡轮钻具、螺杆钻具、液动冲击钻具和潜孔锤钻具等。

钻具

【钻孔】(drilled hole) 专指地质勘探行业中为达到工作目的经地质钻探而成的孔眼。其在地面上开口的位置称为孔口，底部称孔底，直径称孔径，四周称孔壁，深度称孔深。油气勘探、地下水及地热勘探等流体矿产勘探而成的钻孔习惯上常称作钻井或井眼，其相应部位也分别称为井口、井底、井径、井壁和井深。在实际的地质勘探工作中，钻孔的孔径与深度是依工作的性质和目的确定的。孔径从33～400mm不等，最大的工程施工钻的基础桩孔径可达2m以上。按钻孔深度的不同，地质岩心钻探可划分为浅孔（深度在300m以内）、中深孔（深度300～600m）、深孔（深度600～1 500m）和超深孔（深度超过1 500m）。油气钻井的深度一般都比较大，多在数千米。目前世界上最深的钻孔是苏联（俄罗斯）在其科拉半岛上施工的科学深钻，孔深达12 262 m。

【钻孔采煤机】(auger miner) 又称螺旋钻采煤机。以大直径螺旋钻头为工作机构的采煤机。即用大直径螺旋钻头在煤层中钻孔并把煤从钻杆用的麻花槽排出的采煤机械。利用钻孔采煤机的回采巷道均为半煤岩巷道，由综掘机超前掘进，掘进出的煤由刮板运输机运走，掘进矸石先堆放在巷道一边。钻孔采煤机钻采机钻进出的煤由刮板运输机运去。利用钻孔采煤机采煤具有工艺简单、投资少、设备移动灵活、节省人力、效率高、安全可靠等优点。适用于回采极薄煤层、残留煤柱、边角煤、大倾角煤层、开采解放层、“三下”采煤、顶板松软破碎煤层、露天矿残留边坡煤、露头发育的近水平煤层等，对提高回采率、充分挖掘井巷工程及固定设备的潜力、延长矿井寿命有明显的经济效益和社会效益。

【钻孔冲洗】(hole washing, hole flushing) 又称洗井。钻进施工中使用泥浆等流体介质冷却钻头并将钻粉或岩屑携出孔口的作业。在钻探作业中，利用泥浆泵或压缩空气机将水或泥浆、空气、充气泥浆、黏性泡沫、雾化泥浆等冲洗介质输入孔（井）内，以钻杆内孔和钻杆与孔壁间的间隙为通道形成循环通路，用以冷却钻头和冲洗钻孔。冲洗钻孔是回转钻进中必不可少的作业，要在钻进同时冲洗钻孔。钻进停止时，也可专门冲洗钻孔。在油气勘探和水文钻探作业中，为了更有效地破壁和清除井壁上的泥皮，还会采用盐酸、焦磷酸钠洗井液冲洗钻孔和使用二氧化碳洗井技术进行洗孔。

【钻孔地震波测速法】(seismic wave velocity method by hole-drilling) 在钻孔中利用直达波测定地层波速的方法。按其测定方法的不同可分为：(1)单孔测速法。在孔口附近激振，在钻孔内的不同深度上安置探头测定直达波的初至时间。探头由两个互为正交的水平检波器和一个垂直检波器组成。利用气压附壁装置，可使探头紧贴井壁。测定纵波速度时，须作垂直激振。测定横波速度时，须作水平激振，通常是在压有重物的厚木板两端作水平振击以激发横波。根据直达波穿过某地层所需的时间及该地层的厚度可算出地层速度。(2)跨孔法。在一个钻孔中激振,在相隔一定距离的另一个钻孔中观测直达波的到达时间。对于浅孔,可用木杆插入井底,在地面敲击木杆的一端进行激振。在较深的钻孔中可用“附壁式井下锤”激发横波。已知激振点到检波器的距离以及直达波的行进时间便可算出地层波速。

【钻孔机】(drilling machine) 在岩石或混凝土中钻凿孔眼的施工设备。水电工程施工中进行地质钻探、地基处理、设置锚筋或用钻爆法进行石方开挖时均需钻孔。进行此种作业的机械有各种凿岩机、凿岩台车、钻孔机及其辅助设备。一般来讲,凿岩机适用于钻凿小直径孔眼,钻孔机适于钻凿大直径孔眼。

钻孔机

【钻孔涌水】(hole over – flow of water) 地层中承压水涌入钻孔中的现象。钻探施工中遇到承压水层压力超过钻孔液柱压力时,承压水就会涌入钻孔,甚至喷出地表。涌水严重时,会使钻进工作无法进行,还可能引起孔壁坍塌等事故。防止钻孔涌水,多从改善泥浆性能着手,防止泥浆被水稀释和及时处理泥浆中的气体,有时还在泥浆中加入加重剂(如重晶石粉)来提高泥浆密度,增大钻孔液柱压力。在地质钻探中,如所钻的地层稳定而不需泥浆护孔时,则可采用清水钻进(用清水冲洗),这样可以避免因涌水而妨碍钻进。

【钻探】(drilling) 使用专门的机械设备向地下实施钻孔的工艺过程。其目的是通过从钻孔内取出的岩心、矿心、岩屑、岩粉,或在孔内下入测试探头而探测到信息,对地下深处的地质和矿产情况进行分析和判断,从而作出正确的矿产资源评价。钻探和坑探都是可以直接对矿产获得采样的工程手段,而钻探比坑探更节省勘探工作量和费用,进度也更快。尤其在大型沉积矿床勘探,油气、地下水和地热等资源的勘探以及埋藏较深的矿藏的勘探中,钻探则是唯一的工程手段。钻探还广泛用于工程建筑,水利建设,港口、交通、铁路建设,国防军事设施等的工程地质勘察。重大地质构造的研究,如火山活动与地震、板块运动等,都必须依赖钻探获取第一手资料。

【钻探船】(floating drilling ship) 一种移动式海上钻探作业平台。配备有海上钻探设备的动力船舶,专门用来寻找海底矿产资源。由多个系统构成:动力系统、自动定位系统、通信系统、锚固系统、生活保障系统与矿产资源勘测系统。其中,后者包括钻探、井架、采样和化验等一整套矿产勘探作业系统。钻探船多数具有自航能力,是在水深、较大的海域中寻找矿产资源不可缺少的重要设备。

【钻探工程数据库】(drilling engineering database) 存储钻探工程的基础资料和相应数据的计算机软件系统。其内容包括:钻孔结构、钻孔轨迹、钻具组合、钻进技术参数、地层情况、钻头使用情况、钻进速度及工程质量等。建立钻进工程数据库,可以使工作人员从繁琐的人工统计分析工作中解放出来,同时为进一步实现优化钻进和远程控制奠定了基础。对钻探工程数据库应进行经常的组织、编目、定位、存储、检索和维护,以保证数据库能够正常工作。

【钻探工程质量指标】(index of drilling quality) 在钻探施工和工程验收时所遵循的各项技术质量要求。不同类型和目的的钻探工程,其质量指标也各不相同。岩心钻探的质量指标有岩心采取率、孔斜允许范围、钻孔记录质量及封孔和止水质量;油气钻探的质量除上述指标外,还有对泥浆质量、固井质量和完井质量的具体要求;而水文钻探和水井钻井则对下井管、过滤器质量及出水质量有更高的要求。

【钻探工艺】(drilling technology) 钻探施工技术措施的总称。除了钻探技术装备以外的钻探技术问题,与钻探设备并列为钻探工程的两大技术方面。其主要内容有:钻进破碎岩石的原理和方法;钻探的水力计算及提高钻头水马力的技术措施;测斜原理和预防孔斜的技术措施;预防和处理孔内事故的技术措施;复杂地层中的钻进技术;提高岩(矿)心采取率的技术措施;钻进定向孔的技术措施;总体提高钻进速度、保证钻探质量和降低钻探成本的措施等。

【钻探设备】(drilling equipment) 直接用来完成钻探工程或钻井工程的一切机电设备。地质岩心钻探的设备统称四大件:(1)钻机。是用于向地质钻孔或钻井的施工作业机械,主要有两个功能,一是带动孔内钻具破碎孔底岩石,二是提出和下入在孔内的钻具。两个功能交替作业,完成一个钻孔作业。(2)泥浆泵。又称钻进泵。是回转

钻探设备

钻进冲洗孔眼所用的机械。在钻进过程中通过钻杆向孔内强力压入泥浆、水或某种专门的冲洗介质，迫使液体从孔内返回地面，将岩粉岩屑从孔底携出。(3)动力机。指驱动钻机和泥浆泵的动力机。当前主要有电动机和柴油机两种。(4)钻塔。又称钻架、井架。是架设在钻探施工场地配合钻机绞车进行起下钻具的起重设备，为四角形塔状钢结构构筑物，外蒙帆布护罩，故称钻塔。钻探所钻的孔愈深，要求钻架也要愈高。一般水文和工程钻机的钻架高度是10～12m；地质岩心钻机的钻塔高度是12～23m；石油钻井的井架高度可达42～53m。

【钻探设计】(drilling design) 钻探或钻井工程施工前的技术设计和工作计划。其内容有：井身结构设计、钻进技术参数设计(包括钻压、转速、泵量、泵压等)、钻进水力循环和泥浆设计、钻探动力设备和起重能力设计，石油钻探还要进行固井设计和井底及井口的完井设计。其设计依据是钻探工程的目的，矿区地层剖面柱状图，钻探目的层(矿层、水层、地热层、水层等)预计深度、层数、厚度以及地层岩性、构造和钻探危险性提示等。它是整个钻进工作的依据。中、浅孔的钻探工程常按一个矿区或按年度或季度进行总体设计，而深孔及石油钻井、地热钻井都必须进行单孔设计。钻探设计的最终文件是钻探设计任务书，由钻探技术部门审查核准后交由施工部门执行。

【钻探专家系统】(drilling expert system) 能够解决钻探工程技术问题的人工智能系统。该系统汇集了丰富的钻探知识和经验，可根据钻探的理论计算、工程技术专家的知识、操作技师的实际经验，采用人机对话的方式，为咨询者提供钻探施工中出现的技术问题的解决方案，提供相应的数据、信息和建议。其推理判断的方法就像人类专家思考问题的方法。专家系统里储藏的知识与经验越多，回答的问题就越细致、越全面，可信度也越高。

【钻头】(drill crown) 钻进破碎岩石的工具。连在钻杆柱组成的孔(井)内钻具的头底部，或连在冲击钻具下系在钢丝绳底端。通过地面钻机带动钻杆传力给钻头，回转或冲击破碎岩石。按是否采取岩心，回转钻进钻头又分为取心钻头和不取心钻头。地质勘察钻探多采用取心钻头，又称为岩心钻头，其中有硬质合金钻头(在圆筒状钻头体上镶嵌碳化钨的硬质合金磨削具的钻头)、钻粒钻头(圆筒状钻头体下部开出较高的三角形水口、靠旋转压拖动由硬质材料做成的钻粒破碎岩石的钻头)和金刚石钻头(镶嵌在钻头体上的金刚石破碎钻孔底部岩石的钻)。油气钻井多使用不取心钻头，有牙轮钻头(由若干个带齿的滚轮组合成的钻头)、刮刀钻头(在松软地层中钻进常用的一种带有翼片的切削钻头)和油井金刚石钻头(又称不取心金刚石钻头，金刚石颗粒呈螺旋状或辐射状表镶在钻头胎体表面上、靠金刚石颗粒破碎岩石的钻头)。在水文钻探及钻井、工程施工中，常使用不取心的冲击钻头(利用冲击作用破碎岩石的钻头)和旋挖钻头(靠旋转挖取孔底松软岩土的钻头)。

钻头

【钻削加工】(drilling process) 在钻床上以钻头的旋转作主运动，钻头向工件的轴向移动作进给运动，在实体工件上加工出孔的工艺方法。钻削加工既可以作为高精度要求孔的预加工，也可以作为精度要求不高的孔的终加工。

【最大安全电流】(maximum safety current) 通过恒定直流电不会使电雷管爆炸的最大电流值。技术标准规定，通以恒定直流电5min不爆的电流值为最大安全电流。实测的最大安全电流值都在150mA以上。为安全起见，技术标准规定，安全电流以通入50mA直流电持续5min不爆为合格。

【最大不发火电流】(maximum non-firing current) 电雷管达到规定的不发火概率所能施加的最大电流。单个电雷管长时间通过一定数值的泄漏电流不发生误爆，超过这一数值有可能发生爆炸。不发火电流是作用时间的函数。对于短作用时间(不超过30ms)，不发火电流与作用时间成反比；对于长作用时间(超过1s)，不发火电流不随作用时间而变。其测定装置包括一个可调的恒流电源装置、一个数字安培表和一个手动开关。在测定时，每次通过数字安培表接一发雷管于电源装置并点火。开关置于“开”位置。向雷管输入点火脉冲，持续时间为10s。10s后将开关置于“关”位置。每做一次试验需换一发新雷管。开始对，利用高发火电流，使试样雷管发火。然后按10mA一级减小电流，如果仍然发火，下次再减小10mA，依此类推。连续5次不发火的最大电流就是雷管的不发火电流。

【最大持续产量】(maximum sustainable yield) 又称最大平衡产量。在不损害种群生产能力的情况下，可持续获得的年最高渔获量。一般年渔获量低于该值时，该资源尚有一定开发潜力；超过时，为捕捞过度，会造成资源衰退。依此评价渔业资源开发利用的合理程度。中国是世界上捕捞渔船和渔民数量最多的国家。由于长期采取粗放型、掠夺式的捕捞方式,造成传统优质渔业品种资源衰退程度加剧;渔获物的低龄化、小型化、低值化现象严重;捕捞生产效率和经济效益明显下降。特别是许多优质生物种类受到严重破坏和消失,无法继续利用。中国海域的重要经济鱼类资源近20多年来已出现衰退现象。如大黄鱼、小黄鱼、带鱼以及其他经济鱼类资源出现全面衰退,使中国东海舟山一带几乎形不成渔汛。鲐鱼、梭鱼和鲈鱼等传统捕捞对象也相继受到破坏。据联合国粮农组织估计,有70%的海洋鱼类已过度捕捞,全球15个主要渔场中有13个捕鱼量已超出鱼类可持续发展量。联合国粮农组织1995制定的《渔业负责任行为守则》为世界渔业管理构筑了一个基本框架,对促进各国渔业和水产养殖可持续发展具有重要的作用。

【最大公因数】(greatest common divisor) 又称最大公约数。设 d 和 $a_1,a_2,\cdots a_n(n \geqslant 2)$ 都是正整数,若 $a_1,a_2,\cdots a_n$ 都能被 d 整除,则称 d 是 $a_1,a_2,\cdots a_n$ 的公因数。把公因数中的最大者称为 $a_1,a_2,\cdots a_n$ 的最大公因数。若 d 是它们的最大公因数,则可记作:$(a_1,a_2,\cdots a_n) = d$。求若干个数的最大公因数的方法很简单。先把各个数分别分解成素数因数,并把它们写成乘方连乘形式。再从公有的因数里取出最小的乘方相乘即得最大公因数。例如,求2 016,1 260,4410和1134的最大公因数:$2\,016 = 2\times2\times2\times2\times2\times3\times3\times7 = 2^5\times3^2\times7$;$1\,260 = 2\times2\times3\times3\times5\times7 = 2^2\times3^2\times5\times7$;$4\,410 = 2\times3\times3\times5\times7\times7 = 2\times3^2\times5\times7^2$;$1\,134 = 2\times3\times3\times3\times3\times7 = 2\times3^4\times7$。求得最大公因数为:

$d = (2\,016,1\,260,4\,410,1\,134) = 2\times3^2\times7 = 126$。

【最大耗氧量】(maximal oxygen consumption) 又称最大吸氧量、最大摄氧量。机体在运动时所能摄取的最大氧量。是综合反映心肺功能状态和体力活动能力的最好生理指标。20岁以上的成年人,最大耗氧量随年龄的增长以每年0.7%~1.0%的速度减低。适当的康复锻炼可以减轻衰退的程度。测定最大耗氧量可以通过极量运动试验直接测定,也可用亚极量负荷时获得的心率、负荷量等参数间接推测。在康复医学中用于评估患者的运动耐力、制定运动处方和评估疗效。

【最大密实度】(maximum density) 筑路材料在一定的夯实能量下,在最佳含水量时所达到的密实程度。如果材料的含水量低于或高于这个最佳值,都不能将其夯实到最大密实度。材料的最大密实度可用击实法测定,即按照标准的实验方法,将材料从较干燥状态逐渐加水,增加其含水量,绘制材料密实度-含水量关系曲线。曲线中的最高点即为材料的最大密实度,相应的含水量为最佳含水量。

【最大耐受量】(maximal tolerance dose, MTD) 又称最大耐受浓度。在动物实验中动物对某药物能够耐受而不引起动物死亡的最高剂量。是研制新药过程中必须要考虑的一个重要指标。

【最大平飞速度】(maximum level flight speed) 飞机在水平直线飞行条件下把发动机推力加到最大时所能达到的最大飞行速度。一般喷气飞机的最大平飞速度都是在11 000m以上的高空达到的。对于军用飞机来说,低空飞行能力具有重要的意义。低空最大平飞速度是衡量多用途战斗机、攻击机和轰炸机的重要性能指标。

【最大值和最小值】(greatest value and least value) 又称为函数的最值。把闭区间$[a,b]$上定义的函数 $y = f(x)$ 在极值点和端点处的数值一起进行比较,数值最大者称为函数$f(x)$在$[a,b]$上的最大值;数值最小者称为函数$f(x)$在$[a,b]$上的最小值。函数最值的概念与函数通过在局部范围内进行比较所得到的极大值和极小值的概念不同,函数的最大值和最小值是在整个定义域上进行比较而产生的结果。用数学方法可以证明,在闭区间上连续的函数在该区间上至少各取得一次最大值和最小值。这就是函数的"最大值和最小值定理"。在应用这个定理的时候应注意两点:(1)如果函数在开区间上,则可能不存在最大值和最小值。例如,开区间(a,b)内的函数 $y = x$ 就取不到最大值,也取不到最小值。(2)如果函数在闭区间上有间断点,也会得不到最大值和最小值。例如函数

$$Y = f(x) = \begin{cases} -x+1 & 0 \leqslant x < 1 \\ 1 & x = 1 \\ -x+3 & 1 < x \leqslant 2 \end{cases}$$

在闭区间$[0,2]$有断点 $x = 1$。

【最高容许浓度】(maximum allowable concentration, MAC) 工作地点空气中有害物质在长期多次有代表性的采样测定中,均不应超过的容许接触限值的上限浓度数值。在一个工作日内、任何时间有毒化学物质均不应超过的浓度。接触有害物质时间以每天8小时,每周6天计算,在不超过该浓度的情况下,工人长期接触也不致产生用现代检查方法所能发现的任何病理改变。是化学有害因素职业接触限值的一种。有毒化学物质主要是指具有明显刺激、窒息或中枢神经系统抑制作用,可导致严重急性损害的化学物质,一般是具有剧毒毒性的化学物质。

是对使用、生产、储藏剧毒性物质工作地点进行监测、监督检查、危害评估的技术依据。

【最佳航线选择】(selecting of ship optimum route) 根据海洋水文、气象条件选择船舶航行安全、经济的最佳航线。远在独木舟航海时代,人类就注意到按气象条件(经验)选择出航时间和航行海域。从19世纪开始,随着蒸汽机船舶的出现和发展,航海者依靠航海实践中积累的资料,编制出用于大洋航行和局部海域使用的各种航海气候图(主要是风和海流图)。直到20世纪50年代,航海者逐步认识到影响海上航行安全的除了风以外,更重要的还有海浪、海流、海冰等。于是提出了根据海洋水文、气象条件选择船舶最佳航线的方法。此种方法的优点是充分使用海浪、海流、海冰、风、雾等环境条件的预报结果,全面考虑航行时间、燃料消耗、船体摇摆、货物及船体损伤等要求,选定最佳航线,或依最小航行时间的要求,选定最小航时航线。这种导航服务,在多数国家由政府海洋预报机构的航线服务部门提供,但在有的国家,由商业性导航公司专门承担此种业务。

【最小抵抗线】(minimum distance) 从装药重心到自由面的最短距离。在工程爆破中表示土岩介质抵抗药包爆炸后的高压产物推动和破坏作用能力的一个特征量。其取的合理与否,直接关系到各项爆破指标。事实上最小抵抗线是爆破时岩石阻力最小的方向。在这个方向上岩石运动速度最高,爆破作用也最集中。因而最小抵抗线是爆破作用的主导方向,也是抛掷作用的主导方向。

【最小点燃能量】(the minimum ignition energy) 在规定的试验条件下,能使爆炸性混合物燃爆所需最小电火花的能量。最小点火能量的测定可用电火花法。其放电能量可通过如下计算公式求得:

$$E=\frac{1}{2}CV^2$$

式中 E-放电能量,J;V-导体间的电位差,V;C-导体间等效电容,F。

最小点燃能量(MIE)

物料状态	材料名称	最小点燃能量(mJ)
液体	丙醇	0.65
	乙酸乙酯	0.46
	乙烷	0.24
	甲醇	0.14
粉末	聚氯乙烯(PVC)	1 500
	锌	200
	淀粉	50
	镁	20
	锆	5

品名	最小点燃能量(mJ)	品名	最小点燃能量(mJ)
氢气	0.019	二硫化碳	0.19
乙炔	0.02	汽油	0.2
乙烯	0.096	苯	0.2
一氧化碳	<0.28	甲苯、二甲苯	<0.28
煤气	<0.126	吡啶	<0.28
液化气	<0.2	甲酚	<0.28
天然气	<0.2	氨	<0.28
甲烷	0.28	萘	<0.28

【最小二乘法】(least square method) 一种常用的数学方法。在实验中获得自变量 x 与因变量 y 的若干对应数据 (x_1,y_2),(x_n,y_n) 时,要找出一个已知类型的函数 $y=f(x)$(如线性函数 $y=x=b$ 等),使得偏差平方之和 $\sum_{i=1}^{n}[y_i-f(xi)]^2$ 为最小。这种求 $f(x)$ 的方法称"最小二乘法"。求得的函数 $y=f(x)$ 称为"经验公式"。常用于工程技术和科学研究的数据处理中。

【最小发火电流】(minimum firing current) 又称最小准爆电流、最低准爆电流。电雷管达到规定的发火概率所需施加的最小电流。在测定时,单发测试,从小到大改变电流,直到全部25发电雷管全部爆炸时的电流值,作为单发电雷管的最小发火电流。如果缩短通电时间,又要求电雷管准爆,则必须增大电流。国家标准规定,任何厂家生产的电雷管,其最小发火电流均不得超过0.7A。一般国产电雷管的最小发火电流,康铜桥丝雷管为0.4~0.7A,镍铬桥丝雷管为0.2~0.25A。在实际工作中,通过单个电雷管的电流应大于最小发火电流。采用直流电起爆时,准爆电流取2.5A;采用交流电起爆时,准爆电流取4A,以保证电雷管可靠起爆。

【最小公倍数】(lowest common multiple) 若 $n\geqslant 2$ 是整数,而 $a_1,a_2,\cdots a_n$ 和 m 都是正整数,m 又能被所有 $a_1,a_2,\cdots a_n$ 整除,则 m 是 $a_1,a_2,\cdots,a_n$ 的公倍数。设 k 是任何正整数,由于 $ka_1a_2\cdots a_n$ 也能被 $a_1,a_2,\cdots a_n$ 中的每一个整除,因此,它们也都是 $a_1,a_2,\cdots a_n$ 的公倍数。最小公倍数指的是公倍数中最小的那一个。若 m 是 $a_1,a_2,\cdots a_n$ 的最小公倍数,则可记作:

$[a_1, a_2, \cdots a_n] = m$。求若干个正整数最小公倍数的方法有多种。这里介绍利用素数分解求最小公倍数的方法。先看两种简单的情形。(1) 若在几个正整数里，最大的一个是其他的倍数，则这个最大的正整数就是他们的最小公倍数。例如，15，30，60 的最小公倍数就是 60。(2) 在若干个正整数里，若任意两个数均互素(除 1 之外没有其他公因数)，则这若干个数的最小公倍数就是它们的乘积。例如，13，32，51 的最小公倍数就是：$13 \times 32 \times 51 = 21\,216$。对于若干个正整数不是两两互素的情况，可以先把各数都分解成素因数，并把相同的素因数合成幂的形式并看成一个因数；再从所有因数中选出不同的因数(遇到同底幂的因数时，选次数最高的)；最后计算它们的连乘积即得所求的最小公倍数。如，在中国历法中天干数为 10(甲乙丙丁戊己庚辛壬癸)，地支数为 12(子丑寅卯辰巳午未申酉戌亥)，他们的最小公倍数就是 60。俗称 60 年一个甲子。例如，求 198、240、378 的最小公倍数。由于 $198 = 2 \times 3^2 \times 11$，$240 = 2^4 \times 3 \times 5$，$378 = 2 \times 3^3 \times 7$，所以其最小公倍数 $[198, 240, 378] = 2^4 \times 3^3 \times 5 \times 7 \times 11 = 166\,320$。此外，若 a、b 为正整数，则其最大公因数和最小公倍数的乘积等于 a 和 b 的乘积，即 $(a,b) \times [a,b] = a \times b$。

【最小杀菌浓度】(minimum bactericidal concentration, MBC) 杀死 99.9%(降低三个数量级)供试微生物所需的最低药物浓度。有些药物的 MBC 与药物的最小抑菌浓度(MIC)非常接近，如氨基糖苷类。有些药物的 MBC 比 MIC 大，如 β 内酰类。如果受试药物对供试微生物的 MBC≥32MIC，可判定该微生物对受试药物产生了耐药性。MBC 是研制新药过程中必须准确测定的一个重要指标。

【最小速度】(minimum speed) 飞机在某一高度上可以维持等速水平飞行的最低速度。此值越低，则飞机的起飞、降落速度越小，所需的机场跑道越短，飞机的安全性和机动能力也越强。飞机的最小速度一般是在海平面高度上获得的。

【最小抑菌浓度】(minimum inhibitory concentration, MIC) 在特定环境下，孵育 24h，可抑制某种微生物出现明显增长的最低药物浓度。用于定量测定体外抗菌活性。是研制新药过程中必须准确测定的一个重要指标。

【最小致死剂量】(minimun lethal dose) 化学物质引起受试对象中的个别成员出现死亡的剂量。从理论上讲，低于此剂量即不能引起死亡。以 mg/kg(体重)表示。由于实验动物对外来化合物的感受性有个体差异，随实验动物数增多，最小致死量可能下降，因此难以在实验中得到可重复的结果。一般不用最小致死量来比较两种外来化合物的毒性。

【最小致死浓度】(minimun lethal concentration) 在急性吸入毒性实验中引起个别动物死亡的浓度。常以 mg/L、mg/m^3 表示其浓度。在外来化合物急性毒性实验中，引起个别动物死亡的剂量，以 mg/kg(体重)表示。实验总低于此种剂量水平时即不引起实验动物的死亡。由于实验动物对外来化合物的感受性有个体差异，随实验动物数增多，最小致死量可能下降，故难以在实验中得到可重复的结果。一般不用最小致死量来比较两种外来化合物的毒性。

【最优灌溉制度】(optimum irrigation scheduling) 在灌溉水量有限时，根据作物需水特性及水分亏缺的敏感因子和当地气象、土壤、农业技术及灌水技术等因素而制定的最佳灌水方案。伴随着非充分灌溉而产生。在非充分灌溉条件下，农作物全生育期的总需水量及各生育阶段的需水量不可能全部得到满足。这将不可避免地引起农作物不同程度的减产。作物的减产程度随着不同作物、不同生长阶段的缺水程度而异。应根据作物水分敏感指数，弄清作物在不同生育阶段缺水减产情况的基础上实行限额灌溉。在分配给该作物的总水量中寻求其各个生育阶段的最优分配水量，使整个生长期的总产值或效益最大。也就是在一定总灌溉水量的条件下，确定灌水次数、灌水日期、灌水定额及土壤水分的最优组合。与传统灌溉制度的最大区别在于，使整个灌水决策的整体效果最优，而不是使某个阶段的灌水决策最优。是灌溉计划用水和地区水土资源合理规划的基础。在理论研究上，多是借助 Jensen 水分生产函数模型，以相对产量最大为目标，采用动态规划或线性规划等优化技术，求解总产量或净效益最大且省水的优化灌溉制度。在实践上，对旱作物有的是采用减少灌水次数的方法，即减少对作物减产影响不大的非需水关键期的灌水，保证需水关键期的灌水；也有采用减少灌水定额的方法，即灌水上限仅为田间持水量的 80% ~90%。对于水稻，则采用浅水、湿润、晒田相结合的灌水方法，不是以控制淹灌水层上下限，而是以控制稻田土壤水分为主设计灌溉制度。

【最优化方法】(optimization method) 为达到最优化目的，寻求使某一目标达到最优的解答所提出的各种求解方法。从数学意义上说，最优化方法是一种求极值的方法，即在一组约束为等式或不等式的条件下，使系统的目标函数达到极值，即最大值或最小值。从经济意义上说，是在一定的人力、物力和财力资源条件下，使经济效果（如产值、利润）达到最大，或者在完成规定的生产或经济任务下，使投入的人力、物力和财力等资源为最少。用最优化方法解决实际问题，一般可经过下列步骤：(1)提出最优化问题，收集有关数据和资料。(2)建立最优化问题的数学模型，确定变量，列出目标函数和约束条件。(3)分析模型，选择合适的最优化方法。(4)求解，一般通过编制程序，用计算机求最优解。(5)最优解的检验和实施。在上述 五个步骤中，工作相互支持和相互制约，在实践中常常是反复交叉进行。最优化方法（也称作运筹学方法）是近几十年形成的一种科学决策方法。它主要运用数学方法研究各种系统的优化途径及方案，为决策者提供科学决策的依据。实践表明，随着科学技术的日益进步和生产经营的日益发展，最优化方法已成为现代管理科学的重要理论基础，在公共管理、经济管理、国防建设等领域广泛应用。

【最优控制】（optimum control） 研究从一切可能的控制方案中寻找最优解的控制方法。是现代控制理论的重要组成部分。其基本内容和常用方法有动态规划、最大值原理和变分法。动态规划是为解决多阶段决策过程而提出来的。最优控制方法的关键是建立在最优性原理基础之上的。该原理可归结为用一组基本的递推关系式使过程连续的最优转移。该方法已被应用于综合和设计快速控制系统、最省燃料控制系统、最小能耗控制系统和线性调节器等。

【左旋咪唑】（levamisole，LMS） 一种广谱驱虫药和免疫调节剂。1968 年用于临床化学结构明确。其作用有：(1)可以刺激自主神经节。该作用与驱虫作用有关。(2)大量资料证明，LMS 能使细胞介导的异常免疫功能恢复正常，T 细胞增殖、淋巴因子产生，促进 Ts 细胞功能及抗体形成，并可以通过影响 T 细胞而间接作用于 B 细胞，提高巨噬细胞和多形核白细胞的吞噬、趋化作用。动物实验显示，凡是免疫功能低下的病理模型，LMS 较易产生免疫增强作用。(3)具有一定的抗炎作用。(4)其抗癌作用对于增殖较慢的肿瘤或负荷较低者治疗效果较好，故最好与手术、化学治疗或放射治疗联合应用，以减少负荷。LMS 不可单独用于治疗肿瘤，因剂量过低时无效，剂量过高又引起免疫抑制。其作用机制是：(1)能提高 T 细胞及中性粒细胞的 cGMP 水平，使 cGMP/cAMP 的比值升高。(2)有胸腺素样作用。(3)可清除自由基，促进微管蛋白聚集，保护白细胞微管蛋白的完整性和功能。其临床主要应用于：(1)慢性炎症。对类风湿关节炎有良好疗效。其效果与青霉胺相似。(2)试用于治疗恶性黑色素瘤、肺癌、乳腺癌、结肠直肠癌等。合用化学治疗者的骨髓抑制程度、感染及出血比未合用者为轻。(3)慢性反复感染。如反复发作的唇疱疹、生殖器疱疹、鹅口疮及泌尿道感染，使之发作频率降低，严重程度减轻，病程缩短。

【左旋体】（levorotatory form） 见外消旋体。

【作物】（crop） 又称栽培植物。一切为人类直接或间接需要而栽培的植物。作物一词由日语转借而来。中国农业文献中自 20 世纪初才引用此词。中国古籍中则称禾稼或“穀”，俗称庄稼。大面积栽培的作物称大田作物。按其用途的不同可分为：谷类作物、豆类作物、薯类作物、纤维作物、油料作物、糖料作物、饲料和绿肥作物等。种类繁多的蔬菜类、瓜果类、观赏类植物，统称为园艺作物。

作物

【作物布局】（crop distribution） 一个生态区域或生产单位的作物种类安排。例如，水田、旱地作物的布局，粮食、工业原料、饲料、绿肥和蔬菜等作物的布局。根据季节、劳力、水、肥、土壤等条件和后茬作物的茬口来安排不同作物的种植比例，以便做到因时因地因作物制宜。也可指一县、一省乃至全国的作物区域化，确定适应该地区的主要作物及其产业化密度。

【作物产量指数】（index of crop yield） 在一定地区范围内，某种作物的总产量或经济产量占全部作物总产量的比值。统计作物产量指数，可以了解各种作物在该地区农业生产上的相对重要性。

【作物长势】（growth vigor） 在作物生育期中各主要器官生长速度和生长量的表象。是各生育阶段中生长中心器官生长发育强弱的反映，如出叶速度、叶片大小、分蘖早迟和多少等。根据作物各生育阶段的长势、长相以及形态生理特征，可判断植株的生长健壮程度，为确定其后的栽培措施提供参考依据。

【作物长相】（growth phase） 作物在生育期中各主要器官性状表现型的表象。是对长势形象化的描述。如叶片披挺和开展角度，叶色深浅，株型，穗相等。根据各生育阶段中个体和群体的长相,可判断作物生长发育的健壮程度和群体生长是否协调,为确定栽培措施提供依据。在进行作物诊断时,可单独考查其长相,也可与其长势结合进行。

【作物的“源、流、库”】(“source-transportation-sink” of crop) 作物的源是指生产和输出光合同化物的器官。就作物群体而言,是指群体光合部位的面积及其光合能力。流是指作物植株体内输导系统的发育状况及其运转速率。从产量形成的角度看,库主要是指产品器官的容积和接纳营养物质的能力。从源与库的关系看,源是产量库形成和充实的物质基础。源、库器官的功能是相对的,有时同一器官兼有两个因素的双重作用。从源、库与流的关系看,库、源的大小对流的方向、速率、数量都有明显的影响,起着“拉力”和“推动”的作用。源、流、库在作物代谢活动和产量形成中构成统一的整体,三者的平衡发展状况决定作物产量的高低。在近代作物栽培生理研究中,特别是在作物产量和品质形成的理论探讨中,常用源、流、库三因素的关系研究与阐明其形成规律,探索实现高产、优质的途径,进而挖掘作物产量的潜力。

【作物繁殖系数】(crop reproduction coefficient) 又称繁殖率。单位面积作物种子的收获量与播种量之比。以百分率表示。按种子数量或种子重量计算。例如,播种1 000 粒小麦种子,繁殖出25 万粒种子,繁殖系数为 250。每公顷播种150 kg,繁殖出种子 4 500 kg,则繁殖系数为 30。它是制订种子生产计划的主要依据。

【作物良种】(excellent cultivar) 具有优良种性的栽培植物品种。通常优于本地原有品种,是一种重要的生产资料。推广应用的良种包括种子、接穗、插条、球根、菌株等。不同作物良种的内涵有一定差异。主要农作物的良种不但要求产量高、品质优、抗逆性好、适于种植外,而且还不要通过农业主管部门的审定。非主要农作物也要通过相关的鉴定试验。观赏植物的良种,除品种本身优良外,还要求种苗质量良好。既要有适合观赏要求的品种,又要求高,典型性强;种苗则要求出苗率高,生活力强,健壮饱满而无病虫害等。

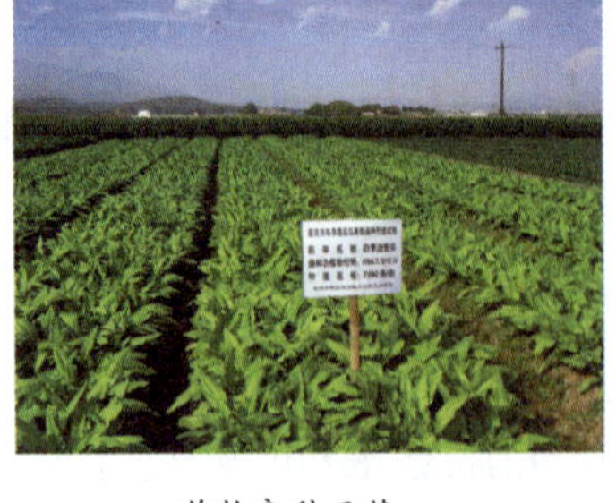
作物良种示范

【作物良种繁育学】(stock breeding) 研究在作物良种推广繁殖过程中保持种子品质和不断提高品种种性的学科。其内容有:良种繁育制度、品种退化的原因及其防止方法、种子防杂保纯和提高繁殖系数措施、种子检验等。

【作物配置】(crop disposition) 作物在同一农田中的田间种植位置安排方案。包括栽种密度、行株距、间、混、套作中不同作物的带宽、行比、间距等。合理的作物配置有助于提高产量。单作时,在相同密度下,近方形种植(株、行距相近)配置优于长方形配置。在间、套作时,适当的宽行窄株或宽窄行,便于套入第二种作物,也有利于田间通风透光和管理。

【作物品质】(crop quality) 某作物产品质量的优劣。直接关系到产品对某种特定最终用途的适合性及其经济价值。评价产品品质,一般采用两种指标:(1)反映经济产量品质的化学成分,以及有害物质如化学农药、有毒金属元素的含量等。(2)物理指标,如产品的形状、大小、色泽、纤维长度和强度、面筋的拉力与强度等。每种作物都有一定的品质指标体系。

【作物品种】(crop variety) 人类在一定生态条件和经济条件下,根据需要所选育的某种作物的一定群体。这种群体具有相对稳定的遗传特征,在生物学、形态学及经济性状上的相对一致性与同一作物的其他群体在特征、特性上有所区别。这种群体在相应地区和耕作条件下种植,在产量、抗性、品质等方面都能符合生产发展需要。作物品种是育种的产物,是重要的农业生产资料。作物品种有其所适应的地区范围和耕作栽培条件,而且都只在一定历史时期起作用,所以优良品种一般都具有地区性和时间性的特点。随着耕作条件和其生态条件的改变,以及经济的发展与生活水平的提高,对品种的要求也会提高,所以必须不断地选育新品种以更替原有的品种。作物品种除了纯系品种外,还有其他不同类型,如杂种品种、综合品种、无性系品种等。所有类型的品种都应具有上述的基本性能和作用。

【作物平衡施肥】(balancing fertilization of crop) 实现高产、优质和高效目的的施肥方法。该方法根据土壤的供肥能力和作物的需肥特征,在作物的整个生长发育期内,全面均衡地对其供应各种必需的营养素。植物生长发育需要 16 种必需的化学元素,缺少其中任何一种,植物均不能完成其生命周期。在这 16 种元素中,碳、氢、氧为非矿物质营养元素,存在于大气和水中;其他 13 种为矿物质营养元素,主要来自土壤。根据植物对矿物质营养元素的需要量,可分为大量营养元素、中量营养元素和微量营养元素。大量营养元素有氮、磷、钾；中量营养元素有钙、镁、硫；微量营养元素有硼、氯、铜、铁、锰、钼和锌。农作物施肥是解决土壤养分不能满足作物高产需求的问题。平衡施肥主要是使土壤各养分间的供给均衡，满足作物对各种养分的需求，较好地克服土壤中的主要最小养分对作物高产的限制。

【作物群体】(crop community) 由同一田块作物个体组成的个体群。由一种作物组成的群体，称为单一群体；由两种或两种以上作物间种套作组成的个群体，称为复合群体。群体结构有时又称为冠层或叶层，是指群体分布疏密及叶片伸展层次而言。单株株型与枝叶繁茂程度，全田苗株配置方式与密度，以及幼苗全、齐、匀、壮与否，是群体结构和长相的基础。群体与个体对产量形成表现为相互制约的辩证关系。当群体发展到一定程度时，个体生长发育会受到群体所造成的环境条件的限制；而个体的生育状况又影响着群体的发展。很多栽培措施是用来调节个体与群体的关系，使群体结构合理，达到丰产目的。

【作物生育规律】(growth rule of crops) 又称作物生育特性。作物生育对外界环境条件的要求及外界环境条件变化对作物生育的影响所表现出来的规律性。有共同性，也有特殊性。例如所有绿色植物都需要进行光合作用，但对光照强度要求、日照长度反应、光合效率高低却各不相同。作物的每个品种都有其特殊的规律性。通过科学实验，经常观测，可以逐步掌握。作物的生育规律对指导作物种植有重要指导作用。

【作物水分亏缺】(water deficit of crop) 作物吸水量小于腾发量而使其体内水分不足，妨碍其正常生理活动的现象。用来反映作物水分亏缺程度的指标有叶水势和饱和亏等。饱和亏是作物组织的饱和含水量与实际含水量差值占饱和含水量的百分数。作物在水分亏缺时，体内会发生如下一系列生理反应：(1)光合作用减弱。主要原因是气孔关闭，二氧化碳进入气孔的阻力增加。同时，叶肉细胞渗透性下降，增加了二氧化碳进入叶肉细胞的阻力。作物早期缺水，能抑制叶面积的发展，加速叶片老化，降低了光合作用。当水分亏缺使光合作用受到严重抑制时，后续灌水或降雨也不能使光合作物立即恢复。(2)影响呼吸作用。种子的呼吸速率通常随含水量降低而减慢。但叶子缺水时，常常导致呼吸在一段时间内显著加强。其原因是在缺水条件下叶内的淀粉水解成糖，增加了呼吸基质。(3)影响生长。水分亏缺会影响细胞的增大而使作物生长减弱。严重的水分亏缺甚至使作物停止生长。在水分亏缺时，植株的分生生长和延长生长往往提前结束，而分化则提前开始。其结果是植株叶片较小、较厚，角质化程度较高，茎短而木质化较多，树木则年轮变窄。水分亏缺也因抑制蒸腾而减少植株体散热量。导致叶与枝体过热，这些均对作物的生长产生不良影响。

【作物水分生产函数】(crop water production function) 描述作物产量与水分之间数学关系的表达式。是确定作物最优灌溉制度和进行灌溉经济分析的基础。水分作为生产函数的自变量，一般用灌水量、作物蒸发蒸腾量和土壤含水量三种指标表示。由于作物蒸发蒸腾量既能反映气象因素对作物的影响，又能反映作物生理机能，是国内外采用最普遍的指标。表示因变量的产量则多以单位面积的经济产量表示。作物水分生产函数模型的表达式较多，中国采用较多的是Jensen模型。其形式如下：

$$\frac{Y_a}{Y_m} = \prod_{i=1}^{n}\left(\frac{ET_{ai}}{ET_{mi}}\right)^{\lambda_i}$$

式中，Y_m 为作物实际产量(kg/hm^2)；为作物最大产量，(kg/hm^2)；ET_{ai} 为作物在第i生育阶段实际蒸发蒸腾量(mm)；ET_{ai} 为作物在第 i 生育阶段最大蒸发蒸腾量(mm)；λ_i 量在第 i 生育阶段对缺水的敏感指数；i 为作物阶段编号；n 为作物生育阶段数。不同生育阶段的敏感指数可由不同水分处理的灌溉试验确定。试验处理数需大于作物生育阶段划分数，并需进行多年灌溉试验。

【作物水分生理】(water physiological properties of crop) 水分在作物体内运动和代谢的过程。包括三个方面的内容：(1)水在作物生理中的作用。水是作物体的重要组成部分。其含量常常是生命活动强弱的决定因素。水既是细胞原生质的重要成分，又是光合作用和有机物分解等过程的反应物；盐和气体都要以水为溶剂才能进入作物体并在体内运移；水使细胞维持一定膨压(细胞吸水膨胀而对细胞壁产生的压力)。这是细胞分裂、生长、气体交换和利用光能等各种生理活动的必要条件。(2)作物细胞的水分关系。作物的器官和组织都由很多细胞组成。相邻两细胞间水分移动的方向取决于两者水势的高低。水势高的细胞中的水会向水势低的细胞流动。(3)作物对水分的吸收、输导和蒸腾。作物主要靠渗透作用通过根系的根毛和幼嫩根表皮细胞从土壤中吸收水分。通常，作物细胞液和土壤溶液之间具有一定水势差，足够根系从湿润土壤中吸收大部分毛细管水。根系吸收的水分绝大部分用于叶面蒸腾，需要经过长距离的输导。其输导动力来源于根部活细胞生理作用产生的根压，和蒸腾作用产生的蒸腾压力。当根系吸水小于蒸腾失水时，会造成作物水分亏缺甚至凋萎。根据作物水分生理的需要进行合理灌溉，保持作物水分平衡，是获得作物优质、高产的重要保证。

【作物需水量】（crop water requirement） 作物全生育期或某一时段内正常生长所需要的水量。包括消耗于作物蒸腾、株间蒸发和构成作物组织的水量。构成作物组织的水量不到1%，可忽略不计。以作物蒸腾和株间蒸发量之和作为作物需水量。对于水田，由于适量的田间渗漏是作物生长必须的，通常也把蒸发蒸腾量与田间渗漏量之和称作作物需水量。作物需水量是决定作物灌溉制度、灌溉用水量和灌溉引水流量的基本参数。是制定流域或地区水利规划、进行灌溉工程规划、设计和用水管理的重要依据。

【作物需水临界期】（critical period of crop water requirement） 又称作物需水关键期。作物全生育期中对缺水最敏感的时期。即缺水对作物生长、发育和产量影响最大的时期。根据作物的生理反应，不同作物的需水临界期所处的时段有所不同。大部分作物都出现在生殖生长时期。水稻在孕穗开花期。小麦、大麦在孕穗期。玉米在开花至乳熟期。高粱在抽穗至灌浆期。豆类作物、花生在开花期。棉花在开花至幼铃形成期。马铃薯的需水临界期是从开花到块茎形成时期。其他蔬菜需水临界期分别是：豆类蔬菜是荚果座住以后，茄果类蔬菜从座果到果实收获，瓜类蔬菜是从开花到收获。洋葱和大蒜从鳞茎开始膨大到收获。大白菜和结球甘蓝在结球期。根菜类蔬菜破肚后到肉质根迅速膨大期。绿叶菜类在旺盛生长期。在需水临界期内，作物新陈代谢增强，生长速度加快，需水量增加。作物忍受和抵抗干旱的能力大大减弱，缺水会使作物明显减产。所以，在种植各种作物时，应该首先考虑各种作物的需水临界期，合理安排作物种类和灌溉时间。

【作物育种】（crop breeding） 又称作物品种改良。运用遗传变异规律，通过改造作物的遗传素质和群体的遗传结构，选育出符合人类需要的优良新品种的技术工作。选育和推广优良品种，是农业增产的重要措施之一。在农业科学研究领域，作物育种工作始终处于重要地位。现代作物育种，已发展成为涉及遗传、育种、栽培、病理、昆虫、生物统计、生理生化、农业气象等学科领域，由各有关方面通力合作进行的一项科学事业。作物育种工作的核心是创造变异和利用变异，选育出具有优良性状的新品种。具体包括以下个主要环节：种质资源发掘与利用、优良基因重组与选择和育种成品的评价与测试等。

【作物育种学】（science of crop breeding） 研究选育及繁殖作物优良品种的理论与方法的学科。其基本任务是在研究和掌握作物性状遗传变异规律的基础上发掘、研究和利用各有关作物资源，并根据各地区的生产要求和原有品种基础，采用适合的育种途径和方法，选育适于该地区发展需要的高产、稳产、优质、抗（耐）病虫害及环境胁迫、生育期适当、适应性较广的优良品种或杂交种以及新作物。此外，在繁殖、推广过程中，保持和提高其种性，提供数量多、质量好、成本低的生产用种，以促进高产、优质、高效农业的发展。作物育种学涉及植物学、植物生态学、植物生理学、生物化学、植物病理学、农业昆虫学、农业气象学、生物统计与实验设计、生物技术、农产品加工学等领域的知识与研究方法。作物育种学与作物栽培学有密切的联系，是作物生产科学的两个不可偏缺的学科。

【作物栽培学】（crop culture） 研究农作物生长发育的规律和提高产量、改进品质、降低消耗的综合农业技术措施的学科。其内容包括各种作物在国民经济中的意义、生产形式、地域分布、栽培制度、作物的形态特征、生物学特性、类型与品种选用、各个生育时期对外界环境条件的要求和各项栽培技术措施等。

【作业环境】（operational environment） 在人机系统中对操作人员的安全、健康和工作能力以及对机器、设备（或某些部件、装置等）的正常运行产生重要影响的所有天然的和人为因素的组合。这是人机工程学内容的一个重要方面。对人机系统有影响的因素主要有：作业环境的微气候、作业环境的照明、作业环境的色彩、高原作业环境、环境噪声和振动等。随着生产领域的扩大和发展，影响因素也增加了失重、超重、异常气压、加速度、电离辐射和非电离辐射等特殊环境因素。按作业环境对人体的影响和适应程度的不同可分为：(1)最舒适区。能使操作者在劳动中达到安全、高效、卫生、舒适的各项最佳指标的作业环境。(2)舒适区。使人能够接受，不致感到不适和疲劳的作业环境。(3)不舒适区。偏离舒适度正常值的作业环境。较长时间处于这种环境下，会使人疲劳并影响工作效率，需采取措施保证正常工作。(4)不能忍受区。不能保证基本的安全和健康的作业环境。若不采取措施，操作者将无法适应，甚至危及安全和健康。

【作业环境系统】（job environment system） 作业环境因素及其相互关系的总和。作业环境因素很多，一般由环境平面、环境装置、环境建筑、环境通道、环境设施、作业空间、危险物质、有害因素等组成。在作业环境因素确定之后，作业环境就成为一个相对稳定的系统。各种环境因素既是独立的，又彼此相互依赖和影响。其中任何一个因素发生问题、出现事故，便会影响整个系统的平衡，作业环境首先受到冲击。良好的作业环境是人员安全操作的必需条件。作业环境的合理构成需要借助于总平面设计、装置工艺配置和人机理论等。

【作业环境质量】（job environmental quality） 在人机环境系统中，人所面临的环境条件的舒适程度。环境条件直接或间接对人们的作业产生影响，轻则降低工作效率，重则影响整个系统的运行和危害人体安全。按环境条件对人影响程度的不同可分为：(1)最舒适的作业环境。环境各项指标最佳，完全符合人的生理心理要求，作业者长时间工作不会感到疲劳，工作效率高，主观感觉满足。(2)舒适的作业环境。环境的各项指标符合要求，环境对人的健康无损害，维持较长时间工作不感到疲劳。(3)不舒适的作业环境。环境中某些指标与舒适指标差距较大，长时间工作会损害作者的健康，导致职业病产生。(4)不能忍受的作业环境。在这种环境中，如不运用技术手段将操作者与外部环境隔开，生命很难长久维持。提高作业环境质量有两种途径：一是对现有的作业环境进行评价，找出存在问题，针对问题采取改善措施；二是在设计阶段对作业环境条件予以充分论证和考虑，提出妥善解决不良环境因素的方法。

【作业疗法】（occupational therapy） 根据患者的功能障碍和康复目标，采用有针对性的日常生活活动、娱乐活动、职业劳动和认知活动，对患者进行反复训练，以缓解症状，改善躯体和心理功能，提高生活质量，最大限度地恢复正常的家庭和社会生活的一种治疗方法。其早期主要用于精神病人的综合治疗。20世纪40年代康复医学兴起，其重点转移到残疾康复，侧重于躯体残疾的康复。1951年，世界作业治疗师联合会成立，促使作业疗法在基础理论、作业的分析和选择、治疗性作业新理论和新技术的开拓、作业疗法的纵向分科以及作业疗法在保健和康复中的应用等方面有显著进展。作业疗法不仅能促进人体身心健康，减轻或纠正病态状况，为将来重返生产岗位作准备，而且可以恢复与加强病人社会性活动的能力，学习一定的生产技能，帮助患者建立一个良好的社会环境，使病人感到生活丰富多彩，幸福愉快，从而增进健康，促进疾病康复。

【作业危害分析】（job hazard analysis, JHA） 又称作业安全分析、作业危害分解。一种定性风险分析方法。这种方法对作业活动的每一步骤进行分析，从而辨识潜在的危害并制订安全措施。其基点在于职业安全健康是任何作业活动的一个有机组成部分，而不能单独剥离出来。采用该分析方法有助于将认可的职业安全健康原则在特定作业中贯彻实施。所谓的作业是指特定的工作安排。其主要步骤是：(1)确定或选择待分析的作业。(2)将作业划分为一系列的步骤。(3)辨识每一步骤的潜在危害。(4)确定相应的预防措施。实施作业危害分析，能够识别作业中潜在的危害，促进操作人员与管理者之间的信息交流，确定相应的工程措施，提供适当的个体防护装置，有助于制订更为合理的安全操作规程，以防止事故发生，防止人员受到伤害。作业危害分析的结果可以作为职业安全健康检查的标准，且有助于事故调查，也可作为操作人员的培训资料，并为不经常进行该项作业的人员提供作业指导。此方法适用于涉及手工操作的各种作业。

【作战方案评估】（operation scheme evaluation） 对作战方案进行的评析和估量。主要评估作战方案符合作战目的的程度、作战的效益和风险度，以及与战场情况变化相适应的程度等。其结果将为军事决策指挥提供参考。

【坐底式海上平台】（bottom-supported maritime platform） 主要由甲板、沉垫和中间连接的支撑构件组成的移动式海上平台。在执行钻井作业时，先向沉垫（压载水舱）灌水，使其沉坐于海底形成支撑，平台甲板则露出海面成为钻井施工场地。在完成钻井作业后，排出压载水舱内的海水，使沉垫脱离海底上浮。整个平台可以实施平移。坐底式海上平台适宜在水深不大（10～30m）的浅海海域工作，本身无动力装置，移动时要有拖船拖拽。

坐底式海上平台

【坐果率】（fruit setting rate） 又称着果率。果树实际结果数占总开花数的百分率。一般统计为采收时着果的百分率，有时也调查果实发育过程中某一时期的着果率，以便研究和解决早期生理落果、采前落果、异常落果等问题。在果树开花结果过程中，常因授粉受精不完全，外界环境条件不良和栽培管理不当等原因而引起落花落果，造成实际着果率较低。

提高坐果率应加强综合管理,如合理保花保果、选用良种等。

【坐水种】(watering seeding) 在干旱缺水地区,在播种同时进行局部灌溉的一种方法。一种点浇播种抗旱措施。在中国东北松嫩平原一带,春季播种时经常干旱,水源亦很紧张,田间土壤干燥,播种后出苗率很低。因此,在播种的同时,在播种处浇灌少量的水助其出苗。这种把播种、灌水结合起来播种抗旱的方法,既可及时播种,不误农时,又可节约用水,扩大雨养农业的范围。

坐水种

【座舱高度压差表】(cabin altitude and pressure difference gauge) 用来测量气密座舱里气压所对应的气压高度和座舱内外压差的一种组合式压力表。根据此表指示来调节舱内氧气供给并调节座舱增压设备,使座舱内外压差保持在安全的范围内。

座舱高度压差表

外文字母开头的词条

【α 衰变】(alpha decay) 不稳定的原子核自发放射出 α 粒子而转变成另一种核的衰变过程。α 粒子是电荷数为 2、质量数为 4 的氦核。不同核素 α 衰变的半衰期分布较广,从 1μs 到 10^{17}s。一般的规律是衰变能较大,则半衰期较短;反之,衰变能较小,则半衰期较长。α 衰变是量子力学隧道效应的结果。α 衰变主要限于一些重元素。α 衰变能谱的研究提供了核结构的信息。

【β－内酰胺酶抑制药】(β－lactamase inhibitors) 主要针对细菌产生的 β－内酰胺酶而发挥作用的药物。目前临床常用的有三种,其共同特点是:(1)本身没有或只有较弱的抗菌活性,但可作为自杀性底物与 β－内酰胺酶呈不可逆反应,抑制了 β－内酰胺酶,从而保护了 β－内酰胺类抗生素的活性。该类药物与 β－内酰胺类抗生素联合应用或组成复方制剂使用,可增强后者的药效。(2)酶抑制药对不产生酶的细胞无增强作用。(3)在与配伍的抗生素联合使用时,两药应有相似的药代学特征,有利于更好发挥协同作用。(4)随着细菌产酶情况的不断变化,种类增加,耐药程度越来越高,酶抑制药结合能力和抑制效果也会发生相应的变化,临床使用中应密切观察。本类药包括克拉维酸、舒巴坦、他唑巴坦等。

【β-胡萝卜素】(β-carotene) 一种橘黄色、脂溶性化合物。是高效抗氧化剂。作为一种食用脂溶性色素,普遍存在于红色、黄色、橙色及深绿色的蔬果中。是人体必需营养素及维生素 A 的主要来源,能帮助身体正常发育和成长,预防夜盲症及增强免疫力。

【β 衰变】(beta decay) 放射性原子核发射电子(或正电子)和中微子而转变成另一种核的过程。分为放出一个电子的 $β^-$ 衰变、放出一个正电子的 $β^+$ 衰变和俘获一个轨道电子的电子俘获三种类型。最初以为 $β^-$ 衰变仅放出电子,实际测量发现,放出的电子能量连续分布,曾困惑物理学家多年。1930 年泡利提出 $β^-$ 衰变放出电子的同时还放出一个静质量为零、自旋为 1/2 的中性粒子,衰变能为电子和该粒子分享。该粒子后来被称为中微子,1952 年以后被实验确凿证实。β 衰变属于弱相互作用。1956 年李政道和杨振宁提出弱相互作用过程宇称不守恒,第二年吴健雄等人利用极化核 Co 的 β 衰变实验首次证实了宇称不守恒。这一发现不仅促进了 β 衰变本身的研究,也促进了粒子物理学的发展。李、杨二人因此获得了诺贝尔物理学奖。

【γ 射线】(γ-ray) 波长小于 2×10^{-11} m 的电磁辐射。科学家维拉德发现。γ 射线是继 α、β 射线后发现的第三种原子核射线。γ 射线是因核能级间的跃迁而产生的。原子核衰变和核反应均可产生 γ 射线。γ 射线具有比 X 射线还要强的穿透能力。当 γ 射线通过物质并与原子相互作用时会产生光电效应、康普顿效应和正负电子对三种效应。原子核释放出的 γ 光子与核外电子相碰时,会把全部能量交给电子,使之电离成为光电子,此即光电效应。由于核外电子壳层出现空位,将产生内层电子的跃迁并发射 X 射线标识谱。高能 γ 光子(>2MeV)的光电效应较弱。γ 光子的能量较高时,除上述光电效应外,还可能与核外电子发生弹性碰撞,γ 光子的能量和运动方向均有改变,从而产生康普顿效应。当 γ 光子的能量大于电子静质量的两倍时,由于受原子核的作用而转变成正负电子对,此效应随 γ 光子能量的增高而增强。γ 光子不带电,故不能用磁偏转法测出其能量,通常利用 γ 光子造成的上述次级效应间接求出,例如通过测量光电子或正负电子对的能量推算出来。此外还可用 γ 谱仪(利用晶体对 γ 射线的衍射)直接测量 γ 光子的能量。由荧光晶体、光电倍增管和电子仪器组成的闪烁计数器是探测 γ 射线强度的常用仪器。通过对 γ 射线谱的研究可了解核的能级结构。γ 射线在工业中可用来探伤或流水线的自动控制。γ 射线对细胞有杀伤力,医疗上用来治疗肿瘤。

【γ 射线观测台】(γ-ray observatory) 又称康普顿观测台。美国研制发射的 γ 射线天文观测卫星。1990年4月5日，航天飞机亚特兰蒂斯号将其送入高445～459km、倾角28.45°的近地轨道上。其基本任务为：(1)探测γ射线爆发现象，弄清起因。(2)观测超新星，获得核合成过程的详细数据，检验宇宙线是超新星产生并由振动波加速的理论。(3)观测中子星和脉冲星以及旋转的中子星将能量变成γ射线的过程。(4)观测类星体并研究其本质。(5)活动星系观测和黑洞研究。从1991年5月16日开始，观测台进行了为期一年半的全天搜寻。到1993年，它一共记录到1 000次宇宙γ射线爆发事件，还通过成像方法拍摄到许多重要的X射线源图像。

【γ衰变】(gamma decay) 处于激发态的原子核通过电磁作用放射γ射线跃迁到基态或较低的激发态的过程。γ是波长很短的电磁波。此衰变不涉及质量或电荷变化。它不导致元素的变化，只改变原子核的内部状态，是原子核同质异能跃迁。通常γ衰变同时伴随α衰变或β衰变。

【A2O污水处理系统】(A2O sewage treatment system) 一种生物法脱氮除磷污水处理工艺系统。A2O或AAO是Anaeroxic-Anoxic-Oxic的缩写。其含义是厌氧池—缺氧池—好氧池的工艺过程。A2O工艺将传统活性污泥工艺、生物硝化、反硝化工艺和生物除磷工艺结合起来，取长补短，更加有效地去除了水中的有机物。污水依次经过系统中的厌氧池—缺氧池—好氧池，水中的BOD5、SS和以各种形式存在的氮和磷被降解去除。(1)生物脱氮过程。在好氧段，硝化细菌将入流中的氨氮及有机氮氨化成的氨氮，通过生物硝化作用，转化成硝酸盐；在缺氧段，反硝化细菌将内回流带入的硝酸盐通过生物反硝化作用，转化成氮气逸入到大气中，从而达到脱氮的目的。(2)生物除磷过程。在厌氧段，聚磷菌释放磷，并吸收低级脂肪酸等易降解的有机物；而在好氧段，聚磷菌超量吸收磷，并通过剩余污泥的排放，将磷除去。A2O系统的工艺特点是：(1)同时具有去除有机物、脱氮、除磷的功能。(2)工艺流程简单，水流停留时间短。(3)丝状菌不会大量繁殖，不易发生污泥膨胀。(4)污泥中磷含量高，一般为2.5%以上。A2O工艺在污水处理工程中有广泛应用。

【ABO血型系统】(system of ABO blood type) 根据红细胞表面有无特异抗原(凝集原)A和B来划分的血液类型系统。红细胞上只有A抗原者为A型，只有B抗原者为B型，AB抗原均有者为AB型，AB抗原均无者为O型。此外，还有亚型(如A_1、A_2型)MN、P、Rh等十余个血型。人的血型终身不变，并能遗传。ABO血型系统在人种学、遗传学、法医学、移植免疫、疾病抵抗力(或易感性)等方面应用广泛。

【ABS管材】(acrylonitrile butadiene styrene pipe) 由丙烯腈、丁二烯和苯乙烯三元共聚物粒料经注射挤压成型的热塑性塑料管材。具有可燃性，强度较高，耐冲击性好等特点。可用作液压油管、输液用管道、高压视镜、普通视镜、照明灯管以及需要观察管内液体或气体流动情况的输送管道等。

ABS管材

【ABS树脂】(acrylonitrile butadiene-styrene resin，ABS) 丙烯腈、丁二烯和苯乙烯三种单质的共聚物。微黄色固体，有一定的韧性，密度约为1.04～1.06 g/cm^3。抗酸、碱、盐的腐蚀能力较强，也可在一定程度上耐受有机溶剂溶解。具有良好尺寸稳定性，突出的耐冲击性、耐热性、介电性、耐磨性，表面光泽性好，易涂装和着色。适用于家用电器制品，如电视机外壳、冰箱内衬、吸尘器和玩具等，以及仪表、电话和汽车工业用塑料制品等。

ABS树脂产品

【ACK确认】(acknowledgement) 在通信过程中，用来确认收到数据的一种传输控制的信号。信号通常是一个ASCII字符。不同的协议中ACK信号都不一样。按ACK信号字段组成的不同可分为：(1)操作代码字段是一个两个字节的字段，用于传送正在传输的简单文件传输协议(TFTP)数据包的类型。(2)块编号字段是一个两字节的字段。它包含接收到的最后一个块的编号。ACK消息还可以作为对读写请求(WRQ)消息的响应，由服务器发送，表示它已经做好了接受数据的准备。这时块编号字段没有任何意义，而全0填充。通常ACK信号有自己固定的格式、长度大小，并由接受方回复给发送方。其格式取决于采取的网络协议。当发送方接收到ACK信号时，就可以发送下一个数据。如果发送方没有收到信号，那么发送方可能会重发当前的数据包，也可能停止传送数据。其具体情况取决于所采用的网络协议。

【ActiveX控件】(activeX control unit) 一种是可重用的软件组件。是一些软件组件或对象，可以将其插入到WEB网页或其他应用程序中。是一种嵌入式程序技术。以前被称为OLE控件或OCX控件，是对OLE和OCX技术的融合为一体并加以改进形成。涵盖了OLE和OCX的所有技术和功能，同时又具有许多新的特性，以适应网络发展的需要。现在发展为能够运行在Web页面上或插入到其他应用程序中的的软件构件。ActiveX控件的引入在很大程度上方便了用户，用户可以灵活地编制一个符合自身需要的控件，或调用一个已有的标准控件，来完成一项复杂的任务。一般的ActiveX控件都具有属性、方法、事件，使用者无需知道这些控件是如何开发的，通过设置控件的这些属性、事件、方法便可完成网页或应用程序的设计。其主要优点是：能在当前许多流行的编程语言所写的应用程序中重用。如Java，Visual Basic，Visual C++等。目前已有大量的ActiveX控件可以使用，从小的定时器控件到数字处理器控件甚至互联网浏览器控件。

【Ada语言】（Ada language） 一种计算机通用的高级编程语言。其特点是：(1)易读性。语法接近人的语言。(2)强类型。保证每个对象都有明确定义的值域，并防止不同概念的逻辑混淆。(3)异常处理。通过异常机制及分块结构，将错误产生的影响控制在某一特定领域。(4)抽象数据类型。将数据描述的细节同基于该类型数据的操作相分离，以提高可移植性和可靠性。(5)多任务。使程序变成一系列的并发活动，而不是单一的顺序活动。(6)类属单元。多个相应的程序段，提高了代码的可重用性。(7)大型编译。单独编译及程序包的分层机制等，对于编写大规模的程序来说是必不可少的。广泛应用于军事和民用等领域。

【AFIS高级纤维信息系统】（advanced fiber information system，AFIS） 运用瑞士乌斯特(USTER)公司的一种快速检测棉花及半制品品质的仪器，通过对原棉和半制品进行检验控制棉纺纱线质量的系统。检测项目有：原棉细度、长度、成熟度、含杂、棉结含量、短纤维含量、不成熟纤维含量等。测试系统包括不同的模块；如N模块测试棉结数量，种类及其大小；L&M模块测试纤维长度及成熟度；T模块测试纤维中所含异物粒子、微尘和杂质的大小与数量；MultiData模块可同时测定棉结、杂质、微尘、纤维长度与成熟度；AUTOJET模块能自动把试样送进AFIS中。

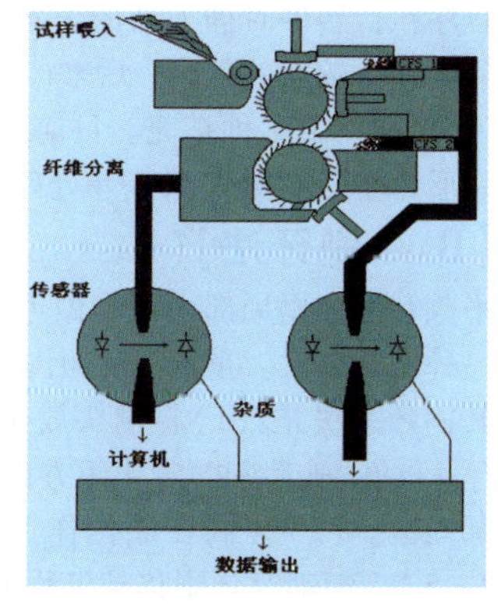

AFIS高级纤维信息系统

【ALOHA协议系统】（Aloha protocol system） 又称Aloha技术、Aloha网。一种使用无线广播技术的分组交换计算机网络。最基本的无线数据通信协议。是世界上最早的无线电计算机通信网。它是1968年美国夏威夷大学的一项研究计划的名字。20世纪70年代初研制成功。取名ALOHA，是夏威夷居民表示致意的问候语。这项研究计划的目的是要解决夏威夷群岛之间的通信问题。Aloha网络可以使分散在各岛的多个用户通过无线电信道来使用中心计算机，从而实现一点到多点的数据通信。按ALOHA协议的不同可分为：(1)纯ALOHA。协议的思想很简单，只要用户有数据要发送，就尽管让他们发送。当然，这样会产生冲突从而造成帧的破坏。但是，由于广播信道具有反馈性，因此发送方可以在发送数据的过程中进行冲突检测，将接收到的数据与缓冲区的数据进行比较，就可以知道数据帧是否遭到破坏。同样的道理，其他用户也是按照此过程工作。如果发送方知道数据帧遭到破坏（即检测到冲突），那么它可以等待一段随机长的时间后重发该帧。对于局域网，反馈信息很快就可以得到；而对于卫星网，发送方要在270ms后才能确认数据发送是否成功。通过研究证明，纯ALOHA协议的信道利用率最大不超过18.4%。(2)时隙ALOHA。1972年出现的一种能把信道利用率提高一倍的信道分配策略。其主要思想是用时钟来统一用户的数据发送。其具体办法是将时间分为离散的时间片，用户每次必须等到下一个时间片才能开始发送数据，从而避免了用户发送数据的随意性，减少了数据产生冲突的可能性，提高了信道的利用率。在时隙ALOHA系统中，计算机并不是在用户按下回车键后就立即发送数据，而是要等到下一个时间片开始时才发送。这样，连续的纯ALOHA就变成离散的时隙ALOHA。由于冲突的危险区平均减少为纯ALOHA的一半，因此时隙ALOHA的信道利用率可以达到36.8%，是纯ALOHA协议的两倍。但对于时隙ALOHA，用户数据的平均传输时间要高于纯ALOHA系统。

【Angle错𬌗分类法】（Angle classification of malocclusion） 1899年由正畸学的创始人Angle提出，以上颌第一颗恒磨牙关系为基准而提出的，对牙颌畸形进行的分类。其分类依据是：Angle认为上颌骨固定于头颅上，位置恒定；上颌第一磨牙生长在上颌骨上，稳定而不易错位（𬌗的关键），一切畸形均由下颌及下牙弓近远中向错位引起。所以以上第一磨牙为基准,将错殆畸形分为三类。(1)安氏第一类错殆—中性错殆:上下颌骨及牙弓的近远中关系正常。正中殆位时,上第一恒磨牙的近中颊尖咬合于下第一恒磨牙的近中颊沟内。若全口牙齿无一错位者,称为正常牙殆;若有错位者,则称为第一类错殆。(2)安氏第二类错殆—远中错殆,下牙弓及下颌处于远中位置。若下颌后退1/4个磨牙或半个前磨牙的距离,即上下第一恒磨牙的近中颊尖相对时,称为轻度远中错殆;若下颌再后退,以至于上第一恒磨牙的近中颊尖咬合于下第一恒磨牙与第二前磨牙,则是完全的远中错殆关系。(3)安氏第三类错殆—近中错殆,下牙弓及下颌处于近中位置。若下颌前移1/4个磨牙或半个前磨牙的距离,即上第一恒磨牙的近中颊尖与下第一恒磨牙远中颊尖相对,为轻度的近中错殆关系;若下颌前移1/2个磨牙或1个前磨牙的距离,即上第一恒磨牙的近中颊尖咬合在下第一、二磨牙之间,则是完全的近中错殆关系,伴随症状可有前牙的对刃或反殆。此分类法具有一定的科学理论基础,简明、易懂,临床使用方便,对临床诊断和治疗设计具有重要的指导意义,至今仍广泛应用。

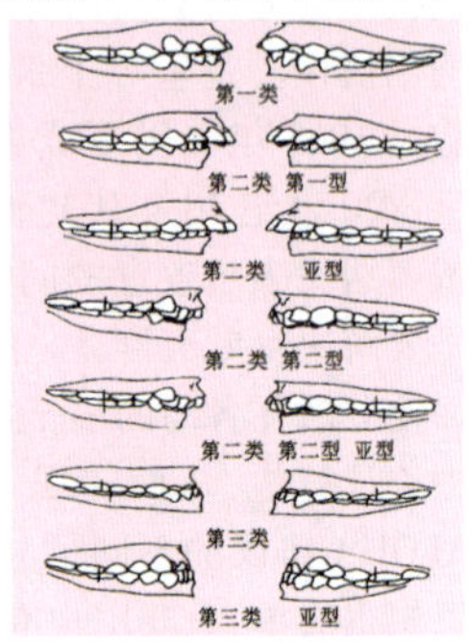

Angle 错殆分类法

【AppleTalk】 苹果计算机公司设计的通信协议系列。协议栈中的各种协议用来提供通信服务,如文件服务、打印、电子邮件和其他一些网络服务,支持网络路由选择、事务服务、数据流服务以及域名服务。目前有两个阶段。第一个阶段是早期的版本,支持只有一个网络号和只在一个地区的单个物理网络;第二个阶段是比较新的版本,支持单个物理网路上的多个逻辑网并允许网络分布在不止一个地区。一个AppleTalk网络能够支持多达32台计算机设备,其数据转换速率可以达到230.4 kbps。各设备之间可以相距304.8m。在物理层,AppleTalk是一种具有总线拓朴结构的网络,各连接模块之间通过中继电缆相互连接。

【ARC饲料标准】(ARC standard of feeds) 英国农业研究委员会提出的家畜饲养标准。在1960~1965年期间,该委员会成立家畜营养技术委员会,承担饲养标准的修定和总结。根据以往的文献资料,制定了家禽、反刍动物和猪的建议标准,其中家禽和猪的标准较为详细。1975年后对标准作了修订,反刍动物普遍增加了维生素和矿物质需要量指标。1980年反刍动物标准公布第二版,其主要变化是将粗蛋白质指标划分为降解蛋白质和非降解蛋白质两部分。此标准已在英国各农场和饲料工业中广为采用。

【ATP】(adenosine triphosphate) 三磷酸腺苷的英文缩写。由一分子腺嘌呤、一分子核糖和三个相连的磷酸基团构成的核苷酸。是体内广泛存在的辅酶,能改善机体代谢,参与体内脂肪、蛋白质、糖类、核酸及核苷酸的代谢;同时又是体内组织细胞所需能量的主要来源。当体内吸收、分泌、肌肉收缩及进行生化合成反应需要能量时,ATP即分解成二磷酸腺苷及磷酸基,同时释放出能量。作为一种药物适用于治疗因细胞损伤后细胞酶减退引起的疾病;还可当作纳米技术的能源,人工心脏起搏器可能收益于这种技术而不再需要电池提供动力。

【BALB/c小鼠】(BALB/c mice) 1913年,美国国立肿瘤研究所H. Bagg博士从俄亥俄州商人处获得、以群内方法繁殖的白化原种,1923年经由Mac. Dowell近交培育而成的小鼠。至1932年已达26代,命名为BALB/c品系。毛色白化。其主要特性是:(1)乳腺肿瘤自然发生率低。(2)易患慢性肺炎。(3)对放射线敏感。(4)与其他近交系相比,肝、脾与体重的比值较大。(5)有自发高血压症,老年鼠心脏有病变,雌雄鼠均有动脉硬化。(6)对鼠伤寒沙门氏菌补体敏感,对麻疹病毒中度敏感。该小鼠广泛地应用于肿瘤学、生理学、免疫学、核医学研究,以及单克隆抗体的制备等方面。

【BASIC语言】(BASIC language) 一种计算机应用最广泛的程式语言。最初为初学计算机的人设计,逐句翻译成机器语言程序。其特点是:(1)语言程序简单、易学。(2)既可作为处理语言使用,又可作为分时语言使用。(3)既可用解释程序直接解释执行,也可用编译程序编译成目标代码再执行。(4)在程序执行过程中,人机可以交互,并可在程序执行暂停时插入新的语句执行。其缺点是不适用于编写较大的程序。后来,人们吸收其他语言的长处,对它作了多种扩充。目前的扩充涉及矩阵运算、图形处理、文件处理、字符串处理及结构化控制语句等。

【Bass刷牙法】(bass tcchrmique) 又称水平颤动法。以局部小范围做近远中向颤动为特点的一种刷牙方法。重点清除龈沟附近和邻间隙的菌斑。其刷牙手法是:(1)将刷头放于牙颈部,刷毛与牙面呈45°角,刷毛头指向牙龈方向,使刷毛进入龈沟和邻间区。(2)牙刷在原位作近、远中方向水平颤动4~5次,颤动时牙刷移动仅约1mm,这样可将龈缘附近及邻面的菌斑揉碎并从牙面除去。(3)刷上下前牙的舌面时，可将牙刷头竖起，以刷头的前部接触近龈缘处的牙面，作上下的颤动。(4)依次移动牙刷到邻近的牙齿，重复同样的动作。全口牙齿应按一定顺序刷，勿遗漏，并保证刷到每个牙面。每次移动牙刷时应有适当的重叠以免遗漏牙面，尤其是牙列的舌、腭面也应刷到。该方法可以消除口腔内软垢、食物碎片和部分牙面菌斑，而且有按摩牙龈作用，从而减少口腔环境中致病因素，增强组织的抗病能力；同时克服了拉锯式的横刷法的缺点，而变为短横刷，可避免造成牙颈部楔状缺损及牙龈萎缩；同时能有效地除去颈部及龈沟内的菌斑，按摩牙龈，对于预防各种口腔疾病，特别是对于预防和治疗牙周病和龋病等，具有重要的作用。

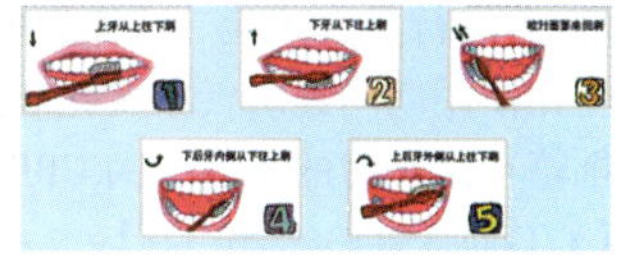

Bass 刷牙法

【BCS 理论】(BCS theory) 由巴丁(Bardeen)、库珀(Cooper)和施里弗(Schrieffer)于1957年提出的有关超导电性的微观机制理论。BCS理论强调，超导体中电子与声子的相互作用是导致超导电性的根本原因。具体地讲，电子间因交换虚声子而引起的有效吸引作用能够形成一种能量基态，其处于基态的电子可以构成束缚电子对，即库珀电子对。这些库珀电子对具有超导性质。BCS理论能很好地说明超导体的热力学性质与电磁性质，是常规超导电性研究和应用的可靠理论，但不能有效解释有关高温超导方面的问题。可见，BCS理论有一定的局限性。

【Bianchi 氏综合征】(parietal lobe syndrome) 又称顶叶综合征。以失语、失用、失读三征为主体的综合征。其病因是：脑顶叶的血循环障碍、肿瘤及外伤等。其中以大脑中动脉皮质中之顶枕支闭塞最多见。其临床表现是：(1)失语。感觉性失语，常伴有健忘性失语。(2)失用。除单纯性失用外，还有结构性失用(视觉性认识不能)、意想性失用，以及意想性运动性失用。(3)失读。为伴有失写的失读。除以上三征外，还常有偏身感觉障碍、短暂性偏瘫、同侧偏盲和认识不能等表现。

【BLAST】(Basic Local Alignment Search Tool) 由美国国立生物技术信息中心(NCBI)开发的一个基于序列相似性的数据库搜索程序。BLAST结果会列出跟查询序列相似性比较高，符合限定要求的序列结果，即只需提交您的序列，通过BLAST查询就可顷刻间从公开数据库中无数的的序列里找到相似序列。根据这些结果可以获取以下信息：(1)查询序列可能具有的某种功能。(2)查询序列可能来源于某个物种。(3)查询序列可能是某种功能基因的同源基因等。

【Bt 杀虫剂】(Bt insecticide) 一种对人畜安全、不污染环境的微生物杀虫剂。是国内外开发应用最成功的一种生物农药。在农、林害虫的防治中发挥了重要作用。Bt是苏云金芽孢杆菌的简称，为一类非常重要的病原性细菌，广泛分布于世界各地。苏云金杆菌在芽孢形成过程中产生蛋白质，并以结晶方式出现。这些蛋白质具有特异性的杀虫活性，通常被称为“杀虫结晶蛋白”或“δ-内毒素”或“苏云杆菌毒蛋白”。目前已发现Bt杀虫蛋白对许多重要的农作物害虫，包括鳞翅目、鞘翅目、双翅目和膜翅目等都具有良好的毒杀作用，而对人、畜、哺乳动物和农作物害虫的天敌均无害。

【B 淋巴细胞】(B-lymphocyte) 简称B细胞。造血干细胞第二个细胞群在类似法氏囊的器官或组织内受激素作用，成熟并分化为淋巴细胞的另一个亚群。是淋巴干细胞在鸟类法氏囊和哺乳类动物的骨髓中分化成熟而来。成熟的B淋巴细胞主要定居于淋巴结皮质浅层的淋巴小结和脾脏的红髓和白髓的淋巴小结内。B淋巴细胞是机体重要的免疫活性细胞。其主要功能是分泌免疫球蛋白，参与免疫调节等。对活化B淋巴细胞功能基因的研究，不仅可以了解B淋巴细胞的发生、活化、增殖和分化，而且可以对与其相关疾病的诊治提供理论指导。

【C/C 复合材料】(C/C composite materials) 碳纤维增强碳基体复合材料。全部是由碳元素组成，既克服了一般碳—石墨材料强度低的缺点，又保持了石墨的耐高温性能和高的比强度。由于晶体的结晶程度不同，即石墨化程度不同，超过2 000℃的热处理温度，开始发生二维层面的排列。这种转化，即石墨化过程，伴随着层面间距的减小，表观微晶尺寸增加。石墨化度是用来表征这一转化过程进行程度的重要参数。石墨化度的高低，表明了碳结构距理想石墨结构的远近程度，进而决定了材料的力学和热学性能。石墨化度增高，C/C复合材料力学性能值降低，韧性改善，热学性能提高；反之，则力学性能值升高，韧性变差，热学性能降低。适当地控制石墨化度，可以对材料性能进行调制，获得不同需求的C/C复合材料。这种材料最初是作为航空航天用高温结构材

C/C 复合材料

料和耐烧蚀材料，现在已广泛用于固体火箭发动机喷管、喉衬、火箭重返大气层系统的保护罩。随着高负荷飞机的出现，对刹车装置提出了严格的要求，传统的金属基刹车材料难以适应，C/C 复合材料开始用作刹车材料，并表现出了良好的性能。现在已广泛用于干线飞机和军用飞机上。

【CAAT 框】(CAAT box) 又称 CAAT 盒。位于真核基因转录起点上游启动区中的一段保守序列 GG(T/C)CAATCT。其长度为 22bp 碱基对，一般位于上游 -75bp 碱基对左右，仅靠 -80bp 碱基对，可被一组特异性转录因子及 RNA 聚合酶Ⅱ识别。其功能是：控制转录起始活性。

【caspase 家族】(caspase family) 天冬氨酸特异性半胱氨酸蛋白酶家族的简称。活性部位含半氨酸羧基侧的肽键，能特异地断开天冬氨酸残基后的肽键。属半胱氨酸蛋白酶。是参与细胞凋亡过程的重要酶类。在细胞内，天冬氨酸特异性半胱氨酸蛋白酶是以非活性状态存在的。共包括两类：一类是起始者，另一类是执行者。起始天冬氨酸特异性半胱氨酸蛋白酶在外来蛋白信号的作用下被切割激活。激活的起始天冬氨酸特异性半胱氨酸蛋白酶对执行者天冬氨酸特异性半胱氨酸蛋白酶进行切割并使之激活，产生级联放大反应。有些激活的天冬氨酸特异性半胱氨酸蛋白酶能够切割细胞中的一些关键蛋白导致细胞的凋亡。

【CBR 试验】(CBR Test) 又称加州承载比试验。美国加利福尼亚州公路局最早提出的一种确定路基相对承载力的试验。后由美国陆军工程部用于机场跑道以及公路等柔性路面设计。由于试验方法简捷有效，适用的土类广，其应用的广泛性已得到公认。它不仅是一种用于柔性路面设计的简单的方法，已用于路基填土材料的规定、压实度管理的判定等方面。CBR 试验是将规定尺寸的探头贯入土中，在一定的贯入深度时，以其对应的荷载强度和 CBR 基准比较，来确定地基承载能力的相对值。CBR 基准是用美国加州的一种具有代表性的未筛碎石进行多次试验而得，并将其平均值定为 100%。CBR 试验分为现场试验和室内试验两种。室内试验又分击实试验和原状土的 CBR 试验两种。CBR 现场试验可用来直接测定现场路基填土当时的承载能力，但无法用来推断路基土随气象变化和长期变迁而变化的承载能力。CBR 室内试验无论是击实土样还是原状土样，原则上都要求先将试样浸水 96h，测出其浸水膨胀量，再进行贯入试验。这样做的目的在于考虑路基填土在使用期间经历气象变化和长年运营过程的影响，推算在最恶劣的条件下的 CBR 值。

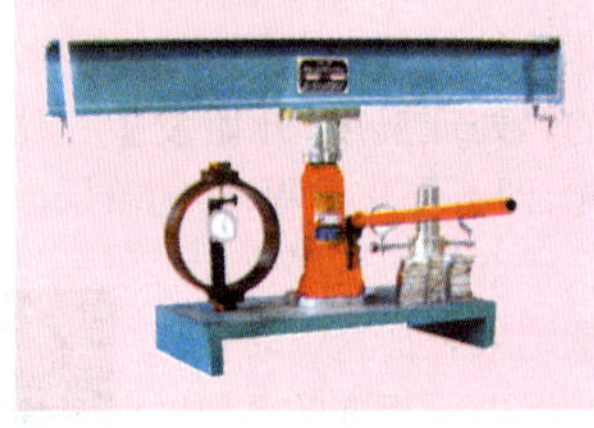

CBR 试验仪

【CDMA2000 标准】(code division multiple access 2000 standard) 以高速、宽带和多媒体数据传输为特征的第三代移动通信 3G 的技术标准集。是第三代移动通信的一种体系结构。3G 是将无线通信技术、多媒体技术以及国际互联网等相结合的新一代移动通信模式。与第一代 1G 模拟移动通信和第二代 2G 数字移动通信相比，3G 是覆盖全球的高传输率、高可靠性、高质量多媒体移动通信系统。

【CDMA450】(code division multiple access 450) 以 CDMA2000 技术为核心，工作在 450MHz 频率上的一种无线通信技术。是为将东欧和北欧广泛使用的 NMT450 模拟通信系统，升级至支持多媒体应用的数字移动通信系统而开发的。其优点是：(1)方便和 3G 衔接。(2)频率低、覆盖面广、室内穿透覆盖好、容量大、可支持无线高速分组数据业务等。(3)在覆盖范围很大、用户密度很低的情况下，投资成本仍可以保持较低。在无线通信中有广阔的应用前景。

【cDNA 克隆】(cDNA clone) 从 mRNA 出发，经逆转录合成互补 DNA(cDNA)，与载体分子重组，再转化寄主细胞的技术。主要用于去除真核生物 DNA 结构中的内含子。真核生物 DNA 结构中有内含子和外显子。内含子并不表达蛋白质。采用真核生物细胞中的 mRNA 为模板，经反转录为 cDNA 后，将会除去原本应该有的内含子，再经 PCR(聚合酶链反应)扩增，即可获得大量的目的基因。

【cDNA 末端快速扩增】(rapid amplification of cDNA ends, RACE) 从已知 cDNA 片段扩增全长基因的方法。根据已知序列设计基因片段内部特异引物，由该片段向外侧进行 PCR(聚合酶链反应)扩增得到目的序列。用于扩增 5' 端的方法称为 5'RACE，用于扩增 3' 端的方法称为 3'RACE。其优点是：(1)此方法通过 PCR 技术实现，无须建立 cDNA 文库，可在短时间内获得有价值的信息。(2)只要引物设计正确，在初级产物的基础上可以获得大量感兴趣的全长基因。

【cDNA 文库】(cDNA library) 足够数目重组 DNA 克隆细胞的 mRNA 的全部信息。以 mRNA 为模板，经逆转录酶的作用在体外被逆转录为第一链，再以第一链为模板，由大肠杆菌 DNA 聚合酶 I 合成第二链，得到双链 DNA。由于组织或细胞的总 RNA 或mRNA中，含有该细胞的全部 mRNA 分子，因而合成的cDNA产物将是含有各种 mRNA 拷贝的群体。当它们与质粒重组并转化至宿主细胞后，将得到一系列克隆群体。每个克隆体仅含有一种 mRNA 信息。所有克隆体的总和则包含细胞内全部 mRNA 的信息。cDNA 文库不同于基因组文库：(1)被克隆 DNA 是从 mRNA 反转录来源的 DNA。(2)cDNA不含内含子成分，也不含不转录的序列。(3)cDNA文库中所含cDNA的情况也因不同组织细胞和不同发育阶段及不同生理状态而不同。应用 cDNA 文库筛选和克隆新基因，是一条快速而有效的途径。

【CHAMP 重力测量卫星】(challenging minisatellite payload for geoscienceand application) 由德国地球科学中心独立研制的地球科学研究和应用小卫星。是世界上首次采用高-低卫星对卫星跟踪技术的重力卫星。于 2000 年 7 月 15 日成功发射，预期寿命 5 年。卫星的轨道采用近极圆形式设计，轨道高度为 418～470km，偏心率 0.004，倾角 87.275°。卫星上搭载两个重要设备。一个是星载 GPS 双频接收机，用以接收高轨 GPS 卫星信号以精密确定 CHAMP 卫星的轨道；另一个是三轴加速度计，放置在整个卫星系统的重心处，用以直接测量出卫星的非保守力摄动。在 5 年的飞行期内，CHAMP 高-低卫星跟踪卫星等观测系统，将以前所未有的精度观测地球系统的相关数据。其主要用于测定地球重力场的中长波位系数及其低阶系数的变化、GPS 海洋和冰面散射测量试验、全球磁场电场分布与变化、全球大气与电离层环境探测等。

【CL 延迟】(CAS Latcncy) 计算机操作中一种主存存取数据所需的滞后过程。是系统数据进行存取操作就绪状态前等待主存响应的时间。主存接到中央处理器指令后的反应速度。一般的参数值是 2 和 3 两种。数字越小，代表反应所需的时间越短。是选购品牌主存的一个因素。

【CMOS 芯片】(complementary metal-oxide semiconductor chip) 互补金属氧化物半导体芯片。可将成对的金属氧化物半导体场效应晶体管集成在一块硅片上的一种半导体芯片。在其主板上有一块可读写的随机存取记忆芯片。其存储器由主板上的电池供电，即使系统停电，信息也不会丢失。对互补金属氧化物半导体芯片中各项参数的设定和更新，可通过开机时特定的按键实现。进入基本输入输出系统设置程序，可对互补金属氧化物半导体芯片进行设置。主要用于保存当前系统中的硬件配置信息和用户设定的某些参数。

CMOS 芯片

【COBOL 语言】(common business oriented language) 又称企业管理语言、数据处理语言。一种具有严格语法规则、适合于数据处理的程序设计语言。具有面向数据处理、面向文件和面向过程的特征。在财会工作、统计报表、计划编制、情报检索和人事管理等数据管理及商业数据处理领域广泛应用。

【Cogan 氏综合征】(Cogan's syndrome) 为角膜炎、眩晕、神经性耳聋综合征。其临床特征是：(1)非梅毒性角膜炎。(2)眩晕等前庭神经症状。(3)高度双侧性神经性耳聋。起病年龄偏小。起病多急。无特定诱因。眼底正常，主观感觉眼痛、羞明、视力减退。其化验结果显示梅毒反应阴性。常在眼症状出现后数周至数月发病。听神经症状有双侧耳鸣，进行性神经性听力减退以至耳聋。睁眼时，视觉代偿平衡机能失常；闭眼时则暴露前庭性失调。其全身症状，白细胞、血沉和嗜酸细胞数增多为本病诊断依据。其病理检查可见：病变处动脉炎，耳蜗与半规管水肿。

【CO_2 减排技术】(technology for reduction of CO_2 emossion) 又称碳整合技术。用化学、物理、生物等方法从烟气或煤气中分离、回收利用或处理 CO_2，以减少或分离化石燃料燃烧生成的 CO_2 或分离煤气或天然气中 CO_2 的技术。此项技术当前处于可行性研究或试验阶段。按其技术方法的不同可分为：(1)分离回收技术。以氨系为吸收液的化学吸收法，用类似于沸石等固体吸附剂的物理吸收法和利用高分子膜对不同气体的不同渗透速度将 CO_2 从烟气中分离出来的膜分离方法等。(2)利用技术。液化 CO_2 已广泛地用于焊接、冷却、生产碳酸盐和尿素及饮料等领域。但大量地利用 CO_2 的技术，如 CO_2 与 H_2 在高温高压和催化剂条件下合成甲醇、甲烷，与乙醇、环氧化合物及不饱和碳化氢合成各种含氧有机化合物等则正在研究之中。(3)储存技术。将分离出来的 CO_2 液化后存放在地下蓄水层或废弃的油井、气井中，或储存于深海等。(4)加强自然界的补偿。大气与海洋、森林生物圈之间的 CO_2 交换，与人为的 CO_2 排放相比是非常巨大的，只要稍微增加全球碳循环中 CO_2 的吸收量，就会对大气中温室气体浓度的降低起显著作用。为此要禁止砍伐森林，扩大森林种植和复种面积，增加 CO_2 在现有森林中的存储量。

【C^3I 技术】(command, control, communication and intelligence technology) 运用系统工程的理论和方法对军事指挥、控制、通信、情报系统进行开发和管理的技术。是以现代系统论、控制论和信息论为理论基础，以电磁、光电装备为主体，以计算机为核心，以信息感测、识别、传递、处理为手段，将各级指挥员、战斗员连成有机整体，共同遂行作战指挥、控制、通信及侦察任务。C^3I 技术包括互通技术、软件工程技术、高灵敏度雷达技术、信号和图像处理技术和数据汇集技术等。利用这些技术不仅能收集处理和传送情报，调动、部署和协同兵力，实施作战指挥，还能把各种武器连成一体，使其发挥 1 + 1 > 2 的最大效能。发达国家的 C^3I 系统发展有如下特点：(1)多手段、高精度、远距离的探测侦察系统。(2)抗毁、保密、抗干扰的通信系统。(3)分布式、智能化的自动数据处理系统。(4)重视系统的互通性和兼容性，提高一体化程度和整体效能。C^3I 技术极大地缩短了监视战场和发现目标—评估和处理信息—下达作战指令和实施打击这一作战周期的时间，使真刀真枪的实战时间越来越短。未来 C^3I 技术将向着提高三军协同作战指挥能力、系统的机动快速反应能力、抗毁生存能力、组网联网能力的方向发展。在继续发展战略 C^3I 的同时，开发外层空间 C^3I。

【C^4KISR 系统】(C^4KISR system) 集指挥、控制、通信、计算、杀伤、情报、监视、侦查于一体的指挥自动化系统。包括认知链和行动链上所有环节的传感器及其平台、信息利用系统、指挥系统和武器装备。具有发现目标、识别目标、决策、攻击目标、战损评估、研究和预测全球态势、制定作战计划、作战协同等多种功能。具有主动性、连续性、动态性、预见性、网络化以及无缝连接等特性。能够预先了解敌方的行动，评估己方资源(传感器、武器、弹药)的状态，获取敌方的目标信息，迅速做出能够反映指挥员意图的作战计划。使处在适当位置的资源得到合理利用，在恰当的时间内对敌人实施打击。

【C + + 语言】(C + + language) 在 C 语言基础上发展起来的、面向对象的高级程序设计语言。具有面向对象的各种特性，比 C 语言更易于学习和掌握。其主要功能是：(1)在 C 语言基础上增加了类和实例，函数重载和操作符重载，继承三个机制。(2)支持数据抽象。(3)支持面向对象程序设计。(4)支持范型程序设计。其设计规则是：(1)对适用于真实世界中各种应用的便捷工具的强调。(2)对程序员的技术和取向的充分考虑。以其独特的语言机制在计算机科学各领域广泛应用。

【C 语言】(C language) 兼具高级语言和汇编语言特点的计算机程序设计语言。其特点与作用是：(1)既可作为系统设计语言，编写工作系统应用程序，也可作为应用程序设计语言，编写不依赖计算机硬件的应用程序；(2)绘图能力强，可移植性能好。应用范围广泛，适用于编写系统软件，制作二维、三维图形和动画，以及进行数值计算等。

【Delphi 语言】(Delphi language) 一种可视化的软件开发编程语言。具有简单、高效、功能强和易于掌握的特点。拥有基于窗体和面向对象的方法、高速的编译器、有力的数据库支持、与 Windows 编程器结合紧密和成熟的组件技术等特征。可提供多种开发工具，包括集成环境、图像编辑以及各种开发数据库的应用程序，提高编程效率。

【DNA】(deoxyribonucleic acid) 脱氧核糖核酸的英文缩写。分子中含有脱氧核糖的一种核酸，是生命的遗传物质。染色体的主要化学成分。其主要组成成分有：(1)腺嘌呤脱氧核苷酸。(2)鸟嘌呤脱氧核苷酸。(3)胞嘧啶脱氧核苷酸。(4)胸腺嘧啶脱氧核苷酸。存在于细胞核、线粒体和叶绿体中，也可以以游离状态存在于某些细胞的细胞质中。生物体的遗传信息主要定位在 DNA 分子上。DNA 分子上的核苷酸序列最终决定生命的遗传信息。

【DNA 变性】(DNA denature) 在某些理化因素影响下，DNA 分子互补碱基对之间的氢键断裂，使 DNA 双螺旋结构松散、解离为两条单链的现象。在 DNA 解链过程中，由于有更多含共轭双键的嘌呤、嘧啶碱基暴露，DNA 在紫外区 260nm 波长处光吸收值(A260)随之增加。此现象称为增色效应。在连续加热 DNA 的过程中，以温度对 A260 作图，所制得的曲线称为解链曲线。从曲线中可看出，DNA 变性从开始解链到完全解链，是在一个相当窄的温度范围内完成的。在这一范围内，紫外光吸收值达到最大值的 50% 时的温度，称为 DNA 的解链温度。由于这一现象和结晶的融解过程类似，又称融解温度(Tm)。在 Tm 时，DNA 分子内 50% 的双链结构被解开。DNA 分子的 Tm 值的高低与其分子大小及所含碱基中的 G C 含量相关；G C 含量越高 Tm 值也越高。

【DNA 测序】(DNA sequencing) 对 DNA 一级结构的测定。现代分子生物学中的一项重要技术。常用的两种快速序列测定技术是双脱氧链末端终止法和化学降解法。这两种方法在原理上差异很大，但都是根据核苷酸在某一固定的点开始，随机在某一个特定的碱基处终止，产生四组不同长度的一系列核苷酸，然后在尿素变性的 PAGE 胶上电泳进行检测，从而获得 DNA 序列。DNA 测序是重要的分子生物学分析方法之一。它不仅为基因表达、基因调控等生物学基础研究提供重要数据，而且也在疾病诊断学、基因治疗等应用研究中起着重要的作用。

【DNA 分子标记辅助育种】(deoxyribonucleic acid molecule-tagged supplementary breeding) 在基因水平采用的直接反映种质资源遗传多样性的一种育种技术。具有标记位点、已知多态性高等优点。是研究核心种质的新工具。利用分子标记技术和已绘制的作物遗传连锁图，可以在较短时间内找到目标基因，对数量性状基因位点(QTL)进行研究。如水稻的千粒重、穗粒重、株高以及小麦分蘖期的分蘖数、抽穗期的穗数等重要性状的 QTL 均已有报道。

【DNA 复性】(DNA renaturation) 变性 DNA 在适当条件下彼此分开的两条链重新缔合恢复其天然双螺旋结构的现象。DNA 复性是个非常复杂的过程。影响 DNA 复性速度的因素主要有：(1)顺序。在同样条件下，顺序简单的 DNA 分子复性很快，顺序复杂的 DNA 分子复性则较慢。(2)浓度。同一种 DNA，浓度愈高，复性速度也愈快。(3)溶液的离子强度。离子强度较高时，复性速度较快(离子强度一般在 0.4mol/L 以上)。(4)温度。高温会使 DNA 变性，而温度过低可使误配对不能分离，最佳的复性温度为 Tm(熔点)减去 25℃，一般在 60℃左右。

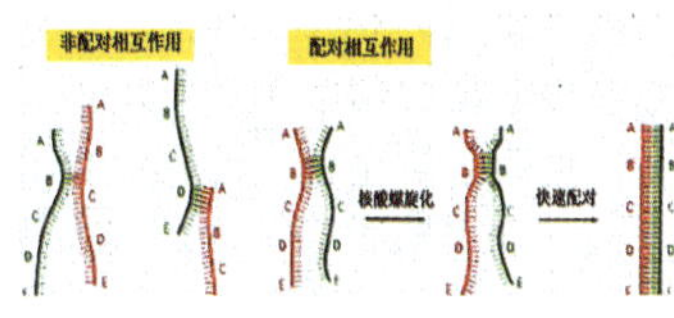

DNA 复性

【DNA 复制】(replication) 遗传物质的传代。以亲代 DNA 为模板合成子代 DNA 的过程。大多数生物体的遗传信息储存于 DNA 分子的核苷酸(或碱基)序列中。因此，碱基配对规律和 DNA 双螺旋结构是复制的分子基础。DNA 生物合成的原料包括：(1)四种脱氧核苷三磷酸(dTTP)，即 dATP、dGTP、dCTP、dTTP。(2)DNA 聚合酶的底物。(3)RNA 引物以提供 3′－OH 末端使 dNTP 可以依次聚合。(4)其他酶和蛋白质因子参与。DNA 模板链的方向是3′→5′；新链的延长沿5′→3′方向进行。DNA 复制的化学本质是脱氧核苷酸之间聚合生成磷酸二酯键。原核生物和真核生物 DNA 复制过程原则上是相同的，但具体细节有所差别。DNA 复制有 5 个基本规律：(1)即半保留复制。(2)固定的起始点。(3)双向复制。(4)半不连续复制。(5)高保真性复制。

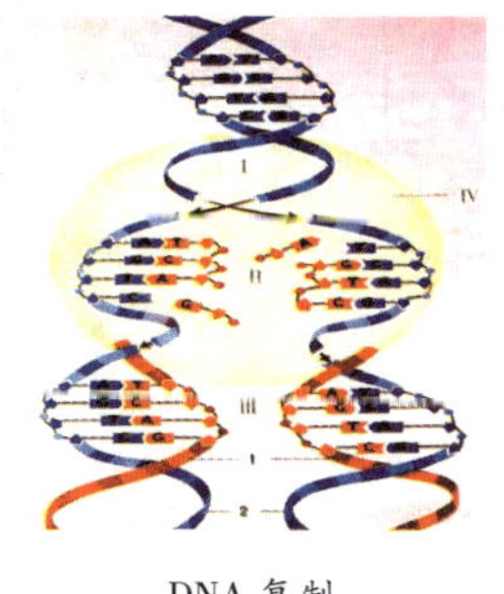
DNA 复制

【DNA 甲基化】(DNA methylation) DNA 碱基上发生的一种修饰作用。其主要形式是：5－甲基胞嘧啶、N6－甲基腺嘌呤和 7－甲基鸟嘌呤。DNA 的不同甲基化状态(过甲基化与去甲基化)与基因的活性和功能有关。一般 DNA 甲基化程度越高，其转录成 RNA 并行使功能的可能性也就越低；去甲基化则可诱导基因重新活化和表达。DNA 甲基化在维持正常细胞功能、遗传印记、胚胎发育以及人类肿瘤发生中起着重要作用。是目前研究的热点之一。

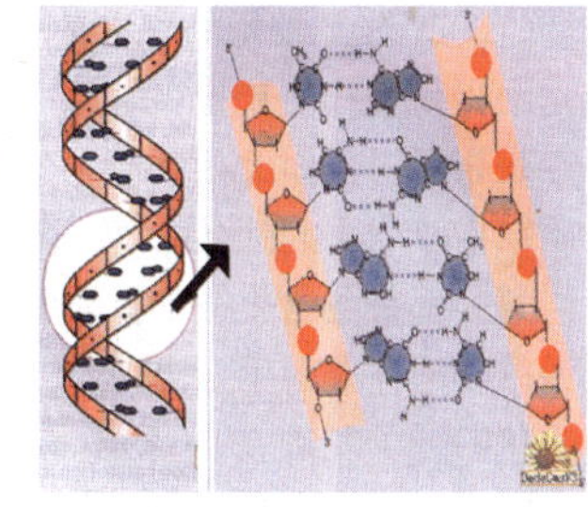
DNA 甲基化

【DNA 聚合酶】(DNA polymerase) 细胞复制 DNA 的重要作用酶。这种酶在真核细胞中有五种，在原核细胞中有三种，都具有相同的合成活性。其共同特点是：(1)需要提供合成模板。(2)不能起始新的 DNA 链，必须要有引物提供 3′—OH。(3)合成的方向都是 5′→3′。其功能是：(1)聚合作用。(2)校对作用。(3)切除修复作用。(4)焦磷酸解。(5)焦磷酸交换作用。

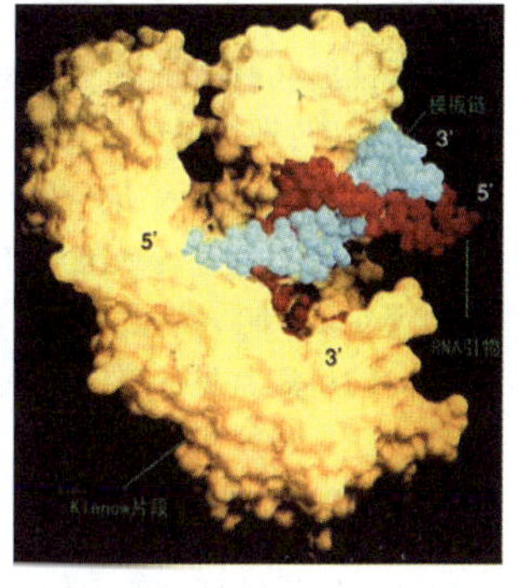

DNA 聚合酶

【DNA 双螺旋结构】(double helix structure of DNA) 由脱氧核糖和磷酸基通过酯键交替连接而形成的类似麻花状的双螺旋构型的主链。是核酸二级结构的重要形式。其主链有两条，似麻花状绕一共同轴心以右方向盘旋，相互平行而走向相反。主链处

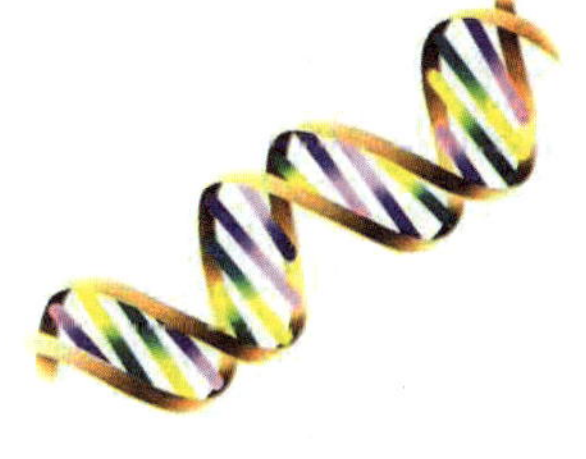
DNA 双螺旋结构

于螺旋的外侧，内侧是碱基。DNA 双螺旋结构揭示了 DNA 的复制机制：由于腺嘌呤总是与胸腺嘧啶配对、鸟嘌呤总是与胞嘧啶配对，说明两条链的碱基顺序彼此互补，只要确定了其中一条链的碱基顺序，另一条链的碱基顺序也就确定了。只需以其中的一条链为模版，即可合成复制出另一条链。这一特征阐明 DNA 作为遗传信息载体在生物界的普遍意义。

【DNA 损伤】（DNA damage） 又称 DNA 突变。DNA 分子结构的异常改变。DNA 复制的保真性是维持物种相对稳定的主要因素。突变与遗传保守性是相互对立而又相互统一的自然现象，是由遗传物质结构改变引起遗传信息的改变。一般容易把突变误解为都是危害生命的。就其后果而言，突变在生物界的普遍存在具有积极意义：（1）DNA 损伤是进化、分化的分子基础：从生物发展史来看，进化过程是突变的不断发生所造成的。没有突变就不可能有现今五彩缤纷的生物世界。（2）只有基因型改变的突变形成 DNA 的多态性：利用核酸杂交原理，设计各种技术用于识别个体差异和种、株间差异，疾病预防及诊断，法医学上的个体识别、亲子鉴定、器官移植的配型、个体对某些疾病的易感性分析等。（3）致死性突变导致个体、细胞的死亡：突变发生在生命过程至关重要的基因上，可导致个体、细胞的死亡。人类常利用此特性消灭有害的病原体。（4）突变是某些疾病的发病基础：现今最详细的内科学记载了 4 000 余种病种，其中1/3以上属遗传性疾病，或有遗传倾向的疾病。少数已知其遗传缺陷所在，如血友病是凝血因子基因突变，地中海贫血是血红蛋白基因突变等。有遗传倾向的疾病常见的有高血压病、糖尿病、溃疡病、肿瘤等。

【DNA 损伤修复】（DNA damage and repair） 生物细胞内的 DNA 分子受到损伤后自行恢复其结构的现象。细胞内的 DNA 分子，因物理、化学等多种因素使碱基组成或排列发生变化。细胞中的多种酶便共同作用，使 DNA 受到损伤的结构大部分得以恢复，降低突变率，保持 DNA 分子的相对稳定性。DNA 损伤的主要类型有：（1）紫外线照射损伤。（2）X 射线、γ 射线照射引起的键链断裂。（3）丝裂霉素 C 造成的 DNA 分子断裂。（4）个别碱基或核苷酸的变化引起的损伤。其修复方式有：（1）光复活。（2）切除修复。（3）重组修复。（4）SOS 修复。DNA 损伤修复的研究有助于了解基因突变机制、衰老和癌变的原因，还可应用于环境致癌因子的检测。

【DNA 探针】（DNA probe） 又称分子杂交技术。利用 DNA 分子的变性、复性以及碱基互补配对的高度精确性，对某一特异性 DNA 序列进行探查的新技术。是利用同位素、生物素等标记的特定 DNA 片断。该片断可大至寄生虫基因组 DNA，小至 20 个碱基。当 DNA 探针与待测的非标记单链 DNA（或 RNA）按碱基顺序互补结合时，以氢键将 2 条单链连接而形成标记 DNA－DNA（或标记 DNA－RNA）的双链杂交分子；将未配对结合的核苷酸溶解后，用检测系统（放射自显影或酶检测等）检测杂交反应结果。由于 DNA 分子碱基互补的精确性，单连 DNA 探针仅与样品中变性处理的 DNA 单链出现配对杂交，由此决定了探针的特异性；用放射性同位素或生物素标记探针，使杂交试验同时具有高度的敏感性。利用 DNA 探针的各种核酸分子杂交技术，在分子生物学和分子遗传学的研究方面应用极为广泛，是 DNA 分析的基础。如提取出一段核酸片断是否带有必要的基因，可以利用制备的 DNA 探针来进行分子杂交加以判断。利用 DNA 探针还可以对分子克隆进行筛选，以获得所需的阳性克隆。DNA 探针对遗传病的诊断尤其重要。利用这一方法广泛地开展遗传病的产前基因诊断可防止患儿出生，降低发病率，具有重大的社会意义和经济意义。另外，DNA 探针还可对癌症的发病原因以及传染病病原体的检测具有重要意义。

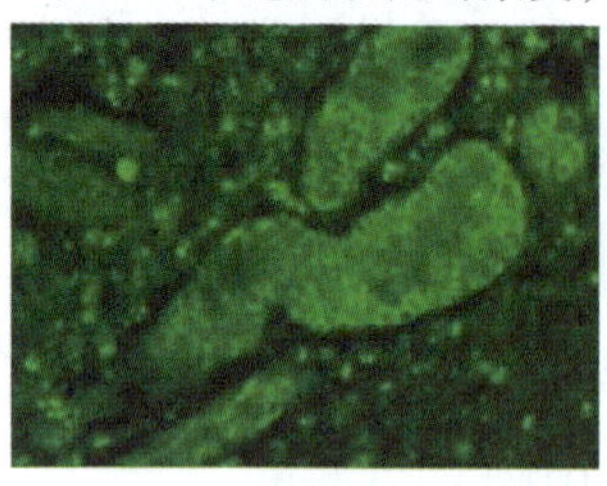
DNA 探针

【DNA 拓扑异构酶】（topoisomerase enzyme，TOPO） 一种能改变 DNA 拓扑结构的核酶。普遍存在于各种生物体内的重要的核酶。在 DNA 复制、转录、重组甚至修复过程中都有至关重要的作用。TOPO 通过引起 DNA 单链或双链短暂的断裂，在另一条单链或双链穿过缺口后再连接断端，从而改变 DNA 分子的拓扑构象。已知在原核和真核细胞中至少存在的Ⅰ、Ⅱ两种类型的 DNA 拓扑酶，可分别催化 DNA 单链和双链的断裂/再连接反应。是多种临床常用抗肿瘤药物的作用靶标。已成为抗肿瘤药物筛选常用的分子模型。

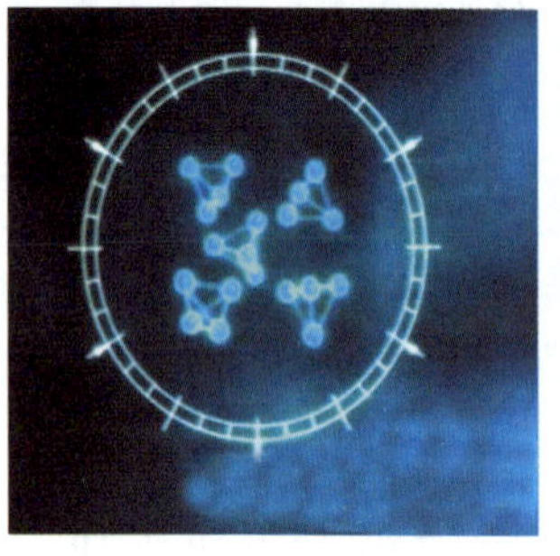
DNA 拓扑异构酶杀死癌细胞

【DNA 疫苗】（DNA vaccine） 见基因疫苗。

【DNA 印迹】(southern blotting) 又称Southern杂交,Southern DNA杂交、Southern转移、Southern印迹。将通过凝胶电泳分离并作了变性处理的DNA片段,转移到硝酸纤维素滤膜或尼龙膜上的技术。使用该技术,然后同具有放射同位素标记或其他标记物标记的单链DNA或RNA分子探针进行杂交,如果待检物中含有与探针互补的序列,则二者通过碱基互补的原理进行结合,游离探针洗涤后用自显影或其他合适的技术进行检测,从而显示出待检的片段及其相对大小。其用途是检测样品中的DNA及其含量,了解基因的状态,如是否有点突变、扩增重排等。

【DNA 诊断技术】(DNA diagnosis technology) 利用人或其他生物体的DNA进行疾病诊断的技术。除个别病毒外,所有微生物均是以核酸为遗传物质。病原体的基因既可以是脱氧核糖核酸(DNA),也可以是核糖核酸(RNA)。DNA诊断的主要内容是:(1)确定相关疾病的核酸顺序。(2)对核酸顺序进行监测分析。常用的诊断方法是体外扩增特异DNA片段法。DNA所包含的遗传信息决定了不同种生物之间以及同种生物的不同亚种、亚株系之间的差异。DNA诊断比传统诊断方法更为准确。DNA诊断技术可对遗传病、癌症及传染病有关的DNA和RNA进行自动、快速、简便的分析外,还可促进识别出生时关系疾病的基因,从而为寻找新的防治药物创造机会。

【DNA 指纹】(DNA fingerprint) 利用现代技术获得的由多个位点上的等位基因组成的长度不等的杂交带图纹。不同个体的杂交带图纹各不相同,具有排他性,就像人的指纹一样。其特点是:(1)高度的特异性。(2)稳定的遗传性。(3)体细胞稳定性。同一个动物的不同组织如血液、肌肉、毛发和精液等产生的DNA指纹图形完全一致,一滴血、一根毛发、一个皮肤细胞,甚至是鼻黏膜,唾液,都可以当作样本,用来进行DNA指纹分析。它在人类医学中被用于个体鉴别、确定亲缘关系、医学诊断及寻找与疾病连锁的遗传标记;在动物进化学中可用于探明动物种群的起源及进化过程;在物种分类中,可用于区分不同物种,也有区分同一物种不同品系的潜力。

【DSP 水泥】(densified systems containing homogeneously arranged ultrafine particle) 以波特兰水泥、硅灰和超塑化剂为主要成分的超高强度的建筑材料。DSP含义为"含均匀分布超细颗粒的致密系统"。该水泥的抗压强度可达120MPa以上。如果采用特殊集料,其抗压强度可达200MPa以上。其弹性相当于普通混凝土的1.5~2倍。强度/密度比值高于钢材。用DSP材料有可能建造过去不可想象的巨大结构物。用DSP可制备具有不同塑性的混凝土,而且采用普通混凝土浇注技术即可处理。在生产制品时,也可采用塑料加工技术,如挤压成型、碾压成型等。

DSP 水泥地面

【DUS 测试】(DUS test) 对申请保护的植物新品种所进行的特异性、一致性和稳定性的栽培鉴定试验。"DUS"是以上"三性"的英文缩写。是植物新品种保护的基础工作。根据特异性、一致性和稳定性的试验结果,判定测试品种是否属于新品种,为植物新品种保护提供可靠的判定依据。DUS的测试采用田间种植鉴定。即将申请品种与近似品种在相同的生长条件下,从植物的种子、幼苗、开花期、成熟期等各个阶段对多个质量性状、数量性状及抗病性等作出观察记载,并与近似品种进行结果比较。一般要经过2~3年的重复观察,才能最后作出合理、客观的评价。

【DV 格式】(digital video format) 又称DV-AVI格式。一种国际通用的数字视频标准。其特点是:(1)清晰度高。(2)还原色彩绚丽。(3)图像稳定。通过DV格式可以通过电脑的IEEE 1394端口传输视频数据到电脑,也可以将电脑中编辑好的视频数据回录到数码摄像机中。数码摄像机即使用此格式记录视频信息。

【EB 病毒】(Epstein-Barr virus, EBV) 又称人类疱疹病毒。由Epstein和Barr于1964年首次成功地将burkitt非洲儿童淋巴瘤细胞通过体外悬浮培养而建株,并在建株细胞涂片中用电镜观察到疱疹病毒颗粒而得的一种病毒名。圆形,直径180nm。基本结构含核样物、衣壳和囊膜三部分。核样物为直径45nm的致密物,主要含双股线性DNA。其长度随不同毒株而异,平均为17.5×10^4 bp。分子量108。衣壳为20面体立

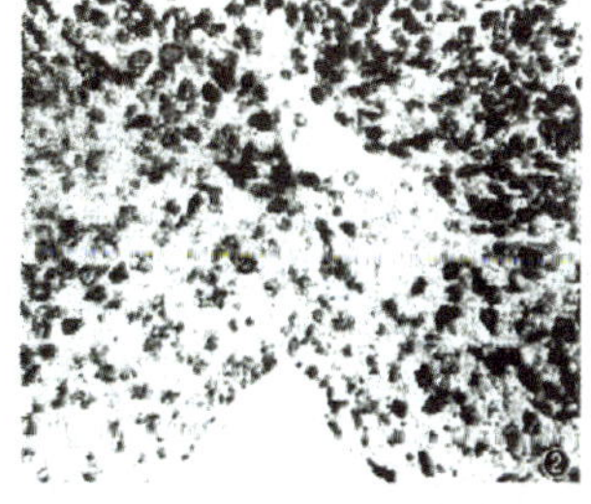
EB 病毒

体对称，由162个壳微粒组成。囊膜由感染细胞的核膜组成。其上有病毒编码的膜糖蛋白、识别淋巴细胞上的EB病毒受体，及与细胞融合等功能。此外在囊膜与衣壳之间还有一层蛋白被膜。仅能在B淋巴细胞中增殖，可使其转化，并长期传代。长期潜伏在淋巴细胞内，以环状DNA形式游离在胞浆中，并整合于染色体内。在人群中广泛感染。根据血清学调查，中国3~5岁儿童EB病毒vca-lgG抗体阳性率达90%以上。幼儿感染后多数无明显症状，或引起轻症咽炎和上呼吸道感染。青年期发生原发感染，约有50%出现传染性单核细胞增多症。主要通过唾液传播，也可经输血传染。在口咽部上皮细胞内增殖，然后感染B淋巴细胞。这些细胞大量进入血液循环而造成全身性感染，并可长期潜伏在人体淋巴组织中。当机体免疫功能低下时，潜伏的EB病毒活化形成复发感染。还可致原发性单核细胞增多症，伴溶血性贫血、淋巴结肿大、全身斑疹、T细胞减少等。该病毒在艾滋病人中感染率很高。有96%的艾滋病人血清中可检测到EB病毒抗体。

【EPOC操作系统】（EPOC operating system） 在移动电话和无线信息设备中转换语音的一种操作系统。与当前的PDA操作系统相比，它减轻了处理器的负荷，增强了电话的多媒体功能，为移动电话的使用提供了一个优质的开放平台。支持信息传送、网页浏览、办公室作业、公用事业及个人信息管理等系统的应用。

【EPS路堤】（EPS road dam） 由砂垫层、EPS砌体、土质护坡、钢筋混凝土板保护层、挡墙或护脚等部分组成的一种填方路基。EPS路堤标准断面见图。EPS材料为硬质、闭孔的泡沫塑料，又称膨胀性聚苯乙烯，是一种新的建筑材料，具有重量轻、抗压性能好、耐热、抗冻性能较佳、吸水率低、化学稳定性高且易于加工等优点。设置砂垫层的目的是为了保证砌体平稳和受力均匀。采用EPS砌体主要为了减轻路堤自重，减小作用于地基应力及沉降。EPS材料单价较贵，约占总工程费用的90%。为了减少EPS材料的工程用量，可以部分采用土路堤或粉煤灰路堤。为防止EPS层相互之间的错位，充分发挥EPS块体间整体和刚度作用需采用联结件设法加以固定。路堤两侧必须培土护坡，目的是对有害侵入物质或沿线可能有的火灾进行防护，并免遭日照紫外线的影响，同时作为护坡面植草的基础，并对EPS砌体起压重的效果。在EPS层的顶面或每隔3~5层EPS块上浇筑一层钢筋混凝土板，目的是更好地分散车辆荷载和上覆荷载；防止有害物质侵入EPS块体；同时可调整EPS块体在铺设时产生的高低差和使EPS块体铺设到一定高度形成一个整体。

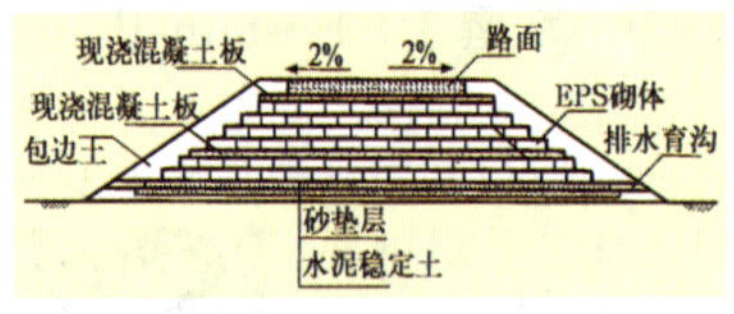

EPS路堤标准断面

【FDM系统】（fused deposition modeling system） 熔融堆积快速原型制造技术的简称。快速原型制造技术（RPM）的一种。其原理是根据三维CAD数字模型所确定的几何信息，在计算机控制下，将熔融态半流动的热塑性材料通过专门的喷嘴系统挤出并沉积固化成精确的零部件薄层，并使之层层叠加、自下而上地堆积成一个完整、准确的三维实体（零部件原型）。FDM技术已在机械、汽车、航空航天、家用电器、电子、医学、玩具、土木建筑工程等领域的新产品开发、方案论证、首版制造、招评标等方面广泛应用。

FDM系统的应用

【Fe-Ni-Cr系耐蚀合金】（corrosion resistant alloy of Fe-Ni-Cr system） 以Fe、Ni、Cr为主要成分的耐蚀合金。国标牌号NS111、NS112、NS113等。抗氧化性介质腐蚀性能好，耐高温高压应力腐蚀性能好，抗高温渗碳性好。用于加热管及核电站蒸汽发生器管。

Fe-Ni-Cr系耐腐合金

【Fisher氏综合征】（ophthalmoplegia-ataxia-arefexia syndrome） 以眼肌麻痹、共济失调、深反射消失为特征的一组综合征。其临床特点是：两侧眼外肌麻痹、两侧对称性小脑性共济失调，以及深反射消失。首先表现出眼外肌麻痹症状者占1/2；首先表现出共济失调者占1/4。本病青壮年多见。男性的发病率较女性高一倍。多数有呼吸道或消化道感染的前驱疾病。2天至数周后出现神经症状。其化验检查可见：患者有脑脊液蛋白—细胞分离现象。预后良好，可完全恢复。其病因有感染和变态反应两种学说。

【FLSA快速堵漏剂】（fast leak-stopping agent） 以氟铝酸盐水泥熟料为基材，配合其他外加剂复合而成的无机粉末材料。其特点是:凝结硬化快,初终凝时间间隔极短,终凝后迅速产生强度,可带水作业,并迅速止水、堵漏。由于施工简单,与基层黏结力强,不收缩,不脱落,被广泛用于房屋、地下、水下和隧道等工程的堵漏止水和抢修、灌注等方面。

【FORTRAN 语言】(FORTRAN language) 主要用于数值计算领域的高级编程语言。是计算机领域最早出现且第一个被正式推广使用的计算机高级程序设计语言。1954 年提出,1956 年正式使用。包括常数、变量、数组、算术表达式和逻辑表达式等。其语句分成赋值语句、输入输出语句、格式语句、控制语句和说明语句等几种。它以其特有的功能,在数值、科学和工程计算领域发挥着重要作用。

【GC 框】(GC box) 又称 GC 盒。真核生物结构基因上游的顺式作用元件。常见于真核启动子的一种核苷酸序列单元。含有保守序列:GGGCGG。这个序列可以两种不同的取向和多拷贝形式存在。其作用像一个转录调节区,有激活转录的功能。

【GenBank 数据库】(GenBank database) 美国国立卫生研究院维护的基因序列数据库。包含了所有已知的核酸序列和蛋白质序列,以及与它们相关的文献著作和生物学注释。该数据库每天都会与欧洲分子生物学实验室(EMBL)的数据库和日本的 DNA 数据库(DDBJ)交换数据,使这三个数据库的数据同步。该库里的数据 56% 是人类的基因组序列。每条数据记录包含了对序列的简要描述,如它的科学命名、物种分类名称、参考文献、序列特征表以及序列本身等。序列特征表里包含了对序列生物学特征的注释,如编码区、转录单元、重复区域、突变位点或修饰位点等。所有数据记录被划分在若干个文件里,如细菌类、病毒类、灵长类、啮齿类、EST(从 cDNA 文库中随机挑取的克隆进行测序得到的 cDNA 5′-末端或 3′-末端的部分序列)。

【GLONASS 导航卫星】(GLONASS navigation stellite) 俄罗斯 GLONASS 导航系统的空间部分。24 颗导航卫星分布在三个等间隔近圆轨道上,每个轨道面上均匀分布 8 颗卫星。轨道倾角约 64.8°,轨道高度约 19 100km,轨道周期约 11h 15min。卫星载荷包括导航组合、控制组合、高度控制系统和修正系统等。卫星上装有铯原子钟以产生卫星上的高稳定时标,并向所有星载设备提供稳定的同步信号。星载计算机将从地面控制段接收到的专用信息进行处理,并生成导航电文内容向用户广播。作为导航信号一部分的导航电文内容包括:星历参数、卫星钟相对 GLONASS UTC 时的偏移值、时间标记和 GLONASS历书。

GLONASS 导航卫星

【GNC 系统】(guidance, navigation and control system) 制导、导航与控制系统。其功能是控制航天器绕质心的姿态运动以及根据飞行任务的要求,控制航天器质心的运动。载人飞船的制导、导航和控制任务可以由船载 GNC 系统自主完成,有的任务也可由地面测控中心通过遥控完成。到目前为止,共研制成功了两类不同的载人飞船 GNC 系统。第一类载人飞船 GNC 系统也称为第一代载人飞船 GNC 系统。其代表是美国“水星”号载人宇宙飞船的控制系统。该系统实际上是一个典型的姿态控制系统,只不过由于飞船上载有航天员,因此备有航天员手动控制系统。第二代载人飞船 GNC 系统的代表是美国“阿波罗”载人飞船以及俄罗斯“联盟 TM”号载人飞船的 GNC 系统。这一系统的控制功能有了重大扩展。其中重要的是有轨道机动、空间交会对接、惯性导航及返回再入控制,同时系统还具有故障诊断及系统重构的功能。当前,以星光 GPS 和捷联惯性组合导航为主要组成部分的第三代载人航天 GNC 系统已经成为航天器 GNC 系统的发展方向。中国“神舟”号系列飞船相继发射回收成功,返回落点精度均达到世界先进水平,标志着中国航天控制技术发展到了一个新的阶段。

GNC 系统应用

【GNU 通用公共许可证】(gnu general public license, GPL) 由自由软件基金会发行的用于计算机软件的协议证书。使用该证书的软件被称为自由软件。大多数的 GNU 程序和超过半数的自由软件使用它。是为保证 GNU 软件可以自由地使用、复制、修改和发布,所有 GNU 软件授权所有权利给任何人的协议条款。力图保证你的共享和修改自由软件的自由。保证自由软件对所有用户是自由的。GPL 适用于大多数自由软件基金会的软件,以及由使用这些软件而承担义务的作者所开发的软件。GNU 通用公共许可证决意保证你有发布自由软件的自由;保证你能收到源程序或者在你需要时能得到它;保证你能修改软件或将它的一部分用于新的自由软件;还保证你知道你能做这些事情。

【GOCE 重力测量卫星】(gravity field and steady-state ocean circulation explorer satellite) 由欧空局研制的重力场和静态洋流探索卫星。是第一个探测地核结构的重力卫星。于2009年3月17日升空,共有8个月的有效观测时间。采用卫星重力梯度测量原理,即直接用卫星梯度仪测量出低轨卫星处重力位的二阶导数,然后按边值问题反演出地面重力场。卫星轨道高度约250 km,轨道倾角为97°,近极圆轨道,以利于反映短波长高阶重力场信息。其搭载的主要设备有GPS/GLONASS组合接收机、三轴重力梯度仪或超导重力梯度仪以及姿态控制系统。其科学目标是:建立全球和区域高精度重力场模型和大地水准面,用于GPS大地高到正高换算以及全球高程系统的统一研究;研究地球动力学和重力场的时间变化;研究海洋环流和海面变化;大气研究等。其缺点是:测不到纬度±82度以上靠近极点的数据。该部分的数据缺口可由CHAMP或GRACE卫星的数据补充,也可用极点区域的航空重力数据补充。

【GPS 导航卫星】(GPS navigation stellite) 向用户连续发播GPS导航信号以实现高精度导航定位服务的人造地球卫星。美国GPS卫星导航系统的空间部分。由24颗卫星组成的近圆轨道,卫星高度约20 200km,位于6个倾角为55°的轨道面,周期约11时58分。卫星的分布使得在全球任何地方、任何时间都可观测并收到4颗以上卫星发出的导航信号,并能保持良好的定位解算精度的几何图形,提供了在时间上连续的全球导航能力。卫星发播两个频率的载波无线电信号,L_1 = 1 575.42MH_Z,L_2 = 1 227.6MH_Z,在L_1载波上调制有1.023MH_Z的伪随机噪声码称为粗捕获码,或称C/A码、10.23MH_Z的伪随机噪声码称为精码,或称为P码及50bt/S的导航电文。在L_2载波上只调制有精码和导航电文。粗捕获码用于低精度测距并过渡到捕获精码。精码用于精密测距。所有这些信号都受卫星上的原子频标控制。

GPS 导航卫星

【GPS 接收机】(GPS receiver) 接收、跟踪、变换和测量GPS卫星信号的接收设备。由接收机硬件和机内软件组成。分为天线单元和接收单元两大部分。其工作原理是:捕获GPS卫星的信号,并跟踪这些卫星的运行,对所接收到的GPS信号进行变换、放大和处理,以便测量出GPS信号从卫星到接收机天线的传播时间,解译出GPS卫星所发送的导航电文,实时地计算出测站的三维位置、速度和时间。按其用途和功能的不同可分为:(1)导航型接收机。此类型接收机一般将天线单元和接收单元制作成一个整体。主要用于运动载体的导航,实时给出载体的位置和速度。这类接收机一般采用C/A码伪距测量,单点实时定位精度较低,一般为±25mm,有干扰影响时为±100mm。这类接收机价格便宜,应用广泛。(2)测地型接收机。此类型接收机两个单元一般分成两个独立的部件,观测时将天线单元安置在测站上,接收单元置于测站附近的适当地方,用电缆线将两者连接成一个整机。主要用于精密大地测量和精密工程测量。定位精度高,仪器结构复杂,价格较贵。此类型接收机按载波频率的不同又可分为:单频接收机和双频接收机。前者只能接收L1载波信号,测定载波相位观测值进行定位。由于不能有效消除电离层延迟影响。单频接收机只适用于短基线(<15km)的精密定位。后者可以同时接收L1、L2载波信号。利用双频对电离层延迟的不一样,可以消除电离层对电磁波信号的延迟的影响。因此,双频接收机可用于长达几千千米的精密定位。(3)授时型接收机。主要利用GPS卫星提供的高精度时间标准进行授时。常用于天文台及无线电通信中时间同步。GPS接收机具有高动态、时实性强的特点,广泛应用于陆、海、空部队及武器运载系统的导航定位测量。同时,以其全天候、高精度、自动化、高效益等特点,应用于大地测量、工程测量、航空摄影测量、资源勘察、地球动力学等多种学科。GPS接收机的出现给测绘领域带来一场深刻的技术革命。

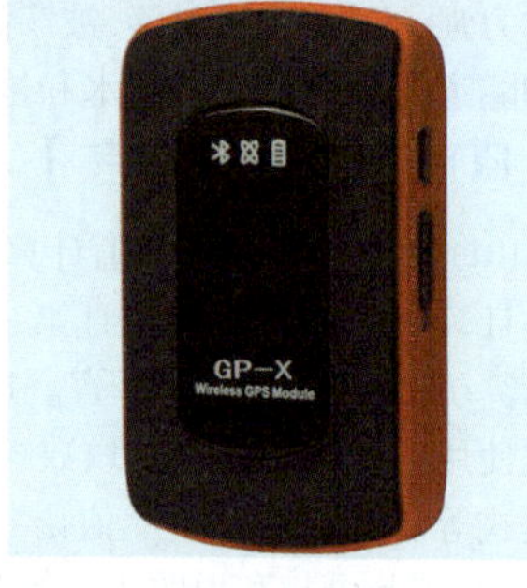

GPS 接收机

【GPS 连续运行基准站系统】(GPS continuous operational reference system, CORS) 又称CORS。连续运行的GPS观测站。由分布于测量区域内的若干GPS基准站子系统、系统控制中心子系统、用户数据中心子系统、用户应用子系统和数据通信子系统等组成。各种数据服务通过数据网络完成。整个体系是以管理中心为中心节点的星形网络。按其作用范围的不同可分为:微型、区域型、国家型和全球型等。通过数据通信网提供区域内 GPS 基准站的地心坐标和相应的 GPS 卫星观测数据及精密星历、卫星钟差、电离层模型修正参数，用户采用 GPS 单机即可进行厘米级实时定位、毫米级事后精密定位等工作。其发展趋势是逐渐由区域型向国家型甚至全球型扩展。CORS 不仅用于区域战场测绘、飞机辅助着陆、舰船出入港精密导航等快速高精度的测绘保障，而且可用于城市规划、国土测绘、地籍管理、城乡建设、环境监测、防灾减灾、船舶与车辆导航、交通监控等多种现代信息化管理。

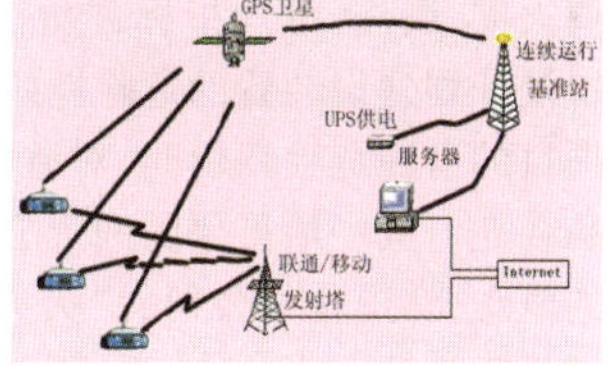

GPS 连续运行基准站系统

【GPS 时钟系统】(clock system of GPS) 利用全球定位卫星的标准 UTC 时间，可在全球得到同步的准确时间信号的系统。设备采用 Motorola 的 12 通道授时 GPS OEM 接收机，经信号处理、格式转换等，为用户提供不同标准的时钟信号和同步脉冲。同时，时钟系统内部设置恒温晶体，保证在卫星接收系统出现故障的情况下，仍能提供精确度较高的时钟信息，有效地解决了地理区域跨度给用户带来的时钟同步问题及传统时钟的校准困难，对闰年、闰秒等特殊时间的处理问题。可广泛应用于航空、交通、电力、军事、电信等行业。GPS 时钟系统的主要优点是：(1)信号接收可靠性高，不受地域限制，可全天候提供精确时间。(2)可提供高精度的标准时间，精度达 0.05ns 。(3)可提供 TTL 电平秒脉冲，精度达纳秒。(4)有多路秒、分、小时同步脉冲输出，信号脉宽 100ms，并可经串行口输出时间信息，具有多种串行信息输出方式与格式，可方便地供各种自动化装置选用，以满足不同用户的信号利用要求。(5)19 英寸标准机箱，安装方便并可根据用户的要求进行专门设计。

【GRACE 重力测量卫星】(gravity recovery and climate experiment) 由美国 NASA 和欧洲方面联合研制的重力场探测与气象试验卫星。于 2002 年 3 月升空，预期寿命 5 年。GRACE 是 CHAMP 的延续和扩展。它由两个相同不带磁力计的 CHAMP 卫星组成。采用低 - 低卫星对卫星跟踪技术，即在同一轨道上同时发射相距约 200km 的两颗低轨卫星。两颗低轨卫星除有星载 GPS 接收机准确确定其轨道位置外，还以微米级精度实时测量两个低轨卫星之间的距离及其变化率。轨道高度约 500 km，仍采用近极圆形式设计。这种技术既包含了两组高低卫星对卫星跟踪，又以差分原理测定两个低轨卫星相互的运动，因此，较 CHAMP 卫星精度大大提高。其主要搭载的设备有 Turbo - Rogue GPS 接收机(进行 GRACE 与 GPS 的高低卫星对卫星跟踪测量)、三轴加速度计(用以测量非保守力)、K 波段微波仪(进行低 - 低卫星对卫星跟踪测量)。其目标是：以更高的精度测定中长波地球重力场的静态部分，其 5 000km波长的大地水准面精度为 0.01mm，500 ~ 5 000km 波长的大地水准面测定精度为 0.01 ~ 0.1mm；以 2 ~ 4 个星期时间观测数据测定地球重力场的变化，其大地水准面年变化的测定精度为 0.01 ~ 0.001 毫米/年；探测大气、电离层环境，给出一个较好的全球大气模型和研究全球气候变化。

【GRC 复合外保温板】(GRC composite exterior panel) 由玻璃纤维增强水泥面层与高效保温材料复合而成的外墙保温用板材。有单层板和双层板之分。将保温材料置于 GRC 槽型板内的是单层板；将保温材料夹在上下两层板之间的是双层板。使用 GRC 复合外保温板，具有使墙体薄、重量轻、强度高、韧性好以及保温、防水、耐久、抗裂、加工简易、造型丰富和施工方便等特点。

GRC 复合外保温板

【G 蛋白耦联受体】(G protein-coupled receptors) 一类由 GTP 结合调节蛋白组成的受体超家族。可将配体带来的信号传送至效应器蛋白，产生生物效应。其结构非常相似，具有七个跨膜螺旋的受体。在结构上包括七个跨膜区段。与配体结合后，通过与受体偶联的 G 蛋白的介导，使第二信使物质增多或减少，转而改变膜上的离子通道，引起膜电位发生变化。其作用比离子通道型受体缓慢，这类受体与 G 蛋白之间的偶联关系也较为复杂。一种受体可以和多种 G 蛋白偶联，激活多种效应系统；也可同时和几种受体偶联，或几种 G 蛋白与一种效应系统联系而使来自不同受体的信息集中于同一效应系统。与其有关的信号通路有：腺苷酸环化酶系统(AC 系统)，磷酸肌醇系统，视网膜光电信号传递系统，与嗅觉相关的信号传导系统，一氧化氮系统等。

【HIV(艾滋)病毒】(human immunodeficiency virus) 全称为人类免疫缺陷性病毒。一种可引起艾滋病(AIDS)的人类逆转录病毒。属反转录病毒的一种。病毒基因组为一个线性的正链 RNA 分子，由 9.3×10^3 核苷酸所组成。HIV 可感染人类 T 细胞表面 CD4 受体，破坏免疫系统，导致多种并发症，直至死亡。

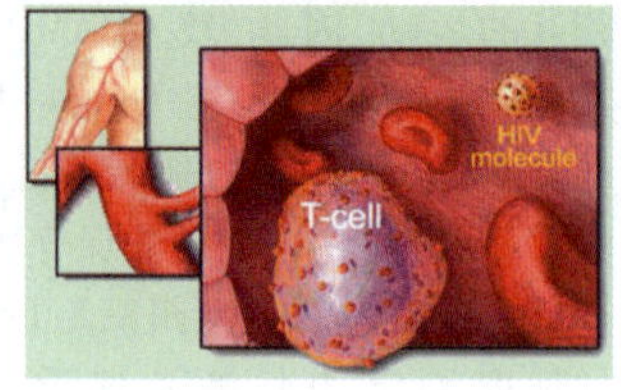

HIV（艾滋）病毒

【Horner 综合征】（Horner syndrome） 又称颈交感神经麻痹综合征。因在交感神经中枢至眼部的通路上受到任何压迫和破坏而引起的一系列症状。其临床症状是：（1）瞳孔缩小。（2）眼睑下垂及眼裂狭小。（3）眼球内陷。（4）患侧额部无汗。按其受损部位的不同可分为中枢性障碍、节前障碍和节后障碍损害。

【Horton 氏综合征】（cluster headache） 又称丛集性头痛。以周期性发作的头痛为特点的一组症候群。无前驱症状，发作时疼痛从一侧眼窝周围开始，急速扩展及额颞部，严重时可波及对侧。其疼痛性质为搏动性，兼有钻痛和灼痛。可于睡眠中痛醒。其特征性的伴发症状有：颜面潮红，出汗，患侧流泪，结膜充血和鼻塞。尚有患侧瞳孔缩小、睑下垂等不全性 Horner 氏综合征。每天可发作 1～2 次，约 30min 到达极限，持续 2～3h 后自然缓解。好发于早晨 4～5 点钟，每天定期发作，连续 2～6 周。一般于 6 个月至 2 年的间歇期后复发。热天较冷天多见。多见于青壮年。男性约为女性的 4～5 倍。Horton 氏首先指出组织胺与本病的关系。丛集性头痛之所以列入血管性头痛的范畴，其最重要的根据是：头痛发作时应用酒石酸麦角胺有效。

【H_2 受体阻断药】（H_2-blocker drug） 可竞争性阻断胃壁细胞基底膜的 H_2 受体，从而抑制组胺、五肽胃泌素、M 胆碱受体激动剂所引起的胃酸分泌的一类药物。能明显抑制基础胃酸及食物和其他因素所引起的夜间胃酸分泌。本类药包括雷尼替丁、西咪替丁、盐酸苯海拉明、盐酸异丙嗪等。用于十二指肠溃疡，胃溃疡。应用 6～8 周，愈合率较高，延长用药可减少复发。卓－艾（Zollinger－Ellison）综合征需用较大剂量。其他胃酸分泌过多的疾病，胃肠吻合溃疡，反流性食道炎等及消化性溃疡和急性胃炎引起的出血也可用。本类药物不良反应较少，偶见便秘、腹泻、腹胀及头痛、头晕、皮疹、瘙痒等，但长期服用西咪替丁的男性青年，可引起阳痿、性欲消失及乳房不正常发育。

【ICI 蒙德法】（ICI Mond Method） 由蒙德对道化学公司方法进行改进和补充，提出的一种火灾、爆炸、毒性指标评价法。1974 年英国帝国化学工业公司 ICI 蒙德在道化学指数评价法的基础上引进了毒性概念，并发展了一些新的补偿系数，提出了蒙德火灾、爆炸、毒性指标评价法。蒙德法在对现有装置及计划建设装置的危险性研究中，尤其是在新设计项目的潜在危险评价时，对道化学公司方法进行改进和补充。其中最重要的两个方面是：（1）引进了毒性的概念，将道化学公司的“火灾、爆炸指数”扩展到包括物质毒性在内的“火灾、爆炸、毒性指数”的初期评价。（2）发展了新的补偿系数，进行装置现实危险性水平再评价。其评价步骤是：（1）评价单元的确定。（2）单元内的重要物质及其物质系数的确定。（3）单元危险性的初期评价。（4）数量的危险性。（5）布置上的危险性。（6）毒性的危险性。（7）初期评价结果的计算。

【ICR 小鼠】（ICR mouse） 美国癌症研究用 Swiss 小鼠群进行选育后，所分送各国用以饲养实验的小鼠。是国际通用的封闭群小鼠。是进行免疫药物筛选，复制病理模型较常用的实验动物。外周血象和骨髓细胞，具有较好的稳定性，是良好的血液学实验用动物。中国科学院遗传研究所在 1973 年从日本国立肿瘤研究所引进，1979 年中国医学科学院分院动物中心引进，1978 年北京检定所引进，1983 年上海计划生育研究所从瑞士苏黎世毒理学研究所引进。中国从美国、日本、英国、瑞士等国引进的 ICR，各群体之间在遗传特性方面不可避免地出现了一些差异。其品种特征是：毛色白化，适应性强，体格健壮，繁殖力强，生长速度快，实验重复性较好。雌鼠自发性畸胎瘤和管状腺瘤发病率为 0%～1%；用氨基甲酸乙酯诱发时，11～16 天胚胎期畸胎瘤和管状腺瘤发病率为 5.9%；离乳个体管状腺瘤和囊瘤发生率为 30%，孕鼠为 3%。已广泛用于药理、毒理、肿瘤、放射性、食品、生物制品等的科研、生产和教学。

【IC 卡】（integrated circuit card） 在一块基片上嵌置集成电路构成的卡片。集成电路芯片可以是存储器芯片，也可以是微处理器芯片。具有信息存储或信息处理功能。具有体积小、携带方便、存储容量大、保密性能好、使用寿命长和制造成本低等优点。已在通信、交通、金融、商务和身份认证等多个方面广泛应用。

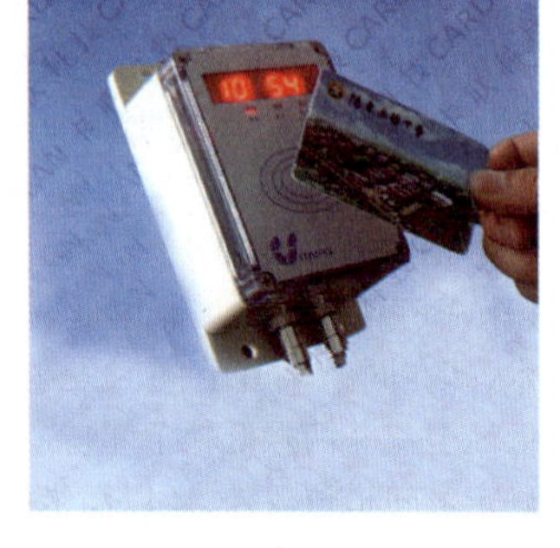
IC 卡

【IEEE802 系列标准】(ieee802 standard) 由IEEE802委员会制定的局域网系列标准。IEEE802委员会成立于1980年初,专门从事局域网标准的制定工作。该委员会分成三个分会:(1)传输介质分会,研究局域网物理层协议。(2)信号访问控制分会,研究数据链路层协议。(3)高层接口分会,研究从网络层到应用层的有关协议。IEEE 802标准定义了网卡如何访问传输介质,如光缆、双绞线、无线等,以及如何在传输介质上传输数据的方法,还定义了传输信息的网络设备之间连接建立、维护和拆除的途径。对应于开放系统互联参考模型的最低两层,即物理层和数据链路层。遵循IEEE 802标准的产品包括网卡、桥接器、路由器以及其他一些用来建立局域网络的组件。IEEE802系列标准有很多,其中代表性的标准有:(1)以太网IEEE802.3。(2)令牌环网IEEE802.5。(3)光纤分布式数据接口IEEE802.8。(4)无线局域网IEEE802.11。

【I类错误】(type I error) 假设在检验中,拒绝了实际上成立的H_0(无效假设)的弃真的错误。其概率为α,即检验水准。α越大,I类错误的概率也就越大;α越小,I类错误的概率也就越小。因此欲控制I类错误的概率,就要取较小的α。

【IntraLase飞秒激光技术】(femtosecond laser technology) 用激光治疗近视的一种技术。是当今激光眼科学界的前沿技术。飞秒激光是一种以脉冲形式运转的激光,持续的时间很短,只有几飞秒。在激光矫治近视的手术中,运用飞秒激光可以精确地打开眼部组织分子链,制作出更均匀更完美的角膜瓣,并且在波前像差引导下,实现“量眼定做”的个体化治疗,有利于近视患者获得更佳视觉质量。飞秒激光手术制作角膜瓣完全不动刀,一切都由IntraLase设备控制,完全规避了LASIK手术采用角膜板层刀制瓣所可能引起的术中卡刀、感染、术后并发症等风险。且比角膜板层刀精确100倍,术后视力的清晰度、夜视力、舒适度以及稳定性都较之更好。术后的远期安全性将有更可靠的保证。

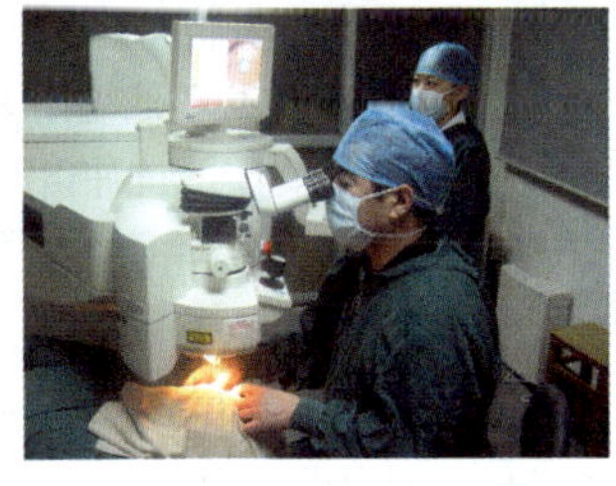
IntraLase飞秒激光技术

【IP地址】(internet protocol address) 为每个连接在因特网上的主机分配的由32个二进制位组成并用于在TCP/IP通信协议中标记每台计算机的唯一标志。IP协议依据这些地址访问互联网的每一台主机。IP地址是互联网得以运行的最基本条件之一。在IP地址中32个二进制位分成8位一组,组间以圆点隔开。每一组都是用8位二进制数表示的3位十进制数。在对地址进行操作时,可以用十进制数。

【IP电话】(IP telephone) 见网络电话。

【ISO14000标准】(ISO14000 standard) 国际标准化组织制定的环境管理体系国际标准。注重体系的完整性,是一套科学的环境管理软件。强调对法律法规的符合性,但对环境行为不作具体规定,只要求对组织的活动进行全过程控制。

【ISO14020标准】(ISO14020 standard) 国际标准化组织颁发的与环境标志有关的一系列环境管理标准。包括目前已颁布的ISO14020《环境标志和声明通用原则》、ISO14021《环境标志和声明自我环境声明Ⅱ型环境标志》和ISO14024《环境标志和声明Ⅰ型环境标志原则和准则》,均是为指导环境标志而做的指导性标准。ISO14025/TR《环境标志和声明Ⅲ型环境声明原则和程序》还是一个技术报告,不少国家已经按其技术要求,开展了Ⅲ型环境标志。目前,中国环境标志计划从产品种类的筛选、产品环境准则的制定、认证程序等各个方面都执行ISO14020标准,并正在按着ISO14021和ISO/TR14025标准要求,研究确定Ⅱ、Ⅲ型环境标志。

【JAVA服务器页面】(java server pages, JSP) 一种服务器端脚本语言。Sun公司推出的,类似活动服务页面的技术。可以在普通网页中加入Java程序段和JSP标记,从而创建动态网页。插入的Java程序段可以操作数据库、重新定向网页等,以实现建立动态网页所需要的功能。开发的网页文件使用JSP扩展名,称JSP网页。目前版本号为2.0。JSP技术的优势是:(1)一次编写,到处运行。(2)多平台支持功能强,基本上可以在所有平台上的任意环境中开发、部署。(3)强大的可伸缩性。(4)提供多样化的功能强大的开发工具支持。

【Java语言】(Java Language) 一种面向对象跨平台分布式语言。吸收了Smalltalk语言和C++语言的优点,增加了支持开发程序设计、网络通信和多媒体数据控制等功能,给程序设计语言的发展带来了新的活力。具有简单、面向对象、解释型、分布式、稳健、安全、体系结构中立、可移植、高性能、多线程和动态等特点。Java语言的优良特性使得其更可靠,减少了应用系统的维护费用。普遍应用于支持网络计算、面向对象的新一代编程。

【JQ-1胶黏剂】(JQ-1 polyisocyanate

adhesive） 一种含有异氰酸基团（—NCO）的化合物。化学学名聚异氰酸酯胶（JQ－1 胶）、三苯甲烷三异氰酸酯。分子式 $C_{22}H_{13}N_3O_3$。可与多种化学基团（—OH、—H、—NH_2 或不饱和物质）起作用，借此使物件牢固黏接在一起。其黏接力通常可达到或超过被黏结材料本身的强度。黏结后，在高温和潮湿的条件下仍可保持其固有的黏结力。现已广泛地应用于航空机械、石油化工、电子机械、交通运输、建筑和轻工等部门。

JQ－1 胶黏剂

【L－型细菌】（L-form of bacteria） 因细菌变异而部分或全部失去细胞壁的细菌。因其无细胞壁，细胞呈多种形态，在光学显微镜下可观察到原生小体、中型体和巨型体三种形态。在固体培养基上生长缓慢，可以形成 0.1mm 的微小菌落；而在液体培养基中漂浮生长为絮状或颗粒状。以不对称的二分裂、出芽或碎裂法繁殖。有的在适宜条件下可以恢复成有细胞壁的正常细菌。L－型细菌在疾病诊断和治疗、菌种保藏机制的研究、农业发展、细胞功能研究等方面均有重要意义。

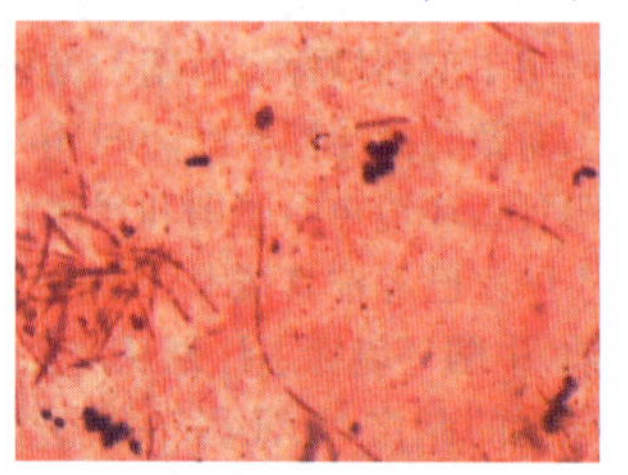
L－型细菌

【LABORIE 生物电反馈治疗系统】（LABORIE biofeedback therapy system） 将人们正常意识不到的皮电、皮温等生理变化，借助电子仪器，转变为可以感知的视听信号，患者根据这些信号，进行自身调控，用于治病或康复训练的一种治疗系统。是在行为疗法的基础上发展起来的一种新型心理治疗方法。是涉及控制论、物理医学、心理学、生理学等多学科的综合应用新技术。其特点是：（1）可正确指导患者自主锻炼盆底肌肉，以改变可测量的生理参数，来治疗下尿路功能障碍。如男女尿失禁、排尿功能紊乱、盆腔脏器下垂、盆底肌肉康复。（2）依赖电流的持续刺激，间接改变中枢神经系统中会阴神经系统的回应，使泌尿系统神经协调功能正常运行，以治疗神经性或非神经性的下尿路疾病。如慢性前列腺炎、慢性盆底疼痛综合症以及生理功能障碍。

【Linux 操作系统】（Linux operating system） 一套符合 UNIX 国际标准、可以免费使用和自由传播的操作系统。主要用于基于 Intelx86 系列中央处理器的计算机上。具有安装占用空间小、支持 TCP/IP 协议、开放性、多用户、多任务等特点。已得到众多厂商及用户的支持，成为继 Unix、Windows 后被广泛采用的操作系统。

【LL 面】（long life noodle） 又称保湿鲜面、乌冬面。采用真空和面、恒温恒湿熟化、波纹辊连续压延、三段控温水煮、水洗、酸浸包装、蒸汽杀菌等工艺加工而成的功能面。其生产技术工艺有如下独到的特点：（1）真空和面技术。保证了面筋的充分形成与良好的口感。（2）二次熟化。使蛋白质充分吸水膨胀形成最佳面筋网络。（3）波纹辊连续压延。可使面带在纵向和横向同时得到延展。（4）保持传统水煮面良好的特性，达到机器模拟手工擀面的效果。产品口感滑爽、弹性好、筋力强和不含任何防腐剂，可以在自然条件下保存 6 个月。满足人们崇尚营养健康的消费时尚。具有水分含量高、营养全、保质期长、口感好、携带和使用方便等特点。可以直接凉调，也可做炒面，用于涮火锅更具特色。热食时沸水泡 1 分钟即可食用，是居家旅游的理想食品。

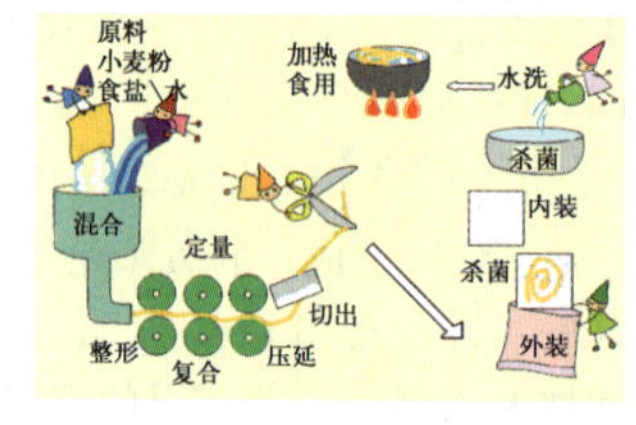

LL 面生产工艺

【MBS 树脂】（MBS resin） 甲基丙烯酸甲酯、丁二烯及苯乙烯的共聚物。因为 MBS 树脂与聚氯乙烯树脂（PVC）的折光指数相近，所以它是改性 PVC、也是制取透明制品的最佳材料。由于它与 PVC 相容性好，且在室温和低温下具有很高的冲击强度，广泛用于硬质 PVC 的抗冲击改性中。

【MEDLINE】（medical line） 由美国国立医学图书馆创立的大型生物医学文献数据库检索系统。是当今世界上最权威的医学文献数据库检索系统。其中免费 MEDLINE 检索，为世界各国的医疗科研人员带来了极大的方便。涉及到基础医学、临床医学、环境医学、营养卫生、职业病学、卫生管理、医疗保健、微生物、药学、社会医学等领域。由于其用户界面友好、收录文献范围广、数据库更新速度快、链接点多、部分还可在网上免费直接获得全文，成为网上检索生物医学文献使用频率最高的免费医学网站，也是检索生物医学文献最重要、最理想的工具。医学期刊被 MEDLINE 收录，是其获得国际认可的标志。杂志进入 MEDLINE 数据库后，对于其扩大国际影响力、增加国际范围的被引率，具有重要的作用。

【MicroRNA】（miRNA） 一类很短的非编码调控单链小分子RNA。约含20～24个核苷酸（少数少于20个核苷酸）。由一段具有发夹环结构的长度为70～80个核苷酸的单链RNA前体剪切后生成。通过与其目标mRNA分子的3端非编码区域互补匹配导致该mRNA分子的翻译受到抑制。miRNA基因不仅以单拷贝、多拷贝或基因簇等多种形式存在于基因组中，而且绝大部分定位于基因间隔区。其转录独立于其他基因，并不翻译成蛋白质，而是在体内代谢过程中起到多种调控作用。

【MIMO技术】（MIMO technology） 一种智能天线分集新技术。可分为发射/接收分集和空间复用两类。传统的多根天线被用来增加分集度从而克服信道衰落。具有相同信息的信号，通过不同的路径被发送出去，在接收机端可以获得数据符号多个独立衰落的复制品，从而获得更高的接收可靠性。对于发射分集技术来说，同样是利用多条路径的增益来提高系统的可靠性。在一个具有m根发射天线、n根接收天线的系统中，如果天线对之间的路径增益是独立均匀分布的瑞利衰落，可以获得的最大分集增益为mn。智能天线技术也是通过不同的发射天线来发送相同的数据，形成指向某些用户的赋形波束，从而有效地提高天线增益，降低用户间的干扰。广义上来讲，智能天线技术也可以算一种天线分集技术。

【Morris水迷宫】（morris water maze，MWM） 一种强迫实验动物游泳，学习寻找隐藏在水中平台的一种实验设施。主要用于测试实验动物对空间位置觉和方向觉（空间定位）的学习记忆能力。是目前最常用于评价动物学习和记忆能力的方法。是一种让实验动物学习在水中寻找隐藏平台，并通过分析其寻找平台、所用时间和所走路径，判断其记忆功能好坏的实验方案。可用于研究与空间学习记忆相关的脑功能评价，还可用于研究与之相关的药物效果、环境、基因，以及电磁辐射等对学习记忆影响的评价。其系统是一种能够在线和离线分析水迷宫实验过程的图像跟踪分析系统，并具有对实验过程进行自动化参数分析和轨迹显示的功能。实验结果可以保存为文本文件或者Excel文件。用于学习记忆、老年痴呆、海马/外海马研究、智力与衰老、新药开发、筛选、评价、药理学、毒理学、预防医学、神经生物学、动物心理学、行为生物学及时辰生物学等多个学科的科学研究和计算机辅助教学。

【mRNA】（messenger RNA） 信使核糖核酸的英文缩写。从脱氧核糖核酸转录合成的带有遗传信息的单链核糖核酸。其功能就是把DNA上的遗传信息精确无误地转录下来，然后再由mRNA的碱基顺序决定蛋白质的氨基酸顺序，完成基因表达过程中的遗传信息传递过程。

【M期】（M period） 细胞进行周期核分裂和质分裂的时期。包括分裂前期、分裂中期、分裂后期和分裂末期。前期是有丝分裂的第一期，主要特征是染色质凝缩成完全相同的两条染色单体连接而成的具有明显特征的染色体；中期主要特征是，每一条染色体逐渐向纺锤体中心区移动，最终整齐排列在赤道板上；后期的主要特点是着丝粒分开，染色单体移向两极；末期的主要特点是染色体解螺旋形成细丝，核膜小泡重新包围两组染色体，相互融合，形成完整的核膜和新的细胞核。根据细胞分裂的不同时期，可以了解遗传的相关信息。如中期染色体方便观察核型，通常在癌症研究中作为细胞遗传学的材料，用来观察肿瘤细胞基因组的改变，也可以用于比较基因组杂交实验等。

【NCBI】（National Center of Biotechnology Information，NCBI） 美国国立医学图书馆建立的国家生物技术信息中心。他们的数据库包括：（1）GenBank数据库。（2）三维蛋白结构的分子模型数据库（MMDB）。（3）在线人类孟德尔遗传（OMIM）数据库。（4）生物门类（Toxonomy）数据库等。其检索系统包括：（1）Entrez数据库检索系统。（2）BLAST相似性检索系统。NCBI有一个多学科的研究小组。其成员包括计算机科学家、分子生物学家、数学家、生物化学家、实验物理学家和结构生物学家。其活动内容集中于计算分子生物学的基本和应用研究，即用数学和计算的方法研究在分子水平上的基本的生物医学问题。这些问题包括基因的组织，序列的分析和结构的预测。

【Ni－Cr－Mo系耐蚀合金】（corrosion resistant alloy of Ni-Cr-Mo system） 以Ni、Cr、Mo为主要成分的耐蚀合金。国标牌号NS331、NS332以及NS335～NS337。NS331耐高温氟化氢、氯化氢气体及氟气体腐蚀。NS332耐含氯离子的氧化还原介质腐蚀。NS 335～337耐强氧化还原介质腐蚀。Ni－Cr－Mo系耐蚀合金用于化工、核能、有色冶金等行业。

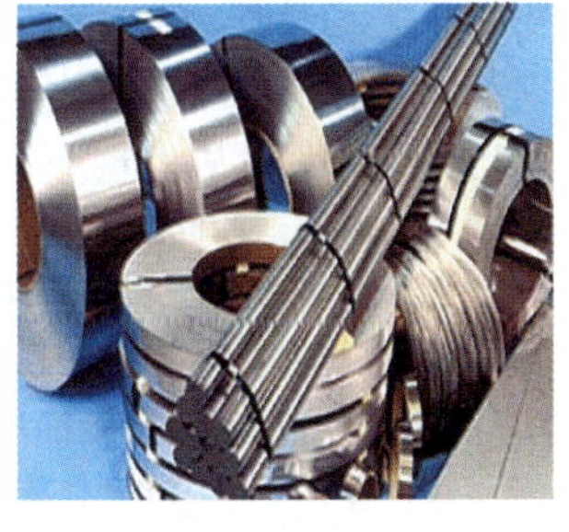

Ni－Cr－Mo系耐蚀合金

【Ni－Cr 系耐蚀合金】(corrosion resistant alloy of Ni-Cr system) 以 Ni、Cr 为主要成分的耐蚀合金。国标牌号 NS311～NS315。抗强氧化性介质腐蚀好。NS311 用于核燃料生产。NS3121～NS314 用于高温及核工业后处理。NS315 因其抗高温高压水氯化物应力腐蚀性能好因而用于核电站热交换器。

【Ni－Ti 系形状记忆合金】(shape memory alloy of Ni-Ti system) 以 Ni、Ti 为要主成分的具有形状记忆特性的功能合金。是实用化的合金。品种牌号有 Ni51Ti49 及 Ni55.5Ti45.5 等。前者强度 σ_b = 1 000MPa，无磁性，用作紧固件、口腔矫形等，具有较高的生物相容性、较低的生物退变性和较好的细胞附着性；后者用作双向驱动元件，具有双向记忆效应。

记忆合金

【NK 细胞】(natural killer cell) 淋巴细胞中的一类杀伤细胞。不需经抗原刺激，也不需抗体参与即能杀伤某些靶细胞，因而被称为“自然杀伤细胞”。是一类异质性多功能的细胞群体，具有抗肿瘤、抗感染、免疫调节等作用，还参与移植排斥反应、自身免疫病和过敏反应的发生。尤其在机体免疫监视功能中，NK 细胞处于抗肿瘤的第一道防线，而且具有较广的抗瘤谱。

【NP 完全问题】(NP complete problem) 对于一个问题 q_0，如果 q_0 属于 NP，且 NP 中任意一个问题，都能够多项式时间归约到 q_0，则称 q_0 为 NP 完全的，或 q_0 具有 NP 完全性。可满足性问题是历史上第一个 NP 完全问题。由 S. A. 库克于 1971 年提出。在实践中还发现有大量的 NP 完全问题。它们来自计算机科学、数学、逻辑学等许多学科领域，总数以千计。有代表性的 NP 完全问题：顶点覆盖问题、三维匹配问题、分割问题、带优先次序的调度问题、0－1 背包问题等。NP 完全性的研究在理论上有重要意义。已经证明，只要有一个 NP 完全问题属于 P，则 NP 中一切问题都属于 P。实际上，NP 中任何一个问题都可以多项式时间归约到这个 NP 完全问题，而该问题又可在多项式时间内解决，故 NP 中任何问题都可在多项式时间内解决。因此，只要能证明任何一个 NP 完全问题属于 P，就能推出 NP＝P。这将导致十多年来计算机科学中一个重大问题——“NP＝P 问题？”的肯定性解决。反之，要否证 NP＝P，一个明显的方法，就是到 NP 中去找一个不属于 P 的问题。总之，无论是要证明还是要否证 NP＝P，NP 完全问题的研究都很有意义。

【N 型半导体】(N-type semiconductor) 半导体内因掺入极微量杂质元素而使其成为能产生许多带负电的电子的半导体。在这种半导体中，主要靠电子导电，也称电子半导体。例如：含有适量五价元素砷、磷、锑等的锗或硅。

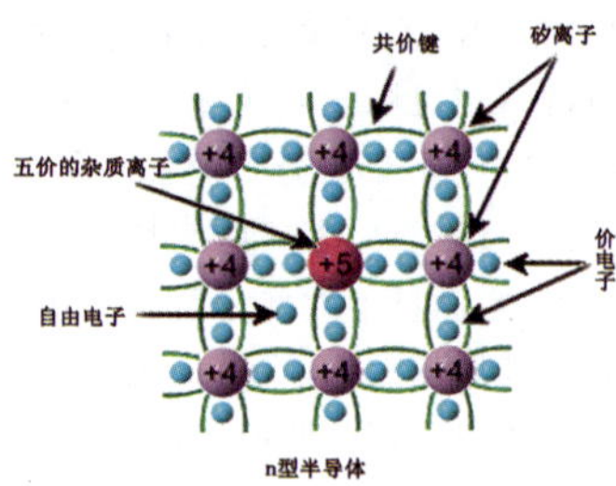

N 型半导体

【P－糖蛋白】(P－glycoprotein) 由 1 280 个氨基酸组成的跨膜蛋白。相对分子质量为 170Da。由两个相似的部分构成。其中每一个部分包含六个转运膜区和一个 ATP 结合利用区。是一个能量依赖的单向药物外排泵，可将进入细胞内的药物排出细胞外。广泛存在于肾小管刷毛边层膜、肾小管、胃肠道和脑微血管。其能量来源于 ATP。在许多物质的吸收、分布和消除中发挥重要作用。

【PASCAL 语言】(PASCAL language) 一种计算机通用语言。第一个系统地体现结构化程序设计概念的语言。由瑞士 Niklaus Wirth 教授于 20 世纪 60 年代末设计并创立，为纪念法国数学家 Pascal 而得名。其特点是：(1)严格的结构化形式。(2)丰富完备的数据类型。(3)运行效率高。(4)查错能力强。可被方便地用于描述各种算法与数据结构。对于程序设计的初学者，它有益于培养良好的程序设计风格和习惯。

【pBR322 载体】(pBR322 plasmid) 又称 pBR322 质粒。研究得最多、使用最早且应用最广泛的大肠杆菌质粒载体之一。名称中含有“BR”是因为其由 F. Bolivar 和 R. L. Rodriquez 合成。质粒载体由 pSF2124 质粒转位子 Tn3 的氨苄青霉素抗性基因(ampr)、pSC101 质粒的四环素抗性基因(tetr)及 ColE1 的派生质粒 pMB1 的 DNA 复制起点(ori)等三个不同来源的 DNA 片段组成。pBR322 载体具有分子量小(4361bp)、携带两个抗药性基因供作选择标记以及较高的拷贝数等优点，因此成为基因工程中广泛使用的优良的大肠杆菌质粒载体之一。

【PET 纳米橡胶】(polyethylene terephthalate nano rubber) 由聚对苯二甲酸乙二酯(PET)和纳米橡胶经适当共混制成的新型高分子材

料。将纳米尺寸的粉末状橡胶均匀分布在PET基体中可起到良好的增韧效果,在不降低PET强度模量的情况下,可以改善其耐热性、韧性、耐冲击性、结晶速度、加工成型性。可用机械熔融共混等方法制造,也可模塑成型。在加入一定的填料后可作为工程塑料应用。

【PE保鲜膜】(polyethylene fresh-keeping film) 由聚乙烯材料制成的具有良好力学性能和气密性能的薄膜。PE保鲜膜不含任何增塑剂。经国家质量技术监督检疫局检测用于食品包装非常安全。有良好的黏性,透明度好,拉伸力强,防雾性能非常好,是理想的食品包装材料。其使用范围包括包装蔬菜、水果、熟食等,也适用于冰箱、微波炉等。

PE保鲜膜

【pH万用试纸】(universal pH test paper) 用于测量溶液pH的试纸。pH试纸在不同的酸碱性溶液中显示出不同的颜色。一般在试纸盒上附有各种不同颜色的标准色板。如pH=1时,标准色板呈深红色;pH=3时,呈橙色;pH=9时,呈深草绿色;直到pH=14时,则呈紫褐色。在测量某溶液的pH时,撕下一条pH试纸,浸入溶液中,或取一滴溶液滴到试纸条上,半秒钟后取出与标准色板比较,即可得到该溶液的pH,就能知道该溶液的酸碱度强弱。有一些精密pH试纸可测准到小数点后一位数,如pH值为0.5~5.0;5.5~9.0等的试纸。

PH试纸

【pH值】(pH value) 表示稀溶液中氢离子的浓度大小的量值。氢离子浓度常用对数的负值表示,即 $pH = -\lg[H^+]$。例如 $[H^+] = 10^{-5}mol/L$,即pH=5。pH值的应用范围通常在0~14之间。pH值是介于0和14之间的数。pH=7时,表示溶液为中性,既不偏酸性,也不偏碱性。pH值愈小,表示溶液的酸性愈强;pH值愈大,则碱性愈强。测定水质、土壤及其他溶液的pH,可用pH试纸,也可用精确的pH计,即酸度计。

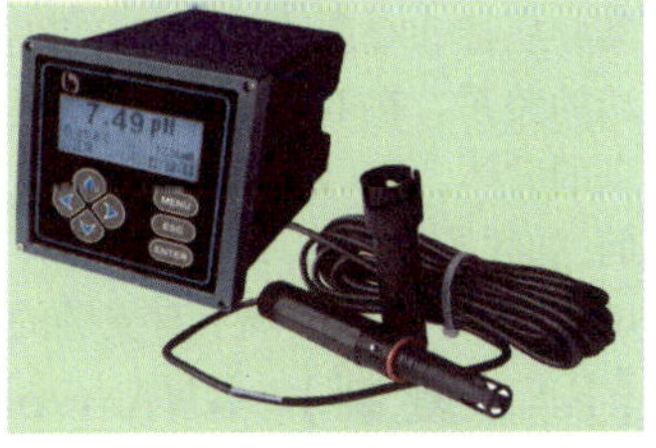

pH计

【PN结】(PN junction) 同一块单晶半导体内部通过掺杂而彼此邻接的P型半导体和N型半导体相结合的特殊薄层叫PN结。其基本特性是单向导电性。由于PN结有单向导电性,故PN结有整流作用。改变PN结的杂质分布方式、结的形状、几何尺寸及偏置条件,可使PN结完成许多不同的功能。PN结是许多半导体器件的基本构成单元。

【PROLOG语言】(PROLOG language) 一种编辑处理能力很强、适用于人工智能领域的高级程序设计语言。其特点是:(1)数据与程序无需区分。(2)计算看成推理,有演绎能力。(3)有符号推理能力。(4)自变量有输入输出双重作用,可以双向计算。(5)有递归与回溯功能。是建立在逻辑学的理论基础之上的。最初被运用于自然语言等研究领域,现已广泛应用在人工智能研究中,用于建造专家系统、自然语言理解和智能知识库等。

【PubMed】(Public Medline) 是美国国家医学图书馆所属的国家生物技术信息中心(NCBI)开发的生物医学信息检索系统。位于美国国立卫生研究院(NIH)的平台上。该系统通过网络途径免费提供包括MEDLINE在内的自1950年以来全世界70多个国家4 300多种主要生物医学文献的书目索引和摘要,并提供部分免费和付费全文链接服务。其内容包括:DNA与蛋白质序列、基因图数据、3D蛋白构象、人类孟德尔遗传在线。其主要特点是:(1)信息资源丰富。(2)信息质量高、更新速度快。(3)主题加工规范和数据挖掘技术的应用。(4)强大的链接功能。(5)检索方式灵活多样。

【PVC保鲜膜】(PVC fresh-keeping film) 聚氯乙烯材质保鲜膜。PVC保鲜膜中的有害物质易析出,随食物进入人体后,对人体有致癌作用,特别是干扰内分泌,引起妇女乳腺癌、新生儿先天缺陷、男性生殖障碍甚至精神疾病等。美国、日本、韩国等国家早已全面禁止使用PVC食品保鲜膜。而聚乙烯(PE)家用保鲜膜则是安全的。

【PVP生产技术】(PVP production technology) 以吡咯烷酮和乙炔为主要原料通过聚合反应生产聚乙烯吡咯烷酮的技术。吡咯烷酮和乙炔在催化剂作用下,反应生成中间体——乙烯基吡咯烷酮,分离提纯后再通过聚合反应得到PVP(聚乙烯吡咯烷酮)。PVP具有定型、护发、增加头发光泽和光滑性等作用。是定型发乳、摩丝和喷发胶不可缺少的原料。在医药中可作为黏合成型剂、增稠剂、增溶剂、分散剂、稳定剂和成膜剂。广泛应用于纺织印染、造纸、涂料、洗涤剂、高分子聚合、电子、分离膜、医用高分子材料等领域。

【P问题和NP问题】(P-problem and NP-problem) 具有多项式算法的判定问题。如果一个问题可以找到一个能在多项式里解决它的算法,那么这个问题就属于P问题。P是Polynomial一词的第一个字母。这类问题的吸引力在于:对此类问题,在作替换时仍保持问题的多项式性,相对容易的计算算法的总步数,回答“是”与“不是”均具有多项式这一性质刻画。NP问题是指具有非确定性多项式算法的判定问题。NP是Nondetermistic和Polynomial两个词的第一个字母。这类问题只对正面回答“是”时,算法具有多项式性质,而对反面回答“不是”时,未作任何论断。如果把所有P类问题归为一个集合P中,把所有NP问题划进另一个集合NP中,那么,显然有P属于NP。现在,所有对NP问题的研究都集中在一个问题上,即究竟是否有P=NP。通常所谓的“NP问题”,其实就是证明或推翻P=NP。即在NP中有不是多项式时间可解的问题。它是NP中“最难的”问题。

【P型半导体】(p-type semiconductor) 半导体中因掺入极微量杂质而使之成为产生许多缺少电子的空位的半导体。把这些缺少电子的空位称为空穴。参与导电的主要是带正电的空穴。这种半导体称为空穴型半导体,也称P型半导体,是另一类杂质半导体。例如含有适量三价元素硼、铟、镓等的锗或硅。

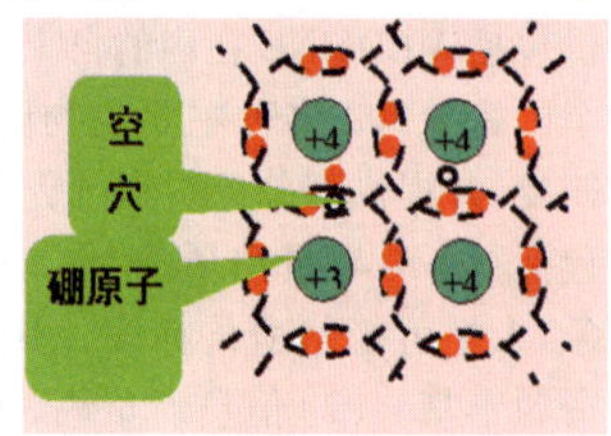

P型半导体

【Q热】(Q fever) 由伯纳特立克次体引起的急性自然疫源性传染病。1937年,Derrick在澳大利亚的昆士兰(Queensland)发现并首先描述。当时因原因不明,故称之为Q热。家畜是主要传染源,如牛、羊、马、骡、犬等;次为野啮齿动物、飞禽(鸽、鹅、火鸡等)及爬虫类动物。有些地区家畜感染率为20%~80%。受染动物外观健康,而分泌物、排泄物以及胎盘、羊水中均含有Q热立克次体。患者通常并非传染源,但病人血、痰中均可分离出Q热立克次体。曾有住院病人引起院内感染的报道。其潜伏期一般为2~4周。有畏寒、发热、剧烈头痛、肌肉疼痛等症状。可发生肺炎及胸膜炎,部分病人还可发生肝炎、心内膜炎、心肌炎、血栓性脉管炎、关节炎及震颤性麻痹等。诊断要根据当地流行情况、与家畜密切接触史及典型临床表现。确诊需作贝氏立克次氏体凝集反应和补体结合反应及病原体分离。四环素和氯霉素治疗有特效。人和家畜可接种疫苗预防。

【RAMBUS内存】(RAMBUS memory) 一种高性能、芯片对芯片接口技术的新一代存储器。可提供工作频率为600MHz、800MHz和1066MHz时的三种运行速度,使新一代的处理器发挥出最佳功能。其缺点是:(1)必须成对使用;(2)使用时所有空插口必须屏蔽掉;(3)发热量大。其容量主要有64M、128M、256M、512M等多种规格。

【Reye综合征】(Reye syndrome) 又称脑病合并内脏脂肪变性。急性脑水肿合并以肝为主的内脏脂肪变性为特点的一组综合征。1963年Reye等首先报道。至今病因不清,90%与上呼吸道感染有关。国外报道在流感病毒和水痘病毒流行时发病数增加。如此期用水杨酸药物退热和如阿司匹林等,有诱发本病的危险性。细胞内线粒体损伤和酶活性丧失是本病的病理基础。本病常见于2~16岁小儿,6岁是高峰,偶见家族病例。其主要表现是:绝大数先有上呼吸道感染,在恢复过程中出现频繁呕吐;后迅速加重出现抽搐,意识障碍;很快在数小时内进入昏迷,再严重为去大脑强直,脑疝,常在1~2天内死亡。存活者在起病后3~5天不再进展,1周内恢复。如年龄小,病情重,昏迷时间长,可留后遗症:智力低下,癫痫,运动功能受损等,同时并有肝脏肿大,肝功能异常。其诊断依据是:有明显脑水肿的表现,查脑脊液除压力增高外脑脊液化验均正常;肝轻中度肿大,肝功能异常,血氨增高,高脂血症和凝血功能障碍等。婴幼儿易出现低血糖,以中性粒细胞为主的白细胞数增高。近年来由于对本病的认识提高及早期积极治疗,已将死亡率从40%降至10%左右。降颅压是治疗本病的关键,同时并用纠正代谢紊乱、支持疗法、对症处理以及避免水杨酸药物应用等。

【RNA】(ribonucleic acid, RNA) 核糖核酸的英文缩写。生物体除DNA外的另一种遗传物质。由至少几十个核糖核苷酸通过磷酸二酯键连接而成的核酸。RNA普遍存在于动物、植物、微生物及某些病毒和噬菌体内。RNA和蛋白质生物合成有密切的关系。在RNA病毒和噬菌体内,RNA是遗传信息的载体。RNA一般是单链线形分子,但也有双链的,如呼肠孤病毒RNA;还有环状单链的,如类病毒RNA;1983年还发现了有支链的RNA分子。

【RNA复制】(RNA replication) 以DNA为模板合成RNA的方式。是生物界RNA合成的主要方式。但有些生物如某些病毒、噬菌体的遗传信息储存在 RNA 分子中，当它们进入宿主细胞后，靠复制而传代。它们在 RNA 聚合酶催化下合成 RNA 分子。当以 RNA 为模板时，在 RNA 复制酶作用下，按5′→3′方向合成互补的 RNA 分子。RNA 复制酶只对病毒本身的 RNA 起作用，而不会作用于宿主细胞中的 RNA 分子。

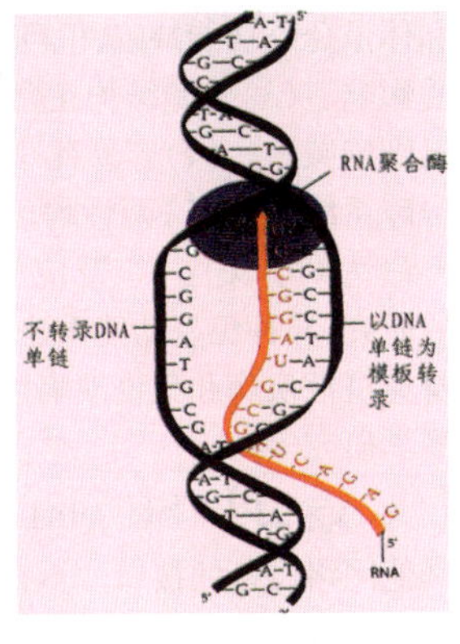

RNA 复制

【RNA 干扰】(RNA interference, RNAI) 在进化过程中高度保守的、由双链 RNA 诱发的同源 mRNA 高效特异性降解的现象。是基因转录后沉默的一种方式。是生物界古老而且进化的高度保守的现象之一。RNAi 通过一种小 RNA 分子介导的特异性高效抑制基因表达途径，由小 RNA 分子介导识别并靶向切割同源性靶 mRNA。RNAi 具有生物催化反应特征，反应中需要多种蛋白因子以及三磷酸腺苷参与。RNAI 在基因功能研究和基因药物应用中具有广阔的前景。

【RNA 聚合酶】(RNA polymerase) 催化 RNA 合成的酶。其工作机理是，用一条 DNA 链或 RNA 为模板，催化由核苷－5′－三磷酸而合成 RNA 的酶。其催化方式与 DNA 聚合酶相似，但不具备有校正作用的外切核酸酶活性，聚合反应也不需引物。是一种由多个蛋白亚基组成的复合酶。其作用是转录 RNA。

【RNA 印迹】(northern blotting) 又称 Northern RNA 杂交、Northern 印迹法、Northern 印迹技术。将经过凝胶电泳分离的 RNA 转移到适当的膜上的技术。可以采用毛细管作用或电泳法转移，转移到膜(如硝酸纤维素膜、尼龙膜等)上的 RNA 再进行多方面的分析，最常见的是与标记的特异核酸探针杂交进行分析。该技术用以检测某一特定的 RNA(通常是 mRNA)片段的存在及表达量。

【Rolling 刷牙法】(rolling tecchrmique) 又称竖转动法。以刷牙中牙刷朝冠向做小环形旋转运动为特点的一种刷牙方法。适用于有牙龈退缩的患者。该方法去除菌斑比较有力且不损伤牙龈。其刷牙手法是：(1)刷毛先与牙齿长轴平行，毛端指向牙龈缘，然后加压扭转牙刷，使刷毛与牙齿长轴呈45°角。(2)转动牙刷，使刷毛由龈缘刷向𬌗面方向，即刷上牙时刷毛顺着牙间隙向下刷，刷下牙时从下往上刷。(3)每个部位转刷5～6次，然后移动牙刷位置。此方法可以消除口腔内软垢、食物碎片和部分牙面菌斑，从而减少口腔环境中致病因素，增强组织的抗病能力，可以预防多种口腔疾病。

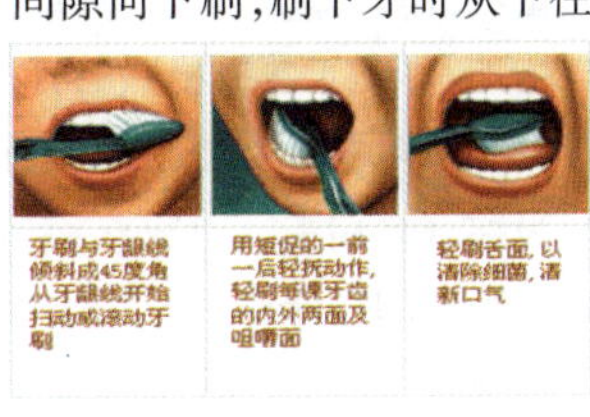

Rolling 刷牙法

【RS232 接口标准】(RS232 interface standard) 又称 EIA/TIA－232 标准。由电子工业协会和电信工业协会联合开发的通用物理层接口标准。对串行接口通信的有关问题，如电缆、接口的机械、电气特性、信号功能及传送过程特性进行了描述。RS-232-C 总线标准设有25条信号线，包括一个主通道和一个辅助通道。在多数情况下主要使用主通道，对于一般双工通信，仅需几条信号线就可实现，如一条发送线、一条接收线及一条地线。每根线上的典型值为±8mA/±12V。采用负电平逻辑，逻辑1为－3～－15V，逻辑0为＋3～＋15V。广泛用于计算机的串行接口与终端或外设之间的近地连接。

【RS485 接口标准】(RS485 interface standard) 又称 EIA-485 标准。由电子工业协会和电信工业协会联合开发的通用物理层接口标准。RS485 有两线制和四线制两种接线。四线制只能实现点对点的通信方式，现很少采用。现在多采用的是两线制接线方式，这种接线方式为总线式拓朴结构，在同一总线上最多可以挂接32个结点。采用差分电平逻辑，逻辑1为－6～－2V，逻辑0为＋2～＋6V。

【RSA 公共密钥密码算法】(RSA public key crypto method) 第一个能同时用于加密和数字签名的非对称密码算法。是被研究得最广泛，目前被普遍接受的优秀的公钥算法。RSA 公钥加密算法是1977年由美国麻省理工学院三名计算机专家 Ron Rivest 、Adi Shamirh 和 Len Adleman 开发的，RSA 取名来自开发者的名字。RSA 是目前最有影响力的公钥加密算法。它能够抵抗到目前为止已知的所有密码攻击，已被 ISO 推荐为公钥数据加密标准。RSA 算法基于一个十分简单的数论事实：将两个大素数相乘十分容易，但那时想要对其乘积进行因式分解却极其困难。因此可以将乘积公开作为加密密钥。RSA 的缺点主要有：(1)产生密钥很麻烦，受到素数产生技术的限制，因而难以做到一次一密。(2)分组长度太大，为保证安全性，至少也要600 bits 以上，使运算代价很高，尤其是速度较慢，较对称密码算法慢几个数量级,而且,随着大数分解技术的发展,这个长度还在增加,不利于数据格式的标准化。

【SARS 病毒】(SARS virus) 又称严重急性呼吸综合症病毒。由冠状病毒科的一个变种引起非典型肺炎的病原体。冠状病毒粒子呈不规则形状,直径约 60~220nm。病毒粒子外包着脂肪膜,膜表面有三种糖蛋白:刺突糖蛋白、小包膜糖蛋白、膜糖蛋白。少数种类还有血凝素糖蛋白。冠状病毒是正链 RNA 病毒,病毒之间的 RNA 重组率非常高,病毒出现变异正是由于这种高重组率。重组后,RNA 序列发生了变化,由此核酸编码的氨基酸序列也变了,氨基酸构成的蛋白质随之发生变化,使其抗原性发生了变化。而抗原性发生变化的结果是导致原有疫苗失效,免疫失败。SARS 冠状病毒主要通过近距离的飞沫传播、接触患者的分泌物以及密切接触传播。是一种新出现的病毒,人群不具有免疫力,普遍易感。感染高峰在秋冬和早春。病毒对热敏感;紫外线、来苏水、0.1% 过氧乙酸及 1% 克辽林等都可在短时间内将病毒杀死。

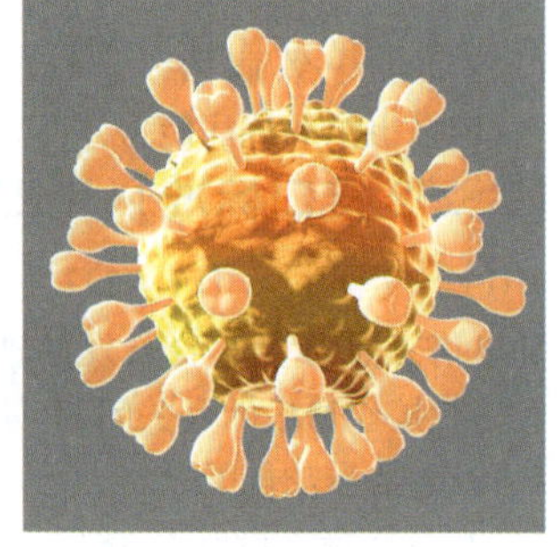
SARS 病毒

【SARS 防护服】(SARS protective suit) 对 SARS 病毒具有可靠的阻隔、防护和杀灭作用的服装。采用纳米微孔膜材料复合技术制造。在聚合树脂中填充纳米无机物及纳米微孔骨架结构的物质(具有杀菌作用的纳米粒子),辅以其他助剂混合后经挤出、双向拉伸或压延、萃取制成纳米微孔膜(其孔径小于 60μm、孔隙率大于 60% 并且分布均匀)与面料复合后制成的防护服。这种防护服轻便,透气,可以有效阻隔 80~150μm 的 SARS 病毒。若辅以其他药剂,便可以杀灭 SARS 病毒。

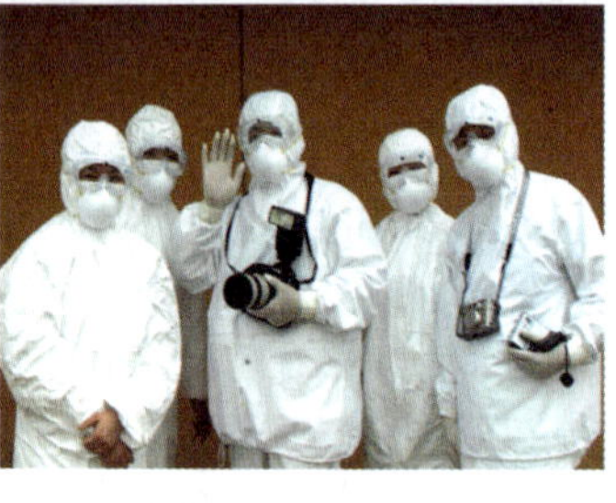
SARS 防护服

【SCID 小鼠】(severe combined immune deficency mice,SCID) 一种 T、B 细胞严重联合免疫缺陷小鼠。其主要特性是:(1)外观与普通小鼠无异,体重发育正常,唯胸腺、脾脏、淋巴结的重量仅为正常小鼠重量的1/3 以下。(2)胸腺、脾脏、淋巴结中的 T 淋巴细胞和 B 淋巴细胞大大减少,细胞免疫和体液免疫功能缺陷,但巨噬细胞和 NK 细胞功能未受影响。(3)骨髓结构正常,外周血中的白细胞和淋巴细胞减少。(4)容易死于感染性疾病,必须饲养在屏障系统中。(5)两性均可生育,每胎产仔 3~5 只,寿命达 1 年以上。广泛应用于免疫细胞分化和功能的研究,异种免疫功能重建、单克隆抗体制备、人类自身免疫性疾病和免疫缺陷性疾病的研究,病毒学和肿瘤学研究等。

【SC 端口】(SC port) 又称光纤端口。连接其他网络设备的接口。不直接用光纤连接至工作站,一般通过光纤连接到快速以太网或千兆以太网具有端口的交换机。分为 100Base-FX 和 1 000Base-FX 两种类型。常以“100b FX”和“1 000b FX”标注。适合在高档路由器城域网和广域网使用。

SC 端口

【SD 卡】(secure digital memory SD) 一种基于半导体快闪记忆器的新一代记忆器件。其特点是:(1)体积小,重量轻。(2)记忆容量大。(3)数据传输率高。(4)移动灵活性好。(5)安全可靠。通过九针的接口界面与专门的驱动器相连接,不需要额外的电源来保持其上面记忆的信息,且为一体化固体介质,无移动部分,避免了机械运动的损坏。主要应用在数码产品等领域。

SD 卡

【SD 序列】(shine-dalgarno sequence) 存在于原核生物 mRNA 分子前导序列区中的一段富含 G 的序列(AGGAGGU)。由澳大利亚科学家 J. Shine和 L. Dalgarno 首先发现。这段序列可以同大肠杆菌 16SrRNA 的 3′-末端互补,两者之间的碱基配对,有助于核糖体同 mRNA 分子的结合,是影响蛋白质合成的重要因素之一。

【SMW 工法】(soil mixing wall making method) 制作具有一定强度和刚度、连续完整、无接缝的地下墙体的工作方法。1976 年在日本问世。以多轴型钻掘搅拌机在现场向一定深度进行钻掘,同时在钻头处喷出水泥强化剂而与地基土反复混合搅拌,在各施工单元之间则采取重叠搭接施工,然后在水泥土混合体未结硬前插入 H 型钢或钢板作为其应力补强材,至水泥结硬,便形成一道具有一定强度和刚度的、连续完整的、无接缝的地下墙体。SMW 工法最常用的是三轴型钻掘搅拌机。其中钻杆有用于黏性土及用于砂砾土和基岩之分。此外还研制了其他一些机型,用于城市高架桥下等施工,空间受限制的场合,或海底筑墙,软弱地基加固。

【SOS 修复】(SOS repair) 在无模板 DNA 情况下合成酶的诱导修复。是一种能够引起误差修复的紧急呼救修复。在正常情况下有关酶系无活性。在 DNA 受损伤而复制又受到抑制情况下发出信号,激活有关酶系,对 DNA 损伤进行修复,其中 DNA 多聚酶起重要作用。在无模板情况下,进行 DNA 修复再合成,并将 DNA 片段插入受损的 DNA 空隙处。DNA 损伤修复与细胞突变、寿命、衰老、肿瘤发生、辐射效应、某些毒物的作用有密切的关系。

【special 集成电路】(application-specific integrated circuit,ASIC) 按用户的具体要求为用户的特定系统定制的集成电路。分为全定制集成电路和半定制集成电路两类:(1)全定制集成电路按规定的功能、性能要求,对电路的结构布局、布线均进行专门的最优化设计,以达到芯片的最佳利用。(2)半定制集成电路由厂家提供一定规格的功能块,按用户要求利用专门设计的软件进行必要连接,设计出所需的专用集成电路。其特点是:设计开发周期短,功能强,可以取代中小规模集成电路,受到电子整体用户,特别是国防领域用户的极大关注。广泛用于雷达系统和火控系统等领域,以及消费类电子产品。

【special 技术】(secret technology) 又称技术秘密、技术诀窍。一种秘密的技术知识、经验和技巧的总和。随着技术援助合同的大量涌现而在合同书上频繁使用的用语。它既可以表现为书面资料,如设计图纸资料、设计方案、操作程序指南和数据资料等;也可以表现为技术规范以及对工程技术人员的培训和口头传授等。但就专有技术本身来讲,它是寓于这些表现形式中的一种观念和构思。

【special 小麦粉】(special wheat flour) 为满足各种食品不同的用途在面粉中加入适量添加剂,并采用合理的工艺进行搭配生产的专门用途的面粉。实施食品生产许可证管理的小麦粉产品包括所有以小麦为原料加工制作通用小麦粉和专用小麦粉。专用小麦粉在中国出现较晚。专用小麦粉质量有特定的要求。要选用合适的小麦,加入适当的面粉改良剂,并采用合理的工艺流程,使生产的面粉达到一定的物理、化学、谷物生化特性。小麦是基础,工艺是关键,改良剂是补充,三者缺一不可。专用小麦粉包括:面包用小麦粉、面条用小麦粉、饺子用小麦粉、馒头用小麦粉、发酵饼干用小麦粉、酥性饼干用小麦粉、蛋糕用小麦粉、糕点用小麦粉等;通用小麦粉包括:特制一等小麦粉、特制二等小麦粉、标准粉、普通粉、高筋小麦粉和低筋小麦粉等。

special 小麦粉

【SPF/DB 组合工艺】(superplastic forming/diffusion bonding,SPF/DB) 将构件毛坯装入模具后,在一次加热过程中,既完成毛坯的扩散连接又完成超塑成型的新工艺。某些金属或合金在特定的组织结构和工艺条件下,呈现出异常高的塑性且无缩颈的现象称为超塑性。利用材料的这种特殊性能进行构件成型的工艺称为超塑成型。扩散连接也称扩散焊,属固态焊接方法。SPF/DB 组合工艺主要用于制造钣金构件,代替常规的铆接、螺接、焊接结构,可改善构件的整体性能。用此工艺制作的构件,重量可减轻 10% ~30%,成本可降低20% ~50%。

【SPF 猪】(specific pathogen free pigs) 无特定病原体猪群。为排除某些疾病对猪群的危害,采用剖腹产或无菌接产、人工哺乳的方法,在未被病原体污染的环境中培育无特定病原体的猪群。培育 SPF 猪要特别注意仔猪人工乳的配制,除营养丰富、易于消化吸收外,还应补给免疫抗体。可通过饲喂牛奶的初奶或母猪血清予以解决。

【Taq DNA 聚合酶】(Thermus aquaticus DNA polymerase) 简称 Taq 酶。从水生栖热菌中分离纯化出来的一种耐热的 DNA 聚合酶。其分子量为 93.9kDa。活性可达 200 000u/mg 蛋白质。在具有 4 种核苷三磷酸的体外反应中,Taq 酶能够以高温变性的目的基因或 DNA 为模板,从分别结合在 DNA 两端的一对引物为出发点,按 5′→3′的方向合成新链 DNA。这种酶具有较高的热稳定性。其最适温度是 72℃。在此温度下,连续保温 30min,仍保持相当高的活力。

【TATA 盒】(TATA box) 在大多数真核基因Ⅱ型启动子中,位于转录起点上游约 -25bp 处一个富含 AT 的区段。为表示这个特殊区段的存在，早期人们用方框表示，故称之为 TATA 盒。它是Ⅱ型启动子的重要结构元件，在所有的真核生物中都已发现。其保守序列是 5′-TATA(A/T)A(A/T)-3′。TATA 盒功能是：使 RNA 聚合酶正确定位和起始转录。

【TBS 系统】(the bethesda system) 既包含对标本的评估，又包括描述性诊断的宫颈细胞学涂片检查的一个实验报告的标准框架。与宫颈细胞学诊断与组织病理学术语一致并及临床处理密切结合。主要包括以下内容：(1)良性细胞学改变。①正常。②炎症。③反应性改变。细胞对损伤(包括激光、电灼、活检)的反应性改变；细胞对放疗、化疗的反应性改变；宫内节育器引起上皮细胞的反应性改变；萎缩性阴道炎；激素治疗的反应性改变。(2)鳞状上皮细胞异常。①不典型鳞状细胞，包括无明确诊断意义的不典型鳞状细胞和不排除高度鳞状上皮内病变。②低度鳞状上皮内病变。③高度鳞状上皮内病变。④鳞状细胞癌。(3)腺上皮细胞异常。①不典型腺上皮细胞(包括宫颈管细胞和子宫内膜细胞)。②宫颈管原位腺癌。③腺癌(若可能，应判断来源于宫颈管、子宫内膜或子宫外)。(4)其他恶性肿瘤。

【TCP/IP 参考模型】(tcp/ip reference model) 互联网使用的抽象的分层体系模型。最初发源于美国国防部的高级研究计划局计算机网项目。其中 TCP 代表传输控制协议，IP 代表互联网协议，被称为 TCP/IP 参考模型。模型把网络通信分成四层，分别是：(1)网络访问层。(2)网际互连层。(3)传输层。(4)应用层。第 1 层网络访问层，对应 OSI 参考模型的物理层和数据链路层。第 2 层网络互联层，对应 OSI 参考模型的网络层，主要解决主机到主机的通信问题。该层有四个主要协议：(1)互联网协议。(2)地址解析协议。(3)互联网组管理协议。(4)互联网控制报文协议。第 3 层传输层，对应 OSI 参考模型的传输层。该层有两个主要协议：(1)传输控制协议。(2)用户数据报协议。第 4 层应用层，对应 OSI 参考模型的高层。该层为用户提供所需要的服务，主要协议有：(1)文件传输协议。(2)超文本传输协议。(3)简单邮件传输协议等。这些运行在 TCP/IP 参考模型各层中的协议统称为 TCP/IP 协议，又称 TCP/IP 协议栈，TCP/IP 协议簇或互联网协议簇。

【TCP/IP 协议】(transmission control protocol/internet protocol) 即传输控制/网间协议或网络通信协议。是在互联网中实现计算机之间通信的一组基本的国际标准协议。是互联网的基础。在结构层次上与 OSI 的七层参考模型不完全相同，它由四个层次组成，即：网络接口层、网间层、传输层和应用层。世界上大部分国家和地区，都已经通过 TCP/IP 协议和国际互联网相连接。

【TD-SCDMA 标准】(TD-SCDMA standard) 由中国自主制定的 3G 标准。1999 年 11 月中国电信科学技术研究院向国际电联提交了 TD-SCDMA技术标准方案并最终被国际电联批准为国际标准。成为迄今已被国际电联批准的关于 3G 的三个国际标准之一。其他两个 3G 标准分别为 WCDMA 和 CDMA2000。

【TDCS 气象信息系统】(meteorological information system of TDCS) 在铁路列车调度指挥系统(TDCS)中为铁路运营提供专项服务的气象信息的系统。由两部分组成：一是系统的建设，即配置相应的硬件设备和应用软件，实现气象资料和预报产品的通信传输以及输出显示等；二是为铁路运营的专项天气预报服务，即根据列车运行指挥、调度对天气信息的实际需求，提供全国、各铁路局以及列车运行线路上的天气实况资料和天气预报，以保障列车的安全运行。在 TDCS 气象信息系统中，涉及到三个网络系统：即国家气象中心业务网络系统、铁道部调度指挥中心 TDCS 网络系统和铁道部下属各铁路局网络系统。TDCS 气象信息系统的功能包括数据通信、建库功能、气象产品的输出、查询、气象要素对行车影响的统计、气象要素的极值量化、人机交互和特殊天气预报服务等。

【TDCS 网络】(net of train operation dispatching command system) 一个全国性的、以 IP 技术为核心，覆盖中国铁路的调度指挥管理信息系统的网络。铁道部 TDCS 网络以铁道部节点为核心，分别建立铁道部中心 TDCS 局域网、各铁路局 TDCS 中心局域网、各区段基层网；各 TDCS 中心局域网之间通过广域网路局相连。划分为核心层、区域层和接入层。铁道部节点为核心层，铁路局节点为区域层。核心层和区域层共同构成 TDCS 广域网的骨干网，铁路沿线信源点(沿线各站、场、段)为接入层，接入层为基层网。

【Tencel 纤维】(Tencel fiber) 又称天丝纤维，学名是 Lyocell。用纯物理法生产的新型环保再生纤维素纤维。其生产过程无污染，生产成本低，资源可再生，废弃物不产生二次污染。其特性是：(1)具有较高的干、湿强力和湿干强比。(2)具有舒适性。(3)独特的微纤化特性，在湿态中经过机械摩擦，会沿纤维轴向分裂出原纤，通过处理可获得独特桃皮绒风格。(4)可纺性良好。既可纯纺，也可与其他纺织纤维混纺交织。常用于高档衬衣、内衣、套装裙子、休闲服等服装产品。

Tencel 纤维

【TNF 相关的凋亡诱导配体】(TNF related apoptosis-induicing ligand, TRAIL) 又称Apo－2L。与肿瘤坏死因子相关的凋亡诱导配体。信号传导通路即使以 TRAIL 为配体，通过与死亡受体（DR4，DR5）结合而启动凋亡信号，最终诱导细胞凋亡。属于 TNF 超家族成员，与 Apo－1L(Fas L)有较高的同源性。TRAIL 有两类受体。一类是死亡受体，如 DR4 和 DR5，与 TRAIL 结合可以诱导细胞凋亡；另一类是“诱骗”受体，如 Dc R1、Dc R2，可以竞争性地与 TRAIL 结合，逃避或抑制 TRAIL 诱导的正常细胞损伤。TRAIL 及其受体的发现，为肿瘤的治疗提供了一个新的方向。

【TNT 炸药】(TNT dynamite) 又称梯恩梯、黄色炸药。化学名称为三硝基甲苯。一种军事和民用工业常用的安全、高效的炸药。在 TNT 炸药里，作为敏化剂，用以提高炸药的感度和增大炸药威力，含量约为 5%～20%。其爆炸性能、物理化学稳定性和安全性能都比较好。梯恩梯炸药的分子量 227，鳞片状、淡黄色，堆积密度为0.75～0.85g/cm^3。精制 TNT 十分稳定，对摩擦、震动都不敏感，即使受到枪击，也不容易起爆，因此需要雷管起爆。其熔点 80.7℃。凝固点 80.2℃。吸湿性很小，在常温饱和湿度的空气中，其含水量只有 0.05%。难溶于水。但易溶于甲苯、丙酮、乙醇等有机溶剂中。TNT 安定性很好，在常温下储存不发生变化。温度达 180℃ 以上时，才显著分解。约在 300℃时发火，能被火点燃，在空气中可平稳燃烧，并冒黑烟。在密闭或大量堆积时燃烧可转化为爆轰。TNT 的毒性危害是它的粉尘和蒸气，通过人的皮肤和呼吸侵入人体内，使人中毒。因此，应严格监侧使空气中 TNT 的粉尘浓度小于 0.001mg/L。

TNT 炸药

【TOD 发展模式】(technical objective documents development mode) 采用以大公共交通引导城市土地开发的发展模式。其主要目的是：利用高水平公共交通设施与土地利用的合理布局和协调发展，降低人们出行过程中对小汽车的依赖程度。其要点是：(1)沿大运量公共交通走廊，尤其是轨道交通线路及站点发展城市新区组团。(2)在站点附近的城市组团土地利用布局中，突出土地的混合使用。(3)城市组团应使用组团内部的出行工具能够在自行车、步行交通方式的合理范围内。(4)各个组团之间的居民出行活动能够方便地使用公共交通。城市地方政府一旦采用这一发展模式，必须考虑以有效的管理和优惠政策来刺激和引导交通走廊沿线地区的健康发展。地方政府拥有这一地区的发展管理权，给予土地开发者和交通经营者一定的实惠。交通经营者可以运用联合开发模式来减低承包运输走廊开发的风险，并可获得建设与营运的应得利润。

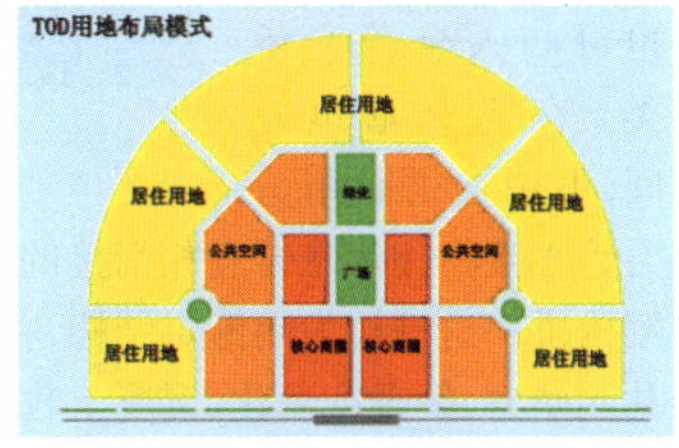

TOD 发展模式

【tRNA】(transfer RNA) 转运核糖核酸的英文缩写。含有 75～95 个核苷酸的小分子核糖核酸。是分子量最小的 RNA。以自由状态或与氨基酸结合成氨基酰。存在于各种细胞的胞液中。其功能是：在蛋白质生物合成中将氨基酸从胞液转运到多核蛋白体上去。一种 tRNA 只能转运一种特异的氨基酸；但一种氨基酸可被几种tRNA转运，这样的tRNA称为同功 tRNA。

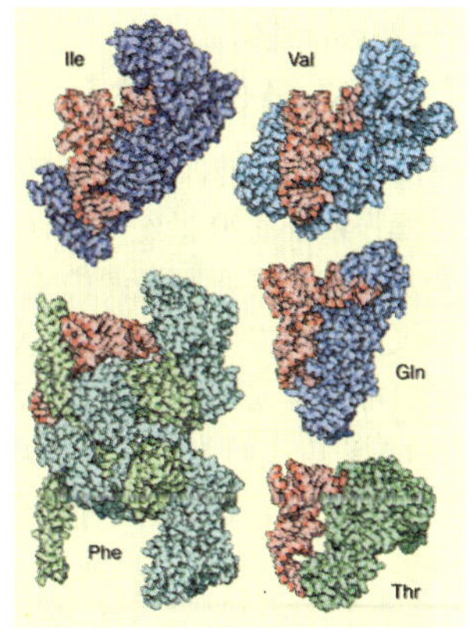

tRNA

【T 细胞和 B 细胞】(T cell and B cell) 来源于骨髓的多能干细胞之一。多能干细胞中的淋巴样干细胞分化为前 T 细胞和前 B 细胞。前 T 细胞在胸腺内分化成熟为 T 细胞。经血流分布至外周免疫器官的胸腺依赖区定居，并可经血流→组织→淋巴→血流周游全身，以发挥免疫调节和细胞免疫功能。前 B 细胞在哺乳动物的骨髓中或鸟类的腔上囊中分化成熟，两者皆简称为 B 细胞。它主要发挥体液免疫功能。T、B 细胞在免疫应答中起核心作用。

【T 形刚构桥】(T-shaped rigid-frame bridge) 主梁为跨中设铰或挂梁的多跨刚构桥。是随着预应力混凝土桥梁悬臂施工法的完善而形成的桥型。在 T 形单元之间可以用挂梁相互衔接。其上部结构受力情况和悬臂梁桥相似。T 形刚构桥也可归入悬臂梁桥类。在 T 字形单元间,不用挂梁而用剪力铰直接将相邻悬臂互相衔接的桥,称为带铰的 T 形刚构桥。这种桥为超静定结构,在竖向荷载下各单元共同受力,但温度变化、混凝土收缩徐变、钢筋松弛以及基础不均匀沉降等,会在结构中产生附加内力。

T 形刚构桥

【T 形芽接】(T-budding) 又称盾状芽接。植物芽接的常用方法之一。其方法是:(1)在事先采集的接穗上,选充实饱满芽为接芽。(2)在选定芽的上方略带木质部向下平削至芽下方,并在此处横切一刀。(3)砧木多用 1 ~ 2 年生幼苗,在离地约 10cm 光滑处用芽接刀割切一 T 字形。(4)将削好的接芽自上徐徐插入撬开的切口,令芽上部与砧木所切横线平齐,并进行扎缚。

【UNIX 操作系统】(UNIX operating system) 用 C 语言编写的多任务、多用户、交互式分时操作系统。20 世纪 70 年代中期由美国 AT&T 公司开发。其主要特点是:(1)有一个能编入可移动卷的分级树结构文件系统。(2)文件、设备和内进程输入输出可兼容,提供完善的进程控制功能和启动同步进程的能力。(3)为用户提供功能完备、使用方便的命令语言 shell。(4)高度可移植性。(5)配有多种实用程序和工具,方便用户使用。常见的 Unix 操作系统有:BSD Unix、Solaris x86、SCO Unix 等。

【UPS 转换时间】(UPS translator time) 不间断电源从市电切换到电池状态或从电池状态切换到市电所需要的时间。通常不间断电源的转换时间不能大于 10ms。其指标越小越好。转换时间长短与不间断电源采用的技术有关。

【USB 接口】(universal serial bus, USB) 一种界面规格通用的串行总线。有两个规范:USB1.1 规范高速方式的传输速率为 12Mbps,低速方式的传输速率为 1.5Mbps;USB2.0 规范传输速率为 480Mbps。可以连接音箱、调制解调器、数码相机、显示器、扫描仪、鼠标和键盘等外围设备,支持主系统与不同外围设备间的数据传输。具有即插即用、传输速度快、连接简单和兼容性好等优点。

USB 接口

【USB 网络电话机】(USB internet phone) 直接连接到计算机 USB 接口上的电话设备。内置 DSP 语音处理芯片,将其插入到 PC 机的 USB 端口,配合拨号软件使用,就可实现 PC 机到普通电话的通话。与普通耳麦相比,具有通话音质好、话费率低和人性化等优点。在全球范围内的互联网通信中得到了迅速发展和广泛应用。

USB 网络电话机

【U 盘】(USB flash disk) 一种闪存移动存储设备。直接插到机箱前面板或后面的 USB 接口上,系统自动识别。数据传送速度与数据接口和 U 盘的质量有关,传输速率约为 20 ~ 40MB/s。容量有 64M、128M、256M 和 512M 等规格。采用 SLC 颗粒的 U 盘使用寿命达 10 万次。具有存储容量大、即插即用和便于携带等优点。

U 盘

【U 型谷】(U-shapped valley) 又称箱状谷。横断面像 U 字形态的谷地。典型的古冰川侵蚀地貌类型。和流水下切侵蚀不同的是,当山谷冰川在漫长的冰蚀作用过程中,不仅对流经谷地的基岩谷底有挖蚀下切作用,而且还对谷地两侧的基岩谷壁有极强的侧蚀作用。经过万年计以上,甚至十万年计以上的冰进、冰退,反复地侵蚀、剥离和磨光,当气候变暖,冰川大规模退缩后,所在谷地在横断面上便会表现出明显的“U”型形态。除了冰川谷地必然呈现出“U”型形态之外,某些热熔喀斯特作用和一些山体构造作用也可以形成类似古

U 型谷

冰川"U"型谷地。其区别是:喀斯特谷地无一例外的是石灰岩岩性,构造谷地有清晰的构造面和构造线,而冰川"U"型谷的谷壁上很容易观察到磨光面和擦痕,谷地中还有和古冰川作用配套的冰碛堆积,谷地上缘还有角峰、刃脊,甚至还有现代冰川的分布。

【VECTRAN 聚酯纤维】(Vectran fiber) 一种含有芳香族聚酯的纤维。其强度约为普通聚酯的六倍,与金属纤维的强度相当。具有质轻、高强度、高模量、耐蠕变、尺寸稳定性好、不吸收水分、耐化学腐蚀等特点。在200℃的干热和100℃的湿热条件下收缩率为零,在超低温下不会结冰。主要用于产业用纺织品领域。与橡胶复合后制造耐高压软管、传送带、耐磨密封件及汽车用橡胶部件。也可制作优良的耐高温、耐腐蚀工业用过滤布。适合编织渔网、养殖业围网、船用绳索等。

【VSAT 卫星通信系统】(VSAT satellite communication system) 小孔径天线终端。实际上是一种智能化的超小型地球站。其天线直径在2m以下,发射功率1~3W,可以直接安装在用户的房顶上。天线之所以能够很小,主要是综合采用了最新的微电子、数字处理和计算机等高新技术。尤其是把一些复杂技术交给了卫星或中枢站去解决,减轻了用户远端站的负担。

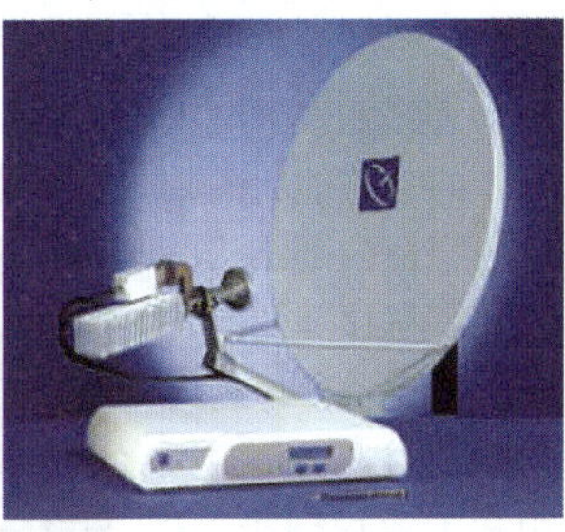
VSAT 卫星通信系统

【Windows 操作系统】(Windows operating system) 由微软公司开发的多用户、多任务、图形化、窗口式操作系统。是计算机系统中最重要、最核心的系统软件。其任务是对计算机系统的软硬件资源进行全面管理和分配调度。其主要功能是:存储管理、文件管理、设备管理和中央处理器管理等。

【Wistar 大鼠】(Wistar rat) 1907年由美国维斯塔尔研究所育成的大鼠。现已遍及世界各国的实验室。中国从日本及苏联引进,是引进最早、使用最广泛、数量最多的大鼠品系之一。毛色白化。其主要特性是:(1)头部较宽,耳朵较长,尾的长度小于身长。(2)性周期稳定,繁殖力强,产仔多。(3)性情温顺。(4)对传染病的抵抗力较强。(5)自发性肿瘤发生率低。(6)目前各地饲养的Wistar大鼠的遗传状况差异较大。Wistar大鼠是动物实验大鼠类最常用及生物医学研究中使用历史最长的品种。广泛应用于生物医学各领域的实验。

【WMV 格式】(windows media video) 微软发布的一种采用独立编码方式并可直接在网上实时观看视频节目的文件压缩格式。一般包含视频和音频两部分。其优点是:地域网络回放、可扩充媒体类型,可伸缩媒体类型和多语言支持;在同等视频质量下,体积非常小,因此适合在网上传输和播放。其局限性是需依赖Windows系统的大力支持,增加了机顶盒的造价,从而影响了视频广播点播的普及;视频传输延迟10几秒钟。正是由于这种局限性,WMV也仅限于在计算机上浏览WM9视频文件。

【WORM 光盘存储材料】(recording media of writing once and reading-many optical disks) 一次写入多次读出的光学介质。主要依靠激光束加热时产生的不可逆变化记录信息。信息一经写入便不能擦除,因此属于档案存储形式。激光束加热所产生的热效应包括烧蚀、熔融、蒸发、晶态转换、合金化等多种。物理形态变化有凹坑、气泡、织构和相变等。所记录的比特尺寸应足够小,记录能量适中,记录和非记录区信号对比度大,介质噪声小,介质物化性能稳定,信息存储寿命长。根据不同记录机制,可作WORM记录材料的有金属薄膜、合金化介质、掺银有机聚合物、半导体材料、碲碳混合物等。目前有机染料已成为WORM光盘记录介质的主流,用旋涂法制作在衬底上。为提高记录灵敏度、读出信噪比和减少噪声,WORM光盘往往做成双层或三层结构,即除记录介质和衬底外,光盘结构中还夹入铝反射层和电介质层,以增强反射和干涉效果。

【XY 型染色体】(XY-chromosome) 在真核生物中与性别相关的染色体。如X、Y和Z、W。这些染色体在决定性别中起重要作用。在XY型性别决定方式中,雌性个体的一对性染色体是同型的,即XX;雄性个体的一对性染色体是异型的,即XY。根据基因的分离定律,雄性个体的精原细胞在经过减数分裂形成精子时,同时产生含有X和Y染色体的精子,并且这两种精子的数目相同;雌性个体的卵原细胞在经过减数分裂形成卵细胞时,只能产生一种含有X染色体的卵细胞。在受精时,因为两种精子和卵细胞随机结合,因而形成两种数目相等的受精卵,即含XX和XY性染色体的受精卵。前者将发育为雌性个体,后者将发育为雄性个体。

【X 射线】(X-ray) 又称伦琴射线。其波长介于紫外线和γ射线间的电磁辐射。由德国物理学家伦琴于1895年发现。波长小于1×10^{-11}m的称超硬

X射线。在$1\times10^{-11}\sim1\times10^{-10}$m范围内的称硬X射线。在$1\times10^{-10}\sim1\times10^{-9}$m范围内的称软X射线。实验室中X射线由具有阴极和阳极的真空管产生。阴极用钨丝制成，通电后可发射热电子。阳极（也称靶极）用各种金属制成（一般用钨，对晶体结构分析靶材还可用铬、铁、铜、镍、钴、钼等材料）。用几万伏至几十万伏的高压加速电子。用电子束轰击靶极会产生X射线。在电子束轰击靶极时，会产生高温，故靶极必须用水冷却。有时还将靶极设计成可转动式的，以提高冷却效果。X射线谱由连续谱和标志谱两部分组成。标志谱重叠在连续谱背底上。连续谱是由于高速电子受靶极阻挡而产生的韧致辐射，其短波极限λ_0。由加速电压V决定：$\lambda_0=hc/(eV)$。式中h为普朗克常数，e为电子电量，c为真空中的光速。标志谱（又称特征谱）是由一系列线状谱组成。它们是因靶元素内层电子的跃迁而产生。每种元素各有一套特定的标志谱，反映了原子壳层结构的特征。因此通过X射线萤光光谱仪测定其特征波谱的波长，可以确定其是何种材料。同步辐射源可产生高强度的连续谱X射线，现已成为重要的X射线源。X射线具有很强的穿透力，医学上常用作透视检查，工业中用来探伤。应注意X射线辐射对人体有伤害。X射线可激发荧光，使气体电离，使感光乳胶感光，故X射线可用各种计数器和感光乳胶片等检测。晶体的点阵结构对X射线可产生衍射谱线。X射线衍射法已成为研究晶体结构、形貌和各种缺陷的重要手段。

【X射线暴】（X-ray explosion） 宇宙中X射线辐射突然增强的现象。1975年由巴布什金娜等人发现。其主要特征是：爆发上升的时间小于或等于1s，持续时间几秒到几十秒；可重复爆发，但无准确周期；爆发间隔几小时到几十小时。X射线爆发发生于密近双星系统中，气体从伴星转移到主星表面，被压缩到高温，氢聚变成氦，形成氢－氦分层结构。当下面的氦层达到1m厚时，氦爆发性燃烧，主星表面被加热到3×10^7K，发射出X射线。该现象是20世纪天体物理学领域的重大发现之一。太阳也有X射线爆发的现象。按X射线波长的不同可分为：(1)硬X射线爆发。X射线波长小于0.000 1μm，其爆发随耀斑的脉冲而发生，与微波爆发关系密切，通常只持续几十秒至几分钟，且具有非热辐射及脉冲的性质。(2)软X射线爆发。约70%由耀斑引起，部分则与日浪和日珥爆发等太阳活动有关。大都持续数十分钟，且具有热辐射或准热辐射的特征。

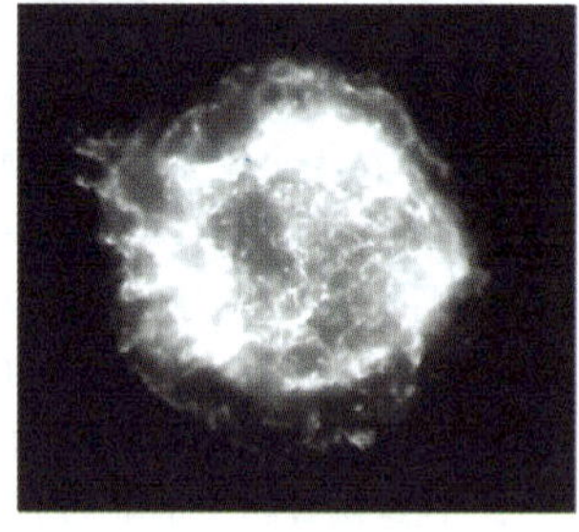

X射线暴

【X射线激发存储发光材料】（X-ray storage phosphors） 又称光激励发光材料。能将X射线能量以各种色心的形式存储起来，在长波可见光激励下再将存储的能量以发光的形式释放出来的材料。主要是掺杂稀土离子为激活剂。如掺Eu^{2+}的氟卤化钡在X射线照射下产生F色心。F色心构成X射线图像的潜像。然后在激光的激励下，F色心中的电子被释放出来，与Eu^{2+}离子复合并发出特征光。其发射光的波长由稀土离子的电子跃迁决定。利用光接收设备和计算机处理可以得到X射线衍射图像。其制备方法主要有高温固相法、共沉淀法等。可用于制作X射线透射和衍射图像的面探测器。在医疗和科研领域有广阔的应用前景。

【X射线胶片】（X-ray film） 利用X射线对物体的穿透能力而拍摄的物体内部结构的胶片。在片基两面均涂有感光乳剂，具有高解像力。可分为医用和工业用两类（每类又可分若干种）。医用X射线胶片用于骨骼、内脏等医疗检查；工业用X射线胶片用于高压容器、船舶制造等无损探伤。

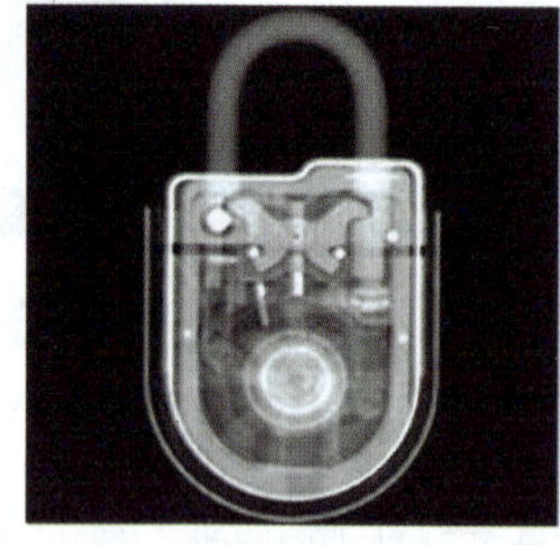

X射线胶片

【X射线衍射分析】（X-ray diffraction analysis） 根据多晶物质的X射线衍射花样来鉴别其化学组成和物相的分析方法。在现代X射线衍射仪上，只需将被分析试样安置在特定的试样架上，然后开机让一束X射线照射到试样上，随着试样的旋转，其不同角度处的不同强度的衍射线就会被记录下来。通过与数据库中的标准数据对比，就能得到试样成分和物相的有关信息，完成定性和定量测定。

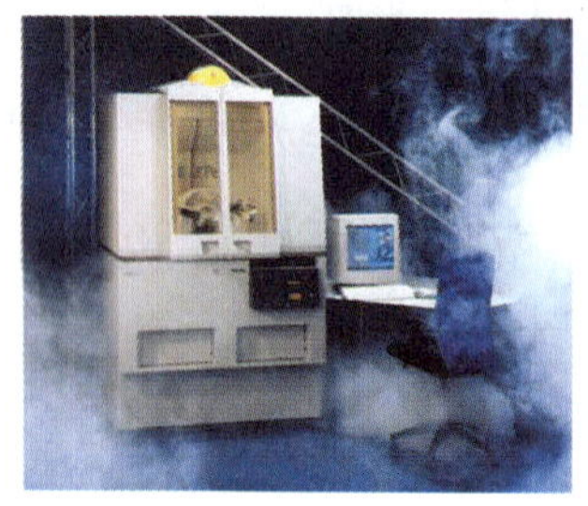

X射线衍射仪

附录目录

附 录

一、中国国家级高新技术开发区一览表

名称	地域	批准时间(年月)
中关村科技园	北京市海淀区	1992.5
武汉东湖新技术开发区	湖北省武汉市	1991.3
南京浦口高新技术外向型开发区	江苏省南京市浦口	1991.3
沈阳南湖高新技术产业开发区	辽宁省沈阳市南湖	1991.3
天津新技术产业园区	天津市	1991.3
西安市新技术产业开发区	陕西省西安市	1991.3
成都高新技术产业开发区	四川省成都市	1991.3
威海火炬高技术产业开发区	山东省威海市	1991.3
中山火炬高技术产业开发区	广东省中山市	1991.3
长春南湖－南岭新技术工业园区	吉林省长春市	1991.3
哈尔滨高技术开发区	黑龙江省哈尔滨市	1991.3
长沙技术开发实验区	湖南省长沙市	1991.3
福州市科技园区	福建省福州市	1991.3
广州天河高新技术产业开发区	广东省广州市	1991.3
合肥科技工业园	安徽省合肥市	1991.3
重庆高新技术产业开发区	重庆市	1991.3
杭州高新技术产业开发区	浙江省杭州市	1991.3
桂林新技术产业开发区	广西壮族自治区桂林市	1991.3
郑州高新技术产业开发区	河南省郑州市	1991.3
兰州宁卧庄新技术开发试验区	甘肃省兰州市	1991.3
石家庄高新技术产业开发区	河北省石家庄市	1991.3
济南市高新技术产业开发区	山东省济南市	1991.3
上海漕河泾新兴技术开发区	上海市	1991.3

续表

名称	地域	批准时间(年月)
大连市高新技术产业园区	辽宁省大连市	1991.3
深圳科技工业园	广东省深圳市	1991.3
厦门火炬高技术产业开发区	福建省厦门市	1991.3
海南国际科技工业园	海南省海口市	1991.3
苏州高新技术产业开发区	江苏省苏州市	1992.11
无锡高新技术产业开发区	江苏省无锡市	1992.11
常州高新技术产业开发区	江苏省常州市	1992.11
佛山高新技术产业开发区	广东省佛山市	1992.11
惠州仲恺高新技术产业开发区	广东省惠州市	1992.11
珠海高新技术产业开发区	广东省珠海市	1992.11
青岛高新技术产业开发区	山东省青岛市	1992.11
潍坊高新技术产业开发区	山东省潍坊市	1992.11
淄博高新技术产业开发区	山东省淄博市	1992.11
昆明高新技术产业开发区	云南省昆明市	1992.11
贵阳高新技术产业开发区	贵州省贵阳市	1992.11
南昌高新技术产业开发区	江西省南昌市	1992.11
太原高新技术产业开发区	山西省太原市	1992.11
南宁高新技术产业开发区	广西壮族自治区南宁市	1992.11
乌鲁木齐高新技术产业开发区	新疆维吾尔自治区乌鲁木齐市	1992.11
包头稀土高新技术产业开发区	内蒙古自治区包头市	1992.11
襄樊高新技术产业开发区	湖北省襄樊市	1992.11
株洲高新技术产业开发区	湖南省株洲市	1992.11
洛阳高新技术产业开发区	河南省洛阳市	1992.11
大庆高新技术产业开发区	黑龙江省大庆市	1992.11
宝鸡高新技术产业开发区	陕西省宝鸡市	1992.11
吉林高新技术产业开发区	吉林省吉林市	1992.11
绵阳高新技术产业开发区	四川省绵阳市	1992.11
保定高新技术产业开发区	河北省保定市	1992.11
鞍山高新技术产业开发区	辽宁省鞍山市	1992.11
杨凌农业高新技术产业示范区	陕西省西安市	1997.7

二、中国国家级自然保护区一览表

自然保护区名称	所在地	类型	批准时间（年）
松山国家级自然保护区	北京市延庆县	森林生态	1986
百花山国家级自然保护区	北京市门头沟区	森林生态	2008
古海岸与湿地国家级自然保护区	天津市宁河、大港、津南区	海洋海岸	1992
蓟县中、上元古界地层剖面国家级自然保护区	天津市蓟县	地质遗迹	1995
八仙山国家级自然保护区	天津市蓟县	森林生态	1995
马山国家级自然保护区	山东省即墨市	地质遗迹	1994
黄河三角洲国家级自然保护区	山东省东营市	海洋海岸	1992
长岛国家级自然保护区	山东省长岛县	野生动物	1988
山旺古生物化石国家级自然保护区	山东省临朐县	古生物遗迹	1980
滨州贝壳堤岛与湿地国家级自然保护区	山东省滨州市	海洋海岸	2006
荣成大天鹅国家级自然保护区	山东省荣成市	野生动物	2007
昆嵛山国家级自然保护区	山东省烟台市	森林生态	2008
黄金海岸国家级自然保护区	河北省昌黎县	海洋海岸	1990
小五台山国家级自然保护区	河北省张家口市	森林生态	2002
泥河湾国家级自然保护区	河北省阳原县、蔚县	地质遗迹	2002
大海坨国家级自然保护区	河北省赤城县	森林生态	1999
雾灵山国家级自然保护区	河北省兴隆县	森林生态	1988
围场红松洼国家级自然保护区	河北省围场县	草原草甸	1998
衡水湖国家级自然保护区	河北省衡水市	内陆湿地	2000
柳江盆地地质遗迹国家级自然保护区	河北省秦皇岛市	地质遗迹	2002
塞罕坝国家级自然保护区	河北省承德市	森林生态	2007
茅荆坝国家级自然保护区	河北省承德市	森林生态	2008
滦河上游国家级自然保护区	河北省承德市	草原草甸	2008
黄河湿地国家级自然保护区	河南省三门峡市、洛阳市、济源市、焦作市	内陆湿地	2008*
豫北黄河故道湿地鸟类国家级自然保护区	河南省新乡市	野生动物	1996 2008*
焦作太行山猕猴国家级自然保护区	河南省济源市、焦作市、新乡市	野生动物	1998
南阳恐龙蛋化石群国家级自然保护区	河南省西陕县	古生物遗迹	2000
伏牛山国家级自然保护区	河南省西峡、内乡、南召等县	森林生态	1997
宝天曼国家级自然保护区	河南省内乡县	森林生态	1988 2008*
鸡公山国家级自然保护区	河南省信阳县	森林生态	1988
董寨国家级自然保护区	河南省罗山县	野生动物	2001

续表

自然保护区名称	所在地	类型	批准时间（年）
连康山国家级自然保护区	河南省新县	野生动物	2005
小秦岭国家级自然保护区	河南省灵宝市	森林生态	2006
丹江湿地国家级自然保护区	河南省南阳市	内陆湿地	2007
阳城莽河猕猴国家级自然保护区	山西省阳城县	野生动物	1998
芦芽山国家级自然保护区	山西省宁武县	野生动物	1997
庞泉沟国家级自然保护区	山西省交城县、方山县	野生动物	1986
历山国家级自然保护区	山西省翼城、垣曲、阳城、沁水等县	森林生态	1988
五鹿山国家级自然保护区	山西省临汾市	野生动物	2006
周至国家级自然保护区	陕西省周至县	野生动物	1988
太白山国家级自然保护区	陕西省太白、周至、眉县等县	森林生态	1986
长青国家级自然保护区	陕西省洋县	野生动物	1995
佛坪国家级自然保护区	陕西省佛坪县	野生动物	1978
牛背梁国家级自然保护区	陕西省长安、柞水、宁峡三县	野生动物	1988
汉中朱鹮国家级自然保护区	陕西省洋县	野生动物	2005
子午岭国家级自然保护区	陕西省富县	森林生态	2006
化龙山国家级自然保护区	陕西省镇坪县	森林生态	2007
天华山国家级自然保护区	陕西省宁陕县	野生动物	2008
牡丹峰自然保护区	黑龙江省牡丹江市	森林生态	1994
兴凯湖自然保护区	黑龙江省密山市	野生动物	1994
宝清七星河国家级自然保护区	黑龙江省宝清县	内陆湿地	2000
饶河东北黑蜂国家级自然保护	黑龙江省饶河县	野生动物	1997
丰林国家级自然保护区	黑龙江省伊春市五营区	森林生态	1988
凉水国家级自然保护区	黑龙江省伊春市带领区	森林生态	1997
三江国家级自然保护区	黑龙江省抚远县、县江县	内陆湿地	2000
洪河国家级自然保护区	黑龙江省同江市洪河农场	内陆湿地	1996
八岔岛国家级自然保护区	黑龙江省同江市八岔岛	森林生态	2003
挠力河国家级自然保护区	黑龙江省黑河市富锦县、饶河县	内陆湿地	2002
扎龙国家级自然保护区	黑龙江省齐齐哈尔市	野生动物	1987
五大连池国家级自然保护区	黑龙江省五大连池市	地质遗迹	1996
呼中国家级自然保护区	黑龙江省呼玛县呼中区	森林生态	1988
南瓮河国家级自然保护区	黑龙江省呼玛县、塔河县、漠河县	内陆湿地	2003
凤凰山国家级自然保护区	黑龙江省鸡东县	野生植物	2006
乌伊岭国家级自然保护区	黑龙江省伊春市乌伊岭区	内陆湿地	2007
胜山国家级自然保护区	黑龙江省黑河市爱辉区	森林生态	2007
双河国家级自然保护区	黑龙江省塔河县	森林生态	2008
红星湿地国家级自然保护区	黑龙江省伊春市红星区	内陆湿地	2008

续表

自然保护区名称	所在地	类型	批准时间（年）
东方红湿地国家级自然保护区	黑龙江省虎林市	内陆湿地	2007
珍宝岛湿地国家级自然保护区	黑龙江省虎林市	内陆湿地	2008
大连斑海豹国家级自然保护区	辽宁省大连市旅顺—瓦房店	野生动物	1992 2007*
成山头海滨地貌国家级自然保护区	辽宁省大连市金州区	地质遗迹	2001
蛇岛－老铁山国家级自然保护区	辽宁省大连市	野生动物	1980
仙人洞国家级自然保护区	辽宁省庄河市仙人洞镇	森林生态	1992
桓仁老秃顶子国家级自然保护区	辽宁省本溪市、桓仁市、抚顺市新宾县	森林生态	1998
白石砬子国家级自然保护区	辽宁省宽甸县	森林生态	1988
丹东鸭绿江口滨海湿地国家级自然保护区	辽宁省东港市	海洋海岸	1997
医巫闾山国家级自然保护区	辽宁省义县	森林生态	1986
双台河口国家级自然保护区	辽宁省盘锦市	野生动物	1988
北票鸟化石国家级自然保护区	辽宁省北票市	生物遗迹	1998
努鲁儿虎山国家级自然保护区	辽宁省、内蒙古自治区交界	森林生态	2006
海棠山国家级自然保护区	辽宁省阜新市	森林生态	2007
伊通火山群国家级自然保护区	吉林省伊通自治县	地质遗迹	1992
龙湾国家级自然保护区	吉林省辉南县	森林生态	2003
鸭绿江上游国家级自然保护区	吉林省东港市	内陆湿地	2003
莫莫格国家级自然保护区	吉林省镇赉县	野生动物	1997 2008*
向海国家级自然保护区	吉林省通榆县	内陆湿地	1986
天佛指山国家级自然保护区	吉林省龙井市	野生植物	2002
长白山国家级自然保护区	吉林省安图县	森林生态	1986
大布苏国家级自然保护区	吉林省乾安市	内陆湿地	2005
珲春东北虎国家级自然保护	吉林省珲春市	野生动物	2005
查干湖国家级自然保护区	吉林省大安市、乾安县等	内陆湿地	2007
雁鸣湖国家级自然保护区	吉林省郭化市	内陆湿地	2007
哈泥国家级自然保护区	吉林省通化市	内陆湿地	2007
九段沙湿地国家级自然保护区	上海市	内陆湿地	2005
崇明东滩鸟类国家级自然保护区	上海市	野生动物	2005
盐城沿海滩涂珍禽国家级自然保护区	江苏省盐城市	野生动物	1992
大丰麋鹿国家级自然保护区	江苏省大丰县	野生动物	2002
泗洪洪泽湖湿地国家级自然保护区	江苏省宿迁市泗洪县	野生动物	1994
清凉峰国家级自然保护区	浙江省临安县	森林生态	1998
天目山国家级自然保护区	浙江省临安县	野生植物	1986

续表

自然保护区名称	所在地	类型	批准时间（年）
南麂列岛海洋国家级自然保护区	浙江省平阳县	海洋海岸	1990
乌岩岭国家级自然保护区	浙江省泰顺市	野生动物	1994
大盘山国家级自然保护区	浙江省磐安县	野生植物	2002
古田山国家级自然保护区	浙江省衢州市、开化县	森林生态	2001
凤阳山－百山祖国家级自然保护区	浙江省龙泉市	森林生态	1992
九龙山国家级自然保护区	浙江省遂昌县	野生植物	2003
长兴地质遗迹国家级自然保护区	浙江省湖州市长兴县	地质遗迹	2005
鹞落坪国家级自然保护区	安徽省岳西县	森林生态	1994
古牛降国家级自然保护区	安徽省石台县、祁门县	森林生态	1988
扬子鳄国家级自然保护区	安徽省宣城地区	野生动物	1986
金寨天马国家级自然保护区	安徽省金寨县	森林生态	1998
升金湖国家级自然保护区	安徽省贵池市	野生动物	1997
铜陵淡水豚国家级自然保护区	安徽省铜陵市、枞阳县	野生动物	2006
鄱阳湖候鸟国家级自然保护区	江西省永修县星子县、新建县	野生动物	1988
桃红岭梅花鹿国家级自然保护区	江西省彭泽县	野生动物	2001
九连山国家级自然保护区	江西省龙南县	森林生态	2003
江西武夷山国家级自然保护区	江西省铅山县	森林生态	2002
井冈山国家级自然保护区	江西省井冈山市	森林生态	2000 2008*
官山国家级自然保护区	江西省宜春市宜丰县	森林生态	2007
马头山国家级自然保护区	江西省资溪县	森林生态	2008
鄱阳湖南矶湿地国家级自然保护区	江西省新建县	野生动物	2008
青龙山恐龙蛋化石群国家级自然保护区	湖北省郧县	生物遗迹	2001
神农架国家级自然保护区	湖北省十堰市房县、宜昌市兴山县、恩施市巴东县	森林生态	1986
五峰后河国家级自然保护区	湖北省宜昌市五峰县	森林生态	2000
石首麋鹿国家级自然保护区	湖北省石首市	野生动物	1998
长江天鹅洲白鱀豚国家级自然保护区	湖北省石首市	野生动物	1992
长江新螺段白鱀豚国家级自然保护区	湖北省咸宁市、荆州市	野生动物	1992
星斗山国家级自然保护区	湖北省利川县、恩施县、咸丰县	森林生态	2003
九宫山国家级自然保护区	湖北省通山县	森林生态	2007
七姊妹山国家级自然保护区	湖北省恩施土家族苗族自治州	野生植物	2008
洪湖湿地国家级自然保护区	湖北省洪湖市	内陆湿地	2008
炎陵桃源洞国家级自然保护区	湖南省炎陵县	森林生态	2002
东洞庭湖国家级自然保护区	湖南省岳阳市	野生动物	1994
壶瓶山国家级自然保护区	湖南省石门县	森林生态	1994

续表

自然保护区名称	所在地	类型	批准时间（年）
张家界大鲵国家级自然保护区	湖南省张家界市	野生动物	1996
八大公山国家级自然保护区	湖南省桑植县	森林生态	1986
莽山国家级自然保护区	湖南省宜章县	森林生态	1994
永州都庞岭国家级自然保护区	湖南省永州市	森林生态	2000
小溪国家级自然保护区	湖南省永顺县	森林生态	2001
黄桑国家级自然保护区	湖南省绥宁县	森林生态	2005
乌云界国家级自然保护区	湖南省常德市桃源县	森林生态	2006
鹰嘴界国家级自然保护区	湖南省会同县	森林生态	2006
南岳衡山国家级自然保护区	湖南省衡阳市南岳区	森林生态	2007
借母溪国家级自然保护区	湖南省沅陵县	森林生态	2008
阳明山国家级自然保护区	湖南省永州市双牌县	森林生态	2008
八面山国家级自然保护区	湖南省桂东县	森林生态	2008
缙云山国家级自然保护区	重庆市北碚西	森林生态	2001
大巴山国家级自然保护区	重庆市城口县	森林生态	2003
长江上游珍稀、特有鱼类国家级自然保护区	重庆市	野生动物	2005
金佛山国家级自然保护区	重庆市南川市	野生植物	2000
龙溪－虹口国家级自然保护区	四川省都江堰市	森林生态	1997
白水河国家级自然保护区	四川省彭州市	森林生态	2002
攀枝花苏铁国家级自然保护区	四川省攀枝花市	野生植物	1996
画稿溪国家级自然保护区	四川省叙永县	野生植物	2003
王朗国家级自然保护区	四川省绵阳市平武县	森林生态	2002
唐家河国家级自然保护区	四川省广元市、青川县	野生动物	1986 2008 *
马边大风顶国家级自然保护区	四川省马边自治县	野生动物	1978
长宁竹海国家级自然保护区	四川省长宁县	森林生态	2003
蜂桶寨国家级自然保护区	四川省宝兴县	野生动物	1975
卧龙国家级自然保护区	四川省汶川县	野生动物	1975
九寨沟国家级自然保护区	四川省南坪县	野生动物	1988
小金四姑娘山国家级自然保护区	四川省小金县	野生动物	1996
若尔盖湿地国家级自然保护区	四川省若尔盖县	内陆湿地	1988
贡嘎山国家级自然保护区	四川省甘孜藏族自治州	森林生态	1997
察青松多白唇鹿国家级自然保护区	四川甘孜藏族自治州、雅安市	野生动物	1997
亚丁国家级自然保护区	四川省稻城县	野生动物	2001
美姑大风顶国家级自然保护区	四川省美姑县	野生动物	1994
米仓山国家级自然保护区	四川省广元市旺苍县	森林生态	2006
雪宝顶国家级自然保护区	四川省平武县	野生动物	2006

续表

自然保护区名称	所在地	类型	批准时间（年）
花萼山国家级自然保护区	四川省万源市	森林生态	2007
海子山国家级自然保护区	四川省理塘县、稻城县	地质遗迹	2008
厦门珍稀海洋物种国家级自然保护区	福建省厦门市	野生动物	2000
将乐龙栖山国家级自然保护区	福建省将乐县	森林生态	1998
天宝岩国家级自然保护区	福建省永安市	野生植物	2003
深沪湾海底古森林遗迹国家级自然保护区	福建省晋江县	生物遗迹	1992
漳江口红树林国家级自然保护区	福建省云霄县	海洋海岸	2003
虎伯寮国家级自然保护区	福建省南靖县	森林生态	2001
武夷山国家级自然保护区	福建省南平市	森林生态	1986
梁野山国家级自然保护区	福建省武平县	森林生态	2003
梅花山国家级自然保护区	福建省龙岩地区连城县	森林生态	1988
戴云山国家级自然保护区	福建省德化县	森林生态	2005
闽江源国家级自然保护区	福建省建宁县	森林生态	2006
君子峰国家级自然保护区	福建省明溪县	森林生态	2008
赛罕乌拉国家级自然保护区	内蒙古自治区赤峰市巴林左旗	森林生态	2000
达里诺尔国家级自然保护区	内蒙古自治区赤峰市克什克腾旗	野生动物	1997
白音敖包国家级自然保护区	内蒙古自治区赤峰市克什克腾旗	森林生态	2000
黑里河国家级自然保护区	内蒙古自治区赤峰市宁城县	森林生态	2003
大黑山国家级自然保护区	内蒙古自治区赤峰市敖汉旗	森林生态	2001
大兴安岭汗马国家级自然保护区	内蒙古自治区根河市	森林生态	1996
红花尔基樟子松林国家级自然保护区	内蒙古自治区呼伦贝尔盟额温克旗	森林生态	2003
辉河国家级自然保护区	内蒙古自治区呼伦贝尔市鄂温克族自治旗	内陆湿地	2002
达赉湖国家级自然保护区	内蒙古自治区呼伦贝尔盟新巴尔虎右旗	内陆湿地	1992
科尔沁国家级自然保护区	内蒙古自治区通辽市科尔沁区	野生动物	1995
图牧吉国家级自然保护区	内蒙古自治区兴安盟	内陆湿地	2002
大青沟国家级自然保护区	内蒙古自治区通辽市科尔沁区	森林生态	1988
锡林郭勒草原国家级自然保护区	内蒙古自治区锡林浩特市	草原草甸	1997
鄂尔多斯遗鸥国家级自然保护区	内蒙古自治区鄂尔多斯市东胜区	野生动物	2001 2007*
西鄂尔多斯国家级自然保护区	内蒙古自治区鄂尔多斯市鄂托克旗、乌海市	野生植物	2001
乌拉特梭梭林—蒙古野驴国家级自然保护区	内蒙古自治区巴彦淖尔盟乌拉特后旗	荒漠生态	2001

续表

自然保护区名称	所在地	类型	批准时间（年）
贺兰山国家级自然保护区	内蒙古自治区阿拉善盟阿拉善左旗	森林生态	1992
额济纳胡杨林国家级自然保护区	内蒙古自治区阿拉善盟额济纳旗	野生植物	2003
阿鲁科尔沁草原国家级自然保护区	内蒙古自治区赤峰市阿鲁科尔沁旗	草原草甸	2005
哈腾套海国家级自然保护区	内蒙古自治区巴彦淖尔盟	野生植物	2005
额尔古纳国家级自然保护区	内蒙古自治区额尔古纳旗	森林生态	2006
鄂托克恐龙遗迹化石国家级自然保护区	内蒙古自治区鄂尔多斯市	恐龙遗迹	2007
大青山国家级自然保护区	内蒙古自治区呼和浩特市、包头市、乌兰察布盟	森林生态	2008
大明山国家级自然保护区	广西壮族自治区南宁市武鸣、马山、上林、宾阳等县	森林生态	2002
花坪国家级自然保护区	广西壮族自治区桂林市龙胜县、临林县	野生植物	1978
猫儿山国家级自然保护区	广西壮族自治区桂林市兴安县、资源县、龙胜县	森林生态	2003
山口红树林生态国家级自然保护区	广西壮族自治区合浦县	红树林生态	1980
合浦营盘港—英罗港儒艮国家级自然保护区	广西壮族自治区合浦县	野生动物	1992
北仑河口国家级自然保护区	广西壮族自治区防城港市、东兴市	海洋海岸	2000
防城金花茶国家级自然保护区	广西壮族自治区防城港市	野生植物	1994
十万大山国家级自然保护区	广西壮族自治区防城港市	森林生态	2003
弄岗国家级自然保护区	广西壮族自治区龙州、宁明县	森林生态	1980
大瑶山国家级自然保护区	广西壮族自治区金秀县、荔浦县、蒙山县	森林生态	2000
木论国家级自然保护区	广西壮族自治区环江自治县	森林生态	1998
千家洞国家级自然保护区	广西壮族自治区灌阳县	森林生态	2006
岑王老山国家级自然保护区	广西壮族自治区百色市田林县、凌云县	森林生态	2007
九万山国家级自然保护区	广西壮族自治区柳州市、河池市	森林生态	2007
金钟山黑颈长尾雉国家级自然保护区隆林县	广西壮族自治区南宁市隆林县	野生动物	2008
哀牢山国家级自然保护区	云南省楚雄自治州新平县	森林生态	1988
高黎贡山国家级自然保护区	云南省保山市	森林生态	1986
大山包黑颈鹤国家级自然保护区	云南省昭通市	野生动物	2003
大围山国家级自然保护区	云南省红河州河口县、屏边县、个旧市	森林生态	2001
金平分水岭国家级自然保护区	云南省金平县	森林生态	2001
黄连山国家级自然保护区	云南省黄连山	山地混合森林	2003

续表

自然保护区名称	所在地	类型	批准时间（年）
文山国家级自然保护区	云南省文山县、西畴县	森林生态	2003
无量山国家级自然保护区	云南省思茅市景东县	山地混合森林	2000
西双版纳国家级自然保护区	云南省西双版纳傣族自治州	森林生态	1986
西双版纳纳版河流域国家级自然保护区	云南省西双版纳傣族自治州	森林生态	2000
苍山洱海国家级自然保护区	云南省大理市	内陆湿地	1994
白马雪山国家级自然保护区	云南省德钦县	森林生态	1988
南滚河国家级自然保护区	云南省沧源自治县	野生动物	1995
药山国家级自然保护区	云南省昭通市	药用植物资源及水源涵养林	2005
会泽黑颈鹤国家级自然保护区	云南省曲靖市会泽县	野生动物	2006
永德大雪山国家级自然保护区	云南省临沧市永德县	森林生态	2006
南岭国家级自然保护区	广东省清远市	森林生态	1994
车八岭国家级自然保护区	广东省始兴县	森林生态	1988
丹霞山国家级自然保护区	广东省仁化县	地质遗迹	1995
内伶仃岛－福田国家级自然保护区	广东省深圳市	海洋海岸	1988
珠江口中华白海豚国家级自然保护区	广东省广州市、深圳市、中山市、珠海市、澳门特区	野生动物	2003
湛江红树林国家级自然保护区	广东省湛江市廉江县	海洋海岸	1997
鼎湖山国家级自然保护区	广东省肇庆市	森林生态	1956
象头山国家级自然保护区	广东省博罗县	森林生态	2002
惠东港口海龟国家级自然保护区	广东惠州市	野生动物	1992
徐闻珊瑚礁国家级自然保护区	广东省湛江市徐闻县	自然珊瑚种群	2007
雷州珍稀海洋生物国家级自然保护区	广东省雷州市	野生动物	2008
兴隆山国家级自然保护区	甘肃省榆中县	森林生态	1988
祁连山国家级自然保护区	甘肃省酒泉地区、张掖地区	森林生态	1988
敦煌西湖国家级自然保护区	甘肃省敦煌市、酒泉市	混合生态	2003
安西极旱荒漠国家级自然保护区	甘肃省安西县	荒漠生态	1992
民勤连古城国家级自然保护区	甘肃省民勤县	荒漠生态	2005
白水江国家级自然保护区	甘肃省文县、武都县	野生动物	1978
莲花山国家级自然保护区	甘肃省康乐县、临潭县、卓尼县	野生动植物	2003
尕海－则岔国家级自然保护区	甘肃省碌曲县	野生动物	1998
太统－崆峒山国家级自然保护区	甘肃省平凉市崆峒区	森林生态	2005
连城国家级自然保护区	甘肃省兰州市永登县	森林生态	2005
小陇山国家级自然保护区	甘肃省徽县、两当县	森林生态	2006
盐池湾国家级自然保护区	甘肃省肃北蒙古族自治县	综合生态	2006

续表

自然保护区名称	所在地	类型	批准时间（年）
安南坝野骆驼国家级自然保护区	甘肃省阿克塞哈萨克族自治县	野生动物	2006
三亚珊瑚礁国家级自然保护区	海南省三亚市	海洋海岸	1990
东寨港国家级自然保护区	海南省琼山市	海洋海岸	1986
铜鼓岭国家级自然保护区	海南省文昌市	海洋海岸	2003
大洲岛海洋生态国家级自然保护区	海南省万宁市	海洋生态	1987
大田国家级自然保护区	海南省东方市	野生动物	1986
尖峰岭国家级自然保护区	海南省乐东县	野生动植物	2005
五指山国家级自然保护区	海南省五指山市(原通什市)	雨林生态	2003
坝王岭国家级自然保护区	海南省昌江自治县	野生动物	1988
吊罗山国家级自然保护区	海南省陵水自治县	雨林生态	2008
习水中亚热带常绿阔叶林国家级自然保护区	贵州省习水县	野生植物	1994
赤水桫椤国家级自然保护区	贵州省赤水市	野生植物	1992
梵净山国家级自然保护区	贵州省铜仁地区江口、印江、松涛等县	森林生态	1986
麻阳河国家级自然保护区	贵州省沿河土家族自治县、务川仡佬族苗族自治县	野生动物	2003
草海国家级自然保护区	贵州省威宁自治县	内陆湿地	1992
雷公山国家级自然保护区	贵州省雷山县、台江县、剑河县、榕江县	野生植物	2001
茂兰国家级自然保护区	贵州省黔南布依族苗族自治州荔波县	森林生态	1988
宽阔水国家级自然保护区	贵州省绥阳县	河流生态	2007
阿尔金山国家级自然保护区	新疆维吾尔自治区若羌县	荒漠生态	1985
罗布泊野骆驼国家级自然保护区	新疆维吾尔自治区哈密市、巴州	野生动物	2008*
巴音布鲁克国家级自然保护区	新疆维吾尔自治区和静县	野生动物	1986
托木尔峰国家级自然保护区	新疆维吾尔自治区阿克苏地区温宿县	混合生态	2003
西天山国家级自然保护区	新疆维吾尔自治区伊犁哈萨克自治州巩留县	森林生态	2000
甘家湖梭梭林国家级自然保护区	新疆维吾尔自治区准噶尔盆地西南缘	森林荒漠生态	2001
哈纳斯国家级自然保护区	新疆维吾尔自治区布尔津、哈巴河县	森林生态	1986
塔里木胡杨国家级自然保护区	新疆维吾尔自治区巴音郭楞蒙古自治州	野生植物	2006
艾比湖湿地国家级自然保护区	新疆维吾尔自治区博尔塔拉蒙古自治州	内陆湿地	2007

续表

自然保护区名称	所在地	类型	批准时间（年）
贺兰山国家级自然保护区	宁夏回族自治区银川市	森林生态	1988
沙坡头国家级自然保护区	宁夏回族自治区中卫县	荒漠生态	1994
罗山国家级自然保护区	宁夏回族自治区同心县	野生动植物	2002
灵武白芨滩国家级自然保护区	宁夏回族自治区灵武市	荒漠生态	2000
六盘山国家级自然保护区	宁夏回族自治区固原县	森林生态	1988
哈巴湖国家级自然保护区	宁夏回族自治区盐池县	荒漠—湿地生态	2006
雅鲁藏布江中游河谷黑颈鹤国家级自然保护区	西藏自治区拉萨市林周县	野生动物	2003
芒康滇金丝猴国家级自然保护区	西藏自治区芒康县	野生动物	2003
珠穆朗玛峰国家级自然保护区	西藏自治区日喀则地区	高原生态	1994
色林错国家级自然保护区	西藏自治区色林错湖、班戈县、申扎县	野生动物	2003
羌塘国家级自然保护区	西藏自治区尼玛县、安多县、日土县、革吉县、改则县	高原生态及野生动物	2000
雅鲁藏布大峡谷国家级自然保护区	西藏自治区墨脱县	森林生态	2000
察隅慈巴沟国家级自然保护区	西藏自治区察隅县	自然生态	2002
拉鲁湿地国家级自然保护区	西藏自治区拉萨市	湿地生态	2005
类乌齐马鹿国家级自然保护区	西藏自治区类乌齐县	野生动物	2005
循化孟达国家级自然保护区	青海省循化撒拉族自治县	森林生态	2000
青海湖国家级自然保护区	青海省刚察县	野生动物	1997
可可西里国家级自然保护区	青海省玉树自治州	野生动物	1997
隆宝国家级自然保护区	青海省玉树县	内陆湿地	1986
三江源国家级自然保护区	青海省果洛藏族自治州、玛多、玛沁、甘德、久治、班玛、达日6县	内陆湿地	2003

注：加“*”为调整时间。

三、中国世界文化遗产一览表

遗产名称	地域	列入时间（年月）	特色
北京周口店北京猿人遗址	北京市房山区	1987.12	60万年前北京猿人居住地，研究人类生物演化及早期文化的实物依据
甘肃敦煌莫高窟	甘肃省敦煌市	1987.12	洞窟735个，壁画4.5万平方米，泥质彩塑2 415尊，是现存规模宏大、保存最完好的佛教艺术宝库
山东泰山（兼自然）	山东省泰安市	1987.12	历史文化名山、自然景观雄伟绝奇
长城	河北、天津、北京、内蒙古、山西、陕西、宁夏、甘肃8个省、直辖市、自治区	1987.12	人类文明史上伟大的建筑工程，长为6 300km
陕西秦始皇陵及兵马俑	陕西省西安市	1987.12	中国历史上第一座皇帝陵及陪葬兵马俑
北京故宫	北京市	1987.12	现存规模最大、最完整的古代木构建筑群
安徽黄山（兼自然）	安徽省黄山市	1990.12	公元16世纪中叶山水风格，以奇松、怪石、云海、温泉著称
湖北武当山古建筑群	湖北省十堰市	1994.12	中国著名的游览胜地、道教名山和武当拳发源地。
山东曲阜的孔庙、孔府及孔林	山东省曲阜市	1994.12	纪念孔子、推崇儒学之地
河北承德避暑山庄及周围寺庙	河北省承德市	1994.12	现存占地较大的古代帝王宫苑
西藏布达拉宫	西藏自治区拉萨市	1994.12	宫堡式建筑群，藏族古建筑艺术精华
四川峨眉山—乐山风景名胜区（兼自然）	四川省峨眉山市	1996.12	中国著名的佛教名山和自然风景名胜
江西庐山风景名胜区	江西省九江市	1996.12	著名的风景名胜和庐山文化
苏州古典园林	江苏省苏州市	1997.12	造园艺术个性鲜明，具有独特的文化历史地位和价值
山西平遥古城	山西省平遥县	1997.12	现存较完整的明清时期中国古代县城
云南丽江古城	云南省丽江纳西族自治县	1997.12	保存完好的纳西族文化古城
北京天坛	北京市	1998.11	中国现存的明清皇帝祭天的古建筑群
北京颐和园	北京市	1998.11	清代皇家园林，园林艺术及建筑文化

续表

遗产名称	地域	列入时间（年月）	特色
福建省武夷山（兼自然）	福建省武夷山市	1999.12	典型的丹霞地貌，青山绿水，风景胜地
重庆大足石刻	重庆市大足县、潼南县、铜梁县、璧山县	1999.12	中国唐宋时期摩崖造像的石窟艺术70处
安徽古村落：西递、宏村	安徽省黄山市	2000.11	完整地保存古村落的建筑艺术原始状态
明清皇家陵寝	明显陵（湖北省钟祥市）、清东陵（河北省遵化市）、清西陵（河北省易县）	2000.11	明代帝陵中最大的单体陵墓；清朝遗留的中国文化瑰宝；典型的清代古建筑群
河南洛阳龙门石窟	河南省洛阳市	2000.11	窟龛2 100多个，造像10万余尊，碑刻题记3 600余品。著名石刻文化，古代雕刻艺术典范
四川青城山和都江堰	四川省都江堰市	2000.11	著名的道教名山；至今为止，年代最久、唯一留存、以无坝引水为特征的宏大水利工程
云冈石窟	山西省大同市	2001.12	大小窟龛252个，造像51 000多尊，代表公元5～6世纪杰出的佛教石窟艺术
中国高句丽王城、王陵及贵族墓葬	吉林省集安市	2004.7	反映公元1～5世纪高句丽时期独具特色的文明
澳门历史城区	澳门特别行政区	2005	中西文化交融的历史建筑群
中国安阳殷墟	河南省安阳市	2006.7	商代后期都城遗址、甲骨文
开平碉楼与古村落	广东省开平市	2007.6	中国华侨历史、社会形态与文化传统的独具特色的群体建筑形象
登封“天地之中”历史建筑群	河南省登封市	2010.8	包括周公测景台和登封观星台、嵩岳寺塔、太室阙和中岳庙、少室阙、启母阙、嵩阳书院、会善寺、少林寺建筑群等8处11项优秀历史建筑，历经汉、魏、唐、宋、元、明、清，绵延不绝，构成了一部中原地区上下2 000年形象直观的建筑史，具有很高的历史、艺术和科学价值。

四、中国世界自然遗产一览表

名称	地域	列入时间（年月）	特色
山东泰山(兼文化)	山东省泰安市、济南市	1987.12	历史文化名山,自然景观雄伟绝奇
安徽黄山(兼文化)	安徽省黄山市	1990.12	公元16世纪中叶山水风格,以奇松、怪石、云海、温泉著称
四川黄龙国家级名胜区	四川省阿坝藏族羌族自治州松潘县	1992.12	独特的岩溶景观,丰富的动植物资源
湖南武陵源国家级名胜区	湖南省张家界市	1992.12	石英砂岩峰林地貌,以奇峰、怪石、幽谷、秀水、溶洞著称
四川九寨沟国家级名胜区	四川省阿坝藏族羌族自治州	1992.12	原始风貌的自然景色,以童话世界、人间仙境著称
四川峨眉山—乐山风景名胜区(兼文化)	四川省峨眉山市	1996.12	中国著名的佛教名山和风景名胜
福建省武夷山(兼文化)	福建省武夷山市	1999.12	典型的丹霞地貌,青山绿水,风景胜地
三江并流自然景观	云南省丽江地区、迪庆藏族自治州、怒江傈僳族自治州	2003.7	怒江、澜沧江、金沙江形成并流而不交汇的奇特景观,高山地貌,生物物种丰富
四川大熊猫栖息地	四川省成都、阿坝、雅安、甘孜4个市州12个县	2006.7.12	全球最大、最完整的大熊猫栖息地,植物种类丰富
中国南方喀斯特	云南省石林市、贵州荔波县、重庆武隆市	2007.6.27	云南石林的剑状、柱状和塔状喀斯特;贵州荔波的森林喀斯特;重庆武隆的立体喀斯特
中国丹霞	湖南崀山、广东丹霞山、福建泰宁、贵州赤水、江西龙虎山、浙江江郎山六处	2010.8	由陡峭的悬崖、红色的山块、密集深切的峡谷、壮观的瀑布及碧绿的河溪构成的景观系统,整体为临水型峰丛－峰林景观,被天然森林广泛覆盖。构成丹山－碧水－绿树－白云的最佳景观组合,是中国和世界上最美丽的丹霞景观的例证。

五、中国世界地质公园一览表

公园名称	地域	批准时间（年月）	遗迹类型
湖南张家界世界地质公园	湖南省张家界市	2004.2	砂岩峰林地貌
江西庐山世界地质公园	江西省九江市	2004.2	地质地貌、地质剖面
广东丹霞山世界地质公园	广东省韶关市	2004.2	丹霞地貌
安徽黄山世界地质公园	安徽省黄山市	2004.2	花岗岩峰林景观
河南云台山世界地质公园	河南省焦作市	2004.2	典型的构造剥蚀地貌
黑龙江五大连池世界地质公园	黑龙江省五大连池市	2004.2	火山地质地貌
云南石林世界地质公园	云南省石林彝族自治县	2004.2	岩溶地质地貌
河南嵩山世界地质公园	河南省登封市	2004.2	地质（含构造）剖面
浙江雁荡山地质公园	浙江省温州市	2005.2	火山喷发地貌
福建省泰宁地质公园	福建省泰宁县	2005.2	典型青年期丹霞地貌
*2 内蒙古克什克腾国家地质公园	内蒙古自治区赤峰市、锡林浩特市	2005.2	10 种地貌景观集合
四川兴文地质公园	四川省宜宾市	2005.2	兴文式喀斯特地貌
山东泰山世界地质公园	山东省泰安市	2006.9	早前寒武纪地貌
河南王屋山—黛眉山地质公园	河南省济源和洛阳新安县	2006.9	典型地质剖面
雷琼世界地质公园	海南省琼州海峡	2006.9	第四纪玄武岩火山地貌
北京房山世界地质公园	北京市房山区、河北省涞水、涞源县	2006.9	华北地区数十亿年地球演化变迁
黑龙江镜泊湖地质公园	黑龙江省宁安市	2006.9	新生代火山运动地貌
河南伏牛山地质公园	河南省南阳市	2006.9	太古宙原始陆壳基底的裂解分离
江西龙虎山地质公园	江西省鹰潭市	2007.11	丹霞地貌，地质构造属于信江断陷盆地

六、中国世界湿地保护一览表

湿地名称	地域	列入时间（年）	保护类型
扎龙自然保护区	黑龙江省	1992	丹顶鹤、白枕鹤
向海自然保护区	吉林省	1992	鹤类、白鹳和蒙古黄榆
东寨港自然保护区	海南省	1992	红树林
青海鸟岛自然保护区	青海省	1992	黑颈鹤
湖南东洞庭湖自然保护区	湖南省	1992	候鸟越冬地
鄱阳湖自然保护区	江西省	1992	迁徙水禽及其越冬地
米埔和后海湾国际湿地	香港特别行政区	1992	鸟类及其栖息地
崇明东滩湿地	上海市	2001	长江口典型的河口湿地
大连斑海豹自然保护区	辽宁省	2001	斑海豹及其生存环境
大丰麋鹿自然保护区	江苏省	2001	黄海滩涂、野生麋鹿
达赉湖自然保护区	内蒙古自治区	2001	鸟类珍禽、湿地、鱼类资源
湛江红树林自然保护区	广东省	2001	海岸红树林
洪河自然保护区	黑龙江省	2001	东方白鹳、丹顶鹤、白枕鹤
惠东港口海龟自然保护区	广东省	2001	绿海龟洄游产卵地
鄂尔多斯遗鸥自然保护区	内蒙古自治区	2001	遗鸥栖息地
三江国家级自然保护区	黑龙江省	2001	淡水沼泽湿地和野生生物
山口红树林自然保护区	广西壮族自治区	2001	红树林生态系统
南洞庭湖湿地和水禽自然保护区	湖南省	2001	白鹳、白鹤等水禽栖息地
汉寿西洞庭湖自然保护区	湖南省	2001	亚热带内陆湿地
兴凯湖国家级自然保护区	黑龙江省	2001	丹顶鹤
盐城保护区	江苏省	2001	丹顶鹤及其栖息地
双台河口湿地	辽宁省	2005	黑嘴鸥、黑脸琵鹭栖息地
大山包湿地	云南省	2005	黑颈鹤越冬栖息地
碧塔海湿地	云南省	2005	封闭型高原淡水湖泊湿地
纳帕海湿地	云南省	2005	喀斯特型季节性芦苇湿地
拉什海湿地	云南省	2005	高原淡水湖泊湿地类型
鄂凌湖湿地	青海省	2005	高原淡水湖泊沼泽湿地
扎凌湖湿地	青海省	2005	青藏高原高寒湖泊湿地
麦地卡湿地	西藏自治区	2005	高原湖泊沼泽草甸湿地
玛旁雍错湿地	西藏自治区	2005	西藏高原典型湖泊湿地
长江口中华鲟湿地	上海市	2008	河口潮间带滩涂湿地
北仑河口自然保护区	广西壮族自治区	2008	红树林生态系统
漳江口红树林自然保护区	福建省	2008	红树林及栖息野生动物
洪湖湿地	湖北省	2008	内陆湿地
海丰公平大湖自然保护区	广东省	2008	人工湿地和天然湿地
若尔盖湿地	四川省	2008	高原沼泽湿地

七、中国国家级风景名胜区一览表

名称	地域	特色
雅砻河风景名胜区	西藏自治区山南地区乃东、加查等六县	西藏古代文明的摇篮，藏民族的发祥地
天山天池风景名胜区	新疆维吾尔自治区昌吉回旋自治州阜康市	高山湖泊、云杉林和雪山景观
库木塔格沙漠风景名胜区	新疆维吾尔自治区鄯善县	金色大漠，风沙地貌类型齐全
博斯腾湖风景名胜区	新疆维吾尔自治区博湖县	中国最大的内陆淡水吞吐湖
赛里木湖风景名胜区	新疆维吾尔自治区博乐市	湖及周围山地森林和湖滨草原
青海湖风景名胜区	青海省西宁市	高原湖泊、草原、雪山、沙漠景观
西夏王陵风景名胜区	宁夏回族自治区银川市	帝王陵、滚钟口、拜寺口、三关古长城景观
鸣沙山—月牙泉风景名胜区	甘肃省敦煌市	敦煌石窟、古长城、丝绸之路
崆峒山风景名胜区	甘肃省平凉市	古丝绸之路西出关中之要塞
麦积山风景名胜区	甘肃省天水市	四大名石窟之一、丹霞地貌
合阳洽川风景名胜区	陕西省合阳县	黄河流域最大湖泊型湿地
黄帝陵风景名胜区	陕西省黄陵县	黄帝陵、子午岭、黄土风貌
宝鸡天台山风景名胜区	陕西省宝鸡市	城郊山岳型名胜区，自然人文景观丰富
骊山—秦兵马俑风景名胜区	陕西省西安市临潼区	骊山、秦始皇陵、秦兵马俑
华山风景名胜区	陕西省华阴市	世界名山、五峰奇险，中国著名的五岳之西岳
路南石林风景名胜区	云南省路南县	岩溶地貌，奇石拔地而起，千姿百态
大理风景名胜区	云南省大理市	南方丝绸之路和茶马古道
西双版纳风景名胜区	云南省西双版纳傣族自治州	原始森林和热带雨林风光
三江并流风景名胜区	云南省丽江市等	北半球生物景观的缩影
昆明滇池风景名胜区	云南省昆明市	断层陷落湖及周围古建筑群景观
玉龙雪山风景名胜区	云南省丽江市五龙纳西族自治县	万年积雪的山峰景观
腾冲地热火山风景名胜区	云南省腾冲县	热海、火山景观及生物多样性
瑞丽江—大盈江风景名胜区	云南省德宏傣族景颇族自治州	原始生态群落和田园风光
九乡风景名胜区	云南省昆明市	国际观光型喀斯特地质公园
建水风景名胜区	云南省建水县	建水古城和燕子洞
普者黑风景名胜区	云南省文山壮族苗族自治州	典型的喀斯特山水田园风光
阿庐风景名胜区	云南省泸西县	阿庐古洞、五者温泉、土掌房、森林公园等景点
黄果树风景名胜区	贵州省安顺市	黄果树大瀑布、亚热带山水植被风光和布依族苗族风情
织金洞风景名胜区	贵州省织金县	洞内洞外有地面岩溶、峡谷、瀑布等景观
㵲阳河风景名胜区	贵州省镇远、施秉、黄平三县	自然景观
红枫湖风景名胜区	贵州省清镇市、平坝县	山里有湖、湖里有岛、岛上有洞、湖光山色
龙宫风景名胜区	贵州省安顺市	中国第一水溶洞，以暗湖溶洞称奇

续表

名称	地域	特色
荔波樟江风景名胜区	贵州省荔波县	喀斯特水景特色和森林景观
赤水风景名胜区	贵州省赤水市	丹霞地貌、原生森林、竹海
马岭河风景名胜区	贵州省兴义市	石峰成林、峰内有谷、谷内有峰、峰下有寨
斗篷山—剑江风景名胜区	贵州省都匀市	原始森林、珍稀动植物、溪河峡谷、泉地瀑布
九洞天风景名胜区	贵州省纳雍县、大方县	峡谷、岩溶、伏流自然景观
九龙洞风景名胜区	贵州省铜仁市	九龙洞、锦江峡谷、锦江库区
黎平侗乡风景名胜区	贵州省黎平县	八舟河、黎平县城文物古迹和肇兴民族风情
紫云格凸河穿洞风景名胜区	贵州省紫云苗族布依族自治县	稀世之珍的喀斯特自然公园
峨眉山风景名胜区	四川省峨眉山市	四大佛教名山之一、植物王国、动物乐园、地质博物馆
九寨沟—黄龙寺风景名胜区	四川省阿坝藏族羌族自治州	高山彩湖、叠瀑为主的石灰华岩溶景观
青城山—都江堰风景名胜区	四川省都江堰市	道教发祥地,山势雄伟,四季常青
剑门蜀道风景名胜区	四川省广元市	金牛古道、古栈道、关隘、摩崖石刻、寺庙壁画
贡嘎山风景名胜区	四川省泸定、康定、九龙三县	中国海洋性山地冰川高山之一
蜀南竹海风景名胜区	四川省宜宾市长宁、江安两县	竹林景观,竹子种类多达58种
西岭雪山风景名胜区	四川省成都市大邑县	原始林海,险峻,悬崖绝壁,冬季积雪不化
四姑娘山风景名胜区	四川省阿坝藏族羌族自治州小金县	四姑娘山、双桥沟、长坪沟、海子沟、三沟一山
石海洞乡风景名胜区	四川省宜宾市兴文县	岩溶地貌,地区怪石林立,地下溶洞纵横
邛海—螺髻山风景名胜区	四川省凉山彝族自治州西昌市	史前地质构造运动、完整古冰川遗迹、黄土风化景观
白龙湖风景名胜区	四川省广元市	白龙江上最大的发电站宝珠寺电站水库形成的湖泊
光雾山—诺水河风景名胜区	四川省巴中市、通江县	大型地下溶洞群、秋季满山红叶
邛崃天台山风景名胜区	四川省邛崃市	文君故里,国内罕见的箱状向斜山地,丹霞地貌
龙门山风景名胜区	四川省彭州市	距大城市最近的高山峡谷型风景名胜区
罗浮山风景名胜区	四川省绵阳市安县	独特的岩溶型地貌和名山型地貌
长江三峡风景名胜区	重庆市至湖北省宜昌市	险峻的地形,绮丽的风光,众多的名胜古迹
缙云山风景名胜区	重庆市北碚区、合川县	山高林密,环境清幽,气候温和,素有川东小峨眉之称
金佛山风景名胜区	重庆市南川市	发育成片的喀斯特残丘
四面山风景名胜区	重庆市江津市	物种基因的宝库
芙蓉江风景名胜区	重庆市武隆县	江峡型小尺度大容量喀斯特地貌和原始水上森林型风景
天坑地缝风景名胜区	重庆市奉节县	深度和容积较大的岩溶漏斗,罕见的一线大景观
三亚热带海滨风景名胜区	海南省三亚市	亚龙湾、天涯海角、南山——海山奇观三个独立的景区

续表

名称	地域	特色
桂林漓江风景名胜区	广西壮族自治区桂林市兴安县至阳朔县	世界上规模较大、风景最美的喀斯特景观
桂平西山风景名胜区	广西壮族自治区桂平县	太平天国金田起义遗址、瑶寨风情、麻洞荔枝之乡、浔州古城、北回归线标志等景观
花山风景名胜区	广西壮族自治区南宁市宁明、龙州两县	古代壮族的大批山崖壁画
肇庆星湖风景名胜区	广东省肇庆市	七星岩和鼎湖山
西樵山风景名胜区	广东省南海市	海底火山喷发后形成的死火山
丹霞山风景名胜区	广东省仁化县、曲江县	红色砂砾岩层，丹霞地貌，奇峰林立，岩穴古洞，寺庙古迹
白云山风景名胜区	广东省内江市资中县	羊城八景
惠州西湖风景名胜区	广东省惠州市	城市型湖泊类风景名胜区
湖光岩风景名胜区	广东省湛江市	世界上较大、较典型、保护较完整的玛珥湖
衡山风景名胜区	湖南省衡阳市	综合性山岳型自然景观与人文景观，五岳之南岳
武陵源（张家界）风景名胜区	湖南省张家界市	石英砂岩峰林地貌，山、水、林、洞、田园风光
岳阳楼—洞庭湖风景名胜区	湖南省岳阳市	楚文化的摇篮，名胜古迹众多，植物资源丰富
韶山风景名胜区	湖南省湘潭市	毛泽东故居，周围群山环抱，峰峦耸峙
岳麓风景名胜区	湖南省长沙市	综合性山岳型景区，山、江、洲、城浑然一体，名胜古迹众多
崀山风景名胜区	湖南省新宁县	典型的丹霞地貌，风景区自然景观、人文景观丰富
猛洞河风景名胜区	湖南省土家族苗族自治州	景区山川、溶洞、飞瀑和土家族风情
桃花源风景名胜区	湖南省常德市	吞洞庭湖色，纳湘西灵秀，沐五溪奇照，揽武陵风光
紫鹊界梯田一梅山龙宫风景名胜区	湖南省新化县	梯田，溶洞，云海
德夯风景名胜区	湖南省吉首市	中低山丘陵景观
武汉东湖风景名胜区	湖北省武汉市	城中湖泊，岸线曲折，岛渚星罗，山明水秀
武当山风景名胜区	湖北省十堰市	道教圣地，古建筑
大洪山风景名胜区	湖北省荆门市京山县、钟祥县、随州市	山上有洞，洞中有泉
隆中风景名胜区	湖北省襄樊市	诸葛亮故居，古隆中、水镜庄、承恩寺、七里山、鹤子川
九宫山风景名胜区	湖北省通山县	瀑布，森林
陆水风景名胜区	湖北省赤壁市	水鸟、竹林、山林、生态温泉和三国古战场景观，山幽、林绿、水清
鸡公山风景名胜区	河南省信阳市	避暑胜地，生物资源丰富
洛阳龙门风景名胜区	河南省洛阳市	佛教造像，书法碑刻
嵩山风景名胜区	河南省登封市	五岳之中岳，嵩岳寺塔、太室山、少室山、古天文观测台

续表

名称	地域	特色
王屋山—云台山风景名胜区	河南省济源市	群山、幽谷、绝壁、道观庙宇、大银杏树、蒙文碑
石人山风景名胜区	河南省平顶山市	奇峰、瀑布、轻石、温泉、珍禽、山花红叶
林虑山风景名胜区	河南省林州市	太行大峡谷,以红旗渠和太行大峡谷绿色生态游为特色,以源远流长的儒释道历史文化为内涵
青天河风景名胜区	河南省博爱县	古道、大泉湖、月山寺、凤凰岭、石佛滩等
神农山风景名胜区	河南省沁阳市	古文化、中古文化遗址,悬崖峭壁,名贵动植物甚多
泰山风景名胜区	山东省泰安市	五岳之首,东岳以泰山主峰为中心,呈放射状分布,由自然景观与人文景观融合而成
青岛崂山风景名胜区	山东省青岛市	由巨峰、流清等风景游览区和沙子口、王哥庄等风景恢复区及外缘陆海景点组成
胶东半岛海滨风景名胜区	山东省胶东半岛	海滩,海蚀地貌,烟台蓬莱和威海成山头两片区及海上长山岛、黑山岛、庙岛、刘公岛等岛屿
博山风景名胜区	山东省淄博市	江北喀斯特地貌
青州风景名胜区	山东省潍坊市	云门山、驼山、玲珑山、仰天山景区组,古文化、石窟艺术最富特色
庐山风景名胜区	江西省九江市	瀑布,佛教圣地,避暑胜地,以平地拔起的地垒式断块山为主体的山岳风景,具有雄、奇、险、秀的特色
井冈山风景名胜区	江西省井冈山县	革命圣地及自然景观
三清山风景名胜区	江西省玉山县	奇峰异石、泉瀑溶洞、云海佛光、名贵动植物、第四纪冰川遗迹等
龙虎山风景名胜区	江西省鹰潭市	丹霞地貌,道教圣地,悬棺
仙女湖风景名胜区	江西省新余市	湖泊型景区,亚洲最大的亚热带树种基因库
三百山风景名胜区	江西省安远县	瀑布,火山口,常绿阔叶林
梅岭—滕王阁风景名胜区	江西省昌市	梅岭历史文化名山,滕王阁素称江南第一楼,山势嵯峨,层峦叠翠,四时秀色,气候宜人
龟峰风景名胜区	江西省弋阳县	丹霞精品园
高岭—瑶里风景名胜区	江西省景德镇市	瓷土文化,明清古村落
武功山风景名胜区	江西省萍乡市	云谷飞瀑,乌龙崖
云居山—柘林湖风景名胜区	江西省永修县、武宁县、修水县	佛教三大样板丛林之一,6亿年前原始类水母化石群
武夷山风景名胜区	福建省武夷山市	丹山碧水,朱熹故居,历史悠久的文化名山,碧水丹山,千姿百态,素有奇秀甲东南之称
清源山风景名胜区	福建省泉州市	清源山、九日山、灵山圣墓和西北洋四大景区,山上水景丰富,泉、涧、潭、瀑多处
鼓浪屿—万石山风景名胜区	福建省厦门市	海底世界和天然海滨浴场

续表

名称	地域	特色
太姥山风景名胜区	福建省福鼎县	峡谷、峭壁、深渊等多种景观,各种民间传说,人文景观丰富
桃源洞鳞隐石林风景名胜区	福建省永安市	丹霞地貌、奇峰峭壁、鳞隐石林、洪云山石林、寿春岩、石洞寒泉、翠云洞、十八洞等景
金湖风景名胜区	福建省泰宁县	丹霞地貌,山中之湖,赤石群千奇百怪,植被繁茂,珍稀动植物丰富
鸳鸯溪风景名胜区	福建省屏南县	鸳鸯溪、白水洋、叉溪、水竹洋和鸳鸯湖等景
海坛风景名胜区	福建省福州市	海蚀地貌,石牌洋、海坛天神、东海仙境、南寨石景、坛南湾沙滩、凤凰山沙堤沙坡等景观
冠豸山风景名胜区	福建省龙岩市	冠豸山、石门湖、竹安寨、九龙湖、旗石寨和九龙湖等景,区内集山、水、岩、洞、泉、寺、园于一体
鼓山风景名胜区	福建省福州市	摩崖石刻、天风海涛、瀑潭溪泉、山林峡谷、古寺名刹等景观
玉华洞风景名胜区	福建省三明市	中国四大名洞之一,有支洞,流泉及众多景点
十八重溪风景名胜区	福建省福州市闽侯县	火山岩地貌形成的重溪、幽谷、瀑布、柱峰、珍稀生物
黄山风景名胜区	安徽省黄山市	以奇松、怪石、云海、温泉四绝著称,罕见的地质结构,奇特的峰林地貌景观
九华山风景名胜区	安徽省池州市	四大佛教名山之一,山势雄伟,群峰竞秀,植被繁茂,瀑飞泉涌,自然风光与人文景观、佛教气氛融为一体
天柱山风景名胜区	安徽省安庆市	祖寺殿宇、奇松怪石、流泉飞瀑、峡谷幽洞、险关古寨和全国第三大高山人工湖
琅琊山风景名胜区	安徽省滁州市	摩陀岭、凤凰山、大丰山、小丰山、琅琊山等,以茂林、幽洞、碧湖、流泉为主要景观特色
齐云山风景名胜区	安徽省休宁县	月华街、楼上楼、云岩湖、南山、横江五景区,以石刻艺术、道教文化和丹霞地貌为特色
采石风景名胜区	江苏省马鞍山市	以采石矶为主体,以长江为纽带,以诗人李白活动贯穿其中
巢湖风景名胜区	安徽省巢湖市	中国五大淡水湖之一,湖面烟波浩渺,帆樯如画,姥山矗立于湖心,湖光山色交相辉映
花山谜窟—渐江风景名胜区	安徽省黄山市	青山、绿水、田园景致、千年谜窟、湖光山色、沿江栈道、奇峰怪石、摩崖石刻、庙宇、古建筑等
太极洞风景名胜区	安徽省广德县	华东地区最大的天然溶洞景点。有著名的太上老君、滴水穿石、槐荫古树等景观
花亭湖风景名胜区	安徽省太湖县	中国禅宗发祥地,九龙涧瀑布、天生塔、飞来石、禅宗卧佛等景点与美丽的花亭湖相得益彰

续表

名称	地域	特色
杭州西湖风景名胜区	浙江省杭州市	丘陵、湖泊、园林，以秀丽清雅的湖光山色与璀璨丰蕴的文物古迹和文化艺术交融一体
富春江—新安江风景名胜区	浙江省杭州市	以山青、水清、境幽、史悠为特色，以河流、湖泊、溶洞、桐庐瑶琳仙境、千岛湖、葫芦瀑布、严子陵钓台等为主景
雁荡山风景名胜区	浙江省温州市	奇峰、灵岩、大龙湫、三折瀑、雁湖、显灵门、仙桥、羊角洞景区景点多处
普陀山风景名胜区	浙江省舟山市	四大佛教名山之一，四面环海，群岛罗列，碧海蓝天，风景奇特
天台山风景名胜区	浙江省台州市	有华顶山、水珠帘、仙人座、絮云、黄山松、金钱松、竹柏、银杏、厚朴、红楠等景点
嵊泗列岛风景名胜区	浙江省舟山市	泗礁景区、花绿景区、嵊山景区、洋山景区，具有滩多、礁美、石奇的特色
楠溪江风景名胜区	浙江省温州市	景点水秀、岩秀、瀑多、村古、滩林美，山水风光与田园情趣相融
莫干山风景名胜区	浙江省杭州市	避暑胜地，以竹、泉、云三胜景及凉、绿、清、静著称
雪窦山风景名胜区	浙江省奉化市	溪口镇、雪窦山、亭下湖景区，剡水古刹、蒋氏故里系列人文景观
双龙风景名胜区	浙江省金华市	有双龙洞、冰壶洞、朝真洞、金华观及黄大仙祖宫、桃源洞、仙瀑洞、鹿田书院等景点
仙都风景名胜区	浙江省丽水地区缙云县	仙都、黄龙、岩门、大洋景区及鼎湖峰、倪翁洞、小赤壁等景点
江郎山风景名胜区	浙江省江山市	丹霞地貌，三座石峰呈川字形排列，石峰高 369 米，状如天柱，摩天插云
仙居风景名胜区	浙江省台州市	神仙居、景星、十三都、公盂、淡竹五大景区，集奇、险、清、幽于一体，汇峰、瀑、溪、林于一地
浣江—五泄风景名胜区	浙江省诸暨市	有五泄湖、桃源、东源和幽雅深邃的西源峡谷等四个景区
方岩风景名胜区	浙江省永康市	丹霞地貌，方岩山、五峰、南岩、石鼓寮、灵山湖、刘英烈士陵园、五指岩等景
百丈漈—飞云湖风景名胜区	浙江省温州市	百丈漈风景名胜区分别由峡谷景廊、刘基故里等部分组成，飞云湖景区由猴王峡、珊溪等部分组成
方山—长屿硐天风景名胜区	浙江省温岭市	中国最大的火山平台，以硐天石文化为特色
太湖风景名胜区	江苏省苏州、无锡、常州三市	太湖风光、吴越文化古迹、江南水乡古镇、明清建筑
南京钟山风景名胜区	江苏省南京市	以钟山和玄武湖为中心，山、水、城浑然一体，名胜古迹多处

续表

名称	地域	特色
云台山风景名胜区	江苏省连云港市	花果山、孔望山、宿城、海滨四大景区，千奇百态的海浪石、海蚀洞及壮丽的石海胜景
蜀岗瘦西湖风景名胜区	江苏省扬州市	古城遗址、蜀岗名胜、瘦西湖自然风光和古典园林群
三山风景名胜区	江苏省镇江市	金山、焦山、北固山组成
松花湖风景名胜区	吉林省吉林市	国家重点开发的三大湖泊之一，水面辽阔，植被繁茂，林相丰富，气候宜人。骆驼峰、北天门、五虎山、卧龙潭、石龙壁等景区
八大部—净月潭风景名胜区	吉林省长春市	伪满洲帝国傀儡皇帝宫殿、伪国务院及其下属“八大部”等历史建筑与山清水秀的净月潭自然风光组合而成，植被丰富，有大片森林、山花、药用植物以及脊椎动物82种，鸟类六十多种
仙景台风景名胜区	吉林省延边朝鲜族自治州和龙市	奇峰、奇岩、奇松、奇花、云海日出
镜泊湖风景名胜区	黑龙江省宁安县	有吊水楼瀑布、白石砬子、大孤山、小孤山、珍珠门等景区。还有十座雄伟的火山口和许多熔岩洞
五大连池风景名胜区	黑龙江省五大连池市	有温泊云雾、三池冰裂、石浪闻声、桦林沸泉等景点。14座火山锥平地而起，形态各异，五个连通的熔岩堰塞湖蜿蜒其间
千山风景名胜区	辽宁省鞍山市	峰秀、石俏、谷幽、庙古、佛高、松奇、花盛而著称
鸭绿江风景名胜区	辽宁省丹东市	水丰湖、太平湾、虎山、大桥、东港等五个景区
金石滩风景名胜区	辽宁省大连市	北方罕见的震旦系、寒武系地质景观
兴城海滨风景名胜区	辽宁省兴城市	兴城古城，我国保留完整的四座古代城池之一
大连海滨旅顺口风景名胜区	辽宁省大连市	两个景区，由海滨联成一体，水面浩瀚，碧海蓝天，岛屿、礁石婷立海面，气象万千
凤凰山风景名胜区	辽宁省凤城市	雄险的山岳型自然景观
本溪水洞风景名胜区	辽宁省本溪市	水洞、温泉寺、汤沟、关门山、铁刹、庙后山6个景区，融山、水、洞、泉、湖、古人类文化遗址一体
青山沟风景名胜区	辽宁省宽甸满族自治县	青山湖、飞瀑涧、虎塘沟
医巫闾山风景名胜区	辽宁省北宁市	北镇庙、圣水桥、鱼池、观音阁、四角亭、旷观亭、蓬莱仙境、莲花石、望海寺、万年松、名山、老爷阁、风井、桃花、白云关等景区
扎兰屯风景名胜区	内蒙古自治区扎兰屯市	北国江南、塞外苏杭，钟灵毓秀，人文荟萃，北方少数民族风情独具特色，更有跌宕生姿的自然景观
五台山风景名胜区	山西省五台县	四大佛教名山之一，融自然风光、历史文物、古建艺术、佛教文化、民俗风情、避暑休养为一体的旅游区

续表

名称	地域	特色
恒山风景名胜区	山西省大同市	五岳之北岳，以地险，山雄、寺奇、泉绝称著。天峰、翠屏两山怪石争奇，古树参天，苍松翠柏间散布着楼台殿宇
黄河壶口瀑布风景名胜区	山西省吉县和陕西省宜川县	瀑布以排山倒海的独特雄姿，从 20 多米高的断层石崖飞泻直下，跌入 30 多米宽的石槽之中，听之如万马奔腾，视之如巨龙鼓浪
北武当山风景名胜区	山西省方山县	中国道教的发源地之一，72 峰、36 崖、24 涧，山中古松苍翠、奇花争艳，绝壁千仞
五老峰风景名胜区	山西省永济县	奇峰险峻，需攀链而上，属丹霞地貌。山上岩洞幽深，庙宇甚多，双瀑飞流
承德避暑山庄外八庙风景名胜区	河北省承德市	康乾盛世文物古迹从多，现存世界上最大的古代皇家园林
秦皇岛北戴河风景名胜区	河北省秦皇岛市	旅游避暑胜地，沙软潮平，林木苍翠，有鸽子窝、金山嘴、老虎石、观音寺、望海亭、莲花石等景点
野三坡风景名胜区	河北省涞水县	以雄、险、奇、幽的自然景观和古老的历史文物，享有世外桃源之美誉
苍岩山风景名胜区	河北省石家庄市	断崖绝壁、宗教文化，有碧涧灵潭、桥殿飞虹、虚阁藏幽、说法危台、虎影仙迹、白鹤泉、观日峰、孤石古柏等景观
嶂石岩风景名胜区	河北省石家庄	中国三大砂岩地貌之一的嶂石岩地貌，世界最大天然回音壁
西柏坡—天桂山风景名胜区	河北省石家庄市	典型的喀斯特地貌，山高、崖陡、泉多、溶洞遍布，而且森林茂密，植被完好
崆山白云洞风景名胜区	河北省临城县	岩溶洞穴景观、世界喀斯特风景、洞穴世博园
盘山风景名胜区	天津市	四大景区，自然山水与名胜古迹并著、佛家寺院与皇家园林并存
八达岭—十三陵风景名胜区	北京市昌平区、延庆县	八达岭、十三陵、居庸叠翠、银山塔林、沟崖、虎峪、礁臼峪和十三陵水库等景区
石花洞风景名胜区	北京市房山区	华北地区岩溶洞穴的典型代表，洞体多层多支，从上到下共 7 层，每层景观各不相同

八、1901～2009年诺贝尔物理学、化学、生理学或医学奖获奖者一览表

获奖年份	获奖人	国别	奖项类别	获奖原因
1901	W. C. 伦琴	德国	物理学	发现并研究了 X 射线
	J. H. 范霍夫	荷兰	化学	化学动力学和溶液渗透压
	E. A. V. 贝林	德国	生理学或医学	白喉、破伤风血清疗法研究
1902	H. A. 洛伦兹、P. 塞曼	荷兰	物理学	创立电子理论,发现与研究洛伦兹力和塞曼效应
	E. H. 费歇尔	德国	化学	嘌呤及其衍生物多肽的合成
	R. 罗斯	英国	生理学或医学	疟疾研究
1903	A. H. 贝克勒尔 P. 居里、M. 居里	法国	物理学	发现和研究天然放射性现象及发现放射性元素镭
	S. A. 阿伦尼乌斯	瑞典	化学	提出电解质溶液电离学说
	N. R. 芬森	丹麦	生理学或医学	发现利用光辐射治疗狼疮
1904	J. W. 瑞利	英国	物理学	发现氩元素
	W. 拉姆塞	英国	化学	发现 6 种惰性气体
	I. P. 巴甫洛夫	俄国	生理学或医学	消化系统生理学研究
1905	P. E. A. 雷纳尔德	德国	物理学	阴极射线研究
	A. 冯. 贝耶尔	德国	化学	研究有机染料和芳香族化合物
	R. 柯赫	德国	生理学或医学	对细菌学、结核杆菌研究
1906	J. J. 汤姆森	英国	物理学	气体放电理论和实验研究
	H. 莫瓦桑	法国	化学	制备单质氟
	C. 戈尔季 S. 拉蒙. 卡哈尔	意大利 西班牙	生理学或医学	神经系统精细结构研究
1907	A. A. 迈克尔逊	美国	物理学	光学精密计量和光谱学研究
	E. 毕希纳	德国	化学	发现无细胞发酵现象
	C. L. A. 拉韦朗	法国	生理学或医学	发现并阐明原生动物在引起疾病中的作用

续表

获奖年份	获奖人	国别	奖项类别	获奖原因
1908	G. 李普曼	法国	物理学	发明彩色照相干涉法
	E. 卢瑟福	英国	化学	元素蜕变和放射性物质化学
	P. 埃利希 E. 梅奇尼科夫	德国 俄国	生理学或医学	免疫力研究
1909	O. W. 理查森 G. 马克尼 K. F. 布劳恩	英国 意大利 德国	物理学	发现理查森定理、无线电报
	F. W. 奥斯瓦尔德	德国	化学	催化、化学平衡、反应速率
	E. T. 科歇尔	瑞士	生理学或医学	甲状腺的生理学、病理学及外科学上的研究
1910	J. O. 范德瓦尔斯	荷兰	物理学	气体液体状态方程研究
	O. 瓦拉赫	德国	化学	研究脂环族化合物
	A. 科塞尔	德国	生理学或医学	蛋白质、核酸方面的研究
1911	W. 维恩	德国	物理学	热辐射定律的发现
	M·居里夫人 P·居里	法国	化学	发现镭和钋并分离镭
	A. 古尔斯特兰德	瑞典	生理学或医学	眼睛屈光学研究
1912	N. G. 达伦	瑞典	物理学	航标灯自动调节器
	V. 梅林尼亚 P. 萨巴蒂埃	法国	化学	发现用镁做有机反应的试剂研究有机脱氧催化反应
	A. 卡雷尔	法国	生理学或医学	血管缝合及脏器移植
1913	H. 卡末林. 昂内斯	荷兰	物理学	低温物质的特性
	A. 维尔纳	瑞士	化学	分子中原子的配位理论
	C. R. 里谢	法国	生理学或医学	抗原过敏的研究
1914	M. V. 劳厄	德国	物理学	发现晶体的 X 射线衍射现象
	T. W. 理查兹	美国	化学	精确测量大量元素的原子量
	R. 巴拉尼	奥地利	生理学或医学	内耳前庭装置生理学与病理学
1915	W. H. 布拉格 W. L. 布拉格	英国	物理学	X 射线晶体结构分析
	R. 威尔斯泰特	德国	化学	植物色素特别是叶绿素
	生理学或医学未授奖			

续表

获奖年份	获奖人	国别	奖项类别	获奖原因
1916	物理学未授奖 化学未授奖 生理学或医学未授奖			
1917	C. G. 巴克拉	英国	物理学	发现元素的标志 X 辐射
	化学未授奖			
	生理学或医学未授奖			
1918	M. 普朗克	德国	物理学	能量级的发现
	F. 哈伯	德国	化学	发明工业合成氨方法
	生理学或医学未授奖			
1919	J. 斯塔克	德国	物理学	斯塔克效应的发现
	化学未授奖			
	J. 博尔德特	比利时	生理学或医学	免疫方面的一系列发现、创立抗菌备血清理论
1920	C. E. 纪尧姆	瑞士	物理学	合金的反常特性
	W. H. 能斯特	德国	化学	提出热力学第三定律
	S. A. S. 克劳	丹麦	生理学或医学	体液、神经调节毛细血管机理
1921	A. 爱因斯坦	德国	物理学	发现光电效应定律及对理论物理学的贡献
	F. 索迪	英国	化学	研究同位素的存在和性质
	生理学或医学未授奖			
1922	N. 玻尔	丹麦	物理学	原子结构和原子光谱
	F. W. 阿斯顿	英国	化学	研究质谱法，发现非放射元素同位素
	A. V. 希尔 O. F. 迈尔霍夫	英国 德国	生理学或医学	肌肉能量代谢和物质代谢
1923	R. A. 米利肯	美国	物理学	基本电荷和光电效应实验
	F. 普雷格尔	奥地利	化学	有机化合物的微量分析法
	F. G. 班廷 J. J. R. 麦克劳德	加拿大	生理学或医学	发现胰岛素
1924	K. M. G. 西格巴恩	瑞典	物理学	X 射线光谱学
	化学未授奖			
	W. 爱因托文	荷兰	生理学或医学	发现心电图机理

续表

获奖年份	获奖人	国别	奖项类别	获奖原因
1925	J. 弗兰克 G. 赫兹	德国	物理学	弗兰克－赫兹实验、发现原子和电子的碰撞规律
	R. A. 格蒙迪	德国	化学	阐明胶体溶液的多相性质
	生理学或医学未授奖			
1926	J. B. 佩兰	法国	物理学	物质结构的不连续性
	T. 斯维德伯格	瑞典	化学	发明超离心机
	J. A. G. 菲比格	丹麦	生理学或医学	发现菲比格氏鼠癌，提出“寄生虫致癌学说”（此学说证明是错误的）
1927	A. H. 康普顿 C. T. R. 威尔逊	美国 英国	物理学	康普顿效应、威尔逊云室
	H. O. 维兰德	德国	化学	胆酸的组成
	J. W. 姚雷格	奥地利	生理学或医学	治疗麻痹的发热疗法
1928	O. W. 里查森	英国	物理学	热电子发射定律
	A. 文道斯	德国	化学	甾醇、维生素相互关系研究、发现维生素 D_3
	C. J. H. 尼科尔	法国	生理学或医学	斑疹伤寒的研究
1929	L. V. 德布罗意		物理学	电子的波动性
	A. 哈登 奥伊勒. 歇尔平	英国 瑞典	化学	糖的发酵作用、研究辅酶
	C. 艾克曼 F. G. 霍普金斯	荷兰 英国	生理学或医学	抗神经炎研究
1930	C. V. 拉曼	印度	物理学	拉曼效应
	H. 费歇尔	德国	化学	研究血红素和叶绿素，合成血红素
	K. 兰德斯坦纳	美国	生理学或医学	发现血型
1931	物理学未授奖			
	C. 博施 F. 贝吉乌斯	德国	化学	化学上高压方法的应用
	O. H. 瓦尔堡	德国	生理学或医学	发现呼吸酶的性质和作用方式

续表

获奖年份	获奖人	国别	奖项类别	获奖原因
1932	W. K. 海森伯	德国	物理学	量子力学的创立
	I. 兰米尔	美国	化学	表面化学和吸附理论
	C. S. 谢林顿 E. D. 艾德里安	英国	生理学或医学	神经细胞活动的机制
1933	E. 薛定谔 P. A. M. 狄拉克	奥地利 英国	物理学	原子理论的新形式
	化学未授奖			
	T. H. 摩尔根	美国	生理学或医学	创立染色体遗传理论
1934	物理学未授奖			
	H. C. 尤里	美国	化学	发现重氢
	G. R. 迈诺特 W. P. 墨菲 G. H. 惠普尔	美国	生理学或医学	发现贫血病的肝脏疗法
1935	J. 查德威克	英国	物理学	中子的发现
	J. F. J. 居里 I. J. 居里(女)	法国	化学	合成人工放射性元素
	H. 施佩曼	德国	生理学或医学	胚胎发育中背唇的诱导作用
1936	V. F. 赫斯 C. D. 安德森	奥地利 美国	物理学	宇宙辐射、正电子的发现
	P. J. W. 德拜	荷兰	化学	偶极矩和 X 射线衍射法
	H. H. 戴尔 O. 勒韦	英国 美国	生理学或医学	发现传递神经冲动的化学物质
1937	C. J. 戴维森 G. P. 汤姆森	美国 英国	物理学	发现晶体中电子衍射
	W. N. 霍沃斯 P. 卡雷	英国 瑞士	化学	碳水化合物和 VC 研究类胡萝卜素、核黄素、VB_2
	A. S. G. 焦尔季	匈牙利	生理学或医学	发现肌肉收缩原理和维生素 C 的研究成果
1938	E. 费米	意大利	物理学	中子辐照产生新放射性元素
	R. 库恩	德国	化学	类胡萝卜素和维生素研究
	C. J. F. 海曼斯	比利时	生理学或医学	发现呼吸调节中颈动脉窦和主动脉机理

续表

获奖年份	获奖人	国别	奖项类别	获奖原因
1939	E. O. 劳伦斯	美国	物理学	回旋加速器的发明
	A. 布泰南特 L. 卢齐卡	德国 瑞士	化学	研究性激素、研究聚亚甲基和高级萜烯
	G. 多马克	德国	生理学或医学	研究和发现磺胺药
1940－1942	物理学未授奖、化学未授奖、生理学或医学未授奖			
1943	O. 斯特恩	美国	物理学	分子束方法及对质子磁矩的测量成果
	G. 海维西	匈牙利	化学	同位素示踪技术
	C. P. H. 达姆 E. A. 多伊西	丹麦 美国	生理学或医学	维生素 K
1944	I. I. 拉比	美国	物理学	发明测量原子核磁特性的核磁共振法
	O. 哈恩	德国	化学	发现重核裂变
	J. 厄兰格 H. S. 加塞	美国	生理学或医学	神经纤维机制的研究
1945	W. 泡利	美国	物理学	泡利不相容原理
	A. I. 维尔塔南	芬兰	化学	农业化学及营养化学方面的研究、发明饲料保藏方法
	A. 弗莱明 E. B. 钱恩 H. W. 弗洛里	英国 澳大利亚	生理学或医学	发现青霉素以及青霉素对传染病的治疗效果、发明青霉素生产技术
1946	P. W. 布利奇曼	美国	物理学	高压物理学
	J. B. 萨姆纳 J. H. 诺思罗普 N. M. 斯坦利	美国	化学	发现结晶蛋白酶制备绩效状态酶和病毒蛋白质
	H. J. 马勒	美国	生理学或医学	发现用 X 射线可以使基因人工诱变
1947	E. V. 阿普尔顿	英国	物理学	无线电短波电离层的研究
	R. 鲁滨孙	英国	化学	研究生物碱和其他植物制品
	C. F. 科里 G. T. 科里 B. A. 何赛	美国 美国 阿根廷	生理学或医学	发现糖代谢中的酶促反应、发现脑下垂体前叶激素对糖代谢的作用
1948	P. M. S. 布莱克特	英国	物理学	威尔逊云室方法的改进
	A. W. K. 梯塞留斯	瑞典	化学	电泳技术、吸附分析和分离出血清蛋白
	P. H. 米勒	瑞士	生理学或医学	发现并合成了高效有机杀虫剂 DDT

续表

获奖年份	获奖人	国别	奖项类别	获奖原因
1949	汤川秀树	日本	物理学	预言介子的存在
	W. F. 吉奥克	美国	化学	创造接近绝对零度的超低温条件并研究超低温下物质的性质
	W. R. 赫斯 E. 莫尼茨	瑞士	生理学或医学	发现动物间脑的下丘脑对内脏的调节功能、切割脑额叶前部白质对精神病治疗的作用
1950	C. F. 鲍威尔	英国	物理学	发明照像乳胶记录法并发现 π 介子
	O. P. H. 狄尔斯 K. 阿尔德	德国	化学	发现双烯合成
	E. C. 肯德尔 P. S. 亨奇 T. 赖希施泰因	美国 美国 瑞士	生理学或医学	发现肾上腺皮质激素及其结构和生物效应
1951	J. D. 科克罗夫特 E. T. S. 沃尔顿	英国 爱尔兰	物理学	人工加速带电粒子
	E. M. 麦克米伦 G. T. 西博格	美国	化学	发现和研究超铀元素镅、锔、锫、锎等
	M. 蒂勒	南非	生理学或医学	发现黄热病和发明黄热病的疫苗
1952	F. 布洛赫 E. M. 珀塞尔	美国	物理学	核磁共振研究
	A. J. P. 马丁 R. L. M. 辛格	英国	化学	发明分配色谱法和纸色谱法
	S. A. 瓦克斯曼	美国	生理学或医学	链霉素的发现
1953	F. 泽尔尼克	荷兰	物理学	发明相衬显微法
	H. 施陶丁格	德国	化学	提出大分子概念
	F. A. 李普曼 H. A. 克雷布斯	英国	生理学或医学	发现高能磷酸结合在代谢中的重要性，发现辅酶 A，发现克雷布斯循环
1954	M. 波恩 W. 博特	英国 德国	物理学	量子力学及波函数的统计解释的研究、用符合计数法研究原子核反应和 γ 射线
	L. C. 鲍林	美国	化学	研究化学键的本质
	J. F. 恩德斯 T. H. 韦勒 F. C. 罗宾斯	美国	生理学或医学	研究脊髓灰质炎病毒的组织培养技术

续表

获奖年份	获奖人	国别	奖项类别	获奖原因
1955	W. E. 拉姆、P. 库什	美国	物理学	氢、氦原子光谱精细结构研究、发明微波技术拉姆位移与测定电子磁矩
	V. 维格诺德	美国	化学	用人工方法合成多肽激素、合成了含硫的生物体物质
	A. H. 西奥雷尔	瑞典	生理学或医学	过氧化酶的研究
1956	W. H. 布拉顿 J. 巴丁 W. B. 肖克利	美国	物理学	半导体研究并发现晶体管效应
	N. N. 谢苗诺夫 C. N. 欣谢尔伍德	苏联 英国	化学	研究气相反应化学动力学
	A. F 库南德 D. W. 理查兹 W. 福斯曼	美国 德国 德国	生理学或医学	开发心脏导管术
1957	李政道 杨振宁	美籍华裔	物理学	弱相互作用下宇称不守恒理论
	A. R. 托德	英国	化学	研究合成核苷酸和核苷酸辅酶
	D. 博维特	意大利	生理学或医学	磺胺抗菌机制、抗过敏药物、肌肉松弛研究
1958	P. A. 切伦科夫 I. E. 塔姆 I. M. 弗兰克	苏联	物理学	切伦科夫效应的发现和解释
	F. 桑格	英国	化学	测定胰岛素分子结构
	G. W. 比德乐 E. L. 塔特姆 J. 莱德伯格	美国	生理学或医学	基因研究
1959	E. G. 西格雷 O. 张伯伦	美国	物理学	反质子的发现
	J. 海洛夫斯基	捷克	化学	发明极谱分析法
	S. 奥乔亚 A. 科恩伯格	美国	生理学或医学	分离、提纯 DNA 聚合酶及人工合成 DNA 的研究
1960	D. A. 格拉塞	美国	物理学	气泡室的发明
	W. F. 利比	美国	化学	用碳 14 测定地质年代
	F. M. 伯内特 P. B. 梅达沃	澳大利亚 英国	生理学或医学	证实了获得性免疫耐受性

续表

获奖年份	获奖人	国别	奖项类别	获奖原因
1961	R. 霍夫斯塔特 R. L. 穆斯堡尔	美国 德国	物理学	发现原子结构、发现穆斯堡尔效应
	M. 卡尔文	美国	化学	植物光合作用的化学过程
	G. V. 贝凯西	美国	生理学或医学	确立行波学说、发现耳蜗感音机制
1962	L. D. 朗道	苏联	物理学	凝聚态理论和液氦理论
	J. C. 肯德鲁 M. F. 佩鲁兹	英国	化学	测定肌红蛋白、血红蛋白的结构
	J. D. 沃森 F. H. C. 克里克 M. H. F. 威尔金斯	美国 英国 英国	生理学或医学	发现核酸的分子结构及其对信息传递的重要性
1963	E. P. 维格纳 M. G. 迈耶 J. H. D. 延森	美国 美国 德国	物理学	原子核理论和核壳层结构研究
	G. 纳塔 K. 齐格勒	意大利 德国	化学	研究乙烯和丙烯的催化聚合反应
	J. C. 艾克尔斯 A. L. 霍奇金 A. F. 赫克斯利	澳大利亚 英国 英国	生理学或医学	研究发现脉冲、神经纤维传递与神经的兴奋和抑制有关的离子
1964	C. H. 汤斯 N. G. 巴索夫 A. M. 普罗霍罗夫	美国 苏联 苏联	物理学	微波激射器和激光器的发明
	D. M. C. 霍奇金	英国	化学	用X衍射技术测定复杀晶体和大分子的空间结构
	K. 布洛赫 F. 吕南	美国 德国	生理学或医学	胆固醇对脂肪酸代谢的调节机制
1965	朝永振一郎 J. S. 施温格 R. P. 费因曼	日本 美国 美国	物理学	量子电动力学的发展
	R. B. 伍德沃德	美国	化学	人工合成固醇、叶绿素、VB_{12}
	F. O. 雅各布 J. 莫诺、A. 雷沃夫	法国	生理学或医学	提出“信使核糖核酸”和“操纵子”学说、发现酶和病毒合成中的遗传调节机制
1966	A. 卡斯特勒	法国	物理学	光磁共振方法
	R. S. 米利肯	美国	化学	用分子轨道法研究化学键和分子结构
	F. P. 劳斯 C. B. 哈金斯	美国	生理学或医学	发现肿瘤诱导病毒和内分泌对于癌的干扰作用

续表

获奖年份	获奖人	国别	奖项类别	获奖原因
1967	H. A. 贝蒂	美国	物理学	恒星能量的生成
	M. 艾根 R. G. W. 诺里什 G. 波特	德国 英国 英国	化学	发明测定快速化学反应的技术
	R. 格拉尼特 H. K. 哈特兰 G. 沃尔德	瑞典 美国 美国	生理学或医学	视觉生理研究、揭示视觉和视网膜的生理功能、阐明色觉机理
1968	L. W. 阿尔瓦雷斯	美国	物理学	共振态的发现
	L. 翁萨格	美籍挪威裔	化学	不逆过程热力学理论
	R. W. 霍利 H. G. 霍拉纳 M. W. 尼伦伯格	美国	生理学或医学	遗传信息破译及在蛋白质合成中的作用
1969	M. 盖尔曼	美国	物理学	基本粒子分类及其相互作用
	K. H. R. 巴顿 O. 哈塞尔	英国 挪威	化学	提出并阐明有机化合物的三维构象分析理论
	M. 德尔布吕克 A. D. 赫尔 S. E. 卢里亚	美国	生理学或医学	发现病毒的复制机制和遗传结构
1970	H. 阿尔文 L. 奈尔	瑞典 法国	物理学	磁流体动力学研究、铁磁和反铁磁方面的研究
	L. F. 莱洛伊尔	阿根廷	化学	发现糖核苷酸及其在碳水化合物合成中的作用、阐明多糖生物合成的机理
	B. 卡茨 U. V. 奥伊勒 J. 阿克塞尔罗行	英国 瑞典 美国	生理学或医学	发现神经末梢部位的传递物质以及该物质的贮藏、释放、受抑制机理、发现激素在机体内的代谢过程
1971	D. 伽博尔	英国	物理学	全息摄影术的发明
	G. 赫茨伯格	加拿大籍德裔	化学	运用光谱学阐明分子的电子结构和几何形状、对自由基电子结构的研究
	E. W. 萨瑟兰	美国	生理学或医学	发现激素的作用机理
1972	J. 巴丁 L. N. 库伯 J. R. 施里弗	美国 美国 美国	物理学	提出“BCS”理论、创建超导微观理论
	C. B. 安芬森 S. 奥尔 W. H. 斯坦	美国 美国 美国	化学	发现核糖核酸酶分子的三维结构及其124个氨基酸的顺序
	G. M. 埃德尔曼 R. R. 波特	美国 英国	生理学或医学	从事抗体的化学结构和机能的研究

续表

获奖年份	获奖人	国别	奖项类别	获奖原因
1973	江崎玲於奈 I. 贾埃弗 B. D. 约瑟夫森	日本 美籍挪威裔 英国	物理学	隧道效应的发现、约瑟夫森效应的发现
	E. O. 费歇尔 G. 威尔金森	德国 英国	化学	研究金属有机化合物
	K. V. 弗里施 K. 洛伦兹 N. 廷伯根	德国 奥地利 英国	生理学或医学	发现动物个体及社会性行为模式、建立比较动物行为学
1974	M. 赖尔、A. 赫威斯	英国	物理学	射电天文学的先驱性工作、发现脉冲星
	P. J. 弗洛里	美国	化学	研究长链分子，制成尼龙66
	A. 克劳德 C. D. 迪夫 G. E. 帕拉德	美国 比利时 美国	生理学或医学	细胞结构和机能的研究
1975	A. N. 玻尔 B. R. 莫特尔森 J. 雷恩沃特	丹麦 丹麦 美国	物理学	原子核内部结构理论研究
	J. W. 康福思 V. 普雷洛格	英籍澳大利亚裔 瑞士籍南斯拉夫裔	化学	研究立体化学、酶催化反应及有机分子合成
	D. 巴尔摩 H. M. 特明 R. 杜尔贝科	美国 美国 美国	生理学或医学	肿瘤病毒的研究
1976	B. 里克特 丁肇中	美国 美籍华裔	物理学	发现很重的中性介子J/ψ粒子
	N. N. 利普斯科姆	美国	化学	研究硼烷、碳硼烷的结构、揭示准金属化合物和金属互化物化学键的本质
	B. S. 丰卢姆伯格 D. C. 盖达塞克	美国 美国	生理学或医学	发现澳大利亚抗原、发现慢性病毒感染症的机制
1977	P. W. 安德森 N. F. 莫特 J. H. 范弗莱克	美国 英国 美国	物理学	对磁性和无序系统电子结构理论
	I. 普里戈金	比利时	化学	提出耗散结构理论、为现代热动力学奠定基础
	R. 吉尔曼 A. V. 沙里 R. S. 雅洛	美籍法裔 美籍波兰裔 美国	生理学或医学	发现下丘脑激素，开发放射免疫分析法

续表

获奖年份	获奖人	国别	奖项类别	获奖原因
1978	P. 卡尔察 A. A. 彭齐亚斯 R. W. 威尔逊	苏联 美籍德裔 美国	物理学	低温物理、宇宙背景辐射研究
	P. D. 米切尔	英国	化学	研究生物系统中利用能量转移过程、创立渗透理论
	W. 阿尔伯 H. O. 史密斯 D. 内森斯	瑞士 美国 美国	生理学或医学	发现限制性内切酶及在分子遗传学方面的应用
1979	S. L. 格拉肖 S. 温伯格 A. 萨拉姆	美国 美国 巴基斯坦	物理学	基本粒子之间的弱作用和电磁作用的统一理论
	H. C. 布朗 G. 维蒂希	美国 德国	化学	在有机合成中利用硼和磷的化合物发现化合物和酮、醛反应可生成烯类及“维蒂希重排反应”
	A. M. 科马克 G. N. 蒙斯菲尔德	美国 英国	生理学或医学	开始了用电子计算机操纵的 X 射线断层扫描仪
1980	J. W. 克罗宁 V. L. 菲奇	美国	物理学	发现中性 K 介子衰变中的宇称不守恒
	W. 吉尔伯特 P. 伯特 F. 桑格	美国 美国 英国	化学	创立现代基因工程技术、实现脱氧核糖核酸分子重组、发明测定 DNA 顺序的方法、确定核酸的基本顺序
	B. 贝纳塞拉夫 G. D. 斯内尔 J. 多塞	美国 美国 法国	生理学或医学	细胞表面调节免疫反应的遗传结构的研究、器官移植与免疫机制研究
1981	N. 布隆姆伯根 A. 肖洛 K. M. 西格巴恩	美国 美国 瑞典	物理学	激光光谱学和高分辨率电子能谱学
	福井谦一 R. 霍夫曼	日本 美国	化学	提出化学反应前线轨道理论、提出分子轨道对称守恒原理
	R. W. 斯佩里 D. H. 休伯尔 T. N. 威塞尔	美国 美国 瑞典	生理学或医学	大脑半球职能分工,研究视觉系统的信息加工
1982	K. G. 威尔逊		物理学	与物质相变有关的临界现象理论
	A. 克卢格	英国	化学	测定生物物质的结构、发明显微影像重组技术
	S. K. 贝里斯德伦 B. I. 萨米埃尔松 J. R. 范恩	瑞典 瑞典 英国	生理学或医学	前列腺素及相关活性研究

续表

获奖年份	获奖人	国别	奖项类别	获奖原因
1983	S. 昌德拉赛卡尔 W. A. 福勒	美籍印度裔 美国	物理学	天体物理学的成就
	H. 陶布	美国	化学	金属配位化合物电子转移反应机理
	B. 麦克林托克	美国	生理学或医学	提出可移动的遗传基因学说
1984	C. 鲁比亚 S. 范德米尔	意大利 荷兰	物理学	W ± 和 Zo 粒子的发现
	R. B. 梅里菲尔德	美国	化学	研究多肽合成
	N. K. 杰尼 G. J. F. 克勒 C. 米尔斯坦	丹麦 德国 英国	生理学或医学	免疫抑制机制理论的研究、及开发制备单克隆抗体
1985	K. 克利青	德国	物理学	发现量子霍尔效应、开发了测定物理常数的技术
	H. A. 豪普特曼 J. 卡尔勒	美国	化学	开发用 X 射线衍射确定物质晶体结构的直接计算方法
	M. S. 布朗 J. L. 戈德斯坦	美国	生理学或医学	胆固醇代谢及与此有关的疾病的研究
1986	E. 鲁斯卡 G. 宾尼希 H. 罗雷尔	德国 瑞士 瑞士	物理学	研制电子显微镜和扫描隧道显微镜
	李远哲 D. R. 赫希巴赫 J. C. 波拉尼	美籍华裔 美国 加拿大籍英裔	化学	用分子反应动力学研究交叉分子束方法、发明红处线化学发光技术
	R. L. 蒙塔尔西尼 S. 科恩	意大利 美国	生理学或医学	发现神经生长因子以及上皮细胞生长因子
1987	J. G. 贝德诺尔斯 K. A. 米勒	德国 瑞士	物理学	发现金属氧化物高温超导电体
	C. J. 佩德森 J. M. 莱恩 D. J. 克拉姆	美国 法国 美国	化学	合成了大环聚醚化合物"冠醚"类化合物及"冠醚"理论研究，在分子的研究和应用方面作出贡献
	利根川进	日本	生理学或医学	阐明与抗体生成有关的遗传性原理

续表

获奖年份	获奖人	国别	奖项类别	获奖原因
1988	L. 莱德曼 M. 施瓦茨 J. 斯塔博格	美国 美国 美籍德裔	物理学	中微子的研究
	R. 胡伯尔 J. 戴森霍弗 H. 米歇尔	德国 德国 德国	化学	确定了光合作用反应中心的三维结构，揭示了膜结合的蛋白质配合物的结构特征
	J. W. 布莱克 G. B. 埃利昂 G. H. 希钦斯	英国 美国 美国	生理学或医学	对药物研究原理作出重要贡献
1989	N. F. 拉姆齐 H. G. 德默尔特 W. 保罗	美国 美籍德裔 德国	物理学	创造了原子钟离子捕集技术
	S. 奥尔特曼 J. R. 切赫	美国	化学	发现 RNA 的生物催化作用
	J. M. 毕晓普 H. E. 瓦慕斯	美国	生理学或医学	发现动物体内的原癌基因
1990	J. J. 弗里德曼 H. W. 肯德尔 R. E. 泰勒	美国 美国 加拿大	物理学	发现核子的深度非弹性散射，证明了夸克的存在
	E. J. 科里	美国	化学	编制了第一个计算机辅助有机合成路线的设计程序——逆合成分析理论
	J. E. 默里 E. D. 托马斯	美国 美国	生理学或医学	从事对人类器官移植、细胞移植技术和研究
1991	P. G. 热纳	法国	物理学	液晶和聚合物理论
	R. R. 恩斯特	瑞士	化学	发明了傅立叶变换核磁共振分光法和二维核磁共振技术
	E. 内尔 B. 萨克曼	德国 德国	生理学或医学	发明了膜片钳技术、发现细胞膜上的“离子通道”
1992	G. 夏帕克	瑞士	物理学	发明了多丝正比计数管
	R. A. 马库斯	美国	化学	奠定电子转移过程理论
	E. H. 费希尔 E. G. 克雷布斯	美国 美国	生理学或医学	发现蛋白质可逆磷酸化作用是生物最根本的功能之一
1993	J. H. 泰勒 R. A. 赫尔斯	美国	物理学	发现脉冲双星、证实引力波存在
	M. 史密斯 K. B. 穆利斯	加拿大 美国	化学	发明定向基因的定向诱变，发明聚合酶链式反应方法
	P. A. 夏普 R. J. 罗伯茨	美国 英国	生理学或医学	发现断裂基因

续表

获奖年份	获奖人	国别	奖项类别	获奖原因
1994	B. N. 布罗克豪斯 C. G. 沙尔	加拿大 美国	物理学	凝聚态物质研究中发展了中子衍射技术
	G. A. 欧拉	美籍匈牙利裔	化学	发现了使碳阳离子保持稳定的方法
	A. G. 吉尔曼 M. 罗德贝尔	美国	生理学或医学	发现G蛋白及其在细胞中转导信息的作用
1995	M. L. 佩尔 F. 莱茵斯	美国	物理学	发现自然界中的亚原子粒子中的τ轻子、中微子
	P. 克鲁岑 M. 莫利纳 F. S. 罗兰	荷兰 美国 美国	化学	率先研究并解释了大气中臭氧形成、分解的过程及机制
	E. B. 刘易斯 E. F. 维绍斯 C. N. 福尔哈德	美国 美国 德国	生理学或医学	发现早期胚胎发育的遗传调控机理
1996	D. M. 李 D. D. 奥谢罗夫 R. C. 里查森	美国	物理学	发现低温状态氦－3中的超流动性
	H. W. 克鲁托 R. E. 斯莫利 R. F. 柯尔	英国 美国 美国	化学	发现碳元素新存在形式C_{60}
	P. C. 多尔蒂 R. M. 青克纳格尔	澳大利亚 瑞士	生理学或医学	发现细胞的中介免疫保护特征
1997	朱棣文 C. 科恩昂.塔诺季 W. D. 菲利普斯	美籍华裔 法国 美国	物理学	发明用激光冷却和俘获原子的方法
	P. B. 波耶尔 J. E. 沃克尔 J. C. 斯寇	美国 英国 丹麦	化学	在生命的能量货币——腺三磷的研究上的突破
	S. B. 普鲁西纳	美国	生理学或医学	发现蛋白致病因子朊蛋白
1998	R. B 劳克林 H. L. 施特默 崔琦	美国 德国 美籍华裔	物理学	发现电子的分数量子霍耳效应
	J. 波普尔 W. 科恩	美国 美国	化学	提出波函数方法及密度函数理论
	R. F. 芬奇戈特 L. J. 伊格纳罗 F. 穆拉德	美国	生理学或医学	发现一氧化氮在心血管系统中的信使作用

续表

获奖年份	获奖人	国别	奖项类别	获奖原因
1999	H. 霍弗特 M. 韦尔特曼	荷兰	物理学	提出亚原子结构和运动理论
	A. 泽维尔	美籍埃及裔	化学	原子在化学反应中运动
	G. 布洛伯尔	美国	生理学或医学	发现内部信号决定蛋白质在细胞内转移和定位
2000	R. 阿尔费罗夫 G. 基尔比 K. 克勒默	俄罗斯 美国 德国	物理学	半导体研究、发明集成电路、提出异层结构理论
	I. J. 黑格 I. G. 马克迪尔米德 白川英树	美国 美国 日本	化学	研究导电聚合物
	A. 卡尔森 P. 格林加德 E. R. 坎德尔	瑞典 美国 美国	生理学或医学	人类神经系统信号传送领域的突出贡献
2001	E. A. 康奈尔 W. 克特勒 C. E. 维曼	美国 德国 美国	物理学	玻色爱因斯坦冷凝态的研究
	W. 诺尔斯 野依良治 B. 夏普雷斯	美国 日本 美国	化学	不对称合成、研究“手性催化氢反应”
	L. H. 哈特韦尔 P. M. 诺斯 R. 亨特	美国 英国 英国	生理学或医学	细胞循环中的主要调节因子方面的研究
2002	L. 戴维斯 小柴昌俊 C. 贾科尼	美国 日本 美国	物理学	天体物理学、发现宇宙中的中微子
	J. B. 芬恩 田中耕一 K. 维特里希	美国 日本 瑞士	化学	生物人分子研究
	S. 布雷内 H. R. 霍维茨 J. E. 苏尔斯顿	英国 美国 英国	生理学或医学	发现了在器官发育和程序性细胞死亡过程中的基因规则
2003	A. 阿布里科索夫 A. 金茨堡 A. 莱格特	美籍俄罗斯籍 俄罗斯 美籍英籍	物理学	超导体和超流体理论上作出的开创性贡献
	B. 阿格雷 L. 麦金农	美国 美国	化学	发现细胞膜通道
	P. 劳特布尔 P. 曼斯菲尔德	美国 英国	生理学或医学	关于核磁共振成像的研究

续表

获奖年份	获奖人	国别	奖项类别	获奖原因
2004	D. J. 格罗斯 H. D. 波利泽 F. K. 维尔泽克	美国	物理学	在夸克粒子理论方面所取得的成就
	A. 西查诺瓦 Q. 赫什科 O. 罗斯	以色列 以色列 美国	化学	发现了泛素调节的蛋白质降解
	L. 阿克塞尔 L. 巴克	美国	生理学或医学	在气味受体和嗅觉系统组织方式研究中作出的贡献
2005	R. J. 格拉布尔 J. L. 哈尔 T. W. 汉什	美国 美国 德国	物理学	光学相关的量子理论和基于激光的精密光谱学
	E. 肖万 R. 格拉布 L. 施罗克	法国 美国 美国	化学	有机化学烯烃复分解反应方面研究
	B. J. 马歇尔 J. R. 沃伦	澳大利亚	生理学或医学	发现了幽门螺旋杆菌以及该细菌对消化性溃疡病的致病机理
2006	J. 马瑟 J. 斯穆特	美国	物理学	发现了宇宙微波背景辐射的扰动现象和黑体形式
	L. 科恩伯格	美国	化学	研究真核转录的分子基础
	N. 安德鲁. 菲尔 K. 克雷格. 梅洛	美国	生理学或医学	RNA 干扰现象的发现
2007	A. 费尔 P. 葛伦伯格	法国 德国	物理学	巨磁电阻效应领域的贡献
	G. 埃特尔	德国	化学	固体表面化学过程研究
	M. R. 卡佩奇 O. 史密斯 M. J. 伊文思	美国 美国 英国	生理学或医学	干细胞研究
2008	南部阳一郎 小林诚 益川敏英	美籍日裔 日本 日本	物理学	粒子物理学研究成果
	M. 查菲 钱永健 下村修	美国 美籍华裔 日本	化学	发现并研究绿色荧光蛋白质
	H. C. 豪森 F. 巴尔西诺西 L. 蒙塔尼	德国 法国 法国	生理学或医学	发现人乳头状瘤病毒、发现爱滋病病毒

续表

获奖年份	获奖人	国别	奖项类别	获奖原因
2009	高锟 W. 博伊尔 G. 史密斯	英国华裔 美国 美国	物理	有关光在纤维中的传输以及在光学通信方面的应用；发明了半导体成像器件——电荷耦合器件(CCD)图像传感器。
	V. 拉马克里希南 T. 施泰茨 A. 约纳特	美国 美国 以色列	化学	因“对核糖体结构和功能的研究”而获奖。
	E. 布莱克本 C. 格雷德 J. 绍斯塔克	美国 美国 美国	生理医学	发现端粒和端粒酶是如何保护染色体的。

九、中国国家重点保护野生动物名录

中　名	学　名	保护级别	
		Ⅰ级	Ⅱ级
兽纲　Mammalia			
灵长目	Primates		
懒猴科	Lorisidae		
蜂猴(所有种)	*Nycticebus* spp.	Ⅰ	
猴科	Cercopithecidae		
短尾猴	*Macaca arctoides*		Ⅱ
熊猴	*Macaca assamensis*	Ⅰ	
台湾猴	*Macaca cyclopis*	Ⅰ	
猕猴	*Macaca mulatta*		Ⅱ
豚尾猴	*Macaca nemestrina*	Ⅰ	
藏酋猴	*Macaca thibetana*		Ⅱ
叶猴(所有种)	*Presbytis* spp.	Ⅰ	
金丝猴(所有种)	*Rhinopithecus* spp.	Ⅰ	
猩猩科	Pongidae		
长臂猿(所有种)	*Hylobates* spp.	Ⅰ	
鳞甲目	Pholidota		
鲮鲤科	Manidae		
穿山甲	*Manis pentadactyla*		Ⅱ
食肉目	Carnivora		
犬科	Canidae		
豺	*Cuon alpinus*		Ⅱ
熊科	Ursidae		
黑熊	*Selenarctos thibetanus*		Ⅱ
棕熊(包括马熊)	*Ursus arctos*(*U. a. pruinosus*)		Ⅱ
马来熊	*Helarctos malayanus*	Ⅰ	
浣熊科	Procyonidae		
小熊猫	*Ailurus fulgens*		Ⅱ
大熊猫科	Ailuropodidae		
大熊猫	*Ailuropoda melanoleuca*	Ⅰ	
鼬科	Mustelidae		
石貂	*Martes foina*		Ⅱ
紫貂	*Martes zibellina*	Ⅰ	

续表

中 名	学 名	保护级别	
		Ⅰ级	Ⅱ级
黄喉貂	*Martes flavigula*		Ⅱ
貂熊	*Gulo gulo*	Ⅰ	
＊水獭(所有种)	*Lutra* spp.		Ⅱ
＊小爪水獭	*Aonyx cinerea*		Ⅱ
灵猫科	Viverridae		
斑林狸	*Prionodon pardicolor*		Ⅱ
大灵猫	*Viverra zibetha*		Ⅱ
小灵猫	*Viverricula indica*		Ⅱ
熊狸	*Arctictis binturong*	Ⅰ	
猫科	Felidae		
草原斑猫	*Felis lybica* (= *silvestris*)		Ⅱ
荒漠猫	*Felis bieti*		Ⅱ
丛林猫	*Felis chaus*		Ⅱ
猞猁	*Felis lynx*		Ⅱ
兔狲	*Felis manul*		Ⅱ
金猫	*Felis temmincki*		Ⅱ
渔猫	*Felis viverrinus*		Ⅱ
云豹	*Neofelis nebulosa*	Ⅰ	
豹	*Panthera pardus*	Ⅰ	
虎	*Panthera tigris*	Ⅰ	
雪豹	*Panthera uncia*	Ⅰ	
＊鳍足目(所有种)	Pinnipedia		Ⅱ
海牛目	Sirenia		
儒艮科	Dugongidae		
＊儒艮	*Dugong dugong*	Ⅰ	
鲸目	Cetacea		
喙豚科	Platanistidae		
＊白鱀豚	*Lipotes vexillifer*	Ⅰ	
海豚科	Delphinidae		
＊中华白海豚	*Sousa chinensis*	Ⅰ	
＊其他鲸类	(Cetacea)		Ⅱ
长鼻目	Proboscidea		
象科	Elephantidae		
亚洲象	*Elephas maximus*	Ⅰ	

续表

中　名	学　名	保护级别	
		Ⅰ级	Ⅱ级
奇蹄目	Perissodactyla		
马科	Equidae		
蒙古野驴	*Equus hemionus*	Ⅰ	
西藏野驴	*Equus kiang*	Ⅰ	
野马	*Equus przewalskii*	Ⅰ	
偶蹄目	Artiodactyla		
驼科	Camelidae		
野骆驼	*Camelus ferus* (= *bactrianus*)	Ⅰ	
鼷鹿科	Tragulidae		
鼷鹿	*Tragulus javanicus*	Ⅰ	
麝科	Moschidae		
麝(所有种)	*Moschus* spp.		Ⅱ
鹿科	Cervidae		
河麂	*Hydropotes inermis*		Ⅱ
黑麂	*Muntiacus crinifrons*	Ⅰ	
白唇鹿	*Cervus albirostris*	Ⅰ	
马鹿(包括白臀鹿)	*Cervus elaphus*(*C. e. macneilli*)		Ⅱ
坡鹿	*Cervus eldi*	Ⅰ	
梅花鹿	*Cervus nippon*	Ⅰ	
豚鹿	*Cervus porcinus*	Ⅰ	
水鹿	*Cervus unicolor*		Ⅱ
麋鹿	*Elaphurus davidianus*	Ⅰ	
驼鹿	*Alces alces*		Ⅱ
牛科	Bovidae		
野牛	*Bos gaurus*	Ⅰ	
野牦牛	*Bos mutus* (= *grunniens*)	Ⅰ	
黄羊	*Procapra gutturosa*		Ⅱ
普氏原羚	*Procapra przewalskii*	Ⅰ	
藏原羚	*Procapra picticaudata*		Ⅱ
鹅喉羚	*Gazella subgutturosa*		Ⅱ
藏羚	*Pantholops hodgsoni*	Ⅰ	
高鼻羚羊	*Saiga tatarica*	Ⅰ	
扭角羚	*Budorcas taxicolor*	Ⅰ	
鬣羚	*Capricornis sumatraensis*		Ⅱ

续表

中名	学名	保护级别	
		Ⅰ级	Ⅱ级
台湾鬣羚	*Capricornis crispus*	Ⅰ	
赤斑羚	*Naemorhedus cranbrooki*	Ⅰ	
斑羚	*Naemorhedus goral*		Ⅱ
塔尔羊	*Hemitragus jemlahicus*	Ⅰ	
北山羊	*Capra ibex*	Ⅰ	
岩羊	*Pseudois nayaur*		Ⅱ
盘羊	*Ovis ammon*		Ⅱ
兔形目	Lagomorpha		
兔科	Leporidae		
海南兔	*Lepus peguensis hainanus*		Ⅱ
雪兔	*Lepus timidus*		Ⅱ
塔尔木兔	*Lepus yarkandensis*		Ⅱ
啮齿目	Rodentia		
松鼠科	Sciuridae		
巨松鼠	*Ratufa bicolor*		Ⅱ
河狸科	Castoridae		
河狸	*Castor fiber*	Ⅰ	
鸟纲 Aves			
鸊鷉目	Podicipediformes		
鸊鷉科	Podicipedidae		
角鸊鷉	*Podiceps auritus*		Ⅱ
赤颈鸊鷉	*Podiceps grisegena*		Ⅱ
鹱形目	Procellariiformes		
信天翁科	Diomedeidae		
短尾信天翁	*Diomedea albatrus*	Ⅰ	
鹈形目	Pelecaniformes		
鹈鹕科	Pelecanidae		
鹈鹕(所有种)	*Pelecanus* spp.		Ⅱ
鲣鸟科	Sulidae		
鲣鸟(所有种)	*Sula* spp.		Ⅱ
鸬鹚科	Phalacrocoracidae		
海鸬鹚	*Phalacrocorax pelagicus*		Ⅱ
黑颈鸬鹚	*Phalacrocorax niger*		Ⅱ
军舰鸟科	Fregatidae		

续表

中名	学名	保护级别	
		Ⅰ级	Ⅱ级
白腹军舰鸟	*Fregata andrewsi*	Ⅰ	
鹳形目	Ciconiiformes		
鹭科	Ardeidae		
黄嘴白鹭	*Egretta eulophotes*		Ⅱ
岩鹭	*Egretta sacra*		Ⅱ
海南虎斑鳽	*Gorsachius magnificus*		Ⅱ
小苇鳽	*Ixbrychus minutus*		Ⅱ
鹳科	Ciconiidae		
彩鹳	*Ibis leucocephalus*		Ⅱ
白鹳	*Ciconia ciconia*	Ⅰ	
黑鹳	*Ciconia nigra*	Ⅰ	
鹮科	Threskiornithidae		
白鹮	*Threskiornis aethiopicus*		Ⅱ
黑鹮	*Pseudibis papillosa*		Ⅱ
朱鹮	*Nipponia nippon*	Ⅰ	
彩鹮	*Plegadis falcinellus*		Ⅱ
白琵鹭	*Platalea leucorodia*		Ⅱ
黑脸琵鹭	*Platalea minor*		Ⅱ
雁形目	Anseriformes		
鸭科	Anatidae		
红胸黑雁	*Branta ruficollis*		Ⅱ
白额雁	*Anser albifrons*		Ⅱ
天鹅(所有种)	*Cygnus* spp.		Ⅱ
鸳鸯	*Aix galericulata*		Ⅱ
中华秋沙鸭	*Mergus squamatus*	Ⅰ	
隼形目	Falconiformes		
鹰科	Accipitridae		
金雕	*Aquila chrysaetos*	Ⅰ	
白肩雕	*Aquila heliaca*	Ⅰ	
玉带海雕	*Haliaeetus leucoryphus*	Ⅰ	
白尾海雕	*Haliaeetus albcilla*	Ⅰ	
虎头海雕	*Haliaeetus pelagicus*	Ⅰ	
拟兀鹫	*Pseudogyps bengalensis*	Ⅰ	
胡兀鹫	*Gypaetus barbatus*	Ⅰ	

续表

中　名	学　名	保护级别	
		Ⅰ级	Ⅱ级
其他鹰类	(*Accipitridae*)		Ⅱ
隼科(所有种)	Falconidae		Ⅱ
鸡形目	Galliformes		
松鸡科	Tetraonidae		
细嘴松鸡	*Tetrao parvirostris*	Ⅰ	
黑琴鸡	*Lyrurus tetrix*		Ⅱ
柳雷鸟	*Lagopus lagopus*		Ⅱ
岩雷鸟	*Lagopus mutus*		Ⅱ
镰翅鸟	*Falcipennis falcipennis*		Ⅱ
花尾榛鸡	*Tetrastes bonasia*		Ⅱ
斑尾榛鸡	*Tetrastes sewerzowi*	Ⅰ	
雉科	Phasianidae		
雪鸡(所有种)	*Tetraogallus* spp.		Ⅱ
雉鹑	*Tetraophasis obscurus*	Ⅰ	
四川山鹧鸪	*Arborophila rufipectus*	Ⅰ	
海南山鹧鸪	*Arborophila ardens*	Ⅰ	
血雉	*Ithaginis cruentus*		Ⅱ
黑头角雉	*Tragopan melanocephalus*	Ⅰ	
红胸角雉	*Tragopan satyra*	Ⅰ	
灰腹角雉	*Tragopan blythii*	Ⅰ	
红腹角雉	*Tragopan temminckii*		Ⅱ
黄腹角雉	*Tragopan caboti*	Ⅰ	
虹雉(所有种)	*Lophophorus* spp.	Ⅰ	
藏马鸡	*Crossoptilon crossoptilon*		Ⅱ
蓝马鸡	*Crossoptilon aurtun*		Ⅱ
褐马鸡	*Crossoptilon mantchuricum*	Ⅰ	
黑鹇	*Lophura leucomelana*		Ⅱ
白鹇	*Lophura nycthemera*		Ⅱ
蓝鹇	*Lophura swinhoii*	Ⅰ	
原鸡	*Gallus gallus*		Ⅱ
勺鸡	*Pucrasia macrolopha*		Ⅱ
黑颈长尾雉	*Syrmaticus humiae*	Ⅰ	
白冠长尾雉	*Syrmaticus reevesii*		Ⅱ
白颈长尾雉	*Syrmaticus ewllioti*	Ⅰ	
黑长尾雉	*Syrmaticus mikado*	Ⅰ	

续表

中名	学名	保护级别	
		Ⅰ级	Ⅱ级
锦鸡(所有种)	*Chrysolophus* spp.		Ⅱ
孔雀雉	*Polyplectron bicalcaratum*	Ⅰ	
绿孔雀	*Pavo muticus*	Ⅰ	
鹤形目	Gruiformes		
鹤科	Gruidae		
灰鹤	*Grus grus*		Ⅱ
黑颈鹤	*Grus nigricollis*	Ⅰ	
白头鹤	*Grus monacha*	Ⅰ	
沙丘鹤	*Grus canadensis*		Ⅱ
丹顶鹤	*Grus japonensis*	Ⅰ	
白枕鹤	*Grus vipio*		Ⅱ
白鹤	*Grus leucogeranus*	Ⅰ	
赤颈鹤	*Grus antigone*	Ⅰ	
蓑羽鹤	*Anthropoides virgo*		Ⅱ
秧鸡科	Rallidae		
长脚秧鸡	*Crex crex*		Ⅱ
姬田鸡	*Porzana parva*		Ⅱ
棕背田鸡	*Porzana bicolor*		Ⅱ
花田鸡	*Coturnicops noveboracensis*		Ⅱ
鸨科	Otidae		
鸨(所有种)	*Otis* spp.	Ⅰ	
形鸻鸻目	Charadriiformes		
雉鸻科	Jacanidae		
铜翅水雉	*Metopidius indicus*		Ⅱ
鹬科	Soolopacidae		
小勺鹬	*Numenius borealis*		Ⅱ
小青脚鹬	*Tringa guttifer*		Ⅱ
燕鸻科	Glareolidae		
灰燕鸻	*Glareola lactea*		Ⅱ
鸥形目	Lariformes		
鸥科	Laridae		
遗鸥	*Larus relictus*	Ⅰ	
小鸥	*Larus minutus*		Ⅱ
黑浮鸥	*Chlidonias niger*		Ⅱ
黄嘴河燕鸥	*Sterna aurantia*		Ⅱ

续表

中　名	学　名	保护级别	
		Ⅰ级	Ⅱ级
黑嘴端凤头燕鸥	*Thalasseus zimmermanni*		Ⅱ
鸽形目	Columbiformes		
沙鸡科	Pteroclididae		
黑腹沙鸡	*Pterocles orientalis*		Ⅱ
鸠鸽科	Columbidae		
绿鸠(所有种)	*Treron* spp.		Ⅱ
黑颏果鸠	*Ptilinopus leclancheri*		Ⅱ
皇鸠(所有种)	*Ducula* spp.		Ⅱ
斑尾林鸽	*Columba palumbus*		Ⅱ
鹃鸠(所有种)	*Macropygia* spp.		Ⅱ
鹦形目	Psittaciformes		
鹦鹉科(所有种)	Psittacidae		Ⅱ
鹃形目	Cuculiformes		
杜鹃科	Cuculidae		
鸦鹃(所有种)	*Centropus* spp.		Ⅱ
鸮形目(所有种)	Strigiformes		Ⅱ
雨燕目	Apodiformes		
雨燕科	Apodidae		
灰喉针尾雨燕	*Hirundapus cochinchinensis*		Ⅱ
凤头雨燕科	Hemiprocnidae		
凤头雨燕	*Hemiprocne longipennis*		Ⅱ
咬鹃目	Trogoniformes		
咬鹃科	Trogonidae		
橙胸咬鹃	*Harpactes oreskios*		Ⅱ
佛法僧目	Coraciiformes		
翠鸟科	Alcedinidae		
蓝耳翠鸟	*Alcedo meninting*		Ⅱ
鹳嘴翠鸟	*Pelargopsis capensis*		Ⅱ
蜂虎科	Meropidae		
黑胸蜂虎	*Merops leschenaulti*		Ⅱ
绿喉蜂虎	*Merops orientalis*		Ⅱ
犀鸟科(所有种)	Bucertidac		Ⅱ
鴷形目	Piciformes		
啄木鸟科	Picidae		
白腹黑啄木鸟	*Dryocopus javensis*		Ⅱ

续表

中 名	学 名	保护级别	
		Ⅰ级	Ⅱ级
雀形目	Passeriformes		
阔嘴鸟科(所有种)	Eurylaimidae		Ⅱ
八色鸫科(所有种)	Pittidae		Ⅱ
爬行纲 Reptilia			
龟鳖目	Testudoformes		
龟科	Emydidae		
＊地龟	*Geoemyda spengleri*		Ⅱ
＊三线闭壳龟	*Cuora trifasciata*		Ⅱ
＊云南闭壳龟	*Cuora yunnanensis*		Ⅱ
陆龟科	Testudinidae		
四爪陆龟	*Testudo horsfieldi*	Ⅰ	
凹甲陆龟	*Manouria impressa*		Ⅱ
海龟科	Cheloniidae		
＊蠵龟	*Caretta caretta*		Ⅱ
＊绿海龟	*Chelonia mydas*		Ⅱ
＊玳瑁	*Eretmochelys imbricata*		Ⅱ
＊太平洋丽龟	*Lepidochelys olivacea*		Ⅱ
棱皮龟科	Dermochelyidae		
＊棱皮龟	*Dermochelys coriacea*		Ⅱ
鳖科	Trionychidae		
＊鼋	*Pelochelys bibroni*	Ⅰ	
＊山瑞鳖	*Trionyx steindachneri*		Ⅱ
蜥蜴目	Lacertiformes		
壁虎科	Gekkonidae		
大壁虎	*Gekko gecko*		Ⅱ
鳄蜥科	Shinisauridae		
蜥鳄	*Shinisaurus crocodilurus*	Ⅰ	
巨蜥科	Varanidae		
巨蜥	*Varanus salvator*	Ⅰ	
蛇目	Serpentiformes		
蟒科	Boidae		
蟒	*Python molurus*	Ⅰ	
鳄目	Crocodiliformes		
鼍科	Alligatoridae		

续表

中名	学名	保护级别	
		Ⅰ级	Ⅱ级
扬子鳄	*Alligator sinensis*	Ⅰ	
两栖纲 Amphibia			
有尾目	Caudata		
隐鳃鲵科	Cryptobranchidae		
* 大鲵	*Andrias davidianus*		Ⅱ
蝾螈科	Salamandridae		
* 细痣疣螈	*Tylototriton asperrimus*		Ⅱ
* 镇海疣螈	*Tylototriton chinhaiensis*		Ⅱ
* 贵州疣螈	*Tylototriton kweichowensis*		Ⅱ
* 大凉疣螈	*Tylototriton taliangensis*		Ⅱ
* 细瘰疣螈	*Tylototriton verrucosus*		Ⅱ
无尾目	Anura		
蛙科	Ranidae		
虎纹蛙	*Rana tigrina*		Ⅱ
鱼纲 Pisces			
鲈形目	Perciformes		
石首鱼科	Sciaenidae		
* 黄唇鱼	*Bahaba flavolabiata*		Ⅱ
杜父鱼科	Cottidae		
* 松江鲈鱼	*Trachidermus fasciatus*		Ⅱ
海龙鱼目	Syngnathiformes		
海龙鱼科	Syngnathidae		
* 克氏海马鱼	*Hippocampus kelloggi*		Ⅱ
鲤形目	Cypriniformes		
胭脂鱼科	Catostomidae		
* 胭脂鱼	*Myxocyprinus asiaticus*		Ⅱ
鲤科	Cyprinidae		
* 唐鱼	*Tanichthys albonubes*		Ⅱ
* 大头鲤	*Cyprinus pellegrini*		Ⅱ
* 金钱鲃	*Sinocyclocheilus grahami grahami*		Ⅱ
* 新疆大头鱼	*Aspiorhynchus laticeps*	Ⅰ	
* 大理裂腹鱼	*Schizothorax taliensis*		Ⅱ
鳗鲡目	Anguilliformes		
鳗鲡科	Anguillidae		

续表

中　名	学　名	保护级别	
		Ⅰ级	Ⅱ级
＊花鳗鲡	*Anguilla marmorata*		Ⅱ
鲑形目	Salmoniformes		
鲑科	Salmonidae		
＊川陕哲罗鲑	*Hucho bleekeri*		Ⅱ
＊秦岭细鳞鲑	*Brachymystax lenok tsinlingensis*		Ⅱ
鲟形目	Acipenseriformes		
鲟科	Acipenseridae		
＊中华鲟	*Acipenser sinensis*	Ⅰ	
＊达氏鲟	*Acipenser dabryanus*	Ⅰ	
匙吻鲟科	Polyodontidae		
＊白鲟	*Psephurus gladius*	Ⅰ	
文昌鱼纲　Appendicularia			
文昌鱼目	Amphioxiformes		
文昌鱼科	Branchiostomatidae		
＊文昌鱼	*Branchiotoma belcheri*		Ⅱ
珊瑚纲　Anthozoa			
柳珊瑚目	Gorgonacea		
红珊瑚科	Coralliidae		
＊红珊瑚	*Corallium* spp.	Ⅰ	
腹足纲　Gastropoda			
中腹足目	Mesogastropoda		
宝贝科	Cypraeidae		
＊虎斑宝贝	*Cypraea tigris*		Ⅱ
冠螺科	Cassididae		
＊冠螺	*Cassis cornuta*		Ⅱ
瓣鳃纲　Lamellibranchia			
异柱目	Anisomyaria		
珍珠贝科	Pteriidae		
＊大珠母贝	*Pinctada maxima*		Ⅱ
真瓣鳃目	Eulamellibranchia		
砗磲科	Tridacnidae		
＊库氏砗磲	*Tridacna cookiana*	Ⅰ	
蚌科	Unionidae		
＊佛耳丽蚌	*Lamprotula mansuyi*		Ⅱ

续表

中 名	学 名	保护级别	
		Ⅰ级	Ⅱ级
头足纲 Cephalopoda			
四鳃目	Tetrabranchia		
鹦鹉螺科	Nautilidae		
* 鹦鹉螺	*Nautilus pompilius*	Ⅰ	
昆虫纲 Insecta			
双尾目	Diplura		
铗科	Japygidae		
伟铗	*Atlasjapyx atlas*		Ⅱ
蜻蜓目	Odonata		
箭蜓科	Gomphidae		
尖板曦箭蜓	*Heliogomphus retroflexus*		Ⅱ
宽纹北箭蜓	*Ophiogomphus spinicorne*		Ⅱ
缺翅目	Zoraptera		
缺翅虫科	Zorotypidae		
中华缺翅虫	*Zorotypus sinensis*		Ⅱ
墨脱缺翅虫	*Zorotypus medoensis*		Ⅱ
蛩蠊目	Grylloblattodae		
蛩蠊科	Grylloblattidae		
中华蛩蠊	*Galloisiana sinensis*	Ⅰ	
鞘翅目	Coleoptera		
步甲科	Carabidae		
拉步甲	*Carabus* (*Coptolabrus*) *lafossei*		Ⅱ
硕步甲	*Carabus* (*Apotopterus*) *davidi*		Ⅱ
臂金龟科	Euchiridae		
彩臂金龟(所有种)	*Cheirotonus* spp.		Ⅱ
犀金龟科	Dynastidae		
叉犀金龟	*Allomyrina davidis*		Ⅱ
鳞翅目	Lepidoptera		
凤蝶科	Papilionidae		
金斑喙凤蝶	*Teinopalpus aureus*	Ⅰ	
双尾褐凤蝶	*Bhutanitis mansfieldi*		Ⅱ
三尾褐凤蝶	*Bhutanitis thaidina dongchuanensis*		Ⅱ
中华虎凤蝶	*Luehdorfia chinensis huashanensis*		Ⅱ

续表

中　名	学　名	保护级别	
		Ⅰ级	Ⅱ级
绢蝶科	Parnassidae		
阿波罗绢蝶	*Parnassius apollo*		Ⅱ
肠鳃纲　Enteropneusta			
柱头虫科	Balanoglossidae		
＊多鳃孔舌形虫	*Glossobalanus polybranchioporus*	Ⅰ	
玉钩虫科	Harrimaniidae		
＊黄岛长吻虫	*Saccoglossus hwangtauensis*	Ⅰ	

注：标“＊”者，由渔业行政主管部门主管；未标“＊”者，由林业行政主管部门主管。

十、中国国家重点保护野生植物名录

中名	学名	保护级别	
		Ⅰ级	Ⅱ级
蕨类植物 Pteridophytes			
观音座莲科	Angiopteridaceae		
法斗观音座莲	*Angiopteris sparsisora*		Ⅱ
二回原始观音座莲	*Archangiopteris bipinnata*		Ⅱ
亨利原始观音座莲	*Archangiopteris henryi*		Ⅱ
铁角蕨科	Aspleniaceae		
对开蕨	*Phyllitis japonica*		Ⅱ
蹄盖蕨科	Athyriaceae		
光叶蕨	*Cystoathyrium chinense*	Ⅰ	
乌毛蕨科	Blechnaceae		
苏铁蕨	*Brainea insignis*		Ⅱ
天星蕨科	Christenseniaceae		
天星蕨	*Christensenia assamica*		Ⅱ
桫椤科(所有种)	Cyatheaceae		Ⅱ
蚌壳蕨科(所有种)	Dicksoniaceae		Ⅱ
鳞毛蕨科	Dryopteridaceae		
单叶贯众	*Cyrtomium hemionitis*		Ⅱ
玉龙蕨	*Sorolepidium glaciale*	Ⅰ	
七指蕨科	Helminthostachyaceae		
七指蕨	*Helminthostachys zeylanica*		Ⅱ
水韭科	Isoetaceae		
水韭属(所有种)	*Isoetes* spp.	Ⅰ	
水蕨科	Parkeriaceae		
水蕨属(所有种)	*Ceratopteris* spp.		Ⅱ
鹿角蕨科	Platyceriaceae		
鹿角蕨	*Platycerium wallichii*		Ⅱ
水龙骨科	Polypodiaceae		
扇蕨	*Neocheiropteris palmatopedata*		Ⅱ
中国蕨科	Sinopteridaceae		
中国蕨	*Sinopteris grevilleoides*		Ⅱ
裸子植物 Gymnospermae			
三尖杉科	Cephalotaxaceae		
贡山三尖杉	*Cephalotaxus lanceolata*		Ⅱ

续表

中 名	学 名	保护级别	
		Ⅰ级	Ⅱ级
蓖子三尖杉	*Cephalotaxus oliveri*		Ⅱ
柏科	Cupressaceae		
翠柏	*Calocedrus macrolepis*		Ⅱ
红桧	*Chamaecyparis formosensis*		Ⅱ
岷江柏木	*Cupressus chengiana*		Ⅱ
巨柏	*Cupressus gigantea*	Ⅰ	
福建柏	*Fokienia hodginsii*		Ⅱ
朝鲜崖柏	*Thuja koraiensis*		Ⅱ
苏铁科	Cycadaceae		
苏铁属(所有种)	*Cycas* spp.	Ⅰ	
银杏科	Ginkgoaceae		
银杏	*Ginkgo* biloba	Ⅰ	
松科	Pinaceae		
百山祖冷杉	*Abies beshanzuensis*	Ⅰ	
秦岭冷杉	*Abies chensiensis*		Ⅱ
梵净山冷杉	*Abies fanjingshanensis*	Ⅰ	
元宝山冷杉	*Abies yuanbaoshanensis*	Ⅰ	
资源冷杉(大院冷杉)	*Abies ziyuanensis*	Ⅰ	
银杉	*Cathaya argyrophylla*	Ⅰ	
台湾油杉	*Keteleeria davidiana var. formosana*		Ⅱ
海南油杉	*Keteleeria hainanensis*		Ⅱ
柔毛油杉	*Keteleeria pubescens*		Ⅱ
太白红杉	*Larix chinensis*		Ⅱ
四川红杉	*Larix mastersiana*		Ⅱ
油麦吊云杉	*Picea brachytyla* var. *complanata*		Ⅱ
大果青扦	*Picea neoveitchii*		Ⅱ
兴凯赤松	*Pinus densiflora* var. *ussuriensis*		Ⅱ
大别山五针松	*Pinus fenzeliana* var. *dabeshanensis*		Ⅱ
红松	*Pinus koraiensis*		Ⅱ
华南五针松(广东松)	*Pinus kwangtungensis*		Ⅱ
巧家五针松	*Pinus squamata*	Ⅰ	
长白松	*Pinus sylvestris* var. *sylvestriformis*	Ⅰ	
毛枝五针松	*Pinus wangii*		Ⅱ
金钱松	*Pseudolarix amabilis*		Ⅱ
黄杉属(所有种)	*Pseudotsuga* spp.		Ⅱ
红豆杉科	Taxaceae		

续表

中　名	学　名	保护级别	
		Ⅰ级	Ⅱ级
台湾穗花杉	*Amentotaxus formosana*	Ⅰ	
云南穗花杉	*Amentotaxus yunnanensis*	Ⅰ	
白豆杉	*Pseudotaxus chienii*		Ⅱ
红豆杉属(所有种)	*Taxus* spp.	Ⅰ	
榧属(所有种)	*Torreya* spp.		Ⅱ
杉科	Taxodiaceae		
水松	*Glyptostrobus pensilis*	Ⅰ	
水杉	*Metasequoia glyptostroboides*	Ⅰ	
台湾杉(秃杉)	*Taiwania cryptomerioides*		Ⅱ
被子植物　Angiospermae			
芒苞草科	Acanthochlamydaceae		
芒苞草	*Acanthochlamys bracteata*		Ⅱ
槭树科	Aceraceae		
梓叶槭	*Acer catalpifolium*		Ⅱ
羊角槭	*Acer yangjuechi*		Ⅱ
云南金钱槭	*Dipteronia dyerana*		Ⅱ
泽泻科	Alismataceae		
长喙毛茛泽泻	*Ranalisma rostratum*	Ⅰ	
浮叶慈菇	*Sagittaria natans*		Ⅱ
夹竹桃科	Apocynaceae		
富宁藤	*Parepigynum funingense*		Ⅱ
蛇根木	*Rauvolfia serpentina*		Ⅱ
萝藦科	Asclepiadaceae		
驼峰藤	*Merrillanthus hainanensis*		Ⅱ
桦木科	Betulaceae		
盐桦	*Betula halophila*		Ⅱ
金平桦	*Betula jinpingensis*		Ⅱ
普陀鹅耳枥	*Carpinus putoensis*	Ⅰ	
天台鹅耳枥	*Carpinus tientaiensis*		Ⅱ
天目铁木	*Ostrya rehderiana*	Ⅰ	
伯乐树科	Bretschneideraceae		
伯乐树(钟萼木)	*Bretschneidera sinensis*	Ⅰ	
花蔺科	Butomaceae		
拟花蔺	*Butomopsis latifolia*		Ⅱ
忍冬科	Caprifoliaceae		

续表

中 名	学 名	保护级别	
		Ⅰ级	Ⅱ级
七子花	*Heptacodium miconioides*		Ⅱ
十齿花	*Dipentodon sinicus*		Ⅱ
永瓣藤	*Monimopetalum chinense*		Ⅱ
连香树科	Cercidiphyllaceae		
连香树	*Cercidiphyllum japonicum*		Ⅱ
使君子科	Combretaceae		
萼翅藤	*Calycopteris floribunda*	Ⅰ	
千果榄仁	*Terminalia myriocarpa*		Ⅱ
菊科	Compositae		
画笔菊	*Ajaniopsis penicilliformis*		Ⅱ
革苞菊	*Tugarinovia mongolica*	Ⅰ	
四数木科	Datiscaceae		
四数木	*Tetrameles nudiflora*		Ⅱ
龙脑香科	Dipterocarpaceae		
东京龙脑香	*Dipterocarpus retusus*	Ⅰ	
狭叶坡垒	*Hopea chinensis*	Ⅰ	
无翼坡垒(铁凌)	*Hopea exalata*		Ⅱ
坡垒	*Hopea hainanensis*	Ⅰ	
多毛坡垒	*Hopea mollissima*	Ⅰ	
望天树	*Parashorea chinensis*	Ⅰ	
广西青梅	*Vatica guangxiensis*		Ⅱ
青皮(青梅)	*Vatica mangachapoi*		Ⅱ
茅膏菜科	Droseraceae		
貉藻	*Aldrovanda vesiculosa*	Ⅰ	
胡颓子科	Elaeagnaceae		
翅果油树	*Elaeagnus mollis*		Ⅱ
大戟科	Euphorbiaceae		
东京桐	*Deutzianthus tonkinensis*		Ⅱ
壳斗科	Fagaceae		
华南锥	*Castanopsis concinna*		Ⅱ
台湾水青冈	*Fagus hayatae*		Ⅱ
三棱栎	*Formanodendron doichangensis*		Ⅱ
瓣鳞花科	Frankeniaceae		
瓣鳞花	*Frankenia pulverulenta*		Ⅱ
龙胆科	Gentianaceae		

续表

中名	学名	保护级别	
		Ⅰ级	Ⅱ级
辐花	*Lomatogoniopsis alpina*		Ⅱ
苦苣苔科	Gesneriaceae		
瑶山苣苔	*Dayaoshania cotinifolia*	Ⅰ	
单座苣苔	*Metabriggsia ovalifolia*	Ⅰ	
秦岭石蝴蝶	*Petrocosmea qinlingensis*		Ⅱ
报春苣苔	*Primulina tabacum*	Ⅰ	
辐花苣苔	*Thamnocharis esquirolii*	Ⅰ	
禾本科	Gramineae		
酸竹	*Acidosasa chinensis*		Ⅱ
沙芦草	*Agropyron mongolicum*		Ⅱ
异颖草	*Anisachne gracilis*		Ⅱ
短芒披碱草	*Elymus breviaristatus*		Ⅱ
无芒披碱草	*Elymus submuticus*		Ⅱ
毛披碱草	*Elymus villifer*		Ⅱ
内蒙古大麦	*Hordeum innermongolicum*		Ⅱ
药用野生稻	*Oryza officinalis*		Ⅱ
普通野生稻	*Oryza rufipogon*		Ⅱ
四川狼尾草	*Pennisetum sichuanense*		Ⅱ
华山新麦草	*Psathyrostachys huashanica*	Ⅰ	
三蕊草	*Sinochasea trigyna*		Ⅱ
拟高梁	*Sorghum propinquum*		Ⅱ
箭叶大油芒	*Spodiopogon sagittifolius*		Ⅱ
中华结缕草	*Zoysia sinica*		Ⅱ
小二仙草科	Haloragidaceae		
乌苏里狐尾藻	*Myriophyllum ussuriense*		Ⅱ
金缕梅科	Hamamelidaceae		
山铜材	*Chunia bucklandioides*		Ⅱ
长柄双花木	*Disanthus cercidifolius* var. *longipes*		Ⅱ
半枫荷	*Semiliquidambar cathayensis*		Ⅱ
银缕梅	*Shaniodendron subaequalum*	Ⅰ	
四药门花	*Tetrathyrium subcordatum*		Ⅱ
水鳖科	Hydrocharitaceae		
水菜花	*Ottelia cordata*		Ⅱ
唇形科	Labiatae		
子宫草	*Skapanthus oreophilus*		Ⅱ

续表

中　名	学　名	保护级别	
		Ⅰ级	Ⅱ级
樟科	Lauraceae		
油丹	*Alseodaphne hainanensis*		Ⅱ
樟树(香樟)	*Cinnamomum camphora*		Ⅱ
普陀樟	*Cinnamomum japonicum*		Ⅱ
油樟	*Cinnamomum longepaniculatum*		Ⅱ
卵叶桂	*Cinnamomum rigidissimum*		Ⅱ
润楠	*Machilus nanmu*		Ⅱ
舟山新木姜子	*Neolitsea sericea*		Ⅱ
闽楠	*Phoebe bournei*		Ⅱ
浙江楠	*Phoebe chekiangensis*		Ⅱ
楠木	*Phoebe zhennan*		Ⅱ
豆科	Leguminosae		
线苞两型豆	*Amphicarpaea linearis*		Ⅱ
黑黄檀(版纳黑檀)	*Dalbergia fusca*		Ⅱ
降香(降香檀)	*Dalbergia odorifera*		Ⅱ
格木	*Erythrophleum fordii*		Ⅱ
山豆根(胡豆莲)	*Euchresta japonica*		Ⅱ
绒毛皂荚	*Gleditsia japonica* var. *velutina*		Ⅱ
野大豆	*Glycine soja*		Ⅱ
烟豆	*Glycine tabacina*		Ⅱ
短绒野大豆	*Glycine tomentella*		Ⅱ
花榈木(花梨木)	*Ormosia henryi*		Ⅱ
红豆树	*Ormosia hosiei*		Ⅱ
缘毛红豆	*Ormosia howii*		Ⅱ
紫檀(青龙木)	*Pterocarpus indicus*		Ⅱ
油楠(蚌壳树)	*Sindora glabra*		Ⅱ
任豆(任木)	*Zenia insignis*		Ⅱ
狸藻科	Lentibulariaceae		
盾鳞狸藻	*Utricularia punctata*		Ⅱ
木兰科	Magnoliaceae		
长蕊木兰	*Alcimandra cathcardii*	Ⅰ	
地枫皮	*Illicium difengpi*		Ⅱ
单性木兰	*Kmeria septentrionalis*	Ⅰ	
鹅掌楸	*Liriodendron chinense*		Ⅱ
大叶木兰	*Magnolia henryi*		Ⅱ

续表

中　名	学　名	保护级别	
		Ⅰ级	Ⅱ级
馨香玉兰	*Magnolia odoratissima*		Ⅱ
厚朴	*Magnolia officinalis*		Ⅱ
凹叶厚朴	*Magnolia officinalis* subsp. *biloba*		Ⅱ
长喙厚朴	*Magnolia rostrata*		Ⅱ
圆叶玉兰	*Magnolia sinensis*		Ⅱ
西康玉兰	*Magnolia wilsonii*		Ⅱ
宝华玉兰	*Magnolia zenii*		Ⅱ
香木莲	*Manglietia aromatica*		Ⅱ
落叶木莲	*Manglietia decidua*	Ⅰ	
大果木莲	*Manglietia grandis*		Ⅱ
毛果木莲	*Manglietia hebecarpa*		Ⅱ
大叶木莲	*Manglietia megaphylla*		Ⅱ
厚叶木莲	*Manglietia pachyphylla*		Ⅱ
华盖木	*Manglietiastrum sinicum*	Ⅰ	
石碌含笑	*Michelia shiluensis*		Ⅱ
峨眉含笑	*Michelia wilsonii*		Ⅱ
峨眉拟单性木兰	*Parakmeria omeiensis*	Ⅰ	
云南拟单性木兰	*Parakmeria yunnanensis*		Ⅱ
合果木	*Paramichelia baillonii*		Ⅱ
水青树	*Tetracentron sinense*		Ⅱ
楝科	Meliaceae		
粗枝崖摩	*Amoora dasyclada*		Ⅱ
红椿	*Toona ciliata*		Ⅱ
毛红椿	*Toona ciliata* var. *pubescens*		Ⅱ
防己科	Menispermaceae		
藤枣	*Eleutharrhena macrocarpa*	Ⅰ	
肉豆蔻科	Myristicaceae		
海南风吹楠	*Horsfieldia hainanensis*		Ⅱ
滇南风吹楠	*Horsfieldia tetratepala*		Ⅱ
云南肉豆蔻	*Myristica yunnanensis*		Ⅱ
茨藻科	Najadaceae		
高雄茨藻	*Najas browniana*		Ⅱ
拟纤维茨藻	*Najas pseudogracillima*		Ⅱ
睡莲科	Nymphaeaceae		

续表

中名	学名	保护级别	
		Ⅰ级	Ⅱ级
莼菜	*Brasenia schreberi*	Ⅰ	
莲	*Nelumbo nucifera*		Ⅱ
贵州萍逢草	*Nuphar bornetii*		Ⅱ
雪白睡莲	*Nymphaea candida*		Ⅱ
蓝果树科	Nyssaceae		
喜树(旱莲木)	*Camptotheca acuminata*		Ⅱ
珙桐	*Davidia involucrata*	Ⅰ	
光叶珙桐	*Davidia involucrata var. vilmoriniana*	Ⅰ	
云南蓝果树	*Nyssa yunnanensis*	Ⅰ	
金莲木科	Ochnaceae		
合柱金莲木	*Sinia rhodoleuca*	Ⅰ	
铁青树科	Olacaceae		
蒜头果	*Malania oleifera*		Ⅱ
木犀科	Oleaceae		
水曲柳	*Fraxinus mandshurica*		Ⅱ
棕榈科	Palmae		
董棕	*Caryota urens*		Ⅱ
小钩叶藤	*Plectocomia microstachys*		Ⅱ
龙棕	*Trachycarpus nana*		Ⅱ
罂粟科	Papaveraceae		
红花绿绒蒿	*Meconopsis punicea*		Ⅱ
斜翼科	Plagiopteraceae		
斜翼	*Plagiopteron suaveolens*		Ⅱ
川苔草科	Podostemaceae		
川藻(石蔓)	*Terniopsis sessilis*		Ⅱ
蓼科	Polygonaceae		
金荞麦	*Fagopyrum dibotrys*		Ⅱ
报春花科	Primulaceae		
羽叶点地梅	*Pomatosace filicula*		Ⅱ
毛茛科	Ranunculaceae		
粉背叶人字果	*Dichocarpum hypoglaucum*		Ⅱ
独叶草	*Kingdonia uniflora*	Ⅰ	
马尾树科	Rhoipteleaceae		
马尾树	*Rhoiptelea chiliantha*		Ⅱ
茜草科	Rubiaceae		

续表

中名	学名	保护级别	
		Ⅰ级	Ⅱ级
绣球茜	*Dunnia sinensis*		Ⅱ
香果树	*Emmenopterys henryi*		Ⅱ
异形玉叶金花	*Mussaenda anomala*	Ⅰ	
丁茜	*Trailliaedoxa gracilis*		Ⅱ
芸香科	Rutaceae		
黄檗(黄菠椤)	*Phellodendron amurense*		Ⅱ
川黄檗(黄皮树)	*Phellodendron chinense*		Ⅱ
杨柳科	Salicaceae		
钻天柳	*Chosenia arbutifolia*		Ⅱ
无患子科	Sapindaceae		
伞花木	*Eurycorymbus cavaleriei*		Ⅱ
掌叶木	*Handeliodendron bodinieri*	Ⅰ	
山榄科	Sapotaceae		
海南紫荆木	*Madhuca hainanensis*		Ⅱ
紫荆木	*Madhuca pasquieri*		Ⅱ
虎耳草科	Saxifragaceae		
黄山梅	*Kirengeshoma palmata*		Ⅱ
蛛网萼	*Platycrater arguta*		Ⅱ
冰沼草科	Scheuchzeriaceae		
冰沼草	*Scheuchzeria palustris*		Ⅱ
玄参科	Scrophulariaceae		
胡黄连	*Neopicrorhiza scrophulariiflora*		Ⅱ
呆白菜(崖白菜)	*Triaenophora rupestris*		Ⅱ
茄科	Solanaceae		
山莨菪	*Anisodus tanguticus*		Ⅱ
黑三棱科	Sparganiaceae		
北方黑三棱	*Sparganium hyperboreum*		Ⅱ
梧桐科	Sterculiaceae		
广西火桐	*Erythropsis kwangsiensis*		Ⅱ
丹霞梧桐	*Firmiana danxiaensis*		Ⅱ
海南梧桐	*Firmiana hainanensis*		Ⅱ
蝴蝶树	*Heritiera parvifolia*		Ⅱ
平当树	*Paradombeya sinensis*		Ⅱ
景东翅子树	*Pterospermum kingtungense*		Ⅱ
勐仑翅子树	*Pterospermum menglunense*		Ⅱ

续表

中　名	学　名	保护级别	
		Ⅰ级	Ⅱ级
安息香科	Styracaceae		
长果安息香	*Changiostyrax dolichocarpa*		Ⅱ
秤锤树	*Sinojackia xylocarpa*		Ⅱ
瑞香科	Thymelaeaceae		
土沉香	*Aquilaria sinensis*		Ⅱ
椴树科	Tiliaceae		
柄翅果	*Burretiodendron esquirolii*		Ⅱ
蚬木	*Burretiodendron hsienmu*		Ⅱ
滇桐	*Craigia yunnanensis*		Ⅱ
海南椴	*Hainania trichosperma*		Ⅱ
紫椴	*Tilia amurensis*		Ⅱ
菱科	Trapaceae		
野菱	*Trapa incisa*		Ⅱ
榆科	Ulmaceae		
长序榆	*Ulmus elongata*		Ⅱ
榉树	*Zelkova schneideriana*		Ⅱ
伞形科	Umbelliferae		
珊瑚菜(北沙参)	*Glehnia littoralis*		Ⅱ
马鞭草科	Verbenaceae		
海南石梓(苦梓)	*Gmelina hainanensis*		Ⅱ
姜科	Zingiberaceae		
茴香砂仁	*Etlingera yunnanense*		Ⅱ
拟豆蔻	*Paramomum petaloideum*		Ⅱ
长果姜	*Siliquamomum tonkinense*		Ⅱ
蓝藻　Cyonophyta			
念珠藻科	Nostocaceae		
发菜	*Nostoc flagelliforme*		Ⅱ
真菌　Eumycophyta			
麦角菌科	Clavicipitaceae		
虫草(冬虫夏草)	*Cordyceps sinensis*		Ⅱ
口蘑科(白蘑科)	Tricholomataceae		
松口蘑(松茸)	*Tricholoma matsutake*		Ⅱ

十一、世界及中国科技奖项一览表

奖项名称	设立时间	主办单位	奖项特征
诺贝尔奖	1900	诺贝尔基金会	奖励世界各国在物理、化学、生理、医学、经济、环境、文学及和平等领域对人类作出重大贡献的学者
南丁格尔奖	1912	红十字国际委员会	国际医学护理界最高荣誉奖，奖励在护理学和护理工作中作出杰出贡献的人士
联合国教科文组织卡林加奖	1951	联合国教科文组织	奖励在向大众普及科学知识方面作出突出成绩的人
国际气象组织奖	1955	世界气象组织	奖励气象学领域的杰出研究成果
国际民用航空组织爱德华·沃纳奖	1958	国际民用航空组织理事会	奖励国际民用航空领域作出杰出贡献的个人或机构
国际奥林匹克数学竞赛	1959	参赛国轮流主办	奖励在国际中学生数学大赛中取得突出成绩者
海涅曼奖	1962	海涅曼基金会	奖励在自然科学领域取得杰出成就的科学家
国际验光与光学联合会奖	1963	国际验光与光学联合会	奖励验光与眼科光学领域的杰出人士
国际摄影测量和遥控学会奥·冯·格鲁贝尔奖	1964	国际摄影测量和遥控学会	表彰在摄影测量及相关领域发表的重要论文
世界卫生组织肖沙基金奖	1966	世界卫生组织	奖励对卫生工作作出重大贡献者（限于肖沙医生为世界卫生组织服务过的地区）
世界卫生组织达林基金奖	1966	世界卫生组织	奖励在病理学、病原学、流行病学、治疗学、预防医学等方面取得杰出成就者
国际奥林匹克物理竞赛	1967	由参赛国轮流主办	奖励在国际中学生物理大赛中取得突出成绩者
国际奥林匹克化学竞赛	1968	参赛国轮流主办	奖励在国际中学生化学大赛中取得突出成绩者
联合国教科文组织建筑奖	1968	联合国教科文组织总委员会	授予国际建筑师联合会评奖竞赛中的优胜者，以鼓励城市建筑、城市规划及有关环境问题方面的杰出贡献者

续表

奖项名称	设立时间	主办单位	奖项特征
国际化妆品化学家协会联合会奖及荣誉状	1970	国际化妆品化学家协会联合会	奖励向国际化妆品化学家协会联合会大会提交的有关化妆品的优秀论文
保罗·盖蒂野生动物保护奖	1974	世界野生生物基金会	奖励直接或间接对国际产生巨大影响的野生动物保护方面的杰出成就
联合国粮农组织布尔马奖	1975	联合国粮农组织	鼓励报道与论述世界粮食问题的优秀著作
国际热分析联合会杜邦奖	1977	国际热分析联合会	授予在热分析科学领域里作出杰出贡献者
罗尔夫·内万林纳奖	1981	国际数学联合会执行委员会	理论计算机科学成就国际最高奖,以表彰在信息科学、数学方面具有杰出成就的青年数学家
联合国教科文组织贾夫德·胡塞因青年科学家奖	1984	联合国教科文组织	国际上表彰青年科学家的最高奖,授予在基础研究或应用研究领域有杰出成就的36岁以下的科学家
第三世界科学院科学奖	1985	第三世界科学院	奖励在基础科学方面(物理、化学、数学、生物学和基础医学五项)取得杰出成就的发展中国家的科学家
国际热分析联合会青年科学奖	1985	国际热分析联合会	奖励在热分析方面取得突出成就的青年科学家
国际奥林匹克生物学竞赛	1987	由参赛国轮流主办	奖励在国际中学生生物学大赛中取得突出成绩者
凯尼斯·梅数学史杰出贡献奖	1989	国际数学史学会	奖励在数学史研究领域作出突出贡献的科学家
人工大河国际水奖	2001	联合国教科文组织	奖励在地下水开发和地表水使用研究方面有所作为的个人和团体
中国国家自然科学奖	1979	国家科学技术奖励委员会	自然科学领域的最高奖励,授予在数学、物理、化学、天文、地球、生命科学等基础研究和信息、材料、工程技术等应用基础研究中作出重大科学发现的中国公民
中国国家科学技术进步奖	1984	国家科学技术奖励委员会	授予在技术研究、开发、创新、推广应用及在完成重大科技工程、计划等过程中作出创造性贡献的中国公民和组织

续表

奖项名称	设立时间	主办单位	奖项特征
吴健雄物理奖	1986	中国物理学会	授予在国内取得实验物理优秀成果的中国青年物理学家
中国物理学会奖	1987	中国物理学会	鼓励为发展中国物理学事业作出突出贡献的中国物理学工作者
李四光地质科学奖	1989	李四光地质科学奖委员会	最高层次地质科学奖,奖励为发展地质科学作出突出贡献的科技工作者
周培源国际科技交流基金奖	1990	中国物理学会周培源国际科技交流基金会	授予在国际民间科技交流活动中作出重要贡献的科技工作者
中国兵工学会青年科技奖	1990	中国兵工学会	表彰在兵器及国防系统科研、生产、教学、管理等科技工作中作出突出贡献的优秀青年
华罗庚数学奖	1992	湖南教育出版社、中国数学学会	授予为中国数学事业发展作出突出贡献的中国数学家
何梁何利基金科学与技术奖	1993	何梁何利基金信托委员会	设成就奖和进步奖两种。前者奖励长期致力于推进国家科技进步并取得国际高水平科技成就者;后者奖励在自然科学领域取得重大发明、发现和科技成果者
中国分析测试协会科学技术奖	1993	中国分析测试协会	奖励高水平的分析测试成果
中国青年科技创新奖	1994	团中央科技部(原国家科委)全国青联	表彰在技术创新和科技成果产业化方面取得突出成绩的青年
中华人民共和国国际科学技术合作奖	1994	国家科学技术奖励委员会	授予对中国科技事业作出重要贡献的外国公民或组织
光华工程科技奖	1996	中国工程院光华工程科技奖励办公室	社会力量设立的中国工程界的最高奖项,奖励在工程科技及管理领域取得突出成绩和重要贡献者
中国国家技术发明奖	1999	国家科学技术奖励委员会	奖励在科学技术进步活动中作出突出贡献的中国公民
中国国家最高科学技术奖	2000	国家科学技术奖励委员会	授予在当代科技前沿取得重大突破或在科技发展中有卓越建树,在科技创新、成果转化和产业化中创造巨大经济或社会效益的科技工作者

续表

奖项名称	设立时间	主办单位	奖项特征
长江小小科学家奖励活动	2000	中华人民共和国教育部李嘉诚基金会	奖励有优秀科技创新和科学发明成果、品学兼优的中国内地及香港特别行政区和澳门特别行政区的初中、高中在校学生及学校
中华环境奖	2000	中华环境保护基金会	授予中国环境事业作出突出贡献者
中华医学科技奖	2001	中华医学会	奖励医学科技领域有杰出贡献者
中国药学发展奖	2001	中国科学技术发展基金会药学发展基金委员会	奖励在推动中国药学事业发展中作出突出贡献的研究人员
中国电力科学技术奖	2001	中国国家电力公司	奖励在中国电力科学技术进步活动中作出重要贡献的单位和个人
中国机械工业科学技术奖	2001	中国机械工业联合会、中国机械工程学会	奖励在中国机械工业领域作出重要贡献的科技人员
中国有色金属工业科学技术奖	2001	中国有色金属工业协会、中国有色金属学会	奖励在有色金属工业领域作出重要贡献的科技人员
中国石油和化学工业科学技术奖	2001	中国石油和化学工业协会	授予在技术发明、科技进步方面作出突出贡献的科技工作者和单位
中国少年儿童海尔科技奖	2002	中国少年先锋队全国委员会、海尔集团、中国少年科学院	少年科技奖的最高奖项，颁发给全国 6 ~ 16 周岁的儿童发明家
中国公路学会科学技术奖	2002	中国公路学会	授予在公路交通科学技术进步中作出突出贡献的个人和组织
中国航海学会科学技术奖	2002	中国航海学会	授予在航海领域作出贡献的个人和组织
中国煤炭工业科学技术奖	2002	中国煤炭学会中国煤炭工业协会	授予对中国煤炭工业作出突出贡献者
中国发明创业奖	2005	中国发明协会	首个为发明家设立的国家最高奖项，奖励有重要技术发明及有自主知识产权且在产业化应用方面作出重大贡献的发明人

十二、世界及中国科普活动日一览表

名称	活动时间	设立时间（年）	活动宗旨
世界防治麻风病日	1月最后一个星期日	1954	广泛宣传麻风知识，消除对麻风的误解，改善麻风病人待遇，促进麻风病消灭事业的发展
世界湿地日	2月2日	1996	提高湿地保护意识
中国爱耳日	3月3日	1998	降低耳聋发生率，控制新生聋儿数量的增长
中国植树节	3月12日	1981	激发爱林、造林热情，提高对森林功用的认识，促进国土绿化，改善生态环境
世界水日	3月22日	1993	推动水资源统筹规划和管理，加强水资源保护，增强公众对开发和保护水资源的意识
世界气象日	3月23日	1960	宣传气象工作的重要作用
世界防治结核病日	3月24日	1982	提醒公众加深对结核病的认识
国际儿童图书日	4月2日	1967	以丹麦儿童文学大师安徒生的生日作为活动时间，唤起对读书的热爱和对儿童图书的关注
世界卫生日	4月7日	1946	唤起世界各国对卫生问题的重视
世界地球日	4月22日	1970	唤起人类爱护地球、保护家园的意识，促进资源开发与环境保护协调发展
世界读书日	4月23日	1995	以作家塞万提斯和莎士比亚辞世纪念日作为活动日，向全世界发出走向阅读社会的召唤，使图书成为生活的必需品
世界知识产权日	4月26日	1970	在世界范围内树立尊重知识、崇尚科学和保护知识产权的意识，营造鼓励知识创新和保护知识产权的法律环境
世界电信日	5月17日	1969	推动全球信息社会的发展，使日益发展的通信技术为全人类造福
国际博物馆日	5月18日	1977	促进全球博物馆事业的健康发展，吸引全社会公众对博物馆事业的了解、参与和关注
中国学生营养日	5月20日	1990	在学生和家长中普及营养知识，倡导合理营养、平衡膳食，预防青少年营养不良和营养过剩
国际生物多样性日	5月22日	1992	保护全球的生物多样性
世界无烟日	5月31日	1987	引起国际社会对烟草危害人类健康的重视
中国科技活动周	5月的第三周	2001	全面实施科教兴国战略，推动科技进步，及时宣传科技方针政策，弘扬科学发展的精神

续表

名称	活动时间	设立时间（年）	活动宗旨
国际牛奶日	5月第三个星期二	1961	宣传牛奶的营养价值和对人体健康的重要性
世界环境日	6月5日	1972	唤起全世界人民注意保护人类赖以生存的环境，自觉参与保护环境的各项活动
中国爱眼日	6月6日	1996	大力宣传眼睛的保健知识，开展爱眼活动，树立全民爱眼意识
世界防治荒漠化和干旱日	6月17日	1994	提高对执行防治荒漠化公约重要性的认识，加强国际联合防治荒漠化行动，纪念国际社会达成防治荒漠化公约共识的日子
中国土地日	6月25日	1991	唤起全民的土地意识
国际禁毒日	6月26日	1987	引起对毒品问题的重视，共同抵御毒品危害
世界人口日	7月11日	1988	唤起人们对人口问题重视
中国航海日	7月11日	2005	传承中国航海文化与航海文明
世界海洋日	7月18日	1997	引起人们对船只安全、海洋环境和国际海事组织的重视
国际扫盲日	9月8日	1966	动员世界各国和有关国际机构同文盲现象作斗争
国际臭氧层保护日	9月16日	1995	唤起人们保护臭氧层意识
中国爱牙日	9月20日	1989	树立口腔健康观念，增强自我口腔保健意识，规范口腔保健行为，提高全民族口腔健康水平
中国科普日	9月的第三周公休日	2005	宣传落实《中华人民共和国科学技术普及法》，大力宣传科学发展观
世界心脏日	9月最后一个星期日	1999	提高人们对心血管病及其危险因素的认识
中国高血压日	10月8日	1998	提高对高血压危害的认识，动员参与高血压病预防和控制，普及高血压病防治知识
国际标准时间日	10月13日	1884	纪念1884年10月13日国际天文学家代表会议上确定的，以经过英国伦敦东南格林尼治的经线为本初子午线作为计算地理的起点和世界标准时区起点这一历史事件
世界标准日	10月14日	1969	提高国际标准化在世界经济活动中重要性的认识，促进国际标准化工作适应世界范围内的商业、工业、政府和消费者的需要
世界粮食日	10月16日	1979	提高对世界粮食问题的认识，加强全世界的团结，共同与饥饿、营养不良和贫穷作斗争
世界发展信息日	10月24日	1972	改进传播信息工作，增进人们对发展问题的认识，促进国际合作

续表

名称	活动时间	设立时间（年）	活动宗旨
世界建筑日	10月第一个星期一	1985	促进建筑事业的共同进步，感谢为人类创造生活空间的人们
国际减轻自然灾害日	10月第二个星期三	1989	纪念第44届联合国大会通过的关于减轻自然灾害十年的报告
世界视觉日	10月第二个星期四	2000	提高公众对盲症和视力损害的认识
中国消防宣传日（消防节）	11月9日	1992	提高消防安全意识，推动消防工作社会化进程
世界艾滋病日	12月1日	1988	号召全世界人民行动起来，共同对抗艾滋病

十三、中国古代(部分)著名科学家生平及成就表

姓名	生卒年代	主要成就
毕升	970－1051	中国北宋发明家。又名毕晟。北宋淮南路蕲州蕲水县直河乡(今湖北省黄冈市英山县草盘地镇五桂墩村)人。从年轻时就一直在杭州一家书坊当印刷工匠。在唐代发明的雕板印刷基础上,发明了活字及活字板,成为世界活字印刷术的第一人。毕升的胶泥活字首先传到朝鲜,称为“陶活字”。后来又由朝鲜传到日本、越南、菲律宾。15世纪,活字板传到欧洲。公元1456年,德国的戈登堡用活字印《戈登堡圣经》。这是欧洲第一部活字印刷品。其基本原理与现代的活字印刷完全相同。欧洲人的发明晚中国400多年。活字印刷极大提高了印刷速度和质量。是中国古代四大发明之一。为推动世界文明的发展作出了重大贡献。
扁鹊	公元前407－前310	中国春秋战国时医学家。原姓秦。名越人,又号卢医。战国时田齐勃海郡莫州(今河北任丘)人。春秋战国时代名医,医术精湛。世人敬他为神医。创造了望、闻、问、切的诊断方法,奠定了中医临床诊断和治疗方法的基础。精于内、外、妇、儿、五官等科,应用砭刺、针灸、按摩、汤液、热熨等法治疗疾病。被尊为中国传统医学的医祖,中医理论的奠基人。以其精湛的医术和崇高的医德深受百姓爱戴,从而受到历代祭祀。2006年扁鹊庙作为古建筑,被国务院批准列入第六批全国重点文物保护单位名单。
蔡伦	62－121	中国东汉造纸术发明家。字敬仲。东汉桂阳(郡治,今湖南郴州市)人。采用树皮、麻头、破布、旧鱼网为原料造纸成功。于114年被皇帝封为龙亭侯。当时人称纸为蔡侯纸。12世纪,造纸术间接传到欧洲。13世纪,蒙古人用蔡侯纸在波斯发行第一批纸币。14世纪,朝鲜、越南、日本也开始使用纸币。然后经由阿拉伯国家再传到欧洲。这一发明,成为中国古代四大发明之一。美国人麦克·哈特在《影响人类历史进程的100名人排行榜》中,将蔡伦排在第七位。2008年北京奥运会开幕式,特别展示了蔡伦发明的造纸术。
董奉	200－280	中国东汉建安时期名医。又名董平。字君异(一说字君平),号拔墘。侯官县董墘(一说董厝)村(今福建省长乐市古槐镇青山村)人。人们把他同当时谯郡的华佗、南阳的张仲景并称为“建安三神医”。后世以“杏林春暖”,“誉满杏林”称誉医术高尚的医家,唤中医为“杏林”。据载今江西九江董氏原行医处仍有杏林。董奉死后,人们在庐山上建有董奉馆;在长乐有一座山被称为董奉山;在福州的茶亭街河上村有一座明代的救生堂,均为纪念董奉。
葛洪	283－363	中国东晋发明家、医学家。字稚川。号抱朴子。人称“葛仙翁”。丹阳句容县(今江苏省句容县)人。在医学和制药化学上有许多重要的发现和创造,在文学上也有许多卓越的见解。他的著作,约有530卷,主要有《抱朴子》和《肘后救卒方》。据史籍记载,尚有《金匮药方》100卷,《神仙服食方》10卷,《服食方》4卷,《玉函煎方》5卷等。他还在实验中发现了多种有医疗价值的化合物或矿物药,至今在中医外科普遍使用。
郭守敬	1231－1316	中国元朝的天文学家、数学家、水利专家和仪器制造专家。字若思。顺德邢台(今河北邢台)人。他和别人共同编制了《授时历》,施行达360年,为中国历法史上施行最久的历法。还创制了天文仪器简仪、仰仪、高表、侯极仪、景符等十余种观测天象的仪器。编撰的天文历法著作有《推步》、《立成》、《历议拟稿》、《仪象法式》、《上中下三历注式》和《修历源流》等14种,共105卷。晚年,致力于河工水利,兼任都水监。至元二十八至三十年,他提出并完成了自大都到通州的运河工程。至元三十一年主持河工工程期间,制成一些精良的计时器。为了纪念他,邢台市最主要的一条街道命名为“郭守敬大街”。人们将月球背面的一环形山命名为“郭守敬环形山”,将小行星2 012命名为“郭守敬小行星”。北京人为了纪念他对北京的贡献,在北京后海北岸建立了郭守敬纪念馆,以纪念他的功绩。
华佗	约145－208	中国汉末医学家。字元化,一名旉。沛国谯(今安徽省亳州市谯城区)人。与董奉、张仲景被并称为“建安三神医”。足迹遍于中原大地和江淮平原。主要是精研前代医学典籍,在实践中不断钻研、进取。中国医学史上为数不多的杰出外科医生之一。善用麻醉、针、灸等方法,并擅长开胸破腹的外科手术。在内、外、妇、儿各科的临证诊治中,曾创造了许多医学奇迹,尤其以创麻沸散(临床麻醉药)、行剖腹术闻名于世。后世每以“华佗再世”、“元化重生”称誉医家。江苏徐州有华佗纪念墓;沛县有华祖庙。

续表

姓名	生卒年代	主要成就
黄道婆	1245－1330	中国元代棉纺织家。又名黄婆,黄母。松江府乌泥泾镇(今上海市华泾镇)人。出身贫苦,做过童养媳,被迫逃到海南岛。在那里她学会使用黎族妇女的织布工具。后来她返回上海,又改进了这种织布工具,并且创造出一种三锭三线脚踏式纺车。这在当时是世界上最先进的纺织工具。在松江府以东的乌泥泾镇,教人制棉,传授和推广"捍(搅车,即轧棉机)、弹(弹棉弓)、纺(纺车)、织(织机)之具和"错纱配色,综线挈花"等织造技术。由于乌泥泾和松江一带人民迅速掌握了先进的织造技术,一时"乌泥泾不胫而走,广传于大江南北"。当时的太仓、上海等县都加以仿效。棉纺织品五光十色,呈现了空前盛况。16 世纪初,当地农民织出的布,一天就有上万匹。18 世纪乃至 19 世纪,松江布更远销欧美,获得了很高声誉。当时称松江布匹"衣被天下"。
贾思勰	386－543	中国北魏末期和东魏农学家。山东益都人。在总结前人经验的基础上,写成了一部农业科学巨著《齐民要术》。《齐民要术》由序、杂说和正文三大部分组成。正文共 92 篇,分 10 卷。11 万字。其中正文约 7 万字,注释约 4 万字。另外,书前还有"自序"、"杂说"各一篇。其中的"序"广泛摘引圣君贤相、有识之士等注重农业的事例,以及由于注重农业而取得的显著成效。书中内容相当丰富,涉及面极广,包括各种农作物的栽培,各种经济林木的生产,以及各种野生植物的利用等;同时,书中还详细介绍了各种家禽、家畜、鱼、蚕等的饲养和疾病防治,并把农副产品的加工(如酿造)以及食品加工、文具和日用品生产等形形色色的内容都囊括在内。这本书是世界农业科学发展史上的不朽著作。为弘扬民族文化精神,表彰他对人类所作的巨大贡献,临淄区在淄博市齐城农业高新开发区——万亩农业示范园内建馆以志纪念。
李春	605－617	中国隋代著名的桥梁工匠。今河北邢台临城人士。首创了在主拱图上设小腹拱的敞肩式拱桥。有名的赵州桥就是他设计的。赵州桥是中国现存最早的大型石拱桥,也是世界上现存最古老、跨度最长的敞肩圆弧拱桥。大桥全长 50.83m,宽 9m,主孔净跨度为 37.02m。全桥全部用石块建成,共用石块 1 000 多块,每块石重达 1 吨,桥上装有精美的石雕栏杆,雄伟壮丽,灵巧精美。赵州桥在中外桥梁史上令人瞩目,充分代表了中国古代劳动人民在桥梁建造方面的丰富经验和高度智慧。
李时珍	1518－1593	中国明代杰出的医药学家。字东壁,号濒湖,蕲州(今湖北蕲春)人。一生著有《本草纲目》、《奇经八脉考》、《濒湖脉学》、《五脏图论》等十种著作。举世闻名的中药巨著《本草纲目》,共 52 卷,分 16 部、60 类,收载历代诸家本草所载药物 1 892 种。其中植物药 1 094 种。矿物、动物及其他药 798 种。英国科学家达尔文把《本草纲目》称为"中国古代的百科全书"。这本书流传于全世界。《本草纲目》不仅为中国药物学的发展作出了重大贡献,而且对世界医药学、植物学、动物学、矿物学、化学的发展也产生了深远的影响。
刘徽	生卒年不详	中国东汉杰出的数学家。三国后期魏国人。中国古典数学理论的奠基者之一。主要著作有《九章算术注》10 卷;《重差术》1 卷,至唐代易名为《海岛算经》;《九章重差图》1 卷。其数学成就是:(1)在数系理论方面用数的同类与异类阐述了通分、约分、四则运算,以及繁分数化简等的运算法则。(2)在开方术的注释中,他从开方不尽的意义出发,论述了无理方根的存在,并引进了新数,创造了用十进分数无限逼近无理根的方法。先给率以比较明确的定义,又以遍乘、通约、齐同等三种基本运算为基础。建立了数与式运算的统一的理论基础。他还用"率"来定义中国古代数学中的"方程",即现代数学中线性方程组的增广矩阵。(3)在勾股理论方面逐一论证了有关勾股定理与解勾股形的计算原理,建立了相似勾股形理论,发展了勾股测量术。通过对"勾中容横"与"股中容直"之类的典型图形的论析,形成了中国特色的相似理论。(4)在面积与体积理论方面用出入相补、以盈补虚的原理及"割圆术"的极限方法提出了刘徽原理,并解决了多种几何形、几何体的面积、体积的计算问题。这些方面的理论价值至今仍闪烁着余辉。鉴于刘徽的巨大贡献,不少书上把他称为"中国数学史上的牛顿"。
鲁班	公元前 507－前 444	中国古代鲁国土木建筑工匠。名般。又名公输子、公输盘、班输、鲁般。因是鲁国人(今山东曲阜,另说山东滕州),"般"和"班"同音,古时通用,故人们常称他为鲁班。鲁班的发明创造很多。《事物绀珠》、《物原》、《古史考》等不少古籍记载,木工使用的不少工具器械都是他创造的。如曲尺(也叫矩或鲁班尺),又如墨斗、刨子、钻子,以及凿子、铲子等工具传说也都是鲁班发明的。这些木工工具的发明使当时工匠们从原始、繁重的劳动中解放出来,劳动效率成倍提高,土木工艺出现了崭新的面貌。后来,人们为了纪念这位名师巨匠,把他尊为中国土木工匠的始祖。2 400 多年来,一直被土木工匠尊奉为"祖师",受到人们的尊敬和纪念。

续表

姓名	生卒年代	主要成就
僧一行	683－727	中国唐朝杰出的天文学家。本名张遂。法名一行。邢州巨鹿(今河北省邢台市)人。青年时期出家。主要致力于天文研究和历法改革。世界上第一位测量子午线,并测出纬度相差一度,其经线长是351里80步(唐代尺度),相当于现在151.07km。比现在测量结果只大六分之一。他编制了新的历法《大衍历》,共52卷。开元21年传入日本。是古代非常先进的历法。他最突出的贡献是比较正确地掌握了太阳在黄道上运行速度变化的规律。
沈括	1031－1095	中国北宋天文学家、数学家、物理学家。字存中,号梦溪丈人。北宋杭州钱塘县(今浙江杭州)人。他精通天文、数学、物理学、化学、生物学、地理学、农学和医学。他所提倡的新历法,与今天的阳历相似。在物理学方面,他记录了指南针原理及多种制作法;发现地磁偏角的存在,比欧洲早了四百多年;又曾阐述凹面镜成像的原理;还对共振等规律加以研究。在数学方面,他创立隙积术(二阶等差级数的求和法)、会圆术(已知圆的直径和弓形的高,求弓形的弦和弧长的方法)。在地质学方面,他对冲积平原形成、水的侵蚀作用等,都有研究,并首先提出石油的命名。在医学方面,对于有效的药方,多有记录,并有多部医学著作。在天文学方面,曾经制造过古代观测天文的主要仪器——浑天仪、表示太阳影子的景表等。
宋应星	1587－1666	中国明朝著名农学家、物理学家、诗人。字长庚。南昌奉新北乡(今宋埠乡)人。编著了《天工开物》、《卮言十种》、《画音归正》、《杂色文》、《原耗》、《野议》、《论气》、《谈天》和《思怜诗》等著作。《天工开物》共有上、中、下3卷,分为乃粒(粮食作物耕培)、粹精(谷物加工)、作咸(制盐)、甘嗜(制糖)、膏液(榨油)、乃服(养蚕与纺织)、彰施(染色)、五金、冶铸、锤锻、陶埏(陶瓷)、燔石(煤、石灰、矾石、硫黄、砒石)、杀青(造纸)、丹青(颜料与墨)、舟车、佳兵(兵器)、麴蘖(酒母、酒)及珠玉18部分,并附有123幅图画。此书几乎论述了工农业所有部门的技术,反映了中国当时具有世界先进水平的许多生产技术和经验,对研究明代的科学技术和社会生产具有很高的价值,被欧洲学者称为“技术的百科全书”。如法国的儒莲把《天工开物》称为“技术百科全书”,英国的达尔文称之为“权威著作”,日本学者三枝博音称此书是“中国有代表性的技术书”,英国科学史家李约瑟博士把《天工开物》称为“中国的阿格里科拉”和“中国的狄德罗重要工业技术著作”。
苏颂	1020－1101	中国宋代天文学家、药物学家。字子容。出身于厦门同安芦山堂(同安城关)一书香门第。与他人合作编辑补注了《惠佑补注神农本草》,校正出版了《急备千金方》等书。又独立编著了《本草图经》21卷。其贡献还在于复制水运仪象台。和韩公廉合作制成了天象仪及水运仪象台,是中国古代第一架天象仪。在这个领域里,他的发明创造比欧洲的罗伯特·胡克早6个世纪。绍圣二年至四年,写出《新仪象台法要》3卷,详细介绍了水运仪象台的设计及使用方法,绘制了中国现存最早最完备的机械设计图,附星图63种,记录恒星1 434颗,比300年后西欧星图纪录的星数还多442颗。英国科学家李约瑟博士把《新仪象法要》译成英文在国外发行,并称赞“苏颂是中国古代和中世纪最伟大的药物学家和科学家之一。”
孙思邈	581－682	中国隋唐著名医学家。陕西耀县孙家塬村人。他刻苦好学,坚持行医,为民治病。他医德高尚,主张行医不应有贪求财物的私念,对患者要有同情爱护之心,不论贵贱亲疏要一视同仁。70多岁时写成杰出的医学著作《备急千金要方》。后来感到《千金要方》不够完善,又在百岁高龄的时候,完成了《千金翼方》一书。书成第二年便离开了人世。他的医学著作所以要以“千金”命名,是因为人们认为“人命至重,有贵千金,一方济之,德逾于此”。由于他在中医中药方面的重大贡献,后世尊之为“药王”。
孙子	公元前535－不详	中国春秋末期吴国军事思想家、数学家。名武,字长卿、孙武。后人尊称其为孙子、孙武子。春秋末期齐国乐安(今山东广饶,另一说为惠民县)人。著有《孙子兵法》。兵法共分计篇、作战篇、谋攻篇、形篇、势篇、虚实篇、军事篇、九变篇、行军篇、地形篇、九地篇、火攻篇、间篇,共13篇。其内容各有侧重,分析透彻,实用性强。是从战国时期起就风靡流传的军事著作。古今中外的军事家们都使用其中论述的军事理论来指导战争。其中论述的基本理论和思想还被运用到了现代经营决策和社会管理等方面。

续表

姓名	生卒年代	主要成就
邢云路	生卒年不详	中国明代天文学家。字士登。安肃(今河北省徐水县)人。万历二十三年任河南佥事时，发现《大统历》与天象实测不合，因而奏请改历。万历三十六年戊申，他在兰州时曾立六丈高表(见圭表)以测日影，算得这一年立春时刻与钦天监所推不同，写成《戊申立春考证》一卷。书中提出一回归年长度为365.242 190日，同现代理论计算值只差2.3S。万历三十八年被召入京，参加改历工作。万历四十四年献《七政真数》，叙述推算历法的方法。天启元年(公元1621年)，以古今交蚀数例，指出《授时历》(见郭守敬)的不足。著《古今律历考》72卷，指陈历代历法之正误。
徐光启	1562－1633	中国明末天文学家、农学家、政治家。中西文化交流的先驱之一。字子先，号玄扈，教名保禄。汉族。南直隶松江府上海县(今上海市)人。天主教徒，且被称为“圣教三柱石”之首。在数学、天文、历法、军事、测量、农业和水利等方面都有重要贡献。在天文历法上，介绍了古代托勒玫旧地心说和以当代第谷的新地心说为代表的欧洲天文知识，会通当时的中西历法，主持编译了《崇祯历书》。在历书中，他引进了圆形地球的概念，明晰地介绍了地球经度和纬度的概念。他为中国天文界引进了星等的概念；根据第谷星表和中国传统星表，提供了第一个全天性星图，成为清代星表的基础；在计算方法上，引进了球面和平面三角学的准确公式，并首先作了视差、蒙气差和时差的订正。是把欧洲自然科学介绍到中国的第一位科学家。几何学就是他最早翻译过来的。他著《农政全书》至今对中国农业生产的发展仍有参考价值。
张衡	78－139	中国东汉时期的天文学家、数学家、发明家、地理学家、制图学家、诗人、文学家。字平子。河南省南阳市西鄂(今河南南召县)人。为中国天文学、机械技术、地震学的发展作出了不可磨灭的贡献。在数学、地理、绘画和文学等方面也表现出了非凡的才能和广博的学识。他观测记录了2 500颗恒星，创制了世界上第一架能比较准确地表演天象的漏水转浑天仪、第一架测试地震的仪器——候风地动仪，还制造出了指南车、自动记里鼓车、飞行数里的木鸟等。第一次正确解释了日月的成因，说明月光是日光的反照，月食是由地球进入地影而产生的。共著有科学、哲学和文学著作32篇。其中天文学著作有《灵宪》和《灵宪图》等。为了纪念张衡的功绩，人们将月球背面的一个环形山命名为“张衡环形山”，将小行星1 802命名为“张衡小行星”。后世称张衡为木圣(科圣)。
张仲景	150－219	中国东汉末年著名医学家。名机，字仲景。南阳郡涅阳(今河南省南阳市人，另说河南省邓州市穰东镇张寨村)。广泛收集医方，写出了《金匮要略方论》、《伤寒论》、《伤寒杂病论》、《辨伤寒》10卷、《评病药方》1卷、《疗妇人方》、《五藏论》1卷和《口齿论》1卷等。他确立的辨证论治的原则，是中医临床的基本原则，是中医的灵魂所在。在方剂学方面，创造了很多剂型，记载了大量有效的方剂。他所确立的六经辨证的治疗原则，受到历代医学家的推崇。是后学者研习中医必备的经典著作，广泛受到医科学生和临床大夫的重视。在河南省南阳市还为他修建了“医圣祠”、“张仲景纪念馆”，以纪念这位奠定中国中医治疗学基础的医学家。后人尊称他为“医宗之圣”。
祖冲之	429－500	中国南北朝时期杰出的数学家、天文学家和机械制造家。字文远。范阳遒(今河北涞水县北)人。他在世界数学史上第一次将圆周率(π)值计算到小数点后7位，即3.141 592 6到3.141 592 7之间。他提出约率22/7和密率355/113。这一密率值是世界上最早提出的，比欧洲早1 000多年。他将自己的数学研究成果汇集成一部著作，名为《缀术》。唐朝国学曾经将此书定为数学课本。他编制的《大明历》，第一次将“岁差”引进历法。提出在391年中设置144个闰月。推算出一回归年的长度为365.242 814 81日，误差只有50S左右。重新造出早已失传的指南车、千里船等巧妙机械多种。此外，他对音乐也有研究。著作有《释论语》、《释孝经》、《易义》、《老子义》、《庄子义》及小说《述异记》等。外国人把他称为“祖率”。为纪念这位伟大的古代科学家，人们将月球背面的一座环形山命名为“祖冲之环形山”，将小行星1 888命名为“祖冲之小行星”。

十四、中国当代(部分)著名科学家生平及成就表

姓名	生卒年代	主要成就
贝时璋	1903－2009	中国实验生物学家,细胞生物学家,教育家。出生在浙江省宁波府镇海县滨临东海的贵驷憩桥村(今属宁波市镇海区骆驼街道)。中国细胞学、胚胎学的创始人之一。中国生物物理学的奠基人。第一届中央研究院院士和第一届中国科学院院士。曾任中国科学院生物物理研究所荣誉所长。兼任中国科技大学生物物理系主任。兼中国科技大学研究生院生物教学部主任。中国动物学会理事长。中国生物物理学会理事长、名誉理事长。《中国科学》编委、副主编。《中国大百科全书》生物卷编委会主任。《中国大百科全书》总编委会副主任。早年从事无脊椎动物实验胚胎学和细胞学的研究,对细胞数恒定动物与再生的关系作了深入的研究。20 世纪 30 年代初发现了中间性丰年虫,并观察到其雌雄生殖细胞的相互转化现象。70 年代提出了细胞重建学说。重视交叉学科,致力于中国生物物理学的发展,先后组织开拓了放射生物学、宇宙生物学、仿生学、生物工程技术、生物控制论等分支领域和相关技术,并培养出一批生物物理学骨干人才。2003 年在百岁生日之前,主编完成了《细胞重建》论文集第二卷,并由科学出版社于 2003 年 9 月正式出版。
陈芳允	1916－2000	中国无线电电子学、空间系统工程专家。浙江省台州市人。中国科学院院士。国际宇航科学院院士。1938 年毕业于清华大学物理系。1945 年在英国 COSSOR 无线电厂研究室工作。新中国成立前夕回国。先后在中国科学院上海分院、中国科学院物理所工作。1956 年,参加了国家十二年长期科学规划制订工作,负责新电子学研究所的筹组工作。1976 年调入国防科工委,在技术上负责卫星测量控制系统的总体设计、设备研制、布局建设以及星地协调工作。曾任国防科工委科技委常任委员、顾问,中国人民解放军总装备部科技委顾问。1999 年荣获"两弹一星功勋奖章"。
陈景润	1933－1996	中国著名数学家。福建省福州市人。中科院物理学数学部委员(院士)。世界级的数学大师。他研究哥德巴赫猜想和其他数论问题的成就,至今仍然在世界上遥遥领先。历任中国科学院数学研究所研究员、所学术委员会委员兼贵阳民族学院、河南大学、青岛大学、华中工学院、福建师范大学等校教授,国家科委数学学科组成员,《数学季刊》主编等职。发表研究论文 70 余篇,并有《数学趣味谈》、《组合数学》等著作。1966 年发表《表达偶数为一个素数及一个不超过两个素数的乘积之和》(简称"1＋2"),成为哥德巴赫猜想研究上的里程碑。而他所发表的成果也被称之为陈氏定理。在解析数论的研究领域取得多项重大成果。曾获国家自然科学奖一等奖、何梁何利基金奖、华罗庚数学奖等多项奖励。2009 年他被评为 100 位新中国成立以来感动中国人物之一。
陈能宽	1923－	中国金属物理学家、核武器技术专家。湖南省慈利县人。中国科学院院士。曾任美国霍普金斯大学和威斯汀豪斯公司研究员。1955 年回国后,历任中国科学院应用物理所研究员,二机部第九研究所实验部主任、第九研究院副院长、院科技委主任、院高级科学顾问等职。1986 年任核工业部科技委副主任。1988 年兼任国防科工委科技委副主任。在中国第一颗原子弹、氢弹及核武器的发展研制工作中,主要领导组织了核装置爆轰物理、炸药和装药物理化学、特殊材料及冶金、实验核物理等学科领域的研究工作。组织并参加了聚合爆轰波人工热核反应研究以及核装置球面同步起爆的方案制订和研究,在较短的时间内,攻克了技术难关,实现预期结果。1982 年获国家自然科学奖一等奖。1984 年获国家发明奖二等奖。1985 年获三项国家科技进步奖特等奖。1999 年荣获"两弹一星功勋奖章"。
程开甲	1918－	中国理论物理学家、核武器技术专家。出生于江苏吴江。中国科学院院士。历任浙江大学、南京大学副教授、教授,二机部核武器研究所副所长、核武器研究院副院长,国防科工委核试验基地研究所副所长、所长、基地副司令员、科技委常任委员、顾问。现任中国人民解放军总装备部科技委顾问。中国第一颗原子弹研制的开拓者之一。中国核武器试验事业的创始人之一。在国内第一个计算出原子弹爆炸的弹心温度和压力。其内爆机理研究解决了原子弹的关键问题,为原子弹爆炸威力、弹体结构设计提供了重要依据。他创建了核试验研究所,成功地设计和主持了原子弹、氢弹、导弹核武器和增强型原子弹等不同方式的几十次核试验,推动了核武器设计、改进和试验技术协调发展。他是核试验总体技术的设计者,及时提出了向地下核试验方式转变的建议并在较短的时间里组织实现了大气层试验向平洞与竖井试验的转变。创立中国自己的系统核爆炸及其效应理论,为中国的核武器应用奠定了基础。开创了核爆炸的测试研究,对武器的研制及改进、效应及其防护研究起到重要作用。开创了抗核加固技术新领域并完成首次抗加试验。著有《固体物理学》,撰有《狄拉克方程的推导》、《汤末斯费密状态方程式》等论文。历年来获国家科技进步奖特等奖一项、一等奖二项、二等奖一项、三等奖一项,国家发明奖二等、四等奖各一项,全国科学大会奖一项,国防科技进步奖一等奖四项、二等奖二项。1999 年荣获"两弹一星功勋奖章"。

续表

姓名	生卒年代	主要成就
邓稼先	1924－1986	中国物理学家、教育家。出生于安徽省怀宁县。中国科学院院士。中国核武器研制与发展的主要组织者、领导者。曾任核工业部第九研究院副院长、院长。主要从事核物理、理论物理、中子物理、等离子体物理、统计物理和流体力学等方面的研究并取得突出成就。领导完成了中国第一颗原子弹的理论方案,并参与指导核试验前的爆轰模拟试验。原子弹试验成功后,立即组织力量探索氢弹设计原理、选定技术途径,组织领导并亲自参与1967年中国第一颗氢弹的研制和试验工作。1984年被评为国家级有突出贡献的专家。1985年因"原子弹的突破和武器化"和"氢弹的突破及武器化",两次获得国家科学技术进步特等奖。1986年获国家自然科学奖一等奖。被国务院授予"全国劳动模范"称号。1989因"核武器的重大突破",再获国家科学技术进步特等奖。1999年荣获"两弹一星功勋奖章"。2009年9月被评为"100位新中国成立以来感动中国人物"之一。
冯德培	1907－	中国生理学家、神经生物学家。中国神经肌肉生理学研究的开拓者。中国科学院学部委员(院士)。先后被选为英国伦敦大学学院院士;英国、加拿大、美国生理学会和美国神经科学会的荣誉会员;当选为美国科学院外籍院士和第三世界科学院院士;当选为印度国家科学院外籍院士。先后担任中国科学院生理生化研究所研究员兼所长,生理研究所研究员兼所长,名誉所长,华东分院及上海分院副院长,中国科学院副院长兼生物学部主任,中国科学院学位委员会主任,中国生理学会理事长,名誉理事长,《生理学报》主编,英文版《中国生理科学杂志》名誉主编等职务。在肌肉和神经的能力学、神经肌肉接头生理学、神经与肌肉间营养性相互关系的研究方面取得了开创性的成果。在创建和领导中国科学院生理生化研究所、生理研究所、培养中国生理学人才、发展中国与国际生理学界的学术交流以及促进中国生理科学的发展等方面,作出了重要贡献。
高济宇	1902－	中国有机化学家。字恩波。生于河南省舞阳县。中国科学院化学部学部委员(院士)。1927年毕业于美国华盛顿大学。1931年春于美国伊利诺伊大学获博士学位。回国后任中央大学化学系教授、系主任。1949年后,历任南京大学化学系教授、理学院院长、教务长和副校长,中国化学学会理事、副理事长。在有机合成、有机反应和二酮的研究方面,取得了一些重要成果,并在立体化学和化学反应机理等方面做了许多研究工作,例如环丁烷衍生物的合成新方法;2,4,6－三甲苯二酮的合成;1,6－二酮和1,7－二酮的成环反应,以及1,7－二酮的酮－环醇互变异构等。发表论文20余篇。
谷超豪	1926－	中国数学家。浙江省温州市人。中国科学院院士。历任复旦大学教授、副校长、中国科技大学校长。主要从事偏微分方程、微分几何、数学物理等方面的研究和教学工作。致力于大学的行政工作,并取得重要成就,为中国数学研究和科学教育事业的发展作出了重要贡献。在一般空间微分几何学、齐性黎曼空间、无限维变换拟群、双曲型和混合型偏微分方程、规范场理论和孤立子理论等方面也取得一系列成果。在偏微分方程和规范场理论研究方面的成果,引起了国际数学界重视,并曾获国家自然科学奖二、三等奖各一项和国家教委科技进步奖一等奖两项。研究解决了超音速飞机机翼绕流等数学问题,其成果比国外早十多年。在正对称方程组和混合型方程研究方面取得重要成果,首次提出了高维、高阶混合型方程的系统理论,受到了国际同行高度称赞。从事教学工作数十年,撰有《数学物理方程》等专著。2009年获得国家最高科学技术奖。
顾翼东	1903－1996	中国无机化学家。名大荣。生于江苏省吴县(今苏州市)。中国科学院化学学部委员(院士)。历任东吴大学、上海交通大学化学系教授,震旦女子文理学院、上海医学院和大同大学兼任教授,复旦大学化学系教授兼教研室主任,中国化学学会理事。早期从事有机化学及物理化学的教学工作。20世纪40年代从事磺胺药的合成。60年代起,主要从事金属元素萃取分离和钨及稀土元素化学的研究。在稀土元素分离和化合物的制备、钨矿的综合利用及黄钨酸的生成条件、性质和反应等方面都有贡献。研究内在还原法制备蓝色氧化钨,并提出了用倒滴加法制备粉状白钨酸,为制备各种含钨化合物开辟了新途径。发表论文50多篇。
郭永怀	1909－1968	中国著名力学家、应用数学家、空气动力学家。中国科学院学部委员(院士)。中国近代力学事业的奠基人之一。历任中国科学院力学研究所副所长,中国力学学会副理事长,二机部第九研究所副所长、第九研究院副院长等职。在中国原子弹、氢弹的研制工作中领导和组织爆轰力学、高压物态方程、空气动力学、飞行力学、结构力学和武器环境实验科学等研究工作中解决了一系列重大问题。发现了上临界马赫数,发展了奇异摄动理论中的变形坐标法,即国际上公认的PLK方法,倡导了中国的高超声速流、电磁流体力学、爆炸力学的研究,培养了优秀力学人才。担负了国防科学研究的业务领导工作,为发展中国的导弹与核弹事业作出了重要贡献。1985年获国家科技进步奖特等奖。1999年被授予"两弹一星荣誉勋章",是一位获得"烈士"称号的科学家。

续表

姓名	生卒年代	主要成就
侯德榜	1890－1974	中国著名化学家。字致本。又名启荣。福建闽侯人。美国机械工程师协会、美国化工学会和英国皇家学会的名誉会员。1921 年回国,曾任塘沽永利碱厂总工程师、南京永利硫酸铵厂厂长、永利化学公司总经理。新中国成立后,曾任重工业部化学局顾问、化工部副部长、中国化工学会副理事长、中国科学院技术科学部委员、全国科协副主席。著作有《纯碱制造》、《制碱工学》等。提出的碳化法氮肥生产新流程,新的制碱工艺,1941 年被命名为“侯氏制碱法”。
侯光炯	1905－1996	中国土壤学家、教育家。上海市金山县人(原江苏省金山县)。中国科学院院士。中国土壤科学奠基人之一。从事土壤学教学与科研工作达 60 年之久。在土壤肥力和土壤地理研究方面发现“光肥平衡”日周期变化的事实,开辟了土壤胶体热力学新领域;1986 年由他主持完成的水田自然免耕新技术通过鉴定;为适应土壤肥力研究的需要,创建了土壤胶体物理——土壤黏韧率和黏韧曲线,以及土壤胶体热力学＋联式 pH 两种测定方法,并拟定了土壤肥力分类体系,为制订中国土地利用规划提供了科学依据。主编并出版了中国第一本农业土壤专著《中国农业土壤学概论》、《土壤学》(南方本)等五本专著,公开发表的论文达 140 余篇(册)。1978 年,他提出的“土壤肥力生物热力学”理论,荣获中国科学大会重大科技成果奖。1979 年,开始研究“自然免耕技术”,获 1986 年四川省重大科技成果一等奖、1987 年全国科技进步三等奖。1986 年,他撰写的《中国水土保持应走自然免耕的道路》一文,荣获四川省科协优秀学术论文奖。
华罗庚	1910－1985	中国著名数学家。出生于江苏省金坛市。美国国家科学院外籍院士,第三世界科学院院士,联邦德国巴伐利亚科学院院士。中国解析数论、矩阵几何学、典型群、自安函数论等多方面研究的创始人和开拓者。曾任普林斯顿数学研究所研究员、普林斯顿大学和伊利诺斯大学教授。1950 年回国。历任清华大学教授,中国科学院数学研究所、应用数学研究所所长、名誉所长,中国数学学会理事长、名誉理事长,全国数学竞赛委员会主任,中国科学院物理学数学化学部副主任、副院长、主席团成员,中国科学技术大学数学系主任、副校长,中国科协副主席,国务院学位委员会委员等职。在数学领域的研究工作既广泛又具有开创性,发表论文 150 多篇,著作 10 本。主要从事解析数论、矩阵几何学、典型群、自守函数论、多复变函数论、偏微分方程、高维数值积分等领域的研究与教学工作并取得突出成就。20 世纪 40 年代,解决了高斯完整三角和的估计这一历史难题,得到了最佳误差阶估计(此结果在数论中有着广泛的应用);对 G. H. 哈代与 J. E. 李特尔伍德关于华林问题及 E · 赖特关于塔里问题的结果作了重大的改进,至今仍是最佳纪录。从 20 世纪 60 年代开始,他把数学方法应用于实际,筛选出以提高工作效率为目标的优选法和统筹法,取得显著经济效益。在国际上以华氏命名的数学科研成果就有“华氏定理”、“怀依—华不等式”、“华氏不等式”、“普劳威尔—加当华定理”、“华氏算子”、“华—王方法”等。他为中国数学的发展作出了举世瞩目的贡献。美国著名数学家贝特曼著文称:“华罗庚是中国的爱因斯坦,足够成为全世界所有著名科学院院士”。被列为芝加哥科学技术博物馆中当今世界 88 位数学伟人之一。
黄家驷	1906－1984	中国胸外科学家、医学教育家。江西省上饶市玉山县人。中国胸腔外科学奠基人之一。1945 年首先在上海创建胸腔外科,施行手术,并协助中美医院等开展胸腔外科手术。1951 年首创食管胃颈部吻合术,扩大根治范围,降低手术死亡率。1956 年组建国内第一所胸腔外科专科医院——上海胸科医院,并组织上海胸腔外科医师总结千余例肺切除术治疗肺结核的临床经验,建立肺切除术操作规程,提出对肺癌早期诊断、早期治疗的倡议。1960 年对支气管成形术和心脏外科体外循环进行研究,改进先天性心脏病动脉导管未闭的切断缝合方法。他虽行政工作繁忙,仍亲临医疗第一线,查房巡诊,参加病例讨论,带教研究生和进修生,培养青年医师。1959 年,倾注全力,创建国内第一所八年制医科大学——首都医科大学。他治学严谨,诲人不倦,学生遍及全国,国内一些知名的胸腔外科专家几乎都得到他的指导和培养。1960 年,主编的《外科学》正式出版并多次修订再版。1979 年获美国医学会优秀医学教育家奖。曾被聘为《中华医学杂志(英文版)》和《中国生物医学工程学报》主编,《中国医学百科全书》、《中国科学》、《科学通报》副主编,《中华大百科全书》编委。
黄昆	1919－2005	中国物理学家、教育家。中国科学院院士。瑞典皇家科学院外籍院士。第三世界科学院院士。中国固体物理学先驱。中国半导体技术奠基人。早年在英国爱丁堡大学与著名物理学家、诺贝尔奖得主玻恩教授一起从事研究工作,合著了在固体物理学界享有盛誉的《晶格动力学》一书。1956 年在北京大学物理系任教授期间,参与创建了中国第一个半导体物理专业,为中国信息产业培养了第一批人材。在北京大学任教期间,还主持本科生教学体系的创建工作,并著有《固体物理学》教材,享有盛誉。主要荣誉包括 2001 年获国家最高科学技术奖、全国“五一”劳动奖章获得者、1995 年度何梁何利基金科学与技术成就奖获得者。

续表

姓名	生卒年代	主要成就
黄纬禄	1916 -	中国导弹与控制技术专家。出生于安徽省芜湖市。中国科学院院士。国际宇航科学院院士。曾在资源委员会无线电公司上海研究所任研究员。建国后,在重工业部电信局上海电工研究所、通信兵部电子科学研究院任研究员。1957 年转入国防部五院二分院,先后任研究室主任、设计部主任、所长、副院长、科技委主任,航天部科技委副主任、总工程师、高级技术顾问。长期从事导弹武器系统研制工作,他成功地领导中国第一发固体潜地战略导弹的研制。他提出"一弹两用"设想,将潜地导弹搬上岸,研制成功陆基机动固体战略导弹武器系统。这两个型号的研制成功,为中国战略导弹研制提供了理论依据,探索出固体火箭的研制规律,填补了中国导弹与航天技术的空白。1985 年"巨浪一号潜地战略武器及潜艇水下发射"获国家科技进步特等奖。曾荣获"北京市科学技术先进工作者"、"北京市劳动模范"、"航天工业部劳动模范"、"全国优秀科技工作者"、"五一劳动奖章"、"全国先进工作者"、"求实基金奖"、"两弹一星功勋奖章"等多项荣誉称号。
金善宝	1895 - 1997	中国农学家、农业教育家和小麦专家。浙江省诸暨县枫桥镇石硖口人。中国科学院院士。中国现代小麦科学主要奠基人。为中国培养了几代农业教育、科研和生产管理人才。早期育成的"南大 2 419"、"矮立多"等小麦优良品种,最大年种植面积达 7 000 多万亩,为中国小麦增产作出了重大贡献;后又发现并定名了中国独有的普通小麦亚种——云南小麦。他主编的《中国小麦栽培学》、《中国小麦品种志》、《中国小麦品种及其系谱》和《中国农业百科全书. 农作物卷》等专著,集中反映了建国以来作物科学,特别是小麦科学的发展与成就。
李方训	1902 - 1962	中国物理化学家。生于江苏省仪征县。中国科学院数学物理学化学部学部委员(院士)。历任金陵大学教授、理学院院长、南京大学副校长。1947 年代表中国化学会出席国际纯粹与应用化学会议并提出论文,还出席英国化学学会成立一百周年庆祝大会。会后应邀到英国和美国讲学。1928 年开创了格利雅试剂(曾译葛林亚试剂)非水溶液中一系列性质的研究,并首先在世界著名期刊上发表了多篇这方面的论文,如《葛林亚试剂在乙醚溶液中的电导》等。抗战期间,对溶液中离子的性质进行了广泛的研究,取得了优异的成果。1952 年后,他在南京大学建立了电化学实验室和研究室,对混合电解质的活度系数进行了系统的研究,对格利雅试剂的研究有了新的发展。1959 年发表的《葛林亚试剂的电池电动势测定》论文,在国际上得到重视。他的论文还有《溶液离子与晶态离子抗磁化率间的关系》和《离子的极化和半径》等。著名科学史学家 J. 李约瑟称赞李方训是杰出的科学家。
李四光	1889 - 1971	中国地质学家。蒙古族。字仲拱。原名李仲揆。出生于湖北省黄冈市(今湖北省黄冈市团风县回龙山镇)的一个贫寒人家。中国科学院院士。中国现代地球科学和地质工作奠基人。早年加入同盟会。参加了辛亥革命。1919 年毕业于英国伯明翰大学,获硕士学位。1920 年回国。曾任地质部副部长、北京大学教授、中央研究院地质研究所所长。从事古生物学、冰川学和地质力学的研究。其最大的贡献是创立了地质力学,并以力学的观点研究地壳运动现象,探索地质运动与矿产分布规律,研究新华夏构造体系的特点,分析了中国的地质条件,说明中国的陆地一定有石油。从理论上推翻了中国贫油的结论,肯定中国具有良好的储油条件。从 20 世纪 50 年代后期至 60 年代,他亲自主持石油普查勘探工作,在很短时间内,先后发现了大庆、胜利、大港、华北、江汉等油田,为中国石油工业建立了不朽的功勋。2009 年他被评为"100 位新中国成立以来感动中国人物"之一。
梁思成	1901 - 1972	中国著名的建筑学家和建筑教育家。广东省新会市人。梁启超长子。毕生从事中国古代建筑的研究和建筑教育事业。系统地调查、整理、研究了中国古代建筑的历史和理论,是这一学科的开拓者和奠基者。曾任北京市都市计划委员会副主任、中国建筑学会副理事长、北京土建学会理事长等职。他为东北大学和清华大学创办了建筑系。曾参加国徽设计和人民英雄纪念碑、北京十大建筑的设计工作。他所撰写的英文版《图像中国建筑史》获"全美最优秀出版物"称号。先后著书 5 种,发表学术论文 60 多篇,共 150 多万字,现已整理成《梁思成文集》(1 ~ 4)并已全部出版。他和他领导的科学研究集体因为在"中国古代建筑理论和文物建筑保护"这个领域取得突出成就,1987 年,被国家科学技术委员会授予国家自然科学奖一等奖。美国专门研究梁思成生平的学者并出版了他的英文专著《图像中国建筑史》。专事研究中国科学史的英国著名学者李约瑟说:梁思成是研究"中国建筑历史的宗师"。

续表

姓名	生卒年代	主要成就
林巧稚	1901－1983	中国著名妇产科专家。又名丽咪。福建省厦门市人。中国科学院院士。中国妇产科学的主要开拓者之一。1929年毕业于协和医学院,获医学博士学位,并被聘为协和医学院妇产科医师,后任妇产科主任兼教授。1932年和1940年曾两次出国,在英国伦敦医学院、曼彻斯特医学院和美国芝加哥大学医学院进修。回国后,历任协和医院、友谊医院妇产科主任兼教授、中国医学科学院副院长、北京市妇产科医院名誉院长、全国妇联副主席等职。又曾任国务院科学规划委员会医学组成员、中央技术管理局发明审查委员会委员,中华医学会副会长、中华医学会妇产学会主任委员和中华妇产科杂志社总编辑,卫生部教材编审委员、考试委员会委员、医疗事故鉴定委员会委员以及中国人民保卫儿童全国委员会委员等。率先对妇产科学许多方面进行了研究。其许多研究成果发表于《用造袋术治疗后腹壁囊肿一例》、《新生儿自发性肺气肿》、《妊娠及非妊娠妇女的阴道酵母样霉菌》、《在协和医院生产的畸形头胎儿》、《对妊娠母亲试用破伤风类毒素免疫小生儿》等文章中。从临床统计学中,她发现妇科病占妇女发病率的2/3。
刘东生	1917－2008	中国著名地质学家。出生于辽宁省沈阳市。中国科学院院士。第三世界科学院院士。欧亚科学院院士。他从黄土地层研究中根据黄土与古土壤的多旋回特点,发现第四纪气候冷暖交替远不止四次,发展了传统的四次冰期学说,成为全球环境变化研究的一个重大转折,奠基了环境变化的“多旋回学说”。在近60年的地学研究中,对中国的古脊椎动物学、第四纪地质学、环境科学和环境地质学、青藏高原与极地考察等科学研究领域,特别是黄土研究方面取得了大量的原创性研究成果。他在理论研究中的杰出贡献主要是:从20世纪50年代起,对黄土高原进行了大量的野外考察和实验分析,完成了黄河中游黄土分布图、中国黄土分布图和3部专著,提出了有重要突破的“新风成说”,把风成沉积作用从黄土高原顶部黄土层拓展到整个黄土序列,并把过去只强调搬运过程的风成作用扩展到物源－搬运－沉积－沉积后变化这一完整过程。
柳大纲	1904－1991	中国物理化学家、无机化学家。字纪如。生于江苏省仪征县。中国科学院数学物理学化学学部委员(院士)。历任中国科学院物理化学研究所、长春应用化学研究所研究员,中国科学院化学研究所和青海盐湖研究所研究员、所长、名誉所长,中国科学院综合考察委员会盐湖科学调查队队长,中国化学学会副理事长和《化学通报》主编。中国分子光谱研究的开创者之一。早年从事中国陶土分析、无机制备和分子光谱学等方面的研究。中华人民共和国成立后,从事卤磷酸钙新型荧光灯材料的试制和推广工作。20世纪50年代初,对青海柴达木盆地盐湖资源进行调查研究,并对有关化学基础作了较深入的研究。1957年首次在大柴旦盐湖底发现了大量柱硼镁石,在察尔汗盐滩发现了大面积光卤石接近饱和的晶间卤水。60年代初指导一批中青年化学家研究了核燃料前处理和后处理中的一些化学问题。“四氟化铀氟化动力学”、“流化床氟化物挥发法处理铀铝合金元件”、“稀土化合物的制备及性质的研究”,均获得1978年中国科学院重大成果奖。“有关生物大分子方面的光电子能谱研究”,获1981年卫生部二等奖;“光电子能谱应用基础理论研究”,获1990年中国科学院自然科学奖三等奖。
卢嘉锡	1915－2001	中国物理化学家、化学教育家和科技组织领导者。又名瑞师。出生于福建省厦门市。祖籍台湾省台南市。曾担任中国科学院院长等学术领导职务。曾被选为欧洲文理学院外域院士;第三世界科学院院士和该院理事会理事。荣获比利时皇家科学院外籍院士称号;被任命为第三世界科学院副院长。是担任这一职务的第一位中国科学家。他的工作涉及物理化学、结构化学、核化学和材料科学等多种学科领域。在结构化学研究工作中曾提出固氮酶活性中心的结构模型,从事结构与性能的关系研究等,对中国原子簇化学的发展起了重要推动作用。他所指导的新技术晶体材料科学研究,也取得了重大成绩。他早年设计的等倾角魏森保单晶X射线衍射照相的Lp因子倒数图,载入国际X射线晶体学手册,称为“卢氏图”。
马大猷	1915－	中国物理学家。广东省潮阳市人。中国科学院院士。中国科学院声学研究所研究员。主要从事物理声学、建筑声学的研究。所提出的简洁的简正波计算公式和房间混响的新分析方法已成为当代建筑声学发展的新里程碑。20世纪50年代领导设计建造了具有独创性的中国第一个声学实验室,提出了语音统计分析分布的新理论,成功地领导了北京人民大会堂的音质设计,并在吸声结构、喷注噪声及其理论和应用、环境科学、非线性声学等多方面提出重要理论。先后获全国科学大会奖、中国科学院重大成果奖、国家自然科学奖、德国夫琅和费协会金质奖章及建筑物理研究所ALFA奖、香港何梁何利科学进步奖。1999年荣获“两弹一星功勋奖章”。

续表

姓名	生卒年代	主要成就
茅以升	1896－1989	中国著名桥梁专家、土木工程学家、工程教育家。字唐臣。江苏省镇江市人。中国现代桥梁工程学的重要奠基人。土力学学科在工程中应用的开拓者。工程学术团体的创建人之一。被美国国家科学院授予外籍院士称号。20世纪30年代,他主持设计并组织修建了钱塘江公路铁路两用大桥,成为中国铁路桥梁史上的一个里程碑。他主持铁道科学研究院工作30余年,为铁道科学技术进步作出了卓越的贡献。在工程教育中,始创启发式教育法,坚持理论联系实际,致力于教育改革,培养了一大批科学技术人才。撰写了《桥话》《中国石拱桥》《桥梁次应力》、《钱塘江桥》、《中国的古桥与新桥》等大量的科普文章。在中外报刊发表文章200余篇。主持编写了《中国古桥技术史》及《中国桥梁——古代至今代》(有日、英、法、德、西班牙五种文本)。著有《武汉长江大桥》、《茅以升科普创作选集》(一、二)、《茅以升文集》等。
潘承洞	1934－1997	中国著名数学家、教育家。出生于江苏省苏州市。中国科学院院士。专长于解析数论的研究,尤以对哥德巴赫猜想的卓越研究成就为中外数学家所赞誉。与当代著名数学家华罗庚、王元、陈景润一起被国际数学界称之为中国数论派的代表。1956～1960年,主要从事L－函数零点的分布研究,首先得出关于算术级数中最小素数的上界定量估计,曾被广泛引用并作为一个定理。1961～1965年,主要从事被誉为数学王冠上的明珠的哥德巴赫猜想的研究。1961年证明了(1＋5),发表论文《表大偶数为素数及一个素数因子不超过5个的数之和》;1963年又证明了(1＋4),发表论文《表大偶数为素数与一个不超过4个素数乘积之和》。这些成果使中国在哥德巴赫猜想的研究中处于世界领先地位,被国际数学界公认为实现了哥德巴赫猜想研究的关键性突破。自70年代起,主要研究与哥德巴赫猜想有密切关系的均值问题,将自己所建立的均值估计应用于哥德巴赫猜想研究,取得一系列突破性进展。与王元等人合作,首先给出了"陈(景润)氏定理(1＋2)"的简化证明,发表论文《(1＋2)的简化证明》,为国际上5个简化证明中最好的一个;与陈景润合作发表论文《哥德巴赫数的例外集合》;1979年发表论文《一个新的均值定理及其应用》。1982年发表《研究哥德巴赫猜想的一个新尝试》一文,提出了研究哥德巴赫猜想的不同于经典"圆法"的新途径,其误差项既简单又明确,受到国际数学界的极大关注,认为是一个极有价值的探讨。在国内外重要学术刊物上发表论文50多篇。出版专著6部。其中,《大偶数理论》于1978年获全国科学大会奖;《均值定理与哥德巴赫猜想》一文于1981年获山东省科技成果一等奖;1981年与其胞弟潘承彪合作编著的《哥德巴赫猜想》一书,为世界上第一本全面系统地论述哥德巴赫猜想研究工作的专著;1982年与王元、陈景润共同以哥德巴赫猜想的研究成果获国家自然科学一等奖。1995年获香港何梁何利科学进步奖。
彭桓武	1915－2007	中国理论物理学家。原籍湖北省麻城市。生于吉林省长春市。中国科学院院士。爱尔兰皇家科学院院士。中国氢弹之父。历任清华大学教授、中国科学院近代物理研究所、原子能研究所、高能物理研究所研究员和理论物理研究所研究员、所长、名誉所长。从20世纪40年代起研究固体物理,后转向量子场论的研究。开展了应用量子力学到金属、场、核、分子等方面的理论研究。同合作者一起推导出一个关于跃迁概率的积分方程,并将此方程用到汤川介子理论求解时,发现有细微平衡原理被破坏的情形。50年代为发展中国原子能反应堆,在理论上做了许多奠基性的工作,并培养了人才。60年代初期参与了中国核武器的研制工作,是当时理论研究的主要主持人之一,为中国原子弹、氢弹的研制作出了贡献。曾荣获国家自然科学奖一等奖、国家科技进步奖特等奖、何梁何利科学技术进步奖。1999年获"两弹一星功勋奖章"。
钱骥	1917－1983	中国空间技术和空间物理专家。江苏省金坛市人。中国空间技术的开拓者之一。1949年后,历任中国科学院地球物理研究所研究室副主任、主任,二部卫星设计院业务负责人。1968年以后,历任七机部第五研究院卫星总体设计部主任,第五研究院副院长、科技委副主任。中国宇航学会理事,中国空间科学学会副理事长。领导卫星总体、结构、天线、环境模拟理论研究。负责与组织小型热真空环境模拟试验设备、中小型离心机、振动台设备的研制。负责领导探空火箭头部空间物理探测仪器、跟踪定位和数据处理设备的研制,获得丰富的试验资料。参与制订星际航行发展规划,提出多项有关开展人造卫星研制的新技术预研课题,为中国空间技术早期的发展做了很多开拓性工作。1965年提出《中国第一颗人造卫星方案设想》的报告。组织编写《中国卫星系列发展规划纲要设想》,组织并提出预研课题,为人造卫星研制打下了初步的技术基础。负责组建卫星总体设计机构,是中国第一颗卫星"东方红一号"方案的总体负责人。同时为回收型卫星的研制做了大量技术和组织领导工作。1964年获国家科技进步奖二等奖。1985年获国家科技进步奖特等奖。1999年获"两弹一星功勋奖章"。

续表

姓名	生卒年代	主要成就
钱三强	1913 - 1992	中国核物理学家。原名钱秉穹。出生于浙江省绍兴市。原籍浙江省湖州市。中国原子能事业的主要奠基人。曾任中国科学院院士。法国国家科学研究中心研究员、研究导师,并获法兰西荣誉军团军官勋章。1948年回国后,历任清华大学物理系教授,中国科学院近代物理研究所(后为原子能研究所)副所长、所长,中国科学院学术秘书处秘书长,二机部(核工业部)副部长,中国科学院副院长兼浙江大学校长,中国科协副主席、名誉主席,中国物理学会副理事长、理事长,中国核学会名誉理事长等。主要论文有《重原子核三分裂与四分裂的发现》,《论铀的三分裂变的机制》等。早年从事原子核物理研究,在"核裂变"方面成绩突出,是许多交叉学科和横断性学科的倡导者。他发现重原子核三分裂和四分裂现象,并对三分裂机制作了合理解释,深化了对裂变反应的认识。为中国原子能科学事业的创立和"两弹"研究,为中国科学院的组建和发展,特别是在建立和健全学术领导、培养科学技术人才、开展国际学术交流、组织和协调重大科研项目等方面,作出了重要贡献。被誉为"中国原子能科学之父"、"中国两弹之父"。与妻子何泽慧一同被西方称为"中国的居里夫妇"。
钱伟长	1912 - 2010	中国力学家、应用数学家、教育家。出生于江苏省无锡县。中国科学院院士。中国近代力学、应用数学的奠基人之一。上海大学校长,南京航空航天大学名誉校长,耀华中学名誉校长。发表论文200余篇,专著15种。主要从事力学、应用数学等方面的研究和教学,并在这些学术领域里作出了许多开创性的贡献。首次将张量分析及微分几何用于弹性板壳研究并建立了薄板薄壳的统一理论,提出了线壳理论的非线性微分方程组,国际上称为"钱伟长方程"。首次成功地用系统摄动法处理非线性方程。迄今国际上仍用此法处理这类问题。在中国科学院数学研究所创办了第一个力学研究室。他和钱学森合作创办了中国科学院力学研究所和自动化研究所,参与创建北京大学力学系——开创了中国大学里第一个力学专业,开设了中国第一个力学研究班和力学师资培养班,培养了一大批优秀的力学工作者。
钱学森	1911 - 2009	中国力学家、应用数学家、火箭专家、教育家。祖籍浙江省杭州市。中国科学院、中国工程院资深院士。中国航天事业的主要奠基人之一。航空领域的世界级权威、空气动力学学科的第三代掌棋人。二十世纪应用数学和应用力学领域的领袖人物。著有《工程控制论》、《物理力学讲义》、《星际航行概论》、《论系统工程》、《关于思维科学》、《论地理科学》、《科学的艺术与艺术的科学》、《论人体科学与现代科技》、《创建系统学》、《论宏观建筑与微观建筑》、《论第六次产业革命通信集》等。由于在应用力学、喷气推进、工程控制论、物理力学等诸多技术科学领域以及为发展中国航天事业作出的开创性贡献,曾获得了中国科学院自然科学奖一等奖;美国加州理工学院"杰出校友奖";国家科技进步特等奖;国际技术与技术交流大会和国际理工研究所授予的"W. F. 小罗克韦尔奖章";"世界级科学与工程名人"和"国际理工研究所名誉成员"称号。1991年10月获国务院、中央军委授予的"国家杰出贡献科学家"荣誉称号和中央军委授予的一级英雄模范奖章。1994年获首届何梁何利基金优秀奖。1999年获"两弹一星功勋奖章"。2002年获第二届"霍英东杰出奖"。同年,经国际小行星中心和国际小行星命名委员会审议批准,将中国科学院紫金山天文台发现的国际编号为3 763号小行星,正式命名为"钱学森星"。
任新民	1915 -	中国航天技术、火箭发动机专家。安徽省宣城市宁国市河沥溪人。中国科学院院士。国际宇航科学院院士。历任总体室主任、液体火箭发动机设计部主任、一分院副院长兼液体火箭发动机研究所所长,七机部副部长,航天工业部科技委主任,航空航天部总工程师。航空航天部高级技术顾问,中国宇航学会理事长。新中国第一代航天专家。集中国新一代液体运载火箭、中国第一代通信卫星、中国第一代气象卫星工程的总设计师于一身。在第一代通信卫星——中国试验通信卫星工程中担任总设计师和技术总指挥,被航天人亲切地称为"总总师"。1999年被国家授予"两弹一星功勋奖章"。
苏步青	1902 - 2003	中国现代数学家。原名苏尚龙。浙江省平阳县人。1948年任南京中央研究院院士。1955年7月,当选为中国科学院数学物理学化学学部委员(院士)。1952年全国院系调整后,到复旦大学任教,任教务长、副校长、校长等职。1983年起任复旦大学名誉校长。历任第七、八届全国政协副主席,第五、六届全国人大常委,民盟中央副主席。主要从事微分几何学和计算几何学等方面的研究。他在仿射微分几何学和射影微分几何学研究方面取得出色成果,在一般空间微分几何学、高维空间共轭理论、几何外型设计、计算机辅助几何设计等方面取得突出成就。创立了国内外公认的微分几何学派。撰写有《射影曲线概论》、《射影曲面概论》等专著10部。研究成果"船体放样项目"、"曲面法船体线型生产程序"分别荣获全国科学大会奖和国家科技进步二等奖。为了纪念苏步青在数学领域和教育领域取得的巨大成就,由复旦大学等单位发起,国家教育部批准设立了"苏步青数学教育奖"。

续表

姓名	生卒年代	主要成就
孙光远	1900 - 1979	中国数学家。原名孙鏞。浙江省余杭市和睦乡梧桐村(今属闲林镇)人。中国近代数学奠基人之一。中国微分几何与数理逻辑研究的先行者。中国早期唯一从事研究微分几何的数学家。1933年到南京中央大学数学系任教,曾任数学系主任、理学院院长。1949年中央大学更名为南京大学后,仍任数学系主任、理学院院长。他治学严谨,通晓英、法、德、意诸国语言,经常在国内外数学杂志发表学术论文。在日本东京帝国大学学报和美国等著名刊物发表的有7篇。与孙叔平合著的《微积分学》在中国数学发展史上占有重要地位。
孙家栋	1929 -	中国运载火箭与卫星技术专家。辽宁省复县人。中国科学院院士。国际宇航科学院院士。国际欧亚科学院院士。曾任东方红一号、实践一号、返回式遥感卫星的技术总负责人。作为东方红二号、三号试验通信卫星、资源一号卫星、北斗一号导航卫星、中星22号卫星工程的总设计师,主持制订卫星总体方案。现担任绕月工程总设计师,并任风云二号气象卫星、环境一号卫星和鑫诺二号大容量通信卫星工程的总设计师。1984年荣立航天部一等功。1985年获两项国家科技进步奖特等奖。1999年被国家授予“两弹一星功勋奖章”。2010年获国家最高科技术奖。
童第周	1902 - 1979	中国生物学家、实验胚胎学家、教育家。浙江省鄞县人。中国实验胚胎学的创始人。中央研究院院士。中国科学院学部委员(院士)。曾任中国科学院副院长、动物研究所所长。生物科学研究的杰出领导者。在两栖类(蟾蜍和黑斑蛙)胚胎发育的研究中,明确指出了胚胎发育的极性现象,并证明了这种感应能力是由一种未知的化学物质,通过细胞间的渗透作用,诱导和决定胚胎纤毛的运动方向。他带领的研究组在掌握了文昌鱼的饲养、产卵和人工授精等必要技术的基础上,对文昌鱼胚胎发育机理进行了一系列研究,论证了文昌鱼属于介乎无脊椎动物和脊椎动物之间,是进化过程中的过渡类型。在研究细胞核与细胞质的关系时,他发现不仅仅是细胞核来决定细胞质的发育方向,而是细胞质也决定细胞核的命运,核与质之间不是彼此完全孤立 ,而是有非常密切的关系。在构造上它们可以互相沟通,在功能上它们可以互相诱发和抑制。这便是核质关系理论。他还和美籍华裔科学家牛满江合作,探讨鲫鱼和鲤鱼的信息核糖核酸对金鱼尾鳍的影响。结果证明,这种核糖核酸能诱使金鱼尾鳍的双尾变成单尾等。
屠守锷	1917 -	中国火箭技术和结构强度专家。生于浙江省湖州市。中国科学院院士。国际宇航科学院院士。先后在西南联合大学和清华大学任副教授、教授。1957年后,历任国防部五院研究室主任、总体设计部主任,七机部第一研究院副院长、总工程师、科技委副主任,航天部科技委副主任,航空航天工业部一院技术总顾问和航空航天部高级技术顾问。作为总体设计部主任和地空导弹型号的副总设计师,领导和参加中国地空导弹初期的仿制与研制。他先后担任中国自行研制的液体燃料弹道式地地中近程导弹、中程导弹的副总设计师,洲际导弹和长征二号运载火箭的总设计师,带领科技人员突破了一系列技术关键,解决了许多技术难题。特别是在洲际液体燃料弹道地地导弹的研制试验中,以坚实的理论基础和丰富的实践经验,提出独到的见解和解决问题的办法,保证了中国向太平洋预定海域发射洲际导弹任务的圆满完成。他作为研制长征二号E大型捆绑式运载火箭的技术总顾问,参与领导研制试验工作,保证发射成功,为中国航天事业的发展作出了重要贡献。1980年被授予七机部劳动模范称号。1984年荣立航天部一等功,被评为航天部劳动模范。1985年获国家科技进步特等奖。1999年被国家授予“两弹一星功勋奖章”。
王大珩	1915 -	中国物理学家,应用光学专家。原籍江苏省苏州市。生于日本东京。曾任中国科学院 、中国工程院院士。指导研制成功多种光学观察设备。为中国应用光学、光学工程、光学精密机械、空间光学、激光科学和计量科学的创建和发展作出杰出贡献。制成中国第一台激光器,第一台大型光测装备和许多国防光学仪器。主持制订了中国第一个遥感科学规划,领导了综合性的航空遥感试验。1985年获得国家科技进步特等奖。1995年获得 “何梁何利基金优秀奖”。1999年被国家授予“两弹一星功勋奖章”。
王淦昌	1907 - 1998	中国核物理学家。生于江苏省常熟县。中国核科学的奠基人之一。中国科学院资深院士。取得了多项令世界瞩目的科学成就。提出了验证中微子存在的实验方案并为实验所证实。在世界上首次发现反西格马负超子,把人类对物质微观世界的认识向前推进了一大步。独立地提出了用激光打靶实现核聚变的设想。是世界激光惯性约束核聚变理论和研究的创始人之一。领导开辟了氟化氪准分子激光惯性约束聚变研究的新领域。1999年被国家授予“两弹一星功勋奖章”。

续表

姓名	生卒年代	主要成就
王希季	1921 -	中国著名的航天技术专家。白族。云南大理上末人。中国科学院资深院士。国际宇航科学院院士。中国空间事业的开拓者之一。历任上海机电设计院、七机部总工程师,中国空间技术研究院副院长、科技委主任,中国返回式卫星系列总设计师,中国空间科学学会名誉理事长。现任小卫星首席专家,双星计划工程总设计师。主要从事空间技术的研究开发工作。曾主持中国第一枚液体推进剂探空火箭、气象火箭、生物火箭、取样火箭的研制工作。他创造性地把中国探空火箭技术和导弹技术结合起来,提出了中国第一枚卫星运载火箭的技术方案;主持了长征一号运载火箭的研制工作。他首先提出了"空间资源"、"空间基础设施"、"空间疆域"等新概念。在他主持下,大量采用新技术并突破一系列技术难关,使中国卫星返回技术达到国际先进水平,成为世界上掌握此项高技术的三个国家之一。曾主编、合著出版《空间技术》、《卫星设计学》等著作多部。1982 年荣立航天工业部一等功,1985 年和 1990 年两次获国家科技进步奖特等奖,1987 年获国家科技进步奖二等奖。1999 年被国家授予"两弹一星功勋奖章"。
王选	1937 - 2006	中国计算数学家。江苏省无锡市人。中国科学院院士。中国工程院院士。第三世界科学院院士。汉字激光照排系统的创始人和技术负责人。曾任北京大学计算机研究所所长,教授。他所领导的科研集体研制出的汉字激光照排系统为新闻、出版全过程的计算机化奠定了基础,被誉为"汉字印刷术的第二次发明"。1992 年又研制成功世界首套中文彩色照排系统。先后获日内瓦国际发明展览金牌,中国专利发明金奖,联合国教科文组织科学奖,国家重大技术装备研制特等奖等众多奖项;1987 年和 1995 年两次获得国家科技进步一等奖;1985 年和 1995 年两度列入国家十大科技成就,是国内唯一四度获国家级奖励的项目。他本人被授予国家级有突出贡献的专家称号,并多次获全国及北京市劳模、先进工作者、首都楷模等称号。1987 年获得中国印刷业最高荣誉奖——毕升奖及森泽信夫奖。1995 年获何梁何利科学技术进步奖。2001 年获国家最高科学技术奖。
王元	1930 -	中国著名数学家。浙江省兰溪市人。中国科学院院士。华罗庚数学奖得主。中国科学院数学研究所研究员。曾任研究室主任、所长、所学术委员会主任、中国数学会理事长、《数学学报》主编,联邦德国《分析》杂志编辑,新加坡世界科学出版社顾问等。解析数论是他的主要研究领域。20 世纪 50 年代至 60 年代初,他首先将解析数论中的筛法用于哥德巴赫猜想的研究,并证明了命题 3 +4,1957 年又证明了 2 +3。其成果为国内外有关文献频繁引用。其后,他与华罗庚合作致力于数论在近似分析中的应用,他们于 1973 年证明的定理,受到国际学术界推崇,被称为华 - 王方法。70 年代后期又对这方面的成果做了系统总结,产生了广泛的国际影响。80 年代在丢番图分析方面,将施密特定理推广到任何代数数域,并在丢番图不等式组等方面取得先进的成果。
吴阶平	1917 -	中国医学家、医学教育家。江苏省常州市人。中国科学院院士。中国工程院院士。第三世界科学院院士。曾任第八、九届全国人民代表大会常务委员副委员长。九三学社中央委员会主席、中国科协副主席、中华医学会会长、中国医学科学院院长、中国协和医科大学校长等职。中国泌尿外科开拓者之一。在泌尿外科,男性计划生育等方面有突出贡献。对"肾结核对侧肾积水"的研究可使一些过去认为无法挽救的肾结核患者得以恢复,并在国内外医疗实践中得到了证实。确立了肾上腺髓质增生为一独立疾病,为国际上所承认。对肾切除后留存肾代偿性增长的研究,纠正了长期存在的一种不全面的认识。与同道合作把输精管结扎术发展为输精管绝育法,在国际上受到重视。从事医学教育工作 60 年,共发表医学论文 150 篇,编著医学书籍 21 部,其中 13 部为主编。获得全国性科学技术奖 7 次。获首届人口科技研究奖,北京医科大学首届伯乐奖,何梁何利科学技术进步奖,巴黎红宝石最高奖,日本松下泌尿医学奖等。
吴文俊	1919 -	中国著名数学家。中国科学院院士。第三世界科学院院士。中国科学院数学与系统科学研究所研究员、名誉所长,中国数学会名誉理事长。中国数学机械化研究的创始人之一。他在拓扑学、自动推理、机器证明、代数几何、中国数学史、对策论等研究领域均有杰出的贡献,在国内外享有盛誉。他在拓扑学的示性类、示嵌类的研究方面取得一系列重要成果,是拓扑学中的奠基性工作并有许多重要应用。他的"吴方法"在国际机器证明领域产生巨大影响,有广泛重要的应用价值。当前国际流行的主要符号计算软件都实现了吴文俊教授的算法。曾获得首届国家自然科学一等奖、中国科学院自然科学一等奖、第三世界科学院数学奖、陈嘉庚数理科学奖、首届香港求是科技基金会杰出科学家奖、Herbrand 自动推理杰出成就奖、首届国家最高科学技术奖、第三届邵逸夫数学奖。

续表

姓名	生卒年代	主要成就
吴有训	1897－1977	中国物理学家、教育家。字正之。江西省高安县人。中国科学院院士。中国近代物理学奠基人。曾任清华大学教授,物理系主任、理学院院长,中央大学校长。1948 年底任上海交通大学教授。1949 年任校务委员会主任。1950 年夏任中国科学院近代物理研究所所长,同年 12 月起任中国科学院副院长。在物理学领域中的重要成就是:在参与康普顿的 X 射线散射研究的工作时,以精湛的实验技术和卓越的理论分析,验证了康普顿效应。1924 年他与康普顿合作发表《经过轻元素散射后的钼 X 射线的波长》。20 世纪 30 年代中,在清华大学讲授近代物理和普通物理学,注重实验课,并指导多届学生的毕业论文工作。1958 年他虽已多年担任中国科学院副院长,且年事已高,但仍亲自讲授大学的物理学课程,为培养人才尽心竭力。
吴自良	1917－2008	中国物理冶金学家。浙江省浦江县人。中国科学院院士。领导完成了中央军委下达的抗美援朝前方需要的特种电阻丝研制任务,获得奖励。用国内富产元素锰、铝等代替短缺的铬,研制苏联 40X 低合金钢的代用钢取得成功,对建立中国合金钢系统起了开创作用,被誉为建立中国合金钢系的典范,获 1956 年国家首次颁发的自然科学奖。20 世纪 60 年代,在困难的条件下,冶金所承担气体扩散法分离铀同位素用的"甲分离膜的制造技术"任务,与原子能所、复旦大学等单位的科研人员联合攻关,组成第十研究室,他兼任该室主任,主持这项工作。在他的领导下,经过艰苦探索和反复试验,于 1964 年试制成功并投入使用。1984 年获国家发明奖一等奖和国家科技进步特等奖。1999 年获国家"两弹一星功勋奖章"。
徐光宪	1920－	中国物理化学家、无机化学家、教育家。出生于浙江省绍兴市。中国科学院院士。研究领域涵盖物理化学和无机化学,在量子化学和化学键理论、配位化学、萃取化学、核燃料化学、稀土化学、串级萃取理论及其应用等方面都有突出的成就。论文《旋光理论中的邻近作用》,揭示了化学键四极矩对分子旋光性的主导作用;改进仪器设备,把极谱法的测量精度提高了两个数量级,在国际上较早测定了碱金属和碱土金属与一些阴离子的配位平衡常数;根据弱配位平衡与吸附平衡的相似性,提出配合物平衡的吸附理论,可以简便地描述溶液中弱配位平衡过程;提出了被国内普遍采纳的萃取体系分类法;主持开展了对稀土量子化学和稀土化合物结构规律性的研究;提出原子价的新定义及其量子化学定义,圆满解决了 Pauling、Mayer 等人定义中存在的问题。在他的努力下,利用世界银行贷款在北京大学建立了稀土材料化学及应用国家重点实验室。2000 年获国家科技进步奖特等奖。2008 年获得国家最高科学技术奖。
严济慈	1901－1999	中国物理学家、教育家。字慕光。号岸佛。浙江省东阳市人。中央研究院院士。中国科学院院士。中国现代物理研究奠基者之一。曾任中国科技大学校长、名誉校长、研究生院院长。世界上第一个精确测定石英压电定律"反现象"的科学家,也成为第一位获得法国国家科学博士学位的中国人。中国光学研究和光学仪器研制工作的重要奠基人。在压电晶体学、光谱学、大气物理学和应用光学等方面做出重要成果。他精确测定了居里压电效应"反现象",发现了光双折射效应;系统研究了水晶圆柱体施加扭力后的起电现象,发现水晶扭电定律;深入研究了碱金属蒸气的光谱,发现轴向对称的分子有效截面数值和费米—莱因斯伯格方程不符,并为原子物理学中的斯塔克效应等提供了丰富的实验证明;在大气物理学的臭氧层测试研究中,他精确测定了臭氧紫外吸收系数,被世界各国气象学家使用达 30 年之久;他还研究了压力对照相乳胶感光性能的影响,发现压力能减弱乳胶感光性能。在抗日战争期间,领导开展应用光学研究,研制成大批军用、医用光学仪器设备,并被授予胜利勋章。曾在法、美、英、德等国学术刊物发表论文 53 篇,1986 年汇集出版了《严济慈科学论文集》。他还编著了从初中到大学的 10 种数学、物理教科书,如《初中算术》、《几何证题法》、《普通物理学》、《高中物理学》、《初中物理学》、《热力学第一和第二定律》、《电磁学》等,培育了中国几代科技人才和许多科学家,为中国科学教育事业的发展作出了重要贡献。人们尊他为"教育宗师,科学泰斗"。
杨嘉墀	1919－2006	中国卫星和自动控制专家。江苏省吴江市人。中国科学院院士。国际宇航科学院院士。1941 年毕业于上海交通大学电机系。1947 年赴美国哈佛大学应用物理系留学,获硕士和博士学位。1956 年回国后,历任中国科学院自动化研究所研究员、室主任、副所长,北京控制工程研究所副所长、所长。1968 年后,任中国空间技术研究院副院长,航天工业部总工程师。1999 年获国家"两弹一星功勋奖章"。

续表

姓名	生卒年代	主要成就
杨乐	1939 -	中国著名基础数学家。江苏省南通市人。中国科学院院士。曾任中国科学院数学研究所研究员、博士生导师。中国科协全国委员会第三届委员、第四届常委,中国数学会常务理事、秘书长、理事长;先后担任第三届国务院学位委员会委员、第一、二、三届国务院学位委员会数学评议组成员,中国科学院基金委员会委员,第三、四届全国自然科学奖励委员会委员,《数学学报》主编,《Results in Mathematics》、《中国科学》、《科学通报》编委等职。主要研究函数论中的整函数、亚纯函数的值分布理论。他与张广厚合作,在解析函数的研究中取得了许多创造性的成果。在1965至1977年间,共同发表了8篇这方面的重要论文。1982年他单独发表了《值分布理论及其新研究》一书。他与张广厚所发现的函数值分布论方面的"亏值"与"奇异方向"之间的联系,彻底解决了这个古老的数学分支中长期未解决的奇异方向分布问题;他们对函数亏值的估计也被认为是普遍而准确的结果。国际数学界把他们的这些成果称之为"杨-张定理"和"杨-张不等式"。由于在函数模分布论、辐角分布论、正规族等方面的研究成果突出而获得华罗庚数学奖。
姚桐斌	1922 - 1968	中国冶金学、航天材料专家。中国火箭材料及工艺技术专家。江苏省无锡市人。历任国防部第五研究院一分院材料研究室研究员、主任,材料研究所所长。作为中国第一代航天材料工艺专家和技术领路人,对现代冶金学有关金属和合金黏性、流动性的研究卓有成绩。1962年组织制定了国防部五院材料工艺的研究方向,并按"材料要先行"的要求,安排组织材料工艺的预先研究。在此前后的4年中,他除向国内各兄弟单位提出大量研究课题外,在所内开展的研究课题达500多项。领导和指导锰基钎料合金的研制和钎焊工艺研究课题,研制成国产一号及二号锰基钎料,并以钎焊结构取代了中国液体火箭发动机的老式焊接结构。主持了液体火箭发动机材料的振动疲劳破坏问题和液体火箭焊接结构的振动疲劳破坏问题的研究,并应用到型号的研制工作上,对火箭部件的设计、选材和制造起了指导性的作用。他治学严谨,以身作则,为培养科研人员作出了重要贡献。1985年获国家科技进步奖特等奖。1999年获国家"两弹一星功勋奖章"。
叶笃正	1916 -	中国气象学家。出生于天津市。中国科学院院士。曾任中国科学院地球物理研究所研究员、研究室主任,大气物理研究所研究员、所长,中国科学院副院长等职。现任中国科学院特邀顾问、中国科学院大气物理研究所名誉所长、美国气象学会荣誉会员、英国皇家气象学会会员、芬兰科学院外籍院士。曾在许多国际国内学术组织中担任重要职务。中国大气物理研究奠基人、中国近代动力气象学创始人之一。主要科技成就有:(1)开创青藏高原气象学。(2)创立大气长波能量频散理论。(3)创立东亚大气环流和季节突变理论。(4)创立大气运动的适应尺度理论。(5)开拓全球气候变化科学新领域。(6)对中国现代气象事业发展的卓越贡献。是国际大气科学界屈指可数的数位学术巨匠之一,也是中国大气科学界及全球气候变化研究领域的一代宗师,为全球气候变化、大气环流研究作出了开创性贡献。近几年来他在全球气候变化领域又有新的系统创见。2005年获国家最高科学技术奖。
于敏	1926 -	中国核物理学家。河北省宁河县人。中国科学院院士。中国"氢弹之父"。历任中科院理论部副主任、理论研究所副所长、所长、研究院副院长、院科技委副主任、院高级科学顾问等职。在氢弹原理中解决了热核武器物理中一系列基础问题,提出了从原理到构形基本完整的设想,并发挥了关键作用。他把原子核理论分为三个层次,即实验现象和规律、唯象理论和理论基础。在平均场独立粒子方面做出了令人瞩目的成绩。后长期领导并参加核武器的理论研究,设计解决了大量关键性的理论问题。从20世纪70年代起,在倡导、推动若干高科技项目研究中,发挥了重要作用。1982年获国家自然科学奖一等奖。1985年、1987年和1989年各获一项国家科技进步奖特等奖。1985年荣获"五一劳动奖章"。1987年获"全国劳动模范"称号。1992年获光华奖特等奖。1999年获国家"两弹一星功勋奖章"。
袁隆平	1930 -	中国农学家、杂交水稻育种专家。江西省德安市人。中国工程院院士。历任研究员、湖南杂交水稻研究中心主任、湖南省农科院名誉院长、国家杂交水稻工程技术研究中心主任。长期从事杂交水稻育种理论研究和制种技术实践。1964年首先提出培育"不育系、保持系、恢复系"三系法以利用水稻杂种优势的设想并进行科学实验。1970年,与其助手李必湖和冯克珊在海南发现一株花粉败育的雄性不育野生稻,成为突破"三系"配套的关键。1972年育成中国第一个大面积应用的水稻雄性不育系"二九南一号A"和相应的保持系"二九南一号B",次年育成了第一个大面积推广的强优组合"南优二号",并研究出整套制种技术。1986年提出杂交水稻育种分为"三系法品种间杂种优势利用、两系法亚种间杂种优势利用到一系法远缘杂种优势利用"的战略设想。被誉为"杂交水稻之父"。2000年获国家最高科学技术奖。

续表

姓名	生卒年代	主要成就
詹天佑	1861－1919	中国首位铁路工程师。号眷诚。字达朝。广东省南海县人。居住在湖南省。原籍安徽婺源(今属江西)。被选入英国土木工程师学会,是加入此学会的第一名中国工程师。1888年,进入天津中国铁路公司,携家生活在工地,从帮工做起,开始献身筑路。主事的外国领导常派他到最困难工段。由于强烈的事业心和认真工作,他初入铁路,就优质完成塘津(塘沽至天津)铺轨工程。在津榆铁路滦河大桥修筑中,解决了外国工程师未能解决的桥墩基础施工困难,首次在中国铁路采用压气沉箱法筑墩台基础建桥成功。该桥长630余米,为黄河大桥建成之前中国铁路最长钢桥。负责修建了京张铁路(北京——张家口)等铁路工程。有"中国铁路之父"、"中国近代工程之父"之称。
张广厚	1937－1987	中国著名数学家。唐山市东矿区(现已更名为古冶区)林西人。祖籍山东。1964年下半年,张广厚和杨乐开始合作研究全纯与亚纯函数族。他们发展了消去原始值的方法,获得了很好的结果。他与杨乐合作,首次发现函数值分布论中的两个主要概念"亏值"和"奇异方向"之间的具体联系,被数学界定名为张杨定理。紧接着,张广厚又开始研究"亏值"、"渐近值"和"茹利雅方向"三个概念。这是函数理论中三个重要概念。早在1929年,芬兰著名数学家奈望利纳也曾作过相同的猜测,但10年后,他的猜测被否定了。40年后,这样一个被著名数学家研究却被否定过的难题,在张广厚千万次的论证中,终于找到了合理的解决方法,并作出科学论证。《中国科学》在1973年3月,特为该论文出了一期增刊。新华社、《人民日报》也在头版显著位置再次以《张广厚又获世界水平的成果》为题作了报道。
张文裕	1910－1992	中国物理学家。曾用名张少岳。出生在福建省惠安县一个沿海山村的贫苦农民家庭。中国宇宙射线研究和高能实验物理的开创人之一。毕生致力于核科学研究和教学,有多项重要发明和发现,学术上最突出的成就是发现μ介原子,开创了奇特原子物理的深入研究。重视实验科学,重视实验基地的建设,为中国高能物理的发展、北京正负电子对撞机的建成奠定了坚实基础。在核科学领域培养了大批人才。
张香桐	1907－	中国神经生理学家。生于河北省正定县。中国科学院院士。比利时皇家医学科学院外国名誉院士。当选为世界镇痛研究协会名誉会员。历任美国耶鲁大学医学院讲师、助教授,美国纽约洛克菲勒医学研究所联系研究员,中国科学院上海生理研究所研究员,中国科学院上海脑研究所研究员、所长,国际脑研究组织中央理事会理事,美国卫生研究院福格提常驻学者等职。首先提出大脑皮层运动区是代表肌肉的论点;根据视觉皮层诱发电位的分析提出视觉通路中三色传导学说,发现"光强化"现象。世界生理学界把这种现象命名为"张氏效应"。首次发现树突电位。还从事针刺镇痛机制研究,认为针刺镇痛是两种感觉传入在中枢神经系统相互作用的结果。发表有《猕猴大脑皮层运动区的肌代表性》、《中枢视觉通路的机能组织》、《大脑皮层与丘脑之间循环线路的重复放电》、《大脑皮层神经原的树突》、《针刺镇痛的神经生理学基础》等论著。
张钰哲	1902－1986	中国天文学家。福建省闽候县人。中国科学院院士。是中国现代天文事业的奠基者之一。精通天体力学。长期致力于小行星和彗星的观测和轨道计算工作。在30多年间,他拍摄和领导拍摄到7 000多次小行星和彗星的精确位置,发现800多颗小行星和3颗命名为"紫金山"的新彗星;他开创并领导了多个领域的天文学研究,取得多项重要成果。为了表彰他在天文学上的贡献,1978年8月,国际小行星中心宣布,将第2 051号小行星定名为"张"(zhang)。在天文教育、天文科研上都有很多贡献。同时他还是一位热心科普的天文学家。
赵九章	1907－1968	中国气象学家、地球物理学家和空间物理学家。出生于河南省开封市。祖籍浙江吴兴(今湖州)。中国科学院院士。中国动力气象学的创始人。中国人造卫星事业的倡导者和奠基人之一。1938年把数学和物理引入气象学,研究信风带主流间的热力学,完成了中国第一篇动力气象学论文——《信风带主流间热力学》。1945年提出实际大气在斜压状态下可以是不稳定的,即振幅将随时间延长而形成天气图上观测到的气压场的槽、脊分布和发展。这是现代天气预报的理论基础之一。1946年提出行星波不稳定概念。20世纪60年代初,指导他的学生,研究了地磁扰动期间史笃默(Stormer)捕获区变化和带电粒子穿入地磁场的机制等。著有《高空大气物理学》专著。在他领导下完成了核爆炸试验的地震观测和冲击波传播规律,以及有关弹头再进入大气层时的物理现象等研究课题。"651"卫星设计院院长。对中国第一颗人造地球卫星、返回式卫星等总体方案的确定和关键技术的解决,起了重要作用。1985年获得国家科技进步特等奖。1999年获国家"两弹一星功勋奖章"。

续表

姓名	生卒年代	主要成就
周培源	1902 - 1993	中国著名力学家、理论物理学家、教育家和社会活动家。江苏省无锡市人。中国近代力学事业的奠基人之一。曾任清华大学教务长、校务委员会副主任,北京大学教务长,副校长和校长,中国科学院副院长,中国科协主席、名誉主席,世界科协副主席,中国国际科技促进会会长,中国力学学会副理事长、名誉理事长,中国物理学会理事长、名誉理事长,欧美同学会名誉会长。国际理论与应用力学联合会最早的委员之一。亚洲流体力学大会的发起人之一。以反对核战争和核武器为目的 PUGWASH(帕格沃什)科学与世界事务会议的理事。在学术上的成就主要是:物理学基础理论爱因斯坦广义相对论中的引力论和流体力学中的湍流理论的研究,奠定了湍流模式理论的基础;研究并初步证实了广义相对论引力论中"座标有关"的重要论点。从事高等教育工作 60 多年,培养了几代知名的力学家和物理学家。早期学生中的王竹溪、彭桓武、林家翘、胡甯等都成为著名的科学家。被人们称为"桃李满园的一代宗师"。
朱光亚	1924 -	中国核物理学家。生于湖北省武汉市。中国科学院院士。中国工程院院士、院长。早期主要从事核物理、原子能技术方面的科学研究工作。发表有《符合测量方法:(Ⅰ)β 能谱》、《符合测量方法:(Ⅱ)内变换》、《研究性重水反应堆的物理参数的测定》等论文。负责并组织领导中国原子弹、氢弹的研究、设计、制造与试验研究、高技术研究发展计划的制订与实施,国防科学技术研究发展及军备控制问题研究等工作,为中国核科学技术事业的发展作出了重大贡献。是中国核武器研制的科学技术领导人。参与组织领导中国历次原子弹、氢弹的试验,为"两弹"技术突破及其武器化作出了重大贡献。参与组织秦山核电站筹建和放射性同位素应用开发研究。1985 年获国家科技进步奖特等奖。1999 年获国家"两弹一星功勋奖章"。2008 年获中国第七届光华工程科技奖。
竺可桢	1890 - 1974	中国地理学家、气象学家、爱国教育家。又名绍荣。字藕舫。浙江省上虞市人。中国近代地理学和气象学的奠基人。先后创建了中国大学中的第一个地学系和中央研究院气象研究所。担任 13 年浙江大学校长,被尊为中国高校四大校长之一。毕生为国"求是"的气象事业开拓者。他对中国气候的形成、特点、区划及变迁等,对地理学和自然科学史都有深刻的研究。他在气象学、气候学、地理学、自然科学史等方面的造诣很深,而物候学也是他呕心沥血作出了重要贡献的领域之一。中国现代物候学的每一个成就都是和他的工作分不开的。他始终从科学的视角,关注着中国的人口、资源、环境问题,是"可持续发展"的先觉先行者。主要论著:《中国之雨量及风暴说》,《历史时代世界气候的波动》,《远东台风的新分类》,《关于台风眼的若干新事实》,《台风的源地与转向》,《南宋时代我国气候之揣测》,《中国历史上气候的变迁》,《中国气候区域论》,《中国气候之运行》,《东南季风与中国之雨量》,《中国气候概论》,《前清北京之气象记录》,《物候学》,《中国的亚热带》,《论我国气候的几个特点及其与粮食作物生产的关系》。

十五、外国(部分)著名科学家生平及成就表

姓名	生卒年代	主要成就
阿尔弗雷德·伯纳德·诺贝尔 Alfred Bernhard Nobel	1833－1896	瑞典化学家、工程师、发明家、军工装备制造商和炸药的发明者。出生于斯德哥尔摩。在他的遗嘱中,他利用其巨大财富创立了诺贝尔奖。各种诺贝尔奖项均以他的名字命名。人造元素锘(Nobelium)就是以诺贝尔命名的。经过长期的研究,他发现了一种非常容易引起爆炸的物质——雷酸汞。他用雷酸汞做成炸药的引爆物,成功地解决了炸药的引爆问题。这就是雷管的发明。瑞典建成了世界上第一座硝化甘油工厂。随后又在国外建立了生产炸药的合资公司。在反复研究的基础上,发明了以硅藻土为吸收剂的安全炸药。这种被称为黄色炸药的安全炸药,在火烧和锤击下都表现出极大的安全性。在安全炸药研制成功的基础上,又开始了对旧炸药的改良和新炸药的生产研究。两年以后,一种以火药棉和硝化甘油混合的新型胶质炸药研制成功。这种新型炸药不仅有高度的爆炸力,而且更加安全,既可以在热辊子间碾压,也可以在热气下压制成条绳状。研制出了新型的无烟火药。一生的发明很多。获得的专利就有255种。其中仅炸药就达129种。
阿基米德 Archimedes	约前287－前212	古希腊著名数学家、物理学家。静力学和流体静力学的奠基人。出生于西西里岛的叙拉古(今意大利锡拉库萨)。在力学方面:(1)系统地研究了物体的重心和杠杆原理。提出了精确地确定物体重心的方法,发现并系统证明了阿基米德原理(即杠杆定律),为静力学奠定了基础。(2)在研究浮体的过程中发现了浮力定律(有名的阿基米德定律)。数学方面:(1)确定了抛物线弓形、螺线、圆形的面积以及椭球体、抛物面体等各种复杂几何体的表面积和体积的计算方法;创立了"穷竭法",类似于现代微积分中所说的逐步近似求极限的方法。(2)提出用圆内接多边形与外切多边形边数增多、面积逐渐接近的方法求圆周率。(3)面对古希腊繁冗的数字表示方式,首创了记大数的方法,突破了当时用希腊字母计数不能超过一万的局限。(4)提出了著名的阿基米德公理,用现代数学语言表述。天文学方面:(1)发明了用水力推动的星球仪,并用它模拟太阳、行星和月球的运行及表演日食和月食现象。(2)认为地球是圆球状的,并围绕着太阳旋转。流传于世的数学著作有10余种。
艾萨克·牛顿 Isaac Newton	1642－1727	英国数学家、物理学家、天文学家和自然哲学家。生于英格兰林肯郡格兰瑟姆附近的沃尔索普村。在伽利略等人的成就的基础上进行深入的研究,总结出机械运动的三个基本定律,发现了万有引力定律。在光学方面,他致力于色的现象和光的本性的研究,并制作牛顿色盘。发现了光的一种干涉图样,称为牛顿环,并出版了《光学》一书。在热学方面,确定了冷却定律。在天文学方面,创制了反射望远镜,初步考察了行星运动规律。在数学方面,提出了"流数法",建立了二项式定理,创立了微积分学,开辟了数学史上的新纪元。名著有《自然哲学数学原理》。用数学解释了哥白尼学说和天体运动的现象,阐明了运动三定律和万有引力定律等。
阿尔伯特·爱因斯坦 Albert Einstein	1879－1955	德裔美国物理学家。犹太人。生于德国的乌尔姆。现代物理学的开创者和奠基人。普鲁士科学院院士。他创建狭义相对论和广义相对论。提出量子论。阐明布朗运动的本质。成功地揭示了能量与质量之间的关系,解决了长期存在的恒星能源来源的难题。后期又致力于统一场论和宇宙的研究。于1921年获诺贝尔物理学奖。对天文学最大的贡献是创立了宇宙学理论。创立了相对论宇宙学,建立了静态有限无边的自洽的动力学宇宙模型,并引进了宇宙学原理、弯曲空间等新概念,大大推动了现代天文学的发展。
安东尼·亨利·贝克勒尔 Antoine Henri Becquerel	1852－1908	法国物理学家。1852年生于法国。法国科学院院士。曾任巴黎自然博物馆物理学教授、理工大学教授。因发现物质的放射性而获1903年诺贝尔物理学奖。擅长于荧光和磷光的研究。1896年3月,贝克勒尔发现,与双氧铀硫酸钾盐放在一起但包在黑纸中的感光底板被感光了。他推测这可能是因为铀盐发出了某种未知的辐射。同年5月,他又发现纯铀金属板也能产生这种辐射,从而确认了天然放射性的发现。后来,居里夫妇将其称为"放射性"。现在称其为天然放射性。尽管贝克勒尔当时错误地认为它是某种特殊形式的荧光,但天然放射性的发现仍不愧是划时代的事件。它打开了微观世界的大门,为原子核物理学和粒子物理学的诞生和发展奠定了实验基础。

续表

姓名	生卒年代	主要成就
巴甫洛夫·伊凡彼德罗维 Pavlov Ivan Petrovich	1849－1936	俄国生理学家、心理学家。高级神经活动学说的创始人。用条件反射方法对动物和人的高级神经活动进行客观实验研究的创始人。现代唯物主义高级神经活动学说的创立者。因对消化生理的研究而获1904年诺贝尔生理学医学奖金。主要著作有《心脏的传出神经》、《主要消化腺机能讲义》、《消化腺作用》。他发展了谢切诺夫关于心理活动反射本性的学说,把反射解释为有机体与外部世界相互作用的要素。研究了暂时神经联系形成的神经机制和条件反射活动发展与消退的规律性,论述了基本的神经生理过程——兴奋和抑制现象的扩散和集中及其相互诱导的规律,提出了神经系统类型的学说和两种信号系统的概念。
贝聿铭 Ieoh Ming Pei	1917－	美籍华裔建筑师。1983年普利兹克奖得主。被誉为"现代建筑的最后大师"。出生于广东省广州市。美国艺术与科学学院院士。中国工程院外籍院士。20世纪50年代末60年代初,贝聿铭在继承第一代现代建筑大师的基本建筑原则的基础上逐渐形成了自己的建筑风格,设计建成一批影响很大的建筑。以公共建筑、文教建筑为主,被归类为现代主义建筑,善用钢材、混凝土、玻璃与石材。代表作品有美国华盛顿特区国家艺廊东厢、法国巴黎罗浮宫扩建工程、中国香港中国银行大厦,苏州博物馆等。近期作品有卡达杜哈伊斯兰艺术博物馆等。
查尔斯·罗伯特·达尔文 Charles Robert Darwin	1809－1882	英国生物学家。进化论奠基人。出生在英国的施鲁斯伯里。在动植物和地质方面进行了大量的观察和采集,经过综合探讨,形成了生物进化的概念。1859年,他提出了生物进化的学说。达尔文还著有《动物和植物在家养下的变异》、《人类起源及性的选择》、《人和动物的表情》和《经过蚯蚓作用的腐殖土的形成》等。达尔文的这些著作体现了他的进化学说。这种进化学说是人类对生物界认识的伟大成就。
陈省身 Shiing Shen Chern	1911－2004	美籍华裔国际数学大师、著名教育家。20世纪世界级的几何学家。美国科学院院士。中国科学院外籍院士。浙江嘉兴"走进美妙的数学花园"创始人。菲尔兹奖得主。他在整体微分几何上的卓越贡献,影响了整个数学的发展,被杨振宁誉为继欧几里德、高斯、黎曼、嘉当之后又一里程碑式的人物。曾先后主持、创办了三大数学研究所,造就了一批世界知名的数学家。本人获得了许多荣誉和奖励,例如1975年获美国总统颁发的美国国家科学奖,1983年获美国数学会"全体成就"靳蒂尔奖,1984年获沃尔夫奖。被称为"当代最伟大的数学家"。被国际数学界尊为"微分几何之父"。
德米特里·伊万诺维奇·门捷列夫 Dmitri Ivanovich Mendeleev	1834－1907	俄罗斯化学家。出生在俄国西伯利亚的托博尔斯克市。他从小热爱劳动,喜爱大自然,学习勤奋。他在研究前人所得成果的基础上,发现一些元素除有特性之外还有共性。发现化学元素的周期性,依照原子量,制作出世界上第一张元素周期表。这张表揭示了物质世界的秘密,把一些看来似乎互不相关的元素统一起来,组成了一个完整的自然体系。它的发明,是近代化学史上的一个创举,对于促进化学的发展,起了巨大的作用。例如,已知卤素元素的氟、氯、溴、碘,都具有相似的性质;碱金属元素锂、钠、钾暴露在空气中时,都很快就被氧化,因此都是只能以化合物形式存在于自然界中;有的金属如银、金都能长久保持在空气中而不被腐蚀,正因为如此它们被称为贵金属。为以后元素的研究,新元素的探索,新物资、新材料的寻找,提供了一个可遵循的规律。
丁肇中 Samuel Chao Chung Ting	1936－	美籍华裔实验物理学家。汉族。祖籍山东省日照市涛雒。美国国家科学院院士,美国文理科学院院士,苏联科学院外籍院士。中国台北中央研究院院士。巴基斯坦科学院院士。现任美国麻省理工学院教授。他发现一种新的基本粒子,并以和自己中文姓氏"丁"类似的英文字母"J"将那种新粒子命名为"J粒子"。在1976年被授予诺贝尔物理奖,并被美国政府授予洛仑兹奖。1988年被意大利政府授予特卡斯佩里科学奖。1977年获美国工程科学学会的埃林金奖章。1988年获意大利陶尔米纳市的金豹优秀奖及意大利布雷西亚市的科学金奖章。
冯元桢 Feng Zhen	1919－	美籍华裔生物工程学家、生物力学家。美国国家科学院院士、美国国家工程院院士、美国国家医学院院士、台湾中央研究院院士、中国科学院外籍院士。生物力学的开创者和奠基人。被称为"生物工程之父"。先后任加州理工学院、加州大学圣地亚哥分校教授。加州大学华裔学者协会理事会创会理事兼顾问团主席。他在生物力学、航空工程、连续介质力学等领域有重要成就。曾出任世界生物力学组织主席、美国生物医学工程学会主席等职。曾获美国"百年大奖"、美国国家工程院"奠基者奖"等多个奖项。在中国获南京大学世纪校友学术成就金质奖章。2000年获美国科学最高荣誉"美国国家科学奖章"。他是获此荣誉的第一位生物学家。

续表

姓名	生卒年代	主要成就
福井谦 Fukui Kenichi	1918 –	日本量子化学家。生于日本奈良市。1951 年起任京都大学物理化学教授。获 1981 年诺贝尔化学奖。长期致力于烃类的研究,并在量子化学方面有很深的造诣。1952 年他提出前线轨道理论,并用以解释多种化学反应规律。这一理论的基本观点是分子的许多性质主要由最高占据分子轨道和最低未占分子轨道决定;对于解释分子的化学反应具有重要意义。由于这些轨道处于化学反应的前沿,所以称为前线轨道。1969 年霍夫曼和伍德沃德以“分子轨道对称守恒原理”来概括他们在 1965 年提出的理论解释,所以福井谦一的“前线轨道理论”和霍夫曼的“分子轨道对称守恒原理”同样重要。这个理论不但解释了在它提出之前的有关经验规律,而且预言和解释了其后的许多化学反应。和霍夫曼共获 1981 年诺贝尔化学奖。
伽利略・伽利 GalileovGalilei	1564 – 1642	意大利天文学家、力学家、哲学家、物理学家、数学家。生于意大利比萨市。近代实验物理学的开拓者。被誉为“近代科学之父”。17 岁开始钻研古希腊学者欧几里德、阿基米德等的著作和自然科学。1589 年被聘为比萨大学数学教授。是第一个用望远镜观察天体取得成功的科学家。他的重要发现有:月球表面凹凸不平,木星的4 个卫星,太阳黑子和太阳的自转,金星、水星盈亏现象以及银河由无数恒星所组成的等。是第一个把实验引进力学的科学家。他利用实验和数学相结合的方法确定了一些重要的力学定律。他一生坚持与唯心论和教会的经院哲学作斗争,主张用具体的实验来认识自然规律,认为经验是理论知识的源泉。
高锟 Charles K. Kao	1933 –	英国和美国双重国籍华裔物理学家。出生于上海市金山县,住在法租界。1948 年全家移居台湾。1949 年,又移民香港。中国科学院外籍院士。1987 年 10 月,高锟从英国回到香港,并出任香港中文大学第三任校长。2009 年诺贝尔物理学奖得主。从 1957 年开始,高锟即从事光导纤维在通信领域应用的研究。1964 年,他提出在电话网络中以光代替电流,以玻璃纤维代替导线。1965 年,在以无数实验为基础的一篇论文中提出以石英基玻璃纤维作远程信息传递,将带来一场通信业的革命,并提出当玻璃纤维损耗率下降到 20dB/km 时,光纤维通信就会成功。1966 年,在标准电话实验室与何克汉共同提出光纤可以用作通信媒介。在电磁波导、陶瓷科学(包括光纤制造)方面获 28 项专利。由于他取得的成果,有超过 10 亿公里的光缆以闪电般的速度通过宽带互联网,为全球各地的办事处和家居提供数据。由于他在光纤领域的特殊贡献,获得巴伦坦奖章、利布曼奖、光电子学奖等。被称为“光纤之父”。由于他的杰出贡献,1996 年,中国科学院紫金山天文台将一颗于 1981 年 12 月发现的国际编号为“3 463”的小行星命名为“高锟星”。
海因里希・鲁道夫・赫兹 Hertz	1857 – 1894	德国物理学家。生于德国汉堡。1885 年任卡尔鲁厄大学物理学教授。1889 年,接替克劳修斯担任波恩大学物理学教授,直到逝世。他首先发表了电磁波的发生和接收的实验论文。不但为无线电通信创造了条件并且从电磁波的传播规律确定电磁波一样具有反射、折射和偏振等性质,验证了麦克思韦关于光是一种电磁波的理论。他还首先发现了光电效应现象。后人为纪念他,把频率的单位定为赫兹。属于公制的一种,意为每秒的周期性震动次数。其符号是“Hz”。
霍夫曼 R. Roald Hoff-mann	1937 –	美籍波兰裔物理学家、化学家。生于波兰兹沃切夫。1949 年随家移居美国。1955 年入美国籍。美国科学院院士。1965 年任康奈尔大学副教授,1968 年任化学教授,现任该校化学系主任。主要从事量子化学方面的研究。他在哈佛大学工作期间,和有机化学家 R. B. 伍德沃德合作,进行维生素的合成研究。应用自己在量子化学方面的丰富知识,从分子轨道的各个方面对他们观察到的实验结果进行计算和研究,并以日本化学家福井谦一提出的前线轨道理论为工具,进行分析和讨论,终于在 1965 年提出了分子轨道对称守恒原理,又称伍德沃德 – 霍夫曼规则。这个理论是从维生素 的合成工作中总结出来的,它又指导了维生素 的合成。近几年来,主要从事基态及激发态分子的电子结构,特别是金属有机化合物电子结构的研究。和福井谦一共获 1981 年诺贝尔化学奖。曾多次获得美国化学会和国际量子分子科学会的嘉奖。

续表

姓名	生卒年代	主要成就
居里夫人 Marie Curie	1867 – 1934	法国籍波兰裔物理学家、化学家。研究放射性现象,发现镭和钋两种放射性元素。一生两度获诺贝尔奖。她与她的丈夫皮埃尔居里都是放射性的早期研究者。他(她)们共同研究放射性现象,先后发现钋和镭两种天然放射性元素。她共接受过7个国家24次奖金和奖章,担任了25个国家的104个荣誉职位。居里逝世后,她继续研究放射性,并取得新成就。著有《放射性通论》等书,推动了原子核科学的发展。
卡尔·弗里德里希·高斯 Johann Carl Friedrich Gauss	1777 – 1855	德国著名数学家、物理学家、天文学家、大地测量学家。生于不伦瑞克。近代数学奠基者之一。在数论、非欧几何、微分几何、超几何级数、复变函数论以及椭圆函数论等方面均有开创性贡献。他十分注重数学的应用,在对天文学、大地测量学和磁学的研究中也偏重于用数学方法进行研究。独立发现了二项式定理的一般形式、数论上的"二次互反律"、"质数分布定理"及"算术几何平均"。发明了用圆规和直尺作正17边形的方法,解决了两千多年来悬而未决的难题。19世纪30年代,发明了磁强计,首创第一个电话电报系统。画出了世界上第一张地球磁场图,并定出了地球磁南极和磁北极的位置。他被选为许多科学院和学术团体的成员。荣获"数学之王"和"数学王子"两个称号。
卡尔勒 J. Jerome Karle	1918 –	美国晶体学家。生于纽约。美国科学院院士。1943 ~ 1944年,在芝加哥参加研制原子弹的曼哈顿工程。1946 ~ 1958年,任美国海军实验室电子衍射部主任。1958 ~ 1967年,任电子衍射局局长。1967年起,任物质结构研究实验室主任。从1951年起,兼任马里兰大学教授。1972年任美国晶体协会会长。1981 ~ 1984年任国际晶体协会主席。主要从事原子、分子、玻璃、晶体及固体表面结构的研究。从20世纪50年代起,和H. A. 豪普特曼在美国海军实验室开始研究晶体结构测定中的相角问题,为解决中、小晶体结构的直接法奠定了理论基础。1950 ~ 1955年,用直接法确定了5 ~ 6种分子结构。70年代中,借助于高速电子计算机,已能不用假设而迅速确定中、小分子的结构。他因和豪普特曼合作而创立测定晶体结构的直接法,共获1985年诺贝尔化学奖。1969年获美国化学会希尔德布兰德奖。
克里斯蒂安·惠更斯 Christiaan Huygens	1629 – 1695	荷兰物理学家、天文学家、数学家。是介于伽利略与牛顿之间的一位重要的物理学先驱。是历史上最著名的物理学家之一。他对力学的发展和光学的研究都有杰出的贡献。在数学和天文学方面也有卓越的成就,是近代自然科学的一位重要开拓者。他建立向心力定律,提出动量守恒原理,并改进了计时器。惠更斯处于富裕宽松的家庭和社会条件中,没受过宗教迫害的干扰,能比较自由地发挥自己的才能。他善于把科学实践与理论研究结合起来,透彻地解决某些重要问题,形成了理论与实验结合的工作方法与明确的物理思想。在碰撞、钟摆、离心力和光的波动说、光学仪器等多方面作出了贡献。他留给人们的科学论文与著作68种,《全集》有22卷。
勒奈·笛卡尔 Rene Descartes	1596 – 1650	法国数学家、物理学家和哲学家。生于法国小镇拉埃的一个贵族家庭。先后发表了许多在数学和哲学上有重大影响的论著。在物理学、生理学等领域都有值得称道的创见。特别是在数学上创立了解析几何,从而打开了近代数学的大门。从理论和实践两方面参与了对光的本质、反射与折射率以及磨制透镜的研究。把光的理论视为整个知识体系中最重要的部分。在力学方面,提出了宇宙间运动量总和是常数的观点,创造了运动量守恒定律,为能量守恒定律奠定了基础。发展了宇宙演化论,创立了漩涡说。认为太阳的周围有巨大的漩涡,带动着行星不断运转。
李远哲 Yuan Tseh Lee	1936 –	美籍华裔物理化学家。生于中国台湾省新竹县。台湾中央研究院院士、美国人文与科学学院院士、美国国家科学院院士以及德国哥廷根科学院院士。曾任芝加哥大学化学系助理教授、副教授、化学教授。1974年任加利福尼亚大学伯克利分校化学教授和劳伦斯 – 伯克利实验室研究员。1974年加入美国籍。主要从事微观反应动力学的研究,在气态化学动力学、分子束及辐射化学方面贡献卓著。曾获得美国化学学会的哈里逊豪奖、彼得·德拜物理化学奖、美源部的劳伦斯奖、美国国家科学奖、英国皇家化学佰法拉第奖等。1986年以分子水平化学反应动力学的研究与赫施巴赫及约翰·波兰伊共获诺贝尔化学奖。是第一位获得诺贝尔化学奖的中国台湾省人。

续表

姓名	生卒年代	主要成就
李政道 TsungDao Lee	1926 –	美籍华裔物理学家。生于上海。祖籍江苏省苏州市。美国科学院院士。主要从事粒子物理和场论领域的研究。在量子场论、基本粒子理论、核物理、统计力学、流体力学、天体物理方面的工作也颇有建树。1949 年与罗森布拉斯和杨振宁合作提出普适费米弱作用和中间玻色子的存在。1951 年提出水力学中二维空间没有湍流。1952 年与派尼斯合作研究固体物理中极化子的构造。1954 年发表了量子场论中的著名的“李模型”理论。1957 年与奥赫梅和杨振宁合作提出电荷共轭不守恒和时间不反演的可能性。1959 年与杨振宁合作,研究了硬球玻色气体的分子动力学理论,对研究氦Ⅱ的超流动性作出了贡献。1962 年与杨振宁合作,研究了带电矢量介子电磁相互作用的不可重正化性。1964 年与瑙恩伯合作,研究了无(静止)质量的粒子所参与的过程中,红外发散可以全部抵消问题。这项工作又称李 – 瑙恩伯定理。20 世纪 60 年代后期提出了场代数理论。70 年代初期研究了 CP 自发破缺的问题,又发现和研究了非拓扑性孤立子,并建立了强子结构的孤立子袋模型理论。70 年代后期和 80 年代初,继续在路径积分问题、格点规范问题和时间为动力学变量等方面开展工作;后来又建立了离散力学的基础。与杨振宁一起,因发现弱作用中宇称不守恒而获得诺贝尔物理学奖。
林家翘 ChiaChiao Lin	1916 –	美籍华裔力学和应用数学家。生于北京。原籍福建省福州市。美国国家艺术和科学院院士。美国科学院院士。中国科学院外籍院士。清华大学名誉博士学位、名誉教授、教授。国际公认的力学和应用数学权威。20 世纪 40 年代开始,他在流体力学的流动稳定性和湍流理论方面的工作带动了一代人的研究和探索。用渐近方法求解了方程,发展了平行流动稳定性理论,确认流动失稳是引发湍流的机理,所得结果为实验所证实。和冯·卡门一起提出了各向同性湍流的湍谱理论,发展了冯. 卡门的相似性理论,成为早期湍流统计理论的主要学派。从 20 世纪 60 年代起,他进入天体物理的研究领域,创立了星系螺旋结构的密度波理论,成功地解释了盘状星系螺旋结构的主要特征,确认所观察到的旋臂是波而不是物质臂,克服了困扰天文界数十年的“缠卷疑难”,并进而发展了星系旋臂长期维持的动力学理论。在应用数学方面,发展了解析特征线法和 WKBJ 方法。在数学理论方面,证明了一类微分方程中的存在定理,用来彻底解决海森伯格论文中所引起的长期争议。曾获得美国机械工程师学会 Timoshenko 奖,美国国家科学院应用数学和数值分析奖,美国物理学会流体力学奖。
伦琴威尔姆·康拉德·伦琴 Wilhelm Conrad Roentgen	1845 – 1923	德国物理学家。生于莱纳普(现属联邦德国)。曾任维尔茨堡大学校长、慕尼黑大学物理学教授和物理研究所主任。一生在物理学许多领域中进行过实验研究工作,如对电介质在充电的电容器中运动时的磁效应、气体的比热容、晶体的导热性、热释电和压电现象、光的偏振面在气体中的旋转、光与电的关系、物质的弹性、毛细现象等方面的研究都作出了一定的贡献。由于他发现 X 射线而赢得了巨大的荣誉。1901 年诺贝尔奖第一次颁发,伦琴就由于这一发现而获得了这一年的诺贝尔物理学奖。
迈克尔·法拉第 Michael Faraday	1791 – 1867	英国著名物理学家、化学家。出生在萨里郡纽因顿的一个铁匠家庭。他家境贫寒,未受过系统的正规教育,但却在众多领域中作出惊人成就。他最出色的工作是电磁感应的发现和场的概念的提出。通过奥斯特实验,他认为电与磁是一对和谐的对称现象。既然电能生磁,他坚信磁亦能生电。经过 10 年探索,历经多次失败后,1831 年终于获得成功。他称之为“伏打电感应”。尔后完成了在磁体与闭合线圈相对运动时在闭合线圈中激发电流的实验,他称之为“磁电感应”。在研制合金钢期间,首创金相分析方法。采用低温加压方法,液化了氯化氢、硫化氢、二氧化硫、氢等。利用自己研制出的一种重玻璃(硅酸硼铅),发现了磁致旋光效应。1825 年在把鲸油和鳕油制成的燃气分馏中发现了苯。
尼古拉·哥白尼 Nicolaus Copernicus	1473 – 1543	波兰天文学家、医生。出生于波兰维斯杜拉河畔的托兰市的一个富裕家庭。作为一名医生,由于医术高明而被人们誉为“神医”。在意大利期间,哥白尼就熟悉了希腊哲学家阿里斯塔克斯(前三世纪)的学说,确信地球和其他行星都围绕太阳运转这个日心说是正确的。他的成名巨著《天体运行论》是在业余时间完成的。他经过长期的观测和计算发现几颗大行星都在按各自的轨道围绕着太阳旋转,提出了“地动心说”。1513 年《天体运行论》一书出版,震动了世界,禁固人们思想一千多年的“地心说”破产,标志世界近代科学的开始,使自然科学从神学的枷锁中解放出来。

续表

姓名	生卒年代	主要成就
皮埃尔·居里 Pierre Curie	1859-1906	法国著名的物理学家。"居里定律"的发现者。出生于法国巴黎。1877年年仅18岁的皮埃尔就得到了硕士学位。1878年被任命为巴黎大学理学院物理实验室的助教。四年后又被任命为巴黎市立理化学校的实验室主任。1900年,皮埃尔被任命为巴黎大学理学院教授。1904年该院又为他设立了讲座。1881年,发表了关于石英与电气石中压电效应的精确测量。1882年,证实了李普曼关于逆效应的预言:电场引起压电晶体产生微小的收缩。利用压电现象,还设计了一种压电石英静电计——居里计。1883年起对晶体结构和物体的磁性进行了独立的、卓有成效的研究。1895年他发现了顺磁体的磁化率正比于其绝对温度,即居里定律。1895年P. 居里和M. 斯克罗多夫斯卡结婚后,和她一起研究放射性,发现了钋和镭两种元素。1903年,居里夫妇与放射性的发现者贝克勒耳共同获得了诺贝尔物理学奖。
普朗克马克斯·普朗克 MaxKarl Ernst Ludwig Planck	1858-1947	德国物理学家。量子物理学的开创者和奠基人。创立了量子理论。这是物理学史上的一次巨大变革。从此结束了经典物理学一统天下的局面。1900年抛弃了能量是连续的传统经典物理观念,导出了与实验完全符合的黑体辐射经验公式。在理论上导出这个公式,必须假设物质辐射的能量是不连续的,只能是某一个最小能量的整数倍。这一最小能量单位称为"能量子"。该假设解决了黑体辐射的理论困难。还进一步提出了能量子与频率成正比的观点,并引入了普朗克常数h。量子理论现已成为现代理论和实验的不可缺少的基本理论。由于创立了量子理论,1918年得到了物理学的最高荣誉奖——诺贝尔物理学奖。1926年被推举为英国皇家学会的最高级名誉会员,美国选他为物理学会的名誉会长。1930年被德国科学研究的最高机构威廉皇家促进科学协会选为会长。
钱永健 RogerYonchien Tsien	1952-	美籍华裔化学家。生于美国纽约。祖籍浙江省杭州市。美国科学院院士。美国国家医学院院士。美国艺术与科学院院士。圣地牙哥加利福尼亚大学生物化学及化学系教授。2008年度诺贝尔化学奖获得者之一。1994年开始研究GFP(绿色荧光蛋白),有多项发现。他在下村修与查尔菲的研究基础上进一步阐明了绿色荧光蛋白特性,通过改变其氨基酸排序,造出能吸收、发出不同颜色光的荧光蛋白,其中包括蓝色、青色和黄色,并让它们发光更持久、更强烈。世界上应用的GFP,多半是他发明的变种。其贡献在于,他使科学家很容易地使用绿色荧光蛋白,解释其机制,发现了很多新的从红到蓝的颜色,并开发了很多使用工具,使得绿色荧光蛋白技术的应用非常简单。曾获得1991年帕萨诺基金青年科学家奖、1995年比利时阿图瓦-巴耶-拉图尔健康奖、1995年盖尔德纳基金国际奖、1995年美国心脏学会基础研究奖、2002年美国化学学会创新奖、2002年荷兰皇家科学院海内生物化学与生物物理学奖、2004年沃尔夫奖及全美化学学会、蛋白质学会等多项大奖。2008年,与美国生物学家马丁.沙尔菲和日本有机化学家兼海洋生物学家下村修一起以绿色荧光蛋白的研究获得该年度诺贝尔化学奖。
托马斯·阿尔瓦·爱迪生 Thomas Alva Edison	1847-1931	美国电器发明家。诞生于美国中西部的俄亥俄州。小时候只上了几个月的学,被辱骂为"蠢钝糊涂"的"低能儿"。他制定了双工式和四工式电报系统,发明了自动电报机。1877~1879年,发明了留声机,轰动了全世界。花费精力最大的是电灯的发明。他发明了钨丝灯泡,制定了照明系统,并为集中供电进行了许多工作。1882年,他建成了第一座大型发电厂。1883年,他发现电子发射现象,称为"爱迪生效应"。一生中完成了两千多种发明,仅1869~1910年内经不正式登记的发明就有1 328种。人们称他为"发明王"。.
詹姆斯·瓦特 James Watt	1736-1819	英国发明家、工程师。生于苏格兰的一个小镇格里诺克。是工业革命时期的重要人物。英国皇家学会会员和法兰西科学院外籍院士。他在认真总结前人经验的基础上,经过反复的科学实验改进并制造了新型的蒸汽机。1774年瓦特第一台新型蒸汽机问世,点燃了工业革命的导火索。从此机器大工业生产逐渐取代了手工业生产,从而改变了整个世界的面貌。他对当时已出现的蒸汽机原始雏形作了一系列的重大改进,发明了单缸单动式和单缸双动式蒸汽机,提高了蒸汽机的热效率和运行可靠性,对当时社会生产力的发展作出了杰出贡献。他改良了蒸汽机。发明了气压表和汽动锤。后人为了纪念他,把功率和辐射通量的计量单位称为瓦特,常用符号"W"表示。

续表

姓名	生卒年代	主要成就
吴健雄 Wufemale scientist	1912 – 1997	美籍华裔核物理学家。原籍江苏省苏州市太仓浏河。生于上海市闵行区。其丈夫是华裔美国物理学家袁家骝。台湾中央研究院院士。美国科学院院士。中国科学院首批外籍院士。素有"东方居里夫人"之称。在β衰变研究领域具有世界性的贡献。在1957年用β衰变实验证明了在弱互相作用中的宇称不守恒。这在整个物理学界产生了深远的影响。1963年用β衰变实验证明了核β衰变中矢量流守恒定律。1970年再次用实验证明了正电子与负电子的宇称相反。此外,她对粒子或辐射探测器的研制也有重要贡献。曾获美国最高科学荣誉——国家科学勋章。1944年参加了"曼哈顿计划"(研制原子弹)。1952年任哥仑比亚大学副教授,1958年升为教授。同年,普林斯顿大学授予她名誉科学博士称号。1972年起任普林斯顿大学物理学教授直到1980年退休。1982年受聘为南京大学、北京大学、中国科学技术大学等校的名誉教授,是中国科学院高能物理研究所学术委员会委员。1975年,获美国国家科学奖章。1978年,获沃尔夫基金会首次颁发的沃尔夫奖。1986年,美国自由女神像建立一百周年庆典时,获艾丽斯岛荣誉奖。1986年,杨振宁、李政道、丁肇中和李远哲四位诺贝尔奖得主发起在台北创立吴健雄学术基金会。1990年,南京紫金山天文台将国际编号为2 752号的小行星被命名为"吴健雄星"。1991年,获代表理工界最高荣誉的普平纪念奖章。中国设立"吴健雄物理奖"、"吴健雄袁家骝自然科学基金会"。南京大学、东南大学、明德中学先后设立"吴健雄奖学金"。1992年南京大学物理系建立"吴健雄图书馆",东南大学建立"吴健雄实验室"。1998年"吴健雄墓园"在明德中学校内建成。明德学校建立"吴健雄科技楼"、"明德楼纪念馆"。2002年,东南大学建立"吴健雄纪念馆"。曾获美国普林斯顿大学、耶鲁大学、哈佛大学、中国南京大学、北京大学、中国科技大学、台湾中央大学等16所大学荣誉博士学位。被称为:世界物理女王、原子弹之母、原子核物理的女王、物理科学的第一夫人、最伟大的实验物理学家。
杨振宁 ChenNingYang	1922 –	美籍华裔理论物理学家。出生在安徽省合肥市。曾先后获得中国科学院、美国国家科学院、英国皇家学会、俄罗斯科学院、台湾中央研究院、罗马教皇学院以及多个欧洲和拉丁美洲科学院的院士荣衔。历任普林斯顿高等研究所教授、纽约州立大学石溪分校爱因斯坦讲座教授和理论物理研究所所长。自1986年起,出任香港中文大学博文讲座教授。1997年出任清华大学高等研究中心荣誉主任。与李政道在1956年提出弱衰变过程中"宇称不守恒"理论(指真实世界和镜子里的影像世界不对称),并得到实验证实。1957年与李政道一起因此获得诺贝尔物理学奖。1954年提出的规范场理论,则于70年代发展成为基本粒子强、弱、电磁等三种相互作用力的基础理论。曾在统计物理、凝聚态物理、量子场论、数学物理等领域作出多项重大贡献。发表过约200篇科学论文和报告,还获得美国国家科学奖章及拥有多项荣誉学位。被誉为"全才的三个理论物理学家之一"。
朱棣文 Steven Chu	1948 –	美籍华裔物理学家。生于美国圣路易斯。祖籍中国江苏省太仓县。美国艺术和科学院院士。中国科学院外籍院士。担任劳伦斯·伯克利国家实验室主任,是首位掌管这个美国能源部下属国家实验室的亚裔人士。现任美国能源部部长。他先后就读于罗切斯特大学和加利福尼亚大学伯克利分校,获得数学和物理学专业学位。在贝尔实验室工作数年后,先后在哈佛大学和斯坦福大学任教。研究号称为"分子马达"(molecular motor)的肌蛋白细胞的收缩现象。此技术可以在不破坏细胞膜的情况下,操控细胞内的物质,或在密闭容器内处理稀有元素或者放射性元素。1997年,因发明用激光冷却和俘获原子的方法获得诺贝尔物理学奖。

十六、基本常数表

常数	符号	最佳实验值	供计算用值
真空中光速	c	$2.997\ 924\ 58\times10^{8}\text{m}\cdot\text{s}^{-1}$	$3.00\times10^{8}\ \text{m}\cdot\text{s}^{-1}$
引力常量	G	$6.672\ 8\times10^{-11}\text{m}^{3}\cdot\text{kg}^{-1}\cdot\text{s}^{-2}$	$6.67\times10^{-11}\text{m}^{3}\cdot\text{kg}^{-1}\cdot\text{s}^{-2}$
阿伏伽德罗常量	N_A	$6.022\ 142\ 79\ \times10^{23}\text{mol}^{-1}$	$6.02\times10^{23}\text{mol}^{-1}$
摩尔气体常量	R	$8.314\ 472\text{J}\cdot\text{mol}^{-1}\cdot\text{K}^{-1}$	$8.31\text{J. mol}^{-1}\cdot\text{K}^{-1}$
玻尔兹曼常量	k	$1.380\ 650\ 4\ \times10^{-23}\text{J}\cdot\text{K}^{-1}$	$1.38\times10^{-23}\ \text{J}\cdot\text{K}^{-1}$
理想气体摩尔体积	V_m	$2.241\ 399\ 6\ \times10^{-2}\text{m}^{3}\cdot\text{mol}^{-1}$	$2.24\times10^{-2}\ \text{m}^{3}\cdot\text{mol}^{-1}$
基本电荷(元电荷)	e	$1.602\ 176\ 487\ \times10^{-19}\ \text{C}$	$1.602\times10^{-19}\ \text{C}$
原子质量单位	u	$1.660\ 538\ 782\times10^{-27}\ \text{kg}$	$1.66\times10^{-27}\ \text{kg}$
电子静止质量	m_e	$9.109\ 382\ 15\times10^{-31}\text{kg}$	$9.11\times10^{-31}\text{kg}$
质子静止质量	m_p	$1.672\ 621\ 67\times10^{-27}\ \text{kg}$	$1.673\times10^{-27}\ \text{kg}$
中子静止质量	m_n	$1.674\ 927\ 21\times10^{-27}\ \text{kg}$	$1.675\times10^{-27}\ \text{kg}$
法拉第常数	F	$(9.648\ 533\ 99\times10^{4}$库·摩$^{-1}$	$9.65\times10^{4}\text{C}\cdot\text{mol}^{-1}$
真空电容率	ε_0	$8.854\ 187\ 817\times10^{-12}\text{F}\cdot\text{m}^{-1}$	$8.85\times10^{-12}\text{F}\cdot\text{m}^{-2}$
真空磁导率	μ_0	$4\pi\times10^{-7}\text{H}\cdot\text{m}^{-1}$	$4\pi\times10^{-7}\text{H}\cdot\text{m}^{-1}$
电子磁矩	μ_e	$-9.284\ 287\ 77\times10^{-24}$安·米^{2}	-9.28×10^{-24}安·米^{2}
质子磁矩	μ_p	$1.410\ 606\ 66\times10^{-26}$安·米^{2}	1.41×10^{-26}安·米^{2}
玻尔半径	α_0	$5.291\ 772\ 086\times10^{-11}\ \text{m}$	$5.29\times10^{-11}\ \text{m}$
玻尔磁子	μ_B	$9.274\ 009\ 15\times10^{-24}$安·米^{2}	9.27×10^{-24}安·米^{2}
普朗克常量	h	$6.626\ 068\ 96\times10^{-34}$焦·秒	6.63×10^{-34}焦·秒
精细结构常数	a	$7.297\ 352\ 54\times10^{-3}$	2.297×10^{-3}
里德伯常量	R_∞	$1.097\ 373\ 156\ 9\times10^{7}\text{m}^{-1}$	$1.10\times10^{7}\text{m}^{-1}$
电子康普顿波长	λ_c	$2.426\ 310\ 22\times10^{-12}\text{m}$	$2.43\times10^{-12}\text{m}$
质子康普顿波长	$\lambda_{c,p}$	$1.321\ 409\ 845\times10^{-15}\text{m}$	$1.32\times10^{-15}\text{m}$
质子电子质量比	m_p/m_e	1 836.151 5	1 836.15
中子的康普顿波长	$\lambda_{c,n}$	$1.319\ 590\ 90\times10^{-15}\text{m}$	$1.32\times10^{-15}\text{m}$
圆周率	π	$\pi=3.141\ 592\ 7$	$\pi=3.14$
自然对数的底	LN	e = 2.718 281 8	e = 2.72
标准大气压	P_o	$P_o=101\ 325\text{Pa}$	$P_o=101\ 325\text{Pa}$
水的三相点温度	t_o	$t_o=273.16\text{K}=0.01$℃	$t_o=273.16\text{K}$
绝对零度	℃	$T_o=-273.15$℃	$T_o=-273.15$℃

注：根据国际科技数据委员会(CODATA)2006年的资料。

十七、常用天文数据表

表1 天文基本数据

名称	数值
1 天文单位	1.4959787×10^{11} m
1 光年	9.4605×10^{15} m $=6.324\times10^{4}$ 天文单位
黄赤交角(2000 年 1 月 1.5 日)	23°26′21.448″
1 恒星日	0.997 269 57 平太阳日 =23 时 56 分 04.090 8 秒(平太阳时)
1 恒星月	27.321 662 平太阳日 =27 日 07 时 43 分 11.6 秒(平太阳时)
1 恒星年	365.256 36 平太阳日
1 回归年	365.242 20 平太阳日

表2 银河系基本数据

名称	数值
银河系主体直径	约 80 000 光年
银河系主体厚度	约 3 000 ~ 12 000 光年
太阳与银心距离	约 30 000 光年
太阳处银河系自转速度	约 250 $km\cdot s^{-1}$
太阳处银河系自转周期	约 2.5×10^{8} 年
银河系年龄	约 10^{10} 年

表3 太阳基本数据

名称	数值
日地平均距离	1 天文单位 $=1.4959787\times10^{11}$ m
日地最近距离	1.4710×10^{11} m
日地最远距离	1.5210×10^{11} m
太阳直径	1 392 000km
太阳表面积	$6.087\times10^{12}km^{2}$
太阳体积	$1.414\times10^{18}km^{3}$
太阳质量	1.9891×10^{33} g
太阳平均密度	$1.41g.cm^{-3}$
太阳中心温度	1.5×10^{7} K
太阳表面有效温度	5 770K
太阳年龄	约 5×10^{9} 年
太阳活动周期的平均长度	11.04 年

表4 地球基本数据

名称		数值
地球半径：	赤道半径	6 378.140 km
	极半径	6 356.755 km
	平均半径	6 371.004 km
赤道周长		40 075.04 km
地球表面积		5.11×10^{8} km^{2}
陆地面积		1.49×10^{8} km^{2}（为地球表面积的29.2%）
海洋面积		3.62×10^{8} km^{2}（为地球表面积的70.8%）
地球体积		1.083×10^{12} km^{3}
地球质量		$5.974\ 2\times10^{27}$ g
地球平均密度		5.52 g. cm^{-3}
地球表面重力加速度		（$\varphi=45°$处）9.806 2m/s^{2}
地球表面脱离速度		11.2km/s
地球年龄		约4.6×10^{9}年

表5 月球基本数据

名称	数值
月地平均距离	384 401 km＝0.002 57 天文单位＝60.268 5 地球赤道半径
近地点平均距离	363 300 km
远地点平均距离	405 500 km
月球直径	3 476 km
月球表面积	0.38×10^{8} km^{2}（约为地球表面积的1/13）
月球体积	2.200×10^{10} km^{3}
月球质量	$7.348\ 3\times10^{25}$ g
月球平均密度	3.34 g. cm^{-3}
月球表面温度：最高温度 最低温度	+127℃ −183℃
月球年龄	约4.6×10^{9}年
月球表面重力加速度	1.62m/s^{2}
月球表面脱离速度	2.38km/s

十八、中华人民共和国法定计量单位表

表1 国际单位制的基本单位

量的名称	单位名称	单位符号
长度	米	m
质量	千克(公斤)	kg
时间	秒	s
电流	安[培]	A
热力学温度	开[尔文]	K
物质的量	摩[尔]	mol
发光强度	坎[德拉]	cd

表2 国际单位制中包括辅助单位在内的具有专门名称的导出单位

量的名称	单位名称	单位符号	其他表示式例
[平面]角	弧度	rad	1
立体角	球面度	sr	1
频率	赫[兹]	Hz	s^{-1}
力	牛[顿]	N	kg. m/s^2
压力,压强,应力	帕[斯卡]	Pa	N/m^2
能[量],功,热量	焦[耳]	J	N · m
功率,辐[射能]通量	瓦[特]	W	J/s
电荷[量]	库[仑]	C	A · s
电压,电动势,电位,(电势)	伏[特]	V	W/A
电容	法[拉]	F	C/V
电阻	欧[姆]	Ω	V/A
电导	西[门子]	S	Ω^{-1}
磁通[量]	韦[伯]	Wb	V · s
磁通[量]密度,磁感应强度	特[斯拉]	T	Wb/m^2
电感	亨[利]	H	Wb/A
摄氏温度	摄氏度	℃	
光通量	流[明]	lm	cd · sr
[光]照度	勒[克斯]	lx	$1m/m^2$
[放射性]活度	贝可[勒尔]	Bq	s^{-1}
吸收剂量,比授[予]能,比释动能	戈[瑞]	Gy	J/kg
剂量当量	希[沃特]	Sv	J/kg

表3 国家选定的非国际单位制单位

量的总称	单位名称	单位符号	换算关系和说明
时间	分	min	1min = 60s
	[小]时	h	1h = 60 min = 3 600s
	日,(天)	d	1d = 24h = 86 400s
[平面]角	[度]	°	1° = 60′ = (π/180) rad
	[角]分	′	1′ = 60″ = (π/10 800) rad
	[角]秒	″	1″ = (π/648 000) rad (π 为圆周率)
转速	转每分	r/min	1r/min = (1/60) s^{-1}
长度	海里	n mile	1n mile = 1 852m (只用于航程)
速度	节	kn	1kn = 1n mile/h = (1 852/3 600) m/s(只用于航行)
质量	吨 原子质量单位	t u	1t = 10^3kg 1u ≈ 1.660 540 × 10^{-27}kg
体积	升	L,(l)	1L = 1dm^3 = $10^{-3}$$m^3$
能	电子伏	eV	1eV ≈ 1.602 177 × 10^{-19}J
级差	分贝	dB	
线密度	特[克斯]	tex	1tex = 10^{-6}kg/m
面积	公顷	hm^2	1 hm^2 = $10^4$$m^2$

表4 用于构成十进倍数和分数单位的词头

所表示的因数	词头名称	词头符号
10^{24}	尧[它]	Y
10^{21}	泽[它]	Z
10^{18}	艾[可萨]	E
10^{15}	拍[它]	P
10^{12}	太[拉]	T
10^{9}	吉[咖]	G
10^{6}	兆	M
10^{3}	千	k
10^{2}	百	h
10^{1}	十	da
10^{-1}	分	d
10^{-2}	厘	c
10^{-3}	毫	m
10^{-6}	微	μ
10^{-9}	纳[诺]	n
10^{-12}	皮[可]	p
10^{-15}	飞[母托]	f
10^{-18}	阿[托]	a
10^{-21}	仄[普托]	z
10^{-24}	幺[科托]	y

十九、法定计量单位与常见非国际单位制单位的对照和换算表

表 1

	法定计量单位		常见非国际单位制单位		换算关系
	名称	符号	名称	符号	
长度	千米(公里)	km		KM	1 千米(公里)=2 市里=0.621 4 英里
	米	m	公尺	M	1 米=1 公尺=3 市尺=3.280 8 英尺=1.093 6 码
	分米	dm	公寸		1 分米=1 公寸=0.1 米=3 市寸
	厘米	cm	公分		1 厘米=1 公分=0.01 米=3 市分=0.393 7 英寸
	毫米	mm	公厘	m/m, MM	1 毫米=1 公厘=0.001 米=3 市厘
	微米	μm	公微	μ, mμ, μM	1 微米=1 公微=10^{-6}米
	纳米	nm	毫微米	mμm	1 纳米=1 毫微米=10^{-9}米
	海里	n mile			1 海里=3.704 0 市里=1.15 英里
			市里		1 市里=150 市丈=0.5 公里=0.310 7 英里
			市引		1 市引=10 市丈
			市丈		1 市丈=10 市尺=3.333 3 米=3.645 4 码
			市尺		1 市尺=10 市寸=0.333 3 米=1.093 6 英尺
			市寸		1 市寸=10 市分=3.333 3 厘米=1.312 3 英寸
			市分		1 市分-10 市厘
			市厘		1 市厘=10 市毫
			英里	mile	1 英里=1 760 码=5 280 英尺=1.609 3 千米=3.218 7 市里
			码	yd	1 码=3 英尺=0.914 4 米=2.743 市尺
			英尺	ft	1 英尺=12 英寸=0.304 8 米=0.914 4 市尺
			英寸	in	1 英寸=2.540 0 厘米=0.762 0 市寸
	飞米	fm	费密	fermi	1 飞米=1 费密=10^{-15}米
			埃	Å	1 埃=10^{-10}米

表2

	法定计量单位		常见非国际单位制单位		换算关系
	名称	符号	名称	符号	
面积	平方千米(平方公里)	km^2		KM^2	1平方千米(平方公里)=1 000 000平方米=100公顷=4平方市里≈0.386 1平方英里
			公顷	hm^2	1公顷=10 000平方米=100公亩=15市亩≈2.471 1英亩
			公亩	a	1公亩=100平方米=0.15市亩≈0.024 7英亩
	平方米	m^2	平米,方		1平方米=1平米=9平方市尺=10.763 9平方英尺≈1.196 0平方码
	平方分米	dm^2			1平方分米=0.01平方米
	平方厘米	cm^2			1平方厘米=0.000 1平方米
			市顷		1市顷=100市亩≈6.666 7公顷
			市亩		1市亩=10市分=60平方市丈≈6.666 7公亩≈0.066 7公顷≈0.164 4英亩
			市分		1市分=6平方市丈
			平方市里		1平方市里=22 500平方市丈=0.250 0平方公里=0.096 5平方英里
			平方市丈		1平方市丈=100平方市尺
			平方市尺		1平方市尺=100平方市寸=0.111 1平方米=1.960平方英尺
			平方英里	$mile^2$	1平方英里=640英亩=2.590 0平方公里=10.360 0平方市里
			英亩		1英亩=4 840平方码=40.468 6公亩=6.072 0市亩
			平方码	yd^2	1平方码=9平方英尺=0.836 1平方米=7.524 9平方市尺
			平方英尺	ft^2	1平方英尺=144平方英寸=0.092 9平方米=0.836 1平方市尺
			平方英寸	in^2	1平方英寸=6.451 6平方厘米=0.580 6平方市寸
			靶恩	b	1靶恩=10^{-28}平方米
体积	立方米	m^3	立米,方	cum	1立方米=1方=27立方市尺=35.314 7立方英尺=1.308 0立方码
	立方分米	dm^3			1立方分米=0.001立方米
	立方厘米	cm^3			1立方厘米=0.000 001立方米
			立方市丈		1立方市丈=1 000立方市尺
			立方市尺		1立方市尺=1 000立方市寸=0.037 0立方米=1.307 8立方英尺
			立方码	yd^3	1立方码=27立方英尺=0.764 6立方米=20.641 5立方市尺
			立方英尺	ft^3	1立方英尺=1 728立方英寸≈0.028 3立方米≈0.764 5立方市尺
			立方英寸	in^3	1立方英寸=16.39立方厘米≈0.442 4立方市寸

表3

	法定计量单位		常见非国际单位制单位		换算关系
	名称	符号	名称	符号	
容积	升	L(1)	公升、立升		1 升 =1 公升 =1 立升 =1 市升
	分升	(dL)dl			1 分升 =0.1 升 =1 市合
	厘升	(cL)cl			1 厘升 =0.01 升
	毫升	(mL)ml	西西	c.c.,cc	1 毫升 =1 西西 =0.001 升 =1 厘米^3
			市石		1 市石 =10 市斗 =100 升 =2.749 8 蒲式耳(英)
			市斗		1 市斗 =10 市升 =10 升
			市升		1 市升 =10 市合 =1 升 =1.759 8 品脱(英) =0.220 0 加仑(英)
			市合		1 市合 =10 市勺 =1 分升
			市勺		1 市勺 =10 市撮 =1 厘升
			市撮		1 市撮 =1 毫升
			美加仑 英加仑	USgal USgal	1 美加仑 =3.785 升 1 英加仑 =4.546 升
			英夸脱	UKqt	1 英夸脱 =1.137 升
			英品脱	UKpt	1 品脱 =0.568 3 升
			英液盎司	UKfl oz	1 英液盎司≈2.841 厘升 =28.413 1 毫升
			英液打兰	UKfl dr	1 英液打兰≈3.552 毫升

表4

	法定计量单位		常见非国际单位制单位		换算关系
	名称	符号	名称	符号	
质量	吨	t	公吨	T	1 吨 =1 公吨 =1 000 千克 =0.984 2 英吨 =1.102 3美吨
			公担	q	1 公担 =100 千克 =2 市担
	千克（公斤）	kg		KG,KGS Kg	1 千克 =2 市斤 =2.204 6 磅(常衡)
	克	g	公分	gm,gr	1 克 =1 公分 =0.001 千克 =2 市分 =15.432 4 格令
	分克	dg			1 分克 =0.000 1 千克 =2 市厘
	厘克	cg			1 厘克 =0.000 01 千克
	毫克	mg			1 毫克 =0.000 001 千克
	原子质量单位	u	道尔顿	Daltoo	1 道尔顿 =1 原子质量单位
			公两		1 公两 =100 克
			公钱		1 公钱 =10 克
			市担		1 市担 =100 市斤
			市斤		1 市斤 =10 市两 =0.5 千克 =1.102 3 磅(常衡)
			市两		1 市两 =10 市钱 =50 克 =1.763 7 盎司(常衡)
			市钱		1 市钱 =10 市分 =5 克
			市分		1 市分 =10 市厘
			市厘		1 市厘 =10 市毫
			市毫		1 市毫 =10 市丝
			英吨（长吨）	ton	1 英吨(长吨) =2 240 磅 =1 016 千克
			美吨（短吨）	sh ton	1 美吨(短吨) =2 000 磅 =907 千克
			磅	lb	1 磅 =0.453 6 千克
			盎司（常衡）	oz	1 盎司(常衡) =28.349 5 克
			盎司（金衡）		1 盎司(金衡) =31.103 5 克
			格令	gr	1 格令 =1/7 000 磅≈0.064 8 克

表5

	法定计量单位		常见非国际单位制单位		换算关系
	名称	符号	名称	符号	
时间	年	a		y,yr	1y = 1yr = 1 年
	日(天)	d			1 日 = 24 小时 = 86 400 秒
	[小]时	h		hr	1hr = 1 小时 = 60 分 = 3 600 秒
	分	min		(′)	1′ = 1 分 = 60 秒
	秒	s		S,sec,(″)	1sce = 1 秒
频率	赫兹	Hz	周	C	1 周 = 1 赫兹
	兆赫	MHz	兆周	MC	1 兆周 = 1 兆赫
	千赫	kHz	千周	KC,kc	1 千周 = 1 千赫
温度	开[尔文]	K	开氏度	°K	1 开 = 1 开氏度
		K	绝对度	°K	1 开 = 1 绝对度
	摄氏度,开[尔文]	℃,K	度	deg	1 开 = 1 度 1 摄氏度(温差)
			华氏度	°F	1 华氏度 = 0.555 556 开
			列氏度	°R	1 列氏度 = 1.25 摄氏度
力、重力	牛[顿]	N	千克,公斤	kg	
			达因	dyn	1 达因 = 10^{-5} 牛
压力、压强、应力	帕[斯卡]	Pa	巴	bar,b	1 巴 = 0.1 兆帕
			毫巴	mbar	1 毫巴 = 10^{2} 帕
			托	Torr	1 托 = 133.322 帕
			标准大气压	atm	1 标准大气压 = 101.325 千帕
			工程大气压	at,kgf/cm^{2}	1 工程大气压 = 98.066 5 千帕
			毫米汞柱	mmHg	1 毫米汞柱 = 133.322 帕
			毫米水柱	mmrho	1 毫米汞柱 = 9.806 65 帕
线密度	特[克斯]	tex	旦[尼尔]	den,denier	1 旦 = 0.111 111 特

表6

	法定计量单位		常见非国际单位制单位		换算关系
	名称	符号	名称	符号	
功、能、热	焦[耳]	J	尔格	erg	1 尔格 = 10^{-7} 焦
功 率	瓦[特]	W	电工马力		1 电工马力 = 746 瓦
			米制马力	ch, cops	1 米制马力 = 735.499 瓦
			英制马力	HP, hp	1 英制马力 = 745.7 瓦
磁感应强度（磁通密度）	特[斯拉]	T	高斯	Gs	1 高斯 = 10^{-4} 特
磁场强度	安[培]每米	A/m	奥斯特，楞次	Oe	1 奥斯特 = $\frac{1\ 000}{4\pi}$ 安/米，1 楞次 = 1 安/米
物质的量	摩[尔]	mol	克原子，克分子，克当量		
发光强度	坎[德拉]	cd	烛光，新烛光，支光		1 新烛光 = 1 坎
[光]照度	勒[克斯]	lx	辐透	ph	1 辐透 = 10^4 勒
[光]亮度	坎[德拉]每平方米	cd/m^2	熙提	sb	1 熙提 = 10^4 坎/米^2
[放射性]活度	贝可[勒尔]	Bq	居里	Ci	1 居里 = 3.7×10^{10} 贝可
吸收剂量	戈[瑞]	Gy	拉德	rad	1 拉德 = 10^{-2} 戈
剂量当量	希[沃特]	Sv	雷姆	rem	1 雷姆 = 10^{-2} 希
照射量	库[仑]每千克	C/kg	伦琴	R	1 伦琴 = 2.58×10^{-4} 库/千克

二十、希腊字母表

大写	小写	英文名	英文读音	汉语拼音注音
Α	α	alpha	【'ælfə】	alfa
Β	β	beta	【'bi:tə;'beitə】	bita
Γ	γ	gamma	【'gæmə】	gama
Δ	δ	delta	【'deltə】	delta
Ε	ε	epsilon	【ep'sailən;'epsilən】	epsilon
Ζ	ζ	zeta	【'zi:tə】	zita
Η	η	eta	【'i:tə;èitə】	yita
Θ	θ	theta	【'θi:tə】	sita
Ι	ι	iota	【ai'outə】	yota
Κ	κ	kappa	【'kæpə】	kapa
Λ	λ	lambda	【'læmdə】	lamda
Μ	μ	mu	【mju:】	miu
Ν	ν	nu	【nju:】	niu
Ξ	ξ	xi	【ksai;zai;gzai】	ksai
Ο	ο	omicron	【ou'maikrən】	omikron
Π	π	pi	【pai】	pai
Ρ	ρ	rho	【rou】	you
Σ	σ	sigma	【'sigmə】	sigma
Τ	τ	tau	【tɔ:】	tao
Υ	υ	upsilon	【ju:p'sailən;'ju:psilən】	yuopsiln
Φ	φ	phi	【fai】	fai
Χ	χ	chi	【kai】	hai
Ψ	ψ	psi	【psai】	psai
Ω	ω	omega	【'oumigə;ou'mi:gə】	omiga

二十一、国际原子量表(2007年)

原子序数	元素	符号	拉丁文名	原子量
1	氢	H	Hydrogenium	1.007 94(7)
2	氦	He	Helium	4.002 602(2)
3	锂	Li	Lithium	6.941(2)
4	铍	Be	Beryllium	9.012 182(3)
5	硼	B	Borium	10.811(7)
6	碳	C	Carbonium	12.010 7(8)
7	氮	N	Nitrogenium	14.006 7(2)
8	氧	O	Oxygenium	15.999 4(3)
9	氟	F	Fluorum	18.998 403 2(5)
10	氖	Ne	Neonum	20.179 7(6)
11	钠	Na	Natrium	22.989 679 28(2)
12	镁	Mg	Magnesium	24.305 0(6)
13	铝	Al	Aluminium	26.981 538 6(8)
14	硅	Si	Silicium	28.085 5(3)
15	磷	P	Phosphorum	30.973 762(2)
16	硫	S	Sulphur	32.065(6)
17	氯	Cl	Chiorum	35.453(2)
18	氩	Ar	Argonium	39.948(1)
19	钾	K	Kailum	39.098 3(1)
20	钙	Ca	Calcium	40.078(4)
21	钪	Sc	Scandium	44.955 912(6)
22	钛	Ti	Titanium	47.867(1)
23	钒	V	Vanadium	50.941 5(1)
24	铬	Cr	Chromium	51.996 1(6)
25	锰	Mn	Manganum	54.938 045(5)
26	铁	Fe	Ferrum	55.845(2)
27	钴	Co	Cobaltum	58.933 195(5)
28	镍	Ni	Niccolum	58.693 4(4)
29	铜	Cu	Cuprum	63.546(3)
30	锌	Zn	Zincum	65.38(2)
31	镓	Ga	Gallium	69.723(1)
32	锗	Ge	Germanium	72.64(1)
33	砷	As	Arsenium	74.921 60(2)
34	硒	Se	Selenium	78.96(3)
35	溴	Br	Bromium	79.904(1)

续表

原子序数	元 素	符 号	拉丁文名	原子量
36	氪	Kr	Kryptonum	83.798(2)
37	铷	Rb	Rubidium	85.467 8(2)
38	锶	Sr	Strontium	87.62(1)
39	钇	Y	Yttrium	88.905 85(2)
40	锆	Zr	Zirconium	91.224(2)
41	铌	Nb	Niobium	92.906 38(2)
42	钼	Mo	Molybdänium	95.96(2)
43	锝	Tc	Technetium	(98)
44	钌	Ru	Ruthenium	101.07(2)
45	铑	Rh	Rhodium	102.905 50(2)
46	钯	Pd	Palladium	106.42(1)
47	银	Ag	Argentum	107.868 2(2)
48	镉	Gd	Cadmium	112.411(8)
49	铟	In	Indium	114.818(3)
50	锡	Sn	Stannum	118.710(7)
51	锑	Sb	Stibium	121.760(1)
52	碲	Te	Tellurium	127.60(3)
53	碘	I	Iodium	126.904 47(3)
54	氙	Xe	Xenonum	131.293(6)
55	铯	Cs	Caesium	132.905 451 9(2)
56	钡	Ba	Baryum	137.327(7)
57	镧	La	Lanthanum	138.905 47(7)
58	铈	Ce	Cerium	140.116(1)
59	镨	Pr	Praseodymium	140.907 65(2)
60	钕	Nd	Neodymium	144.242(3)
61	钷	Pm	Promethium	(145)
62	钐	Sm	Samarium	150.36(2)
63	铕	Eu	Europium	151.964(1)
64	钆	Gd	Gadolinium	157.25(3)
65	铽	Tb	Terbium	158.925 35(3)
66	镝	Dy	Dysprosium	162.500(1)
67	钬	Ho	Holmium	164.930 32(2)
68	铒	Er	Erbium	167.259(3)
69	铥	Tm	Thulium	168.934 21(2)
70	镱	Yb	Ytterbium	173.054(5)
71	镥	Lu	Lutecium	174.966 8(1)
72	铪	Hf	Hafnium	178.49(2)
73	钽	Ta	Tantalum	180.947 88(2)

续表

原子序数	元素	符号	拉丁文名	原子量
74	钨	W	Wolfram	183.84(1)
75	铼	Re	Rhenium	186.207(1)
76	锇	Os	Osmium	190.23(3)
77	铱	Ir	Iridium	192.217(3)
78	铂	Pt	Platinum	195.084(9)
79	金	Au	Aurum	196.966 569(4)
80	汞	Hg	Hydrargyrum	200.59(2)
81	铊	Tl	Thallium	204.383 3(2)
82	铅	Pb	Plumbum	207.2(1)
83	铋	Bi	Bismuthum	208.980 40(1)
84	钋	Po	Polonium	(209)
85	砹	At	Astatium	(210)
86	氡	Rn	Radon	(222)
87	钫	Fr	Francium	(223)
88	镭	Ra	Radium	(226)
89	锕	Ac	Actinium	(227)
90	钍	Th	Thorium	232.038 06(2)
91	镤	Pa	Protactinium	231.035 88(2)
92	铀	U	Uranium	238.028 91(3)
93	镎	Np	Neptunium	(237)
94	钚	Pu	Plutonium	(244)
95	镅	Am	Americium	(243)
96	锔	Cm	Curium	(247)
97	锫	Bk	Berkelium	(247)
98	锎	Cf	Californium	(251)
99	锿	Es	Einsteinium	(252)
100	镄	Fm	Fermium	(257)
101	钔	Md	Mendelevium	(258)
102	锘	No	Nobelium	(259)
103	铹	Lr	Lawrencium	(262)
104	𬬻	Rf	Rutherfordium	(261)
105	𬭊	Db	Dubnium	(262)
106	𬭳	Sg	Seaborgium	(266)
107	𬭛	Bh	Bohrium	(264)
108	𬭶	Hs	Hassium	(277)
109	鿏	Mt	Meitnerium	(268)
110	𫟼	Ds	Darmstadtium	(271)
111	𬬭	Rg	Roentgenium	(272)

二十二、全球地质年代表

宙	代	纪	世	距今年龄（百万年）	生物发展的主要事件			
					植物		动物	
显生宙PH	新生代CZ	第四纪Q	全新世	0.01	被子植物时代			哺乳动物时代
			更新世	1.81				
		新近纪（新第三纪）N	上新世	5.32			人类出现	
			中新世	23.8				
		古近纪（老第三纪）E	渐新世	33.7				
			始新世	55.0				
			古新世	65.5		被子植物出现	恐龙、菊石等绝灭早期鸟类，披羽毛、长翅膀的恐龙兴起	
	中生代MZ	白垩纪K	晚白垩世	98.9				
			早白垩世	142.0	裸子植被时代			爬行动物时代
		侏罗纪J	晚侏罗世	159.4				
			中侏罗世	180.1				
			早侏罗世	205.1			哺乳动物出现	
		三叠纪T	晚三叠世	227.4				
			中三叠世	241.7			地球历史中最大的绝灭事件	
			早三叠世	250				
	古生代PZ	二叠纪P	乐平世					
			瓜德鲁普世					
			乌拉尔世	292	蕨类植物时代	裸子植物出现	爬行动物出现	两栖动物时代
		石炭纪C	晚石炭世	320				
			早石炭世	354				
		泥盆世D	晚泥盆世	370				
			中泥盆世	391				
			早泥盆世	417			两栖动物出现	
		志留纪S	普里道列世	419				
			罗德洛世	423	藻菌时代	陆生维管束植物出现	鱼类出现	鱼形动物时代
			温洛克世	428				
			兰多维利世	440				

续表

宙	代	纪	世	距今年龄（百万年）	生物发展的主要事件			
					植物		动物	
显生宙PH	古生代PZ	奥陶纪O	晚奥陶世					鱼形动物时代
			中奥陶世				无颌类出现	
			早奥陶世	495				
		寒武纪e	晚寒武世	500				无脊椎动物时代
			中寒武世	520			无脊椎动物快速辐射（“寒武纪大爆发”）	
			早寒武世	545				
元古宙PR	新元古代NP	末元古纪	—	650				
		成冰纪		850			埃迪卡拉动物群翁安生物群	
		拉伸纪		1 000				
	中元古代MP	狭带纪		1 200	藻菌时代	早期真核多细胞藻类出现（加拿大杭廷组“Hunting Formation”）		
		延展纪		1 400				
		盖层纪		1 600				
	古元古代PP	固结纪		1 800		发现最早真核生物实体化石（加拿大冈福林特组“Gunflint Formation”）		
		造山纪		2 050				
		层侵纪		2 300				
		成铁纪		2 500				
太古宙AR	新太古代NA	未再分纪	—	2 800				
	中太古代MA			3 200		发现最早的真核生物存在的证据——生物标记物甾烷（澳大利亚）		
	古太古代PA			3 600		原核生物出现（澳大利亚叠层石中）		
	始太古代EA							

二十三、中国地震烈度表

地震烈度	人的感觉	房屋震害			其他震害现象	水平向地震动参数	
		类型	震害程度	平均震害指数		峰值加速度（米/秒^2）	峰值速度（米/秒）
Ⅰ	无感	—	—	—	—	—	—
Ⅱ	室内个别静止中的人有感觉	—	—	—	—	—	—
Ⅲ	室内少数静止中的人有感觉	—	门、窗轻微作响	—	悬挂物微动	—	—
Ⅳ	室内多数人、室外少数人有感觉，少数人梦中惊醒	—	门、窗作响	—	悬挂物明显摆动，器皿作响	—	—
Ⅴ	室内绝大多数、室外多数人有感觉，多数人梦中惊醒	—	门窗、屋顶、屋架颤动作响，灰土掉落，个别房屋墙体抹灰出现细微裂缝，个别屋顶烟囱掉砖	—	悬挂物大幅度晃动，不稳定器物摇动或翻倒	0.31（0.22～0.44）	0.03（0.02～0.04）
Ⅵ	多数人站立不稳，少数人惊逃户外	A	少数中等破坏，多数轻微破坏和/或基本完好	0.00～0.11	家具和物品移动；河岸和松软土出现裂缝，饱和砂层出现喷砂冒水；个别独立砖烟囱轻度裂缝	0.63（0.45～0.89）	0.06（0.05～0.09）
		B	个别中等破坏，少数轻微破坏，多数基本完好				
		C	个别轻微破坏，大多数基本完好	0.00～0.08			
Ⅶ	大多数人惊逃户外，骑自行车的人有感觉，行驶中的汽车驾乘人员有感觉	A	少数毁坏和/或严重破坏，多数中等和/或轻微破坏	0.09～0.31	物体从架子上掉落，河岸出现塌方，饱和砂层常见喷水冒砂，松软土地上地裂缝较多；大多数独立砖烟囱中等破坏	1.25（0.90～1.77）	0.13（0.10～0.18）
		B	少数中等破坏，多数轻微破坏和/或基本完好				
		C	少数中等和/或轻微破坏，多数基本完好	0.07～0.22			
Ⅷ	多数人摇晃颠簸，行走困难	A	少数毁坏，多数严重和/或中等破坏	0.29～0.51	干硬土上出现裂缝，饱和砂层绝大多数喷砂冒水，大多数独立砖烟囱严重破坏	2.50（1.78～3.53）	0.25（0.19～0.35）
		B	个别毁坏，少数严重破坏，多数中等和/或轻微破坏				
		C	少数严重和/或中等破坏，多数轻微破坏	0.20～0.40			

续表

地震烈度	人的感觉	房屋震害			其他震害现象	水平向地震动参数	
		类型	震害程度	平均震害指数		峰值加速度（米/秒^2）	峰值速度（米/秒）
Ⅸ	行动的人摔倒	A	多数严重破坏或/和毁坏	0.49~0.71	干硬土上多处出现裂缝，可见基岩裂缝、错动，滑坡、塌方常见；独立砖烟囱多数倒塌	5.00（3.54~7.07）	0.50（0.36~0.71）
		B	少说毁坏，多数严重和/或中等破坏				
		C	少数毁坏和/或严重破坏，多数中等和/或轻微破坏	0.38~0.60			
Ⅹ	骑自行车的人会摔倒，处不稳状态的人会摔离原地，有抛起感	A	绝大多数毁坏	0.69~0.91	山崩和地震断裂出现，基岩上拱桥破坏；大多数独立砖烟囱从根部破坏或倒毁	10.00（7.08~14.14）	1.00（0.72~1.41）
		B	大多数毁坏				
		C	多数毁坏和/或严重破坏	0.58~0.80			
Ⅺ	—	A	绝大多数毁坏	0.89~1.00	地震断裂延续很大，大量山崩滑坡	—	—
		B					
		C		0.78~1.00			
Ⅻ	—	A	几乎全部毁坏	1.00	地面剧烈变化，山河改观	—	—
		B					
		C					

注：表中给出的“峰值加速度”和“峰值速度”是参考值，括弧内给出的是变动范围。

二十四、元素周期表

原子序数——92 U——元素符号
元素名称
注 * 的是——铀
人造元素
$5f^36d^17s^2$——外围电子层排布，括号指可能的电子层排布
238.0——相对原子质量

周期＼族	I A 1	II A 2	III B 3	IV B 4	V B 5	VI B 6	VII B 7	VIII 8	VIII 9	VIII 10	I B 11	II B 12	III A 13	IV A 14	V A 15	VI A 16	VII A 17	0 18	电子层	0族电子数
1	1 H 氢 $1s^1$ 1.008																	2 He 氦 $1s^2$ 4.003	K	2
2	3 Li 锂 $2s^1$ 6.941	4 Be 铍 $2s^2$ 9.012											5 B 硼 $2s^22p^1$ 10.81	6 C 碳 $2s^22p^2$ 12.01	7 N 氮 $2s^22p^3$ 14.01	8 O 氧 $2s^22p^4$ 16.00	9 F 氟 $2s^22p^5$ 19.00	10 Ne 氖 $2s^22p^6$ 20.18	L K	8 2
3	11 Na 钠 $3s^1$ 22.99	12 Mg 镁 $3s^2$ 24.31											13 Al 铝 $3s^23p^1$ 26.98	14 Si 硅 $3s^23p^2$ 28.09	15 P 磷 $3s^23p^3$ 30.97	16 S 硫 $3s^23p^4$ 32.06	17 Cl 氯 $3s^23p^5$ 35.45	18 Ar 氩 $3s^23p^6$ 39.95	M L K	8 8 2
4	19 K 钾 $4s^1$ 39.10	20 Ca 钙 $4s^2$ 40.08	21 Sc 钪 $3d^14s^2$ 44.96	22 Ti 钛 $3d^24s^2$ 47.87	23 V 钒 $3d^34s^2$ 50.94	24 Cr 铬 $3d^54s^1$ 52.00	25 Mn 锰 $3d^54s^2$ 54.94	26 Fe 铁 $3d^64s^2$ 55.85	27 Co 钴 $3d^74s^2$ 58.93	28 Ni 镍 $3d^84s^2$ 58.69	29 Cu 铜 $3d^{10}4s^1$ 63.55	30 Zn 锌 $3d^{10}4s^2$ 65.38	31 Ga 镓 $4s^24p^1$ 69.72	32 Ge 锗 $4s^24p^2$ 72.64	33 As 砷 $4s^24p^3$ 74.92	34 Se 硒 $4s^24p^4$ 78.96	35 Br 溴 $4s^24p^5$ 79.90	36 Kr 氪 $4s^24p^6$ 83.80	N M L K	8 18 8 2
5	37 Rb 铷 $5s^1$ 85.47	38 Sr 锶 $5s^2$ 87.62	39 Y 钇 $4d^15s^2$ 88.91	40 Zr 锆 $4d^25s^2$ 91.22	41 Nb 铌 $4d^45s^1$ 92.91	42 Mo 钼 $4d^55s^1$ 95.96	43 Tc 锝 $4d^55s^2$ 〔98〕	44 Ru 钌 $4d^75s^1$ 101.1	45 Rh 铑 $4d^85s^1$ 102.9	46 Pd 钯 $4d^{10}$ 106.4	47 Ag 银 $4d^{10}5s^1$ 107.9	48 Cd 镉 $4d^{10}5s^2$ 112.4	49 In 铟 $5s^25p^1$ 114.8	50 Sn 锡 $5s^25p^2$ 118.7	51 Sb 锑 $5s^25p^3$ 121.8	52 Te 碲 $5s^25p^4$ 127.6	53 I 碘 $5s^25p^5$ 126.9	54 Xe 氙 $5s^25p^6$ 131.3	O N M L K	8 18 18 8 2
6	55 Cs 铯 $6s^1$ 132.9	56 Ba 钡 $6s^2$ 137.3	57～71 La～Lu 镧系	72 Hf 铪 $5d^26s^2$ 178.5	73 Ta 钽 $5d^36s^2$ 180.9	74 W 钨 $5d^46s^2$ 183.8	75 Re 铼 $5d^56s^2$ 186.2	76 Os 锇 $5d^66s^2$ 190.2	77 Ir 铱 $5d^76s^2$ 192.2	78 Pt 铂 $5d^96s^1$ 195.1	79 Au 金 $5d^{10}6s^1$ 197.0	80 Hg 汞 $5d^{10}6s^2$ 200.6	81 Tl 铊 $6s^26p^1$ 204.4	82 Pb 铅 $6s^26p^2$ 207.2	83 Bi 铋 $6s^26p^3$ 209.0	84 Po 钋 $6s^26p^4$ 〔209〕	85 At 砹 $6s^26p^5$ 〔210〕	86 Rn 氡 $6s^26p^6$ 〔222〕	P O N M L K	8 18 32 18 8 2
7	87 Fr 钫 $7s^1$ 〔223〕	88 Ra 镭 $7s^2$ 〔226〕	89～103 Ac～Lr 锕系	104 Rf 𬬻 * $(6d^27s^2)$ 〔261〕	105 Db 𬭊 * $(6d^37s^2)$ 〔262〕	106 Sg 𬭳 * $(6d^47s^2)$ 〔266〕	107 Bh 𬭛 * $(6d^57s^2)$ 〔264〕	108 Hs 𬭶 * $(6d^67s^2)$ 〔277〕	109 Mt 鿏 * $(6d^77s^2)$ 〔268〕	110 Ds 𫟼 * $(6d^87s^2)$ 〔281〕	111 Rg 𬬭 * $(6d^{10}7s^1)$ 〔272〕	112 Uub * 〔285〕	……							

镧系	57 La 镧 $5d^16s^2$ 138.9	58 Ce 铈 $4f^15d^16s^2$ 140.1	59 Pr 镨 $4f^36s^2$ 140.9	60 Nd 钕 $4f^46s^2$ 144.2	61 Pm 钷 $4f^56s^2$ 〔145〕	62 Sm 钐 $4f^66s^2$ 150.4	63 Eu 铕 $4f^76s^2$ 152.0	64 Gd 钆 $4f^75d^16s^2$ 157.3	65 Tb 铽 $4f^96s^2$ 158.9	66 Dy 镝 $4f^{10}6s^2$ 162.5	67 Ho 钬 $4f^{11}6s^2$ 164.9	68 Er 铒 $4f^{12}6s^2$ 167.3	69 Tm 铥 $4f^{13}6s^2$ 168.9	70 Yb 镱 $4f^{14}6s^2$ 173.1	71 Lu 镥 $4f^{14}5d^16s^2$ 175.0
锕系	89 Ac 锕 $6d^17s^2$ 〔227〕	90 Th 钍 $6d^27s^2$ 232.0	91 Pa 镤 $5f^26d^17s^2$ 231.0	92 U 铀 $5f^36d^17s^2$ 238.0	93 Np 镎 $5f^46d^17s^2$ 〔237〕	94 Pu 钚 $5f^67s^2$ 〔244〕	95 Am 镅 * $5f^77s^2$ 〔243〕	96 Cm 锔 * $5f^76d^17s^2$ 〔247〕	97 Bk 锫 * $5f^97s^2$ 〔247〕	98 Cf 锎 * $5f^{10}7s^2$ 〔251〕	99 Es 锿 * $5f^{11}7s^2$ 〔252〕	100 Fm 镄 * $5f^{12}7s^2$ 〔257〕	101 Md 钔 * $(5f^{13}7s^2)$ 〔258〕	102 No 锘 * $(5f^{14}7s^2)$ 〔259〕	103 Lr 铹 * $(5f^{14}6d^17s^2)$ 〔262〕

注：相对原子量录自2001年国际原子量表，并全部取4位有效数字。

索　　引

词目分类索引

词目分类索引

数　学

(一)初等数学

(二)高等数学

(三)数理逻辑

(四)概率与数理统计

(五)计算数学

(六)误差分析

(七)组合学

(八)几何学

(九)其他

物理学

(一)力学

(二)振动和波

(三)热学和分子物理学

(四)光学

(五)声学

(六)电磁学

(七)固体物理学

(八)原子物理学与核物理学

化 学

(一)普通化学

(二)有机化学

(三)无机化学

(四)物理化学

(五)分析化学

(六)高分子化学

(七)其他

天文学

地球科学

(一)地理

(二)地质

(三)海洋

（四）大气

生物学

(一)植物学

(二)动物学

(三)微生物学

(四)细胞学

(五)生理学

(六)遗传学

(七)其他

计算机科学技术

(一)基础知识

(二)人工智能

(三)计算机系统结构

(四)计算机软件

(五)计算机工程

(六)计算机应用

电子、通信与自动化控制技术

(一)基础知识

(二)电子技术

(三)光电子学与激光技术

(四)半导体技术

(五)信息处理技术

(六)通信技术

（七）广播与电视工程技术

(八)自动控制技术

新材料技术

(一)基础知识

(二)金属材料

（三）无机非金属材料

(四)有机高分子材料

(五)复合材料

(六)纳米材料

(七)生物医学材料

(八)电子信息材料

(九)新型建筑材料

新能源技术

(一)基础知识

（二）地热能

(三)风能

(四)核能

(五)海洋能

(六)氢能

(七)生物质能

(八)太阳能

海洋工程与技术

(一)海洋探测

(二)海洋工程

(三)海洋资源开发与利用

航空航天技术

(一)基础知识

（二）飞行器及其构造

(三)推进技术和飞行器动力系统

(四)飞行器记载设备

(五)飞行控制与导航

（六）保障系统和地面设施

生物技术

(一)细胞工程

(二)基因工程

(三)蛋白质工程

(四)发酵工程

(五)其他

农业科学技术

(一)基础知识

（二）作物遗传育种

(三)作物栽培

（四）土壤肥料

(五)植物保护

（六）农业工程

(七)园艺学

(八)林业学

(九)畜牧兽医

(十)水产学

(十一)特色农业

水利工程

(一)基础知识

(二)水利工程测量

(三)水工材料

(四)水工建筑物

（五）水力机械

（六）水利工程施工

(七)海洋工程

(八)环境水利

(九)水利管理

(十)防洪工程

（十一）水利经济学

（十二）其他学科

机械工程

（一）基础知识

(二)机械设计

(三)机械制造工艺与设备

(四)刀具技术

(五)机床技术

(六)仪器仪表技术

(七)流体传动与控制

(八)机械制造自动化

(九)专用机械工程

动力与电气工程

(一)基础知识

(二)发电工程

(三)输配电工程

(四)电力系统及其自动化

(五)用电及用电安全

(六)电机

(七)电器与仪表

化学工程

（一）基础知识

（二）化工测量技术

（三）化学分离工程

(四)化学反应工程

(五)化工系统工程

(六)化工机械与设备

(七)无机化学工程

(八)有机化学工程

(九)电化学工程

(十)高聚物工程

(十一)煤化学工程

(十二)石油化学工程

(十三)精细化学工程

(十四)造纸技术

(十五)毛皮与制革工程

食品科学技术

（一）基础知识

(二)食品添加剂和包装技术

(三)食品加工贮藏

(四)食品营养保健

(五)食品卫生安全

医药科学

一、基础医学

(一)基础知识

(二)医学微生物学

(三)医学遗传与免疫学

(四)医学实验动物学

(五)医学心理学

(六)人体生理病理学

(七)医学生物化学

(八)医学生物工程学

二、临床医学

(一)临床诊断学

(二)内科学

(三)外科学

(四)麻醉学

（五）妇产科学

(六)保健医学

(七)康复医学

（八）儿科学

(九)眼科学

(十)耳鼻咽喉科学

(十一)口腔医学

（十二）皮肤性病学

(十三)肿瘤学

(十四)护理学

三、预防医学与卫生学

（一）预防与卫生管理学

（二）传染病学

（三）卫生学

（四）营养学

（五）医学统计学

(六)流行病学

四、药学

五、军事医学与特种医学

六、中医学中药学

交通运输工程

(一)基础知识

(二)交通管理

(三)道路工程

(四)公路运输

(五)铁路运输

（六）水路运输

（七）航空运输

（八）管道（邮政）运输

纺织科学技术

（一）纺织材料

(二)纺织产品

(三)纺织技术

（四）纺织机械与设备

土木建筑工程

(一)基础知识

(二)工程测量

(三)工程设计

(四)建筑材料

(五)工程结构

(六)建筑结构

(七)工程施工

(八)土木工程机械设备

(九)市政工程

(十)建筑经济学

(十一)古今经典建筑

环境科学技术

(一)基础知识

（二）环境保护与可持续发展

(三)环境管理

(四)环境监测

(五)污染物和污染源

(六)污染控制与治理

(七)节能减排与综合利用

测绘科学技术

(一)大地测量技术

(二)摄影测量与遥感技术

(三)地图制图技术

(四) 工程测量技术

(五)海洋测绘技术

矿山工程技术

(一)矿山地质学

(二)井巷工程

(三)采矿工程

(四)选矿工程

(五)钻井工程

(六)矿山机械工程

(七)矿山电气工程

(八)矿山安全

冶金工程技术

(一)基础知识

(二)黑色金属冶炼技术

(三)有色金属冶炼技术

(四)轧制技术

(五)常用金属材料

(六)材料处理工艺与测试技术

安全科学技术

(一)基础知识

(二)安全工程技术

(三)安全管理科学

军事科学技术

(一)基础知识

(二)军兵种

(三)导弹与航天

(四)电子战

(五)核生化

科学技术管理

（一）基础知识

(二)科技发展规划与计划

(三)科技创新

(四)科技成果与技术市场

(五)知识产权

(六)科学技术普及

(七)科技人才

(八)科技管理的理论和方法

词目首字笔画索引

词目首字笔画索引

一画

二画

三画

四画

五画

六画

七画

八画

九画

十画

十一画

十二画

十三画

十四画

十五画

十六画

十七画

十八画以上

词目首字外文索引

现代科学技术知识词典

A TERMINOLOGICAL DICTIONARY OF MODERN SCIENCE AND TECHNOLOGY

第三版

（中卷）

王济昌 主编

中国科学技术出版社

·北 京·

现代科学技术知识词典

中 卷	第三版	彩图本
	K–W	1233–2262
		中国科学技术出版社

K

【咖啡】(coffee) 采用咖啡豆经过烘焙制作的饮料。通常为热饮,也有作为冷饮的冰咖啡。是流行范围广泛的饮料之一。咖啡豆属茜草科,常绿灌木或小乔木,高 3 ~ 5m,侧枝平展,对生或稀有轮生。单叶对生,革质,平形或圆形。浆果红色,肉质部直径 8 ~ 10mm,有种子两颗。种子含油率为 5% ~ 12%。花期在夏秋间。原产热带非洲。中国广东和云南等地有栽培。种子经焙炒、研细可制成咖啡粉。与茶叶、可可并称为世界三大饮料。

咖啡

【喀斯特作用】(karst action) 又称岩溶作用。降水在地面流动中沿着可溶性岩石裂隙下渗所发生的溶蚀、重力侵蚀、搬运和沉积的综合作用。使地上与地下发生双重剥蚀,导致地面塌陷,造成落水洞、喀斯特漏斗与洼地,甚至形成面积更大的"天坑"。在喀斯特作用强烈的地区,地面水土漏失,土地下旱瘠薄,生态脆弱,形成"地表水贵如油,地下水滚滚流"的景象。地下水到下游又以泉的形式或在陆上或在江、湖、海底泄出。喀斯特作用有时会危及工程和矿山,影响建筑物基础的稳定。但同时也形成了一些旅游风景区,如桂林山水、路南石林、九寨沟高寒喀斯特、石灰华湖群以及全球几千个供旅游的洞穴等。喀斯特作用还与矿产的形成关系密切,如中国云南个旧与广西富川、钟山、贺州的砂锡矿,渤海湾盆地的油气田,中国贵州中部、广西西部及意大利、法国等地的铝土矿都与喀斯特作用有关。

喀斯特作用

【卡轨车】(rail car) 窄轨铁路运输中一套装有卡轨轮的运输车辆的总称。与一般窄轨铁路运输车辆的主要区别是:使用的车辆除承重行走车轮之外,还装有卡轨轮,使车辆在运行中不会掉道。这对辅助运输很重要。因为装运很重的机械设备一经掉道,是很危险的,在井下也是难于处理的。卡轨车的轨道铺在底板上,不给支架增加负担,可以运输重设备。卡轨车的牵引方式像单轨吊车一样,可以在水平、倾斜和拐 90°弯的巷道中不转载连续运行,也能在巷道底板有起伏的条件下运行。在由钢丝绳牵引的卡轨车系统中,使用的车辆按功能的不同可分为牵引车、制动车、载重车、乘人车等。根据需要将各种车辆连成车组。牵引钢丝绳与牵引车相连,牵引车组沿轨道运行。

卡轨车

【卡轨器】(check plate) 把装岩机固定在钢轨上并防止其移动的构件。作为先进的辅助运输轨道挡车装置,具有工艺简单、工效高、循环利用率高、材料消耗少、使用成本低等优点。已经逐步成为现代化煤矿辅助运输轨道挡车最主要的方式和发展趋势。与传统的挡车装置相比,卡轨器明显的优点是:卡轨器本身强度高,损坏少,变形小,基本没有维修量。

【卡介苗】(bacillus calmette-guerin, BCG) 减毒的结核杆菌活菌苗。原用于预防结核病,后经广泛研究,可用于肿瘤的免疫治疗。第一个经过深入研究的免疫调节剂。可以增强细胞和体液免疫功能,能刺激 T 细胞增殖,增强迟发型变态反应及促进移植物排斥。其佐剂作用能增强各种抗原的免疫原性,加速诱导免疫应答,提高免疫水平;并能增强巨噬细胞的各种功能,提高溶菌酶活力,增加白细胞介素 -I 的产生等。用BCG治疗实验性肿瘤，在适合的条件下可以延长其生存时间，减少死亡率，减慢肿瘤增长速度或减少转移。其疗效与肿瘤抗原性的强弱、宿主的免疫状态及给BCG的时间和途径有关。一般抗原性强的肿瘤效果较好，瘤内注射效果较好。其不良反应较多，发生率与严重程度取决于剂量，给药途径和以往免疫治疗的次数等因素。注射局部可见红斑、硬结或溃疡；全身反应有寒战、发热和全身不适等。

【卡门－钱学森公式】（Karman-Qian formula） 亚音速气流中空气压缩性对翼型压强分布的修正公式。这个公式是1941年冯·卡门引用他的学生钱学森于1939年发表的论文而提出的。其形式是：

$$C_p=\frac{C_{p0}}{\sqrt{1-M^2\infty}+\frac{M^2\infty}{1+\sqrt{1-M^2\infty}}\times\frac{C_{p0}}{2}}$$

式中，Cp为压强系数，$C_p=(p\text{-}p_\infty)/\frac{1}{2}(\rho_\infty V_\infty^2)$；$p$、$\rho$、$V$和$M$分别为气流的压强、密度、速度和马赫数；脚注$\infty$表示相应于迎面来流的数值，$C_{p0}$是在不可压缩气流中（即$M\infty=0$）同一翼型在相同迎角下同一点的压强系数。通过大量的亚音速风洞实验鉴定，直到最大局部速度达到当地音速（即M∞达到临界马赫数），卡门－钱学森公式相当准确，因此它在空气动力计算中得到广泛应用。

【卡诺热机】（Carnot engine） 那些工作于两个热源之间，并通过由两个等温过程与两个绝热过程所构成的循环来获得动力的热机。热机是利用热量提供动力的机器。卡诺热机的效率由热源的温度决定，即$\eta=\frac{T_1-T_2}{T_1}$。式中，T_1，T_1分别代表高、低温热源的温度。该式表明，高温热源的温度越高，低温热源的温度越低，卡诺热机的效率就会越高。这一结论为热机效率的提高奠定了理论基础。卡诺（Carnot）是法国物理学家。

【卡诺循环】（Carnot cycle） 由两个可逆等温过程和两个可逆绝热过程构成的循环。卡诺循环是工作于两个恒温热源之间的可逆循环，其热效率高于工作于相同热源之间的不可逆循环的热效率。卡诺循环的效率只与两个热源的热力学温度有关，与使用何种工质无关。

【卡西尼探测器】（Cassini detector） 美国航天局和欧空局联合研制和发射的土星探测器。1997年10月15日由大型“大力神4B”火箭发射升空。目的是对土星进行深入观测研究。探测器重5 670kg，呈模块化结构。其观测的主要内容是：重点探测土星最大的卫星土卫六（泰坦），探测内容有地形地貌、固体、液体、火山、磁场和大气等。另外还有15项任务，包括对土星和其他卫星进行拍照，对土星光环系统进行详细勘察等。探测器飞近土星后，将释放欧空局研制的“惠更斯号”小型着陆器到土卫六表面，对其进行实地考察。探测器两次掠过金星，一次掠过地球，最后掠过木星，经加速后正式飞往土星。

卡西尼探测器

【开𬌗】（open bite） 由于前段牙、牙槽或颌骨的高度发育不足，后段牙、牙槽或颌骨高度发育过度，或者二者兼有导致的上下颌部分牙在正中𬌗及下颌功能运动时，垂直方向上无𬌗接触，严重者只有个别后牙有接触的一种异常咬合关系。属于上下牙弓及颌骨在垂直方向上的发育异常。可发生于乳牙列、混合牙列和恒牙列。其病因是多方面的，包括遗传因素、佝偻病、口腔不良习惯、后段磨牙位置异常以及外伤等因素。临床中将开𬌗分为三度：Ⅰ度，上下开𬌗垂直分开3mm以内；Ⅱ度，上下开𬌗垂直分开3～5mm；Ⅲ度，上下开𬌗垂直分开5mm以上。其治疗原则是：去除病因，根据开𬌗形成的机制、患者的生理年龄，采用合适的矫治方法，通过对前段及后段牙、牙槽垂直向及水平向位置的调整，达到解除或改善开𬌗的目的。矫治成功后应注意预防开𬌗的复发。可采取破除不良习惯，治疗佝偻病和及时拔除第三磨牙的方法加以预防。

【开闭所】（switching stand） 将高压电力分别向周围用电单位供电的电力设施。位于电力系统中变电站的下一级。其特征是：电源进线侧和出线侧的电压相同。区域变电站也具有开闭所的功能。开闭所也指用于接受电力并分配电力的供配电设施。在高压电网中称为开关站。中压电网中的开闭所一般用于10kV电力的接受与分配。开闭所一般两进多出（常用4～6出），只是根据不同的要求，进出可以设置断路器、负荷开关。在铁路电力系统中，开闭所牵引网有分支引出时，为保证不影响电力牵引安全可靠供电而设的带保护跳匣断路器等设施的控制场所。多设于枢纽站、编组场、电力机务段和折返段等处。在供电分区范围较大的复线AT牵引网中，有时为了进一步缩小接触网事故停电范围和降低牵引网电压损失和电能损失，也可在分区所与牵引变电所之间增设开闭所，称为辅助分区所。铁路开闭所的主要设备是断路器。电源进线一般设两回，复线时可由上、下行牵引网各引一回，出线则按需要设置。当出线数量较多时，也可将开闭所母线实行分段。单线时如就近无法获得第二电源，也可只引一回电源。

【开采沉陷】（mining subsidence） 地下采矿引起岩层移动和地表沉陷的现象。由矿山开采沉陷造成的地表下沉会带来一系列灾难性的后果，如平地积水、农田毁坏、道路裂缝、房屋倒塌等，严重威胁区内群众的生产和生活。同时，也破坏了生态环境，制约了矿山生产的发展。防治沉陷破坏的途径是：（1）对开采沉陷的控制。通过合理选择采矿方法和工艺，如合理布置开采工作面，采取井下全部充填开采、条带开采、限厚开采、覆岩离层带空间充填等措施，来减少地表下沉或控制地表下沉的速度和范围，达到保护地表和地面建、构筑物与耕地的目的。（2）开采沉陷破坏的恢复和整治。运用土地复垦技术和建筑物抗采动变形技术，对开采沉陷破坏的土地进行整治和利用。如用煤矸石充填复垦和粉煤灰充填复垦、平地和修建梯田复垦、输排法复垦（开挖排水渠道，将沉陷区浅积水引入河流、湖泊、坑塘、水库等，作为蓄水用，是沉陷水淹地重新得到耕种）、深挖垫浅复垦（运用人工或机械方法，将局部积水或季节性积水沉陷区下沉大区域挖深，适合养鱼、蓄水灌溉等，用挖出的泥土充填开采沉陷较小的地区，使其成为可种植的耕地）及积水区综合利用技术（对地面大面积积水和积水深度很大的沉陷区进行综合利用，发展网箱养鱼、围栏养鱼、蓄洪作灌溉水源、建造水上公园等。

开采沉陷

【开采计划】（mining program） 制定矿井生产期间采区和回采工作面接续关系的计划。其目的是在保证产量、质量、煤种搭配的前提下，达到安全、经济、均衡生产的要求。编制开采计划对地质构造简单、煤层埋藏稳定、倾角在缓斜以下、结构简单的中、厚煤层及煤层群较为容易；相反，当煤层结构复杂、不稳定、煤层群的层间组合复杂多变时，配产就较为困难；如果地质构造较多，断层密度较大时，配产则更加困难。这些条件确定井型时都应考虑周密。编制开采计划时要根据地质构造、煤层厚度、煤层倾角、煤层结构将井田内各采区各煤层按开采机械化程度予以分类，并将各类所占的比重计算出来，以便指导开采计划的编制工作。由于整个井田开采年限较长，一般编制开采计划时，只考虑第一水平。对于初期采区和可采煤层不多、小型矿井以及有特殊要求的井田，可按工作面接替编制开采计划。当矿井可采煤层多或煤层较厚单位面积生产能力大时，可以按采区编制开采计划。

【开采水平】（mining level） 矿井运输大巷及井底车场所在的水平位置及所服务的开采范围。矿井开采水平常以其所在的标高或自上而下的顺序命名。划分开采水平的目的是为了合理布置井巷，对全井田合理有序地进行开采。矿井设置开采水平，要在每一开采水平布置一套开拓巷道和生产系统，服务于本开采水平范围内煤层的开采。根据煤层斜长（垂高）的大小、开采煤层数的多少、层间距的远近和倾角陡缓的不同，井田内可设一个或几个开采水平。如井田斜长不大、煤层倾角较缓，可将井田划分为两个阶段，上、下山各采一个阶段，采用单水平开拓；如井田斜长较大，划分的阶段数目较多，就要设置两个或更多的开采水平。每个开采水平担负一个上山阶段的开采或上、下山各一个阶段的开采。正确划分开采水平要充分考虑合理的阶段斜长、上下山开采的条件、辅助水平的应用及正确的划分原则。

【开敞式水闸】（open sluice） 又称溢流式水闸。闸门全开时过闸水流为自由水面的水闸。常用于挡水位和泄水位相差不大，要求宣泄非常洪水、排放漂浮物或冰凌的水闸。如天然河道上的拦河闸、分洪闸、渠道上的小型分水闸等。可采用大跨度的闸孔和闸门，尤为适宜低水头大跨度的水力自动控制闸门。其特点是：（1）闸门全开时属于堰流，过流断面和过闸流量都随水位的抬高而增大，与孔口出流相比有较大的超泄能力。（2）闸槛的型式多样。可以采用平底堰型或各种实用堰型。（3）完全依靠闸门挡水，闸槛以上的挡水高度较小。（4）可利用水重维持稳定，闸室结构较轻。（5）闸门全开时，闸孔高度易满足泄放漂浮物的要求。建在多沙河流上的开敞式节制闸为适应排沙的需要，可在闸槛下设置底孔，形成上下两层泄水孔口。上层开敞溢流，以

开敞式水闸

利泄洪;底孔的底部高程与天然河床接近,可以排沙。

【开敞式溢洪道】(open channel spill way) 具有自由水面的进水口和明槽泄流的岸边式溢洪道。开敞式溢洪的泄流量与堰顶水头的3/2次方成正比,超泄能力较大,有正槽式溢洪道和侧槽式溢洪道两种布置型式。开敞式溢洪道通常专指正槽式溢洪道。在水利枢纽中采用得较多。一般由进水渠、控制段、泄槽、消能工和泄水渠组成(见图)。(1)进水渠。水库与控制段之间的连接段。具有引水和调整水流的作用。(2)控制段。一般包括溢流堰、闸墩、边墩和上部结构等。溢流堰一般较低,常采用实用堰、宽顶堰或驼峰堰。(3)泄槽。控制段与消能工之间的泄水渠道,纵坡较陡,槽中水流为高速急流,易发生水流掺气、脉动、空蚀和冲击波等高速水流问题。(4)消能工。开敞式溢洪道常采用挑流消能和底流消能。(5)泄水渠。当流经泄槽后的水流不能直接进入河床时,需设泄水渠使泄流与下游河道的正常水流衔接。溢洪道的体型、水流流态和水流对下游河道的冲刷等,常需通过水工模型试验验证。

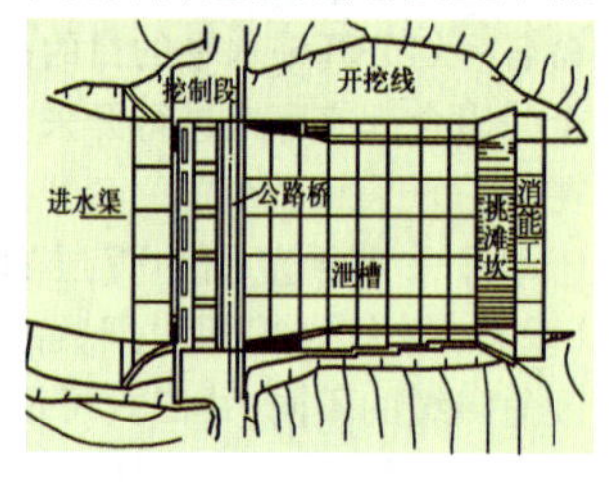

开敞式溢洪道布置

【开发性农业】(developmental agriculture) 以荒地、荒山、荒水和滩涂等自然资源为对象,用垦殖、养殖等方法进行开发,充分利用资源,生产更多农产品的农业。

【开发研究】(developmental research) 利用基础研究、应用研究成果和现有知识为创造新产品、新方法、新技术、新材料所进行的研究活动,是比基础研究、应用研究更为普遍的研究形式。基本任务是:将实验室取得成功的小试成果,通过中间试验或扩大试验,完善生产工艺,定型生产设备,为工业生产创造条件。其主要特点是:(1)目标明确。(2)研究周期短。(3)研究中需多方配合。(4)成功率高,实现工业化的可能性大。

【开放式地理信息系统】(open geography information system) 在计算机和网络环境下,根据行业标准和接口所建立起来的地理信息系。接口是一组语义相关的成员函数,并且同函数的实体相分离。在该系统中,不同厂商的软件及异构分布数据库之间可以通过接口互相交换数据,并将它们结合在一个集成式的操作环境中。

【开放式最短路径优先协议】(open shortest path first, OSPF) 又称接口状态路由协议。一种在自治系统内部网络之间互连的路由的协议。采用最短路径优先算法,基于链路状态型而不是距离向量。主要应用在大型、异构的IP网络中。协议将链路状态广播数据包传送给在域内的所有路由器。路由器收集其所在网络区域上各路由器的连接状态信息,即链路状态信息,利用最短路径优先算法,独立地计算出到达任意目的地的路由。共有五种链路状态广播数据包:(1)问候协议包,发现和维护邻居。(2)数据库描述包,汇总数据库内容。(3)链路状态请求包,进行数据库下载。(4)链路状态更新包,进行数据库上载。(5)链路状态确认包,扩散确认链路状态。

【开放系统互联参考模型】(open system interconnection, OSI) 又称OSI参考模型。一种用于开放系统互连的分层的体系模型。国际标准化组织1985年提出的网络互联模型。这个模型把网络通信的工作分为7层,分别是:(1)物理层。(2)数据链路层。(3)网络层。(4)传输层。(5)会话层。(6)表示层。(7)应用层。第1层物理层,原始比特流的传输,电子信号传输和硬件接口层。第2层数据链路层,在此层将数据分帧,并处理流控制。本层指定网络拓扑结构并提供硬件寻址。第3层网络层,本层通过寻址来建立两个节点之间的连接,包括数据路由和数据中继。第4层传输层,常规数据传输层,包括面向连接或无连接的数据传输服务。第5层会话层,在两个节点之间建立端到端的连接。第6层表示层,格式化数据,以便为应用程序提供通用接口。可以包括加密服务。第7层应用层,直接对应用程序提供服务。1至4层被认为是低层,与数据移动密切相关。5至7层被认为是高层,包含应用程序级的数据。模型定义了开放系统的层次结构、层次之间的相互关系及各层所包含的可能的服务。每一层负责一项具体的工作,然后把数据传送到下一层。开放系统OSI标准定制过程中所采用的方法是:将整个庞大而复杂的问题划分为若干个容易处理的小问题,这就是分层的体系结构方法。

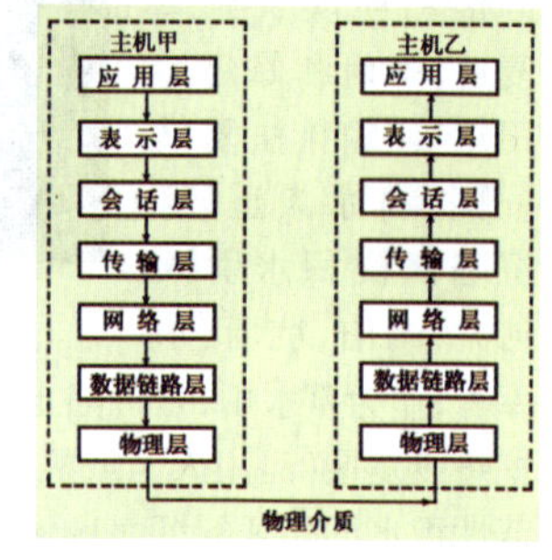

开放系统互联参考模型

【开放源代码】(open source code) 一种软件散布模式程序。在开放源代码许可条件下发布的软件,以保障软件用户自由使用、自行修改、复制、再分发及接触源代码的权利。同时也是一种软件开放模式。其条件是:(1)自由地再发布,许可证不得限制任何当事人或组织,不得从销售中索取使用费或其他费用。(2)源代码程序必须包括源代码,必须允许以源代码方式、编译后的形式发布。(3)派生作品,许可证必须允许修改软件和派生软件,允许按原软件的许可证条款发布。(4)作者的源代码的完整性,只有在许可证允许与源代码一同发布“补丁文件”时,许可证才能限制对修改形式的源代码的发布。(5)不得歧视任何个人、团体和任何应用领域。(6)许可证的发布,与程序有关的权利必须适用于该程序的任何使用者,并且程序的使用者也不需要为了使用该程序而获得其他许可证的许可。(7)许可证不能针对于一个产品,与程序有关的权利不能由该程序是否作为某个软件产品的一部分来决定。(8)许可证不能影响其他软件,许可证不得向与采用它的软件一同发布的其他软件提出任何限制。使用开放源代码开放模式的软件代表是 Linux 操作系统。

【开关柜】(switch cabinet) 按照电气主接线的要求,以开关设备为主,将断路器、负荷开关、高压熔断器、隔离开关、互感器、套管、母线等电气元件,按一定顺序成套布置在一个或几个金属柜内的配电装置。柜内以空气、六氟化硫气体或复合绝缘作为介质。主要用于配电系统接受和分配电能,并能保护电源和计量用电的设备。其优点是:(1)占地少。(2)结构紧凑,安装使用方便,适用工厂批量生产。(3)经济实用,整齐美观。其性能特点为:(1)柜体结构有足够的机械强度,能防止事故蔓延扩大。(2)在高压一次侧主回路不停电的情况下,能安全地检修二次侧设备。(3)操作一次侧开关设备时,二次侧继电体保护等元件不会误动。(4)具有机械或电气的闭锁装置。

开关柜

【开环控制系统】(open-loop control system) 与闭环控制系统相对应。又称无反馈控制系统。系统的输出端与输入端之间不存在反馈,即控制系统的输出量不对系统的控制产生任何影响的系统。在闭环控制系统中,存在将输出量通过适当的检测装置返回到输入端并与输入量进行比较的过程,即反馈过程。而开环控制系统中,不存在由输出端到输入端的反馈通路。系统由控制器与被控对象组成。控制器通常具有功率放大的功能。与闭环控制系统相比,开环控制系统结构简单易实现,响应速度快。没有稳定问题,但不能自动纠正或减少各种扰动引起的输入量与被控制间的偏差,只能根据测定值或可以测量到的扰动进行补偿。开环控制系统主要是用于增强型的系统。

【开路】(open circuit) 支路中的电流恒定为零,支路两端的电压可为任一值的一种特殊工作状态。如断开的导线、处于断开状态的开关、反向工作的理想二极管以及电流为零的电流源等都处于开路状态。在开路时支路两端电压称为开路电压。开路电压可以用高内阻的电压表来测量。

【开棉机】(opening cotton machine) 用于加工各种等级的原棉、化学纤维或混合原料的机械。位于抓棉机与混棉机中间。有单轴流、双轴流及梳针辊筒等型式。纤维借助于风机或凝棉器的抽吸进入开棉机,单轴流开棉机纤维沿导流板围绕开棉辊筒外表面螺旋前进;双轴流开棉机,纤维沿切线方向围绕打手外表面螺旋前进。在前进的过程中对原棉或化纤进行开松和除杂。杂质被尘格分离后落在尘箱内,再由自动吸落棉装置排至滤尘系统。单轴流开棉机由机架、开棉辊筒、尘格装置、排杂装置及进、出棉管、排尘管、吸落棉管和安全保险装置组成。双轴流开棉机由机架、角钉打手、尘格、排杂装置等组成。梳针辊筒式开棉机是一种新的机型。它由机架、给棉系统、清棉系统、排杂系统、电气控制系统及安全系统组成。清棉系统由梳针辊筒、除尘刀和分梳板组成,对原料进行精细开松、梳理和除杂。

开棉机

【开普勒定律】(Kepler's Law) 统称开普勒三定律,又称行星运动定律。行星在宇宙空间绕太阳公转所遵循的定律。由于是德国天文学家开普勒根据丹麦天文学家第谷·布拉赫等人的观测资料和星表,通过他本人的观测和分析后,于 1609 ~ 1619 年先后归纳提出的,故行星运动定律即指开普勒三定律。他于 1609 年在他出版的《新天文学》上发表了关于行星运动的两条定律,又于 1618 年,发现了第三条定律。具体内容是:(1)开普勒第一定律(椭圆定律)。每一行星沿一个椭圆轨道环绕太阳,而太阳则处在椭圆的一个焦点中。(2)开普勒第二定律(面积定律)。从太阳到行星所联结的直线在相等时间内扫过同等的面积。(3)开普勒第三定律(调和定律)。所有行星的轨道的半长轴的三次方和公转周期的二次方的比值都相等。牛顿利用他的第二定律和万有引力定律，在数学上严格地证明开普勒定律，也让人们了解其中的物理意义。

【开拓】(development) 又称矿床开拓。从地表掘进施工通入矿体的井筒、主要巷道或堑沟(露天开采时)的作业。采矿程序之一。其作用是使矿床与地表有一条完整的通风、排水和运输通道，以便能够在矿床中进行采矿准备和回采作业。按主要开拓巷道类型的不同可分为竖井开拓、斜井开拓、平硐开拓和联合开拓。

【开轧温度】(open rolling temperature) 在轧制过程中轧件进入第一道次轧制时的温度。在不产生过热、过烧的条件下，开轧温度越高塑性越好，变形抗力越小，轧制压力也越小。但是需要提高加热温度，而使能耗增加、轧件的表面氧化增加。因此，当前采用低温轧制和控制轧制，应尽可能降低开轧温度。

【凯旋门】(Triumphal Arch) 又称雄狮凯旋门。拿破仑为了纪念1805年在奥斯特利兹战役中击溃奥、俄军功绩的建筑。位于法国巴黎的戴高乐广场中央，是巴黎最著名的胜迹之一。于1806年下令动工兴建，历时30年建成。凯旋门高50m，宽45m。门上有许多精美的雕刻，右侧石柱上刻有著名的"马赛曲"；门的正下方有1920年建造的无名战士墓。凯旋门内装有电梯，乘电梯可直上50m高的拱门上，俯视下面蜘蛛网般的12条放射状林荫大道，情景交融，令人心旷神怡。在这12条大道中，最著名的为香榭丽舍大道、格兰德大道、阿尔美大道、福煦大道等。凯旋门是欧洲一种纪念战争胜利的建筑。始建于古罗马时期，当时统治者以此炫耀自己的功绩。后为欧洲其他国家所沿用。常建在城市主要街道中或广场上。

凯旋门

【坎儿井】(kanerjing) 分布在中国新疆木垒、吐鲁番一带的地下水渠系统。这是生活在沙漠和戈壁地区的各民族劳动人民在长期的生产和生活实践中为适应干旱少雨、蒸发量大的气候和地理环境而建立的灌溉和饮水工程。当山上冰川和积雪融水流入沙漠、戈壁后，一部分被蒸发，大部分则潜入地下成为地下径流。人们为减少蒸发和浪费，因势利导，建立地下引水渠道。为修建和取水方便，每隔一段距离便会有竖井或斜井与地面相通，因此得名为"坎儿井"。坎儿井主要由地下渠道，少部分地面渠道，"涝坝"(小型蓄水池)和竖井构成。新疆的坎儿井至少可以追溯到汉代以前，在汉朝司马迁编著的《史记》中称其为"井渠"。现在分布在新疆东部的大部分坎儿井多为清朝修复或再建，并在20世纪50年代以后得到陆续的改造和完善。现在的坎儿井不仅具有灌溉和饮水功能，还是独具一格的旅游景观风景线。中国新疆目前有坎儿井1 200多条，总长度达5 000km，仅吐鲁番就可以浇灌土地33 000hm^2。比较著名的可供旅游参观的有吐鲁番市郊的五道林坎儿井、五星乡坎儿井、葡萄沟坎儿井等。在俄罗斯、伊朗也有坎儿井，俄罗斯称"坎亚力孜"，伊朗称"坎纳孜"，均为汉语"坎儿井"的音译，可见坎儿井最早也是从中国传入俄罗斯和伊朗等国家的。

坎儿井

【康复】(rehabilitation) 应用各种有用措施减轻残疾影响并使残疾人重返社会。国际上，中世纪用于宗教，教徒违反教规逐出教门，后得到赦免恢复教籍称为康复；近代用于法律上，囚徒服刑期满获得赦免重新成为公民称为康复；现代西方一些国家将残疾人的医疗福利事业综合称为康复。1969年，世界卫生组织(WHO)医疗康复专家委员会定义康复为："综合地和协调地应用医学的、社会的、教育的、职业的措施，对患者进行训练和再训练，使其能力达到尽可能高的水平"。1981年，WHO医疗康复专家委员会给予新的康复定义为："是应用各种有用措施减轻残疾影响并使残疾人重返社会"。目前国际上一直沿用至今。在中国，人们对康复的理解与国际上有相当差异。中国把康复作为疾病后完全"恢复"的同义词。由于习惯理解不同，易使人对现代康复产生曲解。一般来讲，康复的工作领域包括医学康复、教育康复、职业康复以及社会康复四个方面。康复的方式包括专业康复与社区康复两种。随着社会的发展和医学技术的提高，疾病后的残疾日趋增多，康复的发展将更加迅速。

【康复评定】(rehabilitation evaluation) 测量和评估残疾者功能障碍的种类、性质、部位、范围、严重程度、发展趋势、预后和转归的方法。是康复医学核心工作之一。只有正确的康复评定才能为康复治疗计划打下牢固的科学基础，最终才会有理想的功能恢复。通常在治疗前、中、后各进行一次评定。可以用仪器，也有些不需要复杂的仪器，而采取包括躯体、精神、言语和社会功能等方法。可根据评定结果，修订、修改治疗计划和对康复治疗效果作出客观的评价。

【康复生物工程】（rehabilitation bioengineering） 又称康复工程。利用先进的科学技术，依据工程学的原理和方法，来减轻、替代或适应功能的减退与丧失，恢复、提高患者独立生活、学习、工作、回归社会、参与社会能力的学科。其内容主要涉及医学与工程学两大学科的若干专业，包括解剖学、生理学、康复医学、人体生物力学、运动生物力学、机械学、材料学、电子学和高分子化学等。其具体内容有：康复评定设备的研制，功能恢复训练器械的研制，功能代偿性用品（假肢、助听器、导盲杖等各种辅助工具和特殊用具及轮椅）的研制，康复工程材料（人工骨和关节、人工肌肉、血管等）的研制，装饰性假器官（人工眼、耳、乳房、鼻等）的研制以及方便残疾人活动的无障碍建筑的设计等。在康复医学中占有重要地位，起着不可代替的作用。是康复医学与现代科技的结合点，也是多学科合作的交叉点。一个国家康复医学水平的高低与康复工程技术的发展水平有着密切关系。

【康复医学】（rehabilitation medicine） 医学的一个分支。研究由疾病和损伤所致功能障碍并使其尽可能恢复正常或接近正常的学科。现代康复医学涉及基础医学与临床各科医学，还涉及物理学、运动学、工程学、心理学、护理学、老年学、社会学与建筑学等。康复医学、预防医学、保健医学和治疗医学被称现代医学中的四大分支。

【康复治疗师】（rehabilitation therapist） 利用康复技术对患者进行评估、实施治疗、指导教育的康复从业人员。按其专业的不同可分为：物理治疗师、作业治疗师、言语治疗师、娱乐和体育治疗师、运动治疗师、园艺治疗师、音乐治疗师以及心理治疗师等。各成员致力于特定的专业目标，且要对康复治疗的所有结果承担共同的责任，共同参与康复目标的确定，提供与目标相关的观察结果，与所有成员共享工作经验，互相学习，取长补短。对于康复医学专业内的各种治疗师，目前中国卫生部医政司的要求是：初中毕业经过3年专业培训、考试合格方可取得康复治疗士资格；或为医学中专毕业后经过1年专业化培训考试合格方取得康复治疗士的资格。在发达国家，康复治疗人员一般不在医学院校培养，而是在理工科院校或技术院校培养。他们的行业管理和资格认可都是独立的。因此不允许康复治疗人员从事康复医疗临床工作，也没有康复医师从事康复治疗工作，从事跨行业的工作也被认为是不合法的。

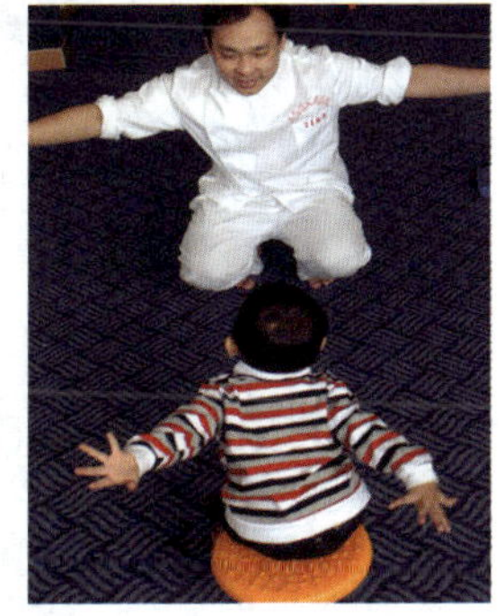

康复治疗师

【康拉德不连续面】（Conrad discontinuity） 又称康拉德面。地壳中硅铝层和硅镁层的分界面。1923年由康拉德发现。地震波纵波通过该界面时，传播速度从6.1km/s增大到6.4～6.7km/s，证明该界面上下物质有明显不同。观测表明，该界面不连续，并非全球范围内都存在。

【康普顿效应】（Compton effect） X射线被物质散射后出现比入射波长更长的散射波的现象。1920年，美国物理学家康普顿在观察X射线被物质散射时，发现散射波中有和入射X射线波长一样的，也有比入射X射线波长大的，而波长的改变与散射物质无关，只与散射角度有关。这种现象是一种反常的散射现象，根据波动理论，被物质散射的X射线应当和入射的波长一样。康普顿按照光子学说，认为这是光子和原子中的电子，在碰撞的过程中把能量转移给电子，从而使光子的能量减少，所以频率变小，波长变大。康普顿效应说明在光与物质作用时，其粒子性显著，同时也证明在微观世界里，动量守恒和能量守恒定律都是成立的。

【康铜】（constantane） 一种含有铜、镍和少量锰的电阻合金。其成分为：39%～41%镍，1%～2%锰，其余为铜。其特点是：电阻温度系数较小，抗蚀性好，使用温度可达500℃，对铜热电势高。常用作电阻元件和镍铬－镍铝热电偶的补偿导线的组元。此外，一种含镍稍高（43%～5%）的康铜，常用作热电偶组元，如铁－康铜热电偶等。不含镍或少含镍的新康铜，性能与康铜相似，一般也作电阻材料。

【糠虾幼体】（mysis） 某些甲壳类（部分十足目）个体发育中的后期幼体。由蚤状幼体发育而成。体形似糠虾，故名。其眼和背甲更为发达。头胸甲具额剑。胸肢为双肢型，游泳用。腹部发育完全，且有腹肢原基出现。如对虾，为

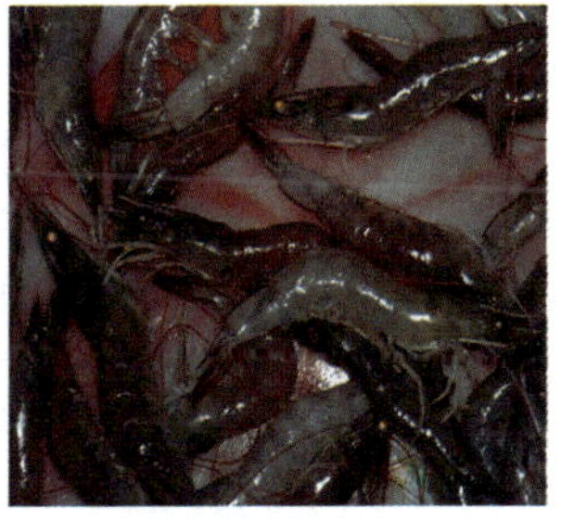

糠虾幼体

发育中最后一期幼体,不久就蜕皮发育为幼虾。

【抗阿米巴病药】(antiamebic drug) 用于治疗阿米巴病的一类药物。阿米巴病是由溶组织内阿米巴原虫感染所引起,以滋养体和包囊两种形式。当机体抵抗力低下时,小滋养体侵入肠壁变为大滋养体,引起肠阿米巴病。肠壁大滋养体随血行扩散到肝、肺等组织,引起肠外阿米巴病。抗阿米巴病药物主要作用于滋养体,对包囊一般无直接作用。临床上分三类:(1)抗肠道内外阿米巴病药。如甲硝唑。其对肠内、外阿米巴滋养体有强大杀灭作用,治疗急性阿米巴痢疾和肠道外阿米巴感染效果显著,但对肠腔内阿米巴原虫和包囊则无明显效果。因此,主要用于组织感染,无根治肠腔内病原体的作用,也不用于治疗无症状的包囊携带者。不良反应少,有轻微胃肠道反应。但甲硝唑干扰乙醛代谢,服药期间和停药不久,应严格禁止饮酒。孕妇禁用。(2)抗肠道内阿米巴病药。如二氯尼特。其为目前最有效的杀包囊药,单用对无症状的包囊携带者有良好效果,对急性阿米巴痢疾疗效差,对肠外阿米巴病无效。不良反应轻,但大剂量时可导致流产。(3)抗肠道外阿米巴病药。如氯喹。对肠内阿米巴病无效,仅用于甲硝唑无效或禁忌的阿米巴肝炎或肝脓肿。

【抗癌蔬菜】(anti-cancer vegetable) 含有的营养成分和某些植物化学物质,能对致癌物质和促癌因子起到明显抑制作用的一类蔬菜。如番茄中含有的番茄红素能促进一些具有防癌、抗癌作用的细胞素的分泌,激活淋巴细胞对癌细胞的溶解作用。同时,它又是很强的抗氧化剂,可杀死人体内能导致老化的自由基。研究结果表明,摄入适量的番茄红素可降低前列腺癌、乳腺癌等癌症的发病率,并对胃癌、肺癌有一定预防作用。甘蓝类蔬菜中含有的硫甙葡萄甙类化合物,对于人体内一种能起到解毒作用的酶,具有诱导作用。经常食用甘蓝类蔬菜,可预防胃癌、肺癌、食道癌及结肠癌的发生。胡萝卜、南瓜等蔬菜中的胡萝卜素,则能够通过清除体内自由基,预防肺癌的发生。绿色蔬菜、红色蔬菜中含有的类黄酮类化合物,能显著增强体内巨噬细胞功能,提高机体免疫力,也有较强的抗癌功效。此外,经常食用大蒜,可使患结肠癌的风险降低30%。茭白、芹菜等是富含纤维素的蔬菜,进入肠道后,可加快其中食糜的排空速度,缩短食物中有毒物质在肠道内滞留时间,并能促进胆汁酸排泄,对预防大肠癌极为有益。

抗癌蔬菜

【抗爆剂】(anti-knocking agent) 又称抗震剂。防止或减轻汽油在汽油机内燃烧时发生爆震,提高辛烷值与热效率而使用的添加剂。一般为有机金属化合物、芳香胺(如N-甲基苯胺)与卤代烷等。常用四乙基铅、甲叔丁醚与有机卤化物和油溶性染料配成乙基液使用。每升汽油中加入1~3mL乙基液可提高辛烷值5~7单位乃至15~20单位。但因铅对空气有污染,四乙基铅已渐被淘汰。甲叔丁醚的醚键中的氧还有助于汽油彻底燃烧,因而得到广泛应用。

【抗爆结构】(anti-knock structure) 能承受爆炸性混合物的最大爆炸压力而不致破坏的结构。最初主要是应用在人防工程和银行金库以及部队有特殊储备要求的建筑设计中,其主要目的是防止爆炸所引起的建筑跨塌和保证财产安全。目前有些建筑界已经把抗爆工程引申到了道路、桥梁、以及小区智能化防护等领域。有抗爆结构的设备和容器具有轴对称特征而不采用箱形或其他大平面形结构。抗爆容器的试验压力不应低于正常工作压力的10倍。

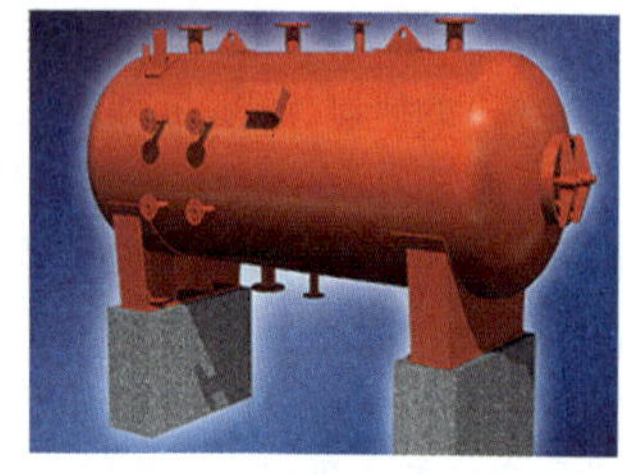
抗爆容器

【抗爆性】(antiknock characteristics) 又称抗震性。汽油在汽油机中燃烧时不致发生爆震现象的性能。用辛烷值表示。产生爆震的因素很多,主要是汽油的抗爆性与汽油机的压缩比不相适应。汽油的辛烷值愈高,抗爆性愈好,在使用时愈能经受较高的压缩比而不致发生爆震,同时可以提高汽油机的效率,降低汽油的消耗量。

【抗病毒药】(anti-viral drug) 一类用于预防和治疗病毒感染的药物。在体外可抑制病毒复制酶,在感染细胞或动物体抑制病毒复制或繁殖。是在临床上治疗病毒病有效的药物。病毒与细菌不同,缺乏自身繁殖的酶系统,因而是细胞内寄生的微生物,依赖宿主细胞代谢系统进行生殖复制。抗病毒药通过抑

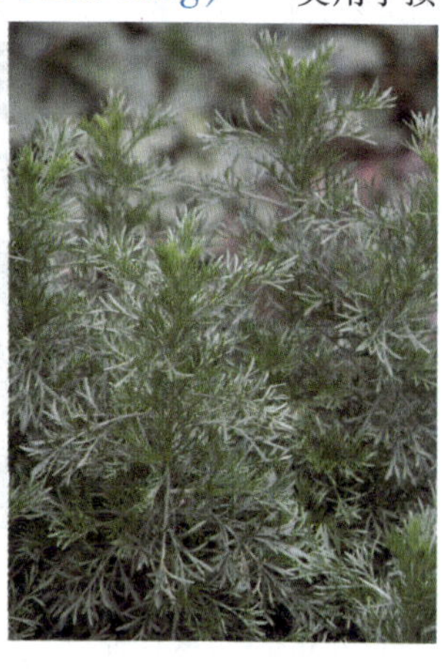
茵陈

制 RNA、DNA 病毒的复制而发挥抗病毒作用。因而药物在对病毒产生作用的同时也作用于宿主细胞,从而产生毒性作用。其常用的药物有:抑制 DNA 的阿昔洛维(无环鸟苷)、阿糖腺苷等;抑制 RNA 及 DNA 的三氮唑核苷(病毒唑)等。还有干扰素、干扰素诱导剂、金刚胺(金刚烷胺)、碘苷及中药中的穿心莲、板蓝根、金银花、大青叶、黄芩和茵陈等。

【抗病育苗】(seeding for disease resistance) 见蔬菜嫁接育苗。

【抗病育种】(breeding for diseases resistance) 以选育抗病新品种为主要目标的育种。常采用人工接种病原菌或在发病地区自然诱发进行抗病性鉴定。利用近缘野生植物的抗病性类型与栽培品种杂交,然后在杂种后代中选出抗病植株,用栽培品种回交,育成新的抗病品种。另外,还可引进外地具有抗病基因的品种与当地品种杂交,用系谱法选育抗病品种。

【抗肠蠕虫药】(intestinal worm medicine) 用于驱除肠蠕虫的药物。寄生在人肠道内的蠕虫很多,主要为绦虫、蛔虫、钩虫、蛲虫、鞭虫和姜片虫等。抗肠道蠕虫药主要通过干扰蠕虫生理活动,驱除、杀灭蠕虫。对多种肠道寄生虫有效,对肠道寄生虫感染的治疗起到重要的作用。甲苯哒唑是广谱驱肠虫药,口服难吸收,在肠道内浓度较高,对杀灭肠道寄生虫有利,而对宿主影响较小。其对多种肠道寄生虫,如蛔虫、钩虫、蛲虫、鞭虫、绦虫,以及肠道粪类圆线虫感染都有显著疗效;对成虫、幼虫都有杀灭作用;对丝虫、囊虫有一定疗效;有抑制虫卵发育的作用,因而能控制传播。甲苯达哒显效缓慢,给药后数日才能将虫体排出。其不良反应并不明显。少数病人可出现短暂的腹痛、腹泻、头昏等症状;偶见有脱发、粒细胞减少等。动物实验发现对怀孕大鼠有致畸作用和胚胎毒作用,故孕妇和 2 岁以下儿童以及对本药过敏者禁用。同类药包括:阿苯哒唑、哌嗪、左旋咪唑、噻嘧啶、恩波比维安、氯硝柳胺、吡喹酮等。

【抗冲击聚苯乙烯】(anti-impact polystyrene) 将聚丁二烯橡胶在聚合反应之前溶于苯乙烯单体而制得的高分子化合物。其特性是:易加工,尺寸稳定,抗冲击强度高,并且有较高刚性。按其相对的抗冲击强度的不同可分为:(1)中等抗冲击品级。(2)高抗冲击品级。(3)极高抗冲击品级。可用许多传统的成型方法对它进行加工,如注塑成型、结构泡沫塑料成型、片材和薄膜挤塑、热塑成型以及注坯吹塑成型等。主要用于包装和一次性用品、仪器仪表、家用电器、玩具和娱乐用品以及建筑行业。

【抗虫育种】(breeding for insects resistance) 以选育抗虫新品种为主要目标的育种。在选育过程中,通过人工饲养接种害虫,使供试材料遭受害虫危害,然后系统地记载植株被害时期、程度及害虫的数量、生长发育等,从中选育出抗虫的新的优良品种。如引进的国际稻 29 对稻飞虱表现高抗,可作为抗稻飞虱育种的良好原始材料。

【抗磁性材料】(diamagnetic material) 磁化率为负值的物质。这种物质的原子和分子的电子壳层是充满的,电子总磁矩为零。当受外部磁场作用时,分子中产生感应的电子环流,它所产生的磁矩与外磁场方向相反,因此宏观表现为抗磁性。其特点是大部分物质的磁化率与磁场强弱及温度无关,磁化曲线为一直线。所有的有机化合物都有抗磁性,属抗磁性物质。在顺磁性物质中也存在不同程度的抗磁效应。物质的抗磁性在某些领域也有着不同凡响的应用。如在生命科学领域,血红蛋白和肌红蛋白在未同氧结合时为顺磁性,但在同氧结合后便转变为抗磁性。这两种弱磁性的相互转变就反映了生物体内的氧化和还原过程,因而其磁性研究成为这种生命现象的一种重要研究方法。常见的有金刚石、金、铜、惰性气体、水和大部分的有机和生物材料。

聚乙烯管

【抗滴虫药】(antitrichomonal drug) 治疗滴虫病的药物。滴虫病主要指阴道滴虫病,但阴道毛滴虫也可寄生于男性尿道内。抗滴虫药用于治疗阴道毛滴虫所引起的阴道炎、尿道炎和前列腺炎。目前治疗的主要药物为甲硝唑,对阴道毛滴虫有直接杀灭作用,并对阴道内的正常菌群无影响,对男女感染者均有良好的疗效。但抗甲硝唑虫株正在增多。替硝唑也是高效低毒的抗滴虫药;乙酰胺胂为五价砷剂,直接杀灭滴虫,偶遇抗甲硝唑株滴虫感染时,可考虑改用乙酰胂胺局部给药。阴道毛滴虫可通过性直接传播和使用公共浴厕等间接传播,故应夫妻同时治疗,并注意个人卫生与经期卫生。

【抗毒素】(antitoxin) 又称免疫毒素。将类毒素多次免疫动物(常用马)后,采取其免疫血清,经过浓缩纯化,得到的特异性免疫球蛋白。外毒素的对应抗体或含这种抗体的血清。外毒素是指来自动植物或细菌的毒素。机体经感染某种传染病或被注射外毒素时也能产生抗毒素。用于防治相应的疾病。也可用于把高效药剂送到特定的区域,特别是送入癌细胞。在医疗实践中，应用类毒素进行免疫预防接种，使机体产生相应的抗毒素，可以预防疾病。

【抗风柱】（wind-resistant column） 设置在砖混结构房屋两端山墙内，抵抗水平风荷载的钢筋混凝土构造柱。将抗风柱在水平方向连接起来、起整体加固作用的钢筋混凝土梁简称为抗风横梁。一般用于高耸、内部大空间、横墙少的砖混结构房屋，如工业厂房、大型仓库等。其布置方法是：(1)按传统抗风柱布置。即抗风柱柱脚与基础铰接，柱顶与屋架通过弹簧片连接。屋面荷载全部由钢架承受，抗风柱不承受上部钢架传递的竖向荷载，只承受墙体和自身的重量和风荷载，成为名副其实的“抗风柱”。(2)按门式钢架轻钢结构布置。即抗风柱柱脚与基础铰接，柱顶与屋架铰接，屋面荷载由钢架及抗风柱共同承担。抗风柱同时承担竖向荷载和风荷载。对于第一种布置方式，抗风柱就可以按两端简支的梁考虑，承受计算宽度内的均布风荷载。计算长度可以按支承情况分别取值。对于第二种布置方式，抗风柱就需要按双向受压的压弯构件考虑，在抗风柱平面内承受计算宽度内的均布风荷载，同时还承受轴向压力。

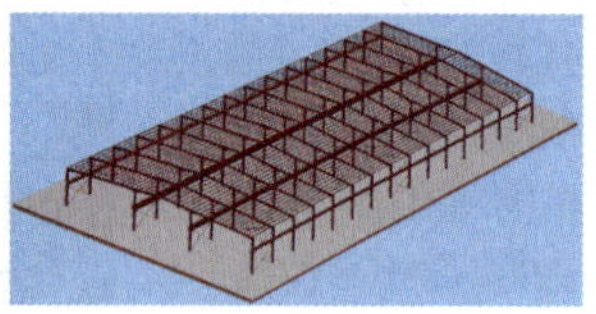

抗风柱

【抗感染免疫学】（probe into anti-infect-action of traditional chinese medicine from modern immunology） 研究机体对微生物感染的免疫功能建立的一门学科。病原微生物侵入体内后，与宿主相互作用的结果是一方面导致了感染的形成，另一方面则建立了对微生物感染的免疫，即抗感染免疫。其研究导致了免疫学的形成，并为传染病的诊断、预防和治疗起了积极的作用。在传染病中，诸如耐药菌的不断出现、条件致病菌感染的逐渐增多、病毒性疾病仍缺乏有效的治疗方法，以及许多传染病至今尚无有效的疫苗预防等，对这些问题的解决均有待于对抗感染免疫的进一步研究。在抗感染免疫应答的启动过程中，首先必须考虑到抗原呈递细胞与CD^{4+} T细胞相互作用的功能。病原微生物作为一种异体物质引起感染过程，这个过程取决于微生物的致病性和抗体的免疫性两方面，而抗感染免疫的形成是由这一矛盾的相互联系和相互作用而促成的。抗感染免疫包括先天性免疫和获得性免疫。前者是由机体的正常组织细胞和体液成分来完成，为非特异性，包括机体的表面屏障、血脑屏障、血胎屏障、吞噬细胞的吞噬杀灭作用；后者则是出生后通过主动或被动免疫方式而获得，有特异性，机体对病原微生物或其产物产生的获得性免疫包括体液免疫和细胞免疫两种。在不同微生物所引起的感染中，这两种免疫起的作用不同，往往以其中之一为主。如在肺炎球菌的感染中多以体液免疫为主，而结核杆菌的感染则主要是细胞免疫起作用。抗感染免疫除了有消灭病原微生物、终止感染对机体有利的一面外，也有因机体对微生物感染产生免疫应答而导致组织损伤的有害一面。如体内产生的抗A群链球菌抗体与人体心肌及瓣膜组织有交叉反应，以致能引起风湿性心脏病。

【抗高温调温服】（anti-high temperature-clothing） 抗热辐射保证人体在高温环境下正常进行工作的服装。PBI、PBO和醛类等材料用此类具有绝缘、绝热的特性和阻燃性好的纤维制成的服装，适合消防队员和炼钢工人穿用。此外，用智能聚氨酯织物涂层，通过选择设计合适的聚合度和含量，使之所构成的嵌段的玻璃化转变温度，接近人体感觉舒适的温度范围。其透湿气性与温度调节同时发挥协调作用，自动调节温度。着衣人在环境温度多变或人体发热出汗等情况下，仍感到舒适。

消防员服装

【抗高血压药】（antihypertensive drugs） 能降低血压和用于高血压治疗的药物。按其主要作用部位的不同可分为：(1)利尿药。噻嗪类利尿药的作用最为明显。包括双氢氯噻嗪、多噻嗪、甲噻嗪、氯噻酮等。此类药物的降压机理在于用药初期是由于血容量减少，心排出量降低，因而使血压下降。代表药味安体舒通。因其排钠作用较弱，故对其他原因引起的高血压效果较差。(2)交感神经抑制药。分别通过作用于交感神经中枢、交感神经节、交感神经末梢、肾上腺素受体而降压。本类代表药为可乐定、樟磺咪芬、利舍平、普萘洛尔等。(3)肾素－血管紧张素系统抑制药。包括血管紧张素转化酶抑制剂、血管紧张素Ⅱ受体阻断药、肾素抑制药。代表药为卡托普利、氯沙坦、雷米克林等。(4)钙拮抗药。通过减少细胞内钙离子含量而松弛血管平滑肌，进而降低血压。本类代表药为硝苯地平和维拉帕米等。(5)血管扩张药。通过直接扩张血管而产生降压作用。本类代表药为肼屈嗪和硝普钠。目前临床上使用的降压药主要有四大类：钙离子拮抗剂、利尿剂、血管紧张素转化酶抑制剂、β受体阻滞剂。

【抗旱保墒耕作】(tillage for storing water-in soil) 又称雨养农业用地。在缺乏灌溉条件的农田蓄水保墒,合理用墒,充分利用天然降水的耕作技术。是旱地农业生产最基本的耕作技术。其主要技术措施是:(1)拦水增墒。采用沟垄、坑田、深翻、带状间作及水平防冲沟等耕作方法,就地拦蓄全部或部分天然降水,提高地墒。(2)增肥蓄墒。半干旱半湿润地区的土壤比较瘠薄,有机质含量少(一般在0.3%~0.8%以下)容易板结和跑墒,需要增施大量肥料,且应以有机肥为主(包括绿肥),结合施用氮、磷、钾等化肥,改善土壤性状和结构,提高土壤肥力和蓄水保墒能力。(3)抗旱播种。利用夏秋雨较多,重点抓伏秋深翻,蓄积大量降水,然后采用耙耱保墒、镇压提墒、适时抢墒、深犁找墒或顶凌早播等。(4)选用抗旱作物。抗旱作物及其优良品种可更有效地提高有限地墒利用率,确保增加农业产量。

中耕保墒

【抗旱天数】(drought resistant days) 作物生长期间遇到连续干旱情况时,灌溉设施能确保用水要求的天数。是中国灌溉工程设计标准的表达方式之一。抗旱天数越长,抗旱标准也越高。这种灌溉工程设计标准适用于以当地水源为主的小型灌区,在中国南方丘陵地区使用较多。中国GB50288-99《灌溉与排水工程设计规范》规定,以抗旱天数作为灌溉设计标准的地区,旱作物和单季稻灌区抗旱天数可为30~50天,双季稻灌区抗旱天数可为50~70天,有条件的地区应予提高。由于抗旱天数的确定有实际困难,加之不便于与其他用水部门的保证率相比较,在大型灌溉工程及综合利用工程的设计中较少采用。抗旱天数有两种不同的统计方法:(1)连续无雨日数。中国有些省规定日雨量小于2mm或3mm为无雨日,有的省以5天降雨小于10mm为无雨日等。(2)连续无透雨日数。即两次透雨的间隔日数。

【抗滑稳定安全系数】(safety factor against sliding) 水工建筑物在荷载作用下抵抗滑动、保持稳定程度的数据指标。通常以滑动面上的抗滑力与滑动力的比值表示。为了保证必要的安全度,建筑物的抗滑稳定安全系数不应小于规定值。此值与建筑物的种类、级别、地基条件以及计算工况、计算方法等有关。在中国水利水电工程设计中,对于不同的建筑物有关规范都有明确规定。

【抗疾病型动物模型】(negative animal model) 利用特定的疾病不会在某种动物身上发生,以探讨这种动物对该疾病有天然的抵抗力的原因而建立的动物模型。如哺乳动物均易感染血吸虫病,而居于洞庭湖流域的东方田鼠却不能复制血吸虫病,因而可用于血吸虫感染的机制和抗病的研究。

【抗甲状腺药】(anti-thyroid drugs) 治疗甲状腺亢进及甲壮腺危象的药物。目前常用的抗甲状腺药有硫脲类、碘和碘化物、放射性碘和β受体阻断药等四类。其中硫脲类包括硫氧嘧啶类(甲硫氧嘧啶和丙硫氧嘧啶)以及咪唑类(甲巯咪唑和卡比马唑)。其药理作用是:(1)抑制甲状腺激素的合成。通过抑制甲状腺过氧化物酶(其本身作为过氧化物酶的底物而被氧化),进而抑制酪氨酸的碘化及耦联。对已合成的甲状腺激素无效,故改善症状常需2~3周,恢复基础代谢率需1~2个月。(2)抑制外周组织的T_4转化为生物活性较强的T_3。(3)降低血循环中甲状腺刺激性免疫球蛋白。临床上主要应用于:(1)甲亢的内科治疗。适用于轻症和不宜手术或放射性碘治疗者,如儿童、青少年、术后复发、年老体弱的中重度患者、兼有心、肝、肾、出血性疾患等病人。(2)甲状腺手术前准备,减少甲亢病人甲状腺手术合并症及甲状腺危象。但可使TSH分泌增多,使腺体增生,组织脆而充血。(3)甲状腺危象的治疗。常用较大剂量丙硫氧嘧啶阻止甲状腺素合成。其不良反应主要有:(1)一般反应。如咽喉不适、口内金属味、呼吸道刺激等。(2)过敏反应。如发热、皮疹、皮炎、血管神经性水肿,严重者有喉头水肿。(3)诱发甲状腺功能紊乱。如甲亢、甲状腺功能减退和甲状腺肿。碘及碘化物的药理作用为:小剂量碘可预防单纯性甲状腺肿;大剂量碘抑制甲状腺激素的释放,还能拮抗TSH促讲激素释放作用,但反复应用可失效,不能单独用于甲亢内科治疗。其临床主要用于:(1)甲亢的手术前准备。术前2周应用大剂量碘能抑制TSH促进腺体增生的作用,使腺体缩小变韧、血管减少、利于手术进行及减少出血。(2)甲状腺危象的治疗。可抑制甲状腺激素的释放,同时配合服用硫脲类药物。放射性元素碘(^{131}I),半衰期为8天,适用于不宜手术或手术后复发及硫脲类无效或过敏的甲亢,作用缓慢。剂量过大易致甲状腺功能低下,故应严格掌握剂量。β受体阻断药包括普萘洛尔等,是甲亢及甲状腺危象的辅助治疗药。通过阻断β受体而改善甲亢所致的交感神经激活症状。普萘洛尔与氧烯洛尔还能减少T_3生成,适用于不宜用其他抗甲状腺治疗者,并能改善甲状腺危象的症状。

【抗静电纤维】(anti-electro static fiber) 在纺织加工及其制品的使用过程中能够降低静电电

荷或使之消失的纤维。其主要制造途径是:(1)用表面活性剂对纤维或织物进行亲水化处理,提高合成纤维的吸湿性能。(2)对成纤高聚物进行共混、共聚合、接枝改性引入亲水性极性基团,或在纤维内部添加抗静电剂,提高吸湿性,制取抗静电纤维。(3)用少量的导电纤维与常规纤维进行混纤、混纺及交织。(4)利用导电纤维泄电或电晕放电作用来达到消除静电荷。人们穿着舒适,织物不易起球和玷污。该纤维特别适宜于对抗静电要求高的防尘服、防爆除尘用品、过滤毡、防电磁波辐射材料以及在易爆环境下穿用的工作服。

【抗静电整理】(anti-electrostatic finishing) 在疏水性纤维表面形成导电层以阻止织物表面产生静电的整理方法。最简单的方法是使纤维表面亲水化或者离子化,使纤维与整理剂,如三乙醇胺和甘油等在有水情况下产生电离形成导电层。大气中湿度过低时效果不明显。织物的抗静电整理是一种后期加工方法。其效果和持久性都不如纺纱、织造时用导电纤维、纱线混纺或交织的好。

【抗静电织物】(anti-electrostatic fabric) 具有一定导电能力和消除静电功能的织物。采用嵌织导电纤维的方法可增强织物的持久抗静电性,还能改善织物的吸湿性和防污性等;织物表面整理法是对合成纤维织物进行抗静电树脂整理。这些抗静电剂覆盖在织物表面,通过吸湿增加纤维的导电性能。

抗静电织物

【抗菌不锈钢】(antibacterial stainless steel) 具有良好抗菌性能的不锈钢品种。经抗菌性热处理后具有稳定的加工性能。这种不锈钢在厂房设备、食品工业的工作台及器皿、医疗器械、日常生活中的餐具及挂毛巾支架、冷藏柜的托架等方面大量使用。公共场所的一些设施,如公交汽车的扶手、楼梯扶手、电话亭、护栏等,为杜绝交叉感染也应使用抗菌不锈钢。

抗菌不锈钢

【抗菌纺织品】(antibacterial textile) 能够抑制细菌繁殖生长的织物。采用共混纺丝法和后整理加工法进行生产。前者是在聚合阶段、聚合终了或纺丝喷口前以及在纺丝原液中将抗菌剂加入纤维中的方法;后者是将抗菌剂热固在纤维上,达到抗菌防臭的目的。不同的织物需要不同类型的抗菌剂,如抹布用广谱抗菌剂,抗菌袜用真菌抗菌剂,毛巾用大肠杆菌类抗菌剂等。

抗菌纺织品

【抗菌皮革】(antibacterial leather) 带抗菌基团的皮革。在皮革中引入一种或几种带抗菌基团的功能性皮革材料,使其具有接触杀菌或者抑制皮革表面的微生物繁殖的功能,从而达到长期卫生、安全的目的。使皮革具有长效、广谱的抗菌性能,同时具有经济方便的特点。其卫生自洁功能又减少了交叉感染和疾病传播。

【抗菌谱】(antibacterial spectrum) 抗菌药抑制或杀灭病原微生物的范围。抗菌范围小的称为窄谱抗菌药,如异烟肼仅对结核杆菌有效。对多数细菌甚至包括衣原体、支原体等病原体有效的药物称为广谱抗菌药。抗菌谱是抗菌药临床选药的基础。参见广谱抗生素。

【抗菌塑料】(antibacterial plastic) 具有抑菌和杀菌性能的新型塑料。可以在一定时间内将玷污在塑料上的细菌杀死或抑制其增殖。其生产方法有两种:(1)在塑料中直接添加抗菌母料,使塑料制品的本身具有抗菌性。(2)在塑料表面制备一层抗菌薄膜(涂层),使之具备广谱抗菌功能。抗菌塑料具有耐热耐光、持效、广谱抗菌、安全无害等特征。其应用范围广泛,欧美一些发达国家早已在电话听筒、电脑键盘、公交车的扶手等器具上使用抗菌塑料。高档轿车的内饰也将越来越多采用抗菌材料,如日产轿车的方向盘、内饰绒布、座位、把手等已采用抗菌塑料制作。

【抗菌陶瓷制品】(antibacterial ceramic products) 具有抗菌功能的陶瓷制品。其制作方法是在传统陶瓷上施加抗菌釉,使产品具有杀菌、抗菌功能。抗菌釉是在釉中添加了抗菌剂钛、银等金属离子。TiO_2 在光照条件下可使其周围的空气中的水发生分解,表面生成 $-OH$、H_2O_2、O_2 等物质,对细菌有杀伤作用;银离子可与蛋白质结合,抑制霉系统,破坏核物质，能抑制乃至杀灭微生物。抗菌陶瓷制品对大肠杆菌、绿脓菌、黄色葡萄球菌、霉菌都有抑制杀灭作用。用抗菌陶瓷制品不仅起装饰作用，更可防止细菌繁殖生长，减少细菌传染，提高公众健康水平。

【抗菌陶瓷坐便器】(water closet of antibosis pottery) 由抗菌陶瓷制作的坐便器。是在陶瓷制品生产的过程中加入抗菌剂，从而使制品具有抗菌作用的一种新型功能陶瓷。这种抗菌陶瓷坐便器除可用在家庭外，更广泛地应用在医院、公共场所、潮湿环境等。

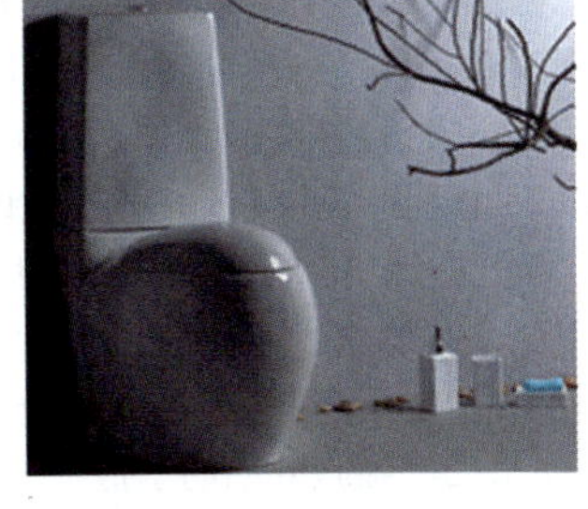
抗菌陶瓷坐便器

【抗菌纤维】(anti-bacterium fiber) 能抑制细菌繁殖或杀死细菌，防止细菌分解人体分泌物而产生不良气味的纤维。其制造方法是：(1)纤维改性法。将纤维纺成异型截面或者使纤维表面形成微细孔隙，提高消臭剂的附着性，或在纤维纺丝液中引入特定的功能基团，将抗菌剂通过化合键或氢键结合在纤维表面。(2)在纤维纺丝原液中掺加抗菌剂，与各种合成纤维共混纺织成纤维。(3)用反应性树脂将抗菌剂热固定于纤维表面。(4)将抗菌剂吸附在纤维表面。为确保安全，对于婴幼儿使用的制品，一般不进行抗菌防臭处理。常用于内衣、袜子等。

【抗菌药物后效应】(antiseptic late effect) 抗菌药停止服用后仍然持续存在的抗微生物效应。通常用时间表示。并非所有的抗菌药与细菌之间均发生抗菌药物后效应。但当抗菌药物后效应存在时，时常具药物浓度依赖性。

【抗力】(resistance) 结构或构件承受作用效应的能力。按其类型的不同可分为：(1)强度。材料或构件抵抗破坏的能力。其值为在一定的受力状态和工作条件下，材料所能承受的最大应力或构件所能承受的最大内力(承载能力)。(2)刚度。结构或构件抵抗变形的能力。包括构件刚度和截面刚度，按其受力状态不同可分为轴向刚度、弯曲刚度、剪变刚度和扭转刚度等。对于构件刚度，其值为施加于构件上的力(力矩)与它引起的线位移(角位移)之比。对于截面刚度，在弹性阶段，其值为材料弹性模量或剪变模量与截面面积或惯性矩的乘积。(3)抗裂度。结构或构件抵抗开裂的能力。

【抗流感药物】(anti-flu drugs) 治疗流行性感冒的药物。流感是由A型流感病毒引起的禽类急性传染病。其临床症状从低致病力的无症状到中等致病力的呼吸道症状，直至高致病力引起的烈性死亡。大体分为五类：(1)离子通道阻断剂。此类药物以流感病毒基质蛋白-2为作用靶点，通过阻断H^+通道来抑制流感病毒复制。包括金刚烷胺和金刚乙胺。(2)神经氨酸酶(NA)抑制剂。对甲型和乙型流感病毒均有抑制作用。能够与病毒的神经氨酸酶特异性结合，阻断该酶的活性，使病毒不能轻易地从感染细胞表面释放，促进病毒凝集，阻止病毒进一步扩散，从而发挥抗流感的作用。如扎那米韦和奥塞米韦等。(3)以血凝素为靶点的抗流感药物。血凝素是位于流感病毒表面的一个重要糖蛋白，经过蛋白酶催化水解为两个活性的多肽亚单位HA1和HA2。实验证实，HA1介导病毒与感染细胞受体上唾液酸之间的吸附作用；HA2引导病毒包膜和核内体膜的融合。目前，以HA1和HA2为靶点，已经发现了一些有抗流感病毒活性的化合物。如司他弗林。(4)反义寡核苷酸。作为一种研究工具，已经被广泛应用于特异性抑制基因表达，并作为潜在的治疗药物在艾滋病、癌症、流感、单纯疱症以及其他疾病中占有重要的地位。(5)RNA干扰。是一种由双链RNA(dsRNA)介导的序列特异性转录后基因沉默现象，并且是一种在进化上高度保守的免疫防御机制。作为抑制流感病毒感染的理想方法主要有以下几个原因：首先流感病毒为RNA病毒，在病毒的整个生命周期中除mRNA外，病毒颗粒RNA和互补RNA均可以作为小干扰RNA作用的靶点；其次由于流感病毒基因组分片段编码不同的病毒蛋白，每一种蛋白在病毒的生命周期中都发挥重要作用。因此，可以同时抑制一个或多个病毒基因片段，从而更好地防止耐药性病毒的产生。再次siRNA可以通过吸入的方式给药，不仅使用方便，而且可以增加其在感染部位的药物浓度。目前，其药物研究已取得初步成果，已有离子通道阻断剂和神经氨酸酶抑制剂两大类四种药物在国外正式上市，某些药物正处于临床阶段，有望在未来几年内获准在临床使用。但是，由于现有药物在临床上广泛应用，使流感病毒发生变异，并对这些药物产生了不同程度的耐药性，离子通道阻断剂存在对B型流感病毒无效和神经毒性等缺陷。因此，对现有药物进行结构改造并寻找新药物作用靶点是今后的主要发展方向。

【抗逆性】(stress resistance) 植物具有的抵抗不利环境的能力。如抗旱、抗盐碱、抗涝、抗风、抗冻、抗病虫害等。不同种植物间存在着生殖隔离现象。一种植物出现的优良抗逆性状，在自然条件下很难转移到其他种类的植物体内。植物的抗逆性主要包括避逆性和耐逆性。避逆性指在环境胁迫和它们所要作用的活体之间在时间或空间上设置某种障碍从而完全或部分避开不良环境胁迫的作用；耐逆性指活体承受了全部或部分不良环境胁迫的作用，但没有或只引起相对较小的伤害。在一般情况下，植物在生长盛期抗逆性比较小，进入休眠以后，则抗逆性增大；营养生长期抗逆性较强，开花期抗逆性较弱。研究植物抗逆性对于科学育种、保护生态平衡具有重要意义。

沙漠植物沙棘

【抗凝血药】（anticoagulant drug） 用于防治血管内栓塞或血栓形成的疾病，预防中风或其他血栓性疾病的药物。是通过影响凝血过程中的某些凝血因子阻止凝血过程的药物。临床使用频率最高的抗凝血药包括：（1）非肠道用药抗凝血剂。代表药为肝素。它在体内外均有很强的抗凝作用，这是通过抗凝血酶Ⅲ来实现的，对凝血过程的多个环节均有抑制作用，且作用迅速。该制剂只能静脉给药。因使用方便（皮下注射），常用于需迅速抗凝治疗者或用作口服抗凝血剂前用药。当用量过多引起出血时，可用等量鱼精蛋白中和。长期使用肝素有引起出血的危险，副作用较大。（2）香豆素抗凝血剂。本类代表药为华法林。它通过拮抗维生素 K 使肝脏合成凝血酶原及因子Ⅶ、Ⅸ和Ⅹ减少而抗凝。因为用药开始体内仍有足量凝血因子，故只有当这些因子耗尽后才能发挥抗凝作用。所以其作用开始较慢，但作用持续时间较长。适用于需较长时间抗凝者如深静脉血栓形成和肺栓塞等。当用量不当引起出血时，除给维生素 K 外，最主要的是输新鲜血以补充凝血因子。（3）抗血小板凝集药物。代表药为阿司匹林。阿司匹林对血小板环氧化酶有抑制作用，并可防止血小板环氧化酶将花生四烯酸转化成前列腺素中间体。由于血液中缺少前列腺素中间体，故无法（或难以）形成血栓。此外蛇毒溶栓剂如去纤酶、抗栓酶和清栓酶，可溶解已形成的血栓使血管再通。

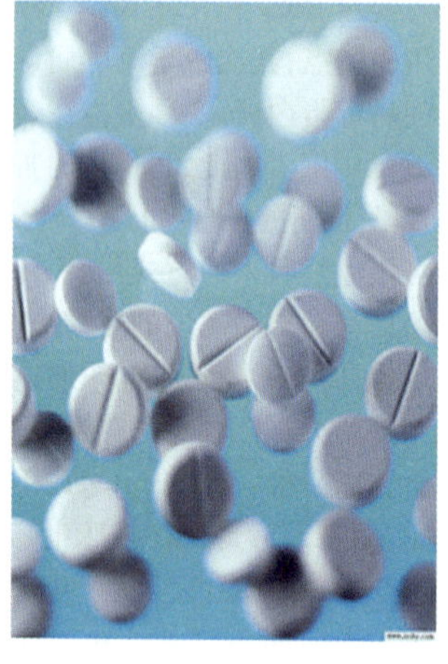

阿司匹林

【抗疟药】（antimalarial drug） 用于治疗或预防疟疾的药物。疟疾是疟原虫引起的寄生病，由安蚊传播，临床上以反复发作的寒战、高热，继之大汗后缓解为特点。恶性疟疾可侵犯大脑，引起头痛、谵妄、昏迷、抽搐等危险发作，严重者可危及生命。主要分为三类：（1）主要用于控制症状的药物。代表药为氯喹、奎宁、甲氟喹、青蒿素等。均能杀灭红细胞内期裂殖体，发挥控制症状作用和症状抑制性预防作用。（2）主要用于控制远期复发和传播的药物。代表药为伯氨喹。能杀灭肝脏中的休眠子，控制疟疾的远期复发，并能杀死各种疟原虫的配子体，控制疟疾传播。（3）主要用于病因预防的药物。代表药为乙胺嘧啶。能杀死红细胞外期的子孢子，发挥病因性预防作用。

【抗贫血药】（antianaemi drug） 治疗各种原因引起贫血的药物。循环血液中红细胞数或血红蛋白量低于正常称为贫血。按其病因及发病机制的不同可分为：由铁缺乏所致的缺铁性贫血，由叶酸或维生素 B_{12} 缺乏所致的巨幼红细胞性贫血和骨髓造血功能低下所致的再生障碍性贫血。对贫血的治疗采用对因及补充疗法。缺铁性贫血可补充铁剂，巨幼红细胞性贫血补充叶酸或维生素 B_{12}。铁是红细胞成熟阶段合成血红素必不可少的物质。吸收到骨髓的铁，吸附在有核红细胞上并进入细胞内的线粒体，与原卟啉结合，形成血红素，后者再与珠蛋白结合，形成血红蛋白。铁剂治疗缺铁性贫血，疗效甚佳。铁剂临床上常用的有硫酸亚铁、枸橼酸铁铵口服补铁剂和富马酸亚铁、右旋糖酐铁等注射铁剂。口服铁剂对胃肠道有刺激性，可引起恶心、腹痛、腹泻。饭后服用可以减轻。也可引起便秘，因铁与肠腔中硫化氢结合，减少了硫化氢对肠壁的刺激作用。小儿误服 1g 以上铁剂可引起急性中毒，表现为坏死性胃肠炎、呕吐、腹痛、血性腹泻、休克、呼吸困难、死亡。急救措施为以磷酸盐或碳酸盐溶液洗胃，并以特殊解毒剂去铁胺注入胃内以结合残存的铁。叶酸由蝶啶、对氨苯甲酸及谷氨酸三部分组成，广泛存在于动植物食品中，动物细胞自身不能合成叶酸。因此，人体所需叶酸只能直接从植物摄取。当叶酸缺乏时，dTMP 合成受阻，导致 DNA 合成障碍，细胞有丝分裂减少。由于对 RNA 和蛋白质合成影响较少，使血细胞 RNA：DNA 比率增高，出现巨幼红细胞性贫血。补充叶酸可治疗各种巨幼红细胞性贫血。维生素 B_{12} 为含钴复合物，广泛存在于动物内脏、牛奶、蛋黄中，为细胞分裂和维持神经组织髓鞘完整所必需。当维生素 B_{12} 缺乏时叶酸代谢循环受阻，导致叶酸缺乏症。维生素 B_{12} 主要用于恶性贫血和巨幼红细胞性贫血。

【抗生菌剂】(antimicrobial agent) 含有抗生菌的制剂。微生物中具有拮抗性能的菌类为抗生菌。其作用是提高作物抗逆性、抗病、抗虫和抗旱能力,刺激作物生长和增加作物抗旱抗寒能力。抗生菌剂本身不供给作物任何营养物质,而是通过其分泌物对作物生长发育、抵抗病虫和改善土壤肥力起综合影响。可通过拌种、浸种、蘸根、浸根、作基肥和追肥等广泛用于各种大田作物、蔬菜和苗木等。

【抗生素】(antibiotics) 由微生物(包括细菌、真菌、放线菌属)或高等动植物在生活过程中所产生的具有抗病原体或其他活性的一类次级代谢产物。能干扰其他生物细胞发育功能的化学物质。现临床常用的抗生素有微生物培养液中提取物以及用化学方法合成或半合成的化合物。目前已知天然抗生素不下万种。抗生素分为天然品和人工合成品。前者由微生物产生,后者是对天然抗生素进行结构改造获得的部分合成产品。其杀菌作用主要有四种机制:(1)抑制细菌细胞壁的合成,导致细菌细胞破裂死亡。以这种方式作用的抗菌药物包括青霉素类和头孢菌素类。哺乳动物的细胞没有细胞壁,不受这些药物的影响。(2)与细胞膜相互作用。一些抗菌素与细胞的细胞膜相互作用而影响膜的渗透性,这对细胞具有致命的作用。以这种方式作用的抗生素有多黏菌素和短杆菌素。(3)干扰蛋白质的合成。意味着细胞存活所必需的酶不能被合成。包括福霉素(放线菌素)类、氨基糖苷类、四环素类和氯霉素。(4)抑制核酸的转录和复制。抑制核酸的功能阻止了细胞分裂和/或所需酶的合成。以这种方式作用的抗生素包括萘啶酸和二氯基吖啶。自1943年青霉素应用于临床以来,抗生素的种类已达几千种。在临床上常用的有几百种。其主要是从微生物的培养液中提取的或者用合成、半合成方法制造。其分类有以下几种:(1)β-内酰胺类。(2)氨基糖甙类。(3)四环素类。(4)氯霉素。(5)大环内脂类。(6)作用于革兰阳性菌的其他抗生素。(7)作用于G^-菌的其他抗生素。(8)抗真菌抗生素。(9)抗肿瘤抗生素。(10)具有免疫抑制作用的抗生素。其毒性反应临床较多见,如及时停药可缓解和恢复,但亦可造成严重后果。主要有以下几方面:(1)神经系统毒性反应。氨基糖甙类损害第八对脑神经,引起耳鸣、眩晕、耳聋;大剂量青霉素G或半合成青霉素或引起神经肌肉阻滞,表现为呼吸抑制甚至呼吸骤停;氯霉素、环丝氨酸引起精神病反应等。(2)造血系统毒性反应。氯霉素可引起再障性贫血;氯霉素、氨苄青霉素、链霉素、新生霉素等有时可引起粒细胞缺乏症;庆大霉素、卡那霉素、先锋霉素Ⅳ、Ⅴ、Ⅵ可引起白细胞减少,头孢菌素类偶致红细胞或白细胞,血小板减少、嗜酸性细胞增加。(3)肝、肾毒性反应。妥布霉素偶可致转氨酶升高,多数头孢菌素类大剂量可致转氨酶、碱性磷酸脂酶Ⅰ和Ⅱ、多黏菌素类、氨基甙类及磺胺药可引起肾小管损害。(4)胃肠道反应。口服抗生素后可引起胃部不适,如恶心、呕吐、上腹饱胀及食欲减退等。(5)抗生素可致菌群失调,引起维生素B族和K缺乏;也可引起二重感染,如伪膜性肠炎、急性出血肠炎、念珠菌感染等。(6)抗生素的过敏反应。一般分为过敏性休克、血清病型反应、药热、皮疹、血管神经性水肿和变态反应性心肌损害等。(7)抗生素后遗效应。是指停药后的后遗生物效应,如链毒素引起的永久性耳聋。许多化疗药可引起“三致”作用。利福平的致畸率为4.3%,氯霉素、灰黄霉素和某些抗肿瘤抗生素有致突变和致癌作用等。

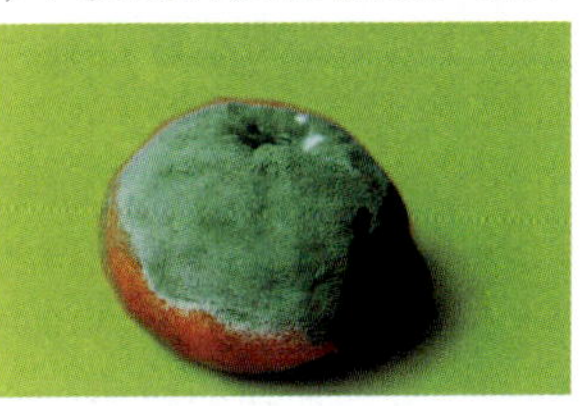
青霉素药源

【抗生素后效应】(postantibiotic effect) 细菌在接触抗生素后虽然抗生素血清浓度降至最低抑菌浓度以下或已消失后,对微生物的抑制作用依然维持一段时间的效应。可被看作为病原体接触抗生素后复苏所需要的时间。揭示的是抗生素与细菌的相互作用过程。其大小是以时间来衡量的,应用菌落计数法计算为实验组和对照组细菌恢复对数生长期各自菌落数增加10倍所需的时间差。药物作用机制、药物与作用靶点的亲和力、对细菌损伤程度、靶点功能恢复时间等是抗生素后效应的决定因素;药物种类与浓度、细菌种类、药物和细菌接触时间等也是抗生素后效应的重要影响因素。药代动力学参数血药峰浓度(Cmax)、药物浓度-时间曲线下面积(AUC)等对于浓度依赖性药物尤其氨基苷类药物、氟喹诺酮类药物等的抗生素后效应影响较为显著。虽然血浆半衰期($T_{1/2}$)可影响药物和细菌的接触时间,对于某些药物体内抗生素后效应可能有一定影响,但不是决定因素。抗生素后效应是评价抗生素药效学的一项新指标,可为抗生素更合理用药提供新的科学依据。

【抗丝虫病药】(anti-filariasis drug) 治疗丝虫病的药物。寄生于人体的丝虫有八种。中国仅有班氏丝虫和马来丝虫两种。丝虫病是由丝虫寄生于人体淋巴系统引起的一系列病变。早期主要表现为淋巴管炎和淋巴结炎;晚期淋巴管阻塞所致的症状。目前乙胺嗪是治疗丝虫病的首选。乙胺嗪对班氏丝虫和马来丝虫均有杀灭作用,且对马来丝虫的作用优于班氏丝虫,对微丝蚴的作用胜于成虫。在体外，乙胺嗪对两种丝虫的微丝蚴和成虫并无直接杀灭作用，表明其杀虫作用依赖于宿主防御机制的参与。乙胺嗪分子中的哌嗪部分可使微丝蚴的肌组织超极化产生弛缓性麻痹而从寄生部位脱离，迅速“转移”，并易被网状内皮系统拘捕。乙胺嗪也可破坏微丝蚴表膜的完整性，暴露抗原，使其易遭宿主防御机制的破坏。乙胺嗪本身引起的不良反应轻微，常见厌食、恶心、呕吐、头痛、乏力等，通常在几天内均可消失。但因成虫和微丝蚴死亡释放出大量异体蛋白引起的过敏反应则较为明显，表现为皮疹、淋巴结肿大、血管神经性水肿、畏寒、发热、哮喘、肌肉关节酸痛、心率加快以及胃肠功能紊乱等。用地塞米松可缓解症状。

【抗酸药】(antiacids drug) 降低胃内酸度从而降低胃蛋白酶的活性和减弱胃液消化作用的药物。为弱碱性物质，口服后在胃内直接中和胃酸，提高胃内容物 pH 值，降低胃蛋白酶活性，具有缓解溃疡病的疼痛等作用。有些抗酸药如氢氧化铝、硅酸镁等还能形成胶状保护膜，覆盖于溃疡面和胃黏膜，起保护溃疡面和胃黏膜的作用。常用的抗酸药有：碳酸钙、氧化酶、氢氧化镁、硅酸镁、氢氧化铝、氢氧化钠等。常用于治疗胃溃疡、十二指肠溃疡和胃酸分泌过多症。由于抗酸药物仅仅是直接中和已经分泌的胃酸，而不能调节胃酸的分泌，有些甚至可能造成反跳性的胃酸分泌增加，并且具有各自的不良反应，所以抗酸药物并不是治疗消化性溃疡的首选药物。通常用于对症治疗，缓解疼痛、反酸等不适症状。抗酸药在胃内容物将近排空或完全排空后才能充分发挥抗酸作用，故通常应在餐后1～1.5h和晚上临睡前服用。

氢氧化铝

【抗体】(antibody) 机体在抗原物质激发下合成的一种具有特异性免疫功能的免疫球蛋白。按其作用对象的不同可分为：(1)抗毒素、抗菌抗体。(2)抗病毒抗体。(3)亲细胞抗体。按其理化性质和生物学功能的不同可分为：(1)Ig(免疫球蛋白)G 抗体。(2)IgA 抗体。(3)IgM 抗体。(4)IgE抗体。(5)IgD 抗体。按其与抗原结合后是否出现可见反应可分为：(1)在介质参与下出现可见结合反应的完全抗体，即通常所说的抗体。(2)虽然不出现可见反应，但能阻抑抗原与其相应的完全抗体结合的不完全抗体。按其来源的不同可分为：(1)天然抗体。(2)免疫抗体。抗体与相应抗原在体内结合后，可以通过吞噬、排泄而将抗原清除，或使抗原失去致病作用，常用以防治疾病。如在体外结合，也可作为临床诊断的方法。

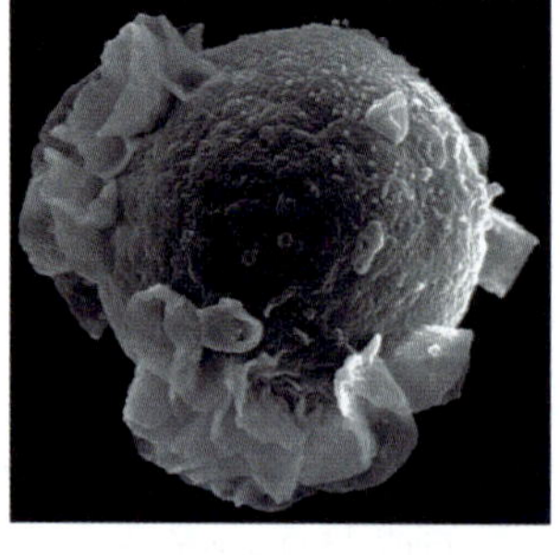

抗病毒抗体吸附病毒

【抗体工程】(antibody engineering) 用细胞融合、化学修饰的方法改造抗体分子的技术。经抗体工程手段改造的抗体分子，是按人类设计重新组装的新型抗体分子。可保留(或增加)天然抗体的特异性和主要生物的活性，去除(或减少、替代)无关结构，比天然抗体更具有潜在的应用前景。利用抗体工程技术可研制出性能和特点各不相同的高效治疗性抗体，如增强效应功能的抗体、传递细胞毒作用的免疫毒素以及抗体与细胞因子连接的融合蛋白等。

【抗体工程药物】(antibody engineering drug) 又称抗体药物。通过细胞工程方法、基因工程方法或兼用两种方法制备的抗体治疗剂。由于其具有单克隆抗体特征，亦将之称为单克隆抗体治疗剂、抗体治疗剂。主要包括：单克隆抗体及片段、基因工程抗体片段、免疫偶联物、抗体融合蛋白和胞内抗体等几类。具有下列重要特点：(1)特异性。针对特定的单一抗原表位，具有高度的特异性。这是抗体药物发挥治疗作用的重要基础。对于抗肿瘤抗体药物的研究表明，其特异性主要表现为特异性结合、选择性杀伤靶细胞、体内靶向性分布以及具有更强的疗效。(2)多样性。主要表现在靶抗原的多样性、抗体结构的多样性，以及作用机制的多样性等方面。(3)制备抗体药物的定向性。抗体药物的重要特点之一是可以定向制造。即根据需要，制备具有不同治疗作用的抗体药物。事实上，所有的抗体药物都是针对特定的分子靶点定向制造的。可以针对特定的靶分子，定向制备相应的抗体；也可以根据需要选择相应的“效应分子”，制备相应的免疫偶联物或融合蛋白。应用于各种疾病治疗，特别是肿瘤治疗的前景备受关注。抗体药物的研究与开发，已成为生物技术药物领域研究的热点之一。

【抗体库技术】(antibody library technique) 一种将某种动物的所有抗体可变区基因克隆在质粒或噬菌体中表达，利用不同的抗原筛选出携带特异抗体基因的克隆，从而获得相应的特异性抗体的方法。其主要过程是：首先克隆出抗体全套可变区基因，与有关载体连接，然后导入受体菌系统；利用受体菌蛋白合成分泌等条件，将这些基因表达在细菌、噬菌体等表面，进行筛选与扩增，建立抗体库。从抗体库中可筛选多种重要的抗体，如膜蛋白抗原抗体、自身抗原抗体、病毒抗原抗体等。该技术无需免疫，不仅可以模拟动物免疫系统产生抗体的过程，还具有许多独特的优点，是杂交瘤技术难以比拟的。利用抗原即可直接从非免疫动物抗体库中筛选出特异性抗体，并能筛选到针对该物种自身抗原的抗体。从人的抗体库中可以得到完全是人源的抗体（McAb），克服了难以用杂交瘤技术获得人源 McAb 的障碍。此外，由于细菌细胞增殖快，培养成本低廉，利于大量制备高纯度抗体，可进行蛋白晶体结构研究和应用。因此，该技术将对生物学和医学的发展起着重要的推动作用。

【抗体酶】（abzyme） 通过改变抗体中与抗原结合的微环境，并在适当的部位导入相应的催化基团所产生的具有催化功能的抗体分子。当底物与酶的活性中心结合时，底物发生构象的改变，产生过度态。如果将这种底物的过度态类似物作为抗原，注入动物体内产生抗体，则抗体在结构上与过度态类似物互相适应并可相互结合。该抗体即可具有能催化该过度态反应的酶活性。其获得途径有：(1)采用过渡态的底物类似物诱导。(2)在现有的抗体基础上，通过化学修饰或通过蛋白质工程向其配体结合部位导入催化基团。其主要功能是：可催化多种化学反应，包括酯水解、酰胺水解、酰基转移、光诱导反应、氧化还原反应、金属螯合反应等。抗体酶的研究，为人们提供了一条合理途径去设计适合于市场需要的蛋白质，即人为地设计制作酶。因此，可通过抗体酶的途径来制造自然界不存在的新酶种，生产当前尚不容易获得的各种酶类。已被广泛应用于临床和其他领域。

【抗体调理作用】（oposonization） 抗体、补体与吞噬细胞表面结合，促进吞噬细胞吞噬细菌等颗粒性抗原的作用。主要通过 IgM、IgG（IgG1 和 IgG3）的 Fc 段与中性粒细胞、巨噬细胞表面的 IgMFcR、IgGFcR 结合，从而增强其吞噬作用。其调理机制是：(1)抗体在抗原颗粒和吞噬细胞间“搭桥”，使吞噬细胞易于接近和吞噬抗原。(2)抗体与抗原接合后，可改变抗原表面电荷，降低吞噬细胞与抗原之间的斥力。(3)抗体可抑制某些细菌表面分子，如荚摸的抗吞噬作用。(4)抗体与抗原结合形成的免疫复合物，可活化吞噬细胞。

【抗突发噪声性能】（performance anti-burst noise） 衡量系统克服传输环境中的突发噪声性能的一个特殊指标。噪声主要包括：系统内部噪声和外部噪声。其中系统内部噪声可以分为近端串扰（NEXT）和远端串扰（FEXT）。这些噪声主要是来自同一电缆和线路板卡上系统内其他线路的串扰信号。外部噪声包括各种外部的电磁噪声，如广播信号、各种电气设备的噪声等。也包括共存在同一电缆内的其他 DSL 系统的串扰信号。

【抗心绞痛药】（antianginal drug） 主要是通过增加心肌供氧（扩张冠状动脉、增加侧枝循环）和降低心肌耗氧（抑制心肌收缩力、扩张血管降低前后负荷、减慢心率）等途径调整心肌供氧和耗氧平衡而达到治疗心绞痛的药物。心绞痛是因冠状动脉供血不足引起的心肌急剧的、暂时的缺血与缺氧综合征，其典型临床表现为阵发性的胸骨后压榨性疼痛并向左上肢放射。降低心肌耗氧量、扩张冠状动脉、改善冠脉供血是缓解心绞痛的主要治疗对策。主要药物有：(1)硝酸酯类。本类代表药为硝酸甘油。该药具有起效快、疗效肯定、使用方便、经济等优点。是防治心绞痛最常用的药物。硝酸甘油口服因受首过效应等的影响，生物利用度仅为8%，故临床上舌下含服或外用（软膏或贴膜）。其基本作用是松弛平滑肌，但对不同组织器官的选择性有差别，以对血管平滑肌的作用最显著。由于硝酸甘油扩张了体循环血管及冠状血管，因而具有如下作用：① 降低心肌耗氧量。小剂量硝酸甘油可明显扩张静脉血管，减少回心血量，心室内压减小，心室壁张力降低，射血时间缩短，心肌耗氧量减少。稍大剂量也可显著舒张动脉血管，降低了心脏的射血阻力，从而降低了左室内压和心室壁张力，降低心肌耗氧。② 扩张冠状动脉，增加缺血区血液灌注。③ 降低左室充盈压，增加心内膜供血，改善左室顺应性。④ 保护缺血的心肌细胞，减轻缺血损伤。(2)β 肾上腺素受体阻断药。本类药作为一线防治心绞痛的药物，可使心绞痛病人发作次数减少、改善缺血性心电图、增加患者运动耐量、减少心肌耗氧量、改善缺血区代谢、缩小心肌梗死范围。本类代表药为普萘洛尔。(3)钙通道阻滞药。本类药尽管种类较多，化学结构不同，但都具有阻滞心肌细胞和平滑肌细胞的电压依赖性 L 型钙通道，抑制钙离子内流的作用，从而产生以下作用：①降低心肌耗氧

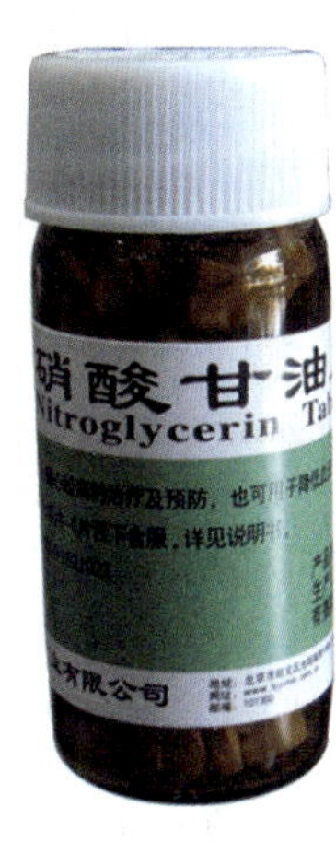

硝酸甘油片

量。②舒张冠状血管。③保护缺血心肌细胞。④抑制血小板凝聚。本类药包括硝苯地平、维拉帕米、地尔硫卓等。(4)其他抗心绞痛药物。包括卡维地洛、尼可地尔、吗多明等药物。

【抗心律失常药】(antiarrhythmic drug) 能防治心动过速、过缓或心律不齐的药物。但一般指防治心动过速及某些心律不齐的药物。心律失常的发生原因是冲动形成异常或冲动传导异常或二者兼有,因此对心律失常的治疗就是要减少异位起搏活动、调节折返环路的传导性或有效不应期以消除折返。能达到以上目的而治疗心律失常的机制是:(1)阻滞钠通道。(2)拮抗心脏的交感效应。(3)调节钠通道适度延长有效不应期。抗心律失常药可降低异位起搏活动而不影响窦房结功能,降低除极化组织的传导性、兴奋性、延长其不应期,而不影响正常极化状态的组织。但当剂量增加时,这些药物也抑制正常组织的传导,导致药源性心律失常。存在酸中毒、高血钾、心肌缺血或心动过速时,即使是治疗浓度的抗心律失常药,也可能诱发心律失常。其基本作用机制是:(1)降低自律性。(2)减少后除极。(3)消除折返。Vaughan Wilams 分类法根据药物的主要作用通道和电生理特点,将众多化学结构不同的药物归纳成四大类:Ⅰ类钠通道阻滞药。可适度、轻度、明显阻滞钠通道。本类药有奎尼丁、利多卡因、普罗帕酮等。Ⅱ类 β 肾上腺素受体拮抗药。阻断心脏 β 受体而对心脏发生影响,同时还有阻滞钠通道、促进钾通道、缩短复极过程的效应。本类药有普萘洛尔等。Ⅲ类延长动作电位时程药。选择性地延长动作电位间期,主要是延长心房肌、心室肌和浦肯野纤维细胞的动作电位间期和有效不应期,而少影响传导速度。

【抗性淀粉】(resistant starch) 难降解,在体内消化、吸收和进入血液比较缓慢的一类淀粉。本身仍然是淀粉,其化学结构不同于纤维,但其性质类似溶解性纤维。存在于马铃薯、香蕉、玉米、大米等天然食品中。直链淀粉含量多的玉米淀粉含抗性淀粉高达 60%。抗性淀粉也可通过某些加工方法提高其含量,如将原淀粉加热使其糊化并迅速冷却,或将淀粉制品在冰箱内储存等。此外,还可通过添加脂肪使淀粉变性以增加抗性淀粉含量。因脂肪可使淀粉分子内部的螺旋结构凝固而趋于稳定,可抵抗酶的侵蚀。其优越性是:(1)可抵抗酶的分解,在体内释放葡萄糖缓慢,具有较低的胰岛素反应,可控制血糖平衡,减少饥饿感,因而特别适宜糖尿病患者食用。(2)具有可溶性食用纤维的功能,食后可增加排便量,减少便秘、结肠癌的危险。(3)可减少血胆固醇和甘油三酯的量,食用抗性淀粉后排泄物中胆固醇和甘油三酯的量增加,具有一定的减肥作用。

【抗性基因】(resistance gene) 编码使宿主对某些外因(如药物、射线、病虫害等)有抵抗能力的基因。其作用是:(1)常被用在克隆载体中来辅助选择含有克隆载体的转化子,例如抗氨苄青霉素基因、抗四环素基因等。(2)常利用抗性基因工程技术培育具有特定抗性的植物新品种,包括植物抗虫基因工程、抗除草剂基因工程和抗逆基因工程。其最大优点是能最大限度地利用感兴趣的外源基因而使育种工作更具目的性,但其安全性有必要进行更为深入的研究和分析。

【抗性质粒】(resistance plasmid) 又称 R 质粒。带有与对抗生素或其他抗细菌药物的抗性相关的遗传信息的质粒。因带有抗性基因,抗性质粒可使宿主菌对某些抗菌素产生抗性,能在这种抗菌素存在的环境下生存下来。质粒 DNA 若含有二种抗性基因(例如 pBR322 质粒载体),而且克隆位点位于该抗药性基因内时,这种质粒一旦插入了外源 DNA,抗药性基因就被破坏,含重组质粒的细菌菌落将失去一种抗药性,而没有插入外源 DNA 的空载质粒,仍含有两个完整的抗性基因。这样根据菌落抗药性的变化情况,很容易区分哪些质粒是重组的,哪些是未带外源 DNA 的。

【抗血清】(antiserum) 含特殊抗体的血清。取经抗原免疫的动物(鼠、免、羊、马等)血,经一定处理后制成的血清制品。在正常情况下,抗原性物质大多具有多种抗原决定簇,因此免疫动物后,可刺激多种具有相应抗原识别受体的 B 细胞增殖,从而形成多种不同的 B 细胞克隆。由这些 B 淋巴细胞克隆产生的抗体释放于血清中,即形成多克隆抗体。此外,一般条件下饲养的实验动物,在用某种抗原性物质免疫之前,体内已存在一定数量的异质性抗体。因此即使使用只具单一 B 细胞决定簇的抗原进行免疫,所获抗体仍然是多克隆抗体。各种特殊抗血清常用作免疫分析试剂,现已逐渐为单克隆抗体所代替;也可用作被动免疫制品,经纯化制成免疫球蛋白制品后,可减轻动物血清对人体的过敏反应。

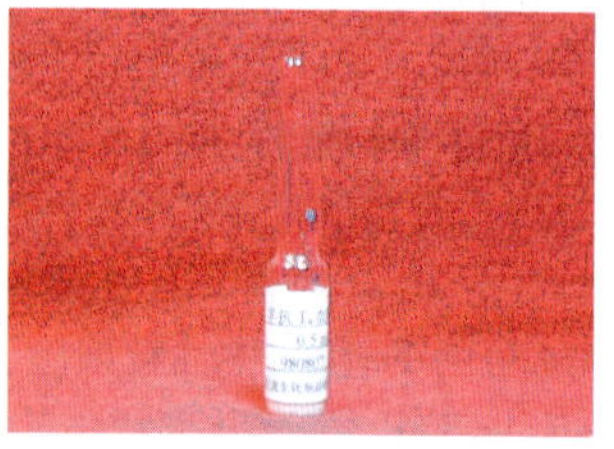

抗血清

【抗血吸虫病药】(anti-schistosomiasis drugs) 治疗血吸虫病的一类药物。血吸虫病是由分体科分体属的蠕虫引起的一种危害严重的寄生虫病。血吸虫病主要由日本血吸虫、曼氏血吸虫、埃及血吸虫引起，是世界上六种主要热带病之一。人接触被血吸虫尾蚴污染的水源后，可被感染。血吸虫在人体内生长发育，引起多种临床症状。酒石酸锑钾是主要的、有效的治疗血吸虫病药物，但毒性大，疗程长，必须静脉给药。目前主要使用吡喹酮，为广谱驱虫药，高效、低毒、疗程短，可口服，现已完全取代了酒石酸锑钾。吡喹酮是吡嗪异喹啉衍生物。口服后被肠道迅速吸收，广泛分布于肝、肾、胰、肾上腺、骨髓等组织。吡喹酮激活虫体细胞慢钙通道，钙离子内流增加，导致虫体产生兴奋、收缩和痉挛，直至痉挛性麻痹，最后随血流入肝，被肝网状内皮细胞吞噬灭活。对多种血吸虫具有杀灭作用，对幼虫也有作用。吡喹酮的不良反应轻微，主要为头晕、头痛、恶心、乏力、肌肉震颤、食欲减退等。。

【抗血小板药】(antiplatelet drugs) 能抑制血小板的黏附、聚集和释放功能，阻止血栓形成，用于防治心脑缺血性疾病、外周血栓栓塞性疾病的药物。各种出血性疾病，如血友病、血小板无力症、血小板减少性紫癜，以及尿毒症、严重肝、肾功能损害、溃疡病及存在活动性出血等为其主要的禁忌证。按其作用机制的不同可分为：(1)抑制血小板代谢的药物。包括环氧酶抑制剂、磷酸二酯酶抑制剂、血栓素A_2合成酶抑制剂、TP(血栓素)受体拮抗剂等。(2)阻碍ADP(二磷酸腺苷)介导血小板活化的药物。本类代表药为噻氯匹定。(3)凝血酶抑制剂。凝血酶是最强的血小板激活剂，本类药物通过抑制凝血酶发挥作用。本类代表药为阿加曲班。(4)血小板膜蛋白Ⅱb/Ⅲa受体阻断药。本类代表药为拉米非班。

【抗炎平喘药】(anti-inflammatory asthma drug) 通过抑制气道炎症反应，达到长期防止哮喘发作的一类药物。已成为平喘药中的一线药物。糖皮质激素是抗炎平喘药中抗炎作用最强，并有抗过敏作用的药物。长期应用糖皮质激素治疗哮喘可以改善病人肺功能、降低气道高反应性、降低发作的频率和程度，改善症状，提高生活质量。哮喘时糖皮质激素有全身用药和吸入给药两种给药方式。前者易引起较多的严重不良反应；后者在气道内可获得较高的药物浓度，充分发挥局部抗炎作用，并可避免或减少全身性药物的不良反应。吸入剂型糖皮质激素是目前最常用的抗炎性平喘药。糖皮质激素进入靶细胞内与受体结合成复合物，再进入细胞核内，影响炎症相关基因的转录，改变介质相关蛋白水平，影响炎性细胞和炎性分子，通过抑制哮喘时炎症反应的多个环节发挥平喘作用。常用的吸入性糖皮质激素有丙酸倍氯米松、布地奈德、丁地区米松等。

【抗氧化剂】(antioxidants) 能帮助捕获并中和自由基，从而去除自由基对人体损害的一类物质。如维生素A、C、E，胡萝卜素(花青素、β-胡萝卜素等)和微量元素(硒、锌、铜和锰)等。是阻止氧气不良影响的物质，添加于食品后阻止或延迟食品氧化，提高食品质量的稳定性和延长储存期。其作用机理包括螯合金属离子、清除自由基、清除氧和抑制氧化酶活性等。按其来源的不同可分为天然抗氧化剂和人工合成抗氧化剂。按其溶解度的不同可分为油溶性抗氧化剂和水溶性抗氧化剂。按其类型的不同可分为：(1)自由基吸收剂，如酚类抗氧化剂、维生素E、类胡萝卜素。(2)氧清除剂，如类胡萝卜素及其衍生物、抗坏血酸、抗坏血酸棕榈酸酯、异抗坏血酸和异抗坏血酸钠等。(3)金属离子螯合剂，如枸橼酸、乙二胺四乙酸(EDTA)和磷酸衍生物。食品中添加的抗氧化剂可以防止各种食品成分的氧化反应。食品氧化可以导致不良褐变和味道改变。抗氧化剂和氧气反应，以此抵消其负面影响。如维生素C(E300)和维生素E(E308)，在人体内通过中和"自由基"的不良作用来保护细胞。

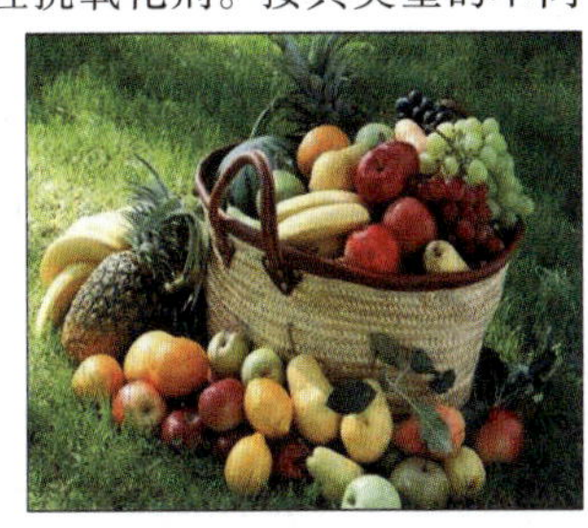
富含抗氧化剂水果

【抗氧化酶】(antioxidant enzyme) 能清除活性氧族的酶。正常机体存在以下几种：(1)过氧化氢酶。主要存在于过氧化物酶体中，其辅基含有4分子血红素可以清除H_2O_2。(2)谷胱甘肽过氧化物酶。分子中含有为其活性所必需的硒(Se)元素。主要功能是以2分子还原型谷胱甘肽作为还原剂提供2H，保护体内含巯基的蛋白质和酶不被H_2O_2氧化。(3)超氧化物歧化酶(SOD)。其功能是清除超氧负离子自由基(O_2^-)。所以SOD也是一种体内防御内、外环境活性氧族损伤的抗氧化酶。

【抗氧化助剂】(antioxidant synergist) 单独使用时没有抗氧化性，但和抗氧化剂并用时能够起到协同效应而使其抗氧化作用提高的物质。常见的有柠檬酸、酒石酸、磷酸、乙二胺四乙酸等。这些物质能与促进氧化的微量金属离子生成络合物，使金属离子失

富含抗氧化助剂的柠檬

去促进氧化的作用。羟基酸、磷酸及其衍生物、卵磷脂及其他磷脂质、氨基酸及其衍生物、山梨糖醇及其他糖类、硫代二丙酸等，均可作为抗氧化助剂。抗氧化助剂大多为天然物质，存在于食品本身。利用抗氧化助剂有利于食品保鲜。

【抗药性】（resistance to drug） 又称耐药性。病原体或肿瘤细胞对药物的敏感性降低的一种状态。其产生使正常剂量的药物不再发挥应有的杀菌效果，甚至使药物完全无效，从而给疾病的治疗造成困难，并容易使疾病蔓延。其存在并不是自抗生素大量使用后才开始的。是依照物种之间互相对抗求生存的法则，是物竞天择的结果。为防止和减少抗药菌的产生，主要应注意以下两个方面：一是不断改进和研制新的抗生素；二是坚持合理用药。由于抗药性的产生往往与用药剂量不足、长期盲目使用抗生素等用药不当的作法有密切关系，所以合理用药是防止和减少抗药菌产生的重要一环。

【抗幽门杆菌药】（anti-helicobacter pylori drug） 抑制或根除胃幽门杆菌的药物。幽门螺旋杆菌可损伤胃黏膜，引起急慢性胃炎，诱发胃溃疡。且幽门杆菌阳性与溃疡的复发有密切关系，多年来的临床和基础研究都表明，在抗酸治疗的同时必须根除幽门杆菌感染才能真正达到临床治愈消化性溃疡的目的。在体外实验中，幽门杆菌对多种抗生素都非常敏感，但实际上使用单一抗生素很难在体内根除幽门杆菌感染，因此抗生素或者其他抗菌药物与抗胃酸分泌药联合应用才能获得理想的疗效。如 H^+/K^+ -ATP 酶抑制剂加阿莫西林再加甲硝唑，枸橼酸铋钾加甲基红霉素再加甲硝唑都是临床上常用的联合应用方案。

【抗原】（antigen，Ag） 能够刺激机体产生免疫应答，并能与免疫应答产物发生特异性结合的物质。其基本能力是免疫原性和反应原性。前者是指能够刺激机体形成特异抗体或致敏淋巴细胞的能力；后者是指能与由其刺激所产生的抗体或致敏淋巴细胞发生特异性反应。具备这两种能力的物质称为完全抗原，如病原体、异种动物血清等；只具有反应原性而没有免疫原性的物质，称为半抗原。它不会引起免疫反应，如青霉素、磺胺等。但在某些特殊情况下，半抗原和大分子蛋白质结合，就获得了免疫原性而变成完全抗原，也就可以刺激免疫系统产生抗体和效应细胞。如青霉素进入体内后，其降解产物和组织蛋白结合，就获得了免疫原性，并刺激免疫系统产生抗青霉素抗体。当青霉素再次注入人体时，抗青霉素抗体就立即与青霉素结合，产生病理性免疫反应，出现皮疹或过敏性休克，甚至危及生命。

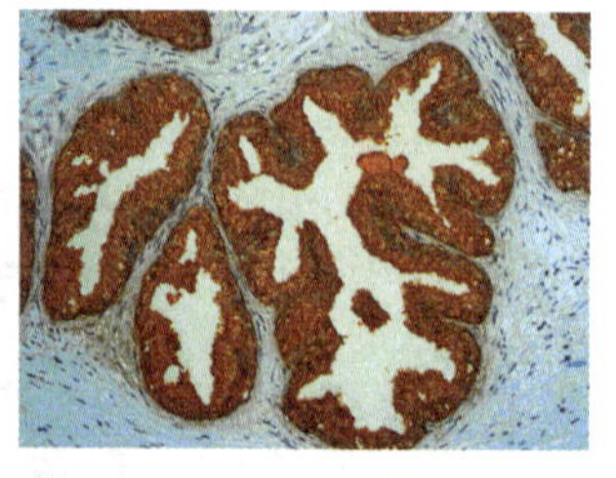
前列腺特异性抗原

【抗原呈递细胞】（antigen presenting cell，APC） 在免疫应答形成过程中，执行向 T 细胞或 B 细胞传递免疫信息的一类免疫细胞。存在对于抗原，特别是一些胸腺依赖抗原诱发免疫应答的过程中是必需的，起到辅助免疫应答形成的作用。这类细胞是一个不均一的细胞群体，包括血液中的单核细胞、组织中的巨噬细胞、淋巴组织中的树突状细胞、皮肤组织中朗格汉斯细胞及 B 细胞等。其共同的特征是：在其细胞表面有丰富的 MHC－Ⅱ类分子表达，能与抗原多肽物质组成复合物，有效地与 TCR－CD3 复合物结合，从而达到呈递抗原的目的。

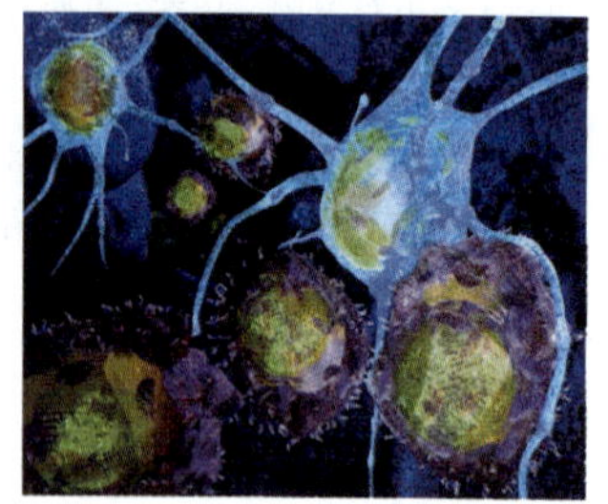
抗原呈递细胞

【抗原抗体反应】（antigen－antibody reaction） 抗原与其相应抗体在体内、外的特异性结合。在体内细胞水平或整体水平上，表现为体液免疫或细胞免疫应答，起着保护性、损伤性和免疫调节性的作用。保护性作用包括促进细菌易遭吞噬细胞吞噬消化的调理作用，抗体对细菌外毒素等毒素的中和去毒作用等；损伤性作用表现为亲细胞性抗体导致的过敏反应、细胞毒抗体的溶细胞作用以及免疫复合物诱发的炎症反应等；免疫调节作用则包括阻断性抗体和某些抗体对抗原表达的调控作用等。该反应是免疫学技术的基础。传统多指体液性免疫反应，故又称血清学反应，是应用最为广泛的一种免疫学反应。其理论探讨多集中在血清学反应中的沉淀反应和凝集反应。反应分两个阶段，第一阶段为快速发生的不可见反应，仅需几秒或几分钟，是抗原抗体发生特异性结合的阶段；第二阶段是抗原抗体复合物在电解质、PH、温度与诸多环境因素的影响下，表现为凝集、沉淀、细胞溶解等肉眼可见的反应，其速度短至数分、数小时，长达数日才完成该反应。抗原与抗体反应仅在两者分子比例合适时才出现最强的反应。当抗原与抗体处于等价带时，它们彼此相互连接成具有完整主体结构的免疫复合物。当抗原或抗体过量均可形成可溶性免疫复合物。

【抗原性】(antigenicity) 抗原刺激机体产生免疫应答的能力。其强弱与抗原分子的大小、化学成分、抗原决定簇的结构、抗原与被免疫动物亲缘关系的远近等有密切的关系。抗原的分子量愈大,化学组成愈复杂,立体结构愈完整以及与被免疫动物的亲缘关系愈远,则抗原性愈强。

【抗杂散电流电雷管】(anti-stray-current electric detonator) 具有抗杂散电流性能的电雷管。杂散电流主要是由电机车运输系统和电器设备的漏电所致。由于掘进工作面有轨道和管路与其他地方相连通,如果电雷管的一根脚线与轨道接触而另一根与管体接触,就会有杂散电流通过电雷管。当该杂散电流值大于电雷管的最小发火电流时,电雷管就会爆炸。据实测,直流牵引网路的直流漏电形成的杂散电流值可以达到3~5A,远远超出电雷管的最小发火电流。因此,必要时采矿要采用抗杂散电流电雷管。

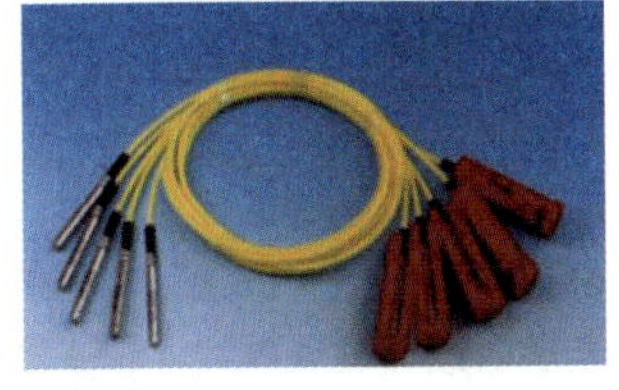

抗杂散电流电雷管

【抗再沉积剂】(anti-redeposition agents) 能阻止积垢产生、提高洗涤效果、防止织物色泽破坏的制剂。通常为有机物,是洗涤剂的辅助组分。它既能抗污垢沉积,又能抗无机盐(如碳酸钠、硅酸钠等)沉积。常用的抗再沉积剂有柠檬酸盐、烷基二甲胺、阳离子季铵盐以及两性甜菜碱等。

【抗真菌药】(antifungal drug) 具有抑制或杀死真菌生长或繁殖的药物。按其化学结构的不同可分为:(1)抗生素类抗真菌药。包括两性霉素B、制霉素等抗生素和非多烯类抗生素如灰黄霉素。其中两性霉素B的抗真菌活性最强,是唯一可用于治疗深部和皮下真菌感染的多烯类药物。其他多烯类只限于治疗浅表真菌感染。(2)唑类抗真菌药。分为咪唑类和三唑类。其中咪唑类可作为治疗浅表部真菌感染的首选,包括酮康唑、咪康唑、益康唑等;三唑类可作为治疗深部真菌感染的首选,包括伊曲康唑、氟康唑、伏立康唑等。(3)丙烯胺类抗真菌药。包括萘替芬、特比萘芬等。(4)嘧啶类抗真菌药。包括氟胞嘧啶等。抗真菌药容易影响白细胞及肝功能,长期使用造成一过性GPT上升或白细胞下降,停药可愈。5-氟胞嘧啶从尿中排泄,肾功能不良者可在血中聚集,引起中毒,故肾功能差者应禁用或慎用。二性霉素B可损伤肾脏,并引起血钾降低,有人有发冷、发热反应,少数人可引起血栓性静脉炎。酮康唑应特别注意肝脏受损问题。长期使用可引起血中雄激素水平降低和肾上腺皮脂功能受到抑制。

【抗震等级】(level of seismic protection) 根据烈度、结构类型和房屋高度等而采用的不同抗震级别。设计部门依据国家有关规定所进行的具体设计。按"建筑物重要性分类与设防标准",以钢筋混凝土框架结构为例,抗震等级划分为四级,以表示其很严重、严重、较严重及一般的四个级别。建筑结构抗震等级的一般规定是:(1)高层建筑结构的抗震措施是根据抗震等级确定的,与建筑物的类别相关。不同的建筑物类别在考虑抗震等级时取用的抗震烈度与建筑场地类别有关,也就是考虑抗震等级时取用烈度与抗震计算时的设防烈度不一定相同。(2)建筑结构应根据其使用功能重要性的不同可分为甲、乙、丙、丁四个抗震设防类别。

【抗震概念设计】(seismic conception design) 在抗震计算中对难以作出具体规定的问题,运用概念进行分析,作出判断和采取相应措施的设计。这些概念和经验贯穿在方案确定及结构布置过程中,也体现在计算简图或计算结果的处理中。建筑结构的抗震设计,是根据地震灾害和工程经验等所形成的基本设计原则和设计思想,进行建筑和结构总体布置并确定细部构造的过程。工程结构设计,包括抗震概念设计、结构抗震计算和抗震构造措施三个方面。一个合理的抗震设计,在很大程度上取决于良好的"概念设计"。其主要要求是:(1)具有明确的计算简图和合理的地震作用传递途径。(2)具有多道抗震防线,避免因部分结构或构件破坏而导致整个体系丧失抗震能力或对重力荷载的承载能力。(3)具备必要的强度、良好的变形能力和耗能能力。(4)具有合理的刚度和强度分布,避免因局部削弱或突变形成薄弱部位,产生过大的应力集中或塑性变形集中。对可能出现的薄弱部位,应采取措施提高抗震能力。(5)抗震结构的各类构件应具有必要的强度和变形能力。(6)抗震结构的各类构件之间应具有可靠的连接。(7)抗震结构的支撑系统应能保证地震时结构稳定。(8)非结构构件,如围护墙、隔墙和填充墙等要合理设置。

【抗震剂】(antidetonator) 见抗爆剂。

【抗震设防分类】(classification of anti-earthquake building) 对各类建筑物抗震状况作出的等级划分。根据下列因素的综合分析确定:(1)建筑破坏造成的人员伤亡,直接和间接经济损失及社会影响的大小。(2)城市的大小和地位、行业的特点、工矿企业的规模。(3)建筑使用功能失效后,对全局的影响范围大小、抗震救灾影响及恢复的难易程度。(4)在建筑各区段的重要性有显著不同时,可按区段划分抗震设防类别。(5)不同行业的相同建筑,当所处地位及地震破坏所产生的后果和影响不同时,其抗震设防类别也不相同。

【抗震设防目标】(seismic fortification goal) 在建筑结构遭遇不同水准的地震影响时,对结构、构件、使用功能、设备的损坏程度及人身安全的总要求。建筑设防目标要求建筑物在使用期间,对不同频率和强度的地震,应具有不同的抵抗能力,对一般较小的地震(发生的可能性大,故又称多遇地震),这时要求结构不受损坏,在技术上和经济上都可以做到;而对于罕遇的强烈地震,由于发生的可能性小,但地震作用大,在此强震作用下要保证结构完全不损坏,技术难度大,经济投入也大,是不合算的,这时若允许有所损坏,但不倒塌,则将是经济合理的。结构物在强烈地震中不损坏是不可能的。抗震设防的底线是建筑物不倒塌,只要不倒塌就可以大大减少生命财产的损失,减轻灾害。一般来讲,在设防烈度小于6度地区,地震作用对建筑物的损坏程度较小,可不予考虑抗震设防;在9度以上地区,即使采取很多措施,仍难以保证安全,故在抗震设防烈度大于9度地区的抗震设计应按有关专门规定执行。

【抗震性】(shock resistance) 见抗爆性。

【抗肿瘤抗生素】(antitumor antibiotic) 一类从微生物培养液中提取的、通过直接破坏DNA或嵌入DNA而干扰转录的抗肿瘤药物。其药理作用是:直接嵌入DNA分子,改变DNA模板性质,阻止转录过程,抑制DNA及RNA合成。属周期非特异性药物,但对S期细胞有更强的杀灭作用。常用的有多肽类和蒽醌类抗肿瘤抗生素等。已应用于临床的有10余种。丝裂霉素、阿霉素、博莱霉素、柔红霉素等天然来源的抗肿瘤抗生素以及经化学修饰的同类物,已成为肿瘤治疗的较常用药物。随着对肿瘤发生、发展机制认识的深入,一些结构新颖、作用机制独特的抗肿瘤抗生素不断涌现。这些抗生素抗肿瘤活性强、选择性高、毒性较低,显示出了很好的应用前景。

【抗皱整理】(resin finishing) 保持织物形态稳定性的整理工艺。其目的是为了提高纤维素纤维的回弹性,使织物在服用中不易褶皱或从皱褶中复原,其作用与树脂整理、不皱、洗可穿、形态安定、形状记忆、免烫、耐久压烫整理等基本相同,都是指全棉、T/C(涤棉)织物或服装经过特定整理,提高耐久压烫水平的整理效果,洗涤后不皱或保持褶缝的性能。免烫整理剂一般是以N-羟甲基化合物为主体,有较好的免烫效果,但经处理后,会释放出游离的甲醛残留在服饰上。为此,国际上对织物含游离甲醛残留量的标准越来越严,如中国GB 18401-2001规定甲醛限量:婴儿服装为2×10^{-5},直接接触皮肤的服装为7.5×10^{-5},非直接接触皮肤的服装为3×10^{-4}。而市售低甲醛免烫整理剂难以达到这类标准,故无甲醛免烫整理剂颇受染整行业青睐。

抗皱整理后的衬衫

【抗紫外线纤维】(UV fiber) 具有阻止紫外线破坏能力的纤维或含有抗紫外线添加剂的纤维。腈纶为优良的抗紫外线纤维。制造抗紫外线纤维,主要是向聚合物中添加能反射或吸收紫外线的无机微粉,如纳米TiO_2和纳米ZnO。滑石、高岭土、碳酸钙等具有反射紫外线能力。通常使用几种组分的复合体。主要用于制作衬衫、运动服、制服、工作服、袜子、帽子、窗帘以及遮阳伞等。

抗紫外线纤维

【抗紫外线整理】(anti-ultraviolet ray finishing) 在织物上施加一种能反射或具强烈选择性的吸收紫外线,以热能或其他无害低能辐射,将能量释放或消耗的整理过程。对织物的各项服用性能无不良影响。抗紫外线整理剂通常有两种:(1)选择对紫外线有较强的反射作用而达到屏蔽效果的无机涂料,如ZnO、TiO_2。(2)采用紫外吸收剂,其对紫外波段的光线吸收后将高能量紫外线转化成热能或无害的低能量辐射,如水杨酸酯类、二苯甲酮类、苯并三唑类及羟基苯基三嗪类等。可以通过轧染、涂层和印花等方法进行整理加工。主要用于室外用品,如遮阳篷、遮阳伞、人造草坪、运动服和长筒袜等。

抗紫外线遮阳伞

【抗阻训练】(resistance training) 在外力对人体施加阻力的情况下,由患者主动地进行对抗阻力以提高肌肉力量和耐力的训练方法。介于力量训练和耐力训练之间。主要有渐进抗阻训练和循环抗阻训练两种方式。(1)渐进抗阻训练。抗阻运动强度逐渐增加的一种运动锻炼方法。其具体步骤是:先测定锻炼肌肉的最大收缩力,然后按最大收缩力的50%、75%和100%的顺序经行肌肉收缩,每一强度10次为1组,间隔休息2～3min。(2)循环抗阻训练。系列中等负荷抗阻、持续、缓慢、大肌群、多次重复的一种运动锻炼方法。其具体步骤是:运动强度为最大一次收缩的40%～50%,每节在10～30s内,重复8～15次收缩;各节运动间休息15～30s,10～15节为一循环;每次训练2～3个循环,每周训练3次。在逐步适应后,可按5%的增量逐渐增加运动量。在运动训练时,主张自然呼吸,不要憋气。训练后可以有一定程度的肌肉酸胀,但必须在次日清晨全部恢复。心血管疾病患者和老年人要注意训练时的心血管反应。适用于肌肉能够移动肢体自身的自重,且能对抗部分或较大额外阻力的肌力情况。

【烤瓷熔附金属全冠】(porcelain-fused-to-metal crown) 又称金属烤瓷全冠。一种由低熔烤瓷在真空条件下熔附到铸造金属基底冠上的金-瓷复合结构的修复体。1950年美国开始在临床应用低熔烤瓷与烤瓷金合金联合制成的修复体,以后又用非贵金属代替贵金属制作金属烤瓷修复体。由于是先用合金制成金属基底,再在其表面覆盖与天然牙相似的低熔瓷粉,在真空高温烤瓷炉中烧结熔附而成,因而烤瓷熔附金属全冠兼有金属全冠的强度和烤瓷全冠的美观。其优点是:颜色、外观质感逼真,色泽稳定表面光滑,耐磨性强,不易变形,抗折力强,具有一定的耐腐蚀性等。其缺点是:易发生瓷裂和龈染色等问题。

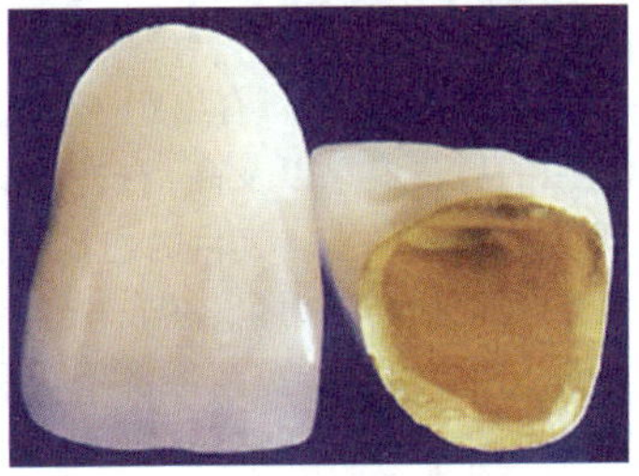

烤瓷熔附金属全冠

【柯赫法则】(Koch's postulates) 德国细菌学家柯赫提出的用以验证细菌与病害关系的法则。其主要内容是:(1)病原微生物只出现于患病的个体上而不存在于健康的个体中。(2)病原微生物可以从寄主体内分离出来,并得到纯培养。(3)将分离得到的微生物回接到健康的寄主身上,可使其产生相同的疾病。(4)可以从患病寄主身上重新分离出相同的微生物。柯赫法则为病原微生物学系统研究方法的建立奠定了基础。

【柯萨奇病毒】(coxsackie virus) 一种属小RNA病毒科肠道病毒属的病毒之一。是一类常见的经呼吸道和消化道感染人体的病毒。感染后人会出现发热、打喷嚏、咳嗽等感冒症状。是1948年Dalldorf和Sickles在纽约州柯萨奇村一次脊髓灰质炎流行中,将标本接种鼠脑内分离到的。当时将该病毒以该地名命名,沿用至今。按其病毒对新生小鼠致病性的不同可分为A、B两组。前者至今已发现23个型,后者已发现6型。该病毒在全世界各地广泛地引起散发或流行疾病。在儿童时期尤为多见。其临床表现复杂而多样化,大多属轻症,但也可危及生命。可引起无菌性脑膜炎、类脊髓灰质炎、心肌炎、流行性胸痛、出疹性疾病、疱疹性咽峡炎、婴儿腹泻,以及流行性急性眼结膜炎等。迄今尚无特效的疗法。

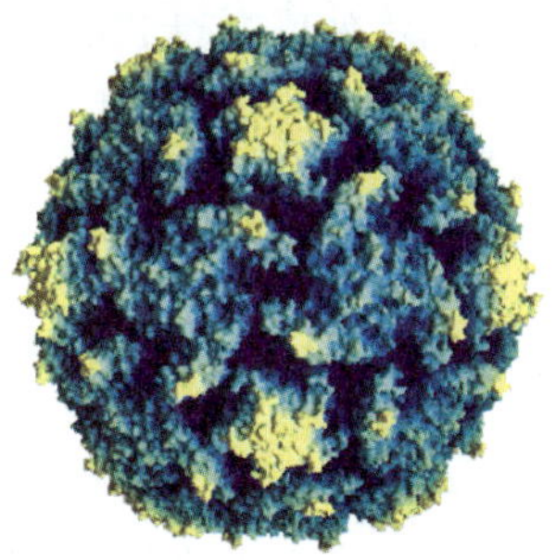

柯萨奇病毒

【柯西中值定理】(Cauchy mean value theorem) 拉格朗日中值定理的推广。是微分学的基本定理。内容如下:如果函数$f(x)$及$F(x)$满足:(1)在闭区间$[a,b]$上连续。(2)在开区间(a,b)内可导。(3)对任一$x\in(a,b)$,$F'(x)\neq0$,那么在(a,b)内至少有一点ζ,使等式$[f(b)-f(a)]/[F(b)-F(a)]=f'(\zeta)/F'(\zeta)$成立。

【柯兴综合征】(Cushing's syndrome) 体内皮质醇增多引起的病症。由下丘脑-垂体功能失常、或垂体腺瘤引起肾上腺皮质增生或肾上腺肿瘤,使皮质醇分泌过量、体内糖皮质激素过多而引起。糖皮质激素长期分泌过多,促进了蛋白异化,继发脂肪沉着。临床表现为满月脸、向心性肥胖、皮肤变薄并出现紫纹、多毛、痤疮、高血压、糖耐量降低、月经失调及性功能减退、骨质疏松和肌肉无力等。

【柯伊伯带】(Kuiper zone) 位于太阳系的尽头的小行星带。其名称源于荷兰裔美籍天文学家柯伊伯。早在20世纪50年代,他就预言:在海王星轨道向外延至150个天文单位的太阳系边缘地带,充满了微小冰封的物体。它们是原始太阳星云的残留物,也是短周期彗星的来源地。这一地带过去一直被认为是一片空虚,是太阳系的尽头所在。但事实上这

柯伊伯带

里满布着大大小小的冰封物体，估计有 7 万颗直径 100km 以上的冰态小行星和几千亿颗彗星，这就是柯伊伯带。柯伊伯带的天体，是太阳系形成时遗留下来的一些团块。早在太阳系形成之初，有许多这样的团块在更接近太阳的地方绕着太阳转动。它们互相碰撞，有的就结合在一起，形成地球和其他类地行星，以及气体巨行星的固体核；而在在远离太阳的地方，那里的团块处在深度的冰冻之中，就一直原样保存下来。柯伊伯带天体就是这样的一些遗留物。柯伊伯带是现时我们所知的太阳系的边界，是太阳系大多数彗星的来源地。1992 年，人们找到了第一个柯伊伯带天体（KBO）；如今已有约 1 000 个柯伊伯带天体被发现，直径从数千米到上千千米不等。柯伊伯带的存在现已是公认的事实，但柯伊伯带为什么会存在等种种疑问仍是太阳系形成理论的许多未解谜团的一部分。

【科技安全】（science and technology security） 科技系统自身的安全和对国家安全其他要素的支撑和保障作用。即在一定的社会环境下，一个国家的科技系统有效运行和应对来自内部和外部的威胁，以及维护国家利益，保障国家综合安全的能力和状态。其内涵主要包括：（1）科技实力是科技安全的基础，强大的科技实力是国家科技安全的根本保障。（2）科技发展的环境关系到科技安全水平，良好的制度基础、完善的政策环境、健全的基础设施等是保证国家科技系统有效运行和提高科技安全能力的重要条件。（3）科技安全以维护国家利益为最高宗旨，科技安全最终体现在国家利益在国际环境中免受侵害。（4）科技安全在不同历史时期，在发展水平不同的国家或地区具有不同的含义。发达国家一般都有较为敏感的科技安全意识。随着信息时代和知识经济时代的来临，科技已经成为现代社会、经济发展的主导力量，科技安全也就成为越来越重大的问题。（5）科技安全的构成要素随着科技发展而不断变化。其主要构成要素包括信息安全、核安全、生物安全等内容。其中信息安全是当前科技安全中最受关注的问题。

【科技成果管理制度】（scientific and technological achievements management system） 以创造性智力成果为对象，由国家科技部和省、自治区、直辖市科技委（厅、局）以及国务院有关部门实行分级管理的一项制度。其目的是为了正确判别科技成果的质量和水平，促进科技成果的完善和科技水平的提高，加速科技成果的推广应用。创造性智力成果应具有新颖性、创造性和实用性。

【科技成果鉴定】（technical achievements evaluation） 由科技行政管理机关聘请同行专家，按照规定的形式和程序，对科技成果进行审查和评价，并作出相应结论的管理工作。科技成果鉴定工作应当坚持实事求是、科学民主、客观公正、注重质量、讲求实效的原则，保证科技成果鉴定工作的严肃性和科学性。它是评价科技成果质量和水平的方法之一。国家鼓励科技成果通过市场竞争，以及学术上的百家争鸣等多种方式得到评价和认可。

【科技成果奖励】（technical achievements reward） 各级政府有计划、有组织地对在科学研究和技术开发活动中，作出突出贡献的单位和科技人员，给予精神鼓励和物质奖励的一种制度。是调动广大科技人员的积极性、创造性，推动科技事业发展，促进经济与社会进步的一项重要政策和举措。其技术性、政策性很强。它不仅涉及多种学科的技（学）术问题，而且涉及国家的科技政策和产业政策问题。中国《国家科学技术奖励条例》规定，设立下列国家科学技术奖：（1）国家最高科学技术奖。（2）国家自然科学奖。（3）国家技术发明奖。（4）国家科学技术进步奖。（5）中华人民共和国国际科学技术合作奖。

【科技成果推广】（technical achievements popularization） 有组织、有计划地将先进、成熟、适用的科技成果以及高新技术成果推向国民经济建设主战场的举措。其目的是：动员成千上万的科技工作者和全社会的力量，在农村、工矿企业中大范围大面积地推广应用，提高经济增长和社会发展的效益，促进产业结构的调整和产业技术水平的提高，特别是传统产业技术水平的提高。

【科技成果转化】（technical achievements transformation） 对科学研究和技术开发所产生的具有实用价值的科技成果所进行的后续试验、开发、应用、推广直至形成新产品、新工艺、新材料、发展新产业的过程。

【科技创新】（scientific and technological innovation） 原创性科学研究和技术创新的总称。是创造和应用新知识、新技术、新工艺，采用新的生产方式和经营管理模式，开发新产品，提高产品质量，提供新服务的过程。其体系包括三大部分：（1）知识

合肥国家科技创新型示范区

创新。以科学研究为先导，促使新的思想观念、公理体系、概念范畴和理论学说的产生，为人类认识世界和改造世界提供新的世界观和方法论。(2)技术创新。以标准化为轴心，推动科技进步与应用创新的良性互动，提高社会生产力的发展水平，促进社会经济的持续健康增长，实现科技发明和创造价值。(3)管理创新。以信息化为载体，以现代科技为引领，包括宏观和微观管理层面上的创新。其核心内容是科技引领的管理变革。其目的是激发人的创造性和积极性，优化社会资源配置，推动社会全面进步。三大创新体系相互渗透，互为支撑，互为动力：知识创新是技术创新和管理创新的文化基础，技术创新为知识创新和管理创新奠定必要的物质基础，管理创新为知识创新和技术创新提供必要的微观与宏观环境。三者共同构成社会进步的动力源，对国家的发展和社会的进步发挥关键性的推动作用。

【科技创新孵化体系】(technology incubating system) 以各种类型的科技企业孵化器为核心，不断建立和完善相应设施与机构，提供包括研发、信息、投融资、贸易、法律、担保、财务、评估、人才资源、国际交流与培训、产权及技术交易等多种创业发展所需要的服务的系统。

【科技创新能力】(scientific and technological innovation capability) 企业、院校、科研机构或自然人在某一科学技术领域所具备的发明创新的综合实力。一般包括科研人员的专业知识水平、知识结构、研发经验、研发经历、科研设备、经济实力、创新精神等七个主要因素。其中专业知识水平是科技创新的基本条件；知识结构是科技人员相互配合、具备所需要的专业知识；研发经验是科技人员从事某一领域科技攻关研究和开发的成功经验和成果；研发经历是科技人员及本单位从事某一领域科技攻关研究和开发的时间和空间；科研设备是开展科研试验需要的硬件设施；经济实力是开展科研试验和相关活动需要的经费来源；创新精神是科技人员本身和集体具备的创造力、创作灵感、奉献精神等思想境界。

【科技档案编研】(science and technology-files compilation) 对科技档案内容进行分析、研究，并按照一定的题目来进行加工、编排和编制出各种专题资料的过程。开发利用科技档案信息资源的一种形式。是科技档案信息编辑、研究工作的简称。是一项为科研、设计、生产和社会提供定向服务，专业性、综合性都很强的工作。其主要内容包括：确定科技档案编研成品的选题和类型；为编研成品选材；对选材进行核实、加工；规定编研成品的编排体例；进行编研成品校核、审批；编研成品的出版、传播；以及编研的组织管理等。其方法除采用原件直接汇集编排外，更多的是根据实际需要，摘录科技档案中的事实材料和数据材料，重新组织编排或撰写，使科技档案失去原有形态，而成为二次文献或三次文献。如文摘、简介、基础数据、手册、年鉴、科技史志、专题著述等。要搞好科技档案的编研，应注意以下几点：(1)要确定编研工作的科学程序。(2)保证编研材料的完整与准确。(3)在市场经济环境之下，依据不同需要和材料进行。(4)提高编研人员的专业水平、文字表达能力及对市场信息的敏感性。

【科技档案标准化管理】(standardization management of science and technology archives) 以特定的形式和规格，通过科学地制定、贯彻和修订有关科技档案标准，逐步实现科技档案管理的规范化，不断提高科技档案管理的科学化水平的工作。对提高科技档案工作效率，保证科技档案质量，实现科技档案管理的科学化和现代化具有促进和保障作用，也为促进科技档案工作业务交流和理论研究创造必要基础和条件。其内容主要是：(1)科技档案标准化工作计划的制定。在国家发展科技档案事业方针、政策的指导下，根据科技档案标准的实施范围，由科技档案行政管理部门或专业主管机构按照科技档案事业的客观基础和实际需要制定。(2)科技档案标准的制定。分为成立工作机构、编写标准草案、审理审查草案和标准发布四个环节。(3)科技档案标准的贯彻执行。包括执行准备、正式实施、监督检查和工作总结四个环节。(4)科技档案标准的修订完善。在实践中，不断以更先进、更科学的新标准替代旧标准，适应科技档案工作的不断发展和提高。

标准科技档案

【科技档案补送制】(additional filings of science and technology archives) 科技档案原移交单位，对其已经报送的在馆项目的发展、变化等科技档案继续进行补充报送的制度。是科技专业档案馆收集科技档案工作的一项制度。既可作为对各类科技人员考核、评审、奖励的重要依据，又是科技档案完整、准确、系统的必要条件，同时也关系到科技档案管理工作的效率和质量。其目的是:适应科技档案的形成特点,保持科技档案的完整性和准确性,实现科技专业档案的管理职能。在通常情况下,在馆项目的重大变化应随时补送,一般变化要定期补送。

【科技档案法规体系】(law and regulation system of science and technology archives) 以科技档案行政法规和行政规章为主体,包括其他有关科技档案的法律规范组成的一个相互联系和协调的有机整体系统。如《中华人民共和国档案法》、《中华人民共和国档案法实施办法》等组成的中国科技档案法规体系。按中国科技档案法律效力的不同可分为:(1)档案法律。由全国人大常委会制定和修改,在科技档案法规体系中具有最高的法律效力,是制定其他档案法规、规章、条例和办法等文件的基本依据和基础,是档案事业实现"依法治档"的根本保障。如《中华人民共和国档案法》等。(2)科技档案行政法规。由国务院或经国务院授权由国家档案行政部门发布,其效力低于档案法律,高于其他档案法规与规章。如,经国务院批准,由原国家科学技术委员会、国家经济委员会、国家基本建设委员会、国家档案局联合颁发的《科学技术档案工作条例》。(3)国家科技档案行政规章。由国家档案局依照法定权限制定的档案行政规章,以及国家档案局与国务院其他主管部门联合制定的科技档案行政规章。如原国家科学技术委员会、国家档案局联合颁发的《科学技术研究档案管理暂行规定》。(4)地方科技档案行政法规和行政规章。由各省、自治区、直辖市及省会城市和经国务院批准的较大的市根据法律和行政规章制定的有关科技档案工作的法规性文件。(5)其他法规中有关科技档案管理的条款。

【科技档案规划管理】(programming management of science and technology archives) 围绕科技档案事业规划和实现规划管理目标而开展的一系列管理活动。按其时间的不同可分为:科技档案长期规划和近期规划管理。按其适用范围的不同可分为:全国性科技档案规划、专业系统科技档案和地区科技档案规划、企业科技档案和事业单位科技档案规划。根据国家的方针、政策和经济、科技的发展状况,确定科技档案工作发展的战略目标,通过具体规划或计划的制订与实施,指导科技档案事业持续、稳步地发展。是根据国家经济建设和科学技术发展的需要,以及科技档案管理的实际,提出科技档案事业在规划期内总的奋斗目标和总的任务要求。其规划项目是规划目标的具体化,是整个规划的主体部分。其步骤与措施是:一般要将规划期划分为若干个阶段,分步骤落实规划。规划要明确每个阶段的具体任务和主要措施。

【科技档案检索系统】(retrieval system of science and technology archives) 为科技档案检索而建立的,由检索过程中涉及的各种因素构成的一个整体查询系统。由四个子系统组成。主要是:(1)检索语言子系统。主要有档号表、分类表和主题词表。(2)著录标引子系统。科技档案信息的加工储存系统,选择待检科技档案信息,并将其转换为规范化的检索标识加以存储。(3)查询子系统。指导用户确定检索策略,将查询利用需求转化为规范的检索表达方式。(4)匹配子系统。与检索要求相匹配的科技档案存贮信息,由手工使用的各种检索工具和自动检索使用的各种数据库。

电脑检索大厅

【科技档案开发利用】(development and exploitation of science and technology archives) 揭示科技档案中的各种使用价值,并通过各种科学有效的方法,直接提供科技档案及其信息产品,及时、准确、充分地满足人们对科技档案的各种利用需求。其主要内容和要求是:(1)建立行业档案信息资源体系。集中本行业档案资料,对档案信息进行整体开发,综合管理,形成档案信息的拳头产品,为某一行业服务。(2)要建立地区综合档案信息资源体系。这种信息资源体系有利于档案信息的整体开发,统一运用。(3)建立国家档案信息资源体系,形成全国信息开发利用网络。管理人员应熟悉库藏科技档案的内容与成分,了解企事业单位的业务工作及业务流程,掌握用户对科技档案信息的需求,通过档案咨询、接待等服务方式,把经过筛选鉴别、整序编研的科技档案及信息产品提供给广大用户,满足其利用需要。

【科技档案目标管理】(objective management of science and technology archives) 围绕科技档案事业确定目标和实现目标而开展的一系列管理活动。其目标管理步骤是:(1)目标的制定与分解。按照一定的程序,依循一定的原则,确定目标和目标体系,并逐级逐项进行目标分解。(2)目标的实施与控制。具体包括目标实施中的检查、控制、协调、指导及对随机因素干扰的处理和对目标的微调。(3)目标的考评和奖励。按照既定标准对科技档案工作成果进行最后检查、验收,做出客观评价,并根据目标达成情况,实行奖励或惩罚。

【科技档案统计】(statistics of science and technology archives) 根据统计学原理,通过数字和报表,揭示科技档案宏观管理和微观管理基本情况的一项业务工作。是科技档案管理中的一个重要环节。反映科技档案和科技档案工作的发展状况。其基本任务是:(1)进行统计调查。组织科技档案统计调查,收集科技档案统计资料。(2)整理。通过统计分组和统计汇总,系统整理科技档案统计资料。(3)分析。分析科技档案统计资料,对科技档案工作进行科学的、总体的评价。(4)提供统计资料。为科技档案行政管理部门、业务主管部门、国家统计部门提供决策参考,实行统计服务和统计监督。(5)对科技档案事业进行预测,提供预测资料。按其统计指标类别的不同可分为:(1)科技档案数量统计。科技档案统计中最基本的一项统计指标。包括综合统计、分类统计和专题统计三个方面。(2)科技档案管理统计。包括科技档案的整理统计、鉴定统计和保管统计三个方面。(3)科技档案利用统计。根据科技档案利用工作涉及到的因素,包括科技档案用户统计、利用科技档案统计和利用服务统计三个方面。(4)科技档案辅助统计。包括人员统计、设备统计、环境统计和财务统计四个方面。

【科技档案行政管理】(administration of science and technology archives) 政府职能部门和档案行政管理部门对科技档案所实施的接收、整理、编目、鉴定、统计、保管、利用及对科技档案工作的业务指导、监督与控制等行政行为。其主要特征是:(1)权威性。科技档案行政管理行为具有重要的和广泛的影响力。(2)强制性。科技档案行政管理部门发布的指令、决定、通知、通告等行政行为具有必须执行的特点。(3)具体性。其管理对象和内容是具体的,随管理对象、目的和形势的变化而变化。(4)垂直性。科技档案行政管理行为一般在具有纵向隶属管理关系的组织机构之间或专业主管机构对组织内部成员单位实施。世界各国都非常重视对促进社会经济发展和技术进步的科技档案的管理工作。英国早在1578年就设立了国家公文馆,并开始了科技档案资料的相关管理活动。1838年8月14日英国正式颁布《公共档案法》,开启了科技档案资料管理的极盛时期,科技档案行政管理工作也应运发展。

【科技档案著录】(description of science and technology archives) 在编制科技档案检索方案的过程中,对科技档案内容特征和形式特征进行的分析、选择和记录等活动。是提高科技档案检索水平,建立科技档案自动化检索系统的必要前提。按照中国国家《档案著录规则》规定,其内容主要有:(1)著录项目。用以揭示科技档案内容和形式特征所需要的记录事项。包括题名和责任者、文本、密级与保管期限、时间、载体形态、从编、附注、标准编号、记载、提要和排检与编号。(2)标识符号。表示不同著录项目和著录含义的标志。包括著录项目标识符和著录内容标识符两种。(3)著录格式。著录项目在条目中的排列顺序及表达方式。一般采用段落符号式的格式,也可采用表格式条目格式。(4)科技档案著录组织管理。包括著录级别的选择、著录深度的确定和著录实施的组织等。

【科技发展规划】(science and technology development plan) 指导较长时期内科学技术研究与开发的战略性、宏观性、综合性计划、设计和安排。是经济发展规划的重要组成部分,是科技发展方针政策的客观表现和具体化,包括发展方向、规划目标、主要政策和重要措施等内容。按规划时间长短可划分为长期规划和中期规划等两类;按规划目的不同可分为战略规划、行动规划和项目规划等三类;按规划制定主体不同可分为国家科技发展规划、区域科技发展规划、行业科技发展规划等三类。正确的科技发展规划,有利于对国家科学技术资源进行总体协调、综合平衡、合理利用,充分发挥中央财政配置资源的引导作用,形成合理的区域科技发展布局,取得良好的社会经济效益,推动实现国家近期和长远的战略发展目标。

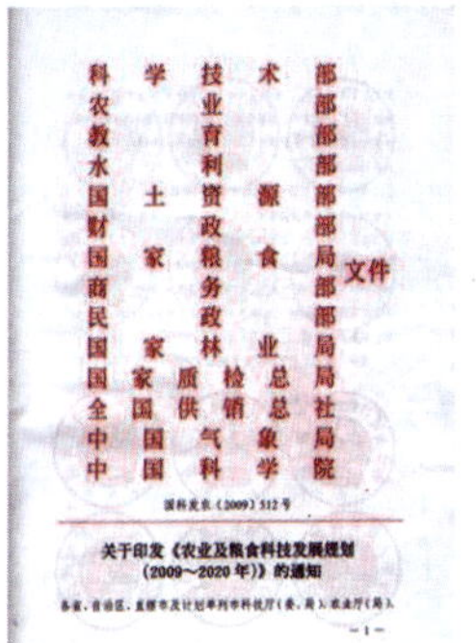
科学技术部
农业部
教育部
水利部
国土资源部
财政部
国家粮食局
商务部
民政部
国家林业局
国家质检总局
全国供销总社
中国气象局
中国科学院
文件

关于印发《农业及粮食科技发展规划（2009～2020年）》的通知

行业科技发展规划

【科技发展计划】(science and technology development program) 为了具体实施国家中长期科技发展规划的任务与目标,在对国民经济和国家安全具有重大意义的关键领域实施的科技发展专项设计和安排。目的是根据环境的需要和自身的特点,确定较短时期内的科技发展目标,通过计划的编制、执行和监督来协调、组织各类资源,顺利达到预期目标,跟踪世界科技的最新进展,促进科学技术发展,推动科学技术成果从潜在生产力向现实生产力的转化。中国的科技发展计划类别自20世纪80年代初期开始得到了长足的补充和完善。现行的主要科技发展计划包括:国家重点基础研究发展计划(973计划)、国家科技支撑计划、国家高技术研究发展计划(863计划)、科技基础条件平台建设、政策引导类计划等。

【科技发展预测】(forecast of scientific development) 简称科技预测。是对未来科学技术发展的可能结果、途径、所需资源和组织措施所作的有科学依据的推测。要着重放在对新的科学发现与技术发明及其价值方面的预测。对于跨学科、跨部门的综合技术的预测也要重视。主要任务是:(1)预测科技未来发展的总趋势。(2)揭示最有前途的研究与开发课题。(3)预测科技进步的远景与结果,特别是与经济发展的关系。许多国家都把科技预测作为科技政策与管理的一项重要内容。

【科技发展战略】(strategy of scientific development) 国家对科学技术未来发展的全局性的筹划。包括科技发展的战略方向、目标、规划与方案等重大问题的研究。战略方向和目标是科技发展战略的中心问题。它是国家发展战略的一个重要组成部分。是为社会经济发展战略服务的,同时又受社会发展战略的制约。但它同经济发展战略相比,还要有个超前的原则。中国制定的科技发展战略包括两大部分:一部分是直接面向当前经济建设的,另一部分则是为未来经济建设服务的,属于长远的探索性的科技工作。

【科技法】(law of science and technology) 科学技术法的简称。国家对科技活动所产生的各种社会关系进行调整的法律规范。是中国法律体系的一个重要组成部分。是社会生产力发展到一定水平的产物。它经历了古代的技术规范阶段、近代的科技法(与知识产权相适应)阶段和现代的宏观科技法阶段。其调整对象是:(1)国家在科学技术管理过程中发生的纵向关系。(2)不同科技部门、不同科技领域之间在研究、开发、协作和管理过程中所发生的横向关系。(3)科技机构内部和科技人员之间发生的权利和义务关系。(4)国际科技合作过程中所发生的关系等。

【科技法学】(jurisprudence of science and technology) 科学技术法律科学的简称。法学的一个分支,也是科学学的一个分支。研究科学技术这一特定领域内法律问题的产生、发展和变化规律的一门科学。研究对象是科技法。科技法是科技法学产生的基础。它为科技法学研究提供了丰富的资料。科技法学则是对科技法的理论阐述,是科技法的理论体系。它可能和现行的科技法律持同一观点,也可能持不同观点。科技法学不具备任何强制性,但是科技法学的研究可以指导和促进科技立法工作,有助于完善科技法制,提高科技立法、执法和司法的水平。其研究内容是:(1)科技法理论。(2)科技法的历史研究。(3)科技法制研究。(4)科技法的比较研究。(5)科技法的预测与展望。

【科技工业园】(industrial park of science and technology) 通过已建成的良好的基础设施、优美的环境和提供高质量的服务,吸引科技型企业、科研机构,以及其他厂商进入该基础设施附近或其周边地区,进行高技术密集生产的基地。其产出目标是高技术产品和科研成果。目前,世界上的科技工业园主要有以下四种类型(或基本模式):(1)松散联合型。这类自发形成的松散联合型的科技工业园,一般是某个国家科技工业园初创时所具有的一种独特形式。其优点是:可以节省一大笔建园投资,上马快,政府包袱小。但是这类科技工业园的形成,只有在特定的条件下才能实现,不是可以随意效法的。其基本条件是:在该地区有强大的技术源和人才源;地处大城市近郊;区域内有较好的交通、信息、金融和商贸等基础服务设施,利用这些设施才能不单独投资建设而又较快地发展;能得到政府的大力支持。(2)创建新区型。这是所有科技工业园中最为规范的一种类型。建设这类科技工业园需要大量的资金投入。(3)旧区拓展型。以原有经济技术区拓展而成的德国斯图加特科技工业园和由原大学科研区拓展而成的英国剑桥科技工业园,是这类科技工业园的典型代表。(4)孵化器型。在资金较少、园地及基础设施条件差、高新技术创业者力量弱、科研人员队伍还不够壮大时,采用"企业孵化器"模式,因陋就简地创办科技工业园,不失为一种明智和有效的选择。

科技工业园

【科技管理体制】(management system of science and technology) 以科研活动为对象,对科学技术事业实行管理而设置的各种行政机构的总称。属于上层建筑。因国情与社会制度的不同而有所差别。体制设置必须适应科学技术和经济发展的需要。其设置原则和要求可概括为:责任制、精简、效率和学术领导。科研体制改革是中国科技事业发展的重要问题。科技体制改革的主要内容是:运行机制、组织结构和人事制度的改革。

【科技管理信息化】(informatization of scienee and technology management) 在科技管理的各个环节中,充分利用现代信息技术、信

息资源和信息手段，建立科技管理信息网络系统，优化科技管理模式，不断提高科技管理水平和效率的过程。其核心内容是建设科技业务管理系统。按其业务管理的不同可分为：(1)多级多层。即在满足本单位科技业务管理需求的同时，还能与上、下级单位协力，共同完成科技管理工作。(2)立体互交。在各级科技项目通过科技管理系统进行管理后，把不同的系统通过数据交换平台连接，使信息可以在不同的业务管理系统间进行可控、无缝和安全的互交。其实现步骤一般包括：(1)科技计划项目全过程管理信息化。(2)其他科技业务信息化。(3)专家管理及专家评审信息化。(4)决策支持信息化。(5)上下级协同信息化。上述五个环节既相互独立，又密切相联；即可按序进行，也可同步完成。

【科技管理信息系统】(science and technology management information system) 科技管理领域以人为主导，利用计算机硬件、软件、网络通信设备以及其他办公设备，进行科技信息的收集、传输、加工、储存、更新和维护的人机系统。其目的是：加强科技资源的管理与有效利用，为地方科技开发服务，推动科技与经济的快速发展。其重点服务对象是企业。帮助优化企业发展战略、提高效益和效率，支持企业高层决策、中层控制、基层运作的集成化。此系统由四个子系统、100 多个模块或子模块构成。四个子系统分别为：系统维护子系统、科技项目管理子系统、科技成果管理子系统和科技信息管理子系统。其主要设计目标是：(1)实现项目管理的网络化。(2)生成科技成果数据库。(3)用户管理。(4)成果评奖管理。(5)管理专有技术和专利的认定、引进、保密、实施等。(6)大量报表按条件自动生成和打印。(7)通过网络实现信息的快速发布。(8)用户在网络上实现科技文献的快速、便捷的浏览。(9)论坛管理。其主要功能有：(1)系统维护。包括用户管理，代码维护，IP 防火墙及历史记录。(2)项目管理。包括项目计划、合同、经费、过程监督及鉴定验收。(3)成果管理。包括成果资料、成果评奖、成果知识产权管理。(4)信息发布。包括科技园地、科技论坛、业务信息、科技简讯和工作动态等。

【科技管理学】(management theory of science and technology) 科学学的一个分支。按照科学技术自身的特点和规律，运用现代管理科学原理、原则和方法，对科学技术事业进行组织、领导、协调、规划和管理的一门新兴学科。以科学学和管理学作为其基础理论，研究科技管理的一般原理、原则和方法，揭示科技管理活动的规律性。在国内，有人也把科技管理学称为“科技组织学”。研究内容是：(1)对科学技术活动的管理。(2)对科研成果向社会推广、应用和转化的管理。(3)科学技术同经济社会协调发展的问题。(4)科技队伍的建设问题。

【科技奖励法律制度】(law of science and technology reward) 科技奖励法律制度是依法确立的奖励科学发明、发现与科技进步、合理化建议、技术改进及其他科技成果的制度。我国的科技奖励法律制度创立于 50 年代，并随着社会主义现代化建设的发展而不断完善。其特点是：(1)具有明显的阶段性。(2)具有多层次性。(3)物质奖励和精神奖励相结合，以精神奖励为主。

国家科学技术进步奖
证 书
为表彰国家科学技术进步奖获得者，特颁发此证书。
项目名称：潮湿细粒煤炭深度筛分技术
奖励等级：二等
获 奖 者：刘初升
证书号：2005-J-224-2-02-R02

科技进步奖证书

【科技进步贡献率】(contribution ratio of scientific and technological progress) 国内生产总值(GDP)增长额中由于科技进步影响而增长的份额。用余值法计算。基本公式为：$a = Y - \alpha K - \beta L$，$Ea = a/y \times 100\%$。其中，$a$ 为科技进步增长速度；Y 为 GDP 增长速度；K 为资金增长速度；L 为劳动增长速度；α 为资金产出弹性系数；β 为劳动力产出弹性系数；$\alpha + \beta = 1$；Ea 为科技进步贡献率。由于多种因素的影响，计算结果不尽如人意。因此，国家正逐步淡化此指标。

【科技纠纷诉讼制度】(lawsuit system of scientific and technological dissension) 办理在科技活动中所发生的各种纠纷的诉讼制度。科技纠纷属于民事纠纷。其诉讼适用于民事诉讼程序。包括人民法院受理的技术合同纠纷案件、知识产权纠纷案件、科技损害赔偿纠纷案件、涉外技术合同纠纷案件等。

【科技评估】(science and technology evaluation) 由受委托机构根据委托方明确的目的，遵循一定的原则、程序和标准，运用科学、可行的方法对科技政策、科技计划、科技项目、科技成果、科技发展领域、科技机构、科技人员以及与科技活动等有关的行为所进行的专业化咨询和评判活动。根据《科技评估管理暂行办法》(国科发计字〔2000〕588 号)规定要求，科技评估的三个基本要素是：委托方、评估机构、评估对象。按科技活动的管理过程，科技评估一般可分为事先评估、事中评估、事后评估和跟踪评估四类。其工作的对象和范围主要是：(1)科技政策的研究、制定和效果。(2)科技计划的执行情况与运营绩效。(3)科技项目的前期立项、中期实施、后期效果。(4)科技机构的综合实力和运营绩效。(5)科技成果的技术水平、经济效益。(6)区域或产业科技进步与运营绩效。(7)企业和其他社会组织的科技投资行为及运营绩效。(8)科技人才资源。(9)其他与科技工作有关的活动。根据不同的评估对象和需求,可以采用不同的评估指标和方法。其基本程序是:(1)评估需求分析和方案设计。(2)签订评估协议或合同。(3)采集评估信息并综合分析。(4)撰写评估报告。

【科技企业孵化器】(scientific and technological business incubator) 专门培育科技型中小企业的机构和场所。一种新型的社会经济组织。它是一个为初创期的科技型中小企业提供可租用场地、技术咨询、融资、工商注册、法律等方面配套服务的经济实体;是一个创造成功的、创新型的新企业的综合系统,旨在成功造就一批充满创新活力的企业;对那些尚处于幼小阶段的企业,有组织地、适时地供给其成长期所需要的"营养"条件,以促使其成长起来。科技企业孵化器在20世纪50年代出现以来,其发展状况已经成为衡量一个国家和地区产业发展活力和潜力的重要标志之一。中国的科技企业孵化器自1987年创办以来,在高新技术创业服务中心的基础上,涌现出了专业孵化器、大学科技创业园、留学人员创业园、软件创业园、国企创业孵化器、国际企业孵化器等多种类型。它初步营造了科技创业环境,整合了科技产业化资源,融合了科教与经济发展体系,建立了社会主义市场经济发展体制。

科技企业孵化器大楼奠基

【科技情报】(information of science and technology) 通过公开信息渠道传递的有关科技发展的有用知识。基本特性是:知识性、传递性和效用性。知识性是科技情报的本质。没有一定的知识内容,就不能成为科技情报。传递性表明它必须借助于某种媒介(书刊、广播、会议等)才能传递和运用。效用性要求它必须对于人们的工作和生活具有某种特定的用途。在科学研究和国民经济发展中是一刻也不能缺少的,因而受到各部门的高度重视。

【科技情报学】(information theory of science and technology) 研究科技情报的特征、结构、功能及其传递和交流规律的一门学科。研究内容是:(1)科技情报的属性、功能和类型。(2)科技情报交流的方式和类型。(3)科技情报用户及其情报需求的特点和类型。(4)科技情报服务的特点和形式。(5)科技情报系统的构成、类型和功能。(6)科技情报系统的设计与科技情报中心的建立。(7)现代化科技情报技术。(8)现代科技情报工作的发展趋势。(9)科技情报事业的组织和管理等。它在科技、经济和社会的发展中具有重要作用,在国民经济的各个部门得到应用。

【科技人才学】(theory of scientific and technological talent) 科学学的一个分支,也是人才学的一个分支。以科技人才为研究对象的一门学科。兴起于20世纪70年代末,目前还没有一个比较成熟的理论体系。研究内容是:(1)科技人才及其基本特征。(2)科技人才的社会地位和社会作用。(3)科技人才的素质修养。(4)科技人才的成长与培养。(5)科技人才队伍的结构和效能。(6)科技人才的使用与管理。(7)不同国家人才开发的战略与政策的比较研究等。其基本特点在于它的综合性和政策性。其综合性,是指科技人才学研究既需要综合运用自然科学、社会科学、思维科学和横断科学(系统论、控制论、信息论)的理论知识,又需要综合运用各种研究方法和技术手段。其政策性,是指它直接涉及国家对科技人才的培养、使用和管理的制度、方针和政策的制定与改革;直接涉及人事制度和干部政策;直接涉及国家的科技体系和教育体系的改革等。科技人才学是一门政策性和实践性很强的学科。研究方法是:(1)系统科学方法。(2)概率统计法。(3)追踪调查法。(4)比较试验法。(5)模型法。(6)案例分析法。

【科技统计】(scientific and technological statistics) 对反映科技活动现象的特征和规律性的数字资料,以及对其搜集、整理、加工和分析,并进行评价的工作。包括科技活动现象的统计资料和对科技活动在数量关系方面的描述、分析评价,以揭示科技活动的特征与规律性。目的是为科技管理与科技决策提供依据,并为科技活动记载历史性资料,供研究和分析各种科技活动实践,总结经验。科技统计指标由指标名称、计量单位和计算方法三个要素构成。

【科技统计指标体系】(scientific and technological statistic index system) 依据科技管理和管理决策需要而设计的各项科技统计指标的总体。采用国际通用的科技活动的"投入、活动、产出与影响"的系统,由描述性指标、分析评价指标和规划决策指标。指标数目逐层减少、功能逐级增强而构成金字塔形结构。

【科技投入】(science and technology investment) 支持开展科技活动的投入的总称。是生产性的投入。一般以政府及其有关部门、金融机构、企业事业组织、社会团体和个人对科学研究和技术开发、科技成果的推广和应用、科技业务、科学技术普及以及其他科学技术发展的资金投入为主。科技活动的内容主要包括:研究与发展活动、科技成果转化与应用活动、科技服务活动三大部分。其中研究与发展活动包括基础研究,应用研究和试验发展;科技成果转化与应用活动包括设计与试制、小批试制、工业性试验等;科技服务活动包括计量、标准和统计等。

【科技文件】(scientific and technical document) 在科技、生产活动中直接形成的,用以表达人们对自然界的认识、改造的科技思想和方法的文字、图表等文件材料。是社会生产、工程建设、科技活动的记录、依据或总结。是开展科技工作的必备文件材料。通常有以下几种形式:(1)科学论文。以特定的科学要领、严谨的逻辑推理来论证某一创造性科研成果的文字材料,用来记述学术探讨和科研新发现的原始性文献。(2)技术报告。记述研究过程,阐明科研成果,表达科技思想的文字材料。其专业性强、内容具体和有保密性。(3)工业产品设计文件。在产品设计过程中的各个不同阶段所编制的文字材料或图纸,通常包括技术任务书、技术设计书和工作图等。(4)工程技术文件。在工程建设系统中涉及工程本身、社会、经济和文化等诸多因素的需要综合运用多学科、现代科学知识和技术手段形成的有关文件材料。通常需要编制的主要技术文件有:可行性研究报告、设计任务书、设计文件、施工图、验收报告和竣工图等。

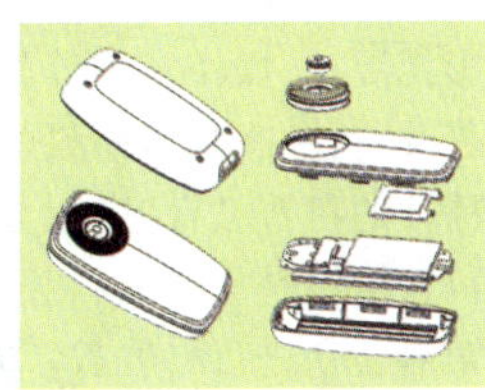

产品设计图

【科技项目归档率】(filing ratio of science and technology project) 已归档的科技项目数同应归档科技项目数的百分比。随着经济、科技体制改革的推进和社会经济技术的飞速发展,科技项目档案的归档验收工作正在逐步走向规范化、标准化。在整个科技项目从酝酿、决策到建成投产(使用)的全过程中形成的、具有保存价值的各种形式的历史记录,包括科技项目的提出、调研、可行性研究、评估、决策、计划、勘测、设计、施工、调试、生产准备、竣工和试生产(使用)等工作活动中形成的文字材料、图纸、图表、计算材料、声像材料等形式与载体的文件材料。是一种重要的科技信息资源。一个单位的全部科技档案是由所有应归档项目的科技档案材料组成的整体,共同记述和反映该单位科技、生产活动的历史面貌和全部内容。库藏整体是否完整是衡量该单位科技档案库藏状况和管理状况的重要标志。

【科技兴贸行动计划】(action plan of science and technology to develop trade) 由中国商务部和科技部共同组织实施的一项指导性计划。其宗旨是:贯彻落实科教兴国战略,发挥科技及产业优势,扩大中国高新技术产品出口,促进中国从外贸大国向外贸强国转变,使外贸出口持续、稳定、快速增长。计划目标是:在中国优势技术领域培育出一批国际竞争力强、产品附加值高、出口规模较大的高新技术出口产品和企业,使中国高新技术产品出口额在现有基础上以年递增30%的比例增长。

【科技型中小企业】(scientific and technological middle-small enterprise) 由科研人员领办或创办,主要从事高新技术成果的研究与开发、高技术产品的生产和经营、独立核算或相对独立核算的中小型企业。其特点是:(1)知识密集度、资本密集度、研究开发强度高,研究开发支出占销售额的比例一般在5% ~10%之间,生物技术产业高者可达50%以上。(2)高成本、高风险、高收益并存,技术创新活动多集中在产品创新方面。(3)一般聚集在大学、科研院所集中的知识高地,由科研人员直接创办。(4)对政府管制和政府政策变化极为敏感,依赖性较强。

【科技型中小企业技术创新基金】(innovation fund for scientific and technological middle-small enterprise) 经国务院批准,于1999年5月21日设立的用于支持科技型中小企业技术创新项目的政府专项基金。为了扶持、促进科技型中小企业技术创新。创新基金是一种政府引导性资金,通过吸引地方、企业、科技创业投资机构和金融机构对中小企业技术创新的投资,逐步建立起符合社会主义市场经济发展规律、支持中小企业技术创新的新型投资机制。创新基金不以营利为目的。其目的在于通过对中小企业技术创新项目的支持,增强其创新能力。

【科技异化】(science and technology alienation) 在一定社会条件下,科技活动自身及科技活动成果,背离主体人的需要和目的,成为人难以驾驭的力量,并反过来控制人、统治人、危害人的特殊社会历史现象。其原因主要是:人在充分利用科技处理与自然的关系中,表现出了极端的人类中心主义倾向和自然征服者的姿态。科技实践活动在对人的本质力量给予肯定,为人类创造大量财富的同时,也大大助长了人的自我中心意识,将人塑造成了梦想成为自然的统治者的追求者,人对自然实行无限的掠夺,最终导致了种种自然灾难和社会危机,危害到人类的自身的生存。马克思主义认为:科学技术作为人类作用于客观对象的一种工具,它是人类的创造物,它本身并不是一种消极的、统治人的异己力量,而是最高意义上的革命力量。它是在一定的历史条件下,在科技的发展和应用中衍生出的与科技活动主体人相异化的力量,从而否定人、背离人的一种特殊的非正常现象和状态。这种异化状态的产生,不是科技本身直接转化为非科技或科技的对立物。问题的根源不在科技本身,是科技发展中的一种特殊现象。只具有暂时的历史必然性,并没有成为科技活动的主流。问题的解决并不需要以放弃和反对科技本身为代价。人类完全可以通过及早认识科技异化的负面效应,并有效加以防范和控制来加以避免和克服。

【科技政策】(scientific and technological policy) 国家为实现一定历史时期的科技任务而规定的基本行动准则。是确定科技事业发展方向,指导整个科技事业的战略和策略原则。制定科技政策的基本原则:科技政策与国家发展战略相一致;符合科技自身发展规律;科技与社会、经济协调发展等。

【科里奥利力】(Coriolis Force) 物体在相对转动参照系运动时出现的惯性力。由科里奥利首先确定。物体在作为参考系的转动物体上运动(方向不沿转轴)时出现这种力。地球是一个转动体,北(南)半球上的物体在运动时,就受到向右(左)的科里奥利力的作用。因此,在北半球上的河流右岸受冲刷较厉害。地球表面的大气会受到科里奥利力的影响发生偏转。由科里奥利力的计算公式不难看出,在北半球大气流动会向右偏转,南半球大气流动会向左偏转。

【科罗拉多大峡谷】(Colorado Grand Canyon) 位于美国亚利桑那州西北部的凯巴布高原上的大峡谷。以景色美、规模大闻名于世。大峡谷全长446km,宽6~29km,最深处达1 749m。大峡谷两岸,因海拔、气候等原因,自然景色有很大不同。北岸年降水量700mm,树木苍翠;而南岸年降水量只有北岸的一半,呈现出一片荒漠景观。冬季来临时,北岸大雪纷飞,南岸却温暖如春。构成科罗拉多大峡谷的岩层形成于不同的地质时期,因所含物质不同,呈现出黑色、棕褐色、淡红色和乳白色等颜色。在一年中的不同季节、一天中的不同时间,岩层因阳光的移动和云雾的变幻呈现出各种各样的色彩。科罗拉多高原在6亿年前曾经是一片平原,有相当长一段时间被海水浸没。到2.3亿年前,强烈的构造运动使地壳缓慢地、几乎保持水平地上升,上升的速率北岸高于南岸。大约从1 000万年前开始,科罗拉多河强烈下切,并由山崩、洪水、冰雪的共同作用,峡谷被切割到现在的深度。大峡谷至今仍未定型,大约每70年还会加深1cm。从大峡谷谷底向上,从老到新,各个地质时期形成的地层整齐有序地排列着。地层中还能找到许多生物化石,从单细胞植物到石化了的树木,从鱼类到爬行类动物应有尽有。这种情况为世所罕见,从而使大峡谷成为一本活的地质教科书。

科罗拉多大峡谷

【科普场馆】(popular science museums) 以举办科普展览及科普报告、科学讲座和科技培训、影视展播、操作实验等教育活动为主要内容,向公众普及科技知识、传播科学思想和科学方法、弘扬科学精神的科普教育基地,如科技馆、科普馆、科学宫等。科普场馆是重要的科技传播场所之一。利用科普场馆对公众进行科普教育,具有开放性、综合性、直观性和实践性的功能特征。科普场馆集视、听、感受为一体,看得见、听得着,同时还可动手操作与实践。通过在科普场馆里的参观及实验活动,使人们学到基本的科技知识和科学原理,启发人们去思考,引起人们对科学的兴趣,引导人们去探索。特别是通过对科学技术发展历程的了解,帮助人们对科学方法、科学精神的理解与掌握,激发观众,特别是青少年对科学的兴趣和深入探索的欲望。

郑州科技馆

【科斯塔环】(Costas loop) 一种抑制载波通信系统的载波同步的锁相环技术。被用于从载波抑制调制信号中恢复其载波相位,例如双边带载波抑制信号。另外,科斯塔环还经常被应用于无线接收机中,为本机压振荡器提供正交调幅输出、1/2鉴相器和产品检测器等。同样的输入信号相位也可以同时应用于鉴相器和从低通滤波器中过滤的鉴相器输出信号。这些低通滤波器的输出被输入到其他的输出鉴相器中。它的输出首先通过噪声抑制滤波器之后再用于控制压控振荡器。广泛应用于抑制载波通信系统。

【科学】(science) 源于中世纪拉丁文“scientia”,原意为“学问”、“知识”。运用范畴、定理、定律等思维形式反映客观世界各种现象的本质和规律的知识体系。科学是关于现实本质联系的客观真知的动态体系。这些客观真知是由于特殊的社会活动而获得和发展起来的,并且由于其应用而转化为社会的直接实践力量。科学既是历史发展过程的产物,又是推动人类历史进步的巨大动力。科学包括自然科学、社会科学、思维科学等。

【《科学》】(《*science*》) 由美国著名科学家托马斯·爱迪生于1880年创办的综合性科学周刊杂志。其办刊宗旨是让科学家掌握科学前沿的发展动态,紧跟科技发展趋势。它和英国的《自然》杂志一并称为目前世界上发行量最多、影响最大的权威性杂志。该杂志原由美国科学促进会负责管理,后来为保证刊物的更好发展而独立发行,美国科学促进社会仅对该杂志社实行宏观监督。该刊主要报道科学新闻、科研成果和科学研究的发展趋势。

【科学城】(science city) 以开展科学研究、发展高新技术产业为主体,将科研、教学、生产、社会管理、社会服务和居住有机地结合为一体的新型城市或区域。是促进科技与经济相结合的一种新的社会组织形式。作为科学、教育与工业相结合的一种经济、社会现象,发端于20世纪50年代的斯坦福研究园和苏联的新西伯利亚科学城。前者诞生于1951年,并成为世界第一个科学园区;它为全球最大的电子工业基地硅谷的形成奠定了基础。后者始建于1957年,是世界最早冠以“科学城”名称的科学园区;它是苏联乃至世界最大的综合科研基地之一。科学城以一定领域的基础研究为支撑,从事基础应用研究和高技术开发研究;既进行高技术产品的生产,也为传统工业的技术改造提供技术储备;既培养、输出人才,又引进人才,促进科学城内外的科技交流与协作。一般的科学城大都集中了几十个或上百个科研机构、数所大学、十几家工厂及一批综合性服务机构。根据性质和功能,科学城的发展可以分为两种基本类型:(1)以开展基础研究为主的科学城。如苏联新西伯利亚科学城、日本筑波科学城、德国海德堡基因研究中心等。(2)以发展高新技术及其产业为主的科学城。如美国的斯坦福研究园以及硅谷、英国的剑桥科学园、法国的法兰西岛科学城、索菲亚·安蒂波利斯科学城以及中国台湾的新竹科学园等。科学城的规划一般由国家、地区、国家与地区联合或者有条件的大学来承担。与之相应,科学城的管理一般也根据各国的特点分别采取由政府机构管理、民间组织管理、专门公司管理、大学管理或者政府、大学、企业共同设立的联合机构管理等形式。随着高新技术及其产业的迅速发展,世界上许多国家和地区都相继把建设科学城作为促进科学与工业结合、增强综合国力和未来国际竞争能力的重要战略措施。

绵阳科学城

【科学创造】(scientific creation) 人们创造性地解决科学问题的一种特殊活动。其表现形式是科学研究。广义的科学创造包括社会科学的创造和自然科学的创造。前者所处理的是人与社会的关系问题。它通过对社会现象的观察、分析、概括、抽象,获得对社会发展的规律性认识。后者所处理的则是人与自然界的关系问题。它通过人们对自然现象和事物的观察、实验、分析、概括和抽象,发现支配自然界发展变化的规律,并依据这种规律,按照人们的意愿和要求,去发明新的技术、工艺和物质性产品。狭义的科学创造单指自然科学的创造。按照产物的性质它可以分为理论性创造、物质性创造和信息性创造三类。理论性创造如新假说、新理论、新概念等;物质性创造,如新机器、新装置、新器件、新材料等;信息性创造,如新工艺、新方法等。按其产物的新颖性、独特性程度和影响范围的大小,科学创造还可以区分为科学革命、科学突破等。科学革命,即引起整个科学观念发生根本性变化的创造。科学创造是一种复杂的认识活动。它一般具有探索性、独创性、条件的不充分性、结果的不确定性、集体协作下的个体性等基本特征。

未来飞行器

【科学创造才能】(scientific creation ability) 从事科学创造活动所应具备的各种能力的综合。一项完整的科学创造活动过程包括许多环节和方面。要顺利地完成它,就要求科学创造者具有以下14种能力:(1)洞察能力。即探索问题的敏锐性。它使人们在从事科学创造时能从新的角度提出问题，发现常人未能发现的新矛盾。(2)统摄思维活动的能力。即用明晰而又简洁的要领或符号概括原有知识，并统摄整个思维过程。它能使已有的知识浓缩，也有助于吸收新知识。(3)转移经验能力。即把解决某个问题所取得的成功经验转用到解决其他问题上。这要求创造者寻求和发现不同事物之间的相关性。(4)侧向思维能力。即善于利用“局外”的、似乎无关的信息来发现解决问题的途径的能力。(5)形象思维能力。即运用表象反映和把握现实的思维能力。(6)联想能力。即从甲事物想到乙事物，并能将不同的事物或要领联系起来加以思考的能力。(7)记忆力。(8)思维的灵活性。即能够使思维迅速地从一类对象转移到另一类内容不同的对象的能力。(9)评价能力。即从许多可能的方案和解答中选定其一的能力。(10)联结和反联结的能力。联结能力就是人在知觉时，把感知的对象连贯起来，并把这些新信息同以前的知识和经验结合起来，以产生新思想；反联结能力是指有意使知觉和以前的知识相对抗，避免“先存知识”的压力和束缚，把观察到的东西给以符合实际的解释，而不让新感知去适应旧理论或导致虚假发现。(11)产生新思想的能力。即勤于思考和善于思考。(12)预见能力。即根据已有事实和科学理论，通过想象推测未来的能力。(13)运用语言的能力。即正确地运用科学语言简明扼要地表达科学思想和理论的能力。(14)完成能力。即持之以恒地完成已经开创的工作和使独创的思想臻于成熟的科学创造才能能力。上述能力的不同组合构成了创造者们的科学创造才能。

创意设计

【科学道德】(scientists'moral) 科学家、科技工作者应共同遵守和维护的职业道德。科学研究作为人类的一种基本实践活动，包含人与自然、人与社会和人与人之间的复杂关系。研究和正确处理这些关系是影响科学进步的重要因素。科学道德是在一定的自然环境中调节人际关系和人与自然的关系中产生的。中国科学道德规范的主要内容是：(1)热爱社会主义祖国，坚持四项基本原则，为社会主义的物质文明和精神文明建设服务。(2)追求和捍卫科学真理，勇于探索，敢于攻坚，不畏艰险，锲而不舍。(3)无私无畏，全心全意为人民造福，牢记科学不是一种自私自利的享乐，有幸致力于科学研究的人，首先应该拿自己的学识为人类服务。(4)严谨治学，实事求是，尊重客观事实，不把他人成果归为己有。(5)谦虚谨慎，团结协作，坚持学术民主，反对门户之见，勇于坚持真理修正错误。(6)维护民族尊严，树立民族自尊、自信、自强精神，并虚心学习国外先进科学成就，既不夜郎自大，也不妄自菲薄。

【科学的创新】(creation of science) 创造出前所未有的科学成果。具体内容是：(1)建立新理论。这种新理论，可以是对原有理论的重大改革和深化，但更重要的是提出全新的科学观念，形成与原有理论有根本不同的全新理论。(2)发现新现象。这种新现象可以是原有科学研究领域中的新发现，也可以是新开辟的研究领域中的新发现；可以是自然界中本来就存在而从未发现的新现象，也可以是在实验室中人工创造的新现象。(3)创立新方法。今天人们所运用的研究方法，有许多是以往科学发展中创立的行之有效的方法。但科学发展永无止境。随着科学的不断发展，人们应当也必然会不断创立新的研究方法。科学的创新是在继承基础上的创新。科学的继承和科学的创新的矛盾运动和无限地循环上升是科学发展的强大动力。

发现海洋新物种管眼鱼

【科学的分化与综合】(division and synthesis of science) 科学发展中所出现的学科分支越来越多，各种学科之间的相互联系越来越密切的一种趋势。既不断分化又不断综合是科学发展的一个历史规律。既高度分化又高度综合是当代科学发展的一个重要特点和趋势。自然科学发展中的分化与综合是辩证的统一，分化中有综合，综合中有分化，没有分化就没有综合，没有综合就没有分化。例如，由生物学的分化而出现的分子生物学，就是物理学、化学和生物学三者在一定程度上相互综合的产物。自然科学不断分化与不断综合的矛盾运动，是自然科学不断向广度和深度发展的过程。在历史上，古代自然科学以初级的综合知识为主，自然科学知识被包容在自然哲学之中，对自然的认识是笼统的、整体性的，几乎没有对细节的了解；近代前期的自然科学从统一的自然哲学中逐渐分化出来，由于分门别类地研究自然界的各个领域，各种专门学科相继出现，走向了以分化为主的发展阶段；到了近代后期，学科门类已较为齐全，理论科学逐渐成为主要形式，科学在继续分化的同时,又开始了综合的趋势;现代自然科学,更出现了高度分化和高度综合相结合的发展特点,并且还在日益增强。科学不断分化和不断综合,表明了自然界物质运动的统一性,也表明了人们对自然界的认识在广度和深度上的发展。

【科学的宏观结构与微观结构】(macro-structure and micro-structure of science) 以科学理论为基点,把由科学理论或由科学理论组成的科学学科、科学门类等作为知识单元而构成的科学结构称为宏观科学结构;而把由科学理论以下的知识单元,如科学概念、定律、公理等构成的科学理论结构则称为微观科学结构。宏观科学结构包括科学的学科结构、门类结构及其总体结构三个等级的科学体系;而微观科学结构只是指某种科学理论的内部结构。构成科学理论结构的知识单元是基本概念和反映基本概念之间联系的基本关系以及由它们作为逻辑基础所作出的逻辑推论。正是这三种基本知识单元构成了逻辑严密的科学理论体系。基本概念已经是反映客观事实和现象的最基本的知识单元,所以再往下就不再属于科学结构所研究的问题。

【科学的继承】(inheritance of science) 承接前人科学研究所创造的科学成果。继承的具体内容是:(1)继承科学思想。科学思想是科学成果中基本的和重要的方面。它表现为具有指导和启发意义的研究方向、研究目的,特别是研究思路等。科学思想是统帅并贯穿于整个研究活动、决定研究成败的重要因素。(2)继承科学理论。科学理论是科学研究的结晶,是对自然规律的系统说明。原有理论的补充、修正和发展要在已有理论的基础上进行,新理论的建立也离不开借鉴或批判扬弃原有的理论。"(3)继承科学方法。前人创立的科学方法作为一项重要的科学成果,有可能比运用这些方法所创立的科学理论更有价值。很多方法不仅在历史上,而且在现今和以后的科学研究中仍然有用。(4)继承科学事实资料。科学事实资料是进行理论概括的基础。由于理论概括可以从多种方面、多种角度和多种层次上进行,所以,对于科学事实资料的利用绝不是一次性的,而是可以随着科学的发展多次使用的。科学史证明,历史上前人所记录的许多科学事实资料,可以在当今的科学研究中发挥作用。科学传统、科学精神、科学道德、科学作风等,也应作为科学遗产而列入科学继承的内容。科学的继承必须采取科学的、批判的态度,坚持古为今用的原则,使之成为科学创新的基础和前提。

视频技术的发展

【科学的经济价值】(economic value of science) 科学在人类改造自然界中所具有的满足人的物质需求方面的价值。科学知识体系作为客体,不仅能满足人类主体对精神文化和思维理性方面的需求,而且能够满足人类主体对衣、食、住、行、用等劳动创造物的需求,因而它具有重大的经济价值。这里所说的经济价值,不是经济学上的表示凝结在物质产品中的劳动时间的那个概念,而是一个与经济学上的使用价值相类似的哲学范畴的经济价值概念。其含义泛指主体在改造自然界的实践活动中所创造的、能满足人的物质需要的价值。

【科学的理论价值】(theoretical value of science) 科学能满足人类理性思维需要的价值。科学是具有完整逻辑统一性的理论知识。是人类理性思维的产物,反过来它又对人类理性思维具有如下几种价值:(1)逻辑思维价值,即用概念的逻辑关系来反映客观世界和经验的本质与规律。(2)理论思维价值,即用观察、实验、模拟、类比、分析、假设、推论等一系列理性方法研究经验事实材料。(3)保证科学理论真理性的价值,即有科学的检测与验证理论的手段。(4)现实性的价值,即科学理论都有与客观事实和经验世界连通的环节。(5)预测的价值,即理论能够推测未来、预言未知事物。科学理论是理性思维的高级形态,对于其他理性思维有着多种多样的价值

【科学的认识价值】(cognitive value of science) 科学能够满足人类认识需要,用以追求真理的价值。人类认识世界、反映世界的形式是多种多样的,有神话、宗教、艺术、哲学和科学等。科学则是种种认识形式中最典型、最成熟、最高级的一种认识形式。它具有精确性、确定性、逻辑统一性和可验证性等鲜明的特点,因而对人类的各种认识有着典范性的影响作用。科学的认识价值有:(1)典范价值。任何认识过程都是主观反映客观、追求客观真理的过程,科学认识可以在实践基础上产生,又经过实践的验证,可以得到公认的科学真理,因而可以成为其他认识的典范。(2)基础价值。科学认识常常成为其他认识的基础。科学认识不仅可以成为人们进一步深入认识世界的前提和出发点,而且对各种认识还起着制约作用。(3)方法价值。可以转化为认识的方法,对进一步认识事物有指导作用。(4)精神价值。在探求真理、认识世界的过程中形成的科学精神,对于任何认识活动都具有重大价值。科学精神的核心

是实事求是，是追求真理、捍卫真理、服从真理、按客观真理办事的态度。这是一切认识活动必经遵循的基本原则。

【科学的社会功能】（social function of science） 科学在整个社会中所起的作用及其对社会生活的影响。有时，科学的社会功能特指科学对社会演进所起的变革作用。但实际上这只是科学的社会功能的一个特定方面。从理论上说，科学作为一种在历史上起推动作用的革命力量，对人类社会领域的所有方面，包括物质生产活动、精神文明和社会生活以及人类自身都具有重大影响。具体地说，科学的社会功能主要体现在：(1)认识功能。(2)教育功能。(3)经济功能。(4)军事功能。(5)政治功能。

【科学的审美价值】（aesthetic value of science） 科学能够给予科学主体以美感和引起对美的追求的一种价值。这是科学的两种互相关联但又互相区别的审美价值。科学的美感价值，主要表现形式就是当科学活动主体，在艰苦的探索研究当中，一旦发现了大自然的奥秘，除了因获得劳动的成果而感到欣慰和愉悦外，还往往因为窥探到大自然的秩序、结构的协调对称、运动规律的节奏和韵律、整体的和谐与统一，以及科学理论的逻辑简明和形式的完美，而引起强烈的激情，并得到美的享受。阿基米得在洗澡盆里发现浮力原理时的狂喜奔跑，就是一例。科学美成了激发科学创造的动力。科学家按照科学规律去追求世界的完美性，去探索宇宙的奥秘。

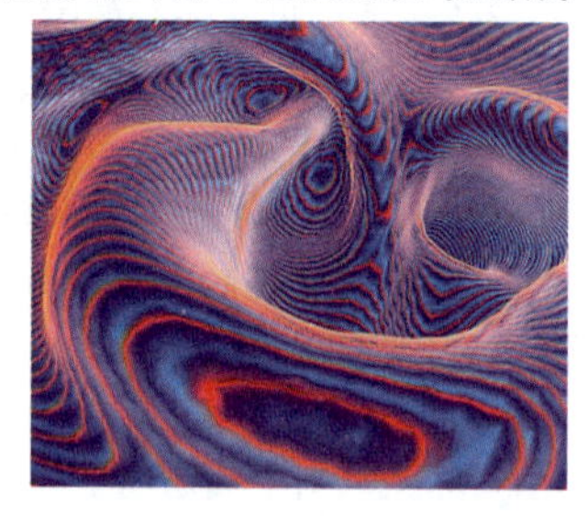

科学的审美价值

【科学的特征】（features of science） 科学同其他知识形态现象相比所具有的质的规定性。是区分科学和非科学或伪科学的重要判别标志。其主要特征是：(1)真理性。任何科学之所以被称为科学，就因为它们都具有客观真理性。首先，科学就其来源而言，是以客观存在的事物为研究对象、以客观事实为基本依据和出发点的；其次，科学就其内容而言，是对客观事物本身所具有的本质及其规律性的真实反映。科学的这一特征把它同一切伪科学和宗教神学区别开来。(2)社会实践性。科学必定是人类社会实践的产物，被社会实践检验，并能指导社会实践，服务于社会实践。科学都有坚实的实践基础，它绝不是人类头脑中主观自生的纯粹思维的创造物。科学的这一特征使它与一切主观臆想的东西相区别，并能保持科学的“纯洁性”。(3)理论系统性。科学是以科学的概念、准确的判断和合理的推论所表达的、具有内在逻辑性的系统知识，是人们理性认识的成果。科学虽以经验知识为基础，但不等于经验，因为经验所反映的还仅是事物外部的表现，缺乏对事物本身内在的、本质的把握；科学也不等于经验知识的简单堆砌，而是对经验知识的概括、提炼和上升，是个别中的一般，具体中的抽象。科学的这一特征使它同那些对事物的一知半解或局部、零散、片面的知识相区别。(4)动态发展性。科学是发展着的知识体系。是相对稳定的动态发展的辩证统一。科学要以客观事物为研究对象，而客观事物是不断发展变化的；科学来源于社会实践，社会实践的范围和水平也不会停滞不变。因此科学作为人类对客观事物本质及规律性的认识，也必定是一个由浅入深、由一级本质到更深层次本质的认识和把握的过程。科学的这一特征使它同一切僵化的教条相区别。科学的上述特征从根本上来说，是同唯物主义相一致的。只有同时满足上述特征，才能有效地区别科学和非科学。

哥白尼与托勒密的宇宙

【科学的物质价值】（material value of science） 科学能够满足人们物质需要的价值。科学既能参与人类的精神活动过程，又能参与人类的物质活动过程。科学在社会的物质生产和物质消费过程中都能发挥其功能作用。首先，在人类社会的物质消费和社会生活过程中，没有科学知识的参与就难以取得好的效果。比如说，没有营养知识就不能选择与调配适合生理需要的食物；没有起码的电学知识就不会使用家用电器；没有科学人们就没有电视和汽车。这些知识说明，人类需要的自然物质和经济物质，都与科学的参与有关。其次，满足人类社会物质需要的根本过程是物质生产过程。在现代化生产中更是离不开科学的参与。培根的名言“知识就是力量”，强调的就是科学知识的物质力量。科学的物质力量可以通过三个方面表现出来：科学知识化为技术手段，使人“善假于物”；科学武装了人，使人以微力而运转乾坤；科学知识使自然物转化为人类需要的资源。科学可以在人体生理的物质维系、生态环境的保护、衣食住行用的消费、社会生产的发展等各个方面满足人类的物质需求，体现出它的物质价值。

【科学的自然价值】(natural value of science) 科学知识使人类能够开发与利用自然界潜力的价值。是科学内容本身的价值。人是自然界的产物。从人类诞生之日起,许多自然界的物质就与人类结成了价值关系,成为人类生存和发展所必需的自然条件。如空气、阳光、水分、土地、生态环境等,对人类有着永恒的价值。自然界这些固有的价值,人类会本能地利用它们,往往这还显不出它们的价值属性来。但是,有了科学,人们对这些自然物的价值有了深刻的认识,就能自觉地和更深入地利用它们。例如,氧气用于急救,天文和气象知识用于航海,利用生物和相关知识自觉保护生态环境等。还有更多的自然价值是人类科学实践开发创造出来的。例如,石油、野生动植物、原子能、电磁波等,这些自然物在人类未曾认识和开发它们之前,只是一种"自在之物",谈不上对人类有什么价值。但是,当人们认识了它们的性能,并且知道了如何利用它们来为自己的需要服务时,这些性能就变成了价值属性,而这些自在之物也就变成了"为我之物"了。科学对自然奥秘的不断探索,使越来越多的自然物纳入了科学的视野,与人类的社会需要发生了关系。自然界对人类有着无穷的价值。虽然它是一座取之不尽、用之不竭的资源宝库,但是需要科学的不断发展才能得到全面的认识和合理的开发和利用。

【科学定律】(law of science) 在各门具体科学中,对一类事物的各个属性之间或一类现象之间所具有的一般的、确定的联系和关系的表述。反映客观事物的规律性。在自然科学中,对于这种一般的、确定的联系和关系的表述,不仅采用文字的形式,更多地采用数学表达式,如 $F=ma$ 等。定律是以确定的各种量的关系来表述事物的规律性。一个科学定律所具有的普遍性的程度,取决于它所表述的那个规律的普遍性程度。例如,加速度定律($F=ma$)是力学中的一个基本定律,而对于其他形式的运动则不适用。又如,化学中的定比定律、倍比定律,仅适用于对化学反应前后物质的量的关系的考察。

爱因斯坦

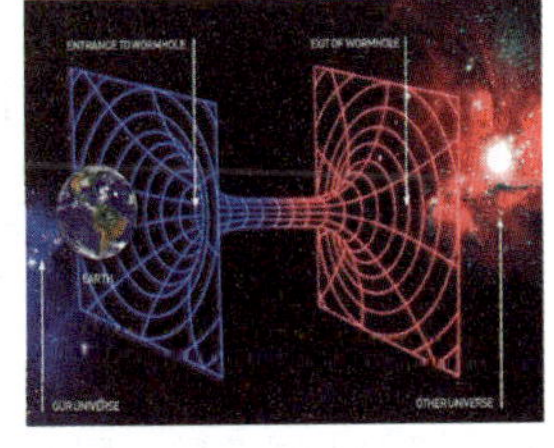
相对论示意图

【科学发现】(discovery of science) 对客观存在的自然现象、自然事物及其内在规律性关系的察觉、领悟和认识。是科学创造的一种活动方式和结果。可分为自然事实的发现和自然规律的发现。前者如物理学中X射线、超导现象的发现等。后者如万有引力定律、质能关系式的发现等。科学发现有时是在明确的理论或假说指导下作出的,如海王星的发现等。这类发现称为预言性发现。此外也有不少发现是在偶然情况下获得的,例如X射线就是由伦琴在研究真空管阴极放电现象时偶然注意到的。这类发现称为偶然性发现。在现代科学发展条件下,由于研究对象已深入到微观领域,因此除了对客观存在的自然事物的直接发现以外,许多自然事物是通过对该事物的某种本质的直接观察而间接发现的,例如某些基本粒子的发现就是如此。由于科学发现的对象是客观存在的自然事物、现象及其规律性的联系,因此其结果具有唯一性。即科学创造者绝不能"随心所欲"地"发现"本不存在的东西。虽然对于同一自然现象和自然规律的研究与观察,会导致几个科学家分别独立地"同时发现"它们,但这仍然是同一个发现,而且发现权也仅属于最早的发现者。

门捷列夫

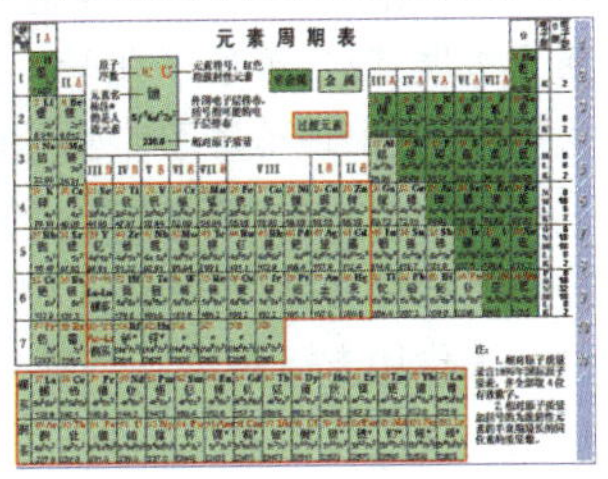

元素周期率

【科学发展的基本法则】(basic law of scientific development) 贯穿于科学认识和科学实践过程的始终,并支配科学发展的根本性法则。即真理法则和价值法则。所谓真理法则,就是整个科学活动以真理为准则而展开,从事科学活动的人以真理为规范来支配自己的思想与行动,追求真理,服从真理,坚持真理,遵循真理办事。这一法则的实质就是必须按照客观世界的本来面貌和自然规律去认识世界和改造世界。这一法则早已被科学界明确认识并以此来指导科学活动了。所谓价值法则就是整个科学活动是围绕着科学价值中心来进行的,即科学活动是在追求价值、注重效益、寻求最佳目标、实现主体目的这样一个法则和规律的支配下进步和发展的。这一法则是科学创造活动为满足人类社会的进步和发展的价值产物，是支配科学发展的中心法则。

【科学发展的连锁反应】(chain reaction of scientific development) 在科学发展的过程中，一个学科某一突破性的重大成就，导致其他学科出现一系列成果的现象。例如，20世纪初，量子论的创立突破了经典物理学的传统观念，引发了光量子论及原子结构的量子化轨道理论的提出，进一步引出了微观粒子波粒二象性理论及由此而建立的量子力学体系，又为尔后固体物理学及继之出现的半导体物理学理论提供了基础。后来的半导体技术及集成电路的出现，促进了当代微电子技术的迅猛发展，并为微型计算机的出现提供了技术前提。微机的广泛应用，则是当代信息革命的重要组成部分，在新技术革命中发挥了重要作用。另一方面，量子论的观点及量子力学理论，导致了化学中对物质的化学结构研究的重大进展，诞生了量子化学。之后，量子化学理论引入生物学，出现了量子生物化学，生物大分子的结构之谜和遗传物质DNA、RNA的结构之谜逐次被揭开。生物工程继之出现，从而在科学技术进步对人类生活的巨大作用方面展现了一幅新的光辉前景。科学发展的连锁反应在科学史上不止一次地出现，表明它是科学发展的一个规律。引发连锁反应的最初的科学成就，可以是一种建立在新观点基础上新的科学理论，因而具有普遍适用于其他学科领域的特点；也可以是一种新的技术手段，而具备可普遍应用于其他学科研究的功能。连锁反应具有在各学科间连续引发、往复引发的特点，即引发过程不只是单向的。这种情况不仅表现在学科的理论方面，往往还标志着科学技术发展的一个新时期的到来。研究科学发展的连锁反应的规律，是研究科学技术发展总体规律的一个重要组成部分。

【科学发展观】(view of scientific development) 中共中央研究确定的在经济、社会发展中要坚持“第一要义是发展，核心是以人为本，基本要求是全面、协调、可持续，根本方法是统筹兼顾”的发展观。主要内涵是：(1)发展必须是全面的。全面发展就是以经济建设为中心，全面推进经济、政治、文化建设，促进物质文明、政治文明和精神文明的协调发展，实现经济发展和社会全面进步。(2)发展必须是协调的。协调发展就是统筹城乡发展、统筹区域发展、统筹经济社会发展、统筹人与自然和谐发展、统筹国内发展和对外开放，促进生产关系和生产力、上层建筑和经济基础相协调，促进经济、政治、文化建设的各个环节、各个方面相协调。(3)发展必须是可持续的。可持续发展就是要促进人与自然的和谐，实现经济发展和人口、资源、环境相协调，保证资源一代接一代地永续利用，保证人类一代接一代永续发展。要满足人类的需要，也要维护自然界的平衡；要注意人类当前的利益，也要注意人类未来的利益。要改变那些只管建设、不管保护、滥开发、不治理、只顾眼前的增长、缺乏长远的打算、重局部利益、轻整体利益的错误做法，走上生产发展、生活富裕和生态良好的文明发展道路。(4)发展必须坚持以人为本。以人为本是科学发展观的本质与核心。以人为本就是充分发挥人民群众的积极性和创造性，以最广大人民的根本利益为本，努力实现人的全面发展；要从人民群众的根本利益出发谋发展、促发展，不断满足人民群众日益增长的物质文化需要，切实保障人民群众的经济、政治和文化权益，让发展的成果惠及全体人民、惠及子孙后代；要把满足最广大人民的根本利益和实现人的全面发展作为经济社会发展的出发点和落脚点。

中共十六届四中全会在京召开向全党提出了要坚持科学发展观

【科学方法】(scientific method) 正确认识客观事物的本质和规律的手段。概括地讲，就是马克思主义的唯物辩证法。我们在认识一个客观事物时，一定要坚持运用这种方法，从事物的实际情况出发，对具体问题进行具体分析，分析其内部的矛盾运动，并要抓住主要矛盾及矛盾的主要方面，找出解决矛盾(问题)的办法。这是我们认识客观世界的唯一正确的方法。我们应当大力倡导这种科学的方法，以提高人们认识客观世界的本领，树立正确的世界观。

【科学分类学】(classification of science) 又称科学体系学。在一定社会历史条件下，依据某些原则研究各门科学之间的区别与联系，把它们联成一个整体，并确定每门科学在整个科学系统中的地位以及与其他科学的关系的一门学科。人们常常不叫科学体系学而称其为科学分类学。这是为了与人们常说的科学结构学相区分。科学结构学是注重从形式上研究科学体系的结构关系的学问，而科学分类学则是注重从内容上研究各门科学的内在联系以及如何连成整体的学问。二者属性不同。当说到科学体系的时候，人们往往从结构方面考虑问题，而不容易分别二者的不同性质。同时，讲科学分类，尽管分类的原则思想可能不同，对科学所作的分类有所差别，但是任何科学分类都必须在全面概括当代科学内容的基础上产生,其结构就相对稳定。

【科学分类原则】(principle of science classification) 科学类型划分所依据的原则。在恩格斯之前,对科学知识的分类,一般是以分类者的哲学观点为基础的,有什么样的哲学观点就有什么样的分类体系,谈不上科学界共同接受的科学分类原则。恩格斯根据19世纪后半叶科学发展的成就,提出了科学分类的两个基本原则:客观性原则和发展性原则。所谓客观性原则,就是按照客观世界的物质运动形式的区别和联系进行分类。每一门科学的研究对象都是自然界的某一种或某几种相关的物质客体的运动形式(或者说是对象的特殊的矛盾性)。所谓发展性原则,就是科学排列的次序应该反映客观物质世界的发展阶段的历史顺序和相互关系,而不是主观任意地将各门科学孤立地并列出来。客观性原则反映了物质运动的质的特征和空间分布,发展性原则反映了运动形式的发展和时间顺序。

【科学概念】(scientific concept) 关于客体之本质特征的思维方式。是科学认识的主体反映,是科学抽象的结果。是对科学认识成果的总结和概括,又是科学认识不断发展的必要条件。它在形式上是抽象的、主观的,但在内容上则是具体的、客观的,是抽象和具体的统一。它越是抽象,适用范围就越广,也就越带有普遍性。科学概念,随着科学实践的不断深入而不断地得到补充、修正,从而获得发展。一门科学发展的历史,就是这门科学的概念产生和发展的历史。

【科学革命】(revolution of science) 科学发展过程中间断性的质变状态。一门学科的核心观念、概念、原理的根本性变革或自然科学中出现的划时代的发现而使科学发展处于质变状态。它是科学史上根本性的变动。一门学科的基础概念和基本假设的修正,导致新概念、新理论、新方法的建立,是该学科发展史上的一次革命。在一定时期内发生的导致自然观变革的一系列划时代的发现,则是这个时代自然科学在整体上的革命。从科学史可知,科学革命以带头学科的革命开始,然后向其他学科扩散,使它的理论和方法成为当时其他学科的解释依据和方法论范例,从而使旧的科学体系结构逐渐被以主导学科为核心的新的科学体系结构所取代,最后在科学共同体取得确认,这场科学革命才趋向完成。科学革命是科学知识的量积累到一定程度和新的实验条件下产生的。它是科学发展的连续性和间断性、量变和质变的辩证统一。

达尔文

进化论

【科学共同体】(scientific community) 由科学观念和科学语言相同的科学工作者所组成的集合体。是专业科学工作者群体的抽象存在形式。特点是:内部学术交流比较充分、专业观点比较一致、吸收同样的文献、引出相似的教训和使用共同的范式。一组共同约定的符号概括是共同体成员运用逻辑和数学的共同语言。科学的发展依赖于各个共同体之间的竞争和每一个科学团体成员的协同努力。

【科学观】(scientific view) 关于科学,特别是关于自然科学的性质、作用及其产生和发展规律的基本观点的总和,或者说是对自然科学的总看法。它与哲学基本观点有着紧密的联系。一般是哲学观点在自然科学问题上的反映。人类社会存在着唯物主义与唯心主义、辩证法与形而上学两大根本对立的哲学阵营,也存在着与之相应的科学观。唯物主义科学观认为,自然科学的研究对象是客观自然界,自然科学知识是自然规律的反映。唯心主义科学观则认为,自然科学是科学家头脑的自由创造物,并不反映客观自然界,科学知识只是思维自身的逻辑运动的产物。

【科学归纳法】(scientific inductive method) 根据对某一门类的部分对象的必然属性和因果关系的研究而作出关于该门类的全部对象都具有某种属性的一般结论的推理方法。以认识某类中部分对象的必然联系和因果关系为基础。如果以某种方式证明某种属性是部分同类对象的必然属性,那么就可断定这一属性也为此类全部对象所具有。只要明确了某种现象产生的原因及其引起该现象的必要条件,我们就可以作出结论,无论何时何地,只要有了这一原因及其作用的必要条件,该现象就必然产生。此方法在科学研究中具有重要意义。它使人们有可能获得关于客观事物本质的认识,获得对研究对象的规律性的认识。

【科学计量学】(scientific metrology) 科学学的一个分支。运用数学方法对科学的各个方面和整体进行定量化研究,以揭示其发展规律的一门新兴学科。是当前科学学研究中的一个十分活跃的领域。它以科学为研究对象,探讨的领域十分广泛。不仅研究科学本身的问题,而且研究社会生产、其他上层建筑同科学的关系。其研究内容是:(1)研究科学的可以数量化的标准和可能性。(2)根据已掌握的各种数字资料,从不同的侧面建立各种科学计量模型,揭示科学发展的规律。(3)研究科学数量化的应用范围和局限性。科学计量学的发展时间虽然不长,但其重要影响和深远意义却已经显现出来。其研究和分析结论被广泛应用到诸如科学潜力状况的评价、科研状况的发展分析、水平动向的评估和比较、科学发展趋势的预测等许多方面,已成为科学技术事业宏观政策管理和微观管理的重要依据,提高了对科学技术进行组织管理、协调、决策、预测的科学化水平。

【科学计算】(scientific computing) 科学与工程计算的简称。以计算机为计算工具,用计算方法解决科学工程中的数学问题所进行的数值计算。它是一门工具性、方法性、边缘交叉性很强的新学科。20世纪40年代末以来的50余年里,随着计算机与计算方法的迅速发展,计算已成为与理论、实验相并列的第三科学方法,广泛应用于科学研究与工程科学的各领域,许多计算性新学科,如计算物理学、计算化学、计算力学等纷纷兴起。

超高速电子计算机

【科学计算可视化】(visualization in scientific computing) 将计算机进行科学计算所得的中间数据和结果,以图的形式显示在屏幕上的技术。其特点与功能:(1)加速数据处理过程,提高数据集合利用效率。(2)以图形或图像形式显示计算机的运算或处理过程,使科技人员及时了解、解决计算过程中出现的问题。按实现功能不同可分为:(1)结果数据的后处理。对计算数据或测量数据进行脱机处理,并用图像显示结果。(2)中间数据或结果的实时跟踪处理和显示。(3)中间数据或结果的交互控制。科学计算可视化在计算流体力学、有限元分析、分子模型、数学、空间探测、地球物理、天体物理、医学图像、软件开发等领域应用广泛。

【科学技术保密】(security of science and technology) 对在科学技术领域里关系国家安全和利益,并以法定程序确定在一定时间内只限一定范围的人员知道的科学技术项目实施保密的工作。

【科学技术档案】(file of science and technology) 在自然科学研究、生产、技术、基本建设等活动中,直接形成的应当归档保存(即对国家和社会有保存价值)的图纸、图表、文字材料、计算材料、照片、影片、录像带等科技文件材料。根据《中国档案分类法》,按照科学技术档案内容的性质及其形成过程中的次序,可分为:(1)工农业生产技术档案。(2)基本建设档案。(3)设备仪器档案。(4)水文档案。(5)地质档案。(6)气象观测记录档案。(7)科研成果档案等。

【科学技术档案鉴定】(appraisal of scientific and technical archives) 对科学技术档案保管质量和保存价值进行鉴别的一项工作。根据国家档案行政管理部门制定的有关原则和制度,审查、鉴别科技档案完整、准确、系统的质量,评定科技档案现实的、科学的和历史的价值,确定不同保管期限,给以永久或定期保存、予以销毁等处理。鉴定工作有以下几个步骤:(1)科技任务结束或告一段落,科技文件归档转化为科技档案时,审查归档的科技文件完整、准确、系统的程度,检查纸张和书写质量,初步确定保管期限和机密等级,剔除无需归档保存的部分。(2)结合科技工作整顿或对生产技术设施的普查,清理库存科技档案,或对原有图纸作必要修改,或采用索取、购买、实测等办法补充新图纸,或按照有关规定和从实际出发,调整原定机密等级,对已过保管期限、失去保存价值的予以销毁,提高库存科技档案质量。(3)一定时间后,对失去现实使用价值,但还有历史和科学研究价值的科技档案进行复查,延长其保管期限,对原定的机密等级降密或解密,无保存利用价值的销毁。

【科学技术发展的规律性】(regularity of scientific and technological development) 科学技术的发展不以人的主观意志为转移的客观规律。这种规律性的具体内容则表现在各种不同的规律上,含丰富的内容。可以归纳为两个主要方面:第一方面,是科学技术内在的矛盾运动规律。例如:(1)科学与技术两者的矛盾运动规律。(2)作为科学发展的基本矛盾－理论与实验的矛盾运动规律。(3)科学技术整体在发展中所出现的分化与综合,以及由此而产生的学科间相互渗透的规律。(4)技术发展的规律,主要表现在不同历史时期,主导技术的更替及其与相关技术的关系和技术结构的变动上。此外,关于科学技术发展中的继承与创新、积累与变革、带头学科的更替、学派之间的论争等,也属于科学技术内在矛盾运动的规律问题。第二方面,是科学技术与社会其他因素的相互矛盾运动规律。例如:(1)社会生产与科学技术发展的相互关系规律。(2)社会制度与科学技术发展的相互关系规律。(3)政治(包括军事)与科学技术发展的相互关系规律。(4)社会意识、哲学思想与科学技术发展相互关系规律。(5)社会整体科学能力与科学技术发展相互关系规律等。

【科学技术管理】(management of science and technology) 为发展科学技术,促进经济建设和国防建设而对科学技术活动采取一系列的政策和措施。其基本职能是对科技活动进行计划、组织、指挥、调整和协调。其对象和主要任务:(1)制订科技政策。(2)确定科研体制和机构的设置。(3)编制科技发展规划与计划。(4)确定科研重点和主攻方向。(5)组织科研协作。(6)科研经费管理。(7)提供与管理科研物质条件与情报资料。(8)组织学术交流与国际合作。(9)科技人员管理。(10)科技成果管理。其基本原则:系统规划、统筹兼顾、人尽其才、物尽其用、分工协作、动态调整、综合平衡。其根本依据是科学技术发展规律和经济规律。加强科技管理对加强创新型国家建设,提高科技自主创新能力意义重大。

【科学技术普及】(popularization of science and technology) 简称科普。把人类研究开发的科学知识、科学方法,以及融化于其中的科学思想和科学精神,通过多种方法和途径传播到社会的方方面面的活动。其目的是使科学技术为公众所理解,用以开发智力,提高素质,培养人才,发展生产力,并使公众有能力参与科技政策的决策活动,促进社会的物质文明和精神文明建设。科普是科技工作的重要组成部分,是政府各部门的一项重要任务。

科普画廊

【科学技术现代化】(modernization of science and technology) "四个现代化"之一。使中国的科学技术达到或超过当今世界的先进水平的过程。是实现四个现代化(科学技术、工业、]和国防现代化)的关键。其主要目标是:(1)掌握最新的自然科学理论,并在一些主要的理论研究领域有重大创造。(2)掌握当代最先进的科技成果,并在一些主要科技领域有重大发明,大部分接近、少数赶上和超过世界先进水平。(3)拥有最先进的科学实验设备、现代化的科学设施与大型实验基地。(4)拥有宏大的科技队伍和世界一流的科学家。它是一个世界性和历史性的概念,在一定时代全世界具有统一的内容。

【科学技术展览】(exhibition of science and technology) 用图文并茂的展板加典型实物集中展览的形式,展示科学技术的基础知识及其最新成就,宣传科学思想和科学精神的一项活动。这种形式是用图片、图表、实物并附简要的文字说明来宣传科技知识及最新成果,易于为广大群众所接受,再加上对场所没有特殊的要求,所以是一种比较简单易行又宣传面广、效果较好的科普教育形式。

【科学技术哲学】(philosophy of science and technology) 哲学的一个分支。以辩证唯物主义为指导,主要研究自然界的一般规律、科学技术活动的基本方法、科学技术及其发展中的哲学问题、科学技术与社会的相互作用等内容的一门新兴学科。其研究的范围包括人类对自然的认识过程、对自然规律的认识过程和思维方法、对科学发展规律的认识过程、对科学技术与社会发展的相互关系和互动作用、以及科学技术思想、文化、政策、管理等领域之间的相互关系及其作用和影响等。涉及马克思主义哲学、科学技术发展史、自然哲学、科学哲学、技术哲学、思维科学、科技社会学、科技方法学、科技伦理学、技术经济学等多个学科,具有明显的交叉和前沿学科的性质。

【科学技术知识】(knowledge of science and technology) 广义的含义是指人们在社会生产实践和科学实验过程中积累起来的经验结晶,狭义的含义主要是指自然科学方面的知识。在20世纪中叶以后,科学技术迅猛发展,不仅科学研究的规模不断扩大,而且研究内容也在不断地向广度和深度扩展,因而不仅导致一些边缘学科和交叉学科的大量出现和快速发展,而且使自然科学和社会科学(包括人文科学)交叉融合而产生了一门新学科－软科学。所以科技知识,就不仅是数学、物理、化学、天文、地理、生物等所能包括的,其内涵十分丰富,包括了人类至今所掌握的整个科学技术体系。既包括了自然科学的基础知识,也包括其高新技术;既包括了社会科学的基础知识,也包括了软科学

齐奥尔科夫斯基

太空航行

(管理科学,也称决策科学)的基本知识。

【科学技术组织】(organization of science and technology) 按照科学技术学科的性质、任务而建立的便于进行科学技术活动的社会组织。包括专门进行科技研究的科技事业单位和各类学会、协会、研究会等科技活动社团。是科技发展到一定阶段的产物。在古代,科研组织常以学派性学校或官办学校的形式出现。在第二次世界大战后,科研组织发生了巨大变化,如出现了“曼哈顿工程”这一类大科学高技术型的研究中心,使得科研组织的规模越来越大,同时国际性科研团体与学会不断增多。现在,科

《科技工作者科学道德规范》
新闻发布会
主办单位: 中国科学技术协会
科技工作者道德权益专门委员会

科学技术组织

学技术组织是各国进行科技研究、信息交流和国际科技交流的主阵地和主渠道。其主要特点:(1)是创造、交流新知识、新技术的专业化组织。(2)是推进物质文明与精神文明的组织。(3)以杰出科学家、发明家为核心的组织。(4)非营利的组织。(5)负有对全民进行科普宣传职责的组织。(6)对政府的决策提供咨询。(7)职业科技单位与学会等团体在任务、管理方式等方面差别很大。(8)科学技术组织与行业组织发生交叉关系。今后,科学技术组织的大科学化、新科学化、国际化将会进一步发展。

【科学家的社会责任】(scientists' social duty) 把科学用于为人类造福的社会责任。科学研究活动是人类重要实践活动之一,涉及人同自然、社会和科学家群体的复杂关系。科学和科学的应用不仅改变着人们的物质和精神生活及环境,而且对社会、经济和政治关系也有深刻的影响。科学家的社会责任是科学家应具有的最重要的美德。科学家应当对科学研究的后果自觉地抱有高度的责任感,决不能采取漠不关心的态度。科学家的良心不允许科学技术的滥用。科学活动中的自我监督是实现科学家的社会责任的主观保证。对科学活动及其社会后果的道德评价影响科学研究的目的和发展方向。

【科学假说】(scientific hypothesis) 又称科学假设。根据已知的科学原理和科学事实,对未知的现象及其规律所作出的一种假定性的说明。是建立和发展科学理论的一种重要方法。在自然科学研究中,人们为了揭示自然界的发展规律,建立科学理论,往往依据已有的科学原理和科学事实,运用一定的思维形式,先设想是某一种能解释自然现象的理论模式,即科学假说。然后,再通过科学实践来验证其是否正确,从而确定某一理论能否建立。这种理论模式的设想过程往往是很复杂的,可分为三个阶段:(1)提出问题,即发现了原有的理论无法解释的新科学事实。(2)提出新的理论模式,即依据已有的科学知识和部分事实材料,对新的科学事实作出初步解释。(3)广泛论证,即对初步的理论性解释,用有关理论和尽可能多的科学事实进行广泛论证,使之得到充实并发展为结构较为完整的科学假说。

魏格纳

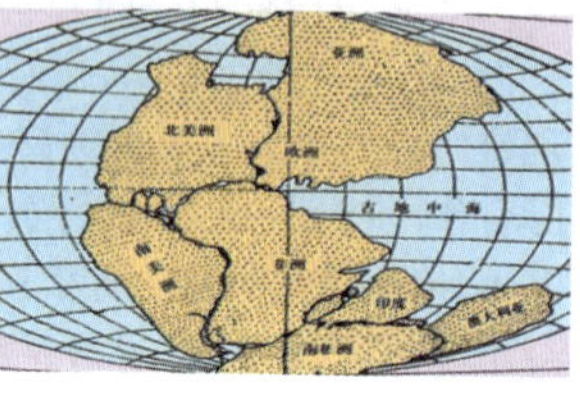

魏格纳与大陆漂移

【科学价值】(scientific value) 科学能满足人类社会需要的某种性能。是以科学作为客体,以人类社会作为主体所构成的价值关系。价值是客体属性满足主体某种需要的关系范畴。世界上有各种各样的客体,它们所具有的能满足主体需要的属性也是多种多样的。主体及其需要同样也是十分不同的。因而由不同的客体属性和不同的主体需要所构成的价值关系也必然是多种多样的。科学价值只是各种价值范畴(如经济的、政治的、伦理的、美学的等)中的一种类型。科学作为反映客观物质世界的本质和规律的知识体系,有着自身所固有的客观属性,我们称它为科学属性。但其价值并不单纯是这种科学属性的反映,而是标志这些科学属性对于人类社会有什么积极意义,能满足什么需要的性能。这种性能我们称为科学的价值属性。科学的价值属性又不是单纯由人类社会当前的和直接的需要决定的,而是以科学属性作为客观基础的科学客体与一定历史时代的人类社会的需要相结合的产物。正因为科学具有价值属性,所以它能成为人们感兴趣的、有目的的追求对象。

【科学价值观】(outlook on scientific value) 人们在社会实践和科学活动中形成的关于科学价值的总观点、总看法。本质是社会中客观存在着的科学价值关系的反映。以整个人类社会为主体,以整个科学为客体建立起来的科学价值关系,是形成各

种科学价值观的基础。科学客体是同一的,它对任何人都是一视同仁的;作为主体的人类社会和它对科学的需要也是客观的,不以个人的意志为转移的。因而科学客体的属性和它所反映的规律能够满足人类社会需要的价值关系本身也是客观的、确定的。然而,人们对科学价值的观念却是不同的,对科学价值问题可以有多种多样的观点。这一方面是由于处于不同立场、不同社会阶层地位的人对科学发生不同的关系,因而对科学的需要不同,对科学价值的评价有差异造成的;另一方面则是因为科学价值观作为一种观念系统直接受着自然观、世界观的影响,常常是有什么样的哲学思想也就有什么样的科学价值观念。

【科学价值评价】(evaluation on scientific value) 对科学的价值属性进行的评定。评价就是评定价值。当代哲学常把对科学的认识论上真理性问题的评判叫做科学评价。我们用科学价值评价以示二者的区别。科学价值评价是主体的一种意识活动。其表现形式或是对可能价值关系的一种预测,或是对已有价值关系的分析比较和鉴定,或是对价值关系的一种感情心理反应状态。总之,它包括情感、理智、认识、目的和意志在内的一种综合的价值意识活动。科学价值评价包括了对一切科学价值的评价。但是人们在评价时只是对与社会需要相关的四种主要科学价值进行评价,即学术价值、技术价值、经济价值和社会价值。

【科学价值实现】(realization of scientific value) 应用科学成果满足各种需要的实际过程。是使隐含在科学成果中的科学价值属性得以展现出来的过程。科学劳动创造了巨大的使用价值,确立了科学能满足人类各种需要的价值关系。但是,在科研成果完成的时候,除了科学劳动主体的个人精神价值得以实现之外,科学价值的绝大多数还只是潜藏在科学成果之中,还没有得以实现,必须应用科学去实际地满足各种需要,充分发挥科学的作用,使科学的效益和价值实现出来。

【科学讲座】(science lecture) 又称科普讲座。以进行科普教育为目的,由科学技术专家所作的专题报告。举办科学讲座,要根据听众即受教育的对象不同,如青少年、工人、农民、机关工作人员、领导干部等,而聘请不同类型的科技专家。根据听众的不同及其实际需要,选择相应的专家,因材施教,有的放矢,以体现出科学讲座目的明确、针对性强的特点。举办科学讲座是开展科普教育的一种有效形式。

消防安全知识讲座

【科学教育】(science education) 传授科学技术知识、培养科学技术人才、提高全民族科学文化素质的一项社会活动。是在近代科学技术发展的基础上产生的,反过来又成为科学技术进一步发展的基础。在科学教育体系中,包括学前教育、小学教育、中学教育与中专教育、大学教育、研究生教育、博士后教育以及科技人员的继续教育等。是科学知识的传播与科学劳动的再生产和再提高的手段,是科学的社会能力的一个重要组成部分。是提高劳动生产率、促进国民经济发展的重要因素。一些发达国家就是从发展科学教育入手,进而实现了科学技术的迅速发展和经济腾飞的。近几十年以来,世界各国普遍认为,国际上政治、经济、军事上的竞争,主要表现为科学技术的竞争;而科学技术的竞争归根结底又表现为科学教育的竞争。目前,科学教育已受到世界各国的普遍重视。

【科学结构】(science structure) 由不同门类的科学知识所形成的有机构成体系。是科学内在逻辑结构的集中体现。它一旦形成,就成为不以人们的意志为转移的客观存在。现代科学门类繁多,纵横交错,相互渗透,形成复杂的体系。现在,一般把科学划分为哲学、自然科学和社会科学三大部分。描述科学结构的方式有:(1)金字塔模式。(2)“树”模式。(3)“网”模式。(4)“球”模式等。

【科学经济学】(economics of science) 科学学的一个分支。从经济角度研究科学问题的一门新兴学科。科学学和经济学相互交叉而形成的一门边缘学科。但也可以认为它是一种部门经济学。是以科学中的经济问题为对象,研究如何实现和评价科学研究、科研成果、科研成果转化中的经济原则和经济效益,为促进科学与经济协调发展服务的一门边缘学科。其主要内容有:(1)科学自身的经济属性及其特点问题。(2)科学与经济的相互关系以及科学的社会经济效益问题。(3)科学向直接生产力转化的渠道和条件问题。(4)科学经济效益的评价标准和评价指标问题。(5)科研经济效益的计算方法问题。(6)科学的经济管理方法问题。它在科技管理中广泛应用。

【科学经验】(scientific experience) 关于事实的直观、感性和表面的反映。科学经验或经验认识是科学认识的初级形式。经验只能认识事物的现象和外在的联系。经验是从科学观察和科学实验中获得的感性认识。科学经验是理论加工的对象。理性认识不是经验的集合,而是对感性经验进行分析综合、抽象概括后形成的反映事物的本质和规律的系统化知识。

【科学精神】(scientific spirit) 概括地讲,就是马克思主义的唯物主义精神。是科学的灵魂。具体地讲,就是实事求是,求真务实,开拓创新的理性精神。实事求是则是科学精神的集中体现和精髓。无论是科学知识的积累,还是科学方法和科学思想的发展,都离不开科学精神。它在引导科学工作者的言行和保障科学自身健康发展的同时,还渗透到社会的各个领域,影响着人们的精神世界,从而推动人类社会的发展。科学精神有利于人们科学文化素养和思想道德素质的提高,有助于人们科学的世界观、正确的人生观和价值观的形成,还有利于消除愚昧、野蛮和迷信,从而有利于社会的理性程度的提高,营造务实高效、开拓进取、规范有序的社会氛围。其基本要素是:(1)实事求是的精神。(2)理性的怀疑精神。(3)务实求真的探索精神。(4)敢于标新立异的创新精神。(5)善于协作的团队精神。

布鲁诺

【科学决策】(scientific decision making) 依照科学程序,依靠科学专家,运用现代科学方法与技术对重大问题的解决方案作出选择和决断。在决策过程中,领导者和专家是相辅相成的两支不可偏废的力量。科学决策内容包括:(1)实行科学的决策程序。决策程序分八个步骤:发现问题、确定目标、价值标准、拟订方案、分析评估、方案选优、实验验证、普遍实施。(2)采用科学的决策技术。(3)用科学的思维方法做决断。在大科学高技术时代,领导者的经验决策必然要被科学决策来取代。现代科学决策主要依靠咨询机构的专家进行详细的分析计算,并利用决策支持系统来完成。

【科学劳动】(scientific labor) 由一系列彼此联系又相对独立的智力劳动形式构成的生产和再生产科学知识活动的总称。包括科学研究、技术开发、科技教育、科技管理等。其目的在于创造、传播、应用新概念、新理论、新技术和新方法,并把科学转化为直接生产力。它作为人类的精神生产活动,是一种既包括实践活动,又包括理论活动在内的复杂的创造性智力劳动。科学劳动是从社会一般生产劳动中分化出来的,随着社会生产力水平的提高和科学技术自身的发展,将成为社会物质与精神财富的主要来源。如果说一般生产劳动是从自然界过渡到人类社会的决定性因素,那么科学劳动将成为人类从必然王国向自由王国发展的重要实践基础。其基本特点是:(1)一切科学劳动都是在原有知识(前人的科学劳动成果)基础上进行的。它所生产和再生产的新知识也必然为后人所继承并成为后人科学劳动的资料。(2)科学劳动是向未知领域进军的事业。其本身具有明显的探索性和不确定性。(3)科学劳动不是重复性的简单劳动,而是富于创造性的复杂的智力劳动。(4)任何科学劳动总是在具有流动性和机动性的一定社会结构中实现的。

【科学劳动类型】(type of scientific labor) 科学劳动的表现形式和类别。类型有:(1)科学研究。它是科学劳动的核心部分,是科学劳动者运用知识形态和物化的科学劳动资料所进行的探索自然现象和过程本质规律的活动。(2)科技情报与科研服务工作。它们作为科学研究的先决条件和必要保证是科学劳动的重要组成部分。(3)科学技术管理。根据科学技术发展的规律、特点和本国的具体条件,应用科技管理的理论和方法,组织和安排科研工作,追求科学劳动的最佳结构和高效率。(4)科学教育和科学普及。它是传播科学知识、生产或再生产科学能力的社会劳动的两种基本形式。

【科学理论】(theory of science) 由一定的科学概念、原理以及对这些概念、原理的理论论证所构成的、经实践检验而确立的、对客观事物的本质和规律作出系统说明的知识体系。作为一个系统化的逻辑体系,有其基本的特征和功能。基本特征是:(1)客观真实性。即只有正确反映事物的本质及其规律并经过实践检验的知识体系,才是科学理论。这是其最根本的特征,也是它与科学假说的根本区别。(2)全面性。即科学理论必须做到完全反映客观事物,从事物的全部总和出发,从大量的有关现象出发,抽取事物的本质,并能够说明有关现象。(3)系统性。即科学理论不是各种概念和原理的简单堆砌,也不是各种互不相关的论据和论点的机械组合,而是根据客观现象内在的有机联系形成的一种严格的、完整的知识体系。(4)逻

马克思

辑性。即一个科学理论必须有适当的表达方式,把它的思想和观点准确地表达出来。它必须具有明确的概念、恰当的判断、正确的推理和严密的逻辑证明。(5)简单性。即一个科学理论应当具有简捷明了的表述,而舍弃那些与被说明的问题无关的论述。从逻辑上说,一个科学理论体系中所包含的假设或公理应当最少。科学理论的上述五个基本特征,不是绝对的,它有一个逐渐趋于完善的发展过程。其主要功能是:(1)解释功能。应能解释已知的现象。(2)预见功能。应能预见到现在尚未观察到、但通过科学实践活动一定能观察到的现象。科学实践是科学理论产生和发现的基础,又是检验科学理论是否正确的标准。科学实践与科学理论的矛盾运动,是科学发展的内在动力。

马克思与资本论

【科学理论的评价与选择】(evaluation and selection of scientific theory) 对两种或两种以上的理论,进行评判并决定采用更接近科学真理的科学理论的过程。这种评判与抉择有两个标准,即逻辑标准与实践标准,其中后一标准更重要。在评价与选择理论时,固然要考虑哪一个具有更多的经验内容,更具有解决问题的能力,哪一个更具有简明性和一致性,但更要考虑到哪一个更能经得起观察和实验等实践的检验,哪一个更全面、更深刻地反映了自然界的本质及规律。

【科学论文】(scientific article) 在特定的科学领域以严谨的逻辑推理来论证某一创造性科研成果的文字材料。是记述学术探讨和科研新发现的原始性文献。通常发表在学术刊物上,供本专业的专家学者阅读,以传播科技信息、交流科研成果,并获取优先权。其文体结构一般应包括:标题、摘要、前言、正文、结论、参考文献和附录等。

【科学人才】(scientific talent) 具有科学创造才能、从事科学创造活动的人才。其劳动成果主要是各种知识产品,包括科学论文、科学著作、技术发明设计等。应具备的主要素质:(1)有一定的理论知识基础,包括基础理论知识和专业理论知识。(2)具备良好的思维品质,包括思维的独立性、广阔性、全面性、灵敏性、深刻性和辩证性等。这对整理和加工事实资料,使之形成科学概念、上升为科学理论是必需的。(3)具有实事求是的科学态度、孜孜不倦的创新欲望和勇于创新的精神。

【科学社会化】(socialization of science) 科学研究实践活动的规模日益扩大并成为一项巨大的社会性事业的过程。科学的发展愈来愈依赖整个社会的支持,并受到社会各种因素的影响。现代科学的这种社会化趋势首先体现在科学研究的规模和组织的日益扩大上。在当代,科学研究的组织形式已由近代的个体方式和19世纪下半叶出现的集体研究,发展到国家规模,并从20世纪70年代开始,出现了国际合作的新局面。科学社会化还表现在科学的社会投入日益增加。在当代,特别是在第二次世界大战以后,鉴于科学技术对整个国民经济和国防事业的重大作用,各国政府都以大量资金用于科技事业。世界上科技水平先进的国家每年的科研投资约占其国内生产总值的2%~4%。参加科学技术活动的人员也比以前大为增加。现代各种科研成果的大量涌现,以及日益广泛的相互交流,已成为整个人类用来认识世界和改造世界的巨大社会财富。随着现代科学本身的发展,科学的社会地位及其在社会中所起的作用,越来越引起全社会的普遍关注。在当代,重视和发展科技事业已成为世界各国政府的重大战略决策之一。

【科学实验方法】(scientific experiment method) 运用一定的物质手段(仪器、设备等)去干扰、控制或模拟自然事物、自然现象的发展过程,并探索其客观规律的一种研究方法。科学实验是人类实践活动的一种。它包括实验者、实验对象和实验工具这三个基本要素。其主要实验方法有:(1)依照实验对象的运动形式不同,有物理学实验、化学实验和生物学实验等。(2)依照实验工具和对象的关系不同,有直接实验和间接实验。(3)依照实验结果是否提供量的信息,有定性实验与定量实验。(4)依照研究任务(目的)的不同,有探索实验与验证实验。(5)依照实验的逻辑基础,有分析实验、综合实验和对照实验等。其主要特点是:(1)所获得的感性材料更丰富、更精确。(2)使人们能迅速地抓住事物的本质,揭示自然规律。(3)能使人们得到在生产实践和单纯自然观察中所得不到的新知识、新理论。(4)便于进行重复性观察、比较和分析。

大型粒子对撞机实验

【科学思想】(scientific thought) 人类对自然界(包括人类自身)和人类社会的本质及其运动变化规律的理性认识。马克思主义的认识论告诉我们,科学思想来源于社会实践(包括生产实践、科学实验等)。人们在社会实践的过程中,对自然界和人类社会的本质及其运动变化的规律,积累了丰富的感性认识,并终于使这些感性认识产生了一个飞跃,变成了理性认识。这种理性认识,就是思想。随后,又把这些思想拿到社会实践中去检验,如果获得了成功,则说明这些思想是正确的。这就是科学思想。人们在社会实践中的实践-认识-再实践-再认识的过程,就是科学思想的形成过程。人类的社会实践过程,是一种永远不会完结的过程。人们的思想,科学思想,也永远处在发展的过程中,只是每经过一个过程,就更前进一步,更成熟一步。

【科学素质】(scientific quality) 了解必要的科技知识,掌握基本的科学方法,树立科学思想,崇尚科学精神,并具有一定的应用它们处理实际问题、参与公共事物的能力。科学素质是公民素质的重要组成部分。提高公民科学素质,对于改善生活质量、实现全面发展、提高国家自主创新能力、建设创新型国家、实现经济社会全面协调可持续发展、构建社会主义和谐社会,都具有十分重要的意义。提高科学素质的途径主要是宣传科学发展观、完善基础教育阶段的科学教育、普及农村义务教育和开展多种形式的科普活动。

【科学文献】(scientific literature) 具有历史和学术价值的科学图书文献资料所记录的物质载体的总称。其内容是重要的科学知识;其记录手段有文字、图像、符号、声频、视频等;其载体有纸张、磁带等。它是科学知识的重要形式,也是科技情报交流的重要成分之一。其数量和质量是判断科学或科学发展水平的重要指标之一。科技文献必须标明作者、出版单位和时间。按其内容、性质和加工情况的不同可分为:一次文献、二次文献和三次文献。按其编辑出版情况不同可分为:科技图书、科技期刊、技术报告、重要资料、专利资料、政府出版物。

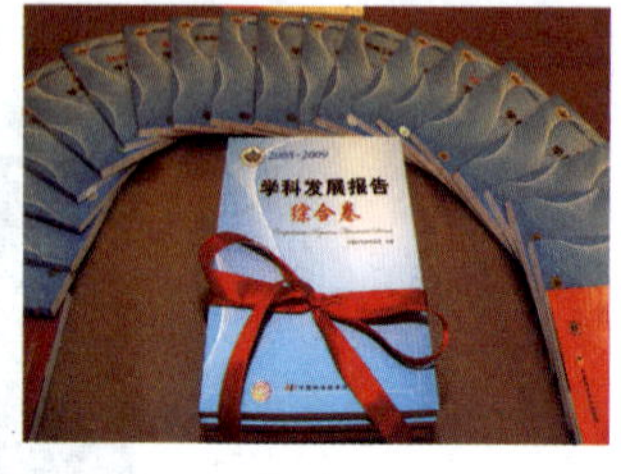

科技期刊

【科学学】(science of science) 研究科学的性质、特点、关系结构、运动规律和社会功能及促进其发展的一般原理、原则和方法的学科。研究对象是广义的自然科学,包括基础科学、技术科学和工程科学。其主要研究内容是:(1)关于科学技术研究的研究。(2)关于科学技术研究成果向现实生产力转化的研究。(3)科学技术的发展同经济、社会相互关系的研究。这三方面的综合即科学技术事业。因此,科学学可理解为是一门以整个科学技术事业为对象,研究科学技术自身以及科学技术同经济、社会相互关系的客观运动规律的科学,研究如何利用这种规律促进科学技术与经济、社会协调发展的应用原理、原则和方法的科学。

【科学研究】(scientific research) 人类为了认识、利用和改造自然界,追求科学发现、技术发明和工程创造而进行的探索和创新性智力劳动。一般是指自然科学研究。主要包括基础研究、应用研究、开发研究等。通过探索和创新,实现新的发现、发明和创造,是科学研究最根本的特点和要求。科学研究既要充分利用前人和他人的已有成果,重视发挥集体智慧,又要重视个人的独立思考和创造性思维。科学研究还要强调态度的严谨,组织的严密,数据的精确,结果的准确并经过反复验证。科学研究的成果能提供新的自然知识、技术能力和生产工艺,归根到底是创造新的生产力。

【科学研究与试验发展】(scientific research and experimental development) 为增加知识总量以及使用这些知识去创造新的应用而进行的系统的、创新性的活动。包括基础研究、应用研究、试验发展三类活动。科学研究与试验发展必须同时具备四个条件:(1)具有创造性。(2)具有新颖性。(3)运用科学方法。(4)产生新的知识或创造新的应用。

【科学引文索引】(science citation index) 一种多学科的科技文献检索工具。由美国科学信息研究所主办。1961年创刊,以布拉德福文献离散律理论和加菲尔德引文分析理论为主要基础,通过论文的被引用频次等的统计,对学术期刊和科研成果进行多方位的评价研究,从而评判一个国家或地区、科研单位、个人的科研产出绩效,来反映其在国际上的学术水平。SCI是目前国际上公认的最具权威的科技文献检索工具。所谓引文,就是被引用的文献,即原始文章所附的参考文献;引文索引,就是以引文著者的姓名为标目,用来检索该著者被别人引用的文献的数量和内容的一套索引。SCI的收编范围很广。主要收录自然科学的各个学科,包括化学、物理学、生物学、环境科学、医学、药学、工程技术、农业等,侧重基础科学的研究方面。其文献来源涵盖45个国家或地区的最具影响力的期刊5 600多种。收录的主要内容是期刊论文和学术论文。

【科学预见】(scientific prediction) 建立在对客观事物的本质和规律的正确认识的基础上,对于尚未认识的事物或尚未观察到的现象及其发展趋势所作出的科学推测。包括以下三种情况:(1)对尚未发现但确实已经存在的现象的预言。(2)对尚未认识其规律的预言。(3)对将来在一定条件下可能发生某种现象的预言(如预言超导现象的发生)。在自然科学中,科学预见作为一种推理的结论,常常表现为由一种科学假说或科学理论作为前提,并根据某种具体情况,运用演绎推理或类比推理的方法,获得某一个别性结论。其结论是否正确,是否符合实际,有待于科学实践的验证。一旦通过人们的科学实践活动,证明了结论的正确性,则科学预见即转化为科学事实,而其前提(即科学理论)的正确性也随之得以确认。由于客观事物发展进程的复杂性和曲折性,科学预见不可能预言事物的一切方面和所有细节。但是,科学预见往往能就事物的基本的方面和基本的发展趋势作出预言。

天气预报

【科学园】(scientific park) 一种以大学为核心,通过校园土地出租等多种方式,吸引众多企业参加的科学与生产相结合的组织形式。主要从事研究开发和中间试验。主要功能是为园内公司提供生产和生活服务设施,并提供市场经营、企业管理和技术咨询服务,推动企业与大学和研究机构建立密切联系,促进科技成果的转移及物化。由于各个国家、地区的情况和条件各异,各国科学园的名称也不尽相同,有的叫研究园,有的叫工业园,有的叫技术中心。最初,科学园是根据美国斯坦福大学的特曼教授提出的关于"技术专家社区"的设想,于20世纪50年代初率先在美国建立起来的。现在,科学园已遍及世界各国。从创建科学园入手,建设高新技术区,发展高新技术企业和产品,已成为一种最为盛行的发展科技经济的模式。科学园因其类型差异而采取相应的管理模式:高等院校办的科学园,大多由校方设立的管理委员会自行管理,如英国的剑桥科学园;完全由政府投资兴办的科学园,则大多由政府设立的专门机构管理,如中国台湾的新竹科学园。对于大型科学园,更多的是成立专门基金会进行管理。有些地方把科学园看成是一个企业组织,而采取企业管理方式,如德国的亚琛技术中心由一个私营管理公司负责管理等。科学园一般具有以下特征:以研究、开发新工艺和高新技术产品为核心,以荟萃人才、拓展知识、密集技术为手段,借助于最先进的实验仪器和设备,把教育、科研和生产融为一个整体,以推进科技进步,实现社会生产力和经济的高速增长。

中国科学院奥林匹克科学园

【科学知识体系】(scientific knowledge system) 由科学事实、科学定律、科学理论或技术原理等知识单元构成的知识体系。其最基本的知识单元是概念。从科学认识角度看,知识单元大体上可分为:经验认识层次的陈述性知识单元,表现形式为实验、观察报告;理论认识层次的知识单元,表现形式为假说、学说;介于二者之间的程序性知识单元,表现形式为定律、原理。科学知识体系的层次结构表现为"原子壳层"模式。其核心是根本性原理,决定着知识体系的本质和未来。其核心原理之外是周边原理。周边原理会发生变化,丰富着核心原理。核心原理发生根本性改变,将导致科学知识体系的更新。科学知识体系就是由核心原理、周边原理及其二者之间的中间环节组成一个有层次、有等级结构的整体。

【科学指标】(scientific indicator) 衡量科学能力及其水平的绝对值和相对值。绝对指标有:科研人员组成的质与量、重大科研成果的数量、实验装置的水平、科技图书资料的数量与质量、科技情报传送与利用的数量与质量、科学杂志出版级别、学术论文的数量与质量、科研经费投入的多少等。其相对指标有:科研经费与拨款占国内生产总值的百分数、万人中科研人员所占的密度等。习惯上,也有把被授予诺贝尔奖的人数来衡量一个国家的科学水平,或作为一个重要指标。

【科学钻探】(scientific drilling) 以科学研究为目的而进行的深钻或超深钻。目的是为了了解地壳结构、物质成分、深部化学和物理作用过程,开发新能源和矿产资源,以及对深部地球物理资料进行验证。世界上第一口科学深钻井于1970年5月25日在波罗的海苏联(俄罗斯)的科拉半岛上开钻,1986年3月钻探深度达到12 300m。后因处理孔斜(钻孔发生倾斜),1993年1月在10 000m以下深度钻新井达12 262m,成为世界上最深的钻井。中国大陆

中国大陆科学钻探工程

的科学钻探是中国的重大科学工程。第一口钻井位于中国东部苏鲁超高压变质带南部的连云港市东海县毛北村。钻井的科学目标为：孔深5 000m，获取全岩心、液态和气态样品及原位测井数据，建立精细剖面，揭示板块会聚边界深部三维物质组成及三维结构构造。钻井于2001年6月25日开钻，于2005年1月23日终孔，深度5 118m，超额完成钻进目标。该项目在超高压变质带及大陆深俯冲带研究中获得突破性进展，取得了许多重要成果。第一口科学深钻井的成功，开创了中国科学钻探的新纪元。

【科研成果】（achievements of scientific research） 科学技术的研究课题，通过观察、实验、设计、试制等一系列的研究活动所取得的具有一定学术意义或实用价值的创造性成果。由于目的和标准的不同，有不同的分类。具体可分为五大类：（1）为解决某一科学技术问题而取得的具有一定新颖性、先进性和实用性的实用技术成果。（2）在重大科学技术项目研究进程中取得的具有一定新颖性、先进性和独立应用价值或学术意义的阶段性科技成果。（3）消化、吸收引进技术取得的新的科技成果。（4）在科技成果应用推广过程中取得的新的科技成果。（5）为阐明自然现象、特性或规律而取得的具有一定学术意义的科学理论成果。目前使用较为普遍的是联合国教科文组织提出的科研分类及其相应的科研成果分类法。根据科学技术研究的性质区分为基础、应用、开发三类科研类型，相应的把科研成果也分为基础理论研究成果、应用技术研究成果、生产开发研究成果，外加一个科研工程研究成果。由于它能与科研工作相一致，又与科研管理相衔接，便于统计，故而得到广泛采用。但是，在一个部门的科研管理中，人们经常使用更为简便的分类方法，如根据科研成果的性质，区分为理论成果、技术成果、方法成果、推广成果、产品成果及软件成果等。这种分类方法简便易行，特征明显，更便于鉴定和评价。

【科研成果生命周期】（life cycle of scientific research achievement） 开发研究的结果在生产等领域发挥作用的有效时间。任何科研成果都是一定历史条件下的产物，因此都有它的生命周期。科研成果生命周期是从它在实验室中获得成功后运用于生产实际时开始的。而它的终点则是指它被新的、更先进的科研成果所代替。为了延长科研成果的生命周期，最主要的是要使科研成果本身具有新颖性和独特性，而不至于很快“老化”或过时；同时，要设法缩短获得科研成果的研究周期，成熟之后，立即加以推广、应用，即缩短推广应用的周期。在现代科技发展十分迅速、新技术层出不穷、新产品竞争激烈的情况下，科研成果生命周期的终点一般是难以准确把握的，并且这种周期有日益缩短的趋势。因此，要求科研人员在研究之初就应该对科研课题进行认真遴选和市场调研与预测，而一旦科研成果成熟，就不失时机地做好推广应用工作，以取得应有的经济或社会效果。

【科研工程】（research program） 又称大科学工程。以具有战略意义的高科技研发为目标，按照科学和工程原理而建造的大型科研仪器与装置系统、试验基地及其相应配套的建筑物和附属设施的总称。如高能加速器、原子弹和氢弹、人造地球卫星、核聚变装置、大型天文望远镜、同步辐射源等的建造及其相应设施。具有科研与工程的双重特性，是现代科学技术最新成果的集中体现。其主要特性是：技术复杂、时间竞争性强、施工难度大、预制研究工作量大、非标准设备多、不可预见因素多、规模大、投资多、风险大等。它要求用系统工程方法进行组织与管理，在科学前沿研究与军事战略上有重要地位和作用。

大型射电天文望远镜阵列

【科研计划】（research plan） 在科技发展规划的指导下，根据科技事业发展的需要，围绕年度科研任务，就其基本指导思想、重点项目的质量要求、技术指标、经费分配、研制手段配置、科研人员组织及相关保障措施等，经综合平衡后所编制的年度计划。它是组织开展科学研究和技术开发活动的重要措施之一，对科技、经济和社会的发展有重要意义。

【颗粒精液】（pellet semen） 低温下冻结而成的粒状精液。冷冻精液类型之一。用吸管吸取含防冻保护剂稀释的精液，滴在距液氮面一定距离的筛网上或铝、氟板上，温度一般控制在－80～－120℃，精液便冻结成颗粒状。半颗粒冷冻精液每颗容量为0.1ml，含有效精子数1 200万个。保存在液氮罐中备用。

【颗粒弥散增强陶瓷复合材料】（particle dispersion strengthened ceramic composite） 将第二相颗粒引入陶瓷基体中使其均匀弥散分布并起到增强陶瓷基体作用的复合材料。陶瓷基体分为氧化物陶瓷（如氧化铝、氧化锆、莫来石、尖晶石等）基体和非氧化物陶瓷（如碳化物、氮化物、硼化物等）基体；第二相颗粒分为刚性（硬质）颗粒和延性颗粒，包括氧化物或非氧化物陶瓷粉末颗粒，以及金属粉末颗粒。陶瓷基体与第二相颗粒可进行不同的搭配组合。颗粒弥散强化可以使材料强度获得大幅度提高。该材料具有制备工艺简单、第二相分散容易、价格低廉等特点，在切削刀具、耐腐蚀、耐磨损以及高温结构材料等方面获得广泛应用。

【颗粒污泥】（granular sludge） 在废水处理反应器内，由细菌聚集在一起生成的富含各种微生物种群的团粒。呈圆形或椭圆形，平均粒径0.5～6mm。污泥的颗粒化是污泥絮体中微生物自身固定化的过程。形成颗粒污泥聚集体内核的载体物质可以是任何有机的、无机的物质。这种载体物质自然存在于各种污泥中。在颗粒污泥形成初期少量添加Ca^{2+}等物质有益，但不是必须的。目前发现有厌氧颗粒污泥和好氧颗粒污泥两种。颗粒污泥具有良好的沉降性能、较高的生物量和在高容积负荷条件下降解高浓度有机废水的良好生物活性。最初是在UASB厌氧反应器内发现和培养出来的，并成为UASB反应器启动成功的重要标志。

【颗粒细胞瘤】（granulosa cell tumor） 发生于卵巢生殖细胞的肿瘤。属低度恶性。但有远期复发倾向，应定期随访。可发生于任何年龄，青少年恶性程度高。肿瘤细胞可分泌雌激素，青春期前患者表现为性早熟，生育年龄出现月经紊乱，绝经后不规则阴道出血。常合并子宫内膜增生，甚至子宫内膜癌。肿瘤多为单侧，圆形或椭圆形，呈分叶状，表面光滑，实性或部分囊性。以手术为主，化疗为辅的综合治疗。因肿瘤有晚期复发的特点，应长期随访。预后较好，5年生存率达80%以上。

【壳体结构】（shell structure） 由曲面形板与边缘构件组成的空间结构。具有很好的空间传力性能。能以较小的构件厚度形成承载能力高、刚度大的承重结构，能覆盖或围护大跨度的空间而不需中间支柱，能兼承重结构和围护结构的双重作用。工程结构中采用的壳体多由钢筋混凝土做成，也可用钢、木、石、砖或玻璃钢做成。中国自20世纪50年代以来，用壳体结构建成许多实用、经济、美观的房屋建筑。壳体的曲面，可由直线或曲线旋转而形成。其大部分是正高斯曲率，或由直线或曲线平移而形成，也可根据特殊情况而形成复杂曲面。曲面的形状根据使用要求和受力性能选定。壳体两表面之间的中间曲面称为中面。壳体的中面、厚度及边缘形状决定壳体的全部几何特性。壳体结构节约材料、适应工程造型需要，广泛应用于工程结构中，如大跨度建筑顶盖等。

壳体结构

【壳体屋顶结构】（shell roof structure） 用钢筋混凝土建造的大空间壳体屋顶结构。按壳体形式的不同可分为：圆筒形、球形扁壳，劈锥形扁壳、各种单曲抛物面、双曲抛物面和扭曲面等形式。美国在20世纪40年代建造的兰伯特圣路易市航空港候机室，由三组厚11.5cm的现浇钢筋混凝土壳体组成。每组是两个圆柱形曲面壳体正交，并切割成八角形平面状，相接处设置采光带。两个圆柱形曲面相交线作成突出于曲面上的交叉拱，既增加了壳体强度，又把荷载传至支座。支座为铰结点，壳体边缘加厚，有加劲肋，向上卷起，使壳体交叉拱的建筑造型简洁别致。德国学者U. F. 瓦尔德和F. 迪欣格尔等对壳体结构理论作出贡献。1950年奈尔维设计建造的都灵展览馆为波形装配式薄壳屋顶建筑。壳体结构可以减轻自重，节约钢材、水泥，而且造型新颖流畅。

壳体屋顶结构

【咳嗽－昏厥综合征】（cough syncope syndrome） 由于连续咳嗽而引起的意识丧失。其典型病例在咳嗽数秒钟后即有神志不清的症状。一般持续不到10s，少数可达30s～1min。昏厥多见于立位、坐位时，常在摄食、饮酒和大笑时发生。伴有痉挛者罕见。患者常伴有哮喘、肺气肿和慢性支气管炎等症，但无癫痫的既往史和家族史。苏醒后无后遗症。其病因有以下几种学说：(1)反射学说。由喉部或颈动脉引起血管迷走性反射，使心动过缓或心脏停搏，从而发生脑贫血和昏厥。(2)脑循环障碍学说。目前较多支持这一学说。一种认为由于剧烈咳嗽，使胸腹腔内压异常升高，传递到硬膜外间隙，从而压迫脑血管，引起脑贫血。另一种认为在咳嗽发作时，胸腔内压异常升高，主动脉和肺动脉压也随之增高，静脉血回流障碍，右心排血量和左心搏血量减少，致脑循环供血不足。

【可保风险】（insurable risk） 保险人可接受承保的风险。其具备条件是：(1)是纯粹风险。(2)是损失程度较高、损失发生的概率较小、损失具有确定的概率分布的风险。(3)其的发生是意外的。所谓意外，是非人们的故意行为所致。故意行为容易引起道德风险，为法律所禁止，与社会道德相矛盾；因此，故意行为引起风险及必然发生的风险，都不可能通过保险来转移。(4)必须是大量标的均有遭受损失的可能性,从而保证风险发生次数及损失值以较高的概率集中在一个较小的波动幅度内。(5)风险的损失必须是可以用货币计量的。(6)风险应当具有现实的可测性。可测的风险才有可能通过数据分析计算风险发生的概率或某一风险单位的损失概率,依此制定准确的保险费率。以上条件相互联系、又相互制约。

【可编程控制器】(program controller) 又称可编程逻辑控制器。一种专门为在工业环境下应用而设计的数字运算操作的电子装置。它采用可以编制程序的存储器,用来在其内部存储执行逻辑运算、顺序运算、计时、计数和算术运算等操作的指令,并能通过数字式或模拟式的输入和输出,控制各种类型的机械或生产过程。PLC及其有关的外围设备都应该按易于与工业控制系统形成一个整体,易于扩展其功能的原则而设计。可编程控制器经历了可编程序矩阵控制器(PMC)、可编程序顺序控制器(PSC)、可编程序逻辑控制器(PLC)和可编程序控制器PC几个不同时期。其优点是:(1)可靠性高,抗干扰能力强。(2)硬件配套齐全,功能完善,适用性强。(3)易学易用,深受工程技术人员欢迎。(4)系统的设计、安装、调试工作量小,维护方便,容易改造。(5)体积小,重量轻,能耗低。按其使用类型的不同可分为:(1)开关量的逻辑控制。这是PLC最基本、最广泛的应用领域。它取代传统的继电器电路,实现逻辑控制、顺序控制,既可用于单台设备的控制,也可用于多机群控及自动化流水线。如注塑机、印刷机、订书机械、组合机床、磨床、包装生产线、电镀流水线等。(2)模拟量控制。在工业生产过程当中,有许多连续变化的量,如温度、压力、流量、液位和速度等都是模拟量。为了使可编程控制器处理模拟量,必须实现模拟量和数字量之间的A/D转换及D/A转换。PLC厂家都生产配套的A/D和D/A转换模块,使可编程控制器用于模拟量控制。(3)运动控制。PLC可以用于圆周运动或直线运动的控制。从控制机构配置来说,早期直接用于开关量I/O模块连接位置传感器和执行机构,现在一般使用专用的运动控制模块。如可驱动步进电机或伺服电机的单轴或多轴位置控制模块。世界上各主要PLC厂家的产品几乎都有运动控制功能,广泛用于各种机械、机床、机器人、电梯等场合。(4)过程控制。过程控制是指对温度、压力、流量等模拟量的闭环控制。PLC能编制各种各样的控制算法程序,完成闭环控制。(5)数据处理。现代PLC具有数学运算(含矩阵运算、函数运算、逻辑运算)、数据传送、数据转换、排序、查表、位操作等功能,可以完成数据的采集、分析及处理。这些数据可以与存储在存储器中的参考值比较,完成一定的控制操作,也可以利用通信功能传送到别的智能装置,或将它们打印制表。数据处理一般用于大型控制系统,如无人控制的柔性制造系统;也可用于过程控制系统,如造纸、冶金、食品工业中的一些大型控制系统。广泛应用于钢铁、石油、化工、电力、建材、机械制造、汽车、轻纺、交通运输、环保及文化娱乐等各个行业。

可编程控制器

【可编程逻辑器件】(programmable logic-device,PLD) 一种通用集成电路生产的,逻辑功能可按照用户设计通过对器件编程确定的一种电子零件、电子组件。PLD内部的数字电路可以在出厂后规划决定,有些类型的PLD也允许在规划决定后再次进行变更、改变,而一般数字芯片在出厂前就已经决定其内部电路,无法在出厂后再次改变。事实上,一般的模拟芯片、混讯芯片也都一样,都是在出厂后就无法再对其内部电路进行调修。一般的PLD的集成度很高,足以满足设计一般的数字系统的需要。这样就可以由设计人员自行编程而把一个数字系统"集成"在一片PLD上,而不必去请芯片制造厂商设计和制作专用的集成电路芯片了。目前主要使用的复杂可编程逻辑器件(CPLD),相对于早期已经淘汰的可编程阵列逻辑(PAL)、通用阵列逻辑(GAL),规模大,结构复杂,属于大规模集成电路范围。CPLD进一步发展成现场可编程门阵列(FPGA)。FPGA采用了逻辑单元阵列(LCA)这样一个概念,内部包括可配置逻辑模块(CLB)、输出输入模块(IOB)和内部连线三个部分。其特点是可快速成品,价格更便宜。

【可持续发展】(sustainable development) 既满足现代人的需求又不损害后代人满足需求的能力的发展方式。核心是经济发展与保护资源、保护生态环境的协调一致,让人类子孙后代能够享有充分的资源和良好的自然环境。可持续发展是一个长期的战略目标,需要人类世世代代的共同奋斗。

【可持续发展实验区】(experimental zone of sustainable development) 1986年开始,由科技部(原国家科委)会同有关部门共同推动的旨在实现可持续发展的一项地方性综合示范试点。目的是依靠科技进步、机制创新和制度建设,全面提高实验区的可持续发展能力,探索不同类型地区的经济、社会和资源环境协调发展的机制和模式,为不同类型地区实施可持续发展战略提供示范。实验区坚持经济社会发展和人口、资源、环境相协调，人与自然和谐共处，体现“以人为本”为中心，并根据当地的实际需要，因地制宜、整体协调、量力而行，适度超前地发展当地的经济、社会、文化建设。可持续发展实验区的建设是一项立足当前、兼顾长远的实践探索。

【可持续发展战略】（sustainable development strategy） 各个领域内实现可持续发展的行动纲领和行动计划的总称。它要求各方面的发展目标，尤其是社会、经济与生态、环境的目标相协调。1992 年 6 月，联合国环境与发展大会通过了全球的可持续发展战略（即《21 世纪议程》）。1994 年 7 月 4 日，中国的第一个国家级可持续发展战略 –《中国 21 世纪人口、环境与发展白皮书》发布，显示出中国对全球可持续发展战略的认可和信心。

【可持续发展综合国力】（overall national strength of sustainable development） 一个国家在可持续发展的理论指导下发展起来的具有可持续性的综合国力。它是国家经济能力、科技创新能力、社会发展能力、政府宏观调控能力和生态系统服务能力的综合体现。

【可持续农业】（sustainable agriculture） 一种综合兼顾产量、质量、效益和环境等因素的农业生产模式。即在不破坏环境和资源、不损害后代利益的前提下，实现当代人对农产品供需平衡的农业发展模式。关于可持续农业的概念，最初农学家多从农业，特别是粮食的生产考虑，认为可持续农业就是粮食产量的持续稳定增加；环境学家则认为可持续农业就是农业发展与生态环境的协调发展，实现对资源的永续利用；经济学家则关注农业短期经济效益与长期效益的统一；社会学家则更多地关心农业传统文化和技术的保存与发展等。随着理论和实践的发展，可持续农业的概念主要集中在两方面：(1)保护人类及其后代能够在地球上继续生存与发展。(2)保持资源的供需平衡和环境的良性循环。

可持续发展农业

【可重复使用天地往返运载器】（reusable launch vehicle） 可以重复使用的、能够迅速穿越大气层、自由地往返于地球表面与太空之间运送有效载荷，也可以较长时间在轨停留和在轨机动的多用途航天器。可重复使用运载器要像火箭一样将有效载荷迅速送入空间轨道，同时在完成任务后又能够像飞机一样安全准确地返回地面基地，因此它是航天、航空技术高度融合的结晶。目前世界上所有在运行中的运载系统，除了航天飞机能够部分可重复使用以外，其余的运载系统（运载火箭）都是一次性使用的。一次性使用运载火箭发射准备周期长、可靠性低、飞发射费用过高、无法满足新时期对航天运载器快速、可靠、廉价地进入空间的总要求。20 世纪中期，冯·布劳恩和钱学森就提出了重复使用天地往返运输系统的概念。此后，许多航天专家开展了的研究。各国航天专家一致认为研制和使用可重复使用运载器是大幅度降低进入空间费用最有效的手段。1986 年 4 月 12 日，美国的“哥伦比亚号”航天飞机试飞成功，人类向可重复使用运载器的研究和应用迈出了第一步。到目前只有美国研制的航天飞机投入使用，进行空间交会、对接、停靠、空间科学实验、发射回收或检修卫星。

航天飞机

【可重组制造系统】（recombine manufacturing system） 能适应市场变化，按系统规划的要求，以重排、重复利用、革新组元或子系统的方式，快速调整制造过程、制造功能和制造能力的新型可变制造系统。其目的在于缩短适应产品品种与产量变化的制造系统的规划、设计和建造时间及新产品上市时间，压缩系统建造的投资，降低生产成本，保证质量，合理利用资源，提高企业的市场竞争力。致力于解决提高生产效率与系统柔性之间的矛盾，充分利用已有的资源，迅速达到规定的产量和质量。其主要特点是：制造系统的生产管理和控制软件具有高度灵活的重构件；制造装备便于更新组合，具有适应新需求的重用性；生产规模具有敏捷的可调整性，比较适合日益突显的市场个性化需求。

【可伐合金】（Kovar alloy） 一种含镍 29%、钴 17%、铁 54% 的定膨胀合金。可伐是 Kovar 的音译。在 500℃ 以下时，其平均热膨胀系数与硼硅酸盐玻璃的接近。主要用于电真空器件和半导体元件作为封接结构材料。

【可见光】（visible light） 电磁波谱中人眼可以感知的部分。其谱没有精确的范围。一般人的眼睛可以感知的电磁波的波长在 400 ~ 700nm 之间。但还有一些人能够感知到波长大约在 380 ~ 780nm 之间的电磁波。

【可见光遥感侦察设备】(visible light remote sensing reconnaissance equipment) 利用可见光进行远距离侦察的一种光电照相侦察设备。采用感光胶片或光敏器件作为感测元件、感测目标及背景反射或自身发出的可见光并记录光强度空间分布信息。用于可见光遥感侦察的照相机有三种类型:(1)画幅式照相机。又称分幅式相机。这种照相机在照相时光轴指向不变,利用快门的启闭将镜头视野内的目标影像汇聚在感光胶片上,通常可获得具有严格几何关系和较高地面分辨率的图像。(2)全景式照相机。又称周视摄影相机。这种照相机可将侦察平台下方的目标物大范围地拍摄下来,虽然分辨率不及画幅式相机,且图像变形失真,但图像覆盖面宽,常用于搜索、监视目标。(3)航线式照相机。又称条带式相机。摄影时光轴指向不变,位于相机焦平面处的一条狭缝将通过的胶片实现连续曝光,获得与狭缝宽度相应的地面景物的照片,适用更大范围的“普查”。

【可降解塑料】(biodegradable plastics) 在自然环境中容易降解的塑料。在其生产过程中加入一定量的添加剂(如淀粉、改性淀粉)或其他纤维素、光敏剂和生物降解剂等。大多数可降解塑料,在一般环境中暴露三个月后开始变薄、失重和强度下降,逐渐裂成碎片。如果这些碎片被埋在垃圾或土壤里,则降解效果不明显。可降解的塑料一般分为四大类:(1)光降解塑料。在塑料中掺入光敏剂,在日照下使塑料逐渐分解。属于较早的一代降解塑料。其缺点是降解时间因日照和气候变化难以预测,无法控制降解时间。(2)生物降解塑料。在微生物作用下可完全分解为低分子化合物。其特点是储存运输方便,只要保持干燥和不需避光。广泛用于农用地膜、包装袋和医药领域。(3)光、生物降解塑料。光降解和微生物降解相结合,同时具有光和微生物降解塑料的特点。(4)水降解塑料。在塑料中添加吸水性物质,用后弃于水中即能溶解。因便于销毁和消毒处理,主要用于医药卫生用具(如医用手套)。

【可靠性工程】(reliability engineering) 提高系统、产品或元器件在整个寿命周期内可靠性的有关设计、分析、试验的工程技术。系统可靠性是指在规定的时间内和规定条件下能有效地实现规定功能的概率。系统可靠性不仅取决于规定的使用条件等因素,而且还与设计技术、制造工艺及其组织管理等因素密切相关。有组织地进行可靠性工程研究,是20世纪50年代初从美国对电子设备可靠性研究开始的。到了60年代才陆续由电子设备的可靠性技术推广到机械、建筑等各个行业。后来,又相继发展了故障物理学、可靠性试验学、可靠性管理学等分支,使可靠性工程有了比较完善的理论基础。其工作步骤是:(1)通过试验或使用,发现系统在可靠性上的薄弱环节。(2)研究分析导致这些薄弱环节的主要内外因素。(3)研究影响系统可靠性的物理、化学、人为的机理及其规律。(4)针对分析得到的问题原因,在技术上、组织上采取相应的改进措施,并定量地评定和验证其效果。(5)完善系统的制造工艺和生产组织。可靠性工程实质上是对影响系统可靠性的薄弱环节的不断发现和不断改进的过程。为了提高系统的可靠性,从而延长系统的使用寿命,降低维修费用,提高经济效益,在系统规划、设计、制造和使用的各个阶段都要贯彻以可靠性为主的质量管理。

【可靠性设计】(reliability design) 以保证产品的可靠性为目的而采用的一种设计方法。可靠性是指产品在规定时间和条件下完成规定功能的能力。一般用平均寿命、平均故障间隔时间、成功率等表示。可靠性设计是综合应用可靠性工程学、系统工程学、工程心理学、数理统计、价值分析方法和计算机技术的成果而发展起来的一种设计方法。它以可靠性实验方法、可靠性预测技术、系统可靠性分析技术为基础。可靠性设计包括:防误操作设计、失效安全设计、耐环境设计、经济性设计等。可靠性设计的一般步骤是:(1)根据工作需要、技术水平、研制时间及成本等要求确定系统的可靠性指标。(2)按系统的功能和结构拟订初步设计方案。(3)从可靠性的角度进行失效形式、影响分析和可靠性预测。(4)进行零件性能指标分配和设计计算,如根据载荷和强度的分布计算可靠度或所需尺寸,根据载荷和寿命的分布计算可靠度与安全寿命,求出可靠度与安全系数间的定量关系等。(5)进行可靠性实验,为完善可靠性设计积累数据。

【可可脂】(coca butter) 从可可豆中榨取的一种独特的油脂。有强烈的香气。白色或淡黄。微具脆性。热至25℃可变软。熔点约28℃。含棕榈酸约26%,硬脂酸约31%、油酸约39%、亚油酸约2%。酸价为1.45。碘价为35.4。皂化价为197.1。可可脂的最大特征是:熔点范围小,与体温接近,入口即溶,不感油腻。可可脂稳定性好,不易酸败,是制作巧克力和巧克力外衣最适宜的油脂。

可可脂

【可控农业】(controllable agriculture)

见设施农业。

【可耐受最高摄入量】(tolerable intake level) 人体平均每日可以摄入某种营养素的最高量。当摄入量低于最高摄入量时,对一般人群中的几乎所有个体都不至于损害健康。当摄入量超过最高摄入量时,发生不良反应的危险性会增加。

【可逆过程】(reversible process) 与不可逆反应相对应。热力学系统在状态变化时经历的理想过程。热力学系统由某一状态出发,经过某一过程到达另一状态后,如果存在另一过程,它能使系统和外界完全的复原,使系统回到原来状态,同时又完全消除对外界所产生的一切影响,则原来的过程称为可逆过程。反之,如果无论采用何种办法都不能使系统和外界完全的复原,则原来的过程称为不可逆过程。无摩擦的准静态过程是可逆过程。若气缸与活塞间无摩擦,对于气体在准静态膨胀过程所经历的每一个平衡态,外界压强等于系统压强;而对于反向的准静态压缩过程所经历的每一个平衡态,外界压强也必然等于系统压强。这样,系统与外界在逆过程中的每一个状态都是原过程相应状态的重复,因而是可逆过程。实际的热力学过程既不可能完全无摩擦,又不可能是严格的准静态过程,所以自然界中与热现象有关的一切实际宏观过程,如热传导、气体的自由膨胀和扩散等都是不可逆过程。

【可逆性抑制】(reversible inhibition) 与不可逆性抑制相对应。酶抑制剂与酶以非共价键结合,在用透析等物理方法除去抑制剂后而使酶的活性恢复的现象。即抑制剂与酶的结合是可逆的。酶抑制剂两大抑制作用之一。按其特性的不同可分为:(1)竞争性抑制,抑制剂和底物的结构相似,可与底物竞争同一酶的活性中心,从而阻碍酶与底物结合形成中间产物,导致酶促反应速度减慢。(2)非竞争性抑制,抑制剂与底物的结构不相似,不影响酶与底物结合,而是与酶的活性中心以外的必需基团结合,底物与抑制剂之间无竞争关系。(3)反竞争性抑制,抑制剂仅与酶-底物复合物结合,使中间产物转变为产物的量减少,同时也使酶不能从中间产物中游离出来,使酶活性被抑制。在竞争性抑制中,抑制强度增大,米氏常数增大,最大反应速率不变;在非竞争性抑制中,抑制强度增大,米氏常数不变,最大反应速率减小;在反竞争性抑制中,抑制强度增大,米氏常数减小,最大反应速率减小。可逆性抑制在生物、医药、化工等方面有较广泛应用。

【可燃冰】(flammable ice) 又称天然气水合物。甲烷类天然气被包进水分子中,在海底低温与压力下形成的一种类似冰的透明结晶体。由于其外观与冰类似,遇火即可燃烧,被称为可燃冰。它可用 $M \cdot nH_2O$ 来表示,M 代表水合物中的气体分子,n 为水合指数(也就是水分子数)。天然气水合物在自然界广泛分布在大陆、岛屿的斜坡地带、大陆边缘的隆起处、极地大陆架以及海洋和一些内陆湖的深水之中。在标准状况下,一单位体积的可燃冰分解最多可产生 164 单位体积的甲烷气体。是一种重要的潜在资源。

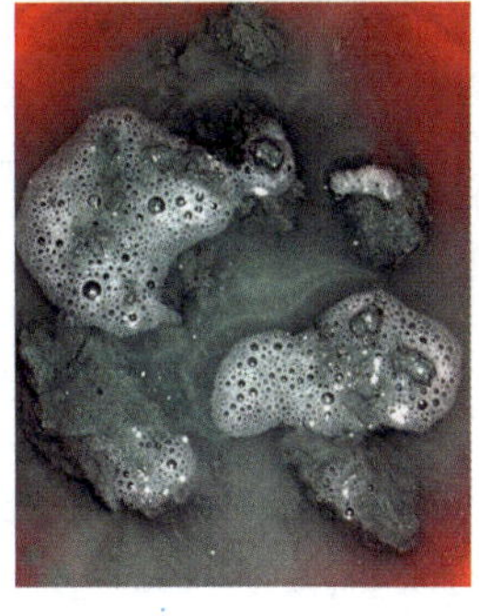

可燃冰

【可燃气体检测】(combustible gas detection) 利用气体检测仪器对可燃气体或易燃液体的蒸气浓度进行的测定。最常用的可燃气体检测仪器是催化燃烧式检测仪、红外式检测仪、半导体式检测仪和热导型检测仪。检测地点是生产、使用、储存可燃气体或易燃液体的场所。其作用是指示可燃气体浓度,并在浓度达到报警值时发出报警信号,以便采取堵漏、通风等措施。其目的是避免形成爆炸性混合气体,防范气体爆炸事故的发生。

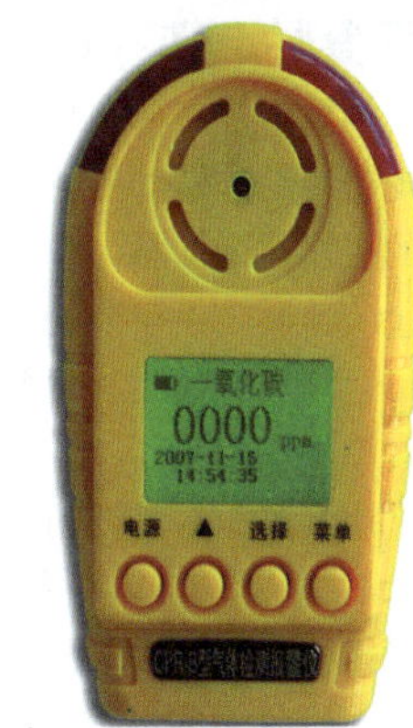

可燃气体检测仪

【可燃物】(combustibilty) 能与空气中的氧或其他氧化剂起燃烧化学反应的物质。包括工程燃烧中常用燃料、人们生活生产中使用的各类可燃物品和原材料。其种类较多。按其形态的不同可分为气态、液态和固态可燃物三种。按其来源的不同可分为天然可燃物和人造可燃物两类。按其化学结构的不同可分为无机可燃物和有机可燃物。常见的无机可燃物有:钠、磷、硫、氢、一氧化碳、甲烷、氨、硫化氢、联氨等。大部分有机物都是可燃物。常见的有:木材、棉、麻、纸、酒精、油脂、煤及合成塑料、合成橡胶和合成纤维等。

【可溶性淀粉】(soluble starch) 淀粉经过适当处理制得的一种可溶于水的变性淀粉。可由盐酸溶液法、硝酸溶液法、加压蒸煮法等制取。白色或淡黄色粉末。无臭无味。密度 1.5(20/4℃)。不溶于冷水、乙醇或乙醚。溶于或分散于热水中。其溶液在热时有良好的流动性，冷凝时形成坚柔的凝胶。还原性较弱，和碘液反应呈蓝色。常用作淀粉指示剂等。

【可溶性膜分子】（resolved at the molecular） 存在于细胞膜上通过酶的作用而被裂解，由细胞表面脱落，以可溶性片段形式释放至细胞外的体液内的分子。这种分子裂解过程多是细胞（白细胞及其他细胞）在受到刺激后由内源性细胞酶类的作用而发生的。其主要功能是调节膜分子在细胞表面的表达，以及在体内通过可溶性分子调节细胞间的相互作用，具有重要的生理学和免疫学意义。诱发细胞表面受体分子裂解的途径有两种。第一种途径是在诱导裂解的起始时需要有相关的膜蛋白分子参与作用；第二种受体裂解途径则由一些天然因子所诱发。天然因子系通过受体来刺激细胞，而这种受体则是一种对于蛋白激酶 C 有较强作用的合成性激活剂。

【可食性包装】（edible packing） 一类由可食性原料加工制成的像纸一样的包装材料。是可实现包装功能转型的特殊包装，一般以人体能消化吸收的蛋白质和淀粉为基本原料，制成不影响食品风味的包装薄膜。按包装功能用途不同可分为可食薄膜和可食涂层两大类。可食薄膜在加工后包装食品，而可食涂层则以食品为载体直接在食品上干燥形成。在常用食品原料如淀粉、糊精、蛋白质、植物纤维和其他天然物质中，加入一些调味物质，再进行纸型化处理，从而制出薄如纸的可以食用的包装膜。按其种类的不同可分为多糖类可食性包装膜（淀粉可食性包装膜、改性纤维素可食性包装膜、动植物胶可食性包装膜和壳聚糖可食性包装膜）、蛋白质类可食性包装膜（大豆分离蛋白膜、小麦面筋蛋白可食性包装膜、玉米醇溶蛋白可食性包装膜和乳清蛋白可食性包装膜）、微生物聚酯可食性包装膜和多糖、蛋白质、脂肪酸复合型可食性包装膜。广泛地应用于肠衣、果蜡、糖衣、糯米纸、冰衣和药片包衣等。

【可视电话】（visual telephone） 利用电话线路实时传送人的语音和图像的一种通信方式。由电话机、摄像设备、电视接收显示设备及控制器组成的。电话机用来通话；摄像设备用来摄取本方用户的图像传送给对方；电视接收显示设备用来接收对方的图像信号并在荧屏上显示对方的图像。根据图像显示的不同分为静态图像可视电话和动态图像可视电话。静态图像可视电话在荧光屏上显示的图像是静止的，图像信号和话音信号利用现有的模拟电话系统交替传送，即传送图像时不能通话；动态图像可视电话显示的图像是活动的，用户可以看到对方的微笑或说话的形象。可视电话还可以加入录像设备，把图像录制下来，以便保留。静态图像可视电话现已在公用电话网上使用，而动态图像可视电话因成本较高尚未大量应用。随着微电子技术的发展，大规模、超大规模集成电路的广泛使用，以及综合业务数字网的迅速发展，动态图像可视电话具有更广阔应用前景。

可视电话

【可视图文】（visual picture and pictography） 利用数据库存储的信息向社会提供信息服务的一种交互型的电信新业务。是在现有的公用电话网和公用数据分组交换网的基础上建立起来的。由用户终端、编辑终端、接入设备、数据库以及业务管理中心等设备组成。随着计算机的迅速普及及建立数据库的增多，得到迅速发展，成为信息资源共享的一种公用开放式的电信新业务。

【可缩性支架】（compressible support） 具有专门可缩性结构的支架。属于被动支护。其特点是可以避免支架损坏，能重复利用，但缺点是会使巷道断面缩小。与一般性支架的区别在于，它是变刚度支护，而一般性支架是恒刚度支护。按其结构形状的不同可分为：U 型钢拱形可缩性支架、U 型钢环形可缩性支架、梯形可缩性金属支架三大类。就支架的承载能力、控制围岩变形效果及可缩性而言，环形支架最好，拱形支架次之，梯形支架较差；就支架结构的繁简，支架加工、安设、回收、巷道断面开掘难易，巷道断面利用率和支架成本高低，以及安设支架时对顶板和围岩的破坏情况而言，则梯形支架最优，拱形次之，环形较差。拱形支架在中国使用广泛，特别是在巷道围岩变形量和压力较大的情况下，使用拱形支架更有其优越性。

U 型钢支架

【可碎性系数】（crushability coefficient） 在选矿工艺上用以定量地考察岩矿机械强度对破碎影响的指标。常用相对单位来表示矿石的可碎性及可磨性。即在同样条件下

$$可碎性系数=\frac{破碎指定矿石的生产率}{破碎中硬矿石的生产率}$$

常用石英代表中等硬度矿石，其可碎性系数取1。矿石硬度大，可碎性系数小于1，表示破碎机处理它时的生产率比中等硬度矿石的低。反之，软矿石的可碎性系数大于1，表示破碎机处理它时的生产率比处理中等硬度矿石的高。

【可调自动线】（tunable automatic production line） 机床组合及工作参数可调节的自动线。为适应多品种生产的需要，提高生产率和灵活性，发展能快速调整的自动线是主要发展方向。数字控制机床、工业机器人和电子计算机等技术的发展，以及成组技术的应用，使自动线的灵活性更大，可实现多品种、中小批量生产的自动化。多品种可调自动线降低了自动线生产的经济批量，因而在机械制造业中的应用越来越广泛，并向更高度自动化的柔性制造系统发展。

【可吸入颗粒物】（inhalable particulate） 又称飘尘。悬浮在空气中、能进入人体的呼吸系统、直径≤10μm的颗粒物。浓度以每立方米空气中可吸入颗粒物的毫克数表示。颗粒物的直径越小，进入呼吸道的部位越深。10μm直径的颗粒物通常沉积在上呼吸道，5μm直径的可进入呼吸道的深部，2μm以下的可100%深入到细支气管和肺泡。颗粒物在肺泡上沉积下来，可引起肺组织的慢性纤维化，使肺泡的机能下降，导致肺心病、心血管病等一系列病变。可吸入颗粒物还是多种污染物的“载体”和“催化剂”。它吸附的物质极为复杂，有各种有机化合物、金属化合物、放射性物质、硫酸盐和硝酸盐等。会引发多种疾病。

【可吸收生物陶瓷】（absorbable bioceramics） 在生理环境下可被降解、吸收并被周围新生组织所代替的生物陶瓷。自20世纪60年代以来，多孔氧化铝陶瓷、玻璃碳和热解碳、羟基磷灰石陶瓷，以及单晶氧化铝陶瓷等无机生物材料和钴-铬基合金、不锈钢等金属材料作为骨替代材料的出现和临床应用取得了一定的治疗效果。这些材料为生物惰性材料，结构上比较稳定，分子中的键力都比较强，有比较高的机械强度、耐磨损性能及化学稳定性。但这些材料与机体不发生反应，不能与骨组织结合，人体组织最后将其包围起来，只能作为体内异物永久存在。金属长期埋植在生物体内还易发生腐蚀，许多金属离子对人体有毒，金属磨屑会引起周围生物组织发生变化，金属元素向各种器官转移还会引起组织变态反应等问题，因此其应用受到一定限制。临床上需要有一种类似人体自然骨结构和成分的替代材料，植入人体后，在生理环境中产生一定的结构或物质的衰变。其产物被机体吸收利用或通过代谢系统排出体外，最终使缺损的部位完全被新生的骨组织所取代，植入的生物材料只起到临时支架作用。可吸收生物陶瓷（钙磷生物降解材料）就是这样的替代材料，是人工骨替代材料的第三代。具有广泛的应用价值和发展潜力。

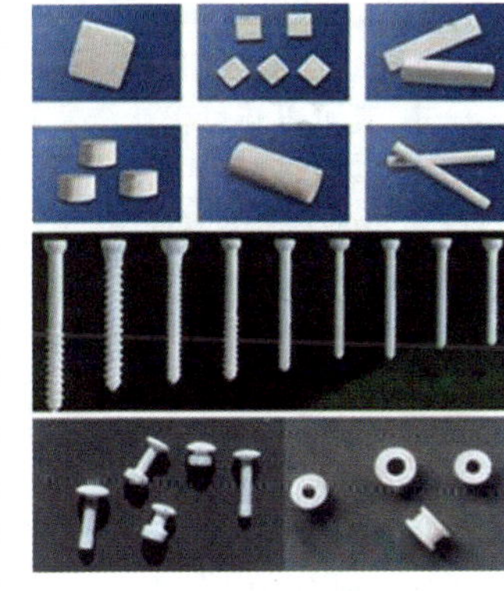
可吸收骨螺钉

【可吸收有毒烟雾涂料】（harmful fog-absorbing dope） 在阳光的作用下能够吸收空气中有害毒雾的涂料。这种涂料含有一种极小的二氧化钛和碳酸钙颗粒，与能吸收有毒烟雾的多孔硅酮材料混合在一起。当遇到阳光时，阳光中的紫外线可使它们发生特殊的化学反应，有毒的氧化氮就被分解成了硝酸，而硝酸很容易被雨水冲刷掉或者被碳酸钙的碱性粒子变成二氧化碳、水或硝酸钙。这种涂料不仅能吸收有毒的氮氧化物，而且能吸收汽车尾气中的其他有害成分。

【可信计算】（trusted computing） 又称可信用计算。计算机领域的一种保证信任的技术。由可信计算组推动和开发。计算机领域的信任有其特殊含义。可信计算组织将技术信任描述为：如果一个实体的行为总是按照预期的方式和目标进行，那它就是可信的。批评者将可信系统描述为一个你被迫信任的系统，而非是真正值得信赖的。在一个完全可信的系统中，可信计算的核心技术是：(1)认证密钥，用来认证及加密数据。(2)安全输入输出，计算机用户与他们认为与之进行交互的软件间的受保护的路径。(3)内存屏蔽、受保护执行，对内存敏感区域的全面隔离，对执行过程的全面保护。(4)封装存储，用密钥加密私有数据，从而实现对它的保护。(5)远程证明，用户或其他人可以检测到该用户的计算机的变化。

【可行性研究方法】（feasibility study-method） 又称可行性分析方法。对提出的项目投资建议或试验研究方案是否可行进行论证的一种方法。主要内容是：(1)社会(市场)需要情况调查。(2)项目投入成本估算。(3)项目投资估算。(4)采用工艺技术是否成熟先进。(5)经济(社会)效益分析。在企业投资、工程项目、研究课题、基本建设等多种问题的决策中被广泛应用。

【可行走的硬膜外镇痛】(walking epidural analgesia) 在分娩镇痛时,采用低浓度局麻药联合短效脂溶性阿片类镇痛药行硬膜外腔麻醉或腰-硬联合麻醉的一种镇痛方法。既达到镇痛效果,运动阻滞程度又很轻,产妇在产程早期能够在帮助下下床活动。为达到有效镇痛而没有或仅有轻度的运动阻滞,需要减少每小时所用局麻药的剂量和利用阿片类镇痛药和局麻药的协同作用。其优点在于:使产妇在生产早期处于自然状态,提高产妇自控力和自信心;产妇可活动下肢,减少置入导尿管的需要;产妇直立位可缓解疼痛,缩短产程,利于胎儿娩出,自然分娩率高。在实际应用时,应根据具体情况决定施用方法。

【可再生能源】(renewable energy) 在自然界中可以不断再生、永续利用、取之不尽、用之不竭的能源。对环境无害或危害极小,而且资源分布广泛,适宜就地开发利用。主要包括风能、太阳能、水能、生物质能、地热能、海洋能等。国家鼓励清洁、高效地开发利用水电、沼气、太阳能和地热能等技术成熟、经济性好的可再生能源,加快推进风力发电、生物质发电、太阳能发电的产业化。

可再生能源

【可再生能源示范城市】(renewable energy demonstration city) 又称可再生能源建筑应用城市。由财政部与住房和城乡建设部根据《可再生能源法》于2009年创立并组织开展的可再生能源建筑应用城市示范活动。申请示范的城市是地级市(包括区、州、盟)、副省级城市;直辖市作为独立申报单位,也可组织本辖区地级市区申报示范城市。申请示范城市应具备六项基本条件:(1)已对本地区太阳能、浅层地能等可再生资源进行评估,具备较好的可再生能源应用条件。(2)已制定可再生能源建筑应用专项规划。(3)已制定近2年的可再生能源建筑应用实施方案。(4)今后2年内新增可再生能源建筑应用面积地级市(包括区、州、盟)应用面积不低于$2.0\times10^6m^2$,或新增可再生能源建筑应用面积与新建(含改扩建)建筑面积的比例不低于30%;直辖市、副省级城市应用面积不低于$3.0\times10^6m^2$。根据不同技术类型应用面积的计算公式为:新增可再生能源建筑应用面积=太阳能热水系统建筑应用面积×0.5+地源热泵系统建筑应用面积×1+太阳能供热制冷系统建筑应用面积×1.5+太阳能与地源热泵结合系统建筑应用面积×1.5。(5)可再生能源建筑应用设计、施工、验收、运行管理等具备一定的技术及产业基础。(6)优先支持已出台促进可再生能源建筑应用政策法规的城市。可再生能源建筑应用城市每年评比一次。由申请示范城市的财政和建设部门编写实施方案,经同级人民政府批准后报送省级财政和城建部门汇总和初审,每个省(自治区、直辖市)每年申请示范的地级市原则上不超过3个。每年5月31日前联合上报财政部、住房和城乡建设部。在对各地上报的申报材料进行审查,综合考虑项目落实程度、技术先进适用性、城市能力具备条件、机制创新实现程度等因素后,确定纳入示范的城市。开展示范城市活动,有利于发挥各级地方政府的积极性和主动性,加强技术标准等配套能力建设,形成推广可再生能源建筑应用的有效模式;有助于拉动可再生能源应用市场需求,促进相关产业发展;有利于促进实现"保增长、扩内需、调结构"的宏观调控目标。

【可再生资源】(renewable resource) 又称更新自然资源。通过天然作用或人工活动再生更新、且能为人类反复利用的自然资源。如太阳能、土壤、植物、动物、微生物和各种自然生物群落,如森林、草原、水生生物等。在现阶段自然界的特定条件下它依靠种源而再生。很多可再生资源的可持续性,受人类活动和利用方式的制约:科学管理、合理开发、循环利用,资源可以恢复、更新、再生,甚至不断增长;开发利用不合理,其可更新过程就会受阻,使蕴藏量不断减少,甚至完全耗尽。例如,水土流失导致土壤肥力下降;过度捕捞使渔业资源枯竭,并且进一步降低鱼群的自然增长率。太阳能目前虽不会由于人类活动方式的影响在数量上有所变化,但如果人类继续破坏大气臭氧层,会增加照射到地球表面的紫外线量,严重威胁人类的健康。

可再生资源回收利用

【可摘局部义齿】(removable partial denture) 利用口内余留的天然牙、黏膜、牙槽骨作支持,借助义齿的固位体及基托等部件装置取得固位和稳定,用以修复缺损的牙列及相邻的软、硬组织,是患者可自行取戴的一种修复体。依据对所承受殆力的支持方式的不同大致可分为:牙支持式义齿、黏膜支持式义齿和混合支持式义齿。可摘局部义齿一般由人工牙、基托、殆支托、固位体和连接体等部件组成。人工牙有塑料牙、瓷牙、金属牙;用以恢复牙冠形态和咀嚼功能。基托有塑料基托、金属基托和金属网加强塑料基托等;供人工牙排列附着、传导和分散殆力,并能把义齿各部分连成整体。固位体有冠内固位体、冠外固位体、支托、卡环、金属舌腭杆等;用于固位、支持和稳定。连接体有大连接体和小连接体;可将义齿各部分连接在一起,同时传递和分散殆力。可摘局部义齿的制作要经过口腔预备、取印模、确定转移颌位关系、模型设计、支架制作、排牙、完成基托蜡型、装盒、去蜡、填塞塑料、热处理、开盒、磨光等程序,最后完成义齿的戴入。

【克拉克值】(Clarke value) 又称元素丰度。地壳中化学元素的相对平均含量。国际地质学会为表彰美国化学家克拉克在元素地球化学分布领域的卓越贡献而命名。常用质量百分比和原子百分比表示。前者叫质量克拉克值,后者叫原子克拉克值。如O元素质量克拉克值为48.6,Si为26.3。由于各个研究者所用的分析方法不同,对于地壳组成概念的差异及获得平均值的方法不同,使其测出的克拉克值略有出入。同理可计算出来不同自然体系的元素丰度。如地球元素丰度、太阳系元素丰度和宇宙元素丰度等。克拉克值是地球物质分异演化结果的反映,对于研究元素的集中、分散及其地球化学性质具有重要意义,是地球化学的一个重要领域。

【克拉索夫斯基椭球】(Krasovsky ellipsoid) 苏联大地测量学家克拉索夫斯基1941年推导出的地球椭球。椭球的参数为:长半径为6 378 245m;短半径为6 356 863m;扁率为1:298.3。1946年,苏联将他推导出的地球椭球元素值作为其参考椭球参数,称克拉索夫斯基椭球。

【克莱因瓶】(Klein bottle) 1882年著名数学家菲立克斯·克莱因(Felix Klein)发现、后来以他的名字命名的著名"瓶子"。这是一个像球面那样封闭的(也就是说没有边)曲面,但是它却只有一个面。克莱因瓶的确就像是一个瓶子,但是它没有瓶底,它的瓶颈被拉长,然后似乎是穿过了瓶壁,最后瓶颈和瓶底圈连在了一起。如果瓶颈不穿过瓶壁而从另一边和瓶底圈相连,就会得到一个轮胎面。可以说一个球有两个面-外面和内面,如果一只蚂蚁在一个球的外表面上爬行,那么如果它不在球面上咬一个洞,就无法爬到内表面上去。轮胎面也是一样,有内外表面之分。但是克莱因瓶却不同,很容易想象,一只爬在"瓶外"的蚂蚁,可以轻松地通过瓶颈而爬到"瓶内"去-事实上克莱因瓶并无内外之分。在数学上,人们称克莱因瓶是一个不可定向的二维紧致流形,而球面或轮胎面是可定向的二维紧致流形。如果观察克莱因瓶的图片,有一点似乎令人困惑-克莱因瓶的瓶颈和瓶身是相交的。换句话说,瓶颈上的某些点和瓶壁上的某些点占据了三维空间中的同一个位置。但是事实却非如此。事实是克莱因瓶是一个在四维空间中才可能真正表现出来的曲面。如果一定要把它表现在生活的三维空间中,就只好将就点,把它表现得似乎是自己和自己相交一样。

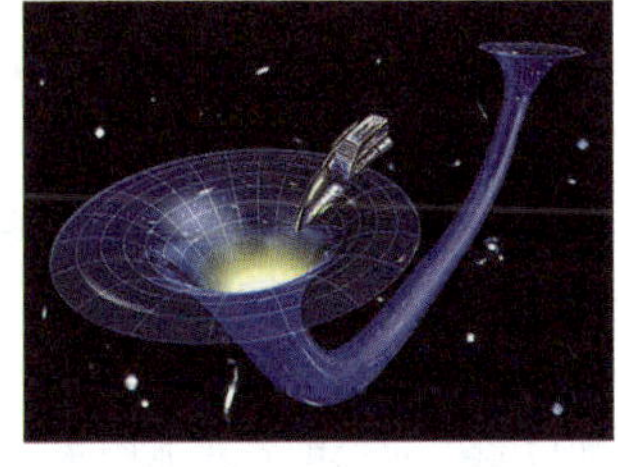
克莱因瓶

【克里姆林宫】(Kremlin) 世界著名的建筑群,享有"世界第八奇景"的美誉。12世纪上叶,尤里·多尔戈鲁基大公在波罗维茨低丘上修筑了一个木结构的城堡-克里姆林宫。莫斯科就是从这个城堡逐步发展起来的。现在的红场是1485年至1495年兴建的。大致呈三角形。宫墙全长2 235m,高5~19m,厚3.5~6.5m,共有四座城门和19个尖耸的楼塔。著名的"克里姆林宫的钟声",源于斯巴斯克塔楼上的自鸣钟,是1851至1852年安装的。与天文台的校时钟相连,报时最准。塔楼高67.3m,下面的大门是进入克里姆林宫的主要通道。克里姆林宫的西面,是亚历山大花园和无名烈士墓,修建于1967年胜利节前,是为了纪念第二次世界大战中牺牲的烈士。墓碑上的长明火,自点燃一直燃烧到今天。墓碑上刻着"你的名字无人知晓,你的功绩永世长存"。

克里姆林宫

【克隆动物】(cloned animal) 不经过有性繁殖由一个细胞产生一个和亲代遗传性状一致、形态非常相像的动物。其步骤是:(1)先将动物甲的卵母细胞或受精卵的核去掉。(2)然后把体细胞核移到同种动物甲的无核的卵细胞中,重新组成一个新的胚胎。(3)待这枚人造胚胎成活发育后,移植到寄养动物乙的子宫中,在寄养动物体内成长发育成一个新的个体直至出生。成功克隆的动物有山羊、鱼、老鼠、猫、狗、牛、马、兔子、骡子、猪、狼、猕猴等。利用动物克隆，人们将来有可能获得治疗人类疾病所需的移植器官，为战胜各种人类疾病提供重要线索；通过动物克隆，人们能够保存那些濒临灭绝的动物，如大熊猫等。

【克隆技术】（clone technology） 运用生物学技术进行无性繁殖产生相同基因型生物群的技术。克隆的对象既可以是微生物、植物，也可以是动物。克隆技术经历了三个发展时期：（1）微生物克隆。（2）生物技术克隆。（3）动物克隆。如克隆绵羊多利，由一头母羊的体细胞克隆而来，使用的便是动物克隆技术。克隆技术在微生物、动物和植物等方面应用前景广阔，主要有：（1）培育优良畜种和生产实验动物。（2）生产转基因动物。（3）生产人类胚胎干细胞，用于细胞和组织替代疗法。（4）复制濒危的动物物种，保存和传播动物物种资源。

克隆牛

【克隆载体】（clone vector） 能在细胞内进行自我复制的外源基因运载体。按其材料的不同可分为：（1）质粒克隆载体。（2）病毒（噬菌体）克隆载体。（3）质粒同病毒（噬菌体）DNA 组成的克隆载体。（4）质粒同染色体 DNA 组成的基因整合克隆载体。（5）叶绿体或线粒体 DNA 构建的克隆载体。按其用途的不同可分为：（1）通用克隆载体。（2）大片段 DNA 克隆载体。（3）cDNA 克隆载体。（4）表达克隆载体。按其受体的不同可分为：（1）大肠杆菌克隆载体。（2）植物克隆载体。（3）动物克隆载体。载体共有特性是：（1）在宿主细胞中能独立自主地复制，即本身是复制子。（2）容易从宿主细胞中分离纯化。（3）载体 DNA 分子中有一段不影响它们扩增的非必需区域，插在其中的外源基因可以像载体的正常组分一样进行复制和扩增。除共有特性外，各类载体还具有某种特性，可以根据基因工程的需要选择。

【克汀病】（cretinism） 又称呆小症。以智力残疾为主要特征，并伴有精神综合征或甲状腺机能低下的一种疾病。由胚胎发育期及婴幼儿严重缺碘所致，表征为聋哑、痴呆、矮小等。甲状腺素是人体生长发育必须的内分泌激素，由严重缺碘导致的甲状腺机能低下会直接影响婴儿的脑组织和骨骼的发育。若在 1 岁内不能早期发现、早期治疗，就会造成终身的残疾。其预防方法是：普遍推广应用加碘食盐、孕期妇女妊娠期最后3～4 个月需每日加服碘化钾 20～30mg，并多吃含碘丰富的食物，如海带、紫菜等。

【客船】（passenger ship） 用来载运旅客及其行李并兼带少量货物的运输船舶。按其航行的海区和适居性要求的不同可分为远洋客船、近海客船、沿海客船和内河客船等。对客船的要求首先是安全可靠，其次应具有良好的适航性和居住条件以及较快航速，一般定班定线航行。为了旅客的安全，客船上按规定应配备足够的救生设备。消防也应有严格的规定，客船上的舱室设备、家具和床上用品等须经防火处理。此外，客船上还要求装备完善而高效的通信设备、照明设备，有的还设有空调系统。客船外型美观、大方，多数首尾呈流线型。客船与其他交通工具比较，具有客运量大、费用低、安全度大、旅客所占用的活动空间大等优点。目前客船适应市场需求正向游船、车客渡船方向发展。

客轮

【客观真理】（objective truth） 从内容客观性的意义上对真理的称谓。任何真理都包含着与客观实际相符合的客观内容。辩证唯物主义认识论认为，真理是主体在实践基础上获得的对客观对象的正确反映。这种反映的形式是主观的，而内容却是客观的。任何真理都是客观真理，主观真理是不存在的。否认了客观真理的存在，就意味着否认真理本身的存在。

【客户服务器计算】（client server computing） 把客户机和服务器连接起来组成的分布式计算模式。由客户机和服务器两层结构组成。由早期计算机应用中的单机批处理计算模式和以一台主机为中心的集中计算模式发展而来。采用此模式利于实现信息资源共享，提高信息处理和应用程序的运行效率。随着信息技术和网络应用的发展，此模式已出现两层以上的多层结构。

【客货流图】（passenger and freight flowgraph） 表示旅客与货物的流向、流量的示意图。表示在一定时期内，一定的旅客人数、货物吨数的转移动态。整个客货流图的做图过程是车站、区段、汇站的有序组合，按照参数文件安排的顺序，依次用相应的模块及相应的处理方法对每一“块”进行处理，即可做出完整的客货流图来。能够为铁路运输计划、财务计划、列车编组计划、列车合理布局以及领导指挥运输生产提供准确可靠的信息，也为铁路的远期发展、技术改造和为制订国民经济发展规划提供可靠的资料。

【客货运输服务区】(passenger and cargo transportation service area) 旅客、货物、邮件运输服务设施所在区域。客货运输服务区内设施包括客机坪、候机楼、停车场等，其主要建筑是候机楼。区内还配备有旅馆、银行、公共汽车站、进出港道路系统等。货运量较大的航空港还设有专门的货运站。在客机坪附近设有管线加油系统。其特点是使用高压油泵，在30min内向飞机加注的燃油有时高达几十吨。

【客星】(guest star) 中国古代对新星和彗星的称谓。对天空中新出现的星的统称，如彗星、新星、超新星等。《史记·天官书》："客星出天廷，有奇令。"明无名氏《观象玩占》："客星，非常之星，其出也无恒时，其居也无定所，忽见忽没，或行或止，不可推算，寓于星辰之间，如客，故谓之客星。"有时亦指彗星。《南史·宋纪中·文帝》："〈元嘉 十九年〉九月丙辰，有客星在北斗，因为彗，入文昌，贯五车，扫毕，拂天节，经天苑，季冬乃灭。"《清史稿·天文志十四》："客星。太祖丁未年九月丙申，彗星见东方。"在中国古代占星术中，客星常被分为瑞星和妖星两大类，前者预兆吉祥，后者预兆各种凶祸。古代记载中的客星，主要是彗星、新星和超新星以及其他天象。古代占星书中又把客星分作五类，在《黄帝占》中称客星为：周伯、老子、王蓬絮、国皇、温星。区分标准是："客星出，大而色黄，煌煌然"，称作周伯星；"客星出，明大，色白，淳淳然"，称作老子星；"客星出，状如粉絮，拂拂然"，称作王蓬絮星；"客星出而大，其色黄白，望之上有芒角"，称作国皇星；"客星出，色白而大，状如风动摇"，称作温星。另有一说，将客星分为岁星、月星、日星、时星与刻星：(1)岁星。司一岁之权，生杀之柄，管一年吉凶之太岁之星。与本人命局相生则吉，相克则凶，配局则吉，冲克则受祸。一岁之吉凶，尽凭于斯应验如何。(2)月星。司一月之权，旺星或生星命局者，一月安泰；克本人命局者一月不佳，但与岁星运星与八宅配合制化，吉凶不现。(3)日星。司一日之威，过此一日则不显克害。(4)时星。择吉搬迁，开功奠基等配合岁星使用。其应验极高，独立使也，仅主一时之吉凶。如配合奇门择时用之，奇验神准。(5)刻星。即将一时分八刻，刻星到宫主要表现：判断男女、长幼、寻人、出行、进 财数量等准验极高，余则不准。以上均为配合本人命局为准验，离开命局则无效。

彗星

【客运服务管理】(service mangement of passenger transport) 对出租汽车行业从业人员在服务过程中的各个环节进行的规范和管理。主要是对服务规范、计收费标准和票据等各方面进行管理。其主要内容如下：(1)执行由城市的物价部门会同同级建设行政主管部门制定的收费标准，使用由城市客运管理机构会同税务部门印制的车费发票。(2)按时如实向城市客运管理机构填报出租汽车统计报表。(3)按规定缴纳税费和客运管理费；不得将出租汽车交给无客运资格证件的人员驾驶。(4)未经客运管理机构批准，不得将出租汽车转让或者移作他用等。对出租汽车技术指标的要求是：(1)车辆技术性能好，设施完善，车容整洁。(2)出租汽车应当装置由客运管理机构批准的，并经技术监督部门鉴定合格的计价器。(3)小型客车应当装置经公安机关鉴定合格的防劫安全设施。(4)出租汽车应当固定装置统一的顶灯和显示空车待租的明显标志等。对出租汽车驾驶员的要求是：(1)携带客运资格证件进行营运。(2)营运过程中，要按照合理路线或者乘客要求的路线行驶，不得绕道和拒载。(3)营运途中无正当理由不得中断服务。(4)营运过程中，严格执行收费标准并出具车费发票等。

【课题优选法】(optimization method for research topic) 选择和确定科研课题的最佳途径和方式。选好科研课题，是科研工作中具有战略意义的一步，是一切创造革新的起点。要选好课题应遵循以下原则：(1)需要性原则。要优先选择国民经济发展中迫切需要解决的关键性课题，也要选择科技本身发展需要解决的课题。(2)可能性原则。即必须考虑到完成本课题是否具备了理论、物质及能力条件。(3)发展性原则。要考虑到该课题是否具备有发展前途，即它对科学、社会、经济的发展能否产生重大影响。(4)先进性原则，即创新性原则。要求该课题一定要实现某种新的突破，即一定要有所创造，或有所发明，或有所发现，从而有所前进。(5)经济合理性原则。即力求以最小的经济代价获得较好的经济效果。(6)发挥优势原则。一定要有利于发挥自己的长处，以保证课题尽好尽快地完成。

【坑测法】(soil pit measuring method for crop water requirement) 在田间修建测坑来测定作物需水量或进行灌溉试验的方法。测坑面积一般应大于$4m^2$。中国灌溉试验站的测坑尺寸多用3.33m×2.0m×1.8m，面积$6.67m^2$。测坑的墙多用砖、水泥砂浆砌成，并贴有防水材料。墙的厚度一般在0.2m以内,墙壁的上截面积不能大于测坑试验面积的5%,以免边际的热效应影响测试结果的准确性。测坑有带底和不带底的两种。在地下水埋深大于5m的地方,由于作物对地下水的利用量很小,可用无底测坑。在地下水位较高时,为了杜绝地下水的干扰,要用水泥等铺底,并加防水层,使坑底与四周边墙连成一整体。在底板与回填土之间要有20cm厚的滤层并要安装排水设施。在测坑上面要设置防雨棚,以隔绝雨水。这样可省略地下水利用量和有效降雨量的测定,也简化了计算程序。在测坑施工过程中,挖出的土要分层放置,回填时也要按原来的层次顺序回填,并使坑内的土壤容重、土壤结构等与周围大田保持一致。测坑周围要有保护区。保护区与测坑的作物要一致,以减少边界条件的影响,使测试结果更接近大田实际情况。

【空地导弹武器系统】(air-to-ground missile armament system) 从空中平台发射、可对敌方地面、水面、地下和水下目标实施攻击的导弹。是现代战略轰炸机、战斗轰炸机、攻击机、武装直升机和反潜巡逻机等的主要攻击武器。与航空炸弹、航空火箭弹等武器相比,空地导弹具有较高的目标毁伤概率和机动性强、隐蔽性好、能远距离发射、可减少地面防空火力对载机威胁的优点。空地导弹与航空器上的火控系统、发射装置和检查测量设备共同构成了空地导弹武器系统。空地导弹有多种分类方法:通常按作战使命分为战略空地导弹和战术空地导弹;按用途分为通用空地导弹和专用空地导弹;按飞行轨迹分为空地弹道式导弹和空地巡航导弹;按射程分为近程(射程<60km)、中程(射程为60~200km)和远程(射程>200km)空地导弹。此外,还可按制导方式、发射方式、动力装置类型不同进行分类。通用战术空地导弹用途比较广泛,可以执行各种对地攻击任务;专用型一般用来攻击特定的目标,如空地反辐射导弹和空地反坦克导弹等。

空地导弹武器系统

【空地距差】(distance difference between air and ground) 航线空中飞行距离与地面交通运行距离之差。空地距差是由航空运输特点及地面的地形条件造成的。地面交通遇到高山湖泽往往要绕道而行,飞机却不受地理条件的影响,可以直线飞行,因此,两点之间空中交通距离比地面的要小。空地距差是航空运输的重要优势之一。空地距差还可以用空地距差率,即航线空中飞行距离与地面交通运行距离之差和航线距离的比值来描述。

【空分多址】(space division multiple access,SDMA) 把空间分割构成不同的信道,通过对信道的增容来实现频率重复使用的一种技术。可使频率资源得到充分利用。例如,可通过在同一颗卫星上使用多个天线,每个天线的波束射向地球表面的不同区域。地面上不同的接收站,可在同一时间使用相同的频率进行工作。空分多址还常与时分、频分和码分等多址方式联合使用。

【空腹坝】(hollow gravity dam) 在坝内沿坝轴线方向设置大尺寸空腔,荷载仍通过整个坝底传递给地基的坝。应用于重力坝的称为空腹重力坝,应用于拱坝的称为空腹拱坝。主要适用于河谷狭窄,需要将水电站厂房布置于坝内的情况。其剖面设计,可先按实体坝拟定剖面然后再设置空腹。空腔位置、体形和尺寸根据厂房需要和坝体应力确定。为了改善坝体应力条件,可将空腔顶部做成拱形,在底部设置排水孔以降低扬压力。空腹坝的应力状态比较复杂,应力分析宜采用有限单元法,并借助结构模型试验验证。与实体坝相比,其主要优点是:(1)空腹为布置水电站厂房,进行检查,灌浆和观测,施工期混凝土散热,以及设置排水孔、降低扬压力等提供了有利条件。(2)减少坝体体积。其主要缺点是:(1)设计施工比较复杂。(2)钢筋和模板用量较多。

空腹坝

【空化】(cavitation) 又称空泡、空穴。水体在恒温下减压时,出现的蒸气或气体空泡的形成、发展和溃灭的过程。由溶解于水中的气体扩散、膨胀而形成的空泡,称为"含气型空化";其形成和发展比较缓慢。由水体气化而形成的空泡,称为"含汽型空化";其生成、发育和溃灭都是猝发型的,对水力机械或水工建筑物固体边界常造成空蚀破坏。通常工程中的空蚀多由含汽型空化所造成。水体含有杂质(微小固体颗粒及依附其上的"汽核")才会有空化发生,不含杂质的水体具有很大的抗拉强度,不易出现空化。按其形态类型的不同可分为:固定空化、游移空化、振荡空化和旋涡空化。1873年,O. 雷诺(O. Reynolds)就曾预言,高速转动的船舶螺旋桨将会产生"真空洞"。1897年"果敢号"鱼雷艇的推进器效率严重下降事件发生,人们开始提出"空化"的概念。20世纪

30年代，水工建筑物中的空化现象开始引起人们的注意。第二次世界大战后，随着生产建设的发展，液体流场的空化现象常有发生，对空化的研究随之有了较大进展。其研究内容是：空化机理（空泡动力学）、空化噪声、空蚀破坏、防空蚀措施和防空化等。

【空基观测系统】（space-based observation system） 以气球、飞机和火箭等作为携带传感器平台的综合气象观测系统。是气象综合观测业务的重要内容。该系统以边界层、对流层和中间层大气的物理、化学特性为观测对象，采用遥感、遥测技术进行综合气象观测。其发展方向是：根据全球气候观测系统规范和常规高空观测规范要求，高空观测站网密度达到200km左右；发展无人驾驶飞机探空等技术，形成续航时间长、升限高、系列化的遥控气象探测系统，并使之成为无人区高空气象观测的主要手段之一；加快商业航空器气象观测业务体系建设，开展航空器气象资料下传的业务应用工作；使用微型无人驾驶飞机探空系统，与风廓线仪相配合进行近地面层、大气边界层气象观测。

【空间材料科学】（space material science） 材料学的一个分支。研究在空间微重力条件下材料的制备原理、方法、过程和性能的学科。按材料生成机理的不同空间材料可分为晶体生长和金属、复合材料制备两类；按材料性能用途的不同，它又可分为包括半导体、超导、磁性和光纤等在内的功能性材料，包括合金、金属、泡沫多孔和复合材料等在内的结构材料，以及陶瓷、玻璃材料等几类。在近地空间作圆周轨道飞行的航天器，其质心位置的有效重力为零，所以可以在空间获得零重力条件。在实际上，由于航天器会受到潮汐力、摩擦力、空气阻力和辐射的影响，很难实现零重力环境，但达到微重力水平则是可能的。自20世纪60年代以来，人类开始在航天器上作空间材料加工实验。进入20世纪70年代和80年代，基于空间平台、天空实验室和空间站的建造和多种材料加工硬件（诸如多功能晶体炉和溶液晶体生长装置等）的运行，使空间材料科学和加工技术得到迅速发展。截至21世纪初，空间微重力实验的时间已达数千小时，研究过的材料品种逾千种。品种集中在以半导体晶体为主体的晶体材料、金属合金和玻璃陶瓷上。空间材料科学研究不仅可以揭示物质运动的新现象和新规律，而且具有潜在的巨大应用前景。

【空间大地测量学】（space geodesy surveying） 研究利用自然或人造天体解决大地测量学科的大地测量学分支。以人造卫星为基准测定地面点位坐标、确定地球形体和地球引力场及测绘地图的技术。

【空间发射】（space launching） 由在轨的大型载人航天器（包括航天飞机、空间站和未来的空天飞机）上进行的发射方式。如利用在轨的大型载人航天器发射军用航天器，将其直接施放到预定的近地轨道，或在施放后再点燃航天器动力装置而进入预定轨道。航天飞机运载能力较大，其大型货舱内可容纳一个或多个军用航天器。进入预定轨道后，航天员可直接操纵货舱内的机械臂，把卫星等施放到轨道上。航天飞机发射高轨道航天器（如地球静止卫星）时，一般是施放卫星和上面级火箭（与卫星相连的那一级火箭）的组合体，然后由上面级火箭使星箭组合体加速，将卫星送入大椭圆转移轨道，再由卫星上的远地点发动机完成变轨和定点。

【空间飞行环境】（space flight environment） 航天器在外层空间飞行时所处的环境条件。分为自然环境和诱导环境。前者包括失重和各种空间环境，如真空、电磁辐射、高能粒子辐射、等离子体、微流星体、行星大气、磁场和引力场等；后者指航天器某些系统工作时或在空间环境作用下产生的环境，如轨道控制推力器点火和太阳能电池翼伸展引起的振动、冲击环境，航天器上的磁性材料和电流回路在空间磁场中运动产生的感应磁场，航天器上有机材料逸出物沉积在其他部位造成的分子污染等。空间环境是空间飞行的基本环境条件，对航天器的运动和各系统的工作有显著影响。根据空间存在的物质、辐射和力场的时空分布特性，太阳系内的空间环境大致可分为行星际空间环境、地球空间环境和（其他）行星空间环境。

空间飞行环境

【空间分辨率】（space resolution） 表征影像分辨地面目标细节的能力。遥感器的一项性能指标。一般用遥感仪器的瞬时视场角来度量。其值随遥感器运行相对高度变化而变化。有时，也用遥感影像上能够区分的最小单元的尺寸或大小来表示。这时又称地面分辨率或影像分辨率，通常用像元大小来表示。

【空间分析】（space analysis） 基于地理对象的位置和形态的空间数据的分析技术。是地理信息系统的主要特征。空间分析能力（特别是对空间隐含信息的提取和传输能力）是地理信息系统区别与一般信息系统的主要方面，也是评价一个地理信息系统成功与否的一个主要指标。其目的在于提取和传输空间信息。

【空间辐射生物学】(space radiation biology) 生物学的一个分支。主要研究空间辐射的生物效应及其作用机理的学科。空间辐射是行星际空间中来自太阳喷射高能粒子、太阳风等离子体流及行星际射线辐射的总称。它对航天器和载人航天有潜在威胁。空间辐射生物学主要以高能重粒子为研究对象,研究目的是探索空间辐射的防护和空间育种的新途径。

【空间工业】(space industry) 又称太空工业。利用空间环境进行工业生产和提供各种服务的空间产业。狭义空间工业指那些能直接带来商业利润、利用太空环境进行生产加工的工业,如太空材料加工、太空特种制品加工、太空制药、太空育种等;广义空间工业包括太空信息服务产业、文化与教育传播业、太空旅游业等。从发展的观点看,空间工业还涉及开发和利用空间能源资源、空间物质资源等。其发展主要取决于四个因素:太空运输系统、大型空间结构、人在太空的存在和空间科学技术。

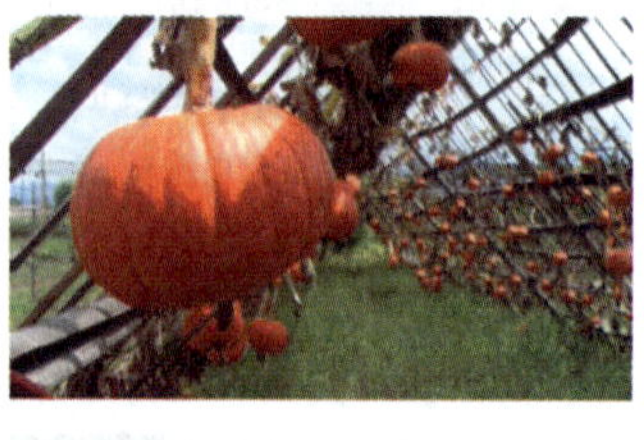

经过空间育种的特大南瓜

【空间光调制器】(space light modulator) 实施光学信息处理,自适应光学和光计算等现代光学领域的关键器件。是能将信息加载于一维或两维的光学数据场上,以便有效地利用光的固有速度、并行性和互连能力的器件。可在随时间变化的电驱动信号或其他信号的控制下,改变空间上光分布的振幅和强度、相位、偏振态以及波长,或者把非相干光转化成相干光。按照读出光的方式的不同可分为反射式和透射式;按其输入控制信号方式的不同可分为光寻址和电寻址。最常见的空间光调制器是液晶光阀。

【空间核电源】(space nuclear power) 用核裂变能或核衰变能作热源,通过静态转换或动态转换为空间飞行器提供电力的装置。核电源系统由核热源和热电转换设备两大部分组成。此外,空间核电源系统通常需要一个小型储能装置,以便在紧急情况下提供电能或满足有效载荷峰值功率需求。用裂变能的就是以反应堆为热源,一般为大功率(从数百瓦到兆瓦级),用衰变能的就是由放射性同位素衰变提供热源,一般功率小(从数瓦到百瓦级)。热电转换方式分为静态转换和动态转换两类。空间核电源的优点是:结构紧凑,体积小,质量比功率和体积比功率都比较高;与太阳光照无关;能抗电磁干扰和空间粒子辐照,很适合作深空探测、月球基地电源;功率范围变化大,反应堆电源可瞬时提升功率2~2.5倍,增加了空间飞行器的机动性和隐蔽性。放射性同位素电源功率小,寿命长,工作可靠,已广泛用于对功率需求不大的各种空间任务中。空间核反应堆电源是军事航天的理想电源,是深空探测不可替代的空间电源。从1967年开始,俄罗斯先后把31个BUK型空间核反应堆电源成功应用在宇宙飞船的海上雷达观测上。俄罗斯的TOPAZ型热离子空间核反应堆电源被认为是世界上迄今为止最先进的空间核电源。

【空间环境模拟器】(space environment simulator) 地面上能模拟航天中遇到的各种宇宙空间环境因素的设备。用于试验航天器耐真空、冷黑、太阳辐射、磁场和承受高能粒子辐射、太阳风和微流星体等的能力。空间环境是个特殊的环境,空间环境模拟器技术复杂,但为了提高航天器的可靠性,自20世纪60年代以来各国已建造了数千台不同类型的空间环境模拟器。现代最大的空间环境模拟器直径达20m、高37m,可把整个"阿波罗"号飞船放进去试验。主要的空间环境模拟器有热真空环境模拟器、空间动力学模拟器、空间组合环境模拟器等。美国最近计划开始新的大型受控生态生保地面模拟试验,它是一个大型的综合性模拟试验基地。在空间环境模拟方面,可以模拟行星景观、机械活动、出舱活动和运输车工作等复杂的舱外航天任务。

空间环境模拟器

【空间机构】(space mechanism) 通过转动副、移动副、圆柱副、球面副和螺旋副等空间副连接的若干构件,使其各点的运动平面不平行的机构。如空间连杆机构包括空间四杆、五杆、六杆和七杆机构、凸轮机构、螺杆机构等。其中,空间连杆机构发展较快,应用较广,已广泛应用于农业、轻工、机器人、仿生机械、摆盘式发动机、假肢和飞机起落架等各类机械中。利用空间连杆机构可将一轴的转动转变为任意轴的转动或任意方向的移动,也可将某方面的移动转变为任意轴的转动,还可以实现刚体的某种空间位移或使连杆上某点轨迹近似于某空间曲线。常用的对空间机构的研究方法有矢量法、张量法、旋量法、方向余弦矩阵法、球面三角法、计算机辅助分析法等。

【空间激光通信技术】(space laser communication technology) 用激光束作为信息载体进行空间包括大气空间、低轨道、中轨道、同步轨道、星际间和太空间通信的技术。与微波空间通信相比,波长比微波波长短,具有高度的相干性和空间定向性。激光通信具有通信容量大、重量轻、功耗和体积小、保密性高、建造和维护经费低等优点。

【空间加工技术】(space processing technology) 利用空间特殊环境进行生产加工的技术。在太空微重力环境下,可以制造特种合金、特种材料和特种产品,不仅能形成新的合金结构,还会改进合金系统的许多特性。空间熔炼和加工的优点有:(1)密度不同的成分可以很好地混合。(2)能够削弱对流对界面的影响。(3)可避免在加工过程中增加锅壁对材料的污染。(4)可以利用表面张力和失重,生产球形制件。(5)可以利用高低温、高压以及微磁场环境。(6)可以采用特种加工方法,在太空生产泡沫金属。它的密度比水还小,轻如木材但坚如钢铁。在太空中加工生产圆度极高的精密实心或空心滚珠轴承,可使其寿命提高5~8倍。在空间制造钢筋混凝土不但质量很轻,而且具有良好的强度和绝热特性。在太空中可以制造出性能优异的铸件、超薄薄膜、高纯材料、耐酸腐蚀材料和多性能材料(如可锻钨)等。空间加工采用的设备有:材料熔化与固化装置、金属晶体生长装置、球晶生长装置、温度梯度型电炉、声悬浮炉、扩散炉和反作用炉等。

【空间交会对接】(space rendezvoused dock) 空间交会和空间对接的总称。交会指两个或两个以上的航天器,在空间轨道上按预定位置和时间相会。对接指两个航天器在空间轨道上相会后,在机械上连成一个整体。交会对接系统是由对接机构和控制系统组成的,基本功能是交会、对接和分离。主动前去对接的航天器,称受控航天器。被对接的航天器,称目标航天器。载人飞船等航天器的交会对接,是一项重要的航天技术。其主要用途是:(1)用于向正在空间轨道运行的航天器(包括载人飞船和空间站)运送人员和货物,如航天员定期轮换,补给燃料食物及更换设备。(2)在轨道上为其他应用卫星提供服务。(3)用于组装大型空间站。当空间站或其他载人飞船出现危及航天员生命安全的事故时,用飞船实施营救。(4)维修在轨道上出事故的航天器。

空间交会对接

【空间结构】(space structure) 具有三维空间形体、在荷载作用下具有三维受力特性的结构。相对平面结构而言,空间结构具有受力合理、重量轻、造价低以及结构形式多样等优点。按其形式的不同可分:薄壳结构(包括折板结构)、网壳结构、网架结构、悬索结构和膜结构;按其组成空间结构基本单元的不同可归纳为板壳单元、梁单元、杆单元、索单元和膜单元。空间结构所采用的建筑材料有石材、砖、钢筋混凝土、木材、竹材、钢材和膜材等。

空间结构

【空间晶体生长技术】(technology of crystal growth in space) 利用空间环境生产半导体和蛋白质晶体的技术。微重力和超真空环境提供了制造高纯度的大块半导体和蛋白质晶体的可能性。在太空生产半导体晶体,设备工艺简单,产量高,成本低,形成的半导体晶体体积大,均匀度好。晶体生长采用的方法有溶液生长、气相生长、熔体生长和熔区生长。

【空间救生艇】(space emergency boat) 又称轨道救生艇。载人航天中用于营救或应急撤离在空间轨道上工作的航天员的一种载人航天器。空间救生艇类似海上舰船的救生艇,通常对接停靠在载人空间站上。空间救生艇的配备形式取决于载人航天系统的具体情况。通常有两种形式:(1)当轨道上居住与工作的航天员人数比较多,或者所用天地往返运输系统中的载人飞船不能长期停靠在空间站上等待时(如航天飞机),通常配备专用空间救生艇。(2)对规模较小、航天员人数不多的空间站来说,则采用由载人飞船兼作空间救生艇的形式。

【空间决策支持系统】(space decision support system,SDSS) 利用计算机技术和空间科学知识解决与空间有关问题的决策支持系统。决策支持系统的一个新的研究领域。该系统能帮助用户利用空间数据、应用模型、软件工具和专家知识对一个与空间有关的问题作出决策并选择最好的解决方案。

【空间科学】(space science) 利用太空探测手段对宇宙的天文、物理、化学、生命等自然现象及其演变规律的探测研究而形成的一门科学。分为空间天文学、空间物理学、日地物理学、空间化学和空间生物学等。其研究对象从地球中高层大气、近地环境、日地空间、太阳系，一直到浩瀚的宇宙空间；研究内容包括太阳系与宇宙的构成、起源与演化、生命起源与地外生命、宇宙射线、高能现象、等离子体和电磁场效应、太阳活动和日地关系、近地环境及其变化、电波传播、行星及其卫星的地质构造和气候变化，另外还有小行星、彗星和微流星体、轨道碎片与太空污染等。其手段包括火箭、卫星、飞船、航天飞机、空天飞机，以后各个国家都要发展的太空站，以及各类升空探测飞行器，甚至于还包括高空的飞机与气球。随着载人航天技术的发展，空间科学的领域从观测宇宙天体发展为利用地外空间进行生命科学和微重力科学实验。空间科学的目的在于更好地理解天体和生命物质等空间客体的演化规律，以及利用空间环境的特定条件来发展自然科学的有关学科。

【空间目标监视系统】（space target surveillance system） 对空间目标进行探测跟踪、定轨预报、识别编目、侦收分析的情报获取系统。空间目标是指在宇宙空间运行的航天器和空间碎片，重点是别国军用航天器。空间目标监视系统是现代战略防御的基本组成部分之一，是获取空间战略情报的重要手段，也是进一步发展航天技术不可缺少的保障。该系统由数据处理指挥中心与若干监测台站（含星载、机载和舰载监测系统）组成。它包括探测系统、信息处理系统、通信系统和时间统一系统四个基本部分。系统中心主要对各监测台站的测量信息进行汇集、处理、分析、存储和发送，提供有关部门使用，并对各台站实施指挥管理，是全系统的中枢。监测台站主要通过探测系统直接获取空间目标的信息，并进行初步处理。探测系统的主体设备类型有连续波监视雷达、脉冲监视雷达、星载或机载红外监视系统、深空望远镜、激光测距仪与激光雷达、无线电侦察系统。信息处理系统由计算机硬件、各种软件、控制显示、分析记录设备等构成，主要对监测信息进行实时和事后处理分析。通信系统保证系统中心与各监测台站之间的通信联络和信息传输。时间统一系统为各设备提供统一的时间标准和频率。

空间目标监视系统

【空间平台】（space platform） 一种有人或无人照料、可定期访问或补给的自主航天器。介于人造卫星和空间站之间的航天器。20世纪70年代中期，苏联和美国等国提出了研制和发射空间平台的设想。至20世纪80年代，苏联与西欧成功地发射了小型空间平台，取得了较为满意的成果。空间平台克服了人造卫星功能单一、规模小、适应性差及回收、修理和更换载荷困难的缺点，比载人航天器更安全、廉价、长寿。空间平台具有自主电源、数据管理、通信、热控制、姿态控制和机动变轨能力，设有各类有效载荷舱，可广泛用于微重力实验、空间材料加工和药物生产、地球观察、天文观测、生命科学研究、军事应用，为空间站建设积累了经验或直接成为空间站的组成部分。

【空间生命科学】（science of space life） 研究空间环境对生命活动过程影响的学科。其研究内容包括：重力生物学、辐射生物学、人体生理学和航天医学，以及受控生态生命保障系统和地外生物学与生命起源。20世纪60～70年代，空间生命科学还只限于研究地球生物，包括动物、植物和微生物对空间环境的反应，目的是为航天员进入空间和在空间长期工作、生活的可能性进行试探性研究。进入20世纪80年代，为适应空间开发和利用的需要，空间生命科学发展十分迅速。推动空间生命科学发展的动力主要有：（1）增强人在空间的自主能力。建立永久性空间站和月球站，实现空间移民，开发空间资源。（2）近地轨道空间微重力环境，从失重到超重的操作能力可以作为研究地球重力在生物进化过程中作用的实验工具。（3）发展微重力生物加工技术工业。

【空间生物加工】（space biological processing） 又称微重力生物技术。利用空间微重力环境进行生物技术产品开发的技术。其关键技术有四个方面：（1）生物大分子的晶体生长。微重力环境由于没有沉降和密度差别引起的对流，晶体可在接近各向同性和在接近纯扩散的条件下生长。由于没有静压梯度，晶体有序结构也比地面有明显改进。（2）生物分离。蛋白质、核酸、细胞器和细胞，在空间可进行自由悬浮介质的电泳分离，除电动力学问题外，重力的副作用基本消除，可大大地提高生物大分子的分离效率。（3）细胞融合。两种不同类型亲本细胞融合缺少因重力沉降引起的分离倾向，可降低高频电场强度和排列时间，杂种细胞获得率和活力都大大提高。（4）细胞培养。细胞悬浮培养生产内源性药物，是生物技术产品商业化的关键性步骤。在空间微重力环境中，细胞可进行高密度培养，有可能降低原材料消耗和增加生物活性物质的产量。

【空间实验室】（space laboratory） 由航天飞机携带入轨进行科学技术实验的非自主航天器。一种多功能、多用途的轨道研究设施。实验室采用模块式组合结构，组成单元主要有增压舱和U形台架，为适应不同的研究任务可采取不同组合。1983年11

月28日，空间实验室1号由哥伦比亚号航天飞机携带入轨进行了首次实验飞行。它自身没有动力装置，不能自主飞行，只能装在航天飞机的货舱中，随航天飞机一起飞行。完成预定任务后，再随航天飞机返回地面。欧洲空间局的这座“空间实验室1号”是由西欧10国参加的欧空局花了10年时间、耗资17亿美元研制成功的。它可乘坐四名航天员，设计使用寿命10年，可重复使用100次。截止到1995年，空间实验室共飞行了16次。实验研究涉及材料、医学、生物、对地观测、大气科学、太阳研究、天文观测和技术开发等各个方面，虽取得了丰富的空间科学技术成果，但与预定的目标还有一些差距。

中国天宫1号空间实验室

【空间数据仓库】(space data warehousing) 支持管理和决策过程，面向主题的、集成的、随时间变化的、持久的和具有空间坐标的数据集合。由数据源、空间数据系统、空间数据信息存储系统和空间数据分析工具四部分组成。其特点是：(1)面向主题进行数据组织，在较高层次上将信息系统中的数据进行综合、归类，并加以抽象分析和利用。(2)从原数据库中抽取数据并集成。(3)数据涉及的只是查询，一般不进行修改。(4)不断增加新数据内容，删除过时的数据内容。主要用于支撑空间决策支持系统。

【空间数据交换中心】(space data clearing station) 地学空间数据生产者、管理者和用户之间的网络。交换中心连接分布式数据库网络的管理中心。是用户寻找空间数据、确定其适用性及获得、订购数据的最快、最方便和最经济的方法与服务中心。

【空间数据模型】(space data model) 关于现实世界中空间实体及其相互间联系的概念。为描述空间数据的组织和设计空间数据库模式提供了基本方法。按数据模型形式的不同可分为：(1)层次数据模型。一种树结构模型。它把数据按自然的层次关系组织起来，以反映数据之间的隶属关系。(2)网状数据模型。将数据组织成有向图结构。图中的结点代表数据记录，连线描述不同结点数据间的联系。(3)关系数据模型。其数据的逻辑结构为满足一定条件的二维表。表具有固定的列数和任意的行数，在数学上称为“关系”。关系数据模型可简单、灵活地表示各种实体及其关系，其数据描述具有较强的一致性和独立性，所以在商业数据库中广泛应用。

【空间数据转换】(space data transfer) 将空间数据从一种表示形式转变为另一种表示形式的过程。主要包括矢量－栅格的转换和栅格－矢量的转换。空间数据转换的作用是为编制各类地图(包括电子地图)提供相应的基础数据。

【空间碎片】(space debris) 在空间运行中因意外如相互碰撞或与陨星碰撞或有意爆炸废弃的人造天体的碎片。这些人造天体包括工作寿命终止或因故障不再工作的航天器、用过的运载火箭末级、航天器抛弃的整流罩等。目前，地面跟踪站跟踪到的直径超过4cm的空间碎片数以万计，并以每年10%的速度增加。随着空间碎片的增加和航天器尺寸的增大，航天器和空间碎片碰撞的概率大大增加。由于航天器和空间碎片的相对速度很大，一般在每秒几千米至每秒几十千米，即使轻微碰撞也会造成航天器的严重损伤，如俄罗斯的“和平号”空间站就曾被碎片碰伤。研究如何限制产生空间碎片和清除空间碎片，已成为空间科学十分重要的课题。

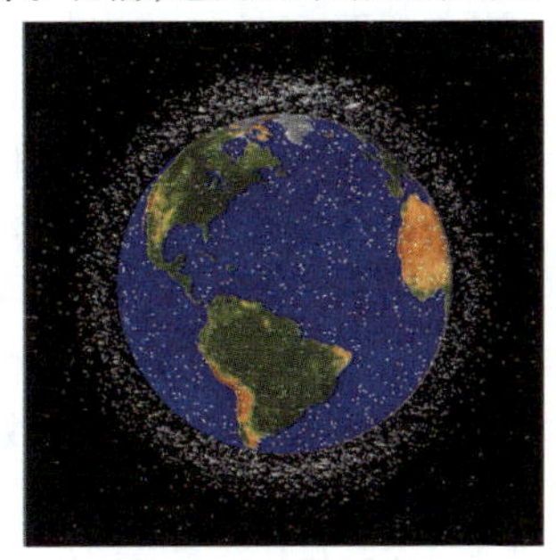
空间碎片

【空间探测】(space survey) 对地球空间范围及对月球、行星和行星际空间所进行的探测。对地球以外的空间探测的主要目的，是研究月球和太阳系的起源和现状，通过对太阳系各大行星及其卫星的考察和研究，进一步揭示地球环境的形成和演变情况、认识太阳系的演化、探寻生命的起源和演变历史。利用宇宙空间的特殊环境进行各种科学实验，直接为国民经济服务。空间探测的主要方式有：(1)在近地空间轨道上进行远距离空间探测。(2)从月球或行星近旁飞过，进行近距离探测。(3)成为月球或行星的人造卫星，进行长期的反复观测。(4)在月球或行星及其卫星表面硬着陆，利用着陆之前的短暂时间进行探测。(5)在月球或行星及其卫星表面软着陆，进行实

空间探测

地考察，也可将获取的样品送回地球进行研究。(6)在深空飞行，进行长期考察。目前，空间探测的领域集中在地球环境、空间环境、天体物理、材料科学和生命科学等方面。

【空间天气】(space weather) 日地空间环境中由太阳活动引起的短时间的变化。在地球表面20km以外的空间，尤其在太阳和地球之间经常发生磁暴、太阳风等空间灾害性事件。太阳上出现的耀斑和日面物质抛射等剧烈活动，常常给地球磁层、电离层和中高层大气、卫星运行安全、空间通信，以及人类健康带来严重的影响和危害。从地球发射的航天器，除了穿越地球低层大气、高层大气之外，还要依次经过内外辐射带、地球磁层和磁鞘区等多个特性完全不同的空间天气区域。太阳爆发、太阳冕洞发出的高速太阳风引发的磁暴并导致电离层暴和热压暴等，均会构成对航天器飞行安全的严重威胁。研究空间天气变化的起源和规律并作出预报，是有待探索的重大基础科学前沿课题，对人类航天事业意义重大。

【空间天气预报】(space weather forecast) 利用地面观测网和卫星观测数据预测太阳活动及空间天气的变化。其目的是为了减轻和避免空间灾害性天气对高科技技术系统造成昂贵损失，为航天、通信、国防等部门提供区域性和全球性的背景与时变的环境模式；为重要空间和地面活动提供空间天气预测和决策依据；为空间资源的开发、利用和人工控制空间天气探索可能途径，并为有关空间政策制定服务等。空间天气预报的理论基础是空间天气学。空间天气学是空间天气(状态或事件)的监测、研究、建模、预报、效应、信息的传输与处理、对人类活动的影响以及空间天气的开发利用和服务等方面的集成，是多种学科(太阳物理、空间物理等)与多种技术(信息技术、计算机技术等)的高度综合与交叉。它把太阳大气、行星际和地球的磁层、电离层和中高层大气作为一个有机系统，按空间灾害性天气事件过程的时序因果链关系配置空间、地面的监测体系，了解空间灾害性天气过程的变化规律。21世纪将是人类走向宇宙空间的时代，当人类进入宇宙后，会受到太阳耀斑、x射线、高能粒子线等各种恶劣环境的影响。随着电波科学与空间科学技术的发展，人类对自己赖以生存、发展环境的认识及研究愈来愈深入，已清楚地意识到，太阳活动和空间环境状况的变化，制约着人类生产、生活。预报空间天气好坏就成为势在必行的工作。预测太阳风磁场方向，尤其是对太阳风碰到磁层后与磁层的相互作用而产生的一些复杂现象，是当今世界数以百计的空间物理专家们研究的热门课题之一。

【空间武器】(space weapon) 部署在太空、陆地、海洋和空中，用于攻击和摧毁太空飞行目标的武器。也包括从太空攻击陆地、海洋和空中重要目标的武器。空间武器主要包括反卫星武器、反导弹武器和轨道轰炸武器等。

空间武器

【空间系绳发电系统】(power generation system of space tether) 利用航天器带动一根金属导线切割地磁场进行发电的系统。其核心部件是等离子体接触器。它是一个与空间环境等离子体作交换电流的装置。地球是一个大磁场。如果航天飞机携带着绳系卫星在空中飞行，由导电材料制成的绳系卫星的系绳，在绕地球运动时切割地球磁力线就成为一台发电机，可以向绳系卫星和牵引它的航天器供电。据研究，每1 000m长的系绳，可产生200V左右的电压.若系绳为50km长，则可产生7.4KV的电压，5A的电流，32kW的功率。因此，若用它来为空间的各种航天器供电，要比目前广泛采用的太阳能电池板来得简单且经济。俄罗斯的科学家齐奥尔科夫斯基早在1895年在其著作《关于地球和天空的梦想》中最早描述了这种系统及其使用方法。1965年俄罗斯能源火箭公司(前中央机械制造设计局)在科罗廖夫领导下准备开始作世界上第一个系绳系统的空间实验。但后来由于科罗廖夫的逝世这一工作停止了。20年后，能源火箭公司才重新恢复系绳系统的研制工作。1996年，美国和意大利联合进行了飞行试验，从航天飞机上释放了一条长19.7km的导电系绳，产生了约1 700W的功率。虽由于系绳断裂，致使试验中断，却已显示了空间等离子体发电的巨大应用前景。目前，美、加、意、德、日等国均有此类研制计划，有的还进行了有关飞行试验。

【空间信息可视化】(visualization of spatial information) 通过视觉感受与形象思维而获取新知识的空间数据处理、分析及显示的技术。是在空间数据库的支持下，利用图形算法、地图学方法和数据挖掘技术来实现的。

【空间信息网络】(space information internet) 利用现有的空间信息基础设施和网络协议规范，为用户提供一体化空间信息应用服务的智能化信息平台。在空间信息网络中，各种空间信息资源被统一管理和使用。用户可以通过空间信息网络门户透明地使用整个网络上的各种资源，获得多层次的、智能化的、高质量的空间信息服务。其目标是:将因特网上的空间信息服务站点链接起来,实现服务点播和一步到位的服务。

【空间育种】(space breeding) 利用空间环境来培育作物新品种的方法。自20世纪70年代以来,美国、苏联相继开展了空间育种试验研究。中国在20世纪80年代中期也进行了试验,并取得了重大成果,已培育出多种优良作物品种。经过太空的作物种子受太空环境的作用,强宇宙线辐射、微重力和高真空,可诱发植物种子产生某些变异。通过地面试种植和选择,使有利于提高作物产量、抗病性和品质的变异特性遗传保留下来,从而培育出新的优良品种。空间育种方法具有诱变概率高、变异幅度大、周期短和稳定快等优点,对农业生产具有巨大的价值。目前,中国已在返回式卫星上搭载了多种植物种子,取得了重要成果。

【空间元数据】(space metadata) 地理的数据和信息资源的描述性信息。是一个由若干复杂或简单的元数据项组成的集合。如果说地理空间数据是对地理空间实体的一个抽象映射,空间元数据则是对地理空间数据的一个抽象映射。通过对地理空间数据的内容、质量、条件和其他特征进行描述和说明,以便有效地定位、评价、比较、获取和使用与地理相关的数据。

【空间站】(space station) 又称轨道站、太空站、航天站。可供多名航天员长期工作和居住的载人航天器。其用途是供天文观测、地球资源勘测、医学和生物学研究、新工艺开发、大地测量、军事侦察和技术试验等,还可以作为人类造访火星等其他行星的跳板,试验载人行星际探索技术。1971年,苏联发射了世界上第一个空间站“礼炮一号”。1986年苏联又发射了更大的空间站“和平号”。美国于1983年利用“阿波罗”登月计划剩余物资发射了“天空实验室”空间站。迄今,世界上共发射成功10个空间站,并已发展到第三代。苏联“礼炮一号”至“礼炮五号”5个空间站和美国的“天空试验室”为第一代空间站;“礼炮六号”和“礼炮七号”为第二代空间站,“和平号空间站”和“国际空间站”为第三代空间站。目前,除国际空间站正在建设和在轨工作外,其余8个空间站在大气的作用下坠落,“和平号”空间站被人工销毁。

国际空间站

【空间制冷技术】(space cooling technique) 对温度特别敏感的航天器上的元、器件进行冷却,提供稳定低温环境的技术。各类红外探测元件和低噪声参量放大器必须在200K以下的低温环境中工作才能减小热噪声,获得不同波长的信号和实现高质量的信号转发。按制冷方式的不同可分为:(1)辐射制冷。利用物体的辐射能力将热量辐射到温度相当于4K的宇宙空间,从而降低物体本身的温度。这种方法的制冷设备简单,重量轻,无转动部件,不需要能源。制冷温度在70~200K范围内,制冷功率为10~100mW。(2)潜热制冷。利用储存的固体或液体制冷剂升华或蒸发吸收环境热量来产生制冷效果。制冷温度可达到15K左右。(3)机械制冷。利用机械将气体压缩,排除压缩热后再令气体膨胀,以达到制冷温度。这种方法制冷温度低,功率较大,已用于美国的“天空实验室”上。

【空降作战】(airborne warfare) 空降兵或其他部队通过空中机动降落到预定地区实施的作战。一般包括空降作战准备、空降、地面作战等阶段。空降兵是空降作战力量的主体,具有机动速度快、对敌威慑大等其他作战力量不可替代的优势,一直为各国军界所重视。它平时具有重要的战略威慑作用,战时可以完成战略和战役突击任务。按其作战的性质和规模的不同可分为:战略空降、战役空降、战术空降和特种空降四种。

空降作战

【空空导弹武器系统】(air-to-air missile-armament system) 从空中平台发射、攻击空中目标的导弹武器系统。包括导弹、机载火控系统、目标照射雷达、发射装置和检查测试设备等。除目标照射雷达一类的专用设备外,大多数的设备通常是与其他机载武器共用的。

【空气动力干扰】(aerodynamic interaction) 存在于同一流场中的两个或多个物体之间的扰动影响。这种扰动影响会使作用于某一物体上的空气动力与这一物体单独存在时的值不同。它不仅发生在相互分开而又有一定距离的几个物体之间,更多的是出现在几个物体相互连接在一起的情况。由于飞机各部件绕流的压力场和边界层的相互干扰,使作用在整架飞机上的空气动力并不简单地等于各孤立部件所产生空气动力之和，必须计及因空气动力干扰而产生的增量。对于尾翼位于机翼后方的飞行器，空气动力干扰主要包括机翼与机身之间、机翼与尾翼之间和发动机喷流对机身的干扰。

【空气动力特性】（aerodynamic characteristics） 作用在飞行器上的空气动力和空气动力力矩随飞行器几何外形、飞行姿态（迎角、侧滑角等）、飞行速度、大气密度、空气黏性和压缩性等参数的变化规律，或空气动力系数随飞行器几何外形、飞行姿态、飞行马赫数、飞行雷诺数等参数的变化规律。空气动力特性是分析飞行器性能的最主要的依据。空气动力是指飞行器与空气相对运动时作用在飞行器表面上的压力、切向力的合力。一般将空气动力沿平行和垂直于飞行器的运动方向分成升力、阻力和侧力三个分量；空气动力力矩是指空气动力对飞行器重心（或其他力矩参考点）的力矩，沿机体坐标轴系可分解成俯仰力矩、滚转力矩和偏航力矩三个分量；空气动力系数是将空气动力和空气动力力矩分别除以 $1/2\rho V^2 S$ 和 $1/2\rho V^2 SL$ 所得到的无量纲值。这里 ρ 是飞行高度上的大气密度，V 是飞行速度，S 是飞行器的特征面积（对飞机一般取机翼的平面面积作为 S），L 是飞行器的特征长度，对俯仰力矩系数一般取机翼的平均空气动力弦长，对滚转力矩系数和偏航力矩系数一般取翼展。

【空气动力学】（aerodynamics） 流体力学的一个分支。主要研究物体与空气作相对运动时彼此之间相互作用规律并应用其规律解决实际问题的学科。航空航天的理论基础之一。按研究方向的不同可分为多个分支学科，如大迎角空气动力学、定常空气动力学和非定常空气动力学、外流空气动力学和内流空气动力学、理论空气动力学、实验空气动力学和计算空气动力学、理论空气动力学和黏性空气动力学，还可以分出低速、亚声速、跨声速、超声速、高超声速以及汽车、飞机、直升机、导弹、航天器空气动力学等。

【空气动力噪声】（aerodynamic noise） 气流内部运动或与物体互相作用所产生的噪声。飞机空气动力噪声在飞机全部噪声中占主要部分，主要来自以下声源：(1)喷流噪声。喷气发动机的高速气流从尾喷口排出，与周围流速较低的空气急剧混合，形成强烈的脉动，产生噪声。它的强度与喷流出口速度的 8 次方成正比。在装有涡轮喷气发动机的飞机上，发动机最大功率运转时喷流噪声是最主要的声源。(2)旋转叶片噪声。螺旋桨、旋翼、装在涵道内的风扇、涡轮和压气机等的旋转叶片产生另一类空气动力噪声。叶轮旋转时，叶片每次通过一个空间固定的点都给空气一个扰动脉冲，产生旋转噪声。叶尖速度越高噪声越强。(3)机体噪声。气流流过机身、操纵面、起落架和减速板等形成湍流边界层、分离气流或旋涡。高速飞行时，还可能产生振动的激波。这些非定常流动产生的空气动力噪声总称为机体噪声。在巡航飞行状态，它是舱内噪声的重要来源。此外，音爆也是一种空气动力噪声。飞机噪声还会激起蒙皮的振动，引起飞机结构的声疲劳，或者影响机上电子设备和仪表的正常工作，也会骚扰航线下特别是机场周围的居民。为此，许多国家都制定了飞机噪声标准来加以限制。噪声指标已成为民用飞机设计的主要指标之一。

【空气负离子发生器】（aeroanion generator） 根据物质电离的原理人工制造空气负离子的装置。空气离子化是新兴的边缘学科－电气候学中的一项新技术。由于广泛地使用金属、塑料及空气调节设备等，吸收了大量的负离子，造成环境和室内小气候中正离子大量的增加，形成正、负离子严重的不平衡（通常正、负离子的比例为 1.2∶1），使人产生头痛、恶心、情绪不安、抑郁、疲乏等不适反应。而负离子却可以使人感到镇静、精神舒畅。人在海洋、山林等地，感到气爽神清就是这个原因。空气负离子发生器产生的负离子可作为降毒剂，有改善呼吸功能、增强新陈代谢、促进血液循环、加速烧伤痊愈和调节神经系统等作用，故有人把它称为空气维生素。

空气负离子发生器

【空气螺旋桨】（air propeller） 又称螺旋桨或螺桨。利用桨叶在空气中旋转将发动机的转动功率转化为推进力（拉力）或升力的装置。由多个桨叶和中央的桨毂组成。发动机轴与桨毂相连接并带动桨叶旋转。桨叶是具有机翼形状和一定扭角的细长几何体。按桨叶数目的不同可分为双叶桨 、三叶桨、四叶桨和多叶桨；按旋转方向的不同分为左旋桨和右旋桨。有时大功率涡轮螺桨发动机采用左旋和右旋两个螺桨组合为双排对转螺桨，以抵消反作用扭矩。螺旋桨通过桨载与发动机相连接。发动机带动其旋转，桨叶上产生的气动力在前进方向上的分力即螺桨的拉力。螺旋桨广泛应用于活塞式飞机和涡轮螺旋

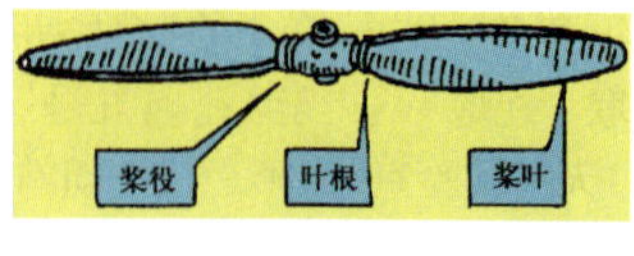

空气螺旋桨

桨飞机。直升机旋翼和尾桨也是一种螺旋桨。在喷气发动机出现以前，航空发动机均以螺桨作为产生推进力的装置。目前仍用于亚声速飞行。

【空气幕】(air curtain)　又称风幕机、门帘机、风帘机。采用自由射流技术，使喷口喷射出的气流形成一幕帐，以减少和阻隔室内外空气对流的设备。分单吹、单吸及吹吸式三大类型。主要用于隔断有毒有害气体、粉尘和热、冷、湿气体，阻止有害气体的侵入，以减少其对产品和人体的危害，确保产品质量和人员的安全与健康。适用于车间、库房、纺织、制药及食品加工等行业以及商场、宾馆、饭店、剧院、医院等经常开启大门的场所。

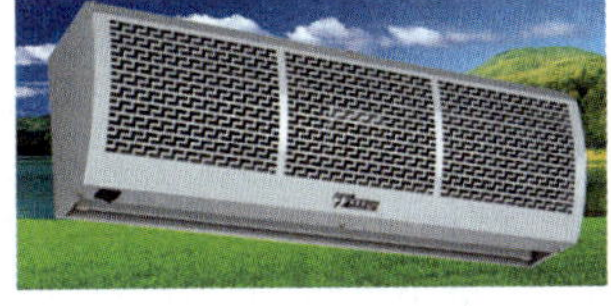

风幕机

【空气喷气发动机】(aerojet engine)　利用大气层中的空气作氧化剂的喷气动力装置。空气与所携带的燃料燃烧产生的高温气体向后高速喷射、直接产生向前的反作用推力。衡量空气喷气发动机的性能指标有：(1)发动机总推力。(2)单位推力。每单位流量的空气进入发动机所产生的推力。(3)推重比。发动机总推力和其结构重量之比。(4)单位油耗率。产生单位推力每小时所消耗的燃油量。空气喷气发动机按其结构的不同可分为：燃气涡轮发动机和冲压喷气发动机。因离不开空气，只能作为航空器的发动机。

【空气调节】(air conditioning)　在自然环境下，用人工方法，将特定空间内空气的温度、湿度、气流速度及洁净度等参数控制在预定要求范围之内的通风技术。空调系统组成包括：冷(热)源设备、冷(热)媒输送设备、空气处理设备、空气分配设备、冷(热)媒输送管路、空气输送动力设备与管路、自动控制装置等。其中，空气处理设备可对空气进行净化、冷却、加温、除湿、加湿。这些设备可依具体工程要求组成不同类型。按其空气处理设备设置的不同可分为集中式空调系统、半集中式空调系统和分散空调系统。按其负担空调空间内负荷所用介质的不同可分为全空气系统、全水系统、空气-水系统、冷剂系统。按其集中式空调系统处理空气来源的不同可分为封闭式系统、直流式系统和混合式系统。按其服务对象的不同可分为工艺性空调(用于工业生产和实验室)和舒适性空调(以人体感觉舒适程度为标准)。工艺性空调又可分为夏季以降温为主的空调、恒温恒湿性空调、洁净空调和人工气候。其作用是：(1)造成合适的室内气候，以有利于工业生产及科学研究的进行。(2)创造舒适环境，以有利于人们工作、学习和休息。(3)创造特定的气候环境，如特殊医疗的气候环境，使一些需要特定气候环境的手术和治疗得以安全进行；模拟太空环境的气候条件，使太空实验得以顺利完成等。(4)为妥善保存珍贵物品、博物馆藏、图书馆藏等创造条件，以有利于它们的珍藏，保护其不受霉潮侵害，得以长期保存。

【空气污染气象】(air pollution meteorology)　气象学的一个分支。其主要研究内容包括污染物在大气中的扩散、输送、清除与转化，空气污染物扩散与气象因子的关系，预测空气污染物的浓度分布及其对环境空气质量的影响。采用理论研究和试验研究相结合的方法进行研究。从其试验性和应用性强的特点来看，与大气科学的其他学科研究一样，仍以试验研究为主，运用现场观测试验、数学模拟和室内流体物理模拟试验进行研究。空气污染气象研究是大气环境研究与应用的一个重要领域，对防治大气污染和大气环境的保护有重要意义。

【空气污染指数】(air pollution index，API)　将复杂的多种污染物浓度简化成单一的数值形式、直观表征空气质量状况和空气污染程度的分级数值。空气质量的好坏取决于各种污染物中危害最大的污染物的污染程度。根据环境空气质量标准和各项污染物的生态环境效应及其对人体健康的影响来确定污染指数及相应的污染物浓度限值。通过数学计算分别得出各种污染指数，以其中最高者为当时、当地空气污染指数。参见附表。

附表 1

空气污染指数范围及相应的空气质量类别

污染指数	空气质量状况	对健康的影响	建议采取的措施
0～50	优	可正常活动	无
51～100	良	可正常活动	无
101～150	轻微污染	健康人出现刺激症状	呼吸系统疾病患者应减少体力消耗和户外活动
151～200	轻度污染	健康人出现刺激症状	呼吸系统疾病患者应减少体力消耗和户外活动
201～250	中度污染	心脏病和肺病患者症状显著加剧	心脏病和肺病患者应停留在室内
251～300	中度重污染	心脏病和肺病患者症状显著加剧	心脏病和肺病患者应停留在室内
>300	重污染	健康人运动耐受力降低	一般人避免户外活动

附表 2

空气污染指数对应的污染物浓度限值

污染指数(API)	污染物浓度(mg/m^3)				
	SO_2(日均值)	NO_2(日均值)	PM_{10}(日均值)	CO(小时均值)	O_3(小时均值)
50	0.050	0.080	0.050	5	0.120
100	0.150	0.120	0.150	10	0.200
200	0.800	0.280	0.350	60	0.400
300	1.600	0.565	0.420	90	0.800
400	2.100	0.750	0.500	120	1.000
500	2.620	0.940	0.600	150	1.200

注:表中的“PM_{10}”为可吸入颗粒物。

【空气吸举采矿系统】(air-lift miling system) 开采海底砂矿和多金属结核的一种装置。主要由电机水管、气管和气压泵组成。采矿原理是通过管道内空气的抽吸功能,从海底抽吸矿砂和多金属结核。在采矿时,要把管道下端下沉到海底,与沉积物接触,使管内充满海水。之后,在管道内注入高压空气,使之在管道内形成向上流动的气液混合流,从而把海底矿物吸扬到采矿平台(采矿船)上。该系统可在5 000m的深海中作业。

【空气源热泵】(air resource heat pump) 以空气为低位热源,通过输入少量的高品位能源(如电能),实现热能由低温位向高温位转移的装置。该泵以制热为目的,也可用来制冷。如热泵型热水器可供生活用热水,而热泵空调冬季供暖,夏季制冷等。

空气源热泵

【空气质量连续自动监测系统】(atmosphere quality continuous automatic monitoring system) 对某一区域空气质量进行实时、连续、自动监测的系统。系统由监测仪器、数据通信、计算机组成。由一个中心站、若干个子站和信息传输系统。中心站是网络的指挥中心,也是信息数据处理中心,任务是管理子站的各种监测工作,收集子站的各种监测数据,并进行数据统计与处理,对突发事故发出警报。子站配有自动测定各种污染物的仪器仪表、通信系统等。该系统的任务是时刻监测各种污染物、处理结果、储存数据和上传数据。子站的工作特点是连续、自动、常年不断。监测项目有二氧化硫(SO_2)、氮氧化物(NO_x)、总悬浮颗粒物(TSP)或可吸入颗粒物(PM_{10})、一氧化碳(CO)、臭氧(O_3),加上五项气象参数(气温、湿度、大气压、风向、风速)。

【空桥运输】(transit by shipping and air) 又称海空联运。以海运为主,只在最终交货运输区段由空运承担的联合运输方式。始于20世纪60年代,到80年代才得以较大的发展。采用这种运输方式,运输时间比全程海运少,运输费用比全程空运便宜。总的来讲,运输距离越远,采用空桥运输的优越性就越大。其目标就是以低费率提供快捷、可靠的运输服务。在运输组织方式上,空桥运输与陆桥运输有所不同。陆桥运输在整个货运过程中使用的是同一个集装箱,不用换装;而空桥运输的货物通常要在航空港换入航空集装箱。目前,国际上空桥运输线路主要有:(1)远东－欧洲。线路有的以温哥华、西雅图、洛杉矶为中转地,也有以香港、曼谷、海参崴为中转地,还有以旧金山、新加坡为中转地。(2)远东－中南美。以迈阿密、洛杉矶、温哥华为中转地。(3)远东－中近东、非洲、澳洲。常以香港、曼谷为中转地,在特殊情况下,还有经马赛至非洲、经曼谷至印度、经香港至澳洲等联运线,但这些线路货运量较小。

【空勤组】(aircrew) 又称机组。由执行航空客货运输任务的飞机上人员组成的小组。一般包括飞行人员和乘务人员。飞行人员是在飞行中操纵飞机和使用机上航行、通信设备的人员,包括驾驶员、领航员、空勤通信员、空勤机械员。空勤组由机长领导,机长通常由正驾驶员担任。机长对飞行安全、航班正常和服务质量负责。通信员负责掌管、使用机上通信设备,保证陆空通信的畅通。领航员负责掌管、使用机上全部领航仪器、设备,掌握全航程的无线电导航资料,向驾驶员和地面提供各项经过计算的航行数据。机械师负责监视飞机的动力装置和各个系统在飞行中的工作状态,遇有异常情况,协助机长采取必要措施;在飞机起飞和着陆时,协助驾驶员操作。乘务人员的工作是为机上乘客服务。大型客机客舱内设乘务长,负责领导服务工作。随着机上领航和通信设备自动化程度的提高,一些机型空勤组中的领航员和通信员的工作,已逐渐由正正副驾驶员分别承担。有些新式飞机机组内的飞行人员只有两人。航空运输企业根据任务性质、航程长短、机型等情况,决定空勤组人数,如执行货运任务,则不配派乘务员。

【空蚀】(cavitation erosion) 又称汽蚀。流场固体边壁受空化溃灭的冲击作用而产生的剥蚀破损现象。是空化的后果。它使水力机械效率降低,使过水建筑物遭受破坏。水利水电工程空蚀形成的过程是:高速水流流过边壁不顺直或不平整处,局部压强降低而出现了空泡。空泡随水流移至下游高压区后，其周围的压强一般是不平衡的，压力高的一侧开始变形，形成微型液体射流，穿透空泡，在空泡行将溃灭的瞬间，微射流达到极高的速度，并以极大的冲击力作用于边壁表面。多个空泡连续溃灭的冲击作用，致使边壁材料产生疲劳而剥落破损。与此同时，空化溃灭还产生自由氧，加剧了对边壁材料的化学腐蚀作用。

【空速表】(air speed gauge) 安装在驾驶舱仪表板上、为飞行员测量和指示航空飞行器相对周围空气的运动速度的仪表。飞机上常用的空速表主要有：指示空速表、真空速表、马赫数表和组合式空速表等。指示空速表利用开口膜盒等敏感元件，通过测量空速管处的总压与静压的压差，间接测出空速。真空速表由指示空速表增加真空膜盒等附件组成，这些附件主要用于修正因大气条件变化带来的误差，经修正的空速，接近于真实空速。马赫数表的工作原理与真空速表相似，主要为飞行员测量、显示真空速与声速的比值。组合式空速表则可综合测量显示上述参数及与飞行安全相关的参数。

【空天飞机】(space shuttle) 兼有航空和航天两种功能的一种载人航天器。集航空、航天技术于一身，既能用于民用运输，又能执行军事任务；既能像普通飞机一样起飞，以5倍以上声速在大气层内飞行，又可以更高的速度自由往返于太空和大气层之间。

空天飞机

【空箱式挡土墙】(box retaining wall) 由前墙、后墙、纵隔墙横隔墙和顶板、底板构成的空箱形档土墙。在前、后墙间建造横隔墙形成若干舱格。横隔墙间距3～4.5m。底板横向长度与墙高的比值多在0.9～1.2m之间。当需利用部分土重维持墙体稳定时，可将底板和横隔墙延伸至后墙以外形成扶壁。当墙高很大，要求空箱横向尺寸过大时，可在前、后墙之间加设纵向隔墙，形成多舱式空箱挡土墙。空箱顶部设通气孔，底部设通水孔，用以通气和通水。空箱式挡土墙一般为钢筋混凝土结构。其优点是：刚度大，基底压力小，抵抗不均匀沉降的能力强，并可在空箱内部分填土或利用通水孔向空箱内充水或排水，调节基底的压力分布，使其在各种运用条件下都接近均匀分布，减小不均匀沉降。空箱式挡土墙多用于挡土高度大，地基软弱的情况。水闸边墩后的岸墙常采用这种类型。

【空心砖】(hollow brick) 以黏土、页岩等为主要原料，经过处理、成型、烧结制成的具有竖向孔洞的砖。是框架结构建筑物的理想填充材料。其孔洞总面积占其所在砖面积的百分率，称为空心砖的孔洞率。一般应在15%以上。与实心砖相比，可节省大量的土地用土和烧砖燃料，减轻运输重量；减轻制砖和砌筑时的劳动强度，加快施工进度；减轻建筑物自重，加高建筑层数，降低造价。在烧结空心砖的中部，开设有至少两个均匀排列的条孔。条孔之间由肋相隔，条孔与大面、条面平行，其间为外壁，条孔的两开口分别位于两顶面上。在所述的条孔与条面之间分别开设有若干孔径较小的边排孔，边排孔与其相邻的边排孔或相邻的条孔之间为肋。其结构简单，制作方便。其优点是质轻、强度高、保温、隔音降噪性能好、环保和无污染。砌筑墙体后，能确保设置在这种墙面上的单点吊挂的承载能力，适用于非承重部位作墙体围护材料。

空心砖

【空穴】(hole) 又称电洞。半导体价带中未被占据的空位状态。半导体共价键中的一些价电子由于热运动而摆脱共价键的约束成为自由电子，同时在共价键上留下空穴。空穴的有效质量等于原来占据该状态的电子的有效质量，但所带电荷与电子电荷相反，即+e。

【空域管理】(space management) 为保证飞行安全，促使空中交通有秩序地运行而进行的空域划分和空域规划。其目的是：为了在广阔的空间对航空运输飞行的飞机能提供及时、有效的管制服务、飞行情报服务和告警服务，防止飞机空中相撞和与地面障碍物相撞。空域管理的基本原则是：(1)尽量减少对空域使用的限制和妨碍，使飞机能沿其最有利的路线飞行，并保证与其他飞机之间的安全间隔。(2)充分满足交通需求的增长，充分利用空域资源，尽可能满足商业运输、通用航空、军事飞行三类用户的基本要求。空域划分包括飞行高度层的规定和各种空中交通服务区域的划分。空域规划是指对某一给定空域(通常为终端区)，通过对未来空中交通量需求的预测，根据空中交通流的流向、大小与分布，对其按高度方向和区域范围进行设计和规划，并加以实施和修正的全过程。其目的是增大空中交通容量，理顺空中交通流量，有效地利用空域资源，减轻空中交通管制员工作负荷，提高飞行安全水平。

【空中发射】(airborne launching) 利用经过改装的大型运输机发射卫星的发射方式。把载有卫星的有翼多级空射型运载火箭挂在大型运输机的机翼下,待升至适当高度时施放运载火箭,由其各级发动机依次点火工作,将卫星送入预定的轨道。空中发射可使运载火箭首先获得载机速度,能降低航天器的发射成本,是发射小型近地轨道卫星的一条廉价途径。

【空中核试验】(airborne nuclear test) 核装置由飞机、导弹或气球来运载,在试验场区靶心上空投掷的一种核试验。将试验核装置及其引爆控制系统等安装在专用的航弹壳体内做成核炸弹,由飞机投下后,弹上的引爆控制系统和遥测系统开始工作,自动测量航弹离地面的高度,在到达预定爆炸高度时给出起爆信号引爆试验装置。空中核试验的爆炸高度一般是根据试验装置威力确定的。其原则是:爆炸气浪掀起的尘柱不与爆炸烟云相接,以减少爆心附近地区的放射性污染。其他试验要求(如测量和效应试验等的需要)也是确定爆炸高度的因素。例如,为了研究低空核爆炸的杀伤效应就需要将试验的爆炸高度降低。

空中核试验

【空中加油装置】(flight refuelling system) 在加油机上进行空中加油的全套设施。按加油方式的不同可分为:(1)软管式。该装置又分为吊舱式和平台式,由泵油系统、控制系统、卷盘、软管、锥管和动力系统组成。空中加油时,受油机飞到加油机后下方适当位置,将受油探头插入加油机加油软管端头的锥套内卡住后,燃油经加油软管通过单向阀门流经受油探头进入受油机内加油,加油完毕后,受油机减速使受油探头与加油软管脱离。其优点是自动化程度高,加油机通用性强和可实现多机同时加油,但加油速度较慢。(2)伸缩管式。该装置由泵油系统、驱动装置、动力系统、伸缩管和加油插头等组成。加油时放下伸缩管并调整其位置,使插头插入受油机的受油口内,夹紧密封后加油。加油结束后两机脱离。其优点是加油速度快,但需要专门的加油机和操纵员,一般只能对单机加油。目前,世界上专用空中加油机约有1 100架。

飞机空中加油

【空中交通管理系统】(air traffic management system) 利用技术手段对航空器的飞行空域、流量进行监视管理的系统。该系统提供飞行情报和报警服务,确保飞行安全。空中交通管理系统建设的好坏直接影响飞机的飞行安全、通畅和经济效益。空中交通管理系统所依托的技术手段是通信、导航和监视。美国已将空中交通管理列入21世纪的重大航空技术研究项目,进行开发研究航迹管理和飞机位置预测自动化;数字数据链并自动记录飞机高度、速度、航向等参数;为地面空中交通管制引导飞机航迹直接访问机载飞行管理系统;卫星导航、通信、监视技术;机载通信、导航和飞行管理系统的全面综合等。

【空中交通管制】(air traffic control) 对飞机飞行活动进行的监视、控制、指挥和调度。包含区域管制、进近管制、塔台管制和空中交通报告服务四部分。按管制空域的不同可分为:(1)一般空中交通管制。适用于整个国土上空。(2)特别空中交通管制。适合于边境地区、通过国界的空中走廊和某些特殊地区上空。(3)临时空中交通管制。适合于演习、飞行检阅和航天器发射场区上空。(4)地方空中交通管制。适合于某些地方航线和经过该地区航线的管制。空中交通管制的目的是:防止航空器相撞,防止航空器与地面障碍物相撞,维持空中的交通秩序保证飞行安全,保证快速高效的空中交通流量。

【空中交通流量管理】(air traffic flow management) 当空中交通流量接近或达到空中交通管制可用能力时,适时地进行调整,保证空中交通量最佳地流入或通过相应的区域,尽可能提高机场、空域可用容量的利用率的措施。应考虑的问题主要有:(1)需要的信息包括飞机实时动态信息、实时气象信息、设备状况信息、人员状况信息等。(2)空域结构和网络布局。空域结构与网络布局对其容量有着重要影响,从而影响流量管理的效果。因此,必须认真考虑空域与网络的有关结构及其分布。中交通容量。对空中交通容量的准确估计是空中交通流量管理的基础和前提,也是主管部门制定有关空管规章、合理配置空管保障系统设备与管制席位以及进行空域规划的重要依据。

【空中面包车】(small airbus) 现代客机中的一种小型客机。只坐十几位乘客,速度不亚于大型喷气式客机。像汽车中的面包车一样,“个头”很小,一对机翼不到20m长,可以在中小城镇的简易跑道上起飞降落。飞机自重大多不超过15t，只有大型喷气式客机的十几分之一。耗油量低，噪声小。机身装有三副短的起落架，使机身的高度明显降低，上下飞机就像上下汽车一样方便。空中飞行速度高达每小时 8×10^2 km。因其采用了先进的增阻装置和阻力板，只要1km左右长的跑道就可以起落。起落架坚固，采用低压轮胎，飞机在高低不平的乡村上跑道上也能安全起降。飞机上还有完善的导航、通信设备和气象雷达等。空中面包车不论白天黑夜，在任何气象条件下都可安全平稳地飞行。大量采用新型的复合材料、新式的蜂窝结构等，既减轻了飞机重量，又缩小了结构尺寸，使机舱有较大的空间以及舒适宽敞的坐椅。乘客在飞机上可以翻开折叠式办公桌、沙发，办公、休息，除了用做客机外，还用来进行飞行训练、导航等。

小型客机

【空中停车率】(shutdown rate in flight) 飞机发动机在平均每1 000飞行小时中空中停车的次数。是表征发动机可靠性的主要指标。只有零件损坏、润滑油中断、振动过大、超温等发动机本身原因造成的发动机停车才能计入空中停车率。

【空中指挥预警飞机】(air command and early waning aircraft) 见预警机。

【空中走廊】(air corridor) 为航空器进出某地区上空划定的具有一定宽度的通道。按国际协定或本国实际情况划定。其目的是：限制飞行范围，使航空器严格按照走廊进行飞行，避免航空器进入走廊之外的限制区域；便于航空管制，维护飞行秩序，保证飞行安全。空中走廊的宽度不得小于8km。一般情况下在两点连线的两侧设置各有4～5km宽度的空中飞行通道，供航空器在走廊内进行点与点之间的飞行。北京、上海、广州、成都、西安、沈阳等大城市都设有空中走廊。飞机去这些大机场，不可随意飞越城市上空直接进入机场，而必须先飞向指定的地点(即走廊口)，然后沿着空中走廊再飞向机场降落。

【孔壁保护】(hole protection) 在钻探过程中为稳定孔壁采取的措施。钻进过程中，应尽量保持钻孔孔壁的原始状态，否则会造成孔壁不稳定。孔壁失稳一般表现为坍塌、掉快、超径、缩径等，极易造成孔内事故。保持孔壁稳定是钻进过程中十分重要的问题。为了防止孔(井)壁坍塌，循环漏失，高压的水及油、气涌入孔内，必须采取保护孔壁措施。其方法有泥浆护臂和套管护臂。前者是通过调整泥浆失水的性能，使泥浆在孔壁上形成一层良好的泥皮，起到对孔壁的保护作用。后者是使用金属套管将复杂地层(严重易塌、易漏、易喷)与孔身隔离开来，以控制孔内塌、漏、喷等孔内事故。

【孔口坝】(hole dam) 坝体上设有孔口的拦沙坝。是山洪及泥石流沟道的主要防治工程之一，可调节山洪流量，拦挡泥石流中固体物质，减免泥石流危害。坝体上的孔洞形状、尺寸、数量及布置形式，需按修建目的和施工条件确定。按孔洞功能的不同可分为：(1)导流孔洞。作用是在施工期间排走沟道中的常流水。尺寸按施工期间的最大流量而定。在坝体建成，后砂砾自行将孔口堵塞或人工填堵。(2)水砂排泄孔洞。排泄库中的砂砾。其形状可为矩形、正方形、长缝形和圆形。圆形孔洞的孔口对坝体应力影响最小，坝体不易损坏。(3)排空孔洞。排空拦蓄的砂砾。其尺寸按山洪量设计。孔口总过水能力要比中等洪水流量大30%。孔洞排列不当会使坝体抗压能力减少。上下两排孔洞的位置一般交错排列。为了顺利排走砂砾，孔洞水平底部的宽度应为计划排走石砾直径的3倍。

【孔庙】(Confucian Temple) 祭祀孔子的庙宇。位于山东省曲阜市南门内。曲阜孔庙是祭祀孔子的本庙。在中国、朝鲜、韩国、日本、越南、印度尼西亚、新加坡、美国等国家还有2 000多座孔子庙。孔庙始建于孔子死后第二年(公元前478年)，鲁哀公将其故宅改建为庙。此后历代帝王多崇奉儒学敕令在京城和各州县建孔庙。到清代，雍正帝下令大修，扩建成现在规模。庙内共有九进院落，以南北为中轴，分左、中、右三路，纵长630m，横宽140m。有殿、堂、坛、阁460多间，门坊54座，“御碑亭”13座，拥有各种建筑100余座，占地面积约 $9.5\times10^4 m^2$。孔庙内的圣迹殿、十三碑亭及大成殿东西两庑，陈列着大量碑碣石刻，历代碑刻不乏珍品，其碑刻之多仅次西安碑林。孔庙是中国现存规模仅次于故宫的古建筑群，堪称中国古代大型祠庙建筑的典范。

孔庙

【孔内事故】(drilling accident in hole) 由于钻杆折断、套管折断脱扣或脱落，孔内落物，跑钻、卡钻、埋钻、烧钻、孔壁坍塌、孔漏、涌水、井喷等而引起的钻进停工。跑钻指钻进过程中由于操作不慎或钻具连接不牢而将钻具掉入孔内的事故;卡钻指粗径钻具上部在钻孔内被卡塞而使钻具提升受阻的现象;埋钻指钻具被孔内沉落的钻屑和坍塌物埋住,造成钻具不能转动、不能提升,冲洗液也不能通过的现象;烧钻指由于钻具水路不通、中途泄露或供水不足而造成钻头温度过高烧坏钻头的 现象;孔壁坍塌指钻进过程中井壁失稳产生的掉块、垮落现象;孔漏指钻进时孔内的冲洗液部分或全部流失的现象;涌水指钻进中承压层中水压力超过钻孔液柱压力,致使承压水涌入钻孔、甚至喷出地表的现象;井喷指钻井过程中孔内地层流体压力大于井内压力而大量涌入井筒、并从井口无控制地喷出的现象。孔内事故的发生有人为操作不当的因素,有技术的原因,有自然的因素。对孔内事故应以预防为主,严格规章制度,遵守操作规程,管理和维护好一切钻探设备,选择正确的钻进技术参数。发生事故后要及时处理,不使事故扩大。

【孔雀绿】(green peacock) 见孔雀石绿。

【孔雀石绿】(malachite green) 又称孔雀绿。是一种带有金属光泽的绿色结晶体。既是杀真菌剂,又是染料。易溶于水。其代谢产物在人体内不容易降解,具有高毒素、高残留和致癌、致畸、致突变等不良反应。美国、日本、英国等许多国家都将孔雀石绿列为水产养殖的禁用药物。中国也于 2002 年 5 月,将孔雀石绿列入《食品动物禁用的兽药及其化合物清单》中,禁止用于所有食用动物。

【孔雀鱼】(guppy) 俗称彩虹鱼、百万鱼、库比鱼。硬骨鱼纲,花鳉科。鱼体纺锤形,前部圆筒形,后部侧扁。有极为美丽的尾鳍。成体雄鱼体长 3cm 左右。体色艳。基色有淡红、淡绿、淡黄、红、紫、孔雀蓝等。尾部长占体长的 2/3 左右,尾鳍上有1 ~3行排列整齐的黑色圆斑或是一彩色大圆斑。尾鳍形状有圆尾、旗尾、三角尾、火炬尾、琴尾、齿尾、燕尾、裙尾、上剑尾、下剑尾等。成体雌鱼体长可达 5 ~ 6cm。尾部长占体长的1/2以上。体色较雄鱼单调。尾鳍呈鲜艳的蓝、黄、淡绿、淡蓝色,散布着大小不等的黑色斑点。这种鱼的尾鳍很有特色,游动时似小扇扇动。雌、雄鱼差别明显。雄鱼的大小只有雌鱼的一半左右。雄鱼体色丰富多彩,尾部形状千姿百态。孔雀鱼适应性很强。最适宜生长温度为 22 ~24℃。喜微碱性水质,pH 值 7.2 ~7.4。食性广。性情温和。活泼好动。能和其他热带鱼混养。可食水蚯蚓、水蚤及人工合成饵料。原产于南美洲的委内瑞拉、圭亚那、西印度群岛、巴西北部等地的淡水流域及湖沼,后作为观赏用鱼引入新加坡、中国台湾和中国内地多个省份。

孔雀鱼

【孔深】(hole depth) 钻孔从地面至孔底的长度。在油气勘探及水文地质勘探工作中也称为井深。为获取准确的地质资料,为了准确确定所取岩(矿)心在钻孔中的实际深度,需要经常通过钻杆或标准测绳校正钻孔深度。孔深分为设计孔深和实际孔深。前者是根据已掌握的矿区的地质资料,为获取地表以下准确的地质资料及准确确定所取岩(矿)心在钻孔中的实际深度,在设计中确定的钻孔深度。后者是指经过实际钻探施工作业后钻孔达到的深度。由于钻孔不是绝对垂直的,在施工中会产生各种偏差,如施工斜孔(指已经钻成的孔段的轴线与钻孔设计轴线之间产生的偏移,它包括倾角偏移和方位角偏移)、事故、定向孔(利用岩层自然偏斜趋势或钻孔自然弯曲规律使钻孔轴线按设计轨迹延伸的钻孔)及大位移水平孔(油气勘探中井斜角度大于或等于 86°的水平段定向井)产生的偏移等。所以一般钻孔施工的深度不代表从地面往下的垂直深度,与钻孔设计深度也有一定的误差。

【恐怖症】(phobia) 又称恐怖性神经症。对某些特定的事物、情境或在与人交往时产生强烈的、异乎寻常的恐惧或紧张不安,常伴有显著的自主神经症状的一种异常现象。以致出现特征性的回避行为,影响其正常活动。中国恐怖症的患病率约为 2%。该病的发生可能与遗传、去甲肾上腺素功能失调、心理和社会方面等因素有关。常见的临床类型有以下三种:(1)广场恐怖症。最常见,约占 60%。女性多于男性。常于 20 岁后起病,35 岁左右为另一发病高峰。主要表现为对某些特定环境的恐惧,如旷野高处、密闭的环境或人多拥挤的公共场所,出现明显的头昏、心悸、手足发软、出汗等反应,严重者可发生晕厥。(2)社交恐怖症。起病年龄一般在少年期或成年早期。多有一次创伤性的社交经历作为诱因。女性患者约占三分之二。主要表现为:害怕被人注视,因而尽力回避社交场合;害怕当众进食或去公共厕所;害怕与人对视。表现心悸、手抖、语音发颤、出汗、便急,尤以面部潮红最为多见,称为赤面恐怖。(3)单纯恐怖症。又称特殊恐怖症。常起始于童年,女性多见。主要为对某些特定的物体或情境产生恐惧,如害怕尖锐锋利的物品、某种小动物、流血受伤的场面、阴森黑暗的场所以及电闪雷鸣等自然现象,一旦接触会伴有自主神经功能紊乱症状。本症恐怖对象单一,很少泛化。随年龄增长,大多可以自行缓解。

【控导工程】(river-control projects) 为控

导主流、稳定河势而修建的河道整治工程。在河道修建控导工程后，主流受到控制，河槽得以固定，河势稳定，对护滩保堤、涵闸引水、航运等都将发挥积极作用。是河道整治工程的主体。河道整治工程还包括险工和护滩工程，均由丁坝、垛、护岸建筑物组成。险工依托堤防修建，出现最早，并随河势变化不断上接下延．工程长度较大，平面形式不平顺，控导河势能力较弱。在河道系统整治后，一些老险工被部分利用，平面形式也进行了调整，具备了控制河势功能。这时险工也属于控导工程的范畴。护滩工程修建在滩岸上，一般为临时抢险修建，工程长度较短，平面形式多不规顺。

【控顶距】(face width) 工作面支架支护的空间宽度。由矿壁至放顶线之间的距离。控顶距越大，顶板的挠曲变形量越大，底板的鼓起量也越大。顶板下沉量与采高和控顶距成正比关系。当工作面推进二次后，工作空间达到允许的最大宽度称为最大控顶距，回采工作所需要的最小宽度称为最小控顶距。

【控件】(control unit) 对数据和方法的封装，可以有自己的属性和方法的程序单位。属性是控件数据的简单访问者。方法则是控件的一些简单而可见的功能。可以作为一个相对独立的程序单位被其他应用程序重复调用。创建控件的最大意义在于封装重复的工作，其次是可以扩充现有控件的功能。按控件工作模式的不同可分为设计时态模式和运行时态模式两种。设计时态下控件的方法不能被调用，控件不能与最终用户直接进行交互操作，也不需要实现控件的全部功能。在运行状态下，控件工作在一个确实已经运行的应用程序中，对方法的调用进行处理并实现与其他控件之间有效的协同工作。

【控释制剂】(controlled release preparation) 药物从制剂中以受控形式恒速或接近恒速地释放到作用器官或特定靶器官而产生治疗作用的一类制剂。其活性成分能以零级速率定时定量地从系统中释出。其剂型有骨架型控释制剂、包衣控释片剂、渗透泵型控释制剂、胃内漂浮控释制剂和控释微丸等。其特点是：(1)与常规剂型比较，控释制剂释药速度平稳，接近零级速度，减少了服药次数。(2)体内有效血药浓度维持时间长，避免产生"峰谷"现象。(3)可减少药物对胃肠道的副作用。(4)对于治疗指数小、消除半衰期短的药物，制成控释制剂可避免频繁用药而引起中毒的危险。

【控制初情期】(puberty control) 诱发青年母畜提前出现初情期的技术措施。其目的在于提早配种，以实现集约经营，提高经济效益。对肉用家畜有一定实用价值。它与诱发幼畜排卵不同，不但要求青年母畜正常发情排卵，而且要正常妊娠，所以年龄要适当大些。

【控制电机】(control led motor) 在运动控制系统中作执行元件、检测元件、反馈元件、变换元件和放大元件用，对位置、速度、加速度、力或转矩进行精确控制的各种电机，以及在运算系统中作运算元件用的各种电机的总称。中国称之为控制微电机。微电机的转速指标为1 000r/min时，连续额定功率为750W及以下或机壳外径不大于160mm或轴中心高不大于90mm的电机。实际上控制系统中使用的电机，从功率、质量、体积等方面都已超出微电机的范围。控制电机作为传感器、执行器及电源设备，广泛应用于军事装备、航空航天设备以及机器人制造等运动控制系统中，以适应其旋转、直线、往复、摆动、平面等运动的需要。

控制电机

【控制繁殖用药】(reproduction controlling drugs) 一类控制家畜繁殖机能，使其同期发情和分娩的药物。同期发情用孕激素、美他硫脲、前列腺素 F2α、氯前列醇、氟前列醇和氯米芬。同期分娩可用地塞米松和氟美松。

【控制交配】(controlled breeding) 在人为控制下进行的公母畜本交。自然交配的一种。其优点是：可提高优良种畜的利用率，有利品种改良，提高畜群质量。控制交配可分为分群交配、圈栏交配和辅助交配三种。

【控制精度】(control accuracy) 又称控制余差。反馈控制系统中最终的控制参数值与额定值的符合程度。是自控系统关键环节，表示所控制的被控量的波动范围与给定值之比的百分数。其计算公式为：被控制的波动范围/被控量的给定值 ×100%。在工业生产过程中，对于生产装置的温度、压力、流量、液位等工艺变量常常要求维持在一定的数值上，或按一定的规律变化，以满足生产工艺的要求。在控制系统中，比例调节器的输入、输出量之间存在着对应的比例关系，变化量经比例调节达到平衡时，不能加复到给定值时的偏差。在工业现场实时控制系统中，总希望控制精度越高越好，这样产品的质量及合格率就高。可见精度是检测控制系统中的关键指标。它表示控制结果与其“真”值的靠近程度。控制精度取决于计算机对被测量或控制对象的处理能力。

【控制论】(cybernetics) 研究各类系统的调节和控制规律的科学。自动控制、通信技术、计算机科学、数理逻辑、统计力学、行为科学等多种科学技术相互渗透形成的一门横断学科。研究生物体和机器以及各种不同基质系统的通信和控制的过程,探讨其信息交换、反馈调节、自组织、自适应的原理和改善系统行为、使系统稳定运行的机制,从而形成一套适用于各门科学的概念、模型、原理和方法。整个控制过程就是一个信息流通的过程。控制就是通过信息的传输、变换、加工、处理来实现的。反馈对系统的控制和稳定起着决定性的作用,无论是生物体保持自身的动态平衡(如温度、血压的稳定),或是机器自动保持自身功能的稳定,都是通过反馈机制实现的。反馈是控制论的核心问题。控制论是具有方法论意义的科学理论。控制论的理论、观点,可以成为研究各门科学问题的科学方法。

【控制气氛】(controlled atmosphere) 可以控制和调节的炉气成分。其工艺过程是:将经过制备、具有一定成分的气体通入加热炉内(或将有机液体滴入炉内),并根据工件材料及处理要求调节及控制炉气成分,使炉内工件防止氧化、脱碳或进行渗碳、碳氮共渗等,其中常将为了防止工件氧化、脱碳而通入的控制气氛(如含一氧化碳、氩气和微量二氧化碳、水蒸气的气体)称为保护气氛。

【控制器】(controller) 按预定目的产生控制信息的仪器或成套装置。是自动控制系统实现控制的核心部分。控制器在闭环控制系统中接受来自受控对象的测量信号,按照一定的控制规律产生控制信号推动执行器工作。由程序计数器、指令寄存器、指令译码器、时序产生器和操作控制器组成。其主要功能是:从内存中取出一条指令,并指出下一条指令在内存中位置对指令进行译码或测试,并产生相应的操作控制信号,以便启动规定的动作。它是对电脑的各个部分进行控制的部件,不同的控制器控制不同的设备。按所用信号形式的不同可分为模拟调节器和数字控制器。其应用不仅限于生产过程,在日常生活中也广泛应用。

微电脑控制器

【控制授粉】(pollination control) 按预定计划将目的花粉授予母本的授粉技术。一般采用以下两种方法(1)室内控制授粉。通过花枝采集与修剪,水培与管理,去雄与隔离,授粉杂交,去袋与果实管理和种子采摘等步骤组织实施。(2)树上控制授粉。通过母树与雌(球)花的选择,去雄与隔离,授粉杂交,标记与管理和种子采收步骤达到目的。控制授粉是有目的地选择亲本进行林木杂交育种的必要手段。控制授粉的方法为人工套袋隔离,以杜绝计划外花粉的串入。在杂交育种工作中配制杂交组合时,就是采用套袋隔离方法以达到控制授粉的目的。授粉是将花粉传播到柱头上的操植过程。少量授粉可直接将正在散粉的父本雄蕊碰触母本柱头,也可用毛笔蘸花粉涂抹,或塞花药,弹抖花粉等。一般人工授粉以花朵初放时进行最适宜。大面积进行时,也可用10%左右的糖溶液或几倍于花粉量的石松(一种蕨类植物)的孢子作为花粉稀释剂,用喷雾器或喷粉器喷撒。人工授粉需要采集生活力强,发芽率高的花粉。一般是把即将开花的花朵或雄花序采回,取出花药在室内晾干。待花粉自然开裂,散出花粉后收集备用。保存花粉的具体温度、湿度因植物种类而异。多数果树花粉在低温(0℃以下)、干燥(相对湿度20%以下)与黑暗条件下,发芽力可以保持几个月、几年以至10年以上。有些树如香蕉的花粉较难储藏,则须在采集的当时立即授粉。控制授粉时间集中,且较费力,生产上只能作为一种补救应急的辅助措施。然而,在自然界中许多不同种花粉同时存在并且被风或昆虫在不同物种的雌蕊上传播。为了阻止错误途径,许多植物在受精前在雌蕊中产生发育屏障,或者在受精后,引起不合适的胚胎夭折。

【控制通气】(ventilation contro, CMV) 又称间歇正压通气。不论患者的自主呼吸如何,通气机按照预设呼吸频率、潮气量、吸呼比、气道压力完全替代患者的自主呼吸的人工通气方法。目前CMV既可以采用容量控制通气,也可采用压力控制(或压力限制)通气的方式。该方式主要适用于无自主呼吸或自主呼吸微弱的患者及手术麻醉期间使用肌肉松弛剂者。其优点是:保证稳定的通气量,最大限度地减轻呼吸肌负荷。但对有自主呼吸的患者易产生人机对抗。

【控制性降压】(controlled hypotension) 手术过程中为了减少手术野的渗血,或为了降低大血管内的张力,以利于手术进行,使病人的血压有控制地降低的方法。一般在全麻下施行。一方面可以减少病人因血压改变所可能带来的不适感觉;另一方面全身麻醉药物对交感神经系统的抑制也有利于血压的调整。其适应症是:血管手术、创面大渗血多的手术、精细操作的显微手术、术中可能发生高血压危象的病人。其禁忌症是:失血、低血容量休克和原有显著脑或心肌供血不全者,降压可使原病情加重,甚至导致危险。临床施行控制性降压时,降压的幅度应以能满足手术的最小幅度为原则,降压的时限以能满足手术所需的最短时间为准,并应保持血压有随时回升到正常的能力。

【控制轧制】(controlled rolling) 在热轧过程中,通过对金属加热、轧制和冷却的合理控制,使塑性变形与固态相变过程相结合,以获得良好的晶粒组织,使钢材具有优异的综合性能的轧制技术。该技术主要用于含有微量元素的低碳钢种。钢中常含有铌、钒、钛,其总量一般小于0.1%。控制轧制技术已在生产中取得成效,应用范围不断扩大。除含微量铌、钒、钛的钢外,含锰钢和硅锰钢的控制轧制也取得了成效。把控制轧制的原理应用于各种钢材(如不锈钢、轴承钢等)生产中,改进轧制工艺,可以提高钢材的综合性能。中国蕴藏着丰富的含铌、钒、钛矿物,为应用和发展控制轧制技术提供了良好的资源条件。

【口岸】(port) 经国家政府批准的供人员、货物和交通工具进出国境的港口、机场、车站等的总称。是一个国家对外交往的门户。有陆域口岸、空港口岸和海港口岸之分。它一般设有海关、边防检查站、卫生检疫站、商品检验站、交通工具检验机构等,依法行使国家赋予的检查、检验、监督等职责,为人员、物资、交通工具合法出入境服务,是一个跨部门、跨行业、多环节、多功能有机综合体。口岸是一个区域性概念。按其功能的不同,可分为监督系统、运输系统、口岸服务系统和外贸系统。

口岸

【口臭】(oral malodor) 呼吸时口腔发出不良气味的现象。影响人们进行社会交往,容易造成心理障碍。不是一种独立的疾病,而是很多疾病,如口腔疾病、鼻咽部疾病及某些全身性疾病所具有的症状。可分为真性口臭、假性口臭和口臭恐惧症。后两类患者所抱怨的口臭实际上并不存在。口臭又可分为生理性口臭和病理性口臭。前者是由于口腔内残留食物在机体基础代谢率低、唾液分泌减少的情况下腐败过程所产生的异味,是非病理状态。后者是因口腔疾病如牙龈炎、牙周炎等或者呼吸道疾病如上颌窦炎、肺炎等,也可因为全身系统性疾病如肝硬化、糖尿病等引起的口臭。此外在女性月经期,吸烟人群中也可引起口臭。其检测方法有感觉测定法、气相色谱检测法和细菌分析法。其防治方法是:建立一个与导致口臭原因相一致的治疗需求系统,其主要内容是舌清洁、刷牙和使用牙线、漱口和牙膏、以及定期口腔检查和洁治。后二类口臭需进行心理疏导。

【口呼吸习惯】(habitual mouth breathing) 常由于慢性鼻炎、鼻窦炎、鼻甲肥大、腭扁桃体或咽扁桃体肥大等鼻咽部疾病,导致鼻呼吸道阻塞而长期习惯于部分或全部用口呼吸的一种不良习惯。临床检查可发现患者唇肌松弛、开唇露齿、唇外翻、上前牙前突、上牙弓狭窄、腭盖高拱,出现开𬌗和长面畸形。其防治方法有:(1)治疗鼻呼吸道疾病,待鼻呼吸道通畅后,再酌情进行治疗。(2)对年幼儿童,畸形尚不严重,除教育其不用口呼吸外,可用前庭盾改正口呼吸习惯。(3)对已经形成严重畸形患儿,进行正畸常规治疗,必要时可联合正颌外科进行治疗。

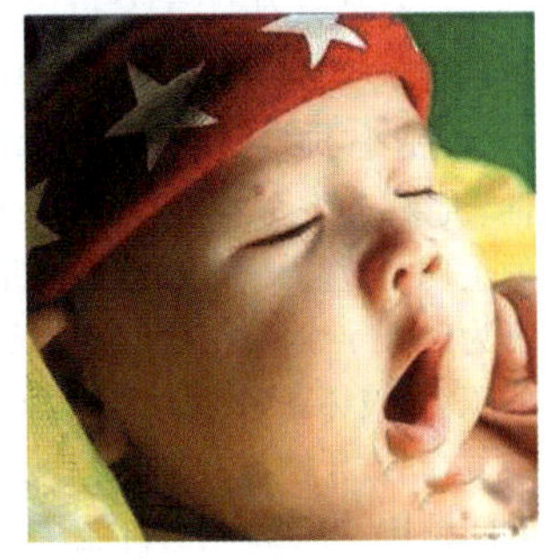

口呼吸习惯

【口腔癌】(carcinoma tosis of mouth) 头颈部较常见的恶性肿瘤之一。按肿瘤发病位置的不同可分为:舌癌、颊黏膜癌、牙龈癌、硬腭癌、口底癌等。其临床表现是:舌部肿块,继而出现溃疡灶;疼痛因肿块侵犯或感染坏死而引起,可伴有放射性耳痛;舌活动受限,表现语音不清、吞咽障碍、流涎;晚期病人张口困难,营养障碍、消瘦,颈部淋巴结肿大。口腔癌发生的原因有长期嗜好烟酒、口腔卫生差、异物长期刺激、营养不良、黏膜白斑与红斑等。

【口腔白斑病】(oral leukoplakia) 口腔黏膜上的一种不能诊断为任何其他疾病的、明显的白色病变。一些口腔白斑可转化为癌。其病因是:(1)吸烟。(2)白色念珠菌感染。(3)微量元素缺乏、微循环障碍、易感的遗传素质等。其临床表现为斑块状、颗粒状、皱纹纸状、疣状、溃疡状等。患者主观症状有粗糙感、刺痛、味觉减退、局部发硬等。口腔黏膜白斑好发部位为颊,唇次之,舌、口角区、前庭沟、腭、牙龈等处也有发生。

【口腔扁平苔癣】(oral lichen planus, OLP) 一种伴有慢性浅表性炎症的皮肤-黏膜角化异常性疾病。皮肤及黏膜可单独或同时发病。口腔病损称为口腔扁平苔癣，是口腔黏膜病中最常见的疾病之一，其患病率约为 0.51%。该病好发于中年人，女性多于男性。病因不明，与多种因素有关。病损大多左右对称，表现为小丘疹连成的线状白色、灰白色花纹，类似皮肤损害的威肯姆线。白色花纹可组成网状、环状、斑块状病损。病变区域与正常黏膜之间无清晰的界限。白色线条间及四周可为正常黏膜或充血、糜烂，甚或溃疡。可发生于口腔黏膜任何部位，以颊部最为多见，其次为舌、龈、前庭、唇、腭、口底等部位。可取活检进行确诊。其临床治疗方法有：局部以消除刺激为主；全身可以使用肾上腺皮质激素，雷公藤与昆明山海棠以及抗真菌药物进行治疗。

【口腔不良习惯】（harmful habits） 因疾倦、饥饿、不安全感、扁桃体肥大、鼻气道阻塞等复杂的生理、心理因素引起的一类儿童无意识的口腔不良行为。可导致口颌系统在生长发育过程中受到异常的压力，破坏正常肌力和咬合 力的平衡、协调，从而造成牙弓、牙槽骨、颌骨发育及形态异常。其持续的时间越长，错𬌗发生的可能性和严重程度就越大。因此，尽早破除不良的口腔习惯、阻断畸形的发展十分必要。常见的口腔不良习惯有吮吸习惯、异常吞咽及吐舌习惯、口呼吸习惯以及偏侧咀嚼习惯。因习惯的不同表现，导致不同的错𬌗畸形。其治疗方法有：调动患儿积极性，自行改正口腔不良习惯。如果效果欠佳，可以采用必要的正畸矫治装置。

【口腔颌面部蜂窝织炎】（oral and maxillofacial cellulitis） 口腔、颌周组织及颈上部化脓性炎症的总称。在正常的颌面解剖结构中，存在着潜在的彼此相连的筋膜间隙，各间隙内充满着脂肪或疏松结缔组织。感染累及潜在的间隙内的结构。初期表现为蜂窝织炎；在脂肪结缔组织变性坏死后，则形成脓肿。化脓性炎症可局限于一个间隙内，也可波及相邻的几个间隙，形成弥散性蜂窝织炎或脓肿；甚至可沿血管、神经扩散，引起海绵窦血栓性静脉炎、纵隔炎、脑脓肿、败血症等严重并发症。其感染均为继发性，常为牙源性感染（智齿冠周炎、牙槽脓肿、牙源性颌骨骨髓炎）和腺源性感染（淋巴结炎、扁桃体炎、涎腺炎）扩散所致；损伤性、医源性、血源性感染较少见。其治疗原则是：提高全身抵抗力和消炎治疗；脓肿形成则切开引流。其治疗方式是：(1) 局部治疗。注意局部安静，避免不良刺激，尽量减少咀嚼、说话等局部活动；脓肿形成后，应及时切开排脓，局部及全身症状可迅速好转；局部可辅以理疗、热敷等。(2) 全身治疗。根据局部及全身症状，选择适当足量的抗生素；注意加强全身营养与支持疗法。最后，在牙源性感染引起的炎症好转后，应处理病源牙以防复发。

【口腔颌面部肿瘤】（oral and maxillofacial tumor） 生长在口腔颌面部的肿瘤。是头颈部肿瘤的重要组成部分。按其生物学特性和对人体的危害可分为良性与恶性，介于二者之间者称为临界瘤。良性肿瘤的特点是：(1) 以牙源性和上皮源性肿瘤多见，如成釉细胞瘤。(2) 其好发部位是牙龈、口腔黏膜、颌骨和颜面部。(3) 其生长缓慢，多为膨胀性生长，呈圆形或椭圆形生长，与周围正常组织分界清楚，可移动。(4) 患者多无自觉症状。恶性肿瘤的特点是：(1) 以上皮组织来源多见，如鳞状上皮细胞癌、腺源性上皮癌及未分化癌。(2) 其好发部位以舌、上颌窦等常见。(3) 其生长较快且产生毒性物质。一般无包膜，边界不清与周围组织粘连。可分为溃疡性、外生型和浸润型三种。(4) 患者多出现恶病质体征。肿瘤的诊断依靠临床检查、影像学检查、细胞学检查、活体组织检查以及肿瘤标志物等多种检查手段。其治疗原则是：(1) 良性肿瘤一般以外科手术治疗为主。(2) 恶性肿瘤，根据其组织来源、生长部位、临床分期、发展速度、病员机体状况等全面研究后，再选择适当的治疗方法。可供选择的治疗方法有：手术切除、放射治疗、化学药物治疗、生物治疗（如免疫治疗和基因治疗）、低温治疗、高温治疗、营养治疗以及综合序列治疗。

【口腔颌面外科学】（oral and maxillofacial surgery） 口腔临床医学中的一个分支。以研究口腔器官（牙、牙槽、唇、颊、腭、舌、咽等）、面部软组织、颌面诸骨（上颌骨、下颌骨、颧骨等）、颞下颌关节、唾液腺以及颈部某些疾病防治为主要内容的学科。是研究颌面部疾病的病因、临床症状、诊断和治疗的学科。其研究内容包括：口腔颌面外科的基础理论、麻醉、牙槽外科、种植外科、感染、肿瘤、唾液腺疾病、颞下颌关节疾病等。口腔颌面外科学与口腔内科学、口腔修复学、口腔正畸学以及普通外科学、麻醉学、内科学、儿科学等有着密切的、不可分割的联系。

【口腔红斑病】（oral erythroplakia） 又称增殖性红斑，红色增殖性病变，红色肥厚症。口腔黏膜上出现的鲜红色、天鹅绒样斑块，在临床和病理上不能诊断为其他疾病者。是国际上统一命名的。本病只发生在口腔黏膜或黏膜皮肤交界处。病因不明。发病年龄以 41 ~ 50 岁发病率最高。发病部位以舌缘部最多见，龈、龈颊沟、口底及舌腹、腭部次之。临床上分为三种类型：(1) 均质性红斑。病变较软，鲜红色，表面光滑，无颗粒。表层无角化，红色光亮，状似无皮。损害平伏或微隆起，边缘清楚，范围常为黄豆或蚕豆大。红斑区内也可包含外观正常的黏膜。(2)间杂型红斑。红斑的基底上有散在的白色斑点，临床上见到红白相间，类似扁平苔藓。(3)颗粒型红斑。在天鹅绒样区或外周可见散在的点状或斑块状白色角化区，稍高于黏膜表面，有颗粒样微小的结节似桑椹状或似颗粒肉芽状表面，微小结节为红色或白色。这一型往往是原位癌或早期鳞癌。本病一旦确诊，应立即作根治术。

【口腔流行病学】(oral epidemiology) 流行病学的一个分支。用流行病学的原则、原理和方法，研究人群中口腔疾病发生、发展和分布规律及其影响因素，同时研究口腔健康及其影响因素，为探讨人群中口腔疾病的病因和流行因素，制定口腔保健计划，选择防治策略和评价服务效果的一门学科。是流行病学方法在口腔医学中的应用。与预防医学、临床和基础医学有着非常密切的关系。其主要研究内容是：(1)描述人群口腔健康与疾病的分布状态。(2)研究口腔疾病的病因和影响流行的因素。(3)用于研究疾病预防措施并评价其效果。(4)用于口腔疾病发展趋势的监测。(5)制订口腔卫生保健规划并评价其进展。

【口腔黏结修复技术】(dental bonding technique) 利用黏结树脂在处理的牙体组织上直接修复成形或利用黏结剂将修复体黏结固定来实现牙修复的临床技术。其优点是：操作方便、简单、省时、牙体磨切少以及美观舒适等。在现代临床应用中，除可用于牙釉质、牙本质直接黏结修复外，还可用于黏结塑料、金属和陶瓷等材料制作的修复体。另外，龋病防治，牙体缺损和畸形牙修复，断牙再接，着色、变色牙的美容修复，牙间隙修复，儿童恒牙早失间隙保持，错殆的正畸治疗，牙周病松动牙固定，牙、牙槽骨和颌骨的损伤治疗，义齿表面增光增硬和修理等也与其密切相关。黏结材料的发展和黏结技术的应用，不仅丰富了传统的修复技术和方法，并在一定程度上改变了现有的修复原则，取得了良好的效果，展示了美好的应用前景。

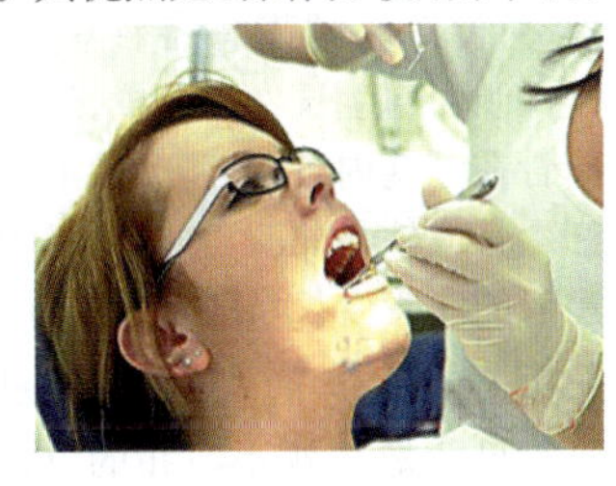

口腔黏膜修复

【口腔黏膜病】(oral mucosal diseases) 发生在口腔黏膜及软组织上的类型差异、种类众多的疾病总称。主要包括：(1)主要发生在口腔黏膜上的疾病。(2)同时发生在皮肤或单独发生于口腔黏膜上的皮肤疾病。(3)合并起源于外胚层和中胚层的某些疾病。(4)全身性或系统性疾病的口腔表征。其特点是：(1)常具有性别特点，如白斑的癌变率女性明显高于男性等。(2)常具有年龄特点，如复发性阿弗他溃疡患者多发于青壮年等。(3)具有部位特点。(4)病损特点，如更迭与重叠性、部位差异性、病损的共存性等。(5)诊断方法上的特点，如治疗性诊断等。(6)治疗上的特点，如同病异治、异病同治、局部疾病全身治疗、中西医结合治疗等。(7)转归上的特点，如某些病可能是癌前病损、某些病可能是全身性疾病的先兆等。

【口腔黏膜病学】(diseases of the oral mucosa) 研究口腔黏膜病病因、发病机理、诊断和防治的一门学科。是口腔内科学的重要组成部分。与口腔诊断学、口腔病理学、口腔生物学以及其他基础学科如分子生物学、免疫学，临床学科如内科学、皮肤病学等有着密切的联系。其研究内容包括：各种常见口腔粘膜病的病因、临床表现、诊断要点、组织病理、鉴别诊断及治疗方法等。

【口腔修复学】(prosthodontics) 口腔医学的一个分支。研究用符合生理的方法修复口腔及颌面部各种缺损的一门科学。是医学与现代科学技术相结合而产生的。属生物医学工程的范畴。其主要任务是：(1)研究口腔及颌面部各种缺损的病因、机制、症状、诊断、预防和治疗方法。(2)利用人工材料制作各种装置、矫治器或修复体。(3)恢复、重建或矫正患者各种先天畸形、后天缺损或异常的口腔颌面系统疾病，从而恢复正常形态和功能，以促进患者的健康。其研究的临床内容有：(1)牙体缺损或畸形的修复治疗。(2)牙列缺损或畸形的修复治疗。(3)牙列缺失的修复治疗。(4)颌面缺损的修复治疗。(5)牙周疾患、颞颌关节疾患及殆异常等的预防和治疗。其治疗手段是：采用设计、制作人工装置的方法来恢复上述各类缺损、缺失和畸形而失去的形态与功能，使之尽可能达到或接近正常水平。其主要修复方式包括：固定修复(固定局部义齿、黏接固定修复)，活动修复(可摘局部义齿)，固定-活动联合修复，覆盖义齿，全口义齿以及种植义齿等。

【口腔医学】(stomatology) 现代医学的一个分支。一门研究牙齿及其周围口腔颌面部软、硬组织发生、发育及其疾病的病因、发病机理、诊断与治疗等的实践性、综合性、交叉性的临床医学科学。是应用现代生物学、基础医学、临床医学、工程学以及其他自然科学的理论和技术，研究和防治口腔及颌面部疾病的一门独立学科。属一级学科。中国的口腔医学包括两个二级学科，即口腔基础医学和口腔临床医学。其研究科目主要包括《口腔解剖生理学》、《口腔组织病理学》、《口腔材料学》、《口腔药物学》、《殆学》、《口腔内科学》、《口腔颌面外科学》、《口腔修复学》、《口腔正畸学》等。其主要研究内容包括:(1)口腔医学各学科的基本理论知识和基本技能。(2)口腔及颌面部常见病,多发病,急、难、重症的病因、诊断和治疗。(3)口腔修复的基本知识和操作技能。(4)口腔正畸治疗的基本知识和诊疗技能等。

【口腔正畸学】(orthodontics) 研究牙齿排列不齐、上下咬合关系异常,以及牙、颌、颅面关系不协调等错殆畸形的病因、诊断、预防和矫治的一门学科。是口腔医学中的临床主干学科之一。其研究内容包括:生长发育机制与基本原则;颅面、颌骨、牙与殆的生长与发育;错殆畸形病因及分类;错殆临床表现及防治;正畸临床专科检查;X线头影测量分析等方面。随着错殆畸形发病率及患者对正畸治疗的需求逐渐增高,口腔正畸学的诊疗技术将得到进一步的发展与完善。

【口腔种植体】(oral implant) 为支持义齿修复的上部结构或为正畸治疗加强支抗、用外科手段在上下颌颌骨内或颌骨表面植入人工材料设计的装置。种植体材料一般为纯钛或钛合金。通常按植入部位及种植体形状,将种植体分成四大类:骨内种植体、骨膜下种植体、牙内种植体及黏膜内种植体。一般来讲,种植体植入后要经过一定的无负荷愈合期。种植体与周围骨组织的结合形成骨整合时,才能确保种植体的稳定性。

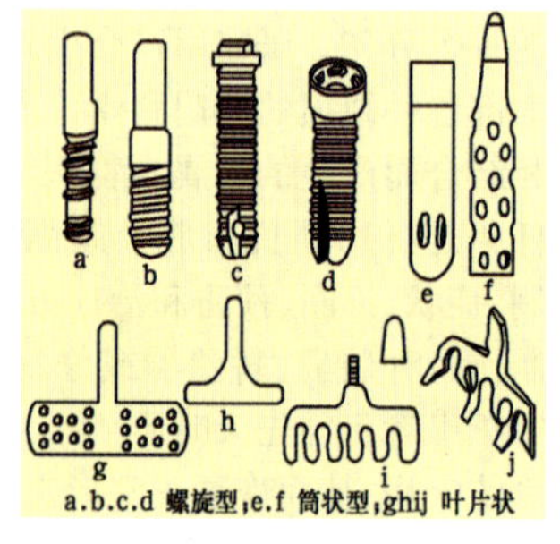

口腔种植体

【口蹄疫】(foot-mouth disease) 又称口疮、蹄癀。由口蹄疫病毒所引起的偶蹄动物的一种急性、热性、高度接触性传染病。主要侵害偶蹄兽,偶见于人和其他动物。其临床特征为口腔黏膜、蹄部和乳房皮肤发生水疱。口蹄疫病毒属于微核糖核酸病毒科口蹄疫病毒属,是目前所知病毒中最细微的一级。其最大颗粒直径为23nm,最小颗粒直径为7~8nm。该病潜伏期1~7天,平均2~4天。广捕牛精神沉郁,闭口,流涎,开口时有吸吮声,体温可升高到40~41℃。发病1~2天后,病牛齿龈、舌面、唇内面可见到蚕豆到核桃大的水疱,涎液增多并呈白色泡沫状挂于嘴边,采食及反刍停止。水疱约经一昼夜破裂,形成溃疡,这时体温会逐渐降至正常。在口腔发生水疱的同时或稍后,趾间及蹄冠的柔软皮肤上也发生水疱,会很快破溃,然后逐渐愈合。有时在乳头皮肤上也可见到水疱。本病一般呈良性经过,一周左右即可自愈;若蹄部有病变则可延至2~3周或更久。该病型称为良性口蹄疫。死亡率1%~2%。有些病牛在水疱愈合过程中,病情突然恶化,全身衰弱、肌肉发抖,心跳加快、节律不齐、食欲废绝、反刍停止,行走摇摆、站立不稳,往往因心脏麻痹而突然死亡。这种病型称为恶性口蹄疫。死亡率高达25%~50%。犊牛发病时往往看不到特征性水疱,主要表现为出血性胃肠炎和心肌炎,死亡率很高。

【口外矫形力矫治器】(extraoral orthopedic appliance) 又称口外支抗类矫治器。以口腔外部头顶、枕、颈、额、颏等口外结构作为抗基,为移动粗壮牙或一组牙向近远中方向、水平方向和垂直方向的三维空间移动,促进(或抑制)上下颌骨的生长发育,改变骨骼的生长方向,提供足够的支抗能力,以达到矫治错殆与颌面部畸形目的的一类矫治器。分为口外后方牵引、口外垂直牵引、口外前方牵引和头帽颏兜牵引等矫治器。其组成包括:支抗部件、口内部件、连接部件和力源部件等。其产生作用的基础是:(1)力学基础。当力源部件在口内释放矫治力时,其所产生的反作用力通过连接部件到达口外支抗部件,而承受反作用力的抗基负荷能力大大高于作用力本身,因而提高牙移动及骨改建效率。通过对连接部件方向、长短的调节,配合力源部件施力大小的调控,可使矫治器发挥各种矫治效应。(2)生物学基础。颌面部生长发育阶段,外力对骨缝的牵张可刺激新骨在骨缝内沉积,刺激颞下颌关节的髁突和关节凹产生骨或软骨的改建。口外力的使用对生长发育期患者的颌骨生长型改良有很好的效果。

【扣式电池】(button cell) 又称纽扣电池。外形尺寸像一颗小纽扣的电池。一般来讲,直径较大、厚度较薄(相对于柱状电池如市场上的5号AA等电池)。纽扣电池是从外形上来对电池来分的,同等对应的电池分类有柱状电池、方形电池、异形电池。纽扣电池也有充电的和不充电的两种。前者包括3.6V可充电锂离子扣式电池、3V可充电锂离子扣式电池;后者包括3V锂-锰扣式电池及1.5V碱性锌-锰扣式电池。纽扣电池的型号名称前面的英文字母表示电池的种类,数字表示尺寸,前两位数字表示直径,后两位表示厚度。纽扣电池体形较小,直径从4.8~30mm,厚度从1.0~7.7mm不等。广泛用作各类电子产品的后备电源,如电脑主板、电子表、电子词典、电子秤、记忆卡、遥控器、电动玩具等。

【扣水】(stop watering) 园艺学术语。在花卉的某一生长发育阶段,为促进花芽的形成或限制植株的旺长,少浇水或不浇水以控制水分供应的措施。扣水是温室花卉在根系修剪后伤口尚未愈合时,或花卉的花芽分化阶段以及移入花房前后常采用的管理方法。如在满天星的栽培管理中,要求生长前期多水,即设施栽培中3天浇1次,露地每周浇1次,促进萌芽与发枝;生长后期宜控水,可每2周浇1次水限制植株的旺长;生殖生长时期宜扣水,基本不浇水,以促进花芽的形成和保证开花质量。

【扣蟹】(juvenile crab) 见蟹种。

【枯水】(low water) 无雨或少雨时期,江河流量减少,水位下降的现象。枯水季节河川的水流量很小,主要靠流域蓄水和地下水补给。中、小河流,集水面积小,河槽较浅,得不到充沛的地下水补给,久旱无雨时,会出现河流干涸。枯水期的起止时间和历时,完全决定于河流的补给情况。中国大陆的南方河流每年经历一次冬季枯水,北方河流每年经历两次枯水径流阶段。枯水流量的大小和枯水期的长短对灌溉、发电、船运、工业和城市供水有很大影响。

【库岸防护林】(forest for reservoir bank-protection) 配置在水库库岸周围的防护林。其目的是:防止波浪对库岸的冲淘、减少水库蒸发,阻止库岸周围泥沙进入水库。对于固持库岸,防止库岸崩塌,美化水库库区环境,特别是降低干旱地区水库的蒸发均有重要的作用。由靠近水边的防浪林、防浪林上侧的防风林和在最外侧的防蚀林等三部分组成。防浪林是配置在靠水边一侧以防止风浪冲淘为目的的灌木林带。一般沿林带的起点栽植几行到几十行灌木,同时在防浪林以下种植一些水生植物,以抵抗水位下降时波涛对库岸的冲击。防风林是配置在库岸以降低库面风速为主要目的的林带。一般沿库岸配置乔灌相结合的防风林带。林带以稀疏结构为好。由10~20行树组成。要选择耐水湿、枝叶发达的树种。防蚀林是指配置在库岸周围阻止泥沙直接进入水库的防护林带。其宽度一般在20m以上。以耐旱灌木为主。库岸各种防护林配置时,应根据库岸地质类型、土壤性质及相关气象、水文资料,选择与其立地相适应的树种,确定适宜宽度和林分结构。当库岸的坡度比较缓、侵蚀不太强烈时,林带宽度为30~40m;当坡度较陡、水土流失严重时,林带宽度应在50~60m以上;而在平原水库,林带宽度应为20~25m,或更小一些。

库岸防护林

【库仑定律】(Coulomb's law) 在真空中两个静止的点电荷之间的作用力与这两个电荷所带电量的乘积成正比,和它们距离的平方成反比,作用力的方向沿两个点电荷的连线,同名电荷相斥,异名电荷相吸。是1784~1785年间法国科学家库仑(Coulomb)通过扭秤实验总结出来的。是电磁场理论的基本定律之一。

【库区水土保持】(soil and water conservation of reservoir basin) 库区流域采取的预防和治理水土流失措施。是保证水库设计寿命,防止水库淤积,改善和调节水库来水的季节动态和入库水质,提高水库电站等的水能利用效率的主要措施。应根据水库的利用功能,有针对性地开展地水土流失综合治理。在饮用水源水库库区进行的水土保持,要十分注重水质的保护;对以灌溉和防洪为主要功能的水库以及以防洪与发电为主要功能的水库,防止水库泥沙淤积是水土流失治理的主要目标。库岸周边水土流失的治理是库区水土保持的重要内容。库岸周边由于受到水库水位变化的影响,有可能导致库岸土体失稳、坍塌,引起水库泥沙淤积。合理配置库区流域水土保持林草措施、工程措施以及农业技术措施,既保证短期内减少流域土壤侵蚀和入库泥沙量,又从根本上改善流域水文环境,实现水库流域生态系统的可持续发展。林草措施主要是营建水源保护林体系,发挥森林植被水文调节、侵蚀控制和水质改善的功能。农业技术措施包括等高耕作、免耕法、间作套种等,辅以合理施肥和采用生物农药等管理措施,减少养分流失量及有机农药污染,保护水质。工程措施包括坡面治理工程、沟道治理工程以及库岸防护工程等。

库区水土保持

【库区综合开发】(comprehensive development of reservoir) 利用水库的水域、水体和出露的地面,在保证水库设计功能的前提下,发展多种经营事业。在水库形成后,改变了库区原来的生态环境,形成了新的生态环境,有利于综合开发库区的土地资源、林业资源和风景资源,有计划地发展种植业、水生养殖业、水运业、林业、畜牧业和旅游业。在中国,库区综合开发利用的措施有:(1)库区土地利用可结合移民安置。(2)发展水生动物和水生植物。(3)发展航运。兴建水库为发展航运提供了有利条件。(4)发展林业绿化库区。利用库区岛屿与库周荒山陡坡植草植林,有利于库岸稳定,减少水土流失,美化库区环境。(5)发展旅游、疗养及水上运动。利用水库区及周围的湖光山色、自然景观,结合库周的名胜古迹,选定一些景区,开创旅游业,建立疗养地,发展第三产业。

【夸克】(quark) 组成物质的基本粒子之一。1964 年,美国科学家盖尔曼认为所有强子都由若干个夸克组成。夸克一词原指一种海鸥的叫声。盖尔曼当初提出夸克概念就用了这个幽默的词。现代粒子物理学认为,夸克共有 6 种,分别称为上夸克、下夸克、奇夸克、粲夸克、顶夸克和底夸克。重子由三个夸克组成。如一个质子由两个上夸克和一个下夸克组成。一个中子由两个下夸克和一个上夸克组成。上夸克带 +2/3e 电荷,下夸克带 -1/3e 电荷。介子由一个夸克和一个反夸克构成。1964 年,格林伯格引入了夸克一种新自由度–"颜色"。当然这里的"颜色"并不是视觉感受到的颜色,它是一种新引入的自由度的代名词,与电子带电荷相类似。这样一来,每个夸克就有三种颜色,夸克的种类一下子由原来的 6 种扩展到 18 种,再加上它们的反粒子,那么自然界一共有 36 种夸克。而今这种设想逐步得到了实验的证实。

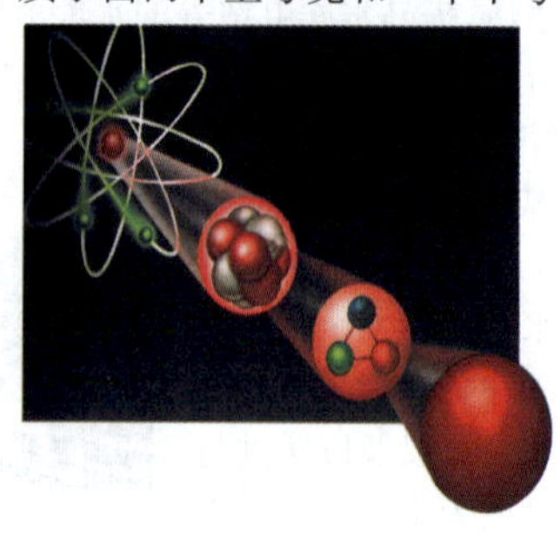

夸克

【垮落带】(caving zone) 又称冒落带,崩落带。在工作面推进后,采空区顶板垮落的岩石沿高度方向形成的分带。在采空区的上方,岩层被破坏成碎块,并随之冒落充填采空区。这部分岩层带即垮落带。带内岩层破坏的主要特征是:(1)不规则性。除了极坚硬的顶板会发生大面积冒落外,一般顶板冒落的岩块都是大小不等、杂乱无章的状态。(2)碎胀性。顶板冒落后,由于破碎,体积增大,产生碎胀。岩体的碎胀影响着冒落带高度并使冒落现象自行停止。(3)由于碎块间空隙多,连通性强,有利于水和泥沙的通过。在用充填法开采时,其高度减少,可能不产生垮落带。

【跨步电位差】(step potential difference) 在地面上水平距离为 0.8m 两点间的电位差。电流自接地电极经周围土壤流散时,会在土壤中产生压降并形成一定的地表电位分布。跨步电位差的最大值出现在电极附近的地面上和地网突出边角外侧的地面上。最大跨步电位差和相应的电极电位的比值称为跨步电位差系数。

【跨膜转运】(transmembrane conductance) 物质分子通过细胞的一种内外转运过程。物质要达到其在体内的作用靶点(如受体)而产生生物学效应,必须首先吸收入血,再分布到其作用部位(如心脏、脑);进入体内的物质还要经过代谢和排泄从体内消除。在这些过程中物质分子都要通过各种单层(如小肠上皮细胞)或多层(如皮肤)细胞膜。尽管各种细胞结构不尽相同,但其细胞膜是物质在体内转运的基本屏障。物质通过这些屏障的转运可分为被动转运、主动转运和膜泡运输三种方式。被动转运属于药物分子的扩散性转运,呈浓度梯度转运,不耗能,除易化转运外无饱和性,无竞争性抑制;主动转运需要载体及能量的跨膜转运,不依赖于膜两侧的浓度差,有饱和性,存在着竞争性抑制;膜泡运输又称胞吞和胞吐作用,消耗能量,属于主动运输。

【块菌】(truffles) 具有特殊气味及功能的子囊菌类食用菌。属于地下菌的一类。其中,产于法国、意大利的黑孢块菌及分布于美国的白块菌,都是世界著名的食用菌品种,价值超黄金,深受欧美居民的青睐。夏块菌则仅次于上述两种。块菌属于树木的外生菌根菌,自然产量有限。目前利用感染实生菌的办法发展半人工培养。中国块菌物种资源比较丰富,目前具有商业价值的仅有中国块菌和印度块菌两种。

块菌

【块状图】(block diagram) 一种倾斜透视条件下呈块状的地表图形。通常在表示局部立体景观的同时表示地壳的截面。具有透视图形的直观性。其作用是可说明地壳构造与地表间的联系,如地质构造与地貌的联系。常用于表示地质、地貌等现象。

【快凝快硬硅酸盐水泥】(rapid-solidifying and hardening portland cement) 又称双快硅酸盐水泥。一种含有快凝高强矿物的硅酸盐水泥。由石灰质原料、铝质原料和少量萤石、石膏配制成生料,在回转窑内煅烧成以硅酸三钙和氟铝酸钙为主要矿物组成的熟料,然后再加适量硬石膏、激发剂等磨细而成。由于熟料中引入了快硬高强矿物氟铝酸钙,其特点是凝结快和早期强度高。该类水泥比表面积一般都大于500m^2/kg,常温凝结时间仅为几分钟,但可用缓凝剂按需用时间进行调节。在 5℃ 低温下硬化,6h 可达 10MPa,1 天可达 30MPa。这种水泥具有长期强度高、稳定性好、抗冻性好、耐蚀性能好、耐磨性能好和微膨胀性等特点。主要用于抢修工程、快速施工工程、补强工程和矿井锚固工程中。

【快速反应技术】(rapid response technology) 根据市场需求实现纺织品设计与生产快速反应的机制。由于计算机技术、自动控制技术、网络技术和现代测量技术的应用，半成品自动传送装置和联动控制线路的结合，采用积木式的自动生产流水线，实现敏捷织造。由于纺织机械的主要机构模块化和系统设定时间的减少，提高了企业的品种变化能力和相应速度。利用在线检测系统，可以实现远程控制和减少人工检验工序。织物设计和生产采用CAD/CAM技术，能快速预测产品性能满足客户需求。

【快速公交系统】(bus rapid transit) 简称BRT。介于快速轨道交通与常规公交之间的新型公共客运系统。一种高品质、高效率、低能耗、低污染、低成本的公共客运系统。是利用现代化公交技术配合智能交通和运营管理，开辟公交专用道路和建造新式公交车站，实现轨道交通运营服务，达到轻轨服务水准的一种独特的城市客运系统。快速公交系统配有智能交通设施，如交通信号、乘客信息与收费一体化系统、运营控制和通信系统等。其特点是：路权专用，车辆先进，车站设施齐备，线路组织面向乘客需求，运营管理系统智能化等。通过建设快速公交系统，可以平衡城市交通方式的发展，缓解城市的交通拥挤，提升城市的生活环境质量，提供舒适的乘车环境，并节约市民的出行时间。相比轨道交通可以节省巨额的投资建设费用，改善通行条件和增加工作机会，提升城市的现代化都市形象。

快速公交系统

【快速公路】(express high way) 由中央分隔带将上下行车辆分开的主要干道。主要供长距离快速行驶。与高速公路标准基本相同。但车速限制较低，不全部采用立体交叉，部分控制进入。在城市道路中，快速路与快速路相交必须采用立体交叉，快速路与主干道相交时，宜尽量采用立体交叉；沿线不允许设置吸引人流、车流的大型公共建筑物与出入口；在过路行人特别集中的地点必须设置人行天桥或人行地道。

【快速路】(express way) 城市道路中设有中央分隔带，具有四条以上的车道，全部或部分采用立体交叉与控制出入，供车辆以较高速度行驶的道路。主要联系市区各主要地区、主要近郊区、卫星城镇、主要对外公路。其具体特征是：(1)车行道间设中央分隔带，禁止行人和非机动车进入快速车道。(2)进出口采用全控制或部分控制。(3)与高速公路、快速路、主干道相交采用立体交叉；与交通量较小的次干路相交可采用平面交叉；过路行人集中设置过街人行天桥或地道。(4)设计车速为80km/h。有高架式、路堤式、平面式、地下式、半地下式等形式。快速路虽然可以供车辆以较高速度行驶，但是会出现光污染，城市地块分割，噪声污染等危害。所以建造快速路应要谨慎规划。

【快速路控制系统】(express way control system) 用于指挥快速路交通，使之安全畅通的自动控制系统。以下端快速路出入口信号灯和车道灯控制，上端连接控制系统软件。快速路控制系统辅以相应的交通信息诱导，对快速路交通流实施整体控制和管理，以及对突发事件的管理，提高快速路的管理和控制水平，为值勤民警提供安全保障。该系统的主要控制功能有时间表控制、车道灯控制、快速路系统的协调控制和外部路网的协调控制。

【快速路系统】(express way system) 为缩短城市长距离机动车出行时间而建设的最高等级的城市道路系统。城市快速路系统适用于快速疏解大城市中各主要功能区间长距离、大流量机动车流或者穿越城市的过境车流。长距离是指机动车出行距离超过5～7km；大流量是指在高峰小时和同一交通走廊内，长距离单向机动车出行量每小时大于1 000～1 500辆当量小汽车。一个城市是否需要快速路，要综合考虑这个城市的规模、形态、布局、机动车发展水平和综合经济实力等因素。确定设置快速路，要解决好以下四个关键性的技术问题：(1)快速路选线和布局。(2)快速路自身的系统性及整体路网协同性。(3)快速路服务水平和建设标准。(4)快速路的几何设计与交叉口设计。

【快速凝固材料】(rapidly solidified material) 金属或合金熔液急剧冷却形成的材料。快速凝固时，材料的显微结构与相组成发生明显变化：固溶度增加，晶粒细化，偏析减少，亚稳相出现，非晶态形成。这些组织结构上的变化，使材料具有一系列的优异性

快速凝固材料

能,如高的强度(含钼的铁基非晶态合金断裂强度高达4 900MPa)、硬度、韧性、耐磨性、抗氧化性、耐蚀性及良好的电化学性能和磁学性能。根据其用途的不同可分为:磁性材料、结构材料、耐蚀耐磨材料、特殊物理性能材料、化学活性及吸附材料、形状记忆合金及钎焊料。快速凝固 Fe、Mn、Co、Cu、Al 基合金已应用于电子、电力、宇航、通信、仪表、机械和化工等领域。

【快速凝固技术】(rapidly solidified technology) 让液态金属在 10 ~ 109℃/s 的冷却速度下凝固,从而使金属和合金获得超常性能的加工技术。一般凝固过程中的冷却速度约小于1℃/s。实现快速凝固主要有两种基本途径:(1)凝固前实施深冷。(2)使热量快速传向环境,实现快速冷却凝固。通过快速凝固成型,可直接成型各种金属制品(如粉末、鳞片、线材、带材以及最终制品),也可以均化和细化合金晶格及微观组织,消除偏析现象,使铸件易于热处理和加工,延长制品使用寿命,甚至制造可锻铸件和可超塑性加工铸件。可以用于表面处理技术,满足实现表面硬化、防腐、耐磨等要求。一些用于化学反应的贵金属及其合金催化剂,通过快速凝固技术处理,可显著提升其催化活性。

【快速以太网卡】(fast ethernet card) 见自适应网卡。

【快速原型制造技术】(rapid prototyping and manufacturing technology) 由计算机辅助设计模型直接驱动的快速制造任意复杂形状三维实体技术的总称。采用离散/堆积成型的原理。其过程是:先由三维 CAD 软件设计出零件的三维数值模型(也称电子模型),然后根据不同的 RPM 工艺要求,将其按一定厚度进行分层,把原来的三维电子模型变成二维平面信息(截面信息),即离散的过程;再将分层后的数据进行一定的处理,加入加工参数,产生数控代码,在微机控制下,有序地连续加工出每个薄层,并使之自动黏结、叠加、堆积成三维原型。这就是材料堆积的过程。快速原型制造技术可以制造任意复杂的三维几何实体。其成型设备无需专用夹具或工具,并且在成型过程中不需要人的干预。快速原型制造技术已广泛应用于机械、电子、家电、汽车、航空航天、土木工程、玩具、工艺品仿古、工业设计等领域。

【快通道心脏手术麻醉】(fast tracking cardiac anesthesia, FTCA) 选择合适的麻醉处理方案,在心脏手术术毕即刻或早期拔除气管内导管(1 ~6h),缩短患者在重症监护室和病房的滞留时间的一种特殊方案。其目的为改善病人的预后和降低医疗费用。实施快通道心脏手术麻醉的前提必须是首先保证病人的安全。采用快通道心脏手术的麻醉技术大多数病人可早期拔管,缩短带管时间,减轻气管导管刺激引起的机体反应,减少呼吸道并发症,提高病人舒适度,并可降低医疗费用,提高医疗资源的利用率。但是,存在以下危险因素的患者应避免使用:(1)二次心脏手术。(2)术前应用主动脉内气囊反搏。(3)严重肝脏疾病。(4)肾功能不全。(5)严重的慢性阻塞性肺部疾病。(6)术前心源性休克。(7)严重肺动脉高压。(8)病理性肥胖。(9)体外循环时间超过 2. 5h。(10)血流动力学不稳定。(11)估计术后有并发症或快通道麻醉可能导致的并发症。

【快硬硅酸盐水泥】(rapid hardening silicate cement) 是在硅酸三钙和铝酸三钙含量较高的硅酸盐水泥熟料中适量掺入石膏粉末制成的水硬性胶凝材料。其适用标准为 GB199,对早期强度有严格要求,包括1 天强度,并以 3 天抗压强度表示标号。生产中适当提高熟料中早强矿物的含量至 55% ~60%,同时适当地提高水泥比表面积,将其控制在 330 ~ 450m^2/kg。水泥中三氧化硫含量不得超过4. 0%,生产中一般控制在 2. 5% ~3. 7% 的范围内。该类水泥初凝时间不得早于 45min,终凝时间不得迟于 10h。其特点是:早期强度增进较快,水化热较高,早期干缩率较大,不透水性和抗冻性往往优于普通水泥。这种水泥可用来配置早强、高标号混凝土及制作蒸养条件下的混凝土制品。主要适用于紧急抢修工程、军事工程、低温施工以及制造高标号混凝土预制构件等。

【快中子反应堆】(fast neutron reactor) 又称快中子增殖反应堆、快堆。是由快中子引起原子核裂变链式反应并可实现核燃料增殖的核反应堆。能够使铀资源得到充分利用,还能处理热堆核电站产生的长寿命放射性废弃物。

快中子反应堆

【快中子增殖反应堆】(fast neutron breeder reactor) 见快中子反应堆。

【宽带】(broad band) 在网络通信中,信号传输速率大于 64 千字节/秒时的网络带宽。把拨号上网的信息传输速率 64 千字节/秒及其以下速率的带宽称为窄带。宽带与窄带是一个相对的概念。也有人认为传输速率大于1兆字节/秒的网络带宽才为宽带。随着通信技术的进步，还会产生新的界定标准。

【宽带网】(broad band network) 骨干网传输速率在2.5G以上、接入网能够达到1M的网络。按使用性质的不同可分为骨干网、城域网和社区接入网。骨干网相当于城市与城市之间的高速公路，城域网相当于城市市区内的道路，社区接入网解决的则是将道路从市区一直修到小区，抵达每户的家门口。接入社区的宽带网能够为用户提供1M～100M的网络带宽，上网速度将大大提高。目前，社区宽带网接入方式有：(1)非对称数字用户环路技术。是对传统电话线进行改造，实现宽带接入。(2)电缆调制解调器技术。是利用现有的有线电视网，用户需要增加一个电缆调制解调器。(3)以太网技术。则是重新铺设线路，光纤到楼、双绞线入户，为用户提供独享带宽。

【宽带无源光网络】(broad band passive optical network，BPON) 又称ATM无源光网络(APON)。采用异步传输模式的无源光网络。采用点到多点结构、无源光纤传输基于异常传输之上提供多种业务。不仅可以利用光纤的巨大带宽提供宽带服务，而且还可以利用ATM进行高效的带宽业务管理。实现ATM无源光网络的关键技术有多址和接入控制技术、突发信号的发送和接收技术、快速比特同步技术以及安全保密等方面的技术。ATM无源光网络后被加强，支持622Mbps的传输速率，同时加上了动态带宽分配、保护等功能，能提供以太网接入、视频发送、高速租用线路等业务。

【宽带综合业务数字网】(broadband integrated services digital network，B-ISDN) 在综合业务数字网基础上发展起来的，具有数据、图文、音频、视频等超媒体业务传输功能的网络。国际电信联盟为适应高标准超媒体通信业务日益广泛的需求，制定了统一的异步传输模式，并将其推荐为宽带综合业务数据网的信息传输模式。

【宽度优先搜索】(breadth-first search，BFS) 以接近起始节点的程度依次扩展节点的搜索方式。是最简便的图的搜索算法之一。是多种图的算法原型。其运行时间是图的邻接表大小的一个线性函数。其特点是：(1)逐层进行。(2)在对下一层的任一节点进行搜索之前，必须搜索完本层的所有节点。可解决非结构化或结构不良的问题。

【宽展】(spread) 轧件在轧制时其宽度方向上的变形。在轧制过程中，轧件一方面在其高度上被减小，被压下的金属除在长度方向上延伸外，还会在宽度方向上流动，使轧件的宽度增加。轧件在轧制前后的宽度差被称为宽展量。按照金属宽展程度的不同可分为：(1)自由宽展。在平辊或沿宽度方向上有较大富裕量的扁平孔型轧辊内轧制时，轧件在宽度方向上的宽展不受限制。(2)限制宽展。轧件在方形等孔型轧辊内轧制时，宽度方向上受孔型侧壁的限制，不能自由地宽展。(3)强迫宽展。在形状特殊的孔型如椭圆孔或六角孔轧辊轧制时，需要使金属向宽度方向上尽量地充满而采取加大压下量强迫其宽展。宽展量与压下量的比值称为宽展系数。

【狂犬病】(rabies) 又称恐水病或瘈咬病。由狂犬病病毒所引起的、累及中枢神经的传染病。此病原系动物传染病。人若被带病毒的犬、猫、狐狸、狼等动物咬伤、搔伤或创口接触动物唾液就会感染狂犬病。狂犬病也是人类最早知道的人畜共患病，民间俗称“疯狗病”。狂犬病病毒主要通过损伤皮肤和黏膜入侵，少数由呼吸道吸入感染。狂犬病毒侵入后，沿传入神经到达中枢神经，侵害中枢神经细胞，然后再由中枢沿传出神经侵入各脏器组织，如唾液腺、眼、舌、皮肤和心脏等。狂犬病潜伏期长，由几日到数月，甚至数年不等。咬伤是人和家畜发生狂犬病的主要原因。接触患狂犬病的血、尿、乳、唾液、组织等含毒物或吸入含毒之气溶胶，亦可发生狂犬病。在被狗咬伤后，应尽快到防疫部门注射狂犬疫苗，预防狂犬病的发生。至今，人类尚未完全征服狂犬病。

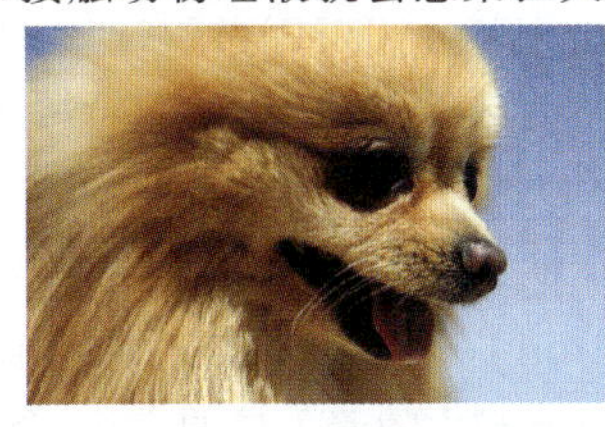

携带狂犬病毒的狗

【矿产】(mineral deposit) 一切埋藏地里或分布于地表的可供人类利用的天然矿物资源。按含矿成分不同可分为：(1)金属矿产。可以从中提取金属元素的矿产，如铁矿、铜矿、铅矿、锌矿等。(2)非金属矿产。可以从中提取非金属原料或应用其物理特性直接利用的矿产，如硫铁矿、磷矿岩、金刚石、宝石、石灰岩、水晶、云母等。(3)能源矿产。可以作为能源的可燃性有机矿产，如煤、油页岩、石油、天然气等。目前，将含矿热水、惰性气体、二氧化碳气体以及海底矿物资源等，也包括在矿产的范畴内。

【矿产储量】(mineral reserves) 在一定区域内蕴藏于地下的矿产资源量。其数据是根据地质勘探工作取得的成果，按一定方法计算得出的。矿产储量是矿产地质工作的一项主要成果，也是制定国民经济计划、进行矿山建设的重要依据。具体工作中，矿产储量有两层含义：(1)泛指矿产的蕴藏量。其表示方式有矿石储量(简称矿石量)、金属储量(简称金属量)或有用组分储量、有用矿物储量等,多数以质量(吨、千克、克拉)计,少数以体积(立方米)计。它不扣除未来开采和加工时的贫化与损失。(2)中国1999年《固体矿产资源/储量分类》中的储量指基础储量中的经济可采部分,即在进行预可行性研究、可行性研究或编制年度采掘计划时,经过对经济、开采、选冶、环境、法律、市场、社会和政府等诸因素的研究和相应修改,求得的扣除了设计、采矿损失和已采部分的可实际开采的数量。依据地质可靠程度和可行性评价阶段的不同,又可分为可采储量和预可采储量。中国对储量所下定义与以前的概念有较大变动,特别是扣除设计、采矿损失等方面,与以住有明显的变化,但与国际上的表述更为相近。如与国际矿冶协会理事会(CMMI)的《矿产资源储量国际分类建议》、联合国《固体矿产储量/资源国际分类框架》的定义相似。

【矿产储量变动】(mineral reserves variation) 矿产储量随着采矿的进行不断变化的现象。生产矿山随着采矿的进行,会出现矿产储量不断减少。在生产勘探过程中矿体边界和品位也会经常发生变化。新矿体的发现等还会使矿山的矿产储量增加。根据国家规定,每年底生产矿山都要对矿产储量和储量级别增减变动情况进行统计,并按统一要求编制矿产储量变动报告表,上报国家有关管理部门审查批准。

【矿产资源】(mineral resource) 经过长期地质作用而生成、露于地表或埋藏于地下的具有利用价值的自然资源。是人们生活资料与生产资料的主要来源,也是人类生存和社会发展的重要物质基础。目前,95%以上的能源、80%以上的工业原料、70%以上的农业生产资料和30%以上的工农业用水均来自矿产资源。

铁矿山

【矿产综合利用技术】(comprehensive utilization of valuable minerals) 充分提取矿产中的有用组分、并最大限度地利用由其产生的废渣、废气、废液等以获得多种符合工业要求的产品的技术工艺。资源综合利用是建设节约型社会的一项重要经济技术政策。变废为宝、化害为利,可以使矿产中的各种成分得到充分合理的开发与利用,这是保护资源、防止环境污染、扩大生产、降低成本的重要途径。随着科学技术日益发展,矿产综合利用的范围和技术手段都在不断地扩大。矿产资源的综合利用主要是通过选矿和冶金的过程来实现的。

【矿尘】(mine dust) 在采矿过程中所产生的细小矿物颗粒。按其存在状态可分为浮游矿尘和沉积矿尘。长期地悬浮于空气中的矿尘称为浮游矿尘,又称浮尘。从空气中沉落在地面、器物表面、井巷四壁的矿尘称为沉积矿尘,即落尘。在煤矿中产生的矿尘主要有煤尘、岩尘和水泥粉尘。其主要危害是:(1)对人体的危害。工人长期吸入矿尘后,轻者会引起呼吸道发生炎症,重者可导致尘肺病(煤肺病、矽肺病、煤矽肺病、水泥尘肺病)。这是一种危害最大的矿工职业病。(2)煤尘在一定的条件下,可以燃烧或爆炸,从而酿成严重灾害。(3)加速机械的磨损,减少精密仪表的使用寿命。(4)若作业地点矿尘过多,还会影响视线,甚至造成视力减退,不利于及时发现事故隐患,增加了发生人身事故的可能性。

【矿床】(mineral deposit) 适合于开采利用并有一定经济效益的矿物堆积体。在地壳的某一特定地质环境内由一定的地质作用下形成的地质体,在质和量两个方面都符合开采利用的技术经济要求。随着社会生产力的不断发展和科学技术的不断进步,对各种矿物原料的需要量不断增加,人们对矿床的认识和开发利用能力也随之不断提高。例如,过去认为没有使用价值的某些含稀有元素的"岩石"或认为没有开采价值的低品位矿化岩石,现在有许多已作为矿床被开发利用。

【矿床成因类型】(genetic type of mineral deposit) 根据形成矿床的地质作用的不同而划分的矿床类型。如按成矿地质作用分为内生矿床(由内生成矿作用形成的矿床,多指与岩浆活动有关的各类矿床)、外生矿床(在地壳表层营力作用下形成的各种矿床,主要指风化矿床和沉积矿床)和变质矿床(由变质作用形成的各种矿床),以及它们之间的叠加和再生矿床等。上述类型又可按岩浆作用、汽化-热液作用、风化作用,各种沉积作用和变质作用等形成相应的矿床。矿床成因类型的划分有助于深入了解矿床形成的机理和时空分布规律,科学指导地质找矿和矿床勘探等工作。

【矿床工业类型】(industrial type mineral deposit) 根据矿床的成因类型、工业意义、经济价值及其代表性、矿石的矿物或元素建造、矿床的形态、产状及其与构造关系和围岩性质等因素所划分的矿床类型。如铁矿的工业类型有:海相火山沉积型铁矿、海相化学沉积型铁矿、分异型岩浆晚期铁矿、矽卡岩型铁矿、玢岩铁矿及白云鄂博式铁矿等。

【矿床学】(science of mineral deposits) 又称矿床地质学。地质学的一个分支。以矿床为研究对象的一门学科。主要研究对国民经济及地质科学发展有意义的各类矿床的特征、成矿物质来源及其经济意义、成因、时空分布规律及其经济意义。具体研究内容还包括:矿床的形成条件及控矿因素、成矿系列、含矿建造和矿床模型以及矿体规模、产状、形态和物质组成等。研究矿床学的目的是为了经济合理地寻找、勘探和开发利用矿产,为人类社会经济的发展和人民群众生活水平的提高提供资源保证。

【矿灯】(miner's lamp) 又称头灯、帽灯。矿工头戴的防爆照明灯。是矿工井下操作必须携带的照明工具。是改善劳动条件、提高劳动生产率和保障安全生产最重要的用具。由(蓄)电池、矿灯上部构件两部分组成。矿灯上部构件又包括灯头和上盖两部分。灯头由灯头壳、灯头圈、钢化灯面玻璃、反射器、灯泡、灯泡座、充电开关和帽钩等组成。灯头通过电缆与(蓄)电池上盖相连。当灯泡(主光源)被击碎时能立即断电。虽然目前矿山使用的矿灯类型较多,但其结构和原理基本相同。中国矿灯当前是由新型节能环保锂电矿灯,逐步更换以前的酸性蓄电池矿灯和碱性蓄电池矿灯。矿灯在使用中应统一编号,实行专人专灯、固定充电架、集中管理。矿灯有下列缺陷之一时,不得使用:电解液溢漏,灯头、灯盖锁失灵,充电不足,灯头圈松动,灯面玻璃破裂,灯盒、灯头或灯线破损,接触不良形成"眨眼"等。

矿灯

【矿化速率】(mineralization rate) 土壤有机氮矿化后转化成的矿质态氮的量占土壤全氮量的比率。是个可变因素。因土壤、气候、作物种类和耕作管理措施而异。一般来讲,砂质土壤中矿化率较高,约为3%~5%。黏质土壤矿化率较低,一般为1%~3%。

【矿井储量】(mine reserves) 矿井技术边界范围内所埋藏的具有一定工业与研究价值的全部矿物量。进行矿井设计和矿井建设的依据和确定矿井生产能力的重要因素。按储量计算方法的不同可分为:(1)矿井地质储量。指矿井技术边界范围内的全部煤炭储量。(2)矿井工业储量。指在井田范围内,经过地质勘探,煤层厚度和质量均合乎开采要求、地质构造比较清楚、目前可供利用的储量。当煤层呈规则埋藏时,矿井工业储量=矿井走向长度×矿井倾斜长度×煤层总厚度×煤的密度。(3)矿井可采储量。指矿井设计的可以采出的储量。矿井在实际开采过程中,由于井田内有局部地质变化、勘探程度较低等因素,储量并不十分准确,加之在回采过程中会有部分煤炭损失,故实际采出的煤炭只是工业储量中的一大部分。即矿井可采储量=(矿井工业储量-永久煤柱损失量)×采区回采率。

【矿井储量备用系数】(reserve factor of mine reserves) 为保证矿井有可靠服务年限而在计算时对储量采用的富裕系数。通过矿井储量分析或统计分析得到。其目的是消除矿井储量的随机变化对其生产能力和服务年限的影响。一般取1.3~1.5,地质构造复杂的矿井取1.4,小型煤矿可取1.4~1.5。取值反映了对储量可靠性的要求。在确定井型时考虑储量备用系数的原因是:(1)在实际生产过程中,由于局部地质变化、勘探的储量不可靠、采区采出率短期内不能达到规定的要求等原因,矿井可采储量会减少。(2)由于矿井技术改造,挖掘生产潜力使矿井产量增大。(3)投产初期,由于缺乏经验等技术原因,采出率达不到规定的数值,增加了煤的损失。所以为保证有合适的服务年限,在确定井型时,必须考虑储量备用系数。

【矿井串联通风】(series ventilation) 又称一条龙通风。井下各用风地点的回风再次进入其他用风地点的通风方式。即两条及两条以上的通风巷道循序地首尾相连在一起进行通风或井下用风地点的回风再次进入其他用风地点的通风方式。其特点是:(1)串联风路的总风量等于各段风路上的分风量。(2)串联风路的总风压等于各段风路上的分风压之和。(3)串联风路的总风阻等于各段风路上的分风阻之和。(4)串联风路总等积孔平方的倒数,等于各段风路等积孔平方的倒数之和。与并联通风相比,串联风路有以下缺点:(1)总风阻大,等积孔小,通风困难,通风动力费用较高。(2)位于后段的巷道或工作面中的风流不新鲜,风质较差。后段巷道或工作面的工作人员要"吃"前段巷道或工作面的污风和炮烟。(3)各段巷道(风路)或工作地点的风量不能进行调节,不能有效地利用风量。(4)事故波及范围大,安全性差。

【矿井带式输送机运输监控】(mine belt conveyor supervision) 对煤矿井下生产中带

式输送机系统的集中监控。包括对输送带打滑、撕裂、跑偏、堆煤等的监控。主要用来监测皮带速度、轴温、烟雾、堆煤、横向撕裂、纵向撕裂、跑偏、打滑、电机运行状态、煤仓煤位等,并实现顺煤流启动、逆煤流停止闭锁控制和安全保护、地面远程调度与控制、皮带火灾监测与控制等。带式输送机监控系统,可用于井下和地面各种恶劣环境,作为多条带式输送机组成的运输系统及其有关设备的集中监控装置。该系统结构的特点是:分级分布式系统结构,可靠性高,组合、扩展灵活;存储器可编程,能满足不同运输系统的要求;多种工作方式,实现系统的优化控制;模拟盘显示多种监测参数,操作简便。传感器配有:皮带速度、皮带跑偏、紧急闭锁、堆煤旋转开关、烟雾、温度、断带、皮带纵向撕裂、动目标微波监测装置等。执行器配有磁力启动器、灭火洒水装置、防尘洒水装置等。

矿井带式输送机

【矿井地面数据处理中心】(centre of shaft data) 又称中心站。煤矿监控系统的地面数据处理中心。接收系统中各种监测数据,对其进行分析、处理、存储、打印、显示等工作,可对局部生产环节发出控制指令和信号。处理中心通常设置在煤矿生产调度室中,由计算机及外围设备组成,包括微机、控制台终端、打印机、模拟盘显示系统、不间断电源 UPS 等。其主要功能有:(1)定时与各分站通信,实时采集生产过程工况信息和环境安全信息。(2)对所采集的信息总数据进行处理,并在显示器上显示各种信息。(3)检测到生产过程故障或安全参数超限时,发出报警信号、保存事故有关数据和自动打印故障统计报表。(4)具有适当的存储容量,能存储一定数量的实时数据和历史数据。(5)对生产过程数据进行处理,优选判断,向生产过程发出控制命令。(6)编制有关生产情况统计报表并能打印输出。(7)对监控系统本身的运行状况和故障状态进行自诊断,并通过终端显示检测结果。(8)通过控制台终端对监控系统进行管理,如进行系统配置、编制和修改画面、调用画面和进行信息数据转储等操作。

【矿井堵水】(water blocking in mine) 封堵地下水流入充水通道的措施。一般采取留一定宽度的煤柱或岩柱隔水,将制成的浆液通过管道压入地层裂缝地,经凝结、硬化后堵隔水源,或在涌水巷道中设置水闸门的方法。下列场合一般采用注浆法堵水:(1)当涌水水源本身水量不大,但与其他强大水源有密切联系,单纯采用排水方法排除矿井涌水不可能或不经济时。(2)当井筒或巷道必须穿过若干个含水丰富的含水层或充水断层,如果不堵住水源将给矿井建设带来很大危害,甚至不可能进行掘进时。(3)当井筒或工作面严重淋水,为了加固井壁、改善劳动条件、减少排水费用时。(4)某些涌水量特大的矿井,为了减少矿井的涌水量,降低常年排水费用时。

【矿井反风】(mine ventication reversal) 当矿井发生火灾时,利用预设的反风设施改变井下风流方向,限制受灾范围的一种安全技术措施。当矿井的进风井口附近、进风井筒等处发生火灾时,为了防止火灾产生的有害气体进入井下作业场所,限制受灾范围扩大,需要改变矿井的风流方向,实施矿井反风。《煤矿安全规程》规定,生产矿井主要通风机必须装有反风设施,并能在 10min 内改变巷道中的风流方向;当风流方向改变后,主要通风机的供给风量不应小于正常供风量的 40%;每季度应至少检查 1 次反风设施,每年应进行 1 次反风演习。

【矿井防爆门】(mine explosion proof-door) 安装在出风井口,防止瓦斯、煤尘爆炸时毁坏通风机的安全设施。对防爆门的要求是:(1)其面积不得小于出风井口的断面积。(2)必须正对出风井口的风流方向,并应悬挂平衡锤,以保证在井下发生爆炸时高压气浪能将其冲开。(3)其结构应坚固严密,水封槽中经常保持足够的水位以防止漏风。其作用是:(1)当井下发生瓦斯爆炸时,防爆门能被气浪冲开,爆炸波直接冲入大气,从而起到保护通风机的作用。(2)当通风机停止运转时,打开防爆门,可使矿井保持自然通风。(3)可以起到防止风流短路的作用。

矿井防爆门

【矿井防尘措施】(mine dust-suppression-measure) 在矿井中防止或减少粉尘产生、降低粉尘浓度的技术措施。目前,中国煤矿主要采取以风和水为主的综合防尘技术措施,即一方面用水将粉尘湿润捕获,另一方面借助风流将粉尘排出井外。按其具体功能的不同可分为:(1)减少煤尘产生量的措施。主要包括煤层注水、采空区灌水、改进采掘机械结构及其运行参数减尘、湿式凿岩、水封爆破、爆破使用水炮泥、封闭尘源、合理确定炮眼数目和装药量等。

(2)降尘措施。主要包括各产尘地点的喷雾洒水,如采煤机内外高压喷雾(荷电喷雾)、爆破前后喷雾、支架喷雾、装岩(煤)洒水、转载喷雾洒水、干式捕尘、除尘器除尘、巷道风流净化水幕等。(3)通风除尘。又分为全矿井通风排尘和局部通风除尘两种。(4)个体防护。这是一项被动的防尘措施。世界各国已开始研究与应用物理化学方法降低矿井粉尘的新技术措施,如泡沫除尘、隔尘帘降尘、磁化水除尘等。

【矿井防火门】(fire door in mine) 井下防止火灾蔓延和控制风流的安全设施。是设置在进风井口处的防火铁门。必须严密并易于关闭,打开时不妨碍提升、运输和人员通行,并应定期进行维护和维修。

【矿井分区通风】(mine separate ventilation) 又称并联通风。井下各用风地点的回风直接进入采区的回风道或总回风巷的通风方式。即两条或两条以上的通风巷道形成一个或几个网孔(自空气压力相等的某一汇点分开,到另一压力相等的汇点汇合),其中没有交叉通风巷道时的通风。只有一个网孔的称为简单并联,有两个或两个以上网孔的称为复杂并联。并联网络各参数的关系是:(1)并联网络的总风量等于并联各分支风量之和。(2)并联网络的总风压等于任一并联分支的风压。(3)并联网络的总等积孔等于各条并联分支等积孔之和。(4)并联网络的总风阻平方根的倒数,等于并联各分支风阻平方根的倒数之和。与串联通风相比,并联通风的优点是:(1)并联网络的总风阻小,总等积孔大,通风容易,通风动力费用少。(2)各分支巷道各自独立通风,互不干扰,风流新鲜,风质好。(3)流经各分支巷道的风量可按需调节,有利于风流的调控。(4)事故发生率低,事故波及范围小,安全性好。

【矿井风量调节】(mine air regulation) 为满足采掘工作面和硐室等的所需风量,对矿井总风量或局部风流风量进行调节的工作。在通风网路中,风流按巷道风阻的匹配关系,分配到各作业地点的风量,往往不能满足要求,需要采取控制与调节风量的措施。风量调节按其范围的不同可分为:(1)局部风量调节。在采区内部各工作面间,采区之间或生产水平之间进行风量调节。其方法有增阻法、减阻法及辅扇调节法。(2)矿井总风量调节。当矿井总风量不足或过剩时,需调节总风量,也就是调整主扇的工况点。采取的措施有改变主扇的工作特性或改变矿井网路的总风阻值。

【矿井服务年限】(service life of mine) 矿井开采年限。按矿井可采储量、设计生产能力(年产量),并考虑储量备用系数计算。在确定矿井年产量时,必须保证矿井有合理的服务年限。大型矿井的服务年限应当长一些。否则,会使大量井巷和地面建筑物等在短期内报废,大量机器设备拆卸迁移,造成人力、物力和财力的浪费,使吨煤成本增高,新老矿井接替频繁。中、小型矿井的服务年限不宜过长。否则,将使井田范围过大,造成开采技术上的困难,同样会导致吨煤成本增高和效率下降,降低矿井开采的经济效益。当矿井生产能力一定时,矿井的设计服务年限可用下式计算:矿井服务年限=矿井可采储量/(矿井设计年产量×储量备用系数)。储量备用系数一般取1.4~1.5,地方小煤矿可取1.3。

【矿井供电系统】(mine power supply system) 由各种电压的电力线路将矿井的变电所和电力用户联系起来的输电、变电、配电和用电的整体。是采煤、运输、通风、排水等系统内各种机械、设备正常运转不可缺少的动力源网络系统。一般矿井供电系统是:双回路电网-矿井地面变电所-井筒-井下中央变电所-采区变电所-工作面用电点。其中:(1)矿井地面变电所。全矿供电的总枢纽,担负着受电、变电及配电的任务。(2)井下中央变电所。又称井下主变电所,是设备变、配电中心。(3)采区变电所。是采区用电设备的电源,设在采区负荷的中心。其位置对采区供电安全和供电质量有直接的影响。

矿井供电系统

【矿井轨道】(mine track) 由坑道的底板、钢轨、轨枕、道碴和连接零件组成的运输轨道。矿井的动脉网络,是矿井运输系统的重要组成部分。其特点是:分布面广,占线长,接触环境复杂多变。矿井轨道可按不同的标准进行分类。按轨距的不同可分为三种,即900mm轨距;762mm轨距;600mm轨距。依据单线重车方向年运量(万t)分为三级。按使用地点可分为主要运输线路和一般运输线路两种。前者包括井下主要斜井绞车道、井底车场、主要运输大巷和主要运输石门的轨道、地面运煤、运矸干线和集中装载站车场的轨道。后者包括除主要线路的轨道和采煤、掘进工作

矿井轨道

面的平巷轨道之外的其他所有轨道。

【矿井火区】(sealed fire area) 井下发生火灾后被封闭的区域。封闭火区是一项复杂而危险的工作,尤其是瓦斯矿井。在封闭过程中可能形成瓦斯积聚而导致瓦斯爆炸事故。封闭火区工作过程顺利与否、封闭效果的好坏乃至成败,与封闭火区的顺序有直接关系。一般是首先将对火区影响不大的次要风路的巷道封闭起来,然后封闭火区的主要进风、回风巷道。其封闭顺序是:(1)先封闭进风侧,后封闭回风侧。(2)进、回风侧同时封闭。(3)先封闭回风侧,后封闭进风侧。在瓦斯矿井封闭火区时,应考虑火区内气压的变化、瓦斯涌出量、是否会产生风流逆转、封闭空间的容积、火区瓦斯达到爆炸浓度所需的时间等因素,全面慎重选择封闭顺序和防火墙的位置。目前,大多数国家采用先封闭进风侧后封闭回风侧的顺序。

【矿井火灾】(mine fire) 发生在矿井井下或地面而威胁到矿井安全生产并造成损失的非控制燃烧。发生的三要素是:(1)可燃物。可燃物的存在是火灾发生的基础。煤矿可燃物很多,如煤、各种油料、坑木等。(2)空气。燃烧是剧烈的氧化,含有足量氧气的矿井空气是维持燃烧不可缺少的条件。(3)热源。具有一定温度和足够热量的热源才能引起火灾。在煤矿,煤的自燃、爆破火焰、摩擦生热、电火花、吸烟以及其他明火都能成为引火的热源。根据引火的热源不同,通常将矿井火灾分为内因火灾和外因火灾。内因火灾也叫自燃火灾,是指煤炭在一定条件下自身发生物理化学变化聚积热量导致着火而形成的火灾。外因火灾也称外源火灾,是指由于明火、爆破、电气、摩擦等外来热源造成的火灾。其危害是:(1)产生大量的有毒有害气体。其中,一氧化碳危害最大,是造成人员伤亡的主要原因。(2)引发瓦斯、煤尘爆炸。在火灾发生后,增加了瓦斯、煤尘爆炸的可能性和爆炸概率。(3)毁坏设备设施。(4)烧毁大量的煤炭资源。

【矿井火灾防治技术】(mine fire prevention) 防治发生在煤矿井下以及发生在井口附近危害井下安全的火灾所采取的技术。分为外因火灾防治技术和内因火灾防治技术。预防外因火灾的措施关键是严格遵守《煤矿安全规程》的有关规定,加强火源、爆破和机电设备的管理。外因火灾防治技术主要是:(1)防止失控的高温热源。(2)井下采用不燃或耐燃支护材料、不燃或阻燃材料制品。中国煤矿外因火灾的防治,首先是改变了巷道支护形式,井下主要巷道多数采用了混凝土锚喷支护、料石砌碹和金属支架;在供电上采用阻燃电缆及铠装电缆;变压器及机械设备用油采用抗燃剂;带式输送机采用阻燃胶带,并且在带式输送机上装设温度传感器或烟雾传感器,与水喷雾器或灭火器联动。内因火灾防治技术是:(1)灌浆防灭火。用黄土等固体材料与水混合、搅拌,配制成一定浓度的浆液,借助输浆管路注入可能发生煤自燃的区域,达到防火和灭火的目的。(2)阻化剂防灭火。将阻化剂溶液喷洒到煤体上阻止煤氧化自燃,常用的阻化剂有氯化钙、氯化镁、氯化锌等。(3)凝胶防灭火。用基料和促凝剂按一定比例混合配成水溶液后发生化学反应形成凝胶,通过向防灭火区域注入凝胶,能破坏煤自燃的条件。(4)均压防灭火。利用调压设施,改变通风系统的压能分布,降低漏风压差,减少漏风,从而达到抑制煤自燃或熄灭火源的目的。(5)泡沫防灭火。有化学惰气泡沫和三相泡沫等。化学惰气泡沫防灭火材料是通过药液的化学反应而生成的,生成物中的惰气可以窒息火区,泡沫则可以吸热降温,药液还有阻化能力。三相泡沫由气体、泡沫液、固体粉末组成。有广阔的防灭火应用前景。(6)氮气防灭火。将氮气送入指定区域,使区域内空气惰化,防止煤自燃,或使已形成的火因缺氧熄灭。

【矿井机械通风】(mine mechanical ventilation) 利用通风机的运转给空气一定的能量,形成通风压力以克服矿井通风阻力,使地面空气不断地进入井下,沿着预定路线流动,然后将污浊空气排出井外的通风方法。矿井必须采用机械通风。机械通风使用的通风机,按其构造的不同可分为离心式通风机和轴流式通风机两类;按其服务范围的不同可分为主要通风机、辅助通风机和局部通风机。主要通风机是指安装在地面的面向全矿井或一个分区供风的通风机;辅助通风机是指当某分区通风阻力过大、主要通风机不能供给足够风量时,为了增加风量而设在该分区使用的通风机;局部通风机是指向井下局部地点供风的通风机。

矿井机械通风

【矿井建设】(mine construction) 井巷施工、矿山地面建筑和机电设备安装等工程的总称。地面与地下联合施工的工程,包括矿建、土建、安装等工程以及建井期间需要解决的交通、供水、供电、通信、排矸、支农、居住等方面问题,是新建和改建矿井及露天项目生产系统内的建设。矿井建设工程投资数额较大,施工期间还要受自然条件的影响,所以其施工技术和组织工作十分复杂。因此,在矿井建设之前,必须周密研究施工方法,合理安排施工顺序,提出确保安全施工的措施,有效组织技术供应,合理组织施工力量、设备材料和建设资金的供应,妥善安排施工场地总平面布置等,使矿井建设各方面的工作能够有条不紊地顺利进行。

【矿井井型】(type of shaft) 按矿井设计年生产能力大小划分的矿井类型。一般分大型、中型、小型矿井三种。大型矿井一般产量大,装备水平高,生产集中,效率高,成本低,服务年限长,增产潜力大,是中国煤炭工业的支柱和骨干;但大型矿井初期工程量大,建井时期长,施工技术要求高,重型设备多,因而吨煤投资高,生产管理复杂。小型矿井则初期工程量较小,建井期短,初期投资少,技术和装备均简单,管理相对容易;但生产较分散,效率低,成本高,矿井服务年限短,矿井接替频繁。矿井井型是煤矿建设、生产中最基本的技术指标,在一定程度上综合反映了矿井生产技术面貌。在分析、论证、决策井型时,既要从地质条件、地理条件、技术装备和管理水平的实际情况出发,又要用发展观点充分考虑技术进步与管理水平提高,结合需要与可能,综合分析各种主客观因素,按最佳的综合经济效益原则择优确定。

大型矿井

【矿井降温】(mine underground cooling) 降低高温矿井井下风流温度,调节和改善矿井气候条件的技术措施。其方法主要有:(1)通风降温。有两种方法。一种是加大矿井风量,风流带走的热量随之增加;另一种是从降温角度出发,选择合理的矿井通风系统。(2)隔热疏导。采取各种有效措施将矿井热源与风流隔离开来,或将热流直接引入矿井回风流中,避免矿井热源对风流的直接加热,从而达到矿井降温的目的。(3)矿井空调系统。采用机械制冷方法,应用各种空气热湿处理手段,调节和改善矿井气候条件。矿井空调系统按制冷站所处位置的不同可分为:地面集中式空调系统、井下集中式空调系统和井上下联合式空调系统。(4)个体防护。对个别气候条件恶劣的地点,由于技术或经济上的原因,如不能采取其他降温措施时,对矿工进行个体防护也是一种有效的方法。个体防护的主要措施是矿工穿戴冷却背心或冷却帽。其作用是,防止环境热对流和热辐射对人体的侵害;同时使人体自身的产热量传给冷却服或冷却帽中的冷媒。

【矿井局部通风】(mine local ventilation) 利用局部通风机或主要通风机产生的风压对局部地点进行通风的方法。局部通风主要是减少风筒漏风、降低风筒阻力和保证局部通风机安全可靠运转。局部通风机有轴流式和离心式两种。轴流式局部通风机有体积小、安装方便、易于串联使用等优点,故得到了广泛的采用。其缺点是噪声较大。局部通风设备的选择方法有:(1)通过计算确定局部通风机的工作风量和工作风压,然后根据局部通风机个体特性曲线选择合适的风机。(2)根据经验选用。由于局部通风机的工作条件经常变动,不同送风距离的各种风筒的风阻和漏风率未作系统测定,对计算局部通风机的工作风压和风量带来了一定不便。由于局部通风机通风在管理上的影响因素较多,所以对局部通风设备一般不采用计算方法来选择,而是根据经验选用。加强局部通风技术管理的意义主要在于:(1)消灭矿井中的大部分瓦斯事故。(2)实现以较少的设备投入实现长距离的掘进通风。

【矿井开拓设计】(mine development design) 为选择矿井开拓方案及确定有关参数而进行的设计。其目的是在总体设计已经划定的井田范围内,根据精查地质报告和其他补充资料,具体体现总体设计的合理原则,认真研究主要井巷如何深入地下或山体,以便接近或进入煤层预定位置,为采区开采打开通路。设计内容包括:确定主、副、风井的井筒形式、深度、数量、位置、阶段高度、大巷布置、采区划分、开采顺序与通风、运输系统及它们之间的密切联系。矿井开拓设计关系到整个矿井的基建投资、建设和达产工期,以及投产后的生产技术面貌、安全状况、经济效益和长远的发展前景。矿井开拓设计方法有方案比较法、数学分析法、运筹学方法和电子计算机模拟。方案比较法是目前唯一实际应用的方法,数学分析法尚未能实际应用,统筹学方法和电子计算机模拟尚处于研究开发阶段。

【矿井开拓延深】(mine deepening) 多水平开拓的生产矿井为生产接替而进行的下一开采水平的井巷布置及工程实施。与新井建设相比,矿井开拓延深有以下特点:(1)井巷工程量大,施工期较长。(2)可利用已有的生产系统和设备。(3)延深与

矿井开拓延伸

生产相互干扰。(4)能与矿井技术改造或改扩建相结合。矿井开拓延深的原则是:(1)充分利用老矿原有设备、设施,挖掘现有的生产潜力。(2)尽量减少对现有生产水平的影响,并有利于下水平的延深。同时,力求生产系统简单,缩短新旧开采水平交替生产的时间。(3)临时性的辅助工程量小,减少投资,缩短工期,降低生产经营费用。(4)尽量采用先进技术,以适应煤矿现代化生产发展的需要。矿井开拓延深的方案类型主要有主副井直接延深、采用暗立井或暗斜井延深以及新开一个井筒、延深一个井筒等。

【矿井漏风】(mine leakage) 从与生产无关的通路中漏失风流的现象。在矿井通风中,进入井巷的风流未达到用风地点起到清洗烟尘和通风的作用,而是通过通风构筑物的缝隙、采空区、煤柱裂隙及地表塌陷裂缝等直接渗透到回风巷或地面。其结果是造成工作面有效风量减少,气候和卫生条件恶化,增加风机的无益电耗,并可导致煤炭自燃。减少漏风、提高有效风量是通风管理部门的基本任务。按漏风地点的不同可分为外部漏风(又称井口漏风)和内部漏风(又称井下漏风);按漏风分布性质的不同可分为连续分布漏风和局部漏风;按漏风风流被利用情况的不同可分为无益漏风和有益漏风。漏风风量与漏风通道两端的压差成正比,和漏风风阻的大小成反比。衡量矿井漏风程度的参数有:矿井内部有效风量率、矿井外部漏风率。矿井内部漏风率是衡量通风管理质量的重要指标之一。

【矿井气候条件】(climatic condition in mine) 又称矿内气候条件。矿井空气的温度、湿度和流速三个参数的综合作用。是影响人体热平衡的主要因素。对井下人员的身体健康和劳动安全有重要影响。新陈代谢是人类生命活动的基本过程之一。人从食物中摄取营养,在体内氧化而生成热量,其中一部分热量用来维持人体自身的生理机能活动以及满足对外做功的需要,其余部分必须通过散热方式排出体外,才能保持人体正常的生理功能。人体散热主要是通过人体皮肤表面与外界的对流、辐射和汗液蒸发这三种基本形式进行的。对流散热取决于周围空气的温度和流速;辐射散热主要取决于环境温度;汗液蒸发散热取决于周围空气的湿度和流速。

【矿井全风压通风】(mine ventilation of total pressure) 又称总风压通风。利用主要通风机产生的风压对局部地点进行通风的方法。即直接利用矿井主要通风机及自然因素造成的风压,并借助风障、风筒等导风设备对掘进工作面进行通风。将贯穿风流的新风导入独头掘进工作面,再将污浊空气从掘进巷道排出。适用于瓦斯涌出量大,使用局部通风机不安全、不方便,通风距离不长的地段,可利用的总风压较大,能保证掘进所需风量而又不影响其他地区通风的巷道掘进中。常用的方法有:利用纵向风障通风、利用风筒通风、利用平行巷道通风、利用钻孔通风。其优点是:通风安全可靠,不需另增通风动力,只要主扇正常运转就能连续供风;其缺点是:工程量较大,使用风障有碍运输。

【矿井热害】(heat disaster in mine) 因井下温度过高、湿度过大,超过井下适宜作业温度,从而威胁矿工健康、妨碍生产的灾害现象。世界多数国家都规定有适合井下人员作业的环境指标,其内容和指标数值各不相同。中国以干球温度为指标,规定井下温度不能超过26℃,超过该温度即视为出现不同程度的热害。矿井的热源主要来自地热,此外还有机电设备产生的热,煤、矸石、硫化矿物、支护材料氧化放热及其他化学反应生热,人体散热,爆破产生的热以及生产用水放热等。按热害形成条件的不同可分为:岩温型热害、热水型热害、岩温-热水型热害和硫化-氧化型热害。根据卫生部门资料,在温度超过35℃、相对湿度超过90%的环境下作业的人,常会发生头昏眼花、恶心乏力、胸闷气短、心悸抽筋、中暑等症状,而且高血压、肠胃病、皮肤病等发病率也显著增高。此外,在高温、高湿环境下,井下人员的注意力和判断能力减弱,劳动生产率下降,事故率上升。随着各种矿产资源开采深度的不断增大,矿井热害日益严重,已成为采矿生产的重要灾害之一。在中国各类矿井热害中,以煤矿高温热害最为严重。在其他一些矿产(如铁矿、铜矿、铅锌矿及一些非金属矿产)的矿井中,也存在不同程度的高温热害。

【矿井设计生产能力】(designed mine capacity) 矿井设计文件所规定的矿井年产量或日产量。除矿井改建或扩建而可能变动外,一般在矿井服务期内不再变更。按设计规范规定,全年按300天、每天按提升14h计算设计生产能力。矿井设计生产能力是煤矿生产和建设的主要指标,在一定程度上综合反映出矿井的生产技术面貌,体现了矿井的经济效益,是选择井田开拓方式的一个重要依据。

【矿井生产能力】(mine capacity) 又称井型、矿井年产量。矿井一年所能生产煤炭的数量。根据国家现行《煤炭工业技术政策》的规定,按年产量的不同矿井可分为特大、大、中、小四种类型。矿井年产量的大小是煤矿生产建设中的重要指标。它不仅关系到基本建设规模的大小和投资的多少,而且在一定程度上综合反映了矿井整个生产期间的技术经济面貌。大型矿井和小型矿井各有优劣。在确定矿井产量时要根据煤田地质、开采技术条件和国家对该地区、该煤种的需求情况，通过综合分析比较后决定。对储量丰富、埋藏浅、构造简单、开采技术条件好的煤田，应建设大型矿井。煤层埋藏不稳定、地质构造复杂、储量不很丰富的煤田及不宜建设大型矿井的地方，可建设中、小型矿井。

【矿井探水】(mine water prospecting) 采掘时用超前钻孔探明采掘工作面周围水源的措施。即在采掘过程中运用超前探查方法，查明采掘工作面顶底板、侧帮和前方含水构造、含水层、积水老窑等水体的具体位置、产状等基本情况。目的是为有效进行水害防治作好准备。“有疑必探，先探后掘”是防治水害的基本原则。探水或接近积水地区掘进前或排放被淹井巷的积水前，必须编制探放水设计，并采取防止瓦斯和其他有害气体危害等安全措施。探水眼的布置和超前的距离，应根据水头高低、煤(岩)层厚度和硬度以及安全措施等在探放水设计中具体规定。凡是井下受水害威胁的地区，都必须坚持上述探放水原则。

【矿井通风网络】(ventilation network chart) 矿井风流按照生产要求在井巷中流动时，风流分岔、汇合线路的结构形式。按其基本连接形式的不同可分为串联、并联和角联通风网络；按其通风网络构成的不同可分为简单和复杂通风网络。仅由串联和并联构成的通风网，称为简单通风网络或称串并联通风网络；通风网络中有对角风流时，称复杂通风网络或角联通风网络。风流在风网中流动的规律，既有普遍性，又有特殊性。通风网络的普遍规律就是风流在任何通风网络中作连续稳定流动时，都必须遵守的基本定律(或叫基本原理)，如风流在通风网络中流动时，都遵守质量守恒和能量守恒定律。

矿井通风网络三维仿真

【矿井通风系统】(mine ventilation system) 风流由进风井口进入矿井后，经过井下各用风场所，然后从回风井排出矿井，所经过的整个路线及其配套的通风设施的总称。一般都由通风机、风硐、风墙、风窗、风障(矿井巷道或工作面内，引导风流的设施)及风帘(用柔性材料制成的减少或隔断风流的设施)等部分组合构成。建立矿井通风系统是矿井安全生产的必备条件和基本保证。

【矿井通风系统可靠性评价】(reliability evaluation of mine ventilation system) 对矿井通风系统保证矿井正常生产和预防控制灾害事故发生的能力所进行的评价。矿井中的瓦斯、煤尘、煤炭自燃等事故发生的原因是多方面的。其中，矿井通风系统不完善是导致这些事故发生的主要因素。要减少这些事故的发生，必须提高矿井通风系统对这些事故的防灾、抗灾能力，即要提高矿井通风系统的可靠性。国内外在矿井通风系统可靠性方面开展了大量的研究。国外采用的评价方法有结构法、模拟法、统计评价法等，也提出了许多理论上可行的方法。中国矿井通风系统可靠性研究是从20世纪80年代开始的，在矿井通风系统可靠性指标确定和通风系统可靠性基础理论研究方面进行了有益探讨。国内研究采用的方法可分为三类，即基于可靠性工程的研究、基于数学方法的研究和其他方法。

【矿井通风系统优化】(optimization of mine ventilation system) 应用科学的决策方法，从多种矿井通风系统方案中选出可靠性高、通风效果好、运行费用低的综合最优方案。矿井通风系统方案是否最优，受多种因素影响，在方案选择中，需在充分考虑和比较各方案的诸多因素后方可抉择。由于各方案的指标值可能不一样，如甲方案的某个指标比乙方案的同个指标好，而乙方案的另一个指标却比甲方案的另一个指标好，即其中的某些指标呈现相互矛盾的情况，从而使决策问题变得复杂，人们很难轻易作出选择。解决问题的方法是：(1)多目标决策法。是利用专家集体智慧，依靠专家的经验、知识和综合分析能力进行直观判断的方法。集中集体的智慧是以“权值”及“评价值”的形式表现的。首先，确定矿井通风系统各影响因素的重要程度即确定“权值”，计算每个指标的“评价值”，根据各指标的“权值”和“评价值”，进行综合分析，即可确定出最优的方案。(2)模糊评判法。将矿井通风系统没有明确界线的定性类的模糊因素转化成定量类的确定因素，应用模糊数学理论进行综合评价。(3)层次分析法。把各个通风方案分解为有序的递阶层次结构，对评判准则的重要程度和所有方案相同因素的优劣进行量化排序，并构成评判矩阵。通过计算可得到各方案按某种评判准则重要性顺序评出的优劣次序排序值，以此选出最优方案。

【矿井通信】(mine communication) 矿井调度总机及井下各种通信设施的通信能力的总称。即以矿为中心，矿内各部门、环节之间的各类井上井下通信。该系统的主要任务是实现矿调度室对井下生产的各个环节及人员进行调度指挥、监测与监控。现代化大型煤矿的通信系统包括矿调度通信系统和矿井监控系统(井下环境集中监控系统、生产过程监控系统或环境和生产过程综合监控系统)。矿调度通信系统的主要通信方式是数字式有线电话,用以实现日常的生产调度和发生灾害时的紧急救护。中小型矿井的通信系统比较简单,除必需的矿井有线电话调度系统之外,电传、移动通信和互联网络都不难配备。矿井的地面通信除有线电话外,还有电传、移动电话和互联网等方式。井下通信除有线电话外,还有无线移动电话和工作面扩音电话。井下全部电话都必须是防爆型。

【矿井瓦斯爆炸】(mine gas explosionin) 井下一定浓度的瓦斯和空气中的氧气在高温热源作用下发生激烈氧化反应的过程。是煤矿生产过程中最严重的灾害之一。毁坏井下巷道、设备和严重危害井下人员的生命安全。危害表现在高温、冲击波和有害气体。火焰面是巷道中运动着的化学反应区和高温气体,其速度大、温度高。从正常的燃烧速度(1 ~ 2.5m/s)到爆轰式传播速度(2 500m/s)。火焰面温度可高达2 150 ~ 2 650℃。火焰面经过之处,人被烧死或大面积烧伤,可燃物被点燃而发生火灾。冲击波峰面压力由几个大气压到 2.0265×10^{6}Pa,前向冲击波叠加和反射时可达 1.0325×10^{7}Pa。其传播速度大于声速,所到之处造成人员伤亡、设备和通风设施损坏和巷道垮塌。瓦斯爆炸后生成一氧化碳、二氧化碳等大量有害气体,成为人员大量伤亡的主要原因。瓦斯爆炸的条件是:(1)瓦斯浓度。瓦斯与空气混合,按体积计算,瓦斯浓度在5% ~16%时,则具有爆炸性。(2)空气中的氧气含量。在空气与瓦斯的混合气体中,如果氧气含量低于12%,瓦斯就失去爆炸性。(3)点燃瓦斯的火源。井下明火、电气短路产生的电火花、摩擦火花、吸烟等都可以点燃瓦斯。上述三个条件只要缺一就不会发生瓦斯爆炸。煤矿预防瓦斯爆炸的措施,主要是防止瓦斯的积聚和杜绝或限制高温热源的出现。

矿井瓦斯爆炸演习

【矿井瓦斯抽放】(mine gas drainage) 利用瓦斯泵抽取煤层中瓦斯,并通过抽放管路把瓦斯排至地面。在抽出的瓦斯量少、浓度低时,一般直接排到大气中;当具有稳定的、较大的抽出量时,可将抽出的瓦斯综合利用。由于瓦斯抽放不仅是降低矿井瓦斯涌出量、防止瓦斯爆炸和煤与瓦斯突出的重要措施,而且抽出的瓦斯还可以变害为利,作为煤炭的伴生资源加以开发利用。因此,从 20 世纪 50 年代起,矿井瓦斯抽放受到世界各主要产煤国家的普遍重视。

【矿井瓦斯检测监控】(mine detection and monitoring of gas) 为防止井下瓦斯爆炸事故发生以保证矿井安全生产而采取的检测与监控瓦斯浓度的技术手段。是防止井下瓦斯超限积聚和避免瓦斯爆炸事故的安全屏障。是矿井瓦斯管理的重要内容。早期检测瓦斯的技术手段缺乏。1815 年,英国发明了利用火焰高度测定瓦斯浓度的安全灯,作为矿井第一项安全仪器,沿用了一百多年,20 世纪 40 年代前一直是煤矿主要使用的瓦斯检测仪器,20 世纪 60 年代在部分矿井仍有使用。1925 年日本发明了利用光干涉原理测定瓦斯浓度的光学瓦斯检定器,在日本和中国使用比较广泛。随着科学技术的进步,瓦斯检测仪器与装备的种类以及功能不断发展,由原来的瓦斯检测仪器发展到后来的断电设备和监控系统。瓦斯检测仪器与监控系统主要有:(1)便携式瓦斯检测仪。是一种携带式可连续测定井下瓦斯浓度的电子仪器,当瓦斯浓度超过设定报警点时,发出声光报警信号。中国目前使用的这类仪器可分为个人携带式、半固定悬挂式、组合式和智能式多种类型。(2)便携式多参数组合气体检测报警仪。是用于检测井下空气中包括瓦斯在内的多个参数(如氧气、一氧化碳等) 的组合式检测仪器。当其中某个参数超过设定值时,发出报警信号。(3)瓦斯报警矿灯(又称头灯式瓦斯报警器)。可对每个井下人员作业地点和所到之处的瓦斯浓度进行连续监测,并在瓦斯超限时发出报警信号。(4)瓦斯报警断电仪。是用于连续监测井下空气中瓦斯浓度的一种电子仪器。当瓦斯浓度达到设定值时,仪器发出声光报警信号,并自动切断一定区域内的被控电源,防止电气设备产生火花而引起瓦斯爆炸事故。(5)瓦斯遥测仪。是在瓦斯断电仪的基础上,将井下所测瓦斯浓度值通过传输系统送到地面监测中心站,并能在井下瓦斯浓度超过设定值时发出声光报警信号。

【矿井瓦斯涌出】(mine gas emission) 由受采动影响的煤层、岩层以及由采落的煤、矸石向井下空间放出瓦斯的现象。按其涌出方式的不同可分为:(1)普通涌出。指瓦斯从煤层或岩层表面非常微细的缝隙中缓慢、均匀而持久地涌出。首先是游离瓦斯涌出,尔后是部分吸附瓦斯解吸转化为游离瓦斯涌出。这种涌出范围广,时间长,数量大,是矿井瓦斯涌出的主要形式。(2)特殊涌出。在很短时间内自采掘工作面的局部地点,突然涌出大量瓦斯,同时还伴有大量的煤粉、煤块或岩石被抛出。其涌出的特点是:范围小(局部)、时间短、突发性强,其准确的强度和时间、地点都难以预测,危害极大。按其涌出特征的不同分为瓦斯喷出和瓦斯突出。在一般情况下,高瓦斯矿井（相对瓦斯涌出量大于 $10m^3/t$ 且矿井绝对瓦斯涌出量大于 $40m^3/min$ 的矿井）相对于低瓦斯矿井（相对瓦斯涌出量小于或等于 $10m^3/t$ 且矿井绝对瓦斯涌出量小于或等于 $40m^3/mi$ 的矿井）更易发生瓦斯涌出的现象。

【矿井巷道】（mine tunnel） 为开采煤炭从地面向地下开凿通达煤体的和在煤层中开掘的一系列井巷。一般按照在井下的形态和用途来命名。按其空间形态的不同可分为：(1)垂直巷道。有立井（主、副立井，以及作通风和安全出口用的小立井）、暗立井和溜井等。(2)水平巷道。有平硐（主副平硐、回风平硐）、水平运输大巷、水平回风大巷、区段平巷、石门、煤门和井底车场巷道等。(3)倾斜巷道。斜井（主、副斜井及回风斜井）、采区上下山（采区运输机下山轨道下山）、暗斜井、行人斜井、联络眼、溜煤眼和工作面开切眼。按其用途和服务范围的不同也可分为：(1)开拓巷道。为全矿井、一个阶段或两个以上采区服务的巷道，属于开拓巷道的有井筒、井底车场、主石门、阶段运输大巷和回风大巷等。(2)准备巷道。为一个采区或为两个以上回采工作面服务的巷道。如采区上（下）山、采区各部车场、区段集中平巷和采区石门等。(3)回采巷道。直接为一个回采工作面服务的工作面运输平巷、回风平巷及工作面开切眼等。

矿井巷道

【矿井涌沙】（sand gushing in mine） 流沙突然涌入井巷的现象。多由掘进或采矿过程中，作业揭露未固结含水砂层及充填未固结泥沙的富水溶洞、或揭露沟通地表水的导水通道时，地下水和泥沙会同时涌入井巷。有时会堵塞排水系统，破坏井下设备，并常伴随有地表塌陷，给矿山生产带来困难。其中以流沙冲溃的危险性最大。

【矿井震害】（mine earthquake disaster） 简称矿震。由矿山开采活动引发的地震灾害。按其形成原因的不同可分为：(1)构造型矿震。受采矿影响或强烈抽（排）水引起。岩层构造断裂发生强烈活动造成。深采区采矿形成的自由空间使原来三向受压的岩体变为两向受压或单向受压，引起地应力的重新分布，形成某些断裂构造带发生应力集中或高压异常带。当应力集中到一定程度时，发生能量突然释放，引起矿震。抽（排）水引发的卸荷作用和应力失衡，也同样会引起矿震。(2)塌陷型矿震。由采空区或顶板大规模塌落以及大型溶洞陷落引发的地震。(3)岩爆型矿震。由于岩爆（冲击地压）产生的岩体振动和冲击波而引起的矿震灾害。与天然灾害性地震相比，矿震的能量均比较小，震级比较低，但次数多，分布广，震源浅，延续时间长，且都发生在矿区，所以有时也会对工程建筑和矿井设施造成一定危害。

【矿井支护】（mine support） 为了保持巷道的稳定性，防止围岩垮落或变形过大而采取的防护措施。巷道掘进后一般都要进行支护。在岩体中掘进的巷道，如果不进行支护，往往要发生较大的变形或破坏：掘在脆性岩体中的巷道易片帮、冒顶；掘在塑性岩体中的巷道则多表现为围岩向巷道空间移动，如顶板下沉、两帮或底板膨胀等。煤矿常用的巷道支护形式有木支架、金属支架（梯形金属支架、拱形可缩性金属支架）、钢筋混凝土支架（水泥支架）、砌碹支架、锚喷支护（锚杆支护、喷射混凝土支护及锚喷、锚网、喷网、锚喷网联合支护）等。其中，锚喷支护在矿山得到了较广泛的使用。锚喷支护的工作原理是：锚杆与其穿过的岩体形成承载加固拱，喷射混凝土层的作用则在于封闭围岩，和围岩结合在一起，防止风化剥落，对锚杆间的表面岩石起支护作用。其优点是：施工速度快，施工机械化程度高，成本低及节约材料。锚杆支护巷道，就是巷道掘进后向围岩中钻锚杆眼，然后将锚杆安设在锚杆眼内对巷道围岩予以人工加固。

矿井老式支护

【矿井支架】（mine stand） 为维护围岩或矿体稳定采用的杆件式结构物和整体式构筑物的总称。按使用材料的不同可分为：(1)木支架。巷道中常用的木支架是梯形棚子，是由一根顶梁、两个棚腿以及背板、木楔等组成的。(2)金属支架。是一种优良的坑木代用品，其主要形式有梯形金属支架和拱形可缩性金属支架。(3)钢筋混凝土（棚式）支架。(4)石材整体支护。用料石、混凝土或钢筋混凝土砌筑成的整体支护一般采用直墙拱顶式，由拱、墙和基础构成。

【矿井中央式通风】（mine centralized ventilation） 出风井与进风井均大致位于井田走向中央的一种通风方式。按出风井沿煤层倾斜方向位置的不同可分为中央并列式和中央边界式两种。前者指进风井和出风井均并列集中布置在井田中央，两井位于同一工业广场内。其优点是：初期开拓工程量小、投资少、投产快；地面建筑集中，便于管理；两个井筒集中布置，便于开掘；井筒延深工作方便，井筒安全煤柱少,易于实现矿井反风。其缺点是:矿井通风路线是折返的,因此风路较长,阻力较大,且风压不稳定;通风机效率低,电能消耗大;因进、出风井距离太近,特别是井底漏风较大,容易造成风流短路,安全出口少。后者进风井位于井田中央,出风井大致位于井田上部边界的中间(沿走向的中央)。出风井的井底高于进风井的井底。为了满足一井提升煤炭、一井上下人员和提升物料的需要,以及便于水平延深,一般要在井田中央开掘两个进风井筒。其优缺点与中央并列式的优缺点相反。

【矿井自然通风】(mine natural ventilation) 利用自然因素产生的风压(即自然风压)作为通风动力,使空气在井巷中流动的通风方法。其特点是:(1)自然风压的大小和方向随季节气候变化而变化,风量不稳定,风向也常改变。(2)自然风压的大小随矿井开采深度的加深而增大。(3)采用机械通风的矿井,自然风压仍然存在,其大小受进风量的影响而略有变化,即随进风量的增加而增大。对自然风压较大的深井,自然风压不仅对矿井通风起着重要作用,而且它在全年内可能均为正值。但是对于某些深度不太大的矿井,夏季的自然风压可能变为负值,甚至会出现风流的反向,在通风管理工作中应给予充分重视。特别是高瓦斯矿井尤应注意。否则,可能造成严重的后果。

【矿井综合灭火】(mine combined extinguishing) 隔绝灭火法与其他灭火法的综合运用。为防止因防火墙质量不好、漏风较大使火区长时间不能熄灭而影响生产,通常在火区封闭后再采取向火区内注入泥浆、惰性气体或调节风压等方法,使火区加速熄灭。其中,注浆灭火方法有三种:(1)地面打钻注浆灭火。这种方法适用于矿井深度不大,火源距地面较近,地面又有注浆材料,可从地面打钻把泥浆直接注入火区的情况。(2)消火道注浆灭火。如果火源距已有的巷道较远、打钻有困难时,可沿火区一侧或其四周开掘消火道,再向火区打钻注浆灭火。(3)地面集中注浆站注浆灭火。当矿井开采深度较深,范围较大,火源距地表深度大时,则采用在地面设固定集中注浆站,建立注浆系统进行预防性注浆和注浆灭火。注惰性气体灭火的方法也有三种:将惰性气体发生机组生产的湿式惰性气体送到封闭火区内惰化火区空气灭火、直接注入二氧化碳灭火和直接注氮灭火。调节风压法(均压法)灭火就是调节已封闭火区进风侧、回风侧的风压差,使其尽可能减小,从而减少漏风,加速火区的熄灭。具体方法有:调节风门均压、调节风门与调压局部通风机联合均压、设置连通管路均压、改变局部通风系统等方法。

【矿区变电所】(main substation in mining area) 向几个矿井、露天矿及其他用电单位供电的变电所。矿山供、配电系统中的矿区变电所属于地区变电所。它接受枢纽(或区域)变电所送来的110kV电能,将之降为35kV后送至矿山地面变电所。由于矿区的电源大多来自各省市、地区就近的电网。矿区变电所引入电压的高低除了受当地电网电压制约之外,还与矿区用电负荷的大小有关。

【矿区地面塌陷】(collapse on mining area ground) 矿区地表岩土体在自然或人为因素作用下,向下陷落并在地面形成塌陷坑(洞)的一种地质现象。是矿区常见的一种地质灾害。形成塌陷的主要原因,可分为自然塌陷和人为塌陷两大类。前者是地表岩土体由于自然因素作用,如地震、降雨、自重等向下陷落而成;后者是由于人为作用导致的地面塌落。在这两大类中,又可根据具体因素分为许多类型,如地震塌陷、矿山采空塌陷等。

矿区地面塌陷

【矿区地面总体布置】(general surface layout of mining area) 对矿区内企业工业场地、设施和居民生活区布局进行的全面规划。即矿区内工矿企业、公用工程、矿区中心区、居住区和矿区行政文教、卫生设施等地面工程的统筹规划和布局的统称。总体布置应根据地形、地貌、地质条件与井田划分、井田开拓、外部运输方式、环保、安全要求以及当地的区域和城镇规划等综合考虑确定。矿区地面总体布置可分为两个区:一个是集中的加工利用、维修、供应等企业集中工业区;一个是经过规划的环境较好的居住区。

【矿区规模】(mining area capacity) 矿区均衡生产时期的生产能力。由于表达矿区生产能力的具体指标有设计生产能力、核定生产能力及矿区的年产量等,因此它有多重含义:(1)矿区建设规模。指矿区均衡生产时期的设计生产能力。(2)矿区生产规模。指矿区某个时期的实际年产量水平。笼统地讲矿区规模,或矿区开发规模,包含有矿区建设规模和矿区生产规模的双重涵义。由于设计生产能力与实际年产量的关系密切,矿区建设规模与生产规模常常是大体一致的。矿区规模,对于新建矿区,是在矿区总体设计中通过详细论证确定的;对于生产矿区,初期一般均按矿区总体设计的规定,以后根据矿区生产建设情况的变化,可以通过论证、规划等加以改变。

【矿区通信】(mining area communication) 矿务局与各矿厂之间的通信和矿区的地面通信系统。由矿厂的交换机与矿务局的交换机通过电缆、微波、光纤、架空明线连接而成的电话、数字传输网络。是实现矿区内部的生产调度、信息传输和日常通话的专用网。矿区无线移动通信系统也是其组成部分,主要是作为备用和特殊应急时之用。矿区通信系统一般都通过矿务局总机与外部接口进入公用通信系统。矿区通信的重心是矿区调度通信系统。其主要通信方式是数字式有线电话。它与行政电话相通,用以实现日常的生产、运输、销售调度和发生灾害时的紧急救护。调度通信系统下通矿区所属各个生产单位和救护单位(医院、救护队和消防队等),上通地区、省(自治区)和国家有关主管部门。调度员拥有调度特权,即为实现指挥调度而行使的通信优先权,包括监听、强拆和强插入被调度对象的通信业务。

【矿区总体设计】(general design of mining area) 全矿区的矿井布置、生产规模、开采年限和辅助企业、输运设施及职工生活区的布置。是确定矿区建设的总规模、建设顺序和达到建设总规模所需要建设的机修、供水、供电、交通运输、建筑材料生产基地等附属、辅助生产设施,以及文教、卫生、行政、生活福利设施等,并估算出各种经济技术指标的设计文件。是根据批准的矿区总体设计计划任务书和批准的开发可行性研究报告(总体设计方案)所确定的各项设计原则及其审批决定,在落实外部协作条件的基础上,通过更全面深入的工作和各种具体计算,进一步完善可行性研究所推荐的,并经审查批准的方案,去编制矿区总体设计。矿区总体设计批准后,作为井田精查顺序和地质勘探、矿井和矿区内各单项工程初步设计的依据,作为指导安排工业矿区开发基本建设计划的外部协作项目的依据,是指导矿区开发建设的重要文件。

【矿热炉】(electric shaft furnace) 又称矿石还原炉。用碳作还原剂冶炼铁合金的电炉。炉体大多呈现圆形,炉身低矮。炉壳用钢板制成,内砌耐火材料。炉料从炉顶装入,三根电极埋在炉料中,电流由电极导入炉内,在电极端部发生电弧,加热和熔化炉料。熔化的金属和炉渣集聚在炉底,通过出铁口定期放出。冶炼过程连续进行。主要用于生产硅铁、高碳锰铁、高碳铬铁等。

【矿山】(mine) 在一定开采范围内采掘矿石或矿物原料的独立生产单位。按其生产规模大小的不同可分为大型矿山、中型矿山和小型矿山;按矿山企业性质的不同可分为独立采矿的企业和采矿选矿联合的企业;按企业资产所有制的不同可分为国有矿山、集体矿山和个体矿山。矿山作为一个企业,一般包括管理一个或几个露天采场、矿井和坑口,以及保证生产所需的各种辅助车间等。

矿山

【矿山安全】(mine safety) 矿山生产过程中防止人身伤亡、职业危害、经济损失所必要的劳动条件及保障措施的总称。根据矿山复杂的地质条件和自然因素等研究矿山中可能发生瓦斯、矿尘、水害、顶板冒落、地温、地压等各种重大危害及其监测处理和防治的技术措施。中国《矿山安全法》于 1992 年 11 月 7 日第七届全国人民代表大会常务委员会第二十八次会议通过,1993 年 5 月 1 日起施行。

【矿山安全标志】(mine safety sign) 由安全色、几何图形和图形符号构成,用以表达特定的矿山安全信息的标志。矿山企业应当根据国家有关规定,按照不同作业场所的要求,设置相应的矿山安全标志。

【矿山储量核算】(examining and calculating of mine reserves) 为使矿山设计建立在可靠的地质资料基础上而对地质勘探报告中的矿石储量进行的核算。在核算矿石储量时,首先应对工业指标、矿体圈定、块段划分、储量精度、储量计算参数和储量计算方法等是否合理进行评价和修订,然后再进行具体核算。

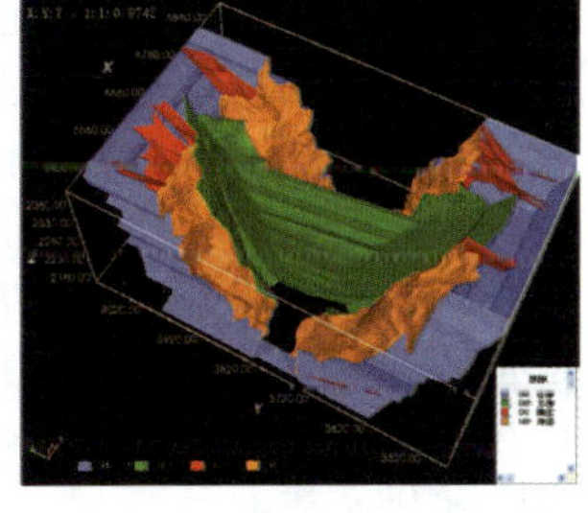
矿体仿真三维模型

【矿山地质工作】(mine geologic work) 为保证和发展矿山生产,在拟建或已建矿山范围内所进行的全部地质工作。具体包括一个矿床经地质勘查证实具有工业价值后,从矿山基建、生产直到矿山关闭等不同阶段的所有地质工作。其基本任务是:(1)利用探矿及采矿坑道,深入研究矿体形态及矿产质量变化等,以保证矿山持续、均衡地进行生产和确定合理的采掘比例。(2)根据掌握的地质资料,指导采掘工作方向,参与探采工程施工管理和验收,参与采场、中段、井田开采结束后的验收与总结工作等。(3)协助矿山采矿人员对矿产资源进行合理开采和利用,测定及监督矿石的损失、贫化,进行出矿管理和对矿石产量、质量的检查与验收等。(4)对矿床进行探边摸底,勘探平行矿体和寻找盲矿体,甚至在矿山外围进行矿床普查与勘探,为扩大矿山生产能力或延长矿山寿命增补所需矿产储量。(5)及时解决矿区水文地质、工程地质等影响矿山正常安全生产的各种地质问题。(6)充分利用矿山生产提供的有利条件和丰富资料,进行矿床地质理论研究。其主要内容包括:矿山基建地质、矿山开发勘探、矿山生产勘探、矿山工程地质、矿山水文地质、矿山环境地质、矿山储量核算、矿山地质图件及矿山地质管理等。

【矿山地质管理】(mine geological management) 为贯彻执行国家对生产矿山制定的方针政策而应做好的矿山地质工作。生产矿山必须做到以下几点:(1)必须十分珍惜矿产资源,走资源节约型发展道路,把提高资源效益放在首位,并利用好(国内外)两种资源。(2)必须坚持合理开发、综合利用矿产资源。(3)必须坚持贫富兼采、大小兼采、难易兼采,坚持采剥(掘)并举,剥离(采准)先行。(4)必须坚持合理的开采顺序,降低开采中的贫化和损失。这一工作一般由矿山地质和测量人员密切合作共同进行。其内容包括矿产储量、生产准备矿量、矿石质量的管理,矿石损失、贫化的监督管理,探采地质资料验证对比和矿区及采掘单元的停产与关闭的管理等。

【矿山地质图件】(mine geologic maps) 把在矿山开发过程中揭示出来的或经地质理论推断、预测得出的各种地质现象在图纸上准确地描绘出来的一类图件。此类图件使用特定的花纹、符号和色谱,是矿山地质工作的重要组成部分,是反映矿床地质特征、成矿规律和矿山生产活动必不可少的工具,是进行科学研究、交流经验和成果的媒介,还是保存矿山地质工作历史的重要载体。按图件制作目的的不同可分为基本图件和专门性图件两大类:前者有各种原始地质编录图、区域地质图、矿床地质图以及根据矿山开发获得实际资料而编制的各种矿床开发地质图,如矿床勘探线地质剖面图、矿体纵投影图等;后者有矿山水文及工程地质图、环境地质图、矿山物化探地质图、地质经济图及数学地质图等。在现代化矿山地质工作中,许多图件皆可用计算机绘制,既便于修改补充,又利于采矿工程的电脑化设计。

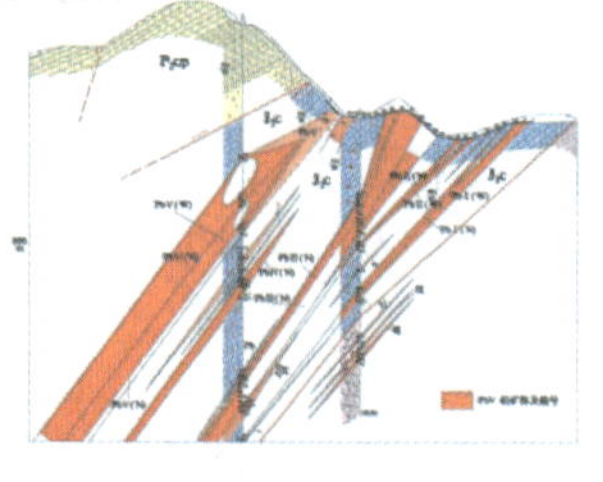

矿体剖面图

【矿山地质学】(mining geology) 地质学的一个分支。地质学与采矿学相结合而产生的一门应用学科。运用地质学理论和方法研究在矿山建设、生产直至开采结束等不同阶段遇到的地质问题,为矿山生产服务的一门学科。其发生和发展与采矿生产活动密切相关,具有鲜明的实践性。随着矿业生产的发展和科学技术水平的进步,其研究领域也在不断扩大,理论和方法也在不断丰富和深化。矿山地质学也是检验地质找矿理论的一门重要学科。

【矿山复垦】(mine reclamation) 对在矿山生产建设过程中,因挖损、塌陷、压占等造成破坏的土地采取整治措施,使其恢复到可供利用状态的活动。国务院在1989年颁布实施《土地复垦规定》,规定适用于因从事开采矿产资源、烧制砖瓦、燃煤发电等生产建设活动,造成土地破坏的企业和个人。土地复垦,实行"谁破坏、谁复垦"的原则。矿山复垦可以恢复矿区土地使用功能,保护耕地,恢复生态环境。目前中国矿山复垦率不足10%。

矿山复垦

【矿山工程地质】(mine engineering geology) 为查明影响矿山工程建设和开采生产的地质条件而进行的地质调查、勘察、测试、综合性评价及研究工作。其任务是:(1)详细查明矿山工程地质条件,为矿山基建、生产中的各类岩(矿)石工程的选位和施工设计提供资料。(2)紧密结合矿山生产,解决与矿床开采有关的岩(矿)体稳定性问题。按施工对象的不同可分为矿山岩土工程地质和矿山岩体工程地质。前者主要研究矿山工程活动与岩土地质相互制约的工程地质条件、力学机制及其发展演化的规律;后者主要研究岩体在内外力地质作用下变形、破坏并改造形成更为复杂的岩体结构的规律,研究岩体稳定性的地质条件和岩石物理特性,并将岩体进行稳定性分级,从而制定合理措施,及时防止因失稳而发生事故。矿山工程地质应提交的成果主要有:岩土工程地质特征调查,岩体结构特征调查研究,影响岩土稳定性的水文地质条件调查,矿区构造应力场分析,流沙、崩塌、岩堆移动、岩溶的工程地质调查等。其目的是为了确保矿山安全、持续进行生产,实现合理利用矿产资源,提高矿山企业的经济效益。

【矿山关闭】(mine closing) 又称闭坑。矿山井区、坑口或露天采场所有采矿工作全部结束。矿山关闭的主要原因是矿区内一切探明的可供开发利用的矿产储量已经开采并运出,采矿工作已经结束。关闭矿山要具备以下条件:(1)矿区内所有采矿活动均已结束并办完验收。(2)矿区内经地质勘探和生产勘探探明的矿产资源经过主管部门核准。(3)因地质或开采技术原因损失的矿量,其数量、质量、分布及原因已经查明,且已获主管部门审核批准。(4)矿山永久性保留的地质、测量、水文及采矿生产资料的收集与整理工作已全部结束。

关闭的矿山

【矿山环境地质】(mine environmental-geology) 矿山所处地区的各种自然条件或地质条件的组合。生产矿山对自然环境和居民生活环境的污染十分严重。其影响因子如矿山废气、废水、废石及尾矿污染、地热污染、放射性污染以及崩塌、泥石流等。其危害极大,不仅会使人体器官组织发生病变,而且还可能改变地壳面貌,破坏生态平衡。因此,必须大力加强矿山地质环境的监测与管理,包括对矿区地质构造、矿石物质组分、第四纪沉积物和岩体物理力学性质的研究,对矿山开发可能引起的地质灾害和矿山"三废"的研究,预测矿山环境的发展趋势,并提出防治污染的措施等。

【矿山基建地质】(geology of mine capital-construction) 矿山(矿井)建设阶段所进行的全部地质工作。包括从矿山(矿井)建设开始直到建成移交给矿山生产前为止,由基建部门按矿山企业设计要求在原有地质勘探成果的基础上,结合施工而必须进行的所有地质工作。如基建工程的地质工作、基建勘探和基建时期必须完成的开拓、采准、备采工程的各种地质工作等。其目的是保证矿山建设的工程质量和基建工作的顺利进行,以及为矿山正式投产作好准备。

【矿山建设项目可行性研究】(feasibility study of mine construction project) 矿山设计前由设计单位的地质、采矿、选矿、冶炼、基建、经济计划等部门共同组成的机构所进行的建矿的可行性研究。其任务是:(1)在矿床勘探阶段提交的勘探报告的基础上,综合调查矿区地质和建矿条件,审核地质资料的可靠性和勘探程度的合理性。(2)对建矿条件进行周密的技术经济分析、计算和方案对比,以求作出客观、准确的矿床经济评价和建矿可行性的结论。在进行研究时,应注重市场调研及成本和效益分析,列出多种方案进行优选,最后作出科学的投资决策。

【矿山静电事故】(mine electrostatic accident) 因静电放电或静电力作用,导致发生危险损害的现象和状态。是可能发生重大财产损失或众多人员伤亡的危害、损害的现象或意外事件(如火灾、爆炸、静电电击以及由此造成的第二次事故等)。静电对煤矿井下的安全危害较大,必须加以防治。其措施主要有:(1)接地。为消除绝缘体上积聚的静电,在有产生静电的绝缘体和大地之间接地,让静电按一定速度泄漏入地,防止放电电流过大而产生放电火花。(2)井下禁止使用普通塑料管。使用的塑料管应是加入抗静电添加剂后制成的抗静电塑料管以将静电泄放,也可以在绝缘材料表面涂刷一层导电性能好的薄膜层,使表面电阻降低,消除静电危险。

【矿山开发地质工作】(geologic work for mine development) 普查、详查、勘探、矿山设计、基建、生产、闭坑等七个阶段所进行的地质工作。有人将前三个阶段统称地质勘查阶段或矿山设计前期阶段,一般由专业的地质队伍进行;但生产矿区外围的地质勘探工作,亦可由矿山地质部门承担。后四个阶段,特别是基建、生产和闭坑三个阶段的地质工作,则均由矿山地质部门负责承担。

【矿山开发勘探】(mine development exploration) 为保障矿山基本建设的顺利进行和矿山的正常生产而进行的地质勘探工作。按勘探工作任务的不同,矿山开发勘探可分为基建勘探和生产勘探两个阶段。前者的任务是指导矿山建设井巷工程施工;后者则是为了进行储量升级,以保证矿山持续生产。矿山基建和生产过程都要求对矿床继续进行勘探,以便利用矿山坑道等探矿工程采掘生产。矿山开发勘探,为矿山建设和采矿生产,以及为发现隐伏矿体、扩大矿床储量等提供更加准确可靠的地质资料。

矿山开发勘探

【矿山设计】(mine design) 在取得矿区地质勘探资料的基础上为矿山建设和采矿生产而进行的全面规划工作。矿产资源开发中的一个阶段,也是矿山建设的一个重要环节。其目的是根据矿床赋存状况和经济技术条件,选择技术可行、经济合理的开发方案。其主要内容是:(1)选定矿山生产规模、服务年限、工艺流程和产品方案。(2)选定矿床开拓方案、采矿方法、矿石洗选加工工艺、矿山设备、地面及地下工程布置、动力供应、给排水方案和施工组织。(3)核算建设投资、编制单项工程设计及施工图等。按工作次序先后的不同,矿山设计一般分为四个阶段:编制矿山设计任务书(指根据有关主管部门下达的设计任务而确定的矿山企业建设的轮廓性方案)、矿山初步设计(为解决矿山未来建设和生产中的主要原则性问题而作的设计工作)、矿山技术设计(为解决矿山所有工程技术问题而作的设计工作和总体方案)和矿山施工图设计(在技术设计基础上将矿山建设及生产中的各单项工程设计编制成施工图和施工说明书的工作及其成果)。矿山设计质量的优劣,对矿山建设和实现矿山均衡生产有重大影响。

【矿山设计地质】(geologic work for mine design) 为矿山设计提供基础资料的地质工作。矿山设计前期的地质工作。包括矿产资源条件调查、矿山建设规划、矿石选冶加工技术试验以及矿山建设可行性研究等。中国通常是以初步设计为主要阶段。首先对矿床地质勘探报告进行认真研究和评价,如矿产储量的可靠程度、矿体(尤以新增储量矿体)内外部特征的变化及可靠性等;然后按照采矿专业设计要求,对地质资料进行再加工,如计算中段(阶段)矿石量、金属量和平均品位,计算相应水平的矿坑涌水量等,为选矿、矿山机械、环保、电气、概预算、技术经济等其他专业提供设计条件;再后进行矿山基建勘探设计、矿山生产勘探和生产取样设计、建立岩矿鉴定室、化验室、编写初步设计中的地质报告说明书。新建大中型矿山企业设计工作中的矿山设计地质工作,一般通过招标方式委托给具有设计资格的矿山设计单位。老矿山为延伸或扩建矿区(段)的设计工作,则多由矿山承担。

【矿山设计任务书】(assignment document of mine design) 根据有关主管部门下达的设计任务而确定矿山企业建设的轮廓性方案。矿山设计的一个阶段。矿山设计任务书是确定矿山建设项目,编制设计文件的主要依据。其主要内容是:矿山基地选择及远景评价;可能的开拓方案、开采方法;企业的构成、地理分布;物资供应、水电来源、运输条件;估算基建投资、期限及人员编制等。在编制矿山设计任务书之前,应先进行矿山开发的可行性研究。在上报设计任务书时,同时上报可行性研究报告。所有新建、改建、扩建的矿山项目,都要根据国家工业发展规划和建设布局,按照项目的隶属关系,由主管部门组织计划、设计等单位,提前编制矿山设计任务书。建设项目的计划任务书经批准后,如果建设规模、产品方案、主要协作关系有变动或突破投资控制数时,应报原批准机关同意。

【矿山生产勘探】(mine production exploration) 又称生产探矿、开采勘探。贯穿于整个矿床开采过程中的地质勘探工作。矿山开发勘探中的一个阶段,是矿山地质工作的重要组成部分。其目的是保证矿山均衡正常生产。矿山生产勘探常与采掘或采剥工作紧密结合,由矿山地质部门实施。按矿山开采方式的不同可分为露天生产勘探(露天开采中采用的生产勘探工程,主要是浅井、浅孔或两者相结合以及地表岩心钻和平台探槽)和地下生产勘探(地下开采中采用的生产勘探工程,主要是坑道及坑内钻)。其主要任务是:(1)在原地质勘探基础上,利用生产或探矿坑道,配合部分地表或坑内钻探,进一步圈定开采块段(或中段)的矿体边界,更准确地确定矿体的内部构造和空间位置。(2)进一步查明矿体中有用、有害成分的含量及其变化情况,以及矿石的加工技术性能。(3)提高储量的控制程度,为矿山生产逐年确保可采矿量。(4)在采区范围内找寻和探明主矿体上、下盘及深边部的平行、分支或其他盲矿体,以增加后备储量,延长矿山寿命。(5)进一步查明矿床开采技术条件和水文工程地质条件等。

坑道勘探掘进

【矿山寿命】(mine life) 又称矿山生产年限或矿山服务年限。一个矿山从投产开始到开采完毕所用的全部时间。与矿山的可采工业储量及矿山的年生产量相关。当矿山的工业储量一定时,矿山年产量的大小直接决定着矿山的寿命。由于矿山的工业储量和矿山的年产量都受多种因素的影响,矿山寿命实际上也是一个不确定量,有规划服务年限、设计服务年限、实际服务年限、延长(超期)服务年限和缩短服务年限之分。矿山应根据市场需求、矿床规模、企业生产能力和自己的经济效益,科学合理地处理矿山寿命与矿山年产量之间的关系,优选出最佳的服务年限。

【矿山水文地质】(mine hydrogeology) 矿山投入基建及生产后所进行的矿床水文地质调查研究工作。其主要任务是:(1)利用矿山大量探采工程更全面、详细、精确地查明矿床水文地质条件,尤其是矿床充水条件和可能涌水量及实际涌水量。(2)查明对矿山开采影响极大的水文地质条件并对矿山的防、排水工作的效果作出评价。(3)为矿山进一步做好防、排水工作,防备地下水对矿山设备和岩体稳定性造成危害以及解决矿山供水和地下水综合利用等问题,提供更可靠的依据。对于水文地质条件复杂的矿山,在投入开采生产后,开展矿山水文地质工作尤其重要。

【矿山岩体稳固性】(rock mass stability of mine) 露天矿边坡、地下坑道和采场、天然斜坡、矿山重要地面建筑地基等的岩体的稳定程度和特点。矿山工程地质研究的重要问题,也是矿山安全生产的前提和保障。具体指矿区内地形地貌条件、岩体(土)类型及其工程地质性质、地质结构、水文地质条件、物理地质现象等地质要素的综合。岩体发生严重变形、破坏,即称失稳;反之,称为稳定。失稳和稳定是相对的,故有些矿山允许出现一定程度的变形、破坏或小规模的岩(土)体崩塌和滑移,而不致影响矿山的正常运营。

岩体垮塌现场

【矿山应急救援体系】(emergency rescue system of mine) 保证矿山应急救援预案的具体落实所需的组织、人力、物力等各种要素及其调配关系的总和。由矿山应急救援管理系统、组织系统、技术支持系统、装备保障系统和信息系统组成的体系。(1)矿山应急救援管理系统。由以下机构组成:国家矿山应急救援委员会(负责矿山应急救援决策和协调的组织)、国家煤矿安全监察局矿山救援指挥中心(组织协调全国矿山应急救援工作)、省级矿山救援指挥中心和市县级矿山应急救援指挥及管理部门(协调指挥辖区矿山应急救援工作)。(2)矿山应急救援组织系统。由救护队伍和医疗队伍组成,负责矿山灾变事故的救护及医疗。救护队伍包括区域矿山救援基地、重点矿山救护队和矿山救护队。医疗队伍包括国家煤矿安全监察局矿山医疗救护中心、区域和重点医疗救护中心和企业医疗救护站。(3)矿山应急救援技术支持系统。包括国家矿山应急救援专家组、国家煤矿安全监察局矿山应急救援技术研究中心、国家煤矿安全监察局矿山救援技术培训中心,负责为应急救援工作提供技术和培训服务。(4)矿山应急救援装备保障系统。国家煤矿安全监察局矿山救援指挥中心购置先进的救灾装备与仪器仪表,储存在区域矿山救援基地,用于支援重大、复杂灾害的抢险救灾;区域矿山救援基地按规定配备较先进的救灾技术设备,用于区域内或跨区域矿山灾害的应急救援;重点矿山救护队负责省(市、自治区)内重、特大矿山事故的应急救援,并按规定配齐常规救援装备。(5)矿山应急救援信息系统。以国家煤矿安全监察局中心网站为中心,建立抢险救灾信息网络,使国家煤矿安全监察局矿山指挥中心、省级矿山救援指挥中心、各级矿山救护队、各级矿山医疗救护中心、各矿山救援技术研究中心、各矿山救援技术培训中心、各矿山救援技术地(市)及县(区)应急救援管理部门和矿山企业之间,建立并保持畅通的信息通道,并逐步建立救灾远程会商视频系统。在矿山事故应急救援中,应急预案具有重要的作用。它明确了在突发事故发生之前、发生过程中以及刚刚结束后,谁负责做什么,何时做,相应的策略和资源准备等。它是针对可能发生的重大事故及其影响和后果的严重程度,为应急准备和应急响应的各个方面所预先做出的详细安排,是开展及时、有序和有效的事故应急救援工作的行动指南。

【矿山综合防尘技术】(comprehensive dust control technique of mine) 减少矿山粉尘的产生量、降低井下空气中的粉尘浓度,以防止粉尘对作业人员和矿井生产造成危害的各种技术。主要包括通风除尘、湿式作业、密闭抽尘、净化风流和个体防护等。通风除尘是指通过风流的流动将井下作业点的悬浮粉尘带出,降低作业场所的粉尘浓度。湿式作业是指在井下作业中利用水或其他液体,使之与粉尘尘粒相接触而捕集粉尘,具体有湿式凿岩、喷雾洒水、水封爆破等措施。密闭抽尘是指在凿岩作业中,首先把局部产尘点密闭起来,防治粉尘飞扬扩散,然后再将粉尘抽到集尘器内。净化风流是指使井巷中含尘的空气通过一定的设施或设备,将粉尘捕获,使用较多的是水幕和除尘器。个体防护是指作业人员通过佩戴各种防护用具以减少粉尘的吸入。

【矿石】(ore) 从矿体中开采出来、在现有的技术和经济条件下,能够从中提取有用组分(元素、化合物或矿物)或利用其特性的自然矿物聚集体。包括金属矿石、非金属矿石以及其他有用的岩石。还必须是能以工业规模开采的矿物集合体。一般由有用的矿石矿物和与之伴生、但无利用价值的脉石矿物组成。二者在矿石中含量的比例,会因矿产种类、矿床类型等因素的不同而不同。多数情况下,脉石矿物所占的比例,都要大于甚至远远大于矿石矿物。

【矿石工艺类型】(technological type of ore) 在地质勘探阶段划分的矿石自然类型的基础

上，根据矿石加工的要求而划分的矿石类型。划分的主要依据是：有用矿物与脉石矿物的成分和含量；矿石的结构、构造及氧化程度；以及矿石的可选性试验或其他加工技术试验结果等。按不同的分类标准可以区分出不同的矿石工艺类型。

【矿石构造】(structure of ore) 矿石内不同成分和不同结构的矿物集合体的形态、大小和相互间的关系。按矿石矿物颗粒在矿石内分布状态的不同可分为：(1)浸染状构造。矿石矿物在矿石内呈星散状分布，其粒径通常小于 0.2cm。(2)斑点状构造。与浸染状构造相似，其唯一区别在于呈星散状分布的矿石矿物集合体的粒径较大，构成斑点，其大小通常为 0.5～1cm。(3)块状构造。其特征是一种或几种矿石矿物粒径大致相等，彼此均匀地紧密连生、形成致密的块体。富矿石常由块状矿石构成。(4)脉状构造。沿着裂隙形成的脉状矿物集合体。(5)条带状构造。其特点是不同成分、不同粒径或不同含量的矿物集合体，呈带状交替、重复出现。(6)环状构造。其特点是一种或数种矿物集合体围绕围岩或矿石碎块发生一次或多次的环状沉淀。研究矿石构造，可以帮助阐明成矿过程、成矿方式和成矿的物理化学条件等，对找矿勘探以及采矿和选矿等方面也具有实际意义。

赤铁矿

【矿石可选性】(separability of ore) 矿石中的各种矿物成分在选矿过程中被分离的难易程度。其研究一般在实验室内进行，按其规模、详细程度及研究成果的用途的不同可分为：(1)初步可选性试验。在矿床初步勘探阶段为对矿床进行初步评价而进行的实验室规模的矿石可选性研究。主要内容是按矿石类型分别采取少量试样进行基本的矿石物质组成和化学成分的研究，并在此基础上进行矿石的选矿工艺性能的研究，以确定大致的选矿指标(如精矿品味、尾矿品味、回收率)、选矿流程及伴生组分综合利用的可能性。(2)详细可选性试验。在初步可选性试验的基础上配合矿区详细勘探所进行的实验室规模的矿石可选性研究。其内容是详细研究矿石的组成(包括矿物成分、粒度、嵌布特征、结构关系、共生关系、有用和有害成分的赋存状态、各种矿物的百分含量、矿石的氧化程度及含泥量等)，选择较合理的选矿方法和选别流程，确定矿石的工艺类型及处理不同类型矿石的可能性，提出对原矿的最低可采品味要求、供工业利用参考的选矿指标以及伴生组分综合利用的评价资料等。(3)扩大试验。又称扩大选矿试验。指对矿石组分较复杂及缺乏选矿先例的新类型矿石，为确定较合理的技术经济指标和选矿工艺流程而进行模拟生产的实验室连续性稳定试验。有时为了校核和验证详细可选性实验时单机试验所确定的工艺流程和选矿指标是否可靠，也需进行扩大试验。在矿床勘探时，研究矿石可选性的目的，是为了确定在当前的技术经济条件下，使矿产得到合理利用的可能性及其途径。在改进或强化现已生产的选矿厂的某些生产过程中，有时也需要进行矿石可选性试验研究。

【矿石品位】(ore grade) 单位体积或单位重量矿石中有用组分或有用矿物的含量。一般用矿石的重量百分比表示(一般金属矿，如铜、铅、锌、铁、锰等)，有的用克/吨(g/t)表示(如金、银、铂等贵金属矿)，有的用克/米^3(g/m^3)表示(如沙金矿等)。矿石品位是衡量矿床经济价值的主要指标。

【矿体】(ore body) 地壳中各种形态及产状不同的具有工业意义的矿物、化合物的自然聚集体或矿石聚体。按其赋存状态的不同可分为：露天矿体(矿体直接出露在地表)和盲矿体(没有直接出露于现代地表的矿体，包括埋藏矿体和隐伏矿体)。按矿体形状的不同可分为：(1)等轴状矿体。在空间三个方向大致均衡延伸的矿体，如矿囊、矿瘤、矿巢等。(2)柱状矿体。在空间上向一个方向(大多是上下)延伸较长；另外两个方向延伸较短，且大致相等的矿体，如矿柱、矿筒等。(3)板状矿体。在空间上向两个方向延展的矿体，如矿脉产、矿层等。此外，还有介于以上三种基本类型之间的过渡类型及形态很不规则的矿体。矿体的圈定受一定工业指标的限定，是矿床的基本组成单位、矿山开采的对象。一个矿床，可以是一个矿体，也可以由若干个大小不等的矿体群组成。

【矿体产状】(occurrence of orebody) 矿体在地壳中产出的空间位置及与周围地质体的关系。其主要内容包括：(1)矿体产状要素，即矿体的走向、倾向、倾角以及侧伏角和倾伏角。(2)矿体的埋藏深度。(3)矿体与岩层层理、片理等的关系。(4)矿体与围岩的空间位置。(5)矿体与地质构造的关系等。了解矿体的产状，对于矿床勘探时合理布置工程及合理开采矿床具有重要意义。

【矿物】(mineral) 由地质作用形成的天然单质或化合物。具有一定的化学组成，呈固态者还具有固定的内部结构。矿物在一定的物理化学条件范围内稳定，是组成岩石和矿石的基本单元。目前地球上已发现的矿物约有 4 200 多种，绝大多数是固态无机物，液态的(如水银)、气态的(如氦)和有机物(如琥珀)矿物仅有数十种。固态矿物中，绝大多数是晶体质体，仅少数几种是非晶质体。矿物按化学成分、形成环境以及生成顺序的不同可以进行多种分类：天然矿物与合成矿物、金属矿物与非金属矿物、造岩矿物与造矿矿物、原生矿物与次生矿物、单质矿物与化合物矿物等。目前学术上多采用晶体化学分类方法，其分类层次是大类、类、族、种。共将矿物分为五大类。分别是：自然元素及其类似物、硫化物及其类似物、氧化物及氢氧化物、含氧盐及卤化物。凡晶体结构相同、且化学成分中类质同象呈连续变化的矿物个体，均属同一种矿物。矿物种是整个矿物分类的基本单元。

【矿物包裹体】（inclusion of mineral） 矿物在生长过程中捕获的包裹在晶体内部的他种物质。其大小和形状不一，与主矿物存在有相界限。矿物包裹体固态、液态、气态都有，多数情况下是两相（固－气、固－液或液－气）或三相（固－液－气）共存的状态。这种包裹体称作原生包裹体，对于研究矿物形成时的物理化学条件、进而研究矿床的成因，都具有重要意义。

矿物包裹体

【矿物断口】（fracture of mineral） 矿物在外力打击下不依一定结晶方向破裂而形成的断开面。按其形态的不同可分为：(1)贝壳状断口。断裂面呈具有同心圆纹的规则曲面，状似蚌壳的壳面。石英、蛋白石常具有贝壳状断口。断裂面呈弧形曲面而不具同心圆者，称作次(半)贝壳状断口。(2)锯齿状断口。断裂处呈尖锐锯齿状的断口。具有良好延展性的矿物断裂时，其断口多呈锯齿状。(3)参差状断口。断裂面粗糙不规则。(4)平坦状断口。致密块状矿物常具有的断口。断口可作为鉴定矿物的一种辅助依据。

【矿物分类】（classification of mineral） 为区分、研究和利用矿物而对其进行的分类研究。其方法有按外表特征分类、按化学成分分类、按地球化学成因分类、按晶体化学特征分类等。目前通用的是按晶体化学特征进行的分类。其分类的层次是：大类、类、(亚类)、族、(亚族)、种。种是矿物分类的最基本的单元，具体划分如下：(1)第一大类为自然元素，其类似物，下分自然元素及碳(C)、硅(Si)、氮(N)、磷(P)化物类。(2)第二大类是硫化物及其类似物，下分砷(As)、锑(Sb)、铋(Bi)化物类，碲(Te)化物类，硒(Se)化物类，硫(S)化物类。(3)第三大类是氧化物和氢氧(OH^-)化物，下分氧(O)化物类，氢氧(OH^-)化物类。(4)第四大类是含氧盐，下分硅(Si)、钼(Mo)、铬(Cr)酸盐类，硒(Se)、碲(Te)酸盐类，硫(S)酸盐类，碳(C)酸盐类，碘(I)酸盐类，硝(NO_3^-)酸盐类。(5)第五大类是卤化物，下分氯(Cl)、溴(Br)、碘(I)化物类，氧(O)、氢氧〔(OH^-)〕、硫(S)卤化物类和氟(F)化物类。对于包含矿物种数多、晶体结构复杂多样的矿物类别，旗下增设亚类、甚至亚族。如硅酸盐类下设有岛状硅酸盐亚类、架状硅酸盐亚类、链状硅酸盐亚类(又分单链、双链亚族)、层状硅酸盐亚类、环状硅酸盐亚类等。

【矿物共生组合】（paragenetic association of mineral） 反映一定成因、共生在一起的不同种矿物赋存形态。自然界中任何一种矿物都不是孤立形成的，同一成因条件下都会有不同种的矿物共生在一起。如含金石英脉中的石英、黄铁矿、方铅矿等。一定的矿物共生组合，既取决于元素的地球化学性质，又取决于一定地质作用中的物理化学条件(温度、压力、组分浓度、pH 值等)。因此，研究矿物共生组合的规律，对寻找有用矿藏，具有一定的指导意义。

矿物共生组合

【矿物光泽】（luster of minerals） 矿物表面对可见光反射的能力。其强弱取决于矿物的折射率、吸收系数和反射率。反射率与折射率和吸收系数有关。反射率越大，光泽就越强。矿物光泽的强弱及相应的反射率(R)的范围是：(1)金属光泽。金属抛光后其表面呈现出的光泽，$R>0.25$。(2)半金属光泽。比金属抛光面略暗一些、如旧金属器皿表面的光泽，R 在 0.19～0.25。(3)金刚光泽。如金刚石表面的光泽，R 在 0.10～0.19。(4)玻璃光泽。玻璃表面反射出的光泽，R 在 0.04～0.10。金属矿物一般具有金属光泽或半金属光泽。非金属矿物则表现为非金属光泽(金刚光泽和玻璃光泽)。矿物光泽的强弱以矿物晶体的晶面或解理面等平滑表面的反射为准，其他反射表面或集合体形态则会引起特殊光泽，如珍珠光泽(呈现如蚌壳内面珍珠层表现出的光泽)、油脂光泽(由于表面不平滑使部分光发生散射而呈现出的油脂般的光泽)、丝绢光泽(由于各个纤维的反射光相互影响而产生的蚕丝一样的光泽)、松脂光泽(反射面不平滑引起的松脂般的光泽)、蜡状光泽(断面如石蜡一样的光泽)、土状光泽(矿物集合体表面疏松多孔，使光几乎全部散射所形成的土块般的暗淡光泽）。矿物光泽是鉴定矿物的重要特征之一。

【矿物解理】（cleavage of mineral） 矿物晶体或晶粒在外力打击下总是沿一定结晶方向裂成平面的固有性质。所裂成的平面称为解理面。解理是由矿物结晶体内部结构所决定的。解理面的方向平行于晶体结构中面网与面网之间连接力最弱的方向，并且它在晶体上的分布符合晶体的对称特点。不同矿物的解理可以只有一个方向，也可以有多个方向。解里的程度也随矿物的不同而异。通常将矿物解理的完善程度分为五级：(1)极完全解理。受力后极易沿解理面分裂成薄片，且解理面平整、光滑，如云母的解理。(2)完全解理。受力后总是沿解理面裂开，解理面显著而平滑，如方解石的解理。(3)中等解理。受力后可沿解理面裂开，解理面清楚，但不平滑、且常不连续，如辉石的解理。(4)不完全解理。受力后沿解理面分裂较为困难，仅断续可见不明显的解理面，解理面不平滑，如橄榄石的解理。(5)极不完全解理。受力后极少沿解理面裂开，仅在显微镜下可偶尔见到零星的解理面，如石英的解理。晶质矿物的解理特征，包括解理的组数、方向和完善程度，以及解理面的夹角大小，是鉴定矿物的一个重要特征。

方解石解理

【矿物条痕】（streak of mineral） 矿物在白色无釉瓷板上摩擦时留下的粉末痕迹。矿物磨碎成粉末后可以消除矿物的假色并减弱他色。所以矿物条痕的颜色较矿物颗粒的颜色固定。矿物条痕对于鉴定金属矿物具有鉴定意义。

【矿物透明度】（transparency of mineral） 矿物透过可见光的程度。主要指矿物对光的吸收的强弱。一般将矿物的透明度分为：透明、半透明和不透明三级。在岩矿鉴定工作中，常根据矿物薄片（厚度为0.03mm）在显微镜下能否透光来区分矿物的透明度的。许多在标本上不透明的矿物，在薄片下却表现为透明而属于透明矿物，如角闪石、辉石等。非金属矿物都是透明矿物。金属矿物都是不透明矿物。

【矿物形态】（morphology of mineral） 矿物单晶、规则连生体及集合体的外部形态特征。取决于矿物的内部结构和生成环境。矿物单晶的形态包括晶体形状、结晶习性、晶面花纹及晶体大小等；规则连生体的形态包括双晶、平行连晶及不同矿物间浮生的外形特征；矿物集合体形态指同一种矿物集合在一起所构成的形态。它取决于矿物单体的形状及相互间的排列方式。常见的集合体形态有放射状集合体、纤维状集合体、鲕（豆）状集合体、肾状集合体、葡萄状集合体、钟乳状集合体等。研究矿物形态不仅具有重要的鉴定意义，而且还可以了解矿物与生成环境之间的关系，了解矿物的成因。

【矿物颜色】（color of mineral） 矿物对可见光中不同波长的光发生选择性吸收和反射后在人眼中引起的感觉。当矿物对各种波长的可见光普遍而均匀吸收时，随吸收程度的不同使矿物呈现无色、白色、灰色和黑色等。如果矿物对不同波长的可见光选择吸收时，则可使矿物呈现出被吸收光波的补色而表现为特定的颜色。通常根据矿物呈色的原因，将矿物颜色分为：(1)自色。由矿物本身内在原因所引起的颜色。它取决于矿物的化学成分及结构。如矿物主要成分及类质同象混入物中的色素离子、晶体结构中存在的某种缺陷，均能使矿物呈现自色。矿物自色基本上是固定的，是鉴定矿物的重要特征。(2)他色。由外来带色物质机械混入而使矿物染成的颜色，与矿物本身的化学成分和结构无关。(3)假色。由物理原因（主要指光的内反射、内散射和干涉等）所引起的颜色，主要包括晕色、锖色和变彩。有的假色对于某些特定矿物是特征性的，因而可作为这些矿物的重要鉴定特征。一些矿物由于其颜色美观鲜艳，可作为宝石和工艺美术品的材料。

矿物颜色

【矿物硬度】（hardness of mineral） 固体矿物抵抗某种外来机械作用（刻划、研磨）的能力。矿物的重要特征之一。在矿物学中通常所称的硬度多是指摩氏硬度。摩氏硬度计较为粗略，精确测定时常用显微硬度计或测硬仪来测定，法定单位为帕（Pa）。以往测硬仪单位为 kg/mm^2，它与法定单位帕的关系为 $1kg/mm^2 = 9.8 \times 10^6 Pa$。高硬度矿物有金刚石、刚玉等。它们的高硬度性能已被广泛应用于工业技术上。矿物的硬度可通过实验的方法来测定。常用的方法有两种方法：一种是根据矿物与标准硬度矿物间的相

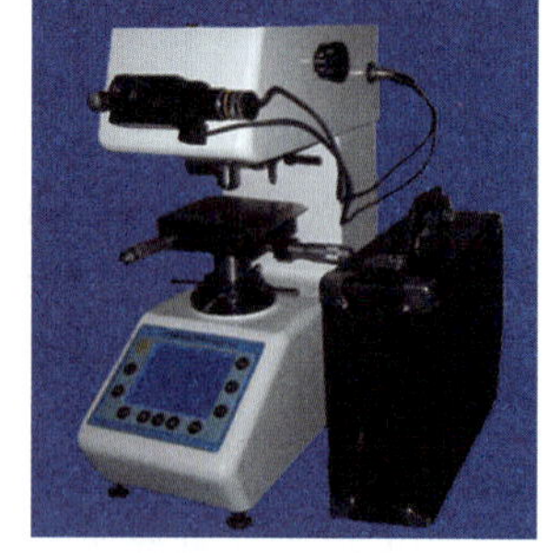
矿物显微硬度计

互刻划对比来测矿物的硬度。在矿物学中一直沿用下来的是摩氏1822年所提出的十个标准硬度矿物，从低到高:滑石、石膏、方解石、萤石、磷灰石、正长石、石英、黄玉、刚玉、金刚石。用它们来对比矿物的硬度，故称摩氏硬度计。利用这十个标准矿物将矿物的硬度分为十个等级。但是各等级之间的间隔是不均匀的。除硬度9~10的间隔特别大外，其他等级之间也只是粗略的相等。后来波瓦连内赫又提出较精确的新摩氏硬度计，将矿物硬度分为15个等级。前9个等级与原硬度计基本相当，后6个级别是将原来9~10级分解而成。另一种方法是显微硬度计，它是根据矿物表面上所能承受的重量来测定矿物硬度的大小。

【矿物源农药】(mineral pesticide) 起源于天然矿物原料的无机化合物和石油的农药的总称。它包括砷化物、硫化物、铜化物、磷化物和氟化物以及石油乳剂等。可用作杀虫剂、杀鼠剂、杀菌剂和除草剂。矿物源农药为农药发展初期的主要品种，随着化学合成农药的发展，矿物源农药的用量逐渐下降。其中毒性高、药效差、药害重的，如砷酸铅、砷酸钙等已停止使用。使用较多的品种有:硫悬浮剂、石灰硫黄合剂(液体或固体)、王铜(氧氯化铜)、氢氧化铜、波尔多液(其主要成分为碱式硫酸铜)、磷化锌、磷化铝以及石油乳剂。用矿物源农药防治有害生物的浓度与对作物可能产生药害的浓度较接近，稍有不慎就会引起药害。喷药质量和气候条件对药效和药害的影响较大，使用时要多加注意。

【矿物质水】(mineral water) 在纯净水中添加矿物质类食品添加剂而制成的水。是《中华人民共和国饮料通则》(GB10789－2007)中定义的六种包装饮用水之一。一般以城市自来水为原水，再经过纯净化加工，添加矿物质，杀菌处理后灌装而成。矿物质水一般是在纯净水中人工添加含氯化钾、硫酸镁的酸性矿化液。这些酸性的人工矿化液在水中分解，产生大量氯离子和硫酸根离子。加上这种人工分解的钾和镁离子性质并不稳定，因而无法像水中的天然矿物质那样被人体细胞有效吸收。矿物质水并不能取代矿泉水。单靠饮用矿物质水来补充身体所需的矿物质元素是不科学的。

【矿物质饲料】(mineral feed) 由家畜所需要的矿物质制成的饲料。如食盐、碳酸钙、骨粉、贝壳粉、蛋壳粉等。由于天然饲料的矿物质含量不足，或某些抑制矿物质吸收利用的因素存在或饲粮中矿物质比例不当，在家畜尤其是高产家畜和幼龄生长畜的日粮中，必须补充矿物质，以满足其需要。以补充磷、钙、钠、氯等常量元素为主，而微量元素一般以饲料添加剂形式进行补充。

【矿压显现带】(mine pressure behavior with belt) 在矿山压力作用下，岩体的变形、破坏、塌落，支护物的变形、破坏、折损以及在掩体中产生的动力现象。如开挖空间围岩和支护物与开挖空间不同的空间关系表现出不同程度的力学现象。按显现区域划分的不同可分为:(1)增压带(区)，比原岩切向应力大的压力带。(2)减压带(区)，比原岩切向应力小的压力带。(3)原岩应力带(区)，与原岩切向应力相同的压力带。增压带的边界一般为高于原岩切向应力的5%。矿压显现带的划分，为地下安全开挖过程中采用相应的开挖技术和矿山压力控制提供一定的借鉴。

【矿业安全】(mining safety) 通过官方、资方矿主、劳方工人三方的有机结合，防止矿山设备及工作环境出现意外，而造成人员伤害及财产损失的安全体系。从官方来讲，官方的安全监督机构是垂直的，但安全检查工作是分层次的。从资方来讲，矿业权者(董事长)对矿山安全生产工作全面负责，确保安全生产所需的设备、经费及人员。从劳方来讲，一种重要方式是工人通过矿场安全委员会等参加企业的安全管理。矿业安全的特殊措施是:(1)设立矿山安全基金。(2)严格的证书管理及免费的调训(培训)制度。(3)具有一支业务精良、思想稳定的安全监督队伍。

【矿用本质安全型电气设备】(intrinsical safe electrical-apparatus for mine) 又称矿用本安型电气设备。全部电路为本质安全电路的矿用防爆电气设备。本安型电气设备不论是在正常工作状态，还是在故障状态都是安全的。这种设备限制了其电路参数，使之在电路切换、短路放电等能量都低于工作环境中可燃气体的最小点火能量。试验结果证明，井下瓦斯、煤尘的最小点燃能量为0.28mJ。本质安全型电气设备必须做到在正常和故障状态下都不产生短时能量达0.28mJ的电火花。

矿用本质安全型电气设备

电火花的能量受电源电压、频率、电路性质、元件参数、电极材料与形状等因素的影响较大。在设计和制造本安型电气设备时，必须适当选择电气元件和系统参数，降低电源电压，减小线路电流，且对储能元件采取消能措施。在本安与非本安电路的连接处采用安全栅限流、限压，防止非本安电路的能量进入本安电路，以达到限制电火花能量的目的。

【矿用防爆灯具】(flameproof luminaires) 由馈电网络供电、适用于有可燃气(和煤尘)爆炸危险的煤矿井下照明用的防爆灯具。应进行产品技术条件中规定的各项试验。其中透明罩的冲击试验、温差试验及隔爆型灯具的防爆试验，由国家指定的检验单位进行。冲击试验条件是：用端部为球面(直径为25mm)的淬火钢质重物从1m高处，按规定的冲击能量，冲击透明罩的最薄弱点上，每个透明罩仅做一次试验，共试5次，以均不损坏为合格。透明罩的温差试验是：用1.05倍的额定电压点燃灯具，待温升稳定后，测透明罩的温升(透明罩的最高温度与室温之差)；将透明罩放入烘箱加热至1.2倍温升加室温，并保持30min，取出后，立即放于室温的水中；每个透明罩仅作一次试验，共试5次，以均不损坏为合格。

【矿用防爆电气设备】(explosion proof electrical equipment) 按GB3 836.1-2 000标准生产的专供煤矿井下使用的防爆电气设备。规程中采用的矿用防爆型电气设备，除了符合GB3 836.1-2 000的规定外，还必须符合专用标准和其他有关标准的规定。按其类型的不同可分为：(1)隔爆型电气设备。(2)增安型电气设备。(3)本持安全型电气设备。(4)正压型电气设备。(5)充油型电气设备。(6)充砂型电气设备。(7)浇封型电气设备。(8)无火花型电气设备。(9)气密型电气设备。(10)特殊型电气设备。

防爆电机

【矿用隔爆型检漏装置】(flameproof leak detection device for mine) 在有爆炸性气体(甲烷)和煤尘的井下，当供电系统中漏电电流达到设定值时，能自动切断电源并能连续监视其绝缘电阻的保护装置。由隔爆外壳和绝缘检测、漏电保护、电容电流补偿、漏电试验和信号显示等电路元件构成，外壳用优质钢板焊接而成。隔爆外壳与电源隔离开关手柄间有可靠的机械联锁装置，保证只有在断开电源后才能打开盖子。检漏器具有人为漏电试验按钮和辅助接地装置，以检查其工作的可靠性。该装置适用于具有爆炸性气体、煤尘混合物的煤矿井下。在交流50Hz、电压至660V的三相中性点对地绝缘的供电网络中，与总馈电开关配合，实现漏电保护，防止人身触电事故及限制因漏电而引起的其他意外事故的扩大。

【矿用通风机】(mine fan) 矿井通风的动力设备。按其服务范围的不同可分为三种：(1)主要通风机。服务于全矿井或矿井的一翼或矿井的一个分区。(2)辅助通风机。帮助主要通风机通风，服务于井下某一较大区域。(3)局部通风机。服务于井下局部地点。按其构造和工作原理的不同可分为离心式通风机和轴流式通风机。轴流式通风机又可分为普通轴流式通风机和对旋式通风机。主要通风机日夜不停地运转，将地面新鲜空气送往井下，并将井下污浊空气排到地面，常被人们称为是矿井的“肺脏”。合理选择和使用矿用通风机，关系到矿井的安全生产和井下人员的身体健康。对矿井的主要技术经济指标也有一定的影响。主要通风机必须安装在地面，并保证连续运转。

矿用通风机

【矿用液压支架】(hydraulic support) 以高压液体为动力，由金属构件和若干液压元件组成，用于煤矿长壁回采工作面的支护设备。其作用是：使支架的支撑、切顶、移架和输送机推移等工序全部实现机械化，与大功率采煤机、大运量的可弯曲刮板输送机组成回采工作面的综合机械化设备。由于具有支护性能好、强度高、移架速度快、安全可靠等优点，故其使用能增加采煤工作的产量、提高劳动生产率、降低成本、减轻工人的体力劳动和保证生产安全。液压支架是实现采煤综合机械化和自动化不可缺少的重要设备。按其适用于工作面采高范围的不同可分为：薄煤层、中厚煤层和厚煤层液压支架；按其在工作面上位置的不同可分为中部支架和端头支架。另外，与开采工艺相对应，还有铺网式、放顶煤式液压支架。

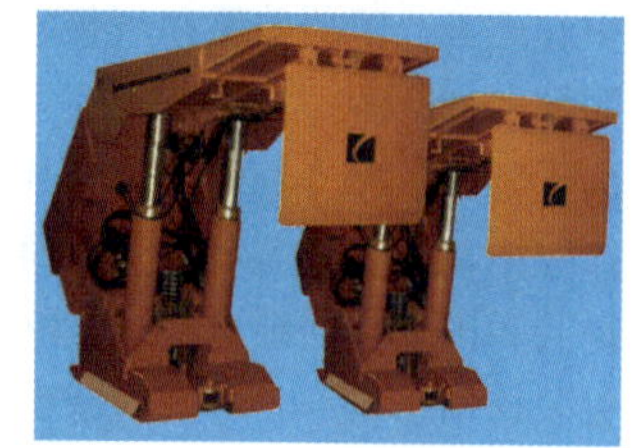
矿用液压支架

【矿震】(ore shaking) 又称矿山地震。由于采矿人为地改变了原本稳定的地壳结构而诱发的地震。属矿山动力学灾害。采矿业称为冲击地压。其发生原因是：矿区开采人为地改变了原本稳定的地壳结构，导致地壳不均引发的地震。引起矿山地震的主要源有两个：一是开采直接引起崩塌、冒落；二是开采卸载间接诱发地震。即在一定构造环境下，由于应力集中引起岩石破裂和应变能释放。矿震是矿区矿山地下工程灾害的一种。其主要发生在井下，具有突发性、连锁反应的特点，必须加强防范。

【矿质肥料】(mineral fertilizer) 见无机肥料。

【框架结构】(frame structure) 梁柱以刚接或铰接相连而构成的承受竖向和水平荷载的承重体系。梁柱式构件截面较小，框架结构的承载力和刚度较低。其受力特点类似于竖向悬臂剪切梁。楼层越高，水平位移越大，高层框架在纵横两个方向都承受很大的水平力。这时，现浇楼面也作为梁共同工作，装配整体式楼面的作用则不考虑。框架结构的墙体是填充墙，起围护和分隔作用。框架结构虽然为建筑提供灵活的使用空间，适合大规模工业化施工，但是其抗震性能较差。

【框架梁】(carrier beam) 由柱子支撑的梁承重的结构。直接由梁承重，再由梁将荷载传达到柱子上。分层面框架梁、楼层框架梁和地下框架梁。纯框架结构随着高层建筑的兴起而越来越少见，而剪力墙结构中的框架梁主要是参与抗震的梁。框架梁的建筑标高与现浇板的建筑标高在建筑图中一般是一样的，而结构标高一般要比建筑标高低5cm，但框架梁和现浇板的结构顶标高一致。特殊情况，如厨房、卫生间需要降板处理时则和降下去的楼板顶齐平。板与框架梁的两种关系是：(1)板是现浇的。那就要同时施工，钢筋绑好，模板支好，浇混凝土，这样板和梁的结构标高是相同的。现浇板整体性好。(2)板是预制板。要先打好梁之后，再放预制板，这样梁的标高一般比板的标高低一个板厚，也有相同的。

框架梁

【喹诺酮类抗菌药】(quinolones antibiotics) 又称吡酮酸类、吡啶酮酸类抗菌药。以细菌的脱氧核糖核酸(DNA)为靶点，妨碍DNA回旋酶，进一步造成细菌DNA的不可逆损害，达到抗菌效果的一类较新的合成抗菌药。本类药物与许多抗菌药物间无交叉耐药性，是理想的抗菌药。是主要作用于革兰阴性菌的抗菌药物，对革兰阳性菌的作用较弱(某些品种对金黄色葡萄球菌有较好的抗菌作用)。按发明先后及其抗菌性能的不同可分为一、二、三、四代。第一代喹诺酮类，只对大肠杆菌、痢疾杆菌、克雷白杆菌、少部分变形杆菌有抗菌作用。具体品种有萘啶酸和吡咯酸等，因疗效不佳现已少用。第二代喹诺酮类，在抗菌谱方面有所扩大，对肠杆菌属、枸橼酸杆菌、绿脓杆菌、沙雷杆菌也有一定抗菌作用。吡哌酸是中国主要应用品种。此外尚有新恶酸和甲氧恶喹酸，在国外有生产。第三代喹诺酮类的抗菌谱进一步扩大，对葡萄球菌等革兰阳性菌也有抗菌作用，对一些革兰阴性菌的抗菌作用则进一步加强。本类药物中，中国已生产诺氟沙星，尚有氧氟沙星、培氟沙星、依诺沙星、环丙沙星等。本代药物的分子中均有氟原子。因此称为氟喹诺酮。第四代喹诺酮类与前三代药物相比在结构上修饰，结构中引入8－甲氧基，有助于加强抗厌氧菌活性，而C－7位上的氮双氧环结构则加强抗革兰阳性菌活性并保持原有的抗革兰阴性菌的活性，不良反应更小，但价格较贵。对革兰阳性菌抗菌活性增强，对厌氧菌包括脆弱拟杆菌的作用、对典型病原体如肺炎支原体、肺炎衣原体、军团菌以及结核分枝杆菌的作用增强。多数产品半衰期延长，如加替沙星与莫昔沙星。本类药物的不良反应主要有：(1)胃肠道反应。恶心、呕吐、不适、疼痛等。(2)中枢反应。头痛、头晕、睡眠不良等，并可致精神症状。(3)由于本类药物可抑制γ－氨基丁酸(GABA)的作用，因此可诱发癫痫，有癫痫病史者慎用。(4)本类药物可影响软骨发育，孕妇、未成年儿童应慎用。(5)可产生结晶尿，尤其在碱性尿中更易发生。(6)大剂量或长期应用本类药物易致肝损害。

【溃坝洪水】(dam-break flood) 水坝、堤防或挡水物体突然溃决而造成的洪水。按坝溃块范围的不同可分为全溃和局溃两类；按溃坝过程的不同可分为瞬间溃与逐渐溃等。一个坝的可能溃决情况与坝型、库容、壅水高度等因素有关。溃坝洪水具有突发性和来势汹涌等特点。其破坏力远远大于一般暴雨洪水或融雪洪水，对下游工农业生产、交通运输及人民生命财产威胁很大。在工程设计和运行时，需要预估大坝万一失事对下游的影响，以便采取必要的措施。产生溃坝的原因有：(1)自然力的破坏，如超标准特大洪水、强烈地震及坝岸大滑坡。(2)大坝设计标准偏低，泄洪设备不足。(3)坝基处理和施工质量差。(4)运行管理不当，盲目蓄水或电源、通信故障等。(5)军事破坏。其中超标准洪水及基础处理不当是溃坝的主要原因。

【溃疡】(ulcer) 由于黏膜或皮肤上皮的完整性发生持续性缺损或破坏，导致表层坏死脱落而形成的凹陷。可由疱或大疱破裂后形成。按其破坏深度的不同可分为浅层溃疡和深层溃疡两种。按其发生部位的不同可分为胃溃疡、口腔溃疡和十二指肠溃疡等。其中浅层溃疡只破坏上皮层，愈合后无瘢痕，如轻型口疮;深层溃疡则病变波及黏膜下层,愈合后遗留瘢痕,如复发坏死性黏膜腺周围炎。溃疡的底部是结缔组织和有多核白细胞渗出的纤维蛋白;基底可呈黄色并化脓,或发红或呈灰白色。其外形一般呈圆型,但也可出现狭长带状溃疡,特别见于机械性或化学性损伤的反应。其边缘可能不整齐呈潜掘形,如结核性溃疡;或者突起和硬化,如恶性肿瘤。其周围可有大小不等的红斑,常引起疼痛。

【昆虫毒理学】(insect toxicology) 昆虫学的一个分支。运用生物学的新成就和新的物理、化学方法,研究杀虫药剂对昆虫生理活动影响的学科。研究阐明杀虫药剂引起昆虫死亡的机理,不引起昆虫死亡时昆虫生理生化作用的改变,以及昆虫对杀虫药剂的反应(如杀虫药剂的代谢、昆虫的抗性)等。为杀虫药剂的合理使用、混合使用、安全使用(防止人、畜和作物受到毒害),改善杀虫药剂的物理性质,以及新型杀虫药剂的探索和制备提供依据。

蝎子

【昆虫生长调节剂】(insect growth regulator) 控制昆虫激素正常生理作用的一类农药。干扰昆虫表皮中几丁质的形成、幼虫的蜕皮、蛹的成熟、成虫的羽化及成虫的交配、产卵等正常生理活动,如灭幼脲及其类似的化合物。

【昆虫性信息素】(sex pheromone of insect) 又称性外激素。昆虫分泌并释放到体外引起同种昆虫的个体产生行为反应的化学物质。属于外激素或种内信息素。由昆虫在交配过程中释放到体外,以引诱同种异性昆虫去交配。在自然界,昆虫与昆虫、昆虫与植物之间的联系在很大程度上是依靠化学物质传递信息,例如昆虫求偶、寻找食物、定向栖息场所、搜索寄主、受到侵扰时向同伴告警等过程中都存在着化学物质的作用。在生产上应用的人工合成的昆虫性信息素一般称为性引诱剂,简称性诱剂。用性诱剂防治害虫是一种无公害治虫新技术,高效、无毒、没有污染。

【昆虫真菌学】(insect mycology) 研究虫生真菌的学科。其主要研究内容包括虫生真菌形态分类学、生物学、生理生化、致病病理、流行病学、遗传育种及其生产工艺、生物防治、医学应用等,还包括虫生真菌资源利用的方法和实验技术。伴随着科学技术的发展和对昆虫真菌学认识的深入,这一学科将会受到越来越多的重视。

【困难气道】(difficult airway) 面罩通气和直接喉镜下气管插管困难的气道。造成困难气道的因素很多,包括病人本身的条件、临床设施和麻醉医师的经验等。迄今为止,困难气道仍没有一个统一的衡量标准。

【扩孔】(reaming) 对已钻出的钻孔或其某一孔段的钻孔直径进行扩大的钻探作业。对于整个钻孔或上部孔段扩孔,常采用直径比原来钻进时大一级的钻头施钻,或者采用专门用于扩大孔眼的划眼钻头,再次从孔口向下钻进,把孔壁刮削、磨削掉一圈层,使孔径增大。如果扩孔要求的孔径很大,一次不能完成扩大量,可再次进行扩孔。对于钻孔下部某一孔段要求扩大孔径,例如水井增加出水面积、工程施工钻为灌注扩孔桩等,常采用偏心钻头和离心扩孔器进行扩孔作业。

【扩孔加工】(boring) 当工件上已有预孔(如铸孔、锻孔或已加工孔)时,采用扩孔钻进行孔径扩大的加工过程。扩孔属于钻削范围,但其加工精度,表面质量都比钻孔有所提高。一般扩孔的尺寸公差等级可达 IT12 ~ IT10,表面粗糙度可达 Ra 6.3 ~ 3.2μm 。扩孔除可用于较高精度的孔的预加工外,还可使要求不高的孔达到终加工要求。扩孔的孔径一般不超过 Φ100mm。

【扩频技术】(spread frequency band-technology) 采用比发送信号带宽宽得多的频带宽度来传输信息的技术。是码分多址技术的基础。常见的扩频类型有:直接序列、跳频、跳时和线性调频脉冲等。其主要目的是提高通信抗干扰能力。已广泛应用于战略、战术通信及通信、指挥、控制和情报系统中。

【扩频通信】(spreadling spectrum communication) 又称扩展频谱通信。用来传输信息的射频带宽远大于信息本身带宽的一种通信方式。扩频通信系统的出现,被誉为是通信技术的一次重大突破。其特点是传输信息所用的带宽远大于信息本身带宽。扩频通信技术在发送端以扩频编码进行扩频调制,在接收端以相关解调技术收信。其特性是:(1)抗干扰性能好。它具有极强的抗人为宽带干扰、窄带瞄准式干扰、中继转发式干扰的能力,有利于电子反对抗,如果再采用自适应对消、自适应天线、自适应滤波,可以使多径干扰消除。这对军用和民用移动通信是很有利的。

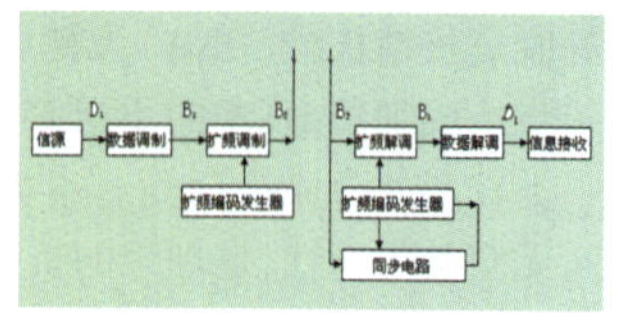

扩频通信

(2)隐蔽性强、干扰小。因信号在很宽的频带上被扩展,则单位带宽上的功率很小,即信号功率谱密度很低。信号淹没在白噪声之中,别人难以发现信号的存在,再加之不知扩频编码,就更难拾取有用信号。而极低的功率谱密度,也很少对其他电讯设备构成干扰。(3)扩频通信技术把被传送的信号带宽展宽,从而降低了系统在单位频带内的电波“通量密度”,这对空间通信大有好处。(4)易于实现码分多址。由于扩频通信要用扩频编码进行扩频调制发送,而信号接收需要用相同的扩频编码之间的相关解扩才能得到,这就给频率复用和多址通信提供了基础。充分利用不同码型的扩频编码之间的相关特性,分配给不同用户不同的扩频编码,就可以使不同用户互不干扰地同时使用同一频率通信,使拥挤的频谱得到充分的利用。(5)数模兼容。可以传输数字信号,也可以传输模拟信号。扩频通信是以各用户使用不同的扩频编码来共用同一频率。采用扩频通信多址方式的频谱利用率不仅高于采用频分多址方式的频谱利用率,而且扩频码分多址还易于解决增加新用户的问题。扩频系统的缺点是:(1)系统用频带宽。(2)相对于频分复用、时分复用多址方式,采用扩频技术的码分复用多址方式在移动通信的系统实现更为复杂。

【扩容法地热发电系统】(expanding volume geothermal generation system) 见闪蒸法地热发电系统。

【扩散】(diffusion) 物质分子从高浓度区域向低浓度区域转移,直到均匀分布的现象。扩散的速率与物质的浓度梯度成正比。是由于分子(原子等)的热运动而产生的物质迁移现象。一般可发生在一种或几种物质于同一物态或不同物态之间。由不同区域之间的浓度差或温度差所引起,前者居多。一般从浓度较高的区域向较低的区域进行扩散,直到同一物态内各部分各种物质的浓度达到均匀或两种物态间各种物质的浓度达到平衡为止。显然,由于分子的热运动,这种“均匀”、“平衡”都属于“动态平衡”。即在同一时间内,界面两侧交换的粒子数相等。如红棕色的二氧化氮气在静止的空气中的散播,蓝色的硫酸铜溶液与静止的水相互渗入,钢制零件表面的渗碳以及使纯净半导体材料成为N型或P型半导体掺杂工艺等都是扩散现象的具体体现。在电学中半导体PN结的形成过程中,自由电子和空穴的扩散运动是基本依据。扩散速度在气体中最大,液体中其次,固体中最小;而且浓度差越大、温度越高、参与的粒子质量越小,扩散速度也越大。

【扩散焊】(diffusion bonding) 将焊件在一定温度和压力下,使接触面之间的原子相互扩散形成连接的焊接方法。一般以间接热能为能源,在真空、保护气体或溶剂下进行。影响扩散焊过程和接头质量的主要因素是温度、压力、扩散时间和表面粗糙度。焊接温度越高,原子扩散越快。焊接温度一般为材料熔点的0.5~0.8倍。扩散焊接压力较小,工件不产生变形和相对移动,适合焊后不再加工精密零件。广泛用于反应堆燃料元件、蜂窝结构板、静电加速管、各种叶片、叶轮、冲模、过滤管和电子元件等的制造。

【扩散退火】(diffusion annealing) 见均匀化退火。

【扩散脱氧】(diffusion deoxidizing) 又称表面脱氧。将脱氧剂加在金属熔体表面或炉渣中使溶于金属中的氧化物向表面扩散而脱氧的方法。主要用于铜液脱氧。氧化亚铜的密度比铜小,易于向熔池表面浮动。内部熔体的脱氧主要靠氧化亚铜不断向熔池表面扩散的作用实现。常用的表面脱氧剂是木炭。用木炭覆盖在铜液表面,与氧化亚铜的脱氧反应为:$2Cu_2O + C = 4Cu + CO_2$。生成的二氧化碳气体排出熔池。除了木炭以外,还可用密度小于铜的并可还原氧化亚铜的熔剂,例如硼化镁、碳化钙和硼渣等作为表面脱氧剂。扩散脱氧速度慢,但不会污染熔池。

【扩增片段长度多态性】(amplified fragment length polymorphism, AFLP) 从一个物种中的两个或更多个体中通过运用一个或者几个特异寡核苷酸引物经聚合酶链反应扩增出来的DNA片段长度的变化。其致因是:(1)限制性位点多态性。即在一个给定的位点,特异限制性内切酶的识别位点存在或丢失。(2)序列长度多态性。即给定位点的串联排列重复序列的数目不同。(3)与酶切位点无关的DNA碱基的改变。AFLP标记技术是国际上最新的DNA指纹技术。该技术兼有RFLP(限制性片段长度多态性)标记技术的可靠性和PCR(聚合酶链反应)技术的高效性,而且快速、灵敏、稳定,所需DNA量少,多态性检出效率高,重复性好。AFLP现已被广泛用于遗传图谱构建、遗传多样性研究、基因定位、品质鉴定、遗传育种等方面。

【扩展文件系统】(extended file system) 一种日志式文件系统。专门为Linux设计的一种文件系统。从Ext(日志或文件)文件系统经历Ext2、Ext3文件系统已经发展到Ext4文件系统。日志式文件系统最大的特色是,能将整个磁盘的写入动作完整记录在磁盘的某个区域上,以便有需要时可以回溯追踪。资料的写入动作包含许多细节,像是改变文件标头资料、搜寻磁盘可写入空间、一个个写入资料区段等，每一个细节进行到一半若被中断，就会造成文件系统的不一致，因而需要重整。在日志式文件系统中，由于详细纪录了每个细节，故当在某个过程中被中断时，系统可以根据这些记录直接回溯并重整被中断的部分，而不必花时间去检查其他部分，故重整的工作速度相当快，几乎不需要花费时间。Ext 文件系统使用索引节点来记录文件信息，作用像 Windows 的文件分配表。索引节点是一个结构，它包含一个文件的长度、创建及修改时间、权限、所属关系、磁盘中的位置等信息。一个文件系统维护了一个索引节点的数组，每个文件或目录都与索引节点数组中的唯一一个元素对应。系统给每个索引节点分配了一个号码，也就是该节点在数组中的索引号，称为索引节点号。

L

【垃圾焚烧发电】(refuse incineration for generating electricity) 通过一定装置将可燃性垃圾进行充分焚烧并使余热锅炉产生过热蒸汽驱动汽轮发电机组发电的过程。它具有使垃圾减量化、无害化、资源化三大优势,是垃圾处理的最好方式之一。垃圾焚烧发电,前期不需要任何处理,焚烧后的残留物也只有原有垃圾的10%～15%。当前,中国已有深圳、上海、珠海、郑州等城市建成数十座垃圾焚烧发电厂并投入运行。

【垃圾锅炉】(garbage boiler) 焚烧城市生活垃圾而利用其余热的锅炉。1892年德国汉堡建成世界上第一座垃圾焚烧厂。随着工业发达国家的城市化的进程,垃圾焚烧炉得到迅速发展。经济的发展使垃圾的热值不断提高,可达6.28～10.46MJ/kg,垃圾焚烧过程的余热的利用受到重视。它既可降低焚烧设备的温度延长其使用寿命,又可产生经济效益降低运行成本。这部分余热利用的形式包括供热(蒸汽或热水)、热和电联供。后者是当今垃圾锅炉的发展方向。现有世界各国的垃圾锅炉均为低、中压的小型自然循环锅炉。深圳市于1988年建成了中国第一座垃圾焚烧发电厂,采用日本三菱公司制造的双汽包自然循环垃圾锅炉。该锅炉当燃烧热值为6.28 MJ/kg的垃圾时,额定蒸发量为13.1t/h,蒸气参数为1.8MPα、203℃,电动率为500kW,处理垃圾能力为6.25 t/h。

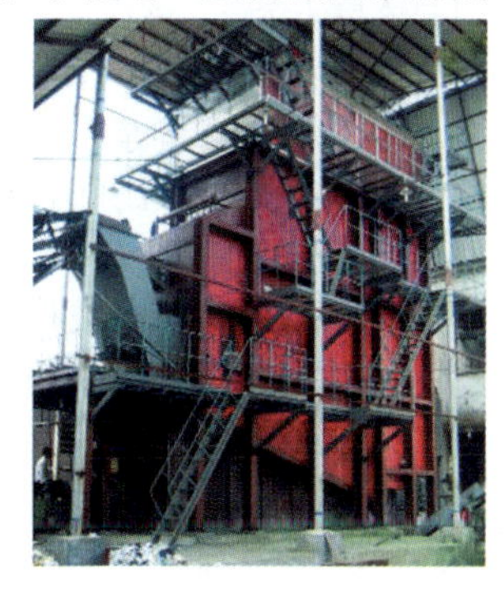
垃圾锅炉

【垃圾热解气化技术】(waste pyrolysisand gasification technology) 将垃圾中的有机成分经热解气化后转变成热能和电能的处理技术。其特点是:二恶英排放量低,垃圾无须分类,能处理各种类型的垃圾。垃圾的热解过程为:垃圾压缩,在1 200℃左右的高温下使有机成分气化、无机部分溶化,然后在1～3s内迅速降温至75℃,避免再生成二恶英。这种技术克服了焚烧方法产生二恶英的缺点,使垃圾实现无害化处理和有效利用。

【垃圾卫生填埋场环境监测】(waste landfill environmental monitoring) 垃圾填埋场周围建立的环境监测系统。包括填埋场排气分析、渗滤液及渗滤液污水监测等。其目的是为及时掌握垃圾填埋场对周围环境可能产生的影响。

【拉拔】(drawing) 利用金属坯料通过模孔产生塑性变形而获得产品的加工方法。拉拔主要用于生产各种细线材、薄壁管及各种特殊几何形状的型材。

【拉拔机】(drawing machine) 经过拉拔使金属材料的直径发生改变,以达到某种规格要求的机械设备。通过空拉、游头拉等各种拉拔方式及改变模具,可拉制各种规格直径的棒(线)材和管材。

【拉铲挖掘机】(dragline excavator) 铲斗靠前方钢丝绳牵引沿地(坡)面滑行,铲装剥离物或矿产品,靠后方钢丝绳牵引返回,并吊起来卸载的单斗挖掘机。工作装置简单,可直接由起重机改装。其工作特点是:铲斗悬挂在钢丝绳下而不需刚性斗柄,土斗借自重使斗齿切入土中,开挖深度及宽度均较大。该机具常被运用于开挖大型基坑和沟槽。拉铲卸土时斗齿朝下,并有惯性。在土壤较湿的情况下也能卸干净,可水下挖土或开挖有地下水的土。拉铲挖掘机一般用于开挖停机面以下的一、二类土。

拉铲挖掘机

【拉格朗日中值定理】(Lagrange meanvalue theorem） 微分学中最基础的定理。其内容如下：若函数 $f(x)$ 在区间 $[a,b]$ 满足以下条件：(1)在 $[a,b]$ 连续；(2)在 (a,b) 可导，则在 (a,b) 中至少存在一点 c 使 $f'(c)=[f(b)-f(a)]/(b-a)$。

【拉挤成型】（pultrusion） 将浸渍树脂胶液的连续玻璃纤维束、带或布等，在牵引力的作用下，通过挤压模具成型、固化，连续不断地生产长度不等的玻璃钢型材的工艺。将无捻粗纱从纱架引出后，经过排纱器进入浸胶槽浸透树脂胶液，然后进入预成型模并将多余树脂和气泡排出，再进入成型固化模，在温度作用下使树脂凝胶、固化。固化后的制品由牵引机连续不断地从模具中拔出，最后由切断机切成要求的长度。适于生产各种断面形状的玻璃钢型材，如棒、管、实体型材和空腹型材等。拉挤工艺用原材料包括树脂基体、增强材料和辅助材料。其优点是：(1)生产过程完全实现自动化控制，生产效率高。(2)拉挤成型制品中纤维含量可高达 80%，浸胶在张力下进行，能充分发挥增强材料的作用，产品强度高。(3)制品纵、横向强度可任意调整，可以满足不同力学性能制品的使用要求。(4)生产中无边角废料，产品不需后加工，较其他工艺省工、省原料、省能耗。(5)制品质量稳定，重复性好，长度可任意选择。但是产品形状单调，只能生产线形型材，而且横向强度不高。拉挤成型工艺在电工领域、防腐工程、建筑工业、交通领域和运动娱乐领域等广泛应用。

拉挤成型

【拉曼效应】（Raman effect） 散射后光频率会发生变化，且频率变化的多少取决于散射物质的特性的现象。是一种特殊光的散射效应。印度加尔各答大学的拉曼（Raman）于 1928 年发现了这种效应，1930 年被授予诺贝尔物理学奖，并以他的名字命名了这种新的物理效应。后来这种散射效应用于光谱学研究，称之为拉曼光谱学。拉曼光谱是入射光子和分子相碰撞时，分子的振动能量或转动能量和光子能量叠加的结果。利用拉曼光谱可以把处于红外区的分子能谱转移到可见光区来观测。因此拉曼光谱作为红外光谱的补充，是研究分子内部结构的重要工具之一。

【拉尼娜】（La Nina） 反厄尔尼诺现象。拉尼娜是西班牙语“圣女”的译音。当赤道东太平洋持续出现较强的海温异常偏低的现象时，即发生了拉尼娜事件。这是因为南方涛动的加强，导致海面信风增强，从而使赤道中、东太平洋海表水温下降。通常情况下，拉尼娜现象每隔 3 ~ 5 年发生一次，但也有间隔 10 年以上才出现的情况。拉尼娜现象多发生在厄尔尼诺现象之后，持续时间一般为 6 ~ 60 个月。拉尼娜事件发生后会对全球的天气、气候产生某些灾害性影响。拉尼娜事件发生的当年秋季，中国北方特别是黄河中游地区发生秋汛的可能性较大；冬季，中国大部分地区容易发生阶段性的严寒冻害，尤其可能给南方的越冬作物带来冻害。资料显示，1962 年、1967 年、1974 年、1984 年、1995 年和 1998 年下半年都发生了拉尼娜事件。总体来看，这六次拉尼娜事件，前五次除中国河套地区和黄河下游部分地区降水偏少外，黄河流域其余大部分地区降水偏多。厄尔尼诺年秋季中国降水多为北少南多，拉尼娜多为北多南少。但是由于影响气候的因素是多方面的，并非每一次厄尔尼诺年或拉尼娜年都会完全重现上述现象。

【拉萨热】（Lassa fever） 由拉萨热病毒引起的一种急性、传染性强烈的世界性传染病。因治疗难度和传染性被列为生物安全第四级病毒。其首次被发现是在 20 世纪 50 年代，但是直到 1969 年才确定引起该病的病毒。该病毒是一种属于沙粒病毒科的单链核糖核酸（RNA）病毒。此病为一种人畜共患疾病，可由动物携带病毒。已知拉萨热在几内亚、利比里亚、塞拉利昂和尼日利亚部分地区流行，但在其他西非国家也可能存在。主要是经由被感染老鼠排泄物附着的物体表面（如地板、床、食物等）而传播，也可以经由直接接触病患，或经病患血液、体液的污染而发生人与人之间的传染。人对拉萨病毒普遍易感。感染后，机体可获持久免疫力。潜伏期 7 ~ 10 天，最短 1 天，最长可达 24 天。初期症状有发热、寒战、全身不适、头痛及关节疼痛。1/3 ~ 1/2 病人的病情可趋于恶化而进入严重型拉萨热。高热持续不退，中毒症状有增无减，并出现弥散性毛细血管渗出和出血倾向，严重者出现脑膜炎、心力衰竭、肾脏病变等。应用反转录聚合酶链式扩增技术，在病程初期即可快速检测出拉萨病毒的 RNA，是早期诊断拉萨热的方法之一。

【拉深】（drawing ） 把平直毛料或工序件变为空心件，或者把空心件进一步改变形状和尺寸的一种冲压工序。在拉深时，空心件主要依靠位于凸模底部以外的材料流入凹模而形成。其工艺主要有连续拉深、变薄拉深、反拉深、差温拉深、液压拉深等。连续拉深是在条料（卷料）上用同一副模具（连续拉深模）通过多次拉深逐步形成所需形状和尺寸的一种冲压方法；变薄拉深是把空心工序件进一步改变形状和尺寸，意图性地把侧壁减薄的一种拉深工序；反拉深是把空心工序件内壁外翻的一种拉深工序；差温拉深是利用加热、冷却手段，使待变形部分材料的温度远高于已变形部分材料的温度，从而提高变形程度的一种拉深工序；液压拉深是利用盛在刚性或柔性容器内的液体，代替凸模或凹模以形成空心件的一种拉深工序。

【拉深系数】（drawing coefficient） 拉深后制件直径与拉深前毛坯直径之比值，用 m 表示。是小于1的一个系数值。是依据拉深时材料的拉应力不超过危险断面的强度极限来计算的。m 值越小表明变形程度越大。拉深系数有两个不同的概念：一是拉深件成形所要求的拉深系数，其值如上所述；另一个是材料的力学性能、拉深条件、材料的相对厚度等条件所允许的由试验来确定的极限拉深系数。在制定拉深件工艺时，必需比较制件要求的拉深系数数值与材料允许的极限拉深系数数值。若制件要求的拉深系数值大于材料最小拉深系数的允许极限值，制件可一次拉深成形，否则就需要进行多次拉深。

【拉丝机】（wire drawing machine） 拉拔金属丝状产品的设备。一般包括：工字轮放线架、机架、带水冷却的拉丝模的模盒、润滑剂盒、拉拔卷筒、工字轮收线架。拉拔前先将欲拉拔的线材轧尖、减径数米，穿过拉丝模后，在拉拔卷筒上缠绕一定圈数，靠其与拉拔卷筒之间产生的摩擦力作为拉拔力，卷筒旋转将线材连同润滑剂粉拉入拉丝模，减径的金属丝在卷筒上缠绕数圈后离开卷筒，由带有驱动装置的收线工字轮收线。拉拔前后金属面积的减少比率称为减面率。一般经过一个拉丝模的减面率最大为30%左右。减面率过大会造成性能变差，甚至出现裂纹。单台拉丝机的型号用拉拔卷筒的直径表示。如1/900型拉丝机。由多个机架和多个拉拔卷筒组成的拉拔设备称为连续式拉丝机。按照卷筒的数量和卷筒直径命名其型号，如4/500，为4联；卷筒直径为500mm。拉拔钢丝一般最多8联；拉拔有色金属一般最多10联。每个拉丝模的内径依次减小，每道次的减面率一般为10%～20%。老式连续拉丝机用可移动滑轮改变两个拉丝机之间金属丝的长度来平衡各道次线速度的差别。后来用活套，最新的直进式连续拉丝机靠传感器调节各拉拔卷筒的转速来达到线速度一致。按照工序的不同可分为粗拉用、中拉用和细拉用拉丝机。拉拔直径1mm以下细丝一般是在水箱式拉丝机中进行的。水箱中装有皂液为基的润滑液，把穿好拉丝模的金属丝连同拉丝模一起放入润滑液中拉拔，带走拉拔产生的热量，防止拉丝模损坏。一般水箱拉丝机可以安装10多个拉丝模。

直进式拉丝机

【拉丝模具】（drawing die） 又称拉丝模。用于拉拔金属及合金线材的具有一定形状的模具。其材质有：硬质合金、聚晶模具、超硬材料等。一般将其作为模芯镶嵌在钢制模套上组成拉丝模。模具生产过程主要是激光打孔、拉光机抛光。线材在连续式拉丝机拉拔时会依次通过4～10个拉拔道次，每个道次配有一个拉丝模，放在拉丝机水冷模盒内，其直径从大到小，根据线材材质的不同，需要安排不同的配模方案。因此需要准备许多规格的拉丝模。每个拉丝模使用一定期限后要进行修磨，直径会变大，直到报废。当拉拔到接近成品规格时，使用精度较高的聚晶模或天然金刚石模。大多数拉丝模的内孔是圆形的，根据需要也可制成异型的，包括：正方形、矩形、半圆形、六角形、三角形和椭圆形。拉丝模是钢铁线材制品行业、电线电缆行业必不可少的工具。

拉丝模具

【拉西瓦水电站】（Laxiwa hydropowerstation） 位于青海省贵德县与贵南县交界的黄河干流上。是黄河上游的第二个梯级电站。距上游龙羊峡32.8km。距下游李家峡水电站73km。距青海省西宁市公路里程为134km。对外交通便利。电站装机容量420kW。是黄河流域规模最大、电量最多、经济效益良好的水电站。是西电东送通道的骨干电源，也是实现西北水火电打捆送往华北电网的战略性工程。电站建成后，主要承担西北电网调峰和处理事故备用，在支撑即将实施的西北电网750kV网架、实现西北电网向华北电网输电中起着其他电站不可替代的作用。

拉西瓦水电站

【拉削加工】（broaching machining） 在拉床上用拉刀加工工件内、外表面的高效率加工方法。拉削的主切削运动是拉刀的轴向移动，通常用油缸拉动，可以加工各种截面形状的内孔表面及一定形状的外表面。拉削的孔径一般为8～125mm，孔的深径比一般不超过5，但拉削不能加工台阶孔和盲孔。由于拉床工作的特点，复杂形状零件的孔（如箱体上的孔）也不宜进行拉削。采用拉削加工方法，可以获得较高的生产率和加工质量。拉刀耐用度高，使用寿命长，但拉刀是多齿刀具，一把拉刀只能加工一种尺寸的工件，制造复杂，成本高，而且拉削属于封闭式切削，容屑、排屑和散热均比较困难，需重视对切屑的妥善处理。

【腊肉】（preserved ham） 肉经腌制后再经过烘烤所成的加工品。防腐能力强，能延长保存时间，并具有特殊的风味。这是与咸肉的主要区别。因在农历腊月加工，故称腊肉。从鲜肉加工、制作到存放，肉质不变，长期保持香味。因系柏枝熏制，故夏季蚊蝇不爬，经三伏而不变质，是别具一格的地方风味食品。腊肉是湖南、四川、江西、湖北等中西部地区的特产。已有几千年的历史。

【蜡疗法】（wax therapy） 利用加热熔化的医用蜡涂抹贴敷于人体体表以治疗疾病的方法。其原理是：利用加热的医用蜡贴敷于人体体表或某些穴位上，产生刺激作用或温热作用，使局部血管扩张，血流加快而改善周围组织的营养，促进组织愈合；或起到温通经络，行气活血，祛湿散寒，而达到温中散寒、消肿定痛之功效。另一方面，热蜡在冷却过程中，体积渐渐缩小，产生柔和的机械压迫作用，能防止组织内的淋巴液和血液渗出，或促进渗出液的吸收，从而达到消肿止痛的目的。此法操作易行，设备简单，取材容易，效果明显，是一种常用的温热疗法。适用于各种损伤及劳损，如挫伤、扭伤、肌肉劳损等；关节症变，如关节强直、挛缩、慢性非特异性关节炎、肩周炎、腱鞘炎、滑囊炎等；外伤或手术后遗症，如疤痕、粘连、浸润等；愈合不良的伤口或慢性溃疡等；神经炎、周围性面神经麻痹、神经痛、神经性皮炎、皮肤硬化症、湿疹、疥疮、肌炎、骨髓炎等。

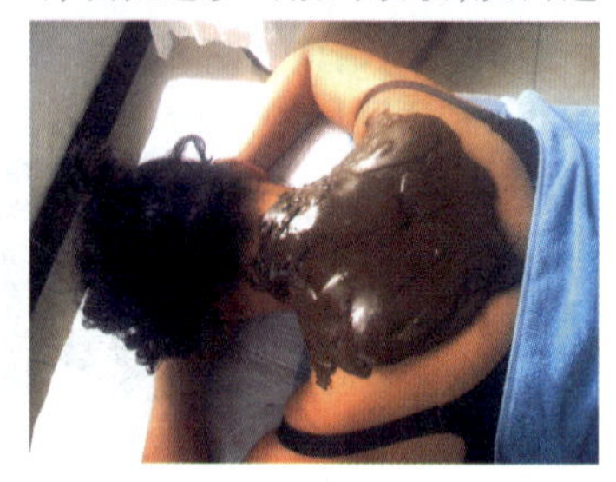

蜡疗法

【蜡染】（batik dyeing）一种源于印度尼西亚的民间传统局部防染染色工艺。将蜡加热熔化后涂绘于设计好图案的织物上，然后浸入染液中染色，由于染液不能浸入涂过蜡的部分而形成了局部防染，保留了底色花纹，没有被蜡附着的面料就染上了染料的颜色。经过冲洗、脱蜡后，形成色地白花或白底色花的蜡染工艺品。多次重复该工艺，可获得多色彩花纹。蜡染织物的图案粗犷、自然、典雅、古朴，富有乡土气息。用于时装面料和装饰织物上，如衣裙、被面、背包或旅游产品等。

蜡染布

【莱姆病】（Lyme disease） 一种以莱姆病螺旋体为病原体、通常以蜱（中国一些地方俗称草爬子）为传播媒介在人和动物中广泛流行的人畜共患病。该病侵犯人体多个器官和系统。早期以慢性游走性红斑为特征，同时出现发热、多汗、疲乏、无力、头痛、颈僵直以及肌肉、骨和关节疼痛等症状；后期则出现关节、心脏和神经系统等受损表现。在全世界五大洲的30多个国家都有病例报告。此病在美国是传播最快和最常见的一种疾病。中国人群有莱姆病感染存在，感染率平均为5.33%，13个省、市、自治区有莱姆病散在发生和流行。被蜱叮咬后约有1%左右的人发病。由于动物直接在外界生活，无保护层，与传播媒介蜱接触密切，并且很多动物本身就是莱姆病的宿主，所以被感染的机会更多，其感染率和发病率会更高。患了该病如不及时治疗，可使人永久性残疾。早期诊断和治疗是治愈莱姆病的关键。

【莱氏综合征】（Lyell syndrome） 又称中毒性表皮松解症。重型药物过敏引发的全身广泛性大疱，并波及全身体窍黏膜和内脏的一组综合征。常为急性发病，有较重的全身症状。病初患者自觉疲倦，可伴有头痛，咽痛或关节肌肉疼痛等症状，继而出现高热（39～40℃），严重者昏迷。皮肤可出现全身性广泛性的红斑性水疱及大疱，类似浅表的二度烫伤，尼氏征阳性。疱可融聆为大片损害，破溃后呈糜烂面。皮肤红肿，疼痛剧烈。严重者气管、食管黏膜均可糜烂脱落，甚至内脏受累。常因继发感染、肝肾功能障碍、电解质紊乱症状或内脏出血等死亡。其临床治疗方法有：（1）首先找出并停用致敏药物。（2）给予抗组胺药以抑制炎症活性介质的释放，降低机体对组胺的反应，减少各种过敏症状。如氯苯那敏（扑尔敏）。（3）10%葡萄糖酸钙加维生素C作静脉注射可增加血管的致密性，减少渗出，减轻炎症反应。（4）肾上腺皮质激素的应用。（5）病情特别严重时，应给予肾上腺素0.25～0.5mg皮下注射。但有心血管系统疾病、甲亢及糖尿病的患者禁用。(6)为了预防继发感染,必要时谨慎选用一种抗生素。但应注意所选药物与致敏药物在结构上应不相似,以免引起交叉过敏反应。(7)口腔局部以对症治疗及预防继发感染为主。

【铼铂催化剂】(rhenium molybdenium alloy) 由金属铼和铂组成的合金催化剂的统称。品种主要有CB-5 ~ CB-11。CB-5催化剂铼铂含量比较低,适用于高压重整装置。具有良好的活性、选择性、稳定性和再生性能;工业运转寿命达8年以上。CB-8催化剂铼铂含量比较高。其稳定性较好,适用于0.8~1.8MPa的中低压催化重整装置;工业运转寿命达7年以上。CB-11催化剂铂含量适中,其铼铂比适中。适用于0.8~1.8MPa的中低压催化重整装置。与CB-8催化剂分段装填、组合使用,工业运转达两年以上,并表现出良好的催化活性。

【兰勃特投影】(Lambert projection) 正形圆锥投影。由德国数学家兰勃特拟定。按具体投影方式的不同可分为两种:(1)等角圆锥投影。设想用一个正圆锥切于或割于球面,应用等角条件将地球面投影到圆锥面上,然后沿一母线展开成平面。投影后纬线为同心圆圆弧,经线为同心圆半径。该投影没有角度变形,经线长度比和纬线长度比相等。适于制作沿纬线分布的中纬度地区中、小比例尺地图。国际上用此投影编制1:100万地形图和航空图。(2)等积方位投影。设想球面与平面切于一点,按等积条件将经纬线投影于平面而成。按投影面与地球面的相对位置,分为正轴、横轴和斜轴三种。在正轴投影中,纬线为同心圆,其间隔由投影中心向外逐渐缩小,经线为同心圆半径。在横轴投影中,中央经线和赤道为相互垂直的直线,其他经线和纬线分别为对称于中央经线和赤道的曲线。在斜轴投影中,中央经线为直线,其他经线为对称于中央经线的曲线。该投影无面积变形,角度和长度变形由投影中心向周围增大。横轴投影和斜轴投影较常应用,东西半球图和分洲图多用这种投影。

【兰勃特正形圆锥投影】(Lambert conformal conical projection) 又称等角正圆锥投影。用一个设想的圆锥切于地球面上的一条纬线或割于地球面上的两条纬线,按等角条件,将地球面上的经纬线投影于圆锥面上,然后沿着圆锥面的某一条母线展开成平面的一种投影。由德国数学家兰勃特于18世纪拟定。等角正圆锥投影的纬线投影为同心圆弧,经线投影为同心圆弧的半径,两经线间的夹角与相应经差成正比。该投影没有角度变形,其他各种变形均只与纬度有关,等变形线的形状是与纬线取得一致的同心圆弧。在等角切圆锥投影中,标准纬线上没有变形,离标准纬线越远变形越大;在等角割圆锥投影中,两条标准纬线内侧为负向变形,外侧均为正变形;在离标准纬线等纬差的情况下,标准纬线以北的变形增长快于南边。该投影适合制作沿纬线延伸的中纬度地区的地图,广泛应用于编制各种中、小比例尺地图。

【兰科花卉】(orchidaceous flower) 兰科植物中观赏价值较高的各种花卉的统称。是植物中的第二大科。共两万余种。因其具有相同的形态、生态和生理特点,可采用近似的栽培与特殊的繁殖方法。按其生态习性的不同可分为地生兰类,如春兰、蕙兰、建兰和墨兰等;附生兰类,如石斛、万代兰和兜兰等。

兰科花卉

【拦潮闸】(tidal barrage) 建于河流入海河段防止海潮倒灌的水闸。涨潮时,潮水位高于河水位,关闸拦潮;汛期退潮时,潮水位低于河水位,开闸排水。枯水期闸门关闭,既挡潮水,又兼蓄淡水,以满足灌溉和航运需要。因此挡潮闸具有双向挡水、单向泄流和操作频繁的特点。在管理和维修养护方面,均较麻烦。确定拦潮闸闸孔尺寸的水力计算方法与排水闸计算类似,但上下游水位变化频繁,涉及因素更多,比排水闸的计算更为复杂。通常,根据闸上下游水位最不利的组合情况,计算确定闸孔尺寸。由于挡潮闸上下游水位的确定比较困难,而且计算方法并不十分成熟,因此,对于重要的大型挡潮闸常需借助水工模型试验确定闸孔过流能力。

【拦河闸】(flood sluice) 又称节制闸。天然河道上用以调节上游水位、控制下泄流量的水闸。其主要作用是:(1)在枯水期,关闭闸门抬高上游水位,以满足航运、灌溉、城镇供水和发电引水的要求。(2)在洪水时,开闸泄洪,使上游洪水位不超过防洪限制水位,同时控制下泄洪水流量,使其不超过下游河道的安全泄量。(3)在多沙河流上,拦河闸还担负排淤泄沙的任务,尽量保持原来河床水沙的平衡状态。

拦河闸

【拦沙坝】(check dam for sediment storage) 以拦蓄山洪及泥石流等沟道中固体物质为主要目的的拦挡建筑物。是荒溪治理的主要工程设施。坝高一般为5~15m。按坝型的不同可分为:土拦沙坝、干砌石拦沙坝、浆砌石拦沙坝、土石混合坝、铁丝石笼拦沙坝、格栅坝和缝隙坝等。坝型选择取决于荒溪类型及下游防护对象的重要程度。坝址选择考虑因素是:(1)沟谷口狭窄、谷口后沟段平坦广阔。(2)坝址基础良好,不漏水,两侧山坡稳定。(3)上游土壤侵蚀严重,有滑坡危险。(4)附近有筑坝材料。(5)运输材料方便。其拦蓄库容根据多年平均年来沙量、单位坝体拦沙库容及坝高~库容曲线经综合分析确定。坝体越高,库容越大,拦沙量越多,单位坝体拦沙库容越大。在其断面形状及尺寸初步选定后,需进行坝体抗滑稳定验算和应力验算。坝顶溢流口形状和尺寸根据沟道类型、洪峰流量和建筑材料确定。其作用是:(1)拦蓄山洪或泥石流中泥沙(包括块石),减轻对下游危害。(2)抬高坝址处侵蚀基准,减缓坝上游沟床坡降,加宽沟底,减小水深、流速及其冲刷力。(3)坝上游拦蓄泥沙掩埋滑坡剪出口,使滑坡体趋于稳定。

拦沙坝

【拦水沟埂】(ditch ridge for water retaining) 在沟头上方拦蓄径流用于灌溉的沟头防护工程。分连续式和断续式两种。连续式的适用于沟头以上地形完整的坡地。断续式的适用于沟头以下地形破碎的坡地。根据沟头以上坡面地形和来水量大小选用适当的拦水沟埂形式。根据沟头以上坡面土质特征、沟壁高低,合理确定沟埂距离。第一、第二两道沟埂之间的距离约20~30m。修筑拦水沟埂要按设计要求,到现场定线,挖沟筑埂,层层夯实。修筑时,在沟内每隔一定距离筑一道横埂,以防径流集中、漫溢。横埂高一般为0.4~0.7m,顶宽0.3m,边坡为1:1。在顺埂上的适当处应设溢水口,以使第一道沟埂水满时溢入第二道埂中。如沟埂附近地形条件允许,可将埂内蓄水引入耕地进行灌溉。在沟头以上地形破碎的坡地,可修筑断续式拦水沟埂。

【拦污栅】(trash rack) 拦阻水流中有害污物不使其进入进水口的设施。多用于水电站进水口、船闸输水廊道进水口、抽水蓄能电站进/出水口。一般由栅叶和栅槽组成。栅叶通常制成活动式,必要时可以提出清理和更换。栅槽固定在进水口结构内,用以支持栅叶。栅叶在拦阻污物形成局部水压差,将水压力传递给栅槽和土建结构。水电站水轮机进水口的拦污栅在立面上,按其布置形式的不同可分为:(1)垂直式。一般多用垂直式,在平面上可布置成直线形、扇状多边形和环状多边形等形式。(2)倾斜式。只适用于低水头水电站的进水口,平面上呈直线形,倾斜角一般取60°~75°。水流经过拦污栅,产生水头损失。为了尽量减少水头损失,过栅流速一般控制在1m/s左右。在设计中,一般选取拦污栅前后水压差水头为2~4m。在污物较多时,可选用5m。按这样的压差设计栅叶的强度和刚度。如果水流中污物较多,污物性质又易堵塞拦污栅,则要考虑设置定期清理栅叶的设施和在枢纽布置中采取导污、排污及拦污等多种措施,以保护进水口不被堵塞,保证水电站机组的正常运行。

拦污栅

【拦鱼设备】(barricade) 又称鱼栅。养鱼水域用以拦阻鱼类的设备。可分为竹箔、网箔、金属拦鱼栅、拦鱼电栅、气幕帘等。设置于水库、湖泊、江河等养鱼水域的进出水口,以防止鱼类逃逸和害鱼侵入。

【拦阻网】(arrester) 保证飞机滑行安全的地面应急网式装置。主要由网体、制动器、立网支架和控制系统组成。网体由上下水平主吊带和垂直竖带组成。带子为高强尼龙丝带,强度高、伸长小、耐日光、防老化,保证拦阻网有较强的拦阻缓冲能力,以防止飞机在起飞或着陆时,因故障或意外冲出跑道。

【蓝宝石】(sapphire) 泛指除红宝石之外的所有颜色的刚玉质(Al_2O_3)宝石。属高档宝石。按中国珠宝玉石国家标准,蓝色、蓝绿、绿、黄、橙、粉、紫、黑、灰、白、无色以及变色刚玉都属于蓝宝石。按所呈颜色的不同,可作进一步的区分,相应称为无色蓝宝石(白宝石)、黄色蓝宝石、蓝色蓝宝石等。缅甸、斯里兰卡、泰国、柬埔寨、澳大利亚、美国、坦桑尼亚、肯尼亚、津巴布韦、马拉维都有出产。在中国,蓝宝石产于福建、海南、山东、安徽、江苏、黑龙江省及台湾省。

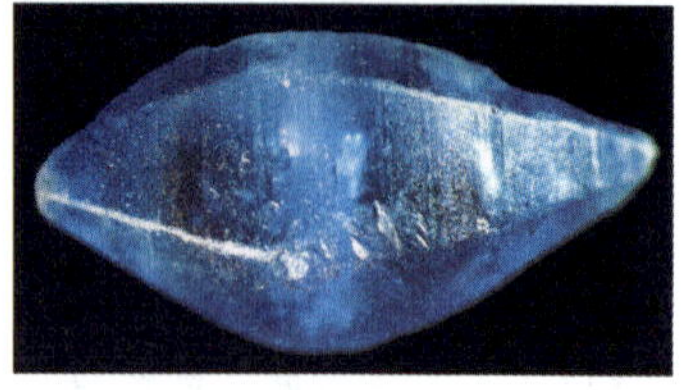
蓝宝石

【蓝冰带】(blue ice zone) 冰川积累区积雪融化来不及流走和下渗而再冻结形成的冰补给带。因其颜色看上去呈蓝宝石状而得名。在南极冰盖内陆靠基岩山体附近，由于深色山体吸收太阳辐射再通过长波红外辐射，让积雪融化再冻结而形成蓝冰带。在中国珠穆朗玛峰海拔6 300m左右的冰川积累区，也可以观察到蓝冰带。蓝冰带的存在表明在冰川的积累区也有融雪现象发生。但大部分融水来不及流失即被再冻结重新补给冰川，大大缩短了这部分积雪的成冰过程。在大多数蓝冰带的冰面上可以观察到冰花、冰杯、冰井、脉冰等漂亮的微型冰川地貌景观，具有较高的科研和欣赏价值。

蓝冰带

【蓝色革命计划】(blue revolution plan) 利用大洋深处海水的计划。大洋深层水温只有4～5℃，氮和磷含量分别是表层海水的200倍和15倍，极富营养。将深层水抽上来，给以充足的阳光，可形成一个产量倍增的新的人工生态系统。温差还可以用来发电或直接用于农业生产。美国和日本等发达国家已经在进行这种人工上升流试验，并认为这一计划将引发一场海水养殖革命。

【蓝舌病】(bluetongue) 由蓝舌病病毒引起的一种主发于绵羊的传染病。该病以发热、颊黏膜和胃肠道黏膜严重的卡他性炎症为特征。病羊乳房和蹄部也常出现病变，且常因蹄真皮层遭受侵害而发生跛行。病毒对乙醚、氯仿、0.1%去氧胆酸钠有耐受力，对胰酶敏感；可被过氧乙酸、3%氢氧化钠灭活；在pH值5.6～8.0之间稳定，在pH值3.0以下被迅速灭活，在60℃30min被杀死；在干燥的血液、血清中和腐败的肉、下水中，可长期生存。病畜、带毒畜是本病的传染源。病毒可在某些种库蠓体内长期生存和大量增殖，且可越冬，也是一种重要的传染源。可通过库蠓和伊蚊叮咬传播。病畜与健畜直接接触不传染，但是胎儿在母畜子宫内可被直接感染。病毒主要存在于动物的红细胞内，并能从精液排毒。本病有严格的季节性。一般发生于5～10月，多发生于湿热的夏季和秋季，特别是池塘、河流较多的低洼地区。其典型症状是：病羊精神委顿、厌食、流涎，嘴唇水肿，并蔓延到面部、眼睑、耳，以及颈部和腋下。口腔黏膜、舌头充血、糜烂，严重的病例舌头发绀，发生溃疡、糜烂，致使吞咽困难(继发感染时则出现口臭)；呈现出蓝舌病特征症状。鼻分泌物初为浆液性后为黏脓性，常带血，结痂于鼻孔四周，引起呼吸困难，鼻黏膜和鼻镜糜烂出血。有的蹄冠和蹄叶发炎，呈现跛行。孕畜可发生流产、胎儿脑积水或先天畸形。病程为6～14天。发病率为30%～40%。病死率为20%～30%。多因并发肺炎和胃肠炎引起死亡对羊群定期进行药浴、驱虫，做好牧场管理工作，控制和消灭本病的媒介昆虫(库蠓)，在流行地区可在每年发病季节前1个月接种疫苗，在新发病地区可用疫苗进行紧急接种能有效预防本病的发生。

【"蓝箱"政策】(blue box policy) 世界贸易组织在《农业协议》中对一些与限制生产计划相关，不计入综合支持量的补贴。《农业协议》规定与限产计划相关的支付，如休耕地差额补贴，可免予减让承诺。现在中国还没有实施这一政策。

【蓝牙技术】(blue tooth technology) 把近距离的某些电子装置用无线方式连接起来实现无线通信的一种技术。采用IEEE802.15国际标准。适用于建立短距离无线个人局域网，工作频率为2.4GHz。克服了红外技术电子装置要在视线以内才能应用的限制，提高了人们与空间信息交互的能力。该技术1998年由爱立信、IBM、英特尔、诺基亚和东芝等公司提出。

【蓝藻】(cyanophyta) 又称蓝绿藻。藻类植物中最低等的一个门类。藻体为单细胞、细胞群体或丝状体。细胞核物质集中分布在细胞中央，无核膜。除含有叶绿素和类胡萝卜素外，还含有藻蓝素，故藻体呈蓝色或蓝绿色。部分种类还含有藻红素。蓝藻为无性繁殖。主要繁殖方式为细胞分裂或藻体断裂，内生或外生孢子。其中的螺旋藻、苔垢菜可食用。

蓝藻

【缆索吊装法】(erection with cableway) 通过缆索系统把预制构件吊装成桥的方法。缆索吊装系统分为四个基本组成部分：主索、工作索、塔架及锚固装置。其中工作索包括起重索、牵引索和扣索等。缆索吊装利用主索承受吊重和作为跑车的运行轨道。主索跑车上的起重装置(包括卷扬机、起重索和滑轮组、吊钩)和牵引装

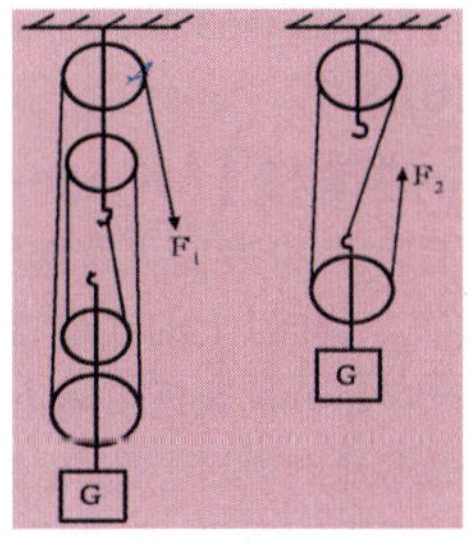

滑轮组

置(包括牵引索和卷扬机)将构件吊起、升降、运输和安装。

【缆索起重机】(cable crane) 利用张紧在主副塔架之间的承载索作为载重小车行驶轨道的起重机。适用于地形复杂、难以通行的施工场地,如低洼地带的土方工程,水坝、河流、山谷等地区的物料输送。在主塔和副塔之间,张设一根承载索,作为载重小车的轨道,牵引机构牵引载重小车在承载索上来回行驶,运送物料。起升机构上下运动升降物料。按对缆索要求的不同可分为:固定式、辐射式和行走式起重机等。缆索起重机有完善的信号指示和安全装置,司机通过室内指示器,进行远距离控制。指示器可指出重物在每一瞬间的垂直和水平的位置,即使在雾天,也能保证起重机正常可靠地工作。

缆索起重机

【缆型纺纱】(solo - spinning) 为解决针织面料在外力摩擦的作用下容易起球起毛而采用的纺纱技术。其原料是纯毛或毛混纺。采用此种技术纺出的纱毛羽少,摩擦性能好。由于这种纱线与电缆结构相似,故称缆型纺纱。在传统细纱工序中,一般由一根粗纱经牵伸成一根细纱。在缆型纺纱中,当经牵伸后的须条出现在细纱机前钳口时,有一个分割轮将其分割成两股以上的纤维束,在纺纱加捻力的作用下将其送入分割轮的分割槽内;槽内的纤维束在纺纱加捻力的作用下,围绕自身的捻心回转,具有一定的捻度。这些带有一定捻度的纤维束随着纱线的卷绕运动向下移动,各纤维束汇交于一点并围绕整根纱线的捻心作回转运动,形成无毛羽的新型缆型纱线。在纱线结构内增加了纤维的转移,纤维与纤维之间有着比传统单纱更复杂的结构,抱合更为紧密,纱线的耐摩擦性能提高53% ~83%,断头率减少 50%,支数高达 90 公支。

【烂尾楼】(residential flat) 办理了用地、开工后,因开发商无力继续投资建设或陷入债务纠纷,停工一年以上的在建楼盘。通常是因为政府对房地产项目审批缺乏实际审核,因项目资金缺乏不能完工的房地产项目。此外,还有因为产权发生纠纷的,工程质量不合格,在建楼盘的开发商破产、缺乏建设资金、项目涉及经济纠纷、开发商违法违规而导致工程停工。而项目又无法转让给其他投资人。房地产是资金密集型行业,占用了大量的资金,包括大量借贷资金。规划手续的项目银行是最大的债权人,也是最大的直接受损者。银行不但损失利息收入,还很有可能损失本金,成为银行的不良资产。烂尾楼还破坏城市形象和浪费土地资源。

烂尾楼

【郎格罕细胞组织细胞增生症】(Langerhans cell histiocytosis,LCH) 又称组织细胞增生 X。由郎格罕细胞异常增生、播散、侵润所引起的一种疾病。1973 年 Zelog 等报道。病因不明。临床表现多样,不同年龄差异较大。其临床表现分三型:(1)勒 - 雪病。发病在 1 岁内。起病急,病情重,受累器官多。发热:热情不规则;皮疹出现早,躯干、头皮发际,耳后斑丘疹,红色、棕黄色,有渗出、呈湿疹样及脂溢性皮疹伴出血,后结痂,痂脱留白斑或色素沉着斑,成批出现;肝脾、淋巴结肿大明显;肝功能异常,黄疸;呼吸道有咳嗽、气喘症状,肺部体症不明显。胸 X 片:网状、网络样或毛玻璃状。(2)韩 - 薛 - 柯病。多见于 2 ~4 岁发病,起病缓慢。有三大特征。①骨质缺损。颅骨最易受累,开始时头皮隆起、硬、有压痛,穿透颅骨后变软,前后局部凹下;手触缺损部位,边缘锐利,边界清楚,单个或多个;X 线检查,见呈溶骨性缺损。局部抽取物,可发现郎格罕细胞(LC)。盆骨、脊椎、肋骨等也可受累。②突眼。由于眼眶骨破坏,出现眼球凸出及眼睑下垂,多为单侧。③尿崩。垂体、下丘脑受累出现尿崩症。(3)骨嗜酸细胞肉芽肿。多见于 4 ~7 岁,主要病变为骨骼破坏。多为单发病灶,其他脏器受累少见。多见于颅骨,也可在四肢、骨盆及脊椎等处。可出现病理性骨折,偶见肺内嗜酸细胞肉芽肿。其诊断,除临床表现外,需作病理检查:皮疹压片,骨缺损部抽取物及淋巴结活检等,发现 LC 可确诊。电镜下发现细胞内网球拍状或棒状细胞器(称 Bribeck 颗粒)可确诊。其治疗原则是:不主张强化疗,一般 VP 方案(长春新碱 + 强的树)用 8 周;如局部骨损伤可手术及局部刮除等;注意控制感染及支持疗法等。

【朗肯循环】(Rankine cycle) 现代蒸汽动力装置中的基本热力循环。由苏格兰工程学教授朗肯对卡诺循环进行改进而成。其工作过程是:水在锅炉中定压加热、气化和过热;过热蒸汽在汽轮机中绝热膨胀做功;排出的乏汽在凝汽器中定压凝结放热;凝结水经水泵绝热压缩后重新进入锅炉。它与卡诺循环的主要区别在于：乏汽完全凝结液化，使后继的绝热压缩过程较为稳定和容易实现。水的加热过程是在定压而非定温下进行，水蒸气在过热区定压加热。这样可以提高循环的平均吸热温度，使热效率提高，同时亦提高了乏汽的干度，使汽轮机装置的工作条件较为安全。提高朗肯循环热效率的主要途径是提高蒸汽初参数、降低乏汽压力以及采用给水多级回热、蒸汽再热等。

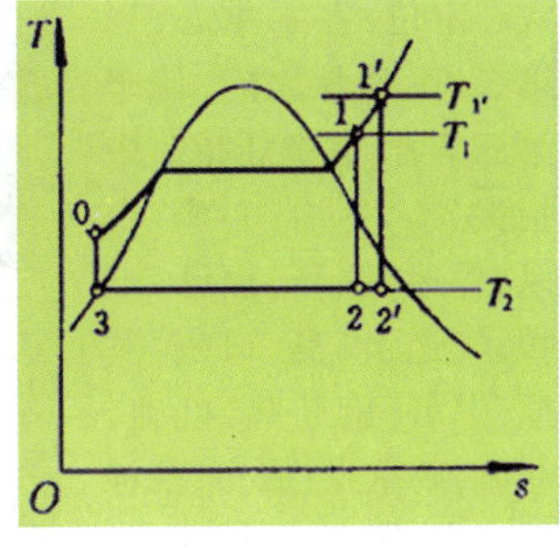

朗肯循环

【浪损事故】(wave damage accident) 又称非接触性碰撞。船舶在港口航道上违章航行(如超速) 所产生的波浪引起的。其他航行船舶进水、倾覆或锚泊中的船舶相互之间或与码头、水上、水下建筑物体的碰撞导致的船舶、码头、建筑物损坏的事故。损害计算方法和赔偿原则一般参照碰撞事故进行。

浪损事故

【浪涌保护】(surge protection) 又称突波防护。针对超出正常工作电压的瞬间过电压而设置的电路防护装置。从本质上讲，浪涌是发生在仅仅几百万分之一秒时间内的一种剧烈脉冲。可能引起浪涌的主要原因是：重型设备、短路、电源切换或大型发动机。含有浪涌阻绝装置的产品可以有效地吸收突发的巨大能量，以保护连接设备免于受损。浪涌保护器，又称信号防雷保护器。是一种为各种电子设备、仪器仪表、通信线路提供安全防护的电子装置。当电气回路或者通信线路中因为外界的干扰突然产生尖峰电流或者电压时，浪涌保护器能在极短的时间内导通分流，从而避免浪涌对回路中其他设备的损害。

【劳动保护】(labour protection) 国家和单位为保护劳动者在劳动生产过程中的安全和健康所采取的立法、组织和技术措施的总称。其目的是：为劳动者创造安全、卫生、舒适的劳动工作条件，消除和预防劳动生产过程中可能发生的伤亡、职业病和急性职业中毒，保障劳动者以健康的劳动力参加社会生产，促进劳动生产率的提高。其基本内容是：(1)劳动保护的立法和监察。主要包括两大方面的内容，一是属于生产行政管理的制度，如安全生产责任制度、加班加点审批制度、卫生保健制度、劳保用品发放制度及特殊保护制度；二是属于生产技术管理的制度，如设备维修制度、安全操作规程等。(2)劳动保护的管理与宣传。企业劳动保护工作由安全技术部门负责组织、实施。(3)安全技术。为了消除生产中引起伤亡事故的潜在因素，保证工人在生产中的安全，在技术上采取的各种措施，主要解决防止和消除突然事故对于职工安全的威胁问题。(4)工业卫生。为了改善劳动条件，避免有毒有害物质危害职工健康，防止职业中毒和职业病，在生产中所采取的技术组织措施的总和。它主要解决威胁职工健康的问题，实现文明生产。(5)工作时间与休假制度。(6)女职工与未成年工的特殊保护。不包括劳动权利和劳动报酬等方面内容。

【劳动保护服】(working protective clothing) 为特殊行业提供的使身。体免受伤害的工作服装。如矿工服、炼钢服、石油工人服、养路工作服等。

【劳动保险】(labour insurance) 劳动者因为各种原因不能继续从事劳动或暂时中断劳动，从国家和社会获得物质帮助的一种社会保障制度。许多国家称为社会保险。劳动保险是劳动者对国家和社会作出一定贡献后获得的一种基本权利。这种权利是通过国家立法加以保证，带有强制性质。劳动保险的某些长期待遇，例如退休养老基金等，是通过在全国或地区范围内进行统一筹集、统一支付、统一调剂、统一管理，还具有互助互济的性质。中国劳动保险待遇的类型，根据劳动保险制度规定，职工在发生老、病、伤残、生育、死等情况下，可以按照一定的条件和标准，享受职工退休待遇、职工退职待遇、职工公费医疗、职工因工伤残废待遇、职工非因工伤残待遇、职工病假待遇、职工生育待遇、职工死亡待遇等。

【劳动保险经费】(labor insurance funds) 国家机关和企业、事业单位支付的各项劳动保险待遇费用的总称。在中国，企业职工享受的保险待遇，全部费用由企业和国家负担。支付的渠道是：(1)从企业工资基金中支付，其中有病假、伤假、产假期间的工资等。(2)从企业职工福利基金中支付，其中有职工医疗费、职工家属医疗补助费以及职工工伤住院医疗期间的伙食补助费等。(3)从企业营业外支出支付，即从企业缴纳所得税前的利润中支付，其中有退休金、退职金、因工伤残护理费、因工残废补助费、长期病假救济费、职工死亡的丧葬费和供养直系亲属的抚恤费、救济费等。以上各项费用的支出，除营业外支出的部分不计入成本外，其他都计入成本。国家机关和事业单位工作人员的保险费用，从本单位的行政经费或事业经费中开支。公费医疗费用，由国家专门拨款给公费医疗管理机关统一使用。

【劳动强度分级】(classification of labour intensity) 以作业过程中人体的能耗量、氧耗量、心率、直肠温度、排汗率或相对代谢率等作为指标，对劳动的繁重和紧张程度进行级别划分。国外常用的劳动强度分级是克里斯坦森标准，是以耗能量和氧耗量作为分级标准来划分不同劳动强度的。所分等级为轻、中等、强、极强、过强五级。中国于1983年制订了按劳动强度指标划分的《体力劳动强度等级》国家标准，是以工作日平均能量代谢率为指标制订的，能比较全面地反映作业时人体负荷的大小。劳动强度值数的计算公式为：$I=3T+7M$。式中，I 为劳动强度指数；T 为劳动时间率；M 为8h工作日能量新陈代谢率。按劳动强度的不同可分为：(1) Ⅰ级轻劳动。劳动强度指标小于15。(2) Ⅱ级中等强度劳动。劳动强度指标约等于20。(3) Ⅲ级重强度劳动。劳动强度指标约等于25。(4) Ⅳ级很重强度劳动。劳动强度指标大于25。

【劳动卫生标准】(labour hygiene standard) 为消除、限制或预防劳动过程中的危险和有害因素，保护劳动者安全与健康，保障设备、生产正常运行而制定的统一规定。包括劳动安全卫生管理标准，生产设备、生产工具安全卫生标准，生产工艺安全卫生标准，安全卫生专用装置、用具和仪器仪表标准，个人防护用品标准。按其内容的不同可分为：劳动安全卫生管理标准、生产设备、生产工具安全卫生标准、生产工艺安全卫生标准和防护用品标准。是以保护劳动者健康为目的的卫生标准。其主要内容是对劳动条件各种卫生要求所作的统一规定。劳动条件达到什么程度才算符合安全卫生要求，需要运用卫生标准来衡量。标准是具体尺度，属技术法规规范。卫生标准一经发布，各级生产、建设、设计和企业单位必须贯彻执行。中国现行的主要劳动卫生标准有：工业企业设计卫生标准(其中规定了车间空气中有害物质的最高容许浓度)、作业场所物理行为有害因素的卫生标准、体力劳动强度分级标准、生物监测指标和职业接触生物限值和各种职业病的诊断标准等。全国卫生标准技术委员会成立以来研制和修订的劳动卫生标准包括：化学毒物标准78项、粉尘标准33项、物理因素有关标准6项、方法标准与监测规范119项、管理标准4项。

【劳宫】 中医穴位名。属手厥阴心包经。本经荥穴。定位：在手掌心，当第二、三掌骨之间，偏于第三掌骨，握拳屈指时中指尖处。主治：心痛，中风，昏迷，癫狂，痫证，呕哕，气逆，口臭，口疮，黄疸，中暑，胸胁痛，吐血，衄血，鹅掌风；癔病，精神分裂症，休克，心绞痛，口腔炎，咽炎等。刺灸法：直刺0.3～0.5寸；艾炷灸1～3壮，或艾条灸3～5min。

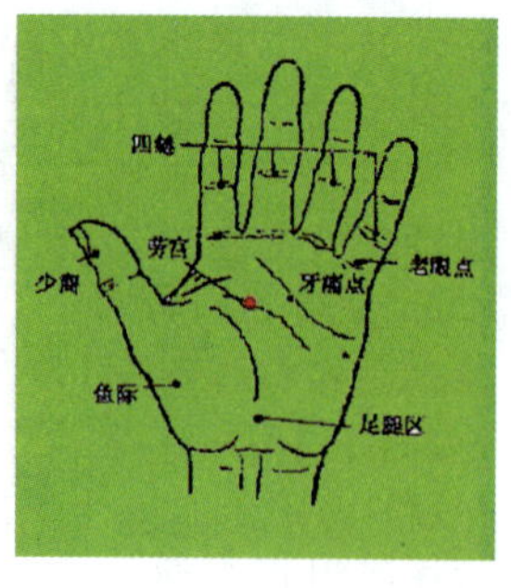

劳宫穴

【劳伦古陆】(Laurentia) 地史上的整个古生代及其后一段时间分布于北美洲东北部的一块大陆。包括加拿大的大部分和格陵兰。因其范围内有加拿大著名的圣劳伦斯河，故将其命名为劳伦古陆。它的核心是由前寒武纪古老岩石组成的加拿大地盾。板块学说认为劳伦古陆是将北美－格陵兰与欧亚陆块连接在一起的假想古大陆－劳亚古(大)陆的西面部分。

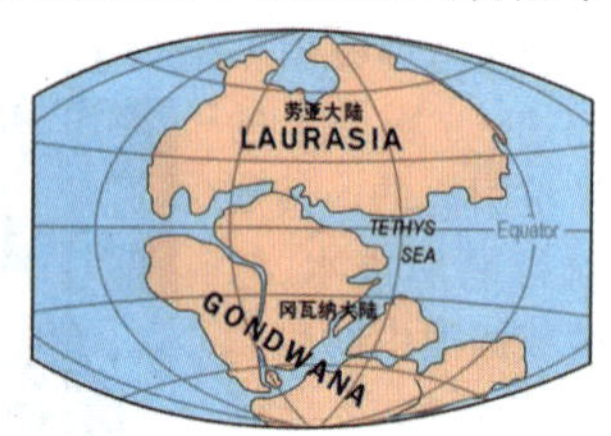

劳伦古陆

【劳亚古陆】(laurasia) 大陆漂移说所设想的与冈瓦纳古陆相对应的、同时由泛大陆分离出来在北半球出现的原始古陆。包括今天的欧亚大陆及北美洲，以特提斯海(古地中海)与冈瓦纳古陆相隔。北大西洋两岸的北美洲和西欧，通过中间的格陵兰岛，在构造上可以彼此连接。两处晚古生代的生物及地理区的相似性，也可证明在晚古生代两块大陆是相连的，只是在后来的地壳变动和板块运动中，才逐渐分离成目前的形态。

【老成鼓(箱)】(aging box) 使压榨后的碱纤维素中尚未完全反应成熟的纤维素继续进行反应的一种筒(箱)式设备。按机型的不同可分为鼓式和箱式两种。圆筒用几对滚轮支承起来，中部有一齿圈，用链条和减速机连在一起，低速旋转，碱纤从一端喂入，从另一端出料。老成箱是一台很大的箱式设备。箱体内有两层链板。纤维从一端上部喂入，碱纤维均匀地堆放在链板上，链板缓慢移动，碱纤维素从另一端出料经冷却后送去黄化。

【老化处理】(aging treatment) 对热双金属冷轧后进行的增强性能稳定性的热处理。即在超过最高使用温度50℃以上，保温1～3h的人工处理。热双金属在冷轧过程中，由于弹性、塑性变形，形成晶间结构杂乱，出现大量的应力，造成性能不稳定。为了消除这种现象，必须经过人工热处理。

【老年环】（senilis） 角膜周边部角膜基质内的类脂质沉着，逐渐发展成环状的现象。老年人常见。多数为双侧性。偶尔见于年轻人。与脑动脉硬化有着密切关系。可以作为诊断老年人脑动脉硬化的征兆之一。角膜本身并无血管，是靠巩膜边缘丰富的血管网供应水分和营养。角膜是异常物质易于沉积的部位。老年环就是因为老年人血液中脂质过多而沉积于角膜边缘形成的。

【老年性痴呆】（Alzheimer's disease） 老年人脑功能障碍导致的以认知、行为和人格变化为特征的一种综合征。是一种中枢神经系统原发性退化，以智能障碍为主的慢性疾病。按其病因的不同可分为：变性病，血管性痴呆和神经系统意外损伤、感染、中毒、占位病灶、代谢失调引起的痴呆。临床早期症状是记忆力减退，人格改变，智能下降，空间定向不良，甚至出现幻听、幻视、妄想、躁狂或抑郁的症状。晚期则全面智能障碍，卧床，缄默无语或言语破碎，生活完全不能自理，最终因并发症导致死亡。老年痴呆严重威胁到老年人的健康和生存质量，不仅涉及病人本人及其家庭，也影响到社会和经济发展等诸多方面，所以及时治疗老年痴呆刻不容缓。老年性痴呆发病很隐匿，常无确切的起病时间和起病症状，早期往往不易被发现。一旦发生，即呈不可逆的缓慢进展。目前尚无特效药物治疗，常用的药物仅能减缓该病的进展速度，改善患者症状。最常见的并发症是肺部感染、皮肤感染、尿路感染和慢性衰竭和多器官衰竭等。上述并发症可危及生命。对患者应加强护理，创造安静、舒适、安全的生活环境，勤观察，多询问，给予高热量、高蛋白、低糖、低脂的饮食，还应适当给予心理调节和智能训练。

【老年性黄斑变性】（aged-related maculer degeneration） 黄斑区结构的衰老性改变。是当前老年人致盲率较高的疾病。可引起中心视力的急剧下降，很难治愈。患者常在单眼视物时，视野中出现黑影；视物变形、直线变弯、水平线变波浪形等。看东西的对比度会下降，鲜艳清晰的画面会变成灰蒙，以致难以辨别。是一种多因素影响的疾病。除年龄外，在一定程度上，也是一种遗传性疾病。此外，高血压、糖尿病、高胆固醇血症、肥胖、抽烟和饮酒以及浅色素虹膜、远视、白内障的患者更易患此病。当阳光强烈时，患者出门要戴墨镜。常食用蔬菜、水果以及鱼类等含有大量抗氧化物质的食品，并补充微量元素，多种维生素、叶黄素、玉米黄素等，可预防该病。

【老年医学】（geriatric medicine） 又称老年病学。医学的一个分支。研究人类衰老机制、人体功能改变及其原因、老年前期与老年期疾病的特征以及防治等问题的学科。其目的是：延缓人体衰老过程，探索防治老年病方法，开展老年保健以维护老年人生理和心理上的健康。20 世纪 80 年代，老年医学研究已深入到细胞及分子水平，主要在细胞核方面探寻衰老的主导原因与机制。临床研究围绕老年常见病，将激素受体敏感性问题作为衰老的病理生理学研究的新趋向，同时加强了行为心理与老年人健康关系的实验性研究和比较分析。欧美国家及日本等已将老年医学的重点转移到影响人类过早衰老的疾病和老年医疗保健的组织方面；老年前期和老年期慢性病如心血管病、恶性肿瘤、糖尿病、痴呆等研究已成为这些国家的基础医学和临床医学注意的中心。寻求综合措施，重视宣传老年医疗保健和心理卫生知识，已成为很多国家医疗卫生宣传的重点。

【老人星】（Canopus） 又称寿星、南极老人星。南天船底座 α 星。视星等 −0.73，亮度仅次于天狼星，为全天空除太阳外第二亮的恒星。其具体位置为赤经 6 时 24 分，赤纬 −52° 40′。距太阳系的距离约 190 光年。属中国古代二十八宿中的井宿。

老人星

【老窑水】（goaf water） 积存于采空区、老窑和废弃巷道中的水。大部分较老的矿区都分布有古代小煤窑和现已停止排水的旧巷道。当采掘工作面接近它们时，其内积水便会成为突水的水源。其突水特点是：在短时间内可有大量水涌入矿井，来势猛，具有很大的破坏性。水中含有硫酸根离子，具有很大的腐蚀性，能破坏井下设备。当老窑水与其他水源无联系时短期内可疏干，但当老窑水和其他水源有水力联系时，则可造成大量而稳定的涌水，危害性极大。在探放老窑水前，首先要分析查明老窑水体的空间位置、积水量和水压。探放水孔必须打中老窑水体，并要监视放水全过程，核对放水量，直到老窑水放完为止。钻孔接近老窑，预计可能有瓦斯或其他有害气体涌出时，必须有瓦斯检查工或矿山救护队员在现场值班，检查空气成分。

【涝池】（pond） 又称水塘、山塘、池塘、堰塘。拦蓄地表径流、山泉溪水的小型坡面蓄水设施。在地面挖坑或在洼地四周筑埂是防止水土流失的坡面治理方式。其地址选择及规模大小和数量多少，要根据集水和用水情况、地质与安全蓄水等条件确定。在易于集水、下方有灌溉渠道、道路旁或村庄附近，土质黏性大、透水性小的地方修筑涝池。涝池设有进水口、放水口和溢洪道。进水口可设若干个，务必使周围径流入池。放水口设涵管、涵洞或卧管，便于在池水位变化时分层放水。池内坡设台阶，便于清淤操作。溢洪道底部与涝池最高水位持平，不使水溢出池外。将地表草皮杂物清除，使池埂与地基结合紧密，以防漏水；涝池有全挖、半挖半填和全砌不挖（用石料浆砌）三种。涝池深度应按用水规划确定。涝池坡比为1∶1～1∶2，外坡比为1∶2，池顶高于水面0.5m。在黄土或透水性大的土层建池，必须采取防渗措施。池底、池内坡用3∶7灰土夯实；用黏土时，土块打碎晒干，均匀铺好，厚0.3m，洒水夯实，干密度在1.65g/cm^3。以上。在池基为黏土时，池底挖虚0.1～0.2m，洒水夯实三次即可。池基岩石如有裂隙，用水泥或白灰浆浇注严密。应防止涝池干涸和防渗层干裂。载涝池施工完成后，应在池外坡栽树种草，以固池基和减少池水蒸发。

涝池

【酪氨酸激酶受体】（tyrosine-protein kinase receptor） 本身具有酪氨酸蛋白激酶的活性胰岛素及一些生长因子的受体。由三个部分组成：细胞外侧与配体结合部位，由此接受外部的信息；与之相连的是一段跨膜结构；细胞内侧为酪氨酸激酶活性区域，能促进自身酪氨酸残基的磷酸化而增强此酶活性，激活胞内蛋白激酶，增加DNA及RNA合成，加速蛋白合成，从而产生细胞生长分化等效应。

【勒脚】（plinth） 建筑物的外墙与室外地面或散水接触部位墙体的加厚部分。其作用是防止地面水、屋檐滴下的雨水的侵蚀和其他物体的碰撞，从而保护墙面，保证室内干燥，提高建筑物的耐久性。高度不得低于700mm。常在勒脚部位，采取一些防水、防潮和防碰撞的防护性措施，如在砖勒脚外部抹水泥砂浆、镶砌料石块、粘贴天然石板等。勒脚部位外抹水泥砂浆或外贴石材等防水耐久的材料，应与散水、墙身水平防潮层形成闭合的防潮系统。

勒脚

【雷达】（radar） 利用微波波段电磁波探测目标的电子设备。其功能是无线电检测和测距。其工作原理是：设备的发射机通过天线把电磁波能量射向空间某一方向，处在此方向上的物体反射碰到的电磁波，雷达天线接收此反射波，送至接收设备进行处理，提取有关该物体的某些信息（目标物体至雷达的距离，距离变化率或径向速度、方位、高度等）。雷达分为连续波雷达和脉冲雷达两大类。脉冲雷达因容易实现精确测距，且接收回波是在发射脉冲休止期内，所以接收天线和发射天线可用同一副天线，在雷达发展中居主要地位。测量距离实际是测量发射脉冲与回波脉冲之间的时间差，因电磁波以光速传播，据此就能换算成目标的精确距离。目标方位是利用天线的尖锐方位波束测量。仰角靠窄的仰角波束测量。根据仰角和距离就能计算出目标高度。雷达的优点是白天黑夜均能探测远距离的目标，且不受雾、云和雨的阻挡，具有全天候、全天时的特点，并有一定的穿透能力。它既是军事上必不可少的电子装备，也被广泛应用于社会经济发展（如气象预报、资源探测、环境监测等）和科学研究（天体研究、大气物理、电离层结构研究等）。星载和机载合成孔径雷达已经成为当今遥感中十分重要的传感器。其空间分辨力可达几米到几十米，且与距离无关。雷达在洪水监测、海冰监测、土壤湿度调查、森林资源清查、地质调查等方面也显示出巨大的应用潜力。

雷达

【雷达波隐身材料】（radar wave stealth material） 由吸收剂、黏结剂及其他助剂或填料组成的可吸收雷达波的材料。有无机铁氧体、SiC纤维、热塑性混杂纱、吸波复合材料和聚合物吸波剂（如导电聚合物、有机金属配合物等）。雷达波隐身材料在国防工业上广泛应用。

【雷达对抗】（radar countermeasure） 利用雷达进行电子对抗的作战行动。敌我双方利用电子干扰、电子欺骗和反辐射导弹攻击等软、硬杀伤手段，扰乱或阻断敌方雷达对己方目标（飞机、军舰等）的探测和跟踪，同时保障己方雷达的正常使用。雷达对抗与雷达是“矛”与“盾”的关系。它是敌对双方在电磁频谱领域中围绕着军用雷达的有效使用与反使用而进行的一种电磁斗争。

【雷达反干扰技术】(radar electronic-counter-countermeasure technique) 为使雷达在电子干扰环境中能有效地获取目标信息而采取的各种消除或减弱干扰影响的技术措施的总称。该技术一般具有针对性,对于不同类型的电子干扰,需要采用不同的反干扰技术。对于复杂的电子干扰,则需多种反干扰技术综合应用,才能有效地消除其影响。按干扰类型的不同雷达反干扰技术可分为反有源干扰技术、反无源干扰技术、反压制性干扰技术和反欺骗性干扰技术。反干扰措施主要有提高信号强度、防止接收机过载和抑制(鉴别)干扰等。反干扰的基本方法是利用目标信号和干扰的某种不同特性,从干扰背景中提取目标信息。其实质就是滤波技术,可分为空间域滤波、频率域滤波和时间域滤波等技术。此外,按雷达组成的不同还可分为发射机反干扰技术、天线反干扰技术、接收机反干扰技术和信号处理器反干扰技术等。

【雷达告警设备】(radar warning equipment) 又称雷达告警接收机。用于截获、分析、识别雷达信号以判断威胁程度并实时告警的雷达对抗侦察设备。其战术技术性能指标主要有:工作频段,警戒空域,测向精度、反应时间和截获概率等。通常安装在作战飞机、舰艇.战车等作战平台上,用以快速发现雷达控制的武器系统的攻击,以便采取干扰、规避等自卫对抗措施。其特点是截获概率高,反应速度快。雷达告警设备主要由天线、接收机、信号处理器、控制装置,显示装置和告警装置等部分组成。按安装平台和用途的不同可分为:(1)机载雷达告警设备:安装在作战飞机和军用直升机上,用于监视敌方炮瞄雷达、地空导弹制导雷达、空空导弹制导雷达、机载截击雷达等对载机的照射,能对雷达从搜索到跟踪状态的转换及导弹发射状态作出实时反应。(2)舰载雷达告警设备:主要用于监视敌方机载/舰载雷达及反舰导弹上导引雷达对舰艇的照射。由于舰艇的雷达截面积大,运动速度较慢,要求这类告警设备侦察距离较远,以便获得较长的预警时间。(3)车载雷达告警设备:安装在坦克等各种战车上,主要用于监视敌方的战场活动目标侦察雷达、火控雷达和导弹制导雷达对战车的照射。雷达告警设备除了安装在上述各种活动作战平台上之外,还可安装在近距离防空和区域防空场所,用于发现雷达控制的武器系统对重点目标的袭击。

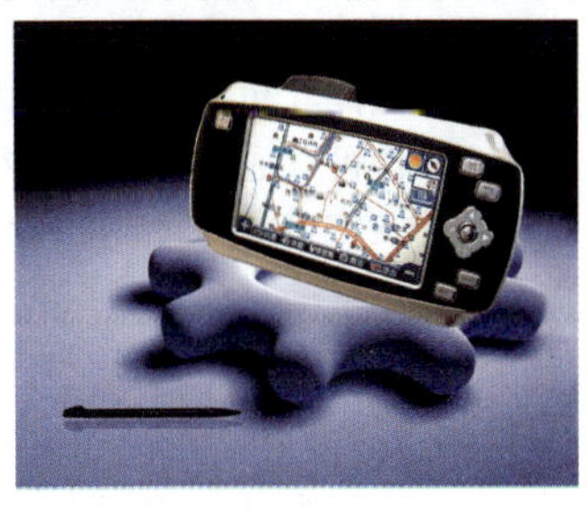

倒车雷达报警器

【雷达吸波结构材料】(radar wave absorbing structural material) 由吸波材料和能透过雷达波的刚性材料相组合而成的材料。将非金属蜂窝结构表面用碳或其他耗电磁能材料加以处理、然后把金属蒙皮黏结在其表面制成刚性板料,就能吸收高频雷达波和低频雷达波。非金属透波蒙皮通常用玻璃纤维和芳纶纤维的树脂基复合材料制成,表面喷涂吸波材料,蜂窝芯网通常用含有碳粉类耗电磁能添加剂的树脂浸渍,从而得到特定的阻抗。与涂敷型雷达吸波材料相比,雷达吸波结构材料除有吸波和承载功能外,还有有助于拓宽吸波频带、不增加飞行器的重量等特点,有逐步取代涂敷型雷达吸波材料的趋势。

【雷火神针】(thunder-fire wonder moxibustion) 灸法之一。见《本草纲目》,艾条含药,各家所载不一。该法有祛风、散寒、化湿和温通经络之功效。凡风寒湿毒袭于经络,漫肿无头,皮色不变,筋骨疼痛,如附骨疽之类用此灸之。其法用蕲艾三钱、丁香五分、麝香二分(后二味研细末),将药与艾绒拌匀,作成艾卷。用时以软纸七层平放患处,点燃艾卷,在纸上按紧,待不痛起针。病重者再针,七日后起泡即收功。阳疮焮肿者忌用。

【雷诺数】(Reynolds number) 衡量流体惯性力和黏性力相对大小的一个无量纲相似参数,以其发现者雷诺命名,通常用 R_e 表示:

$$R_e=\frac{\rho V^2}{\mu V/L}=\frac{\rho VL}{\mu}=\frac{VL}{\nu}$$

式中,V 为特征速度(如物体的运动速度或流过固定截面管道的平均速度等);L 为特征长度(如物体的长度或直径,管道的内部尺寸等);ρ 为流体密度;μ 为流体的黏性系数;$\nu(\mu/\rho)$ 为流体的动黏性系数;ρV^2(单位体积流体动能的两倍)代表惯性力;$\mu V/L$(黏性系数和速度梯度的乘积)代表黏性力。1883 年英国物理学家雷诺在圆管水流实验中首次发现:水流随这一参数(这时 V 取平均流速,L 取管的内径)的不同而出现不同的流态。当这个参数小于约 2 300,管内为层流;大于约 2 300 为湍流。这个参数遂被命名为雷诺数(R_e)。从层流到湍流的转变现象称转捩,标志流动转捩的雷诺数为临界雷诺数。现代实验证明,转捩是一个复杂的过程,受多种因素影响,临界雷诺数的值处在两个界限之间，对圆管水流，约为 $2\times10^3\sim2\times10^5$；对不可压缩流体绕光滑平板流动，约为 $5\times10^5\sim6\times10^5$（这时 L 取转捩点到平板前缘的距离）。雷诺数又可度量流场中黏性流体微团所受惯性力与黏性力大小之比。雷诺数越小意味着黏性力影响越显著；反之，雷诺数越大意味着惯性力影响越显著。飞行器绕流的雷诺数较大，因而绕流流场的绝大部分区域黏性力与惯性力相比很小，可以略去不计。只有在紧贴飞行器表面很薄的流体层内（即边界层内），才需考虑空气黏性的影响。因此，无黏流理论在飞行器绕流分析中得到了广泛的应用。雷诺数大小对机翼最小阻力系数、失速特性、分离点位置和跨音速飞行时的局部激波位置都有较大影响。

【镭射玻璃】（laser glass） 又称激光玻璃。在普通玻璃表面上复合高稳定性光学结构材料层并对其进行特殊工艺处理而形成的全息光栅或者其他几何图形光栅的一种玻璃。其性能优良。其中镭射玻璃夹层钢化地砖的抗冲击、耐磨、硬度等技术指标均优于大理石，接近花岗岩。在光源的照射下，可产生物理衍射的七彩光。装饰效果强烈。主要用于酒店、文化娱乐设施、商店门面、大面积幕墙、柱面等装饰，也可以用在民用住宅的顶棚、地面、墙面和封闭阳台的装饰，还可以制作家具和灯饰等。

镭射玻璃

【累积误差】（accumulated error） 在步进电机行程控制过程中，因误差累计所产生的偏差。由于将实际长度换算成步数时只能取整，因此造成每次移动都有一些误差，这些误差累计下来就产生一定偏差。例如：数控设备的一个脉冲精度为0.3mm，如果需控制设备行进10mm，则行进的步数为10/0.3 = 33.333，由于必须取整，所以只能取33步，即必须以33÷0.3 = 110mm作为近似移动量，每移动一次就丢失0.1mm，重复移动次数越多误差越来越大。解决误差的方法是：（1）当误差大于可允许的范围时，立即重新复位。（2）机器设计时最小传动精度最好用可以整除的单位。（3）采取累积方法将小数位累加，当大于一个脉冲精度时，脉冲数自动增加一个，即误差的自动修正。如上例每次误差0.1mm，则每累计3次增加一个脉冲，即实际步数为：33，33，33，34，33，33，33，34…。

【累进性地质灾害】（growing geological disaster） 又称渐变性地质灾害。发展过程缓慢、持续时间长、逐步累积形成的灾害。地壳表层物质常因机械的、物理的、化学的和生物的原因在交换迁移过程中引起。环境异常变化，如地面沉降、水土流失、土地沙漠化、水库或港口淤积、海岸侵蚀等累进性地质灾害发展过程缓慢而漫长，人们通过勘查监测，比较容易预测，进而进行预防和治理。累进性地质灾害一般不会造成严重的人员伤亡，但常常严重破坏国土资源和生态环境，恶化人类生活、生产条件，削弱可持续发展的能力，对人类的影响更加广泛而深远。

土地沙漠化

【类癌综合征】（carcinoid syndrome） 一种多发于胃肠道的类癌（嗜银细胞瘤）引起的以发作性皮肤潮红和腹泻为主要临床表现的综合征。由代谢性肠类癌瘤过量分泌的5－羟色胺、缓激肽、组胺、前列腺素及多肽激素等作用于血管引起。肝转移后释放的代谢物质能通过肝静脉直接到体循环。原发肺和卵巢的肿瘤产物可以通过门脉旁路引起类癌综合征。5－羟色胺作用于平滑肌可产生腹泻，结肠炎及吸收不良。组胺和缓激肽通过扩血管作用而引起皮肤潮红。类癌综合征的临床症状和体征为：最常见和最早出现的是皮肤潮红、发绀、肠痉挛、腹泻等。典型的是出现在头部和颈部，常在激动后，或摄入食物、热水及酒后出现，有较强烈的皮肤颜色变化，可从苍白色或红斑到紫色。肠痉挛伴有再发性腹泻。许多病人可发展至右心纤维化，引起肺动脉狭窄和三尖瓣反流。皮肤潮红和某些症状可以通过生长抑素加以缓解。腹泻可以通过一些药物得到控制。酚妥拉明可以预防在实验中诱发的皮肤潮红，皮质激素可用于治疗由支气管癌引起的严重的皮肤潮红。该病为转移性疾病，患者常有10～15年的存活期。

【类白血病反应】（leukemoid reaction） 由于某种因素刺激了机体的造血组织而引起某种细胞的增多或左移反应。似白血病表现。有明确的病因。如较为严重的感染、中毒、恶性肿瘤的广泛播散、大出血、急性溶血、过敏性休克和药物反应等。其分型较多。包括粒细胞型、红白血病型、浆细胞型以及混合细胞型。其中以中性粒细胞型最多见。该病以儿童及青少年较多见，且男女发病率无差别。其临床症状由于原发病因的不同，而有相应不同的表现。其治疗和预后取决于引起该反应的基本病因。

【类比法】（analogy） 根据两个（类）不同的对

象在一些属性上的相似或相同,在已知其中的一个(类)对象还具有其他的属性的情况下,而推断出另一个(类)对象也具有相似或相同的其他属性结论的一种方法。其特点是:既要借助于原有的知识,又要不受其过分束缚。其作用是:(1)能够使科学从旧的领域过渡到新的领域;(2)能够在广阔的范围内把两个不同的对象联系起来,异中求同,同中见异,成为新知识产生的有力杠杆。其局限性是:由于对象间存在着的差异性,限制了类比的结论,具有的相同或相似属性与推出的属性之间不一定有必然的联系,因此,此法的逻辑根据是不充分的,因而导致其结论有时会带有某种不确定性。

【类病毒】(viroid) 比普通病毒简单、更小且可传染的致病因子。其体内没有蛋白质,仅由小分子的核糖核酸构成。侵入宿主细胞后,通过核糖核酸作用自我复制,繁衍后代,使宿主致病或死亡。是植物、动物和人类的病原体。大多数类病毒都很稳定,容易通过工具和手传染,也可通过无性繁殖传染后代,有的还通过种子传染。了解类病毒的习性不仅具有社会价值,而且在生命起源、分子结构与生物功能等理论研究上也具有重要意义。

【类病毒病害】(viroid disease) 由类病毒侵染引起的植物病害。类病毒是从病毒中分离出来的一种病原物。它比最小的病毒还小近 80 倍。提纯困难。没有衣壳,即外部不具有蛋白层。仅是核糖核酸的碎片。分子量 10 万左右。类病毒的脱氧核糖核酸是与寄主遗传物质受阻挠而显病状。类病毒病分布不规律,传播速度慢,但危害性大。

【类蛋白】(proteinoid) 一大类组成与蛋白质相同、但结构又不同于天然蛋白质的物质。为了证明原始地球上不仅可生成简单的有机分子,而且还可从这些简单的化合物合成更为复杂的有机物,在模拟太古期环境下,把含有磷酸和 18 种氨基酸的干燥混合物加热后后形成类似蛋白质的聚合物。这些聚合物被认为可能与生命起源有关,并经常被组装成微球作为生物系统和生物材料。

【类毒素】(taxoid) 又称减力毒素、变性毒素。一些经变性或经化学修饰失去原有毒性而仍保留其抗原性的毒素。如某些细菌外毒素可用甲醛等处理后脱毒的制品,毒性虽消失,但抗原性不变,故仍然具有刺激人体产生抗毒素,以起到使机体从此对某种疾病具有自动免疫的作用。广泛应用于预防某些传染病。如向人体注射白喉类毒素后可以预防白喉;其他的还有破伤风类毒素、葡萄球菌类毒素、霍乱类毒素等。亦可注射到动物体内用于制备抗毒素。

【类风湿性关节炎】(rheumatoid arthritis) 一种以关节滑膜炎为特征的慢性全身性自身免疫性疾病。因滑膜炎持久反复的发作,可造成关节内软骨和骨质破坏畸形导致关节功能障碍或功能丧失。细菌、病毒、遗传和性激素等为发病因素,常以寒冷、潮湿、疲劳、营养不良、创伤和精神因素等为本病的诱发因素。该病以青壮年发病率较高。80% 的患者年龄在 20～45 岁。60% ～70% 的患者起病隐匿,时有疲倦乏力、体重减轻、低热和手足麻木刺痛等前兆。继之发生关节疼痛、僵硬、肿大,周围皮肤温热、潮红自动和被动运动都能引起疼痛。开始只有一两个关节受累,往往为游走性。以后发展为对称性多关节炎,从四肢远端的小关节开始再累及其他关节。其次是掌指、趾、腕、踝、膝、肘、肩和髋关节等成僵硬而畸形,并使膝、肘、手指和腕部成固定屈位,失去生活自理能力。

【类胡萝卜素】(carotenoids) 一类重要的天然色素的总称。普遍存在于动物、高等植物、真菌、藻类中的黄色、橙红色或红色的色素之中。1831 年由化学家 Wachenrooder 从胡萝卜根中分离得出,故以胡萝卜素命名。随着生化科技的发展,又分离出一系列的天然色素,命名为类胡萝卜素。迄今被发现的天然类胡萝卜素已达 600 多种。按其化学结构的不同可分为:含碳氢结构分子的胡萝卜素和含氧分子的类胡萝卜素。在人体中存在的主要有 α－胡萝卜素、β－胡萝卜素、叶黄素、玉米黄质、番茄红素以及 β－隐黄素等。在植物细胞中,产生的类胡萝卜素除了吸收并转移能量帮助光合作用进行之外,还具有保护细胞免于被“激态”的单电子键氧分子破坏的功能。在动物体内可以将部分类胡萝卜素代谢成维生素 A,却无法自行合成类胡萝卜素。

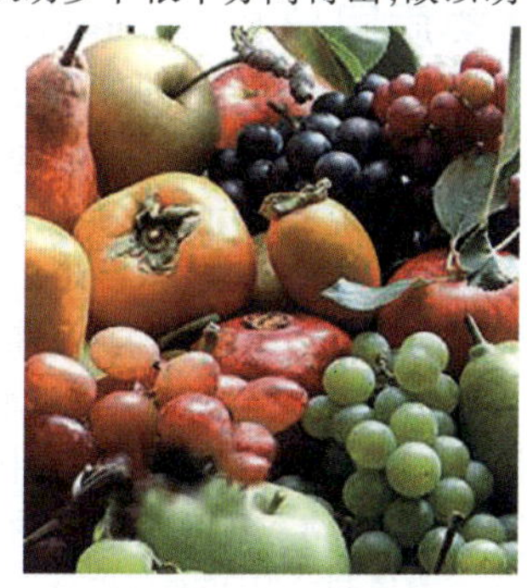
富含天然类胡萝卜素果蔬

【类金刚石薄膜】(diamond like coating, DLC) 人工合成的由金刚石微晶体构成的薄膜状新型功能材料。其特点是:高硬度、低摩擦、高热导率(为铜的 5 倍),低膨胀系数,良好抗热冲击性能,宽波段高透

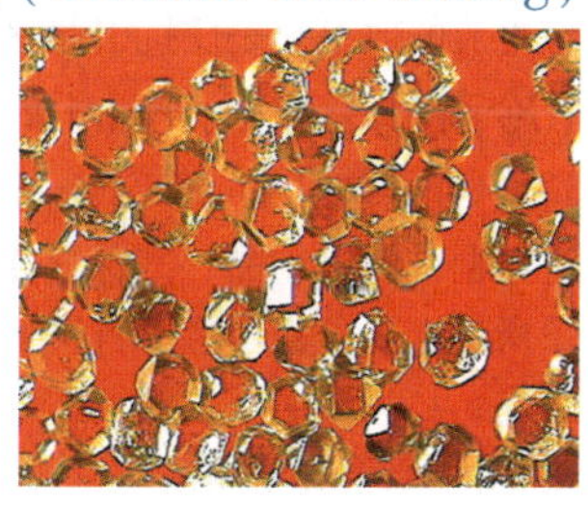
金刚石微晶体

过率，声学保真性好，良好的医学相容性和化学惰性等。主要应用于金属的电绝缘层，玻璃、首饰等的防潮耐磨损保护层，航空航天材料、传感器、耐高温防辐射保护层、场声振动膜层、人工心脏瓣膜和人工关节耐腐蚀层等方面。

【类星体】（quasar） 在活动星系核中活动性极强、形态类似恒星的一类星系。其主要特征是：除红移极大外，还有宽度较大的发射线、紫外辐射和红外辐射较强等。光学辐射呈非热型，光度变化周期从几天到几年。有的还能发出很强的X射线。类星体直径较小，仅为普通星系的十万分之一到百万分之一，辐射能量却很大，相当于几百个星系辐射能量的总和。目前，已发现的类星体约8 000多个。

类星体

【类质同象】（isomorphism） 晶体结构中某种离子或原子的占位被成矿介质中性质相似的其他离子或原子取代（占据）、共同结晶成均匀单一的混合晶体的现象。构成类质同象的两种组分可以以不同的含量比形成一系列连续变化的混晶，构成一个类质同象系列。晶体的物理性质也会随组分含量的变化而呈现出线性变化。类质同象是矿物中十分普遍的一个现象，如橄榄石系列中的镁（Mg）离子与铁（Fe）离子、磷灰石系列中的氟（F）离子与氯（Cl）离子等。类质同象又可进一步分为等价类质同象、异价类质同象、极性类质同象、非极性类质同象等。

【楞次定律】（Lenz law） 闭合回路中感应电流的方向，总是使得它所激发的磁场来阻碍引起感应电流的磁通量变化的现象。是一条重要的电磁学定律。是由俄国物理学家海因里希·楞次（Heinrich Friedrich Lenz）在1834年发现的。从电磁感应得出感应电动势的方向。楞次定律是能量守恒定律在电磁感应现象中的具体体现。楞次定律还可表述为：感应电流的效果总是反抗引起感应电流的原因。

【冷藏奶】（frozen milk） 又称巴氏杀菌奶。将生奶加热到72～85℃，瞬间杀死致病微生物，保留有益菌群的奶制品。其保质期基本上是由原乳的质量所决定。由高质量原料所生产的冷藏奶，不打开包装在5～7℃条件下储存，保质期为8～10天。其优点是：对牛奶营养物质破坏少，充分保持牛奶的鲜度；其缺点是：只能低温保存，保存时间一般只有8～10天。

【冷处理】（cold treatment） 又称低温处理。一种使钢的组织转变的处理工艺。将钢件淬火后立即放到零度以下的介质中，冷却一定时间后取出，在空气中恢复到室温，使钢中残余奥氏体转变为马氏体。是淬火过程的继续。马氏体转变终了温度在零度以下的钢，只有进行冷处理才能使马氏体转变完全。冷处理用的介质主要有干冰加酒精，达到－80℃；液氧、液氮和液氢，可达到－200℃以下。冷处理可以增加钢件的硬度和耐磨性、提高切削刀具的使用寿命、增加钢件的尺寸稳定性。

【冷床】（cold bed） 又称阳畦。无人工加热设备，白天依靠太阳光的辐射获得床内温度，且昼夜保温，为蔬菜提供较适宜的生长条件的育苗设施。是蔬菜育苗所用的苗床的一种。由床框、风障、覆盖物等保温设备组成。冷床的床框是由土、砖、木材、草等制成，覆盖物包括塑料薄膜、玻璃等透明覆盖物和草苫等不透明覆盖物。

冷床育苗

【冷脆】（cold brittleness） 某些金属或合金，特别是体心立方结构的金属在温度下降时，所表现的韧性剧烈下降的现象。这种冷脆现象多发生在温度为－100～100℃之间，但有时也指含磷量较高的钢在冷加工过程中所表现的脆性现象。这种钢不能进行冷加工。

【冷冻干燥食品】（frozeh-drying food） 又称升华干燥食品。将食品先进行低温冷冻，然后再放在真空条件下加温干燥，使食品中经冷冻而结冰的水分由固态直接变成气态挥发而得到的食品。其优点是：营养素能完好地保存，保存时间可以很长。由于食品是在真空条件下脱水的，食品内部的组织和脉络系统很少受到的破坏，复水后可恢复到原来食物的性状和滋味。一般都是小包装，所以携带和食用方便。

【冷锻】（cold forge） 在低于金属再结晶温度的状态下进行的锻造。通常讲的冷锻多专指在常温下的锻造。在常温下冷锻成型的工件，其形状和尺寸精度高，表面光洁，加工工序少，便于自动化生产。许多冷锻件可以直接用作零件或制品，而不再需要切削加工。但在冷锻时，因金属

冷锻挤压成型的齿轮

的塑性低，变形时易产生开裂，变形抗力大，需要大吨位的锻压机械。

【冷镦钢丝】(cold heading wire) 又称铆螺钢丝、冷顶锻钢丝。用于成形过程中需要采取铆、镦、锻的方法制造紧固件的钢丝。常用规格为直径3～40mm。其中16mm以上的占总用量的60%以上。主要用于制造螺栓、螺钉、螺柱、螺母和抽芯铆钉等紧固件，也用于制造冷挤压零件。制造冷镦钢丝的钢材包括：碳素钢、合金钢和不锈钢。在冷镦钢丝制造过程中，拉拔的总减面率为30%时冷镦性能较好，过大则会使冷镦性能变差，必要时进行软化处理。对冷镦钢丝性能要求包括：(1)采用铆、镦、锻的方法生产标准件，具有变形速度快、变形程度大、变形不均匀、尺寸精度要求高的特点。要求钢材必须具有良好的塑性和尺寸精度。(2)在标准件成形后需进行各种热处理和表面处理，如淬火、回火、渗碳、渗氮，以达到特定的力学性能。要求钢材必须具有较好的淬透性、回火稳定性和良好的综合力学性能。(3)标准件服役期间承受各种应力，要保持构件稳定，要求钢材具有足够的冲击韧性、较低的缺口敏感性、良好的抗蠕变性能及耐蚀、耐寒冷和抗延迟破坏性能。

【冷吨】(cool ton) 1 000 kg 0 ℃的饱和水经24h冷冻为0 ℃的冰所需要的制冷功量。热力学中常用的一个物理参量。制冷装置的制冷量工程上常用“冷吨”表示。这个制冷量可换算为3.86 kJ/s(但美国1冷吨相当于3.517 kJ/s)。

【冷发射】(cold launch) 又称外推力发射。导弹飞离发射装置之前不点燃导弹发动机的一种发射方式。冷发射的导弹在发射时由弹射装置或其他方式使它加速运动，直至离开发射装置，然后再点燃导弹发动机，使导弹加速飞行。作用在导弹底部的弹射推力对导弹的作用时间很短，但推力很大，可使导弹获得很大的加速度。冷发射对减小导弹的质量和尺寸、增大射程具有重要意义。一般用于潜射导弹的水下发射、陆基导弹的冷井发射和带发射筒的机动发射。

【冷锋】(cold front) 冷气团推动锋面向暖气团一侧移动的锋。即二者的分界面或其与地面的交线。由于移动速度的不同，冷锋有快移和慢移之分。前者临近本地时，常有浓积云、积雨云等云系，伴有较短时的强烈阵雨、雷暴、大风等天气现象。后者过境时，常依次出现雨层云、高层云、卷层云等云系，同时伴有连续性雨或雪、大风等天气。冷锋过境时，气压猛升，气温和绝对湿度骤降，风力加大，风向顺转。冷锋过后，风随之减小，气温下降。冷锋是影响中国的重要天气系统，尤其是在北方的冬季，强冷锋常带来大风、雪暴、霜冻等灾害性天气。

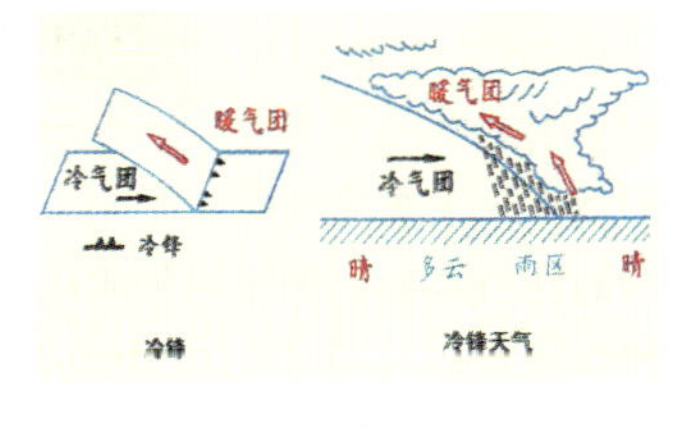

冷锋

【冷光】(luminescence) 只发光而不产生热的光。人体冷光信息可用于诊断疾病、观察疗效和判断预后等。在正常状态下，健康人左右体表的冷光发光强度是对称的，而患不同疾病的人，其左右体表则会出现一个或几个不对称的发光部位。该部位为病理发光信息点。例如，感冒病人在拇指尖上出现改变；高血压病人只在中指尖出现；颜面神经麻痹的病人只在食指尖上出现；冠心病患者可同时出现两个发光信息点的改变；脑血管意外的病人有三处发生改变等。这些病理发光信息点的失衡，往往与中医的经络学说、脏腑理论、气血理论等密切相关。其失衡程度的不同与病情轻重、疗效的优劣，有一定的定量关系。人体除了体表发光之外，其他部位也会发光。例如，血液的发光就可以用来诊断炎症。在人体有炎症时，血浆发光增强，在炎症的不同阶段发光的强度也有差别。由于人体本身发光强度很弱不容易测定，加入二价铁以后，可使发光增强，这时用光电倍增管测定器，就能很容易地测得光谱曲线图。测定人体发出的冷光，已成为临床诊断疾病的一个有效手段。

【冷辊式挤塑】(cold roll extruding plastic) 将挤出薄膜引至冷却辊而使其冷却和改善光泽的制膜方法。挤塑可生产很宽范围的型材，以及包装用管材、薄膜和片材。

【冷挤压】(cold pressing) 在室温下，利用压力机压力使模腔内的金属产生塑性变形，将金属从凹模孔或凸凹模间的缝隙中挤出，从而得到所需工件的加工方法。有较高的生产效率，节约原材料，能加工复杂断面的制件。制件力学性能可大幅提高，表面质量也较好。冷挤压是高效、省料的无切削加工新工艺之一。按金属变形流动方向的不同可分为正挤压、反挤压、复合挤压、径向挤压等不同工艺方法。冷模锻(冷锻)工艺是一种广义的冷挤压，所以一些国家用“冷锻”取代了“冷挤压”这一技术名词。

【冷季型草坪】(cool-season lawn) 冬季仍能够保持绿色的草坪。其适宜生长温度在15～24℃。在春季、秋季各有一个生长高峰。生长的主要限制因子是最高温度与持续时间。冷季型

冷季型草坪

草坪草的种植，大多采用撒播种子的方式进行。

【冷加工】（cold working） 在低于再结晶温度时，使金属材料产生塑性变形的加工方法，如冷轧、冷压、冷拉和冷挤压等。冷加工不仅使材料获得所要求的形状，并可使之强化。金属材料在冷加工过程中，出现强度、硬度升高，延性和冲击韧性等降低的现象。加工硬化是强化金属的途径之一。

【冷库】（cold storage house） 又称冷藏库。利用制冷设备、降温设施创造适宜的湿度和低温条件，用于加工、储存农畜产品的场所。能摆脱气候的影响，延长农畜产品的储存保鲜期限，以调节市场供应。一般由冷却间、冷结间、冷藏间和机房等组成。有生产性冷库、分配性冷库、综合性冷库和专用冷库（如肉类冷库、水产冷库、蛋类冷库、蔬菜冷库）等。

冷库

【冷疗法】（cryotherapy） 利用冰、冷水、氯乙烷、干冰等，将低温作用于人体表面而发挥治疗效果的疗法。炎症的急性期为抑制浮肿于最低限度，应当用寒冷。历来认为温热对肌痉挛最有效，而现已确认寒冷对此也有效。对寒冷的作用机制可概括为：（1）血管收缩；（2）毛细血管通透性低下（抑制浮肿）；（3）新陈代谢降低（抑制炎症）；（4）加重疼痛，继之减轻（寒冷麻醉，疼痛缓解）；（5）肌梭活动低下（抑制肌痉挛）；（6）兴奋性（短时间刺激）。康复医疗中的冷疗法包括冰按摩、冰袋、冷水浴、氯乙烷喷雾及最近使用的超低温疗法等。主要是用于兴奋运动肌肉、抑制运动肌肉、缓解痉挛以镇痛等。

【冷裂】（cold crack） 在铸造凝固后的冷却过程中所产生的裂纹。是一种缺陷。铸锭冷却到温度较低的弹性状态时，因铸锭内外温差较大，铸造应力超过金属的强度极限而产生。金属的导热性差致使凝固后塑性低、非金属夹杂物、晶粒粗大、铸锭冷却不均、冷却强度大都是冷裂的产生因素。冷裂多为穿晶裂纹，呈直线扩展，较规则。冷裂可分为顶裂纹、底裂纹、侧裂纹和纵向表面裂纹。热裂纹也会扩展为冷裂纹。因此，铸锭中有些裂纹既有热裂纹的特征又有冷裂纹的特征。裂纹会降低金属的性能，形成应力集中，在使用中裂纹的扩展可能造成金属断裂。降低杂质含量、细化晶粒以及控制冷却条件等方法可减少冷裂纹的产生。

冷裂

【冷坯法注塑拉伸吹塑成型】（cold plastics injection stretching blow molding） 将注塑好的型坯加热到合适的温度后再将其置于吹塑模中进行拉伸吹塑的成型方法。在成型过程中，型坯的注塑和塑件的拉伸吹塑成型分别在不同的设备上进行。为了补偿型坯冷却散发的热量，需要进行二次加热。这种方法使设备结构相对简单。

【冷气火箭推进】（cold air rocket driving） 以压缩的惰性气体如空气、氦气、氮气等为推进剂（工质）的火箭推进系统。作为工质的压缩气体储存于高压容器内，工作时将减压和稳压后的气体通过收敛－扩张的拉瓦尔喷管，以超声速向后喷出产生反作用力。冷气火箭推进系统比较简单，也比较稳定可靠，工质为惰性气体，不会对周围环境产生污染，适应性强。在航天器技术发展的初期，曾得到较多应用，包括卫星和飞船的推进系统。但这种推进系统推力的产生完全靠气体自身的焓降（工质膨胀作功前后其焓的降低值）和膨胀，而无其他能量予以补充。所以比冲很低。此外，因其工质是以气态储存于高压容器内，所占空间和结构质量相对较大，因此逐渐被其他类火箭推进方式所取代。但对发动机推力较小、工作寿命较短、而控制精度和安全性与可靠性要求较高的推进系统，如寿命较短的小型航天器，航天员的舱外机动装置等，仍是推进系统选择的主要对象。

【冷气团】（cold air mass） 又称冷空气。锋面两侧温度相对较低的一侧的气团。常使其所经地区变冷，而本身逐渐变性增暖。因增温从底层开始，气层趋于不稳定，有利于对流发展。冷气团中能见度一般较好，但早晨出现辐射或有沙尘天气时较差。夏季冷气团中若水汽含量较多时，常形成积云或积雨云，出现阵性降水和雷暴；冬季影响到中国的冷气团中水汽含量较少，因而天气晴好，多为晴到少云天气，能见度高。

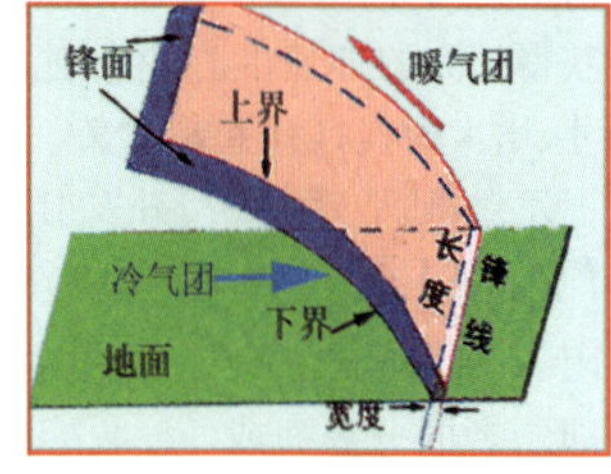

冷气团

【冷热电联产】（cooling and heating power combined） 燃料通过热电联产装置发电后变

为热能,热能驱动制冷机产生冷气而形成的电、热、冷能源梯级利用系统。冷热电联产系统将高品位能源用于发电,发电机组排放的低品位能源(烟气余热、热水余热)用于供热或制冷,实现能源的梯级利用,提高了能源的综合利用率。它通常由发电机组、溴化锂吸收式冷(热)水机组和换热设备等组成。为了协调热、电和冷三种动态负荷,实现最佳的整体系统经济性,需要设置压缩式制冷机和锅炉、蓄能装置等。冷热电联产系统的优点是:(1)节能。(2)环保。(3)安全。(4)平衡能源消费。(5)有利于提高电网和燃气管网的利用率。

【冷杀菌技术】(cold sterilization technology) 一种不用热能杀死微生物的新兴杀菌技术。主要包括超高压杀菌、辐射杀菌、超高压脉冲电场杀菌、脉冲强光杀菌、磁力杀菌、紫外线杀菌和二氧化钛光催化杀菌等技术。传统的热杀菌法虽然能保证食品在微生物方面的安全,但热能会破坏对热敏感的营养成分,影响食品的品质、色泽和风味。该技术虽然起步较晚,但发展很快。它不仅能保证食品在微生物方面的安全,而且能较好地保持食品的固有营养成分、色泽和新鲜程度。已成为国内外食品科学与工程领域的研究热点。

【冷轧薄板】(cold rolling steel sheet) 在不加热的条件下轧制厚度为0.2~4mm钢板的工艺方法。一般将单张供货的板材与成卷供货的带材总称为板带材。0.2mm以下的称为极薄带钢。冷轧薄板的宽度在400~2 000mm。代表性的产品有深冲板、涂层板和电工用硅钢板。冷轧产品尺寸精度高、平直度及表面光洁度好。其主要原因是排除了热轧过程中的温度工艺因素的影响。另外,冷轧使金属内部晶粒破碎及均匀化,配合适当的热处理可以得到良好的内部组织性能,是热轧难以得到的。冷轧薄板具有广泛的用途,主要用于汽车、印制铁桶、建筑、建材、自行车等行业,同时还是生产有机涂层钢板的最佳材料。冷轧薄板一般采用厚度为1.5~6mm的热轧板卷作为坯料。主要工序有酸洗、冷轧、脱脂退火、平整和剪切。生产镀层钢板,还要进行镀层或涂层工艺。在冷轧过程中,达到60%~80%的变形量后需要进行退火软化,否则过分的加工硬化会使板料硬脆而不能继续轧制。退火前需除去板料上的油脂,然后在保护气氛中进行。冷轧使用的设备为连续式冷轧机组,根据产品的规格确定机架的数目。

冷轧薄板

【冷轧磁极钢板】(cold rolled magnetic-pole steel sheet) 具有高磁感度的含锰合金钢板。一般为微合金化的C–Mn低合金钢。是具有高强度、高精度和高磁感度的冷轧薄钢板。随着Mn含量的提高则强度提高,而磁通密度则下降。目前国外有6个强度级别,国内高强度级别钢板已开始生产。

【冷轧极薄带钢】(cold rolling most thin steel strip) 在不加热的条件下轧制厚度为0.2mm以下薄带钢的工艺方法。其宽度一般在300mm以内。采用带张力轧制是成卷冷轧带钢的主要工艺特点。即轧件在轧辊中被辗轧变形是在一定的前张力和后张力的作用下进行的。所需的张力由轧机前后的张力卷筒提供。通常是在可逆式冷轧机上进行的。轧机前后的卷取机都可以开卷和收卷。每轧一个道次后,停车换向,把上个道次的卷尾变成卷头,进行往复轧制。轧制速度、压下量和前后张力均由微机控制,带钢厚度在线监测,允许误差为±0.005mm。轧制到接近成品尺寸时,以小的压下率进行平整处理得到良好的板形,即良好的平直度。可根据需要,使用纵剪机的多个剪切辊将成品厚度的钢带同时剪成顾客要求的几个不同宽度。主要工序有:酸洗–冷轧–退火–平整–剪切–包装。薄带钢成卷供应,具有尺寸精度高、表面质量好、便于加工、节省材料的优点。适用于制造刮脸刀片、手表用不锈钢钢带等。

【冷作模具钢】(cold die steel) 金属冲压模具所使用的材料。是应用量大、使用面广、种类最多的模具钢。其主要性能要求有合适的强度、韧性、耐磨性。目前冷作模具钢的发展趋势是在高合金钢性能基础上,分为两大分支:一种是降低含碳量和合金元素量,提高钢中碳化物分布均匀度,用以提高模具的韧性;另一种是以提高耐磨性为主要目的,以适应高速、自动化、大批量生产而开发的粉末高速钢。

【离岸工程】(offshore engineering) 见近海工程。

【离差】(deviation) 又称偏差。单次测量值与数据组算术平均值之差。反映了测量的精密度。分绝对偏差和相对偏差。其计算公式为:绝对偏差等于单次测量值减平均值,相对偏差等于绝对偏差除以平均值。常用来表示实际数据与期望值之间的偏离程度。由于数据组内所有数的离差之和恒为零,在运用中,离差难以表示整组数据与期望值之间的偏离程度。

【离散事件动态系统】(discrete event dynamic systems） 由异步、突发的事件驱动状态演化的动态系统。其状态通常只取有限个离散值，对应于系统部件的好坏、忙闲及待处理工件个数等可能的物理状况，或计划制订、作业调度等宏观管理的状况。这些状态的变化，则由于诸如某些环境条件的出现或消失、系统操作的启动或完成等各种事件的发生而引起。常见于通信、交通等公共服务设施，机械、电子等各种离散型生产加工过程，多级管理/控制系统，计算机信息处理等重要技术领域。由于其状态空间缺乏易操作的运算结构，难以用传统的基于微分或差分方程的方法来研究。对这种系统首先关心的是它的逻辑行为，这可用其演化过程的状态序列和事件序列来刻画。系统的功能则表现为只允许发生某些符合要求的状态/事件序列，它们表示完成某些任务或防止各种失误。用有限自动机、形式语言或 Petri 网等模型可以很好地描述这种逻辑层次的分析和综合问题。在并行计算、公共服务和生产加工等系统中要进一步研究各种操作和演化的时间关系以提高系统的效率。这时可用极大代数工具进行分析，并用计划排序、实时调度等技术进行优化和控制。由于实际上各时间因素往往具随机特性，还要用随机过程、排队网络等模型和理论方法进行分析和研究。由于问题十分复杂，现有理论分析方法所能解决的问题十分有限，所以计算机仿真实验研究是非常重要的实用方法。与此相应的，有摄动分析、似然比等数据分析和优化方法，可使仿真效率大为提高。

【离散数学】（discrete mathematics） 现代数学的一个分支。以不连续（离散）现象为研究对象的数学。其内容主要包括：组合数学、算法的理论与分析、编码理论、数理逻辑中的命题逻辑（命题演算）、谓词逻辑（谓词演算）、集合代数、模糊集论；代数中的有限群、环论、域论、格论与布尔代数、有限几何；微分方程的计算理论；以及离散性概率等。离散数学的建立和形成与计算机科学的发展密切相关。随着现代科技的发展，特别是计算机的广泛应用，离散数学越来越受到重视，而且发展很快。

【离散无记忆信道】（discrete memorylesschannel，DMC） 在任意时刻信道的输出只与此时刻信道的输入有关，而与其他时刻的输入和输出无关的信道。对于离散无记忆 n 次扩展信道，当信源是平稳无记忆信源时，其平均互信息等于单符号信道的平均互信息的 n 倍。当无记忆信道的输入输出符号数大于 2，但为有限值时，称为离散无记忆信道。离散无记忆信道的无记忆性是指信道当前的输出符号只和信道当前的输入符号有关，而和以前的输入符号无关；无预感性是指信道当前的输出符号对将来的输出符号没有影响。

【离体保存】（in vitro conservation） 利用种子、根、茎和花粉等的储藏保存种质资源的方式。按储存物的不同可分为：（1）种子储藏。是当前保存基因资源最容易最经济的方法。绝大多数的植物种子，可通过降低储藏期间的温度和水分来延长它们的存活期，有的通过种子库保存种子。（2）花粉储藏。花粉体积小，储藏花粉显然要比储藏种子或营养体要省事。但目前花粉储藏方法还存在一些问题，在实际应用中受到限制。（3）营养体储藏。如要保存一个特定的遗传型，就必须进行营养体储藏，对插穗或接穗进行储藏。国外把这一技术称为"营养系库"或"无性系库"。储藏树木穗条的常用温度是 -2 ~ 2 ℃。具体实施即可根据储藏的时间、植物休眠状态、和储藏库的结构而定。营养体储藏现尚未达到实际应用阶段。现在落叶松、针叶树枝条可成功地储藏几个月、一年或两年期间。（4）利用组织培养技术。利用组培技术长期储藏分生组织、茎尖等。这对于树木种质资源保存具有特殊价值。其主要优点是：遗传性比较稳定，繁殖潜力大及所需空间小等。

【离体培养】（isolated culture） 将一部分组织或器官剥离植物体，在人工培养基（液）上接种培养成完整植株的过程。在育种工作中采用的花药培养以及生长点培养、髓部组织培养等均属离体培养。离体培养能缩短育种周期，加速育种进程，提高选择的准确性。

离体培养

【离析法】（segregation method） 一种处理难选贫氧化物矿的有效方法。1970 年才在工业上用于处理贫氧化铜矿。其操作过程为：磨细的矿石在沸腾炉中加热至 800℃，然后溢出至管式离析室，在此与加入的少量食盐和煤粉反应。矿粉中的铜氧化物即被氯化，生成的氯化物挥发，并被还原为金属铜而析出于碳粒表面。离析产物用水急冷后，再经浮选，即获得金属铜精矿。此法之显著优点是可将矿石中大部分金、银富集于铜精矿中。近年来，已将离析法推广应用于含有镍、钴、金、银、铅、铋、锡等的贫氧化物矿和废料的处理中。

【离线检测】（offline testing） 使零件或产品脱离制造过程，在距生产线一定距离的检测工作站进行检测的方式。离线检测适合于：（1）制造的过程能满足设计目标要求的公差范围。(2)高生产率。(3)生产时间短而生产过程输出状况稳定,超差的风险小。(4)在线检测成本相对较高时。离线检测方式的主要缺点是不能及时发现输出的质量问题,质量检测的反馈信息有时间滞后。

【离心泵】(centrifugal pump) 高速旋转的叶轮叶片带动水体转动并将其甩出的水泵。属于低比转数泵(比转速 50~300)。其工作原理是靠旋转的叶轮而产生的惯性离心力对液体做功,使液体能量增加,水流沿轴向进入、径向流出叶轮,再汇入蜗壳形泵壳,然后由泵出口流出。此类泵扬程较高,流量相对较小。根据离心泵叶轮是单向进水还是双向进水可分为单吸式和双吸式两种;根据泵轴的安装方式的不同可分为立式和卧式两种;根据泵轴上叶轮个数的不同又可分为单级和多级离心泵。目前中国排灌用离心泵的最大进口直径为 1 200mm,最大流量6m^3/s,单泵最高扬程 225m,单机最大配套功率 8 000 kW。

离心泵

【离心分离】(centrifugal separation) 运用离心力场进行非均相物系的分离和提取的物理分离技术。是许多工业过程的基础。其原理是:根据不同物质之间的密度、形状和大小的差异,利用离心原理在流体中对其进行物理分离。离心分离装备按有无旋转部件可分为:机身固定的旋转流离心分离器和机身旋转的离心分离机。是流体在固定的机身内旋转而产生离心力场。按离心力产生方式的不同可分为:压力旋流分离器和重力旋流分离器。例如治理工业废气污染的旋风除尘器、造纸业中净化纸浆浆料用的离心除渣器等。离心机由旋转的机身,带动内部流体作回旋运动而产生离心力场,使物料中不同密度的组分产生不同的离心力,达到分离的目的。按分离因数的不同可分为:高速离心机(分离因数 α>3 000),中速离心机(分离因数α=1 500~3 000)和低速离心机(分离因数α=1 000~1 500)。如各种沉降离心机或过滤离心机等。按分离原理的不同可分为:过滤式离心机、沉降式离心机和组合式离心机等。按几何形状的不同可分为:转筒离心机、旋流器盘式离心机和板式离心机等。旋流器具有结构简单、设备紧凑、占地面积小和设备成本低等优点。离心机可以迅速地分离不易分离的非均相液态物系,如原油聚氯乙烯树脂悬浮液等。在污水处理工程中常用来分离无机颗粒物的旋流式沉砂池和分离处理生化污泥的离心机等。广泛应用于矿物加工、石油、化工、轻工、环保、食品、医药、纺织与染料、采矿、冶金、机械、材料等众多领域。

【离心机】(centrifugal machine) 利用离心力分离液体与固体颗粒或液体与液体的混合物中各组分的机械设备。有一个绕本身轴线高速旋转的圆筒,称为转鼓。通常由电动机驱动。悬浮液(或乳浊液)加入转鼓后,被迅速带动与转鼓同速旋转,在离心力的作用下将各组分分离,并分别排出。通常转鼓转速越高,分离效果也越好。按结构和分离要求的不同,离心机可分为过滤离心机、沉降离心机和离心分离机三类。主要是将悬浮液中的固体颗粒与液体分开,有的沉降离心机还可对固体颗粒按密度或粒度进行分级。其广泛应用于化工、石油、食品、制药、选矿、煤炭、水处理和船舶等行业。

离心脱水机

【离心力除尘器】(collecting dust equipment with centrifugal force) 利用气流在旋涡运动中产生的离心力以清除气流中尘粒的设备。最常用的是旋风除尘器。旋风除尘器工作时气流从上部沿切线方向进入除尘器,在其中作旋转运动,尘粒在离心力的作用下被抛向除尘器圆筒的内壁降落到集尘室。其特点是:结构简单,造价低,没有运动部件,压力损失一般为 392~1 471Pa。适用于去除大于 5μm 的尘粒。除尘效率为 70%~90%。

【离心铸造】(centrifugal casting) 将液态金属浇入旋转的铸模中,使其在离心力的作用下,完成充填和凝固成型的铸造方法。根据铸型旋转轴在空间位置的不同可分为:卧式离心铸造、立式离心铸造及倾斜轴离心铸造。与砂型铸造相比,离心铸造具有以下优

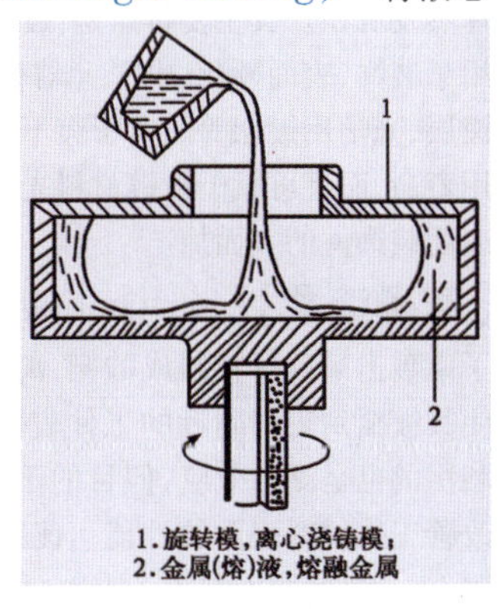

离心铸造

点:(1)铸件在离心力场的作用下充型和凝固,致密度较高,气孔、夹渣等缺陷少,综合力学性能较好。(2)在离心力作用下,金属充填能力提高,充型条件改善,简化了套筒、管类铸件的生产工艺。(3)可减少或取消浇注系统,提高工艺出品率。其缺点是对某些合金(合金组分不能互熔或凝固初期析出物的密度与金属液基体密度相差较大)易形成密度偏析;生产异形零件有一定局限性。广泛应用于铁管、缸套、铜套、双金属套、滚筒等铸件的生产中。

【离子】(ion) 带电荷的原子或原子团。按其所带电荷的不同可分为阳离子(正离子)和阴离子(负离子)。由原子、分子失去或俘获电子得到相应的离子。阴阳离子总是同时产生,从而保持物质和体系的电中性。离子存在于离子化合物、电解质溶液和气体中。其性质与相应的原子或分子有很大的区别。如钠原子化学性质很活泼,与水剧烈反应释放出氢气,而钠离子在水中却很稳定。

【离子导电陶瓷】(ion conductive ceramics) 具有离子导电特性的一类陶瓷。通常要求其离子电导率大于 1×10^{-2} S/cm,且电子电导很小,电导活化能应小于0.5eV。。目前,比较引人注目的快离子导电陶瓷主要有稳定 ZrO_2、β-Al_2O_3 及 CeO_2 基固溶体等陶瓷等。主要应用在固态电池、传感器等方面。

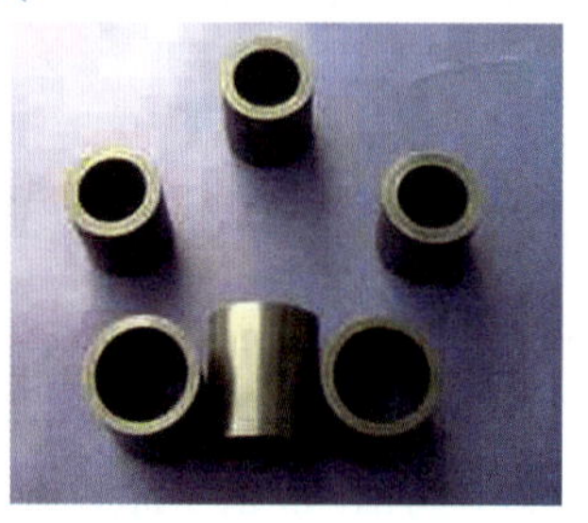

离心导电陶瓷

【离子镀】(ion plating) 在真空条件下,利用惰性气体放电,使气体或被蒸发的金属离子化,在气体离子或被蒸发物质离子轰击作用的同时,把蒸发物或其他反应物蒸镀到基件上的技术。其性质属于物理蒸发沉积。其主要特点是:镀层均匀,附着力好,可用于装饰、表面硬化、电子元器件用的金属或化合物镀层、光学用镀层等。离子镀不仅可以延长基件的使用寿命,而且可赋予被镀材料光泽和色彩。广泛用于表面装饰件的表面加工。

【离子镀覆】(ion coating) 将一定能量的离子束轰击某种材料制成的靶,离子将靶材粒子击出,使其镀覆到靶材附近的工件表面上的工艺技术。所利用的也是溅射效应,但目的不是加工而是镀膜,以改善工件材料表面的性能。镀覆时将镀膜材料置于靶上,一般使靶面与离子束方向成一角度接受离子束的轰击,被镀工件表面与溅射粒子运动方向相垂直。离子镀覆的膜层附着力强,镀层组织致密,可镀材料广泛,各种金属、半导体、高熔点材料和某些合成材料均可镀覆。离子镀覆工艺用于对工件表面镀覆耐磨材料、抗腐蚀材料、耐热材料、润滑材料以及镀覆装饰膜层等。

【离子键】(ionic bond) 阴阳离子间通过静电作用形成的化学键。化学键的一种。通过电子的转移(失去电子者为阳离子,获得电子者为阴离子)形成,如钾、钠、钙等活泼金属跟氯、溴等活泼非金属化合时都能形成离子键。离子既可以是单离子也可以由原子团形成,如硫酸根离子、硝酸根离子等。离子键的特点是:作用力强,无饱和性,无方向性。离子化合物在室温下是以晶体形式存在。离子间通过离子键结合而成的晶体叫做离子晶体。

【离子交换法】(ion-exchange treatment) 利用离子交换剂树脂中的交换离子同废水中的离子进行交换而除去有害离子的方法。其原理是离子交换反应。离子交换树脂根据活性基团的性质可分为阳离子交换树脂和阴离子交换树脂。前者的活性基团一般是酸性的,用于交换废水中的阳离子;后者的活性基团是碱性的,用于阴离子交换。离子交换过程是可逆的。当离子交换树脂工作一段时间后,树脂被废水中的离子所饱和,不能继续交换时,可利用树脂交换过程可逆的性质,对树脂进行再生以恢复交换能力。常用的离子交换剂分为无机离子交换剂(如天然沸石、合成沸石、海绿砂)和有机离子交换树脂(如强酸阳离子树脂、弱酸阳离子树脂、强碱阴离子树脂、弱碱阴离子树脂、螯合树脂等)。该法具有处理面广、容量大、可以实现连续化和自动化生产、管理简便等特点。主要应用于回收废水中的重金属离子等。

【离子交换色谱】(ion exchange chromatograph) 利用被分离组分与固定相之间发生离子交换的能力的不同来实现混合物分离的方法。固定相一般为离子交换树脂。树脂分子结构中存在许多可以电离的活性中心,待分离组分中的离子与活性中心发生离子交换,形成离子交换平衡,从而在流动相与固定相之间形成分配。固定相的固有离子与待分离组分中的离子之间相互争夺固定相中的离子交换中心,并随着流动相的运动而运动,最终实现分离。

【离子交换树脂】(ion exchange resin) 具有离子交换功能的网状高分子化合物。由不溶性的三维空间网状骨架、连接在骨架上的功能基团和功能基团上带有相反电荷的可交换离子三部分构成。在溶液中它能将本身的离子与溶液中的同号离子进行交换。按其交换基团性质的不同可分为:(1)阳离子交换树脂。带有酸性功能基团，能与溶液中的阳离子进行交换。(2)阴离子交换树脂。带有碱性功能基团，能与阴离子进行交换。(3)两性离子交换树脂。在同一树脂中存在着阴、阳两种基团的离子交换树脂，包括强酸-弱碱型、弱酸-强碱型和弱酸-弱碱型。广泛用于水处理、食品工业、制药工业、合成化学和石油化学工业、环境保护和湿法冶金等领域。如利用离子交换树脂可以从贫铀矿里分离、浓缩、提纯铀及提取稀土元素和贵金属等。

【离子交换纤维】(ion exchange fiber) 由具有离子交换性基团的高分子聚合物制成的纤维。纤维本身带有活性离子。当和溶液接触时，活性离子可与溶液中相同符号的离子进行交换。根据其所拥有的离子交换基团的种类不同可分为：阳离子交换纤维、阴离子交换纤维和两性离子交换纤维。离子交换纤维进行选择性交换，交换效率高。可用于净化和分离气体，净化水溶液，提取贵重金属，海水提铀等方面。超细离子交换纤维还可以衍生出杀菌纤维、导电纤维和抗静电纤维。

【离子交换炸药】(ion-exchanged explosive) 含有离子交换盐对(硝酸钠或硝酸钾和氯化铵)和硝化甘油的煤矿许用炸药。常温时比较安定，但在炸药爆炸的高温高压条件下，交换盐将发生化学反应，进行离子交换，生成氯化钠和硝酸铵。爆炸时，氯化钠作为消焰剂弥散在爆炸点周围，可以降低爆温和抑制瓦斯燃烧，所生成的硝酸铵起氧化剂作用。离子交换炸药是中国现有煤矿许用炸药中最安全的品种。它具有较好的储存安全性，管道效应小，在-20℃时不会冻结，可用于煤与瓦斯突出工作面爆破。根据使用的温度条件，应在不低于-20℃的条件下使用。离子交换炸药还具有一种“选择爆轰”的独特性质。在不同的爆破条件下，它会自动调节消焰剂的有效数量和作用。例如，在密封状态下，炸药爆炸强烈，交换盐的反应更完全，生成的氯化钠更多，其消焰降温的作用更强；反之，在裸露状态下，爆炸反应进行得较弱，交换盐的反应也不完全，生成的硝酸铵减少，使爆炸释放的能量保持在较低的程度，甚至有可能造成爆轰的中断，因而避免了裸露药包爆炸时引起瓦斯爆炸的事故。但当炸药冻结或半冻结后，其敏感度增高，使用时要特别注意，尤其不要和酸、碱、油脂类物质接触。

【离子刻蚀】(ion etching) 通过离子束能量撞击而从工件上去除某种材料的过程。当离子束轰击工件，入射离子的动能传递到靶原子，传递的能量超过原子间的键合力时，靶原子就从工件表面溅射出来，达到刻蚀的目的。为了避免入射离子与工件材料发生化学反应，必须用惰性元素的离子。氩气的原子序数高，而且价格便宜，所以通常用氩离子进行轰击刻蚀。离子束刻蚀可以加工任何材料，如金属、半导体、橡胶、塑料和陶瓷等。可对精密沟槽和非球面透镜进行加工，或用于集成电路等微电子器件的高精度图形刻蚀，还可进行材料离子致薄、离子抛光和离子清洗等。由于离子刻蚀是在真空中进行的，所以对被加工材料的污染少。此外，不仅被加工表面无应力，并且还可以消除普通方法抛光所产生的表面应力。

离子刻蚀

【离子束加工】(ion beam machining) 在真空条件下利用加速聚焦的离子束打到工件表面，靠微观机械撞击进行加工的方法。通常分为三类：离子刻蚀、离子镀膜和离子注入。

【离子束育种】(ion beam mutation breeding) 用离子束照射植物种子，使其基因发生变化的育种技术。采用一种能够产生离子，并可控制离子流量和流向的特殊装置，对植物种子进行适量的离子束照射。离子射入胚细胞后，能够以多种形式造成其中遗传物质的损伤。遗传物质结构的变化，可以在其后代中得以表现，产生多种多样的新生物性状，从而对农业和其他种植业产生影响。

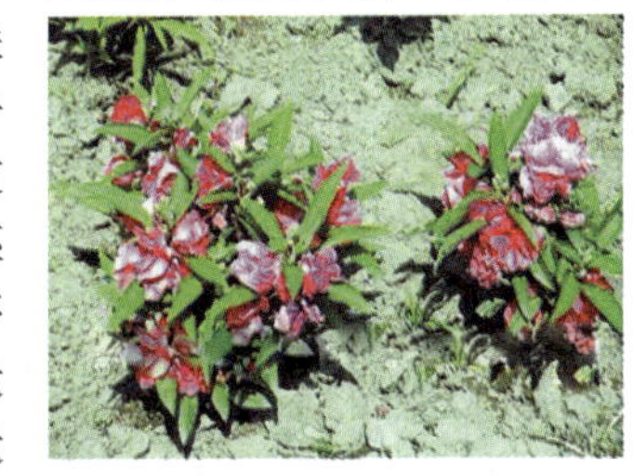

离子束育种的凤仙花

【离子探针】(ion probe) 应用离子束轰击到样品表面，使表层原子溅射或离子化，根据二次离子溅射及其质量分离原理来进行样品表面的成分分析的仪器。根据成像、检测和显示方式的不同可分为：(1)二次离子质量分析仪(SIMA)，又称离子溅射源质谱仪。(2)离子显微探针分析仪(IMMA)。(3)离子显微探针质谱仪(IMMS)。这些离子探针都是用于表面成分分析的，不能进行结构分析。可以对元素周期表中从氢到铀的全部元素进行分析。其绝对灵敏度为$1\times10^{-15}\sim1\times10^{-19}$，相对灵敏度为$1\times10^{-6}\sim1\times10^{-9}$。相当于百万分之一的原子都能被检测到。离子束的直径一般为1μm，探测的深度为几百埃到几微米。同时可以依靠离子束的轰击，层层剥离，而得到表面中元素的三维分布(深度分析)。除此之外,离子探针有如下优点:(1)灵敏度不受原子序数的影响。(2)可作同位素分析。(3)图像曝光时间短。(4)可作极薄层的表层成分分析。但是,离子探针对样品有破坏性,真空度要求高,常用于断裂故障分析。

【离子通道】(ion channel) 细胞膜上能调节和转运特异离子跨越的通道。通常具有一定程度的选择特异性。由细胞产生的特殊蛋白质构成。它们聚集起来并镶嵌在细胞膜上,中间形成水分子占据的孔隙。这些孔隙就是水溶性物质快速进出细胞的通道。离子通道可以是永久开放的,如 K^+ 渗漏通道;也可以是电压门控的,如 Na^+ 通道;还可以是配体门控的,如乙酰胆碱受体。离子通道的活性是细胞通过离子通道调节相应物质进出细胞速度的能力,对实现细胞各种功能具有重要意义。

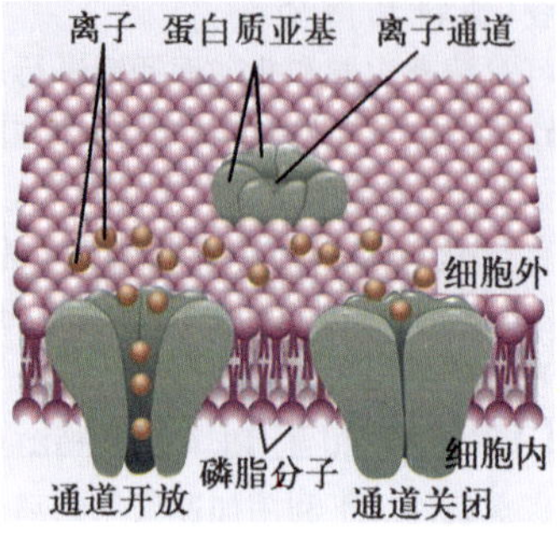

离子通道

【离子通道蛋白】(ion channel protein) 构成离子通道的膜内在蛋白质。尽管各种不同的离子通道有着不同的氨基酸序列、空间构象、生理功能和药理学性质,但是所有的离子通道都具有三个基本的性质:通透性、门控性和选择性。离子通道作为整合膜蛋白,和其他所有的蛋白质一样,对其研究包括结构、功能和代谢三个方面。除了各种常规的研究蛋白质技术以外,还可以用电生理学的方法来考察通道的功能。离子通道蛋白的功能是:各种无机离子跨膜被动运输的通路,接受和传递细胞内外的信号,进而控制细胞的基本生命活动。

【离子液体】(ionic liquid) 由带正电的离子和带负电的离子构成的液体。与典型的有机溶剂不同,在离子液体里没有电中性的分子,100%是阴离子和阳离子,在100~200℃之间均呈液体状态。其特征是:(1)热稳定性和导电性良好,表现出酸性及超强酸性质,一般不会成为蒸气。(2)多数离子液体对水具有稳定性,易在水相中制备得到。(3)具有优良的可设计性,可通过分子设计获得特殊功能的离子液体。(4)无味,无恶臭,无污染,不易燃,易与产物分离,易回收,可反复多次循环使用。它不仅可作为传统挥发性溶剂的理想替代品,还可用作某些反应的催化剂。

离子液体

【离子障】(ion trapping) 非离子型药物可以自由穿透,而离子型药物被限制在膜的一侧的现象。弱酸性药物在酸性体液中解离少,容易透过细胞膜;弱酸性药物在碱性体液中解离多,则很难透过细胞膜。如临床上弱酸性药物巴比妥类中毒时,治疗时可用碳酸氢钠碱化血液尿液,促使药物从脑组织向血浆转移,并加速药物自尿排出,用于解救药物中毒。

【离子注入】(ion implantation) 用离子束轰击工件表面,使离子钻入被加工材料表面层,以改变其性能的工艺技术。主要应用在半导体掺杂方面,即把磷或硼等“杂质”注入单晶硅中规定的区域及深度后,可以得到不同导电型的 P 型或 N 型半导体和 PN 结。也可以用来制造一些通常用热扩散难以获得的各种特殊要求的半导体器件。其优点是:注入元素数量和注入深度可以精确控制,注入元素的选配不受限制,注入元素的数量也不受材料溶解度的限制,注入工件表面元素的均匀性好、纯度高,注入元素不受温度限制。但是,离子注入不仅其设备昂贵、成本高、生产率低,而且还要求较高的安全性、可靠性。因此,在使用价值很高的半导体器件方面宜采用离子注入技术。

【离子注入表面改性】(ion implantation-surface modification) 将所需物质的离子在电场中加速后高速轰击工件表面,并使之注入工件表面一定深度从而引起材料的各种物理和化学性能发生变化的真空处理工艺。离子注入将引起材料表层成分和结构发生变化,以及原子环境和电子组态等微观状态的扰动,因而导致了材料的各种物理、化学和力学性能的变化。离子注入表面改性特征为:(1)采用离子注入法可获得不同于平衡结构的特殊物质,是开发新型材料的非常独特的方法。(2)离子注入温度和注入后的温度可以任意控制,且在真空中进行,不发生氧化,不变形,不产生退火软化现象,表面粗糙度一般无变化,可作为最终处理工艺。(3)可控性和重复性好。(4)可获得两层或两层以上性能不同的复合材料,复合层不易脱落,注入层薄,工件尺寸基本不变。

【犁底层】(plow pan) 又称亚表土层。受耕犁挤压及静水压力作用,在耕作层下形成的坚实土层。一般厚5~7cm,呈片状、层状结构,土壤容量大,孔隙少而小,腐殖质显著减少。通过深耕、施肥等农业技术措施，可以改造犁底层。犁底层可起保水保肥作用。

【罹患率】(attack rate) 测量某人群某病新病例发生的一个频率指标。通常指在某一局限范围，短时间内的发病率。观察时间可以日、周、月、旬为单位。适用于局部地区疾病的爆发，如食物中毒、传染病及职业中毒等暴发流行情况。

【礼仪插花】(etiquette flower arrangement) 主要用于喜庆迎送、敬老祝寿、开业典礼、演出成功和社交等礼仪活动的插花形式。用以表达敬重、团结、友爱和欢庆等快乐气氛。要求其造型简洁整齐、色彩鲜艳和体型较大，多以花篮、花束、花钵、桌饰和瓶花等形式出现。在制作礼仪插花时，要了解对方的民族习俗和风格，恰当地选用花材。

礼仪插花

如欧美人多喜欢白色的花朵，如白色百合、白花马蹄莲；法国人则喜欢粉红色和蓝色；荷兰人更偏爱橙色和蓝色。中国人祝寿时用水仙和百合表示吉祥如意，另外牡丹表示富贵，万年青、君子兰寓意安详长寿。广泛应用于宾馆饭店和其他公共场所的大型礼堂、餐厅、会议室和晚会用献花等。

【李家峡水电站】(Lijiaxia hydropower station) 位于青海省尖扎县。是黄河上游青海省境内继龙羊峡水电站之后建成的第二座大型梯级水电站。该水电站拦河大坝为三圆心双曲拱坝，安装有五台单机容量为 4×10^5kW 的水轮发电机组，总装机容量 2×10^6kW，年平均发电量 5.9×10^9kW · h，水库总库容量为 1.65×10^9m^3。电站与西北 330kV 电网联网，主供陕、甘、青三省和宁夏回族自治区，在系统内承担调峰、调频。是目前西北地区最大的水电站。是中国首次设计采用双排机布置的水电站，也是世界上最大的双排机水电站。

李家峡水电站

【李氏杆菌病】(listeriosis) 由李斯特菌引起的一种散发性人畜共患传染病。家畜和人以脑膜脑炎、败血症、流产为特征；家禽和啮齿类动物以坏死性肝炎、心肌炎及单核细胞增多症为特征。李氏杆菌具有较强的抵抗力，秋冬时期，在土壤中能保存五个月以上，在冰块内保存 3 ~ 5 个月。其传染源为患病动物和带菌动物。患病动物的粪、尿、乳汁、精液以及眼、鼻、生殖道的分泌物都可分离到病菌。本病经消化道、呼吸道、眼结膜及皮肤损伤等途径感染。饲料和饮水是主要的传染媒介。动物感染谱非常广泛，已查明有 42 种哺乳动物和 22 种鸟类易感。家畜中以绵羊、猪、家兔发病多，牛、山羊次之，马、犬、猫很少发生；家禽以鸡、火鸡、鹅较多发生，鸭极少感染；野禽、野兽和啮齿动物也易感，尤以鼠类易感性最高，是本菌的自然储存宿主。本病尚无有效菌苗使用，预防主要在于管理，抗生素对其具有很好效果。

【李雅普诺夫渐近稳定性定理】(Lyapunov theorem of asymptotic stability) 由俄国数学家和力学家李雅普诺夫在 1892 年所创立的用于分析系统稳定性的理论。李雅普诺夫稳定性理论能同时适用于分析线性系统和非线性系统、定常系统和时变系统的稳定性，是更为一般的稳定性分析方法。李雅普诺夫稳定性理论主要指李雅普诺夫第二方法，又称李雅普诺夫直接法。该方法可用于任意阶的系统。运用这一方法可以不必求解系统状态方程而直接判定稳定性。对非线性系统和时变系统，状态方程的求解常常是很困难的，因此，李雅普诺夫第二方法就显示出很大的优越性。与第二方法相对应的是李雅普诺夫第一方法，又称李雅普诺夫间接法。它是通过研究非线性系统的线性化状态方程的特征值的分布来判定系统稳定性的。第一方法的影响远不及第二方法。在现代控制理论中，李雅普诺夫第二方法是研究稳定性的主要方法。既是研究控制系统理论问题的一种基本工具，又是分析具体控制系统稳定性的一种常用方法。李雅普诺夫第二方法的局限性，是运用时需要有相当的经验和技巧，而且所给出的结论只是系统为稳定或不稳定的充分条件；但在用其他方法无效时，这种方法还能解决一些非线性系统的稳定性问题。李雅普诺夫第二方法有三个主要定理：(1)一致渐近稳定定理。(2)大范围一致渐近稳定定理。(3)不稳定定理。李雅普诺夫第二方法定理的局限性是它们只给出了判断平衡状态稳定性和不稳定性的充分条件。当找不到一个李雅普诺夫函数可用来证明平衡状态是渐近稳定或不稳定时，并不能对系统稳定性的情况作出结论。

【理论】(theory) 系统化了的理性认识，即概念、原理的体系。具有全面性、逻辑性和系统性的特点。理论在被确证前,往往以假说的形式存在。它是知识体系的基础。每门科学都有自身的理论体系,而在哲学中却存在着多种观点不同的理论体系。科学理论的发展通常要经过问题、假说、检验和系统化等阶段。人们对一定的问题,根据一定的科学材料和科学原理,提出一定的假说,然后经过实践的验证,便成为科学理论。初步形成的科学理论往往会有许多不完善的地方,这就需要加以系统化。理论系统化的过程标志着理论日趋成熟和完善。成熟的理论对于实践具有指导作用。认识对实践的指导主要体现在理论对于实践的指导上。

【理论地图学】(theoretical cartography) 地图学的一个分支。研究地图学基础理论的学科。其主要研究内容包括:地图与地图学的定义、地图的本质与功能、地图学的学科体系、地图的使用、地图学史、地图学教育、地图美学、现代地图学理论与方法论、地图哲学等。

【理论科学】(science of theory) 关于自然及其规律的知识系统。在近代自然科学发展的第二阶段(从19世纪中叶开始),各门自然科学相继进入了理论科学的发展时期。标志着这一时期开始的是物理学中能量守恒与转化定律、生物学中达尔文进化论和细胞学说。它们以系统的理论形式阐述了自然界某些领域的运动和发展规律。相对于经验科学而言,理论科学的特点是:(1)其内容已不只是对自然界的经验描述,而是对它的理论解释。它所揭示的是在一定范围内具有普遍性的自然规律。(2)具有较完整的理论体系,从基本概念的建立到一系列科学结论的获得,构成了其各部分之间的有机联系。(3)某些结论具有科学预见性,为之后的研究指出了方向。(4)从研究方法看,是分析方法与综合方法、归纳方法与演绎方法的并用,并且提高到从整体上进行综合的水平。自然科学从经验科学到理论科学的发展,使自然观发生了质的变化,即从形而上学的自然观开始向辩证自然观转变。单从一门科学的发展来看,经验科学向理论科学的转变,也是这门科学的质的变化,它表明这门科学已进入成熟时期。

【理论空气量】(theoretical air quantity) 燃料燃烧计算中每千克或每标准立方米燃料完全燃烧所必需的空气量。由于燃料自身含有一定数量的氧一起参加燃烧反应,因此是外界所必需供应的理论空气量应扣除燃料自身含氧量折算而成的空气量。理论空气量只与燃料的元素成分有关。它是锅炉热力计算中的重要参数之一。

【理论力学】(theoretical mechanics) 研究物体机械运动一般规律的学科。以若干由大量生产实践和科学试验归纳而成的基本规律为出发点,应用数学演绎方法来讨论问题,而不考虑物体内部的具体结构。理论力学是多门应用力学学科的基础。

【理论流行病学】(theoretical epidemiology) 又称数学流行病学。用数学模型来描述疾病的流行规律、人群的健康状况以及卫生事件分布的一门学科。是研究有关疾病流行过程和防治措施理论的一种方法学。是流行病学研究方法中重要的组成部分。其依托丰富的流行病学科学实践,把实践认识提高到理论水平,使观察性和实验性流行病学研究结果得以升华。是更深层次的研究。借助理论流行病学研究方法,可以加深对疾病流行因素的理解,进一步阐明和揭示疾病的发生、发展、预防和控制的规律,从而更有效地制定预防策略,达到控制疾病流行,促进人群健康的目的。

【理论燃烧温度】(theoretical combustiontemperature) 在绝热条件下燃料燃烧所产生的烟气能达到的理论最高温度。由于火焰同炉壁有热交换,因此实际的燃烧温度低于理论燃烧温度。理论燃烧温度是锅炉热力计算中的重要参数。

【理想流体】(ideal fluid) 又称非黏滞流体。不可压缩和没有黏滞性的流体。理想流体是一种理想化的模型。实际上任何流体都是可压缩的和具有黏滞性的,只不过在通常情况下,一些液体的压缩性和黏滞性非常小,故而被视为理想流体。

【理想气体】(ideal gas) 又称完全气体。严格遵从气体状态方程 $PV=nRT$ 的气体(式中,T 为气体的热力学温度;P 为气体的压强;n 为气体的摩尔数;V 为摩尔气体在温度 T 和压强 P 时所占的体积;R 为气体常数)。从微观角度来看理想气体应该是这样的气体:分子体积与气体体积相比可以忽略不计;分子之间没有相互吸引力;分子之间及分子与器壁之间发生的是弹性碰撞,不造成动能损失。理想气体是理论上假想的一种把实际气体性质加以简化的理想模型。实际气体并不严格遵循这些定律,只有在温度较高,压强不大时,偏离才不显著。实际气体中,凡是本身不易被液化的气体,它们的性质很近似理想气体,其中最接近理想气体的是氢气和氦气。一般气体在压强不太大、温度不太低的条件下,它们的性质也非常接近理想气体。因此常常把实际气体当作理想气体来处理。这样对研究问题,可使计算大大简化。

【理想气体状态方程】(state equation of ideal gas) 又称理想气体定律、克拉佩龙方程。描述理想气体状态变化规律的方程。表达式为:$PV=mRT/M=nRT$。其中 m 为理想气体质量,M 为摩尔质量，n为物质的量，p为压强，V为体积，T为绝对温度，R为气体常量(等于8.3145J·K^{-1}·mol^{-1})。该方程建立在波义耳定律、查理定律、盖－吕萨克定律等经验定律上。该方程适用于低压高温的气体系统，或在估算实际气体系统时使用。

【理想循环】(ideal cycle) 研究发动机循环时为简化。分析所作的假设的理想化循环。即假定循环是在封闭的、工质为完全气体且其成分和质量不变、比热容为定值和各热力过程均为可逆的条件下组成的。

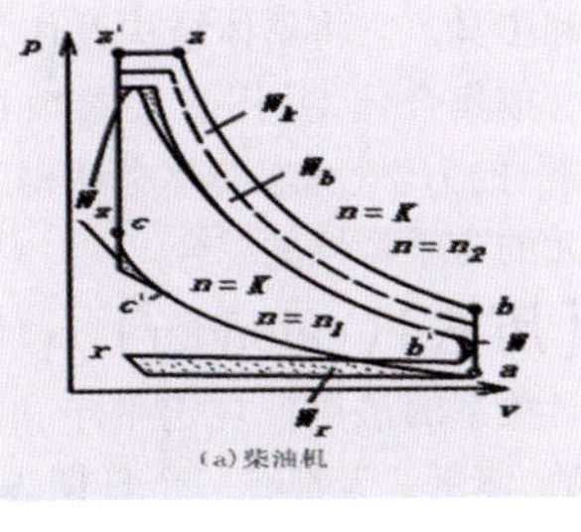

理想循环

【理想正常殆】(ideal normal occlusion) 保存全副牙齿、牙齿在上下牙弓上排列整齐、上下牙尖窝关系完全正确，上下牙弓的殆关系非常理想。这种理想咬合不仅是治疗错殆畸形要达到的目标，而且是修复与冠桥学排列义齿的仿效标准。

【理性认识】(rational knowledge) 与感性认识相对应。认识的基本形式之一。主体借助于逻辑思维所把握到的关于外部对象的本质和规律的认识。是认识的高级阶段。包括相互联系的三种形式，即概念、判断和推理。是在感性认识的基础上，经过抽象思维的整合，将丰富的感性材料，加以去粗取精、去伪存真、由此及彼、由表及里的改造制作而产生的认识形式上的飞跃。它与感性认识具有质的不同，具有抽象性、间接性等特点。它不能脱离感性认识，都是实践的产物并在实践的基础上统一起来。两者相互依存，相互渗透，并相互转化。

【理性思维】(rational thinking) 一种建立在证据和逻辑推理基础上的思维方式。是人类思维的高级形式。是人们认识和把握客观事物本质和规律的能动性的活动。其特点是：(1)有充分的思维依据。(2)有明确的思维方向。(3)能对事物或问题进行分析、比较、抽象与概括。是一种正确的思想方法。

【锂电池】(lithium cell) 由锂金属或锂合金为负极材料、使用非水电解质溶液的电池。最早出现的锂电池是爱迪生发明的，使用 $Li + MnO_2 = Li/MnO_2$ 氧化还原反应放电。由于锂金属的化学特性非常活泼，使得锂金属的加工、保存、使用，对环境要求非常高，所以锂电池生产要在特殊的环境条件下进行。锂离子电池的主要优点是：(1)比能量高。具有高储存能量密度，目前已达到460～600Wh/kg，是铅酸电池的约6～7倍。(2)使用寿命长，可达到6年以上。(3)额定电压高(单体工作电压为3.7V或3.2V)，约等于3只镍镉或镍氢充电电池的串联电压，便于组成电池电源组。(4)具备高功率承受力，便于用电设备高强度地启动加速。(5)自放电率很低。一般可作到一个月1%以下，不到镍氢电池的1/20。(6)重量轻。相同体积下重量约为铅酸蓄电池的1/5～1/6。(7)高低温适应性强，可以在－20～60℃的环境下使用。经过工艺上的处理，可以在－45℃环境下使用。(8)绿色环保，不论生产、使用和报废，都不含有、也不产生任何铅、汞、镉等有毒有害重金属元素和物质。(9)生产基本不消耗水，节约水资源。由于锂电池的很多优点，已被广泛地应用在电子仪表、数码电器和家电产品上。但是，锂电池多数是一次电池，少数的二次电池的寿命和安全性比较差。常用的锂电池有：(1)锂－二氧化锰电池。以金属锂为负极，以经过热处理的二氧化锰为正极，电解液为高氯酸锂的有机溶液。分圆柱式或扣式。其特点是：低自放电率，年自放电可≤1%；全密封电池可满足10年寿命，半密封电池一般是5年。(2)锂－亚硫酰氯电池。以金属锂为负极，正极和电解液为亚硫酰氯(氯化亚砜)。圆柱式电池。装配完成即有电，电压3.6V。是工作电压最平稳的电池种类之一，也是目前单位体积(质量)容量最高的电池。适合在不能经常维护的电子仪器设备上使用。(3)锂离子电池。有液态锂离子电池(LIB)和聚合物锂离子电池(PLB)两类。由于锂离子电池工作电压高，体积小，质量轻，能量高，无记忆效应，无污染，自放电小，循环寿命长，成为21世纪发展的理想能源。其他锂电池还有锂－硫化亚铁电池、锂－二氧化硫电池等。

【鲤鱼】(common carp) 俗称鲤拐子、鲤子、红鱼。硬骨鱼纲，鲤形目，鲤科，鲤属。体延长，稍侧扁。体青黄色，尾鳍下叶红色。口下位。须2对。背鳍、臀鳍均具硬刺，最后一硬刺的后缘具锯齿。栖息水底层。杂食性。鲤是在亚洲原产的温带性淡水鱼。喜欢生活在平原湖泊或水流缓慢的河川里。由于地理隔绝，形成了许多亚种或地方种群，如华南鲤、杞麓鲤、柏氏鲤、元江鲤、黑龙江野鲤、湘江野鲤、黄河鲤等。通过

锦鲤

对野生种(地方品种)的系统选育,获得了兴国红鲤、荷包红鲤、德国镜鲤选育系、万安玻璃红鲤和荷包红鲤抗寒品系等有实用价值的品种。鲤鱼不同品种间的杂交产生明显的杂种优势。已推广的杂交种主要有:丰鲤(兴国红鲤♀×散鳞镜鲤♂)、荷元鲤(荷包红鲤♀×元江鲤♂)、颖鲤(散鳞镜鲤♀×鲤鲫移核鱼第二代♂)、岳鲤(荷包红鲤♀×湘江野鲤♂)、三杂交鲤(荷元鲤♀×散鳞镜鲤♂)和芙蓉鲤(散鳞镜鲤♀×兴国红鲤♂)等。建鲤是以荷包红鲤与元江鲤杂交后代作基础群,结合家系选育,系间杂交及雌核发育技术育成的遗传性状稳定的优良新品种。湘云鲤是用四倍体种群繁殖的三倍体鲤鱼。中国先后从国外引进了苏联鳞鲤、散鳞镜鲤和德国镜鲤等。鲤鱼分布在除澳洲和南美洲外的世界各国。中国除西部高原外都有分布。是重要的经济鱼类。中国养殖鲤鱼已有2 400余年的历史,现世界各地都有养殖。2007年,世界总产量2 942 018t,其中中国为2 228 585t。

【力矩】(moment of force) 力对物体产生转动效应的物理量。较常用的是力对某一轴的力矩。当力在垂直于转动轴的平面内时,其大小等于力的大小与力的作用线与轴之间的垂直距离(称为力臂)的乘积。如果力的指向相反,转动方向亦相反,所以力对轴的力矩有正负之分。在一般情况下,可用该力在垂直于轴的平面上的投影计算。力对点的力矩为一矢量。

【力偶】(force couple) 大小相等、方向相反、作用线不在同一直线上的两个力。能使物体转动或改变其转动状态。例如汽车驾驶员双手转动方向盘时所施加的就常是一个力偶。其转动效应决定于力偶矩。力偶矩是一个矢量。其大小等于其中任一个力的大小和两力作用线之间垂直距离(力偶臂)的乘积,其方向垂直于两个力所在平面,指向由右手螺旋定则决定。

【力学】(mechanics) 研究物体机械运动规律及其应用的一门学科。人类在古代通过对机械、建筑、军事等方面的实践和对天文、物理现象的观察,已对力学有了研究。在17世纪以后,以牛顿运动定律为基础总结出牛顿力学体系或经典力学体系。根据所研究物体性质的不同可分为:质点力学、质点系力学、刚体力学和连续介质力学。根据问题性质的不同又可分为静力学、运动学和动力学。力学已成为许多工程技术的重要基础,并出现很多应用力学的新分支,如固体力学、物理力学、计算力学、振动力学、流体力学、实验力学、航空航天器力学、多体系统动力学、旋转机械动力学、非线性动力学和空气动力学等。如物体的速度很大,可与光速相比较时,须用相对论力学。对于微观粒子如电子、核子等,而须用量子力学。

【力学分析】(mechanics analysis) 对结构作适当的简化,采用力学原理或者相应软件对结构受到的各种作用和作用效应进行的分析与计算。是结构力学研究的重要内容,是结构力学分析的重要内容和工具。它将整体结构看作是由有限个结构元素组合成集合体,并用有关参数描述这些离散单元(元素)的力学性能,而整个结构的力学性能是有限个单元的力学特性的综合。

【历法】(calendar) 根据天文周期安排年、月、日关系的法则。规定平年和闰年、大月和小月的天数,使每一天都有一个日期表示,并使其从属于一定年份和一定月份。历法大体分三大类:阴历、阴阳历和阳历。阴历也称太阴历,是根据朔望月的长度安排历月,大月30天,小月29天,其日期有比较明确的月相意义。阴历积12个历月为1历年(太阴年)。但它同回归年有10天多的差值,其季节含义逐年不同。由于这一缺陷,太阴历早被废用。阴阳历介于太阴历和太阳历之间,为一种改良的太阴历,中国传统的夏历(也称农历),就是一种阴阳历。这种历法的日期,既有十分明确的月相意义,也有大体上的季节含义。阳历也称太阳历,是根据回归年的长度安排的历年,平年365天,闰年366天,具有十分明确的季节性含义,但日期没有月相意义。

【历史地图】(historic map) 反映人类历史时期自然和政治、经济、军事、文化状况及其变化的地图。专题地图的一种。主要依据历史文献、考古资料等经分析研究编绘而成。按其内容的不同可分为:(1)普通历史地图(或通用历史地图)。综合反映历史时期世界或国家、地区多种内容的地图。(2)专门历史地图(或专用历史地图)。重点反映历史时期世界或国家、地区某一特定内容或以某一特定内容为主的地图。如其按用途主要分为历史参考图和历史教学图。

历史地图

【历史唯物主义】(historical materialism) 与历史唯心主义相对应。又称唯物主义历史观。关于人类社会发展普遍规律的科学。第一次正确回答或解决了历史观的基本问题,认为在社会历史领域,不是人们的意识决定人们的存在，而是人们的社会存在决定人们的意识。但是人们的意识具有相对独立性，可以对社会历史的发展起重大的反作用。

【历史唯心主义】(historical idealism) 又称唯心主义历史观、唯心史观。与历史唯物主义相对应。是把社会现象及其发展的最终原因归结为精神因素的历史观。它认为社会意识决定社会存在，坚持从人们的思想动机和主观意志方面寻找社会历史发展的根本动因，否认社会发展有其自身固有的客观规律，不承认物质资料的生产、经济的发展对社会发展的巨大的直接推动作用，也否认人民群众是历史的创造者，将群众看成是少数英雄人物的奴仆和工具。

【历元】(epoch) 作为时间参考标准的一个特定瞬间。在天文学研究中，是为指定天球坐标或轨道参数而规定的某一特定时刻，与所列数据、图表相对应。按用途的不同可分为：(1)中国古代历法推断的起点。通常采用甲子日夜半、且又是朔日和冬至节气的时刻，作为历法的推算起点。(2)时间计量的起算点。例如原子时的起始历元定在1958年1月1日世界时0时，规定这一瞬间原子时与世界时重合。(3)星图或星表所列天体的位置都是对应某一特定时刻给出的，这个特定时刻称作星表历元或星图历元。(4)天文观测资料所对应的观测时刻称作观测历元。(5)轨道根数之一。天体在其轨道上运动到某一特定位置的时刻。

【立地】(site) 所有影响植被生产能力因素的环境条件。是自然地理的综合体。具有一定空间位置并与之相关的环境。森林立地是指影响森林生产能力因素的总和，是森林生存的空间及与之相关的环境。它包括生物和非生物因素，如气候、土壤、生物等。环境学的观点认为，立地是植物生长地段作用于植物的环境条件的总体，而森林立地则是对林木生长意义重大的环境条件的总体。树木或林木与周围环境有密切联系。土地等条件的总和林学上称立地，它直接影响树木或林木的生长发育。构成立地的各个因子称为立地条件。各式各样的立地由气候(光照、温度、水分、空气等)、土壤(土壤组成、结构、物理及化学性质以及土壤有机物质等)、生物(主要是植被)、地形(山地、丘陵、平原、坡度、坡位、坡向等)诸因素综合形成。

【立地类型】(site type) 有广义和狭义之分。广义上讲，是根据不同标准划分的不同级别的立地；狭义上讲，是根据生态学特性相对一致而划分出的立地组合。一般意义上的立地类型，多指狭义分类。是森林立地分类系统中最基本的分类单位。它的实际含义就是把立地条件相近，具有相同生产力而不相连的地段组合起来，归并成类。森林立地条件类型是造林规划设计最基本的单位。在营造林工作中，立地条件类型显得十分重要。立地类型的划分方法主要有以下三个：(1)利用主导环境因子分类。环境决定植被，但在环境因子中，对植被分布、组成和结构等方面起作用的程度不一，特别是在营造林工作中的树种选择方面，有些环境因子起着决定性的作用，有些对环境则起相对小的作用。(2)利用生活因子分类。对于所有的生物来讲，光、热、气、水、养分是必不可少的生活因子。(3)利用立地指数代替立地类型。

【立地条件】(site condition) 又称森林立地、林木生境。影响森林形成与生长发育的各种自然环境因子的总和。主要包括以下几种：(1)地形。包括海拔高度、坡向、坡形、坡度、微地形等。(2)土壤。包括土壤种类、土层厚度、腐殖质层厚度与腐殖质含量、土壤侵蚀度、质地、结构、紧实度、pH值、石砾含量、母质种类及风化程度等。(3)水文。包括地下水位深度与季节变化、地下水矿化度与盐分组成、有无季节性积水及其持续期、水淹可能性等。(4)生物。包括分布的植物种类、种的盖度、多度与优势种、群落类型以及病虫害状况等。(5)人为活动。包括土地利用的历史沿革及现状，各种人为活动对上述环境因素的作用等。世界各国为不断提高森林生产力，合理地经营森林，在进行森林经营规划时常把立地条件放在重要地位。

【立地质量】(site quality) 某一立地上既定森林或其他植被类型的生产潜力。与树种相关联。有高低之分。它包括气候、土壤及生物等因素。一个既定的立地，对于不同的树种来讲，可能会得到不同的立地质量评价结果。在一定程度上，立地质量和立地条件可以通用。因地区或地段不同，影响立地质量的因子有主次之分，影响范围有大小之别。在干旱地区，水分缺乏是影响立地质量的主要因素，可引起土壤干燥贫瘠，植被单一。在山区，地形对光照、热量、水分以及土壤肥力等起着再分配作用，成为立地质量的支配因素。在同一气候条件下，不同的地形和土壤肥力差异可使森林立地有巨大的变化，因而影响树种的分布和林木的生长、发育。林业生产上主要以土壤肥力为基础来评定立地质量和林分生产力。

【立方氮化硼】(cubic boron nitride) 以六方氮化硼为原料在高温高压下人工合成的硬度仅次于金刚石的新型超硬材料。分子式BN。具有立方结构。是在高温高压(1 300～1 700℃和6×10^6～7×10^6kPa)和触媒作用下通过六方氮化硼相转变而得到。它不仅硬度很高，而且具有宽带隙、高热导率、高稳定性等特性。其热稳定性极好，可耐1 300℃高温。

另外，与铁族元素之间的高惰性，使其在高速高精度机械磨削和切削方面具有金刚石无法比拟的优势，用其制作的刀具和磨具可切削或磨削硬而韧的材料，

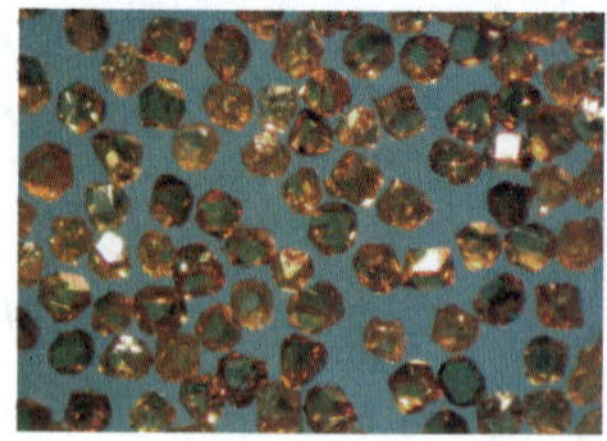
立方氮化硼

如高速钢、模具钢等。立方氮化硼还可以用于制造精密机械部件的耐高温耐磨防护涂层、冲压模具防护层、高通透高稳定性窗口、抽油泵与泥浆泵防护涂层等。作为优质的衬底材料，在高温大功率半导体器件制造、短波长和超短波长光电子器件研制方面也有广泛的应用前景。

【立方氮化硼聚晶】(polycrystalline cubicboron nitride, PCBN) 以立方氮化硼与适当的结合剂(镁、铝、钙等金属或其氮硼化合物)为原料在高压高温下聚结而成的晶体。通常立方氮化硼聚晶还带有硬质合金衬底，与衬底组成双层复合刀具材料。这种刀具用来切削硬而韧的耐高温难加工的含镍、铬、钒、钛的合金钢，以及淬火钢和耐磨铸铁等。

【立井】(vertical well) 又称竖井。有通达地面的出口、直接与地面相通的直立巷道。是进入地下的主要垂直巷道。一般位于井田中部。按其用途的不同可分为：(1)主井。主要用于提升煤炭。(2)副井。主要从事提升矸石、下放设备器材、升降人员等辅助工作。(3)风井。主要用途是通风，由副井进风，风井出风。井筒自上而下分为井颈、井身和井底三部分。在大、中型矿井中，提升煤炭

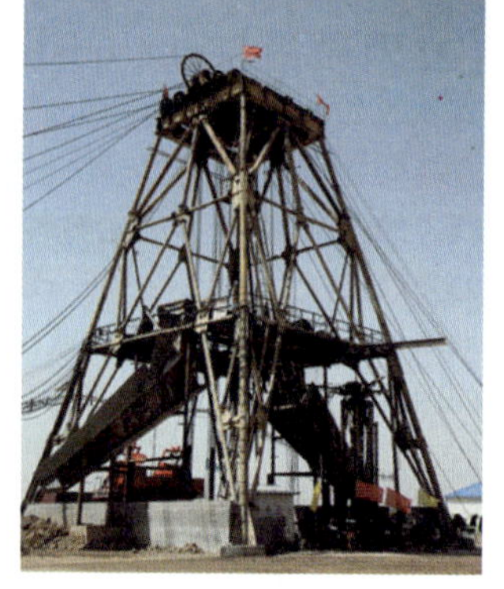
立井工程

的容器多采用箕斗，所以主井又称箕斗井。副井采用的提升容器是罐笼，所以副井又称罐笼井。在同一个井筒内安设有箕斗和罐笼两种提升容器时，该矿井称作混合井；它多用于小型矿井和老矿改扩建的延深井。在开采深部煤层时，多选用立井。

【立克次体】(rickettsia) 一种原核细胞型微生物。发现于1909年。为纪念首次发现这类病原体，并在研究过程中不幸感染死亡的美国青年医生Howard Taylor Ricketts，而以其名命名。对人致病的立克次体归属于立克次体科，下分三族：立克次体族、埃立克体族和沃尔巴克斯体族。其中立克次体族与人类关系最为密切，它有3个属。大小一般介于细菌和病毒之间。形态多样，主要为球杆状。革兰染色阴性。其生物学性状接近细菌，含有DNA和RNA两种类型的核酸，细胞壁结构与细菌相似，以二分裂方式繁殖。其酶系统较复杂并对多种抗生素敏感。大多数的立克次体为专性细胞内寄生，只有在活的真核细胞内才能增殖。与节肢动物，如虱、蚤、蜱、螨等关系密切。节肢动物或为立克次体的寄生宿主，或为储存宿主，或同时是立克次体的传播媒介。立克次体病多数是自然疫源性疾病，可经脊椎动物－节肢动物－脊椎动物

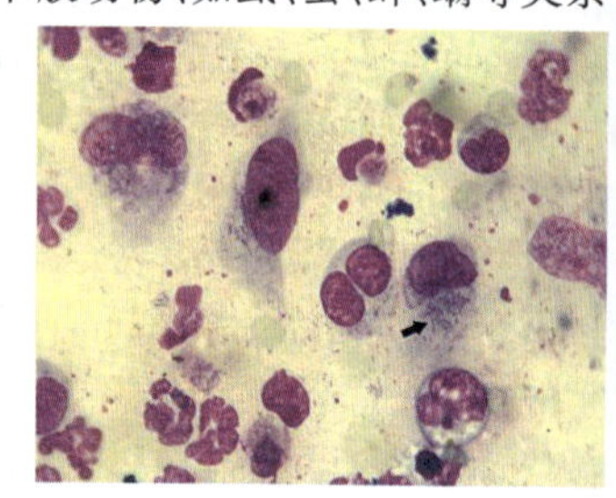
立克次体

途径完成其自然循环。某些节肢动物的地理分布和活动繁殖旺盛季节还决定了立克次体病的流行区域和发病时间。其临床表现主要为高热、头痛和皮疹。黄氏立克次体引起流行性斑疹伤寒，传播媒介为人虱。莫氏立克次体由鼠蚤传播，引起地方性斑疹伤寒，该病呈全球性分布。贝纳柯克斯体引起人类Q热，也呈全球性分布。其传染原主要为感染家畜。传播途径主要为呼吸道。少数病人可转变为慢性，病死率高达60%。贝纳柯克斯体是世界三大人畜共患病原体之一。中国共有5种立克次体病存在。立克次体侵犯的靶细胞主要为血管内皮细胞。病变可波及皮肤、中枢神经及皮肤、心、肺、肝等，随侵入的立克次体种类的不同，内脏病损的重点亦有所不同。立克次体有两种抗原，即群特异性抗和种特异性抗原。受立克次体感染后，能激发机体产生针对其表面抗原成分的保护性体液免疫和细胞免疫应答。同群之间有较高的交叉保护作用，不同群之间则无。立克次体的消灭和清除主要靠活化巨噬细胞的作用。感染后的病人和试验动物可保持相当牢固而持久的免疫性。对同种菌的免疫持续时间长，交叉免疫持续时间短。立克次体非特异性免疫保护作用不明显，主要依赖于特异免疫的建立。

【立克次体病】(rickettsia disease) 由立克次体引起的感染性疾病。立克次体是一类寄生于活细胞内的原核细胞型致病微生物。其临床表现为：发热、头痛和皮疹三联征。有的患者还可造成神经系统、循环系统以及肝、肺、脾等器官的损害。多发于春季和夏季。患者常有蜱咬、近期野营或职业性暴露病史。其常用的诊断方法主要是：取患者双份或三份血

清标本(初入院、第2周和恢复期)进行测定。其滴定效价在1:160以上者为阳性;有4倍以上增长者则更具诊断意义。氯霉素、四环素、强力霉素等对各种立克次体病均有相当疗效。多西环素在国内某些报告中的疗效较好,但必须坚持完成全疗程(7天)。对于重症患者,支持疗法也很重要。

【立模铸造】(vertical mould casting) 将铸模竖直放置的浇铸方法。金属液从顶部浇铸。铸模可制成整体模或两半模,可进行水冷。两半模容易脱模,适用于对铸锭质量要求不高的铸锭生产。整体模铸造的铸锭几何尺寸稳定,适于铸造为轧制加工所需要的坯料。铸模截面一般都是上薄下厚,铸模底部的厚度也大,可以在一定程度上控制结晶方向和提高铸锭的结晶速度。缺点是不能很好地自下而上顺序凝固,析出的气体不易排出。

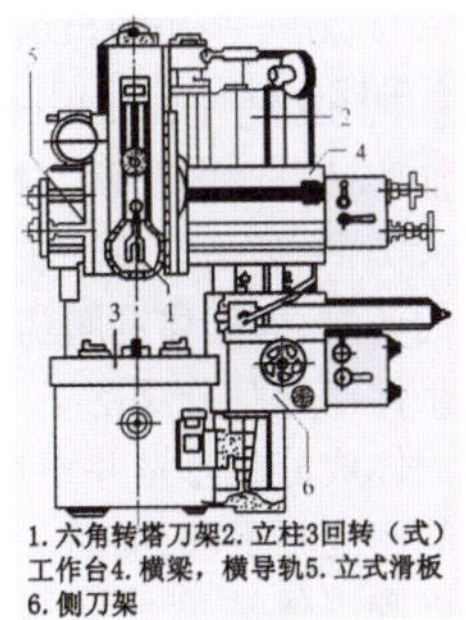

立式车床

【立式车床】(vertical lathe) 主轴垂直布置,工件装夹在水平面内旋转的工作台上,刀架在横梁或立柱上移动的车床。适于加工回转直径较大、较重、难以在卧式车床上加工的工件。

【立式轧机】(vertical rolling mill) 轧辊呈直立放置的轧机。其作用是专门加工轧件的两个侧面。在型钢生产中,在一般情况下采用方坯或矩形坯制成各种断面的型钢,既要对坯料的上下两面加工,又要将轧件翻转90°,对轧件的左右两面进行加工,这样才能生产出尺寸、形状及性能符合要求的产品。轧制过程中的这种翻转动作大多是通过各式各样的翻钢装置来完成的,如轨梁轧机使用液压驱动的翻钢机;中小型轧机常用翻钢门;小型、线材轧机常用扭转辊、扭转管等。生产过程中要完成这种轧件翻转动作,不仅增加了辅助时间,也容易出现扭转事故。因此在现代轧机轧制过程中轧件是不翻转的,其左右两面的加工由立式轧机完成。

【立体地图】(stereo map) 以三维立体形式直接或间接表示立体形态及各种地理现象的地图。是预先刻制硬质地形模型,并将地图印刷在另一塑料片上,经热压而制成。其垂直比例尺一般比水平比例尺大数倍,具有真实感、直观性强的特点。直接显示立体的有地形模型、塑料压膜立体地图。多用于军事、教学和宣传展览。

立体地图

【立体观测】(stereoscopic observation) 在人造立体效应基础上对立体模型进行的观察和量测。按观测方式的不同可分为:(1)互补色立体观察。利用互补色原理来实现分像,经凝视汇合后,对产生视觉效应的立体模型进行立体观察的方法。(2)偏振光立体观察。利用偏振光原理实现分像,以产生立体视觉效应的立体观察方法。(3)闪闭法立体观察。利用自动闪闭装置,实现左右眼快速分时,分别观察左右影像,以产生立体视觉效应的观察方法。

【立体光刻】(vertical laser chisel) 见光敏液相固化法。

【立体花坛】(steric flowerbed) 高于地面、以斜面或台阶、高台、立柱等为基础的花坛。花坛的形状、面积、高度可以依据设置地点的地形、周围环境以及所要表达的主题思想,根据实际情况灵活设定。

立体花坛

【立体绿色农业】(stereo green agriculture) 立体设计与绿色思维在农业上的应用。其定义有三种观点:(1)立体绿色农业是利用农业方面的现代科学技术成果,在继承和发展传统生态农业精华的基础上形成的新型农业。着眼于方法创新,将光、热、水、气、土等自然环境资源和社会资源的多梯度利用集于一体,防治污染,崇尚自然,将尽可能多的资源转化为安全的生物产品,从而扩大土地和空间的利用,提高农业生态系统的绿色生产力,改善乡村的生态环境。(2)立体绿色农业是利用植物、动物和微生物对外界环境要求的时间差、空间差和生物差的特点,在一定土地(或水域)或一定区域内建立起来的多物种和谐共处、多层次协调配置、多级质良性循环、农产品绿色度

立体育苗

高(无污染物介入)的新型农业生产结构。(3)立体绿色农业是指在生物种植或饲养过程中,根据生物群落对气候、土质、雨量、阳光、温度等有不同的需求而建立的充分利用空间、资源来生产安全农副产品,借以提高农业生产效益的农业模式。以上三种观点虽有差别,但其中心都是优化生产结构,有效利用资源,综合防治污染,生产安全食品。

【立体农业】(stereo agriculture) 又称层状农业。在一定的区域范围内,或在一定的土地、水域面积内,充分利用空间、时间、光热等条件,建立多层次配置与多生物共处的立体种植、立体养殖或种养加工结合经营的高产高效农业生产方式。其内容包括:(1)根据不同生物物种的特性进行垂直空间的多层配置。(2)自然资源的深度利用,主产品的多级、深度加工和副产品的循环利用。(3)技术形成的多元复合。分为两种基本类型:一是异基面立体农业,是指不同海拔、地形和地貌条件下呈现出的农业布局差异。如云贵高原在河谷地带和低山区水田以农作物-水稻一年二熟为主,旱地以小麦-玉米-甘薯一年三熟或二熟为主,还可以种植热带、亚热带瓜果;半山区以一年一熟水稻或一年二熟旱作物为主;高山区只种植玉米、马铃薯、荞麦等一年一熟旱粮。二是同基面立体农业,是指同一块地上的间混套作及兼养动物、微生物的立体种养系统。如林粮或粮菜间作、稻田养鱼、农田插种食用菌等。

立体农业技术

【立体摄影机】(stereometric camera) 可同步摄影得到立体像对的摄影机。在实际操作时,是将两架内方位元素相同的摄影机,装配在定长或长度可变的基线架上,两光轴保持平行,同时曝光以摄取立体像对。

【立体像对】(pair stereo camera) 又称像对。从两个摄站上摄取的具有重叠影像的一对相片。按照人工立体效应的要求,用肉眼或借助立体镜观察,就能看出影像重叠部分的立体模型。立体像对在立体测图仪器上经过相对定向和绝对定向建立立体模型后,即可进行观测和勾绘地形图。

【励磁】(exciting magnetic field) 线圈通过直流电而产生的磁场。可分为欠励磁、过励磁和负励磁。欠励磁是线圈通过直流电而产生的较弱磁场;过励磁是直流电通过线圈时产生的过强磁场;负励磁指线圈通过直流电时产生方向相反的磁场。

【励磁调节器】(exciting magnetic field-regulator) 通过调整发电机的励磁来调整发电机端电压的装置。是同步发电机的控制系统中的重要组成部分。当发电机单机运行时,励磁调节器通过调整发电机的励磁电流来调整发电机的端电压。当电力系统中有多台发电机并联运行时,励磁调节器通过调整励磁电流来合理分配并联运行发电机组间的无功功率,从而提高电力系统的静态和动态稳定性。励磁调节器由机械式发展到电磁式,再发展到今天的数字式。目前,数字式励磁调节器的主导产品是以微型计算机为核心构成的。由于其造价高,又需要高技术支持,在一些小型机组上推广有一定难度。

【利胆药】(choleretics drugs) 刺激肝脏增加胆汁分泌的药物。按其病理作用的不同可分为两大类:一类是促使肝脏分泌胆盐、胆色素等固体成分的药物,即固体利胆药,它不刺激水分的分泌;另一类是促使肝脏分泌富于水分的胆汁,即水分利胆药,而固体成分的总量并不增加。前一类药物产生的胆汁的密度不下降,而后一类药物产生的胆汁的密度、黏度和固体浓度均减少。胆维他、利胆醇(苯丙利胆醇)属于固体利胆药;去氢胆酸、舒胆灵、利胆酚(柳氨酚)属于水分利胆药。固体利胆药除有利胆作用外,还有改善肝功能的作用。因此,苯丙醇除用于治疗胆系疾患,如胆囊炎、胆管炎、胆石症等外,还兼用于治疗肝脏的慢性炎症。胆维他能增加胆盐、胆色素及胆固醇的分泌,尤其是胆色素的分泌,并能改善肝脏的解毒功能,尚能促进尿素的生成与排泄而具有明显的利尿作用,适用于胆系感染、肝脏炎症及肝硬变等。去氢胆酸是典型的水分利胆药,用于胆道外科手术后冲洗总胆管和引流管,也可用于洗除总胆管内的小结石。其水分利胆作用可使胆道充盈,从而使手术时易于辨认。胆囊造影时静脉用药可以加速胆囊显影并使残留造影剂排出。去氢胆酸长期服用会出现胆汁分泌减少,即产生所谓"肝脏疲劳"现象。舒胆灵和利胆酚等的水分利胆作用与去氢胆酸相同,其中利胆酚的作用较去氢胆酸强,且较长时间服用亦未见出现"肝脏疲劳"现象。这两种药物并能松弛奥狄氏括约肌,具有排胆作用。牛胆酸钠用于治疗天然胆汁的非梗阻性缺乏,帮助脂肪乳化与吸收以及脂溶性维生素的吸收。利胆药禁用于阻塞性黄疸,特别是完全性阻塞性黄疸病人。

【利乐包】(tetra pak) 由纸铝塑、印刷层、黏和层、铝铂复合包装而成的柱体或长方体容器。是瑞典利乐公司开发的用于液体食品的包装产品。20世纪50年代,利乐是最先为液态牛奶提供包装的公司之一,以后就成为世界上牛奶、果汁、饮料和许多其他产品包装系统的大型供货商。接触食品的材料采用食品级聚乙烯,纸板为包装提供坚韧度,塑料起到了防止液体溢漏的作用,铝箔能够阻挡光线和氧气的进入,因而保持了产品的营养和品味。20世纪60年代,利乐公司首创了无菌技术。这项技术被列为20世纪最重大的食品科学创新。与罐装和瓶装采用的方式不同,利乐无菌加工使液态食品更好地保留了色泽、质地、自然风味和营养价值。在无需防腐或冷藏的条件下,利乐无菌包装可以保持长达一年。现已广泛应用于牛奶、果汁饮料等众多领域。常见的有利乐罐、利乐枕、利乐杯、利乐砖等。

利乐杯架

【利率】(interest rate) 又称使用资金报酬率。在一定时间所得利息额与投入资金的比例。反映了资金随时间变化的增值率。是衡量资金时间价值的相对尺度。一般以百分数表示。若 I 表示一个计算周期的利息,P 表示本金,则利率 i 的表达式为:$i = I/P$ 利息和利率作为一种经济杠杆,在经济生活中起着十分重要的作用:(1)是以信用方式动员和筹集资金的动力。(2)促进企业加强经济核算,节约使用资金。(3)是国家管理经济的重要杠杆。(4)是金融企业经营发展的重要条件。

【利尿药】(diuretics) 作用于肾脏,增加 Na^+、Cl^- 等电解质和水的排出,产生利尿作用的药物。临床上主要用于各种原因引起的水肿,如心衰、肾衰、肾病综合症以及肝硬变;也可用于某些非水肿性疾病,如高血压、高血钙等的治疗。常用利尿药按其利尿作用的效能和作用部位的不同可分为以下五类:(1)碳酸干酶抑制药。主要作用于远曲小管,抑制碳酸酐酶活性,利尿作用弱。本类代表药为乙酰唑胺。(2)渗透性利尿药。又称为脱水药。主要作用于髓袢及肾小管其他部位。代表药为甘露醇。(3)袢利尿药。又称为高效能利尿药、$Na^+-K^+-2Cl^-$ 同向转运子抑制药。主要作用于髓袢升支粗段。利尿作用强,代表药为呋塞米。(4)噻嗪类利尿药。又称为中效能利尿药、Na^+-Cl^- 同向转运子抑制药。主要作用于远曲小管近端。代表药为氢氯噻嗪。(5)保钾利尿药。又称为低效能利尿药。主要作用于远曲小管和集合管。利尿作用弱,能减少 K^+ 排出。代表药为螺内酯。临床上常用于不同病因引起的全身性水肿,如肾脏病引起的水肿、心力衰竭、肝硬变等。髓襻利尿药作用强,对各种病因引起的重度或顽固性水肿有效,尚可用于急性肾小球肾炎时的循环充血、急性肾功能衰竭无尿期的早期和抢救左心衰竭的急性肺水肿。噻嗪类也是一种降压药,可单独用于治疗早期高血压,或与其他降压药联合治疗中、重度高血压。噻嗪类尚用于治疗肾性尿崩症和特发性高钙尿症。利尿药的副作用是:除留钾利尿药外,多数利尿药在利尿同时排大量钾,可导致低钾血症;另外尚可引起低镁;有时引起低钠、低血压,甚至低血容量性休克。个别情况可致高钾血症和代谢性碱中毒。髓襻利尿药和留钾利尿药均可引起尿酸盐潴留而发生高尿酸血症,临床表现为痛风。用噻嗪类和速尿时也可发生糖尿病样的糖耐量曲线,此时甚至需按糖尿病治疗。患前列腺增生的患者急速利尿可引起急性尿潴留。应用大剂量髓襻利尿药,在肾衰患者更容易引起耳毒反应,表现为一时性或永久性耳聋。因此在应用利尿药期间应观察患者一般情况,定期测体重,查血压,检查电解质、二氧化碳结合力等。

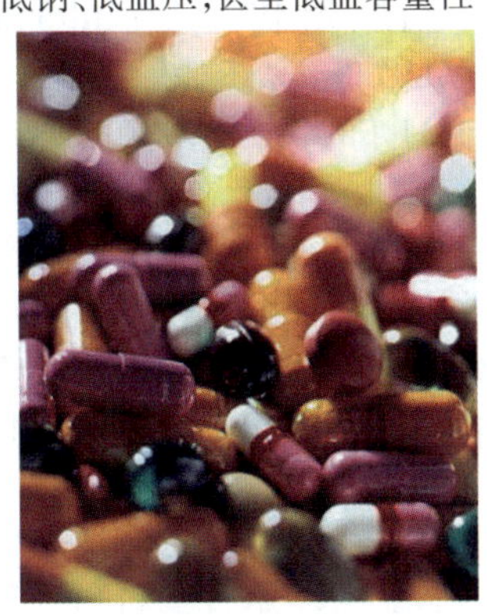
利尿药

【利妥昔单抗】(Rituximab) 又称美罗华。一种嵌合鼠/人的单克隆抗体。该抗体与纵贯细胞膜的CD20抗原特异性结合。其作用靶点是表达于B细胞表面的CD20抗原。可通过诱导细胞凋亡、诱导抗体依赖性细胞毒性和补体介导的细胞毒性发挥作用。其临床适应证为B细胞非霍奇金淋巴瘤。是第一个获美国食品药品监督管理局(FDA)批准用于治疗恶性肿瘤的单抗。与环磷酰胺、阿霉素、长春新碱或泼尼松等联合应用治疗B细胞非霍奇金淋巴瘤,比单用Rituximab或仅用化疗药物有更好的疗效。其突出的作用体现在,显著提高了复发或难治性的$CD20^+$ B细胞淋巴瘤患者的缓解率和生存时间。

【利息】(interest) 货币资金借贷关系中借方支付给贷方的报酬。是衡量资金时间价值大小的绝对尺度,是债务人支付给债权人的超过原借款(本金)的部分。即 $I = F - P$。式中:I 为利息,F 为还本付息总额,P 为本金。在工程经济分析中,利息常被看作是资金的一种机会成本,指占用资金所付出的代价或者是放弃近期消费所得的补偿。因为资金一旦用于投资，就不能用于现期消费，而牺牲现期消费又是为了能在将来得到更多的消费。从投资者的角度来讲，利息体现为对放弃现期消费的损失所作的必要补偿。所以，利息就成了投资分析平衡现在与未来的杠杆。投资本身就包含着现在和未来两方面的含义。事实上，投资就是为了在未来获得更大的收益而对目前的资金进行某种安排，显然未来的收益应当超过现在的投资，正是这种预期的价值增长才能刺激人们从事投资。利息通常根据利率来计算。有单利法和复利法两种计算方法。

【利息备付率】（interest coverage ratio） 项目在借款偿还期内，各年可用于支付利息的息税前利润（EBIT）与当期应付利息费用（PI）的比值。当期应付利息指计入总成本费用的全部利息费用。利息备付率应分年计算，也可以按整个借款期计算。利息备付率表示项目的息税前利润偿付利息的保证倍率，利息备付率应大于1，并结合债权人的要求确定。利息备付率高，说明利息偿付的保证度大，偿债风险小；利息备付率小于1，表示付息能力保障程度不足，没有足够资金支付利息，偿债风险大。对于正常运营的企业，一般要求利息备付率不低于2。

【沥青表面处治面层】（managed road with asphalt） 用沥青和矿料按层铺或拌和方法，修筑的厚度不大于3cm的薄层路面面层。其施工工序及要求如下：（1）清理基层。在表面处治层施工前，应将路面基层清扫干净，使基层的矿料大部分外露并保持干燥。对有坑槽、不平整的路段应先修补和整平；若基层整体强度不足，则应先予补强。（2）洒布沥青。在浇洒透层沥青4~5h后，或已作透层并开放交通的基层清扫后，即可浇洒第一次沥青。（3）铺撒矿料。洒布沥青后应趁热迅速铺撒矿料，按规定用量一次撒足并要铺撒均匀。（4）碾压。铺撒一层矿料后随即用6~8t双轮压路机或轮胎压路机及时碾压。压路机行驶速度开始不宜超过2km/h，每次轮迹重叠约30cm，碾压约3~4遍。（5）初期养护。碾压结束后即可开放交通，但应禁止车辆快速行驶（不超过20km/h），要控制车辆行驶的路线，使路面全幅宽度获得均匀碾压，加速处治层反油稳定成型。

【沥青贯入式路面】（road surface with asphalt） 在初步压实的碎石上，贯入加热的沥青后撒铺较细的石料嵌缝，再进行碾压而成的路面。这种路面强度较高，温度稳定性好，但是孔隙比较大，易透水。一般施工方法是在清理后的下承层上先撒铺透层沥青后，均匀地撒铺主层矿料、碾压、洒布第一次沥青；之后立即均匀撒铺较小集料嵌缝、碾压、洒布第二次沥青；再次撒铺更小的集料嵌缝、碾压、洒布第三次沥青，撒铺封面料、最后碾压成型。一般情况下，适用于二级或二级以下公路或作为沥青路面的连接层。

【沥青混凝土路面】（conerete road with-asphalt） 由不同尺寸的矿料按最佳级配原则选配，以一定比例的沥青作结合料经拌和压实而成的路面。具有良好的力学性能和耐久性以及行车舒适性，并具有表面平整、坚实、无接缝、行车舒适、耐磨、噪声低、施工期短、养护维修简便、适宜于分期修建和适合于各种车辆的通行等优点。已得到广泛应用。沥青路面要求具有一定的强度、刚度、平整度和足够的承载能力。，同时具有较好的高温稳定性和低温抗裂性。另外，沥青路面的表面层应具有耐久性良好的抗滑性能和耐磨性，是一种适合现代快速汽车交通的高级路面。按其矿料尺寸的不同可分为粗粒式沥青混凝土路面、中粒式沥青混凝土路面和细粒式沥青混凝土路面。沥青混凝土适用于高速公路和一、二级公路面层的表面层及中面层。

沥青混凝土路面

【沥青混凝土摊铺机】（cement spreader） 将道路基层的沥青混合料进行初步振实和整平的施工机械。分履带式和轮胎式两种。由牵引摊铺和振实熨平两部分组成。前者包括机架、动力装置、行走装置、料斗、料门、刮板输送器、螺旋摊铺器和驾驶室等。后者包括牵引臂、振实机构和熨平装置组成。振实、熨平部分通过左右牵引臂铰接在机架两侧，能上下浮动地压在铺层上前进。主要应用于道路施工。

沥青混凝土摊铺机

【沥青路面再生技术】（renewable technology of asphalt road surface） 将需要翻修或者废弃的旧沥青路面，经过翻挖回收、破碎、筛分，再和新集料、新沥青材料适当配合，重新拌和，形成具有一定路用性能的沥青混合料，用于铺筑路面中、下面层或路面基层的整套工艺技术。可分为厂拌热再生、就地热再生、就地冷再生、厂拌冷再生四种。沥青路面的再生技术，能够节约大量的沥青和砂石材料，节省工程投资，同时有利于处治废料，节省能源，保护环境,具有显著的经济效益和社会、环境效益。近年来,世界各国广泛进行沥青路面再生技术的试验研究,取得丰硕的成果,并且已在生产中大面积推广应用。已成为当代公路建设中的重大科学技术成果之一。

【沥青碎石路面】(road surface with asphalt and broken stones) 由几种不同尺寸的矿料,掺少量矿粉或不加矿粉,用沥青作结合料,按一定比例配合,经拌和压实而成的沥青路面。其强度主要依靠石料本身的强度。这种路面在强度原理上属于一种以嵌挤为主、黏结为辅的路面。其特征是:(1)高温稳定性好,路面不易产生波浪,冬季不易产生冻缩裂缝,车荷载作用下裂缝少。(2)路面易保持粗糙,有利于高速行车。(3)对石料级配和沥青规格要求较宽,材料组成设计比较容易满足要求。(4)沥青用量少,且少用或不用矿粉,造价低。但沥青碎石混合料路面由于易透水而耐久性稍差。

沥青碎石路面

【疠气】(epidemic pathogen) 中医术语。又称疫气、疫毒、戾气、毒气、乖戾之气。一类具有强烈传染性的外邪。疠气可以通过空气传染,从口鼻而入致病,也可随饮食入里或蚊叮虫咬而发病。疠气致病的种类很多,如大头瘟、蛤蟆瘟、疫痢、白喉、天花、霍乱、鼠疫等六腑,即胆、胃、大肠、小肠、膀胱、三焦。它们的特点是中空,具有受纳、消化、转输、排泄的功能。如胃主受纳,小肠司消化,大肠与膀胱主排泄。

【粒度】(particle size) 矿物或物料颗粒的大小。常指矿物或颗粒的直径大小或以95%的物料所通过的筛孔尺寸表示。在研究矿产、岩石、土壤的生成条件和物质来源及其水文地质、工程地质条件时,或在划分矿产的品级、确定使用范围及加工技术性能时,粒度都是一项必要的研究内容,常将矿物或物料颗粒的粒度范围分成若干个粒度范围以便于研究。某些工业部门,有时把矿石的块度也称为粒度。

【粒铁】(granular iron) 由碎铁矿、焦屑(或硬煤粉)和熔剂,在回转炉内较高温度下还原成半熔状产物,经冷却、破碎、磁选、去渣而获得的产品。含硫量较低的可直接用于炼钢,较高的一般用作高炉炉料。其优点是:可利用二氧化硅含量高的贫铁矿和劣质燃烧料进行大规模生产。

【粒雪】(firn) 一种有若干雪晶聚合、形态圆化的变质雪。当呈六方晶系的雪花从高空飘落到冰川积累区的过程中,由于受到温度的影响雪晶表面发生热融并圆化成细粒雪。堆积在冰川积累区的细粒雪彼此粘连吸附,以大吃小,于是细粒雪慢慢地变为中粒雪,中粒雪变为粗粒雪。雪花的密度大约为0.1~0.2g/cm³,细粒雪的密度大约为0.2~0.3g/cm³,中,粗粒雪的密度可达到0.3~0.5g/cm³。粒雪是雪变成冰川冰必不可少的环节。在温度和运动的双重作用下,粒雪最终会变质成为密度为0.8~0.9g/cm³的冰川动力变质冰。大陆性冰川上的粒雪干燥而酥脆,成冰速度缓慢;海洋性冰川上的粒雪湿滑而凝重,成冰速度较快。南极内陆雪-粒雪-冰的变化过程要数十年以上,而在海洋性冰川上雪-粒雪-冰的变化过程只需要数年甚至更短的时间。

【粒雪盆】(firn basin) 又称冰川粒雪盆。现代冰川积累区的一种最常见也是最主要的地貌类型。其形状像一把放大的圈椅,后壁和两侧为连绵起伏的角峰和刃脊,出口处微微紧收且向上低洼平缓、向下坡度突然变陡。年复一年的积雪首先在这里变质成粒雪。粒雪盆是山地冰川尤其是山地山谷冰川积累区。其规模往往决定着冰川的大小。一条冰川可以有一个或数个粒雪盆。除了大气降雪的补给外,粒雪盆还接受后壁和两侧山体上的雪崩以补充冰川的积累。统计显示,一条冰川的粒雪盆面积,常常等于或大于冰川面积的二分之一。粒雪盆还是科学考察和登山探险建立高山营地的较为理想的地方。但是营地的选择必须远离雪崩和雪崩波及区,同时还要仔细观察粒雪盆中明暗裂隙的分布状况。

粒雪盆

【粒子加速器】(particle accelerator) 一种用人工方法产生快速带电粒子束的装置。利用一定形态的电磁场将电子、质子或重离子等带电粒子加速,能提供接近光速的各种高能量的带电粒子束。是人们改变原子核和基本粒子、认识物质深层结构的重要工具。

粒子加速器

【粒子束武器】(particle beam weapon) 以高能流亚原子束摧毁飞机、导弹和卫星等目标或使之失效的武器。由粒子源、粒子加速器、聚焦和瞄准设备等组成。其核心是加速器。加速器将粒子源产生的电子、质子或离子加速到接近光速,并用磁场聚焦成密集的束流射向目标,靠束流的高能及电荷迁移效应摧毁目标或使之失效。粒子束武器分带电粒子束和中性粒子束两类。在空间武器中,主要使用中性粒子束武器,因为带电粒子束武器在真空环境下易发散。粒子束武器具有以下显著特点:(1)能量高度集中,穿透力强,脉冲发射率高。可以像动能武器一样破坏目标的内部结构,可以导致目标战斗部中的炸药爆炸,可以引起脉冲电流使电子设备失效。(2)可快速改变发射方向,能对付多个目标。(3)可识别真假目标。中性粒子束可识别真假目标,这在反导和反卫星作战中有非常重要的作用。(4)不受天气和环境的影响。粒子束没有大气畸变,也不受云雾等的影响,使用方便。

【粒子天体物理学】(particle astrophysics) 一门结合了高能天体物理学、宇宙学和粒子物理学的新学科。天体物理学和基本粒子物理学之间正在形成一种互相促进、共同发展的关系。粒子天体物理学由此而诞生。天体物理学的观测结果有助于阐明基本粒子的性质,而粒子理论及其实验技术又可用于研究宇宙的各个组成部分并探讨宇宙的起源。这门集实验、观测和理论于一身的新学科涉及的范围很广。例如研究宇宙中暗物质的本性,寻找太阳和超新星发射出的中微子,寻找中子星附近存在高能加速机制的证据。因发现了在物质和反物质之间的细微不对称性而分享了1980年的诺贝尔物理学奖的美国粒子物理学家詹姆斯·克罗宁,正在从事解决天体物理学中一个长期悬而未决的问题–寻找高能宇宙线的源头。为了捕获来自深空的粒子(携带着比地球粒子加速器大几百万倍的能量),他和300名同事来到了安第斯山脉脚下阿根廷西部绵延数百千米的南美大草原。科学家在草原上铺设了1 600个探测器,每两个探测器之间相距1.5km。设备安装就绪后,它将覆盖3 000km^2,大范围捕捉宇宙线的踪迹。当宇宙线冲入大气时,这些探测器可以探测由此产生的雪崩粒子。

【连梁】(beams) 结构墙中较大洞口上、下两边的墙体。在剪力墙结构和框架–剪力墙结构中,连接墙肢与框架柱的梁。具有跨度小、截面大,与连梁相连的墙体刚度较大等特点。在风荷载和地震荷载的作用下,连梁的内力很大。在高层建筑中,由于连梁两端墙肢的不均匀压缩,会引起连梁两端的竖向位移差,这也将在连梁内产生内力。在设计时,采取降低连梁内力的各种措施,如增大剪力墙的洞口宽度;在连梁中部开水平缝;在计算内力和位移时对连梁刚度进行折减;对局部内力过大的连梁进行调整等。在风荷载和地震荷载作用下,墙肢产生弯曲变形,使连梁产生转角,从而使连梁产生内力。同时连梁端部的弯矩、剪力和轴力又反过来减少了墙肢的内力和变形,对墙肢起到了一定的约束作用,改善了墙肢的受力状态。高层建筑剪力墙中的连梁在水平荷载作用下的破坏分脆性破坏和延性破坏两种。

【连翘】(forsythia) 中药名。药性:苦、微寒。归肺、心、小肠经。功效:清热解毒,消肿散结,疏散风热。用于痈疽、瘰疬、乳痈、丹毒、风热感冒、温病初起、温热入营、高热烦渴、神昏发斑、热淋尿闭。用法与用量:煎服,6~15g。脾胃虚寒及气虚脓清者不宜用。

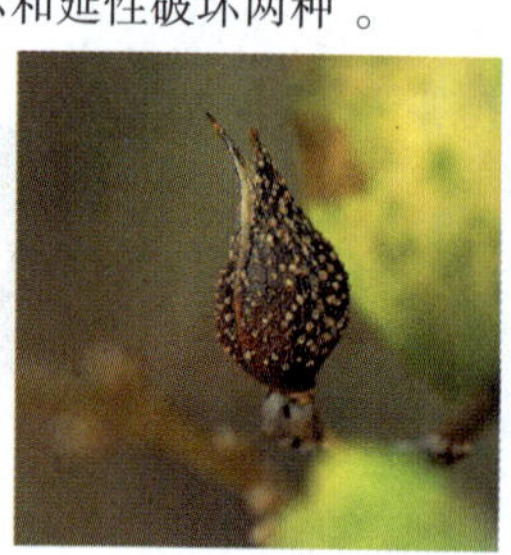

连翘

【连锁】(linkage) 若干非等位基因位于同一染色体而发生联系遗传的现象。分完全连锁和不完全连锁。在完全连锁中,只形成比例相同的亲本型配子;在不完全连锁,除了产生频率高于自由组合所期望的亲本型配子之外,还产生频率低于自由组合所期望的非亲本型配子。

【连锁群】(linkage group) 位于同一染色体的所有基因。排列在同一条染色体上及其同源染色体上的基因同属于同一连锁群。一种二倍体生物的连锁群数应和其染色体对数相等。如有一个 n 对同源染色体的个体,就有 n 个连锁群和 n 个染色体的遗传连锁图。例如,小麦有21对同源染色体,完整的小麦遗传连锁图就包括21个连锁群。在同一染色体上的所有基因随此染色体联合传递给子代。但同一连锁群的各对等位基因之间,在减数分裂时,有时可以发生交换,形成新的连锁关系(重组)。

【连系梁】(linking beam) 简称连梁或系梁。用以将平面排架、框架、框架与剪力墙或剪力墙与剪力墙连接起来,以形成完整的空间结构体系的梁。除承受自身重力荷载及上部的隔墙荷载作用外,其不再承受其他荷载作用。连系梁是结构受力构件之间连接的一种形式,它一般不参与结构计算,往往根据规定或经

柱子中部为系梁

验设定。在地震区，特别是不利地基的基础设计中，还要在独立基础之间设置纵横方向的基础连系梁，以加强基础的整体性和刚性。

【连续波雷达】(continuous-wave radar) 发射不间断的电磁波信号的雷达。按信号形式的不同可分为：(1)非调制单频连续波雷达。发射未经任何调制的载频为单一频率的纯连续波信号。当电磁波遇到运动目标时，其回波信号的频率将产生多普勒频移，接收天线收到的回波信号与发射信号混频后，其差频信号即为目标的多普勒频率信号，以此即可计算出目标的速度。非调制单频连续波雷达能对具有任何速度的目标测速，并且不产生速度模糊，但不能测量目标的距离。(2)多频连续波雷达。发射信号具有两个以上的载频，利用不同频率的回波信号的相位差，测定目标的距离。(3)调频连续波雷达。工作频率按一定规律作周期性变化。常用的线性调频连续波雷达的工作频率随时间作周期性的线性变化。目标回波信号与发射信号混频而产生频差信号，测量频率差值的大小确定目标的距离，并根据回波的多普勒频率测定其速度。(4)相位编码连续波雷达。发射信号由周期性变化的编码子脉冲序列进行相位调制，根据目标回波信号与发射信号的相位变化的起始时间之差进行测距，并用多普勒频率测速。连续波雷达抑制地物杂波的能力强，容易区分活动目标，适合于检测单一活动目标。主要用作机载多普勒导航仪、雷达高度计、导弹制导和跟踪照射雷达，导弹和炮弹测速雷达，便携式战场侦察雷达和近炸引信等。

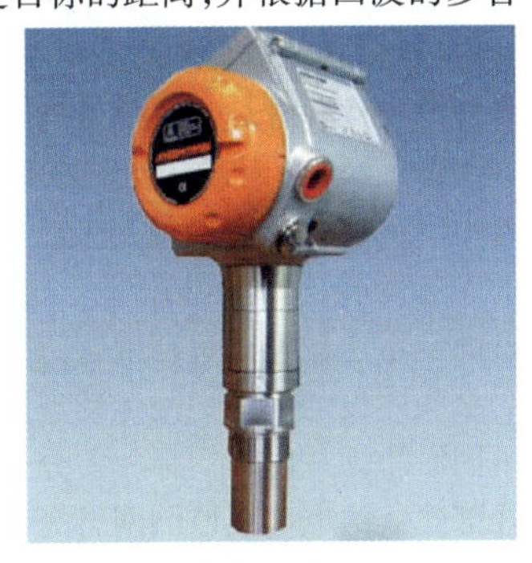

连续波雷达

【连续发酵】(continuous fermentation) 见连续培养。

【连续光谱】(continuous spectrum) 波长连续分布的光谱。炽热的固体、液体或高压气体往往发射连续光谱。在电子和离子复合时，及高速带电粒子在加速场中运动时也能发射这种光谱。

【连续函数】(continuous function) 在定义域内每一点都满足函数在一点的极限值等于函数值的函数。如果$f(x)$在区间D上每一点都连续，则称$f(x)$在区间D上连续。初等函数在其定义域内都是连续函数。

【连续戽斗采矿】(continuous line bucketsystem) 利用戽斗开采海底砂矿的一种技术。常在近海中使用。其原理是采用戽斗链把一连串戽斗套绕在桁架或梯架上，戽斗链要沉到海底砂矿处。通过桁架上的动力装置使戽斗链围绕桁架作连续循环运转，接触到海底砂矿的戽斗就能刮取矿砂并将其提升到采矿船上。由于技术上的限制，此方法只能在水深不超过100m的浅海内使用，日采矿量可达25 000～30 000t。

戽斗式挖掘机

【连续介质力学】(continous medium machanics) 力学的一个分支。研究连续分布的可变形物体运动规律的学科。一般分为两部分：研究可变形固体运动规律的弹性力学和研究流体运动规律的流体力学。在研究这些规律时，只考虑宏观现象，而不涉及物质的微观结构。

【连续炼钢】(continuous steelmaking) 非间歇式炼钢的工艺过程。使炼钢过程连续进行。改变了一炉一炉间断的生产方法。不分炉次地将铁水、废钢从炉子一端连续加入，将钢水从炉子另一端连续放出。按其形式的不同可分为：(1)水平长槽形熔池法，一端进铁水，另一端出钢水。(2)垂直式喷雾法，在反应器中，铁水自上而下受氧气冲击雾化并去除杂质，成钢。(3)泡沫法，铁水自反应器底部流入，受上部喷入的氧气和渣料作用形成泡沫，再流入分离器内将钢水分离。连续炼钢具有生产能力大，工艺过程稳定和热损失小的优点。

【连续梁桥】(continuous beam bridge) 由三个或三个以上支座支承的梁作为上部结构主要承重构件的桥。由于支点负弯矩的卸载作用，在较大跨径时，连续梁桥的桥墩宽度小，节省材料，接缝少，行车平顺。但连续梁为超静定结构，适用于地质良好的桥位处。连续梁桥的施工方法有现场浇筑施工法、悬臂施工法、顶推施工法、逐孔施工法、横移施工法、提升与浮运施工法。

【连续培养】(continuous ferment) 又称连续发酵。同时以一定的速度向发酵罐内添加新鲜培养基，以相同的速度流出培养液，使发酵罐内的液量维持恒定，培养物在近似恒定状态下生长的培养方法。其特点是：(1)与密闭系统的分批培养相反，它在开放系统中进行。(2)微生物细胞的生长速度、代谢活性处于恒定状态,达到稳定高速培养微生物或产生大量代谢产物的目的。(3)恒定状态可有效延长分批培养中的对数期,与细胞生长周期中的稳定期有本质不同。在酿造业、菌体生产、菌体分离和改良等方面应用广泛。

【连续式线材轧机】(continuous wire rodrolling mill) 轧机机座采用串列式布置形式,机座数目等于轧制道次,专门轧制线材的轧机机组。轧件同时在几个机架中轧制,各道次的金属的秒流量相等,轧辊的转速相互匹配。可单机驱动,有较高的调整精度,实现微张力或无张力轧制。由于没有穿梭轧制,没有大活套,所以头尾温差小,产品性能得到改善。现代化的钢坯轧机、带材轧机也都采用这种布置。线材是型材中断面最小的产品,从坯料轧成成品,总延伸系数大,轧件在每一架轧机上只轧一个道次。所以线材轧机是型材轧机中机架数目最多,分工最细的轧机。目前现代化线材轧机一般由 21~28 架轧机组成。分为粗轧机组、中轧和精轧机组。连续式轧机的优点是:(1)轧制速度快,产量高。(2)轧机紧密排列,间隙时间短,轧件的温降小,对轧制轻型薄壁和小规格产品有利。(3)轧件长度不受机架间距的限制,因而在保证轧件头尾温差不超过允许值的前提下,可尽量增加坯料的重量,使轧机产量和金属收得率均得到提高。线材轧机的结构和布置方式一直朝着高速、无扭、连续、机械化和自动化方向发展。目前世界上应用最广的摩根高速线材轧机轧制速度达到 120m/s。

连续式线材轧机

【连续无故障时间】(mean time between-failure, MTBF) 硬盘从开始运行到出现故障的最长时间。单位是小时。由于器件在不同的环境、不同的使用条件下失效率有很大区别,其可靠性亦不同。一般硬盘的连续无故障时间在 3×10^4 ~ 5×10^4h。它反映了产品的时间质量,体现了产品在规定时间内保持功能的一种能力,是衡量硬盘质量的一个参考指标。

【连续运行参考站系统】(continuouslyoperating reference system, CORS) 一种将卫星导航定位技术、测绘技术、现代通信技术、计算机技术等多种技术集成的实用性分布式网络系统。不仅能满足动态、连续、多种精度的空间导航、定位等广泛的应用需求,还可通过同步观测,建立并不断完善和维护国际性或区域性的统一、连续的空间基准框架,完成监测地球自转和固体地球形变、监测陆海板块构造边界变化、监测海平面变化、监测电离层及大气水汽变化、跟踪确定卫星轨道等全球性科学任务,提供陆地、海域精确的定位及相关科学服务。其产品包括伪距及载波相位观测值、站坐标、速度场、精密星历、地球自转参数、大气水汽、电离层参数等数据,可用于工程定位、科学研究以及不同用户的应用需求。它是地球空间信息获取、处理、共享的基础,也是城市、地区和国家不可或缺的空间信息基础设施之一。连续运行参考站,主要用于对 GNSS(全球导航卫星系统)导航卫星实施连续跟踪从而获取导航定位数据。较典型的连续运行参考站系统是一个分布式网络系统,通常由 5 个子系统构成:连续运行参考站子系统(参考站网络)、数据通信子系统、系统控制与数据处理中心(系统中心)、用户服务中心和用户应用子系统(用户单元)。其核心是长期稳定工作的连续运行参考站(又称基准站)、系统中心。当前,国内外已经建成了很多连续运行参考站系统,国际上如 IGS(综合图形系统)站网、美国的 CORS、欧洲的 EPN 等。随着中国信息化程度的提高及计算机网络和通信技术的飞速发展,国内不同行业已经陆续建立了一些专业型的卫星定位连续运行网络,其中著名的有中国地震局牵头建设的中国地壳运动观测网络、交通部建设的中国沿海无线电指向标-差分全球定位系统、信息产业部建立的电离层监测网络等。此外,多个省级和城市级等不同规模的连续运行参考站系统也相继建成。

【连续铸锭】(continuous casting) 在浇铸时,将金属熔液连续注入结晶器,并在二次冷却区喷水继续冷却凝固,然后拉出结晶器中铸锭的(或铸件)的技术。是浇铸钢坯和有色金属坯的一种新技术。所用主要设备有:容纳和浇铸金属熔液的盛钢桶或浇包、水冷结晶器(或铸型)、拉出冷凝铸锭(或铸件)的拉辊矫直机和切割铸锭(或铸件)的切割器等。连续铸锭机类型主要有立式、立弯式、弧形和椭圆形等。其优点是:金属回收率

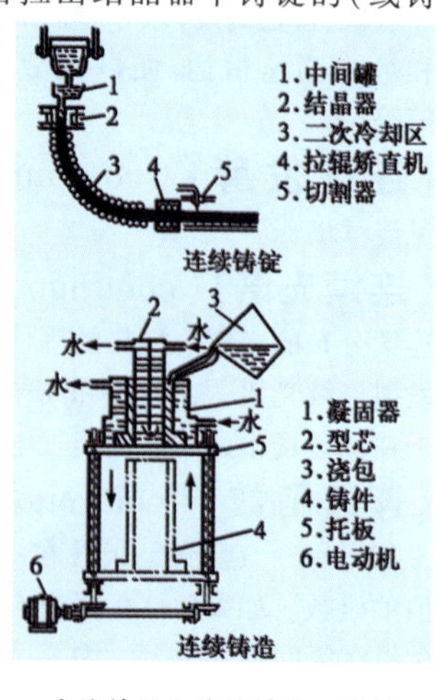

连续铸锭和连续铸造示意图

高,铸锭或铸件质量好,劳动条件得到改善。在用连铸钢坯轧制钢材时,又可省去大型初轧或开坯设备。在机械制造的铸造工艺中,按照类似操作原理浇铸截面不变而形状比较简单的铸件(管子、棒材等)的方法,则称为连续铸造。用连续铸造法时,还能省去造型工艺过程。

【连续铸造】(continuous casting) 连续铸造金属锭或金属管的工艺方法。在水冷的金属结晶器下端装置一个导引器,形成结晶器的底。当浇入液态金属的液面达到一定高度后,开动拉引机构,使导引器缓缓下降,并带动已凝固的金属随之下降;同时以一定的速度继续浇注液态金属。在理论上,这样就可以得到任意长度的铸锭。

【连续铸轧机组】(continuous casting androlling unit) 连续将有色金属液进行浇注并直接轧制成板坯的设备。将金属液通过前箱送入两个铸轧辊的空隙内,铸轧辊内壁通水冷却。金属液在两个铸轧辊之间凝固的同时承受了一定量的轧制加工。板坯送入牵引机、卷取机卷成带卷。按照铸轧工艺过程顺序,铸轧辊内可分为三个区域:冷却区、铸造区和变形区,其中铸造区和变形区统称为铸轧区。连续铸轧机组的主要工艺参数包括:铸轧区长度、铸轧速度、浇注温度、前箱液面高度和铸轧辊直径等。其主要设备包括铸轧机、牵引机、剪切机、卷取机、液压系统和电气传动系统。650×1 600mm 型的铸轧机最大可生产铸轧板坯宽度为1 400mm,厚度为 6.5~10mm。铸轧卷的最大重量为 7t。随着技术的发展,工业化生产宽带坯的宽度为 2 000mm,厚度 2mm。铸轧的速度达到 15m/min。一台机组生产能力为30~45 千吨/年,可生产所有类型的工业铝合金。

【连轧】(continuous rolling) 在几架轧机上同时轧制同一根轧件,并使之保持在单位时间内通过每架轧机的体积相等的轧制方法。单位时间内通过的轧件体积用 V 表示,单位为 mm^3/s。其计算式为:

$V = \pi DnF/60$。

式中:D – 轧辊工作直径,mm;n – 轧辊转速,r/min;F – 轧件横截面积,mm^2。

薄板坯连轧生产线

单位时间内通过每架轧机的轧件体积为 个常数,称为连轧常数。用 K 表示,其计算式为:

$$K = D_1n_1F_1 = D_2n_2F_2 = D_3n_3F_3 \cdots = D_nn_nF_n。$$

【连铸保护渣】(continuous casting protective slag) 覆盖于连铸结晶器内钢水液面上防止钢液氧化的渣层。包括粉渣层和液渣层。由三部分物料组成。(2)基料部分,SiO_2、CaO 和 Al_2O_3 等基本的造渣物料。(2)辅助材料,为调节渣的熔化温度及黏度的 Na_2O、CaF_2。(3)为调节熔化速度的材料。其作用包括:(1)隔离钢液与空气,防止氧化。(2)钢液表面保温。(3)吸收钢液中上浮的夹杂物。(4)熔化了的渣沿着结晶器壁与铸坯之间均匀地流下,成为良好的润滑剂。减少拉坯阻力,防止连铸坯的坯壳与结晶器壁粘连。保护渣的熔点、熔融速度、碱度和黏度,需要根据不同的钢种、规格、浇铸速度和温度来选择。

【连铸机类型】(type of continuous casting machine) 直接生产钢坯的连续铸钢机机型的分类。连续铸钢的生产技术从 20 世纪 50 年代开始发展,60 年代得到推广应用,70 年代后期设备和工艺的发展日臻完善。许多国家的钢锭坯的连铸比都超过 90%。连铸机的机型由最初的立式发展到立弯式、弧形式、椭圆式和水平式。连铸机机身高度由 20~30m降至 3~5m。连铸机的连铸流数即一台连铸机同时浇注铸坯的根数,也由一机单流发展到一机多流或多机多流。连铸机的类型有:(1)立式连铸机。连铸机的主要设备均布置在同一垂直线上,从浇注作业和结晶冷却、二次冷却到铸坯切成定尺等工序均在垂直线上顺序完成。其优点是:钢液中的夹杂物容易上浮分离,铸坯坯壳冷却均匀。但连铸机设备高,需要很深的基坑或很高的厂房。(2)立弯式连铸机。是技术发展过程中的一种过渡机型,现已很少采用。其上部结构与立式相同,不同点是铸坯通过拉辊后,用顶弯机将铸坯弯曲,然后在水平方向矫直和出坯,其高度约为立式的 70%。(3)弧形连铸机。是一种目前采用较多的机型。采用具有一定曲率半径的弧形结晶器,钢坯沿弧形轨道运行,其结晶器、二次冷却装置和拉矫装置都布置在具有一定曲率半径的一个圆周的 1/4 圆弧内,铸坯出二冷区完成凝固后在水平切线位置矫直、切割和出坯。其高度仅为立式的 30%。可高速浇注,生产效率高。其缺点是:铸坯弯曲矫直,容易引起内部裂纹。(4)椭圆形连铸机。又称为带多点矫直的弧形连铸机或超低头连铸机。其基本特点与弧形连铸机相同,不同点是二冷区夹辊布置在不同曲率半径的弧线,即椭圆圆弧上。连铸机高度可进一步降低,但连铸机的安装、调整、维护较困难。(5)水平连铸机。布置在水平位置上,其高度仅为立式连铸机的 1/10。设备简单,维修方便,铸坯无需矫直,适宜浇注对裂纹敏感性强的合金钢。它在小断面为圆形、方形的连铸坯方面正在得到发展。除以上几种用于铸钢的连铸机以外，还有一种用于有色金属连续浇注的轮带式连铸机。其主体由周围带有向外开口的梯形结晶槽的轮子和一条环状钢带组成。结晶槽轮用铜合金制造，铜槽内壁通冷却水冷却，用钢带把约半个圆周的结晶槽轮封盖起来，形成结晶腔。有色金属熔融液体注入结晶腔后开始凝固，并随着结晶槽轮一同旋转，至轮子的下切点附近，钢带脱离结晶槽轮，初凝的金属坯也脱离结晶槽轮，继续冷却后收线。

【连铸连轧】(continuous cast and roll) 金属材料的连续浇铸和连续轧制工艺的联合生产过程。是一种生产板材、型材和带材的新方法。在连续铸钢机后面配置连轧机组或行星轧机机组进行生产。其特点是：实现了钢水浇铸和轧制的连续生产，简化了原有的生产工艺，提高了金属的回收率，耗电耗燃料少，生产周期短，占用场地小，投资较少，有利于实现生产自动化。

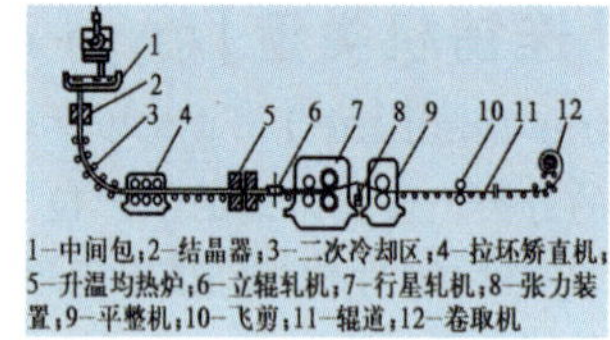

连铸连轧示意图

【连铸坯缺陷】(continuous casting billet-defect) 连铸工艺生产的钢坯所出现的不完整。常见的缺陷、形成原因及主要的防止措施如下：(1)表面纵裂纹。结晶器与初生坯壳之间的润滑不良形成的。防止措施是选用凝固温度高的保护渣。(2)表面横裂纹。钢中某些合金元素的碳化物、氮化物析出形成的。防止措施是减少钢中氮含量、控制碳化物析出。(3)皮下气泡。凝固过程中生成的 CO、H_2 气体进入坯壳而形成的。防止措施是炼钢时充分脱气。(4)夹杂。保护渣吸收夹杂物的能力降低而形成的。防止措施是提高保护渣的流动性，控制结晶器中钢液面波动。(5)偏析和疏松。主要是杂质集聚造成的。防止措施是电磁搅拌和轻压下技术。

连铸坯缺陷

【连铸自动化】(continuous casting automation) 使用计算机实现辅助控制的连续铸钢自动化系统。在连铸生产过程中，按照工艺要求，借助于检测仪表和控制设备，在没有人工干预的情况下，连铸生产能够自动进行。其自动化控制系统包括：(1)过程参数的自动检测，以提供实现自动控制的依据。(2)基础自动化，包括各工序环节的单机自动控制、各种参数的调节和控制及各工序的区域自动控制。(3)过程自动化，在基础自动化的基础上，实现连铸的全过程自动控制。(4)管理自动化，实现生产调度、原材料消耗、能源消耗、产品质量统计等管理，实现连铸过程的优化管理。连铸过程中需要检测的参数有：钢包中和中间包中钢水重量、温度、钢包吹氩气用氩气及其密封用氩气的流量、钢水含渣量、结晶器内钢水液面高度、结晶器冷却水的压力、温度、振动频率及振幅的测量。

【连作】(continuous cropping) 在同一块土地上，一年或连续几年内重复种植相同作物的种植制度。连作往往容易造成相同病虫害的猖獗、产量会出现逐年下降的现象。在连作后，根系在生长发育过程中分泌的有机酸以及有毒有害物质积累过多，会使根系产生自毒现象。同时连续种植一种作物，根系的分布范围一致，吸收的营养元素相同，会导致某一根系范围内某些元素的缺乏，使植物生长不良。因此，提倡合理轮作，以避免连作造成的不良影响。

【帘子布】(cord fabric) 用于汽车、飞机等橡胶轮胎的帘状骨架材料。其主要功能是：承受汽车在行驶过程中受到地面的冲击负荷及其本身的压力。

【莲菜节水栽培】(lotus water-saving cultivation) 采用水泥硬化池或池底覆盖地膜种植莲菜的方式。在缺乏水源的地方采用此种方式种植莲菜，可节水 60% 以上。节水莲菜生产技术简单易行。只要挖 75cm 深的莲池，池底及四壁用砖和水泥硬化，防止水分渗漏，里面填上 50cm 细土。整个生长期，只需灌水 2～3 次。其栽培方法是：(1)地膜莲菜每亩采用 0.12mm厚的优质农膜 70kg。(2)播种前随深翻整地，采取翻行的方式。(3)将农膜平铺于耕层下面，膜上覆土 50cm，四周田埂也要用农膜覆严。其特点是：(1)覆盖 1 次农膜可连续使用 2～3 年。(2)地膜莲菜具有节水、保肥、提温和增产等优点。(3)生产效益较好，较常规传统栽培方式增产幅度达 30% 左右。

【联合古陆】(Pangea) 又称潘基亚、超级大陆、泛大陆。20 世纪 20 年代，德国著名气象学家、地球物理学家魏格纳根据大量地质学、古生物学、古气候学等资料，首先指出在晚石炭世时期，当时地球上所有的大陆相互连接形成一个统一的巨型大陆 - 联合古陆，

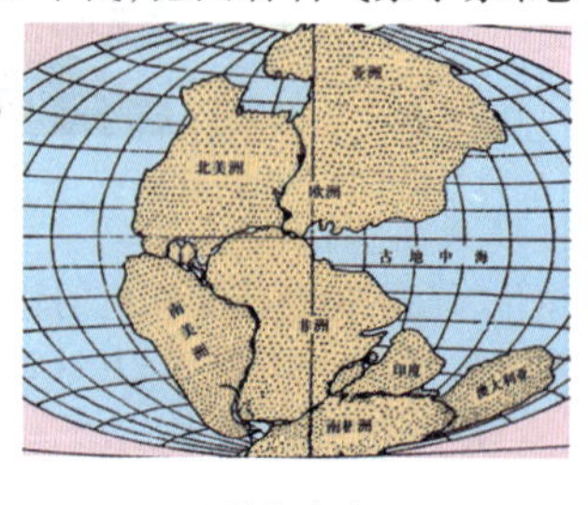

联合古陆

并提出大陆漂移假说。他认为联合古陆的顶峰时期是在二叠纪至三少叠纪。从侏罗纪开始，这个巨型大陆开始分裂并相互漂移离开，至白垩纪进入大规模漂移的高潮期。这种运动一直持续进行着，到新生代中期逐渐形成全球目前的海陆分布格局。

【《联合国国际货物多式联运公约》】（UN lnternational Couvention on Multiple-Transit of Goods） 1980年5月24日在日内瓦举行的联合国国际联运会议第二次会议上通过，旨在对多式联运经营人和托运人之间的权利义务关系进行规定，解决国际货物多式联运中的一系列法律问题。由总则、单据、联运人的赔偿责任、发货人的赔偿责任、索赔和诉讼、补充规定、海关事项及最后条款等八个部分组成。共40条。本公约的各项规定适用于两国境内各地之间的所有多式联运合同。该公约的主要内容是：(1)多式联运合同和多式联运单据。多式联运合同是指多式联运人凭以收取运费、负责完成或组织完成国际多式联运的合同。多式联运单据是指证明多式联运合同以及证明多式联运人接管货物并负责按照合同条款交付货物的单据。联运人在接管货物时，应签发多式联运单据。该单据包括15项内容。(2)多式联运合同双方当事人的法律地位。多式联运合同的双方当事人分别为联运人和发货人。联运人是以“本人”的身份同发货人签订多式联运合同的当事人，负有履行整个联运合同的责任，并以“本人”的身份对联运的全过程负责。(3)发货人的赔偿责任。如果多式联运人遭受的损失是由于发货人的过失或疏忽，或者他的受雇人或代理人在其受雇范围内行事时的过失或疏忽造成的，发货人对这种损失应负赔偿责任。如果损失是由于发货人的受雇人或代理人本身的过失或疏忽所造成的，该受雇人或代理人对这种损失应负赔偿责任。(4)联运人的赔偿责任。联运人对多式联运单据项下货物的责任期间，是从其接管该货物之时起至交付货物时为止。公约对联运人的赔偿责任采取了除非联运人能证明他和他的受雇或代理人为避免损害事故的发生及其后果已经采取了一切所能合理要求的措施，否则应对货物在其掌管期间所发生的灭失、损坏或延迟交货，负赔偿责任。(5)索赔与诉讼。由灭失、损坏或延迟交货的通知、诉讼时效、管辖和仲裁四个方面构成。

【《联合国海洋法公约》】（United Nation Convention on the Law of the Sea） 各种海洋法中最重要的、绝大多数邻海国家共同签署的国际公约。联合国第三届海洋法会议于1982年12月9日通过。中国政府于1982年12月10日签署该公约。《联合国海洋法公约》共分17个部分、320个条款和9个附件。17个部分为：(1)用语和范围。(2)领海和毗连区。(3)用于国际航行的海。(4)群岛国。(5)专属经济区。(6)大陆架。(7)公海。(8)岛屿制度。(9)闭海或半闭海。(10)内陆国出入海洋的权利和过境自由。(11)国际海底区域。(12)海洋环境保护和保全。(13)海洋科学研究。(14)海洋技术的发展和转让。(15)争端的解决。(16)一般规定。(17)最后条款。9个附件为：(1)高度洄游鱼类。(2)大陆架界限委员会。(3)控矿、勘探和开发的基本条件。(4)企业内部章程。(5)调解。(6)国际海洋法法庭规约。(7)仲裁。(8)特别仲裁。(9)国际组织的参加。《联合国海洋法公约》是目前国际上对海洋法制度最全面的总结，其中有关领海宽度、群岛水域、专属经济区、大陆架、国际海底区域的规定，体现了国际海洋法的最新发展，得到各签约国的认同。

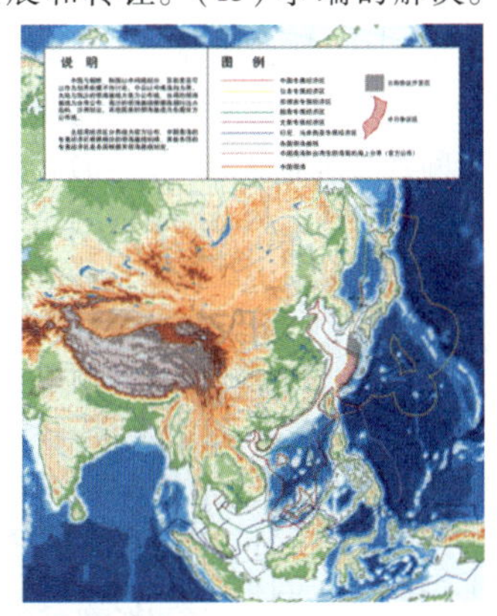

新的领海基线

【《联合国气候变化框架公约》】（United Nations Framework Convention on Climate Change，UNFCCC） 简称《框架公约》。世界上第一个为全面控制二氧化碳等温室气体排放，以应对全球气候变暖给人类经济和社会带来不利影响的国际公约。国际社会在对付全球气候变化问题上进行国际合作的基本框架。1992年5月22日联合国政府间谈判委员会就气候变化问题达成《框架公约》，1992年6月4日在巴西里约热内卢举行的联合国环发大会（地球首脑会议）上通过。于1994年3月21日正式生效。截止2004年5月，已拥有189个缔约方。《框架公约》的常设秘书处设在德国的波恩。中国于1992年6月11日签署该公约，1993年1月5日交存加入书。公约具有法律约束力。其最终目标是将大气中的温室气体浓度稳定在不对气候系统造成危害的水平。公约的基本原则是“共同但有区别的责任”。作为温室气体排放大户的发达国家应采取具体措施限制温室气体的排放，并向发展中国家提供资金以支付他们履行公约义务所需的费用。而发展中国家不承担有法律约束力的温室气体限控义务。加强国际合作，应对气候变化的措施不能成为国际贸易的壁垒。

【联合国人居奖】(U. N. unhabitat award) 由联合国人居署于1989年创立，旨在鼓励和表彰世界各国为人类住区发展和解决人居领域的各种问题作出了杰出贡献的政府、组织、个人和项目。当前，全世界有40%～50%的城市居民居住在贫民窟中，整个人类住区(城镇和乡村)有10多亿人缺少住房或居住条件十分恶劣，至少有1亿人无家可归，有6亿人生活在各种危害健康和生命的境况中。人类的居住环境在人口迅速增长所造成的压力下不断恶化，人居问题便越来越受到人们的关注。“联合国人居奖”被推荐的候选内容涉及人类住区的各个方面，如住房、基础设施、卫生、保健、教育、交通、通信、能源、供水、环境卫生、旧城改造、可持续人类住区发展、灾后重建、城市管理和公众参与等方面。还涉及减少城市贫困与创造就业，防止犯罪与社会正义，男女平等以及在决策、资源分配、计划设计以及实施中的公平，社会融合、减少排外，保护历史遗迹等方面。联合国人居奖是全球人居领域最高规格的奖励，每年评选一次。在中国，申报“联合国人居奖”的前提必须是已获得“中国人居环境奖”的称号并获得住房与城乡建设部人居奖办公室的推荐。每年的世界人居日(每年10月的第一个星期一)期间，人居署将在一个事先选定的城市举行该项奖的颁奖仪式。历年的获奖者均为在国际、地区或国家一级的人居领域内成就突出并有广泛影响的机构(组织)、个人或项目。截止2009年，中国已19次荣获联合国人居奖。

获得联合国人居奖的烟台市

【联合麻醉】(combined anesthesia) 同时使用两种或两种以上麻醉方法的技术。临床上常用的联合麻醉有：全身麻醉联合硬膜外麻醉，全身麻醉联合气管表面麻醉，全身麻醉联合硬膜外麻醉和气管表面麻醉，全身麻醉联合脊麻，全身麻醉联合臂丛神经阻滞，脊麻联合硬膜外麻醉等。联合全身麻醉可以明显减少全身麻醉药的用量。全身麻醉下手术中的病人所接受的刺激主要来自外科操作和气管导管对气管的刺激。抑制这些刺激引起的机体反应所需全身麻醉药的用量远大于消除病人意识的用量。如果用气管表面麻醉阻断气管插管的刺激，用硬膜外麻醉阻断外科手术的刺激，用全身麻醉药只是为了消除病人的意识和记忆，则全身麻醉药的用量将明显减少，有利于患者术后的清醒与气管导管的拔除，利于患者术后的康复。

【联合平差】(combined adjustment) 对天文大地网观测数据和空间大地网观测数据进行联合处理的理论和方法。其主要目的是：加强和改善天文大地网，控制并削弱系统误差的累积，提高全网的尺度、定向和点位精度；建立高精度的地心坐标系，求取天文大地网点的地心坐标。在20世纪70年代，随着空间大地测量技术的发展，特别是全球定位系统的应用，世界各国先后开始利用空间大地测量技术布设本国的空间大地网。为了用高精度的空间数据加强地面大地网，提高大地网精度，满足多方面的需要，1986年，北美大地网完成联合平差，建立了“1983年北美大地基准”；1989年，西欧大地网完成联合平差，建立了“1987年欧洲大地基准”。在20世纪90年代，中国开始利用GPS技术布设空间大地网。1992年，完成由44个点组成的全国GPS一级网，1997年，完成地面网与空间网联合平差一期工程，建立了1995年北京大地坐标系；求取了全国约5万个大地点，地心坐标精度优于1m，垂线偏差和高程异常的精度分别为3″和2m。2002年，完成联合平差二期工程，建立了2000年国家大地坐标系，求取了全国范围约5万个大地点，地心坐标精度优于0.3m，垂线偏差和高程异常分别为1.5″和0.2m。联合平差为军用地图测绘、武器装备定型实验及航天工程应用提供了大地控制基准。

【联合生物处理】(combined biological-treatment) 将若干好氧生物处理过程组合起来使用的废水处理方案。常用的联合生物处理方法有活性生物滤池法、滴滤池与固体接触法、粗滤池与活性污泥法及滴滤池与活性污泥法。这种处理最经济并能获得较好的效果。

【联合试运转费】(joint commissioning fee) 新建、改建工程项目，在竣工验收前按照设计规定的工程质量标准，进行动载荷载实验所需的费用或进行整套设备带负荷联合试运转期间所需的全部费用抵扣试车期间收入的差额。该费用不包括应由设备安装工程项下开支的调试费的费用。费用内容包括：联合试运转期间所需的材料、油燃料和动力的消耗，机械和检测设备使用费，工具用具和低值易耗品费，参加联合试运转人员工资及其他费用等。联合试运转费以建筑安装工程费总额为基数，独立特大型桥梁按0.075%、其他工程按0.05%计算。

【联合疫苗】(combined vaccine) 含有两个或多个活的、灭活的生物体或者提纯的抗原的疫苗。其研制目的是用较少的接种次数，预防多种疾病。可分为：(1)多种疾病联合疫苗。包含多种单个疫苗来预防多种疾病。这种联合疫苗通常是单个疫苗开发在先，联合在后（无细胞百日咳除外）。(2)多价联合疫苗。包含了同一种细菌或病毒的不同亚型或血清型。这些血清型在疫苗开发时就联合在一起。联合疫苗是联合配制而成，能同时预防多种疾病，如甲乙肝联合疫苗能同时预防甲型、乙型肝炎；百白破联合疫苗能同时预防百日咳、白喉和破伤风三种疾病。

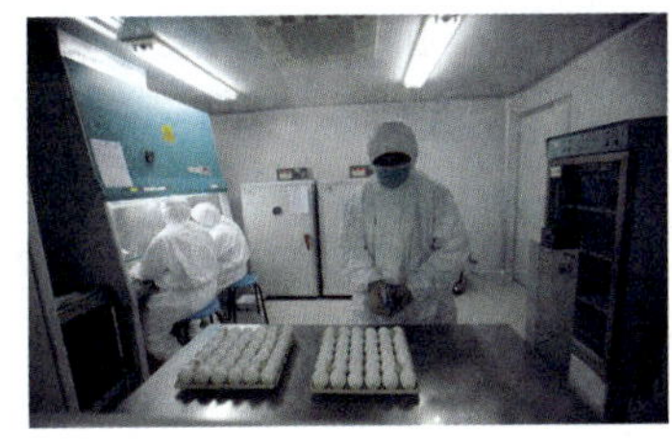

联合疫苗

【联合运输】（combined transportation） 又称联运。两种或两种以上运输方式相结合或几个运输企业用同一运输方式联合完成任务的运输模式。是综合利用各种运输工具，比较经济、合理、迅速地完成客货运输的一种重要运输形式。开展联合运输有利于选择客货运输的经济路线，密切不同运输部门间的协作配合，合理安排各种运输工具的衔接，加强换装（乘）港口、车站、机场的管理。方便旅客，增加货物直接换装密度，减少货物操作过程。提高客货运输速度与货运质量，用较少的人力和物资消耗取得最佳的运输经济效益。组织各种形式的联运，对充分发挥运输效率，挖掘生产潜力具有重要的意义。按其服务对象的不同可分为货物联运和旅客联运；按其参与联运的运输方式的不同可分为：公铁联运、公水联运、公航联运及公公联运等。

【联合在线精炼】（combined in-line refining） 为取代传统的炉内间歇式分批除渣除气的处理工艺，在熔炼炉外配备一套装置，进行炉外连续除渣除气处理的工艺方法。能够提高铝合金的质量和产量，降低成本，减少消耗及公害。一般来讲，炉内熔体净化处理对铝合金的净化是有限的。要进一步提高洁净度，更重要的是炉外在线净化处理。根据对铸锭质量的不同要求，可采用以脱气为主，或以除渣为主，或同时进行除渣与除气的方法。各大铝加工企业研究开发了多种方法。典型的方法有 FILD 法、SNIF 法和 MINT 法。(1)FILD 法。即无烟连续除气法。是英国铝业公司与瑞士高奇电炉公司联合开发的。核心是把活性氧化铝球床式过滤、惰性气体精炼和液体熔剂过滤等多种净化方法融为一体。其装置是在耐火炉衬中，用耐火隔板将炉内分为两个室。铝液进入第一室，在熔剂覆盖下进行氮气除渣和除气。然后通过涂有熔剂的氧化铝球过滤床除去夹渣。再进入第二室，通过氧化铝球过滤床，以除去铝液夹带的熔剂和夹渣。处理过程中需要加热。炉衬寿命为六个月，氮扩散器寿命两个月。在静置炉与铸锭机之间安装这种装置，可以连续除渣和除气，无需进行炉内精炼，质量满足航空工业的严格要求。广泛用于处理 Al－Mg－Si、Al－Mg、Al－Mg－Zn 系二元及多元铝基合金；处理的合金已用于包括航空及军工用的轧制、锻造和挤压高强材料、薄板和箔材；汽车用光亮构件、印刷照相用薄板和连铸铝杆等。(2)SNIF 法。即旋转喷嘴惰性气体浮游法。是美国联合碳化物公司开发的。装置的核心是在两个反应室设有两个石墨制气体旋转喷嘴。其作用是把氩气或氮气喷成分散细小气泡，并使之均匀分布于整个熔池内，强烈搅拌熔体。净化室是密封的，在微正压下进行精炼，避免熔体污染和再次吸氢。是一种效率最高，最易操作的在线精炼方法。特点是精炼脱气与过滤除渣合为一体。不需要静置炉，节能省时，自动化程度高。(3)MINT 法。即熔体在线处理法。兼有脱气和过滤作用的炉外连续处理方法。是为了满足对铝锭的最严格的质量要求，由美国联合铝业公司研制的。核心是氩气净化加泡沫陶瓷过滤。装置由反应室和过滤室组成。铝液以切线方向进入反应室，呈螺旋形下降。与反应室下部导入的精炼气体形成相向而行，增大了气泡与铝液的接触面积。是一种高质量并且处理费用低的炉外处理技术。

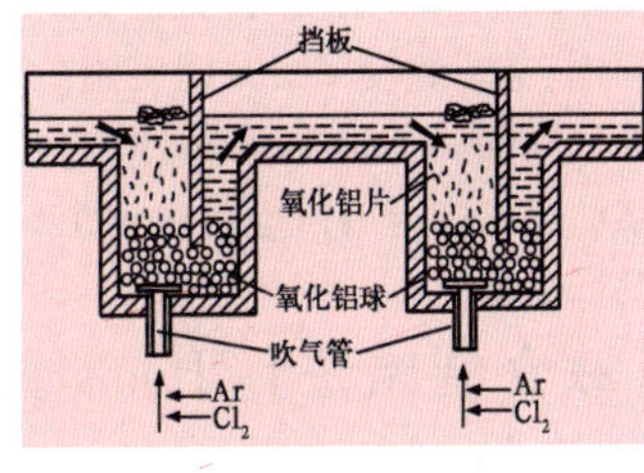

联合在线精炼

【联合战术信息分发系统】（joint tactical information distribution system，JTIDS） 美军通用的一种保密、抗干扰、大容量数字无线电通信网络。即 16 号数据链（Linkl6）。用于三军联合作战的指挥控制系统中，可产生实时战场敌我态势并传送指挥控制命令，也可用于导航和敌我识别。系统工作频段为 960～1 215MHz，电波沿视线传播，经地空、空空转发，可覆盖方圆上千千米的战场。其用户终端分为三类：(1)用于指挥控制平台。如预警机、地面防空指挥控制中心和大型舰艇，发射功率从一瓦至几千瓦，数据处理和显示功能强。(2)战术终端。配备在战术飞机和舰艇上，发射功率为 200～500W 之间。(3)背负式通信设备。供陆军小分队、单兵、车辆和小型舰艇使用。该系统用在防空预警系统中，可将预警机获得的大量信息实时传输到地面指挥部、空军基地、海军舰艇、作战飞机和防空武器系统，在地面雷达发现目标之前，就能提供关于敌机的距离、方位、高度、航向、航速、机型等数据，使防空部队能提前制订作战方案，指挥飞机起飞和引导拦截，同时使地面防空系统的跟踪制导雷达提前对准目标来袭方向及时截获目标，以便适时发射武器实施拦截。其特点是：(1)在同频段通信网没有主台和属台之分，网络中任何用户之间都可以通信，互不干扰。(2)保密性好，用户不必呼叫，可以随意接收网络中任一用户的信息，敌方难以判断通信关系。(3)采用扩频跳频技术，抗干扰能力强。(4)通信容量大，一个网可以容纳数以千计的用户，一个地区在同一频道内又可以组成数十个网，网络之间可互通。(5)功能多，是一种集通信、导航、敌我识别于一体的综合信息系统。

【联合战役】(joint campaign) 在统一指挥下，由两个以上军种的战役军团共同实施的战役或由两个以上军种战役所构成的系列战役。如陆军战役军团、空军战役军团共同实施的联合战役；或由第二炮兵战役、空军战役和海军战役等构成的联合战役。某些小型联合战役也可由两个以上军种的战术兵团共同实施。

【联合制碱法】(Hou's process for soda-manufacture) 将氨碱法和合成氨法两种工艺联合起来，同时生产纯碱和氯化铵的方法。由中国著名化学家侯德榜发明。此法包括两个过程：(1)将氨通入饱和盐水而成氨盐水，再通入二氧化碳，生成碳酸氢钠沉淀，经过滤、洗涤和煅烧即得纯碱(碳酸钠)。其滤液是含有氯化铵和氯化钠的溶液。(2)在含有氯化铵和氯化钠的滤液中通入氨气，并在冷冻之后加入细粉状食盐使氯化铵析出，经过滤、洗涤和干燥即得氯化铵。此时滤出氯化铵沉淀后所得的滤液，已基本上被氯化钠饱和，可回收循环使用。联合制碱法的优点是：(1)氯化铵的利用率达96%以上。(2)综合利用了合成氨厂的二氧化碳。(3)节省了蒸氨塔、石灰窑等设备。(4)没有氯化钙的废料。

【联合作战】(joint operations) 由两个或两个以上军种，或由两个以上国家或政治集团的军队在一起，为完成共同的作战任务所进行的的作战形式。在形式上相互独立，在总体上又相互配合、密切协同，以整体作战效能来赢得作战胜利。其主要特征是：作战目的的战略性、作战力量的整体性、作战空间的多维性和作战形态的非线性。

联合作战

【联会】(synapsis) 在减数分裂的偶线期，两条同源染色体侧面紧密相贴并进行配对的现象。两个配对的同源染色体形状、大小和结构都相同，一条来自父本，一条来自母本。联会染色体间的配对是专一性的，可以同时发生在分散的几个点上。由于每种生物染色体的数目是一定的，所以它们的同源染色体的对数也一定。例如豌豆有14条染色体，7对同源染色体。同源染色体上常含有不同的等位基因，减数分裂时又进行了交换并随机地分配到不同的性细胞中去，这对于遗传重组有重要意义。

【联机】(online) 借助于通信线路实现两台或两台以上电脑的连接。主要是调制解调器、交换机和不同电脑之间的连接。在实现联机后，可以对信息进行快速、稳定和交互性的存取。有利于资源共享、信息查阅以及协同完成任务等。广泛应用在电子商务、金融、制造和零售业等领域。

【联机编辑】(on-line edit) 在计算机控制下由人机对话显示装置进行的编辑过程。可把经过处理加工的数据以图形的形式显示出来，并进行快速人机对话，实现图形的交互输入、输出。对图形进行综合和修改，提高工效和成图质量。多用于广播电视或动画片制作等方面。

【联机辨识】(on-line identification) 又称在线辨识。在系统动态响应所允许的时间范围内，利用采样数据建立并不断修正系统模型的一种辨识方法。要求在采样的过程中，同时完成辨识的各个步骤。其特点是：(1)辨识所用数据随时间不断增加；(2)辨识的全部运算必须在两次采样之间完成。主要用于各种适应性系统，提高系统品质。

【联机检索】(on-line retrieval) 用户借助通信线路通过终端设备与检索系统相连所进行的文献与数据检索。这种计算机系统一般设有多种数据库，每一个数据库包括几十万、几百万条文献的书目或科技数据。检索到的题录、文摘或数据可以立即在终端上显示和打印出来。它的出现，是图书馆收集、查找与提供资料方法的一次变革，为人类快捷地共享信息资源提供了有效手段。

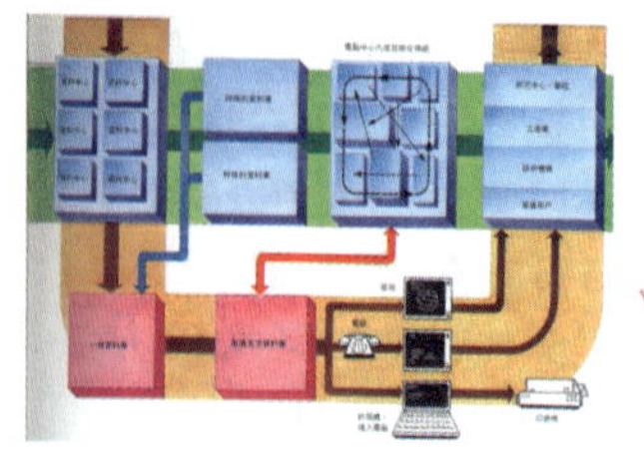

联机检索

【联机事务处理系统】(on-line transaction processing system) 一种实时处理某项业务请求的人机交互系统。能对数据进行即时更新或其他操作,使系统数据始终保持在最新状态。用户可将一组保持数据一致性的操作序列指定为一个事务元,通过终端、个人计算机或其他设备输入事务元,经系统处理后返回结果。在飞机订票、银行出纳、股票交易、超市销售和饭店管理等方面应用广泛。

【联络菌丝】(binding hyphae) 又称缠绕菌丝。一类弯曲、多分枝、厚壁或薄壁、无隔膜,较骨架菌丝细的菌丝。交织、缠绕于骨骼菌丝和生殖菌丝上。起菌丝间的联络作用。

【联排别墅】(town house) 由三幢或三幢以上的别墅并排而成的住宅建筑形式。在城区联排而建的市民城区住宅。19世纪50年代发源于英国。这种住宅均是沿街的。由于其面积的限制,所以都在基地上表现为大进深小面宽。层数一般在3~5层。立面式样则体现为新旧混杂,各式各样。在很多国家和地区已非常普及。由于离城很近、方便上班、价格合理、环境优美,成为城市发展过程中不可逾越的阶段。是住宅郊区化的一种代表形态。另一种联排别墅有天有地,每户独门独院。并设有1~2个车位,还有地下室。由三个或三个以上的单元住宅组成,一排2~4层联结在一起,几个单元共用外墙,有统一的平面设计和独立的门户。建筑面积一般是每户250m² 左右。比较注重项目选址,交通比较方便,价位较低。

联排别墅

【联体别墅】(united house) 由两幢或两幢以上的别墅并联而成的住宅建筑形式。从建筑本身而讲,联体别墅虽然没有独立别墅那样奢华的空间和环境,但其本身功能已经和独立别墅相差无几。独立别墅易造成邻里之间相处冷漠,而联体别墅可增加邻居们交往的机会,减少经济发展所带来的心理沙漠化趋向。与普通住宅相比,它除了具有一般意义上住宅的基本功能外,还有门厅、车库、阁楼和私家花园等,舒适度会明显提高。其最大的好处是,“上有天,下有地”,室内室外浑然一体。在当前国家严格控制别墅用地的背景下,联体别墅的优势显得更突出。

联体别墅

【联想存储器】(associated memory) 又称关联存储器。根据给定信息内容的特征而不是根据地址进行存取的存储器。由存储单元阵列和一些逻辑电路组成。它除具有一般存储器存储信息的功能外,还有对信息进行处理的功能。其特点是:(1)内容在每一个位单元中比较,能够产生快速的表查找。(2)数据内容随机寻址,无需关注其他存储器芯片所要求的寻址机制。其不足之处是存储容量小于常规存储器。

【联运提单】(documents for united transportation) 经两种或两种以上运输方式联运的货物,由第一承运人收取全程运费后,在起运地签发到目的港的全程运输提单。在以下三个方面与多式联运单据不同:(1)签发人不同。多式联运单据的签发可以是不拥有运输工具,但有权控制运输并对全程运输负责的人签发。而联运提单习惯上由拥有运输工具的海上承运人或其代理人签发。(2)签发时间和地点不同。在多式联运方式下,经营人或其代理人在内陆货运站、码头堆场、发货人的工厂或仓库接收货物后即可签发多式联运单据。而联运提单习惯上在装货港货物装上船舶后签发。(3)责任不同。多式联运单据的签发人,即多式联运经营人,对货物负有全程运输的责任。而联运提单签发人的责任为单一责任制或网状责任制。单一责任制是指各承运人对自己运输区段内的货物灭失与损害负责,对货物从他的运输工具卸离后的货损不负责任。网状责任制下虽签发联运提单的人对全程运输负责,但损害赔偿却仍按发生货损区段的法规处理。

【鲢】(silver carp) 俗称鲢子、白鲢。属鲤形目,鲤科,鲢亚科,鲢属。中国淡水养殖的“四大家鱼”之一。体侧扁,头较大,但远不及鳙。口阔,端位,下颌稍向上斜。鳃耙退化,彼此联合成多孔的膜质片。口咽腔上部有螺形的鳃上器官。眼小,位置偏低。无须。下咽齿勺形,平扁,齿面有羽纹状。鳞小。自喉部至肛门间有发达的皮质腹棱。胸鳍末端仅伸至腹鳍起点或稍后。体银白。鳍灰白色。栖息于水体的中、上层。性活泼,

鲢

遇惊后即跳跃出水。以浮游植物为食。3龄可达性成熟。雌鱼相对怀卵量约4~5万粒/千克体重。卵漂浮性。产卵期与草鱼相近。在天然河流中可重达30~40kg。在池养条件下,1龄鱼可达到0.8kg上下。广泛分布于亚洲东部。在中国各大水系可见。

【镰刀状细胞贫血】(sickle-cell anemia) 红细胞呈镰刀状的慢性溶血性贫血。是人类发现的第一个分子病。由遗传基因突变导致血红蛋白分子中氨基酸残基被更换所造成。其发病的分子基础是:正常血红蛋白的β链上的第六位谷氨酸被缬氨酸所替代。由于编码谷氨酸的密码子GAG突变为编码缬氨酸GUG,即GAG转变为GUG。在实际上,决定β多肽链那条DNA分子上一碱基发生了改变,从而造成异常血红蛋白,导致镰刀状细胞贫血症。患有这种疾病的患者,其血红蛋白含量和红细胞数目均为正常人的一半左右,且红细胞的形态也不正常,除有非常大量的未成熟红细胞之外,还有很多长而薄、呈新月状或镰刀状的红细胞。当红细胞脱氧时,这种镰刀状细胞明显增加。

【练漂】(bleaching) 又称前处理。精练和漂白过程的总称。应用化学和机械作用除去织物中杂质,为印染提供合格半成品的准备工作。在天然纤维中含有杂质,在纺织加工过程中又混加了各种浆料、油剂和沾染的污物等。这些杂质既妨碍染整加工的顺利进行,又影响织物的服用性能。练漂使织物洁白,柔软,具有良好的渗透性能,以满足服用要求,并为染色、印花、整理提供合格的半成品。

绳状练漂联合机

【炼钢原料】(steel making material) 供炼钢炉完成冶炼任务而加入的各种物质。包括金属原料和非金属原料。金属原料主要有铁水、废钢、生铁和铁合金。其中铁水是转炉的主要原料,占70%的比例。对铁水的要求是温度和Si、Mn、P和S的含量。废钢是电炉的主要原料,占70%~90%。氧气转炉可加入30%的废钢。对废钢的要求是严格分类,防止混入杂物和有色金属。需要时,在电炉中加入一定数量的生铁能增加炉料中的碳含量。铁合金是脱氧及合金化的炉料。包括硅铁、锰铁、铝铁、硅锰合金和硅钙合金等。对铁合金的要求是所需要的成分和块度。电炉冶炼高合金钢时往往用含碳量极低的工业纯铁以降低炉料的含碳量。非金属原料包括:(1)造渣炉料。石灰、萤石和白云石。(2)氧化剂。氧气、铁矿石、氧化铁皮等。铁矿石和氧化铁皮用来调整炉渣成分,增加FeO的含量,降低熔点和改善熔渣的流动性。(3)冷却剂。除废钢以外,球团矿、烧结矿、氧化铁皮等炼铁原料也可作为冷却剂使用。不但可以直接炼成钢,而且提供了其中的氧,同时也是助熔剂,有利于化渣。(4)增碳剂。包括石墨电极、木炭和焦炭,氧气转炉冶炼高碳钢时加入。钢铁厂中的报废钢锭模、轧钢切头可以代替废钢。氧化铁皮来源于钢坯加热及轧钢过程中产生的铁削。炼钢用氧气一般由厂内附属的制氧车间的制氧机供应,管道输送到炼钢炉。

废钢

【炼钢自动化】(steel making automation) 使用计算机实现辅助控制的炼钢自动化系统。转炉炼钢自动化控制系统由原料、冶炼、炉外精炼、浇注及生产管理等全部工艺环节在内的若干系统组成。主要包括:(1)上料自动控制系统。由料仓、皮带机、卸料车、故障报警等控制系统组成。(2)转炉炼钢本体自动控制系统。由倾动炉体、烟罩升降、氧枪升降、氧枪横移、氧枪水路、氧枪气路、下料等控制系统组成。转炉炼钢自动控制系统具有以下功能:工艺过程参数的收集、处理和记录;根据数学模型计算铁水、废钢、散状料、铁合金和氧气等原料的用量;吹炼过程的自动控制;人机对话和生产管理。其中熔池温度的测定、熔池含碳量的测定、氧气压力流量的测定技术是自动控制的基础。电弧炉炼钢的自动化控制系统包括:电炉冶炼、化学分析、钢包冶金、炉外精炼、统计分析等系统组成。其中电炉冶炼的监视和控制系统主要监视吹氧、炉顶的升降和旋转、电源的接通或切断、熔炼功率预报、功率消耗、电弧长度、电极和废钢的使用等,并可自动介入电弧炉的操作,以及冶炼过程的自动记录等。

【炼铁自动化】(iron making automation) 使用计算机实现辅助控制的高炉自动化系统。由电气和仪表组成,完成从原燃料槽下称重配料、卷扬上料、布料、喷吹煤粉、热风炉燃烧、送风、炉体水冷和炉前出铁作业等生产过程的基础自动化,并进行数据采集、顺序控制、连续控制、人机对话和数据通信。随着检测技术的发展,其成果广泛应用于高炉生产的各个环节,包括:料面形状、煤气流分布、炉顶煤气成分、软熔带形状、炉料下降速度、透气性、温度分布、炉身静压、风口破损、风口流量、砌体烧损、冷却壁水温和煤粉流量等。检测技术为自动控制提供了基础。按照控制对象的不同高炉自动化控制系统可分为:(1)设备控制。主要对上料、配料、无料钟炉顶、热风炉等设备进行控制。(2)过程控制。主要包括模型计算、过程数据处理、设备诊断、一代炉龄数据库、生产报表和工艺参数管理等。(3)工厂管理控制。主要负责生产管理,并与原料、焦化、烧结等计算机进行数据通信。(4)区域控制。负责炼铁区域的生产协调,并与公司计算机进行数据通信。

【链激酶】(streptokinase) 从β-溶血性链球菌培养液中提纯精制而成的一种高纯度酶。能使纤维蛋白酶原转变为有活性的纤维蛋白溶酶,临床用于血栓性疾病治疗。对治疗急性心肌梗死安全有效,能大幅度降低死亡率,且不出现脑出血、过敏性休克等不良反应。是欧洲一些国家主要使用的溶血栓药物之一。自1993年开始,中国国内48家医院合作开始链激酶溶血栓的临床实验研究。

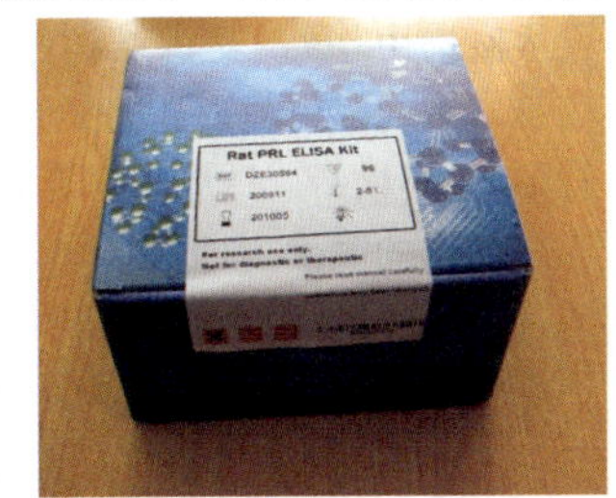

链激酶

【链路预算】(link budget) 在一个通信系统中对发送段、通信链路、传播环境和接收端中所有增益和衰减的核算。其通常用来估算信号能成功从发射端传送到接收端之间的最远距离。链路预算是移动通信无线网络覆盖分析最重要的手段之一。不仅应用于网络规划设计阶段,也应用于网络的优化和运营维护阶段。在采用频分复用多址技术的第一代移动通信系统和采用时分复用多址技术的第二代移动通信系统中,链路预算主要用于分析网络的覆盖,并可以通过调整上下行链路预算中的各种参数来达到上下行的链路平衡,扩大网络的覆盖范围和提高网络的覆盖质量。在采用码分复用多址(CDMA)技术的第三代移动通信网络中,由于引入了小区负载、Eb/No、业务速率等参数,链路预算不仅和网络的覆盖相关,而且与网络的容量及质量也息息相关。链路预算能够指导规划区内小区半径的设置、所需基站的数量和站址的分布。具体而言,链路预算要做的工作就是在保证通话质量的前提下,确定基站和终端之间的无线链路所能允许的最大路径损耗。由于链路距离和最大允许路径损耗直接相关,因此,只要确定传播模型,从最大允许路径损耗就可以计算出小区的有效覆盖半径。

【链式反应】(chain reaction) 在一个核反应中,如果生成能进一步引起周围其他核发生核反应的次级粒子(如中子)且数目多于一个,则这种核反应一经引发,便可以引起一系列的核反应。若整个反应体系足够大,体系中能够俘获上述次级粒子而使其数目减少的杂质数量很少,则这种核反应一经引发后即可自持地进行。此称自持链式核反应。例如,一个铀核在一个中子作用下发生裂变,如果裂变时放出两个次级中子,这两个次级中子又引起两个铀核发生裂变,放出四个次级中子,这四个中子再引起四个铀核发生裂变……。如此下去,反应的规模将自动地变得越来越大,直至发生铀核的链式反应。核反应堆的出现和氢子弹爆炸即是链式反应。

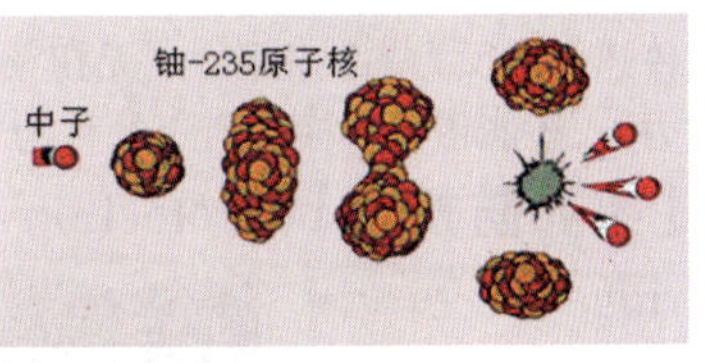

链式反应示意图

【良性肿瘤】(benign tumor) 机体内某些组织的细胞发生的异常良性增殖。呈膨胀性生长,生长比较缓慢。由于瘤体不断增大,可挤压周围组织,但并不侵入邻近的正常组织内。瘤体多呈球形、结节状。周围常形成包膜,与正常组织分界明显,用手推之可移动。手术时容易切除干净,摘除不转移,很少有复发。绝大多数不会恶变,对机体影响较小。但有些良性肿瘤对人体危害很大,必须密切关注:(1)观察肿瘤生长的部位。当良性肿瘤生长在身体要害部位,这些部位空间又相当有限时,同样可造成致命的后果。如生长在头颅内、甲状腺上及纵膈的巨大良性肿瘤等。发生在胃肠壁或肠腔内的良性肿瘤,也因为瘤体增大会引起梗阻、出血、穿孔、黄疸等急症,延误治疗可导致死亡。(2)关注良性肿瘤的恶变倾向。有些良性肿瘤会发生恶变,一旦变成恶性,其后果与恶性肿瘤相同。比较容易恶变的肿瘤有甲状腺腺瘤、乳腺纤维瘤、子宫瘤、胃肠道的平骨肌瘤、软组织的纤维瘤、滑膜瘤、韧带纤维瘤等。这些肿瘤一经发现,也要及时处理。(3)有些非肿瘤病的良性病变同样与恶性肿瘤有关。如乳腺的囊性小叶增生症、黑痣、肺组织或其他部位的疤痕性病变,长期不愈的慢性溃疡、肝硬化等均有可能与恶性肿瘤的发生相关。因此,如发现良性肿瘤有迅速增大,出现出血、剧痛等情况时,应立即检查。必要时,进行手术切除。

【良种繁育和推广】(breeding and promotion of fine seed) 有计划地、迅速地、大量繁殖优良品种的工作。如稀播繁殖、温室、异地加代、地膜覆盖栽培等,尽可能大地提高种子繁殖系数、扩大种子量、满足生产用种、加快良种推广的进程。良种繁育的有效途径是选择有条件的地方作为基地，进行集中、规模化生产，以保证繁育的数量和质量。

【梁格】(beam grillage) 又称梁排。由一组纵梁（主梁）和一组横梁（副梁）相互交叉形成一种格子式和排筏式的桥面系。有正交和斜交两种。横梁和纵梁的交叉有正交和斜交之别。纵横梁之间仅能传递竖向反力的梁格称为“无扭梁格”。除了竖向反力外，还能传递纵横向弯矩的称为“抗扭梁格”。

【梁峁防护林】(protection forest on loess-ridge) 为控制黄土丘陵沟壑区梁峁坡的水土流失所营造的人工林。梁峁为黄土丘陵沟壑区沟间地的一种地形形态。一般梁呈狭长条形，峁呈浑圆形，分水岭较宽而平缓，梁峁坡度小于5°，并向两侧或四周倾斜；宽梁分水岭宽度可达200～500m，窄的只有50m左右；梁峁坡长一般为100～200m，坡度15～30°。梁峁地形或因黄土塬地、梁地经长期侵蚀切割而成，或在黄土堆积前期即呈丘陵地形。梁峁丘陵的地形高耸，风大，气温较低，立地条件干旱贫瘠，除少量可作农田之外，多以林草地为主。在梁峁顶部营造防护林，林种配置布局要合理，应选择抗逆性强、具有较大生物量的乔、灌木树种和草种。大面积营造梁峁防护林，可以改善生态环境，提供薪柴、饲料和部分小径材。

梁峁防护林

【梁排】(girder) 见梁格。

【梁桥】(beam bridge) 以梁作为上部结构主要承重构件的桥梁。按上部结构的使用材料的不同可分为：木梁桥、石梁桥、钢梁桥、钢筋混凝土梁桥、预应力混凝土梁桥，以及用钢筋混凝土桥面板和钢梁构成的结合梁桥等。木梁桥和石梁桥只用于小桥；钢筋混凝土梁桥用于中、小桥；钢梁桥和预应力混凝土梁桥可用于大、中桥。按主要承重结构形式的不同可分为：实腹梁桥和桁架梁桥两类。实腹梁桥构造简单，制造与架设方便。这两种梁式桥的受力性质不同，实腹梁桥以用于预应力混凝土桥为主，而桁架梁桥则多用于钢桥。按上部结构静力体系的不同可分为：简支梁桥、连续梁桥和悬臂梁桥。

梁桥

【梁式渡槽】(beam-type aqueduct) 输水槽身支承于槽墩或排架上，在纵向起梁的作用的渡槽。根据槽身分缝与支承位置得不同，可分为简支梁式（见图）、双悬臂梁式、单悬臂梁式和连续梁式四种，前两种为常用型式。梁式渡槽由槽身、支承结构和进、出口等部分组成。槽身常用的横断面形式为矩形和U形。有时也用圆管形、矩形槽身。U形和圆管形多用于中小流量。无通航要求的渡槽，一般在顶部每隔1～2 m设拉杆一道，以增强侧墙横向稳定和改善槽身横向受力条件。不设拉杆的通航矩形渡槽，可适当加大侧墙厚度或加肋以增加侧墙的稳定性。当流量很大时底部可用多纵梁的板梁结构。梁式渡槽的支承结构常为重力式槽墩或排架。重力式槽墩根据墩身结构型式的不同又分为实体墩和空心墩两类。梁式渡槽的槽身跨度与宽度之比常大于3～4，故可按梁理论计算槽身的内力。梁式渡槽受力、传力明确，设计、施工较方便，运用可靠，能适应各种流量，是渡槽建设中采用最多的一种型式。

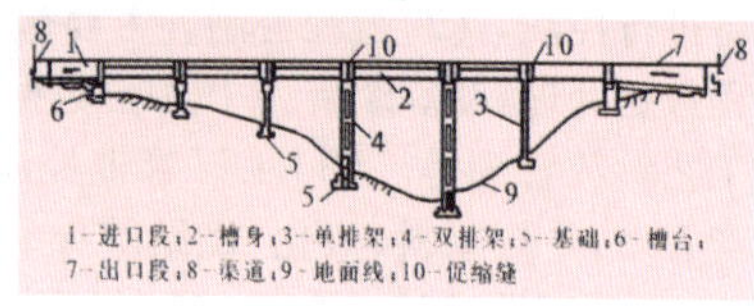

梁式渡槽

【量底法】(quantity base method) 以色彩、晕线或面状符号表示连续或布满整个制图区域内各种制图对象数量特征的方法。即用面状符号的色彩或图案（晕线）表示分级的各等值区域，通过色彩的同色或相近色的亮度变化以及晕线的疏密变化，反映对象的强度变化，而且要符合等级感受效果。对象指标增长的用暖色，指标越多，色越浓（晕线越密）；对象指标越少的用冷色，指标减少的，色越浓（晕线越密），即绝对值越大，色越浓，或晕线越密。

【量水槽】(flow measurement flume) 又称驻波槽、临界水深槽。在明槽内设置一缩窄段，使之发生临界流，并在上游或下游特定位置测水深，据此求得流量的量水设施。已成为灌区的主要量水设施。其测流的特点是：壅水及淤积较少，杂物不易堵塞，水头损失较小，量测精度较高，适用范围较大。量水槽有长喉道槽及短喉道槽两种。(1)长喉道槽。由上游收缩段、喉道及下游扩散段组成。该水槽仅需测出上游水深，就可确定流量。喉道横断面有矩形、梯形及U形三种。矩形喉道槽适用于流量变幅较小的渠槽。梯形喉道槽适用于流量变幅较大的渠槽。U形喉道槽一般设在U形渠道或圆形管道出流处。

量水槽

(2)短喉道槽。喉道长度缩短的量水槽。由于尺寸较小、比较经济、但不能灵活改变几何尺寸以适应各测流处的具体要求,水位-流量关系也需用现场或室内率定方法确定。常用的短喉道槽有:卡法奇槽、巴歇尔量水槽和无喉道槽。此外,还有水跃量水槽和简易放水槽等型式。

【量水堰】(flow measurement weir) 在明槽中用以量测流量的溢流堰。测流原理是通过测定建筑物上游某一规定位置的水位或上下游两个水位,按堰流公式或表格、关系曲线计算流量。不同型式的量水堰适用于不同的流量范围和安设条件。常用的量水堰有四种型式:(1)薄壁堰。在垂直水流的直立金属堰板上设置锐缘缺口的堰,有三角形缺口堰、矩形缺口堰及梯形映口堰等。是一种使用最早且精度较高的测流设施,广泛用于水力学、水工实验室的测流。(2)宽顶堰。多用于实验室和清水测流设备中,灌排渠道上采用不多。(3)三角剖面堰。纵剖面呈三角形,标准堰型由1:2的上游坡和1:5的下游坡组成。两坡面相交形成直线堰顶。该堰型施工简单,堰体遭到轻微损坏时,对量测精度影响不大。适用于较小的水位差及较大的流量。(4)平坦V形堰。纵剖面成三角形,上游坡为1:2,下游坡为1:5。其堰顶横断面也呈三角形,堰顶线横向坡不陡于1:10。V形堰,适于含沙量小的平原河道。量水堰型式的选择主要根据拟测流量的大小及变幅、测流精度等要求确定。

【量测摄影机】(metric camera) 专为摄影测量目的设计制造的摄影机。内方位元素已知,具有框标,物镜畸变经严格校正。常用的量测摄影机有:全景摄影机(摄影时,摄影机镜头的光轴能从一侧到另一侧扫描所拍摄的范围,从而获得很宽拍摄范围)、框幅摄影机(曝光瞬间能对整个幅面同时成像)、条幅摄影机(在摄影过程中,缝隙快门始终打开,光轴指向不变,感光胶卷以掠过焦面的地物影像速度向前运行)、多谱段摄影机(将来自目标光波按波长分割成若干波段,然后分别将各个波段的影像同时拍摄或记录下来)等。

【粮棉比价】(price ratios between grain-and cotton) 同一市场、同一时间上棉花价格与粮食价格之比。反映棉花生产收益与粮食生产收益的对比关系。棉粮比价变化对棉花和粮食生产具有重要的影响。它是以棉花为交换品,粮食为被交换品,表示一个粮食单位的粮食可以兑换多少个单位的棉花,实际上反映了棉花生产收益和粮食生产收益的关系。在不同地区,由于粮棉生产的自然环境、投入、技术水平以及粮棉的产量和质量不同,其比价也有一定差距。在国家管理中,一般通过主动安排合理比价来调控粮棉生产,以满足社会的需求。国家制定粮棉比价的主要依据是:它们各自的价值和历史形成的比价关系、社会平均利润、市场供求变化以及同类作物的比较收益等。

【粮情检测】(measurement for condition-of stored grain) 对粮食储藏过程中粮堆温度、粮食水分、储粮害虫种类和数量、仓内温湿度、大气温湿度及气体浓度等粮情数据进行检查和记录的过程。是粮情测控系统的功能之一。是粮情测控系统的基础。一般由计算机、通信模块、采集模块、分线器及传感器来完成对粮情数据的检测和记录。具有温度检测、湿度检测、粮情分析、通风控制、自动报警和网络传输等多项功能,并留有测水、测虫、测气和安全监视等多种接口。广泛适用于各大、中、小型粮食储备库。

【粮食安全】(grain safety) 确保所有的人在任何时候既能买到又能买得起他们所需基本食品的保障措施。包括三个具体目标:(1)确保生产足够数量的粮食。(2)最大限度地稳定粮食供应。(3)确保所有需要粮食的人都能获得粮食。“国以民为本,民以食为天”。粮食是关系国计民生的重要战略物资。粮食安全与社会的和谐、政治的稳定、经济的持续发展息息相关。完善粮食应急储备体系,确保粮食市场供应,最大限度地减少紧急状态时期的粮食安全风险,是政府的职责,也是粮食安全保障体系的重要组成部分。

【粮食保护价】(grain protective price) 国家为保护粮食行业生产者利益而实行的粮食收购最低限价或粮食收购最高限价。中国实行一定限额的粮食收购保护价政策,要求国有粮食企业按政府规定的保护价敞开收购农民余粮。对于企业由于执行保护价格或最低收购价格而可能造成的亏损,由国家财政给予补贴;赢利上缴财政。最低保护价措施的出台,将有效平衡粮食供求关系,封杀粮价下跌的空间。另外,考虑到国内外粮食价格的联动性,预计未来粮食价格将保持稳中弱升的格局。

【粮食陈化】(grain aging) 粮食在储藏期间品质由好变坏的过程。从品质上看,新鲜粮食外表光亮,陈化后的粮食外表变得灰暗;在口味上,新鲜粮食有它特有的香味。粮食陈化后,香味丧失,甚至有一种令人不快的陈味，口味变差，严重时甚至不宜食用。成品粮比原粮更易陈化。陈化是粮食本身的性质，是不可避免的，但是陈化的快慢要受到保管条件的影响。为了保持粮食的优良品质，延缓粮食的陈化过程，需要科学地改善粮食的保管条件。粮食在含水分低、温度低和缺氧的条件下储藏，陈化的发展会延缓；反之，在粮食含水分高、温度高、氧气充足时，则陈化加快。

【粮食储藏技术】（grain storage technology） 为达到储粮安全的目的，根据粮食在储藏期间变化规律，所采用的技术与方法。是根据不同生态区域环境条件，采取适当措施，保持粮食应有的品质。储藏粮食品种，包括谷物、油料及其加工产品。储藏地主要任务是：防止粮食污染，减少虫霉危害，确保粮食的数量和品质安全。按其技术的不同可分为：（1）常规储藏。是指在常温常湿条件下，不采用特殊机械设备，通过常规的日常管理，使粮食尽可能长期地处于安全状态。常规储藏的粮食，其水分必须在安全标准，基本无虫，杂质含量在1%以内，按要求合理堆装。（2）气控储藏。凡利用密闭粮仓或塑料薄膜帐幕进行气控储藏粮食时，其密闭设施应符合气密要求。为达到杀虫目的，粮堆内氧气浓度应控制在2%以下；为达到抑制霉菌目的，粮堆内氧气浓度应控制在0.2%以下。（3）低温、低氧和低药量储藏。“三低”储藏为一项综合防治措施。其组合与顺序应根据季节、粮种、粮食水分、温度和害虫密度等不同情况而灵活运用。（4）温控储藏。（5）机械通风储藏。

【粮食储藏学】（grain storage science） 研究粮食在储藏过程中自身变化及其与环境相互关系的学科。属自然综合性应用科学。包括粮堆生态系统各组成部分之间相互关系（能量流动、物质循环和信息联系）、粮堆中生物与非生物环境条件之间相互关系；同时包括研究预测粮堆生态系统的变化和针对各种变化情况采取必要的控制措施。其主要内容是：粮食、油料学，储粮害虫学，储粮微生物学，粮食营养学，粮食储藏仓库与机械设施，粮食储藏技术，储粮害虫防治，储粮真菌防治，电子计算机在粮食储藏管理中的应用，粮食污染与卫生检测，粮仓鼠害防治，粮食储藏和粮油检验专用仪器、仪表研制等。其研究的重点是：粮食储藏期间的不同储藏条件、不同储藏方法和不同储藏处理，对粮食生理生化变化、粮食品质（工艺品质、烘焙与食用品质和种用品质等）变化，粮堆内有害和有益生物（储粮害虫、螨类、微生物、鼠类及天敌）消长演替变化规律的影响。

【粮食烘干机械】（grain dryer） 能把粮食产品中的水分蒸发，得到干燥产品的机械。由烘干机、热风炉、热风机、冷风机、斗式提升机、带式输送机、清理设备、烘前仓、烘后仓和电气控制设备等组成的粮食烘干系统。目前较为常用的是循环式低温热风塔式干燥机。粮食干燥过程通常分为预热、水分汽化、缓苏（温度调节）和冷却四个阶段。其烘干工艺流程是：废气排放湿粮→清理筛→斗提机→烘前仓→输送机→斗提机→烘干机→输送机→斗提机→烘后仓→成品。其中烘干机的流程是：冷空气→鼓风机→换热器→热空气→热风机→烘干机。粮食烘干流程中，粮食应可以返回烘干机，也可以直接排出。粮食与干燥介质在烘干机内进行热质交换，烟道气与干燥介质（空气）在换热器进行热交换。与自然干燥相比，具有明显的优势：（1）减少了晒场用地，对保护耕地有着重要意义。（2）避免农民占用农村道路晾晒粮食，可以预防和减少农村道路交通伤亡事故。（3）自动化程度高，操作简单，使广大农民从传统的靠阳光晾晒的繁重体力劳动中解放出来。（4）减轻劳动强度，改善劳动条件，提高劳动生产率。为实现农业现代化，农业产业化和集约化提供有效手段。（5）提高了稻谷的质量，耐贮性和加工性。稻谷机械干燥时间较短，干燥过程中不会发芽和霉变；干燥温度适宜，干燥均匀，干燥过程中可控制，基本不产生爆腰。

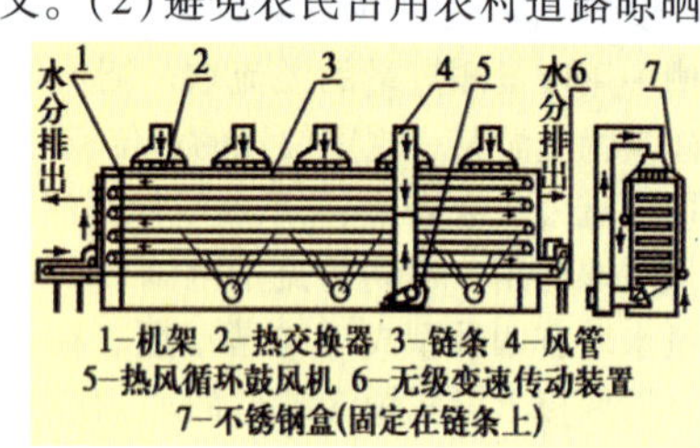

粮食烘干机械

【粮食后熟】（grain maturation） 在粮食收获以后的一段时间内继续发育成熟的过程。新粮在田间收获时并没有完全成熟，在储藏的最初一段时间内，种子的胚发育仍在继续。这时粮食的呼吸作用旺盛，发芽率很低，食用品质较差，并且不好保管。新粮经过后熟作用后，胚发育完全，呼吸作用也渐渐平稳，品质得到改善，且更便于储藏。成熟过程所需要的时间称为后熟期。在后熟期间，因为生理活动旺盛，呼吸作用较强，容易使粮粒出汗，这时如不及时通风降湿降温，就很容易使粮食发热或发霉。不同的粮种，所需要的后熟时间不同。春小麦的后熟一般在半年以上；粳稻28天左右；冬小麦为1～2.5个月；大麦为3～4个月；玉米约半个月；高粱约半个月；籼稻通常无后熟期。

【粮食后熟期】（grain store maturation-period） 粮食从收获成熟到生理成熟的时间。通常以粮食种子的发芽率达到80%以上作为完成后熟作用的标志。大多数粮食具有后熟作用。新收获的粮粒生理上还没有完全成熟，胚的发育也未结束。这时期的表现为:呼吸旺盛,发芽率很低,耐储性差和工艺品质不良。经过一段时间的储藏,达到生理上的完全成熟。在后熟期内进行的所有生理生化过程称为后熟作用。完成后熟作用的粮粒,呼吸作用减弱,稳定性加强,发芽率升高和品质改善。粮食的后熟作用,是粮食种用品质、食用品质和工艺品质逐步完善的一个生理过程。后熟期的长短,因粮种、品种、产地以及储藏条件的不同有很大的差异。麦类的后熟期较长。粳稻、玉米和高粱的后熟期较短。籼稻后熟期很短。收获后粮食的成熟程度越高,后熟期越短。处于后熟期的粮食堆,要及时检查和严格管理,应注意降温、散湿、防虫和防霉。

【粮食呼吸作用】(grain respiration) 粮食活细胞内的有机物质在酶的作用下逐步氧化分解,并释放能量的过程。呼吸是活细胞共同的特征。可分为有氧呼吸和无氧呼吸。都是通过一系列酶促反应,使大分子物质氧化降解、从大变小、从复杂变简单直至分解成无机物的过程。是粮食子粒维持生命活动的一种生理表现。有利于促进粮食后熟,保持生命活力。在粮食储藏期间,既要求保持呼吸,又要使储粮的呼吸维持在微弱的水平,以减少营养物质的消耗,保持粮食品质。在粮食大分子降解中,逐步释放有机物所储存的能量,是一个生物的放能过程。放能反应与吸能反应相偶联而形成了细胞内最通用的能量转换形式。这就是呼吸作用在生命活动中的重要作用。

【粮食价格指数】(grain price index) 反映粮食价格水平在不同时期变动程度和趋势的相对数。是反映一定时期内粮食价格水平变动情况的统计指标,包括粮食生产者价格指数、收购价格指数、批发价格指数、消费者价格指数等。制定粮食价格指数时,首先要确定一个基期,以基期粮食价格水平为100,以相同的条件为制约因素,便可作为依据衡量基期以后的粮食价格水平。指数高于100,反映价格上涨;低于100,表示价格下降。粮食价格指数编制和发布的部门有国家统计局、国家物价中心、国家粮油信息中心等。

【粮食检疫】(grain quarantine) 通过法律、行政和技术的手段,防止粮食危险性病疫传播蔓延的管理措施。运用有关的仪器设备、检验方法和相关的科学技术对输出或输入的粮食及其产品是否带有危险性病、虫和杂草等有害生物进行检疫检验和检疫处理的行政管理活动。是植物检疫的重要部分。是一项特殊形式的植物保护措施。涉及法律规范、国际贸易、行政管理、技术保障和信息管理等诸多方面,是一综合的管理体系。其目的是:为了防止粮食中危险性病、虫和杂草等有害生物由国外传入和在国内传播蔓延;保护粮食生产和环境,维护对内、对外贸易信誉;履行国际间或国内地区间的义务。在粮食中危险性病、虫和杂草中,有小麦矮腥黑穗病、菜豆象、谷斑皮蠹、鹰嘴豆象、毒麦和假高粱等。

粮食检疫

【粮食链】(grain chain) 粮食从生产、收购、储存、运输、加工到销售以及最终消费整个过程中,所涉及的各相关环节和组织载体连成一体的功能网。从初级产品到消费阶段,粮食产品经(种植)收购、储存、运输、加工、销售和处理的阶段和操作过程。由粮食产前－产中－产后、加工－流通－消费等环节构成。每个环节又涉及到各自的相关子环节和不同的组织载体。如产前环节包括种子、农资等生产资料的供应环节(涉及种子、农资供应商);产中环节包括田间管理和农用物资供应环节(涉及农户或生产企业、农资供应商);产后加工环节包括产品分级、包装、加工、储藏(涉及加工企业);流通环节包括产品的储运、批发、零售(涉及储运商、批发商、零售商)。只有把粮食的各个环节结合起来,才能构成一完整的粮食产业链条,促进粮食良性循环。

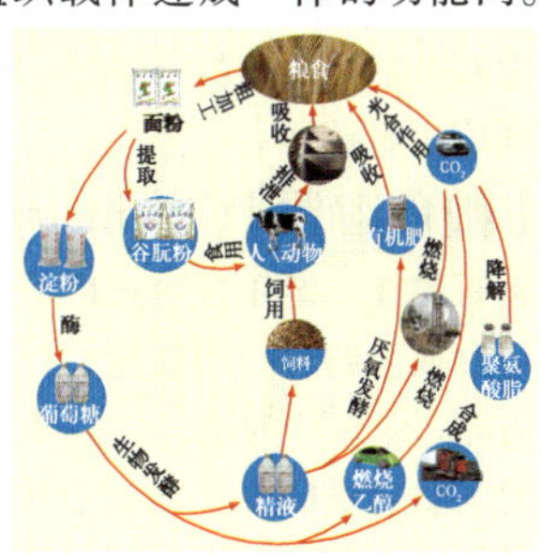

小麦产业链

【粮食霉变】(grain moulding) 在不良生态条件下,由于霉菌大量生长繁殖使粮食中的有机物质被分解,使粮食发热、生霉和劣变的过程。粮食在储存和运输的过程中,淋雨、结露、吸湿、杂质聚集和虫害严重或本身含水量过高等因素,均可能引起霉菌的大量繁殖,造成粮食生霉和变质。不论是原粮还是成品粮,如果储存时间过长或者受热、受潮和被水浸湿,都有可能产生霉变。发生霉变的粮食,其营养成分如淀粉、脂肪和蛋白质等被霉菌分解利用,使粮食的卫生品质、食用品质、加工品质和种用品质下降。严重霉变的粮食还会变色、变味和带毒。人

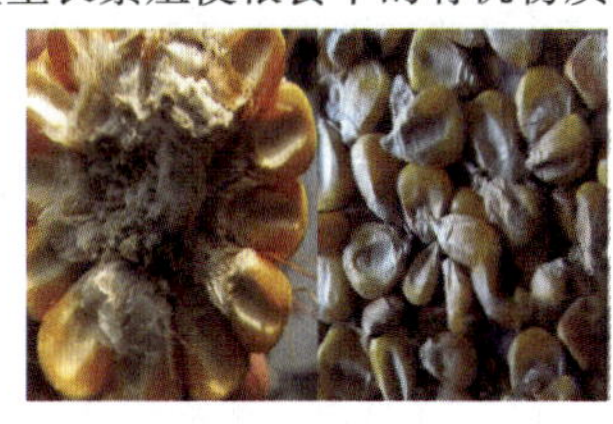

粮食霉变

体摄入霉变的粮食或制品后,可能会呕吐、发热和慢性中毒。

【粮食气味】(grain odour) 粮食、油料或成品固有的正常气味和香味。以“正常”或“不正常”表示。每一种品质正常的粮食或油料,都有其固有的气味。对于发霉、发热等变质粮油,气味会发生不同程度的改变。受害严重的会出现霉味、哈味等。气味鉴定是区别原粮或成品正常与否的重要感官检测依据之一。

【粮食扦样】(grain sampling) 从大量的原料中,随机抽取重量适当、有代表性样品供验的工作。扦样只能由受过训练,具有实践经验的扦样员(检验员)担任并按规定扦样。扦样后要填写扦样证书,并由双方签字。国抽、部抽需有扦样单。有异质性的原料应拒绝扦样。

【粮食容重】(grain test weight) 粮食或油料籽粒在一定单位容积内的绝对质量,或单位体积中粮食或油料籽粒的质量,常以克/升(g/L)或千克/立方米(kg/m^3)为单位。容重是粮食检验的重要指标之一。容重的大小取决于粮食或油料籽粒的密度和粮堆的孔隙度。在一般情况下,粮粒细小,参差不齐,外形饱满圆滑,结构致密,含水量低,含淀粉和蛋白质较多,堆积密集,并混有各种沉重杂质者,容量较大;反之,粮粒粗大,颗粒整齐,表面粗糙皱瘪,含水量高,脂肪含量较多,堆积松散,并混有轻飘杂质者,容重较小。在粮食加工或储运工作中,可以根据容重来推算一定质量粮食的体积,或从粮食的体积推算质量,从而计算出装载量和仓容量。

【粮食酸度】(grain acidity) 中和10g粮食试样中的酸性成分所耗用的碱液的毫升数。品质正常的粮食含有的酸性物质很少。当粮食的水分含量过大,温度过高或生虫生霉时,均可促进酸性物质增多。这些酸性物质来源于粮食中脂肪分解而产生的脂肪酸,磷脂分解而产生的磷酸和酸性磷酸盐,蛋白质分解而产生的氨基酸,碳水化合物分解而产生的乳酸、醋酸和醋酸。

【粮食托市收购价】(supported grainmarket price) 又称托市价、最低收购价。国家为保护粮食生产者利益,减少市场上商品供应量,以促进价格回升的收购价格。国家以相当或者高于市场价格收购,抑制市场粮价下滑,增加种粮农民收入,目的是稳定市场粮价,促进农民增收,调动农民种粮积极性和保护农民利益。通常由国家指定的企业按最低收购价挂牌收购,收购一定数量之后,市场价格回升并稳定在最低收购价以上时停止执行。非国家指定企业可随行就市收购。最低收购价政策不同于过去的保护价收购政策。保护价收购是指所有国有粮食企业按保护价敞开收购农民余粮,而最低收购价主要起托市作用。一般情况下,粮食收购价格由市场供求形成关系,国家在充分发挥市场机制的基础上实行宏观调控。

【粮食休眠】(grain dormancy) 具有生活力的粮食籽粒处于不发芽状态的现象。一般成熟籽粒离株后即进入休眠状态。种子休眠受内在或外在因素的限制。一时不能发芽或发芽困难的现象,是植物对外界条件长期形成的一种适应性。种子收获后在适宜发芽条件下由于未通过生理后熟阶段,暂时不能发芽的现象称为生理休眠;由于种子得不到发芽所需的外界条件,暂时不能发芽的现象称为强迫休眠。

【粮食熏蒸剂】(grain fumigant) 在常温条件下,能以足够的气态浓度致死粮食有害生物的一类药剂。一般通过气门和呼吸系统进入虫体发生毒效。如储粮害虫防治使用的磷化氢。是一类防治粮食中有害生物的极为有效的药物。其熏蒸效果通常与温度成正相关系,温度越高,效果越好。如果延长熏蒸处理时间,较低的浓度也可能获得较好的防治效果。当前主要有仓库熏蒸法、帐幕熏蒸法、减压熏蒸法和土壤熏蒸法。在农业上使用较多是仓库熏蒸法和土壤熏蒸法。仓库熏蒸法用于作物收获后的处理。土壤熏蒸是在作物种植前的处理。按其化学结构的不同可分为:(1)卤代烷类。如四氯化碳、二氯乙烷、二溴乙烷、甲基溴、氯化苦、二氯丙烷、二溴氯丙烷等。(2)硫化物。如二硫化碳、硫酰氟、gy-81等。(3)磷化物。如磷化铝等。(4)氰化物。如氢氰酸、氰化钙等。(5)环氧化物。如环氧丙烷、环氧乙烷等。(6)烯类。如丙烯腈、甲基烯丙氯等。(7)苯类。如邻二氯苯、对二氯苯、偶氮苯等。(8)其他。如二氧化碳等。

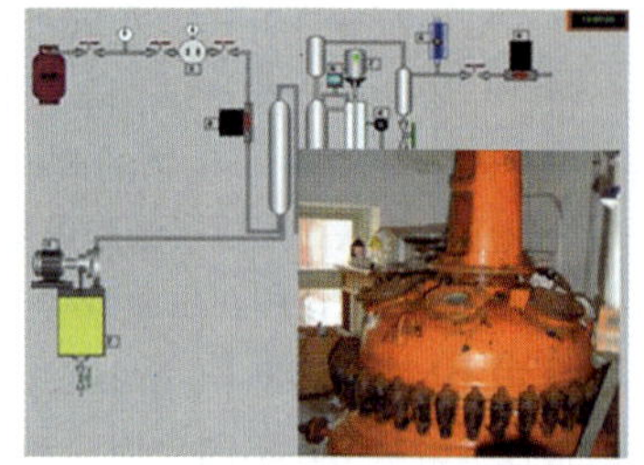

环氧丙烷的生产

【粮食最高限价】(grain ceiling price) 又称粮食上限价格。政府对粮食所规定的最高价格。国家指导价的一种,是在粮食价格放开,市场自发形成的情况下,为保护消费者的利益,国家规定粮食作为商品的上限价格,企业只能在上限价格内向下浮动,一定程度上避免了由粮食价格过度上涨带来的严重后果,有利于国民经济的协调发展和人民生活水平的提高。

【粮食作物】(food crops) 又称粮谷作物。提供人类食粮的一些作物。其中有谷类作物、薯类作物及某些豆类作物。谷类作物如水稻、小麦、大麦、燕麦、黑麦、小黑麦、玉米、高粱、粟、黍等，主要提供淀粉、蛋白质、维生素等，薯类作物，也称根茎类作物，如甘薯，马铃薯等。主要提供淀粉、维生素等；豆类作物，主要是豆科作物如大豆、蚕豆、豌豆、小豆、绿豆、豇豆、扁豆等，主要提供蛋白质、脂肪等。

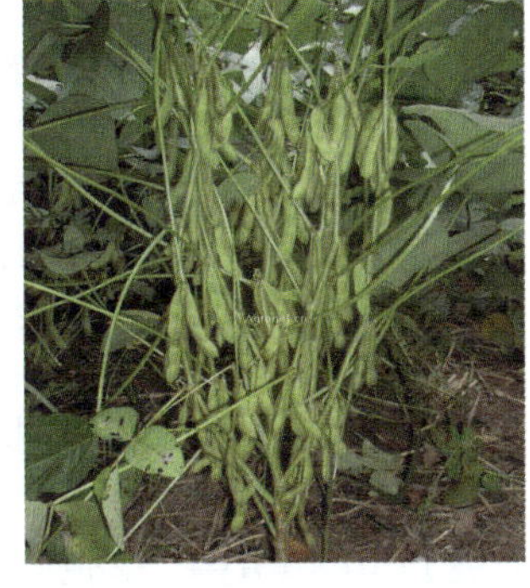
大豆

【粮油精深加工】(intensive processing-of cereal and oil) 主要从环保和经济效益两个角度对粮油进行两次以上的深加工技术。这是相对于粮油的初加工而言的。粮油的初加工是指对粮油一次性的不涉及粮油内在成分改变的加工。初加工一般只是使粮油发生量的变化而不发生质的变化。而粮油的精深加工主要是不断应用高新技术对粮油资源进行综合利用，开发高质量、高附加值、高效益的新产品，从而为提高农业的综合效益，增加粮农收入开辟新的有效途径。粮油深加工是粮食生产链条延伸的最高层次，增值的最大环节。主要包括对蛋白质资源、纤维资源、油脂资源、新营养资源及活性成分的提取和利用。利用含有纤维素的农业废弃物和加工副产物如秸秆、稻壳等生产生物燃料；从大豆蛋白、玉米蛋白、大米蛋白和小麦蛋白等谷物蛋白中开发出多种具有保健功能的生物活性肽；应用现代生物技术将谷物淀粉改性，转化为抗性淀粉、缓慢消化淀粉、脂肪替代物；将具有生物活性的米糠多糖、燕麦和大麦葡聚糖、小麦戊聚糖、玉米脂多糖等开发成产品。

【粮猪比价】(price ratios between grain-and pig) 同一市场、同一时间上生猪价格与粮食价格之比。反映饲养生猪的经济收益与生产粮食的经济收益之间的对比关系。常用来衡量养猪盈利水平。为防止生猪价格的过度下跌，维护生猪养殖户利益，政府根据不同的下跌程度分别或同时启动发布预警信息、增加储备、调整政府补贴等不同的响应机制。

【两高一低上浆工艺】(two high and one-low sizing process) 高压力、高浓度、低黏度的上浆工艺。“高浓”的量化标准为浆液浓度(含固率)大于等于上浆率。“高压浆力”以车速 100m/min 时、后压浆辊压力 20～40kN 为标准，推出不同速度下的压浆力，最终衡量标准为压出加重率小于等于100%。“低黏”指浆液最低黏度应保证上浆要求，不影响浆料应具有的黏附性及正常开车或慢车时不轻浆。两高一低上浆工艺的主要优点是：(1)提高浆纱质量，达到被覆与渗透的有机结合。(2)节约能源，大量减少浆纱机烘房的用气量。(3)浆纱机加速，提高上浆效率。(4)浆纱结构紧密，提高浆纱强伸度。(5)增加耐磨度，降低毛羽量和经纱断头率。

【两控区】(double controllable areas) 酸雨控制区和二氧化硫污染控制区的简称。《大气污染防治法》规定，根据气象、地形和土壤等自然条件，可以将已经产生和可能产生酸雨的地区或者其他二氧化硫污染严重的地区，划定为酸雨控制区或者二氧化硫污染控制区。一般来讲，降雨 pH≤4.5 的，可以划定为酸雨控制区；近三年来环境空气二氧化硫年平均浓度超过国家二级标准的，可以划定为二氧化硫污染控制区。

【两栖动物】(amphibian) 最原始的陆生脊椎动物。既有适应陆地生活的性状，又有从鱼类祖先继承下来的适应水生生活的性状。多数两栖动物需要在水中产卵，发育过程中有变态，幼体(蝌蚪)接近于鱼类，而成体可以在陆地生活。但是有些两栖动物为胎生或卵胎生，不需要产卵，有些从卵中孵化出来几乎就已经完成了变态，还有些终生保持幼体的形态。现代的两栖动物种类多，分布较广泛，但其多样性远不如其他的陆生脊椎动物。两栖动物虽然也能适应多种生活环境，但是其适应力远不如更高等的其他陆生脊椎动物。它既不能适应海洋的生活环境，也不能生活在极端干旱的环境中，在寒冷和酷热的季节则需要冬眠或者夏蛰。

青蛙

【两栖战】(amphibious warfare) 又称登陆作战。海军和陆军及其他兵力联合对敌海岸要地进行的渡海进攻作战。其目的是：突破敌方抗登陆防御，歼灭当面之敌，夺取海岸重要地段或岛屿，开辟新的战场，为

登陆作战

陆上进攻作战创造条件。

【两栖战舰艇】(amphibious warfare ship) 专门用于登陆作战的舰艇。其主要任务是:输送登陆兵、登陆工具、战斗车辆、武器装备和物资,指挥登陆作战,并为两栖作战提供火力支援。两栖战舰艇包括两栖攻击舰、两栖作战指挥舰、登陆舰和运输舰等。各种登陆舰船都有其专门功能和登陆专用装备。

两栖战舰艇

【两线一地制配电】(double phases and-one ground line distribution system) 在中性点电压接地的三相配电系统中,只用二相导线,第三相在送电端和受电端分别可靠接地,以大地作为第三相导电回路的供电方式。是三相交流供电系统中的一种特殊的供电方式。与这种以大地作为导电回路的供电方式相似的还有一线一地制配电,即将一相导线与大地组成供电电网。其优点是:节约有色金属消耗量,降低配电网造价,减少线路电能损耗。但由于一相电流利用大地传送,接地相对地电压为零,而非接地相对地电压为线电压,致使三相对地电压不平衡,三相电流也不平衡。在正常进行情况下,两线一地制对邻近通信线路产生电磁干扰和静电感应电压,严重影响通信线路的通信质量和人身安全。因此,在通信线路密集的城市或近郊,都不宜采用两线一地制的供电方式。

【两相区轧制】(two phase region rolling) 在轧件同时具有奥氏体与铁素体组织时进行的轧制。是热轧型钢生产中采用的一种控制轧制技术。在两相区进行轧制的目的是为了获得更加细微的组织,以便在保证低温韧性不降低或稍有降低的前提下,使钢的强度,特别是屈服强度大幅度地提高。适于生产结构钢,还可用于开发新品种如双相钢。两相区轧制一般是在奥氏体再结晶区、奥氏体未再结晶区进行一定道次的轧制,使奥氏体晶粒被拉长形成变形带,并且有些部位转变成铁素体。然后在奥氏体和铁素体两相区的温度上限区域进行一定道次的轧制,一般总变形量控制在 20% 以下。使奥氏体晶粒进一步被拉长,晶粒内形成新的滑移带,并在这些部位形成新的铁素体晶核。而先析出铁素体,经过变形后,使其晶粒内部形成大量位错,并由于这些位错在高温时形成亚晶,使强度提高,并使脆性转变温度降低。亚晶是使强度迅速增高的主要原因。在两相区轧制后的相变可以得到比较复杂的组织状态:(1)在两相区变形后,由变形奥氏体转变成的铁素体为细小、等轴、不具有亚晶的铁素体和珠光体。(2)先析出铁素体晶粒变形后可能产生以下三种情况:①在两相区中以小变形量轧制,铁素体只被拉长,而在晶粒内不形成亚晶。②在两相区的变形量增大,除先析出铁素体被拉长外,晶粒内位错密度增加,形成亚晶,而位错密度降低,得到高强度和韧性的综合性能。一般希望得到这样的铁素体。③在两相区的变形量足够大时,先析出铁素体晶粒在变形后将发生铁素体再结晶,则形成等轴铁素体晶粒。一般在正常轧制条件下是不会发生铁素体再结晶的。

【量】(quantity) 客观事物自身的某种属性,如长短、轻重、大小等在相互比较中所呈现出来的差异性,通过人们的感觉器官在大脑中的反映。人类为了生产与生活的需要,早在古代氏族社会就开始了对“量”的关注,采用某种基本单位作为标准,尝试对事物某种属性的差异性进行“量化”比较,并创造了多种多样的工具和方法。产生了“度量衡”的概念。特别是当采用“数”的符号和规则对“量”进行表示之后,就把反映事物属性的两个不同的概念“数”和“量”紧密地联系在一起,产生了“数量”的概念。于是,人们也往往把“量”称之谓“数量”。在中国的战国后期,秦始皇统一六国之后便颁发了关于度量衡的诏书,使全国实现了“度、量、衡”在工具、方法和管理制度上的统一,对经济社会发展起到了巨大的推动作用。也为后来中国社会度量衡制度的发展和完善奠定了基础。当今,在国际上已有了统一的国际法制计量组织。常设机构是国际法制计量局(BIML),地址设在法国巴黎。中国是 BIML 的正式成员国。

【量变】(quantitative change) 与质变相对应。是事物的运动状态之一。事物微小的、不显著的、非根本性的变化。是在度的范围内的延续和渐进。是反映事物变化的哲学范畴之一。日常所见的事物的统一、相持、平衡、静止等状态或现象,都是量变过程中呈现的面貌。量变是在度的范围内发生的,是一种保持事物质的稳定性的状态。但是,它同时又是一种向度的边缘不断挺进的趋势,一旦达到并破坏度的边缘及关节点时,便会引起质变。量变虽不是质变,却与之紧密相连。质变是原量变的结束,又是新量变的开始。由量变到质变,再到新的量变的相互交替过程,便是质量互变规律的基本内容。

【量反应】(quantitative response) 机体对药物的定量或连续量反应。如血压、血糖水平、排尿量等。也有的虽不能用连续量但可在较大数量范围内用一系列整数表示,如每视野内的细胞数、单位时间内的心跳数等。量反应一般可以是反应量的绝对数、相对数、增减数或百分数等。量反应属于计量资料,有强度和性质的差别。可用某种测量数值表示。

【量化误差】(quantization error) 量化结果和被量化模拟量的差值。量化级数越多,量化的相对误差越小。量化级数指的是将最大值均等的级数,每一个均值的大小称为一个量化单位。量化误差与噪声是有本质的区别的。因为任一时刻的量化误差是可以从输入信号求出,而噪声与信号之间就没有这种关系。量化误差是高阶非线性失真的产物。但量化失真在信号中的表现类似于噪声,也有很宽的频谱,所以也被称为量化噪声并用信噪比来衡量。

【量化噪声】(quantization noise) 在通信系统中,由量化过程带来的噪声。在语言编码通信中,量化过程存在量化误差,反映到接收端,这种误差而产生的失真噪声再生。因为这种失真所产生的噪声和杂乱的干扰一样,听起来和元件产生的热噪声相似。解调后信号和原传递信号的差异是因幅度和时间的量化而产生的。这种失真称为量化失真。所谓量化就是把采集到的数值送到量化器(A/D 转换器)编码成数字,每个数字代表一次采样所获得的声音信号的瞬间值。在量化时,把整个幅度划分为几个量化级(量化数据位数),把落入同一级的样本值归为一类,并给定一个量化值。量化级数越多,量化误差就越小,声音质量就越好。目前常用量化数据位来表示量化级,例如数据位为 8 位,则表示 28 个量化级,最高量化级有 216 个等级。增加量化位数能够把噪声降低到无法察觉的程度。但随着信号幅度的降低,量化噪声与信号之间的相关性变得更加明显。

【量子】(quantum) 能量非连续变化时的基本单元。普朗克在研究黑体吸收和发射电磁辐射能量时,提出不是经典物理所认为的那样可以连续地吸收或发射能量,而只能是某一基本单元的整数倍。这一基本单元为频率和普朗克常量的乘积,其中普朗克常数$h=6.63\times10^{-34}\,\mathrm{J\cdot s}$。宏观物体能量较大,量子的数值相对来说微不足道,可以依然认为能量是连续变化的。而在微观领域中量子就无法忽略,能量的非连续性表现得非常明显。

【量子波函数】(quantum wave function) 描述微观客体量子状态的函数。原则上,通过波函数人们可以得到有关微观客体运动的全部信息。若用ξ代表某量子体系一组力学量的完全集,则该体系的量子状态可以用ξ与时间t的函数,即波函数$\psi(\xi,t)$表示。其模量的平方则反映了t时刻力学量取值ξ的概率。例如,以波函数$\psi(x,y,z,t)$代表由空间坐标三分量 x、y、z 组成的单粒子体系的完全集,则t时刻该粒子出现在(x,y,z)附近单位体积内的概率为$|\psi(x,y,z,t)|^2=\psi^*(x,y,z,t)\psi(x,y,z,t)$,其中$\psi^*(x,y,z,t)$代表$\psi(x,y,z,t)$的复共轭函数。

【量子尺寸效应】(quantum size effect) 当限制微观粒子运动的空间尺寸不断减少时,其量子现象更加明显的现象。当粒子尺寸下降到某一数值时,费米能级附近的电子能级由准连续变为离散能级或者能隙变宽的现象。当能级的变化程度大于热能、光能、电磁能的变化时,导致了纳米微粒磁、光、声、热、电及超导特性与常规材料有显著的不同。同时处于分立的量子化能级中的电子的波动性给纳米粒子带来一系列的特殊性质,如高的光学非线性,特异的催化和光催化性、强氧化性和还原性等。在实验上,共振光散射、远红外激发和磁阻振荡等方法已被用来验证量子尺寸效应。

【量子电动力学】(quantum electrodynamics, QED) 从量子力学发展而来的量子场论中最成熟的一个分支。其研究范围主要涉及电磁相互作用的量子性质(即光子的发射和吸收)、带电粒子的产生和湮灭、带电粒子间的散射、带电粒子与光子间的散射等。量子电动力学概括了原子物理、分子物理、固体物理、核物理以及粒子物理等各领域电磁相互作用的基本原理,是目前对电磁作用过程描述最为精确的理论。

【量子光学】(quantum optics) 光学的一个分支。以光的粒子性为基础,研究光和物质之间的相互作用的学科。在量子光学中,用一种静质量为零的基本粒子来描述光和物质的相互作用和光能的传递。这种粒子称为光子。根据量子光学,研究光和物质的相互作用时,应把电磁场和组成物质的原子体系作为一个统一的物理体系并加以量子化描述。从这个前提出发,既可以解释光的发射、光电效应和康普顿效应,也可以解释与光的传播特性有关的重要现象。

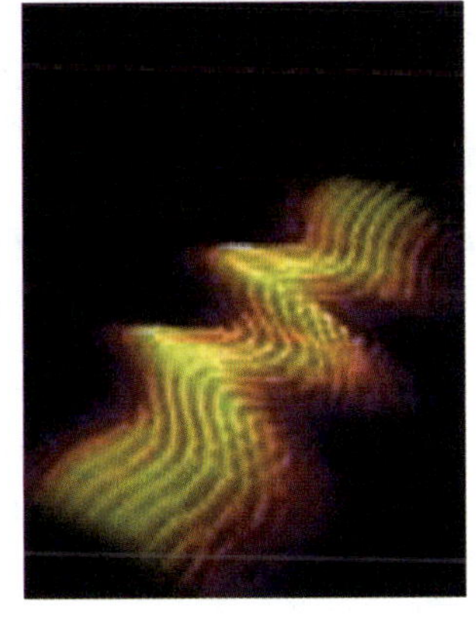
量子光学现象

【量子化学】(quantum chemistry) 理论化学的一个分支。应用量子力学的理论和方法处理和研究化学问题的学科。其研究范围包括:(1)稳定和不稳定分子的结构、性能及其结构与性能之间的关系。(2)分子与分子之间的相互作用。(3)分子与分子之间的相互碰撞和相互反应等问题。其理论方法包括:(1)分子轨道理论方法。(2)价键理论方法。(3)密度泛函理论方法。随着计算机的发展,量子化学计算方法得到飞速发展,自1960年以来涌现出了组态相互作用、多体微扰理论、密度泛函理论以及数量众多、形式不一的旨在减少计算量的半经验计算方法。现在已经有大量商用量子化学计算软件出现,其中很多都能在普通计算机(PC)上实现化学的精度量化计算。量子化学理论已经成为化学家常用的理论工具。

【量子计算机】(quantum computer) 一类遵循量子力学规律进行高速数学和逻辑运算、存储及处理量子信息的物理装置。此概念源于对可逆计算机的研究。具有极高的运算速度、极大的存储容量和超低的功耗。研究量子计算机的目的不是要用它来取代现有的计算机。它与其他计算机的不同之处在于它使计算的概念焕然一新。目前,世界上还没有真正意义上的量子计算机。

量子计算机

【量子力学】(quantum mechanics) 物理学的一个分支。研究微观粒子运动规律的学科。主要研究原子、分子、凝聚态物质,以及原子核和基本粒子的结构、性质。量子力学诞生于20世纪20年代,是在深入研究量子效应的基础上建立起来的。早期的旧量子论包括普朗克的量子假说、爱因斯坦的光量子理论和玻尔的原子理论。在量子力学发展的初期,曾因表达方式的不同被称为波动力学和矩阵力学,以后两种发展道路殊途同归。它与相对论一起构成了现代物理学的理论基础。现在量子力学拓展到相对论量子力学、量子电动力学和量子场论等,对微观物理和相关学科、交叉学科的进展研究和对科学的发展起到了历史性的突进作用,尤其是在近代技术中得到了广泛应用。

【量子密码术】(quantum cryptography) 利用量子状态来作为信息加密和解密的密钥。保障信息安全的手段之一。主要利用量子状态来作为信息加密和解密的密钥。想测算和破译密钥的人,会因改变量子状态得到无意义信息;信息合法接收者可从量子态的改变知道密钥曾被截获过。从理论上来讲,用量子密码加密的通信不可能被窃听,安全程度极高。世界上第一个量子密码通信网络2004年6月3日在美国马塞诸塞州剑桥城正式投入运行。

【量子耦合效应】(quantum cou-pling effect) 在两个或两个以上量子之间存在的作用与相互影响,并通过相互作用从一侧向另一侧传输能量的现象。耦合是两个实体相互依赖于对方的一个量度。量子耦合是物质粒子之间的非连续运动存在的相互作用与影响。量子耦合效应属于量子化学的基本概念之一。在研究分子结构理论和相互作用方面具有重要作用。

【量子色动力学】(quantum chromodyna-mics,QCD) 描述夸克之间强相互作用的标准动力学理论。是粒子标准模型的一个组成部分。量子色动力学认为,色相互作用的基本组元是携带分数电荷且自旋为1/2的夸克(见【夸克】)和自旋为1的胶子,夸克和胶子之间以及胶子之间可以通过色荷进行相互作用。色相互作用具有规范不变性,是一种可重正化的相互作用。

【量子效应】(quantum effect) 量子力学的基本概念之一。物质在量子状态下所呈现的与宏观物体截然不同的反常特性或现象。由于物质粒子的非连续运动所导致的原子系统分立能级的存在,使这种本质上非连续的量子跃迁导致物质呈现出一些反常特性,如波粒二象性。根据能量量子化假说,在光波的发射和吸收过程中,发射体和吸收体的能量变化是不连续的,能量值只能取某个最小能量元的整数倍。这一最小能量元被称为能量子。自然界中的所有物质在特定情况下都具有波粒二象性,或量子特性。光波本身就是由一个个不连续的、不可分割的能量量子所组成的。光量子概念首次揭示了光的量子特性或波粒二象性,即光不仅具有波动性,同时也具有粒子性。人类进入量子时代后,量子力学的研究不断深入,基于量子规律的新技术也不断涌现,比如激光技术和电子计算机的出现等。

【量子药理学】(quantum pharmacology) 用分子量子力学方法研究药理学问题的一门新兴边缘学科。是从原子和分子的电子行为出发去探索药理学的本质问题。是研究药物作用机理和创制新药的重要基础理论。其理论基础是从求解生物活性分子的定态薛定谔方程开始的。主要从药物与生物大分子两方面进行研究及采用动态结构研究方法以确定优势构象及其能量计算。以分子量作为基本功能单位,在分子量子水平上说明具有生物活性的化合物的药理作用，目的在于进一步阐明并解释化学结构与生物活性之间的关系。其出现标志着药理学的研究已跨入了微观世界，同时使其向数字化发展迈进了一大步。

【量子医学】（quanta medicine） 医学的一个分支。建立在量子力学、量子生物学、量子药理学和生命信息学基础上的一门现代医学学科。将医学从细胞层次推进到了构成人体的基本微粒子－量子的层次。量子检测仪可测出只有5个癌细胞的肿物，能及早发现并采用相应的先进方法治疗，使癌细胞消失在萌芽状态。量子医学发源于德国，其发展是由量子物理学的发展演变而来的。所有生物体及物质均带有极其微弱的磁场。这种磁场是由电子绕核旋转时产生的。通过量子共振检测仪对生物体及物质中的微弱磁场进行捕捉和解析，从而达到诊断治疗疾病的目的。在临床医学上，应用量子共振检测仪对疾病进行诊断与治疗的技术被称为量子医疗技术。由于量子医学能测量出人体超微细领域的状态，因此能为患者提早作出调理的指引，在预防医学上有广阔的发展前景。

【量子有机化学】（quantum organic chemistry） 又称理论有机化学。运用量子化学的计算方法研究有机分子静态和动态性质的学科。1927年到20世纪50年代末，是量子化学创建时期，其主要标志是三种化学键理论，即价键理论、分子轨道理论和配位场理论的建立和发展，分子间相互作用的量子化学研究。20世纪60年代以后，一些新的量子化学计算方法，如严格计算的从头算法、半经验计算的全略微分重叠和间略微分重叠等方法的出现，扩大了量子化学的应用范围，提高了计算精度。其研究对象包括：(1)分子中的电子构型和分布，化学键的类型及其有关参数。(2)分子和价键的性质，包括键能、电离势、亲合能、离解能、极性参数、取代基常数以及各种电、磁和力学常数等的计算。(3)电子运动能级和分子光谱特性。(4)反应活化能。(5)反应动态学的理论。量子有机化学是研究有机化学理论的重要方法，它与物理有机化学相互配合，将使有机化学理论朝着预示有机物分子结构和性能，掌握有机化学合成和反应规律的方向发展。

【量子宇宙学】（quantum cosmology） 应用量子引力研究宇宙在极早期创生、结构和演化规律的一个新兴学科。宇宙学家霍金是新兴科学量子宇宙学的创始人之一。霍金和其他人相信，只有借助量子理论，才能揭开宇宙之谜。他的构想是将整个宇宙视为一个量子粒子，重复一些简单的步骤，就能得到一些惊人的结果。量子理论的基本论点是以波函数解释粒子的各种状态。霍金遵循量子理论，推衍出量子宇宙学的最终结论是世上有无数个平行宇宙。量子宇宙学还对多宇宙模型给出了较多的具体描述：(1)多个宇宙可以由虫洞相互连通。(2)不同的宇宙可能有不同的拓扑性质。(3)四维宇宙的概率最大。由此可见，我们的宇宙只是其中一个有特定的度的物质宇宙，它表现为有特定的物理常数和物理规律、单连通的三维空间一维时间的物质世界。关于多宇宙的证明有三：(1)由于仅仅存在物质场和度规的时空拓扑，可以用完全无平衡要求的标量场描述。这种场的任何局域量子起伏都能导致真空对称破缺而形成宇宙泡，并通过暴涨而成为宇宙。由于局域的量子起伏非唯一，所以可能存在多宇宙。(2)爱因斯坦场方程允许存在众多独立无关的宇宙解，我们的宇宙只是其中一个解。场方程允许存在众多宇宙与我们的宇宙并存或更替着。来自不同宇宙解的宇宙，可能有不同的理或物的规定性，即可能有不同的度，而我们的宇宙可能只是其中一个有特定的度的物质宇宙。(3)量子宇宙学的新进展表明，无平衡要求的标量场可以用维伦金波函数或哈特勒－霍金波函数表示，而在该两者之间则存在一个闭区间，在它前后存在三个分立区域：一个以哈勃半径倒数为起点的经典允许区；一个由其标度因子不小于普朗克尺度的虫洞波函数所决定的经典禁戒区；还有一个在此禁戒区之前被称为Baby宇宙的经典允许区。Baby宇宙是一类普朗克尺度的宇宙。凡是这种尺度的宇宙都可能是永存的。

【晾烟】（aircured tobacco） 烟叶悬挂在晾房内完成凋萎变色干燥过程而调制出的一种烟型。分浅色晾烟和深色晾烟。将成熟的叶片悬挂在通风的室内或棚内，避免阳光直射，让其自然变色干燥。晾烟色泽鲜明，品质较好。中国广西武鸣的晾烟的调剂方法是：将整株烟草挂在通风阴凉之处，待烟叶晾干后再堆积加工发酵。调制后烟叶呈黑褐色，油分足，弹性强，吸味丰满，燃烧性好，烟灰洁白。浅色晾烟（白肋烟）的叶片糖分很低，具有特殊的香气。白肋烟多做雪茄烟和斗烟原料。

晾烟

【疗效食品】（curative effect food） 一般用来给住院病人喂食或者用作患有特殊疾病病人的主要膳食来源的食品。就其本质而言，疗效食品是典型适应某些膳食需要的功能性食品。疗效食品有许多不同的分类体系。按其功能特性的不同可分为：(1)完全营养型。即可以在没有其他营养渠道的情况下足量提供个体所需的全部蛋白质、脂肪、碳水化合物、维生素以及矿物质等营养素的疗效食品。(2)营养不完全型。能提供单独一种或几种营养组合、不足以维持一个正常、健康个体的全部营养需要的配方食品。营养不完全型疗效食品可以作为正常的食品的补充，也可以和其他组分一起来生产出完全营养型配方食品。它们可以灵活组合以满足不同生病个体的特殊需要。(3)为代谢失常者特制的配方食品。是指那些专为某些先天性代谢功能异常的个体所生产的配方食品，专门为苯丙酮尿患者、尿素循环异常患者、糖原过多症患者、丙酸尿症患者等设计的食品。(4)口服补液。是指用于对机体中水和电解质的异常缺失进行补充的产品。水和电解质的异常缺失常由胃肠道疾病或其他原因所造成。此类疗效食品配方中的标准成分包括氯化钠、柠檬酸钾、葡萄糖和水。

【列车调度集中系统】(centralized trafficcontrol system, CTC)　将调度区段内各中间站的电气集中及区间的自动闭塞结合起来，建立的一个由列车调度员直接操纵的信号通信与遥控的综合系统。具有列车跟踪、列车运行监视、人工控制命令输出等功能，还提供了列车运行、调度员操作的记录与告警、计划运行图的编制与显示、实迹运行图显示与绘制以及车次调整等。CTC 系统采用传统调度集中的以人工控制、调度员实现运行调整为主要运用特点的系统。CTC 系统控制区域的划分，应根据行车密度、车站数量、行车调度人员的劳动强度和 CTC 的技术性能等条件确定。根据需要，一条线路可单独设置 CTC 控制中心，若干运营线路可设置综合调度中心。采用 CTC 的信号系统可不设乘客向导显示、发车计时器和列车自动运行等设备。

【列车运行图】(train moving diagram)　列车运行的时间与空间关系的图解。表示列车在各区间运行及在各车站停车或通过状态的二维线条图。列车运行图运用坐标原理描述列车运行时间和空间关系。横坐标表示时间，纵坐标表示各分界点(车站)。斜线表示列车，斜线上的数字表示车次。列车运行图按时间坐标不同，可分为 2 分格运行图(即垂直线每格表示 2min)、10 分格运行图、小时格运行图。按列车运行图特点的不同可分为：平行运行图和非平行运行图，以及单线运行图、双线运行图、单双线运行图，成对运行图和不成对运行图，连发运行图和追踪运行图。列车运行图规定了列车占用区间的次序和在每一个车站出发、到达或通过的时间，在区间的运行时分，在车站的停车时分以及列车的重量和长度等。列车运行图是铁路运输工作的综合计划、铁路行车组织的基础，是协调铁路各部门、单位按一定程序进行生产活动的工具。

列车运行图

【列车运行自动化】(automation of train-operation)　对列车运行进行自动监督、控制和调整的技术。其内容随着相关技术的发展而增多，主要包括列车自动控制，列车自动停车和列车自动操纵。自动控制指列车超速时可自动降速以确保行车安全。但列车自动控制系统一般不能自动加速，必须由司机手工操纵。列车自动停车，由车与地面间装设的一种相互发生联系的设备完成。在司机未能确认地面信号机停车信号或减速信号的命令时，能够强迫列车自动停车，以防止列车冒进。列车自动操纵即列车自动驾驶，是列车自动控制系统的进一步发展。除完成列车自动控制系统功能外，还能根据允许加速显示信号自动进行加速。它是一套完整的闭环自动控制系统。此外，在列车自动操纵系统中还增加列车自动开闭车门等辅助性操作。列车运行自动化既能保证行车安全、提高运输效率又能节省能源、改善司机劳动条件，为实现铁路运营管理自动化创造了条件。

【列车制动】(train braking)　对行进中的列车施行减速或使之在规定的距离内停车的措施。其不仅直接关系到运输安全，而且是进一步提高列车运行速度的决定因素。列车速度越高，对制动的要求也就越高。因此，高速列车的制动技术就成为高速运行的关键技术之一。按列车动能消耗方式的不同，现有的制动方式基本上可分为两类：摩擦制动和动力制动。前者是指通过机械摩擦来消耗列车动能的制动方式。这种方式的优点是制动力与列车速度无关。无论在高速和低速时都有制动能力，特别在低速时能对列车施行制动直至停车。其缺点是制动力有限，这是受热能散发的限制而直接影响制动功率增大的缘故所致。摩擦制动包括闸瓦制动、盘形制动和摩擦式电磁轨道制动等。后者是指利用某种能量转换装置，将运行中列车的动能转换为其他形式的能量，如热能或电能并予以消耗的制动方式。这种制动方式的特点是制动力与列车速度有很大关系。列车速度越高，制动力越大。随着列车速度的降低，制动力也随之下降。动力制动包括电阻制动、再生制动、电磁涡流轨道制动和电磁涡流转子制动等。

【列车自动控制系统】(automatic train-control，ATC) 实现行车指挥和列车运行自动化，能保证列车运行安全的控制系统。是城市轨道交通最重要的组成部分。能够提高运输效率，减轻运营人员的劳动强度，发挥城市轨道交通的通行能力。ATC 系统运用了许多当代重要的科技成果，技术含量高。该系统包括三个子系统：列车自动防护(ATP)、列车自动运行(ATO)和列车自动监控(ATS)。ATC 系统包括五个功能：列车自动监控功能、联锁功能、列车检测功能、列车自动控制功能和列车识别功能。ATC 系统采用安全、可靠、成熟、先进的技术装备，具有较高的性能价格比。城市轨道交通运营线路宜采用准移动闭塞式 ATC 系统或移动闭塞式 ATC 系统，也可以采用固定闭塞式 ATC 系统。

【列管式换热器】(tube still heat exchanger) 见管壳式换热器。

【列缺】 中医穴位名。属手太阴肺经，本经络穴，八脉交会穴之一，通于任脉。定位：在茎骨上方，腕横纹上 1.5 寸。两手虎口交叉，一手食指按在桡骨茎突上，指尖下凹陷处是穴。主治：头痛项强，咳嗽气喘，咽肿齿痛，口眼歪斜，惊痫，掌中热；神经性头痛，面神经麻痹，三叉神经痛，气管炎，支气管哮喘，荨麻疹，腕关节周围软组织疾患等。刺灸法：向肘部斜刺 0.2 ~ 0.5 寸；艾炷灸 3 ~ 5 壮，艾条灸5 ~ 10min。现代研究证明：针刺列缺穴可使肺通气量得到改善，呼吸道阻力下降，支气管平滑肌痉挛缓解，支气管黏膜血管收缩，水肿减轻，使支气管哮喘得以平复。针刺列缺穴，配太溪穴可引起膀胱的收缩反应，使排尿量增加，同时还可增强肾功能，增加酚红排出量，减少尿蛋白，降低血压。这种效应可持续 2 ~ 3h，再针刺时仍有效。

【猎户座】(Orion) 天赤道附近主要星座之一。位于金牛座和双子座以南。中心位置：赤经5 时 30 分，赤纬 +5°，面积约 594 平方度。座内有 0 等星 2 颗，α 星(中名“参宿四”)为变星和红色超巨星，β 星(中名“参宿七”)是青白色超巨星。它们与 5 颗 2 等星组成中国传统星象中的白虎，是北半球中国冬季黄昏天空中最引人注目的星座。

猎户座

【裂变反应】(fission reaction) 重核分裂为两个中等质量核碎片的反应。可分为自发裂变和诱发裂变两种形式。自发裂变是指在没有外部激发的情况下某些重核自发进行的裂变。而诱发裂变则是原子核因受其他粒子诱发而引起的。原子核在裂变过程中会释放大量的能量，并伴随着新粒子的产生。原子核裂变是一种复杂的反应过程，在核物理研究与核能开发方面占有主要地位。

【裂变能】(fission energy) 见核裂变。

【裂变燃料】(fission fuel) 在中子轰击下能发生裂变的元素材料。自然界中铀 - 235 属于裂变燃料。它在天然铀中只占0.712%，但可通过铀浓缩的过程来提高其比例。另两种裂变燃料是通过核反应堆生产的，即由钍 - 232 生产铀 - 233，由铀 - 238 生产钚 - 239。

【裂变武器】(fission weapon) 见原子弹。

【裂谷】(rift valley) 又称断裂谷、线状地堑。两条大致平行的断层间的地块下沉所形成的谷地大陆地壳最大的断裂带是东非裂谷带，长 6 000km，宽 50 ~ 80km，南起赞比亚河口以南，向北经马拉维湖，分为东西两支。东支沿维多利亚湖东侧，经坦桑尼亚、乌干达，穿过埃塞俄比亚高原入红海，再北上入亚喀巴湾、死海和约旦河谷地抵加利利海；西支沿维多利亚湖西侧，循扎伊尔国界经坦噶尼喀湖、爱德华湖和蒙博托湖延伸到尼罗河上游谷地。两侧多为高峻陡峭的断层崖，底部为平坦的平原，底宽 50 ~ 60km，加之高低悬殊。(一般数百米到两千余米)，使整个裂谷带狭长深邃。东非裂谷带是一千多万年前地壳发生巨大断裂形成的断陷带。板块构造学说认为，东非裂谷带是陆地分离处，地壳热对流的上升流上举作用，使东非地壳抬升为高原；分散作用还使地壳脆弱部分张裂，断陷成为裂谷带，形成新大洋的胚胎。裂谷在其形成期间不断向两侧扩张，近 200 万年来平均扩张速度为每年2 ~ 4cm。按此速度 1 亿年以后，这里将出现一个新的“大西洋”。

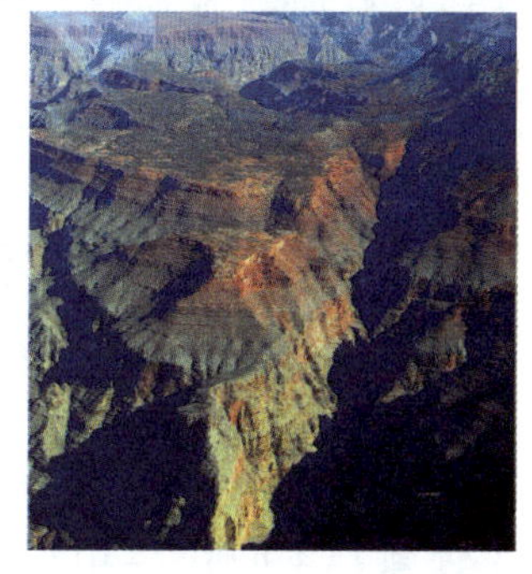

裂谷

【裂隙带】(fractured zone) 又称断裂带、裂缝带。位于垮落带之上，产生大量裂隙和离层而不垮落的岩层分带。冒落带之上的岩层由于受到冒落带的影响而产生垂直于层面方向的裂缝、离层和断裂，但仍保持原有层状结构。裂隙带的下部裂缝最为发育,连通性强,漏水严重,越往上则逐渐减弱。由于冒落带与裂隙带之间无明显界限,故合称破裂带。又由于两者都破坏严重,导水性强,所以又叫导水裂隙带。当开采范围达到一定值,导水裂隙带的高度不再增加,并随时间推移逐渐降低。导水裂隙带的最大高度是水体下采矿以及水体下采矿设计与试采的重要参数。

【裂殖】(schizogenesis) 分裂生殖。无性生殖中常见的一种方式。由一个母体分裂成两个或多个大小形状相同新个体的生殖方式。单细胞生物,如细菌、单胞藻和原生动物的裂殖,实际上是一次细胞的分裂过程。

【邻苯二甲酸酯】(phthalate acid ester) 又称酞酸酯。由邻苯二甲酸酐与醇在酸(如硫酸)催化剂存在下酯化而成的高分子化合物。邻苯二甲酸形成的酯的统称。一般为挥发性很低的黏稠液体。当被用作塑料增塑剂时,一般指的是邻苯二甲酸与4~15个碳的醇形成的酯。是塑料工业中最常见的增塑剂、软化剂和可塑剂。被广泛添加于玩具、食品包装材料、医用血袋、胶管、乙烯地板、壁纸、清洁剂、个人护理用品等日常及工业的高分子塑胶产品中。由于邻苯二甲酸酯增塑剂与塑料主体结构之间不以化学键相结合,故在使用过程中会不断从塑料中释放出来,污染环境。邻苯二甲酸酯可通过呼吸道、消化道和皮肤等途径进入人体,是一种重要的内分泌干扰素。经常接触会影响人体健康。

【林窗】(canopy gap) 又称林隙、林冠空隙。森林群落林冠层中,因老龄树或优势树种等死亡而导致林冠出现的空隙。是未来的树木得以活跃更新的场所。其概念最初是由英国人 Watt 于 1947 年提出的。后来美国森林生态学家 Runkle 在对北美东部的原始老龄林深入研究的基础上,对林窗的概念进行了扩充。他把林窗分为两类:(1)冠林隙,系指直接处于林冠层空隙下的土地面积,有人称之为实际林隙。(2)扩展林隙,指由冠层空隙周围林木树干围成的土地面积。冠林隙应用较广。创建林隙的树木叫林隙形成木。有的林隙由单株树木死亡后形成,称其为单形成木林隙;有的是由两株形成木形成的,称其为双形成木林隙;有的则是三株或三株以上形成木形成的,称其为多形成木林隙。

【林地管理】(management of forest land) 整地、除草、施肥、灌溉与排水、栽植绿肥作物及改良土壤、树种和保护林地凋落物等措施的总称。通过改善和协调土壤的水、肥、气、热等条件,从而提高林地的生产力。土壤是树木生长的基础,是水分、养分供给的基质。通过林地管理,可以使土壤有机质含量提高、土质疏松、改善通气透水性能,使土壤微生物活跃,土壤肥力提高,从而有利于林木根系对营养物质的吸收,有效地促进林木生长。中国林地主要是山地,其次是丘陵、砂砾滩地、平原、海涂及内陆盐碱地等。这些林地大多土壤瘠薄,有机质含量低,偏酸或偏碱,不利于林木生长。因此,除了在栽植前通过整地措施改良土壤的理化性状外,在造林后还要通过林地管理措施保证树木成活、成林、成材。

林地管理

【林地水土保持】(soil and water conservation on forested land) 针对林地产生水土流失的主要原因和部位,采用生物措施、工程措施、管理措施以及法律措施等开展的综合治理。不同类型林地水土流失原因不同:(1)疏林地。地表不能形成有效的枯枝落叶覆盖层,在暴雨条件下容易产生水土流失。(2)陡坡幼林地造林整地方式不当,容易诱发水土流失。(3)纯林地造林树种单一,形不成异龄复层林,不能充分发挥水土保持作用。(4)经济林地抚育不当,造成林地水土流失。(5)有林地林区道路系统的不合理修筑,也会引起严重的水土流失。针对林地水土流失成因,所采的取措施是:(1)在林区开发建设的规划设计阶段,要全面考虑相应的水土保持措施,在设计中增加水土保持内容。(2)大力改革不利于水土保持的传统林业生产方式,禁止采用陡坡全面整地。(3)按照水土保持坡面工程标准,针对幼林,进行造林整地工程的设计与施工。(4)通过在疏林地空隙内种植豆科草本植物,增加地表植被覆盖度,控制疏林地水土流失。(5)在降水充沛、积雪深厚的林区,山洪、滑坡、泥石流等水土流失现象频繁发生,必须采取工程措施和生物措施相结合的途径加以治理。

【林分】(stand) 树种组成、森林起源、林相、林龄、疏密度、地位级等大体一致,但与邻近林地有明显区别的森林地段。也泛指任一长有森林的地段。是由树种的生长习性、环境条件和经营活动等因素的影响而形成和发展的结果。它是

林分

组成森林的最小地域单位。按其起源的不同,可分为人工林和天然林;按其树种的不同,可分为纯林和混交林;按其树木年龄和结构的不同,可分为单层林和复层林等。可概括为同龄单层纯林和混交复层异龄林两大类型。林分是森林经营的具体对象。不同林分,需采取不同的经营措施。

【林分材种出材率】(stand timber producing-rate) 单位面积林分采伐造材的林种出材量与其林分蓄积量之比。以百分数表示。出材量是指实际采伐林分中生产的原条、原木、小规格材和薪材的数量。不包括枝桠、树皮、伐根等。蓄积量相等的两个林分,由于林分结构及木材质量的不同,其材种出材量会有很大的差异,而使两个林分的经济利用价值也不相同。为了正确合理经营森林,如营林抚育强度、次数、间隔期及抚育方式等技术措施,必须对森林资源的经济价值作出准确的评价。出材率是反映森林资源利用的重要指标。出材率高,表明林木资源利用得好;反之,则差。

【林分初植密度】(stand density) 单位面积造林地上栽植的株数或播种点(穴)数。是造林和抚育工作中常用以评定林分稀密程度的指标。林分密度是合理结构的数量基础。各个时期的密度,是由初植密度通过自然稀疏或人工间伐形成的。因此,它对各个生长时期的密度具有决定性的作用,也对林分结构及林分生产力产生显著的影响。初植密度是一个可以通过人为措施来调节的重要因子。通过调节,不仅可以对林分结构和生产力施加影响,而且能够不同程度地改善林木的干形、材质、林分稳定性及其生态功能。确定最适初植密度的理论基础是密度对林木的各种作用规律。必须强调的是,最适造林密度只是一个范围而不是常数,它随着造林树种、经营目的、立地条件和栽培技术(集约经营程度)不同而变化。

【林分改造】(stand improvement) 对在组成、林相、郁闭度与起源等方面不符合经营要求的那些产量低、质量次的林分所采取的综合营林措施,使其转变为能生产大量优质木材和其他多种产品,并能发挥更好的生态效能的优良林分。由于低价值林分,尤其次生林的低价值林分常常占有较好的立地类型,通过林分改造,能很快地获得经济效益。当然林分改造只有在具有一定的经济条件和技术条件下才能开展。改造的对象包括:(1)“小老头”人工林。(2)生长衰退无培育前途的多代萌生林。(3)非目的树种组成的林分。(4)郁闭度在0.2以下的疏林地。(5)遭受严重自然灾害的林分。(6)生产力过低的林分。(7)天然更新不良、低产的残破近熟林。(8)大片灌丛。除了作养蚕的柞树丛和用作编织用的柳丛,采果用的沙棘等特殊经营的灌丛地以外,立地好的灌丛应改造为乔林。进行林分改造时,要求作到:(1)“适地适树”,变低产林为高产林。(2)改萌生林为实生林。(3)改疏林为密林。(4)改低价值阔叶林为高价值阔叶林或针阔混交林,改灌丛为乔林。在现时,在中国推行森林分类经营的情况下,显然主要对划作商品林的林地才考虑林分改造,目标是提高森林的生长量和质量。对于公益林,只有在立地条件较好,交通方便的地段才实施林分改造措施,目标为提高防护作用或观赏价值。确定改造的对象以及确定何时进行改造,既要考虑林分改造必要性,又考虑可能性。类似的林分,在不同的经济条件下,可能在一个地区,不需要改造或推后改造,而另一个地区则划为改造对象,还可能就在近期施工。林分改造一般是通过带状或块状的局部砍伐和造林逐步完成,有的则需要全部砍去重新造林。

【林分结构】(stand structure) 构成林分群体的各树种的时空分布格局。完整的林分结构又可以分解为三维元素结构,即水平结构、垂直结构和年龄结构。水平结构主要取决于林分密度和种植点配置;垂直结构主要取决于人工林树种组成和年龄结构;年龄结构主要取决于林木起源或营造时间。

【林分密度】(stand density) 单位面积林地上的林木数量。具有动态的特点。森林起源时的密度称为初始密度(或造林密度);造林以后各时期的密度称为经营密度。立木的单株材积取决于树高、胸高断面积和树干形数三个因子。密度对这几个因子都有一定的作用。密度对树高的作用较弱;形数随密度的加大而加大(刚生长达到胸高的头几年除外);直径受密度的影响最大,断面积又和直径的平方成正比,因而它就成为不同密度下单株材积的决定性因子。林分密度越大,其平均单株材积越小,而且较平均胸径降低的幅度要大得多。其原因来自于个体对生活资源的竞争。这些在干材林及中龄林阶段表现最为突出。

林分密度

【林分生长与收获模型】(forest yield model) 又称森林生长与收获模型。描述林木生长与森林状态和立地条件的关系的一个或一组数学函数。是基于林分年龄、立地条件、林分密度的控制等因子,采用生物统计学方法所构造的数学模型。是森林动态模拟的理论依据,是依据森林群落在不同立地、不同发育阶段的现实状况,经一定的数学方法处理后,能间接地预估森林生长、死亡及其他内容的图表、公式和计算机程序等。利用林木生长和收获模型能比较准确地预估林木和林分的生长、收获量。是掌握林分生长动态变化规律的有效方法,是森林经营工作者的指南。在林业生产实践中应用广泛,迄今为止,林业工作者已建立了形式各异的多种林木生长和收获模型,以满足不同条件下的需要。随着计算机计算功能的日益强大、数学理论的进步、林木调查技术的变革、森林可持续经营思想对森林资源信息和利用的要求以及运筹学、系统工程、模拟技术、统计技术、控制论、生态学等多学科的交叉与渗透,林木生长和收获模型的研究日渐深入,并呈现出一些新动向。

【林副产品】(minor forest products) 又称非木材林产品、特殊林产品。森林中或任何类似用途的土地上生产的所有可更新的产品。主要包括纤维产品、可食用产品、药用植物及化妆品、植物中的提取物、食用性动物及其产品等。主要有:(1)竹藤、软木及其他纤维类产品,包括叶、茎纤维、绒毛、树皮纤维等。(2)可食用产品,如植物类的水果、坚果、食用菌类产品、山野菜类等、木本油料产品、调料产品、饮料、蜂蜜、可人工驯化饲养的动物、鸟类和食用昆虫。(3)药用动植物产品及化妆品,包括香料。(4)植物提取物等林化产品,如松香、栲胶、紫胶、单宁、植物芳香油、燃料。(5)苗木花卉,包括草坪。(6)其他有经济价值的动植物产品。但不包括木材、薪材、木炭、水及旅游资源。

松果

【林格曼烟图】(Ringelmann smoke-chart) 又称林格曼烟尘浓度。一种凭人的视觉判断锅炉烟尘黑度的方法。具体做法是:烟尘浓度与人为制定的标准图进行比较,判断烟尘黑度。该方法由19世纪末法国的林格曼提出。通常是在6张14cm×20cm的矩形白纸上描画宽度分别为1.0、2.3、3.7、5.5、10.0mm的黑线方格图,用图上的黑度与烟尘的黑度(或不透光度)相比较,依次把烟尘浓度分为以下六个级别:

级别	0级	一级	二级	三级	四级	五级
黑色面积	0% 全白	20%	40%	60%	80%	100% 全黑

远距离烟尘的监测使用林格曼烟气望远镜。

【林冠】(crown cover) 森林中地表以上的所有植冠的集合。森林中离地的所有叶片、枝条、小枝以及各种附生的有机体,及其枯死残留物和层内空气的总称。林冠取决于森林中植物的生活型,因其决定了该种处于地面以上不同的高度和地面以下不同的深度。林冠成层结构,是不同高度的植物或不同生活型的植物,在空间上垂直排列的结果。森林是地球表面上生物量最为庞大的植被类型。森林中乔木、灌木的树冠形成的林冠顶层吸收了大部分光辐射,往下光照强度渐减,并依次发展为林冠顶层、林冠下木层、林冠灌木层、林冠草本层。林冠顶层多由阳生树种组成,林冠下层多由阴性植物或中性植物构成。温带夏绿阔叶林的林冠成层现象最为明显,而热带森林的林冠结构最为复杂,寒温带针叶林的林冠结构简单,草本植物群落的结构就更简单。林冠在陆地森林生态系统物种最丰富、对维系生态系统生物多样性具有重要作用。林冠又是森林-大气相互作用的关键生态界面,在生态系统生物多样性形成与维系,在物质、能量交换过程中发挥着重要的作用。

林冠

【林火】(forest fire) 在林地上自由蔓延的火。森林中有两类性质不同的火。即有害的森林火灾和有益的营林安全用火。森林火灾是指失去人为控制,在林区的森林中和草地上自由蔓延和扩展,达到一定的面积,对森林生态系统及人类造成一定危害和损失的林地和草地起火。根据中国《森林防火条例》第四章灾后处置第四十条规定:按照受害森林面积和伤亡人数,森林火灾分为一般森林火灾、较大森林火灾、重大森林火灾和特别重大森林火灾。营林安全用火指在人为控制下,在指定的地点有计划有目的地进行安全用火,并达到预期经营目的和效果,成为森林经营的一种措施和手段。可分为计划火烧(规定火烧、计划烧除)和控制火烧。有益火烧可以促进森林生态系统的健康发展,如低强度火烧和营林用火等。有益火烧使森林生态系统的能量缓慢释放,促进森林生态系统营养物质转化和物种更新,有益于森林生态系统的健

林火

康，火烧后森林容易恢复。人们常常利用火的有益作用开展有计划有目的的火烧，火成为人类经营森林的一种工具。例如，利用计划烧除减少林地可燃物和控制病虫、鼠害，促进森林天然更新；进行炼山造林或利用火烧进行森林抚育，也可以利用火烧促进灌木生长，改善野生动物栖息环境。对于火的两重属性目前还停留在研究阶段，国内外还存在很多争论。值得一提的是大火都是由小火酿成的，所以世界各国都把初发小火的扑救作为森林防火的关键，对于火有益方面的结论和看法大多局限于火灾后的调查研究。

【林火探测】（forest fire detection） 借助一定的设施、仪器，及时发现火情，准确探测起火地点、火势大小和动向的措施。按空间层次的不同可分为地面巡护、瞭望台定点观测、空中飞机巡护和空间卫星监测。地面巡护是由防火专业人员步行或乘坐交通工具按一定的路线在林区巡查森林，检查、监督防火制度的实施，控制人为火源，如发现火情，及时采取扑救措施。瞭望台定点观测是利用地面制高点上的瞭望台（塔），定点观测火情、确定火点并能实施报警的一种林火监测方法。空中飞机巡护指利用飞机沿一定的巡护航线在林区上空飞行，以俯瞰形式观察林区火情。发现火情后，可立即改航去火场，详细侦查火场情况，并及时向基地报告。卫星探火是利用安装在卫星上的遥感器，如高分辨的照相机、辐射仪、扫描仪等，接受地面的林火信息，通过传输处理形成图像，对地面的林火发展进行检测的一种空间探测方法。

【林火种类】（forest fire types） 森林中发生的不同形式火灾的统称。按其发火部位的不同可分为地表火、树冠火和地下火三类。三类火可以单独发生，也可以并发，特别是特大森林火灾，往往是三类燃烧方式交织在一起。绝大多数林火一般都是由地表火开始，烧至树冠则引起树冠火，烧至地下则称为地下火。树冠火也能下降到地面形成地表火，地下火也可从地表的缝隙中窜出烧向地表。通常绿针叶林发生树冠火，阔叶林一般发生地表火，在长期干旱年份易发生树冠火或地下火。世界各国的森林火灾均以地表火为最多，占90%以上，其次是树冠火，最少是地下火。地表火，又称地面火。烧毁地被物，危害幼树、下木，烧伤大树基部和露出地面的树根。烟为浅灰色。地表火按其蔓延速度和危害性质的不同又分为两种：(1)急进地表火。其蔓延快，燃烧不均匀，常留下未烧的地块。有的乔、灌木没有烧伤，火烧迹地呈长椭圆形或顺风伸展成长三角形。(2)稳进地表火。蔓延缓慢，烧毁所有地被物，燃烧时间长，温度较高，燃烧彻底，火烧迹地多为椭圆形。低强度的地表火，只烧去林内一些地被物，减少林地死可燃物的积累，对林木的生长有益处。树冠火，沿树冠蔓延的火。上部烧毁树叶，烧焦树枝和树干；下部烧毁地被物、幼树和下木。烟为暗灰色。由于风的影响，树冠火又可分为急进树冠火和稳进树冠火。其中遍燃火是森林火灾中最严重的一种，一般在重大和特大森林火灾中才能发生。这与林地长期干旱有关。地下火是在林地腐殖质层或泥炭层燃烧的火。在地表面看不见火焰，只有烟，一直燃烧到矿物质层和地下水的上部。地下火蔓延缓慢，持续时间久，温度很高，破坏力强，能烧掉腐殖质和树根。火灾后，大量林木烧死倒下出现林地空间，火烧迹地近似环形。地下火只有在极其干旱季节才能发生。

【林可霉素类抗生素】（lincomycin antibiotics） 作用于敏感菌核糖体的50S亚基，阻止肽链的延长，从而抑制细菌细胞的蛋白质合成的一类毒性较小的抗菌素。包括林可霉素（结霉素）和氯林可霉素（氯结霉素）。林可霉素对大多数革兰阳性菌及某些厌氧的革兰阴性菌有效。对阳性菌的作用类似红霉素，而其特点是对多种厌氧菌（包括破伤风杆菌、产气荚膜杆菌）有效，对某些梭状芽孢杆菌（厌氧菌）不敏感。主要用于厌氧菌引起的腹腔和妇科感染，也常用于敏感阳性菌所致的各种严重感染。因其浓集于骨组织，故为金葡骨髓炎的首选药。成人可口服、肌注或静滴。使用中应注意：(1)可致消化道反应，长期使用可引起难辨性梭状芽孢杆菌性伪膜性肠炎。万古霉素及甲硝唑可治愈。(2)可致转氨酶升高及黄疸，肝功不良者慎用。(3)可引起过敏反应，如皮疹及白细胞减少等。(4)不可直接静注，滴注速度也应缓慢，以免引起低血压或心脏骤停。(5)可引起耳鸣、眩晕等反应。(6)孕、乳妇及新生儿禁用。氯林可霉素的抗菌谱和副作用与林可霉素相同，并与林可霉素有交叉耐药性。

【林木病虫害遥感】（remote sensing of tree diseases and pests） 应用遥感手段及时发现危害林木的因子、提供其受危害范围和等级信息的技术。受害森林的形态变异包括叶形、冠形变化，部分或全部落叶。其生理损害表现为光合作用降低，叶绿素衰减，导致反射光谱变化。这些现象可为遥感所揭示。常用的遥感探测手段有：(1)航空目视法。乘坐轻型飞机低空飞行，在相片上目视勾绘病虫害分布及其受害类型。(2)航空摄影法。利用彩色红外片探测受害森林在红外辐射能力方面的变化，以确定受害地区和受害程度。(3)多阶抽样法。用航空视察、高空摄影、卫星图像做受害分析，利用抽样方法估测出受害林木株数、面积和蓄积量等。

【林木病害】(tree disease) 由环境中各种不利因素引起的林木生理机能、解剖结构及外部形态等发生一系列不正常的改变,使生长、发育或生存受到影响,并造成一定经济损失的现象。引起林木病害的原因有生物的(侵染性的)和非生物的(非侵染性的)因素,总称为病原。非侵染性病原包括不适宜的土壤或气象条件和环境污染;由此引起的病害称为非侵染性病害或生理性病害。侵染性病原包括真菌、细菌、病毒、类菌质体、线虫和寄生性种子植物,常称为病原物。由此引起的病害称为侵染性病害或寄生性病害。受病原物侵害的植物称为寄主。病原物在寄主体表或体内生长、发育和繁殖,不但从寄主体中吸取营养物质,而且其代谢产物常对寄主产生刺激或毒害。寄主受病原物侵染时,会产生各种不同的抗病或感病反应,并在生理上、解剖上和形态上发生一系列的病理变化,然后表现出具有特征性的症状。

林木病害

【林木除蘖】(getting off branch stem) 将伐桩上过多的萌芽条与过密的根蘖苗除去一部分,使留存的萌生条,得到更多的养分、水分与光照,从而能较好生长与发育的技术措施。当林木被砍伐或被大火烧死后,在伐桩上与根颈处或树根上会萌发出一些萌生条,它们都是由于树木被伐倒或火烧而失去顶端优势后,而使伐桩根颈或根上的休眠芽、不定芽得以萌动,发育生长而成。根据萌生条着生部位的不同,可以将此种无性更新分为两类:(1)根株萌芽。是从伐桩上或根颈处产生萌生条,几乎所有的阔叶树都有这个能力。白桦、槭树、椴树、栎类等的萌生能力很强。有的针叶树种如杉树也能根株萌生形成新的一代林分。(2)根蘖。是从树根上产生的萌生条,由根上的不定芽形成根蘖条。山杨、泡桐、银杏、枣树、毛白杨、刺槐、乌桕、香椿、丁香、李、胡桃、苦楝等均易发生根蘖。榆、柳、栎类、白蜡等也能发生根蘖。除蘖作用有如抚育采伐,但比抚育采伐更重要。对萌生林来讲,除蘖非进行不可,否则,不但会造成新形成的幼林分布不均,而且难以达到培育速生林与大径材的目的。

【林木分级】(crown class) 根据林木的分化程度和树冠在林冠层中的位置而为其确定的等级。为森林的经营管理提供依据。林木的分级方法在30种以上,但是应用最普遍的是克拉夫特于1884年提出的生长分级法。按照这个分级方法,同龄纯林中的林木按其生长的优劣分为5级。各级林木的特征如下:Ⅰ级为优势木,树高和直径最大,树冠很大,且伸出一般林冠之上。Ⅱ级为亚优势木,树高略次于Ⅰ级,树冠向四周发育,在大小上也次于Ⅰ级木。Ⅲ级为中等木,生长尚好,但树高和直径较前两级林木较差;树冠较窄,位于林冠的中层,树干的圆满度较Ⅰ、Ⅱ级木小。Ⅳ级为被压木,树高和直径生长都非常落后,树冠受挤压,通常都是小径木。其中又可分为a、b两个亚级:Ⅳa级木:树冠狭窄,侧方被压,但枝条在主干上分布均匀,树冠能伸入林冠层中;Ⅳb级木:树冠偏生,只有树冠的顶部才伸入林冠层,侧方和上方均受压制。Ⅴ级为濒死木,完全位于林冠下层,生长极为落后,树冠稀疏而不规则。

【林木抚育管理】(tending of woods) 在林木生长发育过程中,通过修枝、摘芽和除蘖等技术以促进林木生长与提高林木质量的措施。中国对林木抚育工作重视不够,“只造不管”或“重造轻管”等情况时有发生。为了巩固造林成果,实现林木速生丰产,必须贯彻“造管并举”的方针。深入研究幼林生长发育规律和不同树种对环境条件的要求,对林木修枝、摘芽、除萌条,防止蘖条生长,保持其顶端优势,促进林木生长。第七次全国森林资源清查结果表明,中国现有中幼林面积1.05亿公顷,占林分总面积的67%,以中幼林抚育为重点的森林经营潜力巨大。立足中国森林资源现状,加强森林经营,大幅度提高林地生产力,维护森林生态系统稳定健康,已经成为建设生态文明、推动科学发展的时代要求。

【林木改良】(forest tree improvement) 以遗传进化规律为指导,按预定目的对林木进行新品种选育和良种繁育的技术措施。其机理是利用林木种群在自然或人为作用下产生的变异与分化,从中选择、分离和繁殖符合目的的群体或个体。主要的途径有引种驯化、种源试验、选择育种、杂交育种以及单倍体和多倍体育种和辐射诱变等。繁育良种的方式有母树林、林木、种子园和采穗圃等。经过选择和改良的林木繁殖材料,生产上统称为良种。林木改良是林业生产中最基础、最关键的因素。中国有计划地开展林木育种研究始于20世纪50年代初期,50~60年代进行杨树杂交育种。部分树种的类型研究和母树林营建。60年代开始开展杉木优树选择和种子园营建工作。70年代后期有约20个树种开始优树选择和建立种子园研究,14个树种开始了种源研究。“六五”、“七五”国家科技攻关计划设立林木良种课题,全面开展了主要造林树种的种源试验,优良林分选择和母树林营建,阔叶树种良种选育,针叶树种子园营建,经济林树种育种和外来树种引进等,先后对33个主要树种进行了遗传改良研究。在"八五"、"九五"国家科技攻关计划中,将17个树种工业用材林定向培育的林木良种选育研究、以及林木遗传资源保存与应用、国内外树种引种等共16个专题列入研究计划。中国在林木育种研究和试验过程中,广泛借鉴国际先进经验,在森林生态遗传学、群体遗传学、数量遗传学、树木生理学、生物工程技术、生物数学、计算机软件等方面都有不同程度的进展。目前,中国林木遗传改良研究现状主要集中在林木遗传资源发掘与引进、选择育种、杂交育种、无性系育种、遗传资源收集与保存以及现代生物技术、生物信息学在林木遗传改良中应用等方面遗传、变异和自然选择三个方面。

【林木个体生长发育周期】(growing period of-trees) 在自然条件下,林木或器官的生长速率随着昼夜或季节发生的有规律的变化。林木生长速率按昼夜而发生有规律的变化称为生长的昼夜周期性,而林木在一年中的生长速率按季节发生有规律的变化,称为生长的季节周期性。林木生长产生周期性的原因主要是由于昼夜或四季的温度、光照和水分等因素的分配差异,以及林木对这些因素的适应性差异所引起的。由于四季的温度、光照和水分等因素的变化大于昼夜变化,因此,对林木生长的影响更大,使得林木生长的季节周期性变化更为明显。林木生长的季节周期性变化是林木对环境周期性变化的一种适应,而不同树种生长的季节周期性有很大差异,特别是在高生长方面表现更为突出。通常根据一年中林木高生长期的长短,可把树种分为前期生长类型和全期生长类型两种。

【林木个体生活史】(life history of trees) 始于受精卵的第一次分裂,终于植株死亡的时期。其间经过营养和繁殖两个过程。林木首先以营养器官的生长过程为其主要特征,经过一定发育时期,便产生生殖器官,然后进行繁殖。林木个体经过生长、发育和繁殖而完成其一生,并延续树种存在和繁荣。林木个体生长是林木由于原生质的增加而引起的重量和体积的不可逆增加,以及新器官的形成和分化。林木生长是其内部物质经过代谢合成,造成原生质量的增加而实现的。通常可以通过其生长过程、生长速率及生长量等来描述。在高等植物中,发育是指林木从种子萌发到新种子形成,或合子形成到植株死亡过程中所经历的一系列质变现象。

【林木花芽分化】(differentiation of tree flower-bud) 林木生长到一定阶段,营养物质积累到一定水平以后,在成花诱导激素和外界条件的作用下,顶端分生组织就朝着成花的方向发展,开始形成花原基,再逐渐形成花的过程。花芽形成过程要消耗大量的碳素物质和氮素物质,且碳、氮必须有一定的比例。蛋白质含量需占总氮量的70%以上,60%以下则不能形成花芽。所以良好的营养生长为转向生殖生长打好物质基础,树木的幼年期是积累营养物质的重要时期,幼年期树木生长得好,才可能有今后的高产优质。施磷肥对提高花芽分化有重要作用。花芽分化分为生理分化期和形态分化期。生理分化期先于形态分化期。花芽生理分化主要是积累组建花芽的营养物质以及激素调节物质、遗传物质等共同协调作用的过程和结果,是各种物质在生长点细胞群中,从量变到质变的过程。但是这时的叶芽生长点组织,尚未发生形态变化。在生理分化完成后,在植株体内的激素和外界条件的调节影响下,叶原基的物质代谢及生长点组织形态开始发生变化,逐渐可区分出花芽和叶芽。这就进入了花芽的形态分化期,并逐渐发育形成花萼、花瓣、雄蕊、雌蕊,直到开花前才完成整个花器的发育。

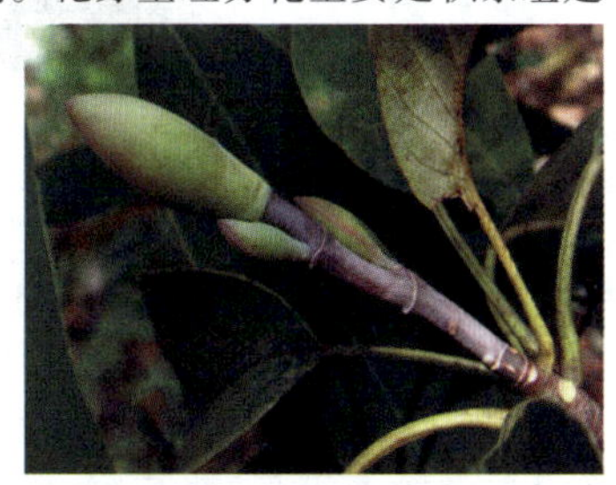

林木花芽分化

【林木结实大小年】(rich-year and poor-year of forest fruiting) 进入结实阶段的树木,各年结实数量差异波动很大的现象。有的年份结实很多,被称为大年(丰年,种子年),有的年份结实特少,被称为小年(欠年);此外还有程度不同的中等年份。各年结实数量的波动称为结实周期。各个树种的丰年间隔期有着相当大的差异。根据各年结实情况是否稳定可以把所研究的30个树种分成以下四类:(1)结实极不稳定。各年产量的最大差异相当于多年的平均产量,完全无收的年份出现得相当频繁,如夏橡,欧洲白蜡,欧洲云杉,西伯利亚落叶松等。其共同特点是寿命长,性成熟的时期到来的迟,多半是高寒地带的针叶树,或者是不耐寒的阔叶树。(2)结实不稳定。各年产量的最大差异大约相当于多年平均产量的50%~80%,不过完全无收年份也不太多,如欧洲赤松。(3)结实稳定。各年产量的最大差异不超过平均产量的一半.丰年较多。如欧洲白榆,疣皮桦等。它们的共同特点是果实小,开花以后种实很快成熟。(4)结实相当稳定。丰年相当多,完全无收的年份非常罕见。这类树种的幼年期较短，很快就达到性成熟，但成年时期为时也不长。种粒较小。如西柏利亚白杨、柳、白蜡、槭和多数灌木。

【林木良种】(elite seeds of trees) 遗传品质和播种品质两方面都优良的种子。用优良遗传品质的种子造林形成的林分具有速生、丰产、优质、抗逆性强等特点。播种品质优良体现在种子物理特性和发芽能力等指标上，它们已达到或超过有关国家标准。遗传品质是基础，播种品质是保证，只有在两者都优良的情况下才能称为良种。培育森林的周期长，一旦用劣种造林，不仅影响树木成活、成林、成材，而且损失严重，难以挽回。遗传品质的优劣取决于母树的遗传性。人工林经营目的不同，对其有不同的要求。播种品质包括种子的发芽率、含水率等方面的内容，其优劣除受遗传性的影响外，还与母树的生长条件、环境条件及种子的生产和经营技术水平有很大关系。为了实现林木良种化，必须建立良种基地 - 包括采种母树林、种子园和采穗园等。

林木良种

【林木良种基地】(base of tree elite seeds) 按照国家营建种子园、母树林、采穗园等有关规定而建立的，专门从事林木良种生产的场所。为育苗和造林绿化提供优良繁殖材料或种植材料，是林木良种生产供应的主体。其生产能力直接影响造林绿化的良种使用率。建设林木良种基地还能为优良种质资源收集和保存提供场所，为林木良种选育搭建平台。它是一项连续性、长期性的系统工程。既是一项科技型事业，又是一项公益型事业。为保证林木良种繁育工程的可持续发展，必须采取稳定、持续的资金投入政策，有计划、有步骤地实施林木遗传改良和良种繁育工程，才能确保良种产量和质量的稳定提高。

林木良种基地

【林木良种选育】(selection of tree elite seeds) 以林木不同种质资源为材料，运用遗传学及其他自然科学的理论与技术选育林木新品种的途径和方法。其内容包括：(1)种质资源的搜集、研究和利用。(2)新品种的选育。(3)良种繁育和推广。良种选育有常规育种和新技术育种两种途径。常规育种有单株选种、集团选种、混合选种和杂交育种等。新技术育种有辐射育种、单倍体育种、多倍体育种等。具体包括：①选种。分个体选择、群体选择和无性系选择。②引种。引进生态效益或经济效益大，且适应当地气候和土壤的树种以满足当地林业生产的需要。注意外来生物侵袭的发生。③育种。分杂交、诱变育种、细胞融合、基因工程等。④加强种子生产基地管理。采用科学的管理方法，进行适时的修剪、中耕、除草、施肥、灌溉和病虫害防治等。林木种子是林业建设的物质基础。林木良种是林木优良遗传基因的载体，是决定林木生长快慢和品质优劣的内在因素，是林业建设效果的关键。其增产作用，其他任何因素都无法取代。林木良种与良种繁育基地肩负着林木种质资源保存和利用的功能。目前，全国林木良种基地总面积达 17.7 万公顷，供种率和良种使用率分别为 37% 和 43%。但大部分地区良种使用率偏低，母树林产种量低，种子品质差。

【林木生态位】(tree ecological niche) 林木物种在生物群落或生态系统中的地位和角色。主要指在自然生态系统中一个种群在时间、空间上的位置及其与相关种群之间的功能关系。一个物种占据的生态位空间受竞争强度影响。一般来讲，没有竞争胁迫，物种能够在更广的条件和资源范围内得到繁荣。这种潜在的生态位空间就是基础生态位，即物种能占据的理论上的最大空间。然而物种常常暴露在竞争者面前，很少有物种能全部占据基础生态位。一物种实际占有的生态位空间叫做实际生态位。生态位不仅包括生物占有的物理空间，还包括它在群落中的功能作用，以及它们在温度、湿度、土壤和其他生存条件的环境变化梯度中的位置。

【林木他感作用】(forest allelopathy) 又称异株克生。植物通过向体外分泌代谢过程中产生的化学物质而对其他植物产生直接或间接的影响。是生存斗争的一种特殊形式。种内、种间关系都有此现象。如北美的黑胡桃，其根抽提物含有化学物质苯醌，可杀死紫花苜蓿和番茄类植物。可抑制离树干 25m 范围内植物的生长。他感作用是进化过程中形成的一种普遍现象，存在于各种气候条件下的各种群落中。他感作用中产生的化学物质以挥发气体的形式释放出来或者以水溶物的形式渗出、淋出或被分泌出来，可能由地上部分或地下部分的活细胞释放，也可能来自它们的分解或腐烂以后形成。在他感作用中，植物的分泌物称为克生物质。对克生物质的提取、分离和鉴定已做了大量研究工作。克生物质的毒害作用有不同方式，如抑制种子发芽，妨碍固氮菌的活动，或阻碍菌根的形成等。

【林木修枝】(pruning) 人为地除去树冠下部的枯枝及部分活枝的抚育措施。分干修和绿修两种：(1)干修。去掉枝干下部枯枝。(2)绿修。去掉部分活枝。自然整枝常常不能满足人们对木材质量的要求。为了把林木培育成年轮宽度均匀、通直、圆满、少节和无节良材，必须进行林木修枝。其主要作用是：(1)能提高木材材质。林木修枝可以消灭木材的死节，减少活节，增加木材中的无节部分，提高树干的圆满度，增加晚材率，提高原木和成材的等级。(2)可提高林木生长量。如果修除树冠下部受光极差的枝条，修掉妨碍主干生长的竞争枝、大侧枝以及枯枝，会使林木的高生长和直径生长都有所增加。修枝对生长的影响，因树种、整枝强度、方法、立地条件和林龄而异。(3)对林木修枝能改善林内通风透光状况及林木生长条件。尤其在林地水分供应不足，而蒸腾又很大的情况下，适当整枝对减轻旱害和防止枯梢起一定作用。(5)林木修枝还能提供燃料、饲料、肥料，增加收益。例如山东省昆嵛山林场进行赤松人工整枝，每公顷林地可得干柴约 5 250kg，扣除修枝费用，净收益为 82%。此外，如刺槐、旱柳等修下来的枝条还可作饲料和肥料。

林木修枝

【林木遗传力】(forest tree heritability) 林木性状受遗传控制的程度。或者说是群体某一性状的遗传方差在表型方差中所占的比例。数量性状受到环境因素的影响很大，表型的变异既可能有遗传的因素，又有环境的因素，甚至还有环境和遗传相互作用的因素。对于一个表型的变异究竟是遗传因子起主要作用还是环境因子起主要作用，就需要进行林木遗传力来估算。遗传力有广义遗传力与狭义遗传力之分。遗传方差与表型方差之比，叫广义遗传力；加性遗传方差与表型方差之比，叫狭义遗传力。在林业中通常用广义遗传力估算无性繁殖下的遗传表现。林木遗传力有如下特点：(1)不易受环境影响性状的遗传力较易受环境影响的性状要高。(2)变异系数小的性状的遗传力较变异系数大的性状高。(3)质量性状的遗传力较数量性状的高。

【林木遗传育种学】(forest tree genetics-and breeding) 以遗传学理论指导研究如何有效地控制和利用林木的遗传和变异为人类的需要服务的学科。是以现代生物科学、现代林学及其他有关自然科学的成就为基础的一门应用科学，其广义是指对森林，或林木群体进行遗传管理，是遗传学原理在森林管理中的应用。其目的是：为了提高和维护森林的生产力、再生能力和生物多样性。狭义的林木遗传育种学，是指为某种明确目标而育成栽植繁殖材料，如提高产量、品质，增强抗逆性、适应性等。造林用种苗的遗传改良，属于狭义育种学，指将遗传学知识运用于营林，来研究林木是怎样变异及怎样运用这些变异来提高森林生产力。森林不仅是极其重要的生物资源，而且是陆地生态系统的重要组成部分，对全球环境及国土保安具有重要作用，与人类的生活及经济建设有极其密切的关系。中国是世界上少林的国家之一，森林资源总量不足，结构失衡，分布不均，人均森林面积仅为世界平均值的 1/2，人工林林分质量和生产力仍很低。森林资源的贫乏及对其经营管理粗放，严重影响国民经济持续发展，造成了国土生态环境恶化，自然灾害频繁，林产品供需矛盾尖锐。另一方面，中国植树造林事业取得了举世瞩目的巨大成就，中国人工林保存面积居世界第一位。不论是建立林业生态工程、国土绿化，还是培育速生丰产林等都需要林木遗传育种为其提供技术支撑。特别是中国已实施天然林保护工程，今后的木材生产将更多依靠人工林，而森林遗传和林木改良研究水平直接关系到人工林的产量和质量。

【林木育种】(breeding of forest) 运用遗传学原理，研究林木优良品种选育与繁殖的理论及技术的学科。是以遗传进化理论为基础，以林木的遗传变异为对象，以提高经济效益与观赏性状为目标，定向改造、选育和繁殖林木良种的实践活动。林木育种的实质就是创造变异、选择变异、利用变异。林木育种的根本任务是选育和繁殖林木优良品种，开展基因资源的搜集、保存、研究工作，加强育种群体建设，开展育种相关基础科学以及育种新技术的研究，采用适当的育种途径和方法，选育适合市场需要的优良品种；加强良种的科学繁育技术与推广体系研建。林木育种的特点是：(1)世代和育种周期长。多数树种达到性成熟和经济成熟需要几年乃至数十年，进行遗传测定和多世代育种较困难。但由于树木多年开花结实，选育材料能在较长时期内被繁殖利

林木育种

用,并有可能在遗传测定后进行再选择。(2)多数树种分布区广,经营水平较低,加以林木育种历史短,对树木遗传变异规律了解少,是育种工作的不利条件。但自然界尚未被发现和利用的优良遗传型也大量存在,可使选育和引种具有较大的潜力,且见效较快。(3)主要造林树种都采用异花授粉育种方式,因为自花授粉或近亲繁殖会引起衰退。同时,对可以营养繁殖的树种,可作无性系选育。有性和无性选育相结合,是树木的有效育种方式。(4)在林业经营水平不高的情况下,选育和繁殖遗传基础广泛的林木品种或使用混合品种,有利于林分的稳定。

【林木杂交】(hybridization of trees) 不同树种或同一树种不同品种的交配,获得杂种,并从中进行选择的过程。其目的就是引起遗传变异,获得和利用杂种优势,创造变异,选育新品种。英国学者亨利是在林木改良中率先提倡杂交的开拓者,于1921年开展了杨树、栎类和白腊树等的种间杂交,并第一个育成杨树人工杂交品种。美国在1925年以后开展了针叶树种的种间杂交。20世纪30年代苏联也开展了杨、栎、落叶松、栎类的种间杂交育种。中国的林木杂交育种以杨树为起点,大规模杂交育种从1955年开始,1958年后又开展了松、杉、核桃、板栗等的杂交研究。种间杂交有时虽有旺盛的营养生长,但缺乏经济上有价值的种子或果实的正常特性,有许多则呈部分不孕状态,为此不能在生产上利用。林木育种常是为了提高木材的生产能力或改善树形,旺盛的营养生长很重要的,除营养繁殖的杨柳等以外,完全不孕将阻碍大量繁殖,但部分不孕则常可采用,从这一观点出发,种间杂交在现代的林木育种中会比在现代的家业育种中起更大的作用。另外林木有三个特点也影响育种过程,(1)生长达到成熟所需要的时间和空间大于一年生作物,但每次种植只能采伐一次,这就使种子的质量比较重要,为尽量提高种子质量而花费大量时间和金钱在经济上是值得的。(2)林木世代极长,加上绝大多数都是风媒异交的种属,不可能在杂交后建立并维持遗传上纯度的品系 。(3)遗传上的一致性不一定对整个森林有利,因为森林占据着比较异质的环境,由于这些原因,种间杂交和种源间杂交,在现代树木育种中起着更大的作用。大多数乔木属内远缘种间杂交,常常可以得到健壮可孕的子代,如杨属、柳属、等属内许多种间杂种都比双亲健壮。同种内不同种源或渐变群的杂交,早就得到一定评价,而且近年来已得到高度重视,不过仍处在初期阶段。由于对树木地理变异了解得越来越多,从发展趋势看,种源间杂交以及小种间的杂交将成为育成具有理想性状组合新品种的重要方法。林木杂交是创育新的变异的过程。通过杂交生产的杂种,要经过选择、测定后,才能投入到良种生产环节。

杂交形成的优质苹果

【林木杂种优势】(forest hybrid superiority) 林木杂交产生的后代杂合体在一种或多种性状上优于双亲的现象,如产量提高、体积增大、抗逆性增强等。具体表现为两类情况:一类是常出现在某些远缘杂交的子代中的杂种优势,个体或某些器官增大。如植物在优异的环境中出现的徒长,可是它的生存和繁殖能力并没有提高,这类杂种优势称为杂种旺盛。另一类杂种优势表现为杂种的生存和繁殖能力的提高,但在个体生长上不一定超过亲本。这类杂种优势才有进化上的适应意义,是真正的杂种优势。杂种优势的机理在于亲本的显性效应、累加效应,以及互补作用和超显性等各种基因互作效应。杂种优势可以是正的,也可以是负的。杂种优势从杂种二代起就大为减退。所以曾经设想利用无融合生殖的原理把种子植物的杂种一代优势固定下来,就能节省每年配制杂交种子的麻烦,但迄今未获成功。现在只有象甘薯、马铃薯等能无性繁殖的种子植物才能先通过有性杂交,再靠无性繁殖体来保持某种程度的杂种优势。随着植物组织培养技术的进展,利用体细胞无性增殖、分化成苗,可望在简化杂种制种程序方面取得突破。

【林木摘芽】(bud picking) 在侧芽膨大,芽尖呈绿色时,将其除掉的整枝方式。其经济价值首先在于能够培育出无节高干良材;其次,还可以使林木养分集中于树干上部以加快树高生长,增加树干圆满度,缩短优良材种的培育期。树种的生物学特性不同,摘芽效果也不相同。一般来讲,针叶树具有单轴分枝特性,主梢生长旺盛,摘芽的作用主要是生产无节良材。大多数阔叶树具有合轴分枝和假二叉分枝特性,主梢生长力弱,对其摘芽,不仅有利于培育“无节”或“少节”良材,还有控制侧枝和促进主干生长的作用。摘芽要适时。必须掌握各种树

采摘下的新茶

芽的生长习性,宜在芽开始萌动至尚未抽梢发叶时抹去侧芽,最迟应在侧枝梢的基部木质化以前摘芽。一般树种,芽的萌发有两个旺盛期:一为3~4月,即林木生长开始期;二是在6~8月,即林木生长旺盛期。摘芽应选择优良木种。摘芽后林木枝叶较少,由光合作用所产生的同化物质亦相应减少,这就给林木生长带来不良影响。如不加强水肥管理,给以生态因子的补偿,就不可能达到摘芽预期效果。

【林木种间竞争】(forest interspecies competition) 两种或更多种树共同利用同样的有限资源时产生的相互竞争的现象。是不同种群之间为争夺生活空间、资源、等出现的竞争。分干扰性竞争和利用性竞争两种类型。达尔文于1859年指出,生活要求类似的近缘种之间经常发生激烈的竞争。后来洛特卡和沃尔特拉用数学模式对此加以考察,高斯也对此进行了实验性研究。根据对自然界近缘种间的相互关系的考察,以及侵入种取代当地种的实例和从近缘种的分布、形态的比较中所得到的一系列间接证据,结果得出了竞争排他法则。克莱门茨十分重视植物的种间竞争,把它看作是植物演替的重要原因。

【林木种质】(forest germplasm) 所有携带遗传物质的林木活体的总称。对于林木来讲,不仅包括种子,还包括植株、根、茎、胚芽、细胞、原生质体等,甚至是DNA片段。

【林木种质资源】(forest genetic resources) 又称林木遗传资源、基因资源。一切具有种质或基因的林木物种的天然资源。种质资源决定林木树种的"种性",是将其遗传信息从亲代传递给后代的遗传物质总体。小到能提供个别遗传特性的遗传物质,如一个器官、枝条、种子,甚至一粒花粉、受精卵、一个细胞及一些染色体或氨基酸片断;大到一个遗传原种的综合体。基因资源是植物改良的物质基础。基因资源用于育种方面的那一部分称为育种材料或育种资源。世界上有丰富的基因资源。据统计,野生植物有30万种以上,中国木本植物约8 000余种,其中乔木约2 500余种,灌木约6 000种,乔木树种中优良用材和特用经济林树种达1 000余种,还有引种成功的国外优良树种约100种。这些是开展育种工作的深厚物质基础。但目前人们利用的植物种类只有3 000余种,其中中草药占了很大一部分,栽培作物只有175种。其中16种提供了人类食物的2/3。有一半以上没有研究过,有许多在人类还没有认识前就灭绝了。基因资源是人类的宝贵财富,也是选育优良品种的物质基础。无论常规育种,还是诱变育种乃至遗传工程,都离不开基因资源。随着经济的发展,工艺过程的改革,对林木新品种的要求也会发生改变。目前主要要求速生丰产,将来生物量积累可能成为主要育种目标。只重视当前所需性状,对有潜在利用价值的资源滥砍滥伐,任其毁灭,育种工作将会面临"无米之炊"。

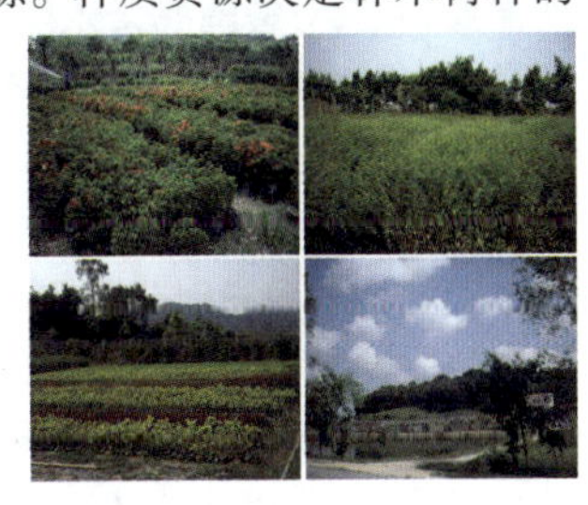

林木种质资源基地

【林木种质资源库】(bank of forest germplasm resources) 收集和长期保存林木种子或林木的一部分活体组织的存放构筑物。其中保存的材料主要有种子、花粉、培养组织、一部分营养器官、DNA等。林木种质资源是林木遗传多样性的载体,是物种多样性的重要组成部分,是开展林木育种的基本材料,是国家重要的战略资源。中国有8 000多种木本植物,3 000多树种,是世界上林木种质资源最丰富的国家之一,占全球林木物种总数的45%。

【林木种子】(tree seeds) 林业生产中播种材料的总称。既包括植物学上所说的真正意义的种子,也包括果实或种子的一部分以及无融合生殖形成的种子等。其主要类型是:(1)真正的种子,如松属、杨属。(2)果实,翅果如臭椿、白榆,坚果如栎树属、椴树属,瘦果如桑树,颖果如毛竹。(3)果实的一部分,如核桃、楝树。(4)种子的一部分,如银杏、紫玉兰。(5)无融合生殖形成的种子,如柑橘类等。林木种子一般具有一个完善的保护层、丰富的营养物质和一个胚。营养物质储藏在胚乳中的称有胚乳种子,储藏在子叶中的称无胚乳种子。偶有多胚现象。还常出现无生产力的种子,如卵细胞未能受精形成空粒、杉木合子败育成为涩粒,不能萌发成苗等。许多林木种子具有助飞结构,其中有种皮变形为翅的如香椿,有果皮变形为翅的,如杜仲,有胎座表皮细胞发育成絮的,如响叶杨。有些树种果皮或种皮肉质,成熟时色泽鲜艳,吸引鸟兽叼食传播。这些变异有助于林木种子远距离播散,扩大种族范围,增加生存机会。许多林木种子有休眠习性,避免在不利条件下发芽,增加后代成活机率。

银杏

【林木种子催芽】(sprouting of tree seeds) 通过机械擦伤、酸蚀、水浸、层积或其他物理、化学方法，打破林木种子休眠，促其发芽的措施。通过催芽让种子在休眠期提前苏醒，提高林木种子的发芽率，缩短出苗期，播种后出土快，增强苗木抵抗干旱、病虫等灾害的能力。同时，也是实现苗木速生丰产的前提。林木种子的休眠特性不同，解除其休眠的方法也不相同。林木种子催芽的常规的方法有层积催芽、浸种催芽和药剂催芽等。(1)层积催芽。是指将种子与基质混合或成层相间，放在温度较低和通气良好的环境中促进发芽的实践措施。用于休眠期较长的种子。凡是由抑制物质或生理原因引起的休眠均可用这一方法来破除。(2)浸种催芽。就是用水浸种，使种皮软化，种子吸水膨胀，满足发芽所需的水分，使播种后发芽迅速而整齐。主要用于强迫休眠的种子。浸种适宜的水温因树种不同而异。种子与水的容积比为 1∶3。多数浸种时间为为 1～2 昼夜。(3)药剂催芽。用化学药剂(小苏打、浓硫酸等)、植物激素(赤霉素、吲哚乙酸、吲哚丁酸、萘乙酸等)和微量元素(硼、锰、锌、铜等)等溶液浸种，以解除种子休眠，促进种子发芽。

浸种催芽

【林木种子干藏】(dry storage) 将林木种子储藏于干燥环境条件下的方法。一般适用于安全含水率较低的种子，如刺槐、白蜡、合欢等阔叶树种及大多数针叶树种。有以下几种方法：(1)开放(普通)干藏法。将种子储藏在干燥、但空气可以自由流通的地方。具体方法是将经适当干燥，已达到储藏所要求的安全含水率的种子，装入容器如布袋、麻袋、桶、箱、缸等，再放入经过消毒、温度较低、干燥、通风良好的储藏室、地窖和地下室。(2)密封干藏法。具体方法是将种子装入不通气的镀锌铁桶、铝箱、玻璃容器、聚乙烯容器中密封，将其放入 0～5℃ 环境中。为防止种子含水率升高，要在密封容器内放入变色硅胶、氯化钙、木炭等干燥剂。它是长期储藏种子效果最好的方法。(3)气藏法。在储有种子的密闭容器中充入 N_2、CO_2 等气体，降低环境中的 O_2 浓度，抑制种子的呼吸，同时可以控制病原微生物及害虫的生长和增殖。

【林木种子品质检验】(quality test for tree-seeds) 应用科学的方法对种子质量进行分析，判断种子的优劣及对播种的适用程度，以做到合理用种的技术措施。可以确定种子等级，做到优种优价，保障供需双方利益。根据检验结果算出实用价，科学确定播种量，以节约用种。通过种子检验，防止不合格种子，尤其是达不到标准含水量的和感染病虫害的种子入库或调拨，避免造成损失。可使夹杂物过多的种子通过进一步净种而提高净度，提高种子的等级，保证种子储藏安全。通过种子检验，掌握不同产地、不同林分及不同年度种子产量和质量的差异和变化情况，作为确定采种母树林分、种源区划、调拨用种的依据。通过种子检验，了解影响种子质量的原因，总结种子采收、调制、储藏等技术经验，促进种子的采集加工和储藏运输，为林木速生丰产提供良好的物质基础。

【林木种子区】(zone of tree seeds) 造林用种的地域单位。种子亚区是在一个种子区内划分的次级单位。在同一个种子亚区内生态条件和林木的遗传特性更为类似。因此，在造林用种时，应优先考虑从造林地点所在的种子亚区内调拨种子。若满足不了造林要求，再到本种子区内调拨。种子区给造林用种提供了很好的指南。但是，由于中国造林远远超过所规定的 13 个树种，且这 13 个树种绝大部分是针叶树，所以，这个区划远不能满足生产需要，尤其对针阔混交林营造中的阔叶树种源指导意义不大。因此，必须在其他树种的种源选择上给予足够的重视。

纯种红松林

【林木种子区划】(regions of tree seeds) 将不同的林木种子划分为若干地域单元的工作。为了避免因种源不明或种子盲目调拨使用，而造成的重大损失，必须进行种子区划工作。德国早在 1906 年就立法禁止从国外进口种子。1934 年制定林业种苗法，规定采种林分必须经过认可。1938 年，制定的关于林业种苗法，将全德国划分为 11 个种子区，原则上每个地区只采用本地的种子。美国的林木种子区划始于 1941 年，把普利列草原各州划分为 11 个种子区。中国在经过大量的种源实验的基础上，于 1988 年制定并颁布实施了《中国林木种子区划》的国家标准。选择红松、华山松、樟子松、油松、马尾松、华北落叶松、兴安落叶松、长白落叶松、云杉、杉木、侧柏、白榆 13 个主要造林树种。依据各树种的地理分布、生态特点、树木生长情况、种源等综合分析后，进行了种子区和种子亚区的区划工作。

【林木种子生活力】(seed viability) 种子的发芽潜在能力和种胚所具有的生命力。通常以一批种子中具有生命力种子数占种子总数的百分率表示。可用生化试剂对林木种子进行染色从而测定种子的潜在发芽能力。它是反映种子优劣的一个指标。在实际工作中,有时因条件和时间所限,不能进行发芽检验,或者因种子休眠期长,需要在短期内测定其潜在的发芽能力时,可以采用测定种子生活力的方法。测定的方法很多,目前常用的有染色法,即采用化学试剂溶液浸泡去皮后的种子,根据种胚和胚乳的染色情况判断种子有无生活力。所用的试剂有靛蓝、四唑、碘-碘化钾、硒盐等。一般情况下,高活力的种子在适宜的条件下一定能发芽,而且发芽快,出苗整齐,也一定有高的生活力。能发芽的种子都是具有生活力的种子,但有生活力的种子不一定能发芽。

【林木种子生理成熟】(physiological maturity) 种子营养物质储藏到一定程度,种胚形成,种实具有发芽能力的状态。生理初步成熟的种子含水量高,营养物质处于易溶状态,尚不能完全保护种仁,不易防止水分散失。随着种子内部干物质不断积累,水分则逐渐减少,胚不断生长,胚乳或子叶硬化,种子具有发芽能力。此时种子已经成熟,称为生理成熟。生理成熟的种子虽然积累储藏了一定的营养物质,但种皮不够致密,没有完全具备保护的特性,内部易溶物质也易渗出种皮而遭微生物危害,采后种仁易收缩而干瘪,不易保存。很易丧失发芽率。因此,仅生理成熟的种子不宜采收。但夏熟性种子如榆,采后随即播种,往往发芽较快,就可以在生理成熟时采收。

【林木种子生理后熟】(physiological late maturity) 少数树种种子形态成熟后,种胚尚需经过一段时间发育长大,才具有发芽能力的现象。植物种子成熟期出现胚的生长中断的现象,主要原因是可溶养分在转化成储藏形式的过程中,水分迅速大量丢失。这在许多热带植物的种子中,可能是对季节和气候变化的一种适应。果实离开植株后才成熟的现象,是由采收成熟度向食用成熟度过度的过程。完全不具休眠期的种子在成熟的同时,只要具备发芽条件就能立即发芽,如大麦、菜豆等。但大多数植物的种子,一般都在成熟后有数日、数月或数年的休眠期。可以把它看作是种子达到具有发芽能力的过程。许多种子在经过一定时期的失水状态后就可解除休眠期。但在较低温度条件下,给予适当的水却又可加速后熟的进程。对于孢子,也同样可以看到和种子相类似的现象。

【林木种子湿藏】(wet storage of tree-seeds) 将纯净的林木种子放在湿润低温、通气的环境条件下进行储藏的方法。适于安全含水量高或具有深休眠的种子,如银杏、七叶树、油桐、油茶、油棕等。温度应控制在0℃左右,最高不超过3℃。如果种子含水率高且温度也高,会促使种子呼吸作用旺盛,易引起种子发霉而变质,失去生命力。湿藏分为室外埋藏与室内埋藏。(1)室外埋藏。又称露天埋藏。在室外选择地势高燥,排水良好,土壤较疏松,背阴又背风的地方挖沟或坑储藏。沟(坑)宽在1m以内,长度因种子数量而定,深度取决于各地土壤结冻深度和地下水位高度。原则上要求将种子放在土壤结冻层下或附近,地下水位以上。沟内能经常保持所要求的温度。(2)室内堆藏。选择干燥、通风的屋子、地下室或棚子。先在地上洒水,再铺10cm厚的湿沙,然后一层大粒种子,一层湿沙交替放置;中小粒种子将和沙混合堆放,堆至50cm左右,用湿沙封上,或用塑料薄膜蒙盖。种子堆内每隔70~100cm放一个通气设备,以便通气。安全含水率低的种子也可以用湿藏法,如厚朴的种子,经两、三年湿藏发芽率为78%。在进行湿藏的同时,也可以部分解除种子休眠,相当于前期催芽。

【林木种子调制】(seed processing) 采种后对果实和种子进行的干燥、脱粒、净种和种粒分级等技术措施的总称。目的是为了获得纯净的、适宜播种或储藏的优良种实。是防止种子变质的必要工序与措施。种实采集后应尽快调制,避免发热、发霉。但调制方法必须恰当,以保证种实的品质。由于各树种的种类很多,种子调制方法必须根据果实及种子的构造和特点而定。为生产上加工便利,通常将不同树种的种子分为闭果、裂果和肉质果三类。对同类种子采用相近的调制方法。其主要方法是:(1)风选法。利用自然或人工、机械产生的流动空气净种,进行种子筛选,得到纯种和精种。多适用于较重的中粒种子,如国槐、刺槐、合欢、紫藤、皂荚等。(2)筛选法。将大于和小于种子的杂物除去,再用其他方法将与种子大小相等的杂物除去。此法多适用于种子粒级的精选,如蔷薇科类种子等。(3)水选法。利用水的浮力将夹杂物及空粒种子漂出或反复淘洗,良种留于下面。此法适用于海棠、杜梨、樱桃、文冠果、栾树等。注意浸水不宜过长,浸水后禁暴晒,宜阴干。(4)粒选法。将大粒种子或珍贵、稀有的种子进行单个挑选,如核桃、珙桐、七叶树、文冠果、板栗、贴梗海棠等。对于银杏,应分出雌、雄种子。

【林木种子形态成熟】(morphologicalmaturity） 种子含水率降低，营养物质转为难溶状态，种皮致密坚实抗逆能力强，呼吸作用微弱，开始进入休眠，外观上种粒饱满坚硬，而具有特定色泽与气味的状态。当种子完成了种胚的发育过程，结束了营养物质的积累时，把营养物质由易溶状态转化为难溶的脂肪、蛋白质和淀粉，种子本身的重量不再增加，或增加很少，呼吸作用微弱，种皮致密、坚实、抗性增强，进入休眠状态后耐储藏。此时种子的外部形态完全呈现出成熟的特征。一般园林树木种子多宜在此时采集。大多数树种生理成熟在先，隔一定时间才能达到形态成熟。也有一些树种，其生理成熟与形态成熟时间几乎一致，如旱柳、白榆、泡桐、木荷、檫木、台湾相思、银合欢等，当种子达到生理成熟后就自行脱落，故要注意及时采收。还有少数树种的生理成熟在形态成熟之后，如银杏。在种子达到形态成熟时，假种皮呈黄色变软，由树上脱落。但此时种胚很小，还未发育完全，只有在采收后再经过一段时间，种胚才发育成熟，具有正常的发芽能力，这种现象称为“生理后熟”。有生理后熟特征的种子，采收后不能立即播种，必须经过适当条件的储藏，采用一定的保护措施，才能正常发芽。

成熟的板栗

【林木种子休眠】（tree seed dormancy） 具有生活力的林木种子在适宜的萌发条件下，仍不能正常萌发的生理状态。这一概念可以从狭义和广义两方面来理解：狭义上的休眠是种子由于结构或生理上的原因，在一般认为适于发芽的条件下仍不能发芽的现象。习惯上称为深休眠，也称为内因性休眠、生理性休眠或实质性休眠。广义上的休眠除包括深休眠外，还包括种子因缺乏发芽需要的外界条件（水分、温度、光照）而呈现的强迫性休眠。一般所指的休眠是指狭义休眠。种子休眠是植物在系统演化过程中对环境条件和季节变化的一种适应性，是一种有益的生物学特性。它有助于种子抵抗不良环境条件，同时有利于林业种子的调拨、运输和储藏。但种子休眠也给种子检验工作带来困难，对育苗造林及林木的繁殖工作产生不利影响。如部分珍稀、濒危树种因种子具有休眠习性，影响其繁殖和推广。因此，在林业实践中，掌握林木种子的休眠生理规律，采取相应的破除休眠的合理技术措施具有重要意义。

【林木种子优良度】（seed soundness） 优良种子占检验种子总数的百分率。种子的许多外部形态特征与其内部品质有一定的相关性。测定的主要方法是：眼看、手摸、鼻闻、牙咬、舌尝、耳听等。对种子外观、色泽、气味、硬度、干湿度、夹杂物等进行综合考虑，来确定种子品质的优劣。它适用于：(1)休眠期长，需要进行催芽，又来不及进行发芽测定，且又无适当方法测定其生活力的林木种子。(2)在种子收购现场，需要及时确定种子质量的。(3)在发芽试验结束时，对未发芽粒可用切开法测定优良度作为补充鉴定的。(4)新采收的，特别是粒大、成熟饱满、发育良好的种子。如经验丰富，也可以用于松杉类等小粒种子。

【林木种子园】（tree seed orchard） 又称种子园。繁育林木良种种子的园地。是由选择的优良无性系或家系组成的人工林。为杜绝或减少外界花粉的污染，保证高产、稳产和便于种子采集，须采取隔离措施和集约经营措施。它比母树林更能生产遗传品质和播种品质兼优的林木种子。按其繁殖方法的不同可分为：无性系种子园和实生苗种子园。前者是由优树或原种母树的嫁接苗或无性繁殖苗建成的园圃，采用较普遍；后者是用优树控制授粉或自由授粉的种子育出苗木的园圃。按其繁殖材料改良程度的不同可分为：初级种子园和改良种子园。前者又称普通种子园，是用未经子代测定的繁殖材料建立的园圃；后者是由经过改良的繁殖材料建立的园圃。按树种的亲缘关系的不同可分为：目的在于获得杂种优势种子的杂交种子园（在落叶松树种中利用较多）和以生产不同种源的杂种为目的的产地种子园，其建园材料属同一树种的不同地理型。此外，在气候条件差的地区或因提早开花结实的需要，近年来还发展了室内种子园。

落叶松种子园

【林木自然成熟】（forest natural maturity） 又称生理成熟。为森林的非物质成熟，树木或林分过渡到开始枯萎阶段的状态。单株树一般比林分的自然成熟龄长，有些树种可达到数百年甚至几千年。如中国山东莒县有 3 000 年生的银杏，台湾省有 3 000 年生的红桧。林分达到自然成熟时的活立木生长量低于枯损量，即连年生长量出现负生长。这是确定自然成熟龄的重要标志。此外，还可根据树木或林分的外部特征判断自然成熟，如树高生长停止、直径增长缓慢、树冠扁平、枝条稀疏、针叶变暗、不再发生嫩枝、梢头干枯、树干上常有地衣苔藓、树皮呈现宽大裂片、开始心腐、根系破坏、个别树木或成群树木发生折断、倾倒现象等。用材林一般不应保留到自然成熟龄。但自然成熟龄对合理经营风景林、各种防护林、自然保护区森林等则具有重要意义。

【林区道路】(forest road) 主要供各种林业运输工具通行的道路。按其功能的不同可分为:(1)集材道路。由木材采伐点至装车场间所开辟的简易道路,专供集材使用。无严格标准,线路较短,但占地较多,毁幼树严重。一些国家已采用架空索道和直升机集材。(2)运材道路。林区道路的主体,直接承担木材由装车场到储木场的输送任务。道路构筑型式与标准有较大差别。(3)营林道路。它是根据造林、育林、护林等工作需要,从森林经营主管部门到各营林点所修筑的正规道路。

林区道路

【林权】(right of forest) 森林、林木、林地的所有者、经营者依法对其占有、使用、收益和处分的权利。主要有以下三种形式:(1)国家所有权。森林资源原则上属于国家所有(法律规定属于集体所有的除外)。(2)集体所有权。集体所有的森林、林木、林地所有者,是该集体经济组织,而不是该组织的成员。只有集体经济组织,才有权依照法律的规定及集体经济组织全体成员的决定,来行使对集体所有的森林、林木、林地的占有、使用、收益和处分的权利。(3)个人所有的林木。根据《中华人民共和国森林法》的规定,公民个人不享有森林和林地的所有权,只享有林木的所有权和林地的使用权。公民个人所有的林木,主要是指农村居民在房前屋后、自留地、自留山和农村集体经济组织指定的其他地方种植的林木;在承包或者以其他合法方式取得使用权的林地上种植的林木以及在承包的荒山、荒地、荒滩上种植的林木,按合同约定归个人所有的部分;城镇居民在自有房屋庭院内种植的林木。自留山造林和承包荒山造林的林木权属,以家庭形式出现的归全家人所有,以个人形式出现的归个人所有。承包荒山造林合同,如果发包方也享有部分个人的林木所有权和林地使用权,受法律保护。这种保护不仅是对公民个人财产和其他合法权益的保护,而且是对广大农民植树造林积极性的保护。

【林学】(forestry) 研究森林生长发育规律和结构功能,以及对森林进行培育、管理、保护和利用的科学。属于自然科学范畴。是在其他自然学科发展的基础上,形成和发展起来的综合性学科。林学涵盖林木遗传育种、森林培育、森林经营管理、园林植物与观赏园艺、野生动植物资源保护与利用、水土保持与荒漠化防治和森林保护七个分支学科。人类只有研究掌握了自然界的自然特性和规律,才能培育、管理、保护与利用好森林,才能发挥森林的多种效能。

【林业】(forstry) 培育和保护森林以取得木材和其他林产品,及利用林木的自然特性以发挥其防护作用的生产部门。包括造林、育林、护林、森林采伐和更新、木材和其他林产品或非木质林产品的采集和加工等。其主要任务是:(1)有计划地绿化荒山荒地,扩大森林资源。(2)科学地经营管理好现有的天然林和人工林,并进行合理地开发利用。(3)提高森林覆盖率,增加木材和其他林副产品的生产,以满足工农业生产、国防建设和人民群众生活的需要。(4)充分发挥森林的调节气候、保持水土、涵养水源、防风固沙、保护农田和环境保护等多种效能。世界各国通常把林业作为独立的生产部门,在中国属于大农业的一部分。它具有生产周期长、见效慢、商品率高、占地面积大、受地理环境制约性强、林木资源可再生等特点。在国民经济建设、人民生活和自然环境生态平衡中,均具有特殊的地位和作用。

中国植树节标志

【林业分类经营】(forestry classification management) 根据森林多功能属性和社会对林业需求结构的不同,将森林划分为不同类型的工作。分为重点生态公益林、一般生态公益林和商品林三大类型。按照各自的经营目的,采取相应的经营管理模式。它是基于林业肩负优化环境和促进发展双重使命,兼有生态、社会和经济三大效益,集第一、第二、第三产业于一体的国民经济基础产业和社会公益事业的特殊行业而提出来的,是林业改革和发展到一定时期的必然产物。实行分类经营是转变林业发展模式的重要条件,是实现林业可持续发展的战略选择,也是目前条件下林业企业面向市场取得高经济效益的一条重要途径。商品林属集约经营区,主要培育原材料林、纤维林、短轮伐期林。用高科技手段,采取集约经营的方式,以追求高产出、高经济效益。重点生态公益林属保护经营区。这部分森林主要发挥生态和社会效益,并追求最大的社会和生态效益。一般生态公益林主要在充分保护好生态环境的基础上,可通过适当的森林经营活动来提高森林的生态功能和经济功能。

【林业经济】(forest economy) 林业中经济关系和经济活动的总称。包括林业中的生产、交换、分配和消费等方面的经济关系和经济活动。林业经济的发展具有其本身的规律性。中国的林业有国有林、集体林和个体林。林业具有生产周期长和自然力在林木生长中起重要作用的特点。此外,森林还具有多种效益。因此,林业在如何正确处理国家、集体和个人三方面的关系,如何选择适当的经营方式和合理地组织生产力等方面都具有一系列特殊的经济问题。林业是国民经济中的一个重要部门。解决好林业经济问题,对工业、农业生态环境和整个国民经济的发展都有重大意义。

【林业经济效果】(economic result of forestry) 林业经济活动过程中劳动成果同劳动费用的比值。生产同样数量和质量的林产品,占用和消耗的劳动量越小,经济效果就越大;反之,则经济效果越小。经济效果有投资经济效果、新技术经济效果和技术组织措施经济效果等。投资经济效果是指采用增加投资而取得的经济效果。新技术经济效果运用新的技术(如新机械、最新科技成果等)而产生的经济效果。技术组织措施经济效果是运用新的技术措施和改进组织管理措施而获得的经济效果。讲求林业经济效果,就是用尽可能少的劳动占用量和消耗量,为全社会提供更多、更好的林产品和多种效益。

【林业生态工程】(forestry ecological engineering) 设计、建造、经营与调控以木本植物为主体,并将相应的植物、动物、微生物等生物种群,人工匹配结合而形成人工复合系统的工程技术。分为生物群落建造工程、环境调控工程和食物链工程。(1)生物群落建造工程。主要是把设计的种群,按一定的时间顺序或空间顺序,定植或安置在复合生态系统之中。包括各组成部分的空间布局和配置、生物种群选择、稳定林分结构设计与调控等。(2)环境调控工程。主要是为保证植物正常生长发育而采取的改良当地立地条件的技术措施。(3)食物链工程。分为生产性食物链和“减耗性”食物链。生产性食物链根据人工植物群落产品来确定。这种食物链可以有效地利用绿色植物产品或加工剩余物转化成经济产品。按林业生态工程在某一固定区域建设的目的、结构与功能的不同,可将其划分为:山丘区林业生态工程、平原区林业生态工程、风沙区林业生态工程、沿海林业生态工程、城市林业生态工程、水源区林业生态工程、复合农林业生态工程、防治山地灾害林业生态工程和自然保护林业生态工程等。林业生态工程的作用是保护、改善和持续利用自然资源。

【林业重点生态工程建设】(forest main-ecoengineering) 中国为扭转生态环境恶化状况而建立的森林陆地生态系统。自 1978 年开始,中国先后实施了以遏止水土流失、改善生态环境、扩大森林资源为主要目标的三北防护林体系建设工程、长江中上游防护林体系建设工程、沿海防护林体系建设工程、平原绿化工程、太行山绿化工程、防沙治沙工程、黄河中游防护林工程、珠江流域综合治理防护林体系建设工程、淮河太湖流域综合治理防护林体系建设工程、辽河流域综合治理防护林体系建设工程等十大生态工程。规划区总面积 $7.056\times10^6\text{km}^2$,占国土总面积的73.5%,规划营造林总面积 7 496km^2。覆盖了中国的主要水土流失区、风沙侵蚀区和台风、盐碱危害区等生态环境最为脆弱的地区。20 世纪末,国家又批准建设了天然林保护工程与退耕还林还草工程。世纪之交,根据工程的主导功能及目标属性整合为六大林业重点工程。国家林业重点生态工程建设在防治土地沙化、减少水土流失、改善生态状况等方面所产生的效果正逐步显现。2004 ~ 2008 年的第七次中国森林资源清查结果显示,中国森林面积 19 545.22 万公顷,森林覆盖率20.36%。中国森林资源进入了快速发展时期。重点林业工程建设稳步推进,森林资源总量持续增长,森林的多功能多效益逐步显现,木材等林产品、生态产品和生态文化产品的供给能力进一步增强,为发展现代林业、建设生态文明、推进科学发展奠定了坚实基础。

建设生态屏障

【林缘效应】(edge effect of forest) 又称边行效应。在高度郁闭的、由喜光树种组成的幼林中,在林木的高度和粗度的方面,边行均比在林分中心生长的林木生长量大而形成边行优势的现象。林缘效应形成的主要原因是林分边缘光照充分。根据林缘效应,一般采用机械抚育法,不用考虑林木的分级和品质的优劣,只要事先确定了砍伐行距或株距后,采伐时大小林木统统伐去。目前采用的形式有:隔行砍、隔株砍和隔行隔株砍。隔几行或隔几株砍伐,应视林分情况和经营目的而定。为便于机械作业与发挥边行效应,多采用伐 1 ~2 行,留 2 ~4 行。为了改纯林为混交林,又往往在采伐行中补栽其他的树种。如林分为公益林，则可补栽灌木种。此法适用于人工林，特别是人工纯林或分化不明显的林分。一般机械抚育法应用于第一次抚育采伐。在人工松林中，每隔8行采伐1行的机械抚育式试验，6年后的结果表明，在邻近抚育行的林木，直径比中心行明显增粗。与此同时，在采伐带内造林，靠近保留带的幼树，也可以发挥边行优势，生长良好，如卡岑属幼树，就表现出这种效应。

【林种区划】(regions of tree kinds) 将不同的森林种类划分为若干地域单元的工作。进行划分的原则是：以客观存在的自然条件与社会经济状况、社会发展对林业的要求为准绳，充分反映客观实际和客观规律，促进林业生产发展。林业生产布局在分区时必须遵循地域上相连者才能划分为一个区的原则。林业区划主要依据自然条件和社会经济条件及社会发展需求。由于林业生产的本质是种植业，本身受到自然条件的制约，因此在具体的林业区划中，通常是首先考虑自然条件，特别是对于森林的分布与生长有重大影响的气候、地貌、地质、水文、土壤、植被等因素。

【临产】(in labor) 有规律且逐渐增强的子宫收缩，持续时间大于30s，间歇5～6min，并伴随宫颈管消失，宫颈口扩张和胎先露下降的现象。用镇静药物不能抑制子宫收缩，可以确诊为临床症状。

【临床流行病学】(clinical epidemiology) 从病人着手，应用流行病学和医学统计的原理和方法，通过严谨的设计、测量和评估研究临床问题，包括临床疾病的诊断、治疗、预后、病因和发病因素，并为临床决策提供科学依据的一门学科。是一门为临床医生和临床研究者服务的方法学。为临床研究提供了科学方法的平台，使临床科研更为真实和经济有效。

【临床前安全性评价】(preclinical safety-evaluation) 在临床使用前，利用实验动物进行一系列实验研究，以对药物的安全性进行的综合评价。大多数药物均具有两重性，一方面能治疗疾病，另一方面又具有副反应。因此，要对新的药物进行安全性评价。主要观察和测定药物对机体的损害和影响，其研究结果为评价新药对人类健康的危害程度提供科学依据。药物作为治疗、预防和诊断人类疾病的一类特殊商品，其安全、有效和质量可控是对药品的基本要求。安全性排在药品性能的第一位。其意义在于：(1)找到中毒剂量。(2)确定安全范围。(3)发现毒性反应。(4)寻找毒性靶器官。(5)判断毒性的可逆性。(6)中毒后必要的解救措施。回顾新药发展的历史可以看到，许多药害事件的发生就是由于当时没有进行临床前毒理学评价，或没有进行充分而完善的毒理学评价造成的。

【临床试验】(clinical trial) 对新药所进行的药理及药效的人体试验。分三期进行：(1)Ⅰ期临床试验。研究人员对新药的耐受程度进行研究并通过研究提出新药安全有效的给药方案。(2)Ⅱ期临床试验。新药临床评价最重要的一期。可分两个阶段进行，第一阶段在有对照组的条件下详细考察新药的疗效、适应证和不良反应。疗效的判断一般分痊愈、显效、有效、无效四级。第二阶段是第一阶段试验的延续，目的是在较大范围内对新药进行评价。(3)Ⅲ期临床试验。新药得到卫生部门批准试产后，即应进行第Ⅲ期临床试验。其目的是对新药进行社会性考察与评价，重点了解长期使用后出现的不良反应并继续考察新药的疗效。

【临床死亡期】(clinical death) 又称躯体死亡期、个体死亡期。呼吸心跳停止后进入的机体死亡过程第二期。此期中枢神经系统的抑制过程由大脑皮质扩散至皮质下部位，延髓也处于极度抑制状态。其临床表现是：心跳、呼吸停止，各种反射消失，瞳孔散大，但各种组织细胞仍有短暂而微弱的代谢活动。在临床死亡过程中，血液循环停止后大脑皮质耐受缺氧的时间一般为5～6min，若时间过长，则大脑将发生不可逆的变化。但在低温条件下，尤其是头部降温脑耗氧低时，临床死亡期可延长达1h或更久。处于临床死亡期的病人若得到及时、有效的急救措施，回复病人的呼吸心跳，病人生命仍有复苏的可能。

【临床验证】(clinical validate) 以考察新药的疗效和毒副反应为目的与原药品对照组进行的对比验证。在原药品无法解决时，亦可与同疗效的药品进行对比。对新药临床验证结束后，还要报送全部的正式记录和正式书面报告，包括验证人数、病人性别、年龄、病种、病情轻重程度分析、药物剂量、给药方法、疗程、用药期间的不良反应、各项检查指标以及疗效的判断和新药使用说明书等。

【临床药理学】(clinical pharmacology) 药理学的一个分支。以人体为对象研究药物与人体之间相互作用规律，为临床安全、有效、合理地用药和正确评价药物提供理论和方法的学科。其基础为基础药理学与临床药物治疗学。其主要研究内容包括：药物在人体内的作用规律、人体内药物的相互作用、药物在人体内的代谢过程、药效、药物的毒副作用反应性质和机制等。

【临床营养学】(clinical nutrition) 营养

学的一个分支。研究食物营养素及其他生物活性物质对人体健康的生理作用及其对疾病的发生、发展与康复的影响的学科。是在人类医学的营养基础知识上,以临床营养作为重点,并根据各种疾病的生化代谢特点,通过营养素的补充,调整患者的生理功能及人体的免疫功能,增强抗糖化能力和抗氧化能力,减少组织损伤,促进组织修复,使临床的手术治疗、药物治疗和放射治疗等都能发挥较好的治疗效果,达到及早康复的目的。

【临界瘤】(borderline tumor) 又称交界瘤。一类其性质和生物学行为介于良性与恶性之间过渡阶段的具有潜在恶性的肿瘤。其病程较长,局部有浸润,是肿瘤的一种状态。其特点是:(1)肿瘤细胞的形态介于良、恶性之间,既不是典型的良性,又缺乏肯定恶性的证据。(2)在生长方式上有局部扩散的倾向,切除后往往容易复发,但不发生转移或极少有转移,进展缓慢,对病人的生命威胁不大。(3)细胞形态和实际表现不对等。细胞形态属良性,但实际表现有局部扩散或偶有转移。或者细胞形态符合恶性,但没有明显的扩散转移等恶性表现。其治疗方法以手术切除为主,切除范围比良性肿瘤大些。对放射治疗和抗癌药物应用应持慎重态度。术后要密切随访观察。临界瘤本身的情况也不完全一样,有的更接近良性,有的则较多地偏向恶性。认识这一状态,并及时发现和治疗可以阻止其癌变,防止癌症的发生。常见的临界瘤有膀胱、阴茎、外耳道的乳头状瘤,腮腺混合瘤和部分甲状腺腺瘤等。

【临界温度】(critical temperature) 物质处于临界状态时的温度。这时的压力称为临界压力。物质处于临界状态时,其气化潜热为零,表面张力为零,气相的密度等于液相的密度。水的临界温度为 374.15℃,临界压力为 22.12MPa。气态物质在高于临界温度时,无论怎样增大压强,气态物质都不会液化。要使气态物质液化,首先要设法将其温度降低到其临界温度之下,然后通过增加压力才能使之液化。

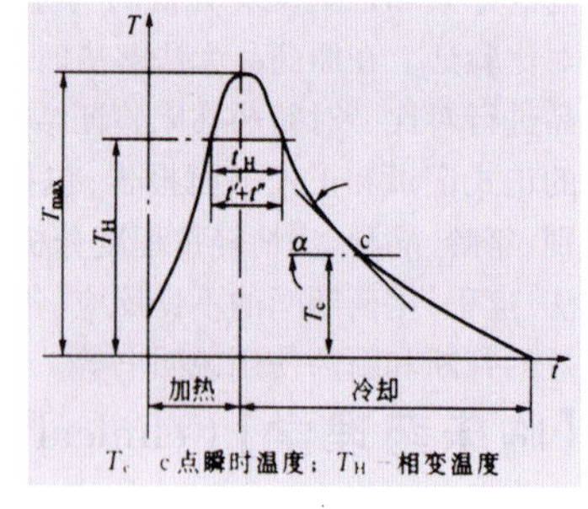

临界温度

【临界氧浓度】(oxygen density limited) 培养基中不影响菌体呼吸所允许的最低氧浓度。菌体在培养期内需要一定的吸氧量,如果培养液中溶解氧浓度在临界点以下,会造成菌体的供氧不足、呼吸强度减弱甚至窒息。只有溶解氧浓度大于临界点,菌体才能正常生长;呼吸强度也才保持恒定。影响供氧的因素有:(1)搅拌。(2)空气流量。(3)培养基性质。(4)微生物生长的影响。(5)消沫剂的影响。(6)离子强度的影响。通过对这些因素的控制和调节,即可确保细菌所需的最低氧浓度。

【临界窒息点】(critical stifling point) 又称窒息临界含氧量或氧阈。由一种状态变成另一种状态前,应具备达到临界值的最基本条件。在一定温度条件下,水生动物因水中溶解氧减少而使其失去平衡、昏迷和濒临死亡时,该水体的溶解氧值为该水生动物的临界窒息点,以 mg/L 表示。是水生动物所能忍受低氧的下限指标。在实际测定时,当 50% 的实验鱼失去平衡、昏迷或濒临死亡时,单位水体中的含氧量实测值即为临界窒息点。

【临界状态】(critical state) 又称临界点。物质的气、液两相平衡共存的极限温度和压力状态。在此状态时,液体密度与其饱和蒸气的密度相同,气液之间的分界面消失,因而没有表面张力,气化潜热为零。处于临界状态的温度、压力分别称为临界温度和临界压力。如水的临界温度 Tc =647.30K,临界压力 p_c =22.128 7MPa。在临界温度以下,物质的液相和气相的性质有很明显的差异。高于临界温度时,气液两相将不再共存。此时的物质被称为超临界流体。

【临终关怀】(hospice care) 对临终病人给予生理、心理上最大可能的关注与照顾,以及对病人家庭的慰藉和支持的一整套医护保健措施。也是一门研究临终病人的生理、心理发展规律,为临终病人及家属提供全面照护的新兴交叉学科。

【临终护理】(hospice care) 又称临终关怀、善终服务、安宁照顾、安息所等。向临终患者及其家属提供一种生理、心理、社会等方面全面的照料,使患者在临终时能够无痛苦、安宁、舒适地走完人生的最后旅程,目的是使临终患者的生命得到尊重,症状得到控制,生命质量得到提高,使家属的身心健康得到维护和增强。具体作法是以治愈为主的治疗转变为以对症为主的照料;以延长患者的生存时间转变为提高患者的生命质量;尊重临终患者的尊严和权利 ;注重临终患者家属的心理抚慰。

【淋巴结】(lymph node) 体内分布较广、体积约1~10mm 卵圆形或圆形的二级淋巴组织。主要分布在非黏膜部位,包括皮下、颈部、腋窝、腹股沟、肺门及肠系膜等处。其功能有三种:(1)是供淋巴细胞栖息和增殖的场所。(2)为适宜于淋巴细胞经营产生免疫力的基地。即当病原异物抗原随淋巴液或血行引流入淋巴结内时，由该处的巨噬细胞及树突状细胞对抗原进行加工，并呈递给 Th 细胞，被激活后转交给 T、B 细胞，在各种细胞因子的辅助下发生免疫应答。(3)充当淋巴运行中监视清除病原异物的过滤监控站。当病原体数量多或毒力过强，不易被销毁时，则在淋巴结内繁殖和攻击，引起炎症、肿胀和化脓。如颈部或腋窝淋巴结的肿胀通常是由头部或上肢某部位感染引流来的病原体所致。当淋巴结内战胜病原体后，可由 T、B 细胞产生免疫力分布至全身加强防护。

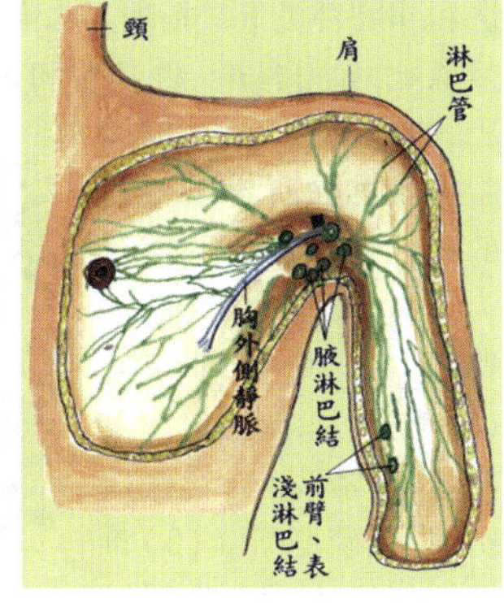

淋巴结

【淋巴系统】(lymphatic system) 由各级淋巴管道、淋巴器官和散在的淋巴组织组成的微循环系统。机体循环系统的一个组成部分。其主要功能有：(1)引流作用，引流组织液、淋巴液与静脉沟通。(2)吸收脂肪，在肠道黏膜的小淋巴管负责吸收脂肪和脂溶性物质，成为乳糜，这些营养经由淋巴系统进入血液。(3)防卫机制，负责后天免疫。淋巴系统不仅能协助静脉运送体液回归血循环，而且能转运脂肪和其他大分子物质。淋巴器官和淋巴组织还可繁殖增生淋巴细胞、过滤淋巴液、参与免疫过程，是人体的重要防护屏障。

【淋巴细胞】(lymphocyte) 由淋巴器官产生的一种白细胞。机体免疫应答功能的重要细胞成分。根据淋巴器官发生和功能的差异可分为：(1)中枢淋巴器官(又称初级淋巴器官)。(2)周围淋巴器官(又称次级淋巴器官)。根据淋巴细胞的发育部位、表面、抗原、受体及功能的不同可分为：(1)T 淋巴细胞。(2)B淋巴细胞。(3)K 淋巴细胞。(4)NK 淋巴细胞。

【淋巴细胞活化】(lymphocytic activation) 免疫活性细胞即 T 细胞和 B 细胞在经过了抗原识别阶段后，因抗原的激活作用而发生一系列的生化过程及形态和生理功能的演变，导致淋巴细胞的增殖和分化，最终产生多种免疫效应的过程。是免疫应答形成的关键部分。T 细胞活化起始于细胞表面 TCR－CD3 复合体与抗原多肽－MHC 分子复合体间相互配合的结合，从而产生传导信号，T 细胞即得以开始活化。B 细胞活化系指 B 细胞在接受刺激后乃至发生细胞增殖以前的一段反应过程。这个过程是处于细胞生长周期的 G_0 期至 G_1 期之间的一段时期，即由静止的 B 细胞转变至成为淋巴母细胞的时期或母细胞化过程。

【淋病】(gonorrhea) 由淋球菌引起的尿道炎症性疾病。是一种古老而又常见的性病。多发生于青年男女。通常经性接触传播。妇女常在数周或数月内为无症状带菌者，常在追踪其性接触者时被发现。男性同性恋者无症状的口咽或直肠感染也很常见。偶尔在异性恋男子的尿道也可发现感染。在男性，潜伏期 2～14 日，通常以尿道轻度不适起病，数小时后出现尿痛和脓性分泌物。当病变扩展至后尿道时可出现尿频，尿急。检查可见脓性黄绿色尿道分泌物，尿道口红肿。在女性，通常在感染后 7～12 日开始出现症状，虽然症状一般轻微，但有时开始就很严重，有尿痛、尿频和阴道分泌物等。淋病常合并男性淋病性龟头包皮炎、淋病性前列腺炎、淋病性尿道狭窄；女性子宫内膜炎、输卵管炎等并发症。对无合并症淋病，即早期没有任何其他合并症的单纯性淋菌性尿道炎，一般抗菌治疗效果好。淋病是危害较大的性病之一，积极有效的预防极其重要。

【淋溶层】(eluvial horizon) 又称 A 层。土壤剖面上部由于淋溶作用而使某些物质向下迁移和损失的土层。其特征是质地轻，颜色浅，养分减少。自然土壤的 A 层，一般 20～30cm。在 A 层中又分为 A1、A2 及 A3 等亚层。A1 为暗色的矿物质层，含有相当多的腐殖质，黑钙土特别厚且呈团粒构造，在灰化土中非常薄；A2 层色淡，因受淋溶作用的影响，灰化土发育特别显著，呈灰白色，其他土类常缺此层或发育极不明显；A3 层是一个变移层，一般介于 AB 层之间，但性质与 A 层相近。开垦后经过耕作、施肥、施用石灰等措施，可以改良淋溶层，提高土壤肥力。

【淋溶侵蚀】(leaching erosion) 降水或灌溉水进入土壤，受重力作用沿土壤孔隙向下层运动，将溶解的物质和未溶解的细小土壤颗粒带到深层土体的过程。导致土壤养分损失，土壤理化性质恶化，使土壤肥力下降，作物产量降低。不仅导致区域内物种多样性退化，恶化生态环境，而且还会污染水源，恶化水质，直接影响人畜饮用水。同时，被植物养分污染的河流或湖泊，由于藻类大量繁殖生长，水中有效氧含量下降，鱼类和其他水生生物也会受到影响。分布于年降水量

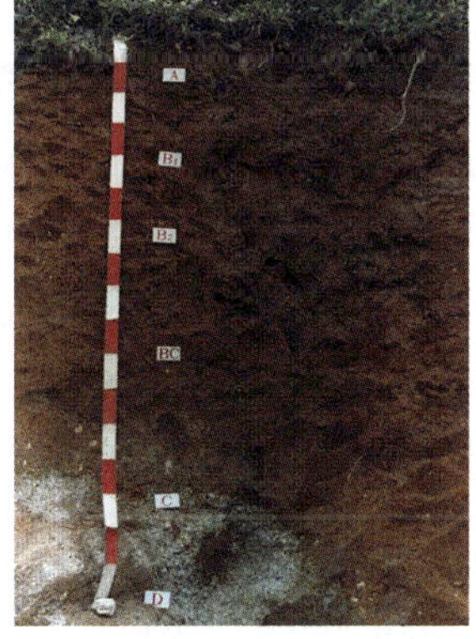
淋溶侵蚀

超过600 mm的地区,淋失强度与土壤特性和水文气象条件有关,同时受土地利用状况的制约。一般来讲,土层越薄、土质沙性越大、土壤易溶盐分含量越多,淋溶侵蚀越严重。富含腐殖质和黏粒土壤,吸收性能强,水稳性团粒结构好,保水保肥力高,淋溶侵蚀较弱。雨量充沛、排水通畅地区的淋溶作用较强。灌水量和化肥使用量过大的农田,淋失量也较大。在淋溶侵蚀比较严重的地区,除要改进施肥方法和灌溉技术之外,还应增加土壤黏粒和有机质含量,改善土壤理化性质,增强土壤保水保肥能力,减少淋溶侵蚀。

【淋水孵化】(water sprinkling incubation) 着卵鱼巢悬吊在架上或平铺于架上铺设的竹竿上,淋水进行孵化的方法。人工孵化方式之一。多用于黏性卵的孵化。在寒潮侵袭、水温太低的条件下,将鱼巢移入室内进行淋水孵化。做到经常淋水,其时间和次数以保持鱼巢湿润为度。室温以20~25℃为宜。待胚胎发育到发眼期时,应立即将鱼巢移置孵化池继续孵化。

【淋洗污染土壤】(flushing contaminated soil) 一种适用于土壤深层或蓄水层污染的就地除污技术。土壤污染具有明显的隐蔽性和滞后性等特点。淋洗方法是将处理剂(水、表面活性剂、有机助溶剂、螯合剂等)注入土壤,将吸附固定在土壤颗粒上的污染物解吸下来,并随处理液向土体下部迁移,再通过另一端的抽水井将含污染物的处理液抽出进行处理。

【磷壁酸】(teichoic acid) 结合在革兰阳性菌细胞壁上的酸性多糖。其主要成分为甘油磷壁酸或核糖醇磷壁酸。可分为壁磷壁酸和膜磷壁酸。前者是与肽聚糖分子间进行共价结合的磷壁酸;后者是跨越肽聚糖层并与细胞膜相交联的磷壁酸。其生理功能有:(1)通过分子上的大量负电荷浓缩细胞周围的Mg^{2+},以提高细胞膜上一些合成酶的活力。(2)储藏元素。(3)调节细胞内自溶素的活力,借以防止细胞因自溶而死亡。(4)作为噬菌体的特异性吸附受体。(5)赋予革兰阳性细菌特有的表面抗原,可用于菌种鉴定。(6)增强某些致病菌对寄主细胞的粘连,避免白细胞吞噬,并有抗补体的作用。

【磷化处理】(bonderizing) 使钢铁制件表面生成一层难溶的磷酸盐保护膜的化学处理方法。具体方法是将钢铁制件置入磷酸二氢锌或磷酸锰铁盐为基体的溶液中,在一定的温度下进行化学反应,所形成的磷化膜为多孔的晶体结构,增加涂层与基体金属之间的结合能力,防止腐蚀起着良好的作用。磷化层可作为涂层的底层广泛地用在涂装作业的前道工序。

【磷素肥料】(phosphorus fertilizer) 又称磷肥。以磷为主要养分的肥料。其肥效的大小和快慢,取决于有效的五氧化二磷含量、土壤性质、施肥方法和作物种类等。根据其来源的不同可分为:(1)天然磷肥,如海鸟粪、兽骨粉和鱼骨粉等。(2)化学磷肥,如过磷酸钙、钙镁磷肥等。根据所含磷酸盐的溶解性能的不同可分为:(1)水溶性磷肥,如普通过磷酸钙等。(2)微溶性磷肥,如沉淀磷肥、钢渣磷肥、钙镁磷肥、脱氟磷肥等。(3)难溶性磷肥,如骨粉和磷矿粉。根据其生产方法的不同可分为:湿法磷肥和热法磷肥两种。磷肥使用适当时,能促进作物分蘖和早熟,增加其抗寒能力,提高产量和质量。

磷素肥料

【磷酸】(orthophosphoric acid) 又称正磷酸。分子式H_3PO_4。分子量98.00。无色液态或晶体。易潮解。密度1.834 g/cm³(18℃)。熔点42.35℃。213℃失去二分之一的水,加热时脱水依次生成焦磷酸、三磷酸和多聚的偏磷酸。极易溶于水。溶于乙醇。中等强度的三元酸。电离常数$Ka_1 = 7.6 \times 10^{-3}$、$Ka_2 = 6.3 \times 10^{-8}$、$Ka_3 = 4.4 \times 10^{-13}$。几乎没有氧化性,磷酸根离子具有很强的配合能力,能与许多金属离子生成可溶性的配合物。工业上用硫酸和磷酸钙反应制备。较纯的可用白磷和硝酸反应制备。可用于制备磷酸盐和化肥、去垢剂、调味糖浆等,也可用于制药、食品、纺织、造糖等工业,并用作化学试剂。

【磷酸镓单晶】(gallium phosphate single crystal) 一种人造的新型压电单晶材料。几乎具有人造石英晶体的所有优点。类似于人造石英晶体,但耦合系数却比人造石英晶体高得多。具有晶体振荡器和滤波器所需要的温度补偿特性和很高的电阻率。温度高达933℃时其物理特性也只有很小的变化,在高温器件中得到广泛应用。

【磷酸铁锂电池】(iron-lithium phosphate cell) 用磷酸铁锂作为正极材料的锂离子电池。锂离子电池正极材料有很多种,主要有钴酸锂、锰酸锂、镍酸锂、三元材料磷酸铁锂等。其中钴酸锂是目前绝大多数锂离子电池使用的正极材料,而其他正极材料由于多种

磷酸铁锂电池

原因，在市场上还没有大量生产。磷酸铁锂也是其中一种锂离子电池。从材料的原理上讲，磷酸铁锂也是一种嵌入－脱嵌型，这一原理与钴酸锂、锰酸锂完全相同。磷酸铁锂电池具有超长寿命、使用安全、可大电流快速放电、耐高温、大容量、无记忆效应、体积小、重量轻、绿色环保等诸多优点。因此该电池又列入国家高科技发展计划，成为国家重点支持和鼓励发展的项目。

【磷酸戊糖途径】（pentose phosphate-pathway） 糖分解代谢的另一条重要途径。一个葡萄糖－6－磷酸经代谢产生还原型辅酶Ⅱ（NADPH）和核糖－5－磷酸的途径。其重要的生理意义在于：(1)为机体提供了5－磷酸核糖。后者是细胞合成核苷酸及其衍生物的重要原料。(2)为机体提供了还原型辅酶Ⅱ。后者作为供氢体参与脂肪酸、胆固醇、类固醇激素（糖皮质激素、盐皮质激素和性激素）的还原性合成反应。因此脂类合成旺盛的组织细胞中，如肝脏、脂肪组织、泌乳乳腺、肾上腺皮质等，磷酸戊糖途径比较活跃。(3)还原型辅酶Ⅱ还用于维持谷胱甘肽的还原状态。还原型谷胱甘肽是体内重要的抗氧化剂，可以保护一些含巯基（－SH）的蛋白质或酶免受氧化剂尤其是过氧化物（包括 H_2O_2）的损害。(4)还原型辅酶Ⅱ还作为供氢体，是单氧酶系的组成成分，参与激素、药物、毒物等的生物转化过程。

【磷酸氧钛钾晶体】（potassium titanyl-phosphate crystal；KTP crystal） 具有高的非线性光学系数、室温下就能实现位相匹配的一种晶体材料。其特点是：在很宽的波长范围内透明，破坏阈值高，化学性能稳定，腔外倍频转换效率高达70%。这种晶体主要用于制作倍频器件、电光调制器件和光波导基片。在卫星测距、激光医疗、半导体微加工、水下通信、气象雷达和高功率激光器等领域有广泛的应用前景。

磷酸氧钛钾晶体

【磷循环】（phosphorus cycle） 磷在生物圈中的循环过程。属于沉积型循环。磷是有机体不可缺少的元素，是地球上许多生态系统生物生产力的限制因素。磷主要储存于磷酸盐岩石和磷酸盐沉积物以及鸟粪层和动物化石中。由于风化、侵蚀作用和人类的开采活动，磷才被释放出来进入水体和土壤。植物从环境中吸取磷，使之参与核酸和蛋白质的合成。植物体内的磷经食草动物、食肉动物等沿着食物链流动，又通过排出物和尸体的分解回到环境中。由于磷在土壤和海底沉积，使磷循环成为不完全循环。人类的活动已经改变了磷的循环过程。由于农作物耗尽了土壤中的天然磷，人们便不得不施用磷肥。磷肥主要来自磷矿、鱼粉和鸟粪。人类开采磷矿石，制造和使用磷肥、农药和洗涤剂，以及排放含磷的工业废水和生活污水，过多的磷和氮进入水体会引起藻类的爆发性增殖。这些都对自然界的磷循环发生影响。

【磷印试验】（phosphorus printing test） 利用化学反应，使钢中磷元素生成磷化物沉淀来显示磷在钢中偏析及分布情况的方法。一种宏观检验的方法。磷是极易形成偏析的元素，并且极难扩散。发生明显磷偏析时，会使钢材一经落地即发生脆性断裂。磷印试验是检验其分布的主要方法。按所用试剂的不同可分为：(1)硫代硫酸钠显示法。与硫印法相似，采用含有偏重亚硫酸钾的饱和硫代硫酸钠溶液对试样先行浸蚀，然后用经浸稀盐酸的反差较大的光面印相纸药面覆盖在试样表面上，使之与试样发生反应。定影并冲洗烘干后，印相纸药面上显示出不同色泽的沉淀斑痕，可以辨别出磷的偏析。(2)铜离子沉淀法。当试样置于含有铜离子的试剂中时，铁被试剂中的铜离子所置换，此时铜离子即沉淀在试样表面上。而磷偏析处未被铜离子覆盖，即受到试剂的剧烈浸蚀，呈暗色。覆盖铜离子的铁的表面虽然也受浸蚀，但程度不同，呈浅色。是利用钢表面各部分浸蚀性能的不同，来达到显示磷偏析的目的。

【磷脂】（phosphatide/phospholipid） 又称磷酸甘油脂。甘油及其酯同磷酸和一分子氮化合物相结合的产物。种类繁多，其代表物有：磷脂酸、磷脂酰甘油、心磷脂、磷脂酰胆碱（卵磷脂）、磷脂酰乙醇胺（脑磷脂）、磷脂酰丝氨酸（丝氨酸磷脂）、磷脂酰肌醇（肌醇磷脂）、神经磷脂以及通过酯键与脂肪酸结合的缩醛磷脂类、醚酯质类。广泛存在于微生物界、植物界和动物界。主要分在脑、肝、蛋黄和大豆中。参与合成脂蛋白。是构成生物膜的基本成分之一。其产品以从天然物中提取为主。可以作为药物、保健食品及乳化剂等。

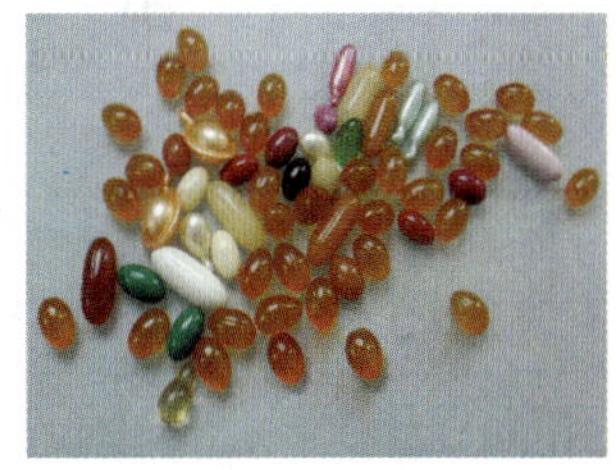

大豆磷脂胶囊

【鳞式】（scale formula） 记录鱼类侧线鳞数目的方式。鳞是鱼类等动物体表生长的起保护作用的角质或骨质薄片。大多数鱼体被有鳞片。鳞片常可作为鉴定鱼类年龄的重要材料。鳞片也是水产品综合利用的原料,从中可提取鱼鳞胶等。按鳞片外形、构造和发生上特点的不同,可将鱼类鳞片分为盾鳞、硬鳞和骨鳞三种类型。体侧侧线管所通过的鳞片,称为侧线鳞。侧线鳞数目常用鳞式来表示,是鱼类分类上的重要依据之一。完整的鳞式记录应包括侧线鳞数、侧线上鳞数(背鳍起点至侧线之间的鳞片行数,不含侧线鳞)、侧线下鳞数〔侧线与腹鳍(V)或臀鳍(A)起点间的行数〕。如鲤的鳞式:

$$32\sim36\frac{5\sim6}{4-V}\text{或}32\frac{5\sim6}{4-V}36$$

式中表示:鲤侧线鳞有32~36枚,侧线上鳞有5~6枚,侧线下鳞(至腹鳍)4枚。

【灵璧石】(Lingbi stone) 中国古代四大名石之一。产于中国安徽省灵璧县,为一种致密石灰岩形成的造型石。其颜色黑灰色居多,以造型多变和扣之发声为其主要美学特征。不同形态和质地的灵璧石,其音质、音色和音调各不相同。劣质者敲之为瓦缶声,优质者声音激越高亢,有金属之音。灵璧石又有"八音石"之称。

灵璧石

【灵长间隙】(primate space) 在灵长类动物牙列中,上颌乳侧切牙与乳尖牙之间,下颌乳尖牙与第一乳磨牙之间存在的间隙。人类乳牙从2岁半左右乳牙全部萌出,6岁左右恒牙即将萌出,此期间内乳牙列出现一些间隙的改变。有些是乳牙萌出时出现间隙,有些是小儿乳粭初建时无牙间隙,以后逐渐出现间隙如发育间隙。其出现表明颌骨在生长。这些间隙的出现有利于未来恒牙的萌出与排列。

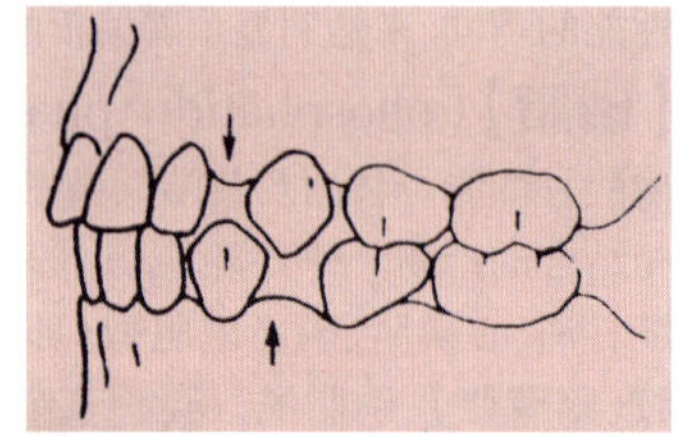
灵长间隙

【灵台】(Lingtai) 世界古老的天文台遗址之一。位于河南省偃师市大郊寨村北(历史上东汉京都洛阳城南郊),1974年发掘。该天文台创建于东汉中元元年(公元56年),原为一方形高台建筑。建筑分上下两层,下层平台为环形回廊式建筑;上层为观测天象的场所;四周各有五间建筑,为观测人员整理天象观测资料的衙署。张衡曾主持和组织灵台的天文工作。该天文台作为国家天文台,从东汉经三国曹魏到西晋一直延续使用达250年之久,到北魏时废弃。

【凌日】(transit) 在地球上看到的地内行星(水星或金星)遮挡太阳的现象。这时,地内行星表现为太阳圆面上的一个圆形黑点。凌日是一种正常的天文现象,没有任何其他意义。其形成原因与日环食相同。

【凌汛】(ice run) 由河道里的冰凌对水流的阻碍作用所引起的涨水现象。凌汛成为灾害,一般多出现于解冻期,发生在上游冰雪先融化而下游河道尚未解冻的河段。因流动冰块大量堆积、阻塞形成冰坝,河水猛涨而发生决口。凌汛常造成冰水泛滥,造成沿河水工建筑物的破坏。中国自南向北流的河段,如黄河山东段、内蒙古段、松花江依兰河段常发生凌汛。凌汛在河流封冻期也可发生。因不易卡塞形成冰坝,较少酿成重大灾害。

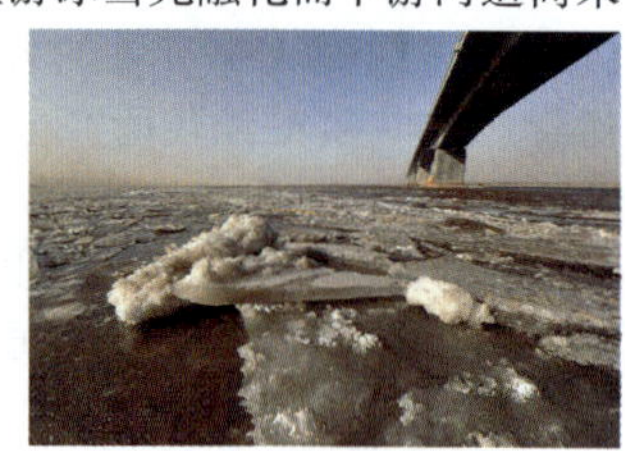
凌汛

【零点】(zero point) 使$f(z_0)=0$的点。如果函数f在点z_0处解析。z_0为f的零点,且$f'(z_0)=f''(z_0)=\text{L}f^{(n-1)}(z_0)=0$。但在$z_0$点处的$n$阶导数$f^{(n)}(z_0)\neq0$,则称零点的阶为$n$。

【零度包装】(zero-packaging) 又称无废物包装。不产生垃圾的包装。可食性包装是最佳的零度包装。能有效解决包装材料与环境保护之间的矛盾。非一次性用品如玻璃或陶瓷容器,用于散装食油、酱油、饮料等,是原始零度包装。

【零级消除动力学】(zero-grade elimination kinetics) 血药浓度按恒定消除速度(单位时间消除的药量)进行消除,与血药浓度无关的一种药物衰减规律。多数情况下,是体内药量过大,超过机体最大消除能力所致。按零级消除动力学消除的药物血浆半衰期随血药浓度下降而缩短,不是固定数值。如饮酒过量时,一般常人只能以每小时10ml/h乙醇恒速消除。当血药浓度下降至最大消除能力以下时,则按一级消除动力学消除。其方程式为:$-\text{d}C/\text{d}t=k$,C为体内可消除的药物,k常数,负值表示药物经消除而减少,t为时间。

【零件轧制】(parts rolling) 用轧制工艺成形机器零件的方法。传统的轧制方法只能成形等截面的型材,如板材、管材、圆材、方材等。通常,机器零件是用这些型材经过锻造、切削等方法成形的。所以零件轧制既是冶金轧制技术的发展,又是机械制造技术的发展。零件轧制工艺与传统锻造工艺比较，具有如下优点：工作载荷小，设备重量轻，生产率高，产品精度高，工作环境好和易于实现机械化自动化生产等。零件轧制工艺的缺点是：通用性差，需要专门的设备和模具，而且多数模具的设计、制造及生产工艺调整比较复杂。零件轧制工艺多用于种类少、批量大的零件生产。

【零膨胀设计】（design of zero expansion-coefficient） 使构件在不同工作温度下的热膨胀系数为零的设计。能否实现零膨胀设计，主要取决于材料的性能。只有某些具有各向异性热膨胀系数的材料，才有可能实现零膨胀设计。如碳纤维或芳纶纤维复合材料，在一定温度范围内，沿纤维方向具有负值的热膨胀系数，而垂直于纤维方向具有正值的热膨胀系数，当结构按准各向同性铺层且满足以下方程时，结构具有零膨胀特性：$a_1(Q_{11}+Q_{12})+a_2(Q_{12}+Q_{22})=0$。式中，$a_1$、$a_2$为单层正轴纵向和横向热膨胀系数；$Q_{11}$、$Q_{12}$、$Q_{22}$为单层正轴刚度分量。零膨胀设计主要用于工作环境温度变化大，又要求结构尺寸不受其影响的构件。

【零输入响应】（zero-input response） 当激励为零时，仅由系统的初始状态所引起的响应。零输入响应和零状态响应之和是系统的全响应。在初始状态为零时，零输入响应等于零，但在激励信号的作用下，自由响应并不等于零，自由响应包含零输入响应和零状态响应的一部分。另外，零输入响应也可以表述为，由储能元件的初始储能作用在电路中所产生的响应。

【零状态响应】（zero state response） 电路的储能元器件（电容、电感类元件）无初始储能，仅由外部激励作用而产生的响应。在一些有初始储能的电路中，为求解方便，也可以假设电路无初始储能，求出其零状态响应，再和电路的零输入响应相加即得电路的全响应。在求零状态响应时，一般可以先根据电路的元器件特性（电容电压、电感电流等），利用基尔霍夫定律列出电路的关系式，然后转换出电路的微分方程；利用微分方程写出系统的特征方程，利用其特征根可以求解出系统的自由响应方程的形式；零状态响应由部分自由响应和强迫响应组成。其自由响应部分与所求得的方程具有相同的形式，再加上所求的特性便得系统的零状态响应形式，可以使用冲激函数系数匹配法求解。

【龄组】（age group） 林分或小班根据主伐年龄龄级的不同，划分的年龄组别。通常分为幼龄林、中龄林、近熟林、成熟林和过熟林五个龄组。也有将成熟林和过熟林合并称为成过熟林的。龄组的确定方法，是把达到轮伐期那一龄级和高一龄级的林分叫作成熟林，更大龄级的林分属于过熟林；比成熟林低一个龄级为近熟林；近熟林以下各龄级，一半属中龄林、一半属幼龄林。如果近熟林以下龄级数为奇数时，多数列入幼龄林、少数列入中龄林。根据第六次全国森林资源清查（1999～2003年）结果，在林分中，幼龄林面积4 723.79万公顷，蓄积128 496.60万立方米；中龄林面积4 964.37万公顷，蓄积342 572.18万立方米；近熟林面积1 998.73万公顷，蓄积224 550.99万立方米；成熟林面积1 714.79万公顷，蓄积301 660.98万立方米；过熟林面积876.99万公顷，蓄积212 482.93万立方米。幼中龄林面积所占比重较大，二者占林分面积的67.85%，蓄积占林分蓄积的38.94%。

【领海】（marginal sea） 属于沿海国主权管辖之下的海域。沿海国从其全部海岸的最低落潮线或选定一条基线，使（领海）基线向外延伸，而划出一定宽度置于其主权管辖之下。是沿海国家领土的重要组成部分。是大陆和内水以外的一定宽度的带状水域。中国的领海宽度是12n mile（1n mile = 1.852km）。

领海

【领海基线】（baseline of territorial sea） 测算领海宽度或范围的基准线。分为正常基线、直线基线和混合基线三种。正常基线采用低潮线为领海基线；直线基线是在大陆岸上和沿海外边岛屿上选定若干个基准点，划出直线沿着沿岸国构成一条折线，作为领海基线；混合基线是指沿岸国在海岸线较长、地形复杂时，可采用上述两种基线交替使用来确定本国的领海基线。

领海基点

【领海基线测量】（baseline of territorial-sea survey） 测定国家领海宽度起始线的工作。领海基线需用基线点标定。测定基线点的位置是领海基线测量工作的主要内容。常用三角测量、导线测量或卫星定位与地面测量相结合的方法测定基线点的准确位置，埋设永久性标志。基线点的坐标起算点是国家一、二等大地控制点。

【领域信息化】(field informatization) 采用信息化的思路、技术和方法，打破部门和行业界限，综合解决宏观经济管理和社会发展重大问题的信息化建设。其重大工程包括财税金贸、人口管理、地理信息系统、环境保护、科技教育和医疗保健等。在这些领域有着广阔的应用前景。

【令牌环网】(token ring) 一种基于环形网络结构专用数据帧的局域网。一种局域网标准。所有的工作站都连接到一个环上，每个工作站只能同直接相邻的工作站传输数据。在这种网络中，有一种专门的数据帧称为“令牌”，在环路上持续地传输来确定一个结点何时可以发送包，谁有令牌谁就有传输权限，所以令牌环网络中不会发生传输冲突。令牌为24位长，有3个8位的域，分别是首定界符、访问控制和终定界符。令牌在工作中有“闲”和“忙”两种状态。“闲”表示令牌没有被占用，即网中没有计算机在传送信息；“忙”表示令牌已被占用，即网中有信息正在传送。希望传送数据的计算机必须首先检测到“闲”令牌，将令牌置为“忙”的状态，然后在该令牌后面传送数据。当所传数据被目的节点计算机接收后，数据被从网中除去，令牌被重新置为“闲”。其缺点是：需要维护令牌，一旦失去令牌就无法工作，需要选择专门的节点监视和管理令牌。

【刘家峡水电站】(Liujiaxia Hydropower-Station) 位于甘肃省临夏回族自治州永靖县县城西南约1km处。总装机容量1.225×10^6kW。年发电量5.7×10^9kW·h。主送陕西、甘肃和青海三省。蓄水量$5.7\times10^9\text{m}^3$。水域呈西南－东北向延伸，长约54km，面积130km^2。每年8～9月是电站的汛期。是第一个五年计划期间，中国自行设计、施工、建造的大型水电工程。1964年建成。为当时中国最大的水利电力枢纽工程。采用混凝土重力坝，最大坝高147m，长204m，顶宽16m。左右岸各有混凝土副坝和溢流堰连接，主要泄洪方式为溢洪道和隧洞。大坝总长840m。水库通过蓄洪补枯调节，可提高该电站及其下游的盐锅峡、八盘峡、青铜峡各级电站枯水期的出力，改善甘肃、宁夏和内蒙古等省(区)$1.05\times10^6\text{hm}^3$农田灌溉条件。是黄河干流上以发电为主，兼有防洪、灌溉、防凌、航运和养殖等效益的大型水利枢纽工程。

刘家峡水电站

【浏览器】(browser) 一种可以用来查看互联网上各类信息的实用性工具软件。可以显示网页服务器或文件系统的HTML文件内容，并让用户与这些文件互动。浏览器作为使用的客户端程序，其主要特征是通过HTTP协议与网页服务器交互，并获取网页内的文字、影像及其他资讯。常见的有微软的Internet Explorer、Opera，Mozilla的Firefox、Maxthon、MagicMaster等。

【留胚米】(germ-left rice) 又称胚芽米。精白米保留米胚的一种大米产品。其留胚率在80%以上。米胚中含有维生素E、维生素B_1、维生素B_2等多种维生素和优质蛋白质、脂肪等丰富的营养成分。胚芽米的营养价值比普通大米高。普通大米加工，因糙米在碾白去皮过程中，绝大部分的米胚随之脱落，所以基本不留胚。胚芽米的加工要有专门的技术和设备。糙米在碾白去皮前需经化学溶剂或酶预处理，使米皮松散柔软，然后采用立式高速研削式碾米机，使米粒在低压冲击状态下研磨，去掉米皮而保留黏胚。

【留数】(residue) 又称残数。若函数$f(z)$在$z=a$处有一个n阶极点，但在以a为圆心的一个圆c内的其他各点和c上是解析的，则$(z-a)^n f(z)$在c内和c上所有点是解析的，并有一个关于$z=a$的泰勒级数。表示如下：$f(z)=$

$$\frac{a_{-n}}{(z-a)^n}+\frac{a_{-n+1}}{(z-a)^{n-1}}+\cdots+\frac{a_{-1}}{(z-a)^{n-1}}+a_0+a_1(z-a)+a_2(z-a)^2+\cdots$$

上式中的系数，通常可由对应于$(z-a)^n f(z)$的泰勒级数的系数而得到。式中系数a_{-1}称为$f(z)$在极点$z=a$的留数。它可以由分式

$$a_{-1}=\lim_{z\to a}\frac{1}{(n-1)!}\cdot\frac{d^{n-1}}{dz^{n-1}}[(z-a)^n f(z)]$$

得出。其中n是极点的阶数。单极点的留数的计算特别简单，因为它已简化成：

$$a_{-1}\lim_{z\to a}(z-a)f(z)。$$

【留学生创业园】(business park for returned students) 一种主要面向海外留学人员的科技企业孵化器组织形式。其宗旨是：创造局部优越环境，鼓励和吸引高层次的留学人员创办高科技企业，促进高

留学生创业园

新技术的商品化、产业化、国际化。中国政府为了鼓励留学人员进驻园区创业，在科研计划项目申报、专业服务、税收等方面提供了优惠条件。

【流变学】(rheology) 从应力、应变、温度和时间等方面来研究物质变形和流动的物理力学。主要研究内容是各种材料的蠕变和应力松弛的现象、屈服值以及材料的流变模型和本构方程。当作用在材料上的剪应力大于某一数值时，材料将产生部分或完全永久变形。此数值就是材料的屈服值。屈服值标志着材料由完全弹性进入具有流动现象的界限值，故又称为弹性极限、屈服极限或流动极限。在不同的物理条件下（如温度、压力、湿度、辐射、电磁场等），以应力、应变和时间的物理变量来定量描述材料的状态的方程，叫做流变状态方程，或本构方程。

【流程图】(flow diagram) 以符号和关系连线表示某一系统中事物各个环节进行顺序的简图。既可以是生产线上的工艺流程，也可以是计算机编程的程序框图。流程图是揭示和掌握封闭系统运动状况的有效方式，能够辅助管理者进行决策。

【流动比率】(liquid asscets ratio) 流动资产总额与流动负债总额的比值。反映项目各年偿付流动负债能力的评价指标。其表明项目每一元钱流动负债有多少流动资产作为支付的保障。项目的流动资产在偿还流动负债后应该还有余力去应付日常经营活动中其他资金需要。对债权人来说，此项比率越高，债权越有保障。根据经验判定，一般这项指标要求在200%以上。原因是变现能力差的存货通常只占流动资产总额的一半左右。到20世纪90年代以后，由于采用新的经营方式，平均值已降为1.5∶1左右。

【流动镶嵌模型】(fluid mosaic model) 以磷脂双分子层为骨架，蛋白质镶嵌、贯穿、覆盖在磷脂双分子层上形成的具有相对流动性的生物膜结构的模型。其主要特点是：(1)强调了膜结构的不对称性和不均匀性。将膜蛋白分为外在蛋白和内在蛋白，并且指出蛋白质在脂双层中的分布是不对称和不均匀的。(2)强调了膜结构的流动性。认为膜的结构成分不是静止的，而是动态的，生物膜是由流动的脂质双分子层与镶嵌着的球蛋白按二维排列组成。(3)膜的功能是由蛋白与蛋白、蛋白与脂质、脂质与脂质之间复杂的相互作用实现的。其功能是：控制细胞内外物质交换 、细胞识别、分泌、排泄、免疫等。

【流动注塑成型】(flow injection molding) 在普通移动螺杆式注塑机上，塑料经不断混流塑化并挤入温度适宜的模具型腔内，借助螺杆的推力使模内物料在压力下保持适当时间冷却定型的注塑成型方法。克服了生产大型制品的设备限制。其制件质量可超过注塑机的最大注塑量。其特点是：塑化的物件不是储存在料筒内，而是不断地被挤入模具中，并把挤出和注塑相结合的一种方法。

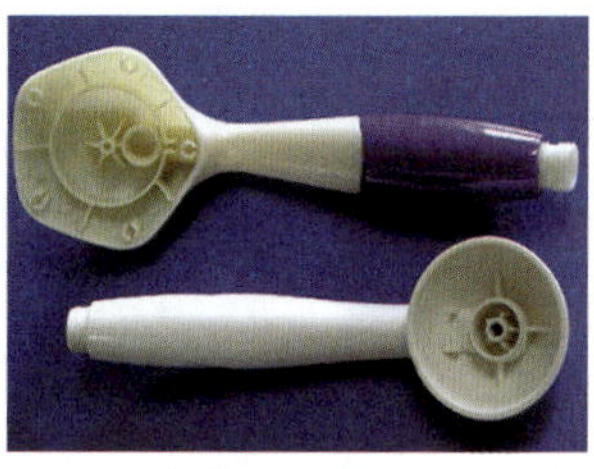

流动注塑成型

【流化床反应器】(fluidized bed reactor) 又称沸腾床反应器。气体在由固体物料和催化剂构成的沸腾床层内进行化学反应的设备。按其应用的不同可分为：(1)固相加工过程，加工对象主要是固体，如矿石的焙烧。(2)流体相加工过程，加工对象主要是流体，如石油催化裂化、酶反应过程等催化反应过程。其优点是：(1)可以实现固体物料的连续输入和输出。(2)流体和颗粒的运动使床层具有良好的传热性能，床层内部温度均匀，而且易于控制，特别适用于强放热反应。已在化工、石油、冶金和核工业等部门得到广泛应用。

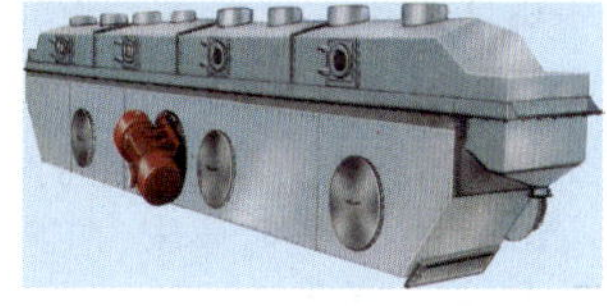

流化床反应器

【流化床燃烧】(combustion in fluidized-bed) 固体燃料颗粒在炉床内经气体流化后进行燃烧的技术。当气流流过一个固体颗粒的床层时，若其流速达到气流阻压等于固体颗粒层的重力时，固体床本身会变得像流体一样，原来高低不平的界面会自动地流出一个水平面来，即固体床的原料已经被流态化了。流化床炉不仅因具有强化燃烧，传热效果好以及结构简单，钢耗量低等优点，而且它的燃料适应性广。能燃包括煤矸石、石煤和油页岩等劣质煤在内的所有固体燃料。同时可以实现炉内脱硫及降低氮氧化物（NO_X）。因此受到人们的普遍重视并得到迅速发展。

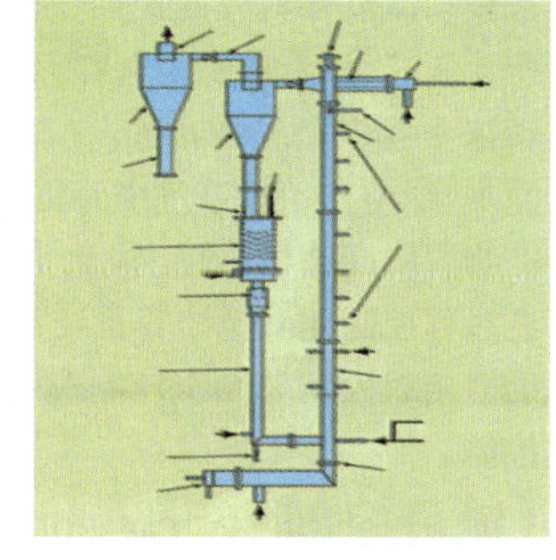

流化床燃烧示意图

【流化床燃烧技术】(fluidiyed bed combustion technology) 利用气固两相流化床工艺

实现固体燃料燃烧的技术。为解决煤燃烧导致的CO_2及NO_X排放问题及低热值燃料的燃烧问题而开发出来的一种新型燃烧技术。流化床燃烧工艺一般控制炉膛温度在800～950℃(加脱硫时)或900～1 050℃(不考虑脱硫时)。因此,与其他燃烧方式相比较,流化床燃烧属于低温燃烧工艺。在这个温度范围内,燃料颗粒的燃烧反应速度不仅受控于氧的分压及其扩散条件,而且更加受控于床温因素,即化学动力学条件。按其采用流化状态的不同可分为:鼓泡流化床燃烧(BFBC)和循环流化床燃烧(CFBC)两大类。采用这两种燃烧方式的锅炉分别称为鼓泡流化床锅炉(BFBB)和循环流化床锅炉(CFBB)。由于燃烧及传热性能等条件的限制,鼓泡床多只限于小容量锅炉采用,而循环床锅炉则不断向大容量发展。至20世纪末,已运行的最大机组电功率为250MW。前面所述都是指在大气压力下工作的工艺技术和锅炉设备。它们有时被称作常压鼓泡床(ABFB)和常压循环床(ACFB),以区别于增压流化床燃烧(PFBC)。后者是指在几个或十几个大气压下工作的流化床燃烧工艺,它也有鼓泡床(PBFB)和循环床(PCFB)之分。输入热功率为200MW的增压鼓泡床锅炉已经商业运行(与增压流化床联合循环配套)。

【流加式操作】(fed-batch culture) 又称补料－分批式操作。根据细胞对营养物质的不断需求流加浓缩营养物或培养基,以促进细胞生长至较高密度的细胞培养操作方式。可分为单一补料分批式操作和反复补料分批式操作。其特点是:(1)根据细胞生长速率、营养物消耗以及代谢产物抑制情况,流加浓缩营养物或培养基。(2)培养过程以低稀释率流加,细胞在培养系统中停留时间长,总细胞密度高,产物浓度高。(3)在工业化生产中,悬浮流加培养工艺过程控制比其他培养系统易掌握,可采用工艺参数的直接放大。其操作控制形式有反馈控制和无反馈控制。

【流量控制】(flow control) 一种用于防止在端口阻塞的情况下丢帧的通信控制方法。这种方法是当发送或接收缓冲区开始溢出时通过将阻塞信号发送回源地址实现的。通常有硬件流量控制(RTS/CTS)和软件流量(XON/XOFF)控制。流量控制可以有效地防止由于网络中瞬间的大量数据对网络带来的冲击,保证用户网络高效而稳定的运行。按控制流量方式的不同可分为:(1)半双工方式。流量控制是通过反向压力计数实现的。这种计数是通过向发送源发送阻塞信号使得信息源降低发送速度。(2)全双工方式。流量控制一般遵循IEEE 802.3X标准:由交换机向信息源发送"pause"帧令其暂停发送。

【流媒体】(streaming media) 又称流式媒体。一种采用流式传输的方式在因特网与内联网播放的媒体格式如音频、视频或多媒体文件。在播放前并不下载整个文件,只将开始部分内容存入内存,在计算机中对数据包进行缓存并使媒体数据正确地输出。流媒体的数据流随时传送随时播放,只是在开始时有些延迟。其实现的关键技术就是流式传输,将整个音频和视频及三维媒体等多媒体文件经过特定的压缩方式解析成一个个压缩包,由视频服务器向用户计算机顺序或实时传送。在采用流式传输方式的系统中,用户不必像采用下载方式那样等到整个文件全部下载完毕,而是只需经过几秒或几十秒的启动延时即可在用户的计算机上利用解压设备对压缩的A/V、3D等多媒体文件解压后进行播放和观看。此时多媒体文件的剩余部分将在后台的服务器内继续下载。与单纯的下载方式相比,这种对多媒体文件边下载边播入的流式传输方式不仅使启动延时大幅度地缩短,而且对系统缓存容量的需求也大大降低,极大地减少用户等待的时间。

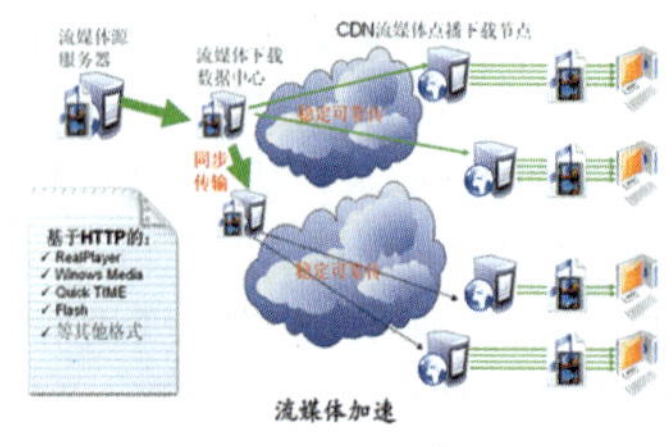

流媒体模式图

【流氓软件】(rogue software) 见恶意软件。

【流平剂】(leveling agent) 能有效降低涂饰液表面张力、提高其流平性和均匀性的物质。可改善涂饰液的渗透性,能减少刷涂时产生斑点和斑痕的可能性,增加覆盖性,使成膜均匀、自然。主要是表面活性剂,有机溶剂等。在溶剂型涂饰剂中可用高沸点溶剂或丁基纤维素。在水基型涂饰剂中则用表面活性剂或聚丙烯酸、羧甲基纤维素等。

【流式细胞分析术】(flow cytometry, FCM) 对处在快速直线流动状态中的细胞或生物颗粒进行多参数、快速定量分析和分选的技术。现代分析细胞学的主要研究方法之一。通过FCM可以获得细胞成分和细胞生化代谢的定量资料。不仅可测量细胞的大小、内部颗粒的性状,而且还可检测细胞表面和细胞浆抗原、细胞内DNA、RNA含量等;可对群体细胞在单细胞水平上进行多参数定量分析,在短时间内检测分析大量细胞,并收集、储存和处理数据;能够分类收集(分选)某一亚群细胞,分选纯度大于95%。应用上不但可以用来进行细胞学的基础研究,而且对肿瘤术后复发的监测乃至早期诊断方面皆有相当的价值。定量测定细胞核内DNA含量，对肿瘤进行早期诊断已见于膀胱癌、宫颈癌、结肠癌及淋巴癌等的诊断中。亦有报道，胃黏膜上皮不典型增生细胞DNA的含量，可随病变程度的加重而递增。因此，该检查还可以作为癌前期病变监测的重要手段。在免疫学、细胞生物学、肿瘤标记物检测和血液病诊断等领域广泛应用。

【流水孵化】(incubation in running water) 与静水孵化相对应。受精卵在流水的人工孵化容器中进行孵化的方法。人工孵化方式之一。多用于浮性或半浮性卵的孵化。在池塘静水孵化法的基础上，将鱼巢放入流水养鱼池或孵化环道、孵化槽等流水孵化工具中进行孵化。其孵化条件更好，也便于鱼苗计数出池培育或对外销售。流水条件保证了水质清新、充足的溶氧和适宜的水温，可明显提高孵化效果。

【流水施工】(construction of continuous-process) 由固定组织的工人在若干个工作性质相同的施工环境中依次连续工作的一种施工组织方法。工程项目组织实施的一种管理形式。其优点是：各工作队可以实行专业化施工，有助于保证工程质量。为工人提高技术熟练程度以及改进操作方法和生产工具创造了有利条件，可充分提高劳动生产率，相应地减少工人人数和临时设施数量，节约了投资，降低了成本。

【流体力学】(fluid mechanics) 力学中研究流体(包括液体和气体)运动宏观规律的学科。分为流体动力学和流体静力学两大部分。分别研究流体在运动和平衡时的状态和规律，此外还有多种分支如高速空气动力学等。在分析时，把流体看作连续分布的介质(不考虑其分子、原子结构)，故常作为连续介质力学的一部分。其主要研究对象包括：流体速度、压强、密度等的变化规律，以及流体的黏滞性、导热性和其他热力学性质等。是设计船舶、飞机、火箭及水利工程等所需要的基础理论之一。

【流纹岩】(rhyolite) 一种酸性喷出岩。颜色浅，多为灰白、淡红色。具斑状结构、流纹构造。斑晶为碱性长石和石英。流纹岩是一种分布广泛的喷出岩，在中国东南沿海地区大量分布，其质地致密坚硬，可用做建筑材料。

六角柱状流纹岩

【流星余迹通信】(meteor trail communication) 利用流星余迹反射无线电波而进行的远距离通信。流星在掠过空中时会发出大量的光和热，会使周围的气体电离，并很快扩散形成以流星轨迹为中心的柱状电离云。这种电离云具有反射无线电波的特性。这就是所谓的“流星余迹”。流星余迹通信常用的波段为30～100兆赫(MHz)。其主要优点是：(1)通信距离远。实验表明，利用功率为500至几千瓦的发射机及普通的八木天线，通信距离就可达1 500km，最大通信距离约2 300km。(2)保密性强。由于电波反射具有非常明显的方向性，不易被窃听，而且容易防止干扰台的影响。(3)通信的稳定性好，不太受电离层骚扰和极光的影响，受核爆炸和太阳黑子活动的影响相对较小。其缺点是：(1)由于发送状态是断续的，信息有延迟，有时可达几分钟，因而不适应传送实时信息。(2)用印字电报传送信息时，错误的百分比较大。(3)终端设备较复杂。

流星余迹

【流行病学】(epidemic medicine) 医学的一个分支。研究人群中疾病与健康状况的分布及其影响因素，以及如何防治疾病与促进健康的策略和措施的一门学科。主要研究内容包括：研究传染病的发生与流行规律、研究人群中发生某种疾病例数上升的情况及其原因和如何控制。随着多种传染病的流行逐渐被控制、人们生活水平的提高及寿命的延长，慢性病和非传染病对人们健康的危害渐趋严重，所以流行病学研究的病种自然会扩大到非传染病。其研究范围已包括了与人类疾病或健康有关的一切问题。

【流行性出血热】(epidemic hemorrhagic-fever) 又称肾综合征出血热。由流行性出血热病毒引起的自然疫源性疾病。流行广，病情危急，病死率高，危害极大。世界上人类病毒性出血热共有13种，按其肾脏有无损害的不同可分为有肾损及无肾损两大类。在中国主要为肾综合征出血热(HFRS)。在病原体未明确前，在中国称流行性出血热(EHF)；在朝鲜称朝鲜出血热(KHF)；在俄罗斯称出血性肾病肾炎(HNN)。由于特异性血清学诊断的确立及病原学的解决，1982年世界卫生组织统一定名为肾综合征出血热。现中国仍沿用流行性出血热的病名。本病是由病毒引起以鼠类为主要传染源的自然疫源性疾病。是以发热、出血倾向及肾脏损害为主要临床特征的急性病毒性传染病。主要分布于欧亚大陆，但HFRS病毒的传播几乎遍及世界各大洲。在中国已有半个世纪的流行史，全国除青海、台湾省外均有疫情发生。20世纪80年代中期以来，中国此病年发病数已逾10万。已成为除病毒性肝炎外，危害最大的一种病毒性疾病。

【流行性脑脊髓膜炎】(epidemic cerebrospinal meningitis) 又称流脑。由脑膜炎双球菌引起的化脓性脑膜炎。其临床表现是：发热、头痛、呕吐、皮肤黏膜瘀点，瘀斑及颈项强直等脑膜刺激征。本病于1805年由瑞士Vieusseaux描述。1887年Weichselbaum从脑脊液中分离出脑膜炎双球菌。中国于1896年由李涛在武昌正式报告。其流行特征是：发病从前1年11月份开始，次年3、4月份达高峰，5月份开始下降。其他季节有少数散发病例发生。由于人群免疫力下降，易感者的积累，以往通常每3～5年出现一次小流行，8～10年出现一次大流行。流行因素与室内活动多，空气不流通，阳光缺少，居住拥挤，患上呼吸道病毒感染等有关。中小城市以2～4岁或5～9岁发病率最高，男女发病率大致相等。大城市发病分散。偏僻山区一旦传染源介入，常引起点状暴发流行，15岁以上发病者占总发病率的一半以上。一户2人或2人以上发病者亦多见。其病情复杂多变，轻重不一。一般可表现为三种临床类型，即普通型、暴发型和慢性败血症型。少数病人起病急骤，病情凶险。如不及时抢救，常于24h内甚至6h之内危及生命。此型病死率达50%，婴幼儿可达80%。自使用磺胺药、青霉素等抗菌素治疗以来，病死率降至5%～10%。

【流行性腮腺炎】(epidemic parotitis, mumps) 又称流腮、痄腮。由腮腺炎病毒侵犯腮腺引起的急性呼吸道传染病。是春季常见，也是儿童和青少年中常见的呼吸道传染病。亦可见于成人。病毒侵犯各种腺组织或神经系统及肝、肾、心脏、关节等器官。病人是传染源。飞沫的吸入是主要传播途径。接触病人后2-3周发病。腮腺炎主要表现为一侧或两侧耳垂下肿大，肿大的腮腺常呈半球形，以耳垂为中心，边缘不清，表面发热有触痛，言语、咀嚼(尤其进酸性饮食)时刺激唾液分泌，导致疼痛加剧；通常一侧腮腺肿胀后1～4天累及对侧，双侧肿胀者约占75%。重症者腮腺周围组织高度水肿，使容貌变形，并可出现吞咽困难。腮腺管开口处早期可有红肿，挤压腮腺始终无脓性分泌物自开口处溢出。腮腺肿胀大多于1～3天到达高峰，持续4～5天逐渐消退而回复正常。全程约10～14天。颌下腺或舌下腺也可同时被累及，或单独出现。颌下腺肿大，表现为颈前下颌肿胀并可触及肿大的腺体。舌下腺肿大可见舌及口腔底肿胀，并出现吞咽困难。其治疗以散风解表，清热解毒为原则。必要时内服去痛片、阿斯匹林等解热镇痛药。

【流行性乙型脑炎】(epidemic encephalitis B) 由乙脑病毒引起、经蚊传播的人畜共患的中枢神经系统急性传染病。流行于夏秋季(7～9月)。任何年龄均可发病，好发于10岁以下儿童，尤以2～6岁发病率更高。6个月以下婴儿因从母体获得抗体，发病较少。近年来，由于在儿童及青少年中进行预防接种，发病年龄有推迟的趋势。乙脑病毒是亲神经性的，侵入人体后主要引起脑组织发炎，但不化脓。临床病人会出现高热、昏迷、抽搐、狂躁，检查脑膜刺激症阳性，进而出现呼吸衰竭，循环衰竭而死亡。人类以及猪、牛、羊、鸡、鸭等动物均可受感染。因此，人和动物皆可成为本病的传染源。猪为最主要的传染源。本病主要通过蚊虫(库蚊、伊蚊和按蚊中的某些种)叮咬传播。同时蚊虫也是本病毒的长期储存宿主，越冬蚊可带病毒过冬到第2年，从蚊卵、蚊幼虫体亦可分离出病毒。病后能产生稳固免疫力，故成人常因隐性感染而获得免疫。本病尚无特效疗法。对症处理好高热、抽搐和呼吸衰竭等危重症状，对降低病死率和防止后遗症，具有重要意义。防蚊灭蚊是预防乙脑的一项根本措施。接种乙脑疫苗可以提高人体对乙脑的免疫力。婴儿满8个月开始接种，第二年和学龄前各加强一针。

【流域】(drainage basin) 一条河流或水系的集水区域。由分水线包围的区域，包括河流的地面集水区和地下集水区。如果二者一致，称为闭合流域；不一致则称非闭合流域。对大、中流域来讲，因地面、地下集水区不吻合造成的水量补给差异很小，因此在水文计算中，多以地表水分水线所包围的面积作为计算用的流域面积，但在岩溶地区则应考虑地下集水区域。流域面积是流域的重要特征，它不仅决定河流的水量，而且影响径流的形成过程。在其他条件相同的情况下，流域面积越大，河流水量也越大。流域小的河流，强度大的暴雨往往笼罩全流域，容易造成洪水。大流域的地下水补给较丰富，枯水季节能维持一定的水量；小流域地下水补给较少，枯水

长江流域图

季节流量小,甚至干涸断流。

【流域产沙量】(watershed sediment yield) 在特定时段内,通过流域任一观测断面的泥沙输移总量。综合反映了流域作为一个整体的土壤侵蚀状况。随着流域内水土流失治理、采矿、筑路、城镇建设、森林砍伐以及其他人类生产活动的开展,流域产沙量也随之变化。变化趋势决定于该流域土壤加速侵蚀程度,及人类控制侵蚀的能力。其计算方法是:(1)河流取样法。在河流布设测验断面,用测流取沙设备,测取流量和含沙量而求得。结合常规调查或遥感技术对流域进行综合考察,可以揭示流域产沙量与影响因素之间的关系。(2)水库淤积测量法。应用断面法、地形法或断面与地形相结合的方法测量水库泥沙淤积量,确定泥沙淤积体积,然后结合淤积物干密度和水库拦沙比例等资料,计算流域产沙量。(3)经验关系法。用流域产沙量经验方程式估算,或根据输沙曲线由径流求算或由输沙模数等值线图查算。(4)数学模型法。根据产流产沙模型计算进入河网的泥沙量,然后经过河网的输移演算,求得出口断面的输沙量。流域产沙量通常在不同程度上小于土壤侵蚀量或土壤流失量。这主要取决于流域的地质、地貌及泥沙输移与沉积特性。只有当面积很小时,土壤侵蚀量、土壤流失量和产沙量三者才有可能相等。

【流域监控】(watershed monitoring) 以流域水质保障与水生态安全为目标的流域水污染防治综合管理体系。该体系通过对流域水生态功能分区、水质目标管理、水环境监控预警和水污染治理综合决策等技术综合集成构建。按照国家确定的水污染防治重点流域,选择太湖、滇池、巢湖、辽河、淮河、海河、松花江、三峡库区流域等开展综合示范。到2020年,要在全国7大流域形成确保水生态系统安全的流域水环境监控管理模式。

【流域限批】(drainage area restriction approval) 停止审批处于同一流域内除污染防治和循环经济类项目之外的所有项目、直至违规项目彻底整改为止的一项行政措施。流域限批与区域限批在处理措施上有相同之处。但被流域限批的城市、地区或工业园区处于同一流域,带有明显的跨界治理色彩。流域限批是要解决河流跨界的污染治理问题,同一流域必须走统一治理的道路。

【硫化】(vulcanization) 橡胶、硫黄和促进剂等在一定的温度、压力下,使橡胶大分子链发生交联反应的过程。是橡胶加工中的最后一个工序。通过硫化可以得到定型的具有实用价值的橡胶制品。按硫化条件的不同可分为:(1)冷硫化。(2)室温硫化。(3)热硫化。按硫化过程的不同可分为:(1)硫化诱导。(2)预硫。(3)正硫。(4)过硫。影响硫化过程的主要因素是:(1)硫黄用量越大,硫化速度越快,可以达到的硫化程度也越高。(2)硫化温度高10℃,硫化时间约缩短一半。(3)硫化时间过短,硫化程度不足(亦称欠硫),时间过长,硫化程度过高(俗称过硫),只有适宜的硫化程度(俗称正硫化),才能保证最佳的综合性能。硫化多用于轮胎外胎、胶管、电缆和胶鞋等。

橡胶地砖硫化机

【硫酸】(sulfuric acid) 硫的最重要的含氧酸。三大强酸之一。化学式 H_2SO_4。相对分子质量98.07。无色透明油状难挥发性液体。有毒。无水硫酸密度1.826 9 g/cm^3(25℃),96%~98%硫酸密度1.841 g/cm^3。纯硫酸熔点10.36℃,沸点330±0.5℃。98%硫酸熔点3.8℃。98.3%的浓硫酸为恒沸物。能与水以任意比混溶,放出强热。可在乙醇中分解。有强烈的水合作用,可使许多有机物碳化。可作脱水剂和干燥剂。强酸,在中等浓度的水溶液中能完全电离成氢离子和硫酸氢根离子;在稀溶液中硫酸氢根可电离为氢离子和硫酸根离子。浓硫酸有强氧化性。稀硫酸氧化性很弱,可与活泼金属反应放出氢气。可用三氧化硫溶于水中制备。工业上将硫在空气中燃烧生成二氧化硫,再催化氧化成三氧化硫,溶于水中即得硫酸。是最重要的化工产品之一。其产量是衡量一个国家化学工业生产能力的标志之一。用于制造化肥、农药、医药、染料、合成纤维、炸药、无机盐和许多化工产品,也用于冶金、石油炼制等产业。

【硫酸铜】(cupric sulfate) 蓝色透明结晶或粉末。常见分子式含5分子结晶水 $CuSO_4 \cdot 5H_2O$。溶于水。不溶于无水乙醇。水溶液呈弱酸性。加热至45℃,失去2分子结晶水;110℃失去4分子结晶水;250℃失去全部结晶水而成为无水粉末。常用作电解铜原料、棉和丝织品印染的媒染剂、果树的杀虫剂和杀菌剂、水质处理的消毒剂、木材的防腐剂。在有色金属选矿(浮选)工业和船舶油漆工业中应用广泛。

硫酸铜

【硫酸盐法制纸浆】(sulfate cookingprocess） 以氢氧化钠、硫化钠为主要成分的药液蒸煮纤维原料，除去植物组织中的木质素等杂质来制备纸浆的化学方法。因其在回收蒸煮后排出的黑液中的碱时，需要用硫酸钠补偿损失的部分，以供循环使用而得名。其特点是化学药品可以回收再利用。由于产率高，适应原料面广（如各种针叶树和阔叶树木材、竹子、芦苇、稻草、甘蔗等），蒸煮废液回收方法成熟，已成为普遍采用的制浆法。

【硫印】（sulfur printing test） 利用化学反应使钢中硫元素生成硫化物沉淀来显示硫在钢中分布情况的方法。一种宏观检验方法。所用试样的取样部位和方向，需要根据检验目的来确定。把反差较大的光面印相纸药面向下浸泡在硫酸溶液中，1～2min后取出，然后将药面覆盖在经过清洗的试样面上。接触1～2min后放入定影液中定影，用水冲洗并烘干。印相纸上的硫酸与试样面上的硫化物（MnS）发生作用，产生硫化氢气体，气体又和印相纸上的溴化银发生作用生成硫化银，沉淀在印相纸相应的位置上，形成黑色或深褐色斑点。检查印相纸上斑点的分布，就可判断试样硫印面上硫的分布。不需要在暗室中试验，在光线不足的室内既可进行。

【柳谷坊】（willow check dam） 又称柳桩编篱谷坊。在沟道上游段沟底将活柳桩横向成排栽入土中，用柳梢编织成篱，再用土料堆填而成防止沟道下切的拦挡建筑物。普遍修筑在支毛沟上部的土质沟床上。分单排式和多排式。在修筑时，先定线、清基，再开挖深宽均为0.5m的沟槽，且两端伸入两侧沟坡lm。沿沟槽上、下游两侧各栽一行长1.5m、直径5～l0cm的柳桩。桩距20～25cm。柳庄插入土中0.5m。埋桩时应注意防止损伤柳桩外皮，并使芽眼向上。然后用基部直径1.5cm左右的两年生柳梢在桩上编篱。编篱两端均插入沟坡lm。编篱呈拱形。拱背向上。其曲度为篱长的1/8左右。编篱中部要稍低于两侧，以防止沟道流水通过而冲毁两侧沟坡。柳篱编成后，在迎水面培土、夯实，形成1∶2的侧坡。两排柳篱间同时用土填平压实，填土高度与柳篱齐平。稳定后可在迎水坡及顶部种草皮防冲。柳桩编篱谷坊是固定支毛沟上游沟床的林草工程措施。修筑的当年或第两年，柳桩即可萌芽生长，沟底逐步形成分段的柳篱挂淤林带。柳谷坊不仅具有防止沟蚀的作用，而且可以生产柳条，获得一定的经济效益。

【锍】（matte） 铜、镍等有色金属冶炼过程中产出的各种金属硫化物的互熔体。如熔炼硫化铜矿石所得的锍，其主要组成为硫化亚铜和硫化亚铁。熔炼硫化镍矿石成镍锍（其中含有铜的则为铜镍锍），再经吹炼去铁后而得镍高锍。在鼓风炉炼铅过程中，有时还能得到铜铅锍（铁、铜、铅等的硫化物互熔体）。在冶炼过程中，原料中的贵金属大部分都进入锍中。

【六大林业重点工程】（six great forest-projects） 促进中国林业发展、保护生态环境的六个重大工程项目。（1）天然林保护工程。包括三个层次：全面停止长江上游、黄河上中游地区天然林采伐；大幅度调减东北、内蒙古等重点国有林区的木材产量；由地方负责保护好其他地区的天然林。工程计划调减木材产量$1.991\times10^7hm^2$，管护森林$2.2\times10^7hm^2$，分流安置富余职工74万人。（2）“三北”和长江中下游地区等防护林体系建设工程。涵盖面最大的防护林工程。囊括了“三北”地区、沿海、珠江、淮河、太行山、平原地区和洞庭湖、鄱阳湖、长江中下游地区的防护林建设。工程计划造林$2.2\times10^7hm^2$，并对$7\times10^7hm^2$亩森林实行有效保护。（3）退耕还林还草工程。是党中央、国务院针对中国水土流失日趋加剧的现状作出的一项重大战略决策。计划到2010年控制水土流失面积$2.2\times10^7hm^2$，防风固沙控制面积$2.7\times10^7hm^2$，年均减少输入长江、黄河的泥沙量2.6亿吨。（4）环北京地区防沙治沙工程。是从北京所处位置特殊性及改善这一地区生态的紧迫性出发实施的重点生态工程，主要解决首都周围地区风沙危害问题。计划到2010年，工程区林草覆盖率由目前的6.7%提高到21.4%。（5）野生动植物保护及自然保护区建设工程。主要解决物种保护、自然保护、湿地保护等问题。2010年前重点实施10个野生动植物拯救工程和30个重点生态系统保护工程，新建一批自然保护区。（6）重点地区以速生丰产用材林为主的林业产业基地建设工程。工程完工后，每年提供木材$1.337\times10^9hm^3$，约占中国内需求量的40%，加上现有资源，木材供需基本平衡。

三北防护林网

【六点定位原理】（rule of six-point location） 又称六点定位法则。确定刚体在空间的位置的原理。刚体在空间的任意位置都有六个自由度，即绕 *ox*、*oy*、*oz* 三个直线坐标轴的移动和转动。在工件加工时，为保证其在机床上容易找准位置并实现精确定位，在夹具三个互相垂直的坐标平面上分别安置一个、两个和三个作为支承点的元件（钉支承），以确定工件空间位置的六个自由度。这样，在安装工件时，只要与这六个支承元件靠紧，所处的位置就是所需要的准确位置，这就是六点定位原理。

【六氟化硫断路器】（SF_6 regulator） 以六氟化硫气体兼作绝缘介质的断路器。其特点是：(1)单断口电压高。(2)元件数量少。(3)可靠性高，开断能力强。(4)检修周期长，无火灾危险。六氟化硫是一种无毒无味、化学性质稳定的气体。它与水和其他杂质混合后，在电弧高温作用下，会分解成低氟和金属化合物。其中的某些成分含有剧毒和强烈的腐蚀性。六氟化硫断路器的密封性至关重要；通常年泄露量不得超过1%。

六氟化硫断路器

【六腑】（six bowels） 中医学对胆、胃、大肠、小肠、膀胱和三焦的总称。多为中空有腔的脏器，以转化饮食和水液为主要生理功能，具有受纳、消化、转输和排泄的作用。如胃主受纳，小肠司消化，大肠与膀胱主排泄。

【六经辨证】（six-meridian pattern identification） 中医术语。中医学将外感病在发生、发展过程中所表现的不同证候，以阴阳为总纲，归纳为三阳病（太阳病、阳明病、少阳病）、三阴病（太阴病、少阴病、厥阴病）两大类，分别从邪正斗争关系、病变部位、病势进退缓急等方面阐述外感病各阶段的病变特点，并作为指导治疗的一种辨证方法。六经辨证方法由东汉时期张仲景所创。

【六龄齿】（six-aged tooth） 儿童到了6周岁，在牙列的最后面即在第二乳磨牙远中萌出的牙，即第一恒磨牙。因其在6岁左右萌出，所以习惯称为“六龄齿”。六龄齿是萌出最早的恒牙，并将陪伴人的一生，口腔中起着非常重要的作用。六龄齿是恒牙列中最强壮的牙。牙冠最大，牙尖最多，咀嚼面积最宽，承担的咬合力和咀嚼功能比其他恒牙大。因其牙根分叉角度大而特别稳固。六龄齿位于整个牙弓的中部，成为牙弓的主要支柱，对于保持上下颌牙齿正常的排列，维持正确的咬合关系以及保证颌面部的正常发育具有重要的意义。因第一恒磨牙萌出最早，矿化程度差，咬合面窝沟深，较易患龋，且龋病进展快；又因六龄齿萌出时没有乳牙的脱落，易被误认为要替换的乳牙而忽视对其龋坏的治疗，可造成脱落或拔除，成为永久性缺牙。其早失不仅会降低儿童的咀嚼功能，造成儿童营养不良，还会影响颌骨的发育和引起邻牙的倾斜以及对颌牙的伸长，导致咬合关系失常，对儿童身心健康产生不利影响。当六龄齿萌出、龋齿尚未发生时，可采取预防性措施。常用方法为窝沟封闭法。

【六味地黄丸】（liuwei dihuang pellet） 方剂名。组成：熟地黄160g、山茱萸（制）80g、牡丹皮60g、山药80g、茯苓60g、泽泻60g。制法：以上六味，粉碎成细粉，过筛，混匀。每100g粉末加炼蜜35～50g与适量的水，泛丸，干燥，制成水蜜丸；或加炼蜜80～110g制成小蜜丸或大蜜丸，即得。用量：口服，水蜜丸一次6g，小蜜丸一次9g，大蜜丸一次1丸，一天2次。功能主治：滋阴补肾。用于治疗肾阴亏损、头晕耳鸣、腰膝酸软、骨蒸潮热、盗汗遗精、消渴等。

【六淫】（six climatic pathogenic factors） 又称六气。中医术语。中医学对风、寒、暑、湿、燥和火六种外感病邪的统称。风、寒、暑、湿、燥和火属正常的自然现象的表述。它们是万物生长的条件，对人体无害。当气候变化异常、六气发生太过或不及，在人体的正气不足、抵抗力下降之时，六气可成为致病因素，侵犯人体而发生疾病。

【龙胆泻肝丸】（longdanxiegan pellet） 方剂名。组成：龙胆120g、柴胡120g、黄芩60g、栀子（炒）60g、泽泻120g、关木通60g、车前子（盐炒）60g、当归（酒炒）60g、地黄120g、炙甘草60g。制法：以上十味，粉碎成细粉，过筛，混匀，用水泛丸，干燥，即得。用量：口服，一次3～6g，一天2次。功能主治：清肝胆，利湿热。用于治疗肝胆湿热、头晕目赤、耳鸣耳聋、耳肿疼痛、胁痛口苦、尿赤涩痛、湿热带下等。孕妇慎用。

【龙卷风】（spout wind） 范围小而时间短的猛烈旋风。一种与强对流云相伴的、具有垂直轴的小范围强烈漩涡。属小尺度天气系统。常出现在发展强烈的积雨云下。云形呈漏斗状下垂。当其达到地面时可卷吸起大量沙尘，形成“陆龙卷”；当通过水面时能吸起高大的水柱，形成“水龙卷”。龙卷风的水平尺度很小，在地面上，直径从数米到数百米；在空中，直径可

龙卷风

达数千米。持续的时间也很短,大都只有几分钟到几十分钟。但风速极大,最大可达200m/s以上;移动路径多为直线,移动速度平均约为15m/s,最大可达70m/s。移动路程一般只有5~10km,短的只有数百米,个别长的曾达300km。龙卷风中心气压极低,与外围的气压梯度很大。中心为下沉气流,四周为极强的上升气流,上升速度可达50m/s以上。龙卷风经过的地区,大树、电杆往往被连根拔起,建筑物被摧毁,破坏力极大。龙卷风主要发生在中纬度20°~50°的地区。中国每年春、夏午后在华南、华东、南海和台湾海峡,有时会出现龙卷风。

【龙口】(closure gap) 施工导流中截流时和防洪抢险中堵口时过流的口门。在平堵截流过程中龙口宽度保持不变;在立堵截流过程中,龙口宽度随戗堤进占而缩窄,直至最后合龙,龙口消失。从地质条件看,龙口宜选择在河床抗冲能力强的地方,如基岩裸露或覆盖层较薄处。从地形条件看,龙口河底不宜有顺流方向的陡坡或深坑。龙口周围应有较宽阔的施工场地,便于交通运输和组织施工。从水力条件看,截流前如有通航要求的河道,龙口宜选择在深槽主航道处;无通航要求的河道,龙口设置需考虑进出龙口的水流要平顺,泄流要通畅,以利减小截流落差。龙口预设宽度一般是根据预进占时期缩窄后断面的流速不致过大,合龙持续时间不会太长的要求来确定。对于软基河床截流,一般都需在龙口段护底,以免河床受冲刷,并增大河床糙度,有利于抛投料的稳定。

【龙口水利枢纽】(longkou key water control project) 黄河万家寨水利枢纽配套工程。位于黄河北干流托克托至龙口河段的尾部。是黄河治理开发规划中确定的梯级工程之一。坝址距上游的万家寨水利枢纽的25.6km,下游的天桥水电站约70km。库坝区为山西省河曲县,右岸为内蒙古自治区准格尔旗。水库总库容$1.957\times10^8m^3$,正常蓄水位898m,调节库容$0.705\times10^8m^3$。大坝为混凝土重力坝,最高坝高51m,坝顶长420m。为河床式电站,总装机容量400MW,装4台机组,单机容量100MW。主要建筑物有大坝、电站厂房和泄水建筑物。设计标准为百年一遇洪水标准。以发电为主,对万家寨电站进行反调节,同时具有滞洪削峰等综合利用作用。

龙口水利枢纽

【龙门架】(gantry crane) 由两根立杆及天轮梁构成的门式架。在龙门架上装设滑轮、导轨、吊盘(上料平台)、安全装置、起重索、缆风绳等,构成一个完整的垂直运输体系。其构造简单,制作容易,用材少,装拆方便。按照龙门架的立杆组成不同,可分为组合立杆龙门架、钢管龙门架、木龙门架等。组合立杆龙门架的立杆由钢管、角钢和圆钢组合焊接而成。具有刚度好、强度高等优点。钢管龙门架和木龙门架是以单根杆件为立杆构成,制作安装简便。龙门架应用于中小工程的低层建筑。

【龙门铣床】(gantry type milling machine) 床身两侧有立柱与上面横梁组成的门式框架的铣床。工作台沿床身水平导轨作纵向进给运动,在立柱和横梁上都装有铣头。每个铣头都是独立的部件,由各自的电动机驱动主轴做主运动。横梁可沿立柱上的导轨作垂直位置调整。横梁上的立铣头可沿横梁上水平的导轨作位置调整。有些龙门铣床上的立铣头主轴可以作倾斜调节,以便铣斜面。各铣刀的切深运动,均由铣头主轴移动来实现。龙门铣床的刚性和精度都很好,可用几把铣刀同时铣削,生产率和加工精度都较高。适宜加工大中型或重型工件。

【龙滩水电站】(Longtan hydropower station) 位于红水河上游的广西壮族自治区天峨县境内,距天峨县城15km的水电站。其坝址以上的流域面积98 500km²,占红水河流域面积的71%。其装机容量占红水河可开发容量的35%~40%。规划总装机容量6.3×10^6kW,安装9台7.0×10^5kW的水轮发电机组。年均发电量$1.87\times10^{10}kW\cdot h$。相应水库正常蓄水位400m,总库容$2.73\times10^{10}m^3$,防洪库容$7.0\times10^9m^3$。分两期建设。一期建设装机容量$4.9\times10^6kW$,安装7台$7.0\times10^5kW$的水轮发电机组,年均发电量$1.56\times10^{10}kW\cdot h$,相应水库正常蓄水位378m,总库容$1.62\times10^{10}m^3$,防洪库容$50\times10^8m^3$。主要由大坝、地下发电厂房和通航建筑物三大部分组成。最大坝高216.5m,坝顶长836.5m,坝体混凝土方量$7.36\times10^6m^3$;地下厂房长388.5m,宽28.5m,高74.4m;升船机全长1 650多米,最大提升高度179m。是中国国内仅次于长江三峡的特大型水电工程。

龙滩水电站

【龙羊峡水电站】(Longyangxia Hydropower Station) 位于青海省中部的共和县境内。

距西宁146km。大坝高程178m。坝底宽80m。拱顶宽23.5m,全长1 227m(挡水长度)。水库周长108km。面积$383km^2$。库容量$2.47\times10^{10}m^3$。总装机容量1.28×10^6kW。单机容量3.2×10^5kW。年发电量$6\times10^9kW\cdot h$。是以发电为主,兼有防洪、灌溉、防汛、渔业和旅游等综合功能的大型水利枢纽工程。

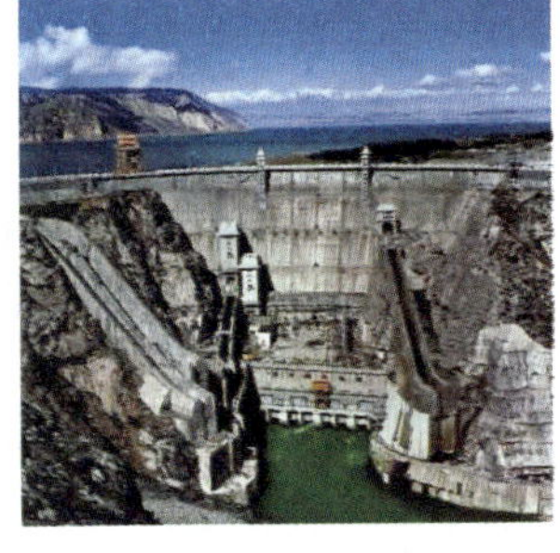
龙羊峡水电站

该座水电站,上距黄河的发源地1 684km,下至黄河入海口3 376km,是黄河上游第一座大型梯级电站。

【笼壶类】(cage and pot) 利用笼壶状器具,引诱捕捞对象进入而捕获的渔具。按其结构的不同可分为:(1)倒须型笼壶。一般是圆形、半圆形、方形或不规则形等的筒体,入口处在两端,内有倒须装置的渔笼。如中国的黄鳝笼、乌贼笼、梭子蟹笼等,日本和美国的松叶蟹笼。(2)洞穴型笼壶。主要为捕捉章鱼的渔壶,一般采用废弃的陶罐、大的螺壳,也有用水泥等制成管状器具。按其作业方式的不同可分为:漂流延绳、定置延绳和散布三种形式。一般用竹和木材料制成,现也有用塑料编制。有的外罩网衣,大型的采用金属丝网。种类繁多。主要目的是适应捕捞对象的生活习性和防止返回脱逃。敷设方式有单个散放或一条干绳下挂多个。前者固定不能漂流,后者可固定或漂流。

【隆起】(uplift) 地壳上不同成因的上升构造。即地台和地槽中的正性构造,形态上为巨大的凸起。这种上升的直接起因一般都是地壳的垂向运动。少数情况下,隆起也可以由侧向挤压或伸展形成。

【癃闭】(dribbling urinary block) 中医病名。排尿困难,点滴而下,甚至小便闭塞不通的一种病证。"癃"是指小便不利,点滴而下,病势较缓;"闭"是指小便不通,欲溲不下,病势较急。癃与闭都指排尿困难,只是程度上的不同,故常合称癃闭。可见于西医学上的膀胱、尿道器质性和功能性病变、前列腺疾患等所造成的排尿困难和尿潴留。

【垄作区田】(ridge planting in farmland) 把坡耕地作成若干带状低畦格田或方形的深穴小区。在坡地上犁成水平沟垄,作物种在垄的半坡上。在沟内每隔一定距离修一小土挡,以蓄水保肥并防止发生横向径流。其具体作法是:在坡地下部沿等高线开犁,向下翻土。将肥料和种子均匀地播在垄的上半坡上,然后回犁盖土,覆盖种子。随后空一犁,再耕一犁,继续按上法进行。空犁之处形成垄,犁过之处形成沟。最后,在各条沟中,每隔1~2m修筑低于垄的小土挡,形成垄作区田。沟垄的深浅和距离,依据作物种类和坡地的坡度而定。玉米、高粱、马铃薯等作物的垄高为15cm,垄的间距为60~70cm;谷子、小麦等作物的垄间距应适当缩小。垄作区田的水土保持和增产作用明显。田由于不便进行耙耱保墒,苗期表土蒸发量较大,一般只适应于20°以下的坡地,和年降雨量在300mm以上的地区。在推行垄作区田耕作时,应特别注意保墒工作,播种后应及时进行打土块、镇压等,以利出苗。

【楼地面工程】(ground and floor projects) 建筑物的楼层和地面工程。即按照相应规程和要求对建筑物一层地面和二层以上的楼面进行的施工工程。楼地面工程包括应用天然石材、人造石材、水磨石、地砖、塑料地板、地毯、竹木地板、防静电地板等作地面的施工方法。

楼地面工程

【楼盖】(floor) 由梁和板组成的梁板结构体系或无梁平板结构体系。其支撑体系为柱或承重墙体。按结构形式的不同可分为:(1)肋梁楼盖。由相交的梁和板组成,根据板区格的长边和短边比值的不同它又可分为单向板肋梁楼盖和双向板肋梁楼盖,其应有最为广泛。(2)无梁楼盖。在楼盖中不设梁,而将板直接支撑在柱上的楼盖。为了改善板的受力条件,通常在柱的上部设置柱帽。(3)双重井式楼盖。是由双向板与交叉梁系组成的楼盖。可以跨越较大跨度,两个方向梁的截面尺寸较小且相同,梁格布置均匀,外形美观,常用于建筑的门厅与大厅。按施工方法的不同可分为:(1)现浇整体式楼盖。混凝土为现场浇筑,具有整体性好、刚度大、抗渗性好等优点。可适应平面形状不规则,有较重的集中设备荷载等。但其现场劳动量大、模板用量多且工期长。(2)装配式楼盖。可以由现浇梁和现浇板结合而成,也可以由预制梁和预制板结合而成。具有工作效率高和便于机械化施工等优点。但结构的整体性差、刚度小、抗渗性差,不便于开设孔洞。(3)装配式整体楼盖。将各预制构

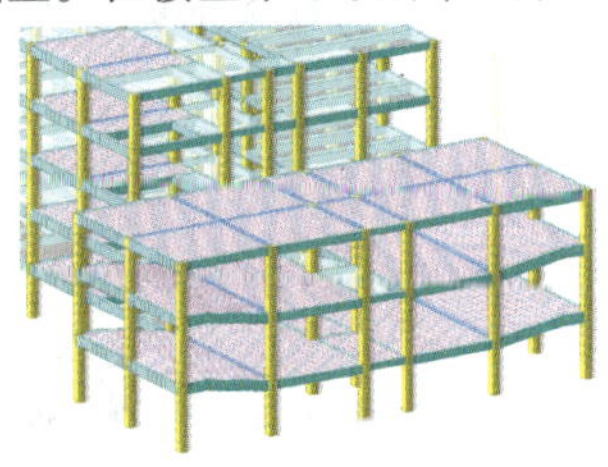
倾斜空心板楼盖

件在现场吊装就位后，通过连接措施和现浇混凝土形成整体。此种结构形式兼有现浇整体式和装配式的优点，但装配整体式的焊接工作量较大，而且还需要进行二次浇筑。

【楼宇经济】（building economy） 利用城区新开发楼盘和闲置用房，通过出租、售卖、合作等形式，招商引进现代服务企业和都市型工业，从而培植新税源和新的经济增长点的经济活动。是近年来中国城市经济发展中涌现的一种新型经济形态。它是以商务楼、功能性板块和区域性设施为主要载体，以开发、出租楼宇引进各种企业，从而引进税源，带动区域经济发展为目的，以体现集约型、高密度为特点的一种经济形态。主要表现为现代服务业，如金融业、咨询业、广告策划、影视制作、网络公司、律师事务所、会计事务所、咨询中介公司、高科技企业、娱乐服务企业、房地产开发企业、旅游服务企业、交通通信企业等国内外各类企业和公司。在中国，楼宇经济的提法始于20世纪90年代，是经济学界提出的一种复合概念。楼宇经济的概念和实践首先出现在深圳和上海，随后出现在沿海的一些经济发达城市如宁波、福州、大连、天津等，随之日益被其他一些城市所接受。楼宇经济在中国的兴起是城市和社会经济发展一定阶段必然出现的经济现象。

【瘘】（fistula） 又称瘘管。人或动物体的深部脓肿经一中空脏器通向体表的病理管道。病灶分泌物由此管流出。单纯的瘘只有一个瘘管。多发性瘘或复杂性瘘由多数瘘管组合而成。如树枝状，多由结核引起。其次为放线菌病。在手术时，应注意不能留存病理组织；否则，极易复发。

【漏电电流动作保护器】（current protector of leaking electricity） (2)漏电保护器或漏电开关。在规定的条件下，当漏电电流达到或超过给定值时能自动断开电路的机械电器或组合电器。其功能有：(1)用来对有致命危险的电路进行后备保护，作为防止人体触电死亡事故、提高安全用电水平的辅助电路。监视电网和设备漏电，减少漏电电能损失及因设备漏电造成的设备损坏，防止火灾事故。额定漏电动作电流不超过30mA的漏电保护器，在其他保护措施失效时，也可作为直接触电的补充保护，但不能作为唯一的直接触电保护。装设漏电保护器后，仍应以预防为主，并同时采取其他各项防止人体触电和电气设备损坏事故的技术措施。

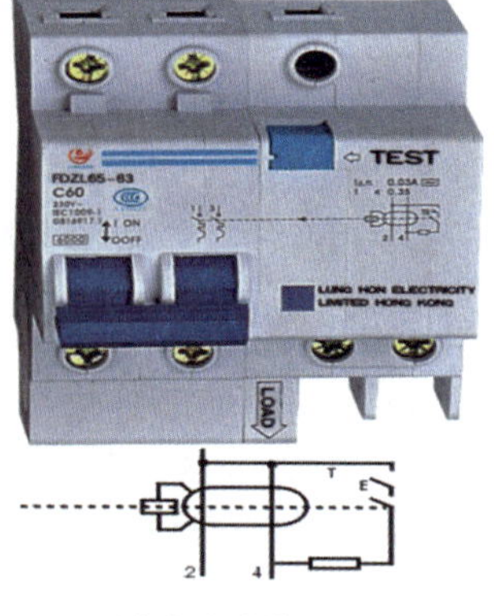

漏电电流动作保护器

【漏洞】（leakage） ❶能让东西漏过去的不应有的缝隙或小孔儿。❷（说话、做事、办法等）不周密的地方。❸信息产品在研发、生产及应用过程中存在的某些问题或缺陷。它可为网络的非法入侵者提供机会，使系统中所有的软硬件设备都可能成为被攻击对象，对系统安全运行构成严重威胁。常采用安装防火墙和杀毒软件等措施防止漏洞的危害。

【漏斗胸】（pectus excavatum） 一种凹陷型胸廓畸形。为先天性畸形。因隔肌发育不全，牵拉胸骨纤维索所致。胸骨从胸骨角以下逐渐向后凹陷。以突部最为明显，两肋软骨可对称性或不对称性凹陷。心脏受压移位。若畸形严重时，可出现限制性通气功能障碍。应早期手术。

【卢浮宫】（the Louvre） 又称罗浮宫。世界上最大、最著名的博物馆之一。是法国最悠久的王宫。位于法国巴黎市中心的塞纳河北岸。始建于1204年。历经700多年扩建和重修。占地面积（含草坪）约为$4.5\times10^5\ m^2$。建筑物占地面积为$4.8\times10^4 m^2$。全长680m。宫前的金字塔形玻璃入口，为华人建筑大师贝聿铭设计。1546年建筑师皮埃尔·莱斯柯受国王委托对卢浮宫进行改建，使这个宫殿具有文艺复兴时期的建筑风格。后又经历代王室多次授权扩建，到拿破仑三世整体建筑完成。1793年8月10日，卢浮宫艺术馆正式对外开放，陈列面积$5.5\times10^4 m^2$，藏品25 000件。其中有古代埃及、希腊、埃特鲁里亚、罗马和东方各国的艺术品，还有数量惊人的王室珍玩和绘画精品等。

卢浮宫

【炉衬】（lining） 用粒状耐火材料捣成或耐火砖砌成的工业炉内壁。根据炉内各个部分的不同要求，选用具有相应的物理和化学性质的耐火材料。按所用耐火材料化学性质的不同可分为碱性炉衬、酸性炉衬和中性炉衬。炉衬的寿命（炉龄）是工业炉的一项重要技术指标。炉龄是指自新炉衬开始使用直到损坏需要重砌的周期中使用的次数（炉次）、时间或产品重量。炉龄直接影响炉子作用率和生产率。加强炉体维护、提高耐火材料及砌炉的质量，都是提高炉龄的途径。

【炉瘤】(furnace clinker) 在高炉冶炼中炉料在炉壁上凝结成的瘤状物。是一种严重故障。主要由于炉料品质差、操作不正常以及设备的缺陷等,使炉料在炉壁上凝结成瘤,并向中心发展,破坏炉料顺行和煤气的合理分布,使产量降低,焦比升高,最严重时可迫使冶炼停顿。炉瘤可用机械方法去除,也可改善炉料成分,而使炉瘤熔解。

【炉外精炼】(external furnace refining) 对炼钢出炉后的钢水进行进一步脱气、去除有害元素以及夹杂物等的冶炼工艺。是炼钢与连铸之间不可缺少的重要环节。是为了提高钢的品种质量,生产新钢种,以及满足连铸对钢水成分、温度和纯净度的严格要求。在出现精炼以后,习惯将炼钢分为初炼和精炼两个步骤。初炼是指熔化、脱磷、脱硫、脱碳和主合金化。精炼是在真空等条件下脱氧、脱氮、脱氢、脱磷、脱硫、去除夹杂物、调整合金成分以及控制钢液温度等。炉外精炼的主要设备是钢包或其他专用容器。其基本手段包括:(1)电磁搅拌和吹氩搅拌。目的是均匀钢水的温度、钢水的成分和促使夹杂物上浮。吹氩分为顶吹、底吹和下部侧吹。(2)真空脱气。可分为真空槽脱气和真空室脱气。前者是将真空槽置于钢包上方沉入钢液,将钢液吸入槽中脱气。后者是将整个钢包置于真空室内进行脱气。真空脱气的目的是除氢和氧、降氮、去除夹杂物以及改善纯净度。(3)加热手段。包括电弧加热和吹氧加热。目的是熔化合成渣、补充真空脱气和吹氩造成的温降以及保证钢液具有合适的浇铸温度。(4)合成渣渣洗。作用是强化脱氧、脱磷、脱硫、加快排除夹杂物以及部分改变夹杂物的形态。(5)喂线。是将合金元素或添加剂制成包芯线喂入钢水。(6)喷粉。是将脱硫剂等制成粉,由载流气体通过喷枪喷入钢水中。

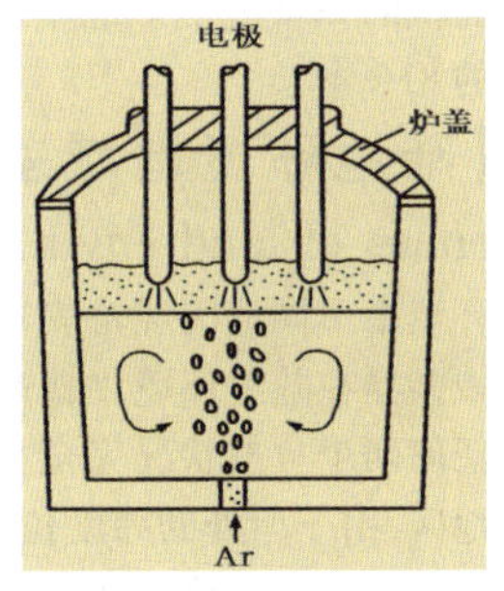

炉外精炼 1

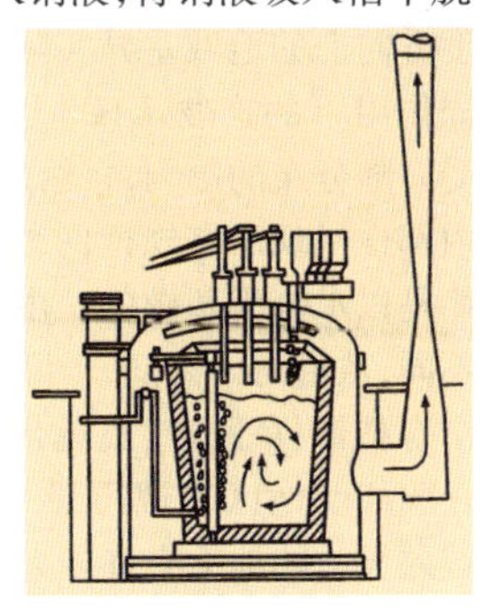
炉外精炼 2

【炉外精炼设备】(outset furnace refining-equipment) 在炼钢炉完成初炼出炉后进一步去除杂质、气体,调整成分和温度所使用的装置。主要包括:(1)钢包真空脱气装置。可进行 DH 和 RH 法脱气。(2)LF 炉。炉盖密封,电弧加热,底部吹氩气搅拌。(3)VD 装置。真空室能容纳钢包,钢包底部吹氩气。(4)ASEA – SKF 桶式精炼炉。在炉内对钢液真空脱气、电弧加热和电磁搅拌。(5)VOD 炉。真空脱气,底部吹氩气和顶吹氧气。(6)VAD 炉。真空脱气、电弧加热和底部在侧吹氩气喷嘴。(7)MVOD 炉。真空脱气、电弧加热、底部侧吹氩气和顶吹氧。(8)AOD 炉。装有底部侧吹氩气和氩气 – 氧气的双层套管结构的喷嘴。

【炉渣】(slag) 又称熔渣。火法冶金过程中的一种产物。由金属中的杂质、燃料中的灰和熔剂组成,浮于液态金属的表面,使熔炼的金属保持清洁、少受氧化。通过炉渣组成和性质的控制,可以保证冶炼成的金属能达到预期的质量。一般有熔炼渣、精炼渣和合成渣等;按其性质的不同可分为碱性、酸性和中性。高炉炉渣可作为作水泥原料。转炉或平炉的高磷渣可作磷肥。高钒渣可用以提钒。

炉渣

【炉渣碱度】(slag basicity) 炉渣中碱性氧化物与酸性氧化物的质量百分数的比值。一般用 R 表示。表示炉渣特性的指数。是炉渣化学性质的主要指标。在炼铁作业中,碱度高的炉渣能促进脱硫反应,有利于锰的还原。碱度低的炉渣能促进硅的还原,提高生铁的含硅量。在炼钢操作中,碱度是炉渣去除磷、硫能力大小的重要标志。对炼钢炉衬的侵蚀、炉渣氧化性、炉渣黏度以及对钢液中 Mn、V、Cr 等元素的氧化还原反应均有不同程度的影响。按碱度的不同,高炉炉渣碱度分为二元碱度:$R = \%CaO/\%SiO_2$;三元碱度:$R = (\%CaO + \%MgO)/\%SiO_2$;四元碱度:$R = (\%CaO + \%MgO)/(\%SiO_2 + \%AL_2O_3)$。炼钢炉渣碱度用 $R = \%CaO/\%SiO_2$ 或用 $R = (\%CaO + \%MgO)/(\%SiO_2 + \%P_2O_5)$ 表示。碱度大于 1 时称为碱性渣,小于 1 时称为酸性渣。高炉冶炼制钢时炉渣碱度($\%CaO/\%SiO_2$)一般在 1.05～1.15 的范围内;冶炼铸造生铁时一般在 0.95～1.00的范围内。氧气顶吹转炉炼钢的炉渣都是碱性渣。只有碱性渣才能除磷、硫。吹炼前期炉渣碱度($\%CaO/\%SiO_2$)一般在 1.5 左右,吹炼后期一般在 2.5～3.0 左右。

【卤化银光纤 CO_2 激光手术刀】(halogenated silver optical CO_2 laser scalpel) 用

卤化银多晶光纤制成的一种在关节式导光臂上使用的手术刀。手术刀头由 CO_2 激光器、耦合器、光纤连接器、柔性金属管、聚焦透镜座组成。其中柔性金属管依据用途能在 0°～90°适当弯曲，弯曲半径大于 15mm，长度小于 250mm，输出连续激光功率大于 12W，工作焦距 5mm。光纤手术刀头端面带有气体保护装置，可防止端面污染。具有防污结构的手术刀头整体直径小于5.6mm。适合在人体天然开口部位，如口腔、喉、肛门及直肠等处使用。

【卤族元素】(halogen) 简称卤素。元素周期表ⅦA族元素（第 17 族元素）。包括氟（F）、氯（Cl）、溴（Br）、碘（I）、砹（At）。卤含义为“成盐”。砹是放射性元素，性质很少研究。其余元素的单质都是非金属双原子分子。随着分子量的增大，卤素分子间的色散力逐渐增强，颜色变深。它们的熔点、沸点、密度、原子体积也依次递增。卤素的化学性质活泼，其最外电子层排布为 ns^2np^5，在化学反应中倾向于获得一个电子形成稳定的八隅体结构。因此卤素都有氧化性，且随分子量增大依次递减。氟在单质中氧化性最强。卤素的氧化态还可为 +1、+3、+5、+7，氯、溴、碘可形成多种含氧酸：HXO、HXO_2、HXO_3、HXO_4。卤素与氢结合成卤化氢，溶于水生成氢卤酸。随分子量的增大，氢化物的酸性依次升高，但氢化物的稳定性递减。卤素之间可形成互卤化物。如 IF_7、BrCl。卤素在自然界都以典型的盐类存在。用电解法或氧化剂氧化法制备单质。卤素及其化合物在工业上用途非常广泛。

【鲁棒控制】(robust control) 控制系统在其特性或参数摄动时维持某些性能特性的控制系统。由于工作状况的变动、外部干扰及建模误差，实际工业过程的精确模型很难得到。而系统的各种故障也将导致模型的不确定性。如何设计一个固定的控制器，使具有不确定性的对象满足控制品质，就要利用鲁棒控制。它是一个着重控制算法可靠性研究的控制器设计方法。其设计目标是找到在实际环境中为保证安全，要求控制系统必须满足的最小要求。一旦设计好这个控制器，它的参数不能改变，而且控制性能能够得到保证。鲁棒控制技术适用于如飞机和空间飞行器等以稳定性和可靠性为首要目标的系统中。它可以对该系统的动态特性和不确定因素变化范围作出预估。

【陆地】(land) 地壳表面露出海面以上的部分。地壳长期演变到一定阶段的产物。其中，面积广大的称大陆，小块的称岛屿。习惯上认为，澳大利亚大陆是最小的大陆，而格陵兰岛是最大的岛屿。全球有六块主要的大陆，按面积大小依次为欧亚大陆、非洲大陆、北美大陆、南美大陆、南极大陆、澳大利亚大陆。大陆及其附近的岛屿总称为洲。全球有七大洲，按面积大小依次为亚洲、非洲、北美洲、南美洲、南极洲、欧洲和大洋洲。七大洲的总面积约 $1.5\times10^8km^2$，占整个地球表面积的 29% 左右。北半球的陆地占地球陆地总面积的 81%。

黄河三角洲新生陆地

【陆地环境地域差异】(regional differences of land environment) 在全球陆地整体环境中不同地区经常表现出的极为显著的差别。地域差异在陆地环境中普遍存在。陆地上不可能存在任何两个自然状况完全相同的区域。陆地上不同的地区，由于所处的纬度位置和海陆位置互不相同，分别具有一定的热量和水分组合。不同的气候，又产生了与之相应的、有代表性的植被和土壤类型，从而形成了具有一定宽度、呈带状分布的陆地自然带。从世界陆地自然带分布图中可以看出，陆地环境的地域差异具有明显规律性：(1)由赤道到两极的地域差异。受太阳辐射从赤道向两极递减的影响，地表景观和自然带沿着纬度变化的方向作有规律的更替。这种地域差异规律是以热量为基础的。不同的热量条件又会引起水分条件的变化。不同热量带的水分条件不同，同一热量带内部的水分条件也有差异。因此，纬度方向上的地域差异实际上也是温度和水分条件共同作用下的产物。(2)从沿海向内陆的地域差异。受海陆分布的影响，自然景观和自然带从沿海向大陆内部也呈现出有规律的地域差异。这种地域差异规律是以水分为基础的。由于受海洋水汽影响的程度不同，从沿海向内陆，干湿度差异很大，自然景观呈现出森林带、草原带、荒漠带的有规律变化。这种变化在中纬度地区表现得最为明显。(3)山地的垂直地域差异。陆地上有许多高大的山脉。在高山地区，随着海拔高度的变化，从山麓到山顶的水热状况差异很大，从而形成了垂直气候带，自然景观也相应地呈现出垂直分布的规律。赤道附近的最高山岭，从山麓到山顶的自然差异同从赤道到两极的地域分异规律有些相似。

【陆地棉】(upland cotton) 又称高原棉、美棉。锦葵科，棉属。栽培棉品种之一。原产于中美洲墨西哥南部的高地及加勒比海诸岛。自欧洲人移居美国后，大量种植陆地棉。在栽培过程中逐步形成了多种类型的栽培品种，成为世界上分布最广泛的棉种。1865年引入中国，仅在上海试种。20世纪50年代开始取代了原先的亚洲棉和草棉。种子纤维为重要的纺织原料。短绒是优质纤维素原料，可制人造纤维、胶片等。

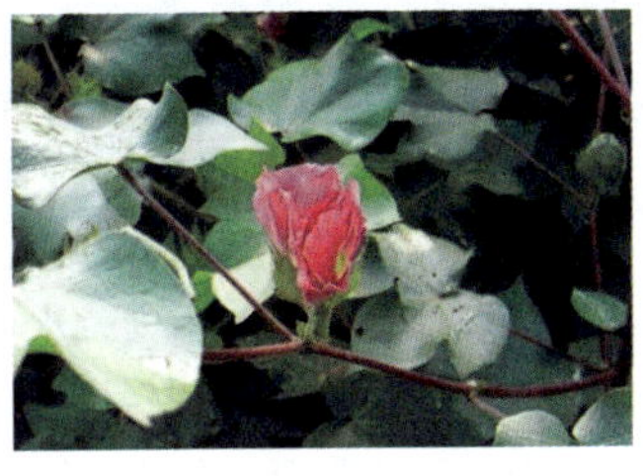
陆地棉

【陆基对潜广播通信网】（land based-broadcasting communication transmitting network to submarine） 由多座无线电发射台组成的甚低频海岸对潜艇通信系统。通常与短波通信同时使用。为对潜通信的主要形式。按多点、纵深、疏散并能相互替代的原则配置，组成通信网，以增加对潜通信的覆盖面。发射台配有大功率发射机，岸上指挥所对潜艇的命令、指示和通报等，均在此网以甚低频和短波同时发出。网内各发射台之间、各发射台与指挥所之间，均有通信线路相连，以便统一指挥、调度和传递对潜电报。潜艇按规定时间在潜望镜深度（水下10～15m处）使用环形天线或在40～80m深度使用拖曳浮标天线接收。

【陆相】（continental facies） 在大陆环境中形成的沉积物、岩石或岩层。按自然地理环境的不同可分为：残积相、坡积相、洪积相、湖泊相、沼泽相、沙漠相等。由于大陆环境地形地貌的复杂性，导致其特点是不能在很大范围内保持均一的岩性。陆相常见的岩石类型主要是碎屑岩和黏土岩。但是在某些相湖泊、沼泽中，则主要由化学岩与生物化学岩组成。陆相岩层中含淡水动物、陆上动物（脊椎动物和昆虫）及植物化石。

【陆缘海】（epicontinental sea） 位于人陆外缘、一般由岛屿或半岛与大洋隔开的海域。其面积与大洋相比小得多，通常具有广阔的大陆架及较厚的陆源沉积物。受陆地河流的影响，大陆河口部分会发育成三角洲。陆缘海的海底地壳多为大陆型，显示出是大陆向海洋的延伸部分。中国的黄海、东海均属典型的陆缘海。陆缘海海底常蕴藏有丰富的矿产资源。

陆缘海

【陆战】（land warfare） 主要在陆上实施的战斗行动。现代陆战是由摩托化步兵、坦克兵、空降兵、导弹兵、炮兵、野战防空兵、陆军航空兵、两栖登陆部队以及支援保障部队共同实施的战斗行动。

【录音室】（studio） 为了创造特定的录音环境声学条件而建造的专用录音场所。录音室的声学特性对于录音制作及其制品的质量起着十分重要的作用。录音室的形式多种多样，性能也各不相同。按声场基本特点的不同可分为：自然混响录音室、强吸声（短混响）录音室以及活跃端一寂静端（LEDE）型录音室。按用途的不同可分为：对白录音室、音乐录音室、音响录音室、混合录音室等。录音室的录音环境，越安静越好。理论上最大值不能超过20dB，获得安静的录音环境，录音室的墙越厚越好。目前录音室很多是用金字塔海绵全包的，主要是用来做广播或者配音用，目的是获得干净的语音中的中高频。录音室的主要设备有：电脑、专业声卡、调音台、电容麦克风、话筒放大器、人声效果器、专业监听音箱、耳机、耳机分配器等，其他的还有VCD机、DVD机、卡座、CD机、MD机、VOD点歌机、电视机和DV摄像机等。

录音室

【路床】（road bed） 根据路面结构层厚度和标高，在采取填方或挖方筑成的路基上整理形成的路槽。供路面铺装使用。按其结构的不同可分为上路床（0～0.3m）和下路床（0.3～0.8m）两层。土质路床又称“土基”。

【路幅】（road-way） 由车行道、分隔带和路肩等组成的道路横断面范围。是指公路路基顶面的两路肩外侧边缘之间的部分。等级高、交通量大的公路（如高速公路、一级公路）布置有分隔带，将上、下行车辆分开。常用的路幅布置形式有单车道、单幅双车道和双幅多车道等。

【路幅宽度】（road width） 道路红线之间的道路横断面中各种用地宽度的总和。不包括人行道外侧沿街的城市绿化等用地宽度。城市道路宽度的确定应根据城市的性质、规模和道路系统规划的要求，并综合考虑交通量、日照、通风、管线敷设以及建筑布置等因素，同时综合不同城市在各时期内交通和建设上的不同特点，远近结合，统筹安排，适当留有发展余地。

【路拱】（road hump） 为排除路面的雨水、雪水，根据排水方向将车行道的横断面做成的单向坡面或双向坡面。其基本形式有抛物线形、抛物线（或圆曲线)接直线形、折线形、倾斜直线形。前两种路拱形式主要用于柔性路面,后两种主要用于刚性路面。从车行道边缘到路拱拱顶的高度,称为路拱高度。车行道的横向平均坡度,称为路拱坡度。

【路基】(road base) 路面的基础。公路工程的重要组成部分。其质量的好坏,直接影响到结构物的排水稳定、公路的使用品质、旅客的舒适和正常的行车交通。路基的特点是:线长,通过的地带类型多;技术条件复杂;受地形、地物、气候和水文地质条件影响很大。公路可能通过平原、丘陵或山岭,还有河川、沼泽、岩石、冰雪或永冻土、沙漠或盐渍土等;对土基强度、边坡稳定、挡土墙和其他人工结构物等要求较高。此外,路基的土石方数量大,劳力和机械用量多,施工期长。路基必须满足如下基本要求:(1)具有足够的强度。路基要有一定的抵抗变形能力,在荷载作用下不致发生超过允许的变形。(2)具有足够的水温稳定性。路基的水温稳定性是指路基在水和温度的作用下保持其强度的能力。对于路基不仅要求有足够的强度,保证在最不利的水温状况下,强度不致显著降低,而且还要求路基具有一定的水温稳定性。(3)具有足够的整体稳定性。为使路基具有抵抗自然因素侵蚀的能力,路基设计时必须采取技术措施,例如排水、边坡加固或设置挡土墙等,以确保路基的整体稳定性。按填挖情况的不同,路基横断面的形式可分为路堤、路堑、半填半挖和不填不挖等四种形式。全部用土石填筑而成的路基称为路堤;全部在天然地面开挖而成的路基称为路堑;当原地面横坡较大,则需要在一侧开挖而在另一侧填筑时,则称为半填半挖路基。

路基

【路肩】(the shoulder of a road) 位于车行道外缘至路基边缘,具有一定宽度的带状部分。为保持车行道的功能和临时停车而设置,作为路面的横向支承,保护路面结构稳定。按结构功能的不同,可分为硬路肩和土路肩。中国确定路肩宽度是在满足路肩功能最低需要的条件下,采用较窄的路肩。根据公路等级和设计速度,确定硬路肩和土路肩的一般值与最小值。

【路径损耗】(path loss) 在发射器和接收器之间由传播环境引入的损耗的量。功率损耗发生是因为空气提供对信号的过滤作用。特定的电磁频率(非常高且非商业化)被完全地阻塞或被空气过滤。从发射天线到接收天线之间无线电波的传播损耗,一般包括自由空间损耗、散射损耗、反射损耗、绕射损耗和吸收损耗等。大尺度路径损耗:大尺度平均路径损耗用于测量发射机和接收机之间信号的平均衰落,定义为有效发射功率和平均接收功率之间的差值。几种常用的描述大尺度衰落的模型有自由空间模型、布灵顿模型、EgLi 模型、Hata－Okumura 模型。

【路面沉陷】(road sinking) 由于路基的竖向变形而导致路面下沉的现象。分均匀沉陷、不均匀沉陷、局部较大面积沉陷。均匀沉陷是由于路基路面在自然因素和行车作用下,达到进一步密实稳定的表现。这种沉陷不会引起路面破损。不均匀沉陷一般是由基层局部成型不足,强度不够,在行车荷载和自然因素等作用下形成的。对于局部大面积沉陷往往是由于路基不均匀或局部滑移所致。其治理措施是:(1)路面略有下沉,无破损或仅有少量轻微裂缝,可在沉陷处喷洒或涂刷黏层沥青,再用沥青混合料将沉陷部分填补,并压实平整。(2)因路基沉陷导致路面破损严重,矿料已松动、脱落形成坑槽的,应按坑槽的维修方法处治。对混凝土路面沉陷的治理措施主要是:(1)当水泥混凝土板开始出现板底局部脱空现象,应立即采用板底灌浆的方法进行处理,将病害消除在“萌芽”状态。板块断裂时,应及时组织力量进行修补,以免波及周边板块,致使损坏扩大。(2)对于严重断裂的混凝土采用整块换板。先将损坏的混凝土剔除,然后再置换入新的混凝土或其他材料。

路面沉陷

【路面结构层】(pavement structure layer) 构成路面的各铺筑层。按其所处的层位和作用的不同可分为面层、基层和垫层。面层直接承受车辆荷载及自然因素的影响,并将荷载传递到基层的路面结构层。基层又称承重层,是直接铺在路面面层下的结构层次。它和面层一起支承车轮荷载并把它扩散分布到下面的层次和土基中去。垫层是指使路面保持平整而在其下面用细料垫补的层次。基层与土基间的防冻层和隔离层等,也统称为垫层。

【路面清扫机】(road cleaner) 清洁路面用的机械。有手扶式和自行式两种。小型清扫机,清扫宽度为 1m 左右。中大型多用自行式,清扫宽度可达 4m。清扫的方式有刷子式和真空式两种。新的清扫机可把

路面清扫机

两者结合起来,又扫又吸,效率较高。

【路面弯沉值】(deflection value of pavement) 路面在荷载作用下产生的竖向弹性位移。从整体上反映了路面各层次的整体强度。路面弯沉值设计指标的确定,对所设计的路面能否达到所要求的路面使用寿命和是否经济至关重要。在路面施工中,弯沉值也是检验路面施工质量能否达到设计要求的重要指标。其主要的影响因素包括测定季节、加铺沥青面层、测定时的温度、测定时用的轴载、路面结构、车轮轮载累计作用次数、路面各结构层材料的技术参数等。测定路面弯沉值的方法包括贝克曼梁弯沉仪测定法、自动弯沉仪测定法、落锤式弯沉仪测定法、激光测定法、相互换算法等。

【路面整平机】(pavement levelling machine) 又称路面铣刨机。利用装在转子上的坚硬刀具把旧路面局部或全部铣削下来为修补做准备,或者经过铣削后使路面平整的新型路面维修机械。铣削下来的旧料可再生利用在路面翻修、加铺、消除波浪搓板等作业中。该机器有在常温下工作的冷铣削整平机和在加热后进行工作的热铣削整平机两种。

路面整平机

【路权】(road right) 有广义和狭义之分。广义的路权,是指人们依法对属于自己的道路享有的占有、使用、收益和处分权。中国道路的所有权为国家和集体享有。但不论由谁经营,全国城乡道路建设、道路交通安全仍由国家相关职能部门依法管理。经营者必须依法经营,服从国家管理,同时国家保护其合法权益。狭义的路权,是指人们依法在一定空间、一定时间使用道路的权利。这也是道路交通法规中所指的路权。其特点是:(1)路权是道路交通法规赋予的权利。(2)路权是权利和义务的统一体。(3)路权原则是道路交通法规的一项重要原则。路权的具体内容包括通行权、先行权和占用权。通行权是指人们在一定时间、一定空间使用道路进行动态交通活动的权利。通行权又称“空间路权”,是一种最基本的路权。先行权是指人们在具有通行权的前提下,依法享有在一定时间和一定空间内优先通行的权利。先行权又称“时间路权”,它基于通行权而优于通行权。占用权是指人们在一定时间和一定空间内,依法使用道路进行静态交通活动的权利。人们无论在动态还是在静态交通活动中,都应该按道路交通法规确认的路权,依法使用道路,规范自己的交通行为,以确保道路交通安全和高效畅通。

【路易斯酸碱理论】(Lewis theory of acid and base) 又称酸碱电子理论。由美国科学家路易斯(Lewis)提出的用电子对解释酸碱的理论。认为可给出电子对的物质为碱;可接受电子对的物质为酸。则酸碱反应的实质是酸碱配合反应,即酸的价电子层空轨道接受碱提供的孤对电子形成配位键。路易斯酸碱范围比酸碱质子理论有所拓展,所有阳离子以及中心原子有空轨道的分子或离子都是酸,所有阴离子以及可提供电子对的配体都是碱。如 Cu^{2+} 能接受 NH_3 提供的电子对形成 $Cu(NH_3)_4^{2+}$,则 Cu^{2+} 为酸,NH_3 为碱。路易斯酸碱反应包括了除氧化还原反应之外的几乎所有反应。

【路由】(route) 把信息从源节点穿过网络传递到目的节点的行为。过程中至少遇到一个中间节点。路由发生在 OSI 参考模型的第三层,即网络层。路由包含两个基本的动作:确定最佳路径和通过网络传输信息。在路由的过程中,确定最佳路径又称路径选择,通过网络传输的过程又称交换。

【路由器】(router) 为实现各类局域网和广域网互联互通,连接多个网络或网段并能选择数据传输路径,完成信息交换的一种网络设备。作为网络互联与通信设备,路由器由硬件和软件两部分组成。硬件主要有网络接口、存储器和相应的逻辑部件;软件主要有实现各种互联网络第三层协议的软件模块、路由选择程序以及在多协议路由器中的协议转换模块等。它适用于各类局域网和广域网接口。除了实现网络互联互通外,更重要的是它具有的路由选择、信息过滤与转发、信息加密与压缩、容错管理与流量控制等功能。与交换机不同的是,它工作在开放系统互联参考模型的第三层的网络层,而交换机则工作在第二层链的路层。

路由器

【路由信息协议】(routing information protocol, RIP) 一种在自主系统内部网关与主机之间交换路由选择信息的协议。采用距离向量算法,是当今应用最广泛的内部网关协议。在默认情况下,路由信息协议使用一种非常简单的度量制度:距离就是通往目的站点所需经过的链路数,取值为 1~15,数值 16 表示无穷大。RIP 进程使用 UDP 的 520 端口来发送和接收路由信息协议分组。路由信息协议分组每隔30s以广播的形式发送一次。为了防止出现“广播风暴”，其后续的分组将做随机延时后发送。在RIP中，如果一个路由在180s内未被刷，则相应的距离就被设定成无穷大，并从路由表中删除该表项。路由信息协议分为两种，一种是请求分组，另一种是响应分组。

【露】(dew) 凝结在地面或地表各物体表面的水珠。贴地层空气所含水汽因地面辐射冷却或地物表面热量散失、温度下降而凝成。有露天气多发生在晴朗少风的夜晚。露水的量虽少，但在少雨的干旱地区或干旱季节，却有利于植物的生长发育。

露

【露地花卉】(outdoor flower) 在自然条件下能顺利完成全部生长过程，不需要保护设施栽培的花卉。例如芍药、萱草、羽衣甘蓝、万寿菊和美人蕉等。

【露地栽培】(open field cultivation) 在适宜季节直接在大田或场圃进行作物栽培的一种方式。作物栽培的主要方式。其操作简单、投资小、成本低。制定露地栽培的规划，不仅要着眼于该种蔬菜正常生长期的开始与终结，而且应根据各个地区的气候与适合各种蔬菜的生长时间，分成春、夏、秋、冬几个阶段。安排茬口次数，既要有一年的全局观点，又要有各个阶段的季节观点。这样才能做到缩小淡旺差别，达到市场均衡供应。适于大面积种植。大田作物多采用。

露地栽培

【露点】(dew-point) 当气温降低到使空气中的水汽达到饱和时的温度。该温度被称为“露点温度”。空气湿度的一种表示方式。当空气中水汽含量不变且气压一定时，如气温不断降低，空气将逐渐接近饱和。气压一定时，露点温度的高低只与空气中水汽的含量有关。水汽含量越多，露点温度越高。由于空气经常处于不饱和状态，所以露点温度常比气温低。只有空气达到饱和时，露点温度才和气温相等。所以气温与露点温度的差值越大，说明空气中相对湿度越小。

【露天开采】(open-pit mining) 又称露采。直接在露天环境下进行的采矿作业。采矿过程是：先将覆盖在矿体之上的盖层(土石)剥离，自上而下地把矿体分割成若干梯段，然后逐次向下进行露天采挖。这种方法适宜于矿床规模较大、储量丰富且埋藏较浅的厚大矿体。与地下开采相比，露采具有建设速度快、劳动生产率高、生产成本低、矿石贫化和损失小、采矿人员劳动条件好、便于采用大型机械等优点。但是，露采初期基本建设投资规模较大，采矿作业受气候的影响也较大。

【旅游地图】(tourist map) 为旅游者和旅游业开发、管理服务的专题地图。其反映的内容包括：游览、娱乐、饮食、住宿、交通、购物设施，与旅游有关的地理位置、气候等地理条件以及旅游费用等。其功用是：(1)为旅游者提供旅游区(点)的基本地理状况。(2)提供制订旅游计划的基本依据。(3)提供旅行和游览的指南。(4)反映各旅游项目的特点。(5)反映旅游资源的分布状况及其开发的社会经济背景条件。

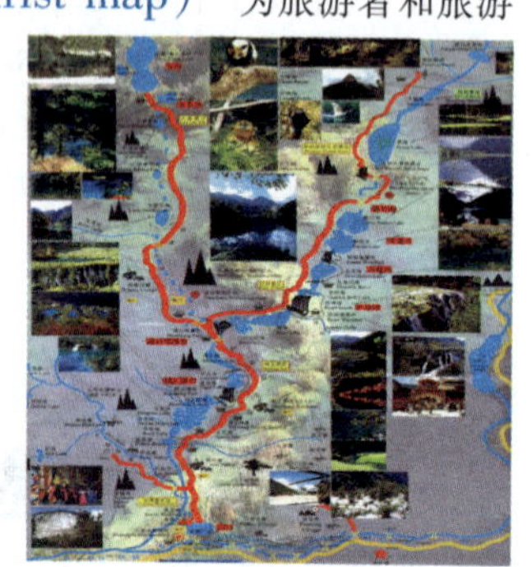
九寨沟旅游导图

【旅游农业】(tourism agriculture) 与旅游相结合的一种消遣性农事活动。农民利用当地有利的自然条件开辟活动场所，提供生活设施，招揽游客，以增加收入。旅游活动的内容除游览风景外，还有林间狩猎、水面垂钓和采摘果实等农事活动。这是加快农村综合发展的一项措施。

【旅游区】(tourist area) 社会经济、文化历史和自然环境统一的旅游地域单元。包含许多旅游点，由旅游线连接而成。一般将旅游资源相对集中，与邻区有显著差异，在区内政治、经济、文化联系较为密切的地区划入一个旅游区。如中国的北京旅游区等。旅游区的建设对旅游业发展的作用是：(1)有利于旅游资源的综合利用，使旅游向深度和广度发展。搞好旅游区建设要结合旅游资源的特点，作好旅游服务设施的配套工作，使旅游区既具有本区特点，又能多层次、多方式地开展旅游活动。如在服务、交通等附属设施配套条件下，山区夏季可开展避暑、疗养、科学考察等活动，冬季进行滑雪、狩猎等旅游项目，有利于解决旅游业的季节性旺淡不均，并可最大限度地合理利用旅游资源。(2)有利于扩大客源，增加国民收入。通常，旅游者数量与旅游收入成正比。从长远利益出发，要使旅游业持续发展，必须搞好旅游区的建设。(3)有利于旅游业的远景规划，使其与本区各部门相互协调。旅游区的界线一般与行政区域一致。地区旅游业的发展，离不开农业、商业、邮电、环保、建筑、服务等部门的配合。故在建设旅游区时，一定要对其方向、性质和规模进行充分论证。

【旅游娱乐用海】(entertainment sea) 开发利用滨海和海上旅游资源、开展海上娱乐活动使用的海域。包括旅游基础设施用海、海水浴场和海上娱乐用海。海上旅游娱乐业是近年来沿海国家和地区重点发展的一个产业，也是一个大有前途的新兴产业。

【铝包钢丝及绞线】(aluminum package-wire and strand) 以钢丝作为芯线，在其外面包覆铝层的钢－铝双金属复合材料以及用其为原料绞制而成的同心线。既有钢材的良好强度、塑性和弹性，又具有铝材良好的耐腐蚀性、导电性、对电磁的屏蔽性及重量轻、散热好的特性。同时，在热加工中形成铝－铁共渗体层，使铝包钢丝具有较好的热稳定性。由于其优良的性能和具有节材、节能、高效的社会效益，已经广泛用于广播通信、电力输送、电气化铁路、海底电缆、光纤电缆和交通、建筑以及渔业的围栏制造等领域，并已成为镀锌钢丝、钢绞线的替代产品。铝包钢丝按其断面形状的不同可分为圆形和异型；按铝层厚度及其相对应的导电率的不同可分为：20Ac、23Ac、27Ac、33AG、40Ac 等级别；按钢芯材质的不同可分为高碳钢丝和低碳钢丝；铝包钢绞线按结构的不同可分为：1×3、1×7、1×19、1×37 和1×61等，乘号后面的数字表示所含钢丝的总数。铝包钢绞线中也可以合入铝丝或铝合金丝，称为铝包钢芯铝绞线。铝包钢丝的制造方法如下：(1)铝粉轧制烧结法。将铝粉压实到钢芯上，经感应加热烧结，在冷却过程中轧制成型，再拉拔成钢丝。(2)铝带压结法。将铝丝轧成窄带并制成 U 型断面，再将镀锌钢丝压入铝带中热轧合缝，并包紧钢丝。(3)张力挤压法。将预热的铝锭放入挤压机的挤压腔内，并将预热的钢丝穿入挤压机模具中，钢丝在张力作用下穿过模具，铝则在压力作用下被包覆到钢芯上，彼此焊合。(4)旋转式连续温挤压法。将铝条由旋转的挤压轮咬入挤压轮槽并挤入挤压腔内，将钢丝预热并在张力作用下进入模具，经摩擦生热的铝包覆在钢丝上。铝包钢丝的进一步拉拔需采用组合压力模，通过流体动力润滑达到同步变形拉拔的目的。

【铝箔橡塑改性沥青防水卷材】(al-foil surface modified asphalt waterproof membrane) 以铝箔作面层敷以橡塑改性沥青制成的防水油毡。以玻璃纤维、聚氨酯纤维无纺布或黄麻布为胎体，以改性沥青类材料为浸渍涂盖层，以塑料薄膜为底面防粘隔离层制成。该产品对阳光的反射率大于70%，能抗老化，延长油毡的使用寿命，并能降低房屋顶层的室内温度。其耐高、低温性能好。高温(85℃)不流淌，低温(－20 ℃)不脆裂，强度大于等于2.5MPa，延伸率大于50%，弹塑性较好，对基层伸缩或开裂的适应性较强，适宜冷作业施工。该材料可用于建筑屋顶、平台屋顶的防水层或蒸气隔防层，特别适宜于炎热地区的屋面防水。

【铝合金】(aluminium alloy) 以铝为基材的合金的统称。如铝－锰合金、铝－铜合金、铝－铜－镁系硬铝合金、铝－锌－镁－铜系超硬铝合金。与纯铝相比，铝合金具有易加工、耐压性强、适用范围广、装饰效果好和花色丰富等优点。铝合金分为防锈铝、硬铝和超硬铝等；且有各自的使用范围和代号，供使用者选用。铝合金不但保持了质轻的特点，而且其力学性能明显提高。铝合金材料用途广泛：一是作为受力构件；二是作为门、窗、管、盖和壳等材料；三是利用铝合金阳极氧化处理后可以进行着色的特点，制成各种装饰品。铝合金板材、型材表面可以进行防腐、轧花、涂装和印刷等二次加工，制成各种装饰板材、型材。作为装饰材料，不仅成本低，而且使用一种工艺就可以大量加工生产同样的零部件。

铝合金伸缩梯

【铝锂合金材】(aluminium lithium alloy) 含锂量为1%～4%的多元铝合金。其突出的优点是：密度小，弹性模量高，屈服强度高，具有良好的高温低温性能，以及良好的断裂韧性、可焊性、易加工性。在航天领域的应用已进入实用化阶段。可用于液氢液氧超低温环境下的储藏器，以及结构件、蒙皮等。采用铝锂合金制造大型运载器的低温推进剂储箱，可以降低结构件重量，因而提高运载能力。

【铝热法】(aluminothermics) 一种以铝粉为还原剂的金属热还原法。当铝粉与高熔点金属氧化物反应时放出足够的热量，使生成的金属或合金和残渣熔融分离而制备金属或合金。铝热剂着火点较高，需要引燃。常见的是用镁条，也可用高温喷枪。广泛用于制造金属(铬、锰、钒等)、无碳铁合金、低碳铁合金等方面。

【铝塑复合板】(aluminium-plastic composite panel) 以塑料为基材、通过热熔黏合剂与内外层铝板复合而成的复合板。面板表面常施以装饰性或保护性涂层。产品分外墙板和内墙板两种,具有质量轻、色彩丰富、实用安全、抗震、隔音、抗老化、无毒和抗腐蚀的优点。广泛应用于银行、宾馆、大厦、商场、办公、娱乐场所、高层建筑、广告装潢、高档家具和器械外壳等领域作装饰材料。

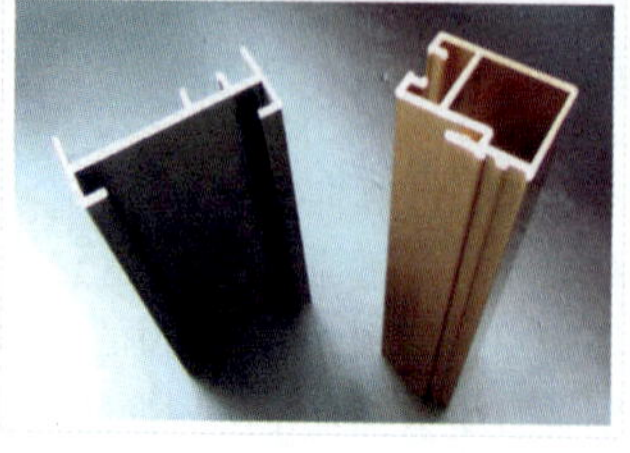
铝塑复合板

【铝酸镧单晶】(lanthanum aluminate single crystal) 一种性能优良的高温超导薄膜和铁电薄膜衬底材料。分子式为 $LaAlO_3$。相对子质量为213.9。由铝酸镧单晶制成的衬底材料,对多种薄膜材料晶格匹配好,制成的高温超导基片是制造高温超导电子元器件的基本材料。由其制成的高温超导元器件,广泛用于微波元器件、微波型号检测、雷达通信、超导电子、计算机和医疗仪器等方面。

【铝碳化硅电子封装材料】(Al－SiC electronic encapsulation material) 以铝合金作基体、以碳化硅为增强体、按一定比例经高温烧制而成的多相复合材料。即将金属的高导热性与陶瓷的低热膨胀性相结合,来满足多功能特性及设计的要求。这种材料是具有高导热、低膨胀、高刚度、低密度、低成本等综合优异性能的电子封装材料。在国际上是微电子封装材料的第三代产品。是芯片封装的最新型材料。

【铝污染】(aluminium pollution) 由金属铝元素引起的环境污染。铝是银白色金属,坚硬,质轻,是地壳中含量最多的金属。现代医学研究证明,铝对动物和人体并不是必需的元素,而是有害的元素。当人体大量摄入铝之后,会导致人体内代谢失常、骨质脱钙、骨软化或骨萎缩;使一些消化酶的活性降低,使胃液分泌减少,影响消化功能;甚至损伤中枢神经系统功能,引起脑神经元纤维缠结病变,出现脑神经障碍,记忆力减退,思想、语言、行为失常,最后完全痴呆。同时,铝还会干扰人体的磷的代谢,从而导致其他病变。

【铝与铝合金表面处理】(aluminium and aluminium alloy surface treatment) 在铝和铝合金的表面进行防腐性或装饰性的处理。主要分为阳极氧化表面处理和不经阳极氧化的表面处理。(1)阳极氧化表面处理。工艺过程包括前处理、阳极氧化和后处理。前处理又分为:①砂面处理。包括化学腐蚀法和喷砂法。②拉丝。用金相砂纸拉出均匀的细丝纹。③深浅腐蚀。在不需要腐蚀的表面涂上保护膜,然后进行酸液腐蚀。阳极氧化是在硫酸及硫酸镍电解液中对铝和铝合金表面进行氧化。后处理即为对氧化膜进行装饰性着色处理,包括:①转移印花。用印花纸印花。②染料机印。用胶印机胶印。染料着色用于铝制日用品、文教用品着色。③电解着色。即在进行阳极氧化时,在电解液中加入一些如镍、锡、铜等金属的盐类,使其金属离子在铝氧化膜的孔隙中沉淀,形成各种颜色。用于铝制建材着色。经阳极氧化的表面层比较软,需要进行着色后的封孔处理。可用水蒸气或沸水封孔。(2)不经阳极氧化的表面处理。包括:①化学钝化处理。作为涂漆前的预处理。主要用于铁路、船舶和建筑等行业用铝制品的抗蚀性氧化膜。②感光着色。涂感光胶感光,显影时染料着色,涂罩光漆。用于民用电子产品的装饰性处理。③丝印处理。丝网染料漏印,涂罩光漆。用于耐腐蚀要求不高的装饰性铝材。

【履带式起重机】(crawler crane) 以履带作为行走机构的起重设备。由行走机构、回转机构、机身及起重臂等部分组成。行走机构为两条链式履带;回转机构为装在底盘上的转盘,使机身可回转360°。起重臂下端铰接于机身上,随机身回转。顶端设有两套滑轮组(起重及变幅滑轮组),钢丝绳通过起重臂顶端滑轮组连接到机身内的卷扬机上,起重臂可分节制作并接长。它操作灵活,使用方便,有较大的起重能力。在平坦坚实的道路上还可负载行走。更换工作装置后可成为挖土机或打桩机,是一种多功能机械。但其行走速度慢,对路面破坏性大,在进行长距离转移时,应用平板拖车或铁路平板车运输。

履带式起重机

【履约保函】(performance guarantee) 招标人和中标的投标人在签订合同后,承包人必须向发包人提供银行开立金额一般为合同金额的10%～15%的履约保函,以确保承包人按合同条款履约的行为。申请人应具备申请银行开户的条件;具备履行担保项下合约的能力；项目符合国家规定；提供符合要求的保证金或反担保。履约保函的办理程序是：申请人向银行申请开立保函并提供有关资料；银行进行调查、审核；签定协议，落实保证金或反担保；开立履约保函。适用范围非常广泛，可用于任何项目中对当事人履行合同义务提供担保的情况。在工程承包、物资采购等项目中，业主或买方为避免承包方或供货方不履行合同义务而给自身造成损失，通常都要求承包方或供货方缴纳履约保证金，以制约对方行为。履约保函是现金保证金的一种良好的替代形式。履约保函对承包方或供货方来讲减少由于缴纳现金保证金引起的长时间资金占压，获得资金收益；与缴纳现金保证金相比，可以使有限的资金得到优化配置；权益得到更好地维护。对业主或买方：合理制约承包人、供货方行为，维护自身利益；避免收取、退回保证金程序的烦琐，提高工作效率。

【率】（rate） 发生某现象的观察单位数与可能发生某现象的观察单位数之间的比值。用公式表示为：

$$率=\frac{实际发生某现象的观察单位数}{可能发生某现象的观察单位总数}\times K$$

其中 K 为比例基数，如 100%、1 000‰、万/万。用来反映某现象发生的频率或强度，具有概率意义。

【绿地】（greenbelt） 以栽植花草树木为主要内容的一种城市用地。包括各种公共绿地、专用绿地、生产绿地和防护绿地等。其目的是：保护环境，改善城市生态条件，为市民提供户外游憩环境和美化市容等。

绿地

城市中各类绿地面积之和占城市总面积的百万比称为绿地率，这是衡量城市绿化水平和环境质量的重要标准之一。

【绿地率】（ratio of green space） 居住区用地范围内各类绿地的总和与居住区用地的比率。居住区用地范围内各类绿地主要包括公共绿地、宅旁绿地等。其中，公共绿地，又包括居住区公园、小游园、组团绿地及其他的一些块状、带状化公共绿地。计算公式为：城市绿地率＝城市各类绿地总面积/城市总面积×100%。

【绿肥】（green manure） 直接施入土壤或经堆沤作肥料的绿色植物。一般分为豆科绿肥、栽培绿肥与野生绿肥、一年生（或越年生）绿肥与多年生绿肥、春季绿肥、夏季绿肥、冬季绿肥、旱地绿肥与水生绿肥等。绿肥富含有机质与矿质营养元素，施入土壤中易分解。直接耕翻的绿肥在土壤中经微生物分解后，可为作物提供有效养分，提高或更新土壤有机质，促进土壤潜在养分的矿化，改良与培肥土壤，改善作物生长的土壤物理、化学与生物化学环境。与其他肥料配合施用时，对粮、棉、油等作物均有明显的肥效，也适于在果园、茶园、桑园中栽培和施用。有些绿肥还可用作动物饲料。

【绿肥作物】（green manure crops） 提供肥源或培肥土壤的作物。分豆科绿肥作物与非豆科绿肥作物两类。豆科绿肥作物，如紫云英、苕子、田菁等，能通过根部与之共生的根瘤菌固定空气中的氮素，使分子态氮转化为化合态氮。故其含氮量较高，碳氮比（C/N）较小，分解速率快。非豆科绿肥作物，如黑麦草、肥田萝卜等，含纤维素等成分较多，碳氮比（C/N）较大，分解较慢。施用后能提高土壤有机质含量，促进腐殖质的积累，改善土壤的物理、化学与生物化学性质，有利于农作物的生长。

【绿风内障】 眼内压力增高，眼球变硬为主征的一种眼疾。是因视力障碍，伴有头风，且自外观之，瞳孔内呈绿色反光而得名。相当于现代的充血性青光眼。发病或骤或缓，两者每多互相转变。主证有视物模糊，灯光外现五色彩环，黑睛水肿呈哈气状（毛玻璃状）混浊，黑睛与黄仁之间距变窄，瞳仁散大，强光照之亦不收缩。伴有或轻或重之头痛，重则恶心、呕吐。急性发作治疗不当或延误治疗，可于 12～24h 之内失明；慢性者症状类似，但最终也必导致失明。急性者多发于暴怒或过于劳累之后，为肝胆实火上亢所致，亦可于外受风热，诱动内风而发；慢性者多因肝瘀血滞，气血不得条达。临床上可分三型：风热、肝旺、肝郁。治疗本病，应寻本求因，辩证施治，兼以渗利之剂。

【绿篱】（hedge） 又称为树篱、植篱、花篱等。栽种植物使之形成的墙垣。最常见于院子四周密植分枝多或有刺的灌木充当院落的围墙。南方多喜用木槿、枸橘作为障篱。园林中人工修剪的绿篱是近百年自西方传入中国的。绿篱的类型按所用植物材料的不同可分为：针叶树绿篱和阔叶树绿篱；阔叶树绿篱又可分为常绿阔叶树绿篱和落叶阔叶树绿篱。按绿篱高度的不同可分为：高篱（视平线 1.7m 以上），中篱（0.5～1.7m）和矮篱（0.5m以下）。这些都是用不同树种及不同的树种规

绿篱

格加以修剪而成的。按观赏性质的不同可分为:观叶绿篱和观花绿篱。前者是绿篱的主要形式,后者常不修剪以便大量开花,故又称为自然式的花篱。按种植位置的不同可分为:防风篱、边境篱、装缘篱和基植篱。

【绿篱植物】(hedgerow plant) 用于密植以便通过自然生长或人工整形形成篱状或隔离墙等整体的乔木或灌木。在园林中,绿篱具有分隔空间、清新空气、绿化、美化环境等作用。一般将高 0.5m 以下的绿篱称为矮篱;高 0.5~1.2m 的绿篱称为中篱;高 1.2~2.0m 的绿篱称为高篱;高 2m 以上的绿篱称为绿墙。绿篱通常应选用枝叶浓密、耐修剪、生长偏慢的木本种类。规则式绿篱需要经常修剪,保持一定的整齐度。通常普通绿篱常用黄杨、大叶黄杨、女贞和海桐等。也可以用枝叶带刺的种类,如枸骨、火棘、小檗、花椒和黄刺玫等形成刺篱,阻挡行人通过。也可以用花色鲜艳或繁花似锦以及果色艳丽的种类,如绣线菊、叶子花、迎春、五色梅、月季、木槿、棣棠、锦带花、栀子、紫珠和小檗等形成花果绿篱。绿篱也可以选择彩叶植物,如紫叶小檗、金边黄杨、红叶石楠、洒金柏、金叶女贞和金森女贞等形成彩篱。

小叶女贞

【绿色 GDP】(green gross domestic products) 世界银行推出的国民经济核算体系。即对环境资源进行核算,从中扣除环境成本和对环境资源的保护费用,同时考虑外部影响,包括外部经济性和外部不经济性,依此来衡量扣除自然资源损失后的真正的国民财富。它比较客观真实地反映了包括国内生产总值在内的一系列经济指标,可避免人们对经济形势的盲目乐观,促使政府不以牺牲环境为代价片面追求 GDP 的高增长,实施可持续发展战略。由于该核算体系具有更强的综合性、代表性和真实性,几乎整个世界都已经接受绿色 GDP 的概念。

【绿色包装】(green package) 对生态环境与人体健康无害、能循环再利用的包装。这种包装是可以再利用、再循环或可降解的绿色材料。

【绿色产品】(green products) 又称环境意识产品。符合一定的环境保护要求、对生态环境无害或危害极少、资源利用率最高、能源消耗最低的产品。其第一个环节是设计,要求产品质量优、环境行为优;第二个环节是生产过程,要求实现无废少废、综合利用和采用清洁生产工艺;第三个环节是产品本身品质要比一般产品更体现以人为本、提高舒适度和健康保护及环境保护程度。

【绿色储粮】(green storage of grain) 采用有效的生态手段,避免化学药剂污染,延缓粮食陈化过程,确保粮食安全、卫生的储藏技术。是以储粮生态学理论为指导的储粮技术。可使粮食在储藏过程中保持安全、无污染和优质。是保障食物安全的“从土地到餐桌”全程质量控制体系的一环。在储粮中,优先采用物理与机械的储藏方法,严格限制化学药剂的使用,保障人员、粮食和环境的安全。是粮食储藏技术发展的方向。

绿色储粮装置

【绿色电力】(green electricity) 利用特定的发电设备,如风力发电机、太阳能光伏电池等,将风能、太阳能等转化成电能而产生的电力。绿色电力发电过程中不产生或很少产生对环境有害的排放物,且不需消耗化石燃料。绿色电力包括风力发电、太阳能光伏发电、地热发电、生物质能气化发电和小水电等。

绿色电力

【绿色服务业】(friendly service industry) 以现代科学技术为基础,在扩大服务领域、提高服务水平、增加服务品种和改善服务手段等方面都能与现代经济发展相配套的第三产业。包括绿色金融、绿色旅游、绿色餐饮、绿色消费服务业,迅速发展的文娱、体育、旅游、保健等行业,从事管理、研究、技术开发和信息咨询等新兴的产业。绿色服务业还表现在劳动者队伍从大众劳动向精英劳动的转变。中国发展绿色服务业的重点是:(1)投资少、收效快、效益好、就业容量大,与经济发展和人民生活密切相关的行业,主要是商业、物资业、对外贸易业、金融业和保险业务等。(2)与科技进步同步发展的新兴行业,主要是咨询业、信息业和各类技术服务业。(3)城市农村的服务业,主要是为提高农民素质和生活质量服务的行业。(4)对国民经济发展具有全局性、先导性影响的基础行业,主要是交通运输业、邮电通信业和科学研究事业等。

【绿色革命】(green revolution) 发展中国家开展的以培育和引进高产稻麦新品种为主要内容的生产技术改革活动。其目标是解决粮食问题。20世纪40年代,许多发展中国家利用“矮化基因”,培育和推广矮秆、耐肥、抗倒伏的高产水稻、小麦、玉米等新品种活动,对世界农业生产所产生的深远影响,犹如18世纪欧洲的产业革命,故称为绿色革命。第一次绿色革命开始于20世纪40年代,主要是选育推广水稻、小麦和玉米高产品种。中国的杂交水稻即这一时期的代表。20世纪80年代后,逐步转向综合农业技术改革。1990年世界粮食理事会第16次部长会议提出在发展中国家开展第二次绿色革命,主要内容有:在巩固已有成果的基础上,向农业其他领域扩展;在有效利用灌溉地的同时,向旱地、低地、丘陵和山地扩展;利用生物技术提高植物的光合效率;把“固氮基因”移入农作物,使其具有固氮能力及自行供肥,以提高农作物的产量和质量,并提高土壤肥力;将两种不同农作物的基因结合,创造出一种优质新植物;计划从绿色植物中大量提炼酒精,以取代石油,解决农业自身所需要的能源等。

【绿色工业】(friendly environment industry) 合理地、充分地节约利用包括知识与智力资源在内的各种资源、以实现工业经济活动的物质消耗最小化和污染排放最小化的工业模式。其特点是:使工业产品与服务在生产和消费过程中对生态环境和人体健康的损害最小,达到工业经济发展的生态代价和社会成本最低。中国明确提出的绿色工业概念,就是以“信息化带动工业化,以工业化促进信息化,走出一条科技含量高、经济效益好、资源消耗低、环境污染少、人力资源优势得以充分发挥的新型工业化路子”。使工业生产系统的运行切实转移到良性的生态循环和经济循环的轨道上来,获得生态、经济、社会三大效益最佳的统一。

【绿色贡献】(green contribution) 某一地区当年GDP占同期全国GDP的比例,与资源消耗或污染物排放数量占同期全国资源消耗或污染物排放比例的比值。绿色贡献体现了该地区当年对全国经济贡献率与同期应当消耗资源(或排放污染物)比值的大小。例如,一个地区对国家作出的经济贡献率大于同期消耗资源(或排放污染物)的数量,则绿色贡献值大于“1”,则该地区经济发展绿色化程度较高;一个地区的经济发展不仅消耗相应份额的资源(或排放相应数量的污染物),且多消耗了其他地区资源(或占用更多的环境资源),则绿色贡献值小于“1”,表明其经济绿色程度处于低水平。

【绿色化工技术】(green chemical technology) 利用化学原理从根本上消除传统工业对环境的污染,最终实现化工生产过程中废物零排放的技术。绿色化工是科技界与工业界关注的热点,被认为是21世纪的中心科学。绿色化工技术不仅对环境保护有重大意义,而且可以实现经济的最优化,创造出更高附加值、更具市场竞争力的产品。绿色化工技术是环境管理体系中的一个关键环节和重要组成部分。在精细化工生产中应用广泛,如表面活性剂、香料、功能材料、农药、医药、颜料、染料等产品的无公害生产等。

【绿色化学】(green chemistry) 又称环境友好化学。研究在化学反应和化学过程中充分利用参与反应的每个原料原子、实现零排放的学科。是20世纪90年代出现的一个多学科交叉的研究领域。其核心是利用化学原理从源头上减少和消除工业生产对环境的污染。按照绿色化学的原则,最理想的化工生产方式是:反应物的原子全部转化为期望的最终产物。其主要特点是:(1)充分利用资源和能源,采用无毒、无害的原料。(2)在无毒、无害的条件下进行反应,以减少向环境排放废物。(3)提高原子的利用率,力图使所有作为原料的原子全部转化到产品中,实现零排放。(4)生产出有利于环境保护、社区安全和人体健康的环境友好的产品。

【绿色家庭】(green family) 积极参与社区环保活动、带头实施绿色生活方式的家庭。在2003年6月5日世界环境日,中国妇联和环保总局向中国3亿4千万家庭发出倡议:人人行动起来,营建绿色家庭。绿色家庭的标准为:(1)家庭绿化(室内、阳台绿化),认养小区绿色植物。(2)垃圾分类处理。(3)废电池回收。(4)节水。节水要求:每人每日用水在0.36m^{3}以下。(5)使用无磷洗衣粉。(6)不吃野生动物。(7)至少有一名家庭成员参加社区环保自愿队伍,对违反环保的行为进行劝阻或教育。(8)降低家庭生活娱乐噪声。(9)参加社区举办的讲座等各项活动。(10)以下要求必须作到两条或两条以上:①不使用一次性餐盒和筷子,外出购物、买菜使用购物袋、菜篮。②不使用燃油助动车。③选用绿色产品,坚持绿色消费,使用无氟冰箱、空调和节

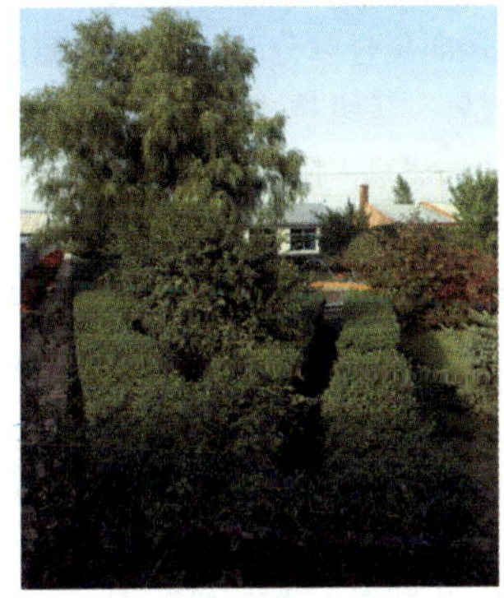

绿色庭院一角

能电器。④家庭禁烟。

【绿色建筑】(green building) 在建筑的全寿命周期内最大限度地节约资源(节能、节地、节水、节材)、保护环境和减少污染,为人们提供健康、适用和高效的使用空间,与自然和谐共生的建筑。绿色建筑是一个广泛的概念,并不是现代化的、高科技的就是绿色建筑。绿色建筑的建设与评价应因地制宜、统筹考虑,并正确处理建筑全寿命周期内节能、节地、节水、节材、保护环境与满足建筑功能之间的辩证关系。通过采用新技术、新材料、新工艺,实行综合优化设计,结合自然通风、自然采光、太阳能利用、地热利用、中水利用、绿色建材和智能控制等高新技术,为使用者提供健康、舒适、与自然和谐的工作和生活环境。绿色建筑设计的五项基本原则是:(1)建筑节能即要减少能源的使用,还要尽量采用低品质(低能值转换率)的能源,如地热能、太阳能。(2)尽量应用简单技术,如通风、外遮阳等,达到节能的目的。(3)利用低品质能源进行建筑整体性或基础性调温,利用高品质能源进行局部性精细调温,是绿色建筑设计的通则。(4)建筑成为能源产生的单元,如屋顶的太阳能利用。(5)从单一产能建筑走向集合-分布式绿色能源园区。其分级关键技术是:一星级技术,绿色照明、公共建筑能耗监测与评比、建筑太阳能一体化应用与屋顶立体绿化;二星级技术,延长建筑寿命、推行住宅配件化;三星级技术,被动式建筑、超低能耗建筑、分布式能源小区。

绿色建筑

【绿色建筑标识】(green building label) 用来指示住宅和公共建筑节能情况的标识。依据GB/T 50378-2006《绿色建筑评价标准》和《绿色建筑评价技术细则》,按照一定的程序和要求,对申请绿色建筑等级评定的建筑物的节能、节水、节地、节材和室内环境等性能进行实测,并且给出数据,确认其等级并进行信息性标识。标识包括证书和标志。绿色建筑的评价以住区(含单栋住宅)或公共建筑为对象。《绿色建筑评价标准》由"节地与室外环境"、"节能与能源利用"、"节水与水资源利用"、"节材与材料资源利用"、"室内环境质量"和"运营管理"六类指标组成。每类指标包括控制项、一般项与优选项。绿色建筑评价的必备条件是全部满足《绿色建筑评价标准》中对住宅建筑(或公共建筑)控制项要求。再按满足一般项和优选项数目的得分划分为三个等级。绿色建筑等级由低至高分为一星级、二星级和三星级三个等级。在绿色建筑标识推广中,第一,要对公用建筑进行强制性评价。凡是财政拨款、财政补助的建筑,都必须进行强制性的能效标识评价。第二,对申报国家项目、申报省里建筑节能示范工程和申报一切示范工程的建筑小区,都必须进行绿色建筑能效的测定和评价。第三,对试点城市在全市范围内所有的建筑强制进行评价。政府保障性住房率先使用绿色建筑标识。既有建筑通过改造,或者认为既有建筑是绿色的,也可以申报绿色建筑。

绿色建筑标识

【绿色交通示范城市】(green traffic model city) 由原建设部和公安部于2003年发起,在全国开展创建"绿色交通示范城市"活动。目标是促进城市交通基础设施建设和"畅通工程"深入开展,进一步改善城市交通,加强城市生态环境保护。"绿色交通示范城市"评选实行自愿申请,省、部两级评定。全国设市城市或地域相对独立的城区均可参加。"绿色交通示范城市"考核标准分五大项目,共66个指标。总分按100分计,各考核项目的权重为:组织管理10分,规划建设15分,公共交通30分,基础设施30分,交通环境15分。其中对公共交通和基础设施硬件建设方面提出的主要要求有:建成区道路网络等级结构合理,行人、非机动车交通设施完善;建成区内道路网密度大于8.5km/km^2,主次干道密度大于4 km/km^2,人均道路面积大于10m^2;公共交通站点布局合理、设施齐全,主要交通干道上的公共汽(电)车站点均为港湾停靠站;大城市公共交通线网布局合理、密度高,站点覆盖率按300m半径计算大于建成区的50%,中心区覆盖率大于70%;在有符合公共交通设站的用地条件下,2万~3万人的居住区同步建有公共交通首末站,0.7万~2万人的居住小区同步建设中间站或首末站;大、中型公共交通枢纽站设有非机动车及机动车停放场所及相应设施,鼓励换乘公共交通;城市主要客运走廊上,高峰时间发车间隔不超过5min,公交乘客等车时间不大于8min,公交乘客车外出行时间不大于10min,换乘距离不大于150m;每百辆汽车停车泊位数大于35泊位。道路红线内的道路绿地率不小于25%~30%,车站、码头、机场等交通集散广场集中成片绿地不小于广场总面积的

10%，城市公共活动广场集中成片绿地不小于广场总面积的25%。按照《绿色交通示范城市考核评分标准》经考核和审查符合标准的城市，由住房和城乡建设部、公安部命名为“绿色交通示范城市”。颁发奖牌和证书，予以公布表彰，并作为城市交通可持续发展的优秀范例向联合国和世界其他相关组织推荐。对已授予的“绿色交通示范城市”进行动态监督，每两年复查一次。

【绿色经济】（green economy） 以生态经济为基础、以知识经济为主导的经济模式。是可持续发展的现实形态和形象体现，是环境保护和社会全面进步的物质载体。是经济发展中的一场革命。已经成为人类发展的主题。中国绿色经济工程也称为环保经济工程。

【绿色居住建筑体系】（green residential-building system） 自然资源和能源消耗少、无污染、具有地方特色的高居住质量、高性能、高生活品味的住宅建筑产品系列。是解决环境与发展两大主题的有限体系。其目标主要是：(1)树立生态文明观，以自然界为人类生存与发展的物质基础。(2)以人与自然的共生，人工环境与自然环境的共生重构人类住区体系。(3)以生态伦理重塑建筑师的职业道德。这是基于人与自然持续共生原则和资源高效利用原则，而设计建造的一种新型建筑体系。可以使住宅内外物质能源系统良性循环，实现一定程度的自给。其特征是：亲自然性，即在住宅建筑的规划设计、施工建造、使用运行、维护管理和拆除改建等一切活动中，都自始至终地作到管理自然，爱护自然，尽可能地把对自然环境的负面影响控制在最小范围内，实现住区与环境的和谐共存。

【绿色距离】（green length） 一个地区的环境经济指标（如万元GDP能耗强度、水耗强度等）与生态区（省或市）目标指标值之间的相对距离。只要一个地区达到生态省或生态市所有指标要求，那么这个地区就可以认为是一个绿色发展地区，对应的绿色距离就是零。绿色距离体反映了该地区绿色经济发展水平。绿色距离越大，说明该地区与生态省或市规定的指标差距越大；距离越小，说明该地区的差距越小，绿色经济的成分越高。

【绿色农药】（green pesticide） 能高效防治病菌、害虫，而对人、畜、害虫天敌和农作物均无危害，且在环境中易分解及在农作物中低残留或无残留的农药。其主要发展方向为生物农药、现代化学农药、光化学农药和矿物质农药等。其中，生物农药包括微生物农药、植物源农药和动物源农药等；现代化学农药是选择性强、安全性高、与环境相容性好的化学农药；光化学农药虽然本身对害虫无毒，且杀活性或毒性很小，但害虫取食后，在光照条件下，其对害虫的毒杀效果可以提高几倍、几十倍甚至上千倍，而对不取食作物的昆虫或其他一些天敌几乎不存在直接的杀伤作用。

除虫菊

【绿色农业】（green agriculture） 生产并加工销售绿色食品的农业生产经营方式。以“绿色环境”、“绿色技术”、“绿色产品”为主体，促使过分依赖化肥、农药的化学农业向生态农业转变。涉及两个基本内容：(1)农产品质量安全。涉及有机、绿色、无公害和转基因食品。(2)三绿工程。即开辟绿色通道，提倡绿色消费和培育绿色市场。

【绿色企业】（green enterprise） 按照国内、国际标准和有关法律、法规，从事生产经营无污染、无公害、优质安全、保证人类身体健康和有利于保护生态环境，造福子孙后代，实施可持续发展战略，生产出适于人类生活所需要的生产资料和生活资料的营利性经济组织。应具备的条件是：(1)生产绿色产品的原料必须无污染，无污染原料应来源于最佳生态环境；特别是绿色食品和有机食品的生产，应在具备经过监测合格的高科技原料基地进行。(2)必须具备生产绿色产品的厂房、车间、设备，以及环境监测、化验、分析等方面的手段和必要的科技人才。(3)除按国家规定向工商行政管理部门注册登记，向税务部门进行税务登记，向卫生部门进行登记外，还应按不同绿色产品分别取得“环保标志”、“绿色食品标志”和“有机食品标志”。必要时进行国际ISO14000与ISO9000国际认证。(4)其包装必须具备绿色包装条件，其包装废弃物不能对环境造成污染。(5)应具备绿色产品生产的高科技、现代化管理体制和拥有企业运行资金并取得法人资格。(6)应具备科学化、集约化、运营机制和产品高科技、高附加值、高市场占有率、产品成本低和产品无污染、无公害及实现可持续发展等优势条件。

绿色企业模式

【绿色设计】（green design） 将环境因素和预防污染的措施纳入产品设计之中，将环境性能作为产品的设计目标和出发点，力求使产品对环境的不利影响降到最小的设计方法。对工业设计而言，它不仅要求减少物质和能源的消耗，减少有害物质的排放，而且要使产品及零部件能够方便分类回收并再生循环或重新利用。绿色设计的主要内容包括：绿色材料及其选择；产品可回收性设计；产品的可拆卸性设计；绿色包装；绿色产品的成本分析；绿色产品设计数据库等。未来的绿色设计将向全球化、社会化、集成化、并行化、智能化和产业化方向发展。

绿色设计

【绿色社区】(green community) 有一定数量的符合环保要求的硬件设施、建立了较完善的环境管理体系和公众参与机制的社区。包括绿色建筑、社区绿化、垃圾分类、污水处理、节水、节能和新能源等设施，还包括一个由政府各有关部门和社会各界参与的联席会，一个垃圾分类清运系统，一块有一定面积和较好质量的绿地，一支起先锋骨干作用的绿色志愿者队伍，一块普及环保科学知识的宣传阵地和一定数量的绿色文明家庭。

【绿色生产力】(green productivity) 狭义的是指环保产业的生产力因素及系统；广义的是指无公害、无污染的生产力因素及系统的总称。

【绿色生活方式】(green life style) 包含五个“R”的生活方式。即(1)Reduce－节约资源，减少污染。(2)Reevaluate－绿色消费，环保选购。(3)Reuse－重复使用，多次利用。(4)Recycle－垃圾分类，循环回收。(5)Rescue wildlife－救助物种，保护自然。绿色生活方式还包含着绿色社区标准、绿色社区居民环保公约、绿色环保知识等丰富内容。这种生活方式要求人们不利于环境保护的事不做，不利于环境保护的物品不用，不利于环境保护的食品不吃，不利于环境保护的话不说。

【绿色食品】(green food) 按照特定生产方式生产，经专门机构认定，许可使用绿色食品标志的无污染、安全、优质、营养类食品。一般可分为A级和AA级两种。其中，A级标志为绿底白字，AA级标志为白底绿字。A级绿色食品指在生态环境质量符合规定标准的产地，生产过程中允许限量使用限定的化学合成物质，按特定的生产操作规程生产、加工，产品质量及包装经检测、检查符合特定标准，并经专门机构认定，许可使用A级绿色食品标志的产品；AA级绿色食品指在生态环境质量符合规定标准的产地，生产过程中不使用任何有害化学合成物质，按特定的生产操作规程生产、加工，产品质量及包装经检测、检查符合特定标准，并经专门机构认定，许可使用AA级绿色食品标志的产品。大力开发更多的绿色食品，是食品行业今后的发展方向和趋势，也是消费者的强烈要求。

绿色食品

【绿色食品标志】(green food mark) 特定的产品质量证明商标。由中国绿色食品发展中心在国家工商行政管理局正式注册的质量证明商标。绿色食品标志注册在以食品为主的共九大类食品上，并扩展到肥料等与绿色食品相关类产品上。绿色食品标志图形：由三部分构成：上方的太阳、下方的叶片和蓓蕾，象征自然生态；标志图形为正圆形，意为保护、安全；颜色为绿色，象征着生命、农业、环保。整个图形描绘了一幅明亮阳光照耀下的和谐生机，告诉人们绿色食品是出自纯净、良好生态环境的安全、无污染食品。按生产条件和质量要求的不同，绿色食品可分为：(1)A级绿色食品。指在生态环境质量符合规定标准的产地，生产过程中允许限量使用限定的化学合成物质，按特定的生产操作规程生产、加工，产品质量及包装经检测、检查符合特定标准，并经专门机构认定，许可使用A级绿色食品标志的产品。(2)AA级绿色食品(等同于有机食品)。指在生态环境质量符合规定标准的产地，生产过程中不使用任何有害化学合成物质，按特定的生产操作规程生产、加工，产品质量及包装经检测、检查符合特定标准，并经专门机构认定，许可使用AA级绿色食品标志的产品。绿色食品产品的包装必须做到：(1)标志图形、“绿色食品”文字、编号及防伪标签“四位一体”。(2)AA级绿色食品标志底色为白色，标志与标准字体为绿色；而A级绿色食品的标志底色为绿色，标志与标准字体为白色。(3)“产品编号”正后或正下方写上“经中国绿色食品发展中心许可使用绿色食品标志”文字，其英文规范为“Certified Chinese Creen Food Product”。(4)绿色食品包装标签应符合国家《食品标签通用标准》GB7718－94。标准中规定，标注以下几方面

绿色食品标志

的内容:食品名称;配料表;净含量及固形物含量;制造者、销售者的名称和地址;日期标志(生产日期、保质期)和储藏指南;质量(品质等级);产品标准号;特殊标注内容。

【绿色蔬菜】(green vegetable) 无污染的安全、优质、富有营养蔬菜的统称。蔬菜在生产过程中农药使用后残留在蔬菜里的农药指标低于国家或国际规定的标准。是绿色食品的一种。绿色食品是相对的,不是绝对的。发展绿色蔬菜不仅可优化环境,增强蔬菜产、供、销过程中的环境保护意识,而且具有健康安全、优质洁净的特点。绿色蔬菜上市前需经清洗、消毒,保持洁净,外观整齐、均匀、美观。

绿色蔬菜

【绿色涂料】(green dope) 对生态环境不造成危害,对人类健康不产生负面影响的涂料。其特点是:无毒,无异味,能抑制霉菌的生长。其主要类型有:(1)固含量溶剂型涂料。(2)水基涂料。(3)粉尘涂料。(4)液体无溶剂涂料。对绿色涂料的生产要求是:(1)控制涂料的总有机挥发量。有机挥发物对环境、社会和人类自身构成直接的危害,如甲苯、二甲苯、丁酮、醋酸酯、乙醇等,都在限制之列。(2)控制溶剂的毒性。对那些和人体接触或被吸入后可导致疾病的溶剂,如苯、甲醇、乙二醇的醚类化合物等,严格禁止使用。(3)限制有毒溶剂的使用。涂料干燥时它的溶剂基本上可以挥发掉。

【绿色文化】(green culture) 一种人与自然协调发展、和谐共处、能激励人类实现可持续发展的文化。由环境意识和环境理念形成的生态文明观和文明发展观,以崇尚自然、保护环境、促进资源永续利用为基本特征。其内容为是:(1)环境意识和环境理念。(2)生态文明观和文明发展观。环境意识和环境理念多体现在人们的生产、生活的方方面面;而生态文明观和文明发展观则更多地体现在一个国家、一个地区的发展战略上。

【绿色纤维】(green fiber) 在生产过程中不受污染,使用后可以回收或自然降解的纤维。从生态学角度来讲,绿色纤维包括:(1)纤维在生产过程中不受污染,特别是不受农药、化肥及化纤生产中的一些有毒化工原料的污染。(2)纤维在生产过程中不对环境造成污染。(3)纤维在制成品用后可回收或能自然降解,不对生态环境造成危害。(4)生产纤维的原料主要来自于再生资源或可利用的废弃物,不会造成生态平衡的失调和掠夺性的资源开发。(5)纤维及其制成品无毒,安全。

【绿色消费】(green consumption) 又称可持续消费。有意识地选择未被污染或有助于公众健康的绿色产品的消费行为。在消费活动中,不仅要满足这一代人的消费需求和安全、健康,而且还要满足子孙后代的消费需求和安全、健康。倡导消费者在追求生活舒适的同时,注重环保、节约资源和能源,崇尚自然。追求健康,自觉抵制和不消费那些破坏环境或大量浪费资源的商品。注重对垃圾的处置,不造成环境污染,努力实现可持续消费。号召消费者选购有益于环境的产品,进而促使生产者也转向制造有益于环境的产品。这是一种靠消费者来带动生产者,靠消费领域影响生产领域的环境保护运动。

关爱人类共同的家园

【绿色学校】(green school) 在实现其基本教育功能的基础上,以可持续发展思想为指导,全面提高师生环境素养的学校。学校充分利用校内外的一切资源和机会,在日常管理中全面实行有益于环境的管理措施,并持续不断地改进。绿色学校是环境教育运动发展的产物。

【绿色照明】(green illumination) 通过科学的照明设计,营造充分体现现代文明的照明方式。采用效率高、寿命长、安全和性能稳定的照明电器产品(电光源、灯用电器附件、灯具、配线器材以及调光控制和控光器件),改善人们工作、学习、生活的条件和质量,创造一个高效、舒适、安全、经济的生活环境。绿色照明是美国国家环保局于20世纪90年代初提出的概念。它涵盖高效节能、环保、安全、舒适四项指标。减少了电厂的排放和污染。光源无眩光,无有害射线,光照清晰、柔和。推广绿色照明的关键在于普及绿色照明灯具,以替代传统的低效照明灯具。

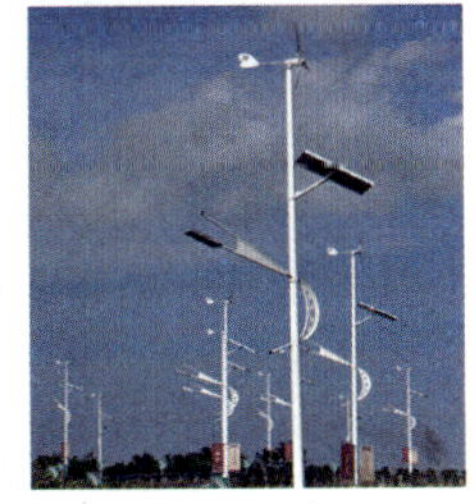
绿色照明

【绿色证书】(green certificate) 农民达到从事基本农业技术工作应具备的基本知识和技能要求时,经当地政府或行业管理部门认可后所发的从业资格凭证。是农民从业的岗位合格证书。不同的岗位,颁发证书名称不尽相同,如农民技术资格书、农机驾驶证、农村会计证等 。

【绿色证书工程】(green certificate project) 通过培养千万农民技术骨干,全面提高农民的科学文化素质,广泛地推广农业科技成果,依靠科技进步和提高劳动者素质,全面振兴农村经济的系统工程。有关部门在借鉴国外农民培训经验和总结中国农民职业技术教育实践的基础上,从 1990 年起,开展"绿色证书"制度试点工作。1994 年,开始全面组织实施"绿色证书"工程,主要是按农业生产岗位规范要求,对广大农民开展技术培训,培养农民技术骨干。通过大力开展"绿色证书"培训,在农村培养建立一支觉悟高、懂科技、善经营、会管理的农民技术骨干队伍,使之成为社会主义新农村建设的中坚力量。

【绿色证书制度】(green certificate system) 中国政府以立法、行政等手段确立的,以全面提高农民技术业务素质、广泛推广应用农业科技成果和振兴农村经济为目的的专业培训之后持证上岗的制度。

【绿色制造】(green manufacturing) 一种综合考虑环境影响和资源效率的现代制造模式。其目标是使产品从设计、制造、运输、使用到报废处理的整个产品生命周期中,对环境的破坏与负面影响作用最小、资源利用率最高。绿色制造需综合考虑制造、环境和资源三大因素。在技术层面上,绿色制造包含:绿色产品设计技术、绿色制造技术、产品的回收和循环再制造技术。在工程应用领域,主要包括:采用绿色设计技术;采用清洁能源,杜绝或减少有害排放;采用节能工艺,提高能源利用率;采用精密成型工艺,提高材料利用率;采用无毒低毒工艺材料及工艺,将有害排放降至最少;采用低振动、低噪声、低辐射工艺设备;废弃物再生回用;末端治理,达标排放等。

【绿色制造技术】(green manufacturing technology) 一种综合考虑环境影响和资源效率的现代制造技术。目标是使产品从设计、制造、包装、运输、使用到报废处理的整个产品生命周期中,对环境的影响最小,资源效率最高。这一技术主要涉及资源的优化利用、清洁生产和废弃物的最少化及综合利用,是可持续发展战略在制造业中的体现。它不仅包括硬件,如污染控制设备、生态监测仪器;还包括软件,如清洁生产技术,具体操作方式和运营方法,以及那些旨在保护环境的工作与活动。

【绿体春化型蔬菜】(greenplant vernalization type of vegetable) 植株长到一定大小后遇低温才能通过春化阶段的一类蔬菜。如果植株没有长到一定的大小或不完整,即使遇到低温,也没有春化反应。在不同品种与种类之间,通过春化阶段时对植株的大小要求不同,如甘蓝、洋葱、藕直径 6 ~ 10mm 时就能接受低温阶段。西洋芹菜达到一定日历苗龄才能通过春化。植株的"一定大小"标志,可以用生长期来表示,也可以用实际生育程度如植株的茎粗、叶片数目多少等来表示。春化处理的温度范围及处理时间的长短,与蔬菜的种类和品种有关。绿体春化在感受部位方面也不相同。有的植株茎尖分生组织是感受部位,另一种植物感受低温的部位则没有这种转化。了解绿体春化的特性,可为决定播种期,预防先期抽薹和采留种栽培提供依据。

绿体春化型蔬菜

【"绿箱"政策】(green box policy) 世界贸易组织在《农业协议》中不要求约束和削减承诺的国内支持与补贴措施。《农业协议》规定政府执行某项农业计划时,其费用由纳税人负担而不是从消费者转移而来,没有或仅有最微小的贸易扭曲作用。对农产品生产影响很小的支持措施,以及不对生产者提供价格支持作用的补贴措施,均被认为是"绿箱"措施。属于该类措施的补贴被认为是"绿箱补贴",任何国家均可免除削减义务。"绿箱"政策措施主要包括:一般农业服务,如农业科研、病虫害控制、培训、推广和咨询服务、检验服务、农产品市场促销服务、农业基础设施建设等;粮食安全储备补贴;粮食援助补贴;与生产不挂钩的收入补贴;收入保险计划;自然灾害救济补贴;农业生产者退休或转业补贴;农业资源储备补贴;农业结构调整投资补贴;农业环境保护补贴;地区援助补贴。

【绿叶类蔬菜】(vegetable with green leaves) 主要以柔嫩的绿叶、叶柄和嫩茎为食用部分的速生蔬菜。世界各国栽培的绿叶蔬菜约 15 科 40 多种。中国有 13 科 21 种。按其对环境条件要求的不同可分为:(1)耐

绿叶类蔬菜

寒蔬菜。如菠菜、茼蒿、叶忝菜、芹菜、芫荽、莴苣、菊苣、金花菜、榆钱等，生长适温15～20℃，在中国北方大部分地区略加保护可安全越冬。（2）喜温蔬菜。如苋菜、蕹菜、番杏、木耳菜、紫背天葵、荆芥等，生长适温20～25℃，较耐高温。除芹菜、莴苣外，多数植株矮小，采收期不严格。适于排开播种和收获，可以间、套、混作，在实现周年供应、提高复种指数和单位面积产量方面有不可替代的作用。该类蔬菜生长期短，单位面积上的株数较多，需要充足的水肥供给。防止先期抽薹，促进营养器官充分肥大和生长是栽培技术的关键。

【绿枝扦插】（green branch cutting） 又称软枝插。在树木生长季节，剪取未木质化或半木质化的新梢作插穗的扦插方法。比硬枝插易生根，可缩短育苗期，但技术要求较高。在扦插时，应注意保持空气和土壤湿度。一般在当地雨季来临时进行，最好在早晨随采随插。插穗长10～15cm，入土为宜，留上部或顶部2～3叶露出地面。插后遮阴和浇水保湿，生根和抽梢后逐渐去除遮阴设备。生产上用于柑橘类、茶花、苹果、桃、葡萄、猕猴桃和月季等的繁殖。

【绿洲】（oasis） 沙漠或戈壁中有水草的地方。由周边或上游地区冰川、积雪融水和河流流入戈壁沙漠的水绝大多数潜入地下，但是有些地方或地下水位较高，或地势比较低，或位于河流两岸，这些地区地表相对湿润，于是便生出片片绿洲。绿洲面积可大可小，小可为几百几千平方米，大可达几千、上万平方千米以上。沙漠绿洲降水量特别稀少，年降水量往往不过几十毫米，植物生长主要靠地下水和人工引水浇灌。但是这里热量丰富，因此许多农作物和瓜果蔬菜品质优良，产量也高。绿洲是沙漠戈壁地区人类聚居之地，在与外界交通不便的时代，每个绿洲形成相对封闭的生态、生产和生活模式。随着时代的变迁，现在的绿洲无论经济、文化或者人们的观念早已跨出了封闭的绿洲界限。非洲的撒哈拉沙漠，中国的塔里木、准噶尔、河西走廊、宁夏平原和河套平原都分布有许多较大的绿洲。非洲利比亚的哈尔加绿洲和大赫拉绿洲是世界上比较著名的绿洲。撒哈拉沙漠的绿洲里聚居着该地区2/3的人口。绿洲是沙漠戈壁中生命的乐园和人间天堂。

绿洲

【绿洲防护林】（forest for oasis protection） 在绿洲周围及其内部层层设防建立的乔、灌、草相结合的绿色综合防护体系。包括在绿洲与沙漠毗连处建立的封沙育草带，在绿洲边缘营造的防沙林带，在绿洲内部营造的农田防护林带和在零星分散的流沙上营造的固沙片林。绿洲防护林各个部分相互联系，起到防风、阻沙、改善气候与土壤环境条件的作用。绿洲内部农作物正常生长发育，是绿洲存在和发展的基础。流沙、风口地段是侵害绿洲的流沙源头，植被极难生长。本着因害设防的原则，布设固定的阻止流沙前进的工程措施，防风栅栏、机械沙障、铺黏土和卵石压沙等。

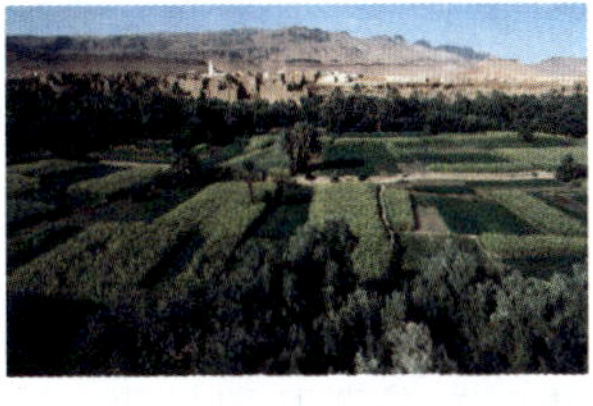
绿洲防护林

【氯丙醇毒素】（chloropropanol toxin） 由氯丙醇引起的能够使食品遭受污染的一种毒素。氯丙醇是继二恶英之后食品污染领域又一个热点问题。早在20世纪70年代，人们就发现氯丙醇能够使精子减少和活性降低，并抑制雄性激素生成，使生殖能力下降。氯丙醇不仅具有致癌性，而且具有雄性激素干扰物活性。食品中的氯丙醇污染物主要来自酸水解蛋白，特别是存在于鸡精和酱油等以酸水解蛋白为原料的调味品中。在一些以酸水解蛋白为原料的保健食品、婴儿食品以及饮用水中都不同程度地含有氯丙醇。

【氯丁橡胶】（chloroprene rubber） 又称氯丁二烯橡胶。以氯丁二烯为主要原料进行α－聚合生成的橡胶。与一般合成橡胶不同，它不用硫黄硫化，而是用氧化锌、氧化镁等硫化。其品种和牌号较多，是合成橡胶中牌号最多的一个胶种。按其分子量调节方式的不同可分为：（1）硫黄调节型。（2）非硫黄调节型。（3）混合调节型。按其结晶速度和程度大小的不同可分为：（1）快速结晶型。（2）中等结晶型。（3）慢结晶型。按其门尼黏度高低的不同可分为：（1）高门尼型。（2）中门尼型。（3）低门尼型。按其所用防老剂种类的不同可分为：（1）污染型。（2）非污染型。氯丁橡胶被广泛应用于用于抗风化产品、黏胶鞋底、涂料和火箭燃料。

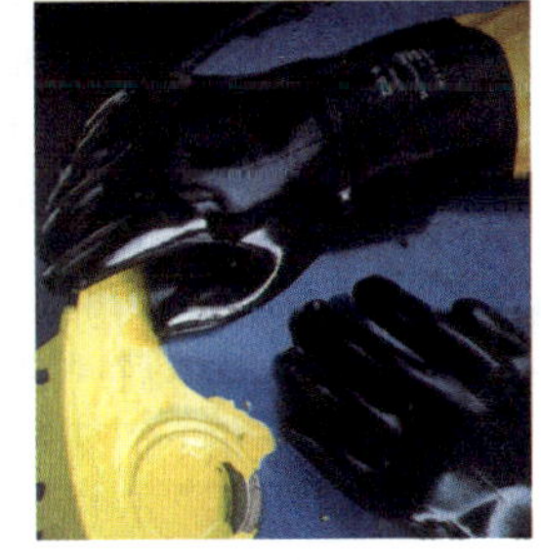
氯丁橡胶

【氯丁橡胶防水卷材】（polychloroprene-rubber waterproof roll-roofing） 以氯丁橡胶与丙烯酸酯高聚物等添加复合材料及抗紫外线添加

剂经混炼压延而成的防水卷材。具有重量轻、弹性大、拉伸强度高、耐高温、耐低温、耐化学腐蚀、绝缘性好、冷法施工、无污染、工程造价低、减轻屋面负荷等优点。抗老化在30年以上。老屋面维修无须拆除原防水层。是目前取代沥青基防水材料的最为理想的新型防水材料。广泛适用于各种屋面、厕浴间、地下设施、隧道及水利等一切建筑防水工程。

【氯化铵】(ammonium chloride) 无色结晶或白色结晶粉末。分子式为 NH_4Cl。味咸而凉。有吸湿性,易潮解,会结块。易溶于水并强烈吸热。溶于甘油。微溶于乙醇。不溶于丙酮、乙醚。加热易分解。水溶液显酸性。主要用于金属焊接、电镀、鞣革以及制造干电池等。在农业上可用作化肥,但对忌氯作物(如烟草、甘薯、马铃薯、甜菜等)不宜使用。在医疗上用作祛痰和辅助利尿药,主要用于感冒初期,并可用以使尿液酸化。

【氯化法】(chloridizing method) 通过形成氯化物以提取金属的冶金过程。将矿石或中间产品和碳加热,通入氯气或加入其他氯化剂(如四氯化碳等)获得各种不同沸点的氯化物,并分别收集以达到分离、富集并进而制取金属的目的。用氯化法处理复杂钽铌矿石时,可按不同沸点分别收集钛、钽、铌、稀土等的氯化物。用此法也可由氧化物制备无水氯化物。

【氯化聚乙烯】(chlorinated polyethylene, CPE) 利用高密度聚乙烯(HDPE)在水相中进行悬浮氯化制得的粉状物。随着氯化程度的增加使原来结晶的HDPE逐渐成为非结晶的弹性体。氯化聚乙烯具有增韧性,耐寒性,耐候性,耐燃性及耐化学药品性,是占主导地位的抗冲击改性剂,尤其在PVC管材和型材生产中,大多使用CPE。其加入量一般为5%~15%。CPE还可同其他增韧剂协同使用。

【氯化聚乙烯树脂】(chlorinated polyethylene resin) 以特种聚乙烯为原料采用水相悬浮法在氯原子作用下经氯化制得的聚合物。其化学性质极为稳定,无毒、不燃,与所有的无机和有机颜料都有良好的相容性,能溶于多种氯代烃、酮、酯等有机溶剂,具有黏度低及良好的耐候性、耐油性和耐化学药品性,可在很多领域取代氯化橡胶。主要用于制造阻燃、耐磨的防腐涂料和高级油墨。还广泛应用于化工设备、油田管道、海洋设施、冶金矿山等行业中。

【氯纶】(polyvinyl chloride fiber) 聚氯乙烯纤维的中国商品名。由聚氯乙烯或聚氯乙烯占50%以上的共聚物经湿法或干法纺丝而制得的纤维。其截面接近圆形,纵向平滑或有1~2根沟槽。氯乙烯于1931年研究成功,1946年在德国投入工业化生产。氯纶几乎不吸湿,电绝缘性强。当积聚静电荷,产生的阴离子有助于关节炎的防治。染色性较差,常采用分散染料染色。氯纶具有难燃性,密度为1.38~1.40g/cm³。强度约2cN/dtex,与棉接近。耐磨性、保暖性、耐日光性比棉、毛好。氯纶抗无机化学试剂的稳定性好,耐强酸强碱,耐腐蚀性能强。染色性能差。可用作针织内衣,也可作各类阻燃织物、滤布、工作服和帐篷等。

氯纶服装

【氯霉素类抗生素】(chloram phenicols-antibiotics) 由链霉菌等产生的具有D-(一)-苏-1-对-硝基苯基-2-氨基-1,3-丙二醇骨架的天然抗生素,以及合成的大量类似物的总称。包括有氯霉素、甲砜霉素及无味氯霉素等。具有广谱抗菌作用。在需氧革兰阳性细菌中,对草绿色链球菌、白喉杆菌、炭疽杆菌、金黄色葡萄球菌、溶血性链球菌、肺炎链球菌等均敏感,对D组链球菌则相对不敏感;在需氧革兰阴性菌中,对流感杆菌、志贺氏菌属、百日咳杆菌、淋球菌及脑膜炎球菌均有良好抗菌作用,对沙门氏菌属、大肠杆菌属、奇异变形杆菌、霍乱弧菌等亦敏感,而对黏质塞拉蒂(原译沙雷)氏菌、肠杆菌属、克雷伯氏肺炎杆菌则不甚敏感。许多厌氧菌包括消化球菌、消化链球菌、产气荚膜杆菌、梭形杆菌属、脆弱拟杆菌等均能被其抑制。此外,对大部分立克次氏体、衣原体和菌质体均有效,但对绿脓杆菌、吲哚阳性变形杆菌、结核菌、真菌、病毒及原虫则均无抑制作用。氯霉素经过长期临床应用,各类细菌可不同程度地对其产生耐药性,但是耐药的程度则是因地因时而异。已获得耐药性的菌株,在停用药物一段时间后,其耐药性可以消失而重新变为敏感菌。氯霉素类抗生素是抑菌性抗生素,但在高药物浓度时对某些细菌亦可产生杀菌作用,对流感杆菌甚至在较低浓度时即可产生杀菌作用。由于氯霉素可引起严重的毒副作用,故临床仅用于敏感伤寒菌株引起的伤寒感染、流感杆菌感染、重症脆弱拟杆菌感染、脑脓肿、肺炎链球菌或脑膜炎球菌性脑膜炎同时对青霉素过敏的患者。应用时疗程避免过长,既往有药物引起血液学异常病史的病人应禁用。所有应用氯霉素治疗的病人在开始治疗时必须检查白细胞、网织细胞与血小板,并每3~4天复查一次,若出现白细胞减少应立即停药。

婴幼儿应用氯霉素应十分谨慎，除非无其他药物替代而必须使用时方考虑，有条件时可进行血药浓度监测。其主要不良反应有：(1)粒细胞及血小板减少、再生障碍性贫血等。(2)久用可致视神经炎、共济失调及二重感染等。(3)有时有消化道反应。(4)新生儿可致灰婴综合症，故禁用。(5)精神病人可致严重反应，故禁用。(6)肌注易致严重反应。甲砜霉素抗菌谱与氯霉素相似，且不会出现再生障碍性贫血。但是肾功能不良时需减小剂量。儿童可服用无味氯霉素。

【氯氰菊酯】(cypermethrin) 由8种异构体组成的广谱性杀虫剂。其化学名称为2,2－二甲基－3－(2,2－二氯乙烯基)环丙烷羧酸－α－氰基－(3－苯氧基)－苄酯。工业品为淡黄褐色或黄棕色黏稠液体。可溶于大多数有机溶剂，如酮、醇及芳烃类溶剂。热稳定性良好。在中性、酸性介质中稳定(以pH值在4左右时稳定性为最好)，遇强碱时水解失效。具有触杀、胃毒和超强内吸及阻止繁殖等作用。属中等毒性杀虫剂。对人、畜、鸟类毒性较低，但对鱼类、蜜蜂、蚕、蚯蚓有剧毒。用以防治对有机磷农药已产生抗性的昆虫，药效尤佳。

【滤波器】(filter) 一种用来消除干扰杂讯的器件。其功能是得到一个特定频率或消除一个特定频率。其主要作用是：让有用信号尽可能无衰减的通过，对无用信号尽可能大的衰减，利用这个特性可以将通过滤波器的一个方波群或复合噪波，而得到一个特定频率的正弦波。按所处理信号的不同可分为模拟滤波器和数字滤波器两种。按所通过信号频段的不同可分为低通、高通、带通和带阻滤波器四种。滤波器一般有两个端口，一个输入信号，一个输出信号。滤波器是由电感器和电容器构成的网路，可使混合的交直流电流分开。在电源整流器中，即借助此网路滤净脉动直流中的涟波，而获得比较纯净的直流输出。最基本的滤波器，是由一个电容器和一个电感器构成，称为L型滤波。所有各型的滤波器，都是集合L型单节滤波器而成。基本单节式滤波器由一个串联臂及一个并联臂所组成。串联臂为电感器。并联臂为电容器。在电源及声频电路中的滤波器，最通用者为L型及Π型两种。就L型单节滤波器而言，其电感抗与电容抗，对任一频率为一常数，故L型滤波器又称为常数滤波器。

电源滤波器

【滤血器】(blood filter) 过滤血液用的一种高效管状过滤器。是一个PVC聚氯乙烯管，管内填充有无毒化学纤维。化学纤维可以是化纤丝、无纺布、熔喷布中的一种或多种。滤血器的进口和出口均装有尼龙网。其特点是：白细胞及血小板去除率高，红细胞及血浆输入率高(达99%以上)，制造工艺简单，成本低。滤血器不仅用于过滤血液，除去血液中的白细胞及血小板，还可除去脂肪及极小微粒。

【卵巢功能】(ovarian function) 卵巢产生和排出卵细胞，以及分泌甾体激素的功能。卵巢是女性生殖内分泌腺，位于盆腔内，左右各一，成年妇女卵巢约4cm×3cm×1cm。卵巢有两种主要功能：(1)产生卵子并排卵，具有生殖功能。一般18岁左右开始卵巢功能成熟，每月有发育成熟卵泡并排卵，排卵多发生在下次月经来潮前14天左右。(2)分泌性激素。主要为雌激素、孕激素和雄激素。性激素是维持女性第一、第二性征和生殖功能的重要激素。正常卵巢功能历时30余年，以后逐渐衰退进入更年期。

【卵巢巧克力囊肿】(chocolate cyst of ovary) 卵巢子宫内膜异位症。卵巢内的异位内膜因反复出血而形成单个或多个囊肿。内含暗褐色黏糊状陈旧血而状似巧克力的囊肿。囊肿大小不一，直径多在5～6cm，最大直径可达25cm。月经期囊肿内异位内膜出血，囊腔内压力增高，囊壁可出现小裂隙并有极少量血液漏至卵巢表面，引起局部炎症反应和组织纤维化，导致卵巢与邻近器官紧密粘连。患者出现痛经、不孕、盆腔包块。若卵巢巧克力囊肿破裂时，囊内容物流入盆腹腔引起突发性剧烈腹痛，伴恶心、呕吐、肛门坠胀，类似输卵管妊娠破裂的急腹症症状。手术剥除囊肿。术后仍需药物治疗。

【卵巢早衰】(premature ovarian failure) 妇女40岁前绝经者。确切病因不清。可能与遗传、环境因素、自身免疫疾病有关。表现为40岁前继发闭经。常伴不同程度更年期症状，内分泌特征为低雌激素、高促性腺激素。卵巢内无卵母细胞或虽有原始卵泡，但对促性腺激素无反应。

【卵黄囊瘤】(yolk sac tumor) 又称内胚窦瘤。发生于卵巢的恶性肿瘤。肿瘤来源于胚外结构卵黄囊。其组织结构与大鼠胎盘的内胚窦特殊血管周围结构相似。常见于儿童及年轻妇女。肿瘤恶性程度高，生长迅速，易早期转移，预后差。但肿瘤对化疗敏感。既往平均生存期仅1年，现经手术及联合化疗，生存期明显延长。肿瘤多为单侧，较大，圆形或椭圆形。切面部分囊性，组织脆，多有出血坏死，呈灰红或灰黄色，易破裂。肿瘤细胞产生甲胎蛋白(AFP)，故患者血清 AFP 升高。它是诊断和治疗后检测的重要标志物。其治疗以手术为主、化疗为辅的综合治疗。

【卵磷脂】(lecithin) 又称磷脂酰胆碱。别名:软磷脂。由甘油、脂肪酸、磷酸和胆碱组成的一种磷脂。存在于动植物组织以及卵黄之中的一组油脂性物质。是一种混合物。呈浅黄至棕色透明或半透明黏稠液体,或白色至浅棕色粉末或颗粒。易溶于醇、乙醚、石油醚、氯仿和苯。难溶于丙酮、水和乙酰酯。有吸湿性。在水中膨胀而成胶状液。存在于大豆、卵黄、肾上腺、红血球和脑中。与蛋白质和维生素并列被誉为"第三营养素"。其生理功能是:(1)是构成细胞膜的主要成分。(2)提高脑功效、提高记忆力。(3)降血脂和降低胆固醇。(4)调节内分泌和消除更年期综合症。(5)抗衰老、预防心血管病、预防老年性痴呆症和对肝脏有修复功能。(6)极好的乳化剂和强化不饱和脂肪酸的吸收利用。

卵磷脂胶囊

【卵胎生】(ovoviviparity) 动物的卵在体内受精、体内发育的一种生殖形式。动物行体内受精,受精卵在母体内孵化发育,但基本上与母体无营养关系的一种生殖方式。胚胎的营养是靠自身的卵黄,或主要依靠卵黄营养,母体只提供水分或矿物质等部分营养物质。这和哺乳类靠与母体间组织联系而获得营养的真正胎生是有区别的。如蝮蛇、田螺、鲭类、黑鲳、部分鲨鱼等都是卵胎生,仔鱼产出即能自由游泳。在鲨类和鳐类,其开始发育是依靠卵黄营养,但待卵黄耗尽时,便通过卵黄囊与输卵管下部的所谓子宫(内壁生有许多绒毛)发生联系,接受来自母体的营养,表现出与哺乳类相似的状态。此外,在体内受精方面,有的在产卵前已于母体内进行了一定程度的发育(如鸟类),也可以称为广义的卵胎生。除了少部分鱼类为卵胎生外,多数鱼类是卵生。也有鱼类通过其他方式靠母体营养而发育的,这也是真正的胎生形式。例如海鲫类,是在卵巢内进行受精、发育、孵化,而仔鱼是在卵巢腔中,于开口之前,经过体上皮和鳃孔摄取卵巢组织所供给的营养。

卵胎生热带鱼

【乱码】(disordered code) 计算机系统的字库由于缺乏对某种字符编码的支持而出现的不能正常阅读的杂乱符号。常见的有 GB 码和与中国台湾地区使用的 BIG5 码的冲突和在 GB 码在日文、韩文显示中出现错误等。可通过系统内码转换工具,将系统内码转换成对应内码,使字符正确显示。

【掠日彗星】(sungrazing comet) 穿越日冕飞掠日面或撞击日面的彗星。由于彗星的近日点一般都小于百分之一个天文单位,所以彗星飞临太阳表面附近时,亮度会产生很大的变化。例如1680 年大彗星最亮可大 -18 等星,相当于满月亮度的 100 倍。彗星穿越日冕时,彗尾长度达 2.4×10^{8}km。掠日彗星在近日点附近会受到太阳引潮力的作用而发生分裂。如佩雷拉彗星通过近日点时被太阳引潮力撕裂成三块;又如 1979 Ⅺ 彗星曾以高速撞击日面而烧毁。已发现有几十颗掠日彗星,1989 年仅太阳峰年探测器和太阳风探测器就发现了 16 颗掠日彗星。

掠日彗星

【伦敦塔桥】(Tower Bridge, London) 伦敦的象征。从英国伦敦泰晤士河口算起的第一座桥。泰晤士河上共建桥 15 座。有"伦敦正门"之称。该桥始建于 1886 年,将伦敦南北区连接成一个整体。1894 年 6 月 30 日对公众开放。伦敦塔桥原是一座吊桥式木桥,后改为石桥,现在是座拥有 6 条车道的水泥结构桥。河中的两座桥基高 7.6m,相距 76m。桥基上建有两座高耸的方形主塔,为花岗岩和钢铁结构的方形五层塔,高约 40m。两座主塔上建有白色大理石屋顶和五个小尖塔,远看仿佛两顶王冠。两塔之间的跨度为 60m,塔基和两岸用钢缆吊桥相连。桥身分为上、下两层,上层(桥面高于高潮水位约 42m)为宽阔的悬空人行道,两侧装有玻璃窗,行人从桥上通过,可以饱览泰晤士河两岸的美丽风光;下层可供车辆通行。当泰晤士河上有万吨船只通过时,主塔内机器启动,桥身慢慢分开,向上折起,船只

伦敦塔桥

过后，桥身慢慢落下，恢复车辆通行。两块活动桥面，各自重达 1 000t。从远处观望塔桥，双塔高耸，极为壮丽。桥塔内设楼梯上下，内设博物馆、展览厅、商店、酒吧等。登塔远眺，可尽情欣赏泰晤士河上下游十里风光。若遇上薄雾，雾锁塔桥是伦敦胜景之一。

【伦琴射线】(Roentgen-rays) 见 X 射线。

【伦琴卫星】(Roentgen satellite) 德国、英国和美国联合研制的 X 射线观测卫星。20 世纪 80 年代初期提出研制计划，1990 年 6 月 1 日由美国的“德尔塔”火箭发射升空，进入一条 580km × 584km 的轨道。卫星呈柱状。体积为 2.4m × 2.15m × 4.5m。重 2 426kg。其主要仪器是一台焦距 2.37m、口径 0.84m 的 X 射线望远镜。利用伦琴卫星，可望能观测到 10 万个 X 射线源，绘制全天 X 射线源详图，并对 1 400个特别感兴趣的 X 射线源进行详细观测。

【轮捕轮放】(catching and stocking in rotation) 一年中分期分批捕捞大鱼，同时适当投放鱼种，以充分利用池塘来提高产量的养殖方法。其方法是：(1)一次放足，分期捕捞。在冬季或初春有计划地投放各种不同规格的鱼种，在一年中分2～3 次捕捞，捕大留小。(2)分次放养，分次轮捕。每捕大鱼一次，同时放入相当于捕出数量的鱼种。(3)轮捕成鱼，套养鱼种。在每年7 月份起捕一批商品鱼后，及时补入一定数量的夏花，可解决鱼种池不足的问题。轮捕轮放有利于提高产量，充分利用水体，亦可减少疾病，减轻浮头现象。

【轮伐期】(rotation period) 经营类型内各林分伐后再次回到最初伐区采伐成熟林的生产周期。即本次主伐到下次主伐所需要的年数。包括采伐、更新、培育成林到再次采伐周而复始的整个时期。轮伐期的确定是实现森林的永续利用安排时间序列的重要手段。但世界各国对轮伐期的理解不尽相同：日本把森林成熟龄与主伐年龄等同，称伐期龄；美国不分成熟龄、主伐年龄，称轮伐期；苏联从 1952 年起以主伐年龄代替轮伐期。中国在 20 世纪 50 年代普遍采用主伐年龄，60 年代随着以场定居、以场轮伐的方针而逐渐采用轮伐期的概念，至今这两种概念仍在生产中应用。轮伐期概念的形成与法正林思想有密切联系，因此只适用于同龄林皆伐或渐伐作业，表示在一个森林经营类型内，为保证永续利用而培育森林所需要的平均年限。通常根据森林成熟所确定的最合理的采伐年龄称主伐年龄，加上更新期就构成了轮伐期的概念。确定轮伐期的依据是森林成熟龄，同时考虑经济因素和自然因素。森林在国民经济中的意义和作用不同，确定轮伐期所依据的森林成熟种类和重点也不相同。如用材林，是以数量成熟和工艺成熟为主要依据，一般不低于数量成熟龄，也不超过自然成熟龄；薪炭林以数量成熟为主，如靠天然更新时还要考虑更新成熟。防护林、风景林以防护成熟或自然成熟为主，也考虑工艺成熟。此外还应从经济成熟角度综合分析。自然因素，包括林学因素，涉及经营类型的年龄结构、病虫害、森林更新和土地生产力情况等。天然林即使相同树种也要分别确定轮伐期。在经营类型内几个树种各占不同面积时，或以其主要树种为准，或以其优势树种为准，或用加权平均法确定轮伐期。森林成熟具有一定的持续期，因此确定的轮伐期可以有一定幅度。一般来讲，轮伐期是 5 年或 10 年的倍数，也可用龄级表示。轮伐期一经确定，不宜轻易改变，但也可因国民经济需材结构的变化和经营水平的提高而相应调整轮伐期。各国轮伐期总的是趋于缩短。

轮伐期

【轮辐浇口】(spoke gate) 注塑机上对型腔填充采用轮辐式的内侧进料浇口。轮辐式浇口是在环形浇口的基础上改进而成的。它由原来的圆周进料改为数小段圆弧进料，浇口尺寸同侧浇口，凝料易于去除，用料有所减少。这类浇口在生产中比环形浇口应用广泛，但是易产生多条熔接痕，从而影响塑件强度。多用于底部有大孔的圆筒形或壳形塑件。

【轮灌】(rotation irrigation) 与续灌相对应。灌溉时上一级渠道对预先划分好的下一级渠道轮灌组进行轮流供水的配水方式。在实行轮灌时，渠道间歇性地轮流输水，同时输水的渠道较少。这样，可以使水量集中，缩短输水时间，减少输水损失。但是，轮灌渠道的过水能力较大，渠道的土方量和建筑物工程量也会相应地增大。轮灌一般有两种形式：(1)集中轮灌。是将上一级渠道的来水集中供给下级的某一条渠道使用，待这条渠道用水完毕后，再将水集中供给另一条渠道。当上级渠道来水量过小，分散供水会显著降低渠道水利用系数时，多采用这种配水方式。(2)分组轮灌。将下一级渠道分为若干组，把上一级渠道来水按组别实行分组供水。当上一级渠道来水流量较大时(特别是对于支渠以下的渠道)，一般多采用这种配水方式。轮灌方式要根据灌区的实际情况因地制宜地加以选择。轮灌组的划分应注意以下几点：(1)各轮灌组的流量(或控制的灌溉面积)应基本相等。(2)每一组轮灌渠道的总输水能力要与上一级渠道供给的流量相适应。(3)同一轮灌组的渠道要比较集中，便于管理，并减少渠道同时输水的长度和输水损失。(4)要照顾农业生产条件和农民用水习惯，尽量把一个生产单位的渠道划在同一轮灌组内，以便于调配劳力和组织灌水。

【轮回亲本】(recurrent parent) 又称回交亲本。在回交过程中屡次与杂种回交的一个亲本。在回交育种上，常选择综合性状较好而仅有个别缺点，需要改造的种质资源作轮回亲本。和常规杂交育种相比较，回交育种可加快育种进程和减少育种工作量，提高育种效率，但由于新品种与轮回亲本相似，很难获得突破性的成果，特别是在生产上品种更换频繁时，往往有可能在回交新品种育成时，轮回亲本已不太适用，从而影响新品种的推广。

【轮回选择】(recurrent selection) 又称重复选择。作物群体改良中一种提高了的混合选择方法。从原始群体中选择优良单株进行自交和测交，根据测交结果，选出配合力高或表现型优良的单株，混合种植，相互交配，形成第一轮选择的改良群体。第一轮改良群体继续选择，可形成第二轮选择的改良群体。通过多轮的选择和重组，可以提高群体中的有利基因频率和优良基因型比例，进而增加群体中的性状平均值，并保持其一定的遗传变异度。异花授粉作物通过轮回选择可以育成开放授粉群体类型的品种及选育自交系的基础群体；自花授粉作物利用雄性不育系结合轮回选择建拓基因库，从任何一轮改良群体中都有可能选到优良基因型，进而育成新品种。

【轮回杂交】(rotational crossing) 杂交的各原始亲本品种(公畜)轮流与各代杂种(母畜)进行回交，使每代都获得经济杂种；选留其中部分杂种母畜作种用，再与某一原始亲本品种回交的杂交方式。经济杂交方式之一。这种杂交周而复始，绵延不断。依杂交品种数目的不同可分为两品种轮回杂交、三品种轮回杂交和多品种轮回杂交。除第一次杂交外，母畜均为杂种。充分利用繁殖性能的杂种优势，对单胎家畜的杂交生产极为有益；每代交配双方都存在一定差异，因而都能产生一定的杂种优势。但轮回杂交需要代代更新公畜，易造成公畜使用上的浪费，且配合力的测定工作比较麻烦。

【轮机工程】(turbine engineering) 以气体为工质、经压缩、加热后在透平中膨胀，将部分热能转换为机械能的旋转式动力机械。燃气轮机一般由压气机、燃烧室、透平、控制系统及必要的辅助设备组成。其燃气轮机的特点：(1)重量轻、体积小。燃气轮机电厂的金属消耗量为同功率的气轮机电厂的1/3～1/5。(2)水、电、润滑油消耗少。燃气轮机耗水极少，甚至可以不用水，厂自用电很少，许多机组可以无电源启动。(3)燃料适应性强，对环境污染少。除能燃用天燃气、蒸馏油等到优质燃料外，还能用渣油、原油、中低比能的煤气等廉价燃料。(4)启动快、自动化程度高。工业燃气轮机从冷态启动，加速，直到带上负荷，一般只需3～15min。(5)可以综合利用余热，大幅度提高能源的利用率。现代燃气轮机的排气温度一般为450～600℃，加之排气流量较大，蕴含着大量适合综合利用的优质能源。

【轮胎式起重机】(wheel crane) 行走机构为轮胎的起重设备。在构造上与履带式起重机基本相似。起重机构及机身装在特制的底盘上，全圆回转。底盘上装有若干根轮轴，配有4～10个或更多个轮胎，并有可伸缩的支腿。在起重时，利用支腿增加机身的稳定，并保护轮胎。在必要时，支腿下可加垫块，以扩大支承面。其特点与汽车式起重机相同。中国常用的轮胎式起重机有QL3系列及QYL系列等。在工业厂房结构安装和工程建设中广泛应用。

轮胎式起重机

【轮烯】(annulene) 又称[n]轮烯。具有单、双键交替的单环多烯类有机化合物。n为环碳原子数，如苯就是[6]－轮烯。现已合成出的有[14]、[16]、[18]、[22]、[24]、[30]轮烯等。其中[18]轮烯、[22]轮烯和[26]轮烯有芳香性。轮烯的合成不仅是对环状化合物合成的有益探索，而且对于有机化学中的芳香性理论的研究与发展具有重要作用。已在光电池材料和生物传感器等领域显示出很好的应用前景。

【轮状病毒】(rotavirus) 引起病毒性胃肠炎的一种病毒。主要侵犯婴幼儿，以9～12月龄儿发病率最高。发病高峰在秋季，称为婴儿秋季腹泻。而成人轮状病毒腹泻则可引起青壮年胃肠炎的暴发流行。患者与无症状带毒者是主要的传染源。主要通过人传人，经粪－口或口－口传播。成人轮状病毒胃肠炎常呈水型暴发流行。其临床症状表现为：起病急，多先吐后泻，伴轻、中度发热。腹泻每日十次到数十次不等，大便多为水样，常伴轻或中度脱水及代谢性

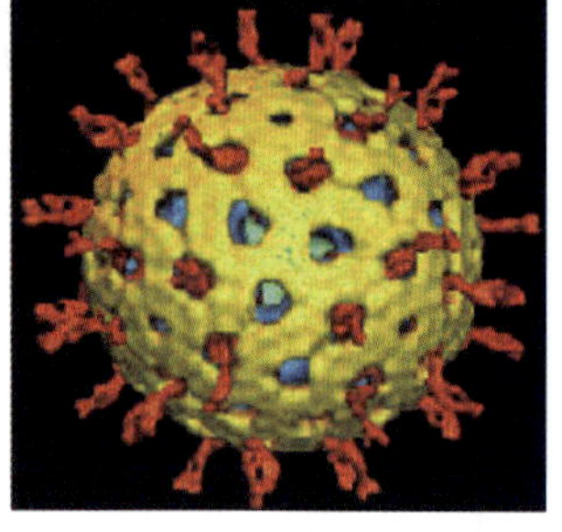

轮状病毒

中毒。病程约一周左右。发病后以对症治疗为主，口服或静脉补液以纠正水和电解质失常。按世界卫生组织制订的方案口服液为每 1 升水中含葡萄糖 20g，氯化钠 3.5g，碳酸氢钠2.5g，氯化钾 1.5g。

【轮状病毒腹泻】（rotavirus diarrhea，RV） 轮状病毒 RV 侵入消化道引起的一种感染性腹泻。常见于 2 岁以下小儿。发生在夏秋季。散发或小流行。粪－口传播。轮状病毒（RV）属肠孤病毒科轮状病毒。病毒粒子圆形，形似车轮样。是 RNA 病毒。病毒侵入肠道，在小肠绒毛顶端柱状上皮细胞内复制，使细胞产生空泡、变性、坏死，上皮细胞脱落。肠黏膜回收水分及电解质受损，分泌双糖酶不足或活力下降，使含糖类食物在肠腔内堆积，被细菌分解，肠内渗透压增高，使体内水和电解质大量排出。其主要临床表现是：潜伏期 1 ~ 3 天。起病急。常伴上呼吸道感染的症状，如发热，最初 1 ~ 2 天常有呕吐，随后出现腹泻：1 日数次或 10 余次，量多，水便米汤样或蛋花汤样，有时带少量黏液，无腥臭味；常伴脱水及电解质紊乱，多是等渗或高渗脱水。中毒症状不明显，是自限性疾病。一般病程 3 ~ 8 天，部分患儿可稍长。轮状病毒也可侵犯其他器官：如心肌、神经系等，可产生相应的表现。诊断：除腹泻外，需查大便常规及用 ELISA（酶联免疫吸附试验）查 RV 抗原，抗体为阳性可作出诊断。一般在 RV 感染后 1 ~ 3 天大便排出大量病毒。其治疗原则是：多食米汤、面汤，补充水及电解质；对症处理：退热等及益生菌－双歧杆菌等口服；胃肠黏膜保护剂；口服抗病毒利巴韦林每天 10 ~ 15mg/kg。

【轮作】（crops rotation） 在同一块农田中，有顺序地在季节间或年度间轮换种植不同类型的作物或者不同复种配置的一种种植方式。是用地养地相结合的一种生物学措施。按采用方式的不同可分为：定区（茬）轮作和非定区轮作（换茬轮作）。按主要作物构成的不同可分为：禾谷类轮作、禾豆轮作、粮食和经济作物轮作、水旱轮作、草田轮作等。轮作必须依照主要作物占较大密度和前作为后作创造良好条件的原则，并根据土壤、水利、劳力等具体条件进行合理安排。合理轮作有利于防治病、虫和杂草；有利于均衡利用土壤养分；改善土壤理化性状，调节土壤肥力。

【轮作防病】（rotational control） 某种病原物的非寄主植物同其寄主植物轮换种植以控制或减轻病害的一种措施。其原理是：（1）原发病种植非寄主植物后，因病原存在寄主专化性，故病原物繁殖受到限制。（2）促进土壤中对病原物有抗衡作用的微生物生长繁殖，抑制病原物的滋长。（3）寄主植物种到非发病田上，可避免或减轻病害。根据病原物的寄主范围和在土壤中的存活期限，决定轮作作物的种类和年限。

【轮作施肥】（crop rotating fertilization） 在作物轮作周期中合理施用肥料的一套经营组织措施和农业技术措施。其目的不仅要保证当年或当季主要作物单产和连年总产有所增加，还要使土壤肥力保持稳定和逐年不断提高。该施肥制度应把肥料优先供应给主要作物，以实现当季增产，使用有限的肥料获得更大的经济效益。施有机肥料、种植绿肥或秸秆还田是培肥地力的有效措施，在轮作施肥制度中应占有适当的地位，要根据季节和土壤的水、热条件统筹安排，使之充分发挥应有的作用。

【论坛】（bulletin board system，BBS） 又称电子公告板。互联网上的一种电子信息服务系统。在这个电子信息服务系统上，每个用户都可以可发布信息或提出看法，获得各种信息服务，进行讨论，聊天。是一种交互性强、内容丰富、即时的信息服务系统。按专业性的不同可分为综合类论坛和专题类论坛。往论坛上发表自己的文章称为“发帖”。在帖子后面回文章称为“回帖”。第一个回帖称为“沙发”。第二个回帖称为“板凳”等。而发没有意义的帖称为“灌水”。对某人某帖发表与其他人不同的看法称为“拍砖”。上线而不发帖称为“潜水”。版块的管理人员称为“版主”。一个现实人在同一论坛注册多个 ID 并同时使用时，常用的或知名度较高的那个 ID 一般称为主 ID，其他 ID 称为马甲 ID，简称“马甲”。

【罗布麻纤维】（apocynum fiber） 夹竹桃科多年生宿根草本植物罗布麻的韧皮纤维。吸湿性好，强力高，具有丝般光泽，比其他麻纤维细，无刺痒感，具有平肝、清热、降低血压、强心等药理作用。由它制造的内衣，穿着舒适，吸湿散热，改善人体微循环等。

罗布麻纤维

【罗迪尼亚超大陆】（Rodinia） 一个在 13 亿 ~ 10 亿年通过格林威尔造山运动生成、存在于新元古代、在8 亿 ~ 6 亿年前裂解的超级大陆。它以劳伦大陆为中心，东冈瓦纳大陆位于一侧，西侧利亚、波罗的地盾、巴西地盾和西非克拉通位于另一侧。卡拉哈里和刚果克拉通则分散在当时的莫桑比克洋中。20 世纪

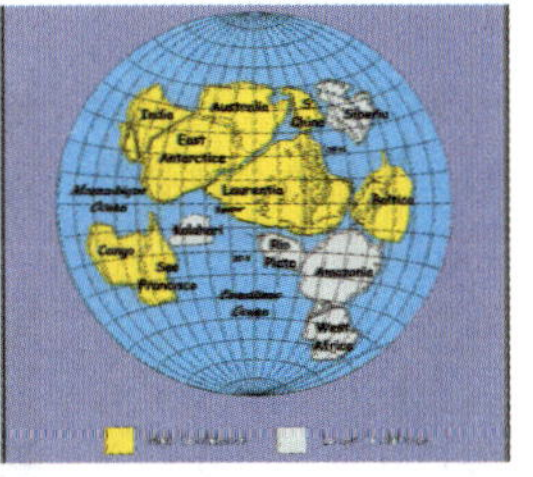

7.5 亿年罗迪尼亚大陆存在时的海陆分布

90年代中叶，又有人根据中国扬子地台、塔里木地台、澳大利亚以及加拿大西部元古宙裂谷系地层的对比，提出扬子地台当时位于劳伦大陆西侧澳大利亚与西伯利亚陆块之间。21世纪有人进一步根据新的古地磁资料将澳大利亚大陆移至低纬度。

【罗尔中值定理】（Rolle mean value theorem） 微分学中最基础的定理。其主要内容如下：如果函数$f(x)$在$[a,b]$上连续，在(a,b)上可导，而且有$f(a)=f(b)$，则必有一$\xi\in[a,b]$使得$f'(\xi)=0$。

【罗非鱼】（tilapia） 俗称非洲鲫鱼、非鲫。隶属于鲈形目，鲈形亚目，丽鱼科，罗非鱼属（又称丽鲷科，丽鲷属）。是一种中小型鱼类。其外形、个体大小有点类似鲫鱼。鳍条多似鳜鱼。广盐性鱼类，海淡水中皆可生存。耐低氧，一般栖息于水的下层。通常生活于淡水中。杂食性。生存温度15～35℃，适温22～35℃。此鱼在面积狭小之水域中亦能繁殖。原产于非洲。属于慈鲷科之热带鱼类。有600多种。目前被养殖的有15种，主要有尼罗罗非鱼、莫桑比克罗非鱼、奥利亚罗非鱼等。最早于1946年由吴振辉、郭启鄣从新加坡引进台湾省。为纪念这两个人，也称“吴郭鱼”。1957年从越南引进中国内地，又称为“越南鱼”。因其原产于非洲，形似本地鲫鱼，故又称为“非洲鲫鱼”。福寿鱼是以尼罗罗非鱼作为父本，莫桑比克罗非鱼为母本杂交得到的子一代。目前中国饲养的品种主要是奥尼鱼，为奥利亚罗非鱼（父本）和尼罗罗非鱼（母本）杂交所产生的子一代。雄性率达90%以上，生长速度比父本快17%～72%、比母本快11%～24%。2007年中国罗非鱼产量113万吨。其中广东、海南、广西和福建四省罗非鱼总产量达99.8万吨，出口冻原条鱼1.5万吨，出口的冻鱼片及其他形式的产品20万吨。

罗非鱼

【罗汉鱼】（rajah cichlid） 俗称花罗汉。硬骨鱼纲，鲈形目，慈鲷科。系雄性金刚鹦鹉（血鹦鹉的变种）和雌性三斑丽体鱼的杂交变种鱼。头上有寿星状肉瘤。额珠高耸饱满。体侧有珍珠点和墨斑。身体和鳃盖、腹部微红色，五彩缤纷。罗汉鱼对其他鱼类十分凶猛，但对人却极有灵性。罗汉鱼除了威武雄壮的王者气势，艳丽夺目的动人色彩，具人性化的可爱外形以外，最令广大爱好者沉醉其中的一点，就是它们与饲主之间的情结。罗汉鱼对食物不挑剔，活饵（红蚯蚓、小鱼等）、冻饵（冻虾、冻虫等）、饲料（条状、粒状），都乐于接受。1996年于马来西亚培育成功。以后，又与原亲种反交，形成珍珠罗汉、金花财、美人鱼三大品种。较名贵的淡水观赏鱼。具有很高的经济价值。

罗汉鱼

【罗马式建筑】（Roman architecture） 10～12世纪，在欧洲流行的一种罗马式风格的基督教建筑。多见于修道院和教堂。承袭初期的基督教建筑。采用古罗马建筑的一些传统作法（如半圆拱和十字拱等），有时也用简化的古典柱式和细部装饰。经过长期的演变，逐渐用拱顶取代了初期基督教堂的木结构屋顶，对罗马的拱券技术不断进行试验和发展。采用扶壁以平衡沉重拱顶的横椎力，后来又逐渐用骨架券代替厚拱顶。平面仍为拉丁十字。出于对圣像、圣物的膜拜，在东端增设若干小礼拜室，平面形式渐趋复杂。其特征是：(1)墙体巨大而厚实，墙面用连列小券，门宙洞口用同心多层小圆券，以减少沉重感。(2)西面有一二座钟楼，有时拉丁十字交点和横厅上也有钟楼。(3)中厅大小柱有韵律地交替布置。(4)窗口窄小，在较大的内部空间造成阴暗神秘气氛。(5)朴素的中厅与华丽的圣坛形成对比，中厅与侧廊较大的空间变化打破了古典建筑的均衡感。

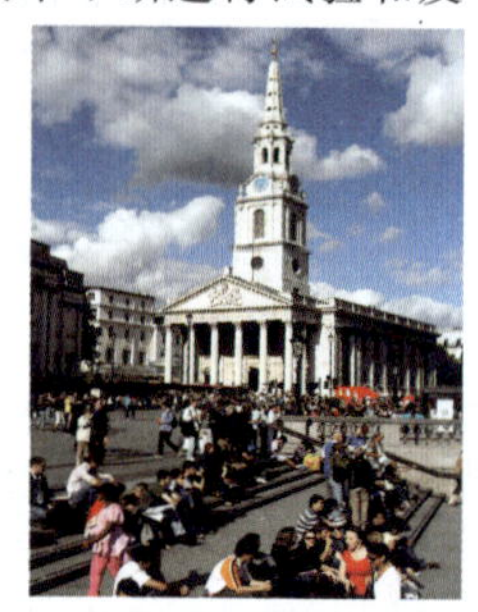
罗马式建筑

【罗氏沼虾】（giant river prawn） 又称白脚虾、马来西亚大虾、金钱虾、万氏对虾。属于软甲纲，十足目，长臂虾科，沼虾属。素有淡水虾王之称。体肥大，青褐色。成虾个体一般雄性大于雌性，最大个体雄性体长可达40cm，重600g；雌性体长可达25cm，重200g。雄性第二步足特别大，呈蔚蓝色。在湖泊、河流等天然水域中交配产卵，抱卵亲虾降河至咸淡水区域生活，直至产卵。幼体在咸水中变态、生长、发育，直至长成幼虾后始溯河而上。适温

罗氏沼虾

范围18～22℃。杂食性。主食水生昆虫、蚯蚓、贝类、甲壳类及水草等。生活在各种类型的淡水或咸淡水水域。由于其个体大，肉味鲜美，生长快，饲养方便，成活率高，许多国家开展人工养殖。中国自20世纪70年代引进，目前已大面积推广养殖。

【罗素悖论】(Russell paradox) 见第三次数学危机。

【逻辑】(logic) 英文的音译。源于希腊语logos，有“思想”、“思维”、“理性”、“言语”等含义。在现代汉语中，逻辑有“思维的规律性”、“客观规律性”、“观点、主张”等多种含义。逻辑一词在科学研究和日常工作中得到广泛应用。

【逻辑卷管理器】(logic volume menager) 见卷管理器。

【逻辑链路控制】(logic link control，LLC) 建立和维护通信设备间的链路，并提供通信设备单一链路的错误控制和流量控制。提供了两种无连接和一种面向连接的三种操作方式：(1)无回复的无连接方式，它允许发送帧时给单一的目的地址、相同网络中的多个目的地址或网络中的所有地址。(2)有回复的无连接方式，它仅限于点到点通信。(3)面向连接的操作方式。给每个帧进行编号，接收端就不仅能保证它们按发送的次序接收，并且没有帧丢失。

【逻辑思维】(logical thinking) 又称抽象思维。人在认识过程中借助于概念、判断、推理反映客观现实的一种思维方式。一般有经验型和理论型两种。前者是在实践活动的基础上以实际经验为依据形成概念，进行判断和推理；后者是以理论为依据，运用科学的概念、原理、定律、公式等进行判断和推理。逻辑思维的特点，是以抽象的概念、判断和推理作为思维的基本形式，以分析、综合、比较、概括和具体化作为思维的基本过程，揭露事物的本质特征及其规律。在科学研究和其他工作中，运用逻辑思维是必要的、有益的。

【逻辑学】(logic) 哲学的一个分支。关于思维形式及其规律性的学科。形式逻辑和辩证逻辑的总称。研究对象是概念、判断、推理及其相互联系的规律。推理形式及其有效性的判定是其核心内容。是人们认识事物、表达思想时必须运用的一种思维工具。学习、掌握和运用逻辑学知识，有助于人们获得新的知识、准确地表达思想、识别和驳斥谬误与诡辩、提高整体思维能力。

【螺杆挤压机】(screw extruder) 将聚合物切片熔化成液态的装置。它是切片纺丝，特别是熔融纺丝的主要设备。聚合物切片经干燥后，在这里被熔融、加压，再用计量泵送至纺丝机的喷丝头。螺杆挤压机由外壳和螺杆组成，外壳有电加热系统，将切片熔化成液态。按其结构的不同，螺杆挤压机可分为单螺杆、双螺杆两种。螺杆直径有多种规格，在20～200mm之间，长径比一般在25:1左右。外壳的加热区有3～7个，挤出熔液的压力可达15～25MPa。其传动功率和加热功率都很大。直径200mm的螺杆挤压机，传动功率为220kW，加热功率为150kW，最大挤出量为1 250kg/h。

螺杆挤压机

【螺纹基本要素】(basic factors of screw) 螺纹的牙型、中径、线数、导程、螺距和旋向。介绍如下：(1)牙型。通过螺纹轴线剖面上的轮廓形状称螺纹牙型。常见的螺纹牙型有三角形、梯形、锯齿形等。图中所示的是三角形牙型。(2)中径。一个假想圆柱的直径。其圆柱母线通过牙型上牙宽和槽宽相等之处。一对内外螺纹的配合精度主要靠控制中径的公差来实现。(3)线数(n)。螺纹有单线和多线之分。沿一条螺旋线形成的螺纹称单线螺纹，沿两条或两条以上螺旋线在轴向等距分布所形成的螺纹，称多线螺纹。(4)导程和螺距。①导程(P)。沿同一条螺旋线形成的螺纹。其相邻两牙在中径线上对应两点间的轴向距离。②螺距(L)。螺纹上相邻两牙在中径线上对应两点间的轴向距离。③导程$L = NP$，N－线数，P－螺距。(5)旋向。螺纹有右旋和左旋之分。当螺纹旋进时按顺时针方向旋转的，称为右旋螺纹；按逆时针方向旋转的，称为左旋螺纹。右旋螺纹应用较多，图纸上不必注明；左旋螺纹应用较少，必须在图纸上注明。为了便于设计、制造与选用，国家标准对不同种类的螺纹作了相应规定。要使内外螺纹旋合，五项基本要素应分别相同。

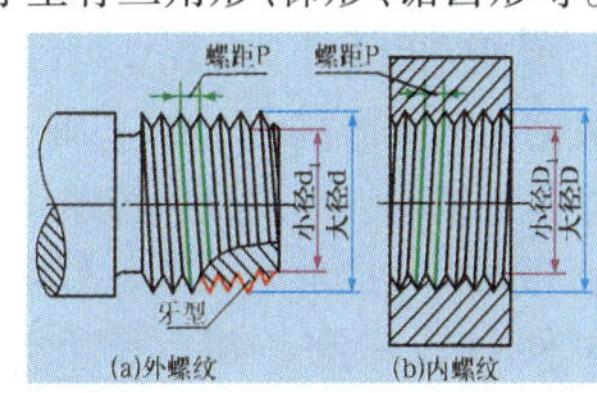

螺纹基本要素

【螺旋滚筒】(screw roller) 具有螺旋形装载叶片的截割滚筒。是一个带有螺旋叶片的圆柱体，刀具装在焊于螺旋叶片上的齿座中。工作时滚筒转动并作径向移动，截割破碎煤炭，再由螺旋叶片把煤沿滚筒的轴线方向推运出来，装进工作面运输机。螺旋滚筒具有结构简单，能截割出整齐的平面、自开缺口、双向采煤,能在中厚煤层工作面上一次采全高,效率高,对地质条件适应性强等优点。其缺点是:采出的煤块度较小,粉尘大,能耗较高。螺旋滚筒螺旋线的方向有左旋和右旋两种。分别称为左旋滚筒和右旋滚筒。采用反向对滚的双滚筒采煤机,左截割部用左旋滚筒,右截割部用右旋滚筒。单滚筒采煤机,用于左工作面选左旋滚筒,右工作面选用右旋滚筒。根据螺旋滚筒上螺旋叶片的数量的不同有单头螺旋滚筒、双头螺旋滚筒、三头螺旋滚筒等。螺旋叶片升角的大小直接影响装煤效果。升角大,排煤能力也大,但升角过大会把煤抛出很远,引起煤尘飞扬。升角过小会造成煤重复破碎,使能量消耗增大。螺旋叶片外圆的升角在 8° ~ 24°范围内,装煤效果较好。

采煤机用螺旋滚筒

【螺纹加工】(screw machining) 一般指用成形刀具或磨具在工件上加工螺纹的方法。主要有车削、铣削、攻螺纹、套螺纹、磨削、研磨、旋风铣削和电火花成形加工等。车削、铣削和磨削螺纹时,工件每转一圈,机床的传动链保证车刀、铣刀或砂轮沿工件轴向准确而均匀地移动一个导程。在攻螺纹或套螺纹时,刀具(丝锥或板牙)与工件作相对的旋转运动,并由先形成的螺纹沟槽引导着刀具(或工件)作轴向移动。还有螺纹滚压的方法。是用成形滚压模具使工件产生塑性变形以获得螺纹的加工方法。一般在滚丝机或搓丝机上进行。其优点是:滚压后的螺纹表面粗糙度小于车削、铣削,螺纹表面还因冷作硬化能提高强度和硬度,材料利用率高,生产率比切削加工成倍增长,易于实现自动化,且滚压模具的寿命很长。

螺纹加工

【螺旋传动】(screw driving) 利用内、外螺纹组成螺旋副而实现运动和动力传递的机械传动方式。通常是将转动变为直线运动。其特点是结构紧凑。常用于机床、起重机械、锻压设备、测量仪器及其他机械设备中。螺旋传动按其用途的不同可分为:传力螺旋传动、传导螺旋传动和调整螺旋传动。传力螺旋传动要求以小的扭矩产生较大的轴向推力,以举起重物或克服很大的轴向载荷。一般为间歇性工作,每次工作时间较短,速度也不高,但轴向力很大。通常需要自锁,不追求高效率,如千斤顶、压力机。传导螺旋传动以传递运动为主,要求有较高的传动精度(如机床进给丝杠传动),多在较长时间内连续工作,以低速运动为主,有时速度较高。调整螺旋传动主要用于调整或固定两零件的相对位置,如机床进给机构中的微调螺旋。调整螺旋一般不在工作载荷作用下作旋转运动。按螺纹间摩擦性质的不同,螺旋传动可分为滑动螺旋、滚动螺旋和静压螺旋传动等。

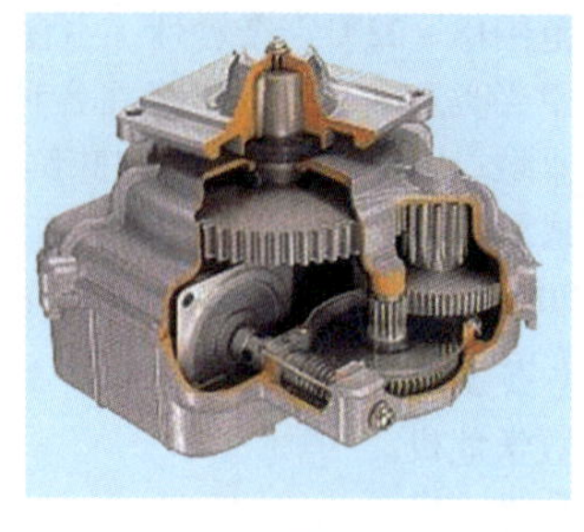
螺旋传动

【螺旋藻】(spirulina) 又称蓝细菌。属于蓝藻门,蓝藻纲,藻殖段目,颤藻科。是一类低等植物。与细菌一样,细胞内没有真正的细胞核。生长于水体中,在显微镜下可见其形态为螺旋丝状而得名。蓝藻类细胞无色素体,色素分布在原生质体外部的色素区,蓝绿色。原生质体内部有一无色的中央区,类似其他藻类的细胞核,但无核仁和核膜,因此螺旋藻是原核植物。行无性分裂繁殖。繁殖结果使藻丝长度迅速增加。最适温度 30 ~ 37℃。最适光照强度约 30 000 ~ 35 000lx。最适 pH 值为 8.6 ~ 9.5。优秀的蛋白质食品源。其蛋白质含量高达 60% ~ 70%,且消化吸收率高达 95% 以上。含有丰富的维生素、矿物质和 γ-亚麻酸等。丽江程海湖是中国唯一出产天然螺旋藻的地区。此外国内、外许多地方也有人工养殖,品种主要是极大节螺藻及钝顶节螺藻。螺旋藻破壁没有必要,它的外壁不是由纤维组织构成,很容易被人体消化吸收。螺旋藻因其营养均衡、全面,在世界各地广泛用作膳食补充剂。但也并非是包治百病的良药。它亦在水产业、水族箱及家禽中被用作饲料的补充剂。

螺旋藻

【裸根苗】(naked root nursery stock) 泛指在大田土壤中培育,出圃根系裸露未加保护的苗木。其优点是:(1)育苗技术要求低,容易培育,育苗成本低,不会有苗木根系畸形生长的现象发生。(2)起苗容易,重量小,包装、运输、储藏都比较方便,栽植省工。是目前生产上应用最为广泛的一类苗木。

其缺点是：(1)起苗时根系易受损伤，影响苗木活力。(2)由于是裸根出圃，对苗木的包装、运输、储藏及栽植等环节要求较严，稍有不慎就会导致苗木活力降低，

裸根苗

甚至死亡。(3)占耕地多，育苗周期长。(4)造林季节短。造林后有较长时间的缓苗期。为使植苗成活，栽植前要尽量减少蒸腾，使苗木保持较高的含水率，以便栽植后，根系迅速恢复吸水能力和增加吸水量，保持苗木体内水分平衡。起苗前如圃地土壤比较干旱，宜预先灌水，以预防因土壤干硬，起苗时拉断根系。起出的苗木极易失水干燥，宜在阴凉处迅速分级，按定数捆扎，及时假植或外运。运输时要妥善包装，保护好苗根；运输距离不能太长。运输途中宜洒水降温保湿，以保持苗木的旺盛生活力。裸根苗在干旱瘠薄地区造林效果差，一般适用于在土壤条件和水分条件较好的立地上造林。

【裸露爆破】(mudcap blasting) 又称放糊炮、放明炮、放贴炮。将炸药放在被爆破物的表面，并用土将炸药及引爆管覆盖而进行爆破的方法。控制爆破的一种方式。覆盖土的厚度不应小于装药的厚度。裸露爆破主要用于采场的二次破碎(即破大块)，有时也用来处理堵塞

裸露爆破

的溜矿井或采场漏斗等。采用此法不需要打眼，但炸药消耗量大，一般比浅眼法多消耗2倍。为了提高爆破效果，通常将药包置于被破大块岩石的凹槽或裂缝处，以加强爆破对岩石的破碎作用。放置炸药前应把岩石表面放药处的砂土和杂物清除掉之后再放药包(聚能穴要朝向岩石面)，药包上面用黄泥覆盖。

【裸鼠】(nude mice) T淋巴细胞功能缺陷的鼠类。可分为裸小鼠(基因符号nu)和裸大鼠(基因符号rnu)。(1)裸小鼠。主要特征表现为无毛和无胸腺。随着鼠龄增加皮肤变薄、头颈部皮皱褶、发育迟缓。裸小鼠抵抗力差，易患病毒性肝炎和肺炎，因而饲养和繁殖要求条件比较严格，在SPF环境下可生存。(2)裸大鼠。免疫器官的组织学与裸小鼠极为相似，只见胸腺残体，未见淋巴细胞。淋巴结副皮质区实际上无淋巴细胞，T细胞功能丧失。易患呼吸道疾病。裸大鼠的一般特征似裸小鼠，但躯干部仍有稀少被毛并非像裸小鼠那样完全无毛，头部及四肢毛更多，繁殖方法与裸小鼠相同。以裸大鼠代替裸小鼠，具有移植肿瘤大，取血量多，可行某些外科小手术等优点，因此比裸小鼠有一定优越性。其缺点是维持经费比裸小鼠更高。裸鼠主要用于人类肿瘤(癌组织块和成株的细胞系)的裸鼠移植，以建立裸鼠移植瘤，从而开展肿瘤基础和临床研究。

【裸子植物】(gymnosperm) 原始的种子植物。胚珠外面没有子房壁包被，不形成果皮，种子是裸露的。裸子植物很多为重要林木，如落叶松、冷杉、华山松、云杉、银杏等。多种木材质轻、强度大、不弯、富弹性，是很好建筑、车

裸子植物

船、造纸用材。其发生发展历史悠久，在中生代至新生代它们是遍布各大陆的主要植物。

【洛伦兹变换】(Lorentz transformation) 用于联系任意两个惯性参照系的坐标与时间之间关系的变换。是由荷兰物理学家洛伦兹提出的。1905年爱因斯坦根据相对性原理和光速不变原理直接导出了这种变换关系，即惯性参照系 S'' 和 S' 的时空坐标 (x',y',z',t') 与 (x,y,z,t) 之间满足：

$$x' = \frac{x - ut}{\sqrt{1 - \frac{u^2}{c^2}}};\ y' = y;\ z' = z;\ t' = \frac{t - \frac{u}{c^2}x}{\sqrt{1 - \frac{u^2}{c^2}}}$$

式中，u 代表了 S' 系相对 S 系沿 x 轴正方向均匀运动的速度，c 代表真空中的光速。洛伦兹变换表明，时空一体且与运动有关。当 $u < c$ 时，洛伦兹变换将自动恢复到伽利略变换，因而洛伦兹变换是一种更具普遍意义的变换。

【洛伦兹力】(Lorentz force) 运动于电磁场中的带电粒子所受的力。是一个矢量。可以用方程表示为：$F = q(E + v \times B)$。其中 F 是洛伦兹力，q 是带电粒子的电荷量，E 是电场强度，v 是带电粒子的速度，B 是磁感应强度。在国际单位制中，洛仑兹力的单位是牛顿，符号N。1895年荷兰物理学家H. A. 洛伦兹(Lorentz)建立经典电子论时，作为基本假设提出来的，故得名。现已为大量实验证实。洛伦兹力既适用于宏观电荷，也适用于微观荷电粒子。洛伦兹力公式和麦克斯韦方程组以及介质方程一起构成了经典电动力学的基础。

【络合催化剂】(complex catalyst) 通过配位作用而使反应物分子活化的催化剂。在这类催化剂中至少含有一个金属离子或原子,无论母体本身是否是络合物,但在起作用时,催化活性中心是以配位结构出现的,通过改变金属配位数或配位基,最少有一种反应分子进入配位状态而被活化,从而促进反应的进行。催化剂可以是溶解状态,也可以是固态;可以是普通化合物,也可以是络合物,包括均相络合催化和非均相络合催化。广泛用于工业生产。

【络合反应】(complex reaction) 又称配合反应。在反应物之间能够结合生成络合离子的反应。所生成的产物称作络合物,也称为配位键化合物。络离子是由中心离子同配位体以配位键结合而成的,具有一定稳定性的复杂离子。在形成配位键时,中心离子提供空轨道,配位体提供孤对电子。如银氨溶液$Ag(NH_3)_2OH$,其中的银离子和NH_3分子就是通过配位键形成了络合物。络离子比较稳定,但在水溶液中也存在着电离平衡,例如,$[Cu(NH_3)_4]^{2+} + Cu^{2+} + 4NH_3$。又如,白色的无水硫酸铜溶于水时形成蓝色溶液,这是因为经过络合反应生成了铜的水合离子,也是一种络离子,其组成为$[Cu(H_2O)_4]^{2+}$。

【络穴】(luo acupoint) 中医穴位分类名。十五络脉从经脉分出处各有一个腧穴。其中十二经脉的络穴,有沟通表里经脉和治疗表里两经同病的见证,任脉、督脉及脾之大络有通调躯干前、后、侧各部营卫气血和治疗胸腹背腰及胁肋部病症的作用。十五络穴即肺经列缺,心经通里,心包经内关,小肠经支正,大肠经偏历,三焦经外关,膀胱经飞扬,胆经光明,胃经丰隆,脾经公孙,肾经大钟,肝经蠡沟,任脉鸠尾,督脉长强,脾之大络大包。

【落锤试验】(drop hammer test) 用重锤从规定高度自由落下打击试样,测量打击后试样挠度并显示其缺陷的方法。测定钢轨承受冲击负荷后弯曲变形程度的试验。规定每个熔炼号取一根长约1.3m的钢轨试样,放置在支点距离为1.05m的试验台上,轨面朝上。落锤高度一般在5.0~6.5m之间。第一次打击后测量挠度,然后将试样折断。用肉眼检查断口内是否有缩孔残余、气泡、疏松和夹杂,必要时作低倍试验。

落锤试验

【落蔓】(vines down) 对生长到一定高度的蔓生搭架蔬菜或吊蔓蔬菜实施的降低茎蔓高度的措施。保护地长季节黄瓜、番茄、丝瓜生产中经常采用。以温室黄瓜为例,黄瓜茎蔓生长的高度受支架或温室高度的限制,当茎蔓生长到支架上方后,因无法固定而下垂;或因植株与温室顶部间空隙过小、生长点接触棚膜,影响了室内空气流通和植株正常生长、结果。此时,需要及时降低植株高度。首先,摘除下部老叶,保留约20片功能叶。第二,解开绑绳,或松开上部多余的绑绳下落,将茎蔓盘绕在地面,或顺定植行落下。第三,最下部的叶片接近地表时停止下落,上部茎蔓直立固定在支架或吊绳上。一般在下午进行。在下落时要小心,既不能将茎蔓折断或落在走道中踩裂,也不能使最下部叶片和幼瓜着地。落下的茎蔓,不宜着地,可放在地膜上或架起来,以防止接触土壤感染病害。在落蔓后,需加强管理,使之尽快恢复生长。

【落水洞】(ponor) 岩溶地区地表的河流流入地下河或溶洞向上开口的通道。其形态不一,深度可达100m以上。但宽度很少超过10m。按其形态的不同可分为圆形、井状和缝隙状。多分布在岩溶沟谷和溶蚀洼地的底部,分布在斜坡上的较少。其形成的原因是由于流水沿裂隙进行溶蚀、机械侵蚀作用和重力塌陷而成。

落水洞

【落体定律】(law of falling body) 在地球引力作用下由静止状态开始下落的物体所表现出的运动规律。1590年,通过反复实验,意大利物理学家伽利略(Galileo)首先发现了这一规律,即落体定律。该定律强调,如果不计空气阻力,轻、重物体的自由下落速度是相同的。由于地球表面附近的引力场可视为恒定的力场,因而在忽略大气阻力的情况下,物体所作的自由落体运动是一种加速度恒等于重力加速度g(m/s^2)的匀加速直线运动。

【落叶果树】(deciduous fruit tree) 生长在亚热带和温带地区,叶片在每年的秋末初冬脱落,树体休眠,次年春季发芽产生新叶的果树。在春天开始一个新的生长期,枝条萌芽,抽生新梢,展开叶片和开花坐果;夏天进入旺盛生长期,各个新生器官继续生长发育,枝叶繁茂,果实逐渐由小变大;秋天果实发育成熟,新梢停止延伸生长,枝条逐渐充实,新芽变得饱满,叶开始变黄脱落,进入冬季休眠期。苹果、梨、桃、李、杏、柿、枣、核桃、葡萄、山楂、板栗和樱桃等,均属落叶果树。

【落叶阔叶林】(deciduous broadleaved-forest) 又称夏绿林。分布在温带、暖温带的主要由冬季落叶树组成的森林。其优势树种主要有椴树、槭树、桦树、榆树及杨柳树等冬季落叶树种。落叶阔季叶林群落层次结构及成分简单、相(森林的季节特点)明显,林下灌木、草本植物稀疏,藤本植物不多。主要分布在北半球受季风影响的区域。在中国,主要分布于华北及淮河以南的亚热带山地。

M

【麻风】(leprosy) 由麻风杆菌引起的一种慢性传染病。主要侵犯皮肤、黏膜和周围神经,也可侵犯深部组织和器官。麻风很少引起死亡,但如诊治不及时常导致畸残。该病在世界范围内流行甚广。全世界现有麻风病人约1 000万左右。主要分布于亚洲、非洲和拉丁美洲。麻风病人是麻风杆菌的天然宿主。麻风杆菌在病人体内分布比较广泛,主要见于皮肤、黏膜、周围神经、淋巴结、肝脾等网状内皮系统的某些细胞内。麻风杆菌主要通过破溃的皮肤和黏膜排出体外。其主要传播方式是通过长期密切直接接触或经过飞沫传染,在乳汁、泪液、精液及阴道分泌物中也有麻风杆菌,但菌量很少。麻风杆菌侵入机体后,一般认为潜伏期平均为2~5年,短者数月,长者超过10年。根据其临床表现的不同可分为:(1)结核样型麻风。本型病人的免疫力较强,麻风杆菌被局限于皮肤和神经。(2)界限类偏结核样型麻风。(3)中间界限瘤型麻风。(4)界限类麻风。(5)瘤型麻风。本型病人对麻风杆菌缺乏免疫力,麻风杆菌经淋巴、血液散布全身。(6)未定类麻风,本类患者对麻风杆菌的早期表现,是原发的,性质不稳定,可自行消退或向其他类型转变。麻风的预后与其型、类有关。积极治疗麻风患者是控制和消灭麻风的一项重要措施。新中国成立后,采取"积极防治、控制传染"的原则和"边调查、边隔离、边治疗"的方法,使该病得到有效控制。

【麻花钻】(twist driller) 一种通过其相对固定轴线的旋转切削以钻削工件圆孔的刀具。因其外形及容屑槽呈螺旋状,形似麻花而得名。螺旋槽有两槽、三槽或更多槽,但以两槽最为常见。麻花钻可被夹持在手动、电动的手持式钻孔工具或钻床、铣床、车床乃至加工中心上使用。钻头材料一般为高速钢或硬质合金。

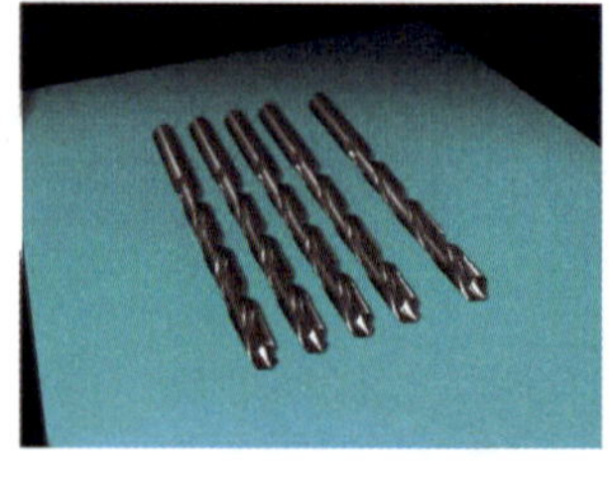

麻花钻

【麻黄】(ephedra) 中药名。药性:辛、微苦、温。归肺、膀胱经。功效:发汗解表,宣肺平喘,利水消肿。用于风寒感冒、胸闷喘咳、风水浮肿、支气管哮喘。蜜麻黄润肺止咳。多用于表症已解,气喘咳嗽。用法与用量:煎服,2~9g。发汗解表宜生用,止咳平喘多炙用。表虚自汗、阴虚盗汗及肺肾虚喘均当慎用。

麻黄

【麻面】(pock) ❶陶瓷专业术语。磁砖在铁未除净或在烧制时有灰尘粘上,表面产生的黑点。❷混凝土表面局部缺浆、粗糙或有许多小凹坑,但无露筋现象。其形成原因是:(1)混凝土含气量过大,而且引气剂质量欠佳。(2)混凝土配合比不当,混凝土过于黏稠,振捣时气泡很难排出。(3)由于混凝土和易性较差,产生离析泌水。(4)有一些水泥厂为了增大水泥细度,又考虑节约电能,往往在磨粉时加入一些助磨剂,如木钙、二乙二醇、三乙醇胺、丙二醇等物质,其中一些助磨剂有引气性,而且引入的气泡不均匀且偏大。另外,也有一些外部原因,如在实际施工时,浇注厚度偏高、不合理使用脱模剂等也会造成硬化混凝土结构表面蜂窝麻面。

麻面

【麻仁丸】(maren pellet) 方剂名。组成:枳壳(麸炒)、白槟榔(煨、半生)、菟丝子(酒浸、别研)、山药、防风、山茱萸(去核)、肉桂(去皮)、车前子,各一两半;木香,羌活,各一两;郁李仁(去皮、研)、大黄

(半蒸、伴生)、麻仁(研),各四两。制法:以上为细末,入别研药和匀,炼蜜为丸,如梧桐子大。用量:每服15~20丸,温水临卧服之。功能主治:顺三焦,和五脏,润肠胃,除风气。用于治疗冷热壅结、津液耗少、大便闭难或不通等。若年高气弱及有风之人,大便秘涩者宜服。

【麻纤维】(bast fiber and leaf fiber) 从各种麻类植物取得的纤维的统称。由不同比例的纤维素、半纤维素、木质素和其他成分组成。其中纤维素占大部分。按纤维所在植物的部位不同,可分为韧皮纤维和叶纤维。韧皮纤维也称软质纤维。未脱胶前的长度可达数十厘米,但一般采用适度的化学或生物脱胶后成工艺纤维纺纱。麻纤维的种类多,性质有差异。一般来讲,其强度和吸湿性都高于棉,且湿强度高于干强度,初始模量高,伸长率低。主要有苎麻、亚麻、大麻、罗布麻、黄麻、红麻等。(1)苎麻。为中国原产地麻纤维,称为"中国草",也称白苎、绿苎、线麻和紫麻。(2)亚麻。也称鸦麻、胡麻,中国主要产地在黑龙江。(3)大麻。又称火麻、汉麻。大麻单纤维表面粗糙,有纵向缝隙和孔洞及横向枝节,无天然转曲。大麻横截面有多种形态,如三角形、长圆形、腰圆形等,且形状不规则。(4)罗布麻。又称野麻、茶叶花,是一种野生植物纤维。(5)黄麻。为一年生草本植物,生长于亚热带和热带。(6)红麻。又称槿麻或洋麻,习性及生长与黄麻十分相近。红麻的单细胞纤维很短,截面为多角形或近椭圆形,中腔较大。红麻和黄麻含木质素多,不适于衣着,一般用作麻袋。叶纤维也称硬质纤维,主要有剑麻和蕉麻。剑麻纤维取自于热带地区种植的剑麻叶。焦麻也是多年生热带草本植物,主要为菲律宾的马尼拉麻。其叶纤维坚韧、耐海水腐蚀,一般用作渔网和绳索。

【麻疹】(measles) 由麻疹病毒所致的一种急性呼吸道传染病。以发热、呼吸道炎、口腔内麻疹黏膜斑及皮疹为特征。麻疹病毒属副黏病毒科,为单股负链RNA病毒,呈球形。出疹前、后5天为传染期,合并肺炎者延长至出疹后10天可解除隔离。传染性极强,接触后90%小儿发病。1965年使用麻疹病毒减毒活疫苗预防接种后,麻疹病人发病率已大大减少。其典型表现是:(1)潜伏期。6~18天,平均10天左右。轻度体温升高及不适。接触麻疹病人后,应在此期间内进行检疫(接触病人后隔离时间)。(2)前驱期(发疹前期)。一般3~4天,高热及呼吸道症状。发病2~3天内口腔内出现koplik's(柯式)斑:直径1mm灰色小点,周围红晕,在双颊黏膜,1天内很快全口腔黏膜受累。在出疹后1~2天逐渐消失。伴全身不适,食欲减退,精神萎靡。(3)出疹期。发热3~4天后,体温升至40~40.5℃,全身中毒症状加重:嗜睡、烦躁、抽搐。其出疹顺序是:耳后颈部,沿发际边缘,24h后遍及面部、躯干、上肢,第3天皮疹累及下肢,足部。(4)恢复期。出疹3~4天后按出疹顺序消退,体温、精神等逐渐好转;疹后留下有棕色色素沉着及糠麸状脱屑。7~10天痊愈。常并发肺炎、心肌炎、麻疹脑炎、结核恶化等。根据典型临床表现可诊断,不典型的可检测麻疹抗体确诊。无特殊治疗方法。加强护理,支持疗法,对症处理,并发症治疗。大量补充维生素A,有利于麻疹恢复。有细菌感染,可用抗生素。

【麻醉】(anaesthetize) ❶比喻用某种手段使人精神麻木或认识模糊、意志消沉。❷施行手术或进行诊断性检查操作时,为消除疼痛、保障病人安全、创造良好的手术条件,用药物或针刺使肌体全部或部分暂时丧失知觉而采取的各种方法。后者常应用于外科手术等方面。手术或检查操作还可引起精神紧张和反射性不良反应,如胃肠道手术可引起恶心、呕吐、长时间的不舒适的体位(如俯卧位),可增加病人的不适和痛苦。因此应使病人在舒适、安静的环境中,在对不良刺激无反应,暂时失去记忆的情况下接受手术。感觉丧失可以是局部性的,即体现在身体的某个部位,也可以是全身性的,即体现为病人全身知觉丧失,无意识。按其范围的不同可大致分为全身麻醉、局部麻醉和复合麻醉;按麻醉药进入人体途径的不同可分为吸入麻醉、静脉麻醉和基础麻醉。基础麻醉是将某些全身麻醉药(常用的有硫喷妥钠、氯胺酮)肌肉注射,使病人进入睡眠状态,然后施行麻醉手术。全身麻醉是病人意识消失,全身肌肉松弛,没有疼痛感觉。其过程可分为:麻醉诱导、麻醉维持和麻醉苏醒。目前全身麻醉的比例日渐提高,在大型医院能占到60%以上。局部麻醉只是身体某些部位的麻醉。为利用局部麻醉药如普鲁卡因、利多卡因等,使身体的某一部位暂时失去感觉。常用的方法包括椎管内麻醉(阻滞)、神经阻滞、区域阻滞、局部浸润麻醉和表面麻醉等。局部麻醉应根据病情和手术需要、麻醉方法的适应症和禁忌症来选择麻醉方法。

麻醉北极熊进行体检

【麻醉辅助脱毒】(anaesthesia-assisted opiate

detoxification） 又称快速阿片类脱毒、超快速阿片类脱毒。在全身麻醉或深度镇静状态下，用阿片类药物的拮抗剂将患者的戒断症状激发出来，并迅速越过高峰期，转入戒毒恢复过程的一种戒毒措施。其主要优点是：近期脱毒成功率高、时间短、患者痛苦少。是一种由麻醉学、危重病学、精神病学和戒毒等领域专家，以及相应的专业护理人员和社会工作者共同参与的快速戒毒医疗措施。麻醉前要详细了解患者阿片类药物依赖的品种、时间、剂量、戒断症状发作情况以及先前的治疗情况。为保证脱毒效果，一般在术前一周改为短效阿片类药物替代治疗。参加麻醉辅助脱毒的患者，主观上必须有强烈的戒毒决心，要遵循自愿的原则。要认真与患者家属沟通，确保患者有良好的家庭背景支持。长期药物依赖的患者，常合并多种疾病，应进行详细的术前体格检查和实验室诊断。应重点了解患者有无呼吸系统感染，有无严重的心功能障碍、心律失常和传导系统异常，并进行肝肾功能检查。应常规进行爱滋病、淋病、梅毒、肝炎等传染病的筛查。术前12h给予可乐定0.2mg以缓解戒断症状；术前晚应停止所有阿片类药物使用；预防性应用H_2受体阻断剂。术前晚给予清洁灌肠。

【麻醉喉镜】（laryngoscope） 又称喉镜。在直接窥喉时协助气管插管的一种工具。通常由喉镜柄及不同类型的喉镜片组成。喉镜片是气管插管时置入口咽部显露声门的部分。当喉镜片与喉镜柄连接并呈直角时，喉镜片前方的小电珠即接通电源发光。按喉镜片形状的不同可分为直形喉镜和弯喉镜。又分大、中、小三种型号。一般直喉镜片必须挑起会厌，操作稍难，多用于婴幼儿；弯喉镜片偶尔声门显露不全，插管时需用管芯辅助。另有 McCoy 喉镜，其镜片前端可弯起，使会厌翘起，很适合于插管困难的病人。

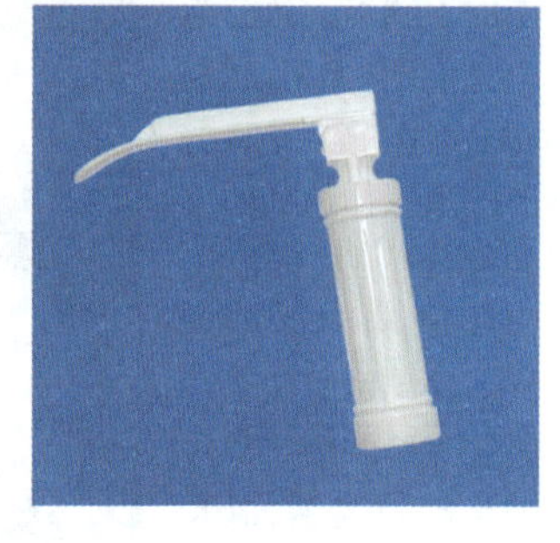

麻醉喉镜

【麻醉后监测治疗室】（postanesthesia care unit, PACU） 又称麻醉恢复室。为监测治疗全麻术患者而设立的监护治疗病房。在麻醉恢复过程中，由于麻醉的作用和手术创伤的影响，在麻醉恢复期病人易出现病理生理紊乱，严重时可危及病人的生命，需要加强监护和治疗，以保障病人安全度过麻醉恢复期。中国麻醉后监测治疗室的建立始于20世纪50年代初，其建立有效的降低了麻醉恢复期并发症和死亡率，提高了手术室的利用率。其主要任务是监测治疗全麻后未苏醒病人，或麻醉手术后出现病理生理功能紊乱、全身情况尚未稳定的病人，保障病人在麻醉恢复期间的安全。当病人苏醒或恢复达到一定程度后，如无异常情况即可送回病房，门诊病人可在陪伴人护送下回家。

【麻醉呕吐与误吸】（vomit and aspiration） 全身麻醉时因病人的意识消失，平卧和贲门松弛，极易发生呕吐或胃内容物反流的现象。一旦有呕吐和反流物达到咽喉部，又因全麻病人的吞咽及咳嗽反射已丧失，可发生误吸危及病人生命。呕吐或反流可以发生在麻醉诱导期、维持期或苏醒期。产科病人、上腹部手术、饱胃、上消化道出血及肠梗阻的病人，呕吐与误吸的发生率较高。预防很重要。主要是术前严格禁食禁饮，使胃排空。

【麻醉深度】（depth of anesthesia） 一种或几种麻醉药物的浓度足以满足手术需要而使病人舒适时的状态。是麻醉领域中争议最多、最富有感情色彩和最具有主观性的一个问题。自从乙醚在临床上应用以来，关于麻醉深度的定义有各种各样的观点，概括起来有两种：一是全身麻醉药物诱导的无意识状态；二是全麻药诱导的无意识加上麻醉药物对手术创伤反应的抑制状态。理想的麻醉深度应该是保证病人术中无痛觉和无意识活动，血流动力学稳定，术后苏醒完善且无术中知晓。目前，在临床上是根据病人术中的血压、心率、呼吸幅度和节律、眼睛体征、肌肉松弛度等表现来进行综合分析和判断病人的麻醉深度。

【麻醉学】（anesthesiology） 运用有关麻醉的基础理论、临床知识和技术以消除病人手术疼痛，保证病人安全，为手术创造良好条件的一门学科。是一门研究临床麻醉，生命机能调控，重症监测治疗和疼痛诊疗的学科。通常用于手术或急救过程中。中国在东汉时期就已经对麻醉学问有研究。相传华佗就是第一位采用麻醉技术的医师。他利用麻沸散来减轻接病人的痛觉，然后为病人进行外科手术。现代医学首次运用麻醉技术的记录，在1842年3月30日的美国格鲁吉亚州杰佛逊市。Crawford Williamson Long 医生在帮他太太接生的过程中，首次采用了麻醉药。现代麻醉传入中国有百余年的历史。麻醉学也是一门新兴的学科，许多新理论、新技术、新药物、新型仪器设备都在麻醉临床与研究中得到应用，也有许多新问题、新知识、新理论有待广泛深入探索。现在，麻醉学已经成为临床医学中一个专门的独立学科，主要包括临床麻醉学、急救复苏医学、重症监测治疗学、疼痛诊疗学和其他相关医学及其机制的研究。

是一门研究麻醉、镇痛、急救复苏及重症医学的综合性学科。其中临床麻醉是现代麻醉学的主要部分。

【麻醉药品】(narcotic drugs) 对中枢神经有麻醉作用的药品。正常使用有利健康。连续滥用后易产生身体依赖性、能成瘾癖。如临床上经常使用的阿片、吗啡等麻醉性镇痛药,都是麻醉药品。与药理上具有麻醉作用的氯仿,乙醚、普鲁卡因和利多卡因等局部麻醉药不同。使用和储存应严格管理。麻醉药品并非毒品。是手术等许多方面所必需的药品。

【马鼻疽】(glanders) 由假单胞菌科假单胞菌属的鼻疽假单胞菌感染引起的一种人兽共患传染病。世界动物卫生组织(OIE)将其列为B类动物疫病,中国将其列为二类动物疫病。以马属动物最易感,人和其他动物如骆驼、犬、猫等也可感染。鼻疽病马以及患鼻疽的其他动物均为本病的传染源。自然感染主要通过与病畜接触,经消化道或损伤的皮肤、黏膜及呼吸道传染。本病无季节性,多呈散发或地方性流行。在初发地区,多呈急性、暴发性流行;在常发地区多呈慢性经过。(1)急性型。病初表现体温升高,呈不规则热(39~41℃)和颌下淋巴结肿大等全身性变化。肺鼻疽主要表现为干咳,肺部可出现半浊音、浊音和不同程度的呼吸困难等症状。鼻腔鼻疽可见一侧或两侧鼻孔流出浆液、黏液性脓性鼻汁,鼻腔黏膜上有小米粒至高粱米粒大的灰白色圆形结节突出黏膜表面,周围绕以红晕。结节坏死后形成溃疡,边缘不整,隆起如堤状,底面凹陷呈灰白色或黄色;皮肤鼻疽常于四肢、胸侧和腹下等处发生局限性有热有痛的炎性肿胀并形成硬固的结节。结节破溃排出脓汁,形成边缘不整、喷火口状的溃疡,底部呈油脂样,难以愈合。结节常沿淋巴管径路向附近组织蔓延,形成念珠状的索肿。后肢皮肤发生鼻疽时可见明显肿胀变粗。(2)慢性型。临床症状不明显,有的可见一侧或两侧鼻孔流出灰黄色脓性鼻汁,在鼻腔黏膜常见有糜烂性溃疡,有的在鼻中隔形成放射状斑痕。目前对本病尚无有效菌苗,为了迅速消灭本病,必须抓好控制和消灭传染源这一主要环节,及早检出病马,严格处理,切断传播途径,加强饲养管理,采取养、检、隔、处、消五字综合性防疫措施。

【马传染性贫血】(equine infectious anemia) 由马传染性贫血病毒引起马属动物的一种慢性传染病。可人畜互传。一旦发生很难消灭,曾给世界养马业造成重大损失,至今仍是全世界重点检疫的对象,被中国列为二类动物疫病加以控制消灭。目前在中国已呈消灭状态。病马和带毒马是本病的传染源;吸血昆虫(蚊、虻等)是主要的传播媒介,同时针头也可扩散本病;消化道和交配以及胎盘感染也是传播途径。动物中只有马属动物易感。潜伏期10~30天,最短5天,最长达90天。急性型病程在一月以内,最短3~5天既可死亡;亚急性型病程1~2月;慢性型病程可达数月至数年,有的未死亡马成为带毒马。其热型主要为稽留热和间歇热,体温可达39~41℃以上,持续一段时间后逐渐恢复正常,一旦病马抵抗力下降,体温会再度升高。其临床症状是:贫血、黄疸及出血;可视黏膜从初期的充血轻度黄染,逐渐变为黄白至苍白;常在眼结膜、舌下黏膜等处出现大小不一的出血点,红色或暗红色;心脏机能紊乱,心搏亢进,心音分裂,心律不齐等;脉搏增数,减弱,每分钟达60~100次以上;出现心源性、贫血性浮肿;出现精神沉郁,头低耳耷,食欲减少,逐渐消瘦,走路摇晃等;红细胞数减少,常减少到40%(5.8g)以下;红细胞沉降速度加快,可达15min60刻度以上;静脉血中出现吞铁细胞。加强饲养管理,搞好环境卫生,消灭蚊、虻等吸血昆虫是预防本病的主要措施。发现病马严格按照《马传染性贫血防治技术规范》处置。

【马弗炉】(muffle furnace) 一种温度可升至1 200℃的通用加热设备。电阻丝藏于箱体中,箱体壁较厚,内有保温材料。按其形状的不同可分为箱式炉、管式炉、坩埚炉等。是实验室、工矿企业、科研单位作元素分析测定和一般小型钢件淬火、退火、回火等热处理时的常用加热设备。马弗炉还可用于金属、陶瓷的烧结、熔化、分析等。如可用于高温碱熔某些难溶金属及矿物质,以及在重量法分析中,将滤纸无焰灰化、灼烧分解有机物、驱赶无机物中的可挥发成分等。

马弗炉

【马赫数】(Mach number) 流场中某点的速度与该点处声速的比值。常用符号Ma表示。飞行器飞行速度越大,马赫数就越大。从飞行实践中可知,当Ma≤0.4时,飞行器对空气压缩性影响不大,可以认为这时的空气是不可压缩的,其密度保持不变。当Ma≥0.4时,就必须考虑空气可压缩性的影响。特别是进入跨声速飞行后,空气被压缩而产生的激波会对飞行器的空气动力学特性和外形设计带来重大影响。根据马赫数的大小,通常把飞行器的飞行速度划分为如下区域:Ma≤0.4时,为低速飞行;0.4≤Ma≤0.85时,为亚声速飞行;0.85 < Ma≤1.3时,为跨声速飞行;1.3 < Ma≤5.0时,为超声速飞行;

Ma > 5.0时，为高超声速飞行。

【马来玉】（Malaysis jade） 又称巴基斯坦玉、依莫来石。翡翠的仿冒品。全部制成戒面、戒指等首饰成品出售。其原料有两种：(1)染绿色的石英岩。这在20世纪80年代后期及90年代初期曾流行过，到90年代中期后被逐渐淘汰。这种产品在查尔斯滤色镜下呈红色。(2)绿色的脱玻化人造玻璃。呈鲜艳的翠绿或不同色调的绿色，但时间久了会逐渐变蓝泛白。20世纪80年代初即从国外输入，后国内大量生产，近年来已完全占领了市场。其产品价格越来越低廉，同时能制成较大件的首饰，如手镯、大的挂件及小型摆件等。在查尔斯滤色镜下不变色。

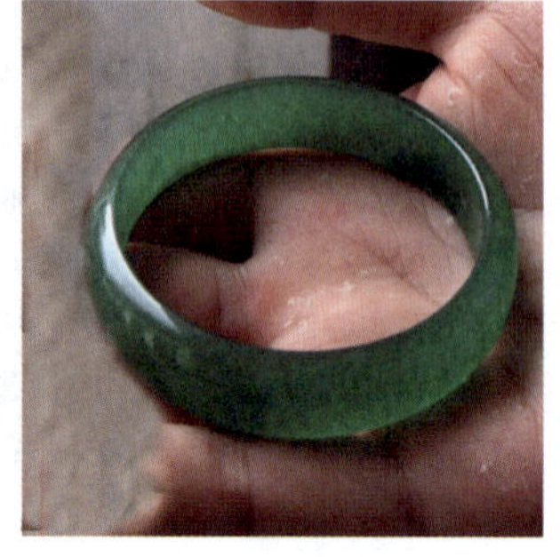
马来玉

【马铃薯两季栽培】（potato cultivation in spring and autumn） 马铃薯春秋两季两种两收的栽培模式。有复壮防退化的作用。春季2月上中旬播种，5月下旬至6月上旬采收；秋季8月上中旬播种，11月中下旬采收。为提早上市，春季采用宽膜高垄早熟栽培技术，播前切块催芽。每个薯块30g左右，留1～2个芽眼。切面干后放入20℃左右的塑料大棚内，散射光下进行暖种催芽。秋季整薯播种，采用赤霉素催芽处理。春季亩产量2 500kg左右，秋季亩产量2 000kg左右。在无霜期较长的地区，可充分利用春、秋两季较冷凉的气候条件栽培两季马铃薯。

【马铃薯免耕】（potato tillage free） 把马铃薯种薯直接摆在不耕翻的土地上，并在上面覆盖稻草而进行马铃薯生产的一种方式。是当今一项马铃薯全新配套种植技术。主要做法是在不翻耕的地块上按一定规格开沟分厢，基肥条施于厢面，在两行肥料之间的无肥区按一定密度摆放种薯，然后全程覆盖稻草。这种技术又称为冬季马铃薯免耕稻草全程覆盖栽培技术，因为这种技术改变了传统种植方法。它改"种薯"为"摆薯"，改"挖薯"为"拣薯"，整个过程可形象地概括为"摆一摆，盖一盖，拣一拣"，省去了翻耕整地、挖穴下种、中耕除草和挖薯等诸多工序，管理简单，节约成本。因此，其推广面积逐年扩大。

马铃薯免耕播种后覆盖稻草

【马铃薯退化】（potato degradation） 在马铃薯栽培过程中，出现的叶片皱缩卷曲、叶色浓淡不均、茎秆矮小细弱、块茎变形龟裂和产量逐年下降等现象。马铃薯退化与高温和病毒侵染有着密切的关系。高温不能单独引起退化。高温在传导过程中的作用是：(1)高温促进传毒媒介－蚜虫的蔓延。(2)温度影响病毒与马铃薯接触后的发病过程，高温能促使病毒迅速侵染和复制，加重马铃薯的退化。由此可见，病毒和高温是导致马铃薯退化的主要因素。针对马铃薯品种在繁殖和栽培过程中的退化现象，应采用选择、组织培养等方法恢复其优良性状的复壮技术措施。目前，生产上应用最广的利用提纯复壮来防止马铃薯退化的流程是：利用马铃薯茎尖组织培养，得到无毒马铃薯，进行种薯繁殖，应用于生产，即脱毒马铃薯。也可以采用综合技术防止马铃薯退化，使之达到培育品种本身的商品性状和产量。生产的措施是：(1)选用适宜的品种。(2)适时进行春秋冬三季栽培。(3)提高水肥条件，加强田间管理。

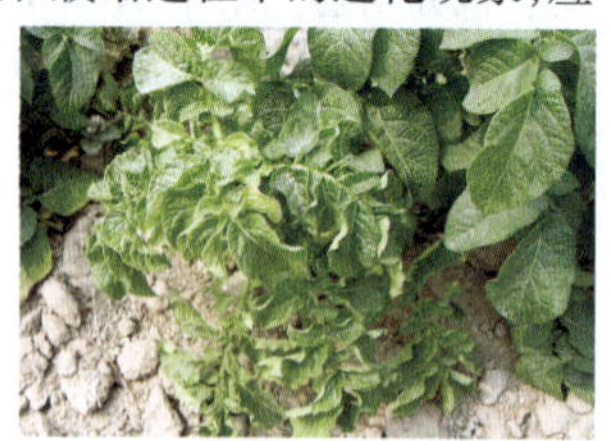
马铃薯退化植株

【马铃薯雾培】（potato acrosol culture） 采用营养液槽喷雾栽培脱毒马铃薯苗的一种栽培模式。生产间应具备微型薯生产要求，苗床盖板用隔热、不透光、不吸热、不易坠拉变形的材料制成。要有遮荫设施。营养液槽的大小视供给面积大小而定（$1m^2$可供给$20m^2$的栽培面积）。喷雾时间在苗期为10s/5min，待根系发达后为10s/15min，结薯期为选取长5cm以上的脱毒苗，每孔植入一苗。苗基部尽可能伸入槽底，以防微型薯形成在盖板上，导致减产和商品性降低。如果脱毒苗比较细弱，可以用海绵固定，并采取一定的遮荫措施，防止脱毒苗过度脱水死亡。根据马铃薯整个生育期的营养要求，以MS（是由Mara-shige和skoog设计的营养液培养基）培养基为基础的改良配方比较适宜于雾培薯的生产，每3周更换一次营养液。采用分期采收的方式。雾培微型薯长至3g左右时，进行采收。这种采收方法所生产的微型薯大小一致，商品性好，且产量可达每株50粒以上。

【马氏体】（Martensite） 铁碳合金材料淬火后获得的一种微观金相组织。是碳和（或）合金元素在α－Fe中的过饱和固溶体。其强度高，硬度高，塑性差。钢铁件在淬火时的冷却速度大于其临界冷却速度时，奥氏体将被过冷到Ms（表示马氏体转变开始的温度）以下的温度转变为马氏体。当钢中碳质量分数较低时，如 $\omega_c=0.2\%$ 时淬火后的到的是板条状马氏体，又称低碳马氏体；当钢中碳质量分数 $\omega_c=0.77\%$ 时淬火后得到全部片状马氏体。马氏体含碳质量分数越高，其硬度越大，塑性越差，需经回火后才能使用。

【马头门】（ingate） 立井井筒与井底车场巷道的连接部分或交汇处。垂直巷道与水平巷道相交的一种特殊形式的交岔点，通常指罐笼立井与井底车场巷道的连接部位，人们习惯上称为马头门。其设计原则和依据是以提升运输要求、通风和升降人员的需要为前提。设计内容包括：(1)马头门形式的选择。主要取决于选用罐笼的类型、进出车水平数目以及是否设有候罐平台。(2)马头门的平面尺寸。主要有三个方面：①长度取决于马头门轨道线路的布置方式和安设的摇台、阻车器和推车机等操车设备的规格尺寸，以及井筒内选用的罐笼布置方式和安全生产需要的空间。②宽度取决于井筒装备、罐笼布置方式和两侧人行道的宽度。③高度的确定、断面形状和支护方法的选择；高度主要取决于下放材料的最大长度和方法、罐笼的层数及其在井筒平面的布置方式、进出车及上下人员方式、矿井通风阻力等多种因素，并按最大值确定。(3)断面形状与支护方式。由于马头门与井筒连接处断面大、地压大，所以马头门断面形状多选用半圆拱形。支护材料多用C20以上混凝土。马头门是施工开挖的薄弱点，容易引起坍塌，施工中应特别注意

【玛珥湖】（maar lake） 由环形墙、火山口沉积物、火山筒和馈浆通道组成的火山口系统。中文曾译为“低平火山口”。玛珥湖并非是指一个湖的名称，而是对特定火山地貌形态的一种别称。在中国各个火山区中几乎都有玛珥湖存在。它是地质科技工作者进行古气候研究和寻找硅藻土的理想对象。19世纪早期，德国科学家最早从德国西部艾费尔高原第四纪火山区的小而圆形的火山口湖研究开始，初步把玛珥定义为一种火山类型。玛珥湖区别于其他火山口湖的特点是平地爆发，蒸汽、泥石同时喷发后形成火山口。中国湛江湖光岩是中国研究玛珥湖的起点。自1996年以来，湖光岩已列入中国国家自然科学基金和国际“欧亚玛珥湖”研究计划等项目，并已取得重大科研成果。现在玛珥湖被理解为是：富含热液和蒸气的火山爆发，冲破原来的地层或岩层而形成的塌陷盆地。呈封闭的圆形或近圆形，火山喷发物在其周围形成近于等高的围墙，犹如堤坝，其高度只有几米到几十米，个别达百米。这些“围墙”有的高出湖外围地面，有的则与玛珥湖外围的地面持平。塌陷盆地形成后积水成湖，其大小不一，直径从几十米到几千米；湖的深度和大小与形成时间有关，一般水深十几米到几十米，个别达几百米，也有的已经干枯。从现存状态来看，玛珥湖可分为四种类型：(1)空型。刚刚形成不久，无水也无沉积物。(2)湖型。积水，有沉积的如雷州半岛的湖光岩。(3)沼泽型。湖水已无，沉积物呈泥泞状，表层有草甸覆盖。(4)干枯型。表面为耕地或杂草丛生，在地貌上表现为洼地，如雷半岛的田洋，九斗洋、青桐洋。玛珥湖与火山口不同之处在于后者是由火山爆发，在火山锥顶部形成的火山口。火山口壁完全由火山喷发物（包括熔岩）堆积而成，常常有出口。其中有积水湖，如长白山天池，有的则始终干枯。此外，玛珥湖通常为一次性形成，而火山口则可以有多次火山活动。玛珥湖与其他湖泊相比，一般较小，重要区别在于玛珥湖是封闭型的。这种封闭性使玛珥湖中大气沉降物和自生物质之外，既无外界物质的带入，也无内部物质的带出，把古气候信息的干扰因素降低到最低程度。因此玛珥湖沉积物能准确地记录当地的古气候变化。

玛珥湖

【玛瑙】（agate） 胶体成因且质地致密、细腻、有明显的环带状花纹的玉髓质玉石。由天然二氧化硅胶体溶液在岩石空洞或裂隙中沉淀脱水而成。基本不含有色杂质，多呈单一的青灰色。若原始胶体溶液中含有色素则可具有不同的颜色和条带。除按其底色的不同分为红玛瑙、黑玛瑙、绿玛瑙、紫玛瑙等之外，还可按其花纹、色形分出更多的品种：(1)合子玛瑙。漆黑色中带有一丝白色。(2)缟玛瑙。黑、白、褐细密条带平行相间。(3)树枝玛瑙。花纹如树脂状。(4)竹叶玛瑙。花纹如竹

天然玛瑙原石

叶。(5)曲蟮玛瑙。红花纹套有粉红花纹。其中，内部存在着明显可见的封闭腔体、且腔体之大部分充有液体的玛瑙，被称为“水胆玛瑙”，为玛瑙中的上品。

【码分多址】(code division multiple access, CDMA) 采用为每一个移动终端分配一个唯一的序列码的方法实现移动通信的一项技术。不给每一个终端分配一个固定的频率，而是允许不同的移动终端可以使用相同的频率。其中序列码是区分不同用户的方法，从而使频率得到充分的利用。有利于增加通信容量，提高信息传输质量。

【码头结构】(dock structure) 供船舶停靠、装卸货物和上下旅客的水工建筑结构。其结构形式有重力式、高桩式和板桩式。主要根据使用要求、自然条件和施工条件综合考虑确定。(1)重力式码头。靠建筑物自重和结构范围的填料重量保持稳定，结构整体性好，坚固耐用，损坏后易于修复。有整体砌筑式和预制装配式两种。适用于较好的地基。(2)高桩码头。由基桩和上部结构组成，桩的下部打入土中，上部高出水面，上部结构有梁板式、无梁大板式、框架式和承台式等。高桩码头属透空结构，波浪和水流可在码头平面以下通过，对波浪不发生反射，不影响泄洪，并可减少淤积，适用于软土地基。(3)板桩码头。由板桩墙和锚碇设施组成，并借助其设施承受地面使用荷载和墙后填土产生的侧压力。板桩码头结构简单，施工速度快，除特别坚硬或过于软弱的地基外，均可采用。但结构整体性和耐久性较差。

码头结构

【码元差错概率】(symbol error rate) 简称误码率。正在传输的码元总数中发生差错的码元数所占的比例。即 $P_E = N/M$。式中 M 为码元传输总数，N 为错误接受码元数。当统计的码元数很大时，它与理论上的码元差错概率很接近，故用同一符号 P_E 表示。

【埋弧自动焊】(union melt welding) 电弧在颗粒状焊剂层下燃烧，完成焊接过程的自动电弧焊接方法。在埋弧自动焊接时，引弧、维持电弧稳定燃烧、送进焊丝、电弧移动以及焊接结束时填满弧坑等主要动作，完全利用机械自动完成。这种焊接方法与手工电弧焊相比，具有生产效率高、焊缝质量好、节省焊接材料和电能，且焊缝成型美观、焊接变形小和劳动强度低等优点。由于电弧在焊剂层下，不能直接观察熔池和焊缝形状，故对短焊缝、小直径环缝、处于狭窄位置焊缝以及薄板焊缝的焊接均受到限制。埋弧焊一般用于厚板的大熔深直焊缝焊接，适合于焊接碳钢、低合金钢、不锈钢、耐热钢以及复合钢板等多种材料。广泛应用于造船、锅炉、化工压力容器、桥梁、起重机械、冶金机械、核工业和海洋工程等行业中。

【霾】(haze) 悬浮在大气中的大量微小尘粒、烟粒或盐粒的集合体使空气混浊、水平能见度降低到10km以下的天气现象。一般呈乳白色。使物体的颜色减弱，使远处光亮物体微带黄红色，而使黑暗物体微带蓝色。组成霾的粒子极小，不能用肉眼分辨。当大气凝结核由于各种原因长大时也形成霾。在这种情况下水蒸气的进一步凝结可能使霾演变为轻雾、雾或云。一般来说，能见度小于10km的属于灰霾，5～8km属于中度灰霾现象，3～5km属于重度灰霾现象，小于3km则是严重的灰霾现象。机动车尾气排放和工业气体排放量日益加剧，是灰霾产生的主要原因。

灰霾现象

【迈克尔逊干涉仪】(Michelson interferometer) 1883年美国物理学家迈克尔逊(Michelson)和莫雷合作，为研究“以太”漂移而设计制造出来的精密光学仪器。主要是利用分振幅法产生双光束以实现干涉，并利用干涉条纹精确测定长度或长度改变的一种仪器。一般标准迈克耳干涉仪的光路原理如图所示。M_1 和 M_2 分别是两个平面反射镜，当两面平面镜严格垂直时为等倾干涉，其干涉光可以在屏幕上接收为圆环形的等倾条纹；而当两面平面镜不严格垂直时是等厚干涉，可以得到以等厚交线为中心对称的平行等厚条纹。在近代物理和近代计量技术中，如在光谱线精细结构的研究和用光波标定标准米尺等实验中都有着重要的应用。

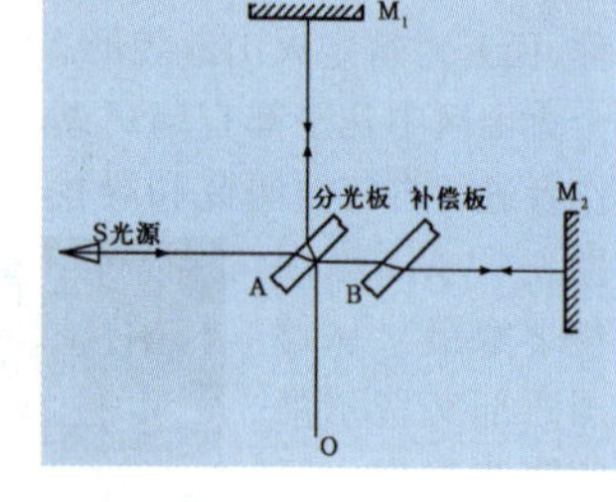

迈克尔逊干涉仪

【麦尔登】(melton) 用粗梳毛纱织制的一种

质地紧密具有细密绒面的重缩绒高档毛织物。由英国人创制。主要用作大衣、制服等冬季服装的面料。大多以64支细羊毛混用部分精梳短毛为原料，经纬用100～62.5tex的粗梳毛纱，以斜纹或平纹组织交织成经纬密度较大的织物。重约390～490g/m²。经过重缩绒整理后，织物呢面丰满，不露底不起球，手感丰润，富有弹性，挺括不皱，耐穿耐磨，抗水防风。通常多染成藏青或其他深色，一般采用二次缩绒。产品以纯毛居多，有时为提高原料的可纺性和织物的耐磨性，也掺入少量锦纶。也有用羊毛与20%～30%黏胶混纺的毛黏麦尔登。也有精梳毛纱为经、粗梳毛纱为纬的麦尔登，其强度和弹性都较粗纺织物好。

【麦套棉】（wheat cotton relay cropping system） 在大麦或小麦生长后期，将棉花套种于其行间的一种栽培方式。中国南方和华北棉区普遍采用此种栽培方式。可比麦后棉早播30～40天，既不影响小麦生长，又能使棉花早播，有利于增产和提高品质。但使用这种方式时，需选用适宜的品种和套种期，并要加强共生期的田间管理。

【麦芽】（malt） 中药名。药性：甘、平。归脾、胃、肝经。功效：消食健胃，回乳消胀。用于米面薯芋食滞、断乳、乳房胀痛。用法与用量：煎服，10～15g，大剂量30～120g。生麦芽功偏消食健胃，炒用多用于回乳消胀。授乳期妇女不宜使用。

麦芽

【麦芽糊精】（maltodextrin） 又称水溶性糊精、酶法糊精。以谷类作原料，经酶法工艺低程度控制水解转化，提纯，干燥而成的葡萄糖值在20%以下的产品。与碘不反应。无色。比旋光度[α]^{20D}为+181～182°。溶于浓度为70%的乙醇溶液。溶于水。易消化。吸潮性低。适作食品增稠剂、填充剂。在其用量比例较高时，会影响食品风味。其原料是含淀粉质的玉米、大米等，也可以是精制淀粉，如玉米淀粉、小麦淀粉、木薯淀粉等。目前，中国各地生产的麦芽糊精系列产品，均以玉米，大米等为原料，用酶法工艺生产的。是各类食品的填充料和增稠剂。广泛应用在糖果、麦乳精、果茶、奶粉、冰淇淋、饮料、罐头及其他食品中。

【麦芽糖】（maltose） 两个糖分子以α糖苷键缩合而成的双糖。是饴糖的主要成分。由含淀粉酶的麦芽作用于淀粉而制得。其化学式是$C_{12}H_{22}O_{11}$。白色晶体。含一分子水的结晶麦芽糖于102～103℃时熔融并分解，易溶于水，微溶于乙醇。有甜味（是蔗糖甜度的1/3）。在分子结构中有醛基。是具有还原性的一种还原糖。因此可以与银氨溶液发生银镜反应，也可以与新制碱性氢氧化铜反应生成砖红色沉淀。可以在一定条件下水解，生成两分子葡萄糖。可用作营养剂，也供配制培养基用。是一种容易被人体消化和吸收的廉价营养食品。

麦芽糖

【麦芽糖浆】（malt syrup） 又称怡糖浆。以淀粉质为原料，经酶水解而制成的一种以麦芽糖为主（40%～50%以上）的糖浆。在中国生产历史悠久，范围很广。浅金黄色。甜味温和。甜度是蔗糖的30%～40%。热稳定性高，受热不易变色。是许多风味小食品和糕点用的甜味剂。主要应用于糖果、果冻、糕点和饮料中。

【麦哲伦号探测器】（Magellan detector） 美国研制和发射的金星探测器。1989年5月4日由亚特兰蒂斯号航天飞机送入太空。探测器由美国喷气推进实验室研制。重3.37t。目的是对金星表面进行详细测绘。苏联20世纪80年代初发射的金星15号探测器和金星16号探测器测绘了金星表面25%的地区，麦哲伦号探测器计划测绘整个金星表面地形。探测器携带的最主要探测器是一部合成孔径雷达。雷达发射的电磁波能穿透金星的浓厚云层，获得金星表面的高度信息。1990年8月10日，麦哲伦号探测器进入金星轨道，9月15日开始对金星表面进行测绘。1991年底，美国航天局根据发回的资料，绘制出第一张完整的金星地图，覆盖金星表面超过90%。由于探测器的损坏，原定拍摄立体图像和重力测定的任务未能完成。

麦哲伦号探测器

【脉冲】（nerve impulse） 在短时间内突变，随后又迅速返回其初始值的物理量。瞬间突然变化，作用时间极短。比如，一种电压或电流信号在短时间内突变，随后又迅速返回其初始的数值。脉冲信号的发生，可以是周期性重复的，也可以是非周期性的。相对于连续信号在整个信号周期内短时间发生的信号，这种信号在大部分信号周期内并不产生。

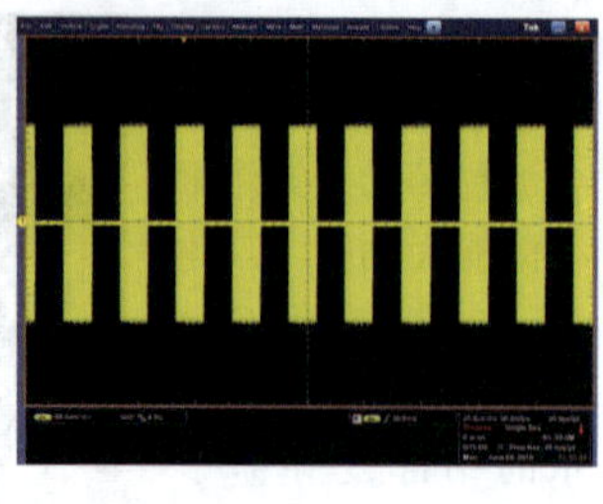

脉冲

【脉冲编码调制】(pulse code modulation, PCM) 又称脉码调制技术。将模拟语音信号特别是音频信号变换为数字信号的编码方式。是最流行的数字传输系统调制技术。PCM 对信号每秒钟取样 8 000 次；每次取样为 8 个位，总共 64 kbps。取样等级的编码有二种标准。北美洲及日本使用 Mu-Law 标准，而其他大多数国家使用 A-Law 标准。PCM 主要经过抽样、量化和编码三个过程。抽样过程将连续时间模拟信号变为离散时间、连续幅度的抽样信号。量化过程将抽样信号变为离散时间、离散幅度的数字信号。编码过程将量化后的信号编码成为一个二进制码组输出。PCM 有两个标准即 E1 和 T1。PCM 可以向用户提供多种业务，既可以提供从 2M 到 155M 速率的数字数据专线业务，也可以提供话音、图像传送、远程教学等其他业务。特别适用于对数据传输速率要求较高，需要更高带宽的用户使用。PCM 线路的特点是：(1) PCM 线路可以提供很宽的带宽，满足用户的大数据量的传输。(2) 支持从 2M 开始的各种速率，最高可达 155M 的速率。(3) 通过 SDH 设备进行网络传输，线路协议简单。

【脉冲操纵】(pulse-control) 航空器稳定性与操纵性试飞中的一种操纵动作。其特点是：在给定的试验状态，迅速将操纵面(平尾、副翼、方向舵)调整至一定行程并立即回至原来平衡位置，保持不动，让航空器自由运动。

【脉冲多普勒雷达】(pulsed-doppler radar) 利用多普勒效应制成的脉冲雷达。当波源和接收机有相对运动时，接收机收到的频率和波源发出的频率不同，而且相对运动的速度越大，接收机收的波的频率变化也越大。其工作原理是：当雷达发射一固定频率的脉冲波对空扫描时，如遇到活动目标，回波的频率与发射波的频率出现频率差。根据多普勒频率的大小，可测出目标对雷达的径向相对运动速度；根据发射脉冲和接收脉冲的时间差，可以测出目标的距离。由于目标和背景物相对于雷达的径向速度不同，回波信号的多普勒频率也不同。因此，可用频率过滤方法检测出目标的多普勒频率谱线，滤除干扰杂波的谱线，使雷达从强杂波中分辨出目标信号。20 世纪 60 年代研制成功并投入使用。70 年代以来，广泛用于机载预警、导航、导弹制导、卫星跟踪、战场侦察、靶场测量、武器火控和气象探测等方面。

【脉冲风洞】(impulse wind tunnel) 主要用于模拟飞行器高超声速绕流的风洞。工作时间为毫秒级，根据压缩和加热气体的方法不同，脉冲风洞有许多类型。例如，利用激波压缩和加热气体的激波风洞；利用电弧脉冲放电等容压缩和加热气体的热冲风洞；利用活塞压缩和加热气体的多种型号风洞(如炮风洞、自由活塞风洞和长冲风洞等)。脉冲风洞的发展趋势是提高前室的压力和温度，延长工作时间，发展毫秒级的测压、测热流和测力技术以及各种非接触测量技术。

【脉冲幅度调制】(pulse amplitude modulation, PAM) 又称脉幅调制技术。脉冲载波的幅度随基带信号变化的一种调制方式。若脉冲载波是冲激脉冲序列，则抽样定理就是脉冲振幅调制的原理。而实际上，由于真正的冲激脉冲串不能实现，通常只能采用窄脉冲串来实现。实际上，脉冲幅度调制的过程就是用脉冲序列对基带信号进行抽样的过程。抽样间隔就是。所得的已抽样信号就是 PAM 信号。它是数据被以一系列周期性重复出现的脉冲振幅来编码的一种信号调幅形式。脉冲调幅没有脉冲编码调幅(PCM)使用的那么频繁。

【脉冲光】(impulse light) 一种能同时产生连续波长和高能量的脉冲闪光。几乎涵盖了 500～1 200nm波段的所有常用激光波长，是各种激光的综合体。其特点是：(1) 高能量的脉冲式闪光。(2) 具有完整的光谱。(3) 非侵入性。主要用于医学领域的色素性皮肤疾病、良性血管性皮肤病变的治疗以及脱毛、去皱、嫩肤等方面。

【脉冲技术】(pulse technique) 脉冲信号的变换、产生和应用技术。脉冲信号的波形在某一时间内有突发性和断续性。脉冲信号波形有方波、矩形波、三角波、尖顶脉冲波和锯齿波等。常见有线性波形变换电路和非线性波形变换电路两类。前类有微分电路和积分电路。脉冲波产生电路由晶体管和电容器或电感器组成。晶体管用作开关，它的通断可以改变电路的工作状态。电容、电感用作惰性元件，可以形成电路中的暂态特性。能产生矩形波或方波的无稳态自激多谐振荡器，需要外触发的单稳态触发电路和双稳态触发电路。能产生锯齿波的锯齿波发生器和占空比很大的窄脉冲间歇振荡器都属于这类电路。它们可以完成诸如同步、分频、计数、移位寄存、电压比较、延时、扫描、模-数和数-模转换、选通、脉冲编码等功能。广泛应用于电子计算机、通信、雷达、电视、自动控制、遥控遥测、无线电导航和测量技术等领域。

【脉冲控制系统】(pulse control system) 利用脉冲信号进行控制的自动控制系统。可分为调相脉冲控制系统、调幅脉冲控制系统。根据系统和系统控制的特征,脉冲控制系统可有如下三种不同的形式:(1)系统中控制输入是由某些状态变量的"突变"引起的。(2)系统由两种类型的脉冲控制函数、连续控制函数控制输入。(3)系统本身是脉冲的,但控制是连续的。广泛应用于通信技术、人造地球卫星、宇宙飞船以及电视等技术中。

【脉冲宽度】(impulse width) 又称脉冲持续时间。数字电路中信号高电平持续的时间。常用来作为采样信号或者晶闸管等元件的触发信号。从学术角度讲,就是电流或者电压随时间有规律变化的时间宽度。主要是方波、三角波、锯齿波和正弦函数波等。这些波形变化都是有一定规律的。方波里面一般不称脉冲宽度,而是称占空比,即时间轴上方的波形宽度和下方的波形宽度的比。脉宽由信号的周期和占空比确定。其计算公式是:脉宽 $W=T\times P$(T:周期,P:占空比)。

【脉冲喷气发动机】(pulse jet engine) 空气和燃料间歇地进入燃烧室的一种无压气机的喷气发动机。这种发动机结构简单,前部装有单向活门、后面是含有燃油喷嘴和火花塞的燃烧室,最后是特殊设计的长长尾喷管。在工作时,首先将压缩空气压入单向活门,使发动机转动将气流引入燃烧室,然后喷油嘴喷油,火花塞点火燃烧。燃气由长尾喷管喷出后,由于燃气流的惯性,会造成燃烧室负压再次打开单向活门把空气引入燃烧室,开始新一轮燃烧喷气脉冲。这种进气-燃烧-排气的循环过程进行的很快,大约40~50次/秒。脉冲喷气发动机只适宜于低速飞行,飞行高度也有限,加上振动剧烈、耗油量大,使用范围受到限制。多用于靶机、导弹或航空模型上。

脉冲喷漆发动机

【脉冲调宽控制系统】(pulse width modulation control system) 依靠改变脉冲宽度来控制输出电压,通过改变周期来控制其输出频率的控制系统。而输出频率的变化可通过改变此脉冲的调制周期来实现。这样,使调压和调频两个作用配合一致,且与中间直流环节无关,因而加快了调节速度,改善了动态性能。由于输出等幅脉冲只需恒定直流电源供电,可用不可控整流器取代相控整流器,使电网侧的功率因数大大改善。利用PWM(脉冲调制)逆变器能够抑制或消除低次谐波。加上使用自关断器件,开关频率大幅度提高,输出波形可以非常接近正弦波。

【脉冲调制】(pulse modulation, PM) ❶脉冲本身的参数幅度、宽度、相位随信号发生变化的过程。脉冲幅度随信号变化,称为脉冲振幅调制;脉冲相位随信号变化,称为脉冲相位调制;同理还有脉冲宽度调制、双脉冲间隔调制、脉冲编码调制等。其中,脉冲编码调制的抗干扰性最强,故在通信中应用最有前途。❷用脉冲信号去调制高频振荡的过程。两种含义的不同点是:前者脉冲本身是载波,后者高频振荡是载波。一般说的脉冲调制通常指前者。

【脉冲星】(pulsar) 一种能有规律地发射无线电脉冲的特殊恒星。具有一般恒星的质量,但半径很小,一般不大于地球。脉冲具有奇异的特性-短而稳的脉冲周期。脉冲周期很短,约0.002~4s。其脉冲多呈单峰或双峰状,少数具有多峰结构。脉冲持续时间约为周期的几十分之一到十几分之一。脉冲辐射高度偏振,磁场强度也非常高。绝大多数脉冲星只是在射电波段观测到脉冲辐射,少数在光学、X射线和γ射线波段也可观测到脉冲辐射。多数天文学家认为,脉冲星就是具有很强磁场的快速自转着的中子星,为超新星爆发后的产物。

脉冲星

【脉动阵列计算机】(systaltic array computers) 一种专用的、以计算为主要应用课题的阵列结构计算机。在这种结构中,数据按预先确定的方式在阵列的处理单元间有节奏地流动。在数据流动的过程中,所有的处理单元同时并行地对流经它的数据进行处理,具有很高的并行处理速度。由于阵列和处理单元的结构简单,规则一致,模块化程度高,适合于超大规模集成电路的设计和制造。

【脉红螺】(rapana venosa) 又称角泊螺。

腹足纲,前鳃亚纲,新腹足目,骨螺科。贝壳略近梨形。螺旋部小,一般分五层。体螺层膨大。壳面密生低而均匀的螺肋,向外突出形成肩骨。壳面黄褐色,有棕色点线花纹。壳口大,呈橘红色。厣呈褐色。螺壳右旋。雌雄异体。卵生。产卵量大。产卵水温19~26℃,最适温度22~24℃。生活于浅海泥沙质海底。中国黄海、渤海常见,胶州湾产较多。腹足部特别肥大。肉味鲜美。经济价值高。肉食性。双壳类是其主要的食物之一。因此,被列为贝类养殖中的敌害。

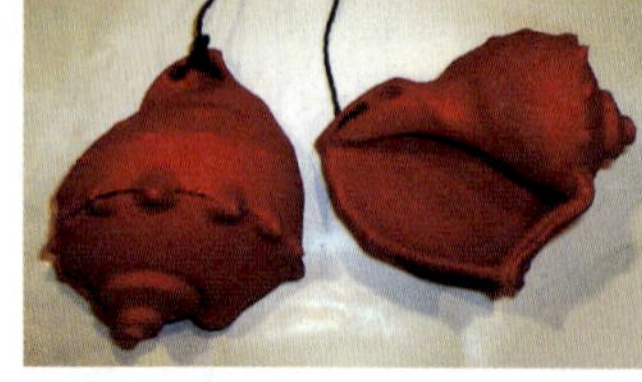

脉红螺

【脉象】(pulse condition) 中医术语。手指感到的脉动形象。脉象的产生与心脏的搏动、心气的盛衰、脉道的通利和气血的盈亏有关。是在每一心动周期中,血流从心脏进入动脉造成的压力波,使动脉扩张和回复而产生的搏动所造成的。脉象是由脉搏的速率、节律、强度、位置等组成,又与心排血量、心瓣膜功能、血压之高低、血管内血液之充盈度,以及末梢血管的功能状态等息息相关。中医根据生理与病理之变化间的关系总结出了浮、沉、迟、数四大脉象,又派生出二十八脉象和主病。

【脉诊】(pulse diagnosis) 又称切脉、诊脉。医生用手指切按患者不同部位的脉搏,根据应指的脉象,了解病情,辨别病证的诊察方法。古代有三部九候的遍诊法,人迎、寸口、趺阳三部诊法和寸口诊法等。后世则以寸口诊法为主。

【鳗鲡】(common eel) 又称日本鳗鲡、白鳝、青鳝、风鳗、鳗鱼。属硬骨鱼纲,鳗鲡目,鳗鲡科,鳗鲡属。体长。圆筒形。尾部稍侧扁。上下颌具细齿。鳞甚小,隐埋于皮下。背、臀鳍低,基部长,后端均与尾鳍相连。胸鳍小,圆形。腹鳍缺失。体无斑点。降河性洄游鱼类。海中产卵。仔鱼为透明的叶鳗。春季,当仔鱼发育成幼鳗时,成群游入江河,在支流或湖泊中肥育,成熟后降河洄游至海中繁殖,以食小负、蟹、虾和水生昆虫为主。一般夜间活动。生长迅速,肉质细嫩多脂、营养丰富。分布于西太平洋沿岸各河流,在黄河、长江、闽江、韩江及珠江等流域以及海南岛、台湾和东北等地均有分布。鳗鲡肉质细嫩,味美,尤含有丰富的脂肪。肉和肝的维生素A含量特别高,具有相当高的营养价值,称之为“水中人参”。人工繁殖技术尚未突破。依靠采捕天然苗进行人工养殖。年产鳗鱼10万吨左右。产品出口日本、韩国等地。2001年出口6.39万吨。全世界现有鳗鲡品种19种。但进行人工养殖的仅有日本鳗鲡、欧洲鳗鲡、美洲鳗鲡、澳洲鳗鲡和太平洋双色鳗鲡5种。

鳗鲡

【螨】(mite) 一种虫体微小,呈椭圆形,有4对足、分布广泛的节肢动物门蜘蛛纲动物。肉眼不易看见。主要有类尘螨、屋尘螨、宇尘螨。其最适生长温度为25±2℃,相对湿度为25%~80%。人皮肤的脱屑是螨的理想食物,在床垫、屋尘、粮尘中均可生长。20~26天繁殖一代,可存活60~150天。因而在卧室、床褥、枕头、沙发、衣服等处极多,棉纺织厂、面粉厂等均有尘螨。活螨、死螨及其脱皮、排泄物均有变应原性,诱发机体产生IgE(免疫球蛋白E)。螨引起的过敏性鼻炎、支气管炎及哮喘并无严格的地域性与季节性,但常与睡眠、铺床、扫地等有关,故常夜间发作。尘螨呈世界性分布。据调查,各地生活环境中尘螨量的多少与尘螨变态反应性疾病的发病率密切相关。

【蔓生型花生】(prostrate peanut) 又称拖秧花生、爬蔓花生。一种匍匐生长、分枝较多、交替开花、花期较长的花生。普通型花生中按其株丛形态而分的一个品种类型。株丛分散,有3次以上的侧枝。侧枝远长于主茎。结荚分散。荚壳较厚,果嘴较明显。种皮淡红至褐色。休眠期长。过分成熟时易落果,收获费工。抗旱、耐瘠性强。单株需较大营养面积,不宜过密。宜充足施肥,适当压蔓,防止早衰和提高饱果率。

蔓生型花生

【慢性毒性实验】(chronic toxicity testing) 以低剂量外来化合物长期给予实验动物接触,观察其对实验动物所产生的毒性效应的实验。是确定外来化合物的毒性下限,即长期接触该化合物可以引起机体危害的阈剂量和无作用剂量。为进行该化合物的危险性评价与制定人接触该化合物的安全限量标准提供毒理学依据,如最高容许浓度和每日容许摄入量等。其期限,一般认为工业毒理学慢性试验动物染毒6个月或更长时间;而环境毒理学与食品毒理学则要求实验动物染毒1年以上或2年。也有学者主张动物终生接触外来化合物,才能全面反映外来化合物的慢性毒性效应,以及求出阈剂量或无作用剂量。其选择实验动物的条件与亚慢性毒性试验相同。但实验动物最好为纯系甚至同窝动物均匀分布于各剂量组。实验动物年龄应较小，大鼠和小鼠应为初断奶者。即小鼠出生后3周，体重10～12g；大鼠出生后3～4周，体重50～70g。性别要雌雄各半。

【慢性非传染性疾病】（noninfectious chronic disease） 从发现之日起算超过3个月的非传染性疾病。这些疾病主要由职业和环境因素，生活与行为方式等暴露引起。如肿瘤、心脏血管疾病、慢性阻塞性肺疾患、精神疾病等。一般无传染性。与不良行为和生活方式密切相关。研究证实，其发生与吸烟、酗酒、不合理膳食、缺乏体力活动、精神因素等有关。具有病程长、病因复杂、迁延性、无自愈和极少治愈、健康损害和社会危害严重等特点。

【慢性根尖周炎】（chronic apical periodontitis，CAP） 根管内由于长期有感染及病原刺激存在，使牙齿根尖部及其周围的组织，包括牙骨质、牙周膜和牙槽骨出现的慢性感染性病变的总称。表现为炎性肉芽组织形成和牙槽骨破坏。其病变类型包括：根尖周肉芽肿、慢性根尖周脓肿、根尖周囊肿和根尖周致密性骨炎。大多数由牙髓炎发展而来，一部分因急性根尖周炎未经彻底治疗而迁延下来。其临床表现是：患者一般无明显的自觉症状，有的患牙咀嚼时有不适感。患牙有牙髓病史、反复肿痛史，或牙髓治疗史。检查可发现患牙有深龋洞或充填体，以及其他牙体硬组织疾患；牙冠变色，探诊及牙髓活力测验无反应；叩诊反应无明显异常或仅有不适感，一般不松动；窦型慢性根尖周炎者，可查及位于患牙根尖部的唇、颊侧牙龈表面的窦管开口；根尖周囊肿可由豌豆大至鸡蛋大，较大的囊肿，可在患牙根尖部的牙龈处呈半球状隆起，有乒乓感，富有弹性，并可造成邻牙移位或使邻牙牙根吸收。X线片可以确诊。其治疗方法是：根管治疗术或牙髓塑化治疗术。

【慢性疲劳综合征】（chronic fatigue syndrome） 见过劳。

【慢性龈炎】（chronic gingivitis） 又称边缘性龈炎、单纯性龈炎。由菌斑引起的主要发生于游离龈和龈乳头的一种牙龈组织炎症。患病率高，涉及人群广，尤其在儿童和青少年多发。调查显示，人群中慢性龈炎的患病率在60%～90%之间。龈缘附近牙面上堆积的牙菌斑是慢性龈炎的始动因了，其他如牙石、不良修复体、牙拥挤等均可促进菌斑的积聚，加重牙龈的炎症。临床检查发现炎症部位主要位于游离龈和龈乳头，严重时波及附着龈。以前牙区为主，尤其是下前牙最为显著。患者自觉牙龈痒、胀、刷牙出血。检查发现牙龈色暗红、龈缘肥厚或伴有增生、质地松软脆弱缺乏弹性、存在假性牙周袋、龈沟液量增多以及探诊后出血等症状。其治疗原则是：通过洁治术和局部刮治去除病因，对于伴有增生的牙龈可以手术切除，同时应注意维护口腔卫生，防止复发。其预防措施是：做好菌斑控制，坚持正确的刷牙方法以及正确使用牙线、牙签。

【慢性阻塞性肺疾病】（chronic obstructive pulmonary emphysema disease，COPD） 一种具有气流受限特征的，通常呈进行性发展的，并与肺脏对有害颗粒和气体的异常炎症反应有关的疾病状态。慢性气流受限是气道疾病（阻塞性细支气管炎）和肺实质破坏（肺气肿）共同作用所致，各自比重因人而异。其中遗传因素可增加发生COPD的易感性；吸烟是该病最重要的发病因素之一，吸烟量与肺功能损害程度相关；职业性接触和空气污染，也与COPD的发生有关。同时呼吸道感染亦是COPD加重的一个重要因素。肺炎链球菌可能是COPD急性发作的主要病原菌。其临床表现是：起病隐潜；以慢性支气管炎为病因者，有多年的咳嗽、咳痰史；常有气急症状，静息时有气急者，提示肺气肿已相当严重；出现头痛提示有 CO_2 潴留；严重肺气肿者胸廓呈桶状，肝浊音界下降；两肺可闻及干湿啰音，X线检查肺透明度增加。肺功能测定对COPD的诊断、鉴别诊断、严重度分级、预后和治疗反应都有重要意义。

【慢走丝线切割技术】（spark erosion wire cutting technology） 一般以黄铜丝为电极，并以100mm/min以下的速度作单向移动的电火花线切割加工技术。目前数控慢走丝线切割技术发展水平已相当高，功能相当完善，自动化程度已达到无人看管运行的程度。最大切割速度已达300mm/min，加工精度可达到±1.5μm，加工表面粗糙度 *Ra*0.1～0.2μm。直径0.03～0.1mm细丝线切割技术的开发，可实现凹凸模的一次切割完成，并可进行0.04mm的窄槽及半径0.02mm内圆角的切割加工。锥度切割技术已能进行30°以上锥度的精密加工。

【漫反射】（diffuse reflection） 当一束平行的入射光线射到粗糙表面时造成的反射。因面上凹凸不平，所以入射线虽然互相平行，由于各点的法线方向不一致，造成反射光

漫反射

线向不同的方向无规则地反射。这种反射的光称为漫射光。很多物体,如植物、墙壁、衣服等,其表面粗看起来似乎是平滑的,但放大后仔细观察,就会看到其表面是凹凸不平的。所以本来是平行的太阳光被这些表面反射后,就弥漫地射向不同方向。

【漫灌】(flooding irrigation) 水沿地面坡度漫流,在重力作用下浸润土壤的一种灌溉方法。这种方法多用于储水灌溉。其缺点是:水量浪费大;土壤结构容易遭到破坏;养分流失和可以引起地下水水位上升,导致土壤盐碱化和沼泽化。漫灌仅在水源充沛、地势平坦的地区用于灌溉天然草场及引洪淤地灌溉。

漫灌

【芒硝结晶装置】(mirabilite crystallizing equipment) 采用降低酸浴温度使多余的硫酸钠结晶出来的设备。在生产黏胶纤维的过程中,纤维素在凝固浴(酸浴)中被还原时,大量生成硫酸钠。为了保持凝固浴的组成,须不断地把多余的硫酸钠分离出来。有效的手段就是降低酸浴的温度,即降低硫酸钠在酸浴中的溶解度,从而使多余的硫酸钠以晶体形式–芒硝($Na_2SO_4 \cdot 10H_2O$)结晶出来,再经分离就可保持酸浴的组成。芒硝结晶装置主要由冷却器、结晶器、浴液冷凝器、混合冷凝、增浓器、脱气罐、多台蒸汽喷射泵、水环真空泵、盐浆泵和离心机等多台设备及管线阀门组成。经蒸发浓缩后的酸浴在冷却器中被冷却后,在真空状态下被闪蒸冷却,然后进入结晶器。结晶器分为四级,逐级继续冷却,使芒硝结晶出来,经增浓后送入离心机将芒硝分离出来。为了防腐蚀,设备采用橡胶衬里或优质不锈钢,以延长设备的使用寿命。

芒硝结晶装置

【盲法】(blind method) 受试对象、试验实施者(或结果测量者)或统计分析人员不知道受试对象分在何组的试验设计方法。可分为单盲、双盲和三盲。单盲是指受试对象不知道接受何种处理因素;双盲是受试对象和试验实施者(或结果测量者)均不知道受试对象接受的是何种处理因素;三盲是指受试对象、试验实施者(或结果测量者)和统计分析人员均不清楚受试对象接受何种处理,统计分析人员只知道何组数据为A组,何组为B组,而不知道何组为治疗组,何组为对照组,甚至不知道该试验的设计是非劣效检验,或等效检验,还是优效检验,而由负责整个课题设计的人员统一控制。盲法是临床试验的基本原则之一。设置盲法的主要目的在于控制受试对象、试验实施者(或结果测量者)或统计分析人员主观因素对观察结果造成的偏倚。

【盲袢综合征】(blind loop syndrome) 又称小肠污染综合征。小肠内容物在肠腔内停滞和细菌过度繁殖引起的腹泻、贫血、吸收不良和体重减轻的综合征。可由小肠狭窄、憩室及神经功能失调等引起,但主要见于胃切除、胃肠吻合术后导致盲袢或盲袋(即肠袢)的形成并发生淤滞而引起。腹泻是每个病例皆有的表现,包括脂肪泻和水泻。常有腹胀、腹痛、恶心、呕吐以及粪便多恶臭。由于维生素 B_{12} 吸收不良,常引起高色素性大细胞贫血,也可因铁吸收障碍而有低色素性小细胞贫血。各种维生素吸收障碍,可引起夜盲症、口角炎、低钙性搐搦;由于消化吸收的障碍,低蛋白血症及体重减轻亦常见。

【猫眼石】(chatoyant stone) 又称猫眼、猫儿眼。古称狮负。有猫眼效应的金绿宝石。属高档宝石。在旧文献中有时泛指具猫眼效应的各种宝石。中国珠宝玉石国家标准规定,除金绿宝石猫眼可直称猫眼之外,其他具猫眼效应的宝石必须在猫眼二字之前加宝石的基本名称,如石英猫眼、顽火辉石猫眼等。最好的猫眼石产自斯里兰卡,故又称为"东方猫眼"或"斯里兰卡猫眼"。市场上常见有仿冒猫眼的玻璃制品。

猫眼石

【猫抓病】(cat-scratching disease) 由猫传播给人的一种疾病。致病因子为汉赛巴尔通体的立克次氏体。感染的猫甚至可在无病状况下传播疾病。该病易发病于手、前臂、面、颈及下肢等部位,潜伏期3~30天(平均10天)。在猫抓接触局部发生棕红色丘疹或结节,不痒,约经两周左右自然痊愈,不留疤痕。在接触后的2~12周,局部淋巴结肿大、化脓,并伴有发热、倦怠、恶心等症状。但是,多数病例在两三个月内,不用药物也能恢复。对较严重或复发性感染者应就医或给予药物治疗。

【毛蚶】(blood clam) 俗称毛蛤、麻蛤。软体动物门,瓣鳃纲,蚶目,蚶科,毛蚶属。成体壳长4~5cm。壳坚厚而宽。壳面膨胀呈卵圆形。两壳不等,左壳略大于右壳。壳顶突出而内卷且偏于前方。壳表面有略凸且较密的放射肋32条左右。肋上显示出方形的小结节,且左壳上的较为明显。铰合部平直。有齿约50枚。壳面白色,被有褐色绒毛状表皮。壳腹缘前端圆,后端稍延长,呈长卵圆形。以浮游植物、有机碎屑为食。广温、广盐性种类。2龄贝性腺开始成熟。毛蚶生活于浅海水深20m以内的泥砂底质中,以水深2~10m处较多;栖息水域以有适量淡水流入的内湾较宜;亦常分布于潮间带下区。分布于西太平洋日本、朝鲜、中国沿岸。毛蚶肉肥,除蒸煮后鲜食外尚可晒制成干。贝壳可作电石、水泥的原料,也可粉碎后作为禽、畜饲料。

毛蚶

【毛皮服装】(fur and leather garment) 见裘皮服装。

【毛舌】(hairy tongue) 舌背丝状乳头过度伸长和延缓脱落形成的毛发状损害。可呈黑、褐、白、黄、绿等多种颜色,而分别称为黑毛舌、白毛舌等。临床以黑毛舌为最多。一般认为与口腔环境状况不佳有关。菌丛变化和缺乏舌运动是其主要原因。如长期滥用抗生素后引起口腔真菌感染;疾病或疼痛使舌运动减少,导致丝状乳头延迟脱落;糖尿病、贫血、放射治疗等,机体抵抗力不佳时亦可发生毛舌。其真菌感染以毛霉菌属的黑根霉菌最常见。多见于30岁以上成年患者,无性别差异。好发于舌背正中部,丝状乳头增生伸长呈毛发状,毛长多为数毫米,长者达1cm。过长的毛发刺激软腭引起反射性恶心。患者口臭明显,无其他不适感。其治疗方法是:(1)对因治疗。如停用可疑药物和食物,积极治疗全身性疾病,纠正口腔酸性环境。(2)局部处理。如用消毒剪仔细修剪过度伸长的丝状乳头;牙刷轻洗舌毛区;用制霉菌素片50万U含服,每日3次,每次1片。

【毛细管电泳】(capillary electrophoresis, CE) 以毛细管为分离通道,以高压电场为驱动力,依据样品中各组分之间淌度和分配行为上的差异而实现分离的一类液相分离方法。按其分离模式的不同可分为:(1)毛细管自由流动电泳。(2)毛细管区带电泳。(3)毛细管等电聚焦。(4)胶束电动毛细管色谱。(5)毛细管凝胶电泳。(6)毛细管等速电泳。(7)毛细管电色谱。毛细管常用熔融石英制成,内径为25~75μm,长度为30~100cm。其优点是:(1)灵敏度高。常用紫外检测器的检测限可达$1\times10^{-13}\sim1\times10^{-15}$mol,激光诱导荧光检测器则达$1\times10^{-19}\sim1\times10^{-21}$mol。(2)分辨率高。其理论塔板数为$1\times10^{5}\sim1\times10^{7}$个/米。(3)速度快。最快可在1min内完成。(4)所需样品少。进样量通常为纳升级。(5)成本低。(6)能自动化。已广泛应用于蛋白质、氨基酸、DNA片段、无机离子、有机化合物、药物的分离分析。在生物学、医学、药学和材料科学等领域倍受青睐。

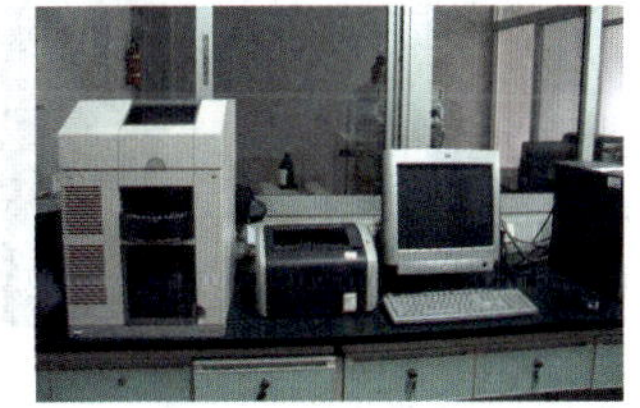
毛细管电泳

【毛细管气相色谱法】(capillary gas chromatography) 气相色谱分析的一种。利用毛细管作为色谱柱以达到分离分析目的的分析方法。其固定相是附着于毛细管内壁上的一层液体薄膜。毛细管直径约0.1~1mm,长度约10~30 m(常制成螺旋形),可用不锈钢、铜、玻璃、弹性石英和尼龙等制作。毛细管柱分为空心毛细管柱和填充毛细管柱两种。前者是将固定液直接涂在内径只有0.1~0.5mm的玻璃或金属毛细管的内壁上;后者是将某些多孔性固体颗粒装入厚壁玻管中,然后加热拉制成内径一般为0.25~0.5mm毛细管。

【毛细现象】(capillarity) 由于液面曲率不同导致液体内部压力不等而发生的液体从压力高处向压力低处流动的现象。毛细管插入浸润液体中,管内液面上升,高于管外,称为毛细上升现象;毛细管插入不浸润液体中,管内液体下降,低于管外,称为毛细下降现象。毛细上升现象的原因是弯曲的液面有变平的趋势,因此凹液面对下面的液体施以拉力,凸液面对下面的液体施以压力。浸润液体在毛细管中的液面是凹形的,它对下面的液体施加拉力,使液体沿着管壁上升,当向上的拉力跟管内液柱所受的重力相等时,管内的液体停止上升,达到平衡。同理可解释毛细下降现象。在自然界和日常生活中存在大量的毛细现象,如植物茎内的导管吸取土壤里的水分、砖块吸水、毛巾吸汗等都是常见的毛细现象。农业生产中经常采用的松土,就是锄松地面的土壤,以破坏土壤表层的毛细管,从而减少土壤水分的蒸发。

【毛细支气管炎】(bronchiolitis) 有多种病原感染引起的急性毛细支气管炎症。多数波及到肺泡。有人认为是肺炎的一种类型,称为喘憋性肺炎。多见于2岁以下小儿,特别是6个月以下多见。呼吸道合胞病毒等及肺炎支原体感染可引发此病。一年四季均可发病,秋冬季多见。其主要表现是:下呼吸道梗阻症状,阵发性,间歇性,呼气性呼吸困难,呼气时有喘鸣音发出,晨时明显。呼吸浅快,鼻翼扇动,三凹征,严重时面色苍白、烦躁不安、口唇及口周发绀。肺内有大量哮鸣音,喘憋缓解时肺内可听到中小水泡音。全身中毒症状轻,体温正常或中、低发热。喘憋不重时,患儿可如常玩耍及进食。在发病高峰期,大约发病后2~3天,可并发心力衰竭,烦躁,心率及呼吸明显增快,肝大等;或因缺氧、血氧饱和度下降致呼吸衰竭,均需立即处理。病程大约1~2周。可反复发作。胸片表现为不同程度肺气肿,肺纹理增粗,气管周围炎等。2岁以下少儿,有呼气性喘憋,呼气有喘鸣音,听诊肺部有大量哮鸣音,可诊断。但要寻找病原体比较困难,需做血及呼吸道分泌物检查。其治疗原则是:(1)清理呼吸道,吸氧,止咳。(2)抗病毒治疗,如病毒唑、干扰素等。(3)治疗喘憋,静点氨茶碱,糖皮质激素,可雾化吸入等。(4)注意心力衰竭及呼吸衰竭的治疗等。

【毛油】(crude oil) 由植物油料经浸出或压榨工序提取出的、含有不宜食用的某些杂质的油脂。需经精炼处理才可食用。其主要成分是甘油三脂肪酸酯。其他存在成分统称为杂质。杂质的种类和含量随制油原料的品种、产地、制油方法、储藏条件的不同而不同。根据杂质在油中的分散状态,可将其归纳为悬浮杂质、水分、胶溶性杂质、油溶性杂质等。

【毛状白斑】(hairy leukoplakia) 又称口腔病毒性白斑、口腔扁平湿疣、口腔毛状黏膜白斑病。发生于口腔黏膜上的皱或毛状白色斑块。本病于1984年由Greanspan等首先报道。受人乳头瘤病毒或E~B病毒或人乳头瘤病毒合并疱疹病毒感染所致。常发生于艾滋病(AIDS)患者,是AIDS患者早期监控的一个临床标志。其临床表现是:在舌侧缘一侧或两侧,呈起皱或毛状的白色斑块微隆起,境界不清,从几毫米至3.5×3cm大小。无自觉症状。损害也可发展至舌背或腹侧。临床上常可检出念珠菌,但用抗真菌药物治疗使念珠菌消失后损害仍持续存在,因此认为念珠菌的存在是继发性的。其组织病理变化表现为:表皮角化过度,角质突出于表面(常类似毛状);角化不全,棘层肥厚;在角化不全下方的棘层上部有体积大、淡染、核固缩的气球状细胞;真皮很少有炎症现象。根据临床表现及病理变化可以确诊。目前尚无特效治疗手段。

【锚泊】(anchoring) 船舶在港外停泊场所将锚和锚链等设备投入海中,利用锚在海底的抓力使船舶固定在一定位置的一种停泊方式。目的是等候泊位、躲避台风、等待领港、接受检疫等。其具体形式包括船首抛锚、首尾抛锚和船尾抛锚等。锚泊设备由锚、锚链、锚链筒、止链器、锚链管、锚链舱、弃链器、起锚机械等组成。锚是锚设备中啮入泥土的装置,可分成有杆锚、无杆锚和大抓力锚三类。锚链是用以将船和锚相连接的设备,可分为电焊、铸钢、锻造三种。其中焊接锚链在国内外应用最为广泛。锚链筒是斜穿过甲板与舷侧,引导锚链通向舷外的孔道,是锚的收藏与投放装置的重要组成部分,一般设置在船首两侧。止链器的作用是夹住锚链,一般设在锚机与锚链筒之间的甲板上。锚链舱位于锚机下方,通常以纵向隔壁分成左右两个。其主要作用是收藏锚链。起锚机械按链轮轴线位置的不同可分为卧式锚机和立式锚机两种。前者常用于民用船舶,后者常用于军用舰船。

【锚泊定位】(anchored positioning) 采用锚及锚索(链)将船或平台等漂浮物系于海面,使之不因风、浪、海流等外力而漂移的技术。一种最常见、最普通的定位方式。海上石油钻井船或钻井平台多采用锚泊定位。因为钻井允许的线位移或角位移都有严格的限制,且其隔水管与海底相连接,所以若产生过大的位移就会引起隔水管承受过大的弯矩与扭矩而损坏。锚泊定位在航船、航标中也广泛应用。

【锚泊浮标】(anchor buoy) 又称海洋资料浮标、海洋遥测浮标。用锚在预定的海域系留的浮标。这种浮标由浮标体、传感器系统、数据采集和处理系统、通信系统、电源和锚泊系统组成。可观测风速、风向、气压、气温、水温、湿度、盐度、海流、海浪和浮标方位等参数,且可以进行长期连续地观测。其观测资料对海洋科学研究和海洋预报都具有重要意义。

锚泊浮标

【锚地】(anchorage) 专供船舶停泊及进行水上装卸作业用的水域。按锚地的位置和功能的不同可分为内港锚地和外港锚地。内港锚地供船舶待泊和水上装卸作业用,有的锚地还提供船队进行船舶编解组作业。外港锚地供船舶候潮、待泊、联检及避风使用,也可用于装卸易燃易爆危险品停泊,有时也进行水上装

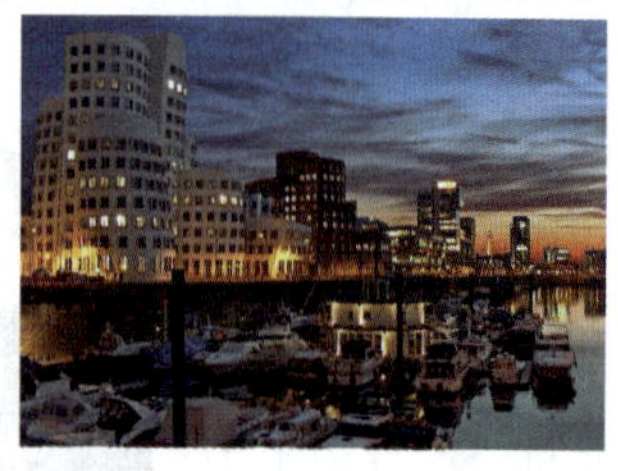
锚地

卸作业。锚地一般设置系船浮筒、趸船等设施，供船舶靠泊。

【锚杆】(anchor bolt) 用于锚固岩层的杆状构件。多采用金属材料。一般用单根钢筋或高强度钢管制成。普通锚杆采用普通钢材不施加预应力，支护锚固岩层视需要可灌浆或不灌浆。预应力锚杆多采用高强度钢材料，且需灌浆防腐。灌浆锚杆也称为钢筋混凝土锚杆。锚杆直径一般为16～25mm，钻孔孔径比杆径大8～15mm，间距为锚入深度的1/2，且不大于1.5m。锚杆一般由杆件和锚头组成。主要有三种类型：(1)楔缝式锚头。在杆底切缝，把楔子卡在切缝中，再将锚杆插入钻孔，用风钻等机具冲击锚杆，到孔底后，在楔子作用下，使切缝张开而卡紧孔壁。(2)涨壳式锚头。由一个或两个内侧具有锥形槽的帽组成的涨壳和有相应锥度的信体组成。当旋转锚杆时，锥形体向涨壳内移动并使涨壳张开而固定。(3)黏结式锚杆。用黏结剂使锚杆固定在钻孔中。黏结剂可用水泥砂浆，也可用聚酯树脂、环氧树脂等。锚杆的功能是：(1)悬吊作用。把因爆破而松动的岩块固定在稳定的岩层上，防止崩落。(2)增强作用。锚杆的张拉作用给地层施加预应力，增大节理面或层理面间的摩擦力，使破碎的岩层保持稳定。(3)形成梁或拱的作用，承受传来的荷载。

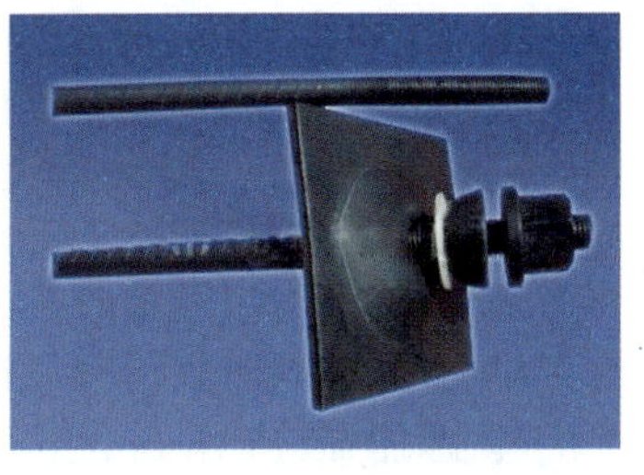
左旋锚杆

【锚杆支护】(bolt supporting) 一种用锚杆加固围岩的巷道支护方法。锚喷支护的一种方式。具体方法是向巷道围岩钻孔，然后向孔中安装锚杆。在大断面巷道或硐室支护时，可以安装锚索，使锚杆、锚索与围岩共同作用进行巷道支护。锚杆支护可以起到三个作用：一是锚固层状岩层；二是悬吊松软岩层；三是拉紧岩块。锚杆的种类很多，可分为金属锚杆、木锚杆、竹锚杆、钢筋或钢丝绳砂浆锚杆、树脂锚杆和快硬水泥锚杆、水力涨管式锚杆和管缝式锚杆等。锚杆支护的优点是：支架材料用量少；巷道掘进断面小，支护费用低；劳动强度低，支护工效高；支护性能好，安全可靠，掘进爆破时不易被崩坏；巷道施工速度快。其主要缺点是：锚杆不能封闭围岩表面，不能防止围岩的风化和围岩的淋水，在围岩极松软、破碎的地段难以单独使用。

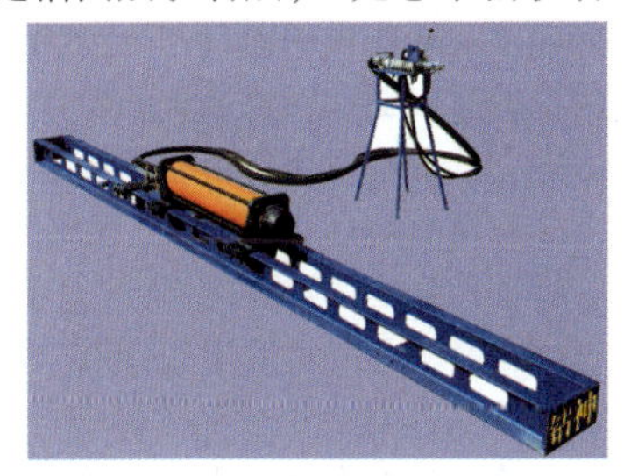
锚杆支护

【锚喷】(anchoring and guniting) 一种加固围岩、发挥围岩自身支承能力的新型巷道支护方法。属于柔性薄型支护。中国广泛应用的锚喷支护类型有以下六种：锚杆支护、喷射混凝土支护、锚杆喷射混凝土支护、钢筋网喷射混凝土支护、锚杆钢架喷射混凝土支护和锚杆钢筋网喷射混凝土支护。具体方法是将锚杆支护、喷射混凝土支护以及其他支护结构组合起来运用。视围岩情况，锚杆和喷射混凝土两者均可单独使用，但互相结合可获得更好的支护效果。这种支护体系，由围岩承载带和喷射混凝土组成。围岩承载带用锚杆加固，有时补充以固结灌浆，喷射混凝土则直接喷在圈岩或钢丝网上。锚杆形式主要有楔缝式、胀壳式和黏结式。(1)楔缝式锚杆用楔子卡在锚头的切槽中，用外力冲击锚杆，在楔子作用下，切口张开而卡紧钻孔孔壁。(2)胀壳式锚杆的锚头由一个或两个内侧具有锥形槽帽的胀壳及与之相应的锥形体组成。当旋转锚杆时，锥形体向胀壳内移动而使胀壳张开固定。(3)黏结式锚杆用黏结剂将锚杆固定在钻孔中，黏结剂可用水泥砂浆或聚氨树脂等。喷射混凝土可用干喷法、湿喷法或水泥裹砂法。其优点是：(1)不需要模板。(2)喷层具有高黏附性，使喷层与岩层共同承受荷载。(3)胶结松散的岩块，充填裂隙并深入内部，减少岩石的应力集中。(4)减少岩块位移或坠落。(5)具有高密度和高强度。(6)紧随掘进工作面，防止岩石风化或塌落。(7)支护占衬砌断面小，节约投资和劳力。但在混凝土喷射过程中回弹量较大，粉尘较多，影响操作人员健康。减少回弹的措施是：采用高黏性的快凝混凝土，合理选择骨料级配和改善喷射设备等。减少粉尘的措施是：采用水幕、水力旋流器和特殊喷头，在输料管内增加混合料湿度和加强通风等。水泥裹砂法可减少回弹与粉尘，已广泛应用于地下工程和支护高边坡等工程。锚喷支护因具有技术先进、经济合理、质量可靠、适用范围广等一系列显著优点，可以在不同岩类、不同跨度、不同用途的地下工程中，采用静载或动载时做临时支护、永久支护、结构补强以及冒落修复时使用。这种支护方法在中国煤矿中已得到大力推广。

【锚喷网支护】(bolting and shotcreting with wire mesh) 联合使用锚杆、喷射混凝土加金属网的巷道支护方法。锚喷支护的一种方式。金属网的作用是提高混凝土的整体性，使混凝土的应力得到均匀分布,防止喷层收缩开裂和增强喷层的抗震能力及抗拉强度。为了便于施工和避免喷射混凝土时金属网背后出现空洞,金属网格应不小于200mm×200mm(喷射混凝土)或不小于50mm×50mm(喷射水泥砂浆),喷层应将金属网全部覆盖。这种联合支护方法在特别松软破碎的岩层及围岩稳定性较差,跨度较大的巷道、硐室的支护实践中取得了较好的效果。

【铆接】(riveting) 运用拉力膨胀原理紧密铆接物体且使用铆钉连接两件或两件以上的工件。按其铆接应用情况的不同可以分为:(1)活动铆接。结合件可以相互转动。不是刚性连接。如:剪刀,钳子。(2)固定铆接。结合件不能相互活动,即刚性连接。如:角尺、三环锁上的铭牌和桥梁建筑。(3)密缝铆接。铆缝严密,不漏气体和液体。已被焊接广泛替代,较少见。

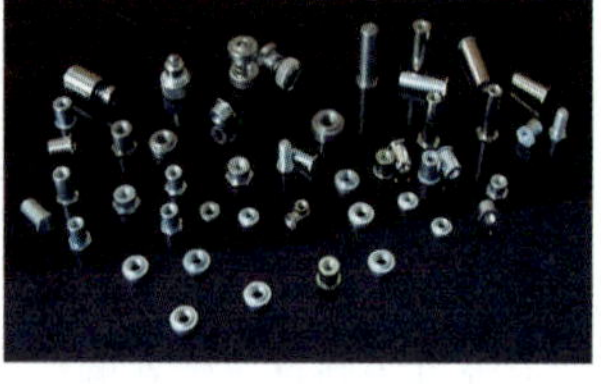

铆接

【冒顶】(roof fall) 又称冒落。采掘工作空间或井下其他工作地点顶板岩石发生的坠落事故。是由于开采使原先平衡的矿山压力遭到破坏而造成的。在采煤工作中,有时也有计划地放落上部煤层,也称为冒顶。煤矿中发生的冒顶事故与井下的瓦斯、煤尘、火、水灾等事故所造成的后果相比,具有发生频率高、规模范围小、人员伤亡多、影响时间长等特点。其预防措施有:(1)加强顶板观测,掌握矿压显现规律,进行顶板来压预报。(2)及时支护,不在空顶下作业。(3)炮眼布置要合理,装药量要适当,炮道应合乎要求,使爆破后不崩倒棚子或支柱。(4)坚持正规循环作业,加快工作面推进速度、降低支架载荷。此外,严格执行敲帮问顶制度、验收支架制度、岗位责任制度和认真做好回校放顶工作等都是预防冒顶的有力措施。

【冒口】(feeder head) 对铸件凝固收缩时用于补给的、非铸件本体的附加部分。冒口应最后凝固,并有足量的液体金属,主要用来补缩、排气和集渣等。

【梅-罗综合征】(Melkersson-Rosenthal syndrome) 以复发性面部肿胀、复发性面瘫、裂舌三联征为特征的一组疾病。因最早由瑞士Melkersson(1928)和德国Rosenthal(1931)报告而命名。其病因不明。临床以20岁以下青年较多见,男女比例接近或男性稍多。三联征同时发生或间隔数月至数年发生。典型的三联征并不常见。复发性面部肿胀表现为唇、颊、牙龈、眼睑等部位的肿胀,以唇肿为主。复发性周围性面瘫以突然发病为特征,常为单侧的,可双侧受累。可自发地消失,有间歇性,继而成永久性。裂舌被认为有遗传倾向,为不全显性遗传。表现为舌背面出现深沟,沿主线向周围任何方向放射状排列。同时还可有偏头痛、听觉过敏、唾液分泌过多或过少、面部感觉迟钝等复发性颅面自主神经系统的症状。其临床治疗方法有:皮质类固醇可治疗面瘫,注意补钾;唇部肿胀应局部注射泼尼松龙注射液;裂纹舌可用2%碳酸氢钠液、氯已定于进食后含漱的方法进行治疗。

【梅毒】(syphilis) 由梅毒螺旋体(苍白螺旋体)引起的传染病。病程漫长,早期侵犯生殖器和皮肤,晚期侵犯全身各器官,出现多种症状和体征。梅毒主要通过性行为在人群中相互传播,也可通过母体传染给胎儿,危及下一代。极少数患者是通过接吻、哺乳,以及接触有传染性损害病人的日常用品而被传染。在性传播疾病中,梅毒的患病人数相对较低,但由于其病程长,危害性大,应予重视。

【梅毒螺旋体】(treponema pallidum, TP) 可引起人类梅毒病的一种螺旋体。梅毒是世界卫生组织将列为性传播疾病的主要病种之一,系由梅毒螺旋体感染所引起。感染途径主要通过性交传染,也可通过胎盘传至下代。由于TP的体外培养极为困难,因而研究进展缓慢。近年来认为TP的致病物质可能与荚膜样物质及黏多糖酶有关。荚膜样物质为酸性黏多糖,是TP繁殖与存活所必需的,可阻止大分子物质(如抗体)穿透,从而保护TP;尚有抗吞噬作用。另外TP借黏多糖酶吸附于组织细胞表面,此为引起感染的先决条件。该酶尚可分解组织的黏多糖基质,提供TP合成荚膜样物质的原料,并造成组织损伤。毒力较强菌株的黏多糖酶活性较高,使TP大量繁殖。同时黏多糖为构成宿主组织和血管支架的重要成分。当黏多糖其酶分解后,可引起血管塌陷、炎症、坏死、溃疡等特征性病变,故梅毒病变好发于黏多糖含量高的组织中,表现出一定的嗜组织性。梅毒的主要免疫防护机制是迟发型变态反应(DTH)。DTH水平的高低决定着该病的发展过程。人类梅毒有三种发展过程:1/3感染者,由于强DTH结果,能自愈,并无残余的抗TP抗体;1/3病人为中等强度DTH,表现为潜在性梅毒,可无任何症状和体征,但其终身呈血清学阳性;另

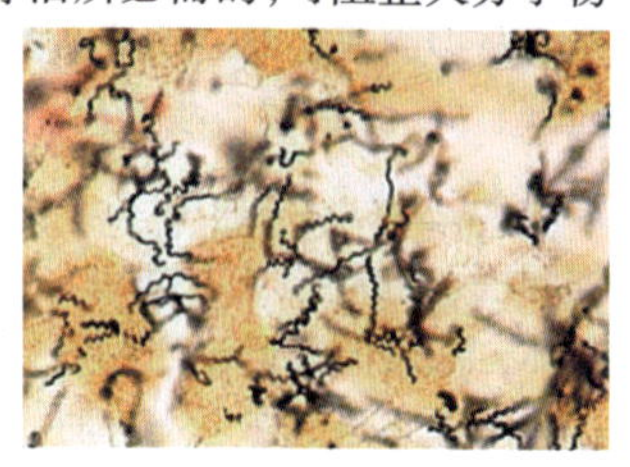

梅毒螺旋体

有1/3病人发展为Ⅲ期梅毒，DTH弱，并有较强的抗体形成应答反应。人体感染梅毒后能产生一定的免疫力，表现在再感染时不发生第一期的下疳症状。未经治疗的病人，当初次感染后，体内可持续多年带有感染性TP，使机体不断排放少量TP进入血液。此种持续的抗原刺激，可能为该病能持久免疫的原因。梅毒的免疫主要为细胞介导。在TP的细胞免疫中，活化的巨噬细胞极为重要。体液免疫在梅毒中也起着重要作用。梅毒体内的抗TP制动抗体，在厌氧且有补体存在时可使TP制动，并将其杀死或溶解，对机体的再感染有一定保护作用。梅毒病人对TP多肽的体液免疫反应，证实梅毒患者最少有4种抗TP多肽。当疾病进入潜伏晚期或晚期时，失去了其中4～5种抗体。这种抗体的丢失，可能为疾病进展至晚期创造了条件，使TP大量繁殖而造成破坏性病变。先天性梅毒和Ⅱ期梅毒肾功能的损害可能均与免疫复合物的沉积有关。

【梅尼埃综合征】（Meniere's syndrome） 见美尼尔氏症。

【梅雨】（plum rain） 又称霉雨、时雨、黄霉、时霉。初夏时节在江淮流域出现的一种持续时间较长的连阴雨天气。因此时正值梅子成熟，故名。梅雨开始之日称作入梅、进梅，通常在6月上旬，各地略有差异。梅雨结束之日称作出梅、断梅，多在7月中旬。梅雨期间根据降雨的多少有丰梅、枯梅和空梅之分。产生梅雨的天气系统主要是位于西太平洋副热带高压边缘、极地气团和副热带气团间大致沿长江呈东西向分布的梅雨锋，与西太平洋副热带高压脊的进退关系密切。

【媒染剂】（mordant） 染料通过媒介物上染于织物而达到染色目的而所用的助剂。可分为：(1)酸性媒介染料染色毛织物时所用的媒染剂，主要是重铬酸盐、铝盐、铜盐及钴盐。酸性金属络合染料，在制造中已引入金属原子，在染色时不必另加媒染剂。(2)能使碱性染料在纤维素纤维上染色的有机化合物（如丹宁）。(3)对细胞和组织的染色，有时仅用染料溶液染色并不能着染。此时另用可使细胞、组织和色素结合的药物溶液去处理，可使材料着染。媒染剂和色素结合形成色素沉淀使染色成为可能。一般做法是将媒染剂混合在色素液里来染色，或是先用媒染剂进行染色前处理，然后用色素液染色。在苏木素染色中所用的钾明矾、铬明矾、铁明矾，和在偶氮染料溶液中所用的磷钨酸等都是媒染剂。

媒染剂

【媒体控制接口】（media control interface, MCI） 针对Windows操作系统的应用程序提供的一套高层次的控制媒体设备的软件接口。利用该接口，程序员不再需要关心具体设备的差异，就可以对激光唱机（CD）、视盘机、波形音频设备、视频播放设备和MIDI设备等媒体设备进行控制。对于媒体编程人员来说，可以把MCI理解为设备面板上的一排按键，通过选择不同的按键（发送不同的MCI命令）可以让设备完成各种功能，而不必关心设备内部如何实现。比如，对于play、视盘机和CD机有不同的反应（一个是播放视频，一个播放音频），而对用户来说却只需要按同一按钮。应用程序通过MCI发送相应的命令来控制媒体设备。MCI分为命令字符串和命令消息两种，两者具有类似的功能。命令字符串具有使用简单的特点，但是它的执行效率略低于命令消息。

【煤】（coal） 一种植物化石燃料。古代丰茂的植物随地壳变动而被埋入地下，经过长期的细菌、生物、化学作用以及地热高温和岩层高压的成岩、变质作用，使植物中的纤维素、木质素发生脱水、脱CO、脱甲烷等反应，而后逐渐成为含碳丰富的可燃化石。煤的主要成分有碳、氢、氧、氮、硫、灰分和水分。

煤

【煤变质作用】（coal metamorphism） 褐煤向烟煤、无烟煤转变的过程。影响煤变质的主要因素有温度、压力和作用的持续时间。煤在变质过程中，内部结构、化学组成、物理特征以及工艺性能都呈有规律的变化。在上述三种因素中，以温度因素最重要。因为温度促使镜质组中芳香结构发生变化，官能团和键减少，链缩短、缩聚，从而使煤的变质程度增高。时间因素指煤受热的持续时间。煤经受温度高于50～60℃时，其持续的时间越长，煤的变质程度就越高。压力是煤变质不可缺少的因素，主要促使煤的物理结构发生变化。由于煤对温度和压力的反应比围岩灵敏，当褐煤变成烟煤、无烟煤时，围岩一般不发生变质。煤的变质作用有深成变质、接触变质、区域岩浆热变质和动力变质等类型。

【煤层】（coal seam） 自然界由植物遗体沉积形成泥炭后又经煤化作用转变成的成层的固体可燃

矿产。位于顶底板岩层之间,由有机物质和混入的矿物质所组成。煤层顶板指正常层序含煤地层剖面中覆盖在煤层上面的岩层。它是泥炭堆积后覆盖在泥炭层上的沉积物。常见的煤层顶板岩石以细碎屑岩和石灰岩为主。煤层顶板的性质与煤质、尤其是煤中的硫含量有一定关系。

煤层

煤层底板指正常层序的含煤地层剖面中,直接伏于煤层下面的岩层。常见的底板岩石有黏土岩、泥质岩和粉砂岩等。底板黏土岩,有时是具有工业价值的耐火黏土。煤层本身也常夹有一层或数层岩石层(夹矸)。煤层的厚度变化很大,最厚的可达200m以上,最薄的仅为煤线。大多数煤层为层状或似层状,也有的由于成煤的古地理、古构造环境的多样性,以及侵蚀、冲刷、后期形变和岩浆活动的影响,呈凸镜状、串珠状、鸡窝状、马尾状等多种复杂形态。煤层的厚度、层数、煤质和倾角,是确定煤田经济价值和煤矿建设的重要依据。

【煤层爆破】(coal shooting) 揭开煤层的爆破。在突出危险煤层爆破前必须对瓦斯含量、特性和规律进行探测,并掌握煤层赋存规律,以便采取相应的预防和控制措施。在接近含瓦斯煤层时,必须在10m以外开始钻超前探测孔。在突出危险煤层爆破时,必须实行一次装药一次起爆;只允许使用瞬发雷管和毫秒雷管,严禁使用延期雷管。毫秒雷管不准跳段使用,最后一段的延期时间不得超过130ms。煤层爆破时,除了产生浓烈的炮烟、形成二氧化碳、二氧化硫等有害气体外,随着煤炭的破碎和爆破波的冲击还产生大量的粉尘。爆破后,应立即进行喷雾洒水,不仅可以有效地降低爆破产生的粉尘,而且也可以降低空气中的有害气体。

【煤层厚度】(coal-seam thickness) 煤层顶底板之间的垂直距离。按勘探和开采工作需要的不同可分为:(1)总厚度。顶底板间包括夹石层在内的煤层全部厚度。(2)有益厚度。顶底板间所有煤分层厚度的总和,不包括夹石层的厚度。

煤层厚度

(3)可采厚度。达到国家规定的最低可采厚度煤分层的总厚度。(4)最低可采厚度。在现有技术经济条件下,可开采煤层的最小厚度。主要决定于煤层产状、煤质、开采方法,以及国民经济的需要程度等。急需要的或工业价值较高的煤类,以及资源相对较少地区的煤层,可采厚度可适当降低。

【煤层结构】(texture of coal seam) 煤层中有无夹矸存在的状态。不含夹矸(夹在煤层中的其他岩石层)的煤层称为简单结构煤层。含夹矸的煤层称为复杂结构煤层。厚煤层或巨厚煤层多为复杂结构煤层。形成煤层夹矸的主要原因,是在泥炭堆积过程中,沼泽基底在较短时间内下降速度超过了植物遗体堆积速度,而被其他沉积物所代替,形成了煤中的泥质岩、粉砂岩等夹层。这种情况出现得越频繁,煤层的结构就越复杂。煤层结构的复杂程度,直接影响煤层的质量和开采价值。煤层的结构特征,常用来作为煤层对比的标志。

【煤层气地质学】(coalbed gas geology) 地质学的一个分支。介于煤地质学和天然气地质学之间的边缘学科。以研究煤层气及与之相关的地质问题的一个学科。其主要研究内容有:煤层气的成分与形成,煤层气在煤层内的赋存状态与运移,煤层气的分布规律与富集,以及煤层气资源勘探开发的地质评价。煤层气地质学不同于采煤界所称的“瓦斯地质学”。后者的研究内容主要是矿井的瓦斯灾害事故及与其防治有关的地质问题。

【煤层气含量】(coalbed gas content) 单位质量煤中所含气体的体积。以标准温度和标准压力下的气体体积表示。常用单位为:cm^3/g 或 m^3/t。由于煤层气的主要成分是甲烷(煤层气中所含重烃的量一般很少,常被忽略不计),煤层气含量常指的是煤层甲烷的含量。包括已经查明的煤层甲烷资源中经济可采的部分(称为煤层甲烷储量)和目前尚达不到经济可采的部分及根据地质资源推断或预测的煤层甲烷资源量(称为煤层甲烷资源量)。自然界所有煤层都含有甲烷,但其含量悬殊,分布不均。矿区地质构造越复杂,煤层甲烷含量变化就越大。风化带以下至埋深800m左右,烟煤中煤层甲烷含量一般变化在$10m^3/t$左右,很少超过$20m^3/t$;无烟煤中的煤层甲烷含量一般多于烟煤,多数变化在$10\sim20\ m^3/t$之间,有时可能会超过$20\ m^3/t$。煤层中的煤层气一直处在吸附-解吸和运移的动态平衡之中,其含量的大小主要取决于煤层气储存条件。煤层气含量是计算煤层气储量(资源量)和评估煤层气资源开发价值的最重要参数之一。

【煤层气勘探选区评价】(selection and assessment for coalbed gas exploration and development） 为圈定有可能成为勘探开发煤层气的有利区块所作的综合性地质研究和评估。其评价内容主要包括：煤地质，矿区地质构造和水文地质的研究与评估，煤层含气性与气资源研究和评估，煤储层物性分析与评估，地面勘探施工条件分析，市场预测和初步经济评价等。其中，最重要的是研究与评估煤层层数和厚度、煤层埋藏深度、矿区地质构造、煤级、含气量、渗透率、储层压力和水文地质等因素。

【煤层气钻探】（coal-bed gas drilling） 以探测赋存于地下煤层中的自生自储式煤层甲烷气（又称瓦斯气）为目的而进行的钻探工程。一般采用石油钻探的设备与工艺。主要包括钻井工艺技术、泥浆技术、固井技术（钻进过程中或钻井完钻后为巩固井壁和隔离地层所采取的工程措施）、压裂技术（使用高压水泵把含有细小而坚硬的支撑剂颗粒的高黏度液体压入地下煤层以扩大煤层裂隙、提高煤层气产量）等。

煤层气钻探

【煤层瓦斯含量】（coal seam gas content） 在自然条件下，单位质量或单位体积煤体中所含有的瓦斯量。即煤体中游离瓦斯与吸附瓦斯之和。其测定方法有直接测定法、间接测定法、综合测定法。影响煤层瓦斯含量的主要因素有：(1)煤层埋藏深度。埋深的增加，不仅因地应力增高而使煤层及围岩的透气性变差，而且瓦斯向地表运移的距离也增长，二者都有利于封存瓦斯。(2)煤层和围岩的透气性。透气性越大，瓦斯越易流失，瓦斯含量越小。(3)煤层倾角。在同一埋深下，煤层倾角越小，煤层瓦斯含量越高。(4)煤层露头。煤层露头是瓦斯向地面排放的出口，露头存在时间越长，瓦斯排放越多。(5)地质构造。封闭型地质构造有利于封存瓦斯，开放型地质构造有利于瓦斯排放。(6)煤化程度。煤化程度越高其存贮瓦斯的能力越强。(7)地层的地质史。(8)水文地质条件。地下水活跃的地区，通常煤层的瓦斯含量较小。

【煤层瓦斯压力】（gas pressure in coal seam） 瓦斯在煤层中所呈现的压力。煤层孔隙内气体分子自由热运动撞击所产生的作用力。在某一点上各向大小相等，方向与孔隙壁垂直。是决定煤层瓦斯含量多少、瓦斯流动动力高低以及瓦斯动力现象潜能大小的基本参数。在研究与评价瓦斯储量、瓦斯涌出、瓦斯流动、瓦斯抽放与瓦斯突出问题中，掌握准确可靠的瓦斯压力数据最为重要。根据国内外在瓦斯煤层的大量测定结果，在甲烷带内，煤层的瓦斯压力随深度的增加而增加，多数煤层呈线性增加。瓦斯压力梯度随地质条件而异。在地质条件相近的块段内，相同深度的同一煤层具有大体相同的瓦斯压力。

【煤层形态】（form of coal seam） 煤层在空间展布上的各种形状变化。按其成层的连续程度和可采面积与不可采面积之比的不同可分为：(1)层状。煤层连续，厚度变化不大，全部或绝大部分可采。(2)似层状。煤层不完全连续或大致连续，厚度变化较大。可采面积大于不可采面积者称藕节状煤层；可采面积与不可采面积大致相当者称串珠状煤层。(3)不规则状。煤层断续，形状不规则，成鸡窝状、扁豆状等，其可采面积多数小于不可采面积。鸡窝状煤层有的体积较大，也常具可采价值。(4)马尾状。是厚煤层分岔以至尖灭形成的，因而由厚变薄，以至完全消失。

【煤层自燃灾害】（disaster of spontaneous combustion of coal） 又称煤自燃发火。煤炭在天然条件下或开采中因氧化发热等原因引起燃烧所造成的灾害。可分为煤田煤层自燃和矿井煤层自燃。其原因主要是煤与空气接触发生氧化作用的结果。煤的化学成分和煤化程度是影响煤自燃的主要因素。褐煤最易自燃，烟煤、中长焰煤和气煤较易自燃，无烟煤则很少自燃；煤化程度低、含水分大的煤，水分蒸发后容易自燃；煤成分中吸氧能力强、着火点低的成分（如镜煤等）越多越易自燃。此外，煤层埋藏的深浅也是自燃的重要因素（埋藏越浅越易自燃）。而空气的干湿程度，煤层的地质构造、产状、厚度，开采深度及通风情况等，都对煤自燃有一定影响。煤层自燃的深度可达200m。煤自燃不但使大量煤炭资源被烧毁，在矿井中常造成人员伤亡和设备器材损坏或无法开采（有时还会引起矿井爆炸事故），而且会对地区环境造成严重危害。中国煤自燃区分布广泛，西北地区最严重，其次是华北和东北，再次为华东和华南地区。仅新疆就有近50处煤田为火区，每年燃烧掉大量煤炭。

煤层自燃灾害

【煤尘爆炸】(coal dust explosion) 在高温或一定点火能的热源作用下,煤尘与空气中的氧气发生急剧氧化的反应过程。是一种非常复杂的链式反应。必须同时具备煤尘本身具有爆炸性、煤尘必须悬浮于空气中并达到一定的浓度和存在能引燃煤尘爆炸的高温热源三个条件。其危害主要有:(1)形成高温、高压和冲击波。爆炸的火焰温度为 1 600 ~ 1 900℃,爆源的温度达到 2 000℃以上。在矿井条件下煤尘爆炸的平均理论压力为 736KPa,但爆炸压力随着离开爆源距离的增加而跳跃式增大。在爆炸过程中,如遇障碍物,压力将进一步增加,尤其是在连续爆炸时,后一次爆炸的理论压力将是前一次的 5 ~ 7 倍。爆炸产生的火焰速度可达 1 120m/ s,冲击波速度为 2 340 m/ s。(2)爆炸具有连续性。在煤尘爆炸后,可发生第二次爆炸,有时反复多次,形成连续爆炸。(3)产生大量的 CO。煤尘爆炸时产生的 CO,在灾区气体中的浓度可达 2% ~3%,甚至高达 8% 左右。爆炸事故中受害者的大多数(70% ~80%)是由于 CO 中毒造成的。

【煤地质学】(coal geology) 又称煤田地质学。地质学的一个分支。专门研究煤、煤层和含煤岩系的地质特点、组成、成因、分布规律及其工业价值的学科。其主要研究内容是:(1)煤的物质成分、性质和成因。(2)煤层、煤系的岩石组成和沉积相的特征及其形成条件。(3)聚煤作用、聚煤盆地和富煤带的成因及其分布规律;煤炭资源勘探等。由于煤地质科学的不断发展,其中有些内容已发展成为独立的学科,如用化学方法研究煤的元素组成、工艺性质及其工业价值的煤化学,用岩石学方法研究煤的物质成分和成因的煤岩学等。

【煤化工】(coal chemical industry) 煤炭化学工业的简称。经化学方法将煤炭转化为气体、液体和固体产品或半产品,而后进一步加工成化工、能源产品的产业。主要包括煤的干馏、焦油加工、电石乙炔化工以及煤的气化、液化等。煤的化学加工,主要有热加工和催化加工。催化是最早采用的化学加工方法,至今仍沿用不衰。低温干馏和煤的直接液化及间接液化主要用于生产液体燃料。煤的其他直接化学加工方法主要用于生产煤蜡、磺化煤、腐殖酸及活性炭等。

【煤化学】(coal chemistry) 研究煤的成因、组成、结构、性质、分类、转化及其间的相互关系的学科。是研究和选择煤炭加工利用的理论基础,是一门实用性很强的应用科学。其研究涉及分析化学、有机化学、生物化学、胶体化学和物理化学及煤地质学、矿物学和地球化学等学科。煤化学的兴起和发展是与煤作为能源和化工原料利用的发展分不开的,特别是世界洁净煤技术的迅速发展更是与煤化学的发展密切相关。煤化学成为一个独立的学科,起源于 18 世纪后期的工业发展阶段。20 世纪以后,煤化学的主要发展方向主要是:(1)煤的焦化、气化和液化等煤的转化技术。(2)煤的燃烧特性等方面的研究。(3)对煤的各种洁净利用技术的基础性研究。上述研究将为煤炭资源的合理利用提供依据。

【煤化作用】(coalification) 泥炭转变为煤(褐煤、烟煤、无烟煤和超无烟煤,或腐泥褐煤、腐泥烟煤和腐泥无烟煤)的过程。是成煤的第二阶段,以物理化学作用为主。在这个过程中,随着煤化程度的加深,碳含量增加,氧含量减少,氢含量一般也减少,黏结性和发热量呈曲线变化,颜色由褐变为深黑、灰黑以至钢灰色,光泽由弱变强等。煤化作用包括由泥炭变为褐煤的成岩作用与褐煤演变为烟煤、无烟煤和超无烟煤以及腐泥褐煤转变为腐泥烟煤和腐泥无烟煤的变质作用。超无烟煤转变为石墨不属于煤化作用的范围。

【煤矿安全规程】(coal mine safety regulation) 保障煤矿职工安全与健康、保护国家资源和财产免受损失、促进煤炭工业持续稳定发展必须遵循的准则。煤矿安全法规体系中一部重要的安全生产法规。其内容随着煤炭行业的技术进步和体制改革而不断完善。规定煤矿必须遵守有关安全生产的法律法规、标准和技术规范,建立各类人员安全生产责任制;明确职工有权停止违章作业、拒绝违章指挥。井工部分,规定开采、通风、灾害防治、提升运输、电气管理以及爆破作业涉及的安全生产行为标准。露天部分,规范了采剥、运输、排土、滑坡和水火防治、电气及设备检修标准。职业危害,规定必须做好职业危害的防治与管理工作和职业卫生劳动保护工作,使职工健康得到保护。

【煤矿安全监控系统】(supervision system of coal mine safety) 将计算机自动化等先进技术应用于煤矿安全生产管理的一种综合性大型监控系统。是微电子技术、计算机技术、通信技术和自动化技术等高科技发展的产物。能够实现对矿井中的瓦斯、一氧化碳、风速、负压、烟雾、温度等环境参数和井下运输、通风、压风、排水等各生产环节的机电设备的工作状态进行监测,并可对相关设备、局部生产环节或过程等进行控制。能够提高矿井安全生产的科学化、现代化管理水平,为防止和控制矿井重大事故,保障矿井安全生产,在时间和空间上设置了一道自动监控的安全屏障。在 20 世纪 60 年代末,有些国家就已开始研制与应用煤矿监控技术并取得快速发展。中国从20世纪70年代开始引进矿井安全监控系统，90年代以后发展较快。目前中国自行研制的矿井安全监控系统有多种产品，并得到广泛应用，对改善煤矿安全状况和提高现代化管理水平起到了重要作用。

【煤矿提升设备】(mine hoisting equipment) 用来进行提升煤炭和矸石、升降人员、下放材料和设备的矿井大型设备。由提升容器(包括罐笼、箕斗、矿车和人车)、提升钢丝绳、天轮、井架、装载设备、卸载设备和提升机(绞车)组成。按照提升容器及提升机构造和原理的不同，可构成多种不同的提升系统：主井箕斗提升系统、副井罐笼提升系统、多绳摩擦(主、副井)提升系统、斜井串车提升系统、斜井箕斗提升系统等。在矿井生产过程中，不仅要求提升设备具有较高的安全可靠性，而且要求具有很好的经济性能。提升设备属大型设备，耗电多，投资大，运营费用高，应结合矿井的实际生产条件，确定经济、合理的最佳设计方案。

煤矿提升设备

【煤矿许用雷管】(coal mine permitted detonator) 允许用于有可燃气体和煤尘爆炸危险的矿井和工作面的雷管。电雷管按作用时间的不同可分为瞬发电雷管和延期电雷管。延期电雷管按延期时间长短的不同又可分为秒延期电雷管和毫秒延期电雷管。井下只允许使用瞬发电雷管和毫秒延期电雷管中的煤矿许用电雷管。煤矿许用电雷管须经国家检测机构按特定的试验条件检验合格后，才允许在井下有瓦斯、煤尘爆炸危险条件下进行爆破作业时使用。

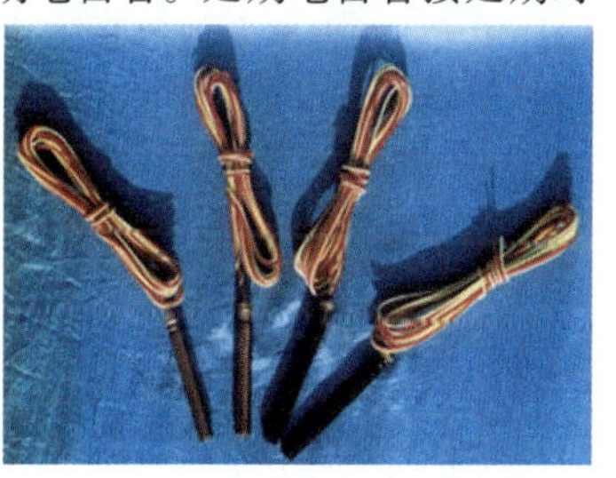
煤矿许用雷管

【煤矿许用炸药】(coal mine permitted explosive) 经国家检测机构按特定的试验条件检验合格、允许用于有可燃气体和煤尘爆炸危险的矿井和工作面的炸药。其特点是：(1)能量有一定限制，其爆热、爆温、爆压和爆速都要求低一些。(2)应有较高的起爆敏感度和较好的传爆能力，以保证其爆炸的完全性和传爆的稳定性。(3)有毒气体生成量应符合国家规定，其氧平衡应接近于零。(4)组分中不能含有金属粉末，以防爆炸后生成炽热固体颗粒。常用的煤矿许用炸药有：(1)铵梯炸药。由硝酸铵+梯恩梯(TNT)+木粉+食盐+石蜡和沥青组成。(2)含水炸药。包括水胶炸药和乳化炸药。(3)被筒炸药和离子交换炸药。

【煤气处理】(gas treatment) 对从高炉引出的煤气进行的除尘处理。高炉煤气中含有CO、H_2、CH_4等可燃气体。含尘量(10～50)g/Nm^3(克/标准立方米)净化除尘后应小于10mg/Nm^3(毫克/标准立方米)。常用的处理方法包括采用重力除尘器、洗涤塔、文氏管、静电除尘器和带式除尘器除尘。处理后的高炉煤气也可用来发电。鞍山钢铁公司已建成的高炉煤气发电机组每年可燃烧煤气33亿Nm^3，年发电20亿千瓦时，节约标煤70万吨，减少温室气体二氧化碳排放190万吨。实现高炉煤气零排放，减轻大气污染。

【煤气化】(coal gasification) 煤、焦炭或木炭与空气、氢、氧、蒸汽、二氧化碳或这些气体的混合物发生反应而转化成气体产物的过程。气体产物包括二氧化碳、一氧化碳、氢、甲烷和其他一些化合物。它们的比率取决于所用的具体反应物和反应炉中的温度和压力，同样取决于气体从气化炉中产生到离开气化炉时所经历的处理方法。

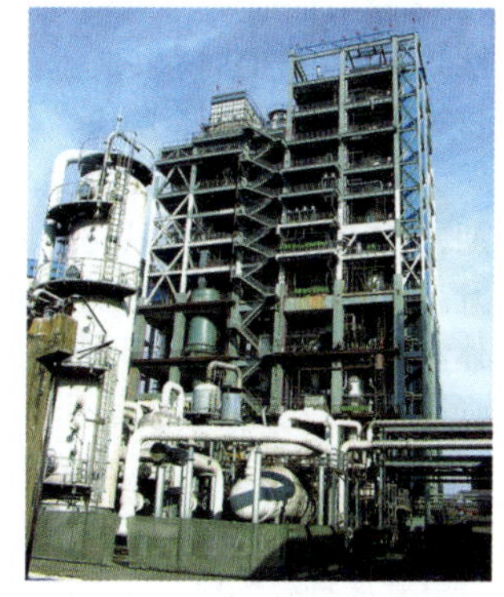
煤气化工程

【煤炭地下气化】(underground coal gasification) 通过在地下煤层中直接构筑“气化炉”，有控制地使煤炭在地下进行燃烧，使煤炭在原地自然状态下转化为可燃气体并输送到地面的技术。1868年，德国科学家威廉·西蒙斯首先提出了煤炭地下气化(UCG)的概念。煤炭地下气化方法通常分为：(1)有井式地下气化法。采用从地面开凿井筒通到煤层，作为气化的送气和出气通道，并把它们的末端用水平煤巷连接起来，形成气化通道，然后将煤点燃进行地下气化的方法。(2)无井式地下气化法。采用从地表打钻孔通到煤层，进行地下气化的方法。煤炭地下气化与传统的煤矿地下开采相比，具有许多独特的优点：(1)可以使埋藏过深或过薄不能用传统地下开采方法进行开采的煤层得到开发。同时对已报废矿井回收煤柱及其他遗煤提供了经济、有效的方法。(2)可以大幅度减少或完全消除人员地下作业。(3)环境效益明显。

【煤炭气化技术】(technology of coal gasification) 在适宜的条件下将煤炭转化为气体燃料的技术。旨在生产民用、工业用燃料气和合成气,并使煤中的硫分、灰分等在气化过程中或之后得到脱除,使污染物排放得到控制。按其气化前煤气是否经过开采可分为:(1)地面气化技术。即将煤放在气化炉内气化。(2)地下气化技术。即让煤直接在地下煤层中气化。煤炭气化是重要的能源转化技术,广泛用于化工、冶金、机械、建材、民用燃气等方面。

【煤炭自燃】(coal spontaneous combustion) 处于特定环境及条件下的煤自身发生物理化学变化,产生并积聚热量,当温度达到着火温度后着火燃烧的现象。其必须具备的条件是:(1)具有低温氧化特性即自燃倾向性的煤呈破碎状态堆积存在。(2)有适宜的通风供氧条件。(3)存在蓄热的环境条件并持续一定时间。按其过程的不同可分为准备期、自热期和燃烧期三个阶段。在准备期,煤氧化比较平缓,煤吸附氧,化学活性增强,着火温度降低。在自热期,煤氧化速度加快,氧化生成的热使煤的温度逐渐升高,并产生水蒸气、一氧化碳、二氧化碳、碳氢类气体。当煤温达到着火温度后进入燃烧期,出现明火、烟雾。从17世纪以来有不少学者对煤炭自燃进行了不懈地探索,提出了很多假说。如细菌作用学说、黄铁矿作用学说、酚基作用学说和煤氧复合作用学说等。在煤自燃机理学说中,煤氧复合作用学说广泛地被人们所接受。在实践中也逐步得到科学证实,煤与氧相互作用产生热量并积聚是导致煤自燃的主要因素。

【煤炭自燃预测预报】(prediction of coal spontaneous combustion) 根据煤炭自燃过程中出现的征兆和观测的结果,预测和推断煤炭自燃发展趋势,给出必要的提示和警报。其方法有人体感官感觉法、测温法、气体分析法、电离法、烟雾法、气味检测法和磁力检测法等。中国矿井煤炭自燃预测预报主要以测温法和气体分析法为主,大多数采用气体分析法。测温法应用较多的有热电偶、测温电阻、半导体元件和热敏材料。便携式激光测温仪表,由于使用简单、携带方便得到了较为广泛的普及。气体分析法在20世纪70年代前,大多采用人工取样分析。进入80年代,煤矿普及气相色谱仪、束管监测系统和最新的矿井火灾多参数色谱监测系统,使气体分析精度有很大提高,使分析组分增加至氧气、氮气、一氧化碳、二氧化碳、甲烷、氢气、乙烯、丙烯、乙烷、丙烷和乙炔等气体。日本等国研制成功的一种气味传感器,开辟了煤炭自燃预测预报气味检验法的新领域。是一种结构与人类嗅觉鼻黏膜极为相似的人工合成双层薄膜,当薄膜吸附气味气体后,覆盖在振动器上的薄膜的重量增加,振动器的频率改变。频率变化大小可以用电信号输出,通过测量频率就能确定气味气体总量。有些国家开始研究应用磁力预测法预测煤炭自燃。通过仪器测定磁场变化规律就可对煤炭自燃进行预测预报。

【煤田】(coalfield) 同一地质历史阶段中形成并连续发育的含煤岩系分布的区域。面积一般由几十到几百平方千米。有的虽受后期构造破坏而使含煤岩系被分割开,但基本上仍然连成一片或呈现一定规律者,则仍属同一煤田。其基本特点是煤田内的含煤岩系应是同一地史时期的产物。按含煤岩系出露情况的不同,煤田可分为三种类型:(1)暴露式煤田。(2)半暴露式煤田。(3)隐伏煤田。

露天煤田

【煤田勘查】(coalfield prospecting-exploration) 在煤田发现后到矿井建井设计以前所进行的地质和煤的资源评价工作。按勘察目的的不同可分为:(1)普查阶段。又称煤田普查。指发现煤田和概略评价煤炭资源的地质工作阶段。该阶段要求查明地层层序和含煤地层时代;详细划分含煤地层,查清煤层的层数、厚度、结构和分布;查明普查区域的构造特征以及区域的自然地理与经济地理条件、地貌与水文特点和其他有益矿产赋存状况。一般要求提交C+D级储量,提交的报告可作为矿区详查和矿区总体设计的依据。(2)详查阶段。又称矿区详查。该阶段是在经过普查证实具有工业价值的煤田内,按照煤炭工业规划的需要选择有利开发的地区,为满足矿区总体建设设计的需要而进行评价的详细地质工作阶段。详查要求查明矿区的构造形态;控制可能影响井田划分的构造;评价矿区

煤田勘查

的构造复杂程度；深入研究含煤地质剖面；初步查明可采煤层层数、厚度、结构和可采范围；查明煤质特征及在区内的变化；了解煤的工艺性能，评价煤的工业利用方向；进行专门水文地质工作；对矿区作出预可行性研究。详查要求提供B+C级储量。(3)勘探阶段。又称井田勘探。是煤炭资源勘察的最后阶段。其目的是为矿井设计提供可靠的地质资料。该阶段要求查明井田构造形态和第一水平落差大于30m的断层、控制边界断层；查明煤层产状、可采煤层层数、层位、厚度、结构、主要可采煤层的可采范围；查明煤质的特征及其变化；了解煤层的工艺性能；查明充水含水层的岩性、厚度、埋藏条件、水位、水质及导水性；详细了解开采技术条件并对伴生共生矿物作出远景评价。勘探阶段的成果要满足选择井筒、水平运输巷、总回风巷的位置和划分初期采区的需要，应提供A+B级储量。在一般情况下，上述三个勘察阶段应循序进行，但当地质条件特别简单或在老矿区外围和深部进行勘探工作时，经上级主管部门批准可以将勘察阶段简化或合并。

【煤烟污染】(soot pollution) 由煤燃烧时产生的SO_2、HF、CO、CO_2、NO、NO_2、烃类有机物及碳粒、颗粒物等所引起的空气污染。燃煤排放的SO_2占人为排放总量的70%左右，排放的CO_2约占人为排放总量的40.5%，是区域性、全球性的环境问题。煤烟污染可引起呼吸道疾病。在冬季大气逆温层低而厚时，更容易发生煤烟型污染。在煤燃烧时，还会产生一些致癌性更强的硝基多环芳烃。

煤烟污染

【煤岩坚硬度】(hardness degree of coal) 表示煤(岩)在外力作用下破碎的难易程度。其大小取决于煤岩体的结构、组成颗粒的硬度、形状和排列方式等。硬度越大，截割、钻凿越困难。中国用坚硬度进行煤层分类、顶板分级和岩石分类。坚硬度的测量方法是用规定尺寸和重量的捣锤，从规定的高度作自由落体运动，捣碎规定块度或重量的试样，按规定筛出粉末，用规定尺寸的量筒量出粉末量(正比于试样破碎新增加的表面积)。坚硬度就正比于捣击次数对粉末量的比值。中国通常采用的标准为：坚硬度<1.5为软煤，坚硬度1.5~3.0为中硬煤，坚硬度>3.0为硬煤；软岩坚硬度<4，中硬岩坚硬度4~8，硬岩坚硬度>8，最硬的岩石坚硬度可达20以上。

【煤液化】(coal liquefaction) 见煤制油技术。

【煤制油技术】(coal oil refining technology) 又称煤液化。以煤炭为原料，通过化学加工生产油品和石油化工产品的技术。按其生产方式的不同可分为：(1)间接液化法。(2)加氢直接液化法。(3)热溶催化法。间接液化法技术较为成熟，几乎不依赖煤种，但投资和运行成本较高；加氢直接液化法是把煤浆直接通过高压加氢获得液体燃料，油收率较高，对煤的质量要求也高，工艺条件苛刻，造价也相对昂贵；热溶催化法采用高效催化剂，使煤炭转化成燃油，提高了热溶的效率，常用的原料是廉价的褐煤，成本大大降低。

【酶】(enzyme) 生物体内活细胞产生的一种具有催化能力的物质。种类很多。按其化学组成的不同可分为：(1)单纯酶。(2)结合酶。按其所催化的反应性质的不同可分为：(1)氧化还原酶类。(2)转移酶类。(3)水解酶类。(4)裂合酶类。(5)异构酶类。(6)合成酶类。酶能在机体十分温和的条件下，高效率地催化各种生物化学反应，促进生物体的新陈代谢。生命活动中的消化、吸收、呼吸、运动和生殖都是酶促反应过程。酶是细胞赖以生存的基础。细胞新陈代谢包括的所有化学反应几乎都是在酶的催化下进行的。酶的催化具有高度的化学选择性和专一性。一种酶往往只能对某一种或某一类反应起催化作用，且酶和被催化的反应物在结构上往往有相似性。酶在生产、生活、疾病诊断、临床治疗上的应用越来越广泛。如胰蛋白酶、糜蛋白酶等，能催化蛋白质分解。此原理已用于外科扩创，化脓伤口净化及胸、腹腔浆膜粘连的治疗等。在血栓性静脉炎、心肌梗塞、肺梗塞以及弥漫性血管内凝血等病的治疗中，可应用纤溶酶、链激酶、尿激酶等，以溶解血块，防止血栓的形成等。在工农业生产中也广泛应用。

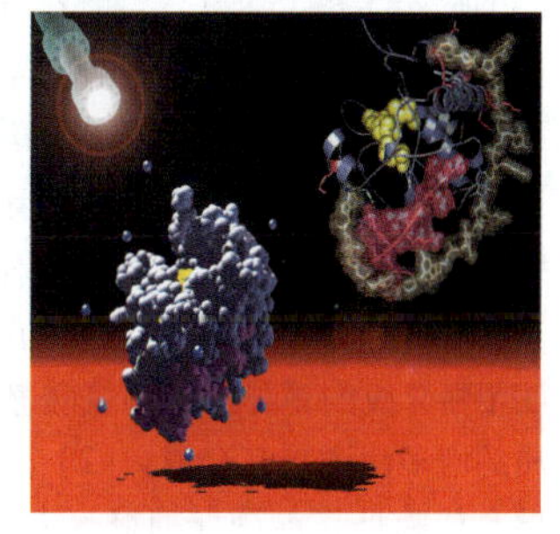

酶

【酶促褐变】(enzymatic browning) 与非酶促褐变相对应。由酶引起的粮食褐变的现象。粮食中含有的酪氨酸等多酚类物质，在多酚氧化酶的作用下被氧化为邻醌。邻醌再进一步氧化、聚合而形成褐色色素(或黑色素、类黑精)。褐变颜色的深浅，表明褐变程度的强弱和多酚含量的高低。在正常条件下，粮食细胞中的酚和醌之间保持一种动态平衡，且醌类物质水平较低。而酚氧化酶及其底物分布在正常组织的不同部位。酚类物质分布在细胞的液泡内，酶则分布在各种质体或细胞质内。这种区域性分布致使底物与酶被质膜分隔开来；但当外植体或培养材料处于机械损伤等逆境，或细胞受伤或衰老时，细胞膜结构或细胞中物质区域化分布的破坏会导致酚氧化酶释放或合成。如果此时在合适的酸度和温度等条件下，酚氧化酶、酚类（底物）和氧发生酶促氧化反应，形成有毒的棕褐色醌类物质，从而使组织发生褐变。此外，组织的老化或病变也可激活酚氧化酶而引起褐变。植物细胞中的酚类物质在酚酶的作用下，与空气中的氧化合，产生大量的醌类物质。新生的醌类物质能使植物细胞迅速地变成褐色。这种变化称为食物的酶促褐变。发生酶促褐变的条件有：多酚类、多酚氧化酶和氧（O_2）的操作。消除其中的任何一个条件，就可防止褐变。防止褐变的有效办法是：抑制多酚酶的活性和防止其与氧接触。蚕豆和薯类表皮的损伤部位迅速褐变，主要是酶促作用引起的。

【酶催化反应】（enzymic catalytic reaction） 以酶为催化剂进行的化学反应。在此类反应中，酶先和反应物（酶的底物）结合成络合物，通过降低反应的活化能来提高化学反应的速度。酶是生物体内多数反应的一种生物催化剂，除少数核糖核酸（RNA）外几乎都是蛋白质。酶催化反应的特点是：（1）高度的选择性。一种酶只能催化一种反应，而对其他反应不具有活性。（2）催化效率高。比一般的无机或有机催化剂可以高出 $1\times10^8\sim1\times10^{12}$ 倍。（3）所需的条件温和。一般在常温常压下即可进行。酶催化反应在芳香酯、乳化剂合成、脂质改性、多不饱和脂肪酸强化等食品领域应用广泛。

【酶蛋白诱导】（poenzyme induction） 在转录水平上促进酶生物合成的作用。某些底物、产物、激素、药物等可以影响一些酶的生物合成。（1）底物对酶蛋白合成的诱导。如鸟氨酸循环的酶可因摄入蛋白质的增多而诱导其合成。（2）激素对酶蛋白合成的诱导。如胰岛素能诱导糖酵解中的三个关键酶的合成。糖皮质激素能诱导某些氨基酸分解酶和糖异生关键酶的合成。（3）药物等对酶蛋白合成的诱导。很多药物和毒物可促进肝细胞微粒体中加单氧酶或其他药物代谢酶的诱导合成，从而使药物失活，具有解毒作用。然而这也是引起耐药现象的原因。由于诱导剂在诱导酶蛋白生物合成过程的转录后，还需要翻译后加工等过程，所以其效应出现较迟，一般需要几个小时以上才能见效。然而，一旦诱导合成以后，即使去除诱导剂，酶的活性仍然存在，故酶蛋白含量的调节属于迟缓调节。

【酶蛋白阻遏】（poenzyme repression） 在转录水平上减少酶生物合成的物质与无活性的阻遏蛋白结合，影响基因的转录的过程。产物对酶合成的阻遏，如在肝脏中胆固醇合成的关键酶－羟甲戊二酰辅酶A还原酶（HMGCoA）的合成被胆固醇自身阻遏，但肠黏膜中胆固醇的合成不受胆固醇的影响，因此摄取高胆固醇食物后，血浆胆固醇仍有升高的危险。血红素合成体系的关键酶的合成，受血红素自身的阻遏；另外血红素在体内可与一种阻遏蛋白结合，在血红素合成关键酶的过程中，起负调控因子的作用，也阻遏了血红素合成体系的关键酶的合成。由于阻遏剂在阻遏酶生物合成过程的转录后，还需要翻译后加工等过程，所以其效应出现较迟，一般需要几个小时以上才能见效。然而，一旦阻遏酶蛋白合成以后，即使去阻遏剂，酶的活性仍然存在，故此种酶蛋白含量的调节属于迟缓调节。

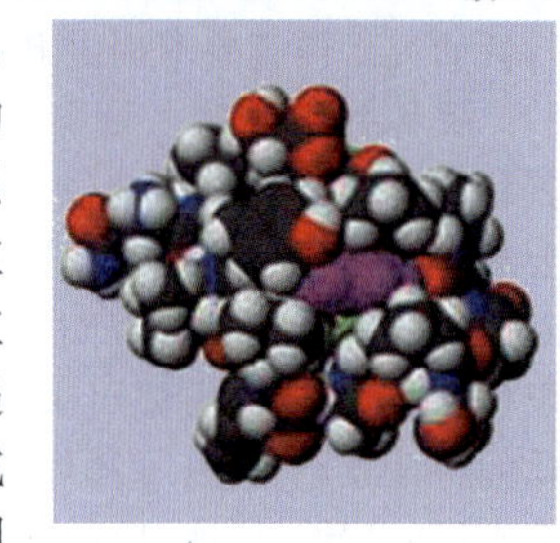

蛋白酶阻遏

【酶动力学】（enzyme kinetics） 酶促反应动力学的简称。探讨酶催化反应机制、研究酶催化反应的速度及其影响因素的一门学科。对于某一特定酶的研究，可以提供许多重要信息。如某种酶的催化机理、在代谢途径中的作用、在细胞中的活性如何被调控以及相关药物和毒药如何抑制其活性等。

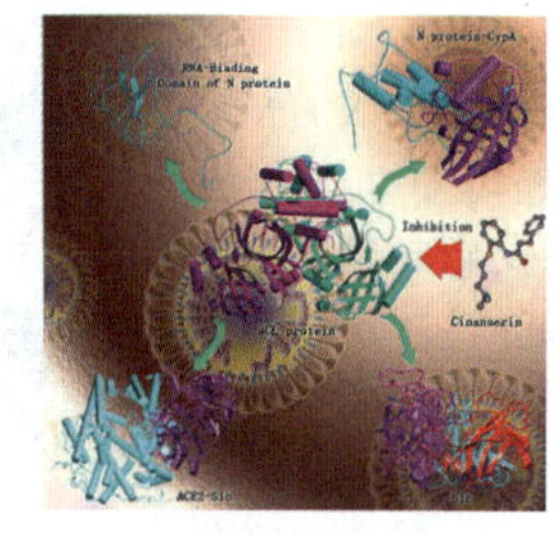

蛋白酶动力学模拟

【酶法变性淀粉】（enzymatic modified starch） 通过酶作用产生的变性淀粉及由各种酶处理的淀粉。包括抗消化淀粉α、β、γ－环状糊精、麦芽糊精、直链淀粉等。根据其加工方法的不同可分为：淀粉糊干燥后粉碎、淀粉加热水蒸气处理、淀粉中混入油脂的处理、淀粉湿热处理等。

【酶反应器】（enzyme reactor） 根据酶的催化特性而设计的反应设备。其种类很多。主要有：（1）含辅因子的酶反应器。（2）两相或多相酶反应器。（3）固定化或流动化酶反应器。其中多相反应器进展较快，例如可以利用脂肪酶的特性来合成具有重要医疗价值的大环内酯和光学聚酯。

【酶分子工程】（molecular engineering of enzyme） 用化学或分子生物学方法对酶分子进行改造的工程技术。随着人们对酶结构、酶功能的了解和基因工程及固定化技术的普及，酶的分子改造工程逐步进入使用阶段。酶分子工程主要有两个部分：(1)分子生物学工程。即用基因工程方法对 DNA 进行分子改造，以获得化学结构更合理的酶蛋白。(2)对天然酶分子进行改造。包括酶一级结构中氨基酸置换、肽链切割、氨基酸侧链修饰等。

【酶工程】(enzyme engineering) 利用酶所具有的生物催化功能，借助工程手段将相应的原料转化成有用物质的技术。其内容包括：(1)酶制剂的设计。(2)酶的固定化。(3)酶的修饰与改造。(4)酶反应器。酶工程中开发生产的酶主要有：(1)氧化还原酶类。(2)转移酶类。(3)水解酶类。(4)裂解酶类。(5)连接酶类。(6)异构酶类。其中以水解酶的种类最多，占 85%。酶工程的应用主要集中于食品业、轻工业以及医药工业中。人们日常生活中常见的加酶洗衣粉、嫩肉粉，都是酶工程最直接的体现。

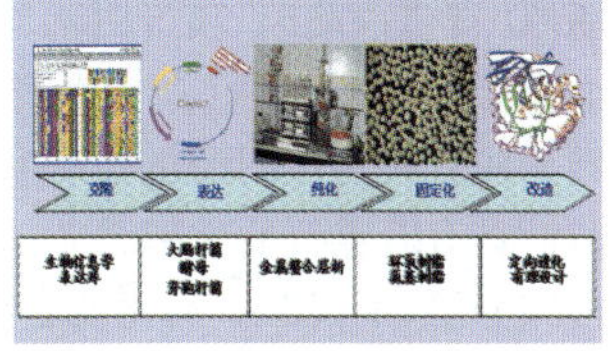

酶工程

【酶化学修饰】(enzyme modification) 为达到改构和改性的目的在分子水平上对酶进行改造的技术。在体外将酶分子通过人工的方法与一些化学基团(物质)，特别是具有生物相容性的物质进行共价连接，从而改变酶的结构和性质。这种物质被称为修饰试剂。酶分子的修饰方法有：(1)酶的表面修饰。(2)酶分子的内部修饰。(3)与辅因子相关的修饰。化学修饰酶主要用于基础酶学的研究和疾病治疗。医疗用酶要求其稳定性高，纯度高和无免疫原性。

【酶活性】(enzyme activity) 酶催化某种化学反应(酶促反应)的能力。酶是一种活性蛋白质，一切对蛋白质活性有影响的因素都影响酶的活性。酶与底物作用的活性，受温度、pH、酶液浓度、底物浓度、酶的激活剂或抑制剂等许多因素的影响。酶活性在生物发酵过程中起关键作用。

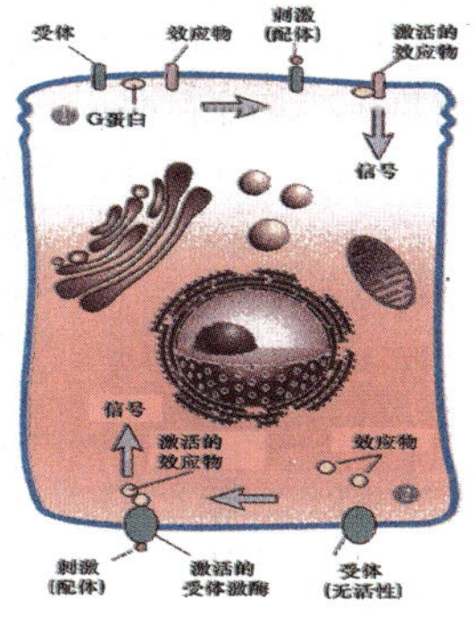

酶活性

【酶活性单位】(enzyme active unit) 表示酶的催化活性的单位。按照国际酶学会议的规定，在 25℃、测量最适条件(最适 pH、温度等)下，一分钟内能引起一微摩尔底物转化的酶量(1μmd/min)。酶活性(或称酶活力)的大小用酶活性单位的多少来表示。酶活力单位与毫克蛋白的比值(酶活力单位/ 毫克蛋白)，即为酶纯化程度指标 - 比活。

【酶活性中心】(active center of enzyme) 酶分子中直接与底物结合，并和酶催化作用直接有关的区域。酶蛋白中氨基酸残基的侧链存在许多不同的化学基团，如咪唑基、$-NH_2$、-COOH、-SH、-OH 等。其中一些与酶活性密切相关的化学基团称为酶的必需基团。折叠形成空间结构后，这些必需基团可彼此靠近，形成具有特定空间结构的区域，能与底物分子特异的结合并催化底物转化为产物。酶活性中心内的必需基团有：(1)结合基团。能与酶的底物和辅酶或辅基结合，使之与酶的一定构象形成复合物。(2)催化基团。其作用是影响底物某些化学键的稳定性，催化底物发生化学反应并将其转变成产物。活性中心内的必需基团可以同时有这两方面的功能。另外，还有一些必需基团虽然不参与活性中心的组成，但为维持活性中心应有的空间构象或作为调节剂的结合部位所必需。这些基团是酶活性中心外的必需基团。酶的活性中心是酶分子中具有三维结构的区域形如裂缝或凹陷。此裂缝或凹陷由酶的特定空间构象所维持，深入到酶分子内部，且多为氨基酸残基的疏水基团组成的疏水环境以容纳进入的底物与之结合。

【酶激活剂】(enzymatic activator) 能使无活性的酶原(无活性酶前体)变成有活性酶的物质。大多数为金属离子，如 Mg^{2+}、K^+ 等，少数为阴离子，如 Cl^- 等，还有半胱氨酸、还原型谷胱甘肽等。它们在酶与底物结合时起桥梁作用，加速酶促反应速度。

酶激活剂

【酶结晶技术】(enzyme crystallization technology) 将酶以晶体的形式从溶液中析出的技术。酶分离纯化的一种手段。其主要方法有：(1)盐析结晶法。(2)有机溶剂结晶法。(3)透析平衡结晶法。(4)复合结晶法。(5)等电点结晶法。酶在结晶之前，酶液须经过纯化。酶的浓度越高，越容易结晶。酶的结晶方法主要是缓慢改变酶蛋白的溶解度，使其略处于过饱和状态。该技术可为研究酶的结构与功能提供适宜样品，为获得高纯度的酶创造条件。

**【酶联免疫技术】(enzyme-linked immune

assay） 用酶为标记的抗体或抗原作为主要试剂的方法。属于标记免疫技术的一种。应用制备好的特异性抗原或抗体作为试剂，检测标本中的相应抗体或抗原，具有高度的特异性和敏感性。酶联免疫技术一般可用于：(1)组织切片或其他标本中抗原或抗体的定位。(2)液体标本中抗原或抗体的测定。前者属于免疫组化技术的范畴，后者则称为免疫测定。在食品和饲料工业中广泛应用于对毒素、残留农药、微生物及重金属污染的检测。

【酶免疫技术】（enzymeimmunoassay） 将抗原抗体反应的特异性和酶的高效催化的灵敏性有机地结合，使其具有荧光免疫试验和放射免疫试验的优点，并克服了上述两法缺点的一种标记技术。是免疫化学中三大标记技术之一。其建立和不断完善提高对基础免疫和临床免疫学的研究产生了巨大的影响。该技术已普遍用于细菌、病毒、寄生虫、肿瘤、自身免疫以及血液等疾病有关抗原抗体系统的定性和定量测定。主要分为酶免疫组织化学和酶免疫测定两大类。前者用于组织切片或其他抗原的定位；而后者用于体液中抗原抗体的定性或定量测定。目前应用最多的是酶联免疫吸附试验。该法具有操作简便、灵敏度高、特异性好、试剂稳定、结果容易判断等优点。其基本原理是：(1)抗原和抗体能与固相载体表面结合并保持其免疫活性。(2)抗原或抗体与酶结合成的标记物，能同时保持它们的免疫活性和酶的活性。(3)受检物中的抗原或抗体与固相表面的抗体或抗原发生免疫反应，此复合物又能结合相应的酶标记物，其显色的程度与受检物的量直接相关。

【酶体外定向进化】（directed evolution of enzyme in vitro） 模拟自然进化机制，在体外改造酶基因并定向选择出所需性质突变酶的技术。与自然进化不同，其整个进化过程完全在人为控制下进行。较之蛋白质分子的合理设计，它属于非合理设计。其优点是：(1)不需事先了解酶的空间结构和催化机制。(2)适宜于任何蛋白质分子。(3)能够解决合理设计所不能解决的问题。其作用是：(1)不仅能进化出具有单一优良特性的酶，还可使已分别优化的酶的两个或多个特性叠加，产生具有多项优化功能的酶，发展和丰富酶类资源。(2)完全在试管中进行的酶体外定向进化，使在自然界需要几百万年的进化过程缩短至几年。在工农业和医药等领域逐渐显示其生命力。

【酶抑制剂】（enzymatic inhibitor） 能与酶分子上某些基团结合而使其活性下降或丧失的物质。按其与酶活性部位的结合是否形成共价键，能否通过物理方法去除，或通过增加底物排除，抑制作用可分为可逆抑制和不可逆抑制。有些抑制剂与酶的底物结构类似，可与底物竞争与酶结合，称为竞争性抑制剂。

【酶原】（zymogen） 生物体内由细胞合成或分泌的尚不具有催化活性的酶的前体。是生物体内某些酶暂不表现催化活性的一种特殊存在形式，在一定条件下受某种因素作用后，分子结构发生改变暴露或形成活性中心，转变成具有活性的酶，如消化酶的酶原（胃蛋白酶原、胰蛋白酶原、胰凝乳蛋白酶原）和血液凝固酶的酶原（凝血酶原、纤溶酶原）。由酶原转变成具有活性的酶的过程称为酶原的激活。酶原激活具有着重要的生理意义：消化道内蛋白酶以酶原形式分泌，不仅保护消化器官、合成及分泌该酶的组织细胞本身不受酶的水解破坏，而且保证酶在其特定部位与环境发挥其催化作用。此外，酶原还可视为酶的储存形式。如凝血和纤维蛋白溶解酶类以酶原形式在血液循环中运行，一旦需要便不失时机地转化为有活性的酶，发挥对机体的保护作用。

【酶制剂】（enzyme agent） 从动物、植物或者微生物中提取的具有酶的特性，经浓缩、干燥或制成结晶状态的活性物质。其主要作用是：催化食品加工过程中各种化学反应和改进食品加工方法；能补充动物内源酶的不足，提高动物的消化能力，促进养分分解，提高原料的吸收率。酶具有专一性。其反应速度受酶的活性、温度和 pH 值影响。常用的有：淀粉酶、蛋白酶、脂肪酶、纤维素酶和植酸酶等。按酶适应温度的不同可分为：低温酶（20°C 以下）、常温酶（30～40°C）及高温酶（50～80°C）；按其形态的不同可分为粉剂和液态。一般在高温状态下或与 Mg^{2+}、Fe^{2+}、Zn^{2+} 等金属离子相遇易失活，遇 Ca^{2+} 盐可激活淀粉酶及提高淀粉酶的耐热性。中国已批准的有：木瓜蛋白酶、α－淀粉酶制剂、精制果胶酶、β－葡萄糖酶等 6 种。酶制剂来源于生物，较为安全。可按生产需要适量使用。对酶的品种、添加工艺及加工温度应选择合理，确保酶的活性。生产酶制剂的微生物有：丝状真菌、酵母和细菌三大类群。目前，除食品、轻纺工业外，微生物酶制剂还用于日用化学、化工、制药、饲料、造纸、建材、生物化学、临床分析等方面。

木瓜蛋白酶（提取物）

【霉菌毒素】(mycotoxin) 霉菌在其污染的食品中所产生的有毒代谢产物。霉菌是一部分真菌的俗称。大约有1/10的霉菌可产生有害的霉菌毒素。有些霉菌毒素可引发急性食物中毒,有些霉菌毒素长期少量地摄入可产生慢性、潜在性的危害。一般的加热处理不能破坏霉菌毒素。

【每日推荐摄入量】(recommended daily intake) 对不同人群推荐每日摄入某种营养素的剂量。是可以满足某一特定性别、年龄及生理状况群体中绝大多数(97% ~98%)个体的需要的摄入水平,单位是mg/kg体重。长期摄入该水平的推荐量,可以满足人体对该营养素的需要,保持健康和维持组织中有适当的储备。如中国营养学会推荐的18岁以上成人每日钙的摄入量为800mg,维生素D的摄入量为10μg。

【每日允许摄入量】(acceptable daily intake,ADI) 人一生中每天从膳食中摄入一定数量的化学农药或其他受试物质对健康和下一代不发生各种明显的、值得重视的毒害作用的剂量。ADI以相当人体每千克体重的毫克数表示。一般人群比较理想的膳食模式:谷类食物,每人每天应该吃300~500g;蔬菜和水果,每天应吃400~500g和100~200g;禽、肉、蛋等动物性食物,每天应该吃125~200g;鱼虾类50g;奶类和豆类食物,每天应吃奶类及奶制品100g和豆类及豆制品50g;油脂类,每天不超过25g。特定人群有较大差别。如果进食量过大而活动量不足,多余的能量就会在体内以脂肪的形式积存即增加体重,久之发胖;若食量不足,劳动或运动量过大,就会由于能量不足引起消瘦,造成劳动能力下降。

【美国国家标准技术研究院】(American National Institute of Standards and Technology) 直属美国商务部,从事物理、生物工程方面的基础与应用研究的技术管理部门。机构和实验室主要分布于马里兰州盖瑟斯堡和科罗拉多州玻尔得。其主要任务是:(1)建立国家计量基准与标准。(2)发展为工业和国防服务的测试技术。(3)研制与销售标准。(4)提供计量检定和校准服务。(5)参加标准化技术委员会制定标准。(6)进行技术转让,帮助中小型企业开发新产品。(7)承担防火、抗地震技术及应用计算技术的研究工作。其向美国工业和研究部门、政府机构等提供多达1 300种以上的标准物质,用来进行现场仪器标定、质量控制、检验测量精度以及开发新的测量方法。NIST证明是指产品已经根据NIST标准参考物质(SRM)进行了测试,并符合相关测试要求。常见的NIST证明产品包括:记时器、标度砝码、转速计/流速计、声级计量器、电子万用表、体温计、时钟、压力计、风速计、pH测试仪、测微计以及测光计等。

【美国国家标准学会】(American National Standards Institute, ANSI) 由公司、政府和其他成员组成,负责制定美国国家标准的非营利性组织。成立于1918年,原名是美国工程标准委员会,1928年改名为美国标准协会,1966年改名为美国标准学会,1969年正式改为现名美国国家标准学会。其主要任务是:协调国内各机构、团体的标准化活动、审核批准美国国家标准、代表美国参加国际标准化活动、提供标准信息咨询服务、与政府机构进行合作。标准的编制遵循自愿性、公开性、透明性、协商一致性的原则,主要采取投票调查法、委员会法和专业标准法等。机构运作的特点是与其他机构建立广泛合作关系。与其他机构合作的项目,除实验室和评审人员的认可外,也有产品认证机构、体系认证机构等的认可,并积极借用其他机构的力量来完成。

【美国红鱼】(American red drum) 俗称眼斑拟石首鱼、拟红石首鱼、红鼓鱼、红鱼、斑尾鲈、海峡鲈、黑斑红鲈、大西洋红鲈。辐鳍(硬骨)鱼纲,鲈形目,石首鱼科,拟石首鱼属。体延长,呈纺锤形,侧扁。头部钝圆。口较大。背部略微隆起浅黑色,体侧微红。腹部白色。尾鳍基部、侧线上方有一黑色圆斑。鳞片有银白色的光泽。美国红鱼为广温、广盐、溯河性鱼类。食性广泛,不论是人工饵料,还是小杂鱼、虾、贝类,都来者不拒。原分布在美国大西洋一带。抗病力强,成长快速,存活率高,又耐低氧,非常适合高密度的养殖。是美国和墨西哥的重要垂钓和捕捞对象。1991年引进中国,并开展繁殖、养殖。

美国红鱼

【美国信息交换标准码】(America Standard Code for Information Interchange, ASCII) 美国国家标准局制定的一套标准化的信息交换码。其目的是让不同类型的计算机都能作为数据传输的标准码。早期使用7个位来表示英文字母、数字0~9及其他符号。现在则使用8个位,共可表示256个不同的文字与符号。是目前计算机系统中使用最普遍的英文标准码。

【美拉德反应】(Maillard reaction) 又称非酶棕色化反应、羰胺反应。食品中氨基化合物如蛋白质、多肽、氨基酸等和羰基化合物(还原糖类)受热生成褐色聚合物的反应。广泛存在于食品工业的一种非酶褐变反应。最终生成棕色甚至是黑色的大分子物质类黑精(黑素)。是使面包、糕点表皮着色和产生特殊香味的重要途径,也是肉类香精生成的加工方法。对食品的影响主要有:(1)产生香气和色泽。能产生人们所需要或不需要的香气和色泽。香气的主要成分有吡嗪、噻唑、呋喃、噻吩和吡咯类等。如亮氨酸与葡萄糖在高温下反应,能够产生令人愉悦的面包香。而在板栗、鱿鱼等食品生产储藏过程中和制糖生产中,就需要抑制美拉德反应以减少褐变的发生。(2)降低营养价值。美拉德反应发生后,氨基酸与糖结合造成了营养成分的损失;蛋白质与糖结合,结合产物不易被酶利用,营养成分不被消化。(3)产生抗氧化性。美拉德反应中产生的褐变色素对油脂类自动氧化表现出抗氧化性。这主要是由于褐变反应中生成醛、酮等还原性中间产物。(4)产生有毒物质。在必要时,应抑制美拉德反应的发生。不同种类的单糖和氨基酸在不同的温度、pH、水活性和不同系统、不同加热方式下可得到不同的产物。该项技术应用广泛。在酱油、豆酱等调味品中褐色色素的形成就是因为美拉德反应产生的;在酱香型白酒生产过程中,美拉德反应所产生的糠醛类、酮醛类、二羰基化合物、吡喃类及吡嗪类化合物,对酱香酒风格的形成起着决定性作用;美拉德反应在食品香精香料、肉类香精香料、烟草香精中应用也相当广泛。

【美尼尔氏症】(Meniere's syndrom) 以膜迷路积水引起的突发性眩晕、耳鸣、耳聋或眼球震颤为主要临床表现的一种内耳疾病。1861年美尼尔(Meniere)医生对耳部前庭平衡器官作了解剖,发现平衡器官有异常病理改变,压力增大,循环障碍,保持不了液体平面,从而揭开了眩晕的由来。本病眩晕有明显的发作期和间歇期。其发病原因不明,学说甚多,尚无定论。病人多数为中年人。患者性别无明显差异。首次发作在50岁以前的病人约占65%。大多数病人为单耳患病。美尼尔氏病的症状各人不尽相同。发作期的主要特点是:发作突然,可在任何时间发作,甚至入睡后也可发作。最常见的症状是:病人睁眼时,感觉周围物体在转动,闭眼时则自觉身体在旋转,眩晕来势猛烈时可使病人突然倒地。在发作期间,病人睁眼或转动头部则症状会加重,故大多数病人闭目静卧,头部和身体不敢转动。多数病人在发作时出现单侧耳鸣及耳聋,少数双侧。在发作时,病人常伴有不敢睁眼、恶心、呕吐、面色苍白、出汗、甚至腹泻、血压多数偏低等一系列症状。部分病人伴有头痛;一般病人的意识清醒。发作期转为间歇期有两种形式:一种是眩晕及伴随症状突然消失;一种是眩晕逐渐变为头昏逐渐消退。美尼尔氏病的间歇期长短不一,从数月到数年,每次发作程度不一。听力随着发作次数的增加而逐渐减退,最后导致耳聋。由于对其病因不明确,所以在临床上有药物、手术、中医中药等多种治疗方法。

【美人虾】(banded coral shrimp) 又称拳师虾、樱花虾、条纹清洁虾。属节肢动物门,甲壳纲,猬虾科。身体多刺,体长约5cm,很少超过7cm,加上触须不超过14cm。具有3对螯脚,以第三对最大,且颜色红白相间。触角鞭白色,特别长。虾腹部颜色也红白相间。常成对栖息于珊瑚礁遮光洞穴,具有领域性。三对白色触须为清洁性共生虾类特征。海水中分布最广的观赏虾。喜欢栖息在洞穴的顶部或岩石缝中,各大洋珊瑚礁区均有分布。主要产地印度尼西亚。

美人虾

【镁合金】(magnesium alloy) 以镁为基的合金的总称。其主要合金元素为铝、锌、锰、铈或钍及少量的锆或镉等。镁合金密度小,是最轻的工业合金。以铸造和压延状态使用的合金。最普遍的为镁铝锌合金,其次为镁锰和镁锌锆合金。所有这些合金,其强度随温度升高而急速下降,不能在高于150℃的工作温度下使用。因此已开发出抗热镁合金。其工作温度以镁铈系为基的可达260℃,以镁钍系为基的可达360℃,特别适用于火箭方面。

【镁铝曲面装饰板】(curved magnesium-aluminum alloy) 以优质酚醛纤维板、镁铝合金箔板及底层纸等为原料,经砂光、黏结和电热烘干、刻沟、涂沟而成的一种建筑装饰材料。可制成金、银、绿、古铜等多种颜色,具有耐热、耐磨、外形美观、耐污、耐水、耐光、可刨、可钉、可变、可剪、可卷、凹凸转角、平贴立黏、施工方便、容易保养等特点。适用于建筑物内隔间、天花板、门框、包柱、柜台、店面广告招牌、各种家具贴面的装潢与装修。

镁铝合金门

【门禁系统】(access control system) 出入口安全管理系统。是新型现代化安全管理系统。集微机自动识别技术和现代安全管理措施为一体。涉及电子、机械、光学、计算机技术、通信技术、生物技术等诸多新技术。是解决重要部门出入口实现安全防范管理的有效措施。适用各种机要部门，如银行、宾馆、机房、军械库、机要室、办公间、智能化小区和工厂等。在工作环境安全、人事考勤管理等行政管理工作中发挥着巨大的作用。在该系统的基础上增加相应的辅助设备可以进行电梯控制、车辆进出控制、物业消防监控、保安巡检管理、餐饮收费管理等，真正实现区域内一卡智能管理。最近几年随着感应卡技术，生物识别技术的发展，门禁系统得到了飞跃式的发展，进入了成熟期，出现了感应卡式门禁系统、指纹门禁系统、虹膜门禁系统、面部识别门禁系统、乱序键盘门禁系统等。以上门禁系统在安全性、方便性、易管理性等方面各有特长。门禁系统的应用领域越来越广。

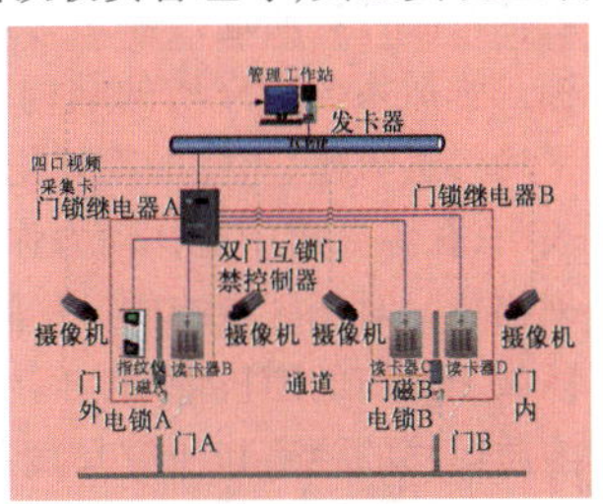

门禁系统

【门式刚架】(portal frame) 一种轻型门式房屋钢结构体系。包括刚架斜梁、刚架柱、支撑、檩条、系杆、山墙骨架等。其受力简单、传力路径明确、构件制作快捷。起源于美国。经历了近百年的发展，目前已成为设计、制作与施工标准相对完善的一种结构体系。属轻型钢结构的一个分支，其主要特点是：(1)应用节能环保型新型建材，实现工厂化加工制作、现场施工组装、轻型、快速、高效、节约建设周期。(2)结构坚固耐用、建筑外型新颖美观、质优价宜、经济效益明显。(3)柱网尺寸布置自由灵活、能满足不同气候环境条件下的施工和使用要求。(4)单层工建厂房、民建超级市场和展览馆、库房以及各种不同类型仓储式建筑等都有市场前景。广泛应用于工业、商业及文化娱乐公共设施等工业与民用建筑领域。

门式刚架

【门限效应】(threshold effect) 当包络检波器的输入信噪比降低到一个特定的数值后，检波器的输出信噪比出现急剧恶化的一种现象。开始出现门限效应的输入信噪比称为门限值。这种门限效应是由包络检波器的非线性解调作用引起的。在小信噪比情况下，调制信号无法与噪声分开，而且有用信号淹没在噪声之中，此时检波器输出信噪比不是按比例地随着输入信噪比下降，而是急剧恶化，也就是出现了门限效应。门限效应的判断准则是：(1)只发载波信号，观察鉴频器输出，当信噪比很大时，只输出高斯噪声。(2)减少信号或增加噪声，当鉴频器输出时出现尖脉冲。

【萌出性龈炎】(eruptive gingivitis) 在乳牙和第一恒磨牙萌出时常见的暂时性龈炎。沿牙冠的牙龈组织充血，有轻度疼痛或无明显的自觉症状，随着牙齿的萌出而渐渐自愈。其发生原因是：(1)牙齿萌出时，牙龈常有异样感，使儿童喜用手指或硬物触摸，使牙龈损伤。(2)牙齿萌出过程中，部分残留的牙龈覆盖于牙面，被咀嚼咬破而受伤。(3)萌出中牙冠周围食物残渣、牙垢堆积而感染。其临床表现是：在牙萌出前，有时可见覆盖牙的黏膜局部肿胀，呈青紫色，内含组织液和血液。其治疗方法是：(1)牙齿萌出期间要注意小儿的口腔卫生。保持口腔清洁是减少炎症发生的重要措施。(2)必要时可以局部用1%双氧水冲洗，上碘甘油，可以加速炎症的愈合。(3)一般不会影响牙齿萌出。如果影响牙齿萌出，可切开去除部分组织，暴露牙冠。

【萌芽林】(short growth) 又称矮林。以伐桩或树根的休眠芽与不定芽发育成植株而形成的一代新的森林。起源于无性更新。其特点是：(1)培育年龄短。(2)早期生长较快，后期生长缓慢。(3)同样的立地条件，在树种无性更新盛期，林木高度不一定低于种子更新的林分。矮林最初可能用种子繁殖，也可局部由实生苗补充，但总的以萌芽更新为主。没有无性更新能力的树种不能经营矮林。有无性更新能力的树种很多，如大部分阔叶树种中的柳树、杨树等。一般针叶树树种无性更新能力较弱。矮林生产的人多是薪炭林，也适用于培育编织材料林、柞蚕林，有时也用以培育小径材，供作农具柄、栅栏杆、椽材等。在中国次生林较多，特别是广大农村燃料缺乏，加之近年来对纸浆材需求量的快速增长，激起人们对矮林的极大兴趣。

【蒙乃尔合金】(monel alloy) 镍铜系耐蚀合金。其组织为高强度的单向固溶体。具有优良的抗腐蚀性能，强度较高，耐高温性能好，切削性能良好。是一种用量大、用途广、综合性能好的耐蚀合金。主要用于制造高强度、高耐蚀和抗磁性的零部件，如船用螺旋桨轴、叶轮泵轴、阀杆、输送器刮刀、油井钻环、弹性

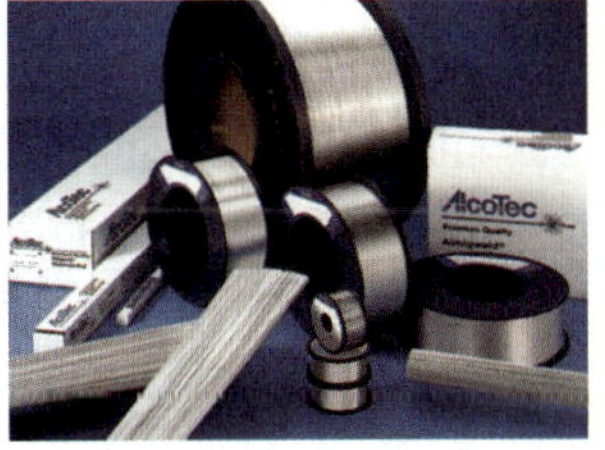

蒙乃尔合金

部件、阀垫等。应用于石油、化工、造船、制药和电子等行业。

【锰结核】(manganese nodule) 见多金属结核。

【锰铜】(manganese copper alloy) 含锰11% ~13%、含镍2.5% ~3.5%的铜合金。精密电阻合金。锰铜的电阻率(20℃)0.42% ~0.48% Ω·mm^2/m。其主要特点是:电阻温度系数很小(在15~40℃的电阻温度系数约 $\pm 5\times 10^{-6}$/℃),对铜热电势小(约<1μV/℃),电阻稳定性高,平均每年的电阻变化率小于十万分之一。常用作精密仪表中的电阻元件、标准电阻和分流器等。为了进一步降低它的电阻温度系数,近年来已开发出了一些新品种。如在锰铜基合金中,加入镓、锗、硅、铟等元素,取得了一定成果。

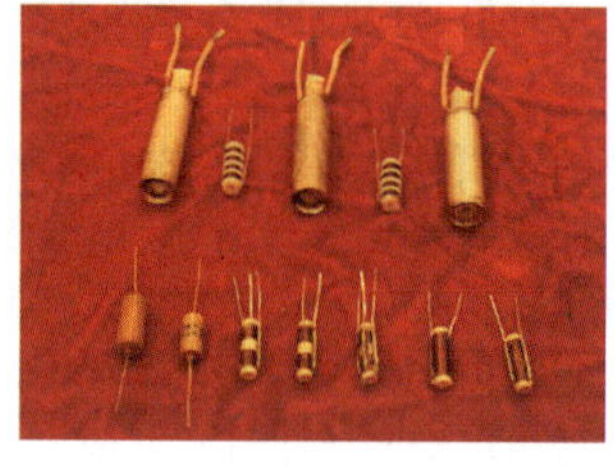

电阻系列

【孟德尔定律】(Mendel's law) 奥地利遗传学家孟德尔根据豌豆杂交试验发现的遗传学基本定律。包括分离定律和独立分配定律。他根据8年豌豆杂交试验的结果,在1866年发表的《植物杂交试验》论文中提出生物的任何性状均受体内的遗传因子(基因)的控制。基因是结构颗粒状结构的作用单位,具有独立性和连续性。正式亲代将遗传基因传给子代,才在子代身上表现出与亲代相似的性状。由此确定的颗粒式遗传概念和最早在遗传分析中运用概率法则,为建立现代遗传学奠定了基础,在理论和实践上都具有十分重要的意义。

【孟德尔群体】(Mendelian population) 一群能相互交配且属于同一基因库的生物体。即各个体间有相互交配关系的集合体。是群体遗传的研究单位,不仅必须全部能相互交配,而且留下健全的后代。在有性繁殖的生物中,一个物种就是一个最大的孟德尔群体。

【弥漫性血管内凝血】(disseminated intravascular coagulation, DIC) 由多种病因所引起的一种复杂的病理过程和临床综合征。其临床特征是微循环内发生广泛的血小板凝集和纤维蛋白沉积,导致弥漫性微血栓形成和继发性凝血因子和血小板的大量被消耗,以及纤维蛋白溶解亢进,从而引起微循环障碍出血、溶血等一系列严重的症状,如不及时治疗,往往危及生命。其临床表现为:(1)多发性出血倾向。(2)低血压或休克。(3)多发性微血管栓塞症状,体征,如皮肤、皮下、黏膜栓塞坏死及各脏器功能不全。(4)溶血。

【弥散燃料】(dispersion fuel) 裂变燃料均匀分散于不裂变材料基体中制成的燃料。通常是将裂变燃料二氧化铀的细小粒子均匀分散于不锈钢基体或石墨基体上。弥散燃料辐照损伤小,使用安全,是高温气冷堆的主要燃料。

【弥散系数】(coefficient of dispersion) 表征可溶性物质通过渗透介质时弥散现象强弱的指标。弥散系数与介质的结构、渗透途径的均匀程度、平均渗透流速、流体的物理化学性质有关。实验结果表明,孔隙介质中流体动力弥散现象可借助菲克定律来描述。对于区域溶质运移问题,由于渗透介质在大区域上分布的随机性和空间变异性,介质的弥散度随溶质运移的距离和研究尺度的增大而增大。这种现象称为水动力弥散的尺度效应。

【糜棱岩】(mylonite) 原岩遭受强烈挤压破碎后由韧性变形所形成的一种粒度很细的动力变质岩石。主要由基质(重结晶的新生矿物集合体)和呈透镜状或浑圆状的残留碎斑组成。基质含量为50% ~90%。碎斑含量主要由细粒的石英、长石及少量新生矿物(绢云母、绿泥石等)所组成。矿物碎屑的粒度一般小于0.5mm,较原岩显著变小。在显微镜下,可见碎屑矿物具有波状消光、解理和双晶纹弯曲、颗粒边部碎粒化等现象。岩石常具有类似流纹的条带状构造,岩性致密坚硬。主要由花岗岩、片麻岩和刚性岩石遭受强烈动力变质作用所形成。常见于扭性或压扭性断裂带。有人把岩石中矿物碎屑的粒度小于0.1mm或碎斑含量小于10%的糜棱岩,称为超糜棱岩。

糜棱岩

【米氏常数】(Michaelis constant) 酶促反应速度达到最大反应速度一半时的底物浓度。以Km表示,一般为 1×10^{-5} ~ 1×10^{-2} mol/L。是酶的重要特征常数之一。它的大小只与酶的性质有关,而与酶的浓度无关。常用于酶的鉴别和酶促反应的适宜底物浓度的确定以及某酶的最适底物或天然底物的判断等。人们还常把它近似地看成酶底物中间复合物的解离常数,故该值愈大,表示复合物愈易解离,酶与底物的亲和力愈小,酶促反应就愈难进行。

【米氏散射】(Mie scattering) 当大气中粒子的直径与辐射的波长相当时所发生的散射。主要由大气中的微粒如烟、尘埃、小水滴及气溶胶等引起。其辐射强度与波长的二次方成反比。在光线向前的方向比向后的方向更强,即有比较明显的方向性。如云雾的粒子大小与红外线(0.7615μm)的波长接近,所以,云雾对红外线的辐射主要是米氏散射。

【米氏消除动力学】(Michaelis-Menten elimination kinetics) 又称混合消除动力学。某些药物在体内的降解速率受酶活力的限制,通常在高浓度时是零级速率过程的药物消除规律,而在低浓度时是一级速率过程的药物消除规律。如苯妥英钠、阿司匹林、乙醇等。其方程式为:dC/dt = VmC/(km + C),其中 C 为体内可消除的药物,t 为时间,Vm 为最大消除速率,Km 为米氏常数,相当于恰可产生 Vm/2 时的药物浓度。

【米线】(fresh rice stick) 又称湿米粉。以大米为原料制成的圆条状产品。爽滑,有大米清香味。系选用优质大米通过浸泡、发酵、磨浆、澄滤、蒸粉、挤压和冷却等生产工序加工而成。放入凉水中浸渍漂洗后,即可烹制食用。米线细长、洁白和柔韧。未经干燥的为湿切粉和榨粉,晒干后即为干米线。其含有丰富的碳水化合物、维生素、矿物质和酵素等。具有熟透迅速、均匀、耐煮不烂、爽口滑嫩、煮后汤水不浊和易于消化的特点。特别适合火锅和休闲快餐食用。其中"过桥米线",是中国云南地区著名的风味食品之一。

米线

【密闭式音箱】(closed enclosure) 也称气垫式音箱。由扬声器单元装在一个全密封箱体内构成的结构最简单的一种扬声器系统。能将扬声器的前向辐射声波和后向辐射声波完全隔离,密闭式箱体的存在,增加了扬声器运动质量产生共振的刚性,使扬声器的最低共振频率上升。密闭式音箱的声色有些深沉,但低音分析力好,使用普通硬折环扬声器时,为了得到满意的低音重放,需采用容积大的大型箱体,新式的密闭音箱大多选用 Q 值适当的高顺性扬声器。利用封闭在箱体中的压缩空气质量的弹性作用,尽管扬声器装在较小的箱体中,锥盆后面的气垫会对锥盆施加反动力。

密闭式音箱

【密度】(density) 某种物质的质量与其体积的比值,即单位体积的某种物质的质量。单位为 g/cm^3、kg/m^3、g/ml、kg/L。常用符号 ρ 表示。是有量纲的量。按照量子力学概念,对于实物微粒,密度 ρ 的含义是该粒子在空间任一微小区域(数学术语是体积元)里出现的概率,即概率密度。数学表达式为 $\rho = m/V$。m 表示质量,V 表示体积。

【密度泛函理论】(density functional theory) 研究多电子体系电子结构的量子力学方法。其主要目标是用电子密度取代波函数作为研究的基本量。多电子波函数有 $3N$ 个变量(N 为电子数,每个电子包含三个空间变量),而电子密度仅是三个变量的函数,无论在概念上还是实际上都更方便处理。密度泛函理论在物理和化学上都有广泛的应用,特别是用来研究分子和凝聚态的性质,是凝聚态物理和计算化学领域最常用的方法之一。

【密度流】(density current) 相邻海区沿水平方向因密度差异而形成的海流。地转流的一种形式。由水平压强梯度科里奥利效应和湍流摩擦共同作用形成。在北半球,沿海流流动方向,左侧海水密度小于右侧海水密度,在南半球则相反。由于海水密度的水平分布随深度的增加而渐趋均匀,所以密度流随深度增加逐渐减弱以致消失。

【密度跃层】(pycnocline) 海水密度在铅直方向上短距离内存在显著差异的水层。海水密度的变化,主要取决于海水的温度和盐度。水温低,盐度高,海水密度就大;相反,海水密度就小。海水密度的突然改变可使声波在海水中的传播方向发生改变。高密度的密度跃层还能形成所谓的"液体海底",供潜艇停坐在密度层上。

【密封舱】(pressurized cabin) 飞行器中用以保证人在高空或宇宙空间正常生活和工作的安全设备。舱是一个封闭系统,外表面覆有绝热保护层,设有快速开启的舱门和用耐热玻璃保护的舷窗。舱内采用再生式供气,并有环境调节系统。高空飞行的飞机的密封舱,又称气密舱或增压舱,由增压调压系统向舱内

志愿者进入密封舱

输入增压空气,大型飞机还有湿度调节装置。

【密封钢丝绳】(wire sealed rope) 外层钢丝采用异型钢丝捻制的面接触全钢单捻钢丝绳。丝与丝之间紧密锁扣,同层与上下相邻层间为面接触,具有很好的密封性。直径可达160mm。密封钢丝绳的结构是:绳芯由若干根园钢丝捻制而成,外面包捻一层或多层异型钢丝。异型钢丝的形状有Z形、T形、X形、人字形和8字形。绳芯的结构为点接触1×19、1×37等或线接触,最外层异型钢丝一般为Z形,各次内层为Z形或T形。各层钢丝之间与绳芯之间为交互捻。密封钢丝绳的特点是:金属断面系数大,承载大;外表面圆滑平整,接触面积大,摩擦系数小,耐磨损,抗疲劳性能好;抗压能力高,承受径向负荷时结构不易破坏;防水、防潮、防锈,润滑油不易散失,使用寿命长;弹性模量大;弯曲刚度大;内外层捻向相反,不旋转。密封钢丝绳主要用于悬索桥、斜拉桥、铁塔、大型电铲、架空索道承重索、立井罐笼的导轨、钻井平台的锚固及体育场馆等超大跨度建筑物的上盖骨架、缆索起重机、矿井提升、油井抽油等。密封钢丝绳的生产包括异型钢丝的断面形状尺寸设计、制造、拉拔及其捻制、预变形、后变形、缝隙的调整等。

【密集型光波复用】(dense wavelength division multiplexing,DWDM) 将光波长不同的信道复用到一根光纤中,通过同一光纤传输不同波长、不同类型数据流的一项技术。其特点与作用是:(1)通过密集型光波分复用器来完成,可实现用有限的光纤资源传输更大的信息量。(2)能大幅度提高数据的传输速率。(3)支持IP协议、以太网协议、ATM协议、SONET/SDH协议等多种数据传输协议。现已在各种光纤网络通信中广泛应用。

【密码】(secret code) 双方按约定规则对信息实施明密变换,对明文进行加密处理,使之变为无意义的符号。由密码算法和密钥组成。早期仅对文字或数码进行加、解密变换,随着通信技术发展,对语音、图像、数据等都可实施加、解密变换。密码算法是一些公式、规则、步骤和运算关系,是相对保持不变的;密钥可看做是算法中的可变参数。在实施时,由密钥控制算法,加密时将明文变成密文;在解密时,将密文变成明文。对信息进行加密是保障通信、信息系统安全的重要手段。

密码机

【密码子】(coherer) 与反密码子相对应。决定一个氨基酸的三个相邻碱基的排列顺序。该序列编码着一个指定的氨基酸,tRNA的反密码子与mRNA的密码子互补。其特点是:(1)通用性。不同的生物密码子基本相同,即共用一套密码子。(2)不重叠。两个密码子之间没有标点符号,读码必须按照一定的读码框架,从正确的起点开始,一个不漏地一直读到终止信号。(3)简并性。大多数的氨基酸都可以具有几组不同的密码子。(4)方向性。每个密码子的三个核苷酸按一定方向阅读,不能倒读。根据密码子的特性可以进行蛋白质的生物合成。

【幂函数】(power function) 形如 $y = x^a$ 的函数。其中底 x 为自变量,指数 a 为实常数。幂函数是构成代数函数的基础,在初等函数家族中占有十分重要的地位。由于在幂函数中有实常数指数 a 出现,因而函数值的计算必须要满足乘方和开方运算法则。也正因为如此,函数在随自变量变化而变化时,其值域和定义域也就产生了相对复杂的情况。鉴于在幂函数的实际应用中无理数 a 通常会用有理数作近似替代,为方便分析和理解,不妨设 a 为有理数($a = q/p$,q、p 为互质正整数)。由此不难看出,对于指数 a 的某些值就有可能发生以0做除数或负数开偶次方的情况。从而使自变量 x 的定义域和函数 y 的值域受到局限。产生若干不同的情况:(1) 若 a 取任意实数,则只能有 $x \in (0, \infty)$,$y \in (0, \infty)$;(2) 若 $a < 0$,q 为偶数,则只能有 $x \in (0, \infty)$,$y \in (0, \infty)$;(3) 若$a < 0$,q 为奇数,则可以有 $x \in (-\infty, 0) \cup (0, \infty)$,$y \in (0, \infty)$;(4) 只有当 $a > 0$ 时,函数的值域中才能包括0。关于幂函数图形,情况比较繁杂,选取有代表性的有理数 a 绘制的各类图形。

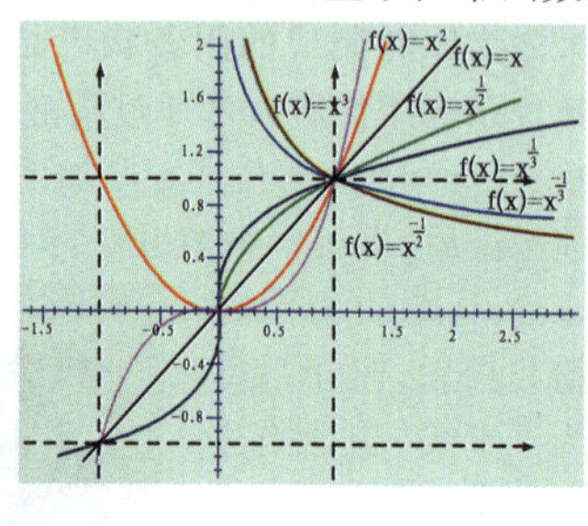

幂函数图形

【幂级数】(power series) $a_0 + a_1(x - x_0) + a_2(x - x_0)^2 + \cdots + a_n(x - x_0)^n + \cdots = \sum_{n=0}^{\infty} a_n(x - x_0)^n$ 的函数项级数。其中 $a_0, a_1 \cdots, a_n, \cdots$ 为常数,称为幂级数的系数。幂级数是一类重要的函数项级数。

【嘧啶】(pyrimidine) 由两个氮原子取代苯分子间位上的两个碳形成的杂环化合物。其衍生物胞嘧啶、尿嘧啶和胸腺嘧啶等是核酸的重要组成成分。其中胸腺嘧啶只能出现在脱氧核糖核酸中,尿嘧啶只能出现在核糖核酸中,而胞嘧啶两者均可。胸腺嘧啶、胞嘧啶与鸟嘌呤和腺嘌呤组成脱氧核糖核酸；尿嘧啶、胞嘧啶与鸟嘌呤和腺嘌呤组成核糖核酸。在碱基互补配对时，胸腺嘧啶或尿嘧啶与腺嘌呤以两个氢键结合，胞嘧啶与鸟嘌呤以三个氢键结合。

【嘧啶二聚体】(pyrimidine dimer) DNA分子经紫外线照射后，会在两个相邻的嘧啶碱基之间，直接诱发产生的一个共价键。其危害作用是：阻断DNA分子的正常复制。最常见的是胸腺嘧啶二聚体。体内存在的切除修复系统会对其危害进行修复。

【蜜罐技术】(honeypot) 通过设置蜜罐来收集、监视、检测和分析攻击行为的技术。是一种安全资源。其价值在于被扫描、攻击和攻陷。其核心价值在于对这些攻击活动进行监视、检测和分析。是一个预先设定好的有一定安全缺陷的被攻击资源，可以引诱攻击者进行攻击。通过对蜜罐被攻击情况的收集、监视、检测和分析，可以了解攻击者的攻击过程、攻击技术、自身系统的安全缺陷、漏洞等。按其应用目的的不同可分为：(1)产品型蜜罐。(2)研究型蜜罐。蜜罐技术的优点是：(1)收集数据的保真度高。(2)可以收集到最新的攻击技术与方法。(3)成本底。但使用蜜罐技术需要投放较多的精力进行数据分析，而且部署蜜罐也带来一定的安全风险。采用蜜罐技术构建成的一个进行攻击行为收集、监视、检测和分析的网络架构称为蜜网。又称为诱捕网络。是在蜜罐技术的发展之上提出来的概念。由于采用了网络架构，其信息收集与分析能力获得很大程度提升。

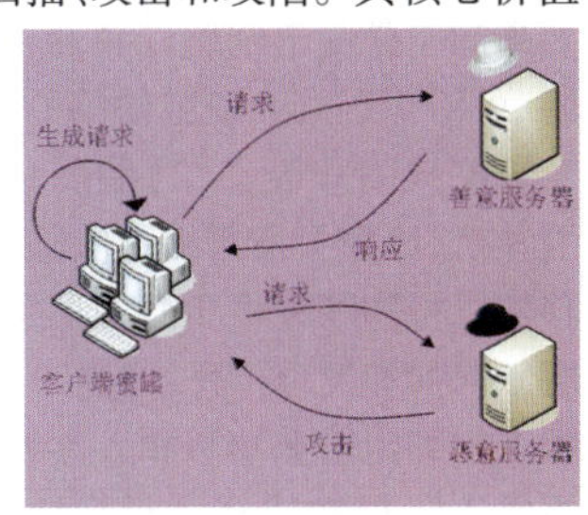

蜜罐技术

【绵羊痘】(sheep pox) 由绵羊痘病毒引起的一种急性、热性、接触性传染病。该病以无毛或少毛的皮肤和黏膜上发生痘疹为特征。典型病例初期为丘疹，后变水疱、脓疱，最后干结成痂，脱落而痊愈。在自然情况下，绵羊痘只发生于绵羊，不传染给山羊和其他家畜。病羊或带毒羊为传染源。病毒主要存在于痘疱之中。可经呼吸道感染，也可经损伤的皮肤、黏膜感染。是各种家畜痘病中最为典型且危害严重的传染病。常呈地方性流行或广泛流行。病羊体温升高到41～42℃，精神不振，食欲减退，并伴有可视黏膜卡他性、脓性炎症；经1～4天，开始发痘。发痘的初期为红斑，1～2天后形成丘疹，为突出于皮肤表面的苍白色坚实结节；结节在2～3天内变成水疱。水疱内容物起初像淋巴液，逐渐增多，中央凹陷呈脐状。在此期间，体温稍有下降。随后，由于白细胞渗入，变为脓性，不透明，脐状消失，成为脓疱。化脓期间体温再度上升。如无继发感染，则几日之内脓疱干缩成褐色痂块。痂块脱落后遗留一微红色或苍白色的瘢痕。全过程为3～4周。本病以预防为主，有疫苗可供使用，但无特效治疗药物。发现病例按照《中华人民共和国动物防疫法》的规定采取紧急、强制性的控制和扑灭措施。

【棉纺自调匀整】(spinning autoleveller) 自动调整罗拉速度控制生条或熟条重线密度量或均匀度的电子控制技术。用在清梳联、并条工序中，避免喂入原料不匀。在清梳联加工过程中，原料的开松程度不均匀，导致筒与筒、台与台、班与班之间生条长片段不匀率在配棉成分或开清工艺变化时发生较大波动，影响成纱的重量偏差及不匀率。如利用自调匀整装置自动改变原料的喂入速度或生条的输出速度，并通过调节牵伸倍数，使输出产品定量和厚度的波动减小，达到产品匀整效果。

【棉型纺纱流程】(procedure of cotton type spinning) 将棉纤维纺成纱线的过程。其流程可分为以下几种：(1)普梳系统(棉)→普梳纱流程。配棉→开清棉→梳棉→头并→二并→粗纱→细纱→后加工。(2)精梳系统(棉)→精梳纱流程。配棉→开清棉→梳棉→精梳准备→精梳→头并→二并→粗纱→细纱→后加工。(3)棉与化纤混纺系统(涤棉混纺)→混纺纱流程。配棉→开清棉→梳棉→精梳前准备→精梳/涤→开清→梳理→预并条→混并条(三道)→粗纱→细纱→后加工。

【免耕法】(non-tillage way) 又称零耕、板田耕作、留茬耕作。在前茬作物收获后不单独进行土壤耕作，而在茬地上直接播种后茬作物的一种耕作方式。一般用联合作业免耕播种机在前茬地上一次完成切茬、开沟、喷药除草、施肥、播种、覆土等多道工序。广义的免耕法也包括少耕。这种耕作方式能尽量减少土壤耕作次数、减少土壤压实程度，保护和改善土壤结构，防止土壤侵蚀和水土流失；多雨地区可避免因滥耕而影响播种质量。但在土温较低时残茬覆盖会影响作物生长；在其分解过程中会产生有毒物质，连作时不利种子萌发和根系生长；会出现除草剂和杀虫剂耗费较多，其防治效果有时也不太显著的现象。低洼

免耕法

易涝、土质黏重坚实和耕层构造不良的田地不宜免耕。

【**免疫保护治疗**】(immunity protective therapy) 患实体瘤的病人在化疗后使骨髓的功能恢复加快的治疗方法。是利用一些细胞因子来抑制造血干细胞的增殖从而使造血干细胞在化疗期间处于被遏制状态,免遭化疗的细胞毒作用,然后再用集落刺激因子使骨髓的功能恢复加快。常用的细胞因子有两种:(1)巨噬细胞炎症蛋白1α(MIP-1α)。能可逆性地特异性抑制造血干细胞的增殖,在化疗后可明显地促进嗜中性粒细胞得以恢复正常,并使白血病祖细胞对干细胞抑制剂有不同的敏感性。(2)β转化生长因子(TGF-β)。是25kDa的同种二聚体。能可逆性地抑制细胞因子诱导的多种祖细胞的增殖。与MIP-1α不同的是,它可以用于保护非常早期的干细胞和更为成熟的祖细胞,从而使某些不依赖于细胞因子的肿瘤细胞对化疗敏感,达到保护治疗的目的。

【**免疫标记技术**】(immunolabelling technique) 用荧光素、放射性同位素、酶、铁蛋白、胶体金或生物发光剂等作为追踪物,标记抗体或抗原及其进行的抗原抗体反应,以对标记物进行定性定量测定的技术。借助于荧光显微镜、射线测量仪、酶标检测仪或发光免疫测定仪等精密仪器,对实验结果直接镜检观察或进行自动化测定,可以在细胞、亚细胞、超微结构及分子水平上,对抗原抗体反应进行定性和定位研究;或应用各种液相和固相免疫分析方法,对体液中的半抗原、抗原或抗体进行定性和定量测定。因此,免疫标记技术在敏感性、特异性、精确性及应用范围等方面远远超过一般免疫血清学方法。近年来,随着分子生物学、细胞生物学、基础免疫学和免疫化学等学科的发展,以及现代高新技术建立的仪器分析的应用,免疫标记技术也不断完善和更新。各种新技术和新方法不断涌现,至今已成为一类检测微量和超微量生物活性物质的免疫生物化学分析技术,在医学和其他生物学科的研究领域及临床检验中应用十分广泛。

【**免疫病理学**】(immunopathology) 免疫学的一个分支。研究功能异常或继发性异常和免疫应答所引起的病理现象的学科。涉及范围较广,包括变态反应、自身免疫、免疫增生和免疫缺陷等。其主要内容包括免疫增生和免疫缺陷。免疫系统识别和排斥抗原性异物虽然在多数情况下对机体是有利的,但是,也有一些免疫反应不利于机体,能引起功能失常或(和)组织损害。如对移植物的排斥和对自身成分的免疫应答等。免疫病理学研究的方向和内容,大致包括:自身免疫病、肿瘤免疫、移植免疫、生殖免疫、免疫遗传、抗感染免疫、内分泌免疫以及放射性损伤等。

【**免疫重建**】(immunotherapy reestablish) 运用治疗的手段,重新建立免疫系统,恢复完整有效的免疫应答能力,使疾病治愈的一种治疗方法。是治疗免疫缺陷根治疗法之一。对任何免疫器官缺乏或发育不良、免疫活性细胞的减小或功能障碍和免疫活性物质的减小,均可采用免疫重建的方法。是将免疫器官或免疫组织、细胞,移植到患者体内,使恢复免疫功能。其常用的方法有:(1)骨髓移植。淋巴细胞主要来源于骨髓干细胞。骨髓中含有大量的造血干细胞,可治疗造血干细胞缺陷的各种疾病,如严重的联合免疫缺陷病等。(2)胎肝移植。应用胎肝细胞悬液移植,治疗T淋巴细胞缺陷效果好。(3)胎儿胸腺移植。将胸腺移植于腹壁肌与筋膜之间。主要治疗胸腺缺如和发育不良,增强T淋巴细胞功能。(4)胸腺上皮细胞培养物移植。移植后,细胞免疫重建,而不发生移植物抗宿主反应。(5)脐血干细胞移植。脐血中含有丰富的造血干细胞,移植后移植物抗宿主反应轻。

【**免疫毒理学试验**】(immunotoxicology test) 观察药物对试验动物免疫系统产生的不良影响和影响的机理的试验。通过试验观察动物的免疫功能是否受到抑制或产生免疫缺陷;是否降低了机体抵抗力;是否产生变态反应;以及可能引起这些反应的原因。包括以下试验:(1)T淋巴细胞增殖反应。来源于外周血或脾脏的T细胞在对特异性抗原的反应中能够产生母细胞激化增殖。(2)混合淋巴细胞反应(MLR)试验。用来评价T细胞识别同源淋巴细胞上外来抗原的能力。因此,是一种检测细胞介导的识别移植器官,或肿瘤细胞是否为异物的能力的间接方法。(3)细胞毒T淋巴细胞(CTL)介导的试验。能够确定细胞毒T细胞溶解致敏的同源性靶细胞或特异性靶细胞的能力。(4)迟发型变态反应(DTH)。为表达DTH的验证反应,免疫系统必须能够识别及处理抗原,促进T细胞的母细胞化及增殖,使记忆T细胞向抗原暴露的激发部位迁移,继而产生炎症调节因子和淋巴因子,引起炎症反应。因此,通过检测针对某种抗原的DTH反应,就可以对细胞免疫的传入(抗原识别及处理)和传出(产生淋巴因子)两种功能状态进行评价。

【**免疫复合物**】(immune complex) 抗体与抗原结合所形成的一种复合物。是由各种免疫细胞吞噬细菌、病毒、致敏物质共同死亡后结合而形成的,所以又称抗原-抗体复合物。在正常情况下,小分子可溶性免疫复合物被肾小球滤过排出,大分子不溶性免疫复合物被巨噬细胞吞噬消灭,这是机体防御机制的一部分。但在某些情况下,抗原与抗体在体内形成的免疫复合物,沉积于血管壁基底部,从而激活补体。被激活的补体,发挥溶解细菌、病毒、肿瘤细胞等作用。而过多的免疫复合物沉积,会引起以下全身免疫复合性疾病:(1)血清病。是由大小免疫复合物沉积在毛细血管壁,补体、吞噬细胞参与反应所致。(2)免疫复合物型肾小球肾炎。是由链球菌可溶性抗原与抗体结合,沉积于肾小球基底膜,激活补体,吸引中性粒细胞,释放各种酶类损伤肾小球所致。(3)类风湿性关节炎。是由类风湿因子与免疫球蛋白IgG结合形成的免疫复合物,沉积于关节骨膜、皮下组织等处引起类风湿关节炎等。医学上免疫复合物试验正常参考值是OD450(光密度波长450),波长值为0.015~0.051。增高者,见于系统性红斑狼疮、血管炎、肝炎、自身免疫性疾病、肿瘤、风湿关节炎、肾炎等。在许多免疫性疾病中,均有免疫复合物的出现。过多免疫复合物的沉积还会引起其他并发症,如系统性红斑狼疮中的神经、皮肤损害等相应组织器官的病变。免疫复合物可较长时间存在血循环中,故又称为循环免疫复合物。

【免疫检测技术】(immunoassay technique) 利用抗原、抗体或抗原淋巴细胞间的特异性结合设计出的多种检测抗原、抗体、淋巴细胞和机体免疫应答技术。大致可分为细胞免疫检测技术和血清学(体液免疫)检测技术两类;前者以检测免疫活性细胞的数量与功能,从而判定机体细胞免疫的状态,为临床提供诊断和治疗的依据;后者为利用抗原抗体反应原理建立的一系列检测技术。

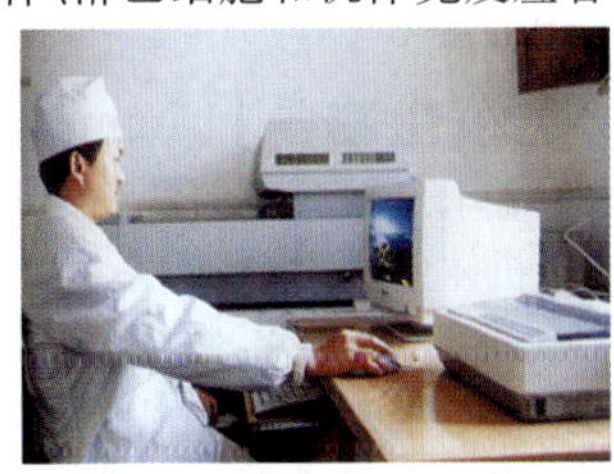

放射免疫检测仪

【免疫耐受性】(immunologictolerance) 在某种情况下,免疫系统对于抗原的刺激表现为不形成免疫应答的现象。但有时却仍能对其他抗原的刺激表现良好的免疫应答。因此,它具有抗原特异性。诱发免疫应答的抗原称为免疫原,诱发免疫耐受性者称之为致耐原。一旦自身耐受机制遭到破坏,即可导致自身免疫病的发生。在正常情况下,机体所有的自身抗原均为致耐原。而多种的异体抗原既可作为免疫原,亦可成为致耐原,这主要取决于抗原的理化状态、剂量以及注入途径等。个体与免疫原接触后即可刺激特异性免疫的产生,但与致耐原接触后,不仅不能诱发特异性免疫的产生,而且对再次注射相同抗原时却能抑制淋巴细胞的活化。这种由抗原诱导而形成的淋巴细胞特异性免疫灭活作用,是所有形式耐受性发生的基础。免疫系统功能愈成熟就愈不易形成耐受性。因此,免疫耐受性的形成多在胚胎期或新生期发生。致耐原的持续存在是维持免疫耐受性的必要条件。一旦体内的致耐原消失,已建立的免疫耐受性也将逐渐消退。多次重复注射致耐原可使耐受状态延长。免疫系统对抗原的刺激产生免疫耐受性,实质是T细胞和B细胞形成耐受性过程的表现。这两种耐受性既可同时存在,也可其中之一表现耐受性而另一种表现正常的免疫应答。一般来讲,可溶性抗原物质较易诱发耐受性,如血清蛋白、丙种球蛋白等。致耐原不同注入途径引起耐受性难易程度的顺序大致是:静脉注射>腹腔注射>皮下注射。抗原若与佐剂混合后注射,往往不易引起耐受性。非胸腺依赖抗原需大剂量时方可诱发耐受性,而胸腺依赖抗原则大、小剂量均可诱发耐受性。

【免疫牛奶】(immune milk) 具有免疫力牛奶的总称。是利用甲肝病毒、乙肝病毒以及幽门螺杆菌等三种以上的疫苗注入奶牛体内,经多种生物工程技术处理后的奶牛生产出的。这种牛奶不仅含有牛奶的全部营养成分,而且还含有乙肝、甲肝和幽门螺杆菌的抗体。人们只需口服这种牛奶就可以获得相应的免疫力。

【免疫偶联物】(immunoconjugate) 以针对特异性抗原的单抗为导向载体、通过化学方法与效应分子相连接所制成的偶联物。其分子结构与功能具有两重性。一是与抗原的特异性结合,由抗体部分完成;二是对表达抗原的靶细胞的杀伤作用,由效应分子("弹头")完成。常用作"弹头"的物质主要有三类,即放射性核素、化疗药物与毒素。按与抗体连接"弹头"物质的不同可分为:放射免疫偶联物、化学免疫偶联物与免疫毒素三种。研究结果表明,单抗与药物偶联物或与毒素偶联物对肿瘤靶细胞显示选择性杀伤作用,对表达有关抗原的肿瘤细胞作用强,对抗原性无关细胞的作用弱或无作用。单抗药物偶联物对肿瘤细胞的杀伤活性比无关抗体偶联物的活性强;药物与单抗偶联后对肿瘤靶细胞的活性比游离药物强。这种选择性杀伤作用是单抗药物用于肿瘤治疗的重要基础。

【免疫球蛋白】(immunoglobulin) 具有与抗体相似的抗体活性及化学结构的球蛋白。机体在受到抗原物质刺激后,合成的一种能与抗原发生特异性结合的物质,称为抗体。所有抗体均是免疫球蛋白,但并非所有免疫球蛋白都是抗体。人们利用抗体产生的原理,研究开发出了各种疫苗,即通过接种经过特殊处理过的抗原,刺激机体产生抗体,从而抵御各种病害的侵袭。人们也可以直接注射免疫球蛋白,以提高人体的自身免疫力。

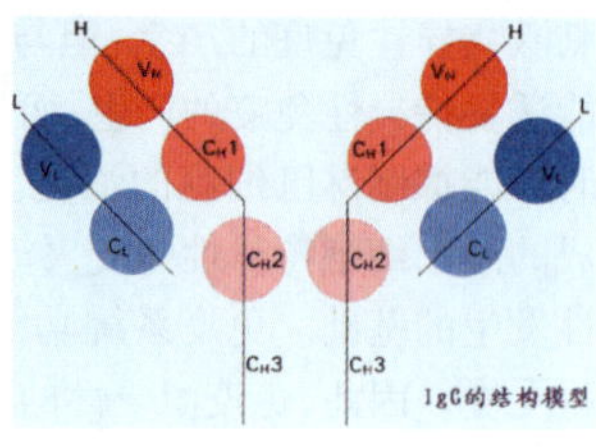

免疫球蛋白结构模式图

【免疫缺陷】(immunologic deficiency) 机体由于免疫系统的某种原因而降低或失去正常的免疫功能的现象。可以是原发的(由遗传或先天性原因引起),也可以是获得的(由其他疾病引起)。按发病机制的不同还可分为体液免疫缺陷和细胞免疫缺陷两类。原发性免疫缺陷有遗传性的,如性联锁或常染色体遗传;也有先天性的,如胚胎发育不良,造成某一组织成分缺失或酶系统异常。其常见的类型有:(1)免疫球蛋白(Ig)缺陷。有些患者是各类 Ig 均缺乏或低下,也有些患者只是某一类或几类 Ig 缺损,而其他正常。其中最常见的是选择性 IgA 缺乏,每 500~700人中就有一个患者,常见的症状是反复发生严重细菌感染。主要原因是 B 细胞系统异常,但也有些情况是抑制性 T 细胞功能亢进,使 B 细胞功能受到抑制。(2)细胞免疫缺陷。胸腺发育异常引起的疾病。其典型病例是迪乔治综合征和内泽洛夫综合征。前者是由于先天性胸腺不发育引起的;后者是由于胸腺发育不全引起的。主要表现为多发性细胞内寄生的细菌和真菌感染以及病毒感染。迪乔治综合症还伴有甲状旁腺和心血管系统异常。(3)联合免疫缺陷。即缺乏体液免疫,又缺乏细胞免疫。其防治方法是:除适当选用抗生素治疗有关感染外,对体液免疫缺陷应补充 Ig;对细胞免疫缺陷可移植胎儿胸腺和胎肝以便提供干细胞,或注射胸腺素。也可考虑骨髓移植。

【免疫缺陷病】(immunodeficiency, ID) 免疫系统在生长过程中或其后由外界各种原因导致的免疫功能缺陷病。分为原发免疫缺陷病和继发免疫缺陷病。原发免疫缺陷病,是由遗传和基因突变,免疫器官、免疫细胞及免疫因子发生缺陷引起的一系列临床表现。可分为体液免疫缺陷(B 淋巴细胞最多见,约占 50%),细胞免疫缺陷(T 淋巴细胞占 10%),联合免疫缺陷(占 20%),吞噬细胞缺陷(占 18%)以及补体缺陷(占 2%)。其主要临床表现是:(1)反复感染。细胞及联合免疫缺陷,生后感染病原主要在细胞内,如病毒、结核等;B 淋巴细胞免疫缺陷感染发生在生后 6 个月以后,因体内母体给的 IgG 到生后 6 个月消失,多见肺炎、败血症、脑膜炎等。(2)免疫性疾病。能成活的小儿随着年龄的增长,到儿童期出现免疫相关的疾病,如免疫性溶血性贫血、免疫性血小板减少、系统性红斑狼疮、皮肌炎等。(3)恶性肿瘤。主要是淋巴等肿瘤,常见为急性淋巴细胞白血病(ALL)、淋巴瘤等。根据家族史,临床表现以及实验检查可诊断:(1)B 淋巴细胞缺陷。IgG < IgL, IgA、IgM 定量测定,测不出或很低。各种抗体测定如破伤风、白喉等注射液是不产生抗体,通过这些检查可确定体液免疫缺陷病。(2)T 淋巴细胞缺陷。查外周血 T 淋巴细胞数降低(正常 T 淋巴细胞 $2\times10^9 \sim 6\times10^9$ 个/升) $<2\times10^9$ 个/升;胸部 X 线检查,无胸腺者是 T 淋巴细胞缺陷,且皮肤 PPD(结核菌素)试验(-)。(3)吞噬细胞及补体缺陷。补体 C_3 测定及吞噬细胞功能测定均降低。继发性免疫缺陷病:是后天因素造成的免疫缺陷。小儿最常见的原因是感染。反复感染、抗肿瘤药物、重度营养不良及先天畸形等均可损伤免疫系统,导致继发性免疫缺陷病。

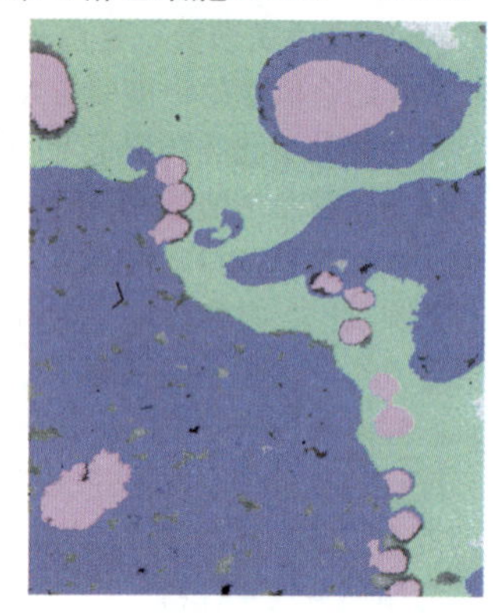
免疫缺陷病毒

【免疫生物学】(immunobiology) 用生物学规律解释免疫现象的学科。其研究的主要内容包括:(1)机体免疫系统的种系发生与个体发生。(2)免疫细胞的起源、分化、特征和功能。(3)淋巴细胞的识别、活化与效应机制。(4)免疫应答的调控,细胞和体液因子的调节等。以 T 细胞为中心的免疫生物学是当前免疫学研究中最为活跃的领域之一,其中对 T 细胞识别抗原受体的研究尤为突出。

【免疫替代疗法】(supplant therapy of immunity) 由于免疫缺陷引起的免疫细胞或免疫球蛋白的缺乏或不足,应用免疫物质,补其所缺,纠正免疫功能的一种治疗方法。替代疗法是指体内缺乏的物质,给予补充。体内缺乏的原因可是生理性,也可是病理性。如更年期妇女体内缺乏雌激素,补充雌激素,这就是替代疗法。其常使用的方法是:(1)体液免疫缺陷。静脉输注免疫球蛋白,主要成分是 IgG, IgA, IgM 含量不足 1%。为终生疗法,每月 1 次,每次 0.1~0.6mg/kg(因 IgG 的半衰期是 23 天)输注血浆,成分除 IgG 外,还含有 IgA, IgM 及其他免疫物质。每次 20mg/kg。(2)胸腺功能不全及T淋巴细胞分泌介质缺陷。输注胸腺汰、转移因子、干扰素、白介素-2等,可治疗Wisko-Atelrich综合症等。(3)酶缺乏。如嘌呤核苷磷酸化酶(PNP)和腺苷脱氨酶(ADA)缺乏,输注红细胞治疗。因红细胞内含大量的PNP和ADA。(4)中性粒细胞功能缺乏。输注新鲜白细胞。一般在有严重感染时才应用。如果是T淋巴细胞免疫缺陷,在输血时必须清除血中淋巴细胞,否则会产生移植物抗宿主反应。

【免疫调节剂】(immunomodulator) 能调节、增强、兴奋和恢复机体免疫功能的一大类药物。在临床上主要用于肿瘤的辅助治疗,以及治疗感染性疾病和某些自身免疫病,但大量的研究则是围绕肿瘤而进行的。希望通过调整宿主与肿瘤的相互关系,激发宿主的抗瘤效应,提高其免疫功能,促使肿瘤治疗向有利于宿主方面发展。其临床应用于:(1)免疫缺陷。(2)慢性细菌和病毒感染。(3)皮肤科的相关疾病。(4)获得性免疫缺陷综合征。(5)自身免疫病。(6)恶性肿瘤的辅助治疗。重要的免疫调节剂有:(1)细胞因子。包括干扰素、白细胞介素-2、集落刺激因子、肿瘤坏死因子及淋巴毒素、白细胞介素-4和胸腺素。(2)细菌制剂。包括短小棒状杆菌菌苗、卡介苗。(3)化学合成药。如左旋咪唑等。

【免疫系统】(immune system) 一切生物体、特别是哺乳类动物乃至人类机体种系进化和个体发育过程中所生成的免疫防护结构及功能。其作用是能辨别“自我”与“非我”,专司防御病原体的侵害,监视和防止体内细胞恶性变和异常增殖,以除害灭病和保卫机体的健康为主要任务。其组成包括:中枢及外周免疫器官(胸腺、骨髓、脾),淋巴上皮组织(淋巴结、扁桃体、黏膜相关的淋巴组织等),造血淋巴细胞,免疫辅助细胞,免疫效应分子(抗体、细胞因子),免疫相关抗原和分子及有关的基因等。其在神经内分泌免疫系统网络的调控下,发挥特异性免疫防护功能。

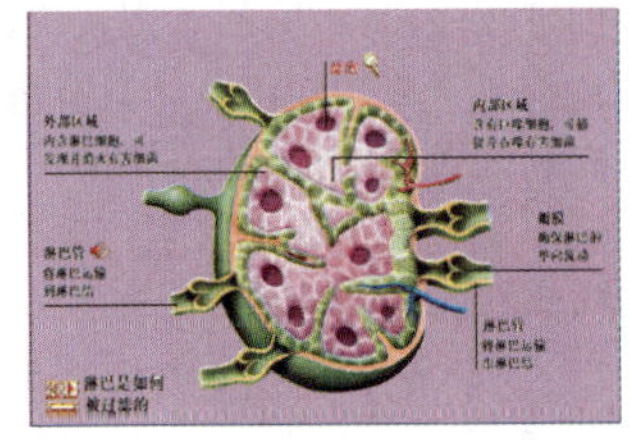
淋巴节

【免疫细胞】(immune cell) 能识别抗原、产生特异性免疫应答的淋巴细胞等多种细胞。淋巴细胞是一个细胞群,在体内分布广泛。按其表面标记和功能的不同可分为:(1)T淋巴细胞。(2)B淋巴细胞。(3)K淋巴细胞。(4)NK淋巴细胞。除淋巴细胞外,参与免疫应答的细胞还有浆细胞、粒细胞、肥大细胞、抗原呈递细胞及单核吞噬细胞系统的细胞。各种免疫细胞通过相互识别细胞表面分子以及释放细胞因子进行细胞间的信息交流,执行各自的功能,确保免疫应答的高度有效性。细胞免疫的效应形式主要有两种:一种是与靶细胞特异性结合,破坏靶细胞膜,直接杀伤靶细胞;另一种是释放淋巴因子,最终使免疫效应扩大和增强。

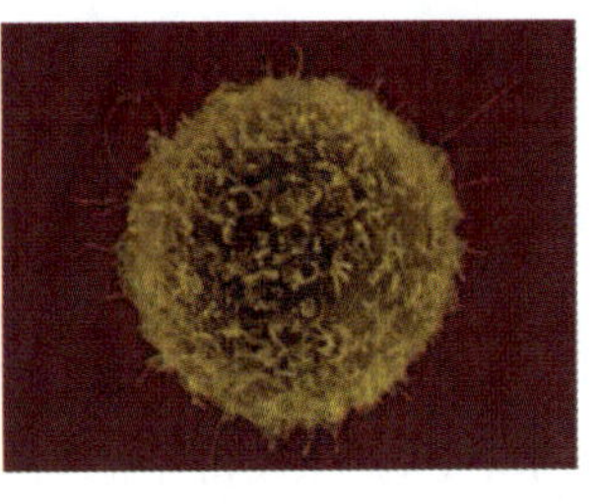
T淋巴细胞

【免疫细胞化学】(immunocyte chemistry) 免疫学的一个分支。将免疫学基本原理与细胞化学技术相结合,利用抗原抗体反应的特异性对细胞内化学成分进行鉴定研究的学科。其特点是:(1)高度的特异性。(2)敏感性高。(3)方法步骤统一。(4)形态、机能和代谢密切结合。凡是能作抗原、半抗原的物质,如蛋白质、多肽、核酸、酶、激素、磷脂、多糖受体及病原体等,都可用相应的特异性抗体在组织、细胞内将其用免疫细胞化学手段检出和研究。免疫细胞化学为生物学、医学和各个领域分子水平的研究与诊断,开拓了广阔的前景。

【免疫学】(immunology) 生物医学的一个分支。研究生物体对抗原物质免疫应答及其原理与方法的学科。其主要内容有:(1)对移植物排斥。(2)免疫耐受性。(3)免疫抑制。(4)免疫缺陷。(5)自身免疫。(6)肿瘤免疫。机体的免疫功能是对抗原刺激的应答,而免疫应答又表现为免疫系统识别自己和排除非己的能力。免疫功能根据免疫识别发挥作用:(1)对外源性异物(主要是传染性因子)的免疫防御。(2)去除衰退或损伤细胞的免疫,以保持自身稳定。(3)消除突变细胞的免疫监视。免疫学已成为现代生命科学学科中最活跃的领域之一。其研究已经达到细胞和分子水平。中国在医学应用上有很大进展,如化学疫苗、乙型肝炎疫苗等,已经接近世界先进水平。中国已经消灭了天花,基本上消灭和控制了人间鼠疫和真性霍乱等烈性传染病。

【免疫血清】(immune serum) 又称抗血清。含有抗体的血清制剂。种类很多。主要包括以下几种:(1)抗毒素。将类毒素多次免疫动物(常用马)后,采取动物的免疫血清,经浓缩纯化后制得。主要用于治疗细菌外毒素所致疾病。常用的有白喉抗毒素、破伤风抗毒素。(2)抗菌血清。在20世纪40年代以前曾用抗肺炎、抗百日咳或抗炭疽等抗菌血清治疗有关疾病。自从磺胺类药物和抗生素大量应用后,已极少应用于临床治疗。但对一些耐药菌株引起的感染,可用抗菌血清治疗。如对绿脓杆菌引起的感染的治疗。(3)抗病毒血清。用病毒免疫动物,取其血清精制而成。目前对病毒病的治疗尚缺乏特效药物,因此在某些病毒病的早期或潜伏期,可考虑用抗病毒血清治疗。如用抗狂犬病毒血清与抗狂犬疫苗同时对被狂犬严重咬伤者进行注射,可防止狂犬病的发生。(4)抗 Rh 血清。能作用于 Rh 阳性(Rh +)红细胞,临床上常用提纯的抗 Rh 球蛋白预防 Rh 新生儿溶血症。

【免疫遗传学】(immunogenetics) 免疫学和遗传学交叉形成的边缘学科。主要研究免疫系统的结构和功能,如免疫应答、抗体的多样性等遗传基础性课题。此外,应用免疫学的方法也可以识别个体间的遗传差异(如血型、表面抗原等),以作为遗传规律分析的指标。是现代医学临床实践的重要理论基础之一。是输血、器官移植、胎母不相容和亲子鉴定的理论基础。对阐明免疫系统的演化、人种差异和生物进化也有重要意义。其研究内容主要包括:抗原遗传、抗体遗传和免疫应答遗传 3 个方面。除此之外,补体的遗传和干扰素的遗传也属于免疫遗传学的研究范畴。

【免疫抑制剂】(immunosuppressant) 对免疫活性过强者有抑制免疫反应作用的药物。在临床上主要用于治疗自身免疫性疾病和防止脏器移植排斥。自身免疫病患者的免疫系统认己为敌而发生反应,有损于组织和脏器,有害健康。这种免疫反应有害无益,应予抑制。器官移植后,机体的免疫系统识别出植入物是异物,会发生程度不同的排斥反应,有损于植入器官,有悖于移植疗法的目的,因此也必须用免疫抑制剂来抑制这种排斥反应。另外,当机体处于重症急危状况下,为提高应激能力以渡过难关,需要适当使用免疫抑制剂。常用的免疫抑制剂为糖皮质激素类药物(如氢化可的松、地塞米松等),还有环磷酰胺、甲氨蝶呤、硫唑嘌呤、环孢菌素、抗淋巴细胞血清、抗白介素 -1 及 2 受体抗体等。所有药物都有一定的不良反应,每种免疫抑制剂在不良反应方面也各有不同,而它们共有的一个最大的不良反应是:如果用量过大或患者体质对其特别敏感,会明显抑制正常的、有益的抗感染和抗肿瘤免疫功能。所以,免疫抑制剂要否使用,如何使用,使用过程中应注意什么,一定要在专科医师指导下进行。

【免疫印迹】(western blotting) 又称蛋白质印迹、Western 印迹。用来检测在不均一的蛋白质样品中是否存在目标蛋白质的一种技术。将蛋白质作变性 SDS 聚丙烯酰胺凝胶电泳分离,然后转移到诸如醋酸纤维素滤膜一类的固体物质上,通过专一性的抗体探测目标蛋白质。然后再用一种标记的第二抗体检测在印迹中存在的免疫复合物(即第一抗体与抗原复合物)。反应一段时间后再次洗涤去除非特异性结合的标记抗体,加入适合标记物的检测试剂进行显色或发光等,观察有无特异性蛋白条带的出现。其作用是:可以确定目标蛋白质的存在,也可通过条带的密度进行特异性蛋白的半定量分析。

【免疫应答】(immune response) 免疫活性细胞(T 淋巴细胞,B 淋巴细胞)识别抗原产生应答(活化、增殖、分化等)并将抗原破坏和(或)清除的全过程。有特异性和记忆性。单核 - 吞噬细胞系统和淋巴细胞系统的协同作用是特异性免疫应答的物质基础。外周免疫器,尤其是淋巴结和脾是免疫应答的主要场所。其功能性表现是:正常生理性反应(抗病原体侵袭,清除损伤和衰老细胞,清除癌变细胞或病毒感染的细胞,免疫调控)和异常的病理性反应(变态反应,免疫缺陷,自身免疫病,肿瘤发生,病毒持续性感染)。其过程可分成三个阶段:(1)抗原识别阶段。(2)淋巴细胞活化阶段。(3)抗原清除阶段。按其主导免疫应答的活性细胞类型的不同可分为:细胞免疫和体液免疫两大类。前者是 T 细胞介导的免疫应答;后者是 B 细胞介导的免疫应答,以血清中出现循环抗体为特征。按其抗原刺激顺序分类,某抗原初次刺激机体,与一定时期内再次或多次刺激机体产生应答效果的不同可分为:初次应答和再次应答两类。前者较缓慢柔和,后者则较快速激烈。其结果是产生免疫分子或效应细胞。具有抗感染、抗肿瘤等对机体有利的效果,称为免疫保护;但在另一些条件下,过度或不适宜的免疫应答也可导致病理损伤,称为超敏反应,包括对自身抗原应答产生的自身免疫病;与此相反,特定条件下的免疫应答可不表现出任何明显效应,称为免疫耐受。另外,在免疫系统发育不全时,可表现出免疫缺陷;而免疫系统的病理性增生,则称为免疫增殖病。

【免疫荧光技术】(immunofluorescence) 将免疫学方法与荧光标记技术结合起来研究特异蛋白抗原在细胞内分布的方法。由于荧光素所发的荧光可在荧光显微镜下检出,从而可对抗原进行细胞定位。用荧光抗体示踪或检查相应抗原的方法,称为荧光抗体法;用已知的荧光抗原标记物示踪或检查相应抗体的方法,称为荧光抗原法。这两种方法总称免疫荧光技术,以荧光抗体方法较常用。用免疫荧光技术显示和检查细胞或组织内抗原或半抗原物质等方法,称为免疫荧光细胞(或组织)化学技术。是根据抗原抗体反应的原理,先将已知的抗原或抗体标记上荧光素制成荧光标记物,再用这种荧光抗体(或抗原)作为分子探针检查细胞或组织内的相应抗原(或抗体)。在细胞或组织中形成的抗原抗体复合物上含有荧光素,利用荧光显微镜观察标本,荧光素受激发光的照射而发出明亮的荧光(黄绿色或橘红色),可以看见荧光所在的细胞或组织,从而确定抗原或抗体的性质、定位,以及利用定量技术测定含量。免疫荧光细胞化学分直接法、夹心法、间接法和补体法。

【免疫原性】(immunogenicity) 抗原能刺激特定的免疫细胞,并使之活化、增殖、分化,最终产生免疫效应物质抗体和致敏淋巴细胞的特性。抗原的免疫原性,决定于其自身的化学特性。但同一种抗原,对不同种动物或同种动物不同体间其免疫原性强弱,表现出很大差异。在蛋白质分子中,凡含有大量芳香族氨基酸,其免疫原性强;而以非芳香族氨基酸为主的蛋白质,其免疫原性较弱。蛋白质和多糖抗原,凡结构复杂者免疫原性强,反之则较弱。其复杂性是由氨基酸和单糖的类型及数量等决定的,如聚合体蛋白质分子就比单体可溶性蛋白质分子的免疫原性强。

【免疫增强剂】(immunopotentiator) 单独或同时与抗原使用时能增强机体免疫应答的物质。主要用于免疫缺陷病、慢性感染性疾病,也常作为肿瘤的辅助治疗药物。随着人们对疾病治疗观念的改变,治疗的重点已经由直接杀伤外源性病原体转向调整生物机体自身功能,因而免疫抑制增强剂在临床医学的应用也引起广泛的关注。种类很多,按其作用先决条件的不同可分为三类:(1)免疫替代剂。用来代替某些具有免疫增强作用的生物因子的药物。按其作用机制的不同可分为:提高巨噬细胞吞噬功能的药物,提高细胞免疫功能的药物,提高体液免疫功能的药物等;按其作用性质的不同又可分为特异性免疫增强剂和非特异性免疫增强剂;按其来源的不同则可分为细菌性免疫增强剂及非细菌性免疫增强剂。(2)免疫恢复剂。能增强被抑制的免疫功能,但对正常免疫功能作用不大。(3)免疫佐剂。又称非特异性刺激剂。常用的免疫增强剂有:卡介苗、短小棒状杆菌、内毒素、免疫核糖核酸、胸腺素、转移因子、双链聚核苷酸、佐剂等。

【免疫增生】(immunoproliferative) 因淋巴细胞分化、发育失控所出现的增生及恶变。淋巴细胞的恶性增生,既可影响免疫功能,又会在局部造成侵袭性损伤和全身性疾病。按其性质的不同可分为肿瘤性免疫增生和非肿瘤性免疫增生两大类。免疫增生时,淋巴细胞虽在数量上有很大增长,但是,这群异常细胞不能发挥正常的免疫功能。因此,患者均表现有不同程度的继发性免疫缺陷。如免疫增生时免疫球蛋白异常,则主要表现为单克隆的高免疫球蛋白血症及免疫功能不全综合征中各种免疫异常,自身免疫现象及相应的临床症状。导致淋巴细胞系恶变的原因至今还不十分清楚。但据资料表明,病毒性感染、电离辐射及某些化学因子的作用与其有密切关系。此外,免疫系统的不平衡也是造成免疫增生的重要原因。如免疫缺陷病患者淋巴细胞系肿瘤的发病率远远高出正常人。免疫增生现象十分复杂,其临床诊断可大致分为淋巴细胞白血病、浆细胞恶病质、淋巴瘤以及何杰金氏病等。此类病预后往往不佳,目前尚无有效疗法。

【免疫脂质体技术】(immunoliposomes technique) 又称免疫脂质体的靶向治疗技术。通过将载药脂质体与单克隆抗体或基因抗体供价结合成免疫脂质体,借助抗体与靶细胞表面抗原或受体结合的作用,经接触、释放、吸附、吞噬、吞饮及融合等方式,释放出包封的药物,特异性地杀伤靶细胞,从而达到治疗目的的技术。脂质体作为新型药物载体,当药物被包封后,可降低药物毒性,减少药物用量,进行靶向给药,提高药物疗效,降低或减少药物的不良反应。

【免疫组化技术】(immunohistochemistry) 带显色剂标记的特异性抗体在组织细胞原位通过抗原抗体反应和组织化学的呈色反应,对相应抗原进行定性、定量、定位测定的一项技术。免疫酶标记的基本原理是抗体与抗原的专一性结合反应,酶与底物作用的显色反应。免疫组织化学主要应用于肿瘤的鉴别诊断、功能分类、病因和发病机理研究、组织起源和指导临床治疗等。如恶性淋巴瘤的分型和鉴别诊断,内分泌腺肿瘤的功能分类,肿瘤中病毒抗原的检测,肿瘤中相关抗原的测定,肿瘤组织中受体的测定等。目前广泛应用的有 PAP 法及 ABC 法。具有提高病理诊断准确性、对肿瘤细胞增生程度进行评价、发现微小转移灶以及指导肿瘤的治疗等作用。其常用的显示剂有酶、金属离子和同位素等。

【面包】(bread) 用五谷麦类作为主料,添加盐、水、酵母或糖、油、盐、蛋、奶、酵母调制成面团,经发酵、整形、成型、烘烤、冷却等过程加工而成的焙烤食品。按其添加辅料品种的不同可分为:主食面包、点心面包和花色面包。按其添加砂糖多少的不同可分为:

面包

淡面包和甜面包。按其面粉品种的不同可分为：白面包和黑面包等。面包酵母中含有大量易为人体吸收的蛋白质、B族维生素，营养价值高，易消化，并耐储存，适于大规模机械化生产。世界上绝大多数产麦国家都以其为主食。

【面包老化】(bread staling) 又称面包陈化、面包硬化、面包固化。面包在储藏过程中质量降低后产生的口味变劣、组织变硬等现象。是一个非常复杂的过程，有许多因素影响着面包的老化过程。在长期储存后，质地发生改变，口感坚韧，面包瓤硬化，无弹性，干燥，易掉屑，香味丧失和其消化吸收率降低。面包是一种营养丰富、老少皆宜的方便食品。国外在抑制面包老化方面取得了显著的进展。如法国一家面包公司，制作出保质期长达90天的面包。日本已发明了一种改善面包品质的新方法，即在面包生面团中添加一定量的胶原蛋白和豆渣，使面团品质改良，延缓老化，还充分利用了豆渣，起到蛋白质互补的作用。与国外相比，中国的面包业还存在着相当大的差距。其主要问题是：产品货架期短，不耐存放和难以工业化生产等。老化后的面包，只能作为其他工业原料或饲料，甚至被当作垃圾处理，直接造成经济损失。因此，如何抑制面包的老化，是中国面包行业亟须解决的重大课题。

【面部"密码"】(facial "secret code") 不同人不同面部特征的面部温谱图。此"密码"可以利用红外线摄影仪和计算机简便快捷地分辨出来。每个人的密码均不相同，它是根据面部血管分布情况检测出面部热量的分布。这种由红外摄影仪所拍摄出的特殊照片，宛如一张"地图"。根据温度差别将面部分为18个等级，鼻尖是位于中心密集的橘黄色星点，周围小的黄色波峰表示颧骨。这种照片是一个人终生不变的"身份证"。现实中，即使是长得一模一样的双胞胎，也不会有完全相同的面部温谱图。面部热辐射类型取决于面部的主要血管－静脉血管分支，就如同人的指纹一样，与基因所导致的偶然性有着关联。与指纹不同的是，人的面部有着自己隐秘的光彩。由于血液来自身体的内部，所以它的温度比周围表层组织的温度要高一些，因此才会有热量辐射出来，而这种热量在一定的距离外能够被接收到。该技术在军事、公安及医疗事业中有重要的应用价值。

【面部危险三角区】(dangerous triangle of face) 两侧口角至鼻根连线所形成的三角形区域。颜面部的浅静脉包括面前静脉及颞浅静脉。面前静脉的瓣膜发育不良，少而薄弱，同时封闭不全，通常在肌肉收缩下，可使血液转而逆行。当面部发生炎症，尤其在这三角区域内有感染时，易在面前静脉内形成血栓，影响正常静脉血回流。并逆流至眼上静脉，经眶上而通向颅内蝶鞍两侧的海绵窦，将面部炎症传播到颅内，产生海绵窦化脓性、血栓性静脉炎的严重并发症。一旦发生并发症，通常可出现眼睑水肿，或结膜瘀血、眼球前突、外展受限、上睑下垂，甚至视力障碍等症状。炎症还可向眼部及周围组织扩散。全身可出现寒战、发热、头痛等。病情严重者，甚至可发生败血症、毒血症，危及生命。因此，对面部危险三角区的脓点，切勿挤压、搔抓、挑刺，以免出现不良后果。

【面粉】(flour) 用常用的有小麦、黑麦、荞麦、大麦和玉米等谷物研磨而成的粉末。通常指小麦粉，可分为全麦粉、白面粉和营养强化面粉等。按蛋白质含量的不同可分为：(1)高筋粉。颜色较深，本身较有活性且光滑，手抓不易成团状。适合做面包以及部分酥皮类点心，比如丹麦酥；在西饼中多用于松饼(千层酥)和奶油空心饼(泡芙)中；蛋糕类仅限于高成分的水果蛋糕使用。(2)中筋粉。颜色乳白，介于高、低粉之间，体质半松散。一般中式面点(如包子、馒头、面条等)都使用。(3)低筋粉。颜色较白，用手抓易成团。适合做蛋糕或松糕和饼干等需要蓬松酥脆口感的西点。面粉富含蛋白质、碳水化合物、维生素和钙、铁、磷、钾、镁等矿物质，有养心益肾、健脾厚肠、除热止渴的功效。非小麦粉有黑麦粉、荞麦粉等。它们稍经加工，去掉外壳和胚芽，所含维生素、矿物质比小麦粉多。有时面粉也指其他食用淀粉，如马铃薯、玉米、花生和木薯粉。

面粉

【面粉处理剂】(flour treatment agent) 提高面制食品质量的一类食品添加剂。根据中华人民共和国(GB2760－2007)食品添加剂食用卫生标准要求，可以在面粉或制作面制食品的过程中添加氧化剂，如偶甲氮酰胺(ADA)、过氧化钙等，以缩短面粉的熟化期，抑制小麦粉中蛋白分解酶的作用，避免蛋白质的分解，增强面团的弹性、延伸性、持气性和改善面团结构，从而提高制品质量。添加酶制剂，如真菌α-淀粉酶、木聚糖酶、脂肪酶等，可以缩短发酵制品的时间，改善内部组织结构，增加产品的光亮度。同时，在面粉中还可以添加作为稀释剂的$CaCO_3$和作为分散剂的磷酸三钙〔$Ca_3(PO_4)_2$〕等。

【面粉熟化】(flour aging) 面粉在储存过程

中自然氧化,改善其品质的过程。熟化可使面粉的色泽变白,筋力稍差的面粉得到改善。面粉在储存期间,空气中的氧气自动氧化面粉中的色素,并使面粉中的还原形氢团-硫氢键转化为双硫键,从而使面粉色泽变白,物理性能得到改善。把已复合好的膜放进烘房(熟化室),使聚氨酯黏合剂的主剂、固化剂反应交联并和复合基材表面相互作用。其主要目的是:使主剂和固化剂一定时间内充分反应,达到最佳复合强度;其次是去除低沸点的残留溶剂,如醋酸乙酯等。面粉的熟化,主要与气温有关。一般熟化时间为3~4周。环境气温高时熟化时间较短,气温低时熟化时间较长。

【面肌痉挛】(hemifacial spasm, HFS) 又称半面痉挛。阵发性半侧面肌的不自主抽动。在通常情况下,仅限于一侧面部,偶可见于两侧。开始多起于眼轮匝肌,逐渐向面颊乃至整个半侧面部发展。逆向发展的较少见。可因疲劳、紧张而加剧,尤以讲话、微笑时明显,严重时可呈痉挛状态。多在中年起病,最小的年龄报道为两岁。以往认为女性好发,近几年统计结果表明,发病与性别无关。HSF发展到最后,少数病例可出现轻度的面瘫。按其发病机理的不同可分为:原发型面肌痉挛和后遗症产生的面肌痉挛。两种类型可以从症状表现上区分出来。前者在静止状态下可发生,痉挛数分钟后缓解,不受控制;后者只在做眨眼、抬眉等动作时产生。其发病因素有:(1)血管因素。单一静脉血管压迫面神经。(2)非血管因素。桥脑小脑角的非血管占位性病变,如肉芽肿、肿瘤和囊肿等。(3)其他。如面神经的出脑干区存在压迫因素。其治疗方法有:药物治疗、射频温控热凝疗法和手术等。

【面筋】(gluten) 一种植物性蛋白质。由麦胶蛋白质和麦谷蛋白质组成。将面粉加入适量水、少许食盐,搅匀上劲,形成面团,稍后用清水反复搓洗,把面团中的淀粉和其他杂质全部洗掉,剩下的即是面筋。有素肉之称。市售的呈多蜂窝球状。可经油炸成面筋泡,也可加工成多种面筋制品。面筋性蛋白质虽不溶于水,但具有吸水胀润的特点。面筋性蛋白质含量越高,面粉的吸水率就越高。每100g干面筋吸收水分的克数称为面筋吸水率,以百分数(%)表示。

面筋

【面筋指数】(gluten index) 小麦粉湿面筋在离心力作用下,穿过一定孔径筛板,保留在筛板上面筋质量与全部面筋质量的百分率。即面筋指数=留存在筛板上的湿面筋质量(g)/全部湿面筋质量(g)×100%。与面筋筋力强弱成正比。是将面筋仪离心机上的筛片改为筛盒,筛盒中有一定孔径的筛板,把洗出的面筋球放在筛盒中离心1 min,在高速旋转产生的离心力作用下面筋会部分穿过筛片。面筋筋力越强穿过筛板的数量越少,面筋筋力越弱穿过筛板的数量越多。分别收集筛网前后湿面筋加以称量,计算出面筋指数值和湿面筋含量。面筋指数越大表示面筋筋力越强;反之面筋指数越小表示面筋筋力越弱。湿面筋的含量测定受到许多因素的影响,如环境温度、面团静置时间、试验用水的pH值、NaCl溶液的浓度等。

【面料收缩率】(fabric shrinkage) 面料在加工或整理过程中,收缩变短(窄)的尺寸与原长(宽)度之比的百分数。其计算公式为:

$$面料收缩率=\frac{原长(宽)度-收缩后长(宽)度}{原长(宽)度}\times100\%$$

面料加工中的收缩值相对于完全收缩的面料,称为潜在收缩率。面料在处理过程中增加的潜在收缩率是由拉伸程度决定的。针织物后整理是为了尽量减小或保持收缩率维持在最低水平。普通收缩率的服装经过反复洗涤和滚筒烘干后,衣长会不断变化,在穿着过程中会逐渐变短。所以高品质产品对服装纵向收缩率有严格要求。以单平面罗纹布为例:坯布为24%,湿处理、漂白后达16%,晾干后达8%,多次家庭水洗或滚筒烘干后收缩率为0。

【面侵蚀】(surface erosion) 又称面蚀。降雨和地表径流使坡地表土比较均匀剥蚀的一种水力侵蚀。包括溅蚀、片蚀和细沟侵蚀。溅蚀是水蚀过程的开端,使土壤结构分散,同时还增加坡面径流冲刷和搬运能力,促使片蚀发生和发展。由于坡面的不均匀性,在片蚀发生后,坡面出现一些微形小坑或线状痕迹,径流相对集中,并逐步过渡到细沟侵蚀。在细沟发生后,侵蚀强度明显增大。面蚀分布面积广泛,危害较大。面蚀主要发生在坡耕地以及植被稀疏的荒坡上。按其发生地类的不同可分为:耕地面蚀和非耕地面蚀。在土石山区,由于土层浅薄,土壤含砂砾较多,在面蚀过程中,细土粒被地表径流冲走,使土壤表层细土粒不断减少,砂砾逐渐增多,最终导致弃耕。

面侵蚀

【面神经麻痹】(facial paralysis) 又称面瘫。以颜面表情肌群的运动功能障碍为主要特征的一种颌面部疾病。按引起面神经麻痹损害部位的不同可分为:中枢型面神经麻痹和周围型面神经麻痹。前者病损位于面神经核以上至大脑皮层中枢之间,因此又称核上型面神经麻痹。其病因主要为颅内病变。其临床表现是:(1)病变对侧睑裂以下的颜面表情肌瘫痪。(2)常伴有与面瘫同侧的肢体瘫痪。(3)无味觉和唾液分泌障碍。中枢型者的治疗应根据病因的不同采取对应的治疗措施。后者为面神经纤维发生病变所造成的面瘫。目前其确切病因尚不明了。其临床表现是:(1)病变侧全部表情肌瘫痪,如眼睑不能闭合,不能皱眉,额纹消失等。(2)可伴有听觉改变、舌前2/3的味觉减退,以及唾液分泌障碍等。其中最多见的是贝尔麻痹。贝尔面瘫的治疗可分为急性期、恢复期、后遗症期三个阶段来考虑。

【面突联合】(process merge) 受孕后3~8周即胚胎期,是由鳃弓和咽囊分化的面突进一步分化以及面突的融合、联合组成,从而使胚胎初具人形的口腔颌面部发育过程。面突是由于面部外胚间叶细胞的增生和基质的聚集而形成的,表面被覆以外胚层,突起之间为沟样凹陷。随面部的进一步发育,突起间的沟会随面突的生长而变浅消失,此为面突的联合。在胚胎的第6周,面突一面继续生长,一面与相邻或对侧的突起联合。如中鼻突的两个球状突向下生长并在中线处联合,形成人中;上颌突和下颌突由后向前联合,形成面颊部;下颌突在中线联合形成下唇、下颌软组织、下颌骨和下颌牙。如果在其联合期间,由于各种致畸因子的作用,影响面突的生长和发育,导致其不能如期联合则形成面部畸形如唇裂、面裂、腭裂、颌裂等。

【面向比特协议】(bit-oriented protocol) 采用位组合模式同步数据链路层通信协议的一个类别。在面向比特的传输中,数据以稳定的比特流传输。特点是所传输的一帧数据可以是任意位,而且它是靠约定的位组合模式,而不是靠特定字符来标志帧的开始和结束。故称"面向比特"的协议。该协议不依赖于任何一种字符编码集;所有帧采用CRC检验,对信息帧进行顺序编号,可防止漏收或重份,传输可靠性高;传输控制功能与处理功能分离,具有较大灵活性。与面向字节协议相比,面向比特协议提供全双工操作并更加高效和可靠。典型面向比特的协议如国际标准化组织的高级数据链路控制规程HDLC。

【面向对象方法】(object-oriented method) 应用面向对象思想指导软件开发过程的系统方法。建立在对象概念基础上的方法学。是以任何事物为对象,通过直接描述这些对象和它们的相互关系,实现分析和求解问题。其特点是:(1)用一定的方法把数据封装(集成)起来,形成一个具有独立功能的对象模块,用户可以通过有关消息访问这些模块。(2)相同类型对象的进一步抽象就产生了类。(3)子类和父类有继承性,可自动共享文类的数据和方法。(4)当同一消息作用不同的对象时所产生的结果具有多态性。它作为一种独具优越性的新方法,引起了全世界的广泛关注和重视。已广泛应用于程序设计语言、形式定义、设计方法学、操作系统、分布式系统、人工智能、实时系统、数据库、人机接口、计算机体系结构以及并发工程、综合集成工程等领域。

【面向字节协议】(byte-oriented protocol) 采用特定字符传递送帧的数据链路通信协议的一个类别。在面向字节的传输中,使用用户字符集中的一个特定字符划定帧的界限。数据是作为字节流提交给接受方的,没有什么内在的消息和消息边界,在读取数据时用户也不知道一个给定的数据将会返回多少字节。面向字节协议大多数已被面向比特的协议取代。典型面向字节的协议为PPP协议。面向字节的协议使用整个字节来表示建立的控制码。相对而言,面向位的协议的控制码依靠的是单独的位。面向字节的规程以字符串的形式来传送数据。这种传输方法是异步的。每一字符通过一个起始位和停止位分开,不需要同步机制。

【面罩】(face mask) 近似于等边三角形,三个角圆钝,三条边鼓起便于和患者脸颊部吻合使面罩部空间密闭,三角形上方的圆形通道可与急救复苏囊和/或呼吸机和/或麻醉机等可提供呼吸支持的设备相连接的一种装置。适用于现场急救和短时间人工通气管理。有多种型号面罩供临床使用。目前使用最广泛的是一次性透明面罩。在保证良好的密闭和通气的前提下,应尽可能地选择最小的面罩,以减少无效气量。

【面罩通气】(mask ventilation) 将面罩包裹于患者鼻口部进行人工通气的方式。适用于现场急救和短时间人工通气管理。有多种型号供临床使用。目前使用最广泛的是一次性透明面罩。在保证良好的密闭和通气的前提下,应尽可能选择最小的面罩。这样可减少无效腔量。使用时将面罩包裹于鼻口部,通气时拇指和食指向下用力扣紧

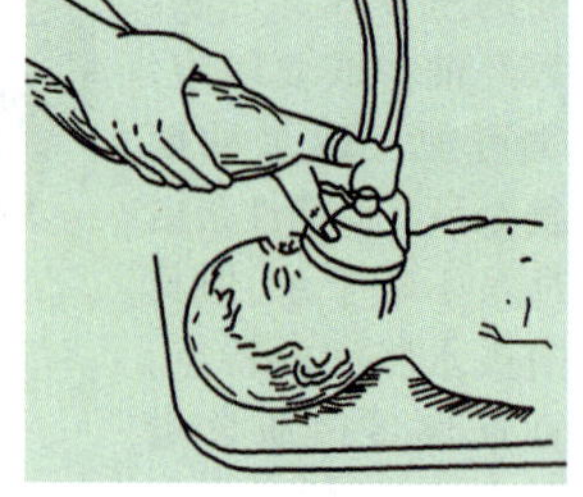

面罩通气

面罩,其余三指将下颌托起,防止舌后坠引起的上呼吸道梗阻。手指应置于骨性表面,而不应置于软组织上。后者会导致清醒病人的不适感。必要时,可用双手用力将下颌骨上抬,此时需要助手挤压呼吸囊通气;若无助手,可使用麻醉机进行正压通气。

【面罩通气困难】(difficult mask ventilation, DMV) 一个麻醉医师在无他人帮助的情况下使用面罩供氧,不能维持患者正常的氧合和(或)合适的通气,致使麻醉前氧饱和小于90%的病人静脉或吸入全麻药物后,面罩通气无法维持氧饱和大于90%的现象。

【苗木活力】(viability of nursery stock) 苗木被栽植在特定环境条件下使其成活和生长的能力。各种形态和生理状况皆为苗木活力的表现形式。然而,任何单独一种形态和生理指标又都不能完全反映苗木活力。只有苗木活力的生长表现指标才能代表苗木活力,因为它是将整株苗木栽植在一定条件下,测定其表现状况的,综合了苗木的形态和生理指标。根生长潜力(RGP)是将苗木置于最适生长环境中的发根能力。它不仅取决于苗木的生理状况,而且还与苗木形态特征、树种生物学特性及生长季节紧密相关,能较好地预测苗木活力及造林成活率。所以,RGP是目前评价苗木活力最可靠的方法之一。

【苗木轮作】(forest rotation) 在同一块苗圃地上按一定的顺序轮换培育不同树种的苗木,或将苗木与农作物、绿肥轮换种植的方法。是改良苗圃地土壤的一种非常重要的方式,是用地养地相结合的一种生物学措施。合理轮作有利于防止病、虫、杂草;有利于均衡利用土壤养分,改善土壤理化性状,调节土壤肥力。

【苗木质量】(quality of nursery stock) 苗木在其类型、年龄、形态、生理及活力等方面满足特定立地条件下实现造林目标的程度。评价苗木质量的指标,一般包括形态指标,如苗高、地径、高径比、根系指标、茎根比、顶芽及质量指数等。生理指标包括苗木水分(含水量、水势)与导电能力。苗木活力及其他指标包括矿质营养、碳水化合物储量、叶绿素含量、芽休眠等。苗木是一个复杂的生物体,仅凭一两个指标全面反映苗木质量非常困难。加之苗木栽植后的成活与生长状况受环境条件影响很大,这就更增加了苗木质量的评价难度。如何根据造林地立地条件,考虑苗木质量动态特性,采用多种指标,建立完整的苗木质量综合评价和保证体系,是当前乃至今后一段时期苗木质量研究所要解决的问题。

【苗圃】(nursery) 为移植或出售而专门用来培育幼苗的场所。按其生产任务的不同可分为:森林苗圃、园林苗圃、果树苗圃、经济林苗圃和实验苗圃等;根据其使用年限长短,又可分为固定苗圃和临时苗圃;根据其面积大小的不同可分为大($>20hm^2$)、中($7 \sim 20\ hm^2$)、小($\leqslant 7\ hm^2$)型苗圃。苗圃地一般建在地理位置优越、交通便捷、地势平坦、土层肥厚、水源充足、适合各类苗木繁育、符合苗圃建设等立地条件的地方。苗圃地建设主要包括土地平整、围墙、管理房、仓库及操作房、道路、排灌系统、生产供电、供水设施等非生产用地建设,以及大型日光温室、组培室、播种苗区、营养繁殖苗区、移植苗区、采穗圃区等生产用地的建设。另外还需配备有运输车、园林机械、工具等,使苗圃实现苗木生产现代化,提高苗圃生产效率,降低生产成本。在苗圃的区划中,非生产用地要控制在总面积的25%以下。

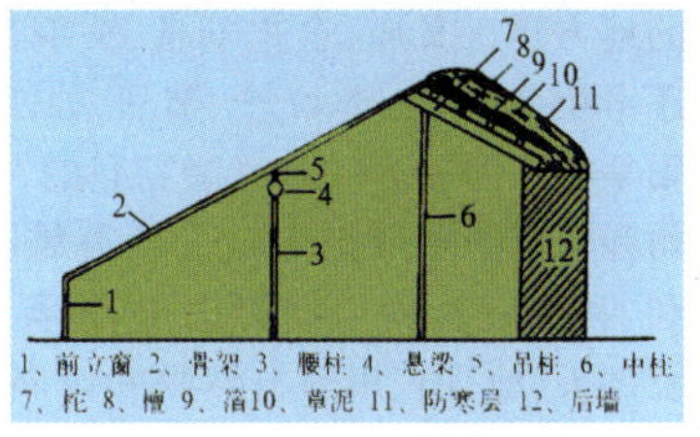

普通一斜一立日光温室示意图

【秒差距】(parsec) 天文学上的一种距离单位。如某一恒星的周年视差为1秒,则它对于太阳的距离为1秒差距,相当于3.086×10^{13} km,或3.26光年。秒差距把恒星的周年视差同距离直接联系起来,且其周年视差的角秒值同其距离的秒差距互为倒数,计算起来很方便。如某恒星的周年视差为0.5s,则其距离为2.0秒差距。

【庙】(temple) 中国古代的祭祀建筑。大致可分为三类:(1)祭祀祖先的庙。中国古代帝王诸侯等祭祀祖先的建筑称宗庙。帝王的宗庙称太庙,庙制历代不同。史籍记载夏代5庙,商代7庙,周代7庙。周代天子的宗庙又称宫,可用来接待臣属。东汉以后,只立一座太庙,庙中隔成小间,分供各代皇帝神主。贵族、显宦、世家大族祭祀祖先的建筑称家庙或宗祠。仿照太庙方位,设于宅第东侧,规模不一。有的宗祠附设义学、义仓、戏楼,功能超出祭祀范围。(2)祭祀圣贤的庙。最著名的是祭祀孔子的孔庙,又称文庙。孔丘被奉为儒家之祖,汉以后历代帝王多崇奉儒学,敕令在京城和各州县建孔庙,京

庙

城孔庙常与太学毗邻。山东曲阜孔庙规模最大。祭祀三国时代名将关羽的庙称关帝庙，又称武庙。有的地方建三义庙，合祀刘备、关羽、张飞。许多地方还奉祀名臣、先贤、义士、节烈，如四川成都和河南南阳祭祀三国著名政治家诸葛亮的“武侯祠”；浙江杭州和河南汤阴祭祀南宋民族英雄岳飞的“岳王庙”和“岳飞庙”。(3)祭祀山川、神灵的庙。中国古代崇拜天、地、山、川等自然物并设庙祭祀，如后土庙。最著名的是祭祀五岳－泰山、华山、衡山、恒山、嵩山的神庙，其中泰山的岱庙规模最大。各种宗教和民间习俗的祭祀建筑，如城隍庙、土地庙、龙王庙和财神庙等。

【灭活】(inactivation) 用物理或化学手段杀死病毒、细菌等，但是不损害其体内有用抗原的方法。灭活病毒，会使病毒蛋白的高级结构受到破坏，蛋白不再有生理活性，失去感染、致病和繁殖能力。但是常规的灭活不影响病毒蛋白的一级结构，病毒蛋白的序列没有变化。即灭活的病毒仍具有抗原性，但失去感染力，这是很多疫苗的制造原理。另外灭活的病毒仍具有融合活性，可用于动物细胞工程中的细胞融合诱导剂。

【灭活疫苗】(inactivated vaccine) 又称死苗。用失去活力的微生物制成的具有免疫功能的生物制品。即以含有细菌或病毒的材料，利用物理的(热、射线等)或化学的(甲醛、乙醇、染料、烷化剂等)方法处理，使其丧失感染性或毒性而保有免疫原性，接种动物后能产生自动免疫。灭活疫苗可分为灭活菌苗、灭活疫苗、脏器组织灭活苗和培养物灭活苗。其特点是：不仅无毒、安全，易于运输保存，疫苗稳定，便于制备多价或多联苗，而且剂量大、多次注射和不产生局部免疫力。如，鸡新城疫灭活疫苗、伪狂犬病灭活疫苗、牛流热灭活疫苗、羊肺炎支原体灭活疫苗等。

【灭火技术】(extinguishing technique) 包括灭火装备的合理配备，灭火战术、技术的正确运用在内的方法总称。其中，灭火剂的正确选择、合理搭配和使用灭火设备时的施放方式，对消防队伍正确估计火灾状况，合理地配备消防装备，科学地施展灭火技术、战术具有指导意义。灭火设备主要有两类。一类是固定灭火系统；另一类是移动式灭火器具。固定式灭火系统主要有室内外消火栓给水系统、自动喷水灭火系统、卤代烷灭火系统、泡沫灭火系统、二氧化碳灭火系统、干粉灭火系统、蒸汽灭火系统等。移动式灭火器具，主要有酸碱灭火器、饱沫灭火器、1211灭火器、干粉灭火器等。

灭火器

【灭火剂】(fire extinguishing agent) 一种能够有效地在燃烧区破坏燃烧条件，抑制燃烧或中止燃烧的物质。其灭火机理主要是：冷却、窒息、隔离和化学抑制。按其状态的不同可分为：液体灭火剂、固体灭火剂和气体灭火剂三大类。常用的灭火剂有水、泡沫、二氧化碳、干粉、卤代烷灭火剂等。

【灭菌】(sterilization) 用物理或化学的方法杀死物体表面和孔隙内的一切微生物或生物体的过程。灭菌后的物体不再有可存活的微生物。常用的灭菌方法可分为物理和化学两类。物理方法：如干热(烘烧和灼烧)、湿热(常压或高压蒸煮)、射线处理(紫外线、超声波、微波)、过滤、清洗和大量无菌水冲洗等；化学方法：可使用升汞、甲醛、过氧化氢、高锰酸钾、来苏水、漂白粉、次氯酸钠、抗生素、乙醇等化学药品处理。

【灭菌涂料】(bacterium-killing dope) 具有灭菌功能且能防止细菌生长和繁殖的涂料。含有抗菌剂，无毒，无味，附着力强，在潮湿环境里不粉化，不发霉变黑。主要适用于医院手术室和诊疗室等细菌感染机会多的场所，也可用于食品加工厂、制药厂、厨房及空调设备等。

【灭蚊蝇织物】(anti-insect fabric) 可以吸引并杀死蚊蝇的织物。在纺织材料表面覆盖一层除虫菊酯和二氧苯醚酯混合物，蚊蝇一旦闻到其逸出的气味，就会自投罗网，15s内昏迷死亡。用这种材料制成蚊帐、睡袋及外衣，可供野外工作者和野战部队使用。

【灭蚁灵】(mirex) 又称十二氯代八氢－亚甲基－环丁并戊搭烯，中等毒性的杀虫剂，白色、无味、结晶体，挥发性很小。它持续性强，极为稳定，半衰期长达10年。主要用于控制红蚁，也曾用于控制其他类型的蚂蚁和白蚁等。人类受灭蚁灵危害的途径主要是食物，特别是肉类、鱼类及野味。

【民堤】(local levee) 又称民埝。在河道内行洪滩区、湖区修筑的土堤。一般保护范围较小。中国黄河的生产堤、长江洲滩民垸等都属民堤的范畴。其特点是：民修民守，防洪能力比较低，带有一定的自发性，往往给河道排洪或湖泊调洪能力带来较大影响，甚至给防洪的总体利益带来危害。长江中下游民堤堤顶高程有一定限制，一般低于干堤、支堤1m以上。

1998年长江大水以后，有计划地实施了"平垸行洪"，废除了部分民堤。

【民用航空】(civil aviation) 使用航空器从事除军事性质（包括国防、警察和海关）外所有的航空活动。由政府部门、民航企业、民航机场组成。分商业航空和通用航空。商业航空也称航空运输，利用航空器进行经营性的客货运输的商业航空活动。与铁路、公路、水路和管道运输共同构成国家的交通运输系统。商业航空作为民用航空的一个部分划分出去之后，民用航空的其余部分统称为通用航空，包括工业航空、农业航空、航空科研和探险活动、飞行训练、航空体育运动、公务航空和私人航空。

民用航空

【民用建筑】(civil building) 供人们居住和进行非生产性公共活动的建筑物总称。按其使用功能的不同可分为居住建筑和公共建筑两大类。前者指各类住宅、别墅及宿舍（包括拆迁安置房）。后者指办公建筑（写字楼、办公楼等），商业建筑（旅馆饭店、娱乐场所等），科教文卫建筑（文化、教育、科研、医疗、卫生、体育建筑等），通信建筑（邮电、通信、广播电视），交通运输建筑（如机场、车站建筑等），会议中心及公共福利建筑等。

民用建筑

【民用运输机飞行】(civil airfreighter flight) 民用运输机执行运输任务的飞行。包括自飞机起飞前开车至着陆后关车的全过程。民用运输机按飞行区域的不同可分为机场区域飞行和航线飞行；按领航和驾驶条件的不同可分为目视飞行和仪表飞行。机场区域飞行包括飞机起飞、上升、下降和着陆。航线飞行指飞机沿规定路线从一个机场到另一个机场的飞行。目视飞行指在可见地平线和地标的条件下，能够目视判明飞机飞行状态方位的飞行。仪表飞行指按照航行驾驶仪表判断飞机飞行状态及其位置的飞行。在《仪表飞行规则》中，对不同的飞行区域和地形条件，分别规定最低安全高度；根据飞机飞行高度、速度和导航及管制设备的配备情况，分别规定飞机之间的安全间隔和距离。凡低于目视气象条件所规定的最低标准，即为仪表飞行的气象条件。在仪表飞行时，航行管制员对飞机间的间隔、距离和高度层配备负责。

【民族药】(folk medicine) 少数民族使用的、以本民族传统医药理论和实践为指导的药物。中国是个多民族国家，各民族在与疾病抗争，维系民族生存繁衍的过程中，以各自的生活环境、自然资源、民族文化、宗教信仰等为根基，创立的具有本民族特色的医药体系。民族药发源于少数民族地区，具有鲜明的地域性和民族传统。据初步统计，中国55个少数民族，近80%的民族有自己的药物。其中，有独立的民族医药体系的约占1/3。如藏药有土木香、总状土木香、小叶莲（鬼臼）、毛诃子、余甘子；蒙药有广枣、冬葵果、草乌叶等药；蒙藏药共用的有沙棘；维药有菊苣、毛菊苣、黑种草；傣药有亚乎奴等。《中药大辞典》包含的民族药有藏药404种，傣药400种，蒙药323种，彝药324种。

【敏感材料】(sensitive material) 一种能敏锐地感受被测量物体的某种物理量大小和变化信息、并将其转换成电信号或者光信号输出的材料。分为热敏、压敏、温敏、气敏、力敏、磁敏、光敏、声敏、离子敏、射线敏、生物敏等类型。利用敏感材料制备的各种传感器，在自动控制、自动测量、机器人、汽车工业和计算机外部设备等方面广泛应用。

【敏感性分析】(sensibility analysis) 又称敏感度分析。通过测定一个或多个不确定性因素的变化所引起的项目经济效果评价指标的变化幅度，计算项目预期目标受各个不确定性因素变化的影响程度的分析。分为单因素敏感性分析和多因素敏感性分析。分析不确定性因素对于项目预期目标的敏感程度，并根据因素的敏感程度大小制定相应的对策，使项目达到预期目标。可能对方案经济效果产生影响的不确定性因素很多，一般有产品销售量、产品售价、主要原材料和动力价格、固定资产投资、经营成本、建设工期和生产期等。其中有的不确定性因素的微小变化就会引起方案经济效果发生很大变化，对项目经济评价的可靠性比较敏感并产生很大影响。与不敏感因素相比，敏感性因素的变化会给项目带来的风险更大。所以，敏感性分析的核心问题，是从众多的不确定因素中找出影响投资项目经济效果的最敏感因素，并提出有针对性的控制措施，为项目决策服务。

【敏化剂】(sensitizing agent) 又称敏感剂。可以提高混合炸药起爆感度的物质。工业炸药体系一般由非爆炸性或低爆炸性的物质组成，因此具有低感度的特征。尤其是铵油炸药、含水炸药之类的工业爆破剂，往往需要比较强烈的起爆手段。加入敏化剂可以使这类炸药具有足够的使用感度。具有敏化作用的物质很多。首先是单质炸药,如梯恩梯、黑索今、硝化甘油等。它们具有比混合体系高得多的位能,敏化效果最好,应用最多。其次是非爆炸性敏化剂,主要有三类:气泡敏化剂、固体激化剂和黏性敏化剂。此外,某些物质能催化混合体系中某些组分的分解,降低分解的活化能,也具有一定的敏化效果,称为催化敏化剂。

【敏化热处理】(sensitization heat treatment) 为评定奥氏体不锈钢的晶间腐蚀倾向,将钢材在450～850℃(敏化温度)范围内加热保温一定时间而后空冷的处理方法。在处理期间,因有碳化物沿晶界析出,使钢处于对晶界腐蚀敏感的状态,故能提高腐蚀试验效果,使晶间腐蚀评定取得满意结论。

【名胜古迹】(scenic spots and historical sites) 风景优美和具有古代遗迹的著名地区。中国是世界上最古老的文明国家之一,名胜古迹众多。从名山胜水之中,一方面可以领略祖国的大好河山,另一方面也从中感悟祖国博大精深的历史文化。中国历史悠久,地域辽阔,风景名胜甲天下。"中国十大名胜古迹"是指1985年由中国旅游报社发起并组织全国人民于当年9月9日评选出的万里长城、桂林山水、杭州西湖、北京故宫、苏州园林、安徽黄山、长江三峡、台湾日月潭、承德避暑山庄和秦陵兵马俑。

苏州园林

【名义利率】(nominal interest rate) 计息周期利率 i 乘以一个利率周期内的计息周期数 m 所得的利率周期利率。即计算名义利率时忽略了前面各期利息再生的因素,这与单利的计算相同。通常所讲的利率周期利率都是名义利率。

【名义量表】(nominal scaling) 又称定名量表。将制图对象按固定特征,即根据性质确定差别而不涉及定量关系表示到地图上的方法。是最简单的一种量表方法。在这一量表水平上,无法对两类对象之间进行任何数学处理,只能确定类别。一般用于区划图或类型图上制图对象的分类表示。例如,在中国行政区划图上,可以用名义量表的方法,分出河南省、河北省、山东省等;在土地类型图上可以分出草地、耕地、林地等。

【名字系统】(name system) 见寻址技术。

【明矾】(alum) 含有结晶水的硫酸钾和硫酸铝的复盐。其化学式是 $KAl(SO_4)_2 \cdot 12H_2O$。化学性质稳定。呈无色八面晶体状。溶于水并发生水解而生成带正电荷的氢氧化铝胶体粒子,能中和江河水中带负电荷的泥浆胶体粒子。这两种带相反电荷的胶体通过相互碰撞,使电性中和易结合成较大不带电荷的颗粒聚沉于底部,使水澄清。常用作净化江河水质的凝聚剂。明矾还用作媒染剂、钾肥等。

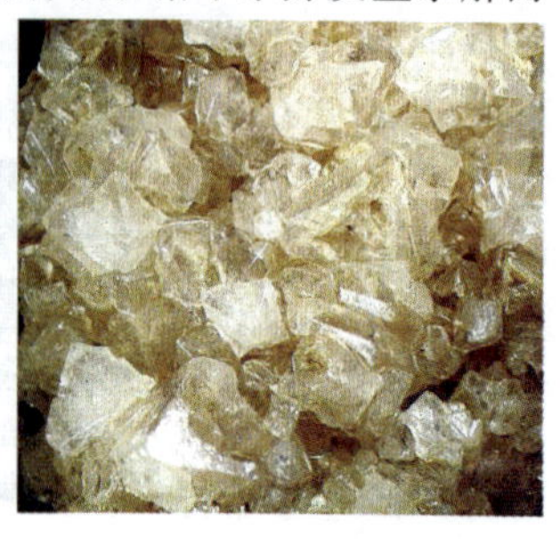

明矾

【明渠导流】(open channel diversion) 在水利工程施工基坑的上下游修建围堰挡水,使原河水通过明渠导向下游的施工导流方式。多用于岸坡较缓,有较宽阔滩地或岸坡上有溪沟、老河道可以利用,施工导流流量大,地形、地质条件利于布置明渠,并要求全年施工的工程。明渠导流费用比隧洞导流少,过流能力大,施工比较简便。在有条件的地方宜采用明渠导流。导流的明渠布置,需力求水流顺畅,泄水安全,挖方量小,施工方便,渠道进出口与上下游水流平顺衔接,与河道主流夹角一般小于30°离上下游围堰坡脚距离,应使回流不掏刷围堰地基为原则。明渠水面与基坑水面之间最短距离要大于渗透破坏所要求的距离,转弯半径不小于明渠底宽的3～5倍。在河流两岸地质条件相同时,明渠宜布置在凸岸;多沙河流,则可考虑布置在凹岸。明渠断面多取梯形或矩形,过水断面湿周力求小一些,尽量减小渠道糙率,争取较大的流量系数。渠道的设计过水能力需与渠道内泄水建筑物过水能力相适应。渠道的防冲、防淤、防渗,上下游水流的衔接,渠道转弯处的横向坡降限制,渠道挖方量的利用,大型渠道的过渠交通,跨年度施工渠道进出口防汛保护及渠成后进出口爆破,渠道最后的封堵等,都要进行专门的研究与设计。

明渠导流

【明石海峡大桥】(Great Bridge over Ming Shi Channel) 1998年3月在日本神户市与淡路岛之间建成的三跨二铰加劲桁梁式吊桥。全长3 911m,双向六车道,通航净空高为65m,8.5级强烈地震的抗震设计和抗150年一遇的80m/s的暴风设计。1995年1月17日,日本坂神发生里氏7.2级大地震(震中距桥址只4km)。大桥附近的神户市内5 000人丧生,10万幢房屋夷为平地,但该桥经受住了地震的考验,只是南岸的岸墩和锚锭装置发生了轻微位移,使桥的长度增加了0.8m。该桥首次采用1 800MP级超高强钢丝,首创了悬索桥主缆,是第一座用顶推法施工的跨谷斜拉桥。由著名的法国埃菲尔集团公司承建。总投资约40亿美元。为目前世界上跨度最大的悬索桥,也是世界上最长的双层桥,是联结日本内陆工业中心的重要纽带。

明石海峡大桥

【明挖法】(open digging method) 与暗挖法相对应。先将隧道部位的岩石体或上体全部挖除,然后修建洞身、洞门,再进行回填的施工方法。具有施工简单、快捷、经济和安全等优点。城市地下隧道式工程发展初期都将其作为首选的开挖方式。其缺点是对周围环境的影响较大。明挖法的关键工序是:降低地下水位,边坡支护,土方开挖,结构施工和防水工程等。其中边坡支护是确保安全施工的关键技术。

【命门】 中医穴位名。属督脉。定位:在第二腰椎棘突下。主治:虚损腰痛,脊强,痛经,带下,遗精,遗尿,阳痿,胃下垂,前列腺肥大等。刺灸法:针尖略向上直刺0.5~1寸;艾炷灸3~10壮或艾条灸5~15min。现代研究证实:针刺命门可调整垂体-性腺系统功能,对精子缺乏症有显著疗效。艾灸命门可激活核酸代谢,促进细胞的DNA复制,改善细胞的能量代谢。

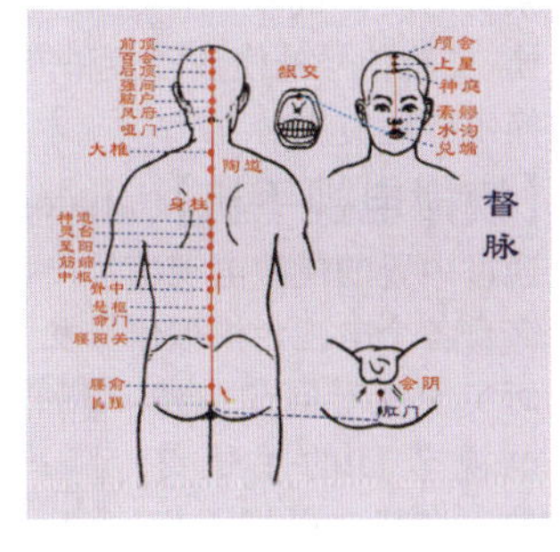

命门

【命门之火】 又称命火、肾阳。中医名词。指生命本元之火,寓于肾阴之中,是生命的原动力。能温养五脏六腑,与人的生长、发育、衰老、性机能和生殖机能等密切相关。如命门火旺,可出现肾阳偏亢,性机能偏亢进;如命门衰弱可发生肾阳虚,导致阳痿。

【命题】(proposition) 通常指表达判断的句子。即能够确定或分辨其真假的陈述句,且其真或假二者必居其一,如"铁是金属"。命题是指一个判断的语义,而不是判断句本身。当不同的判断句具有相同的语义的时候,它们表达相同的命题。

【命题逻辑】(proposition logic) 又称命题演算、语句演算。研究由命题为基本单位构成的前提和结论之间的可推导关系。推理也称论证,它是指由已知命题得到新的命题的思维过程,其中已知命题称为推理的前提或假设,推得的新命题称为推理的结论。

【模锻水/油压机】(hydraulic die forging press) 以水/油基液体为传力介质,对金属坯料进行模具成型锻造的液压机。使材料在模具内产生塑性变形并充满型腔,以获得所需形状和尺寸锻件的锻造方法即为模锻。模锻水/油压机的特点是工作速度低、压力高。它多采用立柱-横梁式刚性框架结构,由泵-蓄能器驱动;通常有4~8个立柱、1~8个工作缸;工作平台面积从十几平方米到几十平方米。大型模锻水/油压机是航空工业的重要设备,是国家重型装备制造能力的标志性设备之一。

【模糊控制技术】(fuzzy control technology) 基于模糊数学理论,通过模拟人的近似推理和综合决策过程,使控制算法的可控性、适应性和合理性提高的智能控制技术。模糊控制在工业窑炉、石油、化工等工业过程控制和家用电器的节能增效控制中应用成效显著,受到普遍重视。

【模糊逻辑】(fuzzy logic) 研究不确定性推理与知识表示的逻辑基础及其应用的学科。模仿人脑的不确定性概念判断、推理思维方式,对于模型未知或不能确定的描述系统,以及强非线性、大滞后的控制对象,应用模糊集合和模糊规则进行推理,表达过渡性界限或定性知识经验。其核心是模拟人脑方式,实行模糊综合判断,解决常规方法难于对付的规则型模糊信息问题。应用于模糊控制器的研制与工业过程控制。其主要意义有:(1)运用模糊逻辑变量、模糊逻辑函数和似然推理等,为寻找解决模糊性问题奠定了理论基础。(2)模糊逻辑在原有的布尔代数、二值逻辑等数学和逻辑工具难以描述和处理的自动控制过程、疑难病症的诊断、大系统的研究等方面,具有独到之处。(3)在方法论上,为人类从精确性到模糊性、从确定性到不确定性的研究提供了正确的研究方法。

【模糊数据库】(fuzzy data base) 能够表达和处理模糊数据的数据库。在模糊数学理论基础上,通过数量关系,描述模糊事件并进行模糊运算。其研究内容是:(1)模糊数据在数据库中的存放。(2)定义各种运算建立在模糊数据上的函数。模糊数的表示主要有模糊区间数、模糊中心数、模糊集合数和隶属函数等。主要应用在自动控制、电子、计算机、家电、机械、工程科学以及管理、决策、软科学等方面。

【模糊数学】(fuzzy mathematics) 数学的一个分支。运用数学方法研究和处理模糊性现象的一门学科。它以模糊集合论为基础。模糊数学提供了一种处理不肯定性和不精确性问题的新方法,是描述人脑思维处理模糊信息的有力工具。它既可用于“硬”科学方面,又可用于“软”科学方面。

模糊数学

所谓模糊现象,是指客观事物之间难以用分明的界限加以区分的状态。它产生于人们对客观事物的识别和分类之时,并反映在概念之中 。外延分明的概念,称为分明概念,它反映分明现象。外延不分明的概念称为模糊概念,它反映模糊现象。模糊现象是普遍存在的,如在人类一般语言以及科学技术语言中就大量地存在着模糊概念。在高与矮、好与坏、清洁与污染等这样一些对立的概念之间,都没有绝对分明的界限。

【模块化设计】(modular design,MD) 将零件合成为不同的功能组件,通过对不同规格组件的排列组合,从而生产不同用途产品的设计方法。模块化设计所依赖的是模块的组合,即连接或啮合,又称为接口。为保证不同功能模块的组合和相同功能模块的互换,模块应具有可组合性和可互换性两大特征。模块化的设计原则是力求以少数模块组成尽可能多的产品,并在满足技术要求的基础上使产品精度高、性能稳定、结构简单、成本降低,且模块结构应尽量简单、规范,模块间的连接尽可能简单。模块化设计是机械产品设计的必然趋势。

【模拟】(simulation) 又称仿真。用电子计算机对真实系统各要素的相互作用进行模仿试验,并求得数值解的一种数量分析方法。其方法步骤是确定问题、收集资料、制订模型、建立模型的计算程序、鉴定和证实模型、设计模型试验、进行模拟操作和分析模拟结果。其特点是:(1)不同于数学解析法,能较真实地描述和近似地求解复杂系统的问题;(2)不同于真实实验法,能在真实系统建立前进行可能办到的、经济方便的有限试验。其作用是:(1)能对内部交互作用复杂的系统进行研究和实验。(2)能设想各种不同方案,并能观察这些方案对系统的结构和行为的影响。(3)能反映变量间的相互关系,说明哪些变量更重要,及其如何影响其他变量和整个系统。(4)能研究不同时期相互间的动态联系,反映系统行为随时间变化而变化的情况。(5)能检验模型的假设,改进模型的结构。其局限性有:(1)选择的方案可能遗漏掉最优方案。(2)运用范围只限于能考察的情况,一旦出现不能模拟的特殊情况,就会发生困难。(3)规模很大时,较难取得资料和模拟细节。(4)成本高,费时间,工作复杂。最初用于物理、工程、医学、空间技术等方面,到20世纪50年代末,逐步推广到工商业管理、经济科学研究之中。

【模拟比较器】(analogue comparator) 用来监测模拟信号变化情况的器件。如果超过某个限度,就输出一个对应的逻辑信号;如果需要对模拟信号进行更精细分辨,必须采用模数转换芯片或内含模数转换部件的单片机进行转换。当对模拟信号的模数转换精度要求不是很高、每秒采样次数不超过20次时,利用内含模拟比较器的单片机来完成转换将明显降低系统的硬件成本。在超限监测、直流信号的模数转换、交流信号的模数转换和传感器参量信号的模数转换中广泛应用。

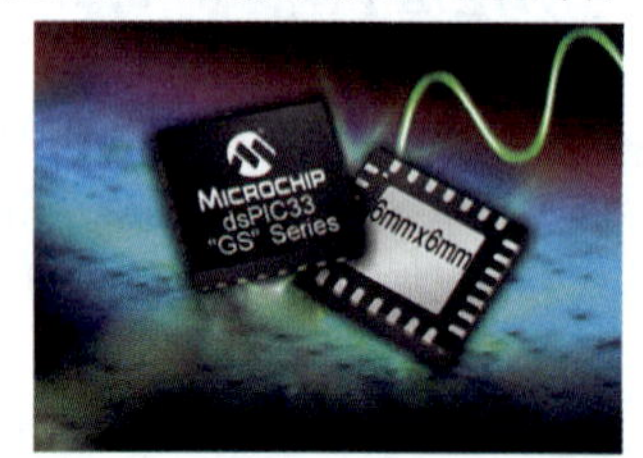

模拟比较器

【模拟电视手机】(analog TV mobile phone) 通过内置的模拟电视信号接收芯片,实时接收并处理来自各个电视台模拟信号发射机传出的电视信号,从而实现观看同步免费电视节目的手机终端。与其他电视手机相比较,模拟电视手机拥有机型多样化选择、终端价格低廉、收看完全免费等多项更加贴近消费者需求的优势。以前由于缺乏单一的手机芯片,要通过手机接收电视信号难度非常大。因为手机必须添加调谐器、解调器、解码器等模块,接收和处理电视信号。这样一来,对手机的体积就提出了巨大的挑战。要在小小的手机里,添加数种附件并不是件容易的事。而单一芯片技术恰恰解决了这个难题。它将调谐器、解调器、解码器等集成在一只芯片上,大大减少了手机的功耗和体积。同时,电源管理器、内存设备以及一部分固件也会和芯片集成在一起,以平

模拟电视手机

台的方式提供给制造商。采用单一芯片技术以后，就意味着手机在体积上可以变得更小，从而为键盘或者屏幕提供了更大的改进空间。

【模拟酶】（mimetic enzyme）　又称人工酶。用化学合成方法来模拟天然酶的结构、特性、作用原理以获得具有高活性、高选择性的催化剂。其研究内容有：(1)模拟酶的金属辅基。(2)模拟酶的活性功能基。(3)模拟酶的高分子作用方式。(4)模拟酶与底物的作用。(5)模拟酶的性状。酶是具有催化活性的蛋白质，但容易受到多种物理、化学因素的影响而失活，不能用其广泛取代工业催化剂。模拟酶研究主要是为了克服酶的上述缺点。

【模拟潜水】（simulated diving）　在加压舱里用人工方法创造一个高压条件，模拟一定深度的海洋环境下所进行的各种潜水活动。其目的主要用于训练潜水员和进行潜水医学、潜水生理学的实验研究。在模拟潜水时，潜水员进入过渡舱加压，然后进入干加压舱着装，再进入湿加压舱，然后再在水中潜游和作业。在水中作业结束后，潜水员回到干加压舱脱装，经减压后返回大气环境。由于模拟潜水在陆地上进行具有方便、安全、费用低等特点，所以得到广泛应用。目前世界上只有美、英、法、德、挪威、俄罗斯、日本和中国等少数国家可以进行300m以上的大深度饱和潜水实验。

【模拟设计】（simulated design）　利用计算机进行仿真的一种现代设计方法。两个不同物理系统的数学模型如果具有相同的形式，这两个系统叫相似系统。相似系统具有相同的动态特性，用相同的数学模型对相似系统进行研究，可以通过一种物理系统去研究另一种物理系统。例如机械系统要改变其结构和参数比较困难，在设计系统时可能要进行多次多轮实验并修改参数甚至结构，才能获得满意的动态性能或定型产品。此时可在模拟计算机上采用相似的电网络代替所要研究的机械系统进行电模拟的计算与研究，也可以在数字计算机上，采用数字仿真技术进行研究。当得到满意的动态性能后，即可按照电网络的参数来设计所需的机械系统。这种模拟设计方法可缩短设计周期，降低成本，提高产品研发的成功率。

【模拟食品】（imitated food）　采用价格低廉的原料，经过系统加工处理而制成的，与天然高档食品在色、香、味、形以及营养价值等方面极为相似的食品。比如人造海蜇皮是以海带生产的褐藻胶为主要原料，添加一定数量的大豆蛋白和其他调味料而制成的一种模拟海味食品。它具有天然海蜇的脆嫩和风味特点，可用于凉拌、炒制等烹调方面。又如人造蟹肉是以鳕鱼和蟹肉为主要原料加工而制成的。

【模拟数字转换器】（analog of digital convertor，ADC）　把连续的模拟信号转换为离散的数字信号的器件。分为直接转换型和间接转换型两类。前者将模拟量变换成数字代码；后者先将要转换的模拟量转换为时间或频率量，再由时间或频率量转换为相对应的数字代码。广泛应用于雷达信号的实时处理、频谱分析，数控系统、微处理机及精密测量仪表、数字音频信号处理和声呐等领域。

模拟数字转换器

【模式动物】（model animals）　供实验研究之用的动物。为保证动物实验更科学、更准确和重复性好，用各种方法把一些需要研究的生理或病理活动相对稳定地显现在标准化的实验动物身上。目前，斑马鱼和非洲爪蟾是最常用的两种模式低等脊椎动物。斑马鱼产卵量多、繁殖迅速、胚胎通体透明，是进行胚胎发育机理和基因组研究的好材料。非洲爪蟾的卵母细胞体积大、数量多，易于显微操作，还可制成具有生物活性的无细胞体系，易于生化分析，在发育生物学研究中具有不可替代的作用。

【模式识别】（pattern recognition）　对表征事物或现象的各种形式的(数值的、文字的和逻辑关系的)信息进行处理和分析，以对事物或现象进行描述、辨认、分类和解释的过程。是信息科学和人工智能的重要组成部分，也是人类的一项基本智能。随着20世纪40年代计算机的出现以及50年代人工智能的兴起，人们当然也希望能用计算机来代替或扩展人类的部分脑力劳动。计算机模式识别在20世纪60年代初迅速发展并成为一门新学科。主要对语音波形、图片、照片、文字、符号、三维物体、景物和各种可以用物理的、化学的、生物的传感器对对象进行测量的具体模式进行分类和辨别。已在天气预报、卫星航空图片解释、工业产品检测、字符识别、语音识别、指纹识别和医学图像分析等方面广泛应用。

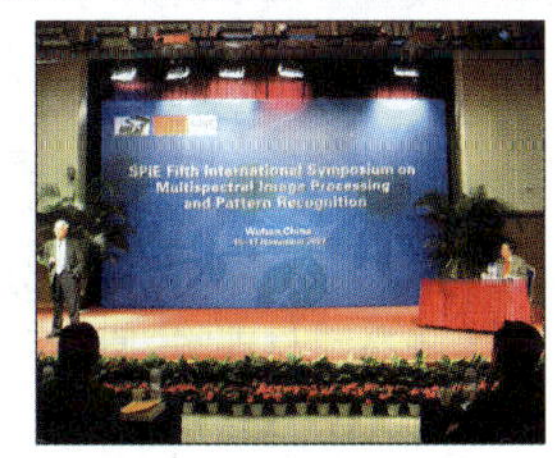

图像技术与模式识别

【模态分析】（modal analysis）　利用计算或

试验分析获得结构模态参数的过程。是研究结构动力特性的一种近代方法,也是系统辨别方法在工程振动领域中的应用。模态是机械结构的固有振动特性。每一个模态都具有特定的固有频率、阻尼比和模态振型。其最终目标是:识别出系统的模态参数,为结构系统的振动特性分析、振动故障诊断和预报以及结构动力学特性的优化设计提供科学依据。模态分析技术的应用主要有如下五个方面:(1)评价现有结构系统的动态特性。(2)在新产品设计中进行结构动态特性的预估和优化设计。(3)诊断及预报结构系统的故障。(4)控制结构的辐射噪声。(5)识别结构系统的载荷等。

【模型动画】(claymation animation) 见三维计算机动画。

【模型锻造】(die forging) 简称模锻。将加热后的坯料放入具有一定形状和尺寸的锻模模腔内,施加冲击力或压力,使其在有限制的空间内产生塑性变形,从而获得所需形状的锻件的加工方法。按其所用设备的不同可分为:锤上模锻、胎模锻、压力机模锻等。模锻与自由锻相比,可锻造出各种形状比较复杂的轴类和盘类锻件。其优点是:尺寸精确,加工余量小,生产效率高。但由于受模锻设备吨位的限制,且制造锻模成本高,故只适用于小型锻件的大批量生产。

【模型化方法】(model method) 用模型来探索或表征客体原型的形态、结构、特性和本质的方法的总称。就是建立某种程度上能相似地再现一个系统(原型)的系统(模型),并在研究过程中以它代替原型,进而通过对模型的研究得到原型的有关信息。模型是科学认识的一种特殊形式和工具。这里所谓的"模型"不仅是指物质模型,还有思维中的模型。为了探索未知的"原型",依据其表现出来的某些特性,在思维中设计一种能在预测中产生相似特性的"模型",再在实践中区分其真伪或修正错误,使其逐步提高到与现实"原型"极其相似的程度。模型化方法在科学研究和生产实践中已被广泛应用。

【模型论】(model theory) 数理逻辑的一个分支。研究数学对象用集合论的属于表示数学概念的学科,或者是研究数学系统的组成模型的学科。假定存在一些预先存在的数学对象,然后研究,给定这些对象、操作或者对象间的关系以及一组公理时,什么可以被证明,如何证明的问题。模型论成为数学的一门学科,不仅对逻辑,集合论,递归论的研究有重要作用 ,而且也在数论、代数、拓扑等数学学科中得到应用。模型论的一些基本方法,如构造模型的常量方法、图像方法、模型链、超积已成为常用的方法。研究模型分类的理论叫稳定性理论。现代模型论对计算机科学也有一定影响。

【模型验证】(model verification) 在对某个模型的结构和参数进行标定后对预测的结果进行的验证。通常是利用另一组或几组独立的输入、输出数据,试验已标定过的模型,验证该模型预测的精确度是否符合要求。通常可以采用如下方法来进行模型的验证:(1)验证交叉效度。选择具有相同样本特点的效标群组,再次进行行为事件访谈,然后基于已建立的特征模型对所得文本信息进行编码,对编码频次进行统计分析。(2)根据构建的特征模型,形成应用于特征模型库的内容,来达到对于开发的特征模型的验证。

【膜电位】(membrane potential) 存在于细胞膜两侧的电位差。细胞膜两侧离子分布差决定了膜电位的存在。静息状态下细胞的膜电位为静息电位。细胞受到阈上刺激或阈刺激,会产生一次快速的膜电位变化,称为动作电位。动物与植物的质膜均维持一定的电位。细胞内部的负电性常大于其外部。膜电位在神经细胞通信的过程中起着重要的作用。

【膜分离】(membrane separation) 利用膜的选择性实现料液不同组分的分离、纯化、浓缩的过程。膜的孔径一般为微米级。按其孔径的不同可分为:(1)微滤膜。(2)超滤膜。(3)纳滤膜。(4)反渗透膜。按其材料的不同可分为:(1)无机膜。(2)有机膜。无机膜有微滤级别的膜,主要是陶瓷膜和金属膜;有机膜是由高分子材料制成的,如醋酸纤维素、芳香族聚酰胺、聚醚砜、聚氟聚合物等。其优点是:(1)在常温下进行。(2)无相态变化。(3)无化学变化。(4)选择性好。(5)适应性强。广泛应用于纯净水制备、污水处理、牛奶脱脂、果汁浓缩、白酒陈化、啤酒除菌、味精提纯等生产过程中。

【膜结构】(membrane structure) 又称张拉膜结构。以膜材料为张拉主体,与支撑构件或拉索共同组成的结构体系。其建筑造型新颖,受力良好。张拉膜结构依靠膜自身的张拉应力与支撑杆和拉索共同构成机构体系。膜材料以聚酯纤维基布等表面涂层,配以优质的 PVC 组成稳定形状。其寿命一般可达 12 ~ 50 年。常用于跨度大的建筑物中,如北京的"水立方"(游泳中心)等。

【膜上灌】(irrigation on plastic membrane) 在沟畦中铺膜,使灌溉水在膜上流动,通过作物苗孔或专门灌水孔入渗到作物根部土壤中的灌溉方法。按其方式的不同可分为:膜孔沟灌、膜孔畦灌、宽膜膜孔畦灌、膜孔畦格灌、膜缝灌和喷灌膜孔灌等。

【膜生物反应器】(membrane bioreactor, MBR) 一种由膜过滤取代传统生化处理技术中二次沉淀池和砂滤池的水处理技术。与传统污水处理生物技术相比，它的特点是出水水质好，剩余污泥量少，设备紧凑、占地少。目前使用的反应器分为三类：(1)膜分离生物反应器。(2)膜曝气生物反应器。(3)萃取膜生物反应器。另外，按膜组件设置方式的不同可分为分体式和一体式膜生物反应器；按生物反应器是否需氧可分为好氧和厌氧膜生物反应器。

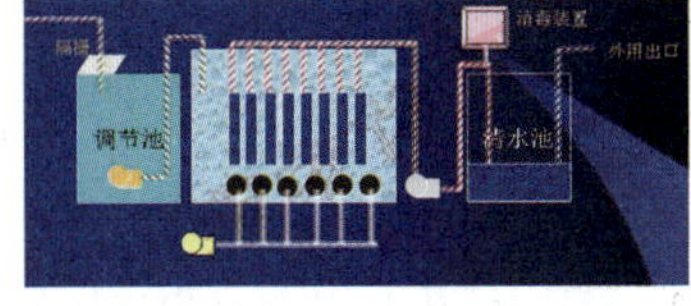

膜生物反应器流程图

【膜受体】(membrane receptor) 能与细胞外信号分子结合并向细胞内效应系统传导信号的任何位于细胞膜内或膜上的蛋白质。它们能识别、结合专一的生物活性物质(配体)，生成的复合物能激活和启动一系列物理化学变化，从而导致该物质的最终生物效应。信号分子包括激素、生长因子、神经递质，以及一些药物等。膜受体的配体分子几乎都是不能通透膜的极性分子和大分子。

【膜下灌】(irrigation under plastic membrane) 在铺设农用薄膜的田块上，在膜下进行沟灌或滴灌的灌溉方法。其灌溉水流在膜下的沟中流动，以减少土壤水分蒸发。其入沟流量、灌水技术要求、灌溉效率和灌水均匀度和传统的沟灌相同。膜下滴灌将滴灌管铺设在膜下，以减少土壤棵间蒸发，提高水的利用效率。

【膜龈手术】(mucogingival surgery) 手术范围从附着龈延伸到牙槽黏膜或前庭沟，涉及附着龈、牙槽黏膜、系带或前庭沟区多种牙周软组织手术的总称。包括在牙周成形手术之内。其内容包括：游离龈移植术、侧向转位瓣术、上皮下结缔组织移植术以及系带修整术。其目的是：(1)增加附着龈的宽度。以支持龈缘：附着龈过窄易于受附近牙槽黏膜及肌肉的牵拉使龈缘与牙面分离，不利于口腔卫生的保持。如果同时伴有前庭过浅者将妨碍可摘义齿的佩戴。可以通过手术的方法来增加附着龈的宽度来避免这些不利影响。(2)用龈瓣覆盖因牙龈退缩造成的个别牙的裸露根面。(3)系带成形术矫正系带或肌肉的附着异常。

【摩擦纺纱】(friction spinning) 利用尘笼对纤维进行凝聚和加捻的纺纱技术。属自由端纺纱。纤维条输入经分梳辊开松后，将喂入纤维条分解成单根纤维状态，而纤维的凝聚加捻通过带抽吸装置的筛网来实现。筛网为一对同向回转的尘笼(或一只尘笼与一个摩擦辊)。纤维沿尘笼轴向输出的同时被尘笼搓捻成纱条。当纱条从尘笼一端向另一端输出时，纤维就逐渐添加到纱条上，形成纱芯和外层纤维的分层结构。其条干优于环锭纱，粗节、棉结均少于同种环锭纱。表面丰满蓬松，弹性好，具有较好的耐磨性能。其缺点是纤维伸直平行度差，排列失常，成纱强度低。

摩擦纺纱

【摩擦焊】(friction welding) 利用两焊件相互摩擦所产生的热量使两焊件接口处发生塑性熔融变形而焊接起来的压焊工艺。摩擦焊接头组织致密、质量好，不易产生气孔、夹渣，可焊接同种或异种金属。广泛应用于实心圆形工件、棒料及管子的对接。

【摩擦力】(frictional force) 相互接触的两物体在接触面上发生的阻碍相对滑动或相对滑动趋势的力。当物体间有相对滑动的趋势但尚无相对滑动时，作用在物体上的摩擦力称为静摩擦力。静摩擦力与使物体发生滑动趋势的力的方向相反，它的大小与该力相同，并随力的增大而增加。当力加大到物体即将开始运动时，静摩擦力达到最大值，称为最大静摩擦力。物体在滑动时受到的摩擦力称为滑动摩擦力，滑动摩擦力比最大静摩擦力小。最大静摩擦力和滑动摩擦力与接触面上的正压力成正比，比例系数分别称静摩擦系数和滑动摩擦系数，通称摩擦系数。其大小主要决定于接触面的材料、表面情况以及相对运动的速度等，通常与接触面的大小无关。摩擦力普遍存在于自然界中。

【摩擦选矿】(frictional ore-selecting) 利用矿石中有用矿物与废石(或不用的有用矿物)对同一倾斜表面的不同摩擦系数而进行分选的一种选矿方法。如将石棉和蛇纹石的混合颗粒置于斜面上，石棉比蛇纹石滑得慢，从而达到有用矿物分离的目的。

【摩擦学】(tribology) 有关摩擦、磨损和润滑科学的总称。研究摩擦与磨损过程中两个相对运动物体表面之间相互作用、变化、失效预测、控制及其有关理论与实践的一门学科。是20世纪60年代以后形成和发展起来的多学科交叉边缘学科。主要研究内容为表面的摩擦、磨损与润滑问题。随着电子计算机和数值计算技术的发展，经典流体润滑理论已基本成熟，新的课题诸如超层流润滑理论、多相流体和流变润滑理论、弹性流体动力润滑理论、混合润滑理论和边界润滑理论等研究也已取得重大进展。磨损研究已由宏观现象分析转向微观机理研究。它们为机械产品的摩擦学设计提供了理论与技术依据，并指导机械及其系统正确使用，从而降低能源消耗，提高机械设备的工作效能、可靠性和使用寿命。

【摩擦桩】(friction pile) 依靠桩侧土摩阻力支撑垂直荷载的桩柱。主要用于岩层埋置很深的地基。在极限承载力状态下，桩顶荷载由桩侧阻力来承受。桩尖部分承受的荷载很小，一般不到10%。如打在饱和软黏土地基，在数十米深度内均无坚硬的桩尖持力层，这类桩基的沉降度较大。

【磨床】(grinder) 利用磨具对工件表面进行磨削加工的机床。大多数的磨床是使用高速旋转的砂轮进行磨削加工，少数使用油石、砂带，如珩磨机、超精加工机床、砂带磨床和抛光机等。磨床能加工硬度较高的材料，如淬硬钢、硬质合金等。也能加工脆性材料，如玻璃、花岗岩。磨床还能作高精度和表面粗糙度很小的磨削，以及进行高效率的磨削，如强力磨削等。凡是车床、钻床、镗床、铣床、齿轮和螺纹加工机床等加工的零件表面，都能够在相应的磨床上进行磨削精加工。它还可以刃磨刀具和进行切断等，工艺应用范围广泛。磨床是各类金属切削机床中品种最多的一类。其主要类型有外圆磨床、内圆磨床、平面磨床、无心磨床、工具磨床等。

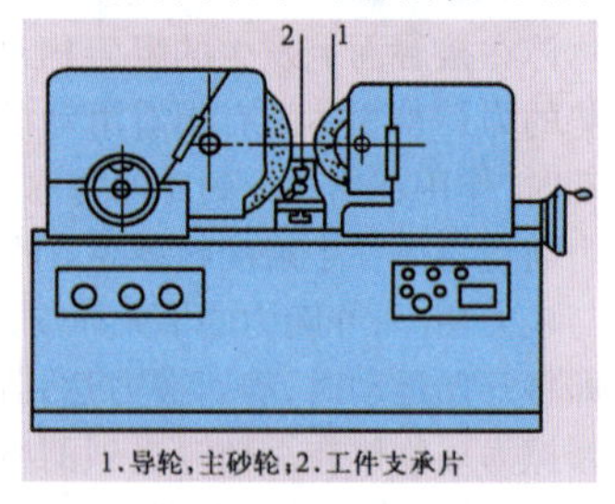

无心磨床

【摩尔】(mole) 国际单位制中物质的量的单位。国际通用符号为mol。摩尔是一个系统的物质的量。该系统中所包含的基本单元(可以是原子、分子、离子、电子及其他粒子或这些粒子的特定组合)数目与12g^{12}C的原子数目(约6.022×10^{23}个原子)的比值。因此，在任何物质系统中的物质的达到6.022×10^{23}个时，该系统物质的量就是1摩尔。

【摩尔定律】(Moore's law) 芯片上集成的晶体管数量每18个月将翻一番的规律性现象。最早刊登在1965年4月19日出版的《电子学》上，摩尔文中预测，半导体芯片上集成的晶体管和电阻数量将每年翻一番。1975年，他又提出修正说，芯片上集成的晶体管数量将每两年翻一番。它并非数学、物理定律，而是对发展趋势的一种分析预测，其文字表述和定量计算，都容许一定的宽裕度。

【摩尔根单位】(Morgan unit) 遗传学中染色体图上基因之间距离的单位。一般认为基因间的连锁强度是由基因在同一染色体上的相对距离决定的，通常用交换值(又称重组率，是重组型配子占总配子数的百分率，用以表示连锁基因之间发生交换的频率大小。)的大小来表示连锁基因间的距离。一个摩尔根单位(M)等于100%交换值，1分摩(dM)等于10%交换值；1厘摩(cM)等于1%交换值。

【摩羯座】(Capricornus) 黄道十二星座之一。位于人马座与宝瓶座之间，中心位置：赤经21时，赤纬-18°，面积约414平方度。座内恒星暗淡。有亮于四等的星9颗，其中α星为目视双星。

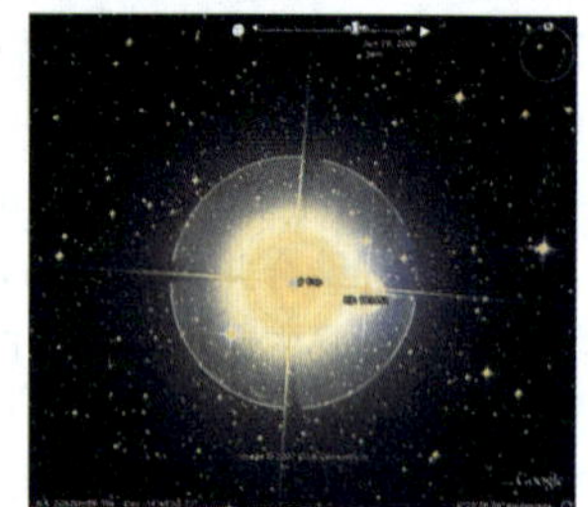
摩羯座

【磨耗层】(wearing layer) 路面表层铺筑的、直接承受轮胎的碾磨、冲击和气候等因素作用的薄层。可延长路面使用年限和改善行车条件。沥青路面上的磨耗层常用沥青砂、沥青石屑、石英砂环氧树脂等的混合料(厚度为1~3cm)。要求粒料耐磨耗，黏结力高，成型后表面平整且有一定的粗糙度。砂石路面上的磨耗层常由砂砾石、石屑等级配材料与黏土拌和铺成，并在上面加铺松散保护层。

【磨矿】(ore grinding) 使破碎后的矿石的粒度进一步变小、直至研磨成粉末的工艺过程。磨矿是选矿中一个极重要的作业流程，目的是使组成矿石的有用矿物与脉石矿物达到最大限度的解离，以提供粒度上符合下一选矿工序要求的物料。磨矿产品质量的好坏直接影响选别指标的高低。按磨矿条件的不同可分为干式磨矿和湿式磨矿。磨矿是在机械设备(球磨机、棒磨机、砾磨机、矿石自磨机等)中借助于介质(钢球、钢棒、砾石)和矿石本身的冲击和磨削作用对矿石进行磨削加工的。磨碎过程是选矿厂中动力消耗、金属材料消耗最大的工艺过程，所用的设备投资也占有很大的密度。改进磨矿作业工艺和提高磨矿作业指标对选矿厂具有重大意义，也是选矿技术发展的重要方向之一。

【磨料流加工】(abrasive flow machining) 见挤压研磨。

【磨料磨损】(abrasive wear) 物体表面与

硬质颗粒或硬质凸出物(包括硬金属)相互摩擦引起表面材料损失的现象。其机理属于磨料的机械作用。这种机械作用在很大程度上与磨料的性质、形状及尺寸大小、固定的程度以及载荷作用下磨料与被磨材料表面的力学性能有关。是最常见的、危害最为严重的磨损形式。在各类磨损形式中,磨料磨损大约占总消耗的50%。其失效机理大致有四种:以微量切削为主的假说和以疲劳破坏为主的假说;以压痕为主的假说和将断裂作为主要作用的假说。

【磨料喷射加工】(abrasive jet machining) 使混有磨料粉末的具有一定压力的流体介质(气体或水等)从小孔喷嘴中高速喷出,利用磨料的冲击力破碎并去除工件材料的加工方法。常用的气体有空气、氮气和二氧化碳气体。磨料可为氧化钻、碳化硅以及玻璃小珠(表面抛光用)和碳酸氢钠(表面清理用)等。磨料喷射适合脆性材料加工,是少量去除材料的加工方法,可对难以进入的狭窄部位进行加工,很少产生加工热量,成本较低。但不适合加工软材料及弹性材料,不易实现自动化。它主要用于切割非金属脆性材料(玻璃、石英、陶瓷、耐火材料、半导体等)和难以加工的金属材料(钨、钛合金、钢铁合金等),或在其上面开槽、打孔;制作毛玻璃;去除零件表面脏物、氧化层、涂层、镀层以及去除毛刺等。

【磨料水射流切割】(abrasive water jet machining) 在很高的工作压力(100~400MPa)、极高的工作速度(高达900m/s,是音速的2~3倍)下,水射流经小孔径(Φ0.15~Φ0.4mm)的喷口射出切割材料的工艺方法。为进一步增强水射流的切割能力,在水射流中加入一定数量的磨料颗粒,这种水射流工艺称为磨料水射流切割。磨料水射流切割无尘、无味、无毒、无火花、振动小、噪声低、切缝窄、切口平整、无毛刺,适合于恶劣的工作环境和有防爆要求的危险环境下工作。常温下切割,不破坏材料的内部组织。它可以高效切割各种金属、非金属材料,各种硬、脆、韧性材料,如钛镍合金、陶瓷、玻璃、复合材料等。磨料水射流切割是集机械、电子、计算机、自动控制技术于一体的高新技术,是目前世界上最先进的切割工艺方法之一。

磨料水射流切割

【磨绒整理】(sanded finishing) 用砂磨辊在织物表面磨出一层短而密绒毛的整理方法。与起毛(或拉绒)原理近似,使织物表面产生绒毛。但起毛与磨绒又有所不同。起毛一般用金属针布使织物的纬纱起毛,且茸毛疏而长。磨绒能使经纬向同时产生绒毛,短而密。砂磨辊的砂粒大小、织物与砂磨辊接触面积和压力、织物组织规格及操作密切配合等对获得良好效果产生影响。磨绒整理可以增加厚实、柔软和温暖感,改善织物的服用性能。

【磨蚀性】(abradability) 物料对粉碎工具(钻头、齿板、钢球等)造成一定程度磨蚀的性质。通常粉碎工具的磨损程度称为刚耗。例如,有些岩石可能钻进甚易,但岩石的磨蚀性却可以使钻头直径磨耗得较多,以致钻头不能达到寿命期限。岩石的磨蚀性是岩石本身固有的特性,表现为岩石对机具的磨耗能力。可用单位压力下单位摩擦路程的某种损失来表示,也可用标准物磨蚀与岩石磨蚀的磨蚀比来表示。其中最简便、最直接的则是用特定工具的磨损体积、磨损重量、磨钝宽度来表示。磨蚀作用包括擦蚀、磨损和冲击疲劳三个方面。岩石的磨蚀作用是采矿工程中常见的现象之一。如凿岩钎头、牙轮钻头、掘进机滚刀、铲斗牙尖、溜槽、球磨机衬板和钢球等在破岩和与岩石接触过程中都受到了岩石的作用而被磨蚀。工具的磨蚀,严重影响了工具的使用寿命,增加了工具的消耗,加大了能耗,降低了效率。

【磨削加工】(grinding machining) 用磨料磨具在磨床上进行切削的加工方法。是零件精加工的主要方法之一。应用范围很广。不仅能加工一般的材料,如钢、铸铁等,还可加工一般刀具难以加工的材料,如淬火钢、硬质合金、玻璃以及陶瓷等。其工艺范围也很宽,可磨削内外圆柱面、圆锥面、平面、齿轮齿廓面、螺旋面及各种成型面等,还可刃磨刀具和切断等。随着磨料磨具的不断发展,机床结构和性能的不断改进,以及高速磨削、强力磨削等高效磨削工艺的采用,磨削已逐步扩大到粗加工领域。选用小切削余量的毛坯,以磨代车(或镗、铣、刨),既节省原料,又节省工时,是机械加工的方向之一。

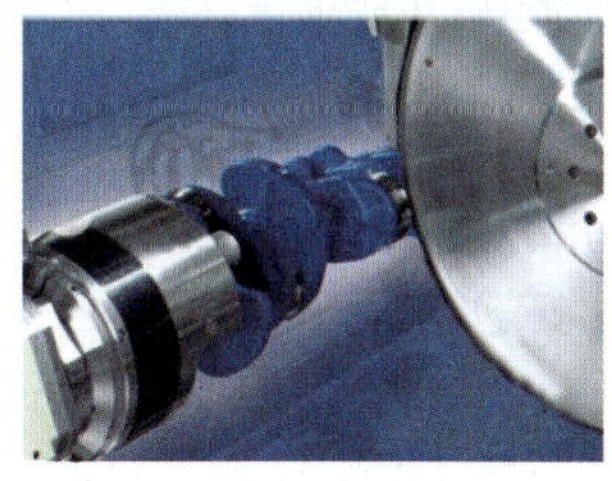

磨削加工曲轴

【磨牙症】(bruxism) 人在非生理功能状态下,产生上下牙齿彼此磨动或紧咬的现象。是一种下意识的动作。可发生于白天,也可在夜间。本人一般不知道,尤其是夜间磨牙症者。磨牙症是口腔临床上的多发病、常见病之一。发病率高,女性高于男性。按其表现形式的不同可分为:紧咬牙型、白天磨牙型、夜间磨牙型和混合型。危害最严重的是夜间的紧咬牙和夜磨牙。其发病因素复杂,目前尚无肯定的病原理论。一般认为与以下因素有关:(1)精神心理因素。(2)中枢神经系统控制失调。(3)殆因素。(4)其他如遗传、胃肠功能失常、营养缺乏、肠道寄生虫等。其临床表现是:(1)患者本人或同室者听见的磨牙声。(2)全口牙齿磨耗。(3)颌肌张力过度、嚼肌肥大。(4)下颌角变小。(5)殆干扰等。其治疗方法主要有:心理治疗、肌肉松弛疗法、咬合板的应用、调殆及其他如正畸、修复等。

【蘑菇】(mushroom) 味道鲜美的大型肉质食用真菌。多属于大型真菌伞菌目,呈伞状,上部具一大而厚的菌盖,其下部具一柱形的菌柄。菌盖下面有放射状似伞褶状的菌褶或为菌管。菌柄上端有环状膜质物菌环,下端具苞状菌托。因种类不同,各部还有许多特殊形态附属物。蘑菇种类很多。中国各地也有不同名称。南方称蕈,山东有称蛾子,西南叫菌子。北方草原出产白蘑、大青蘑、香杏口蘑,东北林区产榛蘑、元蘑、猴头蘑。张家口曾是北方草原蘑菇的加工和集散地,从那里输出的多种野生蘑菇通称“口菇”。中国自20世纪50年代开始,多种食用蘑菇进行人工培养后,才出现“食用菌”一词。

香菇

【抹灰机】(plastering machinery) 用于墙面水泥层、灰浆层施工的机械。包括供灰装置、抹灰装置和升降装置。其中,升降装置包括架体、机座、动力及传动机构和控制机构。架体由下、中、上三节矩形结构的导轨组成。中导轨与下导轨套接,并受下导轨约束;中导轨与上导轨铰接且可以锁定。三节导轨处于直线连接状态时,与抹灰工作墙面所对的一面处在同一水平面上,抹灰机的抹灰装置沿此面进行抹灰作业。上导轨可以翻转与中导轨折叠并列,从而降低机体的高度和重心,便于移动或存放。由于中导轨套接在下导轨中,因而架体的高度可以变化,能够适应不同高度墙体抹灰的需要。其结构简单合理,操作方便,功能全面,施工质量与效率得到大幅度提高。

抹灰机

【末端淬透性试验】(end quenching degree test) 将钢样加热到该钢种的淬火温度后,用水喷向试样的一个端面进行冷却,即淬火,显示试样从表面到内部硬度的分布情况的方法。用以测定钢的淬透性。通常用于检验碳素结构钢和合金结构钢。淬火后由试样末端起,测量各距离的硬度。试样末端冷却速度最大,距离末端越远冷却速度越小。因此可以根据所测硬度值,绘出一条末端淬透性曲线。

【末端敏感弹】(terminal sensing projectile) 又称末敏弹。在弹道末端利用弹载敏感装置,自动探测、搜索目标,并自动引爆弹丸战斗部的反坦克弹药。具有导弹的特征,能自动探测和攻击目标。具有炮弹的结构简单、使用方便和“发射后不管”等优点。是远距离打击集群装甲目标的理想弹药。

【末端治理】(end-administering) 在生产过程的末端对产生的污染物进行开发利用或治理的工艺过程。一定程度上减缓了生产活动对环境的污染和破坏趋势。但有如下局限性:(1)处理污染的设施投资大、运行费用高,使企业生产成本上升,经济效益下降。(2)不是彻底治理,而是污染物的转移,如烟气脱硫、除尘形成大量废渣,废水集中处理产生大量污泥等,所以不能根除污染。(3)未涉及资源的有效利用,不能制止自然资源的浪费。要真正解决污染问题,需要实施过程控制,减少污染物的产生。

【莫比乌斯带】(Mobius strip) 公元1858年,德国数学家莫比乌斯和Johann Benedict Listing分别发现,一个扭转180°后再两头粘接起来的纸条,具有魔术般的性质。这一神奇的单面纸带被称为莫比乌斯带。与普通纸带具有两个面(双侧曲面)不同,这样的纸带只有一个面(单侧曲面),一只小虫可以爬遍整个曲面而不必跨过它的边缘。作为一种典型的拓扑图形,莫比乌斯带引起了许多科学家的研究兴趣,并在生活和生产中得到应用。

莫比乌斯带

【莫代尔纤维】(Modal fiber) 用100%欧洲榉木木浆制得的新型高湿模量、高湿强力的再生纤维素纤维。被称为绿色纤维。具有比纯棉更好的吸湿性和柔软性,有蚕丝般的光泽。用莫代尔纤维制作的内衣质地柔软,光泽亮丽,垂感好,超强吸湿,穿着光滑舒适。经多次水洗后仍能保持鲜艳色彩。常用来制作高级服装。它可与羊毛、羊绒、棉、麻、丝和涤纶等混纺,以改善和提高纱线的品质。可制作各类内衣、浴巾、床上用品和时装等。

【莫霍洛维奇间断面】(Mohorovicic discontinuity) 又称莫霍面。地壳与上地幔的分界面。常用M表示。由奥地利地震学家莫霍洛维奇于1909年10月在研究地震波在岩石圈中传播规律时发现。该间断面的下层地震波纵波传播速度明显大于上层,显示下层物质明显有别于上层。该界面埋深各地不同,大陆区平均深度30~40km,高山区可达60~80km,而在大洋区仅有5~15km。

莫霍洛维奇间断面邮票(左)

【墨卡托投影】(Mercator projection) 正轴等角圆柱投影。荷兰地图学家G. 墨卡托于1569年创造。设想用一个圆柱面切或割于地球椭球体,按规定的条件把地球表面点映射到圆柱面上,沿圆柱面的某一母线切开展为平面。其主要特点是:经线为一组等距离平行直线,纬线垂直于经线,为另一组平行直线,各相邻纬线间隔不等,由赤道至两极点逐渐伸长;圆柱面与地球椭球面相切或相割的纬线称基准纬线,基准纬线上变形为零;无角度变形;区域和形状变化较大,在高纬度地区和离基准纬线较远的区域更甚。海图多用墨卡托投影制作,由于等角航线表征为直线,以及图上量算作业简便而得到广泛、长期的使用。墨卡托投影也常用于小比例尺的世界全图,例如世界时区图、世界交通图和卫星运行轨迹图。

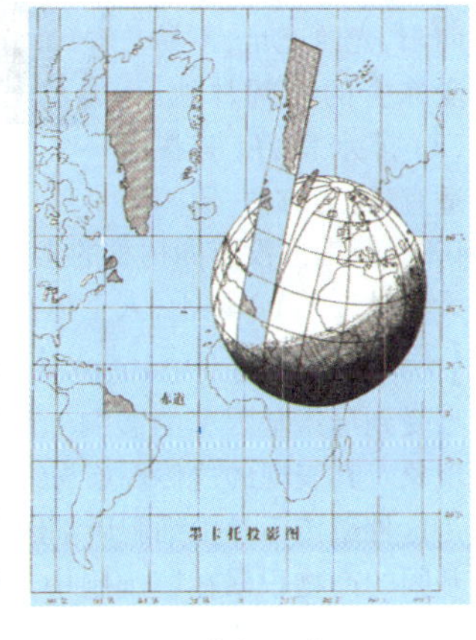

墨卡托投影

【墨西哥湾暖流】(Mexico warm current) 又称湾流。从墨西哥湾开始,沿北美洲东岸北上,之后横贯大西洋至欧洲西北沿岸,再北上经挪威海流入北冰洋的整个暖流系统。是北大西洋西部最强的暖流。暖流宽约75~150km,深700~800m,流速每昼夜130~260km,表层水温25~26℃,流量达7×10^7~$1.5\times10^8m^3/s$,是全世界所有河流总流量的100倍以上。暖流是热量的巨大传输者,每年向西北欧高纬度每千米沿岸地区输送的热量相当于燃烧6×10^7t煤燃烧释放出的热量,是西北欧地区气候温暖和湿度远高于其他同纬度地区的主要影响因素。

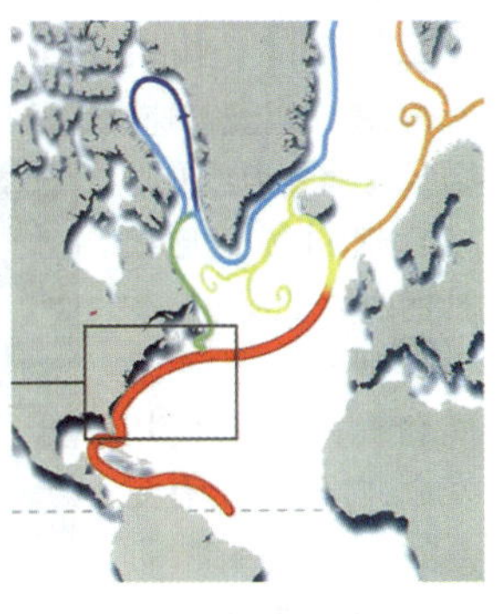
墨西哥湾暖流

【模板链】(template strand) DNA复制或是基因转录过程中用于指导互补链合成的多核苷酸链(DNA或RNA)。新链的碱基序列与模板链互补。一条模板链可以与它的复制链分离,然后这条模板链和它的复制链都可以被再次复制。例如在普通的转录作用中供作模板的DNA链,或是在反转录作用中作模板的mRNA链。

【模具】(mould) 在工业生产中,装在压力机上、通过压力把金属或非金属材料制出所需形状的零件或制品的成型专用工具。用模具加工成型的零部件,具有生产高效、质量好、节约原材料和能源、成本低等一系列优点,已成为当代工业生产的重要手段和工艺发展方向。日常生产、生活中所使用到的各种工具和产品,大到机床的底座、机身外壳、汽车,小到一个坯头螺丝、纽扣以及各种家用电器的外壳,无不与模具有着密切的关系。根据各种产品的材质、外观、规格及用途的不同,模具可分为铸造模、锻造模、压铸模、冲压模等非塑胶模具以及塑胶模具。

【模具表面处理】(mould surface treatment) 通过化学、物理方法对模具表面进行处理,以提高模具工作表面的耐磨性、硬度和耐蚀性的热处理工艺。随着产品质量的提高,对模具质量和寿命要求越来越高。除了人们熟悉的镀硬铬、氮化等表面硬化处理方法外,近年来模具表面性能强化技术发展很快,实际应用效果很好。其中,化学气相沉积、物理气相沉积以及盐浴渗金属的方法是几种发展较快、应用最广的表面涂覆硬化处理新技术。它们对提高模具寿命和减少模具昂贵材料的消耗,有着十分重要的意义。

【模具钢】(die steel) 制造冷冲、冷镦、冷挤、压铸、模锻以及高速锤锻等模具用钢的总称。品种繁多。通常分为冷变形模具钢和热变形模具钢两类。为适应少无切削新工艺的发展和提高模具使用寿命,对模具钢有更高的要求。因此,近来较多地采用了电渣重熔和真空熔炼等新工艺,并引入了一些新钢种如热强钢和超高强度钢。

模具钢

【模具弹簧】(die spring) 主要用于冲压模、金属压铸模、塑料注塑模以及结构精密的机械设备的弹簧。常用模具弹簧材料有60Si2Mn、50CrVA等。它具有安装体积小、弹性好、刚度大、精密度高、表面分色喷涂(镀)、外表美观等特点。目前标准化产品 主要参照日标B5012(较小荷重、轻荷重、中荷重、重荷重、超重荷重)、美国联合标准(轻荷重、中荷重、重荷重、超重荷重)、美国ISO标准(轻荷重、中荷重、重荷重、超重荷重)、德标ISO10243(1S、2S、3S、4S、5S)等。

模具弹簧

【母畜性行为】(sexual behaviour of female animal) 母畜发情期和接受配种时的行为。发情期的明显表现有类似公畜的爬跨,爬跨以牛为最常见,猪、犬次之;其他有阴唇肿胀,排出黏液,摇摆或竖起尾巴等求偶行为;母羊的征状不明显。母畜交配时呈特殊姿态,以便使公畜插入,通常称为背脊前拱或性表现。发情开始、强度和休息时间受作用于母畜刺激压的影响,如有其他的公畜和发情母畜在场及公畜的求偶活动等均起刺激作用。下丘脑为性激素和垂体激素的靶器官,并参与性行为的表现,损伤下丘脑前部能使发情中的母羊停止发情。

【母乳化奶粉】(maternal milk) 见配方奶粉。

【母乳喂养】(breast feeding) 用母乳哺育婴儿。是人类的天然喂养方法。母乳是婴儿的最佳食品。其优点有:(1)母乳含有丰富、易吸收的营养物质,蛋白质、脂肪、糖的比例适宜,并含优质的蛋白质-乳清蛋白;其糖为Ⅰ型乳糖,促进脑发育;其脂肪含有较多的不饱和脂肪酸。(2)含有丰富的免疫物质。有大量的免疫活性细胞、溶解酶、SigA等。它们有预防呼吸道及消化道感染的作用。(3)钙磷比例为2:1,易吸收。(4)具有经济、方便、省时等优越性。(5)有利于母亲产后恢复,增加母子感情等。其方法是:(1)哺乳前先清洁乳头,坐位哺乳,哺完一侧再哺另侧。(2)自然随意哺乳,不规定时间。(3)哺喂后将小儿直抱,婴儿头靠母肩,轻拍婴儿背部,将胃中气体排出,防溢乳。(4)1岁断奶。不宜母乳喂哺的情况有:(1)母亲有传染病,如结核、肝炎、艾滋病等。(2)母亲有严重慢性病,如慢性肾炎、糖尿病、恶性肿瘤等。(3)母亲有精神病,如癫痫等。(4)小儿有遗传代谢病,如苯丙酮尿症、半乳糖血症等。

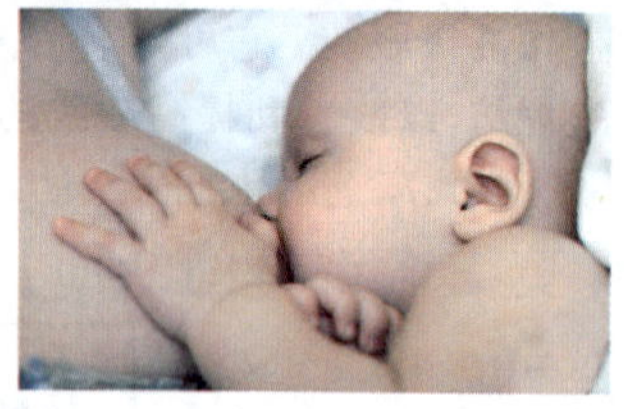
母乳喂养

【母树林】(seed production stand) 选择优良天然林或种源清楚的优良人工林,通过留优去劣疏伐,或用优良种苗造林方法营建的,用以生产优良种子的林分。在建造中应注意:(1)建在优良种源区或适宜种源区内,气候生态条件与用种区相接近的地区。(2)地形平缓,背风向阳,光照充足,不易受冻害的开阔林地。(3)排水良好,海拔适宜,交通方便,周围100m范围内没有同树种的劣等林分,面积相对集中,天然林在7hm^{2}以上,人工林在4hm^{2}以上。

母树林

【母性影响】(maternal influence) 子代表型受到母亲基因型的影响。而和母亲的表型一样的现象。其表现的遗传现象与细胞质遗传十分相似,但是这种遗传不是由细胞质基因组所决定的,而是由核基因的产物积累在卵细胞中的物质所决定的。母性影响可分为短暂影响和持久影响。前者仅影响到子代个体的幼期;而后者影响到子代个体的终生。

【牡蛎】(oyster shell) 俗称蛎蛤、左顾牡蛎、牡蛤、海蛎子壳、海蛎子皮、左壳、海蛎子、蛎黄、生蚝、鲜蚵 。为双壳纲,牡蛎科(真牡蛎)或燕蛤科(珍珠牡蛎)双壳类软体动物的统称。海菊蛤属与不等蛤属动物有时亦分别称为棘牡蛎和鞍牡蛎。两壳壳形不规则,大而厚重,表面粗糙,暗灰色。左壳(或称"下壳")较大较凹,颇扁,边缘较光滑,附着于其他物体上;右壳(或称"上壳")较小,中部隆起,掩覆如盖。两壳的内面白色、光滑。无足及足丝。分布于热带和温带海域。中国自黄海、渤海至南海诸岛海域均产,约有20种。可人工养殖。主要养殖种类有皱褶牡蛎、近江牡蛎、大连湾牡蛎、长牡蛎和密鳞牡蛎。肉味鲜美,生食、烹食均可,也可加工制成蚝豉、蚝油及制罐头。蛎肉有一定的药用价值。

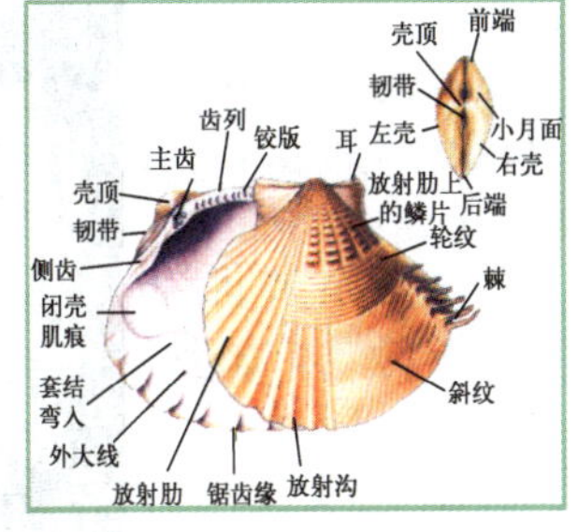

牡蛎

【木本果树】(woody fruit tree) 新梢茎内木质部发达,枝干有发达的次生结构,地上部分在生长季结束后不死亡,来年春季地上部分再萌发生长并结果的果树。按其主干生长特性的不同可分为:(1)乔木果树。有主干明显而直立。例如苹果、梨、枣、柿、桃、李子、杏、核桃、板栗、椰子等。(2)灌木果树。主干矮小不明显,枝干丛生。如醋栗、榛、刺梨、番荔枝等。(3)藤本果树。茎具有缠绕攀缘特性,可以依靠架材或其他物体而向上生长。如葡萄、猕猴桃、西番莲等。

【木本花卉】(woody flower) 以观花为主的多年生木本植物。其茎木质化程度高,坚硬,能直立。多为灌木和小乔木。如牡丹、桂花、白兰、月季花、栀子花、茉莉花、迎春花和金银花等。

木本花卉

【木本植物】(woody plant) 根和茎增粗生长形成大量的木质部,而细胞壁也多数木质化的植物。按其植株高度以及分枝部位的不同可分为:(1)乔木。(2)灌木。(3)半灌木。其与草本植物的主要区别是:(1)木本植物形体高大,茎干粗壮。(2)木本植物茎干中含有大量的木质,一般比较坚硬。(3)木本植物的寿命比较长。

【木地板施工工艺】(wooden floor construction process) 木地板装饰铺贴的施工技术。分为粘贴式木地板、实铺式木地板和架空式木地板。木地板的安装方法是:实铺实木地板应有基面板,基面板使用大芯板。地板铺装完成后,先用刨子将表面刨平刨光,将地板表面清扫干净后涂刷地板漆,进行抛光上蜡处理。铺装实木地板应避免在大雨、阴雨等气候条件下施工。施工中最好能够保持室内温度、湿度的稳定。同一房间的木地板应一次铺装完,要备有充足的辅料,并要及时做好成品保护,严防油渍、果汁等污染表面。安装时挤出的胶液要及时擦掉。木地板粘贴式铺贴要确保水泥砂浆地面不起砂、不空裂,基层必须清理干净。基层含水率不大于15%。粘贴木地板涂胶时,要薄且均匀。相临两块木地板高差不超过1mm。

木地板施工工艺

【木结构】(timber structure) 用木材制成的建筑结构。其特点是:自重较轻,便于运输、装拆,能多次使用,广泛地用于房屋、桥梁和塔架等建筑中。近代胶合木结构的出现,进一步扩大了木结构的应用范围。虽然木材受拉和受剪呈脆性破坏,其强度受木节、斜纹及裂缝等天然缺陷的影响很大,但是在受压和受弯时具有一定的塑性。木材处于潮湿状态时,将受木腐菌侵蚀而腐朽。在空气温度、湿度较高的地区,白蚁、蛀虫、家天牛等对木材危害颇大。木材易着火燃烧。木结构应采取防腐、防虫、防火措施,以保证其耐久性。

木结构

【木棉纤维】(kapok fiber) 木棉荚果壳体内壁的单细胞果实纤维。具有独特的薄壁大中空结构和质轻拒水吸油的优良特性,相对密度小,浮力大。耐酸性和耐碱性良好,常温下稀酸、醋酸等弱酸对其没有影响。由于长度较短,可纺性能差。其主要应用于:(1)中高档服装面料。与棉、黏胶或其他纤维素纤维混纺,可织制光泽和手感良好的服装面料。(2)是枕芯靠垫等的理想填充料。(3)具有较大浮力,是救生衣的理想材料,不易老化和破损。(4)隔热和吸声材料。(5)房屋的隔热层和吸声层填料。

【木乃伊】(mummy) 又称干尸。一种在人工防腐情况下或自然条件下可以长久保存的干枯不腐烂的尸体。以在埃及发现的木乃伊的数量最多,时间最早,技术也最复杂。埃及人在制造木乃伊时,首先从死尸中将内脏摘除洗净,用椰子酒和捣碎的香料填到腹腔内,再照原来的样子缝好。之后,把尸体在泡碱粉里放置70天,再把尸体洗干净,从头到脚用细麻布作绷带将其包裹,外面再涂树胶,然后把尸体放到特制的人形木盒里,保管在墓室中,靠墙直立,等待其复活。另外,尸体处于干热或通风良好的环境中,体内水分蒸发而迅速减少,不适于腐败细菌的滋生繁殖,以致不发生腐败而干燥,形成干尸。干尸是保存尸体比较常见的一种类型。在人类学及法医学研究上具有重要意义。

【木生真菌】(lignicolous) 又称木生菌、木材腐朽菌。繁殖生长在树木或倒木及树木桩上的真菌。其营养是靠菌丝分解木材中的纤维素、木质素和半纤维素提供,但同时它又危害树木及木材,导致木材腐朽或引起严重病害。严重时甚至会毁坏整个森林。目前已知的木生菌菌至少有500多种,主要是多年生的多孔菌类,如栓菌、木针层孔菌、层孔菌、多孔菌等。干朽菌是世界最著名的毁坏木建筑物的木生菌。

金耳

【木栓植物资源】(phellem plant resources) 能生产木栓的一些植物。这类植物木栓层比较发达。栓皮具有质地轻软、富弹性、不传热、不导电、不透水、不透气及耐摩擦等特性。在工业上应用极广,可做轮船、火车等冷藏用的软木砖;做保温设备及电气的绝缘材料;做弹簧坐垫;制作救生衣、救生圈、浮标等;做广播室和安装机器的隔音板;汽车引擎座填板以及做食品工业的冷藏设备材料等。中国木栓植物资源种类虽然不多,但资源的蕴藏量还较丰富,而且所产的栓皮品质坚韧,弹性好,优于进口栓皮质量。木栓植物资源有待进一步调查和开发利用,以促进中国软木工业的发展。

【木糖醇】(xylitol) 一种五碳糖醇。从植物中提取的具有营养价值的天然甜味剂。分子式$C_5H_{12}O_5$。白色粉末状结晶。味凉。甜度相当于蔗糖。是人体糖类代谢的正常中间体之一。木糖醇广泛存在于各种水果、蔬菜中,但含量很低。商品木糖醇是用玉米芯、甘蔗渣等经过深加工制得。其主要作用是:(1)可以抑制引发龋齿的细菌(变形链球菌)的生长,阻止牙齿表面细菌膜的形成及细菌膜内酸性物质的产生。(2)蔗糖和葡萄糖的替代品,可作为甜味剂、营养补充剂和辅助治疗剂。在食品、医药等工业中广泛应用。

【木卫二】(Europa) 木星的第六颗已知卫星,也是木星的第四大卫星。卫星直径3 138km,比地球的卫星月球稍微小一点。距离木星670 900km,离木星第二近。由伽利略于1610年发现。木卫二是木星的四大卫星之一。木卫二的组成与类地行星相似,主要由硅酸盐岩石组成。但是与木卫一不同,木卫二有一个薄薄的冰外壳。科学家推测木卫二的表面温度在赤道地区平均约为-163℃,两极更低,只有-223℃,所以表面的水是永久冻结的。但是潮汐力所提供的热能可能会使冰层下的水保持液态,另外木卫二上长达60h的白昼,也使得表面冰层的裂口有可能接受到充足的阳光。最近的哈勃望远镜观察揭示出木卫二有一个含氧的稀薄大气,但不像地球大气中的氧。木卫二的氧气并不是生物形成的,它最可能是由于太阳光中的电荷粒子撞击木卫二的冰质表面而产生水蒸气,进而分解成氢气和氧气。氢气脱离,留下了氧气。最近从"伽利略"号发回的发回的数据表明,木卫二有内部分层结构,并可能有一个小型金属内核。但是木卫二的表面极度光滑,只能看到极少的数百米高的地形,木卫二上的环形山很少,只发现3个直径大于5km的环形山。这表明它有一个年轻又活跃的表面。木卫二的表面照片与地球海洋上的冰的照片相似。这可能是因为木卫二表面的冰以下有一层液态的水,或许有50km深。如果是这样的话,这将是除地球之外,太阳系中唯一一个有大量的液态水存在的地方。木卫二是太阳系中最明亮的一颗卫星,几百年来它的独特性使一批又一批的科学家对它着迷。木卫二之所以显得如此明亮,是由于它表面的冰壳能强烈地反射太阳光线。目前科学界普遍认为,木卫二表面没有陆地,寒冷的外壳冰层下面是一片汪洋大海,水量比地球拥有的水要多得多。海洋正在吸收大量的氧气,甚至远比预测模型显示的要多。海底部分区域应该与地球深海热泉周围环境极为相似,其构成足以支持多种生命形态存活。

木卫二

【木星】(Jupiter) 又称岁星。太阳系八大行星之一。距太阳平均距离为7.78×10^8km,即43.16光分。公转周期11.86年。轨道倾角1.3°。自转周期9h50min。赤道直径约为地球的11.8倍。质量为地球的317.89倍。其体积和质量比其他七大行星的总和还大,是八大行星中质量最大、体积最大、自转最快的一颗行星。木星辐射能量是吸收能量的2.5倍,估计有内部热源。推测认为,木星中心为处于高压电离液相的金属氢,中心温度约为30 000K。其大气成分主要为氢(H_2)85%、氦(He)14%。其云层温度约为

-150℃。大气中有明暗交错平行于赤道的云带，著名的大红斑是嵌在云带内的云团。木星被一个巨大磁层包围，与地球磁层类似，但磁层内带电粒子辐射强度是地球的100万倍，磁场强度是地球的20~40倍。有光环和极光。已证实有61颗卫星，是太阳系中卫星数量最多的行星。

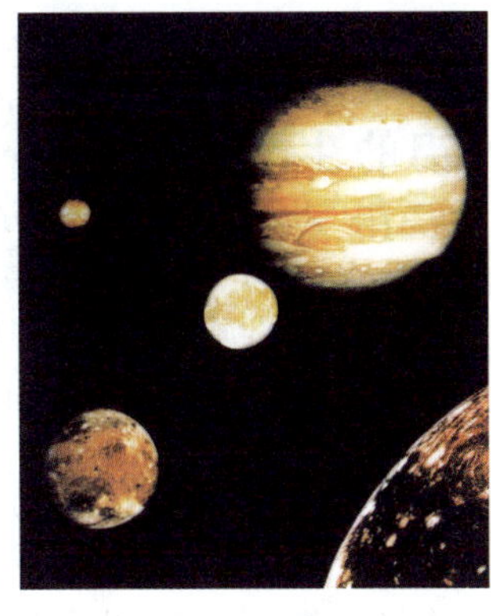
木星

【木星磁场】（Jovian magnetic field） 在木星内部的磁现象。木星具有强大的磁场。其强度是地球磁场的40倍。探测表明，木星磁场外磁层可延伸到距木星7.6×10^6km处。木星赤道的磁感应强度不稳定，在$(2\sim12)\times10^{-4}$T之间波动。捕获有大量带电粒子的辐射带位于3~4个木星半径处。由于其磁轴与自转轴有15°的交角，所以随着木星的自转，其磁层与辐射带在30°角范围内来回摆。木星磁场极性与地球相反。木星磁场很强。其磁层比地球的磁层延伸范围要大得多。磁层顶可达30~60倍木星半径，磁尾甚至可达木星轨道之外。多数专家认为，木星中液态金属氢在内部的对流作用，是产生木星强磁场的原因。

【木星大红斑】（Jupiter's great red spot） 木星南半球视面上的卵形红色斑状物。大红斑位于木星赤道南侧，长达26 000km，宽约11 000km。20世纪70年代美国发射的“先驱者-10”号和“旅行者”号探测器对其进行的深入探测发现，其颜色和亮度时有变化，但大小和形状基本不变。大红斑的实质，多数人认为是一个巨大的椭圆形大旋涡，其根基深在表面云层之下的对流层，以逆时针方向在木星上空转动。由于气流中含有红磷化合物而呈现褐红色。

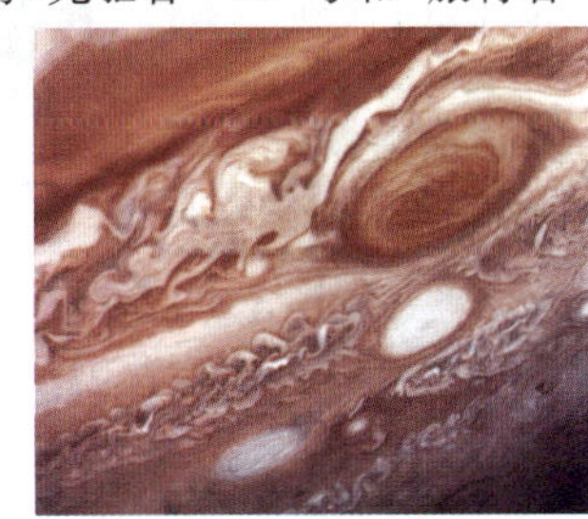
木星大红斑

【木星大气】（Jovian atmosphere） 木星表面的浓厚大气层。研究表明，木星大气层与木星本体之间可能是过渡关系，两者之间未发现明显界面。木星大气不仅处于不断地快速运动之中，而且纵向对流强烈，加上木星的自转，构成了木星大气层顶部20多条彩色“云带”。木星大气的主要成分为氢、氦、甲烷和氨，还有少量PH_3、H_2O、C_2H_2、C_2H_6等。大气层顶部因太阳辐射，形成厚约600km的电离层。暗带和亮带顶层气温均在-150℃左右，向下温度逐渐升高。木星的热辐射是它接受太阳能的1.67倍，表明木星本身是一个有内部热源的行星。

【木星带纹】（Jupiter's colorful latitudinal bands） 木星大气中与其赤道平行、明暗相间分布的系列云带。明亮的称为亮带，暗的称为暗纹。赤道南北各分布5~6条。据观测，认为是向东和向西交替出现的纬向环流，风速为50~130 m/s，南北向的风则很弱。带纹中亮带多呈白色或淡黄色，是低温的高层云，有垂直上升运动；暗带呈褐色，是温度较高的低层云，有垂直向下的气旋式运动。整个带纹，低纬度云带宽于高纬度云带。

【木质水泥】（wooden cement） 具有木材质地的水泥。在普通水泥中加入粒径为300μm的聚合物制成。除有普通水泥的特点外，还能像木材一样可以锯切、钉割和开螺孔，并具有良好的隔音和防火性能。

【目标仿真器】（target simulator） 用来模拟目标运动和功能的仿真设备。按照仿真目标的运动特性和辐射特性，目标仿真器分为以下四种：(1)红外目标仿真器。能复现红外辐射源的光谱特征、红外辐射能量的大小与空间分布特性及其随距离的变化、红外辐射源的空间运动的动态特性。(2)射频目标仿真器。能复现目标的辐射特性和反射特性、自然环境及人为干扰、目标的空间运动特性。(3)光学目标仿真器。仿地面目标（坦克和车辆）和地面背景（自然地形和人为地貌）。目标和地面的辐射特性覆盖了紫外、可见光和红外辐射。(4)激光目标仿真器。主要仿真目标反射的激光光斑。仿真试验不仅要求对单个目标本身的辐射特性行进仿真，还要求实现目标环境物理效应的仿真。因此，目标仿真器是技术上高度复杂的设备。

【目视飞行】（visual flight） 在可见天地界线、地标的天气条件下能够判明航空器飞行状态和目视判定方位的飞行。目视飞行时机长对航空器间隔、高度、速度、距离及安全高度负责。现代的飞机大多安装有自动驾驶装置，目视飞行只在特殊情况下才使用。

【目视航标】（visual navigation mark） 能使驾驶人员通过直接观测迅速辨明水域、确定船位、确保安全航行的一种海区航标。是使用最多最方便的航标。颜色鲜明，便于白天观测，发光的目视航标可供日夜使用。常见的目视航标有灯塔、立标、灯桩、浮标、灯船和各种导标。灯塔是设置在重要航道附近的塔形发光固定航标，一般有人看守。立标是设置在岸边或浅滩上的固定航标，标身为杆形、柱形或桁架形。发光的立标称灯桩，发光射程比灯塔近得多。浮标是用锚碇泊水中的航标，用以表示航道、浅滩、碍航物等；发光的称灯浮标。灯船是作为航标使用的专用船舶，装有发光设备，作用与灯塔相同，锚碇于难以建立灯塔之处，一般不能自航。激光导标是目视航标的一种新型航标。

【牧场防护林】(forest for pasture protection) 草牧场上防风、防寒、防止水土流失的天然林与人工林。一般为伞、带、网、片状配置所形成的防护林体系。对于改善局部气候条件、减轻各种自然灾害对牲畜生长与生存的不良影响，提高单位面积载畜量具有重要作用，是畜牧业稳定发展的重要措施之一。包括草场防护林与草场周围及其他防护林两大类。树种应选择当地适生的、具有耐干旱瘠薄、生长迅速、有一定生物量、枝叶营养价值较高、适口性强的乔、灌木。根据需要，牧场配置不同形式的防护林：(1)林带式护牧林。改善草原牧场生态环境，有利牧草生长。选用适生乔、灌木树种，以混交或纯林方式配置林带。一般带宽20～25m，林带走向与主要害风方向垂直，带长1 000～2 000m，林带间距离200～250m。(2)U形护牧林带。为遭到大风、雪暴、寒冻等大灾害的畜群提供庇护场所。在自然条件较差的草原牧场，营造在立地条件相对较好地段，一般林带宽20～50m，垂直主害风方向带长200～300m，在林带背风一侧营造与两端相垂直长100～150m两翼林带。(3)短带状护牧林。直接给畜群提供饲料，为牧草复壮创造良好生长条件。在山地牧场，可根据地形条件沿等高线配置。每带由适生的、可提供牲畜饲用的灌木组成。其带长10～20m。

牧场防护林

【牧夫座】(Bootes) 北天中纬度主要星座之一。位于室女座以北。中心位置：赤经14时40分，赤纬+33°，面积约907平方度。座内有亮于四等的星13颗，其中α星(中名“大角”)是一颗0等星，橙色，为北天三大亮星之一。每年夏季夜晚，可在天赤道以北20°看到。

牧夫座

【钼的生产】(molybdenum production) 从矿石中制取金属钼的工艺方法。最具工业价值的钼矿石是辉钼矿 MoS_2。经过浮选其含量可以从千分之几到50%，杂质主要是铁、铜的硫化物。获取金属钼粉的生产过程可分为两个阶段：(1)生产氧化钼 MoO_3。其过程包括：①将钼精矿进行氧化焙烧，使 MoS_2 生成 MoO_3，S生成 SO_2 进入炉气。焙烧得到的焙砂中除了 MoO_3 外，还含有铁、铜的硫化物生成氧化物和铁、铜的硫酸盐以及钙、铜、铁的钼酸盐。这些杂质的化合物可作为生产钼铁合金的原料。②从焙砂中分离出 MoO_3。有两种方法，一种是升华法生产纯 MoO_3。使焙砂在900～1 000℃下挥发，得到 MoO_3，而其他化合物不挥发，能够除去；另一种是用湿法冶金的方法生产 MoO_3。用氨溶液浸出焙砂，去除杂质。然后用结晶法和盐酸中和法使氨溶液中的钼以仲钼酸氨或钼酸的状态析出。再进行焙解，即可得到 MoO_3。(2)氢还原法生产金属钼粉。使 H_2 在高温下与 MoO_3 中的氧发生反应生成水蒸气挥发，钼被还原出来成为金属钼粉。将得到的金属钼粉用压制、烧结的方法可以生产致密钼粉，用电弧炉熔炼法可以生产高纯钼锭。

【钼合金】(molybdenum alloy) 一种以钼为主要成分的高温合金材料。具有良好的导热、导电性和低的热膨胀系数，在高温(1 100～1 650℃)下具有高的强度，且比钨容易加工。它可以用作高温炉加热元件、热屏、坩埚、导弹火箭的喷管、夹持板、宇航飞行器蒙皮、金属加工模具、电子管及电光源栅极等。钼合金广泛应用于石油化工、电子及航空航天领域。

钼合金

【募穴】 又称“俞穴”。中医穴位分类名。脏腑之气汇聚于胸腹部的腧穴。多用以诊断和治疗本脏腑病症。五脏六腑各有一个募穴，即肺募中府，心包募膻中，心募巨阙，肝募期门，脾募章门，肾募京门，胃募中脘，胆募日月，膀胱募中极，大肠募天枢，三焦募石门，小肠募关元。

【幕墙】(curtain wall) 由结构框架与镶嵌板

材组成，不承接主体结构载荷的建筑围护结构。其特点是：(1)是完整的结构体系，直接承受施加于其上的荷载和作用，并传递到主体结构上。(2)应包封主体结构，不使主体结构外露。(3)通常与主体结构采用可动连接，竖向幕墙通常悬挂在主体结构上。当主体结构位移时，幕墙相对于主体结构可以活动。幕墙首先是具有承载功能的结构，然后才是美观和建筑功能。幕墙的支撑(横梁、立柱、支撑钢结构等)通常由铝型材和钢材组成，有时也用玻璃。面板可以是玻璃、铝板、钢板或石板、混凝土板，但透光部分一定是玻璃板。采光顶有时也会采用聚碳酸酯板。按其面板材料的不同通常将建筑幕墙划分为玻璃幕墙、铝合金板幕墙、石材幕墙等。许多工程是多种幕墙混合使用。根据其支撑形式不同，幕墙可分为有框幕墙和点支幕墙。有框幕墙由面板、横梁和立柱构成；点支幕墙由面板和支撑钢结构组成。

N

【那塔松法则】(Nathansohn's law) 德国学者那塔松在总结大量渔业生产资源后,于1906年首先提出上升流水域,一般生产力高,因而形成优良渔场的论断。渔场学的经典理论之一。在海洋水团剧烈活动的海域,水团从深处向海面涌升形成上升流,同时把富含营养物质的深层海水带到表层并不断混合,使表层水变得肥沃,从而增加生产力。该生态系统以低温、高营养盐、生物多样性丰富、高生产力为特点,常常成为重要的渔场。上升流渔场虽只占海洋总面积的千分之一,但却占了世界海洋总渔获量的一半左右。如秘鲁外海海域的上升流渔场,年最高产量曾超过1千万吨。

【纳米包膜肥料】(nanocoated fertilizer) 又称环境友好型肥料。把农业生产中通常使用的氮、磷、钾等肥料按比例配好,制成粉末,再与纳米级的黏合剂混匀、造粒,并分别包上不同种类的包膜剂而制成的颗粒肥料。包膜剂是纳米材料,能更精确地控制肥料的释放速度。不同包膜的颗粒肥释放养分的起始时间和周期不同(分快、慢和暂时不释放三种)。这样的组合满足了植物在整个生长周期对养分的需求。这种新型肥料可使水稻、玉米、小麦和蔬菜增产7%~40%,使肥料的利用率提高15%~20%。它不仅对作物没有毒害,而且能使蔬菜、水果的糖分和维生素C含量明显提高。

【纳米薄膜材料】(nanostructure thin material) 由尺寸在纳米量级的晶粒(或颗粒)构成的薄膜或每层厚度在纳米量级的多层膜。按其用途的不同可分为纳米级功能薄膜和纳米级结构薄膜。前者主要是利用纳米粒子所具有的光、电、磁方面的特性,通过复合使新材料具有基体所不具备的特殊功能;后者主要是通过纳米级粒子复合,提高材料的力学性能。由于纳米级粒子的组成、性能、工艺条件等参量的变化都对复合薄膜的特性有显著影响,因此,可以在较多自由度的情况下控制纳米复合薄膜的特性,获得满足需要的薄膜材料。

纳米薄膜材料

【纳米材料】(nanomaterial) 由1~100nm的超细颗粒构成的具有小尺寸效应的材料的总称。按其物理形态的不同大致可分为纳米粉末、纳米纤维、纳米膜、纳米块体和纳米相分离液体等。由于纳米材料会表现出特异的光、电、磁、热、力学、机械等性能,纳米技术迅速渗透到材料的各个领域,成为当前国际上研究的热点。目前实现工业化生产的纳米粉主要是碳酸钙、白炭黑、氧化锌等纳米粉体材料,其他纳米材料基本上处于实验室的初级研究阶段。当前研究的技术前沿,主要是以碳纳米管为代表的纳米组装材料、纳米陶瓷和纳米复合材料等高性能纳米结构材料、纳米涂层材料的设计与合成及单电子晶体管、纳米激光器和纳米开关等纳米电子器件以及C_{60}超高密度信息存贮材料等。

碳纳米管

【纳米材料改性涂料】(nanomaterial modified coating) 将纳米粒子加入到涂料中使之改性的新型涂料。可以显著提高涂膜的机械强度、附着力、防腐性能、耐光性、耐候性或其他特殊性能。制作该涂料必须满足两个条件:(1)至少含一相尺寸在

纳米涂料喷涂

1～100nm的颗粒物。(2)纳米相的存在而使涂料性能得到显著提高或具有新功能。纳米材料表面活性相当高，如何将其分散到涂料基体中并保持稳定性，是生产纳米涂料的技术关键。应用较多的纳米材料主要有二氧化硅、二氧化钛、碳酸钙、氧化锌、氧化铁等。

【纳米测量技术】(nanometer measurement technology) 尺度为0.01～100 nm的测量技术。在纳米技术中，纳米测量技术、纳米加工技术和纳米结构并列为纳米技术的三大研究主题。纳米测量技术可运用传感器技术、探针技术、定位技术、扫描探针显微镜技术等来实现。纳米尺度的测量，是纳米技术研究的重要组成部分。

【纳米超高分子量聚乙烯塑料】(nanoultra-high molecular weight polyethylene plastic) 由超高相对分子质量聚乙烯与纳米黏土粒子复合而成的高分子化合物。超高相对分子质量聚乙烯塑料具有耐磨、耐腐蚀、自润滑、抗冲击性等特点。但黏度极高，成型加工困难。纳米超高相对分子质量聚乙烯塑料解决了这个难题，用普通挤出成型方法可连续生产管材和异型材。

纳米超高分子量聚乙烯塑料

【纳米磁性材料】(nanomagnetic material) 一种由纳米级原材料制成的新型磁性复合材料。分为三种类型：(1)纳米颗粒型。主要应用于磁性介质、磁性液体、磁性药物、吸波材料。(2)纳米微晶型。主要应用于纳米微晶永磁材料、纳米微晶软磁材料。(3)纳米结构型。人工纳米结构材料包括薄膜、颗粒膜、多层膜、隧道结、天然纳米结构材料和钙钛矿型化合物。

【纳米磁性液体材料】(nanomagnetic liquid material) 纳米级磁性微粒分散在基液内形成的均匀胶体溶液。具有磁体的磁性和液体的流动性，因而在电子、仪表、机械、化工、环境、医疗等行业领域得到广泛应用。磁性密封材料在要求真空、防尘、密封气体等特殊环境中的动态密封最为适用。在高保真扬声器、电机阻尼、磁性传感器、射流印刷用的磁性墨水、超声波发生器、X射线造影剂(代替钡剂)、磁控阀门、磁性液体研磨、磁性液体的光学与微波器件、磁性显示器、火箭和飞行器用的加速计、磁性液体发电机、定位润滑剂等方面也广泛应用。

【纳米电子学】(nanoelectronics) 研究纳米电子元件、电路、集成器件和信息加工的理论和技术的新学科。立足于新的物理理论和先进的工艺手段。包括基于量子效应的纳米电子器件、纳米结构的光电性质、纳米电子材料的表征、原子操纵和原子组装等。纳米电子器件尺度为纳米级，集成度可大幅度提高，同时还具有器件结构简单、可靠性强、成本低诸多优点。如纳米量子器件的响应速度比目前器件高1 000～10 000倍，而功耗却明显降低。纳米电子学的发展，可能会在电子学领域中引起一次新的技术革命，从而把电子工业技术推向更高的发展阶段。

【纳米淀粉】(nano-starch) 天然淀粉经特殊方法加工成的尺度小于100nm的淀粉产品。当淀粉粒子尺度达到纳米量级时，就会产生体积效应、表面效应和量子尺寸效应等一些特殊的性能。制备纳米淀粉的方法主要有物理法、化学法和反相微乳液法三种。纳米淀粉比普通淀粉具有较好的分散效果。广泛应用于医药、轻工等领域。

【纳米多频谱伪装网】(nanomultispectral camouflage net) 由纳米隐身材料组成的网状结构物。是隐身材料中的一种产品。可见光、近红外线两种功能的伪装网目前已进入产品制造阶段。制作工艺包括纳米粉体的制备工艺、纳米—纤维织物的互渗工艺、特殊的混纱纺纱工艺，以及印染、切割、迷彩配制和编织等工艺。这种伪装网主要用于军事领域。

纳米多频谱伪装网

【纳米多频谱隐身材料】(nanomultispectral stealth material) 以纳米雷达波吸收剂、纳米红外半导体填料(颜料)为基体而制成的隐身材料。其组分中应至少有一种或两种以上的纳米量级(1～100nm)材料。可作为纳米多频谱隐身材料的主要材质是纳米金属、纳米合金粉体、纳米半导体颜料和纳米氧化物等。其制作工艺是：将制备好的纳米吸收剂与高分子材料相拌和作底层，然后通过波阻抗匹配，将三色迷彩纳米级颜料组成的涂料喷涂在底层上，即可形成纳米多频谱隐身材料。

【纳米二氧化钛】($nano\text{-}TiO_2$) 颗粒直径

在1～100nm范围内的二氧化钛。具有较大的比表面积，为光催化反应提供了大的活性表面，可与污染物更充分接触，吸附能力强。在紫外线照射下产生极强的空气净化功能，分解污染物速度快，能力强，分解完全且自身稳定，不溶出，可长久杀菌、降解污染物。它作为一种新型光催化剂、抗紫外线剂、光电效应剂，在抗菌防霉、排气净化、脱臭、水处理、防污、抗老化和汽车面漆等领域显示出广阔的应用前景。

【纳米粉体】（nanopowder） 粒径在1～100nm的粉末。纳米粉体的晶粒小，表面曲率或表面积大。其磁性、催化性、光吸收、热阻和熔点等方面与常规材料相比显示出独特的性能。如纳米陶瓷原料的纳米粉体，表面改性以及在复合材料中的分散技术是制备性能优异的特种陶瓷的关键。开展纳米粉体颗粒物质结构与物理性质的研究，无论从基础理论还是从实际应用前景考虑都具有重要意义。

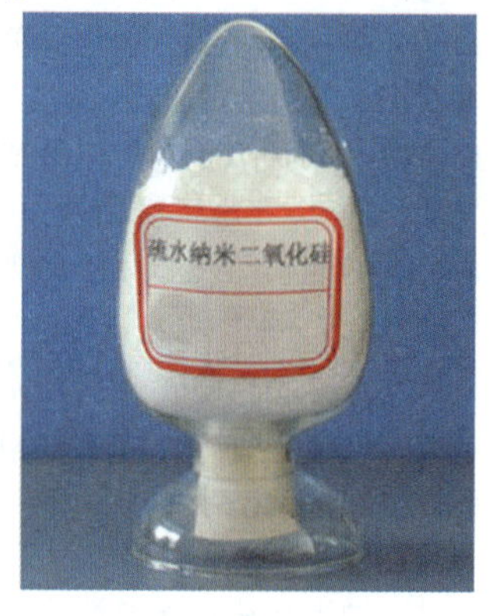

纳米粉体

【纳米复合材料】（nanocomposite） 分散相尺寸至少有一维小于100nm的复合材料。由于纳米尺寸效应、大比表面积和强界面的结合，使其具有一般复合材料所不具备的优异性能。中国科学院化学研究所工程塑料国家重点实验室采用蒙脱石无机层状硅酸盐作为分散相，利用插层聚合技术并将其拓展到不同类型的单体和聚合过程中，成功地开发出了聚酰胺、聚酯、高抗冲击聚苯乙烯和超高分子量聚乙烯等黏土纳米复合材料。这类材料在高分子合金、工程塑料和电器材料等方面广泛应用。

【纳米复合陶瓷】（nanocomposite ceramic） 陶瓷基体中含有纳米粒子第二相的复合材料。分为晶粒内弥散纳米粒子、晶粒间弥散纳米粒子和纳米晶基体与纳米粒子复合等三种类型。前两种复合材料不但提高了室温力学性能及耐热性，而且改善了高温力学性能；后一种复合材料具有可加工性和超塑性。制备纳米复合陶瓷常采用纳米级粉体烧结法和在基体中原位析出第二相纳米晶法。这种材料在航空航天等高技术领域应用广泛。

纳米复合陶瓷

【纳米改性材料钢塑复合管】（steel-plastic-composed tube of nanomodified material） 将纳米材料掺入塑料当中使其具有更高拉伸强度的制品。原理是利用纳米材料对超高分子量聚乙烯、聚氨酯、尼龙等工程塑料材料进行改性，使其具有更高拉伸强度。将改性后的材料衬于钢管内壁，使其不仅具有高强度，同时大幅度地提高内壁的韧性，并具有弹性体特性。当固体和液体介质冲击复合管时，内壁复合层只存在暂时的收缩，磨损小。外力消失后，复合层又恢复原状。这种复合管在电力、煤炭、冶金、化工、矿山等行业被广泛应用。

【纳米功能梯度涂层】（nanofunctional gradient coating） 用涂层方法（一层或多层）制备的具有纳米结构和梯度结构的人工骨、人工关节涂层。独特的纳米结构和梯度结构，使其具有与骨组织的键合性、生物相容性、生物活性和物理相容性，有利于细胞的贴附、爬行、生长及定向分化，且具有特殊识别性、功能诱导性。其制备方法有等离子体喷涂法、化学气相沉积法、物理气相沉积法、溶胶—凝胶法和化学溶液法等。

【纳米固体材料】（nanosolid material） 由粒度小于100nm的颗粒组成的具有巨大颗粒间界面的致密型固体材料。由5nm颗粒所构成的固体，每立方厘米含1×10^{19}个晶界，使纳米材料具有高韧性。一般陶瓷具有高硬度、高耐磨、抗腐蚀等优点，但其质脆，难以加工。纳米陶瓷在一定程度上增加了韧性，改善了脆性，在机械、电子、航天飞机、生物医学等领域应用广泛。

【纳米光催化技术】（nanophotic catalyzing technology） 利用纳米光催化剂有效清除污染物的技术。在特定波长的光照射下，纳米光催化剂受激生成“电子—空穴”对（一种高能粒子）。这种“电子—空穴”对和周围的水、氧气发生作用后，具有极强的氧化—还原能力，能将空气中甲醛、苯等污染物直接分解成无害无味的物质。还能破坏细菌的细胞壁、杀灭细菌并分解其丝网菌体，从而达到消除空气污染的目的。采用纳米光催化技术在1h内对空气中的气体污染物的平均清除率可达93%左右。

【纳米级加工】（nano machining） 一种特殊精细深加工方法。工件尺寸精度达0.03μm以上，表面粗糙度值小于0.005 μm的加工工艺。

【纳米结构】（nanostructure） 以纳米尺度

的物质单元为基础、按一定规律构筑的一种新结构体系。包括一维、二维、三维体系。这些物质单元包括纳米颗粒、稳定的团簇或人造超原子、纳米管、纳米棒、纳米丝及纳米尺寸的孔洞。它们既具有纳米微粒的特性，如量子尺寸效应、小尺寸效应和表面效应等，又存在由纳米结构组合引起的新效应，如量子耦合效应和协同效应。纳米结构是纳米技术领域研究的一个重要方向。

【纳米金刚石】(nanodiamond) 一种兼具纳米颗粒和超硬材料性质的新材料。最早是苏联在军事实验中利用黑索金和TNT爆炸法合成的直径为4～6nm的金刚石颗粒。这种金刚石粉在自然界中不存在，只有通过人工方法合成。它具有金刚石的硬度和耐腐蚀性能，同时又由于晶粒细小、比表面积大而具有很高的表面活性和微观吸附作用，适用于抗磨减摩领域及复合材料改性增强等方面。主要应用于国防、润滑材料、机械、电子复合材料、生物医学材料等领域。

【纳米晶体管】(nanometer transistor) 大小接近1nm的晶体管。以碳为基体，以包含氢和硫的有机半导体分子为晶体管材料，用金原子层为电极，具有普通晶体管所没有的特殊性能。实现商业化后有广泛的应用前景。

【纳米聚烯烃塑料】(nanopolyolefin plastic) 用纳米硅酸盐粒子或纳米黏土粒子与聚烯烃树脂混合制成的高分子化合物。常与无机纳米抗菌剂粒子制成抗菌塑料，用于电冰箱门把手、门衬、空调器、电话机、热水器、微波炉和电饭锅等制品。具有持久抗菌性。

纳米聚烯烃塑料

【纳米聚乙烯合金塑料】(nanonpolyethylene alloy plastic) 以聚乙烯合金为原料采用纳米技术制得的高分子化合物。该塑料具有耐磨性、耐腐蚀性、高强度、无毒性和优良的抗震性能。易于运输、安装、保养。是各种口径的给水管、煤气管道、工业液体输送管道、河湖疏通排泥管道、粮食以及粉煤灰和矿砂输送管道的制备材料。

【纳米科学技术】(nanoscale science and technology) 用单个原子、分子制造物质的科学技术。是研究结构在0.1～100nm范围内材料的性质及其应用的综合科学。主要包括纳米体系物理学、纳米化学、纳米材料学、纳米生物学、纳米电子学、纳米加工学、纳米力学等七个相对独立又相互渗透的学科。涉及的三个领域是纳米材料、纳米器件和纳米尺度的检测与表征。纳米材料的制备和研究是整个纳米科技的基础；纳米物理学和纳米化学是纳米技术的理论基础；纳米电子学是纳米技术最重要的内容，包括基于量子效应的纳米电子器件、纳米结构的光电性质、纳米电子材料的表征，以及原子操纵和原子组装等。

【纳米颗粒材料】(nanoparticle material) 由纳米级粒子组成的材料。纳米粒子又称超细颗粒，一般指尺寸在1～100nm(处在原子簇和宏观物体交界的过渡区域)的粒子。它既非典型的微观系统亦非典型的宏观系统，是一种典型的介观系统，具有表面效应、小尺寸效应和宏观量子隧道效应。纳米晶体管有许多奇异的特性，即它的光学、热学、电学、磁学、力学及化学的性质，和大块固体相比有显著的不同。

【纳米铝粉复合系列涂层材料】(series composite coating material covered by nano-aluminium powder) 将纳米铝粉分别包覆在多组分合金化合物上面而制成的涂层材料。包括双组分中间化合物镍铝、三组分化合物镍铬铝、多组分化合物镍铬铝钴氧化钇、铁铬镍铝碳化钨等耐磨、耐蚀和耐高温的面层和底层材料。这种材料已成功用于军工及民用的石油化工、锅炉、冶金、造纸和运输等大型装备。

【纳米器件】(nanodevice) 利用具有半导体性质的纳米管与具有金属性质的纳米管组装成的具有隧道结构的纳米碳管。利用这种新型的纳米器件，可以设计制作出顺应高密度信息处理技术需要的新一代量子电子器件。这些器件包括共振隧道晶体管、超快速逻辑器件、大容量电子存储器、量子干涉器件等。在机械、电子、光学、磁学、化学和生物学上有着广阔的应用前景。

量子干涉器

【纳米羟基磷灰石】(nanohydroxyapatite) 由纳米级羟基磷灰石晶粒构成的材料。与人骨和牙釉质的羟基磷灰石针状晶相似。由它与胶原(或聚乳酸)复合制备的人工骨以及与聚胺高分子形成的复合材料是一种高强柔韧的仿生物活性材料，具有优异的生物相容性、力学相容性和生物活性,不但能与自然骨形成生物键合,并可诱导新骨生成。主要用于骨缺损填充和修复、制备磷酸钙生物活性骨水泥,或与聚合物制成纳米生物复合材料等。

【纳米羟基磷灰石与壳聚糖复合材料】(composite material of nanohy-droxyapatite and chitosan) 纳米级羟基磷灰石与壳聚糖复合而制备的一种有机-无机复合材料。羟基磷灰石具有良好的生物相容性和生物活性,但其强度低、韧性差。壳聚糖是含游离氨基的碱性多糖,能溶于有机酸和强酸稀溶液而成透明胶体,具有良好的生物相容性和可降解性,二者复合提高了材料的可降解性和塑性,可用于骨缺损的修复。

【纳米人工骨】(nanoartificial bone) 将纳米级羟基磷灰石与有机高分子材料复合或添加生长因子而制备的人工骨。具有良好的生物相容性和生物活性。它模仿自然骨的结构,其中有纳米羟基磷灰石与胶原复合,纳米类骨磷灰石与聚酰胺高分子复合。纳米人工骨具有高强、柔韧的特点,其各种特性几乎与人骨相当。在骨科临床中可广泛应用。

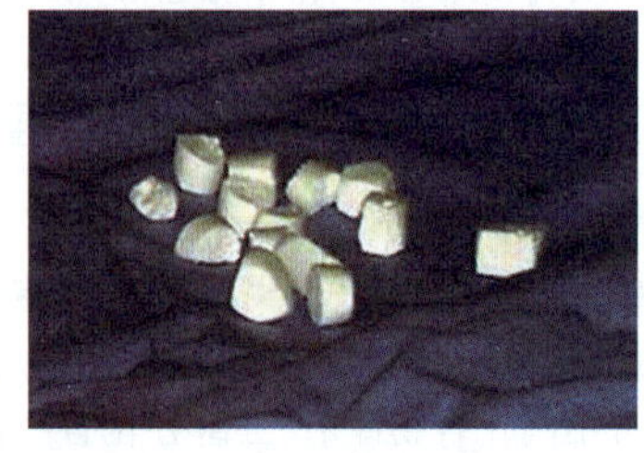
纳米人工骨

【纳米生态染料】(nanonbiological dye) 一种利用纳米技术制造的符合生态要求的新型染料。其粒径小于100nm,色牢度符合Oeko-TexStandardl00的要求。其产品粒子的三维尺寸均小于100nm,而普通染料粒径小于175μm。有黏合剂成分,因而色牢度非常好。其生态含义指染料本身、印染过程及印染产品均符合生态要求。该染料的特殊纳米结构,带来一系列的优良性能,如色牢度优良,生态性能好,工艺性能良好,对各种纤维无选择性等。

【纳米生物芯片】(nanobiochip) 又称纳米芯片。在很小的几何表面积上装配一种或集成多种具有生物活性的微型设备。是一种仅用微量生理或生物采样即可以同时检测和研究不同的生物细胞、生物分子和DNA的特性,以及它们之间的相互作用,从而获得生命微观活动规则的微型设备。其优点是:(1)集成。(2)并行。(3)快速检测。主要有基因芯片和蛋白质芯片。前者用于对生物样品进行快速、敏感、高效地定性分析与定量分析;后者可用于药物筛选、环境监控和食品检测等方面。

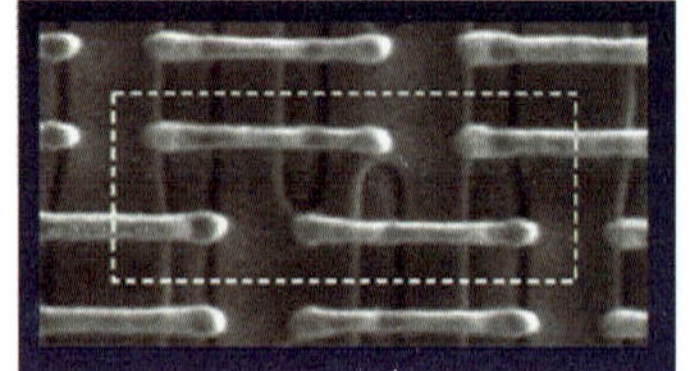
纳米生物芯片

【纳米生物医用材料】(nanobiomedical material) 人工合成的从结构到功能均与天然生物材料类似的纳米材料。包括细胞控制的生物矿化、基因控制的蛋白质纤维、酶催化合成的高分子材料、具有生物膜结构的功能材料等。此类材料在生物标记、生物检测和基因治疗等方面应用前景广阔。

【纳米食品】(nanofood) 通过对以人类可食的天然物、合成物、生物生成物等原料采用纳米技术加工制成的可用分子式表示的分子级物质,并根据人体寿命与健康所需进行不同配制的食品。利用纳米技术对食品进行加工和处理,包含两方面的含义:(1)食品或其主要成分的平均分散粒径介于1~100nm,具有纳米粒子的明显特征。(2)食品中加入了纳米级的添加剂或功能元素,从而改变了食品的吸收、防腐和功能等特性。其价值元素比一般食品高出十数倍。其主要功能作用是:把食品最基本元素悉数保留,阻隔添加剂和有害物质积聚,天然价值可完全被人体吸收和自然生成天然抗体对抗疾病。

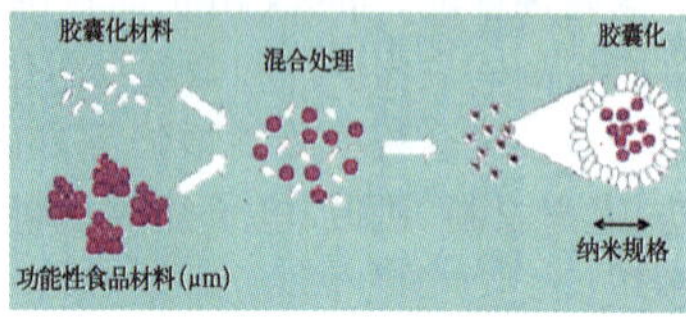

食品纳米胶囊制备过程

【纳米食品安全性评价】(nanofood safety evaluation) 运用毒理学动物试验结果,对纳米食品中某种特定物质的毒性及潜在危害的安全性进行的评价。利用科学的技术与合理的方法,并结合人群流行病学调查资料来阐述纳米食品对人体健康的影响性质和强度,预测人类接触后的安全程度。由于纳米食品改变了传统食品形式,使其在人体内的传统代谢途径可能发生变化。传统的安全性评价方法,难以全面检测其安全性。在评价纳米尺度物质的生物安全性时,要充分考虑纳米尺度物质与传统物质的不同点及其特殊的方面。纳米粒子的特性变化很大,不同的食品其生物效应和毒性有差别。影响其安全性的主要因素是:颗粒尺寸效应、相同的食品材料的毒性等。此外,由于纳米粒子穿透性强,在对其安全性评价中考虑致癌、致畸、致突变和慢性毒性显得尤为重要。纳米食品的特殊性,使得传统的毒理学评价方法难以兼顾全面,并且操作性有限。目前,国际上尚未形成统一的针对纳米食品的生物安全性评价标准。

【纳米食品包装材料】(nano food packaging material) 用于食品包装的纳米级材料。纳米技术可以改进包装材料的渗透性,提高阻隔性,改进抗损和耐热,形成抗菌表面,防止食物发生变质。在食品包装领域,纳米材料是以分子水平(10nm 数量级)或超微粒子的形式分散在柔性高分子聚合物中形成的复合材料。主要有纳米复合包装材料、纳米改性包装材料和纯纳米化包装材料三类。常用的纳米材料有金属、金属氧化物、无机聚合物等。目前,已有多种用于食品包装的聚合物基纳米复合材料(PNMC)。如纳米 Ag/PE 类、纳米 TiO_2/PP 类、纳米蒙脱石粉/PA 类等。其部分物理、化学、生物学性能有大幅度提高。在啤酒、饮料、果蔬、肉类和奶制品等食品包装工业中,已开始大规模应用,并取得了较好的包装效果。目前,国内外研究最多的纳米材料是聚合物基纳米复合材料(PNMC)。其可塑性、耐磨性、硬强度等性能都有明显的增强。纳米包装材料在食品中主要应用于抗菌性包装、保鲜包装、高阻隔性包装、防静电包装、防伪包装和智能型纳米包装六个方面。

【纳米塑料】(nanoplastic) 无机填充物以纳米尺寸分散在有机聚合物基体中形成的有机/无机纳米复合材料。其制作方法有四种:插层复合法、原位复合法、分子复合法和超微粒子直接分散法。纳米塑料中常用作纳米无机相材料的蒙脱土,是一种层状硅酸盐黏土矿物,其结构片层为纳米尺度,包含三个亚层,在两个硅氧四面体亚层中间夹含一个铝氧八面体亚层。亚层之间通过共用氧原子以共价键连接,结合极其牢固。有机蒙脱土能进一步与单体或聚合物熔体反应,在单体聚合或聚合物熔体混合的过程中,剥离为纳米尺度的结构片层,均匀分散到聚合物基体中,从而形成纳米塑料。

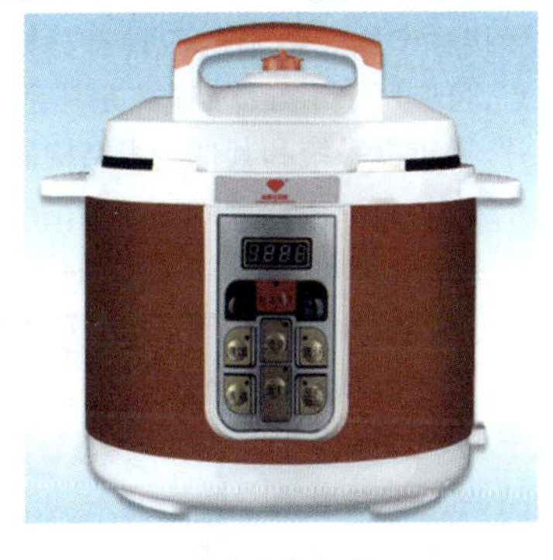
纳米塑料锅盖

【纳米碳管】(carbon nanotube) 由排列成圆柱形的碳原子构成的管状物。在结构上与"巴基球(C_{60})"属于同一类。基准型纳米碳管的直径只有1.4nm,强度比钢铁高 100 倍,但重量只有钢的 1/6。其导电性能大大超过铜,兼具金属和半导体的特性。纳米碳管韧性很高,被称为超级纤维。纳米碳管的潜在应用范围非常广泛,可以成为最佳超微导线,还可以作生物系统的电子探针,做成纳米级电子枪来点亮平面显示屏上的发光体等。

【纳米碳酸钙】(nanocalcium carbonate) 一种粒径在 30nm 左右的碳酸钙粉。比一般的碳酸钙性能好。用作塑料填料则具有增韧补强的作用,能提高塑料的弯曲强度和弯曲弹性模量及热变形温度和尺寸稳定性,同时还赋予塑料滞热性。它用于汽车内部密封的 PVC 增塑溶胶,可改善塑料的流变性,提高其成型性。纳米碳酸钙主要应用于高档塑料制品。在印刷、造纸、橡胶及饲料等方面也有广泛的用途。

【纳米陶瓷】(nanoceramic) 显微结构中的物相具有纳米级尺度的陶瓷材料。晶粒尺寸度、晶界宽度、第二相分布及缺陷尺寸等都在纳米量级的水平上。这是陶瓷研究开发的第三个台阶。由于结构的纳米化,使陶瓷的原有性能发生很大的改善,以至发生突变或出现新的性能。晶粒尺寸减小时硬度会明显提高,而且在一定的硬度下,晶粒越小,韧性越好,所以纳米陶瓷在硬度和韧性方面都有望取得突破性进展。

纳米陶瓷

【纳米铁纸(丝)】(nanoiron iron sheet) 熔融铁水以每秒温度下降 106℃ 的速度快速冷却后得到的薄得像玻璃纸一样的铁片或直径不到头发丝 1/10 的铁丝。在铁水快速冷却时,其内部结构发生改变,原来的普通铁水变成了纳米材料。最终冷却后得到的铁片或铁丝不仅在外观上发生极大改变,电磁性和延展性等性能也有质的改变。这种纳米铁纸极薄,只有几十个微米,可以像纸一样轻易地被撕开。由于它们具有高强度、良好耐磨性和耐腐蚀性及优异的电磁性能且厚度极薄,所以非常适合作电磁元器件的基本材料,不仅高效节能,还能大大缩减电磁元器件的体积。因此,在电子通信、计算机、汽车、空调、微波炉等家用电器,以及防盗防伪领域中,都有广阔的应用前景。

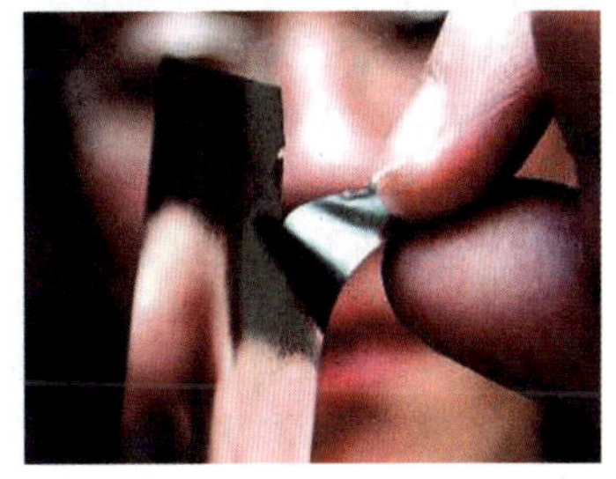
纳米铁纸

【纳米稀土荧光生物标记系列新材料】

(sery new material of biological fluorescence marked by nanorare earth) 一种硅胶基质掺杂型纳米稀土荧光材料。中国在纳米稀土荧光生物标记材料的制备与生化分析应用研究中,研制出一系列粒径在25~55nm的硅胶基质掺杂型纳米稀土荧光生物标记材料。包括表面带有活性氨基的掺杂型纳米稀土荧光生物标记材料、活性氨基的共价键合型纳米稀土荧光生物标记材料和氧化锆基质的掺杂型纳米稀土荧光生物标记材料。这些材料在荧光强度、光稳定性、生物亲和性、生物标记方法及时间分辨荧光测定灵敏度等方面,都表现出远优于稀土配合物荧光标记材料的良好性能。它们在生物标记、荧光生物成像、纳米生物传感器、生物芯片、纳米尺度下生物分子相互作用等研究领域有很好的应用前景。

纳米稀土荧光生物标记材料

【纳米纤维】(nanofiber) 狭义的纳米纤维是指直径为纳米尺度范围(1~100nm)的纤维。广义的纳米纤维是指材料中包含有纳米结构且又赋予纤维新特性的纤维。纳米纤维具有极大的比表面积、表面积/体积比和纳米微孔,有很强的吸附力以及良好的过滤性、阻隔性、黏合性、保温性以及显示微纤效应,常用来制作吸附材料、过滤材料及复合材料的增强体。自然界中的纳米纤维为数不多,有代表性的就是蜘蛛丝。狭义的纳米纤维很难用传统的化学纤维加工方法来生产。人工制取纳米纤维最重要的方法是静电纺丝,另一种方法是用分子技术制备,如单碳原子链纤维。

【纳米相材料】(nanophase material) 由尺寸为1~50nm的超微粒子经压实和烧结而成的一类新材料。形成纳米相材料的超微粒子可以是晶体、准晶体或无定形态,可以是金属、陶瓷或它们的复合材料。由于纳米相材料具有一系列特异的性能,如比热增大、熔点下降、热膨胀系数增大、断裂强度提高、化学活性提高等,纳米晶界的杂质偏析不像一般晶体那么高,在纳米材料中的扩散系数可提高100倍。溶质原子的溶解度也大为提高,如铋(Bi)在铜(Cu)中的溶解度为0.0001%,而在纳米铜中的溶解度可提高到4%。纳米级铜的膨胀系数也成倍增加。纳米相材料的力学性质也有显著的变化,如纳米级陶瓷可以从脆性变化为1100%的延性,有的出现超塑性。纳米颗粒材料的电学性质也具有特点,如由于量子效应,可使导体变为非导体,吸收光子(或微波)而成为良好的吸波材料。制取纳米相材料的方法有破碎法、爆炸法、气相或液相化学反应法、电解法、在真空中或气体中蒸发法等。纳米相材料应用的领域很广泛,可用于微包覆、超级过滤、吸附、除臭、调湿、触媒、固定氧、传感器、光学功能元件、电磁功能元件;也可用作催化剂、过滤器、电池电极、检波器、热交换器等;还可用于改善环境。

【纳米效应】(nano effect) 材料在其结构进入纳米尺度调制范围时所表现出的基本效应。其中主要包括:表面效应、小尺寸效应、量子尺寸效应、宏观量子隧道效应以及量子限域效应等。纳米原称毫微米,为长度单位,符号nm,$1nm=1\times10^{-9}$ m,即10亿分之一米。

【纳米芯片】(nano-biochip) 见纳米生物芯片。

【纳米压印技术】(nanoimprint lithography process technology,NIL) 利用电子束、聚焦离子束等在模版上制作出100~10nm以下的工艺图形后,将模版压入一层薄的聚合物薄膜,通过加热或化学的方法将薄膜固化,在聚合物上印制模版图形的纳米结构制作技术。纳米压印技术根据其固化方法的不同可分为:热压印、紫外压印(步进—闪光压印)和微接触印刷。纳米压印具有分辨率高、成本低等优点,可应用于半导体制造(尤其是集成电路)、生物芯片、微机电系统和其他纳米结构的图形复制。

【纳米氧化锌】(nanozinc oxide) 粒径为1~100nm的氧化锌。产品活性高,具有抗红外线、紫外线和杀菌的功能,被广泛应用于防晒型化妆品、抗菌防臭和抗紫外线的新型功能纤维、自洁抗菌玻璃与陶瓷、防红外线与紫外线的屏蔽材料、卫生洁具和污水处理等产品中。它还是橡胶工业最有效的无机活性剂和硫化促进剂,且具有硫化速度快、反应温域宽、转化率高等特点。它能提高橡胶制品的光洁度、机械强度、耐温和耐老化性能,特别是耐磨性能。

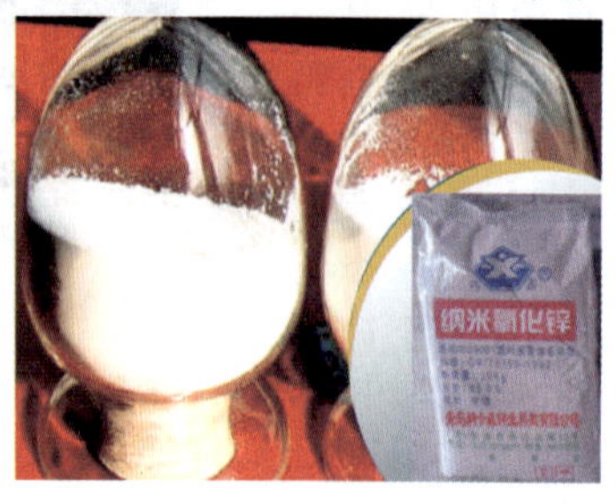

纳米氧化锌

【纳米医学】(nano medicine) 医学的一个分支。在纳米尺度上进行医学各个领域研究的学科。主要研究内容包括:纳米技术与微型诊断、纳米技术与防病治病、纳米药物、利用纳米设备和纳米器件在分子水平上对机体生物系统进行全面监测,控制、预防、诊断和治疗疾病等。纳米医学在保护人体健康、对付癌症和防治心脑血管病方面具有重要意义。

【纳米制造技术】(nano manufacture technology) 在0.1～100nm的空间尺度内操纵原子和分子,对材料进行加工,制造出具有特定功能的人工纳米结构与器件的加工技术。纳米制造是在现代物理学、化学和先进工程技术相结合的基础上诞生的,是一门与高技术紧密结合的新兴工程科学技术。它包括纳米级加工和纳米级测量技术,即原子和分子的去除、搬迁和重组,微型、超精密机械和机电系统等。传统的机械加工方法是用车、磨、铣、刨、钻等机床,把材料加工成各种需要的工件。其加工过程必然要去掉一些多余材料,造成浪费。纳米制造技术则是从相反方向进行器件制造的,并直接由原子、分子完整地构造器件,可节约原材料。

【纳米自组装技术】(nanoselfassembly system) 通过比共价键弱的和方向性较小的键,如离子键、氢键及范德华力的协同作用,自发地将分子组装成具有一定结构的、稳定的、非共价键结合的聚集体的技术。自组装的关键技术主要有界面分子识别、驱动力,如氢键、范德华力、静电力、电子效应、光能团的主体效应和长程作用等;自组装的主要方法有模板合成法、自组织相变法、化学沉积法等。该技术具有效率高、精确度高等特点。目前已应用于诸如铁氧体纳米带和硅纳米线等纳米尺度的线路中。

【纳苗】(bring fry from sea or river) 又称灌江。采捕鱼、虾、蟹幼苗的一种方法。在鱼、虾、蟹天然繁殖季节及苗种丰盛期,涨水时开闸进水,使幼苗随水流入湖泊、港湾内,称“顺灌”。也有在退潮时开闸放水,利用苗种逆水上游的习性,补充幼苗,称“倒灌”。

纳苗

【奶酪】(cheese) 见干酪。

【奶牛能量单位】(energy unit of cow) 评定奶牛饲料能值和计算奶牛能量需要的衡量单位。由中国学者于20世纪80年代初提出,以汉语拼音字首NND符号表示。每单位相当于1 kg含脂4%标准乳的含能量,即3 139 500kJ产奶净能。NND＝产奶净能(kJ)/3 139 500 kJ。由于此单位把能量转化概念和生产中的习惯相结合,计算奶牛能量需要能和产奶量直接挂钩,较简便易行,已在中国广泛推广采用。

【奶牛酮病】(ketosis of cow) 牛的碳水化合物和挥发性脂肪酸代谢障碍所致的一种代谢病。以血尿中酮浓度增高及血糖浓度降低为特征。病因大多为日粮不当,如营养良好的高产乳牛,过度饲喂含蛋白质及脂肪高的精料,而碳水化合物饲料则不足;或营养不好的母牛,喂饲低蛋白质、低脂肪饲料,同时碳水化合物饲料又不足。高产母牛多发生于产犊后几天至数周,症状有厌食或不食、嗜睡或兴奋、低乳或无乳、震颤或神经症状等。临床上分临床型和亚临床型两类。前者血糖常低于40 mg/dl以下,血酮高于20 mg/dl以上,尿酮强阳性,全身症状明显;后者无明显症状,血酮常维持在10～20 mg/dl水平,仅表现乳量和体重逐日下降。治疗时以提高血糖含量为主,辅以解除酸中毒和调整瘤胃的机能。如无继发感染,经合理治疗,常可自愈。因此应重视对继发性酮病的区别诊断和治疗。

【奶瓶龋】(milk bottle caries) 由于不良的喂养习惯和(或)延长的母乳或奶瓶喂养超过正常孩子从戒掉奶瓶过渡到固体食物的时间,导致较早的、猖獗的龋患。主要发生于上颌乳前牙的唇面。其原因一方面是由于长期不良的喂养习惯,另一方面是由于乳牙表面结构不成熟易受酸的作用而脱矿。其特点是:以侵犯上颌乳切牙为主。随着时间的延续,还可波及乳尖牙和乳磨牙。另外,由于多个牙齿同时浸泡在奶液里,故龋坏速度快,龋坏牙数多。其治疗措施是:(1)停止奶瓶喂养,改用勺或杯子。(2)停止吮吸安慰奶嘴或母亲乳头入睡的习惯。(3)注意口腔卫生刷牙。(4)积极治疗龋坏牙。(5)医生指导用氟。(6)定期复查。

奶瓶龋

【奶油】(butter) 奶品中的脂肪。根据其含脂量的不同可分为稀奶油和奶油。中国大陆标准规定稀奶油的含脂率为25%～45%,奶油的含脂率为80%以上。按其制作方法的不同可分为:(1)甜性奶油。以杀菌的甜性稀奶油为原料制成,分为加盐的和不加盐的。具有特有的乳香味,含脂肪80%～85%。(2)酸性奶油。杀菌的稀奶油经乳酸菌发酵制成,有加盐的和不加盐的,具有微酸和较浓的乳香味,含脂肪80%～85%。(3)重制奶油。用稀奶油或甜性、酸性奶油,经过熔融,除去蛋白质和水分而制成。具有特殊的脂香味，含脂肪98%以上。少数民族牧区称之为黄油或酥油。(4)脱水奶油。杀菌的稀奶油制成奶油粒后经熔化，用分离机脱水和脱蛋白，再经真空浓缩而制成。含乳脂肪高达99.9%。(5)掼奶油。加工后的稀奶油加入蔗糖、少量的乳化剂、稳定剂后经搅打，混入空气的膨胀的奶油产品，其膨胀率为100%～150%，含脂肪30%～40%。(6)花色奶油。如巧克力奶油、含糖奶油、含蜜奶油、果汁奶油等。(7)民族奶油制品。如奶皮子、乳扇子等。

奶油

【奈奎斯特定理】(Nyquist theorem) 又称采样定理。信道的极限速率等于信道带宽的二倍，受测讯号的最高频率部分。在进行模拟/数字信号的转换过程中，规定采样速率必须至少是模拟信号带宽最大值的两倍，以便完全恢复信号。其准则是：(1)抽样值无失真。即如果信号经传输后整个波形发生了变化，但只要其特定点的抽样值保持不变，那么用再次抽样的方法仍然可以准确无误地恢复原始信码。(2)转换点无失真。(3)脉冲波形面积保持不变。在一个码元间隔内接收波形的面积正比于发送矩形脉冲的幅度，其他码元间隔的发送脉冲在此码元间隔内的面积为零，则接收端也能无失真地恢复原始信码。有四种信号，分别表示00、01、10、11。一个信号就表示2位，可以传输四倍带宽。在实际应用中，必须高于上述限制。

奈奎斯特

【奈奎斯特速率】(Nyquist rate) 在理想低通信道的最高大码元传输速率。是1924年由奈奎斯特(Nyquist)推导得出的。其结论是：(1)理想低通信道下的最高码元传输速率是理想低通信道带宽的两倍。若码元的传输速率超过了奈氏准则所给出的数值，则将出现码元之间的互相干扰，以致在接收端就无法正确判定码元是1还是0。(2)理想带通信道下的最高码元传输速率是理想带通信道带宽的一倍。但是，在实际条件下，最高码元传输速率要比理想条件下得出的数值还要小些。电信技术人员的任务就是要在实际条件下，寻找出较好的传输码元波形，将比特转换为较为合适的传输信号。

【耐爆性】(explosion stability) 又称爆炸稳定性。在壳体内爆炸性气体混合物爆炸压力的作用下，外壳有足够的机械强度不致产生损害隔爆性能的变形或损坏。要求在外壳内部爆炸性混合物的爆炸压力作用下，不产生永久性变形。试验结果证明，当爆炸性混合物在CH_4浓度为8.5%、小点火源的情况下爆炸时，壳内产生的最大压力为0.74MPa。设备外壳净容积不同，所产生的最大压力也不同，一般都比此值小。因此必须根据净容积的大小确定电气设备外壳的机械强度。对于用衬垫密封的空腔，由于爆炸后的气体不能泄出，压力可能更高。所以，不论该外壳的净体积多大，其外壳均要求能承受不小于0.8MPa的净压力。

【耐高温蔬菜】(high-temperature vegetable) 又称耐热蔬菜。气温在30℃以上时仍生长良好的蔬菜品种。在一般情况下，耐热蔬菜生长要求有高温，并有较强的耐热力。在30℃左右同化作用最旺盛。其中西瓜、甜瓜、豇豆在40℃的高温下仍能生长。这类蔬菜无论是在华南还是在华北，都是春播夏秋收获，生长在一年中温度最高的季节。主要有冬瓜、南瓜、丝瓜、苦瓜、西瓜和一部分水生蔬菜等。它们均属高温季节露地栽培的主要蔬菜。高温对蔬菜的主要危害：(1)植株脱水。气温在30℃以上，若遇无雨或少雨，就会造成土壤干旱和大气干旱。当蔬菜根系从土壤中吸收的水分不能满足植株蒸发的需求时，就会造成蔬菜植株叶片卷曲、脱落、品质变劣、产量下降，甚至枯萎、干死。(2)抗病性降低。当气温或地温高于蔬菜植株正常生长的温度范围后，就会使某些抗病品种的抗病性降低，变为感病品种，加重病害的发生。(3)易发生生理病害。高温常与强光照相伴。当过强阳光较长时间照射茄果类、瓜类等蔬菜的果实时，果实的向阳面会被阳光灼伤，造成日灼病；高温干旱又可使茄果类、豆类等蔬菜的开花结果过程受到不利影响，造成落花落果；干旱缺水又易使大白菜患干

苦瓜

烧心病、番茄患脐腐病等。(4)诱发多种病虫害。高温干旱可使病毒病、白粉病、螨害等加重。(5)灾害性天气。在高温季节又易发生热雷雨天,给蔬菜生长造成不利影响。因此,应选择耐高温耐干旱的蔬菜品种。在茬口布局上,宜选择抗热性较好的青菜、小白菜、苋菜、油麦菜等叶菜品种,也可播种一些抗热早萝卜。

【耐寒性】(cold tolerance) ❶耐受寒冷而能生存的特性。组织液和细胞液等处于冰点以下时,生物具有的耐过冷的能力或耐冻性。恒温动物除冬眠状态外,由于所产生的热量放散,待体温降至一定程度时,便因产生生理障碍而冻死。❷材料抵抗低温引起的脆化、冲击强度降低等变化的能力。评价塑料或橡胶的耐寒性,有硬度试验、冲击脆化试验及压缩永久变形试验等。在低温下丧失柔韧性而变脆的性质,取决于物质的种类和结构等。

【耐寒性花卉】(cold tolerance flower) 在温带和寒冷地区能够露地越冬的花卉。如原产在温带和寒带的二年生花卉以及宿根花卉,抗寒力强,一般能够耐0℃以上的温度。其中部分种类能够耐-5~10℃以下的低温。在北京如三色堇、诸葛菜、金鱼草和蛇目菊等能够露地越冬。多数宿根花卉如蜀葵、槭葵、王簪和金光菊,当冬季来临时,地上部分全部干枯,到来年春季又萌发新芽而生长开花。二年生花卉在生长时期不耐高温,在炎夏到来以前一次完成其结实阶段而枯死。

三色堇

【耐寒性蔬菜】(cold tolerance vegetable) 在亚热带北缘冬季寒冷气候条件下能露地越冬的一类蔬菜。根据各种蔬菜对温度条件的要求及能耐受温度的不同,可分为5类(不包括藻类、菌类和蕨类植物)。这是安排蔬菜栽培季节的重要依据。耐寒性蔬菜在15~20℃时同化作用最旺盛,能耐-1~-2℃的低温和短期的-5~-10℃的低温。这类蔬菜包括多年生宿根蔬菜和一二年生的草本蔬菜。多年生宿根蔬菜在生长季节,地上部能耐高温。冬季地上部枯死,以地下宿根(茎)越冬,能耐-10℃以下的低温,如韭菜、黄花菜、石刁柏等;一二年生草本蔬菜如菠菜、芫荽、大葱、洋葱、大蒜等。耐寒性蔬菜都能耐严霜,可以在土壤解冻后严霜未终前在露地直播或栽植,秋季可在严霜后结冻前收获。

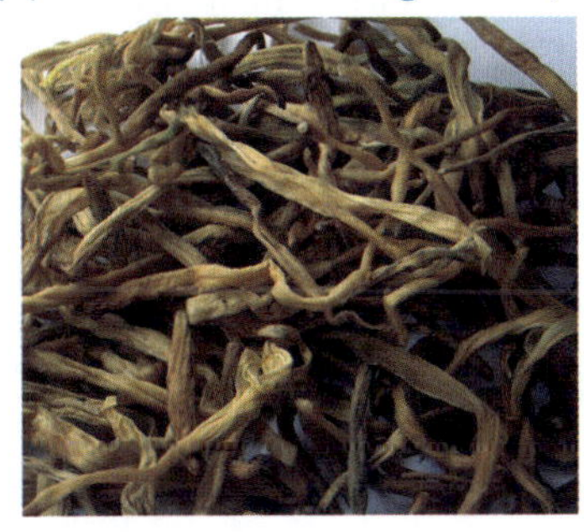
黄花菜

【耐旱性】(drought tolerance) 又称抗旱性。作物在缺水条件下所具有的忍受能力或抵抗特性。作物的耐旱性,有的是由于发达的根系,可以吸收土壤深层水分或地表露水;有的是由于茎叶表面具有表皮毛、角质层、下陷的气孔以及使叶片卷曲的运动细胞等,从而减少蒸腾,使水分更加经济利用;有的是由于原生质有较强的抵抗脱水的能力,在比较干旱条件下仍保持光合作用和各项生理代谢过程的正常进行。了解作物的耐旱性,可以因地制宜合理布局,采取相应的栽培技术,保证全面丰产。

【耐火材料】(refractory material) 高温环境下能满足使用要求的无机非金属材料。按其化学矿物组成的不同可分为:(1)硅质制品,如硅砖、熔融石英制品。(2)硅酸铝质制品,如黏土砖、高铝砖等。(3)镁质和白云石质制品,如镁砖、镁铬砖、镁铝砖、镁白云石砖、白云石砖等。(4)碳质和碳化硅质制品,如碳砖、碳化硅制品。(5)锆质制品,如氧化锆砖、锆英石砖。(6)碳结合制品,如镁碳砖、铝碳砖等。(7)特殊制品,如某些纯氧化物、硼化物、硅化物等。这类材料的耐火度不小于1 580℃,可用作热工设备的内衬结构材料、高温容器材料、高温装置中的元件和部件材料等。它们是为高温技术与热工设备服务的基础材料,应用广泛。

耐火材料

【耐火浇注料】(refractory castable) 用浇注方法施工、无需加热即可硬化的不定形耐火材料。由耐火骨料、粉料、结合剂、外加剂、水或其他液体材料组成。按其结合剂的不同可分为:气硬性结合、化学结合、凝聚结合三类。其特点是:生产工艺比较简单、不需要特殊设备、机械化程度高、施工简便、整体性好、节能,一般具有较高的常温强度,可以制成预制件在施工现场安装或现场浇注。如连铸中间罐用耐火浇注料堰板预制件等一般在使用现场用浇注、振动或自流平的方法浇注成型，也可以制成预制件使用。耐火浇注料主要应用于冶金工业，在石油、化工、建材、电力和机械工业的窑炉和热工设备中也广泛使用。

【耐火纤维】（refractory fiber） 一种耐高温、热导系数小、比热容低的纤维状轻质耐火材料。具有热稳定性好、热容小及耐机械振动等优点。已工业化生产和应用的多晶耐火纤维主要有多晶氧化铝纤维、多晶莫来石纤维和多晶氧化锆纤维等。其导热系数和比热容只有传统耐火材料的1/10和1/15。采用耐火纤维制造的高温炉炉壁散热少，保温性能好，炉墙质量轻，蓄热量少，热惰性小。耐火纤维是良好的红外辐射材料，具有良好的热辐射能力和红外加热效应，耐火纤维制品，是理想的节能增效材料。它柔软，弹性好，是理想的密封材料。在冶金、建材、石油、化工、船舶、电力、航天等领域应用广泛。

耐火纤维

【耐火原料】（refractory raw material） 耐高温无机非金属矿物原料。按其成因的不同可分为天然和人工合成两大类。前者包括硅石、蜡石、黏土、高铝矾土、硅线石族矿物、菱镁矿、白云石矿、铬铁矿、锆英石矿、石墨等；后者包括电熔镁砂、电熔尖晶石、电熔刚玉、电熔锆刚玉、海水镁砂、卤水镁砂、烧结刚玉、合成莫来石、碳化硅、氮化硅等。人工合成原料质地纯净，组织结构致密，化学成分可调节，可用于制造各种优质高级耐火材料。

耐火原料

【耐火制品】（refractory product） 用耐火原料制成的致密、定形的耐火材料产品。其主要性能与制品的矿物组成密切相关。构成耐火制品的有单一氧化物、复合氧化物及非氧化物。按其化学组分的不同可分为：（1）硅铝系耐火制品。包括 $SiO_2-Al_2O_3$ 二元系（主成分含 $SiO_2$100%至主成分含 Al_2O_3 100%）的所有耐火制品。（2）碱性耐火制品。是以碱性氧化物为主成分的耐火制品。（3）含锆耐火制品。（4）含碳耐火制品。耐火制品主要用于钢铁、有色金属、玻璃、水泥、陶瓷、石油化工、军工等生产部门和高温技术领域。

耐火制品

【耐碱酚醛树脂】（alkaline resisting phenolic resin） 由苯酚、甲醛、羟基封闭剂共同反应制得的高分子化合物。是一种苯环上的羟基-OH被封闭了的酚醛树脂。由于羟基-OH被封闭，树脂的分子量加大，其物理力学性能、耐腐蚀性能、耐热性得到明显的改变。其耐热温度可达到200℃，能耐42%的氢氧化钠，彻底解决了酚醛树脂不耐碱的问题；其耐氧化性、介质性能比普通酚醛树脂也有提高，在30%硝酸中也不易分解。该树脂固化物的抗拉强度、抗弯强度比普通酚醛树脂提高20%以上。

【耐久性设计】（durability design） 为确保飞机结构在整个使用寿命期间，结构的强度、刚度、维形、保压、运动等功能可靠和修理经济，使飞机经常处于良好的备用状态的一种设计概念。耐久性是指在规定期限内，飞机结构抵抗疲劳开裂、化学腐蚀、热退化、剥离、磨损和外来损伤作用的能力。由于材料和制造等原因，飞机结构零部件在使用前就可能存在初始缺陷。这些缺陷在使用中会发生不同程度的扩展。当扩展到可能削弱零部件的正常功能时，必须进行经济方便的修理，直到所要求的使用寿命。耐久性设计最初于1975年在美国军用规范（飞机强度和刚度、可靠性要求、重复载荷和疲劳）中提出，并要求在军用飞机设计中实施。涉及飞机的所有主要结构和次要结构，以及所有的材料体系。它以结构具有预存初始缺陷的假设为基础，用断裂力学设计和耐久性试验方法来保证飞机结构在设计使用载荷和环境谱作用下，其经济寿命等于或大于设计使用寿命。

【耐涝性】（flooding tolerance） 植物对土壤渍水或土表积水的适应能力。涝害的原因是根际缺氧、根系有氧代谢受阻或土壤中积累有毒物质。植物在其根系缺氧后，能荷下降，乙醇、乙醛或乳酸等物质积累，抑制不饱和脂肪酸的合成，破坏线粒体的结构和功能，使植株体内赤霉素和细胞分裂素含量下降，乙烯和脱落酸含量升高。植物耐涝的机理，一是通过通气组织、增生的皮孔和新生的不定根向根系供氧；二是植物对根系缺氧的代谢适应，如降低代谢强度，调节乙醇去氢酶活性和转化或排泄有毒物质等。

【耐硫酸腐蚀不锈钢】（stainless steel of

corrosion resistant to sulphuric acid) 耐硫酸腐蚀的不锈钢的统称。主要品种及特性如下：00Cr26Ni35Mo3CuTi 钢在硫酸及多种氧化还原酸中比 1Cr18Ni12Mo3Ti 钢的耐腐蚀性提高一个数量级以上；00Cr25Ni25Mo4.5Cu 钢在浓硫酸中生成以铬为主的钝化膜，在较低温度的浓硫酸中稳定；00Cr10Ni20Si6MoCu 钢在浓硫酸中生成以硅为主的钝化膜，在低温和高温浓硫酸中均较稳定；00Cr25Ni22Mo2N 钢在 5% 及 10% 硫酸中耐蚀性能优越；0Cr12Ni25Mo3Cu3Si2Nb 钢适用温度≤100℃，硫酸浓度≤65%。

【耐热钢】(refractory steel) 在高温下长期工作时能抗氧化并保持高的抗蠕变能力和持久强度的一类特种钢。含有铬、镍、钨、钼、钴、钛、钒、铌、铝、锰或硼等合金元素。合金元素的含量不超过 50%。当总量超过 50% 时，则称为耐热合金。耐热钢的成分，根据零件的工作温度和工作时间而选定。

耐热钢

【耐热合金】(heat resisting alloy) 又称高温合金。在高温下具有高的抗氧化性、抗蠕变性与持久强度的合金。如铁基、镍基和钴基高温合金等。是制造燃气轮机、喷气式发动机等的重要材料。

【耐蚀低中合金钢】(low and medium alloy steel of corrosion resistant) 含有少量铬、钼、钒等合金元素的耐腐蚀钢材的统称。包括 15MoVAl 炼油和化肥用钢、12AlMoV 抗高温硫腐蚀用钢、12Cr2AlMoV 抗 H_2S～H_2O 应力腐蚀用钢、12SiMoVNbAl 石油裂化用钢管、15Al3MoWTi 及 1Cr6AlMo 炼油厂高温抗硫腐蚀部位用钢。

【耐受性】(tolerance) 机体在连续或多次用药后反应性降低，要恢复到原来的反应必须增加用药剂量的现象。耐受性在停药后可以消失，再次连续用药又可发生。耐受性是药物治疗中的一种常见的现象，发生的机理因药物的性质不同而异。

【耐酸水泥】(acidproof cement) 一种耐酸腐蚀的粉状矿物质胶凝材料。最早应用的是气硬性的水玻璃耐酸水泥和以熔融硫黄为主的硫黄耐酸水泥。随着高分子化工行业的发展，以合成树脂为主要黏结剂的耐酸胶凝材料耐酸水泥也得到普及。水玻璃耐酸水泥由填料、硬化剂、水玻璃等组成。适用于硫酸、硝酸、盐酸、磷酸、醋酸、氯气及一部分水解后呈酸性的盐和有机酸等腐蚀介质的防腐设备内衬及基础，以及建筑物和构件的耐酸防腐层与胶结料。还可用于耐酸砂浆和耐酸混凝土等。硫黄耐酸水泥是以硫黄为黏结剂，配以拉韧剂、耐酸填料经加热制成。主要用于化工厂黏结耐酸槽的衬砖防腐地面、固定设备基础预埋件等。在电器工业中用于黏结电磁瓶等。聚合物耐酸水泥主要以合成树脂为黏结剂，加入固化剂、填料、增韧剂，经常温或适当升温养护而成。主要用于结合层、嵌缝及填补材料。

【耐盐性】(tolerance of salinity) 植物在盐胁迫下生长并形成经济产量的能力。一种受多基因控制的遗传性状。按植物耐盐性强弱的不同可分为有盐生植物和淡土植物。大多数作物属淡土植物。农作物的耐盐性常用耐盐阈值（产量开始下降时的临界土壤盐度）和超过耐盐阈值后，作物产量随土壤盐度升高而下降的速率表示。其耐盐机理是：(1)通过拒绝吸收、排泄盐分或稀释效应，以降低植物地上部的盐分含量。(2)通过渗透调节、盐分的区域化或增强膜的稳定性而耐受盐分。提高作物耐盐性的措施主要有耐盐育种、钙盐浸种、合理灌排、增施有机肥和抗盐锻炼等。

【耐盐性蔬菜】(salt tolerance vegetable) 在盐胁迫环境下仍然可以正常生长的蔬菜。如菠菜、甘蓝类和瓜类（黄瓜除外）等。通过基因工程和发掘耐盐种植资源等提高蔬菜的耐盐性，以培育耐盐转基因植物。中国仅海岸带和滩涂盐碱地面积就在 $6.66167\times10^9hm^2$ 以上，且逐年增加，给农业生产造成重大损失。随着生物科学的发展，人们寄希望于通过提高植物耐盐性培育耐盐性作物品种和进行适当的耐盐锻炼，使作物在一个相对短的时间内启动多个应对离子胁迫的机制，限制盐的吸收、增加盐排出体外或把盐离子分隔在某个局部区域以及通过长距离运输把盐离子输送到植物顶端。

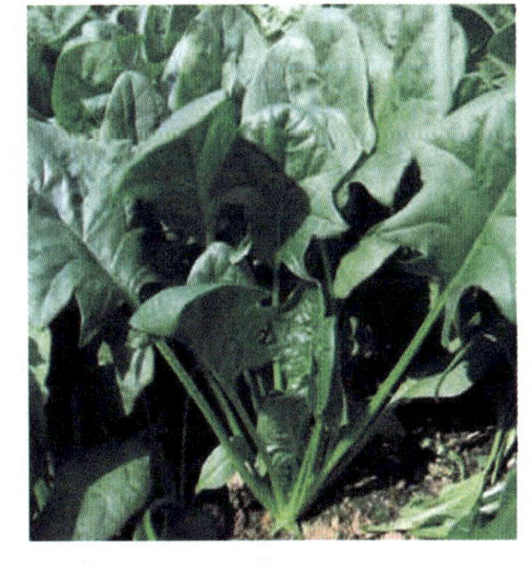
菠菜

【耐药性】(medicine resistance) 又称抗药性。病原微生物对抗菌药物产生的耐受性。是自然界微生物间普遍存在的抗生现象的特殊表现形式。

各种微生物在求生存的过程中，一方面产生相应的抗生物质，用以杀灭其他微生物；另一方面要积极抵御其他微生物所产生的抗生物质的侵入。当种类繁多的抗菌药物被用于防治感染性疾病时，各种微生物也势必要加强其防御能力，即形成了抗菌药物参与的微生物抗生现象。若再加上耐药基因的传代、转移、传播、扩散，使耐药微生物越来越多，耐药程度亦不断加强，形成高度和多重耐药性。

【耐阴蔬菜】(shade endurance vegetable) 在较弱光照下仍然可以生长良好的蔬菜。可以在低于全光照的1/50下生长，光补偿点平均不超过全光照的1%。耐阴菜的叶多大而薄，叶面往往与光线垂直。小枝上叶的排列，多呈平面的镶嵌状。这类植物枝叶茂盛，没有角质层或很薄，气孔与叶绿体比较少。常见的对光照要求较弱的蔬菜是一些绿叶菜类蔬菜。如菠菜、茼蒿、芹菜以及薯芋类的生姜等。在栽培时可以考虑将耐阴蔬菜适当进行套作，以节省空间和充分利用光照。

茼蒿

【耐阴性】(tolerance of shade) 植物忍耐庇荫的能力。根据植物耐阴程度的不同可分为阳性植物、耐阴植物和中性植物三类。阳性植物又称为喜光植物，指在阳光充足的条件下才能正常更新和生长的植物，如马尾松、桉树、落叶松、山杨和刺槐等。耐阴植物指在林冠庇荫下能正常更新和生长的植物，如冷杉、水青冈、黄杨等。中性植物介于二者之间，指在弱度庇荫下能正常生长的植物，如杉木、椴、槭等。植物的耐阴性主要受遗传性支配，植物的年龄、气候和土壤条件对其也有影响。

【男性更年期综合征】(male climacteric syndrome) 男性从成年过渡到老年这一阶段(即医学上所称的“更年期”)由于睾丸功能退化所引起的身体、精神和神经等方面的症状。男性更年期来得较晚，出现的时间很不一致，发病年龄一般在55～65岁，临床表现轻重不一。轻者无所觉察，重者影响生活及工作，患者感到很痛苦。其临床表现是：(1)精神症状主要是性情改变，如情绪低落或精神紧张、神经过敏、喜怒无常等。(2)自主神经功能失常，如心悸、怔忡、头晕、耳鸣、食欲不振、腹脘胀闷、失眠、少寐多梦、记忆力减退等。(3)性功能障碍，常见性欲减退、阳痿、早泄等。(4)体态变化，全身肌肉开始松弛，身体变胖。中医理论认为，男子更年期肾气逐渐衰少，精血日趋不足，而出现肝阴血亏、肾之阴阳失调，是形成男子更年期综合征的生理基础。

【男性学】(andrology) 又称男人学、男科学。医学的一个分支。专门研究男性生理特点及疾病防治的学科。自1975年第一届国际男性学学会开始成为一门独立的学科。其主要研究内容是：(1)男性所特有的解剖、生理、病理及对病理情况的预防、诊断和处理以及男性学的基础研究。(2)男性生殖人体解剖学、男性生育调节的现状和发展、性激素研究、生殖免疫学、优生学、性别决定与性别分化及其异常、男性青春期研究。(3)男性避孕法研究及男性不育症、男性性不能症(包括阳痿、早泄等)的诊断和治疗等。输精管结扎技术及其不良反应的预防等也是男性学的重要的研究内容和研究任务。

【南菜北种】(southern vegetable grown in north) 将南方的蔬菜引种到北方种植的蔬菜种质资源引种现象。能显著提高蔬菜的经济效益，同时改善人们的饮食习惯。北方夏天气温高，多雨与南方气候类似。将南方蔬菜引种到北方是可行的。但必须严格按照植物引种的原则和程序进行。根据引种的“植物起源中心理论”和“风土驯化理论”，南方的蔬菜引种到北方，不仅必须经过一个漫长的适应过程，而且蔬菜会出现生理性状的变异。

南菜北种的蔬菜基地

【南繁加代】(generation advancement in south) 利用海南岛优越的光温条件，进行种子的加代、繁育、制种、科研等制种措施，加快育种进程和新产品推广的必要育种手段。其主要目的是加快育种进程，加快新品种推广速度。主要对象是棉花、水稻、玉米等农作物。海南省三亚市位于海南岛最南端，属热带、亚热带季风性气候，干湿季节明显，冬季热量资源丰富，是中国最主要的南繁育种基地。

【南方涛动】(southern oscillation) 三大涛动之一。热带东太平洋地区与热带印度洋地区气压场呈反相振荡的现象。南方是相对于北半球而言，“涛动”意即振荡。这种振荡的现象大约3～7年会重复发生。它是低纬度地区大气与海洋间大型环流长期变化的一种重要特征。南方涛动偏强时，太平洋和印度洋低纬度信风加大，导致秘鲁洋流增强，形成拉尼娜现象；南方涛动衰弱时，近赤道太平洋信风减弱，使秘鲁洋流水温上升，导致厄尔尼诺现象发生，并对中高纬度地区甚至全球天气及气候产生显著影响。所以,南方涛动的减弱与加强常是厄尔尼诺、拉尼娜现象发生的一种前兆。常用的南方涛动指数(SOI)是塔希提岛(法)和达尔文岛(澳)之间的标准海平面气压差。

【南极】(Antarctica) 地球南半球表面与地球自转轴的交点。地球表面的最南端,地理坐标为南纬90°。广义的南极包括南极圈(南纬66°34′)以内的南极大陆、岛屿和海洋。其中,南极大陆包括东南极大陆和西南极大陆两部分,其分界线是通过南极极点的零度子午线,而地貌分界线则是南极横断山脉:以东为东南极,以西为西南极。南极大陆的面积为$1.391\ 8\times10^7km^2$,其中东南极大陆为$1.035\ 3\times10^7km^2$,西南极大陆及南极半岛为$2.496\times10^6km^2$。南极大陆是地球上最后发现的大陆,也是几乎完全被冰川覆盖并无永久人类居住的大陆。南极冰盖面积为$1.358\ 6\times10^7km^2$,占南极总面积的97%。南极大陆平均海拔2 300m,冰盖平均厚度2 450m。南极最高峰是文森峰,海拔为5 140m。南极是全人类共有的资源。目前国际上有南极条约对各国在南极的一切活动都有具体的规范和约束,最为重要的是冻结任何国家对南极的领土和主权要求。1911年12月14日挪威人洛瓦尔特阿蒙森到达南极极点,这是人类第一次到达地球的最南端。目前在南极建站开展科学考察的国家有中国、美国、俄罗斯、澳大利亚、英国、法国、日本等十多个国家,中国目前有三个南极科学考察站,分别为长城站、中山站和昆仑站。

南极

【南极半岛】(Antarctica peninsula) 又称帕默半岛、格雷厄姆地、奥伊金斯地。南极向北延伸并突出南极圈的最大的半岛。是西南极大陆的主要组成部分。它起始于南极最高峰文森峰,呈蝌蚪形向北蜿蜒1 300km以上。岛端抵达南纬63°左右,与南美洲最南端的和恩角隔德雷克海峡相望。南极半岛东临威德尔海,西濒别林斯高晋海,周边有宽阔的大陆架并散布着许多岛屿和峡湾。半岛冰川众多,近海陆缘冰密布。与南极大陆本土相比,南极半岛是温暖湿润之地:这里年降水量高达500~600mm,还有仙幻岛活火山及温泉出露。在半岛基岩及裸露地上还有不少地衣、苔藓和藻类分布,甚至还发现有草本植物生长。南极半岛地下及周边地区蕴藏有非常丰富的锰、铜、镍、金、银、钴、铬等矿产资源。南极半岛是人类最早发现和考察的南极之地,也是人类最早进入南极大陆本土的基地和跳板。仅在半岛北端的乔治王岛上就建有包括中国长城站在内的八个国家的长期南极科学考察站。

【南极冰盖】(Antarctica ice sheet) 南极大陆冰川的总称。南极冰盖由三大部分组成:通过南极极点的子午线(即零经度)以东的东南极是南极冰盖的主体、以西的南极半岛及陆棚冰。南极冰盖总面积为$1.398\times10^7km^2$,冰层最厚可达4 200m,冰川体积达$2.450\times10^7km^3$。南极冰盖的最高点在"冰穹A",海拔4 093m(南极最高点则是文森峰,海拔为5 140m)。南极完全被冰雪所覆盖可以追溯到1 400万年前。南极冰盖最低气温可达-89℃以下,平均冰体温度达-30℃以下。南极年平均降水量不足50mm,所以又称白色"沙漠"。但却储藏着世界90%的淡水资源,是地球最大的固体淡水水库。如果南极冰盖解体融化,海洋洋面将会升高60m,现有陆地面积将会缩小$2.0\times10^7km^2$。南极冰盖解体并非易事,因为南极冰盖自诞生以来地球曾出现过多次远远高出目前气温的间冰期,但还没有发生过解体融化的极端事件。南极冰盖的存在,还可以和面积更大的海洋一起,用自身的融化和蒸发调节地球气候冷暖寒暑的变化。

南极冰盖

【南极科学考察】(expedition and scientific research in Antarctic) 在南极地区有组织的科学考察活动。南极洲是地球上平均海拔最高、表面被冰雪覆盖的大陆,冰雪平均厚度为2 450m,最大厚度可达4 750m。世界上最早对南极的考察始于1772年,西方的探险家和学者为揭开南极的秘密进行了不懈的探索。目前约有67个国家进行过南极考察,共建有50多个科学考察站。中国的南极考察酝酿于20世纪20年代,但在1985年前仅有少数科学家随某些国家的科学考察队赴南极考察过。1983年,中国加入南极条约。1985年2月14日,中国政府组织的第一个南极科学考察队登上南极大陆,并在南极半岛的北端南设得兰

南极科学考察

群岛的乔治王岛上建立了中国第一个南极考察站—长城站。1989 年 2 月 26 日,在东南极的伊丽莎白公主地的拉斯曼丘陵上,又建立了中国第二个南极考察站—中山站。此后,中国政府每年都要组织大批科学家到南极进行科学考察和研究。截止到 2006 年底,中国先后组织了 23 次南极科学考察,取得了举世瞩目的科研成果,为中国在未来开发利用南极资源的活动争得了发言权。

【南极磷虾资源】(antarctic krill resource) 南极海洋中的一类极丰富的磷虾目动物资源。分布于南极海域(南纬 55°以南海域)的磷虾目动物约有 6 种。磷虾是具有一定游泳能力的浮游动物。据测定,游泳速度约为 10cm/s,逃避时可达 100cm/s,可以在水平方向上做群集运动。在高密度群体中,生物量可达550g/m³。磷虾资源是南极海洋生物资源的主体,是最重要的经济渔业资源,估计储量为 1.0×10^{10} ~ 2.0×10^{10}t,是世界上最大的潜在渔业资源。

南极磷虾

【南极绕极流】(Antarctic circumpolar current) 南半球中纬度海域中,自西向东绕南极洲流动的风生漂流。环流宽度在南纬 35° ~65°,与西风带平均范围一致,其深度是自海面到海底整个水层。由于西风带不稳定、附近陆块间距在某些地方明显缩小、海底地形起伏以及地球自转偏向力的作用,致使环流宽度和流向不规则。南美大陆南伸和南极半岛构成了环流的主要障碍。当绕极流接近海岭时,流速加快,流向转北;接近海盆时,流速减慢,流向转南。平均流速约为 15cm/s,流速最大处在德雷克海峡(50 ~100cm/s)。由于流速基本不随水深变化,南极绕极流有巨大流量,为世界海洋中最强海流。由于绕极流在不同深层上不断与其他水体交换,增加了环流运动的复杂性。该环流在太平洋东岸的向北分支为秘鲁海流,在大西洋东岸的向北分支为本格拉海流,在印度洋东部的向北分支为澳大利亚流。

【《南极条约》】(The Antarctic Treaty) 1959 年 12 月 1 日由苏联、美国、英国、法国、澳大利亚、新西兰、挪威、比利时、日本、阿根廷、智利和南非等 12 个国家经过 60 多轮谈判之后,在美国华盛顿签订的有关南极问题的国际条约。条约全文 14 条,于 1961 年 6 月 23 日生效,美国为南极条约的保存国。条约的宗旨和原则规定了为了全人类的利益,南极应永远专用于和平目的,不应成为国际纷争的场所和目标。条约主要内容包括:禁止在南极从事任何带有军事性质的活动,南极只用于和平目的;冻结对南极任何形式的领土要求;鼓励南极科学考察中的国际合作;各协商国都有权利到其他协商国的南极考察站上视察;协商国决策重大事务主要依靠每年一次的南极条约例会等。南极条约例会依各协商国国名英文字母顺序轮流主办会议并承担一切会议费用。中国于 1983 年 6 月 8 日加入南极条约组织,同日条约对中国生效。1985 年 10 月7 日,中国被接纳为协商国。

【南京紫峰大厦】(Nanjing Zifeng Tower) 南京市的地标建筑。位于南京南鼓楼区鼓楼广场。东至中央路,西至北京西路。占地 18 721m²。总投资约 40 亿元人民币。总建筑面积约 26 万平方米。于 2005 年 5 月开工,2008 年 9 月建成。地上 89 层,地下 4 层,基地内设一高一低 2 栋塔楼(主楼和副楼),用商业裙房将 2 栋塔楼联成一个整体建筑群。主楼地上 89 层,总高度 450m,屋顶高度 389m。主要功能设有五星级酒店,甲级办公楼;副楼地上 24 层,有效高度99.7m,主要功能是甲级办公楼;裙房地上 6 层,局部 7 层,有效高度 37m,局部 44m,主要功能为商场与酒店附属用房。地下 4 层,主要功能为商场、停车库及设备机房。整个建筑有 50 多部垂直电梯和 30 多部自动扶梯。

南京紫峰大厦

【南桥芯片】(south bridge) 一般位于主板上离 CPU 插槽的下方、PCI 插槽附近的南主板芯片组的重要组成部分。负责 I/O 总线之间的通信,如 PCI 总线、USB、LAN、ATA、SATA、音频控制器、键盘控制器、实时时钟控制器、高级电源管理等。这些技术一般相对来讲比较稳定,所以不同芯片组中南桥芯片可能是一样的,不同的只是北桥芯片。所以现在主板芯片组中北桥芯片的数量要远远多于南桥芯片。常见的有 VIA 公司的 8235、8237 等;INTEL 公司的 ICH4、

南桥芯片 ICH8

ICH5、ICH6 等；NVIDIA 公司的 MCP、MCP-T、MCP RAID 等。

【南水北调】(south – north water transportation, SNWT) 中国正在实施的，将长江流域的部分水调往北方缺水地区的大型水利工程。计划有西、中、东三条线路。西线工程从长江上游干、支流引水到黄河上游，分别在通天河、雅砻江、大渡河上筑坝建库，蓄积来水，采用引水隧洞穿越分水岭巴颜喀拉山入黄河，重点解决青海、甘肃、宁夏、内蒙古、陕西、山西六省(自治区)的缺水问题，年调水量 $1.2\times10^{10}\sim1.8\times10^{10}m^3$；中线工程渠首为长江支流汉江上的丹江口水库的陶岔，沿伏牛山和太行山山前平原，跨越长江、淮河、黄河、海河四大流域，自流输水到河南、河北、北京、天津等缺水省市，规划年调水量为 $1.0\times10^{10}\sim1.2\times10^{10}m^3$；东线工程渠首为长江下游扬州附近的拦水装置，利用京杭大运河的通航能力及平行河道逐级提水北送，经洪泽湖、骆马湖、南四湖和东平湖，在位山附近穿越黄河，经临运河、卫运河、南运河自流到天津，解决黄淮海平原缺水问题，计划引水 $1.0\times10^{10}\sim1.7\times10^{10}m^3$。跨流域调水会涉及相关流域水资源的重新分配和引起社会生活条件和生态环境的变化，需要全面分析跨流域的水量平衡关系，综合协调各地区间可能产生的矛盾和环境质量问题。

【南阳黄牛】(Nanyang yellow cattle) 中国著名黄牛品种之一。产于河南省南阳地区，其中以南阳县白河两岸的瓦店、英庄、潦河、茶庵等乡最为有名。身高一般 130～160cm，体重一般有 500～800kg，身高体重和拉力均超过普通黄牛。适应性广，耐粗食，易饲养，抗病能力强。繁殖率高，一生可产10～12 头小牛。产乳量大且质优，每天可产乳 5～6kg，乳汁的脂肪含量达 5.3%。肉质细嫩，内含不少脂肪，味美可口，可制多种肉食品。皮薄富有弹性，是制革工业的上等原料。

南阳黄牛

【难产】(dystocia) 影响分娩的任何一个因素发生异常或各因素间不能相互适应，而使分娩受到阻碍的现象。其主要影响因素有产力、产道、胎儿及精神心理因素等，这些因素在分娩过程中相互影响。分娩是个动态变化的过程，产力是分娩的动力。只有有效的产力，才能使宫颈口扩张和胎儿先露部下降，但产力受胎儿、产道和产妇精神心理因素的制约。对分娩有顾虑的产妇，往往在分娩早期即出现子宫收缩乏力可导致头盆不称和胎位异常的现象。

【脑磷脂】(cephalin) 又称磷脂酰乙醇胺。由甘油、脂肪酸、磷酸和胆胺组成的一种磷脂。新鲜制品是无色固体。在空气中易变为红棕色。有吸湿性。不溶于丙酮和乙醇。溶于氯仿、苯、含水乙醚和石油醚。存在于脑、神经和大豆等中。是动植物中含量最丰富的磷脂甘油酯类化合物之一。含量仅次于卵磷脂。其产品大多从牛羊的脑、大肠杆菌、蛋黄、大豆等动植物和微生物中提取。可以促进神经细胞生长，对人的脑发育不全和神经衰弱的防治有积极效果。可用作食品抗氧剂。

【脑栓塞】(cerebral embolism) 因各种栓子随血流进入颅内动脉系统使血管腔急性闭塞而引起的相应供血区脑组织缺血缺氧及功能障碍。病因最主要的来源是心源性栓子。特别是风湿性心瓣膜狭窄伴心房纤颤时，由左心房壁的血栓脱落引起。以中青年女性居多。因冠心病、动脉粥样硬化病和心肌梗死引起的脑栓塞则以老年人居多。该病起病在数秒内即达到顶峰，一般无前驱症状。多数病人的症状局限于大脑中动脉的供血区。严重者常伴有脑水肿，导致昏迷、抽搐、高热或终因脑疝而死亡。

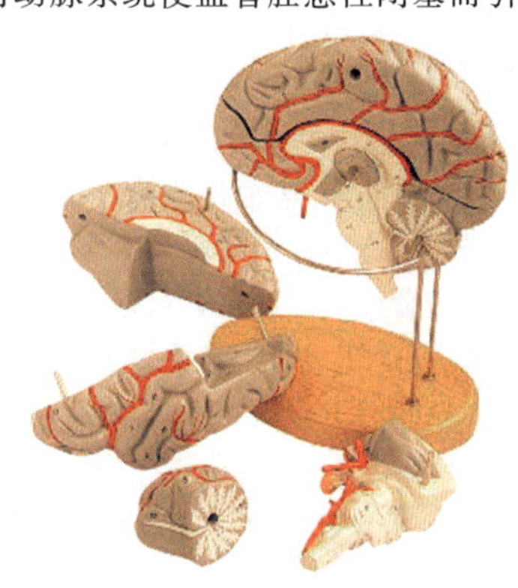
脑栓塞

【脑双频指数】(bispectral index, BIS) 测定脑电图线性成分—频率和功率，又分析成分波之间的非线性关系—位相和谐波，把能代表不同镇静水平的各种脑电信号挑选出来，进行标准化和数字化处理，最后转化为一种简单的量化指标。麻醉深度的判断受到多种因素的影响，至今尚无一种准确、有效的判断方法。随着电子计算机技术的广泛应用，麻醉深度的监测技术有了质的发展，许多监测仪器可以通过数字化间接显示麻醉深度的状态，其中 BIS 在临床上应用最广泛。BIS 能从周期、振幅、位相三方面对脑电活动进行综合分析，从而能较好地判断麻醉镇静的深度。

【脑死亡】(brain death) 全脑(包括大脑半球、间脑和脑干各部分)功能的不可恢复性丧失。死亡的实质应当是指机体作为一个在中枢神经系统控制下的整体的功能永久性消失。其标志就是脑死亡。

确定脑死亡的主要标准有:(1)自主呼吸停止,并在施行人工呼吸15min以上、停止人工呼吸3~5min后仍无自主呼吸。(2)深度昏迷,对各种外界刺激如疼痛等均完全失去反应,亦无任何自主运动。(3)脑干及各种反射(如角膜反射、吞咽反射、光反射)消失。(4)脑生物电活动消失,脑电图波平坦。(5)脑血管造影显示脑血液循环停止。具备上述条件、并且在排除体温过低和中枢神经系统抑制性药物中毒后,即可宣布为脑死亡。导致脑死亡的直接原因,除脑本身受到的严重破坏外,多由于缺氧和代谢产物(乳酸、CO_2等)综合损害作用。对脑死亡者停止一切抢救措施,是符合伦理道德的。现代医学把脑死亡作为唯一的死亡标准,从而使死亡的判断更加科学,也使法学、伦理学对死亡的认识更加合理。这一标准已为许多国家所接受。

【脑瘫】(cerebral palsy) 又称脑性瘫痪。脑在发育成熟前,因损伤或病变而致大脑发育障碍,以非进展性中枢性运动障碍和姿势异常为主要表现的临床综合征。此征会影响患儿的身体发育,影响患儿的能力、个性、认知,以及与家庭和社会的关系等。是儿童致残的主要疾病之一。在发达国家,发病率大约为2‰左右,在中国约为1.5‰~5‰。病因很多。可发生于出生前,如各种原因所致的胚胎期脑发育异常;也可发生在出生时,如新生儿窒息缺氧、产伤、核黄疸等;还可发生于出生后,如脑炎、一氧化碳中毒、头部外伤等引起的脑损伤。在临床上,按运动障碍的不同可分为:痉挛型、迟缓型、手足徐动型和共济失调型;按瘫痪部位的不同可分为:偏瘫、单肢瘫、双侧瘫、四肢瘫和截瘫。其治疗方法包括:物理疗法、作业疗法、引导式教育、支具和辅助具治疗、药物疗法、神经阻滞法、手术疗法、感觉统合训练、文娱疗法、音乐疗法、语言障碍的矫治以及心理疗法等。

【脑心肌炎病毒】(encephalomyocarditis virus, EMCV) 引起猪和某些哺乳动物、啮齿动物乃至灵长类动物的一种以脑炎、心肌炎或心肌周围炎为主要特征的急性传染病病毒。一种重要的人畜共患病病原。可感染多种哺乳动物、鸟类、昆虫和人类,对多种实验动物宿主有高度传染性。啮齿动物感染EMCV,没有明显的病理变化。在自然条件下,感染最广泛和最严重的动物是猪。感染后可造成突然死亡和实质器官的广泛病理损伤。母猪感染还可造成繁殖障碍。在分类上属小RNA病毒科,心肌病毒属。是一种无囊膜的单股正链RNA病毒。病毒粒子直径27nm,20面体对称,外表光滑呈球形。蛋白衣壳由60个衣壳粒子组成,每个衣壳粒子含有4种结构蛋白,即VP1、VP2、VP3和VP4。其中VPl的抗原性最强,且与病毒粒子表面的拓扑结构、抗原性、受体吸附以及脱壳有关。

【脑血栓】(cerebral thrombosis) 在脑动脉粥样硬化和斑块基础上,在血流缓慢、血压偏低的条件下,血液的有形成分附着在脑动脉的内膜上所形成血栓。以偏瘫为主要临床表现。多发生于50岁以后,男性略多于女性。其临床表现是:患者发病前曾有肢体发麻,运动不灵,言语不清,眩晕,视物模糊等征象。常于睡眠中或晨起发病,患肢活动无力或不能活动,说话含混不清或失语,喝水发呛。多数病人意识消失或轻度障碍。面神经及舌下神经麻痹,眼球震颤,肌张力和腹反射减弱或增强,病理反射阳性,腹壁及提睾反射减弱或消失。其诊断要点是:(1)发病年龄较高,有动脉硬化及高血压等中风危险因素或有过短暂脑缺血发作。(2)多静态发病,在睡眠中或睡醒后出现症状,常逐渐加重。多无剧烈头痛及意识障碍,偏瘫、失语体征明显。(3)脑脊液多正常。CT扫描可见脑缺血病变的低密度区域(发病6h以内多正常)。脑血管造影可显示血栓部位、程度及侧支循环情况。多普勒超声波检查可检测脑血流情况,有助于诊断。进行血尿常规、血糖、血脂、血流变、心电图等项检查,以便同脑出血、脑栓塞等鉴别。其治疗以中西医结合的药物治疗为主。

脑血栓及梗死

【内部过电压】(internal over voltage) 在电力系统的内部由于故障或开关操作引起回路中电磁能量的转化或传递,从而造成瞬间或持续性的高于额定工作电压、并对电气装置绝缘危险的电压升高。其能量来源于电力系统本身。其幅值大体与额定工作电压成正比。内部过电压的大小称为内部过电压的倍数。通常用其幅值与系统最高运行相电压的幅值之比来表示。它与电力系统的结构、元件的参数、中性点的运行方式、故障的位置以及具体的操作过程等因素有关,具有一定的统计规律。内部过电压分为操作过电压和暂态过电压两大类。

【内部路由器】(internal router) 又称阻塞路由器。一种联结内部网络与周边其他网络之间的设置。其作用是保护内部的网络使之免受互联网和周边网的侵犯。可为用户的防火墙执行大部分的数据包过滤工作，并提供有选择的服务。

【内部收益率】（internal rate of return, IRR） 能使工程项目方案在计算期内净现金流量现值累计为零时的折现率。在工程项目经济评价指标中是一个重要的动态经济评价指标。可以理解为工程项目对占用资金的恢复能力，也可以理解为工程项目对初始投资的偿还能力或该项目对贷款利率的最大承受能力。对于一个工程项目来说，如果折现率取其内部收益率时，则该整个寿命期内的投资恰好得到全部回收，净现值等于零。也就是说，该方案的动态投资回收期等于方案的寿命期。内部收益率高，一般来说该方案的投资效益就越好。其判别准则是：内部收益率大于或等于所设定的判别基准率 i_c（通常称为基准收益率）时，项目方案可考虑接受。采用该指标的主要优点是：(1)揭示了项目所具有的最高获利能力，为评价项目效益的非常有效的工具。(2)可以在项目寿命期的任何时间点上进行测算，并获得同一结果，即时间点的选择并不影响项目获利能力的表现。

【内部网关路由协议】（interior gateway routing protocol, IGRP） 一种在自治系统中提供路由选择功能思科专有路由协议。采用距离向量算法，是思科公司的专有路由协议。在默认情况下，内部网关路由协议每 90s 发送一次路由更新广播，在 3 个更新周期内即 270s，没有从路由中的第一个路由器接收到更新，则宣布路由不可访问。在 7 个更新周期即 630s 后，从路由表中清除路由。思科路由器的实用性和内部网关路由协议的强大功能性，使得众多小型互联网络组织采用内部网关路由协议取代了路由信息协议（RIP）。

【内部网关协议】（interior gateway protocol, IGP） 与外部网关协议相对应。一种在自主系统内部网关主机间交换路由信息的协议。互联网被分成多个域或多个自治系统。一个域是一组主机和使用相同路由选择协议的路由器集合，并由单一机构管理。一个域可能是由一所大学或其他机构管理的互联网。在一个域中选择路由，是在一个自治网络内网关（主机和路由器）间交换路由信息的协议。常用的内部网关协议有路由信息协议（RIP）、内部网关路由协议（IGRP）、开放式最短路径优先协议（OSPF）等。

【内存储器】（internal memory） 见主存。

【内毒素】（endotoxin） 又称热原。革兰阴性菌的菌体中存在的各种毒性物质。是多种革兰阴性菌的细胞壁成分，由菌体裂解后释出的毒素。其化学成分是磷脂多糖－蛋白质复合物。其毒性成分主要为类脂质 A。位于细胞壁的最外层、覆盖于细胞壁的黏肽上。不是蛋白质，因而耐热而稳定。在 100℃ 的高温下加热 1h 也不会被破坏，只有在 160℃ 的温度下加热 2～4h，或用强碱、强酸或强氧化剂加温煮沸 30min 才能破坏其生物活性。抗原性弱，可刺激机体产生抗体，但无中和作用。形成的抗毒素，经甲醛处理不能成为类毒素。各种细菌的内毒素的毒性作用大致相同，可引起发热、微循环障碍、内毒素休克及播散性血管内凝血等。可引起机体的毒性反应、发热反应、白细胞反应、内毒素休克等不良反应。

【内关】 中医穴位名。属手厥阴心包经。本经络穴，八脉交会穴之一，通于阴维脉。定位：在腕横纹上 2 寸，掌长肌腱与桡侧腕屈肌腱之间。主治：心痛，心悸，胸胁痛，胃痛，呕吐，呃逆，失眠，癫狂，痫证，疟疾，肘臂挛痛，中风，哮喘，热病；心肌炎，心律不齐，心绞痛，风湿性心脏病，无脉证，神经衰弱，癔病，肋间神经痛，胃肠炎等。刺灸法：直刺0.5～1寸；艾炷灸 3～5 壮，或艾条灸 5～10min。现代研究：大量实验和临床实践证明，内关穴对血液循环系统、消化系统、神经系统、内分泌系统等都具有良性调节作用。该穴对心脏功能的调整作用十分明显，可使心肌收缩力增强，收缩时间间期缩短，血中皮质醇水平趋于正常，从而改善心脏功能。

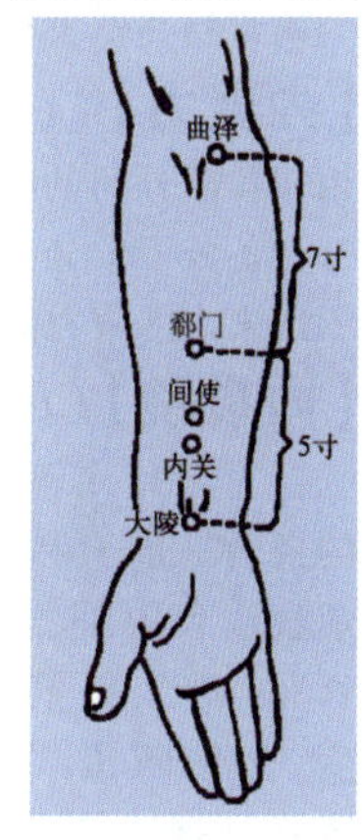

内关

【内海】（inner sea） 又称内水。领海基线向内一侧的全部海水。包括：(1)海湾、海峡和河口湾。(2)领海基线与海岸之间的海域。(3)被陆地所包围或通过狭窄水道连接海洋的海域。中国的内海海域包括直线基线与海岸之间的海域、直线划入的海湾、海峡、港口和河口湾等；包括琼州海峡、渤海，以及沿海分布的几百个商港、军港、渔港、工业港和专用港等港口在内的全部海域。

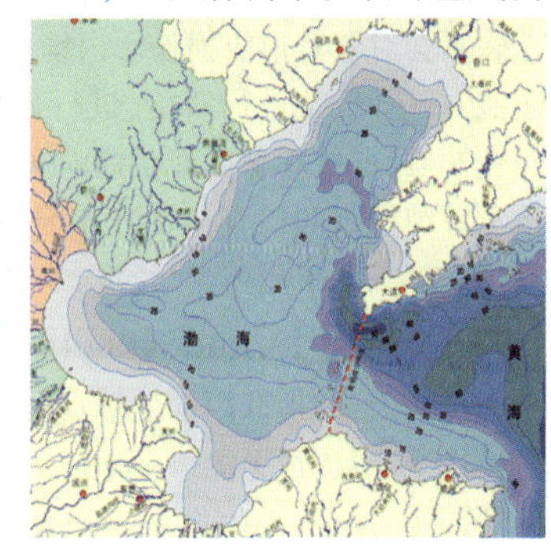

渤海

【内含子】（intervening region） 真核细胞 DNA 非编码序列。而外显子是真核细胞 DNA 编码序列。二者区别在于：(1)内含子没有遗传效应，它不参与编码蛋白质；而外显子是在成熟的 mRNA 中保留下的部分，参与编码蛋白质。(2)内含子主要起调控作用;外显子主要控制蛋白质中的氨基酸序列。(3)DNA 上的内含子会被转录到前体 RNA 中,但 RNA 上的内含子会在 RNA 离开细胞核进行转译前被剪除;外显子既存在于最初的转录产物中,也存在于成熟的 RNA 分子中。

【内河航道等级】(grades of channels) 内河航道划定的级别。等级划分的依据是:(1)船舶的吨位和尺度。(2)航道建设投资。根据《内河通航标准》,内河航道分为七级:从一级到七级分别可以通过3 000t、2 000t、1 000t、500t、300t、100t 和 50t 的内河船舶。进入航道等级的某一航道,船舶尺度及其上的构筑物高低大小均应符合统一的规定标准。

【内聚力】(cohesive force) 同种物质内部相邻各部分间的吸引力。是分子力的一种表现。只有在各分子十分接近时(距离小于 1×10^{-6}cm)才显示出来。内聚力能导致物质聚集成液体或固体。

【内窥镜】(endoscope) 又称内镜。各种内脏器官医疗用镜的总称。能直接观察病人内脏器官的形态和病变,为诊断提供客观证据。是人体内脏器官检查的常规医疗器械。是依据人体内腔结构设计而成,镜身柔软,可变换屈伸角度,操作正确不会对器官形成损伤。内镜检查除直接观察外,还能对可疑部位进行活检,进行病理切片,从而确诊病变性质,可发现早期甚至癌前病变。现代内镜技术已从单纯检查向检查与治疗结合的方向发展。内镜治疗的优点在于痛苦少、经济、方便、快捷和高效。

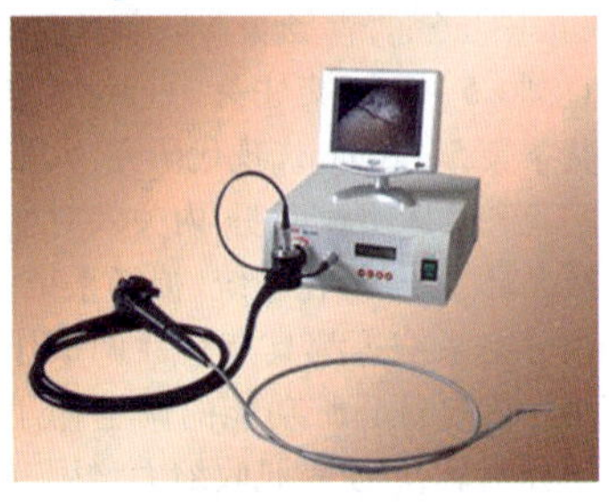
内窥镜

【内力作用】(endogenetic force) 地球内部的作用力,即地球内部的能量——热能、化学能、放射性蜕变能量、重力能以及地球旋转所具有的动能产生的作用力所引起的作用。其表现为:地壳运动、岩浆活动、变质作用、火山和地震等。它不仅作用于地表,改变地表的形态,还作用于地球内部,改变地壳的物质成分、结构构造,甚至作用于地幔,并影响其对流和板块的运动。内力作用的总趋势是造成地貌的起伏及其复杂化。

【内联网】(intranet) 采用互联网技术组建的仅在一个单位内部使用的计算机网络。除采用客户机/服务器模式通过文件传输协议与远程计算机实现文件传输外,还采用 TCP/IP 协议和 Web 技术,通过外部接口和防火墙等内、外网安全防护措施与互联网连接。与互联网相比,它是互联网技术在企业机构内部的实现。它能够以极少的成本和较短的时间将一个企业内部的大量信息资源高效合理地传递到每个人。它为企业提供了一种能充分利用通信线路、经济而有效地建立企业内联网的方案。企业可以通过内联网有效地进行财务管理、供应链管理、进销存管理、客户关系管理等。

【内流河】(inland river) 又称内陆河。流入内陆湖泊或消失于沙漠之中的河流。如中国塔里木河。内流河多分布在降水稀少的半干旱和干旱地区,发育在封闭的山间高原、盆地和低地内,支流少而短小。绝大多数内流河单独流入盆地,水量少,多数为季节性的间歇河。其水分作内循环,矿化度由上游向下游逐渐增加。内流河分布的区域称内流区域(或内流流域)。中国内流区域占中国国土总面积的 36%。在内流区内也有面积不大的外流区,如新疆的额尔齐斯河。在一定条件下,内流河可转化为外流河。如滦河在多伦以上的闪电河,原为从南向北流的内流河,后因滦河溯源侵蚀把它袭夺过来,变成了外流河。

塔里木河

【内陆湖】(inland lake) 处于河流的尾闾或独自形成独立的集水区域、湖水均不外泄入海的湖泊。中国内陆湖泊主要分布在内蒙古、新疆、甘肃、青海及西藏内流地区,如青海湖等。内陆湖所处地区远离海洋,气候干燥。水量平衡的特点是补给部分主要为入湖径流,损耗部分主要为湖面蒸发。有些湖泊的出湖流量为零,湖中来水几乎全部被蒸发。内陆湖泊水位变化同样受入湖河川水情影响,春、夏汛期,湖泊出现高水位。但水量补给系数小,年内水位变幅多小于 1m。因吞吐量较小,调节径流的作用亦较小,甚至没有。有些内陆湖泊因补给量小,蒸发强烈,致使湖水逐渐浓缩,形成咸水湖或盐湖。由于干旱和上游用水量的增加,入湖水量减少,很多内陆湖萎缩甚至干涸,如著名的罗布泊。

内陆湖

【内络合物】(inner complex) 见螯合物。

【内能】(internal energy) 物质系统由其内部状态决定的能量。热力学系统由大量分子、原子组成,储存在系统内部的能量是全部微观粒子各种能量,即微观粒子的动能、势能、化学能、电离能、核能等的总和。由于在系统经历的热力学过程中,物质的分子、原子、原子核的结构一般都不发生变化,原子间相互作用能、原子内的能量、核能保持不变,可作为常量扣除。因此,内能通常是指全部分子的动能以及分子间势能之和。前者包括分子平动、转动、振动的动能;后者是所有可能的分子之间相互作用势能的总和。内能是状态函数,真实气体的内能是温度和体积的函数,理想气体的分子间无相互作用,其内能只是温度的函数。通过做功、传热,系统与外界交换能量,内能改变,其间的关系由热力学第一定律给出。

【内配合物】(inner complex) 见螯合物。

【内皮细胞】(endothelial cell) 分布在脑、淋巴结、肺、肝脏以及脾脏等器官组织中的一些有吞噬作用等共同特点的细胞的总称。具有吞噬异物、细菌、坏死和衰老组织的功能,还参与集体免疫活动。用高倍镜观察肠系膜上的毛细血管,可见到内皮细胞,且较间皮细胞小,排列紧密。其血管生物学特性包括:血管收缩及血管舒张,从而控制血压;凝血(血栓形成及纤维蛋白溶解);动脉硬化;血管生成和炎症及肿胀(浮肿)等。亦控制一些物质,如白血球进出血管。在某些器官,有一些高度分化的内皮细胞负责特别的过滤功能,如肾丝球及脑血管障壁。

【内燃机】(internal combustion engine) 一种动力机械。燃料在机器内部燃烧并将其放出的热能直接转换为动力的热力发动机。广义上的内燃机不仅包括往复活塞式内燃机、旋转活塞式发动机和自由活塞式发动机,也包括旋转叶轮式的燃气轮机、喷气式发动机等。通常所说的内燃机是指活塞式内燃机。活塞式内燃机以往复活塞式最为普遍。活塞式内燃机将燃料和空气混合,在气缸内燃烧,释放出的热能使气缸内产生高温高压的燃气。燃气膨胀推动活塞做功,再通过曲柄连杆机构或其他机构以机械功输出,驱动从动机械工作。

内燃机

【内燃机发电厂】(internal combusion engine power plant) 用内燃机带动发电机发电的电厂。分为固定式和移动式两类。前者多用于工矿企业自备电厂或孤立电厂;后者则指汽车或列车电站。用于发电的内燃机基本上是:中速(300~1 500r/min)和低速(300r/min 以下)的柴油机。多是装有增压器及空气冷却器,使输出功率增大30%~50%的增压式发动机。用于发电的柴油机的单机功率,一般为5~15MW。用二冲程低速柴油机发电时,单机功率可高达68MW。用于发电的汽油机和煤气机,单机功率则较小,现已较少使用。上述讲到的内燃机发电厂主要是指柴油机发电厂。

【内水】(internal water) 见内海。

【内吞作用】(endocytosis) 通过质膜的变形运动将细胞外物质转运入细胞内的过程。按其入胞物质的大小及入胞机制的不同可分为:(1)吞噬作用。(2)吞饮作用。(3)受体介导的内吞作用。

【内网管理软件】(management software for inner network) 保证企业内部局域网安全运行的软件。其目的是确保内网的涉密数据或者知识产权不被泄露。它通常在不影响正常网络信息交流的前提下,实现企业核心文档、图纸、源代码和其他文件的保密。一个好的内网管理软件应具备以下管理内容:(1)软硬件资源配置管理。(2)网络信息安全管理。(3)权限管理。(4)故障管理。广泛应用于各部门、行业内部的数据信息管理。

【内吸杀菌剂】(systemic fungicides) 又称系统性杀菌剂。通过植物渗透、吸收并在体内输导至远离施药点达到有效剂量的杀菌剂。通过种子、根系、叶面吸收,在植物的质外体输导或共质体输导。使用量低,有较长的残效,施药次数比非内吸杀菌剂减少。多数内吸杀菌剂具治疗作用。少数保护剂亦具内吸作用。

【内吸性除草剂】(systemic herbicides) 又称传导型除草剂。接触到草类植物后,可被其根、叶、芽鞘或茎等组织吸收,并在其体内传导输送到其他部位,甚至整个植株而起杀草作用的除草剂。根据在植物体内不同输导系统的运转情况,又分为质外体输导和共质体输导。质外体输导是随着水分、养分的输导在木质部内进行的传导;共质体输

内吸性除草剂的使用

导是随着光合作用产物在韧皮部进行运转。苯氧乙酸类、均三氨苯类及取代脲类大都属内吸性除草剂。

【内消旋体】(mesomer) 与外消旋体相对应。分子内含有不对称性的原子,但因具有对称因素而形成的不旋光性化合物。例如,内消旋体酒石酸分子内虽然含有两个不对称碳原子,由于它们具有对称因素,一半分子的右旋作用被另一半分子的左旋作用在内部所抵消,因此它是一个不旋光性化合物。内消旋体和对映体的纯左旋体或右旋体互为非对映体,所以内消旋体和左旋体或右旋体,除旋光性不同外,其他物理性质和化学性质也不相同。

【内循环厌氧反应器】(internal anaerobic circulat reactor, IC) 由两个上下重叠的升流式厌氧反应器串联组成的反应器。废水自下而上流过厌氧反应器,使废水得到净化。在下部第一反应室里大部分 BOD 被降解为沼气。沼气由下层三相分离器收集和分离,并产生气体提升,带动水和污泥作向上运动,到达位于反应器顶部的气体/液体分离器。在这里沼气从水和污泥中分离,离开反应器。污泥和水混和经过回流管直接滑落到反应器底部形成内部循环流。下层三相分离器的出水在第二反应室内被深度处理。在这里,剩余的可生物降解的 COD 被去除。在上层产生的沼气被上层三相分离器收集。厌氧出水经过出水堰离开反应器自流进入后续水处理系统中。反应器的高度可达 16~25m。径高比可达 4~8。其特点是容积负荷高、抗冲击负荷能力强、完全封闭、无异味排放。

内循环厌氧反应器

【内盐】(inner salt) 在同一分子中既含有碱性基团又含有酸性基团,并相互自行结合而形成的盐。例如,对氨基苯磺酸以内盐形式 $H_2N^+C_6H_4SO_3^-$ 存在(更确切地说是以偶极离子形式存在)。对氨基苯磺酸之所以熔点较高,在280~300℃分解而不熔融,就是由于同一分子内带有两种不同电荷,形成静电引力,增强了分子间引力的缘故。

【内因火灾】(spontaneous fire) 又称自燃火灾。由于煤炭或其他易燃物自身氧化积热,发生燃烧引起的火灾。经常发生在采空区、停采线、断层、煤柱等丢煤区、掘进冒顶处或封闭不严的旧采区内。煤炭自燃必须具备具有自燃倾向性的煤受采动影响呈破碎松散状态、连续供氧条件、热量易于积聚和以上条件共存时间大于煤炭自然发火期。其特点是:内因火灾多数发生在风流不畅通的地点,外部征兆不明显,很难早期发现和找到火源的准确位置,火灾可能延续几个月,几年甚至更长时间。

【内圆磨床】(internal grinder) 用于磨削工件内孔的磨床。机床的主参数为最大磨孔直径。内圆磨削分普通内圆磨削、无心内圆磨削和砂轮作行星运动磨削。与外圆磨削相比,内圆磨削所用砂轮和砂轮轴的直径都较小。要获得所要求的砂轮线速度,必须提高砂轮主轴的转速。因其易发生振动而影响工件的表面质量。因内圆磨削时砂轮与工件的接触面积大,发热量集中,冷却条件差以及工件热变形大,特别是砂轮主轴刚性差,易弯曲变形,所以内圆磨削不如外圆磨削的加工精度高。普通内圆磨床适于单件、小批量生产。自动和半自动内圆磨床除工作循环自动进行外,还可在加工中自动测量,多用于大批量生产中。

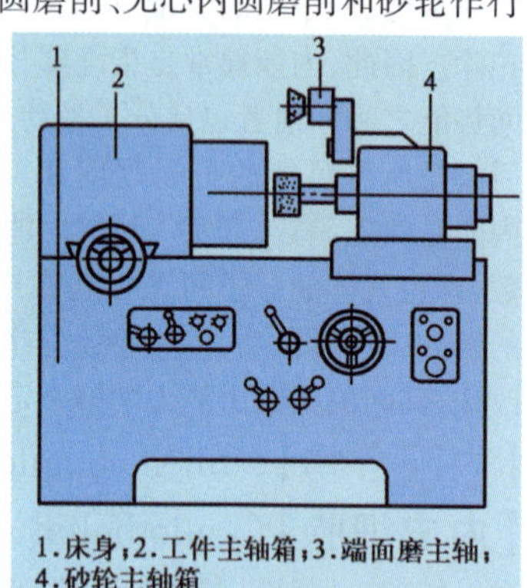

内圆磨床示意图

【内质网】(endoplasmic reticulum) 真核细胞中由封闭的膜系统及其囊腔形成的互相沟通的网状结构。是真核细胞的重要细胞器。按其是否附着核糖体可分为滑面型内质网和粗面型内质网。其主要功能是:(1)蛋白质合成。(2)蛋白质修饰与加工。(3)新生肽链折叠、组装和运输。在不同类型的细胞中,内质网的数量、类型与形态差异很大。同一细胞在不同的发育阶段,甚至在不同的生理状态下,内质网的结构与功能也会发生明显的变化。

【能】(energy) 物理学中描写系统或过程的一个物理量。是物质运动的普遍度量。具有不生不灭性。系统的能量被定义为从某能量基态转换为实际系统现状时所需功和热的总和。能量的形态有许多种,如机械能、化学能、热能、电能、声能等。能量守恒定律是自然界中普遍存在的基本定律之一。

【能带】(band) 晶体中由原子能级分裂而形成的一种准连续分布的带状能级结构。当大量原子因结合成晶体而发生电子共有化时,其原有能级会由于相互间的作用而分裂形成一系列新的能级。这些能级间的间隔非常小,大约不超过 1×10^{-23}eV,几乎可以看成连续分布。因而,晶体的能带是由原子的能级分裂形成的。其中每个能带的能级数量取决于晶体中的原子数,并且电子在能带中的填充方式与原子的情形相似,仍然遵从能量最低原理与泡利不相容原理。

【能耗制动】(dynamic braking) 电动机脱离三相交流电源之后,通过在定子绕组上加一个直流电压,即通入直流电流,利用转子感应电流与静止磁场的作用以达到制动目的一种制动方法。其原理是:根据左手定则确定出转子电流和恒定磁场作用所产生的转矩方向与转子转速方向相反,故为制动转矩。此时电机把原来储存的动能或重物的位能吸收后变成电能消耗在转子电路中。具体的操作方法是:将运行中的电动机,从交流电源上切除并立即接通直流电源,在定子绕组接通直流电源时,直流电流会在定子内产生一个静止的直流磁场,转子因惯性在磁场内旋转,并在转子导体中产生感应电势有感应电流流过,并与恒定磁场相互作用消耗电动机转子惯性能量产生制动力矩,使电动机迅速减速,最后停止转动。其缺点是:在制动过程中,随着电动机转速的下降,拖动系统动能也在减少,于是电动机的再生能力和制动转矩也在减少,所以在惯性较大的拖动系统中,常会出现在低速时停不住,而产生"爬行"现象,从而影响停车时间的延长或停位的准确性;仅适用一般负载的停车,但有较大能量损耗,停位不准确。其优点是:电路简单,价格较低。

【能级】(energy level) 根据量子理论,一切微观粒子系统(如原子、分子以及原子核等)都只能处于一系列分立的状态,各状态所对应的能量值的总称。其中能量最低的状态叫基态,其他的能量状态叫激发态。

【能见度】(visibility) 大气透明度的鉴定值。其好坏用目标物的能见距离来表示。主要有两种表示方法:(1)具有正常视力的人在当时的天气条件下还能够看清楚目标轮廓的最大距离。(2)目标的最后一些特征已经消失的最小距离。能见度是衡量大气物理性质的一个特征指标。

能见度仪

【能量代谢】(energy metabolism) 人体与外界环境之间的能量交换和人体内能量转移的过程。是伴随着物质代谢过程进行的。是从能量方面来观察物质代谢。人体生命活动所需的能量来自食物中含有丰富能量的糖类、脂肪和蛋白质。在能量代谢方面,在化学键能(呼吸、发酵)或光能(光合成)直接转化成热量前,转换成ATP(三磷酸腺苷)等的高能键是其显著的特征之一。但是转化的效率为30%~60%。转化成热能的一部分用于维持体温,或补偿由于蒸发而散失的热量等。捕获和储藏的化学能根据需要而转换成力学能(肌肉、纤毛、鞭毛的运动、细胞分裂活动)、电能(生物发电器官、神经细胞)、光能(生物发光)等。影响能量代谢的主要因素有:(1)肌肉活动。劳动、运动都可提高能量代谢。(2)精神活动。精神紧张、情绪激动时,可使肌紧张加强,并引起促进产物的激素的释放(如肾上腺素、去甲肾上腺素、糖皮质激素、甲状腺激素等),使能量代谢显著提高。(3)食物的特殊动力效应。各种食物中,蛋白质的特殊动力作用量大。(4)环境温度。在20~30℃的环境中,能量代谢最为稳定,环境温度低于20℃或高于30℃时能量代谢均可提高。

【能量合剂】(energy mixture) 能提高能量、促进糖、脂肪和蛋白质等的代谢,利于恢复重要器官功能的生物化学制剂。是根据生物氧化的理论,从生物体内分离提取制备的药物。能供给能量或促进生物氧化的进行,改善能量供应,促进病变恢复。与其他药物合用可增加食欲,增强体质,阻止疾病的恶化,缩短病程。其主要成份包括:维生素C、牛磺酸、肌苷、三磷酸腺苷(ATP)、尼克刹米。目前临床上常用的为针剂。每支内含辅酶A50u、三磷酸腺苷20mg及胰岛素4u。其适应症是:肾炎、肝炎、肝硬化及心衰等。能量合剂含有胰岛素,不宜空腹使用,静脉注射需缓慢进行,以免引起出汗、心悸、低血糖等副作用。

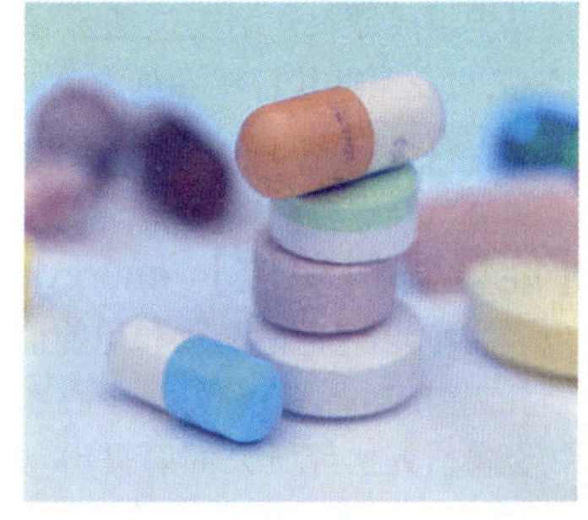

能量合剂

【能量屏蔽】(energy shield) 约束、限制能量,防止人体与能量接触的措施。能量是表示物体做功能力大小的物理量。物质世界中的每一个物体都存在能量。但是,能量只有在一定条件下或只有在物质之间的作用或相互作用中才能表现出来或释放出来。所以,能量的存在与表现是两个不同的概念。屏蔽指遮蔽、阻挡的意思。隔离电磁场干扰的措施。一般采用良好接地的金属网或罩实现电磁屏蔽,既可防止外来电磁场干扰,又可防止本身电磁场辐射对外界的干扰。采用高导磁材料罩实现磁屏蔽,可防止磁场干扰。屏蔽在网络上还指某人将另一个人的相关信息删除掉。在工业生产中,常用的防止能量意外释放的屏蔽措施是:(1)用安全的能源代替不安全的能源。(2)限制能量。(3)防止能量蓄积。(4)缓慢地释放能量。(5)设置屏蔽设施。(6)在时间和空间上把能量和人隔离。(7)信息形式的屏蔽。

电磁屏蔽柜

【能量饲料】(energy feed) 干物中能量含量高、粗纤维含量低于18%、粗蛋白质含量低于20%、天然水分低于45%的一类饲料。这类饲料属精料,富含糖类,能量高,每千克饲料干物质含12 540kJ以上消化能,或10 450kJ以上代谢能,或5 016kJ以上的净能。能量饲料中可消化营养物质丰富,是家畜配合饲料中的基本组成原料。主要包括禾谷类籽实及其加工副产品,以及某些块根茎和瓜类及其加工副产品等。主要为家畜提供能量。但其所含养分不平衡,单一使用易造成营养失调。

【能量饲料单位】(energy feed unit, EFU) 以产脂净能评定饲料可利用能值的单位。由德国罗斯托克(Rostock)畜牧科学中心和凯尔纳(Kellner)动物营养研究所等研究部门提出。曾分别用不同动物进行能量代谢试验,测出每千克供试饲料产脂净能值;同时进行消化试验,测出该饲料中有机物质消化率。据此求出回归公式,用于推算不同家畜饲料日粮的能量饲料单位。几种不同家畜的推算公式如下:

EFU(牛) = 可消化粗蛋白(g) ×0.68 + 可消化粗脂肪(g) ×3.01 + 可消化碳水化合物(g) ×0.80

EFU(猪) = 可消化粗蛋白(g) ×0.73 + 可消化粗脂肪(g) ×2.44 + 可消化碳水化合物(g) ×0.85

EFU(禽) = 可消化粗蛋白(g) ×0.74 + 可消化粗脂肪(g) ×2.28 + 可消化碳水化合物(g) ×0.91

【能量转换】(energy conversion) 在一定条件下能量通过介质从一种形态转换为另一种形态的过程。如通过燃烧化学能转化为烟气的热能,烟气的热能被水吸收,变成高温高压蒸汽热能,驱动汽轮机或蒸汽机运动转变成机械能,机械能通过发电机转化为电能等。

风能转换为电能

【能量转移论】(energy transfer theory) 认为人受伤害的原因只能是某种能量的转换,对伤亡事故要根据有关能量加以分类的理论。事故致因理论之一。是1966年美国运输部安全局局长哈顿对古布森1961年提出的事故致因论的引申与发展。哈顿将伤害分为两类。第一类是由于施加了超过局部或全身性的损伤阈限的能量而引起的,又称原发性伤害。引起伤害的原因是:(1)机械能。能造成人体组织移位,撕裂、破裂和压榨等组织损伤,如运动物体或下落物体的冲撞,挤压及跌倒时造成的损伤等,大部分伤害事故属于这一类型。(2)热能。能使人体产生炎症、凝固、烧焦与焚化,如烧伤、烫伤等。(3)电能。能干扰神经及肌肉功能,使人体被凝固,烧焦和焚化,如触电死亡、烧伤等。(4)电离辐射。能造成细胞和亚细胞成分与功能的破坏,如核反应堆事故,治疗性与诊断性照射,滥用同位素,放射性坠尘的作用等。(5)化学性。其伤害一般要根据具体的化学物质而定,主要包括动物性和植物性毒素引起的损伤,化学烧伤如氢氧化钾、氢氧化钠、溴、氟和硫酸、硝酸、盐酸,以及大多数元素和化合物在足够剂量时产生的不太严重而类型繁多的损伤。第二类伤害是由于影响了局部或全身性能量交换引起的。

【能流】(energy flow) 一次能源在经各经济部门使用过程中逐渐被消耗表现出的时空上的连续过程。一些一次能源直接用作燃料,另一些一次能源在被利用之前先转变为电力,多数照明设备利用电力,多数用电设备如机械工具、制冷装置以及其他固定式机器和设备也是这样。

【能斯特方程】(Nernst equation) 1889年由能斯特提出的用来计算电池电动势随反应物的性质、浓度以及温度、压力变化的方程。假定反应为:$aA + bB = cC + dD$,则 $E = E^{\theta} - RT/nFln(\alpha_C{}^c \cdot \alpha_D{}^d/\alpha_A{}^a \cdot \alpha_B{}^b)$。式中$E$为某一定浓度下的电极电势,$E^{\theta}$为标准电极电势,$R$为气体常数(8.314J · $K^{-1}mol^{-1}$),T为温度(K),n为反应中得到和失去的电子数,F为法拉第常数(96 485C · mol^{-1}),α为反应物的活度。应用这个方程时应注意:如果电对中的某一物质是固体或液体,则它们的浓度均为常数,可认为是1;如果电对中的某一物质是气体,它的浓度用气体分压来表示。利用能斯特方程,可以由改变物质的浓度(或气体压强)的方法来改变电对的电极电势,从而有可能改变氧化还原反应的方向。

【能效标识】(efficient energy label) 又称能源效率标识。附在用能产品上的能效信息标签。

主要用来表示产品的能源性能（能耗量、能源效率等），向消费者提供必要的信息，使之获知产品的能源消耗和能效水平，引导和帮助消费者选择购买高能效的节能产品。中国能效标识为蓝白背景的彩色标识。一般粘贴在产品的正面面板上。标识顶部有“生产者名称”、“产品规格型号”。标识中间部分分别用由深绿、淡绿、中黄、橘红、大红等5种条形色块和从1～5的5个阿拉伯数字等级标注。并在左边信息提示从“能耗低”到“能耗高”。在右上角标明本型号产品的能效等级。等级1表示产品达到国际先进水平，最节电；等级2表示比较节电；等级3表示产品的能源效率为中国市场的平均水平；等级4表示产品能源效率低于市场平均水平；等级5是市场准入指标，低于该等级要求的产品不允许生产和销售。标识下部提供“能效比”、能源消耗指标、其他性能指标以及依据的国家标准号。

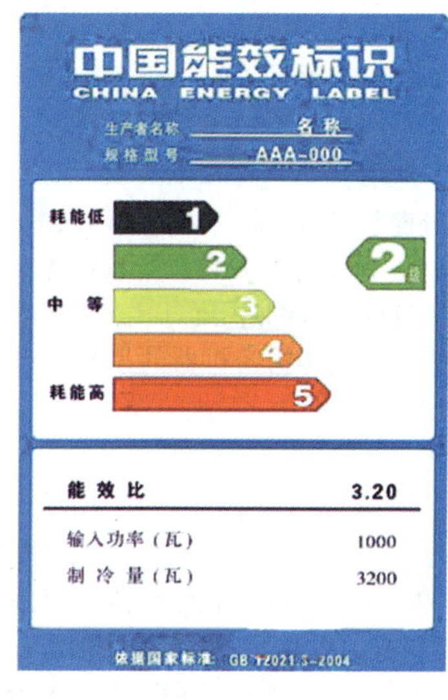

能效标识

【能源】（energy resource） 人类从自然界获取可用能量的自然资源。能源在使用过程中，其可用能总是逐渐贬值为不可用能，所以能源是一种稀缺资源。按其利用过程的不同可分为一次能源、二次能源和终端能源；按来源的不同可分为再生能源和非再生能源；按其开采利用技术成熟程度的不同可分为常规能源和新能源。自然界能源主要有：化石能（煤、石油和天然气）、风能、水能、太阳能、地热能、生物质能、海洋能和核能等。

【能源安全】（energy resource security） 保障一个国家或地区社会经济发展和国防需要所必需的能源长期可靠和有效供给的措施。能源供给中断、严重不足或价格暴涨，会严重影响一个国家或地区的社会稳定和经济发展。解决能源安全问题需要综合考虑经济对能源的依赖程度、能源价格、国际能源市场以及应变能力（包括战略储备、备用产能、替代能源、能源效率、技术能力等）等一系列问题。否则，为能源安全所付出的代价，可能远远超过能源本身。

【能源号运载火箭】（Energy Resource carrier rocket） 苏联的一种超级运载火箭。长约60m，总质量2 400t，能把100t有效载荷送上近地轨道，既可用于发射大型无人载荷，也可用于发射载人航天飞机。1987年5月15日首次发射成功。1998年11月15日，“能源号”成功地发射了苏联第一架“暴风雪号”不载人航天飞机。

能源号运载火箭

【能源计量】（energy resource accounting） 以企业或部门为对象、对其能源输入输出的实际能源数量、种类及内部的能源流向进行的定量检测和统计。是实施能源管理和开展节能活动的基础和前提。在能源计量过程中，应明确应采用的单位、数据格式、统计方法及处理方法等内容。

【能源审计】（energy resource audit） 审计机构依据国家有关的节能法规、标准对企业和其他用能单位能源利用的物理过程、财务过程进行的检验、核查与分析评价。是一套集企业能源系统审核分析、用能机制考察及其能源利用状况评价为一体的方法，对用能单位能源利用状况进行科学规范的定量分析，对能源利用效率、消耗水平、能源经济与环境效果进行审计、监测、诊断和评价，从而寻求节能的潜力与机会。

【能源危机】（energy resource crisis） 因能源供应短缺而严重影响社会稳定和经济发展的现象。主要表现为能源枯竭、能源供不应求或能源价格上涨等。能源危机造成社会经济停滞或倒退，社会动荡或战争。

【能源细菌】（energy resource bacterium） 一种能够吸取二氧化碳并产生能源的细菌。印度科学家发现，某些海洋细菌（喜盐细菌）细胞膜中的一种紫色光合素能把阳光转变成化学能或电能。这是解决地球上能源短缺问题的一条重要途径。现在科学家正在设法分离这种光合素。酵母菌虽然是小小的单细胞微生物，但是它们却是代谢糖类、制造酒精的高手。地球上的糖类是一种“再生性资源”，酵母菌可利用这些糖类制造酒精。酒精不仅是一种重要的化工原料，而且可以做乙醇汽油的成分。利用酵母菌代谢糖类生产酒精，比利用化学合成法生产酒精节省能源6%，并且能缩短生产周期。在地球上的石油逐渐耗尽之际，酒精将成为明日能源新星，而能源细菌也将在解决能源危机与减少空气污染中发挥重要作用。

酵母菌

【能源植物】(energy resource plant) 可全部或部分利用其能量的植物。光合作用过程使植物将太阳的辐射能以碳水化合物的形式贮存在植物体内。可把植物看成将太阳能转变为生物质能的转换器。能源植物的光合作用效率高，生长发育快，能量利用效率也较高。能源植物包括陆生植物和水生植物。目前作为能源的植物有含油植物、热带草类、谷类、甘蔗、木薯、藻类和海草等。

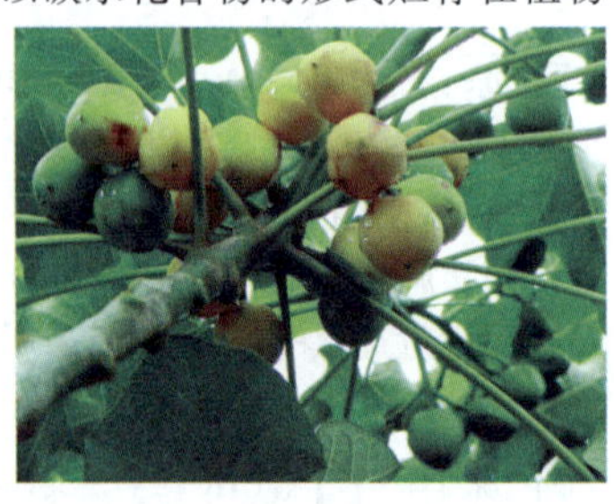
能源植物小桐树

【能远怯近】(far dear and near dim) 看远清晰，看近模糊的一种视觉表征。包括青年人的远视眼与老年人的老花眼。正常时眼看远看近均较清晰，说明该眼调节力正常，称正视眼。当人进入早期衰老时期，营、卫、气、血自然地渐趋衰减，以致气血不足，阴阳俱虚；或生活不节，肾阴亏虚，肝阳亢旺，气血运行乘违，均能招致五脏之精华不能如常地生成上达于目。本病除阅读困难外，尚可有眼胀、眶痛、头晕以及烦躁等全身不适。为全身衰老的眼部表现之一，因此一切治疗措施，均不能制止其发生，而只能延缓其发展。

【尼龙】(nylon) 聚酰胺树脂。单指聚酰胺(短)纤维时，也称耐纶。由二元酸和二元胺或由氨基酸经缩聚而成的高分子化合物。通常是白色至淡黄色的不透明固体物。其相对密度1.05～1.15，熔点180～280℃。不溶于乙醇、丙酮和烃类的普通溶剂。但溶于酚类、硫酸、甲酸、乙酸和某些无机盐溶液。具有韧性、耐磨、自润滑、抗霉性和无毒等特点。聚酰胺树脂或纤维种类很多，命名法是在尼龙名称后加上数字，前面一个数字表示所用二元胺的碳原子数，后一个数字表示所用二元羧酸的碳原子数。例如尼龙－66就是由己二胺和己二酸缩聚而成的；如果是由单一的内酰胺制成的，就用一个数字表示，例如尼龙－6就是由己内酰胺缩合而成的。尼龙的种类很多，其中大量生产的是尼龙－6和尼龙－66。

尼龙织带

【尼龙－6】(nylon 6) 学名聚己内酰胺。国外商品名卡普隆。由己内酰胺缩合而成的尼龙品种。其相对密度为1.14。熔点约为210～220℃。是一种拉伸强度、弯曲强度、压缩强度、冲击强度较好的工程塑料。可作精密机器的齿轮、外壳、软管、耐油容器、电缆护套、纺织工业的设备零件，也可用作制合成纤维——涤纶。

【尼龙－66】(nylon 66) 又称聚酰胺－66。学名聚己二酰己二胺。由己二胺和己二酸缩聚而成的尼龙品种。白色固体。相对密度1.14。熔点213℃。不溶于一般溶剂，仅溶于间甲苯酚等。其拉伸强度、弯曲强度、压缩强度、冲击强度等性能优于尼龙－6。其机械强度和硬度很高，刚性很大，可用作机械附件，如齿轮、润滑轴承等；可代替有色金属材料作机械外壳、汽车发动机叶片等；也可用作制合成聚酰胺纤维，广泛用于制作针织品、纺织品、轮胎帘子布、渔网、绳索和滤布等；也可经过加工制成弹力尼龙，常用于制袜等。

【尼龙－1212】(nylon 1212) 由十二烷基二胺与十二烷基二酸缩聚制得的尼龙品种。相对密度1.02。熔点184℃。它是中国五大工程塑料中唯一拥有自主知识产权的新型工程塑料，也是世界上长碳链尼龙生产研究的一项突破。长碳链尼龙是一种高分子材料。具有吸水率低、自润滑性好、尺寸稳定、强度高、韧性好、耐磨减震等优点。从性能上完全可以代替国外进口的尼龙11和12。广泛应用于机械、汽车、军事、航天及日常生活用品领域。

【尼龙－1010】(nylon-1010) 又称聚酰胺1010。化学名聚癸二酰癸二胺。由癸二酸和癸二胺缩聚而成的尼龙品种。白色或微黄色固体。相对密度1.04～1.09。熔点200～210℃。吸水性小。耐寒。对光的作用稳定。拉伸强度、弯曲强度、冲击强度等较好。主要用于制造机械零件、日用器皿等；用石墨或二硫化钼填充可作各种机械的齿轮和滑轮；用玻璃纤维增强的尼龙1010还可以作水泵叶轮的叶片。

【尼曼－匹克病】(Niemaoh-Pick disease, NPD) 又称鞘磷脂沉积症。体内缺乏神经鞘脂酶，使大量鞘磷脂沉积在各个器官中引起的一系列症状。是常染色体隐性遗传病。此酶的作用是：神经鞘磷脂 H_2O + 神经鞘磷脂酶 →N—酰基鞘氨酸 + 磷酸胆碱。此酶在肝、肾、脑、小肠内存在，鞘磷脂在细胞及细胞基质中，细胞衰老后被吞噬细胞吞噬后，经酶水解而清除。由于酶缺乏，大量鞘磷脂沉积于各个组织中，故在骨髓、肝、脾、肺、淋巴结中可发现被鞘磷脂沉积细胞，称为尼曼—匹克细胞。细胞内含脂也称泡沫细胞。按症状的不同可分五型：(1)婴儿型。最多见，占85%。生后3～6月发病。肝、脾肿大，黄疸，眼底黄斑部有樱桃红斑点，喂养困难，恶病质，进行性智力及运动低下，反复感染，多在4岁内死亡。(2)内脏型。婴幼儿及儿童期发病。有肝、脾肿大，无神经系症状，可活到成人。(3)幼儿型。儿童期发病。先肝、脾肿大，约在5～7岁出现神经系症状。如智力低下，语言障碍，痴呆等。可活到5～15岁。(4)Nova－Scotia型病程更慢，多在学龄期死亡。(5)成年型。无神经系症状，有肝、脾肿大，可长期存活。在骨髓中查到尼曼—匹克细胞：胞体大，大约直径20～90mm，细胞核1个，涌向1侧，胞浆充满小泡状脂类，胞浆蓝色或蓝绿色，像桑葚样的泡沫细胞。肝、脾、淋巴结活检，检到成堆成片的泡沫细胞，即可诊断。目前无治疗方法，可对症治疗。

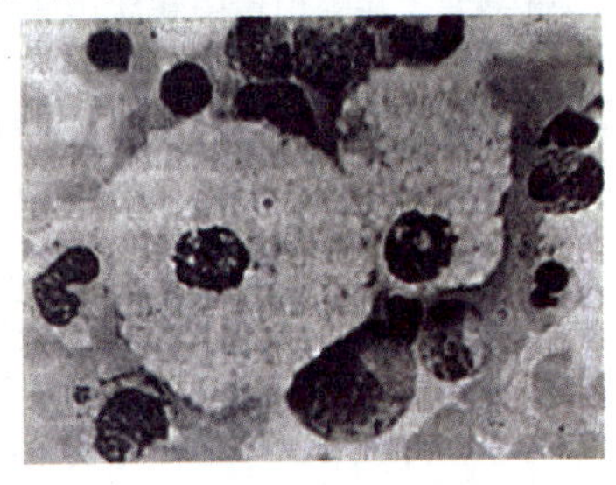

尼曼—匹克细胞

【尼帕病毒】(Nipah virus) 一种新型人、畜共患RNA病毒科病毒。属于副黏病毒科。能引起广泛的血管炎。感染者有发热、严重头痛、角膜炎等症状，给人及动物带来严重危害。是继英国疯牛病、台湾岛猪口蹄疫、香港禽流感后，又一引起世界各国广泛关注和恐慌的人、畜共患病。从公共卫生角度出发，本病应引起医学和畜牧兽医界人士的高度重视。尼帕病毒是多型的。病毒颗粒大小为120～500nm。由包膜及丝状的核衣壳组成。包膜含有两个转膜蛋白：细胞受体结合蛋白(G：糖蛋白；H：血细胞凝集素；HN：血细胞凝集素/神经氨酸酶)和一个分开的融合蛋白。该病毒体外相当不稳定，对热和消毒药物抵抗力不强，加热56℃，30min即被破坏；用肥皂等清洁剂和一般消毒剂很容易灭活。

【泥河湾动物群】(Nihewan fauna) 又称长鼻三趾马－真马动物群。华北地区更新世早期以河北阳原泥河湾更新统下部所发现的化石群为代表的一个哺乳动物群。重要化石代表除中国长鼻三趾马、三门马外，还有古板齿犀、裴氏板齿犀、梅氏犀、泥河湾剑齿虎、后期剑齿虎、桑氏鬣狗、德氏后裂蹄兔、步氏大角鹿、中国古野牛、李氏野猪、直隶狼、狐、纳玛古象、平额原齿象等。在山西榆社、河南三门峡等地也有类似发现。本动物群的各个属，一个部分是新近纪残留的，一部分是第四纪新生的。目前它们中有些已经绝灭：前者如后裂蹄兔、三趾马属、剑齿虎属；后者如长鼻三趾马属、直板齿犀、古菱齿象属。新近纪出现的现生属有犬属、猪属、狐属等及仅在局部地区残留的鬣狗属、角鹿属、轴鹿属等。第四纪初期出现的现生属有额鼻角犀属、犀属、象属、马属和羊属等。泥河湾动物群中的各个种，除个别是新近纪残留种外，几乎全部是第四纪初期出现的新种。从动物的生态类型来看，本动物群是一种温带森林草原型动物群。

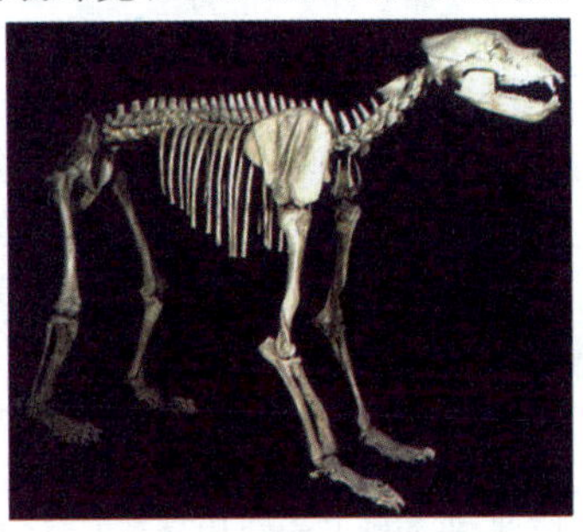

泥河湾动物群化石

【泥浆】(mud fluid) 由黏土作固体相分散在液体(水或油)中形成的胶体溶液(或悬浮液)。钻探作业中最主要的钻井冲洗液。按分散介质的不同可分为水基泥浆和油质泥浆。钻探工程中主要使用水基泥浆，即在清水中加入固相含量为2%～20%的黏土，充分搅拌后形成高度分散的胶体溶液(又称溶胶，指粒径1～100nm间的溶质质点分散于介质中所形成的多相体系)。由于黏土在水中具有很强的活性，使泥浆表现有密度(单位体积物质的质量)、黏度(液体或液体状混合体流动难易的程度)、静切力(泥浆在静止状态下内部凝胶网状结构的强度)、动切力(又称屈服值，泥浆在循环状态下内部凝胶网状结构的强度)、失水量(渗入地层中的泥浆中的水量)与造壁性(形成泥皮、稳定钻孔孔壁)等性能。这些性能都能人为地予以调节和控制，以适应钻探施工中复杂的地质条件。按泥浆中添加剂成分和加量的不同可分为细分散淡水泥浆、粗分散抑制性泥浆、非分散低固相泥浆、泡沫泥浆、地热井及超深井泥浆等。

【泥盆纪】(Devonian Period) 地质年代中古生代第四个纪。“泥盆”一词来源于英国西南部的泥盆郡(Devonshire)。“泥盆”为日语音译。泥盆纪始于距今4.10亿年，延续约5 600万年。这一时期生物界发生了重大变化。海生动物笔石、三叶虫大量减少以至灭绝，腕足类中的石燕类极为发育。特别是无颌类和盾皮鱼类等鱼形动物大量繁殖，故泥盆纪又称为鱼类时代。植物界出现了原始石松类、原始楔叶类和原始真蕨类以及裸子植物。泥盆纪分为早、中、晚三个世。其代表符号为“D”。

【泥沙输移比】（sediment delivery ratio） 在一定时段内，通过沟道或河流某一断面的总输沙量与该断面以上流域总侵蚀量的比值。反映了从侵蚀源地到该断面泥沙沿程输移及沉积的变化量。在上游面蚀、沟蚀、重力侵蚀和河道侵蚀可以估算的情况下，如能确定输移比值，就可预报流域产沙量，为流域规划制定、治理措施配置以及沟道工程建设提供科学依据。影响输移比的主要因素，包括地质地貌、环境和人类活动等。如流域形状和沟道特征、地形和地面特征、地表组成物质的粒径与土壤结构、植被与土地利用情况等。计算输移比的核心是估算流域总侵蚀量。其计算方法是：当面蚀为主时，可以应用坡面侵蚀产沙模型；当面蚀及沟蚀均显著时，流域总侵蚀为面蚀、沟蚀和河道侵蚀线性迭加或用网格法来推算总侵蚀量。

【泥石流】（debris flow） 山区沟谷中由暴雨、冰雪融水等水源激发的、含有大量泥沙石块的特殊洪流。其形成必须同时具备三个条件：陡峻的便于集水、集物的地形地貌和丰富的松散物质，短时间内有大量的水资源。按其物质成分的不同可分为：(1)由大量黏性土和粒径不等的砂粒、石块组成的叫泥石流。(2)以黏性土为主，含少量砂粒、石块，黏度大，呈稠泥状的叫泥流。(3)由水和大小不等的砂粒、石块组成的叫水石流。泥石流对居民点、公路、铁路、水利水电工程、矿山等均会造成严重危害。中国是世界上泥石流多发的国家，遭泥石流危害的有近30个省区。泥石流的区域分布和发育程度受控于地质构造和地貌组合，爆发频率和活动强度受控于水源补给类型和动力激发因素，而泥石流的性质和规模则受控于松散物质储量的多少。人类活动向山区的迅速扩展，破坏了山体的稳定结构，加剧了水土流失，促使滑坡崩塌频起，也成为泥石流活动日趋频繁的重要原因。在空间上，泥石流主要分布在断裂构造发育、新构造运动活跃、地震剧烈、岩层风化破碎、山体失稳、不良地质现象密集、正负地形高低悬殊、山高谷深、坡陡流急、降雨集中并多局部暴雨、水土流失严重的山区，以及现代冰川覆盖的高山地区。在时间上，泥石流大都发生在较长的干旱年头之后，出现多雨或暴雨强度大的年份。就季节而言，泥石流多发生在降雨集中和冰川积雪消融期的6～9月份。就日际变化而言，则泥石流多发于午后至夜晚。根据泥石流形成的自然环境、类型与活动特点，可将中国泥石流划为六个分布区：(1)青藏高原边缘山区。是中国冰川泥石流最发育的地区。(2)横断山区和川滇山区。是中国降雨类泥石流最发育的地区。(3)西北山区。干旱少雨，泥石流暴发频率低，十几年几十年才发生一次。(4)黄土高原区。常出现坍塌滑坡，经暴雨激发而成为浓稠的泥流。泥流向两侧扩散能力有限，停积时表面平整。(5)华北和东北山区。有丰沛的地形雨，常发生凶猛的泥石流，有人称其为水石流。(6)中国东南部山区，指秦岭、大别山以南，云贵高原以东的南方山地。降水丰富，暴雨或台风来势凶猛，常引起泥石流泛滥成灾。

泥石流冲毁的教室

【泥石流侵蚀】（debris flow erosion） 泥石流冲刷沟道及其破坏和淤埋各种设施的过程。以冲、淤危害为特征。(1)泥石流在流通区运动过程中有冲有淤，以冲为主。泥石流暴发突然，流体的密度、黏度、流速、流量和冲击力皆大。冲毁农田、房屋或桥梁，造成严重灾害。对沟槽内稳定多年的堆积物能铲刮搬运，造成揭底冲刷，侵蚀深度可达2～30m。输出固体物质多达几十万立方米甚至上千万立方米。(2)泥石流出沟口后，挟带的固体物质在此停积，淤埋村镇、农田或其他设施，形成堆积区。其防治措施是：(1)建造防护工程。在泥石流潜在危害的河沟沿线修筑护坡、挡土墙、顺坝等建筑物，抵御泥石流的冲蚀、冲击和淤埋危害。(2)排导工程。用以改善泥石流流程的边界条件，使之按设计流路至预定场所停积。(3)拦挡工程。用以控制泥石流流量和总量，减少或防止对下游的危害。(4)造林种草。用以保护山坡，固定边岸，抑制泥石流发育。对泥石流流域的治理，需采取综合措施，以提高防治侵蚀的有效性。

泥石流侵蚀

【泥炭】（peat） 又称草炭、泥煤。植物遗体在饱含水的沼泽环境中形成的松软、富含水的有机质堆积物。是植物遗体在厌氧微生物作用下不完全分解形成的。在自然状态下，泥炭由不同比例的水、矿物质和有机质三部分组成。其中有机质是构成泥炭地质的主要物质成分，含量一般为40% ~70%。中国明确规定：有机质含量大于或等于30%、泥炭层厚度大于或等于0.30m的，可称为泥炭；而有机质含量在30%以下、泥炭层厚度小于0.30m的，则称为有机质土壤。泥炭外观呈褐色、黑褐色，具纤维状或疏松海绵状结构，密度通常在0.7 ~1.05g/cm^{3}之间，含腐殖酸和沥青质。泥炭是一种有机矿产资源，是制作有机复合肥料的原料，也是一些化学工业、医药工业提取腐殖酸类物质的重要原料，在能源紧缺地区，还被用作工业动力（火力发电）和民用燃料。

泥炭

【泥炭地学】（science of peatland） 又称泥炭地质学。研究泥炭与泥炭地（泥炭形成、堆积和赋存的地段）的学科。是在自然地理学、植物生态学、水文地质学、第四纪地质学等的基础上发展起来的一门新兴的边缘学科。其主要研究内容有：(1)泥炭的组成、性质和成因。(2)泥炭及泥炭地的科学分类和应用分类。(3)泥炭沼泽的发生、发展和变迁。(4)泥炭、泥炭沼泽形成控制因素，包括古地理、古气候的控制作用及古植被的演化。(5)泥炭沼泽的生物功能、气候功能、水文功能等自然功能的研究，泥炭沼泽对生存环境的作用。(6)泥炭矿床的形成环境、发育阶段及堆积过程。(7)泥炭资源评价及质量评价。(8)泥炭、泥炭沼泽的合理开发利用，以及资源和生态保护研究。

【泥炭化作用】（peatification） 又称生物化学煤化作用。高等植物遗体在泥炭沼泽（地表土壤经常过湿或有薄层积水的地段，其上生长着大量沼泽植物，其下则有泥炭的形成和积累）中经受复杂的生物化学和物理化学变化转变成泥炭的作用。是一个复杂的物理、化学变化过程。当堆积环境处于少水、多氧或空气流通的条件下，喜氧细菌、放线菌、真菌等大量繁殖。此时，植物遗体主要经受氧化分解作用，使其转变成比较简单、但化学性质活泼的有机化合物，如氨基酸、氨、葡萄糖、脂肪酸等，木质素则转变成芳香酸和脂肪族等化合物。随着沼泽覆水的加深或植物堆积物的增厚，沼泽底层因空气难以进入而变为弱氧化以致还原环境。在厌氧微生物的作用下，腐殖酸、沥青质在分解产物之间及与植物遗体之间的相互作用，导致腐殖酸、沥青质等新产物的生成，腐殖酸、沥青质脱水后就形成了泥炭。

【铌酸钾晶体】（potassium niobate crystal） 铁电性很强的钙钛矿晶体。光学品质因数、电光及光折变品质因数在所有氧化物晶体中都名列第一。该晶体化学性能稳定，非线性光学系数大，对半导体860nm激光直接倍频（101mW），已得到约40mW和430nm的蓝光。用铌酸钾倍频946nm获得473nm蓝光的小型全固态激光器正在商品化。广泛应用于激光倍频、电光调制、参量振荡及光折变等领域。

【拟等位基因】（pseudoallele） 完全连锁、控制同一性状的非等位基因。其特性是：表型效应相似，功能密切相关，在染色体上的位置又紧密连锁，可以通过交换而重组。它是由一个原始的基因通过一再扩增并发生突变而形成的，在生物进化上具有重要意义。弄清全部基因的位置、结构和功能，将为征服癌症、艾滋病、高血压、冠心病、糖尿病、痴呆和精神分裂症等多种病症铺平道路。

【逆温层】（temperature inversion layer） 又称逆转层。气温随高度升高而升高的大气层。逆温层中密度大的冷空气位于下层，妨碍空气垂直对流，气层全部处于稳定状态。其结果是导致下层大气中的污染物停滞在低层空气中，加重了环境污染的程度。

【逆向水系】（backward drainage） 在同一流域中支流方向和主流方向不一致的河流水系。一般情况下，同一水系的河流主流和支流的流向都会以一个小于90°的角度流向主流且与主流相交。可是也有一些河流的某些支流或所有支流却是以大于90°的角度流向主流并与主流相交，形成逆向水系。最典型的逆向水系当数中国西藏的雅鲁藏布江：除了多雄藏布和尼洋河外几乎所有的主要支流比如年楚河、拉萨河、帕隆藏布江等都以相逆方向流向和交汇于主流。逆向水系的形成主要与区域性地质构造有关。雅鲁藏布江逆向水系的形成有人曾经推测说是在地质历史上雅鲁藏布江本来是由东向西流，当拉萨河等支流格局形成后，由于第四纪早期喜马拉雅山脉的快速隆起导致了主流河谷的倒置而形成目前的逆向水系奇观。

【逆行轨道】（retrograde orbit） 见顺行轨道。

【逆转录】（reverse transcription） 又称反转录。以RNA为模板合成DNA的过程。以RNA为模板，以四种dNTP为原料在逆转录酶的催化下，合成与RNA互补的DNA。逆转录酶是一种依赖RNA的DNA聚合酶。属于多功能酶。它存在于RNA病毒（又称逆转录病毒）中。其主要功能是：(1)以病毒的基因组RNA为模板，催化dNTP聚合生成DNA互补链，产物是 RNA/DNA 杂化双键。(2)杂化双键中的 RNA 被逆转录酶中具有 RNA 酶活性的组分水解，被感染细胞内的酶活性也有助于水解 RNA 链。RNA 链被水解后剩下的单链 DNA 再作为模板，由逆转录酶催化合成其互补链。

【逆转录病毒】(retrovirus) 复制以 DNA 为中间体，由逆转录酶催化，通过逆转录作用使病毒 RNA 转变成双链 DNA 的 RNA 病毒。分为三类：(1)致瘤病毒。可以导致癌症如白血病等。(2)慢病毒。可以导致慢性病如艾滋病等。(3)泡沫病毒。不导致疾病。除了致病作用外，在生物学研究中逆转录病毒可以有效地整合入靶细胞基因组并稳定持久地表达所带的外源基因，其在对付遗传性疾病、减缓肿瘤发展、战胜病毒性感染和终止神经系统退行性病变等方面都会有广阔的应用前景。其原理是：(1)在大多数情况下，逆转录病毒的肿瘤基因都能够在细胞中转录，说明逆转录病毒有可能是一种天然的转录因子。同时，根据这种特性，可以在正常细胞中进行操作，将其改建为有用的动物基因转移载体。(2)逆转录病毒的寄主范围相当广泛，包括无脊椎动物，其中有的还能够在人体细胞中生长。(3)逆转录病毒不但感染效率高，而且通常不会导致寄主细胞的死亡。被它感染的或转化的动物细胞能够持续许多世代，保持正常生长和保持病毒感染性的能力。

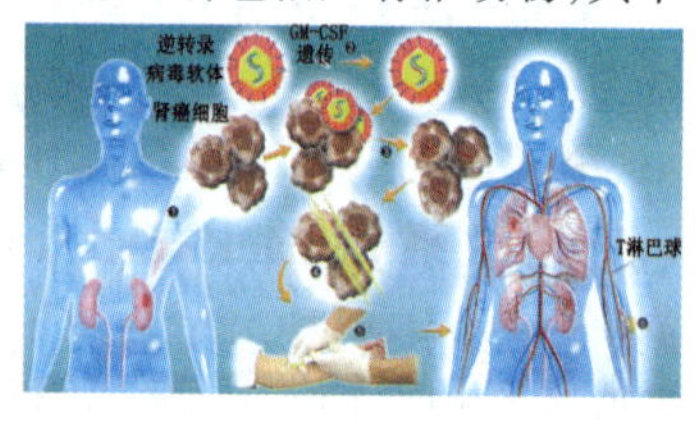
逆转录病毒

【逆转录酶】(reverse transcriptase) 以 RNA 为模板合成 DNA 的酶。当 RNA 致癌病毒进入宿主细胞后，其逆转录酶先催化合成与病毒 RNA 互补的 DNA 单链，继而复制出双螺旋 DNA，并经另一种病毒酶的作用整合到宿主的染色体 DNA 中。整合的 DNA 可能潜伏数代，待遇适合的条件时被激活，利用宿主的酶系统转录成相应的 RNA，其中一部分作为病毒的遗传物质，另一部分则作为 mRNA 翻译成病毒特有的蛋白质。最后，RNA 和蛋白质被组装成新的病毒粒子。在一定的条件下，整合的 DNA 也可使细胞转化成癌细胞。提纯后的逆转录酶，可作为合成某些特定 RNA 的互补 DNA 的工具酶，也可用于 DNA 的序列分析和克隆重组 DNA。

【逆作法】(reverse construction) 地面上、下同时施工的技术。一项近几年发展起来新兴的基坑支护工艺。是高层建筑多层地下室和其他多层地下结构的有效施工方法。先沿建筑物地下室轴线或周围施工地下连续墙或其他支护结构，以及建筑物内部的有关位置浇筑或打下中间支承桩和柱，作为施工期间于底板封底之前承受上部结构自重和施工荷载的支撑。然后施工地面一层的梁板楼面结构，作为地下连续墙刚度的支撑，随后逐层向下开挖土方和浇筑各层地下结构，直至底板封底。由于地面一层的楼面结构已完成，为上部结构施工创造了条件，所以可以同时向上逐层进行地上结构的施工。如此地面上、下同时进行施工，直至工程结束。逆作法分为全逆作法、半逆作法、部分逆作法和分层逆作法。

逆作法施工

【匿名文件传输协议】(anonymous file transfer protocol) 在匿名情况下实现在本地和远程计算机之间传输文件的一种方法。其功能是：有效地帮助网站的拥有者提供文件或软件供网络上的用户下传。其特点是：(1)对任何用户敞开。(2)用户权限低，一般只能下载文件而不能上传或修改。它是人们实现现代信息资源共享的一种方式。

【年发电量】(annual output of power plant) 从电站发电机母线年送出的电量的总和。作为水电站的特征值指标，一般指多年平均发电量，电站年发电量的数学期望值。年发电量综合地表示电站的能量效值。水电站的年发量决定于河流的径流特性，以及水电站的利用水头、装机容量、调节性能、机组效率及系统运行特性。当水电站的建设方案确定以后，其年发电量，主要决定于当年的来水分配以及水库运行方式。来水比较均匀或水库调节性能较好的水电站，每年的发电量差别较小，有利于电力系统的运行。年径流变化较大或调节性能较差的水电站，其枯水年与丰水年的发电量相差较大，影响水电站效益的发挥。

【年糕】(rice cake) 以糯米粉和粳米粉为主要原料，经糖渍、蒸制而成的糕状食品。寓意着人们的工作和生活一年比一年提

年糕

高。有糖年糕、猪油年糕等。有黄、白两色,象征金银。年糕讲究选料、调制、花色、造型和口味。

【年龄组死亡概率】(probability of death in agegroup) X 岁尚存者在今后 i 年内死亡的可能性。记为:

$$q_x = \frac{i \times m_x}{1 + (i - a_x) \times m_x}$$

其中 m_x 是年龄组死亡率,a_x 为每位死亡者的平均存活年数。在完全寿命表中每一个年龄组的平均存活年数设为 0.5;在简略寿命表中组距为 5 的年龄组平均存活年数设为 2.5。年龄组死亡概率越大,说明处于该年龄组人群的死亡风险也越大。0 ~ 1 组死亡概率由专项调查所得的死亡率代替,最后一组的死亡概率为 1。在绘制死亡概率曲线时,一般用半对数线图表示,横坐标为年龄,纵坐标为年龄组死亡概率的对数。

【年龄组死亡率】(mortality rate) 某年龄组的实际死亡人数(D_x)与该年龄组人口数(P_x)之间的比值。记为 m_x。是根据实际人口和死亡数据计算出来的。反映某地某个年龄组死亡发生的强度。与年龄组死亡概率之间有密切的数量关系。将年龄组死亡率转化为死亡概率是编制寿命表的关键。

【年轮】(annul ring) 树干的横截面上颜色深浅分明的同心圆环。一般指一年内木材和树皮生长层而言。一个年轮内可以仅包括一个生长轮或两个以上的生长轮。一个年轮内只包括一个生长轮者,年轮等于生长轮;一个年轮内有两个或两个生长以上的生长轮者,前者称双轮,后者称复轮。

年轮

如柑桔属茎中的形成层每年有三次活动高峰,因此一年能产生三个年轮。年轮是树木在生长过程中受季节影响形成的,通常一年形成一个圆环,即一年产生一轮。每年春季,气候温和,雨量充沛,树木生长很快,形成的细胞体积大,数量多,细胞壁较薄,材质疏松,颜色较浅,称为早材或春材;而在秋季,气温渐凉,雨量稀少,树木生长缓慢,形成的细胞体积小,数量少,细胞壁较厚,材质紧密,颜色较深,称为晚材或秋材。同一年的春材和秋材合称为年轮。第一年的秋材和第二年的春材之间,界限分明,成为年轮线,表明树木每年生长交替的转折点。因此从主干基部年轮的数目,就可以了解这棵树的年龄。生长在温带地区和有雨季、旱季交替的热带地区的树木才有年轮,而生长在四季气候变化不大的地区的树木则 年轮不明显。在树木的年轮上,蕴含着大量的气候、天文、医学和环境等方面的历史信息。同时,在历史考古、林业研究、地质和公安破案等方面,年轮也起着重要的作用。

【年轻恒牙】(young permanent teeth) 刚萌出不久而牙根未完全形成的牙齿。其牙髓组织不仅具有营养和感觉功能,而且和牙齿的发育有密切关系。牙齿萌出后,牙根的继续发育有赖于牙髓组织。由于牙髓血液循环只能通过细小的根尖孔运行,缺乏侧支循环,一旦受到感染和损伤不易逆转,因此在 20 世纪 30 年代以前很多学者认为牙髓一旦暴露是不能恢复健康的,于是拔掉了很多目前认为完全可以保留的牙齿。根尖诱导成型术首先由 Kaiser1960 年在美国牙髓病年会上提出,他报告了用 CH 诱导根尖形成并提出根尖诱导成形术的概念。1966 年 Frank 等学者作了大量研究,并认为:感染一经控制,牙根可再度形成,牙骨质可沉积于根端,封闭根尖孔。此过程只有在没有炎症的的条件下才有可能进行。后来经过大量的临床实践,随着技术和药物的改进,人们逐渐认识到牙髓组织和机体任何组织一样,只要去除有害因子,牙髓组织确实具有明显的修复能力。因此,保存生活牙髓应是年轻恒牙的首选治疗。牙根未发育完全的年轻恒牙的根管口形态:喇叭口状、管壁平形状、管壁内聚状。

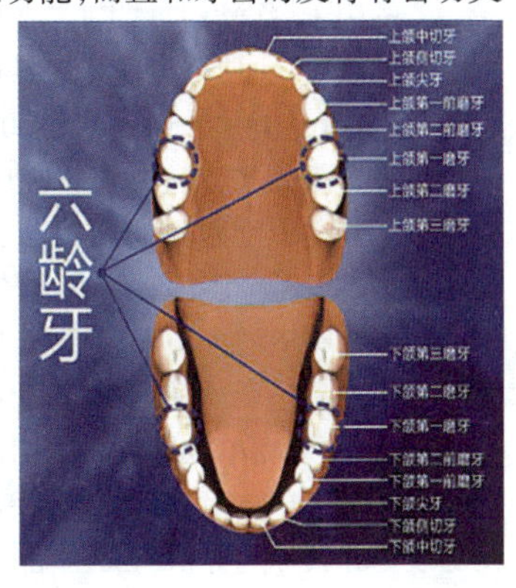

年轻恒牙

【黏蛋白】(proteoglycan) 又称蛋白多糖。由蛋白质和黏多糖通过共价键连接而成的大分子化合物。是由蛋白质分出许多糖链,分支处是和丝氨酸或苏氨酸的羟基以糖苷键所形成的化合物组成的主体,糖含量常超过蛋白质部分。存在于骨、软骨及其他结缔组织中。与保护、黏合等生理功能有关。

【黏度】(viscosity) 材料性能参数。流体分子间因相互吸引而产生阻碍分子间相对运动能力的量度。流体(液体或气体)在流动中所产生的内部摩擦阻力。其大小由物质种类、温度、浓度等因素决定,随温度和压力的变化而急剧变化。可分为:(1)动力黏度。(2)运动黏度。(3)相对黏度。三者有本质区别，不能混淆。

【黏度指数改进剂】(viscosity index improver) 能增加油品黏度和提高油品黏度指数的高分子化合物。常用的黏度指数改进剂有聚异丁烯、聚甲基丙烯酸酯、乙烯/丙烯共聚物、苯乙烯与双烯共聚物和聚乙烯正丁基醚等。这类改进剂不仅能改善油品的黏温性能，提高油品的黏度指数，而且还具有降低燃料消耗、维持低油耗及提高低温启动性的作用。广泛用于内燃机油料中，主要用于生产多级汽柴油机油，另外液压油和齿轮油也有使用。

【黏多糖】(mucopolysaccharide) 又称糖胺聚糖。是含氮的多糖。是构成细胞间结缔组织的主要成分。是组织细胞间的天然黏合剂。广泛存在于哺乳动物的各种细胞内。常含有硫酸、醋酸基团。重要的黏多糖有硫酸皮肤素、硫酸类肝素、硫酸角质素、硫酸软骨素和透明质酸等。这些多糖都是直链杂多糖，由不同的双糖单位重复联结而成。人体和动物的生长、组织修复、抗菌、抗炎、抗过敏、成骨、组织老化、动脉硬化和胶原病等都与黏多糖密切相关。

【黏多糖病】(mucopolysaccharidosis) 因先天性黏多糖代谢障碍使体内各组织细胞内贮存过量的黏多糖所致的疾病。婴儿初生时正常，从六个月至两岁时开始出现症状。其临床表现是：患儿身材较矮，进行性智力低下，皮肤粗厚，毛发干，眼距宽、鼻梁下陷，舌大，常伴有听力障碍，肝脾肿大，头大且方，手指粗而短。X线检查可见全身骨骼骨化过度，蝶鞍扩大，颅缝闭合过早，肋骨的近端窄而远端宽，形如飘带。患儿尿中黏多糖增加。因为是代谢性遗传病，目前尚无有效治疗措施。报道中国有用异体造血干细胞植入的方法初步治愈患儿的病例。

【黏附分子】(adhesion molecule) 一类能介导免疫细胞与内皮细胞相互作用的糖蛋白分子。在炎症反应、细胞移动、免疫细胞的定位、免疫识别、免疫活性细胞的活化以及对于细胞外基质的识别等方面都有重要作用。按其分子结构和免疫效应的不同可分为3类。(1)选择素家族。这类黏附分子与T细胞黏附于内皮细胞的过程有关。是一种具有特殊结构的穿膜糖蛋白。(2)整合素家族。包括由α链和β链所组成的异二聚体糖蛋白。其中β_2－整合素涉及细胞与细胞间的黏附，而β_2、β_2－整合素则主要和细胞外基质与细胞间的黏附有关。(3)免疫球蛋白超家族。这类黏附分子均具有与免疫球蛋白相似的分子结构和相似的V区、C区同源功能区。T细胞与内皮细胞的黏附过程大致可以分为四个阶段：(1)起始阶段。主要是通过细胞间的相撞而产生微弱的不稳的黏附。(2)诱发信号产生阶段。只有当接受了相应的刺激信号时，静止T细胞上的黏附分子才可介导强而有力的黏附。(3)淋巴细胞与内皮细胞的强粘黏附。一旦黏附分子(主要为整合素)的功能被激发，将成为T细胞黏附至内皮细胞的主力，形成它们之间强的黏附，迅速地使流动的T细胞停止运动。(4)牢固黏附于内皮细胞上的白细胞，可通过内皮细胞间隙移行至周围组织内。

【黏附选矿】(coherent separation) 又称油脂选矿。利用不同矿物对黏附剂油脂的黏附性差异而进行分选的选矿方法。多用于金刚石选矿。目前常用的黏附法选矿是将矿物表面先进行处理，再用各种适应的溶液洗涤，即人工造成不同的表面黏附性能，然后与黏附剂接触，有的被黏附，有的不被黏附，从而达到矿物分离的目的。

【黏合纺纱】(conglutinate weaving) 蒸汽处理使纤维活化并经烘干定型后输出卷筒的无捻纺纱工艺。喂入混有7.5%的聚乙烯醇的黏合纤维条子，先在干燥状态下进行预牵伸，接着在假捻喷嘴上对条子给湿，并在湿态下进入主牵伸区。从牵伸机构输出的须条由第二假捻喷嘴给以蒸汽处理，使黏合纤维活化，并使须条成为具有一定强力的纱，最后通过烘燥机构定形后，输出并卷绕成筒。黏合纺纱流程短，成本高。

【黏胶短纤维后处理联合机】(viscose fiber post-processing joint machine) 除去黏胶纤维在纺丝成型过程中所生成的部分硫黄杂质的联合装置。黏胶纤维是一种再生纤维，一般是木纤维和棉短绒经化学反应后制成纺丝原液再纺成丝。在纺丝成型过程中，在纤维素得以再生的同时，生成了部分硫黄等杂质黏附在纤维上，需用该设备除去。

【黏胶纤维】(viscose) 以天然纤维素为基本原料，经纤维素磺酸酯溶液纺制而成的再生纤维素纤维。采用不同的原料和纺丝工艺，可以分别得到普通黏胶纤维，高湿模量黏胶纤维和高强力黏胶纤维。普通黏胶纤维的截面为锯齿形皮芯结构，纵向平直有沟槽。而富纤无皮芯结构，截面呈圆形。普通黏胶纤维具有一般的物理机械性能和化学性能。分为棉型、毛型和长丝型，俗称人造棉、人造毛和人造

人造棉

丝。黏胶纤维吸湿性好，易染色，抗静电，制成织物穿着舒适，但强度低。特别是湿强度只有干强度的60%，伸长率达到20%，尺寸稳定性差，故常与合成纤维混纺以改善其性能。高湿模量黏胶纤维具有较高的聚合度、强力和湿模量，湿态下强度可达4.0cN/dtex，且湿伸长率不超过15%。如中国早期所称的富强纤维，日本的虎木棉或波里诺西克等。高强力黏胶纤维具有较高的强力和耐疲劳性能。

【黏结钕铁硼磁体】(bonded Nd-Fe-B magnet) 由钕铁硼黏结而成的一种永磁体。既具有可塑性又有很高的磁性能的复合性永磁体材料。其尺寸和重量比烧结钕铁硼磁体优越，尺寸精度高，形状自由度大，相对密度小，易批量生产。主要用于主轴电机，已占整个应用领域的90%。

【黏弹性】(viscoelasticity) 材料同时具有黏性和弹性，且其变形取决于温度和变形速率的特性。高聚物材料力学性能的一个重要特性。理想的弹性固体服从虎克定律，即在形变很小时，应力与应变成正比。而理想的黏性液体服从牛顿定律，即应力与应变速率成正比。高聚物材料的形变性介于弹性材料和黏性材料之间，应力同时依赖于应变和应变速率。这种组合了固体弹性和液体黏性两者特征的行为，称为黏弹性。如这种组合服从虎克定律和牛顿定律，称为线形黏弹性；如这种组合不服从虎克定律和牛顿定律，则称为非线形黏弹性。高聚物材料的力学行为强烈地依赖于温度和外力作用的时间，由其长链分子运动的松弛特性所决定。黏弹性宏观表现为高聚物的蠕变、应力松弛等现象。

【黏土心墙坝】(embankment dam with clay core) 以坝体中部设置的黏性土心墙作为防渗体的土石坝。黏土心墙的上、下游坝壳为堆石、砂砾(卵)石、风化石渣或半透水砂性土等。心墙与坝壳之间以砂、碎石作为反滤过渡层，下游设排水体。

黏土心墙坝

【黏土岩】(clay rock) 又称泥质岩。粒径小于0.0039mm、含大量黏土矿物的沉积岩。由母岩风化后所形成的极细粒碎屑物呈悬浮状态，经长途搬运后沉积下来。疏松的称为黏土，固结的称为黏土岩。黏土岩因质点极细，肉眼与显微镜下均不能准确鉴定其矿物成分，需要在电子显微镜等精密仪器下进行深入的研究。

【黏性阻尼】(viscous damping) 振动系统的运动受大小与运动速度成正比而方向相反的阻力所引起的能量损耗。黏性阻尼发生在物体内振动而产生形变的过程中。物体振动时，部分振动能量损耗在材料内部的黏性内摩擦作用上，并被转换为热能。在实际的振动系统中，除黏性阻尼外，还有干阻尼(例如轴承内或零件接合处的摩擦作用)等其他能量损耗。但在振动很大的情况，黏性阻尼引起的损耗占优势。这时振动振幅按时间的几何级数规律衰减。

【捻度】(twist) 单位长度内纱线上的捻回数。其表示方法有号数制、英支制和公支制三种。号数制捻度以10cm长度内的捻回数表示；英支制捻度以1in长度内的捻回数表示；公支制捻度以1m(或10cm)长度内的捻回数表示。

【捻股机】(strand rope machine) 将钢丝捻制成钢丝绳中的股的设备。按其结构的不同可分为：筐篮式、管式机、双捻机和跳绳机。筐篮式捻股机的筐篮内一般有6个工字轮线架，工作时自转并随着筐篮公转，形成螺旋状，在成型工具内将多根已成螺旋状的钢丝包捻在股芯钢丝上成为股。最常用的是管式捻股机。由一节或数节筒体组成机体。载线工字轮在机体内沿中心顺序排列，在管壁上开有许多用来更换工字轮的窗口。工字轮放线时始终保持水平状态。筒体的高速旋转与牵引装置产生的直线牵引相配合，使钢丝产生螺旋线缠绕和股的直线运动，钢丝沿着管壁内缘或外缘的导线管，通过预变形器到达捻合点即压线瓦，捻制成具有一定捻距的股。管式捻股机操作方便，适合捻制大部分股，特别是线接触钢丝绳股和钢绞线的捻制。其转速达400～5 000r/min，可装6～36个工字轮的捻股机，能够同时捻制出股芯钢丝外面1～3层钢丝的股。捻股生产线由股芯钢丝放线装置、捻股机、压线瓦、牵引轮和收线装置组成。为了适应高效生产的需要，开发了无管式捻股机，没有了筒体，转动惯量更小，转速一般为1 000～6 000r/min，最高达10 000r/min。无管式捻股机分为两种，一种是双捻机，用来生产小规格的线接触钢丝绳和钢帘线。另一种是跳绳式捻股机，用来生产绞线。以弓形板代替管式筒体，起导线作用，围绕摇篮转动，产生类似跳绳的

捻股机

运转,可装3~12个工字轮。

【捻系数】(twist coeffcient) 表示不同粗细纱线加捻程度的数据。纱线上应加捻度的多少,随着纱线细度的不同而改变,纱线越细,加捻越多;纱线越粗,加捻越少。对于粗细不同的纱线,捻度不能直接用来比较它们加捻的程度。生产中常采用捻系数来表示不同粗细纱线的加捻程度。其捻系数可分为号数制和支数制两种。

$$号数制捻系数=号数制捻数\times\sqrt{号数}$$

$$支数制捻系数=\frac{支数制捻数}{\sqrt{支数}}$$

【碾压混凝土坝】(roller compacted concrete dam) 采用超干硬性的混凝土经碾压建成的坝体。将土石坝碾压设备和技术应用于混凝土坝施工的一种新型坝。与常规混凝土坝比较,具有以下主要特征:(1)采用坍落度接近于零的超干硬性混凝土修筑坝的主体。(2)采用自卸汽车或皮带输送机运送熟料上坝。(3)浇筑时不分缝分块,不设冷却水管。采用大面积铺填,推土机平仓,振动碾压实等工艺,有的用振动切缝机造横缝。该坝施工简单,水泥和模板用量少,施工速度快,工程费用低。即使加上防渗等设施的投资,仍比常规混凝土坝造价低廉。

碾压混凝土坝

【念珠菌病】(candidosis) 由念珠菌属,尤其是白色念珠菌引起的一种真菌病。该菌既可侵犯皮肤和黏膜,又能造成内脏和各系统的深部感染。是目前发病率最高的深部真菌病之一。念珠菌不仅广泛存在于自然界,而且也可以寄生在正常人体皮肤,口腔、胃肠道、肛门和阴道黏膜上而不发病。是一种典型的条件致病菌。促使该病发生的因素很多,如糖尿病、肺结核、肿瘤、严重烧伤和脏器移植等。患者均因机体抵抗力降低而发生念珠菌感染。长期大量应用广谱抗生素可出现菌替代现象或菌替代症;长时间应用皮质类固醇激素和免疫抑制剂造成机体免疫功能下降而有利于念珠菌的感染。除上述因素外,外源性念珠菌病可由接触外界菌体而感染。如男性念珠菌性龟头包皮炎,往往是其性伴侣有念珠菌性阴道炎传染所致;哺乳期妇女的乳头皮肤念珠菌病,多数来自患有鹅口疮的婴儿,或因本身患念珠菌性阴道炎所致;双手经常浸水的职业,如接触了念珠菌,也容易引起本病。按其感染部位的不同,临床上可分为如下几种类型:(1)皮肤念珠菌病。念珠菌性擦烂红斑好发于皮肤皱褶部位,如臂沟、腹股沟、颈前、乳房下、腋窝、脐窝和阴唇。表现为红斑糜烂。常见于糖尿病,肥胖及多汗的患者。(2)黏膜念珠菌病。①念珠菌性口炎,俗称鹅口疮,多见于婴幼儿或重症疾病的晚期。好发于口腔黏膜、舌面、咽喉、齿龈及唇。②口角炎,发生于口角。单侧,也可对称。若伴有维生素B_2缺乏时,更易诱发该病。③阴道炎。患者白带增多,呈水样且混有豆渣样物质。(3)内脏念珠菌病。临床上多见于身体抵抗力降低,特别是长期应用抗生素或皮质类激素的患者。较为常见的有念珠菌性肠炎。随着现代医学的进步,各种脏器移植术、心脏外科以及各种导管技术的开展,本病发病率有日益增高的趋势。

【酿造醋】(fermented vinegar) 以淀粉质、糖质、酒质为原料,经过发酵酿制而成的醋。按其原料的不同可分为:粮食醋、麸醋、薯干醋、糖醋、酒醋。根据酿造用曲的不同可分为:麸曲醋、大曲醋、小曲醋。根据发酵工艺的不同可分为:固态发酵醋、液态发酵醋、固稀发酵醋。原料的不同、用曲的变化、酿造工艺的差异,导致了食醋各具风格。其特点是:(1)呈浓稠液体,无沉淀。(2)含有乙酸乙酯、乳酸乙酯等14种发酵香味成分,营养丰富,醋香浓郁,气味柔和。(3)有鲜有甜,口味醇和,酸味在舌尖能滞留较长时间。其营养价值和香醇味远远超过配制食醋。具有调味、保健、药用和医用等多种功能。

酒醋

【酿造酱油】(fermented saucer) 以大豆或脱脂大豆、小麦或麸皮等为原料,经微生物发酵制成的液体调味品。生抽和老抽都属于酿造酱油。生抽是以优质的大豆、小麦为原料,经发酵成熟后提取而

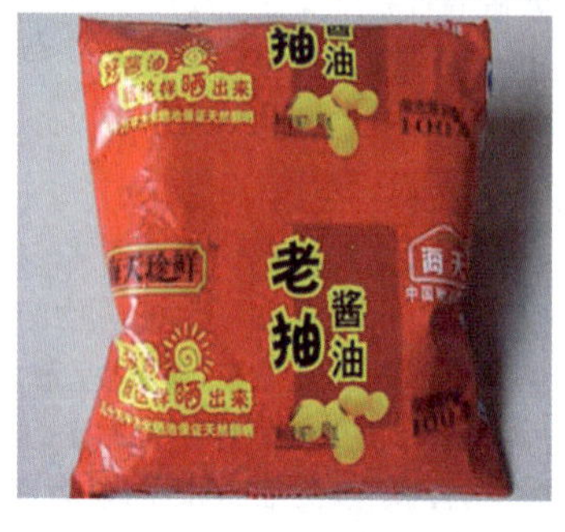

酿造酱油

成,并按提取次数的多少分为特级、一级、二级和三级。氨基酸态氮含量分别大于或等于 0.8g/100mL、0.7g/100mL、0.55g/100mL 和 0.4g/100mL。氨基酸态氮是表明酿造酱油中大豆蛋白水解率高低的特征性指标。它是指以氨基酸形式存在的氮元素的含量。该指标越高表示蛋白质分解得越好。酱油中的氨基酸含量越高,鲜味越好。生抽用于提鲜。老抽是在生抽中加入焦糖,经特别工艺制成的浓色酱油,适合肉类增色之用。老抽较咸(酱油的含盐量高达 18% ~ 20%),用于提色。酿造酱油不仅质优味美,含有多种营养成分,而且还具有促进消化、提供活性酶、增加铁质、杀灭病菌、防癌和抗癌等保健作用。

【鸟氨酸循环】(ornithine cycle) 又称尿素循环、Krebs - Henseleit 循环。氨与二氧化碳通过鸟氨酸、瓜氨酸、精氨酸生成尿素的过程。早在 1932 年,德国学者 H. Krebs 和 K. Henseleit 根据一系列实验首次提出了鸟氨酸循环学说。其循环机制是:鸟氨酸首先与氨(NH_3)、二氧化碳(CO_2)结合生成瓜氨酸;瓜氨酸再接受 1 分子氨生成精氨酸;精氨酸在肝精氨酸酶的催化下生成尿素及鸟氨酸。只要氨来源充分,此循环即可周而复始运转,使体内氨的来源与去路保持动态平衡,使血氨浓度维持在很低的水平,一般不超过0.60μmol/L。在正常情况下,体内有毒的氨主要在肝中合成尿素而解毒;正常成年人经肾排出尿素占排氮总量的80% ~90%,只有少部分氨在肾以铵盐形式随尿排出。鸟氨酸循环中鸟氨酸所起的作用,与三羧酸循环中草酰乙酸起的作用类似。

【鸟巢】(Bird's Nest) 中国国家体育场。2008 年北京奥运会标志性建筑之一,主体育场。位于北京奥林匹克公园中心区南部。占地面积 $21hm^2$。建筑面积 258 000m^2。场内观众坐席91 000个,其中临时坐席约11 000 个。主体结构设计使用年限 100 年,耐火等级为一级,抗震设防烈度8 度,地下工程防水等级1 级。工程主体建筑呈空间马鞍椭圆形,南北长 333m、东西宽 294m,高 69m。大跨度屋盖支撑在 24 根桁架柱之上,柱距为 37.96m。主桁架围绕屋盖中间的井口放射形布置,有 22 榀主桁架直通或接近直通。钢结构大量采用由钢板焊接而成的箱形构件,交叉布置的主桁架与屋面及立面的次结构一起形成"鸟巢"的特殊建筑造型。主看台部分采用钢筋混凝土框架结构体系,与大跨度钢结构完全脱开,形式上呈相互围合,基础则坐在一个相连的基础底板上,屋顶钢结构上覆盖了双层膜结构。

鸟巢

【尿崩症】(diabetes insipidus) 血管加压素分泌不足或肾脏对血管加压素反应缺陷而引起的一组症群。其特点是多尿、烦渴、低密度尿和低渗尿。按病变部位的不同可分为中枢性尿崩症和肾性尿崩症。该病可见于任何年龄,通常在儿童期或成年早期发病。男女之比约 2∶1。多数病人均有多饮、烦渴、多尿、夜尿显著增多。一般尿量常大于4 升/天,呈持续低密度尿,尿密度小于 1.006,尿渗透压多数小于 450kPa(约 200mosm/kgH_2O)。口渴常很严重。

【尿常规】(urine routine) 关于尿液性质和成分的常规性检查项目。尿液来自血液,由肾脏产生,是机体代谢的产物。其理化性质和有形成分的改变,不仅与泌尿系统疾病直接相关,而且受机体影响血液成分改变的各系统功能状态的影响。尿常规检查的内容包括:尿液的颜色、透明度、酸碱反应、密度、蛋白定性、糖定性和沉淀物镜检等。正常尿液呈淡黄色、透明、弱酸性;密度波动于 1.015 ~ 1.025 之间,婴幼儿密度偏低;蛋白和糖定性试验阴性;镜下可见少量各种细胞等。尿液的检查可用于:(1)泌尿系统疾病的诊断和疗效观察。(2)职业病的辅助诊断。(3)安全用药的监护。(4)其他系统疾病的诊断等。

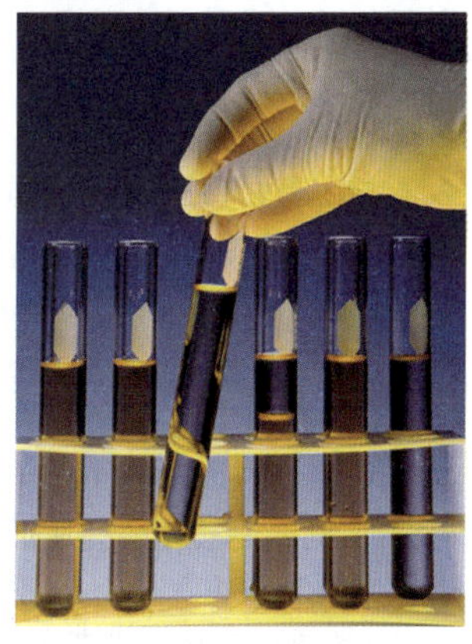

尿常规检测

【尿流率】(uroflowmetry) 单位时间内自尿道外口排出的尿量。反映下尿路贮尿、排尿的总体功能情况。检查仪器为尿流计。主要参数有最大尿流率、平均尿流率、排尿时间、尿流时间及尿量等。最大尿流率:男性为 20 ~ 25ml/s,女性 25 ~ 30ml/s。尿流率受到性别、年龄和排尿量等因素的影响。尿量在 200ml 以上时,测定的数值较准确;老年人随年龄增长,数值相应减低。异常情况见于:尿道畸形、前列腺增生、各种疾病导致神经源性膀胱功能障碍等。

【尿瘘】(urinary fistula) 生殖道与泌尿道之间形成的异常通道。按泌尿生殖道瘘发生部位的不同可分为:膀胱阴道瘘、膀胱宫颈瘘、尿道阴道瘘、膀胱尿道阴道瘘、膀胱宫颈阴道瘘以及输尿管阴道瘘,以膀胱阴道瘘最多见。有时可同时并存两种以上类型尿瘘。其病因有:(1)产伤。多因难产处理不当引起。(2)妇科手术损伤。多因手术时组织粘连误伤输尿管、膀胱。(3)其他。生殖器官肿瘤放射治疗后,晚期生殖器官或膀胱肿瘤等。其主要临床表现是:漏尿,由于尿液长期刺激皮肤,局部出现皮炎、灼痛、继发感染。尿瘘均需手术治疗。

【尿素循环】(urea cycle) 由四步酶促反应组成的、可以将来自氨和天冬氨酸的氮转化为尿素的循环。是发生在脊椎动物的肝脏中的一个代谢循环。其特点是:(1)合成主要在肝脏的线粒体和胞液中进行。(2)尿素分子中的两个氮原子,一个来自氨,另一个来自天冬氨酸,而天冬氨酸又可由其他氨基酸通过转氨基作用而生成。(3)尿素合成是一个耗能的过程,合成一分子尿素需要消耗四个高能磷酸键。尿素循环作用是排除体内的毒素。氨对机体特别是神经系统具有很强的毒性。人体主要通过肝脏中的尿素循环途径将具有毒性的氨分子转化为水溶性的、无毒的尿素,通过肾脏排出。

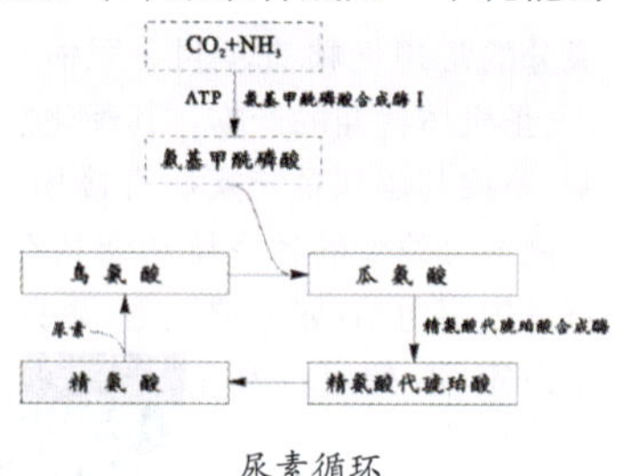

尿素循环

【尿酸】(uric acid) 人体内嘌呤分解代谢的最终产物。嘌呤核苷酸的分解代谢主要在肝、小肠及肾中进行。其过程与食物中核苷酸的消化过程类似。细胞内嘌呤核苷酸在酶的催化下,分解成游离的嘌呤碱,后者则最终被分解为尿酸,并随尿排出体外。正常人血浆中尿酸含量为0.12~0.36mmol / L,男性略高于女性。痛风症患者血浆尿酸含量升高,当超过0.48mmol / L时,由于尿酸的水溶性差,尿酸盐晶体即可沉积于关节、软组织、软骨、肾等处,而导致关节炎、尿路结石及肾疾病。痛风症多见于成年男性。其原因尚不完全清楚。目前已知有两种酶活性异常可导致痛风症:一是次黄嘌呤-鸟嘌呤磷酸核糖转移酶缺陷,致使嘌呤核苷酸补救合成障碍,继而引起体内游离的嘌呤碱增多;二是磷酸核糖焦磷酸(PRPP)合成酶活性升高,加快了嘌呤核苷酸的从头合成;此外,进食高嘌呤饮食(尤其服用核酸口服液)、体内核酸大量分解(如白血病、其他恶性肿瘤等)、肾疾病尿酸排泄障碍,均可导致血浆尿酸升高。临床上常用别嘌呤醇治疗痛风症。

【捏脊】(chiropractic therapy) 推拿方法名。用于治疗小儿疳积、遗尿、失眠、消化系统疾病。手法是首先使患者裸露背部,平卧,术者立于左侧背后,两手半握拳,两手食指抵于脊背上,用中指第二节与拇指夹起皮肉,自下向上两手交替,不间断地边推、边捶、边卷,自长强穴开始,沿着督脉向上,至大椎穴为止,每次捏3~6遍。为加强刺激,可在第4遍起加用提的手法,即捏拿的同时,间断用力向上提拉,使之发出“刮刮”的声音。最后用两指在肾俞加按并向外分抹3次。在治疗过程中亦可辨证用药内服或外用化痞膏贴脐。忌食螃蟹、蚕豆、醋以及不易消化的食物。对患有急性热病,有出血倾向,严重心脏病及背部皮肤有感染或浮肿者禁用。

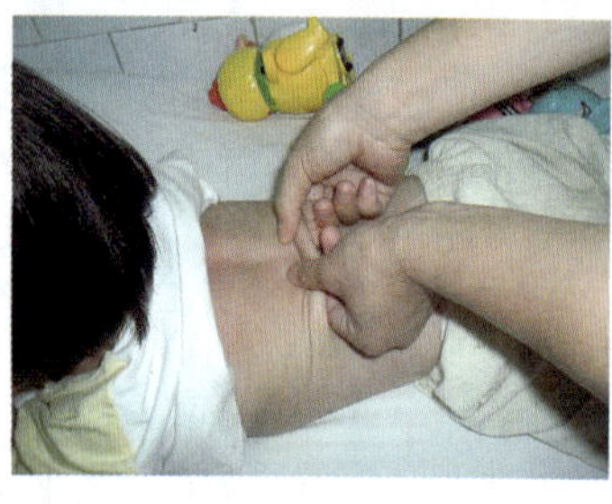
捏脊

【镍-铬-钼系耐蚀合金】(corrosion-resistant Ni-Cr-Mo alloy) 耐卤素腐蚀的镍—铬—钼合金系列产品。如国家标准GB/T15007—1994中之NS331、332及335~337系列品种,包括牌号为331的耐高温氟化氢、氯化氢气体及氟气腐蚀的合金、牌号为332的耐含氯的氧化— 还原介质腐蚀的合金、牌号为335~337的耐强氧化—还原介质腐蚀的合金。镍—铬—钼系合金广泛应用于化工、核能和有色冶金等行业。

【镍-铬系耐蚀合金】(corrosion-resistant Ni-Cr alloy) 具有良好抗高温氧化性能的镍—铬合金系列产品。如国家标准GB/T15007—1994中之NS331~315系列品种。NS315产品抗高温、高压以及抗水、氯化物应力腐蚀,常用于核电站热交换器;NS311产品用于核燃料生产中。

【镍基磁性合金】(magnetism nickel alloy) 含镍80%的镍铁系软磁合金。具有高的起始磁导率和低的矫顽力,并有高的磁导率。是电子工业中制造磁性元件的重要铁芯材料。广泛应用于各种通信数据交换机、电子变压器、音频变压器、漏电保护插头和漏电互感器。

【镍基高温合金】(nickel-base high temperature alloy) 以镍为基材(含镍50%左右)的奥氏体合金。使用温度为650~

镍基高温合金

1 100℃，是一种具有较高的强度和良好的抗氧化、抗燃气腐蚀能力的高温合金。可用于制作在高温下承受应力较高（大于10kg/mm²）的部件，如燃气轮机的涡轮叶片、涡轮盘等。

【镍污染】（nickel pollution） 重金属元素镍引起的环境污染。镍是银白色金属，坚硬，耐酸耐碱，在空气中不易被氧化。环境中的镍污染主要来自镍矿的开采和冶炼、合金钢生产加工过程、煤及石油燃烧时排放的烟尘，电镀镍的生产过程等。镍及其盐类虽然毒性较低，但作为一种具有生物学作用的元素，镍能激活或抑制一系列的酶如精氨酸酶、羧化酶等而引发毒性。动物吃了镍盐可引起口腔炎、牙龈炎和急性胃肠炎，并对心肌和肝脏有损害。镍及其化合物对人皮肤黏膜和呼吸道有刺激作用，可引起皮炎和气管炎，甚至引发肺炎。镍还有积蓄作用，在肾、脾、肝中积蓄最多，可诱发鼻咽癌和肺癌。

【颞下颌关节脱位】（dislocation of condyle） 下颌骨髁突运动时超越正常限度，脱出关节窝以外而不能自行复回原位的一种病理状态。按其部位的不同可分为单侧或双侧脱位；按其性质的不同可分为：急性、复发性和陈旧性脱位；按其髁突脱出方向、位置的不同可分：前方、后方、上方以及侧方脱位。临床上以急性和复发性前脱位较常见。其脱位方向、位置由打击的力量和方向决定，并常伴有下颌骨骨折和颅脑损伤症状。对于伴有咀嚼肌紊乱或关节结构紊乱的患者，当突然张口过大，如大笑、打呵欠、或因张口过久，如作口咽部检查或手术时，使用开口器过度，使翼外肌持续收缩把髁突过度地向前拉过关节结节，闭颌肌群发生反射性痉缩，使髁突脱位位于关节结节之前上方，而不能自行复回原位。其临床表现是：病员出现下颌运动异常，呈开口状态而不能闭合。语言不清，唾液外流，咀嚼、吞咽困难。下颌前伸，面形相应变长。触诊时耳屏前可扪到凹陷区。单侧前脱位时，下颌微向前伸，颏部中线偏向健侧，健侧后牙呈反𬌗。其治疗方法是：（1）急性脱位，及时复位和复位后固定下颌20天，限制下颌运动。复位方法有口内法和口外法。（2）复发性脱位，为防止再脱位的发生，可以注射硬化剂。若无效，可以采用手术治疗，如关节结节增高术、关节囊紧缩及关节结节凿平术等。（3）陈旧性脱位，一般以手术切开复位为主。

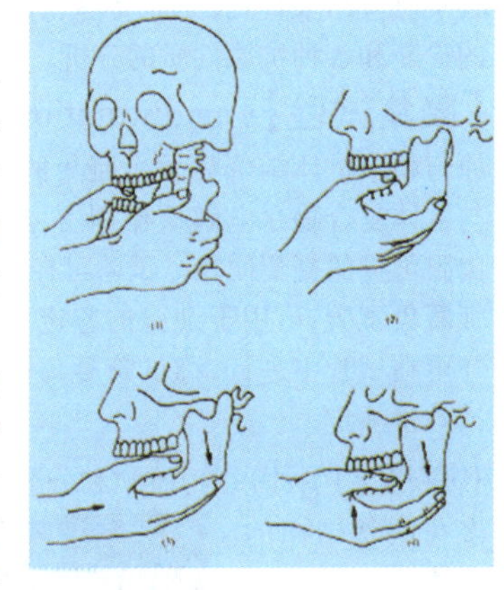
颞下颌关节脱位整复法

【颞下颌关节紊乱症】（temporomandibular disorders） 以颞下颌关节区疼痛、异常关节音及下颌运动功能障碍为主要特征而又不属于风湿等其他临床上或病理上诊断明确的一类颞下颌关节病的总称。颞下颌关节功能紊乱在人群中的发病率为23.53%～75%，是口颌系统的常见病、多发病，发病率随年龄增大而有下降趋势，常有自限性。其致病因素复杂，如神经性疾病、代谢性疾病、心因性疾病、骨结构异常、错𬌗畸形等以及寒冷刺激、咬物损伤等诱发颞下颌关节失常。该病的临床表现是：（1）下颌运动异常。（2）开口和咀嚼运动时关节区或关节周围肌群的疼痛。（3）下颌运动时关节区的弹响和杂音。其防治原则是：（1）以保守治疗为主。（2）治疗关节局部症状的同时应改善全身状况和病员的精神状态。（3）教育病员自我治疗和保护关节。（4）遵循合理的合乎逻辑的治疗程序。（5）治疗程序应先用可逆性保守治疗，然后不可逆治疗，最后选用外科手术治疗。

【柠檬酸】（citric acid） 又称枸橼酸。无色半透明晶体或白色颗粒或白色结晶性粉末。无臭。味极酸。易溶于水和乙醇。水溶液显酸性。自然界中广泛分布于柠檬、醋栗、覆盆子和葡萄等植物中。化学式 $C_6H_8O_7$。相对分子质量192.14。相对密度1.542g/cm³。熔点153℃。可从含酸分丰富的天然原料中提取，也可以淀粉及糖类为原料，用微生物发酵方法来制取。柠檬酸是食品加工业中很重要的食品添加剂。主要用于香料或作为饮料的酸化剂，也可用作金属清洁剂、媒染剂等。广泛应用于医药、染料及其他工业。

【柠檬酸循环】（citric acid cycle） 又称三羧酸循环。由八步酶促反应组成的、可以将来自葡萄糖的丙酮酸转化为二氧化碳和水的循环。是糖、脂肪、蛋白质和氨基酸等氧化所共同经历的途径。其特点是：（1）合成在线粒体基质中进行。（2）丙酮酸是在有氧

柠檬酸

的情况下由葡萄糖酵解产生的，丙酮酸再经过氧化脱羧形成乙酰 CoA，乙酰 CoA 经草酰乙酸缩合形成柠檬酸。(3)柠檬酸循环生成的中间物质也是许多生物合成的前体。柠檬酸循环既是物质分解代谢的组成部分，又是物质合成的重要步骤，为其他生物合成提供原料。

【凝固方式】(solidification mode) 金属液冷凝成为固体的途径。除纯金属和共晶成分合金以外，其他合金金属液凝固过程中存在着固相区、凝固区和液相区。按凝固区范围的宽度不同可分为：(1)顺序凝固。凝固区宽度窄甚至不存在时，纯金属和共晶合金凝固时直接从液相向固相转变。接近共晶成分的合金，结晶温度范围窄，当铸锭断面的温度梯度大时，凝固区窄，也以顺序方式凝固。顺序凝固得到柱状晶。液相凝固收缩时产生的空隙能得到液相的不断充填，因此容易获得致密的铸件。(2)同时凝固。远离共晶成分的合金，其结晶温度范围宽，当铸锭断面的温度梯度小时，凝固区宽。在固相区附近的液体中最先形核和长大。其周围液体中会有溶质富集而熔点降低，将其包围而不能继续长大。远处的过冷液体中又会形核和长大，又会遇到因溶质富集成为低熔点液体的阻碍而不能继续长大。于是这样的小晶体会很快布满凝固区，成为等轴枝晶。随着温度下降，枝晶相互连接后，剩余液体最后凝固，因其收缩得不到补充而易于形成分散性缩孔。(3)中间凝固。当合金结晶温度范围与铸锭断面的温度梯度处于前两者凝固方式之间时，凝固区宽度处于两者之间，其凝固特征也处于两者之间，既有柱状晶，也有等轴晶。对于一定的合金，控制铸锭断面的温度梯度可以确定其凝固区的宽度，从而控制其凝固方式。使用不同的铸型材料、浇铸方式、浇铸工艺和强制冷却的方法，可以达到不同的控制目的。

【凝灰岩】(tuff) 一种火山碎屑岩。由粒径小于 2mm 的晶屑、岩屑及玻屑经压实固结而成的岩石。碎屑物质小于 50%，分选很差，填隙物是更细的火山微尘。质软多孔隙。按火山碎屑物质的不同可分为：玻屑凝灰岩、晶屑凝灰岩、岩屑凝灰岩及混合型凝灰岩。玻屑凝灰岩一般在时代较新的尚未受强烈变动的地层中容易保存下来，其蚀变作用多从脱玻化开始，常见的产物是膨润土及漂白土。可作建筑材料与水泥原料。

凝灰岩

【凝集反应】(agglutination) 一种血清学反应。颗粒性抗原(完整的病原微生物或红细胞等)与相应抗体结合，在有电介质存在的条件下，经过一定时间，出现肉眼可见的凝集小块的现象。参与凝集反应的抗原称为凝集原，抗体称为凝集素。按反应形式的不同可分为：(1)直接凝集反应。颗粒状抗原(如细菌、红细胞等)与相应抗体直接结合所出现的凝集现象。(2)间接凝集反应。将可溶性抗原(或抗体)先吸附于一种与免疫无关的、一定大小的颗粒状载体的表面，然后与相应抗体(或抗原)作用，在有电介质存在的适宜条件下即可发生凝集，其敏感性比直接凝集反应高得多。由于凝集反应结果直观，无需特殊仪器，广泛应用于疾病的诊断和各种抗原性质的分析。

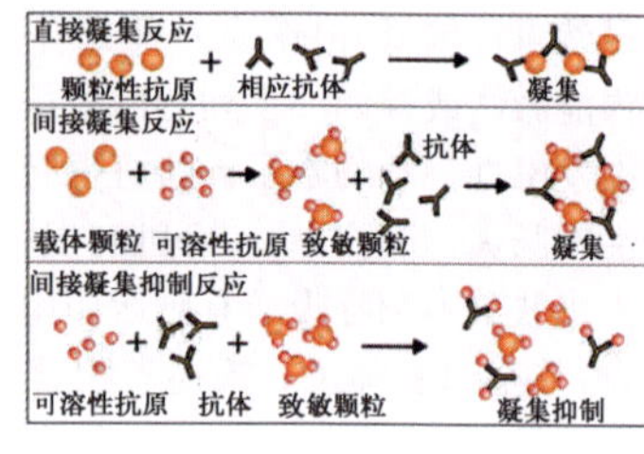

凝集反应

【凝集试验】(agglutination test) 颗粒性抗原与相应抗体结合后发生凝集的血清学试验。抗原与抗体复合物在电解质作用下，经过一定时间，形成肉眼可见的凝集团块。试验可在玻板上进行，称为玻板凝集试验，可用于细菌的鉴定和抗体的定性检测；亦可在试管中进行，称试管凝集试验，主要用于抗血清效价测定。

【凝胶】(gel) 由胶粒和分散剂凝聚而成的具有多孔网状结构的高聚物。颗粒大小在 0.1 ~ 1nm 之间。高分子溶液和某些溶胶，在一定条件下，整个体系会转变成一种弹性的半固体状态的稠厚物质，失去流动性。这种现象称为胶凝作用。所形成的产物称为凝胶或冻胶。凝胶在一定条件下处于皱缩状态，当条件(温度、pH 等)发生变化时，发生溶胀，可以吸收大于本身体积数倍至数十倍的溶剂。同时，由于网孔的筛分作用，可排斥分子量较大的溶质，使其不能进入凝胶内。

水果味凝胶糖

【凝胶萃取】(gel extraction) 利用凝胶的胀缩和具有筛分作用的特性来进行大分子溶液的浓缩和不同分子量物质(组分)分离的方法。其特点是：过程简单，设备费用小、操作条件温和，容易再生和过程能耗低。在生化分离工程和高分子化合物的分离浓缩中具有重要作用。

【凝胶电泳】(gel electrophoresis) 又称胶体电泳。以凝胶为介质,在电场作用下分离蛋白质或核酸的分离纯化技术。凝胶可以是淀粉凝胶、琼脂糖凝胶和聚丙烯酰胺凝胶。一般凝胶介质中的 pH 维持在碱性区,目的是使大多数蛋白质都带有负电荷。常用的电泳技术有琼脂糖凝胶电泳 SDS 聚丙烯酰胺凝胶电泳、等电聚焦电泳和双向电泳。通常用于分析用途,但也可以作为制备技术。在采用某些方法(如质谱、聚合酶链式反应、克隆技术、DNA 测序或者免疫印迹)检测之前部分提纯分子。该技术操作简便快速,可以分辨用其他方法(如密度梯度离心法)无法分离的 DNA 片段。当用低浓度的荧光嵌入染料溴化乙啶染色,在紫外光下至少可以检出 1~10 μg 的 DNA 条带,从而可以确定 DNA 片段在凝胶中的位置。此外,还可以从电泳后的凝胶中回收特定的 DNA 条带,用于以后的克隆技术操作。凝胶电泳被广泛用于分子生物学、遗传学和生物化学。

【凝胶溶胶整理技术】(sol-gel finish) 金属化合物的氧化物或其他化合物固体微粒子赋予纺织品某种性能的整理方法。与传统的玻璃熔融法和陶瓷粉末法相比,溶胶—凝胶法制备材料具有很多优点:均一性好,化学成分可以有选择地掺杂复合,纯度高,可以制成纤维、薄膜等不同形态的制品;烧结温度比传统的固相反应低200~500℃等。溶胶凝胶按产生过程的不同可分为:(1)传统胶体型。(2)无机聚合物法。(3)络合物型。凝胶溶胶整理技术的作用是:(1)改变织物的表面性能。(2)改变织物的光学性能。(3)制备有生物活性的织物。(4)提高羊毛的保水性能。(5)用于羊毛的防缩绒整理。(6)用于染色织物的固色处理。(7)用于纺织品的改性处理。

【凝胶色谱】(gel permeation chromatography) 利用交联葡聚糖凝胶、琼脂糖凝胶或聚丙烯酰胺凝胶填充的色谱柱以实现对混合物进行分离的方法。是 20 世纪 60 年代初发展起来的一种快速、简单的分离分析技术。其原理类似于分子筛。待分离组分在进入凝胶色谱柱后,会依据分子量的不同,进入或者不进入固定相凝胶的孔隙中。不能进入凝胶孔隙的分子会很快随流动相洗脱,而能够进入凝胶孔隙的分子则需要更长时间的冲洗才能够流出固定相,从而实现根据分子量差异对各组分的分离。调整固定相使用的凝胶交联度,可改变凝胶孔隙的大小;改变流动相的溶剂组成会改变固定相凝胶的溶胀状态,进而改变孔隙的大小,获得不同的分离效果。其所用设备简单,操作方便,不需要有机溶剂,对高分子物质有很好的分离效果。已被广泛应用于生物化学、分子生物学、生物工程学、分子免疫学以及医学等领域的科学研究,并已大规模用于工业生产。

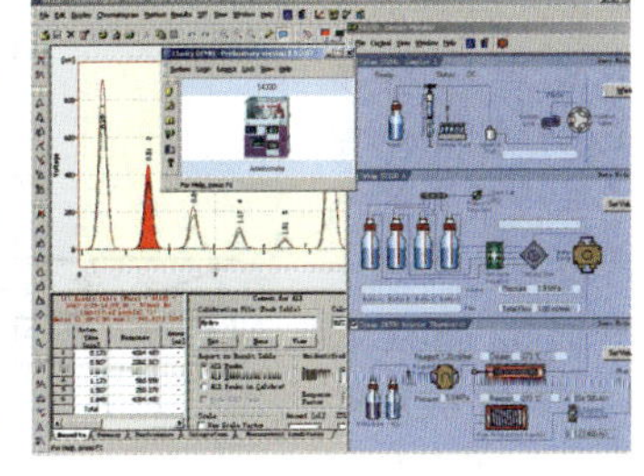

凝胶色谱软件

【凝胶纤维】(gel fiber) 由胶原等蛋白质构成的一种湿滑而柔软的功能性纤维。不仅柔软坚韧。而且还具有固有的智能,呈现出生理活性。其结构是一种半有序凝胶结构,如肌肉的滑动结构,是肌球蛋白和肌动蛋白串型高分子的交互组合,一层一层地堆积,一旦给予外部刺激就能形成收缩和松弛的动作。它作为生物活体的组成成分,普遍地存在于构成动物体的神经纤维、肌肉纤维、筋腱纤维、血管纤维和骨骼纤维内。由于这类凝胶纤维的溶胀长度变化约为 80%,而收缩响应时间不到两秒,因此可望作为人工肌肉。凝胶纤维涉及许多材质,具有不同的功能。一些在光、电、磁、热和化学刺激条件下能作出应答的凝胶纤维正在开发之中,它将被用作机械动作的智能控制元件。

【凝聚反应】(agglutination reaction) 细菌、螺旋体和红细胞等颗粒性或细胞性抗原与相应抗体结合后,在适当的电解质存在下,出现肉眼可见的凝集团块的现象。颗粒性抗原在悬液中带弱负电荷。溶液中离子浓度越大,越能使颗粒处于相互排斥的状态,IgM 类抗体与相应抗原颗粒凝集的作用比 IgG 类抗体大数百倍。在试验中为促使凝集现象出现,可增添蛋白质或电解质,降低溶液中离子强度以缩短颗粒分子间的距离,添加右旋糖酐、葡聚糖等来增加反应液的黏滞度,或用胰酶、神经氨酸酶处理,改变细胞表面化学结构,或以离心法克服颗粒间的排斥力。凝集反应具有抗原抗体特异性,只要其中一种抗原或抗体为已知,即可根据凝集出现与否,判断受检物中有无相应的抗原或抗体存在。它既是定性检测方法,也可作半定量检测,即将标本作一系列递倍稀释后进行反应,以仍出现阳性反应的最高稀释度的倒数作为效价。可分为直接凝集试验和间接凝集试验两大类。

【凝聚态物理学】(condensed physics) 物理学的一个分支。从微观角度出发,研究由大量粒子(原子、分子、离子、电子)组成的凝聚态的结构、动力学过程及其与宏观物理性质之间联系的一门学科。凝聚态物理是以固体物理为基础的外向延拓。凝聚态物理的研究对象除晶体、非晶体与准晶体等固相物质外，还包括从稠密气体、液体以及介于液态和固态之间的各类居间凝聚相，例如液氦、液晶、熔盐、液态金属、电解液、玻璃、凝胶等。目前已形成了比固体物理学更广泛更深入的理论体系。20 世纪 80 年代，凝聚态物理学取得了巨大进展，研究对象日益扩展，更为复杂。一方面传统的固体物理各个分支如金属物理、半导体物理、磁学、低温物理和电介质物理等的研究更深入，各分支之间的联系更趋密切；另一方面许多新的分支不断涌现，如强关联电子体系物理学、无序体系物理学、准晶物理学、介观物理与团簇物理等。从事凝聚态研究的人数在物理学家中最多，每年发表的论文数在物理学的各个分支中居领先位置。由于凝聚态物理的基础性研究往往与实用技术有着紧密的联系，凝聚态物理学的成果是一系列新技术、新材料和新器件，在当今世界的高新科技领域起着关键性的作用。近年来凝聚态物理学的研究成果、研究方法和技术日益向相邻学科渗透、扩展，有力地促进了化学、物理、生物物理和地球物理等交叉学科的发展。

【凝汽器】(condenser) 又称冷凝器。使凝汽式汽轮机的排汽冷凝为凝结水并形成真空的装置。分为混合式和表面式（接触式）两类。前者排汽直接与冷却水接触，后者排汽不直接与水或空气等冷却介质接触，可保证凝结水品质。大型汽轮机一般都采用表面式凝汽器。

凝汽器

【牛病毒性腹泻】(bovine viral diarrhea disease) 由病毒引起的牛的传染病。各种年龄的牛均易感染，以幼龄牛易感性最高。传染来源主要是病畜。病牛的分泌物、排泄物、血液和脾脏等均含有病毒。以直接接触或间接接触方式传播。其临床症状是：发病时多数牛不表现临床症状，牛群中只见少数轻型病例。有时也引起全牛群突然发病。急性病牛，腹泻是特征性症状，可持续 1～3 周。粪便水样、恶臭，有大量黏液和气泡，体温升高达 40～42℃。慢性病牛，出现间歇性腹泻，病程较长，一般 2～5 个月，表现消瘦、生长发育受阻，有的出现跛行。剖检可见：主要病变在消化道和淋巴结，口腔黏膜、食道和整个胃肠道黏膜充血、出血、水肿和糜烂，整个消化道淋巴结发生水肿。本病尚无特效药物治疗方法。牛感染后，通过对症治疗和加强护理可以减轻症状，应用收敛剂和补液疗法可缩短恢复期。

【牛传染性胸膜肺炎】(contagious bovine pleuropneumonia) 由丝状支原体丝状亚种引起的一种高度接触性传染病。以渗出性纤维素性肺炎和浆液纤维素性胸膜肺炎为特征。世界卫生组织将其列为 A 类疫病。病原体对外界环境的抵抗力甚弱；酸性或碱性条件下可灭活。牛、水牛、瘤牛易感。野牛和骆驼可抵抗。其他动物和人不感染。本病主要由于健康牛与病牛直接接触传染，病菌经咳嗽、唾液、尿液排出，通过空气经呼吸道传播。在适宜的环境气候下，病菌可传播到几千米以外。也可经胎盘传染。传染源为病牛、康复牛及隐性带菌者，隐性带菌者是主要传染来源。其潜伏期，自然感染一般为 2～4 周，最短 7 天，最长可达 8 个月。其临床症状表现是：(1)急性。病初体温升高达 40～42℃，呈稽留热型。鼻翼开放，呼吸追促而浅，呈腹式呼吸和痛性短咳。因胸部疼痛而不愿行走或卧下，肋间下陷，呼气长吸气短。叩诊胸部患侧发浊音，并有痛感。听诊肺部有湿性啰音，肺泡音减弱或消失，代之以支气管呼吸音，无病变部呼吸音增强。有胸膜炎发生时，可听到摩擦音。病程的后期心脏衰弱，有时因胸腔积液，只能听到微弱心音甚至听不到。重症可见前胸下部及肉垂水肿，尿量少而密度增加，便秘和腹泻交替发生。病畜体况衰弱，眼球下陷、呼吸极度困难，体温下降，最后窒息死亡。急性病例病程为 15～30 天死亡。(2)慢性。多由急性转来，也有开始即取慢性经过的。除体况瘦弱外，多数症状不明显，偶发干性咳嗽，听诊胸部可能有不大的浊音区。此种患畜在良好饲养管理条件下，症状缓解逐渐恢复正常。少数病例因病变区域较大，饲养管理条件改变或劳役过度等因素，易引起恶化，预后不良。根除传染源、坚持开展疫苗接种是控制和消灭本病的主要措施。

【牛顿环】(Newton's rings) 又称牛顿圈。一种光的干涉图样明暗相间的同心圆环。光学上的一个薄膜干涉现象。牛顿是著名英国物理学家。他用一个曲率半径很大的凸透镜的凸面和一平面玻璃接触（如图所示），接触点为 O，在 O 点的四周则是平面玻璃与凸透镜所夹的空气气隙。当单色光垂直入射于凸透镜的平表面时，在空气气隙的上下两表面所引起的反射光线（一种是在光疏媒质面上

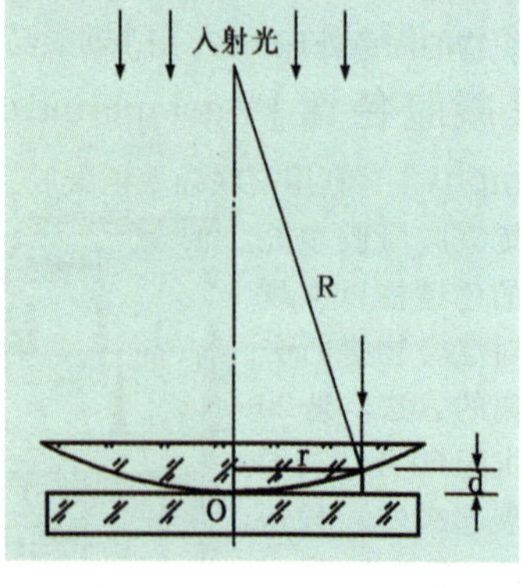

牛顿环

反射,另一种是在光密媒质面上反射)形成相干光。干涉图样表现为一些明暗相间的单色圆圈。这些圆圈的宽度距离不等,随距中心点距离的增加而逐渐变窄;在日光下时,可以看到接触点为一暗点,其周围为一些明暗相间的彩色圆环。在加工光学元件时,广泛采用牛顿环的原理来检查平面或曲面的面型准确度。

【牛顿运动定律】(Newton's motion law)

由牛顿创立的经典力学的基本定律。牛顿第一运动定律,亦称惯性定律:任何物体(指质点)在不受外力的作用时,都保持原有的运动状态不变,即原来静止的继续静止,原来运动的继续做匀速直线运动。物体固有的这种运动属性称为惯性。牛顿第二运动定律:任何物体在外力作用下,其动量随时间的变化率与其所受的外力成正比。在牛顿力学中,质量是一个不变的量,故又可表示为:物体的加速度与所受外力成正比,与物体的质量成反比,加速度的方向与外力的方向相同。牛顿第三运动定律,亦称作用力与反作用力定律:当物体甲给物体乙一个作用力时,物体乙必然同时给物体甲一个反作用力,作用力与反作用力大小相等,方向相反,且在同一直线上。

英国物理学家牛顿

【牛轭湖】(oxbow lake)

又称弓形湖、月牙湖。形如牛轭(即套在牛肩脖上的牛枷)状的湖泊。当一条河流流经宽展平缓的地段时,流速变得十分缓慢。在地球自转力的作用下,水流总是对水流方向的右侧产生曲状侧蚀作用。久而久之,河道便会形成"S"状曲流形态。当相邻曲流的弯道间的距离达到足够近的时候,河流便会截弯取直,从两弯道的颈部穿流而过。于是该段曲流河道随即被遗弃而成为湖泊,其形如牛轭或月牙,极具景观欣赏价值。牛轭湖是一种河成湖泊,湖水最深处也不会超过相同河段的河水深度。中国湖北省境内的尺八口湖、白鹭湖,内蒙古自治区境内的乌梁素海(即杨树湖)都是典型的牛轭湖。乌梁素牛轭湖面积达233.0 km^2,最大水深为2.5m,蓄水量为3.25×10^8 m^3;尺八口牛轭湖长达28km。

牛轭湖

【牛副结核病】(bovine paratuberculosis)

又称副结核性肠炎。由副结核分枝杆菌引起的牛的一种慢性传染病。其显著特征是:顽固性腹泻和逐渐消瘦,肠黏膜增厚并形成皱裂。此菌为革兰阳性小杆菌,对热和消毒药的抵抗力与结核杆菌相似。主要引起牛发病,尤其是奶牛、幼年牛最易感。病菌对外界抵抗力强,可存活数月。病原菌污染饮水、草料等,通过消化道侵入健康牛。部分母牛还可通过子宫感染而传染给犊牛。一部分病例病菌可随乳汁和尿排出体外。本病散布比较缓慢,各个病例的出现往往间隔时间较长。因此,表面上似乎呈现散发,实际上是一种地方流行性疾病。虽然幼年牛易感,但其潜伏期长达6~12个月,甚至更长,一般2~5岁才出现临床症状,特别是母牛开始怀孕、分娩和泌乳时易出现临床症状。早期症状为间断性腹泻,以后变为经常性、顽固性拉稀,排泄物稀薄、恶臭,带有气泡、黏液和血凝块。食欲起初正常,精神也很好,以后食欲有所减退,逐渐消瘦,眼窝下陷,精神不好,经常躺卧,泌乳量逐渐减少,最后全停。皮肤粗糙,被毛粗乱,下颌及垂皮可见水肿。体温常无变化。腹泻有时可暂停,排泄物恢复正常,体重有所增加,然后再腹泻,给青绿多汁饲料可加剧腹泻症状。如腹泻不止,经3~4个月可因衰竭而死亡。染疫牛群年死亡率可达10%。牛副结核病一般在感染后期出现症状,药物治疗无效,一般采取加强饲养管理,提高牛群的抵抗力等措施。

【牛海绵状脑病】(bovine spongiform encephalopathy)

见疯牛病。

【牛结核病】(bovine tuberculosis)

由结核分枝杆菌引起的一种人、畜共患的慢性传染病。中国将其列为二类动物疫病。奶牛最易感,其次为水牛、黄牛、牦牛,人也可被感染。结核病病牛是本病的主要传染源。牛型结核分枝杆菌随鼻汁、痰液、粪便和乳汁等排出体外。健康牛可通过被污染的空气、饲料、饮水等经呼吸道、消化道等途径感染。潜伏期一般为3~6周,有的可长达数月或数年。临床通常呈慢性经过,以肺结核、乳房结核和肠结核最为常见。其症状随不同的发病部位而不同:(1)肺结核。以长期顽固性干咳为特征,且以清晨最为明显。患畜容易疲劳,逐渐消瘦,病情严重者可见呼吸困难。(2)乳房结核。一般先是乳房淋巴结肿大,继而后方乳腺区发生局限性或弥漫性硬结。硬结无热无痛,表面凹凸不平。泌乳量下降,乳汁变稀,严重时乳腺萎缩,泌乳停止。(3)肠结核。消瘦,持续下痢与便秘交替出现，粪便常带血或脓汁。其病理变化表现为在肺脏、乳房和胃肠黏膜等处形成特异性白色或黄白色结节。结节大小不一，切面干酪样坏死或钙化，有时坏死组织溶解和软化，排出后形成空洞。胸膜和肺膜可发生密集的结核结节，形如珍珠状。牛结核病一般不予治疗，而是采取综合性防疫措施，加强检疫、隔离，防止疾病传入，净化污染群，培育健康牛群。

【牛郎星】(Altair) 又称牵牛星或河鼓二。天鹰座α星。为全天最亮的21颗恒星之一。视星等为0.77，距太阳系距离约16光年。在天球上的具体位置约为赤经19时40分，赤纬+8°。属中国古代二十八宿中的牛宿。

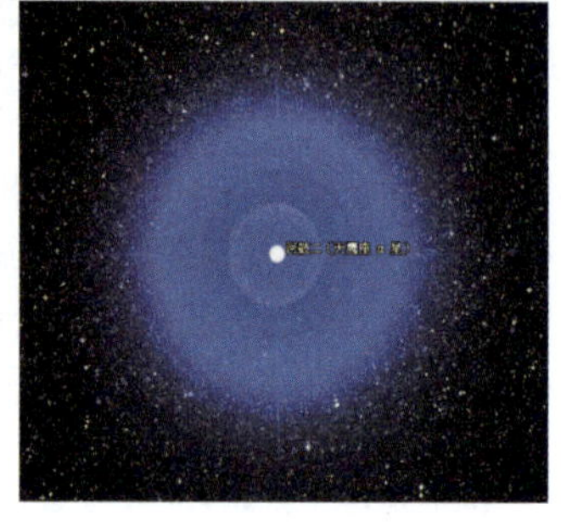

牛郎星

【牛流行热】(bovine ephemeral fever) 又称牛暂时热。由病毒引起的急性发热性传染病。主要侵害黄牛和奶牛(以3～5岁的壮年牛较易感染)。本病传播迅速，发病率高，死亡率低。流行似有一定的周期性，一般认为每隔几年或3～4年发生一次较大规模的流行。发病季节，以夏秋季较多发生，尤其是天气闷热的多雨季或昼夜温差较大的天气容易引起流行。其临床症状是：病牛主要表现为高热稽留1～3天，鼻镜干而热，羞明流泪，走路不稳，常发生跛行和瘫痪，呼吸加快，头颈伸直，张口吐舌，有明显的鼾声。口腔大量流涎成线状。病程一般一周左右。少数病牛因肺水肿和肺气肿，或继发肺炎而死亡。剖检病死牛可见：急性死亡病牛，肺膨大，显著水肿和气肿；病程较长而死亡的，一般呈败血症变化。本病可用疫苗进行预防，但尚无特效治疗药物。发现病牛病初可根据具体情况酌用退热药及强心药；治疗过程中可适当用抗生素药物，防止并发症和继发感染，同时用中药辩证施治。

【牛奶纤维】(milk fiber) 将液态牛奶去水、脱脂糅合制成酪蛋白浆，经湿纺新工艺及高科技手段加工而成的再生蛋白质纤维。具有真丝的外观和手感以及良好的导湿性和速干性。由牛奶丝制成的面料，质地轻盈、柔软、滑爽、飘逸、悬垂；穿着透气，导湿，爽身；外观光泽优雅，华贵，色彩艳丽；牛奶丝比棉、丝的强度高，比羊毛防霉、防蛀，耐穿、耐洗，易储藏。牛奶纤维pH值在6.8左右，呈微酸性，与皮肤的pH正好一致，贴身穿着极为舒适，适宜做高档内衣、T恤衫及休闲服饰。

牛奶纤维

【牛气肿疽】(gangraena emphysematosa) 又称黑腿病。由气肿疽梭菌引起的反刍动物急性、热性、败血性传染病。以组织坏死、产气和水肿，特别是股、臀、肩和胸部等肌肉丰满处发生气性肿胀，按压有捻发音为特征。本菌的繁殖体对理化因素抵抗力不强，一旦形成芽孢则抵抗力很强。传染源为病畜及污染的饲料、饮水、泥土等。主要经消化道感染，也可经皮肤伤口或通过吸血昆虫叮咬传播。感染动物为牛。在中国以6个月至3岁的黄牛最易感，水牛、绵羊、山羊和鹿仅个别病例，马、猪、鸡和猫无易感性。本病多为散发，有一定地区性和季节性。常在春、秋季出现，多雨季节以及洪水泛滥期多发，在夏季干旱酷热及吸血昆虫活跃时期也多发。其症状表现是：突然发病，体温升高至41～42℃；在肌肉丰满部位，如股、臀、腰、肩、胸、颈等发生气性炎性肿胀；初期有热痛，后变冷失去痛觉；皮肤干硬而黑，甚至坏死，触压患部有捻发音；若切开肿胀部，有黑红色带气泡的液体流出，并有特殊臭味；最后病牛体温下降，呼吸困难，心力衰竭而死。牛气肿疽病一般采取疫苗接种进行预防。发病牛采取隔离治疗；早期感染注射抗气肿疽血清，同时应用抗生素，效果良好。

【牛蛙】(bull frog) 又称喧蛙、食用蛙。两栖纲，无尾目，蛙科。体形与一般蛙相同，但个体较大。雌蛙体长达20cm。雄蛙体长达18cm。最大个体可达2kg以上。鸣声很大，远闻如牛叫而得名。头部宽扁。口端位。吻端尖圆面钝。眼球外突，分上下两部分，下眼皮上有一个可折绉的瞬膜，可将眼闭合。背部略粗糙，有细微的肤棱。四肢粗壮。前肢短，无蹼。雄性个体第一趾内侧有一明显的灰色瘤状突起。后肢较长大，趾间有蹼。通常背部及四肢绿褐色，背部带暗褐色斑纹，头部及口缘鲜绿色，腹面白色。喜食活饵。性凶残。具有生长快、味道鲜美、营养丰富、蛋白质含量高等优点。是名贵食品。也可以出口创汇。其皮还可制革，脏可制药，蛙油可制作高级润滑油。原产于美国东

牛蛙

部,後被引进西部各州和其他国家。其他一些大型蛙类亦称牛蛙,如非洲的箱头蛙、印度的虎纹蛙以及南美的细趾蟾科。1959 年中国引进牛蛙驯养。主要品种有:沼泽绿牛蛙、西方牛蛙、印尼牛蛙、非洲牛蛙、非洲大牛蛙等。目前已被列入中国首批外来入侵物种。

【牛瘟】(rinderpest) 又称烂肠瘟。由牛瘟病毒所引起的一种急性高度接触传染性传染病。其临床特征表现是:体温升高,病程短,黏膜特别是消化道黏膜发炎、出血、糜烂和坏死。世界动物卫生组织将其列为 A 类疫病。其病毒比较脆弱,干燥曝晒易灭活。但在湿冷或冷冻的组织中可存活很长时间。对脂溶剂以及多数普通消毒剂如石炭酸、甲酚、氢氧化钠敏感。病毒经消化道传染,也可经呼吸道、眼结膜、上皮组织等途径侵入。主要通过直接接触传染。病牛为主要传染源。潜伏期病牛(发热期前 1 ~ 2 天)的眼、鼻分泌物、唾液、尿液及粪便,临床症状出现前感染牛的血液及所有组织均具传染性。该病具明显的周期性和季节性,以 12 月份和次年 4 月份间为流行季节。发病率近 100%。病死率可高达 90% 以上。潜伏期一般为 3 ~ 15 天。其临床症状表现是:(1)急性型。牛常呈最急性发作,无任何前驱症状死亡。病畜突然高热(41 ~ 42℃),稽留3 ~ 5 天不退。黏膜(如眼结膜,鼻、口腔、性器官黏膜)充血潮红。流泪流涕流涎,呈黏脓状。在发热后第3 ~ 4 天口腔出现特征性变化,口腔黏膜(齿龈、唇内侧、舌腹面)潮红,迅速发生大量灰黄色粟粒大突起,状如撒层麸皮,互相融合形成灰黄色假膜。脱落后露出糜烂或坏死,呈现形状不规则、边缘不整齐、底部深红色的烂斑,俗称地图样烂斑。高热过后严重腹泻,里急后重,粪稀如浓汤带血,恶臭异常,内含黏膜和坏死组织碎片。尿频,色呈黄红或黑红。从腹泻起病情急剧恶化,迅速脱水、消瘦和衰竭,不久死亡。病程一般4 ~ 10 天。(2)非典型及隐性型。长期流行地区多呈非典型性。病牛仅呈短暂的轻微发热、腹泻和口腔变化,死亡率低。或呈无症状隐性经过。执行严格的兽医建议措施,不从有牛瘟的国家和地区引进反刍动物和鲜肉。同时,在疫区和邻近受威胁区用疫苗接种,建立免疫防护带,是预防本病的主要措施。

【牛膝】(bidentata) 又称怀牛膝、百倍、鸡胶骨。中药名。药性:苦、甘、酸、平。归肝、肾经。功效:活血通经,补肝肾强筋骨,利水通淋,引火(血)下行。用于瘀血阻滞诸证:经闭、痛经、经行腹痛、胞衣不下、跌打伤痛;腰膝酸痛、下肢痿软、筋骨无力;淋证、水肿、小便不利;头痛、眩晕、齿痛、口舌生疮、吐血、衄血。用法与用量:4.5 ~ 9g,煎服。孕妇慎用。

牛膝

【牛血清白蛋白】(bovine serum albumin, BSA) 从牛血清中分离、常用于细胞培养或在生化研究中作为载体的蛋白。其功能是可与多种阳离子、阴离子和其他小分子物质结合,具有维持渗透压作用、体液酸碱度的缓冲作用、载体作用和营养作用。

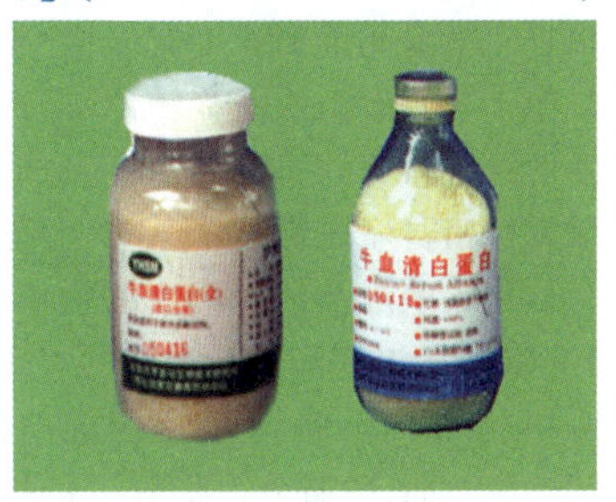

牛血清白蛋白

【牛牙样牙】(taurodontism) 又称牙髓腔异常牙齿。是牙体长而牙根短小,牙髓腔大而长,或髓室顶到髓室底的高度高于正常,根分歧移向根尖处的牙齿。Keith(1913)认为此种牙形似有蹄类牙,故称为牛牙样牙。Show(1928)根据牙体和髓室延长的程度将其分为 3 度,即比正常牙的髓室稍长的为轻度牛牙样牙,分歧接近根尖的为重度牛牙样牙,处于两者之间的为中度。其病因尚不清楚,有人推测是一种原始型,也有人推测与遗传有关。乳恒牙均可发生。恒牙多见于下颌第二磨牙,乳牙多见于下颌第二乳磨牙。无明显临床症状,通过拍摄 X 线片可发现牙髓腔的异常表现。其治疗方法是:髓腔异常牙齿对身体健康无明显影响者,可不作处理;在需做根管治疗时可利用显微镜探寻根管口进行治疗。

【牛仔布】(jean) 一种粗厚的色织经面斜纹棉布。其经纱颜色深,一般为靛蓝色;纬纱颜色浅,一般为浅灰或煮炼后的本色纱。因美国西部放牧人员穿着该布制作的衣裤而得名。其经纱采用浆染联合一步法染色工艺,采用 3/1 组织,也有采用变化斜纹、平纹或绉组织牛仔布。坯布经防缩整理,缩水率比一般织物小,质地紧密,厚实,色泽鲜艳,织纹清晰。适用制作牛仔裤、牛仔上装、牛仔背心和牛仔裙等。

牛仔布

【扭转式痉挛】(torsion spasm) 又称变形性肌张力障碍、扭转性肌张力障碍。一组以躯干或(和)四肢发作性肌张力扭转性增高为表现的锥体外系疾病。其病理改变主要为基底节、丘脑、大脑皮质神经细胞变性和尾状核、壳核小神经细胞变性。本病多见于学龄儿童和青少年。临床以肌张力障碍和围绕躯干缓慢而剧烈的旋转性不自主扭转为特点。原发性扭转痉挛的病因不明,部分病例有家族遗传史。继发性扭转痉挛常由于某些神经系统疾病如脑炎 、一氧化碳中毒及某些药物的副作用所引起。多数在5~15岁缓慢起病。其常见的表现是:站立时头向一侧扭,肩背向后仰;一只胳膊向前伸,一只向后伸;两膝向内弯曲,两脚分得很开以保持平衡,或者伴有足内翻,足底不能完全着地。平躺时身体会呈弓形,靠肩与臀支撑,有的只能俯卧在床上。久之某些部位肌肉可能异常肥厚,关节也会挛缩变形。首发症状大多是一侧下肢的轻度运动障碍。缓慢持续的不自主扭转性运动以躯干和肢体近端为最严重,引起脊柱前凸和骨盆倾斜。不自主运动累及颈项和肩胛带肌时,出现斜颈累及面肌及咽喉部肌肉时,引起面肌痉挛和够音困难。痉挛在作自主运动或精神紧张时加重,入睡后完全消失;肌张力在扭转动作时增高,扭转运动停止后则转为正常或减低。隐性遗传型扭转痉挛多呈进行性发展,预后不良,多于起病后若干年死亡。但一部分患者可长期不进展,甚至可自行缓解。其发病特点是:(1)患者的胆量非常小。(2)四肢的肌张力非常高。(3)头向一侧后下方扭,上肢向后侧扭,下肢向外侧扭。(4)语言的改变,发音为喉音。其治疗方法有:(1)病因治疗。(2)药物对症治疗。可试服安定或肌注二甲基氨基乙醇 200mg,3次/日,或参照帕金森病试用抗胆碱能药物。(3)药物治疗无效者,可进行脑立体定向手术,破坏丘脑、苍白球、黑质等组织。

【扭转试验】(torsion test) 测定金属常温静力扭转性能的方法。可测定剪切弹性模量 G,扭转比例极限 τp,扭转屈服强度 $\tau_{0.3}$,真实扭转强度极限 τk,扭转强度极限 τb,相对扭转剪切应变 ε 和扭转破断的特性。进行扭转试验时,将圆棒形标准试样装在扭转试验机上,加扭矩使其达到一定的最初应力 τ_0,然后装上切变应变计,在试样上施加不同程度的扭矩,即可测定需要的扭转性能。扭转试验对于某些承受切应力或扭转负荷的零件如铆钉、传动主轴、钻杆和螺旋弹簧等,有重要的实际意义。扭转试验是评价材料塑性,特别是拉伸时呈脆性的材料,比较其塑性的最好方法。

扭转试验

【农产品比价】(price relation among agricultural products) 同一市场、同一时间的不同农产品价格之间的比例关系。用于分析和判断两种农产品的比价关系,以正确处理不同农业生产者的经济利益,指导生产者按照市场需要安排种植。可分为单项比价和综合比价两类。主要包括粮食产品与经济作物产品之间、粮食产品与畜产品之间、粮食产品与土特产品之间、各种不同粮食产品之间收购价格的比例关系。常用的农产品比价有:(1)在粮食作物中,不同粮食品种收购价格之间的比例关系,通常称为粮种比价。(2)粮食与其他经济作物、畜产品、土特产品价格之间的比例关系,如棉粮比价、猪粮比价等。(3)各种经济作物产品价格之间、各种畜产品价格之间以及各种土特产品价格之间的比例关系。其计算公式是:农产品比价 = 交换品价格/被交换品价格。交换品是需要研究的商品,被交换品是用来与所研究的商品进行比较的商品。

【农产品产地安全】(safety of original place of agricaltural products) 保障农产品产地的土壤、水体和大气环境质量等达到生产质量安全农产品要求的措施。2006年10月农业部公布《农产品产地安全管理办法》规定:"农业部负责全国农产地安全的监督管理。县级以上地方人民政府农业行政主管部门负责本行政区域内农产品的划分和监督管理。"

【农产品质量安全绿色行动】(green action of the quality and safety of farm products) 2006年由中国农业部组织实施的旨在为加快农业标准化,健全农产品市场、农产品质量安全体系,发展高产、优质、高效、生态、安全农业的重大行动。其重点工作目标是:加强农资产品质量监管工作,加快农业标准化示范和认证工作,加强与WTO相关的技术性贸易措施(如SPS/TBT等)研究工作,抓紧启动《中国农产品质量安全检验检测体系建设规划》,强化对农产品质量安全监测监控,搞好农产品批发市场改造,扩大农业部定点市场规模,推进农产品营销促销工作和启动农产品品牌化工作。

【农村电气化】(rural electrification) 在农村安全、经济、有效地使用电能,并达到规定的用电普及率的一项系统工程。农村电气化是国家现代化的重要组成部分。各国在不同的发展时期制定了相应的标准。农村电气化改善了农村生产条件，提高了农村劳动生产率，促进了农产品加工业和乡村工业的发展，减少了农民用煤和用薪材的数量，有利于改善生态环境，提高了农民的物质文化生活水平。

农村电气化

【农村合作医疗】（rural cooperative medical care） 中国农村社会通过集体和个人集资，用以为农村居民提供低费的医疗保健服务的一种互助互济制度。是中国医疗保障制度中有特色的组成部分，也是中国农村社会保障体系中的重要内容。其特点是：以农村居民为保障对象；以群众自愿为原则；以集体经济为基础；以全方位服务为内容。其形式有：村办村管型，村办乡管型，乡村联办型，乡办乡管型，多方参与型，大病统筹型，混合保障型。目前，农村合作医疗事业作为农村社会保障事业的一个方面，已被列入国家卫生部门的发展计划，正在逐步恢复和发展。农村合作医疗是由中国农民自己创造的互助共济的医疗保障制度，在保障农民获得基本卫生服务、缓解农民因病致贫和因病返贫方面发挥了重要的作用。

【农村能源】（rural energy） 农村因地制宜就近开发利用的能源。直接为农业生产和农民生活需要服务。如薪柴、作物秸秆、人畜粪便、沼气、小水电、太阳能、风能、地热等。中国农村能源建设的指导方针是：因地制宜，多能互补，综合利用和讲求效益。它对缓解能源短缺，保护农业生态环境，促进农村经济持续稳定发展起到积极作用。

【农村配电网】（power distribution network in the countryside） 供应县级范围内的农村、乡镇和县城城区用电的配电网。负荷分为农业、生活、城区、乡镇企业和工矿用电。主要以地区性供电为主，电压等级一般在110kV及以下。采用距离较长、负荷密度较低、供电半径大、末端电压降大、负荷季节性变化大的辐射型架空线路。用电峰谷差大，季节性强，气候影响大，配电线路和配电变压器的平均负荷率低。一般农网的供电可靠性亦较城网为低。

农村配电网

【农村信息化】（rural informatization） 利用信息技术促进农村经济和社会发展的过程。其内容包括：农村行业信息化、农村行政管理信息化、农村生活消费信息化和农村社会资源信息化等。主要采用提高农村网络普及率、整合涉及农村的信息资源、规范和完善公益性信息中介服务、建设城乡统筹的信息服务体系等多种手段，为农民提供适用的市场、科技、教育、卫生保健等信息服务，支持农村富余劳动力的合理有序流动。

【农地水土保持】（soil and water conservation in farmland） 为防治耕地水土流失和养分消耗所采取的措施。其主要措施是：(1)农业耕作措施。包括：①以改变微地形为主的耕作技术，如等高耕作、沟垄种植、坑田耕作和半旱式耕作等。②以增加地面覆盖为主的耕作技术，如留茬（或残茬）覆盖、秸秆覆盖、砂田和地膜覆盖等。③以增加植物被覆为主的耕作技术，如间作、套种、混播、等高带状间作等。④以改变土壤物理性状、增强土壤抗蚀力为主的耕作技术，如少耕、免耕等。(2)田间工程措施。包括梯田、坡面蓄水工程、坡地节水灌溉技术、山边沟、排水沟等农田安全排水系统。(3)农林复合经营技术。包括农田防护林、林粮间作、梯田地坎造林（植草）和等高绿篱技术等。由于农地水土保持措施较多，又各有不同功效，往往在同一块土地上综合实施若干种措施。这些措施可提高土壤下渗水分和保蓄水分的能力，最大限度地防止侵蚀和淤积，经济而有效地利用水源。有效减免农业自然灾害的发生，控制地表径流与防洪，提高土地生产力，保证作物正常生长，获得稳产高产；同时也具有环境保护及环境绿化、美化等多种功能。

农地水土保持

【农机工业】（industry of agricultural machinery） 农业机械工业的简称。以金属、木材等为原料，通过机械加工为农业提供机器设备的工业生产部门。是机器制造工业的主要组成部分。按其产品用途的不同大致可分为耕作机械制造、运输工具制造、农副产品加工机械制造、林业机械制造、畜牧业机械制造和渔业机械制造。

【农机具配套】（coordination of agricultural implements） 选择适当的作业机具与动力机械，

使其配合成套的工作。配套的主要要求是:作业质量满足农业生产技术上的要求;各项作业所需功率与动力的功率相适应;使用耐久,操作简便,安全可靠,维护方便,价格低廉,具有较好的技术经济效果。做好农机具配套工作,是使机组达到较好的技术经济效果的一项基础工作。农业机械作业一般都有季节性,为了提高动力机的利用率,可以选择多种作业机具与一台动力机配套。

农机具配套

【农机具选型】(type selection of agricultur-ral implements) 农业生产单位或农机具使用单位根据当地的自然、经济条件,选择适于生产需要的农业机具型号的活动。是提高农机技术经济效果的一项基础工作。一般应根据各种有关因素进行经济分析,并经过生产试验后确定。例如,在选择适合本地区使用的拖拉机时,应该考虑地形特点、地块大小、土壤质地、气候情况、作物种类、种植方式、农艺要求、能源情况、生产规模、经营形式、经济水平、劳力出路、资金来源,以及农技人员的操作水平、管理水平和文化程度等条件。为了减少投资,便于供应,提高机具的利用率,还要考虑机具是否符合标准化、通用化、系列化的要求。选择那些适应性强、操作简便、经久耐用、维护方便、安全可靠、技术效果和经济效果好的机具。农业主管部门对统一类型、规格、性能大体相近的若干种农业机具进行集中对比试验,选定其中最佳型号,制定推广措施,也称农机具选型。它是农业机械标准化、通用化和系列化工作内容之一。通过对比试验和可行性分析,选定适合一定地区的技术经济效果较好的机具为农民增产增收提供保障,并为农机制造部门制定计划、组织生产提供依据。

农机具选型

【农机"三化"】(3-S in agricultural ma-chinery) 农机产品标准化、通用化、系列化的简称。标准化(Slandardi - zation)即农机产品应根据国家制定的统一标准进行生产,以保证产品质量;通用化(Qame)即农机产品应尽量采用机械产品通用的零件,以提高零件的互换性程度,降低农机产品的成本;系列化(Serialize)即同一类型的农机产品,在满足农业生产的前提下,规格、品种应尽量减少,在同系列产品中,还应做到大部分零部件可以通用、互换,这既有利于产品管理,又有利于农户选用与购买。"3 - S"是标准化、通用化、系列化三个词数的编写。

【农机作业成本】(operating cost of agricul-tural machinery) 农机在作业时各项花费的总和。包括固定成本和变动成本。主要由油料费,工资、维修费,资金利息、折旧费和管理费构成。通常指的是变动成本。即农机作业的单位成本,可以分别不同作业项目按作业面积计算,或按标准面积综合计算。

【农机作业定额】(operating quota of agricul-tural machinery) 又称作业定额。农业机械作业机组在一定的生产条件下,按规定的质量标准,单位时间内应完成的作业量标准。是编制作业计划和实行经济核算的基础,也是组织生产的手段。制定作业定额的常用方法有统计分析法、试工法和技术测定法。在典型条件下用技术测定法制定的定额称为基本定额或标准定额。当影响定额的各种条件,如土壤比阻、地块长度、坡度、地表状况等有变化时,应根据不同情况制定差别定额。作业定额应有相对的稳定性。当生产工具和操作方法改进时,则应相应地加以修订。

【农林复合经营】(compound ecosystem of agriculture and forest) 又称农林复合生态系统。以生态学、经济学和系统工程为基本理论,根据生物学特性进行物种的时空合理搭配,形成多物种、多层次、多时序、多产业的人工生态系统。国际农林复合经营研究委员会(ICRAF)认为林农复合经营是在同一土地经营单元上,把多年生木本植物与栽培植物或动物精心地结合在一起,通过空间或时序的安排,以多种方式配置的一种土地利用制度。这个系统不同组分之间存在生态和经济方面的联系。具有十分显著的经济、社会、生态效益。主要体现在以下几个方面:(1)提高土地利用率。(2)提高单位面积的物质产出和经济效益。(3)改善生态环境、维持生态平衡。(4)以短养长,以耕代抚,解决育林资金,扩大林业生产。(5)缓解中国人多地少、林农争地的矛盾。农林复合经营的研究内容几乎涉及林业产业研究的各个领域。其主要内容可概括为以下几个方面:(1)适合林农复合经营的优良树种(品种)的选育。(2)林农复合系统复合增益机理研究。(3)林农复合系统的优化组合。(4)林农复合经营系统实施方案的制定。(5)林农复合经营系统可持续经营技术的研究。(6)林农复合经营系统效益评定。(7)林农复合经营系统诊断与评价方法等。

【农螨学】(agricultural acarology) 研究农业螨类的一门学科。狭义的农螨学只研究为害农作物及其农产品或农产品加工品的害螨,以及能抑制这些害螨的生长发育和繁殖有关的捕食性和寄生性益螨。广义的农螨学还包括养蜂业和养蚕业中的害螨,寄生于禽畜的蜱和螨,以及为害水生生物的水螨类等。农螨学的内容包括:螨的形态分类,内部器官结构及其功能,生物学,生态,生活史和生活年史,数量消长规律与测报,螨、宿主和流行病之间的相互关系,内外检疫以及螨的综合治理。

【农民专业合作经济组织】(farmer specialized cooperative economy organization, FSCEO) 由从事同类产品生产经营的农户自愿组织起来,在技术、资金、信息、购销、加工、储运等环节实行自我管理、自我服务、自我发展,以提高产品的竞争能力、增加农民收入为目的的专业性合作组织。

【农牧结合】(combination of farming and grazing) 种植业与畜牧业相结合的生产经营方式。例如太湖地区盛产蚕桑,农牧结合可采取蚕桑—蔬菜—湖羊—稻麦的方式,即指桑养蚕,桑园冬季种蔬菜,利用残余桑叶、蚕沙和野草来养牛、羊,以厩肥肥田。

【农桥】(countryside bridge) 乡镇间道路上跨越渠道、河流、沟谷等的桥梁。按主要承重结构所用材料的不同可分为木桥、石桥、砖桥、混凝土桥、钢筋混凝土桥等。按受力状态的不同可分为梁式桥及拱式桥。还有允许短期过水的漫水桥等特殊类型。中国的农桥设计尚无统一规范,但其设计载重等级一般低于四级公路桥梁标准。农桥由桥跨结构上部结构及桥墩、桥台(下部结构)两个主要部分组成。桥跨结构为桥墩、桥台支承跨越桥孔的结构物。它包括直接承受车辆荷载的桥面系、主要承重结构及支座。桥面系是直接承受各种荷载的部分,包括行车道板、桥面铺装、人行道、伸缩缝、防水排水设施及栏杆等。桥跨结构分梁式结构及拱式结构。农桥墩台是支承桥跨结构并将荷载传递到地基的结构物。位于相邻两桥孔之间的支承结构物称桥墩;两端用以支承上部结构并连接两岸的路桥街接结构物称桥台。常用型式有重力式、桩柱式和轻型墩台。

农桥

【农田防护林】(shelter wood of farm land) 为了保护农田,以减轻或减免风沙、干旱等自然灾害而设置的人工林。是防护林体系的主要林种之一。是指将一定宽度、结构、走向、间距的林带栽植在农田田块四周,通过林带对气流、温度、水分、土壤等环境因子的影响,来改善农田小气候,减轻和防御各种农业自然灾害,创造有利于农作物生长发育的环境,以保证农业生产稳产、高产。包括农田林网和农田间作。对树种有如下要求:(1)抗风力强,不易风倒、风折及风干枯梢。在次生盐渍化地区还要有较强的生物排水能力。(2)生长迅速、树形高大、枝叶繁茂。在以冬季起防护作用为主的林带中应配常绿树种。(3)寿命相对较长,生长稳定,能长期具有防护效能。(4)树冠以窄冠形的为好,如箭杆杨等。根系不伸展过远或具有深根性,如泡桐。不妨碍临近农作物的生长或影响的距离较小。没有和农作物共同的病虫害。(5)本身具有较高的经济价值,能充分利用造林地的好条件,生产大量木材和其他林产品。

农田防护林

【农田基本建设】(farmland fundamental construction) 为促进农业的发展,在农用地上进行的综合治理措施。是农业基本建设的重要组成部分。内容包括平整土地、修筑梯田、改造坡耕地、改良土壤、营造农田防护林和兴修农田水利等。为了提高农田基本建设效益,在实施中需要多项目的配合,坚持山、水、田、林、路的综合治理。其特点是把建设过程中耗用的物化劳动和活劳动比较长期地固定在土地上,并能长期起作用。其目的是:改善农业生产条件,把低产农田改造成稳产、高产农田。

改造坡耕地

【农田排水】(farmland drainage) 排除农田土壤中多余水分的技术措施。改善农业生产条件、提高农作物产量的重要措施之一。通过农田排水保证农作物生长中必需的供氧条件,保证农业耕作的及时进行,控制地下水埋深不使农田遭受盐渍威胁。实行有控制的排水,以保持农田良好的水分供应条件并不产生化肥和其他养分的流失,保护生态环境不受破坏。农田排水对除涝、防渍、防止土壤盐碱化和改良盐碱土以及农业耕作条件等都有相应地要求。在灌溉地区须修建排水工程,排除多余的灌溉退水、地表径流和地下水,防止土壤盐碱化。

农田排水

【农田排水标准】(criteria of farmland drainage) 为农田排水工程确定的控制目标。规划设计排水工程的基本依据。根据作物生长要求和承受涝、渍、盐害的能力,综合考虑农田排水工程的技术经济条件而制定的反映农田排水工程能力的技术指标。根据农田排水中除涝、排渍、防止土盐渍化、改良盐渍土和为适时耕作、农业机械化创造条件任务的不同,农田排水标准可分为除涝标准、排渍标准、防盐标准及适宜农业耕作标准等。

【农田生态控制】(farmland ecology control) 利用生态学原理,充分认识与理解不同农田生态系统的主要特征与规律、并使之健康运行的系统工程。即在农田生态系统整体水平上,充分利用作物、有害生物(病、虫、草、鼠)和有益生物(天敌)之间的相互依存、相互制约关系,采用生态学手段,创造有利于天敌或有益微生物增殖而不利于害虫或病原微生物生存的环境条件,尽可能地发挥有益微生物的自然控制作用,将有害生物控制在经济危害水平以下,从而优化农田生态系统的结构和功能。在生态控制中,应特别重视作物自身抗性、农业防治(国外称栽培防治)和生物防治等调控技术的灵活应用。

【农田生态系统】(farmland ecosystem) 在以作物为中心的农田中,生物群落与其环境间在能量和物质交换及其相互作用上所构成的人工生态系统。生物群落除农作物外,还包括杂草、微生物、昆虫、鸟及其他野生生物等。农田生态系统的组成成分(生物的与非生物的)及其在时间、空间的分布,以及物质循环和能量转换等,都受人类控制与调节。农田生态系统的物质循环是开放性的。农田生态系统生物种群少,结构较简单,一般缺乏自身调节能力,抗逆力低,稳定性差。通过人工调节,如播种、施肥、采用良种、防除病虫杂草和田间管理,可以创造适于作物生长的环境条件,提供比自然生态系统高得多的生物产量。农田生态系统的生产力和稳定性,受整个农业生态系统结构、机能的影响。

【农田生态学】(field ecology) 生态学的一个分支。研究农田生物与周围环境之间以及生物相互之间通过能量和物质交换而相互作用的学科。是开发和利用农田生物资源的基础学科之一。主要研究农田生物与外界环境之间相互关系和规律,以达到人类在一定条件下能控制自然,获得农业高产、稳产、优质与高效的目的。

【农田水利】(water conservancg for farmland) 服务于农业生产的水利事业。其任务是:通过水利工程技术措施,改变不利于农业生产发展的自然条件,为农业高产高效服务。其内容是:(1)采取蓄水、引水、跨流域调水等措施调节水资源的时空分布,为充分利用水资源和发展农业创造良好条件。(2)采取灌溉、排水等措施调节农田水分状况,满足农作物需水要求,改良低产土壤,提高农业生产水平。

【农田杂草】(weeds in farmland) 目的作物以外的、妨碍和干扰农业生产的各种植物类群。主要是草本植物,也包括部分小灌木、蕨类及藻类。全世界约有杂草8 000种,与农业生产有关的只有250种。农田杂草除可按植物学方法分类外,还可按其对水分的适应性分为水生、沼生、湿生和旱生;按化学防除的需要又分为禾草、莎草和阔叶草。此外还可根据杂草的营养类型、生长习性和繁殖方式等进行分类。其生物学特性表现为传播方式多、繁殖与再生力强、生活周期一般都比作物短、成熟的种子随熟随落、抗逆性强、光合作用效益高等。其主要危害是:与作物争夺养料、水分、阳光和空间,妨碍田间通风透光,增加局部气候温度。有些则是病虫中间寄主,会促进病虫害发生。寄生性杂草直接从作物体内吸收养分,降低作物的产量和品质。此外,有的杂草的种子或花粉含有毒素,能使人、畜中毒。

农田杂草

【农药】(pesticide) 用来防治危害农林牧业生产的有害生物和调节植物生长的化学药品。包括杀虫剂、杀螨剂、杀菌剂、除草剂、杀鼠剂和植物生长调节剂等。通常也把能改善作物有效成分的物理、化学性状的各种助剂包括在内。农药的含义和范围,在不同的时代、不同的国家和地区有所差异。如美国,早期将农药称为“经济毒剂”，欧洲则称之为“农业化学品”，还有的书刊将农药定义为“除化肥以外的一切农用化学品”。在20世纪80年代以前，农药的定义和范围偏重于强调对有害生物的“杀死”。但从20世纪80年代以来，农药的概念发生了很大变化，施用农药不再只注重对有害生物“杀死”，而是更注重于“调节”。因此，将农药定义为“生物合理农药”、“理想的环境化合物”、“生物调节剂”、“抑虫剂”、“抗虫剂”、“环境和谐农药”更为合理。

农药

【农药残毒】(residual toxicity) 农药残留而对人和动物所产生的毒害。例如，长期大量使用化学性质很稳定的高残留农药，如有机氯制剂等，就能增加农作物、土壤和水域中的残留量，进入人和动物体内，并积蓄在器官和组织中，从而使人和动物及其后代致畸、致癌、致突变。土壤、水域中的农药残毒，会污染环境，引起公害。

【农药残留】(pesticide residue) 残存在环境及生物体内的微量农药。包括农药原体、有毒代谢物、降解物和杂质。施用于作物上的农药，其中一部分附着于作物体上，一部分散落在土壤、大气和水等环境中。环境残存的农药中的一部分又会被植物吸收。农药受到外界环境影响或活体内酶系的作用而降解消失。但性质稳定的农药如DDT降解消失是缓解的。此外，农药残留还与加工剂型、施药方式、农作物品种等有关。残留农药直接通过植物果实或水和大气到达人、畜体内，或通过环境、食物链最终传递给人、畜。食用含有大量高毒、剧毒农药残留的食物，会导致人、畜中毒。农业生产环境中农药残留量过高会引起农作物减产甚至绝产。合理使用农药、加强农药残留监测、加强法治管理等是减少农药残留的有效途径。

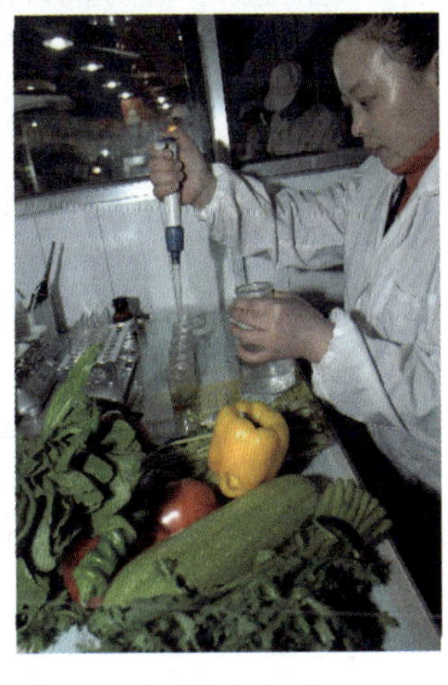

农药残留检测

【农药毒性】(toxicity of pesticide) 一些农药通过各种途径进入动物体内，扰乱动物的正常生理机能，使动物出现不正常症状甚至死亡的性能。毒性的大小和类别，因动物种类、毒物的剂量、给药的途径及中毒的程度不同而分为剧毒、高毒、中毒、低毒、急性毒性、亚急性毒性、慢性毒性、口服毒性、经皮毒性及吸入毒性等。测定农药毒性一律采用以致死中量(LD50)或致死中浓度(LC50)为标准的相对测定方法。试验动物用小鼠、大鼠、豚鼠、兔、狗、猴等代表哺乳动物，以鲤、虹鳟、鲫等代表鱼类。

【农药废水】(pesticide waste) 在农药生产过程中产生的废水。由于农药品种的繁多，农药废水水质也很复杂。其主要特点是：(1)污染物浓度较高。化学需氧量(COD)可达每升数万毫克。(2)毒性大。废水中除含有农药和中间体外，还含有酚、砷、汞等有毒物质以及许多生物难以降解的物质。(3)有恶臭。对人的呼吸道和黏膜有刺激性。(4)水质、水量不稳定。农药废水的处理目标是降低农药生产污水中污染物浓度，提高回收利用率，力求达到无害化。农药废水的处理方法有：活性炭吸附法、湿式氧化法、溶剂萃取法、蒸馏法和活性污泥法等。研制高效、低毒、低残留的新农药，是农药发展方向。积极研究和使用微生物农药，是一条从根本上防止农药废水污染环境的途径。

【农药污染】(pesticide pollution) 在农业生产及其产品的储藏过程中，因过量使用农药而造成的对农业生产环境和农产品的污染。其范围包括空气、土壤、水域、农副产品，也包括并不需要杀死或除去的动植物和人类自身。

农药污染

【农药药害】(pesticide injury) 农药使用不当对植物产生的有害作用。分急性和慢性两类。急性的常发生在喷药后几天之内，在叶面或叶柄基部出现不规则斑块或条纹，严重者全叶变黄、变形，甚至枯萎焦枯脱落。慢性的多属内伤，表现为延迟结实、果形变小、产量降低；籽实不饱满或品质下降等。慢性药害只有和健全植株对比才可发现，它不象急性药害那样明显。杀菌剂比杀虫剂较易产生

农药药害症状

药害。药害产生的原因是:(1)用药浓度太高或喷药次数过多。(2)用药种类或时期不当。(3)使用药剂的方式不当,或混用的药剂种类不合理。(4)用药时受气候或土壤条件的影响。(5)药剂本身质量有问题。

【农药增效剂】(synergist of pestieide) 增加农药药效的一类助剂。这些化合物本身没有杀虫作用。但是,在与杀虫剂混合应用时,产生增效作用,可以显著提高杀虫剂的杀虫效果。如增效醚、增效磷及八氯二丙醚等。增效剂是杀虫剂的辅助剂之一,在农业上被广泛应用。

【农药植物资源】(agrochemical plant resources) 体内含有驱拒、干扰或毒杀害虫、抑制病菌和除草等物质的一类植物。其有效成分多为生物碱、皂素、挥发油、鞣质、甙类树脂、鱼藤酮等。植物性农药具有成本低、残毒少、无污染、无药害等特点。为了保证人们的身体健康,提倡生产和使用低毒农药。按使用目标的不同可分为:(1)杀虫剂类。含有对害虫有毒杀作用物质的种类,如除虫菊含有对许多害虫有毒的除虫菊酯类化合物。(2)杀菌剂类。对植物病菌有杀灭作用物质的种类,如藜芦提取物对马铃薯晚疫病杀菌。(3)除草剂类。对杂草有抑制或杀灭作用物质的种类,如炭疽菌对大豆菟丝子有防治效果。按杀虫、杀菌或除草方式的不同可分为寄生性、毒杀性、驱拒性和激素性等。按利用的化学成分的不同可分为酚类、萜类、生物碱类、炔类、蛋白质毒素、生氰糖苷及各种信息素或激素类等植物次生代谢化合物。

除虫菊

【农药助剂】(pesticide auxiliary) 凡在农药加工过程中,与农药原药混合时,能改变农药制剂的理化性状,提高农药防治病、虫、草害的效果,或使农药便于加工的物质的总称。农药中常用的助剂有填充剂、湿润剂、乳化剂、溶剂、黏着剂、稳定剂和增效剂等。

【农业保险】(agricultural insurance) 专门为农业生产者在从事种植业和养殖业生产过程中,因遭受自然灾害和意外事故所造成的经济损失提供保障的一种保险。按农业种类的不同可分为:种植业保险、养殖业保险和林木保险;按危险性质的不同可分为:自然灾害损失保险、疾病死亡保险、意外事故损失保险;按保险责任范围的不同可分为:基本责任险、综合责任险和一切险。中国开办的农业保险的主要险种有:农产品保险,生猪保险,牲畜保险,奶牛保险,耕牛保险,山羊保险,养鱼保险,养鹿、养鸭、养鸡等保险,对虾、蚌珍珠等保险,家禽综合保险,水稻、蔬菜保险,稻麦场、森林火灾保险,烤烟种植、西瓜雹灾、香梨收获、小麦冻害、棉花种植、棉田地膜覆盖雹灾等保险,苹果、鸭梨、烤烟保险等。

【农业标准化】(agricultural standardization) 通过农业产前、产中、产后各个环节标准体系的建立和实施,把先进的科学技术和成熟的经验推广到各个农户,转化为现实生产力,从而取得经济、社会和生态的最佳效益,达到高产、优质、高效目的的技术经济体系。农业标准化集技术、经济、管理于一体,是科技兴农的载体和基础,是农业增长方式由粗放型向集约型转变的重要内容之一。它还能使农业生产走向科学化、系统化,有利于形成规模生产能力,提高“一优两高”(即优质、高产、高效益)农业的密度,对于发展农业经济有重要作用。

【农业补贴】(agricultural subsidy) ❶国家安排用于发展农业生产的专项补助性资金。国家为了鼓励农、林、牧、副、渔等各业生产时,通过实施补贴来调动农民积极性的农业政策。❷当出口国的农产品成本高于国际市场价格时,出口国为了鼓励出口、平衡贸易,常常通过补贴等其他非关税措施来保护其农业利益的一种贸易政策。根据 WTO 的规定,发达国家有权对其农业提供 5% 的补贴;发展中国家补贴可上升到 10%。作为发展中国家的中国,其农业补贴也在逐步增加。

【农业布局】(agricultural layout) 农业生产在地域上分布的状况和特点。包括农业生产在地域上的分工和一个地域内农业各部门的结构。不仅受各地自然条件的影响,而且受社会生产力发展水平和社会制度的制约。在不同的历史条件下,具有不同的规律性和特点。其布局的原则是:(1)地域分工与综合发展相结合。(2)农业生产布局与工业生产布局相结合。(3)整体利益、长远利益与局部利益、目前利益相结合。(4)合理利用各地区的劳动力资源,充分考虑与发展的要求相适应。(5)农业生产力的发展水平必须与整个社会生产力发展的要求相适应。(6)考虑目前中国农业的特点,应相对平衡地进行粮食生产布局。

【农业部门区划】(regionalization of agricultural sections) 为农业各部门和各种主要农

作物所制定的区划。包括种植区划、林业区划、畜牧业区划、渔业区划等。其目的是：为农、林、牧、副、渔各部门与主要作物的发展和生产布局提供科学依据。

【农业产业化】(agricultural industrialization) 在市场经济条件下，将农业生产的产前、产中、产后诸环节整合为一个完整的产业系统，实行种养加（种植、养殖、加工）、产供销、贸工农一体化经营，提高农业的增值能力和比较效益，形成自我积累、自我发展、良性循环的发展机制的生产经营方式。在实践中，表现为生产专业化、布局区域化、经营一体化、服务社会化和管理企业化。

【农业大棚设施】(agricultural greenhouse facility) 在不适宜作物（根、茎、叶、花、果）生长发育的寒冷或炎热季节，利用保温、防寒或降温、防雨的大棚设施与设备，人为地创造适宜作物生长发育的小气候环境，其不受或少受自然季节的影响而进行作物生产的农业设施。类型有风障、阳畦、温床、薄膜覆盖、荫棚、温室。其生产用途是：(1)育苗。(2)越冬栽培。(3)早熟栽培。(4)延后栽培。(5)越夏栽培。(6)促成栽培。(7)软化栽培。(8)假植栽培。(9)无土栽培。(10)采种栽培。

农业大棚设施

【农业地理学】(agricultural geography) 农业科学的一个分支。研究农业生产地域分异及其规律的学科。其任务是研究农业生产及其各个部门、各个环节客观存在的地域差异特征及表现形式；研究农业生产形成的自然的、技术和社会经济的原因，并探索其形成过程及发展变化趋向；研究由于农业生产地域分异而形成的各种农业地域类型和农业区的形成、结构和发展。通过研究，使人们认识和掌握千差万别的农业生产地域特征，因地制宜地规划农业生产，实现农业自然资源的合理利用和农业生产合理布局。

【农业动物细胞工程】(agricultural animal cell engineering) 又称家畜细胞工程。主要以大型家畜如牛、绵羊、猪、山羊、水牛、马和驼，甚至包括家养宠物狗和猫等为研究对象，针对生物工程技术在家畜生产中更为实际的应用而开展的理论和技术研究的工程技术。

【农业发展基金】(agricultural development fund) 中国财政部为确保农业投入有稳定的资金来源而建立的一项专门资金。其来源包括：(1)从国家提高能源交通重点建设基金征收比例中拿出一个百分点。(2)乡镇企业税收比上年实际增加部分。(3)耕地占用税收入的全部。(4)农林个体工商户及农林私营企业税收比上年增加部分。(5)从粮食经营环节中提取的农业技术改进费。(6)世界银行贷款的25%及其他国外贷款。主要用于农田水利基本建设、服务配套建筑设施和补农贴农等。

【农业发展条件区划】(regionatization of agricultural developing conditions) 对农业有关的自然条件按地区分布规律进行的区域划分。自然条件主要指气候、水文、地貌、植被资源等。区划有利于评价农业发展条件对农业生产的有利和不利影响，研究提出因地制宜合理利用、保护资源和改善农业生产条件的方向和途径。

【农业发展战略】(development strategy of agriculture) 国家或地区在一定时期内制定的具有全局性、决定性、长远性的有关农业发展重大问题的筹划与决策。通常包括战略目标、战略重点、战略步骤、战略措施及农业经济体制体系变革，农业经济、技术宏观结构等方面的内容。在实际应用中，农业发展战略就是农业发展的长期规划。

【农业防治】(agricultural prevention and control) 为防治农作物病、虫、草害所采取的综合措施。其中包括调整和改善作物的生长环境，以增强作物对病、虫、草害的抵抗力，创造不利于病原物、害虫和杂草生长发育或传播的条件，以控制、避免或减轻病、虫、草的危害。其措施有：选用抗病、虫品种，调整品种布局，选留健康种苗，轮作，深耕灭茬，调节播种期，合理施肥，及时灌溉排水，适度整枝打杈，搞好田园卫生和安全运输储藏等。农业防治若同物理、化学防治等配合进行，可取得更好的效果。

【农业丰收布】(agricultural good harvest cloth) 用以控制光透，改善农作物周围气候的稀薄织物。主要以合成纤维作为原料，经机织或编织而成。该产品耐气候性和耐腐蚀性好，覆盖在农作物上，对光透度进行调节，改善农作物周围的

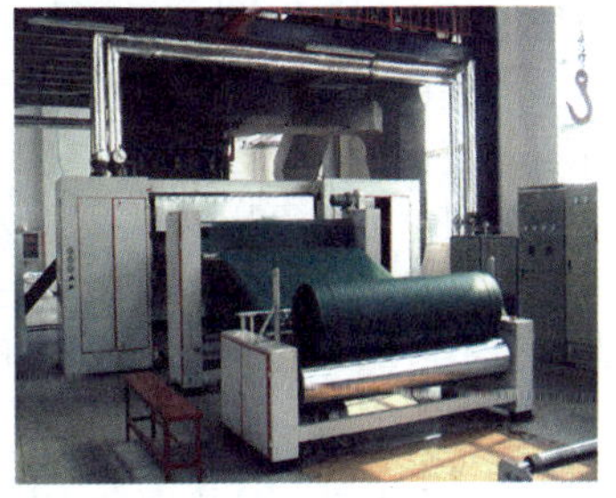

农业丰收布

气候,防寒,防霜,防风,防雪和防止病虫害。

【农业工程】(agricultural engineering) 将现代工程技术的理论和方法应用于农业的综合技术体系。其任务是:选用各种工程和新兴技术来开发、利用和保护自然资源(生物资源、土地资源、水资源、农村能源等),以提高农业(包括农、林、牧、副、渔)生产力和改善农村环境,推进农业现代化的进程。农业工程所涉及的领域包括农业机械化、农业电气化与自动化、农田水利与水土保持、农业生物环境与农业建筑、土地开发利用、农村能源、农产品加工、农业系统工程,以及计算机、遥感、电子、激光等新技术在农业生产中的应用等。随着现代科学技术的发展,农业工程的内容也将不断地发生变化。

农产品加工

【农业工程学】(agricultural engineering science) 研究工程技术应用于农业生产、满足农业生产需要、促进农业不断发展,以获得最大经济效益、生态效益和社会效益的一门新兴学科。具有综合性、系统性、整体性等特点。即解决一项农业工程技术问题,不是简单地将各种工程手段(如机械、电气、土木、水利、化工等)引用到农业中,而必须同时考虑生物、环境与管理方面的条件和因素,并把它看做是系统整体的一个组成部分,才能收到较好的效果。农业工程主要服务的对象是农业,而农业本身就涉及生物学科、物理学科、经济学科等多个领域。因而,在解决一项具体的农业工程时,也要涉及多种工程学科及高科技的应用。各国的自然条件和经济条件不同,农业工程学应从各国的具体条件出发,优先发展本国急需发展的领域,以促进农业现代化的进程。

【农业规划】(agricultural planning) 按照经济建设的需要和各种可能的自然、社会等条件,拟定出全面的、长远的、有科学根据的发展农业的总体安排。提出了农业发展的战略目标和具体措施,发展指标、速度、比例及人力、财力、物力的投放等,以便发动和组织各方面的力量有步骤地实施。农业区划工作,是科学地制定农业发展规划的依据。而农业规划则是发展的规模、步骤和措施。区划工作是综合性的基础性工作,规划工作是计划工作。两者之间既有联系又有区别。

【农业国际化】(agriculture internationalization) 主张农产品贸易自由化,取消对农业领域特别是农产品贸易领域的由一切干预造成的竞争和贸易的扭曲,在充分发挥本国经济的比较优势、提高国内资源配置整体效益的基础上,实现国内农业生产、流通、消费与国际的对接,使全球农业资源配置最优、经济福利增长最多的生产经营方式。是20世纪90年代以来伴随着经济全球化而出现的一个崭新的概念,是世界经济一体化在农业领域的直接体现。其理论内涵包括参加农业国际分工、农产品国际交换(包括开放国内市场)、农业资源在世界范围内流动与配置等。

【农业环境】(agricultural environment) 农业生态系统中的非生物因素,即农作物、林木、果树、畜禽和鱼类等农业生物赖以生存、发育、繁殖的自然环境。包括农田土壤、农业用水、空气、日光和气候等。

【农业机械】(agricultural machinery) 又称农业机器。农业生产中使用的各种动力机械及与其配套的作业机具的总称。可分为动力机械和作业机具两大类。动力机械包括:风力机、水力机、内燃机、电动机和拖拉机等。作业机具按其作业项目的不同可分为:整地机械、播种栽植与施肥机械、植物保护机械、收获及场上作业机械、运输机械、农副产品加工机械、排灌机械、农田基本建设机械、林业机械、牧业机械和渔业机械等。按作业时机具是否移动的特点可分为:固定式作业机具与移动式作业机具。按作业机具与动力机械连接方式的不同可分为:牵引式、悬挂式、半悬挂式和自走式机具等。牵引式农具指用拖拉机牵引进行作业的各种农具,如机引犁、机引耙、机引播种机和牵引收割机等。悬挂式农具挂接在拖拉机上,作业时整台农具可以起落,如悬挂犁,悬挂旋耕机等。半悬挂式农具一端挂结在拖拉机上,装有支承轮,作业时只是工作部件起落。悬挂式和半悬挂式农具,结构紧凑,转向灵活,运输方便,不需要另配农机手操纵。自走式机具本身具有动力机械和操向装备,如自走式联合收割机等。

小麦联合收割机

【农业机械化】(agricultural mechanization) 用机器逐步代替人力、畜力进行农业生产的技术改造和经济发展的过程。是农业现代化的重要组成部分。其根本任务是用各种动力和配套农机具装备农业,从事农业生产,提高农业劳动生产率,土地产出率,资源利用效率;保护生态环境;减轻农民劳动强度;促进农村经济繁荣、技术进步和社会发展。其基本内容包括:农业机械的设计制造、试验鉴定、销售推广、运用维修和农业机械化的微科学管理。

农业机械化

【农业机械化区划】(reglonalization of agricultural mechanization) 根据自然、经济条件对农业机械化的影响和生产上的要求及地域性差异所划分的不同农业机械化区域。包括条件区划、专题区划和综合区划三种。进行农业机械化区划应与农业自然区划和农业部门区划相结合,并考虑农业技术体系对农业机械类型的要求和农业机械利用的技术经济效果。

【农业机械系统】(system of agricultural machinery) 为完成农业生产的全部过程,由一系列动力机械和作业机具组成的整个机械体系。按农业各部门功能划分,有农作物田间作业机械系统,林业机械系统,畜牧业机械系统,渔业机械系统和副业加工机械系统等。按农业区划的地区范围划分,有区域性农业机械系统和全国型农业机械系统。完善的农业机械系统要求达到技术上可行,经济上合理,系统内的一系列机器装备互相协调,紧密联系,具有良好的地区适应性。农业机械系统是在农业机械化区划的基础上,根据本区域的自然、经济条件和农业生产技术上的要求确定的。随着农业生产和农机技术的不断发展应及时进行修改和补充,使之不断完善。

【农业机械学】(agricultural machinery) 农业工程学的一个分支。研究农业生产中所使用的机械设备的结构、原理、功能、理论分析及其性能与设计的一门学科。按其研究内容的不同可分为:(1)工作对象工艺特性研究。(2)新技术在农业机械中的应用研究。(3)农机部件和整机性能试验研究。

【农业机械作业机群】(agricultural machinery operating group) 简称农机群。农业生产单位中由各种型号的动力机械和作业机具按一定的比例组成的群体。其结构确定的原则是:在满足农业生产的前提下,以较小的投资,较低的成本,取得较大的收益。由于其机具种类不一,完成的作业项目繁多,在对机群的运用效果进行统计分析时,一般需将不同的计算单位转换成统一的计算单位。如将各种不同类型的拖拉机折算成拖拉机标准台数或发动机马力(735W)数,不同的作业量转换成标准单位面积作业量,不同的作业成本换算成标准亩成本。衡量机群运用效果的指标主要有每735W(1马力)年平均工作量,标准单位面积耗油量,标准单位面积成本,拖拉机完成率,拖拉机出勤率,班次作业时间利用率等。

农业机械作业机群

【农业基因组学】(agricultural genetics) 研究植物基因组和以植物生长发育特定生命活动为对象的结构和功能基因组,进而阐明植物生命活动的基因控制网络和机制的学科。

【农业集约经营】(agricultural intensive management) 在一定土地面积上集中投入较多的生产资料和劳动,并采用新的技术措施进行精耕细作的经营方式。不仅发展高效率的种植业和养殖业,而且要实行产加销一体化经营,由提供初级产品延伸到农产品深加工,创造更高的附加值,提高农业现代化水平。

【农业技术改革区划】(regionalization of agrotechnical innovation) 在对农业自然现状区划和农业部门现状区划进行科学评价的基础上,根据发展农业生产和农业现代化的需要所作的技术改革区划。它涉及的范围主要包括:农业机械化区划、水利化区划、科学化区划,土壤改良区划、农作物品种改良区划、家畜家禽品种改良区划、植物保护区划、农村能源区划等。比如,根据具体情况可制定分项或综合农林改革区划,以便分区分类指导农林技术改革工作。

【农业经济】(agriculrural economy) 农业再生产过程中生产、交换、分配、消费诸方面经济活动和经济关系的总称。部门经济之一。在前资本主义社会很长的历史时期中,农业经济在整体社会经济中占绝对优势。在资本主义社会和社会主义社会,农业在国民经济中的比重虽日益降低,但农业经济对国民经济的发展仍有巨大的制约作用。由于农业生产是经济再生产与自然再生产相互交织,农业中生产关系的变革和生产力的组织有自己的特点。因此,农业经济的发展不同于工业经济,其具有自身特殊的规律性。

【农业经济管理】(management of agricultural economy) 对农业生产总过程中生产、交换、分配与消费等经济活动进行计划、组织、控制、协调,并对人员进行激励,以达到预期目的的一系列工作的总称。在社会主义条件下,农业经济管理是国家领导和管理农业发展的重要方面。其主要任务是:按客观经济规律和自然规律的要求,在农业生产部门中合理地组织生产力,正确地处理生产关系,适时地调整上层建筑,以便有效地使用人力、物力、财力和自然资源;合理地组织生产、供应和销售,妥善地处理国家、企业和劳动者之间的物质利益关系,调动广大农业劳动者的积极性,提高农业生产的经济效益,最大限度地满足社会对农产品的需要。主要内容包括:在科学预测的基础上,正确制定农业生产战略,编制农业发展计划;在农业区划的基础上,进行农业地区布局,优化农业生产结构;合理开发利用农业自然资源、劳动力资源、物质技术资源和财力资源;建立合理的农业经济管理体制,确定农业生产经营中各方面的责、权、利关系以及分配中的积累与消费关系;正确地组织农产品的商品流通;综合运用各种经济手段,调节农业经济活动;全面评价农业经济效益等。

农业经济管理

【农业经济学】(agricultural economics) 经济学的一个分支。研究农业部门中生产关系和生产力发展运动规律的学科。其研究内容涉及农业领域中各种经济问题,主要包括:农业中生产资料所有制的形式与结构,农业经济方式与经营规模,农业的部门结构,农业生产布局与区别,农业劳动力和土壤资源的开发利用,农业技术装备的利用与农业科技推广,农业资金的来源与运用,农业投资效果的分析评价,农产品贸易与价格,农村财政与金融,农业中产品和收入的分配及农民的生活消费等。

【农业科技成果转化资金】(transformation fund for agricultural scientific achievement) 经国务院批准设立的加速农业科技成果转化的专项资金。设立此项资金的目的是为了贯彻落实《农业科技发展纲要》,加速农业、林业、水利等科技成果转化,提高国家农业技术创新能力,为中国农业和农村经济发展提供强有力的科技支撑。此项转化资金的来源为中央财政拨款,由科技部、财政部共同管理。此项资金支持重点是:(1)动植物新品种(或品系)及良种选育、繁育技术。(2)农副产品储藏加工及增值技术。(3)集约化、规模化种、养殖技术。(4)农业环境保护、防沙治沙、水土保持技术。(5)农业资源高效利用技术。(6)现代农业装备与技术等。转化资金的支持方式是:(1)贷款贴息。(2)无偿资助。(3)资本金注入。采取无偿资助方式给予支持的转化资金,总额一般不超过200万元,重大项目不超过300万元。

【农业科技园区】(agricultural zone of science and technology) 在一定区域内建设的具有较强示范带动作用的现代农业科技示范区或现代农业科技企业的密集区。一种依靠高科技、以农业设施工程为主体、具有多方面功能和综合效益、进行集约化生产和企业化经营的新型农业组织形式。它以数量型农业向效益型农业转变为目标,以市场为导向,以先进适用技术为依托改造传统产业,优化不同类型地区农业与农村的经济结构。

农业科技园区

【农业昆虫学】(agricultural entomology) 研究农业害虫及其环境,以及害虫防治的理论和技术的学科。其研究内容包括:(1)害虫的种类及其形态特征。(2)害虫的生活习性和发生规律。(3)害虫与环境,包括气候、食物、天敌等的关系。(4)害虫及其危害的监控、预测和防治。其任务是:(1)维护生态平衡,控制害虫种群,防止虫灾的发生,最大限度地减少虫灾的损失。(2)在保护环境、促进农业生产持续发展的同时,提高农作物的产量和品质,以求得最大的社会效益和经济效益。

地下害虫

【农业类型】(agriculture type) 农业结构和经营方式在地域上的表现方式。是在一定地域范围内和一定历史发展阶段,因自然、技术、经济条件影响而形成的地域农业生产体系。具有相对稳定性。同一类型具有类似的生产条件、结构特点、经营制度、土地利用方式、发展方向与途径。具有系统的或分类的特征。着重在农业地域结构的形成。是农业客观现实的反映。在空间分布上往往不连片。可重复出现。农业地域类型可作为基层的农业区,是农业区划的基础,较高层次的农业区是若干农业类型的地域组合。是农业地理学研究的重要组成部分。其主要研究内容是:(1)类型的形成条件及其发展变化的过程与分布规律。(2)农业部门结构、生产特征及其相互联系。(3)农业经营方式,集约化和专业化水平。(4)不同农业类型农业发展方向和建设途径。科学地划分农业类型,是实现农业区域化和专业化的重要科学依据。

【农业气候区划】(agroclimatic classification) 按一定的指标对农业气候资源进行的地理区域划分。综合农业区划的组成部分。是在地区农业气候分析的基础上,采用对农业地理分布有决定意义的指标,遵循农业气候相似原则和地域分异规律,将一地区依次分为不同等级区域。区划范围大至全世界,小至县乡。其目的是:为农、林、牧、副、渔的合理布局和长远发展规划服务。

【农业气象】(agricultural meteorology) 既是应用气象学的一个分支,又是农学的一门基础学科。研究农业与气象条件之间相互关系及其规律的学科。其基本任务是:研究农业自然资源和农业自然灾害的时空分布规律,为农业的区划和规划、作物的合理布局、人工调节小气候和农作物的栽培管理等服务。此外还开展农业气象预报和重大农业气象灾害预警,开展农业产量气象预报和作物发育期气象预报及特色农产品气象保证等。

【农业气象灾害】(agrometeorological hazard) 不利气象条件给农业造成的灾害。由温度因子引起的有热害、冻害、霜冻、热带作物寒害和低温冷害;由水分因子引起的有旱灾、洪涝灾害、雪害和雹害;由风引起的有风害;由气象因子综合作用引起的有干热风、冷雨和冻涝害等。与气象上的概念不同,农业气象灾害都是结合农业生产遭受灾害而言的。例如:干热风、寒露风、倒春寒、冷雨等,在气象上是一种天气气候现象或过程,不一定造成灾害,但在农业气象上则是给农业生产造成损害的一种农业气象灾害。不利气象条件,不仅直接危害农业,还会诱发病虫害,间接危害农业。例如:干旱可能引起蝗虫的大发生;雨水过多,不仅发生湿害,还会引起小麦锈病的流行和蔓延。

霜冻灾害

【农业企业】(agricultural enterprise) 从事农、林、牧、副、渔业等生产经营活动,具有较高的商品率,实行自主经营、独立经济核算,并具有法人资格的营利性经济组织。是在农业生产力水平和商品经济有了较大发展,资本生产关系进入农村以后的产物。随着农村商品经济的发展,农业企业出现了多种形式。按其所有制性质的不同可分为:国有农业企业、集体所有制的合作企业、股份制合作企业、联营企业、私营企业、中外合资企业、中外合作经营企业等;按其经营内容的不同可分为:农作物种植企业、林业企业、畜牧业企业、副业企业、渔业企业,以及生产、加工、销售紧密结合的联合企业等。

【农业区划】(agricultural regionalization) 依据农业生产地域分布规律,对农业的区域进行划分的系统工程。即在农业资源调查的基础上,根据各地不同的自然条件与社会经济条件、农业资源和农业生产特点,按照区内相似性、区间差异性和保持一定行政区界完整性的原则,把中国或一定地域范围划分为若干不同类型和等级的农业区域;分析研究各农业区的生产条件、特点、布局现状和存在问题,指明各农业区的生产发展方向及其建设途径。它既是对农业空间分布的一种科学分类方法,又是实现农业合理布局和制定农业发展规划的科学手段和根据,是科学地指导农业生产,实现农业现代化的基础工作。

【农业区划管理】(management of agricultural regionalization) 在农业规划时对有关业务和部门进行的协调管理工作。其主要内容包括:(1)做好区划的计划管理。(2)协调各方面的力量,搞好组织工作,保证区划的健康发展。(3)做好区划的指挥、控制工作,保证区划健康发展。(4)做好区划质量管理。(5)对已取得初步成果的地区向纵深研究发展。由于农业区划涉及地学、农学、生物学、气象学、测绘学、社会经济学及遥感遥测、电子计算、数字模型等新技术学科,学科众多,工作层次复杂,协作单位众多,需要生产、技术和经济各方面的紧密配合。只有进行统一管理,才能达到最优效果。

【农业设施】(agricultural facilities) 农业生产系统中各种辅助建筑物的总称。如各种类型的温棚、畜禽舍，农产品干燥及储藏设施，果品、蔬菜分级及包装设施等。它是设施农业的基础和硬件。设施农业是利用农业设施进行的农业生产。

温棚

【农业生产布局】(allocation of agricultural production) 又称农业配置。农业生产的地域分布。即农业生产各门类经一定的安排、部署而形成的空间分布。其范围大至一个国家不同地区之间的农业生产分工，小至一个地区内不同生产项目的配置和组合方式。合理的布局可以使农业生产的发展因地制宜，从一定面积的土地上获得尽可能多的优质农产品，取得最佳经济效益和综合社会效益。在进行农业生产布局时，要以农业区划为依据。其原则是：(1)扬长避短，因地制宜，根据国家需要和不同地区的自然和社会经济条件，部署最适宜的农业生产部门。(2)在原料产地建立相应规模的农产品加工工业等，以利农业的专业化和商品化。(3)促进农业生产地区间的平衡发展，在农业发达和较发达地区生产发展的同时，扶持不发达地区的农业，使之尽快赶上生产水平较高的地区。

【农业生产结构】(production structure of agriculture) 又称农业部门结构。一定时期和地域范围内农业内部各生产部门的构成状况及相互关系。如农业各生产部门中的种植业、林业、牧业、副业、渔业等的比重，种植业中粮食作物与经济的比重等。它是农业生产力合理组织和开发利用方面的一个基本问题。其合理与否对农业生产能否顺利发展起着十分重大的作用。通常以农业总产值构成、农业用地构成、播种面积构成、劳动力及资金占用构成等经济指标来反映。一般以农业总产值构成的相对数来表示。形成和发展，受多种因素的制约和影响。与一个国家和地区的自然环境条件，农业自然资源条件和生产力发展水平，人口和消费构成，经济制度和经济政策等有密切关系。具有一定的地域性和相对稳定性。农业生产结构合理与否，主要看其能否满足一定阶段国民经济发展的需要；能否充分利用自然条件和各种农业自然资源，发挥当地优势，各生产部门相互促进，协调发展；能否取得最佳的经济效益、社会效益和能否促进农业生态平衡的良性发展。

【农业生产模型】(agricultural production model) 应用数学模型方法和计算机技术，分析影响农业生产的主要因素(如气候、土壤、作物、社会、经济等)，从而对农业生产进行定量研究的一种模式。农业生产模型研究已有二十多年的历史。世界各国开发的农业生产模型，牵涉到农业多方面的问题，如人口增长、资源利用、能源消耗、农业生态、农业结构、作物管理、畜禽饲养、病虫测报、农田灌溉和环境控制等。通过模型研究，可以在较短时间内，用较少的人力、物力和财力，得到可靠而优化的结果。

【农业生产用地】(farm land) 直接或间接用于农业生产的土地。直接农业生产用地包括：(1)种植业用地，即耕地，包括水田、水浇地和旱地。(2)林业用地，包括果园、苗圃、用材林、水土保持林和防护林带等用地。(3)牧业用地，包括天然和人工割草地以及放牧地、饲料用地。(4)养殖业用地，包括水库、池塘、湖泊等占地。间接农业生产用地包括：(1)渠道和道路用地，包括各级固定排灌渠道和道路等用地。(2)农村居民点、仓库、电力排灌站等。上述用地方式不是一成不变的，在一定条件下可能互相转换。

农业生产用地

【农业生产周期】(agricultural production cycle) 农业从开始生产到获得产品所经过的全部时间。在种植业中，一般从整地到产品收获为一个生产周期；在畜牧业中，一般以饲养幼畜到获得畜产品为一个生产周期。农业生产以生物为对象，生产时间与劳动时间不一致。一般来讲，农业生产周期比工业生产周期长。采用先进的农业生产技术，改进农业生产管理方法，有助于适当缩短农业生产周期，提高经济效益。

【农业生产专业化】(specialization of agricultural production) 农业生产向专门化、集中化的方向发展的过程。按照农产品的不同种类、生产过程的不同环节，在地区之间或农业企业之间进行分工协作。是社会分工深化和经济联系加强的必然结果，也是农业生产发展的必由之路。通常有三种表现形式：(1)农业地区专业化或农业生产区域化。(2)农业企业专业化或农场专业化。(3)农业作业专业化或农艺过程专业化。实现农业生产专业化，有利于充分发挥各地区、各企业的优势，提高农业经济效益；有利于提高农业机械化水平和农业科学技术水平；有利于提高劳动者的素质。但是，应注意与多种经营正确结合起来，防止过于单一化、片面化。

【农业生态经济】（agricultural ecological economics） 农业再生产中生态与经济的内在联系及相互结合的统称。农业生产首先是自然再生产。又通过人类有目的的农业技术操作和各种农事活动，把活劳动和物化劳动输入农业生态系统，并通过经济技术的主导作用，使生态与经济结合，促使其自然能量和物质转化循环，形成农业生产。要运用生态、经济与技术统一的观点，对农业进行生态经济的整体认识、系统调控和综合管理。

【农业生态经济系统】（agricultural eco-economic system） 又称农业生产系统。农业再生产中由生态、经济和技术三个子系统相互结合形成的有机整体。其特点是：(1)生态与经济的统一与结合。(2)系统组成要素多，各生物、环境因素及经济、技术因素共存于一体，交互作用，且都具有易变性。(3)系统组成因素的变化运动受自然经济规律制约，在人类运用科学技术条件下具有可控性。农业生态经济系统具有系统、要素的空间结构与循环增殖功能，系统要素反馈结构及相互制约功能和输入（投入）输出（产出）结构与生态经济功能。要使农业持续、稳定、协调发展，就要对农业生态经济系统中不合理的结构进行适时调整，使系统结构趋于合理优化，以促进系统生产力的不断提高。

【农业生态系统】（agricultural ecosystem） 在一定农业区域内，由生物和非生物因素相互作用，并在人类生产活动干预下形成整体功能的一种人工生态系统。由农业环境因素、生产者、消费者和分解者四大基本要素构成。绿色植物的光合产物，通过消费者和分解者的转化途径，最后分解为无机物质和热能返回到农业环境，其中一部分再供绿色植物吸收利用。由此构成一个连续不断的物质循环和能量转化系统。除太阳辐射能外，常有人类栽培饲养管理、选育良种、施用化肥和农药以及进行农业机械化作业等形式，投入一定的辅助能源，因而增加了可转化为生产力的能量。农业生态系统，具有社会性，是一种人工生态系统；具有高产性，有较大的产量潜力；具有波动性，产量和品质易受环境因素的影响而表现不稳。需通过合理的农业政策和农业技术手段，维护生态系统的相对动态平衡及物质、能量的良性循环，有效利用农业自然资源。实质上，农业生态系统，是一个由人参与并主宰的，由社会、经济、自然相结合而成的复合生态系统。

农业生态系统

【农业生态学】（agroecology） 运用生态学原理和系统分析方法，研究农业生物与环境间相互作用的规律和机理，以获得最高生物产量、最佳经济效益又能维护生态平衡的一门综合性学科。其研究内容包括：不同社会条件和自然环境下的农业生态系统结构、功能、特点、发展规律、调节、控制和优化。对于充分利用并合理保护农业资源、因地制宜地协调发展农、林、牧、副、渔各业生产，稳定提高农业生产力，具有重要意义。20世纪40年代末由意大利和美国首先提出，70年代后随着世界人口、资源、环境等危机的加剧，在现代生态系统理论的推动下，得到了较快发展。

【农业生物环境工程】（bioenvironmental project of agriculture） 为农业生物的生长和农产品储藏创造最优环境的工程设施和生产工业的总称。通常是指利用建筑、机械、化学、电气等工程手段建造的工程实体及其生产工艺。可分为植物生产环境工程（如温室、塑料大棚、地膜覆盖等），动物生产环境工程（如畜舍、禽舍、鱼池等）和农产品保鲜储藏工程（如冷库、窖洞、土窑等）。

农业生物环境工程

【农业生物技术】（agricultural biotechnology） 运用现代遗传学的手段增强农作物的有益性状，促进农业生产发展的工程技术。通过添加或删除特定的基因来取得理想的性状。运用现代生物技术，可以选择某一特定性状，并将带有这一性状的基因转移到另一植物中，既准确，又快捷。在不牵动其他成千上万基因的情况下，移动某个单一基因即能达到可预测的和安全的结果。工业现代化给占世界人口1/5的中国带来了惊人的变化，但不经济的发展模式会导致土地资源浪费、生产效率低下。农业生物技术却能通过可持续的、保护资源的方式来生产出人类所需要的产品。农业生物技术通过大幅度提高可耕种土地的生产效率来满足全球日益增长的食品需求。

【农业统计学】(agricultural statiatics) 社会经济统计学的一个分支。研究农业中社会经济现象的数量方面的专业统计学。主要阐述农业经济活动的统计指标体系、统计工作特点、统计分析的理论与方法和统计资料的具体运用等。其具体内容包括:农村基本情况统计,种植业、畜牧业、林业、渔业和农村工副业等生产统计,以及农业现代化统计、农业劳动统计、农村收入分配、农产品成本和农业生产成果统计等。

【农业污染】(agricultural pollution) 在农业生产过程中所产生的有害物质危害人类的生产和生活的现象。是人为因素引起的一种污染。形成的主要原因是:农药、化肥等使用不当和废弃物堆放不当,使土壤、水源、大气等自然环境要素和农产品受到污染。而直接或间接地危害人类的生产和生活。

【农业污染源】(agricultural pollution source) 在农业生产过程中对环境造成有害影响的农药、化肥、饲料、农用薄膜等各种农用材料。主要包括农田排水、施肥、喷洒农药、使用农膜和处置秸秆等种植业的剩余物污染,畜禽养殖业养殖过程中饲料和添加剂的使用及畜禽产生的粪便污染;水产养殖业池塘养殖和网箱养殖中饲料和添加剂使用产生的养殖废水污染,以及农民的生活污染物等。

农业污染源

【农业系统】(agricultural system) 由自然环境、农业生物和人类社会经济活动交织在一起并相互影响而组成的有机整体。是一个生态—经济复合系统。具有生态与经济的两重性。不同于一般的生态系统,其物质和能量的转化,是在人类活动的干预下实行开放式循环;也不同于一般的自然社会经济系统,其主要的构成要素是有生命的农业生物,经济要素与生物要素相互制约。农业系统的功能,一方面是利用太阳光能,通过生物转化,生产人类需要的各种农副产品和生物能源;另一方面是通过生物自身的存在和发展,改造自然,创造人类和其他生物所需要的良好环境。发展农业生产,必须正确处理农业系统中各个要素之间以及系统整体与每个要素之间的协调配合关系。

【农业系统工程】(agricultural systemic engineering) 运用现代科学方法和技术手段,对农业系统进行分析和综合平衡,为选择最优设计提供定量、定性依据的工程技术。是介于农业科学和系统科学之间的一门边缘科学。以研究农业的战略目标为主,并运用系统工程的思想方法解决农业领域中某一方面的问题。它采用模型化的研究方法和电子计算机技术,在现代农业的组织管理中,找到人们需要的高效生态系统的最佳发展途径,达到最优综合效果。作为一门综合性的管理工程技术,除了应用现代数学方法(如运筹学、统计数学、计算数学、模糊数学、逻辑数学和组合数学等)外,还涉及模拟、通信系统,以及农业经济学、经营管理学、社会学、心理学等多种学科。研究农业系统工程的目的,就在于对复杂系统的内外各方面、各因素之间的关系进行分析,从中找出内在的规律,以便采取各种措施(包括规划、预测、计划、设计、组织和管理等),使农业的发展能满足人类社会发展的需要。

【农业现代化】(modernization of agriculture) "四个现代化"之一。从传统农业向现代农业转化的过程。是实现工业、科学技术和国防现代化的物质基础。采用现代工业、现代科学技术和现代经济管理的成果武装农业,使之日益达到当代世界先进水平。其主要目标是:(1)生产手段现代化。(2)生产技术和组织管理科学化。(3)生产劳动专业化和社会化。目的是:大幅度提高劳动生产率、土地产出率和农产品商品率,获得较高的经济效益。要实现农业现代化,应从中国国情出发,充分继承和发展传统农业的特点和经验,发挥农业劳动力资源丰富的优势,不断采用先进的技术和设备,把生产决策、生产技术和经营管理建立在现代科学技术的基础上,合理开发和利用农业自然资源,保持和改善农业生态平衡,促使农林牧副渔全面发展。

农业现代化

【农业信息资源】(agricultural information resource) 发展农业和农村商品经济所必需的有使用价值的各种消息、情报、资料等的总称。包括:自然信息,如自然资源、科学技术、机械设备、生态环境和气象水文等;社会信息,如政策法令、管理体制、文化教育、咨询服务和会议活动等;经济信息,如市场需求、生产管理流通渠道、交通运输、利率、汇率、资金渠道、税率和价格等。其基本特征是:(1)先导性。它是农村商品经济发展的导向。(2)多源性。包括各业的内在、外在信息和国外信息等。(3)两重性。它反映着局部和全局、直接与间接实践、历史实践与当前实践三者的关系。随着商品经济的发展,农业信息资源的开发、交流和社会化,既能引导农民参与市场竞争,实现生产致富,又能加强国家对商品经济活动的宏观控制与指导。

【农业"110"】(agricultural network) 通过建立市、县(区)、乡(镇)三级农业信息网络,以互联网、热线电话、"农信通"及"三农服务车"现场服务等手段,为农民提供技术、信息、政策等各项服务的措施。

【农业资源】(agricultural resource) 人们从事农业生产或农业经济活动所利用或可利用的各种资源的总称。包括自然资源和社会资源。前者主要由气候资源、水资源、土资源和生物资源等组成;后者主要包括劳动力、农业技术装备和其他有关经济技术条件。各种农业自然资源,虽都有其自身的特点和运动规律,但也有其共同点和共同规律。自然资源的基本特性是:(1)整体性。各要素相互依存,相互制约,构成统一的整体。发展农业生产必须按照资源优化组合和生态平衡的要求,合理开发利用农业资源。(2)地域性。不同区域农业自然资源的分布和组合特征均有一定差异,发展农业生产必须遵循因地制宜的原则。(3)动态平衡性。各种农业自然资源及其组合,即生态系统都在不断发展演变,由平衡到打破平衡再到形成新的平衡。(4)可更新和再生性。如气候的季节更迭、水分的循环补给、土壤肥力的恢复和生物繁衍等,只要开发利用得当,注意保护培育,则可永续利用。(5)数量有限性和潜力无限性。农业自然资源的蕴藏量和能利用量虽然是有限的,人类利用自然资源的能力、利用范围也是有限的,但是由于农业自然资源具有可更新和再生性,加之科学技术的进步,人类可以寻找新的资源和扩大资源利用范围,不断提高资源利用率和生产能力。社会资源是由人按照一定的经验目的,从自然再生产以外引入的物质和能量,以促使农业生产的进行。这两类资源在农业再生产过程中的相互作用和配合,才使农业赖以生存和发展。

【农业资源评价】(agricultural resource evaluation) 一项对农业资源的状况进行调查、分析与评估的工作。其内容包括:查明农业资源的种类、分布、数量、历史演变;综合分析农业资源的内在联系,识别发展农业生产的有利和不利因素;从技术和经济上评价利用改造措施的可能性和效果。其评价方法是:(1)调查法。包括实地调查和对有关资料的收集、整理。实地调查又分全面普查和典型调查两种。(2)分析法。常用的有对比法、分组法、平均数法、投入产出法和线性规划法等。(3)地图法。把各自然要素和经济因素的数量、质量及分布情况,在地图上反映出来,探索其规律和特点。资源评价是开发利用农业资源、制定农业区划方案和改造农业生产组织管理的重要依据。

【农业自然资源】(agricultural natural resource) 自然界中可被用于农业生产的物质和能量来源。一般指各种气象要素和水、土地、生物等自然物,不包括用以制造农业生产工具或用作动力能源的煤、铁、石油等矿产资源和风力、水力等资源。查明不同地区农业自然资源的状况、特点和开发潜力,加以合理利用,不但对发展农业具有重要战略意义,而且有利于保护人类生存环境和国民经济发展。

农业自然资源

【农艺性状】(crop economical character) 又称农作物的经济性状。农作物所具有的与生产有关的特征和特性。是鉴定作物品种生产性能的重要标志。在实践中,常把某一个或几个农艺性状作为育种的主攻目标,以培育新的优良品种。抗病性、抗倒性、抗寒性、耐旱性、耐涝性、成熟期、株高、株型、穗形、分蘖力、分枝性和籽粒品质等都是农作物的农艺性状。

【农用薄膜】(agricultural film) 简称农膜。农业上所用的塑料薄膜的统称。用作温棚或温室的保温覆盖材料。比玻璃轻,不易被冰雹打坏;保温性好,不易在育秧期和生长期受霜雪低温的侵袭。能提早育秧,提早收获。又能防止水分蒸发,减少水肥流失,节约灌溉劳动力和肥料,保持较高温度,促进农作物生长,增加农作物产量。不易透气,可用作烟熏覆盖材料,以避免病虫害。黑色薄膜,使杂草不易生长,可节约大量除草劳动力。农用

农用薄膜

薄膜必须具有下列条件:(1)透光性好,具有无雾性、防尘性、透明性。(2)保温性好。(3)耐久性好,具有高强度、耐寒性、耐候性。(4)操作性好,高频率加工或黏合的质量好。(5)价格便宜。农用薄膜主要有聚氯乙烯薄膜、聚乙烯薄膜和乙烯-乙酸乙烯酯共聚物薄膜三种。此外,还有多孔薄膜、有色薄膜、防尘性薄膜等。

【农作物保险】(crop insurance) 以水稻、小麦、玉米、棉花等各种农作物的收获量为保险标的保险。农业保险的一种。保险人承保因各种自然灾害和病虫害致使农作物收获量减少而遭受的损失。国家办理此项业务采取两种办法:(1)强制定额保险。由政府以法令规定农作物必须办理保险,赔偿是按不同农作物分别规定统一标准,发生全部损失时由统一标准赔付,局部损失时按实际损失的百分比赔付。(2)自愿保险。即按与保险人的约定或在强制保险定额之外自愿保险。农作物收获保险,大多采用小额损失免赔制,即根据不同情况,一般规定以收获量的5%~10%为免赔额。

【农作物产量构成因素】(yield component of crop) 又称农作物产量结构、产量组分。构成作物单位面积生物产量和经济产量的各个因子及其组合。计算理论产量的根据。不同作物产量可分解为不同的产量构成因素,如稻、麦、玉米、高粱、粟等禾谷类作物,由单位面积穗数、每穗粒数和粒重组成产量因素。甘薯、马铃薯等薯类作物由单位面积株数、每株薯块数和单薯重构成产量因素。棉花由单位面积株数、每株有效铃数、单铃籽棉重、衣分(籽棉加工成皮棉的比例)构成产量因素。

【农作物规范化栽培】(crop standardized cultivation) 在农作物栽培中实行的完整的试验、示范、推广三结合的综合技术体系。目前,中国农作物栽培的现状是从以经验指导为主,转向以科学指导为主;从侧重单项技术,转向运用综合栽培技术;从以定向性研究为主,转向定性与定量研究相结合,注意宏观控制与微观调节相结合。它使农作物栽培管理进入指标化、规程化和模式化。

【农作物化控栽培】(crop chemically controlled cultivation) 根据人类的需要和作物生长的实际情况,利用植物生长调节剂有目的地调节和控制作物的生长发育,以获取较高产量(根、茎、叶、果、种子等)的栽培技术。在实施此种栽培技术时要根据化控对植物器官的影响、生理过程的变化、促进和控制的机理以及生长调节剂对作物专属性的筛选,将化控调节与作物品种、株行配置、肥水管理等结合起来。植物生长调节剂作为一项常规措施导入种植业,使之与良田、良种、良法等诸多因素组成新的农业技术体系。通过根外施入,调节农作物的生长发育,增加产量,改善品质。例如,使植株矮健,控制徒长,预防倒伏,去叶疏花,抑制衰老,减少花荚脱落及储藏保鲜等。

【农作物经济性状】(crop economical character) 见农艺性状。

【农作物学】(science of crops) 研究农作物形态、生理、遗传与育种、栽培技术、病虫害防治、生产经济等方面的学科。其研究内容是:(1)探讨农作物的起源、分布和分类。(2)研究农作物本身的特征、特性,阐明其生长发育与环境条件的关系。(3)了解限制农作物生长的诸因素及其与产量形成的相互关系。(4)改良农作物的品种,提高产量,改善品质,以及开拓农作物产品的应用途径和加工工艺技术等。

【浓度差发电】(salinity difference power generation) 利用海水(或盐湖水)和淡水的盐浓度不同所产生的渗透压来发电的一种发电方式。渗透压随海水的浓度、温度等而变化。当水温为20℃时,0.5mol的海水与淡水间的渗透压约为248kPa(水头256.2m),即在海水中混入一升淡水时,具有2.53kJ的潜能。

【浓缩大豆蛋白】(enriched soy protein) 将高质量的豆粕除去水溶性或醇溶性非蛋白部分后,所制得的含有70%左右蛋白质的大豆蛋白产品。其制备过程是:以大豆为原料,经过粉碎、去皮、浸提、分离、洗涤、干燥等加工工艺,去除大豆中的油脂、低分子可溶性非蛋白组分(主要是可溶性糖、灰分、醇溶蛋白和各种气味物质等)。蛋白质含量高,食品级一般不低于70%。由于消除了寡聚糖类胀气因子、胰蛋白酶抑制因子、凝集素和皂甙等抗营养因子,其营养素消化率有一定程度的提高,改善了产品的风味和品质。

【浓缩果汁】(concentrated fruit juice) 由原果汁浓缩而成的饮料。含多种糖分和酸分,也可添加少量食糖(或不加糖)调整组分,使其符合一定标准。可溶性固形物含量约40%~60%。按浓缩比例稀释

浓缩果汁

后，可代鲜果汁饮用，也可用作配制饮料。通常采用冷冻浓缩、低温真空浓缩、高速高温浓缩和反渗透浓缩。在浓缩过程中，可回收挥发性芳香成分。

【浓缩器】（concentrator） 通过加热的方法使稀溶液浓缩的化工设备。其工作原理是：将需要浓缩的溶液置于一个密闭的系统中并进行加热，使溶剂挥发，与溶质分离。浓缩器的种类很多。主要有：(1)单效浓缩器。(2)双效浓缩器。(3)三效浓缩器。(4)升膜式浓缩器。(5)降膜式浓缩器。浓缩方法主要有常压浓缩和真空浓缩等。常用于药物、淀粉、食品、化工和轻工等液化物料的处理。

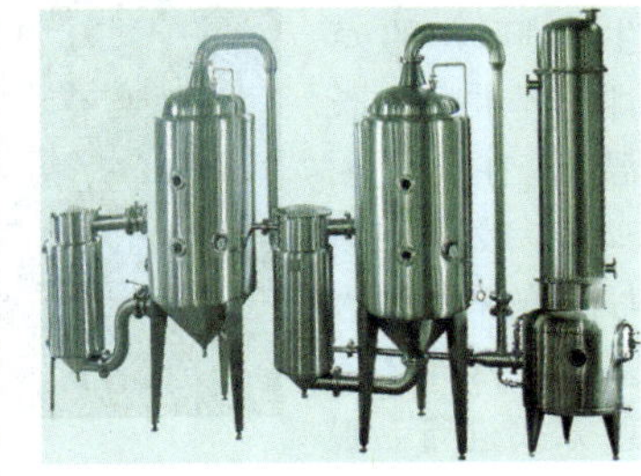

浓缩器

【浓缩饲料】（concentrated feed） 由蛋白质饲料、矿物质饲料、微量元素、维生素和非营养性添加剂等按一定比例配制生产的均匀混合物。是为了使畜禽获得全价营养而人为配制配合饲料的中间产品。由于单胃动物与草食家畜的采食行为、咀嚼吞咽、消化代谢机制不同，因而用于不同动物的浓缩饲料的形式与功能也不同。用于单胃动物的浓缩饲料，在使用时多按规定比例用玉米、麦类、薯类等能量饲料加以稀释后使用。稀释后的均匀混合物中的蛋白质、维生素、矿物质及微量元素含量应符合全价饲料的要求。但对草食家畜来说，用能量饲料稀释浓缩饲料仅能成为精料补充料。精料补充料再与青粗饲料配合饲喂方能达到全价营养的目的。有些产品不添加矿物质、维生素及非营养性饲料添加剂，而只是为了满足畜禽的蛋白质氨基酸的需要而配制的浓缩料，又称为蛋白质浓缩饲料。

【脓血症】（pyaemia） 局部化脓性病灶的细菌栓子或脱落的感染血栓，间歇地进入血液循环，并在身体各处的组织或器官内发生转移性脓肿的一组表现。多发生于严重创伤后的感染和各种化脓性感染，如大面积烧伤感染、痈和胆系感染等。常见的致病菌为金葡菌和革兰阴性杆菌。偶为真菌。此病发病急，病情重，发展快。其临床症状是：寒战后高热，高烧可达 40～41°C；呈弛张热型，一般多出现于病程的第 2 周；有头痛、头晕、食欲不振、恶心、呕吐、腹胀、腹泻、多汗、贫血、神志淡漠、烦躁、谵妄和昏迷等；脉搏细速，呼吸急促或困难；肝脾可肿大，严重者会出现黄疸、皮下淤血；白细胞计数增高，一般在 2×10^{10} ～ 3×10^{10} 个/L 以上，核左移，出现中毒颗粒；常有代谢失常和肝、肾损害；尿中常出现蛋白、管型和酮体；感染性休克等。其治疗原则是：处理原发感染，早期应用抗生素。

【女性更年期综合征】（menopausal syndrome） 妇女在绝经期或其后因卵巢功能逐渐衰退或丧失，导致雌激素水平下降所引起的以自主神经功能失常、代谢障碍为主的一系列症候群。多发生于 45～55 岁的女性。一般在绝经过渡期月经失常时，这些症状已经开始出现，并持续至绝经后的 2～3 年，亦有少数人到绝经后的 5～10 年其症状才能减轻或消失。更年期是每个妇女必然要经历的阶段，但每人的症状轻重不等，时间长短不一。轻者可安然无恙，重者可影响工作和生活，甚至会发展成为更年期疾病。

【女性青春期】（female puberty） 从乳房发育等第二性征出现至生殖器官逐渐发育成熟的时期。世界卫生组织规定青春期为 10～19 岁。其生理特点是：(1)全身发育。此时期身高迅速增长，体型渐达成人型。(2)第一性征（生殖器官）进一步发育。外生殖器从幼稚型变为成人型，子宫体明显增大，输卵管变粗，卵巢增大，皮质内有不同发育阶段的卵泡。(3)第二性征（除生殖器官以外，其他女性特有的征象）出现。音调变高，乳房丰满而隆起，出现阴毛和腋毛，胸、肩部皮下脂肪增多，显现女性特有体态。(4)月经来潮。是青春期开始的重要标志，由于卵巢功能尚不健全，初潮后 2 年内月经周期多无规律。

【女性生殖道自然防御功能】（natural defense function of female reproductive tract） 女性生殖道的解剖、生理、生化及免疫学特点，具有增强对生殖道感染的防御能力，阴道内虽有某些病原体存在，但并不引起炎症的生理功能现象。包括：(1)两侧大阴唇自然合拢，遮掩阴道口、尿道口。(2)阴道口闭合，阴道前后壁紧贴，可防止外界污染，阴道正常菌群（乳酸杆菌）可抑制其他细菌生长。(3)宫颈管分泌黏液形成胶冻状黏液栓，成为上生殖道感染的机械屏障，同时黏液栓内含乳铁蛋白、溶菌酶，可抑制细菌侵入。(4)育龄期妇女子宫内膜周期性脱落（月经），有利于消除宫腔内感染。(5)输卵管黏膜上皮细胞纤毛向宫腔方向摆动以及输卵管的蠕动，有利于阻止病原体侵入。(6)生殖道免疫系统，宫颈和子宫聚集有不同数量淋巴组织，包括 T 细胞、B 细胞，具有重要免疫功能，发挥抗感染作用。当自然防御功能遭到破坏，或机体免疫功能降低、内分泌发生紊乱或外源性致病菌侵入，均可导致炎症发生。

【女职工劳动保护】（female employee protection) 为维护女职工的合法权益,减少和解决女职工在劳动和工作中因生理特点造成的特殊困难而保护其健康的劳动保护。中华人民共和国女职工劳动保护法规定:凡适合妇女从事劳动的单位,不得拒绝招收女职工;不得在女职工怀孕期、产期、哺乳期降低其基本工资,或者解除劳动合同;禁止安排女职工从事矿山井下、国家规定的第四级体力劳动强度的劳动和其他女职工禁忌从事的劳动;女职工在月经期间,所在单位不得安排其从事高空、低温、冷水和国家规定的第三级体力劳动强度的劳动;女职工在怀孕期间,所在单位不得安排其从事国家规定的第三级体力劳动强度的劳动和孕期禁忌从事的劳动;不得在正常劳动日以外延长劳动时间;对不能胜任原劳动的,应当根据医务部门的证明,予以减轻劳动量或者安排其他劳动;怀孕7个月以上(含7个月)的女职工,一般不得安排其从事夜班劳动,在劳动时间内应安排一定的休息时间;怀孕的女职工,在劳动时间内进行产前检查,应当算作劳动时间;女职工产假为90天,其中产前休假15天;难产的,增加产假15天。女职工在哺乳期内,所在单位不得安排其从事国家规定的第三级体力劳动强度的劳动和哺乳期禁忌从事的劳动,不得延长其劳动时间,一般不得安排其从事夜班劳动。

女职工劳动保护

【钕铁硼永磁体(烧结)】〔Nd-Fe-B magnet(sintered)〕 由钕铁硼烧结而成的一种永磁体。其剩磁、矫顽力和最大磁能积高,力学性能好,原材料丰富,价格便宜。但其耐热性能差,易氧化,尚有待改善。主要用于计算机磁存储装置音圈电机(VCM)、医疗器械、磁共振断层诊断装置、回转机器、通信、音响、传感器等。

【暖锋】(warm front) 暖气团推动锋面向冷气团一侧移动的锋。即二者的分界面或其与地面的交线。暖锋出现时,一般出现卷云、卷层云、高层云、雨层云和大范围连续性雨或雪。暖锋过境后,气温上升,相对湿度下降。在中国,暖锋过境时的天气变化不如冷锋明显和强烈,多在东北和长江中下游地区活动,并常与冷锋活动联系在一起。

暖锋

【暖季型草坪】(warm-season lawn) 冬季生长不良而夏季生长旺盛的草坪。其最适生长温度在26～32℃。暖季型草坪草的种植、大多采用营养体繁殖方式进行。暖季型草坪生长的主要限制因子是低温强度与持续时间。

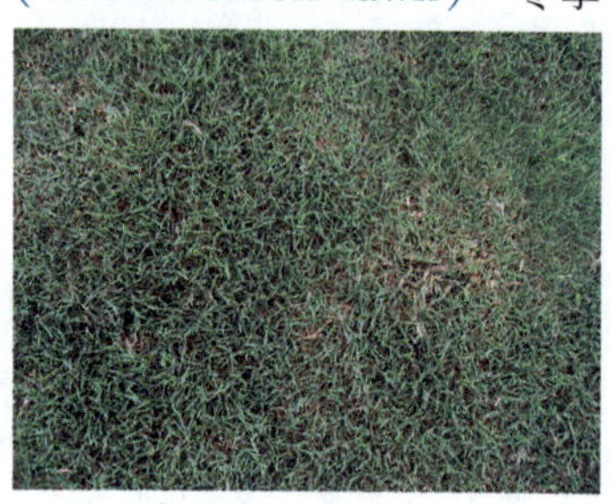
暖季型草坪

【暖流】(warm current) 水温高于邻近海水温度的海流。发源于热带、亚热带海域,海水较透明,呈蓝色。盐度高于邻近海水,但含氧量和营养盐类较低,浮游生物较少。水温沿海流方向逐渐降低,对沿途气候有增温和增湿作用。在暖流与寒流的交汇处,水温和盐度发生急剧变化,可形成生产力较高的鱼类聚集区。著名的暖流有黑潮和墨西哥湾暖流等。

【暖气团】(warm air mass) 又称暖空气。较移经地区为暖的气团,或指锋面两侧温度相对较高的一侧的气团。常使其所经地区变暖,而本身逐渐变性冷却。因冷却从底层开始,气层趋于稳定。暖气团中能见度一般较差。若水汽含量丰富,常形成很低的层云、层积云,并伴有小雨、小雪等稳定性天气。若近地层空气冷却迅速,还会形成平流逆温或平流雾。夏季白天,当暖气团移至迅速升温的陆地上空时,往往会产生对流性云和雷阵雨等不稳定性天气。

【糯米纸】(oblatum) 由淀粉加工制成的一种油膜纸。呈透明或半透明状。含水量9%～13%。可以食用。其制作工艺流程是:淀粉乳化、过筛、调糊(加磷脂乳液)、蒸汽保温、抄膜和成品。广泛用于糖果、糕点等的内层包装,防止食品黏附于外包装物上。

糯米纸

【糯质型玉米】(waxy maize) 又称蜡质种玉米。籽粒坚硬平滑,无光泽,表层似涂蜡状物的一种玉米。煮熟后黏软。是玉米分类上的亚种或变种。果穗较小。胚乳不透明,有黏性,全为支链淀粉,碘液检验呈褐红色。多零星种植。产量不高。其淀粉用作布匹的上浆剂。糯玉米的发现最初是在中国广西、云南一带。是由当地的硬粒玉米发生了基因突变，经过人工选择而保存下来的。据柯林斯(Collins)著文记载,美国传教士法南(Farnham)于1908年把从中国得到的糯玉米寄往美国，从而传遍了全世界。主要用来制作糯性食品,制成各种点心;又可用作精饲料及酿酒工业原料。

O

【欧泊】(opal)　又称贵蛋白石。宝石级蛋白石。按其体色的不同可分为:(1)白欧泊。体色无色至白色。(2)黑欧泊。体色为黑色、蓝色等深色调。(3)火欧泊。体色橙色或红色。此外,还有具有变彩的欧泊,即在体色的基底上分布着色彩缤纷的色斑。徐徐转动欧泊,每个色斑都会显示出变幻的色彩来。变彩强烈者为上品。欧泊从透明到不透明,呈蛋白光泽、玻璃光泽或树脂光泽,可有变彩效应、也可无变彩效应。黑欧泊都有变彩效应,它们与有变彩效应的白欧泊和火欧泊一起统称为贵欧泊。欧泊在干燥环境下易脱水而失去光泽。

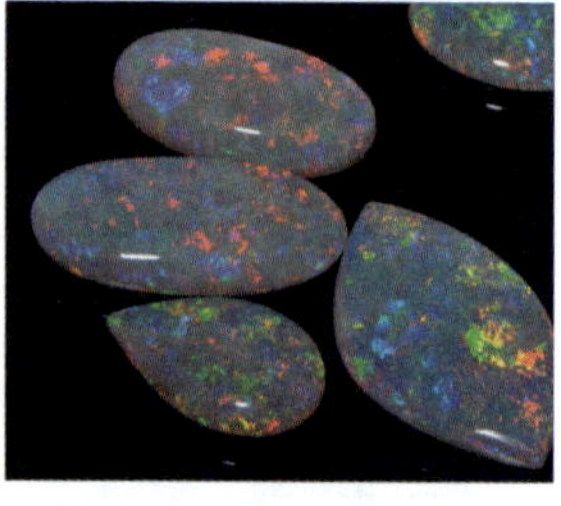
欧泊

【欧几里得几何】(Euclidean geometry)　几何学的一个分支。简称欧氏几何。以欧几里得平行公理为基础建立的几何学。在公元前3世纪,欧几里得搜集当时所有已知的几何知识,按照严密的逻辑原则,编纂成历史上最早的几何著作—《几何原本》。它系统地总结了古代劳动人民在实践中获得的几何知识,把人们公认的一些事实列成定义和公理,以形式逻辑的方法,用这些定义和公理来研究各种几何图形的性质,从而建立了一套从公理、定义出发,论证命题得到定理的几何学论证方法,形成了一个严密的逻辑体系—几何学。用这些定理和公理研究图形的几何性质,就形成了欧几里得几何。相对于高等几何而言,常把它称为初等几何或度量几何;相对于解析几何而言,又常称其为综合几何或纯粹几何;按其所讨论的图形所处的位置的不同,分为平面几何和立体几何。欧几里得几何最关键的性质是平行公理,否定这一公理就会得出非欧几里得几何。

【欧洲战斗机 EF2000】(euro-fighter EF2000)　由英国、德国、意大利和西班牙合作研制的新一代战斗机。1983年,英国、德国和意大利等国为研究新一代战斗机联合提出"试验飞机计划"。在此基础上,上述国家达成协议,联合发展一种20世纪90年代使用的新型战斗机,其假想作战对象为米格-29和苏-27。1986年完成概念研究,1987年12月完成概念细化。为降低成本,20世纪90年代初又对方案进行调整,改为EF2000,着眼于21世纪使用。它采用全动式鸭翼、三角翼布局,机翼前缘有可自动调节的缝翼。发动机两台,采用腹部进气,机载设备采用一体化设计。飞机主要用于空战,也兼顾对地攻击。1994年3月27日,欧洲战斗机"EF2000"首次试飞成功。该机具有一定的隐身能力。是目前世界上最先进的战斗机之一。在技术和性能上,该战斗机介于第三代与第四代超声速战斗机之间。

欧洲战斗机 EF2000

【偶氮化合物】(azo-compound)　见重氮化合物。

【偶函数】(even function)　满足$f(-x)=f(x)$的函数$f(x)$。确切地讲,定义域为D的函数$f(x)$满足定义域D关于y轴对称且对任何$x\in D$都有$f(-x)=f(x)$。偶函数的图形关于y轴对称;偶函数的和、差、积仍为偶函数;奇函数与偶函数的积为奇函数。

【偶极矩】(dipole moment)　表示分子中电荷分布情况的物理量。用来表示极性大小,符号为μ。当一个中性分子其正、负电荷中心不重合的时候,正、负电荷中心间的距离r和电荷中心所带电量q的乘积即为偶极矩$\mu=r\times q$。偶极矩是一个矢量,方向规定为从正电荷中心指向负电荷中心。偶极矩的单位是C·m(库伦·米),过去常用单位为D(Debye,德拜),$1D=3.336\times10^{-30}C\cdot m$。分子偶极矩可由键偶极矩矢量相加而得。

【偶联反应】(coupling reaction)　由两种有

机化合物分子进行化学反应而得到一个有机分子的过程。进行偶联反应时，介质的酸碱性很重要。一般重氮盐与酚类的偶联反应是在弱碱性介质中进行的。在此条件下，酚形成苯氧负离子，使芳环电子云密度增加，有利于偶联反应进行。重氮盐与芳胺的偶联反应是在中性或弱酸性介质中进行的。在此条件下，芳胺以游离胺形式存在，使芳环电子云密度增加，有利于偶联反应进行。如果溶液酸性过强，胺变成了铵盐，使得芳环电子云密度降低，不利于偶联反应。如果从重氮盐的性质来看，强碱性介质会使重氮盐转变成不能进行偶联反应的其他化合物。

【偶然误差】(accidental error) 又称随机误差。在相同观测条件下进行的一系列观测中，从表面现象看，其数值和符号没有规律性，但按其数值和符号作分类统计，却呈现出一定规律性误差。测量误差的种类之一。在一般情况下，偶然误差的出现服从正态分布。它具有如下统计规律性：(1)绝对值相同、符号相反的偶然误差出现的概率相等。(2)绝对值大的比绝对值小的偶然误差出现的概率小。(3)在一定的观测条件下，误差的绝对值有一定范围，超过这个范围的误差出现的概率极小，通常认为它是不可能出现的。(4)偶然误差的数学期望为零。

【耦合】(coupling) 又称交连。两个或两个以上的电路元件或电网络的输入与输出之间存在紧密配合与相互影响，并通过相互作用从一侧向另一侧传输能量的现象。概括地讲，耦合就是指两个实体相互依赖于对方的一个量度。耦合电路分为电阻耦合、电容耦合、电感耦合、电阻容耦合和互感(变压器)耦合等多种形式。其中常用的有阻容耦合和互感耦合。

耦合端子盒

【藕丝纤维】(lotus root fiber) 利用微生物的发酵作用，由荷花的茎秆经过河水浸渍、洗晒和脱胶等工艺处理而制成的纤维。是中国继大豆蛋白纤维、竹纤维之后，又一种自主开发的新型纤维。经过处理后的藕丝为浅棕色，长度30～50mm，手感较硬。它不仅具有良好的吸湿、排汗、防臭、透气和抗霉杀菌功能，而且含有多种对人体健康有益的微量元素。藕丝纤维与棉纤维混纺制成的织物布面粗犷、朴素，与中国独特的手工织物风格相似。是制作衬衫、T恤衫的理想面料。其织物经过雾化处理后，表面能持久释放出一种独特的自然清香气味。

P

【爬升】(climb) 航空器增加高度的飞行。在飞行中,当发动机推力大于空气阻力,利用剩余的那部分推力克服地球引力做功,可使航空器飞行得更高。所有飞机起飞后都要上升到一定高度才能正常飞行。按飞机飞行的轨迹和爬升速度的变化可分为定常爬升和加速爬升。前者速度不变且飞行轨迹为直线;后者飞行速度不断增加。飞机的爬升性能与发动机推力、飞机重量、飞行高度和速度有关。理论研究与试验飞行都表明,飞行高度增加时,发动机的推力将减小,飞机的升力也将减小,最后趋于零。这时,飞机达到最大飞行高度。

爬升的 F-15A

【爬升率】(climbing rate) 又称爬升速度、上升率。飞行器在定常爬升时单位时间内增加的高度。为各型飞机尤其是战斗机的重要性能指标之一。飞机的爬升性能与飞行高度有关。高度越低,飞机的最大爬升率越大。飞机在某一高度上以最大油门状态按不同爬升角爬升,所能获得的爬升率的最大值称为该高度上的最大爬升率。高度增加后,发动机推力一般将减小,最大爬升率也相应减小。达到升限时,爬升率等于零。

【耙刺类】(rakes and prickes) 耙刺捕捞对象的渔具。按其结构的不同可分为:滚钩、柄钩、叉刺、箭钻、齿耙和锹铲六种类型。滚钓又称空钓延绳钓。按其作业方式的不同可分为:漂流延绳、定置延绳、拖曳、投射、铲耙和钩刺六种形式。如耙齿网。用于捕捞毛蚶和蛤类。由耙齿铁框架和网衣组成。蛤类耙齿网规格较小,由网口装有手柄的半圆形耙齿框架和网衣组成。毛蚶耙齿网由圆钢制成的矩形耙齿框架和网衣组成。每艘渔船可拖曳6~10顶。主要分布在中国渤海沿海,少量在江苏南部沿海。铦叉,用于投刺大型鲨鱼等的鱼叉和猎捕鲸类的炮铦等。铲刨,用于采捕岩礁上的牡蛎、贻贝等和挖泥沙中的贝类等。除大型鱼叉和炮铦外,大部分是适用沿岸生产的小型渔具,有的因效力不高、生产不安全或严重损害资源等已被淘汰。

【帕金森病】(Parkinson disease) 又称震颤麻痹。中、老年人的慢性神经系统变性疾病。由选择性中脑黑质多巴胺能神经元丧失和纹状体多巴胺含量减少导致锥体外系病变而产生。其主要临床表现是:运动减少,肌强直,震颤和姿势调节障碍。发病率随年龄增高而增高。位居老年神经系统退行性疾病的第二位。60岁以上人群患病率为2.0%以上。男女比例相近或男性略高于女性。老年人帕金森病的病程较短,一般在3~5年以后症状逐渐加重,甚至出现痴呆。帕金森病可能是在遗传易感性基础上由多种环境因素(内源性和外源性)综合作用,在老化的影响下而引起的一种复杂性疾病。

【帕隆藏布大峡谷】(Palongzangbu canyon) 位于中国西藏自治区林芝地区的波密县和林芝县境内的大峡谷。在中国是仅次于雅鲁藏布大峡谷的世界级大峡谷。峡谷全长76km,最深处达4 001m。谷内激流涌突,森林密布;两侧高峰入云,冰川悬垂。在区域构造和河流水系系统上,帕隆藏布大峡谷与雅鲁藏布大峡谷有十分密切的关联性:帕隆藏布大峡谷是雅鲁藏布大峡谷的支流谷地,峡谷的下游段流向雅鲁藏布大峡谷的大拐弯顶端,并与世界第一大峡谷相会合。该峡谷是世界级大峡谷中最易于进入的大峡谷,著名的川藏公路从峡谷的上段通过。帕隆藏布大峡谷无论其规模还是其形态都堪与任何世界级大峡谷相比美。

帕隆藏布大峡谷

【帕提农神庙】(Parthenon) 又称雅典娜神庙。雅典卫城的主体建筑。是雅典最著名的古迹之一。是举世闻名的古代七大奇观之一,有"希腊国宝”之誉。坐落在山上的最高处。在雅典的任何一处都可望见。始建于公元前447年,前438年完工并完成圣堂中的雅典娜像,前431年完成山花雕刻。设计这座神庙的建筑师是伊克底努(Iktinus)和卡里克里特(Callicrates),雕刻由菲迪亚斯和他的弟子创作。其形制是希腊神庙中最典型的长方形平面的列柱围廊式。它是古希腊建筑艺术的纪念碑,代表了古希腊建筑艺术的最高成就,被称为“神庙中的神庙”。除屋顶用木外,全部用晶莹洁白的大理石砌成,还用了大量镀金饰件。神庙基座长69.54m、宽30.89m.其建筑材料为石灰岩.外部由46根高10.43m、底径1.905m的大理石柱环绕,巨大的圆柱在东、西各设置8根,南北各有17根。两坡顶东西两端形成三角形山花。这种格式被认为是古典建筑风格的基本形式。神殿外围的多立克柱式被誉为此种柱式的典范。神庙里安放着雕刻家菲迪亚斯的作品—雅典娜神像。神庙全部是用雕刻和浮雕装饰起来的。该庙尺度合宜,饱满挺拔,风格开朗,各部分比例匀称,雕刻精致,并应用了视差校正手法,即每根巨柱均向内微斜以加强效果,被认是为现存建筑最具均衡美感的伟大建筑。

帕提农神庙

【排斥反应】(reject reaction) 机体对内外的各种致病因子的攻击、破坏和清除作用。在正常情况下,这种排斥反应是对机体的一种保护机制。按其发生的时间和机制的不同可分为:即超急性排斥反应、加速性排斥反应、急性排斥反应和慢性排斥反应。在人类器官的移植中,术后机体对外来器官的排斥作用几乎是不可避免的,为使新器官在新的环境下生存,将排斥反应降到最低,临床上需要用免疫抑制剂来帮助新器官适应新的环境。但由于机体免疫力的降低,免疫抑制剂使由细菌、病毒等引起的感染性疾病发生的概率增大。

【排队论】(queueing theory) 又称随机服务系统理论。运筹学的一个分支。研究服务系统中排队现象随机规律的一门学科。在20世纪初,丹麦工程师埃尔朗等人对电话通信中的排队现象进行了研究,最早把排队论用于电话话务理论中。后来排队论逐渐应用于计算机网络、生产、运输、库存等各项资源共享的随机服务系统。排队论研究的内容包括:(1)统计推断,根据资料建立模型。(2)系统的性态,即和排队有关的数量指标的概率规律性。(3)系统的优化问题,其目的是正确设计和有效运行各个服务系统,使之发挥最佳效益。排队系统由输入过程、排队规则和服务机构三个基本要素组成。

【排架结构】(bent structure) 由屋架或屋面梁、柱和基础组成的建筑形式。柱与屋架铰接,而与基础刚接,广泛应用于单层厂房。排架结构传力明确,构造简单,施工也较方便。其特点是:(1)在自身的平面内承载力和刚度都较大,而排架间的承载能力则较弱,通常在两个支架之间应该加上相应的支撑,避免由于风荷载的推动,发生侧向的移动。(2)便于装配式施工,施工周期短。(3)构件水平预制,质量容易得到保证。由于柱子上端同梁铰接,房屋的侧向刚度相对较弱些。适合用于单层的工业厂房。

【排气式注塑成型】(exhaust injection molding) 利用排气式注塑机,在塑料塑化时,将塑料中含有的水汽、单体、挥发性物质及空气经排气口抽走的注塑成型方法。由于原料不必预干燥,从而提高生产效率,提高产品质量,特别适用于聚碳酸酯、尼龙、有机玻璃和纤维素等易吸湿材料的成型。

【排水管道施工】(construction of sewer) 汇集和排放污水、废水和雨水的管渠及其附属设施管道的施工。室外排水管道施工包括定线、开挖标高及坡度控制、垫层施工、暗管铺设、窨井砌筑、回填撼砂、井盖安装、路面恢复及校正井盖标高等工序。按其埋管施工方法的不同可分为:(1)明挖法。又称开槽排管法。适用于中小型直径的排水管道。(2)顶管法。在检查井位射开挖工作坑。面向施工管段的坑壁用枕木和钢板构成坚固的后座墙,其他坑壁作一般支撑。较深的顶管工作坑,可以采用沉井法施工。(3)盾构法。盾构是一个具有挖土机具和顶进设备的大型工作管,以已衬砌好的管段作为后座向前推进。推进后留下的空间再用型块衬砌壁面即构成管身。排水管道施工时,由于开挖路面,堆放沙、石及管材和挖出来的土方,对埋管路线两侧的居民生活、工厂、商店和公共设施等的活动均带来不便。因此要作好施工组织设计,加快施工进度,保持施工现场有条不紊。

排水管道施工

【排水孔幕】(draining hole curtain) 在

大坝岩基中的同一线上布设若干钻孔以排泄岩基中的渗水和降低坝基扬压力的排水结构。分主排水孔幕和副排水孔幕。主排水孔幕位于防渗帷幕下游，距离防渗帷幕较近，孔向多为向下游倾斜。副排水孔幕距防渗帷幕较远，一般深入岩基8～15m，孔向铅直。一般根据计算和经验确定排水孔的排数、孔距、孔深以及排水效果等，并通过模型试验进行验证。高混凝土重力坝排水孔幕多布设成网络状。除与坝轴线平行方向布设主、副排水孔幕外，在垂直坝轴线方向也布设几排排水孔幕，通常多在横向廊道内钻设排水孔，孔向铅直。两者相互组成网络状，排水效果显著。混凝土坝两岸基岩排水多采用在不同高程处设置排水洞并在洞内钻设排水孔，组成两岸基岩排水孔幕。

【排水棱体】(prism drain)　又称堆石排水、排水锥形体、滤水坝趾。在土石坝坝趾处用块石堆砌成棱形体的排水设施。能有效地降低坝体浸润线和防止坝坡土料的渗透变形，并支撑下游坝坡，增加其稳定性，保护坝脚不受尾水冲刷。有的土石坝在施工时，先向水中抛石形成临时围堰，以后再按设计要求改建为永久性排水棱体，可节省工程量。排水棱体工作可靠，广泛应用于较高的土石坝和石料较多的地区。为保证结构稳定，其外部使用较大石块，较小石块填在靠近反滤层处。顶部高出下游最高水位0.5～1.0m，并在浸润线出逸点1m以上。顶部宽度不小于0.5～1.0m，必要时可以行人，以便检查。对于岩基，排水棱体可直接置于地基上；对于软基，排水棱体至少嵌入地基1 m以上，地表黏性土应予挖除。在排水棱体与坝体及软基之间应设置反滤层，以防止坝体及坝基出现管涌与流土。为了更有效地降低浸润线，排水棱体可与褥垫式排水结合使用；若下游高水位持续时间不长，为节省石料、降低造价，还可考虑将排水棱体与贴坡排水相结合，正常水位以上用贴坡排水，其下用排水棱体。

排水棱体

【排水模数】(drainage module)　又称排涝模数。单位排水面积的最大排水流量。包括排除地面涝水的排涝模数和地下排水模数两种。由于最大排水流量是在排涝时产生的，且地下排水模数又较小，故排水模数即指排捞模数。排水沟某断面的排涝设计流量等于该断面所控制的面积与该面积内排水模数的乘积。所以，排水模数是排水系统设计的基本数据，也是衡量排涝能力的技术指标之一。影响排水模数的因素主要有设计暴雨、排涝面积的大小和形状、地面坡度、植被情况和作物组成、土壤性质、排水沟网密度等。由于影响因素较多，难以精确分析。在实践中一般采用经验公式法和平均排除法来确定。(1)经验公式法。根据本地区或条件类似的邻近地区的实测暴雨径流资料，分析得出的排水模数经验公式。适用于排水沟调蓄能力较差的地区，如坡水区。(2)平均排除法。按排水面积上的设计径流深，在规定的排水时间内，平均排除的要求计算排水模数。适用于有一定调蓄能力的水网圩区、抽水排水地区及坡水区控制面积较小的排水沟。

【排水容泄区】(drainage receiver)　供排水系统宣泄水量的水域。常为排水区外的江河、湖泊、海洋等。废河床、未被开垦的沼泽、低洼地也可作为排水容泄区。排水容泄区应有足够的容量，能够承纳全部排出的水量而不致造成排水沟道壅水或容泄区下游的灾害。(1)江河容泄区。一般吞吐能力较大，对其上中游排水区的排水系统，常可自流排水；但汛期水位高，对中下游排水区排水形成顶托。(2)湖泊容泄区。一般容积较小，仅能作为汛期外河高水位时的短期滞涝区。(3)海洋或感潮河段容泄区。水量吞吐能力较大，且水位呈周期性变化，可设闸控制。规划容泄区时，要综合考虑排水区、容泄区及其下游各项因素，统一安排。要针对不同的水文情势，采取必要的工程措施，如疏浚、裁弯取直、建闸控制等，以增强容泄能力，改善排水条件。在排水干沟进入容泄区，需要有稳定的岸坡，并应处理好干沟出口附近的淤积问题，以保证出口水流通畅。排水水质不符合排放标准的，要在污水源头进行处理，实行达标排放。

【排水系统】(drainage system)　排放污水或废水的管道、设施和构筑物。由室内污水管道系统、室外污水管道系统、污水泵站、污水处理构筑物和污水排出口组成。按照排水来源的不同可分为：生活污水、工业废水和降水三类。生活污水是指人们在日常生活中用过的水；工业废水是指工业生产中所排出的废水；降水包括液态降水(如雨露)和固态降水(雪、冰雹、霜等)。降水比较清洁，一般不需处理，可直接排入水体；而生活污水、工业废水则必须经过处理后才能排入水体，实现再利用。

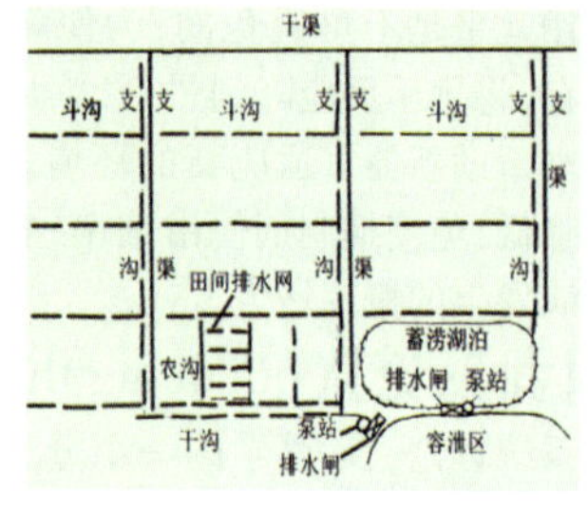

排水系统示意图

【排污倾倒用海】(sea area for pollutant

dumping）　用来排放污水和倾倒废物的海域。包括污水排放用海和废物倾倒用海。因为几乎所有的人为污染物最终的排泄地都是海洋，所以排污倾倒用海多选择在远离城市和人口密集区的海流强、自净能力大的海域。

【排污权】（pollution discharge right）　见排污权交易。

【排污权交易】（pollution discharge transaction）　排污许可证在市场买卖的行为。由环境管理部门评估某地区的环境容量，然后根据排放总量控制目标将其分解为若干规定的排放量，即排污权。排污权一旦发放即可按照规则进行自由交换，以此来进行污染物的排放控制。排污交易是科斯定理在环境问题上最典型的应用，也是当前受到各国关注的环境经济政策之一。只要污染源之间存在边际治理成本差异，排污权交易就可能使交易双方都受益。

【排污收费制度】（levy on pollution discharge）　中国环境保护主管部门根据“谁污染，谁治理”的原则实施的排污收费办法。为中国环境管理的一项基本制度。该制度要求一切向环境排放污染物的单位和个体经营者，应当依照政府的规定和标准缴纳一定的费用，以使其污染行为造成的外部费用内部化，提高企业治污积极性，促使污染者采取措施控制污染。制度中明确规定，按污染物的种类、数量以污染当量为单位实行总量多因子排污收费。征收的排污费一律上缴财政，纳入财政预算，列入环境保护专项资金进行管理，全部用于污染治理，包括重点污染源防治及区域性污染防治和污染防治新技术、新工艺的开发、示范和应用等。

【排污许可证制度】（drainage pollution license system）　又称污染物排放总量控制制度。以控制污染物排放总量为目标，由环境保护部门对企业排污的种类、数量、性质、去向和方式等实行审查许可的制度。排污单位在持有排污许可证的情况下方有权排污，同时必须按照许可证规定的范围和要求排污。实施这项制度，有利于落实污染物排放总量控制，有利于提高环境管理水平、增强环境执法透明度、推进环境保护的科学化管理；也有利于实施排污权交易，为加快污染治理、降低治理成本创造条件。中国现行环保法律法规已对实施排污许可证制度作出规定。目前，纳入排污许可证制度管理的污染物，主要有化学需氧量、氨氮、氰化物、砷、汞、铅、镉和六价铬等。

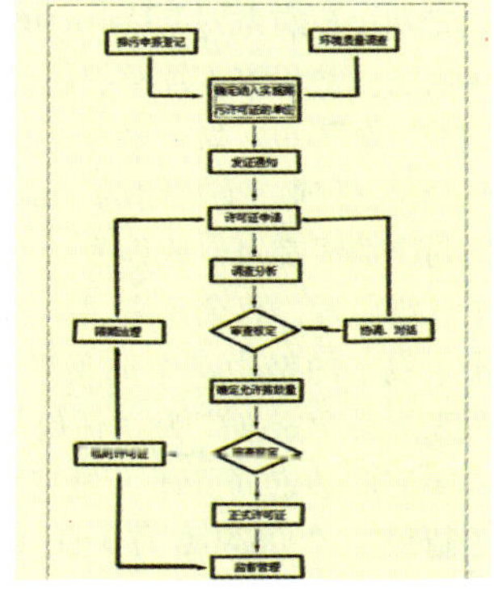

排污许可证办理流程

【排序问题】（sequencing problem）　又称工件加工日程表问题。设用 m 台机器加工 n 个工件，给定的加工每个工件所用机器的次序，以及每台机器加工每个工件所需要的时间。要解决的问题是，确定工件在每台机器上的加工次序，以使选定的目标函数达到最小。这是一类典型的组合优化问题。这个目标函数通常是完成时间、平均完成时间、机器的空闲时间等的一个非降函数。排序问题有两个类型：(1)流水作业。这时要求每个工件在机器上的加工次序都一样。(2)工件作业。这时每个工件在机器上的加工次序不必一致。流水作业可看作是工件作业的一种特殊情形。三台或三台以上机器的排序问题多为NP完全问题。因此是很困难的。

【排样】（stock layout）　冲裁件在条料、带料或板料上的布置和开切方法。同一零件可以采用不同的排样形式。排样方式不同，材料利用程度不同。排样合理就能用同样的材料冲出更多的零件来，降低材料消耗。大批量生产时，在冲裁件的成本中，材料费用一般占60%以上。因此，材料的经济利用是一个重要问题，特别是对贵重的有色金属。同时，排样要考虑方便生产操作、冲模结构简单、寿命长、车间生产条件和原材料状况等因素。总之，排样是冲裁模设计中的一项重要的工作。排样方案对材料利用率、冲裁件质量、生产率、生产成本和模具结构形式都有重要影响。

【排龈技术】（gingival retraction）　又称龈缘收缩技术。在牙体预备前和取印模前，采用药物性、机械的手段，让龈缘收缩，使龈沟暴露的技术。目的是让牙颈部的预备和印模更准确、清晰。排龈用药物是血管收缩或收敛剂，如硫酸铝、氯化铝溶液等。在部分排龈溶液的配方中加入了微量的外消旋肾上腺素，对于心脏病患者慎用。机械性排龈使用排龈线或其他填塞物，用推环器或者扁头小器械推压入龈沟内。临床上常将药物和机械性排龈联合应用。对于临床上龈缘炎症伴有增生的患者，可采用高频电刀或切龈刀做牙龈成形术，切除部分龈袋，使龈沟深度恢复正常，待局部牙龈止血且恢复正常后，联合使用排龈膏和机械排龈法制取印模。排龈时需注意：(1)线的直径应有多种以适应不同的龈沟深度。(2)肾上腺素容易氧化，需密封保存。(3)放入排龈线前，用气水枪冲洗龈沟内的唾液和血液。(4)取出排龈线后,应立即制取印模。

【排渍】(drainage of subsurface) 排除渍害田土壤中过多水分和控制地下水位的工程技术措施。即排除由于地下水位持续过高或土壤上层滞水造成的耕作层过多的水分。其主要方法有:明沟排水、鼠道排水和暗管排水。为防止排渍地区周围地表水和地下水的入侵,首先要修建外部排水系统,如截流沟、截渗沟等。在此基础上,再修建内部排水设施,以控制农田地下水水位,满足作物生长要求。

【排渍标准】(criteria for subsurface drainage) 控制地下水水位排降过程的技术指标。表示为在一定的排水时间内将地下水水位排降至允许埋深以下,或使作物生长期地下水埋深累计值不超过限定值。这样可防治农田内地下水水位长期过高而产生渍害,保证农作物正常生长。

【派力司】(palace) 用混色精梳毛纱织制,外观隐约可见纵横交错有色细条纹的轻薄夏令衣着用平纹毛织物。为条染产品。以混色中灰、浅灰和浅米色为主色。经纱一般用股线,纬纱用单纱。纺纱前,先把部分毛条染上较深的颜色,再加白毛条或浅色毛条相混。其特点是:以主色深的毛纤维不匀分布在呢面上,呈现不规则的深色雨丝纹,形成独特的混色风格。形成此风格的原因是采用本色白羊毛和主色为底色,比底色深度大的毛纤维为派色,白羊毛占60% ~70%,主色占20% ~35%,派色占6% ~8%,主色比例可调整,但是派色用量不能增加。采用66 ~77公支的毛条为原料,一般经纱为60/2 ~70/2 公支,纬纱40 ~45公支。纬经比 0.80 ~0.82,织物重量比凡尔丁稍轻,约140 ~160g/m^2。织物表面光洁平整,不起毛,织纹清晰,经直纬平,手感滋润、滑爽,不糙不硬,柔软有弹性,有身骨,不板不烂。派力司除全毛织品外,还有毛与化纤混纺和纯化的。

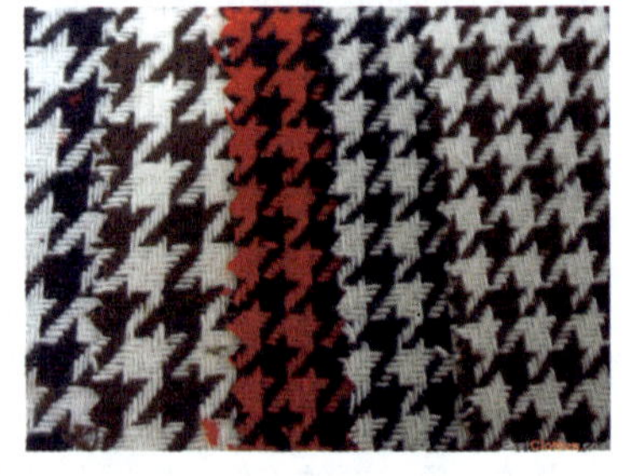
派力司

【攀援植物】(climbing plants) 茎蔓细长,不能直立,但能攀附支撑物,缘之而上的植物。其特点是生长快、占地少、可充分利用空间。主要用于攀援(立体)绿化,对改善人多地少的城市环境质量有重要意义。可于墙面、山石、枯树、灯具、园廊、棚架、篱垣等旁边,选适合种类,任其攀附而上。

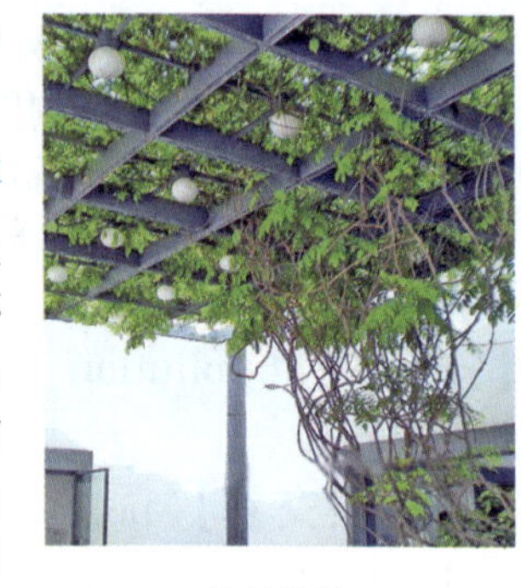
攀援植物

【盘形浇口】(disk gate) 在注塑机上对型腔填充采用圆环形的内侧进料浇口。其优点是:(1)进料均匀,分子链及纤维取向趋于一致,从而减小内应力,提高塑件尺寸稳定性。(2)不易产生熔接痕,利于提高塑件力学性能。(3)注射时气体有序地从分型面周边排出,避免气泡、填充不满等现象。(4)易于清除浇口凝料,塑件表面无明显痕迹。缺点是盘形浇口与型腔形成密封空间,塑件脱模时内部形成真空,故脱模困难,必须设置进气杆或进气槽等进气通道。适用于通孔较大的圆筒形塑件。

【判定问题】(decision problem) 只要求回答“是”或“不是”的问题。是最简单的择取问题。每一个组合优化问题均可转化为判定问题,判断是否有一种能够解决某一类问题的能行算法的研究课题。问题的解是指判断这一类问题中的每一个是否具有某种性质,或判断它们中的每一个是真还是假。如果能找到一种有效的能行的算法,依据这种算法,一类问题中的每一个都可以有确定解,就称这一类问题是可判定的;否则就称这一类问题是不可判定的。已知一些可判定的和不可判定的问题后,归约的方法就是判定问题的一种重要而有效的方法了。把未知的一类问题的解划归到一类已知的问题的解的方法就是归约方法。如果 T,T'是两类问题,T'中的每个问题的解都能划归到 T 中某个问题的解。这时如果 T 是可判定的,T'也是可判定的;如果 T'是不可判定的,T 也是不可判定的。

【庞加莱猜想】(Poincare conjecture) 1904年由法国数学家庞加莱提出,关于闭三维流形拓扑性质的一个猜想。属于数学中的拓扑学分支。通俗的解释是:任何一个封闭的三维空间,只要它里面所有的封闭曲线都可以收缩成一点,这个空间就一定是一个三维圆球。百余年来,数学家们为证明这一猜想付出了艰辛的努力。庞加莱当年只提出了三维猜想,后来被科学家推广为:“任何与 n 维球面同伦的 n 维封闭流形必定同胚于 n 维球面。”被称为“高维庞加莱猜想”。2006 年6 月3 日,中国中山大学的朱熹平教授和曹怀东教授以一篇长达300 多页的论文,以专刊的方式刊载在美国出版的《亚洲数学期刊》6 月号。运用汉密尔顿、佩雷尔曼等的理论基础,朱熹平和曹怀东第一次成功处理了猜想中"奇异点"的难题,从而完全破解了困扰世界数学家多年的庞加莱猜想。庞加莱猜想的证明意义重大,是人类在三维空间研究角度解决的第一个难题,也是一个属于代数拓扑学中带有基本意义的命题,将有助于人类更好地研究三维空间,其带来的结果将会加深人们对流形性质的认识,对物理学和工程学都将产生深远的影响,甚至会对人们用数学语言描述宇宙空间产生影响。

法国数学家庞加莱

【旁观者效应】(bystander effect) 在细胞受到外界作用时,能将作用表现传递给没有直接受到外界作用的细胞的现象。其主要表现是:(1)少数细胞受到射线照射时,没有受到射线直接照射的细胞(与放射细胞可相邻,也可不相邻)也能表现出一些损伤效应。旁观者效应研究对放射防护和放射治疗都有重要意义。(2)携带自杀基因(采用药物敏感基因转染肿瘤细胞将提高其对药物敏感性而致死)的细胞被敏感性药物杀伤的同时,其周围无自杀基因的肿瘤细胞也被杀伤。旁观者效应的意义在于明显扩大了自杀基因的杀伤作用,对恶性肿瘤的治疗有明显的意义。

【旁向重叠】(side overlap) 又称横向重叠。在航空摄影中,相邻航线的相邻像片上具有同一地区影像的部分。航摄像片上旁向重叠部分的长度与像幅长度之比,称为旁向重叠度,以百分数表示。为了满足航测成图的要求,通常规定旁向重叠为35%。

【旁压试验方法】(test by side presser) 利用旁压器对钻孔孔壁施加横向水平压力,将压力传给周围土体,使土体产生变形直至破坏,从而得到压力与钻孔体积增量之间关系的一种原位测试方法。可以描述地基土由开始承受荷载经弹性变形、塑性变形直至破坏的全过程。因此可以用其确定地基土的变形特性。根据旁压试验中的成孔方式的不同可分为预钻式和自钻式两种。常用国产的SY1-A型和SY2-A型旁压仪属于预钻式旁压仪。它由旁压器、探头、压力-体积控制装置和导管等部分组成。旁压试验方法的影响因素包括钻孔孔壁扰动引起的误差、弹性膜老化引起的误差和设备系统的误差。

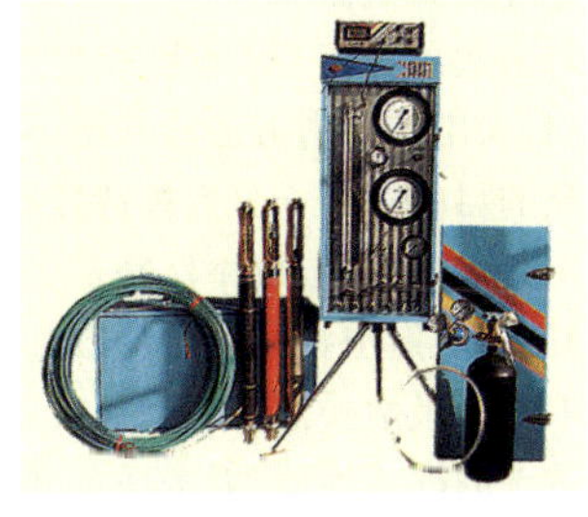
预钻式旁压

【膀胱压力容积测定】(cystometry) 将膀胱充盈及收缩过程描记成膀胱压力容积曲线,从而了解膀胱顺应性、逼尿肌、稳定性、膀胱容量、感觉及逼尿肌收缩等情况的检查方法。其正常结果是:(1)无残余尿。(2)膀胱充盈期内压恒定维持在5~15cmH_2O柱,顺应性良好。(3)膀胱没有无抑制性收缩。(4)膀胱充盈过程中,最初出现排尿感觉时的容量约为100~200ml。(5)膀胱容量为400~500ml。(6)在收缩期能够有意识地主动收缩逼尿肌,膀胱内压迅速上升达80~100cmH_2O柱,以及抑制逼尿肌收缩,使膀胱内压迅速降低,恢复到收缩前水平。其结果的不同可将膀胱功能障碍分为逼尿肌反射亢进和逼尿肌无反射两大类。在排尿反射通路中,任何部位出现损害,都可形成神经源性膀胱功能障碍,导致膀胱压力容积出现异常。如脑血管疾病、帕金森病、脑肿瘤、痴呆、多发性硬化、脊髓损伤和糖尿病等。

【膀胱肿瘤】(bladder tumor) 发生于膀胱解剖部位的肿瘤。发病率在男性泌尿生殖系肿瘤中仅次于前列腺癌,居第2位,而在中国则占首位。膀胱的内壁可分为三角区、三角后区、颈部、两侧壁及前壁。膀胱肿瘤大部分发生在三角区、两侧壁及颈部。其病因至今尚未完全明确。比较公认的有:(1)长期接触芳香族类物质。如染料、皮革、橡胶、油漆等。在接触苯胺的工人中,发病率较普通人群高30倍。(2)吸烟。其尿中致癌物色氨酸的代谢增加50%。(3)体内色氨酸代谢异常,其代谢产物具致癌作用。(4)膀胱黏膜长期遭受刺激。如慢性感染膀胱结石。(5)药物。如大量服用非那西汀可致膀胱癌。该病大多以间歇性、无痛性肉眼血尿或显微镜下血尿为首发症状,这在临床上被认为是膀胱肿瘤的典型表现。早期较少出现尿路刺激症状,当出现尿频、尿急时,则提示膀胱原位癌的可能性;若肿瘤较大或发生在膀胱颈部,可造成排尿困难;晚期膀胱癌可发生盆底周围浸润或转移至肝、肺、骨等处;当肿瘤引起输尿管口浸润时,可造成一侧输尿管扩张、肾积水。也有部分病人以远处转移灶为首发症状。其诊断依据是:凡是40岁以上的成年人,出现不明原因的无痛性肉眼血尿时,都应考虑泌尿系肿瘤的可能性。其诊断,除病史、症状和体格检查外,主要依靠膀胱镜活组织检查确诊,同时通过B超检查和静脉肾盂造影来除外肾盂、输尿管肿瘤。

【胖客户端】(fat client) 与瘦客户端相对应。客户机器上安装配置的一种功能交互式的用户界面。

胖客户端模式应用程序处理分为桌面计算机执行的处理和集中服务器执行的处理两部分。包含一个或多个在用户的 PC 上运行的应用程序。用户可以查看并操作数据、处理所有的业务规则。新一代的胖客户端通过采用新技术和技巧,增加了对自动版本更新、联机和脱机操作支持,避免了传统胖客户端应用程序的缺陷。给终端用户提供了更高的可用性和效率。

【抛光】(polishing) 利用柔性抛光工具和磨料颗粒或其他抛光介质对工件表面进行的修蚀加工。电火花加工中的混粉加工,可实现 *Ra* 为0.1~0.2μm 的大面积镜面加工。在磨削加工中最好的表面粗糙度值可达到0.04μm,达到镜面加工要求。目前国内可抛光至0.05μm 的镜面。正在研究开发抛光至 *Ra* 为0.025μm的设备。抛光加工由于精度高、表面质量好、表面粗糙度值低等特点,在精密模具加工中广泛应用。精密模具制造广泛使用数控成型磨床、数控光学曲线磨床、数控连续轨迹坐标磨床及自动抛光机、超声波抛光机等先进设备和技术。

抛光机

【抛体运动】(throwing body motion) 以一定初速度被抛射出去的物体,仅在重力作用下所作的运动。分为平抛运动和斜抛运动。物体在做抛体运动时,由于仅受重力作用,因而其运动加速度恒为重力加速度 g,且始终指向竖直向下的方向。物理学在处理抛体运动时一般是将其分解为两个简单的直线运动,即水平方向上的匀速直线运动与竖直方向上的匀加速直线运动。

【刨煤机】(coal plough) 以刨头为工作机构的采煤机械。是采用刨削法落煤的采煤机械。适用于薄及中厚煤层下限的长壁工作面开采。它与工作面输送机组成具有落煤、装煤和运煤功能的机组。其工作原理是:刨煤机装有刨刀的刨头在无极圆环链即牵引链的牵引下,沿着安装在采煤工作面可弯曲刮板输送机的中部槽上的导轨运行,刨刀刨削煤壁将煤刨落,刨落的煤在刨头犁形斜面的作用下被装入输送机送出采煤工作面。其特点是:(1)结构比较简单,维修方便。(2)操作简便,人员不需要跟机操作,易于实现工作面自动化管理。(3)块煤率高,粉尘量小。(4)截深小,充分利用低压采煤,能耗较低。(5)工作面煤壁压力释放和瓦斯渗出量比较均匀,适用于煤与瓦斯突出的煤层开采。(6)刨头高低可以调节,不仅适合薄煤层开采,而且也可用于中厚下限煤层的开采。按其刨削方式的不同可分为静力刨煤机和动力刨煤机两类。静力刨煤机根据其结构的不同又可分为拖钩刨煤机、滑行刨煤机和刮斗刨煤机等。

刨煤机

【咆哮西风带】(growl in west wind sea area) 风力稳定而强劲的西风海域。位于南纬35°~65°,以海洋为主,陆地很少,平直密集的等压线呈纬向排列,故风向(西风)稳定而风力强劲。海域温带气旋比较多,风大浪高,常有暴风雨形成。在盛行西风吹送下,海水自西向东大规模的流动,海流宽,流量大,形成横亘大西洋、印度洋和太平洋的世界最大的海流-西风环流。

【炮兵射击学】(artillery gunnery) 研究炮兵射击的最优化方法和理论,使弹丸或战斗部准确命中或接近目标预定部位,使火力获得最大效率的一门学科。炮兵武器装备、相关的现代科学技术成就和以往作战中的射击实践经验,是炮兵射击学研究工作的基础。其研究内容包括:(1)射击理论。主要是研究射击的现象与指导规律,研究与制定射击准备、射击实施的有效方法,研究射击效率的评定。其基础是概率论、数理统计、弹道学和计算数学等。评定射击效率原理,也是军事运筹学和军事系统工程研究的问题之一。(2)射击方法。主要研究任务是寻求提高射击精度、火力反应速度与射击效果的方法,使之适应作战的需要,并对武器装备的改进提出新的要求。各种炮兵武器的战斗性能、结构特点、瞄准方式、参加射击武器数量、射击目标性质以及射击任务等的不同,采用的射击方法也有所不同。(3)射击指挥。研究的目的在于充分发挥武器的性能,及时而有效地运用火力,适应合成军队作战的需要,圆满完成射击任务,并对射击指挥系统的改进提出战术技术指标和要求。各级炮兵对各种炮兵武器的射击指挥,由于武器系统的战斗性能、射击任务、使用方法、实施条件以及组织射击指挥的范围大小不同而有其自身的特点。

【炮兵侦察】(artillery reconnaissance) 炮兵为获取作战所需情报而进行的侦察活动。炮兵和合成军队指挥员定下决心、指挥作战的重要保障。由炮兵或合成军队司令部组织专业侦察分队实施。组织实施炮兵侦察的要求是:(1)各级炮兵司令部或侦察部门依据敌情、地形、任务和侦察能力,周密制定侦察计划,全面而有重点地部署侦察力量,建立严密的侦察配系。(2)充分发挥各种侦察手段的特长,密切协同,互相配合,实施不间断的侦察。(3)根据战场情况的发展变化,适时调整侦察部署。(4)与其他军种、兵种侦察密切协同,多渠道搜集所需情报资料。炮兵侦察的主要任务是:(1)查明敌方兵力部署、行动企图、阵地编成、火力配系、工程设施,特别是敌方指挥所、通信枢纽和炮兵、导弹、火箭、坦克部队以及其他重要目标的位置。(2)作战地区的地形和社会情况;查明己方炮兵配置地域和机动道路的情况。(3)观察战场形势,检查射击效果,校正射击偏差;组织实施测地、气象侦察、照相侦察等勤务保障。炮兵侦察分为:(1)炮兵地面侦察。是炮兵运用配置在地面的侦察兵力和侦察仪器进行的侦察。是炮兵侦察的主要组成部分,包括观察所侦察,侦察组侦察等。其主要手段有:无线电侦听、无线电侦收、无线电测向、光测侦察、雷达侦察、声测侦察、红外线侦察、传感器侦察、电视侦察、火力侦察、调查询问、审讯俘虏、检测弹着点和搜集敌军文件资料等。(2)炮兵航空侦察。是炮兵运用航空飞行器进行的侦察。是炮兵实施准确射击,特别是远距离射击的重要保障。(3)炮兵专业侦察勤务。包括炮兵测地勤务、炮兵气象侦察勤务、炮兵照相侦察勤务,是提高炮兵射击精度的重要保障。

炮兵侦察

【炮兵侦察系统】(artillery detection system) 以光学、光电和无线电等侦察器材为手段探测敌情、为炮兵服务的侦察系统。炮兵执行战斗任务的保障手段之一。主要任务是及时发现目标并精确确定目标位置。装备的器材包括光学观测器材(望远镜、潜望镜、方向盘、炮队镜、测距机、侦察经纬仪)、光电器材(红外和激光观察仪、激光测距机)、声测站、雷达(炮位侦察雷达、活动目标侦察雷达)、无线电技术侦察器材等。现代炮兵侦察系统还有先进的空中侦察装备,包括固定翼飞机、直升机和无人机。机上装有航空照相机、雷达、侦察电视、热像仪、红外扫描仪和激光目标指示器,以及自动传输装置,既能侦察战场情况,又能为己方炮兵进行校射。现代炮兵拥有的另一种侦察装备是炮兵侦察车。车上通常装有导航仪(全球定位系统)、测角仪器、激光测距机、热像仪、激光夜视眼镜、数字式信息机、多部电台和内部通话装置,有的还装有雷达。

炮兵侦察系统

【炮泥】(stemming) 堵塞炮眼(孔)使用的惰性材料充填物。常用的有两种:(1)水炮泥。用聚乙烯塑料袋封装,长250~300mm。(2)黏土炮泥。黏土和沙子按1:3的比例混合,加含由2%~3%的食盐水拌和搓制而成,长100~150mm。炮泥的质量好坏、封泥长度和封泥质量直接影响爆破效果和安全。其作用是:(1)保证炸药充分反应,使之放出最大热量和减少有毒气体生成。(2)降低爆生气体退出自由面的温度和压力,使更多的热量转变为机械能,提高爆破效果。(3)阻止炽热固体颗粒从炮眼中直接飞出。(4)延缓爆生气体与瓦斯、煤尘直接接触。炮眼封泥应用水泡泥。水泡泥外剩余的炮眼部分,应用黏土炮泥或土炮泥或用不燃性的、可塑性松散材料制成的炮泥封实。严禁用煤粉、块状材料或其他可燃性材料作炮眼封泥。因为它们具有可燃性,能消耗炸药中的氧,燃烧后飞向空中,易引起瓦斯、煤尘爆炸。无封泥、封泥不足或不实的炮眼严禁爆破。

【炮眼】(blast hole) 在爆破介质中钻凿的用以装药爆破的孔眼。在露天爆破中通称"炮孔"。合理布置炮眼,是提高爆破效果和掘进速度的重要技术措施。在实际工作中,应当根据岩石性质、裂隙情况、钻眼设备和巷道断面大小等因素,合理选择炮眼的深度、直径、数目和布置方式。炮眼深度过大,将降低钻眼速度和爆破效果;炮眼深度过小,则辅助工序占时间相对增多,也会使掘进速度降低。目前,巷道掘进的炮眼深度多在1.5~2.5m之间。炮眼直径应比药卷直径大2~4mm。常用的药卷直径为32mm和35mm两种。故炮眼直径一般为34~36mm(或37~39mm)。炮眼直径过小,装药将发生困难;炮眼直径过大,会降低爆破效果。

炮眼

炮眼数目可用估算法求出或根据经验选取，但必须通过实验，才能最后确定合理的炮眼数。

【炮眼间距】(distance of holes) 又称炮眼眼距。同排或同圈炮眼中心之间的距离。是爆破中的一个重要参数。控制了炮眼之间相互的应力效应，是形成设计断面轮廓的重要因素。炮眼间距对破碎度和爆破后留在完好岩体上的采掘面特征有很大影响。炮眼间距小于抵抗线，会导致产生大块，也有助于在爆破后留下一个平整的采掘面。当间距合适时，爆炸冲击波从自由面反射回来以前，贯穿裂缝已经形成，则岩土沿各炮眼间连线处断开而形成规整的断裂面。如果间距过大，则将发生各炮眼独立的互不相连的径向裂缝，两眼间产生的凹凸量大；若间距过小，将会产生过多的裂缝和超挖，另外增加了钻眼工作量。在使用炸药相同的情况下，炮眼间距是随岩性和地质构造、节理和它们的产状不同而变化。

【炮眼利用率】(blast hole utilization factor) 又称炮眼利用系数。炮眼爆破后的实际进度与爆破前炮眼深度的比值。即：掘进工作面炮眼利用率 = 爆破后平均进度/炮眼平均深度。炮眼利用率是衡量爆破效果的主要指标，应达到 90% 以上。提高炮眼利用率应采取的措施有：(1)炮眼的深度和角度必须符合作业规程的规定，掏槽眼必须比其他眼加深 200mm。(2)炮眼内的煤、岩粉必须清除净，炸药必须装到眼底并密接，不得错装电雷管段数。(3)炮眼的封泥必须符合规定的数量和质量。

【炮眼密集系数】(concentration coefficient of holes) 曾称临近系数。炮眼间距与最小抵抗线的比值。是反映某圈炮眼眼距与其内邻圈距(最小抵抗线)间关系的一个参数。设外圈炮眼眼距为 E，内外圈距为 W，炮眼密集系数为 M，则 $M = E/W$。在布置炮眼过程中，炮眼密集系数可作为合理确定炮眼眼距和各圈圈距的依据之一。如果炮眼密集系数取得过大，即炮眼间距远大于最小抵抗线，径向裂隙在延伸到周边相邻孔之前已延伸到相邻辅助眼爆破后形成的自由面，切向应力被释放，从而失去了形成贯通裂隙的机会；反之，该系数若取得过小，虽有利于形成贯通裂隙，但自由面方向的阻力过大。

【炮眼深度】(hole depth) 由炮眼底至工作面的垂直距离。指自掘进工作面至眼底平面之间的距离。如果掏槽眼、辅助眼和周边眼的眼底均坐落于同一平面内，且炮眼倾角一般不大，可以近似地认为炮眼长度就是炮眼深度。如果掏槽眼比辅助眼及周边眼深 100 ~ 300mm，按规定炮眼深度就应等于工作面至辅助眼眼底平面的垂直距离。炮眼深度是决定爆破效果、循环时间和掘进速度的重要因素之一。炮眼太浅，爆破气体得不到充分利用便从眼口逸散，爆破效果不好，且循环时间短，循环次数多，消耗于凿岩、装药、爆破、通风、装岩、准备、结束及其他辅助作业的时间相对增加，使掘进速度降低；炮眼太深，则岩石对爆破作用的阻力增加，爆破效果也可能降低。

【炮制】(drug processing) 又称炮炙、修治、修事。药物在应用前或制成各种剂型前必要的加工处理过程。包括对原药材进行一般修治整理和部分药材的特殊处理。由于中药材大都是生药，在炮制各种剂型之前，一般应根据医疗、配方、制剂的不同要求，结合自身特点，进行一定的加工处理，才能使之充分发挥疗效，避免或减轻不良反应，在最大限度上符合临床用药的要求。

【泡利不相容原理】(Pauli's exclusion principle) 又称泡利原理。由奥地利物理学家泡利于 1925 年提出的，微观粒子运动的原理之一。认为任何原子中都不可能存在两个或两个以上的电子处于同一种量子状态，或者说一个量子态上只能容纳一个电子。这就是反映电子不相容特征的泡利不相容原理。

【泡沫灭火剂】(foam extinguishing agent) 可在可燃易燃液体表面生成凝聚的泡沫漂浮层，起窒息和冷却作用的有效灭火剂。按泡沫类型的不同可分为：化学泡沫、空气泡沫、氟蛋白泡沫、水成膜泡沫和抗溶性泡沫等。水成膜泡沫灭火剂又称“轻水”泡沫灭火剂，或氟化学泡沫灭火剂。它由氟碳表面活性剂、无氟表面活性剂(碳氯表面活性剂或硅酮表面活性剂)和改进泡沫性能的添加剂(泡沫稳定剂、抗冻剂、助溶剂以及增稠剂等)及水组成。根据泡沫灭火剂溶液成泡后发泡倍数(膨胀率)的大小，泡沫灭火剂可以分为低倍数、中倍数和高倍数三种。发泡倍数在 20 倍以下称为低倍数；20 ~ 40 倍的为中倍数；100 倍以上的为高倍数。通常使用的泡沫灭火剂的发泡倍数为 6 ~ 8 倍，低于 4 倍的就不能再用了。

【泡沫染整】(foam finishing) 将泡沫状染整工作液施加于织物上的低给液染整工艺。在泡沫加工过程中，工作液中的部分水被空气替代，替代程度越高，水的消耗越少，节能越多。泡沫加工可以提高生产效率，进行湿法加工，减少废水，降低染料及化学品的泳移。能更有效地利用工作液中的化学品和染料，减少化学品的消耗以及控制染料和化学品在纤维或织物内部的渗透。

【泡沫塑料】(foam plastic) 以树脂为主要原料制成或内部具有无数微孔的塑料。将发泡剂添加到塑料树脂中经加工制得。可分为:(1)硬质泡沫塑料。(2)半硬质泡沫塑料。(3)软质泡沫塑料。硬质泡沫塑料没有柔韧性,压缩硬度很大,只有达到一定应力值后才产生变形,且应力解除后不能恢复原状;软质泡沫塑料富有柔韧性,压缩硬度很小,很容易变形,在应力解除后能恢复原状,残余变形较小;半硬质泡沫塑料的柔韧性和其他性能介于硬质和软质泡沫塑料之间。泡沫塑料具有质轻、绝热、吸音、防震、耐腐蚀等特点。广泛用于绝热、隔音、包装材料及制造车船壳体等。

泡沫塑料

【泡沫塑料成型】(foam plastic molding) 以各种树脂为基料,加入一定量的发泡剂、催化剂和稳定剂等辅助材料,经加热发泡而生成一种轻质、保温、隔热、吸声、隔声和防震的泡沫塑料的加工方法。泡沫塑料成型分为气发泡沫塑料和组合泡沫塑料两种。气发泡沫塑料的成型过程可分成泡沫的气泡核形成、泡沫的气泡核增长和泡沫的稳定固化三个阶段。在泡沫形成过程中,控制泡孔的增长率和稳定泡孔非常关键。可以通过使聚合物母体发生突然固化或使母体变形逐渐降低来完成,以此降低其表面张力,减少气体扩散作用,使泡沫稳定。在发泡过程中,通过对物料的冷却或树脂的交联都能提高塑料熔体的黏度,以达到稳定泡沫的目的。泡沫塑料的种类很多,均以所用树脂命名。如聚苯乙烯泡沫塑料、聚乙烯泡沫塑料、聚氯乙烯泡沫塑料、聚氨酯泡沫塑料、酚醛泡沫塑料和环氧树脂泡沫塑料等。

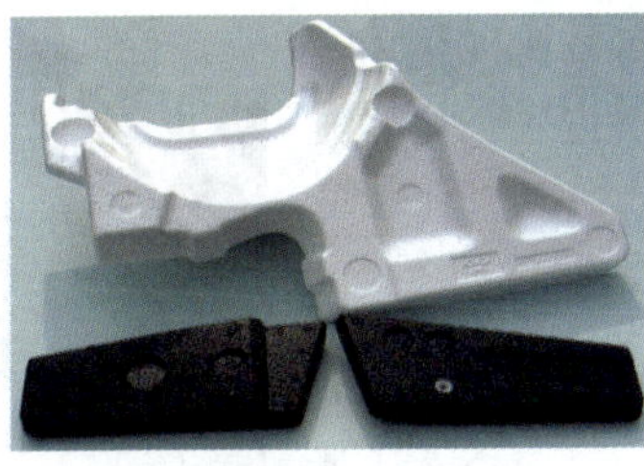
泡沫塑料成型

【泡沫塔】(foaming column) 孔板塔的一种。使气相呈气泡状的气-液传质设备。其板上开有许多小孔,沿塔下降的液流与上升的气流相遇,气体穿过板上小孔进入板上的液层产生鼓泡,甚至形成气-液间界面很大的泡沫层和雾沫层。从而使气液两相接触更加密切,相互作用也更加充分。应用于蒸馏,吸收、冷却和除尘等方面。

【泡沫橡胶】(foamed rubber) 又称海绵橡胶。海绵状多孔结构的硫化橡胶。可在生橡胶中加入碳酸铵、尿素、偶氮二异丁腈等起泡剂或由浓缩的胶乳经搅拌鼓入空气,再经硫化而制成。有开孔、闭孔、混合孔和微孔之分。可制成软橡胶或硬橡胶制品。质轻,柔软,有弹性,不易传热。具有防震、缓和冲击、绝热、隔音等作用。用合成橡胶制成的产品具有耐油、耐老化、耐化学药品等特点。在汽车、飞机、化学、日用品等工业领域广泛应用。

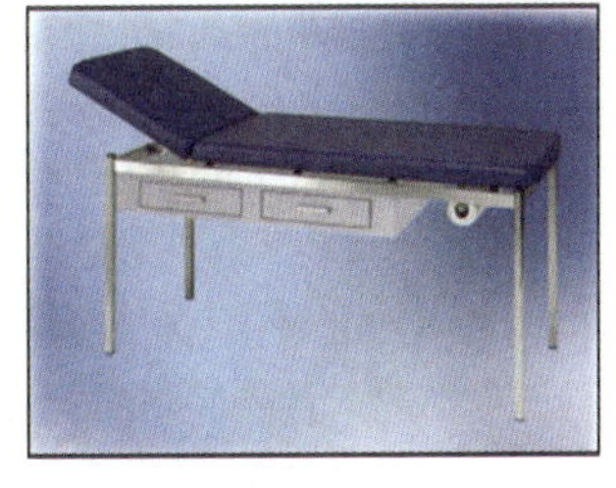
泡沫橡胶垫

【泡沫印花】(foam printing) 发泡剂和树脂乳液经烘干产生大量气体,膨胀渗入纤维使花型固着在织物上的印花方法。其产品比常规印花产品手感柔软,表面给色量高,后处理不需洗涤工序,污染小。在生产中,必须保证泡沫密度不变,泡沫大小一致,避免印花色泽深浅不一。泡沫印花应用于纯棉、纯涤纶和涤黏混纺织物,形成永久的立体图案。

【泡腾片】(effervescent tablets) 一种内含人体所需要的营养元素,有利于人体健康,含有泡腾崩解剂的片剂。泡腾片放入饮水中后,在泡腾崩解剂的作用下,即刻产生大量气泡(二氧化碳),使片剂迅速崩解和融化。有时崩解产生的气泡还会使药片在水中上下翻滚,加速其崩解和融化。片剂崩解时产生的二氧化碳部分溶解于饮水中,使饮水在饮用时有汽水般的美感。其优点是:便于保存和携带、片剂崩解快速、服用方便、起效迅速、生物利用度高和能提高药物的临床疗效。适用于儿童、老年人和吞服药丸困难的患者。由于崩解产生的大量泡沫,增加药物与病变部位的直接接触,有利于发挥其疗效,还可用于口腔疾病等的防治。

泡腾片

【泡田】(field soaking) 水稻插秧前对水田灌水浸泡耕作层土壤,以便于耕耙和插秧的措施。在泡田期,单位面积的灌水量称为泡田定额。该定额除了考虑泡田期的长短及泡田期的水面蒸发强度外,主要根据土壤的透水性、地势和地下水状况确定。在多年种植水稻的稻田耕犁层之下,由于长期水分下渗和微小土粒的充填作用,形成了透水性较弱的犁底层,减少了土壤的渗漏水量,使泡田用水减少。新稻田则需要较多的水量。黏土和黏壤土稻田的泡田定额一般为600～900 m^3/hm^2；中壤土和轻壤土稻田在地下水埋深小于2m时为7 50～1 200 m^3/hm^2，埋深大于2m时为900～1 350 m^3/hm^2；沙壤土在地下水埋深小于2m时为1 050～1 500 m^3/hm^2，埋深大于2m时可达1 250～1 700 m^3/hm^2。山丘地区的岗田及塝田泡田定额较大。

【疱】(vesicle) 黏膜内储存液体而形成的病理性圆形突起。直径2～5mm。表面为半球形。在不同的形成和愈合时期，可为单个或多个的病损。若疱的部位在皮内，称为上皮内疱或棘层内疱。只有上皮的一部分形成其被膜，被膜或疱壁薄而柔软。若疱的部位在皮下，称为基层下疱或上皮下疱。其疱壁由上皮的全层构成，疱壁很厚。疱内的液体可以是透明的或微红色的，这要根据疱基底炎性反应的严重程度而定。疱壁一旦破裂，则形成糜烂或溃疡。疱性损害，可见于病毒感染、药物反应、烫伤和疱性皮肤病等。

【疱疹性口腔炎】(herpetis stomatitis) 单纯疱疹病毒Ⅰ型所致以口腔黏膜炎症为特征的疾病。多见于1～3岁小儿。无季节性。可在患者唾液、皮肤黏膜及大小便中分离出病毒。其主要表现是：起病发热38～40℃，1～2天后口腔内、颊黏膜、舌、上腭、咽部、唇内出现单个或成簇的小疱疹，直径2mm，周围红晕，迅速破溃形成溃疡，有黄色纤维素性分泌物覆盖；多个溃疡可融合成不规则的大溃疡，疼痛剧烈，造成拒食、流涎、烦躁，并伴颌下淋巴结肿大。体温3～5天下降，溃疡需1周修复，淋巴结肿大持续2～3周。需和疱疹性咽峡炎鉴别：前者是柯萨奇病毒引起，多发生秋季，骤起高热，咽痛，疱疹发生在咽部，口腔黏膜不受累。还需和手足口病鉴别：前者是肠道病毒引起，不仅口腔内有疱疹，足、手、臂部有丘疹或水疱。其治疗原则是：注意口腔卫生及护理，禁食刺激性食物，吃凉、味淡流质饭食；疼痛剧烈者，进食前口腔涂2%利多卡因止痛；可用抗病毒药物，有继发细菌感染者可用抗生素；补充维生素，支持疗法。大约1周可愈。

【胚胎发育】(embryonic development) 从受精卵到胚胎出离卵膜的一段过程。无脊椎动物胚胎学家常把其概念扩展到胎后发育直到性成熟，甚至整个生活史。胚胎发育的过程分成受精、卵裂、桑葚胚、囊胚、原肠胚与器官形成等阶段。此外在脊椎动物的胚胎发育过程中，各种动物共同拥有的特征会首先出现(如皮肤)，之后才逐渐发展出特化的构造(如鱼鳞)，而且较复杂的物种与较原始的物种之间一开始相当类似，之后才随着发育的时间而慢慢增加变异。

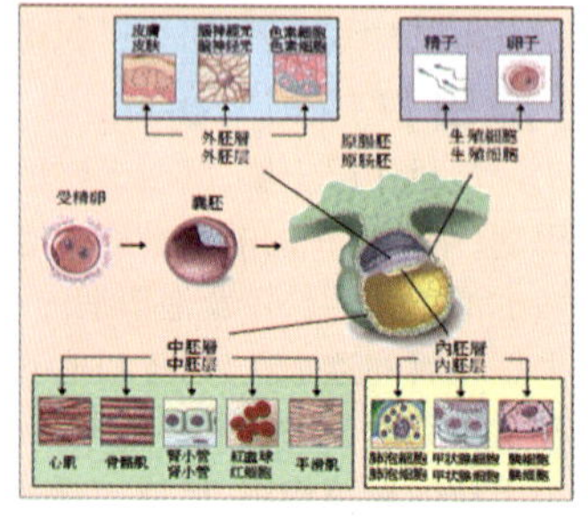

胚胎发育

【胚胎分割】(separation of embryo) 使用显微操作仪对胚胎进行人工分割的技术。早期胚胎具有全能性，自2细胞至桑葚胚以至囊胚期(必须将内细胞群分二份)，分割开后可发育成两个或数个个体。其方法有两种：(1)在实体显微镜下，在显微操作仪的一侧，用微型玻璃管以负压吸住一优良品种的胚胎，另一侧用玻璃针挑破透明带，再将玻璃针压下，把卵裂球分离开。再用上法取另一胚胎，将卵裂球吸出，一侧吸住内容空的透明带，另一侧吸出一个或数个优良品种的卵裂球并注入透明带内，移植至输卵管或子宫内即可。(2)用刀片将卵裂球一分为二，而且不需直接移植至输卵管内也可成功。家畜中羊、牛和马均有分割产生的后代，具有相同的外貌和遗传物质，适宜进行遗传和营养试验，可节省试验动物15～20倍。

【胚胎干细胞】(embryonic stem cells) 当受精卵分裂发育成囊胚时内细胞团的细胞。是一种高度未分化的细胞。具有体外培养无限增殖、自我更新和多向分化的发育全能性。无论在体外还是体内环境，都能被诱导分化为机体几乎所有的细胞类型、组织和器官，包括生殖细胞。胚胎干细胞不仅可以作为体外研究细胞分化和发育调控机制的模型，而且还可以作为一种载体，将通过同源重组产生的基因组的定点突变导入个体。其研究和应用是当前生物工程领域的核心问题之一，并将会给人类移植医学带来一场革命。

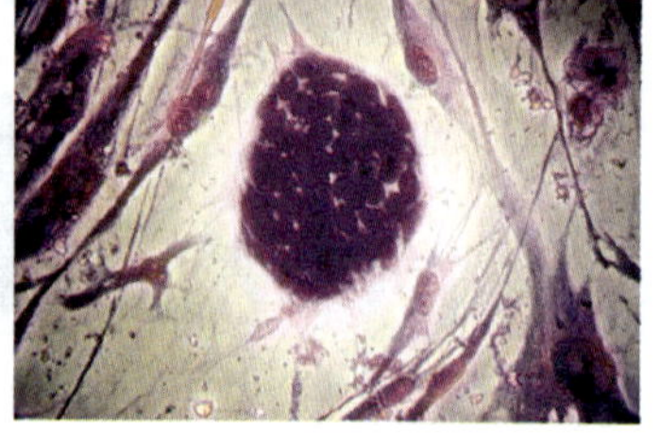
胚胎干细胞

【胚胎工程】(embryo engineering) 对配子和胚胎进行人为干预，使其环境因素、发育模式或局部组织功能发生量和质的变化的综合技术。即对哺乳动物的胚胎进行某种工程技术操作，然后让其继续发育获得人们所需要的成体动物的一种技术。包括胚胎移植、胚胎融合、胚胎分割、胚胎冷冻、胚胎性别鉴定、胚胎细胞核移植和转基因操作等。其作用是进一步挖掘动物的繁殖潜力，为优良牲畜的大量繁殖、为稀有动物的种族延续提供有效的解决办法，在畜牧业和制药业等领域发挥着重要的作用。

【胚胎技术】(embryo technique) 对胚胎进行人工操作和(或)改造的技术。按照对胚胎进行操作的阶段、方法和目的的不同,胚胎技术可分为:(1)体外受精。(2)胚胎冷冻。(3)胚胎分割。(4)胚胎融合。(5)卵核移植。(6)外源基因导入。(7)胚胎性别鉴定。胚胎技术的研究也给人类带来一些新问题,如胚胎冷冻技术促进了胚胎的国际商品化和向世界各地的广泛运送,这就可能通过胚胎移植广泛传播疾病;体外受精技术的发展使社会上"代生母"增多,"代生母"及婴儿的商品化会导致现行法律难于裁决的民事纠纷;胚胎冷冻、分割、性别控制等技术水平有可能被应用于人类生殖过程中,这将带来更为激烈的社会争议,但在人类计划生育、优生优育中有重要的作用。

【胚胎培养】(embryo culture) 在无菌条件下,将离体胚接种在人工培养基上进行的培养。其目的是研究胚胎发育和分化的有关问题。按离体胚来源地的不同可分为:(1)植物胚胎培养。对植物的胚(种胚)及胚器官(如子房、胚珠)进行人工离体无菌培养,使其发育成幼苗。其意义是克服杂种胚的败育,获得稀有杂种;获得单倍体和多倍体植株;打破种子休眠,促进胚萌发;快速繁殖良种,缩短育种周期;研究胚胎发育的过程和控制机制等。(2)动物胚胎培养。受精卵在培养箱中培养的过程。精子和卵子在培养箱内约18h即完成受精,约几小时后受精卵分裂成两个细胞。在48h后,每一胚胎前体通常会有两到四个细胞,此时胚胎可离开培养箱而置入子宫。其意义在于它是胚胎工程技术的基础和关键,对胚胎分割、胚胎嵌合、核移植和转基因动物的构建等意义重大。

【胚胎移植】(embryo transfer) 又称借腹怀胎。将两种母畜配种后的早期胚胎取出,移植到同种的生理状态相同的母畜体内,使之继续发育成新个体的一种技术。提供胚胎的个体为"供体",接受胚胎的个体为"受体"。胚胎移植是提高良种家畜繁殖力的新技术。

【胚挽救】(embryo rescue) 使果实种胚发育并得到后代植株所进行的一种人工培养技术。一般利用特殊的人工培养基接种幼胚,并使幼胚进一步发育成苗木。主要针对有些果树的种胚在授粉受精后不久就会退化消失所采取的对策。如在培育大粒优质无核葡萄中,可利用杂交技术将野生葡萄的抗性基因转移到无核葡萄品种中,借助胚挽救技术获得杂交植株,实现抗性基因的转移。

【培根】(baconn) 欧美人普遍食用的一类腌熏肋条肉。以猪或牛的腰肉为原料,用干法腌制或湿法腌制再烟熏而成。干法腌制是将混合腌制剂擦在去皮的腰肉表面,在冷库内腌制10~14天,然后再烟熏。现在商业上都用湿法腌制,用多针头注射机注入盐水,穿孔后挂在熏房内烟熏。烟熏的时间取决于肉块的大小、熏房内空气流速、熏房温度和要求的中心温度。烟熏时可以采用分段升温的方法。现在多数工厂已采用在55~60℃的恒温下烟熏,熏至中心温度达55℃左右,腌制红色为止。取出冷却至0℃左右,整形,按用户需求切成薄片,并用复合薄膜真空包装。

【培土压条法】(mound layer) 又称直立压条。压条育苗的方法之一。即在早春萌芽前,对被选定压条的植株,在其离地面20cm左右剪断,促进发枝。待新梢长到20~30cm时,将枝条基部刻伤培土。土层厚度为10~15cm,新梢长到40cm左右时再培一次土,秋季从新根处剪断成为新的植株。

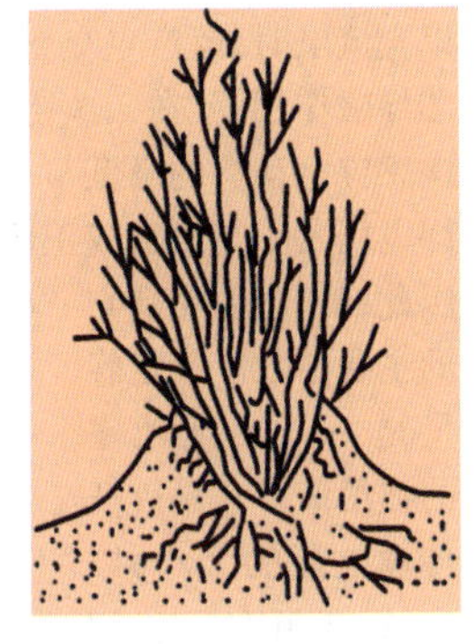
培土压条法

【培养基】(medium) 人工配制的适合微生物生长繁殖或产生代谢产物用的混合营养料。任何培养基都应具备微生物所需的营养要素,且其比例合适。按其成分的不同可分为:(1)天然培养基。(2)组合培养基。(3)半组合培养基。按其外观的物理状态的不同可分为:(1)液体培养基。(2)半固体培养基。(3)固体培养基。按其功能的不同可分为:(1)选择性培养基。(2)鉴别性培养基。选用和设计培养基的原则:(1)目的明确。(2)营养协调。(3)经济节约。(4)物理化学条件适宜(pH、渗透压、水活度和氧化还原电)。选用和设计培养基的方法有生态模拟和试验比较等。

固体培养基

【配电变压器】(distribution transformer) 在配电系统中,将高压配电电压的功率变换成低压配电电压的功率,以供各种低压电气设备用电的变压器。其容量较小,一般在2 500kVA以下。一次电压也较低,在35kV及以下。有的安装在电杆上,有的装在配电所内,有的安装在平台上。一般容量较小的配电变压器的高、低压侧采用熔断器保护。容量大于1 000kVA的,一般采用断路器保护。配电变压器的接线组别、节能特性、分接抽头、防火要求、密封设计等方面应根据运行要求进行合理选择。

配电变压器

【配电电力变压器】(distribution transformer) 用来将某一数值的交流电压变成频率相同的另一种或几种数值不同电压的设备。当一次绕组通以交流电时,就产生交变的磁通。交变的磁通通过铁芯导磁作用,就在二次绕组中感应出交流电动势。二次感应电动势的高低与一二次绕组匝数的多少有关,即电压大小与匝数成正比。其主要作用是传输电能。因此,额定容量是它的主要参数。额定容量是一个表现功率的惯用值。它是表征传输电能的大小,以KVA或MVA表示。当对变压器施加额定电压时,根据它来确定在规定条件下不超过温升限值的额定电流。现在较为节能的电力变压器是非晶合金铁心配电变压器。其优点是空载损耗值特低。能否确保空载损耗值,是整个设计过程中所要考虑的核心问题。当在产品结构布置时,除要考虑非晶合金铁心本身不受外力的作用外,同时在计算时还须精确合理选取非晶合金的特性参数。

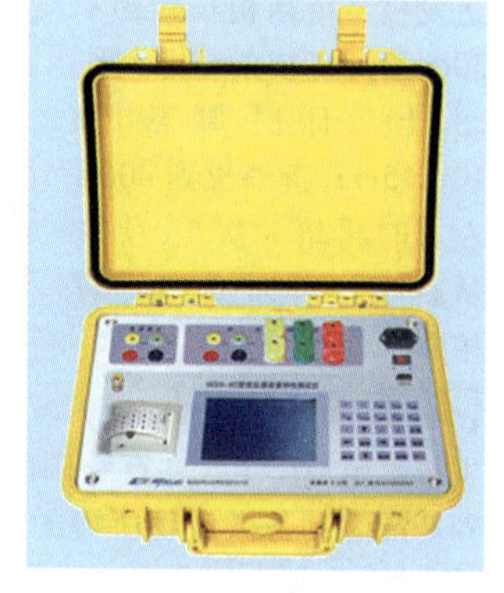
配电电力变压器

【配电网】(power distribution network) 从输电网或地区发电厂接受电能,并通过配电设施按地区逐级分配给各类用户的电力网。配电电压等级分为高、中、低压三类。其设施包括配电线路、变电所、变压器等。

【配电网规划】(programme of power distribution network) 配电网改造与建设的总体计划。分一次规划和二次规划。对后期工作起着主导作用,既应切合实际,又应适当超前。具有前瞻性、可靠性和可操作性。主要有供电区域电力电量预测和平衡、与主网规划协调、配网结构、配网站点分布、配网无功优化、配网增容改造和配网自动化等几个方面。它能有效地减少盲目无序建设和重复建设,并产生巨大的经济效益和社会效应。

【配电自动化系统】(distribution automation system) 一种可以使配电企业在远方以实时方式监视、协调和操作配电设备的自动化系统。其内容包括:配电网数据采集与监视系统(SCADA)、配电地理信息系统(GIS)和需求侧管理系统(DSM)。按其功能类别的不同可分为:(1)调度自动化。分国调、省调、地调和县调。用于对变电站和发电站的发电和输电进行调度指挥,实现自动化的管理。(2)变电站综合自动化。变电站的就地监视和控制,并把数据传送调度自动化系统。(3)配网自动化。城区10kV系统的配网的监视、控制的自动化管理,优化城区配网结构,合理高效用电管理,事故的及时预报和故障的及时处理。(4)配电自动化。对于工厂、建筑等终端用户的配电设备的自动化管理,提高配电系统运行的可靠性,对于事故实现提前预告,提高工作效率,并达到经济运行的目标。其主要功能是:系统运行监视和控制、电能质量监视和分析、功率因数监视和控制、高精度电能计量、电能消耗统计和分析、预防性电气火灾监视、报警和事件管理、报表管理和用户管理。

【配对设计】(paired design) 研究者为了控制可能存在的混杂因素,增加两组的可比性而采用的一种实验设计方法。其实施的主要形式有:(1)将受试对象按照一定的条件配成对子,然后采用随机化的方法将每对中的两个受试对象分到不同的处理组。(2)同一受试对象分别接受两种不同的处理,或者同一受试对象由不同的检查人员分别进行测量,或者同一个体对称部位某指标的测量。

【配方奶粉】(formula milk powder) 又称母乳化奶粉。调整普通牛奶成分,使其接近母乳成分,再加入适量的维生素和微量元素,以适宜于喂哺婴儿的奶粉。其目标是:(1)调整产品中蛋白质、脂肪和碳水化合物的比例为1∶2∶4。(2)调整乳清蛋白与酪蛋白的比例为60∶40。(3)调整饱和脂肪酸和不饱和脂肪酸的比例为1∶1.5。(4)调整钙和磷的比例为1.5∶1。另外,还要添加婴儿容易缺乏的铁、锌和牛乳中含量较低的维生素A、D、C及牛磺酸等。

【配合】(fit) 基本尺寸相同、且相互结合的孔和轴公差带之间的关系。可分为:间隙配合、过渡配合和过盈配合。有时为了改善机床的导轨面、滑动轴承,或者阀座面等运动副滑移面和接触面的形状和表面质量,使零件间保持较好的接触,而采用钳工刮研、修锉和研磨等方法进行配研,进一步改善其平直度或曲面形状等。

【配合反应】(coordinated reaction) 见络合反应。

【配合力】(combining ability) 两亲的结合能力。即两亲杂交后,后代遗传性好坏的表现。在杂种优势利用上,常指两亲杂交后取得杂种的生产力大小。按其杂交组合表现的不同可分为:(1)一般配合力。指某一品种或品系与其他若干个材料杂交时,所有杂交组合的普遍表现情况,如果产生的所有杂交组合表现很好,则称这一个品种或品系的一般配力高。(2)特殊配合力。某一品种或品系与其他几个材料杂交时,仅有其中某一个组合表现好,而其他组合不好,则称这一表现好的组合的两亲的特殊配合力高。

【配合饲料】(formula feed) 全价配合饲料。可直接用于饲喂动物。作为工业化生产的新产品,含义较广。凡按动物营养要求,由多种饲料原料科学配合而成的新产品均称为配合饲料。因此,既包括最终新产品能直接用于饲喂的全价配合饲料,也包括最终新产品为中间类型的配合饲料,如预混合饲料、精料补充饲料及浓缩饲料等。

配合饲料

【配筋砌体】(reinforced masonry) 采用钢筋或钢筋混凝土加强的砌体。其目的是:提高砌体强度,减少其截面尺寸,增加砌体结构(或构件)的整体性。分为配筋砖砌体和配筋砌块砌体。其中,配筋砖砌体又可分为网状配筋砖砌体、组合砖砌体、砖砌体和钢筋混凝土构造柱组合墙。配筋砌块砌体又可分为约束配筋砌块砌体和均匀配筋砌块砌体。配筋砌体不仅加强了砌体的各种强度和抗震性能,还扩大了砌体结构的使用范围。比如高强混凝土砌块通过配筋与浇注灌孔混凝土,作为承重墙体不仅可砌筑10~20层的建筑物,而且相对于钢筋混凝土结构具有不需要支模、不需要再作贴面处理等优点。

配筋砌体墙

【配平片】(trim tab) 操纵面当中的一部分方形调整片。用于飞行路径的微调,通常位于各个操纵面上。配平片可以作长期的飞行姿态调整,以减轻飞行员操作驾驶杆的负担。通常大型飞机会有副翼及方向舵、升降舵的配平片,配平齐全。

【配送运输】(ration transport) 将订购的货物用汽车或其他运输工具从供应点送至顾客手中的活动。一种短距离、小批量、高频率的运输形式。是对干线运输的一种补充和完善,属于末端运输、支线运输。影响配送运输效果的因素是:(1)动态因素。如车流量变化、道路施工、配送客户的变动、供调动的车辆变动等。(2)静态因素。如配送客户的分布区域、道路交通网络、车辆运行限制等。配送运输的基本作业流程是:划分基本配送区域、车辆配载、暂定配送先后顺序、车辆安排、选择最佳的配送线路、确定最后的配送顺序和完成车辆记载。

【配体】(ligand) 同锚定蛋白结合的任何分子。在受体介导的内吞中,与细胞质膜受体蛋白结合,最后被吞入细胞的即是配体。按其性质以及被细胞内吞后的作用不同可分为四大类:(1)养物。如转铁蛋白、低密度脂蛋白(LDL)等。(2)有害物质。如某些细菌。(3)免疫物质。如免疫球蛋白、抗原等。(4)信号物质。如胰岛素等多种肽类激素等。

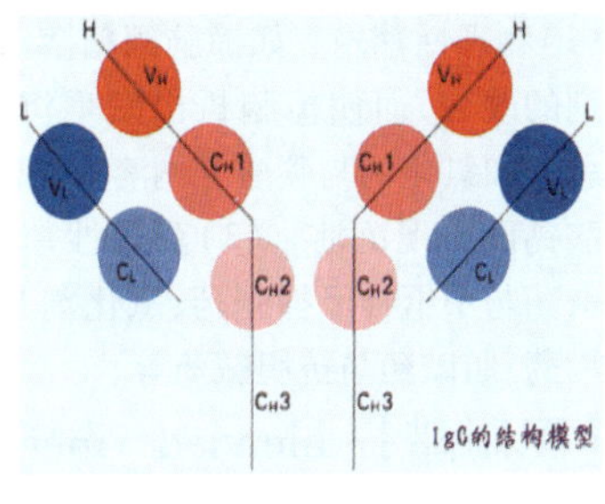

免疫球蛋白

【配体门控离子通道受体】(ligand-gated ion channel receptor) 由配体结合部位及离子通道两部分构成,当配体与其结合后,受体变构使通道开放或关闭,改变细胞膜离子流动状态,从而传递信息的受体。包括N型乙酰胆碱受体、GABA受体等。由单一肽链往返4次穿透细胞膜形成1个亚单位,并由4~5个亚单位组成穿透细胞膜的离子通道,受体激动时离子通道开放使细胞膜去极化或超极化,引起兴奋或抑制效应。

【配位化学】(coordination chemistry) 无机化学的一个分支。研究金属的原子或离子与无机、有机的离子或分子相互反应形成配位化合物的特点及其成键、结构、反应、分类和制备的学科。与有机化学、分析化学、物理化学、高分子化学等学科相互关联、相互渗透,与材料科学、生命科学以及医药等其他学科的关系也越来越密切。最早被记载的配位化合物是18世纪初用于颜料的普鲁士蓝 $Fe_4[Fe(CN)_6]_3 \cdot XH_2O$。1798 年,又发现了 $CoCl_3 \cdot 6NH_3$,是 $CoCl_3$ 与 NH_3 形成的稳定性强的化合物,对其组分和性质的研究开创了配位化学领域。1893 年,瑞士化学家 A. 维尔纳首先提出这类化合物的正确化学式和配位理论,在配位化合物中引进副价概念,提出元素在主价以外还有副价,从而解释了配位化合物的存在以及它在溶液中的离解现象。

【配伍禁忌】(incompatibility) 两种以上药物混合使用或药物制成制剂时,发生体外的相互作用,出现使药物中和、水解、破坏失效等理化反应时可能发生浑浊、沉淀、产生气体及变色等外观异常的现象。有些药品配伍使药物的治疗作用减弱,导致治疗失败;有些药品配伍使副作用或毒性增强,引起严重不良反应;还有些药品配伍使治疗作用过度增强,超出了机体所能耐受的能力,也可引起不良反应,乃至危害病人等。这些配伍均属配伍禁忌。一般包括:(1)物理性禁忌。如樟脑酒精溶液和水混合,由于溶剂的改变,而使樟脑析出发生沉淀。(2)化学性禁忌。如氯化钙与碳酸氢钠溶液配伍,则形成难溶性碳酸钙而出现沉淀。(3)药理性禁忌。如中枢神经兴奋药与中枢神经抑制药、氧化剂与还原剂、泻药与止泻药、胆碱药与抗胆碱药等。

【配制醋】(blended vinegar) 以食用冰酸醋,添加水、酸味剂、调味料、香辛料、食用色素勾兑而成的醋。仅具有一定的调味功用。冰醋酸对人体有一定的腐蚀作用,使用时应进行稀释,一般规定冰醋酸含量不能超过 3% ~4%。这种醋不含食醋中的各种营养素,因此不容易发霉变质。其特点是:(1)液体稀薄,有透明感,色泽暗红或无色,易浑浊。(2)掺有香精,故香精味较深,酸气严重,刺激性较强。(3)酸度较高,酸味浓烈呛人,回味有点苦涩。

【配制酱油】(blended saucer) 以酿造酱油为主体,与酸水解植物蛋白调味液、食品添加剂等配制而成的一种液体调味品。配制酱油和酿造酱油的本质区别,在于酱油产品中是否添加了酸水解植物蛋白调味液。酿造酱油是完全不添加酸水解植物蛋白调味液的酱油。其具备两大要件素,一是以粮食为原料;二是微生物发酵。至于在酿造酱油中添加了香菇、草菇、海带、香辛料等辅料配兑而成的花色酱油产品,只要不添加酸水解植物蛋白调味液,依然属酿造酱油,仍可执行酿造酱油标准。在酱油产品中,添加了酸水解植物蛋白调味液且添加量的比例小于 50%(以全氮计),则为配制酱油。配制酱油只要原料符合标准规定,就是安全的、合格的。使用不合格的酸水解植物蛋白调味液,会造成有害物质氯丙醇超标。

【配制型含乳饮料】(configuration model including beverage) 以鲜乳或乳粉为原料,加入水、糖液、酸味剂等调制而成的饮料。要求配制型含乳饮料的蛋白质含量必须是≥1.0% 的,其中蛋白质含量不低于 1.0% 的称为乳饮料,不低于 0.7% 的称为乳酸饮料。具有加入物相应的色泽和香味。质地均匀,无脂肪上浮,无蛋白颗粒,允许有少量加入物沉淀。无任何不良气味和滋味,但其营养价值不能与纯牛奶或酸奶相提并论。

【配子生殖】(gametogamy) 配子细胞之间的融合。配子是由营养个体所产生的生殖细胞。与另外一个配子融合产生一个结合子,由此发展成下一代。按配子的大小、形状和性表现的不同可分为同配生殖、异配生殖和孤雌生殖。配子生殖的进化趋势是由同配到异配,最后发展为卵配生殖。在原生动物和单细胞植物中,所有个体或营养细胞都可能直接转变为配子或产生配子,而在高等动物中,生殖细胞是由特殊的性腺产生的。

【喷吹煤粉】(coal powder injection) 从高炉风口将煤粉喷入炉缸的操作。可代替部分焦炭在风口前燃烧。用以产生还原气体和热量,扩大高炉的燃料来源,达到降低焦比的目的。是高炉强化冶炼的一种手段。能使炉缸煤气量及其还原能力增加,促进间接还原的发展。鼓风动能增加,炉缸活跃,渣铁温度高,促使炉渣脱硫能力增强。更适于冶炼低硅、低硫生铁。为了气力输送以及煤粉的完全燃烧,要求煤粉粒度 <180 目的要占 85% 以上。制粉的主要设备是球磨机。在操作中,必须确保制粉和喷吹的安全,防止着火和爆炸。

【喷灌】(sprinkling irrigation) 利用机械和动力设备,使水通过喷头射向空中,以雨滴状态降落田间的节水灌溉方法。喷灌设备由进水管、抽水机、输水管、配水管和喷头(或喷嘴)等部分组成,可以是固定的,也可以是移动的。具有省水、省工、提高土地利用率、不破坏土壤结构、可调节地面气候且不受地形限制等优点。

喷灌

【喷灌技术要素】(technical element of sprinkler irrigation) 喷灌强度、喷洒均匀度和喷洒雾

化程度的总称。是衡量喷灌质量的主要参数,也是喷灌工程规划设计时需考虑的重要因素。(1)喷灌强度。又称喷洒率。是单位时间内的喷洒水深。由于喷洒面积内各点的喷洒水量不完全相同,各点的喷灌强度也不相同。因此,一般采用各点喷灌强度的平均值来表示喷洒面积上的喷灌强度,称为平均喷灌强度。在确定设计喷灌强度时,需考虑喷头的布置与组合形式、运行方式及风速和风向等主要因素。(2)喷洒均匀度。习惯上用均匀系数来衡量。一般以绝对均匀为100%。以100%减去变差系数即为均匀系数。(3)喷洒雾化程度。常用靠近喷洒末端的水滴直径或雾化指标来表示。中国标准采用喷头工作水头与主喷嘴直径的比值作为雾化指标。比值越大,雾化程度越高。另一种是用喷洒水滴打击强度来表示。它反映水滴大小、降落速度等因素的影响。与喷头工作压力、喷嘴直径和喷射高度有关。

【喷溅】(slopover) 热波下降到油罐的水垫层,使其中的水分大量蒸发,蒸气压迅速升高,把上部的油品抛出罐外的现象。油品具有热波特性、油罐底部存在水垫层、高温层与水垫层接触是喷溅发生的三个基本条件。

【喷浆】(guniting) 将水泥砂浆喷射于岩面的保护措施。可用于地下工程围岩支护、封填建筑物基岩表面裂隙、边坡防护、混凝土和钢筋混凝土结构的加固和修补等。其基本原理是:将砂和水泥干拌后,喂入喷浆机,用压缩空气把拌和料从喷浆机中通过软管吹至喷嘴,与压力水混和后(有时还加入速凝剂),高速喷射到需覆盖的表面。喷嘴离喷射面一般为0.9~1.5m,并保持不断移动。砂和水泥干拌时灰砂的配比为1:3~1:3.5,喷射好的砂浆配比为1:2.5~1:3,水泥用量为400~500kg/m^3,水灰比为0.45:1~0.51:1,砂最佳含水率为3%~6%。

【喷浆支护】(gunite supporting) 利用压缩空气将水泥砂浆喷射到岩体表面的支护。按制作水泥砂浆方式的不同可分为:(1)干式喷射。是先将砂、石、水泥和速凝剂按一定比例干拌均匀,然后装入喷射机,在压缩空气的推动下,使干拌料沿管路连续地输送到喷枪,再在该处与水混合,以较高的速度喷射到岩石表面,凝结硬化而成。(2)湿式喷射。是将原料湿拌均匀后再装入混凝土喷射机,进行喷射作业。喷浆支护可起到支撑作用、充填作用、隔绝作用、转化作用,适用于岩体变形小、稳定性较好的情况。当岩体变形较大时,喷浆支护的混凝土喷层将不能有效地进行支护。

【喷蜡制网】(screen making with wax) 一种用蜡融化后喷涂制作印花筛网的工艺。采用电子制网思路,图案或样稿经扫描仪分色后,计算机将产生的图案文件由CAD系统转换成数据文件输入喷射制版机,直接转移到网版。喷蜡制网采用一种装蜡的新型喷印头,喷射前将喷印头加热,通过电脑控制的数字信息,把液体蜡滴喷到光敏性涂层的网上,使蜡形成一层对光不受影响的“薄膜”,获得表面正片的功能,然后将整体在光源下曝光、显影和固化,最终制成镂空花版。

喷蜡制网机

【喷流淬火】(jet quenching) 用喷嘴把高压水流喷射到工件上,使其迅速冷却的操作。多用于大型工件的局部淬火。当局部淬火完毕时,未淬火部分的温度还很高,为了防止淬火部分被回火,最后应将整个工件浸入水或油中,使工件各部温度一致。优点是工件表面很难形成蒸汽膜(蒸汽膜会阻碍工件的冷却),从而获得较深的淬透层。喷流淬火也可以与单液淬火相配合。即将整个工件淬入淬火剂后,再用喷嘴把同一淬火剂喷射到需要局部加强冷却速度的地方。

【喷墨打印机】(ink jet printer) 使用喷嘴把墨水喷射到纸上,展现输出内容的打印机。按其工作原理的不同可分为:固体喷墨和液体喷墨两种。为了得到正确结果,墨水受到一个阀门、一个或多个控制喷射流的垂直和水平位置的偏转器的控制。某些喷墨打印机具有打印全彩色图像的能力。

【喷气纺纱】(air-jet spinning) 利用喷嘴喷射高压气流对牵伸装置输出的须条施以假捻,使纱条表面头端的自由纤维包缠在纱芯上形成喷气纱的技术。属于包缠纺纱和非自由端纺纱。喷气纺适合特细纱的生产,适应于天然纤维,合成纤维,棉型化纤的纯纺和混纺。喷气纺纱没有高速机件,机构简单。纺纱速度高达300m/min,是环锭纺的10~15倍,转杯纺的三倍。八台喷气纺就相当于10 000锭环锭纺。纺10tex以下的纱纤时,用电量低于环锭纺,生产成本降低30%以上。在吨纱用工、占地面积、车间

喷气纺纱

含尘量和噪声等指标上也远远优于环锭纺。喷气纱织物的透气性、染色性、撕破强力、厚度和硬挺度等都比环锭纺好。一些功能纤维可以用喷气纺纱来制作包缠纱。喷气纺的成纱特别适应剑杆等新型织机的织造和万米无结头缝纫线的生产。但其设备价格昂贵。

【喷气引纬】（air-jet inserting） 用压缩气流牵引纬纱，将其带过梭口的引纬方法。以惯性极小单向流动的空气作为引纬介质，具有很高入纬率（2 000m/min以上），高速高产。该织机占地面积小，产品质量上乘，成本低，纬纱可选择4～6色，品种适用性好。它特别适宜于细薄织物加工，在生产低特高密单色织物时具有明显的优势。喷气引纬属于消极引纬方式，引纬气流对某些纬纱（如粗重结子线、花式纱等）缺乏足够的控制能力，容易生产引纬疵点。气流引纬对经纱的梭口清晰度也有很高的要求。在引纬通道上不允许有任何的经纱阻挡，否则会引起纬停关车，影响织机效率。

【喷气织机】（air jet loom） 无梭织机的一个类型。利用压缩气流牵引纬纱进入梭口的织布设备。具有高入纬率（2 000m/min）、高速高产、产品质量好、占地面积小、成本低等特点。该机可选择4～6色纬纱，用于细薄和重厚多种类型的织物加工。但该机对某些纬纱缺乏足够的控制能力，容易产生引纬疵点。

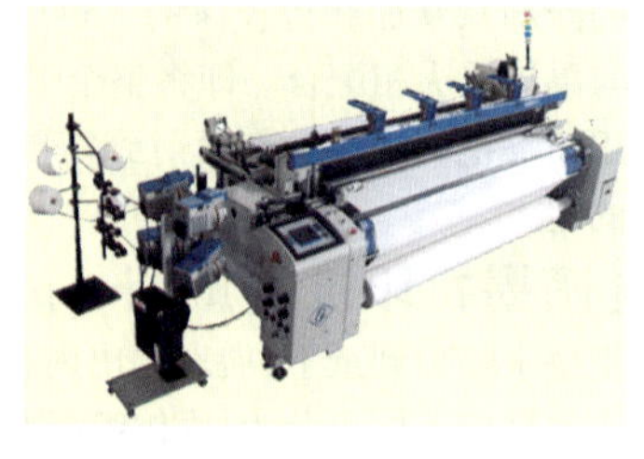

喷气织机

【喷枪】（injection lance） 将涂料喷涂于饰墙面的设备。由枪身、枪头组成。枪头包含一喷嘴。按照涂料供给方式的不同可分为吸上式、重力式和压送式三种。吸上式喷枪的涂料罐位于喷枪的下部，压缩空气从涂料喷嘴的周围喷出，在涂料喷嘴的前端形成负压，将涂料从涂料罐内吸出并雾化。重力式喷枪的涂料罐位于喷枪的上部，涂料靠自身的重力与涂料喷嘴前端形成的负压作用从涂料喷嘴喷出，并与空气混合雾化。压送式喷枪是从另设的涂料增压罐或涂料泵供给涂料，喷枪的涂料喷嘴与空气帽心孔位于同一平面，或较空气帽中心孔向内稍凹，在涂料喷嘴前端不必形成负压。

【喷射混凝土】（jet cement） 可用喷射法施工的混凝土。有“干拌”和“湿拌”两种，一般采用“干拌”法。将水泥、砂及粒径小于25mm的石子按一定比例拌和，装入喷射机，用压缩空气将干混合料沿管路输送至喷头处，与水混合并以40～60m/s的高速喷射至作业面。湿拌法是将原材料预先加水拌和后喷射。水泥颗粒与集料互相撞击，采用较小的水灰比，连续挤压，使混凝土具有足够的密实性、较高的强度和较好的耐久性。通常掺加占水泥重2.5%～4.0%的速凝剂，使水泥在3min内初凝，10min内终凝，提高早期强度、增大喷层厚度，减少回弹损失。喷射混凝土中加入混凝土重量的3%～5%的钢纤维，以提高混凝土的抗拉、抗剪、抗冲击性能和疲劳强度以及韧性指数。适用于矿山井巷、交通隧道、水工隧洞和各类地下工程的支护，砖石与混凝土结构的加固和修补及边坡、基坑水池、渠道、游泳池等工程的护壁等。

【喷射式熔炉熔炼】（jet furnace smelting） 用喷嘴将高速燃气火焰直接喷射到炉料上，使其熔化而进行熔炼的方法。用普通火焰炉熔炼铝时，因铝的黑度低，吸热性差，加热速度慢，热效率低。而喷射式熔炉熔炼时，以强制对流为主，使用高速旋转喷嘴，采用高发热值燃料，预热燃料和炉料，用纯氧或富氧空气助燃，火焰温度可达2 200℃。高速燃气火焰覆盖炉料，在炉腔内与炉料接触时间长，能更好地进行对流传热。传热速度为普通反射炉的5倍。用于熔铝，可使熔化速度和热效率提高。

【喷射真空泵】（jet vacuum pump） 利用文丘里效应的压力降产生的高速射流把气体输送到出口的一种动量传输泵。它分为水喷射真空泵、蒸汽喷射真空泵、汽水串联喷射真空泵、汽水组合喷射真空泵等。喷射真空泵的真空度范围广、可以直接抽吸水蒸气等可凝性气体和带有颗粒状的介质，结构简单，操作方便，无运转部件，维修量小，节能降耗。广泛应用于化工工艺中。

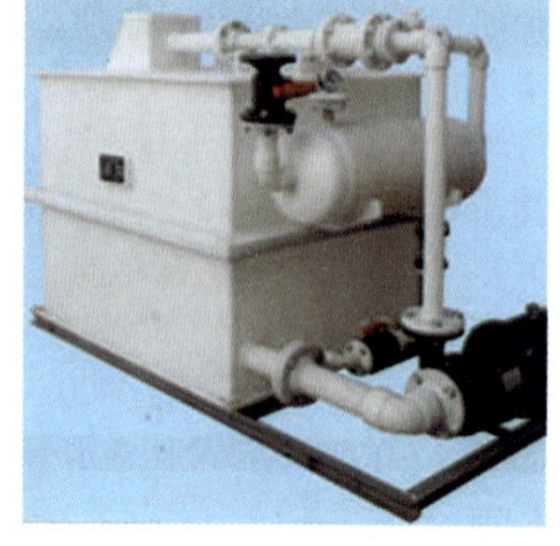

喷射真空泵

【喷射铸轧】（jet casting and rolling） 借助高压惰性气体或机械离心力来雾化金属液，并使液滴喷射到铸模或铸轧辊上，冷凝成锭坯后连轧成板、带材等产品的生产方法。包括：（1）喷射铸锭法。雾化的金属液滴在保护性气氛中，以一定的密度喷射到铸模内冷却凝固。当其顶部尚未凝固时，又有液滴落下来加入铸锭。如此连续不断地沉积，熔为一体，冷凝成锭。由于液滴小，成分均匀，性能均匀，晶粒细小，不被氧化，夹渣少。但是锭坯表面质量不够好。

适于铸件和锻坯的生产。(2)喷射轧制法。雾化液滴连续沉积在铸轧辊上,到一定厚度时进入辊缝中,被热轧成致密的带材。特点是雾化和轧制均在氮气保护下进行,利用余热轧制,带材表面光洁,组织致密,工序简单并且可以连续生产。适于生产不易热轧的合金板、带材,如Al6Cu、Al5Mg 等。

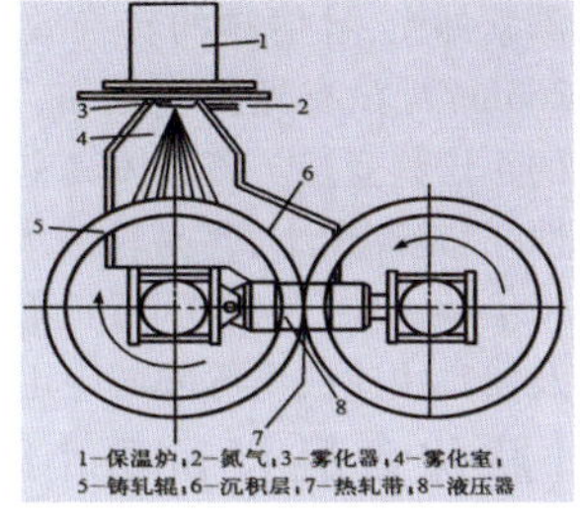

喷射铸轧

【喷水引纬】(water-jet inserting) 用水作为引纬介质,通过喷射水流对纬纱产生摩擦牵引力,将固定筒子上的纬纱引入梭口的方法。喷水织机的水射流集束性好,加之水对纬纱的摩擦牵引力较大,使喷水织机的纬纱飞行速度、织机运转速度都居各类织机之首,且噪声低。由于织物织成后需在织机上除去绝大部分水分,故只适用于合成纤维、玻璃纤维等疏水性纤维和水分对浆纱影响较小的纱线织造。

【喷涂机械】(spraying machine) 采用高压无气喷涂技术的专用喷涂设备。其原理是将涂料分散成雾状喷涂于被涂物表面。主要分为空气喷涂机、高压无气喷涂机、空气辅助无气喷涂设备、低流量中等压力喷涂设备、无空气喷涂机和静电喷涂机。

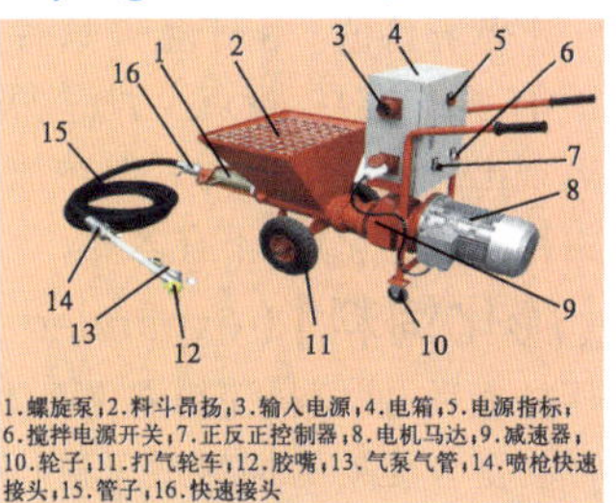

喷枪结构

【喷丸处理】(shot peening) 一种表面加工硬化的方法。将高速运动的丸粒喷射到经机械加工和热处理后的零件表面,使之硬化,以提高其对塑性变形与断裂的抗力和疲劳强度。有压缩空气喷丸和机械喷丸两种方法。后者利用高速旋转的离心轮将丸粒喷射到工件表面。丸粒一般由白口铁或玻璃等制成,直径为0.4~2mm。

【喷雾淬火】(fog quenching) 用喷雾器高速地将空气和水滴喷射到工件表面,借水滴的气化和高速的风吹而使工件迅速冷却的操作。其冷却能力比单用风淬时强,但比单用水淬时弱。常用于大型锻件、钢轨、轮箍和轧辊的局部淬火。有喷雾淬火机床,适用于轧辊类零件的可控冷却。

【喷雾干燥】(spary-drying) 在单一工序中同时完成喷雾与干燥的工艺过程。是利用不同的雾化器,将溶液、乳浊液、悬浊液或含有水分的膏糊状物料,在风中喷雾成细小的液滴,并使其在它下落的过程中,水分被蒸发而成为粉末状或颗粒状的产品。

【盆地】(basin) 周围为山地或高原环绕的平坦低地。非洲的刚果盆地是世界上最大的盆地。其总面积达3.37×$10^6 km^2$。中国的盆地较多,有四川盆地、塔里木盆地、柴达木盆地、准噶尔盆地和吐鲁番盆地等。

柴达木盆地

【盆景】(bonsai) 以植物、山石为主要材料,经造型艺术和盆栽技术处理所作成的盆中景观。是呈现于盆器中的风景,或园林花木景观的艺术缩制品。经匠心布局、造型处理和精心养护,能在咫尺中体现山水神貌和园林艺术之美,成为富有诗情画意的案头清供和园林装饰,被誉为"无声的诗,立体的画"。是中国花卉艺术中传统的独特技艺。按其内容的不同可分为:(1)树桩盆景。将树桩植于盆内经多年培育,攀扎整形使树干苍劲有力,枝叶青翠,形成古雅奇姿的艺术品。(2)山水盆景。主要以山石为原料,配植草木,置于浅口盆中,进行布景造型,再现锦绣河山。

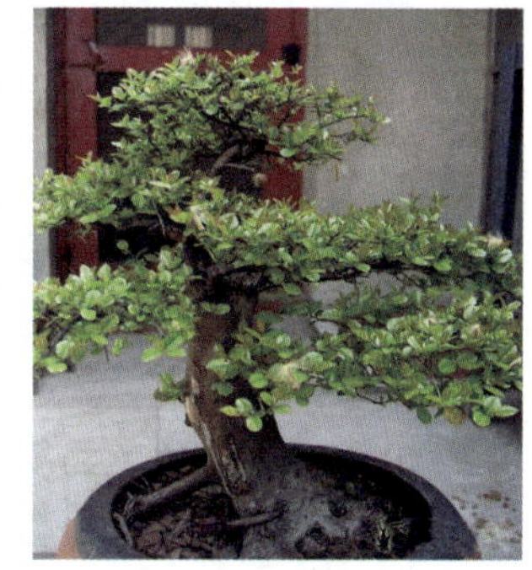
盆景

【盆腔炎性疾病】(pelvic inflammatory disease, PID) 女性上生殖道的一组感染性疾病。主要包括:子宫内膜炎、输卵管炎、输卵管卵巢脓肿、盆腔腹膜炎。炎症可局限于一个部位,也可同时累及几个部位。若未及时、彻底治疗,可导致不孕、输卵管妊娠、慢性盆腔痛以及炎症反复发作,严重影响妇女的生殖健康。其临床表现因炎症轻重及范围大小不同差异较大。其常见症状是:下腹痛、发热、阴道分泌物增多;严重时可有寒战、高热、头痛、食欲缺乏。若形成脓肿,可有下腹包块及局部压迫刺激症状。其治疗主要是抗生素药物。抗生素治疗可消除病原体,改善症状,减少后遗症。经适当抗生素积极治疗,绝大多数盆腔炎性疾病能彻底治愈。对抗生素控制不满意的输卵管卵巢脓肿或盆腔脓肿,可采用手术治疗。

【盆栽花卉】(potted plants) 适于盆栽观赏的花卉植物。通常是在特定条件下,比如在花圃、温室中栽培成型后,达到适于观赏的阶段,方可移到被装饰的场所摆放。常用于盆栽的花卉植物有:(1)在人工控制下生长的种类。(2)生长缓慢,生长期较长的种类。(3)花叶柔嫩能用作切花的种类。(4)株形紧凑丰满的种类。(5)适于室内陈列的耐阴花卉。

盆栽花卉

【烹饪综合征】(cooking syndrome) 食用中国菜或日本菜后引起的背部和上肢麻感和全身倦怠感,并伴有心悸的发作性症状。其与谷氨酸钠(味精的主要成份)摄入过多有关。一般一次食用5~30g便有可能出现症状。另外,遗传性和个体感受性等因素,亦可能有一定的影响。L-谷氨酸原为中枢神经系统含量较多的神经体液递质,对人体无害,广泛用于肝性昏迷和精神发育不全的治疗。但给动物大量L-谷氨酸后则可产生各种影响。大部分病例在进食20~30min后开始发病,并能在0.5~2h内恢复。其自觉症状因人而异。有头痛或头重感,继之下颌和面部发麻、下颌肌力降低、颞肌和咬肌坚硬感。其异常感觉逐渐由头部向背中央扩展。上肢倦怠或乏力,胸痛或胸部有捆紧感。其临床检查可见:心悸、脉速(100次/分)、面红和出汗等。

【硼钢】(boron steel) 含硼的合金钢种的总称。在合金结构钢中加入微量(0.000 5%~0.005%)的硼,可以大大提高钢的淬透性和热处理后的机械性能,节约镍、铬、钼等元素。由于硼具有大的中子俘获截面,故硼钢广泛用作原子核反应堆中的屏蔽材料。

【硼水泥】(boron containing cement) 在高铝水泥熟料中加入适量硼镁石和石膏共同磨细而成的水泥。这种水泥早期强度增进率较大。由于组分中含有一定量的三氧化二硼及较多的化学结合水,前者所含的硼元素能吸收热中子,大量减少俘获辐射和屏蔽层的发热,后者结合水中的氢元素有慢化快中子的作用。可以和含硼集料、重质集料配制容重较高和含硼较多的混凝土。具有防混合辐射(γ-射线和中子)的性能。适用于快中子和热中子防护的屏蔽工程,例如核反应堆、粒子加速器和中子应用实验室的生物屏蔽,以及防原子辐射的国防工程等。

【硼酸铯锂晶体】(cesium lithium borate crystal) 由硼酸铯锂构成的新型非线性光学晶体材料。短波截止波长为180nm,对1 064nm的激光在5倍频时仍能实现匹配。通过和频可获得185nm的深紫外光,且倍频的转换效率在60%以上。由于在266nm处没有光折变损伤,特别适合于1 064nm激光的4倍频变换。该晶体具有光损伤阈值高、耐热冲击性强、走离角小、容易长成大块单晶的特点。主要用于倍频器件,在集成电路、角膜切除术、工业机械加工及模具快速成型等领域应用较多。

【膨化食品】(puffed food) 以谷物、豆类、薯类等为原料,经膨化加工而成的食品。出现于20世纪60年代末。其加工方法有:(1)油炸膨化法。如油炸土豆片等。(2)挤压膨化法。如麦圈、虾条等。(3)压力膨化法。如爆米花等。(4)焙烧膨化法。膨化食品组织结构多孔蓬松,口感香脆、酥甜,有一定营养价值。由于生产这种膨化食品的设备结构简单,操作容易,投资少,收益快,所以发展迅速,因而表现出一定的生命力。但在加工时使用了对人体有害得含铝膨化剂,不宜多食。

膨化食品

【膨化饲料】(expanded feeds) 经加热加压处理后,使饲料淀粉糊化而体积膨胀的一类饲料产品。富含淀粉的饲料适于进行膨化加工。膨化饲料适口性好,易于消化吸收,但高温也易使某些不耐热的维生素遭受破坏。膨化颗粒饲料的形状各异,可供猪等多种动物饲用。

【膨胀】(expanding) 腹部胀如鼓。按其病因病机的不同可分为气、血、水、虫、食五种,及虚胀和实胀两类。本病多属慢性病,来势较缓慢,病程较长。其初起多为实证,久病多为虚证,老人常素体虚弱,故初起就多虚中挟实。其常见的证候有下列几种:气滞湿阻、热郁血瘀、脾肾阳虚以及肝肾阴虚。应根据不同症候施以不同治法。

【膨胀硅酸盐水泥】(silicate expansive cement) 由硅酸盐水泥熟料、膨胀剂和天然二水石膏按一定比例混合磨细而成的一种具有膨胀性能的胶凝材料。常用的膨胀剂为高铝水泥、矾土膨胀剂、瓷土膨胀剂等。硅酸盐水泥熟料强度要求不低于525MPa。该类水泥对石膏波动范围要求较严,天然二水石膏的SO_3不得低于40%,要求水泥中SO_3波动不得超过0.3%。比表面积对该类水泥性能影响较大。比表面积小时，水泥强度较低，早期膨胀较小，膨胀稳定慢，膨胀值较大，不透水性较差；比表面积大时则相反。生产中应控制水泥比表面积大于 $420m^2/kg$。这种水泥主要用作防渗工程、浇灌机器底座、接缝和修补工程，也可用于制造自应力混凝土构件。

【膨胀合金】（expansion alloy） 具有反常热膨胀特性的一种精密合金。可分为定膨胀合金和低膨胀合金。(1)定膨胀合金，又称封接合金。在 20～400℃时平均线膨胀系数 $\alpha=(4\sim11)\times10^{-6}/℃$ 的合金。在一定温度范围内与玻璃、陶瓷、硅、云母的膨胀系数相近，可匹配封接，膨胀曲线的弯曲点接近于玻璃的退火温度，使用过程中不出现相变。有较高的强度、较好的导电导热性、良好的焊接性等，还可调节其成分、生产工艺、封接技术等方面来保证膨胀系数的匹配和封接后的气密性。可在真空感应炉中熔炼制备。用作电子管、晶体管、电真空器件、集成电路的封接、引线和结构材料。对超高频、大功率电真空器件，主要用低钴和无磁封接合金。(2)低膨胀合金，又称因瓦合金。在 20～100℃时平均线膨胀系数 $\alpha\leq1.8\times10^{-6}/℃$ 的合金，多为富铁的立方面心铁磁性合金。在居里温度之下，随温度上升铁磁体的磁致伸缩导致的体积收缩与晶格振动加剧导致的体积膨胀相互抵消，使合金出现反常热膨胀。在居里温度之上，合金变为顺磁性，表现出与其他合金类似的正常热膨胀。线膨胀系数主要决定于合金的化学成分。常用真空感应炉熔炼。用于制作精密仪器中要求尺寸恒定的部件，如精密天平的臂、标准钟摆杆、长度标尺、地震仪、液化天然气管道、谐振腔、标准频率发生器等。

【膨胀节】（expansion joint） 又称伸缩节、波纹管补偿器。可补偿管道长度变化的装置。其工作机理是：利用弹性元件的有效伸缩变形来吸收管线、导管或容器由热胀冷缩等原因而产生的尺寸变化。可吸收轴向、横向和角向的位移。膨胀节种类很多，按其所用材料的不同可分为：(1)金属膨胀节；(2)非金属膨胀节。按其形状的不同可分为：(1)弯管式膨胀节。(2)波纹管膨胀节。(3)套管伸缩节。应用于管道、设备及加热系统等。

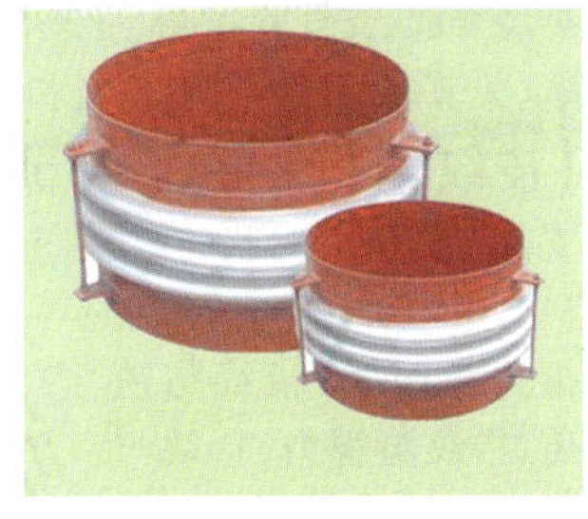
大口径膨胀节

【膨胀土】（expanding earth） 土中黏粒成分主要由亲水性矿物组成，具有显著的吸水膨胀，失水收缩、开裂，并产生往复胀缩变形性能的高液限黏土。是一种特殊膨胀结构的黏性土。即使在一定荷载作用下，它仍具有胀缩变形的能力。国内关于膨胀土的判别标准，不同行业尚有一定差别。交通部公路行业标准《公路路基设计规范》对膨胀土的判定一般使用自由膨胀率和液限两项指标，并将膨胀土分为强、中等和弱膨胀土三类。铁道部标准《铁路工程特殊岩土勘察规程》规定对膨胀土应根据自由膨胀率、蒙脱石含量和阳离子交换量三项详判。

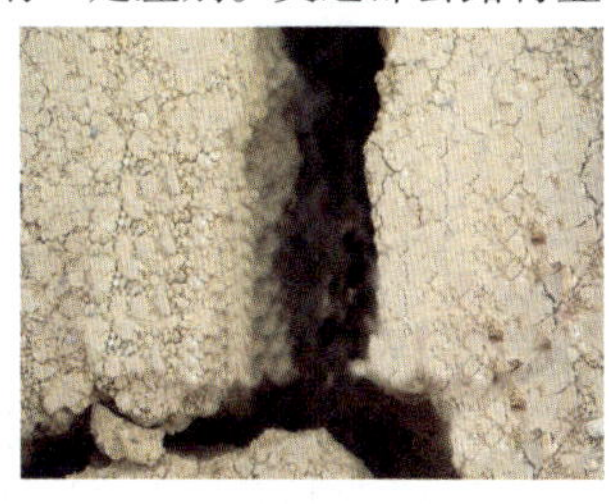
膨胀土的开裂

【批式操作】（batch culture） 将细胞扩大培养后放在不添加任何成分的生物反应器内进行培养，并一次性收获细胞、产物和培养基的操作方式。是动物细胞规模培养发展进程中较早采用的方式。该方式采用机械搅拌式生物反应器。培养过程中，其体积不变，不添加其他成分，待细胞增长和产物形成并积累到适当的时间一次性收获。其特点是：(1)操作简单，培养周期短，杂菌和细胞突变风险小。(2)直观反映细胞生长代谢过程。(3)可直接放大。

【铍青铜】（beryllium bronze） 一种由铜和铍组成的特种青铜。含铍 2% 的青铜。在淬火后比铸造或退火状态软。但经时效处理后，可获得极高的硬度和强度，并具有高的弹性，几乎与高品质的特殊钢相近似。由于其抗蚀性很高，可焊性和切削加工性良好，成为制造特殊轴承、弹性元件、不发生火花的工具等最合适的材料。

铍青铜

【铍青铜箔材】（beryllium bronze foil） 用铍青铜合金制成的箔材。其特点是：高强度，高硬度，高弹性极限，耐疲劳，耐磨，耐蚀，无磁性，导电和导热性好，受冲击时不产生火花。在录音机、录像机等的磁头中用作隔磁材料。

【劈接】（cleft grafting） 又称割接。枝接的一种方法。其操作方法是：(1)先把砧木上部截去，从横断面中心垂直纵切，切口长 2～3cm，使之成一切缝。(2)再将接穗下端两侧切削成楔形,切口长2～3cm。(3)随即将接穗插入砧木切口内,接穗的形成层与砧木的形成层一侧相吻合,砧木粗壮的可在两侧同时插入2个接穗。(4)最后用塑料薄膜牢固绑缚接口,并用接蜡封口。此法常用于果树高接换种。

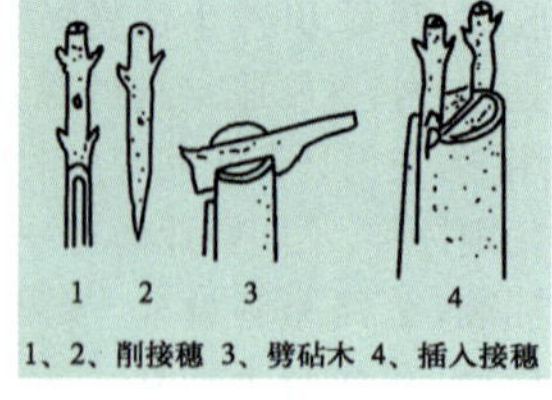

劈接

【皮部】(skin region) 十二经脉功能活动反映于体表的部位。也是络脉之气散布之所在。十二皮部的分布区域是以十二经脉在皮肤上的分属部分为依据而划分的。由于十二皮部居于人体最外层,又与经络气血相通,故是机体的卫外屏障,起着保卫机体、抗御外邪和反映病证的作用。

【皮肤针刺法】(puncture method of skin needle) 丛针浅刺法之一。将多支不锈钢针集成一束叩刺人体体表一定部位(皮部)的治疗方法。皮肤针刺法由古代“半刺”、“浮刺”、“毛刺”发展而来,《素问·皮部论篇》说:“凡十二经脉者,皮之部也。是故百病之始生也,先于皮毛。”人体皮部是十二经络在体表的分布,用皮肤针叩刺皮部可以调节脏腑经络功能,促进机体恢复正常。

【皮革鞣剂】(tanning agent of leather) 使毛皮或裸皮发生质变而成为裘皮或皮革的物质。在鞣剂的作用下,皮革的收缩温度提高,耐酶、耐各种水解剂作用的能力增强,干燥后不易变形。裸皮与鞣剂反应的过程称为鞣革。皮革鞣剂可分为无机和有机两大类。

【皮革无机鞣剂】(inorganic tanning agent of leather) 具有鞣革性能的无机盐工业产品以及非金属的化合物。其中常用的有:(1)铬鞣剂。(2)铝鞣剂。(3)锆鞣剂。(4)铬合鞣剂。此外,钛鞣剂、偏磷酸钠、硅酸盐和稀土鞣剂等也有少量应用。铬鞣剂是制造轻革(鞋面革、服装革)的最好的鞣剂。所制皮革具有收缩温度高、弹性好、耐挠曲、耐水洗和坚实耐用等特点。

【皮革用化学品】(leather chemicals) 将动物皮加工成坚牢、耐用的皮革过程中所需用的化学品。一般分为四大类:鞣剂、加脂剂、涂饰剂和其他添加剂(包括表面活性剂、防腐剂、防霉剂、固色剂、防水防油剂和皮革专用染料等)。其中主要是鞣剂和加脂剂。

【皮革有机鞣剂】(organic tanning agents of leather) 具有鞣革性能的有机物。主要有:(1)植物鞣剂。将植物的皮、木材、叶、果实或根茎中的鞣质(单宁)用水浸提,经浓缩、喷雾干燥成粉状,俗称栲胶。(2)油鞣剂。一种是天然的半干性油(如鲸鱼肝油);另一种是由石油化工生产的烷基磺酰氯。(3)醛鞣剂。一般多为甲醛和戊二醛。(4)合成鞣剂。又称合成单宁。以苯酚、萘等芳烃为原料,先经浓硫酸磺化,再与甲醛进行缩合而成。合成鞣剂由于其分子小、鞣性很差,不能用来单独鞣革,只能作为辅助材料,起分散植物鞣剂、匀染、漂白的作用,被称为辅助性合成鞣剂。

【皮辊棉】(ginned cotton) 用皮辊式轧棉机加工轧得的皮棉。在皮辊轧棉机中,表面粗糙的皮辊粘住籽棉,并带住籽棉通过一对定刀和冲击力。定刀与皮辊靠得较紧,使籽棉不能通过。冲击刀在定刀外侧上、下冲击,帮助棉籽与纤维脱离。皮棉呈片状。由于在皮辊轧棉机上没有排僵肃杂设备,因而皮辊棉含杂、含短绒较多,纤维长度整齐度较差。因皮辊作用较缓和,不易损伤纤维,轧工疵点较少,但有黄根。

【皮棉】(ginned cotton) 籽棉经轧花工序而分离出棉籽后所得的种子纤维。商业上习称原棉。是棉花生产的主产品和纺织工业的重要原料。棉纤维的长度、细度、强度、整齐度、成熟度、色泽等经济性状直接影响纱线布匹质量。当其他品质相同时,纤维越长,纺纱支数越高,纱线强度越大。

【皮内针刺法】(puncture method of intradermal needle) 又称埋针法。以特制的小型针具刺入并固定于穴位皮内或皮下并埋藏较长时间的治疗方法。其作用是:给腧穴较长时间的刺激,与古代“静以久留”的意义相似。皮内针是以不锈钢丝制成的小针,有颗粒型和揿钉型两种。常用于治疗慢性顽固性疾病以及经常发作的疼痛性疾病,如高血压、神经衰弱、支气管哮喘、三叉神经痛、偏头痛、面肌痉挛、关节痛、月经不调、痛经和遗尿等。

【皮纹学】(dermatoglyphics) 医学的一个分支。专门研究皮肤的纹理(指纹、掌纹和脚纹)的学科。主要研究内容包括:指纹与医学、指纹与遗传、指纹与智力、指纹与性格、指纹与体质等。人类皮纹的形态是受染色体基因控制的,皮纹的排列形式是一种多基因遗传,指头上的纹脊数量很少受后天环境因素的影响。不同人种、不同民族

指纹

的皮肤纹理也各有不同。皮纹分析可作为遗传性疾病的辅助诊断手段,其研究有助于对遗传性疾病的深入探讨,揭示皮肤纹理与遗传之间的关系,促进对遗传性疾病的研究。皮纹学是一门既古老而又年轻的学科,除了医学之用外,在人才选拔、培养及侦缉工作中也有很多用途。

【皮下接】(bark grafting) 枝接的一种方法。采用此种方法应在砧木液流动旺盛时进行。把接穗基部制成长3~5cm舌状削面,也可再在对面下部略削去皮层;在砧木适当高度截断削平,选择平滑部位纵切深达木质部,用竹签把伤口部的树皮稍剥开;将接穗大斜面插入砧木剥皮部位的木质部(砧木粗的可接2~3条),接穗削面上方稍露一线,再加绑缚。此法操作简便,成活率较高。

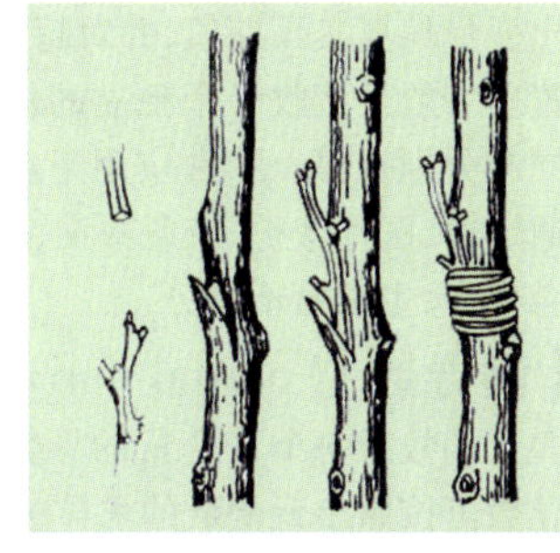

皮下接

【皮样囊肿】(dermoid cyst) 胚胎发育时期遗留于组织中的上皮细胞发展而形成的囊肿。属先天性疾患。其囊壁较厚,由皮肤和皮肤附件所构成。多见于儿童和青年。以口底、颏下好发。其所在部位较深,不与表层的皮肤相粘连,质柔而韧,似面团样。其基底部常和深部组织如筋膜或骨膜等粘连而不可移动,并可因其长期压迫,在局部骨面上形成压迹。一般增长缓慢,体积不大,表面皮肤可自由活动,但基底常粘连固定。如果位置在下颌舌骨肌之上,囊肿较大时可影响语言,甚至发生吞咽和呼吸功能障碍。临床穿刺检查可抽出乳白色豆渣样分泌物,有时可见毛发。镜下可见脱落的上皮细胞、毛囊和皮脂腺等结构。其治疗方法是:手术摘除。根据其在下颌舌骨肌的上下分为口底切口和颏下部皮肤切口。切开皮肤及皮下组织,显露囊壁,将囊肿与周围组织分离,完整摘除,分层缝合。

【毗连区】(adjoining area) 连接领海的一部分海域。它的出现可追溯到两百多年之前,但作为一项公认的国际法制度载入国际公约只有几十年。1958年的《联合国领海及毗连区公约》中规定:“沿海国的毗连区不得延伸到从测算领海宽度的基线起12海里以外。”在1982年颁布的《联合国海洋法公约》中,关于毗连区的范围有所扩大,即“毗连区从测算领海宽度的基线量起,不得超过24n mile。”中国1992年颁布了《中华人民共和国领海及毗连区法》,真正建立起中国的毗连区制度,规定中国的毗连区是在领海之外、邻接领海宽度为12海里的一带海域。在该海域内,为防止和惩处在中国陆地、内水或者领海内违反有关安全、海关、财政、卫生或者出入境管理法律、法规的行为,中国有权行使管制权。

【疲劳设计】(fatigue design) 使机器零件或部件在受到交变载荷作用时,经过一定循环次数而不产生裂纹或突然断裂所进行的寿命预测与设计计算。采用合理的疲劳设计是提高机械产品质量的一个重要方面。现行的疲劳设计主要有无限寿命设计和有限寿命设计。无限寿命设计要求机件的应力小于疲劳极限,即使在无限长的使用期内也不会发生疲劳破坏。有限寿命设计又可分为两种:(1)安全寿命设计,要求机件在预定的使用期内不发生疲劳破坏。(2)损伤容限设计,允许机件出现疲劳裂纹,但应保证到下次检修前仍能安全使用。

【疲劳失效】(fatigue failure) 又称疲劳断裂。材料、零件、构件在循环应力和应变作用下,在一处或几处产生局部永久累积损伤而出现裂纹后突然完全断裂的过程。其应力值远小于抗拉强度。受循环载荷或应变作用的材料、零件、构件,通常应根据疲劳强度理论和疲劳试验数据,确定其合理的结构和尺寸,进行疲劳强度设计。

【啤酒】(beer) 以大麦和啤酒花等原料发酵制成的一种泡沫丰富的低酒精度营养饮料。以大麦芽、啤酒花为主要原料,玉米、大麦、大米、小麦和糖类物质等为辅料,采用制麦芽、糖化、酵母发酵和过滤等特定工艺酿制。具有独特的酒花香和爽口的苦味。营养成分丰富。含有20多种人体不可缺少的氨基酸、多种维生素、糖类、磷、钾、钙和铁等矿物质。能产生大量热量。80%以上为人体吸收。有增进胃液分泌、促进食欲和清热利尿等作用。其商品有熟啤、纯生啤、黄啤和黑啤等。啤酒的度数是糖度(即麦汁的浓度)。

啤酒

【啤酒酵母】(brewe yeast) 用于酿造啤酒的酵母。分为上面发酵酵母和下面发酵酵母。用上面发酵酵母酿造的啤酒,在发酵过程中,温度比较高,发酵时间比较短,发酵完毕以后,酵母大多漂浮在上面;使用下面发酵酵母酿制啤酒,在发酵过程中,温度比较低,发酵时间比较长,发酵完毕之后,酵母大多沉聚在底部。啤酒酵母含有人体无法自行合成的必需氨基酸等近50种营养素，具有抗老防衰作用。

【脾】(spleen) 由二级淋巴上皮组织构成的富有血管的最大淋巴器官。有四大功能：(1)作为全身血液的滤过器。每人每天约有全身半量以上的血液流经红髓内过滤，经过净化后由脾静脉流出，回归到全身血液循环。由此可清除混入血液循环中的病原异物及自身衰老颓变的废物。(2)是各种有关免疫的细胞居住、增生和进行免疫应答活动及经营产生免疫效应物质的基地。(3)能合成增强吞噬细胞作用的四肽激素（称为吞噬细胞功能增强素）。当机体受到细菌等侵袭造成局部或全身严重感染时或在切除脾脏后，则不能产生吞噬细胞功能增强素，以致最易发生败血症致死。(4)脾内可将红细胞裂解出的血红蛋白转化为胆红素，回收铁质供再利用。脾中的B细胞约占60%，T细胞约40%，故脾是机体产生免疫力的主要基地和重大来源。成人脾约重150g。

【脾腧】 中医穴位名。属足太阳膀胱经，脾的背俞穴。定位：在背部，当第十一胸椎棘突下，旁开1.5寸。主治：腹胀，黄疸，胃痛，呕吐，泄泻，痢疾，便血，水肿，背痛；贫血，胃下垂，胃痉挛，胃炎，肝炎，进行性肌营养不良，细菌性痢疾，肾炎，慢性出血性疾患等。刺灸法：直刺0.5～0.8寸；艾炷灸5壮，或艾条灸10～20min。现代研究证明：脾俞穴胃功能的调整作用非常显著。对胃液分泌也有影响，可使胃、十二指肠溃疡患者的总酸度及游离酸度趋向正常。

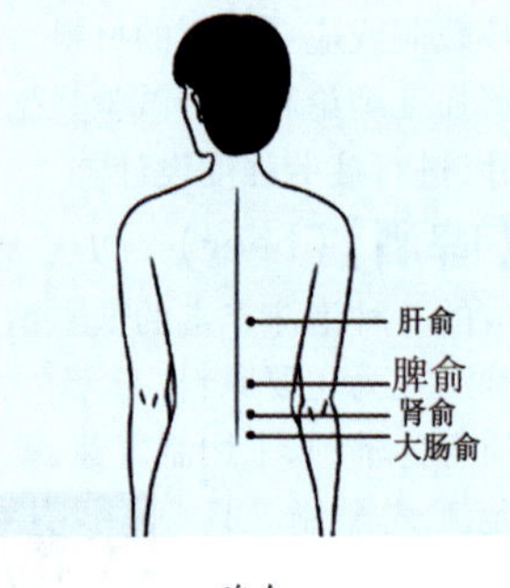

脾俞

【匹配滤波器】(matched filter) 其性能与信号的特性取得某种一致，使之输出端的信号瞬时功率与噪声平均功率的比值最大的滤波器。按其对信号处理方法的不同可分为：(1)去掉信号相频函数中的任何非线性部分，因而在某一时刻可使信号中所有频率分量都在输出端同相叠加而形成峰值。(2)按照信号的幅频特性对输入波形进行加权，以便最有效地接收信号能量而抑制干扰的输出功率。即当信号与噪声同时进入滤波器时，它使信号成分在某一瞬间出现尖峰值，而噪声成分受到抑制。最佳匹配滤波器的设计有两种准则：(1)使滤波器输出的信号波形与发送信号波形之间的均方误差最小。由此而导出的最佳线性滤波器称为维纳滤波器。(2)使滤波器输出信噪比在某一特定时刻达到最大。由此而导出的最佳线性滤波器称为匹配滤波器。在数字通信中，匹配滤波器具有更广泛的应用。

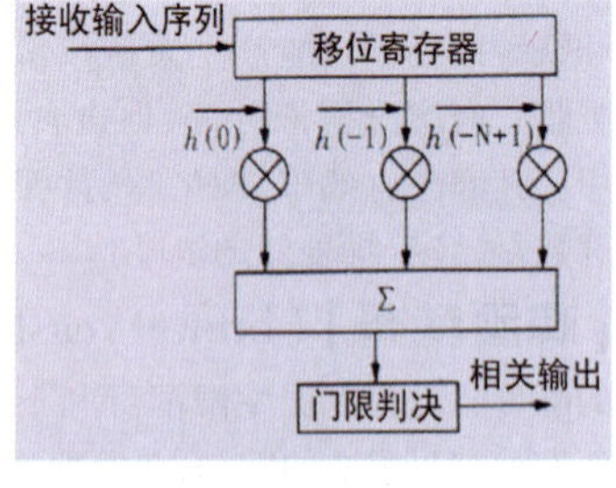

匹配滤波器结构图

【偏差报警器】(deviation alarm) 用于检出变量偏离其预期值，并对超过某一预量时报警的装置。一般是接收两个独立的信号，对其偏差正、负共同和分别报警。经常应用于系统故障、安全防范、交通运输、医疗救护、应急救灾、感应检测等领域。与社会生产、生活密不可分。

【偏导数】(partial derivative) 又称偏微商。多元函数对每个自变量的导数。计算二元函数的偏导数可按照一元函数的求导法则和公式进行。

【偏利共生】(commensalism) 与互利共生相对应。两个不同物种个体共生时发生的一种对一方有利的现象。如地衣、苔藓借助于被附生植物支撑自己生长，藤壶附生在鲸或螃蟹背上、鮣以其头顶上的吸盘固着在鲨鱼腹部生活等。

【偏头痛】(migraine) 反复发作的一侧或两侧搏动性头痛。临床上常见的特发性头痛。2/3以上的偏头痛患者为女性。早年发病。10岁前、20岁前和40岁前发病分别占25%、55%和90%。最重要和常见的为血管性头痛，呈现与脉搏一致的搏动性痛或胀痛。低头、受热、用力、咳嗽等均可使头痛加重。检查可见颞动脉隆起，搏动增强，压迫后头痛可减轻。多因劳累、情绪因素、经期等诱发。其临床表现是：发作前数小时至数日常伴恶心、呕吐、畏光、畏声、抑郁和倦怠等前驱症状；10%的患者有视觉先兆或其他先兆。发作频率从每周至每年1次至数次不等，偶可见持续性发作的病例。病因未明，可能与下列因素有关：(1)遗传。约46%～55%的偏头痛病人有家族史。(2)内分泌与代谢因素。女性较男性易患偏头痛，偏头痛常始于青春期，月经期发作加频，妊娠期或绝经后发作减少或停止。(3)食物。一些食物会使体内的血管或神经发生某些变化，成为诱发偏头痛的主要诱因，如乳制品、巧克力、肉类、水果、小麦、饮料等。(4)精神心理因素等。本病治疗的目的是减轻或终止头痛发作，缓解伴发的症状，预防头痛的复发。目前无根治手段，现有的处理手段包括药物，只能减轻和减少头痛发作。

【偏微分方程】(partial differential equation) 含有若干个未知函数、其自变量以及未知函数的一阶或高阶偏导数的方程。方程中出现的最高阶偏导数的阶数称为这个方程的阶,一组函数替代方程中的未知函数后,若使得这个方程成为关于这组函数自变量在其定义域的恒等式,则称这组函数在其定义域为该方程的一个解。通常遇到的单个偏微分方程仅含有一个未知函数。

【偏析】(segregation) 合金在凝固过程中形成的化学成分不均匀现象。对于合金的性能影响很大。可分为:(1)枝晶偏析。(2)密度偏析,由于合金中组成相的密度相差悬殊,在凝固过程中,重者下沉,轻者上浮造成。(3)区域偏析,由铸锭或铸件中杂质的局部聚集所引起。

【偏执型人格障碍】(paranoid personality disorder) 又称妄想型人格。以极其顽固地固执己见为典型特征的一类变态人格。表现为对自己的过分关心,自我评价过高,常把挫折的原因归咎于他人或推诿客观。为1980年《诊断统计手册》人格障碍12种类型之一。据调查资料表明,具有偏执型人格障碍的人数占心理障碍总人数的5.8%。其行为特点常表现为:极度的感觉过敏,对侮辱和伤害耿耿于怀;思想行为固执死板,敏感多疑、心胸狭隘;爱嫉妒,对别人获得成就或荣誉感到紧张不安;自以为是,自命不凡,对自己的能力估计过高,惯于把失败和责任归咎于他人,在工作和学习上往往言过其实;同时又很自卑,总是过多过高地要求别人,但从来不轻易信任别人的动机和愿望,认为别人存心不良;不能正确、客观地分析形势,有问题易从个人感情出发,主观片面性大;如果建立家庭,常怀疑自己的配偶不忠等。持这种人格的人在家不能和睦,在外不能与朋友、同事相处融洽,别人只好对他敬而远之。其形成原因有:(1)早期失爱。(2)后天受挫。(3)自我苛求。(4)处境异常等。其治疗方法主要是心理治疗:(1)认知提高法。(2)交友训练法。(3)自我疗法。(4)敌意纠正训练法。

【片帮】(rib spalling) 矿井作业面、巷道侧壁在矿山压力作用下变形、破坏,矿(岩)帮产生片状或块状塌落的现象。常与冒顶同时发生,统称为冒顶片帮。在开挖巷道后,两帮煤(岩)体将分为塑性区、弹性区和原岩应力区,在塑性区外侧还会出现松动区。岩层的产状和断面形态不同,巷道侧帮的变形与破坏也不同。两帮煤体的塑性变形与破坏是两种类型的剪切滑移面形成与发展的结果。第一种是在煤体内部出现的两组共扼剪切滑移面。这种剪切滑移面的成因是顶板载荷对煤体的压剪作用。在滑移面形成之后,随着沿滑移面剪切错动的增大,煤体对顶板的支护作用逐渐降低。由于剪切扩容效应,煤体会发生侧向膨胀而出现松动。当松动发展到一定程度时,由滑移面与煤壁临空面所分割出的煤体便会发生松塌,形成片帮。这种滑移面造成的煤体松动有以下特点:(1)采动影响阶段,由于顶板载荷增大,松动程度会明显加剧。(2)当煤层松软或裂隙发育时,松动也会加剧。第二种剪切滑移面出现在煤层与顶底板之间的层面上。这类滑移面形成与发展的结果是造成煤体从顶底板之间向外挤出。

【片麻岩】(gneiss) 一种有明显片麻状构造(又称片麻理)的区域变质岩石。主要由粗粒粒状矿物组成,且有一定数量定向排列的片状矿物或柱状矿物。片状矿物呈不均匀的断续分布。片麻岩中长石和石英含量大于50%,长石含量又多于石英。根据原岩性质的不同,片麻岩可分为正片麻岩(原岩为火成岩)和负片麻岩(原岩为沉积岩)。片麻岩主要是中高级区域变质作用或热接触变质作用的产物。

片麻岩

【片蚀】(sheet erosion) 又称片状侵蚀、层状侵蚀。浅而分散的坡面片状薄层水流引起土粒比较均匀流失的过程。片蚀一般发生在比较平缓的坡面上,仅能携带被溶解物质和呈悬浮状微细土粒或滚动的微凝聚体等。片蚀不易被察觉,常被人们忽视。当土壤发生剖面还没有全部被侵蚀掉时发生剖面片蚀。在中国北方黄土地区、南方紫色土和母岩为第四纪红土红壤地区,即使土壤剖面全被侵蚀掉,在土母质裸露情况下继续耕垦,仍会不断遭受侵蚀,发生母质片蚀。在植被稀疏的撂荒地或荒坡上,地面裸露部分常发生鳞片状侵蚀。片蚀使土层变薄,质地变粗。片蚀分布广泛,且土壤中最肥沃部分被侵蚀掉,对农业生产危害比较严重。

【片梭引纬】(projectile inserting) 用片状夹纱器(片梭)将固定在筒子上的纬纱引入梭口的方法。片梭引纬采用积极引纬方式,对纬纱具有良好的控制能力。片梭对纬纱的夹持和释放作用是在两侧梭箱中静态条件下进行的,引纬质量好。纬纱引入梭口后,张力受到精确调节,有利于高档产品加工。片梭对纬纱具有良好的夹持能力,用于片梭引纬的纱线范围较广,包括各种天然纤维和化学纤维的纯纺和混纺短纤纱、天然纤维长丝、化学纤维长丝、玻璃纤维长丝、金属丝以及各种花式纱线。片梭织机在启动时的加速度很大(1 200m/s^2),约为剑杆引纬的10~20倍。

该方法不适合经弱捻纱及强度很低的纱线作为纬纱的织物加工。片梭引纬织布为光边。在无梭织机各类布边中，经、纬纱回丝损失最少。

【片梭织机】(gripper loom) 用片状夹纱器将固定在筒子上的纬纱引入梭口的织布机械。是无梭织机的一种。该织机对纬纱具有良好控制能力，引纬质量高。用于片梭引纬的纱线种类很多，包括多种天然纤维和化学纤维的混纺和混纺短线纱、玻璃纤维、长丝等。片梭织机在启动时的加速度很大(1 200m/s^2)，为剑杆织机的10～20倍，不适于经弱捻纱或强度较低的纱线作为纬纱的织物。

片梭织机

【片岩】(schist) 一种具有明显片状构造的区域变质岩石。片状矿物多为云母、角闪石等，均呈定向排列。粒状矿物主要由石英和长石组成，含量大于30%，且石英含量大于长石。根据主要的片状矿物，片岩还可进一步分类，如云母片岩和角闪片岩等。

云母

【漂流】(drift current) 见风海流。

【漂流浮标】(drifting buoy) 在海上随波逐流的浮标。由浮体、传感器、数据传输、系统控制和电源等组成。在漂流过程中，用微处理机控制整个系统，边观测边发报，用卫星转播所观测的资料，并由卫星确定漂流浮标的位置。漂流浮标是海洋研究和海洋环境监测网不可缺少的一个环节。

【漂移】(drift) 测试系统在输入不变的条件下，输出随时间而变化的现象。在规定的条件下，当输入不变时，在规定时间内输出的变化，称为点漂。在测试系统测试范围最低值处的点漂，称为零点漂移，简称零漂。产生漂移的原因是：(1)仪器自身结构参数的变化。(2)周围环境的变化(如温度、湿度等)对输出的影响。最常见的漂移是温漂，即由于周围的温度变化而引起输出的变化，进一步引起测试系统的灵敏度和零位发生漂移，即灵敏度漂移和零点漂移。

【漂白】(bleaching) 使织物达到一定洁白度的工艺过程。是织物炼漂工艺的一个工序。是通过氧化剂使天然色素氧化而破坏，织物呈现白色。常用的漂白剂有次氯酸钠、亚氯酸钠和过氧化氢等。不同品种的织物对白度的要求也不相同，例如漂白布直接供应消费者，要求有较好的白度；另外作染色或印花用的坯布，也需要漂白，染浅色布的白度要比染深色布高，浅色印花布的白度也要求较高。漂白是一种强烈的氧化过程，漂白布的强度总是低于原色布。

【嘌呤】(purine) 由嘧啶和咪唑组合而成的二杂环化合物。生物体内的一种重要碱。在人体内主要以嘌呤核苷酸的形式存在。嘌呤碱基主要包括腺嘌呤、鸟嘌呤、次黄嘌呤和黄嘌呤等，以腺嘌呤和鸟嘌呤为主。它们分别与磷酸核糖或磷酸脱氧核糖构成嘌呤核苷酸，是DNA的组成部分。在人体内的分解代谢产物为尿酸。如果尿酸过多，而排泄减少，就会引起痛风。

【嘌呤核苷酸补救合成途径】(salvage synthesis pathway) 利用体内游离的嘌呤或嘌呤核苷，经过简单的反应合成嘌呤核苷酸的过程。其意义在于：(1)补救合成过程简单，耗能少，节省了用于从头合成所需的能量，和一些氨基酸的消耗。(2)对某些组织来讲，有着更重要的意义：如脑和骨髓等由于缺乏从头合成的酶系，只能进行补救合成。临床上的Lesh Nyhan综合征(或称自毁容貌征)，是由于先天性基因缺陷，导致次黄嘌呤－鸟嘌呤磷酸核糖转移酶缺陷所引起的一种遗传代谢性疾病。该病以男婴居多。患儿表现为智力发育障碍，咬自己的口唇、手指、脚趾等自残行为，并同时伴有高尿酸血症，很少能存活。

【嘌呤核苷酸从头合成途径】(purine nucleotide synthesis pathway from scratch) 利用5-磷酸核糖、氨基酸、一碳单位、二氧化碳等简单物质为原料，经一系列酶促反应合成嘌呤核苷酸的过程。合成的主要器官是肝脏，其次为小肠黏膜和胸腺。反应过程比较复杂，且所用原料均来自糖、氨基酸及脂肪氧化分解代谢的中间产物和终产物。体内三大类营养物质与核苷酸代谢，继之与核酸的合成代谢之间不是彼此孤立，而是相互密切联系的。

【撇洪沟】(flood diversion) 拦截坡地或河流上游的洪水，使之直接泄入江河或湖海的工程设施。在中国南方地区广泛采用。其主要作用是：(1)使河流与湖泊或圩垸分开，实现洪、涝分家，以减少湖泊或圩垸的集水面积和相应的来水，为改善沿湖农田除

撇洪沟

涝排水和围垦湖滩创造条件。(2)达到等高截流、高低水分排的目的,减少汛期圩区抽排控制面积和机电排水设备。(3)有些撇洪沟可以兼顾通航和灌溉,还有利于消灭钉螺等。撇洪工程主要包括撇洪沟及其上的溢洪、泄洪建筑物等。其规划设计内容有:选择撇洪沟的线路,计算沟的设计洪水,分析外河或湖泊的设计水位,确定沟道及其堤防断面尺寸和建筑物规模等。具体规划设计方法和一般河道基本相同。

【拼合原理】(combination principle) 将两种具有生物活性的化合物通过共价键连接起来,进入体内分解成两个有效成分,将两种药物的结构或药效团拼合在一个分子内,使形成的药物或兼具两者的性质,强化药理作用,减小各自相应的毒副作用;或使两者取长补短,发挥各自的药理活性,协同地完成治疗作用的一种药物结合原理。一般来讲,通过拼合原理得到的多数药物都是前药。

【贫铀弹】(depleted uranium bomb) 利用贫铀介质作为战斗部毁伤元的弹药所制成的一种爆炸武器。主要包括贫铀穿甲弹、贫铀破甲弹、贫铀炸弹等。天然铀中铀-235的含量少于0.714%时就称为“贫铀”。早期用于制造贫铀弹的合金是含钛0.75%的铀钛合金,后出现了铀钼、铀钨钼、铀铌、铀钛铌等高性能合金。贫铀合金密度很高(18.3~18.9g/cm^3),力学性能良好,燃点较低,毁伤目标后形成燃烧后效,是穿甲弹弹芯的优选材料,适合做大长径比的脱壳穿甲弹弹芯材料。贫铀穿甲弹具有很好的弹道性能和良好的自锐效应,侵彻威力大。穿甲后,贫铀合金材料迅速氧化燃烧,对装甲内部产生较好的燃烧后效。贫铀合金具有高延展性。用它做破甲弹的药型罩材料,能形成较长的连续射流,抗干扰能力强,并能增大破甲深度。贫铀属于低放射性物质,对人体和环境具有一定的危害性。1991年海湾战争和1999年科索沃战争中,美军大量使用贫铀弹,对该地区的环境及人员造成了一定程度的伤害。

贫铀弹

【频分多址】(frequency division multiple access,FDMA) 把通信系统的总频段划分成若干个互不交叉重叠的等间隔的频道,分配给不同的用户使用的一项技术。其频道被划分成高低两个频段,并在高低两个频段之间留有一段保护频带。其作用是防止同一部电台的发射机对接收机产生干扰。在数字移动通信中,频分多址可以单独使用也可以与时分多址和码分多址等混合使用。

【频分多址接入】(frequency division multiple access, FDMA) 在数据通信中,不同的用户分配在时隙相同而频率不同信道上的一种技术。按照这种技术,把在频分多路传输系统中集中控制的频段根据要求分配给用户。同固定分配系统相比,频分多址使通道容量可根据要求动态地进行交换。FDMA将分配给无线蜂窝电话通信的频段分为30个信道,每一个信道都能够传输语音通话、数字服务和数字数据。它是将信道资源分配给不同用户的传统方法。采用频分多址,每一个信道每一次只能分配给一个用户。频分多址还用于全接入通信系统(TACS)。频分多址是模拟高级移动电话服务(AMPS)中的一种基本的技术。是北美地区应用最广泛的蜂窝电话系统。FDMA是模拟载波通信、微波通信、卫星通信的基本技术,也是第一代模拟移动通信的基本技术。早期的移动通信多使用这种方式。由于每个移动用户进行通信时占用一个频率、一个信道,频带利用率不高。随着移动通信的迅猛发展,很快就显示出其容量不足的缺点。

【频率】(frequency) 物体在单位时间内振动的次数。常用f表示。频率的单位是赫兹(Hz),简称赫,也常用千赫(kHz)或兆赫(MHz)做单位。频率f是周期T的倒数,即$f=1/T$。频率是描述系统振动快慢的物理量,频率越大,系统变化的就越快。在生活中,人们经常用这一物理量。我们使用的电是一种正弦交流电,其频率是50Hz,也就是它在1s内做了50次周期性变化。我们听到的声音也是一种有一定频率的声波。它的频率约为20~20 000Hz。在表示振动时,常用另一物理量圆频率,又叫角频率,用ω表示。圆频率与频率f的关系是$\omega=2\pi f$。

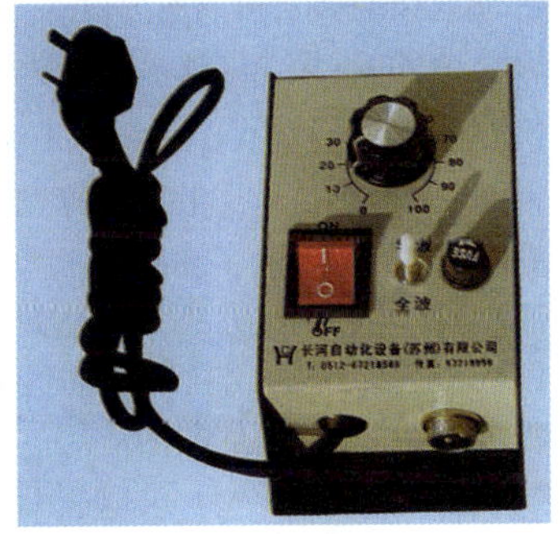

频率测量仪

【频率捷变雷达】(frequency-agile radar) 相邻发射脉冲(或脉冲组)的载频能在一定频带内快速跳变的雷达。其方式有随机、程序控制和自适应跳变等几种。按技术体制的不同可分为:(1)非相干频率捷变雷达。采用频率捷变磁控管作为振荡源,频率捷变磁控管的旋转调谐机构由高速电动机驱动，使其谐振频率作周期性的快速变化。调制器控制磁控管发射脉冲的时间，形成频率捷变信号。也可以利用噪声源调制电动机转速得到载频为随机跳变的发射脉冲。非相干频率捷变雷达结构简单，造价低廉，但发射频率稳定度差。相干频率捷变雷达采用主振放大式发射机。频率捷变的发射信号和本振信号由同一个频率合成器产生，因此发射信号和本振信号之间存在着确定的相位关系。(2)全相干频率捷变雷达。易于实现可控捷变，频率稳定度高，但造价较高，技术复杂。频率捷变雷达的优点是：反电子侦察、反瞄准式干扰能力强，并能减弱海浪杂波强度，减少信号起伏，增大探测距离，提高测角精度，消除由超折射引起的跨周期的回波等。

【频谱】(frequency spectrum) 振动的幅值按频率排列的图形。任何复杂振动都可以分解为许多不同振幅和不同频率的谐振动。如果复杂振动是周期性的，其频率为 f，则由它所分解的各谐振动的频率是 f 的整数倍，即 $f,2f,3f,4f,\cdots$等。这时频谱是分立的。如果复杂振动不是周期性的，则它可能分解为频率不可通约的许多谐振动，形成分立频谱；或分解为频率连续的许多谐振动，形成连续频谱。把复杂振动分解为频谱，在声学、无线电技术和光学等方面都很重要。

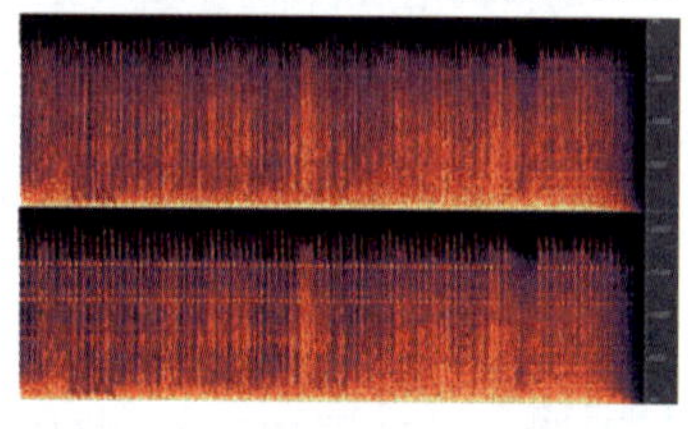

频谱

【频移键控】(frequency-shift keying, FSK) 利用基带数字信号离散取值特点去键控载波频率以传递信息的一种数字调制技术。是信息传输中使用得较早的一种调制方式。其主要优点是：(1)实现较容易。(2)抗噪声与抗衰减的性能较好。在中低速数据传输中得到了广泛的应用。最常见的是用两个频率承载二进制 1 和 0 的双频 FSK 系统。根据技术上的不同可分为非相干和相干的 FSK。在非相干的 FSK 中，瞬时频率之间的转移是两个分立的空间频率。在相干频移键控或二进制的 FSK 中是没有间断期在输出信号。

【品牌农业】(brand agriculture) 经营者通过取得相关质量认证。和相应的商标权而进行生产和经营的农业。其市场认知度高，并且在社会上获得了良好口碑，从而获取了较高经济效益。

【品系】(strain) 源于共同祖先、且有特定基因型的动、植物或微生物群体。微生物的品系常称为“菌系”和“菌株”，指由一个菌体所产生的一群后代。在遗传学上，品系指自交或近交繁殖若干代后，所获得的某些遗传性状相当一致的后代。在作物育种上，品系指用育种手段所获得的、遗传性状比较一致、起源于共同祖先的一个优良群体。品系的优良性状，需经比较鉴定、繁育推广，方能成为品种。品系一般不正式命名，仅以编号来表示。品系是育种过程中形成的中间材料，不是植物分类的系统。植物分类系统是界门纲目科属种的系统，是按自然界亲缘关系远近来分类的。

【品系繁育】(line breeding) 对某个品种群，在保持其原有生产性能和体质外形基本特点的基础上，按预定目标进行的定向培育、选种和选配。纯种繁育的有效措施之一。其目的是创造具有个别或少数经济有益特性的独特高产种畜群——品系。并适时进行品系间的结合，消除旧的品系后再建立新品系。如此反复进行，以经常保持品种复杂结构，促使品种不断发展更新。品系繁育的主要作用是：改进现有品种；促进新品种的培育和利用杂种优势等。建系方法有始祖建系法、近交建系法和群体继代选育等。

【品质因素】(quality factor) 用来衡量贮能元件所储存的能量与其损耗能量之间关系的一个因素。用 Q 表示，常称 Q 值。在交流电系统和阻尼很小的振动系统中特别流行这个术语。Q 值等于 2π 乘上储藏的能量与每个周期内损耗的平均能量之比。

【品质支数】(quality counts) 表示羊毛细度的一种指标。在 19 世纪末的一次国际会议上，根据当时的纺纱设备、技术水平和毛纱品质的要求，把各种线密度羊毛实际可能纺得的均直径为 27 ~ 29μm。英制精梳毛纱支数称为品质支数。目前，品质支数仅表示直径在某一范围内的羊毛线密度指标。品质支数越高，表示羊毛越细。如品质支数为 70 的羊毛的平均直径为 18 ~ 20μm.

品质支数

【品种纯度】(cultivar purity) 品种群体在特征、特性方面典型一致的程度。可用一个品种群体中真正属于该品种的植株所占的百分率来表示；也可用本品种种子占供检样品的百分数来度量。其计算公式为：品种纯度 =（供检种子粒数—异品种种子粒数)/供检种子粒数×100%。

【品种更换】(variety replacement) 在农业生产上,以新的优良品种替换与栽培条件和经济要求已不适应的原有品种的一种措施。任何作物品种经过一段时间的利用后,由于混杂、退化等原因,其原有的优良特性可能降低或退化;随着育种水平的提高,产量高、品质优的新品种不断出现,生产用种不断用优良品种替代原来的品种是农业生产发展的需要。品种更换能使作物产量水平有较大幅度提高。

【品种合理布局】(adequate distribution of cultivars) 在同一地区种植同一作物不同类型品种的种植模式。在一个较大的地区范围内(如省、市、县)的生产安排上,选用具有不同特点、适应不同需要的同一作物的不同类型品种,确定适宜的种植比例,搭配种植,以适应当地不同自然条件和生产条件,达到全面增产的目的。品种布局一要考虑自然条件、肥力水平和病虫害发生趋势;二要考虑品种现状,使品种的抗(耐)旱性、抗病性、抗寒性、产量水平尽可能满足生产条件和生产水平的需要,最大限度地提高区域内某种作物的产量。品种布局由农业行政主管部门,根据本区域的实际情况,结合品种的试验结果和专家意见提出并发布,供生产者参考。

【品种区域化】(regionalization of cultivars) 根据品种区域试验的结果和审定意见确定的作物适宜种植范围和推广地区。首先要对本地区的自然条件、耕作制度、灌溉条件、土壤肥力、农业技术水平以及当地农作物品种的栽培历史和现状等进行全面调查,按照不同的自然和栽培条件划分出若干个区。然后统一安排区域试验和生产试验,并在上述试验的基础上,确定品种适宜种植地区和相应栽培技术。其次要充分考虑农作物生产的安全性,做到丰年丰产、歉年稳产。因此,应注意同一作物早、中、晚熟品种合理搭配以及在同一区域内分别选用适应高、中、低土壤肥力水平的品种。主要目的是作到因地制宜地推广良种,避免盲目调种和伪劣种的扩散。

东北高粱

【品种区域试验】(variety regional test) 又称品种区域适应性试验。育种单位在品种比较试验中选出的新品种,在品种审定机构统一布置下,于一定区域范围内所进行的多点试验。其目的是:评定新品种的丰产性、抗逆性、稳定性、推广价值和适于推广的地区范围。参试品种数不宜少于10个,一般不得多于20个。采用完全随机区组设计,重复3~4次。在对试验结果进行联合方差分析时,须先进行精确度分析,并将没有达到精确要求的试点资料剔除,除着重比较产量能力外,还需要进行产量稳定性和品种适应性分析,同时对抗逆性、品质进行鉴定和分析。

【品种审定】(variety certification) 在作物育种过程中,对新育成或引进的品种,由审定组织根据品种区域试验结果和生产试验结果,审查评定其推广价值和适应范围,决定是否批准认可为品种的工作。中国实行国家、省两级审定。审定通过的品种,根据各参试品种在不同年份和不同地区的综合表现,确定适宜的推广区域,并提出分区进行种子生产的计划,以便因地制宜地推广品种,达到品种区域化的目的。

【品种生产试验】(variety production test) 简称生产试验。对在品种区域试验中已通过多点比较试验的参试品种,进一步在较大面积和接近大田生产条件下所进行的栽培试验。其目的在于了解新品种在大面积生产水平中的特性表现,并提出一套与之相应的栽培技术。品种生产试验同时也有示范作用。

【品种退化】(variety degeneration) 品种群体经济性状在生产过程中发生劣变的现象。凡是打破品种原有的遗传平衡,导致群体向不符合人类需要的方向变异的直接因素或间接因素,都可能是品种退化的原因。作物品种退化的主要原因有机械混杂、天然杂交、遗传基因的继续分离、不良突变的累积、逆向选择和病虫污染等。

【品种资源】(variety resource) 见种质资源。

【平板型太阳能集热器】(plate solar energy heat collector) 由透明盖板和吸热体构成的收集太阳能的集热设备。由透明盖板、吸热体、保温层和外壳等组成。透明盖板的作用是尽可能多地透过阳光;阻止低温红外辐射,减少热损失;防止雨雪、灰尘进入器内。对它的要求是:有较高的透过率,应在0.75以上;能阻挡低温红外辐射;稳定性好;机械强度高,不易损坏。可作盖板的材料有玻

平板型太阳能集热器

璃、塑料板及塑料薄膜等。吸热体的作用是吸收透过盖板的太阳辐射能,并转变为热能,加热传热介质(水或空气),提高其温度。对吸热体的要求是:有较高的吸收率,良好的导热性,低的发射率,并耐腐蚀,便于加工等。常用的材料有铜、铝合金及薄钢板,也有用塑料的。当太阳光透过透明盖板进入器内,其辐射能量被吸热体吸收转变为热能,并通过与吸热板相连的管道中的水(热水器)或吸热板上部或下部的空气(空气集热器)进行热交换,使被加热的水或空气达到要求的温度。一般可获得 40 ~ 70℃ 热水或空气。

【平仓】(concrete spreading) 将卸入浇筑仓内的混凝土拌和物按一定厚度用平仓机或推土机进行均匀摊铺的工序。是大体积混凝土施工的一个重要环节。平仓不好将会造成混凝土的骨料架空、分离和漏振等质量事故。在平仓机上挂振捣器组,先平仓,后振捣,可一机多用,用移动带式输送机直接向仓内卸料,如能布料均匀,可代替平仓机,简化平仓工序。浇筑层厚度,视浇筑块尺寸、浇筑强度、振捣器性能、混凝土稠度、气侯条件以及仓内操作难易程度而定。

平仓

【平茬】(stock cutting) 苗木在移植 2 ~ 3 年后,将根颈处以上部分全部剪去,使之重新生长出通直而粗壮主干的技术措施。苗木移植后,从土壤中吸收大量水分和养料,运送至枝干和叶片。其叶片通过光合作用制造养分,除自身消耗外,将多余的养分又下输至根部积累起来。至冬季,根部积累的养分达到最大量。经过平茬的刺激作用,其根颈部上端第一个不定芽,利用根部积累的大量养分,直线生长,直达最高点。在苗木移植后的 2 ~ 3 年内,根部积累的养分越多,平茬后主干生长得越快、越高。由于“数年积累,一次猛长”,主干不仅长得高,而且通直,超过用常规法同期培育苗木的高度和通直性。且根际处很少萌生根蘖苗与其争夺养分。由于生长旺盛,病虫危害也少,苗木优质化程度大大提高。

平茬

【平车运送法】(flat cart carrying) 用平车护送不能起床的患者入院、检查、治疗或手术的一种运送法。搬运患者的方法包括:(1)挪动法。适用于病情许可,能在床上配合动作者。(2)一人搬运法。适用于患者及病情许可,体重较轻者。(3)二人搬运法、三人搬运法。用于不能自己活动、体重较重者。(4)四人搬运法。用于危重或颈椎、腰椎骨折病人。搬运时,动作轻稳,协调一致,尽量使患者的身体靠近搬运者;推车时,护士站在患者头侧,便于观察病情,注意患者的面色、呼吸及脉搏的变化;平车上下坡时,车速适宜,患者头部应在高处一端,进出门时,不可用车撞门,以免引起不适;搬运患者前后,应当固定好各种导管,防止脱落,如为骨折病人,应先在车上垫木板,并固定好骨折部位;冬季应注意保暖。

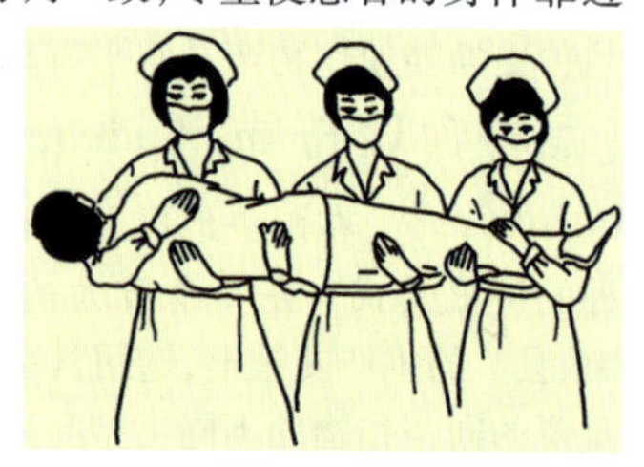

三人搬运法

【平道闭锁装置】(interlocking device for lever track) 斜井中人车由坡道进入平道时防止防坠器误动的机构。斜井专用人车应设可靠的平道闭锁装置,以防止人车由坡道进入平道时,断绳保险器误动作。斜井人车的安全试验包括:人车组列后从斜坡轨道运行到水平轨道后,检查闭锁装置能否防止制动装置动作;再从水平轨道进入斜坡轨道,检查闭锁装置能否自动复位及其复位斜坡角度,试验应不少于两次。

【平地机】(land scraper) 利用刮刀平整地面的土方机械。刮刀装在机械前后轮轴之间,能升降、倾斜、回转和外伸。动作灵活准确,操纵方便,平整场地有较高的精度,适用于构筑路基和路面、修筑边坡、开挖边沟,也可搅拌路面混合料、扫除积雪、推送散粒物料以及进行土路和碎石路的养护工作。

平地机

【平硐】(adit) 直接与地面相通的水平巷道。有一个通达地面的出口,是进入地下的主要水平巷道。一般除运煤外,还兼作运料、行人、通风、供电和排水用。按其用途的不同可分为:主平硐、副平硐、排水平硐和通风平硐。平硐的硐口主要根据地形和交通条件选择。其位置的选择要有利于工业场地布置和与铁路专用线及公路的联结,以及在洪水季节的安全等。其掘进方向可与煤层的走向平行,也可以与煤层走向交叉(或垂直)。前者称走向平硐,后者称交叉走向平硐。采用平硐开拓,与斜井、立井相比较有以下优点:(1)易于施工,施工设备比较简单,造价低。(2)利于排水,平硐及其上部采区的涌水,都可从平硐水沟中自流排出矿外。(3)便于把人员和材料设备送入矿内。因此,当平硐水平以上有足够的煤炭储量和有适合的工业场地时,应优先考虑用平硐开拓。

平硐

【平法施工图】(plane figure of construction) 用平面来表达结构尺寸、标高、构造和配筋等的绘图方法。用于建筑结构的施工图。是与国际接轨的绘图方法。是一种绘图通行的语言。直接在结构平面图上把构件的信息如截面、钢筋、跨度、编号等标在旁边,整体直接表达在各类构件的结构平面布置图上,再与标准构造详图相配合,即构成一套新型完整的结构设计。它改变了传统的那种将构件从结构平面布置图中所引出来,再逐个绘制配筋详图的繁琐方法。其应用电脑软件自动设计,极大提高设计人员的工作效率,可以使钢筋混凝土工程规范化、系统化和图纸设计现代化。

【平缝浇口】(bed joint gate) 在注塑机塑模型腔侧面的分型面上开的形状为平缝的进料口。与特别平行分流道相连,适用于薄板或长条状制品的成型。其优点是:熔料以较低流速,呈平行状态,平稳均匀地流入型腔,降低了塑件内应力,减少了翘曲变形,对聚乙烯等塑料的变形能有效地控制。其缺点是浇口去除困难。

【平衡功能】(balance function) 由于各种原因使身体重心偏离稳定位置时,四肢、躯干通过自发的、无意识的或反射性的活动以恢复重心稳定的能力。人体的平衡机制涉及视觉、本体感觉以及前庭系统功能的协调,此外尚需大脑对源于上述不同系统的刺激进行整合。前庭系统包括周围部分(迷路)和中枢部分(脑干和前庭神经核);视觉系统包括周围部分(三对眼外肌)和中枢部分(眼球运动神经核),其传导、反射途径与前庭系统相连;本体感觉系统包括皮肤、肌肉和关节的感受器,刺激颈脊髓的感觉传导束,最后到网状结构。本体感觉系统间接与前庭神经核相连,如上述任何一个环节发生病变,即可导致平衡功能障碍。如闭眼时双足站立不如睁眼站立平稳;本体感觉消失,可导致平衡不稳,出现罗姆伯格征阳性。

【平衡力】(equilibrium force) 对机构作静力或动态静力分析时,确定使机构作给定运动而应加在原动件上的驱动力。

【平衡膳食】(balanced diet) 使食物中所供给的营养素和身体的消耗保持平衡的一种膳食。这种膳食能保持身体正常生长发育和维持最佳的健康状态。人每天需从食物中摄取蛋白质、糖类、脂肪、无机盐、微量元素、维生素、水和食物纤维等九大类40多种营养素。不管哪一种营养素长期不足或过多,都会妨碍正常的生理功能。平衡膳食既要满足人体对营养素的需要,防止营养缺乏,又要避免营养素摄入过量引起营养过剩所导致的疾病。其热能与蛋白质不足,可造成生长发育障碍,而过多又可导致肥胖症;维生素A不足可导致适应能力下降,过多又可导致中毒。此外,身体营养素还与劳动强度、劳动持续时间成正比。一日三餐中,食物品种和数量的分配应与劳动状况相适应。

【平衡试验】(balance test) 在制造过程中,为验证回转构件是否平衡所进行的试验。分静平衡试验和动平衡试验两种。该试验对保证设备安全、尤其是保证高速机械的安全起着重要作用。

【平衡台】(balancing bed) 装配前,对于刚性旋转体常用的动平衡校正装置。该装置有机械振动系统,但一般没有测相装置。平衡时,只测量支承的振幅,不能直接测出不平衡量的大小和相位。其结构和操作较简单,但需要多次启动,耗时间较多,生产率低。按其支承的共振元件的不同可分为摇摆式和弹性支承式两种。

【平衡蒸馏】(equilibrium distillation) 又称闪蒸。将液体混合物连续加热、减压而部分气化达到平衡并使气-液两相分离的方法。是一个连续稳定的传质过程。其工作原理是:料液连续地进入加热釜,加热至一定温度后,经节流阀减压至预定压强后送入分离器。在分离器中,由于压强突然降低,使得由加热釜进来的过热液体大量蒸发,由易挥发性组分组成的气流沿分离器上升至塔顶冷凝器,全部冷凝成塔顶产品;未气化的液相中难挥发组分浓度增加,沿分离器下降至塔底后引出,成为塔底产品。平衡蒸馏适应于组分挥发度相差较大、分离要求不高的场合,如原料液的组分或多组分的初步分离。

【平衡状态】(equilibrium state) ❶对立的

各方面在数量或质量上相等或相抵的状态。❷热力学中的基本概念之一。在热力学中,热力系统如果不受外部作用,其状态总会过渡到(或趋近于)某个宏观状态,并长期保持不变。这时热力系统即处于平衡状态之中。热力学中的平衡状态是动态平衡状态。

【平滑肌】(smooth muscle) 由成束的平滑的肌纤维组成的肌肉。构成某些脏器管壁的肌层部分。肌细胞呈长梭形。细胞质中含无横纹的肌原纤维。肌膜薄不明显,核呈椭圆形,位于细胞中部。其组织主要分布在消化道、呼吸道、泌尿生殖道及血管和淋巴管等处。有的平滑肌细胞排列成小束,如皮肤中的“立毛肌”。胃、肠壁的肌层则由排列成层的平滑肌构成(同一层内细胞平行排列,不同层之间常是交叉排列)。其纤维不显横纹,收缩有节律性,受植物性神经支配,属于不随意肌。其特点是:收缩比较缓慢,能持久工作,且细胞较容易拉长。如进食后的胃,其容积能拉大至空胃的7~8倍。

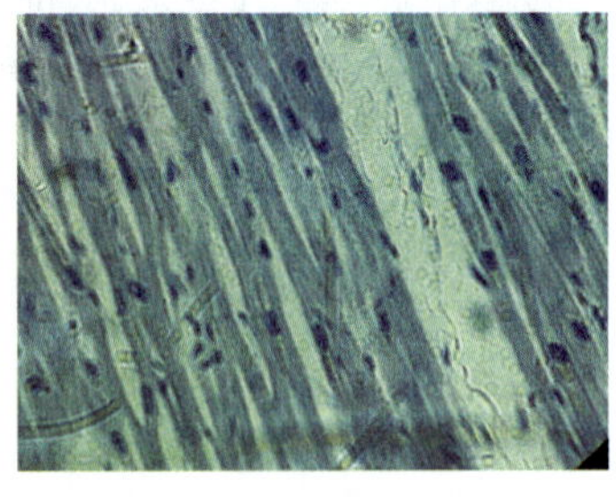

平滑肌镜下观

【平均风速】(average wind speed) 在规定时间内、在标准高度10m处测得风速的平均值。短时间(10~60s)内的瞬时风速的平均值称瞬时平均风速。每隔一定时间(2~3min或多至60min)测得的瞬时平均风速的平均值即为平均风速。

【平均功率】(average power) 又称有功功率。在一个周期内的功率平均值。在电路中电阻部分所消耗的功率,以字母 P 表示,单位为瓦特。交流电的瞬时功率不是一个恒定值。电能用于做功被消耗,转化为热能、光能、机械能或化学能等。力 F 在任意一段 Δt 时间内所做的功 W 与时间 Δt 的比值,即平均功率,记为 $P = W/\Delta t$。

【平均海面】(mean sea level) 一定时期内海水面高度的算术平均值。由相应期间逐时潮位观测资料计算求得,高度以当地验潮站零点起算。根据潮汐观测时间范围可分为日平均海面、月平均海面、年平均海面和多年平均海面。受天文、气象、海水密度、基本环流结构和地理特征等影响,不同地点和时间的平均海面有明显变化。中国以青岛验潮站的多年潮汐观测资料求取的平均海面作为国家高程起算面,并命名为黄海平均海水面。

【平均需要量】(estimated average requirement,EAR) 某一特定性别、年龄及生理状况群体中对某种营养素需要量的平均值。摄入量达到EAR水平时,可以满足群体中半数个体对该营养素的需要,而不能满足另一半个体的需要。EAR是推荐摄入量(RNI)的基础,针对人群EAR用于评估群体中摄入不足的发生率。针对个体可以检查其摄入量不足的可能性。

【平流雾】(advection fog) 暖湿气流水平移动到冷的下垫面上,下部的湿空气因冷却温度降到露点以下而形成的雾。其形成的条件是:(1)暖湿空气与下垫面的温差较大。(2)暖湿空气中湿度较大。(3)风速适中。(4)空气层结比较稳定。平流雾强度比辐射雾大,持续时间长,厚度大,一般为几百米,厚的可达2km,薄的仅几十米。中国沿海冬季是平流雾的多发区。春夏之交,东部海域也时常出现。

【平炉】(open hearth furnace) 又称马丁炉。主要部有炉头、熔炼室、蓄热室和沉渣室等组成的一种床式反射炼钢生产。炉头在炉体上部的两端。经过一定时间,通过换向阀交替地把经过蓄热室预热的空气和煤气,从一端的炉头引入炉内,进行燃烧,向熔池供热。燃烧后的废气,从另一端的炉头通过沉渣室和蓄热室,经烟道与烟囱排出。熔炼室由炉顶、炉底、炉墙和炉门组成。按熔炼室能否向前后倾动,分为固定式平炉和可倾式平炉。炉底上为容纳钢液和熔渣的熔池。炉墙下部及炉底用碱性耐火材料砌成的为碱性平炉,用酸性耐火材料砌成的为酸性平炉。碱性平炉炉顶多由镁质耐火砖或铝镁砖,也可用硅砖砌成。平炉炼钢的金属原料可由生铁块、铁液和废钢以不同的比例组成。燃料用发生炉煤气、焦炉煤气、高炉和焦炉的混合煤气以及天然煤气或重油等液体燃料。近年来,平炉采用氧强化炼钢等新技术。

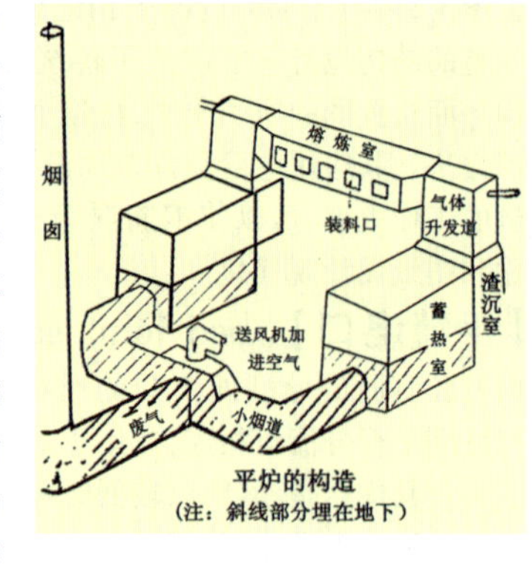

平炉结构示意图

【平炉利用系数】(open hearth furnace available coefficient) 平炉炼钢过程中,平炉利

$$\text{用系数} = \frac{\text{合格钢的产量(t)}}{\text{炉底面积(m}^2\text{)} \times \text{日历工作时间(昼夜 d)}}$$

反映平炉利用程度和炼钢生产技术水平的技术经济

指标。以在规定工作时间内，平均每平方米炉底工作面积每昼夜所产合格钢的吨数来表示。

【平面波】（plane wave） 在波动传播工程中，波面为一系列相互平行平面的波。由振动相位相同的点构成的面称为波阵面（简称波面）。在离点波源较远处，沿波的传播方向取一局部范围来看，其波面都是平行的，故而可近似看成平面波。例如，传播到地面的太阳光波便可以视为平面波。

【平面花坛】（plane flowerbed） 具有边缘轮廓，并采用规则几何图形设计的花坛。其高度基本与地面一致。为了观赏和管理的方便，常常使花坛与地面呈30°以下的角度。这样既有利于排水，又有利于观赏花坛的整体。花丛花坛和模纹花坛，是使用最广泛的形式，适用于广阔空间的场所。

平面花坛

【平面控制测量】（horizontal control survey） 为求得地面点的平面位置而建立的三角、导线和图根网测量工作的总称。地面点的平面位置采用某种投影建立的平面直角坐标系表示，以南北方向的纵轴为X轴，东西方向的横轴为Y轴，方位角以正北顺时针方向起算。平面控制网的布设是为了控制全局和限制各种测量误差的积累，从整体到局部，由高级到低级，分级布设，逐级控制。中国国家大地控制分一、二、三、四等三角网或相应的精密导线网（点）。水电工程测量的平面控制分基本平面控制、图根平面控制和测站点平面控制。基本平面控制划分为二、三、四、五等；图根平面控制可根据需要以同等精度发展一、二、三次，分别为图根一级、图根二级、图根三级；测站点平面控制可用解析法或图解法测定。此外为了解决高精度的控制要求，可建立专用平面控制网。专用平面控制网分为专一、专二、专三、专四四个等级。规划设计阶段的测量范围较大，一般与国家等级（点）网联测。若因地区条件限制，可以布设独立网，采用独立坐标系统。对水工建筑物的枢纽区平面控制布设，应考虑以后大比例尺测图的需要，宜布设较高精度的首级控制或基本控制。平面控制的测量方法，通常采用三角测量、三边测量、边角测量和导线测量。近年来包括中国在内的世界许多国家已将全球定位系统应用于平面控制测量。

【平面磨床】（surface grinder） 主要用于磨削工件平面的磨床。其工件一般是夹紧在工作台上，或靠电磁吸力固定在电磁工作台上，然后用砂轮的周边或端面磨削工件平面。用砂轮的周边磨削时，砂轮与工件的接触面积小，磨削力小，排屑及冷却条件好，工件受热变形小，且砂轮磨损均匀，加工精度较高。但砂轮主轴承刚性较差，只能采用较小的磨削用量，生产率较低，故常用于精密和磨削较薄的工件。用砂轮的端面磨削时，砂轮与工件的接触面积大，同时参加磨削的磨粒多，允许采用较大的磨削用量，故生产率高。但在磨削过程中，磨削力大，发热量大，冷却条件差，排屑不畅，造成工件的热变形较大，且砂轮端面沿径向各点的线速度不等，使砂轮磨损不均匀。因此，这种磨削方法的加工精度不高，多用于粗磨。

【平面色谱法】（plane chromatography） 可以获得平面图像结果的分离分析方法。可分为：（1）纸色谱法。（2）薄层电泳法。（3）薄层色谱法。其中，薄层色谱法又可分为：吸附薄层色谱法、分配薄层色谱法和分子排阻薄层色谱法 。其优点是：（1）设备简单、廉价，分析成本低，尤其是利用数码成像和计算机图像分析来进行平面色谱定性、定量分析，仪器成本低廉。（2）多通道同时分析，节省分析时间。（3）溶剂消耗量少，既降低了成本，又减少了环境污染。（4）固定相种类、流动相系统复杂，分析范围广，选择性强。从RNA、DNA、蛋白质、碳水化合物到各种有机化合物都能应用平面色谱技术来分离分析。

【平面设计】（plane design） 将不同的基本图形，按照一定的规则在平面上组合成图案的设计。解决建筑物在水平方向各种房间的具体设计，以及各房间之间的关系问题。是建筑设计中的重要一环。主要在二度空间范围之内以轮廓线划分图与地之间的界限，描绘形象。其所表现的是立体空间感，并非实在的三度空间，而是图形对人的视觉引导作用形成的幻觉空间。在平面设计中，一组相同或相似的形象组成，其每一组成单位成为基本形，基本形是一个最小的单位，利用它根据一定的构成原则排列、组合，便可得到最好的构成效果。它是用一个假想的水平切面在一定的高度位置通常是窗台高度以上、门洞高度以下将房屋剖切后，作切面以下部分的水平面投影图。其中剖切到的房屋轮廓实体以及房屋内部的墙、柱等实体截面用粗实线表示，其余可见的实体，如窗台、窗玻璃、门扇、半高的墙体、栏杆及地面上的台阶、水池及花池的边缘甚至室内家具等实体的轮廓线则用细实线表示。

【平面直角坐标系】（rectangular coordinates system） 简称直角坐标系。在平面上作两条相互垂直的直线，以交点作为原点o；横向为x轴，纵向为 y 轴;规定向右、向上为正方向;就构成了一个平面直角坐标系。由于该坐标系最早是法国数学家、哲学家笛卡尔(Descartes 1596～1650 年)创建的,因此也称为笛卡尔直角坐标系。坐标系所在平面称为坐标平面。两坐标轴的公共点是坐标系的原点。坐标平面以 X 轴和 Y 轴为界,被分成四个部分,称为四个象限。右上方部分称第一象限,左上方部分称第二象限,左下方部分称第三象限,右下方部分称第四象限。并分别记为Ⅰ、Ⅱ、Ⅲ、Ⅳ,如图。横轴 x 和纵轴 y 上的点不属于任何象限。在平面直角坐标系中,可绘出各种函数的平面图形。在数学上乃至整个科学领域,直角坐标系的建立具有划时代的意义。它把数字与点、线、面这些几何元素紧密地联系起来,实现了真正意义上的数形结合。找到了通过代数解决几何问题的方法。据此才创立了解析几何学。从此,变量和无穷小量的概念得到了发展。正如恩格斯说:"数学的转折点是笛卡尔的变数。有了变数,运动进入了数学。有了变数,辩证法进入了数学。有了变数,微分学和积分学也就立刻成为必要的了"。

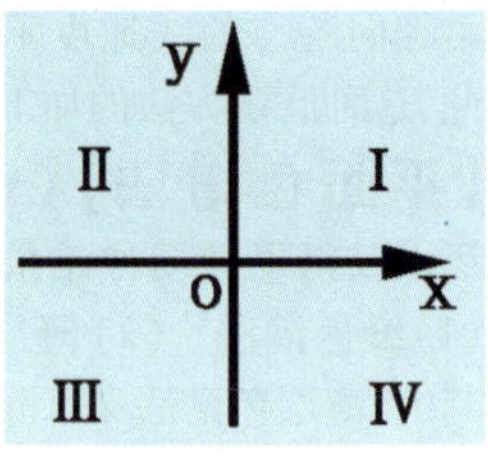

平面直角坐标系

【平视显示器】(head-up display) 一种由电子组件、显示组件、控制器和电源等组成的综合电子显示设备。能将飞行参数、瞄准攻击和自检测等信息,以图像、字符的形式,通过光学部件投射到座舱正前方组合玻璃上的光电显示装置上。飞行员透过组合玻璃观察舱外景物时,可以同时看到叠加在外景上的字符、图像等信息。过去,飞行员需要交替观察舱外目标和舱内仪表,易产生瞬间视觉中断,导致反应迟缓、操作失误,并有可能贻误战机,采用平视显示器可克服这一缺点。

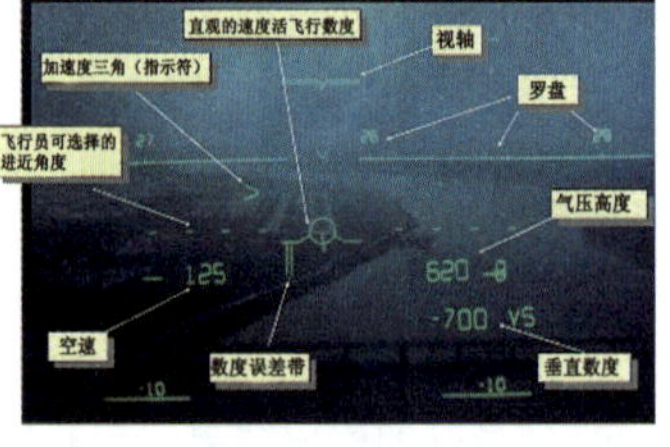

平视显示器

【平网印花】(plate scream printing) 采用平板型筛网进行印花的工艺。色浆受刮刀的挤压通过具有纹样的平网达于织物,刮刀往返一次,平网上升,织物前进相当于一个循环纹样的间距,平网下降,刮刀再次运作,如此不断重复。手工平网印花可印制大而复杂的花纹,套色多少和织物种类限制较少。其制版方便,花回长度大,套色多,能印制精细的花纹,且不传色。印浆量多,并附有立体感。适合丝、棉、化纤等机织物和针织物印花,更适合小批量多品种的高档织物的印花,但生产速度低。平网印花机有三种类型,即手工印花机、半自动的和全自动平网印花机。全自动平网印花机通常有两种型式。一种是网动型,织物粘贴在长台板表面,装有筛网的刮印行车在轨道上运行,自动完成筛框在布面上定位和升降动作,控制刮刀的刮印次数,保证印花的精确度。另一种是布动型,将织物粘贴于无缝环形橡胶毯上,按印花网框尺寸作等距离间歇移动,并使布面上平排着的筛框同时下降或上升,进行刮印。这种机器的生产效率较高,占地面积较小。布动平网印花机一般可印 8～20 种颜色,花样大小可进行调节,灵活性较大。但由于刮印后色浆都处于潮湿状态,对套印或叠印的印制效果有一定影响。

平网印花机

【平纹】(plain weave) 由一根经纱和一根纬纱上下交错组合而成的机织物组织。是织物组织中最简单的一种。由于经纬纱每隔一根就交织一次,平纹组织的组织点比其他任何组织都多,因而,表面平坦,质地紧密坚牢,身骨较硬,弹性较小,正反面形状一样。平纹组织应用较广,如棉织物中的平布、府绸,毛织物中的凡立丁,丝织物中的纺绸等均属于平纹织物。

【平行对照设计】(parallel controlled design) 新药临床试验中,设计对照组和治疗组(新药组),两组人数要接近,最好相等,对照组与治疗组的各种处理一起开始、一起结束,完全按随机的原则而制定的实验设计。采用安慰剂或对照药作对照,且必须双盲。如果担心安慰剂涉及医德问题或引起医患纠纷,亦可用老药作双盲法试验。本法的优点是:时间短(适合急性病例),适用范围广,简单易行,统计分析也较为方便;缺点是:受试对象数要求多,工作量大。

【平压管】(bypass pipe) 又称旁通管。绕过检修闸门连通水库与输水道的充水管。其作用是向输水道的检修闸门与工作闸门之间充水,使检修闸门在上、下游水压力平衡的状态下静水开启,以减小启门力。坝内泄水孔的平压管埋入坝体内并经过坝内廊道,在廊道内设控制阀门。水工隧洞的平压管埋设在墩墙内,也用阀门控制。平压管的直径,根据将水灌满两门间的空间所需的时间确定。计算充水量时尚需计入第二道闸门的漏水量。当充水量不大时,也可不设平压管。在检修闸门上设置充水阀，充水时先提起门上的充水阀，待充满后再提升闸门。水电站水轮机前的蝴蝶阀要求动水关闭、静水开启，因此也设有平压管和阀门。其平压管内径一般为输水管道过水断面积的1%～2%。少数水电站采用事故闸门开一小缝或小门取代平压管向压力管道充水平压。

【平遥古县城】（Ancient Town of Pingyao） 中国目前保存最为完整的四座古城之一。位于今山西省平遥县。面积约2.25km²。明朝初年，为防御外族南扰，始建城墙，洪武三年（公元1370年）在旧墙垣基础上重筑扩修，并全面包砖。以后景德、正德、嘉靖、隆庆和万历各代进行过补修，更新城楼，增设敌台。公元1703清康熙年西巡路经平遥，而筑四面大城楼，使城池更加壮观。周长6 163m，墙高约12m，上有3 000个垛口、72座敌楼，象征孔子的3 000弟子和72贤人。在古城东南角还曾修建了一座象征古城文运昌盛的魁星阁。平遥古城是一座完全按照中国汉民族传统城市规划思想和布局程式修建的县城。在封闭的城池里，以市楼为中心，由四大街、八小街和七十二条蚰蜒巷经纬交织在一起，功能分明，布局井井有条。城内古居民宅全是清一色青砖灰瓦的四合院，轴线明确，左右对称，特别是砖砌窑洞式的民宅更是具有浓烈的乡土气息。全城现存四合院3 797处。其中有400余处保存完好。

平遥古县城

【平原】（plain） 近于平坦或地势起伏平缓的开阔陆地。绝大多数平原的海拔低于200m。其表面的相对起伏一般小于50m。全世界现有平原面积约为1.972×10^7km²，约占全世界陆地面积的12.5%。平原与人类关系密切，也是受人类活动影响较大的地方。地壳持续沉降或地壳持续稳定是平原形成的基本条件。在地壳长期沉降的区域，地表不断接受从周围高处剥蚀和侵蚀下来的碎屑物质，地表原有的起伏被填平，最终形成平原。此类平原称为堆积平原。世界上绝大多数平原是由这种堆积作用形成的。中国的华北平原，自新生代以来一直在沉降，沉积物厚度达数千米。在地壳持续保持稳定的地区，原始地面可能较高，没有或很少有来自周围地区的碎屑物的堆积。但长期的侵蚀和剥蚀，使原来地势较高并有起伏的地面逐渐降低和夷平，最终形成平原。此类平原称为剥蚀平原或蚀余平原。

平原

【屏幕】（screen） 类似仪器显示影像或图样的面板。计算机的标准输出单元。它可显示程序执行及操作的过程与实时性的输出结果。计算机屏幕的分辨率较电视机要高，可显示高质量的文字和图形图像，适合近距离观看。其尺寸一般为36cm（约14英寸）、38cm（约15英寸）、43cm（约17英寸）及专业绘图所使用48cm～51cm（约19～21英寸）等大尺寸屏幕。

屏幕

【屏障环境设施】（barrier environment establishment） 适用于饲育无特定病源体级实验动物的环境设施。动物来源于无菌、悉生动物或动物种群。进入屏障的人、动物和物品必须经过严格的微生物控制。空气经低效、中效、高效过滤器进入屏障系统，结净度达到10 000级，利用空调送风系统形成清洁走廊、动物房、污染走廊、室外的静压差梯度，以防止空气逆向形成的污染。空气、人、动物、物品的走向采用单向流通路线。工作人员工作时要在淋浴后穿着无菌工作服、口罩、帽子以尽量减少和动物的直接接触。其净化目的主要是控制大气中的微粒进入屏障设施影响动物的健康。良好与否直接影响到实验动物质量和动物实验结果的可靠性和准确性。

【坡地径流损失】（runoff loss of slope land） 大于土壤入渗强度的雨水或融雪水因重力作用沿坡地流失的现象。其损失量取决于土壤特性、降雨强度、土壤地表形态及地表植被状况。在透水性很强、地面平缓、植被茂密的坡地上，地表径流损失很小；而在透水性弱、坡度大、植被稀少的坡地上，地表径流损失很大。粗颗粒结构及团聚结构好的土壤渗透率高，径流损失小；细颗粒结构及团聚结构不良的土壤渗透速率低，径流损失大。地面坡度增加，地表径流量及流速增大；坡洼地可以拦蓄雨水，能更多地吸收当地雨水或来自坡面上方的径流。植被及作物残茬可以减少直接打击地表的雨滴数量，防止细土粒堵塞土壤孔隙，形成表土结皮，使土壤保持较高的渗透速率。其危害是：使土壤含水量减小，影响农作物产量及乔灌木、草类的生长状况，同时会引起坡地土壤面蚀、沟蚀以及山洪、泥石流发生。其防止措施是:(1)水土保持工程措施。如水平梯田、拦水沟埂、造林整地蓄水工程、坡面蓄水工程和山坡截流沟等。(2)农业耕作措施。如等高耕作、深耕、密植、垄作区田、作物残茬覆盖地面、增施有机肥、改良土壤和草田轮作等。(3)林业措施。如营造水土保持林、封山育林和保护林地枯枝落叶层等。(4)牧业措施。如人工改良天然草场、合理放牧和建立人工种草基地等。防止坡地径流损失,减小地表径流,是防治土壤侵蚀、充分利用天然降水、增加土壤水分及提高坡地农业产量的重要措施。

【坡面蓄水工程】(water storage works on slope) 拦蓄坡面径流,削减坡面径流量的水土保持工程措施。包括涝池、水窖、蓄水池、塬坡土埝、截水沟渠、造林整地沟洫和坡地浅沟谷坊等。是拦蓄坡面径流,缩短坡长,减缓流速,减轻土壤侵蚀,削弱山洪破坏作用的主要措施。可补给地下水源和河流常水流量,减少河流泥沙;合理利用水土资源,增强抗旱能力;改良土壤,改善生产条件,提高土地生产力,促进山区农、林、牧、渔业发展。实施坡面蓄水工程,对流域小气候、农业生产、林草培育、土壤保持、河流流量和地下水水位变化都有积极作用。它与林业建设、坡面截流沟工程、梯田建设、农业耕作措施及沟道坝系工程建设密切配合,形成较完整的流域水土流失综合治理体系,解决山区人畜用水与农田灌溉用水难题。

【坡式梯田】(sloping terrace) 田面顺坡向呈倾斜状的梯田。采用培地埂的方法。修在坡度为10°以下的较缓坡面。依靠逐年翻耕与径流冲淤,土壤由高处移向低处,拦蓄于土埂内,不断加高田埂并使其坡度逐渐变缓。最后田面变成水平。首先根据地形、坡度确定地埂的走向和间距,然后根据暴雨径流量与泥沙冲刷量求出地埂单位长度应具有的容蓄量,以及能满足此容蓄量的地埂高度及其断面,来设计坡式梯田。采用人工培地埂修筑。包括测定基线、清基培埂、踩平踏实、拍打牢固、加设横档等步骤。需注意加大低洼处的地埂宽度与高度,保持埂顶水平。在集流洼地要修筑水簸箕、截水坑等小型蓄水工程,分段拦蓄径流,以免冲毁地埂。同时要注意地埂养护并逐年加高。同时要防治田鼠穿洞所造成的危害。

坡式梯田

【鄱阳湖生态经济区】(Poyang Lake ecological economic zone) 2009年国务院批准建设的国家战略。鄱阳湖生态经济区包括南昌、景德镇、鹰潭三市以及部分县(市、区),共38个县(市、区),国土面积为$5.12\times10^4km^2$,是长江三角洲、珠江三角洲、海峡西岸经济区等重要经济板块的直接腹地。其定位是建设全国大湖流域综合开发示范区、长江中下游水生态安全保障区、加快中部崛起重要带动区、国际生态经济合作重要平台。鄱阳湖生态经济区建设在2009~2015年的任务是夯实发展的基础,壮大生态经济实力,初步形成生态与经济协调发展的新模式;2016~2020年的任务是构建保障有力的生态安全体系,形成先进高效的生态产业集群,建设生态宜居的新型城市群,为到21世纪中叶基本实现现代化打下基础。

鄱阳湖生态经济区

【迫降】(forced landing) 飞行器在存在安全隐患或者被劫持的情况下的被迫降落。陆地迫降的着陆场地在陆地。水上迫降的着陆场在海洋、湖泊等水面上。水上迫降要求尽可能地靠近陆地,水上迫降的危险性高于陆地迫降。在迫降时,一般要求飞机燃油处于基本耗尽状态,以避免发生大火和爆炸。

【破冰船】(ice breaker) 专用于冰封水域开辟航道和救助被冰封困船舶的特种船。船身短宽,主机功率大,结构坚固,艏柱前倾,水下部分前倾约30°。船体内艏艉及左右舷约设有大容量压载水仓。在较薄冰层,靠船前进航行,船艏挤碎冰层;在较厚冰层,先在船艉压载水仓内注水使船艏翘起,船艏冲上冰层,然后把艉压载仓的水调向首压载仓,船艏下沉,冰层即被压碎;如冰层厚达1.5m时,则将船做反复进退运动冲撞冰层破冰。目前使用的核动力极地破冰船排水量多在20 000t以上,主机功率近50 000kW,航速达21节,添加一次燃料可连续航行一年多,其破冰方式是用核能

破冰船

加热的热水冲击冰层。

【破击战】(attacking and destroying operation) 见破袭战。

【破伤风】(tetanus) 由破伤风杆菌所引起的一种急性疾病。该细菌广泛存在于泥土和人畜粪便中,可通过破损的皮肤和黏膜(如伤口、骨折、烧伤,甚至木刺或锈针刺伤)侵入人体,并在伤口深部缺氧环境中生长繁殖,产生大量破伤风杆菌毒素而作用于神经系统,引起全身特异性感染。此种破伤风也叫伤后破伤风。另外,尚有一种特殊的破伤风—新生儿破伤风,是由于新生儿断脐所致,俗称"脐风"、"撮口"。因其常在断脐后7天左右发病,故又称"七日风"。破伤风一般在细菌入侵后1~2周开始出现症状(极少数人有短至24小时或长达几个月才出现症状的)。其病程差异很大,严重病例有的在两三天内死亡,有的缓慢发生并不严重。大多在出现症状后3~10天死亡。该疾病的康复期可能持续很长时间,较严重的有时4~6周后仍可观察到运动不灵活及肌肉僵硬的症状。大多数病例预后不良,因进食困难,造成营养不良、衰竭死亡。

【破碎】(crushing) 将矿石或物料变为小块以满足使用部门或下一工序对产品粒度要求所采用的作业过程。是选矿、冶金、化工、建筑材料等生产过程准备作业的主要工序之一。按粒度破碎要求的不同可分为粗碎、中碎和细碎。破碎一般都采用机械破碎法在选矿厂进行。选矿厂用的破碎机械,粗碎主要采用颚式破碎机或旋回破碎机,中碎采用标准圆锥或中型圆锥破碎机,细碎采用短头圆锥破碎机。破碎机械的施力方式包括压碎、劈开、折断、磨剥及冲击等。对硬矿石,常用弯折配合冲击来破碎;对脆性矿石,弯折和劈开较为有利;而对韧性及黏性较大的矿石,则多用磨剥方式。

【破损安全结构】(failsafe structure) 机体受力构件破损后仍可承受规定的载荷以保证飞行安全的结构。其作用是受力构件破损后,可通过其相邻传力路径传递载荷或通过裂纹止裂措施,在预定的定期检查之前仍可承受规定的载荷以保证飞行的安全。

【破袭战】(destructive combat) 又称破击战。游击队或正规部队以破坏或袭击敌后方和纵深区域重要目标为主的作战。其主要目标是:交通运输线、输油管线、通信设施、工程设施、重要技术兵器、作战和补给基地等。其目的是:给敌人行动、联络、补给造成困难,消耗或消灭敌人。

【剖宫产术】(cesarean section) 经腹切开子宫取出已达成活胎儿的手术。应用适当可使母婴安全。其适应证有:(1)头盆不称,骨盆狭窄或畸形。(2)先兆子宫破裂。(3)子宫收缩乏力,经处理无效,伴有产程延长。(4)产前出血,如前置胎盘、胎盘早剥。(5)胎位异常,如横位、臀位胎儿较大。(6)胎儿宫内窘迫。(7)脐带脱垂,胎心音好,估计短时间不能经阴道分娩。(8)高龄初产妇。(9)多年不孕,胎儿珍贵。其术式分为:(1)子宫下段剖宫产。临床应用广泛。其优点是:子宫切口在膀胱子宫反折腹膜下面,能避免创面与盆腔脏器粘连,减少术后并发症。(2)子宫体部剖宫产。在子宫体部中线纵形切开取出胎儿。手术略为简单,无损伤子宫动脉的危险,但术后伤口易与肠管和大网膜粘连,术中出血多,伤口愈合不如子宫下段切口。仅适用于前置胎盘、胎盘种植在子宫下段前壁、横位、再次剖宫产粘连严重。(3)腹膜外剖宫产。手术在腹膜外进行,不暴露肠管,术后肠蠕动恢复快、腹痛轻。尤其适用于胎膜早破、有潜在感染或已有感染者。但手术操作相对复杂。剖宫产是一个较大手术,出血较多,术后子宫遗留疤痕,还可能发生感染、晚期产后出血等并发症,因此应严格掌握手术适应证。

【扑翼机】(ornithopter) 又称振翼机。机翼能像鸟和昆虫翅膀那样上下扑动的重于空气的航空器。扑动的机翼不仅产生升力,还产生向前的推进力,并且具有优异的垂直起落能力。自古以来,人类一直向往着能像鸟那样在天空自由飞翔。扑翼机的设计方案中,有的形如蝙蝠,具有薄膜似的扑动翼面;有的装有带缝隙和活门的扑动翼,具有类似飞鸟翅膀的作用。但是要真正实现像鸟类翅膀那样的复杂或像蜻蜓翅膀那样的高频扑扇运动则非常困难。设计扑翼机所遇到的控制技术、材料和结构方面的困难一直未能解决。尽管如此,仍有不少科学家和爱好者致力于扑翼机的研究试验工作。

扑翼机

【葡萄膜】(uvea) 位于三层眼球壁中间的一层解剖结构。其本身又分为前、中、后三部分,即前部的虹膜、中部的睫状体、与后部的脉络膜。起着如同照相机暗室的作用,同时为眼球提供营养和血液。因此,又称为眼内血库。由于这层膜取出后像一个葡萄,呈紫黑色,又圆又软,因此称葡萄膜。因为含有色素,学术上又称其为色素膜。

【葡萄胎】(hydatidiform mole) 妊娠后胎盘绒毛滋养细胞增生、间质水肿,形成大小不一的水泡,水泡间以蒂相连成串形如葡萄的一种妊娠疾病。其确切病因不清,可能与环境、营养状况、遗传等因素有关。其主要表现是:停经后不规则阴道出血,妊娠呕吐出现时间早且严重,妇科检查子宫大于妊娠月份,听不到胎心音。B 超检查是确诊葡萄胎的重要辅助检查方法,宫腔内充满不均质密集状或短条状回声,呈“落雪状”;若水泡较大而形成大小不等的回声区,呈“蜂窝状”,并常见到卵巢黄素囊肿。血 HCG 测定显著高于正常妊娠。确诊后必须住院,及时清宫,术前应作全身检查,并备血,输液。疾病有 15% 左右恶性变。因此术后应定期随访。随访期间应避孕1 ~2 年。

【葡萄糖】(glucose) 又称血糖、玉米葡糖、玉蜀黍糖。自然界分布最广且最为重要的一种单糖。是一种多羟基醛。水溶液旋光向右,又称右旋糖。是己醛糖。化学式 $C_6H_{12}O_6$。分子量为 180。白色晶体。易溶于水。味甜。熔点 146℃。在生物学领域具有重要地位。是活细胞的能量来源和新陈代谢中间产物。植物可通过光合作用产生葡萄糖。是生物体内新陈代谢不可缺少的营养物质。它的氧化反应放出的热量是人类生命活动所需能量的重要来源。广泛应用在糖果制造业和医药领域。

【葡萄糖效应】(glucose effect) 葡萄糖或某些碳源的分解代谢产物阻遏诱导酶体系编码的基因转录的现象。不是由葡萄糖直接造成,而是由葡萄糖的某种分解代谢物引起。如环腺苷酸(cAMP)是基因转录的关键控制因子。它与分解代谢物活化蛋白(CAP)结合,促使 RNA 多聚酶与启动基因结合而开始转录。葡萄糖的某种代谢产物降低了 cAMP 水平,影响结合,不能转录。即使有诱导剂存在,也不能合成分解其他糖的酶,只有葡萄糖消耗完,cAMP 水平上升,才能开始转录、合成。

【葡萄籽花青素】(grape seed P. E.) 从葡萄籽中提取的一种天然植物酚类物质。具有抗氧化、抗炎、抗病原体和促进血液循环等功能。作为健康食品的原料可直接制成各种剂型,应用于饮料和酒类中。在发达国家被加入到各种普通食品如奶酪中,作为营养强化剂。

【朴素唯物主义】(naive materialism) 用某种或某几种具体物质形态来解释世界本源的哲学学说。唯物主义哲学的最初形态或第一发展阶段。基本特征是:在某些一定的有形体中、在某些特殊的事物中,寻找具有无限多样性的自然现象的统一。这种有形体或特殊的事物被看做是万物的本原。古希腊哲学家泰勒斯认为水是万物的本源,阿那克西米尼认为气是万物的本源,赫拉克利特认为火是万物的本源,留基伯和德谟克里特则认为“原子”是万物的本源。这些都是朴素唯物主义的典型表现。中国古代的“五行”说也属于朴素唯物主义的理论形式。朴素唯物主义也叫自发的唯物主义。

【普朗克常数】(Planck's constant) 1900 年德国物理学家普朗克(Planck)在研究黑体辐射问题时发现,电磁波的发射不是连续的,而是一份一份地进行的,其中每一份能量可以视为一个能量量子。为此,普朗克引入常数 $h = 6.626 \times 10^{-34} J \cdot S$,用于描述这种辐射量子,即每一份能量 E 等于普朗克常数 h 乘以电磁辐射的频率 ν,$E = h\nu$。普朗克常数在物理学中占有重要地位,是一个起量子化单位作用的普适常数,因而又被称作作用量子。普朗克常数的发现标志着物理学的发展已经进入微观世界。

德国物理学家普朗克

【普通地图】(general map) 综合、全面地反映一定制图区域内的自然要素和社会经济现象一般特征的地图。该地图内包含有:地形、水系、土壤、植被、居民点、交通网、境界线等内容。分为地形图和普通地理图。目前,研究普通地图的设计和编绘、普通地图的整饰和分析研究等,已成为普通地图学研究的主要内容。广泛用于经济、国防和科学文化教育等方面,并可作为编制各种专题地图的基础。

【普通地图集】(general atlas) 由统一设计的普通地图为主构成的系统地图汇编。以水体、地貌、居民地、道路网、境界和一些土质植被要素为基本内容。一般包括:少量显示制图区域概貌的序图;反映分区地理特征的基本普通地理图和补充地图;文字说明和地名索引等三大部分。构成图集主体的普通地图根据地区面积大小和开发程度,以不同比例尺的地图相配合来描绘,内容有详有略,着重反映制图区域地理要素主要特征和分布规律。在基本地图部分,为突出展示某些重要地区,可采用补充图加以配合。一般选取有代表性的城市、水利枢纽、著名山岳、湖泊和名胜古迹等内容。文字说明须简明扼要,与地图内容紧密结合。地名索引是地图集中查阅地名的有利工具。

【普通海图】(general chart) 详细表示海洋空间各种自然和社会现象及其相互联系与发展的海图。供各级政府、指挥机关和业务部门分析地理形势,制订规划计划使用。例如海区形势图和海底地形图等。海区形势图比例尺较小,以某一完整的海洋地理区域或管辖区为制图范围,全面而概括地反映区域的地理形势。常以图组和挂图形式出版。海底地形图是陆地地形图在海域的延续,表示内容包括海底地形起伏、海底浅层地质、自然与人工物体等。

【普通化学】(general chemistry) 化学的一个分支。研究元素及其化合物的组成、结构、性质及其规律、相互关系和应用的一门学科。是化学学科中所有分支的基础。其主要内容是:(1)气体和液体的基本定律。(2)化学热力学和化学反应方向。(3)化学平衡。(4)化学动力学和反应速率方程。(5)原子结构和量子论的若干推论。(6)分子结构和理论。(7)晶体结构。(8)配位化合物。(9)元素化学。普通化学不仅与能源、矿山、冶金、化工、新型无机材料、粮食、医药、环境和资源有着密切关系,而且原子能利用也涉及普通化学。它涉及人们衣食住行和农林牧副的各个方面,在国民经济中有着重要作用。

【普通机床】(general machine tool) 采用常规的机械加工方法对零件进行切削加工的全部机床的总称。包括各种型号的普通车床、铣床、刨床、插床、磨床、镗床和钻床等。普通机床的加工精度等级可达IT14-IT7,表面粗糙度 R_a 值可达12.5~1.6μm。目前,普通机床正逐渐被数控机床所替代。

【普通机械化采煤】(conventionally mechanized coal mining) 又称普采。回采工作面的主要工序实现机械化的采煤方法。回采工作面采用单滚筒采煤机(或刨煤机)落煤、可弯曲刮板输送机运煤、摩擦式金属支柱(或水支柱、单体液压支柱)支护顶板、冒落(或充填)法处理采空区,以机械落煤、装煤和运煤为主要特征。普采工作面的三个主要工序实现机械化,虽减轻了工人的劳动强度,但顶板支护及采空区处理还要人工操作。普通机械化采煤,虽适应性较强,技术管理和生产操作比较简单,但功率较小。一般工作面年产量15~20万吨,在中国应用较广泛。

普通机械化采煤

【普通级动物】(conventional animail) 又称一级动物。不携带所规定的人兽共患病病原和动物烈性传染病病原的动物。在开放系统的动物室内饲养,空气未经过净化,动物本身所携带的微生物状况不明确,要求不携带主要人兽共患病和动物烈性传染病病原的动物。如不能携带鼠痘病毒、流行性出血热病毒、弓形虫等。

【普通型花生】(common type peanut) 栽培花生的一个类型。交替开花,主茎上无花序,密枝,能生第三次分枝。株型有直立、半蔓、蔓生三种类型。小叶为倒卵型,叶片分大小中等。荚果为普通型,间或有葫芦型,果嘴一般不明显。果壳较厚,网纹较平滑。种子长圆柱形,大粒的居多,多为粉红色。生育期较长。春播145~180天。

普通型花生

【瀑布】(waterfall) 从河床纵断面陡坡或悬崖处倾泻而下的水流。河床纵断面发生急剧转折的地方,如石坡很陡或悬崖壁立处,流水从高处倾跌而下,水量越大,水势越猛,瀑布就越壮观。按照水流大小的不同可分为瀑布和跌水两类。较大的称瀑布,较小的称跌水。水流与河床地形相互作用形成瀑布,主要有如下几种情况:(1)当地壳运动使某些河床的局部河段上升或者下降时,河床上便会产生陡坡或峭壁,流水经过这些地方时便形成瀑布。(2)如果河流正好流经火山活动的地区,火山喷发出来的熔岩堵塞河道,河水聚积成湖,并从坝顶漫溢出来也会形成瀑布。(3)不同岩性抵抗流水侵蚀的能力不一样,在流水天长日久的侵蚀下,河床上易于侵蚀的岩石被逐渐侵蚀掉,而难于侵蚀的坚硬岩石则屹立在河床之上成为陡坡或高坎,这样流水也会出现急剧落差而形成瀑布。(4)在石灰岩充分发育的地区,由于石灰岩的主要成分是碳酸钙,容易被含有二氧化碳的水所溶解,流水能把石灰岩凿穿形成许多溶洞和地下河。当地下河流经这些溶洞时,水流

瀑布

坠落洞中，会形成地下瀑布。(5)大河水量丰沛，下切力强，而小支流水少力弱，有的大河与小支流相汇处，小河的水以瀑布的形式注入大河。瀑布并非一成不变。随着河水不停的溯源侵蚀，瀑布会不停地向上游移动，甚至消失，也有些地方会有新瀑布产生。利用瀑布水流垂直落差所产生的能量可以开发出巨大的电能。瀑布也是人类最喜爱的自然景观之一，所在地区大多是旅游胜地，如北美洲的尼亚加拉瀑布和中国贵州的黄果树瀑布等。

【曝气】(aeration) 在外力作用下使气相中的氧强制转移为液相中的溶解氧的过程。其目的是：(1)获得足够的溶解氧，保证水中的好氧微生物在有充足溶解氧的条件下对污水中有机物的氧化分解作用。(2)防止水池内悬浮体下沉，加强水中有机物与微生物及溶解氧接触。(3)散除水中溶解性气体和挥发性物质。曝气是通过流体运动形成气液接触界面而完成的。按照运动流体不同的不同，曝气技术可以分为：(1)液相流体主动运动型。将液体在空气中喷洒，例如生物滤池；不断更新液面促使空气在界面向液相转移，例如机械曝气机。(2)气相流体主动运动型。使空气气泡通过液体扩散，例如鼓风曝气。在废水处理工程中，活性污泥法混合液中的溶解氧必须用曝气法补给。

【曝气装置】(aerator) 又称空气扩散装置。向水中鼓入空气的一种装置。可使污水、污泥及空气三者不断混合，使空气中的氧转移到混合的废水中。按曝气方式的不同可分为鼓风曝气装置和表面机械曝气装置。前者通常安装在池底，通过鼓风机送风；后者安装在曝气池水面上下，搅动水面达到充氧和混合的目的。按传动轴安装方式的不同可分为竖轴式和卧轴式两种。中国常用的是竖轴式。其技术性能主要指标有：(1)动力效率(Ep)，即消耗1kW·h电能向水中转移的氧量。(2)氧利用率(EA)，即转移到水中的氧量占总供氧量的百分比。(3)充氧能力(RO)。即通过表面曝气装置在单位时间内转移到水中的氧量。

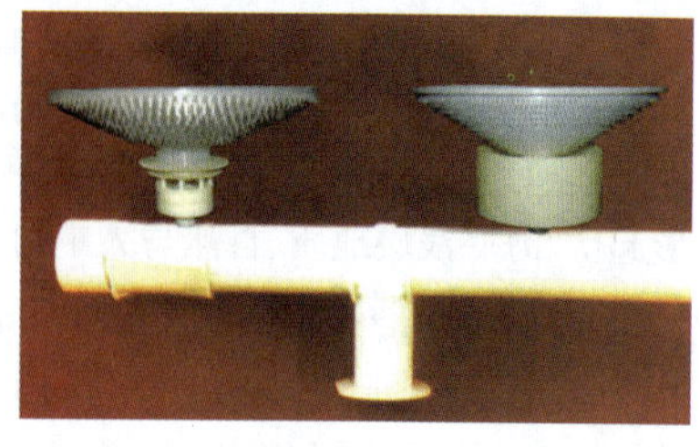
曝气装置

Q

【七窍】(seven orifices) 头面部的七个孔窍。即口、两鼻孔、两目和两耳。五脏的精气分别通达于七窍,五脏有病,往往从七窍的变化中反映出来。《灵枢·脉度》云:肺气通于鼻,肺和鼻则能知香臭矣;心气通于舌,心和舌则能知五味矣;肝气通于目,肝和目则能辨五色矣;脾气通于口,脾和口则能知五谷矣;肾气通于耳,肾和耳则能闻五音矣。五脏不和,则七窍不通。

【七情】(seven emotions) ❶喜、怒、忧、思、悲、恐、惊七种情志活动。是人的精神情志对外界事物的反映。这些活动过于强烈、低沉或失调可致情志疾病,即七情可成为致病因素。❷药物配伍的七种不同配伍作用,即单行、相须、相使、相畏、相恶、相杀、相反。

【期间费用】(period charge) 发生在生产期间,但又不计入成本的各种费用。包括销售费用、管理费用和财务费用。销售费用是指企业在销售商品过程中发生的费用,包括企业销售商品过程中发生的运输费、装卸费、包装费、保险费、展览费和广告费,以及为销售本企业商品而专设的销售机构的职工工资及福利费、类似工资性质的费用和业务费等经营费用。管理费用是指企业为组织和管理企业生产经营所发生的费用。包括企业的董事会和行政管理部门在企业的经营管理中发生的,或者应当由企业统一负担的公司经费、工会经费、待业保险费、劳动保险费、董事会费、聘请中介机构费、咨询费、诉讼费、业务招待费、房产税、车船使用税、土地使用税、印花税、技术转让费、矿产资源补偿费、无形资产摊销、职工教育经费、研究与开发费和排污费等。财务费用是指企业为筹集生产经营所需资金等而发生的费用,包括应当作为期间费用的利息支出、汇兑损失以及相关的手续费等。

【期门】 中医穴位名。属足厥阴肝经,肝的募穴。定位:在乳头直下,第六肋间隙中。主治:胸胁胀满疼痛,呃逆,呕吐,腹胀,泄泻,咳喘,短气,心痛,疟疾;心肌炎,肝炎,胆囊炎,胆石症,胸膜炎,肝脾肿大,膈肌痉挛,乳腺炎,胃神经官能症,肠炎等。刺灸法:斜刺或平刺0.5～0.8寸(不宜深刺);艾炷灸3～7壮,或艾条灸5～15 min。现代研究:针刺期门穴,可见肝血流量明显减少,对慢性肝炎、早期肝硬化有一定疗效。针刺期门穴还能引起白细胞数量的增高。

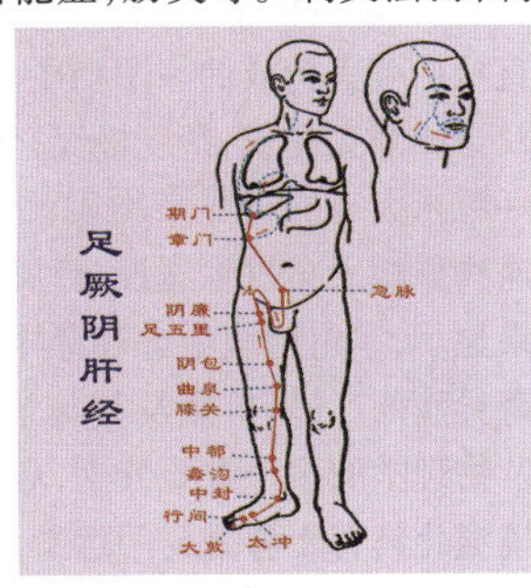

期门

【期望寿命】(expectancy life) 同时出生的一代人活到 X 岁时,尚能生存的平均年数。记为 e_x。其公式为:

$$e_x = \frac{T_x}{l_x}$$

其中,T_x 表示生存人年总数,l_x 表示尚存人数。其主要特点:(1)一般情况下,随着 X 的增大,期望寿命会减少。(2)可以反映出一个社会生活质量的高低。

【奇点】(singular point singularity) 复变函数 f 在 z_0 点的任一邻域内不能展成幂级数的点 z_0。

【奇恒之腑】(extraordinary organs) 中医术语。既不同于五脏、也不同于六腑的内脏。指脑、髓、骨、脉、胆、女子胞。其特点是“藏而不泻”。其中胆因为排泄的胆汁直接有助食物的消化,但胆本身并没有受盛和传化水谷的生理功能,且藏“精汁”,有“藏”的功能。所以胆既是六腑之一,又属奇恒之腑。奇恒之腑除胆为六腑之一外,其余的都没有表里配合,也没有五行配属,这是不同于五脏六腑的特点之一。

【奇经八脉】(eight extra meridians) 又称奇行经脉。包括督脉、任脉、冲脉、带脉、阴维脉、阳维脉、阴蹻脉、阳蹻脉共八条。奇经八脉与十二正经不同,不隶属于十二脏腑,也无表里配合关系。它沟通了十二经脉之间的联系,将部位相近、功能相似的经脉联系起来,起到统摄有关经脉气血、协调阴阳的作用。除任、督二脉有自己的独立腧穴外，其他六条经脉的腧穴都寄附于十二正经与任、督脉之中。奇经八脉的循行错综于十二经脉之间，且与正经在人身多处相互交会，因而有涵蓄气血和调节盛衰的作用。当十二经脉及脏腑气血旺盛时，它能加以蓄积；当人体功能活动时，它又能渗灌供应。

【奇异滴】（strangelets） 宇宙间质量微小的夸克物质团块。世界的物质绝大部分由原子构成。而原子又由质子、中子和电子构成。质子和中子还可以进一步细分：质子由两个上夸克和一个下夸克构成，中子由两个下夸克和一个上夸克构成。奇异滴是直接由夸克构成的一团物质。它由上夸克、下夸克以及奇异夸克构成，密度极大，介于中子星和黑洞之间。一粒米大小的奇异滴物质就有千万吨质量。它与普通物质相遇会发生湮没，释放出巨大的能量。实验结果显示，宇宙射线中含有奇异滴成分。研究宇宙射线奇异滴的产生、传播及其与地球大气的相互作用，涉及物理学的多个重要分支，对科技进步和地球生态环境演化具有十分重要的意义。

【奇异粒子】（strange particle） 所有奇异数不为零的粒子。奇异粒子拥有一些奇特的性质。它们不仅总是结伴（协同）产生，并且快速产生（约 1×10^{-24}s），衰变慢，平均寿命约为 $1\times10^{-8}\sim1\times10^{-10}$s。起初人们对此无法解释，故而将它们称为奇异粒子。1954 年盖耳曼和西岛等人通过引入新量子数即奇异数守恒概念，才成功解释了这种奇异性质。

【歧化反应】（disproportionation reaction） 又称自身氧化还原反应。氧化还原作用发生在同一分子内处于同一氧化态的原子（离子）上，使该原子（离子）一部分被氧化，另一部分被还原的反应。如氯气和水反应生成次氯酸和氢氯酸，氯原子的化合价由零价变成 +1 价和 -1 价。有机化学中，一种有机物转化成两种（或以上）有机物的反应也称为歧化反应。如甲苯在催化剂作用下，使一个甲苯分子中的甲基转移到另一个甲苯分子上而生成一个苯分子和一个二甲苯分子。

【脐带异常】（umbilical cord） 脐带长度及附着位置的异常。脐带是连接胎儿与胎盘的条索状组织，一端连于胎儿腹壁脐轮，另一端附着于胎盘，是母体与胎儿营养物质供应、气体交换和代谢产物排出的重要通道。正常足月妊娠时脐带长 30～70cm，平均 50cm。脐带异常直接影响宫内胎儿安危。其常见异常包括：脐带缠绕、脐带脱垂、脐带过长、脐带过短、脐带扭转以及脐带打结等。以脐带缠绕最常见。脐带围绕胎儿颈部、四肢或躯干称为脐带缠绕，其中90%为脐带绕颈。脐带绕颈 1 周者占分娩总数的25%。其原因与脐带过长、羊水过多、胎动频繁有关。脐带绕颈对胎儿的影响与脐带缠绕的松紧、绕颈的周数、脐带长短有关。脐带脱垂是分娩期严重并发症。胎膜破裂后脐带可脱出于宫颈口外、阴道内，甚至露与外阴部，可使脐带受压影响血液循环引起胎儿缺氧，甚至胎心音消失。

【脐疝】（umbilical hernia） 脐环关闭不全或薄弱，腹腔脏器从脐环处向外突出到皮下，而形成的疝。其形成机理是：新生儿断脐后，脐环部皮肤薄弱，双侧腹肌未完全在中线合拢；胚胎发育过程中腹壁肌闭合是最晚的部位，内脏的小肠同腹膜，连同腹壁的皮肤向外突出，形成脐疝。脐疝向外突出呈半圆形或圆柱形，顶端有 1 个小瘢痕为脐痕。婴儿笑时或咳嗽时，疝向外突出，饱满、发亮，皮肤薄，手按回纳，伴肠鸣音。婴儿在安静时，可自然回缩，局部可见皮肤皱褶，疝束和囊内的内脏无粘连。一般直径为 1cm。绝大多数脐疝儿无其他症状。无需特殊治疗。生后 1～2 岁腹壁肌逐渐发育，发达，合拢，可自然治愈。如果疝径大于 3～4cm，不闭合，可在小儿 4 岁以后手术治疗。脐疝嵌顿罕见。

【脐炎】（omphalitis） 因断脐及生后对脐部护理不当，细菌侵入繁殖而引起的脐部炎症。胎儿娩出后断脐带结扎及脐带脱落后残端，需数日才能愈合，此时最易感染，引起炎症。常见的细菌为金黄色葡萄球菌，其次为大肠杆菌、绿脓杆菌、溶血性链球菌等。脐炎轻者，脐栓周围皮肤红肿，有少量的浆液样分泌物，患儿精神好，吃奶好。重者，脐周围红肿、硬，有脓性分泌物，有臭味，如不及时处理，形成脐脓肿，周围组织蜂窝组织炎、腹膜炎、败血症、脑膜炎、门静脉炎等。患儿发热高，精神差，拒奶，抽搐，神志不清等，可造成死亡。其治疗特点是：轻者，局部处理，2% 碘酒涂拭，用 75% 酒精清洗脐部，每日 2～3 次；重者除局部处理外，需全身应用抗生素；如形成脓肿，需切开引流等。

【旗树】（flag tree） 形状如迎风飘扬的旗帜的乔木景观树。因受定向风的吹拂，一些地方生长在风流方向上的树木枝叶会只朝向背风方向发育伸展，久而久之，就形成了奇特的、极具旅游观赏价值的景观树形。旗树的分布不仅对气流运行方向和强度有一定的指示意义，而且在军事野战和科学

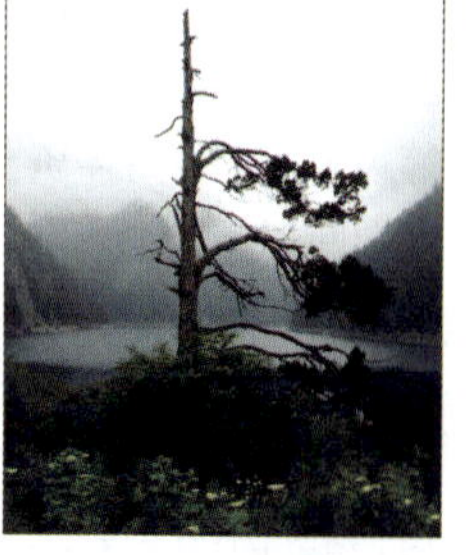

旗树

探险等作业中都有标志性价值。受西南季风的影响，在喜马拉雅山中东部的山脊地和南坡南北向谷地两侧的山坡上，都可以观察到树冠向北的旗树的生长和分布。

【旗云】(flag cloud) 漂浮在有冰川积雪分布的山峰峰顶上状如旗帜的云。当晴天太阳升起之后，雪峰附近的冰雪受热融化、蒸发而生成水汽。水汽沿峰面汇集上升到峰顶时经定向高空风吹拂而形成漂浮的旗云。海拔 8 000m 以上的世界极高峰都有可能形成旗云景观。目前最壮观最典型的旗云当数世界最高峰珠穆朗玛峰顶的旗云。每当 5 月中下旬西南季风开始盛行时，只要在晴天的午后，几乎都可以观测到珠穆朗玛峰顶上的旗云。旗云的形成时段、规模和漂浮方向可为高山气象、尤其是高山科考和登山气象预报提供一定的科学依据，同时也是一种极具观赏价值的气候地貌景观现象。

旗云

【鳍式】(fin formula) 记录鱼类鳍条数目的方式。鱼类和多数水生脊椎动物维持身体平衡和帮助运动的重要器官。按其鳍构造类型的不同可分为：(1)不分支、不分节并比较纤细的角质鳍条。为软骨鱼类所特有。即所谓“鱼翅”。(2)鳞片衍生而成的鳞质鳍条。为硬骨鱼类所特有。鳞质鳍条可分为鳍棘和鳍条两类。鲤科的一些鱼如鲤、鲫的鳍条骨化而形成坚硬但分节的硬棘。可分为左右两半，称这种硬棘为假棘(或称棘状鳍条)。按鳍存在部位的不同可分为:背鳍(D)、尾鳍(C)、臀鳍(A)、胸鳍(P)和腹鳍(V)等。鱼类鳍的组成和鳍条数目，是鱼类分类的重要依据之一。鳍条有鳍棘和软条之分。在记录它们的数目时，以罗马数代表鳍棘，以阿拉伯数字代表软条。不少鱼有 2 个背鳍。2 个背鳍的数目分别统计，两数字间以逗号(,)隔开。如大黄鱼背鳍的鳍式为:Ⅷ~Ⅸ,Ⅰ—31~34。表示该鱼的第一背鳍有 8~9 鳍棘，第二背鳍有 1 小鳍棘和 31~34 软条;鲤背鳍鳍式为 3,16~21，表示鲤背鳍有 3 条不分支软条，有 16~21条分支软条。

【麒麟菜】(eucheuma) 又称龙须菜、石花菜、鹿角菜、鸡胶菜。红藻纲，红翎菜科植物。藻体长 12~30cm，宽 2~3mm，肥厚多肉，紫红色，软骨质，不规则的分枝。基部具一圆盘状的固着器，上生少许纤维状根。分枝圆柱形，腋角广开，近于水平伸出，互生、对生、偏生或叉状分枝，顶端往往尖细，四周具疣状突起。生长在珊瑚礁上。分布中国台湾沿海。日本、马来群岛、印度尼西亚等地亦有分布。近似种琼枝和珍珠麒麟菜，已成为人工栽培的主要种类。主要成分为多糖、纤维素和矿物质，而蛋白质和脂肪含量非常低，故属于高膳食纤维食物。

麒麟菜

【企口缝】(tongue and groove joint) 呈企口形的一种接缝。水泥混凝土路面板中一边有凹槽，另一边有凸榫。它一般用于按车道施工的纵缝处。其顶面缝宽不大于 1cm，嵌入填缝料，其下部分则可在先浇捣的板侧面涂一层沥青后再浇捣相邻的板。侧模用凸形模板(先施工的混凝土板侧面呈凹形)，企口缝内宜设置拉杆。

【企业管理语言】(business management language) 见 COBOL 语言。

【企业金额】(enterprise costs) 施工企业根据本企业的施工技术和管理水平而编制的人工、材料和施工机械台班等的消耗标准。是施工企业完成一个规定计量单位的工程项目所需要的人工、材料、机械台班等的消耗标准。它不仅是施工企业内部进行施工管理的标准，而且是施工企业投标报价的依据之一。

【企业内部网】(intranet) 采用互联网技术建立的企业内部网络。基本思想是在内部网络上采用 TCP/IP 作为通信协议，用互联网的站点模型作为标准信息平台，同时建立防火墙，或采用其他安全技术把企业内部网和互联网分开。企业内部网是互联网技术在企业机构内部的实现。它能够以极少的成本和时间将一个企业内部的大量信息资源高效合理地传递到每个人，同时为企业提供了一种能充分利用通信线路、经济而有效地建立企业内部网络的方案。当然企业内部网并非一定要与互联网连接在一起，它完全可以作为一个独立的网络自成一体。

【企业职工伤亡事故】(casualties of company workers) 企业职工在劳动过程中发生的人身伤害、急性中毒事故。包括职工在本岗位劳动，或虽不在本岗位劳动，但由于企业的设备和设施不安全、劳动条件和作业环境不良，管理不善，以及企业领导指派到企业外从事本企业活动，所发生的人身伤害（即轻伤、重伤、死亡） 和急性中毒事故。它的发生可能会导致生产、科研活动的暂停或造成财产损失或人身伤亡，形成某种程度的灾害。

【企业智力资本开发】（enterprise intellectual capital development） 在企业发展战略目标的引导下，企业开展的对已有智力资本的一系列系统的、动态的战略管理和使用活动。通常是在系统全面的分析企业所处的外部环境和自身条件的基础上，正确确定企业当前和今后一段时间的发展战略目标，有效发挥企业已有智力资本的作用，不断创造并增殖新的智力资本，从而为企业创造价值，实现可持续发展。其开发途径有：(1)智力资本存量开发。识别、测量并评估企业本身现有的智力资本状况，确定企业智力资本存量的价值。(2)智力资本增量开发。在存量智力资本开发的基础上，找出企业发展战略定位所需要的竞争实力与现实实力之间的差距，运用先进的信息系统和知识管理手段，开发设计有效的技术工具和管理策略，促使企业智力资本增值或创新，填补战略需要的智力资本缺口，或进一步拉开与竞争者的智力资本价值量差距，实现形成核心竞争力，以防范竞争者赶超的战略目的。

【企业资源规划】（enterprise resource planning，ERP） 对企业的顾客信息、物资采购、市场需求、运输仓贮、财务会计等全部资源进行有效组合的信息系统。应用它的目的是为了最大限度地满足顾客需求，进而获得最佳效益。应用在传统制造业、金融业、高科技产业、电信业和零售业等领域。

【启闭机】（hoisting machine） 用以操作闸门及拦污栅的机械设备。其基本要求是：运行安全可靠，操作维护方便，结构简单，体积小，重量轻，外形美观和造价及维护费用低。按其行走机构的不同可分为：(1)固定式启闭机。螺杆式、卷杨式和液压式启闭机属固定式启闭机。其中，螺杆式启闭机是利用传力螺旋，借承重螺母的旋转，使螺杆带着门叶升降，以达到启闭闸门的目的。卷杨式启闭机系用钢丝绳作为承重构件，通过滑轮组和传动装置提升闸门；关闭闸门时需要依靠闸门重量（包括加重及水柱重等）。液压启闭机系应用液体作为传递动力的介质，推动活塞及活塞杆，使闸门升降。(2)移动式启闭机。是一种沿轨道行驶，能逐个操作多个闸门及拦污栅并兼作安装和检修启闭设备的机械。由起升机构、移动机构、门架、馈电装置、司机室和机械房等部分组成；门架上也有设置回转吊或单梁吊作为副钩。它有门式、半门式、桥式、台车式及单轨电动葫芦等多种型式；此外，还有用汽车式或履带式起重机兼做移动式启闭机用的。按其驱动方式的不同可分为：人力驱动、电动机驱动和内燃机驱动。按其传动方式的不同可分为：机械传动和液压传动。按其闸门连接的不同可分为：直接连接构件和柔性构件（如钢丝绳、链条）连接两类。

机械启闭机

【启闭台】（hoist platform） 装置闸门启闭设备以供操作用的工作台。水闸上的启闭台又称工作桥或机架桥。置于闸墩和边墩顶部的支墩或排架上。其高程需满足闸门全开的运行要求。在开敞式孔口的闸门全开时，其下缘需高于最高溢流水面；在有压孔口的闸门全开时，其下缘可与孔口上缘相平。弧形闸门的启闭台因闸门绕其支铰旋转，一般比平面闸门的启闭台低。隧洞、涵管等泄（引）水建筑物的启闭台，一般置于进水结构的顶部，需高于水库最高洪水位。其宽度可根据启闭设备的平面尺寸及其操作要求确定。小型露顶式闸门的启闭台一般采用板式结构；大中型露顶式闸门和深孔闸门的启闭台多采用板梁结构。多孔水闸的启闭台主梁可以采用单跨简支、多跨连续或双悬臂梁等多种结构型式，但均需与闸室的分段相匹配。

【启动极限】（starting limits） 发动机以各种启动方式可以启动并能稳定工作的极限包线。包括发动机有启动机辅助的无冲压启动、风车状态下的空中启动、装有连续点火系统或自动再点火系统的发动机再启动、有启动机辅助空中启动及其稳定工作的极限包线；对装有加力燃烧室的发动机还应规定加力接通及其稳定工作的极限边界。高度限定在海平面到3 000m高度内。影响发动机启动极限的因素有大气条件、发动机的温度状态、位势高度和风向、发动机启动系统的设计等。

【启动器】（starter） 控制电动机启动与停止、反转用的、带有过载保护开关的电器。可以带有过载继电器或脱扣器以保护电动机的过载，有的还带有欠压或其他保护。按其灭弧介质的不同可分为空气式和油浸式；按其操作方式的不同可分为手动操作、电磁操作、

隔爆型电磁

电动操作、气动操作等。常见的有电磁启动器、自耦减压启动器、频敏启动器和综合启动器等。主要用于控制低压直流电动机与交流电动机的启动、停止或反转。

【启动子】(promoter) RNA 聚合酶能够识别并与之结合,从而起始基因转录的一段 DNA 序列。它是基因的一个组成部分,常位于基因上游。主要用来控制基因表达(转录)的起始时间和表达的程度。启动子本身并不具有控制功能,而是通过与转录因子蛋白质结合而控制基因活动。

【启封火区】(opening and sealing fire area) 对已封闭的火区进行开启的工作。在对火区封闭后处理的全过程和观测所得的各种资料进行认真的分析研究,经取样化验证实火已熄灭后,提出启封报告,制定安全措施,采取分段或一次性打开火区的方法对封闭火区进行开启。启封火区工作一般由救护队完成。按启封方法的不同可分为通风启封火区和锁风启封火区。前者在火区范围不大、确证火源已经熄灭时采用。启封前要预先确定火区有害气体的排放路线,撤出路线上的工作人员。然后选择一个出风侧防火墙将其打开,过一定时间再打开进风侧防火墙。后者在火区范围较大、火源是否已经完全熄灭难以确认时适用。启封前应先在原有的火区进风防火墙外面 5~6m 处构筑一道有门的防火墙。救护队员进入,风门关闭,形成一个封闭的空间。贮备一定的材料(水泥、砂石、坑木等),再将原来的火区防火墙打开。启封期间火区始终处于封闭,隔绝状态。

【起飞和降落性能】(taking off and descending performance) 飞机起飞及降落距离、滑跑距离、离地速度和接地速度等性能指标。起飞距离指飞机在机场起飞跑道上的起飞线处开始,松开刹车,经过地面滑跑,离地爬升至 25m 高度所经过的地面距离。降落距离是指飞机进入机场着陆下降至 25m 高度算起,经过下滑、平飞减速、飘落接地和地面滑跑等阶段直至停机所经过的地面距离。滑跑距离则只算到离地或从接地开始。离地速度是指飞机在起飞过程中,飞行员向后拉杆使飞机抬头离地的瞬间速度。此值越小,飞机的地面滑跑距离越短。接地速度是指在降落过程中,飞机落地的瞬间速度。此值越小,降落过程越短。

【起爆】(detonation) 炸药局部失去相对稳定状态开始发生爆炸反应的过程。在实际工作中主要指在规定时间使炸药发生稳定爆轰。炸药这一相对稳定的不平衡体系,在未受外界能量作用时,处于相对稳定状态。一旦受到外界足够能量的作用,便使其局部发生活化,失去原有的平衡状态,最终发生爆炸反应。起爆器材可分为:(1)起爆材料。各种雷管(按点火方式分为火雷管、电雷管和非电雷管即导爆管三类)。(2)传爆材料。导火索、导爆管。其中,导爆管既可起起爆作用又能起传爆作用。起爆方法按雷管的点火方法不同而不同。常用的起爆方法可分为三类:电力起爆法、非电起爆法、无线起爆法。在工程爆破中多使用前两种方法。

【起爆药】(initiating explosive) 在外界较小能量的作用下能急速由爆燃转爆轰的炸药。是用于起爆猛炸药的药剂,也是炸药中对外界作用最敏感的一类药剂。在比较小的外界作用(如撞击、针刺、摩擦、火焰、电热等)下就能引起起爆药发生爆炸。其变化速度在很短的时间内即增至最大值。由于其爆炸增长速度很快,起爆猛炸药所用药量很小,因此起爆药常用以装填各种起爆器材和点火器材,如雷管、火帽等。起爆药由于被用来引起其他炸药的爆炸,故有时又称为初级炸药、一次炸药、主发炸药或第一类炸药。常用的单质起爆药有:氮化铅、雷汞、斯蒂酚酸铅、特屈拉辛、二硝基重氮酚等。

起爆药

【起居养生】(personal health) 通过调摄人们的衣食住行、站立坐卧、苦乐劳逸等,达到祛病强身、益寿延年目的的养生方法。人们的寿命长短与能否合理安排起居作息有着密切的关系。如果人起居有常,合理作息,就能保养神气,使人体精力充沛,生命力旺盛,面色红润光泽,目光炯炯,神采奕奕;反之,起居无常,不按自然规律和人体常度来安排作息,天长日久就会神气衰败,出现精神萎靡,生命力衰退,面色不华,目光呆滞无神,身体健康受到危害。

【起讫点调查】(survey for single vehicle from beginning to ending) 又称 OD 调查。对某一调查区域内出行个体的出行起点和终点的调查。为分析出行个体的流动和交通流分配奠定基础。其目的就是弄清交通流和交通源之间的关系,获取道路网上交通流的构成、流量、流向、车辆起讫点、货物类型等数据,从而推求远景年的交通量,为交通规划等工作提供基础数据。OD 调查主要分为居民 OD 调查、车辆 OD 调查和货流 OD 调查。居民 OD 调查重点是居民出行的起讫点分布、出行目的、出行时间、出行距离、出行次数、出行方式等。车辆 OD 调查主要调查出行目的、起讫点、车型、货物种类和实载率等。货流调查重点是调查货源点和吸引点的分布、货运方式分配、货流分类数量和比重等。OD调查的方法有很多,根据调查内容、要求的不同可以采用不同方法。常用方法主要有路边询问法、表格调查法、家庭访问法、明信片调查法和车辆牌照法。

【起酥油】(shortening) 经精炼的动植物油脂、氢化油或上述油脂的混合物,经急冷、捏合而成的固态油脂,或不经急冷、捏合而成的固态或流动态的油脂产品。起酥油的生产工艺不同,其性状也各异。根据油的来源不同分为动物或植物起酥油,部分氢化或全氢化起酥油,乳化或非乳化起酥油。根据用途和功能的不同可分为面包用、糕点用、糖霜用和煎炸用起酥油。根据物理形态的不同可分为塑性、流体和粉状起酥油。具有可塑性和乳化性等加工性能,一般不宜直接食用。多用于加工糕点、面包或煎炸食品等,可使制品十分酥脆。

【起因物】(cause things) 导致事故发生的物体或物质。物的不安全状态导致起因物发生作用。强调物的不安全状态。因为有危险条件存在,才能引起事故发生,故有事故祸源之说。起因物记录事故发生了的物质方面的原因。包括锅炉、机动车辆、船舶、化学品、煤、环境、金属矿物、粉尘等。与致害物的区别在于:致害物是与人体接触(直接接触或人体暴露于其中)使人受伤害的物体或物质,而起因物则强调的是物的不安全状态对事故的发生起了作用,至于是否造成伤害,则无须考虑。判定原则是:(1)依据造成伤害事故的主因,选择存在不安全状态的物。(2)遇到两种以上起因物掺杂在一起或不易判定的情况,应从预防事故重演的观点出发,选择最为重要的起因物。(3)如致害物是机械装置正常运转时产生的物体或是和机械装置成为一体运动的物体(如车床上的加工件),起因物一般选择机械装置(焊机或车床)。(4)当导致伤害的原因仅仅是人时,则无起因物(此时无不安全状态)。起因物与不安全状态共存,即有前者就有后者,无前者亦无后者;反之亦然。

【气】 中医术语。中医理论中构成人体和维持生命活动的最基本物质。气主要通过脏腑组织机能活动来反映人体的生理、病理现象。

【气闭】(qi block) 气郁太过,上壅心胸,闭塞清窍,以致突然昏厥,或浊邪闭塞气道,气之出入受碍,肺气郁闭,呼吸困难的病理状态。气闭病变的产生多由于情志抑郁,或外邪、痰浊等阻滞气机出入所致。

【气传病害】(air-borne disease) 通过气流传播扩散病原物所引起的一类植物病害。绝大多数的真菌都可产生数量很大、质量很轻的孢子,凭借气流传播危害,如稻瘟病、麦类锈病等。一些病原细菌和线虫,也可通过暴风雨的气流传播扩散。

【气电焊】(gas electric welding) 又称气体保护电弧焊。利用气体作为保护介质的电弧熔焊方法。与其他焊接方法相比,具有下列特点:(1)明弧焊接。便于观察,操作简便,有利于实现机械化和自动化。(2)焊接质量好。由于电弧热量集中,热影响区小,焊缝含氢量小,抗裂性能好,不易产生气孔。但不宜在野外或有风的地方施焊,而且焊接设备较复杂。按气体种类的不同可分为氩弧焊、氮弧焊、氢原子焊、二氧化碳气体保护焊等。按电极形式的不同可分为熔化极和非熔化极两种。按操作方法的不同可分为手工、半自动和自动气体保护焊三种。

【气垫船】(hovercraft) 又称气垫飞行器。利用高于大气压的压缩空气在船底和支承表面间形成静态气垫而托起船体离开水面,减少航行阻力,提高航速的一种船型。按其工作状态的不同可分为两种:(1)侧壁式气垫船。在两舷装有刚性侧壁并插入水中,首尾有气封装置,阻止气垫内的压缩空气外逸。工作时,压缩空气自侧壁打到水面形成气垫。航行时,船体大部分被托出水面,但侧壁仍留在水中。侧壁式气垫船用水下螺旋桨或喷水推进装置作推进器。它不能离开水面航行,不具有两栖性。由于刚性侧壁具有较好的气封效果,所以它维持气垫压力所需功率较小。(2)全垫升式气垫船。船底全垫升式气垫船又称为全浮式气垫船。周围装有柔性围裙,防止空气逸漏,以节省鼓风机功率,并在甲板上装有空气螺旋桨用作推进器。在航行时,全垫升式气垫将船体托起离开水面(或地面),故具有优良的两栖性,可航行于水面、沼泽、田野、冰面或河滩之上。其缺点是:造价高,空气螺旋桨寿命低,续航力低,波浪中的失速高、野外噪声大。

气垫船

【气垫式音箱】(air cushion enclosure) 见密闭式音箱。

【气动/推进一体化设计】(pneumatic and promotive integration design) 在飞机性能要求与约束条件下,寻求最优的发动机和机体整体布局,以便在整个飞行包线内获得有效的外流气动特性的设计方法。从第一代喷气式战斗机开始,发动机就安装在飞机机身内,进气道与前机身、尾喷管和后机身存在相互影响和干扰。由于这些原因,20 世纪 70 年代出现的第三代战斗机,已初步应用了这种设计思想。由于对飞机性能的要求越来越高,加之推力矢量/反向技术的发展,对气动/推进一体化设计的要求与日俱增。气动/推进一体化设计要考虑的主要因素有:(1)进气道的形式和位置。(2)前机身流场设计。(3)减小尾部阻力。(4)后机身的综合设计。(5)内外流一体化分析与设计。气动/推进一体化设计能降低飞机总阻力、改善飞行品质、提高发动机推力和工作范围,对高性能战斗机设计具有重要意义。

【气动/隐身一体化设计】(stealthy integration design) 综合考虑飞机的气动特性与隐身特性的设计方法。其基本原则和技术方法是:(1)采用尽可能小的垂直安定面。(2)采用翼身融合体技术。(3)采用小展弦比和有一定后掠角的机翼和尾翼。(4)机身、机翼前后缘设计成平行状。(5)发动机进气道、喷管及座舱尽可能采用埋入式并进行遮蔽。(6)在飞行性能和隐身性能出现矛盾时进行适当折中。在 20 世纪 70 年代后期,美国开始研制全隐身战斗机和轰炸机。隐身技术最重要的是降低雷达反射截面积,具体方法是采用吸波材料涂层和采用特殊外形设计。但第一代隐身飞机过于强调隐身性能,在一定程度上破坏了飞机气动特性。F-117 战斗机只能以高超声速飞行,机动性能差,不适于空战,现已全部退役。在 20 世纪 80 年代初,美国开始研制第四代战斗机,提出气动/隐身一体化设计,以达到超声速巡航能力、高机动性和隐身性能的统一。美国的 F-22 战斗机采用此种设计后,在满足战术技术和性能指标的前提下,已具有很好的隐身性能。

【气动布局】(pneumatic layout) 飞机外部总体形态布局与位置安排。不同类型、不同速度的飞机有不同的气动布局。按机翼和机身连接上下位置的不同可分为上单翼、中单翼和下单翼;按机翼弦平面有无上反角的不同可分为上反翼、无上反翼和下反翼;按立尾翼数量的不同可分为单立尾、双立尾和无立尾(无立尾时平尾翼变成"V"字形)。通常所指的气动布局指平尾翼相对于机翼在纵向位置上的安排,有正常式、鸭式和无尾式之分。不同的气动布局形式,对飞机的飞行性能、稳定性和操纵性有重大影响。

鸭式布局的歼 10 战斗机

【气动机构】(pneumatic mechanism) 用气动执行元件和连杆、杠杆等常用机构结合构成的机构。如断续输送机构、多级行程机构、阻挡机构、行程扩大机构、扩力机构、绳索机构、离合器及制动器等。气动机构能实现各种平面和空间的直线运动、回转运动和间歇运动。采用气动机构能使机构设计简化,结构轻巧。从最简单的气动虎钳到柔性加工线中的气动机械手,充分展现了气动机构的特点。

气动球阀

【气动热力学】(aerothermodynamics) 空气动力学的一个分支。研究高温气体或气体成分变化时的流动和气体与物体的相互作用的学科。是高超音速飞行器和发动机气动设计、防热设计的重要理论基础。气动热力学不再像传统的空气动力学那样,认为气体的热力学状态和与海平面标准大气条件相差不多时的流动,气体的压力、温度和密度的关系遵循完全气体状态方程,气体的其他性质(如比热、黏性、导热率等)都假定为常数。在气动热力学中,它们不再是常数,在许多情况下完全气体状态方程也已不再适用。气动热力学认为,气体的流动性质依赖于它的温度和成分,在分析高温或气体成分有变化的流动时,须同时考虑热力和动力现象。气动热力学把空气动力学与热力学、物理力学、化学动力学和电磁学结合在一起,是正在发展中的边缘学科。

【气浮装置】(floating device)采用技术措施向水中通入空气,让密度接近于水的细微颗粒物与微小气泡附聚在一起形成浮悬体上升到水面而与水分离的装置。常用混凝剂促使气、粒黏附。

气浮装置

【气辅成型技术】(gas aided molding technology) 利用高压气体在塑件内部产生中空截面,

利用气体保压代替塑料注塑保压，消除制品缩痕完成注塑成型过程的技术。其工艺过程主要包括：塑料熔体注塑、气体注塑、气体保压三个阶段。根据熔体注塑量的不同可分为短射和满射两种方式。在短射方式中，气体首先推动熔体充满型腔，然后保压；在满射方式中，气体只起保压作用。其主要特点是：解决制件表面缩痕问题，能够提高制件的表面质量；局部加气道增厚可增加制件的强度和尺寸稳定性，并降低制件内应力，减少翘曲变形；节约原材料可达 40% ~ 50%；简化制件和模具设计，降低模具加工难度；降低模腔压力，减小锁模力，延长模具寿命；冷却加快，生产周期缩短。气体辅助注塑成型技术在家电、汽车、家具和日常用品等几乎所有塑料制件领域得到广泛应用。

【气功】 中医疗法之一。以调整、意识和身体活动为手段，以强身健体、防病、冶病和开发智能为目的的锻炼方法。起源于古代的“吐纳、导引”，有坐、卧、站等姿势。近年的研究初步认为专心用功，用调息、意守等方法，调整呼吸之气，使其逐步达到缓、细、深、长，使大脑皮层得以发挥其对机体内部的主导调节作用，血中含氧量增加，促进全身气机的畅通，加强肠胃消化功能和全身物质代谢，能达到疏通经络、调和气血、平衡阴阳、强身保健、防病治病的目的。练功方法有多种，比较常见的如放松功、内养功、跷步运化功和八段锦等。

【气管插管困难】（difficult intubation） 一个经过正规训练的麻醉医师使用常规喉镜正确地进行气管插管时，常规喉镜下插管时间超过 10min 或经三次尝试仍不能成功的现象。

【气管插管术】（tracheal intubation） 将特制的气管导管，通过口腔（口腔气管插管）或鼻腔（鼻气管插管）插入病人气管内的技术。是一种气管内麻醉和抢救病人的技术，也是保持上呼吸道通畅的最可靠手段。适用于各种原因所致的呼吸衰竭，需心肺复苏以及气管内麻醉者；加压给氧；防止呕吐物分泌物流入气管及随时吸除分泌物；气道堵塞的抢救；复苏术中及抢救新生儿窒息等。但如患有明显喉头水肿或声门及声门下狭窄者、急性呼吸道感染者则禁忌气管内插管。

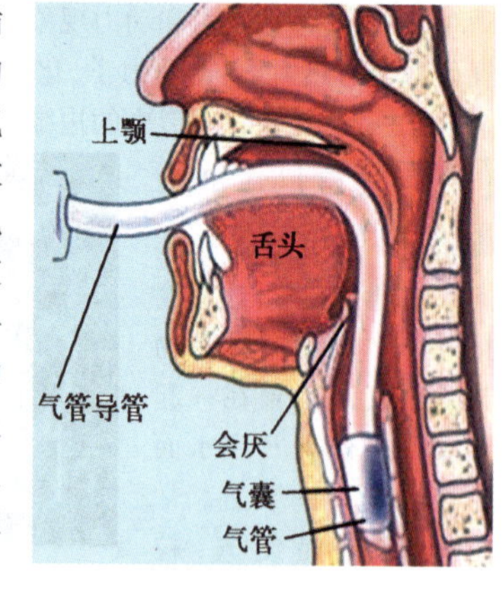

气管插管术

【气海】 ❶中医穴位名。属任脉，定位：在腹中线上，脐下 1.5 寸处。主治：脐周腹痛，水肿鼓胀，泄泻，癃闭，遗尿，遗精，阳痿，疝气，月经不调，赤白带下，崩漏，产后恶露不止，脏器虚惫，形体羸瘦，气喘虚脱；胃炎，胃下垂，盆腔炎，尿潴留，肠麻痹，尿崩症，尿路感染，神经衰弱等。刺灸法：直刺 0.5 ~ 1 寸；艾炷灸 3 ~ 7 壮，或艾条灸 15 ~ 30min。孕妇慎用。现代研究证明：针刺气海穴能提高机体的免疫机能。❷中医四海（脑为髓海、冲脉为血海、膻中为气海、胃为水谷之海）之一，即膻中。

【气焊】（gas welding） 利用可燃气体乙炔（C_2H_2）和氧气（O_2）混合燃烧时所产生的高温火焰使焊件和焊丝局部熔化而填充金属的焊接方法。乙炔燃烧时产生的大量 CO_2 和 CO 气体包围熔池，排开空气，对熔池有保护作用。与电弧焊相比，气焊热源的温度较低，热量分散，加热缓慢，生产率低，工件变形严重，接头质量较低。但气焊火焰容易控制，操作简便，灵活性强，不需要电源，可在野外作业。气焊适于焊接厚度在 3mm 以下的低碳钢薄板、高碳钢、铸铁以及铜、铝等非铁金属及其合金，也可用作焊前预热、焊后缓冷及小型零件热处理的热源。

气焊

【气候】（climate） 大气圈—水圈—冰冻（雪）圈—岩石圈—生物圈等组成气候系统缓慢变化的状况。包括其平均状况和极端的变化。以一段时间（比如一个月或更长时间）气候系统的一些适当的平均量来表征。世界气象组织规定 1931 ~ 1960 年的观测记录作为论述现阶段气候的统一年代。气候由能表征其特点的气象要素表示。这些气象要素的平均值称为气候要素。狭义的气候要素有气温、湿度、降水量、云、风、日照等的多年平均值和极端状况值；广义的气候要素还包括有能量意义的大气特征值（如大气稳定度、大气透明度、紫外辐射强度等）的多年平均状况和极端状况。根据广义的气候要素，可以更深刻地反映当地的气候特征。以前的气候概念是局地气候，基本上就是地表温度和降水量的长期平均状况。随着对决定气候及其变化率的下垫面过程的认识日益增多和深入，气候的概念已经大大拓展并且发生了变化。

【气候带】(climatic zone) 区别气候地理分布的最大单元。环绕全球的气候带主要取决于太阳辐射随纬度的分布，其分带指标以温度的季节分布为主，或以支配该分布的气团及与其有关的环流因子为基础。古希腊人以南北回归为准划分热带、温带与寒带；19世纪下半叶苏本与柯本将温度实测资料与自然植物分布相结合提出自然气候带的划分；阿里索夫于1936～1949年间提出以盛行气团为主、海陆分布为辅的气候分类。这种分类法将每个半球上分出七带：(1)赤道带。(2)副赤道带。(3)热带。(4)副热带。(5)温带。(6)副北(南)极带。(7)北(南)极带。其中，1、3、5、7四个带全年为一种盛行气团所支配，称作主带；2、4、6三个带的盛行气团有冬夏季节性的交替，称作副带。每一带因海陆分布差异各分出两种或四种类型(南、北极带除外)。

【气候地貌】(climatic landform) 不同气候条件下形成的地域形态。由于外力作用(风化、流水、冰川、风等)在很大程度上受气候条件控制，所以气候地貌具有区域性和地带性，不同的气候条件可形成不同的地貌类型。如冰川、冻土分布于高纬度和极高山区的寒冷地区。珊瑚礁、红树林分布在热带、亚热带沿海，沙漠和戈壁分布在干旱荒漠地区等。

极端干旱下的地貌

【气候分类】(climate classification) 将各地区不同的气候按其主要特征归纳成的若干类型。分类的方法很多。着眼于气候形成因子、以太阳高度角、回归线和极圈为基线，将全球划分为五个气候带：热带、温带和寒带。根据海陆位置的差异将每个气候带分成若干个气候类型，如大陆型、海洋型、大陆东岸型等。根据自然地理因素(土壤、水文和植物群落等)的空间分布状况，对照气温和降水分布特征及不同组合，又可将全球气候分为热带森林气候带、草原气候带、沙漠气候带和温带落叶林气候带等。此外，以应用为目的，尚有农业、水文和医疗等多种气候分类方案。

【气候观测系统】(climate observation system) 国际合作在全球范围内进行的所有气候观测、预测、计算和各种长期、系统、即时的气候资料收集系统。为了弥补常规观测和科学试验的不足，1999年在美国召开的世界气象组织陶森会议上批准实施。在大气观测方面，该系统包括世界气象组织(WMO)的全球地面网站989个，高空网站150个，大气网站22个，可提供大气成分、大气环流、云与辐射及地面气象要素等资料；在海洋观测方面，已与全球海洋观测系统(GOOS)合作，进行海洋气候观测，提供海温、盐度、海气通量、淡水收支、海洋环境、海平面高度等资料；在陆地观测方面，与全球陆地观测系统(GTOS)合作，共同制定陆地气象观测计划。该系统目前运行的有：世界水文观测系统、全球陆地冰川观测网、全球永冻带观测网、全球水圈与冰雪圈、生物圈观测网，以及全球地面网站臭氧观测，并发布当日臭氧总量图。此外还利用各国发射的气象卫星和地基观测资料进行综合，以提供各种区域的或专题的观测资料。

【气候监测】(climate monitoring) 以监测气候为目而进行的气象观测。通过各种气象仪器对地球表面和大气的状态(例如气温、气压和降水量等)以及气候强迫因子(例如太阳辐射、大气二氧化碳浓度等)进行长期观测，专门监视气候变化和气候与生物圈、人类活动相互作用情况。世界气象组织协调各国组建的现代气候监视系统，包括世界天气监视网、世界辐射监视网、气候台站网、海洋气候监视网和大气本底污染监测网等。在气候台站网中，中国和世界各国还设置了一批为数不多，但技术要求较高的基准气候站。它是监测气候变化的主要依据，也是其他气象台站用以序列订正的标准。

【气候模拟】(climate modeling) 应用电子计算机对模仿各种气候条件的不同数学模型进行试验，以揭示气候的形成及其变化规律的技术。由于气候系统的复杂性，在实验室里难以重现气候变化的物理过程，所以对地球气候系统的数学模型作了不同程度简化，并采用积分重现来进行模拟试验。

【气候模式】(climate pattern) 气候系统的数学表达方式。以支配气候系统各分量的行为的数学方程式为依据，对关键的物理过程和相互作用进行处理。如根据所关心的时间尺度，大气模式可以与各种类似的模式相耦合，包括海洋模式(含时间尺度超过1年的深海模式)、陆面和生物圈模式、陆地冰雪模式和海冰模式。对于更长时间尺度的气候变化，外源强迫因子(太阳辐射)可能也非常重要，应使其具有适合于做数值计算的形式。大多数气候模式都与数值天气预报模式密切相关。

【气候区划】(climate regionalization) 根据气候的不同类型、按一定的指标将全球或某一地区的气候进行的区域划分。中国气象局1978年编制的气候区划，运用1951～1970年的气候资料，根据湿润(A)、亚湿润(B)、亚干旱(C)和干旱(D)指标，将中国划分为北温带(Ⅰ)、中温带(Ⅱ)、南温带(Ⅲ)、北亚热带(Ⅳ)、中亚热带(Ⅴ)、南亚热带(Ⅵ)、北热带(Ⅶ)、中热带(Ⅷ)、南热带(Ⅸ)和高原气候区域等九带一区。其中的带和区中又分若干小带或小区。进行气候区划有利于气象研究和更好地为经济建设和群众生活服务。

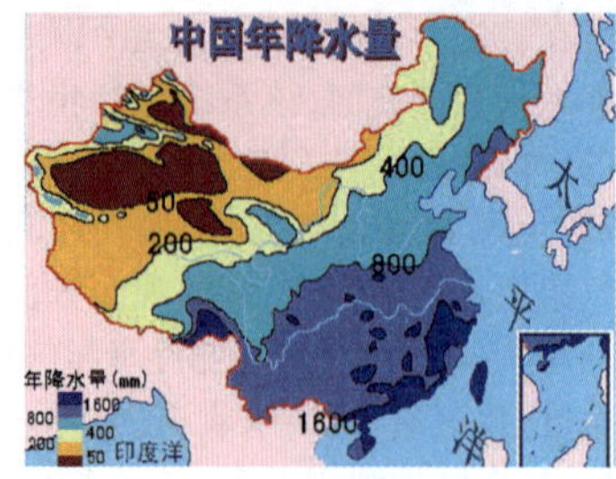

气候区划

【气候统计量】(climate statistics) 将各种气象要素的多年观测记录按不同方式进行统计所得到的结果。是分析和描述气候特征及其变化规律的基本资料。常用的有平均值、总量、频率、极值、变率、各种天气现象的日数及其初终日、某些气象要素的持续日数等。气候统计量通常要求有较长年代的观测记录，以使所得统计结果比较稳定，一般取连续30年以上的记录。为了对全球或某个区域的气候做分析比较，必须采用相同年代的资料。为此，世界气象组织(WMO)建议把1901～1930年和1931～1960年两段各30年的资料作为全球统一的资料统计年代。但在一些气候变化不大的地区或年际间变化不大的一些气象要素，连续10年以上的资料统计结果也具有一定的代表性。

【气候图集】(climatological atlas) 主要由气候图组成的一种图集。专门提供某个特定区域在相当长时期内主要气象要素逐月和逐年的分布特征。常用的有地面气候图集、高空气候图集、航空气候图集和海洋气候图集等。其中，地面气候图集一般包括太阳辐射、热量、水分、流场和天气现象等图组；高空气候图集包括各等压面高度、温度、湿度、风向和风速等图组。气候图集是揭示大气运动物理过程的时间变化规律和空间分布特征的重要手段，在气候资源的开发利用、高空飞行和远洋运输的气象导航以及贸易、旅游和国际交往中都有重要用途。

【气候系统】(climate system) 由大气圈、水圈、冰冻(雪)圈、岩石圈和生物圈等五个圈层组成的系统。它们之间的相互作用和对外部影响(强迫)的响应决定着地球的气候。气候系统各圈层之间的相互作用包括物理过程、化学过程和生物过程。圈层之间的相互作用有热量、水汽和动量交换，例如海-气交换、陆-气交换和冰(雪)-气交换等。

【气候学】(climatology) 气象学的一个分支。主要研究气候的特征、变化规律、形成及其应用的学科。可进一步细分为动力气候学、物理气候学、应用气候学、高空气候学、天气气候学、无线电气候学、古气候学和物候学等分支学科。

【气候异常】(climate anomalies) 气候要素值与气候平均值的巨大偏差。一般指大于两倍方差的距平。但在原序列与正态分布差别较大时，可先开立方，再求方差。例如干旱地区的降水量，就可以先开立方，然后求方差。当序列接近正态分布时，一般气候要素值有距平大于2个方差的频率约为5%。

【气候因子】(climatic factor) 形成气候的主导因素。主要有三个方面：(1)辐射因子。进入大气的太阳辐射是地球气候的总能源，地—气系统的辐射过程决定着能量的分配。(2)大气环流因子。它支配着不同时间、地点的热量、水分与质量的输送，起着能量的调剂、再分配作用。(3)地理因子。包括地理纬度、海陆分布、海拔高度、陆面性质与地形方位等，它对前两个因子产生错综复杂的影响。

【气候预报】(climate forecast) 对某一区域未来气候的展望。在中国常指预测期在一年以上的超长期预报。过去气候预报只是建立在充分收集、整编、分析历史气候资料的基础上，再用统计方法对未来气候状况作预报，即根据气候变量的长期平均在统计学的意义上去了解未来气候变化趋势。自20世纪70年代以来，已将数学、流体力学、动力气象学等的成果，引入气候预报业务中，使预报准确率大大提高。

【气候灾害】(climate damage) 大范围、长时间的气候异常所造成的对人类生活和生产有较大不利影响的气候现象。如长时间气温偏高、偏低，或降水量偏多、偏少，或风力偏强等。这些气候异常会带来干旱、洪涝、低温、冷害和沙尘暴等灾害，对农业、工业、牧业、水利、交通等产生影响，造成巨大的经济损失。在一般年份，气象灾害所造成的损失约占到国民经济生产总值的3%～6%；异常年份，气象灾害造成的经济损失更加严重。在中国气候灾害中，以干旱和洪涝两种气候灾害最为严重，约占气象灾害造成的总经济损失的78%。

低温冻害

【气候振荡】(climate oscillation) 气候变

化在平均状态附近的缓慢变动。具有某种规律性但又不一定是周期性出现的事件,只具有准周期性。这只意味着事件在振荡的峰值附近比在谷区更有可能发生。现在已经发现存在许多时间尺度(长到地质年代,短到几年)的气候振荡。

【气候指数】(climate index) 由两个或两个以上的气候要素组成的表示某种气候特征的量。包括干旱指数、湿润指数、季风指数和大陆度等。主要用于气候分类和区划。干燥指数又称干燥度,用可能蒸发量与降水量之比表示;湿润指数又称湿润度,为干燥指数的倒数;季风指数,表示季风强弱和稳定度的量;大陆度表示某地气候受大陆影响的程度。

【气候资源】(climate resource) 泛指支持人类活动及整个生命系统的地球表层大气环境条件。是气象资源的主要组成部分。由人类生产、生活及整个生命系统所必需的光照、温度(热量)、降水(水分)、风、大气化学成分等气象要素或大气成分构成。是人类生产和生活必不可少的主要资源,在一定的技术和经济条件下为人类提供物质和能量。气候资源是一种可再生资源,但是也会因气候变化或大气成分的变化而发生变化。其开发利用不应超过气候资源与环境的承载能力。气候资源对人类的生产和生活有很大的影响,甚至会成为决定性的因素。它的可再生性、普遍性、清洁性,奠定了其在可持续发展中的重要地位与作用。

【气机】(qi movement) 中医术语。人体中气的升、降、出、入运动。人体的气是不断地运动着的具有很强活力的精微物质。人体的气处于不断地运动之中。它流行于全身各脏腑、经络等组织器官,无处不有,时刻推动和激发着人体的各种生理活动。气的运动一旦停止,就失去了其维持生命活动的作用,人的生命活动也就终止了。

【气力输送】(air transportation) 又称气流输送。利用气流能量在密闭管道内沿气流方向输送粒状物料的一种管道输送方式。是流态化技术的一种具体应用。其装置结构简单,操作方便,可作水平的、垂直的或倾斜方向的输送。在输送过程中还可同时进行物料的加热、冷却、干燥和气流分级等物理操作或某些化学操作。其优点是:(1)输送管道配置灵活,工厂生产工艺流程更合理。(2)输送系统完全封闭,扬尘少。(3)运动零部件少,维修保养方便,易于实现自动化。(4)散料输送效率高,降低了包装和装卸运输费用。(5)避免被输送物料的受潮、污损和混入其他杂物,保证输送质量。(6)在输送过程中可同时实现多种工艺操作过程,如混合、粉碎、分级、干燥、冷却、除尘等。(7)可将由数点集中的物料送往一处或由一处送往分散的数点,并实现远距离操作等。其缺点是:(1)与机械输送相比,能量消耗较大,颗粒易受破损,设备易磨蚀。(2)含水量多,有黏附性,在高速运动时易产生物料对管壁和黏附现象。气力输送是气固两相流,情况十分复杂,设计计算尚处于经验阶段。

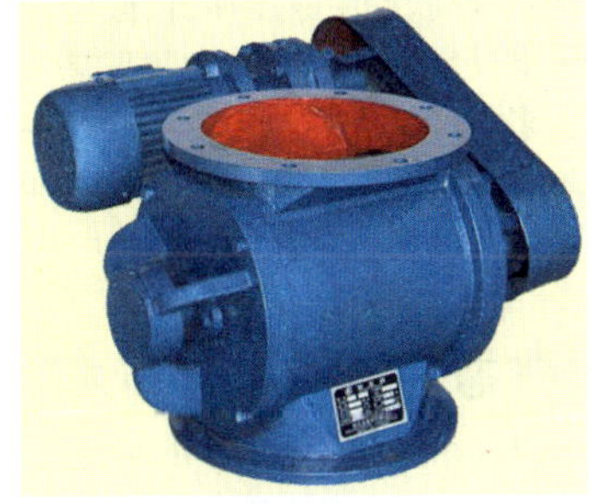
气力输送设备

【气流纺纱】(open end spinning) 见转杯纺纱。

【气流干燥】(drying with air) 又称瞬间干燥。固体液态化原理在干燥方面的应用。使热空气与被干燥物料直接接触,并使被干燥物料均匀地悬浮于液体中,因而接触面积增大,强化了传热与传质过程,气体与物料间的传热系数高达 840 ~ 4 200KJ/(m. h. c),干燥时间只要数秒钟。

【气流喷射染色】(air-jet dyeing) 用气流代替液流输送织物进行染色的技术。将高压鼓风机产生的高速气流注入喷嘴,同时另一管路向喷嘴注入染液,染液与高速气流在喷嘴中相遇并混合形成雾状微细液滴后喷向织物,既带动织物运行,又使染液与织物在短时间内充分接触,均匀染色。由于带动织物运行的是高速气流而不是水(浴比在1∶4以下),染料及助剂消耗少、环境污染小。气流喷射染色的热交换效率高,升温速率达8 ~ 10℃/min,大大缩短了升温时间,降低了蒸汽的消耗量。气雾和液流具有更好的渗透性,织物在进入喷嘴前后能稳定地移动和打开,消除运行皱痕,匀染性好,高温排液和连续水洗,缩短染色周期,提高织物的柔软性。气流喷射染色适用于轻薄紧密超细纤维织物特别是磨毛织物的染色。

【气流膨化技术】(explosion-puffing technology) 利用气流的高温、高压作用,使食品原料中的水分迅速蒸发、淀粉完全熟化的一种技术。膨化时发生闪蒸,产生强大的向外膨胀力,食品体积增大至原来的几倍乃至十几倍。气流膨化所需的能量主要由外部加热系统供给。气流膨化的高压是靠密闭容器加热时的水分气化及空气膨胀所产生的。气流膨化所使用的原料基本上为粒状。膨化食品具有松脆可口的特点。其膨化过程较少受原料水分和脂肪的影响。该技术在饲料、果蔬等产品加工方面广泛应用。

【气密型电气设备】(hermetically sealed electrical apparatus) 具有气密外壳的防爆电气设备。其防爆原理是:将电气设备或电气部件置入经气密的外壳内。这种外壳能防止壳外部可燃性气体进入壳内。即环境中的爆炸性混合物不能进入电气设备外壳内部,从而保证外壳内部带电部分不会接触到爆炸性混合物,达到防止发生点燃爆炸的目的。气密型电气设备的气密外壳是一种能阻止气体、粉尘、固体和液体侵入的完全密封的外壳,一般采用金属材料制成。其外壳各部分是通过金属与金属或金属与玻璃等材料的熔接、挤压或胶粘的方法进行密封,不允许采用衬垫进行密封。气密型电气设备有整台电气设备气密的,也有电气部件气密的。气密的电气部件不能单独在爆炸环境中使用。气密型电气设备的主要附属装置就是外壳上的电缆引入装置。电缆引入装置的密封性能的好坏,直接影响气密外壳的气密性,影响气密型电气设备的防爆性能,所以电缆引入装置的气密十分重要。

防爆磁力启动器

【气逆】(qi counterflow) 中医术语。气机上逆的病理状态。多由情志内伤、饮食冷热不适、外邪侵犯或痰浊壅滞所致,也有因虚而致气机上逆者。多见于肺、胃、肝等脏腑病变,且多以实证为主。

【气溶胶】(air medium gum) 分散于气体介质中的呈溶胶状态的固体、液体微粒。直径小于0.1μm的烟尘和雾滴其垂直降落速度小于水平运动速度,可以长期悬浮在空气中。粒子越小,危害越大。例如直径大于5μm的粒子大部分被人的鼻腔和上呼吸道阻留,不容易进入肺部。而小于5μm的粒子则可以很容易地进入肺部。大气中的气溶胶主要来自工业生产产生的烟尘和机动车排放的废气,也来自二次污染——光化学烟雾。

【气色】(complexion) 人的周身皮肤(以面部为主)和体表组织的色泽。《医门法律》说:“色者,神之旗也,神旺则色旺,神衰则色衰,神藏则色藏,神露则色露。”皮肤和体表组织的色泽荣润或枯槁,是脏腑精气盛衰的重要表现。

【气升式发酵】(air lift fermentator) 利用压缩空气为动力的发酵。其原理是需氧气的发酵过程都需要把反应液体搅拌。用搅拌桨通过机械的方式搅拌,不但消耗很多的动力,而且容易把发酵罐中的细胞打碎。若在发酵罐内安装一个圆筒或隔板,把发酵罐的截面积划分为两部分,空气从其中一部分通入,气泡沿这部分的通道上升,则因为此通道内含有许多气体,流体的平均密度比不通气的另一通道中的液体密度小。两个通道间的流体产生一个密度差,使流体在这两个通道间循环流动,达到液体混合的目的。凡是利用有这一原理产生液体循环流动的发酵罐都属于气升式发酵罐。

【气生植物】(air plants) 不需要土壤而生长所需的水分和营养全部来自空气的植物。既不同于附生植物,也不同于具有气生根的植物。主要包括地衣、苔藓、蕨、凤梨科和兰科植物中的某些附生类群。它们没有根或者根不发达,仅起固定植株的作用。但空气中的水分和养分毕竟是有限的,所以这些植物一般都具有很强的利用水分及养分的能力,很多植物已经成为有效地检测环境变化的“指示生物”和去除环境污染的修复植物。另外,这些植物具有忍受恶劣环境条件的生理基础,还可能成为适应空间环境的先锋植物,在空间植物学研究中具有特殊意义。

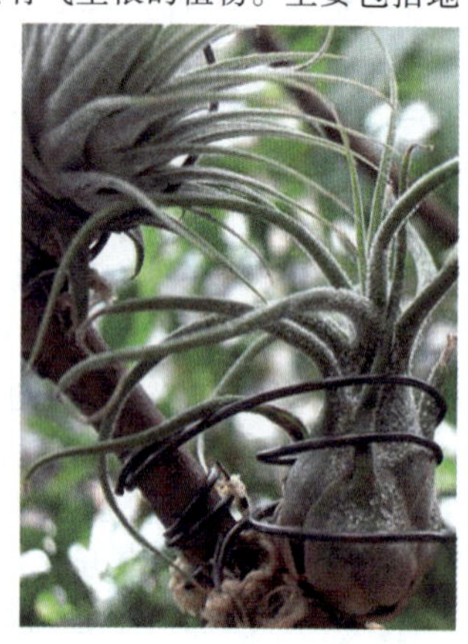
气生植物

【气蚀现象】(cavitation) 由于液流中气泡产生和溃灭而导致设备破坏的现象。当液体在某一设备中流动时,如果局部位置流速过高或流体供应不足,将会使该处压力降低。而当该处压力降低到一定值后,将引起微气泡形成。随着压力的进一步降低,这些微气泡体积膨胀并相互聚合,形成大量不连续分布的气泡。当这些气泡被流动的液体带到高压区时,由于气泡被急剧压缩或溃灭而造成局部压力和温度剧烈升高,产生液压冲击、振动、噪声、液体氧化变质。如果反复受到液压冲击和高温作用,则从液体中游离出来的氧气或其他气体将会侵蚀管壁、元件表面,使其表面材料产生剥落破坏。在泵、液压装置、水轮机和液体搅拌器等设计和使用中,应合理考虑液体的流速、流量分布,防止气蚀产生。

【气态污染物控制技术】(gaseous pollutant control technology) 采用排气通风方法控制空气污染物扩散的技术。不同化学性质和物理特性(如含尘气体、有毒有害气体、高温烟气、易燃易爆气体等)的污染物,须采用不同的控制技术和装置。吸收法和吸附法是应用最为广泛的两种方法。此外,还有冷凝法、催化转化法、直接燃烧法、膜分离法以及生物法等。

【气态污染物燃烧法】(combustion of gaseous pollutant) 又称焚化法。用气化燃烧或高温分解的原理把有害气体转化为无害物质的方法。分直接燃烧和催化燃烧两种方法。前者是使有机废气在温度600～800℃下直接燃烧,变成二氧化碳和水;后者是在催化剂作用下,使有机废气在200～400℃温度下氧化成二氧化碳和水,同时放出燃烧热。气态污染物吸附法一般用于处理有机废气,如含有烃类、醇类、酯类以及含氮、硫的有机化合物等有害气体。

【气态污染物吸附法】(gaseous pollutant absorption) 利用多孔固体吸附剂处理气态污染物的技术。其原理是:气体中的一种或几种组分,在分子引力或化学键力的作用下被吸附在固体吸附剂表面,从而达到分离目的。常用的固体吸附剂有骨炭、硅胶、矾土、沸石、焦炭和活性炭等,其中应用最为广泛的是活性炭。活性炭除能吸附 CO、SO_2、NO_X、H_2S 外,还对苯、甲苯、二甲苯、乙醇、乙醚、煤油、汽油、苯乙烯和氯乙烯等物质都有吸附功能。

【气态污染物吸收法】(gaseous pollutant absorption) 利用气体在液体中溶解度不同的现象分离和净化气体混合物的一种技术。分为化学吸收法和物理吸收法。前者被吸收的气体组分和吸收液之间产生明显的化学反应。从废气中去除气态污染物多用化学吸收法,例如用碱液吸收烟气中的 SO_2、用水吸收 NO_X 等。后者被吸收的气体组分只有溶解于液体的过程,例如用水吸收醇类和酮类物质。气态污染物吸收法常用的吸收液有水、碱液和酸液等。该法常用于从工业废气中去除二氧化硫(SO_2)、氮氧化物(NO_X)、硫化氢(H_2S)以及氟化氢(HF)等有害气体。

【气体保护电弧焊】(gas shielded arc welding) 见气电焊。

【气体分子运动论】(kinetic theory of gas) 19世纪中叶开始建立起来的联系气体微观粒子行为和宏观现象的初步理论。以气体分子的模型为基础,利用经典力学和统计力学来阐明气体的性质。最简单的分子模型为质点模型,即假定分子是无体积的质点,推导出理想气体状态方程($PV=nRT$)。最常用的模型为硬球分子模型,即假设气体分子是刚性硬球,它们之间的碰撞是完全弹性的(碰撞前后分子的动能和动量守恒),并且除碰撞瞬间以外无相互作用。可用该理论解释气体对容器器壁的压强是由于大量分子与器壁碰撞而产生的,气体温度的升高是分子平均动能增加的结果等。气体分子运动论的建立,促进了统计物理学的发展。

【气体切割】(gas cutting) 利用气体火焰的热能使金属燃烧并放出热量而实现切割的方法。按火焰切割所用气体的不同可分为氧—乙炔气体切割、液化石油气切割等。按操作方法的不同又可分为手工气割、半自动气割和数控自动气割。

气体切割

【气体脱气】(gases degassing) 在熔体中通入气体,以及利用化学反应产生的不溶于熔体的气体,在其上浮过程中除去溶解于熔体中的气体的工艺方法。是分压差脱气精炼的一种方法。用带有小孔的横向吹管、透气砖、高速旋转喷嘴使气体通入熔体,能将气体分散成极为细小的气泡,均匀分布在熔体中。按照工艺方法的不同可分为:(1)惰性气体脱气精炼,惰性气体本身不溶于熔体,并且不和熔体中的元素发生反应。例如铝、铜、镁合金常用的氮气和氩气。特点是本身无毒,不腐蚀设备,操作方便。但脱气效果不佳。(2)活性气体脱气精炼,铝合金用氯气脱气效果好。反应生成 $AlCl_3$ 和 HCl,在熔炼温度下均为气态,在熔池中以细小弥散的气泡形式上浮,起着脱气作用。并且它们的密度大于空气,聚集于熔体表面,能防止精炼过程中熔体被重新污染。来不及与铝反应的氯气直接逸出液面,起着惰性气体的搅拌作用。采用氯气精炼,脱气效果好,反应平稳,渣量少,渣中金属少,同时兼有除渣的效果。但氯气有毒需要完善通风排气设备。氯气精炼也用于铜、镁合金。(3)混合气体脱气精炼。能充分发挥惰性气体和活性气体的长处。多采用10%～20% Cl_2 + 90%～80% N_2。可以获得较好的效果,也比较安全,在铝合金生产中广泛应用。还有采用氨－氯、氮－氟利昂、氩－氯－一氧化碳等混合气体作为金属熔体脱气的气体。为提高除气效果,应重视通入气体的纯度,控制其中氧和水分含量。

【气体轴承】(gas bearing) 用气体作润滑剂的滑动轴承。常用的气体润滑剂为空气,也可用氮气、氩气、氢气、氦气或二氧化碳等。气体轴承可分为动压气体轴承、静压气体轴承和混合式气体轴承。动压气体轴承不需要外界供气,其转子旋转时将周围环境的气体吸入到轴承间隙中,形成支撑气膜。该结构间隙很小,加工精度和环境洁净程度要求高,轴承抗涡动能力强,但承载能力小。静压气体轴承需要外界供气,且供气压力一般要求大于或等于0.6MPa,轴承中的气膜是靠外压供气形成的。这种轴承对加工精度和环境要求不很高,承载能力大,但抗涡动能力差。混合式的轴承结构具有上述两种轴承结构的优点,加工精度要求介于它们之间。气体轴承广泛应用于纺织机械、电缆机械、仪表机床、陀螺仪、高速离心分离机、牙钻和氢膨胀机等。

【气调包装】(modified atmosphere packaging,MAP) 用适合食品保鲜的保护气体置换包装容器内的空气,以抑制细菌繁殖,达到长期保存和保鲜的一种包装方式。其特点是:能有效地保持食品新鲜且产生的副作用最小。其技术关键是:控制复合保鲜气体的比例精度及气体置换率。它除了含有氧敏成分,还包含了吸氧成分,可以与包装空间的氧气发生不可逆的化学反应,生成稳定的化合物,从而达到减少或消除包装中氧气的目的,延长产品的货架寿命。广泛用于各类食品的保鲜,延长食品货架期,提升食品价值。

净菜

【气调储藏】(air conditioned storage) 又称气调保鲜。通过调节和控制食品环境成分达到储藏保鲜的方法。食品储藏方法之一。一般采取增加环境二氧化碳的浓度和降低氧气的浓度。有些产品对二氧化碳很敏感,易引起生理病害,故要用吸附剂把环境二氧化碳全部吸收。在适宜的低温下,气调储藏果蔬可显著减弱其呼吸作用,抑制其化学成分的变化和微生物的生长繁殖,从而延缓果蔬变软、变黄及其他衰老过程,减少失水和腐烂,获得良好的储藏效果。主要用于蔬菜和水果的保鲜。

【气调库】(air-conditioned cold store house) 又称调节气体储藏库。能够按照储藏物的最适储藏条件进行调节的库房。温度、湿度控制装置与冷藏相似,库房的氧气分压由气体发生器控制、二氧化碳分压由二氧化碳吸附器控制。储藏室必须密封。其气密度决定气体组分的稳定性。如果气密性轻度不良,可通过调节气体的装置经常运转来改善;如气密性严重不良就不能用作气调库。因此,必须对库房进行气密度试验。气调库储藏蔬菜、水果可获得良好的保鲜效果。

【气团】(air mass) 气象要素在各高度水平方向上分布较均匀的大范围气体。其水平范围可达数千千米,垂直范围厚几千米到十几千米。在同一气团中,温度、湿度、气压、层结稳定度等基本物理属性和天气现象大致相同。气团的形成必须具备两个条件:一是大范围性质比较均匀的下垫面;二是有利于空气停滞的环流系统。如湿润的太平洋洋面、寒冷的西伯利亚平原等较单纯的地理环境都有利于气团的形成。当气团移动到新的环境时,受新环境下垫面的影响,原有的物理属性就会发生改变,形成“变性气团”。气团的移动、变性和相互冲突,常导致大范围天气的显著变化。按其热力学性质的不同可分为冷气团和暖气团;按其湿度的不同可分为干气团和湿气团;按其稳定程度的不同可分为稳定气团和不稳定气团;按形成的发源地的不同可分为冰洋气团、极地气团、热带气团和赤道气团。前三个气团又可进一步分为大陆气团和海洋气团。影响中国的气团主要是极地大陆气团和热带海洋气团。

高速旋转的气团

【气脱】(qi collapse) 中医术语。气不内守、大量脱逸而导致的全身性严重气虚不足、功能突然衰竭的病理状态。气脱病变形成之因,多由正不胜邪、正气骤伤,或慢性病长期消耗、正气衰竭以致气不内守而外散脱失,或因大出血、大汗出、频繁吐下等导致气随血脱或气随津泄所致。其表现是:面色苍白、汗出不止、目闭口开、全身软瘫,手撒、二便失禁、脉微欲绝等。

【气为血帅】(qi as the commander of blood) 气对血的推动、统摄和化生的作用。气为阳是运行的动力,血为阴是物质的基础。气能生血、行血、摄血,气行血亦行,气虚血亦虚,气滞血亦滞。二者在运行中保持着相互促进、相互依赖的关系。血能在脉中不停地周流,全依赖气的推动。

【气温】(air temperature) 表示空气冷热程度的物理量。实际上是空气分子运动的平均动能。习惯上以摄氏温度(℃)表示。理论研究中则常以热力学温度(K)表示。地面大气温度一般指地表以上1.25~2m之间的大气温度。

【气雾剂】(aerosol) 呈雾粒状喷出的药物制

剂。将药物与适宜的抛射剂制成澄明液体、混悬液或乳浊液，装于具有特制阀门系统的耐压密闭容器中，使用时借助抛射剂的压力可将其物呈雾粒状喷出。按其分散系统的不同可分为：(1)溶液型气雾剂（喷发胶）。(2)混悬型气雾剂。(3)乳浊液型气雾剂（泡沫气雾剂，定发型）。按其医疗用途的不同可分为：(1)呼吸道型气雾剂。(2)皮肤、黏膜型气雾剂。(3)空间消毒型（空气清新剂等）。按其相组成的不同可分为：(1)两相气雾剂。(2)抛射剂气相气雾剂。(3)药物＋抛射剂混溶的液相气雾剂。(4)三相气雾剂。主要应用于空气清新剂、水基型灭火剂、窗户清洁剂、剃须膏、喷发胶、杀虫剂等需要压力抛射的化工产品中，以及在医疗上用于治疗哮喘、烫伤、耳鼻喉疾病以及祛痰、血管扩张、强心、利尿等。

【气陷】(qi fall) 中医术语。在气虚病变基础上发生的以气的升清功能不足和气的升举无力为主要特征的病理状态。病机与脾气虚损的关系最为密切。气陷的病理表现主要有“上气不足”与“中气下陷”两个方面。临床上可见头晕、眼花、耳鸣、疲倦乏力、胃下垂、肾下垂、子宫脱垂、脱肛等症状。

【气相沉积技术】(gas phase sedimentation technology) 利用气相之间的反应，在各种材料表面沉积单层或多层薄膜，从而使材料获得所需的各种优异性能的技术。金属表面处理的一种方法。可分为物理气相沉积和化学气相沉积。物理气相沉积是在真空条件下，利用各种物理方法将镀料气化成原子、分子或离子，直接沉积在基体表面的方法。它又分为真空蒸镀、溅射镀、离子镀等。化学气相沉积是把含有构成薄膜元素的一种或几种化合物或单质气体供给基体，借助气相作用或在基体表面上的化学反应生成所要求的薄膜。比如在沉积碳化钛时，常用纯氢或纯氩作为载体，送入一定配比的四氯化钛及甲苯等混合气体进行反应。实用的沉积层厚度为0.5～1μm。碳化钛层具有极高的硬度（维氏硬度3 000～5 000）。它能使硬质合金刀具和Cr12型高合金钢模具的寿命提高一倍到几十倍。

【气相色谱－质谱联用技术】(gas chromatography-mass spectrometry, GC-MS) 用气相色谱－质谱联用仪，对被测样品进行分离和对离了的质荷比进行测定的一种分析方法。始于1957年。20世纪80年代后已开始普及。是联用技术中最活跃的方法之一。其工作原理是：气相色谱仪分离试样中各组分，起着样品制备的作用；接口把气相色谱流出的各组分送入质谱仪进行检测，起着气相色谱和质谱之间适配器的作用；质谱仪将接口依次引入的各组分进行分析，成为气相色谱仪的检测器；计算机系统交互式地控制气相色谱、接口和质谱仪，进行数据采集和处理，由此同时获得色谱和质谱数据，对复杂样品中的组分进行定性和定量分析。按其质谱仪工作原理的不同可分为：(1)气相色谱－四极质谱仪。(2)气相色谱－飞行时间质谱仪。(3)气相色谱－离子阱质谱仪。气相色谱－质谱联用是色谱技术、质谱技术与计算机技术紧密结合的产物，适合于多组分混合物中未知物的定性鉴定，判断化合物的分子结构，准确测定未知组分的摩尔质量，可以鉴别出部分分离甚至未分离开的色谱峰等。广泛应用于有机化学、生物化学、药物化学、环境化学、石油化工和食品香料等领域。

【气相色谱法】(gas chromatography) 以气体为流动相，采用洗脱法的柱色谱法。作为流动相的气体称为载气，如氦、氢、氮、二氧化碳等。如果柱内的填充固体（固定相）是固体吸附剂，称为气-固色谱法；若柱内填充物是表面涂有固定液的载体（填充色谱）或柱内壁涂有一层固定液（毛细管色谱），则称为气－液色谱法。其特点是：(1)高选择性。(2)高效能。(3)高灵敏度。(4)分析速度快。(5)应用范围广。适于微量和痕量分析。广泛应用于化学、化工、石油化工、农药残留量、生化物质、医药、卫生和环境监测等方面。

【气相色谱仪】(gas chromatograph) 分离测定混合气体组分中各组分含量的仪器。当被分析的样品进入色谱仪的色谱柱时，不同组分被分离，分先后流出色谱柱进入检测器。此时将各组分浓度的变化转换成电流或电压的变化，并由记录仪记录下来，便可得到色谱图。在色谱图中显示的流出曲线的面积或高度即代表相应组分在样品中的含量。可用于科研及常规分析。

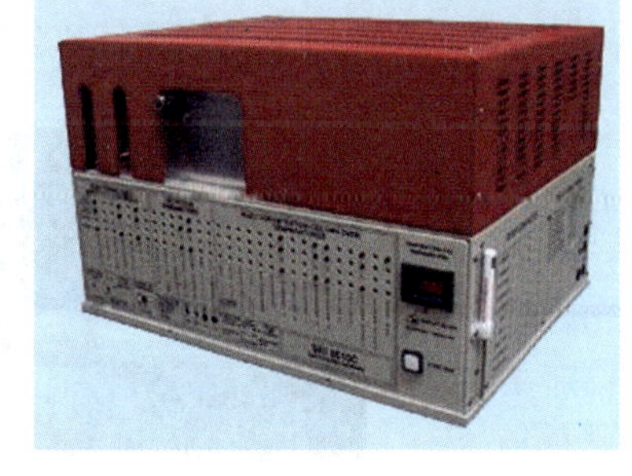

气相色谱仪

【气象】(meteorology) 大气中冷、热、干、湿、风、云、雨、雪、霜、雾、露、声象、光象和电象等各种现象的统称。地球被空气所包围。包围地球的空气整体称为大气。大气中的某一瞬间或某一短时间内所观测到的各气象要素、所综合的大气状态与物理现象则称为天气。为制定军事行动计划提供必要的气象支持。

【气象导航】(weather navigation) 依据天气和海洋状况,为航行船舶选择航线的技术。气象和海况对海上航行关系重大。导航人员必须充分考虑风、浪、流、涌的实际情况,依据天气和多年资料归纳出海洋活动规律,参照船舶运动性能曲线图;确定基础航线并在其两侧一定范围内选择最佳航线。该技术由气象导航机构组织实施。

【气象观测】(meteorological observation) 气象学的一个分支。对地球大气圈及与其密切相关的水圈、冰冻(雪)圈、岩石圈、生物圈等的物理、化学、生物特征及其变化过程进行系统的、连续的观察和测定,并对获得的记录进行整理的过程。主要研究内容包括天气、气候变化,自然灾害监测,生态和环境变化等是气象科学发展之源,也是将基础理论与现代科学技术紧密结合并由多个学科交叉融合形成的一门学科,处于大气科学发展的前沿。发展一体化的气象综合观测业务是气象事业发展的关键。

【气象火箭】(meteorological rocket) 探测高层大气物理特性的火箭。由箭体、发动机和携带探测仪器的箭头等组成。探测高度范围一般为 20 ~ 100km,探测项目主要为大气的压力、温度、密度和风向、风速等参数。探测方法有:利用火箭携带的感应压力、温度等的探测仪器,将飞行中测得的数据用无线电发送到地面。根据探测的数据推算高空大气的风向、风速。还可利用地面设备接收火箭携带的仪器从空中发出的电波、声波等,分析、研究大气的结构;也可利用气象火箭在高空对空气成分取样,分析、研究大气物理特性。所获取的高层大气资料,主要用于空间科学研究、发展尖端武器和军事气象保障等。特别在导弹、卫星的飞行弹道、轨道、力、气动加热和载荷计算、稳定性分析、精度分析以及导弹弹头再入、航天器回收控制系统、结构强度和防热等设计中,高层大气参数更是重要的依据。

气象火箭

【气象台】(meteorological observatory) 进行气象观测和气象资料积累、负责天气预报、开展气象服务和科学研究、负责对下属气象站点进行技术指导的气象机构。中国的建制共分为四级:中国气象局国家气象中心、区域气象中心、省(市、自治区)气象台、地区气象台。它们分别负责制作和发布各自责任范围内的天气预报,开展其他气象业务,并指导下一级台(站)的业务工作。此外,还有一些为特殊行业服务的专业气象台,如海洋气象台、民航气象台等。

【气象卫星】(weather satellite) 携带各种大气遥感探测仪器、从空间对大气层进行气象观测的人造卫星。具有范围大、及时迅速和连续完整的特点。它从外层空间进行气象观测,拍摄云图,获取气象数据,并能把云图等气象信息发给地面用户。通常由观测系统和保障系统组成。前者是气象卫星的有效载荷,后者支持卫星正常工作。军用气象卫星则按照军事上的特殊需要,搜集全球或特定地区上空的气象信息,预报天气形势,保密性强、图像分辨率高,能为全球各战略地区、战场和各军兵种提供实时气象资料,为制定军事行动计划提供必要的气象支持。

【气象学】(meteorology) 地球学科的一个分支。研究大气的各种物理、化学性质、现象及其变化规律,以揭示大气中的各种物理化学现象和过程的发生发展本质的学科。大气科学的重要组成部分。主要研究距地表 50km 以内,与人类生活、生产密切相关的大气现象及其变化。按研究方向和应用目的的不同可分为物理气象学、动力气象学、应用气象学及各专业领域的气象学,如农业气象学、航空气象学等。气象学对于人类社会的发展具有重要作用,如应用其原理可开展各种天气预报、进行人工导变天气、探求气候变迁规律等。

【气象要素】(meteorological element) 构成和反映大气状态和大气现象的基本要素。主要指气温、湿度、气压、风、日照、能见度、云、雷电、降水、蒸发、辐射以及其他天气现象。气象要素随时间和空间而变化。其具体数据通过气象台站的观测取得,是天气预报、气候分析和有关气象科学研究的基础。

【气象医学】(meteorological medicine) 又称医疗气象学。医学的一个分支。专门研究天气及气候对人类健康影响规律的学科。其主要研究内容是:(1)研究气候及气象对正常人体生理过程的影响,包括健康人在不同气象条件下的适应及生活环境的微小气候对人体生理的影响。(2)研究气候及气象因素与人类疾病的关系,并通过分析、观察不同季节气候对多发病的发生频率和不同气候对疾病发展过程的影响,以及疾病在不同气候地区的分布规律;同时,研究气象因素或气候对病原体及病原媒介生物生长、繁殖、传播的影响。(3)研究如何利用若干气象因素和各地不同气候特性增强人体健康和治疗某些疾病。气象医学的研究涉及天气学、气象学、气候学、医学(基础医学、预防医学、临床医学)等多门学科知识，是一门综合性学科。其目的是保护人类免受不良气象条件的影响，并利用有利气象条件增强体质，防治疾病。

【气象站】(meteorological station) 进行气象观测、气象资料积累和开展气象服务的基层气象单位。站内设有气象观测场与各种所需的观测仪器设备。所得到的定时观测资料经统一编报汇总，为天气分析、气候分析和科学研究提供依据。按气象站性质的不同可分为气候站、天气站、农业气象站、水文气象站、高空气象站、流动气象站等；按有无人员管理可分为有人气象站和自动气象站；按所在地的地形特点可分为高山气象站、海岛气象站和山地气象站等。

气象站

【气象资源】(meteorology resource) 气象信息资源、气候资源和云水资源的总称。是地球环境资源的重要组成部分。既是基础性自然资源，又是一种潜力巨大的经济资源。一方面体现为自然要素(大气、降水、风、光等)的价值；另一方面体现为作为信息存在的价值。它不但为社会经济发展提供资源和环境保障，而且可以促进相关行业投资和就业的增长。气象资源的开发利用既影响着人类对自然资源的利用效果，也会在一定程度上加速社会经济活动及其空间结构的演变，促进自然、经济、文化、技术和信息等资源的合理利用。

【气性坏疽】(clostridial myonecrosis) 由梭状芽胞杆菌所引起的一种严重急性特异性感染。按病变范围的不同，芽孢杆菌感染可分为芽孢菌性肌坏死和芽孢菌性蜂窝组织炎两类。通常所说的气性坏疽即为前者。主要发生在肌组织广泛损伤的病人，少数发生在腹部或会阴部手术后的伤口处。该菌为革兰阳性厌氧杆菌，以产气荚膜杆菌(魏氏杆菌)、水肿杆菌和腐败杆菌为主。临床上见到的气性坏疽，常是两种以上致病菌的混合感染。该菌广泛存在于泥土和人畜粪便中，但并不一定致病。其发病需要一个利于该菌生长繁殖的缺氧环境。因此，在失水、大量失血或休克，而又有伤口大片组织坏死、深层肌肉损毁、尤其是大腿和臀部损伤或弹片存留或开放性骨折或伴有主要血管损伤，使用止血带时间过长等情况时，容易发生气性坏疽。其潜伏期可短至6～8h，但一般为1～4天。其局部表现是：病人有包扎过紧感，继之患部出现胀裂样剧痛，一般止痛剂不能缓解；伤口周围皮肤水肿、苍白和发亮，很快变为紫红色、紫黑色，并出现大小不等的水泡；伤口内肌肉由于坏死，呈暗红色或土灰色，失去弹性，刀割时不收缩，也不出血，犹如煮熟的肉；伤口周围常扪到捻发音，表示组织间有气体存在，轻轻挤压患部，常有气泡从伤口逸出，并有稀薄、恶臭的浆液样血性分泌物流出。其全身症状是：早期病人表情淡漠，有头晕、头痛、恶心、呕吐、出冷汗、烦躁不安、高热、脉搏快速(100～120次/分)、呼吸急促等症状，并有进行性贫血；晚期有严重中毒症状，血压下降，最后出现黄疸、谵妄和昏迷。

【气胸】(pneumothorax) 气体进入胸膜腔造成的积气状态。可自发地发生，也可由于疾病、外伤、手术或诊断及治疗性操作不当等引起。其典型症状为突发性胸痛，继之有胸闷呼吸困难和刺激性咳嗽。痛常为针刺样或刀割样，持续时间很短暂。少量气胸时体征不明显。气胸量在30%以上者，胸廓饱满，肋间隙膨胀，叩诊呈鼓音，心或肝浊音区消失。左侧少量气胸时，可在左心缘处听到特殊的破裂音，称Hamman征。破裂音与心跳一致，当患者左侧卧位呼气时听得更清楚。影像学表现为诊断气胸最可靠的方法，可显示肺压缩的程度、肺部情况，有无胸膜粘连、胸腔积液以及纵隔移位等。

【气虚】(qi deficiency) 中医术语。因气不足导致脏腑组织功能低下或衰退，抗病能力下降的病理状态。引起气虚的原因主要有气之化生不足和气之消耗太多，也有化源不足再加上消耗过度而致气虚的。其病理表现涉及全身的各个方面。由于不同气的功能各不相同，因而气虚的表现十分复杂多样。

【气虚血淤】(qi deficiency with blood stasis) 中医术语。既有气虚之象，又有血淤证候的病理状态。多因久病气虚、无力推动血液运行而血行迟滞形成淤血；另一方面气虚无力统摄血液，可导致血溢脉外而为淤血。

【气旋】(cyclone) 又称低气压。气流以反时针(北半球)或顺时针(南半球)方向流入中心气压较低地区的大气旋涡。其直径一般约1 000km，大者达3 000 km或更大，小的仅200 km或更小。由于气旋区低层气压梯度大，有利于空气强烈辐合上升，故常伴有大风和暴雨，是大气层中除龙卷风和热带气旋以外最强烈的风暴。它影响范围广，积蓄能量多，破坏力强，属严重的灾害性天气系统。按气旋发生纬度带的不同可分为温带气旋、副热带气旋、热带气旋；按气旋中锋的有无可分为锋面气旋和无锋面气旋；按气旋温度属性的不同可分为冷性气旋、暖性气旋和中性气旋；按气旋频发区域的不同可分为东北气旋、蒙古气旋、黄河气旋、江淮气旋和东海气旋等。不同类型的气旋在某种条件下还会互相转化。

气旋

【气血辨证】(qi-blood pattern identification) 内伤杂病的辨证方法之一。通过分析、判断疾病中有无气血亏损或运行障碍的症候存在，以气、血为纲对杂病进行辨证的方法。

【气血津液】 构成人体的基本物质。也是维持人体生命活动的基本物质。气是不断运动的、极其细微的物质；血是循行于脉内的红色液体；津液是人体一切正常水液的总称。气血津液是人体脏腑生理活动的产物，又为脏腑经络进行生理活动提供必需的物质和能量。

【气血两虚】(dual deficiency of qi and blood) 中医术语。气虚和血虚同时存在，组织器官失养而致人体机能衰退的病理状态。多由久病不愈、耗伤气血或气血两亏所致。其病理表现是或先有失血，气随血衰；或先因气虚，血液无以生化而日渐亏少，从而形成气血两虚。在临床上可见面色淡白或萎黄，少气懒言，疲乏无力，形体瘦怯，心悸失眠，肌肤干燥，肢体麻木等。

【气血屏障】(air-blood barrier, ABB) 肺泡内氧气与肺泡隔毛细血管内血液携带二氧化碳间进行气体交换所通过的结构。肺泡表面液体层，I 型肺泡细胞与基膜，薄层结缔组织，毛细血管基膜与内皮组成了气—血屏障。肺内气体交换主要在肺泡内通过气血屏障进行。其机制是：空气自体外随吸气动作抵达肺气体交换单位，氧(O_2)分子通过肺泡毛细血管膜进入肺循环血液中，二氧化碳(CO_2)分子由血液从代谢组织运送至气体交换单位，也通过肺泡毛细血管膜排入肺泡气中，随呼气排出体外。此种气体通过呼吸膜进行交换的过程称为弥散。气血屏障是极理想的弥散组织。任何引起肺表面活性物质异常的因素，均可导致肺间质负压增大、毛细血管跨壁压急骤升高，破坏气血屏障。心力衰竭患者由于毛细血管内皮对液体的通透性比肺泡细胞内皮高，体液会渗出到结缔组织中，造成间质性肺气肿。肺纤维化、矽肺等因肺泡膜增厚也会减损肺弥散功能及通气—血流比例失调，加重呼吸功能障碍。

【气血双补】(dual reinforcement of qi and blood) 中医治法名称。以补气药与补血药并用治疗气血俱虚的方法。其临床表现多见面色苍白，头晕心悸，气短乏力，舌质淡嫩，脉细弱，用八珍汤治之。

【气压】(atmospheric pressure) 又称大气压强。某一单位面积上所承受的空气总质量。气压不仅与地理位置有关，而且与高度和温度有关。气压的变化与天气和季节的变化密切相关。气象学上规定，标准大气压力相当于在温度为 0℃、重力加速度为 9.806 65 m/s^2、水银密度为 $1.359\ 51 \times 10^4 kg/m^3$ 的条件下，760mm 汞柱高度对其底面单位面积($1cm^2$)上垂直作用的力。即 1 标准大气压力 = 101 325Pa = 101.325kPa = 760mmHg。

【气压传动】(pneumatic transfer) 以压缩空气为工作介质、靠气体的压力传递动力或运动信息的流体传动。是流体传动方式之一。空气的压力常由气泵、空压机等获得。压缩空气经管道和控制阀(压力、流量、方向等)传至执行元件(常用执行元件有气缸、气马达等)，把空气的压力能转换为机械能，从而实现动力传递。气压传动的另一个功能是在自动控制系统中传递信息，一般利用气动逻辑元件或射流元件来实现逻辑运算，组成所需的气动自动控制系统。

【气压传动机器人】(pneumatic drive robot) 以压缩空气作为动力源驱动执行机构运动的机器人。具有动作迅速、结构简单、成本低廉的特点。适于在高速轻载、高温和粉尘大的环境中作业。

【气阴两虚】(dual deficiency of qi and yin) 又称气阴两伤。中医术语。在某些慢性和消耗性疾病的发病过程中，出现阴液和阳气均受耗伤的病理状态。其临床表现是：(1)温热病耗津夺液而出现大汗、气促、烦渴、舌嫩红或干绛、脉散大或细数有虚脱倾向者。(2)在温病后期及内伤杂病，真阴亏损，元气大伤，神倦形怠，少气懒言，口干舌燥，低热或潮热或五心烦热、自汗、盗汗、舌红苔少、脉虚大者。(3)温热病，邪恋气分，汗出不彻，久而伤及气液者。

【气滞】(qi stagnation) 中医术语。气的流通不畅甚至阻滞或气郁不散而导致某些脏腑、经络功能障碍的病理状态。引起气滞的原因多由于情志抑郁不舒，或因痰、湿、食积、淤血等有形之邪阻碍气机，或因外邪的侵犯抑遏气机，或因脏腑功能障碍，如肝失疏泄、肺失宣肃等，均可引起气机郁滞，也有因气虚，运行无力而滞者。其病理表现在多个方面。其中闷、胀和痛则是其共同的病理表现。

【气滞血淤】(blood stasis due to qi stagnation) 由于气的运行郁滞不畅，以导致血液运行障碍，继而出现血淤的病理状态。多由情志内伤，抑郁不遂，气机阻滞而导致血淤；因闪挫外伤等因素，伤及气血，也会气滞与血淤同时形成。在临床上多见疼痛，淤斑，以及癥瘕，积聚等。

【汽车安全系统】(automobile safety system) 汽车主动安全和被动安全两种系统的统称。分为以下两个方面，(1)主动安全系统。是指汽车防止发生事故的能力。主要有操纵稳定性、制动性能、平顺性等。简单地讲，所谓主动安全，就是避免事故的发生。(2)被动安全系统。是指在万一发生事故的情况下，汽车保护乘员的能力。目前主要有安全带、安全气垫、防撞式车身和安全气囊防护系统等。简单地讲，就是在发生事故时汽车对车内成员的保护或对被撞车辆或行人的保护。如果细分的话，车体安全也是在主动安全的一个方面，即车体机构设计用料对外来危险的抵抗能力。所以主动安全性的好坏决定了汽车产生事故发生概率的多少，而被动安全性的好坏主要决定了事故后车内成员的受伤严重程度。

【汽车传动系统】(automobile drive system) 汽车传递动力和运动的系统。后驱车辆一般由离合器、变速器、万向传动装置、主减速器、差速器和半轴等组成；前驱车辆传动路线较短，主要由离合器、变速器、传动轴、等角速球笼式万向节等组成。汽车发动机所发出的动力靠传动系统传递到驱动车轮。传动系统具有减速、变速、倒车、中断动力、轮间差速和轴间差速等功能，与发动机配合工作，能保证汽车在各种工况条件下的正常行驶，并具有良好的动力性和经济性。按能量传递方式的不同，汽车传动系统可分为机械传动、液力传动、液压传动和电传动等。

汽车传动系统

【汽车牌照识别系统】(licensc platc recognization system) 以汽车牌照为识别对象的专用计算机视觉系统。能从一幅图像中自动提取车牌图像，自动分割、识别字符。运用模式识别、人工智能技术，以及对采集到的汽车图像进行分析的方法，实时准确地自动识别出车牌的数字、字母及汉字字符，以计算机直接运行的数据形式给出识别结果。采用计算机视觉技术识别车牌的流程，通常包括车辆图像采集、车牌定位、字符分割、光学字符识别、输出识别结果五个步骤。车牌识别系统的基本硬件配置由摄像机、主控机、采集卡和照明装置组成。软件由具有车牌识别功能的图像分析、处理软件和满足具体应用需求的后台管理软件组成。有外设触发、视频触发两种触发方式。应用的领域主要有：(1)高速公路收费管理系统。(2)高速公路超速自动化监管系统。(3)公路布控采用车牌识别技术，实现对重点车辆的自动识别和快速报警处理。(4)电子警察系统、道路监控系统等。

【汽车式起重机】(truck crane) 将起重装置及机身固定在汽车上的一种起重设备。其特点是转移迅速，对路面损伤小。但吊装时需使用支腿，不能负载行驶，也不适于在松软或泥泞的场地上工作。中国生产的汽车式起重机有 QZ 系列、QY 系列等。臂长 32m，最大起重量 65t。起重臂分 4 节，外面一节固定，里面 3 节可以伸缩。引进的大型汽车式起重机有日本的 NK 系列等，如 NK－800 型起重量可达 80t。德国的 GMT 型最大起重量达 120t，最大起重高度为 75.6m，能满足重型构件的安装。汽车式起重机常用于构件运输、装卸和结构吊装。

汽车式起重机

【汽车尾气污染控制】(control of automobile exhaust pollution) 采用化学或机械手段减少或控制汽车尾气中排放的有害物质含量的技术措施。汽车是大气污染的主要流动污染源。它所排出的尾气中含有 150～200 种有害物质，如 CO、SO_2、氮氧化物、苯并[α]芘及其他碳氢化物。常用的控制方法有：改变燃烧和加入适当的燃料添加剂以增加燃料完全燃烧的程度；使用无铅汽油；改进发动机，采用电子喷射技术；增加对尾气后处理(如加装尾气净化催化器等)。

【汽刺法】(steam punching method) 见蒸汽喷网法。

【汽化－热液矿床】(pneumato-hydrothermal deposit) 泛指各种来源的气水溶液形成的矿床。按成矿温度的不同可分为：汽化－高温热液矿床(成矿温度 300～500℃)、中温热液矿床(成矿温度

200～300℃）和低温热液矿床（成矿温度50～200℃）。汽水溶液的来源大体有：与岩浆作用有关的热液、与变质作用有关的热液、与花岗岩化有关的热液以及海水、大气降水和地下水环流热液等。这类矿床的类型很多，工业上所利用的许多金属及非金属矿产资源中，有很大一部分属于这类矿床。这类矿床的规模大小不等，矿体形态变化很大，常为脉状、似层状、透镜状、囊状、网脉状等。矿体的围岩因受气水溶液的影响常常发生各种类型的蚀变，成为寻找这类矿床的重要标志。

【汽轮发电机组】（turbo driven set） 发电机的一种。由隐极同步发电机与汽轮机构成。是将蒸汽的能量转换为机械功的旋转式动力机械。是蒸汽动力装置的主要设备之一。按其结构的不同可分为单级汽轮机和多级汽轮机。按其工作原理的不同可分为冲动式汽轮机、反动式汽轮机和速度级汽轮机。按其热力特性的不同可分为凝汽式、供热式、背压式、抽气式和饱和蒸汽汽轮机等类型。大型汽轮机组是未来发展的一个重要方向。其中研制更长的末级叶片，是发展大型汽轮机的一个关键。采用更高蒸汽参数和二次再热，则是这方面发展的重要趋势。广泛应用于社会经济各部门。

汽轮发电机组

【汽轮机】（turbine） 又称蒸汽透平。利用蒸汽热能来做功的一种旋转式原动机。按其工作原理的不同可分为冲动式汽轮机和反动式汽轮机；按其热力特性的不同可分为凝汽式汽轮机、背压式汽轮机、抽气式汽轮机；按蒸汽流动方向的不同分为轴流式汽轮机、辐流式汽轮机和周流式汽轮机；按其用途的不同可分为发电用汽轮机、船用汽轮机、工业用汽轮机等。在现代火力发电厂和核电厂中，汽轮机主要用于驱动发电机，也可以作为驱动大型水泵、风机或轮船的原动机。

【汽轮机检修】（overhaud of turbine） 通过检修和修理，恢复或改善汽轮机组原有性能的工作。汽轮机因故障或非计划停机造成的发电损失和用于直接修理、更换部件的代价是昂贵的。所以在连续运行一定时间后，必须进行必要的检修，以保证在两次大修间隔期内能持续可靠运行。其检修类型分为：大修、中修、小修和维修。其检修的范围有：本体，主、辅设备，汽水系统的管道、阀门，热工控制设备和电气设备等。其检查重点是：检查由于高速旋转产生的部件磨损、松动和热疲劳及机械疲劳裂纹，检查叶片结垢和阀门等泄漏，检查和恢复调节保安装置的特性等。其检修分项一般按汽缸、转子、轴承、盘车装置、调速系统、油系统、汽水管阀、辅机设备等划分。检修的准备工作，根据批准的年度检修计划和检修种类，应提前数月或半年着手准备。

【汽轮机经济运行】（turbine economic operation） 汽轮机在成本低或能源消耗率最小条件下的运行。在保持汽轮机设备完好的前提下，运行人员通过经常性的监视检查、操作调整，尽可能使设备在最佳工况下运行，以降低热耗率和厂用电率，提高设备运行的经济性，降低发电成本。汽轮机运行的经济性，决定于设备及其热力系统的特性、主辅设备的完好程度、容量合理配备和实际运行工况偏离最佳的程度。影响汽轮机经济运行的主要因素有：（1）主蒸汽和再热蒸汽参数。（2）凝汽器真空度和凝结水过冷度。（3）加热器运行状况和给水温度。（4）现场的热损失和汽水损失。（5）机组间的负荷经济分配。对于机组运行经济性的监控，过去中小型火力发电厂多采用小指标分析法，即定期对运行经济指标进行统计分析，以掌握机组运行经济性和存在问题。对汽轮机来讲，主要经济指标有：汽耗、热耗、排汽真空、高压加热投入率、给水温度和凝汽器端差等。在20世纪70年代初，开始用计算机对机组运行经济性进行监测，并取得明显效益。通常采用基准偏差法对关键的可控参数连续进行监督分析。首先确定这些参数在各种工况下的基准值，然后运行中不断地进行实际值和基准值比较，并根据两者差值计算出对机组热耗、煤耗的影响。运行人员根据计算结果，及时进行调整操作，使机组运行工况经常处于较佳状态。

汽轮机

【汽轮机控制系统】（turbine control system） 使汽轮机适应各种运行工况实现自动控制的系统的总称。除了最基本的汽轮机调节系统和液压伺服系统外，还包括超速保护、热应力计算、自起停和负荷自动控制、操作监视等子系统。有的汽轮机控制系统还将汽轮机紧急跳闸系统和自动同步系统等也包括在内。是能将汽轮发电机组的主要运行参数（转速、发电机功率和频率）维持在指定值的自动控制系统。根据需要还可以包括主蒸汽压力等其他参数的调节。早期的汽轮机调节系统，为机械液压式调节系统。通常只有较窄范围（在额定转速的±6%以内）的闭环转速调节和超速跳闸功能，响应速度较低，不仅由机械间隙引起的转速迟缓率较大，而且其转速－负荷静特性是固定的，不能根据运行的需要任意改变。随着数字计算机技术的飞速发展及其在过程自动化领域中的应用，机械液压式调节系统很快就被以计算机、微机为基础构成的数字式电液调节系统（DEH）所取代。其性能和可靠性大大提高，系统及功能则进一步扩大，从单纯的调节系统扩展成调节、保护等功能融于一体的控制系统。现代的数字式汽轮机控制系统的基本功能，在于实现宽范围的转速控制和负荷控制。同时，也包括异常工况的负荷限制、主汽压力控制和阀门管理等。

【汽轮机调节系统】（turbine governing system） 控制汽轮机转速和输出功率或抽汽压力以维持机组正常运行的设备、仪器的组合。是汽轮机的重要组成部分。其性能的优劣和可靠性，对机组和电网的安全运行有直接的影响。调节系统一般由转速敏感机构、调压器和同步器等部件组成。机组在孤立电网单机运行时，根据调节系统静态特性，汽轮机的转速随外界负荷而变化，调速器感受汽轮机转速变化，其输出信号经传递放大，由配汽机构控制调节气门开度，改变进入汽轮机的蒸汽流量。同时通过反馈机构使油动机稳定在相应负荷位置。同步器可用来保持汽轮机额定转速。机组在电网中并列运行时，汽轮机转速与电网频率相对应。根据电网负荷的要求，用同步器控制调节气门开度，改变进入汽轮机的蒸汽流量，给定机组功率。

【汽轮机停运】（shut-down of turbine） 汽轮机以运行状态转变为静止状态的过程。包括减负荷、打闸停机、发电机解列、转子惰走和盘车等操作过程。分正常停运和事故停运两大类。在正常停运过程中，按其主蒸汽参数变化的不同又可分为：额定参数停运和滑参数停运。汽轮机正常停运在停机前应做好停机前的准备工作。准备工作主要有：试验高压油泵、交直流润滑油泵、顶轴油泵能否正常起停，检查盘车装置绝缘和空转情况良好，活动自动主汽门和电动主汽门动作灵活无卡涩，切换有关的辅助汽源等。对于要求停机后汽缸金属温度较低的计划检修停机，多采用滑参数停机方式。通常先将负荷减至80%～85%额定值，蒸汽参数调到正常运行允许值下限，逐渐开大调节汽门，稳定运行一段时间后再开始滑停。滑参数停机按照滑参数停机曲线分阶段进行降温、降压和降负荷。具体操作是：可先逐渐降低蒸汽温度，使蒸汽温度低于金属温度30～50℃，以取得蒸汽与金属温度合理匹配。待金属温度下降速度减慢，再降低蒸汽压力，降低负荷。一个阶段负荷减完后，稳定运行一段时间，以缓和金属部件的温差和热应力。然后再进行下一阶段的降温、降压、降负荷。当机组负荷减到零，发电机解列。

【汽轮机异常工况运行】（turbine operation at abnormal conditions） 汽轮机偏离设计允许工况下的运行。通常造成汽轮机异常工况运行的主要原因有：(1)锅炉提供的蒸汽参数不符合设计要求。(2)汽轮机排汽真空度下降。(3)蒸汽品质不良，通流部分结垢。(4)加热器故障停运。(5)叶片、隔板损坏缺极运行等。在异常工况下运行，能引起汽轮机内部热力过程改变，运行效率下降，部件工作应力增加，使用寿命损耗增加。在汽轮机运行工况异常时，操作人员应采取相应措施，尽快恢复主、辅机的正常运行。如果系统设备缺陷，在短期内无法恢复而电网又要求机组继续运行时，则应进行异常工况下热力工况和部件强度的计算和实验，提出相应控制标准，限制出力数值，加强运行监测维护，以确保机组的运行安全。

【砌块建筑】（block building） 用预制的块状材料砌成墙体的装配式建筑。适于建造3～5层建筑。如提高砌块强度或配置钢筋，还可适当增加层数。其特点是：适应性强，生产工艺简单，施工简便，造价较低，还可利用地方材料和工业废料。建筑砌块类型有：(1)小型砌块。适于人工搬运和砌筑，工业化程度较低，灵活方便，使用较广。(2)中型砌块。可用小型机械吊装，节省砌筑劳动力。(3)大型砌块。现已被预制大型板材所代替。砌块有实心和空心两类。实心的较多采用轻质材料制成。砌块的接缝是保证砌体强度的重要环节，一般采用水泥砂浆砌筑。小型砌块还可用套接而不用砂浆的干砌法，可减少施工中的湿作业。有的砌块表面经过处理，可作清水墙。砌块建筑存在的主要问题是建筑外墙隔热保温差，室内二次装修不便，建筑墙体裂缝。主要原因是：砌块本身的质量和未按技术要求砌筑砌块墙体。预防与治理的措施是：(1)砌块靠紧柱壁减少灰缝厚度。(2)改善砂浆的和易性，砌筑时灰缝必须饱满密实，原浆随手压缝。(3)控制砌块含水

砌块建筑

率，保证28天龄期。(4)控制抹灰厚度、砂浆配合比和施工操作工艺。(5)砌筑时按规定锚入拉结筋。(6)沿墙柱交界处拉钢网或纤维布防止裂缝产生。

【砌模板台车】(form pannel car) 浇筑隧洞二次衬砌混凝土的施工设备。台车长度可视隧洞长短及施工工期选择6m、7.5m、9m、10.5m、12m等。目前，在中国隧道机械行业中，按其内部结构的不同可分为：(1)门架总成。主要由门架横梁、门架立柱、下纵梁、上纵梁、下纵梁、门架斜撑组成，各部分通过螺栓连接组合成门架总体，各横梁及立柱之间通过连接梁和斜拉杆连接。(2)托架总成。又称上部台架。主要承受二衬时浇筑的混凝土和模板的自重，托架下部通过液压油缸和支承千斤或平移轮机构传力于门架部分。(3)模板总成。主要有左、右边模和左、右顶模组成，螺栓将数块顶模和边模连接，顶模与侧模的连接一般采用铰接形式，从而可使边模相对于顶模作绕销轴转动动作，达到台车部件调节和脱模效果。(4)调节系统。主要由平移滚轮机构、平移油缸及相关液压控制系统组成。(5)液压系统。由液压站、液压缸和控制油路组成，四个顶升液压缸分设于台车四角，既能同步升降，也可单缸调整，完成对顶模的立模、脱模与模板的上下对位。(6)行走系统。由主动和被动两部分组成，共四套装置，分别安装于四端门架下方。(7)操作平台。是工作人员操作使用台车和放机具的地方。配合其他辅助机械，可大量降低劳动力，提高隧洞二衬施工的机械化效率，提升施工进度，具有投入成本低、结构可靠、操作方便、隧洞成型面好等优点。在公路、铁路、水利水电及市政、国防军工等工程施工中被广泛应用。

砌模板台车

【砌石】(stone masonry) 用单个石块或河卵石经整理砌筑成一体的砌体。分为干砌石和浆砌石两大类。干砌石依靠石块自身的重量和石块接触面间的摩擦力保持稳定；浆砌石是在石块空隙间填充水泥砂浆、混合水泥砂浆或细骨料混凝土等材料，依靠胶结材料的黏结力、摩擦力和石块本身重量保持稳定。

【砌石坝】(masonry dam) 用石块砌筑而成的坝体。分浆砌和干砌两种。有溢流和非溢流之分。各国所修建的砌石坝大都为重力坝。中国的砌石坝，除一般重力坝外，还有宽缝重力坝、空腹重力坝、拱坝、硬壳坝和支墩坝。浆砌石坝采用水泥砂浆或细骨料混凝土砌筑条石或块石；干砌石坝则不用胶结材料。砌石坝一般用混凝土做防渗板，中低坝也可用混凝土心墙、钢丝网水泥喷浆护面及水泥砂浆勾缝等。其优点是：可就地取材，较混凝土坝节省水泥等材料；坝顶可溢流，较之土坝更便于泄洪、导流和渡汛。其缺点是：不能用机械化施工，建坝速度慢，使用劳力多。

【砌石墙施工】(masonry wall construction) 用砂浆把石块材砌筑成坚固墙体的施工作业。料石形状各异、大小不同，砌筑前要按墙体厚度和设计要求，事先计算层数和选定组砌法。砌筑形状不规则的毛石时，随砌随选大小合适的石块放于应砌的位置上，并去掉不需要的凸出部分。一般铺砂浆于基面，先砌好转角形成墙角，再按毛石的形状、长短、纵横错缝搭接，分层砌筑墙体。缝隙和凹坑用小石块及砂浆填塞，使其平稳严实。

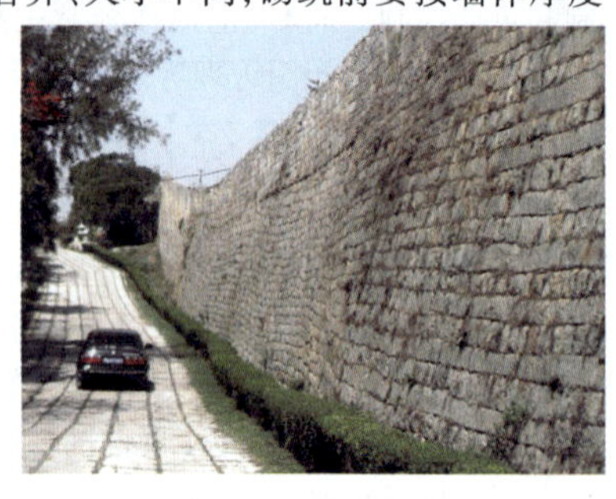

砌石城墙

【砌体结构】(masonry structure) 又称砖石结构。用砖砌体、石砌体或砌块砌体建造的结构。砌体的抗压强度较高而抗拉强度很低。砌体结构构件主要承受轴心或小偏心压力，而很少受拉或受弯。一般民用和工业建筑物的墙、柱和基础都可采用砌体结构。在采用钢筋混凝土框架和其他结构的建筑中，常用砖墙做围护结构，如框架结构的填充墙。烟囱、隧道、涵洞、挡土墙、坝、桥和渡槽等，也常采用砖、石或砌块砌体建造。其主要优点是：(1)容易就地取材。砖主要用粉煤灰做原料；石材的原料是天然石。砌块可以用工业废料矿渣制作，来源方便，价格低廉。(2)砖、石或砌块砌体具有良好的耐火性和较好的耐久性。(3)不需要模板和特殊的施工设备。在寒冷地区，冬季可用冻结法砌筑，不需特殊的保温措施。(4)砖墙和砌块墙体能够隔热和保温，既是较好的承重结构，也是较好的围护结构。

【砌碹】(arching) 构筑拱碹的作业。其操作要点是：(1)凡围岩破碎、地压较大的巷道砌碹时要特别注意安全。砌墙时只能回柱腿，不可回顶梁；回梁数根据立碹胎数而定。对危险的活石必须拆除、暂拆不掉的应进行管理。(2)挖基础前要对空帮部位进行认真的安全检查。(3)根据碹胎间距,控制回顶梁数目。回掉后要进行安全检查或临时管理。(4)根据模板长度,控制回柱腿数目。(5)碹后空帮空顶处必须用矸石充填严密。(6)砌碹必须采用前进式,使工作人员基本处于安全条件下作业。即使发生冒顶情况,也易撤退到安全地点。(7)有冒顶危险的地区不能进行掘砌平行作业。(8)第一架碹胎的安设是搞好砌碹质量的基础,故必须使碹胎符合中、腰线要求,并使其平面和巷道中线垂直。为此,必须量中线碹胎至两帮的尺寸,使之相等。(9)对于跨度大于3.5m的巷道,在人字形碹胎的顶部要打一个撑木顶住,以防两帮打灰时将其挤起。(10)对已经拆模的地区必须将洒落的灰浆和其他杂物清理干净,保证水沟畅通、巷道整洁。

砌碹支护

【器官移植】(organ transplant)　将健康的器官移植到另一个人体内,使之迅速恢复功能的手术。移植脏器的全部或部分,保留其解剖学的外形轮廓和内部解剖的结构框架,带有主要血供和管道主干。其特点是:(1)移植物从切取时切断血管直到植入接通血管期间,始终保存着活力。(2)在移植手术的当时,即吻合了动、静脉,建立了移植物和受者间的血液循环。(3)如为同种异体移植,术后不可避免地会出现排斥反应。器官移植属于活体移植,器官内细胞必须持续保有活力,以利于移植术后能尽快地实现有效功能。从移植技术来看,器官移植属于吻合移植。常用于心、肝、肾等。

【器质性病变】(organic disease)　在疾病过程中出现的脏器或组织的病理形态变化。包括肉眼可观察到的病理形态改变、光学显微镜下看到的组织学病变以及电子显微镜下所见到的亚细胞病变等。多伴有所累及组织或器官的功能改变。如肝硬变常伴有肝功能障碍。有一些器质性病变因种种原因(如早期、机体代偿等)而无明显的功能障碍。如血管瘤、皮肤脂肪瘤等。生产性有害因素作用于机体,一般先引起功能性改变。当有害因素的浓度(强度)和作用时间超过一定限度或功能性改变发展到一定程度时则出现器质性病变。器质性病变是不可恢复的变化。为了保护工人健康,应当在有害因素引起器质性病变之前及时采取相应的保护措施。

【千岛寒流】(oyashio)　又称亲潮。发源于北太平洋西北部的寒流。源自俄罗斯堪察加半岛,途经千岛群岛、北海道东侧南下与黑潮相遇,混合成低温、低盐的海流。千岛寒流水温较周围海域低,夏天也仅有3～7℃。主流流速每昼夜约90km。水体透明度小,营养盐分丰富,浮游生物大量繁殖,生产能力很高,起着海洋生物王国“母亲”的作用,所以又称为亲潮。

【千枚岩】(phyllite)　一种具典型千枚状构造(鳞片状矿物定向排列,但颗粒因细小,肉眼仅能在片理面上见有强烈的丝绢光泽)的浅变质岩石。由黏土岩、粉砂岩经低级区域变质作用(指大范围内低强度的变质作用)形成。原岩成分基本上全部重新结晶。根据矿物成分和颜色,千枚岩还可细分出多种岩石。

千枚岩

【千年难题】(millennium problem)　又称世界七大数学难题。2000年5月24日,美国克莱(Clay)数学研究所的科学顾问委员会把庞加莱猜想、NP完全问题、霍奇猜想、黎曼假设、杨－米尔斯理论、纳维－斯托克斯方程、BSD猜想列为七个“千年难题”。这七道问题被研究所认为是“重要的经典问题,经许多年仍未解决”。克莱数学研究所的董事会决定建立700万美元的大奖基金,每个“千年问题”的解决都可获得百万美元的奖励。这些问题涉及纯粹数学和应用数学中的拓扑学、数论到粒子物理学、密码学、计算理论甚至飞机设计领域。

【千人死亡率】(human mortality among thousand persons)　在一定时期内一定地区或单位平均每千名职工中,因伤害事故造成死亡的人数。一般用千分率表示。计算公式是:千人死亡率=(死亡人数/平均职工数)×1 000‰;年伤害平均严重率=总损失工作日/伤害人数。因事故造成伤害率计算还包括:(1)千人重伤率。某个时期内平均每千名职工中,因工伤事故造成的重伤人数。其计算方法是:千人重伤率=(重伤人数/平均在册职工人数)×1 000‰。(2)百万工时伤害率。某个时期内,平均每百万工时因工伤事故造成的伤亡人数(含死亡,重伤,轻伤人数之总和)。其计算方法是:百万工时伤害率=(伤亡人数/实际总工时数)×10^6‰。工伤事故严重程度的计算还包括:(1)伤害严重率。某个时期内平均每百万工时因工伤事故造成的损失工作日数。其计算方法是：伤害严重率＝(损失工作日总数/实际总工时数)$\times 10^6$‰。(2)平均伤害严重率。某个时期内因工伤事故造成每人次受伤害的平均损失工作日数。其计算方法是：平均伤害严重率＝伤害严重率/百万工时伤害率＝损失工作日总数/伤害人数。

【千兆无源光网络】(gigabit passive optical network, GPON) 基于ITU-TG.984.X标准的最新一代宽带无源光综合接入标准。具有高带宽、高效率、大覆盖范围、用户接口丰富等众多优点，被大多数运营商视为实现接入网业务宽带化、综合化改造的理想技术。与其他的无源光纤网络相比，GPON标准提供了前所未有的高带宽，下行速率高达2.5Gbps，其非对称特性更能适应宽带数据业务市场。提供QoS(服务质量)的全业务保障，同时承载信元和帧，有很好的提供服务等级、支持QoS保证和全业务接入的能力。

【扦插】(cutting) 取植物营养器官的一部分插入土中或沙中，利用其再生能力，生根抽枝后成为新植株的繁殖方法。植物无性繁殖方法之一。按其所取用器官的不同可分为枝插、根插、叶插和芽插。在扦插时，要求土壤有适宜的湿度、温度，且通气良好。在夏季扦插时，要注意遮阴和增加空气湿度；在梅雨期要注意排水；用萘乙酸、吲哚乙酸等药剂处理插穗，可促进生根。常用于扦插容易生根并生育良好的植物，尤其是不易获得种子或砧木的植物。扦插苗能保持母株遗传性。其技术简便，繁殖系数较分株、压条等为高。但新植株的根系较浅，寿命较短。

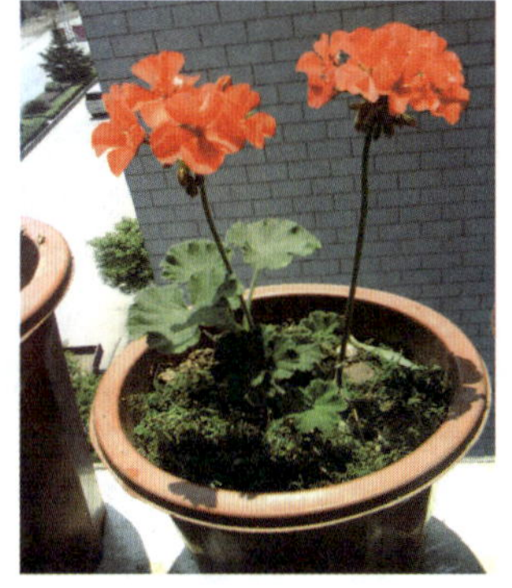

扦插花

【迁地保护】(ex-situ conservation) 又称异境保存。为了保护生物多样性，把因自然生存条件不复存在、物种个体数量极少等原因而导致其生存和繁衍受到严重威胁的物种迁出原地，移入动物园、植物园、水族馆和濒危动物繁殖中心和种子库等所进行的特殊保护和管理方式。植物迁地保护的方法主要有活植物、种子、组织的迁地保护及基因库保存法。有的植物由于人为因素、气候环境演变和植物自身的遗传特性等原因，导致植物种在适生区不能够保存下来，为了保护生物多样性，有必要采取迁地保护的措施。按照“气候相似论”的原理，将这些植物引种到与其生境相似的区域加以保护，扩大其种群数量。活体植物的迁地保护方法也叫有机保护法，即采用人工栽培繁育的方法迁移到其他地方进行保护。活体植物的迁地保护易于繁殖，成活率高，是目前采用较多的一种植物保护方法。迁地保护为行将灭绝的生物提供了生存的最后机会。一般情况下，当物种的种群数量极少，或者物种原有生存环境被自然或者人为因素破坏甚至不复存在时，迁地保护成为保护物种的重要手段。

【迁徙动物】(migrant) 自然界中由于繁殖、觅食、气候变化等原因而进行一定距离迁移的动物。其迁徙可分为周期性迁移和非周期性迁移。前者如鸟类迁徙、鱼类洄游等，它们的移动有一定的规律和路线。后者一般在栖息地生存条件不良的情况下发生。如极度干旱、森林火灾以及动物大量繁殖后，引起动物大规模整群的迁移，一般是一去不返并且常大量地死亡在路途中。

【钎焊】(brazing) 采用熔点比母材低的金属材料作钎料，将焊件和钎料加热至高于钎料熔点、低于焊件熔点的温度，利用钎料润湿母材，填充接头间间隙并与母材相互扩散而实现连接的焊接方法。根据钎料熔点的不同可分为硬钎焊与软钎焊两种。钎料熔点高于450℃的钎焊称为硬钎焊，适用于钎焊受力较大、工作温度较高的焊件，如工具、刀具等；钎料熔点低于450℃的钎焊称为软钎焊，适用于钎焊受力不大、工作温度较低的焊件，如各种电子元器件和导线的连接。钎焊在机械、电机、电子、仪表、家电等部门都得到广泛的应用，特别是在航空、导弹、空间技术中发挥着重要的作用，成为一种不可取代的工艺方法。

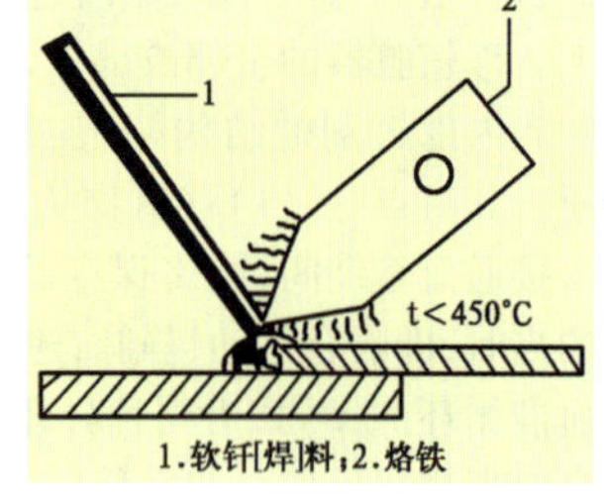

钎焊

【牵伸机】(drafting machine) 将纺丝机集束来的化学纤维进行牵伸的装置。纤维中的线型高分子一般由规整排列和不规整排列两部分所组成。前者在纤维中能形成结晶

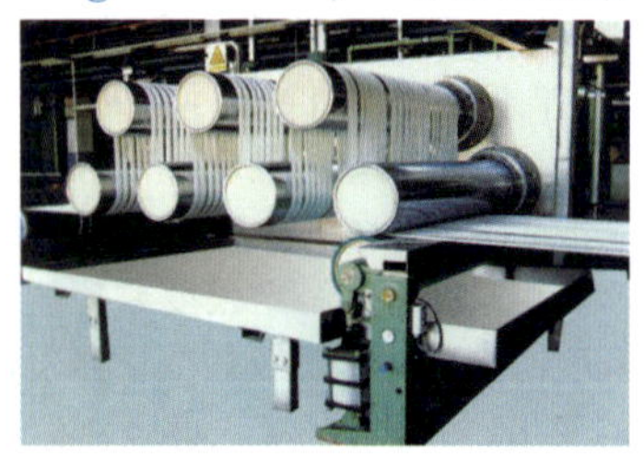

牵伸机

区，后者不能。牵伸的作用就是使组成纤维的高聚物长链分子尽可能多地沿纤维轴向作整齐排列，让不规整排列的长链分子减少。牵伸机由箱体（机架）、多个辊子和传动部分、减速电机及控制系统组成。箱体多为钢板焊接结构。牵伸辊有空心和夹套等多种型式，可以提供保持纤维牵伸所需的温度。牵伸是在两个机台之间完成的。纤维的品种、规格和产量不同，牵伸机的规格（机型）也不相同。

【牵引疗法】（traction therapy） 又称牵引治疗。将牵拉力施加于患者身体，以减轻或去除体重对椎间盘的压力、松解关节粘连、缓解肌肉痉挛等的治疗方法。属于物理疗法。不同于骨科对骨折的治疗。古希腊有将患者踝部绑在垂直的梯子上，身体倒置，猛烈摇晃梯子以减轻患者腰腿痛的记载；在中国中医按摩疗法中，也早就有牵拉下肢对腰部形成牵引力的治疗方法。此法可用于肢体和脊柱。不同关节的牵引术需要按不同关节的结构和生理需要分别设计和实施，借助牵伸软组织来治疗关节障碍和挛缩畸形。常用的牵引方法有：手法牵引、滑轮牵引、电动牵引、倒立牵引和自动牵引等。按牵引部位的不同可分为：颈椎牵引、腰椎牵引和关节功能牵引等。

【铅垂线】（plumb line） 又称重力线。地球重力场中的重力方向线。与水准面正交，是野外观测的基准线。悬挂重物自由下垂时的方向，即为铅垂线方向。

【铅酸电池】（lead acid storage battery） 以海绵状铅作负极，二氧化铅作正极，稀硫酸作电解液的电池。电池反应为：$PbO_2 + Pb + 2H_2SO_4 = 2PbSO_4 + 2H_2O$（正向反应是放电，反向反应是充电）。在充电时，电能转化为化学能；放电时，化学能又转化为电能。放电过程会消耗电解液中的硫酸，所消耗之成分与放电量成正比。因此可以通过电液比重计测得电解液中的硫酸比重，即可得知放电量或残余电量。充电到最后阶段时，电流几乎都用在水的电解，阴极板产生氢，阳极板产生氧，电解液会减少。所以铅蓄电池在使用一段时间后要补充蒸馏水。其单体电压约 2V，可串联起来使用。广泛用于汽车、摩托车、拖拉机、柴油机等启动、点火和照明，通信、发电厂、计算机系统的备用电源，各种蓄电池车、叉车、铲车等动力电源，风力、太阳能等发电用电能储存等。

铅酸电池

【铅污染】（lead pollution） 由重金属元素铅引起的环境污染。铅是银白色金属，延性弱，展性强，质重，为重金属污染中毒性较大的一种。铅对人体全身各器官系统均有损伤作用，最常见的是贫血、铅绞痛和铅中毒性肝炎。神经系统的症状为自主神经衰弱（如头痛、乏力、烦躁、睡眠不好、记忆力衰退等）和多发性神经炎。长期接触微量铅会导致人体贫血，出现头痛、乏力、腹痛、便秘等症状。铅毒对儿童的影响更甚，当儿童的血铅浓度每 100mL 达到 60μg 时，就会由智力障碍引起行为异常。除炼铅厂排放的铅尘外，铅污染主要来源于：(1)陶瓷彩釉。(2)汽车排放的废气。(3)报纸杂志上的油墨。(4)食品中微量的铅。(5)其他方面。

【铅浴】（lead bath） 将铅放在槽中加热熔化，在热处理工件时可作为零件加热或冷却用的介质。使用温度为350～850℃。由于铅蒸气有毒，使用时应注意。

【铅中毒】（lead poisoning） 铅及其化合物的蒸气、烟和粉尘经呼吸道侵入人体而引起的中毒。是职业性铅中毒的主要发病途径。亦可口服其溶剂而中毒。按其病程的不同可分为以下两种：(1)急性铅中毒。①消化系统。表现为恶心、呕吐、食欲不振、口有金属味、流涎、腹胀、便秘、便血、腹绞痛并喜按，还可有肝肿大、黄疸和肝功能减退等。②神经系统。表现为头痛、眩晕、烦躁不安、失眠、嗜睡和易激动，重者可有谵妄、抽搐、惊厥和昏迷甚至脑水肿，也可出现周围神经炎的症状。③血液系统。表现为面色苍白、心悸和气短等贫血症状。④泌尿系统。有腰痛、水肿、蛋白尿、血尿和管型尿，严重者还可出现肾衰竭。(2)慢性铅中毒。职业性铅中毒以慢性居多。如长期用含铅和锡壶饮酒，服用含铅的中成药，以及环境污染所致。神经衰弱症是早期和较常见的症状。轻度中毒，可有食欲不振、腹胀和便秘等消化道症状。对肾脏的损害，早期主要在肾小管，后期可有间质纤维化而导致肾功能不全。

冶炼厂外的铅锌尾矿场

【前寒武纪地质学】（precambrian geology） 地质学的一个分支。研究地球发展史上寒武纪之前的地层、岩石、构造、矿产及其形成与演化规律的一门学科。地球形成于 46 亿年前，前寒武纪约占整个地质时期的90%,约40亿年。全球最古老的岩石距今约43亿年。从那时开始,地球已经开始了海陆分异,发生了沉积作用。在前寒武纪发育的40亿年中,随着时间的推移,地壳上逐步形成以陆核为中心的若干大陆,发育了大面积的麻粒岩—片麻岩区、英云闪长岩—奥长花岗岩—花岗闪长岩岩套、条带状铁建造、磷块岩建造、金铀砾岩建造等,蕴藏有丰富的铁(Fe)、锰(Mn)、金(Au)、铀(U)等矿物原料。这一时期出现的生命现象,也为地球上生命的产生和进化奠定了基础。前寒武纪漫长的地质历史中经历过多期次构造运动、变质作用的改造,形成了复杂、重叠、多变的地质环境,为人类研究地壳演化、生命起源和开发利用矿产资源提供了条件。

【前角】(rake angle) 刀具前面与基面之间的夹角。在主剖面内测量。切屑形成时影响切削层塑性变形大小的重要因素。前角越大,切削层的塑性变形和切屑流经刀具前面的摩擦阻力越小,此时切削力、切削热和切削功率亦越小。但前角过大,则切削刃和刀头的强度将减弱,刀头的散热体积减小,刀具耐用度降低,甚至容易崩刃。

【前馈控制】(feedforward control) 观察作用于系统的各种可以测量的输入量和主要的扰动量,分析它们对系统输出的影响,并在其不利影响产生之前,及时采取纠正措施,消除不利影响的控制系统。与反馈控制相比,前馈控制以系统的输出或主要扰动的变化信息为馈入信息,在系统运行过程的输出结果受到影响之前就进行纠正,防止了所使用的各种资源在质和量上产生偏差,克服反馈控制中因时滞所带来的缺陷,改善控制系统的性能。

【前列腺癌】(prostate cancer) 发生于前列腺部位的恶性肿瘤。是男性生殖系常见的恶性肿瘤。占男性恶性肿瘤的第2位。病因尚未完全清楚,但大量临床资料提示与性激素有关。即因循环中雌激素与雄激素的比例失调,特别是雄激素的变化所致。性活力较高的人群发病率较高,而睾丸切除后的病人很少发生此病;同时环境污染严重地区的发病率也明显高于其他地区。多发生于后叶,主要是腺癌。一般可分为3个类型:(1)潜伏型。小而无症状,不转移。常见于尸检。(2)临床型。有局部症状,侵犯明显,而转移较晚。(3)隐蔽型。原发病灶小,不易被发现,但常有早期广泛转移。其临床症状是:早期阶段可完全没有症状,腺体增大到一定体积,以及膀胱颈部发生梗阻时才出现症状。此时有尿频、尿急、尿流缓慢、排尿困难、甚至发生尿潴留,当压迫或侵犯周围淋巴结或血管时则可出现下肢水肿。直肠指检能触及硬结可诊断。故定期普查可以发现早期的较小病灶。酸性磷酸酶的放射免疫测定、前列腺液的乳酸脱氢酶同功酶测定、经直肠的超声显象、CT检查以及前列腺穿刺针改进等,使前列腺癌能得以早期诊断。

【前列腺素】(prostaglandin, PGI) 一类具有五元环的二十碳不全饱和羟基脂肪酸。是前列腺酸的衍生物。这种活性物质存在于组织和体液中,含量甚微,代谢迅速。对心血管系统、呼吸系统、生殖系统、内分泌系统、消化系统、神经系统及免疫系统等均有作用。单核-巨噬细胞是合成前列腺素的主要免疫细胞。靶细胞为淋巴细胞。可抑制巨噬细胞的发育及胸腺素α对淋巴细胞的作用,干扰血管活性物质,防止循环免疫复合物在局部淤积。对细胞免疫的作用包括:(1)抑制T细胞分化和增殖。(2)抑制淋巴因子的产生。(3)抑制细胞溶解反应。(4)抑制NK细胞活性在体液免疫中的作用。(5)抑制抗体的形成和巨噬细胞的增殖,并能加强巨噬细胞的吞噬功能和增加ConA、Fe受体的数目。通过抑制前列腺素的合成,对免疫系统有负反馈调节作用,可纠正免疫抑制状态,治疗某些机体免疫功能亢进性疾病。前列腺素及其衍生物在细胞介导的器官移植排斥反应中也有重要作用。如肾移植排斥病人摄入PGI_2后可使其排斥逆转。

【前列腺特异抗原】(prostate specific antigen, PSA) 一种相对分子质量33 000~34 000(33-34kDa)、含糖量为7%的糖蛋白。产生于前列腺腺管上皮细胞。半衰期约3.15d。正常男性的血清PSA值$<2.0\mu g/L$。具有严格的组织特异性,仅存在于正常或肥大前列腺及前列腺癌组织中,其他正常人体组织和恶性肿瘤中均未发现。良性前列腺增生及慢性前列腺炎一般均$<10\mu g/L$,以$4\mu g/L$为阈值可提高诊断的特异性。对前列腺癌早期诊断的敏感性很高,对其临床分期也有帮助。当$>20\mu g/L$时,一般已为C、D期。血清PSA最大的价值在于,临床上它对前列腺癌的疗效、预后、复发的判断及其骨转移的监测。前列腺癌切除术后PSA的再升高往往提示骨转移。

【前列腺炎】(prostatitis) 由前列腺非特异性感染所致的急性或慢性炎症引起的局部和全身症状。一般分为六型:Ⅰ型为非特异性细菌性前列腺炎,又分急、慢性前列腺炎;Ⅱ型为特发性非细菌性前列腺炎,又称前列腺病;Ⅲ型为特异性前列腺炎,如淋菌、梅毒、结核菌、真菌、滴虫等引起的前列腺炎;Ⅳ型为非特异性肉芽肿性前列腺炎;Ⅴ型为前列腺痛和前列腺充血;Ⅵ型为其他,如病毒、支原体、衣原体感染引起的前列腺炎。

【前掠翼飞机】(forward-swept wing airplane) 机翼前、后缘向前伸展(前掠)的飞机。前掠翼与后掠翼正好相反,梢弦在根弦的前面,左右翼俯视投影形成一个V字。前掠翼是和后掠翼同时提出的,两者临界马赫数增大的原理是完全相同的。1944年德国制造了第一架前掠翼飞机容克斯287,机翼前掠角为15°。前掠翼飞机在大迎角时首先从翼根部分开始失速,它不会影响飞机纵向、横向的平衡和操纵,失速特性比后掠翼飞机好得多。因此前掠翼飞机低速性能好,可利用的升力比较大。其次,由于失速特性好,前掠翼不必像后掠翼那样带负扭转,可以根据阻力最小的要求控制机翼升力沿展向分布,从而保证机翼有更高的气动效率。前掠翼的严重问题是在结构方面,沿结构曲线方向的弯曲变形会使外翼沿气流方向增大迎角,增加外翼部分升力,进一步增加机翼的弯曲变形。在足够大的速度下,这种现象会形成恶性循环,直到使机翼弯曲折断。这就需增加机翼抗弯刚度,导致机翼结构重量的增加,以致完全抵消采用前掠翼带来的好处。这是前掠翼飞机很少被采用的主要原因。20世纪70年代以后,有人提出用复合材料结构的弯扭变形耦合效应克服前掠翼的缺点,也就是通过布置不同纤维方向的铺层,使机翼的弯曲变形引起附加的负扭转变形,从而抵消由升力引起的前掠翼正扭转。美国格鲁门公司曾利用复合材料结构研制了X-29型前掠翼飞机。

前掠翼飞机

【前驱体】(precursor) 在材料的合成过程中,对最终产物的物理、化学性质具有决定性影响的源物质。常见的为金属醇盐及烃化物。共沉淀法、溶胶—凝胶法可以制备粒度较小、且分布均匀、组分均匀、因表面能比较大、而活性很高的前驱体。如草酸共沉淀法制备$BaTiO_3$陶瓷粉末中的前驱体$BaTiO(C_2O_4)_2 \cdot 4H_2O$,在陶瓷烧结中可以明显地降低烧结温度、提高致密度和掺杂元素在陶瓷中分布的均匀性。其研究重点集中在前驱体的分了设计与合成,物理、化学性质的研究,以及前驱体的化学反应和化学修饰。

【前台处理器】(proscenium controller) 见通信控制器。

【前向纠错】(forward error correction, FEC) 又称前向纠错码。一种为增加数据通信可信度而采用的纠错方法。在单向通信信道中,一旦错误被发现,其接收器将无权再请求传输。是利用数据传输冗长信息的方法,当传输中出现错误时,将允许接收器再建数据。在卫视接收的参数中,前向纠错是个非常重要的数据。使用纠错码,不需要反向信道来传递请示重发的信息,发送端也不需要存放重发的数据缓冲区。前向纠错的缺点是编码效率低,纠错设备也比较复杂。FEC纠错率越低,则纠错码占据的比例越高,同样功率时,对解码的门限要求越低,要求天线口径越小,接收越容易;FEC纠错率越高,则纠错码越低,解码门限值越高,天线口径要求越大,接收越困难。

【前置胎盘】(placentaprevia) 胎盘附着于子宫下段或覆盖在子宫颈内口处,位置低于胎儿的先露部的现象。在正常情况下,胎盘应附着在子宫体后壁、前壁或侧壁。前置部分的面积越广,则病情越严重,预后也就越差。其发病经产妇较初产妇为多。其主要临床表现是:在妊娠晚期或临产时,发生无痛性反复阴道出血。也偶有发生于妊娠20周者。该病是引起晚期妊娠出血的主要原因,也是妊娠期严重并发症之一。如处理过迟或处理不当,常引起产妇和婴儿死亡。

【钱塘涌潮】(Qiantang bore) 又称海宁潮。发生在浙江省杭州湾钱塘江口的涌潮。以每年农历八月十八日在海宁县出现的最为壮观。因钱塘江口呈喇叭形,外宽内窄,湾口宽达100km,向内逐渐收缩至3km,致使潮水涌集,加上湾底沙洲的摩擦,使潮波传播受阻而形成涌潮。涌潮来临,向里涌进的潮水遇江口拦门沙坝的阻挡,使潮水骤然猛涨。在万山与海宁之间,潮波发生折射、反射和交汇,最终激起高耸的水墙,潮头高达3.5m,潮差8~9m,波涛汹涌,十分壮观。涌潮全程80km,历时4h。每年夏、秋大潮时,成为当地著名的旅游景观。

钱塘涌潮

【潜标系统】(submerged buoy system) 水下定点、垂直剖面、长期连续测量海流的重要设备。海洋立体监测网的重要组成部分。由水下测量系统和布放在回收船上的信号发射接收设备两部分组成。

前者包括主浮体、示踪信标、系留装置、转环、玻璃浮球、海流计、声学应答释放器和锚;后者包括声学应答释放器指令发送系统、示踪信标信号接收设备、海流计数据处理系统等。目前,美国的潜标系统较先进,标志其水平的潜标回收率和数据获取率分别为95% ~98%和90%。中国的潜标系统近年有一定的发展,在浅海应用的潜标系统技术已成熟,系统的回收率和有效数据获取率可达100%。这种潜标系统为中国近海资源开发、海洋环境监测提供了重要的水下仪器载体。

【潜伏浇口】(latency gate) 见剪切浇口。

【潜伏期】(incubation period) 自病原体侵入机体到最早临床症状出现的这一段时间。其长短与个体差异、病毒的致病性、感染病毒的数量、感染途径和被感染者的品种有关。如鼠疫潜伏期为2~7天;非典型肺炎的潜伏期为3~12天,通常为4~5天。其流行病学意义在于:(1)根据潜伏期判断患者受感染时间,用于追踪传染源,查找传播途径。(2)根据潜伏期确定接触者的留验、检疫和医学观察期限。(3)根据潜伏期确定免疫接种时间。(4)根据潜伏期评价预防措施效果。(5)潜伏期长短还可影响疾病的流行特征。

【潜科学】(latent science) 处于孕育阶段尚未确定的科学,或虽已得到证实但尚未得到社会承认的科学。科学史证明,任何科学,在客观上总要经过一个孕育过程,最初总是处于萌芽状态。科学萌芽如何发展成为确证了的和世人公认的常规科学,这是潜科学研究的内容,被称为科学胚胎学。如何排除干扰使科学幼苗健康成长,这是潜科学研究的另一个重要内容,也被称为科学育种学。潜科学与成熟科学相比,具有以下特点:创造性思维十分活跃,具有同传统理论不同的反常性,具有产生积极的科学成果的潜能,内涵的模糊性与可变性。它对新科学的产生和发展起着重要的作用。

【潜热热储存】(latent heat storage) 利用储热物质的相变过程来储存与释放热量的储热方式。相变可以是熔解、汽化等物理过程,也可以是水化—脱水的化学反应过程。物质的潜热要比显热大得多,可使储热器的容积大为缩小,这意味着设备占地与投资的减少。物质的相变是在一定温度下进行的,变化范围极小。这个特性使得储热器能保持基本恒定的热效率与供热能力。有些相变物质价格不高。以上这些优点,使得潜热储能越来越受到人们的重视。

【潜水】(phreatic water) 埋藏在地表以下、第一稳定隔水层之上具有自由表面的重力水。其自由表面称潜水面。潜水面的绝对标高称为潜水位。潜水面距地面的距离称为潜水埋藏深度。自潜水面向下到隔水层顶板之间的距离称为含水层的厚度。潜水是由大气降水或者地表水通过包气带直接补给的,所以补给区与分布区常是一致的。在重力作用下,潜水由潜水位较高处向潜水位较低处流动,形成潜流。潜水一般埋藏在第四纪疏松沉积物的孔隙中或出露地表的基岩裂隙中。它的埋藏深度及含水层厚度各处不一,有时相差很大。山区地表切割厉害,埋藏深,含水层厚度差异较大;平原地表切割微弱,埋藏浅,甚至出露地表,形成沼泽,含水层厚度差异小。同一地区,潜水深度及含水层厚度,有季节性变化。多雨季节,补给量较多,含水层厚度增大,埋藏深度变浅;干旱季节则相反。潜水一般埋藏较浅,分布较广,便于开采,广泛用作供水水源。但由于含水层之上无稳定隔水层存在,所以容易受到污染。

【潜水电泵】(submersible pump) 与电动机连成一体潜入水中的抽水设备。有大口径潜水电泵、井用潜水电泵和作业面潜水电泵等3种。潜水电泵已有70多年的历史。大口径、低扬程、大流量的潜水式轴流泵和混流泵近20年才发展起来。瑞典、德国、日本、美国等国家制造的潜水电泵口径已达到1 600mm,流量超过8.3m³/s。中国制造的大型潜水电泵,口径由350mm发展到1 600mm,流量范围为0.2 ~7.8 m³/s,扬程范围为1.5~9.0m。配套电动机功率范围为7.5~500kW,电压除380V外,还有6 000V高压潜水电泵。井用潜水电泵的扬程范围约为10~350m,流量范围约5 ~500 m³/h。作业面潜水电泵扬程范围约为3~65m,流量范围约为3 ~180 m³/h。潜水电泵具有体积小、重量轻、使用维修方便和运行安全可靠等优点。

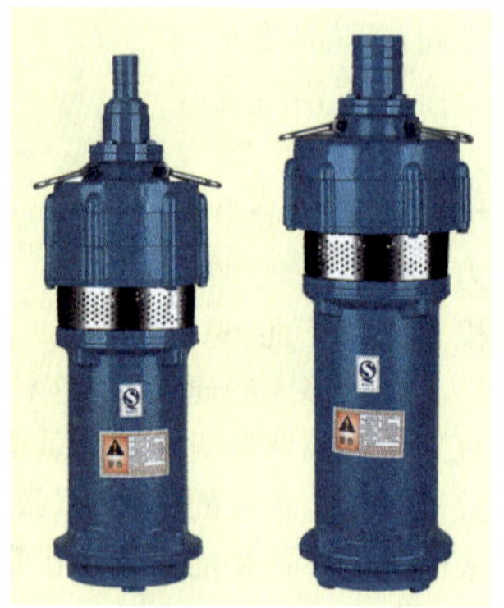

潜水电泵

【潜水电机】(submersible motor) 与潜水泵组成一体潜入水下工作的立式专用三相鼠笼形感应电动机。为适应水下工作条件,对定子绕组及电机结构做了特殊处理,通常采用二极机,并尽可能减小体积及重量。常用结构有水封式、干式、油封式和密封罐式。广泛用于排灌和高原山区汲水。

【潜水加压舱】(diving compression chamber) 又称加压舱、潜水减压舱。通过注入压缩空气或人工混合气体,形成舱内高压环境,供潜水减压、科学研究、模拟潜水及医疗救治之用的钢质耐压容器。工作压力最高可达9 807kPa。其结构大多采用圆筒形或球形。小型加压舱由主舱和过渡舱组成,大型加压舱由主舱、过渡舱、湿舱和干舱组成。主舱主要是用于潜水减压或饱和潜水时供潜水员居住的舱室,是潜水加压舱的主体。过渡舱又称出入舱或闸室,是从大气环境进入主舱的通道,可以调压。当压力与主舱相等时,人员可进出主舱。湿舱是注水的加压舱,可模拟一定深度的海洋环境,供潜水员训练、试验水下仪器设备等用途。干舱是不注水加压舱的统称,是用作潜水减压或潜水员居住的舱室。根据其用途的不同,潜水加压舱的种类也不相同。例如,安装在陆上的、主要用于模拟潜水的,称模拟潜水加压舱;主要用于救治病人的,又称医疗救护加压舱;安装在潜水工作船、打捞船或钻井平台甲板上的潜水加压舱,又称甲板加压舱。潜水加压舱配备有加减压系统、生命保障系统、照明系统、通信系统、递物筒和其他附属设备。潜水加压舱及其组成系统比较复杂,技术要求很高,对于潜水实践和潜水科研都有重要作用。

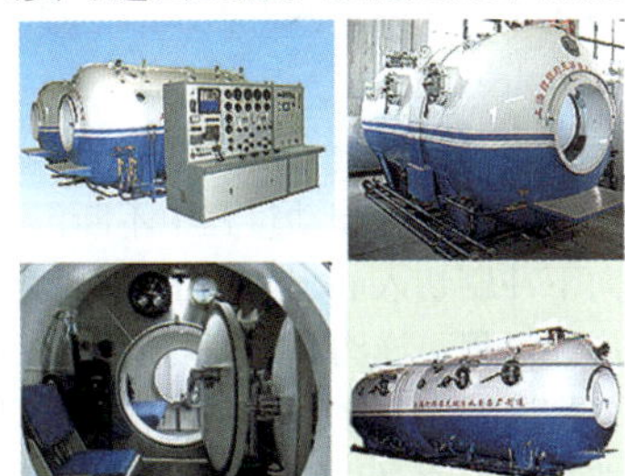
潜水加压舱

【潜水减压】(diving decompression) 为避免潜水员因上升(减压)速度太快、幅度太大发生减压病而采用逐步或缓慢上升(减压)的方法。其目的是使溶解在潜水员体内的中性气体顺利地通过血液循环释放出来。按减压过程形式的不同可分为等速减压、阶段减压、水面减压及吸氧减压等。不论采用何种方式减压,均应根据潜水深度和水下工作时间的不同,预先从减压表中选择某种减压方案。潜水减压是保障潜水人员安全的必不可少的技术措施。

【潜水减压舱】(diving pressure-relief tank) 见潜水加压舱。

【潜水面】(water table) 潜水的自由水面。是一个大体与地形一致的曲面。其起伏与地形、含水层透水性及厚度、地质构造和地下水的补给、排泄条件相关,但坡度一般小于地面坡度。潜水面的形状可明显地反映出潜水的补给、径流、排泄特征。通常情况下,水井的水面可以代表潜水面。潜水面可自由升降,当补给潜水的水量大于潜水的排泄量(或开采量)量,潜水面上升,反之则下降。平原地区潜水面过高,会妨碍植物根系发展,还会造成土壤的沼泽化或盐渍化。而过量开采地下水,潜水面下降过深,会使植物因缺水而枯萎和已有开采水井枯竭。洼地排水降低潜水面、坡岗地合理灌溉防止潜水面上升,是保证作物正常生长和避免土壤发生盐渍化的必要措施。

【潜水器】(scuba) 又称深潜器、可潜器、调查潜艇。具有水下观察和作业能力的活动深潜水装置。主要用于水下考察、海底勘探、海底资源开发及打捞救生等,并可以作为潜水员活动的水下作业基地。现有的潜水器分载人潜水器和无人潜水器两类。潜水器是开展海洋水下研究的主要装备之一。

潜水器

【潜水艇】(submarine) 又称潜艇。一种既能在水面航行,又能在水中一定工作深度范围内潜航,还能进行水中活动和作战的舰艇。其最大的特点是:隐身性好,机动能力强和突袭威力大。因此,潜艇在各国海军中占有重要地位。按其作战任务的不同可分为战略导弹潜艇和攻击潜艇;按其动力形式的不同可分为核动力潜艇和常规动力潜艇;按其排水量大小的不同可分为大型潜艇、中型潜艇、小型潜艇和袖珍潜艇。潜艇主要用于对敌陆上重要目标实施突击,破坏敌海上交通线,攻击敌大中型水面舰船,进行反潜以及侦察、布雷、救援和遣送特种人员登陆等。

潜水艇

【潜水蒸发】(evaporation from phreatic water) 潜水沿土壤孔隙或植物枝叶以水汽化的形式逸入大气的过程。潜水蒸发量的大小反映在地下水位下降的幅度上。潜水蒸发与土壤蒸发既有区别,又有联系。非饱和土壤的蒸发强度,取决于土壤含水量。而潜水是非饱和土壤水分的重要补给来源。当地下水位很浅且岩土空隙很大时,潜水就可直接蒸发。如潜水矿化度较高,在地下水汽化蒸发时,水中的盐分就积聚在地表,造成土壤盐渍化。因此,研究潜水蒸发对合理开发地下水,防治土壤盐渍化有重要意义。其影响因素是:(1)潜水埋藏深度。潜水蒸发强度随埋藏深度的增加而减小。(2)气象因素。在埋深一定的情况下，蒸发量随蒸发能力增加而增加。(3)土壤因素。在潜水埋深较浅时，一般粗质土壤较细密结构的土壤输水能力强。在一定土质和潜水埋深条件下，潜水蒸发为一常量。(4)植被因素。一般有植物的潜水蒸发大于裸土，但又受植物种类、年龄、生长季节等影响。当地下水位降到远距地表时，植被对潜水蒸发就不发生影响。(5)人为因素。长期的大水漫灌，使潜水位抬高，潜水蒸发旺盛，水中盐分积聚表层，引起盐渍化；盲目开采地下水，引起局部地区地下水位急剧下降、构成地下水降落“漏斗”，潜水蒸发停止，土壤发生干化。确定潜水蒸发量的方法是：(1)器测法。用蒸渗仪可分别测定不同地下水埋深、不同土壤、不同作物(包括无作物)、不同生长期的潜水蒸发。(2)水量平衡法。分析单一土柱体或一地区，在一定时段内输入、输出水量的变化，将水平衡原理应用到地下水开发区。考虑到侧向补给或排泄的情况，可用有限差分法加以确定。(3)地下水的下降不受水平补、排或附近抽水的影响时，分析地下水动态观测资料，通过数值模拟或建立经验公式推求。(4)根据土壤渗透系数、土壤水分特征曲线等参数，按土壤水运动原理进行数值模拟。潜水蒸发的抑制方法主要是耕作松土，切断毛管水的上升，或降低地下水位，从而抑制潜水蒸发。

【潜艇隐身技术】(submarine stealth technology) 逃避敌方侦察、提高潜艇生存能力的综合技术。潜艇在水下活动，以海水作掩护，侦察飞机、侦察卫星都难以发现它的行踪。但是，潜艇航行时发动机和螺旋桨发出的声音，庞大身躯对声波的反射，使潜艇很容易成为声呐捕捉的目标。潜艇必要时用潜望镜对水面进行的观察、常规柴电动力潜艇定时浮出水面给蓄电池充电(大约占巡逻时间的20%)，都可能被敌方搜索雷达发现。潜艇隐身技术包括：(1)降低噪声。(2)在潜艇壳体外粘贴吸音材料。(3)在潜艇指挥台围壳、潜望镜和常规潜艇的通气管涂敷吸波涂层。(4)增加主动式电子干扰。(5)采用不依赖空气的常规潜艇动力装置，可使潜艇在低航速航行时的水下续航能力从几小时增至几周。

【潜望镜】(periscope) 采用反射镜、棱镜、透镜等折转光路、从隐蔽位置观察目标的光学仪器。上端镜筒水平轴线与下端目镜中心间的距离称为“潜望高”。步兵、炮兵和坦克潜望镜的潜望高为几十厘米至几米。潜艇潜望镜的潜望高达十几米。

【潜血试验饮食】(occult blood test diet) 用于大便潜血试验的准备以协助诊断消化道有无出血的一种饮食。试验前3天起禁用易造成潜血试验假阳性结果的食物，如肉类、动物肝脏、血类食物、含铁药物及绿色蔬菜等。可进食牛奶、豆制品、冬瓜、白菜、土豆、粉丝、马铃薯、米饭、面条、馒头等。第4天开始留取粪便作潜血试验。

【潜在减寿年数】(potential years of life lost) 某病某年龄组人群死亡者的期望寿命与实际死亡年龄之差的总和。即死亡所造成的寿命损失。是人群中疾病负担测量的一个直接指标。也是评价人群健康水平的一个重要指标。可用于衡量某种死因对一定年龄组人群的危害程度，及对各年龄组人群的危害大小。

【浅沟侵蚀】(shallow gully erosion) 薄层地表径流在流动过程中不断汇集而成的较大股流，向下冲刷切入心土或底土，形成宽度大于深度沟道的沟蚀过程。浅沟纵断面与斜坡坡面大致平行，横断面多呈V形，有时底部呈浅槽形。当浅沟侵蚀发生在坡耕地上时，仅凭耕作措施已不能使其消失。在地表径流冲刷下，沟道逐渐扩宽，导致坡面径流向浅沟大量集中，使其规模迅速扩大。在中国黄土地区，初期浅沟侵蚀深度一般为0.5～1m。中期浅沟沟底已切入犁底层或母质层，沟壁与坡面之间无明显界限。由于地表径流在浅沟中的下切作用加强，沟坡的坍塌现象增强，致使沟道宽度不断加大。之后，由于地表径流继续下切，使浅沟侵蚀逐渐向切沟侵蚀过渡。浅沟底部生长的植物可使地表径流的下切作用减弱或完全消失。随植被在沟底的不断增加，逐渐出现泥沙淤积现象。在中国南部地区，发育在第四纪红土、第三纪或更古老的紫色页岩上的浅沟侵蚀，因其沟底抗冲能力较大而使浅沟的下切速度变缓，其深度一般在1m以内，宽度约为1.5～2m，沟道横断面多呈光滑的弧形。在花岗岩丘陵区的风化壳上，浅沟宽度约在1m左右，深度不超过0.5m。如果地表风化层较疏松且其厚度较大，浅沟沟头常发育成匙状水涮窝。

浅沟侵蚀

【浅海海流】(current in shallow water) 浅海中除潮流之外规模较大的海水流动。通常把浅于200m的海域称为浅海。浅海上持续刮风，海水的密度分布不均，降水或大陆径流的影响，都能形成浅海海流。除此之外，有的浅海海流也是深海海流进入浅海的分支。1877年，美国调查船“布莱克”号和“信天翁”号在西印度群岛近海和格兰德滩等浅海海域进行调查，并在佛罗里达海峡测定了海流流速。20

世纪以来，B.海兰－汉森、F.南森、V.W.埃克曼等人的理论，既为深海海流也为浅海海流奠定了理论基础。中国从20世纪50年代起，开始系统地研究中国沿海的浅海海流。20世纪70年代后，又发展了浅海海流数值计算。浅海海流在本质上虽然与深海海流没有区别，研究方法和运动方程基本上相同，但仍然有它的一些特点。主要是底摩擦效应对海流的影响，季风、降水、蒸发、大陆径流、结冰和融冰等季节性变化因子的影响，潮流的影响以及海流规模的限制等。

【嵌段共聚物】(block copolymer) 由两种或多种单体经镶嵌共聚而成的化合物。具有特殊的性能。例如，由亲水性和憎水性的聚醚低聚体所构成的嵌段共聚物，既具有亲水性，又具有憎水性，可用作润湿剂和乳化剂。利用嵌段共聚原理，可以改善高结晶性合成纤维的染色性，同时又不致使熔点降低太多。

【嵌合抗体】(chimeric antibodies) 抗体分子的可变区由人类可变区基因所编码，而恒定区由其他种属基因所编码的一种抗体。利用DNA重组技术将鼠单抗的轻、重链可变区基因插入含有人抗体恒定区的表达载体中，转化哺乳动物细胞表达出人鼠嵌合抗体。其人源化程度可达70%左右，完整地保留了异源单抗的可变区，最大限度地保持了其亲和活性，降低了免疫原性。但由于人鼠嵌合抗体仍然保留了30%的鼠源性，可诱发人抗小鼠反应HAMA(人抗鼠的抗体)。

【嵌入式地理信息系统】(embeded geographic information system) 将地理信息系统技术与嵌入式设备相结合，在嵌入式平台上提供地理信息服务的技术系统。该系统能够提供导航、定位、地图查询和空间数据管理等服务功能。具有体积小、质量轻、功耗低、适应环境能力强、可靠性高等特点。由硬件平台和软件平台组成。前者主要有手持电脑、掌上电脑等设备，由嵌入式微处理器、嵌入式存储器及数据通信接口构成；后者包括系统软件和应用软件：系统软件是一些特定的操作系统和专门的开发语言和编程环境，应用软件是根据专业应用需求而开发的应用程序。

【嵌入式复合纺纱】(embedded composite spinning) 一种能够降低对短纤维根数、长度及捻度要求的适于多种纤维纺纱的新型技术。可实现低扭矩纱线的纺纱，可实现喂入原料的精确定位。可采用多种原料纺制出具有不同特色与功能的各种复合结构的纱线，实现了用低等级纤维原料及下脚料纺高支纱的理想，节约了成本，实现了资源的优化利用。将一些原来不能在纺纱领域使用的纤维原料，如羽绒纤维、木棉纤维等在纺纱中得以应用，拓展了纺织原料的使用范围。该技术创造了棉纺500英支、毛纺500公支等可纺支数的世界纪录，打破了传统极限纱支的概念。原来的极限纺纱都是运用优质原料纺制而成，而高效短流程嵌入式复合纺纱技术却可以运用普通原料轻易地实现超高支纺纱。解决了纤维在长度、细度、原料来源上的三大难题，实现了纺纱理论、纺纱设备、纺纱技术、配套技术四个层面的提升，缩短了纺纱加工流程，并实现了超高支、低支高纺、资源充分利用、多种原料组合、节能降耗的五大创新。

【嵌入式系统】(embedded system) 以应用为中心、以计算机技术为基础、软件硬件可裁剪、适应应用系统对功能、可靠性、成本、体积、功耗严格要求的专用计算机系统。是一种完全嵌入受控器件内部为特定应用而设计的专用计算机系统。为控制、监视或辅助设备、机器或用于工厂运作的设备。与个人计算机这样的通用计算机系统不同，通常执行的是带有特殊要求的预先定义的任务。其内核是由一个或几个预先编程好以用来执行少数几项任务的微处理器或者单片机组成。与通用计算机能够运行用户选择的软件不同，嵌入式系统上的软件通常是暂时不变的。

【嵌芽接】(chip grafting) 对枝梢具有棱角或沟纹的树种，或在砧木不离皮时，采用的带木质部芽接的方法。在削取接芽时，先在接穗的芽上方0.8～1cm处斜削一刀，长约1.5cm，然后在芽下方0.5～0.8cm处斜切成30°角到第一刀口底部，取下芽片砧木的切口比芽片稍长。在插入芽片后，应保证芽片上端必须露出一线砧木皮层，最后绑紧。

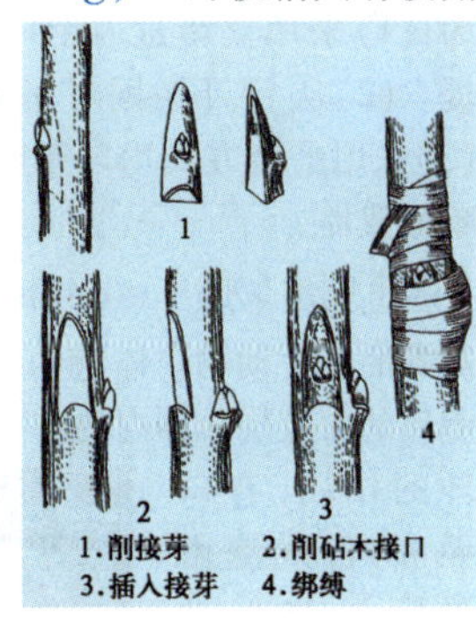

嵌芽接

【枪炮技术】(gunnery technology) 利用现代技术改造枪炮结构以实现更多功能的综合技术。枪一般指利用火药燃气能量发射弹头的、口径小于20mm的身管射击武器。炮是指以火药为能源发射弹丸的、口径在20mm以上的身管射击武器。在现代战争中，枪械等轻武器承担着消灭敌人30%以上有生目标的使命。火炮则被誉为机械化时代的“战争之神”。枪炮作为军队作战的基本武器装备，很早就确立了自己在战争中的基础地位。进入新世纪，新概念轻武器层出不穷,单兵作战系统向着集火力、机动、通信和防护功能为一体的数字化“作战平台”方向迈进。火炮技术也进入炮瞄雷达、光电跟踪测距和火控计算机时代,火炮的口径也将实现系列化、标准化和通用化。

【戗堤】(closure dike) 水利水电工程截流施工中,采用进占方式向流水中抛投混凝土预制块、就地取材的填筑料等形成的横跨江河的透水堰体。所谓进占,是指截流过程中不断向江河中部的进发。戗堤具有机械化强度高、取材便利的特点,非常有利于在短时间内贯通江河两岸,形成有利的施工通道。因此水利水电工程围堰施工一般都在戗堤的基础上进行。戗堤在合龙时,由于龙口单宽流量大、流速高,场地狭窄,因此戗堤端部在合龙时易被冲刷毁坏,合龙前需对其端部进行防冲加固处理。合龙后戗堤迎水面需要采取防渗措施封堵渗漏通道,以便进行下一步围堰工程施工。其中,土石围堰是以戗堤为基础,继续培土加宽、加高,设置黏土芯墙,处理坝脚、坝踵后形成的。戗堤按照进占方式的不同可分为:(1)采用立堵进占由一端向另一端进占的单戗堤。(2)从上、下游同时立堵进占的双戗堤、多戗堤。(3)采用平堵方式均匀布料一次形成拦断江河的全断面戗堤。

戗堤

【腔肠动物】(coelenterata) 比海绵动物稍高等的后生动物。体壁内、外两胚层间,有一层非细胞质的中胶层。体内的空腔即原肠腔,兼有消化和循环的作用,有口无肛门,残渣由口排出,腔肠动物由此而得名。腔肠动物的身体辐射对称,通过身体的中央轴有许多切面可以把身体分成相等的两部分。口的周围环生一定基数或其倍数的触手。外胚层及触手上有一种特殊的刺细胞,能翻出刺丝,放射毒素,用以捕食与袭击敌害。除行有性生殖外,盛行裂体和出芽的无性生殖,有明显的世代交替现象。除极少数种类为淡水生活外,绝大多数种均为海洋生活,大多数在浅海,有些在深海。其价值是:(1)其毒素可作为新的药物开发研究。(2)珊瑚礁为其他动物的生存提供了多种环境。(3)进行仿生学研究。例如模仿水母的感觉器—触手囊制成的风暴预报仪器。(4)生命科学研究的实验材料。可用于探讨发育和进化等问题。(5)观赏价值。工艺雕刻用材和珍贵装饰用品(如红珊瑚)。(6)有些种类刺细胞分泌的毒液对人的危害较大,可造成严重创伤。

腔肠动物

【腔镜外科】(endoscopic surgery) 根据外科微创手术的理论、结合腔镜手术器械而形成的一门外科学科和技术。腔镜外科微创手术是近十余年来迅速发展起来的新技术,是各种腔镜与外科微创观念的结合。与传统手术不同,腔镜微创手术借助腹腔镜、胸腔镜、泌尿系内腔镜、椎间盘镜等先进的医疗设备,经过微小的手术切口或人体自然腔道,来进行手术和解除病变。该技术具有以下优点:(1)手术创伤小。(2)病人痛苦少。(3)脏器功能干扰轻。(4)病人恢复快。(5)住院时间短。

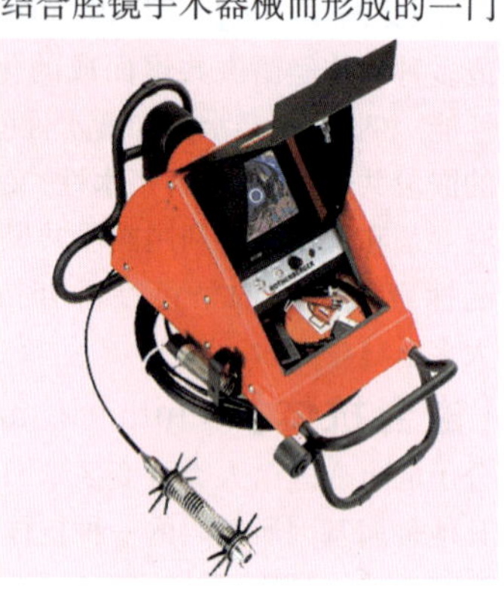
内窥镜

【强度】(strength) 材料或结构在外力作用下抵抗永久变形和断裂破坏的能力。是衡量材料或结构承载能力的重要指标。其单位是 N/m^2。材料强度是指试件从开始加载到破坏的整个过程中其横截面所能承受的最大应力,故也称为材料的强度极限。而结构强度是指结构的极限承载能力。它不仅同材料的强度有关,而且同结构的几何形状、构件配置、外力作用形式等有关。强度按外力作用形式的不同可分为:抵抗静态外力的静强度、抵抗冲击外力的冲击强度、抵抗交变外力的疲劳强度等。根据外力引起的材料内部的应力类型的不同可分为:拉伸(抗拉)强度、剪切强度、抗压强度等。根据材料或结构承受的环境温度的不同可分为:常温强度,高温强度、低温强度。按发生强度破坏形式的不同可分为:屈服强度(极限)、断裂强度(极限)、疲劳强度(极限)等。强度问题是工程设计中最重要的问题之一,飞机与飞船坠毁、高压容器爆破、机架断裂、轴的断裂、连接件破坏等,大都是因强度不够所致。

【强度极限】(strength limit) 又称抗拉强度。试样在拉断前所承受的最大负荷 *Pb* 除以原始横

截面积 F_0 所得的应力。表示材料对最大均匀塑性变形的抗力。是设计与选材的主要依据。即 $\sigma_b = Pb/F_0(Pa)$

【强度设计】(intension design) 确保机件的材料和结构足以抵抗外加载荷而不致失效的一种理论分析与结构设计方法。所有机械零件在工作过程中都会承受各类力、能载荷以及温度、接触介质的作用,致使机件材料和零件可能发生过量变形、断裂或表面磨损、剥落等现象,从而导致机件失效。强度设计要求分析计算工件在一定使用条件下的应力、应变分布和最大应力位置、应力值。根据材料和构件的特征参数(如弹性极限、屈服极限、强度极限、疲劳极限、蠕变极限等),强度理论,设计零件的结构和尺寸(特别是危险截面结构和尺寸),计算校核安全程度及安全寿命。

【强光蔬菜】(strong light vegetable) 对光照强度要求较高的一类蔬菜。蔬菜植物对光照强度的要求,因种类不同而不同。果菜类蔬菜在生长过程中,除了建造其营养器官外,还需要将大量的复杂物质如多糖、蛋白质、脂肪等储存于果实中,所以对光照强度的要求较高。其中尤以原产于晴天多强光的中非和中、南美草原地区的番茄、辣椒、菜豆等,对光强度要求最高。还有瓜类、薯芋类都属于这类蔬菜。如番茄生长发育的最低的光强度为 4 000lx(米烛光),其光合饱和点为 70 000lx。喜强光蔬菜包括:西瓜、甜瓜等大部分瓜类和番茄、茄子、芋头、豆薯等。此类蔬菜缺点是遇阴雨天气,产量低,品质差。

强光蔬菜

【强力磨削】(heavy duty grinding) 以较大的切深(可达几十毫米)和缓慢的进给速度(一般为 0.33 ~ 5mm/s)磨削工件的加工方法。这种磨削,砂轮与工件的接触弧长比普通磨削大几倍到十几倍,所以单位时间内参与磨削的磨粒数量增加很多,使生产效率得以提高,充分发挥了机床和砂轮的潜力。此外,由于砂轮与工件锐边接触次数少,进给速度缓慢,因而减少了砂轮与工件的冲击,同时也减少了机床的振动和加工表面的波纹。强力磨削能获得较高而稳定的加工精度,表面粗糙度可达 0.4 ~ 0.2μm。由于磨削时切削力很大,故应增大砂轮电机功率和砂轮轴的刚性,同时砂轮轴的精度亦需相应提高。

【强力切削】(heavy cut) 大进给或大切深的切削加工工艺。一般用于车削。其主要特点是:车刀除主切削刃外,还有一个平行于工件已加工表面的副切削刃同时参与切削,故可把进给量提高几倍甚至十几倍。与高速切削比较,强力切削的切削温度较低,刀具寿命较长,切削效率较高。其缺点是加工表面较粗糙。强力切削时,径向切削力很大,会使工件产生弹性弯曲变形,应留有较大的加工余量,也不适于加工细长工件。

【强迫运动疗法】(constraint-induced movement therapy) 又称强迫性使用运动疗法、限制-诱导运动疗法。按照一定的方法限制健侧肢体,强化和诱导患侧肢体以改善习得性废用,提高肢体运动功能的治疗方法。是由美国 Alabama 大学神经科学研究人员通过动物实验发展起来治疗偏瘫的一种训练方法。该方案的基本理念是:在生活环境中,限制脑中风患者使用健侧上肢,强制性反复使用患侧上肢。不宜过早(通常指 2 周内)应用该运动疗法。限制健侧肢体使用的方法是:可使用休息位手夹板或塞有填充料的手套限制健手使用,同时使用吊带限制健侧上肢活动。患者在 90% 的清醒时间使用手夹板或手套,仅在洗浴、如厕、睡觉及可能影响平衡和安全的活动时才解除强制,连续 2 ~ 3 周。在限制健肢的同时,强化训练患侧上肢,使其完成日常生活中的动作,每天 6h,每周 5 天,连续 2 周。集中、反复、强化训练患侧上肢,能有效克服脑卒中患者恢复时形成的习得性废用。正式治疗前要给予患者穿脱夹板指导和训练,保证患者能够独立完成穿脱夹板的动作。手夹板或手套一般用易开启的尼龙搭扣固定,以便能让患者本人在紧急情况下(如摔倒后)自行解除。在治疗期间要记录日常生活中患肢的使用情况和强制装置的使用情况,并对患者的安全问题给予特别关注。

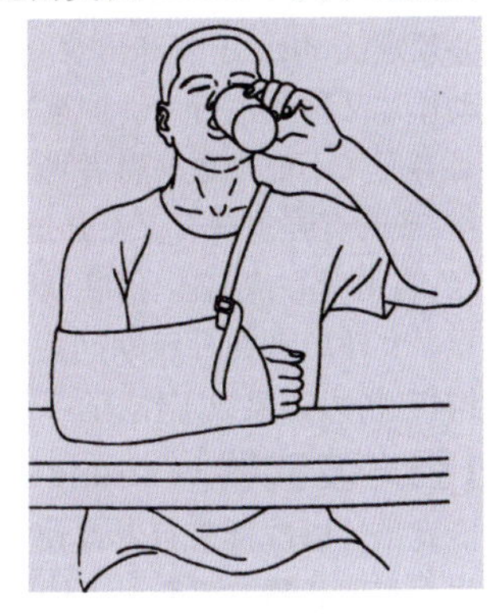

强迫运动疗法

【强迫振荡】(forced oscillation) 一种振荡频率决定于激励系统的振荡。其特点是:(1)其频率完全取决于外力的频率,与自由振荡频率无关。(2)其幅值与附加磁场相对值的大小成正比。因此减小强迫振荡幅值的办法之一就是减小附加磁场,或提高注入时刻的轨道磁场使附加磁场相对值尽量小;

强迫振荡的幅值还与自由振荡频率及外力频率的各自平方差成反比。(3)是一种无法根除的现象,在设计真空室时必须留出一定的空间,通常加速器的尺寸愈大,强迫振荡的幅值也愈大。(4)其幅值增至无限大时便出现共振现象。

【强迫症】(obsessive compulsive disorder) 又称强迫性神经症。一种神经官能症。以反复出现强迫观念和强迫动作为基本特征的一类神经症性障碍。在精神科患者中占0.1%~0.46%,在一般人口中约占0.05%。该病多在30岁以前发病,男多于女,以脑力劳动者常见。个性强而不均衡型的人易患该病。少数患者具有精神薄弱性格。其临床症状是:(1)强迫观念。表现为反复而持久的观念、思想、印象或冲动念头,力图摆脱,但为摆脱不了而紧张烦恼、心烦意乱、焦虑不安和出现一些躯体症状。(2)强迫动作。又称强迫行为。即重复出现一些动作,自知不必要而又不能摆脱。患者可仅有强迫观念或强迫动作,或既有强迫观念又有强迫动作。强迫症状时重时轻,当患者心情欠佳、傍晚、疲劳或体弱多病时较为严重。女性患者在月经期间症状会加重。患者在心情愉快、精力旺盛或工作、学习紧张时,症状可减轻。

【强声波武器】(strong soundwave weapon) 能发出足以威慑来犯者或使来犯者失去行动能力的强大声波武器。不会对人体造成长期危害,主要用于保护军事基地等重要设施。当有人靠近时,这种声学武器首先发出声音警告来人。如果来人继续靠近,声音就会变得令人胆战心惊。假如来人置之不理还继续靠近,这种声学武器就会使他们丧失行动能力。

【强杂种优势】(heterosis) 杂合体在一种或多种性状上优于两个亲本的现象。在不同品系、不同品种、甚至不同种属间进行杂交,所得到的杂种一代往往比它的双亲表现更强大的生长速率和代谢功能,导致器官发达、体型增大、产量提高,或者表现在抗病、抗虫、抗逆力、成活力、生殖力、生存力等的提高。杂种优势所涉及的性状大都为数量性状,故须以具体的数值来衡量和表明其优势表现的程度。如果杂种的性状表现超过双亲的均值,这种优势称为平均优势。在实际应用时,常使用度量表示超过双亲的杂种优势,即超亲优势。

【强直性脊柱炎】(ankylosing spondylitis) 又称类风湿性脊柱炎、畸形性脊柱炎。以骶髂关节和脊椎为主最终导致脊柱强直的一种慢性全身性非炎性疾病。一种很古老的疾病。属于风湿病范畴。常见于16~30岁青年人。男性多见,男女比例大约为10:1。40岁以后首次发病者少见,约占3.3%。其原因尚不明确。病变是以脊柱为主的慢性疾病,并主要累及骶髂关节,引起脊柱强直和纤维化,造成弯腰、行走活动受限;可伴有不同程度的眼、肺、肌肉、骨骼的病变;也有自身免疫功能的失常,所以又属自身免疫性疾病。起病隐袭,进展缓慢,全身症状较轻。早期常有下背痛和晨起僵硬,活动后减轻,并可伴有低热、乏力、食欲减退、消瘦等症状。开始时疼痛为间歇性,数月数年后发展为持续性,以后炎性疼痛消失,脊柱由下而上部分或全部强直,出现驼背畸形。女性病人周围关节受侵犯较常见,进展较缓慢,脊柱畸形较轻。病人多有关节病变,且绝大多数首先侵犯骶髂关节,以后上行发展至颈椎。少数病人先由颈椎或几个脊柱段同时受侵犯,也可侵犯周围关节,伴有关节周围肌肉痉挛;也可表现为夜间疼,经活动或服止痛剂缓解。晚期整个脊柱和下肢变成强硬的弓形,向前屈曲。其治疗目的是:控制炎症,减轻或缓解症状,维持正常姿势和最佳功能位置,防止畸形发生。其治疗原则是:积极采取综合措施进行干预,内容包括病人和家属的疾病健康教育、体疗、理疗、药物和外科治疗等。

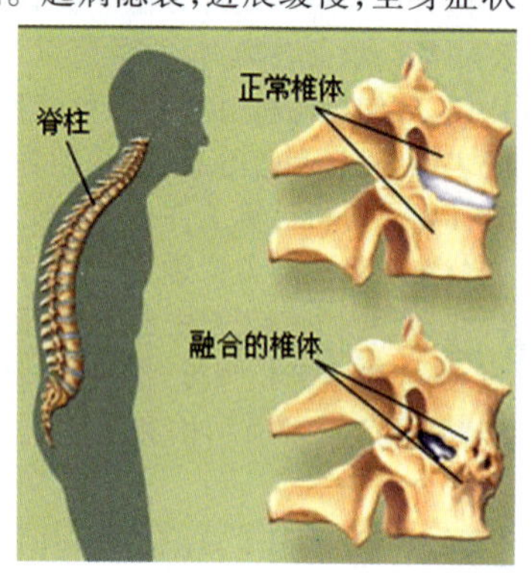

强直性脊柱炎

【强制性产品认证制度】(constraint authentication system for product) 为保护消费者人身和动植物生命安全、保护环境、保护国家安全,依照法律法规实施的一种产品合格评定制度。它要求产品必须符合国家标准和技术法规。认证制度已被世界大多数国家广泛采用。政府利用强制性产品认证制度作为产品市场准入的手段,正在成为国际通行的做法。

【强制性能效标准】(mandatory energy efficiency standards) 在保证产品的质量、安全和整体价格的前提下,对用能产品的能源利用效率做出强制性的具体要求。规定用能产品必须加施符合相关标准要求的信息标签,明示产品的能效等级、能源消耗量等能效性能指标。是对用能产品的能源利用效率水平或在一定时间内能源消耗水平进行评定的标准,是国家宏观能源管理的一种手段。其主要内容包括:能效(能耗)限定值(又称最小允许能源效率值)、能效等级指标、节能评价值指标和超前性标准指标等。世界上能效标准的实施方式有强制性和自愿性两种。中国和大多数国家采取了强制性的能效标准。2004年8月13日,国家发改委、国家质检总局发布了《能源效率标识管理办法》,标志着能效标识制度在中国正式建立。中国能效标准的主要内容有:(1)能效标准中的能效限定值是阻止高耗能产品进入市场的技术指标,是国家淘汰高耗能产品的依据。(2)规定目标能效限定值的目的是为实施超前能效标准,为企业提供一个国家能源政策信息,使企业有一定的时间去提高用能产品的节能技术,改进产品结构和生产工艺,从而使产品的能效能够在国家的引导下不断提高。(3)产品节能评价值在标准中属于推荐性指标,是开展节能产品认证的技术依据。(4)产品的能效等级是国家实施能效标识制度的依据。

【强子】(hadron) 参与强相互作用的粒子。已发现的粒子绝大多数是强子,包括重子和介子两类。强子中质量比质子更重(包括质子)自旋为半整数的粒子,称为重子。重子是费米子,其反粒子称为反重子。所有重子和反重子都带有一个守恒量子数－重子数B,重子的重子数 $B=+1$,反重子的重子数 $B=-1$。在一切的反应中重子数守恒。除质子外,其他的重子都是不稳定的。它们会衰变成质子。强子中自旋为整数的称为介子。介子为波色子。强子除参与强相互作用外,还参与弱相互作用和电磁相互作用。强子的复合特性明显,有一定的大小,其半径约为 1×10^{-15}m。

【墙板结构】(wall-board structure) 由墙和楼板组成承重体系的房屋结构。墙既作承重构件,又作房间的隔断,是居住建筑中最常用且较经济的结构形式。其缺点是室内平面布置的灵活性较差。为克服这一缺点,目前正在向大开间方向发展。墙板结构除用于住宅、公寓,也可用于办公楼、学校等公用建筑。其承重墙可用砖、砌块、预制或现浇混凝土做成。楼板用预制钢筋混凝土或预应力混凝土空心板、槽形板和实心板,也可采用预制与现浇叠合式楼板和全现浇式楼板。

墙板结构

【墙体自保温】(self-insulation wall) 按照一定建筑构造,采用节能型墙体材料及专用砂浆使墙体热工性能指标符合相应标准的建筑墙体保温隔热系统。按其基层墙体材料的不同可分为:蒸压加气混凝土砌块墙体自保温系统、节能型烧结页岩空心砌块墙体自保温系统和陶粒混凝土小型空心砌块墙体自保温系统等。其系统性能及组成材料的技术要求须符合相关技术标准的规定。该隔热系统具有工序简单、施工方便、安全性能好、便于维修改造和可与建筑物同寿命等特点。工程实践证明应用该系统不仅可降低建筑节能增量成本,而且对提高建筑节能工程质量具有重要的现实意义。

【抢救黄金时间】(saving prime time) 各种危重伤、病意外发生的最初4min。若能在院前急救中把握这“黄金时间”,将极大地改善患者的预后。因为一个人心跳呼吸停止10s以后就会昏迷,4min后脑细胞开始死亡,10min后绝大部分脑细胞死亡。之后,即使恢复心跳也可能成为植物人。

【羟值】(hydroxyl value) 一克样品中所含的羟基所相当的氢氧化钾(KOH)的毫克数。以mg KOH/g表示。羟基是由氢和氧两种原子组成的一价原子团(-OH)。羟值是表示醇类等含羟基的有机化合物结构特征的指标之一。

【敲帮问顶】(sounding) 在井下生产作业开始前,用撬棍、钢钎或镐等敲击井巷、工作面顶板及侧帮,以便了解其稳定性的简易检查方法。根据发出的声响发现浮石、剥层。敲帮问顶应由有一定实践经验的井下人员进行。在发现有浮石、剥层后,应站在安全的地方将其撬下。

【乔林作业】(forest system) 用以生产大径材的营林方式。森林经营方式之一。林分都由乔木树种的种子繁殖法形成的森林。常由种子或实生苗更新,也可应用无性繁殖,能长成高大的树干和稠密的树冠。轮伐期较长,作业法不仅影响森林的外貌,而且影响到采取的技术措施、森林的利用途径和生态、社会效益。18世纪,德国首先对森林作业法进行了理论研究,并在生产上加以应用。按森林经营目的和森林结构的不同,森林作业法可分为乔林作业、矮林作业和中林作业。其中乔林作业在用材林经营中占有重要的地位。根据乔林更新期的长短及其更新年龄的特点,可分为同龄林和异龄林。同龄林包括由皆伐作业、渐伐作业形成的林分,异龄林以择伐作业的林分为代表。皆伐作业是在伐去老林木后进行更新,又称后更作业。此法简便易行,生产费用小,在采伐、集材、运材时,不损伤幼苗幼树,适用于阳性树种更新。但林地易裸露,生境易于恶化,杂草丛生,不能充分利用空间及土地生产力。渐伐作业也称前更作业。在更新完成后才伐去全部老林木。此法能保持较优的立地条件,更新容易;但实施技术复杂,伐木运材易损害幼苗幼树,多应用于欧洲各国。

【乔木】(tall tree) 树身高大的树木。通常6～10m,具有明显的根部,树干和树冠有明显的区分。通常见到的高大树木都是乔木,如木棉、松树、玉兰、白桦等。按其冬季或旱季落叶与否,又分为落叶乔木和常绿乔木;按其高度的不同可分为:伟乔(31m以上)、大乔(21～30m)、中乔(11～20m)、小乔(6～10m)等四级。

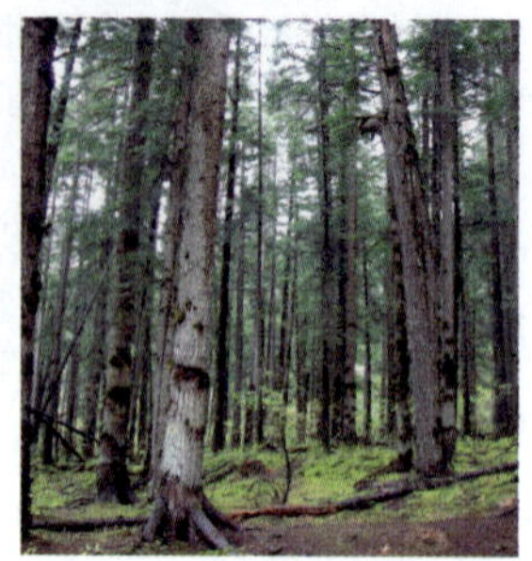
乔木

【乔其纱】(georgette) 又称乔其绉。经纬线均为强捻丝按照一定捻向排列相间交织成平纹组织的绉类丝绸织物。名称来自法国。炼染后织物收缩,绸面上起细致均匀的绉纹、明显的纱孔和形成漫反射的绉纹效应。其质地轻薄飘逸,透明,富有伸缩弹性,缩水率大(一般为10%～12%),具有良好的抗皱、透气、悬垂性能和弹性,穿着舒适滑爽。按所用原料的不同可分为:真丝乔其纱、人造丝乔其纱、涤丝乔其纱和交织乔其纱等。若纬丝只采用一种捻向,织得的乔其纱呈现经向凹凸褶裥状不规则绉纹,称为顺纡乔其纱。乔其纱适于制作妇女连衣裙、高级晚礼服、头巾、宫灯工艺品等。

【乔托号探测器】(Giotto detector) 欧洲空间局研制并发射的哈雷彗星探测器。1985年7月1日由阿丽亚娜1号火箭发射升空。总高度2.848m,直径1.867m,发射时重960kg。探测器于1986年3月14日从距彗核590km处掠过,顺利地完成了对哈雷彗星的探测任务,发回了彗核的清晰照片。在深入到哈雷彗星的中心区期间,对其进行了详细探测,包括等离子体分布、尘埃、电磁场、彗星组成成分、彗核与彗尾的结构及特性等。

【桥墩】(bridge pier) 支承桥梁上部结构的荷载,并将它传给地基基础的中间支承结构物。除了承受上部结构的荷重外,墩身还要承受水面以上的风力、流水压力及可能发生的冰压力、船只或漂浮物的撞击力。此外,桥梁墩台还要承受施工时的临时荷载,在某种情况下要临时加固补强。桥梁墩不仅应有足够的承载力和稳定性,而且对地基的承载力、沉降量、摩擦力等也都提出一定的要求,避免荷载作用过大产生位移和转动。桥墩主要由墩帽、墩身和基础三部分组成。按其构造的不同可分为重力式桥墩、桩柱式桥墩、柔性排架桩式桥墩、钢筋混凝土薄壁墩和空心薄壁墩等。

桥墩

【桥跨结构】(bridge span structure) 见上部结构。

【桥梁测量】(bridge survey) 在桥梁勘察设计、施工和运营管理各阶段所进行的测量工作。测量的繁简程度随桥梁的类型、大小、长短与河道地形情况而异。勘测设计阶段为了选择桥址,需要搜集比例尺为1:25 000或1:50 000的地形图,为桥梁设计需测绘较大比例尺(1:10 000)的桥渡位置图及1:1 000或1:500的桥址地形图,并选择水文断面测定水深、流向、流速及计算流量。施工阶段建立施工平面和高程控制网点,用以放样桥梁中线和墩台、保证桥梁架设的质量。对于干涸及浅水河道,可用钢尺直接丈量或间接测距方法测设桥轴线和墩台中心位置;对于深水河道则采用测角网、测边网、边角网,建立平面控制。高程控制一般采用水准测量方法,布设基准点(还兼作运营阶段沉降观测的高程依据)与施工水准点。过河水准测量可采用水准仪倾斜螺旋法或经纬仪倾角法和光学测微法等进行对向观测。

【桥梁结构】(bridge structure) 桥体系统内各组成要素之间的相互联系、相互作用的方式。桥梁结构的基本组成部分包括上部结构(桥跨结构)和下部结构。上部结构一般包括桥面构造(行车道、人行道、栏杆等)、桥梁跨越部分的承载结构和桥梁支座。下部结构是指桥梁结构中设置在地基上用以支承桥跨的结构,将其荷载传递至地基的结构部分,一般包括桥墩、桥台及墩台基础。桥梁按主要承重结构体系的不同可分为:梁式桥、拱桥、悬索桥、钢架桥、斜张桥和组合体系桥等,前三种是桥梁的基本体系。按桥梁上部结构的建筑材料的不同可分为:木桥、石桥、混凝土桥、钢筋混凝土桥、预应力混凝土桥、钢桥和结合梁桥等。

桥梁结构

【桥台】(abutment) 设置在桥梁两端,支承上部结构和连接两岸道路的物体。既要能挡土护岸，又要能承受台背填土及填土上车辆荷载所产生的附加侧压力。此外，还要承受施工时的临时荷载。在某种情况下要临时加固补强。桥台不仅应有足够的承载力和稳定性，而且对地基的承载力、沉降量、摩擦力等也都提出一定的要求，避免在荷载作用下的过大位移和转动。这对超静定结构尤为重要。桥台主要由台帽、台身和基础三部分组成。桥台可分为重力式桥台和轻型桥台两大类。重力式桥台也称实体式桥台，主要靠自重来平衡台后的土压力。桥台台身多数由石砌、片石混凝土或混凝土等圬型桥工材料建造，并采用就地建造的施工方法。常用的类型有U型桥台、埋置式桥台、八字式和一字式桥台等。轻型桥台构造特点是利用钢筋混凝土结构的抗弯能力来减少圬工体积而使桥台轻型化。轻型桥台包括薄壁轻型桥台、带有支撑梁的轻型桥台、双柱式桥台等类型。

【桥头跳车】（vehicle jumping at bridge end） 由于公路桥头及桥头引道处的差异沉降而使路面纵坡出现台阶而使通过车辆产生跳跃的现象。产生的主要原因是：(1)地基强度不同。(2)设计不周。(3)台后填料不当。(4)台后压实不足。(5)地基浸水软化。治理的主要措施是：(1)台背填土选用沉降完成快的砂砾填筑。(2)加强台背填土夯实，分层填土厚度不大于15cm。(3)设计较长的桥头搭板(6～7m)。(4)对于沉降完成较慢的填筑材料，采用土工合成材料加强，以防止路面水渗入和毛细水上升。(5)桥头不设搭板的，将梁端用泡沫板堵塞，以防填土侵入，然后将台背填土夯实。若施工期内不能完成沉降，在交付使用一段时间后，用路面面层混合料将已沉降部分回填到设计标高。(6)用土工格栅处理桥涵台背的填方。(7)台背回填设计采用"刚柔过渡"法等。

【巧克力】（chocolate） 又称朱古力。以可可料、可可脂和糖为基础原料制成的食品的统称。花色品种繁多。按其加工工艺和组织结构的不同可分为纯巧克力和夹心巧克力两大类。前者指纯粹的巧克力制品，有深色巧克力和牛乳巧克力；后者指糖果、面粉制品和其他食品涂覆巧克力外衣的制品。通常多指纯巧克力。属粗粒分散体系，可可脂是体系内连续相分散介质，糖和可可料、乳等分散于连续相内成分散相。在常温下，巧克力具坚实的质地，遇冷变硬且带脆性，遇热软化直至溶化。一般具有光亮的棕色外观。若加乳，则是棕色。光亮度是可可脂晶体的光学特性所致。从光亮度上可反映出生产巧克力的工艺技术水平。色泽是可可原料中的天然色素——可可棕色和可可红色。其浓郁优美的香味，来源于可可豆的焙炒、乳制品的焦香化和其他香原料。巧克力熔化后有良好的流动性，其黏度随温度的升高和含油量的增多而降低。纯巧克力可分为半制品和制品。半制品为巧克力食品工业用原料。经注模加工或涂覆加工生产的为纯巧克力制品和夹心巧克力制品。巧克力发热量高，尤以纯巧克力更突出，达20 935～25 122kJ/kg。其他营养素亦丰富，且易被人体吸收。

巧克力

【切补修复】（excision repair） 见切除修复。

【切除修复】（excision repair） 又称切补修复。在多种酶的作用下促进DNA进行损伤修补的过程。先利用核酸内切酶识别DNA损伤部位，然后切除损伤部位，再合成新的DNA单链片段，填补切除后空下的空隙，键链连接完成修复。是修复DNA损伤最为普遍的方式，对多种DNA损伤包括碱基脱落形成的无碱基位点、嘧啶二聚体、碱基烷基化、单链断裂等都能起修复作用。不同的核酸内切酶，对于不同类型损伤的识别也具有相对的特异性。

【切断机】（cutting machine） 将连续不断的化学纤维丝束，切割成规定长度的短段，以适应混纺要求的设备。一般棉型短纤维长度为33～38mm，毛型短纤维长度为76～102mm，中长型短纤维长度为51～76mm。切断机形式很多。大多由张力辊、机架、刀盘、刀片和集棉斗组成。刀盘的旋转速度很高。刀片安装在刀盘的圆周上，经切断的纤维落入集棉斗。合成纤维在切断前已经过后处理，切断后直接送往打包机打成棉包，以便运输和储存。而人造纤维如黏胶纤维，须在切断之后送入后处理设备进行处理。切断机的切断工分有干切和湿切两种。

钢筋切断机

【切分轧制】（splitting rolling） 在轧机上利用特殊轧辊孔型，将一根钢坯沿纵向切成两根以上轧件的轧制方法。按切分方法的不同可分为：切分轮切分法、圆盘切分法、轧辊切分法和火焰切分法。按切分数量的不同可分为：一切二、一切三和一切四等类型。具有缩短工艺流程、提高小规格产品产量和降低成本的特点。能在不增加轧机数量的情况下,使用较大断面尺寸的钢坯来生产小规格钢材,有利于炼钢铸钢的生产组织。适用于对钢材表面质量以及尺寸精度要求不高的品种。螺纹钢切分技术较为成熟。对于生产热轧带肋钢筋为主尤其是小规格占较大比例的车间,切分轧制是必不可少的工艺措施。

【切沟侵蚀】(gully erosion) 在股流冲刷下,沟道深切入母质层、风化层或基岩面的过程。形成的沟道具有明显的沟头。较大规模的切沟沟头常有分岔现象,其深度至少在1m以上,有的可达数米。在土层疏松、深厚的黄土地区可达十余米至数十米。由于切沟规模较大,发生的坡面已不能作为农耕地进行耕作。它所形成的沟道底部纵断面仍与坡面大致保持平行。其发展过程是:初期以沟头溯源侵蚀为主,发展迅速,其横断面一般呈V形,而后变为槽形。中期随着溯源侵蚀不断发展,由沟头汇集流入沟道的水量逐渐减少,使得沟头发展速度逐渐变小。后期,沟头发展接近分水线,沟底纵断面也已接近临界纵坡状态,使沟头前进及沟底下切作用均处于基本停止状态,沟坡趋向稳定。在切沟沟底有时还可能出现泥沙淤积现象。其危害是:坡面的破坏作用明显而强烈,一旦出现切沟,土地就失去了作为农耕地的使用价值。

【切接】(cut grafting) 枝接的一种常用方法。接穗长5~8cm,具1~2个芽,下部削成两个长短切面;在上芽背侧下方削成2~3cm长切面,再在其背面基部削成锐角形短切面。将砧木距地表4~10cm的上部剪去,伤口修平。选择光滑平整侧面,先在切断的肩部斜削一刀,再对准形成层的内侧向下垂直切下2~3cm,切口和接穗长切面大小相当。将接穗长切面与砧木内侧切面的形成层对齐,微露一线接穗的削面;再将砧木切口的皮部包于接穗外面,用塑料薄膜等加以绑缚,并培土保湿。

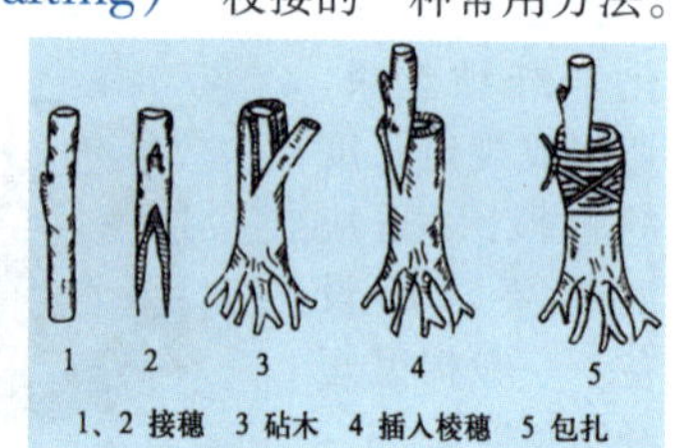

切接

【切削参数】(cutting parameters) 切削加工时,所选用的切削速度、背吃刀量(切削深度)和进给量等的统称。切削用量是影响切削效率、刀具耐用度和加工质量的主要因素。选择切削用量的一般原则是:粗加工时,尽可能采用大的切削深度,其次是采用大的进给量,最后根据刀具耐用度的要求,选择合适的切削速度;精加工时,尽可能选用大的切削速度,比较小的背吃刀量和进给量。其中有关参数,分述如下:(1)切削速度。切削加工时主运动的线速度。是决定切削过程物理现象和工艺过程效率的重要因素。车削加工时,指工件旋转时刀具切削工件最大直径处的线速度;铣削加工时,指铣刀旋转时的线速度;磨削加工时,指砂轮旋转时的线速度。(2)切削厚度。切削加工时,切削层在加工表面垂直方向上的尺寸。(3)切削宽度。切削加工时,切削层在基面内沿加工表面方向的尺寸。(4)背吃刀量。切削加工时从工件已加工表面到待加工表面之间的垂直距离,又称切削深度。(5)切削振动。切削过程中,工件与刀具之间出现的频率较高的周期性相对运动。切削振动会破坏正常的切削过程,降低工件的表面质量,导致刀具过早磨损、崩刃,以及降低机床寿命。切削振动的特征用振幅、频率、周期、波形和机床振型等参数表征,按其性质分强迫振动和自激振动二类。(6)切削功率。切削过程中,将工件切削层转变成切屑时所需要的功率,称切削功率。一般以主切削力与切削速度的乘积计算,也可用有关仪器测量。

【切削加工】(cutting machining) 用切削刀具从坯料或工件上切除多余材料,以获得所需几何形状、尺寸精度和表面质量的零件的加工方法。靠刀具和工件之间作相对运动来完成,包括主运动和进给运动。在现代机器制造中,绝大多数的机械零件,特别是尺寸公差和表面粗糙度的数值要求较小的零件,一般都要经过切削加工而得到。切削加工主要方式包括车削、铣削、刨削、拉削、磨削、钻削、镗削和齿轮加工、刮削等。

切削加工

【切削加工自动线】(cutting machining automatic production line) 由工件传送系统和控制系统,将一组切削加工自动机床和辅助设备按照工艺要求顺序联结起来的自动生产线。切削加工自动线在机械制造业中发展最快、应用最广。主要有:用于加工箱体、壳体、杂类等零件的组合机床自动线;用于加工轴类、盘环类等零件的,由通用、专门化或专用自动机床组成的自动线;旋转体加工自动线;用于加工工序简单、小型零件的转子自动线等。

【切削力】(cutting force) 工件材料抵抗刀具切削作用所产生的抗力。是一个空间力。刀具切削时挤压切削层金属,使工件表层发生弹性变形和塑性变形,以及刀具与切屑和工件表面之间产生摩擦,导致产生切削力。切削力的大小同工件材料、刀具几何角度和所选用的切削量有关。切削力大,则消耗的动力大,产生的切削热大,并影响刀具的耐用度和工件的表面质量。

【切削平面】(tool cutting edge plane) 通过刀具切削刃上的选定点,与切削刃相切、且垂直于基面的平面。车刀的刃倾角在切削平面上测量。

【切削陶瓷】(ceramic cutting material) 硬度大于或等于 HRA94 切削速度比硬质合金高2~5倍的高效切削刀具材料。常用的有氧化铝(Al_2O_3)系列,氮化硅(Si_2N_4)系列和混合陶瓷(Al_2O_3—TiC)三大类。其硬度可达 HRA94~HRA96,且耐磨性好,具有很高的热硬性(在1 200℃以上仍能进行连续稳定的切削)。此外,它还有很高的化学稳定性,与金属亲和力小,摩擦系数也小,故可获得较低的表面粗糙度值,因此适用于对钢、铸铁材料进行车削、铣削加工,加工高硬材料也特别有效。新一代细、微晶高强度陶瓷刀片抗弯强度达 800~1 000MPa,冲击韧性较高。金属陶瓷比冷压纯陶瓷的强度高,可用于加工冷硬铸铁轧辊及淬硬合金轧辊。氧化硅基陶瓷抗冲击性能较好,显微硬度可达 HV5 000。由于陶瓷刀片难以刃磨和焊接,故常做成可转位刀片使用。

【茄果类蔬菜】(vegetables of solanaceous fruits) 茄科植物中以浆果供食用的蔬菜。普遍栽培的品种有番茄属的番茄、茄属的茄子、辣椒属的辣椒及甜椒,个别地区还有酸浆属的酸浆。可用作鲜食和加工。是世界性的主要蔬菜。经济价值高。喜温暖,不耐霜,多为中光性植物。幼苗期开始花芽分化,以后生殖生长和营养生长同时进行。生长前期以营养生长为主,后期以生殖生长为主。幼苗期长,适合提前育苗移栽以延长采收期,提高产量。是保护地栽培的首选丰产高效益蔬菜。生育期长,茎叶茂盛。在生育期间应注意通过加强肥水管理,多施有机肥。采取植株调整、病虫害防治等管理措施,促进茎叶生长,保持适宜的同化叶面积和良好的光照条件,协调茎叶生长与开花结实的矛盾,是获得优质丰产的关键。茄科蔬菜具有共同的病虫害,不适宜连作。

茄果类蔬菜

【茄子一株异果】(different fruits from one eggplant) 在一株茄子上能够同时结出不同种类蔬菜果实的茄科植物。利用观赏茄子的一个分枝作砧木,观赏番茄作接穗,再用观赏番茄的一个侧枝作砧木,观赏茄子作接穗,进行观赏番茄观赏茄子双向嫁接。在这样嫁接的茄子株上,可以同时结出不同种类的茄果。这将大幅度提高观赏蔬菜的个体观赏价值。实现观赏蔬菜的视觉效果。

【窃听】(eavesdropping) 借助技术器材秘密听、录敌方谈话和声响的侦察活动。其方法包括有线电窃听、无线电窃听、红外线窃听、微波窃听和激光窃听等。窃听不仅是情报收集的重要手段,而且是军事战场的重要方面。

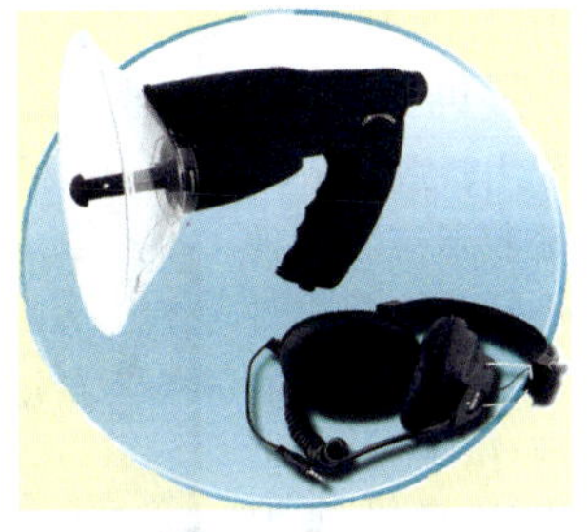

窃听器材

【钦天监】 官署名。明清两代执掌观察天象,推算节气、制定历法的机构。即中国古代的天文台。其历史的沿革如下:秦、汉至南朝时,太常所属设有太史令掌天时星历。隋秘书省所属设有太史曹,炀帝改曹为监。唐初,改太史监为太史局。此后曾数度改称秘书阁、浑天监察院、浑仪监,或属秘书省。唐开元十四年(公元 726 年),复为太史局,属秘书省。乾元元年(公元 758 年),改称司天台。五代与宋初称司天监,元丰改制后改为太史局。辽设有司天监,金称司天台,属秘书监。元有太史院,与司天监、回回司天监并置。明初沿置司天监、回回司天监,旋改称钦天监,有监正、监副等官。钦天监正,相当于今天国家天文台台长。监官不得改迁他官,子孙世业,非特旨不得升调、致仕。如有缺员,由本监逐级递补。明末年有西洋传教士参加钦天监的工作。清沿袭明制,有管理监事大臣为长官,监工、监副等官满、汉并用,并有西洋传教士参加。乾隆初曾定监副以满、汉、西洋分用。后在华西洋人或归或死,遂不用外人入官。

【侵染性病害】(infectious disease) 又称传染性、寄生性病害。植物受病原生物寄生引起的病害。植物病害大多属侵染性病害。这类病原可以繁殖,具有传染性。在发病后,植株局部或全部发生病变。病原有真菌、细菌、病毒、线虫和寄生性种子植物五类。以真菌寄生引起的病害最多。如稻瘟病、麦锈病等属真菌病害;稻白叶枯病、棉角斑病等属细菌病害;水稻黄矮病、油菜花叶病等属病毒病害;小麦线虫病、花生地黄病等属线虫病害;大豆菟丝子、桑寄生等属种子植物寄生病害。

【侵蚀】(erosion) ❶逐渐侵害使之毁坏的自然现象。是自然环境恶化的重要原因之一。按其性质的不同可分为:物理侵蚀、化学侵蚀和生物侵蚀;按其形式的不同可分为:风化、溶解、磨蚀、浪蚀、腐蚀、植被破坏和生态恶化等。侵蚀大多是由于自然因素引起的,但也有因人类活动所致,如过度放牧、开垦土体和滥伐森林等。侵蚀作用有时是正面的,如流水将碎石带入下游。❷蚕食。如蚕食土地等。❸暗中逐渐侵占。如侵蚀公款、财务等。

【侵蚀地貌】(erosional landform) 由侵蚀作用塑造形成的地貌形态。各种不同的外营力对地表的冲刷、磨蚀、溶蚀,形成了不同的侵蚀地貌。侵蚀地貌的不同形态还与地层的性质和地质构造关系密切。如在有断层或断裂带的地区常出现峡谷、冲沟,黄土地区多出现沟壑纵横的黄土地貌,石灰岩地区多出现喀斯特地貌。

侵蚀地貌

【侵蚀基准】(erosion base level) 又称侵蚀基准面。水流下切接近某一部位后即失去侵蚀能力而形成的平面。是一个不固定的面。通常分为两类:终极侵蚀基准和地方侵蚀基准。在水流侵蚀发育演化的过程中,地方侵蚀基准面起着重要作用。它影响河道和沟道纵剖面发育、演化。侵蚀基准面上升,水流搬运泥沙能力减弱,会发生泥沙沉积和堆积;侵蚀基准面下降,如果出露地面坡度较大,则水流速度加快,侵蚀作用加强。沟道局部侵蚀基准面下降,新出露沟道很快发生侵蚀,并逐渐向上发展,形成溯源侵蚀。

【侵袭性牙周炎】(agressive periodontitis, AP) 一组在临床表现和实验室检查均与慢性牙周炎有明显区别,进展迅速的牙周炎。发生于全身健康者,具有家族聚集性。同胞有50%的患病机会。按其患牙分布的不同可分为局限型和广泛型两种。伴放线放线杆菌(Aa)是其主要致病菌。前者的临床表现是:局限于第一恒磨牙和切牙;至少2颗恒牙有邻面附着丧失,其中1颗是第一磨牙,非第一磨牙和切牙不超过两个;多为左右对称。患者年龄一般较小,女性多于男性。早期菌斑、牙石很少,牙龈炎症轻微。但牙周袋却较深,牙周破坏与刺激物的量不成比例,深袋内有龈下菌斑,袋壁有炎症、探诊后出血。典型者X线片有“弧形吸收”征象。切牙区多为水平型骨吸收,另可见牙周膜间隙增宽、硬骨板模糊、骨小梁疏松等症。早期出现切牙和第一恒磨牙松动、切牙扇形移位、后牙食物嵌塞等。后者临床表现是:广泛的邻面附着丧失,侵犯第一磨牙和切牙以外的牙数在三颗以上。主要发生于30岁以下年轻人,也可见于35岁以上者,牙周破坏与年龄不相称。有快速而严重的附着丧失、牙槽骨破坏,呈明显阵发性。在活动期可伴龈缘区肉芽性增殖、易出血、有溢脓。菌斑牙石沉积量因人而异。部分患者中性粒细胞和(或)单核细胞功能缺陷。可伴全身不适、抑郁、体重减轻等。其总治疗原则是:(1)早期治疗,防止复发。本病常导致患者早年拔牙,因此特别强调早期、彻底地实施洁治、根面平整、牙周手术等局部治疗,彻底清除感染,加强定期复查和必要的后续治疗。(2)抗菌药物的应用。早期通过微生物学检查,查出龈下菌斑内的优势菌,选用针对性强的抗生素。联合应用(口服)甲硝唑和阿莫西林。在根面平整后,在深牙周袋内放置缓释甲硝唑、米诺环素、氯己定等抗菌制剂。(3)调节机体防御能力。(4)牙移位的矫正治疗。病情不太重而有牙移位的患者,可在炎症控制后,用正畸方法将移位的牙复位排齐,正畸过程务必加强菌斑控制和牙周病情的监控,加力也宜轻缓。(5)疗效维护。牙周炎症控制后,应采用各种必要手段进行菌斑控制。

【亲本】(parents) 动植物杂交时所选用的雌、雄性个体。在鱼类中,又称“亲鱼”。指达到性成熟年龄和性腺发育正常,用于鱼类繁殖的雌鱼和雄鱼。其他如用来繁殖的贝,称“亲贝”;用来繁殖的虾,称“亲虾”等。在遗传学和育种工作上,常用符号P表示。参与杂交的雄性个体叫父本,用符号♂表示;参与杂交的雌性个体叫母本,用符号♀表示。

金鱼

【亲电反应】(electrophilic reaction) 由亲电试剂首先进攻而发生的有机化学反应。可分为亲电加成和亲电取代。前者指由亲电试剂的进攻而引起的加成反应,如烯烃分别与卤素、卤化氢、硫酸、水等的合成;后者指由含有正离子或带有部分正电荷的试剂的进攻而引起的取代反应。如在苯环上所发生的取代反应多数就是亲电取代。亲电加成和亲电取代反应历程是有机化学研究的重要方面。在有机合成反应中具有重要作用。

【亲电试剂】(electrophilic agent) 本身带有正电荷或部分正电荷,在反应中倾向于同具有电负性的反应物结合的化学反应试剂。它们一般具有较强烈的获取电子倾向,如卤素、氯化氢以及 R_3B、$AlCl_3$ 等。

【亲核反应】(nucleophilic reaction) 由电负性低的亲核基团向反应底物中的带正电的部分进攻而发生的反应。可分为亲核加成和亲核取代。前者指由亲核试剂的进攻而引起的加成反应,如炔烃与醇、羧酸、氰化氢等的加成反应;后者指由亲核试剂进攻而引起的取代反应,如卤代烷被 OH^-、CN^-、NH_2^-、RO^-、O_2NO^-等基团所取代。亲核加成和亲核取代反应历程是有机化学研究的重要方面。在许多有机化合物的合成反应中具有重要作用。

【亲核试剂】(nucleophilic agent) 依靠自己的未共用电子而形成新键的试剂。是电子的给予者,与亲电试剂相反。在化学反应过程中,它通过给出电子或共用电子的方式与其他分子或离子形成共价键。烯烃和芳烃也被看做是亲核试剂。这些试剂容易与正离子或分子中电子不足的原子进行反应。

【亲水基】(hydrophilic group) 具有溶于水或容易与水亲和的原子团。可吸引水分子或溶解于水。这类分子形成的固体表面易被水润湿。例如,阴离子表面活性剂的亲水基(团)有羧酸基、磺酸基、硫酸基与磷酸基等;阳离子表面活性剂有氨基、季氨基等;非离子表面活性剂有由含氧基团组成的醚键和羟基与羧酸酯、嵌段聚醚等。

【亲水亲油平衡值】(hydrophile-lyophile balance) 衡量物质亲水亲油程度的数值。简称为 HLB 值。是用来选择乳化剂的有效参考指标。IILB 值越大,亲水性越强。

【亲油基】(lipophilic group) 有机分子中不能与水分子形成氢键的基团。根据相似相溶规则,非极性基团可溶于非极性的油中。一般由长链的烃基构成。可分为:(1)脂肪烃基,包括直链烃基和支链烃基。(2)芳香烃基,如苯基、萘基等。(3)脂肪烃基链上有芳基的,如烷基苯基、烷基萘基等。(4)亲油基中有弱的亲水基的,如高分子链的聚氧乙烯基等。例如,日用的洗洁精和肥皂等的去污原理即为亲油基和亲水基的作用:在用洗洁精等清洗剂清洗时亲油基与油污紧密结合,而亲水基与水分子紧密结合,当揉搓时由于分子运动加剧,被清洗物上的油污便可除去溶入水中,达到去油污效果。

【秦始皇陵】(Tomb of Qin Yingzheng) 秦嬴政墓。中国第一座皇家陵园。位于陕西省西安市临潼县东 5km 处的骊山北麓约 1km 的下河村附近。南依骊山,北临渭水。高大的封冢在巍巍峰峦环抱之中与骊山浑然一体。陵墓规模宏大,气势雄伟。总面积为 56.25km^2。陵上封土原高约 115m,现为 76m。内有内外两重城垣。内城周长 3 840m。外城周长 6 210m。城墙高约 8～10m。今尚残留遗址。冢高 55.05m。周长 2 000m。整个墓地占地面积为 22×$10^4 m^2$。内有大规模的宫殿楼阁建筑。陵寝的形制分为内外两城。内城为周长 2 525.4m 的方形。外城周长 6 264m。陵园的南部有一个土冢,高 43m。筑有内外两道夯土城墙。内城周长3 890m,外城周长 6 249m,分别象征皇城和宫城。考古者 1974 年在陵园外城以东发掘了属于陵园的陶俑坑,出土大批兵马俑。1980 年在陵西侧发现两具铜车马。为中国重点文物保护单位,并列入《世界文化遗产名录》。

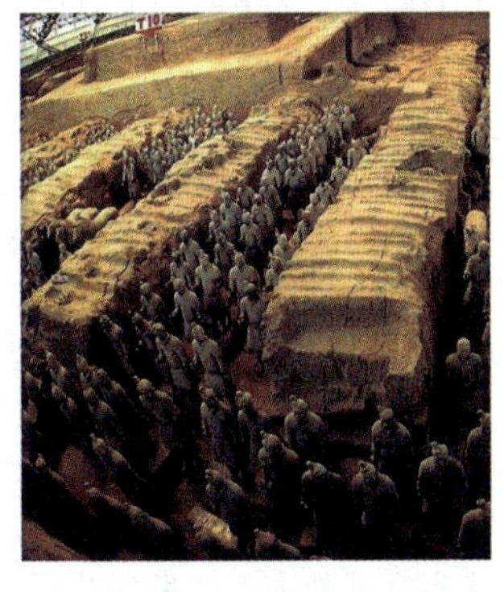

秦始皇陵陪藏兵马坑

【禽白血病】(avian ieukosis, AL) 由禽 C 型反录病毒群的病毒引起的禽类多种肿瘤性疾病的统称。主要是淋巴细胞性白血病,其次是成红细胞性白血病、成髓细胞性白血病。此外还可引起骨髓细胞瘤、结缔组织瘤、上皮肿瘤、内皮肿瘤等。大多数肿瘤侵害造血系统,少数侵害其他组织。病毒对脂溶剂和去污剂敏感,对热的抵抗力弱。病毒材料需保存在 -60℃ 以下,在 -20℃ 很快失活。本群病毒在 pH5～9之间稳定。在自然情况下只有鸡能感染。传染源是病鸡和带毒鸡。有病毒血症的母鸡,其整个生殖系统都有病毒繁殖,以输卵管的病毒浓度最高,特别是蛋白分泌部。因此其产出的鸡蛋常带毒,孵出的雏鸡也带毒。这种先天性感染的雏鸡常有免疫耐受现象,不产生抗肿瘤病毒抗体,长期带毒排毒,成为重要传染源。后天接触感染的雏鸡带毒排毒现象与接触感染时雏鸡的年龄有很大关系。雏鸡在 2 周龄以内感染这种病毒,发病率和感染率很高,残存母鸡产下的蛋带毒率也很高。4～8 周龄雏鸡感染后发病率和死亡率大大降低,其产下的蛋也不带毒。10 周龄以上的鸡感染后不发病,产下的蛋也不带毒。在自然条件下,本病主要以垂直传播方式进行传播。也可水平传播,但比较缓慢。多数情况下接触传播被认为是不重要的。本病的感染虽很广泛,但临床病例的发生率相当低,一般多为散发。饲料中维生素缺乏、内分泌失调等因素可促进本病的发生。本病药物治疗及疫苗接种效果不佳。主要通过种鸡检疫、淘汰阳性鸡,以培育无白血病的健康鸡群,结合其他综合性疫病控制措施来实现对本病的防控。

【禽传染性鼻炎】(avian infectious coryza) 由副鸡嗜血杆菌所引起鸡的急性呼吸系统疾病。其主要症状是:鼻腔与窦发炎,流鼻涕,脸部肿胀和打喷嚏。本菌的抵抗力很弱。对热及消毒药也很敏感。本病发生于各种年龄的鸡,老龄鸡感染较为严重。病鸡及隐性带菌鸡是传染源,而慢性病鸡及隐性带菌鸡是鸡群中发生本病的重要原因。其传播途径主要以飞沫及尘埃经呼吸传染,但也可通过污染的饲料和饮水经消化道传染。一般常见症状是:鼻孔先流出清液,以后转为浆液黏性分泌物,有时打喷嚏;脸肿胀或显示水肿,眼结膜炎,眼睑肿胀;食欲及饮水减少,或有下痢,体重减轻。病鸡精神沉郁,面部浮肿,缩头,呆立。仔鸡生长不良,成年母鸡产卵减少;公鸡肉髯常见肿大。如炎症蔓延至下呼吸道,则呼吸困难,病鸡常摇头欲将呼吸道内的黏液排出的表现,并有啰音。咽喉亦可积有分泌物的凝块,最后常窒息而死。本病发生后,可选用敏感药物进行治疗,常用双氢链霉素、土霉素、红霉素以及磺胺类药物。平时加强饲养管理,搞好卫生消毒,包括带鸡消毒,作好免疫接种可预防本病。

【禽传染性脑脊髓炎】(avian infectious encephalomyelitis) 由禽脑脊髓炎病毒引起的一种主要侵害雏鸡中枢神经系统的禽类传染病。以共济失调、头颈振颤和两肢麻痹、瘫痪为特征。该病毒对乙醚、氯仿、胰酶、酸有抵抗力。传染源为病鸡及带毒鸡。本病经消化道或通过种蛋垂直传播。感染动物为鸡,各种日龄鸡均可感染,但以2~3周龄鸡多发。雉鸡、鹌鹑和火鸡也可感染。本病一年四季均可发生。患病鸡的表现是:不愿走动,强行驱赶常以两翅拍地、或以跗关节和胫关节着地行走;有的病鸡出现一侧或两侧眼球晶状体混浊或褪色,失明;产蛋鸡表现产蛋量下降,蛋重变小。病鸡采食、饮水以及蛋壳硬度、颜色正常。本病尚无特效药物治疗,鸡群一旦发病,应立即采取措施进行无害化处理,污染场地、用具应彻底消毒。

【禽痘】(fowlpox) 由禽痘病毒引起的家禽和鸟类的一种高度接触性传染病。该病传播较慢。以体表无羽毛部位出现散在的、结节状的增生性皮肤病灶为其特征(皮肤型),也可表现为上呼吸道、口腔和食管部黏膜的纤维素性坏死性增生病灶(白喉型)。两者皆有的称为混合型。此病流行于世界各地,多为幼鸡和幼鸽患病。根据感染鸡的龄期、病型及有无混合感染,死亡率在5%~60%之间,并可影响其生长和产蛋性能,造成较严重的经济损失。痘病毒对外界的抵抗力相当强,特别是对干燥的耐受力,上皮细胞屑和痘结节中的病毒可抗干燥数年之久,阳光照射数周仍可保持活力。对热的抵抗力差,将裸露的病毒悬浮在生理盐水中,加热到60℃经8min可灭活,但在痂皮内的病毒经90min的处理仍有活力。痂皮中的病毒在4℃低温下保存,经8年仍有感染力。病毒材料用五氧化二磷吸干后,保存于室温,可维持数年不失活力。一般消毒药,在常用浓度下,均能迅速灭活病毒。本病主要发生于鸡和火鸡。鹅、鸭虽能发生,但不严重。许多鸟类,如金丝雀、麻雀、鸽、鹌鹑、野鸡、松鸡和一些野鸟均有易感性。本病一年四季都可发生,夏秋季多发生皮肤型禽痘,冬季则以白喉型禽痘多见。南方地区春末夏初由于气候潮湿,蚊虫多,更多发生,病情也更为严重。本病尚无有效药物治疗,主要采取免疫接种进行预防。目前使用的疫苗为鸡痘鹌鹑化弱毒疫苗。

【禽霍乱】(cholera gallinarium) 由多杀性巴氏杆菌引起的一种侵害家禽和野禽的接触性疾病。常呈现败血性症状,发病率和死亡率很高。但也常出现慢性或良性经过。病原为革兰染色阴性。菌体多呈卵圆形,两端着色深,中央部分着色较浅。本菌对物理和化学因素的抵抗力比较低。本病对各种家禽,如鸡、鸭、鹅、火鸡等均有易感性,各种野禽也易感,但鹅易感性较差。慢性感染禽被认为是传染的主要来源。潜伏期一般为2~9天,有时在引进病鸡后48h内也会突然爆发病例。最急性型常见于流行初期,以产蛋高的鸡最常见。病鸡无前驱症状,晚间一切正常,吃得很饱,次日发病死在鸡舍内。其急性型病鸡主要表现是:精神沉郁,羽毛松乱,缩颈闭眼,头缩在翅下,不愿走动,离群呆立;病鸡常有腹泻,排出黄色、灰白色或绿色的稀粪;体温升高到43~44℃,减食或不食,渴欲增加;呼吸困难,口、鼻分泌物增加;鸡冠和肉髯变青紫色,有的病鸡肉髯肿胀,有热痛感;产蛋鸡停止产蛋。最后发生衰竭,昏迷而死亡。病程短的约半天,长的1~3天。常发本病的地方可用禽霍乱菌苗预防接种或定期投喂有效的药物。早期治疗可用广谱抗生素、磺胺类药和喹诺酮类药物进行治疗。

【禽流感】(avian influenza) 又称真性鸡瘟、欧洲鸡瘟。一种由甲型流感病毒的一个亚型引起的禽类传染性疾病。被国际兽疫局定为甲类传染病。也能感染人类。人感染后的症状主要表现是:高热、咳嗽、流涕、肌痛等,多数伴有严重的肺炎,严重者心、肾等多种脏器衰竭导致死亡。病死率很高,通常人感染禽流感死亡率约33%。此病可通过消化道、呼吸道、皮肤损伤和眼结膜等多种途径传播。区域间的人员和车辆往来是传播本病的重要途径。按其病原体类型的不同可分为高致病性、低致病性和非致病性禽流感三大类。其症状依感染禽类的品种、年龄、性别、并发感染程度、病毒毒力和环境因素等而有所不同，主要表现为呼吸道、消化道、生殖系统或神经系统的异常。其常见症状有：病鸡精神沉郁，饲料消耗量减少，消瘦；母鸡的就巢性增强，产蛋量下降；轻度直至严重的呼吸道症状，包括咳嗽、打喷嚏和大量流泪；头部和脸部水肿，神经紊乱和腹泻。这些症状中的任何一种都可能单独或以不同的组合出现。有时疾病暴发很迅速，在没有明显症状时就已发现鸡死亡。另外，其发病率和死亡率差异很大，取决于禽类种别和毒株以及年龄、环境和并发感染等，通常情况为高发病率和低死亡率。在高致病力病毒感染时，发病率和死亡率可达100%。其潜伏期从几小时到几天不等。其长短与病毒的致病性、感染病毒的剂量、感染途径和被感染禽的品种有关。采用加强饲养管理、消毒、检疫等综合性措施可防止本病的发生。世界动物卫生组织将高致病性禽流感列为A类传染病。中国大陆将高致病性禽流感列入一类动物疫病病种名录。

【禽流感病毒】(avian influenza virus, AIV) 属于正黏病毒科流感病毒属A型禽流感病毒。病毒粒子一般为球形，也有杆状或长丝状的。禽流感病毒可分为高致病性、低致病性和非致病性三大类。其中高致病性禽流感是由H5和H7亚毒株（以H5N1和H7N7为代表）引起的疾病。该病在禽类中传播快，危害大，病死率高。其症状主要是呼吸道症状，病禽咳嗽、喷嚏、啰音、流泪和鼻窦炎，也可出现下痢、头部水肿或神经错乱。产蛋率显著下降，常有异常蛋壳色素沉着。禽流感病毒可通过消化道、呼吸道进入人体传染给人。高危人群主要为老年人、儿童以及密切接触病禽的人群。禽流感的传播方式有两种。一种是与已感染禽类直接接触；一种是与病毒污染物的间接接触。由于病禽体内各组织中，大多含有高含量的致病病毒，病毒可随病禽的眼、鼻、口腔分泌物及粪便排出体外。如果被含病毒的禽尸体污染饲料、饮水、鸡舍、空气、笼具、饲养管理用具、运输车辆等，人一旦接触均可引起传播。人感染高致病性禽流感病毒以后早期表现类似于普通流感，可出现发热、流涕、鼻塞、咳嗽、咽痛、头痛、全身不适等症状，部分患者可有恶心、腹痛、腹泻、稀水样便等消化道症状。除了上述表现外，人感染高致病性禽流感重症患者，还可出现肺炎、呼吸窘迫，甚至导致死亡。禽流感病毒在外界环境中存活能力较差，只要消毒措施得当不难杀灭。养禽场常用的消毒剂有醛类、含氯制剂类、氧化剂、碱类等都能杀死环境中的该病毒。

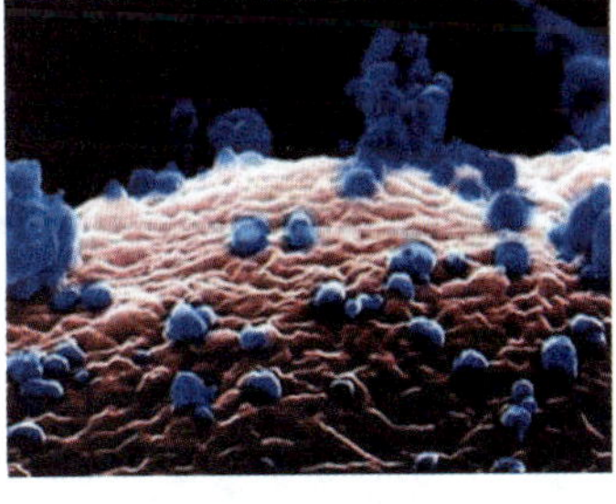
禽流感病毒

【青春期牙龈炎】(puberty gingivitis) 一种受内分泌影响而发生于青少年患者的牙龈炎症。男女均可患病，但女性患者多于男性。由于局部乳恒牙的更替、牙齿排列不齐、口呼吸及戴矫治器等引起菌斑滞留，又因青春期少年体内性激素水平的变化致使其发生。其临床表现是：本病主要好发于前牙唇侧的牙龈乳头和龈缘，舌侧牙龈较少发生。患者主诉症状常为刷牙或咬硬物时出血、口臭。临床诊断可根据患者处于青春期，且牙龈的炎症反应超过了局部刺激物所能引起的程度，即局部牙石量较少但牙龈组织的炎症反应较强来进行诊断。其治疗原则是：(1)去除局部刺激因素，如通过洁治、刮治去除菌斑、牙石。(2)可配合局部药物治疗，如龈袋冲洗、局部上药及含漱。(3)教会患者正确刷牙方法和菌斑控制的方法，养成良好的口腔卫生习惯，以防止复发。

【青光眼】(glaucoma) 由于眼内压升高而引起视神经损伤、萎缩，进而造成各种视觉障碍和视野缺损的疾病。为最常见的致盲性疾病之一。在日本被称为“绿内障”。在眼球角膜和晶状体之间的前房和后房内充盈着一种水样液体，称房水。在正常情况下，房水在后房产生，通过瞳孔进入前房，然后经过外引流通道出眼。如果某些因素使房水的这种循环途径受阻（通常受阻部位位于前房外引流通道），致使房水在眼内积聚，引起眼压升高，从而损伤到视神经，引发出一系列眼部症状。

【青海湖裸鲤】(gymnocypris przewalskii) 俗称湟鱼、花鱼、狗鱼、藏龙鱼、无鳞鱼。属硬骨鱼纲，鲤形目，鲤科，裂腹鱼亚科，裸鲤。体长，稍侧扁。头锥形。吻钝圆，口裂大，口下位，呈马蹄形。上颌略微突出，下颌前缘无锐利角质。下唇细狭不发达，分为左右两叶；唇后沟中断，相隔甚远。无须。体裸露，胸鳍基部上方、侧线之下有3~4行不规则的鳞片；肛门和臀

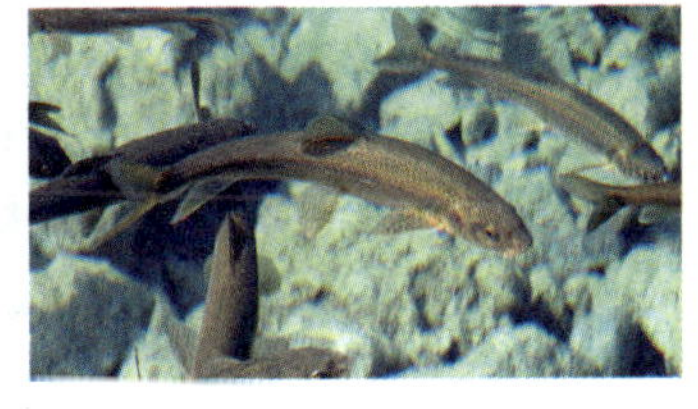
青海湖裸鲤

鳍两侧各有1列发达的大鳞,向前达到腹鳍基部,自腹鳍至胸鳍中线偶具退化鳞的痕迹。侧线平直。侧线鳞前端退化成皮褶状,后段更不明显。背鳍具发达而后缘带有锯齿的硬刺。体背部黄褐色或灰褐色,腹部浅黄色或灰白色,体侧有大型不规则的块状暗斑。为冷水性鱼类。杂食性。生长缓慢。群体中雄鱼多于雌鱼,繁殖力较低,怀卵量平均为16 242粒。卵有毒。有明显的生殖洄游,每年3月下旬至8月由青海湖进入河中繁殖。分布于青海湖及其支流中,克鲁克湖、扎陵湖、鄂陵湖也有出产。是青海省极为重要的经济鱼类。在繁殖季节,其卵巢及精巢有毒,腹膜也具毒性。

【青鳉】(oryziidae) 俗称万年鲹、稻花鱼。硬骨鱼纲,鳉形目,青鳉科,青鳉属。体长3~4cm。个体甚小,最大不超过40mm。体侧扁。背部平直。头略平扁。被鳞。眼大。口上位,横裂。无侧线。背、腹鳍均小。背鳍位于体后部,几与臀鳍相对。尾鳍近截形。体形和鳍形依雌雄而有所不同。雄鱼多数有鲜明而美丽的体色。生活于池塘、稻田及湖泊的上层。性活泼,喜集群。善食孑孓。分布于中国、韩国和日本。4~7月为生殖季节,分批产卵。卵膜具丝状物。鳉分布在除了澳洲以外的热带和温带。是生活在淡水或半咸水中的小鱼。在日本除了北海道以外,全国都有分布。在中国分布华南,华东各省,东北各省目前较丰富。体色引人入胜,为养鱼爱好者蓄养于家庭水族箱。

青鳉

【青马大桥】(Qingyidao-Mawan Bridge) 1992年5月开始兴建,历时五年竣工的横跨青衣岛和马湾的大桥。大桥采用双层式设计,桥的露天上层为双程三线行车线,下层则为两条地铁东涌线及机场快线的铁路和两条供紧急时使用的单线行车道路。青马大桥属于八号青屿干线的一部分,跨越马湾海峡,将青衣岛和马湾连接起来,是香港道路的一个重要的部份。该桥桥身总长度2 200m,主跨长度1 377m,离海面高62m,造价71.44亿港元。是配合香港国际机场而建的十大核心工程之一。青马大桥创造了世界最长的行车、铁路两用吊桥的纪录。1999年与英法海峡隧道、三藩市金门大桥、艾森豪威尔州际和国防公路系统、纽约帝国大厦、科罗拉多胡佛水坝、巴拿马运河、悉尼歌剧院、埃及阿斯旺水坝工程及纽约世界贸易中心一起获“20世纪十大建筑成就奖”。另外,青马大桥还是香港的一个重要地标和景点,受到世界各地游客的青睐。

青马大桥

【青霉素结合蛋白】(penicillin-binding protein) 细菌以及衣原体等的细胞膜上具有的一些能与青霉素和其他β-内酰胺类抗生素结合的蛋白。这些存在于细菌细胞内膜上的青霉素结合蛋白是青霉素作用的靶分子,能够和青霉素特异性结合,使青霉素具有完全的抗原性。是分子量为4万~12万的膜蛋白,占膜蛋白的1%。其数目、种类、分子大小及与β-内酰胺类抗生素的亲和力均因细胞菌种不同而有很大差异。按青霉素结合蛋白分子量大小的不同可分为两类:一类是大分子量(60 000~140 000),具有转肽酶活性,与细菌细胞分裂和维持形态有关;另一类不同细菌其种类及含量均不相同。但各种菌种的青霉素结合蛋白又有许多类似的结构与功能,在细菌生长、繁殖中发挥重要作用。其结构与数量的改变是产生细菌耐药性的一个重要机制。

【青霉素类抗生素】(penicillin antibiotics) 一大类β一内酰胺类抗菌药物。青霉素类除青霉素G为从青霉菌培养液中提得的天然青霉素外,其余均为半合成青霉素。主要用于革兰阳性菌、革兰阴性球菌、螺旋体、放线菌感染,对革兰阴性杆菌不敏感。抗菌机制为:(1)β-内酰胺类(青霉素类、头孢菌素类)。抑制细菌胞壁黏肽合成酶(青霉素结合蛋白PBPs),细菌胞壁缺损,水分渗入胞浆,菌体膨胀破裂死亡。G^+菌等敏感菌的细胞壁主要由黏肽组成;G^-杆菌的胞壁外膜为脂蛋白,青霉素不能透过故不敏感。哺乳动物细胞无细胞壁,故青霉素毒性小。(2)触发细菌的自溶酶活性。细菌对其耐药机制为:(1)细菌产生β-内酰胺酶(青霉素酶、头孢菌素酶)破坏β-内酰胺环。(2)耐药菌产生新的PBPs、对青霉素的亲和力降低。按其抗菌谱的不同可分为以下几类:(1)窄谱青霉素类。对大多数革兰阳性球菌、革兰阳性杆菌、革兰阴性球菌、少数革兰阳性杆菌、螺旋体、放线杆菌等有作用。本类代表药为青霉素G。不良反应为变态反应、赫氏反应等。(2)耐酶青霉素类。本类药物通过改变青霉素化学结构的侧链,通过其空间位置障碍作用保护β-内酰胺环,使其不易被青霉素酶水解。本类药物的抗菌谱同青霉素G,但抗菌活性较低。临床主要用于耐药菌株感染的治疗。本类药物包括苯唑西林、萘夫西林、双氯西林等。不良反应较少,除与青霉素G有交叉过敏反应外,少数患者口服后可出现嗳气、恶心、腹胀、腹痛、口干等胃肠道反应。(3)广谱青霉素类。本类药物共同特点是耐酸、可口服,对革兰阳性菌和革兰阴性菌都有杀菌作用,疗效与青霉素G相同,但因不耐酶而对耐药金黄色葡萄球菌感染无效。本类药物包括氨苄西林、阿莫西林、美坦西林等。不良反应以恶心、呕吐、腹泻等消化道反应和皮疹为主,少数病人的血清转氨酶升高,偶有嗜酸性粒细胞增多、白细胞降低和二重感染。(4)抗铜绿假单胞菌广谱青霉素类。该类药物皆为广谱抗生素,特别对铜绿假单胞菌有强大作用。本类药包括羧苄青霉素、哌拉西林、磺苄西林等。不良反应为与青霉素G有交叉过敏反应。大剂量注射时应注意防止电解质紊乱、神经系统毒性及出血。(5)抗革兰阴性杆菌。本类药对革兰阴性杆菌作用强,但对铜绿假单胞菌无效,对革兰阳性菌作用弱。本类药包括替莫西林、匹美西林、美西林等。不良反应主要为胃肠道反应和一般过敏反应。

【青铜】(bronze) ❶铜锡合金的旧称,现称锡青铜。标志一个历史时期——青铜时代。青铜的冶炼和铸造技术,在中国发展很早。约在公元前2200年。商代建立了冶炼青铜的工业,河南郑州、安阳等地发现了青铜厂遗迹,以及其他商代铜器。青铜具有优良的铸造性、很高的耐磨性和化学稳定性。主要用以制造形状复杂的铸件(包括艺术铸件)、轴承、蒸汽管和水管的附件等。❷由铜和铝、硅、铍、锰、铅或磷等组成的合金。含锡或不含锡,统称特种青铜,或分别称为铝青铜、硅青铜、铍青铜、铅青铜、磷青铜等。这类青铜一般具有高的抗蚀性、良好的润滑性,部分也具有高的导电性、优良的机械性能。以铸造或压延状态,分别用以制造航空器零件、一般机械零件、轴瓦和硬币、艺术品以及各种半成品,如板材、带材、棒材、管材等。

鼎

【青铜峡水利枢纽】(Qingtongxia Water Control Project) 位于宁夏回族自治区青铜峡市黄河中游青铜峡段峡谷出口处。建于1958~1978年。该枢纽的采用河床闸墩式,带有排沙底孔布置,由8台机组和7个溢流坝相间组成。以土坝、混凝土重力坝与两岸相连。厂房布置在溢流坝闸墩内。总装机容量2.72×10^5kW,年发电1.35×10^9kW·h。灌溉主要由唐徕渠、秦汉渠和东高低干渠出水,与灌区内大小渠道连接成灌溉网。实灌面积$2.5\times10^5hm^2$。是灌溉为主兼有发电、防洪、防凌等效益的大型水利枢纽工程。

青铜峡水利枢纽

【青蛙】(frog) 两栖纲、无尾目中,皮肤比较光滑、身体比较苗条而善于跳跃的一类蛙。成体基本无尾。卵一般产于水中,孵化成蝌蚪。蝌蚪用鳃呼吸。经过变态,成体主要用肺呼吸,但多数皮肤也有部分呼吸功能。颈部不明显。无肋骨。前肢的尺骨与桡骨愈合,后肢的胫骨与腓骨愈合。因此爪不能灵活转动,但四肢肌肉发达。青蛙除了肚皮是白色的以外,头部、背部都是黄绿色的,上面有些黑褐色的斑纹。有的背上有三道白印。瞳孔横向。皮肤光滑。舌尖分两叉。舌跟在口的前部,倒着长回口中,能突然翻出捕捉虫子。有三个眼睑,其中一个是透明的,在水中保护眼睛用。头两侧有两个声囊,可以产生共鸣,放大叫声。体形小的品种叫声频率较高。雌雄异体。体外受精。卵生。青蛙的抱对并不是在进行交配,主要是通过抱对,促使雌蛙排卵。青蛙捕食大量田间害虫,是害虫的天敌、丰收的卫士,因而对人类有益。

青蛙

【青鱼】(blacr carp) 又称鲭、青鲩、乌青、螺蛳青、黑鲩、乌鲩、黑鲭、乌鲭、铜青、青棒、五侯青。鲤形目,鲤科的脊椎动物。是中国四大家鱼之一。体长筒形。尾部稍侧扁。头顶宽平。口端位,呈弧形。上颌稍长于下颌。无须。眼位于头侧止中。鳃耙稀而短小。下咽齿呈臼齿状,齿面光滑。腹部圆。体被六角形大圆鳞。侧线

青鱼

在腹鳍上方一段微弯,后延伸至尾柄的正中。侧线鳞40~43。背鳍短,无硬刺。尾鳍深叉,中间截形,上下叶等长。体青灰色,背部尤深,腹面灰白色。鳍均为灰黑色。多栖息在水体的中下层,一般不游至水面。食性比较单纯,以软体动物螺、蚬为主要食物。在人工饲养条件下,也摄食配合颗粒饲料。主要分布于中国长江以南的平原地区,长江以北较稀少。由于青鱼易于饲养,近年来被引种至美国南方,越出了特定的养鱼场,在密西西比河及其支流俄亥俄河和雷德河中均有发现,已成为美国水域生态大害。中国最大的青鱼标本,放置在六合金牛湖生物馆,体长1.86m,重109kg,大约30~40龄。

【青藏高原】(Qinghai-Tibet Plateau) 位于中国西部及西南部的世界海拔最高的高原。有“世界屋脊”之称。面积约为$2.4\times10^6km^2$。平均海拔为4 000~5 000m。青藏高原的表面由低山、丘陵和宽谷盆地组成。山地的大多数接近东西走向,从南到北分别为喜马拉雅山、冈底斯山、念青唐古拉山、喀喇昆仑山、唐古拉山、昆仑山、巴颜喀拉山、阿尔金山和祁连山等。山脉在东部逐渐转成南北走向,即横断山脉。这些山脉都是高耸的巨大山地。全世界海拔超过8 000m的14座高峰中有10座集中在青藏高原。高原上海拔5 000m以上的山峰大多终年积雪,冰川广布。青藏高原海拔很高,所以大多数山脉在其上呈现为低山的形态。但在高原的外缘,有许多数千米的高山环绕在周围。

【青藏铁路】(Qinghai-Tibet railway) 东起青海省省会西宁,西至西藏自治区首府拉萨,全长1 956km的一条高原铁路。其中,西宁至格尔木段814km已于1979年铺通,1984年投入运营。青藏铁路格尔木至拉萨段,北起青海省格尔木市,经纳赤台、五道梁、沱沱河、雁石坪,翻越唐古拉山,再经西藏自治区安多、那曲、当雄、羊八井,至拉萨,全长1 142km,其中新建线路1 110km,于2001年6月29日正式开工。青藏铁路于2006年7月1日全线通车。青藏铁路是当今世界海拔最高、线路最长的高原铁路。由于在青藏铁路建设过程中克服了脆弱的生态、高寒缺氧、多年冻土和狂风扰乱工作等多个世界性难题,所以创造出了许多国内外第一,如世界海拔最高、世界最高的高原冻土隧道—风火山隧道、世界最长的高原冻土隧道—昆仑山隧道、世界海拔最高的火车站—唐古拉车站、亚洲最大的高原铁路、高原冻土上最长铁路桥、青藏铁路第一高桥—三岔河大桥、长江源头第一铁路桥—长江源特大桥,是环保投入最多的铁路建设项目。青藏铁路是中国实施西部大开发战略的标志性工程,是中国新世纪四大工程之一。

青藏铁路

【青储饲料】(silage) 把新鲜的青饲料填入密闭的青储窖内或塔里,经过微生物发酵而得到的一种多汁、具有特殊青香气味、耐储藏的长年饲料。青储饲料的原料较广泛。如一般青饲料、多汁饲料、菜叶、野草、树叶等均可制作,特别是对某些本来不为家畜喜食的饲料或有毒的植物进行青贮(牧草、饲料作物或农副产品等在密封条件下,经过物理、化学、微生物等因素的相互作用后,在相当长的时间内仍能保持将其质量相对不变的一种保鲜技术),可使其变为可以利用的好饲料。

【轻轨】(light rail) 在轨距为1 435mm国际标准双轨上运行的列车。其特点是:(1)列车运行使用自动化信号系统。(2)列车运行使用专用轨道和车站。(3)列车运行最高时速为每280km/h。(4)列车最大编组为4节。(5)轻轨线路单向每小时运量小于2万人。轻轨与地铁的区别是:按照国际标准,城市轨道交通列车可分为A、B、C三种型号,分别对应3m、2.8m、2.6m的列车宽度。凡是选用A型或B型列车的轨道交通线路称为地铁,采用5~8节编组列车;选用C型列车的轨道交通线路称为轻轨,采用2~4节编组列车。列车的车型和编组决定了车轴重量和站台长度。

轻轨交通

【轻核聚变】(light nuclear fusion) 又称热核反应。在高温下(几百万摄氏度以上)重氢核(氘核)与超重氢核(氚核)结合成氦放出大量能量的过程。是取得核能的重要途径之一。由于原子核间有很强的静电排斥力,因此在一般的温度和压力下,很难发生聚变反应。而在太阳等恒星内部,压力和温度都极高,所以使得氢核有了足够的动能克服静电斥力而发生持续的聚变。氢弹是利用氘、氚原子核的聚变反应瞬间释放巨大能量这一原理制成的。氢弹释放能量有着不可控性。

【轻金属】(light metal) 密度小于五的金属。可分为有色轻金属和稀有轻金属。前者有铝、镁、钛、钙、钠、钾、钡和锶等。前五种在工业上多用作还原剂。铝、镁、钛及它们的合金密度较小,单位重量的强度较高,抗蚀性能较强,广泛用于航空和其他运输工业。后者有锂、铍、铷和铯等。铍主要用于配制铍青铜。由于铍的热中子俘获截面小,又可用作原子核反应堆结构材料。锂可作金属冶炼时的脱氧剂和除气剂,并可作为热核反应的材料。

【轻水反应堆】(light water reactor) 又称轻水堆。用轻水作为慢化剂和冷却剂的核反应堆。包括沸腾水堆和加压水堆。轻水广泛地被用于反应堆的慢化剂和冷却剂。与重水相比,轻水能降低成本。但由于它的中子吸收截面密度水大,不能用天然铀作燃料,只能用低浓铀作燃料。轻水与液态金属钠相比,沸点较低,要得到高温就要求压水堆保持 $1.5\times10^{7}\sim1.6\times10^{7}$Pa 的压力。

【轻型钢结构】(light steel structure) 由薄壁型钢或轻型 H 型钢组成的钢结构。主要是用在不承受大载荷的承重建筑。采用轻型 H 型钢制成门形钢架支承,C 型、Z 型冷弯薄壁型钢作檩条和墙梁,压型钢板或轻质夹芯板作屋面、墙面围护结构,采用高强螺栓、普通螺栓及自攻螺丝等连接件,和密封材料组装起来的,低层和多层预制装配式钢结构房屋体系。其优点是:(1)抗震性。低层别墅的屋面大都为坡屋面,基本上采用的是由冷弯型钢构件制成的三角型屋架体系,轻钢构件在封完结构性板材及石膏板之后,形成了非常坚固的“板肋结构体系”。这种结构体系有较强的抗震及抵抗水平荷载的能力,适用于地震烈度为 8 级以上的地区。(2)抗风性。轻型钢结构建筑重量轻、强度高、整体刚性好、变形能力强。建筑物自重仅是砖混结构的 1/5,可抵抗 70m/s 的飓风。(3)耐久性。轻钢结构住宅结构全部采用冷弯薄壁钢构件体系组成,钢骨采用超级防腐高强冷轧镀锌板制造,有效避免钢板在施工和使用过程中的锈蚀,使轻钢构件的使用寿命,可达 100 年。(4)保温性。采用的保温隔热材料以玻纤棉为主,结构寿命有效地避免墙体的“冷桥”现象具有良好的保温隔热效果。100mm 左右厚的 R15 保温棉热阻值可相当于 1m 厚的砖墙。(5)隔音性。轻钢体系安装的窗均采用中空玻璃,隔音效果好,达 40dB 以上;由轻钢龙骨、保温材料石膏板组成的墙体,其隔音效果可高达 60dB。(6)健康性。干作业施工,减少废弃物对环境造成的污染,房屋钢结构材料可 100% 回收,其他配套材料也可大部分回收,符合当前环保要求;所有材料为绿色建材,满足生态环境要求,有利于健康。(7)舒适性。轻钢墙体采用高效节能体系,具有呼吸功能,可调节室内空气干湿度;屋顶具有通风功能,可以使屋内部上空形成流动的空气间,保证屋顶内部的通风及散热需求。(8)快捷性。全部干作业施工,不受环境季节影响。一栋 300m² 左右的建筑,只需 5 个工人 30 个工作日便可以完成从地基到装修的全过程。

轻型钢结构

【轻子】(lepton) 质量小于质子并参与弱相互作用与电磁作用而不参与强相互作用的费米子。其自旋为1/2。至今实验上还没有发现轻子有任何结构,所以通常被认为自然界最基本的粒子之一。已经发现的轻子包括电子、μ 子、τ 子三种带一个单位负电荷的粒子,以及它们分别对应的电子中微子、μ 子中微子、τ 子中微子三种不带电的中微子,加上以上六种粒子各自的反粒子,共计 12 种轻子。每个轻子都带有一个守恒的量子数 - 轻子数。用 L 表示。凡是轻子,L = +1;凡是反轻子,L = -1。在反应的过程中,轻子数守恒。

【氢 - 镍电池】(hydrogen-nickel cell) 使用氢氧化镍为正极活性物质,储氢合金作负极活性物质,氢氧化钾水溶液作电解液的电池。为绿色环保型电池。采取恒电流充电方式充电,根据电池对电流的接受能力采用不同的电流对电池充电。充电过程中无需对电池单体的电压进行限制,可以实现快速充电。由于采用高导电性电解液,电池内阻较小,可以适应大电流放电,因此它可分为低倍率、中倍率、高倍率电池。对于需要较大功率输出要求的场合比较适用。电池在高温时充电有一定困难。因为氢 - 镍电池在较高温时副反应氧析出会加速。但通过调整配方工艺,可以有效地提高电池在高温时的充电效率,并可实现高温的快速充电。氢镍电池在 -20℃ 时可以用比较大的电流放电,足以满足动力输出的需要。

氢 - 镍电池

【氢 - 氧电池】(hydrogen-oxvgen cell) 又称氢氧燃料电池。以氢气作燃料、氧气作氧化剂的一类燃料电池。电池工作时,向负极供给燃料(氢),

向正极供给氧化剂(空气,起作用的成分为氧气)。氢在负极分解成正离子 H^+ 和电子 e^-。氢离子进入电解液中,而电子则沿外部电路移向正极。用电的负载就接在外部电路中。在正极上,空气中的氧同电解液中的氢离子吸收抵达正极上的电子形成水。这正是水的电解反应的逆过程。利用这个原理,燃料电池便可在工作时源源不断地向外部输电。氢氧燃料电池的理论比能量达 3 600W·h/kg。单体电池的工作电压一般为0.8~0.97V。为了满足负载所需的工作电压,往往由几十个单体电池串联成电池组。氢氧电池按电池结构和工作方式的不同可分为:(1)离子膜氢氧燃料电池。用阳离子交换膜作电解质的酸性燃料电池。现代采用全氟磺酸膜。电池放电时,在氧电极处生成水,通过灯芯将水吸出。这种电池在常温下工作,结构紧凑,重量轻,但离子交换膜内阻较大,放电电流密度小。(2)培根型燃料电池。属碱性电池。氢、氧电极都是双层多孔镍电极(内外层孔径不同),加铂作催化剂。电解质为 80% ~85% 的苛性钾溶液,室温下是固体,在电池工作温度(204~260°C)下为液体。这种电池能量利用率较高,但自耗电大,启动和停机需较长的时间。(3)石棉膜燃料电池。也属碱性电池。氢电极由多孔镍片加铂、钯催化剂制成。氧电极是多孔银极片。两电极夹有含 35% 氢氧化钾溶液的石棉膜,再以有槽镍片紧压在两极板上作为集流器,构成气室,封装成单体电池。放电时在氢电极一边生成水,可以用循环氢的办法排出,亦可用静态排水法。这种电池的启动时间短,并可瞬时停机。(4)再生式氢氧燃料电池。将电池反应产物(水)通过电解器转变成反应物(氢和氧),再重复使用以产生电能的燃料电池,由燃料电池和电解器两部分组成。可以作为大功率太阳电池阵电源系统的储能装置。有日照时,太阳电池阵提供电能给航天器负载,还用于将水电解成氢和氧,使部分电能储存起来。航天器进入阴影区太阳电池不能发电或供电不足时,由这种燃料电池供电。

【氢储存】(storage of hydrogen) 采用物理的或化学的方法将氢气储存于某种容器或介质中的技术。物理储存方法主要包括:液态氢储存、高压氢气储存、活性炭吸附储存、碳纤维和纳米管储存、玻璃微球储存、地下岩洞储存等。化学方法分为金属氢化物储存、有机液态氢化物储存、无机物储存、铁磁性材料储存等。

【氢脆】(hydrogen brittleness) 金属材料受到氢的侵蚀,造成其塑性和强度降低,并因此而导致的开裂或延迟性的脆性破坏的现象。当不锈钢发生严重氢脆时,在轻击下即可产生碎裂。氢脆现象在电镀过程中以及对于输送含有硫化氢的油、气管道中最为常见。金属管道是否会发生氢脆,主要取决于操作温度、氢的分压、作用时间和金属的化学成分。温度越高、氢分压越大,金属的氢脆层就越深,发生氢脆破裂的时间也越短。其中温度是重要因素。在相同的温度和压力条件下,金属的碳质量分数越高,氢脆的倾向越严重。在介质中加入适当的缓蚀剂,是防止氢脆的有效措施。在金属材料中添加铬、钛、钒等元素,也可以阻止氢脆的产生。

【氢弹】(hydrogen bomb) 又称热核武器。利用核裂变装置爆炸的能量引发氘、氚等氢元素原子核的自持聚变反应,瞬时释放出巨大能量、产生杀伤破坏效应的核武器。通常由引爆用的核裂变装置、热核装料(一般用固态氘化锂)、外壳等构成。氢弹的威力为几百万到几千万吨梯恩梯当量。

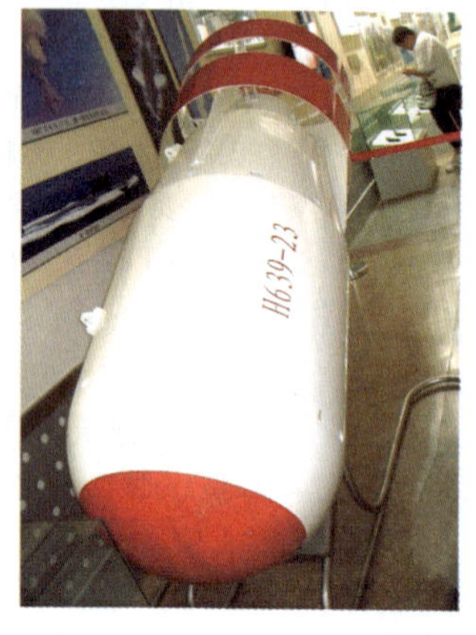

氢弹

【氢化法】(hydrogenation) 将海绵状金属在高温下与氢气作用生成氢化物的方法。粉末冶金过程的一种准备作业。金属氢化物质脆,易于破碎,并在烧结时发生分解,析出氢气,增加金属表面活性,从而提高烧结速度和产品质量。在粉末冶金过程中,常用于生产致密钛、锆等,有时还用以处理金属废料。

【氢化油】(hardened oil) 又称硬化油。经氢化处理的精制油。将不饱和的油脂(如棉籽油、鱼油等),在 230~280℃ 高温条件下,加入金属催化剂(镍系、铜-铬系等),通过加氢使油脂中的不饱和脂肪酸部分或全部变成饱和脂肪酸。氢化处理后的油脂变硬,故名硬化油。其熔点上升,色泽、气味、滋味、稳定性均得到改善,使用范围扩大。氢化油在食品及肥皂等工业中广泛应用。但是,由于其中含有一定量的反式脂肪酸,会提高罹患冠状动脉心脏病的概率,在食品中应限量食用。

【氢还原法】(hydrogen recycled method) 在高温下用氢将金属化合物还原以制取金属的方法。与其他方法(如碳还原法、锌还原法等)比较,此法所得产品较纯,性质亦易于控制。广泛用于钨、钼、钴、铁等金属粉末和锗、硅的生产。近年创立的高压氢还原法是在适当的温度下,向高压容器通入氢气,将溶液中的化合物还原成粉末状纯金属。目前高压氢还原已成功地应用于从氨性硫酸铵水溶液(在这水溶液中,氨以游离态存在)或酸性水溶液中还原镍、钴、铜。此方法的特点是:生产流程简单,且易于自动控制,劳动条件较好,耗电量低。

【氢浆】(hydrogen slush) 向液态氢中加入50%以上、能量密度比液态氢高15% ~20%的固体氢的混合液。可在管道中输送,比固体氢输送更方便。用氢浆作为燃料替代液态氢用于航天飞机,可使其起飞重量减轻约30%。氢浆是一种新形式的氢能。

【氢经济】(hydrogen economy) 以氢为能源而驱动的经济。是被普遍看好的新一代能源经济模式。其主要模式是使用燃料电池将氢转化为电能来推动电动机,以此作为动力源取代化石燃料内燃机。其主要特点是:(1)能量高。(2)氢燃烧性能好,点燃快。(3)燃烧后不会产生对人体有害的污染物质。(4)利用形式多,可以以气态、液态或固态金属氢化物出现,能适应储运及各种应用环境的不同要求。是替代化石燃料的清洁能源。当石油、煤和天然气等化石能源殆尽或开采成本太高时,可以利用电解电池,将太阳能、风能、水的位能等可再生能源通过电解法制氢、储存或经短途运输,再利用燃料电池发电应用。

【氢能】(hydrogen energy) 氢与氧反应时所放出的能量。氢能是替代化石燃料的清洁能源。其优点主要是:(1)能量高。除核燃料外,氢的发热值是所有燃料中最高的。(2)燃烧性能好,点燃快。(3)无污染。氢本身无色、无臭、无毒,十分纯净,燃烧后只生成水和少量的氮化氢,而不会产生一氧化碳、二氧化碳、碳氢化合物、铅化物和颗粒尘粉等对人体有害的污染物质。少量的氮化氢稍加处理后也不会污染环境,而且它燃烧后所生成的水,还可继续制氢,循环使用。(4)利用形式多。可以以气态、液态或固态金属氢化物出现,能适应贮运及各种应用环境的不同要求。

【氢能发电】(hydrogen generation) 用氢气作载能体产生电力的发电方式。氢可用任何一次性能源产生。利用氢能发电是一种无污染的清洁发电技术。

【氢能飞机】(hydrogen energy aircraft) 以液氢为燃料的飞机。有亚声速、超声速以及航天飞机等。氢能飞机的特点是噪声小,无污染,速度快和起飞重量小。

【氢能汽车】(automobile with hydrogen) 以氢作为能源的汽车。按其利用氢能方式的不同可分为:(1)压缩氢汽车。以高压气态储带氢气的氢燃料汽车。推广氢能汽车需要解决的关键技术问题有:①需找到大量生产廉价氢的方法。现有方法如电解水、热裂水、煤及天然气制氢等,价格昂贵,不仅要耗用大量其他能源,而且有的还有大量二氧化碳污染。②储运问题。30MPa的高压下储存的气态氢的容积是等能量汽油的十倍,液氢的体积是等能量汽油的三倍。因此,其贮箱占地、安全、密封以及耐高压、超低温材料都需进一步解决。③发动机所需的高性能、低价格的氢供给系统。氢气以20 ~25MPa的压力储存于高压容器中。工作时经降压、计量和混合后进入气缸,也可以直接喷入气缸。以氢为燃料的汽车目前仍然处在研制中。(2)液化氢汽车。指以液态储带氢的氢燃料汽车。工作时液态氢经升温、降压和计量,然后直接喷入气缸,或在机外混合后进入气缸。一般是直接喷入气缸。(3)吸附氢汽车。指以金属氢化物倍带氢的氢燃料汽车。工作时,储存于金属氢化物中的氢释放出来直接喷入气缸,或在机外与空气混合后进入气缸。以氢为燃料的汽车目前仍然处在研制中。

氢能汽车

【氢气催化燃烧炉】(catalytic hydrogen burning furnace) 采用金属铂、钯为催化剂的氢气燃烧炉。将氢气作为燃料进行燃烧时,由于火焰温度较高,容易产生污染大气的NO_X。采用铂、钯等贵金属催化,可以降低燃烧温度,减少NO_X的排放。由于铂、钯为贵金属,可以用Co、Ni、Cu的氧化物替代,以降低成本。

氢气催化燃烧炉

【氢氧化钙盖髓剂】(calcium hydroxide pulp capping agent, CH) 一种白色粉末,微溶于水,并有少量离解成钙离子和氢氧根离子的放置于意外暴露的牙髓表面而达到治疗效果的一种化合物。自1930年首次应用盖髓以来,已有70多年的历史,至今仍是最成熟、最理想的首选盖髓剂。具有独特促进牙髓、牙本质修复功效。虽其机理尚不十分清楚。但研究表明,CH直接接触牙髓组织后,牙髓组织发生凝固性坏死,坏死下方出现炎症反应,并在此界面下形成牙本质桥。牙髓组织中的牙髓细胞分化为成牙本质细胞样细胞，分泌牙本质基质，由牙髓血运供给给的钙离子进入牙本质基质，钙化后形成修复形牙本质。处方种类繁多，均由CH、赋形剂和其他添加剂组成。赋形剂决定离子解离速度，直接影响CH的药理作用。理想的赋形剂应具备以下优点：缓慢释放钙离子和羟基离子；能允许CH在组织内缓慢释放；对CH的药理作用没有影响。按其pH值的不同可分为高pH值的CH和低pH值的CH。研究表明，高pH值的CH直接接触牙髓组织后，牙髓组织发生凝固性坏死，坏死下方出现炎症反应，并在此界面下一定距离形成牙本质桥。低pH值的CH盖髓后的牙髓组织学反应特点是牙髓组织不出现坏死层，牙本质桥直接在盖髓下方形成。CH可促进牙髓细胞碱性磷酸酶基因表达作用和激活碱性磷酸酶的活性，而诱导牙髓组织中的牙髓细胞分化为成牙本质细胞细胞，并分泌牙本质基质，再加上CH供给大量过剩的钙离子，可促使磷酸钙沉淀，继之形成牙本质桥，使牙髓得以封闭。CH中的钙离子能与组织中的碳酸根离子结合，形成碳酸钙防壁，保护牙髓。此外CH的强碱性虽然无直接杀菌作用，但可抑制细菌生长，中和细菌代谢产物，促进组织愈合。

【氢氧化钠】(sodium hydroxide) 分子式NaOH。有固态和液态两种：固态呈白色，有块状、片状、棒状、粒状，质脆；液态为无色透明液体。易溶于乙醇、甘油。但不溶于乙醚、丙酮、液氨。固态氢氧化钠吸湿性很强，易溶于水，同时强烈放热，露放在空气中，会完全溶解成液体。氢氧化钠具有强碱性，对皮肤、织物、纸张等有强腐蚀性，易从空气中吸收二氧化碳而逐渐变成碳酸钠。氢氧化钠用途很广，如制造肥皂、纸浆、人造丝、整理棉织品，精炼石油，提炼煤焦油产物等。

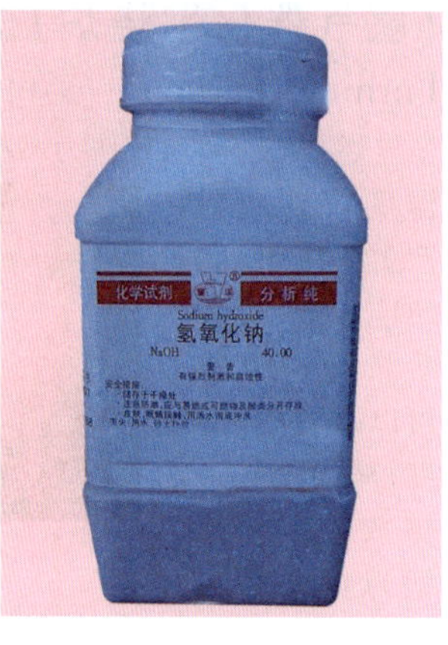

氢氧化钠试剂

【氢氧燃料电池】(hydrogen-oxygen fuel cell) 一种由氢气与氧气(或空气)在有催化剂存在的条件下直接进行电化学反应而产生电能的装置。属燃料电池的一种。氢氧燃料电池为水电解制氢反应的逆过程。按所用电解质的不同可分为：(1)碱性水溶液电解质燃料电池(AFC)。(2)磷酸电解质燃料电池(PAFC)。(3)熔融碳酸盐电解质燃料电池(MCFC)。(4)高温固体氧化物燃料电池(SOFC)。(5)质子交换膜燃料电池(PEMFC)。

【倾倒综合征】(dumping syndrome) 发生在胃切除术后的发生在食后数分钟到30min以内的称为早期倾倒综合征；发生在食后2~3h的称为晚期倾倒综合征。以早期者为多见。在胃次全切除术后的发生率约为16%~30%，且多发生在术后的10~14天。其主要临床表现是：伴有血管运动障碍症状和软弱、热感、出冷汗、心悸、眩晕、站立不稳、昏睡、头痛、肢体感觉麻木异常、颜面苍白、潮红、脉搏加快与血压降低等。可有血容量和血浆容量降低，心搏量减少，血钾和嗜酸细胞减低。其胃肠症状是：上腹部饱胀、不适、恶心、呕吐、腹痛和稀便等。本病多发生在餐后，可因摄入过多碳水化合物而引起。站立时加重而卧位可减轻。一般每次发作持续约20~45min。其治疗方法有：少食多餐，限制液体摄入量(尤其在餐前后半小时内)，餐后宜平卧片刻。

【倾斜流】(inclined current) 又称坡度流。由各种原因(海面风力、气压变化、降水或河水注入等)引起海面倾斜、海水自高处向低处流动产生的海流。由于地球自转形成的科里奥利力的作用，在北半球流向偏右，在南半球流向偏左。

【倾转旋翼航空器】(tilt rotor aircraft) 旋翼系统可随飞行状态倾转以改变其功能和产生升力的航空器。和普通飞机相比，能垂直起落；和直升机相比，速度和航程较大，但重量效率较低。按其旋翼载荷的大小可分为重载旋翼和轻载旋翼两类。倾转旋翼航空器的旋翼应在直升机状态和飞机状态两个状态下工作。直升机状态需要大直径、小扭转和桨盘载荷较小(轻载)的旋翼，而飞机状态对拉力螺旋桨的要求则相反，因而要按使用条件和用途选择折中的参数。

倾转旋翼航空器

【清钢联】(blowing-carding unit) 见清梳联合。

【清耕覆盖法】(covered by cleaning tillage method) 在果树发育前期保持果园清耕，而在雨水多的季节生草以覆盖地面的土壤管理方法。果树发育前期树体最需要肥水的时期清耕，保持肥水供应果树本身生长发育；在果树发育后期水分集中的季节，采用果园覆盖以吸收过剩的水分和养分，防止水土流失，并在旱季到来之前刈割生草沤制肥料。这一土壤管理方法既在一定程度上克服了清耕休闲法与生草法的缺点，同时又综合了清耕法、生草法、覆盖法三者的优点。

【清洁发展机制】(clean development mechanism, CDM) 根据联合国《京都议定书》建立的一种创新型国际发展机制。其核心是鼓励发达国家通过与发展中国家开展气候保护合作项目，获得由项目产生的“核准的温室气体减排量”。发达国家通过为发展中国家实施清洁发展机制项目提供额外资金可以获得温室气体减排量，从而降低他们根据《京都议定书》实现其减排承诺的总体成本。同时，实施此类项目的国家(如中国)可以通过吸引额外资金和先进技术促进本国经济发展，提高资源使用效率和减少污染，从而促进国内的可持续发展。

【清洁级动物】(clean animal) 除普通动物应排除的病原外，还应不携带对动物健康危害和对科学研究干扰较大的病原的动物。如不能携带鼠肝炎病毒、仙台病毒、体外寄生虫等。是根据中国实验动物发展需要而设立的一个比普通动物要求高的微生物及寄生虫控制等级。要求动物不带有一些传染病的病原微生物，及常见的体内寄生虫。如清洁级小鼠，要排除8种细菌、5种病毒、7类寄生虫；清洁级大鼠，不应携带8种细菌、2种病毒、7类寄生虫。对实验动物国家标准有具体的规定。是中国目前主要使用的质量控制等级的动物。已被广泛地应用于生命科学研究、新药研制和安全评价等领域的动物实验之中，发挥了清洁级动物易于质量控制、非实验因素干扰少、有较好的敏感性和可重复性的优点。

【清洁能源行动】(clean energy movement) 由科技部和原国家环保总局联合其他部委于2001年11月启动并在中国实施的能源行动。其目的是通过试点示范，采取有效的综合整治措施，促进城市清洁能源技术应用水平的提高，带动相关产业的发展。其核心是清洁高效地利用煤炭。其主要工作内容是：(1)推进城市能源结构调整，加大清洁能源的使用比例。(2)大力推广应用清洁能源技术(洁净煤技术和可再生能源技术等)。(3)加强洁净煤技术的研究开发及应用示范。清洁能源行动选定的示范城市，要力争在5年内使城市的空气质量有明显改善，达到国家环境空气质量二级标准。

【清洁燃料汽车】(clean fuel automobile) 各种低污染代用燃料汽车。如天然气汽车、液化气汽车、甲醇汽车、乙醇汽车、生物燃料汽车、多种灵活燃料汽车、氢燃料汽车、电动汽车和太阳能汽车等。其中尤以天然气汽车和液化石油气汽车最成熟。目前中国已有哈尔滨、长春、沈阳、郑州、北京和香港等许多地区推广使用天然气汽车和液化气汽车。

清洁燃料汽车

【清洁生产】(clean production) 将环境保护策略中的综合预防原则持续应用于生产过程和产品中，以减少对人类和环境不良影响的生产方式。包括对生产全过程和产品整个生命周期全过程的控制。对前者，包括节约原材料和能源、淘汰有毒有害的原材料、并在全部排放物和废物离开生产过程以前，尽可能减少它们的排放量和毒性。对后者而言，清洁生产旨在减少产品整个生命周期过程中(从原料的提取到产品的最终处置)对人类和环境的不利影响。

【清洁生产技术】(cleaning production technology) 在生产及其产品应用过程中坚持运用保持环境清洁战略、增加生态效率并降低人类和环境风险的技术。只能防止未来的污染，而不能消除已存在的污染。从这个意义上讲，清洁生产技术只是绿色技术的一部分，而不是绿色技术的全部。清洁生产技术主要强调三点：清洁能源、清洁生产过程和清洁产品。实现的途径为：改进管理和操作、改进工艺技术、改进产品设计、改进产品包装、选择更清洁的原料和组织内部物料循环。

【清棉机】(scutcher) 对经过初步开松和混合的原棉、棉型化学纤维或两种混合纤维进行精细开松，并继续清除前道工序残留杂质的机器。一般为多辊筒式，由机架、给棉系统、清棉系统和电气控制系统组成。机架一般由钢板焊接而成。给棉系统由输棉帘、压棉罗拉和给棉罗拉组成，其转速由交流变频器进行无级调速。清棉系统由三只直径相同而形式各异的辊筒及其附属的除尘刀、分梳板组成。三只清棉辊筒分别由三台交流异步电机单独驱动。其转速以一定的比例递增，可根据工艺的需要由变频器进行无级调节，以利于纤维的开松和转移。

清棉机

【清热解毒】(clearing heat and detoxifying) 中医治法名。使用清热邪、解热毒的方药，治疗温毒、温疫及多种热毒病症的治疗方法。常用于治疗热性病的里热盛及痈疮、疖肿疔毒、斑疹等。常用药物有黄连、黄芩、金银花、连翘、蒲公英等。代表方有普济消毒饮、黄连解毒汤等。

【清热解毒口服液】(qingre jiedu oral) 方剂名。组成：石膏 670g、金银花 134g、玄参 107g、地黄 80g、连翘 67g、栀子 67g、甜地丁 67g、黄芩 67g、龙胆 67g、板蓝根67g、知母 54g、麦冬 54g。制法：以上十二味，除金银花、黄芩外，其余生石膏等十味先温浸 1h，煎煮二次（待沸腾后，稍冷加金银花和黄芩），第一次 1h，第二次 40min，滤过，合并滤液。滤液浓缩至相对密度为 1.17，加入乙醇，使含醇量达 65% ~70%。冷藏 48h，滤过，回收乙醇，加入 0.5% 活性碳，加热 30min，滤过，加水至 1 000ml，滤过，灌封，灭菌，即得。用量：口服，一次 10 ~20ml，一日 3 次；或遵医嘱。功能主治：清热解毒。用于治疗热毒壅盛所致的发热面赤、烦躁口渴、咽喉肿痛等。

【清热开窍】(clearing heat for resuscitation) 又称清心开窍。中医治法名。治疗温热病神志不清的方法。适用于温病高热昏迷、胡言乱语、烦躁不安、四肢抽搐，以及小儿热证惊厥等。清热开窍多以芳香开窍药与清热药同用，代表方有安宫牛黄丸或紫雪丹合清营汤等。

【清梳联合】(blowing-carding unit) 又称清钢联。将清棉机输出的散棉，直接均匀地输配给多台梳棉机的工艺。清梳联将清花、梳棉两个工序连接成一个，取消了清棉成卷过程，省略了落卷、储卷、运卷和换卷等工序，提高了劳动生产率。取消成卷工序还可避免压辊压碎棉层内杂质，消除退卷黏层以及接头不良等弊端，有利于减少生条含杂粒数和改善均匀度。清梳联是纺纱技术发展的重要标志，是实现纺纱过程连续化、自动化、优质高产和降低消耗的重要途径。

清梳联合机

【清塘】(pond preparation) 在水产养殖动物放养前，用生石灰或其他消毒剂杀灭水体中的有害生物，改良水体环境，以提高水产养殖动物成活率和产量的技术措施。清塘的方法有两种：(1)生石灰清塘。一种是干池清塘，即先将塘水排干或留水深度 5 ~10cm，水面用生石灰0.09 ~0.11kg/m^2。清塘时在塘底先挖几个小潭，然后把生石灰放入溶化，趁热均匀泼洒全池。第二天早晨再用长柄泥耙耙动塘泥，充分发挥石灰的消毒作用。清塘后经 7 ~8 天，药力消失，即可放鱼。另一种是带水清塘，每平方米水面每米水深用生石灰0.23kg，将生石灰放入容器中溶化后立即向全池泼洒。(2)漂白粉清塘。一般漂白粉含有效氯 30% 左右，其用量可按 20g/m^3 左右计算，先将漂白粉加水溶化后，立即用木瓢全池泼洒，一般药力4 ~5 天即可完全消失。药物清塘后的鱼池，无论使用哪一种药物，在鱼种下池前，先放试水鱼，防止发生死鱼事故。

【清真寺】(muslim temple) 又称礼拜寺。穆斯林举行宗教活动，传授宗教知识的场所。中国元代以前称“礼堂”、“礼拜堂”等。明清之际始称“清真寺”。各种清真寺建筑风格和规模，因当地穆斯林经济状况和建筑技术水平而异，有的甚简陋，宛如当地民宅；有的富丽堂皇，构成宏伟的建筑群。一般由礼拜殿、宣礼塔（唤拜楼）、教长室和水房（沐浴室）等建筑组成。礼拜殿为主要建筑，内设讲坛和指示麦加方向的壁窑（亦称凹壁）。国外著名清真寺有麦加禁寺、麦加那清真寺、麦加那先知寺、耶路撒冷阿克萨清真寺、开罗爱资哈尔清真寺和伊斯坦布尔蓝色清真寺等。在中国，有北京牛街礼拜寺、广州怀圣寺、新疆喀什艾提卡尔清真寺、西安化觉寺和上海小桃园清真寺等。

清真寺

【情报检索】(information retrieval) 从众多的文献情报中查找出特定用户在特定时间所需要的情报的过程。属信息收集的范畴。主要类型有：(1)文献情报检索。即从一个文献集合中查找出专门文献的活动、方法及程序。其任务是检索出包含所需情报的文献。(2)事实情报检索。即从存贮数据的集合中查找出关于事实的行动、方法及程序。(3)数据情报检索。即从数据的集合中查找出有关专门数据的行动、方法及程序。情报检索在科学研究和科技管理工作中得到广泛应用。

【情报检索系统】(information retrieval system) 情报信息服务部门为检索情报而建立的

数据库。提供检索服务的方式有两大类:一类是脱机检索。它相当于计算机系统的分批处理工作方式。用户必须提供查询清单,由操作员按作业级别排队输入计算机系统,一次输出查询结果。另一类是联机检索。它相当于计算机系统的分时处理方式。用户进入联机系统后,系统即开辟一个用户缓冲区用来存放某一瞬间的中间结果,通过中间结果的进一步操作获得更好的结果。国际联机检索系统可以配置远程终端和微机服务化终端,成为国际性情报检索网络系统。随着通信技术的发展,新型情报检索系统陆续投入使用,如视频数据检索系统和电视数据检索系统。前者利用通信线路进行双向信息检索服务,后者利用广播信号载运数字编码的文字和图形信息为用户提供检索服务。

【情报交流】(information exchange) 借助于共同的符号系统,并通过一定方式进行知识有效传递的过程。是科学技术赖以存在和发展的基本条件之一。情报交流有正式的和非正式的两种基本形式。正式的是指通过科学文献系统和情报工作者所进行的情报传递;非正式的则是指通过科学情报创造者和科学情报使用者个人接触或联系所完成的情报传递。其具体形式有:(1)科技工作者之间就其所从事的研发工作进行直接对话。(2)科技工作者参观同行的实验室、科技成果展览等。(3)科技工作者之间交换书信、出版刊物等。(4)科技工作者对听众的口头演讲。(5)科学出版物的发行。(6)图书馆的书目工作与科学情报业务相配合的档案业务。(7)科学情报的收集、分析、加工、存储与检索等。(8)科学技术普及与宣传活动等。

【情报战】(intelligence war) 敌对双方围绕情报收集与反收集、利用与反利用而开展的斗争。是信息战的一种重要形式。情报为制定战略方针、政策及指挥员的决策提供重要依据。现代情报战要求情报直接用于作战行动,用于攻击敌方目标和进行毁伤评估。情报战在一定程度上决定着战争的胜负。

【情感障碍】(affective disorder) 又称心境障碍。主要表现为情感的异常高涨(即躁狂)或者异常低落(即抑郁)的一种精神心理疾病。临床就诊者中多数为抑郁发作,部分为躁狂抑郁交替发作。一般来讲,女性抑郁症的患病率是男性的 2 倍,躁狂症的性别差异不明显。其起病年龄可以发生在各个阶段,高峰在 20 ~ 40 岁之间。约 20% 的患者成为慢性难治性患者,约 15% 的患者最终自杀死亡。其病因迄今未明,目前有众多假说:(1)遗传因素。(2)神经生物因素。①神经递质。抑郁症主要与脑内 5 - HT 和 NE 缺乏有关,躁狂症与 NE 增多有关。②神经内分泌。抑郁症患者有下丘脑—垂体—肾上腺(HPA)轴的功能异常;甲状腺功能也与抑郁症有关。(3)心理社会因素所至的情感障碍患者,在首次发病时都可以找到明确的心理社会因素。按临床发作形式的不同可分为以下几型:(1)躁狂症。核心症状是情绪高涨、伴有思维敏捷和言语动作增多,称为躁狂症三联征。(2)抑郁症。核心症状为情绪低落,思维迟钝和言语动作减少,亦称抑郁症三联症。(3)双向情感障碍。为上述抑郁症和躁狂症发作的交替出现。这种交替不一定规则,两类症状的轻重程度也不一定相同,有时为混合发作。(4)环性情感(心境)障碍。特点是患者周期地出现情感的高涨或低落,但其高涨或低落的程度都达不到诊断躁狂症和抑郁症发作的标准。患者心情的好坏来去突然。临床上需达 2 年以上病程时才可作此诊断。(5)恶劣心境。表现为持续地心境恶劣,主观症状多于客观症状,常常述说缺乏兴趣、没有愉快感、缺乏自信心、社交减少、注意力不集中、记忆力减退、慢性疲劳、自主神经症状等,但症状没有严重到符合抑郁发作的标准。临床上需达 2 年以上病程才能诊断。

【情志护理】(emotional care) 通过护理人员的语言、表情、姿势、态度、行为及气质等来影响和改善病人的情绪,解除其顾虑和烦恼,从而增强战胜疾病的意志和信心,减轻消除引起病人痛苦的各种不良的情绪和行为,以及由些产生的种种躯体症状,使病人能在最佳心理状态下接受治疗和护理,达到早期康复的目的的一种护理理念。应遵循诚挚体贴,一视同仁;评估情志,因人施护;避免刺激,稳定情绪的原则。其方法包括:说理开导法、释疑解惑法、移情易性法、健康教育法、以情胜情法、顺情从欲法等。情志护理不仅是治病的关键环节,也是健康保健的根本。

【氰化法】(cyanidation) 将经过细磨的矿粒用氰化钠(钾)浸泡,使贵金属进入溶液,再用锌粉还原沉淀,或用其他方法从溶液中析出金属的一种化学选矿新工艺。该工艺是从矿石中提取金、银等贵金属的一种重要方法。此法特别适于处理贵金属含量较低的矿石。但该方法容易污染环境,在使用时一定要处理好废液和尾矿,以免污染环境。

【请求评议文件】(request for comments document,RFCD) 由国际互联网协会审核后给定编号并发行的,包含了关于互联网的几乎所有重要的相关信息的文件。基本的互联网通信协议都在 RFC(请求评议)文件内有详细说明,还额外有许多的互联网论题。绝大部分网络标准的指定都是以 RFC 文件的形式开始,经过大量的论证和修改过程,由主要的标准化组织所指定。但在 RFC 文件中所收录的并不都是正在使用或为大家所公认的，也有很大一部分只在某个局部领域被使用或并没有被采用。一份RFC文件具体处于什么状态都在文件中作了明确的标识。一个RFC文件在成为官方标准前一般至少要经历四个阶段：(1)拟定起草草案。(2)建议标准。(3)评议草案标准。(4)发布标准。RFC文件只有新增，不会有取消或中途停止发行的情形。但是对于同一主题而言，新的RFC文件可以声明取代旧的RFC文件。RFC文件是纯ASCII(美国标准信息交换码)文档格式，可由计算机程序自动转档成其他文件格式。RFC文件有封面、目录及页眉页脚和页码。RFC文件享有"网络知识圣经"之美誉。

【琼脂】(agar-agar) 又称冻粉。由红藻类植物石花菜科石花菜属诸种和其他植物浸出的黏液，经冷冻干燥而得的天然产物。白色至浅褐色。无臭无味。略具光泽。质像鱼胶，轻松而脆。在冷水中膨胀而不溶解。加百倍水煮沸，则溶解成黏液，冷冻后冻成半透明的凝胶状物。常用作缓泻药。其冻结的凝胶可供食用，也可用作细菌的培养基。在食品工业、医药工业、日用化工、生物工程等许多方面有着广泛的应用。

琼脂

【琼脂糖凝胶电泳】(agarose gel electrophoresis) 以琼脂糖凝胶作为支持介质的电泳。其工作机理是把琼脂糖凝胶泡在特定的缓冲液内，在电场的作用下，按被分离分子的分子量大小进行分开。其优点是：(1)电泳图谱清晰，分辨率高，重复性好。(2)电泳后区带易染色，样品易洗脱，便于定量测定。(3)电泳速度快，样品不需事先处理就可进行电泳。它是分离、鉴定、纯化DNA片段的主要方法。主要用于重组基因的分离、鉴定和限制性酶切图谱分析等。

【丘比特运载火箭】(Cupid carrier rocket) 美国早期的运载火箭。1958年1月31日，一枚名为"朱诺-1"的四级型"丘比特-C"火箭把美国第一颗人造卫星"探险者1号"送入太空，迈出了美国征服太空的第一步。这种运载火箭第一级使用红石导弹改进型，其余三级采用美国喷气推进实验室制造的中士型固体发动机。作为初期的运载器，只能把质量为20kg左右的有效载荷送入500km的圆轨道。"丘比特-C"火箭共发射过6次，成功3次。

【丘陵】(hill) 地形起伏、但坡度较缓，海拔高度大于200m、小于500m的连绵不断的低矮山丘。多由山地或高原长期受到侵蚀和剥蚀后形成。丘陵地区相对高度一般都小于200m。

丘陵

【秋玉米】(autumn maize) 中国农历立秋前后播种的玉米。主要分布在浙江东部、广西中南部和云南南部。通常在7月下旬至8月上旬播种。其前茬作物主要是早稻。其栽培方式有育苗移栽和直播两种。在秋玉米生长期间，气温由高向低，雨量少，因而苗期发育快，营养生长时间短，干物质积累少，果穗较小且病虫害较多。在栽培管理上应注意：选用中早熟抗病品种；一般采用畦作，便于排水，遇旱应适时灌溉；增施基肥，早追肥，重施拔节肥；及时中耕除草，以促进根系生长；抽穗前后应适时灌溉，防止受旱。由于秋玉米生育期间雨量少，植株较矮，应适当加大种植密度，以提高单位面积产量。

秋玉米

【球根花卉】(flowering bulbs) 植株地下部分具有膨大的根或变态地下茎的草本花卉。其花朵艳美，栽培简易。全世界栽培的球根花卉有数百种，其中属单子叶植物的约10个科；属双子叶植物的约8个科。如朱顶红、文殊兰、石蒜、风信子、郁金香、葱兰和韭兰等。在漫长的植物进化过程中，各种植物均有其适应自然而生存下来的方式。球根花卉在不利于其生长发育的环境到来之前，其地下部储藏了大量的营养物质，以备在有利于其生长发育时期继续生长、开花结实。其用途广泛，在观赏园艺中

风信子

占有重要位置。

【球化退火】(spheroidizing annealing) 使钢中珠光体内的片状渗碳体以及先共析渗碳体都变为球粒状,并均匀分布于铁素体基体中的退火方法。这种组织称为球状珠光体。此法适用于碳素工具钢、合金工具钢和高合金钢的退火。具有球状珠光体的高碳钢硬度低、切削性好、冷形变能力大,在淬火时奥氏体晶粒不易长大,冷却时工件变形小,不易开裂的优点。对工具钢来说,球状珠光体是淬火前最好的原始组织。

【球面波】(spherical wave) 波面为同心球面的波。在均匀各向同性的介质中,由点波源发出的波都是球面波。对于球面声波,其声强与传播距离的平方成反比。

【球面投影】(stereographic projection) 又称平射投影。视点置于球面,并与投影面中心对称的投影。等角透视方位投影之一。投影面可切于球面任意位置,有正轴投影(切点在极点)、横轴投影(切点在赤道)和斜轴投影(切点在极点、赤道以外的任意位置)。其特点是:(1)经纬线投影后正交,方位表示正确。(2)无角度变形,作图容易,球面上任意一圆投影后还是圆,故适合绘制天体图及以两极为中心的半圆图。(3)极球面投影切点附近形状与面积不变,由此中心向外,面积与角度变形逐渐增加。

【球囊扩张导管】(balloon dilation catheter) 扩张动脉血管用的球囊导管。采用特殊高分子材料,具有良好的相依性、耐压性、耐疲劳性、记忆性。导管的内管为复合管,其内层的作用是减少导丝与管内壁间摩擦,外层提供足够耐压疲劳性能。导管顶端成锥形结构,且顶端柔软,利于跟踪导丝。导管内衬钢丝前部采用斜坡口设计,使力的传递更加均匀。导管的近部采用聚酰亚胺材料,紧贴内衬钢丝,径向具有很强的抗扭结能力,轴向具有更好的推送性;导管的远部采用酰胺类材料,抗扭结性能良好。球囊扩张导管用于狭窄动脉血管的扩张成形 。

【球团矿】(pellet mine) 以适量水分润滑精矿、粉矿或精矿与适量熔剂或少量黏结剂的混合物,经滚、压成球,并经高温焙烧或通入二氧化碳气体使其硬化而成的一种人造块矿。其粒度均匀,机械强度高,还原性能良好。主要用作高炉,有时也用于其他熔炉,如平炉等的原料。

【球团生产】(pelletizing production) 制造冶金用球团矿的作业过程。首先用圆盘造球机将含铁原料、黏结剂、熔剂混合后造成生球,干燥后焙烧。焙烧方法按设备的不同可分为竖炉法、带式焙烧机法和链箅机–回转窑法。竖炉法是最早使用的方法。将生球用布料机从顶部炉口加入。在生球下降过程中,被两侧燃烧室喷火孔喷出的煤气或重油燃烧生成的1 150～1 250℃高温气体加热。相继经历干燥、预热、焙烧、均热和冷却过程,最后从下部排出炉外。竖炉主要用于磁铁矿球团的生产。带式焙烧机法是目前生产球团矿使用最多的方法。首先用给料机将生球摊铺在台车上,驱动台车依次进入干燥段、预热段、焙烧段、均热段和冷却段。焙烧段温度约为1 250℃,可以使用气体、液体或固体燃料。链箅机–回转窑法是近年来发展的新方法。生球先在链箅机干燥和预热,再被从回转窑出来的高温气体加热,最后进入回转窑内焙烧。回转窑主要使用气体或液体燃料,从烧嘴喷出燃烧。焙烧温度约为1 300℃。焙烧后的球团进行冷却。链箅机–回转窑法生产能力大、适应磁铁矿、赤铁矿和褐铁矿的生产。干燥预热与焙烧分别在两个设备中进行,生球受热均匀,在高温区内经历时间长,因而球团质量好、强度高。

【球心投影】(gnomonic projection) 又称日晷投影、大环投影。一种任意性质的透视方位投影。视点位于地球球心,承影面与地球面相切,投影平面与通视点的直径相垂直。

【球坐标机器人】(spherical coordinate robot) 一种由回转机座、俯仰铰链和伸缩臂组成的、具有两个旋转轴和一个平移轴的机器人。可伸缩摇臂的运动结构与坦克的转塔类似,可实现旋转和俯仰运动。

【裘皮服装】(fur garment) 又称毛皮服装。以天然毛皮或化学纤维为材料仿各种毛皮,经加工、裁制而成的服饰。如裘皮大衣、兔毛皮条围巾、狐狸领子、毛皮条披肩和手套等。常见的天然毛皮有貂皮、水貂皮、狼皮、狸子皮、旱獭皮、黄狼皮、狐狸皮、豹子皮、狗皮、兔皮、猫皮、羊皮、牛皮和猪皮等。

裘皮服装

【区段站】(district station) 设置在机车牵引区段两端的铁路运输的基本生产单位。是铁路网上相邻牵引区段的分界点,一般由主站房、列车到发场、列车调车场、货场、机务段、车辆段等组成。其主要任务是:办理机车的折返作业,区间列车和零摘列车等的解体和编组任务,旅客的乘降以及更换机车乘务组等。铁路行业把区段站和编组站总称为技术站。

【区间】(interval) ❶交通运输、通信联络上指全程线路中的一段:区间车(某条交通线上只行驶于某一地段的车)。❷指数字增减变化的一定范围:价格区间。❸在数学上指介于 a,b 且 $a<b$ 两个实数之间的所有实数。a,b 称为区间的端点,$b-a$ 称为区间的长度。按照端点是否属于区间,其可分为开区间,闭区间等。具体如下:实数集 $\{x:a\leqslant x\leqslant b\}$ 称为闭区间,记为 $[a,b]$;实数集 $\{x:a<x<b\}$ 称为开区间,记为 (a,b);实数集 $\{x:a\leqslant x<b\}$ 称为左闭右开区间(或半闭半开区间),记为 $[a,b)$;实数集 $\{x:a<x\leqslant b\}$ 称为左开右闭区间(或半开半闭区间),记为 $(a,b]$。以上是长度有限的区间通常称为有限区间。类似地可定义无穷区间。

【区位农业】(location agriculture) 实现区域生产专业化,形成具有特色的专业化产业带的农业生产方式。这种方式按照不同区域的地理特征和区位条件,进行科学的生产分工和区域布局,发展具有优势的农产品生产。中国地域广阔,区域差异显著,目前已形成的格局是:南方双季稻、黄淮冬小麦和夏玉米、东北春玉米和大豆、西北和华北杂粮等粮食主产区;新疆内陆、长江流域、黄河流域三大棉区;长江油菜带、黄淮花生等油料产区;华南和西南甘蔗、东北西北甜菜糖料产区;长江柑橘带、黄河故道苹果带等。

【区域创新能力】(regional power of innovation) 一个地区将知识转化为新产品、新工艺、新服务方式并为实现这一目标营造配套政策环境的能力。主要由创新主体、创新环境和创新机制组成。是区域内各种科技创新要素相互作用的结果。是区域科技创新结构优化与功能发挥程度的反映。是区域经济获取国际竞争优势的决定性因素,对于协调发展区域创新能力,促进经济发展具有重大意义。其构成包括知识创造能力、知识流动能力、企业技术创新能力、创新环境、创新的经济效益五大要素。五个要素相互联系,相互影响,相互作用,共同构成了区域创新能力系统。总体上讲,中国区域创新能力从东部沿海地区向西部内陆地区由高到低呈梯次分布;创新能力各要素在不同地区的分布不均衡;沿海地区表现出强劲的创新能力;沿海地区已经成为创新密集区;中西部与东部区域创新能力差距明显。

【区域地图集】(district atlas) 系统反映某一特定地区的自然、经济基本情况和区域特点的地图集。所表现的区域范围可以是政治行政区域,如省、县、城市,也可以是自然或经济区域,如洲、地区(如西亚)、经济区、流域、高原、自然保护区等。地图集在行政管理、经济规划、国防建设、科学研究、文化教育和旅游交通等方面有使用价值和参考作用。

【区域地质调查】(regional geological survey) 在选定的区域内以地质填图为基本手段进行的综合性基础地质调查工作。其主要任务是:通过地质填图、找矿和综合研究,查明区域内的岩石、地层、构造、地貌、水文地质的基本地质特征及相互关系,探索矿产的形成条件和分布规律,为国家建设、科学研究和进一步的地质找矿工作及资源开发提供基础地质资料。区域地质调查的范围,一般按经纬度进行分幅。按工作的详细程度的不同可分为小比例尺(1:100万、1:50万)、中比例尺(1:25万、1:20万、1:10万)和大比例尺(1:5万、1:1万)区域地质调查。同一地区一般先进行小比例尺调查,以后逐步展开大比例尺的详细调查。区域地质调查是地质工作的先行步骤,是整个地质工作的基础。

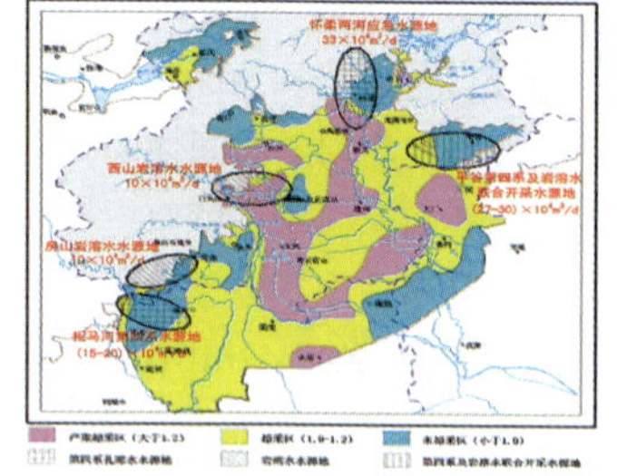

区域地质调查

【区域海洋学】(regional oceanography) 海洋科学的一个分支。综合研究一个海区中各种海洋现象的学科。世界自然地理学的一个重要组成部分。在海洋科学研究中,区域海洋学与其他海洋学分支学科(海洋物理学、海洋化学、海洋生物学、海洋地质学等)在研究内容和方法上既有联系又有差异。其差异在于它的区域性和综合性。区域海洋学中的"区域"一般是有明确固定边界的一个具体海域。例如,太平洋、渤海、台湾海峡、长江口等。其研究内容一般包括:海域地理位置和疆界、面积;海岸形状、岸线长度;海底地貌及其特点;海区海洋水文(例如,海水温度、盐度、海流、海浪、潮汐、风暴潮、海啸、海冰等)时空分布、变化规律;海区气候特点;海区化学、生物、资源、能源分布特征等。上述内容是指总的要求,但在描述某一具体海域时,既要强调区域内各种海洋现象的综合性,又要着眼于区域特色。由于海洋里的各种自然现象在不同程度上都受环流和水动力状况的影响或控制,故区域海洋学应以环流和平均水文动力状况为其基本内容。

【区域环境地质调查】(regional environmental geological survey) 在选定的区域内

以环境地质填图为基本手段进行的一项基础性、公益性的地质调查工作。其主要任务是:对区域内的基本环境地质条件、环境地质问题及地质灾害进行调查、研究、分析、评价的工作。其范围可根据工作需要自主选择比例尺。区域环境地质调查可分为综合性环境地质调查和专题性环境地质调查。前者调查的内容主要是环境基本地质条件、地质灾害和地质环境问题;后者则重点针对不同自然地质地貌单元调查的对象有所侧重,如一般山区(含丘陵)以水土流失、崩塌、滑坡、泥石流调查为主;高原冻土地带以冻胀、冻融调查为主;岩溶区以石漠化、旱灾涝灾、岩溶崩塌、水库渗漏为主等。

【区域环境噪声监测】(regional noise monitoring) 在一个城市或确定区域内采用随机抽样的方法测量噪声的平均水平并进行评价的工作。一般采用具有积分或自动存储功能的声级计连续监测。采样间隔不得大于0.5s。中国建有国家级、省级和地市级三级环境噪声监测的网络体系。

【区域矿产调查】(regional mineral surveying) 在选定的区域内通过系统的野外调查和综合研究、查明工作区各种矿产资源的调查工作。其主要任务是:查明工作区内矿产资源的种类、分布、规模、产出规律,进行成矿预测,圈定进一步工作的远景区,指出找矿方向,并估算出相应级别的矿产资源储量。区域矿产调查一般按国际分幅图幅进行,也可按成矿区带、行政区划部署安排;既可以多矿种调查,也可以单矿种或矿组为主进行调查。调查的原则是以面为主、点面结合,对矿化点进行重点检查评价。其主要工作方法是收集整理工作区内各类矿产资源资料和相关物化探、遥感及科研成果等资料,并有重点的开展地面物探、化探工作,进行物化探异常和自然重砂异常检查,开展成矿规律研究。

【区域熔炼】(zone melting) 又称区域熔化。利用杂质在材料的固体和液体状态中的溶解度的差别,进行提纯固体材料或控制其中杂质分布的一种方法。一般应用高频或其他方法加热,将较长的锭状材料的一端熔化,使之形成一个狭窄的熔区;然后使熔区缓慢地向另一端推进。随着熔区的移动,已熔部分重新凝固。通过多次熔炼和再凝固,可使大部分杂质最后集中于锭的尾端,而使锭的其余部分达到极高的纯度。例如,应用区域熔炼,可使锗中某些杂质含量降低到十亿分之一(1×10^{-9})。应用悬浮区域熔炼,可使硅中某些杂质含量降低到万亿分之一(1×10^{-12})。区域熔炼用于提纯时,又称区域提纯。为了使材料中杂质分布均匀,则称区域匀平。按提纯方法的不同可分为有坩埚区域提纯和无坩埚区域提纯(后者又称浮区熔炼)。区域提纯除了主要用于纯化半导体材料外,也可用于提高金属、无机和有机化合物的纯度。

【区域水文地质调查】(regional hydrogeological survey) 在选定的区域内进行的水文地质情况的调查工作。是一项基础性、综合性的水文地质工作。其目的在于提高区域水文地质研究程度,查明区域范围内的水文地质条件,包括地下水的水质、水量、补给、径流、排泄条件以及各类含水层的赋存条件和分布规律,同时对区域内的地下水资源及开发远景作出评价。区域水文地质调查原则上是在同一区域同比例尺区域地质调查工作的基础上开展的。对未开展区域地质调查工作的地区,必须先做必要的基础地质工作,或与区域地质调查工作相互配合,联合进行。区域水文地质调查工作对国民经济建设、社会发展和生态环境建设都具有重要意义。

【区域限批】(limited regional authorization) 停止审批相关行政区域境内或所属的除循环经济类项目之外的所有项目,直至违规项目彻底整改为止的一项行政措施。2007年1月10日,环境保护部(原国家环保总局)首次启动"区域限批"政策,来遏制高污染、高耗能产业的迅速扩张趋势。这是中国环保部门成立30多年来采取的最为严厉的行政惩罚手段。这种行政手段的重点监管对象从单个项目转向了地方政府。这也就意味着,地方政府在高污染、高耗能产业的违规投资上首次被认定为需要承担行政"决策后果"。

【区域综合竞争力】(regional synthetic competitiveness) 在经济全球化条件下,一个地区在一定发展水平基础上,推进经济社会持续增长与发展的能力。其综合性主要体现在三个层面:宏观层面,表现为这个地区政治、经济、文化与社会等各种力量的共同作用;微观层面,表现为对人、财、物、技术、信息、自然等各种要素资源的综合利用;空间层面,表现为区域内各区块高度融合、形成体系、互联互动、协调发展。这三个层面相互交织在一起,在不同的发展阶段和竞争比较中,总有一个层面突出成为竞争的侧重点。

【区域阻滞麻醉】(field block anesthesia) 围绕手术区四周和底部注射局麻药,阻滞进入手术区的神经纤维传导,使该手术区产生麻醉作用的麻醉方式。适用于短小手术的麻醉,如局部肿块切除术、腹股沟疝修补术等。是环绕被切除的组织(如肿块)作包围性的注射或在悬垂的组织(如舌、阴茎或带蒂的肿瘤)作环绕其基底部的浸润注射。在操作时应注意逐层浸润,进针缓慢,每次注药前常规抽吸注射器等。

【曲池】 中医穴位名。属手阳明大肠经,本经合穴。定位:在肘横纹桡侧凹陷中,尺泽与肱骨外上髁连线的中点。主治:头痛,目赤齿痛,咽喉肿痛,热病,肘臂酸痛,上肢不遂,瘰疬,瘾疹,癫狂,腹痛吐泻;流行性感冒,喉炎,荨麻疹,扁桃体炎,结膜炎,肩、肘关节炎高血压,麻疹,痢疾,丹毒,月经不调等。刺灸法:直刺 0.5~1.5 寸;艾炷灸 3~7 壮,或艾条灸 5~15min。现代研究证明:针刺曲池穴对冠心病、房性早搏、心房颤动等有一定的治疗作用,可增强心肌收缩力,并可减缓心率。对血管舒缩功能有调节作用,轻刺激可引起血管收缩,重刺激多引起血管扩张。曲池穴的降低血压作用已被证实,且远期疗效较好。

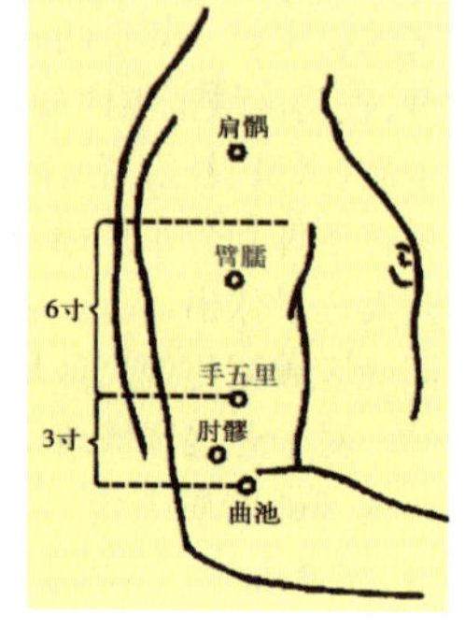

曲池

【曲率】(curvature) 表示曲线弯曲程度的数量。设 C 为一条光滑曲线,M_0 和 M 为 C 上两点,$\overset{\frown}{M_0M}$ 的弧长记为 $\triangle s$,M_0 和 M 两点切线的夹角记为 $\triangle a$,当 M 沿曲线 C 趋向 M_0 时,极限 $\rho = \lim\limits_{\Delta s \to 0}(\frac{\Delta x}{\Delta s})$ 就是曲线 C 在 M_0 点的曲率。例如圆 $x^2 + y^2 = R^2$ 上任一点的曲率都是 $1/R$。直线上任一点的曲率都是0。曲率半径指曲线在点曲率的倒数。曲率中心指曲线在点的法线上,在曲线凸向的另一侧到点距离等于曲率半径的点。

【曲枝压条法】(bowed-branch layering) 将生长季的植株上离地面较近的枝条弯曲压入土中,促使其生根,待冬季将其从母株上分离成为独立苗木的育苗方法。此法属于地面压条法。蔓性果树(葡萄、猕猴桃等)、某些灌木果树(醋栗、穗醋栗、黑树莓等)、乔木果树(苹果和梨的矮化砧、樱桃等)均可采用此法繁殖。多在春季萌发前进行,也可以在生长季节枝条已半木质化时进行。其方法是:早春选母株上离地面近的1~2年生枝条,将其向下弯曲,用钩等固定于土中并埋土,使其土外的节芽向上生长。埋入土中的部分用刀削一个伤口,促使生根。等待冬季发根后从母株上切离,成为一株独立的苗木。

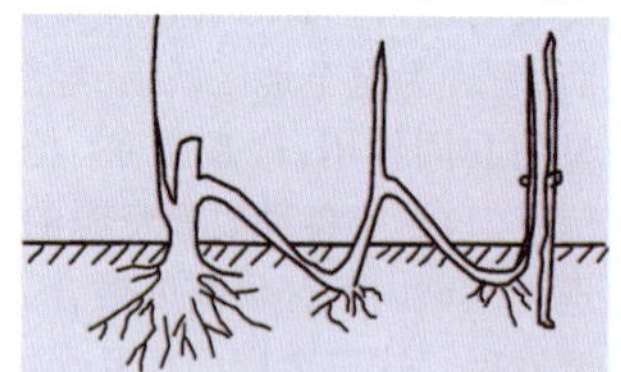
曲枝压条

【驱动程序】(driver programme) 又称设备驱动程序。在操作系统和计算机硬件设备之间实现信息交互的一个接口程序。每一个硬件设备都有一个相应的驱动程序。操作系统通过驱动程序实现主机与各硬件之间的通信。当系统需要某个设备工作时,通过驱动程序完成操作系统与设备的数据转换,实现设备提供的功能。可分为:(1)中央处理器、磁盘、内存等使用频繁的设备驱动程序。(2)某些新加入系统的硬设备或某些有更新要求的驱动程序。

【驱动蛋白】(kinesins) 能利用三磷酸腺苷(ATP)水解所释放的能量驱动自身及所携带的货物分子沿微管运动的一类马达蛋白。与细胞内物质运输有关。是 1985 年从鱿鱼的轴质中分离出的一种发动机蛋白。是一个大的复合蛋白,由几个不同的结构域组成,包括两条重链和一条轻链。总分子量为 380kDa。一对球形的头,是产生动力的“电机”;一个扇形的尾,是货物结合部位。体外实验证明其运输具有方向性,从微管的(-)端移向微管的(+)端。是正端走向的微管发动机。

【驱逐舰】(destroyer) 以导弹、鱼雷、舰炮为主要武器、具有多种作战能力的水面战斗舰艇。按其作战用途的不同可分为:对海型、防空型、反潜型和多用途型。主要用以攻击敌水面舰船和潜艇、担负己方舰艇编队的防空、反潜以及护航、侦察、巡逻、警戒,支援登陆和抗登陆等作战任务。

驱逐舰

【屈服极限】(yield limit) 又称屈服点。材料受外力到一定限度时,即使不增加负荷它仍继续发生明显的塑性变形的应力。用 σ_s 表示。有些材料的屈服点并不明显。工程上常规定当残余变形达到0.2%时的应力值,作为“条件屈服极限”,以 $\sigma_{0.2}$ 表示。

【屈光不正】(ametropia) 来自 5m 远的平行光线进入眼内却不能正常聚焦的现象。角膜、房水、晶状体和玻璃体,称为眼的屈光系统,可使进入眼内的光线折射。当光线经屈光系统折射后,聚焦在的视网膜上形成物像。其中的调焦过程,是通过眼内的睫状肌的收缩与松弛,从而改变晶状体(双凸透镜)的厚度和弯曲度来完成的。结果是晶状体的曲折力增减，在视网膜上形成的物像清晰。这一过程即为眼的调节功能。当来自 5m 远的平行光线经过眼的屈光系统折射后，聚焦在视网膜上形成一清晰物像时，这种屈光状态的眼睛称为正视眼；反之，则称为非正视眼，又称屈光不正。屈光不正包括近视、远视和散光。平行光线聚焦在视网膜之前的是近视眼，聚焦在视网膜之后的是远视眼，不能聚焦在同一平面的则是散光眼。

【祛痰药】（expectorants drug） 可稀释痰液或液化黏痰，使之易于咳出的药物。痰是呼吸道炎症的产物，可刺激呼吸道黏膜引起咳嗽，并可加重感染。按其作用方式的不同可分为三类：（1）恶心性和刺激性祛痰药。如氯化铵、愈创甘油醚属恶心性祛痰药，口服后可刺激胃黏膜，引起轻度恶心，反射性地促进呼吸道腺体的分泌增加，从而使黏痰稀释便于咯出；刺激性祛痰药是一些挥发性物质，如桉叶油、安息香酊等，加入沸水中，其蒸汽挥发也可刺激呼吸道黏膜，增加分泌，使痰稀释便于咯出。（2）痰液溶解剂。如乙酰半胱氨酸，可分解痰液中的黏性成分，使痰液液化，黏滞性降低而易咯出。（3）黏液调节剂。如盐酸溴己新和羧甲司坦，作用于气管和支气管的黏液产生细胞，使分泌物黏滞性降低，痰液变稀而易咯出。

【祛邪】（eliminate the pathogenic factors） 中医治法名。祛除体内的邪气，排除或削弱病邪侵袭达到邪去正复目的的一种治疗法则。适用于邪气为主的实证，是《内经》“实则泻之”的具体运用。临床上根据不同的病情，而有发汗、涌吐、攻下、清热、利湿、消导、祛痰等不同方法。

【趋肤效应】（skin effect） 交变电流在导体表面处电流密度增大的效应。交变电流通过导体或交变磁通穿过导体时，由于电磁感应引起导体截面上电流、磁通分布不均匀并且愈接近导体表面电流密度、磁感应强度愈大的现象。使电流集中在导线表面处，使得导线的有效截面变小，导线的等效电阻增大。在无线电工程中，常采用多股细导线代替单股粗导线制作高频线圈，以克服其等效电阻的增加。

【趋化因子】（chemokine） 由白细胞和某些基质细胞分泌的，可结合在内皮细胞表面，对中性粒细胞、单核细胞、淋巴细胞具有趋化和激活作用的细胞因子。具有吸引白细胞移行到感染部位的一些低分子量（多为 8 - 10KD）的蛋白质（如 IL - 8、MCP - 1 等），在炎症反应中具有重要作用。有些趋化因子在免疫监视过程中控制免疫细胞趋化，如诱导淋巴细胞到淋巴结。这些淋巴结中的趋化因子通过与这些组织中的抗原提呈细胞相互作用而监视病原体的入侵。有些趋化因子在发育中起作用，他们能刺激新血管形成，提供具体的关键信号而促成细胞成熟。其他趋化因子可以因应对细菌感染、病毒感染由多种细胞释放；有的趋化因子也可以促进伤口愈合。

【渠道防护林】（protection forest for irrigation channel） 植于渠道两边具有多种功能的人工林。需与农田防护林、牧场防护林、景观绿化林以及“四旁”绿化的配置相结合。林带宽度根据当地自然环境条件确定。选择耐水湿、根系发达的针、阔叶树种。平原区、沙区、沿海地区的渠道防护林网，可选择以乔木为主的造林树种，适当配合灌木和草本植物。与其他点、片、带、网相结合形成农田防护林，为农作物生长提供较好的温度、湿度、风速等气候条件。根据渠道类型、功能、地形特征、土质特点和水分渗漏流失等因素，确定渠道防护林整地造林技术。对于重要长距离引水渠道，防护林营造需与工程措施相结合，以控制渠道边坡土壤侵蚀。渠道防护林具有控制渠道边坡侵蚀、防止渠道周边次生盐渍化、改善农田小气候、防止农田沙化及美化景观等功能。

渠道防护林

【渠道防渗】（seepage control of canal） 减少渠道输水渗漏损失、提高渠系水利用系数的工程技术措施。是节约灌溉用水的重要途径。据联合国粮农组织调查，不衬砌的灌溉渠系输水损失往往占总引水量的 30% ~ 50%，有的高达 60%。作好渠道的防渗一般可减少渗漏损失的 3/4 以上，使渠系水利用系数达到 0.7 ~ 0.8。中国的农业用水约占全国全年总用水量的 70%。农业用水中灌溉用水约占 65%。但中国大部分渠道缺少防渗设施，渠系水利用系数平均仅为 0.5，低于一些灌溉发达的国家。实践证明，渠道防渗可以减少渗漏损失量的 60% ~ 90%，渠系水利用系数显著提高。不仅可节约灌溉用水，而且还有利于控制灌区的地下水位，防止土壤次生盐碱化，减少渠道泥沙淤积和杂草滋生，提高渠道输水能力。渠道防渗的措施包括改变渠床土壤渗透性、衬砌护面和化学材料防渗等。渠道防渗的材料有刚性护面材料（混凝土、砖、石等）、防渗膜料（塑料薄膜、合成橡胶膜、沥青膜等），以及混合护面土料（灰土、水泥土、掺合剂土料等）。这些材料各有特点和适应条件。渠道防渗的断面形式有矩形、梯形（弧形底梯形、弧形坡脚梯形）、U 形和复合形；无压暗渠有城门洞形、箱形、正反拱形和圆形。

【渠道水利用系数】(water efficient of canal) 渠道净流量与其毛流量的比值。反映渠道工程的技术水平及管理水平的重要指标。对任一级渠道而言，从上级渠道引入的流量就是该渠道的毛流量，分配给下级各条渠道流量之和就是该渠道的净流量。用公式表示为：$\eta_c = Q_n/Q_G$。式中，Q_n、Q_G分别为某一级渠道或渠段的净流量和毛流量，单位为m^3/s。在灌区规划中，可以通过推求几条典型渠道的净流量及毛流量，来分析确定各级渠道的渠道水利用系数。在灌溉管理过程中，为了准确地引水和配水，指导并改进计划用水等工作，要对渠道水利用系数进行实地测定。

【渠系建筑物】(canal structure) 为安全、合理地输配水量，以满足各用水部门的需要，在渠道系统上修建的建筑物。农田水利工程的渠系建筑物只有与水库、取水枢纽及泵站等配合使用才能发挥兴利作用，故又称灌区配套建筑物。其单个工程的规模一般不大，但数量多，总工程量大且造价很高。渠系建筑物中每类建筑物工作条件相近，可广泛采用定型设计和装配式结构，以简化设计、施工，节约劳力和降低造价。渠系建筑物按其作用的不同可分为七类：(1)用于调节水位和分配流量的建筑物，如节制闸、分水闸、斗门等。(2)交叉建筑物。渠道水流穿过山梁或跨越溪谷、河流、渠道、交通道路时所修建的建筑物，如隧洞，渡槽、倒虹吸管，涵洞、农桥等。(3)落差建筑物。渠道在地面高差较大或坡度较陡地段所修建的连接建筑物，如陡坡、跌水等。(4)泄水建筑物。主要有放空渠水或将入渠山洪排出的泄水建筑物，如溢流堰、泄水闸、虹吸泄洪道等和将山洪自渠道下部或上部泄走的泄水建筑物，如渠下泄洪涵洞、倒虹吸管、渠上排洪渡槽等。(5)冲沙和沉沙建筑物。为防止和减少渠道淤积而在渠首或渠系中设置的冲沙和沉沙设施，如冲沙闸、沉沙池等。(6)量水建筑物。为按用水计划向各级渠道和田间输配水量以及为合理征收水费提供依据，在渠系上设置的各种量水设施，如各种型式的量水堰、量水槽及量水管嘴等。(7)专门建筑物及安全设施。为某一专门目的而修的建筑物，如通航渠道上的船闸、码头、船坞；利用渠道落差修建的水电站和水力加工站等。

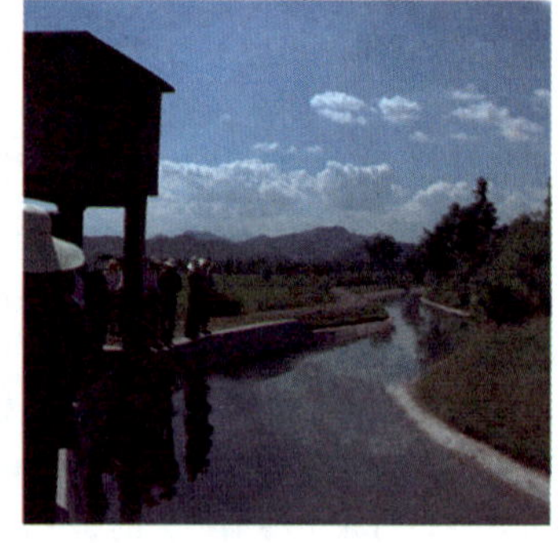

渠系建筑物

【渠系水利用系数】(water efficient of canal system) 末级固定渠道以上各级输、配水渠道对水的利用程度。为同时放水的农渠向毛渠输水的流量之和与渠首总引水流量的比值。它反映了灌区的自然条件以及整个渠系的状况和管理水平。其数值等于各级渠道的渠道水利用系数之乘积。渠系水利用系数有两种计算或表达方法：

$$\eta_{cs} = \eta_m \eta_b \eta_d \eta_l \text{ 或 } \eta_{cs} = \frac{\Sigma Q_{ln}}{Q_m}$$

式中，η_{cs}为渠系水利用系数；η_m、η_b、η_d、η_l分别为干渠、支渠、斗渠、农渠的渠道水利用系数；Q_m为灌区渠首当时引入的流量(m^3/s)；$\sum Q_{ln}$为同时引水的农渠净流量(m^3/s)之和。在规划设计渠道时，应根据灌区大小、渠床土壤、渠道长度、防渗措施和管理水平等因素，选用合适的渠系水利用系数。

【取代反应】(substitution reaction) 有机化合物分子中原子或基团被其他原子或原子团所置换的反应。反应类型可分为自由基型取代和离子型取代。自由基型取代时共价键产生均裂，通常在高温或光照下在气相中进行，如甲烷的卤代反应。离子型取代时共价键产生异裂，生成正负离子，通常在溶液中进行。取代反应发生在分子内各基团之间，称为分子内取代。

【取水建筑物】(water intake structure) 又称进水建筑物。从水库、河流、湖泊、地下水等水资源取水的水工建筑物。包括进水闸、取(引)水隧洞、坝下取水涵管、坝身取(引)水管、取水泵站等。是农田灌溉、城填供水、水力发电等用水部门必不可少的水工建筑物。从一般河流取水，当只需拦截水流或适当抬高水位进水时，取水建筑物常采用开敞式水闸，同时设置不高的拦河坝、拦河闸或半永久性的引水坝，共同组成低水头的水利枢纽。从有蓄水作用的水库取水时，取水建筑物则常采用取(引)水隧洞、坝下取水涵管或坝身取(引)水管，与其他挡水、泄水建筑物共同组成高水头的水利枢纽。取水建筑物的布置、形式和轮廓尺寸等，取决于所承担的任务及水文、地质、地形等条件。在设计时，一般先根据可能的形式，拟定若干个布置方案和轮廓尺寸，进行水力和结构计算，与枢纽中其他建筑物进行综合分析，选用既满足取水需要又经济合理、便于施工的最优方案。

【取水枢纽】(headworks of ditches) 又称引水枢纽、渠首工程。为从河流、湖泊等地表水源引水而修建在取水地段的水工建筑物综合体。一般指自流引水的情况。用水泵抽水时则称为泵站。当取水期间取水枢纽处的河水位高于引水要求的水位时，可在天然条件下自流引水。否则，需拦河筑坝或修建水闸，壅高水位，形成自流引水的条件或在天然水位情况下用水泵抽水。由河流引水的取水枢纽，根据是否修建拦河建筑物（坝或闸）而分为无坝取水和有坝取水两种类型。

取水枢纽

【取水许可制度】（regulation of permission requirement of drawing water from water body） 在国家境内直接从江河、湖泊或地下水取水中的单位和个人应遵守的法规。《中华人民共和国水法》规定：“国家对直接从地下或者江河、湖泊取水的，实行取水许可制度。该制度体现国家对水资源实施权属统一管理，是水资源管理的核心。贯穿于水资源调查、评价、规划、开发、利用、保护和监测的全过程。实现水资源良性循环状态下的合理开发、高效利用、有效保护和强化管理。这种制度已被世界上许多国家普遍使用。它是实现流域或区域水资源可持续利用，保障国家经济和社会可持续发展的有效措施。

【取心作业】（coring） 根据地质勘探工作的需要，使用环状钻头及其他取心工具从钻孔内取出的圆柱状岩石样品的工作。取心作业是地质岩心钻探和石油钻井取心钻进的一个重要作业工序。但在钻探施工中，它并不是一个独立的工序，而是结合在钻进和起下钻的工序里。钻进时，要使用取心钻头钻进，在孔底中心位置留下一个柱状的岩心（矿心），设法使岩心进入到取心工具—岩心管里，还要保护好岩心不受循环冲洗液的冲刷和振动等破坏；起下钻时，随钻具将保存有岩（矿）心的岩心管提出地面，并把岩心取出进行编录。取心作业的关键是提高岩心的采取率。

【龋齿】（decayed tooth） 在以细菌为主的多种因素影响下牙体硬组织发生慢性进行性破坏的一种疾病。致龋因素主要包括细菌和牙菌斑、食物、宿主及牙所处的环境等。其基本病理变化是无机物脱矿和有机物分解。龋齿是人群中的常见病、多发病之一。在一些发达国家呈持续下降趋势。在中国，青少年患病率明显上升，且农村上升幅度超过城市。龋齿进展缓慢，但病变会向牙体深部发展。可引起牙髓病、根尖周病、颌骨骨髓炎等，以致严重影响全身健康。随着牙体硬组织的破坏，可逐渐造成牙冠缺损，成为残根、牙丧失，破坏咀嚼器官的完整性。龋齿的好发牙位在恒牙列中，依次为下第一磨牙、上第一磨牙、上第二磨牙、尖牙、第三磨牙、上前牙、下前牙。好发牙面为咬合面居首，邻面次之，再次是颊面。龋齿初期时表现为龋怀部位的硬组织发生脱矿，牙透明度下降，致使牙釉质呈白垩色。继之，病变部位有色素沉着，局部可呈黄褐色或棕褐色。随着无机成分脱矿、有机成分破坏分解的不断进行，牙釉质和牙本质疏松软化，最终发生牙体缺损，形成龋洞。龋齿的治疗以去腐质充填为主。

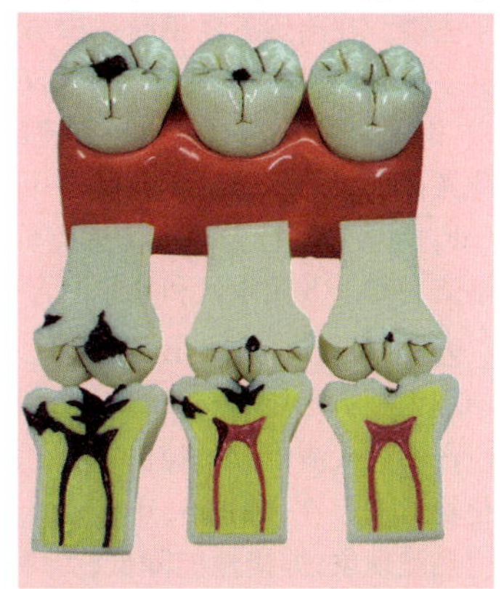

龋齿

【去除应力退火】（relief annealing） 又称低温退火、高温回火。将工件随炉缓慢加热到较低温度并保温，使金属内部发生弛豫，然后随炉缓冷去除工件内应力的退火方法。为使其效果好，必须控制好加热时间和温度。铸、锻、焊件在冷却时由于各部位冷却速度不同而产生内应力，金属及合金在冷变形加工中以及工件在切削加工过程中也产生内应力。若内应力较大而未及时予以去除，常导致工件变形甚至形成裂纹。去除应力退火并不能将内应力完全去除，而只是大部分去除，从而消除它的有害作用。

【去极化肌松药】（depolarizing muscle relaxant） 能够与运动终板上的胆碱能受体结合，引起运动终板去极化，使运动终板暂时丧失对乙酰胆碱的正常反应，使肌肉处于松弛状态的一种药物。其分子结构与乙酰胆碱相似。随着药物分子逐渐与受体解离而离开神经肌肉结合部，运动终板恢复正常的极化状态，神经肌肉的传导功能维持正常，骨骼肌恢复收缩功能。现临床麻醉使用的此类药只有琥珀胆碱。

【去磷】（dephosphorize） 又称脱磷。向钢液中加入去磷物质与钢中的磷反应，使反应产物进入渣中并排掉的工艺。磷在钢中以磷化铁的形式存在，会降低钢的塑性和韧性，并且恶化钢的焊接性能，但能提高易切削钢的切削性能，提高钢液的铸造性能，提高电工用硅钢的导磁率。因为对绝大多数钢种来讲，磷是有害元素，所以去磷是炼钢的一项重要任务。在氧气顶吹转炉炼钢中，去磷是在泡沫渣中及氧气冲击区的钢渣乳化液中进行的。其基本反应如下：$2P + 5FeO + 4CaO = 4CaO + P_2O_5 + 5Fe$ 放热。低温、高FeO、高CaO会促进去磷反应的进行。大渣量也有利于去磷。在冶炼不锈钢时去磷方法包括：(1)还原条件下去磷。即在钢水上添加 $CaO - CaF_2$ 系渣，为阳极，钢水为阴极，进行低电压直流电电解去磷。(2)氧化条件下去磷。包括：①电弧炉内用 $CaCrO_4 - CaO - CaF_2$ 等熔渣进行去磷。②感应炉内用 $BaCO_3 - BaCl_2$ 熔渣去磷。③用水汽和氧的混合气体去磷。

【去硫】(desulfurization) 又称脱硫。向钢液中加入脱硫物质，使其与钢中的硫发生反应，并使反应产物进入渣中以排掉的工艺。硫在钢中大多以硫化物形式存在，如FeS、MnS等。硫的存在会使钢发生热脆现象，焊接性能降低，力学性能变差。但能改善易切削钢的切削性能。因为对绝大多数钢种来讲，硫是有害元素，所以去硫是炼钢的一项主要任务。炉渣去硫是主要方法。其基本反应如下：$CaO + FeS = CaS + FeO$ 吸热。其基本条件是高碱度、高温和低氧化性。去硫是通过钢－渣界面反应完成的。加强搅拌使反应界面增加，有利于去硫。提高渣中自由CaO量、加大渣的流动性以及增加渣量，均会促进去硫反应。少部分的硫是通过气化去硫完成的，但要通过炉渣进行。在氧气转炉炼钢中，氧与炉渣中的硫化物反应生成 SO_2 气体从钢中去掉。

【去雄】(castration) 在杂交之前将自花可孕的两性花花中的雄蕊去掉，以免自花授粉或人工控制授粉在花苞开放前进行的技术措施。常用的有人工去雄法与物理去雄法。人工去雄指剥开花蕾，夹除雄蕊。菊科植物可用吸管吸足水后用水流冲去花粉。物理去雄多为温烫去雄法。用的温水一般为45℃左右。去雄应在雌雄蕊成熟之前进行。此时花瓣变松，花药呈绿色或黄绿色，如果呈黄色，一碰即破，并散出花粉，表示雄蕊已成熟。去雄时，用镊子剔除花中的雄蕊，注意要夹花丝而不要夹花药，以免将其弄破。去雄过程中剔除雄蕊要干净彻底，但不要伤了雌蕊。所用工具沾了花粉之后，要用70%酒精消毒。为了避免其他花粉参与授粉，去雄后立即套上袋子。对风媒花一般用薄而透明的纸袋，对虫媒花则用细纱布或亚麻布袋，袋子的大小要给花朵或花序的生长留有空间。母本花朵去雄、套袋后要挂上标签，写明去雄日期和去雄者姓名。

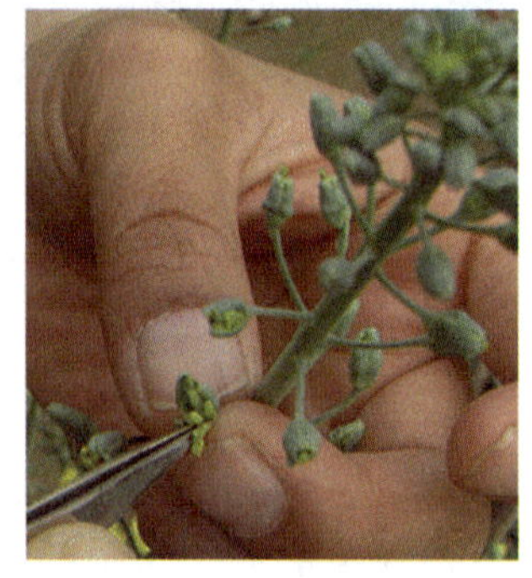
去雄

【圈闭】(trap) 储集层中可以阻止油气继续运移并使之储存起来成为油气聚集的场所。圈闭是油气聚集不可缺少的条件之一。按圈闭构造的不同可分为：(1)背斜圈闭。地层向上弯曲成背斜形成的圈闭。(2)断层圈闭。储集层沿上倾方向与非渗透层以断层相接形成的圈闭。(3)地层圈闭。储集层沿上倾方向被非渗透层以不整合覆盖形成的圈闭。(4)岩性圈闭。储集层沿上倾方向物性变差或发生尖灭形成的圈闭。(5)复合圈闭。以上各种诸因素结合形成的圈闭等。划分圈闭类型的方法还有很多，如按储层形态的不同可把油气圈闭分为层状、块状、不规则状圈闭；按油气圈闭封闭性的不同可分为封闭型、半封闭型和不封闭型圈闭；按油气圈闭成因的不同可分为构造圈闭、地层圈闭和复合圈闭。油气勘探的实践表明，背斜圈闭是最主要、最普遍、最明显也最易找到的圈闭类型；而非背斜圈闭成因复杂，形态多样，勘探难度大，但也可以形成大油气田。随着勘探技术的发展，非背斜圈闭会越来越显示出其勘探价值，特别是在老油气区，已成为油气勘探的主要目标。

【圈梁】(ring beam) 砌体结构房屋中，在砌体内沿建筑物外墙四周及横墙设置的水平连续封闭的梁。其主要作用是：(1)承受地基不均匀沉降等因素在墙体中所引起的弯曲应力，在一定程度上防止和减轻墙体裂缝的出现。(2)提高建筑物的空间刚度和整体性，加强纵横墙的联系，参加抵抗振动荷载和传递水平荷载如风荷载和地震荷载。(3)起水平箍的作用，可减小墙柱的压屈长度，提高墙柱的稳定性，增强建筑物的水平刚度。圈梁分为钢筋混凝土圈梁和钢筋砖梁两种。通常设置在基础墙、檐口和楼板处，其数量和位置与建筑物的高度、层数、地基状况和地震强度有关。其道数的设置应根据房屋的结构和构造情况确定。对车间、食堂、仓库等空旷的单层建筑，当墙厚 $h \leq 240mm$ 时，檐口标高为5～8m时，应设置圈梁一道；檐口标高大于8m时，宜沿高每隔3～4m增设圈梁；对有电动桥式吊车或较大振动

圈梁

设备的单层工业建筑物，除在檐口或窗顶标高处设置钢筋混凝土圈梁外，尚宜在吊车梁标高处或其他适当位置增设圈梁。对宿舍、办公楼等多层砖砌民用砖建筑物，当墙厚 h≤240mm，且层数为 3 ~ 4 层时，宜在檐口标高处设置圈梁一道；当层数超过四层时，可适当增设。多层砖砌体工业建筑物，圈梁可隔层设置，对有较大振动设备的多层建筑物，宜每层设置钢筋混凝土圈梁。建筑在较软弱地基或土壤情况较复杂地基上的建筑物，除按上述规定设置圈梁外，还应根据国家现行《建筑地基基础设计规范》的有关规定，并结合当地实践经验，适当增设圈梁。地震区建筑物的圈梁设置应符合《建筑抗震设计规范》的有关规定。

【全保留复制】（conservative replication） 见半保留复制。

【全成型横机】（fully-fashioned flat knitting machine） 在编织时，将设计好的成型衣片的尺寸、密度、花型等数据输入到机器中，机器根据这些数据编织出衣片、罗口、袖子等成型衣片的织造机械。针织横机的一种。利用计算机对针织横机的提花、移床、收放针、翻针、弯纱、牵拉卷取等动作进行控制，生产出花型和组织结构、几何形状复杂的产品直至真正全成型的毛衫，不经缝合即可穿用。还可编织出其他用途的成型产品，如全成型汽车座套、工件等。全成型横机具有生产效率高、使用范围广、原料少、简化缝合工序等优点。手套横机、织袜横机、衣领横机等专用横机是使用较早的全成型横机。

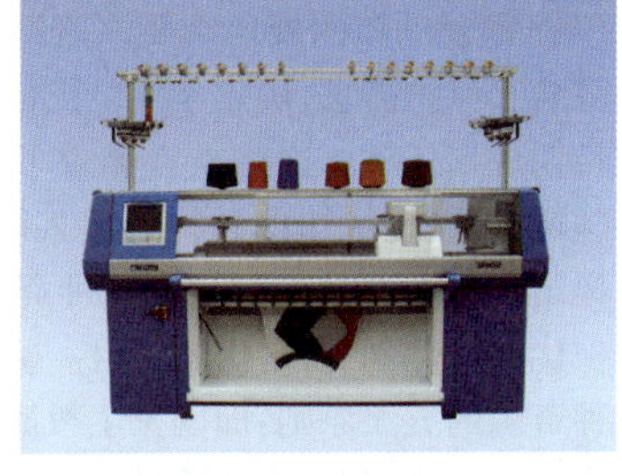

电脑全成型横机

【全程制导】（all-course guidance） 对导弹飞行全过程实施制导的技术。其目的是提高导弹命中精度和突防能力。通常包括初始段（主动段或助推段）制导、中段（巡航段）制导和末段制导。按其制导方式的不同可分为单一制导体制和复合制导体制。单一制导体制的全程制导，是指导弹在飞行全过程中使用一种制导方式的制导。复合制导体制的全程制导，是指导弹在飞行全过程中综合使用几种制导方式的制导。在使用复合型全程制导时，通常选择作用距离远的制导方式作中段制导，选择精度高的制导方式作末段制导。全程制导虽然具有精度高、制导距离远、抗干扰和突防能力强的优点，但是其系统复杂，质量大，造价高，可靠性相对较低。

【全电式飞机系统】（all-electric aircraft system） 仅以电能为二次能源、没有液压能源和气压能源的飞机系统。一个包括电能产生、转换、调节、控制、传输、分配、应用和保护等环节的完整系统。全电式飞机系统用电量大，要求供电电源功率数百至数千千瓦。该系统还要求实现余度供电、不中断供电以及提供多种形式的电能。高压直流电源效率高，平均故障间隔时间长，易实现不中断供电和电能形式的变换，是一种较好的适用于全电式飞机系统的电源。该系统的主要优点是：(1) 飞机和发动机设备简化、发动机迎风面积减小。(2) 空气动力特性改善。(3) 重量轻，飞机和发动机性能提高。(4) 燃油消耗量减少，飞机可靠性和生存力提高。(5) 使用维修方便，成本降低。(6) 地面支援设备减少，飞机自足能力提高。全电式飞机系统是航空技术的发展方向。

【全淀粉】（all-starch） 含未分离的直链淀粉和支链淀粉两种结构的淀粉。不同品种的全淀粉，所含直链和支链淀粉的比例不同，性质也不同。其凝沉性不及纯直链淀粉强，糊黏度不如纯支链淀粉高。

【全断面掘进】（full-face excavating method） 井巷整个掘进断面一次同时开挖的作业方法。在一般情况下适用于开挖过程中不需要支护的坚硬完整的岩层，或者在一个相当长的时间里能保持稳定的岩层。在中等坚硬的岩层及稳定性较差的破碎岩石中采用全断面掘进，通常要在施工期间采用适当的支护措施，以保证硐室围岩的稳定。按有无支护及支护方式的不同可分为：(1) 无支护或仅采用轻型支护的全断面掘进法。一般在坚硬的整体岩层中，大多数情况是不需要支护的。在裂隙发育的岩层中，采用全断面开挖，必须采用锚杆或喷锚支护。这样可以使用大型的施工设备，缩短辅助作业的时间，按照循环图表进行作业，降低劳动力消耗，加快掘进进度。(2) 采用刚性支护的全断面掘进法。有钢拱架支护、钢筋混凝土支护。(3) 综合支护的全断面掘进法。在隧道的掘进过程中，在其周围分阶段地支护围岩，并使其也起到支撑作用。(4) 柔性支护的全断面掘进法（新奥法）。适用于软弱岩石地层中的地下硐室施工。

【全断面一次爆破】（full blasting） 井巷整个工作面上一个掘进循环的全部炮眼的装药一次起爆的爆破方法。采用这种爆破方法，由于爆破次数少，所以减少辅助作业时间，提高工时利用率，保证正规循环作业，加快掘进速度，改善工人劳动条件，因而是快速施工中的一项重要措施。在岩层比较稳定和无瓦斯的岩层中掘进，进行全断面一次爆破，一般采用普通段发雷管。如使用毫秒雷管,则效果更好。在有瓦斯的岩层或煤层中掘进,进行全断面一次爆破,不准采用普通段发雷管,只准采用毫秒雷管。全断面一次爆破,既适用于一般巷道的掘进,也可用于大断面硐室施工。

【全反射】(total reflection) 若入射角大于临界角即 $\theta > \theta c$ 时,在光疏介质中将不出现折射光线,光全部被反射回原媒质内的现象。当光由光密媒质入射到光疏媒质的界面时,当入射角 θ 增加到一定大小时,折射光沿两媒质界面传播,即折射角为 90°,此时入射角称为临界角 θc。这里所谓光密媒质和光疏媒质是相对的。两物质相比,折射率较小的,就为光疏媒质;折射率较大的,就为光密媒质。光导纤维是全反射现象的重要应用。蜃景现象也是光在空气中全反射形成的。

全反射

【全光网络】(all optical network, AON) 信号只在进出网络时才进行电/光或光/电的变换,而在网络中其他传输和交换信息的环节始终以光的形式存在的一种网络。因为在整个传输过程中没有光和电不同传输介质间的转换与处理,有效地解决了数据传输的瓶颈问题,提高了网络资源的利用率。全光网络支持准同步数字系列、同步数字系列和异步传输模式等多种传输协议。

【全国绿化模范城市】(national model green city) 达到全国绿化模范城市指标要求的城市。其具体指标是:(1)城市绿化工作列入市委、市政府重要议事日程。实行领导干部任期绿化目标责任制,党政主要领导建有绿化示范点。(2)绿化委员会及其办公机构健全,配备有适应工作需要的专职人员和专项经费,能有效地组织领导全民义务植树运动和整个城市绿化工作的开展。(3)制定了科学的城市绿化规划并纳入城市总体规划。规划实施有保障,能按期完成年度绿化任务。(4)绿化宣传工作有计划,措施得力,工作扎实,按随机抽样调查的公民绿化意识达 85% 以上。全民义务植树建卡率达 90% 以上,尽责率达 90% 以上。(5)城市绿化体现以人为本,做到布局合理。实行乔、灌、草、花等植物合理配置,常绿树种和落叶树种相结合,景观效果好。建城区绿化覆盖率达到 35% 以上,绿地率达到 33% 以上,人均公共绿地面积 $9m^2$ 以上,城市中心区人均公共绿地达到 5 m^2 以上,城市郊区森林覆盖率,山区达到 50% 以上,丘陵达到 30% 以上,平原达到 20% 以上(南方平原达到 15% 以上);乡镇所在地、小集镇和村屯绿化覆盖率分别达到 30% 和 25%。(6)城市的街道、居住区、机关庭院、厂区、校园、医院、部队营区等单位普遍绿化,70% 以上的街道、居住区和单位庭院绿地率达到省级标准。(7)新建、改建、扩建工程项目,按国家规定的绿化用地面积,与工程项目同步规划、同步设计,同步施工绿化,工程项目交付使用的同时完成绿化任务。(8)重视绿化成果的保护和管理,养护措施、资金和人员落实到位;无重大林木、草原等病虫害和森林火灾,无外来有害生物入侵,近三年没有破坏绿化成果案件发生。(9)重视古树名木保护工作。对古树名木实行统一管理,建立了档案和标志,划定了保护范围,实施了有效的养护管理措施。

【《全国生物物种资源保护与利用规划纲要》】(National Biological Species Resources Protection and Utilization Plan) 由生物物种资源保护部际联席会议 16 个成员单位共同编制完成,经国务院同意,原国家环保总局 2007 年 12 月印发颁布的规划纲要。该纲要根据物种资源的范畴和保护需求,确定了 12 个重点领域的近期和中长期规划任务。这些重点涵盖了动物、植物、微生物领域,以及传统知识和物种出入境管理等各个方面。提出了"十一五"期间生物物种资源保护和利用的 10 项优先行动和 55 个优先项目。确定了保护和利用物种资源的五大原则:即国家主权原则、科学性原则、优先保护原则、保护与利用相协调原则和各方参与原则。提出了今后 15 年生物物种资源保护与利用的总体目标:2010 年基本遏制住目前生物物种资源急剧减少的趋势,2015 年基本控制生物物种资源的丧失与流失,2020 年生物物种资源得到有效保护。

【全价饲料】(complete formula feed) 所含营养物质的种类、数量及其相互比例均能符合家畜(禽)营养需要的饲料。全价饲料的研究除包括其能量、蛋白质、粗纤维、钙、磷、食盐和胡萝卜素等的需要量外,还规定了各种必需氨基酸、多种微量元素以及多种维生素的需要量。全价饲料组成的日粮称为"全价日粮",又称为"平衡日粮"。

【全景畸变】(panoramic distortion) 又称动态全景畸变。全景摄影相片上影像变形的一种。畸变是像差的一种,指物方的直线经透镜成像后发生弯曲的现象。全景摄影机的像距不变,物距随扫描角增大而增大,由此所产生影像由中心到两边比例尺逐渐缩小而使相片产生像差畸变。

【全科医学】(family medicine) 医药科学的一个分支。一门面向社区与家庭，整合临床医学、预防医学、康复医学以及人文社会学科相关内容于一体的综合性医学专业学科。其范围涵盖各种年龄、性别、各个器官系统以及各类疾病。其主旨是强调以人为中心、以家庭为单位、以整体健康的维护与促进为方向的长期负责式照顾，并将个体与群体健康融为一体。全科医学是医学领域的横向发展和对各有关学科知识的整合。

【全口义齿】(complete denture) 为牙列缺失患者制作的假牙。由基托和人工牙两部分组成。全口义齿靠义齿基托与黏膜紧密贴合及边缘封闭产生的吸附力和大气压力产生固位，吸附在上下颌牙槽嵴上，以恢复患者的面部形态和功能。全口义齿是黏膜支持式义齿，能附着在上下颌骨上是由于吸附力、表面张力和大气压力等物理作用，而这些物理作用的产生有赖于基托的边缘封闭。影响义齿边缘封闭作用的因素有口腔解剖形态、唾液的质和量、基托面积大小、边缘伸展等。良好的咬合关系、合理的排牙及理想的基托磨光面形态对全口义齿的稳定至关重要。其制作要经过制作前的口腔准备、取印模、记录颌位关系、上𬌗架、排牙、上蜡、试戴、完成、戴入等程序，戴入后要再次检查基托、颌位关系、咬合关系、有无疼痛等，以确保全口义齿的稳定无痛。

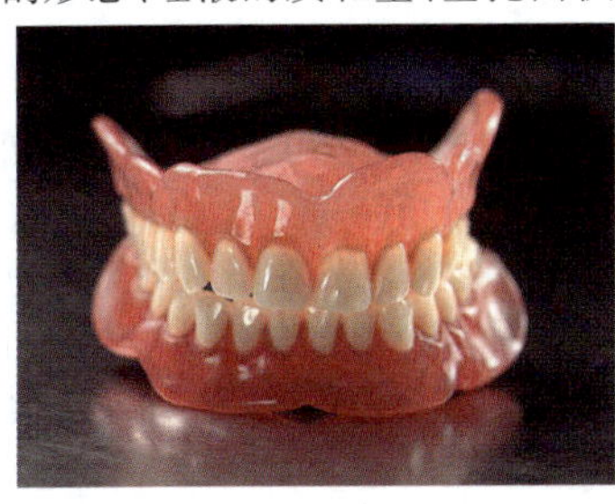

全口义齿

【全口义齿的平衡𬌗】(balanced occlusion) 全口义齿戴入后，在正中𬌗及下颌作前伸、侧方运动等非正中𬌗运动时，上下颌相关的牙都能同时接触的关系状态。是与自然牙列咬合形式的主要区别。由于人工牙是借助于基托成为一个整体固位在口腔中的，任何一个牙的早接触或咬合干扰都会影响整个义齿的固位和稳定，导致义齿翘动乃至脱位而对无牙𬌗组织产生压痛。因此，对于全口义齿来说，平衡𬌗是判断义齿制作优良的一个标准。其作用表现在，当上下颌义齿在咬合接触状态下作前伸、侧方等非正中颌滑动运动时，在食物于前牙区或一侧后牙区被咬切后进一步咀嚼研磨时，上下义齿𬌗面间有三点或多点接触，义齿稳定不移动。其可分为正中𬌗平衡和非正中𬌗平衡，非正中𬌗平衡又分为前伸𬌗平衡和侧方𬌗平衡。其理论基础是由 Gysi 于 1908 年提出的同心圆关系学说，即髁道、切道和牙尖工作斜面均为同心圆上的一段截弧。该学说的主要内容是五因素十定律以及由此简化的三因素四定律。有平衡𬌗的义齿，有利于咀嚼功能的完成和无牙𬌗的保健，对于临床中的排牙和选磨具有参考意义。

【全麦粉】(wholemeal) 小麦经过特殊粉碎研磨加工，达到一定粗细度要求的面粉。主要用于制作面包等。将小麦全部研磨成一定细度，只除去少量筛上物；或者在统粉中添加不分皮磨细统物料；或者全部麸皮进一步磨细与统粉混合而成。一般需要添加活性面筋以提高烘焙效果。由于全麦粉中麸皮含有微量元素、矿物质、维生素、必需氨基酸等，具有更高的保健营养功能。由于麸皮导致全麦粉制作食品的功能和口感性较差，就要求磨制全麦粉的小麦原料品质更好并添加更多的增筋剂。

【全民科学教育水平】(scientific education level of the whole nation) 一个国家的科学技术人才和生产劳动者的数量、质量和专业结构所表现出来的科学素质状况。在现代社会中，高度发展的科学技术事业，已成为一个国家或民族赖以生存的重要条件。一个国家要想提高科学技术水平，实现科学技术现代化，就必须提高全民族的科学教育水平。世界上科学技术先进的国家，都是从科学教育入手，来实现科学技术现代化的。

【全民科学素质】(scientific literacy of the whole nation) 国民获取和运用科学技术知识的能力。全民了解必要的科学知识，具备科学精神和科学世界观，以及用科学态度和科学方法判断及处理各种事务的能力。提高全民科学素质，对于提高国家自主创新能力，实现经济与社会全面发展具有十分重要的意义。中国全民的科学素质水平与发达国家相比还有较大差距。全民科学素质低下，已成为制约中国经济发展和社会进步的瓶颈之一。提高全民的科学素质水平，是一项紧迫而又艰巨的历史性任务。

【《全民科学素质行动计划纲要(2006 - 2010 - 2020 年)》】[Outline of the National Scheme for Scientific Literacy(2006 - 2010 - 2020 年)] 简称《科学素质纲要》。国家在 2005 年制定并实施。宗旨是：在全面推动中国公民科学素质建设，通过发展、传播与普及科学技术教育，尽快使全民科学素质在整体上有大幅度提高，实现到 21 世纪中叶中国成年公民具备基本科学素质的长远目标。指导方针是：坚持科学发展观，发挥政府指导作用，充分调动全社会力量共同参与，大力加强公民科学素质建设，促进经济社会和人的全面发展，为提升自主创新能力和综合国力、全面建设小康社会和实现现代化建设第三步战略目标打下雄厚的人力资源基础。主要行动是：(1)未成年人科学素质行动。(2)农民科学素质行动。(3)城镇劳动人口科学素质行动。(4)领导干部和公务员科学素质行动。基础工程是：(1)科学教育与培训。(2)科普资源开发与共享。(3)大众传媒科技传播能力建设。(4)科普基础设施。保障条件是：(1)政策法规。(2)经费投入。(3)队伍建设。通过加强组织领导和监测评估组织实施。

【全球变暖】(global warming)　全球气候转暖的现象。进入20世纪后，人类活动向大气中排放了大量的温室气体，全球气候已显示出变暖的迹象。联合国政府间气候变化委员会2001年的评估报告指出：20世纪全球地面年平均温度比19世纪末至少上升了0.6℃，其中1998年最暖。全球变暖现象高纬度地区比低纬度地区明显，陆地比海洋明显，冬季比夏季明显。全球变暖对自然环境产生的主要影响是：(1)使海平面上升。全球变暖在一定程度上会使南北两极的冰川融化，冰川退缩，并使高山积雪慢慢消失，冰雪融水注入大海，以及海水水体变暖膨胀，使海平面上升。随着海平面的上升和海岸线退缩，大片陆地将被淹没。计算结果显示，如果海面升高1m，就将使几千万以上的人口无家可归，成为生态难民。(2)使各气候带发生剧烈变动。干旱在亚洲和非洲一些地区很普遍，厄尔尼诺事件将更加频繁地发生，北极地区的多年冻土开始融化，寒冷气候区的湖泊、河流冰冻推迟而解冻提早。计算机模拟显示，升高的温度将导致海洋更大的蒸发量，从而使世界范围的降水量增多，但地球上的大部分陆地降水会更少。变暖带来的干旱和洪涝将对世界农业产生难以预计的后果，粮食产量将下降，从而可能带来世界性饥荒。(3)生态环境恶化。气候改变时，脆弱的生态无法与之适应，植物将无法产生种子，动物将无处栖身。植物和动物的生长区域向两极和高海拔地区移动，北极熊、蝴蝶和白鲸等动物的迁移规律也被打乱。珊瑚因海水过热而死去。传播疾病的鼠类、蚊子、虱等昆虫类的活动范围扩大，从而加大登革热、疟疾、脑炎等传染病的发病危险。

融化中的冰山

【全球海上遇险安全系统】(global maritime distress and safety system, GMDSS)　《1974年国际海上人命安全公约》规定的建立在先进的卫星通信技术、数字技术和计算机技术的基础上，用于遇险、安全和救助行动的全球水上移动无线电通信系统。由卫星通信系统和地面无线电通信系统两大部分组成(卫星系统又包括国际海事卫星分系统和极低轨道搜救卫星分系统两部分)。提供紧急和安全通信并播发海上安全信息(航行警告和气象警告、气象预报及其他紧急安全信息)。在船只遇难时，能向更大的范围更迅速、更可靠地发出救难信息，并以自动、半自动的方式取代以前的人工报警方式，使岸上的搜寻当局以及遇险船舶和遇险人员附近的其他船舶，能迅速接收到遇险事件的报警，并及时进行协调搜救援助。自1999年2月1日起，在全世界各航运国家全面启用，逐渐形成以“海上数字交通”为标志的现代航海信息技术格局，为海上运输安全提供了有力保障。

【全球海洋观测系统】(global ocean observing system, GOOS)　通过持续观测，收集、处理和分析海洋学数据并散发数据产品的永久性国际系统。由布设在全球海洋现场及卫星运载仪器上的高技术设备构成。该系统观测网络由空间、海面和水下三方面构成。为保证系统收集的海洋数据的精确度和可靠性，一般采用水声遥测通信技术和现代卫星控制的次表层声学系统进行定位和导航。主要有用于海洋物理学和海洋生物学观测的声光遥感设备、用于海洋化学及生物取样的自动智能型潜水装置、用于生态系统分析和船舶航线预报的浮游动物生物量剖面仪和声学多普勒海流计，以及在特定海域进行多参数、长时间序列观测的大洋平台和沿岸海域的航空遥感仪器等。

【全球环境变化】(global environmental change)　由自然和人为因素造成的全球性的环境改变。主要包括：气候变化(温度变化、降水变化、气候带的迁移等)、大气组成变化(如二氧化碳浓度及其他温室气体含量的变化)和海平面变化，以及由于人口、经济、技术和社会压力引起的土地利用变化等几个方面。全球环境变化包括现代的全球环境变化和过去的全球环境变化(也称古全球环境变化)。

【全球水循环】(global water circulation)　全球水圈范围内水的循环状态。地球表面广大的自由水面、潮湿地面、土壤表层和植物叶茎中的水分，在太阳光的作用下蒸发后以水蒸气的形式被送入大气中。这些水蒸气随着气流到处传播，碰到冷气团时，就凝结成高度分散的液态和固态的微小颗粒,聚集成云。云中的微小颗粒增大到一定程度后,便以雨或雪等形态降落到地面。这些降水一部分渗入地下,成为土壤水或地下水;另一部分被植物吸收,经蒸腾作用重返大气。还有一部分汇入江河湖泊,经地表径流注入海洋。而海水经蒸发后,水蒸气上升到大气中,再向陆地输送。这样循环往复,终年不断,形成了水在海洋与陆地间的循环运动。这种循环称为海陆水循环或大循环。由海洋蒸发的水蒸气如果在空中凝结后又以降水形式回落到海洋,这种循环称为海洋水循环。陆地上的部分降水在陆地表面形成水体或被植物截留,通过土壤及植被的蒸发,水分直接返回大气,经过凝结又以降水形式返回陆地,这种循环称为陆地水循环。人类社会用水量不断增加,使用后的水部分蒸发返回大气,另一部分以废污水形式回归地表或地下水体,形成另一种水循环,称为用水的侧支循环。大气是水分的主要运输载体。如果没有大气的循环运动把大量的水汽从海洋上空输送到陆地上空,整个海陆水循环就会停止,陆地就会成为一片荒漠。太阳辐射是水循环的原动力,没有它所有循环都将停止。地球上每年参加水循环的总水量平均为 $5.77 \times 10^5 km^3$,而大气对流层中的水分总量约为 $1.29 \times 10^4 km^3$。这些水分通过降水和蒸发每年平均更换 48 次,更新周期约为 8 天。

【全球碳循环】(global carbon cycle) 地球上的碳元素以不同形式(有机质、CH_3^+、CO、CO_2、CO_3^{2-} 等)变化和循环的过程。地球上的碳元素广泛地存在于化石燃料圈、生物圈、水圈、大气圈和岩石圈。在各种地质营力的作用下,碳元素在各圈层之间进行着运移和赋存状态的改变。统计资料显示:岩石圈的碳主要以 $CaCO_3$ 矿物形式存在;水圈(主要为海洋)主要以 HCO_3^-、CO_3^{2-} 和 CO_2 形式存在;生物圈中的碳主要以有机碳形式存在;化石燃料圈则主要指煤及石油、天然气等;大气圈中的碳主要为 CO_2。大气圈是全球碳循环的敏感带,陆地生物量的大小则反映着生物圈固碳和储碳的能力。在较长的时间尺度上,海洋是全球碳循环的主要参与者,通过对 CO_2 的固化和释放的形式进行碳元素的运移。在自然条件下,$CaCO_3$ 参与碳循环的过程十分缓慢,作用方式为 CO_3^{2-}、HCO_3^-、CO_2 间的相互转换。岩石圈是地球上最大的碳元素的储库,在地质年代的尺度上,岩石圈碳储量的扰动左右着全球的碳循环。

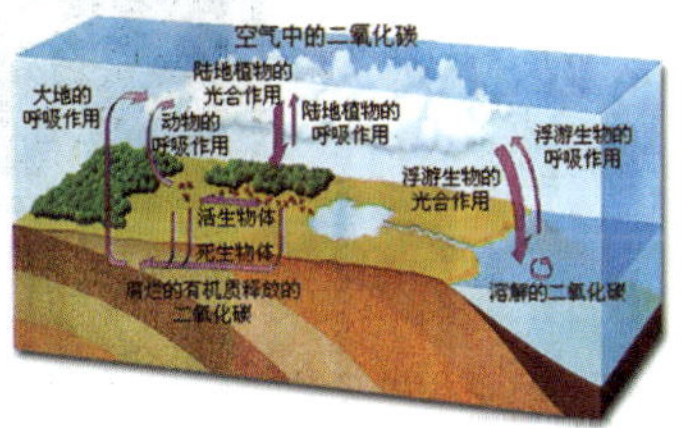

全球碳循环

【全球最古老生命遗址】(the earliest traces of terrestrial life) 保存在南非太古宙绿岩带的沉积岩中的全球最古老的微体化石的产地。这些生命遗址中的微体古生物化石至少在距今 38 亿年之前即已存在,成为地球生命史的里程碑。在南非巴伯顿绿岩带斯威士兰超群中发现了三个含微体古生物化石的层位:无花果树群富含有机质的黑色燧石和页岩;上翁韦瓦特克特群中的燧石和泥质岩;下翁韦瓦特克特群底部燧石层。发现的微体古生物构造有:球形单细胞状构造(直径 10mm)、棒形细菌状构造和丝线状构造(长 7mm),无花果树群中的某些球体类似藻类和其他具鞭毛的胞囊。

【全日照喷雾】(full light spray) 在全日照条件下采用喷雾的方式提高空气湿度的一种管理方式。一般在大树移栽后和苗床高温期的管理中应用。

【全色图像】(panchromatic image) 波长在 0.38 ~ 0.76μm 的混合图像。一般为黑白图像。在航空摄影中,常使用全色增感剂的感光胶片摄制自然景物,影像上表现的明暗层次与人的视觉比较接近。有时,在全色黑白感光剂中加入近红外增感材料制成黑白红外胶片,感光范围可由可见光波段扩大到近红外波段,以达到增强地物目标与背景的反差,扩展对地物识别能力的目的。

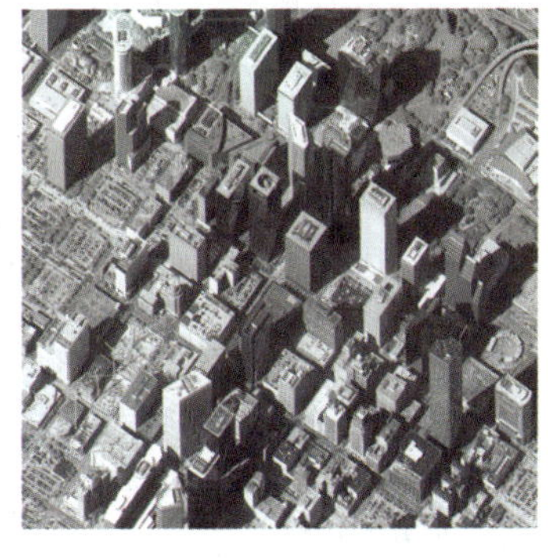
全色图像

【全身炎症反应综合征】(systemic inflammatory response syndrome,SIRS) 机体对不同严重损伤所产生的全身炎症反应。损伤可以是感染性的或非感染性的。如严重创伤、烧伤、胰腺炎等。全身炎症反应综合征是由于机体的炎症细胞被某种损害因子激活后产生的大量炎症介质,最终导致机体对炎症反应失控而引起的一种临床综合征。其临床表现是:(1)体温大于 38℃ 或小于 36℃。(2)心率大于 90 次/分钟。(3)呼吸频率大于 20 次/分钟,或 P_{aCO2} 小于 3.31kPa。(4)白细胞大于12 000 个/立方毫米,小于 40 000 个/立方毫米或幼稚型细胞大于10%。出现两种或两种以上的症状即可认为是全身炎症反应综合征。该病是发生多脏器功能衰竭(MODS)的基础,并贯穿于始终。如该病进一步发展到多脏器功能衰竭阶段,则治疗已晚。早期应用血液净化方式(如CRRT)可以有效地控制该病的发展。

【全身药浴疗法】(systemic drug therapu bath) 将药物煎汤滤去药渣,趁热进行全身先熏蒸,后浸渍的一种方法。本疗法主要是通过温热药液熏蒸洗浴的方法来治疗疾病,利用水的温热、按摩等物理作用以及药物的治疗、保健作用,借助药液轻清之气,直透腠理,促使气血流畅,温通经络。浸浴时因药液与人体各部分密切接触而传递刺激,能起到清洁皮肤,除疥癣,疗疮毒,散寒除湿,透达筋骨,改善皮肤营养和全身机能,达到解毒、消肿、止痛、止痒、祛风等目的。适用于各种泛发性皮肤病和各种原因引起的全身关节酸痛,肢体麻木等。

【全寿命试车】(full life test) 长期试车中一种常用的方法。为检查短寿命(几百小时)发动机的性能稳定性、结构可靠性和耐久性,按照试车大纲,要用全寿命工作时间进行长期试车。在加速任务试车方法未问世前,长寿命(几千小时)发动机也采用同样的方法来检查其性能。

【全双工】(full duplex) 通信双方能在同一时刻都能够进行发送和接收操作的传送方式。通信系统的每一端都设置了发送器和接收器,因此能控制数据同时在两个方向上传送。全双工方式无需进行方向的切换,因此没有切换操作所产生的时间延迟,这对那些不能有时间延误的交互式应用十分有利。典型的例子如电话,通信双方可以同时说话,并同时听到对方的说话。

【全酸蚀黏结技术】(total-etching technique) 用稀磷酸同时酸蚀处理牙釉质和牙本质,为下一步的黏结提供良好的黏结界面,冲洗后完全去除玷污层,然后涂抹底胶和黏接一步完成的黏结技术。经酸蚀处理牙本质表面,会引起牙本质表层钙盐脱矿,暴露有机胶原成分,胶原纤维在潮湿状况下可维持蓬松网状结构,随后采用含有挥发性溶剂(丙酮或乙醇)的牙科黏结剂渗入胶原纤维网内,替换水分子,并与胶原纤维相互缠绕、互相混合,待黏结剂固化后,就将胶原纤维包埋于黏结剂中而形成混合层,并使二者结合,实现黏结的目的。

【全糖】(total sugar) 淀粉糖化液经浓缩干燥而制得的淀粉糖。有全糖浆和全糖粉两种。采用双酶法技术生产全糖,可使淀粉糖化率达97%以上,葡萄糖值达98%以上,质量达到食品级的要求。甜度虽然只有蔗糖的70%,但其热量基本相同。可采用一部分全糖与蔗糖配合使用。其质量指标主要是:(1)颗粒均匀,洁白和无异味,无霉变。(2)总还原糖≥80%,水分≤10%,灰分≤0.6%和不溶于水杂质≤1 000mg/kg。(3)细菌总数≤1 500个/克,致病菌不得检出。

【全天候飞行】(all-weather flight) 又称四种气象飞行。在白昼间、夜间(含黄昏、拂晓)、简单和复杂气象条件下都能执行任务的飞行。全天候飞行包括在各种复杂气候条件下都能安全起飞、飞行和降落。实际上,目前的全天候飞行只能达到克服低能见度和低云的影响,尚无法保证在任何极端天气(强台风、强雷暴、暴雨、沙尘暴、龙卷风等)条件下绝对安全的飞行。

【全息景像模拟】(holographic scene simulation) 采用全息技术进行的景像模拟。以一张全息图替代庞大的地景模型。按其工作原理的不同可分为:(1)全息景像发生。首先对地景模型进行全息照相得到一张记录地景模型信息的全息图。然后将全息图安置在激光束和电视摄像机之间进行再现,由电视摄像机摄取所需的景像,通过闭路电视景像模拟的显示系统显示。(2)全息景像显示。激光束照射记录地景模型信息的全息图,通过直接观察再现的虚像,获得景像模拟。由于全息照相具有三维的特性,可以再现主体空间景像。因此,它已成为景像模拟的发展方向。

【全息摄影】(hologram photography) 一种能记录被摄物体反射波的振幅和位相等全部信息的新型摄影技术。普通摄影是记录物体面上的光强分布,它不能记录物体反射光的位相信息,因而失去了立体感。全息摄影采用激光作为照明光源,并将光源发出的光分为两束,一束直接射向感光片,另一束经被摄物的反射后再射向感光片。两束光在感光片上叠加产生干涉,感光底片上各点的感光程度不仅随强度也随两束光的位相关系而不同。所以全息摄影不仅记录了物体上的反光强度,也记录了位相信息。人眼直接去看这种感光的底片,只能看到像指纹一样的干涉条纹,但如果用激光去照射它,人眼透过底片就能看到与原来被拍摄物体完全相同的

全息摄影

三维立体影像。一张全息摄影图片即使只剩下一小部分,依然可以重现全部景物。全息摄影广泛应用在工业上进行无损探伤、超声全息、全息显微镜、全息摄影存储器、全息电影和电视等许多方面。

【全向格斗红外型空空导弹】(IR-guided air-to-air missile of all-direction dog-fight) 用于格斗空战中探测目标的红外辐射、自动导引,并能从各个方向攻击大机动飞行目标的导弹。通常由制导舱、引信舱、战斗部和发动机组成,包括导引、飞行控制、引爆和推进等子系统。它是战斗机必备的主攻武器,也装备强击机、歼击轰炸机、武装直升机等。由于红外型导弹系统配置简单、制导精度高、抗电子干扰能力强、导弹发射后载机可以立即脱离,因此各国装备使用的全向格斗空空导弹都采用红外制导。已经出现和正在研制的第四代全向格斗红外型空空导弹,具有下列新特点:(1)采用红外成像制导技术,以获得更远的全向探测距离和对红外诱饵等人工干扰的对抗能力。(2)采用低阻大过载气动外形设计,以获得更远的射程。(3)采用气动力推力矢量或全程推力矢量控制技术,提高导弹的机动能力,以对付最先进的战斗机。(4)采用弹道末端控制技术,使导弹能瞄准目标要害部位进行攻击。(5)采用新的离轴发射技术,使导弹发射时的离轴角达 ±80°、角速度 100°/s 以上。载机不作大的机动就可以发射导弹,甚至可以实现"越肩"发射。除此之外,正在研制的第四代空空导弹,有的采用红外末制导和捷联惯导中制导相结合的复合制导技术,使导弹具有格斗兼拦截的功能。随着弹载计算机技术的发展,多传感器数据融合技术的应用以及目标自动识别技术和多模制导技术的突破,全向格斗红外型空空导弹正向着多功能、智能化、反导弹和反隐身的方向发展。

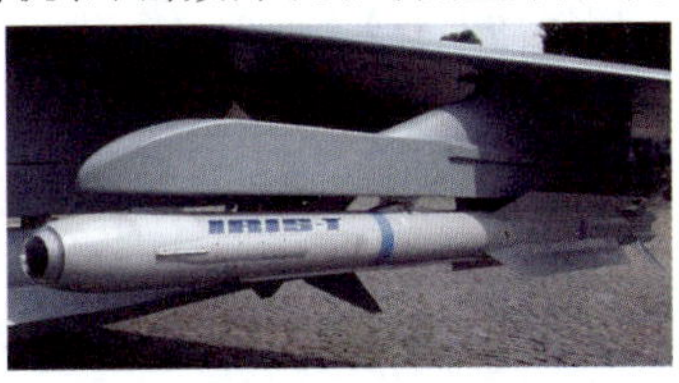
全向格斗红外型空空导弹

【全站仪】(electronic tachometer) 又称全站式电子速测仪、电子速测仪。由电磁波测距仪、电子经纬仪和微处理机组成的多功能测量仪器。可同时获得水平角、垂直角、斜距,进而得到测站点与待测点间的高差和坐标增量。按其结构的不同可分为组合式和整体式两类。前者是将电子经纬仪、测距仪和微处理机通过一定连接装置组合起来;后者是以电子经纬仪和测距系统合在一起构成中心装置,水平角、垂直角、距离等信息自动输入微处理机中,属全自动化仪器。全站仪由众多厂家生产,型号多种。仪器型号不同,测程和精度也不一样。一般测程为 5 000m左右,最长可达十几千米;测距精度为 $\pm(1\sim5\text{mm}+1\sim5\times10^{-6}D)$(D 为距离的千米数),测角精度为 0.5″~3″。主要用于控制测量、工程测量、发射阵地联测以及为自动化测图等提供数据。

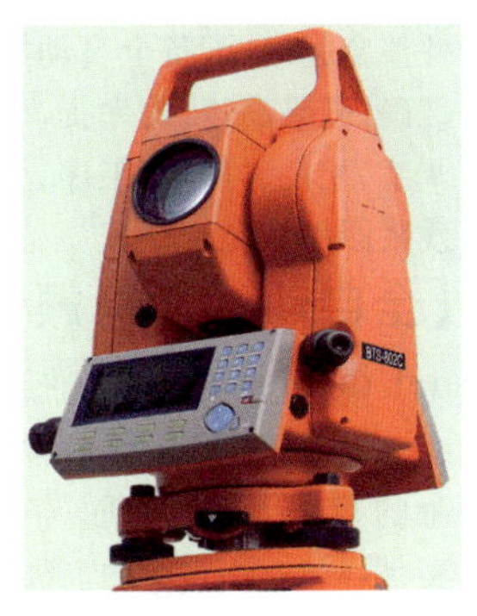
全站仪

【全脂乳粉】(all milk powder) 乳粉的一种。以新鲜全脂牛乳为原料,经喷雾干燥制成的乳粉。含水分2.5%~3.0%、蛋白质 25%~26%、脂肪 25%~30%、乳糖 35%~37%、灰分 6%左右。呈浅黄色而均匀一致。具有消毒牛乳固有的滋味、气味。呈松散干燥粉末状,无凝块,颗粒均匀。有全脂加糖乳粉等花色品种。

【全姿态捕获技术】(all attitude capture technology) 将飞船从任意的初始姿态或从以任意姿态角速度翻滚的失控状态控制到飞船正常轨道运行姿态的控制过程。全姿态捕获是长寿命卫星和载人飞船的一项关键技术,主要应用于两种情况:(1)在飞船入轨后,用于消除初始姿态误差,建立正常轨道运行姿态。(2)当飞船由于系统瞬发故障而失去姿态基准时,用来重建飞船姿态基准。如飞船入轨前,与火箭分离的一刻可能会产生姿态不稳。无论处于任何姿态,应用全姿态捕获技术都能通过控制以稳定姿态进入预定轨道;返回舱返回前要与轨道舱分离,轨道舱的姿态也会受到破坏,需要用全姿态捕获技术进行控制。中国"神舟六号"飞船成功地应用了飞船全姿态捕获技术,控制了航天员出舱活动对飞船姿态产生的影响,顺利完成了太空行走等任务。

【全自动电脑调浆系统】(automatic computer mixing system) 自动、准确控制调制浆料颜色的大型机电一体化设备。将色彩空间理论和范例推理算法以及数据库技术应用于印染调浆,对每种颜色的配方进行筛选,然后存储到数据库管理系统,提高染料调浆精确度,使配色精度和印花产品质量稳定提高。该系统向上连接数据库服务器,向下连接电气控制部件,具有染料的消耗统计和成本核算功能,可以对配方按订单、面料、颜色处方等指标进行管理,利用存储在服务器数据库中的各种配方,对每种颜色的历史配方进行智能化筛选,准确、快速地制订工艺和染料配方。该系统把分配系统和高精度电子秤整合起来，配备全自动搅拌机及自动输送带，称量准确，调浆高速，效率提高 15 倍以上，省去多次重复调浆、配色、打样等工序，原料和水消耗降低，且具有残浆回用功能。

【全自动体外除颤器】（automatic external defibrillator） 预防心脏由于室性心动过速或心室纤颤可能发生骤停而进行电除颤抢救病人生命的仪器。研究证实，尽早应用基础的心肺复苏，并随后施行电除颤、药物治疗，以及气管插管措施，可有效提高心脏骤停患者的存活率。从院外心脏猝死患者的对照研究表明，在得到早期除颤的患者中有 62% 存活，而仅行基础生命支持抢救、等待医务人员的患者存活率仅为 27%。

全自动体外心脏除颤器

【泉】（spring） 地下水流出地表的天然露头。地下水的一种重要排泄方式。在山区及山前地带出露普遍，平原地区罕见。按补给泉水的含水层性质的不同可分为上升泉和下降泉两类。上升泉由承压含水层补给，下降泉由潜水或上层滞水补给。按涌出状态的不同可分为极稳定泉、稳定泉、变化泉、变化极大泉和极不稳定泉。根据温度差异可分为冷泉、温泉、热泉与沸泉等。

泉

【犬瘟热】（canine distemper） 一种主要危害幼犬的严重犬类疾病。其病原体是犬瘟热病毒。病犬以呈现双相热型、鼻炎、严重的消化道障碍和呼吸道炎症等为特征。少数病例可发生脑炎。雪橇犬等适合于寒性地带生活的犬种患此病死亡率较高。病犬的各种分泌物、排泄物（鼻汁、唾液、泪液、心包液、胸 水、腹水及尿液）以及血液、脑脊髓液、淋巴结、肝、脾以及脊髓等脏器都含有大量病毒，并可随呼吸道分泌物及尿液向外界排毒。健康犬与病犬直接接触，或通过污染的空气或食物而经呼吸道或消化道感染。除幼犬最易感染外，毛皮动物中的狐、水貂对犬瘟热也十分易感。潜伏期为 3 ~ 9 天。症状多种多样，与毒力的强弱、环境条件、年龄及免疫状态有关。犬瘟热开始的症状是体温升高，持续 1 ~ 3 天，然后消退，很像感冒痊愈的特征。但几天后体温再次升高，持续时间不定。可见有流泪、眼结膜发红、眼分泌物由液状变成黏脓性。鼻镜发干，有鼻液流出，开始是浆液性鼻液，后变成脓性鼻液。病初有干咳，后转为湿咳，呼吸困难，呕吐，腹泻和肠套叠等症状，最终以严重脱水和衰弱死亡。加强综合性防控措施，搞好免疫接种，发现病犬，及时隔离治疗，严格消毒，防止互相传染、扩大传播。本病的特异疗法是应用大剂量的犬瘟热单克隆抗体、犬瘟热血清或抗犬瘟 1 号，皮下注射，同时配合抗生素辅助治疗效果较好。

【缺省路由】（default route） 又称默认路由。路由器在找不到与 IP 数据包中的目的地址相匹配的路由时，所选择的路由。目的地址不在路由器的路由表里的所有数据包都会使用缺省路由。这条路由一般会连去另一个路由器，而这个路由器也同样处理数据包：如果知道应该怎么路由这个数据包，则数据包会被转发到已知的路由；否则，数据包会被转发到默认路由，从而到达另一个路由器。每次转发，路由都增加了一跳的距离。

【缺氧缺血性脑病】（hypoxic-ischermic encephalopathy，HIE） 各种原因引起围生期窒息及脑缺血缺氧导致胎儿及新生儿的脑损伤。是新生儿出生后严重的脑部疾病。不仅威胁新生儿生命，也是导致新生儿致残的重要原因。其主要原因是围产期窒息。引起围生期窒息的原因有母孕期疾病，使宫内情况异常；难产、急产等及新生儿本身疾病；各种畸形，心肺发育不良等。其主要表现是：生后Apgar评分低或无自主呼吸，意识障碍，嗜睡，甚至昏迷。脑水肿表现为前囟饱满，惊厥，肌张力松软，原始反射消失等。按其病情及预后的不同可分为轻、中、重度。其常见后遗症有：发育迟缓、智力低下、痉挛性抽搐、癫痫、耳聋、视力障碍等。根据病史，临床表现及影像学检查（脑 CT，B 超及 MRI）可诊断。一旦确诊，需立即进行治疗，越早越好，包括心肺复苏，治疗脑水肿及止惊等。症状好转后，可用促进脑细胞生长的药物，如脑活素等。

HIE 分度

项目	轻度	中度	重度
意识	过度兴奋	嗜睡、迟钝	昏迷
肌张力	正常	减弱	松软
原始反射		消失	
拥抱反射	稍活跃	减弱	消失
吸吮反射	正常	减弱	多见或持续

项目	轻度	中度	重度
惊厥	无	常伴有	常有
呼吸衰竭	无	无或轻度	不对称,扩大或光反射消失
瞳孔改变	无	缩小	饱满,紧张
前囟张力	正常	正常或稍饱满	死亡率高,多在1周内死
病称及预后	症状持续24小时后好	多在1周后消失不消失可能有的后遗症	存活,症状持续数周多有后遗症
治疗时间	10~14天	14~21天	

【确认测试】(validation test) 又称有效性测试。在模拟的环境下,运用黑盒测试的方法,确认软件能够达到预定要求的测试。其目的是向未来的用户表明系统能够像预定要求那样工作。经集成测试后,已经按照设计把所有的模块组装成一个完整的软件系统,接口错误也已经基本排除了,接着就应该进一步验证软件的有效性。这就是确认测试的任务,即软件的功能和性能如同用户所合理期待的那样。

【群论】(group theory) 代数学的一个分支。研究关于群的理论的一门学科。群是数学中广泛存在的一个重要概念,在物理、化学等学科中都有重要的应用。作为独立的数学分支,群论是在其他研究工作中逐渐形成的。由于群的抽象性,尽管群广泛存在,并且早在欧几里得时代,群的思想在《几何原本》中已经出现,但却迟至18世纪末才真正萌生群的概念。19世纪中叶是群论的孕育时期,在伽罗瓦关于代数方程的杰出研究中运用现代群论的这些基本思想与结论,显示了巨大威力,是数学史上的重要一页。1854年,在凯莱首先给出了群的公理化定义后,1870年出版了由若当撰写的第一本有影响的群论著作,群论才真正成为一个独立学科。此后,克莱因从几何的角度考虑,发表了著名的埃尔朗根纲领,李由微分方程的研究引入李群。群已被广泛地应用,并独立地发展成为一个庞大的多方向的代数分支,至今仍长盛不衰。

【群体遗传学】(group genetics) 遗传学的一个分支。探索群体的遗传基因组成以及引起群体遗传基因组成变化及其规律的学科。既是一门实验科学,又是一门理论科学。其主要研究内容包括:(1)群体中携带不同基因个体的婚配形式。个体间的婚配可以是随机婚配、近亲婚配或选型婚配。(2)群体间的混合、迁移或分群对群体遗传结构的影响。(3)突变和遗传重组引起的群体遗传变异速率。(4)自然选择对群体遗传结构变化速率的影响。(5)在有限容量的群体中,基因的遗传漂变对群体遗传结构的影响等。任何一个物种的个体都不可能孤立地存在,总是依附于某个群体。群体由一群可以相互交配的个体组成。研究群体基因频率的变化、决定因素和这些因素是怎样作用于群体并导致群体基因频率变化,对于公众健康、民族繁荣和社会发展具有重要意义。

R

【燃点】(ignition point) 物质在空气中加热时开始并继续燃烧的最低温度。表示可燃性物质性质的指标之一。例如,可燃性液体加热到其表面上的蒸气与空气混合物和火焰接触后立即着火,并且继续燃烧的最低温度就是这种液体的燃点。

【燃料电池】(fuel cell) 把燃料在燃烧过程中释放的化学能通过电化学反应直接转换成电能的装置。与蓄电池不同之处,是它可以从外部分别向两个电极区域连续地补充燃料和氧化剂而不需要充电。燃料电池由燃料(例如氢、甲烷等)、氧化剂(例如氧和空气等)、电极和电解液四部分构成。其电极具有催化性能,且是多孔结构,以保证较大的活性面积。工作时,将燃料通入负极,氧化剂通入正极,它们各自在电极的催化下进行电化学反应以获得电能。燃料电池把燃烧反应所放出的能量直接转变为电能,所以其能量利用率高,约等于热机效率的2倍以上。此外它还有以下优点:(1)设备轻巧。(2)不发噪声,很少污染。(3)可连续运行。(4)单位重量输出电能高等。在宇宙航行中得到应用,在军用与民用的各个领域中也获得广泛应用。燃料电池包括碱性燃料电池(AFC)、磷酸燃料电池(PAFC)、质子交换膜燃料电池(PEMFC)、熔融碳酸盐燃料电池(MCFC)、固态氧化物燃料电池(SOFC),以及直接甲醇燃料电池(DMFC)等。其中,利用甲醇氧化反应作为正极反应的燃料电池技术,被业界看好而发展迅速。燃料电池实质上也是一种化学电池。它利用物质发生化学反应时释出的能量,直接将其变换为电能。从这一点看,它和其他化学电池如锰干电池、铅蓄电池等是类似的。但是,它工作时需要连续地向其供给反应物质—燃料和氧化剂,成本高。尚不能广泛应用。

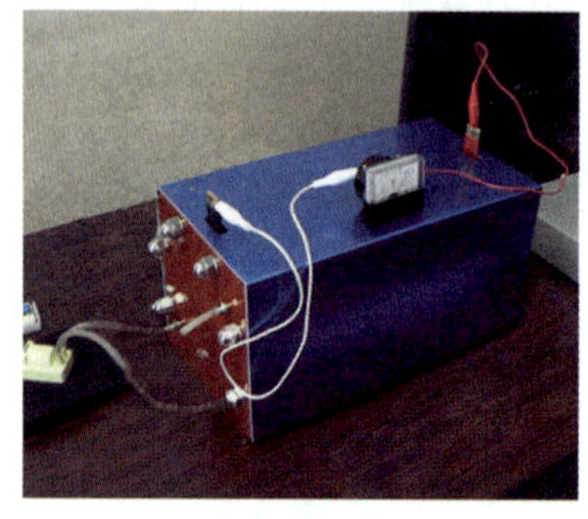

燃料电池

【燃料电池用不锈钢】(stainless steel for fuel cell) 燃料电池阴极用新型不锈钢。属于熔融碳酸盐型 Cr-Ni-Mo-Cu 系不锈钢。代替原用的 0Cr18Ni12Mo2Ti 以及 0Cr251Vi20 钢。新电极的使用寿命更长。

【燃料矿床】(fuel mineral deposit) 又称可燃性有机岩矿床。能产生热能或动力的可燃物质的矿床。一部分燃料矿床,还被利用作化工原料,特别是石油化工原料。按矿产原料赋存状态的不同可分为:(1)固体燃料矿床,如煤、油页岩等。(2)气体燃料矿床,如天然气、煤层气等。(3)液体燃料矿床,如石油等。

【燃料乙醇】(fuel ethanol) 将乙醇脱水后加入适量变性剂形成可替代汽油的燃料。燃料乙醇和一定比例的汽油混合后,可形成车用乙醇汽油。生产燃料乙醇主要以陈化粮为原料。

【燃料油】(fuel oil) 天然原油和页岩原油以及某些混合原油经蒸馏后残留的重油。是在石油加工过程中,在汽油、煤油、柴油之后分离出的。其闪点高于38°C。按用途的不同分为船用12、20号和陆用60、100、200号等牌号。燃料油含有一定的水分和较多杂质,黏度较大,油的装卸和使用要有适当的措施。

【燃气轮机】(turbine) 以连续流动的气体为工质带动叶轮高速旋转,将燃料的能量转变为有用功的内燃式动力机械。是一种旋转叶轮式热力发动机。由压气机、燃烧室和燃气透平等组成。压气机有轴流式和离心式两种。轴流式压气机效率较高,适用于大流量的场合。在小流量时,轴流式压气

燃气轮机

机因后面几级叶片很短，效率低于离心式。功率为数兆瓦的燃气轮机中，有些压气机采用轴流式加一个离心式作末级，因而在达到较高效率的同时又缩短了轴向长度。燃烧室和透平不仅工作温度高，而且还承受燃气轮机在启动和停机时，因温度剧烈变化引起的热冲击，工作条件恶劣，故它们是决定燃气轮机寿命的关键部件。为确保有足够的寿命，这两大部件中工作条件最差的零件如火焰筒和叶片等，须用镍基和钴基合金等高温材料制造，同时还须用空气冷却来降低工作温度。此外还需要配备良好的附属系统和设备，包括：启动装置、燃料系统、润滑系统、空气滤清器、进气和排气消声器等。燃气轮机有重型和轻型两类。重型的零件较为厚重，大修周期长，寿命可达10万小时以上。轻型的结构紧凑而轻，所用材料一般较好，其中以航机的结构为最紧凑、最轻，但寿命较短。

【燃气轮机发电厂】(turbine power plant) 用燃气轮机或燃气、蒸汽联合循环中的燃气轮机和汽轮机驱动发电机发电的电厂。前者一般用作电网的调峰机组，后者则用来携带中间负荷和基本负荷。目前，燃气轮机及其联合循环主要用液体燃料（原油、重油等）或气体燃料（天然气、液化石油气等）。燃气轮机发电厂的类型主要有：(1)单纯用燃气轮机驱动发电机的发电厂。(2)用燃气轮机与汽轮机组合成的联合循环发电厂。(3)用燃气轮机对燃煤蒸汽动力发电站进行改造而成的联合循环发电厂。(4)整体煤气化燃气—蒸汽联合循环发电厂。(5)燃煤的增压硫化床燃气—蒸汽联合循环发电厂等。

燃气轮机发电厂

【燃气轮机检修】(overhaul of turbine) 通过检查和修理，消除燃气轮机缺陷及部件隐患，使之保持正常工作能力的工作。分为定期检修和故障检修两种方式。前者是按照积累的经验将部件分类，按易损的程度决定不同期限的定期检修内容。后者是针对所发生故障的部位进行的检修。定期检修通常分为：燃烧室检修、高温燃气通道检修和大修三种情况。在燃用天然气的机组中，若燃烧室不注水、又不注蒸汽时，其典型检修间隔是：(1)燃烧室检修。运行8 000h 启动800 次。(2)高温燃气通道检修。运行24 000h，启动1 200 次。(3)大修。运行48 000h，启动2 400 次。当燃气轮机改用重油时，检修间隔将有所缩短。可根据制造厂提供的方法，对定期检修的极限运行小时数和启动次数进行修正，以便确定上述三种定期检修的时间间隔。对燃油分配器，则需要经常进行检修。必要时，还要更换元件。

【燃气轮机热力循环】(thermodynamic cycle of turbine) 燃气轮机中燃气的热能转变为机械能所经历的封闭的热力过程。应用最广泛的燃气轮机是开式简单循环。其热力循环过程是：(1)空气在压力机内进行的绝热压缩。(2)压缩空气在燃烧室内进行的等压加热（燃烧）。(3)燃气在透平内进行的绝热膨胀。(4)从透平排出的燃气在大气中进行的等压放热。这种循环称为布雷顿循环。其影响热力循环的指标因素是：(1)燃气轮机的循环热效率(η)。是指它输出的功与输入的热能消耗之比，是反映机组热力循环经济性的一项主要指标。对于发电机组，也可以用发出每千瓦小时电能的耗热量来表示。(2)燃气轮机的比功(W)。是指单位时间内进入燃气轮机的单位质量空气所能输出的功。是反映机组性能的另一项重要指标。燃气轮机的燃气初温t_3、压比ε、大气状态参数p_1、t_1以及各部件的效率等参数，都是影响循环指标变化的因素。

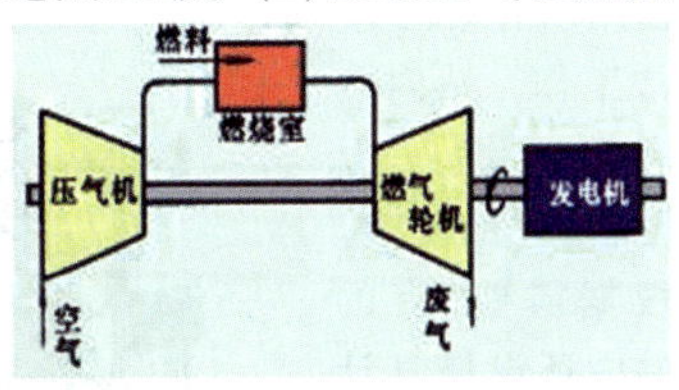

燃气轮机热力循环

【燃气轮机运行】(operation of turbine) 燃气轮机投入使用的整个过程。包括启动、正常运行、异常运行、停机和运行方式等相关内容。燃气轮机必须由其他动力（柴油机、电动机、汽轮机或带有变频器的同步发电机等）拖动启动，待压气机建立一定流量和压力后方可点火，逐渐升速。正常运行的特点是：燃气初温随负荷而变化，满负荷时达到额定气温，因而部分负荷效率陡降。如燃料和空气中含有有害杂质时，就会严重影响其正常运行。高温部件是燃气轮机的薄弱环节。其寿命除受燃料和空气质量影响外，还与启动频繁程度有关。当燃用重油、渣油或原油时，燃油必须先经水洗处理，使钾(K)、钠(Na)等含量达到标准值，并添加抗钒、镁盐阻化剂后，才能使用。燃气轮机不能自行启动，必须是采用另设的启动装置，把它带动起来。启动装置的功率一般为主机的2%～5%。在正常运行中，由于大气温度和压力因季节和所在地区不同而有所变动，燃气轮机的工作条件总是处在经常变动中。其负荷要根据用户需求进行调整。因此，燃气轮机常在偏离设计工况下运行。

【燃气调压站】(gas pressure regulating station) 城市燃气输配系统中自动调节并稳定管网

中压力的设施。按其进出口管道压力的不同可分为：高中压调压站、高低压调压站和中低压调压站等。按其服务对象的不同可分为：供应一定范围的区域调压站和为单独建筑物或工业企业服务的用户调压站。燃气调压站内除燃气调压器、管道及其附件外，还设有过滤器、测量仪表、控制装置和安全装置等。过滤器用以清除燃气中的固体悬浮物，保证站内设备的正常工作。站内装有测量燃气温度、压力的仪表。根据需要，有的站内还设燃气计量装置，按照给定条件调节燃气出口压力的装置以及遥测、遥控装置等。保证调压站出口压力不超过规定值的安全防护措施，通常是设置安全放散阀和关闭式安全阀，或将两个调压器串联或并联等，常是几种方法结合起来使用。进、出站燃气管道总阀门设于站外一定的距离。主调压器的出口控制压力为出站燃气管道的供气压力，辅助调压器的出口控制压力略低于主调压器的出口控制压力。在正常情况下燃气由主调压器供应。当主调压器失灵，关闭式安全阀动作时，由辅助调压器保证供气。安全放散阀的控制压力要低于管网允许的最高压力。燃气调压站可以露天设置在地上的单独构筑物、建筑物的一个房间或地下室内，也可以设置在屋顶平台上，对此各国有不同的规定。燃气调压站内的布局应考虑安装、操作和维修工作的方便，调压站建筑应满足防火、防爆要求，要有良好的通风等。

燃气调压器

【燃气涡轮发动机】（turbine engine） 主要用于速度在800km/h以下的运输机、支线客机和公务机的一种空气喷气发动机。目前应用最广泛的航空发动机，主要由压气机、燃烧室和涡轮组成。空气在压气机中被压缩后进入燃烧室，遇喷入的燃油燃烧，产生高温高压气体。气体在膨胀过程中涡轮做高速旋转，将部分能量转变为涡轮的机械能。涡轮又带动压气机不断吸进空气并进行压缩，使发动机能够连续工作。而高速喷出的气流则推动航空器高速运动。按出口燃气可用能量利用的方式不同可分为：涡轮喷气发动机、涡轮风扇发动机、涡轮螺桨发动机、涡轮桨扇发动机、涡轮轴发动机和垂直起落发动机等。

微型燃气涡轮发动机

【燃气液态储存】（gas storage in liquid state） 将燃气液化后加以储存的技术措施。其类型有液化石油气和液化天然气。液态石油气的体积约为气态时的1/250，液态天然气的体积约为气态时的1/600。液态储存省钢材、占地少，尤其适应大量海上运输和陆地储存的需要。液化石油气的储存方式可根据储存规模、技术经济合理性等情况综合考虑确定，一般有：(1)常温压力储存。液化石油气在常温下加压极易溶化，其储存设备有球罐、卧罐及其他型式的压力容器。(2)降温降压储存。温度一般为0～15℃，罐内压力一般为0.2～0.5MPa。(3)低温常压储存。液化石油气在低温，如丙烷在－42.7℃，异丁烷在－12.8℃下，饱和蒸气压接近于常压（小于10 kPa），可储存在薄壁容器中。低温常压储存投资少、钢材耗量低，但需制冷设备和耐低温钢材，罐壁需隔热，管理和运行费用高。甲烷的临界温度较低，所以液化天然气都采用低温常压储存，储存温度为－162℃。需采用深度冷冻技术。其储存设备主要有：(1)地上金属罐。分平底圆筒形单壳和双壳储罐两种。双壳罐的内壳由耐低温的金属制成，外壳为一般碳钢，内外壳之间填充绝热材料。(2)预应力混凝土储槽。储槽的形式与双壳金属罐相似，储槽的顶、侧壁和底部用预应力混凝土制成，可建于地下或地上。(3)冻结式地下储槽。将土壤冻结起来，挖去中间部分的冻土，利用其空间作为储槽。

【燃气蒸汽联合循环】（combined gas and steam turbine cycle） 一种先进的电站热力循环。燃气轮机循环和蒸汽动力循环按一定方式的组合。可以有效地利用燃气的热量，提高整体经济效益。联合循环的出力和组合方式有关。其热效率一般可达50%～60%以上。

【燃烧】（combustion） 燃料与空气或氧气等氧化剂发生的剧烈化学反应过程。反应时释放出大量的热，并伴随有光现象。可燃物、助燃物和温度是燃烧的基本要素。燃料可以是固体、液体或气体。按照燃烧形式的不同可分为：内燃、着火、自燃、爆炸和核聚变。

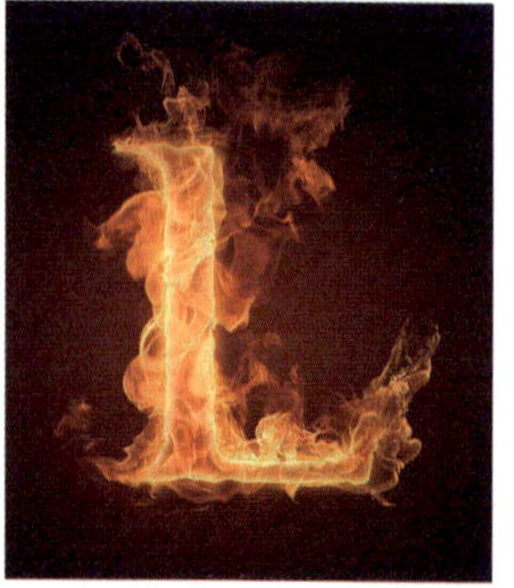
燃烧

【燃烧不稳定性】（combustion instability）

空气喷气发动机和火箭发动机燃烧室中产生的燃烧周期性振荡的现象。按燃烧机理的不同可分为：(1)声学烧不稳定性：是燃烧过程和燃烧室固有声学振型之间产生压力或速度耦合的结果。(2)非声学燃烧不稳定性：是燃料或推进剂供应系统及其供应速率与燃烧室内燃烧过程相耦合的结果。按振荡频率的不同又可分为高频、中频和低频燃烧不稳定性。高频振荡往往是声学燃烧不稳定性，低频振荡大多是非声学燃烧不稳定性。按燃气压力振荡波的传播方向，还可分为轴向(纵向)振荡、径向振荡和切向振荡不稳定性。燃烧振荡往往伴随有燃气压力、速度和温度的脉动。燃烧室中的压力脉动振幅，可达平均压力的 5% ~10%，有时甚至高达百分之几十，导致发动机部件的机械负荷和热负荷急剧增大，可造成发动机部件在极短时间内破坏或烧蚀。主燃烧室中因燃烧条件较好，油气比较低，一般不产生振荡燃烧。涡扇发动机加力燃烧室中易出现低频燃烧不稳定性，涡喷发动机加力燃烧室中易出现高频燃烧不稳定性。因而燃烧不稳定性是火箭发动机、冲压发动机和涡喷发动机特别是涡扇发动机加力燃烧室中必须解决的关键技术。加力燃烧室中采用抑制或消除燃烧不稳定性的方法有：调整燃油分布和喷嘴与稳定器间的距离、改变稳定器结构形式和大小、靠近燃烧室壁面处设置带消声孔有吸声容腔的波纹形防振屏。

【燃烧前煤脱硫技术】(predesulfurization technique) 在燃烧前对煤进行加工转化、达到净化脱硫目的的技术。主要有：(1)洗选加工脱硫技术。分物理法、化学法和微生物法：物理法主要指重力选煤，利用煤中有机质和硫铁矿的密度差异而使它们分离，常用淘汰选煤、重介质选煤、风力选煤等方法；化学法主要指物理化学法(浮选)和纯化学法，后者又包括碱法脱硫、气体脱硫、热解与氢化脱硫、氧化法脱硫等，脱硫率高，但能耗和费用高。微生物法是将细菌浸出金属的原理应用于煤炭工业的一项生物工程新技术，可脱除煤中的有机硫和无机硫，脱硫率高，费用适度。(2)型煤固硫技术。将不同的原料经筛分后按一定比例配煤，粉碎后同经过预处理的黏结剂和固硫剂混合，经机械设备挤压成型及干燥，即可得到具有一定强度和形状的成品工业固硫型煤。燃用型煤可大大降低烟气中二氧化硫、一氧化碳和烟尘浓度，节约煤炭、效益可观。(3)转化脱硫技术。又分气化法、煤液混合物法和液化法。气化法指在一定温度和压力的反应器中将煤转化气体，工艺较简单，脱硫率高，但使用时有煤气输送及安全问题；煤液混合物法将细煤粉与适量添加剂的液体混合配成燃料，运输储存方便，节能，工艺简单，费用适度，脱硫率高；液化法是用物化方法将煤直接液化或间接液化(先气化后液化)。液化法脱硫率高，燃料运输储存方便，但费用较高。

【燃烧武器】(burning weapon) 利用燃烧剂的燃烧效应达到毁伤作用的各种武器的统称。燃烧剂与炸药不同。燃烧要持续一个相当长的时间。在这段时间中，热消散的梯度减慢，增加了点燃易燃物质的可能。热由辐射、对流或传导而传至目标。由于辐射热很快就消失，对流是大多数燃烧武器所引起火的主要传热形式。又由于传导的方法向下传热比对流方法更有效，某些燃烧剂用金属渣作为燃烧产物，这些金属渣的红热余烬能向下传导使直接与其接触的器材遭到损毁。燃烧利用燃烧剂所产生的热，除了点燃易燃物质外，还足以分解许多塑料、熔化玻璃，使轻钢失去韧度，并熔化某些金属。其主要组成部分是：(1)燃烧剂。(2)在目标范围使燃烧剂散布并着火的弹药和装置。(3)将弹药送达目标的发射系统。现代燃烧武器的发射系统主要包括飞机、榴弹炮、火箭炮、迫击炮、火箭发射器、火焰喷射器、榴弹发射器和单兵枪械等。燃烧弹药是装填燃烧剂的弹药的统称。它可用于航空炸弹、炮弹、火箭弹、榴弹、枪榴弹、引榴弹和枪弹等。

燃烧武器

【燃烧中煤脱硫技术】(desulfurization technique) 在煤燃烧过程中加入石灰石或白云石脱硫的技术。石灰石或白云石中的碳酸钙、碳酸镁受热分解生成氧化钙、氧化镁，与烟气中二氧化硫反应生成硫酸盐，随灰分排出以降低硫。主要用流化床燃烧脱硫，即把煤和吸附剂加入燃烧室的床层中，从炉底鼓风，使床层悬浮进行硫化燃烧，形成湍流混合条件，延长了停留时间，从而提高了燃烧效率。煤中硫燃烧生成二氧化硫，同时石灰石煅烧分解为多孔状氧化钙吸附剂，二氧化硫到达吸附剂表面并反应，从而达到脱硫的目的。

【燃油压力表】(fuel pressure gauge) 用于测量发动机燃油系统燃油压力的仪表。由传感器和指示器组成，用于反应燃油系统的工作状态。飞机上采用的燃油压力表有两种，即直流四线式燃油压力表或交流式燃油压力表。前者的传感器采用环形电位输出。当被测压力改变，敏感元件(膜盒或膜片)

位移,电位器输出电压和四线框中的电流相应改变,装有指针的活动小磁铁随之转动,指示出被测压力的大小。后者与直流燃油压力表的主要区别是其传感器采用电感式,同时采用交流供电,在指示器内应用了整流元件。

【燃油油量表】(fuel quantity meter) 用于测量飞机油箱内燃油存储量的仪表。飞机传统使用的燃油油量表有两种:(1)浮子式油量表。其优点是自动化程度高,加油机通用性强和可实现多机同时加油,但加油速度较慢。(2)电容式油量表。是利用浸入液体中的电容式传感器,将油面高度变化转换成电容量的变化,经电桥变换成相应的电压信号,由指示器指示出对应的油量值。二者均属于体积式油量测量,会因燃油密度变化和飞机飞行姿态变化产生测量误差。随着电子技术的发展,20世纪80年代出现的智能式油量测量仪表,采用了线性电容式油位传感器、补偿传感器、密度传感器、姿态传感器、故障隔离探测器等测量部件,使测量仪表具有精确测量油箱内燃油存储量、剩余油量告警、故障检测与隔离等功能,实现了质量式油量测量,消除了容积式测量所存在的测量误差,从而获得较高的测量精度。

燃油压力表

【染色】(dyeing) 用染料直接或通过媒染剂,使某种材料或细菌体着色。例如在纺织工业中,使染料与纤维发生物理或化学结合,或用化学方法在纤维上固着颜料,从而使纺织品具有一定坚牢程度和均匀色泽。染料大都是有色的有机化合物,将其溶于水或用其他化学原料制成溶液后染着在纤维上,使纤维材料着色。另有一种有色物质叫颜料(也叫涂料),它不溶于水,也不能染着于纤维上,只能依靠黏合剂的黏合力,机械地附着在织物的表面或内部。这种染色方法近年普遍采用,尤其适用涂料印花。染色的方法有化纤纺丝原液着色、散纤维染色、纱线染色、毛条染色、布匹染色等不同种类。通过染色工艺,达到美化织物外观、扩大花色品种、提高服用性能、满足消费者需要的目的。

涂料印花着色效果图

【染色CAD/CAM系统】(dyeing CAD/CAM system) 根据样品测量颜色,得出染色配方,控制染色设备和工艺进行染色的计算机系统。其组成模块是:(1)颜色测量及颜色分析系统。用来测量某种颜色的三刺激值。(2)电脑测配色系统。根据最终所要求产品的三刺激值,给出一系列合适的染料工艺配方。(3)彩色管理系统。实现输入设备到输出设备颜色的真实传递即图像再现,包括扫描图像到打印图像再现、扫描图像到显示器图像再现、显示器图像到打印机图像再现和不同显示器之间的图像的色彩重现。(4)颜色在线测量与控制系统。不仅用于对最终产品的表面颜色进行质量控制,而且在生产过程中通过测量颜色可达到对其他过程参量进行控制。

【染色牢度】(dyeing firmness) 又称色牢度。染色织物在使用或加工过程中,经受外部因素(挤压、摩擦、水洗、雨淋、暴晒等)作用下的褪色程度。是染色织物的一项质量指标。染色牢度好,可以减少其可能产生的危害,避免易褪色产品的染料或颜料渗入汗水里,被人体吸收而危害健康。染色牢度包括日晒牢度、皂洗牢度、摩擦牢度和汗渍牢度等。染色牢度与织物的纤维材料、染料品种、染色方法和工艺条件有密切关系。

【染色体】(chromosome) 细胞核内由核酸和蛋白质组成的复合体。是遗传物质基因的载体。遗传物质通过染色体的形式从亲代传给子代,保持物种的稳定性和连续性。不同生物的染色体数量不一样。正常人的体细胞内有23对共46条染色体。其中44条常染色体,2条性染色体。性染色体决定性别,男性为XY,女性为XX。

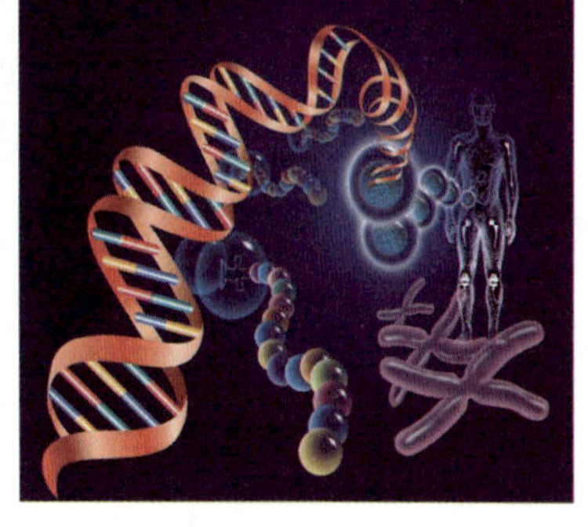
染色体与细胞

【染色体病】(chromosome disease) 由于先天性的染色体数目或结构异常引起的具有一系列临床症状的综合征。按染色体的不同可分为常染色体病和性染色体病。前者的临床特征为先天智力低下,生长发育迟缓,伴有五官、四肢、皮肤、内脏等方面的多发畸形;后者的临床特征为性征发育不全或多发畸形,或伴有智力较差等。在自然流产胎儿中,有20% ~50%是由染色体异常所致;在新生婴儿中,染色体异常的发生率是0.5% ~1%。染色体病已成为临床遗传学的主要研究内容之一。

【染色体步移】(chromosome walking) 又称染色体步查。筛查目的基因的一种方法。从第一个重组克隆插入片段的一端分离出一个片段作为探针从文库中筛选第二个重组克隆。该克隆插入片段含有与探针重叠顺序和染色体的其他顺序。从第二个重组克隆的插入片段再分离出末端小片段筛选第三个重组克隆,如此重复得到一个相邻的片段,等于在染色体上移了一步,故称为染色体步移。即用近邻的标记作为探针在基因组文库中筛选重叠克隆。阳性克隆可作为下一步的探针,一系列相邻克隆覆盖了靶区域,直到目的基因被克隆出。染色体步移技术是一种重要的分子生物学技术,可以有效获取与已知序列相邻的未知序列。

【染色体重复】(chromosome duplication) 染色体组中存在的两段或两段以上相同的染色体片段。按其重复方式的不同可分为:(1)顺接重复。重复顺序所携带的遗传信息的顺序和方向和染色体上原有的相同。(2)反接重复。重复顺序所携带DNA顺序和原有的相反。(3)同臂重复。重复的片段在同一条染色体臂上。(4)异臂重复。重复的片段在不同的臂上。(5)异位重复。重复的片段来自其他非同源染色体。产生重复的原因是:(1)断裂—融合桥的形成。(2)染色体纽结。(3)不等交换。(4)非同源性重组。(5)易位的产物。其遗传效应是:(1)位置效应。(2)表型异常。在细胞学研究中常利用移位重复片段作为标记;在植物育种上可用来固定杂种优势。

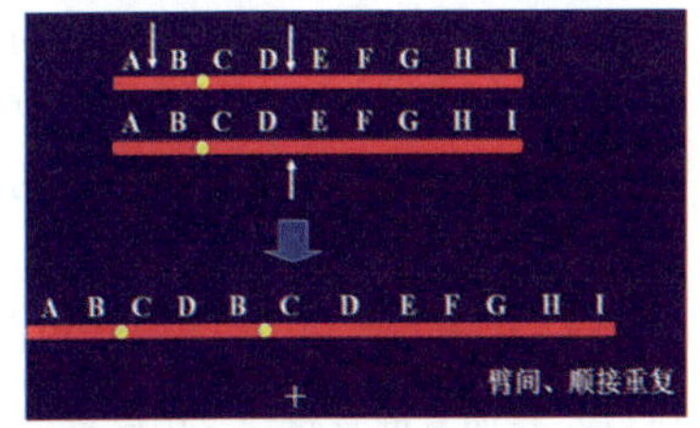

染色体重复

【染色体倒位】(chromosome inversion) 两处发生断裂、断片旋转180°后再愈合的染色体。按其倒位位置的不同可分为:(1)臂内倒位。发生在一臂之内的倒位。(2)臂间倒位。发生在两臂之间的倒位。产生倒位的原因:(1)染色体纽结、断裂和重接。(2)转座因子可引起染色体倒位。(3)自发倒位。其遗传效应是:(1)可以形成新种,促进生物进化。(2)引起基因重排。由于倒位可抑制重组,人们可利用此特点将它应用于突变检测和致死品系的建立。

【染色体畸变】(chromosome aberration) 染色体的结构或数目发生的异常改变。这种异常的改变扰乱了遗传物质和基因间相互作用的平衡,使细胞的遗传功能受到影响而造成机体不同程度的损害。这是染色体病形成的基础。染色体畸变的产生通常可由电离辐射、诱变剂等理化因素和转座等生物因素诱发产生。

【染色体缺失】(chromosome deletion) 染色体断裂后出现的部分断片丢失的现象。按其缺失部位的不同可分为:(1)末端缺失。即发生在末端的缺失。(2)中间缺失。即发生在中间的缺失。产生缺失的原因是:(1)染色体损伤。(2)染色体纽结。(3)不等交换。(4)转座因子引起。其遗传效应是:(1)致死或出现异常。(2)产生假显性现象。常用缺失作为一种研究手段来探测某些调控元件和蛋白质的结合位点。

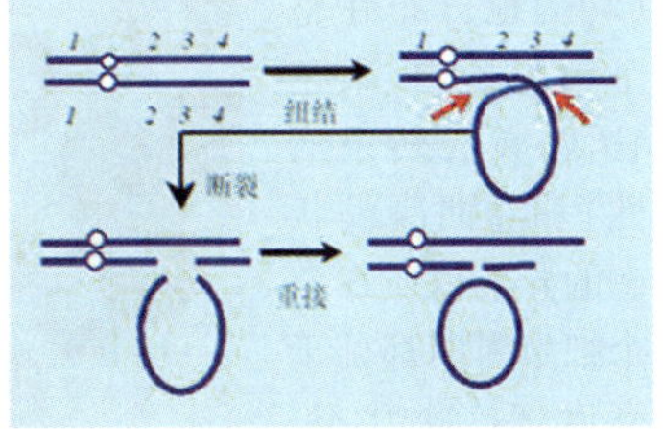

染色体缺失

【染色体图距】(chromosome map distance) 任何两个基因或标记在染色体图上距离的数量单位。以重组值的1%去掉百分号表示基因在染色体上的一个距离单位,即某基因间的距离为一个图距单位。后人为了纪念现代遗传学的奠基人美国遗传学家托·摩尔根,将图距单位用厘摩(cM)表示。

【染色体易位】(chromosome translocation) 染色体断裂后片段位置发生的改变。按其易位形式的不同可分为:(1)相互易位。非同源染色体之间相互置换了一段染色体片段。(2)单向易位。一条染色体的片段和另一条非同源染色体相结合。(3)罗伯逊易位。两个非同源的端着丝粒染色体的长臂相互重接成一条长的中央着丝粒染色体,短臂相互连接成了交互的交物。(4)移位。一条染色体片段移到同一条染色体的不同区域,或移到另一条染色体中。产生易位的原因是:(1)断裂非重建性愈合。(2)转座因子的作用。其遗传效应是:(1)花斑位置效应。(2)基因重排导

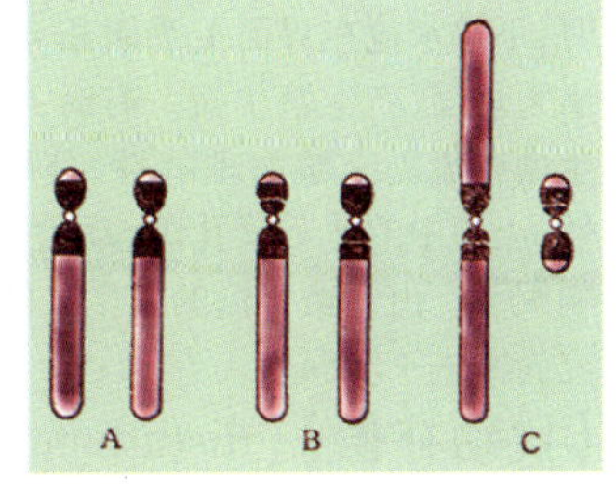

染色体易位

癌基因的活化,产生肿瘤。(3)假连锁现象。(4)可导致人类家族性染色体异常。易位常用于动物的育种、植物虫害控制和防治。

【染色体组】(genome) 二倍体生物配子中所包含的染色体或基因的总和。例如,果蝇有四对共八条染色体,且这四对染色体可以分成两组,每一组中包括三条常染色体和一条性染色体。人们常用染色体组型分析方法,来描述染色体组在有丝分裂中期的特征。

【染色质】(chromatin) 染色体的基本成分。易被碱性染料着色。分为呈伸展状态的常染色质(均匀地分布在整个细胞核内,染色较浅,具有转录活性)和卷曲凝缩状态的异染色质在整个细胞周期都处于高度螺旋化状态,染色较深,基因没有转录活性)两种。染色质由DNA、组蛋白、非蛋白和少量RNA组成。早期呈串珠状细丝,分裂中期高度凝缩呈有一定结构形态的中期染色体,到分裂末期染色体逐渐解螺旋化回复到染色质丝状态。

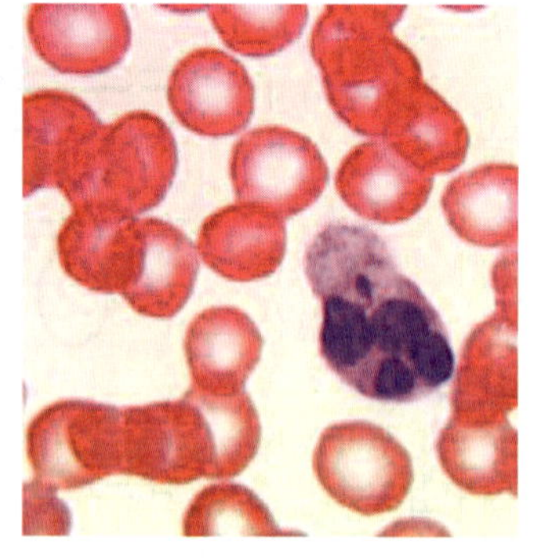
染色质

【壤中流】(subsurface flow) 又称表层流。在土壤表层或分层土层内的界面上侧向流动的水流。是一种多孔介质中的水流运动。其汇流速度比地面径流低,但比地下径流高,是径流的组成部分。土壤有分层结构,且下层土壤的下渗能力小于上层土壤时,下渗水流在界面上受阻积蓄,形成饱和带和侧向水力坡度,产生壤中流。有时,在未饱和带中也能产生壤中流。土壤物理特性、分层状况和水流补给条件,土壤中的非毛管孔隙、动植物洞穴等是其主要影响因素。由于壤中流的发生条件比较复杂,目前的研究尚需进一步深入。

【扰动补偿】(disturbance compensation) 将系统的扰动输入量经过处理后,直接向前传递,并与主控制器的输出进行叠加的一种补偿方法。从取得信息、产生补偿作用一直到作用于系统的被控量都是顺向传递的。只有顺馈作用而无反馈联系,属于开环的控制方式。如果扰动已知并且可直接或间接地加以检测,则可利用该扰动信号通过专设的补偿装置,产生一个与扰动影响相反的补偿作用以抵消扰动的影响。它只在扰动可测量的场合才能应用。各种扰动的补偿装置并不都是相容的,有时甚至是矛盾的。

【扰动土地整治率】(percenting ratio of regulating disturbed land) 在项目建设区内,扰动土地的整治面积占扰动土地总面积的百分比。扰动土地是开发建设项目在生产建设活动中形成的各类挖损、占压、堆弃用地,均以垂直投影面积计。扰动土地整治面积是对扰动土地采取各类整治措施的面积,包括永久建筑物面积。整治措施包括水土保持工程措施、林草措施和农业技术措施。不扰动的土地面积如水工程建设过程中不扰动的水域面积不计算在内。扰动土地整治率是开发建设项目水土保持方案编制的设计目标控制、水土流失预测结果检验校核、水土流失防治措施布局合理性论证、水土流失防治效益分析以及开发建设项目竣工检查监督、验收中水土保持设施的总体评估与竣工达标验收的重要指标。

【热】(heat) 物体内部分子不规则运动放出的一种能量。热力学中的一个基本概念。为了便于研究热力系的行为,通常把传输过程中的纯能量定义为热或功。热是传输的无序能。功是传输的有序能。

【热拌冷铺法】(hot mixing cold laid method) 将加热的沥青混合料以冷料方式摊铺压实路面的施工方法。一般用于无条件热铺的地段和冬季日常零星小修保养。用此法铺筑的路面的力学性能较热拌热铺的路面差。

【热拌热铺法】(hot mixing hot laid method) 将沥青混合料在专用设备里加热拌和,并趁热摊铺压实路面的施工方法。用此法铺筑的路面具有良好的稳定性和耐久性。大交通量道路的路面应尽量采用热拌热铺法。

【热泵循环】(heat pump cycle) 按逆向循环工作的机械装置。目的是获得较高温度的热能。工质从低温热源吸收热量,通过加入机械功将热量排入温度较高的热源。这样可将大气中、水中或乏汽中的低温热能,通过热泵提高其温度品质,供人们使用。

热泵循环设备

【热处理】(heat treatment) 采用适当的方式对材料或工件进行加热、保温和冷却以获得预期组织结构和性能的工艺。最常用于钢铁件的处理。加热方法有燃料燃烧加热法(包括燃煤、燃油与燃气加热等)、电加热法(包括电热元件、工件电阻、工件感应加热等)、高能量密度加热法(包括激光束、电子束加热等)。热处理工艺一般分为三大类:整体热处理、表面热处理和化学热处理。金属或合金工件受热、保温、冷却产生的相变,金属固溶体内溶解度的变化以及渗剂活性原子、离子在其中的扩散,是热处理的核心机理。经热处理后,工件的物理性能、工艺性能等都有较大提高,使用寿命延长。

硬化热处理后的金属制品

【热传导】(heat conduction) 热量从系统的一部分传到另一部分或由一个系统传到另一个系统的现象。在不涉及物质转移的情况下,热量从物体中温度较高的部位传递给相邻的温度较低的部位,或从高温物体传递给相接触的低温物体的过程。是热传递三种基本方式之一,也是固体中热传递的主要方式。在固体中,热传导的微观过程是:在温度高的部分,晶体中结点上的微粒振动动能较大。在低温部分,微粒振动动能较小。因微粒的振动互相联系,所以在晶体内部就发生微粒的振动,动能由动能大的部分向动能小的部分传递。在固体中热的传导,就是能量的迁移。在金属物质中,因存在大量的自由电子,在不停地作无规则的热运动。一般晶格震动的能量较小,自由电子在金属晶体中对热的传导起主要作用。所以一般的电导体也是热的良导体。但是也有例外。比如说钻石,在事实上,可以通过测宝石的导热性来判断钻石的真假。真的钻石在液体中热传导表现为:液体分子在温度高的区域热运动比较强,由于液体分子之间存在着相互作用,热运动的能量将逐渐向周围层层传递,引起了热传导现象。由于热传导系数小,传导的较慢,它与固体相似,因而不同于气体;气体依靠分子的无规则热运动以及分子间的碰撞,在气体内部发生能量迁移,从而形成宏观上的热量传递。

【热带】(tropics) 地球赤道两侧到南北回归线(南纬23°26′到北纬23°26′)之间的地带。地球上最热的地带。占全球总面积的39.8%。地球赤道线上终年昼夜时间等长,从赤道到南北回归线昼夜长短的变化幅度逐渐增大。在南北两侧回归线上最长和最短的白昼相差为近3h。热带全年高温,并无秋冬春季,气温变幅极小,只有相对热凉和雨季干季之分。全年最低气温高于16℃。热季高温多雨,凉季高温干旱。按地形和地质地理环境及气候环境的不同可分为:(1)热带雨林气候带。主要分布在赤道附近的陆地上。全年多雨且年内雨量分配均匀,大片原始雨林具有极高的生产量。(2)热带草原气候带。主要分布在非洲和南美洲赤道雨林的南北两侧,终年高温,一年中有明显的干季和雨季,但雨量不如热带雨林大。(3)热带季风气候带。以亚洲南部、东南部的印度半岛和中南半岛最为典型。年内分旱季和雨季。雨季雨量不如热带雨林,但大于热带草原地区。旱季时风从大陆吹向海洋,此时干旱少雨;雨季风从海洋吹响大陆,降水集中而且降水量大。该带是世界上季风雨林的集中分布地。(4)热带沙漠气候带。主要分布在南北回归线附近的大陆西岸和内陆地区。降水量稀少,终年干热,分布着大片沙漠和戈壁。世界最大沙漠撒哈拉大沙漠就分布在此带。青藏高原的隆起,从根本上改变了南亚、东亚和东南亚的环流形势。在西南季风和东南季风的共同作用下,使北回归线附近地区的沙漠北移到青藏高原以北的温带地区,中国境内的塔克拉玛干沙漠和腾格里沙漠即属此例。而处于北回归线附近中国的西藏东南部、云南、广西、广东和台湾等地,受西南季风和东南季风之惠,森林密布,成为地球上生物多样性最为丰富的地区之一。

热带植被

【热带观赏鱼】(tropical fishes for display) 分布于南北回归线之间的热带、亚热带地区的观赏鱼类的统称。种类很多。已被列为淡水和海水热带观赏鱼的有400余种。常为人们饲养的有200余种。一般形态奇特,色泽鲜艳或半透明,体小活泼,繁殖力强,可在小型鱼缸中饲养。著名的有南美洲的“长尾神仙鱼”,中美洲的“虹鳉”,墨西哥的“剑尾鱼”,亚马孙河的“霓虹脂鲤”,中国的“唐鱼(金丝鱼)”等。热带鱼分为淡水热带鱼和海水热带鱼。生活于淡水中的热带鱼的老家,主要在东南

热带观赏鱼接吻鱼

亚、中美洲、南美洲和非洲等地。其中,以南美洲的亚马逊河水系出产的种类最多、形态最美,如被誉为热带鱼中皇后的枣神仙鱼,就出生在那里。马来西亚、印度尼西亚、斯里兰卡、泰国、缅甸等国,热带鱼的种类也很多。在中国的广东、云南等省的南部,也有很漂亮的观赏鱼类,如白云金丝鱼、西双版纳的蓝星鱼等。家庭常见的热带观赏鱼有:龙鱼、七彩神仙、花罗汉、鼠鱼、异形、短鲷、孔雀鱼、鳉鱼、灯科鱼类、古代鱼类、血鹦鹉、慈鲷、斗鱼、魟等。

【热带果树】(fruit tree in torrid zone) 与寒带果树相对应。适宜在南北回归线之间的地带或地区栽培生长的常绿果树的统称。如香蕉、榴莲和槟榔等。热带的特点是全年高温,变幅很小,只有相对热季和凉季之分或雨季、干季之分,全年温度高于16℃。热带果树的突出特点是:较耐高温、高湿,不需要一定时间的低温休眠期。如中国海南地处热带,岛上出产多种热带水果。按其稀有程度的不同可分为:(1)常见水果。如香蕉、芒果、荔枝、龙眼、枇杷、木瓜、火龙果、红毛丹、柚子、石榴、柠檬、椰子、榴莲等。(2)稀有类型。如山竹、杨桃、菠萝蜜、绿橙、人参果、金心果、夏威夷果、百香果、鳄梨和大叶枣等。

热带果树红毛丹

【热带气团】(tropical air mass) 形成于热带或副热带的气团。分为热带大陆气团和热带海洋气团。影响中国的热带大陆气团干燥、高温,主要源于中亚地区;影响中国的热带海洋气团高温、潮湿、水汽含量丰富,源于太平洋、南海或印度洋。夏季除西北地区和青藏高原外,气温高、湿度大,常为多云天气,是提供夏秋季各地降水的主要来源。冬季主要影响华南地区,偶尔也达华东沿海,与变形的极地大陆气团相遇,形成阴雨天气。

【热带气旋】(tropical cyclone) 发生在热带的气旋性环流。是热带低压、热带风暴、热带台风(飓风)的统称。强烈的热带气旋伴有狂风暴雨、巨浪、风暴潮,活动范围很广,具有很强的破坏力,是一种重大的灾害性天气系统。台风是发生在西太平洋和南海中心附近最大风力达12级以上的强热带气旋。

暴雨之前

【热电厂对流换热】(convective heat transfer of thermal power plant) 又称对流放热。热电厂流体与温度不同的物体表面直接接触而产生的热量传输过程。是在流体流动进程中发生的热量传递现象。传热学中的一个重要分支学科。是依靠流体质点的移动进行热量传递的,与流体的流动情况密切相关。当流体作层流流动时,在垂直于流体流动方向上的热量传递,主要以热传导(亦有较弱的自然对流)的方式进行。对流换热与热对流不同,既有热对流,也有导热。不是基本传热方式,是热传导与热对流这两种基本传热方式综合作用的结果。其特点是:(1)导热与热对流同时存在的复杂热传递过程。(2)必须有直接接触(流体与壁面)和宏观运动。(3)对流双方。必须有温差。

【热电厂辐射换热】(radiation heat transfer of thermal power plant) 热电厂中两个互不接触且温度不相等的物体或介质之间通过电磁波进行的热交换过程。辐射是以电磁波形式发射和吸收能量的传输过程。各种电磁波虽然都以与光速相同的速度在空间传播,但是不同波长(λ)或频率(f)的电磁波的性质是不相同的。通常称 $0.1\mu m < \lambda < 1\,000\mu m$ 波长范围内的辐射为热辐射。其中包括 $0.3 \sim 0.7\mu m$ 波长的可见光辐射。辐射的基本定律有普朗克定律、维恩位移定律、斯忒潘—玻耳兹曼定律、基尔霍夫定律和兰伯特余弦定律等。

【热电厂锅炉异常运行】(boiler innormal operation of thermal power plant) 热电厂锅炉在偏离设计和正常的炉内或锅内工况参数下的运行。在异常运行中,一般会使燃烧工况恶化,经济性降低,各项参数偏离设计值,并可能伴随发生严重的沾污、积灰、结渣,受热面超温、高温烟气腐蚀、低温烟气腐蚀等情况。随着异常工况的持续,将导致锅炉频繁地出现故障或被迫停炉,使运行周期缩短,事故停用时数增多。沾污和结渣一类的异常运行,还会使对流受热面换热工况失常,造成过热和再热气温、排烟温度偏离设计要求。锅炉异常运行工况如长期不能消除,则最终造成其热经济性下降,安全性和可用率降低。造成锅炉异常运行的原因主要有:(1)锅炉容积和断面热负荷强度设计取值偏高。(2)炉膛、燃烧器和受热面设计不当。(3)实际燃用煤种与设计不符及煤质波动幅度过大。(4)运行操作和调整中风煤比及配风方式不当。(5)煤粉细度不符要求等。(6)锅炉气温调节方式摆动燃烧器、烟道挡板和烟气再循环的选择及运用不当，间或也会使炉内工况异常和参数失控。此外，由于辅机故障，预热器堵灰，烟、风道及有关设备漏风过大引起缺风运行，过热器、再热器选用钢材不当，或受燃烧方式影响而受热面局部超温等也会造成锅炉异常运行。

【热电厂换热器】(thermal power plant heat exchanger) 热电厂中热量从热流体传递给冷流体，以满足规定工艺要求的装置。按其工作原理的不同可以分为三类：(1)间壁式换热器。又称表面式换热器。冷热两种流体被固体壁面隔开，分别在其两侧流过，热流体的热量通过固体壁传给冷流体。如汽轮机回热加热系统中的高压加热器、低压加热器、热网加热器、凝汽器，锅炉中的水冷壁、过热器、再热器、省煤器、空气预热器，核动力装置中的蒸汽发生器以及各种油冷却器等，都属于这种类型。(2)混合式换热器。又称接触式换热器。冷热两种流体直接接触彼此混合进行换热，同时存在质量交换。如火力发电厂循环供水系统中的冷却塔和除氧器等，均是这种类型。(3)回热式换热器。又称再生式换热器。其换热表面先流过热流体使温度升高，吸收并储备热量，继而由冷流体流过，放出热量并加热冷流体。如锅炉中的回转式空气予热器，就属于这种类型。

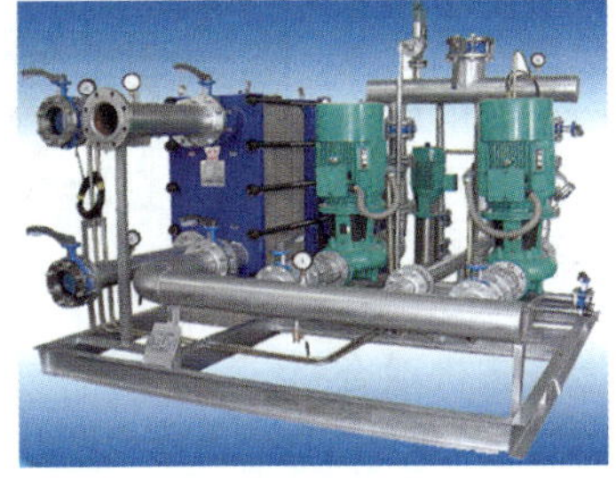

热电厂换热器

【热电厂机组运行方式】(operating mode of units of thermal power plant) 热电厂机组所处的具有某种特定意义的运行模式。可从多个角度分类。按其控制管理模式的不同可分为：集中控制的运行方式和炉、机、电各自控制的方式。从节能管理的角度有经济运行方式。从电网调度角度有自动发电控制方式。按其机组负荷自动控制方式的不同可分为：锅炉跟随方式、汽机跟随方式和协调控制方式。按其机组负荷的参数调节特性的不同可分为：定压运行、变压运行和调峰运行等方式。另外，单元机组有可能遇到一些特殊运行方式。常见的主要有：机组最低出力运行方式、停机不停炉方式和带电运行方式等。上述运行方式中，集中控制运行方式，是发电生产过程中采用的集中控制管理的运行方式；经济运行方式，是按机组发电煤耗微增曲线或机组发电成本微增曲线，对厂内或区域电网内各火电机组实施负荷等微增率分配方式，以求得最低的一次能源消耗和最佳的经济效益；自动控制(AGC)运行方式，是指火电机组处于自动发电机制方式下的运行方式；机组最低出力运行方式，是指设备能长期稳定和可靠运行的最低技术出力，而不是指事故情况下或特殊需要时所输出的功率；停机不停炉方式，是指单元机组当发电机或汽轮机的某些紧急缺陷在短时间内能处理好，但又不得不在停机状态下进行而采取的一种方式。其好处是缺陷解决后能立即启动并迅速恢复并网运行；带电运行方式，为在出现事故情况下仅作为短暂运行方式，不作为正常运行方式。

【热电厂技术经济指标】(technical and economical index of thermal power plant) 衡量所设计的火力发电厂具有的技术水平和经济效益的主要评价指标。主要内容有：发电煤耗率、厂用电率、发电单位成本和厂区占地面积等。火力发电厂在一定时间内所消耗煤炭及其他燃料与发电量之比，称为发电煤耗率。煤耗量与供电量(发电量扣除厂用电量)之比，称为供电煤耗率。为使燃用不同发热量的煤炭或其他燃料的发电厂的煤耗率指标具有可比性，通常将所消耗的燃料折算成标准煤(规定29.3kJ/g)计算出煤耗率指标，称为标准煤耗率。简称标准煤耗，单位为g/kW·h，即每送出1kW·h电所消耗的标煤重量。随着蒸汽参数的提高，相应单机容量的增大，中间再热机组的采用，生产和管理水平的改善，厂用电量的降低，中国火力发电厂历年的平均供电煤耗率逐渐下降。但与发达国家相比，中国的综合供电煤耗率仍高出60～90g/kW·h。发电厂发电所耗用的厂用电量与发电量之比的百分率称为“厂用电率”。发电单位成本，由生产成本和财务费用组成。厂区占地面积，包括生产区占地和厂前区占地。

【热电厂煤炭运输系统】(coal transportation system of thermal power plant) 燃煤火力发电厂完成煤炭运输、储存任务的有关设备和设施的综合作业流程。通常将从煤矿到电厂的运输过程，称为厂外运输。煤炭运抵电厂后的计量、卸载、储存、输送、筛分、破碎等作业过程，称为厂内运输。煤炭运输系统的出力及设备配置，根据电厂用煤的煤质和耗煤量、运输距离、运输条件和厂区布置要求等多种因素确定。厂外运输方式有：陆路运输和水路运输。厂内输煤系统设

热电厂煤炭运输系统

计，应满足全厂总布置和锅炉制粉系统的要求。在保证自身功能完整的前提下，应尽可能简化和缩短流程，减少转运环节，降低煤流落差。输煤系统需配备相应的辅助建筑设施，如：输煤综合楼、专用检修间、推煤机库、煤灰水沉淀池等，以便于对输煤车间进行全面管理和维修。

【热电厂消防设计】(fire protection design of thermal power plant) 热电厂所进行的防止火灾发生或减少火灾危害的前期统筹规划和安排。是保证火力发电厂安全生产，防止或减少火灾危害，保障人身和财产安全的基础和关键工作。在设计中，需结合工程具体情况，采取综合防火技术措施和火警情况下应急的消防装备方案。其主要内容有：(1)积极而慎重地采取新技术、新工艺、新材料和新设备。(2)贯彻“预防为主，消防结合”的方针。(3)要合理地选择设备和材料。对各类电气设备的绝缘等级和允许电流密度应留有适当裕度。(4)对关键部位的设备和电缆尽可能选用具有耐热和阻燃性能的材料。(5)对重要的压力管路如汽轮机润滑油管系统宜采用管式结构，使压力油在内管中流动，低压油在内外管间流动，以减少和避免高压油泄露的危害。(6)对燃料储运系统，针对不同燃料类型采用相应的防火措施。(7)对建筑物设计，应按照规定合理确定其耐火等级并采用相应的耐火材料，如阻燃材料等。

【热电厂状态检修】(condition mainenance of thermal power plant) 又称热电厂预知性检修。根据状态检测、分析诊断确定的设备实际技术状况来决定检修日期和对象的预防性检修。20 世纪 60 年代末期，美国在航空系统设备中，因为传统的定期检修在经济上难以承受，而发展了根据各种不同部件的可能故障对整个系统可靠性影响程度的评估，被称为以可靠性为中心的检修。与此同时，也发展了预知性检修。80 年代以来，又将其引入核电厂和火电厂的检修，取得了提高可靠性和降低检修费用的效果。定期检修的含义是：(1)根据历史经验和一般规律，将检修对象和周期预先设定，到规定时间就必需进行检修。(2)可以作到设备在隐患发展成故障前得到消除，避免因设备严重损伤导致检修时间延长。(3)一般要通过解体进行。状态检修的特点是：(1)检修项目具有针对性。(2)检修周期更具有科学性。(3)检测和诊断本身不需要解体设备。

【热电联产电厂】(combined thermal power plant) 简称热电厂。联合生产电能和热能的发电厂。供热的热能来自于生产电能的动力装置的排热或余热。这样可使不同品位的能量得到更充分的利用。按其设置目的不同可分为：区域性公用热电厂和企业自备热电厂两类。在设计合理条件下，与凝汽式电厂供电和地区锅炉房供热相比，可获得比较好的经济效益、环境效益和社会效益。其发展要受热负荷密度和热网高造价的制约。所用的动力装置可以是汽轮机、燃气轮机或内燃机。燃气蒸汽联合循环装置也可实现热电联产。用于热电联产的汽轮机可分为：背压式、抽汽背压式和抽气凝汽式。

热电联产电厂

【热电偶】(electric thermo-couple) 见热电偶温度计。

【热电偶温度计】(thermocouple thermometer) 利用热电偶作为感温元件组成的温度计。其工作原理是：以热电效应原理为基础，将温度变化转化为热电势变化进行温度测量。该温度计由三部分组成：热电偶(感温元件)、测量仪表(动圈仪表或电位差计)、连接热电偶和测量仪表的导线(补偿导线或铜导线)。其特点是：测量范围很广、结构简单、使用方便、测温准确可靠，便于信号的远传、自动记录和集中控制。在化工生产及科学研究等领域普遍应用。

热电偶温度计

【热顶铸造】(hot-top casting) 在结晶器上端放置保温装置的铸造方法。绝热保温材料制成的保温帽或保温流槽，俗称热顶。使金属液进入结晶器时更加平稳。既避免了夹渣和气体的混入，又

热顶铸造设备

能够防止熔体过早过多地散失热量，保持较高的温度。并可降低结晶器的有效高度，使凝壳早受水冷，增大冷速，从而改善锭坯的内外质量。主要用于中、小铝锭坯，以及结晶范围较窄的合金的铸锭生产。

【热定型】(heat setting) 利用合成纤维的热塑性，将纤维及其制品在一定张力下加热处理成形并迅速冷却使其形态重新固定的工艺过程。热塑性纤维的织物在纺织过程中产生内应力，在染整工艺的湿、热和外力作用下，出现褶皱和变形。在生产中，一般先在有张力的状态下进行热定型，防止织物收缩变形，以利于后道工序加工。热定型分湿热定型和干热定型。湿热定形分为水浴和汽蒸定形两种。在织物润湿状态下进行，多用于亲水性强的合纤如锦纶腈纶。定形后手感柔软、丰满；干热定形包括热风定形、红外辐射定形和接触式热定形。在织物干燥状态下进行，适用于涤纶及其混纺织物。热定型工艺主要用于受热后易收缩变形的锦纶或涤纶等合成纤维及其混纺物的加工。经过热定型的织物，除了提高尺寸稳定性外，其他性能也有相应变化，如湿回弹性能和起毛起球性能均有改善，手感较为硬挺；热塑性纤维的断裂延伸度随热定型张力的加大而降低，而强度保持基本不变。

【热镀铝锌钢板】(hot Al-Zn plated steel sheet) 钢板表面热镀铝锌合金镀层的产品。耐腐蚀性和耐湿热性与热镀锌板相比，前者提高2～6倍，后者提高3倍以上。耐高温腐蚀性能良好，在315℃/168h的条件下氧化后不退色，高达700℃仍具有抵抗严重氧化和产生鳞皮的能力（而热镀锌板的最高使用温度为230℃）。其成形性、固定性、焊接性和着漆性优良。广泛应用于建筑、家电、汽车、彩涂和包装行业。

热镀铝锌工字钢

【热锻】(hot forging) 在金属的再结晶温度以上的状态下所进行的锻造方法。提高温度能改善金属的塑性，有利于提高工件的内在质量，使之不易开裂。高温度还能减小金属的变形抗力，降低所需锻压机械的吨位。但是热锻工序多，工件精度差，表面不光洁，锻件容易产生氧化、脱碳和烧损。

【热堆】(thermal reactor) 见热中子反应堆。

【热对流】(thermal convection) 热量由空间的一处传播到另一处的现象。不同温度的流体各部分由相对运动引起的热量交换。工程上广泛遇到的对流换热，是指流体与其接触的固体壁面之间的换热过程。它是热传导和热对流综合作用的结果。决定换热强度的主要因素是对流的运动情况。热量通过流动介质火场中通风孔洞面积愈大，热对流的速度愈快；通风孔洞所处位置愈高，热对流速度愈快。热对流是热传播的重要方式，是影响初期火灾发展的最主要因素。影响热传导的主要因素是：温差、导热系数、导热物体的厚度和截面积。导热系数愈大，厚度愈小，导的热量愈多。物质（系统）内的热量转移的过程称为热传递。热传递是通过热传导、对流和热辐射三种方式来实现。在实际的传热过程中，这三种方式往往是伴随着进行的。

【热分解】(thermal decomposition) 当温度高于常温，或只有在加热升温情况下才能发生的分解反应。碳酸钠的分解反应就是一个典型的热分解反应。通常分解反应会有气体产生，所产生气体的压力等于外压（101.325kPa）时的温度称为分解温度。物质的分解温度越高，热分解越困难，热稳定性也就越好。

【热分析】(thermal analysis) 利用热学原理对物质的物理性能或成分进行分析的统称。即在程序控制温度下，测量物质的物理性质随温度变化的技术。程序控制温度指用固定的速率加热或冷却；物理性质包括物质的质量、温度、热焓、尺寸及机械、电学、磁学性质等。热分析现已形成拥有多种检测手段的仪器分析方法。可用于检测物质因受热而引起的各种物理、化学变化和各领域的热力学和动力学问题的研究。

【热风干燥】(drying with hot air) 在食品生产过程中利用热风或热空气对流使其中水分脱除的方法。当热风沿着物料的水平表面通过时，为水平气流干燥；当热风垂直穿过物料时，为穿流气流干燥。影响干燥效果的主要因素是空气温度（一般不低于70℃）和空气湿度（一般低于70%）。干燥后成品的含水量一般在10%以下。常用于脱水蔬菜、挂面、非油炸方便面、茶叶、淀粉、变性淀粉和谷朊粉等制品的干燥。

【热辐射】(thermal radiation) 物体因自身具有较高温度而辐射出能量的现象。是波长在0.1～100μm之间的电磁辐射。与其他传热方式相比，热量可以在没有中间介质的真空中直接传递。每一物体都具有与其绝对温度的四次方成比例的热辐射能力，也能吸收周围环境对它的辐射热。辐射和吸收所导致的热量转移称为辐射换热。是热传递的一种方式。但它和热传导、对流不同。它能不依靠媒质把热量直接从一个系统传给另一系统。热辐射以电磁辐射的形式发出能量,温度越高,辐射越强。辐射的波长分布情况也随温度而变,如温度较低时,主要以不可见的红外光进行辐射;在500℃以至更高的温度时,则顺次发射可见光以至紫外辐射。是远距离传热的主要方式。如太阳的热量就是以热辐射的形式,经过宇宙空间再传给地球的。

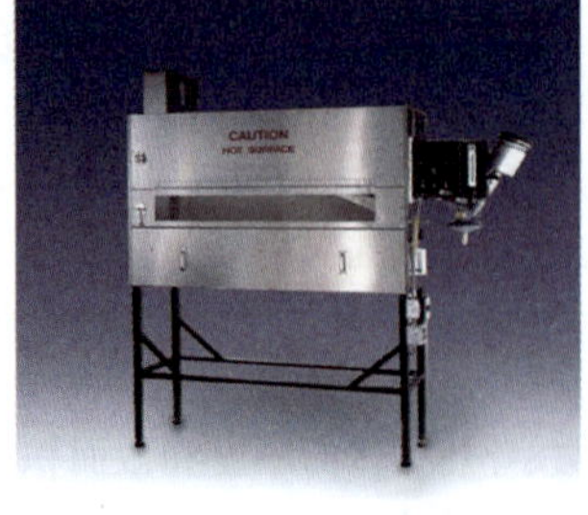

热辐射仪

【热功当量】(mechanical equivalent of heat) 热量单位(卡)与功能单位(焦耳)间的换算关系。符号J。这种换算关系最早由英国物理学家焦耳(J. P. Joule)分别利用大量机械功、电功以及气体压缩功与热量之间的转化实验得出,J=4.18焦耳/卡。这里1卡被定义为标准大气压下的1克纯水在其温度从14.5℃升高到15.5℃的过程中所吸收的热量。1956年国际会议规定J=4.1868焦耳/卡。

【热固性树脂基复合材料】(thermosetting resin based compound material) 以热固性树脂为增强材料制成的复合材料。以不饱和聚酯树脂、环氧树脂、酚醛树脂、乙烯基酯树脂等为基体,以玻璃纤维、碳纤维、芳纶纤维、超高分子量聚乙烯纤维等为增强材料。使用最多的是酚醛树脂、不饱和聚酯树脂和环氧树脂三大热固性树脂。该材料的特点是:质量轻,强度高,模量大,耐腐蚀性好,电性能优异,原料来源广泛,加工成型简便,生产效率高,还具有可设计性及其他一些特殊性能,如减振、消音、透电磁波、隐身、耐烧蚀等特性。是目前应用最广的一种复合材料。

【热固性塑料】(thermoset plastic) 刚开始加热时可以软化流动,但当加热到一定温度后,可产生化学反应而发生不可逆交链固化的塑料。如酚醛塑料、环氧塑料等。可分为:(1)甲醛交联型。包括酚醛塑料、氨基塑料(如脲醛、三聚氰胺甲醛)。(2)其他交联型。包括不饱和聚酯、环氧树脂、邻苯热固性塑料。借助热固性塑料的特性进行成型加工,可在压力下将塑料充满型腔,进而固化成为确定形状和尺寸的制品。主要在隔热、耐磨、绝缘,特别是在高压电等领域使用。

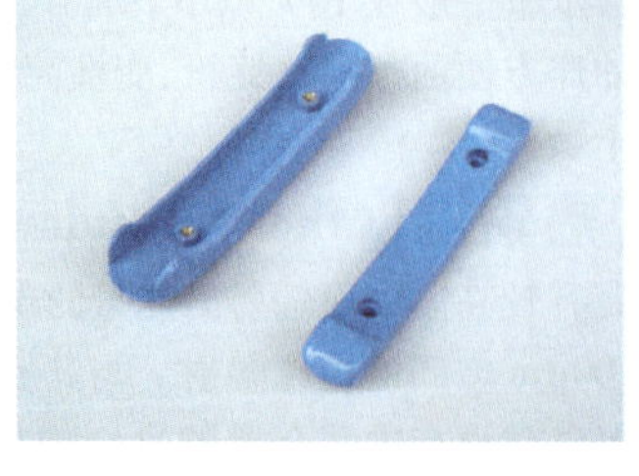
热固性塑料

【热固性塑料注塑成型】(injection molding for thermosetting plastics) 粒状或团状热固性塑料,在螺杆的作用和一定的温度条件下塑化成黏塑状态,进入一定温度范围的模具内进行交联固化的成型方法。该成型方法除有物理状态变化外,还有化学变化。因此与热塑性塑料注塑成型相比,在成型设备及加工工艺上存在着很大的差别。热固性塑料料筒加热方式为液体介质(如水、油),料筒温度在95℃以下,塑化温度低,塑化时间短,温度控制要求严格,注塑压力在35~140MPa,注塑量较小,料筒前部余料很少;热塑性塑料料筒加热方式为电加热,料筒温度在150℃以上,塑化温度高,塑化时间长,温度控制不严格,注塑压力在100~200MPa,注塑量较大,料筒前部余料较多等。

【热核反应】(thermonuclear reaction) 见轻核聚变。

【热核武器】(thermo-nuclear weapon) 见氢弹。

【热化学制氢】(hydrogen production by thermochemistry) 用加热化学反应方法制取氢气。其主要方法有:(1)水热化学循环制氢。(2)硫化氢热化学循环制氢。水热化学循环制氢是在含有添加剂的水系统中,在不同温度条件下,经历几个不同反应阶段,最终将水分解为氢气和氧气的化学反应过程。在反应过程中,除消耗水和一定热量外,参与过程的添加元素或化合物均不消耗,并可以再生和反复利用。此法与电解法相比,能耗低,任何热源均可成为驱动力,还可与今后高温核反应堆所提供的温度水平相匹配,易于实现工业化。硫化氢热化学循环制氢是指采用硫化氢分解方法,包括气相分解法(干法)和溶液分解法(湿法)。在一定的高温(约600℃)条件下,或选用适当的催化剂,或经过光照等措施,能同时获得硫黄和氢气。若与太阳能的利

热化学制氢系统

用结合起来，热化学循环反应将成为成本最低廉的制氢工艺。

【热机效率】(heat engine efficiency) 热机工作部分中转变为机械功的热量和工质从发热器得到的热量的比。凡是能够利用燃料燃烧时放出的能来做机械功的机器就称为热机。热机在工作过程中，发热器(高温热源)里的燃料燃烧时放出的热量并没有全部被工作物质(工质)所吸收，而工质从发热器所得到的那部分热量也只有一部分转变为机械功，其余部分随工质排出，传给冷凝器(低温热源)。工质所作的机械功中还有一部分因克服机件摩擦而损失。燃料的燃烧效率是指工质从发热器得到的热量和燃料燃烧时放出热量的比。如果用 η_C 表示燃料燃烧效率，Q_1 表示工质从发热器得到的热量，Q_2 表示燃料燃烧时放出热量，可写成 $\eta_C = Q_1/Q_2$。热机的热效率：如果用 η_t 表示，则有 $\eta_t = W/Q_1 = (Q_1 - Q_2)/Q_1 = 1 - Q_1/Q_2$。从式中很明显地看出 Q_1 越大，Q_2 越小，热效率越高。这是热机效率中的主要部分。它表明了热机中热量的利用程度。热机的机械效率是指推动机轴作功所需的热量和热机工作过程中转变为机械功的热量的比。如果用 η_m 表示，则有 $\eta_m = Q_3/(Q_1 - Q_2)$ 等。热机原理是将燃料的化学能转化成内能再转化成机械能的机器动力机械的一类。如蒸汽机、汽轮机、燃气轮机、内燃机、喷气发动机等。热机通常以气体作为工质(传递能量的媒介物质称为工质)，利用气体受热膨胀对外做功。热能的来源主要有燃料燃烧产生的热能、原子能、太阳能和地热等。热机在人类生活中发挥着重要的作用。现代化的交通运输工具都靠它提供动力。

【热积蓄】(heat exhaustion) 又称热晕厥、热虚脱。在高气温或强热辐射环境下，由于热引起外周血管扩张和大量失水造成循环血量减少，引起颅内暂时性供血不足而发生昏厥的疾病。一般起病迅速，先有头晕、头痛、心悸、恶心、呕吐、大汗、皮肤湿冷、血压下降、面色苍白、继以晕厥。通常昏厥片刻即清醒，一般不引起循环衰竭。其治疗方法是：使病人仰卧、饮水，待血压恢复正常。不必用升压药，有心血管疾病患者尤应慎用，以免增加心脏负荷而诱发心衰。其预防措施：采取通风降温技术措施。

【热激波效应】(effect of thermal shock wave) 目标的表层材料吸收脉冲射线能量，产生高温高压后在材料中形成的冲击波对目标的破坏作用。由于高空空气稀薄，对射线的传输吸收很少，在反导弹系统中可以利用强激光或高空核爆炸产生的X射线照射来袭导弹，形成热激波效应，破坏对方来袭导弹壳体。核爆炸产生的X射线，其脉冲宽度约为 1×10^{-7}s，强度随距爆心距离的平方减弱。当X射线照射固体表面时，大部分能量在表面薄层内被吸收，并使压力升高，形成具有陡峭阵面的热激波。热激波的超压与表面层吸收的能量成正比，其波阵面陡峭程度与X射线能量和材料性质、厚度有关。热激波生成后在靶材中传播，强度随传播距离增加而减弱。当热激波超压大于靶材的抗压强度时，靶材产生碎裂破坏。如对于铝合金材料，X射线的能注量超过约 1kJ/cm^2 时，将造成层裂破坏。热激波在靶材与空气(或真空)之间的界面被反射时，反射波为稀疏波，即压力为负值的拉伸波。如果界面反射的拉伸波的拉应力大于靶材的抗拉强度，靶材表层也将出现层裂破坏，其破坏形体类似于不同厚度的片状结构。因此，当飞行器受到一定强度的脉冲射线照射时，其壳体将出现层裂和应力集中所造成的断裂，而使飞行器解体。在非核脉冲型的定向能武器(如激光武器等)对靶材的破坏过程中，热激波的破坏也起重要作用。

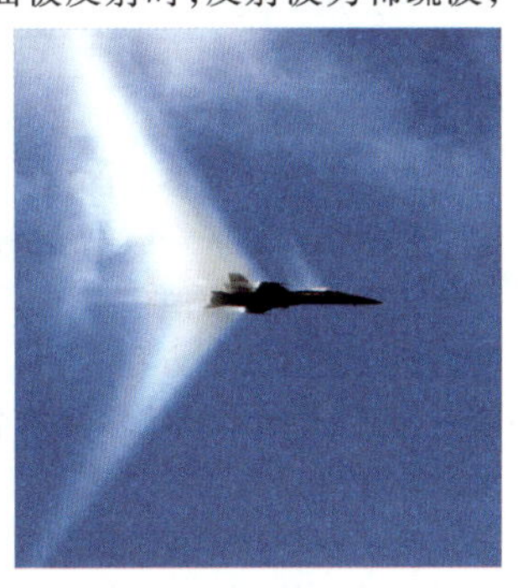

热激波效应

【热极生风】(high heat makes wind) 又称热盛风动。温热病的高热期出现壮热、昏迷、筋脉强急、抽搐，甚则角弓反张等症状。多因邪热炽盛，伤及营血，燔灼肝经，使筋脉失其濡养所致。临床多见于小儿高热惊厥、流行性脑脊髓膜炎、乙型脑炎、中毒性痢疾和败血症等。

【热极限电流】(thermal current limit) 在最高环境温度下，1s 内使导体从额定运行时的稳定温度上升到极限温度的电流有效值。例如，测量仪表和仪表用电流互感器在增安型防爆电气设备中安全可靠地运行时，要求它们在1.2倍额定电流或1.2倍额定电压下连续运行温度不超过规定的极限温度，它们的电流回路(电压电路除外)要求在规定时间内必须能承受规定的试验电流值，且试验后不得降低防爆性能。

【热加工】(hot processing) 在高于再结晶温度时使金属材料同时产生塑性变形和再结晶的加工

热加工生产线

方法。如热锻、热轧、热压和热挤压等。除使材料获得所要求的形状外,并可改善组织,提高性能。因再结晶温度和金属的熔化温度有关。熔化温度低的金属,如铅、锌、锡等其再结晶温度低。对再结晶温度低的金属在室温加工亦认为是热加工。

【热加工工艺数值模拟】(numerical simulation of hot processing) 采用一组代数或微分方程(统称控制方程)来模拟仿真(描述)一个热加工工艺过程或过程的某些方面,通过数值解法求解该方程组以获得对所研究过程的定量认识的现代解析研究方法。其特点是:无需经过实际工艺过程的实验就可由仿真模拟获得完整详尽的工艺参数。如果配合某些必要的物理模型实验验证,可在计算机上进行工艺方案和工艺参数的优化选择,不仅能预测某特定工艺所能得到的最终结果,还能显示出工艺过程的变化规律。进行数值模拟,关键在于建立被研究对象的物理模型及控制方程,研究先进的数值解法(如有限差分法、有限单元法等),并备有高速度、大容量的电子计算机。它在热加工工艺学中已越来越多地应用于研究塑性成型过程、铸型的充填和铸件凝固过程、焊接过程和焊接接头凝固过程、焊接结构应力及应变过程、热处理过程等。热加工数值模拟技术的应用真正使加工从技艺走向了科学。

【热浸镀】(hot plating) 又称热镀。将被镀金属材料浸于熔点较低的其他液态金属或合金中,使液态金属或合金与被镀金属材料表层的铁基体反应,从而获得金属材料表面镀层的方法。形成的热浸镀层是由化学反应产生的合金金属和镀层金属共同构成的。可用于热镀的低熔点金属有锌、铝、铅、锡及其合金等,而被镀金属材料一般为钢、铸铁及不锈钢等。热浸镀有熔剂法和氢还原法两大类。其中,氢还原法多用于带钢的连续热镀层。在这种镀层处理工艺中带钢不经过氧化炉加热,还原炉中保护气体的氢含量较低,对炉的安全和降低生产成本有利。熔剂法多用于钢丝及钢结构件的镀层。该法是在钢件浸入镀锅之前,先在经过净化的钢件表面涂一层熔剂,在浸镀时,此熔剂层受热分解或挥发,使新鲜的钢表面外露与熔融金属直接接触,发生反应和扩散而形成镀层。

【热痉挛】(heat cramp) 在高温作业时,因大量出汗而损失氯、钠、钾等离子而引起的以肌肉痉挛为主的疾病。痉挛以四肢(尤以腓肠肌)、咀嚼肌及腹肌等经常活动的肌肉为多见。轻者不影响工作,重者剧痛难忍。体温多正常。其急救措施是:(1)轻者要迅速到阴凉通风处仰卧休息,解开衣扣、腰带,敞开上衣,然后再喝些凉开水或盐水。(2)如意识丧失,痉挛剧烈,应让患者取昏迷体位(仰卧、头向后仰),保证呼吸道畅通,同时快速通知急救中心。(3)如虚脱者苏醒,也应抬送医院,严禁让患者直立行走,更禁用阿托品以及催眠、镇静等药物。其治疗原则为纠正水盐代谢失常,可静脉注射生理盐水。其预防措施:采取通风降温技术措施,并补给充分的含盐清凉饮料。

【热控百叶窗】(thermal control louver) 航天器中用以调节固体表面热辐射性能的主动热控制装置。热控百叶窗主要用于调节航天器舱体或仪器的散热能力,配合其他手段以控制航天器各部分的温度。热控百叶窗由散热底板、转动叶片、驱动机构组成。驱动机构用双金属片或充液波纹管等温度敏感元件制成,它根据散热底板的温度变化带动转动叶片旋转,改变遮挡散热底板的面积,获得不同的连续变化的组合辐射率,从而调节散热底板的温度。美国在1968年将第一组热控百叶窗应用于“雨云”号卫星。随后美国和苏联在许多科学卫星、气象卫星和空间探测器上应用了热控百叶窗。中国在1971年发射的科学试验卫星“实践”1号上也成功采用了一组热控百叶窗。

【热控涂层】(thermal control coating) 又称温度控制涂层。为控制航天器表面温度所采取抛光、电镀、阳极氧化、喷涂真空镀膜等工艺而形成的表面层。在轨道飞行中的航天器与空间环境之间的热交换,航天器内、外表面及各仪器、设备之间和它们与航天器蒙皮之间的热交换,主要是以辐射的方式进行的。对于辐射来说,几乎所有的非透明物体表面都是在紧靠表面之下很薄的一层之内就把入射的辐射能吸收掉。因此,航天器各表面上特定的辐射性质,主要由涂覆于该表面的热控涂层来实现。航天器常用的涂层有:涂料型涂层、电化学涂层、二次表面镜型涂层等。随着航天技术的发展,还研制出一些新的涂层,如织物涂层、自控涂层等。选择涂层最主要的依据是航天器热控制所需的各种表面的热辐射性质,还要考虑表面涂层涂覆工艺的可行性及其使用环境的稳定性及涂层的污染问题。

【热力管道】(thermal pipeline) 输送蒸汽或过热水等热能介质的管道。其任务是将锅炉生产的热能既安全可靠又经济合理地送到各个热能使用点,以满足生产、生活、采暖和空调等对热能的需要。热力管道输送的热能介质,具有温度高、压力大、流速快

热力管道施工

等特点,因而给管道带来了较大的膨胀力和冲击力。在管道安装中必须解决好管道材质、管道伸缩补偿、管道支吊架、管道坡度、管道疏排水装置和管道连接等问题,以确保安装质量达到设计和有关规程的要求。热力管道的分类是:(1)按其介质工作压力的不同可分为高压、中压、低压三类(详见表)。(2)按其介质工作参数的不同可分为Ⅰ、Ⅱ、Ⅲ、Ⅳ四类(详见表)。

热力管道按介质的工作压力的分类

热力管道类别	介质的工作参数/MPa	
	蒸汽	热水
高压热力管道	6.1~10.0	10.0~18.4
中压热力管道	2.6~6.0	4.1~9.9
低压热力管道	≤2.5	≤4.0

热力管道按介质工作参数的分类

热力管道类别	介质名称	介质的工作参数	
		压力/MPa	温度/℃
Ⅰ	过热蒸汽	不限	611~660
	过热蒸汽	不限	571~610
	过热蒸汽	不限	451~570
	饱和蒸汽、热水	>18.4	>120
Ⅱ	过热蒸汽	≤3.9	351~450
	饱和蒸汽、热水	8.1~18.4	>120
Ⅲ	过热蒸汽	≤2.2	251~350
	饱和蒸汽、热水	1.7~8.0	>120
Ⅲ	过热、饱和蒸汽、热水	0.1~1.6	121~250

【热力过程】(thermodynami processes) 热力系状态连续变化的过程。热能和机械能的相互转换必须通过热力过程才能完成。工质的状态经过一系列变化后又回复到初始状态的过程称为热力循环。实施循环的目的是通过热力系的状态变化实现预期的能量转换。工程上最常见的有热机循环(正向循环)和制冷机循环(逆向循环)两类。热机循环是把热转变为功,制冷机循环是消耗功把热从低温热源输向高温热源。

【热力设备金属腐蚀防护】(metal corrosion prevention of thermal power equipment) 采用介质处理、材料选择、施加保护层和其他物理化学方法,防止热力设备金属腐蚀损坏的技术措施。火力发电厂热力设备的材料主要有:碳钢、合金钢和有色金属。在与水、汽或气体等介质接触时,其中含有腐蚀性杂质会引起金属的腐蚀。金属的温度、应力和介质的流动条件超出规定范围,以及金属表面附着能引起腐蚀的沉淀物时,也会引起金属的腐蚀损坏。在水、汽系统中,通常使用的防护技术是:(1)合理设计和选用材质。设计上要避免电位差大的不同金属连接;防止结构部件产生过大的静应力和交变应力;防止形成局部流速和温度过高的部位以及形成闭塞的缝隙等。(2)介质处理。包括防止腐蚀性物质进入和添加各种腐蚀缓蚀剂两个方面。(3)施加保护层。在金属表面形成稳定的氧化保护膜。(4)电化学保护。在凝汽器水室安装保护阳极或用恒电位装置外加保护电流,防止水室、管板和管端等金属的腐蚀。(5)清除金属表面沉积物。由于沉积物会使金属表面的不同部位产生电位差而引起腐蚀,沉积物还可使水中腐蚀性盐类浓缩,引起金属腐蚀。此外,沉积物还会改变水的流速和流向,发生冲击腐蚀。

【热力系统】(thermodynamic system) 在热力学研究中对所研究的对象的统称。把其他事物看作是环境或外界,把研究对象看作一个整体。热力系统与外界通过边界分割开来。划分热力系统无固定的模式,一般视研究的问题而定。如火力发电厂的主要热力设备为:锅炉、汽轮机、凝汽器、除氧器、各种热交换器、减压减温器、凝结水泵、给水泵及疏水泵等。上述设备均可看成一个个独立的热力系统。

【热力学】(thermodynamics) 研究热现象中物态转变和能量转换规律的学科。着重研究物质的平衡状态以及与平衡状态偏离不大的物理、化学过程。近年来对非平衡态过程的研究也得到快速发展。热力学从大量经验中总结了自然界有关热现象的一些共同规律,主要是热力学第一定律和热力学第二定律,并作为其全部理论的基础。由于它不考虑物质内部的具体结构,因而只能说明宏观热现象。要深入研究热现象的本质,则需借助于分子运动论,并加以发展。其方法和结论广泛适用。

【热力学第二定律】(the second law of thermodynamics) 关于实际宏观热运动过程进行的方向和条件的定律。其表述方式是:(1)克劳修斯表述。不可能使热量自发地从低温物体传到高温物体而不引起其他变化。(2)开尔文表述。做循环过程的热机不可能从单一热源吸取热量，把它全部变为功而不产生其他任何影响。热力学第二定律是热力学的基本定律之一。它是关于在有限空间和时间内，一切和热运动有关的过程具有不可逆性的经验总结。该定律给出了实际过程的方向性，两种表述分别从传热和热功转化两个角度来说，实际上两种表述是等效的。热力学第二定律只能适用于由很大数目分子所构成的系统及有限范围内的宏观过程。而不适用于少量的微观体系，也不能把它推广到无限的宇宙。

【热力学第零定律】（zeroth law of thermodynamics） 如果两个热力学系统中的每一个都与第三个热力学系统处于热平衡，则它们彼此也必定处于热平衡。这一结论称为热力学第零定律。其重要性在于它给出了温度的定义和温度的测量方法。定律中所说的热力学系统是指由大量分子、原子组成的物体。它反映出：处于在同一热平衡系统状态所有的热力学系统都具有一个共同的宏观特征。这一特征是由这些互为热平衡系统的状态所决定的一个数值相等的状态函数。这个状态函数被定义为温度。而温度相等是热平衡之必要的条件。定律命名为“第零”是因为在当时热力学“第一”定律已经确立，而“第零”定律反映热力学中更为基本的规律，故排在“第一”定律之前而得名。

【热力学第三定律】（the third law of thermodynamics） 不可能利用有限的步骤把物质系统的温度达到绝对零度，或者说绝对零度不可能达到。当绝对温度趋于零时，固体和液体的熵在等温过程中的改变趋于零，这样熵为一个常数而与压强、外磁场等无关，从而无法实现绝热的等熵过程来把温度降至绝对零度。在统计物理学上，热力学第三定律反映了微观运动的量子化。在实际意义上，第三定律并不像第一、二定律那样明白地告诫人们放弃制造第一种永动机和第二种永动机的企图，而是鼓励人们想方设法尽可能接近绝对零度。目前科学家已能达到 1×10^{-10}K，但永远达不到绝对零度。

【热力学第一定律】（the first law of thermodynamics） 系统吸收的热量等于系统内能的增量和系统对外所做的功之和。是普遍的能量转化和守恒定律在一切涉及热现象的宏观过程中的具体表现。是热力学的基本定律之一。其基本内容是：热可以转变为功，功也可以转变为热；通过做功和传热，系统与外界交换能量，使内能有所变化，在变化的过程中要满足热力学第一定律所规定的关系。热力学第一定律的另一种表述是：第一类永动机是不可能造成的。

【热力学函数】（Thermodynamic function） 由热力学独立参量描述的用于确定系统状态的单值函数。其特征是：在任一过程中其数值的改变仅与系统的初、末状态有关，而与具体的过程无关。因此，热力学函数是一种描述热力学系统状态的函数。在热力学中，基本的热力学函数主要有内能、温度、熵等。

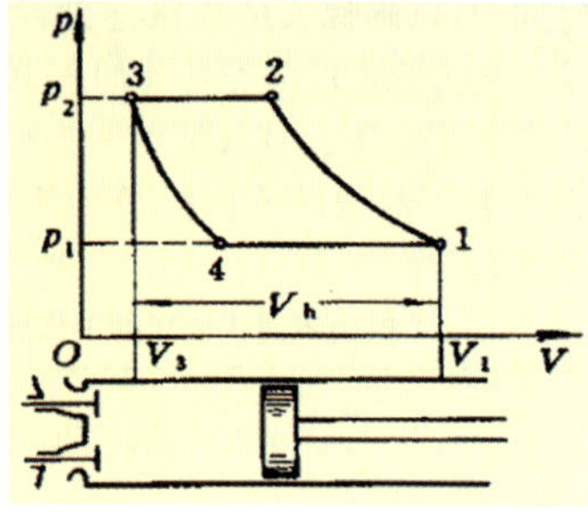

热力学函数

【热力学绝对温度】（thermodynamic absolute temperature） 又称热力学温度。一种温度计量标准。物理学中的基本量纲之一。1967 年第十三届国际计量大会规定：热力学绝对温度作为测量温度的基本温度，符号为 K。热力学规定水的三相点（水的固相、液相、汽相三相共存的温度）数值为 273.16。因此单位热力学温度等于水的三相点温度的1/273.16K。热力学温度的零点称为绝对零度。

【热力学平衡】（thermodynamic equilibrium） 在没有外界影响的条件下，一个热力学系统的各部分宏观性质在长时间内处于不随时间发生变化的状态。热力学系统的宏观性包括温度、压力、体积、密度及其化学组分等。达到热力学平衡的系统，由于其内部分子与原子虽然仍处于不断的运动之中，但是只是运动的平均效果保持不变，因而热力学平衡是一种动态平衡。不受外界影响的系统总是单向地趋于平衡状态。

【热力学体系】（thermodynamic system） 发动机安装在飞机上以后，与进气道、尾喷管构成推进系统产生的推进系统。按研究任务的具体要求，所选取的一定范围内作为研究对象的物质，简称热力系。与体系发生作用，但不列为研究对象的物质称为外

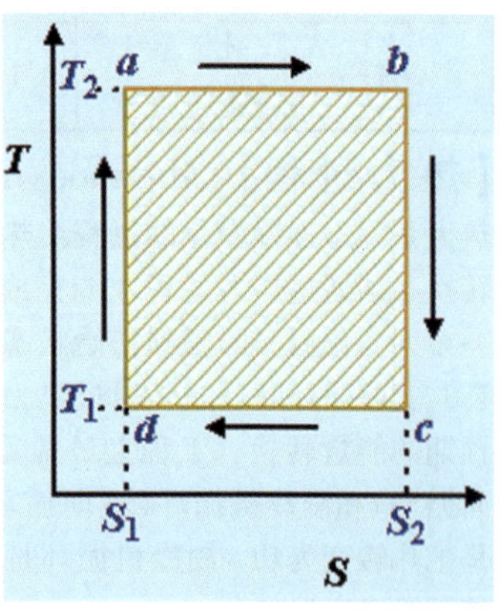

热力学第一定律

界。热力系与外界的分界面称为边界。边界可以是真实的,也可以是假想的;可以是固定的,也可以是胀缩的或运动的。热力系分为闭口热力系和开口热力系。闭口热力系与外界可以有功的交换和热量的交换,但无物质交换,此时热力系内部的质量保持不变,称为控制质量。开口热力系与外界不仅可以有功的交换和热量的交换,而且还有物质交换,此时能量的交换和物质的交换是在某划定的空间范围内进行的,所以称为控制体。与外界无热量交换的热力系称为绝热系,与外界既无能量交换又无物质交换的热力系称为孤立系。绝热系和孤立系是热力学中两个重要概念。热力系范围的大小视具体要求而定。

【热力学温标】(thermodynamic scale) 又称开尔文温标、绝对温标。英国物理学家开尔文在热力学第二定律基础上首先引入的一种与测温物质的性质无关的温标。根据定义,两个热源的热力学温度的比值等于工作其间的可逆热机与热源交换热量的比值。1954 年国际计量大会决定,取水的三相点的绝对温度为 273.16K,并以此定义出热力学温标的标度。由于用热力学温标定出的温度数值与测温物质的性质无关,因而是最科学的温标。绝对温度的单位为 K。

【热力学原理】(thermodynamic principle) 支配能量从一种形式转换成另外一种形式的定律。在这些定律的许多结论中包含着压力、温度、电场、磁场和组分等变化的影响与物质性质之间的关系。由于它是学科的基础,因而具有广泛的实用性。热力学以共同经验的观察为基础,形成热力学诸定律。从这些定律出发,可通过纯逻辑推导获得该学科的其他定律。

【热力学状态】(thermodynamic state) 热力学系统所呈现出的宏观的性质。由质量、温度、压力、体积或组成等一系列物理量来加以描写和规定。这些用来规定热力学状态的物理量,叫做热力学变量或状态性质。

【热力循环】(thermodynamic cycle) 工质经过一系列中间状态返回初始状态的封闭热力过程。实施热力循环的目的是通过工质热力状态的变化实现预期的能量转移或转换。在工程上,最常见的热力循环包括热机循环及制冷(或热泵)循环。前者实现热向功的转换,称为正向循环;后者则在于将热量从低温物体转移到高温物体,称为逆向循环。

【热力站】(heating station) 连接热力网与热力用户的调节压力、温度和流量的设施。其设计和运行工况,直接关系到热力网的运行工况和供热质量。其主要任务是:调整和保持热媒参数,使其达到用热装置安全和经济运行所必需的给定值。热力站的系统和设备取决于热媒的种类和用热装置的性质。热力站内安装有热量表,以及调节供热量和保持用户装置中给定的热媒参数的自动调节装置。有只用于一幢建筑物的热力站,也有在大型的工业企业和新建的住宅内广泛采用联片热力站。民用热力站供热的建筑面积为 $2\times10^4\sim5\times10^4\text{m}^2$ 为宜,有的已达到几十万平方米。民用热力站的合理规模应通过技术经济比较,同时考虑其他因素来确定。

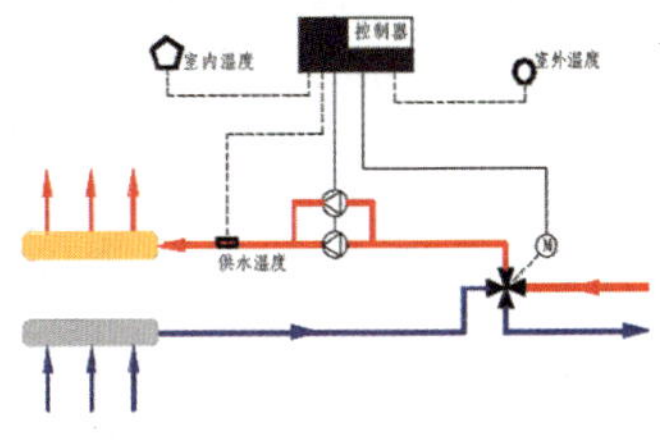

热力站控制系统图

【热量】(quantity of heat) 系统与外界之间由于存在温度差而传递的能量。其单位为焦耳(J)。常用符号 Q 表示。当两不同温度的物质处于热接触时,它们便交换能量,直至双方温度一致。这里,所传递的能量数便等同于所交换的热量数。热量指的是内能的变化,描述能量的流动,而内能描述能量本身。从微观角度来看,热量的传递是分子无规则热运动的能量的转移,是一种无序的能量。物体质量为 m,某一过程温度变化量为 ΔT,它吸收(或放出)的热量 $Q=cm\cdot\Delta T$。其中 c 是与这个过程相关的比热 。

【热裂】(hot tear) 在铸造凝固过程中所产生的裂纹。是在线收缩开始温度至非平衡固相线温度范围内形成的。在这一结晶温度范围内,金属的强度和塑性极低。当某一区域收缩应力大于金属的强度、或收缩率及收缩变形量大于金属伸长率时就会形成热裂纹。金属的合金元素及其含量、浇铸温度、浇铸速度和冷却速度以及铸锭结构都是导致热裂的主要因素。热裂纹多沿晶界扩展,曲折而不规则,常出现分枝。热裂纹可分为表面裂纹、皮下裂纹、晶间裂纹、中心裂纹、环状裂纹和放射状裂纹等。合理控制合金成分、选择合适的浇铸工艺制度等方法可以防止产生热裂纹。

【热流道模具】(hot runner mould) 浇注系统为热流道的注塑模具。其主要优点是:(1)整个成型过程完全自动化,成型塑件不需要后加工,节省工作时间,提高工作效率。(2)热流道温度与注塑机喷嘴

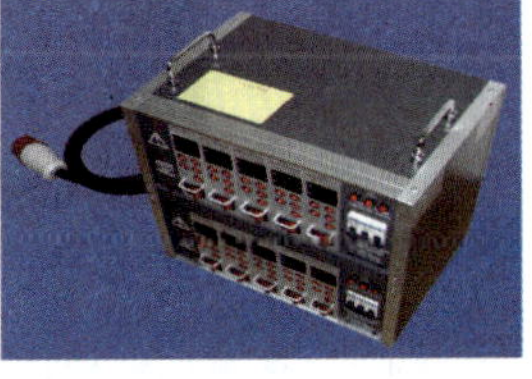
热流道模具

温度相等，避免了原料在浇道内的表面冷凝现象，注塑压力损耗小。(3)重复使用的浇注系统凝料会使塑料性能降解，而热流道系统没有浇注系统凝料。(4)热喷嘴采用标准化、系列化设计，配有各种可供选择的喷嘴头，互换性好。其不足之处是:(1)因加装热流道板等，模具整体高度有所增加。(2)热流道最大的毛病就是流道的热量损耗、热辐射难以控制。(3)存在热膨胀现象。(4)热流道系统标准配件价格较高，模具制造成本增加，影响热流道模具的普及。

【热流道系统】(hot runner system) 在注塑成型的整个过程中使模具流道内的塑料一直保持在熔融状态的浇注系统。这种成型方法不仅节省原料，降低成本，而且减少工序，可以实现全自动生产。常见的热流道系统有单点热浇口和多点热浇口两种形式。单点热浇口是用单一热浇口套直接把熔融塑料射入型腔。它适用单一腔、单一浇口的塑料模具；多点热浇口是通过热浇道板把熔融料分配到各分热浇口套中再进入到型腔。它适用于单腔多点入料或多腔模具及大型塑件实现低压注射。热流道系统是注塑模浇注系统的重点发展方向。

【热敏电阻】(thermal resistor) 利用半导体制成的其电阻随温度升高而显著变化的器件。通常用铜、镍、钴、锰等金属的氧化物制成。具有体积小、热容量小和灵敏度高等特点。可用以测量微小物体的温度或温度的微小变化，也可用以制成微波功率计或在电子线路中作温度补偿用。

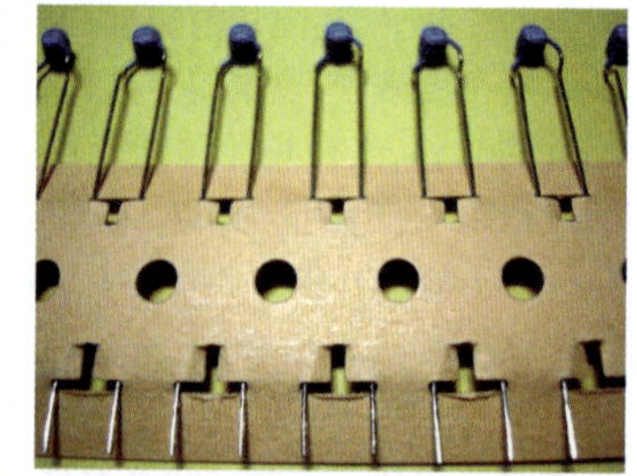

热敏电阻

【热敏纸】(thermal sensitive paper) 对热敏感的纸。在优质的原纸上涂布一层热敏涂料(热敏变色层)而成。常用于传真打印。当传真机接收外来的电讯号后激发电子束，使与热敏纸纸面接触的热头迅速升温，在特定的温度区域内诱导热敏变色层发生化学变化，促成无色染料分子中的内酯环断开，引起电子迁移生成醌型结构，出现发色基团，纸面上即可显示出清晰的文字和图像。热敏纸除了作传真纸，还在医疗、测计系统中作为记录材料，如心电图纸、热工仪器记录纸等。在商业方面，常用来制作商标、签码等。

热敏纸

【热能】(thermal energy) 物质系统中大量粒子不规则地运动所具有的能量。从分子运动论的观点来讲，热能就是分子热运动的动能。在某些工程技术部门中应用“热能”一词时，实际上指的是“内能”。热能在物体之间的转移，是靠热传递(传导、对流、辐射)来实现的。根据热力学第一定律，外界传递给一个物质系统(所研究物体)的热量等于系统的内能增量和系统对外所做功的总和。在不同温度的物体之间，热量总是由高温物体向低温物体传递。物体的温度、密度、压强等基本性质都与热运动状态密切相关。物体可处于固体、液体或气体状态，并在一定条件下发生熔化、蒸发、凝结、凝固等过程，完成不同状态的转变。这些转变过程都是热运动的具体表现。热能应用的领域极为广泛。这是因为热能既可转变为其他形式的能量使用，又可直接作为热源供热。从原始社会人类学会用火取暖、照明，到现代各种动力机械的运转、空调、制冷、发电等都涉及热能的利用。

【热能工程】(thermal engineering) 研究燃料燃烧、能量传递转换与利用及其对环境影响的原理、方法和相关设备的设计、运行、控制等的学科。其研究范围包括:燃料的燃烧及气化；清洁燃烧及环境污染控制；多相流动及其传热特性；工业炉与工业过程热工；能源转换与利用新技术，热力设备与系统的自动化技术、仿真技术与现代热工测试技术；新能源的开发利用技术；热力设备及大型回转机械的运行及安全；热力系统的技术经济性及系统优化。其研究方向是:(1)多相流动与传热。主要研究不同相态或组分的物质同时存在时的流动与传热过程，包括气液两相流、气固两相流、气液固三相流、油气水三相流等。通过先进的实验测试方法、数值模拟计算和工程现场试验，研究油气工艺过程和装备内的多相流动和传热规律、工艺优化设计理论，开发先进高效的地面工程装备，在多相流动与传热理论和装备方面形成了特色和研究优势。(2)油气工程中的热力过程优化与系统节能。在热力采油、原油加热集输和天然气管输、热力系统节能等领域取得了一批重要的科研成果，已应用于稠油高凝油热力开采、西气东输、陕京输气管线和大型乙烯生产装置等国家重点工程，为国民经济发展做出了突出贡献。(3)洁净能源开发与利用。天然气水合物和氢能在中国未来的能源战略中占据极其重要的地位。结合石油天然气生产和加工的行业特点，在天然气水合物的相态模型及相关技术、煤气化制氢工艺、氢能燃料电池等领域取得了重要的理论和应用成果。

【热能密度】(energy density) 见营养质量指数。

【热黏合法】(thermal bonding) 通过加热、变形、熔融、流动和固化达到连续生产热黏合非织造布的工艺。利用黏合材料受热熔融、流动的特性，将主体纤维交叉点相互黏连在一起，再经过冷却使熔融聚合物得以固化。随着热黏合技术在非织造布工业的发展和应用，出现了很多新型的热黏合非织造布专用纤维，如双组分FF/PE、FF/PET等。这些纤维在受热时只有低熔点组分发生熔融和流动，而熔点较高的组分仍保持原纤化特性，所生产的产品在强度和手感上均有较大改善。新黏合材料的应用促进了热黏合技术水平的提高。热黏合工艺主要包括热熔黏合法、热轧黏合法和超声波黏合法。其中热熔法和热轧法的应用较为广泛。

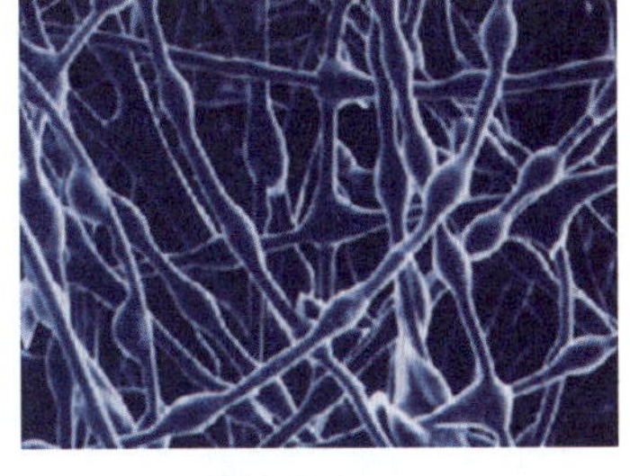

热黏纤维原料

【热跑】(hot run) 汽轮机主轴及转子的一种热稳定性试验。一般是在汽轮机转子加工完成后(进入总装之前)，将其加热到工作温度以上30～50℃，在试验台上以2～4r/min的转速旋转，测量其在一个旋转周期中静挠度的变化情况(一般用打表的方法)，并与冷态下的结果相比较。若相差较大则说明机组在高温状态下的对心性不好，高速运转时可能发生转子与定子的运动干涉及不良振动，需要重新找正加工装配或采取其他热处理措施。是确保汽轮机转子在正常工作条件下能够稳定安全运行的必要步骤。

【热喷涂技术】(hot spraying technology) 采用气体、液体燃料或电弧、等离子弧、激光等作热源，使金属、非金属以及它们的复合材料加热到熔融或半熔融状态，用高速气流使其雾化，喷射、沉积到经过预处理的工件表面的加工方法。如果将喷涂层再加热重熔，则产生冶金结合。这种方法称为热喷涂方法。采用热喷涂技术不仅能使零件表面获得各种不同的性能，如耐磨、耐热、耐腐蚀、抗氧化和润滑等性能，而且在许多材料(金属、合金、陶瓷、水泥、塑料、石膏、木材等)表面上都能进行喷涂。喷涂工艺灵活，喷涂层厚度达0.5～5mm，而且对基体材料的组织和性能的影响很小。热喷涂技术已广泛应用于宇航、国防、机械、冶金、石油、化工、机车和电力等领域。

热喷涂技术

【热坯法注塑拉伸吹塑成型】(warming up plastics injection stretching blow molding) 在注塑工位注塑一个空心有底的型坯，并将其迅速移到拉伸和吹塑工位，进行拉伸和吹塑成型的加工方法。这种成型方法省去了冷型坯的再加热，节省能源。同时由于型坯的制取和拉伸吹塑在同一台设备上进行，因而占地面积小，易于连续生产，自动化程度高。

【热平衡】(heat balance) 两个系统之间发生热量交换、热量传递过程停止时的状态。热量总是自发地由温度高的系统流向温度低的系统，当二者温度相等时热量传递过程就停止了。温度差是热量传递的推动力。

【热牵伸辊】(heat drawing roller) 对合成纤维进行牵伸和热定型的装置。是合成纤维长丝纺丝后卷绕机的重要部件。利用热管技术来控制辊筒的表面温度。旋转速度可达3 500～4 000m/min。工作温度范围一般在60～250℃之间。为增加辊筒表面的耐磨性，往往在其表面镀铬或喷涂陶瓷。

热牵伸辊

【热容】(heat capacity) 物体温度升高(或降低)1K时所吸收(或放出)的热量。热力学计算中经常用到的热容概念有：(1)比热容。即质量热容，简称比热。是在加热(或冷却过程中)使单位质量的物质温度升高(或降低)1K时所吸收(或放出)的热量。(2)体积热容。标准状态下1 m^3气体温度升高(或降低)1K时所吸收(或放出)的热量。(3)摩尔热容。1mol的工质温度升高(或降低)1K时所吸收(或放出)的热量。(4)比定压热容。气体在压力不变的条件下的比热容。理想气体的比定压热容只是温度的函数。(5)比定容热容。气体在比体积不变的条件下的比热容。理想气体的比定容热容只是温度的函数。

【热容吸热防热结构】(heat capacity of endothermic heat-resistant structures) 利用防热层材料的热容量吸收大部分气动热的一种防热结构。在航天器返回舱结构的外层包覆一层热容量较大的材料。这层材料吸收大部分进入返回舱表面的气动热,从而使传入结构内部的热量减小,使结构及内部仪器设备和舱内气体的温升低于允许值。热容吸热防热是一种防热效率不高的方法,但由于简单易行,所以被早期的航天器采用。

【热融作用】(thermokarst) 又称热喀斯特。冻土地区因热力条件改变(温度升高)使地下冰局部融化形成地表沉陷和塌落的过程。当植被遭破坏、森林火灾、气候变暖、水文地质条件发生变化以及人类进行工程建设时,都有可能发生热融作用,使冻土区出现小的陷穴甚至湖泊。热融作用的直接结果是热融沉陷,即地下冰的融化导致地下土体体积缩小,地面沉陷。融水及泥浆的排出又会进一步扩大地面沉陷的程度。如此反复,将使冻土区出现面积较大的热融沉陷区或沉陷湖泊。热融现象对建筑工程危害极大。中国的青藏铁路施工前曾经集中科技力量进行了长达数十年的多年冻土带热融现象对工程建设影响的研究,并找到了可靠的防治措施。

热融湖塘

【热射病】(heat stroke) 在高气温、强热辐射的环境下,机体散热受到障碍,体内蓄热过度而引起的疾病。该病通常发生在夏季高温同时伴有高湿的天气。因为持续闷热会使人的皮肤散热功能下降,而且红外线和紫外线可穿透皮肤直达肌肉深层,体内热量不能发散,此时热量集聚在脏器及肌肉组织,引起皮肤干燥、肌肉温度升高、导致汗出不来,进而伤害到中枢神经。继而影响全身各器官组织的功能,患者出现局部肌肉痉挛、高热、无汗、口干、昏迷、血压升高、咳嗽、哮喘、呼吸困难、甚至呼吸衰竭等现象。多数病例骤起昏迷,肛温可达41℃以上。其急救方法是:立即把患难抬到阴凉的地方把衣服解脱,令其躺卧;以酒精或冷水浸布,抹其全身,蒸发吸热;或用浸过水的床单包覆全身,降低体温,防止循环衰竭。其预防方法是:(1)在炎夏高温天气,人们应尽量避免体力劳动或参加较为剧烈的体育活动,更不要在烈日或高温环境下长时间逗留。(2)若要外出则应戴帽、打伞。居室应通风,地面保持阴凉,朝阳的窗户最好安置窗帘,保证充足的睡眠,午间可小憩0.5~1h。(3)多吃新鲜蔬菜、瓜果,多喝凉开水、绿豆汤、酸梅汤。(4)衣着应力求轻薄、宽松、色淡、易吸汗、透气性能好,并做到经常换洗。家庭中应常备些藿香正气水、仁丹等防暑降温药物。

【热适应】(acclimatization of heat) 人在热环境下工作一段时间后产生对热负荷的适应能力。主要表现在体温调节、水盐代谢、心血管功能等方面的改善。热适应者在高温环境下劳动时代谢率下降、产热减少、体温调节能力提高、排汗量增加。热适应后对热的耐受力增加,可提高高温作业时的劳动能力,有效地防止中暑和其他疾病的发生。锻炼可使耐热力提高。热适应存在着个体差异,且有一定的限度,如超过适应能力,仍可引起生理功能失常,故不能以此放松防暑保健工作。

【热释电材料】(pyroelectric materials) 因温度变化而能引起自发极化强度改变,从而产生电流效应的材料。是具有极性的压电体。自发极化是指由于物质本身的结构在某个方向上正负电荷中心不重合而固有的极化现象。热释电效应可分为矢量热释电效应和张量热释电效应。经人工极化的铁电体也是热释电体,其自发极化可随外电场反向而反向,如 $BaTiO_3$、$Pb(Zr,Ti)O_3$。而自发极化不随外电场反向而反向的则有 ZnO、CdS、$LiNbO_3$ 等。可用提拉法、烧结法、水溶法制备。可用于制造红外探测器、传感器、温度计、差热分析仪、报警器、热—电能量转换热机等。但其灵敏度比相应的半导体器件较低。

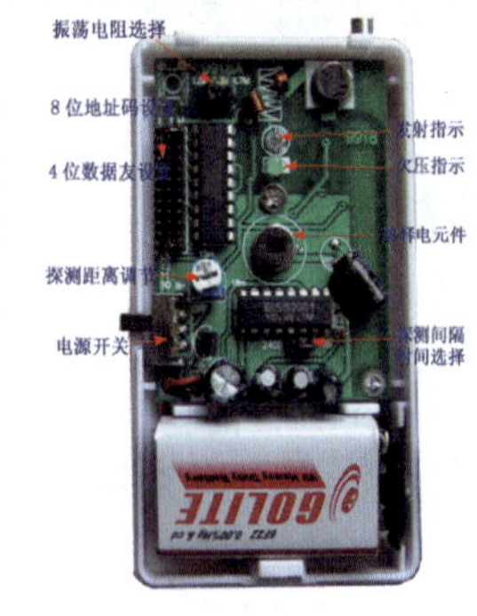

热释电传感器

【热释电陶瓷】(pyroelectric ceramics) 具有热释电效应的陶瓷材料。铁电体是最重要的热释电陶瓷。铁电体晶体的自发极化因温度而变化,导致电荷释放,称为热释电效应。热释电陶瓷在红外探测和热成像等方面广泛应用。

探测器用热释电陶瓷材料

【热释放速率】(heat release rate) 又称释热速率。火灾过程中单位时间内燃烧释放的总热量。其大小决定了火灾的规模。当火灾燃烧所释放的热量多而快时，将导致室内温度的急剧升高和烟气生成速率量的迅速增加，从而可对人员和财产造成严重危害。因此，在火灾过程的分析计算时，都要将其作为最基本的参数，合理估计热释放速率的大小对恰当确定火灾危险具有重要作用。原则上讲，热释放速率可根据燃烧过程中单位时间内燃料的质量损失速率和可燃物的热值，并参考现场的火源燃烧效率确定。材料热释放速率越大，反馈给表面的热就越多，从而使得材料热解的速度越快，因此产生更多的挥发性可燃物，火焰传播也相应加快，最后火灾危险性也就越大。现在已发展多种测量室内常用物品的热释放速率方法，应用最成功的是锥形量热计及其放大型家具量热仪等测定。

【热水供应系统】(hot water supply system) 满足用水点对水温、水量要求的供应系统。给水系统之一。热水供应系统除了水的系统，如管道、用水器具等，还有热源、加热系统等。可分为集中热水供应系统和局部热水供应系统。主要组成有热源供应设备、换热设备和热水储存设备、管道系统和其他设备等。

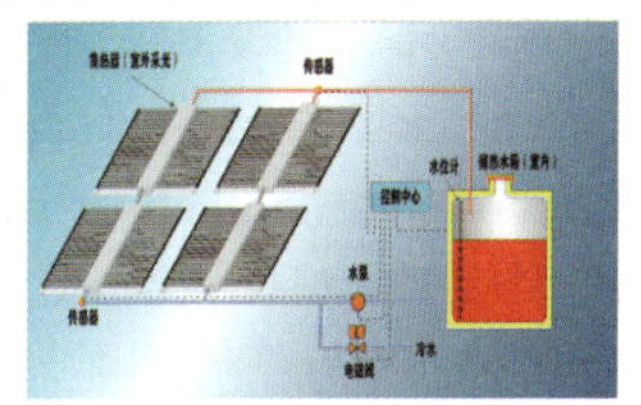
热水供应系统

【热水型地热能】(earth heat energy of hot water) 地下储热以水为主的对流水热系统。包括喷出地面时呈现的热水以及水汽混合的湿蒸汽。这类资源分布广、储量丰富。按其温度的不同可分为高温(>150℃)热水型地热能、中温(90～150℃)热水型地热能和低温(90℃以下)热水型地热能。

【热塑型聚酰亚胺】(thermoplastic polyimide) 由苯均四酸二酐与芳香二胺作用而成的聚合物或共聚物。是迄今为止可产品化的聚合物中综合特性最优的特种工程塑料。是电工、电子、信息、军工、核工业、航空航天等高新产业发展的支柱性关键材料之一。中国是继美国、日本之后第三个可以生产这种塑材的国家。主要用于航天、航空器及火箭部件。

【热塑性】(thermoplasticity) 物质在加热时能发生流动变形，冷却后可以保持一定形状的性质。大多数线型聚合物表现出热塑性。热塑性材料易于进行挤出、注射或吹塑等成型加工。

【热塑性丁苯橡胶】(styrene-butadiene-styrene block copolymer, SBS) 由苯乙烯、丁二烯、苯乙烯三元嵌段共聚形成的热塑性弹性体。其结构可分为星型和线型。在SBS中苯乙烯与丁二烯的比例主要为30/70、40/60、28/72、48/52几种。SBS主要用作高密度聚乙烯、聚丙烯、聚苯乙烯的冲击改性剂，以改善其低温耐冲击性。但其耐候性差，不适于作户外长期使用的制品。

热塑性丁苯橡胶

【热塑性动态硫化橡胶】(thermoplastic vulcanizate rubber, TPV) 既具有传统橡胶的性质、又能用热塑性塑料加工设备和方法进行加工的一类热塑弹性体。是一种通过动态硫化工艺制成的高级合成橡胶。它成功地把硫化橡胶的一些特性，如耐压缩变形、耐热性与塑料的易加工特性结合在一起。其制作通常由塑料和橡胶两相组成，再加上合适的硫化/交联体系，配以适当的共混设备如双螺杆挤出机、密炼机，使橡胶在硫化不交联的同时被剪切成微粒并分散在连续的塑料相中。动态硫化所形成的化学交联区别于苯乙烯类弹性体的物理交联，能在更高的温度条件下保持橡胶状态，而不会像苯乙烯类弹性体一样在高温下物理交联消失，材料变形。主要应用于汽车部件、机械工具、电子电器、电线电缆、建筑密封、玻璃幕墙等方面。

【热塑性复合材料】(fiber reinforced thermoplastics) 用玻璃纤维、碳纤维、芳纶纤维等增强的各种增强热塑性树脂的统称。由于热塑性树脂和增强材料种类不同，其生产工艺和制成的复合材料性能差别很大。从生产工艺角度分析，热塑性复合材料分为短纤维增强复合材料和连续纤维增强复合材料两大类。前者的成型方法主要有注射成型、挤出成型、离心成型；后者的成型方法主要有预浸料模压成型、片状模塑料

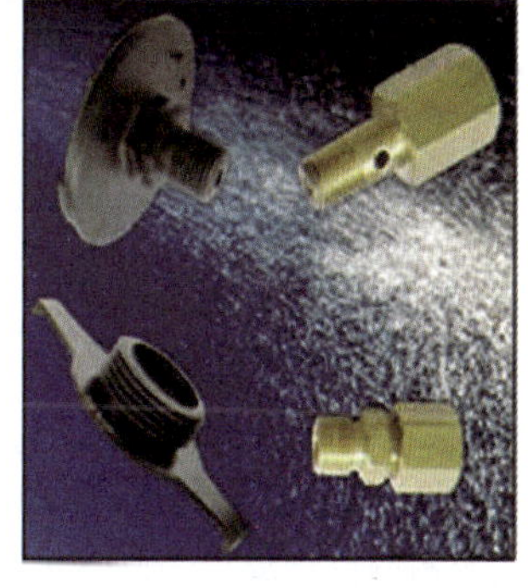
热塑性复合材料

冲压成型、片状模塑料真空成型、预浸纱缠绕成型、拉挤成型。具有如下特殊性能：(1)密度小、强度高。(2)性能可设计性的自由度大。(3)热性能好。(4)耐化学腐蚀性强。(5)电性能优。(6)废料能回收利用。主要用于汽车制造工业、机电工业、化工防腐及建筑工程等方面。

【热塑性复合材料缠绕成型】(fiber reinforced thermoplastics twining molding) 用缠绕成型技术生产热塑性复合材料的方法。其工艺原理和缠绕机与热固性玻璃的缠绕成型一样，不同的是热塑性复合材料缠绕制品的增强材料不是玻璃纤维粗纱，而是经过浸胶(热塑性树脂)的预浸纱，因此需要在缠绕机上增加预浸纱预热装置和加热加压辊。缠绕成型时，先将预浸纱加热到软化点，再与芯模的接触点加热，并给加压辊加压，使其熔接成一个整体。

【热塑性复合材料焊接层合法】(thermoplastics composite welding) 用焊接层合技术生产热塑性复合材料的方法。此法系利用热塑性复合材料的可焊性，生产复合材料板材。其生产过程为：先在工作台上压铺一层预浸料(一般宽500mm)，铺第二层浸料时，开动压辊的焊接器，使预浸料进入压辊下，焊接器使上下两层预浸料在几秒钟内同时受热熔化，当机器向前移动时，预浸料在压辊的压力(0.3MPa)作用下黏合成一体。如此重复，可生产任意厚度的板材。

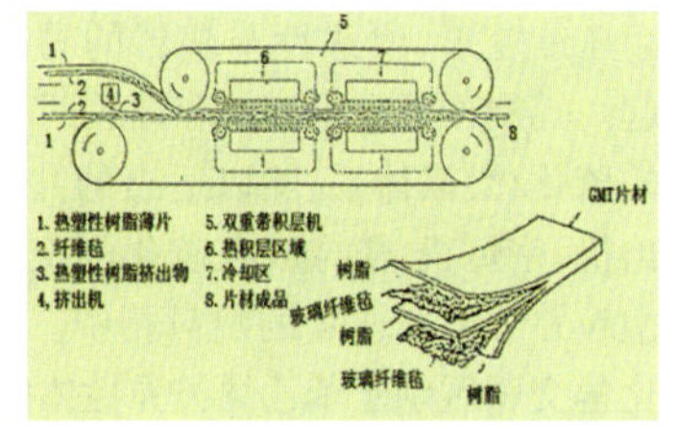

热层合法制程图

【热塑性复合材料挤出成型】(fiber reinforced thermoplastics extrusion molding) 用塑料挤出技术生产热塑性复合材料的方法。挤出成型是热塑性复合材料制品生产中应用较广的工艺之一。其主要特点是：生产过程连续，生产效率高，设备简单等。主要用于生产管、棒、板及异型断面型材等产品。

【热塑性复合材料拉挤成型】(fiber reinforced thermoplastics drawing mold) 用拉挤成型技术生产热塑性复合材料的方法。热塑性复合材料的拉挤成型工艺与热固性玻璃钢基本相似。只要把进入模具前的浸胶方法加以改造，生产热固性玻璃钢的设备便可使用。生产热塑性复合材料拉挤产品的增强材料有两种：一种是经过浸胶的预浸纱或预浸带；另一种是未浸胶的纤维或纤维带。

【热塑性复合材料连接】(fiber reinforced thermoplastics join) 采用铆接、焊接等技术将热塑性复合材料连接的方法。其连接方法主要有：(1)铆接。用于热塑性复合材料铆接用的铆钉，一般都是用连续纤维增强热塑性塑料制造，最好是用拉挤棒材制造。(2)焊接。热塑性复合材料的焊接处理，是将被连接材料的焊接表面加热到熔化状态，然后搭接加压，使之接成一体。(3)管件对接焊。热塑性复合材料管的对接焊方法有直接对接焊和补强对接焊两种。其优点是：工艺简单，可在现场施工，不需对管子进行机械加工，连接强度高，不易断裂。其缺点是：成本高，工艺要求严格，要保证尺寸紧密配合。(4)缠绕焊接。用预浸带沿焊缝手工或机械缠绕，同时用火焰喷枪对接触点加热熔融，使之与被连接件粘牢。此法较实用，被连接材料能保留较好的性能，但易出现加热不均的现象。(5)薄板超声波焊接。此法是用超声波对被连接处进行加热焊接，一般能够获得较高的连接强度。

【热塑性复合材料注塑成型】(fiber reinforced thermoplastics injection molding) 用塑料注塑成型技术生产热塑性复合材料的方法。热塑性复合材料的主要生产方法。其优点是：成型周期短，能耗小，产品精度高，一次可成型形状复杂及带有嵌件的制品，一模能生产几个制品，生产效率高。其缺点是：不能生产纤维增强复合材料制品和对模具质量要求较高。主要用来生产各种机械零件、建筑制品、家电壳体、电器材料和车辆配件等。

【热塑性片状模塑料制品冲压成型】(sheet thermoplastic stamping) 用冲压成型技术生产热塑性片状模塑制品的方法。与热固性片状模塑压制成型不同，它要先将坯料预热，然后再放入模具加压成型。根据坯料加热软化程度和成型时物料在模内的运动情况，冲压成型分为固态冲压成型和流态冲压成型。其特点是：(1)成型周期短，生产效率高。其成型周期不大于1min。(2)热塑性片状模塑可长期贮存，废品和边角余料能回收利用。比如热塑性树脂基复合材料，特别是以玻璃纤维毡与热塑性基体(PP、PA、PET、PBT等)复合而成的玻璃纤维增强热塑性片材(GMT)，是一种高性能复合材料。具有韧度好、强度高、密度小、优良的耐腐蚀性和耐热性、成型性好、保存期长和废料可再生利用等优点。也是一种低能耗、无环境污染的绿色环保材料。其冲压成型制件已被广泛应用于汽车、建筑、化工、包装、电力、运输等领域。

【热塑性塑料】(thermoplastic) 遇热软化或熔融而处于可塑性状态、冷却后又变坚硬的有机高分子化合物。可分为:(1)烃类塑料。属非极性塑料,有结晶性和非结晶性之分。结晶性烃类塑料包括聚乙烯、聚丙烯等;非结晶性烃类塑料包括聚苯乙烯等。(2)含极性基的乙烯基类塑料。除氟塑料外,大多数是非结晶型的透明体,包括聚氯乙烯、聚四氟乙烯、聚醋酸乙烯酯等。乙烯基类单体大多数可以采用游离基型催化剂进行聚合。(3)热塑性工程塑料。主要包括聚甲醛、聚酰胺、聚碳酸酯、ABS、聚苯醚、聚对苯二甲酸乙二酯、聚砜、聚醚砜、聚酰亚胺、聚苯硫醚、聚四氟乙烯及改性聚丙烯等。(4)热塑性纤维素类塑料。主要包括醋酸纤维素、醋酸丁酸纤维素、赛璐珞、玻璃纸等。这类塑料强度、硬度、耐热性、尺寸精度等较低,热膨胀系数较大,力学性能受温度影响较大,蠕变及耐负荷变形也较大等。

热塑性塑料

【热塑性橡胶】(thermoplastic rubber, TPE) 又称热塑性弹性体。一类在常温下显示橡胶性、受热时呈可塑性的高分子材料。在其分子结构中都具有刚性链段(硬段)和柔性链段(软段)。如热塑性聚苯乙烯-聚丁二烯-聚苯乙烯嵌段共聚物(SBS),硬段为S,即塑性段;软段为B,即橡胶段。TPE具有与普通硫化胶类似的理化性质。其硬段能形成轻度的化学和物理交联,不需硫化。与热塑性树脂一样,可用普通塑料加工方法成型。是一种节能省力的新型材料。已广泛应用在电线、电缆、制鞋、涂料、胶黏剂、电器零件等方面。

热塑性橡胶产品

【热损伤粒】(heat damaged kernel) 又称烘伤粒。经过烘干而产生脱包及损伤的籽粒。如小麦粒面筋质特性受到削弱,玉米粒胚或胚乳变为深褐色等。是检验粮食质量的重要指标之一。

【热弯玻璃】(thermal bent glass) 由平面玻璃加热软化并在模具中成型后经过退火制成的曲面玻璃。一般采用间歇式或者连续式热弯工艺在电炉中进行加工。在建筑中,曲面形状的热弯玻璃具有强烈的艺术装饰效果,可以用在观光电梯、门堂大厅、旋转顶层、屋顶采光、过街通道和观景窗等场合。

热弯玻璃制品

【热网站】(heat supply distribution and control station) 在热水管网输热干线上或输热干线与配热干线连接处集中改变和检测供热介质状态参数的设施。在大型供热系统中,通常需要这种设施。按其功能的不同可分为:(1)热网中继泵站。其功能是在输热干线上进行中间加压,以扩大输送距离,提高输热能力,供应更多的热用户。站内装设加压水泵和检测、控制装置。加压水泵可设在供水干管、回水干管或同时设在供、回水干管上。(2)控制分配站。其功能是使从输热干线上引出的配热干线以及其后的配热支线和热用户独立地构成一个区域性供热系统。该系统的水力和热力工况可根据本区域的热负荷、供热距离和地势高差而自行确定和调节,不依赖于输热干线的工况,同时还可简化热力站的工艺系统和设备。控制分配站内设有加压水泵、混合水泵及检测、控制装置,集中调节本区域供热系统的压力和水温。压力调节系根据输热干线上的压力并结合配热干线水压图,通过加压水泵或压力调节装置实现。水温调节是根据输热干线供水温度和该系统对供热介质温度的要求,通过混合水泵把配热干线的回水部分地打入到配热干线的供水管路内,加以混合来改变供水温度。控制分配站也可采取间接连接方式,通过设置换热器来集中改变该区域供热系统的热介质参数。

【热稳定剂】(heat stabilizer) 能防止聚合物在加工、使用和储藏过程因受热而发生降解、交联、变色和老化的助剂。主要品种有:(1)碱式铅盐。如三碱式硫酸铅和二碱式亚磷酸铅。其耐热性、电绝缘性均较好,但有毒性,且透明性、分散性差。(2)脂肪酸皂。主要是硬脂酸和月桂酸的镉、钡、钙、锌、镁盐,通常将镉皂和钡皂、锌皂和钙皂并用,以产生协同效应。(3)有机锡。如二巯基乙酸异辛酯和二正辛基锡等,具有良好的透明性。(4)有机辅助稳定剂。主要是亚磷酸酯和环氧化合物,同金属稳定剂并用以产生协同效应。(5)复合稳定剂。有多为液态的镉-钡、耐硫化污染的钡-锌、无毒的钙-锌以及有机锡络合物等。聚氯乙烯和氯乙烯共聚物是聚合物中热稳定剂用量最大的。在软质制品中的用量一般为2%左右;在硬质制品中一般为3%~5%。

【热污染】(thermal pollution) 由工农业生产和人类生活中排出的各种废热所导致的环境污染。可以污染大气和水体。废热排入湖泊河流后,造成水温骤升,导致水中溶解氧锐减,引发鱼类等水生动植物死亡。大气中含热量增加,会改变环境温度,影响局部的或地区的自然生态平衡,影响气候变化。热污染还会对人体健康构成危害,降低人体的正常免疫功能。造成热污染的原因是能源未能被有效、合理地利用。

【热污染防治】(heat pollution treatment) 消除热污染的防护技术。通常采取的措施为:(1)综合利用废热。是减少热污染的最主要措施。生产过程中产生的余热种类繁多,都是可以利用的二次能源。中国每年可利用的工业余热相当于5×10^7t标煤的发热量。在冶金、发电、化工、建材等行业,可以通过热交换器利用余热来预热空气、干燥产品、生产蒸汽、供应热水等。(2)加强隔热保温,防止热损失。如在工业生产中的窑体加强保温、隔热措施,以降低热损失。

【热休克蛋白】(heat shock proteins) 又称应激蛋白。机体细胞在一些理化因素刺激后高效表达的一组蛋白质。因最先发现于果蝇唾液腺的热应激反应中而得名。此后的研究表明,热休克蛋白广泛存在于人、动物、微生物和植物的细胞中。是一类在遗传上高度保守的分子。能保护细胞并促进细胞对各种刺激所造成的损伤进行自身修复,具有重要的生物学功能。意大利生物学家里多萨于1962年在研究果蝇的发育时最早发现了热休克现象。在10多年后,科学家进一步研究发现,细胞在遭受高于正常温度的刺激时,都会大量合成这种蛋白。当遭遇高温或外在的不良刺激时,其他很多蛋白合成都会受到抑制,而让开道路优先合成热休克蛋白。它们在体内有很多重要的作用。最主要的是以"分子伴侣"的身份出现的,具有帮助稳定蛋白质和多肽的作用。即当蛋白质发生错误后使之恢复正常,还能降解严重损伤的蛋白质。

【热学】(thermology) 研究有关物质的热运动以及与热相联系的各种规律的学科。它起源于人类对冷热现象的探索。人类生存在季节交替、气候变幻的自然界中,冷热现象是他们最早观察和认识的自然现象之一。热学研究的对象是由数量很大的微观粒子组成的系统。热是同大量分子的无规则运动相联系的。热学理论有两个方面,一是宏观理论,即热力学;一是微观理论,即统计物理学。这两个方面相辅相成,构成了热学的理论基础。

【热压印技术】(hot embossing technology,HEL) 在高温高压下进行纳米级结构压印的技术。其工艺过程是:压模制备、压印过程和图形转移。即先利用电子束刻印术或其他先进技术制备坚硬的压模,然后在用来绘制纳米级图案的基片上旋涂一层聚合物薄膜,将其放入压印机加热,并将压模压在聚合物薄膜上,降低温度使聚合物凝固化。这样就在基片上的聚合物压印出凸起的图案。最后,进行图形转移,即将基片上的聚合物图案转换成所需材质的图案。这是一种在微纳米尺度快速获得低成本的并行复制结构的方法。它仅需一个模具,即可将完全相同的结构按需要重复复制到大的表面上。与传统的纳米加工方法相比,它具有方法灵活、成本低廉和生物相容等特点,且可以得到高分辨率、高深宽比结构。

热压印技术

【热液矿床】(hydrothermal deposit) 又称水热矿床。各种成因的含矿热水溶液或流体所形成的矿床。成矿温度一般是低于水的临界温度,因而成矿介质主要是热水溶液。研究结果表明,热水溶液的来源有多种途径,主要有岩浆水或来自地幔的初生水、变质水(包括花岗岩化水和混合岩化水)、下渗的海水、大气降水和受热的地下水等。成矿热水溶液及其矿物质的来源等也常是多来源的。

【热障】(thermal barrier) 飞行器在稠密大气中作超声速飞行时,受激波与机体间高温压缩气体的影响其蒙皮的温度会随马赫数的提高而急剧上升的现象。由于机体表面与空气强烈摩擦,当飞行马赫数为2时,机头处的温度超过100℃;当飞行马赫数为3时,飞行器表面的温度则急剧升至350℃左右,超过了铝合金的极限温度,结构强度大大降低。一般把马赫数2.5作为"热障"的界线。低于这一值,气动加热不严重，可用常规的方法和材料设计、制造飞机；高于该值，则必须采取克服气动加热问题的措施，如用耐高温的钢或钛合金制造飞机的蒙皮和框架等。宇宙飞船和返回式卫星在重返大气层时，马赫数更高，外表温度可达1 000℃以上。为保证其不致被烧毁，飞船和返回式卫星的头部得用烧蚀材料包上一层，让它在高温时烧掉，以吸收气动加热时产生的热能。

【热值】(heat value) 又称发热量。单位质量（或体积）的燃料完全燃烧后所放出的热量。是表示燃料品质的重要指标之一。

【热致死时间】(thermal death time) 在致死温度下，杀死全部微生物所需要的时间。不同微生物最适宜生长的温度不同。当温度高于微生物最适宜生长的温度时，微生物的生长就会受到抑制，而当温度高到足以使微生物体内的蛋白质发生变性时，微生物即会出现死亡现象。这时的温度即致死温度。在致死温度以上，温度愈高，致死时间愈短。一般细菌、芽孢细菌、微生物细胞和微生物孢子，对热的抵抗能力不同，它们的致死温度和致死时间也不同。

【热中子反应堆】(thermal neutron reactor) 又称热堆。由热中子引起裂变的核反应堆。能量为0.025～0.1eV的中子称为热中子。热中子堆与快中子堆的最大区别是没有慢化剂。热中子堆的优点是裂变燃料装量少，可用天然铀作燃料，技术已经成熟，应用广泛。其缺点是铀的利用率较低（只有1%～2%）。

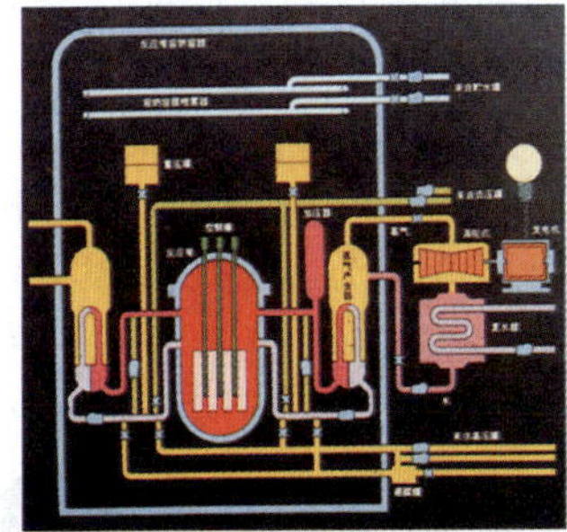

热中子反应堆流程

【热重分析】(gravitational thermal analysis) 将样品置于程序控制的温度下，观察测定样品的质量随温度或时间变化的函数的热分析方法。其优点是：(1)操作简便。(2)精确度高。(3)稳定性好。广泛应用于塑料、橡胶、涂料、药品、催化剂、无机材料、金属材料与复合材料等各领域的研究开发、工艺优化与质量监控等。

【热阻】(thermal resistance) 反映阻止热量传递能力的综合参量。在传热学的工程应用中，为了满足生产工艺的要求，有时通过减小热阻以加强传热；而有时则通过增大热阻以抑制热量的传递。按传递方式的不同可分为：(1)当热量在物体内部以热传导的方式传递时，遇到的热阻称为导热热阻。(2)在对流换热过程中，固体壁面与流体之间的热阻称为对流换热热阻。(3)当热量流过两个相接触的固体的交界面时，界面本身对热流呈现出明显的热阻，称为接触热阻。

【人－机－环境系统工程】(environment system engineering) 运用系统科学理论和系统工程方法，正确处理人、机、环境三大要素的关系，深入研究人－机－环境系统最优组合的一门学科。系统中的人是指作为工作主体的人（如操作人员或决策人员）；机是指人所控制的一切对象的总称（飞机、汽车、轮船、生产过程等）；环境是指人、机共处的特定的工作条件（如温度、噪声、震动、有害气体等）。其特点是：(1)把人、机、环境看作是一个系统的三大要素。在深入研究三者各自性能的基础上，着重强调从全系统的总体性能出发，通过三者间的信息传递、加工和控制，形成一个相互关联的复杂巨系统，并运用系统工程方法，使系统具有安全、高效和经济等综合性能。(2)抛弃把环境作为干扰因素的消极观点，主张把环境作为系统的一个环节，并按系统的总体要求对其进行全面的规划和控制。(3)把人的因素、人体工程学、工程心理学、工效学、人的因素工程、人－机系统等学科纳入一个统一的科学框架，避免概念和术语的混乱。研究的内容包括：人的特性的研究、机器特性的研究、环境特性的研究、人－机关系的研究、人－环境关系的研究、机－环境关系的研究、人－机－环境系统总体性能的研究七个方面。研究方法可以概括为三个理论（控制论、模型论、优化论）、分析三个要素（人、机、环境）、历经三个步骤（方案决策、研制生产、实际使用）、实现三个目标（安全、高效、经济）。

【人本原理】(humanistic principle) 一切管理工作均应以做好人的工作、调动人的积极性为根本的管理理念。现代管理的核心和动力是人以及人的积极性。“人本”原理要求每个管理者必须从思想上明确，要做好整个管理工作，要想管好财、物、时间、信息等，都必须紧紧抓住做好人的工作这个根本，使全体工作人员明确工作目标、自己的职责、工作的意义、相互的关系等，使之能主动地、积极地、创造性地完成自己的任务。遵循“人本”原理，就要反对和防止见物不见人、见钱不见人、重技术不重人、靠权力不靠人等错误的认识和做法。违反“人本”原理，就不可能做到科学管理。

【人才】(talent) 具有较高才能的人。由于研究方法和着眼点不同，在承认人才具有较高才能的前提下，学者们对于人才的定义并不完全相同。一是强调人才必须是作出了贡献，推动了历史进步的人；二是指在特定专业(行业)的实践和认识活动中,产生和发展了某种较强才能(主要是综合性创造能力),并以有利于促进人类社会进步事业的考核成果、创造成果或影响作为客观标志的现实个人;三能够自觉适应社会要求、把握德和才最佳结合点的人;四是在创造单位价值财富时,所花费的劳动时间低于社会必要劳动时间的人;五是强调内在智力水平必须高,品德也要有相应水平的人。

【人才分类】(classification of talent) 根据各类人才的特点及其社会职能进行分类的学问。因研究目标和任务不同,研究者对于人才分类的方法也有所不同。常见的分类方法有:(1)依据人才在成长和发展过程中才能表达的不同阶段,可分为潜人才、实人才、衰人才三种。潜人才,指具有成为人才的必要素质但尚未显露、未受到注意的人;实人才,指才能已经显露、被社会接受和承认、正在实践中得到发挥的人;衰人才,指因各种原因才能趋向衰退的人。(2)依据人才的才能素质特点,可分为创造型人才、继承型人才、再现型人才、逻辑型人才、直觉型人才、艺术型人才、特异型人才等。(3)依据人才的社会功能,可分为通才和专才、帅才和将才等。(4)依据人才的社会职业,可分为经济人才、军事人才、艺术人才等。(5)依据人才在其所从事的专业中所取得成就的大小及其影响程度,可分为开拓型人才、发展型人才、传播型人才、杰出人才、优秀人才等。人才的科学分类,对其培养和使用有指导意义。

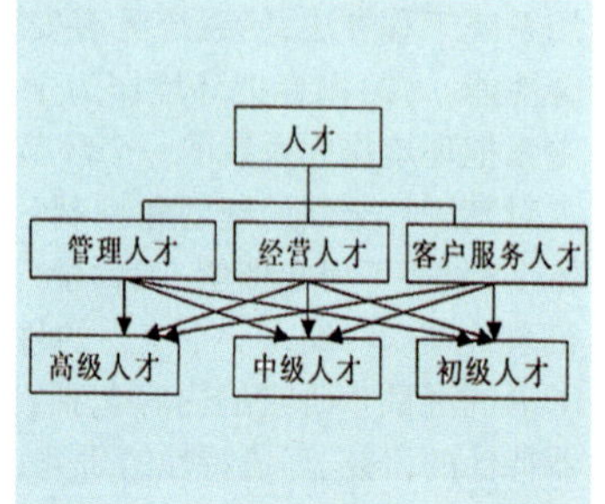

人才分类

【人才管理】(administration of talent) 对具有某些才能、可以作出创造性贡献的人进行科学的组织、开发和利用的系统工程。人才管理工作应该遵循的原则是:(1)能级原则。即按人才的不同能力水平安排相应工作,使职能相称。(2)互补原则。即人才水平的高低长短能互相补充,以达到整体优化。互补包括才能互补、知识互补、性格互补、年龄互补等。这条原则,在建设各级领导班子时尤为重要。(3)动态原则。即要加强人才的合理流动。通过流动形成人才的优势分布,还可以因事制宜地实行招聘制、任期目标责任制,鼓励人才的合理定向流动。(4)奖惩原则。即通过奖功罚过,促进人才成长。(5)潜力开发原则。要对人才的潜在才能进行投资培育或委以重任使其得到激发和锻炼。

【人才环境】(environment of talent) 人的才能在形成和得以发挥作用、进行创造活动的过程中所涉及的自然和社会条件。从哲学的精神与物质概念出发,可以把人才环境分为物质环境与精神环境;从社会角度出发,可以把人才环境分为政治环境、经济环境、道德环境、意识环境、家庭环境、工作环境等。总之,人才环境也就是在人才一生的发展过程中影响其才能的形成和发挥作用的客观环境。政治、经济、科技、教育、文化、社会、心理等因素横贯于家庭、学校、国内、国际各空间层次,交织成为人才的社会环境网。社会环境和自然环境(包括地理条件、气候条件、资源条件等)结合在一起,构成了人才环境的全部内容。社会环境对于人的才能的形成和发展起决定性作用,自然环境仅具有一定的制约意义。

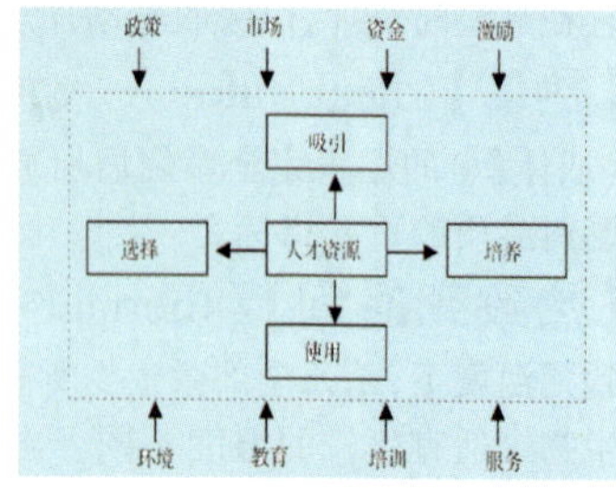

人才环境

【人才结构】(structure of talent) 在一定的社会单位内各类人才的比例和组合方式。研究人才结构,是为了寻求人才结构的最佳化途径。其优势有如下检验标准:(1)是否有利于系统内外各个因素的协调发展。(2)是否能使系统内各有利因素的积极作用得到充分发挥。(3)是否有利于发挥系统整体功能,取得满意的综合绩效。(4)是否有利于人才的成长。其内容包括:(1)人才的职业结构。即单位内科研、技术、生产、教育、管理等各类职能人才的比例和组合方式。(2)人才的专业结构。即单位内相关专业人才的比例和组合方式。(3)人才的能级结构。即职责的大小要与能力水平的高低相一致,不同的能级要有合理的比例和组合方式。(4)人才的年龄结构。即老年、中年、青年的比例和组合方式。(5)人才的部门结构。即人才在单位内各部门中分布的比例和组合方式。以上几种结构需要综合统筹,不能顾此失彼。当发现人才结构不合理时,应及时调整。调整人才结构的原则是:

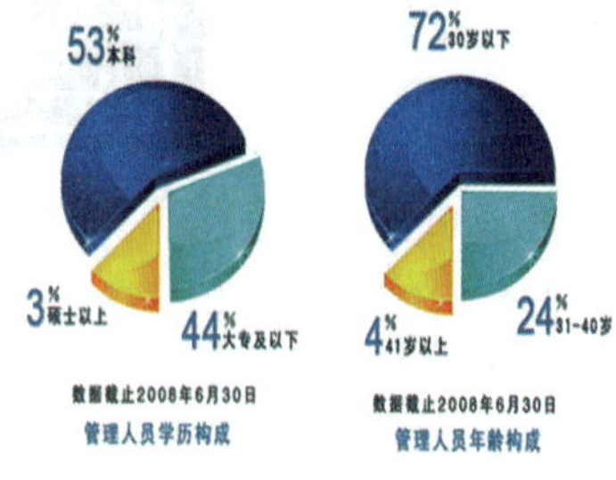

人才结构

(1)效能原则。即要以提高人才结构的效能为根本目的。(2)相关原则。即要从整体着眼,注意被调整部分与相关部分之间的关系及其可能产生的后果。(3)互补原则。即要使各因素增强相互补充的作用。(4)精干原则。即要注意机构精简、人员干练,力争能以最小的投入取得最大的效能。(5)动态平衡原则。即要利用信息反馈,及时调整使之适应工作需要。

【人才流动】(talent exchange) 人才在社会单位之间的转移现象。人才流动在历史上早已存在。人才流动的方向和规模在不同时代各有不同。其一般规律是:(1)人才总是向该时代生产力发展水平较高的地区和部门相对集中。(2)人才总是向社会发展进程中急需的建设部门、科学和技术部门相对集中。(3)人才总是向工作环境条件比较优越的地区和单位相对集中。人才流动有利于调动人才的积极性。其主要作用是:(1)把社会需要与个人发展结合起来,可激励人才充分发挥聪明才智。(2)有利于使社会单位人才结构合理化,使人才群体的智能结构和年龄结构逐步科学化。(3)有利于人才平等竞争,为人才充分发挥才智创造更多的机会。(4)有利于形成尊重知识、尊重人才的社会风尚。(5)有利于培养一代新人。

【人才强国战略】(strategy for strengthening nation with talent) 从全局和战略的高度把人才作为推进事业发展关键因素的重大决策。是增强综合国力和国际竞争力的根本措施。是完成现代化、实现中华民族伟大复兴的必然选择。是新世纪新阶段中国人才工作的根本任务。其总体目标是:要努力造就数以亿计的高素质劳动者、数以千万计的专门人才和一大批拔尖创新人才,建设规模宏大、结构合理、素质较高的人才队伍,充分发挥各类人才的积极性、主动性和创造性,开创人才辈出、人尽其才的新局面,大力提升国家核心竞争力和综合国力,为全面建设小康社会和实现中华民族的伟大复兴提供重要保证。为此,须着力解决如下问题:(1)逐步由物质资源的优先开发转变为人力资源的优先开发。(2)促进农村劳动力向非农产业和城镇转移,促进体力劳动者向脑力劳动者转换。(3)着重培养造就大批高层次人才。(4)促进人才资源的合理配置和价值实现。

【人才师承效应】(effect of talent succeeding to one's teacher) 通过师徒关系或师生关系(师承关系)影响人才成长的效应。培养人才有各种不同的形式,对人才成长的影响因素也各有不同。其中,师承关系就是重要形式之一。老师的言传身教,使学生、徒弟学到多方面的知识和技能,受到良好方法的训练,吸取成功的经验和失败的教训,增长其才智。老师特别是名家的兴趣爱好、思维品质、创新能力等对学生、徒弟也有重要的影响。常言说:"名师出高徒。"研究人才师承效应,有利于揭示人才成长的规律和培养途径。

【人才市场】(talent market) 人事管理部门筹建的为用人单位和各类人才提供全方位服务的场所。在人才市场内开展的主要业务有:国内外人才智力交流、人才开发培训、社会保障、人才信息、人事代理、回国留学人员和国际劳务技术合作等全方位的服务业务。人才市场的主要作用是:(1)有利于合理的配置人才。(2)促进人才合理流动,使人才资源得到充分利用。(3)为用人单位和就业者搭建了一个便于双向选择的平台。(4)有利于整个社会化服务结构的建立和完善等。

人才市场

【人才团】(talent group) 科学技术领域里的人才群体现象。其基本类型有:(1)学派型。即在某一种学科领域里形成的、具有创见并形成一定特色和传统的学术派别群体。(2)单位型。即以单位的某种特定优势和风格为基础,形成传统,造就人才,且经久不衰。(3)地区型。即在某一地区,由于其有特定的贡献和优势形成了吸引中心,从而出现的人才集团。(4)民族型。即由于民族的某种天然条件、特定的风俗习惯和文化传统所形成的具有某种优势的人才集团。它是人才学特别是科技人才学研究的基本课题之一。研究和把握人才集团的特性、功能和规律,对于人才的培养和科技的发展有重要意义。

【人才外流】(brain drain) 人才从一个国家流向其他国家的现象。世界上人才外流主要发生在发展中国家。人才外流的原因是:(1)政治动乱,国家混乱,人心涣散,无法从事科学技术研究工作。(2)知识、人才得不到尊重,对人才没有实施必要的保护措施。(3)由于不重视科研,缺少基本的科研设备和资金,工作条件太差,才能无法发挥。(4)人才的物质待遇太低,生活中的困难影响科研工作,才能浪费在为生计而奔波上。解决人才外流的根本措施:创造安定团结、民主和谐的政治局面,发展经济,实行重视科学技术和人才的政策。

【人才学】(theory of talent) 研究人才成长

及其发展规律的科学。运用哲学、科学学、社会学、心理学、教育学、伦理学等众多学科的知识研究人才问题,是一门社会科学与自然科学综合交叉的科学。研究内容是:(1)对人才概念的探讨,即关于人才定义、人才本质、人才特征、人才分类的研究等。(2)对人才发展分期及其特点的研究。(3)人才的发现和鉴别。(4)人才管理问题研究,包括社会的人才结构、人才选拔方法、人才使用制度、人才考核制度、人才流动制度和人才终生培养与开发等内容。(5)关于人才预测和人才规划。(6)人才的才能结构研究。(7)人才环境。(8)人才学的体系结构。研究方法有:(1)系统研究法。(2)调查统计法。(3)追踪研究法。(4)个案研究法。

【人才银行】(talent bank) 储存人才信息、促进和组织人才流动的社会团体。在人才银行里,储存人才的经历、技术水准、科研绩效、科研能力、身体健康状况等信息,为招聘人才单位提供方便。其主要作用是:(1)通过有计划地组织人才流动,在一定程度上解决企事业单位的人才需求。(2)通过沟通协商,为在本单位不能用其所学、所长的人介绍新的单位,提高人才的使用价值。(3)开展为解决科技人才各项具体困难的服务工作。(4)开辟人才流动的新渠道,促进人事工作的社会化。

人才银行

【人才引进】(talent introduing) 又称智力引进。通过引进国外的科技人才和派员出国(境)培训的形式,学习国外先进的科学技术和管理经验的举措。解决企业和科研单位在技术和管理中所存在的具体问题,促进科技进步和经济发展。引进国外智力,是中国实行对外开放政策的重要组成部分,也是加速中国现代化建设的一个重要举措。在全球经济一体化的趋势日益明显的情况下,对于像中国这样一个科学技术还比较落后、经济也不够发达、科技人才相当缺乏的发展中国家来说,在积极开展技术引进工作的同时,大力开展智力引进工作就显得更加迫切,更加重要。

【人才战略】(talent strategy) 国家为实现经济和社会发展预定目标,把人才作为一种战略资源,对人才培养、吸引和使用作出的重大的、宏观的、全局性构想与安排。着重研究人才对推动企、事业单位可持续发展和长远发展的作用。其核心是:培养人、吸引人、使用人和发掘人。2000 年 10 月,中共第十五届五中全会作出了实施人才战略的决策,新世纪的中国人才战略正式启动。中国的人才战略是经济社会发展战略的重要组成部分,是关于中国人才资源发展的总体谋划、总体思路。主要包括两层含义:(1)着眼加大人才资源的开发力度,全面提高人才的基本素质,将人口大国转变为人才强国,通过提高人才的竞争能力,增强国家的综合国力和国际竞争力。(2)着眼创新体制机制,作到广纳人才,为己所用,通过提高政策制度对人才的吸引力和凝聚力,增强国家的综合国力和国际竞争力。其基本内涵包括:(1)人力资本投资优先战略。加大人力资本投资力度,大力投资于国民教育和促进国民身心健康的各项事业。(2)人才价值实现战略。人才提供服务、付出劳动和进行创造性活动应得到承认和补偿。确立劳动、资本、技术、管理等生产要素按贡献参与分配的机制,吸引人才、留住人才、激励人才多作贡献。(3)人才结构调整战略。调整人才的专业结构和能力结构、能级结构和地域分布,有效增加人才存量,提高人才增量,提升人才素质,解决人才短缺与过剩并存的问题,使整个人才队伍具有更强的创新意识、创造能力,在推动中国社会主义现代化建设事业中发挥更大的作用。(4)人事制度改革战略。坚持以市场为主导,发挥人才市场在配置资源中的基础性作用,坚决改革一切影响人才发展的体制弊端,努力形成与中国社会主义初级阶段基本经济制度相适应的制度和机制。(5)人才整体开发战略。实现人才的整体性开发,坚持分类指导、整体推进,不断扩大人才工作覆盖面,实现人才工作协调发展,推动经济社会的可持续发展。

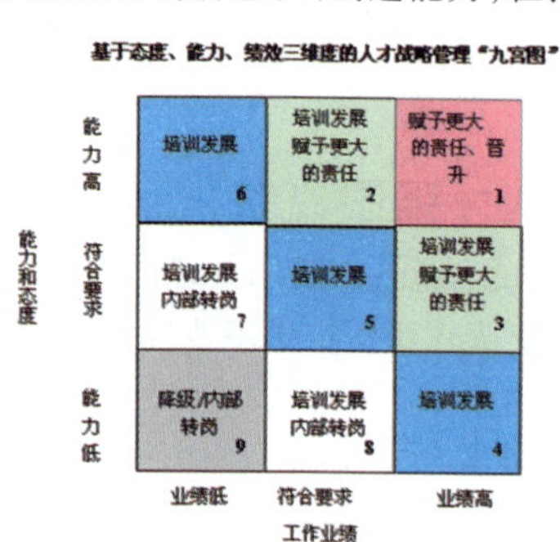

人才战略

【人畜共患病】(zoonosis) 人和家畜可以相互传播的疾病。如炭疽病、布氏杆菌病、结核病、马鼻疽、狂犬病、猪丹毒、钩螺旋体病、血吸虫病等。人畜共患传染病主要在家畜间流行,但若直接接触病畜及其分泌物、排泄物、畜产品,或在昆虫媒介的传播下,人亦可感染此病。

人畜共患病

【人的操作可靠性】(human's operation reliability) 人在规定条件下、规定的时间内,正确完成人机系统分配的规定功能的能力。与机器可靠性相比,人的行为是有自由度的。人处理事情的能力随人的身心状态、作业环境、社会因素、情绪状态的变化随机起伏变化。这种人的不稳定性就不可避免地存在发生人的差错的可能性,导致人的操作可靠性下降。研究提高人的操作可靠性是提高系统可靠性的重要环节。评价人的操作可靠性的常用尺度是人的操作可靠度,即作业者在规定条件下和规定时间内正确完成操作功能的概率。与人的操作可靠性相对应的是人的操作不可靠度,即在规定条件下和规定时间内丧失规定功能的概率。

【人的可靠性】(human's reliability) 在规定时间内以及规定的条件下,人无差错地完成所规定任务的能力。其定量指标为人的可靠度。在人机系统安全可靠性中占有重要地位。特别是随着科学技术的发展,机的可靠性有了很大的提高,而人的操作可靠性就显得越来越突出。对人的可靠性的分析,其目的是减少和防止人的失误,以便将人的失误率减少到人机系统可以接受的最小程度,进而提高人机系统的安全性。一般来讲,人对简单且离散的信号反应的可靠度在0.999 95~0.999 99,对复杂输入的复杂反应其可靠度(包括与另外操作者共同反应)为0.970~0.990。影响人的可靠性的因素很多,包括生理因素(体力、耐力、疲劳等)、心理因素(压力、情绪、反应等)、个体因素(文化水平、经验、熟练度等)、机械因素(功能、信息显示、识别和控制器的灵敏度、可操作性等)、环境因素(气温、照明、噪声、振动等)、管理因素(监督、管理、教育、培训)。人的可靠性研究贯穿于整个人机系统的设计、制造、使用、维修和管理的各个阶段,应充分辨识出人失误的本质并量化其可能性。尤其是在载人航天事业中,对其研究也越来越重要。常用的定量研究方法为概率方法,即借助工程可靠性的概率研究来解决人的行为的可靠性定量化问题。这种方法便于和机器可靠性进行综合,从而获得系统的总的可靠性量值。常用的定性研究方法为因果方法,其立足点是人的行为不是随机的,而是由一定原因引起的。只要系统地分析产生某种人的行为的内部和外部原因,采取相应的措施解决它们,人的差错就会消除或减少,就会提高人的可靠性。

【人的作业疲劳】(human work weariness) 又称作业疲劳。人在作业过程中,产生作业技能衰退,作业能力明显下降,有时并伴有疲倦等主观症状的现象。过度作业疲劳不仅使作业能力下降、劳动质量低、大脑与动作迟钝、反应能力降低,而且增加事故发生率,甚至造成人身与财产损失。作业疲劳是一系列复杂现象的综合体,既有人的心理和生理因素,又有生产设备的系统的因素,还受环境和社会因素的影响。疲劳的分类方法有多种。一般分为三种类型:(1)肌肉疲劳(个别器官疲劳和全身疲劳)。(2)精神疲劳(包括智力疲劳、技术性疲劳和心理性疲劳)。(3)生物疲劳(周期性疲劳)。

【人防工程】(civil air defence shelter) 人民防空工程的简称。为防空需要而修建在地下或半埋于地下的民用建筑物。按战时用途的不同可分为指挥通信、人员掩蔽、医院、救护站、仓库、车库等;按工程构筑方式的不同可分为掘开式工程和坑道式工程两大类。人防工程应满足防核武器、防化学武器和防细菌武器等要求。要做到平战结合,以战为主,兼顾平时使用。很多城市都在积极创造条件,利用已修筑的人防工程,作为招待所、餐厅、医院和影剧院,以及地下仓库和中小型车间(工场)使用。一些战时需用的防护设备可暂不安装,但必须事先考虑临战前的应急措施。

防空洞

【人格障碍】(psychopathic personality) 又称病态人格或人格变态。一些人的人格的某些特点过分突出,影响了本人或周围人的生活和谐,因而引起别人的注目或认为必须处理的一种障碍。患者本人一般不能认识或不肯承认自己有这些缺点。人格障碍因为没有明确的发病、病情波动和医药治疗方法,所以一般不作为疾病。但又因为某些原来人格正常的精神病或器质性脑病的患者可以出现人格障碍的症状,或某些人格障碍者的表现很像精神病,因此人格障碍成为精神医学的内容之一。该病的诊断对象必须是成人(一般是指18岁以上),少年儿童一般不诊断人格障碍。

【人工宝石】(artificial gem) 完全或部分由人工制造的珠宝玉石。按其制作方式的不同可分为:(1)合成宝石。指按天然宝石的化学组成、晶体结构、物理化学性质及生长条件人工合成(培养)的宝

人工宝石

石晶体，如合成红宝石、合成蓝宝石。（2）人造宝石。指以用做宝石为目的、由人工方法制成、自然界无天然产出的晶体或非晶体。如瑞士钻（人造钛酸锶）、美国钻（人造钇铝榴石）。（3）再造宝石。指通过压结或熔结，使天然玉石或有机宝石的碎块或碎屑粘合成具有整体宝石外观的宝石，如再造琥珀、再造绿松石。（4）拼合宝石。也称组合宝石、粘合宝石和垫层石，指由两块或三小块不同种类或品级的宝石（包括代用品及仿冒的赝品）经拼接粘合或熔合成一体的“宝石”，如用水晶做顶、鲜红玻璃做底的“二层石”仿冒红宝石，外观既色泽艳丽，表面又坚硬耐磨。

【人工保护盘】（protective bulkhead） 为保护延深工作面作业安全，在原井筒的井窝内构筑的防止坠落伤人的临时结构物。需用材料较多，但不受岩石条件限制，拆除容易。保护盘必须具有足够的强度和缓冲能力，同时也应起到隔水和封闭作用。在满足上述要求的条件下，其结构应尽量简单以便于构筑和拆除。按结构形式的不同可分为水平保护盘和楔形保护盘两大类。前者由盘梁、隔水层和缓冲层构成。其优点是结构简单，安装和拆除方便，占用空间较小而适用范围较广；缺点是抗坠落物的冲击能力较小。后者由底盘、楔形盘体和缓冲塞构成。其优点是坠落物的主要冲击能量不是作用在底盘水平梁上，而是传给了井帮，因此承受冲击能力大；但是楔形保护盘较高，其使用往往受到井底空间的限制，结构也较复杂。

【人工被动免疫】（passive artificial immunity） 采用人工方法向机体输入由他人或动物产生的免疫效应物，使机体立即获得免疫力的免疫方式。其特点是：产生作用快，输入后立即发生作用，主要用于疾病的治疗和应急预防。常用的人工被动免疫制剂有：（1）抗毒素。如破伤风、白喉、肉毒、炭疽等抗毒素等。（2）胎盘球蛋白丙种球蛋白。主要用于某些病毒性疾病（如麻疹、甲型肝炎、脊髓灰质炎）的紧急预防接种。（3）细胞免疫制剂。如细胞因子等。由于这些制剂的免疫力易被清除，所以免疫作用维持时间较短，一般只有2～3周。

【人工播种】（artificial seeding） 穴播、缝播、条播和撒种等播种方式的统称。播种前须对种子进行处理，包括消毒、浸种、催芽、病虫害防治等。分春季播种、雨季播种和秋季播种。播种量的多少，主要决定于种子的发芽率和单位面积上要求的最低限度的幼苗数量。进行穴播的核桃、胡桃楸、板栗、三年桐等大粒种子，每穴播种2～3粒；种粒稍小的栎类、油茶、山杏、文冠果等每穴3～5粒；种粒中等的红松、华山松等每穴4～6粒；种粒较小的油松、马尾松、樟子松、云南松等每穴10～20粒；柠条、花棒等每穴20～30粒。播种方法不同，用种量也不相同。一些树种穴播的用种量，要比条播、撒播低2～3倍，乃至10余倍不等。播种技术包括，覆土厚度适当一般为种子直径的2～3倍（除撒播外）、撒布均匀和放置方式得当等。大粒种子覆土厚度5～8cm，小粒种子1～2cm。秋季覆土宜厚，春季宜薄；土壤黏重、湿度较大的造林地覆土宜薄，沙质土可适当加厚。对于大粒种子来说，放置方式关系到生根发芽的难易和出土的迟早。一般认为核桃、胡桃楸等应使缝合线垂直于地面，而栎类、板栗等则可以横放使之平行于地面。覆土后须轻轻镇压。

人工播种

【人工岛】（artificial island） 用人工方法建造的海上陆地。按用途的不同可分为工业用人工岛、石油开采用人工岛和居住型人工岛；按所处位置的不同可分为内湾型（海湾内）人工岛和外海型人工岛。人工岛常建在水深20m以内的近岸浅水海域，由基础与主体部分构成，并带有通道（桥梁或海底隧道）与陆地相连。人工岛还筑有各种防护工程以防止海风、波浪、海流、潮汐和海冰对人工岛的侵蚀。世界各沿海国家多用这种办法解决城市用地的不足。

杭州湾跨海大桥人工岛服务区

【人工地基】（artificial foundation） 人工加固的地基。淤泥、淤泥质土以及天然强度低、压缩性高、透水性低的黏性土和松砂、软弱纯填土、杂填土等，因其土层的承载力不能承受基础传递的全部荷载，需经人工处理后作为地基的土体。常见人工处理地基的方法有换填法、预压法、强夯法、震冲法、深层搅拌法和打桩法等。

【人工耳蜗】（artificial cochlea） 一种替代人耳功能的电子装置。由耳内部分和体外部分组成。耳内部分由植入电极和接收/刺激器组成。体外部分由言语处理器、方向性麦克风及传送装置所组成。声音由方向性麦克风接收后转换成电信号再传送至言语处理器将信号放大、过滤,并由传送器传送到接收/刺激器,产生的电脉冲送至相应的电极,从而刺激听神经纤维兴奋并将声音信息传入大脑,产生听觉。人工耳蜗可以帮助患有重度、极重度耳聋患者获得听的感觉。这里的重度、极重度耳聋患者是指双耳听阈大于90dB听力级以上,而配戴大功率助听器无效或效果不佳的人。

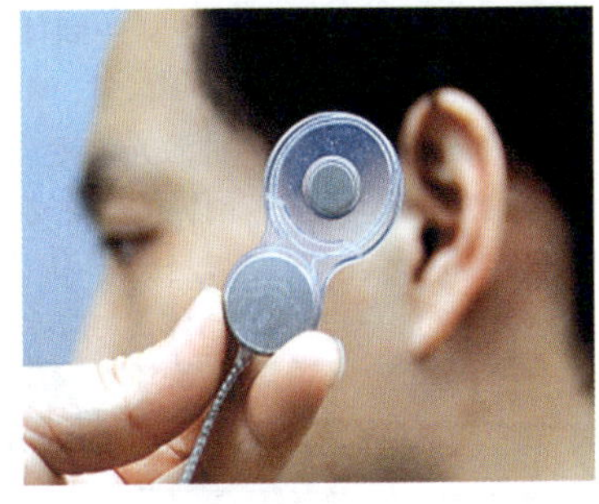
人工耳蜗

【人工防雹】(hail suppression) 又称播云抑雹。用人为手段抑制或削弱冰雹的危害。常用的方法是:用人工方法削弱或抑制雹云内雹块的生长。向云内播撒冻结核、炸药或冷却剂,促使雹云内过冷的水滴先行冻结,破坏冰雹形成的自然过程。此外,采用各种预防措施,如预先覆盖或抢收农作物,也是人工防雹的重要一环。

【人工放流】(artificial releasing) 又称增殖放流。把人工培育的鱼、虾、蟹、贝等水生动物苗种向海洋和内陆天然水域投放的生产措施。可以增加资源,提高捕捞量。是补充渔业资源种群与数量、改善与修复因捕捞过度或水利工程建设等遭受破坏的生态环境、保持生物多样性的一项有效手段。针对不同水域特性,以补充、修复原水体的水生生物链中缺失的种类和保护水生生物种质资源的原生态为原则,既能起到恢复、增加渔业资源的作用,又能维护自然原始生态的平衡。防止发生外来物种侵袭造成生态环境遭受破坏的严重后果。

人工放流

【人工肺】(artificial lung) 一种替代人肺的装置。用于血气交换、调节血液内氧和二氧化碳含量。以往主要用于心血管手术时的体外循环。随着生物医学工程的发展,植入性人工肺也进入试验阶段。人工肺和血泵配合即构成人工心肺机。

【人工孵化】(artificial incubation) 通过人工控制适宜的温度、湿度和通气等方法,为胚胎发育创造良好的外部环境条件的孵化过程。根据受精卵的胚胎发育生理生态特点,在人工控制条件下,创造适宜的孵化条件,使受精卵孵化胚胎正常发育,以提高孵化率和幼苗的成活率。是水产经济动物人工繁殖的最后一个环节。按其水流状况的不同可分为静水孵化和流水孵化;按其工艺的不同可分为脱黏孵化和浮性卵孵化。

人工孵化扬子鳄

【人工辅助授粉】(artificial supplementary pollination) 把人工收集的花粉有目的地授于母本柱头上或用其他人工辅助方法增加作物传粉机会的技术措施。对玉米而言,人工收集混合花粉或抖动其雄花序,使花粉充分授到雌花序的花丝上,可减少其秃顶、缺粒,有利于提高结实率而达到增产的目的。在玉米、水稻配制杂交种时,母本行拔去雄花序或用雄性不育系,抖动父本行植株,促使花粉散发,可增加父本花粉传到母本柱头的机会,从而提高杂交制种的产量和质量。

【人工肝】(artificial liver) 借助体外机械、化学或生物性装置,暂时替代或部分替代肝脏功能,从而协助治疗肝功能不全或相关疾病的一种设备 。与一般内科药物治疗的最大区别在于,前者主要是通过“功能替代”治疗,后者主要是通过“功能加强”治疗。由于人工肝以体外支持和功能替代为主,故又称为人工肝支持系统或体外肝脏支持装置。

【人工更新】(artificial regeneration) 天然林或人工林经过采伐、火烧或因其他自然灾害而消失后,以人为的方法在这些迹地上重新恢复森林的过程。是通过人工播种或植苗形成新林以代替老林的方式。其优点是幼苗幼树生长较迅速,便于更换树种,及时将整个林分伐去而避免过熟立木留存过久。缺点是更新成本较高,林分伐光后地面裸露,易引起水土流失和土壤退化。栽植的如是耐荫树种则易遭受霜害,特别是所形成的同龄林易遭受病虫危害。森林更新是森林持续发展与持续利用的基础。森林更新与森林采伐密切相关,有什么样的采伐方式就有相应的更新方式。森林更新与森林采伐是一个整体,是森林作业法的两个不可分割的方面。还有一种是对天然更新加以人工辅助的方法,称为人工促进天然更新。它是在有天然下种的条件下,对采伐迹地或林下影响天然更新的杂草、灌木进行局部管理，即割灌与去草皮、松土、整地，为种子接触土壤得以发芽，为幼苗幼树良好生长创造条件。

【人工海草】(artificial seaweed) 代替天然海藻，形成人造鱼礁，防止流沙保护海底电缆通信设备、提高鱼类聚集率的纺织品。一般用亲水性的合成纤维制造。耐海水腐蚀，不易腐烂，能在海面漂浮。

人工海草

【人工湖】(artificial lake) 由人类工程措施形成的湖泊。主要包括水库、水池、水景湖泊等。很大程度促进和改善了人类文明发展的进程，美化和优化了人类的生活和生存环境。各大、中、小型水电站的建设，不仅让人类获取了更多的光明，而且使近现代工业文明水平因有了电力而得到了划时代的飞跃。一些大、中型水库还具有较大的调洪、抗旱功能。然而越来越多的人工湖的兴建，却给地球自然生态环境的原生性和生物物种多样性及其自然演替，以及对一定范围内区域性气候带来相当大的负面影响甚至灾难性的后果。比如非洲尼罗河上的阿斯旺水库，导致了该地区严重干旱，加剧了沙漠化进程；美国科罗拉多河胡夫水坝和中国长江三峡水库的建设，对这些流域的生物演化尤其水生生物的自然演化，繁育和迁移，造成难以弥补的阻隔及毁灭性影响。在大型水库蓄水后，还会诱发和加剧区域性地质新构造活动，从而引起地震、山体滑坡等灾害的发生。

人工湖

【人工降水】(artificial rain) 又称云水导降。用人为手段增加云的降水量。其主要方法是向云中播撒人工催化剂。常用的催化剂有干冰、盐粉、碘化银、盐水和液氮。根据不同云层的特点，采用飞机播撒或者火箭发射，将催化剂播入云层中。催化剂作为云层中的凝结核或冷冻剂，使云层迅速降温，引导云中的水滴或雪花不断增大，形成降水。

【人工晶体】(synthetic crystal) 又称人造晶体。具有声、光、电、磁、热和力学等特殊性能的人造结晶材料。最主要的人工晶体是半导体晶体，如Ge单晶、Si单晶、砷化镓单晶等。主要应用于集成电路的芯片。世界上第一台激光器就是用人造红宝石晶体做成的。激光晶体是制造固体激光器的关键材料。非线性光学晶体，如铌酸锂、偏硼酸钡等晶体，也是人工晶体，可以把一种激光转变成另一种颜色和波长的激光。利用这种晶体可以制成简单、紧凑的频率转换器，扩展频率范围，是光学高技术的基础材料。压电晶体，如压电石英晶体(人造水晶)，是制造频率元件的基本材料。其他的重要人工晶体还有闪烁晶体、光折变晶体、调制晶体和光波导晶体等。由于它的高增益系数、高精密度和高稳定性，一直被广泛应用于通信、广播、雷达、导航、PC机和各种家用电器中。

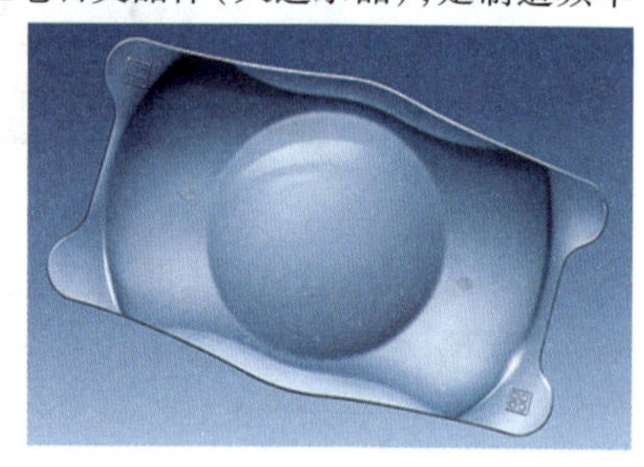
人工晶体

【人工老化】(artificial aging) 又称人工气(天)候老化。塑料、橡胶、涂料或纤维等材料试样在模拟和强化的大气环境中老化导致材料性能变化并在短期内获得近似大气老化结果的快速老化试验方法。试验在装有特别光源、试样转动架、调温调湿和人工降水等人工气候老化箱中进行。它与室外大气老化的相关性常用加速倍数等于室外大气老化天数除以人工气候老化天数来表示。例如丁苯橡胶和顺丁橡胶在阳光型人工气候老化50h、100h，分别相当于室外大气老化半个月和一个月，其加速倍数为7.2。现在大多数橡胶、塑料还未找到其试验结果的相关性。

【人工林】(planted forest) 由林业人员采用林业技术与方法，配合林木生长机制建造的森林。一般在地形坡度较小、环境敏感度低，且易实行人工经营的地区，建造这类森林。人工林可依立地环境条件与生态要求，建造成单纯人工林、人工复层林、混交林等。这类森林是用材林的主要经营对象，也是提供民生及工业用木材的主要来源。世界各个国家的经济林都是这类森林。

人工林

【人工流产术】(artifical aibortion operation) 妊娠14周以内,因意外妊娠、优生或疾病等原因而采用手术方法终止妊娠的技术。是避孕失败的补救措施。其包括:(1)负压吸引术。利用负压吸引原理将妊娠物从宫腔内吸出,适用于10周内妊娠。术前B超检查确诊宫内妊娠,全身检查和妇科检查,排出全身疾病和生殖道炎症。(2)钳刮术。通过机械或药物方法使宫颈松弛,然后用卵圆钳钳夹胎儿及胎盘,适用于10~14周内妊娠。此时胎儿较大,骨骼已形成,并发症多(出血多、宫颈裂伤、子宫穿孔等),应尽量避免大月份钳刮术。人工流产并发症有:出血、子宫穿孔、人工流产综合征、漏吸、吸宫不全、感染,远期出现月经失调、宫腔粘连、继发闭经等。因人工流产对妇女身心健康有影响,应落实避孕措施,尽量减少人工流产术。

【人工流产综合征】(artifical aibortion syndrome) 人工流产手术时疼痛或局部刺激使受术者在术中或手术结束时出现的心动过缓、心律不齐、面色苍白、血压下降、头晕、胸闷、大汗淋漓,严重时发生抽搐、昏迷等症状。其发生主要由于宫颈和子宫受机械性刺激引起迷走神经兴奋所致,并与孕妇情绪、精神紧张、身体状况有关。出现症状应立即停止手术操作,给予吸氧。一般能自行恢复,严重时静脉注射阿托品0.5~1mg。术前重视精神安慰,术中动作轻柔,吸宫时负压适当,减少不必要的反复吸刮,均能降低人工流产综合征的发生率。

【人工酶】(artificial enzyme) 见模拟酶。

【人工皮肤】(artificial skin) 人工体外培养而形成的皮肤。其具体方法是:应用组织工程技术将体外培养的上皮细胞、合成纤维细胞扩增并接种于一种具有良好生物相容性的材料上形成皮肤。医院一般用伤员自体的皮肤植皮,但对烧伤面积大、创面感染严重的患者,则很难维持所植皮肤的高生存率。这时就需要使用人工皮肤。当前正在开发含有抗生素的创伤覆盖材料,如聚亚胺酯膜就是将抗生素与创伤材料复合,可以缓慢释放抗菌剂,以提供最大限度发挥机体本身创伤愈合能力的有利环境。

【人工染色体】(artificial chromosome, AC) 人工组建的具有染色体功能的DNA分子。基于线性染色体稳定的功能序列,人们可以利用这些序列构建载体。重组后的DNA以线性状态存在。这样不仅稳定,插入外源基因的能力增强,而且像天然染色体一样在寄主细胞中稳定复制和遗传。构建人工染色体所需的关键序列包括:(1)复制起点。(2)着丝粒。(3)端粒。复制起点保证染色体复制;着丝粒保证染色体分离;端粒封闭染色体末端,防止黏附到其他断裂端,保证染色体的稳定存在。凭借人工染色体可以对植物作无数种基因改造。比如,可以使黄瓜按人们的意愿既能抗寒又能抗旱,自身还能产生除草、杀虫和灭菌的物质,最大限度地满足人类的需要。

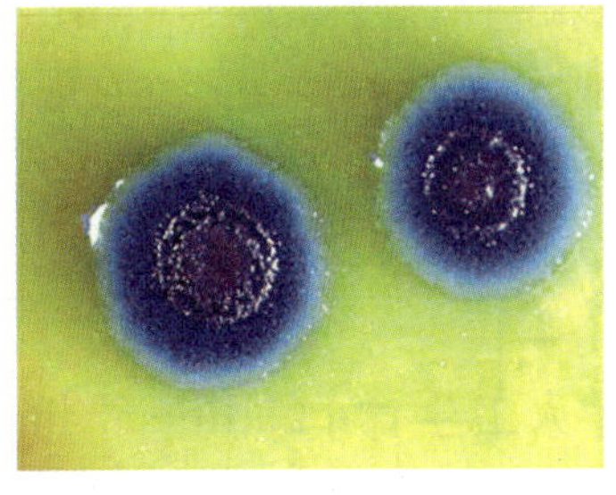

完全人造染色体

【人工神经网络】(artificial neural network) 采用计算机网络模拟人思维的一种方式。由大量处理单元互连组成的非线性、自适应信息处理系统。在现代神经科学研究成果基础上提出。试图通过模拟大脑神经网络处理、记忆信息的方式进行人工信息处理。其本质是:通过网络的变换和动力学行为,得到一种并行分布式的信息处理功能,并在不同层次上模仿人脑神经系统的信息处理功能。其特有的非线性适应性信息处理能力,克服了传统人工智能方法对于直觉、非结构化信息处理方面的缺陷。在神经专家系统、模式识别、智能控制、组合优化和预测等领域广泛应用。

【人工肾透析疗法】(artificial kidney dialyse) 人体透析治疗常用的一种方法。透析疗法包括血液透析、血液滤过、血液灌流和腹膜透析,是分别应用血液透析机、血滤机、血液灌流器和腹膜透析管对病人进行治疗的技术。血液透析对清除因肾功能衰竭所产生的有害物质和纠正水电解质酸碱失衡有较好的效果。血液透析常用于治疗急性肾功能衰竭、慢性肾功能衰竭和药物中毒,配合肾移植治疗。目前全世界每年有数十万肾衰病在依赖透析维持生活。血液透析的长期存活率不断提高,五年存活率已达到70%~80%;其中约一半病人可恢复劳动力。血液滤过是用血滤设备对人体血液进行过滤,从而净化血液,治疗急、慢性肾衰和全身水肿、急性肺水肿、脑水肿、糖尿病性尿毒症及不能承受血液透析的

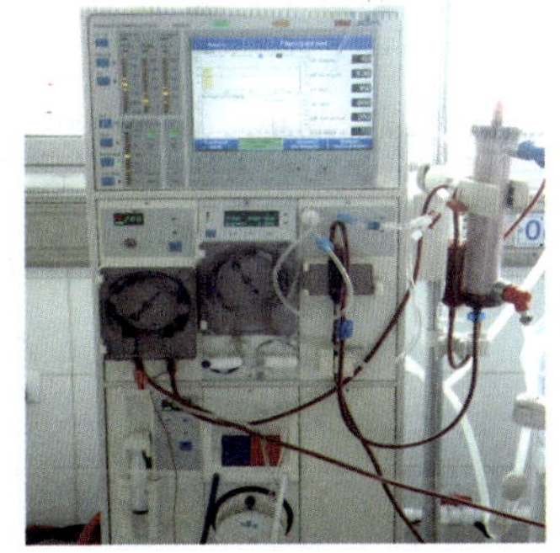

血液透析机

尿毒症病人。血液灌流，开始只用于治疗尿毒症，后经改进，可用于治疗某些酶缺乏症和免疫性疾病。腹膜透析和血液透析类似，也可用于治疗急性肾衰、慢性肾衰、电解质平衡紊乱和药物中毒症。不少医院和门诊部把腹膜透析作为慢性肾衰的终身疗法之一，病人经过短训后可在家里自己进行透析治疗，操作简单方便。

【人工生命】（artificial life, AL） 用计算机和精密机械等人工媒介生成或构造出能够表现自然生命系统行为特征的仿真系统或模型系统。自然生命系统行为具有自组织、自复制、自修复等特征。人工生命所研究的人造系统能够演示具有自然生命系统特征的行为，在生命之所能的范围内研究生命之所知的实质。其研究内容包括：生命现象的仿生系统、人工建模与仿真、进化动力学、人工生命的计算理论、进化与学习综合系统以及人工生命的应用等。

【人工生态系统】（artifical ecosystem） 以人类活动为中心、按照人类的理想要求建立的生态系统。如城市生态系统，农业生态系统等。为自然环境（包括生物和非生物因素）、社会环境（包括政治、经济、法律等）和人类（包括生活和生产活动）构成的网络结构。人类既是消费者又是主宰者。但人类的生产、生活活动必须遵循生态规律和社会发展规律，才能维持系统的稳定和发展。其特点是：（1）社会性。从属于一定的社会形态。（2）易变性。易受各种环境因素的影响，并随人类活动而发生变化，自我调节能力差。（3）开放性。系统本身不能自给自足，依赖于外部的调控。（4）目的性。即系统运行的目的，不是为维持自身的平衡，而是为满足人类的需要。

【人工湿地系统】（constructed wetland system） 依据土地处理系统及水生植物处理污水的原理，由人工建造和监督管理的，具有湿地性质的污水处理生态系统。人工湿地与天然湿地类似，也是利用自然生态系统中的物理、化学和生物的三重协同作用实现污水的净化。该系统以不同粒径的砾石、沸石或废弃的钢渣、炉渣等为基质，强化去除氨氮和有机磷等。其应用范围从最初主要用于处理生活污水，扩展到用于纺织、石油等工业的废水处理，以及用于城市污水处理厂出水的深度处理。

人工湿地系统

【人工授精】（artificial insemination） 将人或禽畜的雄性精液用人工方法注入雌性子宫颈或宫腔内，以协助受孕的方法。人类人工授精可使不孕症患者受孕；禽畜人工授精可提高雄性禽畜的配种效率，扩大优良雄性禽畜的种群。

【人工喂养】（artificial feeding） 用各种乳品及代乳制品喂哺婴儿。常用的乳制品有配方奶粉、牛奶及羊奶等。（1）配方奶粉喂养。配方奶粉的主要成分是牛奶。牛奶的缺点是：很多蛋白质为酪蛋白，难消化；含不饱和脂肪酸较少，糖量很低；矿物质比人乳多3～3.5倍，加重肾脏负荷；免疫物质缺乏等。纠正以上缺点，添加不足的成分，使奶粉的成分接近母奶，即为配方奶粉。计算婴儿每日所需配方奶粉量的方法是：100g配方奶粉供能量为2 092 kJ（500kcal），婴儿每日每千克体重所需能量为418.2 kJ（100kcal）。如小儿体重为5kg，每日婴儿共需2 092 kJ（500kcal）相当于100g奶粉。分5次喂哺，每次喂婴儿20g。要加水后方能喂哺。（2）全脂牛奶喂养。现已很少使用。全牛奶加糖8%，纠正牛奶中低糖缺点。100ml全脂牛奶供热量418.2kJ（100kcal）。如小儿体量为5kg，每日需全脂牛奶500ml。分5次喂哺，每次100ml。在人工喂哺时，要注意婴儿水分补充。婴儿每日每千克体重需水150ml。如5kg小儿，每日需水750ml，如哺奶500ml，还需另加喂水250ml，在二次喂奶中间喂水。

奶瓶喂奶

【人工消雾】（fog dispersal） 用人为手段消除局部地区雾滴以提高能见度的措施。其具体做法是：燃烧秸秆、播撒干冰、用大型风车或其他动力吹风设备扰动雾层、使外界空气与雾内空气混合，促使雾滴蒸发、消散，以达到人工消雾的目的。对保证飞机、舰船航行和进出机场、港口的安全至为重要。

【人工选择】（artificial selection） 人类无意识或有计划地从生物群体中选择优良遗传变异个体，从而形成生物新类型的过程。遗传、变异和人工选择是野生动植物成为家养动物和栽培植物及其品种的三大要素。按其选择个体的处理方法的不同可分为：个体选择和混合选择两个基本方式；按其选择对象的原始群体的不同可分为：家系间选择和家系内选择等方式。相对于自然选择，人工选择有效地淘汰了不良遗传类型，使保留下来的遗传类型具有更高的生产能力。目前利用的农作物品种、动物品种、微生物菌株均为人工选择的产物。

【人工血管】(artificial blood vessel) 一种可修复和代替患病血管的合成材料。科学家已经研制出以动物血管为原料,经环氧化固定,多方位去抗原,蛋白质修饰改性,耦合肝素,耦合可征集生长因子的特定多肽等国际先进技术制成,组织相容性好、无排异原性、能诱导血管再生性修复的新材料,即人工血管。人工血管在心血管、肿瘤和创伤外科中已普遍使用。

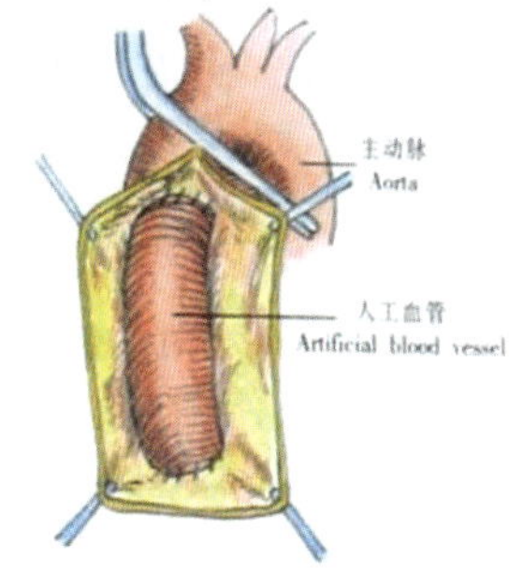

人工血管

【人工牙】(artificial tooth) 可摘局部义齿组成部件上用来代替缺失的天然牙,恢复牙冠形态和咀嚼功能的部分。按其制作材料的不同可分为塑料牙、瓷牙和金属牙;按其𬌗面形态的不同可分为:解剖式牙、非解剖式牙和半解剖式牙;按其制作方法的不同可分为成品牙和个别制作牙;按其与基托连接方式的不同可分为化学连接(如塑料牙)、机械连接(如钉、孔瓷牙)及混合连接(如金属𬌗、舌面牙)等。其作用是:(1)替代缺失的天然牙以恢复牙弓的完整性。(2)建立正常咬合、排列和邻接关系以恢复咀嚼功能。(3)辅助发音。(4)恢复牙列外形和面形。(5)通过对缺牙的修复,可起到防止口内余留牙伸长、倾斜、移位及𬌗关系发生紊乱的作用。临床中使用的人工牙一般是成品。其选用时的原则是:(1)前牙的选择,应满足美观和发音方面的要求,并有一定的切割功能;形态、大小和色泽应与同名牙对称,和相邻牙协调,并与面形、性别等适应;多个前牙缺失时,其颜色与患者肤色、年龄相称,同时考虑颜色的色相(色调)、彩度(饱和度)以及明度,保持自然、逼真,达到良好的美观效果;尽量选用成品牙,特殊情况(如巨大牙、异形牙、牙色特殊的情况)可个别制作;所选前牙应取得患者的同意和认可。(2)后牙的选择,应尽量选用硬度较大、耐磨性能好的硬质塑料牙或瓷牙、铸造金属牙;外形、颜色应与同名牙和邻牙协调;对于游离端缺牙,排牙时应减数、减径,增加排溢沟以减少基牙及支持组织的𬌗力负荷;颊面𬌗龈距和近远中径应与缺牙间隙及余留天然邻牙相协调,与对颌牙有适当的超覆𬌗及咬合接触关系。

【人工胰脏】(artificial pancreas) 一种模拟人体胰脏功能的装置。具有调节血糖的功能,能使糖尿病患者血糖保持在接近正常人的生理水平。还可防止小血管疾病及其他并发症的发生和发展,最大限度地维持患者的劳动能力。

【人工影响天气】(weather modification) 又称天气导变。用人为手段使某些局部天气现象朝着人们预定的方向转化。由于不良天气,如久旱、暴雨、台风、冰雹、阴雨、浓雾等经常给人们的生产和生活带来危害和不便,人们便根据天气变化的规律,采用合适的技术和方法,诱导局部天气朝着期盼的方向转变。最常运用的是人工降雨、人工消雾和人工防雹等。

人工增雨

【人工诱变】(artificial mutation) 经物理或化学方法处理,引起生物体遗传物质的结构或数量发生变化,从而获得遗传变异新类型的育种技术。其中,优良的遗传变异个体通过选择、培育、试验,有可能成为新品种。主要用于植物育种。按其诱变源的不同可分为:物理诱变和化学诱变。在20世纪50年代以后,诱变方法得到改进,诱变育种获得一定成功。常用的物理诱变源有X射线,α、β、γ射线,中子、质子等电离辐射线以及非电离辐射的紫外线。近来还广泛采用激光、电子流和超声波进行诱变。常用的化学诱变剂有碱基类似物、烷化剂和移码突变剂等。不同的作物对诱变源的忍耐程度不同,应用时应根据不同作物的特点进行选择。诱变源多数对人体有害,利用时应注意安全。

【人工鱼巢】(artificial fish spawning nest) 人为设置的采集鲤、鲫等黏性鱼卵的附着物。常用多枝、分散、在水中不易腐烂的材料制成,如棕榈、柳树须根和金鱼藻等。在鱼类产卵季节,选择适宜的材料扎成小束,以适宜的布置方式放入产卵池或江河中采集鱼卵。按其布置方式的不同可分为:悬吊式、平列式和环列式等。其注意事项是:(1)应及时投放鱼巢。投放数量适宜,每尾雌鱼投放4~5束鱼巢。(2)应及时换取鱼巢。产卵1h后及时取出,并更换新的鱼巢入池。

粘附在人工鱼巢上的鱼卵

【人工育滩】(beach nourishment) 用人工方法维护和改造海滩、使其具有开发利用价值的工程措施。其主要方法有:修筑海堤、修筑顺坝(垂直海岸线的矮坝)和丁坝("丁"字形矮坝)、人工固沙、培育植被和人工补沙等。该措施既可以有效保护陆区和岸坡的稳定,又可在此基础上经过精心设计,使海滩具有一定的开发利用价值。中国沿海一些海滨浴场的开发大多是人工育滩的结果。

人工育滩

【人工月经周期】(artificial menstrual cycle) 又称雌、孕激素序贯疗法。模拟自然月经周期中卵巢分泌雌激素、孕激素的特征,外源性给予雌激素、孕激素,使子宫内膜发生相应变化,人为调整月经周期。其常用方法是:前半周期给予雌激素,后半周期给予雌激素和孕激素,停药后体内雌激素、孕激素水平下降,子宫内膜脱落,月经来潮,于月经第五天重复用药。一般连续用3个周期。人工周期适用于治疗青春期功血、子宫发育不良和无器质性病变的月经紊乱。

【人工栽培基质】(artificial cultivation matrix) 由人工将草炭、蛭石和珍珠岩等原料单独使用或按照一定的配比混合成适宜于植物栽培的土壤替代物。目前较为广泛使用的栽培基质原料主要有:草炭、蛭石、珍珠岩、河沙、锯末、砻糠灰、炉渣和椰壳粉碎物等。它们可以单独使用,也可以按一定比例几种基质混合使用。此外,还有岩棉,但它只能单独用做无土栽培基质,且只能用于营养液栽培。不同的基质成分的特性不同。如草炭是鲜切花生产中应用最广泛的基质,因为它富含腐殖酸和纤维,并含有一些矿质营养元素,通气、透水和持水能力都很强。不同地域的草炭因其形成的生态环境不同而有很大差别。按埋藏深度的不同,研究者曾把草炭分为10个等级(H1~H10)。最上层为H1,底层为H10;其中H3~H5层位的草炭最适合鲜切花生产使用。所以,使用者在购买草炭时首先要了解草炭的产地和品位,然后再做决定。蛭石是另一种常见的栽培基质。它富含钾、钙、镁和锰等多种矿质元素,同时有较强的阳离子交换能力和缓冲能力,通气、透水性能好。蛭石通常按其粒度大小分为五个等级。一级粒度最大,约为香豌豆种子大小;五级粒度最小,直径约为1mm。在一般情况下,播种应选用粒度小的蛭石,而配制栽培基质则选用粒度较大的蛭石。蛭石的缺点是:使用一段时间以后,便会破碎成较小的颗粒,一般只用一茬而不能重复使用。近年来,锯末和炉渣的使用也越来越多。但锯末必须经充分腐熟发酵后才可使用,炉渣需经粉碎过筛水洗后使用,否则会对鲜切花作物造成为害。无论使用上述哪种基质生产鲜切花,在使用前或使用一段时间后,都要对其进行消毒。按其消毒灭菌方法的不同可分为:(1)蒸汽灭菌法。一般是将土壤或基质用蓬布盖严,然后通入蒸汽,使内部温度升至80~85℃,并保持1.5~2h。(2)化学灭菌法。是将药剂撒在土壤或基质表面,然后拌匀,并用塑料膜覆盖,24h以后,移去覆盖物,通风晾晒10~21天。常用的灭菌药剂有氯化苦、甲基溴化物、福尔马林等。蒸汽灭菌较化学灭菌效果好,但成本较高。

人工栽培基质

【人工智能学】(artificial intelligence) 智能学的一个分支。研究、开发用于模拟、延伸和扩展人的智能的理论、方法、技术及应用系统的一门新兴学科。其主要任务是:建立智能信息处理理论,设计可以展现某些近似于人类智能行为的计算系统,使机器能够胜任一些通常需要人类智能才能完成的复杂工作。其研究内容是:机器人、语言识别、图像识别、自然语言处理和专家系统等。人工智能一词最初是在1956年提出。作为一门学科,除计算机科学以外,还涉及信息论、控制论、自动化、仿生学、生物学、心理学、数理逻辑、语言学、医学和哲学等多门学科。在专家系统、机器翻译、机器视觉和问题求解等方面已得到实际应用。

【人工种子】(artificial seed) 将细胞培养所产生的体细胞胚或其类似物,经过有机化合物的包埋而形成的能在适宜条件下发芽的、类似于天然植物种子的颗粒体。由体细胞胚、人工胚乳和人

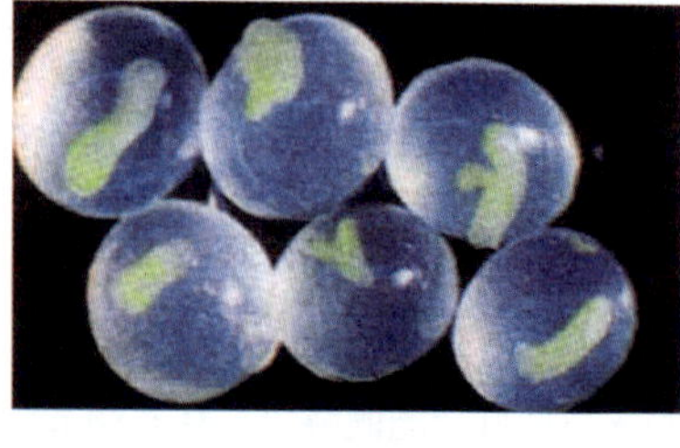
人工种子模式图

工种皮三部分组成。人工种子的研究在农业生产上有重要意义。在固定杂种优势、快速繁殖良种和不育材料、节约用种和工厂化生产方面都有潜在价值。对木本植物来说，用人工种子可不必等待漫长的有性世代，即可快速繁殖具优良基因的植物，并推广到生产上去。此外，人工种子体积小，便于运输。

【人机对话】(man-machine conversation) 见自然语言理解。

【人机工程危害】(ergonomic hazards) 因机器设备和工作环境的不合理设计而导致人在工作中受到的伤害。反复的机械动作、过度抬升或延伸和弱光条件，都会导致工作环境的事故或身体不适。机械的重复工作引发事故伤害，通常是由于工作中的姿势，连续使用身体的某个部位，消耗了更多能量引起的。过多的能量消耗，可能会导致身体疲劳、乳酸积累，髋关节腱和韧带粗大，或损坏神经和血管，伴随着麻木可能引发剧烈的疼痛和丧失运动能力。手、臂或身体其他部位衰弱，使得握取动作变得困难。由于这些伤害，工人会出现掉落物体、不能使用工具和处理突发情况等。如果症状严重或者其他措施不能减轻，可能需要外科手术。其他人机工程伤害包括：材料的抬升和搬运，引起肌肉拉伤，椎间盘损伤等。

【人机工程学】(human machine engineering) 研究“人—机—环境”系统中人、机、环境三大要素之间的关系，为解决系统中人的效能、健康问题提供理论与方法的学科。研究人的特性和能力以及人受机器、作业和环境条件的限制和影响，同时也研究人的能力和机器潜力的良好配合。是人体科学、环境科学不断向工程科学渗透和交叉的产物。在人机系统中，操纵人员被看做是系统中的一个单元。操纵人员通过感觉器官接受来自机器的信息，了解其意义并予以解释或先进行计算，把结果与过去的经验和策略进行比较作出判断、决策，然后由人通过控制器官（手、脚）等去操纵机器。随着机械化、自动化和电子化的高度发展，人的因素在生产中的影响越来越大，人机协调问题也就越来越重要。研究人在生产、操作环境中的工作，研究人与机器、作业和环境条件的协调、配合等问题，能够提高工效和改善人工作时的和谐生存条件。

【人机交互】(human-computer interaction) 计算机科学的一个分支。一种帮助用户如何使用计算机、如何提高工作效率的计算机交互系统科学。其发展经历了早期的手工作业、作业控制语言、交互命令、图形用户界面和多通道、多媒体的智能人机交互阶段。其特点是：人机交互功能靠输入输出的外部设备和相应的软件来完成。其主要作用有：(1)控制有关设备的运行和理解。(2)执行通过人机交互设备传来的有关的各种命令和要求。可供人机交互使用的设备有键盘显示、鼠标、各种模式识别设备等。

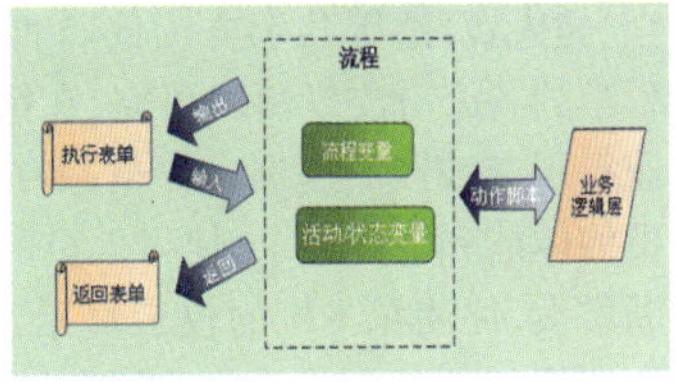

人机交互

【人机交互技术】(human-computer interaction technique) 通过计算机输入、输出设备，有效地实现人与计算机对话的技术。是人机界面设计中的重要技术之一。其主要内容包括：(1)机器通过输出或显示设备给人提供大量有关信息及提示请示等。(2)人通过输入设备给机器输入有关信息及提示请示等。常用的交互技术可分为构造技术、命令技术、拣取技术和直接操纵技术。

【人机交互系统】(human-computer interaction system) 支持人和计算机系统直接进行交互作业的系统。主要研究人机交互系统模型的建立与分析、工作方式、设计原理、设计方法等。其主要功能是：(1)完成人机之间的信息传递。(2)提高计算机系统的友善性和使用效率。大致分为命令语言交互系统、选单驱动交互系统、直接操纵交互系统和多媒体交互系统。

【人机界面】(human-computer interface) 见用户界面。

【人机匹配】(man machine matching) 又称人机配合。人与机之间的合理组合，显示器与人的感觉器官相结合。在人机系统中，人和机器各自负担不同的功能。人和机的功能特点、长处和短处各不相同。为使整个系统安全、可靠、高效和操纵方便，人机之间应达到最佳配合。人机匹配主要涉及两个方面：功能分配和界面匹配。功能分配是指某些功能由人完成，另一些功能由机实现，关键是发挥人和机的特长，扬长避短。一般遵循比较分配原则、剩余分配原则、经济分配原则、宜人分配原则和弹性分配原则等。界面匹配主要表现在人与机通过显示器和控制器进行信息交换的匹配。

【人机协调】(man-machine coordination) 人机工程学的一个分支。以不同的作业中人、机器及环境三者间的协调为研究核心问题的学科。该学科的研究方法和评价手段涉及心理学、生理学、医学、人体测量学、美学和工程技术的多个领域。其研究的目的是通过各学科知识的应用，来指导工作器具、工作方式和工作环境的设计和改造，使得作业在效率、安全、健康、舒适等几个方面的特性得以提高。人机工程学的各个分支学科的研究，在第二次世界大战期间获得了突破性的进展。如空战和歼击机提出对飞行员的体能和智能要求，使得人员的选拔和培训难度不断增大，促使在飞机的仪表显示、操纵工具和飞行员座椅等部件的设计中，不得不加大对人的因素的考虑，进而带动了有关的技术和方法的迅速发展。

【人均公共绿地面积】(per-capita public green area) 城市中每个居民平均享有的公共绿地面积。是衡量城市居民游览休息用地水平的标志。目前各国定额和计算中所包含的绿地及居民的范围不完全相同。中国规定的城市公共绿地定额，近期每人3～5m²，远期每人7～11m²。中国计入定额的绿地一般包括各级公园、植物园、动物园、道路用地范围(规划红线)以外的街旁绿地和毗邻市区的郊区公园；对于河湖水域是否计入城市绿地，各城市的做法不尽相同。参加计算定额的人口一般只包括城市居民。

公共绿地

【人可靠性评价技术】(human's reliability assessment technology) 用于定性或定量评估人的行为对系统可靠性或安全性影响程度的方法。人可靠性评价则在于评估人完成这些作业的能力。评价的目的在于辨识有人参与作业的风险性。其内容是：(1)人的可靠性如何由概率来量度。(2)人的行为对人机系统的影响是怎样通过人失误的可能性评估的。(3)人可靠性评价与概率风险性评价相对独立，但又彼此相关，即两者之间具有内在的联系。人可靠性评价技术作为一种旨在将人为主要失误降低到现阶段所能接受的最低水平的一种设计或重新设计的工具。

【人口地图】(population map) 反映人口分布、人口密度、人口构成、人口变动等状况的一种专题地图。其编制是把有关人口的统计资料经过整理后，选择或设计适当的表现方法，绘制成为以地图为背景的图像，反映人口分布区域差异规律和发展趋势。

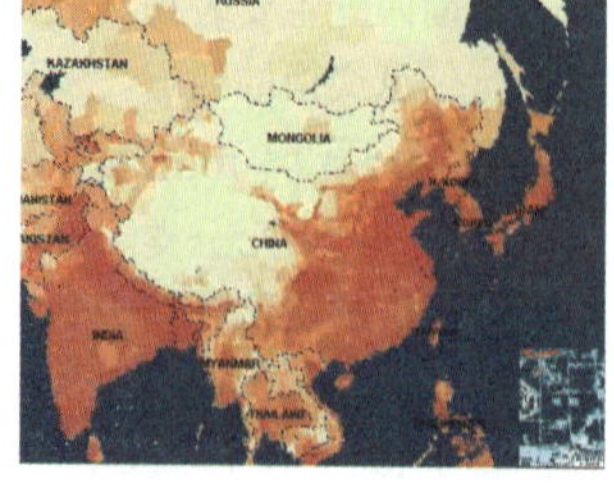

中国人口分布图

【人类工效学】(ergonomics) 综合运用自然科学和社会科学的相关理论、知识，系统研究人、机械、环境互相间合理关系的一门交叉学科。根据人的心理、生理和身体结构等因素，研究人、机械、环境相互间的合理关系，以保证人们安全、健康、舒适地工作，并取得满意的工作效果的学科。是研究人在生产和工作中合理地、适度地劳动的问题。吸收了自然科学和社会科学的广泛知识内容。着重研究如何使设计的机器、工具、成套设备的操作方法和作业环境更适应操作人员的要求。自美国人泰勒开创科学管理以来，工作效能的研究一直是管理工程学的重要组成部分。经历了人适应机、机适应人、人机相互适应和人、机、环境三者协调几个阶段。在系统内，从单纯研究个人生理和心理特点，发展到研究怎样改善人的社会性因素。工效学主要研究人的工作行为、产生行为差异的各种因素和所处环境、设备性能、工作条件等客观因素以及人群关系、组织作风等社会性因素。这些因素使人的能力互不相同，对系统的适应程度也各有差异。工效学还强调人有产生错误行为的可能性，良好的人、机、环境系统有助于减少操作人员失误的客观因素，并有利于预防和减少由于主观因素或社会性因素造成的失误。工效学在机械工业中已广泛用于各种产品、设施和生产系统中，也已广泛用于提高航天员工作能力、改善办公环境、人体工程学和环境心理学、虚拟现实技术等领域。

【人类活动圈】(anthrosphere) 地球上有人类永久居住并且能够经常从事相关生产、生活活动的地区。工业化以前的人类活动圈仅限于地球除南极洲以外的各大陆适合人类自然居住的山地和平原以及部分沿海地区。随着科学技术的高度发展，人类活动由原来特别有限的范围扩展到海洋、空中甚至外层空间以及南极北极和一些极高山地区。因此，人类活动圈的范围已涉及到地球包括岩石圈、水圈、大气圈、冰冻圈和生物圈等所有的圈层。人类活动圈的越来越扩大，对其他圈层的影响也越来越大，甚至造成其他圈层的生态、能量和动态的失衡，从而可能引起地球环境的失衡，并最终危及到人类活动圈的平衡和安全。因此人类应该将自己的活动范围规范和控制在与地球其他圈层永远和谐的水平上。

【人类基因组计划】(human genome project，HGP) 旨在对30多亿个碱基对构成的人类基因组精确测序，弄清所有人类基因及其在染色体上的位置，破译人类全部遗传信息的重大科研计划。其核心内容是：测定人类基因组的全部DNA序列，从而获得人类全面认识自我最重要的生物学信息。该计划于 1990 年正式启动,用 15 年(1990～2005 年)时间,完成人类基因组 30 亿个碱基对全部序列的测定,2001 年完成全部染色体的"工作草图"。经过参与该项目的一千多名各国科学家的通力合作,人类基因组的工作草图已经于 2000 年 6 月 26 日绘制完成。该工作草图包含人体 90% 以上碱基对的位置信息。中国作为完成该项工作的六个国家之一,参与了人类 3 号染色体短臂上一个约 30Mb 区域的测序任务。该区域约占人类整个基因组的 1%。人类基因组草图的绘制完成,促进了生物信息学、生物功能基因组和蛋白质等生命科学前沿领域的发展,为世界基因资源开发利用以及医药卫生、农业等生物高新技术产业的发展开辟了广阔的前景。

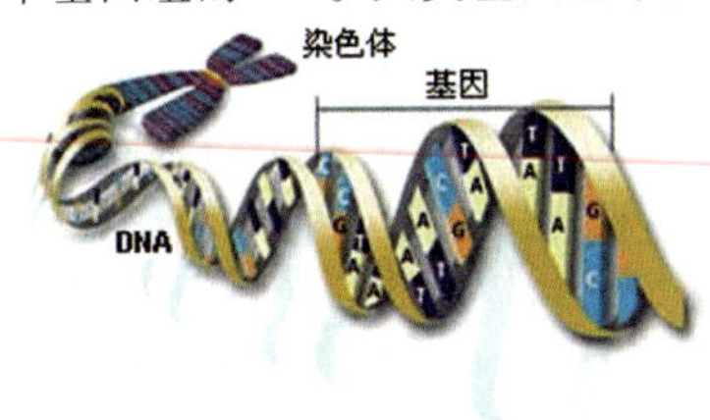

人类基因组计划

【人类疾病的动物模型】(animal model of human disease) 各种医学科学研究中建立的具有人类疾病模拟表现的动物。动物疾病模型主要用于实验生理学、实验病理学和实验治疗学(包括新药筛选)研究。人类疾病的发展十分复杂,以人本身作为实验对象来深入探讨疾病发生机制,推动医药学的发展来之缓慢,临床积累的经验不仅在时间和空间上都存在局限性,而且许多实验在道义上和方法上也受到限制。动物疾病模型的复制,是自发或人为的方法造成动物组织、器官出现某些类似人类疾病的功能、代谢、形态结构方面的变化或各种疾病,并通过这种手段来研究人类疾病的发生、发展规律,为研究人类疾病的预防、治疗(包括新药物试用)提供理论依据。人类疾病的动物模型应具有以下特点:(1)再现性好,应再现所要研究的人类疾病,动物疾病表现应与人类疾病相似。(2)动物背景资料完整,生命周期满足实验需要。(3)复制率高。(4)专一性好,即一种方法只能复制出一种模型。所以动物疾病模型的复制,在医学科学研究中占有十分重要的地位。

【人类脑计划】(human brain project) 组织和协调全世界的神经科学家和信息学家共同研究脑、开发脑和创造脑的重大研究计划。是继人类基因组计划之后的又一国际性的科研计划。内容包括神经科学和信息学相互结合的研究。核心内容是神经信息学。脑科学和信息学是当今国际科学研究的两大热点,神经信息学是这两个学科相结合的新兴的边缘学科。1993 年,以美国为首的神经信息学工作组建立。1997 年人类脑计划在美国正式启动,参与国包括美国、英国、德国、法国、瑞典、挪威、瑞士、澳大利亚、日本等 19 个国家。2001 年 10 月,中国科学家赴瑞典参加人类脑计划的第四次工作会议,成为参与此计划的第 20 个成员国。根据规定,成员国之间可利用电子网络寻求研究协作伙伴,进行数据交换和科研协作,可以免费使用神经信息学数据库和信息工具,承担科研任务,共享科研成果和脑研究资源。

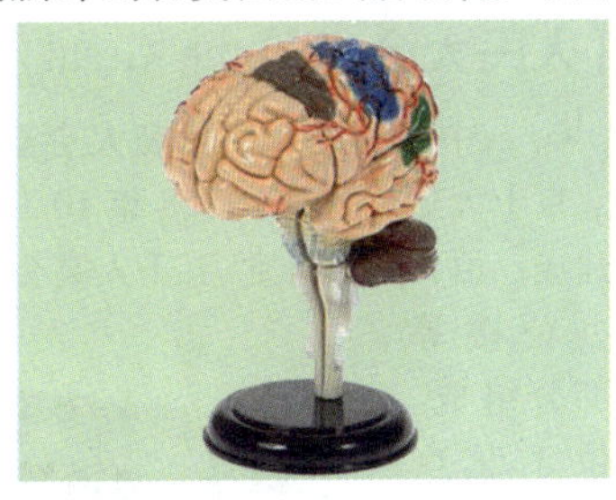
人类脑计划

【人类细胞工程】(human cell engineering) 主要以人类本身为研究对象,针对人类的医学治疗和辅助生殖,如克服生育障碍、器官移植、细胞移植、免疫排斥克服、基因治疗等,进行的细胞工程技术的应用性理论和技术研究的工程技术。

【人类遗传资源】(human genetic resource) 含有人体基因组、基因及其产物的器官、组织、细胞、血液、制备物、重组脱氧核糖核酸构建体等遗传材料及相关的信息。按其材料的不同可分为:(1)器官。包括心、肝、脾、肺、肾、血管、胰、脑、骨髓等。(2)组织。包括皮肤、角膜、组织标本、手术样本等。(3)细胞。包括各种细胞。(4)制备物。包括 DNA、mRNA、基因组 DNA。(5)重组 DNA 构建体。如重组 DNA、文库及克隆。(6)血液。包括血细胞及全血样品。按其信息资料载体的不同可分为:(1)以纸为载体的手稿、印刷品。(2)以塑料软片为载体的摄影感光片(纸),包括已曝光已冲洗的和已曝光未冲洗的。(3)以磁带或其他媒体为载体,如激光阅读系统的光盘和磁带、其他媒体。

【人粒细胞集落因子】(human granulocytecdony stimulating factor) 一种基因工程药物。能够促进中性粒细胞前体分化、增殖,促进中性粒细胞自骨髓释放入血,并能增强成熟中性粒细胞的功能。在临床上,用于促进骨髓移植后中性粒细胞计数升高,急性白血病、恶性淋巴瘤及其他恶性肿瘤引起的中性粒细胞减少症等。

【人马座】(Sagittarius) 黄道十二星座之一。位于大蝎座与摩羯座之间。中心位置在赤经 19 时 0 分,赤纬 $-28°$,面积约 867 平方度。座内变星、星团、星云颇多,有亮于四等的星 20 颗,为银河系中心所在方向。除北纬 53° 以北地区外,每年夏秋季节黄昏,中国全境均能看到。

【人民大会堂】(the Great Hall of the People) 中国全国人民代表大会会址。建国10周年北京十大建筑之一。1958年10月动工,1959年9月建成。由万人大会堂、五千人宴会大厅和人大常委会办公楼等部分组成。位于北京市中心天安门广场西侧,西长安街南侧。坐西朝东。南北长336m。东西宽206m。高46.5m。占地面积$1.5\times10^5m^2$。建筑面积$1.718\times10^5m^2$。建筑平面呈"山"字形,两翼略低,中部稍高,四面开门。外表为浅黄色花岗岩,上有黄绿相间的琉璃瓦屋檐,下有5m高的花岗岩基座,周围环列134根高大的圆形廊柱。正门面对天安门广场。门额上镶嵌着中华人民共和国国徽。迎面有十二根浅灰色大理石门柱。正门柱直径2m,高25m。四面门前有5m高的花岗岩台阶。内部由3部分组成,进门是简洁典雅的中央大厅,厅后是宽达76m、深60m的万人大会堂。大会堂北翼是有5 000个席位的大宴会厅。南翼是中国人大常务委员会办公楼。大会堂内还有以中国各省、市、自治区名称命名、富有地方特色的厅堂。人民大会堂建筑造型宏伟壮丽,具有民族风格。

人民大会堂

【人民英雄纪念碑】(the Monument to the People's Heroes) 纪念1840~1949年为中国革命牺牲的人民英雄而建立的巨大石碑。于1952年8月1日正式动工修建,1958年4月22日落成,同年5月1日揭幕。位于北京天安门广场中心,在天安门南约463m,正阳门北约440m的南北中轴线上。与天安门、正阳门形成一个和谐的、一致的、完整的建筑群。纪念碑呈方形,建筑面积为3 000m²,总高37.94m,碑座分两层,四周环绕汉白玉栏杆,四面均有台阶,下层座为海棠形。东西宽50.44m,南北长61.54m;上层座呈方形,台座上是大小两层须弥座,下层须弥座束腰部四面镶嵌着八块巨大的汉白玉浮雕。碑身正面镌刻毛泽东题词"人民英雄永垂不朽"八个鎏金大字。背面是毛泽东起草,周恩来题写的碑文。整座纪念碑用1 700多块花岗岩和汉白玉砌成,肃穆庄严、宏伟壮观。两层须弥座承托着高大的碑身。碑身是一块长14.7m、宽2.9m、厚1m、重达60多吨的大石。纪念碑表彰人民英雄千古不朽的功勋,表达中国人民对革命先烈的敬仰缅怀。为中国重点文物保护单位。

人民英雄纪念碑

【人群易感性】(herd susceptibility) 人群作为一个整体对传染病的易感程度。其高低取决于该人群中易感个体所占的比例。与之相对应的是群体免疫力,即人群对于传染病的侵入和传播的抵抗力。可以从群体中有免疫力的人口占全人口的比例来反映。影响易感性升高的主要因素有:(1)新生儿增加。(2)易感人口迁入。(3)免疫人口免疫力自然消退。(4)免疫人口死亡。影响其降低的主要因素有:(1)计划免疫。(2)传染病流行。一次传染病流行后,总有相当部分人因发病或隐性感染而获得免疫。

【人绒毛膜促性腺激素】(human chorionic gonadotropin,HCG) 胎盘绒毛滋养叶细胞合成的由α、β两条多肽链组成的一种雌激素。其α链与LH(促黄体素)最相似,而β链则是特异性的。其生理作用是促进黄体及胎盘滋养层生成孕酮。正常时血清HCG<50IU/L,妊娠早期即末次月经后第23~26天即可升高,至60~70天达最高峰,以后即逐渐下降,至100~130天后维持在一定水平,直到分娩后几天才消失。因此,可用于早早孕的诊断及估计体外授精后胚胎移植的预后,还可用于不全流产的鉴别。妊娠后如HCG低于正常妊娠值,应考虑宫外孕或难免流产。如HCG显著增高,则应怀疑滋养层细胞疾病(葡萄胎、恶性葡萄胎及绒癌)。也是滋养层细胞疾病疗效观察和复发预测的最佳指标。HCG与LH等存在交叉免疫反应,在早孕或滋养层疾病治疗后期,HCG的升高不明显,不易与LH区分,而测定β-HCG则能更准确地反映HCG的变化情况。血清β-HCG的正常值<10IU/L。尿中HCG含量的变化与血HCG平行,故测定尿HCG或β-HCG一般可代替血的测定,且取样方便,其正常值与血完全相同。

【人乳头状瘤病毒】(human papilloma virus,HPV) 一种嗜上皮性病毒。目前国内外已公认HPV感染是导致宫颈癌的主要病因。现已确认的HPV型别有110余种。依据与宫颈癌发生的高低将HPV分为高危型和低危型。低危型HPV,如

HPV6、11、42、43、44 等，常引起生殖器疣良性病变；高危型 HPV，如 HPV16、18、31、33、35、39、45、51 等，则与宫颈上皮内瘤变（CIN）及宫颈癌有关。其中以 HPV16、18 型与宫颈癌的关系最为密切。随 CIN 程度加重，HPV 阳性率显著增加。HPV 感染与宫颈癌转移和预后密切相关。因此，国内外已将检测高危型 HPV-DNA 作为筛查宫颈癌的一种手段。可单独应用或与细胞学检查联合使用。

【人参】（ginseng） 又称人衔、神草、鬼盖、土精。中药名。药性：甘、微苦，平。归肺、脾、心经。功效：大补元气，补脾益肺，生津，安神益智。用于元气虚脱证：体虚欲脱、肢冷脉微；肺脾心肾气虚证：脾虚食少、肺虚喘咳；热病气虚津伤证：津伤口渴、内热消渴、久病虚羸；惊悸失眠、阳痿宫冷、心力衰竭、心原性休克。用法与用量：3～9g，煎服；另煎兑入汤剂服；野山参若研粉吞服，一次 2g，一日 2 次。不宜与藜芦同用。

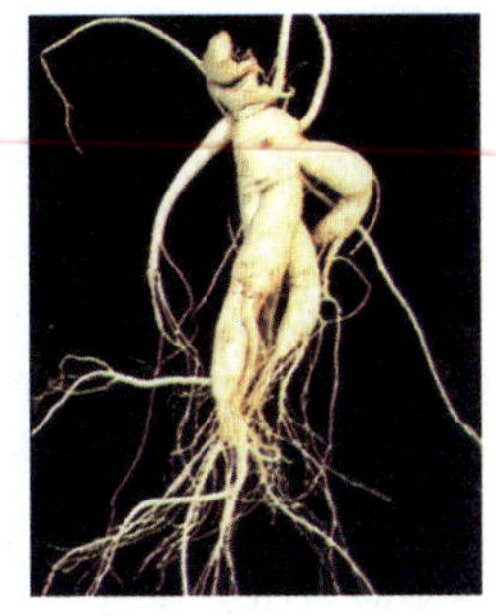

人参

【人失误主因论】（main reasons for error theory） 认为人失误是构成所有类型伤害事故的主要原因的理论。事故致因理论之一。人失误是指操作人员错误地或不适应地响应了某种刺激。操作人员在工作期间，不断出现各种刺激，若操作人员响应的正确或恰当，事故就不会发生。反之，如果人出现了失误，事故就有可能发生。若客观上存在不安全因素或危险，是否会发生事故，造成伤害，则取决于偶然因素。该理论虽认为人的不安全行为是导致事故的主因，但未能解释人为什么会发生失误。该理论也不适用于不以人失误为主的事故。

【人胎盘催乳素】（human placental lactogen，HPL） 胎盘滋养层合体细胞分泌的含 191 肽的单链多肽激素。体内半衰期 15～25min。主要在肾小管中降解。能促进新陈代谢和促进乳腺成熟。其正常值依孕周不同而不同。在孕 13 周前 <0.5μmol/L，孕 13 周后逐渐上升，孕 30 周后应 >2μmol/L，足月达高峰，约 5μmol/L，，产后迅速下降，产后 1h 只有原来的 1/10，至 3～6h 后已不能测出。其降低主要见于：先兆流产、胎儿宫内生长迟缓、妊高征、小样儿及小胎盘、过期妊娠、胎盘老化及死胎等；升高主要见于：多胎、母儿血型不合及妊娠糖尿病、巨大胎儿等。

【人体必需氨基酸】（essential amino acid，EAA） 人体生理需要但不能在人体内合成，只能由食物供给、维持人体生理平衡所需的氨基酸。共有八种，即赖氨酸、色氨酸、苯丙氨酸、亮氨酸、异亮氨酸、苏氨酸、蛋氨酸和缬氨酸。对于儿童，组氨酸也是必需氨基酸。

富含氨基酸坚果类食品

【人体必需脂肪酸】（essential fatty acid，EFA） 具有一定生理功能，但人体自身又不能合成，必须由食物供给的不饱和脂肪酸。大部分必需脂肪酸存在于植物油中。必需脂肪酸主要包括如下两种，一种是 ω-3 系列的 α-亚麻酸；另一种是ω-6系列的亚油酸。这两种必需脂肪酸可在体内分别合成如下不饱和脂肪酸：ω-6 系列花生四烯酸、ω-3 系列二十碳五烯酸和二十二碳六烯酸。

【人体触电】（electrical shock to human body） 人体直接接触电气设备的带电部分或人体不同部位同时接触不同电位发生的电流通过人体的现象。在发生触电时，人体中流过的电流引起人体病理、生理反应，造成伤害，甚至危及生命。人体触及带电体能否造成伤害及其伤害程度，主要取决于电流通过人体的效应。电流大小不同，引起人体生理、病理的效应不同。电流对人体的伤害分为热性质、化学性质、辐射性质和生理性质。电流对人体的伤害程度与通过人体电流的大小、通过人体电流的持续时间、通过人体的途径和电流的种类、人体的电阻及人体的健康状况等多种因素有关。

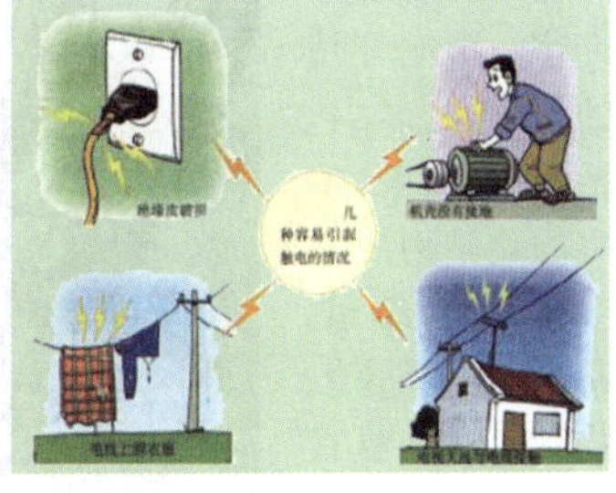

人体触电

【人体矿物质元素】（mineral elements in human body） 人体内无机物的总称。矿物质是构成人体组织的重要材料，是人体不可缺少的营养素。根据它们在体内分布的多少，可分为常量元素和微量元素。常量元素在体内含量较多，约占矿物质总量的60%～80%，包括钙、磷、镁、钾、钠和硫等；微量元素在体内含量极少，达不到体重的 0.01%，如铁、铜、碘、锌、硒等。

【人体三维测量技术】(3D body scanning system) 采用摄像和图形、图像处理技术对人体尺寸进行非接触式快速、准确测量的技术。一般通过两台以上移动的经过校准的摄像机,同时获取人体的几幅不同的图像,并利用图形图像处理技术进行一致性分析。根据三角测量原理,将测量设计服装所需的人体关键部位的三维坐标值,存储在计算机数据库中。采用此种技术测量速度快,精度可以达到0.5mm,半分钟之内可以测得一个人身体的关键数据。此外,还可利用激光或红外线测量人体坐标。该技术对于可能被遮挡的部位如腋下的测量较为困难。

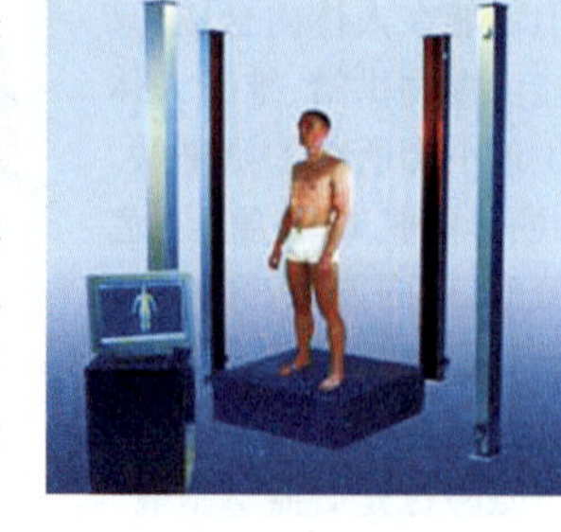
人体三维测量技术

【人体舒适性】(human amenity) 人对环境的心理满意程度。这里的环境主要包括空气品质、温度、湿度、灯光、声音和气味等。这些环境会影响人的生理和精神状态,引起不同的舒适感觉,并因此影响人的工作效率和整个社会的生产率。影响环境的因素很多,包括:化学因素(有害的化学物质)、生物因素(细菌、霉菌、孢子等)、物理因素(温度环境、湿度环境、光环境、声音环境和电磁环境)和心理因素(抑郁、沮丧等)。由于舒适性感觉跟个体的精神状态有关,其差异性非常大。即使是同一个体,由于各种不舒适感觉可以叠加和偶合,对环境的舒适性评价变化很大,因此,对于舒适性的评价比较困难。因为舒适性感觉的个体差异大,所以创造舒适性环境的最好方法是提供个性化的个人环境。

人体舒适性

【人体微量元素】(trace elements of human body) 在人体中的含量微小(占体重不足0.01%)、但有重要生理作用的一些元素。包括铜、铁、锌、钴、锰、镍、锡、硅、硒、钼、碘、氟、锶、钒等元素。如果某种微量元素供给不足,就会发生相应元素缺乏症;若过量,则可发生中毒。主要作用有:(1)铁是人体需要量最多的微量元素,27%的铁组成血红蛋白。血红蛋白能将氧送至全身组织。成人每日需铁量为10~18mg。如果供给不足,可发生缺铁性贫血等病症。(2)锌是仅次于铁的需要量较大的微量元素,是酶的激活剂,在核酸代谢和蛋白质合成中发挥重要作用。婴儿每天需锌量为3~5mg,1~10岁儿童每天需锌量为10mg。婴幼儿锌供给不足,影响生长和智力发育,也影响味觉和免疫功能。缺锌是厌食症的主要原因。(3)碘能调节体内热能代谢,是甲状腺素的重要成分。婴儿每天需要碘量为0.045~0.15mg。碘不足会影响小儿发育,引起克汀病或甲状腺肿;反之,则发生碘中毒。(4)铜在人体内含量很少,是组成体内多种金属酶的重要成分,能促进铁生成血红蛋白。人体缺铜时,可发生贫血、中性粒细胞减少、生长缓慢和情绪不稳等。(5)硒参与体内谷胱甘肽化酶的代谢过程,是人体的肌代谢不可缺少的微量元素。缺硒容易发生克山病等。各种食品含微量元素的种类和数量不同,为预防微量元素缺乏,应做到均衡饮食。

【人体阻抗】(impedance of the human body) 定量分析人体电流的重要参数。包括皮肤阻抗和体内阻抗。处理许多电气安全问题所必须考虑的基本因素。皮肤阻抗是指表皮阻抗,即皮肤上电极与真皮之间的电阻抗。以皮肤电阻和皮肤电容并联来表示。皮肤电容是指皮肤上电极与真皮之间的电容。体内阻抗是除去表皮之后的人体阻抗,虽存在少量电容,但可以忽略不计。体内阻抗基本上可视为纯电阻。体内阻抗主要决定于电流途径。当接触面积过小,例如仅数平方毫米时,体内阻抗将会增大。人体阻抗不是纯电阻,主要由人体电阻决定。人体电阻也不是一个固定的数值。一般认为干燥的皮肤在低电压下具有相当高的电阻,约 $1\times10^5\Omega$;当电压在500V~1 000V时,这一电阻便下降为$1\times10^3\Omega$左右。

【人为地质灾害】(anthropogenic geological disaster) 因人类活动,如工程建筑、环境改造等引发的地质灾害。随着科学技术的进步和经济建设的发展,人类活动的范围和强度都在不断加大,人为地质灾害逐渐增多,造成的破坏和损失日益严重。典型的人为地质灾害有:因水库蓄水、油田注水、矿井塌陷引起的地震;采矿和过量开采地下水引起的地面沉降、塌陷和地裂缝;因

土地荒漠化

修路、采矿引起的崩塌、滑坡、泥石流；因滥伐林木、山坡垦耕、草场过度放牧造成的水土流失、土地沙漠化；以及海底采砂引起的岸线侵蚀、海底滑坡等。人为地质灾害的形成，地质条件是背景，人类活动是诱因。防治人为地质灾害的有效途径是：调整社会经济发展规划和人类活动方式，协调人与自然的关系，合理开发资源，科学施工和保护好地质环境。

【人为失误】（human error） 人实际完成的职能与系统已设定的应该完成的职能之间发生偏差，从而对系统的目标、构造、模式、运行发生影响，使之逆转运行或遭受破坏的现象。是许多人机系统发生事故的重要原因。可能发生在计划制定、工程设计、制造加工、设备安装、设备使用、设备维修以至于管理工作等各种工作过程之中。对人为失误的定量分析可以采用人为失误概率。这种概率估计的公式为：人为失误概率＝已知的人为失误次数/可能出现失误的机会总数。通过对人为失误的调查研究以及对人的可靠性分析，可估算出一般操作人员的人为失误概率。一般来讲，在生产、工作过程中，人为失误是难以避免的，但可以通过管理和技术上的措施降低人的失误率。防范人为失误事故，首先要从产生人为失误的原因抓起。其措施是：(1)加强安全教育培训。(2)改善人机环系统安全状况。(3)提高系统整体的可靠性。(4)执行作业审批和确认复检制度。(5)重视作业人员、生产要素、作业方法的合理组织、配置及设计。

【人为失误模拟系统】（man-made fault simulation system） 一种用于分析人员行为过程中，特别是进行操作时可能发生哪些失误以及有哪些规律的计算机模拟系统。包括通用失误模拟系统（GEMS）、潜在人误原因分析（PHECA）、临界行为和决策方法（CADA）、人的可靠性管理系统（HRMS）、任务分析失误辨识方法（TAEFI）、认知环境模拟方法（CES）等。在进行模拟时，使用者对系统运行情况进行实时模拟，根据特定的信息并介入系统操作。通过对信息的收集和反应，分析哪里可能发生人为失误，哪种程度上可以避免其发生。再结合这些信息以及操作员的后续动作，判断可能发生的人误模式。在模拟技术进行分析时，多以事件树描述为基础，假定事件序列中的每个事件都能用“成功或失败”进行分类。在没有考虑具体操作环境的影响下，这种模拟仅仅考虑了某一个事件序列，没能说明这个始发事件如何发展，在系统中如何传播。人为失误模拟技术需要更加关注实际环境下的人的行为。

【人为失误预测技术】（man-made fault forecast technology） 用于分析人员行为过程中，特别是进行操作时可能发生哪些失误的预测技术。包括人误率预测技术、系统化人误减少及预测方法等技术。在进行预测时，人误率预测技术先把任务分解成若干子任务，并对相应操作进行行为分类；采用基本人因工程理论，收集系统中违反人体生理、心理原理的设计形成人误原因因素；最后对应到疏忽型和执行型两种人误。预测方法中的预测技术先确定失误模式及基本失误模拟系统，详细分析失误的心理机制，从而确定每个任务阶段可能出现的人误模式。可以给使用者提供进行详细分析的方法，同时，它能确定哪些人误在哪个阶段予以纠正。存在的问题是：(1)在不同使用者使用时可能得到不同答案，即一致性不强。(2)虽然对失误心理机制进行了分类，但是强调的是心理的静态方面，对动态的认知过程因素几乎没有考虑。(3)对于人误因素的识别仅强调人员，忽视了整个系统中诸如界面、环境等众多因素影响。

【人为土壤】（anthropogenic soil） 又称农业土壤。经过人类耕作、施肥、灌排、土壤改良等生产活动影响和改造的土壤。其形态、性状和肥力特性在不同程度上有别于自然土壤，而有利于作物的生长发育。特别是随着工业的发展、人口的增加和耕地的减少，人为作用对土壤形成的影响越来越大。在此过程中，也出现了土壤的退化现象。人为作用重要性的确认扩大了土壤学的视野。从各国土壤分类来看，人为土壤分类位置已得到越来越多国家的认同。在中国土壤分类系统中，已有人为土壤的详细分类。

【人文地图】（human map） 反映人类社会的经济及其他领域的事物或现象的地图。其内容包括：人口地图、经济地图、工业地图、农业地图、交通运输地图、商业地图、城市地图、土地利用图、文化地图、政区地图等。

【人行天桥】（overhead walkway） 又称人行立交桥。供行人通过的高架桥。一般建造在车流量大、行人稠密的地段，或者交叉口、广场及铁路上面。用于避免车流和人流平面相交时的冲突，保障人们安全的穿越，提高车速，减少交通事故。按其结构的不同可分为：(1)悬挂式结构的过街天桥。以桥栏杆为主要承重部件，供行人通过的桥板本身并不承重，悬挂在作为承重梁的桥栏上，这种结构的过街天桥将结构性部件和实用型部件结合在一起，可以减

人行天桥

少建筑材料，相对降低工程造价。(2)承托式结构的过街天桥。将承重的桥梁直接架设在桥墩上，供行人行走的桥铺在桥梁之上，而桥栏杆仅仅起到保护行人的作用，并不承重，这一类的过街天桥造价相对较高，但是由于桥栏杆纤细优美，作为城市景观的功能较好，这一类型的过街天桥数量最众。(3)混合式结构的过街天桥。是上述两种结构的杂交体，桥栏和桥梁共同作为承重结构分担桥的荷载。为了方便和吸引行人使用，一些地方的天桥装设了电动扶梯，免除行人爬上梯级。也有些天桥设有升降机，方便残疾人士使用。部分天桥更设有自动行人道，减少人行的距离。此外，某些过街天桥有盖，部分密封，有空气调节。

【人与生物圈计划】(program of man and biosphere, MBP)　“人和生物圈”的研究计划。国际性的生态学综合研究计划。由联合国教科文组织于1970年在第16届全体会议上，根据许多成员国的建议制定的。其宗旨是：通过自然科学和社会科学的结合，对生物圈及其不同区域的结构和功能进行系统研究，预测人类活动引起的生物及其资源的变化，以及这种变化对人类本身的影响，为合理利用和保护生物圈的资源，改善人类同环境的关系提供科学依据。此计划共有14个研究项目。1992年，在斯德哥尔摩召开的联合国人类会议上，通过了此计划。这项计划由30个会员国组成的国际协调理事会督促执行。中国已被选为该会的理事国。

【人员可靠性分析】(human reliability analysis)　为保证提高机械效率和人机系统有较高的可靠性而进行的可靠性分析。它包括多个环节和因素，除硬件设备机器外，关键就是操纵使用控制机械的人。二者构成一个人机系统。要保证整个系统的可靠性，首先要研究人的可靠性。人员可靠性分析技术是用来识别和改进PSFs安全预警系统，从而减少人为失误的机会。这种技术分析的是系统、工艺过程和操作人员的特性，识别失误的源头。其分析过程包括人员特点、作业环境和所执行任务的描述，通过HRA人员可靠性分析估测人机界面，进行与操作人员职责相关的任务分析，与操作人员职责相关的人为失误分析和编制评价结果等。为更加有效、准确地进行人员可靠性分析和人因失误事件的管理，提高系统的安全性，建立一个人员可靠性分析及人员可靠性数据管理系统是非常必要的。

【人源化抗体】(humanized antibodies)　抗体分子的可变区部分是由人类可变区基因所编码的一种抗体。即VH和VL。可以大大减少鼠源抗体对人类机体造成的免疫副反应。在未来，鼠源性单克隆抗体将逐渐被人源化抗体所替代。其主要原因是：鼠源性单克隆抗体与人补体成分结合能力低，CDC(补体依赖的细胞毒性作用)作用相应较弱，对肿瘤细胞的杀伤能力较弱；与NK等免疫细胞表面Fc受体亲和力弱，介导的ADCC(抗体依赖的细胞介导的细胞毒性作用)作用较弱；在人血循环中的半衰期短，发挥ADCC与CDC作用的时间较短；具有免疫原性，宿主易产生抗抗体，引起过敏反应。

【人造草坪织物】(fabric of man-made grassland)　模拟草坪在室外铺放的一种构筑材料。多采用原液着色的锦纶纤维或聚偏氯乙烯、聚丙烯等以熔融纺丝法纺得的扁丝，以类似制造地毯的方法制成，以机织法、簇绒法、编结法等构成模仿草丛的纤维毛圈。为了使毛圈在底布上很好固着，往往在其背面涂敷合成胶乳。产品的特性要求随用途而异。其外观漂亮，富有弹性，步履舒适。主要铺设于运动场地、公共场所和住宅庭院。

人造草坪织物

【人造放射性元素】(man-made radioactive elements)　通过人工方法如通过加速器用各种粒子轰击原子核实现核反应生成的自然界中不存在的放射性元素。如镎、镅、锔等。主要用于放射学理论研究。

【人造花】(artificial flower)　又称仿真花。以纸、绢、丝绸、天鹅绒、通草、塑料、涤纶和水晶等为材料制成的人工花卉。品种丰富。色彩艳丽。管理简便。是室内装饰和馈赠的高雅艺术品。但缺乏活力和大自然气息。

【人造金刚石】(synthetic diamond)　通过人工方法合成的金刚石。通常是在1 500～1 600℃和5×10^9～6×10^9 Pa下，用过渡金属催化石墨转变成金刚石。也有用化学气相沉积法在1 000℃以上和常压下，利用CH_4、C_2H_2等有机物的分解来制备金刚石薄膜。因为金刚石具有硬度高、耐磨性好、导热率高、电绝缘性好、有优良的透光性和

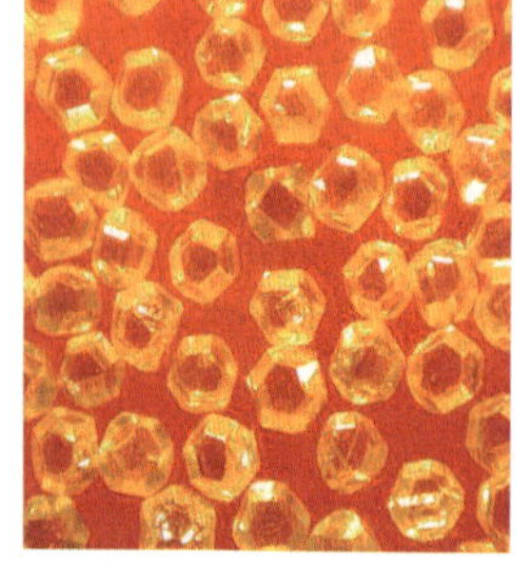

人造金刚石

耐腐蚀性等优异的性能，被广泛应用于金属和石材加工、石油钻探等领域，金刚石薄膜可用于生产半导体功率器件。

【人造聚晶金刚石】(synthetic polycrystalline diamond) 用细颗粒金刚石单晶在高温高压下烧结而成。它具有高硬度、高耐磨性和较高的热稳定性，高抗压强度和抗冲击韧性等特点。广泛用于地质勘探、石油开采、宝石加工和机械加工等方面。

【人造沥青】(artificial asphalt) 由脂肪族、脂环族和芳香族碳氢化合物和含氧、含硫的物质所组成的物质。能溶于二硫化碳、四氯化碳等溶剂中。不同品种的人造沥青的物理性质有很大的差异，从能流动的黏稠液体至难以溶化的坚硬固体。棕黑色或黑色。一般具有光泽。

【人造毛皮】(artificial fur) 采用机织、针织或胶粘的方式，在织物表面形成长短不一的绒毛，具有接近天然毛皮的外观和服用性能的材料。包括针织人造毛皮、机织人造毛皮和人造卷毛皮等。

人造毛皮

【人造奶油】(margarine) 用植物油加部分动物油、水、调味料经调配加工而成的可塑性的油脂品。按其形状的不同可分为硬质、软质、液状和粉末四种。按其用途不同分为家庭用及食品工业用两种。前者又分餐用、涂抹面包用、烹调用和制作冰淇淋。后者又分面包糕点用、制作酥皮点心用及制作馅饼用。其制备方法是：先按配方要求把液体油脂和固体油脂送入配和罐，再把食盐、糖、香味料、食用色素、奶粉、乳化剂、防腐剂、水等调配成水溶液；边搅拌边添加，使水溶液与油形成乳化液；然后通过激冷机进行速冷捏合，再包装为成品。它可以使人体血液中的低密度脂蛋白增加，高密度脂蛋白减少，易诱发血管硬化，增加心脏病、脑血管意外的危险。因此，应尽量少食用用植物油氢化反应制成的人造奶油。

【人造皮革】(artificial leather) 人造的类似皮革的塑料制品。一般是将混有增塑剂的合成树脂，以糊状、分散液状或溶液状涂布于布面，再经加热处理而得。也可将树脂等配料混合加热，再经滚筒压成布衬或无衬的产品，最后可用辊筒进行压平或压花，制成各种颜色和花纹的制品。按其覆盖材料的不同可分为：(1)聚氯乙烯(PVC)人造革。(2)聚氨酯(PU)人造革。按其覆盖层发泡与否可分为：(1)泡沫人造革。(2)普通人造革。按其用途的不同可分为：(1)鞋用人造革。(2)箱包用人造革。人造皮革具有柔软耐磨，富有弹性等特点。但其透气性差，耐寒性差，过冷会变硬、发脆。

【人造鳃】(artificial gill) 模拟鱼鳃功能、将氧气从水中分离出来供人进行呼吸的设备。鱼鳃鳃片上排列着的梳齿状鳃丝，密布着毛细血管。当水通过鳃丝时，毛细血管就会摄取水中溶解的氧气，同时将二氧化碳排到水中。如将人造鳃的尺寸缩小，可以绑在潜水员的胸膛上。潜水员戴上人造鳃，就可以像鱼类一样在水底自由自在地畅游，确保人身安全。

【人造卫星】(satellite) 人工发射的围绕行星运转的人造天体。人造地球卫星是用运载火箭发射到高空并使其水平方向速度达到或超过第一宇宙速度，成为沿一定轨道环绕地球运行的人造天体。分为科学卫星、应用卫星和技术试验卫星三类。卫星的主要组成部分有：卫星结构、热控制、电源、姿态控制、遥感探测、数据传输、工程遥测、指令遥控、测轨定位、信息处理和程序控制等。此外，有些卫星还安装有轨道转移用的火箭，轨道控制、卫星返回地面用的制动火箭，降落伞，隔热与表面散热设备，频率与时间标准和通信转发器等。为减少卫星上的设备，有时某些相近的分系统合用一套设备。1957 年人类首次成功发射人造卫星以来，有 20 多个国家和国际组织发射了人造卫星。其中利用本国自制火箭发射的有苏、美、法、日、中、英、印七个国家和欧空局。

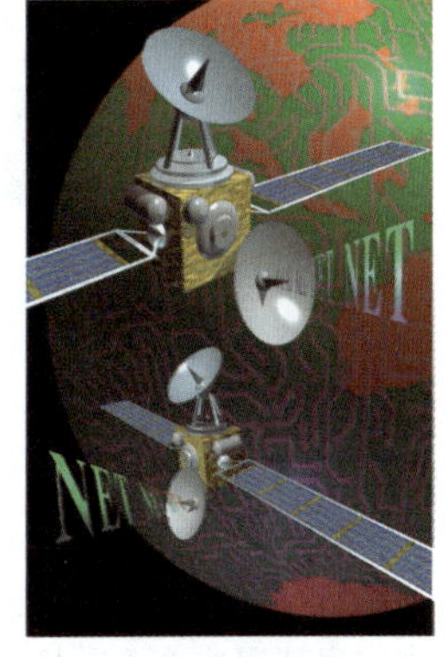
人造卫星

【人造纤维】(artificial fiber) 以天然的高分子化合物为原料，经过化学和物理方法处理和机械加工而制成的纤维。包括人造纤维素纤维、人造蛋白质纤维和其他人造纤维。人造纤维素纤维又称再生纤维。黏胶纤维就是利用自然界中存在的含有纤维素的物质，如棉短绒、木材、甘蔗渣、芦苇等的纤维素加工制成的纤维。其主要品种有黏胶纤维、铜氨纤维、醋酯纤维等。人造蛋白质纤维可分为动物蛋白纤维和植物蛋白纤维。动物蛋白纤维主要有乳酪纤维、鱼蛋白纤维等；植物蛋白纤维主要有大豆纤维、花生纤维、玉米纤维等。其他人造纤维主要有海藻纤维、甲壳质纤维等。人造纤维有许多接近天然纤维的优异性能，如吸湿透气、穿着舒适、易降解和利于环保等。

【人造小型卫星】(small satellite) 质量在1t以下的人造卫星。20世纪90年代以来,出现了不同于以往小卫星概念的新型卫星。具有高新技术含量高、功能密集度高、成本低、体积小等优点,可实现批量生产。现代小卫星采用新的设计思想,打破传统大卫星的分系统界线,强调功能集成、系统集成和充分发挥软件功能,并且广泛采用现代微电子技术、微机械技术和纳米技术等高新技术。现代小卫星已广泛应用于空间探测、新技术试验、通信和天象观测等方面。小型卫星的未来发展相对其他卫星更具有开拓性、探索性,应用领域更加广泛。

【人字闸门】(miter gate) 由两扇绕垂直轴转动的平面门扇构成的闸门。闸门关闭挡水时,两门扇构成"人"字形而得名。是船闸中应用最广的一种闸门。由以下三个部分组成:(1)门扇。由面板,主横梁、次梁、轴柱及斜接柱所构成的挡水结构。(2)支承部分。包括支垫座、枕垫座、顶枢和底枢等支承闸门的设备。(3)止水装置。闸门关闭时,两门扇相互支承在彼此的斜接柱上,构成三铰拱,以承受水压力作用。人字闸门与其他整扇挡水的闸门相比,其厚度门一般较小,自重较轻,造价较低。此外,它还具有操作简便可靠、启闭力小等优点。根据门扇结构的平面形状的不同可分为平面人字闸门和拱形人字闸门。根据门扇结构梁格布置的不同平面人字闸门又可分为横梁式人字闸门和立柱式人字闸门。

人字闸门

【仁果类果树】(pomaceous fruit trees) 食用果肉为花托膨大部分,有果心及其多个各自独立的心室,心室内各有一粒种子的果树。如苹果、梨和山楂等。

【刃脊】(knife-edged mountain) 像刀刃一样的山脊。往往是和角峰连接在一起的山岭。两侧十分陡峭且发育着许多冰雪崩槽。刃脊也是山体两侧冰雪溯源侵蚀而形成的一种典型的冰川侵蚀地貌类型。随着地质历史的演替,刃脊将会在不断的冰雪溯源侵蚀作用下被贯通而成为山脉新的垭口。在一些发生过古冰川作用的山区也都会观察到刃脊地貌。中国西部的许多高山、极高山地区,以及秦岭太白山、四川螺髻山、台湾玉山等地都有刃脊地貌遗存。现代冰川粒雪盆后壁刃脊地带,几乎都是雪檐分布区和雪崩多发区,是科学考察和登山探险最难通过或难以逾越的禁区。

刃脊

【刃具表面涂层】(cutting tool surface coating) 在刃具表面涂覆一层材料提高其性能的技术。多数为TiN、TiC的单层或双涂层。以及以TiN、TiC为基的离子涂覆工艺(PVD)、TiCN多层涂层。TiN涂层与刃具的基体结合强度高,与被加工材料之间摩擦系数低。具有较高的化学稳定性和抗高温氧化性。TiC比TiN的硬度高,抗磨性能更好。涂层的方法包括离子涂覆工艺和低温化学气相沉淀工艺。

【刃倾角】(tool cutting edge inclination) 刀具主切削刃与基面之间的夹角。在切削平面内测量。在切削过程中,刃倾角有以下作用:影响切屑流出方向;使刀刃锋利;影响刀尖强度和散热条件;提高切入切出的平稳性;影响实际参加切削的刀刃长度和切削图形;影响切削分力之间的比值。

【认识论】(epistemology) 关于人类认识的对象、过程及其规律的哲学理论。源于希腊文"知识"和"学说"两个词的结合,意思是关于知识的学说。在马克思主义哲学中,认识论和世界观、方法论是相互统一的。将认识论与方法论或世界观割裂开来的做法,是旧哲学的行为。马克思主义哲学基础理论中的无论哪一部分内容,都是既属于世界观,又是认识论,也是方法论;无论哪一部分内容,都既蕴含着关于人类认识的基本看法,当然也指明了认识和改造世界的最一般方法。与世界观及方法论相对应和相统一的认识论也称为广义认识论。狭义的认识论则专指关于认识本身的理论。其研究内容是:认识的对象和来源、认识的能力和限度、认识的真理性之标准等问题。马克思主义认识论认为,认识来源于实践,受实践水平所制约,但认识又有其特有的能动作用,规定着人的活动的本质,制约着人的活动的发展。马克思主义以前的唯物主义认识论离开人的社会实践,离开人的历史发展,形而上学地研究认识问题,因而否认认识对实践的依赖关系和认识的辩证发展过程,把认识看作是一种直观的、消极的反映。唯心主义则否认认识是人脑对客观世界的反映。只有马克思主义认识论从实践的观点出发,把辩证法贯穿于认识论研究,才科学地解决了认识论的根本问题。

【认证中心】(certificate authority, CA) 电子商务中的一个具有权威性和公正性的第三方服务机构。在电子交易中承担网上安全电子交易认证服务,签发数字证书,确认用户身份等工作。其主要任务是:(1)电子证书管理。(2)电子贸易伙伴关系建立和确认。(3)密钥管理。(4)为支付系统中的各参与方提供身份认证等。类似于现实生活中公证人的角色,具有权威性,是一个普遍可信的第三方。通过向电子商务各参与方发放数字证书,来确认各方的身份,保证网上支付的安全性。其主要组成部分是:(1)注册服务器。(2)注册管理机构。(3)证书管理机构。所颁发的数字证书主要有:(1)持卡人证书。(2)商户证书。(3)支付网关证书。

【认知无线电】(cognitive radio, CR) 又称智能无线电。能自动感知所处的频谱环境,发现频谱空洞并利用它的一种系统。以灵活、智能、可重配置为显著特征,通过感知外界环境,并使用人工智能技术从环境中学习,有目的地实时改变某些操作参数(比如传输功率、载波频率和调制技术等),使其内部状态适应接收到的无线信号的统计变化,从而实现任何时间、任何地点的高可靠通信以及对异构网络环境有限的无线频谱资源进行高效地利用。认知无线电的核心思想就是通过频谱感知和系统的智能学习能力,实现动态频谱分配(DSA)和频谱共享。其特点是:(1)对环境的感知能力。是CR技术成立的前提,只有在环境感知和检测的基础上,才能使用频谱资源。频谱感知的主要功能是监测一定范围的频段,检测频谱空洞。(2)对环境变化的学习能力、自适应性。体现CR技术的智能性,在遇到主用户信号时,能尽快主动退避,在频谱空洞间自如的切换。(3)通信质量的高可靠性。要求系统能够实现任何时间任何地点的高度可靠通信,能够准确地判定主用户信号出现的时间、地点、频段等信息,及时调整自身参数,提高通信质量。(4)系统功能模块的可重构性。CR设备可根据频谱环境动态编程,也可通过硬件设计,支持不同的收发技术。可以重构的参数包括:工作频率、调制方式、发射功率和通信协议等。

【认知障碍】(cognitive impairment) 因脑部分损伤导致的言语、思考、记忆、行为、学习、注意等功能障碍。在临床上常表现为:注意障碍、记忆障碍、失语症、失认症、失用症以及执行能力障碍等症状。人的一切心理和行为活动的物质基础是大脑。大脑病变可以造成所获得的认知解体。当病变为多发性或弥散性时,认知的解体可以是全面的;当病变为局部时,因部位的不同可出现相应的言语、认知功能的部分损害或解体。其临床表现是:(1)言语障碍。言语理解障碍,无法表达,与他人交流困难。(2)记忆障碍。新的信息无法记住,以前的事情回想不起来。如时间地点回忆不起来,经常忘事,一天的计划回想不起来。(3)注意障碍。思想无法集中,做事经常出错,无法同时做两件事。(4)视空间障碍。只能注意到眼前的半个空间,遗漏半侧空间的物体。(5)失认症。看到的人或物,不知是什么。(6)失用症。虽然手足活动如常,但无法完成目的性动作。(7)执行能力障碍。明确目标、制定计划、有效实施、结果评价等一系列的行动发生困难。

【任务适应机翼】(adaptive wing) 又称自适应机翼。能够根据飞行条件的变化改变弯度或几何形状的机翼。是20世纪80年代初提出的新概念。该机翼能够在飞行中改变弯度,使空气流动发生变化,并通过精确控制,可使气动特性在各种条件下达到最佳状态。美国、日本、欧洲对这种机翼进行了大量研究。最庞大的研究计划是美国空军和宇航局联合提出的ATFI/F－111验证机计划。它在F－111战斗机上面安装了一副试验性任务适应机翼,外表是一块完全连续的光滑表面,机翼内装有传感器和操纵机构,机翼中间部分是不动的,前后缘能够连续偏转,从而达到柔性地改变弯度的目的。ATFI/F－111验证机曾于1985年、1986年进行了两次阶段试飞。试验结果表明,飞行性能达到或超过了风洞试验结果。其飞行速度、航程、盘旋能力和无抖振可用升力都有较大提高。任务适应机翼还能提高飞机的机动能力、控制机动载荷、控制阵风减缓,对提高飞机的机动性、航程和续航时间,提高机翼寿命和承载能力,以及改善飞行品质等,都具有重要意义。

任务适应机翼

【任意投影】(arbitrary projection) 长度、面积和角度都有变形、既不等角又不等积的投影。在这种投影中,有一种较为特殊,即等距离投影。从字面上看该投影无长度变形,事实上只是在标准线上距离不变。任意投影图虽然各方面都有变形,但是它的面积、角度等误差都较小,特别是在应用部分变形不大。适合于绘制各种无特殊要求的地图,如教学地图。

【妊娠高血压综合征】(edema-hypertension-proteinuria syndrome) 又称妊高征。孕妇妊娠期间血压高于正常值,有蛋白尿症状,分娩后即随之消失的妊娠期特有的疾病。至今病因不明。

妊娠期妇女常见的疾病。其临床特征是:高血压、水肿、蛋白尿、抽搐、昏迷、心肾功能衰竭,甚至发生母子死亡。按其严重程度的不同可分为轻度、中度和重度。重度妊娠高血压综合征又称先兆子痫和子痫。子痫会在高血压的基础上发生抽搐。其发病因素有:(1)年轻初产妇及高龄初产妇。(2)妊娠20周,尤其在32周以后最为多见。(3)营养不良,特别是伴有严重贫血者。(4)患有原发性高血压、慢性肾炎、糖尿病合并妊娠者。(5)双胎、羊水过多及葡萄胎的孕妇。(6)冬季与初春寒冷季节和气压升高的条件下,易于发病。(7)有家族史,如孕妇的母亲有妊高征病史者。妊娠高血压综合征易引起母体胎盘早期剥离、心力衰竭、凝血功能障碍、脑出血、肾功能衰竭及产后血液循环障碍等。而脑出血、心力衰竭及弥散性血管内凝血为该病患者死亡的主要原因。重度妊娠高血压综合征是早产、宫内胎儿死亡、死产、新生儿窒息和死亡的主要原因。具有以下高危因素者发病风险增加:孕妇年龄过小或大于35岁、多胎、慢性高血压史、糖尿病、肥胖等。

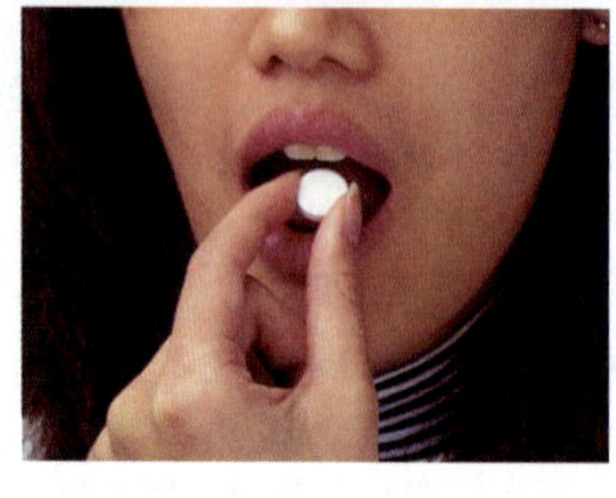

口服降压药

【妊娠剧吐】(hyperemesis gravidarum) 孕妇在停经6周左右出现的轻度恶心、呕吐、头晕、乏力等早孕反应。一般不影响日常生活和工作。多数在停经12周左右自行消失。少数孕妇早孕反应严重,恶心呕吐频繁,不能进食,以至于发生水和电解质失常以及代谢障碍,影响身体健康,严重时可危及生命。可能与精神过度紧张、忧虑、生活环境有关。其治疗措施是:给予心理治疗,解除其思想顾虑,保证充分休息和睡眠;同时酌情补充水、电解质、维生素、能量和碳酸氢钠等。严重时应住院治疗。

【妊娠期肝内胆汁淤积症】(intrahepatic cholestasia of pregnancy, ICP) 妊娠中、晚期特有的并发症。妊娠30周后出现无皮肤损伤的瘙痒,一般先从手掌和脚掌开始,然后逐渐向肢体延伸,甚至可发展到面部。以后出现轻度黄疸,测血中胆酸和转氨酶升高。分娩后瘙痒和黄疸很快消失。该病主要危害胎儿。由于胆汁酸的毒性作用,可发生胎儿宫内窘迫、胎膜早破、早产、死胎等。其病因不清。可能与环境因素、遗传有关。其治疗原则为:缓解瘙痒症状,恢复肝功能;注意监护胎儿宫内情况;及时发现异常,采取相应措施;如妊娠已经足月,应及时分娩。

【妊娠期龈炎】(pregnancy gingivitis) 妊娠期间,由于女性激素水平升高,原有的牙龈慢性炎症加重,使牙龈肿胀或形成龈瘤样的改变,分娩后病损可自行减轻或消退的牙龈炎症疾病。菌斑微生物是其直接病因。又因妊娠期间性激素水平的改变、牙龈对局部刺激的反应增强,导致牙龈炎的加重。其临床表现是:患者一般在妊娠前即有不同程度的慢性龈炎,从妊娠2~3个月后开始出现明显症状,8个月时达到高峰。分娩后约2个月时,龈炎可减轻至妊娠前水平。临床检查发现龈缘和龈乳头呈暗红或鲜红色、松软而光亮、有龈袋形成,轻触即出血。一般无疼痛,严重时龈缘可有溃疡和假膜形成,此时可有轻度疼痛。有时伴有妊娠期龈瘤的发生。根据患者处于妊娠期以及口腔内牙龈炎的症状,可以作出诊断。其治疗原则是:(1)去除一切局部刺激因素,如牙石、菌斑、不良修复体。(2)要求患者认真作好菌斑控制和必要的维护治疗。(3)对于炎症的患者,可以使用1%过氧化氢溶液和生理盐水进行局部冲洗。尽量避免使用全身药物治疗,以免影响胎儿发育。(4)对于较大的妊娠期龈瘤可考虑手术治疗。但是手术时机尽量选择在妊娠期的4~6个月内,以免引起流产或早产。其预防措施是:怀孕前及妊娠早期进行原有的慢性龈炎的治疗,整个妊娠期应严格控制菌斑。

【日-地关系】(solar terrestrial relationship) 太阳活动对地球的影响及其相互间的关系。其研究内容主要有:太阳耀斑与地球电离层变化、太阳活动与地磁磁暴、太阳活动与地球气候变化、太阳黑子与地球雨量的相关关系等。

【日本劳动省六阶段安全评价法】(Japan Labor Province Six Stage Safety Evaluation Method) 1976年日本劳动省颁布的化工厂安全评价指南中所提出的化工企业安全评价法。一种适合化工装置安全的评价方法。是一种对工程项目的安全性进行综合评价的方法。其步骤是:(1)第一阶段。资料准备。(2)第二阶段。定性评价。(3)第三阶段。定量评价。(4)第四阶段。制定安全对策。(5)第五阶段。用过去类似设备和装置的事故资料进行复查评价。(6)第六阶段。再评价。在进行安全评价法时,综合应用安全检查表、定量危险性评价、事故信息评价、故障树分析以及事件树分析等方法,分成六个阶段采取逐步深入、定性与定量结合和层层筛选的方式,识别、分析、评价危险,并采取措施修改设计消除危险。该法是一种考虑较为周到的评价方法。除化工行业外,还可用于其他有关行业。

【日本沼虾】(Oriental river prawn) 又称青虾、河虾。属甲壳纲,十足目,游泳亚目,长臂虾科,沼虾属。虾体形粗短,分头胸部和腹部二部分。头胸部较粗大,往后渐次细小,腹部后半部显得更为狭小。体色青蓝并有棕绿色斑纹,故名青虾。

日本沼虾

青虾的体色常随周围栖息环境而变化。青虾的身体由20个体节组成,头部5节,胸部8节,头胸部体节已愈合在一起,腹部7节。除腹部第7节外,每个体节各有附肢一对。头部附肢分化为第一、第二触角(第二触角的鳞片长约为其宽的三倍)。大颚(具有三节的颚须)和第一、第二小颚。胸部附肢分化为第1~3对颚足和五对步足。颚足为双叉肢型,步足为单肢型,第1、2步足为螯状,第1对比第2对细小。成体雄虾的第二螯足约为其体长的1.5~2倍。雌体的第二步足约为其体长的1倍左右。其余三对步足都为单爪型。青虾适应性强,分布广,具有食性杂、生长快、繁殖力强的特点。广泛分布于日本、东南亚和中国南北各地的淡水江河湖泊中,也常出现于低盐度的河口或淡水水域,浅水草湖中数量较多。

【日光温室】(sunlight greenhouse) 一种以塑料薄膜为采光材料,以太阳能为主要能源,依靠白天积蓄的太阳能进行夜间保温而创造植物体生长发育条件的设施类型。其结构包括:保温良好的单、双层北墙,东西两侧山墙和正面坡式倾斜骨架。骨架上覆盖塑料薄膜,降温时上盖草帘保温,俗称"三面墙一面坡"塑料薄膜日光温室。

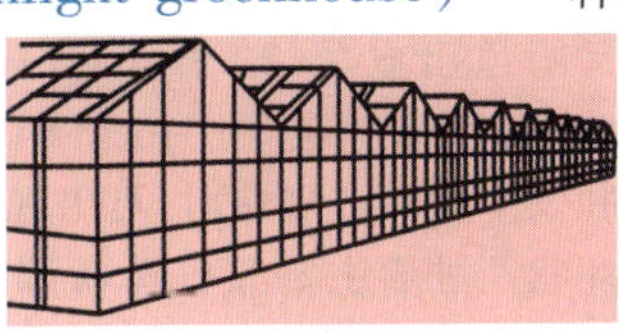
连栋日光温室

【日界线】(date line) 又称国际日期变更线、国际改日线。日期变更的地理界线。地球上各处因东西位置不同,日出时刻有早有晚。向东的人迎接太阳,向西的人追赶太阳。绕地球一周后,就会感觉增加或减少一天。为避免日期上的混乱,1884年国际经度会议决定将经度180°子午线作为日界线。又考虑到日界线附近的国家和地区使用上的方便,日界线由北向南通过白令海峡和阿留申、萨摩亚、斐济、汤加等群岛而达新西兰的东边。向东航行过这一线时需减去一天,向西航行过这条线时应增加一天。

【日冕物质抛射】(coronal mass ejections) 日冕上的大规模物质喷流。从太阳的日冕层抛射出来的物质,通常可以使用日冕仪在白光下观察到。抛射出来的物质主要是电子和质子组成的等离子体(此外还有少量的重元素,例如氦、氧和铁)。日冕物质抛射对日地环境和地球空间产生巨大的影响主要是磁暴和高能电子暴。1971年12月14日,第一次观测到日冕物质抛射。抛射物抵达地球物扰乱了地球磁层,使地球磁层压缩延伸成尾状,并将数兆亿瓦特能量,注入地球上层大气。此过程造成特别强的极光。日冕物质抛射事件伴随有耀斑,会破坏无限电的传输,造成能量耗损(断电),影响空间飞行并对人造卫星和电力传输线造成损害。同时还是一些灾害性空间天气发生的重要原因。

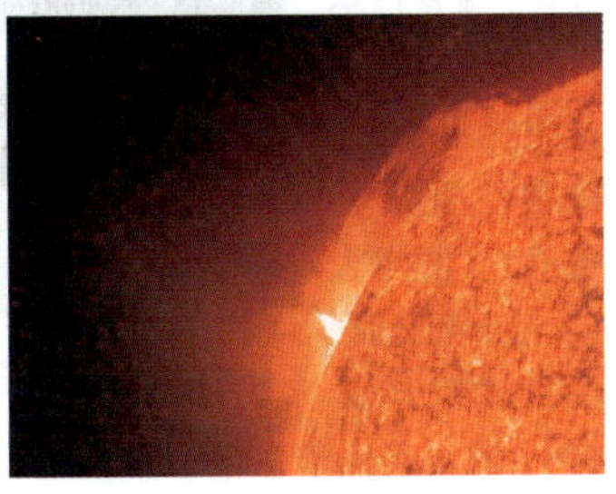
日冕物质抛射

【日平均气温】(mean daily temperature) 按规定每天定时观测到的气温数值的平均值。每日24次观测温度的平均值,称为真正的日平均气温。中国气象台站一般采用每天4次的观测结果进行平均,求出日平均气温。4次观测的时间分别为:02时、08时、14时和20时。

【日食】(solar eclipse) 地球表面的观测者在月球影子下看不到太阳的现象。其原因是太阳被月球遮挡,全部或局部失去光明。根据太阳失去光明部分的情况,进一步将日食划分为日全食、日偏食、日环食。其中日全食指太阳完全被月球遮挡;日偏食仅遮挡一部分;日环食则指太阳圆面的中央被月球遮掩,而四周依然保留有环带状光明部分。日环食发生的概率较日全食多,持续时间也较日全食长。在同一地点观测,无论是日全食,还是日环食,其出现均始于日偏食也终止于日偏食。

日全食

【日式风格】(Japanese style building) 又称

和样建筑、日本式建筑。13～14 世纪日本地区流行的一种日本佛教建筑。继承7～10 世纪的佛教寺庙、传统神社和中国唐代建筑的特点，采用歇山顶、深挑檐、架空地板、室外平台、横向木板壁外墙和桧树皮葺屋顶等，外观轻快洒脱。它讲究空间的流动与分隔，流动则为一室，分隔则分几个功能空间。空间中总能让人静静地思考，禅意无穷。传统的日式家居将自然界的材质，大量运用于居室的装修、装饰中。不推崇豪华奢侈、金碧辉煌，以淡雅节制、深邃禅意为境界，重视实际功能；借用外在自然景色，与大自然融为一体。在选用材料上，也特别注重自然质感，以便与大自然亲切交流。在日式家居装修中，散发着稻草香味的榻榻米，营造出朦胧氛围的半透明樟子纸，以及自然感强的天井，贯穿在整个房间的设计布局中，而天然质材是日式装修中最具特点的部分。

日式风格

【日照】(sunshine) 太阳光直接照射的时间。有可照时间与实照时间之分。可照时间指一天内可能的阳光光照时数，即一天中太阳从东方地平线升起到从西地平线沉没的全部时间，单位为小时。一个地区的日照可照时间是由该地区所处的地理纬度和太阳赤纬决定。实照时间则是指太阳直射光线不受地物障碍以及云、雾、烟尘遮蔽时实际照射到地面的时间。实照时间与可照时间的比值常用日照百分率表示，可用来比较不同纬度、不同季节的日照情况。测定日照时间常用各类日照计进行测定。

【日照时数】(sunshine duration) 一天之内太阳光照射的时间累计。表示某一地区接受太阳照射的状况。分可照时间和实照时间。前者表示一天内太阳的可能光照时间，其长短因季节、纬度而改变，可由公式算出。在北半球夏季，一般随纬度的增加而增长，冬季则相反。后者指某一地区一天内太阳光实际照射的时间。受季节、天气、地形的影响，一地的实照时数总是比可照时数要小，且有一定的波动。

【日中性花卉】(day-neutral flowers) 对日照长度没有特殊的要求、在任何日照长度下均能开花的花卉。如月季、扶桑、天竺葵、美人蕉、香石竹、矮牵牛和百日草等，只要温度合适，一年四季都能够开花。

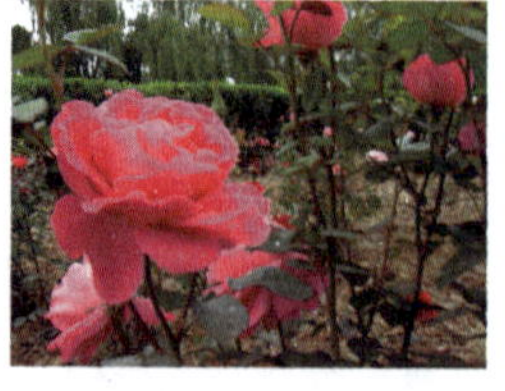
日中性花卉月季

【日灼】(sunscald) 果树在其生长发育期间，由于强烈的日光辐射增温所引起的果树器官和组织被灼伤的现象。冬季日灼多发生在寒冷地区的果树向西南面的主干和大枝上。由于冬春白天太阳照射枝干温度升高到0℃以上，使处于休眠状态的细胞解冻，夜间温度骤然下降到0℃以下，细胞再次冻结。如此反复冻融交替使皮层细胞受破坏。开始受害时树皮变色横裂成块斑状，严重时韧皮部与木质部脱离。急剧受害时，树皮凹陷，日灼部位逐渐干枯、裂开或脱落，枝条死亡。夏季日灼与干旱和高温有关，主要危害向阳的果实和枝条皮层。果实日灼处表现淡紫色或浅褐色干陷斑，严重时果皮爆裂。枝条日灼使皮层裂开或灼伤。这是由于温度高、水分不足、蒸腾作用减弱，致使树体温度难以调节，而造成枝干的皮层或果实的表面局部温度过高而灼伤，严重者可能引起局部组织死亡。

【绒毛膜癌】(choriocarcinoma) 来源于胎盘滋养细胞的肿瘤。60% 继发于葡萄胎，30% 继发于流产，10% 继发于足月妊娠或异位妊娠后。绝大多数绒毛膜癌原发于子宫，肿瘤位于子宫肌层内，也可突向宫腔或穿破浆膜。质地软而脆，海绵样，暗红色，伴出血坏死。其主要表现有：(1)不规则阴道出血。葡萄胎排空后、流产或足月产后，持续不规则阴道出血，也可表现一段正常月经后又阴道出血。(2)子宫复旧不全或不均匀增大。(3)卵巢黄素囊肿。由于 HCG 持续作用，黄素囊肿发生扭转或破裂时，可出现急性腹痛。(4)转移症状。肿瘤主要经血性播散，最常见转移部位是肺(50%～70%)，其次是阴道(30%)、盆腔、肝、脑。肺转移表现为咳嗽、咯血、胸痛。肝、脑转移是主要致死原因。其治疗原则以化疗为主，手术和放疗为辅的综合治疗。

【绒面革】(suede leather) 利用机械设备使表面呈绒状的皮革。用皮的正面(生长毛或鳞的一面)起绒制成的称为正绒；用皮的反面(肉面)起绒制成的称为反绒；用二层皮起绒制成的称为二层绒面。绒面革的透气性和柔软性较好，但防水性和防尘性较差，易脏，不易清洗和保养。常用于制造各种皮鞋，尤其是在女鞋和童鞋中用量较多。

绒面革女靴

【容错技术】(fault-contained technology) 容忍不希望事件(失效、故障、错误、失败)、使系统的正常功能得以保证从而提高系统可靠性的技术。容错的基本思想是精心设计系统体系结构,利用外加资源的冗余技术来达到掩蔽故障影响以保证系统正常运行。容错技术包括:对不希望事件的检测、损坏估价、不希望事件的恢复、不希望事件的处理和继续正常运行。这几方面构成了所有容错技术的基础,也是设计和制造容错系统的依据。该技术广泛地应用于可靠性、安全性要求高的航空航天领域、核工业领域、信息系统和运输系统中。

【容量分析】(volume analysis) 将一种已知浓度的试剂溶液加到被测物质的试液中,按其完成化学反应所消耗的试剂量来确定被测物质的量的方法。是一种重要的定量分析方法。按其反应类型的不同可分为:(1)基于离子之间发生结合反应的滴定法。包括中和法、容量沉淀法、络合滴定法等。(2)基于离子间发生电子得失反应的测定法。包括各种不同的氧化还原滴定法,如高锰酸盐滴定法、铬酸盐滴定法等。与重量分析相比,其优点是:(1)反应迅速。(2)操作简便。(3)结果准确(可准确到0.1%)。广泛用于常量组分测定和大批样品的例行分析。

【容器育苗】(container nursery) 应用特定容器培育作物或果树、花卉、林木幼苗的育苗方式。常用的育苗容器是装有养分丰富的培养土等基质的营养钵。其优点是:苗随根际土团(有时和容器一起)栽种,起苗和栽种过程中可使根系少受损伤,成活率高,发棵快,生长旺盛。在容器所盛培养土等基质中含有丰富的营养物质,加之容器育苗常在塑料大棚、温室等保护设施中进行,故可使苗的生长发育获得较佳的营养和环境条件。此法还为实行机械化、自动化操作的工厂化育苗提供了便利,对于不耐移栽的作物或树木尤为适用。

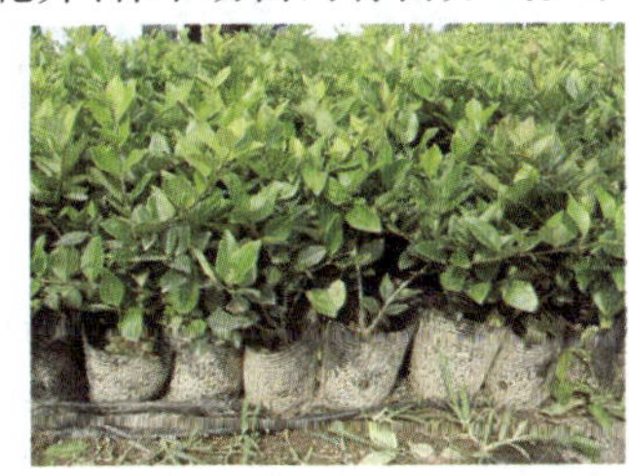
容器育苗

【容许误差】(allowable error) 又称允许误差。技术标准和检定规程等对计量器具所规定的允许的极限值。计量仪器的误差主要来源于自身的缺陷,如仪器的结构、原理、使用、安装、计量方法及其计量标准传递等造成的误差。容许误差的大小直接反映了该测量仪器的准确度。是测量仪器划分准确度等级的重要依据。容许误差通常作为判定计量仪器是否合格的一个规定要求。它是计量仪器的示值与真值之差,可以用来对计量仪器的示值进行修正。

【溶洞】(carst cave) 一种发育在碳酸盐岩如石灰岩体中的喀斯特洞穴。中国民间又称为“龙洞”。在一定气压和比较温暖潮湿的环境中,构成石灰岩体的碳酸钙在含有二氧化碳的水的作用下会发生水解而产生溶于水的碳酸氢钙。在数以万年计以上的地质历史中,正是这种水化学作用,使得看似坚硬的石灰岩体被溶蚀成为各种地上的或地下的喀斯特地貌,其中之一就是溶洞。溶洞在形成过程中,绝大部分石灰岩被溶蚀成溶于水的碳酸氢钙通过地上或地下河道流走,一部分碳酸氢钙物质则在缓慢的涓滴和细流过程中就近还原成碳酸钙形成石钟乳、石笋、石花以及钙化泉池等微型喀斯特地貌景观。

溶洞

【溶剂】(solvent) 能溶解其他物质的物质。分有机溶剂和无机溶剂。有机溶剂,按化合物结构的不同可分为:(1)醇类(如乙醇)。(2)酮类(如丙酮)。(3)酯类(如醋酸乙酯)。(4)脂肪烃类(如戊烷)。(5)芳烃类(如甲苯)。(6)卤代烃类(如氯仿)。(7)胺类(如吗啉)。按其用途的不同可分为:(1)橡胶溶剂(如石油醚)。(2)特种溶剂(如松节油)。水是最普通的无机溶剂。溶剂作为化学反应的载体,能使反应顺利完成或提高反应速度。如将二氧化碳(CO_2)作为溶剂,可应用于超临界条件下的萃取过程。

【溶剂油】(solvent naphtha) 一系列对某些物质起溶解、稀释、洗涤和抽提等作用的轻质石油产品的统称。其主要成分为烷烃、环烷烃和少量芳烃,不含任何添加剂。按其化学结构的不同可分为:(1)链烷烃溶剂油。(2)环烷烃溶剂油。(3)芳香烃溶剂油。按其沸程的不同可分为:(1)低沸点溶剂油,如6#抽提溶剂油,沸程为60~

溶剂油

90℃。(2)中沸点溶剂油,如橡胶溶剂油,沸程为80～120℃。(3)高沸点溶剂油,如油漆溶剂油,沸程为140～200℃。按其用途的不同可分为:(1)用于抽出大豆油、菜籽油、花生油和骨油等动植物油脂的抽提溶剂油。(2)用于橡胶、鞋胶、轮胎等领域的橡胶溶剂油。(3)用于油漆、涂料工业的油漆溶剂油。溶剂油包括切取馏分和精制两个过程。石油烃类溶剂油的发展十分迅速,其应用领域也不断扩大,在食用油、印刷油墨、皮革、农药、杀虫剂、橡胶、化妆品、香料、化工聚合、医药以及在电子零部件的清洗等方面都有广泛的应用。

【溶胶－凝胶法】(sol-gel process) 先形成溶胶再转变成凝胶的过程。溶胶是固态胶体质点分散在液体介质中的体系。凝胶则是由溶胶颗粒形成相互连接的刚性的三维网状结构、分散介质填充在它的空隙中的体系。其过程主要包括前驱体(醇盐、金属有机化合物、金属有机酸盐等)的水解、缩合、胶凝、老化、干燥和烧结等步骤。其优点是:可制备高纯度、高均匀性的材料,降低反应温度,易加工,设备简单等。其缺点是:成本较高,时间较长,在干燥过程中会产生收缩,逸出挥发性的有机物可能危害人体健康等。已成为制备高性能陶瓷、玻璃、薄膜、纤维、纳米粒子的重要方法之一。

【溶解度】(solubility) 在一定温度和压力下,饱和溶液中溶质的浓度。用字母 *S* 表示。单位为mol/L。对固体和液体物质通常也指在一定的温度下,该物质在100克溶剂里达到饱和状态时所溶解的克数。其单位是g/100g。气体的溶解度通常指的是该气体在一定温度和1标准大气压时溶解在100克溶剂里的体积数,或用体积比表示。物质的溶解度一方面取决于溶剂和溶质的本性,通常溶质的结构与溶剂的结构相似时较易溶解,即所谓相似相溶原理;另一方面也与温度有关。气体的溶解度还和压强有关。压强越大,溶解度越大;反之则越小。

【溶解氧】(dissolved oxygen) 水体中所溶解的氧分子量。用DO表示。以每升水中氧含量的毫克数(mg/L)表示。氧在水中的溶解度不高,纯水在20℃、1个大气压下,溶解氧约9mg/L。溶解氧量受水温、气压和溶质(如盐分)的影响。其中水温是主要的因素。水温越低,水中溶解氧的含量越高。溶解氧对于水体的自然净化作用和水中生物的生存都是不可缺少的。在自然情况下,由于空气中的氧气直接溶入和绿色水生植物的光合作用,水中的溶解氧会不断得到补充,地面水中的溶解氧接近饱和。当水体被污染时,有机腐败物质和其他还原性物质会不断的消耗溶解氧。越是干净的水,所含溶解氧越多;水中污染物越多,消耗的溶解氧越多。当水体中溶解氧消耗速率大于溶入速率时,溶解氧的含量会越来越少,并趋近于0。这时,水体中的厌氧菌就会很快繁殖,有机物因腐败而使水体变黑、发臭。因此,可以用溶解氧量来表示水的污染程度,并作为衡量水质的重要指标之一。

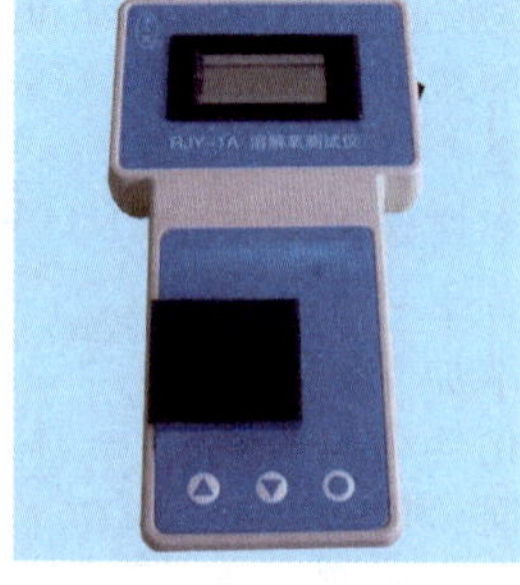
便携式溶解氧分析仪

【溶酶体】(lysosome) 细胞浆内由单层脂蛋白膜包绕的内含多种酸性水解酶的小体。按其生理功能阶段的不同可分为:(1)初级溶酶体。(2)次级溶酶体。(3)残余小体。其主要功能有:(1)与食物泡融合,将细胞吞噬进的食物或致病菌等大颗粒物质消化成生物大分子,残渣通过外排作用排出细胞。(2)在细胞分化过程中,某些衰老细胞器和生物大分子等陷入溶酶体内并被消化掉。酶是人体必须的重要物质。已知有40余种疾病与溶酶体中缺乏某种酶有关,如先天性储积病等。合理饮食,增加酶的摄取量是身体健康的关键。

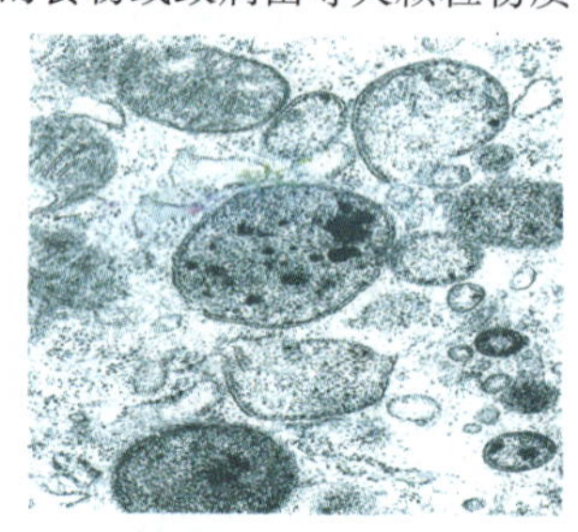
溶酶体的形态结构

【溶血尿毒症综合征】(hemolytis uremic syndrome,HUS) 多种原因引起的血管内溶血的微血管病,以溶血性贫血、血小板减少和肾功能衰竭为特点的一组综合征。主要发生在婴幼儿和儿童。男性多见。中国晚春及初夏为高发,多是散发。至今病因不明。典型HUS占90%,多在腹疼后发病,与致病性大肠杆菌、志贺式痢疾杆菌的毒素有关;非典型HUS占1%,多与细菌、病毒感染、药物、免疫、遗传等因素有关。典型HUS表现是:(1)前驱期。80%表现为胃肠炎,腹痛、腹泻、水便、血便伴呕吐,体温中等度升高,食欲不振;部分可有呼吸道感染,大约数天至两周。(2)溶血性贫血及出血。前驱期后数日致数周为无症状间歇期,后突然发生溶血及出血、贫血、黄疸、乏力、头晕;皮肤黏膜出血,皮下淤斑、血肿,便血,呕血,尿血等。(3)肾功能衰竭。几乎和溶血同时出现急性肾功能衰竭。60%病人少尿持续1周,部分病人无尿可持续3天;半数病人高血压,水肿、电解质量紊乱。中枢神经系与其他脏器也可受累。其诊断依据是:(1)有微血管性溶血性贫血。(2)血小板减少。(3)凝血酶元时间延长,纤维蛋白降解产物增加。

(4)进行性肾功能衰竭:蛋白尿、血尿、管型、血清肌酐升高。确诊需进行肾穿活检。与血小板减少性紫癜、免疫性溶血性贫血、急性肾小球肾炎等进行鉴别。其治疗原则是:无特殊治疗,主要是对症治疗,支持疗法,控制感染,降压,纠正贫血等;透析治疗肾衰;维持水、电解质平衡;输注新鲜冰冻血浆及血浆置换。肾移植有争议,因移植后可再发本病。

【溶血性黄疸】(hemolytic jaundice) 血液中胆红素超出正常水平而出现的黄疸。由于红细胞大量破坏,单核-吞噬细胞系统产生胆红素过多,超过肝细胞的摄取、转化和排泄胆红素的能力,导致胆红素滞留在血液中。凡能引起红细胞大量破坏而产生溶血现象的疾病,都能发生溶血性黄疸。如恶性疟疾、过敏、镰刀形红细胞贫血、葡萄糖-6-磷酸酶缺陷、输血不当等。其特征是:(1)血浆总胆红素、未结合胆红素(也称游离胆红素)浓度异常增高,结合胆红素浓度变化不大,与重氮试剂间接反应呈阳性。(2)未结合胆红素不能透过肾小球滤过排泄,导致尿胆红素呈阴性。(3)由于肝细胞对胆红素的摄取、转化和排泄增多,肝细胞最大限度地处理和排泄胆红素,过多的胆红素进入胆道系统,肠肝循环增多,使得尿液中胆素原、胆素,粪便中胆素原、胆素均增多。因此,尿液及粪便颜色均加深。

【溶液】(solution) 由两种或两种以上物质组成的均匀、稳定的分散体系。由溶质和溶剂组成。溶质以分子或离子状态分散于溶剂中。按其溶剂状态的不同可分为:(1)固态溶液。(2)气态溶液。(3)液态溶液。固态溶液通常称为固溶体,如合金;气态溶液如空气;液态溶液分为水溶液和非水溶液两大类,也可按导电性质分为电解质溶液和非电解质溶液,如氯化钠的水溶液为电解质溶液,糖水为非电解质溶液。气态溶液和理想溶液可看作典型混合物。实际溶液特别是电解质溶液中存在着复杂的物理、化学作用。

【溶源菌】(lysogenic bacteria) 含有原噬菌体DNA的宿主细菌。在正常情况下,溶源菌以极低的频率发生自发裂解,在用物理或化学方式处理后,会发生大量裂解。其特点是:(1)自发裂解。(2)诱发裂解。(3)复愈性。(4)免疫性。对已感染的噬菌体以及其同源噬菌体具抵制能力。

【溶质】(solute) 溶液中被分散的物质。不能保持自身的聚集状态,而被溶剂分隔。通常固体或气体物质溶于液体中,固体或气体物质为溶质;两种液态物质互溶时,量少的为溶质。按其电离性质的不同可分为:(1)电解质溶液。(2)非电解质溶液。如氯化钠的水溶液为电解质溶液,而糖水则为非电解质溶液。

【溶质运移】(solute transport) 地下水和土壤水中的溶质在对流和扩散等的共同作用下形成的物质运动现象。溶解在地下水和土壤水中的溶质主要是水体所处地带的各种可溶性物质,有时还有由人类活动形成的各种环境物质。在溶质运移理论中,常将水体在土壤孔隙中流动时,形成和产生的对流扩散和分子扩散,合起来统称为水动力弥散。在溶质运移过程中,对流和分子扩散是同时存在和密不可分的。造成对流的基本要素是水体的运动和孔隙系统的性质,造成分子扩散原因是溶质的浓度差。研究溶质运移的基本方法是物理模型实验和数值模拟计算。研究溶质运移的主要困难,是弥散系数和其他参数的测定、求解对流-扩散方程时数值的发散和跳动,以及对溶质运移过程有重要影响的吸附、离子交换,各种物理化学反应的定量描述等。自20世纪90年代以来,由于全球范围内日益迫切的环境、生态和地下水资源污染防治的需要,促进了对溶质运移机理和弥散过程的数值模拟等方面的研究。目前,有关溶质运移的理论和实验尚不完善,有待进一步研究。

【熔断器】(fuse box) 当电流超过规定值并经一定时间后,以它本身产生的热量将一个或几个特殊设计的熔体熔断以分断电路的开关电器。由熔体、底座等部件组成。其工作原理是:当过负荷电流或短路电流通过一定时间,由于熔体发热而使其温度升高,当温度上升到熔体的熔点时,熔体熔化并产生强烈电弧。电弧熄灭后电路即被分断,借以保护电路的过负荷或短路。其优点是:(1)体积小。(2)使用方便。(3)价格低廉。在使用低压配电系统的工矿企业的动力装置、仪器仪表、生活用电线路和电气设备中广泛用作保护器件。

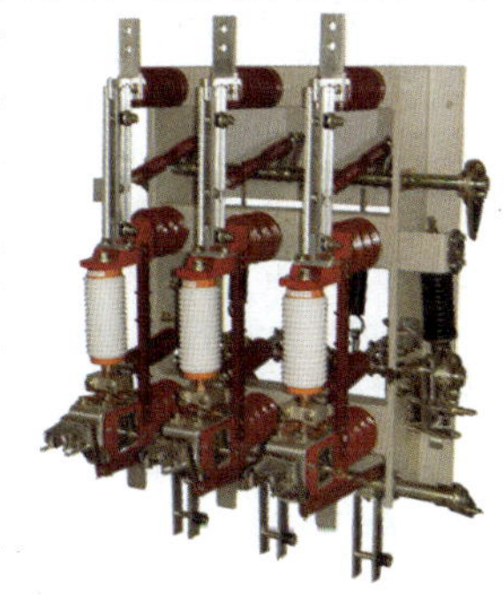

熔断器组合开关

【熔剂】(flux) 冶炼过程中使用的造渣材料。其主要作用是同炉料中杂质结合成渣,并与金属分离。冶炼黑色金属的熔剂主要有石灰石、石灰、萤石等。冶炼有色金属(铜、铝、镁等)的熔剂除石灰石外,还有石英砂、铁矿石、氟化钠、氯化钠等。

【熔剂除渣】(flux deslagging) 通过熔剂与夹渣之间的吸附、溶解和化合作用而实现除渣的工艺方法。常用的熔剂有:氯化铝、氯化硼、四氯化碳、氟化钾和氟化镁等氯盐和氟盐,以及木炭、碳酸钙和萤石等多种物质。熔剂吸附熔体中的夹渣后,能使系统的表面自由能降低。因此,熔剂具有自动吸附夹渣的能力。对于不同的金属熔体,可以采用不同熔剂的组合进行除渣。根据夹杂物与金属熔体的密度的不同,可分别采用上熔剂法或下熔剂法。(1)上熔剂法。若夹渣的密度小于金属熔体,它们多聚集在熔池上部和表面,此时应采用上熔剂法。上熔剂法所使用的熔剂在熔炼温度下的密度应小于金属液。将熔剂加在熔池表面,熔池上层的夹渣与熔剂接触,发生吸附、溶解和化合作用而进入熔剂中。这时,与熔剂接触的金属液层中由于去除了夹渣而密度变大,因此向下移动。含夹渣较多的下层金属液,则上升与熔剂接触,重复以上过程。直至熔池中的夹渣都被熔剂吸收为止。重有色金属和钢铁多采用这种方法。(2)下熔剂法。若夹渣的密度大于金属熔体,它们多聚集在熔池下部或炉底,此时应采用下熔剂法。下熔剂法使用的熔剂,在熔炼温度下的密度应大于金属液。将熔剂加入熔池表面后,在熔剂逐渐下沉的过程中与夹渣发生吸附、溶解和化合作用,一同沉向炉底。镁和镁合金多采用这种方法。因为炉底的金属液含有熔剂夹渣,不能直接进行浇铸。另外,用多孔容器将熔剂加在熔体内部,并充分搅拌,使熔剂均匀地分布在整个熔池中,熔剂与夹渣作用后,密度小的上浮,密度大的下沉。此法称为全熔剂法。其特点是增大熔剂与夹渣的接触面积,可缩短精炼时间,多用于铝及铝合金。同样,此法也不能用于直接浇铸。

萤石

【熔剂脱气】(flux degassing) 将脱水的固体熔剂用钟罩压入熔池内,利用其在熔体中的热分解或与金属的化学反应所产生的挥发性气泡进行脱气的工艺方法。是分压差脱气精炼的一种方法。所用熔剂主要是氯盐,如 $ZnCl_2$、$MnCl_2$ 等。铝合金及铝青铜常用氯盐脱气。近年来趋向于用六氯乙烷(C_2Cl_6)代替氯盐或氯气来脱气。它们与金属反应生成 $AlCl_3$、C_2Cl_2、C_2Cl_4 等在熔炼条件下均为气体,从熔池底部上浮的过程中起着与惰性气体精炼时相似的除气作用。同时,有许多氯盐的沸点低于铝的熔点,如 $AlCl_3$、BCl_3、$TiCl_4$、CCl_4、C_2Cl_6 等。在熔体温度下,这些氯盐具有很高的蒸汽压,它们在熔体中上浮时起着精炼作用。另外,有些氯盐在熔体温度下发生分解放出氯气,起着和氯气精炼相同的作用。就精炼效果来讲,同一重量的熔剂产生的气体量越多,则脱气效果越好。在同一重量条件下 C_2Cl_6 比 $MnCl_2$ 多1.5倍,所以脱气效果好。CCl_4、C_2Cl_6 精炼的缺点是会产生有毒气体,使用时需加强通风排气。铸铝行业广泛采用碳酸盐或硝酸盐和木炭组成的混合熔剂,在熔体中产生 CO、CO_2 和 N_2 等气泡起着精炼作用。但精炼时产生的渣多、金属损耗较大。

【熔解温度】(melting temperature, Tm) 研究核酸变性的重要参数。双链DNA熔解彻底变成单链DNA的温度范围的中点温度。一般在85~95℃之间。

【熔炼】(melting) 利用燃料燃烧或电能将原料和熔剂加热使之发生物理、化学变化,并在一定温度下熔融,从而获得金属或锍的冶炼过程。火法冶金的一项重要过程。脉石则与熔剂生成炉渣。渣和金属或锍按密度不同在熔池中分层、分别放出,即达到熔炼的目的。通常熔炼可分为还原熔炼(如高炉炼铁、电炉炼铁合金、鼓风炉炼铅)、造锍熔炼(如反射炉熔炼铜锍)、硫化还原熔炼(如鼓风炉熔炼镍锍)等。

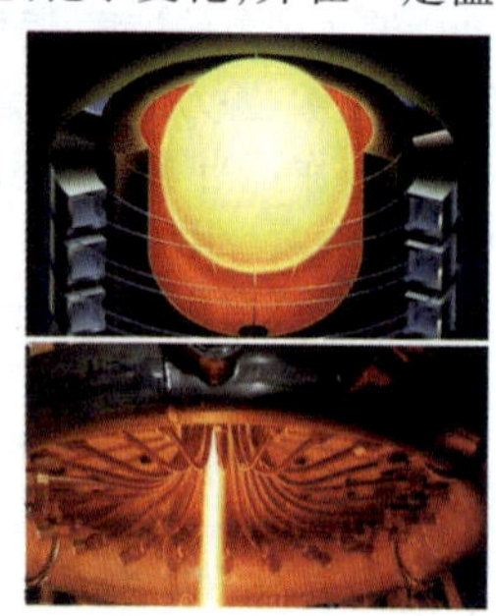
熔炼

【熔模铸造】(investment casting) 又称失蜡法铸造。用蜡制作所要铸成器物的模型,然后在蜡模上涂以多层砂浆,制成泥模并使其干燥,再溶出蜡模焙烧成陶模进行铸造的方法。中国的熔模铸造起源于春秋时期。河南淅川下寺2号楚墓出土的春秋时代的铜禁是迄今所知最早的失蜡法铸件。春秋中期中国的失蜡法已经比较成熟,战国、秦汉以后更为流行,尤其是隋唐至明、清期间,铸造青铜器采用的多是此法。熔模铸造可用于生产形状复杂、尺寸精度及表面粗糙度要求较高的铸件,如叶片、喷嘴、阀座等。用这种方法铸出的铜器无垫片的痕迹,铸造镂空的器物更佳。中国传统的熔模铸造技术对世界的冶金发展有很大的影响。现代工业的熔模精密铸造,就是从传统的失蜡法发展而来的。近年随着化工材料的发展,产生了一种以树脂发泡材料消失模型为特征的完全新型消失熔模铸造工艺,其效率比失蜡工艺更高。

熔模铸造产品

【熔喷非织造布技术】(meltblown nonwoven technology) 应用熔喷成纤工艺生产非织造布的新技术。当熔体以纤维状态从喷孔中喷出时，经过一骤冷装置用侧吹冷风使之骤冷，使纤维成形。这种纤维有一定的结晶度和定向度，增加纤维强度使其连续长度大为提高，纤网的蓬松性、外观和悬垂性也明显改善。

【熔融纺纱】(melting spinning) 将黏合剂保留在纱线和织物中的无捻纺纱工艺。黏合纺中的黏合纤维只是暂时起黏合作用，在织物整理时除去；而熔融纺则将黏合剂保留在纱线和织物中。一般用高分子聚合物，如聚酯、聚酰胺等材料作为黏合剂，用量占纱线总量的20%～40%。这些材料经熔融后，由喷丝孔喷出，而熔融的单丝在未凝结前，与牵伸装置送出的纤维束结合在一起，经凝聚、假捻、冷却成纱，并直接绕成筒子。

熔融纺纱机

【熔融纺丝】(melting spinning) 将溶融的成纤高聚物熔体，从喷丝头的喷丝孔中压出，在周围空气中冷却、固化成丝的纺丝方法。纺丝过程简单，速度高。但喷丝头的孔数较少，长丝一般为几孔到几十孔，短纤维一般为300～1 000孔，多孔纺可达2 200孔。若成纤高聚物的熔点低于分解点时，宜采用熔体纺丝法纺丝。纺得的丝截面大多为圆形，也可以通过改变喷丝孔的形状来改变纤维截面形态。

【熔体保护】(solution protection) 在有色金属熔炼或浇铸过程中防止液态金属氧化和吸气的方法。对铝液进行保护的常用方法有两种，一种是在熔体表面覆盖熔剂，使之形成一层连续的覆盖层。适用于所有铝合金，不仅能防止熔体氧化和吸气，而且有除氢效果。熔剂由活性盐与吸附剂(如冰晶石)等组成。另一种是保护性合金化，即在合金中加入能被氧化的元素，在熔体表面形成致密的起保护作用的氧化膜。例如在熔炼含镁量>1%的铝合金时，加入0.002%的铍，铍与氧的亲和力比铝大，被氧化后与氧化镁组成致密的氧化膜起到保护作用。紫铜、无氧铜液用木炭覆盖，黄铜用含冰晶石的熔剂覆盖。镁过热时会燃烧，必须始终在熔剂或保护性气氛下进行熔炼和浇铸。对镁熔体的保护方法包括熔剂保护、气体(CO_2、SO_2、SF_6等)保护和合金化法。熔铸质量的好坏在很大程度上取决于熔剂的质量和熔体保护的好坏。

【熔盐相变材料】(fuse salt phase change material) 利用盐类的相变(熔化和凝结)来储存热能的固体盐类的统称。碳酸盐、硝酸盐、氮化物、氯化物都可作储存太阳能的相变材料。硝酸盐熔点在300℃左右。其突出优点是价廉，腐蚀性小，500℃以下不会分解。其缺点是熔解热小，导热系数低。碳酸盐及其混合物是较好的相变材料。熔解热大，腐蚀性小，密度大。其缺点是液态黏度大，有些盐易分解。氯化物都很便宜。可配成不同熔点的混合盐，缺点是腐蚀性大。

【蝾螈】(salamander) 又称水蜥、水栖蝾螈。有尾目蝾螈科两栖动物。有10个属40余种。分布广泛。水栖者皮肤光滑称蝾螈。而陆栖者皮肤粗糙称水蜥。体躯细长，尾呈侧扁状(高大于宽)。各种蝾螈或在陆地或在水中生活，但均常在春季返回到池塘或溪流繁殖。受精卵在3～5周的时间内孵化。其水生幼体则在夏末或秋初变态成为成体。蝾螈以蚯蚓、昆虫、螺类和其他小动物为食。东方蝾螈，俗称中国火龙。多栖于海拔30～1 000m的山区小水坑、静水塘、泉水潭以及水稻田内。分布于中国河南、安徽、江苏、浙江、福建、江西、湖北、湖南等省。该物种已被列入中国国家林业局2000年8月1日发布的《国家保护的有益的或者有重要经济、科学研究价值的陆生野生动物名录》。日本蝾螈(红腹蝾螈)常被作为玩赏动物，在豢养条件下可活数年。

蝾螈

【融合基因治疗肝硬化】(hepatocirrhosis treatment of genetic amalgamation) 将白细胞介素－10与人肝再生增强因子这两个功能不同的活性因子分隔并连接在一起，克隆出融合基因并应用于肝硬化临床治疗的技术。动物实验研究表明：各实验组大鼠的血清肝功酶学水平显著降低，证明融合基因已经成功阻止了致病因素对肝细胞的继续破坏，并使肝细胞修复再生质量大大提高，大鼠肝纤维化向肝硬化演变的进程明显延缓，肝硬化大鼠的存活率明显提高。这项成果由中国医学科学家发明并在世界上首次成功应用于临床。

【融合牙】(fused teeth) 由两个正常牙胚融合而成的牙形态异常。在牙发育期间，可以是融合，也可以是不完全融合。引起融合的原因，一般认为是压力所致。如果这种压力发生在两个牙钙化之前，则牙冠部融合；如果这种压力发生在牙冠发育完成之后，则形成根融合为一，而冠分为二的牙。牙本质总是相通的。无论是乳牙或恒牙均可发生融合牙，最常见于下颌乳切牙，此外，正常牙与额外牙有时也可发生融合。乳牙列的融合牙有时可延缓牙根的生理性吸收，从而阻碍其继承恒牙的萌出。因此，若已确定有继承恒牙，应定期观察，及时拔除。对于发生在上颌前牙区的恒牙融合牙，由于牙大且在联合处有深沟，对美观有影响，可应用复合树脂处理，不仅可以改善美观，而且可以消除菌斑滞留区。此外，还可做适当调磨，使牙略微变小，以改进美观。

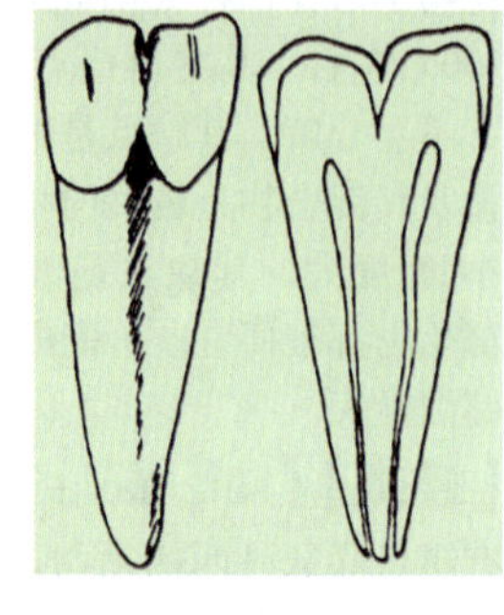

融合牙

【融资】（financing） 又称资金筹措。以一定的渠道为某种特定活动筹集所需资金的各种活动的总称。在工程项目经济分析中，融资是为项目投资而进行的资金筹措行为或资金来源方式。其分类是：（1）按照融资的期限，可分为长期融资和短期融资。（2）按照融资的性质，可分为权益融资和负债融资。（3）按照风险承担的程度，可分为冒险型筹资类型、适中型筹资类型、保守型筹资类型。（4）按照不同的融资结构安排，可分为传统融资方式和项目融资方式。

【融资租赁】（finance lease） 一种融资与融物相结合的筹资方式。是设备租赁的重要形式。它将贷款、贸易与出租三者有机地结合在一起。它不需要像其他筹资方式那样，等筹集到足够的货币资本后再去购买长期资产。同时，融资租赁还有利于及时引进设备，加速技术改造。

【冗余设计】（redundancy design） 通过在系统结构上增加冗余资源来消除故障造成的影响，或将故障隔离开来使得系统即使发生故障或差错，其功能仍不受影响的设计技术。提高整机或系统可靠性的一种重要设计技术。重要的容错技术之一。包括十项功能：故障检测、故障诊断、重试、重组、故障限制、重启动、恢复、故障屏蔽和修复等。通常以硬件冗余、软件冗余、信息冗余和时间冗余的方式来实现。在工业自动化领域，对控制系统的长期有效运行有着特殊的要求。特别是对于复杂的、可靠性高、寿命长的大中型设备和无法维修以及要求不停机维修的控制系统或设备有更特殊的要求，对其实行冗余设计，对提高控制系统的可靠性有着重要的作用。这种技术可靠性高，在航空航天、武器制造、生产过程控制及银行、证券、保险等行业广泛应用。

【柔软整理】（softening finishing） 使纺织品的手感变得柔软光滑的后整理过程。有机械法和化学法两种。机械法采用搓揉、捶布等工艺，消除织物在纺、织、染过程中的内应力，使纱线间或纤维间相互松动、织物组织蓬松、纤维蠕动、微纤起茸等而获得柔软效果。化学法是用柔软剂的作用来降低纤维间的摩擦系数或降低表面能以获得柔软和光滑效果。通常是将纺织物在柔软剂溶液中浸渍一定时间，然后脱液、干燥。有的柔软剂经过烘焙能产生耐洗的整理效果。柔软剂按离子类型的不同可分为：阴离子型、阳离子型、两性型和非离子型。

【柔性机构】（flexible mechanism） 一种可通过弹性变形而产生机械运动或传递动力和运动的易弯曲机构。无摩擦力，无后座冲力，且易于制造和空间灵活布置，适用于微观领域。与刚性机构相比，其优点相当明显，并且比那些依赖弯曲能力的机构（如单一支架、隔板）有更广泛的用途。常见的如软轴传动机构等。目前其研究重点是：（1）全柔性机构理论体系及其研究方法。（2）柔性机构的物理实现方法（集成设计与成型加工）。（3）简捷和足够精确的柔性构件大变形运动模型。（4）柔性机构标准结构的优化算法等。

【柔性联结自动线】（flexibility automatic production line） 各工序（或工段）之间设有储料装置、各工序节拍不必严格一致的自动生产线。在柔性联结自动线中，某一台设备短暂停歇时，可以由储料装置在一定时间内起调剂平衡的作用，因而不会影响其他设备正常工作。综合自动线、装配自动线和较长的组合机床自动线，常采用柔性联结。

【柔性路面】（flexible pavement） 铺筑在非刚性基层上的各种沥青路面及用有机、无机结合料铺成的路面的统称。主要包括：用各种基层（水泥混凝土除外）和各种沥青面层、碎（砾）石面层、石块面层组成的路面结构形式。该种路面的整体刚度较小，抗弯拉强度较低，主要靠抗压、抗剪强度来承受车辆荷载作用。在行车荷载作用下，该种路面产生的弯沉变形较大。当路面产生了塑性变形达

沥青混凝土柔性路面

到一定程度时，将会出现沉陷、车辙和网裂等破坏现象。为了保证这种路面结构的整体强度和稳定性，在最不利季节时，路面的最大弯沉变形不得超过规定的容许值。

【柔性石墨】(flexible graphite) 一种以膨胀石墨为原料加压制成的具有柔性和回弹性的新型材料。具有优良的化学稳定性、耐辐射性和耐高低温性。由于传统石棉材料对人类健康损害很大，所以石棉制品的使用量正在减少或被禁用。作为传统密封材料的压缩石棉纤维逐渐被柔性石墨等材料替代。广泛应用于化学、石油化工、电力或核电站等设备或管道的静密封。

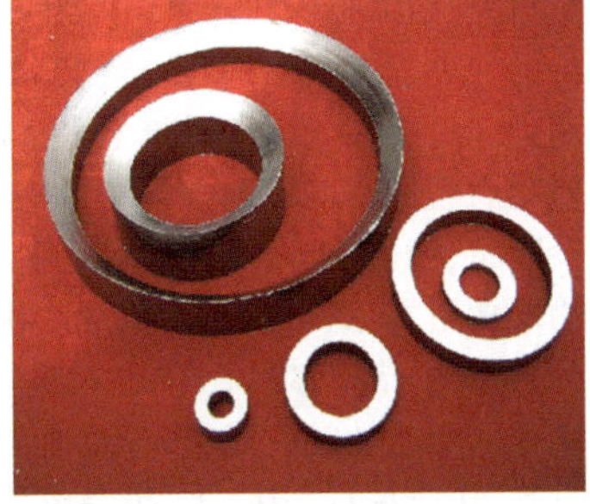
柔性石墨

【柔性线路板】(flexible printed circuit board，FPCB) 用柔性的绝缘基材制成的印刷电路板。可以自由弯曲、卷绕、折叠，可依照空间布局要求任意安排，并在三维空间任意移动和伸缩，从而达到元器件装配和导线连接的一体化。具有配线密度高、重量轻、厚度薄和良好的散热性、可焊性以及易于装连、综合成本较低等特点。柔性印刷线路板有单面、双面和多层板之分。利用 FPCB 可以缩小电子产品的体积，适用电子产品向高密度、小型化、高可靠方向发展的需要。在多个领域广泛应用。

柔性线路板

【柔性制造单元】(flexible manufacturing cell，FMC) 柔性制造系统集成化、自动化、智能化的基本单元。一般由加工中心配置两个自动交换工件的托板或自动交换工作台组成。一个工作台(或托板)负责加工，另一个负责装卸工件，彼此轮流配合，形成最简单的物流系统。它既可以独立地承担中小批量各类机械零件的加工任务，又可由多个柔性制造单元组成柔性化程度更高的柔性制造系统。

【柔性制造模块】(flexible manufacturing module，FMM) 扩展了自动化功能的数控机床。如刀具库、自动换刀装置、托盘交换器等。FMM 相当于功能齐全的加工中心。

【柔性制造系统】(flexible manufacturing system，FMS) 由统一的信息控制系统、物料储运系统和一组数字控制加工设备组成，能适应加工对象变换的自动化机械制造系统。由加工、物流、信息流三个子系统组成。其工艺基础是成组技术，能按照成组的加工对象确定工艺过程，选择相适应的数控加工设备和工件、工具等物料的储运系统，并由计算机进行控制，故能自动调整并实现一定范围内多种工件的成批高效生产，且可及时改变产品以满足市场需求。该系统兼有加工制造和部分生产管理两种功能。按其机床与搬运系统的相互关系的不同可分为：直线型、循环型、网络型和单元型。

【柔性装配系统】(flexible assembling system) 由统一的信息控制系统、物料储运系统和一组由可编程序控制器、数控设备控制的自动装配设备组成的、能适应装配对象变换的机械化自动装配系统。其工艺基础是成组技术。按照成组的装配对象确定工艺过程，选择相应的可编程序控制器和数控设备以及物料储运系统，并由计算机进行控制，能自动调整并实现一定范围内的多种产品的成批、高效装配，从而满足市场需求。兼有装配和部分生产管理两种功能。其主要目的是：保证产品质量及其稳定性，改善劳动条件，提高劳动生产率，降低生产成本。柔性装配系统一般由三个部分组成：(1)可编程序控制器和数控设备控制的装配设备(包括自动检测和清洗设备)。(2)自动运输系统。将各台装配设备的自动装卸和存储装置相连。(3)控制系统内部各种设备协同动作的过程控制计算机及其相应的软件。柔性装配系统的柔性，是指系统对外部和内部环境的变化具有自动作出反应并采取相应措施的能力。

【柔鱼】(red odeanic aquid) 俗称北太平洋鱿鱼。头足纲，柔鱼科。头部两侧的眼径略小，眼外无膜。头前和口周有腕5对；其中4对较短。腕上具2行吸盘，右侧、左侧第4腕或第4对腕茎化，部分吸盘变形；其中1对较长，称“触腕”或“攫腕”，具穗状柄，触腕穗上的吸盘4行。胴部圆椎形，肉鳍短，端鳍型，分列于胴部两侧后端，

柔鱼

两鳍相接略呈横菱形。内壳薄，不发达，包埋于外套膜内，角质，狭条形，末端形成中空的“尾锥”。少数种类在皮下有发光器。胴体长可超过 40cm。体重可达 4kg 以上。体色浓重。背部有黑色纵带。两侧赤红，腹侧亦红色。雌体具 1 对输卵管。以磷虾、沙丁鱼、鲐等为主要食物。卵子分批成熟，分批产出。卵包于胶质卵袋中。每一卵袋包卵数千个。产卵量从几万至几十万个。广泛分布于暖水区域、混合水和冷水区域，为鱿鱼种类中栖息、洄游范围最广的品种。常活动于水的中上层，能作1 000m左右的垂直移动。北太平洋海域已被规模性开发。肉质略粗，但数量很大，年最高产量超过 30 万吨，在国际海味市场上占有重要位置。柔鱼类的干制品称“柔鱼干”。

【鞣料植物资源】(tannic plant resources) 体内含有丰富的鞣质物质的一类植物。鞣质又称植物单宁。能与明胶及其他蛋白质产生沉淀的水溶性多元酚的衍生物。是一种棕黄色到棕褐色的物体，呈粉状、粒状、块状或浆状，是鞣制生皮革的一种化工原料，工业上称栲胶。多从富含单宁的树皮、果实、果壳、根茎中提取和制备。在裸子植物中，松科、柏科、紫杉科和粗榧科植物中多含丰富的鞣质。尤以松科的落叶松、云杉等鞣质含量高、质量好。在双子叶植物中，壳斗科、蔷薇科、桦木科、胡桃科及槭树科的大多数种类均含丰富的鞣质。鞣料植物按所含单宁类别的不同可分为：(1)凝缩类鞣料。如黑荆皮、落叶松树皮、红树皮、栲树皮等。(2)水解类鞣料。如橡碗、板栗、栎木、五倍子等。(3)混合类鞣料。如中华常长藤、杨梅等。

板栗

【鞣制】(tanning) 制革的主要工序。动物的生皮干燥时坚硬，遇水易腐烂，通过生皮内蛋白质(胶原)与鞣剂发生结合作用使生皮转变为干时柔韧、不易腐烂之革的过程。鞣制使皮胶原多肽链之间生成交联键，增加了胶原结构的稳定性，提高了收缩温度及耐湿热稳定性，改善了抗酸、碱、酶等化学品的能力。生皮在制革的鞣制前须经浸水、浸灰、脱毛、软化、浸酸等一系列准备工序。鞣制方法根据皮革品种不同而异，主要有铬鞣法和植物鞣法，其他还有油鞣法、铝鞣法、锆鞣法、明矾鞣法、醛鞣法、甲醛鞣法、结合鞣法等。

【肉】(meat) 又称肉尸、胴体、白条。❶畜禽的主要产品。除去皮、毛、头、蹄、骨及内脏后的可食部分。包括全部肌肉及包于肉中的骨、软骨、韧带、脂肪、血管、神经、淋巴和腺体等。一般所说的肉，是指畜禽所有可供食用的部分，包括肉尸、头蹄、内脏，甚至皮肤等。肉在形态学和解剖学上是由肌肉组织、脂肪组织、结缔组织和骨组织所组成。其组成比例依畜禽的种类、品种、性别、年龄、营养状况和肥瘦等不同而异。由于各组织比例和化学组成不同，肉的食用性质和商品价值也不同。肉中含有大量的全价蛋白质及脂肪、糖类、矿物质、维生素等，是人类最重要的动物性食品之一。为了区别肉品，习惯上分别冠以畜禽的名称，如猪肉、牛肉、羊肉、马肉、鸡肉等畜肉、禽肉。世界上的哺乳动物约有3 000种，其中供食用的动物只有 20 种左右。猪、牛、羊是饲养量最大的牲畜，各国因资源、生活习惯和地理条件的不同，还食用其他畜肉。如爱斯基摩人食用海豹和北极熊；中非一些国家食用犀牛、河马和象肉；澳大利亚人食用袋鼠；挪威和日本人食用鲸肉；中国有些地方食用马、驴、鹿和狗肉。❷鱼类的肌肉。❸水果中可食的部分。一般是中果皮，就是核和外层薄皮之间的部分，如枣肉、笋肉、杏肉等。是果蔬罐头、果脯、果酱等的主要原料。

【肉毒素】(botox) 肉毒杆菌分泌的一种生物神经毒素。最早应用于眼科的矫正斜视。在 2009 年，中国国家食品药品监督管理局始批准用于因皱眉肌或眉间降肌活动引起的中、重度皱纹。当该毒素的成分、纯度不稳定，用药量过大或操作不规范时，极易导致面部肌肉麻痹等并发症，造成无法控制的面部表情。其应用禁忌是：凡有发烧、患急性传染病者应缓用；心、肝、肺疾病患者，活动性肺结核、血液病患者，孕妇、哺乳期妇女、重症肌无力症、多发性硬化症患者，上眼睑下垂患者，应用肾上腺素的患者等尽量不要应用肉毒素；过敏性体质者及对本品过敏者应禁用。

【肉类加工废水】(meat-processing wastewater) 肉类加工过程中产生的废水。肉类加工包括屠宰和肉类加工两部分。废水主要来自屠宰、褪毛、解体、开腔、清洗和加工等工序以及设备和地面的清洗用水。废水中含有大量的有机物质，其主要成分有：动物粪便、血液、动物内脏杂物、畜毛、禽羽、碎皮肉和油脂等。废水的有机物和悬浮物含量高，易腐败，一般无大的毒性，属于高浓度有机废水。废水呈褐红色，具有较强的腥臭味。其危害主要是使水体富营养化，以致引起水生动物和鱼类死亡，促使水底沉积的有机物产生臭味，恶化水质，污染环境。其处理方法除按水质特点进行适当预处理外，一般均宜采用生物处理。如两级好氧曝气或两级生物滤池，或多级生物转盘法，或联合使用两种生物处理装置，也可采用厌氧—好氧串联的生物处理系统。

【肉食植物】(carnivorous plant) 又称食虫植物。能借助特别的结构捕捉昆虫或其他小动物，并靠消化酶、细菌或两者的作用将小虫分解，然后吸收其养分的植物。据统计，全世界能捕食动物的植物约有500多种，广泛分布在世界各地。自然界中存在的这种特殊类型的捕食方式，是由于它们所处的特殊自然环境所决定的。它们往往生存在氮素和其他矿质养料较匮乏、自然条件较恶劣的环境中，单纯地靠体内叶绿体进行光合作用，只能维持短暂的生活，必须靠捕食动物来补充体内的营养物质，维持自身的生存。食肉植物多利用叶的变态进行捕食，其中捕蝇草的反应最为迅速。食肉植物的捕虫机制有的是利用产生的黏性液体粘住猎物，有的是用像瓶子似的叶子诱猎物进入后再封口等。大部分食肉植物是多年生草本，高不过30cm，长仅10～15cm。个别种类有1m高，最小的可以隐藏在沼泽中如藓类中的水藓。大部分食肉植物都生长在潮湿荒地、酸沼、树沼、泥岸等水分丰富而土壤酸性缺乏氮素的环境。无论水生、陆生或两栖，食肉植物均有相似的生态特点。

肉食植物捕蝇草

【肉制品】(meat products) 用畜肉或其内脏为主料经腌、腊、酱、卤、熏、烤、干、炸、糟、灌、发酵等各种方法制得的食品。按其生熟程度的不同可分为：生肉制品和熟肉制品两大类；按传统风味的不同可分为：以中国传统的制作技术为基础的富有民族特色及地方风味的中式肉制品和以法国、意大利、德国、俄罗斯等国制作方法为基础的西式肉制品两大类；按其制作方法的不同可分为：腌腊、酱卤、熏烤、油炸、肠类、火腿、干制、发酵等制品；按其原料类型的不同可分为畜肉制品和禽肉制品。大都色、香、味、形俱佳，营养丰富，食用方便，是各国肉类加工业的主要发展和开发领域。发达国家肉制品消费量最高，可达同类总消费量的30%。

烧鸡

【儒艮】(dugong) 俗称海牛、海马、人鱼、美人鱼、南海牛。脊索动物门，哺乳纲，海牛目，儒艮科，儒艮属。体型大而呈纺锤状。头很大。头与身体的比例是海洋动物中最大的。皮肤光滑。头部和背部皮肤坚硬、厚实，外观呈褐至暗灰色，腹部颜色较背部来得浅，体表毛发稀疏。嘴巨大而呈纵向。宽而扁平的嘴位于厚重吻部的末端下方。嘴边有短须。舌大。有2对门齿，上、下颚各有3对前臼齿与3对臼齿。没有外耳壳，只看得到小小的耳孔。眼睛也很小。鼻孔位于吻部顶端，周围有皮膜可在潜水时盖住鼻孔。颈部短，但仍能有限度地转动头部或点头。前肢短，呈鳍状，末端略圆而缺乏趾甲。胸鳍是幼儒艮主要的推进力来源，成年後则转变为以尾鳍为主。乳房1对，乳头位于前肢基部处。尾部形状与海豚尾部相似。行动缓慢。性情温顺。视力差。听觉灵敏。平日呈昏睡状。仅摄食海床底部生长的植物及多种海生植物的根、茎、叶。主要分布于西太平洋与印度洋海岸，特别是有丰富海草生长的地区。在中国主要分布于北部湾的广西沿海。广东和台湾南部沿海以及海南岛西部沿海如八所港亦有踪迹。珍稀海洋哺乳动物。也是中国43种濒临灭绝的脊椎动物之一，国家Ⅰ级保护动物。对于研究生物进化、动物分类等极具参考价值。

儒艮

【蠕变】(creeping) 材料在应力不变的条件下，应变随时间延长而增加的现象。与塑性变形不同，只要应力的作用时间相当长，在应力小于弹性极限时也能出现。蠕变可使材料、零件、构件在低于拉伸应力强度的情况下产生破坏。

【乳白玻璃】(milky glass) 含有高分散晶体的白色半透明玻璃。在玻璃配合料中加入一些低溶解度的乳浊剂，如氟化物、氯化物、磷酸盐、硫酸盐等成分制成。这些物质在高温时可以溶解在玻璃液中，但是在降温过程中就会析出一种或者多种微小结晶颗粒。晶粒的折射率与主体玻璃不同，在光漫射作用下使玻璃

乳白玻璃灯罩

呈现乳浊。乳浊程度取决于析出晶粒的分散度以及晶粒与主体玻璃之间的折射率之差。乳白玻璃主要用于制作化妆品瓶、灯具、温度计和滴定管的乳白釉带及颜色玻璃器皿镶套等。

【乳粉】(milkpowder) 又称奶粉。呈均匀的粉末状的干燥乳制品。以新鲜乳为原料,用冷冻或加热的方法除去乳中绝大部分水分而制成。营养价值高、便于携带和运输、贮存期长而且食用方便。在现代化的乳粉生产中,每一个生产环节都得到严格的控制,既可以达到杀菌和干燥的目的,又使营养成分损失最小。根据所用的原料、原料处理及加工方法的不同可分为:(1)全脂乳粉。以全脂鲜乳为原料,经过杀菌、浓缩、干燥而成。(2)脱脂乳粉。所用的原料为将鲜乳中的脂肪分离出去的脱脂乳。(3)加糖乳粉。在原料乳中加入一定量的糖或乳糖后经干燥加工而成。(4)调制乳粉。在原始乳中加入或补充人体需要的各种营养素加工制得。(5)速溶乳粉。经过特殊的干燥工艺制成。(6)乳清粉。利用制造干酪或干酪素的副产品——乳清为原料,经浓缩、干燥制成。(7)酪乳粉。利用奶油加工的副产品——酪乳为原料,经浓缩、干燥制成。(8)乳油粉。在稀奶油中添加一部分鲜乳为原料制成。(9)冰淇淋粉。在鲜乳中加入适量的脂肪、稳定剂、乳化剂、甜味剂、香料等加工制成。(10)麦精乳粉。在鲜乳中添加麦芽、可可、蛋类、饴糖和乳制品等经干燥制成。

奶粉

【乳化剂】(emulsifying agent) 能改善乳化体中各组分相之间的表面张力,形成均匀分散体或乳化体的物质。按其来源的不同可分为:(1)天然物乳化剂。(2)人工合成品乳化剂。按其在两相中所形成乳化体系性质的不同可分为:(1)水包油型乳化剂。(2)油包水型乳化剂。这种材料具有亲水和亲油基二重性基团,能使油水均匀混合及分散。衡量乳化性能最常用的指标是亲水亲油平衡值(HLB 值)。HLB 值低,表示乳化剂的亲油性强,易形成油包水型体系;HLB 值高则表示亲水性强,易形成水包油型体系。广泛应用于农药、油田、炼油、纺织、印染、轻工、冶金、食品和家用电器等各个领域。

【乳化沥青】(emulsified bitumen) 将沥青分裂为微滴并分散于含有乳化剂水中所形成的一种均匀分散的乳状液。可以冷态施工,并能与潮湿的集料黏附,具有节约燃料、不污染环境、保护工人健康以及节约沥青用量等优点。按所需沥青品种的不同可分为乳化石油沥青和乳化煤沥青等。

【乳酸杆菌】(lactobacilli) 能将碳水化合物发酵产生大量乳酸和醋酸的细菌。是因发酵糖产生大量乳酸而命名的一种杆状菌。属乳酸杆菌科。存在广泛。嗜酸性,最适 pH 值为 5.5~6.0,pH 值在 3.0~4.5 时仍能生存。在无芽胞杆菌中其耐酸力最强。肠道乳酸杆菌可分解糖产生酸,抑制致病菌及腐败菌的繁殖。酸牛奶中的乳酸杆菌也有抑制肠道致病菌的作用。

【乳酸菌】(lactic acid bacteria) 发酵糖类主要产物为乳酸的一类无芽孢、革兰染色阳性细菌的统称。大多数不运动,只有少数以周毛形式运动。乳酸菌的种类较多,从形态上分主要有球状和杆状两大类。如果按照生化分类法,乳酸菌可分为乳酸杆菌属、链球菌属、明串珠菌属、双歧杆菌属和淋球菌属五个属。其中每个属又有很多菌种,而且某些菌种还包括数个亚种。许多种类在食品工业中得到广泛的应用。其中以乳酸杆菌属最为重要,它们当中的大多数是食品工业上的常用菌种,并且存在于乳制品、发酵植物食品及人的肠道尤其是婴儿肠道中。工业生产乳酸常用高温发酵菌。德氏乳酸杆菌在乳酸制造和乳酸钙制造工业上广泛应用。

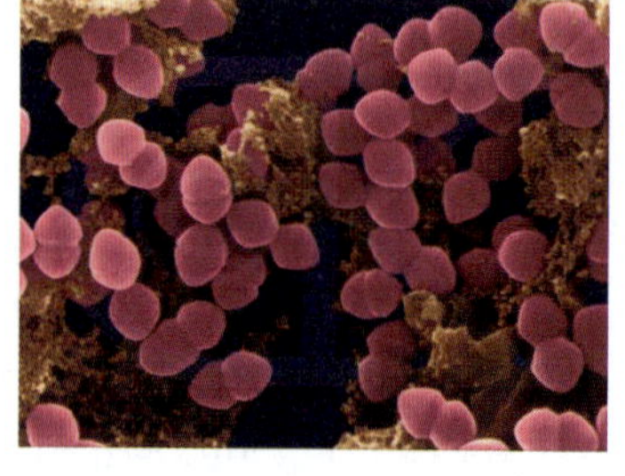
链球菌

【乳酸菌饮料】(lactobacillus drink) 又称液态酸奶。一类以鲜乳或乳制品为原料,利用乳酸菌发酵制成的饮料。乳酸菌是能发酵糖而产生大量乳酸的细菌群的总称。其特点是对人体有益无害。成品中蛋白质含量不低于7g/L。在发酵过程中,牛奶中的主要营养物质被分解成多种氨基酸、脂肪酸和乳酸。饮用后可促进人体消化液的分泌和钙质的吸收,并对肠道中的有害物质有抑制作用。对消化不良、便秘和胃肠炎症等有一定治疗效果。其特点是:(1)稳定性好,在保质期内无沉淀。(2)稠而不黏,清新爽口。(3)其营养成分远低于牛奶和酸奶,不能代替牛奶和酸奶给儿童吃。

【乳酸性酸中毒】(lactic acidosis) 各种原因引起血乳酸水平升高而导致的酸中毒。糖尿病患者易发生乳酸性酸中毒。其临床表现是:轻症,仅有乏力、恶心、食欲降低、头昏、嗜睡和呼吸稍深快;中至重度,可有恶心、呕吐、头痛、头昏、全身酸软、口唇发绀、呼吸深大但无酮味,血压下降、脉弱、心率快,或有脱水表现、意识障碍、四肢反射减弱、肌张力下降、瞳孔扩大、深度昏迷或休克。其诊断要点是:(1)病史。糖尿病患者有用过量双胍类药物后出现的病情加重(降糖灵超过75mg/d,二甲双胍超过2 000mg/d);糖尿病病人有肝肾功能不全、缺氧或手术等,并同时使用双胍类药物;糖尿病患者出现多种原因的休克,又出现代谢性酸中毒者,应高度怀疑本病。(2)有代谢性酸中毒引起的呼吸深大、意识障碍等表现。(3)实验室检查。血乳酸增高,血pH值降低,血糖增高,血酮体正常,血渗透压正常。其治疗原则是:应积极预防诱发因素,合理使用双胍类药物,早期发现,积极治疗。现尚缺乏有效的治疗措施。一旦发生,死亡率极高。

【乳糖不耐受】(lactic acid intolerance) 当小肠黏膜乳糖酶缺乏时,食入奶或奶制品中的乳糖便不能在小肠中被分解和吸收而产生腹痛、腹胀、腹泻、产气增多等症状的现象。乳糖不耐受的个体差异很大,多于摄入乳糖后30min至数小时内发生。该病对婴儿影响较大,会同时伴有尿布疹、呕吐、生长发育迟缓。

【乳糖操纵子】(lactose operon) 又称Lac操纵子。大肠杆菌的一种诱导型操纵子。由启动子(lacP)、操纵基因(lacO)和3个与乳糖代谢有关的结构基因(lacZ、lacY、lacA)组成。这三个结构基因分别是:β-半乳糖苷酶基因(lacZ)、β-半乳糖苷透性酶基因(lacY)和β-半乳糖苷乙酰基转移酶基因(lacA)。β-半乳糖苷酶负责将细胞中的乳糖分子切割成葡萄糖和半乳糖,而β-半乳糖苷透性酶的功能则是把培养基中的乳糖泵入细胞,至于β-半乳糖苷乙酰基转移酶在大肠杆菌乳糖利用过程中的具体功能尚不清楚。调节基因(lac I)能合成一种阻遏物,和操纵基因结合,抑制结构基因的转录。只有在诱导物乳糖存在时,乳糖和阻遏物结合,使其失去活性,结构基因才能被转录。

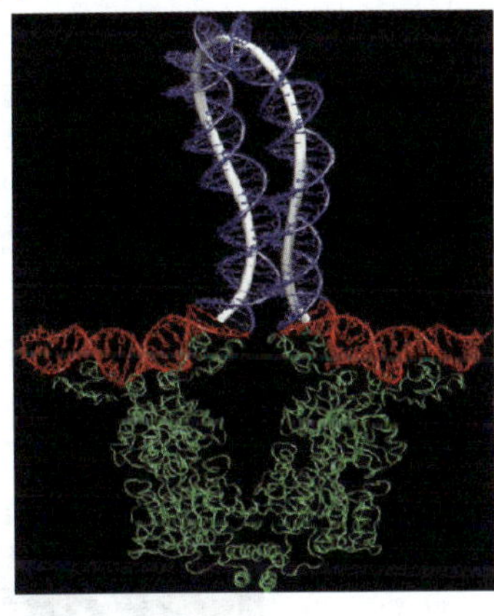

CRP-cAMP复合物结合乳糖操纵子

【乳腺癌】(breast cancer) 发生于乳房的恶性肿瘤。主要发生在女性身体上。其发病率居女性恶性肿瘤发病率的首位。乳腺癌发病以40~60岁的女性居多,也波及绝经期前后的妇女。雌激素的活性对乳癌的发生起一定作用,月经过早来潮或绝经期愈晚的妇女患乳癌的概率较高。临床上按乳腺癌发展程度的不同将乳腺癌分为四期:(1)第一期。癌肿完全位于乳腺组织内,直径不超过3cm,与皮肤无粘连,无腋窝淋巴结转移。(2)第二期。癌肿不超过5cm,尚能活动,与皮肤有粘连,同侧腋窝有数个散在而能活动的淋巴结。(3)第三期。癌肿直径超过5cm,与皮肤有广泛粘连,而且常形成溃疡或癌肿底部与筋膜、胸肌有粘连,同侧腋窝有一连串融合成块的淋巴结,但尚能活动。胸骨旁淋巴结有转移者亦属第三期改变。(4)第四期。癌肿广泛地扩散至皮肤及与胸肌、胸壁,同侧腋窝的淋巴结块已经固定,或呈广泛的淋巴结转移(锁骨上或对侧腋窝),且常有远处转移现象。

【乳腺增生症】(mammary gland hyperplasia) 由于各种病理、生理因素主要导致乳腺小叶慢性炎性增生的乳腺疾病。女性最常见的乳房疾病,70%~80%的女性都有不同程度的乳腺增生,且多见于25~45岁的女性。发病率占乳腺疾病的首位。该病是由于乳腺组织导管和乳腺小叶在结构上的退行性病变及进行性结缔组织的生长所致,发病原因主要与内分泌激素失调有关。其症状主要以乳房周期性疼痛为特征,特别是月经前疼痛加剧,行经后疼痛减退或消失。严重者经前经后均呈持续性疼痛,有时疼痛向腋部、肩背部、上肢等处放射。患者往往自述乳房内有肿块,而临床检查时却仅触及增厚的乳腺腺体。有极少数青春期单纯乳腺小叶增生患者两年左右可自愈,大多数患者则需治疗。由于乳腺增生主要是激素失衡造成的,所以治疗则应从调理内分泌着手。少部分乳腺增生症长期迁延不愈,会发生乳腺良性肿瘤或发生恶性病变。为了能及时发现乳腺疾病,专家提倡25岁以上女性一定要每月自查乳房。

【乳牙期】(deciduous period) 从乳牙开始萌出到恒牙萌出之前的时期。包括:(1)乳牙形成期。出生后6~8个月至3岁。这一时期从乳牙开始萌出至20个乳牙全部萌出。(2)乳牙列期。3~6岁左右,乳牙列完成至第一个恒牙萌出前。其萌出顺序约为:乳中切牙—乳侧切牙—第一乳磨牙—乳尖牙—第二乳磨牙。乳牙是幼儿的咀嚼器官。咀嚼功能的刺激,可以促进颌骨和牙弓的发育。保持颌骨和牙弓正常发育是使恒牙能够正常排列的一个条件。充分地咀嚼,不仅可以将固体食物嚼碎,而且反射性地刺激唾液分泌增加,有助于食物的消化和吸收。因此乳牙期应特别注意维护乳牙的健康完好。乳牙期是乳牙开始患龋并逐年增多的时期。早发现、早治疗是避免龋病继续发展成牙髓病或根尖周病的重要措施,也可防止乳牙早失造成恒牙错𬌗畸形。

【乳牙下沉】(submerged deciduous teeth) 又称低位乳牙、乳牙粘连。乳牙牙根一度发生吸收,而后吸收间歇中沉积的牙骨质又和牙槽骨粘连,形成骨性愈着,使该乳牙高度不能达到咬合平面的现象。其病因是:由于在乳牙根吸收过程中又可沉积新的牙骨质和牙槽骨,并且这种修复过程过于活跃,产生过多的牙槽骨就使牙根和骨质愈着,从而使乳牙粘连下沉而长期不脱落。此外,如外伤、邻牙邻接面形态异常,邻牙丧失、缺如等也是其形成原因。其临床表现是:好发于下颌第二乳磨牙。患牙无自觉症状,检查时无病理性动度,叩诊声音清脆,患牙平面低于邻牙平面约 1~4mm,严重时在邻牙牙颈部以下。X 线片显示,患牙牙周膜间隙消失,牙根面和牙槽骨融为一体。其治疗方法是:及时拔除该低位乳牙以防止其下方的恒牙错位或阻生,而导致继替恒牙萌出受阻或异位萌出。

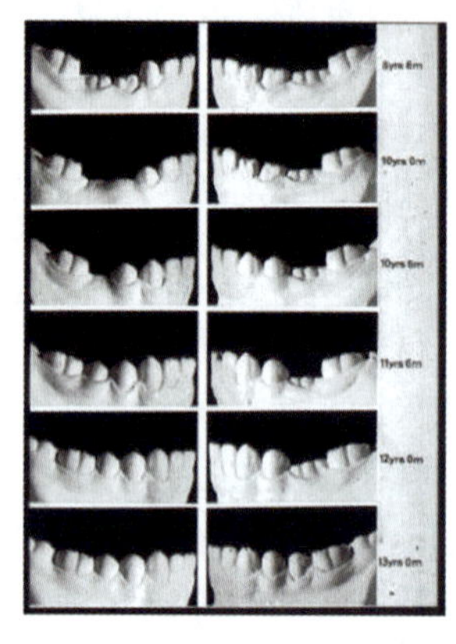

乳牙下沉

【乳牙早萌】(early eruption) 乳牙萌出的时间超前于正常萌出的时间,而且萌出牙齿的牙根发育尚不足根长的 1/3 的现象。乳牙早萌较少见。有以下两种早萌现象:一种称诞生牙,另一种称新生牙。前者指婴儿出生时口腔内已有的牙齿,后者指出生后不久萌出的牙齿。其病因不明。其临床表现是:多见于下颌中切牙,偶见上颌切牙及第一乳磨牙。诞生牙多数是正常牙,少数是额外牙。早萌的乳牙牙冠形态基本正常,但釉质、牙本质菲薄,且矿化不良,牙根尚未发育或根发育很少,且只与黏骨膜联结而无牙槽骨支持,松动或极度松动。松动者可影响吮乳或有自行脱落吸入呼吸道的危险。其治疗方法是:极度松动的早萌乳牙,应及时拔除。如松动不明显可保留观察,但吮乳时,由于下切牙对舌系带的磨擦,造成舌系带处的创伤性溃疡,此时,可以改变喂养方式。溃疡处涂以龙胆紫或待其自愈。

【乳牙滞留】(retained deciduous tooth) 个别乳牙逾期不脱落而继替恒牙已萌出的现象。通常乳牙随着继替恒牙的发育,其根部逐渐吸收,最终自然脱落。然而某些原因可能导致乳牙的逾期不脱。常见的原因有:(1)恒牙萌出方向异常,使乳牙的牙根吸收不完全。(2)恒牙先天缺失,乳牙下方没有恒牙胚,不能促使其牙根吸收。(3)恒牙萌出无力,乳牙根不被吸收。其临床表现是:(1)最常见于混合牙列早期下颌中切牙,恒牙在舌侧萌出,乳牙滞留在唇侧,表现为双排牙现象。(2)其次是第一乳磨牙的残根或残冠滞留于第一前磨牙颊舌侧或近远中。第二乳磨牙滞留,多是恒牙胚先天缺失或埋伏阻生。无继承恒牙的乳牙可发挥咀嚼功能,但难使用终身。3、4 个以上的乳牙滞留称为多发性乳牙滞留,见于颅骨、锁骨发育不全者。其治疗原则是:如出现双排牙应尽早拔除滞留乳牙,以免影响恒牙的排列不齐;如无继承恒牙,可暂不予处理。

【入侵检测系统】(intrusion detection system,IDS) 查看各端口状态及数据的流动情况,对正在使用的服务和进程进行监测的技术。其特点与功能是:防火墙的合理补充,在不影响网络性能的情况下,对网络进行监测,及时切断信息入侵源,扩展系统管理能力,最大限度地保障系统安全。组件构成:事件产生器、事件分析器、响应单元、事件数据库。根据检测对象的不同可分为主机型和网络型。按照数据来源的不同可分为主机入侵检测系统、网络入侵检测系统及分布式入侵检测系统。按照采用的方法的不同可分为行为入侵检测系统、模型推理入侵检测系统及混合检测入侵检测系统。按照时间的不同可分为实时入侵检测系统和事后入侵检测系统。

【软磁材料】(soft magnetic materials) 容易磁化和退磁、并在外磁场去除后容易失去剩磁的磁性材料。其特点是:磁导率和饱和磁感应强度高,矫顽力(≤100A/m)和磁滞损耗低。按其组分的不同可分为:(1)金属软磁材料。主要用于低频范围。(2)铁氧体软磁材料。电阻率高,磁谱特性好,磁通变化时涡流损耗小,适用于高频直至微波范围。20 世纪 60 年代后采用快速冷凝技术制造的非晶态软磁合金,具有优异的磁性能(电阻率高、损耗小),硬度高,韧性好,耐高温、耐腐蚀,机电耦合系数、热传导性好,是一种绿色、环保、高效、节能的功能材料。按矫顽力高低定义的广义软磁材料还包

纳米晶软磁材料

括磁泡、磁头和微波磁性材料等。广泛应用于电子、电力工业,如制造磁放大器、变压器、电感、磁芯、磁头、发电机转子等。

【软氮化】(tufftride) 见氮碳共渗。

【软骨发育不全】(achondroplasia) 又称胎儿型软骨营养障碍、软骨营养障碍性侏儒。由于基因突变或者环境影响而导致长骨生长板增殖缺陷的一种常染色体显性遗传病。一种由于软骨内骨化缺陷的先天性发育异常。多数患者的父母为正常发育,提示可能是自发性基因突变的结果。分子遗传学研究发现系编码成纤维细胞生长因子受体的基因发生了点突变,位置在第4对染色体的短臂上。主要影响长骨。主要表现为四肢短小,智力及体力发育良好。是最常见的一种侏儒症。发病率是4%。而且没有种族和男女性别差别。其基本病理改变发生在软骨化骨过程,长骨纵向生长受阻,而膜内化骨过程不受影响,故骨的粗细正常,但因长度减短而相对变粗。骨骺软骨细胞可发生及增殖,但不能进行正常的钙化与骨化,因而骨端增大。患病个体的手臂和腿都很短,而躯干长度又接近正常。在正常胎儿发育时期和孩童时期,除鼻和耳朵这些少数部位外,软骨会正常发育成骨。其临床表现是:(1)侏儒症表现。本病是侏儒的最常见原因。肢体近端如肱骨及股骨比远端骨更短,患儿脂肪臃肿。至发成熟,平均身高男性为131±5.6cm,女性为124±5.9cm。患儿身体的中点在脐以上,有时甚至在胸骨下端。两手只能碰到股骨下粗隆的下方,而不象正常人那样可以达到大腿下1/3。(2)头颅增大。有的病人有轻度脑积水,穹隆及前额突出,马鞍型鼻梁,扁平鼻、厚嘴唇、舌伸出(在婴儿)。(3)胸椎后突,腰椎前突,以后者为明显。骶骨较水平使臀部特征性的突出。(4)胸腔扁而小,肋骨异常的短。(5)手指粗而短,分开。常可见4、5指为一组,2、3指为一组,拇指为一组,似“三叉戟”。有的病人的伸肘动作轻度受限。(6)下肢呈弓形。走路有滚动步态。(7)智力发展正常,牙齿好,肌力亦强,性功能正常。外科手术是目前有效的治疗方法,基因治疗是未来的发展方向。

【软骨鱼类】(cartilaginous fishes) 软骨鱼纲鱼类的统称。内骨骼为软骨。上下颌发达。体被盾鳞。外鳃孔5~7个或外被膜质鳃盖、后有一总鳃孔。肠具螺旋瓣。心脏具动脉圆锥。雄鱼腹鳍内侧变形而形成交配器鳍脚,行体内受精。分板鳃亚纲和全头亚纲两类。全世界约有846种左右。主要分布于低纬度海区,个别栖于淡水。绝大多数种类(如鲨类、鳐类)均属板鳃亚纲(约815种)。中国产217种,以南海产的种类最多。赤魟也可生活在淡水中。

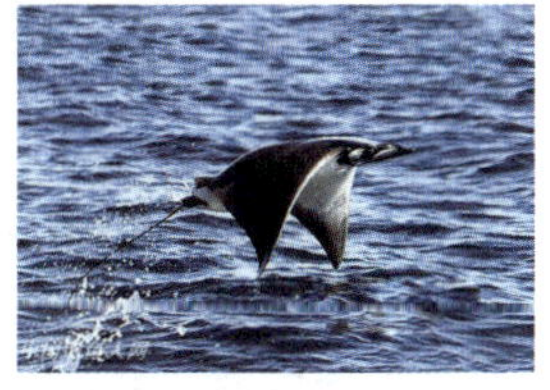
软骨鱼类

【软管滴灌法】(hose drip irrigation method) 又称温室灌溉技术。一种将软管直接铺设在作物畦面上,并利用其双上孔滴灌带灌水的节水增产灌溉技术。是专为大棚温室生产而开发的局部灌溉技术,可使地面局部湿润,无积水且水汽蒸发较少,能为棚内作物生长提供良好的环境。

【软罐头】(soft tin) 用复合塑料薄膜袋为包装,经密封、高温高压杀菌,并能长期储藏的袋装食品。同玻璃瓶、马口铁罐头一样,在常温下保存良好。制品在一年内不会失掉营养价值。其色、香、味、组织形态及营养价值都优于硬罐头,而且包装轻巧,携带方便,开启容易,食用方便,耐储藏,可供旅游、航行、登山等需要。包装罐头用的复合塑料薄膜袋国内外已大量投入生产,代替了一部分镀锡薄板或涂料铁容器,发展前景广阔。

水果软罐头

【软化剂】(softening agent) 又称柔软剂。用于增加橡胶制品、皮革、纺织品、纸张等柔软性的物质。色浅。无臭。无毒。挥发性小。化学性质稳定。橡胶可用石油系、煤焦油、脂肪油、松油系软化剂,以增加胶料的塑性,降低胶料黏度和混炼时的温度,提高硫化胶的拉伸强度、伸长率和耐磨性。皮革可用动物油脂(如牛油、鱼油)、植物油(如蓖麻油)、石油产品(如锭子油、石蜡、沥青)、磺化油(如磺化鱼油、磺化蓖麻油)以及白桦树皮焦油和油脂提炼后的产物等,以使皮革较为柔软并减低其吸湿性。纺织品可用高级脂肪酸乳浊液、磺化油和硅油等,以增加织物的柔顺度。

【软化栽培】(blanching culture) 一种将蔬菜栽培在黑暗或弱光、温暖湿润的环境条件下,生长出的蔬菜产品。含有较少的叶绿素,大多呈现白绿、黄、黄白或紫红等颜色,组织柔软、脆嫩,具有较高商品价值的栽培方式。它是蔬菜栽培

软化栽培

中常用的一种保护地栽培方式。用此种方式可生产冬春季上市的新鲜蔬菜。适宜软化栽培的蔬菜品种很多。中国生产的产品主要有韭黄、蒜黄、芹菜、豌豆、萝卜、紫苏、薄荷、竹笋、土当归、石刁柏和蒲公英等。

【软件】(software) 按照特定顺序组织的计算机数据和指令集合。一般包括计算机程序、程序说明和其他资料等。分为系统软件、应用软件和介于这两者之间的中间件。其中系统软件为计算机使用提供最基本的功能,并不针对某一特定应用领域。而应用软件则恰好相反,不同的应用软件根据用户和所服务的领域提供不同的功能。其特点是:(1)运行时能够提供所要求功能和性能的指令或计算机程序集合。(2)程序能够满意地处理信息的数据结构。(3)描述程序功能需求以及程序如何操作和使用所要求的文档。它与硬件的表现形式、生产方式、误差要求和维护内容不同。软件被广泛应用于各个领域,对人们的生活和工作都产生了深远的影响。

【软件安全性】(software safety) 软件自身具有的使系统处于安全状态的特性。包括程序安全性和数据库安全性。IEC 国际标准 SC65A－123(草案)把软件危险程度分成灾难性、重大、较大和较小四个层次。检测方法有:(1)层次分析法。(2)主成分分析法。(3)聚类分析法。正确测评软件的安全性,是解决网络隐患和预防风险,避免损失,提高软件质量的重要指标。

【软件包】(software package) 用来完成特定任务、具有特定功能的程序或程序组。分为应用软件包和系统软件包两类。应用软件包与特定的应用领域有关,可分为通用包及专用包两类。通用包根据社会的一些共同需求开发。专用包根据用户的具体需求定制,为适合特殊需要进行修改或变更。它由一个基本配置、若干可选部件及用户手册或指南等文档构成,既可以是源代码形式,也可以是目标码形式。

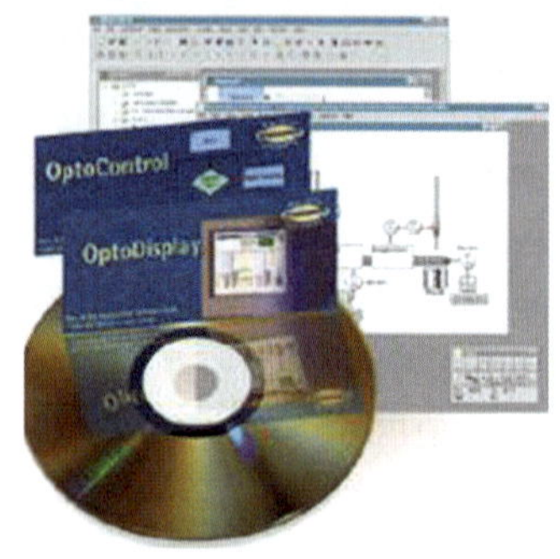

组态软件包

【软件测试】(software test) 手工或利用测试工具按照测试方案和流程对软件产品进行功能和性能测试。必要时,需根据测试要求编写不同的测试工具,设计和维护测试系统,对测试方案可能出现的问题进行分析和评估,才能完成整个测试工作。软件测试对象不仅是程序测试,而且包括整个软件开发期间各个阶段所产生的文档,如需求规格说明、概要设计文档、详细设计文档。其目的在于检验它是否满足规定的需求或弄清预期结果与实际结果之间的差别。软件测试主要工作内容是验证和确认。验证是保证软件正确地实现了一些特定功能的一系列活动,即保证软件做了你所期望的事情。确认是一系列的活动和过程,包括静态确认和动态确认。确认的目的是想证实在一个给定的外部环境中软件的逻辑正确性。按内部结构的不同可分为白盒测试、黑盒测试和灰盒测试;按执行程序的不同可分为静态测试和动态测试;按软件开发过程中阶段的不同可分为:单元测试、集成测试、确认测试、系统测试、验收测试和回归测试;按测试项目的不同可分为功能测试和性能测试。

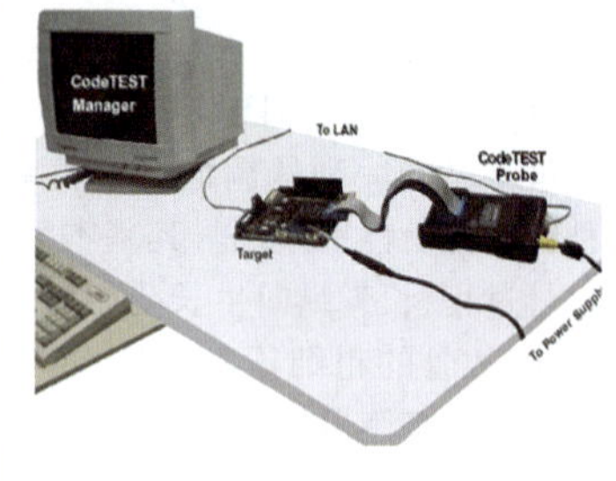

白盒测试

【软件重用】(software reuse) 在两次或多次不同的软件开发过程中重复使用相同或相似软件元素的过程。软件元素包括:程序代码、测试用例、设计文档、设计过程、需要分析文档领域知识。它不仅要讨论如何检索所需的软部件以及如何对它们进行必要的修剪,还要解决如何选取软部件、如何组织软部件库等问题。通常要求软件开发项目既要考虑重用软部件的机制,又要系统地考虑生产可重用软部件的机制。使用此技术可减少软件开发活动中大量的重复性工作,提高软件生产率,降低开发成本,缩短开发周期。软部件大都经严格质量认证,并在实际运行环境中得到校验,重用软部件有助于改善软件质量。此外,大量使用软部件,软件的灵活性和标准化程度也可望得到提高。

【软件工程】(software engineering) 研究和应用以系统性、规范化和可定量的过程化方法进行开发和维护软件的技术。主要分软件开发过程和软件管理两部分。前者研究需求分析、系统分析、软件设计、程序编码、软件测试等与软件开发周期有关的内容;后者主要采用软件成熟度模型等相关技术,对开发过程进行全面的质量控制。遵循的基本原则是:(1)选取适宜的开发模型。(2)采用合适的设计方法。(3)提供高质量的工程支撑。(4)重视软件工程的管理。

【软件开发工具】(software development tool) 对计算机软件的开发、运行、维护、管理等过程提供支撑的软件。使用软件开发工具可节省软件生产成本,提高软件生产率和质量。典型的软件工具有需求分析和概要设计工具、详细设计和编码工具、测试工具、维护和理解工具、项目管理工具和配置管理工具等。

【软件开发环境】(software development environment,SDE) 又称支撑软件。在基本硬件和宿主软件的基础上,为支持系统软件和应用软件的工程化开发和维护而使用的一组软件。由软件工具和环境集成机制组成。前者用以支持软件开发的相关过程、活动和任务。后者为工具集成和软件的开发、维护及管理提供统一的支持。其特点是:(1)软件开发的一致性及完整性维护。(2)配置管理及版本控制。(3)数据的多种表示形式及其在不同形式之间自动转换。(4)信息的自动检索及更新。(5)项目控制和管理。

【软件无线电技术】(technology of software radio) 用现代化软件来操纵、控制传统的纯硬件电路的无线通信技术。是通信领域继固定通信、移动通信,模拟通信和数字通信之后的第三次革命。其核心是将宽带 A/D、D/A 尽可能靠近天线,用软件实现尽可能多的无线电功能。在一个标准化、模块化的通信硬件平台上,通过软件编程,实现一种具有多通路、多层次和多模式无线通信功能的开放式体系结构。一个移动终端可以在不同系统和平台间畅通使用。其特点是:(1)灵活性。可以通过增加软件模块,方便地增加新功能,诸如信道带宽、调制及编码等都可以进行动态调整,以适应网络标准、环境、网络通信负荷和用户需求的变化。(2)较强的开放性。采用标准化、模块化结构,硬件可以随器件技术的发展而更新,软件也可以随需要不断升级。广泛应用于无线电通信领域。

【软件语言】(software language) 用于书写计算机软件的语言。主要包括需求定义语言、功能性语言、设计性语言、程序设计语言及文档语言等。需求定义语言用以书写软件需求定义;功能性语言用以书写功能规约;设计性语言用以书写软件设计规约;程序设计语言用以书写计算机程序;文档语言用以书写文档。

【软科学】(soft science) 一门综合运用自然科学、社会科学和哲学的知识,研究科技、经济、社会协调发展规律的科学。是为决策科学化和管理现代化服务的科学。是科技管理学的理论基础。它对复杂的社会问题(人、自然、社会经济、科学技术之间的相互作用的政策课题和社会问题)进行预测、规划、管理和评价,从整体上探求最优化的解决方案和决策。从某种意义上讲,软科学是研究技巧、信息、组织和领导的知识体系;而相对于软科学的硬科学则是研究物质、设备的技术知识体系。软科学是操纵硬科学的科学。软科学主要包括:科学学、管理科学、统计学、预测学、决策科学、技术经济学等学科。

【软埝】(broad-base terrace) 又称宽埂梯田。缓坡地上每隔一定距离等高筑埝而形成的一种波浪式梯田。两侧坡平缓,便于耕作。3°以下塬地修成软埝后,可增产10%~20%。软埝盛行于美国,澳大利亚、俄罗斯等国家也有采用。早期修建的软埝往往由于比较严格地沿等高线布设,致使相临两埝之间田面宽度不等,不便于耕种。为了克服这一缺点,现代修建的软埝只大致沿等高线设置,每条田面基本等宽,并趋向于端直。如田面有低洼的集流槽,就从高处取土壤填入其中,使软埝顶部等高,并在槽内分段填土,以拦蓄径流。为了排去集流槽中的积水,可以埋设暗管,而不用修建草皮排水道。由田面高处取土填入集流槽与使用翻转犁耕地,是加速软埝田逐渐变平的有效措施。软埝的高度一般为30~35cm,两侧边坡1:8~1:6,田面宽度15~50m。一般可用拖拉机带动的铧式犁、筑埂器、平地机等修建。软埝是改造缓坡地,防止水土流失的一项工程措施。

宽埂梯田

【软弱地基】(soft ground) 对构筑物不利的松散地基。由于地震、振动、冲击等因素使地基液化而形成。若处理不当,会使构筑物受到影响,出现危险情况。软弱地基主要存在于三角洲或溺谷等新的冲积层或沼泽地,以及周围的堆积层和泥炭层。

【软土】(soft earth) 在静水环境沉积的、高含水量、大孔隙比、高压缩性和低强度的细粒土。1998年颁布的《公路工程地质勘察规范》中指出,软土为滨海、湖沼、谷地和河滩沉积的天然含水量大于液限,天然孔隙比大于或等于1.0,压缩系数大于0.5(MPa)$^{-1}$,不排水抗剪强度小于30kPa的细粒土。上述标准,既制定了软土物理指标的标准,又制定了软土的力学指标的标准。建设部颁布的《软土地区的程地质勘察规范》规定,凡符合以下三条特征即为软土:外观以灰色为主的细粒土;天然含水量大于或等于液限;天然孔隙比大于或等于1.0。建设部的判定标准包括了物理指标。此标准实际上包括了软土和绝大部分软弱土。

【软药】(soft-drug) 本身有活性,具有治疗作用,在体内产生药理作用后,经预期方式和可控速率转变成无活性、无毒代谢物的药物。提高了药物安全性和治疗指数,在体内容易被代谢失活,半衰期短。和前药是相反的概念。前药是指一些虽然无药理活性的化合物,但是它们在生物体内经过代谢的生物转化可以被转化为有活性的药物。

【软饮料】(soft beverage) 乙醇含量低于0.5%的天然的或人工配制的饮料。所含乙醇是指溶解香精、香料、色素等用的乙醇溶剂或乳酸饮料生产过程中产生的衍生物。软饮料的主要原料是饮用水或矿泉水、果汁、蔬菜汁或植物的根、茎、叶、花和果实的抽提液。有的含甜味剂、酸味剂、香精、香料、食用色素、乳化剂、起泡剂、稳定剂和防腐剂等食品添加剂。其基本化学成分是水、碳水化合物和风味物质等。有些软饮料还含维生素和矿物质。软饮料的品种有很多。按原料和加工工艺的不同可分为:果汁及其饮料、蔬菜汁及其饮料、植物蛋白质饮料、植物抽提液饮料、乳酸饮料、矿泉水和固体饮料等八类;按其性质和饮用对象的不同可分为:特种用途饮料、保健饮料、餐桌饮料和大众饮料四类。世界各国通常采用第一种分类方法。在美国、英国等国家,其分类上有所差别,软饮料不包括果汁和蔬菜汁。

软饮料

【软玉】(nephrite) 又称闪玉、闪石玉。以透闪石-阳起石系列矿物为主组分的隐晶质集合体玉石。质地致密、细腻、温润。是仅次于翡翠的名贵玉石。晶体主要为纤维状,显微镜下纤维交织呈毛毡状及卷缠状、无定向束状簇状和捆状结构。常见的是深浅不同的各种绿色调,还有纯白、灰、蓝灰、浅灰白色,以及黄和红色的。软玉的绿色与翡翠不同,欠美观。半透明到微透明、油脂或蜡状光泽。密度2.90~3.10g/cm^3。折射率1.60~1.61。硬度6~7。中国自古就将软玉分为白玉(包括羊脂玉)、青白玉、青玉、墨玉、黄粟玉、碧玉等诸多品种。产地有中国、俄罗斯、波兰、美国、加拿大、新西兰等。

软玉

【软枝插】(green cutting propagation) 见绿枝扦插。

【软着陆】(soft landing) 通过减速使航天器在接触地球或其他星球表面瞬时的垂直速度降低到很小从而实现安全着陆的技术。人造卫星、宇宙飞船等利用这种装置,可改变运行轨道,逐渐减低降落速度,最后不受损坏地降落到地面或其他星体表面。

软着陆

【朊病毒】(prion) 又称蛋白质侵染因子、毒朊。一类能侵染动物并在宿主细胞内复制的小分子无免疫性疏水蛋白质。是一类个体极微小的生物。没有细胞结构。其构成很特别,仅由核酸和蛋白质构成。核酸在病毒的遗传上起着重要作用,而蛋白质外壳只对核酸起保护作用,本身并没有遗传性。随着人们对一些疾病的深入研究,科学家们发现,还有一类生物与一般病毒不一样。它只有蛋白质而无核酸,但却既有感染性,又有遗传性,并且具有和一切已知传统病原体不同的异常特性。这就是朊病毒。朊病毒与常规病毒一样,有可滤过性、传染性、致病性、对宿主范围的特异性,但比已知的最小的常规病毒还小得多(约30~50nm)。电镜下观察不到病毒粒子的结构,且不呈现免疫效应,不诱发干扰素产生,也不受干扰作用。对人类最大的威胁是,可以导致人类和家畜患中枢神经系统退化性病变,最终不治而亡。因此,世界卫生组织将朊病毒病和艾滋病并列为世纪之交危害人体健康的顽疾。

【朊病毒蛋白】(prion protein) 简称PrP。一类能侵染动物并在宿主细胞内复制的小分子无免疫性疏水蛋白质。朊病毒蛋白有两种构象:细胞型(即正常型PrPc)和搔痒型(即致病型PrPsc)。两者的主要区别在于其空间构象上的差异。PrPc仅存在a螺旋,而PrPsc有多个β折叠存在。当正常PrP(PrPc)转变为致病PrP(PrPsc)时,将引发一系列神经系统退行性疾病。PrPsc致病的特点是:(1)PrPSc所导致的疾病既是传染病,也是遗传病。(2)PrPsc的扩增和致病与分子生物学的中心法则和蛋白质折叠的 Anfinsen 原理(氨基酸序列决定蛋白质的空间结构)相抵触。(3)免疫系统不能识别与正常蛋白质具有相同序列但构象不同的朊病毒。

【瑞利散射】(Rayleigh scattering) 由英国物理学家瑞利的名字命名、其半径比光的波长小很多的微粒对入射光的散射。瑞利散射光的强度和入射光波长的4次方成反比。当日光经过大气层时,可与空气分子(其半径远小于可见光的波长)发生瑞利散射。因为蓝光比红光波长短,瑞利散射发生得比较激烈。被散射的蓝光布满了整个天空,使天空呈现蓝色。

瑞利散射

【瑞利衰落】(Rayleigh fading) 由于信号进行多径传播达到接收点处的场强来自不同传播的路径,各条路径延时时间是不同的,而各个方向分量波的叠加,又产生了驻波场强,从而形成的一种信号快衰落。瑞利衰落只适用于从发射机到接收机不存在直射信号的情况,否则应使用莱斯衰落信道作为信道模型。瑞利衰落能有效描述存在能够大量散射无线电信号的障碍物的无线传播环境。若传播环境中存在足够多的散射,则冲激信号到达接收机后表现为大量统计独立的随机变量的叠加,根据中心极限定理,则这一无线信道的冲激响应将是一个高斯过程。如果这一散射信道中不存在主要的信号分量,通常这一条件是指不存在直射信号,则这一过程的均值为0,且相位服从0到2π的均匀分布。即信道响应的能量或包络服从瑞利分布。若信道中存在一个主要分量,例如直射信号,则信道响应的包络服从莱斯分布,对应的信道模型为莱斯衰落信道。瑞利衰落模型适用于描述建筑物密集的城镇中心地带的无线信道。密集的建筑和其他物体使得无线设备的发射机和接收机之间没有直射路径,而且使得无线信号被衰减、反射、折射、衍射。

【瑞夷综合征】(Reye's syndrome, RS) 通常在流感或水痘等病毒性感染发作后1周左右出现的包括意识障碍、呕吐、急性脑水肿、肝脏或其他脏器出现脂肪沉积、线粒体变形、氨基转移酶、LDH、CPK值急剧升高、高氨症和低血糖等的一组病症。1963年由澳大利亚小儿病理学者 Reye 首先报告。死亡率较高。关于瑞夷综合征的诊断曾提出下述标准:(1)急性非炎性脑病。(2)脑脊液的细胞数≤8/mm。(3)活检或剖检可见肝微细脂肪沉积,或血清氨基转移酶或氨值升高超过正常值2倍以上。其病因目前尚不太明确。大量研究显示,其发病与病毒感染后服用阿司匹林或水杨酸酯(盐)有一定相关性。临床遇到以发热、意识丧失急性起病的病例,在排除感染性脑炎、脑膜炎和颅脑病变后,如有口服阿司匹林史,应考虑RS的可能。

【润麦】(wheat damping) 调整小麦水分含量的过程。面粉加工术语。小麦入磨前,将经喷雾着水处理的小麦放入润麦仓内静置一定时间,使水分在籽粒内部更均匀地分布,促其发生一系列物理生化变化。其目的是:(1)根据原料的水分和面粉的水分标准,进行水分调节,以保证产品质量。(2)使小麦表皮湿润,增加麸皮的韧性,保证在研磨过程中麸皮不致过碎而混入面粉,减少粉中的含麸量。(3)使小麦的胚乳结构松散,减低强度,易于研细成粉,而节省动力消耗。(4)由于小麦的各部分对水分的吸收率和分配不同,从而使皮层与胚乳之间的黏结松动,使麸皮与面粉易于分离,提高出粉率。润麦时间因小麦品种而异。硬质小麦冬季在24~32h,其他季节在20~24h为宜;软质小麦冬季在20~30h,其他季节在16~24h左右。硬质麦的最佳入磨水分为15.0%~17.0%;软质麦的入磨水分为14.0%~15.0%为宜。

【弱春性小麦】(semi-springness wheat) 通过春化阶段时要求的温度和天数,介于半冬性和春性小麦之间,比春性品种冬性稍强,比半冬性品种冬性稍弱的一种小麦类型。温度为0~30℃,时间为10天。冬小麦的一个类型。春季播种时,能抽穗,大部分品种能正常成熟。幼苗多直立。分蘖力中等。抗寒性不足。叶色多偏黄。主要分布在黄淮南部地区。

【弱毒疫苗】(attenuated vaccine) 又称活苗。以对原宿主失去致病力或致病力低微但仍保存保护性抗原的活微生物制成的疫苗。微生物的自然强毒株通过物理的(温度、射线等)、化学的(醋酸铊、吖啶黄等)和生物的(非敏感动物、细胞、鸡胚等)连续传代,可使其对原宿主动物丧失致病力或只引起亚临床感染,但仍保有良好的免疫原性、遗传特性的毒株。用以制备的疫苗如猪丹毒弱毒菌苗、猪瘟兔化疫苗、牛肺疫兔化弱菌苗等。此外,从自然界筛选的自然弱毒株也具有人工育成弱毒株的遗传特性,同样可以制备弱毒疫苗,如鸡新城疫疫苗等。

【弱光蔬菜】(weak light vegetables) 对光照强度要求较弱的蔬菜。耐弱光型蔬菜光饱和点在2×10^4lx左右。在较弱的光照下就能良好的生长。光太强反而不利于生长,品质也差。其特征是:节间长,叶面积大,叶数少,生长快。目前,耐弱光型蔬菜有:生姜、莴苣、芹菜、菠菜以及薯芋类等大部分绿叶菜类蔬菜。此类蔬菜耐荫能力较强。喜好弱光的蔬菜，如菌类等。

【弱口令】(weak password)　容易被猜解或被工具破解的的口令。没有严格的定义，但那些仅包含简单数字和字母的口令，如“123”、“abc”等，因为这样的口令很容易被破解，被称为弱口令。弱口令的使用，增加了用户所面临的风险。用户在设置口令时需要注意：(1)长度足够长。(2)重复度低。(3)包含大写字母、小写字母、数据和特殊符号。(4)不要为特殊数字单词。(5)不要用生日、姓名等有特殊意义的字符。(6)经常更换口令。

【弱视】(amblyopia)　眼部无明显器质性病变，或者有器质性改变及屈光异常，但与其病变不相适应的视力下降和不断矫正或矫正视力低于0.9者。是一种常见的眼部多发病。中国弱视发病率约占2%～4%。弱视在视觉发育期间均可发生，多从1～2岁开始。弱视发病愈早，其程度越重。可以发生于一眼或两眼。弱视中最严重的为斜视性弱视，半数以上的弱视与斜视有关。弱视可以形成斜视，斜视可以导致弱视。从症状上来看，斜视为眼位异常，弱视是视力异常。弱视除与斜视有关的斜视性弱视外，尚有屈光异常、屈光参差等所形成的弱视。按弱视程度的不同可分为：轻度弱视(视力0.8～0.6)、中度弱视(视力0.5～0.2)、重度弱视(视力低于或等于0.1)。按其病因的不同可分为：斜视性弱视，屈光参差性弱视，形觉剥夺性弱视，先天性弱视以及屈光不正性弱视。根据弱视程度和注视性质的不同，可选择不同的治疗方法。

S

【萨利模型】(Surry model) 一个针对信息处理的复杂性,关于事故致因的简单的信息处理模型。事故致因理论之一。1977 年由萨利提出。这种信息处理是在完成作为重要的中间传递因素的任务时所需要的。该模型认为,在执行任务时,操作者掌握的信息可分为两部分,即与生产任务有关的主要任务的信息和使可能的危险在控制下所需的第二性任务的信息即安全信息。在完成两种任务中,困难的增加能导致所需掌握的信息量超过人的掌握能力。由于两种信息重要度的差别,势必会造成对第二性任务的信息处理的减少。在这种情况下,事故就容易发生。当主要任务是不规则而且复杂,使信息量过大时,最易超过人所能关注的信息量。工作性质有三种类型。其特点是:(1)需要操作者不断地有计划地工作。(2)需要从一处到另一处不断地在运动中工作。(3)需要进行各种各样的不断调整的工作是事故发生频率较高的工作。经调查验证,实际结果与模型的结论基本一致。

【鳃】(gill) 多数水生动物在水中进行气体交换的呼吸器官。如一些无脊椎动物(蚌、虾、蟹、乌贼等)和一些脊椎动物(如鱼类、两栖类的幼体及少数有尾两栖类的成体),在水中用鳃进行气体交换(呼吸)。按鳃露出体外与否的不同,可分为外鳃(如初期的蝌蚪、洞螈呈羽状或丝状)和内鳃(如大多数鱼类)。鳃由如下部分构成:(1)鳃弓。又称鳃弧。支持鳃和着生鳃丝的骨骼,大多数鱼类有 5 对鳃弓。某些硬骨鱼类(如鲤、青鱼等)最后一对鳃弓转化为一对咽骨。(2)鳃瓣(鳃片)。着生于鳃间隔的前后两侧,由无数鳃丝紧密排列而成。鳃丝上密布毛细管,是呼吸时进行气体交换的场所,对调节渗透压也有作用。(3)鳃耙。着生于鳃弓内缘的一些稍坚硬的刺状、瘤状或其他形状的突起物。排列在每一鳃弓的内外侧。是鱼类重要的滤食器官,同时又具有保护鳃丝的功能。各种鱼类鳃耙的数目和构造因食性而异。一般以第一鳃弓外侧鳃耙数来记录,并作为鱼类分类上的重要依据,如青鱼 17~20,带鱼 26~30;以浮游生物或底栖生物为食的鱼类的鳃耙长而多,如遮目鱼 300,鲻 100,鲢 1 700。人胚的鳃器存在时间较短,但它与颜面、颈部和某些腺体的形成密切相关,如鳃弓将参与颜面和颈形成,其间充质分化为肌肉、软骨和骨。鲢的鳃耙见如下示意图。

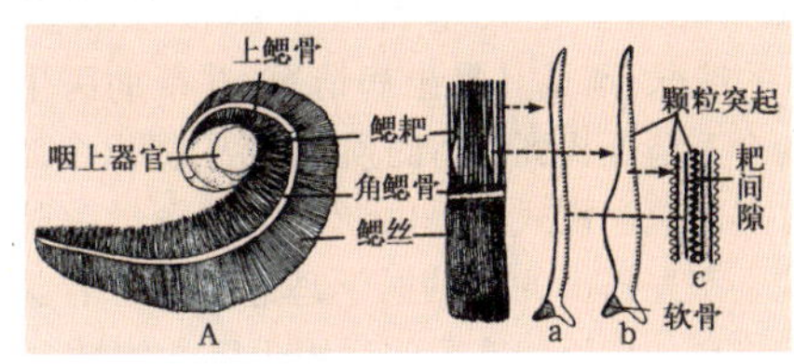

鳃

【赛络纺】(siro spinning) 无须并线和捻线工艺的新型纺纱技术。将两根粗纱平行引入细纱机牵伸区内,以平行状态被分别牵伸,从前罗拉夹持点出来后保持一定间距的两根纤维束,由捻度的传递而使单纱须条上带有少量的捻度。这两根须条汇合后,被进一步加捻成同向捻度的合股纱。其优点是:(1)省去并线、捻线工序,缩短了工艺流程,减少纺纱断头,提高了毛纱制成率,有利于提高细纱机车速,增加产量。(2)扩大细纱可纺界限,降低生产成本。(3)生产异色纱和不同材料的复合纱。

赛络纺

【赛络菲尔纺】(sirofil spinning) 又称双组分纺纱。利用羊毛须条与一根细旦化纤长丝在细纱机上平行喂入直接纺成复合纱的新型纺纱技术。羊毛粗纱通过常规的牵伸装置从前罗拉输出,长丝通过张力器、探头、切断器从前罗拉输出,在前罗拉钳口处形成三角区,达到良好的加捻效果并形成纱线。省去蒸捻工序,长丝的支撑作用和特殊的纱线结构可降低对羊毛的细度要求。用中低支羊毛加工高支轻薄产品,原料成本可降低 50% 以上。产品风格独特,面料的弹性、抗皱性、悬垂性、透气性、抗起球性和尺寸稳定性等均优于传统纯毛产品。

【3,4 - 苯并芘】(3,4 - benzo-pyrene) 由 5 个苯环构成的多环芳烃。1993 年第一次由沥青中分离出来的一种致癌烃。环境中的 3,4 - 苯并芘主要来源于工业生产和生活中煤炭、石油和天然气燃烧所产生的废气、机动车辆排出的废气及加工橡胶、熏制食品以及纸烟与烟草的烟气等。在已经检查出的 400 多种主要致癌物中,一半以上是属于多环芳烃一类的化合物。其中,3,4 - 苯并芘是一种强致癌物。

【3P 医学】(3P medicine) 预防(preventive)医学、预测(predictable)医学和个性化(personal)医疗的统称。根据一个人基因组中单核苷酸多态性(SNP)的情况,预见其易患病情况,并帮助医生根据患者的个人情况找到合适的预防办法,提出个体化的治疗方案的医学模式。是由浙江大学医学院院长巴德年院士率先提出的新的医学理念。标志着基因检测工程将更加广泛和普遍的运用于医学领域。3P 医学的医疗理念、医学与管理学的内在关联、医学科技的新发展,特别是人类基因组计划的完成以及整合生物学、系统生物学的兴起,使得人类可以对疾病进行更加有效的早期预防和早期干预。3P 医学模式,对解决长期困扰人类的癌症、糖尿病、神经和精神疾病等慢性、复杂性重大疾病的预防、诊断和治疗问题具有突破性意义,开辟了慢性疾病的早期预防和早期治疗的新途径。3P 医学理论的提出不仅预见了 21 世纪医学发展方向的转变,同时也标志着在未来医学的发展道路上基因检测工程将越来越多的被人们所熟知并应用。

【3 级生物安全实验室】(biosafety level-3 laboratory) 用于主要通过呼吸途径使人传染上严重的甚至是致死疾病的致病微生物或其毒素研究的生物安全防护实验室。生物安全防护实验室根据微生物及其毒素的危害程度不同,分为 4 级。一级最低,四级最高。一级实验室一般适用于对健康成年人无致病作用的微生物;二级适用于对人和环境有中等潜在危害的微生物;四级适用于对人体具有高度的危险性,通过汽溶胶途径传播或传播途径不明、目前尚无有效疫苗或治疗方法的致病微生物或其毒素,如炭疽杆菌、霍乱弧菌、埃博拉病毒、天花病毒等。中国的第一个 3 级生物安全实验室建于 1987 年,当时主要用于艾滋病研究。

【三倍体小鼠】(trisomic mice) 又称三染色体小鼠。二倍体中增加一条染色体的三条染色体小鼠。三倍体是染色体畸变异现象之一。在小鼠中三倍体自然发生率极低,但可以人工应用易位染色体携带系统进行制作。有文献报道表明,小鼠第 16 条染色体的三倍体和人类第 21 条染色体三倍体,以及第 1 条染色体三倍体与人类第 13 条染色体三倍体有各种相类似的障碍性作用,因此被认为用来作为人类三倍体先天畸形动物模型具有应用价值。

【三边测量】(trilateration survey) 在地面上布设一系列连续的三角形,采取测边方式来测定各三角形顶点水平位置的测量方法。建立大地控制网和工程测量控制网的方法之一。由于在地面上直接丈量距离一般困难很多,三边测量要求丈量所有的边,困难尤甚。直到 1948 年和 1956 年先后出现光电测距仪和微波测距仪后,三边测量法才得到实际应用。用三边测量布设控制网时,以连续的三角形构成锁状或网状,测量其中每个三角形的三边,并用天文测量方法测设起始方位角,然后从一起始点和方位角出发,利用测量的边长推算其他各边的方位角,以及各三角形顶点在所采用的大地坐标系中的水平位置。

【三部九候】(three positions and nine indicators) 古代脉诊方法之一。❶寸口诊法。出自《难经·十八难》,即寸口脉分为寸、关、尺三部,每部以轻、中、重指力按,分浮、中、沉三候,共为九候。❷全身遍诊法。把人体头部、上肢、下肢分成三部,每部各有上、中、下动脉,在这些部位诊脉时,如果该部的脉象出现独大、独小、独迟、独数,即表示该经的脏器有寒热虚实的变化。

【三叉神经痛】(trigeminal neuralgia) 在三叉神经分布区域内出现的阵发性电击样剧烈疼痛。多在白天发作,每次发作时间一般持续数秒至数分钟后又骤然停止,是一种间歇期无症状的神经性疾病。疼痛可由于口腔或颜面的任何刺激引起,以中老年人多见,多数为单侧性。在临床上,通常将其分为原发性(真性或特发性)和继发性(症状性)两种。前者指无神经体征,而且应用各种检查未发现明显和发病有关的器质性病变,其病因和发病机制目前尚不明确;后

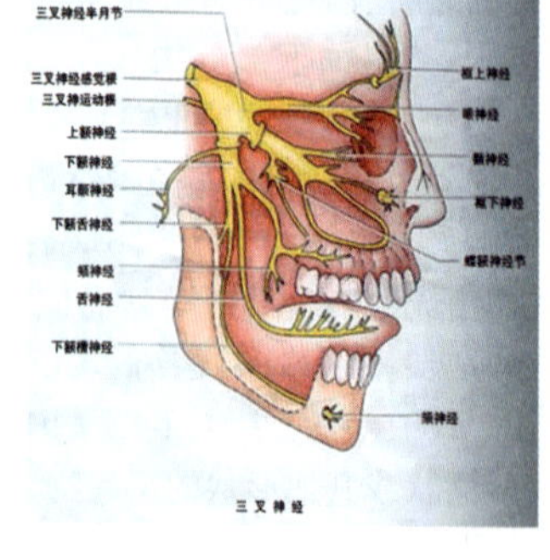

三叉神经

者指由于机体其他病变压迫或侵犯三叉神经所致，此型除表现疼痛症状外，一般还有神经系统体征。其临床表现是：在三叉神经某分支区域内，骤然发生闪电式的极为剧烈的疼痛。疼痛可自发，也可有轻微刺激“扳机点”引起。“扳机点”指三叉神经分支区域内某个固定的局限的小块皮肤或黏膜特别敏感，对此稍加触碰立即可引起疼痛发作，然后迅速扩散至整个神经分支。该病可呈周期性发作，每次可持续数周或数月，然后有一段自动的暂时缓解期。缓解期可为数天或几年，以后疼痛复发。三叉神经痛很少有自愈者。

【三叠纪】（Triassic Period） 地质年代中中生代第一个纪。三叠纪名称源自德文“Trias”的日语音译。三叠纪始于距今 2.50 亿年，延续约 4 500 万年。与二叠纪相比，这一时期生物界有了显著变化。爬行动物迅速发展，恐龙开始出现。海生动物中菊石和双壳类进一步发展，成为重要的标准化石。繁盛于晚古生代的鳞木、封印木和科达树都绝灭了，裸子植物中的苏铁类占据了重要地位，真蕨类和木贼类也逐渐繁荣。三叠纪早、中期中国北方气候干燥，陆地上形成许多红色沉积物；南方多为海洋，形成石灰岩、白云岩、页岩等。晚期北方气候温暖湿润，生物繁盛，为生油和成煤创造了条件；南方受地壳上升影响，有些地区形成由砂页岩组成的海陆交互地层，并含有煤层。三叠纪可分为早、中、晚三个世，代表符号“T”。

三叠纪地层

【三基三严】（three bases and three severes） 在医院管理中对医务工作者提出的应具备的最基本的业务水平和工作态度。“三基”即：基本理论、基本知识、基本技能；“三严”即：严格要求、严密组织、严谨作风。是提高医务人员整体素质和医疗水平的重要途径。“三基”是医务人员为人民服务的基本功，是医疗质量的基本要素。“三严”是达“三高”（高标准、高效率、高质量），实现“全优”（全程优质服务）的前提和保证。卫生部要求“三基”培训为全员培训，各级医疗卫生技术人员均应参加，“三基”考核必须人人达标，“三严”作风要贯彻到各项医疗业务活动和管理工作的始终。

【三级安全教育制度】（three-leveled safety education system） 企业以实施安全教育为内容的入厂教育、车间教育和班组教育的基本制度。教育对象是新进厂人员，包括新调入的工人、干部、学徒工、临时工、合同工、季节工、代培人员和实习人员。三级安全教育是厂矿企业安全生产教育制度的基本形式。其内容是：(1)厂级安全教育。一般由企业安技部门负责进行，讲解应和看图片、参观劳动保护教育室结合起来，并应发一本浅显易懂的规定手册。(2)车间安全教育。由车间主任或安技人员负责，主要介绍车间的概况、安全技术基础知识、安全生产文件和安全操作规程制度。(3)班组安全教育。主要介绍本班组的生产特点、交代本班组容易出事故的部位和典型事故案例的剖析，讲解本工种的安全操作规程和岗位责任，如何正确使用爱护劳动保护用品和文明生产的要求，实行安全操作示范。三级安全教育要注意解决教育程序不明、教育级别不全、教育时间不够、教育内容陈旧、教育形式单调、教育走过场等问题。

【三级处理】（tertiary treatment） 又称深度处理。在污、废水一级、二级处理后，进一步清除其中污染物的过程。常采用生物、物理和化学等方法，主要是吸附、离子交换、混凝沉淀、氧化等，除去污、废水中的悬浮物、无机盐类和其他污染物质。

【三级预防】（three levels of prevention） 机体对疾病的三个预防层次。第一级预防亦称为病因预防，是最积极最有效的预防措施。具体的预防措施包括：(1)针对机体的预防措施。增强机体抵抗力，戒除不良嗜好，进行系统的预防接种，做好婚前检查。(2)针对环境的预防措施。对生物因素、物理因素、化学因素、遗传致病因素作好预防工作。加强优生优育和围产期保健工作，防止近亲或不恰当的婚配。(3)对社会致病因素的预防。对心理致病因素作好预防工作。不良的心理因素可以引起许多疾病，如高血压、冠心病、癌症、哮喘、溃疡病等多与心理因素有关。第二级预防亦称“三早”预防。“三早”即早期发现、早期诊断、早期治疗，是在疾病初期采取的预防措施。对于传染病，“三早”预防就是加强管理，严格疫情报告。除了及时发现传染病人外，还要密切注意病原携带者。对于慢性病，“三早”预防的根本办法是做好宣传和提高医务人员的诊断、治疗水平。通过普查、筛检和定期健康检查以及群众的自我监护，及早发现疾病初期（亚临床型）患者，并使之得到及时合理的治疗。第三级预防亦称康复治疗，是对疾病进入后期阶段的预防措施。此时机体对疾病已失去调节代偿能力，将出现伤残或死亡的结局。因此应采取对症治疗,减少痛苦,延长生命,并实施各种康复工作,力求病而不残,残而不废,促进康复。三级预防是健康促进的首要和有效手段,是现代医学为人们提供的健康保障。

【三江并流】(three parallel rivers) 中国境内长江、澜沧江、怒江在横断山中不足100km的狭窄范围内自北向南并行而流的奇特壮观的河流地貌景观。北起中国西藏的昌都地区和四川的甘孜藏族自治州,南到云南省的丽江地区、迪庆藏族自治州和怒江州,总长度约600km,最窄处在西藏、云南和四川交界处,三江并流距离仅66km。作为行政区划,中国云南省已于1988年率先申报并获中国国务院批准为“国家级风景名胜区”,范围只限云南省的迪庆、丽江、怒江以及大理四地州市,面积也仅为3 500 km^2。而广义的三江并流区面积则可达50 000 km^2以上。三江并流地区集高山、峡谷、冰川、原始森林、干热河谷、地热温泉、珍稀野生动植物群落和多民族和谐交融的人文景观为一体,无论在水力资源、森林资源、生物资源、矿产资源、气侯气象资源方面,还是景观资源等方面,都有数量大、品位高的特点,并具有不可取代的地位。2003年7月,联合国教科文组织第27界世界遗产大会一致决定,将三江并流自然景观列入联合国教科文组织的《世界遗产名录》。

【三江源】(source of three rivers) 中国长江、黄河、澜沧江的江源地区。地理坐标:北纬31°~36°,东经89°~98°,平均海拔4 500m以上,地处青藏高原腹地。区内地貌起伏不大,湖泊众多,沼泽面积大,河流多辫状水系。其中长江源自青海省格尔木市唐古拉乡格拉丹东峰(海拔6 621 m)冰川区;黄河源自青海省玛多县的鄂陵湖和扎陵湖;澜沧江源自青海省杂多县的扎曲源头。三江源已于2003年1月被中国国务院批准为国家级自然保护区。保护区包括青海省格尔木市唐古拉乡,玉树、果洛、海南、黄南四个藏族自治州的14个县,总面积为15.23万平方千米,约占青海省总面积的21%。三江源是中国海拔最高、面积最大的天然湿地,有“中华水塔”之誉。其中长江总水量的25%,黄河总水量的49%,澜沧江总水量的15%都来自于三江源地区。三江源具有独特的气候、地貌和生态系统,它的保护和良性发展对整个中国甚至东亚洲的生态和气候环境变化都具有十分重要的意义。

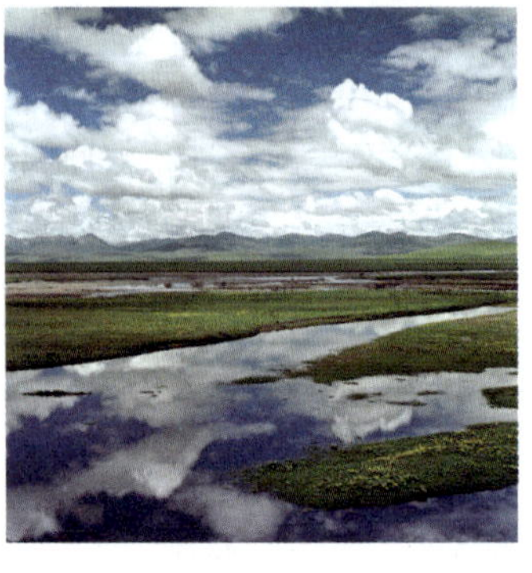

三江源

【三交】(three-way cross) 又称三系杂交、三元杂交。三个不同的亲本,先两两杂交产生单杂交种,进而以单交种再与第三个亲本杂交而产生三杂交种的杂交方式。一般在两个亲本不具备育种目标所要求的全部性状时需要启用第三个亲本,配置成三交组合。三交中各亲本的遗传剂量不相同,第二次杂交使用的第三个亲本占1/2,而第一次杂交时的两个亲本各占1/4。因此应把综合性状较好的产量亲本作为第二次杂交亲本使用。用A/B//C或A//B/C标记(“//”表示第二次杂交)。

【三焦】(triple energizer) 中医术语。上焦、中焦和下焦的合称。其含义有二:❶指六腑之一,是脏腑外围最大的腑,又称外腑、孤腑,是脏腑之间和脏腑内部的间隙互相沟通所形成的通道。在这一通道中运行着元气和津液,所以气机的升降出入、津液的输布与排泄,都有赖于三焦的通畅。❷单纯的部位概念,上焦为膈以上的部位,包括心、肺;中焦为膈以下,脐以上的部位,包括脾、胃;下焦为脐以下部位,包括肾、膀胱、大小肠、女子胞等。三焦的生理功能主要是运行元气、水谷和水液。

【三角测量】(triangulation) 在地面上选定一系列点构成连续三角形,测定各三角形的顶角以推求顶点水平位置的技术。角度由经纬仪观测。在电磁波测距仪和空间大地测量广泛应用之前,三角测量是建立大地控制网、求定地面点位置的主要方法。该方法于1617年由荷兰人W·斯涅耳首创。在三角测量中,除了测量角度外,还要选择一些三角边作为起始边,测量其长度和方位角。其工序一般为选点、造标埋石、水平角观测、验算和平差计算。随着空间大地测量及电磁波测距技术的应用,建立大地控制网的三角测量方法逐渐被GPS测量、导线测量等方法所取代。但在一些特殊的环境下,三角测量方法还具有一定的实用价值。三角测量方法得到的成果仍将长期应用。

【三角点】(triangulation point) 在地球表面按测量规范的要求选定的一系列设有永久性测量标志的点。以这些点为顶点的三角形互相连接在一起组成三角网(锁),以便进行观测。每个三角

三角点

点都要绘制点之记，通过测量算得三角点的坐标成果，提供基本的平面控制，为研究地球形状、地壳形变、地震预报、地球重力场、空间科学技术等提供必要的资料。

【三角高程测量】(trigonometric leveling) 测定两点间的垂直角和距离推求两点高差的方法。测定大地控制点高程的方法之一。其垂直角通常与三角测量、导线测量中的水平角同时施测。垂直角由经纬仪观测。两点间的距离由三角测量推算求得或用电磁波测距仪测定。三角高程测量由于主要受大气垂直折光的影响，测定高差的精度较低。随着电磁波测距仪，特别是全站型电子经纬仪的应用，距离和角度测量的精度越来越高。测距高程导线测量已被广泛地应用到较高精度的高程测量中。测距高程导线测定高程的原理和三角高程测量基本相同。它可以减弱大气垂直折光和量高对高差的影响，精度可与普通水准测量的精度相当。

【三角函数】(trigonometric function) 设 $p(a,b)$ 是直角坐标系 xoy 平面上的任一点，连线段 $op=r$，若把从 x 轴正方向沿逆时针旋转到 op 所形成的夹角记为 θ，则把由 p 点的两个坐标 a,b 和线段 r(可视为直角三角形的三边，如图) 所组成的比值

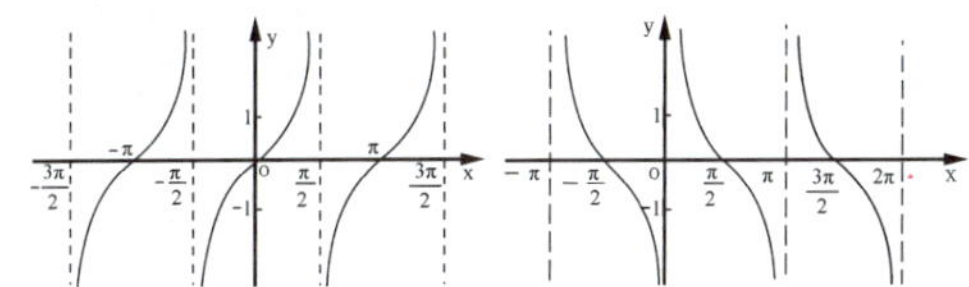

正切函数图像　　余切函数图像

b/r、a/r、b/a、a/b、r/a、r/b 与 θ 角之间的对应关系称为 θ 角的三角函数。分别是：正弦函数 $\sin\theta=b/r$，角 θ 的对边比斜边；余弦函数 $\cos\theta=a/r$，角 θ 的邻边比斜边；正切函数 $\tan\theta=b/a$，角 θ 的对边比邻边；余切函数 $\cot\theta=a/b$，角 θ 的邻边比对边；正割函数 $\sec\theta=r/a$，角 θ 的斜边比邻边；余割函数 $\csc\theta=r/b$，角 θ 的斜边比对边。这里仅限于实变量三角函数。三角函数是周期函数，也是超越函数。它不仅对数学本身，而且在自然科学的各个分支中都有着广泛应用。在应用三角函数时角的度量通常采用弧度制，用实数 x 表示角，y 表示函数值。在上述六种三角函数中，常用的有四种，即正弦函数 $y=\sin(x)$ 和余弦函数 $y=\cos(x)$，其定义域为实数域 R，值域为$[-1,1]$；正切函数 $y=\tan(x)$，其定义域为 $x\neq\pi/2+k\pi$ 的实数，值域为 R；余切函数 $y=\cot(x)$，其定义域为 $x\neq k\pi$ 的实数，值域为 R。

【三角锁】(triangulation chain) 由一系列连续三角形构成的锁链状的平面控制图形。是三角测量中布设连续三角形的两种主要扩展形式之一。其优点是：扩展迅速，能通过适当选择扩展方向而避开通视困难地带。但图形强度不如三角网。

【三角网】(triangulation network) 用三角测量技术建立的水平大地控制网。是经典大地测量技术布设水平大地控制网的主要形式。在三角网中，除了测量角度外，还要选择一些三角边作为起始边，测量其长度和方位角。早期用基线尺直接丈量边长，在20世纪50年代后，基线尺逐渐被电磁波测距所取代。方位角用天文测量方法测定。

【三角洲】(delta) 河流进入受水盆地因流速减缓、潮流顶托，河流携带的泥沙在河口区沉积下来形成的堆积体或堆积平原。由于其外形酷似三角形，故称为三角洲。受水盆地包括海洋、湖泊、水库等多种类型，所以三角洲可划分为入海三角洲、入湖三角洲和入库三角洲。三角洲的形成有三个条件：(1)河流携带丰富的泥沙。(2)受水盆地水深较浅，便于泥沙沉积。(3)河口外没有强大的潮汐和波浪将河流带来的泥沙沉积物带走。如果上游带来的泥沙不多，或者来沙虽多但潮汐和波浪能将上游来泥沙充分带走，三角洲就无法形成。这一类型的河口区称三角江。中国钱塘江河口就是典型的三角江河口。如果河流含沙量高、河道有分汊并经常改道、河口外海域水深较浅，泥沙在河口就可以比较均匀地向海的方向不断堆积，从而形成扇形三角洲。在此类三角洲的形成中，河流径流作用占绝对优势。中国的黄河三角洲和滦河三角洲均属这一类。河流的大小和携带泥沙的多寡造成三角洲的面积差异。世界上人口稠密、经济发达的区域，大都分布在大河的入海口，即入海三角洲一带。亚洲的恒河三角洲是世界上最大的三角洲，面积达 $8.0\times10^4\text{km}^2$。

三角洲

【三聚氰胺】(melamine) 又称蛋白精、三聚氰酰胺、氰脲三酰胺。一种三嗪类含氮杂环有机化合物。重要的氮杂环有机化工原料。纯白色单斜棱晶体。无味。密度 1.573kg/m^3 (16℃)。常压熔点354℃。在水中溶解度随温度升高而增大，在20℃时，约为3.3g/L。微溶于冷水，溶于热水。极微溶于热乙醇。不溶于醚、苯和四氯化碳。可溶于甲醇、甲醛、乙酸、热乙二醇、甘油、吡啶等。在进入人体后，发生取代反应(水解)，生成三聚氰酸。三聚氰酸和三

聚氰胺形成大的网状结构,造成结石。根据美国食物及药物管理局的标准,三聚氰胺每日可容忍摄入量为0.63mg/kg体重;对人体有害不应在食品中出现。蛋白质平均含氮量为16%左右,而三聚氰胺的含氮量为66%左右。常用的蛋白质测试方法"凯氏定氮法",是通过测出含氮量乘以6.25来估算蛋白质含量的。添加三聚氰胺会使得食品的蛋白质测定含量虚高,使劣质食品和饲料在检验机构只做粗蛋白质简易测定时蒙混过关。据估算,在植物蛋白粉和饲料中使测定蛋白质含量增加一个百分点,所用三聚氰胺的花费只有真实蛋白原料的1/5。三聚氰胺是一种基本有机化工中间产品。主要是作为生产三聚氰胺甲醛树脂(MF)的原料等。

【三棱针】(three-edged needle) 又称锋针。针灸器具名。一般用不锈钢制成,针长约6cm,针柄呈圆柱形,针身呈三棱状,尖端三面有刃,针尖锋利。使用前须经高温消毒,或用70%~75%酒精浸泡20~30min,用一次性无菌针具更好。主要用于刺络放血。

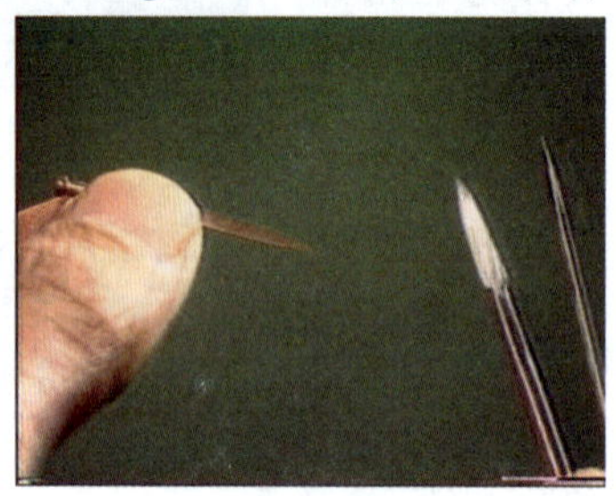
三棱针

【三磷酸腺苷】(Adenosine triphosphate, ATP) 一种细胞内储存和传递化学能的核苷酸。是体内广泛存在的辅酶。分子式是$C_{10}H_{16}N_5O_{13}P_3$。分子量是507.184。其结构可以简写成A-P~P~P,其中A代表腺苷,P代表磷酸基团,~代表一种特殊的化学键,叫做高能磷酸键。高能磷酸键断裂时,大量的能量会释放出来。其水解,实际上是指ATP分子中高能磷酸键的水解。高能磷酸键水解时释放的能量多达30.54 kJ/mol。是体内组织细胞所需能量的主要来源。ATP经腺苷酸环化酶催化形成环磷酸腺苷(cAMP),是细胞内的生物活性物质,对细胞许多代谢过程有重要的调节作用。为蛋白质、糖原、卵磷脂、尿素等的合成提供能量,促使肝细胞修复和再生,增强肝细胞代谢活性,对治疗肝病有较大针对性。但外源性ATP不易进入细胞,与体内需要的量比较,可能提供的量微不足道。人体中ATP的总量只有大约0.1 mol。人体细胞每天的能量需要水解200~300 mol的ATP,这意味着每个ATP分子每天要被重复利用2 000~3 000次。ATP不能被储存,合成后必须在短时间内被消耗。作为药物,其药理作用是:适用于细胞损伤后细胞酶减退引起的疾病。

【三硼酸锂晶体】(lithium triborate crystal/LBO crystal) 由三硼酸锂构成的新型非线性光学晶体材料。破坏阈值高,位相匹配允许角大,透光范围宽,适宜在高功率密度、高稳定性、长时间运行的激光器中用作二倍频和三倍频器件。它对1 064nm激光倍频的转换效率达60%。该晶体用于激光倍频器,广泛应用于激光武器、激光焊接机、激光雷达、激光跟踪器、激光外科手术、激光通信等方面。

三硼酸锂晶体

【三七】(root of pseudo-ginseng) 又称山漆、田三七、金不换、血参、参三七。中药名。药性:甘、微苦、温。归肝、胃经。功效:化瘀止血,活血定痛。用于出血证:咯血、吐血、衄血、便血、崩漏、外伤出血;跌打损伤,瘀血肿痛,胸腹刺痛、跌扑肿痛。用法与用量:3~9g;研粉吞服,一次1~3g。外用适量。

三七

【三羧酸循环】(tricarboxylic acid cycle, TCA) 又称柠檬酸循环。从乙酰CoA与草酰乙酸缩合成含有3个羧基的柠檬酸开始,反复进行脱氢脱羧的循环反应过程。是一个由一系列酶促反应构成的循环反应系统。在该反应过程中,首先由主要来自三大营养物质分解代谢的乙酰CoA,与草酰乙酸缩合生成含3个羧基的柠檬酸,经过4次脱氢、2次脱羧反应,又重新生成草酰乙酸。其生理意义是:(1)由于乙酰CoA是来自糖、脂肪、蛋白质等营养物质分解的共同产物,进入三羧酸循环的乙酰CoA完全氧化分解为CO_2和H_2O,并释放大量能量以满足机体的生理需要,因此,三羧酸循环是三大类营养物质在体内彻底氧化分解的共同途径。(2)三羧酸循环是机体内物质代谢相互联系的枢纽。此循环反应是一个开放系统。它的许多中间产物与其他代谢途径相互转变,如糖转变成脂肪、胆固醇是重要的两个例子。在能量充足的条件下,从食物摄取的糖相当一部分,经糖有氧氧化产生的乙酰CoA,作为主要原料参与脂肪和胆固醇的合成。某些氨基酸的碳架是三羧酸循环的中间产物，经糖异生途径可转变为糖。(3)三羧酸循环的一个中间产物——琥珀酰 CoA 又可与甘氨酸、Fe^{2+}作为合成血红素的原料。

【三碳植物】(triple carbon plant) 又称 C3 植物。一类碳同化过程的植物。CO_2 进入植物叶子以后，先与腺三磷生成一种具有三个碳原子的磷酸甘油酸的中间化合物，即一个 CO_2 被一个五碳化合物(1,5-二磷酸核酮糖，简称 RuBP)固定后形成两个三碳化合物(3-碳磷酸甘油酸)，即 CO_2 被固定后最先形成的化合物中含有三个碳原子，然后再经几次反应生成碳水化合物。C3 植物叶片的结构特点是：叶绿体只存在于叶肉细胞中，维管束鞘细胞中没有叶绿体，整个光合作用过程都是在叶肉细胞里进行，光合产物只积累在叶肉细胞中。C3 植物较原始，C3 作物生长在温度较低环境，主要分布在温带和寒带。常见的 C3 作物有大豆、小麦和水稻等。

【三碳作物】(C3 crop) 又称光呼吸作物。这种作物在进行光合作用同化二氧化碳时，第一个产物是三磷酸甘油酸。由于这是三个碳原子的化合物，所以人们把这种固定二氧化碳的代谢途径，称为三碳代谢途径，常称为卡尔文循环途径。以这种方式进行光合作用固定二氧化碳的作物，称为三碳作物。三碳作物的光合效率较低，有明显的光呼吸现象，光呼吸放出二氧化碳的量占光合作用同化二氧化碳量的30%～50%。其二氧化碳补偿点高。栽培作物中绝大多数为三碳作物，如小麦、水稻、甘薯、棉花、大豆、油菜、甜菜、菠菜等。

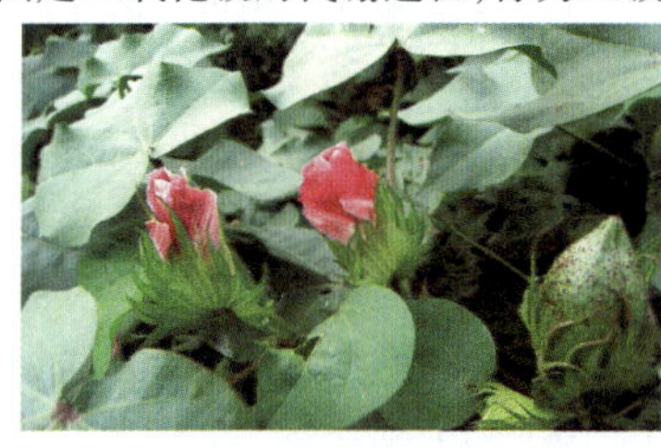
三碳作物棉花

【三同时制度】(3 simultaneousness system) 对任何新建或技术改造建设项目中保护环境措施要执行同时设计、同时施工，并在竣工验收后环保设施同时投入使用的政策，简称“三同时”。该制度分别明确了建设单位、主管部门和环境保护部门的职责，有利于具体管理和监督执法。

【三网融合】(triple play) 电信网、计算机网和有线电视网三大网络高层业务应用的融合。在概念上从不同角度和层次上分析，涉及技术融合、业务融合、行业融合、终端融合及网络融合。网络层上可以实现互联互通，形成无缝覆盖；业务层上可以互相渗透和交叉；应用层上趋向使用统一的 IP 协议；在经营上互相竞争、互相合作，朝着向人类提供多样化、多媒体化、个性化服务的同一目标逐渐交汇在一起，行业管制和政策方面也逐渐趋向统一。三大网络通过技术改造，能够提供包括语音、数据、图像等综合多媒体的通信业务。目前更主要的是应用层次上互相使用统一的通信协议。IP 优化光网络就是新一代电信网的基础，是三网融合的结合点。光通信技术的发展，为综合传送各种业务信息提供了必要的带宽和传输高质量，成为三网业务的理想平台。统一的TCP/IP协议的普遍采用，从技术上为三网融合奠定了坚实的基础。

【三维编织】(three-dimensional braiding) 编织出的织物厚度至少要超过参加编织的纱线束直径3倍、在厚度方向纱线或纤维束相互交织的编织方法。三维编织分为二步法、四步法和多步法等。能制造出规则形状或异形实心体的多层整体构件，使构件一次编织整体成型，层间强度高、综合力学性能好。在军事、航空、航天等高技术领域应用广泛。

三维编织

【三维地景仿真】(three-dimensional terrain simulation) 以地理基础或专题数据为依据，用计算机生成某地区地景三维图像的技术。数字仿真技术是信息科学技术发展的重要前沿技术。特别是进入21世纪以来，该项技术已经列为中国信息产业中的支柱产业之一。在各种地形数字仿真应用系统中，无一不是基于数字仿真技术平台，无一不是高度依赖空间数据。要绘制某一区域场地的场景自然需要通过对该区域各点坐标数据的建模来实现。但是在实际操作时，不可能取该区域的全部点进行建模，而是进行网格抽取。这种由高程数据组成的均匀间隔网格模型，在数字仿真技术中通称为数字高程模型。

【三维定量构效关系】(three-dimensional quantitative structure-activity relationship) 根据化合物和生物大分子的三维结构进行定量构效关系的研究。实际上是分子图形学与定量构效关系相结合进行药物的构效关系研究的一种方法。是研究药物与受体间的相互作用、推测受体的图像及进行药物设计的有力工具。

【三维计算机动画】(three-dimensional computer animation) 又称模型动画。用计算机模拟三维空间中的场景和形体随时间演变的技术。利用计算机构造三维形体的模型,通过对模型、虚拟摄像机、虚拟光源运动的控制描述,自动产生一系列具有真实感的连续动态图像。主要工作包括:形体造型、运动的控制描述和同步处理、动画图像绘制、图像编辑和处理、系统界面设计及动画输出等。三维场景由形体、摄像机和光源三种实体构成,每种实体均有随时间演变的特征,应用此特征可以模拟形体的运动、变化等。

三维计算机动画

【三维适形调强放疗术】(three-dimwnsiond conformal radiation therapy) 又称调强刀。高剂量分布的形状在三维空间方向上与靶区的形状一致,照射野内各点的剂量可按要求的方式进行调整,使靶区内的剂量分布符合预定要求的一放射治疗技术。放疗是恶性肿瘤治疗的三大手段之一,有60% ~70% 的癌症病人需要进行放疗,其治疗原理是利用放射线对癌细胞进行灭杀。但是,由于肿瘤细胞生长在正常组织中,且形状不规则,传统的放疗须将照射范围扩大,才能达到不遗漏癌细胞的目的,但正常组织难免也会受到照射,因此增加了放疗的副作用。而三维适形调强放疗技术可以精确地瞄准定位,使放疗照射野的形状和肿瘤靶区相吻合,并根据肿瘤的大小等因素调整肿瘤靶区内的照射剂量强度,以减小对周围正常组织的伤害,使治疗更安全有效。

【三维异型整体编织技术】(3D braiding technology) 形成复杂形状的三维纺织预制体的新型编织技术。其特点是:(1)纤维在三维空间中沿着多个方向分布并相互交织在一起形成不分层的整体结构。制成的复合材料制件具有高强度、基体损伤不易扩展、高抗冲击性能和综合力学性能好以及耐烧蚀、抗高温、热绝缘性能好等优点。(2)可以直接编织出各种形状、不同尺寸的整体异型预制件,例如变壁厚圆管、锥套体、工型梁、T 型梁、Ⅱ型梁和盒型梁等。

三维印刷成型法

【三维印刷成型法】(three-dimensional printing,3DP) 在计算机控制下,通过分层均匀布粉并有选择地按零件截面形状,通过喷头用黏结剂将零件的截面“印刷”(黏结固化)在材料粉末基体上面的快速原型制造技术。此工艺方法成型速度快,成本低,易操作,在许多领域的新产品研发中得到应用。但用黏结剂黏结的零件强度较低,零件原形的表面精度较低,还需后处理。

【三维织造】(3D weaving) 形成三维机织物的织造方法。有两种方式:第一种是制造多层织物。通过某个系统的纱线与另外一个系统不同层纱线的接结,将若干层织物连接起来形成具有一定厚度的织物。第二种方法是采用正交非织造织物,预先在三个轴向按照一定的顺序放置好隔离棒,通过隔离棒的拖动带动纱线形成立体织物。三维多剑杆织机可制织截面为矩形、T 形、I 形、U 形、Ⅱ形等多种异形实心梁状织物。常用于结构性复合材料预制件产品。

【三维制导系统】(3-dimensional guidance system) 实现航空器在空间三维飞行轨迹参数的生成、实时测定和控制的综合控制系统。在三维制导系统的基础上引入时间因素,以终端时间为约束条件制定整个飞行计划和飞行剖面图,可进一步构成四维制导控制系统。三维制导系统是实现航空器自动飞行或对航空器实施遥测遥控的主要技术手段。

【三位一体战略核力量】(triad strategic nuclear force) 由携带核武器的陆基洲际弹道导弹、潜射弹道导弹和战略轰炸机三部分构成的战略核力量结构形式。三者相互搭配,取长补短,可增强核威慑的有效性。目前洲际弹道导弹大多数部署在加固的地下井里。其特点是:射程远,弹头威力大,命中精度高,反应时间短,指挥控制可靠。但地下井生存能力较差,所以洲际弹道导弹特别适合于实施先发制人的核打击(即“第一次核打击”),攻击敌方洲际弹道导弹地下井、地下指挥控制中心、核武器库等加固的战略目标。潜射弹道导弹都装在核潜艇上。核潜艇可长期在水下活动,机动性、隐蔽性好,因此潜射弹道导弹是生存能力最强的战略导弹。但目前命中精度一般没有陆基洲际弹道导弹高,适合于对敌实施报复性核打击(即“第二次核打击”),攻击对方的政治与经济中心、军事和工业基地、交通枢纽等战略目标。战略轰炸机可装载空地核导弹或核炸弹,适合攻击各种战略目标。

【三文鱼】(salmon) 又称撒蒙鱼、萨门鱼。一种生长在高纬度地区的冷水鱼类的统称。是英语Salmon的音译,其英语词义为"鲑科鱼"。属北半球溯河性淡水鱼类,无终生栖息于海洋的种类。体延长,侧扁,被细小的圆鳞,侧线完全,多数种类的幼鱼体侧有黑斑点。有一些种的牙齿发育很好,在产卵期从牙齿的变形可区分性别。口前位或亚下位。鲑鱼在淡水江河上游的溪河中产卵,产后在回到海洋肥育。幼鱼在淡水中生活2~3年,然后下海,在海中生活一年或数年,直到性成熟时再回到原出生地产卵。产卵行动对鲑鱼而言,非常消耗元气,尤其是雄鱼,能回到海洋活到第二次再来产卵的仅是少数。鲑鱼种类甚多,有11属66种。中国产8属17种,常见的有如大马哈鱼、虹鳟、鲑等。三文鱼中还含有丰富的不饱和脂肪酸、虾青素,营养价值高。虾青素使三文鱼的肉色呈鲜艳的橘红色。买卖鱼实际上是以色论价的,颜色越深,价值越高。2008年的全球养殖三文鱼产量为160万吨。世界三文鱼生产比较集中,仅挪威和智利两国的生产能力就占世界总生产能力的近80%。挪威是世界最大的三文鱼养殖国,2008年产量为77.5万吨,占全球产量48.4%。智利2008年产量为48.8万吨,占世界总产量的30.5%。

三文鱼

【三峡工程】(Sanxia Project) 见三峡水电站。

【三峡水电站】(Sanxia Hydropower Station) 又称三峡工程。位于重庆市至湖北省宜昌市之间的长江干流上。大坝位于宜昌市上游不远处的三斗坪,并和下游的葛洲坝水利枢纽构成梯级电站。1992年获得中国全国人民代表大会批准建设。1994年正式动工兴建。2003年开始蓄水发电。水电站大坝高程185m,蓄水高程175m,水库长约600km,安装32台单机容量为7×10^5kW的水电机组。具有航运、发电、种植等十多种功能。它是世界上规模最大的水电站,也是中国有史以来建设的最大型的工程项目。

三峡水电站

【三相不平衡】(three-phase unbalanced) 在电力系统中三相电流或电压幅值不一致,且幅值差超过规定范围的现象。其危害是:(1)增加线路的电能损耗。在供电网络中,电流通过线路导线时,因存在阻抗必将产生电能损耗,其损耗与通过电流的平方成正比。当低压电网以三相四线制供电时,由于有单相负载存在,造成三相负载不平衡在所难免。(2)增加配电变压器的电能损耗。配电变压器是低压电网的供电主设备。当其在三相负载不平衡工况下运行时,将会造成配变损耗的增加。(3)配变出力减少。在配变设计时,其绕组结构是按负载平衡运行工况设计的,其绕组性能基本一致,各相额定容量相等。假如当配变处于三相负载不平衡工况下运行,负载轻的一相就有富余容量,从而使配变的出力减少。其出力减少程度与三相负载的不平衡度有关。(4)配变产生零序电流。配变在三相负载不平衡工况下运行,将产生零序电流。该电流将随三相负载不平衡的程度而变化。不平衡度越大,则零序电流也越大。运行中的配变若存在零序电流,则其铁芯中将产生零序磁通。(5)影响用电设备的安全运行。配变是根据三相负载平衡运行工况设计的,其每相绕组的电阻、漏抗和激磁阻抗基本一致。当配变在三相负载平衡时运行,其三相电流基本相等,配变内部每相压降也基本相同,则配变输出的三相电压也是平衡的。假如配变在三相负载不平衡时运行,其各相输出电流就不相等,其配变内部三相压降就不相等,这必将导致配变输出电压三相不平衡。(6)电动机效率降低。配变在三相负载不平衡工况下运行,将引起输出电压三相不平衡。由于不平衡电压存在着正序、负序、零序三个电压分量,当这种不平衡的电压输入电动机后,负序电压产生旋转磁场与正序电压产生的旋转磁场相反,起到制动作用。电动机在三相电压不平衡状况下运行,是非常不经济和不安全的。

【三相点】(triple point) 单组分体系处于固相、液相和气相三相平衡共存时的固定的温度和压强(图中0点)。如水的三相点为273.16K(0.01℃)和610.5Pa。汞的三相点为-234.32K和0.2MPa。二氧化碳的三相点为216.55K和517.29Pa。纯物质的三相点可以用三相池来测

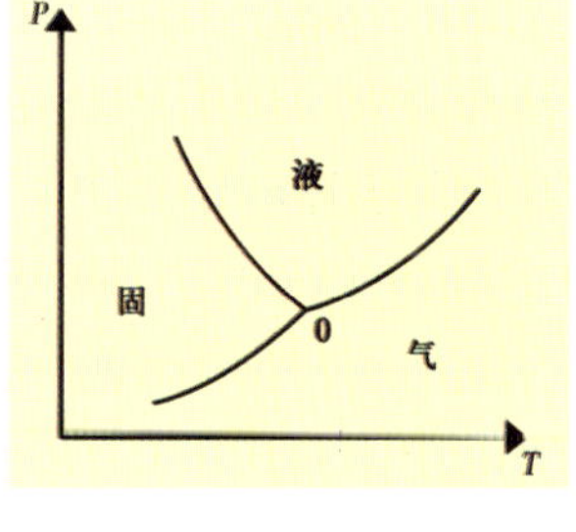

三相点

量,或由联立任意两个描述两相平衡的克拉贝龙方程推导出来。水的三相点的温度作为确定热力学温标的固定点,即热力学温标1K是水的三相点热力学温度的1/273.16。

【三相电路功率】(power of three-phase circuit) 三相电路的总功率。等于各相功率的总和。三相电路有对称三相电路和不对称三相电路之分;功率有平均功率(即有功功率)、无功功率和视在功率之分。力 F 在任意一段 Δt 时间内所做的功 W 与时间 Δt 的比值,即平均功率,记为 $P=W/\Delta t$。为建立交变磁场和感应磁通而需要的电功率称为无功功率。单口网络端钮电压和电流有效值的乘积,称为视在功率。

【三相电源】(three-phase power supply) 能同时产生三个频率相同而初相位相异的电源。是一种常用的三相电源。同时满足如下两个条件就是对称三相电源:(1)各相电压的有效值或振幅相等。(2)相邻两相的相位互差120°。对称三相电源的三相电压瞬时值之和为零。不能满足上述两个条件的三相电源,即为不对称三相电源。

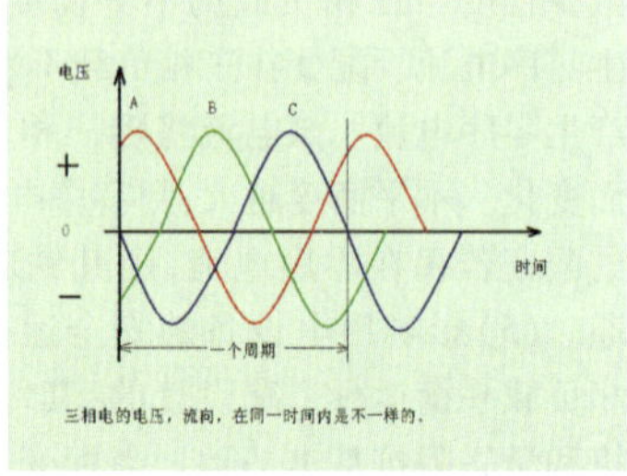

三相电源

【三相负载】(three-phase load) 连接成三角形或星形由三相电源供电的负载。三相负载分为对称三相负载和不对称三相负载。对称三相负载是指将三个相同的二端元件例如三个相同的阻抗接成三角形或星形后,接到三相电源。这三个阻抗就构成对称三相负载。若这三个阻抗都不相等,它们构成不对称三相负载。从电力系统的运行角度来说,总是希望三相负载是对称的或接近对称的。三相同步电动机或异步电动机是常见的对称三相负载。单相负载是将一个或多个阻抗接在三相电源的两条火线或一条火线与一条零线之间。这种阻抗称为单相负载。单相负载可以看成一种特殊的不对称三相负载。

【三相交流电路】(three-phase alternating current circuit) 由三相交流电源供电的电路。三相交流电源指能够提供三个频率相同而相位不同的电压或电流的电源。最常用的是三相交流发电机。三相发电机的各相电压的相位互差120°。它们之间各相电压超前或滞后的次序称为相序。三相电动机在正序电压供电时正转,改为负序电压供电时则反转。使用三相电源时必须注意其相序。一些需要正反转的生产设备可通过改变供电相序来控制三相电动机的正反转。三相电源连接方式常用的有星形连接和三角形连接。从电源的三个始端引出的三条线称为端线。任意两根端线之间的电压称为线电压。在星形连接时,线电压为相电压的$\sqrt{3}$倍;三个线电压间的相位差仍为120°,它们比三个相电压各超前30°。星形连接有一个公共点,称为中性点。三角形连接时线电压与相电压相等,且三个电源形成一个回路,只有三相电源对称且连接正确时,电源内部才没有环流。

【三相交流输电】(three-phase alternating current transmission) 以三相交流电来实现电能输送的形式。在电力系统中,是将发电厂发出的三相交流电,通过升压变电器、高压或超高压输电线路和降压变压器,将电能送到消费区。

【三相异步电动机】(three-phase asynchronous motor) 一种以三相交流电为电源的异步电动机。其结构分为定子与转子两部分。定子是电动机固定部分,作用是用来产生旋转磁场。主要由定子铁心、定子绕组和机座组成。其定子铁心槽中嵌装三相绕组。有单层链式、单层同心式和单层交叉式三种结构。定子绕组接入三相交流电源后,绕组电流产生的旋转磁场,在转子导体中产生感应电流,转子在感应电流和气隙旋转磁场的相互作用下,又产生电磁转矩,使电动机旋转。改变其转速有三种方式:改变频率、改变绕组的磁极对数或改变转差率。这种电动机结构简单,运行可靠,成本低廉。广泛应用于工农业生产中。

三相异步电动机

【三相重合闸】(three-phase reclose) 在线路发生任一种类型的短路故障时,在继电保护动作后都同时断开的一种自动重合闸方式。根据电力网条件的不同又可分:为一般三相重合闸、检电压重合闸、检同步重合闸、非同步重合闸、检邻线电流重合闸与自同步重合闸等。在大型机组的高压配出线路出口附近,三相重合未消除多相故障时,会给机组带来严重损害。为此,许多电力系统已经在高压配出线路的电厂侧,采用有限制的三相重合闸,以保障电力系统的安全运行。由于其控制回路简单,对断路器不要求分相操作,所以,在配置了断路器的各级电压线路上被普遍应用。

【三向织物】(tri-axial fabric) 由两根经纱与一根交叉角为60°的纬纱交织而成的织物。这种织物在制织时,第一根经纱以60°角笔直地织入,第二根经纱与第一根经纱相互交叉角仍为60°,朝着与第一根经纱相反的方向笔直织入,而纬纱则与第一、第二根经纱均成60°角从横向织入。三向织物的抗面内剪切性能比普通的正交机织物高很多,适用于产业用织物。

【三硝酸甘油酯】(glyceryl trinitrate) 即硝化甘油。在低温时易冻结、轻微震荡即能引起爆炸的淡黄色黏稠状液体。最早由化学家A. 索布雷罗用浓硫酸、浓硝酸与甘油作用制得,后经瑞典化学家诺贝尔改进,用白色硅藻土吸收这种爆炸油,成为一种黄色的固体,即诺贝尔安全炸药。诺贝尔去世之后设立了诺贝尔奖,现已成为衡量世界上最高科学研究水平的权威标准。硝化甘油是重要的无烟火药。主要用于制造开山筑路的炸药,以及制作混合发射药和火箭推进剂。在医药方面,硝化甘油制成片剂,舌下给药或与乙醇配成1%的溶液,用于治疗心、胆、肾绞痛和雷诺病。其作用迅速,为常用药品之一。

【三效催化转化器】(three way catalytic converter) 又称三效催化净化器。一种采用铂(Pt)、钯(Pd)、铑(Rh)等贵重金属制成的汽车尾气净化装置。在催化反应过程中,汽车排气中的主要有害成分CO、碳氢化物和NO_X被转化成无害的CO_2、H_2O和N_2。

【三因制宜】(selection of treatment according to three categories disease causes) 中医因时制宜、因地制宜、因人制宜的治疗原则。在治疗疾病时,由于天时气候因素,地域环境因素,患病个体的性别、年龄、体质、生活习惯等因素,对于疾病的发生、发展变化与转归,都有着不同程度的影响。根据这些具体因素,区别对待,制定适宜的治法与方药,是医生必须遵循的基本原则。

【三阴交】 中医穴位名。属足太阴脾经。定位:在小腿内侧,当足内踝尖上3寸,胫骨内侧缘后方。主治:腹胀肠鸣,泄泻,饮食停滞,月经不调,崩漏,带下,癥瘕,经闭,不孕,阴挺,难产,产后血晕,恶露不行,阳痿,遗精,疝气,遗尿,脚气;泌尿、生殖系统疾患,急、慢性胃肠炎,神经衰弱,神经性皮炎,湿疹,荨麻疹,高血压,下肢麻痹等症。刺灸法:直刺0.5~1寸;艾炷灸3~7壮,或艾条灸10~30min。现代研究:针刺三阴交可提高免疫力。动物实验表明,以轻刺激手法针刺该穴,可使淋巴液量和淋巴细胞显著增加,主要以T淋巴细胞增加为主。

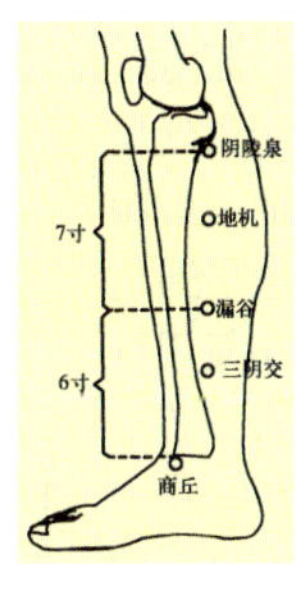

三阴交

【三垣】(Sanyuan) 中国古代的星空分区名称。中国古代把整个星空分成三垣、二十八宿和其他一些星宿,各代表一定的天空区域,有一定的图形,就像现在划分的星座一样。三垣分上垣、中垣和下垣,分别称为太微垣、紫微垣和天市垣。各分左右两垣,图形像城郭。其中,太微垣位于北斗七星以南、黄道以北,两垣各排列成一排。左垣(东垣)有5星,位置大体在室女座东北部;右垣(西垣)也有5星,位置在狮子座东部。紫微垣左垣有8星,排列成弧形,位置属于今天的天龙座和仙王座;右垣有7星,也排列成弧形,位置属于今天的天龙座和鹿豹座。两垣之间有北极星。天市垣位于天蝎座和人马座以北,天琴座、武仙座和北冕座以南。左垣(东垣)有11星,排列成一线,位置大多属于今天的武仙座;右垣(西垣)也有11星,排列成一线,大多属于今天的巨蛇座。

【三致物质】(teratogenic, carcinogenic and mutagenic materials) 具有致突变、致畸变和致癌作用的物质。如有机氯化物农药等。其中致突变物质是指能引起生物遗传性改变,或改变基因,或改变染色体,从而使其数目和结构发生变化的物质。致畸变物则会引起生育缺陷。其致畸变作用的机理主要是因突变引起胚胎组织发育过程不协调等。已经确认的对人类具有致畸变作用的化学物质有25种。致癌物会导致细胞不受控制地生长。它分为确认致癌物、可疑致癌物和潜在致癌物。目前,已经确定为动物致癌的化学物质达数千种,其中确认对人类有致癌作用的化学物质有几十种。致突变和致癌作用是紧密相连的。所有致癌物质都能产生致突变作用。

【三轴误差】(triple axes error) 经纬仪中视准轴误差、水平轴误差以及竖直轴误差的总称。视准轴即望远镜物镜中心与目镜十字丝中心的连线;水平轴即测量仪器上望远镜绕其俯仰纵转的几何轴线;竖直轴即照准部旋转围绕的几何轴线。使用经纬仪测角时,三轴之间应该满足的几何关系为视准轴与水平轴正交、水平轴与竖轴正交、水平轴水平、竖轴与测站铅垂线一致。由于仪器本身的结构和作业时的调整不可能完全满足上述关系,三轴会或多或少地偏离正确位置,因此测量角度时会产生误差。在进行测量作业时,为保证测量精度,应对误差进行补偿和改正。

【三坐标测量机】(three dimensional measuring machine) 一种能在直角坐标系下 X、Y、Z 三个或三个以上坐标方向进行长度测量的通用检测工具。一种高效率的现代精密测量仪器。由导向机构、位移测量元件和读数装置组成。以精密机械为基础,综合应用了电子、计算机、光栅与激光干涉等先进技术。按测量精度的不同可分为计量型和生产型两类。计量型在计量室内恒温恒湿条件下用于精密测量,分辨率在0.1~2μm之间。生产型在车间用于生产过程中的检测,分辨率在1~10μm之间。三坐标测量机的使用可以节省人力和时间,提高测量精度,还使一些大型工件和复杂型面的测量成为可能,比如透平叶片、凸轮、轿车轮廓形状和尺寸等的测量。

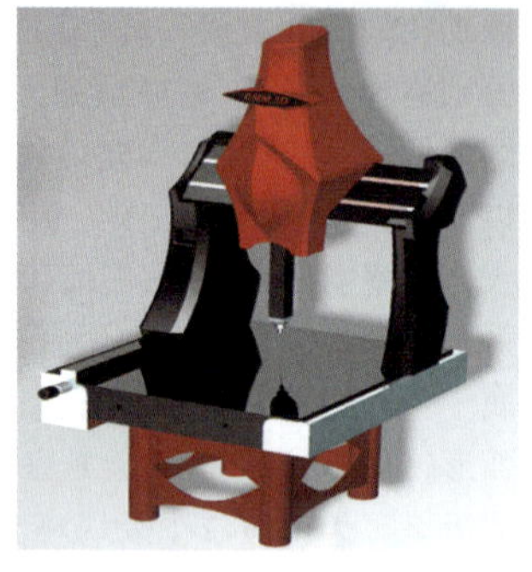
三坐标测量机

【三坐标测量仪】(three-coordinates measuring machine) 按空间三维坐标(X、Y、Z)的测量原理设计的一种精密光学机械量仪。可用直角坐标和极坐标法测量各种复杂形状的轮廓尺寸,如空间螺旋曲面。该仪器带有计算机,可对测量结果进行精确分析与处理。其测量精度可达微米和亚微米级。主要用于对精密、复杂零件的精密测量。

三坐标测量仪

【三坐标雷达】(three coordinates radar) 能同时测定空中目标的距离、方位和高度(或仰角)三个坐标数据的雷达。通常在方位上采用机械扫描搜索,在仰角上采用多波束、频率扫描和相位扫描等方法测量目标高度。采用计算机处理目标信息,具有较高的数据测量精度和分辨力,能提供多批目标的多种数据。主要用于对空警戒、引导、目标指示和空中交通管制等方面。

三坐标雷达

【伞翼机】(parawing) 以伞翼为升力面的重于空气的固定翼航空器。伞翼位于全机的上方,用纤维织物制成的伞布形成柔性翼面。翼面一般由左、右对称的两个部分圆锥面组成。伞翼的平面形状可由充气骨架或铝管保持,利用迎面风吹鼓伞布,自然形成产生升力的翼面。伞翼机按照有无动力分为伞翼滑翔机和动力伞翼机(即伞翼飞机)。伞翼飞机结构简单,重量轻,可在18°~30°的迎角(相对于龙骨的迎角)下安全飞行,最大速度一般不超过70km/h,转弯半径可小到30m以下,操纵简单,空中停车后仍有一定滑翔能力,适合低空作业。它起飞和着陆滑跑距离短,只需百米左右的跑道。其伞翼使用方便,可以快速装配和收叠存放。由于伞翼为柔性翼面,不宜在温度0°C以下作穿云飞行,因此伞翼飞机的飞行高度一般不超过2 000m。伞翼飞机翼面大,翼载仅100Pa(10kg/m^2),不适合在2级以上的侧风中起飞和着陆。伞翼飞机可用于低空农林作业、查线、探矿、水文测量、运动和娱乐。

伞翼机

【散射】(scatter) 电磁波通过不均匀介质时引起方向改变的现象。按其散射辐射与入射辐射方向夹角大小的不同可分为:向前散射(夹角小于90°)和向后散射(夹角介于90°~180°);按介质中微粒尺度与入射辐射波长比值的不同可分为:瑞利散射(英国物理家瑞利发现的在介质中微粒尺度远小于入射波波长时所产生的散射)、米氏散射(比值相当)和无选择性散射(介质中微粒尺度远大于入射波波长)。电磁波在介质中的散射情况由散射系数来衡量。散射系数是传播单位距离后因散射引起的辐射强度衰减的百分比值。不同的散射对遥感技术有不同的影响。

【散射通信】(scatter communication) 利用大气层中不均匀介质对电磁波的再辐射作用进行的超视距无线电通信。包括对流层散射通信、电离层散射通信和流星余迹通信。由末端设备、交换机、多路复用设备、散射通信机和供电设备组成。散射通信机按传输信号的不同可分为模拟散射机和数字散射机。作为一种超视距的通信手段,它利用空中介质对电磁波的散射作用,在两地间进行通信。由于散射通信中电磁波传输损耗大,到达接收端的信号弱,为实现可靠的通信,一般要采用大功率发射机,高灵敏度接收机和高增益、窄波束天线。

【散水】(apron) 与外墙勒脚垂直交接倾斜的室外地面部分。作用是迅速排走勒脚附近的雨水,避免雨水冲刷或渗透到地基,防止基础下沉,以保证房屋的巩固耐久。其宽度应根据土壤性质、气候条件、建筑物的高度和屋面排水形式确定,一般为 600 ~ 1 000mm。当屋面采用无组织排水时,散水宽度应大于檐口挑出长度 200 ~ 300mm。为保证排水顺畅,一般散水的坡度为 3% ~ 5%,散水外缘高出室外地坪 30 ~ 50mm。散水常用的材料为混凝土、水泥砂浆、卵石和块石等。

【散装运输】(bulk transportation) 取消包装,通过适当的工具和设备进行的运输方式。运输组织发展方向之一。要求装货、运输、卸货、存储和使用等环节的设备配套协调,各环节连续输送和准确计量。铁路运输多采用轨道衡,公路运输多采用地中衡,在库、场、码头、船舶上多采用电子秤等。自 20 世纪 60 年代以来,发达国家开始采用动态计量设备。它是由秤台、换能器(测力传感器)和数据处理器组成的综合计量设备。散货运输可以减少工序,实现装卸运输过程的机械化,改善劳动条件,提高作业效率,节省包装材料,节省费用及减少货损和提高运输质量。

散装运输车

【缫丝机】(filature) 制丝过程中把若干粒煮熟茧的茧丝离解,合并制成生丝或柞蚕丝的机器。按缫丝机械类型的不同可分为立缫和自动缫两种;按自动缫丝机感知型式的不同可分为定粒感知缫丝和定纤感知缫丝两种。定粒感知缫丝是在缫丝过程中使每根生丝保持一定的茧粒数,缺粒可添绪或接绪;定纤感知缫丝则采用纤度感知器,当生丝细到一定限度时即自行添绪接绪。绪表示每粒茧的茧丝头。按生丝卷绕形式的不同可分为小缫丝和筒子缫丝两种。

缫丝机

【扫海测量】(wire drag survey) 在一定海区内进行面的探测以查明该海区或该区域所规定的深度上是否存在航行障碍物的作业。主要作业内容有:(1)探测个别障碍物,确定其位置、最浅深度和性质。(2)探测主要航道、港口或海区,确定其最大安全通航深度。(3)进行国防安全扫海测量等。扫海测量分定深扫海测量和拖底扫海测量。扫海器具一般分为硬式扫海器具和软式扫海器具。现代扫海测量多使用海底地貌探测仪、多波束测海系统等水声仪器设备。

【扫描隧道显微镜】(scanning tunneling microscope,STM) 又称隧道扫描显微镜。一种利用量子隧道效应探测物质表面结构的仪器。由宾宁和罗雷尔于 1981 年发明。作为一种显微工具,扫描隧道显微镜可以帮助人们实地观察物质表面结构,以及与表面电子行为有关的物化性质。在表面科学、材料科学、生命科学等领域的研究中有着重大的意义和广泛的应用前景,被国际科学界公认为 20 世纪 80 年代世界十大科技成就之一。此外,扫描隧道显微镜还可以在低温(4K)条件下利用探针尖端精确操纵原子,从而使之成为纳米技术中重要的测量工具与加工工具。

扫描隧道显微镜

【扫描仪】(scanner) 一种计算机外部仪器设备。通过捕获图像并将之转换成计算机可以显示、编辑、储存和输出的数字化输入设备。分为滚筒式扫描仪、平面扫描仪和笔式扫描仪三类。其用途与意义是:(1)可在文档中组织美术品和图片。(2)将印刷好的文本扫描输入到文字处理软件中,免去重新打字之麻烦。(3)对印制版、面板标牌样品扫描录入到计算机中,可对该板进行布线图的设计和复制,解决了抄板问题,提高抄板效率。(4)可实现印制板草图的自动录入、编辑、实现汉字面板和复杂图标的自动录入。(5)多媒体产品中添加图像。(6)在文献中集成视觉信息使之更有效地交换和通信。广泛应用在标牌面板、印制板和印刷行业。

扫描仪

【色彩管理系统】(color management system） 地图的色彩设计、色彩配置和印前分色准备的软件系统。由柯达公司最早提出。起因是各种设备所能够表现的色彩范围不同，在某种设备上可以表现的颜色在其他设备上却表达不出来。例如，显示器上可以显示某种色彩，而打印机却不能够打印它，或在显示器上看到的色彩经过打印输出后却发生变化。为了解决这个问题，色彩管理系统应运而生。它通过设备的色域描述文件约束（一般为剪切缩小算法，还有其他的一些复杂算法）设备的真正色域范围。如果不同设备使用同样的色域管理文件，保证它们在共同的色域空间上操作，基本上可以解决一致性的问题。当然，部分色彩信息会就此丢失。实际的色彩管理系统比以上描述的要复杂得多。

【色层分离法】（chromatographic separation method） 应用色层分析中吸附层析相同的原理分离性质相近组分的方法。由于所用吸附剂对各组分的吸附能力不同，使各组分分层富集于吸附剂上；再用适当溶剂进行淋洗，以达到分离与富集的目的。按吸附剂的不同可分为：离子交换色层分离法和吸附色层分离法。依据离子交换原理以富集、分离、提纯金属及其他物质。常用有机合成树脂作离子交换剂。利用各离子交换和络合能力的差异，使被分离物质中各同型离子（如阳离子或阴离子），按交换能力的强弱，分层富集于装有交换剂的交换柱（塔）中。再用适当的淋洗剂洗涤被吸附于交换剂上的各离子，以达到分离、富集和提纯的目的。在水法冶金中，常用于铀、钍与稀土元素，锆与铪，钽与铌的分离与提纯。在医药方面用于抗菌素的提取。

【色度】（chromachromaticity） ❶彩色光基本参数色调与饱和度的合称。色度与三基色系数的比例有关。即说明彩色光的颜色类别，又说明颜色的深浅程度。❷溶解状态的物质所产生的颜色，采用“度”作为色度计量单位。例如将样品油与标准色卡在标准的光源下相比较，结果用数字大小表示油品的色度高低。❸水质的参数之一。对水进行颜色定量测定时的指标。当水中溶入腐殖质、有机物或无机物质后就会产生颜色。如水体受到工业废水的污染时会呈现不同的颜色。水的颜色分为表色与真色。没有除去水中悬浮物时产生的颜色是表色。而除去水中悬浮物后，由水中溶解性物质引起的颜色是真色。色度的测定用铂钴标准比色法。标准色水用蒸馏水、氯铂酸钾和氯化钴配制。色度1度相当于每升含铂1毫克。水的色度往往会影响纺织印染、造纸等工业产品的质量。

【色汗症】（hyperhidrosis color） 汗液不正常而带色的现象。汗液为无色透明的液体。由于分泌汗腺功能失调，并在产生色素的细菌作用下，分泌大量色素脂褐质而致色汗。色汗颜色可为淡黄色、淡黑色、淡青色、淡红色及淡绿色，其中黄色最常见。局限性色汗症常发生于腋窝、腹股沟、外生殖器、下眼皮等大汗腺所在部位。恐怖、愤怒或肾上腺素类药物等拟肾上腺素刺激可引起大汗腺分泌黄色、青色等汗液。基本不引起任何异常表现，少数患者皮肤因此可被强烈污染。小汗腺性色汗症主要由药物、染料引起。如注射美蓝可使汗液呈青色，碘化物呈淡红色，内服氯法齐明汗液可呈红色。可发生于任何年龄。可间断或持续存在。目前尚无有效治疗方法。

【色盲】（color blindness） 眼睛不能正常分辨颜色的病理现象。最常见的是红色盲和绿色盲。有红色盲的人，眼睛里的视网膜上缺少含有红敏视色素的感红细胞，对红色光线不敏感。有绿色盲的人，视网膜上缺少含有绿敏视色素的感绿细胞，对绿色光线不敏感。这两种色盲，都不能正确分辨红色和绿色，他们所能看到的颜色，只有蓝色和黄色的区别。因缺少含有蓝敏视色素的感蓝细胞而不能正确分辨蓝色和黄色的色盲非常少见。此外，还有一种比较少见的色盲，称做全色盲。这样的人视网膜上缺少感色细胞，不能分辨任何颜色。他们所看到的世界，就像黑白电视一样，只有白色、灰色和黑色的区别。

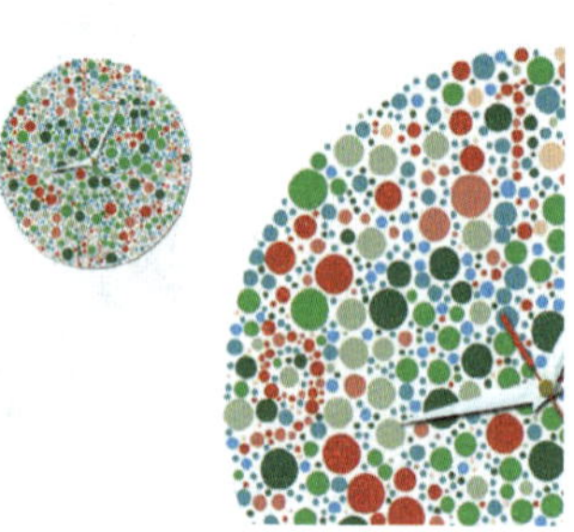

色盲时钟

【色膜覆盖】（color film mulching） 在作物栽培中，用有色塑料薄膜进行覆盖的措施。包括地膜和架膜覆盖两种。除有一般薄膜的作用外，还具有因色泽改变光质所起的特有作用。如地膜中银灰膜和乳白膜可增加光照的反射率，增进着色品种果实色泽和品质，提高植株光合作用和产量，减少蚜虫危害；黑色膜可减少光线穿透，降低地温和抑制杂草发生（墨绿色膜也

色膜覆盖

抑制杂草生长）。架膜中一般红色膜促进种子发芽和增温，有利于碳水化合物合成；蓝色膜有利于蛋白质合成；蓝紫色与青色膜能抑制植物伸长而矮壮，蓝紫色还促进色素形成。在植物栽培中可根据生产需要，选择不同的色膜使用。

【色谱分析法】（chromatography） 又称色谱法。基于混合物各组分在体系中两相的物理化学性能差异，通过液相色谱、气相色谱等色谱手段进行定量、定性的分离和分析的方法。是一种物理或物理化学的分离分析方法。国际公认俄国 M. C. 茨维特为色谱法的创始人。其分离原理是：混合物中各组分在两相间因分配系数不同而分离。其中一相是不动的，称为固定相；另一相是携带混合物流过固定相的，称为流动相。当流动相所含的混合物经过固定相时，就会与固定相发生作用。由于混合物中各组分的结构和性质不同，各组分与固定相作用的强度不同，结果在固定相上滞留的程度不同，即被流动相携带向前移动的速度不等，产生差速迁移，从而实现分离。按其分离原理的不同可分为：吸附色谱法、分配色谱法、离子交换色谱法与排阻色谱法等；按其分离方法的不同可分为：纸色谱法、薄层色谱法、柱色谱法、气相色谱法和高效液相色谱法等。

【色散】（dispersion） 复色光分解为单色光而形成光谱的现象。说明光在媒质中的速度随光的频率而改变。色散可以用三棱镜、衍射光栅、干涉仪等来展现。

【色素】（pigment） 在近紫外光、可见光及红外光谱区中有选择吸收性的一类物质。常用的食品色素有天然色素和人工合成色素两类。天然色素来自天然物，主要从植物组织中提取，也包括来自动物和微生物的一些色素。如油料中常见的有叶绿素、类胡萝卜素、棉酚和绿原酸等，属油溶性色素。在制油过程中部分转移到油中，使毛油呈不同颜色。人工合成色素主要以煤焦油中分离出来的苯胺染料为原料制成。目前中国批准使用的食用合成色素有苋菜红、胭脂红、柠檬黄、日落黄、靛蓝和亮蓝。合成色素与天然色素相比，具有色泽鲜艳、着色力强、性质稳定和价格便宜等优点。许多国家在食品加工行业普遍使用合成色素。几乎所有的合成色素都不能向人体提供营养物质，某些合成色素会危害人体健康，导致生育力下降、畸胎等，有些色素在人体内可能转换成致癌物质。与合成色素截然不同的是，天然色素不仅没有毒性，有的还有一定的营养，甚至有一定的药理作用。天然色素越来越受到重视。

辣椒红

【色素痣】（nevi） 又称斑痣、黑痣。由正常含有色素的痣细胞所构成的最常见的皮肤良性肿瘤。偶见于黏膜表面。按组织病理学特点的不同可分为：皮内痣、交界痣和混合痣三种。其临床表现有多种类型。颜色多呈深褐或墨黑色，也有没有颜色的无色痣。可见于皮肤各处。面颈部、胸背为好发部位。少数发生在黏膜，如口腔、阴唇、睑结膜。可在出生时即已存在，或在生后早年逐渐显现。多数增长缓慢，或持续多年并无变化，但很少发生自发退变。一般不出现自觉症状。交界痣为淡棕色或深棕色斑疹、丘疹或结节，一般较小，表面光滑、无毛，平坦或稍高于表皮。突起于皮肤表面的交界痣容易受到洗脸、刮须、摩擦与损伤的刺激，并由此可能发生恶性变症状：如局部轻微痒、灼热和疼痛；痣的体积迅速增大；色泽加深；表面出现感染、破溃、出血，或痣周围皮肤出现卫星小点、放射黑线、黑色素环；以及痣所在部位的引流区淋巴结肿大等。色素痣一旦恶变，其恶性程度极高，转移率也最快，而且治疗效果不理想。恶性黑色素瘤多来自交界痣。一般认为，毛痣、雀斑样色素痣均为皮内痣或复合痣。这类痣极少恶变，如有恶变亦系来自交界痣部分。对某些好发交界痣部位的色素痣及有恶变征状的色素痣应及时切除。可采用手术和非手术疗法，疗效良好。

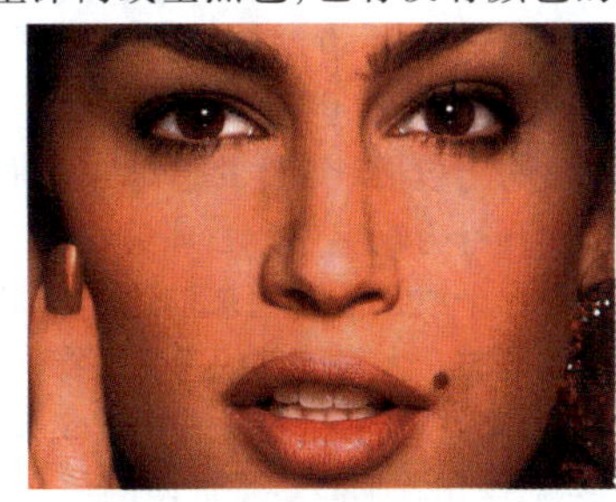

色素痣

【色心】（color center） 又称色中心。晶体中由点缺陷、点缺陷对或点缺陷群捕获电子或空穴而形成的一种缺陷。色心可通过电离辐射、加热、电化学等方法产生。碱金属卤化物、碱土金属氟化物和部分金属氧化物容易产生色心。最常见并研究的最充分的是碱金属或碱土金属卤化物中的 F 色心，以电子占据负离子空位以保持物质的电中性，形成电子势阱。这种电子势阱即为 F 色心。如 X 射线存储发光屏中的 $BaFBr:Eu^{2+}$ 在 X 射线照射下产生的 F(F) 和 F

(Br)两种F色心,分别对应于俘获了电子的两种阴离子空位。F色心构成X射线图像的潜像,然后在激光的激励下,F色心中的电子被释放出来,与Eu^{2+}离子复合并发出特征光。利用光接收设备和计算机处理可以得到X射线衍射图像。此外,还有V色心(正离子空位缺陷俘获空穴而成)、M色心(相邻的2个F色心缔合成)和R色心[以等边三角形出现在(111)晶面上的三个最邻近的F色心缔合而成]等。研究色心的物理学是固体物理学的重要分支,也是固体化学和材料化学的基础。

【瑟利模型】(Surry model) 一个分析危险出现、释放直至导致事故的原因模型。事故致因理论之一。1969年由瑟利(J. Surry)提出。对于一个事故,瑟利模型考虑危险的构成和危险的显现两组问题。每组包括对事件的感知、对事件的理解和对事件的生理行为响应三个心理学成分。每组的每个成分通过一个或几个问题来描述。每组的第一和第二个问题是关于人对事件的感觉。存在两种情况:危险在发生前无任何警告信息或由于工作环境、精神状态的影响,操作者不能察觉危险的信息。对于前者,事故是不可避免的;而对于后者,则可通过某种手段,如放大危险信号等使操作者察觉到。第三至第五个问题则是关于危险的认识过程和判断能力。如果操作者对危险有充分的理解,并经过训练熟悉如何避免这些危险,能对是否需要采取行动避免受到伤害有准确的判断能力,就能在使危险激化的可能性最小化的同时,保证自己的工作效率。每组的最后一个问题是关于人对事件的响应。在某些情况下,如危险激化速度太快等,也不能避免危险或伤害。瑟利模型是操作者和管理人员对于那些发生较慢,但如不及时矫正,却会酿成重大事故的紧急情况进行分析和决策的有力工具。对发展极快的事故,瑟利模型也会在事故调查中为搜集数据提供有益的指导。该模型在事故发生和相应处理中存在着统计上的随机变异性和随机失误的基本概念,对人们认识事故和消除事故有重要意义。1978年,安德森等人应用瑟利模型在分析了60起工业事故后,指出了瑟利模型的缺陷。他们指出,瑟利模型清楚地处理了有关操作者的问题,却未处理运行过程,即机械及其周围的问题。他们在瑟利模型的基础上,增添了一组问题,从而使瑟利模型应用更为广泛,被称之为扩展的瑟利模型,又称瑟利-安德森模型。

【森林】(forest) 以乔木为主体的具有一定面积的植被类型。俄国林学家G. F. 莫罗佐夫1903年提出森林是林木、伴生植物、动物及其与环境的综合体。森林在林业建设上是保护、发展,并可再生的一种自然资源,具有经济、生态和社会三大效益。现代森林的形成和发展,经历了一个漫长的演化过程。一般分为三个阶段:(1)蕨类古裸子植物阶段。在晚古生代的石炭纪和二叠纪,由蕨类植物的乔木、灌木和草本植物组成大面积的滨海和内陆沼泽森林。其中鳞木和封印木高可达20~40m,直径1~3m,是石炭纪重要的造煤植物。现在热带地区还有孑遗的树蕨。(2)裸子植物阶段。中生代的晚三叠纪、侏罗纪和白垩纪为裸子植物的全盛时期。苏铁、本内苏铁、银杏和松柏类形成地球陆地上大面积的裸子植物林和针叶林。(3)被子植物阶段。在中生代的晚白垩纪及新生代的第三纪,被子植物的乔木、灌木、草本相继大量出现,遍及地球陆地,形成各种类型的森林,直至现在仍为最具优势、最稳定的植物群落。

森林

【森林保护】(forest protection) 预防和消除森林的各种破坏和灾害,保证树木健康生长,避免或减少森林资源损失的重要措施。是营林工作中的重要环节。主要内容包括:预防和消除森林火灾、林木病虫害、林木鸟兽害以及灾害性天气对森林的损害。森林保护应采取预防为主的方针;在灾害发生后,应积极除治。森林保护的十六字方针是:“预防为主,科学防控,依法治理,促进健康”。

【森林保护学】(forest protection science) 林业科学的一个分支。关于森林病虫害及其有害生物防治理论与技术的学科。以生态学和经济学原理及方法为基础,肩负保护森林的重要任务,对中国现代化林业建设和社会主义经济发展具有重要意义。为了更好地发挥森林有益作用和合理有效地利用森林资源,首先要保护好森林,为其创造优越的生长环境,同时还必须控制一切不利于森林生长发育的条件,保护森林免遭病、虫、鼠、火等灾害。为了治理林业“三害”(森林火灾、森林病虫害、乱砍滥伐),国务院发布了《森林防火条例》、《森林病虫害防治条例》和《森林植物检疫条例》,使森林保护学科在国民经济建设中受到了高度重视。中国森林保护护学科1958年创办并从林学学科分出。森林保护学科属于应用技术和应用基础理论范畴。它不仅是林学学科的重要组成部分,并且正在导入许多交叉学科的内容,如经济学、生物工程学、微生物生态学、资源微生物学、昆虫化学生态学、资源昆虫等。

【森林病理学】(forest pathology) 植物病理学的一个分支。研究林木病害的种类、症状、危害性、病原、发生规律和综合管理的学科。涉及广泛的基础理论和应用技术。直接有关的有真菌学、微生物学、植物学、树木生理学、遗传学、林木育种学、森林生态学、造林学以及林业经济学等。

【森林采伐限额】(forest cutting quota) 各种采伐消耗林木总蓄积量的最大限量。其计量单位是活立木蓄积量(m^3)。由林业主管部门根据用材林消耗量低于生长量和森林合理经营的原则,经过科学测算制定,并经国务院批准实施。国务院批准的年采伐限额,每五年调整一次。森林采伐限额的范围除《中华人民共和国森林法》规定的禁伐森林和林木外,包括所有林种的林分和林木的主伐、补充主伐、抚育伐、卫生伐、林分改造等各种采伐所消耗的资源总额。实行森林采伐限额,大力加强森林资源保护管理,是促进森林资源科学经营和持续利用的关键手段,对巩固生态建设成果,促进经济社会可持续发展,都具有非常重要的意义。中国森林资源总量不足、质量不高、分布不均、效益较低,人均森林资源占有量远低于世界平均水平,森林资源总体状况与经济社会可持续发展的要求相比还有较大差距,保护和发展森林资源的任务十分艰巨。因此要严格执行森林采伐限额,切实加强森林资源保护管理工作,实现森林资源的可持续发展。

森林采伐限额

【森林成熟】(forest maturity) 林相相对一致的森林在其生长发育过程中达到最符合经营目的的状态。所谓经营目的,是指社会对木材、其他林产品及森林有利性能的需要满足状况。成熟是一种现象,而成熟年龄则是这一现象的时间概念。在不同的经营目的情况下,森林有不同的成熟。林木的作用在其生长的不同时期,是不相同的。需要明确的是,确定了成熟龄并不等于充分地说明了个别树林或林分恰好就在这一年中表现其最高的有利性能,而往往有可能在比较长的一段时期,甚至在十几年内,林木仍能保持着它的高度良好性能。所以成熟龄只是大体上代表成熟期的年代。还应当明确,森林成熟这一概念所指对象,通常是指个别树林或在经营上属于同一林分的成熟,而不是整个森林的成熟。林木成熟是森林经营工作中一个重要的林学指标和经济指标。在合理组织林业生产、实现永续利用的过程中,只有从林学观点和经济观点上解决了什么时候森林成熟,什么时候采伐森林最有利,才能进一步全面地解决森林经营和森林利用问题。同时,由于森林成熟表示在一定的经济和自然条件下林木生产持续时间的一种标志,因而成为合理确定轮伐期的重要依据之一。森林成熟和农业上的作物的成熟一样,都体现着一定的经营目的,标志着生长发育到某个阶段或一定年龄范围,而且是确定其适宜于收获利用时期的主要依据。但是,森林成熟与农作物成熟又有区别,它不像农作物成熟那样简单和明显。作物成熟时,具有明显的特征,易于判别,因而可作为成熟的直接依据。而森林成熟要比农作物成熟复杂得多,特征不明显。这主要是由于林木的生产周期长,在不同的生长发育阶段内,各有其一定的经济价值和利用价值。虽然森林成熟的种类很多,但作为在一定条件下确定的一片林子,所利用的森林成熟却是相对固定,而且是有倾向性的。用材林的经营中,则涉及到森林的数量成熟、工艺成熟、更新成熟和自然成熟。例如在有些省份内的用材林,因主要是人工林,基本不需要天然更新,也达不到自然成熟的年龄,故根本用不到更新成熟和自然成熟,所利用的主要是数量成熟和工艺成熟。防护林的经营中,主要利用到森林的防护成熟,在一定程度上涉及到森林的数量成熟、工艺成熟和自然成熟。在当前市场经济条件下,不论是哪种森林的经营,都要考虑森林的经济成熟,以获得理想的经济效益。

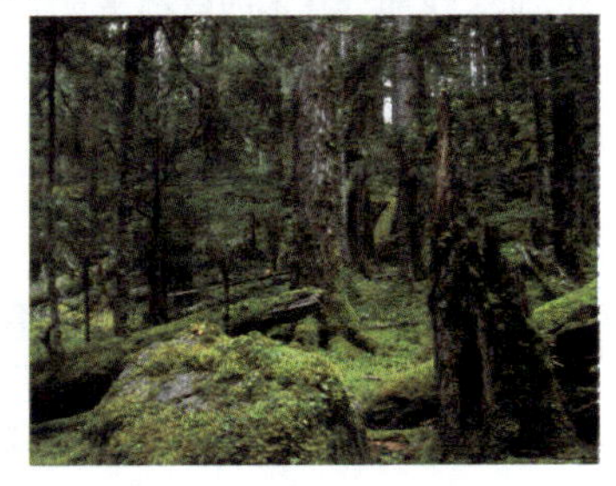

过熟林

【森林防护成熟】(forest protecting maturity) 林木或林分的防护效能达到最大值时的状态。为非物质的森林成熟。森林除生产木材及其他林产品外,还具有许多防护作用,如涵养水源、保持水土、防风固沙、净化空气等。尤其对促进农牧业生产、对城市环境以及整个自然环境的保护都具有积极的意义。对于防护林来讲,其经营目的主要是保护、稳定和改善生态环境,其他效益是次要的。防护成熟很难确定,一般是依据防护效益来判断。防护效益多种多样,同一树种发挥不同的防护作用,或不同树种同时发挥一种防护效益。确定防护成熟,不仅考虑木材的数量和质量，更重要的是从森林的有益性能上进行考量。森林在保持水土、农田防护和涵养水源方面所起的防护作用，在其不同年龄阶段是不相同的。一般来讲，由于树龄的增长，防护作用逐渐增大，在某一时期达到最高，其后这种作用则随着树龄过大逐渐减退至完全消失。防护林的种类很多，其防护作用也各有不同。因此要研究各种不同的防护成熟。由于对森林的防护性能认识不足，对这方面的研究不够重视。到目前为止，还没有研究出确定防护成熟的具体方法和主要树种的防护成熟龄。

【森林防火】(forest fire prevention) 对森林火灾的发生和蔓延所采取的各项预防、控制措施。其主要内容是：建立健全林火预测预报和监测系统；建立防火线、防火林带及交通系统；完善扑救系统和配备灭火机具，为及时发现和扑灭森林火灾创造条件。森林火灾给人民生命财产和国民经济带来巨大损失，不但会使万顷森林毁于一旦，而且还会导致自然生态环境恶化，引发水土流失和病虫害蔓延。因此，森林防火是保护森林、保护环境和发展林业的一项经常性工作。

【森林抚育间伐】(partly cutting of forest) 在未成熟的林分中，为了给保留木创造良好的生长条件，而采伐部分林木的森林培育措施。由于通过抚育采伐也可以获得一部分木材，从这个意义上来讲，抚育采伐是在主伐前，早期获得木材的有效手段，所以又称作中间利用采伐，简称间伐。国外有的林学家认为，不应将主伐与间伐截然分开，不应将间伐仅仅看作为抚育森林的活动。他们认为森林在不断生长，作为林产品的林木没有一定的成熟期. 只要符合材种需要和经济收入合理的要求，林木应以逐次采伐为宜，一次性的主伐是不妥的。抚育采伐应具有抚育保留木、利用采伐木的双重目的。根据中国的情况，在生产中要慎重处理抚育与利用的关系，不能片面强调利用木材。在某些情况下，间伐下来的木材虽不能完全利用，但为了改善林况，仍应坚持进行。故以抚育为主要目的的抚育采伐，与以获得木材为主要目的的主伐，是不能等同的。

【森林覆盖率】(rate of forest cover) 又称森林覆被率。某一国家或地区的森林面积占土地面积的百分比。各国对森林覆盖率的算法不完全一致：有的国家只计算成片林的覆盖率，有的国家除包括成片林外，还把防护林带、灌木林、疏林地、农区小片林也列入森林面积。联合国粮农组织《关于世界森林资源清查规定(1968～1972)》中规定森林系指郁闭度0.2以上的郁闭林，不包括疏林和灌木林。中国《森林法实施细则》规定："森林面积是指郁闭度0.3以上的乔木林地面积、经济林地和竹林地面积；国家特别规定的灌木林地面积、农田林网以及村旁、路旁、水旁和宅旁林木的覆盖面积也列为森林面积。"

森林覆盖率

【森林更新成熟】(forest renew maturity) 树木或林分在采伐后，能保证天然更新的状态。前者指树木或林分开始大量结实的最低年龄，从该年龄起能保证更新所需的种子；后者指树木采伐后伐根萌芽力开始衰退的最高年龄，在此年龄之前，树木采伐后伐根都具有旺盛的萌芽力，能保证萌芽更新；超过萌芽更新成熟龄后再采伐，就会降低伐根的萌芽能力，就不能用萌芽更新来恢复森林。影响更新成熟的因素很多，主要有树种、立地条件和林分状况等。一般情况下，立地条件好、健康、郁闭的林分，开始大旱结实的年龄比较晚。种子更新成熟一般是在高生长达到最高点以后开始。一般来讲，单株树林的种子更新成熟比整个林分的种子更新成熟到来得早。更新成熟龄对采取森林天然更新措施有实际意义；对抚育采伐、采种林和特种经济林也有一定意义。在林业生产中，应尽可能地利用自然力以实现各种经营目的。森林天然更新就是利用自然力来恢复植被的一种方式。林木随着年龄的增长，其繁殖性能逐渐形成和增大。当生长发育到某一时期，这种繁殖能力会达到最高峰。超过这个时期以后会逐渐降低，最终完全消失。树林或林分的天然更新能力因年龄而异。为了充分利用自然力，不能等待天然更新能力明显降低后才进行采伐。

【森林工艺成熟】(forest maturity for use) 又称利用成熟。树林或林分的材积平均生长量达到材种规格要求时的状态。数量成熟旨在获得尽可能多的木材。但是在实际生活中，各种各样的木材，不仅要求数量多，而且要求合乎一定粗度、长度和质量的材种规格，如建筑材、矿柱材、造纸材、家具材等。培育大量合乎要求的一定材种是森林经营的主要任务。所需要的一定质量的木材，可以在一定条件下、一定年龄的林分内得到。工艺成熟就其性质来说，属于数量成熟的范畴，但它与数量成熟又有不同。工艺成熟不仅涉及了材种的数量，并且明确了材种规格；而数量成熟只考虑总蓄积量，并未指出材种范围。任何树林或林分，不论其生长的立地条件好坏，迟早会达到数量成熟龄；但工艺成熟龄则不然，不是任何立地条件下的林分或树林都能达到某一材种的工艺成熟龄，例如在低地位级的林地上，生长时间再长，也难以达到大径材的工艺成熟，即这个树种在极差的立地条件下就没有工艺成熟龄。影响工艺成熟到来早晚的因素很多，主要是材种规格，立地条件和营林措施。

【森林公园】(forest park) 以森林及其组成要素构成的各类景观区。其中有可供人们进行旅游观赏、避暑疗养、科学考察和研究、文化娱乐、美育、军事和体育等活动的场所。是对改善人类生存环境、促进生产、科研、文化教育和卫生等项事业发展起着重要作用的大型旅游和室外空间。

森林公园

【森林火灾】(forest fire) 失去人为控制，在林地内自由蔓延和扩展，对森林、森林生态系统和人类带来重大危害和损失的林火灾害。是一种突发性强、破坏性大、处置救助较为困难的自然灾害。林火发生后，按照对林木是否造成损失及过火面积的大小，可把其分为森林火警(受害森林面积不足 1hm^2 或其他林地起火)、一般森林火灾(受害森林面积在 1～10 hm^2)、重大森林火灾(受害森林面积在 100～1 000 hm^2)、特大森林火灾(受害森林面积 1 000 hm^2 以上)。森林火灾不仅烧死、烧伤林木，直接减少森林面积，而且严重破坏森林结构和森林环境，导致森林生态系统失去平衡，森林生物量下降，生产力减弱，益兽益鸟减少，甚至造成人畜伤亡。高强度的大火，能破坏土壤的化学、物理性质，降低土壤的保水性和渗透性，使某些林地和低洼地的地下水位上升，引起沼泽化；另外，由于土壤表面炭化增温，还会加速火烧迹地干燥，导致阳性杂草丛生，不利于森林更新或造成耐极端生态条件的低价值森林更替。

森林火灾

【森林经济成熟】(forest economical maturity) 在森林生长发育过程中，货币收入达到最多时的状态。可用于用材林、经济林和薪炭林等。有人正研究用货币来衡量防护林和特用林的多种功能，一旦找到客观、公正、准确、可操作的方法，经济成熟也可应用于防护林和特种用途林的经营中。经典的森林成熟，是根据林地或林木所产生的木材的数量与质量以及生理状态等指标来确定的，用以衡量森林经营的效果。然而林业生产具有“三个效益”，除了生产木材以外，森林还提供多种林副产品，以及改善环境，涵养水源，净化空气等多种公益功能。林业生产的社会性增加了，伴随着商品经济机制的确立，价值规律和竞争机制的引入，及商品经济的特点被逐步确立，衡量经济效果的标准也逐渐被货币收入量所取代。它区别于经典的以林地所产木材的数量、质量及生理状态的衡量指标，是在社会主义市场经济、竞争机制下引出的新的研究课题。经济成熟龄确定的指标有指率、净现值、内部收益率等。在生产实践中，应多计算几个指标，进行全面、综合的评价，以得出正确的结论，作出最优决策。

【森林经理】(forest management) 为了调节森林培育和森林利用之间的关系而进行的一系列的技术经济活动。包括合理组织森林经营，调整森林资源结构，通过林业生产条件和林业资源的调查分析，确定经营目标，合理规划经营利用活动，编制森林经营方案并定期复查和修订等。森林经理工作的内容包括预业、主业、后业三个部分。预业也称外业，包括：林业自然条件和社会经济条件的调查；森林面积和蓄积量的清查；林地质量的评定；森林生长，更新、病虫害的调查，林地区划等。主业也称内业，包括：确定经营方针和经营目标；组织森林经营单位；确定目的树种、作业法和轮伐期；计算采伐量；规划造林、更新、抚育、改造措施；设计林道网；安排林业基建和多种经营项目等，最后编成森林经营方案。后业是森林经营方案的实施、检查和修订。

【森林经营方案】(management plan of forest) 指导国营林业局、国营林场，保护、发展、合理利用森林资源，实现科学经营，永续利用和提高森林经营管理水平的总体规划设计文件。是编制中长期规划，组织森林经营，确定采伐限额，安排营林生产和投资的依据。是实行经营承包责任制的依据。由于林业生产的长期性和功能的多样性以及对象的复杂性，经营单位要合理组织生产，只能通过长期的规划逐步实现。森林经营方案是森林经理工作的主要成果之一。它是在一定的林业生产条件和对森林资源等进行调查研究的基础上，根据有关林业方针政策，为一个林业局或林场拟定经营方针、经营目标和具体经营措施。每 10 年编制一次，而后每 10 年进行一次森林资源经营管理复查，根据需要也可提前进行森林资源经营管理复查，修订森林经营方案。

【森林经营学】(management science of forest) 又称营林学。森林培育学的一个分支。研究如何采取技术措施，正确处理森林中的各种矛盾，以控制森林的组成，促进森林生长，提高森林质量和各种有益功能，合理采伐和及时更新的学科。内容包括森林抚育采伐、森林主伐与更新和次生林经营三大部分。随着林业事业的发展和人们对林业认识的提高，中国的森林经营已经由以生产木材为中心的经营观念转向突出生态环境建设兼顾三大效益的经营观念，即在森林经营学、森林生态学和测树学等基础上，正确处理森林中的各种矛盾，及时恢复森林，扩大森林资源，保护森林环境，促进森林生长，缩短林木培育周期，合理控制采伐量，提高森林质量和各种有益效能，以保青山常在，绿水长流，永续利用。目前有些学者认为森林经营学的范围界定应有所延伸，将森林培育也包括其中。

【森林蘑菇】(forest mushroom) 繁殖、生长在森林环境中的蘑菇。森林是一个大而复杂的生态系统，其中的蘑菇等大型真菌物种资源丰富。林地土壤腐殖层厚，枯枝落叶、倒腐木多，树木根系多样，又加上海拔高度变化、坡向、阳光、温度、季节等不同，适合各种生态习性的生物包括蘑菇繁衍生长。所以，森林被称为天然的百菇园。另外森林树木多，更为喜生在树木、倒腐木上的多孔菌类提供了繁衍生长的基物。

美味牛肝菌

【森林脑炎】(forest encephalitis) 由森林脑炎病毒引起的急性中枢神经系统传染病。是森林地区的自然疫源性疾病。由虫媒病毒B组的蜱传脑炎病毒所引起。临床上以急性高热、意识障碍、瘫痪、脑膜刺激征为主要特征。潜伏期一般9～14天。某些暴发病例可短至4天，最长不超过1月。约20%病人有前驱症状，如低热、头昏、乏力、全身不适等。但大多数病例为急性发病。流行于中国东北森林地区及苏联远东地区。许多野生动物如鸟、啮齿类及某些家畜如绵羊、山羊、马等均可成为储存宿主，起传染源作用。病毒能在蜱体内越冬，并通过卵巢经卵传给下一代，因此蜱也是传染源。蜱对动物及人的发病起传播媒介作用，经蜱叮咬是本病的主要传播途径。春夏季发病，故又名苏联春夏脑炎。每年从4月末开始流行，6月达高峰，7月开始下降。来自非疫区的林业工人、森林调查队员、筑路工人及兽医等易被感染。感染后不论有无症状，均可获得免疫力。

【森林培育学】(silviculture) 又称造林学。研究森林培育的理论和实践的学科。研究从林木种子、苗木、造林到林木成林与成熟的整个培育过程中的客观规律和按既定培育目标进行综合培育的技术和方法。它是森林经营活动的理论基础，也是其不可或缺的基础环节，是林学专业的主要课程。

【森林区划】(forest division) 把林地划分为若干层次地域单位的工作。合理的森林区划，有利于开展调查、规划、设计和实施各项森林经营措施。森林区划是森林资源清查的前提，也是森林资源管理的一项基础工作。中国在国有林场内一般划分营林区、林班和小班；在乡村林场内一般划分林班和小班，面积较小的乡村林场只划分小班。

【森林生产力】(productivity of forest) 单位林地面积上、单位时间内所生产的生物量。其高低取决于一系列自然因素和人为因素。可以区分为森林的潜在生产力和现实生产力两个概念。森林的潜在生产力可以理解为在一定的气候条件下，森林植物群落通过光合作用所能够达到的最高生产力，也可称为气候生产力。但因在同一种气候条件下存在着不同的与地质、土壤和水文等有关的立地条件，森林生产力必然受立地条件的制约。因此，又可进一步从气候—立地结合的角度来分析森林的生产潜力，即“气候—立地生产力”。现实生产力是指现存的森林植被所具备的实际生产力，往往低于“气候—立地生产力”。这个差距的存在也表明，正是通过人为的培育措施提高森林生产力的潜力所在。一些速生树种经过遗传改良可生产出高于气候生产力的现实生产力。这表明在提高光能利用率方面高新技术与传统技术的结合还大有可为。

【森林生产潜力】(potential of forst production) 森林生产所具有的巨大生产功能、环境功能和社会功能总称。其中，生产功能是最基本的功能。它不仅是获得森林物产的源泉，而且是其环境功能和社会功能得以发挥作用的基础。从总体上来讲，森林的生产功能与其环境功能和社会功能并行不悖。一片生长良好的森林，既能起到良好的防护作用，又能较好地满足社会保健、游憩和提供就业机会等多方面的需求。反之，森林生长不良，生产力低下，质量低劣，森林的其他功能也难以很好发挥。研究如何提高森林的生产功能，使森林长得好，产得多，从而可更好地增加综合效益。

【森林生态学】(forest ecology) 生态学的一个分支。研究森林生物之间及其与环境之间相互作用和相互依存规律的学科。其研究对象是:陆地上占据空间最庞大、组成最复杂、层次最多、寿命最长和第一性生产力最高的森林生态系统。其研究内容包括:森林环境(气候、土壤和生物因子)、个体、种群、森林群落和森林生态系统。其目的是:阐明森林的结构功能和调控原理,为提高森林生产率、充分发挥森林的结构功能和调控原理、充分发挥森林多种效益和维护自然界的生态平衡提供科学依据。

森林生态系统

【森林数量成熟】(forest absolute maturity) 又称绝对成熟。树林或林分的材积平均生长量达到最大数值的状态。数量成熟是在单位面积上,单位时间内材积生长量最大的时期。它是树林或林分生长率的数量指标,是以绝对数值来表示的,因此又称绝对成熟。从材积生长的数量指标来分析成熟时,可以发现,在树林的材积生长过程中,材积的增大和时间的增长并不成比例。这种现象可以通过林分连年生长量和平均生长量随年龄变化的规律来说明。(1)树林幼年时期,连年生长量和平均生长量都随年龄增长而增加,但连年生长量比平均生长量增加得快,绝对值大。(2)连年生长量达到最高峰时比平均生长量早。(3)当平均生长量达到最高峰时,连年生长量和平均生长量相等。即这个交点正好是平均生长量的最大值。在此之前,连年生长量大于平均生长量,此后连年生长量小于平均生长量。把达到此交点的年龄定为数量成熟龄。林分平均生长量达到最高值之后,其最高值能维持一定时期,这段时期的长短随树种和立地条件的不同而不同。一般约为10~20年,速生丰产林为5年左右。林分在不同年龄的材积平均生长量也有很大变化。如果在不同的年龄时期进行采伐利用,则在单位面积上所获利的平均生长量就不相同。在数量成熟龄时采伐利用,并及时进行更新,那么这块林地上平均每年所获利的木材数量是最多的。同一树种,立地条件好的林分,其数量成熟较立地条件差的到来得早。

【森林效益】(benefit of forest) 森林在人类生产和生活中的有益作用或影响。有三个主要的方面:(1)生产木材和多种林副产品。木材是森林效益的主要产品,是经济建设中的重要原材料。森林中有许多经济树种是生产木本粮油、化工原料和名贵药材等的重要资源。森林中的动植物资源可为人类多方面利用。(2)保护环境,保持生态平衡。森林能够调节气候、涵养水源、防止水土流失和防风固沙,保护农牧业生产。(3)为人类提供良好的生活环境。森林可以净化空气、降尘灭菌、减弱噪声、美化环境,提供文化娱乐、旅游和疗养等场所,有利于增进身体健康。

【森林遥感技术】(forest remote sensing technology) 从远距离、高空以至外层空间的平台上,利用可见光、红外、微波等探测仪器,通过摄影或扫描、信息感应、传输和处理,从而分析森林物体的性质和运动状态的技术系统。遥感在林业工作中应用包括:(1)森林资源调查。编制大面积森林分布图,测量林地面积,调查森林蓄积量和其他野生资源的数量。对宜林荒山、荒地进行立地条件调查,绘制立地图、土地利用现状图,测算各类土地面积,进行土地评价。(2)森林自然灾害监测。监测森林病虫害的发生和发展。估测森林病虫害造成的损失,调查地面易燃物的分布,监测森林火灾的发生。(3)调查与评价森林环境。(4)森林采运工程的勘察和设计。森林遥感根据森林的生物物理特性和生长、分布规律,按照林业工作的特殊要求,采用各类空间和空中平台携带的传感器收集遥感信息。森林资源的辽阔性,要求林业遥感采用不同高度的遥感平台,以获取多层次遥感资料,并发展多阶抽样技术。林业资源的再生性和周期性,又要求多时相遥感,以获取连续的、动态的遥感信息。

【森林遗传学】(forest genetics) 研究林木遗传变异的学科。其基本原理是在细胞遗传学和群体遗传学的基础上发展起来的。其研究对象是森林树木。林木的遗传方式和对其试验研究的方法具有自己的特点。森林遗传学从20世纪初以来已有一些零星的研究,50年代以后得到较快的发展。树木的生产周期长,个体大,对其环境的控制比较困难,属于较难进行遗传试验的植物。与农作物和微生物相比较,树木基本遗传资料掌握得还很少。但60年代以来,对森林实行遗传控制、进行林木遗传改良等方面,已取得显著效果,对促进林木的速生丰产和森林的集约经营起到越来越大的作用。

【森林永续利用】(sustained utilization of forest) 又称森林永续作业。均衡、持久、合理地利用森林的方式。是森林经营管理工作的基本原则。其目的是使森林资源能续用不竭。其内容包括:(1)合理利用林地,不断提高其生产力。(2)持久均衡地供应木材，并在森林资源扩大再生产的基础上适当扩大采伐量。(3)合理经营利用其他林副产品及森林动物。(4)保持森林生态平衡。(5)逐步提高林业生产的经济效果，增加林业收益等。

【森林主伐】(forest felling) 又称主伐。对成熟林分或部分成熟林木进行的采伐。其方式可分为皆伐、择伐和渐伐三类。森林效益随年龄发生变化，当达到成熟龄(肉眼看到森林成熟)后，林木生长的质和量都会逐渐降低，各种生态效益也日趋削弱。这时应伐去老林，培育新林。因此主伐的目的不仅在于获取木材，更重要的是为了保证主伐后森林得到更新，以实现森林的永续利用。在主伐后，森林能否及时更新，是验证采伐是否合理的重要指标。

森林主伐

【森林主伐更新】(regeneration of final felling) 成熟林分或林分中部分成熟的林木进行采伐后，使采伐迹地得以更新的措施。森林资源得到可持续发展与利用，生态环境能够维持与改善。森林采伐是否合理，一个重要的标志为是否利于森林的可持续经营。可持续经营的森林是资源可持续利用之基础。它不仅指木材生产的可持续，还应在水资源、林下植物与动物资源及森林的其他各种用途如森林旅游等各方面能够持续。森林采伐与更新是林业生产中不可分割的两个方面，只有正确地选择作业方式，严格按总体设计控制采伐量，且采伐迹地能及时更新，才能满足森林可持续利用的要求。为解决中国森林资源少、国家建设对木材需要量大的矛盾，除应重视选择主伐方式外，还应采取积极措施，在当前力争使更新跟上或超过采伐的速度，不断扩大森林资源。由于森林与环境是个统一体，因此作业法的选择与更新的成效又都密切联系着森林的防护作用。由于中国水旱灾害比较严重，森林又多分布在山区，因此在进行主伐、更新时，还必须将对木材的需求与提高森林的防护效能一起考虑，争取经济效益与生态效益双丰收。

【森林资源】(forest resource) 林地及其所生长的森林有机体的统称。以林木资源为主，还包括林下植物、野生动物、土壤微生物等资源。林地包括乔木林地、疏林地、灌木林地、林中空地、采伐迹地、苗圃地和国家规划的宜林地。森林源属于可再生的自然资源，也是一种重要的环境资源。它可以净化空气、吸烟滞尘、调节气候、美化环境、吸声降噪、防风固沙、保持水土、涵养水分和保护农田等。反映森林资源数量的主要指标是森林面积和森林蓄积量。

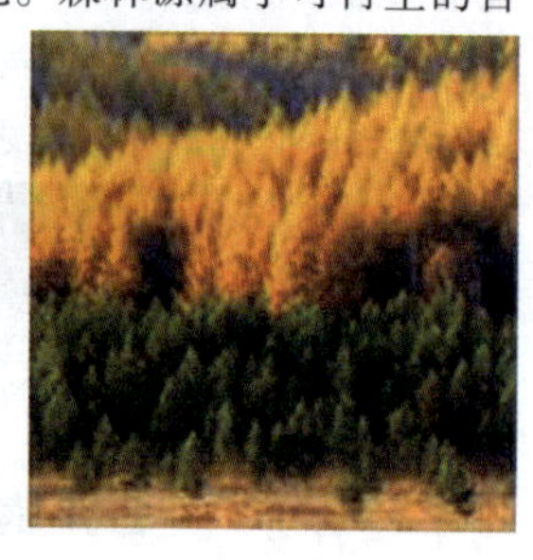
森林资源

【森林资源调查】(forest resource survey) 以林地、林木以及林区范围内生长的动、植物及其环境条件为对象的林业调查。其目的在于及时掌握森林资源的数量、质量和生长、消亡的动态规律及其与自然环境和经济、经营等条件之间的关系，为制订和调整林业政策，编制林业计划和鉴定森林经营效果服务，以保证森林资源在国民经济建设中得到充分利用，并不断提高其潜在生产力。按调查地域范围和目的的不同，森林资源调查可分为：以全国(或大区域)为对象的森林资源调查，简称一类调查；为编制规划设计而进行的调查，简称二类调查；为作业设计而进行的调查，简称三类调查。这三类调查上下贯穿、相互补充，形成一个完整的森林调查体系，是合理组织森林经营，实现森林多功能永续利用、建立和健全各级森林资源管理和森林计划体制的基本技术手段。

【森林资源经营管理】(forest resource management) 对森林资源进行区划、调查、分析、评价、决策和信息管理等一系列工作的统称。世界各国森林经营管理的内容不完全相同，但主要内容是相同的。森林经营管理的主要内容包括对森林资源进行的区划、调查、编制计划(或规划)、森林的经营决策和森林资源信息管理等。森林经营管理的对象是森林资源，宗旨是实现森林可持续经营。比较系统和完善的森林经营管理理论出现在工业革命之后，作为一门学科最早产生于德国，到18世纪中期，已经形成完整的体系。

【杀虫剂】(insecticide) 用于防治农、林、牧及储藏粮等害虫的一类农药。一部分杀虫剂也可用于卫生防疫，以及畜牧业和工业原料、产品等的害虫防治。按其作用方式的不同可分为：(1)胃毒剂。经虫口进入其消化系统起毒杀作用，如敌百虫等。(2)触杀剂。与表皮或附器接触后渗入虫体，或腐蚀虫体蜡质层，或堵塞气门而杀死害虫，如除虫菊酯、矿油乳剂等。(3)熏蒸剂。利用有毒的气体、液体或固体的挥发而产生蒸气毒杀害虫或病菌，如溴甲烷等。(4)内吸杀虫剂。被植物种子、根、茎、叶吸收并输导至全株，在一定时期内，以原体或其活化代谢物随害虫取食植物组织或吸吮植物汁液而进入虫体，起毒杀作用，如乐果等。按作用毒理的不同可分为神经毒剂、呼吸毒剂、物理性毒剂等。按其来源的不同可分为：无机和矿物杀虫剂、植物性杀虫剂、有机合成杀虫剂和昆虫激素类杀虫剂等。

杀虫剂

【杀菌】(sterilization) 又称灭菌。利用物理或化学因素使微生物失去生命力的操作。物理因素包括：温度、干燥、渗透压、辐射、通风、表面张力等；化学因素包括：氢离子浓度、氧化还原电势、酸、碱、盐与金属离子。常用的灭菌方法是：(1)干热灭菌法(火焰灭菌、干热灭菌)。(2)湿热灭菌法(巴氏灭菌、间歇灭菌、高压蒸汽灭菌)。(3)过滤除菌法。

【杀菌剂】(fungicide) 对植物病原菌具有毒杀或抑制生长作用的药剂。通常也把杀线虫剂划为杀菌剂范围。按其化学成分和化学结构的不同可分为：无机杀菌剂、有机杀菌剂、微生物杀菌剂和植物杀菌剂等；按其作用方式的不同可分为：保护性杀菌剂、治疗性杀菌剂和内吸性杀菌剂；按其使用方式的不同可分为：种子处理剂、土壤消毒剂和茎叶处理剂等；按其防治对象的不同可分为：杀真菌剂、杀细菌剂、杀病毒剂和化学诱抗剂等。

杀菌剂

【杀螨剂】(miticide) 专门用来防治有害螨类的药剂。通常分为两类：(1)专用杀螨剂。只对螨类有效，对其他虫害无效，即通常所称的杀螨剂。(2)兼性杀螨剂。以防治害虫和病菌为主、兼有杀螨活性的农药，又称为杀虫杀螨剂或杀菌杀螨剂，如氧化乐果、甲胺磷、水胺硫磷、甲氰菊酯、石硫合剂、硫悬浮剂等。按其物质类别的不同可分为：化学杀螨剂和生物杀螨剂两类，生产上使用的以化学杀螨剂居多；按其化学成分和化学结构的不同可分为：有机氯类、有机硫类、有机锡类、硝基苯类和杂环类等。

【杀伤概率】(kill probability) 表示武器系统在给定条件下战斗部杀伤给定生动目标可能性大小的量。通常用0～1之间的数值表示。杀伤概率的大小取决于武器性能、弹药威力、战斗或射击条件、目标的防护能力等因素。

【杀鼠剂】(rodenticide) 用于控制鼠害的一类药剂。狭义的杀鼠剂仅指具有毒杀作用的化学药剂，广义的杀鼠剂还包括能熏杀鼠类的熏蒸剂、防止鼠类损坏物品的驱鼠剂、使鼠类失去繁殖能力的不育剂、能提高其他化学药剂灭鼠效率的增效剂等。这类药剂使用方法多采用毒饵诱杀，鼠取食后中毒致死。按其杀鼠作用速度的不同可分为：(1)速效性杀鼠剂。如磷化锌、安妥等。(2)缓效性杀鼠剂。如杀鼠灵、敌鼠钠、鼠得克、大隆等。按其来源的不同可分为：(1)无机杀鼠剂。如黄磷、白砒等。(2)植物性杀鼠剂。如红海葱等。(3)有机合成杀鼠剂。如杀鼠灵、敌鼠钠等。其使用方法因药剂品种、使用剂量大小和鼠类栖息地等情况而异。

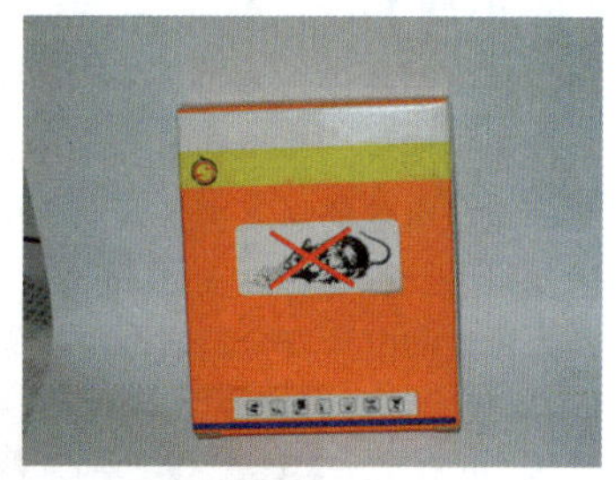
杀鼠剂

【杀鼠剂中毒】(rodenticide poisoning) 由各类杀鼠剂进入人体引起的一系列症状。杀鼠剂大体分为七类：(1)抗凝血杀鼠剂。这是最为广泛使用的一类杀鼠剂，如敌鼠等。(2)痉挛剂。如毒鼠强等。(3)硫脲类。如安妥等。(4)有机磷酸脂类。如毒鼠灵等。(5)氨基甲酸酯类。如灭鼠安等。(6)无机化合物。如三氧化二砷等。(7)天然植物性杀鼠剂。如红海葱等。①敌鼠。又名双苯杀鼠酮。难溶于水，可溶于有机溶剂，长期保存不变性。属高毒类。以经口中毒为主。早期有恶心，1～3天出现出血。轻者在损伤处渗血不止；重者呈自发性全身出血症状，可因内脏大出血或颅内出血而死亡。②毒鼠强。又称三步倒、闻到死。为中枢神经系统刺激剂。属剧毒类灭鼠剂。人的口服致死量为0.1～0.2mg/kg(5～12mg)。急性口服中毒的潜伏期10～30min。本品经胃肠道、呼吸道吸收。可引起阵发性痉挛，因剧烈抽搐，导致呼吸衰竭死亡。此作用为可逆性抑制。能引起二次中毒。本品中毒尚无特性解毒剂。③安妥。为α-萘基硫脲的缩略词。属高毒类。引起人中毒的最小剂量约为5.6mg/kg。成人口服致死量

1~40g。经胃肠道、呼吸道吸收。主要损害肺毛细血管，产生肺水肿、肺出血。无特效解毒剂。④灭鼠优。又名抗鼠灵。主要经胃肠道吸收。属高毒类。引起人中毒的最小剂量为5.6mg/kg。能破坏胰岛β细胞及葡萄糖代谢。口服中毒时早期以胃肠道症状为主；可出现短暂低血糖，而后出现高血糖，常伴发酮症酸中毒。⑤氟乙酰胺。又名敌蚜胺。其性质较稳定。属高毒类灭鼠剂。常因误服本品或经皮肤吸收引起中毒。急性中毒的潜伏期与吸收途径及摄入量有关，一般为10~15h。中毒后的临床表现是：(1)神经系统。抽搐是中毒最突出的表现。(2)心血管系统。可有心悸，严重者发生心室颤动或心脏骤停。

【沙尘暴】(sand storm)　强风将地面大量尘沙吹起后导致空气混浊、水平能见度小于1km的灾害性天气现象。沙尘暴天气是中国西北地区和华北北部地区出现的强灾害性天气，可造成房屋倒塌、交通受阻、供电中断、火灾、人畜伤亡，给国民经济建设和人民生命财产安全造成严重损失，危害极大。其形成既有自然原因，也有人为原因。其中，人类不合理垦地，加重了沙尘暴的强度和频度。沙尘暴多发生在每年的4~5月。最主要的防治方法是增加地表植被覆盖，植树种草，固结泥沙。

沙尘暴

【沙门菌感染】(salmonella infection)　由各种类型沙门菌所引起的对人类、家畜以及野生禽兽不同形式疾病的总称。因美国病理学家D. E. 沙门于1884年发现本属菌中的猪霍乱杆菌而得名。沙门菌属食物感染。一般多由鼠伤寒沙门菌、肠炎沙门菌和猪霍乱沙门菌等所引起。在中国食物中毒中占第一位。猪、牛、羊等健康家畜、家禽和蛋类的带菌率较高，有宰前感染，也有宰后污染。该病主要发生在夏秋季节。发病原因是沙门菌随同食物进入消化道后，在小肠和结肠中繁殖，使肠黏膜出现炎症，抑制水和电解质的吸收，出现中毒症状。如果摄入菌量较少，即成为无症状带菌者。其临床表现是：一般在误食染菌食物后8~48h发生胃肠炎症状。如感染菌量大，可在12h内发病。在临床上，分为胃肠炎型、伤寒型、败血症型及局部化脓感染型。在各型之间常互相重叠，其中以胃肠炎型最为常见，约占70%。起病急时伴有恶心、呕吐、迅即出现腹绞痛及腹泻等。发病期间便质呈水样，多者每日可达数十次，常伴发热。其症状多在2~3天内消失。

【沙漠】(desert)　气候干燥、降水极少、蒸发强烈、植被缺乏、物理风化强烈和风力作用强劲的流沙、泥滩、戈壁分布的地区。全世界沙漠大体分布在南北纬15°~35°，尤其在大陆的西岸，由于吹送干燥的信风，形成许多著名的沙漠，如北非的撒哈拉沙漠、西亚的阿拉伯沙漠、西南非的卡拉哈迪沙漠、南美洲智利北部的阿塔卡马沙漠，以及澳大利亚的大沙沙漠、吉布森沙漠等。也有许多沙漠分布在远离海洋的大陆中心，如中国的塔克拉玛干沙漠。中国的沙漠总面积达1.3×10^6km²，其中沙质荒漠占45%，沙地占11%，戈壁占44%。绝大部分分布在西部内陆地区，除少数沙漠为固定、半固定沙丘外，大部分以流动沙丘为主。青藏高原及其周围的高山，阻挡了季风，造成沙漠分布区干燥少雨的气候特点。山间盆地的大量疏松的沙质堆积物，又为沙漠的形成提供了物质基础。人类的活动，过度的开发，也造成生态环境的破坏和沙漠化。按其特征和分布的不同，中国的沙漠可分为七种类型：(1)塔里木盆地的沙漠。是中国境内分布最大的沙漠。盆地中心是塔克拉玛干沙漠，流动沙丘占绝对优势，多系高大的复合型沙丘，一般高100~150m。(2)准噶尔盆地的沙漠，中央为古尔班通古特沙漠，系由固定、半固定沙垄为主。(3)新疆东部的沙漠与戈壁。这里是中国最极端干旱地区之一，年降水量不足30mm，以剥蚀残丘、低山、戈壁与风蚀沙丘、盐土平原相互交错为景观特色。(4)柴达木盆地的沙漠。中国地势最高的沙漠。沙丘分布零散，与戈壁、盐湖、盐土平原相互交错。(5)阿拉善地区的沙漠。分布在河西走廊以北，中、蒙国境线以南，新疆以东，贺兰山以西广大地区。自然景观以裸露沙丘与戈壁低山相间为特征。(6)鄂尔多斯沙地。分布在长城以北、河套以南，包括库布齐和毛乌素两块沙地及宁夏河东沙地。以流动沙丘与固定、半固定沙丘交错分布为特征，其间有不少下湿滩地、河谷和柳湾林地。(7)东北西部、内蒙古东部的沙地。包括呼伦贝尔、科尔沁、浑善达克和松嫩地区的零星沙丘。这一地区的年降水较多，可达200~400mm，植被较好，沙丘呈零星片状分布。

沙漠

【沙生植被】(sand vegetation) 沙生植物组成的植物群落。由生长在沙质基岩上、多具发达的根系及水平匍匐茎或有强大营养繁殖能力的耐盐耐旱植物组成。沙生植被具有抵抗沙埋、固定流沙、防止风蚀等功能。沿海地区沙生植被由蔓荆子、珊瑚菜以及藜科、禾本科、莎草科的植物等组成;内陆沙生植被常由沙竹、沙蓬、柽柳等组成。

沙生植被

【沙眼】(trachoma) 由沙眼衣原体引起的一种慢性传染性结膜角膜炎。是致盲眼病之一。因其在睑结膜表面形成粗糙不平的外观,形似沙粒,故名沙眼。其病变过程表现为:早期结膜有浸润如乳头、滤泡增生,同时发生角膜血管翳;晚期由于受累的睑结膜发生瘢痕,以致眼睑内翻畸形,加重角膜的损害,可严重影响视力甚至造成失明。沙眼的分泌物能传染此病。急性沙眼呈现急性滤泡结膜炎症状。眼睑红肿,结膜高度充血,因乳头增生睑结膜粗糙不平,上下穹隆部结膜满面滤泡,合并有弥漫性角膜上皮炎及耳前淋巴结肿大。数周后急性炎症消退,转为慢性期。沙眼原发感染,愈后可不留瘢痕。在慢性病程中,常有急性发作,可能是重复感染的表现。多次的反复感染,加重原有的沙眼血管翳及瘢痕形成,甚至睑板肥厚变形,引起睑内翻倒睫,加重角膜的混浊,损害视力,甚至失明。合并其他细菌性感染,也使病情加重。为了防治沙眼和调查研究的需要,对沙眼有很多临床分期的方法。中国在1979年全国第二届眼科学术会讨论时,重新制定了沙眼的分期:Ⅰ期—进行期,即活动期。乳头和滤泡同时并存,上穹隆结膜组织模糊不清,有角膜血管翳。Ⅱ期—退行期。自瘢痕开始出现至大部变为瘢痕。仅残留少许活动性病变为止。Ⅲ期—完全结瘢期。活动性病变完全消失,代之以瘢痕,无传染性。

【纱罗组织】(leno) 又称绞纱组织。由地、绞两个系统经纱与一个系统纬纱构成经纱相互扭绞的织物组织。属复杂组织。纱罗织物上经纱相互扭绞形成的眼孔称绞纱孔。绞纱孔分布均匀不显条状的称纱组织,如蚊帐布、筛绢等织物的组织。绞纱孔沿经向排列者称直罗,如帘锦罗;绞纱孔沿纬向排列者称横罗,如杭罗。一根绞经一根地经相间排列,每梭起绞者为最简单的纱组织。五梭一绞是较简单的横罗组织。纱罗组织构成的织物透气性好,结构稳定。可作夏季服装、蚊帐等日用装饰织物。现代织制无梭织物常用纱罗组织固结边纱。

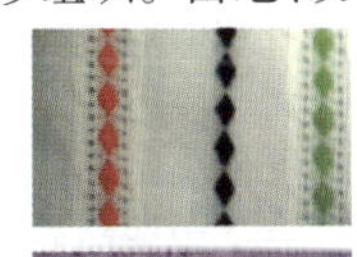

纱罗组织

【纱线CAD系统】(yarn CAD system) 对纱线进行设计仿真及色彩调整的计算机辅助系统。其主要功能是:进行普通纱线、混色纱线和花式纱线的仿真。对于纱线的股数、捻度、混纺比、色彩均可任意调整,甚至可以模拟纱线的毛羽。有的系统还可以进行配棉优化和预测纱线。

【纱线断头自动捻接】(automatic yarn breakage splicer knotting) 机器自动把纱线的断头按单纤维方式牢固连接在一起的纺纱工艺。在纱线连接处没有打结疙瘩,但在连接处的一段纱线范围里,单纤维数量相对增多,结头处直径稍有增加,强力略有下降。纱线断头自动捻接不仅适应于络筒工序,而且适用于与结头有关的后续工艺中,如并线机、络筒机、加捻机、摇纱机、绞纱机以及机织和针织工艺等。纱线自动捻接的方法有空气捻接法、湿捻接法和机械捻接法。

【纱线细度】(fineness of yarn) 表示纱线粗细程度的指标。纱线细度不同,纺纱时所用原料的规格、质量不同,纱线的用途及纺织品的物理力学性能、手感、风格等也不相同。纱线细度可以用直径或截面积来表示。但纱线表面有毛羽,截面形状不规则且易变形,测量直径或截面积误差大,也不易操作。一般采用与截面积成比例的间接指标—号数(特克斯)、公制支数、英制支数与纤度“旦”(D)来表示。具体表示方法为:9 000m长度的纱线或纤维,重多少克,就是多少D。如9 000m长度的化纤长丝重120g,这种化纤长丝的细度就是120D。长度一定,纱线或纤维越粗,旦数越大。中国目前纤度指标主要是表示化学纤维和天然丝的细度。

纱线细度

【刹车辅助系统】(brake assist system) 又称机械制动辅助系统。能判断驾驶者刹车动作,在紧急刹车时增加刹车力，缩短刹车距离的系统。是电子紧急制动辅助装置的前身。据驾驶员踩下踏板的力度及速度、将制动力适时加大，从而提供一个有效、可靠、安全的制动。对老人和女性（脚力不足者）帮助很大。还有缩短制动距离的效果。据统计，在紧急情况下有90%的汽车驾驶员踩刹车时缺乏果断，制动辅助系统正是针对这一情况而设计的。它可以从驾驶员踩制动踏板的速度中探测到车辆行驶中遇到的情况。当驾驶员在紧急情况下迅速踩制动踏板，但踩踏力又不足时，此系统便会在不到1S的时间内把制动力增至最大，缩短紧急制动情况下的刹车距离。

【刹车距离】（braking distance） 反应距离与制动距离的和。反应距离就是从产生刹车意识到制动器开始起作用汽车行驶的距离。制动距离就是从制动器开始起作用到汽车完全停止行驶的距离。是评价汽车安全性能的一个重要参数。一般意义上，刹车距离越短的车越安全。目前汽车业常用的评价车辆刹车距离的方法，是在车辆时速百千米状态紧急制动到静止状态的制动距离。除了车速外，刹车距离还受到很多复杂因素的制约，其中主要的就是制动力和车重。制动力是指刹车片与刹车盘之间的摩擦力以及轮胎与地面之间的摩擦力。刹车片与刹车盘之间的摩擦力即一般意义上的刹车强度，它主要由刹车片与刹车盘的材质决定。采用相对耐热并且耐磨的刹车片与刹车盘，就会相应提高车辆的制动性能。轮胎和地面的摩擦力，在没有抱死的情况下，是静摩擦，在抱死时，是滑动摩擦。虽然滑动摩擦力与车重以及轮胎的材质相关，但是一般情况下，静摩擦力是大于滑动摩擦力的。这就是："刹车抱死"。由于刹车时静摩擦力大于滑动摩擦力，所以刹车时如果在轮胎不抱死的情况下可以达到最优刹车效果。

刹车距离

【砂带磨床】（abrasive belt grinder） 以快速运动的砂带作为磨具的磨床。工件由输送带支撑，效率比其他磨床高数倍，功率消耗仅为其他磨床的几分之一。主要用于加工大尺寸板材、耐热且难以加工的材料和大量生产的平面零件等。

【砂带磨削】（abrasive belt grinding） 以砂带为磨具对工件进行切削或抛光加工的一种磨削方法。砂带由基体、结合剂和磨粒组成。砂带基体一般有纸基、布基、纸—布混合基几种。新型特制砂带是在高压静电场作用下，驱使砂粒沿长轴有序站立排列粘接固化而成的。该种砂带其切削锋锐性很高，有较深的容屑空间，能适应强力大功率磨（切）削。结合剂常用的有动物胶、树脂和两者的混合剂。前者用于干磨，后者用于湿磨。磨粒一般采用刚玉类或碳化硅类磨料。目前生产的砂带的使用速度小于35m/s。砂带磨削的生产效率较高，可比铣削、拉削或砂轮磨削高4~10倍；工件表面粗糙度低，一般可达0.4~0.2μm，且加工精度高。砂带具有一定的柔性，故能磨削复杂型面，且散热好，不易烧伤工件。但砂带磨损后不能修复，因而消耗较大。

【砂浆】（mortar） 由胶凝材料、细骨料和水按适当比例拌制而成的建筑材料。在建筑工程中以薄层状态起黏结、传递荷载、衬垫、表面装饰和防护等作用。按胶凝材料的不同可分为：无机胶凝材料砂浆、有机胶凝材料砂浆和复合胶凝材料砂浆。按细骨料的不同可分为：普通砂浆、矿渣砂浆、膨胀珍珠岩砂浆、膨胀蛭石砂浆和重晶石砂浆等。按使用功能的不同可分为：砌筑砂浆、抹灰砂浆、保温砂浆、防水砂浆、耐热砂浆、耐酸砂浆和防辐射砂浆等。沙浆具有易和性和耐久性等特点。特殊环境条件下使用的砂浆还要求具有保温性、抗渗性、耐热性和耐腐蚀性等。

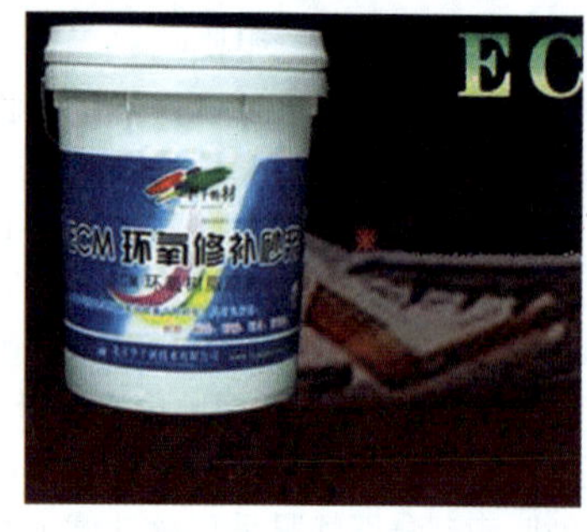

修补砂浆

【砂浆搅拌机】（mortar mixer） 将砂、水、胶合材料均匀搅拌成灰浆混合料的机械。按其生产状态的不同可分为周期作用式和连续作用式；按其搅拌轴布置方式的不同可分为卧轴式和立轴式；按出料方式的不同可分为倾翻卸料式和底门卸料式。小容量的卧轴式灰浆搅拌机一般为移动式，依靠人工加料。大容量的卧轴式灰浆搅拌机有移动式和固定式两种，一般采用底门卸料。在中国建筑工地上使用最多的是周期作用的卧轴式灰浆搅拌机。

砂浆搅拌机

【砂井堆载预压法】（method of sand well） 简称砂井法。利用设在地基土中的砂井作为排水通道，并在砂井顶部铺设砂垫层，在其上部压载使土中产生附加应力，进而使孔隙水产生超静水压力将水排出土体的软土地基处理方法。主要适用于没有较大集中荷载的大面积荷重或堆土荷重工程，如路堤、水库、土坝、油罐、仓库、码头等工程。预压荷载的大小根据设计要求确定，一般宜接近设计荷载，必要时可超出设计荷载的10% ~20%。预压荷载的分布应与建筑物设计荷载的分布大致相同。在施加预压荷载的过程中，需采取分级加荷，并严格控制加荷速率的方法进行。目的是使之与地基的强度增长相适应，避免地基失稳破坏。通常待地基在前一级荷载作用下达到一定固结度后再施加下一级荷载，特别在加荷后期，更须严格控制加荷速率。在实践中，常通过现场原位测试来控制。一般情况下，荷重小于60kPa时，加荷速率可不受限制。

【砂矿床】（placer deposit） 含矿的岩石或矿床在地表经受风化、侵蚀、搬运过程中分离出在地表条件下稳定的重矿物（如金、金红石和锆石）堆积而成的矿床。按其成因和堆积地貌条件的不同可分为：残积砂矿、坡积砂矿、洪积砂矿、阶地砂矿、河谷砂矿、河床砂矿、海滨砂矿、冰积砂矿和风成砂矿等；按其有用矿物的不同可分为：砂锡矿床、砂金矿床、金刚石砂矿、独居石－金红石－钛铁矿砂矿等；按其时代的不同可划分为现代砂矿（第四纪）和古代（新近纪及其以前的）砂矿。有关的矿产是：如金、铬、锡、钨、钛、铌、钽、稀土元素及金刚石、宝石、刚玉、水晶和石英砂等。

【砂轮】（grinding wheel） 由磨料和结合剂构成的疏松多孔的磨削加工工具。磨料、结合剂和空隙是构成砂轮的三要素。砂轮的特性由磨料、粒度、结合剂、硬度及组织五个方面的因素决定。磨料是制造砂轮的主要原料，在磨削中担负主要的切削工作。磨料必须具备高硬度、高耐热性、耐磨性和一定的韧性。砂轮的粒度对磨削加工生产率和工件表面质量影响较大。在粗磨时，应选用粗粒度砂轮；在精磨时，应选用细粒度砂轮。结合剂的性能决定了砂轮的强度、耐冲击性、耐腐蚀性、耐热性和使用寿命。砂轮的硬度是指在磨削力作用下磨粒脱落的难易程度。砂轮硬度的选择，对磨削质量、磨削效率和砂轮损耗都有很大影响。

砂轮

【砂洗整理】（sanded washer finishing） 将物理、化学方法相结合，在松式染整设备上用砂洗剂进行的起绒整理工艺。砂洗剂是碱性或中性的化学助剂。它使织物表面的纤维膨胀，增加染整加工时织物与设备之间的摩擦力，使膨胀的纤维磨毛或将微纤维磨断外伸，形成浓密短茸。使织物弹性丰富，手感柔和，具有麂皮风格。紧密度越高的织物，砂洗后的仿麂皮效果越好。处理后进行树脂整理，提高砂洗织物穿着舒适性和耐洗涤性，防止毛茸侧伏，提高褶皱回复性。砂洗织物是流行的高档服装面料之一，用来制作高级时装、夹克衫等。

【砂型铸造】（sand casting） 以砂作为造型材料，用人工或机械方法在砂箱内制造出型腔及浇注系统的铸造方法。砂型在取出铸件后便已损坏，所以砂型铸造又称一次性铸造。其工艺过程主要包括：（1）制造模样和型芯盒。（2）制备型砂和型芯砂。（3）造型、造型芯。（4）砂型和型芯的烘干。（5）合箱。（6）金属的熔炼及浇注。（7）落砂，清理，检验等。

【砂岩地貌】（sand-stone landform） 发育在砂岩出露地区的地貌形态。由于砂岩的矿物成分、硬度和胶结程度不同，发育的地貌也不相同。石英砂岩或由硅质胶结构成的砂岩，抗风化和侵蚀能力强，常形成相对高起的山岭和陡崖；而胶结不坚实的粗砂岩以及以长石为主的砂岩，则常形成丘陵或盆地。在中国的湖南省、江西省中部及安徽省南部、浙江省西部，都有分布广泛的红砂岩丘陵和红砂岩盆地。

砂岩地貌

【鲨鱼】（shark） 又称鲛、鲛鲨、沙鱼、海中狼。脊索动物门，脊椎动物亚门，鱼纲，软骨鱼纲，板鳃亚纲，侧孔总目。一群板鳃类鱼的统称。是海洋中的庞然大物。世界上有8目25科99属约369种。中国有8目22科59属约118种。主要包括：扁鲨、锯鲨、角鲨、锥齿鲨、六鳃鲨、鼠鲨、须鲨和虎鲨。鲸鲨的身型最大。骨架是由软骨构成，身体不同程度呈纺锤形。口鼻部分因种类而异：有尖的，如灰鲭鲨和大白鲨；也有大而圆的，例如虎纹鲨和宽虎纹鲨的头呈扁平状。尾（尾鳍）垂直向上，大致呈新月形，大部分种类的尾鳍上部远远大于下部。身体无鳞。鳃裂有5至7个。口中都有成排的利齿。一生需更换上万颗牙齿。食肉性。凶猛异常。鲨鱼密度比水稍大，没有鳔，如果不积极游动，就会沉到海底。体内受精。胎生、卵胎生或卵生。分布在世界各地温带和热带的海洋。因中国人对鱼翅的需求猛增，以鱼翅为目标的渔猎活动已导致8种鲨鱼濒临灭绝。科学研究表明，由于鲨鱼软骨（包括鱼翅）的蛋白质分子太大，不容易被肠道吸收，即使吸收了，也会被分解破坏。因此食用鲨鱼软骨对治疗癌症也并无明显疗效。

鲨鱼

【鲨鱼形潜艇】（shark-shaped submarine） 一种外形与鲨鱼体形相似的潜艇。这种潜艇不仅形似鲨鱼，而且体外覆盖了一层弹性极强类似皮肤的材料，由一个来回摆动的“尾巴”向前游动。潜艇里面充满了水，人只能穿着潜水衣趴在其中，使用呼吸装置呼吸。鲨鱼形潜艇是近距离观察大白鲨活动的水下装置，对研究鲨鱼和其他海洋生物的生活习性有重要作用。

鲨鱼形潜艇

【筛分】（screening） 按要求用不同筛孔的筛子将破（粉）碎后的矿石（或物料）进行分级的作业。常与破（粉）碎作业相配合，以保证破（粉）碎后的产品适合于一定的粒度要求。按作业条件的不同分为干式筛分和湿式筛分；按筛分粒度的不同分为粗粒筛分、中粒筛分和细粒筛分。常用的筛分机械有固定筛、震动筛、滚筒筛、平面摇动筛等。在煤炭、建筑、化工、筑路等部门，筛分是生产过程中的一个重要组成部分；在选矿工艺中，筛分的目的是为下一步选矿作业提供各种粒级的物料；在勘探和评价煤、建筑材料（砂、砾）、铸砂等矿产时，筛分则是研究矿产的技术性质和确定工业用途的一种方法。

【筛网印花】（screen printing） 用具有图案的细孔筛网进行织物印花的工艺。有花纹处呈镂空的网眼，无花纹处网眼被涂覆封堵。印花时，色浆被刮过网眼而转移到织物上形成图案。筛网印花是镂空版印花工艺的发展。筛网材料有蚕丝、磷铜丝和合成纤维长丝等。网目的大小根据工艺要求选用。筛网上的图案通常是经感光工艺制成，用胶黏剂将筛网在绷紧状态下固定于框架上，并在表面涂布感光胶。如加有重铬酸铵等的聚乙烯醇或明胶，干燥后用描有花样的透明稿片覆于筛网上进行感光，然后用温水冲洗筛网，去除未感光部分的感光胶并加固处理，制成印花网框。组成印花图案的每一种颜色需要一个单独的筛网。根据筛网形状的不同，筛网印花可分为平网印花和圆网印花。

【筛选路由器】（screening router） 又称包过滤路由器。具有连接两个或多个网络、对网之间传输的数据进行过滤的网络控制设备。它的每一个端口都可以对那些危害网络安全的服务进行限制。其主要功能是：按照为网络策划的信息安全策略，对进出网络的信息进行分析，放行那些经过授权的数据，过滤掉那些未经授权的数据，提高网络的安全性。采用这种技术的防火墙速度快，实现方便，但安全性和兼容性差。

【晒版】（printing down） 又称翻版。用接触曝光的方法把阴图或阳图底片的信息转移到印刷版的工艺过程。印刷品制作的一个工艺过程。利用复制得到的底版、刻绘原图或在透明片基上清绘的原图与各类感光版接触曝光复制所需数量的阴版（灰调、色调与被复制影像互补）或阳版（灰调、色调与被复制影像一致），以供分涂和制版之用。

【山崩】（landslide） 常见的地质灾害之一。陡坡上巨大的岩（土）块在重力作用下突然崩塌坍落的自然现象。除陡坡上岩（土）体自身的原因（多裂隙、结构松散及强烈风化）外，降水渗入、地震，以及人工开挖、爆破也是引起山崩的诱因。大规模的山崩，常造成道路中断、建筑物毁坏、河道堵塞等灾害发生。

【山地】（mountainous region） 由山岭、山间谷地与山间盆地构成的区域。具有较大的绝对高度和相对高度、切割深、切割密度大，常分布在构造运动和外营力剥蚀作用活跃的地区。根据其绝对高度（海拔高度）的不同，中国学者常将山地划分为极高山（海拔高度大于5 000m，相对高度大于1 000m）、高山（海拔高度3 500～5 000m，相对高度100～1 000m）、中山（海拔高度1 000～3 500m，

山地

相对高度 100～1 000m)、低山(海拔高度 500～1 000m,相对高度 100～500m)。海拔高度低于 500m 的山地属于丘陵地区的地貌类型。

【山地经济林】(economical forest on mountainous region) 植于丘陵、山地,生产干果、食用油料、饮料、调料、工业原料和药材的林木的统称。其产品包括果实、种子、花、树皮、树叶、树根、树脂、树液、虫胶和虫蜡等。用途广泛可增收创汇,是山区发展经济的突破口。是山区林业生态建设的一部分。其栽培要点是:(1)依据市场需求和当地气候、土壤条件选择适宜树种和优良品种。(2)按照产业化发展方向,确定合理产业结构比例。经济林发展规模要适度,一般山地经济林面积不宜超过生态林的 20%。(3)经济树种大多要求较好的立地条件。在山区,只有 15°以下坡度、比较深厚的土壤才可用于发展经济林。(4)山地经济林在建园时,首先要搞好道路、灌溉与排水系统和水土保持工程。无灌溉条件的山地,要搞好集、拦径流和贮水工程。(5)采用先进实用技术,实施集约化经营,提高产品产量、质量和效益。(6)提高产品的产后处理、储藏及深加工水平,以提高产品的商品价值。要不断开发新产品,增值增效。

【山地灾害】(mountain hazard) 山地特有的崩塌(包括雪崩、冰崩)、滑坡、泥石流等灾害。由山地环境在演化过程中伴生,或由于山区人类不合理的经济活动引发。如泥石流、山洪、滑坡、崩塌、雪崩、冰崩、坡面侵蚀、干旱、冰雹、低温、风沙、火山喷发、林火、虫鼠害等。狭义的是指山地斜坡上的水土物质在重力和其他外营力的作用下,向下运移的过程以及由此而产生的对人类生产、生活和资源环境所造成的不利影响。包括山洪、坡面侵蚀、泥石流、滑坡、崩塌、雪崩等。在中国,由于雪崩、冰崩常发生在寒冷高山的特殊环境下,常被归入冰雪灾害中。山地灾害,在中国主要是指山洪、土壤面蚀、沟蚀、泥石流、滑坡和崩塌。它对城镇、交通、江河、水利事业、工厂、矿山和村庄、旅游业、农田、人类生命安全造成严重危害。其防治措施是:通过预测、预报预警、行政管理(法律、法规、条例等措施)和避让等措施减少或避免山地灾害发生,采取生物措施(封山育林、植树造林、林分改造、植灌、种草等)和工程措施(拦、挡、排、导及固定等)相结合对山地灾害进行综合治理。

山地灾害

【山地资源】(resource of mountainous region) 山区蕴含的自然资源。主要包括:(1)水力资源。高山,特别是雪线以上终年不化的山地冰雪,是一种固态淡水资源。(2)生物资源。由于气温随海拔增高而逐渐降低,以及山体对气流的影响、地表坡度与坡向对地表接受太阳辐射的影响等因素,一个山体上往往形成多层垂直气候带,这种气候的垂直分布造成了山地生物资源和物种的多样性。(3)矿产资源。山地在地壳运动中形成,岩浆活动常伴随其中,其间会形成众多矿床。一些有色金属、稀有金属矿床大多产于山地。岩浆作用和火山活动不但给人类提供了硫黄、温泉和热水,金伯利岩火山颈还是储存金刚石矿的所在。(4)旅游资源。山地地表崎岖、形态独特,形成独特的景观,攀岩、登山、滑雪等运动常在山地进行,使山地成为一种重要的旅游资源。

【山顶洞动物群】(Shandingdong fauna) 中国华北地区更新世晚期偏晚时期的一个哺乳动物群。以北京市周口店山顶洞洞穴堆积中的化石群为代表,是与山顶洞人同时期的一个动物群。包括洞熊、最后斑鬣狗、虎、豹、猎豹、狼、狐、豺、獾、野驴、斑鹿、赤鹿、野猪、象、牛、羊等哺乳动物,以及鸵鸟和青鱼等。哺乳动物中除相当一部分现生种外,也有几种现代已绝灭的,如洞熊、最后斑鬣狗。

斑鹿

【山洪】(flash flood) 由暴雨、融雪形成的流速大、过程短的山丘区特殊洪水。一般经历几十分钟到1～2个小时。还往往夹带大量泥沙、石块。主要由强度很大的暴雨、融雪在一定的地形、地质、地貌条件下形成。在相同暴雨、融雪的条件下,地面坡度愈陡,表层物质愈疏松,植被条件愈差,愈易于形成。山洪破坏力极大。山洪的防治已成为许多国家防灾的一项重要内容。按径流物质和运动形态的不同山洪可分两大类。(1)普通山洪。以水文气象为发生

山洪

条件。在遇到暴雨或急剧升温情况下,易于形成暴雨山洪、融雪山洪或雨雪混合山洪。这种山洪的泥石含量相对较少,其密度一般小于1.3t/m³。这种稀性泥石流,流速很大,有时高达5~10m/s,甚至更高。它对河槽的冲蚀作用很强,基本上不发生河槽沉积。在以裸露基岩为主的石山区,最易于发生这种山洪。(2)泥石流山洪。山洪的一种特殊形态。除水文气象因素外,还需要以表层地质疏松为条件。从力学观点来讲,又细分为重力类和水动力类。①重力类泥石流是坡面上松散的土石堆积物发生失稳和突然滑动的现象。雨水侵入虽为重要原因,但它不一定与洪水同步发生,其运动范围也较小。②水动力类泥石流发生于暴雨期间,与洪水同步发生。称为泥石流山洪。其泥石含量很高,密度一般为1.3~1.5t/m³,甚至超过2t/m³。称为稠性泥石流。在黄土山区,由于岩石很少,则常形成泥石流山洪。泥石流山洪的流速,一般较普通山洪低。在发展过程中,常伴有冲蚀和沉积两种作用。山洪尤其是泥石流山洪,冲毁村镇、农田、林木、铁路、桥梁,并淤堵河川,造成极其严重的灾害。

【山洪及泥石流排导工程】(drainage works of torrential flood and debris flow) 为减免山洪及泥石流危害,修筑在荒溪冲积扇或侵蚀沟口的排导设施。包括导流堤、急流槽和束流堤三部分。在修筑该工程时,要使导流堤和流通区或谷口相接,顺应沟口流势,呈直线或大曲率半径的曲线布置。紧接导流堤的急流槽或束流堤应作成直线或大曲率半径的曲线,与排洪建筑物相交处不要突然放宽或缩窄。急流槽尾部的高程要高于下游河道。导流堤和急流的槽结构,应按山洪及泥石流撞击力和堤后土压力设计。修筑排导槽应采用耐磨性好的材料,如水泥砂浆片石或混凝土。所选混凝土的标号按山洪及泥石流流速和固体物质粒径确定。当山洪及泥石流挟有粒径大于0.4~0.5m的石块时,要求在沟道中修拦沙坝,防止大石块进入排导槽。山洪及泥石流排导工程,可控制山洪及泥石流的淤积或冲刷,减免由此而造成的危害。

【山洪侵蚀】(torrential flood erosion) 山区河流洪水对边岸和河床的冲刷或淤积的过程。水力侵蚀的一种形式。其危害严重,能搬运和沉积泥沙石块,破坏力大,改变河道形态,冲毁建筑物和交通设施,淹埋农田和居民点。其形成的原因是:(1)降雨是山洪侵蚀成因中最重要、最活跃的因素。(2)山坡短,坡度大,坡面径流较快地向低处汇集,最后进入沟槽,并向主沟汇合。沟槽的纵坡大,流速也大,集流时间短,使洪水暴涨暴落,加剧侵蚀。(3)土壤的特性影响着地表径流量。深厚的砂砾层具有很高的入渗量,浅层土壤下的不透水岩层使土层迅速达到饱和,加快地表径流的形成。(4)植物的覆被率、分布和种类影响着地表径流量和径流过程。植物的叶面、枝干可以截持部分降雨,地面的枯枝落叶层接纳雨水,使之缓慢渗入土内变成地下水。枯落物的分解增加了土壤中的腐殖质,枯死植物的根系增加了土壤孔隙,因而提高了土壤的透水性和持水量,减少地表径流。滥伐森林、陡坡开荒、过度放牧等,都使山区植被遭受破坏,加剧山洪侵蚀。其防治措施是:(1)坡面治理措施。包括水土保持田间工程、造林种草和水土保持农业技术措施等。(2)河沟治理措施。包括沟头防护工程、沟道谷坊、拦沙坝、淤地坝、小型水库、护岸和导流工程等。

【山梨醇】(sorbitol) 又称山梨糖醇。用葡萄糖还原生成的多元醇。是一种食品添加剂。可分为液体和粉状结晶两种。甜度相当于砂糖的60%~70%。易溶于水。微溶于乙醇、甲醇、吡啶和醋酸等。具有多元醇的营养优势,即低热值、低糖和防龋齿等功效。可以用于生产维生素C和表面活性剂。可以作为糖的替代品供食用,也可作糖果的增稠剂,植物油的螯合剂和一些食品的保湿剂。随着山梨醇需求行业的稳步发展以及山梨醇行业产业结构的越来越合理,山梨醇行业迎来了新的发展机遇。

【山麓冰川】(piedmont glacier) 形成于山区、冰量大、经山谷达到山麓后继续向外漫流、覆盖大片山前洼地的冰川。多由山区数条冰川汇合而成,是介于山岳冰川和大陆冰川之间的过渡类型。在气候变冷、冰川前进阶段,山岳冰川能发展成山麓冰川,还能进一步发展成大陆冰川。在相反的气候条件下,山麓冰川也能退缩到山区内,转变为山岳冰川。

山麓冰川

【山坡防护林】(protection forest on slope) 调节坡面径流、保持水土、固结土体和稳定坡面的天然林或人工林的总称。对于果园、农田、牧场等的防护,可根据地面坡度、地形、土层、原有植被、水土流失形式

山坡防护林

及其程度等情况，按当地10年或20年一遇24h最大降雨量设计水平沟、反坡梯田、竹节沟或鱼鳞坑等造林整地工程，以拦蓄径流、保持水土和促进林木生长。同时，选用根系发达、生物量大、生长迅速、适生的乔、灌木树种和草种，营造纯林或混交林，固土护坡。对于坡面水土流失严重、立地条件恶劣的坡地，需要专门设计标准较高的护坡造林整地工程。山坡防护林可保护农田、果园、牧场、道路、村庄、厂矿和水利工程的安全。

【山坡截流沟】(intercepting ditch on slope) 横贯坡向，每隔适当距离，人工修筑的具有一定纵坡的沟道。当截流沟较长时，为减少土方量，节省劳力，各段可取不同过水断面，分段设计，起始段断面可小些，出口段断面应大些。拦截流沟与梯田、涝池、蓄水池、沟头防护工程以及引洪漫地等措施相互配合，对保护和灌溉其下部的农田、草地，防止滑坡、沟头前进，维护村庄和公路、铁路路基安全有着明显作用。

山坡截流沟

【山坡水土保持工程】(soil and water conservation works on sloping land) 为防止坡地水土流失而就地拦蓄坡地雨水、融雪水或坡地径流的水土保持设施。包括梯田、拦水沟埂(地埂)、水平沟、水平阶、鱼鳞坑、山坡截流沟、排水沟、水窖(旱井)、蓄水池及挡土墙等。防治重力侵蚀而修筑的固坡工程，是小流域综合治理措施的重要组成部分。梯田工程把坡地改变成台阶形，可以蓄水保土，提高农作物、果品的产量或林木的生长量。拦水沟埂逐年形成的梯田，亦称坡式梯田。水平沟、水平阶、鱼鳞坑等蓄水保土措施多用于果园及林地。山坡截流沟的作用在于将坡耕地、林地、草地及其他非生产用地的地表径流汇集于坡面蓄水工程里，供牲畜饮用或灌溉农田。坡面蓄水工程为发展小型水利提供水源，削减洪峰流量，减免下游山洪危害。其位置可以设在村旁、林地及草地下部、路边以及土层坚实稳定的地方。中国黄土高原区坡面蓄水工程的主要形式为水窖，在土石山区为蓄水池。在有重力侵蚀危险的山坡，可修筑山坡固定工程。

山坡水土保持工程

【山区流域管理信息系统】(information system of mountain watershed management) 应用信息管理的理论和方法，对流域内各种自然资源与社会经济信息，进行输入、存储、处理、分析、评价的辅助决策软件。其开发与应用是提高小流域综合治理效益的重要基础。其系统结构是：(1)流域属性数据管理子系统。(2)流域图形数据管理子系统。(3)流域数字地形模型子系统。(4)流域一般分析模型子系统。(5)流域应用模型子系统。该系统的功能是：数据存储、查询、检索、图形量算、统计分析及数据、图形输出和模型应用。为了提高山区流域管理效率，一般在系统中配置流域管理应用模型，包括土壤侵蚀量计算模型、水土资源评价模型、土地利用规划模型、荒溪分类与危险区制图模型、流域治理综合效益评价模型和可持续发展评价模型等。该系统建立于应用，对保护、改良和合理利用山区水土资源及其他自然资源具有重要意义和作用。

【山岳冰川】(mountain glacier) 在山区范围内形成、流动和消融的冰川。其形态深受地形控制，可分为悬冰川(悬贴于山坡上又不下降到山麓的冰川)、冰斗冰川(分布于雪线以上、三面岩壁陡峭、底部较平缓的围椅状凹地上形成的冰川)、山谷冰川(又称谷地冰川，指在山谷中流动的冰川)和平顶冰川(在平坦的山顶或山脊上发育的冰川)。山岳冰川多分布在中、低纬度的高山区，雪线高出海平面很多，冰川积累区不大。如中国的西部山区及欧洲的阿尔卑斯山地区的冰川，均属于山岳冰川。

山岳冰川

【山楂】(hawthom) 中药名。药性：酸、甘、微温。归脾、胃、肝经。功效：消食化积，行气散瘀。用于饮食积滞、脘腹胀满、嗳气吞酸、腹痛便溏、泻痢腹痛、疝气痛、瘀阻胸腹痛、痛经、产后瘀阻腹痛、恶露

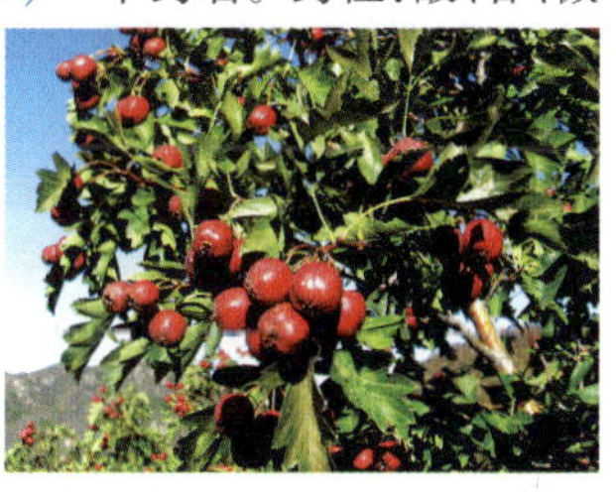
山楂

不尽。用法与用量:煎服10~15g,大剂量80g。

【栅格数据】(raster data) 按栅格阵列单元的行和列排列的不同值的数据集。由正方形或者矩形栅格点组成。每个栅格点或者像素的位置由栅格所在的行列号来定义,所对应的数值为栅格所要表达的内容的属性值。其优点是:(1)数据结构简单。(2)便于计算机存储、操作和显示。(3)图形运算的算法简单。(4)易与遥感影像、数字摄影测量数据结合进行处理,可给地理数据处理带来很大方便。(5)技术开发费用低。其缺点是:较矢量数据精度低,图形数据量大,在计算面积、长度、距离等空间指标时,若实地地块尺寸较大,会造成较大的计算误差。

【删失】(censoring) 在随访研究中,由于某种原因未能明确地观察到随访对象发生事先定义的终点时间,无法得到随访对象的确切生存时间的现象。包含删失的数据称为不完全数据。常见的是右删失,即从时间轴上看,终点事件发生在最后一次随访观察时刻的右方。产生右删失的原因有:(1)失访。(2)研究结束时终点事件尚未发生。(3)死于其他原因。(4)由于严重药物反应而终止观察或改变治疗措施。

【珊瑚】(coral) 腔肠动物中珊瑚虫纲动物的统称。约6 000种。多分布于热带和亚热带的暖海中,大部分在海底营固着生活。包括软珊瑚、柳珊瑚、红珊瑚、石珊瑚、角珊瑚、水螅珊瑚、苍珊瑚和笙珊瑚等。有人把软体的海鳃类和群体的海葵也误称为珊瑚。珊瑚虫只有水螅型的个体,成中空的圆柱形,下端附着在物体的表面上,顶端有口,围以一圈或多圈触手。多数种类具有钙质、角质和骨骼。钙质骨骼随珊瑚的群体生长而不断增加,珊瑚死后,骨骼在海洋中逐渐堆积,形成珊瑚岛和珊瑚礁。中国东沙、中沙、西沙和南沙等群岛,除少数由礁石构成外,其余均是珊瑚礁。澳大利亚东北海域的大堡礁,长超过2 000km,是世界著名的珊瑚礁。珊瑚虫纲红珊瑚科红珊瑚被列为中国一级保护动物。在《濒危野生动植物种国际贸易公约》中明确指出,石珊瑚都属二级濒危野生动物。

【珊瑚礁】(coral reef) 又称生物礁。在热带、亚热带浅海区,由造礁珊瑚骨架和生物碎屑组成的礁石。大面积的礁体组合在一起形成珊瑚岛。能够造礁的生物并不局限于造礁珊瑚,许多海洋生物,如珊瑚藻、多孔螅、海绵、苔藓虫、有孔虫等也参与造礁。珊瑚礁有岸礁、堡礁、环礁和点礁四个基本类型。靠近岸边发育的是岸礁。年轻的火山岛和海岸是其理想的发育场所。岸礁的宽窄与海岸地形有关,红海岸礁是世界上最长的岸礁。堡礁发育在离开海岸有相当距离的海底高地上,呈环形分布于火山岛周围。澳大利亚东北面的大堡礁是世界闻名的堡礁群。环礁在平面上呈环状,中间是礁环围成的潟湖。现代环礁分为在海底火山链上的大洋环礁和在大陆架或海底高原上的陆架环礁。太平洋上马绍尔群岛北部的比基尼环礁是典型的大洋环礁。点礁高出周围海底,中间没有湖,大多以沙洲和小岛形式出现。珊瑚礁是世界上很有价值的天然资源之一。珊瑚礁中蕴藏着丰富的矿产资源。礁灰岩是多隙岩类,渗透性好,有机质丰度高,是石油、天然气良好的存储层。礁区还具有丰富的渔业和水产资源。

珊瑚礁

【膻中】 中医穴位名。属任脉,心包的募穴,八会穴之一,气会膻中。定位:在胸部,当前正中线上,平第四肋间两乳连线的中点。主治:咳嗽,气喘,胸痛,胸闷,心悸,呃逆;乳汁少,支气管哮喘,支气管炎,肋间神经痛,乳腺炎,心绞痛等。刺灸法:平刺0.3~0.5寸;艾炷灸5~7壮,或艾条灸10~20min。实验研究及临床观察证实:膻中穴对心脏功能有特异性调整作用。以超声心动图观察针刺前后的变化,结果针刺后左室后壁振幅及心搏量较针前有非常显著的差异,说明针刺膻中穴可以改善左室功能。

【闪变】(flickering) 用电负荷急剧波动引起的电压波动现象。是人对灯闪的主观观感。可用闪变仪进行测量。单位时间内电压变化的次数或电压变化间隔时间是判断闪变的重要依据。它使白炽灯的光通量输出急剧变动,引起灯光闪烁,给人的视觉造成不适。其影响因素有:(1)供电电压波动的幅值、频率和波形。(2)白炽灯的参数及其标称电压。(3)人对照度波动的敏感性。由于人对照度波动敏感性的不同,闪变有一个容许范围。

【闪长岩】(diorite) 一种中性深成岩浆岩。主要矿物为中性斜长石和角闪石,SiO_2含量一般占55%~60%。次要矿物为黑云母及少量碱性长石。闪长岩在中国分布广泛。与

闪长岩

之有关的矿产主要有铁(Fe)、铜(Cu)及其他金属矿产。

【闪存】(flash memory) 一种长寿命的非易失性、数据删除不是以单个的字节为单位而是以固定的区块为单位的存储器。由Intel公司发展起来并授权给其他半导体公司的一项技术。是电子可擦除只读存储器EEPROM的变种。EEPROM在字节水平上进行删除和重写,闪存的删除以固定的区块为单位,区块大小一般为256KB到20MB。这样闪存就比EEPROM的更新速度快。利用闪存制成的存储电子信息的小型存储器称为闪存卡。一般应用在数码相机、掌上电脑、MP3等小型数码产品中作为存储介质。样子小巧如一张卡片,所以称之为闪存卡。闪存卡的类型有记忆棒MS、多媒体卡MMC和安全数码卡SD等。

【闪点】(flashing point) 又称闪燃点。可燃性液体性质的指标之一。可燃性液体发生闪燃时的最低温度。闪点随可燃液体浓度的变化而变化。可燃性液体在空气中挥发变成蒸气,当蒸气和空气的混合物与火源接触时,发生短暂的燃烧过程即为闪燃。闪燃通常为淡蓝色火花,一闪即灭,不能继续燃烧。它是发生火灾的先兆。闪点温度比着火点温度低。从消防观点来说,液体闪点是引起火灾的最低温度。闪点越低,引起火灾的危险性越大。测定闪点的方法有开口杯法和闭口杯法。前者用于测定高闪点液体;后者用于测定低闪点液体。

【闪镀】(lighting plate) 见冲击镀。

【闪光】(schiller) 宝石内部反射及折射出的白色光芒。宝石对光反映出的特殊现象。按光线进入宝石内部反射和折射情况的不同可分为:(1)白光进入色散微弱的宝石后折射及反射出的白色闪光。闪光若带淡的蓝绿或某种色调,可区别于从宝石表面直接反射的白光,闪光若不带色彩,则与光泽叠加在一起。(2)白光进入宝石后经折射、全反射、漫反射或衍射作用,再折射出宝石的彩色或非彩色闪光。蛋白光、月光、变彩、猫眼及星光等,均可列为闪光的特定效应。

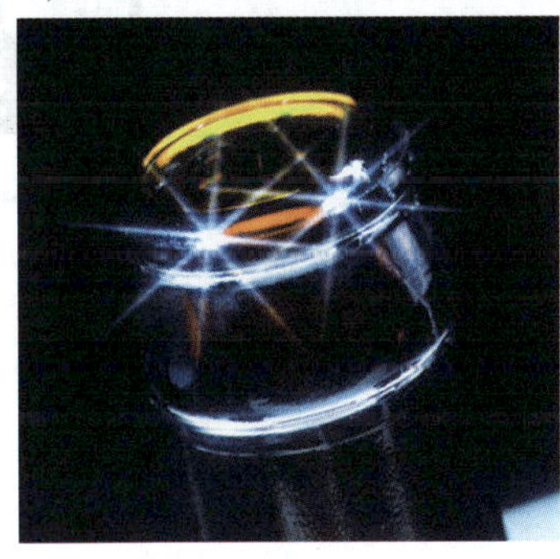
闪光

【闪络试验】(flashover test) 对某一绝缘结构按规定的条件和方式施加电压直至在气体或液体电介质中沿绝缘表面发生贯通性放电的试验。闪络可能只引起电气强度的暂时丧失。在压缩空气、六氟化硫等气体和绝缘油中发生沿表面放电时,如放电通道深入到固体绝缘内部,绝缘不再是自恢复性的。闪络试验主要用于绝缘子类产品在空气中进行的试验。按照绝缘子表面状况的不同可分为:干、湿和污秽闪络试验三种。按照施加电压性质的不同可分为:直流、工频、操作冲击和雷电冲击闪络试验四种。

【闪速熔炼】(flash smelting) 将硫化精矿粉料悬浮在氧化性气氛中,充分利用精矿颗粒表面,强化熔炼,使焙烧、熔炼两过程结合在同一炉内直接得到富冰铜的一种新型熔炼方法。此方法适用于硫化矿、多金属硫化矿的粉料。其优点是能显著提高生产率。炉气中二氧化硫浓度高,便于硫的综合利用。按炉料运动特点可分为悬浮熔炼和旋涡熔炼两种。近年来,在硫化铜精矿、多金属硫化矿以及冶金过程中间产品的熔炼上广泛应用。

闪速熔炼

【闪蒸】(flash) 见平衡蒸馏。

【闪蒸法地热发电系统】(flash vaporization geothermal generation system) 又称扩容法地热发电系统。把100℃以下的地下热水送入一个密闭的容器中抽气降压,使之因气压降低而汽化,变成蒸汽用来发电。热水降压蒸发的速度很快。闪蒸法地热发电系统可分为单级闪蒸法发电系统、两级闪蒸法发电系统和双流法发电系统等。

【扇贝】(scallop) 扇贝科,扇贝属的海产双壳类软体动物。约有50个属和亚属,400余种。其中60余种是世界各地重要的海洋渔业资源之一。壳、肉、珍珠层具有极高的利用价值。壳扇形,但蝶铰线直,蝶铰的两端有翼状突出。大小约2.5~15cm。壳光滑或有辐射肋。肋光滑、鳞状或瘤突状,色鲜红、紫、橙、黄到白色。下壳色较淡,较光滑。有

扇贝

一个大闭壳肌。闭壳肌肉色洁白、细嫩、味道鲜美，营养丰富。闭壳肌干制后即是“干贝”，被列入八珍之一。广泛分布于世界各海域，以热带海的种类最为丰富。中国已发现约45种，其中北方的栉孔扇贝和南方的华贵栉孔扇贝及长肋日月贝是重要的经济品种。是中国沿海主要养殖贝类之一。常见的扇贝养殖种类有栉孔扇贝、海湾扇贝和虾夷扇贝。虾夷扇贝（虾夷为中国古代对日本北海道地区的旧称，所以在那发现的扇贝就叫虾夷扇贝），1982年从日本引进。海湾扇贝，1982年从美国引进。栉孔扇贝产自黄海。华贵栉孔扇贝产于中国南海及东海南部。

【扇区】（section） 磁道划分成的弧段。硬盘通常由重叠的一组盘片构成。当盘片旋转时，磁头若保持在一个位置上，则每个磁头都会在盘片表面划出一个圆形轨迹，这些圆形轨迹称为磁道。这些磁道用肉眼是根本看不到的，因为它们仅是盘片上以特殊方式磁化了的一些磁化区，硬盘上的信息便是沿着这样的轨道存放的。盘片上的每个磁道被等分为若干个弧段，这些弧段便是扇区。每个扇区可以存放512个字节的信息，硬盘驱动器在读取和写入数据时，要以扇区为单位。DOS操作硬盘驱动器进行读取与写入时的最小单位称簇。一个簇有多个扇区组成，视硬盘的大小而不一样。簇的大小也不一样。每个盘片都被划分为数目相等的磁道，并从外缘的“0”开始编号。具有相同编号的磁道形成一个圆柱，称之为磁盘的柱面。

【膳食平衡】（dietary balance） 根据身体需求完善现有的饮食结构达到合理营养目的的膳食方式。具体做法是调整粮食、果蔬、动物性食物的比例，合理搭配蛋白质、维生素、脂肪等几大营养素，调配各种营养素之间的吸收和利用。膳食平衡主要体现在三餐的间隔要合适，饮食量要适当和讲究饮食卫生。平衡膳食可促进人体正常生长发育，增强体质及提高对环境的适应能力，预防各种疾病的发生。现代营养学认为膳食平衡是指四个方面的平衡：即氨基酸间的平衡、生热营养素之间的平衡、各种其他营养素间的平衡以及酸碱平衡。

【膳食纤维】（dietary fiber） 食物中不能被人体消化吸收的碳水化合物，如纤维素、半纤维素、果胶、低聚糖、聚合多糖等。可分为两大类：不可溶纤维和可溶纤维。不可溶纤维可增加肠道蠕动，作为排除有毒物质的载体及无能量的填充剂等，用来调节肠道功能，可以防止便秘，保持大肠健康。不可溶纤维常让人们有饱胀的感觉，对节食减肥的人有益。其主要来源有：全麦谷类食品、坚果、水果和蔬菜。可溶纤维能帮助降低血液中的胆固醇水平，调节血糖水平，从而降低患心脏病的危险。可溶纤维的主要来源有水果、蔬菜、大豆和燕麦。现代研究表明，膳食纤维对人体健康有相当重要的作用，被称之为第七营养素。因此日常饮食中要注意添加富含纤维素的食品。

膳食纤维片

【膳食营养素参考摄入量】（dietary reference intake，DRI） 国家营养权威机构发布的本国居民每日平均膳食营养素摄入量的参考值。2001年中国营养学会发布的中国居民膳食营养素参考摄入量，包括平均需要量、推荐摄入量、适宜摄入量和可耐受最高摄入量四项内容。

【膳食指南】（dietary guide，DG） 又称居民膳食指南。根据营养学原则，结合国情，教育人民群众采用平衡膳食，以达到合理营养、促进健康目的的指导性意见。中国于1989年公布了第一个膳食指南，并分别于1997年和2007年进行了两次修订。2007年新修订的《中国居民膳食指南》包括十项内容：(1)食物多样，谷类为主，粗细搭配。(2)多吃蔬菜、水果和薯类。(3)每天吃奶类、大豆或其制品。(4)常吃适量的鱼、禽、蛋和瘦肉。(5)减少烹调油用量，吃清淡少盐膳食。(6)食不过量，天天运动，保持健康体重。(7)三餐分配要合理，零食要适当。(8)每天足量饮水，合理选择饮料。(9)如饮酒应限量。(10)吃新鲜卫生的食物。

中国居民平衡膳食宝塔

【伤残调整寿命年】（disability adjusted life year） 从发病到死亡所损失的全部健康寿命年。包括因早死所致的寿命损失年和疾病所致伤残引起的健康寿命损失年两部分。是一个定量的计算因各种疾病造成的早死与残疾对健康寿命年损失的综合指标。是将由于早死（实际死亡年数与低死亡人群中该年龄的预期寿命之差）造成的损失和因伤残造成的健康损失二者结合起来加以测算的。

【伤筋】(muscular injury) 又称筋伤。由各种暴力或慢性劳损等原因所造成的筋损伤。中医伤科最常见的疾病。骨骼和筋两者关系十分密切,而且互相影响。"伤筋动骨"说明筋伤会影响骨骼。筋伤不一定伴有骨折、脱位,但是骨折、脱位均伴有不同程度的筋伤。

【商标】(trademark) 区别不同企业商品的一种标志。一般由文字、图形或者由文字图形组合而成,并注明在商品、商品包装、招牌、广告上面,具有显著特征的标志。企业商标受国家商标法保护。企业对其注册商标拥有专用权。

【商品粮基地】(commodity grain base) 又称粮食生产基地。稳定地为国家提供大量商品粮的农业生产地区。应具备的条件是:(1)粮食生产条件较好,高产稳产农田比重大,余粮多。(2)人均占有粮食数量多,商品率高。增产潜力大,且投资少而见效快。(3)粮食生产集中连片,自然条件和生产条件基本类似,便于统一规划、建设和布局生产。(4)以粮食生产为中心,粮食生产用地与经济作物和其他作物生产用地矛盾不大,且交通运输方便。按粮食产品供应范围及其重要性的不同,商品粮基地大致可分为全国性和地区性两类。在中国,前者如黑龙江和吉林中部的松嫩平原及黑龙江的三江平原,湖南洞庭湖平原,湖北江汉平原,四川成都平原,广东珠江三角洲,苏浙太湖平原,苏皖江淮地区,两江鄱阳湖平原等。后者如辽宁盘锦垦区,内蒙古的大青山南北,河北石家庄地区,山西汾河谷地,山东胶东地区,河南豫北平原,江苏里下河地区,浙江金衢盆地,安徽皖中平原。福建建阳和龙溪地区,湖北襄北地区,湖南湘南地区,广西南宁、钦州地区。云南中部坝子,四川长江谷地,青海湟水谷地和柴达木盆地,甘肃河西走廊,宁夏河套平原,新疆的伊犁河谷地和天山北麓平原,西藏雅鲁藏布江谷地等。

【商品林】(commercial timber) 以生产木材、薪材、干鲜品和其他工业原料等为主要经营目的的林分。包括用材林、经济林和薪炭林。随着社会经济的发展,社会对林业的需求表现为多样性,超出了现有林业的承受能力。在强大的生态需求和经济需求的双重压力下,林业中的生态效益与经济效益之间,供给与需求之间的矛盾日益激化。长期以来,林业工作者试图找到解决矛盾的平衡点,由此产生了森林分类经营的思想。就是通过专业化分工、协作,实现森林多功能主导利用和提高林业经营效益。随着天然林资源保护工程的实施,木材供需的结构性矛盾更加突出。因此,根据中国现有林地条件,借鉴林业发达国家的先进经验,用较少的林地,高投入、高产出,实行高度集约化经营,大力营造速生丰产林、短周期工业原料林,加快现有林培育,提高林地生产力,增加木材及林产品的有效供给,以解决中国木材供需矛盾。同时,商品林建设既是推进现代林业建设,促进林业生态体系与产业体系协调发展的必然选择,又是逐步实现林工一体化,优化林业产业结构的客观要求。

商品林

【商品蔬菜】(marketable vegetable) 作为商品交换而生产的对他人或社会有用的蔬菜产品。商品蔬菜生产是在市场经济条件下,随着社会、经济特别是城市及工矿企业发展而逐步形成与发展的,以国内或国际蔬菜大市场的市场效益为目标而组织的具有竞争性的大规模、专业化蔬菜基地生产。其主要特点是:规模大,专业化生产程度高,区域化布局特色强,自动化操作性能好,生态化环保要求严和一体化运转服务佳。

商品蔬菜

【墒情】(soil moisture status) 作物耕层土壤中含水量多寡的情况。在中国,通常指在北方旱作农业区土壤的含水状况。墒有两种含义:(1)耕地时开出的垄沟,称墒垄或墒沟。(2)土壤里的湿度,如墒情、保墒、验墒、抢墒、墒土等。所谓保墒是设法减少耕层土壤的水分损耗,使存储在土壤中的水分尽可能地被作物吸收利用。最常见的保墒方法就是在农田表面铺设覆盖物,如秸秆、塑料薄膜和及时中耕松土等。验墒是检查或测定土壤的湿度。抢墒即是趁土壤湿润时突击播种。墒土则是指刚翻耕过的湿土。

【熵】(entropy) 热力学中表征物质状态的参量之一。物质微观热运动时混乱程度的标志。通常用符号 S 表示。单位质量物质的熵称为比熵。熵最初是根据热力学第二定律引出的一个反映自发过程不可逆性的物质状态参量。热力学第二定律表述方式有:(1)热量总是从高温物体传到低温物体,不可能作相反的传递而不引起其他的变化。(2)功可以全部转化为热,但任何热机不能全部地、连续不断地把所接受的热量转变为功(即无法制造第二类永动机)。(3)在孤立系统中实际发生的过程,总使整个系统的熵值增大,即熵增原理。摩擦使一部分机械能不可逆地转变为热,使熵增加。热量由高温(T_1)物体传至低温(T_2)物体,高温物体的熵减少,低温物体的熵增加,把两个物体合起来当成一个系统来看,熵的变化是增加的。

【熵产】(entropy generation) 过程不可逆性对熵变的"贡献"。熵产是非负的。过程可逆,熵产为零;过程不可逆,熵产大于零。任何不可逆因素都产生熵产。不可逆程度越大熵产越大。因此,熵产是系统过程不可逆性的一种度量。

【上部结构】(top structure) 与下部结构相对应。又称桥跨结构。桥梁支座的以上部分。对无铰拱和固结框架而言,起拱线或框架主梁底线以上部分为上部结构。包括主梁(主要承重结构)、桥面系和支座等。主梁是在桥梁上部结构中,支承各种荷载并将其传递至墩、台的梁。主梁的横截面有三种基本类型:Ⅱ形、T形和箱形。桥面系指上部结构中,直接承受车辆、人群等荷载并将其传递至主要承重构件的桥面构造系统,包括桥面铺装、桥面板、横梁、纵梁、伸缩缝、人行道、安全带等。支座设在桥梁上部结构与下部结构之间,是使上部结构具有一定活动性的传力装置。

【上承式桥】(deck bridge) 桥面系设置在桥跨主要承重结构(桁架、拱肋、主梁等)上面的桥梁。主要优点是桥面系构造简单、施工方便、视野开阔;主要缺点是桥面到梁底的建筑高度太大。

上承式桥

【上传】(chuan、upload) 与下载相对应。将文件从本地计算机传递到互联网上远程计算机上的活动。互联网上文件传输的专门术语。如将制作好的网页、文字、图片等发布到互联网上去,以便让其他人浏览、欣赏。上传分为Web上传和Ftp上传。前者直接通过点击网页上的链接即可操作,后者需要专用的FTP工具。有许多种方法可以把主页文件上传到Internet服务器上。常见方法是:(1)使用FTP软件上传。这是最常用、最方便也是功能最为强大的主页上传方法。现在网上这类软件很多,像CuteFtp、WS-Ftp。(2)使用"兼职"的FTP软件上传。是指软件本身并不是专门用来完成FTP功能的,主页上传只是其编外任务。例如常用的Front-Page、Dreamweaver、东方主页王Ⅱ等都有主页上传、发布的功能。(3)使用Web页面上传。和前面两种方法相比,这种方法不但没有什么明显的优点,而且速度缓慢、操作麻烦、不支持断点续传。(4)通过命令上传。使用这种方法首先要掌握几十条命令,而且屏幕上通常只能显示25或50行文字,很不方便。(5)通过E-mail上传。这种方法要把主页文件通过E-mail发给系统管理员,然后再由系统管理员把它们放到服务器上。

【上海环球金融中心】(Shanghai World Financial Center,SWFC) 位于上海浦东新区黄浦江畔的陆家嘴金融贸易区,比邻金茂大厦。世界最高的平顶式大楼。高492m,比金茂大厦高72m。总投资约73亿人民币,总用钢量达6.2万吨。由美国著名的KPF建筑师事务所设计。1997年年初首次开工,后遭1997年亚洲金融危机停工,于2003年2月工程复工,2008年8月竣工。工程地块面积为3万平方米,占地1.44万平方米,建筑面积约38.16万平方米,地上101层,地下3层。该中心是以办公为主,集宾馆、商贸、美术馆、观光、会议、停车场等设施于一体的综合型大厦。在100层、距地面472m处设计了长度约为55m的观光天阁。这一高度超过了最高观光厅、高度为447m的加拿大CN电视塔。此外,在94层还设计了面积为700m^2、室内净高8m的观光大厅。以上海的都市全景为背景,观光天阁和观光大厅将成为世界新的观光景点。是上海建设国际金融中心的又一地标。是2008年竣工的最佳高层建筑。该中心还有多项"世界之最",如位于79~93层的上海柏悦酒店,是世界最高的五星级酒店,91~93层有世界最高的餐厅、85层是世界最高的游泳池等。

上海环球金融中心

【上皮异常增生】(epithelial dysplasia) 上皮结构的紊乱。个别细胞改变称为非典型性。上皮异常增生可发生的变化有:(1)上皮基底细胞极性消失。(2)出现一层以上基底样细胞。(3)核浆比例增加。(4)上皮钉突呈滴状。(5)上皮层次紊乱。(6)有丝分裂相增加,可见少数异常有丝分裂。(7)上皮浅表1/2处出现有丝分裂。(8)细胞多形性。(9)细胞核浓染。(10)核仁增大。(11)细胞黏着力下降。(12)在棘细胞层中单个或成团细胞角化。按上皮中出现的上述项目数目的不同可分为轻、中、重度上皮异常增生。

【上坡雾】(up-slope fog) 潮湿空气沿山坡上升时产生绝热膨胀冷却而在迎风坡上形成的雾。这种潮湿空气必须稳定,山坡坡度必须较小。否则形成对流,雾就难以形成。

【上腔静脉综合征】(superior vena cava syndrome,SVCS) 因上腔静脉及两侧头臂静脉明显狭窄和闭塞,使静脉血回心障碍而产生的一系列症状和体征。上腔静脉为血液自头、颈、上肢及上胸回流到右心的主要静脉通道。由于其管壁较薄、内部血液压力低,且受解剖位置所限,被多组淋巴结包绕等原因,因而易于受压阻塞,影响静脉回流,导致引流区域静脉压升高及表浅静脉扩张。多种因素皆与上腔静脉阻塞有关。纵隔和气管旁淋巴结的恶性肿瘤或转移病变、肿瘤直接侵犯血管壁和/或血管内血栓形成、继发炎症、血液郁滞、血小板凝聚等因素的单一或联合均可产生SVCS。目前引致SVCS的发生,90%以上为恶性肿瘤,最常见的为肺癌,且以右侧居多。临床表现取决于起病缓急、梗阻部位、阻塞程度和侧枝循环形成情况。通常有潜隐性起病,进而出现呼吸困难,面颈浮肿;其次为上肢和躯干浮肿,伴胸痛、咳嗽;如继发颅内压升高,则可出现中枢神经系统症状。SVCS属肿瘤急症,应尽可能获取组织学诊断。该病总生存率较差,仅有10%~20%病例生存超过2年,肺癌病人有此综合征者平均存活6~8月。

【上市公司环保核查制度】(environmental verification system of listed company) 原国家环保总局发布的《关于加强上市公司环保监管工作的指导意见》。该制度要求对从事火电、钢铁、水泥、电解铝行业以及跨省经营的“双高”行业(13类重污染行业)的公司申请首发上市或再融资的,必须根据环保总局的规定进行环保核查。环保核查意见将作为证监会受理申请的必备条件。中国证监会也同时规定,“重污染行业生产经营公司申请首次公开发行股票的,申请文件中应当提供国家环保总局的核查意见;未取得环保核查意见的,不受理申请。”加强对上市公司的环保核查,督促上市公司履行社会责任,披露环境信息,不仅可以促进上市公司改进环境表现,而且更有助于保护投资者的利益。

上行列车

【上行列车】(up-bound train) 与下行列车相对应。往上行方向运行的列车。上行方向是铁路运输部门对每一条铁路或区段分别作出的规定。一般在干线上向首都方向运行或在支线上向干线上运行的车站方向运行定为上行方向。上行列车编号为偶数。

【上行通风】(ascensional ventilation) 采煤工作面的风流沿工作面的倾斜方向由下向上流动的通风。当采煤工作面进风巷道水平低于回风巷道水平时,采煤工作面的风流就会由下向上流动。其主要优点是:(1)瓦斯比空气轻,有一定的上浮力,其自然流动的方向和上行风流的方向一致,因此有利于带走瓦斯,较快地降低工作面的瓦斯浓度。在正常风速下(大于0.5~0.8m/s),瓦斯分层流动和局部积聚的可能性较小。(2)采用上行通风时,工作面运输平巷中的运输设备位于新鲜风流中,安全性较好。(3)工作面发生火灾时,采用上行通风在起火地点发生瓦斯爆炸的可能性比下行通风要小些。(4)除浅矿井的夏季之外,采用上行通风时,采区进风流和回风流之间产生的自然风压和机械风压的作用方向相同,对通风有利些。其主要缺点是:(1)上行通风流方向与运煤方向相反,易引起煤尘飞扬,使采煤工作面进风流及工作面风流中的煤尘浓度增大。(2)煤炭在运输过程中所释放出的瓦斯,被上行风流带入工作面,使进风流和工作面风流中的瓦斯浓度升高,影响了工作面的安全卫生条件。(3)进风风流流经的路线较长,风流温度会由于压缩和地温加热而升高,又加上运输巷内设备运转时所产生的热量对风流的加热作用,故上行通风比下行通风工作面的气温要高。

【烧结】(sintering) ❶粉状或粒状物料经加热至一定温度而固结的过程。物料经烧结发生物理、化学变化以改变其物理、化学性质(如强度、密度、结晶形状、成分等)。例如,在冶金过程中,粉矿或精矿在熔炼前先经烧结或烧结焙烧,以提高料块的强度和透气性,从而便于鼓风炉熔炼。在粉末冶金中,用于金属粉末压制成形后的固结,除可加强颗粒黏合和减小孔隙外,并能促使晶粒长大从而便于加工成材。此外,在大部分陶瓷和耐火材料等制造过程中,坯料也都经过烧结而固结。❷冶金中常用以分解矿石或精矿的一种方法。将矿石同石灰、苏打或其他盐类(如硅氟酸钾、硫酸钠等)加热,使成半融状态,并发生反应以加速分解,利于下一步的浸出。如铝土矿石同苏打、生石灰等烧结后,用稀碱液浸出铝酸钠;锆英石同硅氟酸钾烧结后,用稀盐酸浸出锆氟酸钾等。

【烧结机】(sintering machine) 生产烧结矿的一种设备。以带式的为主。带式烧结机包括台车、台车驱动装置和真空箱。真空箱布置在烧结机下部。附属设备包括布料器、点火器和抽风机。布料器用于将烧结料均匀地摊铺在台车的箅条上。点火器设置在台车进口真空箱的上方，用于对烧结料表层进行点火。抽风机是其主要附属设备，通过主管与支管从下方与每个真空箱连接，其间装有调节阀，用于调节气体流量。抽风时使真空箱内产生负压，从而通过箅条和烧结料表层将空气吸入，并且使烧结料层中的火焰向下燃烧。烧结时台车依次进入烧结机的抽风区域，点火、烧结。离开抽风区域后逐渐冷却。烧结机的规格以其有效抽风面积表示。随着高炉的大型化，已经有了超过400m^2 的烧结机。

进步式烧结机

【烧结矿】(sintering ore) 用粉矿、精矿或炉尘等，加入适量的燃料和熔剂烧结而成的高炉用人造块矿。其优点是：可利用粉状原料，扩大矿源；产品具有较匀粒度、高气孔率和足够强度，有利于强化高炉冶炼。

【烧结生产】(sintering production) 生产冶金用烧结矿的作业过程。一般是在带式烧结机上进行的。把混合后的含铁原料、熔剂和燃料用布料机均匀地摊铺在台车上，料层厚度一般为250～500mm。烧结机采用从下部抽风烧结方式。烧结过程是从料层顶部自上而下进行的。可以分为五个层次，即燃烧后的烧结矿层、燃烧层、预热层、干燥层和过湿层。在烧结矿层中，燃料燃烧使矿物熔融，随着燃烧层下移，从料层上部吸入的冷空气使之冷却结晶凝固成烧结矿。燃烧层温度约为1 350～1 600℃，使矿物软化熔融。在预热层，从燃烧层来的高温气体将混合料预热并开始固相反应。在干燥层，矿物水分蒸发。在过湿层，从干燥层下来的水分使混合料湿度增加。随着烧结过程逐渐完成，下面的四层相继成为烧结矿层。衡量烧结过程的好坏，除烧结矿的品位、碱度和还原性以外，还有物理性能，包括转鼓指数、筛分指数和落下强度等强度指标，以及粒度组成、孔隙率和还原粉化率等指标。

【烧毛】(singeing) 织物在火焰上迅速通过或在炽热的金属表面迅速擦过，以除去织物表面的短绒毛，达到织物表面光洁的染整加工工序。棉织物中除了市布、绒布等少数品种外，一般都经过烧毛；毛织物中精纺的纯毛及混纺织物，特别是轻薄品种，需要烧毛。化纤混纺织物经过烧毛可以减少起球现象，改善织物的手感和外观，提高织物舒适度。

剪毛机

【烧毛机】(singeing machine) 除去布面上过多绒毛，使其表面纹路清晰、整洁光滑、不易起球的设备。织物平幅迅速通过火焰(或擦过炽热金属表面)，利用布面和绒毛温差，达到既烧去绒毛，又不损伤织物的目的。主要有气体烧毛机、热板烧毛机和圆筒烧毛机。气体烧毛机也叫非接触式烧毛机，热板烧毛和圆通烧毛为接触式烧毛机。接触式烧毛机对粗支厚密织物及低级棉织物的烧毛效果较好。主要由吸尘风道、刷毛箱、气体烧毛机火口、冷水冷却辊、浸渍槽、轧液装置组成。该机适用于棉、麻、毛、化纤等品种的织物烧毛。

烧毛机

【烧蚀防热结构】(ablative thermal protection structure) 靠烧蚀材料受热分解和氧化燃烧带走热量的防热结构。是返回式航天器、再入导弹弹头和火箭发动机内壁常用的一种防热方法。烧蚀防热结构由三个主要部分组成：(1)烧蚀层。主要作用是进行烧蚀反应以达到防热耗散热量的目的。(2)隔热层。主要是阻隔烧蚀层剩余的热量向内部结构传递。(3)承力结构就是飞船的本体。有时，为了简化工艺，特别是当烧蚀层的原始材料具有较高的隔热性能时，烧蚀层与隔热层便合而为一。烧蚀层材料包覆在需要防热的壳体表面，在受热分解和氧化燃烧过程中通过热解气体和燃烧产物的不断流失将热量从壳体表面带走，从而获得热防护效果。常用的烧蚀防热材料主要有高温熔化、低温碳化和直接升华三类。美国的“水星”号飞船和“双子星座”飞船及中国的“神舟”号载人飞船的返回舱全部采用了烧蚀防热结构。其最大优点是安全，可靠，适应热流场变化的能力强。在高热流条件下，它是唯一可行的一种防热方法。其缺点是仅能一次性使用。

【少商】 中医穴位名。属手太阴肺经，本经井穴。定位：在手拇指末节桡侧，距指甲角0.1寸。主治：中风昏迷，咳逆烦心，热病呕吐，喉痹，鼻衄，癫狂，痄腮，小儿惊风；扁桃体炎，腮腺炎，咽喉炎，休克，癔病，精神分裂症等。刺灸法：斜刺，深0.1～0.2寸，或点刺出血；艾炷灸3～7壮，或艾条灸5～15min。现代研究证明:针刺少商穴有助于 CO 中毒所致昏迷病人的苏醒,使血中 CO 性血红蛋白解离,血中 CO 含量减少。对异常胎孕妇,艾灸少商可使腹部松弛,胎动活跃,具有一定的转胎作用。

【少油断路器】(oil-lacking breaker) 利用变压器油或专用断路器油作为触头间的绝缘和灭弧介质,而对地绝缘采用固体绝缘件的断路器。使用的变电器油的作用和灭弧室类与多油断路器基本相同,但用油量比多油断路器少得多。少油断路器灭弧室在小电流下的开断性能较差。为此采用了机械油的灭弧室,使用压油活塞将新鲜油流不断压入正在进行开断动作的触头间隙,提高其介质强度,防止开断后的复燃与重击穿。其特点是:(1)结构简单,易于制造和维修,价格低,使用方便。(2)体积小,重量轻,用油量少。与多油断路器相比,少油断路器的缺点是:(1)燃弧时间长。(2)动作较慢。(3)检修周期短,维修工作量大。(4)受单元断口的电压限制,发展特高压等级有困难。

少油断路器

【舌侧矫治】(lingual orthodontics) 将托槽、弓丝等粘贴在牙齿的舌面进行错殆畸形矫治的一种技术。传统口腔正畸矫治需在牙齿的唇颊面上(外侧)粘结金属托槽,固定钢丝,只要说话、微笑稍一张口,金属托槽就会显露出来,给人们带来不便。这一弊端引发一种新兴的"隐形"矫治方法—舌侧矫治的产生。唇颊侧牙面上与平常人并无两样,完全不妨碍求美者的日常生活和社会活动,从而达到完全美观的效果。是当今正畸矫治技术中技术含量最高、临床操作最复杂、美观效果最好的矫治技术。其可分为:(1)个体化舌侧矫治器。由德国 Incoganito 制造的舌侧矫治器,是将患者牙模在电脑里三维重建,个体化制作每一颗托槽,矫治器与牙面很贴合,材质为黄金合金,材料较软因此口感舒适,几乎对舌和语言没有明显影响。可以给超过 60 岁的女患者矫正。(2)成品舌侧矫治器。矫治器与牙面不是非常贴合,需要较长的适应期,口感也较差一些。因其打磨的非常光滑也可以适应,最终比唇侧舒服。舌侧矫治以美观、不影响患者正畸治疗期间工作和社交的巨大优势,正日益受到广大正畸医生和患者,特别是成年正畸患者的钟爱。

【舌接】(tongue grafting) 枝接的一种方法。在果树休眠期进行,适用于露地接和掘接。砧、穗粗细应相等或差别不大。将接穗削成约30°的马耳状斜面,在斜面上端1/3 处与切面成30°切入一刀,深度接近斜面的终点,成舌状。砧木也作相应的斜面和切口。把两者斜面的切口相互插合,使形成层密接,随后扎缚。舌接因砧、穗间接触面较大,容易成活。葡萄、铁线莲等应用此法枝接。

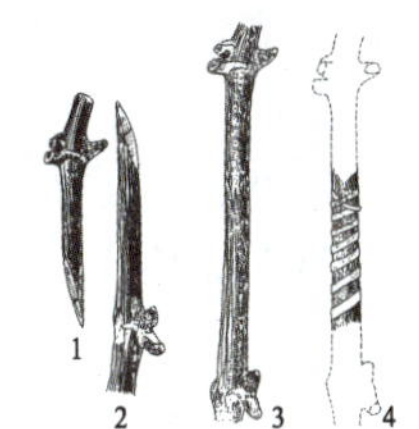

舌接

【舌诊】(tongue diagnosis) 中医诊断名称。通过观察舌象了解机体生理功能和病理变化的诊察方法。中医诊法的特色之一。舌通过经络与内脏相连。人体脏腑、气血的虚实,疾病的深浅轻重变化,都有可能客观地反映于舌象。其中舌体的变化主要反映脏腑的虚实和气血的盛衰;而舌苔的变化主要用来判断感受外邪的深浅、邪正的消长以及胃气的盛衰。

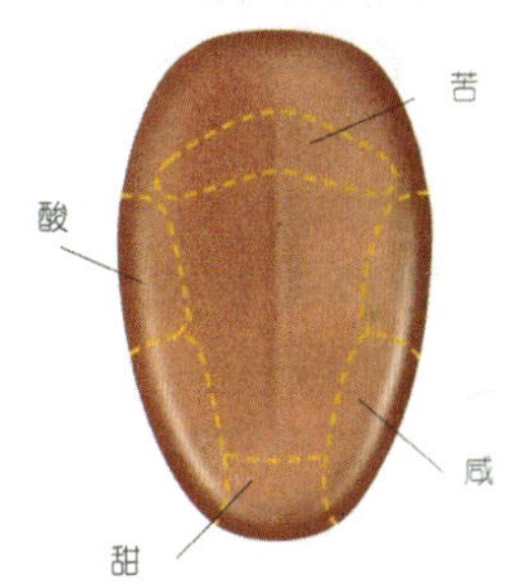

舌诊

【蛇绿岩套】(ophiolite suit) 又称蛇绿岩建造、奥菲奥岩建造。一套从超铁镁质岩到铁镁质岩的特殊集合体。一个发育完整的蛇绿岩套从下到上包括:(1)超铁镁质杂岩。有蛇纹石化的地幔岩(纯橄岩、方辉橄榄岩及二辉橄榄岩)组成。(2)具层状和块状的辉长岩杂岩。包括辉石岩橄榄岩。(3)镁铁质席状杂岩。(4)镁铁质火山岩。与蛇绿岩套伴生的岩层有条带状放射虫硅质岩、少量深海碳酸盐岩和富钠长英质火山岩等。由于上述岩层层序与深海钻探所揭示的洋壳剖面相似,以及二者地震波传播速度一致,所以多数学者认为蛇绿岩套代表了岩壳和大洋幔岩的组合。而在大陆内部出露的蛇绿岩标志着已经消失了的古洋壳的残余,对它们的分布、时代、性质的追索就成为重建地质时期古洋壳和大陆构造演化的重要依据。

【舍脉从证】(diagnosis according to symptoms and signs rather than pulse condition) 中医诊断名称。在临床辨证过程中,当脉证表现不相符合时,采用以证为准的诊断方法。适用于症状足以作为审定病机、确定治疗方案的依据而脉象未能反映病机的情况。如平素气虚的人感冒,有头痛、身痛、恶寒、发热等外感症候,但由于风寒外束,气虚不能出现浮脉,反而呈现沉细的脉象,就应当"舍脉从证",治以辛温解表。

【设备驱动程序】(device driver) 见驱动程序。

【设防标准】(standard for seismic protection) 对各类建筑物所规定的防震烈度要求。与一个国家的科学水平和经济条件密切相关,中国目前实行抗震设防依据是"双轨制",即采用设防烈度(一般情况下用基本烈度)或设计地震参数,如地面运动加速度峰值等。甲类建筑的地震作用应高于本地区抗震设防烈度的要求,其值应按批准的地震安全性评价结果确定。乙类建筑的地震作用应符合本地区抗震设防烈度的要求。丙类建筑的地震作用和抗震措施均应符合本地区抗震设防烈度的要求。一般情况下丁类建筑的地震作用仍符合本地区抗震设防烈度的要求。

【设防烈度】(seismic fortification intensity) 按国家规定的权限批准作为一个地区抗震设防依据的地震烈度。指某一地区的地面和各种建筑物遭受一次地震影响的强弱程度。相应这次地震,不同地区有不同的抗震烈度。抗震设防类别分为甲、乙、丙、丁类建筑。全国大部分地区的房屋抗震设防烈度一般为8度。对于某一个给定的地区来讲,每次发生地震的震级是不定的;但是抗震设防烈度是国家规定的,是固定不变的。震级是表示地震本身强度或大小的一种度量指标。一次地震,震级只有一个。中国把地震划分为六级:小地震3级,有感地震3~4.5级,中强地震4.5~6级,强烈地震6~7级,大地震7~8级,大于8级的为巨大地震。

【设计暴雨】(design rainstorm) 符合设计标准的暴雨量及其相应的过程分配和面分布。是由雨量间接推算设计洪水的主要依据。根据洪水计算的要求,设计暴雨的分析内容是:设计点暴雨、设计面暴雨、设计时面深关系、设计暴雨雨型和分期设计暴雨等。在雨量资料较多、观测系列较长的地区,设计暴雨采用数理统计法推算;在雨量资料短缺的地区,可借助暴雨参数等直线图推算。

【设计车辆】(design vehicle) 作为道路设计依据的车型。车辆的尺寸、重量、性能等关系到车行道宽度、弯道加宽、道路纵坡、行车视距、道路净空、路面设计荷载等。车型的规定对道路的构造具有重要的意义。中国交通部颁布的《公路工程技术标准》中规定,作为设计车辆的有小客车、载重汽车和半挂车三种。

设计车辆

【设计定型】(design approval of prototype) 由国家对研制的飞机型号按照技术要求进行审查批准的程序。其标准和要求是:经过定型试验,证明产品(原型机)的性能达到批准的技术要求指标和使用要求;符合标准化、系列化、通用化的要求;设计图纸及技术文件完整准确,验收技术条件及使用说明书等齐备;产品配套齐全;构成产品的所有配套设备、零部件、元器件、原材料等都有供货来源。飞机定型工作的一般程序是:(1)当型号试飞完成后,由试飞中心提出"鉴定试飞报告"上报国家航空产品定型委员会,同时由设计单位提出申请新机型设计定型报告。(2)由国家航空产品定型委员会组织主持型号的设计定型审查工作,认为达到设计定型要求,即可批准设计定型。产品经设计定型后即可投入小批量试生产。

【设计反应谱】(design response spectrum) 在给定的地震加速度作用期间内,单质点体系的最大位移反应、速度反应和加速度反应随质点自振周期变化的曲线。用作计算在地震作用下结构的内力和变形。反应谱理论考虑了结构动力特性与地震动特性之间的动力关系。通过反应谱来计算由结构动力特性(自振周期、振型和阻尼)所产生的共振效应。但其计算公式仍保留了早期静力理论的形式。反应谱理论具有如下局限性:(1)尽管考虑了结构的动力特性,然而在结构设计中,仍然把地震惯性力作为静力来对待,所以它只能称为准动力理论。(2)表征地震动的三要素是振幅、频谱和持时。在制作反应谱过程中虽然考虑了其中的前两个要素,但始终未能反映地震动持续时间对结构破坏程度的重要影响。(3)反应谱是根据弹性结构地震反应绘制的,引用反映结构延性的结构影响系数后,也只能笼统地给出结构进入弹塑性状态的结构整体最大地震反应,不能给出结构地震反应的全过程,更不能给出地震过程中各构件进入弹塑性变形阶段的内力和变形状态,因而也就无法找出结构的薄弱环节。

【设计洪水】(design flood) 符合工程设计中洪水标准要求的洪水。包括水工建筑物正常运用条件下的设计洪水和非常运用条件下的校核洪水。是保证工程安全的最重要的设计依据之一。是估计水工建筑物抗御洪水能力和各种工程与非工程措施防洪效益的重要依据。是按照国家规定的防洪标准和通过分析计算当地水文气象资料确定的。其计算的内容包括年最大洪水的特征值、设计洪水过程线、施工设计洪水、入库洪水以及设计洪水地区组成等。根据设计要求,可计算其中的一部分或全部。设计洪水的分析计算方法,按资料条件的不同可分为:根据流量资料计算和根据暴雨资料计算两类。有些河流的设计洪水是以某年实际发生过的大洪水为基础确定的。当水工建筑物遭遇此种洪水时,安全系数允许作适当降低,部分次要建筑物允许破坏,但主要挡水建筑物(坝)应保证安全。许多国家按工程的规模、坝型、投资及失事后造成的损失,结合风险分析,确定永久性水工建筑物的正常运用的洪水标准。中国1978年制定了《水利水电工程等级划分及设计标准》(DJS12－78),并于1990年颁发了该规范的补充规定。根据水工建筑物所采用的洪水标准的不同,计算方法有频率分析法和水文气象法两类。

设计洪水

【设计洪水过程线】(design flood hydrograph) 符合工程设计中洪水标准要求的流量过程线。为了使工程调洪后果满足设计标准要求,应根据工程特性及调洪作用的大小,确定对调洪起主要作用的洪水特征值,使设计洪水过程线的这些洪水特征值符合设计标准。例如,调蓄能力很小的堤防工程,对调洪起控制作用的主要是洪峰流量;而调蓄能力很大的水库工程,对调洪起控制作用的主要是某时段洪量。调蓄能力越大,控制时段越长。有时,需要确定长短不同的多个控制时段,一般以2~3个为宜。根据流量资料通过频率分析方法推求设计洪水,拟定设计洪水过程线常采用典型洪水过程线放大的方法。典型洪水过程线可从大洪水过程线中选择。如果这类洪水的时程分配不止一种,则选择对工程防洪较不利的洪水典型。根据暴雨资料推求设计洪水,可以设计暴雨的面分布及时程分配,直接求出流域出口断面的洪水过程线。小流域设计洪水一般采用单位线法推求设计洪水过程线。

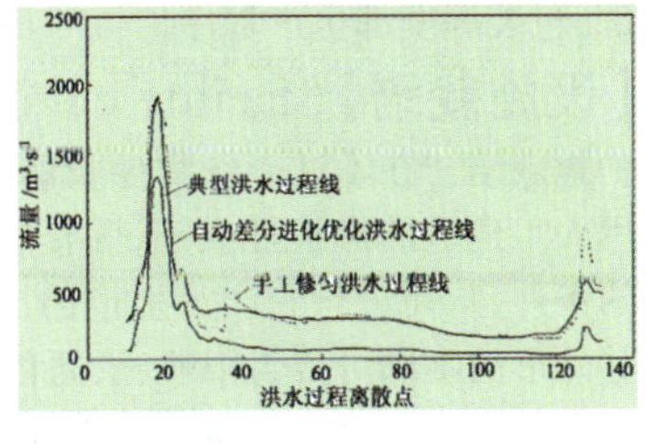

设计洪水过程线

【设计洪水位】(design flood of water level) 水库遇到大坝的校核洪水时坝前允许达到的最高库水位。是设计考虑最不利水文条件下的最高库水位。校核洪水位是确定坝高的依据。核洪水位以下的库容称为总库容。总库容是划分水电站等级的依据之一。校核洪水位与汛期限制水位之间的库容称为调洪库容。其中包括防洪高水位与汛期限制水位之间的防洪库容。校核洪水位和设计洪水位又是水电站水工建筑物安全设计的依据。当遇设计洪水或校核洪水时,水库利用所有泄水建筑物的泄水能力敞泄出库。在入库洪水涨水阶段,入库流量大于泄水能力,部分水量蓄水入库,库水位抬高,泄水能力也相应增加。在入库流量开始消落直至等于泄水能力时,库水位达到最高。此时,对应以遇设计洪水水库的最高水位为设计洪水位;遇校核洪水时水库的最高洪水位为校核洪水位。对于有防洪任务的水库,在入库洪水开始涨水但涨到下游防洪保护对象的防洪标准洪水以前,水库据下游防洪要求的安全泄量控制泄量。但洪水涨到大于防洪标准洪水以后,或库水位超过防洪高水位时,水库由控泄改为敞泄,直到设计洪水位或校核洪水位。

【设计理论】(design theory) 结构设计过程中采用的计算与分析的基本方法。主要解决工程结构产生的各种作用效应与结构材料抗力之间的关系,涉及到有关结构上的作用、结构抗力、结构可靠度和结构设计方法及优化设计等方面的问题。主要包括:(1)容许应力设计法。以结构构件的计算应力(σ)不大于有关规范所给定的材料容许应力(σ)的原则来进行设计的方法。(2)破坏强度设计法。考虑结构材料破坏阶段的工作状态进行结构构件设计的方法。(3)极限状态设计法。当以整个结构或结构的一部分超过某一特定状态就不能满足设计规定的某一功能要求时称为该功能的极限状态,按此状态进行设计的方法称极限状态设计法。它是针对破坏强度设计法的缺点而改进的工程结构设计法。分为半概率极限状态设计法和概率极限状态设计法。

【设计年径流】(design annual runoff) 相应于设计标准的年径流量及径流系列。年径流设计标准常以保证率或频率表示。是水力发电、灌溉、供水和航运等工程规划设计的一项重要水文数据。其内容主要是:(1)多年平均年径流量。它反映工程所在河段总的来水条件,是一项重要径流特征值。(2)符合指定设计保证率的年径流量及径流系列。它反映设计流域径流量的年际变化与年内水量分配的情况,代表未来工程运行期间可能出现的径流来水过程。年径流的设计保证率是根据用水部门的要求确定的。发电保证率常采取90%～95%。灌溉保证率常采取75%～80%。城市及工业用水证率常采取95%～100%。根据工程所在地点的水文资料条件，采用不同的计算方法。按其计算方法的不同可分为：频率计算法和等值线图法。

【设施农业】（facility agriculture） 又称可控农业。通过采用现代化农业工程和机械技术改变自然环境，为动植物生存、发育提供相对可控制甚至最适宜的温度、湿度、光照、水肥和气候等环境条件，而在一定程度上能摆脱对自然环境的依赖下进行有效生产的农业。具有高投入、高技术含量、高品质、高产量和高效益等特点，是最具活力的现代农业，是涵盖建筑、材料、机械、自动控制、品种、园艺技术、栽培技术和管理等学科的系统工程。其发达程度是体现农业现代化水平的重要标志之一。包括设施栽培、设施饲养、各类型玻璃温室、塑料大棚、连栋大棚、中小型塑棚及地膜覆盖，还包括所有进行农业生产的保护设施。设施栽培可充分发挥作物的增产潜力，增加产量。保护设施防止许多病虫害的侵袭。在生产过程中不需要使用农药或很少使用农药，从而改善了商品的品质，并能使作物反季节生长，可以在有限的空间中生产出数量多、高品质的产品。

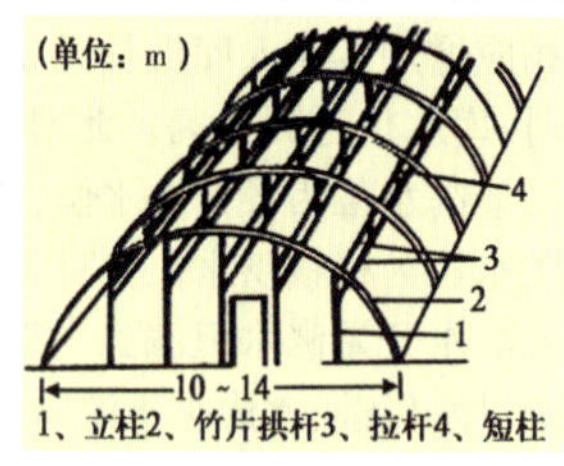

混合结构塑料大棚示意图

【设施蔬菜】（protected vegetable） 在人工设施和人工控制环境因素条件下生产的蔬菜的总称。如棚室蔬菜、日光温室蔬菜、水培蔬菜、基质栽培蔬菜等，其中以棚室蔬菜数量最大，包括塑料大、中、小拱棚，以及单面温棚等生产的蔬菜，以春提前和秋延后上市为主，填补了早春和晚秋露地蔬菜上市淡季；其次是日光温室蔬菜，以果类蔬菜为主，冬、春季节上市，价格高，上市期长；其他类型蔬菜目前上市量还很少。在不适合蔬菜生长的季节和环境条件下，采用现代农业技术，人为创造适合蔬菜生长的环境进行生产，实现了蔬菜丰产、高效和周年供应。从20世纪70年代发展小拱棚、大棚蔬菜，到现在的日光温室、无土栽培、智能温室蔬菜等，解决了早春、夏季、秋季和越冬蔬菜供应不足的难题，实现了蔬菜就地周年供应，丰富了市民的菜篮子，这是现代科技发展的结果，是未来蔬菜生产发展的方向。与自然环境下生产的蔬菜相比，具有产量高、品质鲜嫩、商品外观优良、商品率高和市场供应期长等优点。其缺点是：价格高，与露地蔬菜相比口感风味欠佳（智能温室生产的蔬菜除外）和对储运条件要求高等。

【设施畜牧业】（facility animal husbandry） 以自动化或半自动化的工厂方式进行动物生产的高效集约型畜牧业生产模式。依托现代工程技术、新材料技术、生物技术和生态技术，在系统工程原理的指导下以最小资源投入，营造可供动物生长的特定环境。

设施畜牧业

【设施渔业】（facility fisheries） 将工程技术、机械设备、监控仪表等现代工业技术用于渔业生产，实现高密度、高产值、高效益的标准化养殖模式。设施渔业是在20世纪中期发展起来的。其产业形式主要包括工厂化养殖、大水体循环养殖和网养（网箱、网围、网栏等）。

【设施园艺】（facility horticulture） 综合运用现代新技术、新设备和管理方法而发展起来的机械化、自动化的技术密集型园艺业。利用塑料大棚或建造玻璃温室来人工调节阳光、温度和水分，创造适宜园艺作物生长的环境，变“春种秋收，夏管冬藏”为“四季常青，全年收获”，在人工控制环境条件下连续作业。例如对各类蔬菜采用岩棉栽培、袋培、水培、营养液膜栽培等方式，通过电脑调节环境因素和栽培措施，进行监控和管理，并根据蔬菜生长的需要，电脑指令整个系统调节适宜的光、温、水和二氧化碳及营养成分的浓度等，完成育苗、移栽、收获、清洗、包装等全部生产程序。

【设施栽培】（facility cultivation） 又称保护地栽培。在不适于作物生长的季节或环境下，采用人工建造的保护性设施，为作物的生长提供适宜的条件，从而进行农产品生产的一种栽培方式。按其外形的不同可分为阳畦、拱棚和温室三种类型；按照其透明覆盖物种类的不同可分为玻璃和塑料薄膜两种类型；按照其作业自动化程度的不同可分为自动化、半自动化和普通形三种类型；按照其有无加温设备，又可分为日光型和加温型两种。

设施园艺

【社会－环境模型】(social environment model) 将人和工作环境两因素认为是导致事故的主要倾向的一种系统模型。事故致因单因素理论之一。1957年由科尔提出。一个具有工作灵活性的工人在工作中将更为机警，而机警会避免事故。缺乏工作的灵活性会导致低质量的工作效能，并且产生事故。其基本观点是：(1)一个适宜的工作环境能增进安全。(2)社会和环境的压力会分散工人的注意力而导致事故。这些压力包括：工作变更、领导变换、婚姻、死亡、生育、分离、疾病、噪声、照明不良、高温或过冷、时间紧迫等。(3)减轻这些方面的压力会减少事故的发生。

【社会安全事件管理】(social security incident management) 通过一系列有效管理行为来预防和处理突发社会安全事件，以使公共组织及其成员摆脱危机状态的行为过程。主要内容包括：(1)对突发社会安全事件前的有效预防。重在加大政策调整力度，促进社会化保障体系和法律制度的建立完善，减轻群众负担和保障权益，做好就业、劳动及福利保障、救济扶困等；建立社会预警机制，提高快速反应能力；同时，畅道公共参与渠道，拓宽公众参与途径，完善科学民主决策机制；不断提高各级干部危机意识，科学决策和及时控制、有效处理社会矛盾的能力。(2)对突发社会安全事件的及时应对。突发社会安全事件一旦爆发，就应积极处置，并把握以人为本、及早化解、依法处理、慎用警力、当地领导负责等五大原则。在处置过程中，具体采取七种基本方法：一是迅速控制事态，争取由大变小，由热变冷，由强变弱，防止其蔓延扩大；二是提出整体方案和对策，了解事态起因、参与人群情况，有针对性地作出应对策略；三是统一行动，要精心组织部署，明确责任分工，各方联合行动，全面解决问题；四是政府及有关领导直接对话，进行解释，消除误解和对立情绪；五是主导舆论导向，利用媒体作好正面宣传报导，减少和消除不实谣言和传闻的负面影响；六是组织纪律约束，利用归属组织作教育工作，进行纪律约束，最大限度减少参与事件的人数规模和越轨言行；七是法律措施。利用执法机关依法处置，保护公民合法权益，打击违法犯罪行为。(3)对突发社会安全事件后的修复重建。事后要对突发社会安全事件进行评估，总结经验教训，改进管理和工作方法，采取有效措施作好突发社会安全事件的恢复重建，在机制、管理、设施等方面进行改进和修复，并继续利用各种渠道对突发社会安全事件参与人员进行教育疏导和善后工作，从根本上防止事件再次发生。

【社会保障制度】(social security system) 以国家或政府为主体，依据法律规定，通过国民收入再分配，以社会保障基金为依托，对公民在暂时或永久失去劳动能力以及由于各种原因生活发生困难时给予物质帮助，保障其基本生活的制度。包括社会保险、社会救济、社会福利、优抚安置和社会互助等内容。中国社会保障体系建设的目标是：建立统一、规范和完善的社会保障体系，真正形成独立企业事业单位之外、资金来源多元化、保障制度规范化、管理服务社会化的中国特色社会保障体系。是社会经济发展的“推进器”，是实现社会公平的“调节器”，是维护社会安定的“稳定器”。其特点是：(1)建立健全社会保障制度对企业深化改革起着促进和保证作用。企业富余人员在再就业过程中必须得到适当的生活保障，才能为企业参加市场竞争、自主经营、自负盈亏提供稳定的社会环境。(2)建立健全社会保障制度有助于增强企业的活力，促进经济发展。使新老企业平等参与市场竞争，促进经济发展，发挥了重要的支撑作用。(3)建立健全社会保障制度有助于维护劳动者的合法权益，促进社会的稳定。调节了社会成员之间收入水平和富裕程度的过分悬殊，在一定程度上实现了社会的公平分配。这对缓解社会矛盾、协调社会关系、维护社会安定具有积极作用。

【社会的科学能力】(social scientific ability) 一个国家或地区发展科学技术的社会力量。广义地讲，是指所有直接和间接促进科学技术发展的各种力量的总和，包括政治、经济和文化等各方面。狭义地讲，是指直接同发展科学技术有关的具体条件或基本要素。其基本要素是：科学家队伍的集团研究能力；实验技术装备的质量；“图书 信息”系统的效率；科学劳动结构的优化程度；民众的科学教育水平。

【社会互助】(social aid) 在政府鼓励和支持下，社会团体和社会成员自愿组织和参与的扶弱济困活动。包括两个方面：(1)为受助者提供资金的社会互助。包括社会(国内)捐赠、海外捐赠、互助基金和义演、义赛、义卖等。(2)为受助者提供服务的社会互助。包括邻里互助、团体互助和慈善事业等。具有自愿和非营利的特征。其资金主要来源于社会捐赠和成员自愿交费，政府往往从税收等方面给予支持。其主要形式包括：工会、妇联等群众团体组织的群众性互助互济；民间公益事业团体组织的慈善救助；城乡居民自发组成的各种形式的互助组织等社会互助。其特点是：(1)相互认同和相互依存。(2)行为规范和价值准则。(3)利他主义和功利主义的社会互助。(4)返朴归真。

【社会救助】(social assistance) 又称社会救济。国家和其他社会主体对于遭受自然灾害、失去劳动能力或者其他低收入公民给予物质帮助或精神救助。目的是以维持其基本生活需求,保障其最低生活水平。对于调整资源配置,实现社会公平,维护社会稳定有非常重要的作用。通常讲,救济是一种消极的救贫济穷措施,基于一种同情和慈善的心理,对贫困者行善施舍,多表现为暂时性的救济措施;而救助则更多反映了一种积极的救困助贫措施,作为政府的长期性的救助。因此,政府的责任而采取的长期性的救助,是指国家对于遭受灾害、失去劳动能力的公民以及低收入的公民给予特质救助,以维持其最低生活水平的一项社会保障制度。社会救助主要是对社会成员提供最低生活保障,其目标是扶危济贫,救助社会脆弱群体,对象是社会的低收入人群和困难人群。社会救助体现了浓厚的人道主义思想,是社会保障的最后一道防护线和安全网。

中华社会救助基金会

【社会科学】(social science) 关于各种社会现象的本质及其产生和发展规律的知识体系。包括政治学、经济学、军事学、法学、文化学、教育学、文艺学、史学、民族学、宗教学、社会学等。由于社会科学研究的是社会现象的本质和规律,在阶级社会中有着鲜明的阶级性,一般是为一定阶级的利益服务的。占统治地位的阶级总要通过各种方式对它施加影响。社会科学这类意识形态是一定上层建筑中的重要组成部分。当代科学技术发展给予社会各方面的影响,大大扩展了社会科学的研究范围。社会科学与科学技术间的相互交叉与渗透,形成了许多新的科学,如科学社会学、科学经济学、科学管理学、科学伦理学、科学法学等。

【社会科学化】(social scientification) 科学向社会的全面渗透、并使整个社会日益建立在科学发展基础上的过程。是当代社会发展的重要趋势。其前提是现代科学的迅猛发展及其对社会影响的日益深化。社会科学化和科学社会化一样,是现代科学的重要特征。

【社会流行病学】(social epidemiology) 将社会学及流行病学研究手段交叉融合形成的流行病学的一个分支学科。流行病学研究的对象是生活在社会的人群,研究的结论也只适用于群体。人群组成了社会,医学事件的群体现象本身就是一个特殊的社会现象,各种社会现象又会影响人群的疾病与健康。在非传染性疾病流行病学,就是十分关注战争、饥荒、贫困、宗教等生活活动对疾病流行过程的作用;在非传染性疾病流行病学研究中,人们更加重视社会因素对疾病转归、诊断、治疗、康复以及预防等各个环节的影响。

【社会医疗制度】(system of social medical treatment) 组织国家、集体和个人资金,抗御各种风险、提高健康水平的一整套医疗保健服务体制。是社会保障体系中的一个重要组成部分,是构建和谐社会的重要措施。它有其相应的实体,包括费用的筹集、分配及管理方式,卫生人员的培养和使用,以及卫生服务的实施等。

【社会医学】(social medicine) 社会学的一个分支。从社会学角度研究医学问题的学科。其主要研究内容包括:社会因素对个体和群体健康、疾病的作用及其规律;制定各种社会措施,保护和增进人们的身心健康和社会活动能力,提高生活质量。社会医学提出健康和社会、经济之间的双向性、同步性作用,社会因素对健康和疾病的决定性作用,医学社会功能的多样性,卫生事业的两重性质(公益性、经济性)等理论。从生物医学模式转变为生物心理社会医学模式,是社会医学的灵魂。用社会医学理论指导卫生管理和临床医学实践,给这些学科带来生命力。

【社会优抚】(community special care) 国家和社会对军人及其家属所提供的各种优待、抚恤、养老、就业安置等待遇和服务的保障制度。是针对军人及其家属所建立的社会保障制度。是中国社会保障制度的重要组成部分。中国《宪法》第45条规定,“国家和社会保障残废军人的生活,抚恤烈士家属,优待军人家属。”保障优抚对象的生活是国家和社会的责任。社会优抚制度的建立,对于维持社会稳定,保卫国家安全,促进国防和军队现代化建设,推动经济发展和社会进步具有重要意义。优抚的对象是为革命事业和保卫国家安全作出牺牲和贡献的特殊社会群体,由国家对他们的牺牲和贡献给予补偿和褒扬。优抚工作是政府的一项重要行为,优抚优待的资金要由国家财政投入,还有一部分由社会承担,只有在医疗保险和合作医疗等方面由个人缴纳一部分费用。社会优抚与社会保险、社会救助和社会福利不同,它是特别针对某一特殊身份的人所设立的,内容涉及到社会保险、社会救助和社会福利等,包括抚恤、优待、养老、就业安置等多方面的内容,是一种综合性的项目。

【社区获得性肺炎】(community-acquired pneumonia, CAP) 在医院外罹患的感染性肺实质炎症。包括具有明确潜伏期的病原体感染而在入院后的平均潜伏期内发病的肺炎。其临床表现是:(1)新近出现的咳嗽、咳痰,或者原有呼吸道疾病症状加重并出现脓性痰,伴或不伴有胸痛。(2)发烧。(3)肺实变体征和/或湿性啰音。(4)白细胞大于1×10^{10}个/升或小于4×10^{9}个/升,伴或不伴核左移。(5)胸部X线检查显示片状、斑片状浸润性阴影或间质性的改变,伴或不伴胸腔积液。以上1~4项中任何一项加第五项,并排除肺结核、肺部肿瘤、肺血管炎、肺栓塞等肺部疾患,就可诊断为社区获得性肺炎。

【社区康复】(community-based rehabilitation) 在城乡基层社区水平,积极调动和协调社区有关部门和人员,包括残疾人及其家庭成员,充分开发和利用现存的社区资源,为残疾人和其他康复对象提供有效、可行、经济的康复服务。其不仅是帮助残疾人的方法,也是加强包括残疾人在内的社区成员共同参与的过程,扩大了残疾人对康复服务的受益面;提高了残疾人的生活质量,促进其平等参与家庭生活和社会活动。同专业康复相比较有以下特点:相对简单的管理系统,投资低、通俗易掌握的康复技术,稳定的社区人群形成较和谐的人际关系,残疾人作为主动参与的一方,康复费用低等。是社区发展战略计划的一部分。

社区康复

【社区实验】(community trial) 又称社区干预项目、生活方式干预试验、以社区为基础的公共试验等。以尚未患所研究疾病的人群作为整体进行试验观察,以对某种预防措施或方法进行考核或评价的流行病学实验研究。是在人为控制条件下进行的,特指在社区人群中通过改变可疑致病因素,观察该人群疾病或健康状况是否发生变化的一种实验。是流行病学病因研究最终的最强有力的证据。干预研究须遵循随机、对照的原则。但在实际工作中,往往不能完全符合理论上的要求,此时研究者称此类研究设计为"准实验"。

【射电天文学】(radio astronomy) 又称无线电天文学。天文学的一个分支。应用无线电技术观测、研究天体和其他宇宙物质发射或反射无线电波的学科。射电天文学创立于20世纪40年代,与光学天文学相互配合、补充,解决了大量天文学问题。与光学天文学相比,射电天文学有以下特点:(1)无线电波可以通过光波不能透过的尘埃和气体,可不分昼夜阴晴对天体进行观测。还能达到更深更远的空间,扩大了观测范围。(2)可以用电磁波对某些不发光的物质进行观测,用来研究用光学方法无法研究的天文现象。"类星体"、"射电脉冲星"、"宇宙背景辐射"和"星际分子",都是由射电天文观测发现的。

射电望远镜

【射流泵】(jet pump) 依靠一定压力的工作流体通过喷嘴高速喷出带走被输送流体的泵。由喷嘴、喉管入口、喉管和扩散管等组成。当工作流体从喷嘴高速喷出时,在喉管入口处因周围的空气被射流卷走而形成真空,被输送的流体即被吸入。两股流体在喉管中混合并进行动量交换,使被输送流体的动能增加,最后通过扩散管将大部分动能转换为压力能。按工作流体种类的不同射流泵可以分为:液体射流泵和气体射流泵。其中以水射流泵和蒸汽射流泵最为常用。射流泵还能与离心泵组成供水用的深井射流泵装置。它没有运动的工作元件,结构简单,工作可靠,无泄漏。不需要专门人员看管,适合在水下和危险的特殊场合使用。此外,它还能利用带压的废水、废汽作为工作流体,从而节约能源。射流泵虽然效率较低,一般不超过30%。但是研发新的多股射流泵、多级射流泵和脉冲射流泵等传递能量的效率已有所提高。

射流泵

【射流喷网法】(hydroentangling) 俗称

水刺。利用高压水流穿刺纤网的方法。射流喷网的纤网可以是干法成网的纤网,也可以是湿法成网和纺丝成网的纤网。在纤网进入水刺区前,需要进行预湿处理,以使纤网在水刺时能吸收更多的有效能量。高压水流,受到强烈冲击而垂直进入纤网中。水流穿过纤网后撞击在输网帘上,以一定角度反射回来,形成对纤网的反向冲击,使纤维产生不同方向的位移。这样,就使纤网中的纤维相互缠结紧密抱合在一起,形成具有一定强度的湿态非织造布。输入烘箱中烘干,形成射流喷网非织造布。水刺法生产出的产品具有较高的强度,优良的悬垂性和柔软的手感。大多数产品不含化学黏合剂,对纤维损伤小,成布不掉毛,适合加工手术衣、手术巾、纱布和绷带等医疗用品。

射流喷网设备

【射流引纬】(jet inserting)　利用高速流体对纱线表面产生摩擦牵引力将纬纱引过梭口的方法。有喷气引纬和喷水引纬两种。射流引纬速度高,但选纬功能差,不适用多色纬织造,常用于单色织物生产。

【射频】(radio frequency, RF)　又称射频电流。一种可以辐射到空间的频率在300kHz～30GHz之间、由每秒变化大于10 000次的高频电流形成的电磁波。其特点是:(1)高频交流变化。(2)经大气层外缘的电离层反射,具有远距离传输能力。在无线通信领域广泛应用。

【射频电流】(radio-frequency current)

见射频。

【射频敏感器】(radio-frequency sensor)

接收人工发射站发射的射频电波,并借此获得航天器相对于发射站姿态信息的接收装置。航天器姿态敏感器的一种。常用的射频敏感器有单脉冲比相射频敏感器和单脉冲比辐射频敏感器两种。它们都有两副接收天线。前者的工作原理是利用两副天线所收到的射频信号的相位差与姿态有一定的关系,后者则利用两副天线所收到的射频信号的幅度差与姿态有一定的关系。射频敏感器的精度很高,已达0.01度数量级。

【射线检测】(radiation testing)　五种常规无损探伤技术中最常用的一种检测方法。利用电磁辐射检测构件内部是否存在缺陷的方法。其检测原理是:当一束X射线或γ射线穿透物体时,其强度会因为被物体散射和吸收而减小,其衰减程度取决于物质的衰减系数和射线穿过物体的厚度。如果物体内部存在缺陷,射线透过缺陷区的强度就会与无缺陷区的强度产生差别。检测人员用紧贴被检工件背面放置的照相胶片接受射线的感光,把感光后的胶片进行冲洗,再用观片灯对照底片上的不同黑度加以评定,即可获得有关缺陷的类型、大小、形状和分布情况的信息。据此对工件的质量作出评判。射线检测特别适于测定铸件、锻件、焊缝、电子组件、固体燃料、金属、非金属及复合材料中存在的夹杂物、气孔、疏松、裂纹、偏析、未熔合及未焊透等缺陷。但射线检测对人有辐射危害,必须注意防护。

【涉外道路交通事故】(traffic accident concerning foreign affair)　在中国道路上发生的涉及到外国人、车辆和财产的交通事故。除了具有国内交通事故构成的要素外,还应具有涉外因素。主要有以下几个方面:一是当事人是外国人;二是使馆和外国人的机动车;三是交通事故造成的直接经济损失涉及外国人。涉外交通事故的处理依据包括两方面:一是中国法律、法规和规章;二是国际条约和公约。处理好涉外交通事故应坚持以下基本原则:坚持国家主权原则;遵守国际条约原则;当事人在民事权利义务上一律平等的原则;原则性和灵活性相结合的原则和有理、有利、有节的原则。

【摄谱仪】(spectrograph)　将复色光分解为光谱并进行摄影记录的精密光学仪器。光谱仪中的一类。是进行光谱工作的基本仪器。分为棱镜摄谱仪和光栅摄谱仪两种。主要由准直管、色散系统和照相机等三部分组成。各部分的结构与作用分别是:(1)准直管。主要由一个(或一组)透镜或反射镜及在其焦平面上的狭缝组成;由狭缝入射的光线经过准直管后形成一束平行光。(2)色散系统。一般是棱镜或光栅,使从准直管中射出的平行光按波长分解为若干束方向不同的平行光。(3)照相机。主要是一个会聚透镜,将来自不同方向的平行光,分别聚焦在其焦平面的不同位置而形成光谱;这种光谱被放在焦平面上的照相片记录下来。一般摄谱仪的适用范围为紫外光和可见光(也可以包括部分近红外光)区域。

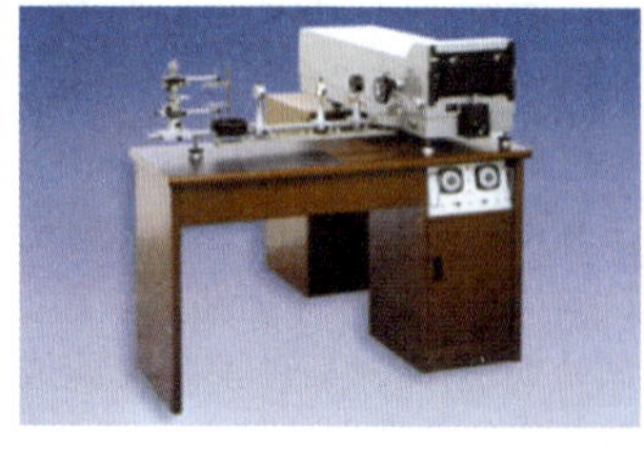

摄谱仪

【摄氏温度】(centigrade temperature scale) 又称摄氏温标。1742 年由瑞典天文学家 Anders Celsius 创立，将水在一个标准大气压下的结冰点和沸腾点的温度之差划分为 100 等分，每一等分为一度，记作℃。一种温度表示方法。水的结冰点为 0℃。水的沸腾点为 100℃。摄氏温度与热力学温度的温度刻度完全相同，只是零点的选择不同。

【摄影比例尺】(photographic scale) 航摄像片上的线段长度与相应实地水平距离之比。航摄仪焦距与摄影航高之比。在平坦地区的水平像片上比例尺处处相同。但在不平坦地区，由于相片倾斜和地面高低起伏的影响，相片上各处的比例尺并不一致，通常仅表示其平均值或概略值。因此，使用航摄像片时应注意这一点。

【摄影测量】(photogrammetry) 利用摄影影像的几何关系和有关信息测定目标物的形状、大小、性质、空间位置及它们之间相互关系的技术。有航空摄影测量、地面摄影测量和航天摄影测量。广泛应用于建筑摄影测量及生物医学、工业和水下摄影测量等领域。

【摄影测量学】(photogrammetry) 测绘学的一个分支。研究利用摄影或遥感的手段获取被测物体的影像信息，确定被测物体的形状、大小和位置，并判断其性质的一门学科。其研究内容是：通过图像对被摄目标进行间接量测，而无须接触被摄物体本身。其优点是：(1)量测工作绝大部分在室内进行，可以不受自然地理等条件的限制。(2)量测工作和信息获取在时间和空间上是独立的。(3)机械化和自动化程度较高。(4)从所获信息中可以任意选择所需要测量和处理的对象。(5)全部信息都可以作为文献储存。此外，摄影测量的信息资料还具有覆盖面积大、不受地区与国界的限制、信息获得快和能及时反映地面的动态变化等特点。

【摄影测量坐标系】(photogrammetric coordinate system) 描述摄影测量模型的空间直角坐标系。其原点选在某摄站或某一已知点，x 轴大体与航线方向一致，z 轴与铅垂线方向一致且向上为正。该坐标系为右旋空间直角坐标系。

【摄影基线】(photogrammetric baseline) 摄取立体像对时相邻摄站间的连线。在航空摄影测量时，其长度可用地面控制点反求像片外方位元素后而得到；在地面摄影时，可直接丈量两摄影站间的距离或用控制点反求摄影机的空间位置而得到。

【伸缩缝】(contraction joint) 又称温度缝。在建筑物基础之上设置的垂直缝隙。旨在避免由温度变化产生的应力使建筑物产生裂缝。通常根据建筑结构的类别、环境与布置情况的不同，将结构分为几个区段。各区段之间从基础顶面开始，将上部结构完全分开，并留设一定宽度缝隙，以保证当温度变化时，上部结构可以沿水平方向自由伸缩。伸缩缝的宽度应满足结构可能发生的最大伸缩变形的要求，一般为 20～30mm；缝内应填保温材料。为减轻地基不均匀变形对建筑物的影响，而在建筑物中预先设置的间隙，称为沉降缝；为减轻或防止相邻结构单元由地震作用引起的碰撞，而预先设置的间隙，称为防震缝；在混凝土施工时，由于技术上或施工组织上的原因不能一次连续灌注时，在结构的规定位置留置的搭接面或后浇带，称为施工缝。

桥梁伸缩缝

【伸缩节】(expansion joint) 见膨胀节。

【身份认证】(authentication) 在实施网上交易或其他信息交互业务中确认来访者身份的技术。是保证网络安全和信息安全的重要措施之一。其主要形式包括：(1)根据暗号、密码等信息证明身份。(2)根据 IC 卡、单位数字证书等拥有的物品证明身份。(3)根据指纹、面貌等身体特征证明身份。密码技术一直在身份认证中起重要作用。根据所用密码体制的不同可分为：基于对称密钥技术的身份认证和基于公开密钥的身份认证两类。

【身体变形障碍】(body dysmorphic disorder, BDD) 由外表缺陷所致的强烈痛苦或者影响社会/职业或其他重要的功能的一种心理疾病。是一种公认的关于体象的心理障碍。病人可以是想象出一个外表缺陷，或者将一个微小的缺陷过分夸大。本病一般起病于青少年期，男女比例接近。常见且很严重。患者会产生一种痛苦的、具有损害性的过分关注观念，对自己的外貌存在着知觉缺陷。即沉迷于一种认为自己的外表一定出现了什么问题的信念。他们会把自己描述成丑陋的、毫无魅力的和不正常的，甚至是丑陋的、可怕的、变形的。这种过分关注观念使他们频繁的关注自己脸部和头部，甚至是皮肤，如粉刺、疤痕、肤色、线条及皱纹、头发过少或过多、体毛过少等，或者关注自己的鼻子的大小和形状。这些对外表的过度关注会给日常生活造成显著的情绪苦恼或问题。甚至认为这些疾病毁了他们的人生。对外表的过度担忧会造成患者的低自尊、对家人和朋友的回避以及给学校学习和工作造成困难。他们经常感到焦虑不安、情绪低落,甚至想过自杀。一些人经历过这种可调节的苦恼,尽管不能实现他们应该有的潜能,但能够恢复的很好。其治疗方法有:(1)口服选择性血清胺再摄取抑制剂。(2)认知行为治疗。这两种治疗方法常能减轻患者对外表的过分关注和强迫行为(如反复使用镜子检查),还能减轻情绪困扰和痛苦,改善 BDD 患者的抑郁状态。

【参苓白术散】(shenling baizhu powder) 方剂名。组成:人参 100g、茯苓 100g 、白术(炒)100g、山药 100g、白扁豆(炒)75g、莲子 50g 、薏苡仁(炒)50g、砂仁 50g 、桔梗 50g 、甘草 100g。制法:以上十味,粉碎成细粉,过筛,混匀,即得。用量:口服,一次 6~9g,一天 2~3 次。功能主治:补脾胃,益肺气。用于治疗脾胃虚弱、食少便溏、气短咳嗽、肢倦乏力等。

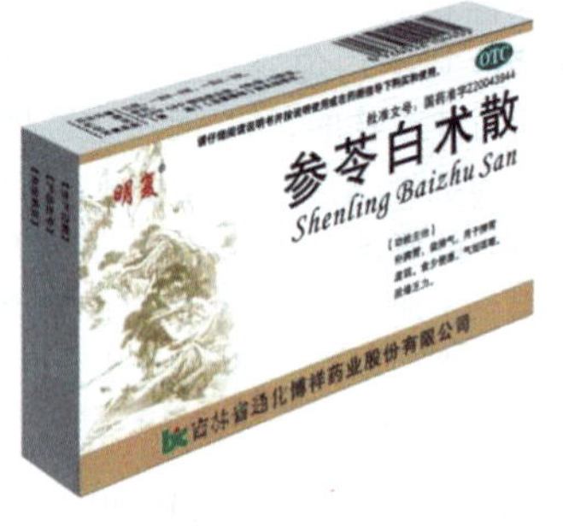

参苓白术散

【参宿七】(Rigel) 猎户座 β 星。全天空最亮的 21 颗恒星之一。视星等为 0.12,距太阳系距离约 850 光年。为一变星,最亮的称蓝巨星。在天球上的具体位置约为赤经 5 时 20 分,赤纬 −8°。属中国古代二十八宿中的参宿。

【参宿四】(Betelgeuze) 猎户座 α 星。全天空最亮的 21 颗恒星之一。为一变星、射电星和红超巨星。视星等变化于 0.06 与 0.75 之间,距太阳系距离约 600 光年。在天球上的具体位置约为赤经 5 时 40 分,赤纬 +7°。属中国古代二十八宿中的参宿。

【砷污染】(arsenic pollution) 非金属元素砷(As)引起的环境污染。砷又名砒,广泛分布于自然界,不溶于水。没有毒性。但是砷化物——三氧化二砷是剧毒物。通常说的砷中毒,实际上是三氧化二砷(As_2O_3)中毒。三氧化二砷,又名砒霜,色白,无味,易溶于水,人中毒后会出现恶心、呕吐、腹痛、四肢痛性痉挛,最后导致昏迷、抽搐、呼吸麻痹而死亡。环境砷污染引起的慢性中毒病例很多。近年来还发现,在与含砷物质经常接触的人群中,皮肤癌和肺癌的发病率高于其他行业。砷污染的来源有:(1)砷化物的开采和冶炼。(2)在某些有色金属的开发和冶炼中,排出的砷化物。(3)砷化物的广泛利用。(4)煤的燃烧。

云南阳宗海砷污染

【砷中毒】(arsenic poisoning) 主要由砷化合物引起的全身中毒性疾病。其中以毒性较大的三氧化二砷(砒霜)中毒较为多见。其临床表现是:急性砷中毒多为误服或自杀吞服可溶性砷化合物引起。口服 10min~5h 出现。早期常见消化道症状,如咽下困难、腹痛和腹泻等。呕吐物先是胃内容物及米泔水样,继之混有血液、黏液和胆汁,可有蒜样气味。重症极似霍乱,开始排大量水样粪便,以后变为血性;同时可有头痛、烦躁、谵妄、中毒性心肌炎和多发性神经炎等。少数有鼻衄及皮肤出血。严重病人可于中毒后 24h 至数日发生呼吸、循环、肝、肾等功能衰竭及中枢神经病变,出现呼吸困难、惊厥和昏迷等危重征象。少数病人可出现休克,甚至死亡。而胃肠道症状并不显著。慢性砷中毒的症状为皮肤多样性损害。好发在胸背部、皮肤皱褶或湿润处、手掌的尺侧缘和手指的根部。砷疗是其典型表现。指甲米氏线为砷吸收的证据。砷被公认为人的致癌物。据报道常期接触砷的人群中呼吸道癌症的发病率较高。

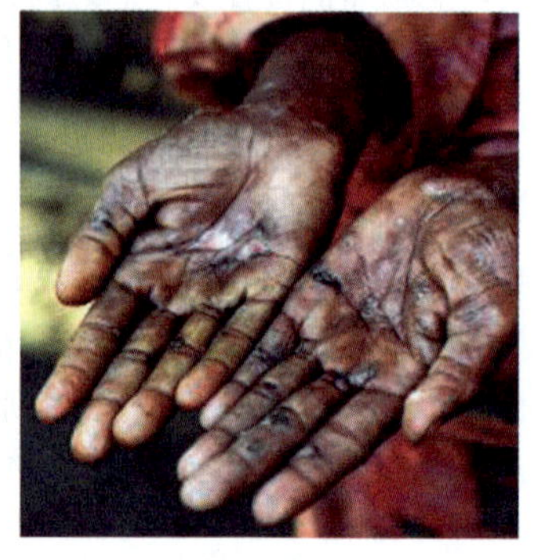
砷中毒

【深部地质调查】(deep geological survey) 以地壳深部及上地幔地质特征为主要调查内容的一项综合性和基础性的地质调查工作。主要研究地壳和上地幔的结构构造特征、物质成分及其物理化学性质和赋存状况以及各种深部作用发生、发展和演化的动力学过程,确定深部结构与近地表地质的相互关系。深部地质调查采用地质、地球物理和地球化学方法,以及深钻、超深钻等多学科深部探测。

【深层搅拌水泥土围护墙】(deep mixing cement-soil retaining wall) 以高压旋转的喷嘴将水泥浆喷入土层与土体混合,形成连续搭接的水泥加固体。此项施工方法。施工占地少,振动小,噪声较低,但容易污染环境,成本较高,对于特殊的不能使喷出浆液凝固的土质不宜采用。

【深度基准面】(depth datum) 又称海图基准面。海洋测绘中深度的起算面。通过一定时期的潮汐观测和给定的数学模型计算求出。通常选定在当地多年平均海面下某一位置上,并以当地平均海面与国家统一高程系统联测。世界各国根据其海域水文特征确定当地深度基准面,如理论最低潮面、平均低低潮面、最低低潮面、大潮平均低低潮面、印度大潮低潮面、平均低潮面、大潮平均低潮面及赤道大潮低潮面等。中国采用理论最低潮面作为深度基准面。

【深度指示器】(depth indicator) 指示提升容器在井筒或斜坡道中运行位置的装置。其作用是向司机指示提升容器在井筒中的位置。容器接近井口停车位置时发出减速信号。当提升容器过卷时,使装在深度指示器上的终点开关动作,切断安全保护回路,进行安全制动。目前,中国提升机应用较多的是圆盘式深度指示器和机械牌坊式深度指示器。圆盘式深度指示器由发送部分和接收部分组成。其基本原理是传动轴经齿轮传动,将提升机旋转运动传给发送自整角机,该自整角机再将信号传给圆盘深度指示器上的接收自整角机,二者组成电轴,实现同步联系,从而达到指示容器位置的目的。深度指示器装于司机台上。有粗针和精针两个指针,精针只在容器接近井口时才转动,以便指示精确的停车位置。

【深覆殆】(deep overbite) 上前牙切缘覆盖过下前牙唇面超过切1/3或下前牙切缘咬在上前牙舌面切1/3。一种上下颌牙弓垂直关系的异常。按其严重程度的不同,可分为3度:Ⅰ度,上前牙牙冠覆盖过下前牙唇面超过切1/3而不足1/2,或下前牙切缘咬在上前牙舌面切1/3而不足1/2者。Ⅱ度,上前牙冠牙覆盖过下前牙唇面超过切1/2而不足2/3,或下前牙切缘咬在上前牙舌面切1/2而不足2/3者。Ⅲ度,上前牙冠覆盖过下前牙唇面超过切2/3,或下前牙切缘咬在上前牙舌面超过颈1/3者。其临床表现是:(1)牙位置及关系异常。前牙区表现为上中切牙内倾,上侧切牙唇倾,上牙列拥挤;下切牙内倾、拥挤;磨牙远中关系,若仅为牙弓前段不调,磨牙可能呈中性殆关系。(2)牙弓异常。上下牙弓呈方形且变短;下颌Spee曲线和上颌补偿曲线均加大。(3)颌骨异常。上下颌骨一般发育良好,由于上前牙内倾,下颌处于功能性远中位或远中殆位;下颌前伸及侧向运动受阻,只能作闭口运动;下颌角小,低角型。(4)肌异常。唇肌张力大,颏唇沟深。(5)关节异常。可出现颞下颌关节紊乱综合征。(6)咬殆异常。上下前牙严重闭锁殆。(7)牙周异常。可引起急、慢性牙周炎而造成牙槽骨吸收,牙齿松动等。(8)面型异常。一般呈短方面型,面下1/3高度较短。其治疗原则是:调整前后段牙及牙槽骨的垂直高度打开咬合,纠正前牙轴倾度,协调上下颌骨之间的矢状位置关系;矫治深覆殆、深覆盖。深覆殆矫治后,复发趋势较明显,需过矫正。

【深海工程】(project in deep sea) 为开发利用深海资源和深海空间(水体及海底)而在深海水域兴建的各种建(构)筑物。如深海油气资源、矿产资源开采、海底电缆通信工程、核废料深海储存工程、深海军事工程等。深海工程处于水深浪大且易受海流及海洋气候影响的环境,故对工程材料的选用以及工程设施的设计和施工都提出了很严格的质量与技术要求。

【深海钻探技术】(deep-sea drilling technology) 可在深海区进行钻井作业的各种先进技术。主要由动力定位设备、重返井口装置、液压活塞取芯装置和起伏补偿装置等构成。动力定位设备是一种能在6 000m以上的深海不用抛锚、而由船载计算机自动调节和固定船位的先进装置。除了在船后安装两个主推进器外,还在船两侧各安装了前推进器和后推进器,使船只可以前后左右移动。船底部装有四个水听器,海底钻孔周围安装有声呐信标。船只到达钻探地点后,船上水听器能够接收声呐信标发回的信号,通过计算机等设备可随时得知船只偏离井位的距离,同时自动向有关推进器下达指令,调整船位,使船只始终保持在钻孔上方钻探活动允许的范围内。使用深海钻探技术的钻探船只可在风速九级、表层海水流速3kn的海况下保持船位,进行正常钻井作业。

深海钻探平台

【深矿井开采】(deep shaft mining) 开采埋藏在距地表一定深度(一般大于800m)的煤炭。在地表平坦的矿区,因煤炭的埋藏深度与矿井井筒深度(垂直深度)大体相当,也称为深井筒开采。其特点是:(1)地压大。主要表现在原岩应力大、岩体塑性大、矿山压力显现剧烈。(2)地温高。一般情况下,地温随深度的增加而呈线性增加。(3)矿井瓦斯多。主要表现在矿井瓦斯(绝对)涌出量大、瓦斯突出(煤与瓦斯突出)频度大,突出物量大。在深矿井开采中,由于地压大,巷道从掘进到报废要经受比较大的变形和破坏。因此,在巷道布置时要作到:(1)开拓和准备巷道应布置在岩石力学性能好的岩(或煤)层中。(2)巷道应布置在受采动影响小的位置。(3)缩短巷道服务年限。(4)缩短准备巷道。在巷道支护时要做到:(1)支护强度大,能抵抗高地压(2)可缩性能好,可缩量大,能适应围岩的大变形。(3)封闭性能好,能够有效地防止底鼓。而在巷道维护时,对于在高地压区掘进的巷道,除了采取有效的支护结构来控制巷道的变形和破坏外,还需在巷道形成前后或形成期间采取相应的措施来减少巷道受压,即卸压或加固围岩来保护巷道。

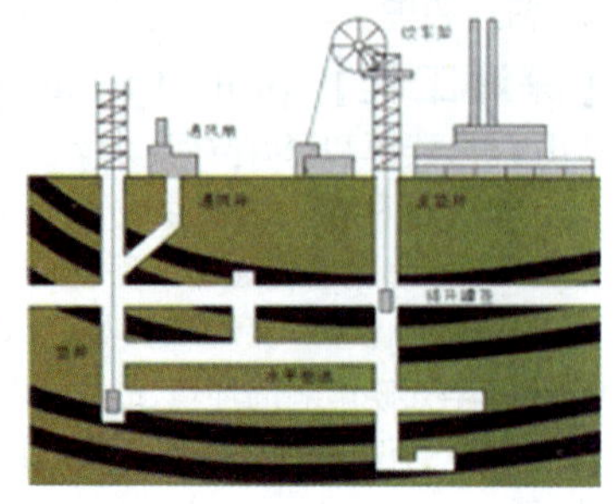
深矿井开采

【深梁】(deep beam) 跨高比不大于2的单跨梁和跨高比不大于2.5的多跨连续梁。因其高度与跨度接近,受力性能与一般梁有较大差异。为避免深梁出平面失稳,规范对梁截面高宽比和跨宽比作了限制,并要求简支深梁在顶部、连续深梁在顶部和底部尽可能与其他水平刚度较大的构件(如楼盖)相连接。简支深梁的内力计算与浅梁相同。但连续深梁的弯矩及剪力与一般连续梁不同。在工程设计中,对连续深梁内力按弹性力学方法计算,暂不考虑塑性内力重分布。试验结果表明,简支深梁在斜裂缝出现后,梁内即发生明显的内力重分布,形成以纵向受拉钢筋为拉杆和斜裂缝上部混凝土为拱肋的拉杆拱受力体系。深梁的受剪承载力主要取决于截面尺寸、混凝土强度等级和剪跨比,其次为支承长度,分布钢筋,尤其竖向分布筋作用较小。深梁支座的支承面和集中荷载的加荷点都是高应力区,易发生局压破坏,应进行局压承载力计算。

【深水炸弹】(bomb in deep water) 一种能在水下一定的深度或与目标相遇而爆炸的水中炸弹。主要用于攻击潜艇,也用来开辟雷区通道或者攻击其他目标。深水炸弹由水面舰艇或飞机投放,也可以由反潜导弹携带。

【深水炸弹武器系统】(depth charge weapon system) 又称深弹反潜系统。由深水炸弹和探测设备、射击控制系统、发射或投放装置及输弹装置构成,主要用于攻击潜艇的水中武器系统。装备在反潜舰艇和反潜机上,作为近程攻潜武器。也可用来攻击水面舰艇和近岸目标。探测设备主要是声呐,用以搜索、发现、识别潜艇,测定其位置,并连同本舰航向、航速,纵、横摇摆角等信息传给射击控制系统。射击控制系统包括指挥仪和随动系统,指挥仪根据探测设备传来的消息自动解算出射击诸元,再由随动系统驱动发射装置调转至所需的发射方向,按预先装定的射击方式进行深弹攻击。

【神经－内分泌－免疫网络调控】(nerve-endocrine-immunological network control) 神经系统通过广泛的外周神经突触及其分泌的神经递质、众多的内分泌激素,以及神经细胞分泌的细胞因子共同调控免疫系统的功能。免疫系统通过免疫细胞产生的多种细胞因子和激素样物质的反馈,作用于神经系统的这种双向的复杂的作用,使两个系统内或系统间得以相互调节,构成一种多维立体网路调控机构。是神经、内分泌、免疫三大信息系统通过信息(细胞因子、激素、化学递质等)联系,调节着各器官、系统的功能,使它们的活动在空间和时间上严密组织起来,互相配合,互相制约,从而达到整体功能的协调统一,即所谓整合调节。对于在整体水平上维持机体稳态及正常生理功能具有极其重要的意义。

【神经处理器】(neural processor) 见神经计算机。

【神经递质】(neurotransmitter) 神经元之间通过突触传递信息时化学突触的突出前膜所释放的物质。是化学传递的物质基础。它进入突触间隙后,运动至突触后膜,与特异性受体结合引起突触后神经元的兴奋或抑制。一般认为,神经递质应符合以下条件:(1)分子必须在释放它的神经元内合成,合成分子的酶和其他物质必须存在于这个神经元内。(2)分子必须储存在释放它的神经元内。(3)突触前刺激必须导致分子的释放。(4)在效应细胞引起特定的功能改变或电位变化后,一段时间内迅即失活。(5)直接外加于突触间隙可引起与刺激神经同样的突触后效应。(6)刺激神经或直接外加引起的效应同样能为特异性拮抗剂阻断。(7)这些分子必须被证明具有内源性的递质特性,如生物药理的兴奋和抑制作用、失活特性等。

【神经毒素】(neurotaxins) 又称神经毒。对神经组织有毒性或破坏性的内毒素。可使周围神经的髓鞘、脑和脊髓及其他组织产生脂肪性变。多为天然存在。如蛇毒、蝎毒、蜂毒等动物毒素,植物毒素,海洋毒素以及微生物毒素中含有神经毒素。常可引起急性中毒,且死亡率很高。作用于神经肌肉结点的有突触后神经毒素(如蛇毒)和突触前神经毒素;也有作用于神经轴突(如石房蛤毒素)、中枢神经系统的(如某些覃毒素)。

【神经反射】(nerval reflex)　高等动物机体对内外环境刺激所作的规律性的适应性反应。是中枢神经系统的基本活动形式。是神经调节的基本方式。是通过反射弧的形式完成的。可分为非条件反射与条件反射。非条件反射是机体先天固有的反射。如异物刺激角膜引起眼睑闭合的角膜反射、婴儿的吸吮反射、膝跳反射等。这些反射的通路生来就有,反射弧固定。在非条件反射中,刺激性质与反应之间的因果关系,是由遗传因素决定的。引起非条件反射的刺激称为非条件刺激。条件反射是机体后天获得的。是在个体的生活过程中,在非条件反射的基础上建立起来的反射活动。其反射通路不是固定的,因此具有更大的易变性和适应性。通过建立条件反射,可以使无关刺激成为预示某些环境变化即将来临的信号,从而扩大了人或动物适应环境变化的能力。神经反射有生理性反射和病理性反射。临床上按刺激部位的不同,常将生理性反射又分为浅反射和深反射。前者是指刺激皮肤或黏膜引起的反应;后者是指刺激骨膜肌腱引起的反应。病理反射是生理性浅、深反射的反常形式,其中多数属于原始的脑干和脊髓反射。主要是锥体束受损时的表现。根据病理性反射的反应程度可判断神经系统损害的病变程度和部位。

【神经干细胞】(neural stem cell, NSCs)　一类具有分裂潜能和自我更新能力的神经母细胞。其可以通过不对等的分裂方式产生神经组织的各类细胞。在脑脊髓等所有神经组织中,不同的神经干细胞类型产生的子代细胞种类不同,分布也不同。理论上讲,任何一种中枢神经系统疾病都可归结为神经干细胞功能的失常。脑和脊髓由于有血脑屏障的存在,使之在干细胞移植到中枢神经系统后不会产生免疫排斥反应。如给帕金森氏综合症患者的脑内移植含有多巴胺生成细胞的神经干细胞,可治愈部分患者症状。除此之外,神经干细胞的功能还可应用到药物检测方面,对判断药物有效性、毒性有一定的作用。

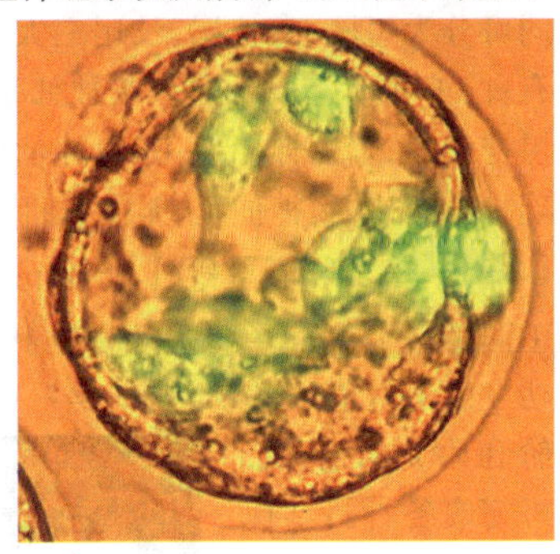

神经干细胞

【神经计算机】(neural computer)　又称神经处理器。一种基于人工神经网络原理、模仿人类大脑功能的非传统计算机。其理论模型是 MP 模型。反映了生物神经元受刺激而作出的反应。比较现实的研究开发途径是把它作为协处理器,在计算机系统或控制系统中发挥特殊作用。它能识别文字、符号、图形、语言以及声呐和雷达收到的信号,估计市场,分析产品,医学诊断,控制智能机器人,实现汽车和飞行器的自动驾驶,识别军事目标,进行智能决策和智能指挥等。这项技术已广泛应用于多个领域。

【神经控制】(neural control)　基于人工神经网络的计算机控制系统。智能控制的一个研究方向。自 20 世纪 80 年代后期以来,研究日趋活跃。其特点是:(1)对信息的并行处理能力和快速性,适于实时控制和动力学控制。(2)其非线性特性,为非线性控制带来新希望。(3)可通过训练获得学习能力,能够解决那些用数学模型或规则描述难以处理或无法处理的控制过程。(4)自适应能力和信息综合能力强,能够同时处理大量不同类型的控制输入,解决输入信息之间的互补性和冗余性问题,实现信息融合处理。特别适用于复杂系统、大系统和多变量系统的控制。

【神经溶解技术】(neural dissolved technology)　采用苯酚或乙醇注射,以溶解破坏神经轴索,降低或阻止神经冲动传递,从而减轻肌痉挛的治疗技术。注射部位可以是神经干或肌肉运动点。其操作方法是:在体表神经干或运动点部位插入注射用针电极,连接电激仪,施加 3～6mA、0.5～3Hz、波宽 0.05～0.1ms 的脉冲电流,以产生肌肉收缩。再调整电极位置,以达到诱发肌肉收缩的最低电刺激,作为理想的注射部位。回抽无血后,每点注入 2%～7% 的苯酚水溶液 1～10ml。一次注射总量一般不超过 5～10mg。可以在短期内追加注射。其作用时间一般数周至数月。可重复使用。其常用的注射方式包括:(1)胫神经阻滞。可减轻马蹄内翻足和踝阵挛。(2)闭孔神经阻滞。可减轻股内收肌痉挛,利于穿裤、洗浴和插管护理,改善剪刀步态,防止髋脱位和膝内侧压疮。(3)坐骨神经阻滞。减轻腘绳肌肌痉挛,改善坐姿,防止挛缩和压疮,增加膝关节活动度,行走时可使足跟触地。

【神经调质】(neuromodulator)　由突触前神经元合成和释放的,不在神经元间直接起信息传递作用,只对递质信息传递起调节作用的化学物质。其大多与 G 蛋白耦联的受体结合后,诱发突触前或突触后电位。不直接引起突触后生物学效应,但能调制神经递质在突触前的释放及突触后细胞的兴奋性,调制突触后细胞对递质的反应。

【神经性厌食症】(anorexia nervosa)　又称厌食症。患者自己有意造成体重明显下降至正常生理标准体重以下、并极力维持这种状态的一种心理生理障碍。多见于青少年，发病年龄多在13～25岁期间，男性与女性患病之比约为1∶9.5。但其病因目前尚不明确。是多种因素作用的结果，神经性厌食症一旦确诊，就应全力以赴地治疗。否则，拖延时间越长，治疗难度越大。厌食症能否治愈，主要取决于心理治疗效果。如果不破除对肥胖的恐惧感及“越瘦越美”的错误审美观念，就很难治愈。有部分少女，当严重营养不良的病态已出现时，她们还在想象着自己正越变越美，丝毫未觉察自己已经面临的生命危险。

【神经循环衰弱症】（cycle of debilitating neurological disease） 又称心脏神经官能症。神经功能失常所引发的心血管症状。其最主要特征是：主观感受的心血管症状与神经系统失调表现并存。好发于20～40岁至青壮年，尤其是女性，特别是更年期女性为甚。精神过度焦虑和紧张等均为诱发因素。心血管系统最常见的症状为心悸、心前区疼。病人往往感到胸闷、呼吸不畅，常作叹息样呼吸。也有因呼吸加深加快而产生换气过度综合征。后者的表现是：血液二氧化碳张力降低，四肢麻木，手足搐搦，眩晕，尤其在拥挤的场合，较易出现呼吸困难。胸痛一般位于心尖部，呈刺痛、隐痛或钝痛等，持续时间较长，局部有压痛感。神经系统以焦虑为主要症状。患者可有紧张表情、手掌寒凉、多汗和两手颤抖等。体检血压略有升高，且易波动，心率加快，偶有期前收缩。其治疗以心理治疗为主。

【神经阻滞麻醉】（nerve blockade anesthesia） 又称传导阻滞、传导麻醉。将麻醉药物注射至神经干、神经丛或神经节旁，暂时地阻断该神经的传导功能，使受该神经支配的区域产生麻醉作用的麻醉方式。其适应证主要取决于手术范围、手术时间、病人的精神状态及合作程度。只要手术部位局限于某一或某些神经干（丛）所支配的范围，并且一次阻滞时间能满足手术的需要，均可成为神经阻滞麻醉的适应证。既可单独应用，也可与其他麻醉方法如基础麻醉、全身麻醉等联合应用。穿刺部位有感染、肿瘤、严重畸形致解剖变异、有凝血功能障碍者，以及对局麻药过敏者应视为神经阻滞麻醉的禁忌证。

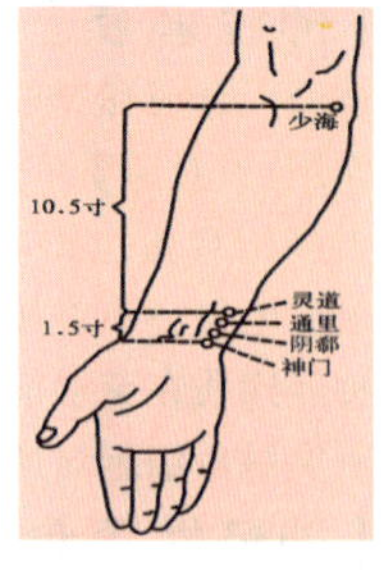

神门

【神门】 中医穴位名。属手少阴心经，本经输、原穴。定位：在腕部，腕掌侧横纹尺侧端，尺侧腕屈肌腱的桡侧凹陷处。主治：心痛，心烦，心悸，健忘失眠，癫狂，痫证，胸满胁痛，喘逆上气，目黄咽干，呕吐，唾血；神经衰弱，癔病，心绞痛，心律不齐，心肌内、外膜炎，无脉证，高血压，腕关节痛等。刺灸法：直刺0.3～0.5寸；艾炷灸1～3壮，或艾条灸3～5min。现代研究证明：针刺神门穴对冠心病心绞痛有显著疗效，在心电图上观察，可使P波、R波，P-R间期和Q-T间期的持续时间延长。有实验报告，针刺神门穴可使冠状动脉供血不足患者心冲击图复合波幅度增大。

【神仙鱼】（common angelfish） 又称燕鱼、天使、小神仙鱼、小鳍帆鱼。著名的热带淡水观赏鱼。被誉为“观赏鱼中的皇后”。硬骨鱼纲，丽鱼科。头小而尖，体侧扁，呈菱形。背鳍和臀鳍很长，挺拔如三角帆，故有小鳍帆鱼之称。腹鳍已演化成触须，色白柔软，长如流苏。尾柄短。尾鳍后缘平直，上下端略长。胸鳍无色透明。体表基调色为银白带黄，腹部银白，背部淡金黄色，体侧各有4条黑色粗纹。适合水温24～27℃。杂食性。喜食动物性饵。配对成功的神仙鱼往往会脱离群体而成双入对地一起游动、摄食。卵生。产卵数量400～1 000粒。具有典型的护幼行为。繁殖水温27～28℃。原产于南美洲秘鲁。经过多年的人工改良，有许多新品种。根据尾鳍长短的不同可分为短尾、中长尾、长尾三大品系。国内常见的有：白神仙鱼、黑神仙鱼、灰神仙鱼、云石神仙鱼、半黑神仙鱼、鸳鸯神仙鱼、三色神仙鱼、金头神仙鱼、玻璃神仙鱼、钻石神仙鱼、熊猫神仙鱼和红眼神仙鱼等。

神仙鱼

【神舟号宇宙飞船】（Shenzhou spacecraft） 中国第一个宇宙飞船系列。自1999～2007年，共成功发射了六艘飞船。“神舟号”飞船由轨道舱、推进舱和附加段组成，可完成各种科学探测和技术试验任务。“神舟1号”、“神舟2号”、“神舟3号”、“神舟4号”为无人试验飞船，分别于1999年11月、2000年1月、2002年3月和2002年12月成功发射。“神舟5号”、“神舟6号”和“神舟7号”为载人飞船，分别于2003

神舟号飞船

年10月、2005年10月和2008年9月发射，成功完成了载人飞行和航天员太空行走等试验，为中国载人航天工程打下了坚实的基础。

【沈大高速公路】（Shenyang-Dalian Free Way） 1984年6月开工建设，1990年8月通车，连接沈阳和大连的一条高速公路。是中国内地最早动工建设的高速公路，也是中国内地第一条八车道高速公路。全长348km。1990年完工时为全部四车道，全立交，全互通。2002年开始拓宽改造，于2004年改造完毕。设计时速120km/h。昼夜通行可达13～15万辆次。

沈大高速公路

【肾功能衰竭】（renal failure） 肾脏功能部分或全部丧失的病理状态。按其发病急缓的不同可分为急性和慢性两种。前者是指由多种疾病引起的两肾在短时间内丧失排泄功能，简称急性肾衰。其临床表现是：少尿（尿量<400mL/d）或无尿（尿量<50mL/d）、电解质和酸碱平衡失调以及急骤发生的尿毒症，也有呈非少尿型者（尿量>1000mL/d）。如处理及时、恰当，肾功能可恢复；如病情复杂、危重患者或处理不当时，可转为慢性肾功能不全或致死。急性肾衰包括：(1)肾前性氮质血症。(2)肾后性氮质血症。(3)肾性急性肾衰。后者是指由各种因素引起的慢性肾病发展至晚期而出现的一组临床症状组成的综合征。按肾功能损害程度的不同可分为：(1)肾贮备功能下降，患者无症状。(2)肾功能不全代偿期。(3)肾功能失代偿期（氮质血症期），患者有乏力、食欲不振和贫血症状。(4)尿毒症阶段，有尿毒症症状。急性肾功能衰竭的预防主要是积极防治原发病，避免和祛除诱发因素。慢性肾功能衰竭病人在用药时应注意：(1)尽量避免使用对肾脏有毒性的药物。(2)大部分药物都是通过肾脏排泄的，因此应根据肾功能不全的程度适当减少用药剂量。(3)在慢性肾衰时，因钾排出减少，故应用利尿剂时应避免使用保钾利尿剂。

【肾上腺素能神经】（adrenergic nerve） 植物神经中能分泌肾上腺素的神经。与此相对应，有分泌乙酰胆碱的胆碱能神经。由脑、延髓和脊髓发生的直到神经节，所有的植物神经都是胆碱能神经。从神经节到肌肉或腺体的神经，有肾上腺素能神经和胆碱能神经。前者属于交感神经；后者属于副交感神经。乙酰胆碱或肾上腺素是由神经末梢分泌而作用于下一神经元或肌纤维的一种化学递质。

【肾上腺素能受体】（adrenergic receptor） 在接受交感神经节后纤维支配的各种器官中存在着与肾上腺素、去甲肾上腺素起反应的受体。其化学性质尚不清楚。按其对药物反应的不同可分为α及β两个类型。肾上腺素对α及β两型受体均起作用，而去甲肾上腺素主要对α型起作用。α型受体所引起的反应为血管收缩、瞳孔扩散等，可被麦角毒等α阻断药所抑制。其阻断剂是酚妥拉明。β受体所引起的反应为支气管扩张、血管扩张等，可被心得安等阻断药物所抑制。

【肾小管性酸中毒】（renal tubular acidosis） 先天性或后天性肾小管功能障碍。可引起小儿生长发育迟缓，同时多伴有厌食、疲乏、无力、多饮、多尿、烦渴等酸中毒症状。X线检查可见长骨的骨质疏松和骨骺端改变，肾区钙化影，血液生化示高氯性代谢性酸中毒，血钾偏低，尿液多呈碱性或中性。

【肾小球内三高症】（three-high renal glomerulus） 肾小球毛细血管的高灌注、高血压、高滤过。可引起肾小球上皮细胞足突融合，系膜细胞和基质显著增生，肾小球肥大，继而硬化。另外使肾小球内皮细胞损伤、通透性增加使尿蛋白增多而损伤肾小管间质等。上述过程不断进行，形成恶性循环，使肾功能恶化，发展到终末期肾病。正确的诊断和有效的治疗对延缓慢性肾衰、保护肾功能具有非常重要的意义。针对早期肾脏患者严格控制血压、减少尿蛋白，避免劳累，控制蛋白饮食等一系列措施可以延缓肾衰竭的发展进程。

【肾小球肾炎】（glomerular nephritis，GN） 以肾小球炎症为主要表现的肾脏疾病。其可分为四种类型：(1)急性肾小球肾炎。是以急性肾炎综合症为主要临床表现的一组疾病。其临床特点是：起病急，患者出现血尿、蛋白尿、水肿和高血压，并可伴有一过性氮质血症。多见于急性链球菌感染后。其治疗以休息和对症治疗为主。(2)急进性肾小球肾炎。是以急性肾炎综合症、肾功能急剧恶化、多早期出现少尿性急性肾衰竭为临床特征的一组疾病。在早期做出病因诊断和免疫病理分型的基础上，应尽快进行强

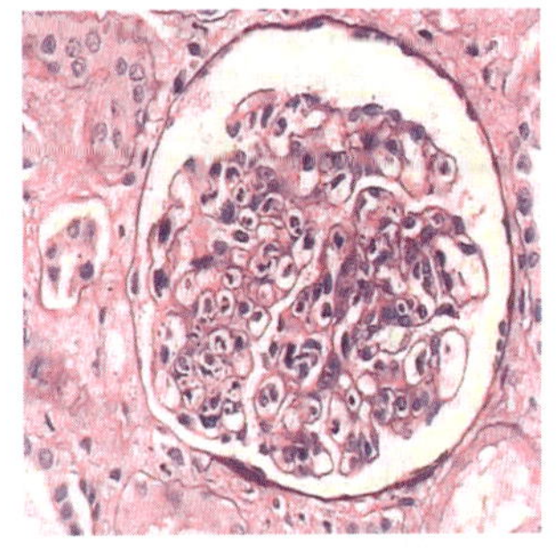

系膜增生性肾小球肾炎

化治疗。(3)慢性肾小球肾炎。指以蛋白尿、血尿、高血压和水肿为基本临床表现的一组肾小球病。其起病方式不尽相同,病情迁延,病变缓慢进展。可有不同程度的肾功能减退,最终将发展为慢性肾衰竭。其治疗应以防止肾功能进行性恶化,改善或防治临床症状,及防治严重合并症为主要目的。(4)隐匿性肾小球肾炎。又称无症状性血尿和(或)蛋白尿。患者无水肿、高血压及肾功能损害。

【肾俞】 中医穴位名。属足太阳膀胱经,肾的背俞穴。定位:在腰部,当第二腰椎棘突下,旁开1.5寸。主治:腰痛,遗精,阳痿,遗尿,尿频,月经不调,白带,头痛,目昏,耳鸣耳聋,水肿,泄泻,喘咳少气,消渴,小便不利;肾炎,肾绞痛,肾下垂,尿崩症,尿失禁,慢性附件炎,不孕症,神经性耳聋,高血压,青光眼,夜盲症,视神经炎,腰骶部软组织损伤等。刺灸法:直刺0.5~0.8寸;艾炷灸3~7壮,或艾条灸10~20min。现代研究证明:针刺肾俞穴对肾脏功能有调整作用。临床研究表明,针刺肾炎患者的肾俞配气海穴,可使患者泌尿功能明显增强,酚红排出量增多,尿蛋白减少,高血压下降。这种效应可维持2~3h,个别可达数日,患者浮肿减轻甚至消失。

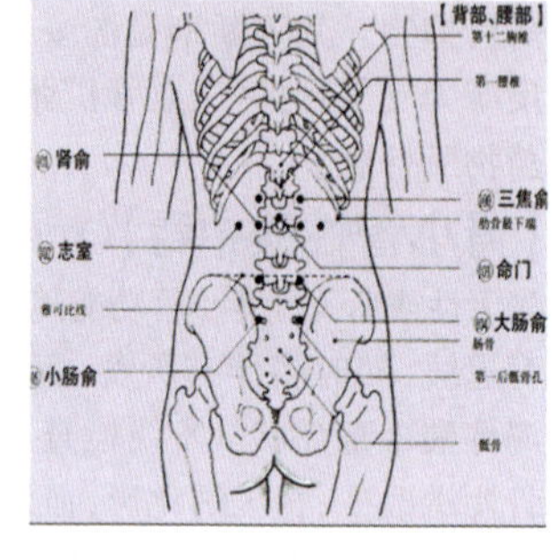

肾俞

【肾虚】(kidney insufficiency) 又称肾亏。肾的精、气、阴、阳不足。多因劳累过度、房事不节或久病亏损所致。肾虚又可分为肾阴虚和肾阳虚。肾阴虚指的是肾的本质,而肾阳虚指的是肾的功能。肾阴虚主症是腰膝酸软,五心烦热,并可有眩晕耳鸣、形体消瘦、失眠多梦、颧红潮热、盗汗、咽干。男子肾阴虚还会出现阳强易举,遗精早泄;女子肾阴虚还会出现经少、经闭、崩漏、不孕、尿短黄。肾阳虚主症为腰膝酸软、畏寒肢冷、精神不振、头晕目眩、耳鸣耳聋、小便清长、夜间多尿、小便点滴不爽、小便不通、下利清谷。男子肾阳虚还会出现阳痿早泄、遗精,精冷不育;女子肾阳虚还会出现宫寒不孕,带下清冷。发生肾虚时,无论阴虚还是阳虚,都会导致免疫能力降低,同时肾脏的微循环系统也会发生障碍,导致肾络不通。肾虚是肾病发生的病理基础。

【肾移植】(kidney transplantation) 将供肾者的健康肾脏植入患者(受肾者)体内的肾脏替代疗法。主要适用于肾脏功能不可逆地完全性损害的患者。一般尿毒症病人经3~6个月的透析治疗,全身状况改善,就可进行肾移植术。肾移植成功的关键是供肾者与受肾者组织学相匹配。肾移植的病人需要服抗排异药物,如强的松,环孢素A等。这些药物对机体免疫系统产生抑制作用,使其不对外来的肾脏产生免疫攻击。但是,服用这些抑制免疫的药物,机体对病原体的抵抗力大大降低,感染性疾病发生率增高。因此,术前存有活动性感染,全身状况不良,营养恶化,严重心血管功能不良,严重泌尿系统畸形,高龄病人均不宜行肾移植术。肾移植主要并发症是急、慢性排异反应。急性排异反应发生时,病人会发热、尿量减少、移植肾区肿痛、血尿、蛋白尿,常需要紧急处理。经抗排异治疗后,急性排异反应可逆转。由于技术进步,急性排异反应已很少发生,各类原因引起的肾小管坏死的发生率也大大减少,肾移植成功率已大大提高。

【肾盂肾炎】(nephropyelitis, PN) 又称上尿路感染。由多种因素引起的肾盂炎症性肾脏疾病。按其病程的不同可分为:急性肾盂肾炎与慢性肾盂肾炎两种。前者多发生于育龄女性。病人常有腰痛、肾区压痛、叩痛,伴寒战、发热、头痛和恶心呕吐等症状,以及尿频、尿急和尿痛等膀胱刺激征。血液检查可见白细胞增高。一般无高血压或氮质血症。病人尿液混浊,可有肉眼血尿。尿常规镜检有大量白细胞或脓细胞,可有少许红细胞及管型,蛋白少许至中等量。慢性者多系急性肾盂肾炎治疗不及时、不彻底而引起。一般认为病程超过6个月以上即为慢性。若为尿路梗阻引起者,诱发因素未及时纠正、消除,炎症长期不消退,可逐渐转为慢性,最终导致尿毒症。其易感因素是多方面的,主要因素与感染有关。大都由细菌感染引起,大肠杆菌为主要致病菌。一般伴下泌尿道炎症,临床上不易严格区分。其治疗目的在于缓解症状,防止复发,减少肾实质性的损害。

【甚长基线干涉测量】(very long baseline interferometry, VLBI) 将相距几千千米甚至上万千米的两台射电望远镜组合成一个分辨率非常高的射电干涉测量系统,以进行独立站射电干涉测量的一种技术。其基本原理是:基线两端的无线电信号接收设备,各自以独立的时间标准同时接收同一射电源信号。然后由计算机把两地接收的信息作相关处理,求得同一信号到达基线两端的时刻差(时延)。VLBI是20世纪60年代在射电天文领域发展起来的一种新的空间测量技术。主要用于长距离观测,建立惯性坐标系和高精度的三维大地控制网,为航天技术保障提供精确的地面站站址坐标,高精度地测定地极坐标和世界时以及进行地球动力学研究等。其对10 000km基线距离的测量精度达到1mm,监测地球自转和极移变化的精度分别达到 1 微秒和 20 微角秒。在天文学、地球物理学、大地测量学和空间科学领域广泛应用。中国的 VLBI 网由分布在北京、上海、昆明、乌鲁木齐的 4 个口径分别为 50m、25m、40m、25m 的射电天文望远镜组成。主要用于天文、大地测量研究和“嫦娥”探月工程的定位导航等。

【渗氮】(nitriding) 将工件置于流动的氨气环境中加热、保温,控制氨气分解出的氮气量,并用稀土元素等催渗剂加速活性氮原子渗入工件表面的化学热处理工艺。渗氮可使工件获得高硬度、高耐磨、耐腐蚀和抗疲劳的表面层。采用辉光离子渗氮工艺,可提高生产率、降低成本,已在较大范围内推广应用。对于某些精度、畸变量、疲劳强度和耐磨性要求都很高的工件,如主轴、镗杆、汽缸套等,均可采用渗氮工艺处理 。渗氮温度低(500~600℃),工件渗氮后,不再进行淬火。但为了提高其心部的强韧性,渗氮前必须进行调质处理。渗氮用钢通常含有 Al、Cr、Mo、Ti、V 等金属元素。38CrMoAlA 是中国产最典型的渗氮钢。

【渗灌】(porous irrigation) 将微灌系统尾部的灌水器埋入地表下 30~40cm 处,使低压水通过渗水毛管管壁的毛细孔,以渗流的形式湿润其周围土壤的一种灌溉方法。由于能减少土壤表面水分蒸发,因而是用水量最省的一种微灌技术。其渗灌毛管的流量为2~3L/h。

渗灌

【渗金属】(diffusion metallizing) 工件在含有待渗金属元素的渗剂中加热到适当温度并保温,使这些元素渗入工件表层的化学热处理工艺。包括渗铝、渗铬、渗锌、渗钛、渗钒、渗钨、渗锰、渗锑、渗铍和渗镍等,通常以渗铬、渗铝、渗锌及其共渗为主。通过该工艺处理,可使廉价钢铁材料获得某些特殊的理化性能来代替贵重合金材料,提高在腐蚀、磨损、高温氧化条件下或在大气条件下工作的零件的寿命。该工艺具有设备简单、原料价廉、操作方便等特点。

【渗硼】(boronise) 将工件在含硼介质中加热,使硼原子渗入工件表层的化学热处理工艺。由于硼在钢中溶解度很小,如果炼钢中加入硼时便与铁生成中间化合物 Fe_2B 和 FeB,与碳生成 B_4C。这些化合物较硬,因而可以提高钢的硬度和耐磨性。含硼量高时也可以在一定程度上提高钢的耐酸性和 800℃ 以下温度时的耐热性。不过由于这些化合物也会使钢极脆、极硬,难以进行变形和切削加工。因此,用化学热处理方法将硼渗入工业纯铁或钢制工件表面层,使工件表面耐磨、耐蚀、耐酸并且具有一定耐热性。而其内部还保持一定的塑性和韧性,以满足化学工业用、原子能工业用等特殊性能工件的要求。普通碳钢渗硼后可以代替许多高合金钢使用。按渗硼形式的不同可分为:固体渗硼、膏剂渗硼、盐浴渗硼、电解渗硼和气体渗硼。中国多用盐浴渗硼工艺。盐浴渗硼过程中,盐浴在高温下产生活性硼原子,吸附在工件表面,并向工件内部扩散。盐浴原料来源便利,设备操作方便。盐浴主要由供硼剂、还原剂和添加剂组成。硼砂是最常用的供硼剂。还原剂为铝粉等活泼元素或碳化硅等产生活性硼的物质。添加剂有硫酸钠等,其作用是改善盐浴的流动性。

【渗水路面砖】(seepy road surface brick) 具有渗水、保水、防滑性能的新型广场砖。在砖内形成连贯气孔的结构,砖表面的积水可以通过这些连贯气孔渗透到地下。在坯料中加入烧失量大的物质或发泡剂,在烧成过程中会形成空洞或产生大量连贯性的气孔。

【渗碳】(carburizing) 将工件在含碳介质中加热、保温,使碳原子渗入工件表层的化学热处理工艺。渗碳件经淬火和低温回火后有很高的表面硬度。在提高工件表面耐磨性的同时,因内部仍保持较高的韧性而有较高的疲劳强度和耐冲击性能。由于所用含碳介质的状态不同,渗碳工艺可分为固体渗碳(介质为木炭和催渗剂)、液体渗碳(介质为某些熔盐)、气体渗碳(介质为煤油、丙酮等)三种。用微处理机控制可实现在可控条件下的渗碳,并可实现全过程的自动化。渗碳温度一般为 900~950℃,渗碳用 ω_c 为 0.15%~0.25% 的低碳钢和低碳合金钢,如 15Cr、20Cr、20MnB、20CrMnTi 等。该工艺广泛应用于飞机、汽车、机床等重要零件的表面热处理中。

【渗碳钢】(carburizing steel) 含碳量约 0.10%~0.25% 的碳素钢与合金钢的总称。结构钢的一类。制成的零件一般须经渗碳、淬火和回火处理后,才能应用。常用于要求表硬度高、耐磨,同时心部具有韧性的零件,如齿轮等。

渗碳钢

【渗碳体】(cementite) 又称碳化铁。铁与碳的化合物。以符号 C 或 Fe_3C 表示。具有复杂的正交晶格。没有同素异形转变。含碳量为 6.69%。其硬度极高,约为HRC72~75。但强度极低,抗拉强度约为 35MPa。脆性很大,几乎无塑性。是钢中主要的强化相。其数量、大小和分布对钢的力学性能有很大影响。在低温下有磁性,高于217℃时磁性消失。其熔化温度约为1 600℃。通常根据铁碳平衡图将渗碳体分为初生(一次)渗碳体、二次渗碳体及三次渗碳体。渗碳体可与其他合金元素形成置换固溶体。以渗碳体晶格为基础的这种固溶体称为合金渗碳体。渗碳体是一种介稳定化合物,在一定条件下可以形成石墨状的自由碳。

【渗透】(infiltration) 纯溶剂通过膜向高浓度溶液迁移的过程。如果用能透过水分子的薄膜将一个水池隔成两部分,在隔膜两边分别注入纯水和盐水到同一高度,经过一段时间就会发现纯水液面降低,而盐水的液面升高。其原因是水分子透过隔膜渗透到盐水中。

【渗透检测】(liquid penetration testing) 五种常规无损探伤技术中的一种检测方法。是利用液体对固体具有润湿和毛细渗透能力的物理现象对工件表面缺陷进行的检测。在操作时,先将被探测的工件浸没在具有高度渗透能力的渗透液中,使渗透液渗入工件表面的缺陷中,然后把多余的渗透液清洗干净,再敷涂一层亲和附着力很强的白色显像剂,将渗入缺陷中的渗透液吸出,白色涂层上便显示出缺陷的形状及其位置的明显图案。其优点是:设备简单,显示直观,经济实用,原理简明易懂,并可同时显示出各个不同位置的各类缺陷,适宜对大型工件和不规则零件以及现场工件进行检查。其缺点是:难以检测深层缺陷,且操作手续和工序较繁琐。

【渗透系数】(permeability coefficient) 又称水力传导度。水力坡度为1时的渗透速度。是岩土透水性强弱的数量指标。渗透系数来自达西定律:$Q = kAI = kA(h/L)$。式中Q为渗透流量;A为过水断面面积;$I = h/L$为水力坡度;h为水头损失;L为渗透长度;k为渗透系数(单位 m/d 或 cm/s)。由于$v = Q/A$,故$v = kI$。于是,当$I = 1$时,$k = v$。渗透系数是水文地质和地下水计算中的基本参数。透水性强的岩土,渗透系数大;反之则小。渗透系数除用达西渗透装置测定外,还可用野外抽水、注水和压水试验等方法获得。影响渗透系数的主要因素是岩性,如岩石的空隙大小、空隙多少和胶结情况。水在岩土空隙中流动,需要克服空隙壁及水质点之间为摩擦阻力,因而渗透系数还与水的物理性质有关。例如,黏滞性大的液体,其渗透系数小;反之则大。另外,水温的增高,能使水的黏滞性显著减低,故使渗透系数增大。

【升板法】(slab lifting construction) 就地预制、提升安装楼板而建造多层钢筋混凝土板柱结构的施工方法。在现场吊装好预制柱子和灌筑好室内地坪后,以地坪为底模,就地重叠灌筑各层楼板和屋面板。各层楼板和屋面板之间都要涂刷隔离剂。待板达到应有强度后,通过安置在柱上的提升机以柱为支承和导杆,将各层楼板和屋面板按提升程序逐层提升到设计位置,然后将板和柱连接固定。

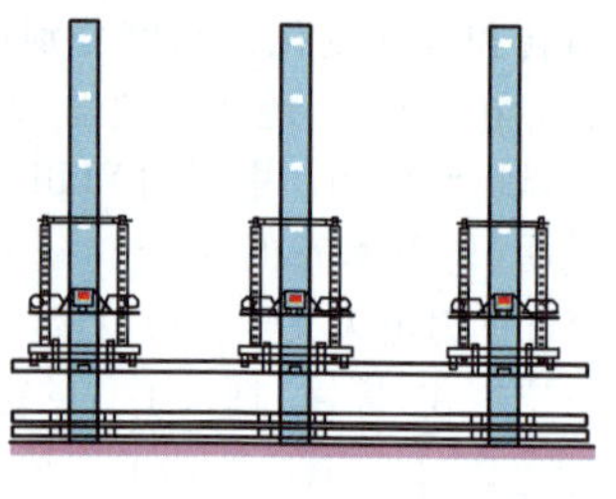
升板法

【升板升层建筑】(lift-layer board construction) 建筑物每层的楼板在地面先安装好内外预制墙体再一起提升的建筑。板柱结构体系的一种装配式建筑。这种建筑是在底层混凝土地面上重复浇筑各层楼板和屋面板,竖立预制钢筋混凝土柱子,以柱为导杆,用放在柱子上的油压千斤顶把楼板和屋面板提升到设计高度,加以固定。外墙可用砖墙、砌块墙、预制外墙板、轻质组合墙板或幕墙等。也可以在提升楼板时提升滑动模板、浇筑外墙。其特点是:(1)施工时大量操作在地面进行,减少高空作业和垂直运输,节约模板和脚手架,减少施工现场面积。(2)多采用无梁楼板或双向密肋楼板,楼板同柱子连接节点常采用后浇柱帽或采用承重销、剪力块等无柱帽节点。(3)柱距较大,楼板承载力也较强,多用作商场、仓库、工场和多层车库等。(4)可以加快施工速度,适用于场地受限制的地方。

【升船机】(ship lift) 将装载于承船厢内或承船车上的船舶,沿倾斜或垂直方向升降而运送过坝的机械设备。与船闸相比,其机电设备较为复杂,但具有不耗水,能适应较大水位差,船舶过坝历时短,在一定条件下工程投资少等优点。水位差越大,上述优点越明显。按其布置形式的不同可分为:(1)斜面升船机。一般由上、下游引航道、斜坡线路,承船厢(车)、驱动机构、电力拖动和控制系统等部分组成。(2)垂直升船机。一般由上下游引航道、塔柱、承船厢、驱动机构、平衡系统、安全装置、电力拖动和控制系统等部分组成。按其对运载船舶承托方式的不同可分为:湿运和干运两种。按其承船厢在运行中放入方式的不同可分为:下水式和不下水式。

升船机

【升华】(sublimation) 固态物质未经过液态而直接转变为气态的现象。如冰、碘、硫、萘、樟脑、氯化汞和汞(水银)等都可在不同的温度下升华。汞,可在常温下升华。所以应慎重处理含汞弃物,以免对人体造成危害。

【升降沉浮】(upbearing, downbearing, sinking, and floating) 中药术语。药物作用的趋向。升是上升,降是下降,浮是上行发散,沉是向内向下收敛固藏和泄利二便。升浮药上行而向外,有升阳、发表、散寒等作用;沉降药向下、向内,有降气平喘、降逆止呕、收敛固涩、泻下等作用。药物的趋向性和药物的性味及质地密切相关。如味辛甘的药物,气温热大多有升浮作用,如麻黄、桂枝、黄芪等;凡气寒凉,味苦酸的药物,大多有沉降作用,如大黄、芒硝等;花叶及质轻的药物大多升浮,如辛夷、荷花、升麻等;子实及质重的药物,大多沉降,如苏子、枳实、寒水石、磁石等。

【升降机】(lift) 垂直运送人或物的起重机械。在房屋建筑施工中,常用的有钢丝绳或齿轮齿条驱动两种。简易升降机由钢丝绳驱动,大多用于运送货物。由塔架、吊篮和卷扬机等组成。塔架一般为桁架结构,用缆绳拉住,保持直立。吊篮用型钢焊成,是装载货物的容器。卷扬机固定在地面上,钢丝绳绕过塔架顶部的滑轮与吊篮连接,牵引吊篮上下运行,操作人员在地面上控制。齿轮齿条驱动升降机可运送人和货物。主要由塔架、围栏、机厢、驱动装置、控制系统、加节装置、安全装置和起重系统组成。为了确保升降机的安全运行,设有限速制动装置、行程限位开关和行门保护开关等。齿轮齿条驱动的升降机与简易升降机相比,具有高度大、架设速度快、安全可靠和人货两用等特点。在建筑施工、特别是高层建筑施工中广泛应用。

升降机示意图

【升降流】(up and down current) 见补偿流。

【升降台式铣床】(knee and column type milling machine) 工作台安装在垂直升降台上,使工作台可在相互垂直的三个方向上调整位置或完成进给运动的铣床。因其升降台结构刚性较差,工作台上不能安装过重的工件,故该类铣床只适宜于加工中小型工件。这是一类应用较广的铣床。它分为卧式升降台铣床、卧式万能铣床、立式铣床等。卧式升降台铣床具有水平的安装铣刀杆的主轴,可用圆柱铣刀、盘铣刀、成型铣刀和组合铣刀等加工平面、曲面和各种沟槽。卧式万能铣床结构与卧式升降台式铣床基本相同,只是在工作台下面增加了回转盘,使工作台可绕回转盘轴线作 ±45° 范围的偏转,改变工作台移动方向,从而可加工斜槽、螺旋槽等。此外,它还可换用立式铣刀、插头等附件,扩大机床的加工范围。立式铣床与卧式铣床的区别是其安装铣刀的主轴垂直于工作台面,主要用端铣刀或立铣刀进行铣削。

升降台式铣床

【升限】(ascending limitation) 航空器所能达到的最大平飞高度。高度增加时,空气密度会逐渐降低,发动机进气量减少,其推力也会下降。达到一定高度时,航空器因推力不足失去爬高能力而只能维持平飞,此高度即为航空器的升限。升限可分为理论升限和实用升限两种。前者指发动机在最大油门状态下飞机能维持水平直线飞行的最大高度。实用升限是发动机在最大油门状态下,飞机爬升率为某一规定值(如 5m/s)时所对应的飞行高度。在实际飞行中,受载油量等因素的影响,理论升限无法达到。通常用实用升限来反映飞机的性能。

【生产安全事故】(production safety accident) 生产经营单位在生产经营活动中突然发生的伤害人身安全和健康、损坏设备设施、造成经济损失、导致原生产经营活动暂时中止或永远终止的意外事件。按其类型的不同可分为:工矿商贸企业生产安全事故、火灾事故、道路交通事故、农机事故和水上交通事故等。

【生产安全事故的法律责任】(law responsibility for production safety accident) 依照法律法规规定对各类生产事故的责任者依法追究的法律责任。根据有关法律、行政法规的规定,涉及生产安全事故的法律责任主要有行政责任、刑事责任和民事赔偿责任。其对象是:(1)生产经营单位。(2)各级地方政府主要领导。(3)生产经营单位主要负责人。(4)生产事故直接责任人。(5)涉及安全生产事故负责行政审批的责任单位等。不论是事故发生单位还是有关人民政府、安全生产监督管理部门、负有安全生产监督管理职责的有关部门及其有关人员,凡是实施了违反《安全生产法》等法律法规规定的违法行为的，都要对其实施责任追究。中国《安全生产法》明确规定：国家实行生产安全事故责任追究制度。《生产安全事故报告和调查处理条例》专门就事故责任追究问题作出了具体规定。对事故责任者实施法律制裁的行政责任和刑事责任，可以单独适用或者并用。其中行政责任主要有行政处分与行政处罚两种。刑事责任包括重大责任事故罪、重大安全事故罪、不报（瞒报）事故罪、谎报事故罪、危险物品肇事罪、提供虚假文件证明罪、消防责任事故罪、交通事故罪等。

【生产安全事故等级】（rank of production safety accident） 按生产安全事故造成的人员伤亡或者直接经济损失严重程度划分的标记性识别代码。根据2007年4月9日国务院第493号令发布的《生产安全事故报告和调查处理条例》，按造成的人员伤亡或者直接经济损失严重程度分为四个等级。其内容是：(1)特别重大事故。造成30人以上死亡，或者100人以上重伤（包括急性工业中毒，下同），或者1亿元以上直接经济损失的事故。(2)重大事故。造成10人以上30人以下死亡，或者50人以上100人以下重伤，或者5 000万元以上1亿元以下直接经济损失的事故。(3)较大事故。造成3人以上10人以下死亡，或者10人以上50人以下重伤，或者1 000万元以上5 000万元以下直接经济损失的事故。(4)一般事故。造成3人以下死亡，或者10人以下重伤，或者1 000万元以下直接经济损失的事故。国务院安全生产监督管理部门可以会同国务院有关部门，制定事故等级划分的补充性规定。

【生产安全事故类型】（classification of production safety accident） 按生产安全事故不同属性划分的标记性识别代码。按其行业的不同可分为：建筑工程事故、交通事故、工业事故、农业事故、林业事故、渔业事故、商贸服务业事故、食品安全事故、电力安全事故、矿山安全事故和核安全事故等。按其事故性质的不同可分为：自然灾害、自然事故、技术事故和责任事故。按其经济损失的不同可分为：一般损失事故、较大损失事故、重大损失事故和特大损失事故。按其人员伤亡情况的不同可分为：轻伤事故、重伤事故、死亡事故和重大死亡事故。按其工业事故严重程度的不同可分为：一般事故、重大事故和特别重大事故。其建筑工程分为：四级事故、三级事故、二级事故和一级事故；其火灾分为：一般事故、重大火灾事故和特大火灾事故；其道路交通分为：轻微事故、一般事故、重大事故、特大事故和特别重大事故；其水上交通分为：小事故、一般事故、大事故和重大事故；其铁路交通分为：一般事故、险性事故、大事故、重大事故和特别重大事故；其民用航空器飞行分为：一般飞行事故、重大飞行事故和特别重大飞行事故。按其职工受伤害方式的不同可分为：物体打击、提升和车辆伤害、机械伤害、起重伤害、触电（包括雷击） 伤害、淹溺、灼烫、火灾、高处坠落、坍塌、冒顶片帮、透水、放炮、火药爆炸、瓦斯煤尘爆炸、其他爆炸、煤与瓦斯突出、中毒与窒息和其他伤害。还可按事故原因、物的不安全状态、人的不安全行为、人员的伤害部位等进行分类。

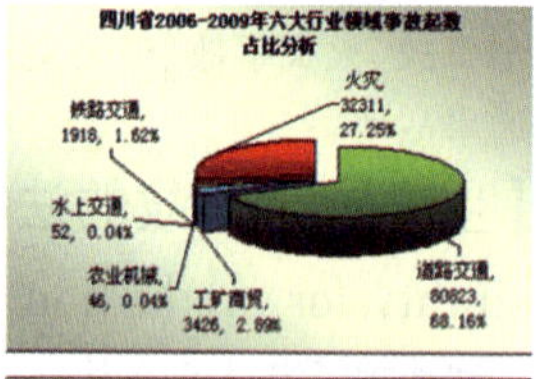

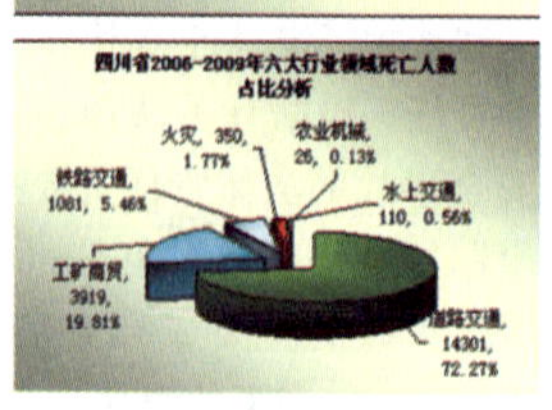

生产安全事故

【生产定型】（productive approval） 航空产品研制过程中的审查鉴定程序。在产品投产之前从生产角度对产品进行全面鉴定，以确保产品性能符合技术要求和使用要求，并具备了生产条件，可以投产。该工作由航空产品定型委员会根据产品 的类别和分级组织实施。其标准和要求是：(1)工艺问题已由生产部门全部解决，质量稳定，具备批量生产条件。(2)经试用，产品性能符合批准设计定型时的要求。(3)生产与验收的各种技术文件齐备。(4)配套设备及零部件、元器件、原材料都能保证供应。生产定型工作的程序是：(1)设计定型的飞机经过试用一段时间 。(2)已经完成小批试生产。(3)经过工艺鉴定、互换性检查及生产定型试验，由厂方（若是军机则需军代表参加）提出申请生产定型报告。(4)航空产品定型委员会审查鉴定报告及有关文件后审批生产定型。

【生产力促进中心】（productivity promotion center） 为社会特别是为中小企业提供技术评估、技术引进、技术培训、技术诊断等服务的科技中介服务机构。其宗旨是：提高企业技术创新能力与生产力水平，实现与国际接轨。生产力促进中心是政府与中小企业联系的纽带与桥梁。

【生产性毒物】（productive toxicant） 又称工业毒物。在工业生产过程中所遇到的对人体有害物质的统称。毒物在生产过程中以多种形式出现，同一种化学物质在不同生产过程中呈现的形式也不同。毒物的来源主要有以下几个方面：生产原料、中间产品、成品、辅助材料、副产品及

飞机喷洒农药

废弃物、夹杂物。生产性毒物在生产过程中常以气体、蒸气、粉尘、烟雾的形态存在并污染空气环境。如氯化氢、氰化氢、二氧化硫、氯气等在常温下呈气态的物质是以气体形态污染空气的。一些沸点低的物质是以蒸气形态污染空气的，如喷漆作业中的苯、汽油、醋酸乙酯等。在喷洒农药时的药雾、喷漆时的漆雾、电镀时的铬酸雾、酸洗时的硫酸雾等，是以雾的形态污染空气的。弄清楚生产性毒物以什么形态存在，对了解毒物进入人体的途径，制定预防控制措施以及采集空气样品，测定毒物浓度都有重要意义。

【生产性振动】(productive vibration) 在生产过程中，由机器转动、撞击或车船行驶等产生的振动。在生产中接触的振动源有：(1)风动工具。铆钉机、凿岩机、风铲、风钻和捣固机等。(2)电动工具。电钻、电锤、电锯和砂轮等。(3)运输工具。汽车、火车、飞机、轮船和摩托车等。(4)农业机诫。拖拉机、脱粒机和收割机等。以上只是振动工具中有代表性的一部分。在机械的高速化、大型化、复杂化程度不断提高的同时，从事振动的作业将会越来越多。

【生产准备矿量】(three rank reserves) 又称三级矿量。矿山生产部门为采矿生产准备的高级矿产储量。按采矿方式、方法及生产准备工程的不同可分为：(1)开拓矿量。指在设计开采范围内完成开拓工程的矿量。又分为地下开拓矿量(分布在地下巷道工程已经开采完毕、运输、通风、排水系统已经建立、并可以从中开掘采准巷道的水平以上的矿量)和露天开拓矿量(分布在矿体上的覆盖层已被剥离和并已完成通往开采阶段运输工程的阶段上的矿量)。(2)采准矿量。指在已开拓的矿体范围内按设计规定的开采方法所需的采准巷道均已开掘完毕、采区外形已经形成的范围内的矿量。(3)备采矿量。又称回采矿量，指可以立即进行开采的矿量。三者之间的关系大体上是开拓矿量包含采准矿量，采准矿量包含备采矿量。为了使矿山能够均衡、持续地进行生产，必须按采掘(剥)并举、掘进先行的方针使采矿与掘进(剥离)之间互相衔接、协调，以便按一定比例满足矿山在一定的正常生产期限内所需的生产矿量。三种矿量都要有一定的储备期，称为矿山生产矿量保有期限。其中以开拓矿量保有期限最长。开拓矿量、采准矿量的保有期计算以年为单位，备采矿量的保有期计算以月为单位。

【生存概率】(probability of survival) 表示某单位时段开始时存活的个体到该时段结束时仍存活的可能性。如年生存概率表示年初尚存人口存活满一年的可能性。其计算公式为：

$$p=\frac{\text{某年活满一年人数}}{\text{某年年初人口数}}$$

年生存概率和年死亡概率(q)之间存在函数关系，即 $P=1-q$。

【生存率】(survival rate) 接受某种治疗的病人或患某病的人中，经过 n 年随访尚存活的病人数所占的比例。生存率 = 随访满 n 年尚存活的病例数/随访满 n 年的病例数 ×100%。反映疾病对生命的危害程度。用于评价某些病程较长疾病的远期疗效。常用于癌症、心血管疾病、结核病等慢性疾病的研究。

【生存时间】(survival time) 又称失效时间。终点时间与起始时间之间的时间间隔。用符号 t 表示。观察起点、终点事件和时间的度量构成了生存时间的三要素。观察起点和终点事件是根据研究目的来确定的。在随机对照临床试验中，观察起点通常是随机化分组的时间；观察性研究中，观察起点可以是发病时间、第一次确诊时间或接受正规治疗的时间。终点事件可以是某种疾病的发生，或者某种疾病治疗后的复发或死亡。如食管癌患者从手术切除到死亡的时间，即为生存时间。生存时间的度量单位可以是年、月、日或小时。

【生地黄】(virgin) 中药名。药性：甘、苦、寒。归心、肝、肾经。功效：清热凉血，养阴生津。用于热入营血、舌绛烦渴、斑疹吐衄、阴虚内热、骨蒸劳热、津伤口渴、内热消渴、肠燥便秘。用法与用量：煎服，10～15g。鲜品用量加倍，或以鲜品捣汁入药。脾虚湿滞、腹满便溏者不宜使用。

生地黄

【生淀粉】(crude starch) 又称β-淀粉。具有高晶化程度结构形态的原淀粉。不易与淀粉酶作用。糊化后变成α-淀粉。在低于淀粉糊化温度下，被淀粉酶水解形成的一种变性淀粉，称为微孔淀粉。与天然淀粉相比，微孔淀粉具有较大的

马铃薯生淀粉

比孔容、比表面积，低的堆积密度、颗粒密度及良好的吸水、吸油、分散等优良性能。可作为微胶囊芯材、吸附剂、包埋剂等应用到多个工业领域。

【生化法制氢】（bio-chemical process for hydrogen production） 利用微生物的产氢功能制取氢气的技术。微生物产生分子氢的机理是酶催化反应。自然界有多类化能营养微生物和光合营养微生物具有释放氢气的能力。化能营养微生物包括各种发酵类型的某些严格厌氧菌和兼性厌氧菌。光合营养微生物包括藻类和光合作用细菌等。光合作用细菌在黑暗厌氧条件下，可分解有机物放出少量氢，但在光照条件下，氢的产量明显增长。这种产氢过程与光合作用相联系，故又称为光合产氢。

【生化调节剂】（biochemical modulator） 一类作用于生化代谢过程的特定环节或分子靶点的化合物。其本身可能具有一定的抗肿瘤活性，或虽无明显的抗肿瘤活性，但可提高化疗药物的抗肿瘤效果或降低其毒性，并可能逆转肿瘤细胞对药物的抗药性。与抗癌药物合用的目的是：(1)降低化疗药物毒性，保证其在体内达到有效浓度。(2)在增加抗肿瘤药物的疗效的同时不增加其毒性。(3)逆转对化疗药物的抗药性。如在 5-氟尿嘧啶的化疗方案中，添加左亚叶酸钙或亚叶酸钙可以使 5-氟尿嘧啶的抗癌作用达到更佳的疗效。

【生化武器】（bio-chemical weapon） 生物武器和化学武器的总称。化学武器是以毒剂的毒害作用杀伤有生力量的武器。生物武器是以生物战剂使人致病造成伤害的武器。1925 年 6 月，有 45 个国家参加的日内瓦会议，再次通过了《禁止在战争中使用窒息性、毒性或其他气体和细菌作战方法的议定书》。然而，化学武器的发展历史证明，国际公约并没有能够限制这种武器的发展，更没有能限制它在战争中的使用。化学武器成了一种禁而不止的大规模杀伤性武器。生物武器，由于以往主要使用致病性细菌作为战剂，早期它的名字便被称为“细菌武器”。随着科技的发展，生物战剂早已超出了细菌的范畴。国际公认的生物战剂有潜在性生物战剂和标准生物战剂两大类。作为生物战剂至少有六类 23 种病原微生物及毒素。这些生物战剂的使用方式也已发展成以气溶胶形式大规模散布。在大规模杀伤性武器中，生物武器的面积效应最大。

【生化需氧量】（demand of biochemical oxygen，BOD） 又称生化耗氧量。在有氧条件下水中的好氧微生物在氧化分解单位体积水中有机物的生物氧化过程中所消耗的氧的量。是一种用微生物代谢作用时所消耗的溶解氧量来间接表示水体被有机物污染程度的一个重要指标。以氧的 mg/L 作为 BOD 的量度单位。一般有机物在微生物的新陈代谢作用下，其降解过程可分为两个阶段：第一阶段是有机物转化为 CO_2、NH_3 和 H_2O 的过程；第二阶段则是 NH_3 进一步在亚硝化菌和硝化菌的作用下，转化为亚硝酸盐和硝酸盐，即所谓硝化过程。污水的生化需氧量一般只指有机物在第一阶段生化反应所需要的氧量。微生物对有机物的降解与温度有关，一般以 20℃ 作为测定的标准温度。BOD 值的高低既能反映水体中有机物的污染程度，也能反映有机物的去除和净化效率。其值越高，说明水中有机污染物质越多，污染也就越严重。一般洁净河流的 BOD 不超过 2mg/L。若高于10mg/L，就会散发出恶臭味。

【生化转换技术】（biochemical gasification technology） 用微生物发酵的方法将生物质转换成高品位燃料的技术。按其转换方式的不同可分为：(1)通过沼气发酵装置即厌氧消化法，利用秸秆、畜禽粪便及有机废弃物等为原料，制取沼气。(2)以甘蔗渣、玉米、甜高粱秆汁液、纤维素、半纤维素等为原料，采用发酵工程和酶工程技术制取酒精、甲醇等液体燃料。

【生活垃圾填埋场】（solid waste landfill site） 对生活垃圾进行集中填埋处理的场所。生活垃圾填埋是城市生活垃圾最主要的处置方式之一。为贯彻《中华人民共和国环境保护法》，保护环境，防治生活垃圾填埋处置造成的污染，国家环境保护部制定了“生活垃圾填埋场污染控制标准”。该控制标准规定了对生活垃圾填埋场选址、工程设计与施工、填埋场入场、填埋作业、封场及后期管理、污染物排放限值及环境监测等工作的要求。根据填埋场污染控制“三重屏障”理论（即地质屏障、人工防渗屏障和废物处理屏障），对填埋场污染控制的重点通常是填埋场选址、填埋场防渗结构和渗滤液处理。生活垃圾填埋场产生的大气污染物（含恶臭污染物）、环境噪声适用相应的国家污染物排放标准；产生固体废物的鉴别、处理和处置适用国家固体废物污染控制标准。

生活垃圾填埋场

【生活垃圾无害化】（harmless treatment

of daily waste) 生活垃圾资源化、无害化、减量化的统称。其目的在于改善人民生活环境质量。国内外普遍采用卫生填埋、焚烧、堆肥和综合利用四种方式。(1)卫生填埋。对渗透液和填埋气体进行控制的方式。20世纪30年代,美国首次提出卫生填埋。采用人工防渗层,提高垃圾防渗水平;加强对渗滤液的收集和处理,防止对地下水和地表水的污染;回收利用填埋气体,保障填埋场安全,减轻大气污染并实现资源回收等。垃圾填埋处理设备简单,适用性和灵活性强。(2)垃圾焚烧。与填埋处理相比,具有占地少,场地选择容易,处理时间短,减量显著(减重一般达70%,减容一般达90%),无害化彻底,可回收利用焚烧余热等优点。(3)堆肥。指把生活垃圾中可生物降解的有机物部分进行生物分解,并使之稳定化、无害化的处理方式。(4)再生利用。包括两部分内容:一部分直接回收利用,如啤酒瓶等;另一部分循环利用,如废纸再生。垃圾的再生利用是垃圾减量和垃圾资源化的最佳途径。废物回收作为一种行之有效的垃圾减量手段,在世界各地得到普遍推行。

生活垃圾无害化处理

【生活史】(life history) 生物在一生中所经历生长发育和繁殖阶段的全部过程。如:蝇由卵经幼虫和蛹变为成虫,再由成虫产卵而繁殖;小麦经种子萌发,形成幼苗,长成具根、茎、叶的植株,然后开花、传粉、受精、产生新种子的过程。生活史既包括了个体的营养生长,也包括了生殖生长。对具有世代交替的生物来说,其生活史往往是无性世代和有性世代的一次轮回交替。

【生活污染源】(daily pollution source) 人类在生活和消费活动中所产生的废水、废气和废渣。其污染环境的途径有三:(1)消耗能源排放废气,引发大气污染。(2)排出生活污水(包括粪便)污染水体。(3)城市生活产生的厨房垃圾、废塑料、废纸、金属、废旧物垃圾等造成的环境污染。

【生活污水】(sewage) 人们在日常生活中使用过的水。包括从厕所、浴室、盥洗室、厨房、食堂和洗衣房等处排出的水。来自住宅、公共场所、机关、学校、医院、商店以及工厂中的生活区。其水质、水量随时间和季节的变化大。生活污水被生活废料污染,含有较多的有机物,如蛋白质、动植物脂肪、碳水化合物、尿素和氨氮以及肥皂和合成洗涤剂等。生活污水一般不含有毒物质,但是含有常在粪便中出现的病原微生物,有适合微生物繁殖的条件。从卫生角度来看有一定的危害性,需要经过处理后才能排入水体或再利用。

【生活污水处理】(daily sewage treatment) 对生活污水进行净化处理的工艺过程。城镇的生活污水通常采用集中式废水处理——建设大型城市污水处理厂。旧城区和新建区域的初期建设阶段在尚未形成统一的排水系统前,各污染源内需自建分散式废水处理设施——社区的污水处理站。郊区独立别墅、庭院等生活污水需采用小规模的污水处理设施单独进行处理。

生活污水处理

【生境】(habitat) 生物的个体、种群或群落具有一定环境特征的生活地。包括必需的生存条件和其他对生物起作用的生态因素。如延龄草的生境是落叶林内的阴湿处。生境也可为整个群落占据的地方,如梭梭荒漠群落的生境是中亚荒漠地区的沙漠或戈壁;芦苇沼泽群落的生境是在世界各地潮湿的沼泽中。生境是由生物和非生物因子综合形成的,一般描述植物的生境常着眼于环境的非生物因子,如气候、土壤条件等。生境强调决定生物分布的生态因子。欧洲学术界还流行“生态小区”一词,它专指某一群落的具体生活场所,而生境泛指物种生活的区域类型。由“生境”一词还派生出“小生境”,它常指个别生物周围很小的那个范围,如一棵树周围的那一小部分土地和空间就是它的小生境。生境也不同于生态位。生态位更强调物种在群落内的功能作用,故被美国奥德姆比作生物的“职业”,而将生境比作生物的“住址”。

【生理声学】(physiological acoustics) 声学的一个分支。研究听觉器官的构造、听音机理以及有关听力等方面问题的学科。生理声学中研究主观因素与客观因素之间的关系的部分称为心理声学。

【生理小种】(physiologic race) 简称小种。病原真菌在种以下的一个分类单位。通常指在形态学上没有差异,但在生理生化性状和致病性上有稳定差异的菌株群体。最早使用生理小种名称的是美国人斯塔克曼(1913)。他根据在一套鉴别品种上病情或反应型的差异,将小麦秆锈病分为不同的生理小种。在植物线虫学范围内有时也使用这一名称。在植物病原细胞学范围内使用致病小种。在植物病毒学中使用“株系”。株系概念与生理小种大体相同。

【生理小种鉴定】(identification of physiologic race) 利用一套具有鉴别能力的作物品种或单基因系来区分病原物小种的操作程序。其对象是从田间采集病株或分离得到的病原物标样。根据它们对鉴别寄主的毒性差异,划分为不同品种。鉴定过程包括标样采集、繁殖和保存、接种鉴定、小种检索命名、小种频率分析等主要步骤。在少数病原菌的生理小种之间,有培养性状和生理生化特性诸方面的差异,需进行有关辅助鉴定。生理小种的鉴定结果是抗病育种、品种布局和病害流行预测的重要依据。中国已对小麦锈病、小麦白粉病、稻瘟病、水稻白叶枯病、玉米大斑病与小斑病、棉花枯萎病、大豆孢囊线虫、大豆灰斑病、粟瘟病等重要农作物病害的病原物生理小种进行了鉴定。

【生理性腹泻】(physiological diarrhea) 在出生后6个月以内,母乳喂养,不影响婴儿生长发育的腹泻。其表现是:出生后母乳喂养的婴儿,出现大便次数多,每日可达10余次。大便稀,黄色或黄绿色,量不多,无腥臭味。在腹泻时,婴儿无任何不适,精神好,食欲好,尿量多,发育营养正常。此时,不宜停母乳改为奶粉喂奶,婴儿添加辅食后自愈。目前为止原因不明。其可能的原因有:婴儿消化系统发育不完善,母乳中的某种营养成分超过婴儿需要等。因原因不明,服用任何药均无效,换配方奶粉喂养腹泻立即停止。临床上应和病理性腹泻鉴别。病理性腹泻的婴儿,可因腹泻引起脱水及酸中毒,必须立即补液治疗,否则可危机生命。

【生理性黄疸】(physiological jaundice) 由于血液中胆红素浓度过高所引起的皮肤黏膜出现肉眼所见黄疸的现象。大部分出生不久的新生儿都可能出现不同程度的黄疸。这与新生儿胆红素代谢的特点有关。新生儿红细胞的寿命比较短,只有70~90天。红细胞破坏得多,胆红素产生得就多。新生儿肝脏酶系统发育还不完善,产生的胆红素不能及时转化。而新生儿肠道的无菌也会影响胆红素的代谢。肝细胞转运胆红素的蛋白要到出生后5~10天才能达到正常水平,所以出生后的最初几天对胆红素的转运功能不足。这些因素的综合结果使新生儿血中胆红素增多而发生黄疸。

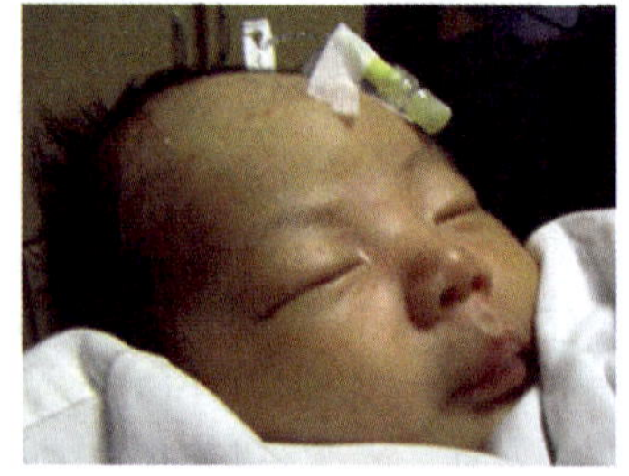

生理性黄疸

【生理学】(physiology) 生物学的一个分支。研究活机体的正常生命活动规律的学科。活机体包括从最简单的微生物到最复杂的人体。按其研究对象的不同可分为:(1)微生物生理学。(2)植物生理学。(3)动物生理学。(4)人体生理学。动物生理学特别是哺乳动物生理学和人体生理学的关系密切,它们之间具有许多共同点,可结合在一起研究。通常所说的生理学主要是指人体和高等脊椎动物的生理学。按其进化和个体发育的不同可分为比较生理学和发育生理学。对无脊椎动物各门及脊椎动物各纲的生理功能进行比较研究,探索他们的生命活动如何与其环境变化相适应。生理学在研究人体正常生命活动的基础上,还要研究人体的异常生命活动的规律,从而又派生出病理生理学,对人类疾病的发生、发展和防治提供了理论依据。

【生理运动单位】(motor unit) 一个a-运动神经元和受其支配的肌纤维所组成的肌肉收缩的最基本单位。其大小决定于神经元轴突末梢分支的数量。一般来讲,肌肉越大,运动单位也越大。一个运动单位的肌纤维又常与其他运动单位的肌纤维相互交错分布。按其生理功能的不同可分为运动性运动单位和紧张性运动单位两类。前者肌纤维兴奋时,发放的冲动频率较高,收缩力强,但易疲劳,氧化酶含量低,是快肌运动单位。后者肌纤维发生兴奋时,发放的冲动频率低,但可长时间发放,氧化酶含量高,属于慢肌运动单位。

【生脉饮】(shengmai drinks) 方剂名。组成:人参100g、麦冬200g、五味子100g。制法:以上三味,粉碎成粗粉,照流浸膏剂与浸膏剂项下的渗漉法,用65%乙醇作溶剂,浸渍24小时后进行渗漉,收集漉液约4 500ml,减压浓缩至约250ml,放冷,加水400ml稀释,滤过。另加60%糖浆300ml及适量防腐剂,并调节pH值至规定范围,调整总量至1 000ml,搅匀,静置,滤过,灌封,灭菌,即得。用量:每次口服10ml,1天3次。功能主治:益气复脉,养阴生津。用于治疗气阴两亏、心悸气短、脉微自汗等。

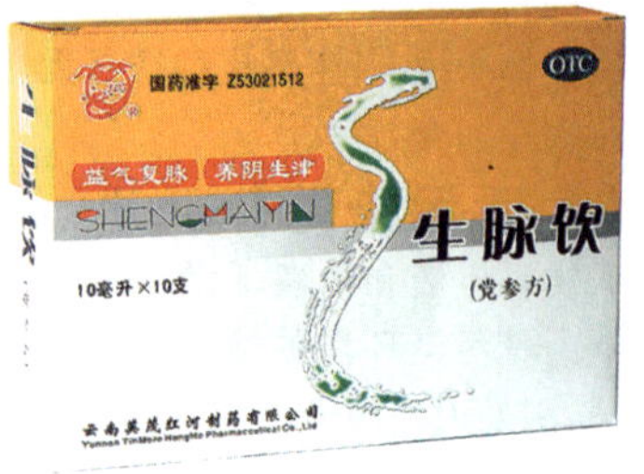

生脉饮

【生命】(life) 蛋白质的存在方式。这是恩格斯在19世纪下半叶对“生命”下的定义。它在一定程度上揭示了生命的物质基础,即具有新陈代谢功能的蛋白质。在活的细胞中除去水分后,约有 90% 是蛋白质、核酸、糖类、脂肪四类大分子,其中又以蛋白质和核酸最为重要。生物体蛋白质由 20 种氨基酸组成。它对核酸代谢的催化,新陈代谢的调节控制以及高等动物的记忆、识别功能等起重要的作用。核酸是由碱基、戊糖、磷酸组成。核酸控制蛋白质的合成,决定蛋白质的性质。可以说,蛋白质和核酸两者互相依赖、互相作用,使生命体成为一个统一体。有关“生命”的定义还有:(1)生理学定义。具有进食、代谢、排泄、呼吸、运动、生长、生殖和反应性等功能的系统。但某些细菌却不呼吸。(2)新陈代谢定义。生命系统具有界面,与外界经常交换物质但不改变其自身性质。(3)生物化学定义。生命系统包含储藏遗传信息的核酸和调节代谢的酶蛋白。但是已知某种病毒样生物却无核酸。(4)遗传学定义。生命是通过基因复制、突变和自然选择而进化的系统。(5)热力学定义。生命是个开放系统,它通过能量流动和物质循环而不断增加内部秩序。

【生命价值】(life value) 人的生命作为一种极为特殊的存在,表现在其唯一性、不可逆性和不可比较,永远高于任何一种物质利益方面的价值。生命是指生物体所具有的活动能力。生命是蛋白质存在的一种形式。从经济学的角度讲,生命价值指一个“统计意义上的生命”的价值,是因伤亡而造成的一定群体平均意义上的预期价值的损失,既不是一种抽象意义上的生命价值或人生价值,也不是具体意义上某些特定对象的生命价值。从伦理和道德上都不能对人的生命估价。但是,作为社会人和经济人,人的生命又是有价的,特别是从评价事故对社会及人类的影响角度,需要对人的生命价值进行评估。最常用的估算方法是人力资本法和支付意愿法。人力资本法将个人看做一种资本,一旦过早死亡,就会损失其潜在的产出能力。因此,以一个人未来工资收入扣除个人消费后的净收入的贴现值来衡量其价值。支付意愿法并不企图对生命价值进行绝对估价,而是度量为了改变死亡或伤害的危险度,社会所准备支付的资源有多少,即它所关心的是估计为了改变死亡概率,社会所要付出的资源代价。

【生命科学】(life science) 在分子水平上对生命现象、生命活动的本质、特征和发生发展规律,以及各种生物之间、生物与环境之间相互关系等进行研究的科学。其研究的主要内容是生物物质的化学本质。其特点是:(1)分子生物学的突破性成果,成为生命科学的生长点,使生命科学在自然科学中的位置起了革命性的变化。(2)遗传物质 DAN 双螺旋结构的发现,开创了从分子水平研究生命活动的新纪元。(3)核酸和蛋白质是生命的最基本物质,生命活动是在酶催化作用下进行的。(4)所有的酶的化学本质是蛋白质。(5)蛋白质是一切生命活动调节控制的主要承担者。生命科学与人类生存、人民健康、经济建设和社会发展密切相关,是当今在全球范围内备受关注的基础自然科学。

【生命伦理学】(bioethics) 研究、改进与生命质量有关的伦理问题的学科。是生命科学、医学与伦理学相交叉形成的学科。生命伦理学中所谓的生命主要指人类生命,但有时也涉及动物生命和植物生命以至生态。而伦理学是对人类行为的规范性研究。其主要内容有:(1)理论层面。(2)临床层面。(3)研究层面。(4)政策层面。(5)文化层面。其主要特征是跨界和跨学科。它既与自然科学技术密切相关,又与人文社会科学紧密相连,是多学科交叉、汇合的边缘学科。由于生命伦理学所关注的是生老病死中人的尊严和权利问题,所以它又是人类共同关注的问题,深受国家、民族或团体的传统观念和价值观的影响。

【生命体征】(vital sign) 人体生命活动规律的重要指征。常用来判断人体健康的状况、病人的病情轻重和危急程度。主要有心率、脉搏、血压、呼吸、瞳孔和角膜反射等。健康成年人在安静状态下,脉搏为 60 ~ 100 次/分钟(一般为 70 ~ 80 次/分钟)。当出现心功能不全、休克、高热、甲状腺危象,以及阿托品等药物中毒时,心率和脉搏显著加快;当颅内压增高、完全性房室传导阻滞时,脉搏减慢。在一般情况下,心率与脉搏基本一致。正常血压为 8.0 ~ 10.64kPa/10.64 ~ 15.96kPa(指肱动脉压)。它是衡量心血管功能的重要指标之一。呼吸次数为 14 ~ 18 次/分钟,同时瞳孔和角膜反射存在。

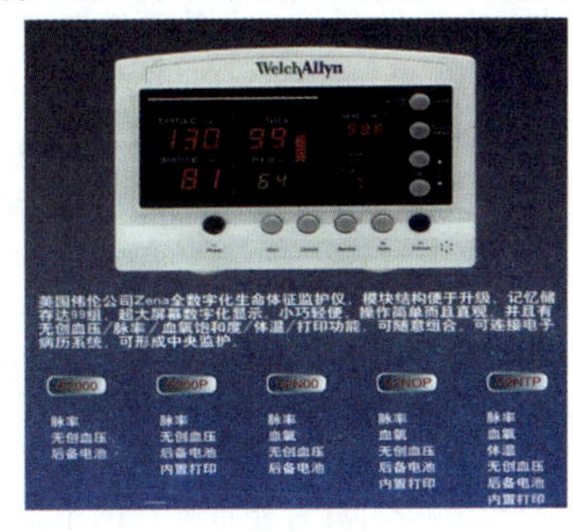

生命体征监护仪

【生命维持系统】(life support system) 又称生命保障系统。维持载人航天器密闭舱内大气环境,保障航天员安全、生活和工作的综合措施和设备。系统一般分为固定式和便携式两种。装在座舱内并有调温、调湿、调压、供氧、供食、大气净化等设施的为固定式,供航天员在舱内生活和工作使用。航天员出舱活动、登月或登其他星球考察则使用便携式生命保障系统。载人航天器生命保障系统除包括压力、温度、湿度、供气和空气分配等环境控制系统外,还设有航天员系统,即航天员的饮食、休息、睡眠、排泄等日常生活保障系统。载人航天器生命保障系统由6个分系统组成:载人航天器环境控制系统、载人航天器气体储存系统、航天员供水和水处理系统、航天食品、航天员废物处理系统和航天服。随着航天任务的内容不断扩展,续航时间增长,航天员不仅要长时间在舱内工作,而且还要出舱活动,在空间行走,直至登月探索。载人飞船、航天站和航天飞机的生命保障系统也日趋复杂和可靠,增加了关键分系统和组、部件的备份,已能满足多乘员、长时间、重复使用的航天任务要求。

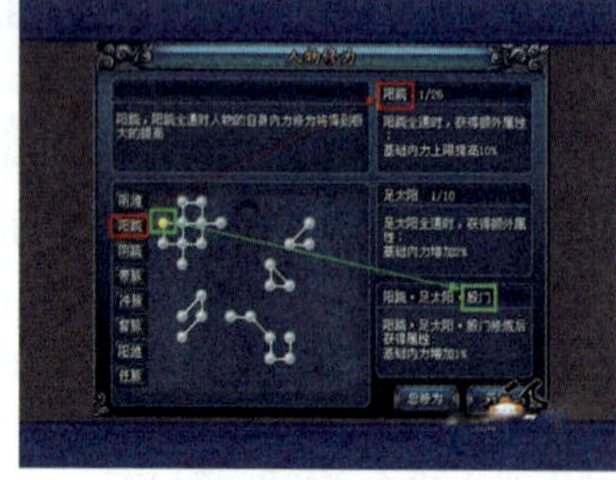
生命维持系统监视仪

【生命有机化学】(bio-organic chemistry) 研究生命过程中有机化学问题的学科。主要以具有重要生理活性的天然有机小分子为研究对象,进行结构、全合成、创制类似物、构效关系以及在生物体内转化等方面的研究;运用现代谱学,如NMR(核磁共振)、MS(质谱)和X-Ray(X射线衍射)等,计算机模拟和各种生物学技术,研究天然有机小分子与生物大分子(蛋白质和核酸)的相互作用,从而在分子和原子水平上解释生命现象,研究其在生命过程中的作用机制,并通过研究调控这些生命过程,为医学、药学等学科的发展打下基础。

【生色团】(chromophore) 分子中能对光辐射产生吸收、具有能量跃迁的不饱和基团。这类基团与不含非键电子的饱和基团成键后,使该分子的最大吸收长波位于200~400nm之间,所以仍是无色的。如果分子中含有两个或多个共轭的生色团时,分子对光的吸收移向长波方向,共轭体系越长,吸收光的波长越长。当物质吸收光的波长移至可见光区域时,该物质就有了颜色。如果在同一分子内有几个发色团,或有称作助色团的另一基团存在时,则颜色往往较深。

【生态安全】(ecological security) 自然生态环境与人类生态意义上的生存和发展风险大小的一种度量。指在人们的生活、健康、安乐、基本权利、生活保障来源、必要资源、社会秩序和人类适应环境变化的能力等方面不受威胁的状态。包括自然生态、经济生态和社会生态三个方面。具体来讲,一般包括自然环境安全、生物安全、食品安全、人体安全、生产安全和社会安全。生态安全与国防安全、经济安全一样,是国家安全的重要组成部分。

【生态博物馆】(ecological museum) 突破传统藏品和建筑概念,坚持文化遗产应原状地、动态地保护和保存在其所属社区和环境中的观念,使文化遗产和人、物、环境保持原有关系的生态总和。是在工业文明社会中人类生态意识觉醒的产物。一种"为了将来而保护和理解某种文化整体的全部文化内涵的手段"。在生态博物馆中,人们将不再从博物架上看结果,而是在房前屋后观看过程—文化遗产、自然景观、建筑、可移动实物、传统风俗等一系列文化因素,均具有特定的价值和意义。1998年10月31日,中国与挪威两国联手,中国首座生态博物馆在贵州省西部的六枝特区梭戛苗族聚居区陇戛寨开馆。

生态博物馆

【生态补偿】(eco-compensation) 运用市场经济理念和政府财政手段,调节利益相关者之间的生态与经济利益的一种公共制度安排。即通过对生态保护区因保护生态系统及其功能而造成人的经济社会发展机会损失进行补偿—解决人的公平发展问题,来解决生态保护问题的一种机制和方法。在中国,生态补偿所涉及的"生态"主要是指陆地生态系统中的森林、湿地、草原等自然生态系统。将生态补偿目标严格定位在对自然生态系统保护过程中保护区人民生存和发展权受到的影响。1999年启动的退耕还林和退牧还草工程的粮食补助就是生态补偿的初步实践。生态补偿测算的依据和标准应当是生态保护区"经济人"的经济发展机会成本,而不是生态系统本身的功能服务价值。生态补偿资金不包括生态建设费用。到目前为止,生态补偿还没有完整、统一的定义,还存在诸多理论和实际问题。这些问题直接影响到生态补偿机制的完善和有效实施。

【生态产业园】(zoology industry garden) 一个由环境保护观念作指导的企业组成的群落。企业之间通过对能源、水和材料等环境资源的管理与合作来提高环境质量和经济效益。通过这种合作,企业群落寻求达到一种比各企业效益之和更大的集体效益。

**【生态承载力】(ecology carrying capability） 一定生态环境条件下所能支撑的最大人口数量及社会经济规模。决定着一个流域（或区域）经济社会发展的速度和规模。如果在一定社会福利和经济技术水平条件下，流域（或区域）的人口和经济规模超出其生态环境所能承载的限度，将会导致生态环境的恶化和资源的匮竭。生态承载力的计算方法与步骤是：（1）汇集各类生态生产性土地的面积。（2）计算各类生态生产性土地的人均生态承载力并汇总。（3）扣除12%的生物多样性保护面积，计算区域生态承载力。

【生态赤字】（ecologic environment deficit） 生态环境支出大于收入的现象。如果某个区域的生态足迹维持一个人、地区、国家或者全球的生存所需要的以及能够吸纳人类所排放的废物，具有生态生产力的地域面积。大于生态承载力，就会出现生态赤字，该区域即处于不可持续发展状态；反之则出现生态盈余，可持续发展状态良好。区域的生态赤字或生态盈余，反映了该区域人口对自然资源的利用状况。目前中国的人均生态足迹为1.3，相当于世界平均水平的65%；人均生态承载力为0.7，相当于世界平均水平的37%。中国除西藏和青海以外，其他地区均处于生态赤字状态。

【生态储粮】（grain storage with ecological condition） 利用和控制对储粮品质有利的生态条件达到储粮安全目的的储粮方法。如采用低温、低氧等储粮方法，使粮食达到安全储藏的目的。其原理是：以粮堆生态系统理论为依据，有效地利用粮食（包括加工产品）与生态因子（生物因子、非生物因子、围护结构）之间的关系，控制对储粮品质有利的生态条件，并采取有效的物理和生物处理技术组合，达到安全储粮。与绿色储粮目的一致，均是为了减少储粮数量的损失和质量的变劣。目前，采用的生态储粮技术主要有：低温储粮、气调储粮和非化学药剂防虫治虫等技术。

生态储粮

【生态地质学】（ecological geology） 地质学的一个分支。研究各种生态问题或生态过程产生的地质学机理、地质作用过程及其背景的一门学科。其主要研究内容包括：生物因子与地质因子之间的相互关系及作用，从而找出相应的科学规律。其研究手段多采用植被地理学、地质学、水文地质学的方法及遥感遥测技术。生态地质学的研究对于保护生态环境、自然资源的永续利用和国民经济的可持续发展都具有重要意义。

【生态纺织品】（ecological textile） 又称绿色纺织品。其中有害物质含量对人体健康不会造成危害的纺织品。在纤维生产和纺织品制造过程中对环境不造成污染，在销售、运输和使用过程中对人体健康和周围环境无害或少害，在最终处置中不会产生有害物质的纤维原料及其制品。根据 Oeko Tex Standard 100对有害物质的测定，凡符合该标准的纺织产品，颁发生态标志。Oeko Tex Standard 100自1991年诞生以来，每年都要修改一次，对纺织品的生态要求越来越严。

生态纺织品

【生态风险评价】（ecological risk assessment） 以化学、生态学、毒理学为理论基础，预测评估由于一种或多种外界因素导致可能发生或正在发生的对生态系统的有害影响的过程。其目的是帮助环境管理部门了解和预测外界生态影响因素和生态后果之间的关系，以利于环境决策。风险评价主要针对有害废物而言，包括各种污染物、有毒物质和有害化学品。

【生态功能保护区】（ecological function protected area） 在涵养水源、保持水土、调蓄洪水、防风固沙、维系生物多样性等方面具有重要作用的生态功能区。为防止生态环境的破坏和生态功能的退化，有选择地划定一定面积予以重点保护和限制开发建设的区域。建立生态功能保护区，保护区域内自然生态功能，对于防止和减轻自然灾害，协调流域及区域生态保护与经济社会发展，保障国家和地方生态安全具有重要意义。国家重点生态功能保护区是指对保障国家生态安全具有重要意义、需要国家和地方共同保护和管理的生态功能保

湿地保护区

护区。生态功能保护区属于限制开发区,不包含自然保护区、世界文化自然遗产、风景名胜区、森林公园、地质公园等这些特别保护区域。

【生态功能区划】(ecological function zoning) 在全国范围内按生态功能的不同确定不同地域单元的工作。在全国生态调查的基础上,运用生态学原理,分析区域生态特征、生态系统服务功能与生态敏感性空间分异规律,确定不同地域单元的主导生态功能。通过划分生态功能区,分析各类生态功能区的主要生态问题、生态保护方向,提出限制或禁止措施,明确对保障国家生态安全有重要意义的区域。其意义在于指导中国生态保护与建设、自然资源有序开发和产业合理布局,增强生态支撑能力,推动中国经济社会与生态保护协调、健康发展。生态功能区划按照不同自然条件,将全国陆地生态系统划分为东部季风生态大区、西部干旱生态大区和青藏高寒生态大区等三个生态大区。然后,依据《生态功能区划暂行规程》将全国生态功能区划分为三个等级:全国生态功能一级区共有三类。在生态功能一级区的基础上,依据生态功能重要性划分生态功能二级区共有九类。在二级区的基础上,按照生态系统与生态功能的空间分异特征、地形差异、土地利用的组合来划分生态功能三级区共有216个。

全国生态功能区规划体系表

生态功能一级区(3类)	生态功能二级区(9类)	生态功能三级区(216个)举例
生态调节功能区	水源涵养	大兴安岭北部落叶松林水源涵养等(50个)
	防风固沙	呼伦贝尔典型草原防风固沙等(28个)
	土壤保持	黄土高原西部土壤保持等(27个)
	生物多样性保护	三江平原湿地生物多样性保护等(34个)
	洪水调蓄	洞庭湖湿地洪水调蓄等(9个)
产品提供功能区	农产品提供	三江平原农业生产等(36个)
	林产品提供	大兴安岭林区林产品等(10个)
人居保障功能区	大都市群	长三角大都市群、珠三角大都市群等(3个)
	重点城市群	中原城镇群、武汉城镇群等(19个)

【生态规划】(ecologic environment planning) 按照生态学原理对某一地区的社会、经济、科技与生态环境进行的全面综合规划。其目的在于有效利用各种资源条件,促进生态系统良性循环,使社会经济持续稳定发展。规划要解决的中心问题是人类社会的生存和持续稳定的发展。它涉及社会、经济、科技、生态环境、人类心理和行为等各个方面。制定生态规划,需要诸多方面(领域)人员参与,融合多学科的知识。其发展趋势是走向高度综合化和定量模型化。

【生态过渡带】(ectone) 又称群落交错区。两个或多个生物群落或生态系统之间的过渡区域。在自然条件下由于海拔或纬度等环境的差异,一些生态群落在向另外群落的转变中会发生缓慢的变化,或者两种群落彼此镶嵌、交错,虽然没有明显的边界,但具有明显的过渡特征,被称为镶嵌状边缘过渡带;有的生物群落则因地形和环境发生突变,比如水陆交界、海岛、沙漠、冰川、断崖、河流、火山、地震等而突然中断,具有明显的边界,被称为断裂状边缘过渡带。镶嵌边缘过渡带具有丰富的生物多样性特征,生物群落在长期的历史进程中既可保证原始种群的保存,又有利于新物种的演替;而在断裂状边缘过渡带,一些物种容易突然灭绝或发生突变。地质历史上恐龙的灭绝,澳洲有袋类动物的延续,两栖爬行动物的繁衍,一些动植物活化石的存活都与生态过渡带的类型和特征相关。生态过渡带又是生态脆弱带,在地球上广泛分布,类型多样。以中国为例:在东北有山地针叶落叶阔叶林带,有北方干湿过渡带的森林-草原过渡带,还有亚热带和暖温带之间的常绿落叶阔叶林带和南亚热带与热带之间的雨林-常绿落叶阔叶林过渡带,此外还有农牧交错带、干湿交错带、沙漠边缘带、森林边缘带、水陆交界带等。中国自然生态过渡带面积大约$9\times10^5\mathrm{km}^2$。生态过渡带在环境演替研究中具有特殊意义。由于人类的介入和干预,一些本属自然状态下的生态过渡带已变成了自然-人工复合系统。

【生态环境】(ecological environment) 由一定生态关系构成的系统整体。由生物群落(动物、植物、微生物)及非生物自然因素组成的各种生态系统所构成。生态环境的优劣,对人类的生存和发展影响深远。仅有非生物因素组成的整体,称为自然环境,不能叫作生态环境。

生态环境

但自然环境的破坏会引发生态环境的变化,并最终导致人类生活环境的恶化。

【生态环境材料】(ecological environmental material) 具有使用性能又与生态环境相协调的材料。其特点是:消耗资源和能源少,对生态和环境污染小,再生利用率高,而且从材料制造、使用、废弃直到再生循环利用的整个过程,都与生态环境相协调。按其使用功能的不同可分为:环境相容材料(如纯天然材料木材、石材等)、仿生物材料(人工骨、人工脏器等)、绿色包装材料(绿色包装袋、包装容器)、生态建材(无毒装饰材料等)、环境降解材料(生物降解塑料等)、环境工程材料(环境修复材料、环境净化材料)、环境替代材料(无磷洗衣粉助剂)等。其研究热点和发展方向包括:再生聚合物(塑料)的设计、材料环境协调性评价的理论体系、降低材料环境负荷的新工艺、新技术和新方法等。

【生态环境建设】(eco-environment conservation) 对影响人类生存与发展的生态系统的保护、恢复与改善。主要包括水资源、土地资源、气候资源与生物资源。保护、恢复与改善生态环境是国民经济可持续发展的基础。目前,中国生态环境存在以下问题:(1)自然环境先天不足。(2)水土流失危害严重。(3)荒漠化面积呈扩大趋势。(4)水资源短缺,水污染严重。(5)森林覆盖率低,增长缓慢,部分地区覆盖率逐渐下降。(6)草地生态破坏加重。(7)生物多样性减少。(8)大气污染严重,气温呈上升趋势。中国生态环境建设包括八个类型区:黄河中上游地区、长江中上游地区、“三北”风沙综合防治区、南方丘陵红壤区、北方土石山区、东北黑土漫岗区、青藏高原冻融区和草原区。在此基础上国务院,根据每个区域的自然特点和生态建设现状,分别提出了生态环境建设的主要内容和治理措施。

【生态监测】(ecological monitoring) 系统收集地球资源信息和生命支持能力数据的一种方法。其数据涉及人类、动物、植物、微生物以及地球本身。通过检测,可获得全球、区域和局部规模的生物地球化学和地球物理环境参数变化的客观信息。这些信息是制定环境保护决策的最重要基础。常用的收集方法有:(1)利用地面固定站和流动观察站。(2)空中采用轻型飞机低空摄影。(3)从太空中采用轨道卫星,如地球资源卫星提供资料及视觉图像。

【生态建材】(ecological building material) 具有优异环境协调性的建筑材料。其环境协调性好是指:有益于人体健康;生产时不用或少用天然资源,大量使用废弃物作为再生资源;采用清洁的生产技术,废气、废渣和废水的排放量相对比较少;使用过程有益于人体的健康,有利于生态环境的改善及与环境相和谐;废弃后使之作为再生资源或能源加以利用或能做净化处理。

生态建材

【生态建筑学】(ecologies of architecture) 又称建筑生态学。建筑学的一个分支。建立在研究自然界生物与其环境共生关系的生态学理论基础上的建筑规划设计理论与方法的学科。是探索地球上生命活动功能均衡发展的生态学。根据现代科技的成果,反映出的是现代建筑思潮的价值取向。它在依据自然生态系统创造人工生态系统过程中,实现能量流和物质流的平衡,即生态平衡原则。所谓能量流,即能量流动。包括太阳辐射的平衡,温度的平衡及风能、水能的集聚与转化等;而物质流,即物质循环。包括一切自然资源,如土地资源、水资源、森林资源等。当代生态建筑学是从整体有机联系上以生态规律来揭示并协调人、建筑与自然环境和社会环境的相互关系。其实施手段是:以当代科学技术的物质条件为基础,来实现人在自然生态系统下构建人工生态系统;以其间的具体的、物质的交流,争取达到最优关系。中国古代风水学,尽管受到当时落后的科学和物质技术手段的限制,仍然追求顺应自然,并有节制地改造和利用自然,追求人与自然协调与合作的意境。中国风水学,可称为中国古代的生态建筑理论。

【生态经济体系】(ecological economy system) 在经济和环境协调发展思想指导下实现经济、社会、资源环境协调发展的现代经济体系。按照生态学原理、市场经济理论和系统工程方法,运用现代科学技术,实现了生态上和经济上的两个良性循环。生态经济是既不为加速经济发展而牺牲生态环境、也不为单纯保护生态而放弃经济发展的经济。它是以人的行为为主导,以自然环境为依托,以资源流动为命脉,以社会经济体制为调节器,由人类社会的各种因素和自然环境的因素共同构成的系统,是实现经济腾飞与环境保护、物质文明与精神文明、自然生态与人类生态的高度统一和可持续发展的经济系统。其组成要素有:人口(主体地位)、环境、资源(包括自然资源、经济资源和社会资源)、科技。生态经济体系一般遵循的原则是:(1)生态环境保护与生态环境建设并举。(2)突出地区特色、发挥资源优势。(3)区域联合协作、社会共同参与和投资主体多元化相结合。

(4)经济效益、生态效益和社会效益协调统一。

【生态林】(ecological forest) 为维护和改善生态环境、保持生态平衡、保护生物多样性而栽植的以满足人类生态、社会需求和可持续发展为主导功能的森林、林木和灌木丛。在退耕还林工程中,营造的以减少水土流失和风沙危害等生态效益为主要目的的林木,主要包括水土保持林、水源涵养林、防风固沙林和竹林等。营造的乔木树种生态林,其造林密度下限为1 800株/公顷(杨树为750株/公顷);营造的灌木生态林,其下限为2 550株/公顷。生态和经济兼用林是指既能减少水土流失和风沙危害,发挥一定的生态效益,又能生产果品、食用油料、饮料、调料、工业原料和药材,产生一定的经济效益的林木。城市生态林是指在城市规划区内充分利用人行道、街头游园、绿化点、绿化广场、立交桥等自然地形和条件,栽植以乔木为主,乔、灌木与地被植物相结合,面积较大(成片、成块、成线)的集生态、景观、保健三大功能为一体的城市绿地形态。

生态林

【生态旅游】(eco-travel) 又称绿色旅游。回归大自然和回报大自然的环境保护旅游。鉴于许多地区旅游活动给当地环境和自然景观造成污染、损毁等现象,1983年由世界自然保护联盟特别顾问谢贝洛斯·拉斯喀瑞首次提出生态旅游理念,1993年由国际生态旅游协会正式定义为:具有保护自然环境和维护当地人民生活权利双重责任的旅游活动。在回归大自然的旅游活动中,注重对自然景观的保护,同时达到自然景观地区的可持续发展的目的,同时,生态旅游也要求对旅游者环保生态意识等综合素质的提高。强调生态旅游的对象应该是自然景观,在旅游过程中必须保证自然景观不受任何人为的干扰和破坏。目前,生态旅游的理念已被世界各国业者和民众普遍接受,生态旅游方兴未艾。但是随之而来的问题也越来越多,一些管理部门或业者为吸引游客,随意在自然景观附近新建人造景观,对一些自然景观进行耸人听闻的伪科学的定位,甚至编造一些鬼怪神话和迷信故事等。这些均非生态旅游的内涵和本质。

【生态牧场】(ecologic stockfarm) 在农业生产中形成的良性生态循环的牧场。其目的为广辟饲料来源,提高能量利用率和物质转化率,降低生产成本,节省能源消耗,减少环境污染,从而提高整个农业生产的经济和社会效益。

生态牧场

【生态农业】(ecological agriculture) 以生态经济系统原理为指导建立起来的资源、环境、效率、效益兼顾的综合性农业生产体系。即按照生态学原理,建立和管理一个生态上自我维持的低输入、经济上可行的农业生产系统。该系统能在长时间内不对其周围环境造成明显改变的情况下具有最大的生产力。中国生态农业包括农、林、牧、渔和某些城乡企业在内的多成分、多层次、多部门相结合的复合农业系统。生态农业以保持和改善该系统内的生态动态平衡为总体规划的主导思想,合理安排生产结构和产品布局,努力提高太阳能的固定率和利用率,促进物质在系统内部的循环利用和多次重复利用。尽可能地减少燃料、肥料、饲料和其他原料的输入,以求得尽可能多的农、林、牧、渔产品及其加工制品的输出,从而获得生产发展、生态环境保护、能源再生利用、经济效益良好四者统一的综合效果。

【生态平衡】(ecological balance) 一定时期内生态系统保持的一种动态平衡。是人类社会可持续发展的基础。任何一个正常的生态系统,能量流动和物质循环总是不断地进行着。一个生态系统的稳定性取决于多种因素,包括生态系统自身特点(进化史的长短、物种数目及其相互关系等)、生态系统受到干扰的方法和估计稳定性的指标(抵抗力和恢复力等)。在自然条件下,生态系统总是朝着种类多样化、结构复杂化和功能完善化的方向发展,直至达到具有自动调节的能力的稳定状态。人类活动对自然生态系统影响巨大。有益的活动会使生态系统达到更合理的结构、更高效的功能和更好的生态效益。但当人类活动的影响超过了生态系统的调节能力时,生态平衡就会遭到破坏。

【生态气候学】(eco-climatology) 研究生物与气候条件之间相互影响、相互作用的学科。其研究内容包括:生物生存范围内的气候状况、生物对气候的适应性、生物的生长繁育与气候条件的关系等。研究中,其他生态因子如所处地理环境、生物生存区的土壤性质及人类活动也应一并加以考虑。

【生态人居】(eco-habitation) 又称生态人

居系统。充分体现生态人居要求的人类聚集区的生态与社会的复合系统。是人类经过历史的选择之后所追求的人类居住模式。根据当地环境和资源状况，强调优化组合住区的功能结构，实现经济、生态和社会效益三结合的新型人类聚居环境和建筑体系。它具有满足整体生活需求、高效和谐、自养自净、无废无污、节能节地、文脉延续等特征。在可持续发展战略日益成为人类共识的今天，对可持续发展人类住区建设的追求也与日俱增，人们对生态住区与可持续发展住宅内涵的理解也不断深化。建设生态住区的理念正在被专家和广大民众所接受，并逐渐成为人们关注的焦点。目前，许多国家纷纷制定出台了与之有关的评估体系、技术规范等，用以促进生态住宅健康、快速发展。

【生态省建设】（eco-province construction）在省级行政区域内运用生态学原理和系统工程的科学方法，实现经济、社会和环境可持续发展的一项系统工程的简称。涉及经济社会发展全局的整体战略和目标，是诸多发展战略在省级区域的最佳结合点和实施载体。2000 年，国务院颁发的《中国生态环境保护纲要》明确提出，大力推进生态省、生态市、生态县和环境优美乡镇的建设。生态省（市、县）建设，是以区域可持续发展为目标，把区域经济发展、社会进步、环境保护三者有机结合起来，总体规划，合理布局，统一推进。被列为生态省（市、县）的地区不仅要加强环境保护与生态建设，提高人们的生态环境意识，保护和改善生态环境，而且要大力培育生态产业，发展生态经济，增强经济实力，提高人民的生活质量。

【生态失调】（ecological disturbance） 在外界的干扰和破坏超过了生态系统自身的调节能力时其稳定性遭到破坏后的一种状态。在这种状态下，生态系统的生物种类和数量发生变化，生物量下降，生产力衰退，营养结构破坏，食物链关系消失，金字塔营养级失常，结构和功能失调，物质循环、能量流动与信息传递受到阻碍，从而引起逆行演替。造成生态失调的外界干扰因素有自然的与人为的，如森林生态系统中的自然火灾，毁灭了森林；人对自然资源的不合理开发利用，导致生态系统结构和功能的严重破坏，系统稳定性丧失。全球多处出现的现森林覆盖面积减少、草原退化、水土流失、水源枯竭、河流干涸、土地沙漠化、盐渍化、野生动植物种类趋于绝灭、环境污染、环境质量恶化、气候异常等现象，都是生态失调的表现。

土地盐渍化

【生态塑料】（ecological plastic） 以阳光为能源、二氧化碳为碳源的淀粉和纤维素等可再生资源通过生物技术制得的聚合物。其最大特点是在自然界能较快自行分解。如今已能从甜菜、甘蔗、马铃薯以及其他多种作物中提取可以分解的塑料物质—多烃基丁酸。用这种物质生产的塑料具有生物降解功能。生态塑料作为一种新型的绿色环保产品，可应用于外科手术、食品包装、一次性餐具、纺织品、瓶子、标签等。

生态塑料

【生态温室】（ecological greenhouse） 一种能透光、保温或加温，以生物链循环的形式达到生产无污染和绿色蔬菜要求的设施。在不适宜植物生长的季节，能提供生育期和增加产量。多用于低温季节喜温蔬菜、花卉、林木等植物栽培或育苗等。生态温室集菜、果、菇立体种植，畜禽综合养殖，农产品开发利用和沼气技术配套应用于一体，通过一定的工程手段的有效组合，而形成质能互补，其经济效益、社会效益和生态效益均非常显著。其模式主要有："鸡＋菜"、"鸡＋猪＋菜"、"猪＋沼气＋菜"、"鸡＋猪＋沼气＋菜"、"猪＋菜"、"兔＋菜"和"食用菌＋菜"等。生态温室不仅具有良好的采光和保温性能，而且温室中各生物群间形成互补互惠、趋利避害的生态环境系统，为"反季节，超时令"蔬菜生产提供了水、肥、气、热等良好的环境条件 。按其使用功能的不同可分为：生产性生态温室、试验（教育）性生态温室和允许公众进入的商业性生态温室。按其框架材料、采光材料、外形及加温条件的不同又可分为：玻璃温室、塑料温室、单栋温室、连栋温室；单屋面温室、双屋面温室、加温温室、不加温温室等。现代化生态温室中，具有控制温湿度和光照等条件的设备，用电脑自动控制创造植物所需的最佳环境条件。

【生态系统】（ecosystem） 由生物群落及其生存环境共同组成的动态平衡系统。英国学者 1935 年首先提出。生物群落由存在于自然界一定范围或区域内并由互相依存的一定种类的动物、植物、微生物组成。生物群落内不同生物种群的生存环境包括非生物环境和生物环境。非生物环境又称无机环境、物理环境，如各种化学物质、气候、地理因素等；生物环境又称有机环境,如不同种群的生物。生物群落同其生存环境之间以及生物群落内不同种群之间不断进行着物质交换和能量流动,并处于互相作用和互相影响的动态平衡之中。地球生态系统按类别或地域的不同可分为多种生态系统。例如,按类别的不同可分为海洋生态系统、森林生态系统、湿地生态系统,或者植物生态系统、动物生态系统等;按地域可分为某某地区的生态系统。生态系统是生态学研究的基本单位,也是环境生物学研究的核心问题。

草原生态系统

【生态系统发育】(ecosystem grouth) 又称生态系统演替。生态系统从幼年期到成熟期的发育过程。在这一过程中,生态系统重要的结构和功能特征发生如下变化:(1)生态能量特征。幼年期的生态系统生产量高,总生产量与总呼吸量之比大于1(自养演替过程);成熟期的生态系统两者之比接近于1。(2)食物网特征。幼年期系统的食物链简单,往往成直线状,以牧食食物链为主;到成熟期食物网结构复杂,大部分能通过腐食食物链,对环境干扰具有较大的抵抗力。(3)营养物质循环上的特征。主要营养物质如氮、磷、钾、钙等的循环,在幼年期为开放性的,到成熟期变为封闭性的。(4)群落结构特征。在演替过程中,物种多样性增加,生化物质多样性增加,分层和空间异性增加,种间竞争激烈,导致生态位分化与物种生活史复杂化。(5)选择压力特征。在幼年期,高生殖潜力物种多;在稳定期,竞争力强的物种占优势。(6)稳态、成熟阶段特征。生态系统达到稳定状态,各物种数量、种间相互关系、生物量、物流、能流、信息流都处于相对稳定状态,并有自我调节、自我修复、自我维持和发展的能力。

【生态系统功能】(ecosystem function) 见生态系统结构。

【生态系统结构】(structure of ecosystem) 生态系统各组成成分的比例及内在联系。生态系统中包括植物、动物和微生物多种生物群体。植物利用光能及无机元素制造有机物;动物摄取植物,而动植物遗体及排泄物,既是微生物的食料,又需要经微生物加工分解,才能再度被植物利用吸收。植物、动物、微生物共同构成了生态系统的基本结构,并通过该结构完成系统中物质循环和能量转化过程。生态系统中的物质循环和能量流动,称为生态系统的功能。其结构和功能既互相适应,又存在矛盾,推动着生态系统的变化。在一般情况下,结构改变必然影响到功能,功能破坏即导致结构破坏。

【生态系统物质循环】(circulation of ecological material) 又称生物地球化学循环。地球上各种化学元素从周围的环境到生物体、再从生物体回到周围环境的周期性循环。可分为水循环、气体型循环和沉积型循环三大类型。能量流动和物质循环是生态系统的两个基本过程。它们使生态系统各个营养级之间和各种组成成分之间组成一个完整的功能单位。能量流动和物质循环的性质不同,能量流动是单方向的,最终以热的形式消散。因此,生态系统必须不断地从外界获得能量。物质流动是循环式的,各种物质都能以可被植物利用的形式重返环境。两者之间密切相关不可分割。

【生态系统演替】(ecosystem succession) 见生态系统发育。

【生态效益】(ecologic efficiency) 自然界的生物系统对人类的生产、生活条件和环境条件所产生的有益影响和有利效果。关系到人类发展最根本的长远效益。其基础是生态平衡和生态系统的良性、高效循环。如农业生产中讲求生态效益,就是要使农业生态系统各组成部分的物质与能量输出输入在数量上、结构功能上,经常处于相互适应、相互协调的平衡状态,使农业自然资源得到合理开发、利用和保护,促进农业和农村经济的持续发展。

【生态修复】(ecorenovation) 利用生态工程学或生态平衡、物质循环的原理和技术对受污染或受破坏、受胁迫环境下的生物(包括生物群体)生存和发展状态的改善、改良或恢复。包括对生物生存物理、化学环境的改善和对生物生存"邻里"、食物链环境的改善等。生态修复包含生物修复,两者的共同点或共同目标都是改善或改良生物的生存和发展环境。其不同点是,生物修复是生态修复的一部分。例如,生物修复是针对水体污染的修复,生态修复是针对水生生物及其生存环境的整体修复。

【生态养殖】(ecosystem culture) 在一定的养殖空间和区域内,通过相应的技术和管理措施,使不同生物在同一环境中共同生长,实现保持生态平衡、提高养殖效益的一种养殖方式。其模式有:(1)虾—鱼—贝—藻多池循环水生态养殖模式。该系统包括四个功能不同的养殖区,一个水处理区及一个应急排水渠。通过在封闭循环系统内不同池塘中放养生态位互补的经济动植物，对虾池水质环境进行生物调控。(2)猪—沼—鱼生态养殖模式。选址要就近鱼池，便于沼肥施用。沼肥养鱼适用于以白花鲢为主要品种的鱼池，其他混养鱼(底层鱼)比例不超过40%。根据水体透明度掌握施肥量，水体透明度大的，浮游生物数量少的鱼池可每两天施一次沼液。当水体透明度回到25～30cm时，转入正常投肥。(3)鱼鸭生态养殖模式。有直接混养、塘外养鸭、架上养鸭三种方式。

生态养殖

【生态因子】(ecological element) 所有环境因素中对生物起作用的因素。所有生态因子构成生物的生态环境。生态因子对生物的作用很复杂。一般有：综合作用；主导因子作用；直接作用和间接作用；不可替代性和互补作用；阶段性作用。生物对每种生态因子都要求有适宜的量，即有其耐受的上限和下限，过多或不足都可能使生命活动受到抑制，甚至死亡。生物的生存和繁衍，依赖于各种生态因子的综合作用，但其中必有一种或几种生态因子是限制生物生存和繁衍的关键因子。

【生态渔业】(ecological fishery) 通过渔业生态系统内的平衡，使特定的水生生物和特定的渔业水域环境相适应，以实现持续、稳定和高效的一种渔业生产模式。主要是在一定的环境内，使生物群体中的生产者、消费者和分解者之间的分层多级能量转化和物质循环作用取得最佳平衡。如中国青鱼、草鱼、鲢、鳙四大淡水鱼搭配混养，稻田养鱼，桑基鱼塘养殖等模式。是实现渔业可持续发展和循环经济的重要途径。

【生态园林】(ecological garden) 又称野景园。根据生态学原理，充分利用自然条件而建立的人工生态系统。以人、社会与自然的和谐为核心，用生态学原理研究植物个体和群落与环境的关系，同时研究植物群落的发展组成特性及其相互作用，扬其共生，避其相克，形成有规律的人工生态系统。它是城市园林绿化的最高层次。；20世纪20年代，西方有些生物学家和园艺学家看到迅猛的都市化趋势很快吞没了大量的自然景观，便模仿自然界的植物群落及生存环境，在园林中建造大量野景园。例如，1925年荷兰人蒂济和斯普林格在布罗门代尔建造了一座包括树林、池沼、沼泽地、荒野、沙丘等自然景观园林；1937年詹森和赖特在美国春田城附近建造了草原风格的林肯纪念园1946年布罗尔斯在阿姆斯特丹附近建了一座林间空地和临水环境的园林。此后，在荷兰的布罗克辛根和英国的伦敦也出现了这类园林。生态园林对研究自然生态系统的演变和普及自然知识有较大的价值。

生态园林

【生态园林城市】(ecological garden city) 由原建设部于1992年发起在全国开展创建“生态园林城市”活动。创建“国家生态园林城市”是在创建“国家园林城市”活动基础上，利用环境生态学原理，规划、建设和管理城市，完善城市绿地系统，有效防治和减少城市大气污染、水污染、土壤污染、噪声污染和各种废弃物，实施清洁生产、绿色交通、绿色建筑，促进城市中人与自然的和谐，使环境更加清洁、安全、优美、舒适。“生态园林城市”作为建设生态城市的阶段性目标，增加了衡量一个地区生态保护、生态建设与恢复水平的综合物种指数，本地植物指数，建成区道路广场用地中透水面积的比重，城市热岛效应程度，公众对城市生态环境的满意度等评估指标。《国家生态园林城市标准》(暂行)有7项评选条件和3大类、19项量化验收标准。2010年，新版《国家生态园林城市标准》已经通过专家评审，正在等待住建部正式批准。新“标准”报批稿中将城市园林、市政设施、生态建设分为五个评比等级。其中，城市园林绿化指标共有41项，占评比项目总量的77%。评比项目中还分为基本项和一般项，基本项是参评城市必须达标的项目。由于地理地质状况、气候条件和资源条件的差异，各地还应参照《国家生态园林城市标准》，研究制定本地的创建“生态园林城市”的方案。“生态园林城市”的评估工作每年进行一次，采取城市自愿申报、省级建设行政主管部门推荐、住房和城乡建设部组织专家评议、部常务会审定的办法进行。申报城市必须是已获得“国家园林城市”称号的城市。中国正在建设一个较完

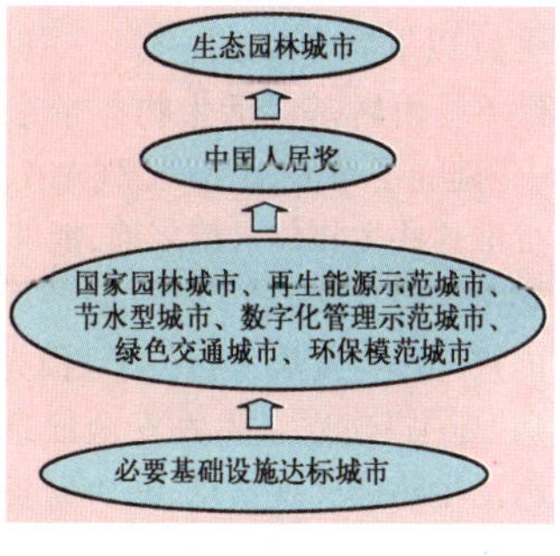

生态园林城市

整的、分阶段引导传统城市步入生态园林城市发展模式的城市评价体系。见附图。

【生态足迹】(ecological footprint) 又称生态占有。生产一定人口所消费的资源及吸纳产生的废弃物所需要的具有生态生产性地域空间面积。本质上是一种基于社会经济代谢的非货币化的生态系统评估工具。生态生产性地域指具有生态生产能力的土地或水体。人类可以确定自身消费的绝大多数资源、能源及所产生的废弃物数量,能将之折算成生产和消纳这些资源和废弃物的生物生产面积。生物生产面积包括耕地、草地、林地、建筑用地、化石能源土地和水域六类。生态足迹计算的主要步骤是:(1)把消费项目划分为生物资源消费和能源消费两方面。(2)计算各种消费项目的人均占有生物生产面积并进行汇总。(3)计算人均生态足迹和区域总生态足迹。

【生铁】(pig iron) 铁矿石在高炉中用焦炭或木炭熔化还原后炼成的金属材料。一般用铸锭机和砂型铸成锭块。在生铁中含有碳、硅、锰、磷和硫等元素。按其成分和用途的不同可分为炼钢生铁、铸造生铁和球墨铸铁等几种。

生铁

【生物安全】(biosafety) 可能对生物多样性构成的潜在风险与威胁所采取的有效预防和控制措施。现代生物技术的研究、开发、应用以及转基因生物的跨国越境转移对生物多样性、生态环境和人体健康产生不利影响。2000年1月29日,《生物多样性公约》缔约方大会通过了《卡塔赫纳生物安全议定书》(以下简称《议定书》)。其目的是保护生物多样性不受由转基因活生物体带来的潜在威胁。《议定书》建立了事先知情同意(AIA)程序,以确保各国在批准这些生物体入境之前,能够获得是否决定入境所必需的信息;确定了预先防范原则,并重申了里约热内卢环境与发展大会关于“预先防范”的第15原则。《议定书》建立了生物安全信息交换所,以便就转基因活生物体交换信息,并协助各国实施该《议定书》。中国于2005年9月6日正式成为《议定书》缔约方。

【生物安全实验室通风空调系统】(biosafety laboratories ventilation and air conditioning system) 按照生物安全实验室的级别要求建立的通风空调系统。该系统利用通风空调工程技术,实现空气过滤、稀释和置换来减少微生物的污染,并达到实验室工作要求的温度、湿度,安排合理的气流,防止交叉污染,控制压力梯度,防止污染扩散,保障人身、动物和环境安全。其具体要求是:(1)空调净化系统的划分。根据操作对象的危害程度和平面布置,采取有效措施避免污染和交叉污染。通风空调系统的划分应有利于实验室的消毒灭菌、自动控制系统的设置和节能运行。(2)空调净化系统的设计。应充分考虑实验仪器、设备的冷、热、湿和污染负荷。(3)送、排风系统的设计。应考虑所用生物安全柜等实验仪器、设备的使用条件,如动物隔离器不得向室内排风。(4)二级生物安全实验室可以采用带循环风的空调系统。如果涉及有毒、有害、挥发性溶媒和化学致癌剂操作,则应采用全新风系统。二级动物生物安全实验室也宜采用全排风系统。(5)三级和四级生物安全实验室应采用全新风系统。(6)三级和四级生物安全实验室的送、排风总管,四级生物安全实验室主实验室的送、排风支管均应安装气密阀门。(7)在三级和四级生物安全实验室的污染区和半污染区内,不应安装普通的风机盘管机组或房间空调器。(8)污染区宜临近空调机房,使送、排风管道最短。(9)空调通风系统的风机应选用风压变化较大而风量变化较小的类型。

【生物半衰期】(biological half-life) 又称血浆半衰期。药物通过体内的代谢和排泄等过程,在体内消除一半数量所需的时间。常以血浆中药物浓度下降一半所需要的时间来表示。以符号 $T_{1/2}$ 表示。反映药物在体内的消除速度。每个药物都有各自的半衰期。一般情况下,代谢快、排泄快的药物,其生物半衰期短;而代谢慢、排泄慢者的生物半衰期较长。临床上可根据各种药物的半衰期来确定适当的给药间隔时间(或每日的给药次数),以维持有效的血浓度和避免蓄积中毒。但是由于个体差异,同一药物的半衰期不同人常有明显的差异,肝、肾功能不良者或老年人的血浆半衰期常较年轻健康者为长。药物相互作用也会有干扰,使半衰期发生变化。

【生物材料】(biological material) 在生理环境约束下行使某种功能的材料。有广义和狭义之分。广义生物材料是指一切与生物体相关的应用性材料。按其应用的不同可分为生物工程材料、生物医用材料和其他生物应用材料;按其来源的不同可分为天然生物材料和人工合成生物材料。材料学的发展还使有些材料兼具天然和人工合成的特性。狭义生物材料是指能够用来制作各种人工器官和制造与人工生理环境相接触的医疗用具及制品的材料,即生物医用材料及生物包装材料。

【生物材料表面改性技术】(surface modification technology of biomaterial) 又称表

面修饰技术。一种为使生物材料具有更适宜的表面性能或具有某些特定功能而对其进行表面处理的技术。按材料类型的不同可分为:金属材料表面改性、陶瓷材料表面改性、聚合物表面改性和组织工程材料表面改性等;按性能改善情况的不同可分为:表面活化改性、表面抗凝血改性、表面抗腐蚀改性和抗磨损改性等;按改性方法的不同可分为:物理方法、化学方法、电化学方法、生物化学方法和形态学方法改性等。生物材料表面改性技术已在功能新材料制作中广泛应用。

【生物操纵技术】(biological manipulation technology) 对湖泊中的生物及其环境采取的一系列控制措施。对藻类特别是蓝藻的生物量的下降进行管理的技术。生物操纵也指以改善水质为目的,对有机体自然种群的水生生物群落的控制管理。这种控制管理有两种理论:(1)经典生物操纵理论。放养食鱼性鱼类以消除食浮游生物的鱼类,或捕除(毒杀)湖中食浮游生物的鱼类,借此壮大浮游动物种群,然后依靠浮游动物来遏制藻类。(2)非经典生物操纵理论。控制凶猛鱼类及放养食浮游生物的滤食性鱼类直接牧食蓝藻水华。

【生物柴油】(biological diesel) 生物质能的一种形式。其主要成分为通过动植物油脂转化而来的高级脂肪酸的低碳烷基酯混合物。以其物化性能与普通柴油相近,并可以直接代替石化柴油或与普通石化柴油以任意比例互溶使用而得名。它可以减少发动机工作时排放的硫化物、碳氢化合物、一氧化碳和烟尘。生物柴油是一种优质可再生能源,是一种绿色燃料。

生物柴油

【生物产量】(biological output) 作物在生长发育过程中积累的干物质(植物体除去水分后留下的固体物质)总量。常用单位土地面积上生产的干物重(植株除去水分后的重量)或风干重(植株在自然条件下晾干后的重量)来表示。如禾谷类作物的生物产量包括秸秆和子粒的产量。生物产量体现了作物的总生产力。

【生物产业】(biological industry) 运用生物工程技术、生物细胞或其代谢物质为社会提供商品和服务的行业的统称。其类型有:(1)生物医药。(2)生物农业。(3)生物能源。(4)生物制造。(5)生物环保。其特征是:(1)产业具有明显的目的性、有效性和功能性。(2)产品的生产过程集约化、高效化。(3)产品的生产过程清洁化。生物产业适用领域涵盖农业、食品、制药、化工、医疗仪器、卫生环保乃至服务业等方面。分子生物学、遗传、基因重组、细胞融合等新技术的重大突破,使生物产业成为21世纪的重要产业。

【生物处理法】(biologic treatment of wastewater) 利用水中微生物的新陈代谢功能使污、废水中呈溶解和胶体状态的有机物被降解并转化成为无害物质的方法。在自然界中,存活着数量巨大的以有机物为营养物质的微生物。它们具有氧化分解有机物并将其转化为无机物的功能。污、废水生物处理法创造一个有利于这类微生物生长、繁殖的环境,使微生物大量繁殖,氧化、分解有机物。依据微生物类型的不同可分为好氧处理法和厌氧处理法。好氧处理法是生物处理的主要方法。根据微生物在水中的生存状态的不同又可分为活性污泥法和生物膜法。

【生物传感器】(biological sensor) 将生物物质的浓度转换为电信号并对其进行检测的仪器。具有接收器与转换器的功能。按感受器中所采用的生命物质的不同可分为:(1)微生物传感器。(2)免疫传感器。(3)组织传感器。(4)细胞传感器。(5)酶传感器。(6)DNA传感器。按检测器件、原理的不同可分为:(1)热敏生物传感器。(2)场效应管生物传感器。(3)压电生物传感器。(4)光学生物传感器。(5)声波道生物传感器。(6)酶电极生物传感器。(7)介体生物传感器。按生物敏感物质相互作用的不同可分为:(1)亲和型。(2)代谢型。生物传感器的特点是:(1)采用固定化生物活性物质作催化剂。(2)专一性强。(3)分析速度快。(4)准确度高。(5)操作系统比较简单。(6)成本低。(7)能够可靠地指示微生物培养系统内的供氧状况和副产物的产生。主要用于临床诊断检查、治疗时实施监控、发酵工业、食品工业、环境和机器人等方面。

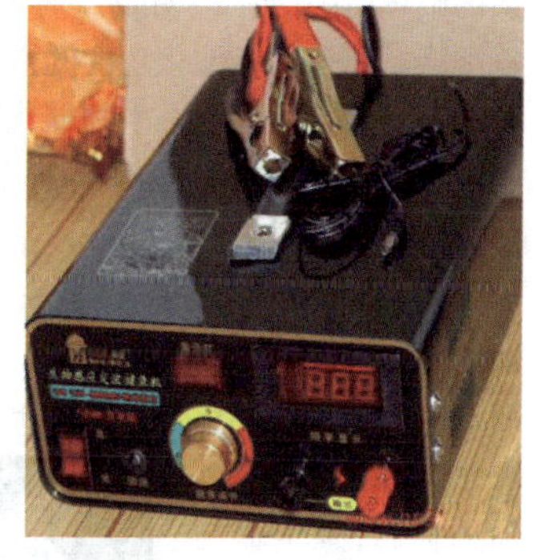

生物传感器

【生物磁场】(biological magnetic field) 生物体内存在的磁场。其来源主要有:(1)由天然生物电流产生的磁场。(2)由生物材料产生的感应磁场。(3)由侵入人体的强磁性物质产生的剩余磁场。人体的每一个细胞都是一个生物磁单元,如人的心脏、大脑均具有心磁场、脑磁场。肌肉、神经等组织器官也都有不同程度的生物磁,甚至连毛囊部位也存在着微磁。人体组织细胞的活力均受到磁的影响。含磁量适当的细胞健康有活力,呈圆形;含磁量缺乏的细胞则出现衰老,呈三角形;若含磁量严重缺乏,则出现细胞衰亡。某些疾病的发生与生物磁场的异常有关。生物的正常生命活动,都要依赖一个充足、稳定的生物磁场。

【生物催化剂】(biological catalyst) 生物细胞中形成的可以加速机体内化学反应速度的物质。包括从生物体,主要是从微生物细胞中提取的酶和称为活细胞催化剂的以整体微生物为主的活细胞,以及固化酶和固定化细胞。其主要特性是:(1)全为球状蛋白。(2)能加快化学反应的速率而不被耗用。(3)不会影响最终反应产物的本质及特性。(4)少量的足以催化大量的受质。(5)其活动随着酸碱度、温度、压力、受质及浓度而定。(6)催化作用是可逆的。(7)具有很强的专一性。其缺点是:(1)易因受热、受某些化学物质及杂菌的破坏而失活;(2)对反应时的温度、pH 范围要求较严格。酶是具有催化功能的蛋白质,是最常见最重要的一类生物催化剂。生物催化剂广泛应用于食品、轻工、化工、污水处理、能源等各个领域。

生物催化剂

【生物大分子】(biomacromolecule) 相对分子质量大于6×10^4的有机化合物。组成生物体的物质种类繁多、功能各异、分子量大小不等。主要指蛋白质与核酸。一切有生命的物质均含有这两类生物大分子。因此,它是生命的标志,是生命与非生命在化学组成上的分界。不论动物或植物,高等或低等生物,在化学组成上两类生物大分子很相似,都是有一定的基本组成单位,按一定的排列顺序和连接方式形成的多聚体。复杂的结构分子结构,决定了它们特异的性质与功能。核酸是遗传信息的载体,传递遗传信息,参与遗传信息复制与表达。蛋白质是最主要的生命活动的载体,是功能的执行者,几乎涉及生物体内所有的生理过程。两者的存在与相互配合,是生长、繁殖、运动、遗传、物质代谢等生命现象的基础。因此,研究生命化学必须对这两类生物大分子深入的了解,用化学、物理学、生物物理学、尤其分子生物学等方法技术剖析其结构,并把结构与其功能紧密联系起来。酶也是蛋白质,即生物催化剂,它几乎参与生物体内一切化学反应特异的而精细的调节,以维持生物体复杂而周密的新陈代谢呈动态平衡,完成生物的自我更新,是维持生命活动的基本要素。

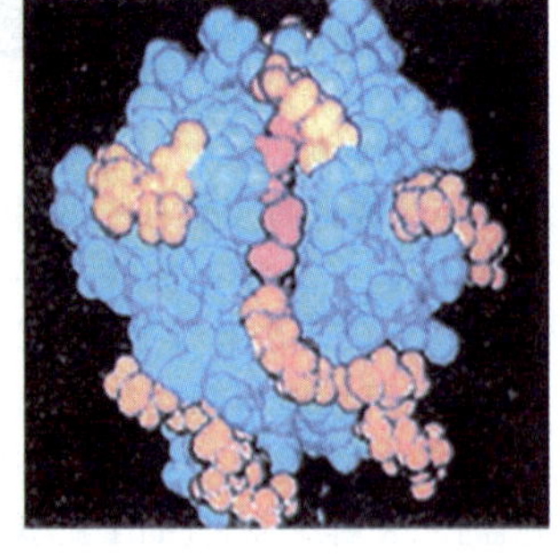
生物大分子

【生物蛋白胶】(fibrin sealent) 以纤维蛋白胶为主要材料组成的外科手术用的黏合材料。由下列分组组成:主体胶(纤维蛋白原浓缩液)及其溶解液;激化剂(凝血酶)及钙离子溶液。其功能是:减少术中的渗血和出血,缩短术中止血时间,减少输血量;封闭组织创面,减少创面术后渗出;充填和黏合实质性脏器裂口;封闭膜性组织的创面,减少其渗出及炎性反应,促进膜的再生与修复,防止各内脏的膜性黏结;促进伤口愈合,缩短愈合时间。

【生物导向药物】(biological guiding pharmaceutics) 免疫导向药物的统称。由单克隆抗体与药物、酶或放射性同位素配合而成。因带有单克隆抗体识别特异靶向而能自动导向,在生物体内与特定目标细胞或组织结合,并由其携带的药物产生治疗作用。生物导向药物多用于肿瘤的导向治疗及早期诊断。并有希望的是在组织与器官移植过程中用以净化骨髓。

【生物等效性】(bioequivalence, BE) 一种药物的相同或者不同剂型的制剂在相同的试验条件下,给以相同的剂量,反映其吸收速率和程度有无明显统计学差异的动力学参数。其重点在于以预先确定的等效标准和限度进行比较。是保证含同一药物活性成分的不同制剂体内行为一致性的依据。是判断后研发产品是否可替换已上市药品使用的依据。

【生物电子装备】(biological electronic equipment) 利用生物技术设计并生产的大分子系统。是更高级的电子材料。能够确保电子装备在各种复杂条件下稳定工作。生物色素等分子结构偶矩极大的生物材料,能高速进行电子信息传递、存储和处理,且不受电磁干扰和核电磁脉冲的影响。用这种电子元件制成的雷达,可在强烈电磁干扰下,全天候、全方位、远距离搜索发现目标与识别敌我。可使同功率、同频率范围的无线电台和干扰机的体积缩小1/2~1/3,重量减至1/10。即将问世的蛋白分子计算机，将比现有计算机的运算速度和存储能力高出数亿倍，并具有人脑的分析、判断、联想和记忆等功能。生物电子装备将使军队指挥自动化、军事情报的获取、武器的精确制导等方面发生质的变化。

【生物多样性】(biological diversity) 一个区域内生命形态的丰富程度。包括地球生物圈中所有的动物、植物、微生物及其所拥有的基因和生存环境。可分为遗传多样性、物种多样性和生态系统多样性三个层次。是生命在其形成和发展过程中与多种环境要素相互作用的结果，即生态系统进化的结果。在热带雨林中，生活着全世界半数以上的物种(约500万种)。生物多样性还意味着生物种群在个体数量上的均衡分布。当生物圈或其部分区域中的某个物种过于强大时，就会造成其他物种数量的减少甚至灭绝，从而损害生物多样性。研究生物多样性，对保持生态平衡具有重要意义。

【生物惰性陶瓷】(biological inert ceramics) 在生理环境中几乎不发生化学变化并引起组织反应、植入体内有尽量小的免疫反应并长期维持其功能的材料。典型的生物惰性陶瓷有氧化铝生物陶瓷、玻璃碳、低温各向同性碳和超低温各向同性碳等。

【生物发光】(bioluminescence) 生物体发出光辐射的现象。是生物体释放能量的一种形式。广泛存在于生物界中。其一般机制是：由细胞合成的化学物质，在一种特殊酶的作用下，使化学能转化为光能。在生物技术中应用的发光系统主要有：(1)萤火虫类生物发光。萤火虫发光细胞中含有荧光素、荧光素酶两种发光物质。它们与ATP(三磷酸腺苷)及氧一起反应，在氧与荧光素结合时发生电子转移，同时发生能量的变化，释放出荧光光子而发光。(2)细菌发光。底物在催化循环中会形成还原型核黄素磷酸盐和醛化合物，当遇到荧光素酶和氧时，就会形成一种激发态的络合物。络合物断裂时生成氧化核黄素磷酸盐、酸、水及一个光子，其波长为470～505nm。光为蓝绿色。

发光生物

【生物反应器】(biological reactor) 模拟生物体的功能，用于生产或检测各种化学品的反应装置。种类繁多。按其操作方式的不同可分为：(1)间歇式生物反应器。(2)连续式生物反应器。(3)半连续式(流加)生物反应器。按其催化剂的不同可分为：(1)酶反应器。(2)细胞反应器。按其结构特征的不同可分为：(1)釜(罐)式反应器。(2)管式反应器。(3)塔式反应器。(4)膜式反应器。按其动力输入方式的不同可以分为：(1)机械搅拌反应器。(2)气流搅拌反应器。(3)液体环流反应器。生物反应器在医学、生物学、工农业生产等领域应用广泛。

生物反应设备

【生物防治】(biological control) 利用有益生物或其他生物来抑制或消灭有害生物的一种防治方法。其防治方法有：(1)利用天敌防治。(2)利用作物对病虫害的抗性防治。(3)利用耕作方法防治。(4)利用不育昆虫和遗传方法防治。其中利用天敌防治有害生物的方法，应用最为普遍。每种害虫都有一种或几种天敌。这些天敌能有效地抑制害虫的大量繁殖。选育具有抗性的作物品种防治病虫害是最经济有效的方法。耕作防治可改变农业环境，减少有害生物的发生。不育昆虫防治是收集或培养大量有害昆虫，用γ射线或化学不育剂使它们成为不育个体，再将其释放并与野生害虫交配，使其后代失去繁殖能力。此外，利用一些生物激素或其他代谢产物，使某些有害昆虫失去繁殖能力，也是生物防治的有效措施。

【生物放大】(biological magnification) 自然界中不能降解或难降解的化学物质，通过食物链的延长和营养级的增加，在生物体内逐级富集、浓度越来越大的现象。由于生物放大作用，进入环境中的毒物，即使微量也会使处于高位营养级的生物受到毒害。深入研究生物放大作用，特别鉴别食物链对哪些污染物具有生物放大的潜力，对于探讨污染物在环境中的迁移，以及确定环境中污染物的安全浓度，都具有理论和现实意义。

【生物肥料】(biological fertilizer) 又称菌肥。利用有益微生物活体或其代谢产物制备的一种辅助性肥料。即从土壤中分离出有益微生物，经过人工选育与繁殖后制成的菌剂。包括根瘤菌剂、固氮菌剂、磷细菌肥料、硅酸盐细菌肥料、抗生菌肥料以及菌根真菌接种剂等。通过微生物的生命活动，借助其代谢过程或代谢产物，改善植物生长条件，尤其是营养环境。如固定空气中的游离氮素，参与土壤中养分的转化，可增加其有效养分，使分泌激素刺激植物根系发育,抑制有害微生物活动等。

【生物分子材料】(biological molecule material) 在无外来因素影响下采用生物技术形成超分子结构并具有天然生物分子特征的生物材料。分为三大类:(1)将酶合成的含有非天然氨基酸的肽,通过残留的侧链交联而形成的具有三维蛋白质结构的基质。(2)用基因工程控制链长均匀性的多肽链集合而成的人造蛋白质。(3)模拟细胞外基质控制细胞生长、迁移和功能的带有配位基的衬底物等。生物分子材料可用于替换和再生人体的活体组织,发展基于细胞的人造器官等。

【生物风化】(biological weathering) 由生物生命活动所引起的岩石的破坏作用。基本上有两种形式:(1)以植物的根劈作用和动物的挖掘作用为主的对岩石的机械破坏作用。(2)以生物生命活动中由新陈代谢产生出的有机酸或生物遗体腐烂后分解产生的各种腐蚀性物质,使岩石成分和结构发生变化而分解的化学破坏作用。人类活动也是生物风化的重要因素。

生物风化

【生物富集作用】(biological enrichment function) 生物体从周围环境中吸收不降解或难降解的化学物质,使其体内积累该化学物质的浓度超过所在生长环境中浓度的作用。生物体吸收环境中物质的情况有三种:(1)藻类植物、原生动物和多种微生物等,主要靠体表直接吸收。(2)高等植物,主要靠根系吸收。(3)多数动物,主要靠吞食吸收。研究生物富集作用,对阐明物质在生态系统内的迁移和转化规律、评价和预测污染物进入生物体后可能造成的危害,以及利用生物体对环境进行监测和净化等方面,都具有重要的意义。

铜草

【生物钢】(biological steel) 一种具有很高强度的特殊的蛋白质材料。其强度是钢材的五倍,而可塑性比钢材高30%,因而被称为“生物钢”。主要用于生产防弹背心、降落伞及其他产品。具有耐低温性能,可在冰冻环境下使用。

【生物高分子】(biological polymer) 见生物大分子。

【生物工程上游技术】(upstream of biotechnology) 生物工程中的基础研究阶段。主要包括:目的基因获得、载体建立、连接、转入合适的宿主细胞、筛选、克隆表达和优良生物物种的选育、基因工程、细胞工程和生物反应过程(酶反应、微生物发酵、动植物细胞培养)等。为解决人类社会发展面临的健康、食物、能源、生态、环境等重大问题的研发提供了强有力的手段,开辟了崭新的路径。

【生物工程钛合金】(biological engineering titanium alloy) 适用于植入人体内的人工器官的钛合金。钛金属有三个突出特点:(1)在人体组织内的耐腐蚀能力强。(2)与人体细胞组织的相容性好,不发生过敏反应。(3)既具有较高的强度、确保人工器官的安全系数,又具有较低的弹性模量,能够减少骨头对植入物的应力屏蔽效应。这种合金用于制造心脏起搏器、人工关节和义齿托等受力较小的人工器官。

【生物工程下游技术】(downstream of biotechnology) 生物工程技术具体的工业实现方面的技术开发。主要包括:生物工程菌的发酵技术、发酵菌的代谢产物中目标产品的分离提取技术、工艺过程中的质量控制技术、质量控制标准的研究和相关的分析技术等。为实现在实际工作中更好地从事生产管理、工艺设计及生物工程产品产业化研究奠定基础。

【生物化学】(biochemistry) 生物学的一个分支。研究生命物质的化学组成、结构及生命过程中化学变化规律的一门基础生命学科。生物化学与其他学科融合产生了一些边缘学科,如生化药理学、古生物化学、化学生态学等。生物化学对其他各门生物学科有着深刻的影响,与其关系比较密切的如细胞学、微生物学、遗传学和生理学等。通过对生物高分子结构与功能的深入研究,揭示生物体物质代谢、能量转换、遗传信息传递、光合作用、神经传导、肌肉收缩、激素作用、免疫和细胞间通信等许多奥秘,使人们对生命本质的认识跃进到一个崭新的阶段。

【生物活性材料】(bioactive material) 能诱出或调节生物活性的生物医学材料。一类增进细胞活性或新组织再生的材料。天然高分子材料以及合成的多肽、仿酶、仿核酸等可降解的合成高分子材料均属此类材料。其显微结构、表面电荷、链的形成均表现出生物活性,可以作为活性物质的载体,也可以从其自身构成的基体,通过酶解、水解等机制控制释放活性物质,起诱出或调节生物活性的作用。生物活性材料具有的这些特殊的生物学性质,有利于人体组织的康复。已成为生物医学材料研究和发展的一个主要领域。

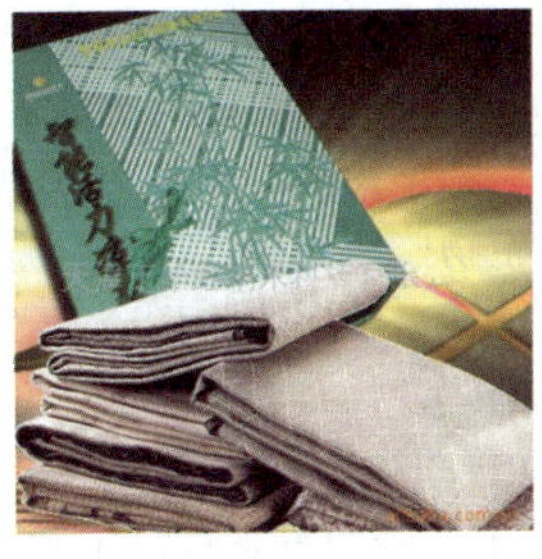
生物活性材料

【生物活性功能梯度涂层】(biological active functional gradient coating) 在生物材料基体上通过涂层方法制备的具有梯度结构的生物活性涂层材料。对于提高涂层与基体的结合强度、赋予材料表面新功能具有独到的特性。理想的功能梯度涂层应该是从基体到涂层表面实现结构梯度变化。其制备方法有:等离子喷涂法、化学气相沉积法、物理气相沉积法、溶胶—凝胶法、化学溶液法等。在钛合金表面涂覆纳米羟基磷灰石的人工关节柄和人工齿根已广泛应用于临床。

【生物活性金属】(biological active metal) 通过对其表面氧化膜适当改性、在生理条件下类骨羟基磷灰石能自发在其表面生长,并与骨组织之间形成化学键结合的金属。有钛、铌、锆和钽等。类骨羟基磷灰石能在这些金属表面自发生长,是因其表面含有丰富的羟基。即使这些金属通常不显示出生物活性,也可利用表面改性使羟基含量增加,从而使其具备生物活性。生物活性金属具有良好的生物相容性,因而有重要的医用价值。

【生物活性颗粒增强骨水泥】(biological active particle reinforced bone cement) 含生物活性颗粒的骨水泥。利用生物活性颗粒增进骨水泥表面骨传导能力,通过颗粒与长入基体的新骨键合,从而提高其固结力和增长寿命,消除传统骨水泥因原位聚合发热而对组织造成的损伤。生物活性颗粒可以是生物活性陶瓷颗粒,也可以是吸收的硫酸钙或磷酸三钙颗粒等,也可以是经消毒、脱去有机质后破碎的自然骨颗粒。

【生物活性肽】(bioactive piptide) 人体内存在的具有保护组织细胞及调节功能的小分子量的肽。(1)分子量最小的是三肽如谷胱甘肽(GSH)。GSH 分子中半胱氨酸的巯基(－SH)是该化合物中主要功能基团,GSH 的巯基具有还原性,可作为体内重要的还原剂保护体内蛋白质或酶分子中巯基免遭氧化,使这些蛋白质或酶处于活性状态。在谷胱甘肽过氧化物酶的催化下,GSH 可还原体内产生的强氧化剂 H_2O_2,使其加 2H 变成 $2H_2O$ 。与此同时,2 分子还原型谷胱甘肽(2GSH)脱下 2H 被氧化成氧化型谷胱甘肽(GSSG)。后者在谷胱甘肽还原酶催化下在生成 GSH。此外 GSH 的巯基还有嗜核特性,能与外源性嗜电子毒物如致癌剂或某些药物等结合,从而阻断这些化合物与 DNA、RNA、蛋白质等结合,以保护机体免遭毒物侵害。又如促甲状素释放激素也是一种特殊结构的三肽,其 N －端为焦谷氨酸,C －端的为脯氨酰胺,由下丘脑分泌,可促进腺垂体分泌促甲状腺素。(2)多肽类激素及神经肽。体内有许多激素属于寡肽(10 个氨基酸残基以下)或多肽,在代谢调节、保护组织细胞完整性等方面起重要作用。如催产素(9 肽)、加压素(9 肽)、促肾上腺皮质激素(39 肽)等。在神经传导过程中起信号转导作用的肽类被称为神经肽。如早期发现的有脑啡肽(5 肽)、β 内啡肽(31 肽)、强啡肽(17 肽)等。近年还发现孤啡肽(17 肽),它们与中枢神经系统产生痛觉抑制密切相关。因此被用于临床镇痛。神经肽还包括 P 物质(10 肽)、神经肽 Y 等。相信随着脑科学的发展,将会发现更多在神经系统中起重要作用的生物活性肽。

生物活性肽

【生物活性陶瓷】(biological active ceramics) 能在材料界面上诱出特殊生物反应并导致组织与材料之间形成化学键合的陶瓷材料。在体内有一定溶解度,能释放对机体无害的某些离子,参与体内代谢,对骨质增生有刺激或诱导作用,还能促进缺损组织的修复,显示出生物活性。如生物玻璃、羟基磷灰石、生物活性玻璃陶瓷等。这类材料中含有磷灰石,与体液反应之后能与骨结合为一体,形成骨性结合界面,也可能含有能与人体组织发生键合的羟基(－OH)等基团。这种结合属于化学键性结合,其强度高,稳定性好,界面结合强度随着时间增长而增强,与骨折愈合的情形相似。生物活性陶瓷已在临床上应用。

【生物活性纤维】(biological active fiber) 能保护人体不受微生物侵害或具有某种保健疗效的纤维。除满足医疗用品一般的性能要求外,还具有以下特点:(1)化学性质呈惰性,纤维的强度、弹性等物理力学性能不会因体液的影响而改变。(2)不发热、不产生异物反应,不干扰机体的免疫功能。(3)无毒性且不产生毒性,能经受消毒处理。(4)容易加工,便于使用。生物活性纤维品种很多。按具有的生物活性特点的不同可分为:抗细菌纤维、止血纤维、抗凝血纤维、抗烫伤纤维、抗炎症纤维、抗肿瘤纤维、麻醉纤维和含酶纤维等。其制取方法有:(1)化学改性法,药物与纤维进行化学结合。(2)物理改性法,将药物固定在纤维的微细结构内。(3)媒介附着法,在形成纤维后的加工过程中,让药物通过某种媒介附着于纤维上。

【生物机构学】(biological mechanism) 机构学的一个分支。研究仿生机械的特殊机构学。主要研究自然赋予人类及鸟、兽、虫、鱼的特有功能,并以此为基础,制造仿生机械,用等效机构来模拟生物的有关器官,实现其特有功能。例如人工脊椎、人工骨骼和人工关节等均已进入临床应用阶段。在微电子技术的渗透支持下,仿生机械发展速度较快,如仿人行走的双足步行机器人已经问世。

【生物计算机】(biological computer) 利用蛋白质具有开关特性,通过生物工程技术产生的蛋白质分子生物芯片构成的计算机。它以蛋白质分子构成的生物芯片作为集成电路,实现了更大规模的高度集成。其特点是:(1)具有并行处理能力,运算速度更快,能耗更低。(2)具有自我修复障碍和自愈能力。(3)具有生物活性,能够和人体组织有机结合起来,尤其是能够与大脑和神经系统相连,成为人脑的辅助装置或扩充部分。生物计算机是帮助人类学习、思考、创造和发明的理想伙伴。

【生物技术】(biological technology) 以生命科学为基础,利用生物或生物组织、细胞及其他组成部分的特征和功能,设计、构建具有预期性能的新物质或新品系,以及与工程原理相结合加工产品或提供服务的综合性技术。其核心是以DNA重组技术为中心的基因工程。此外还包含细胞工程、蛋白质工程(包括酶工程)和发酵工程等。其优点是:(1)农业上可用较少的土地生产较多的健康食品。(2)制造业可以减少环境污染、节省能耗。(3)工业可以利用再生资源生产原料以保护环境。

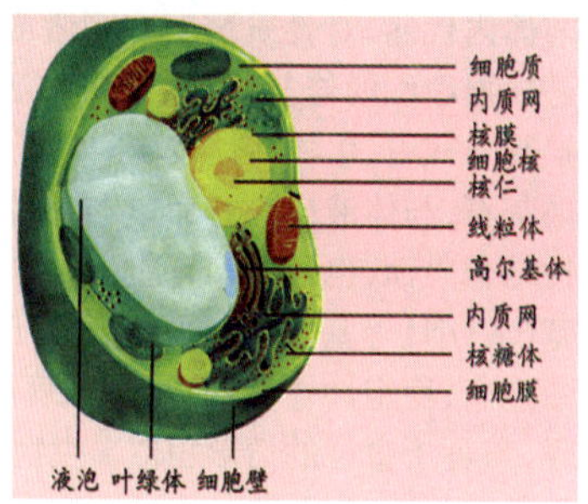

细胞工程

【生物监测】(biological monitoring) 利用生物个体、种群或群落对环境质量及其变化所产生的反应进行的环境质量状况的测定与分析。主要从生物学角度来阐释环境污染的性质、程度和范围。生物监测包括生态学监测和毒理学监测。监测领域包括水质生物监测、大气生物监测、土壤生物监测和固体废物毒性生物监测。监测方法包括生态监测(群落生态和个体生态监测)、生物测试(急性毒性测定、亚急性毒性测定和慢性毒性测定)、生物生理和生化指标测定,以及污染物在生物体内含量的分析等。

【生物碱】(alkaloid) 存在于自然界中的一类含氮的碱性有机化合物。有似碱的性质,所以过去又称为赝碱。主要存在于植物中,但有的也存在于动物中。大多数有复杂的环状结构。氮素多包含在环内。有显著的生物活性。是中草药中重要的有效成分之一。多数生物碱具有光学活性。

【生物降解】(biological degradation) 有机物质通过生物代谢作用得到分解的现象。对环境中大多数有机化合物的分解、净化起重要的作用。生物降解和传统的分解在本质上是一致的,但又有分解作用所没有的新的特征(如共代谢、降解质粒等)。生物降解作用是生态系统物质循环过程中的重要一环,包括氧化反应、还原反应、水解反应和聚合反应等。化学物质的结构是决定化合物生物降解性的主要因素,微生物的活性和环境因素也是影响生物降解的重要因素。

【生物降解塑料】(biological degradable plastic) 可由自然界存在的微生物如细菌、霉菌(真菌)和藻类的作用而引起降解的塑料。理想的生物降解塑料是具有优良的使用性能、废弃后可被环境微生物完全分解、最终被无机化而成为自然界中碳素循环的一个组成部分的高分子材料。按其性质的不同可分为:(1)完全生物降解塑料。(2)破坏性生物降解塑料。按其使用原料的不同可分为:(1)聚己内酯生物降解塑料。(2)聚丁二酸丁二醇酯及其共聚物生物降解塑料。(3)聚乳酸生物降解塑料。(4)聚羟基烷酸酯生物降解塑料。(5)脂肪族芳香族共聚酯生物降解塑料。

生物降解塑料

(6)聚乙烯醇类生物降解塑料。(7)二氧化碳共聚物生物降解塑料。此外还有有光降解塑料、光－生物降解塑料、水降解塑料等。生物降解塑料的特点是储存运输方便,应用范围广,不但可以用于农用地膜、包装袋,而且广泛用于医药领域。

【生物进化论】(biological evolutionism) 关于生物界历史发展一般规律的学说。认为现在的生物有着共同的祖先。他们在进化过程中,通过遗传、变异和自然选择,从简单到复杂、从低级到高级、从种类少到种类多逐渐变化发展。英国生物学家查尔斯·罗伯特·达尔文提出的生物进化学说。1859年达尔文在其巨著《物种起源》中提出了生物进化的自然选择学说。该学说的要点是群体中的个体具有性状差异,这些个体对其所处的环境具有不同的适应性。由于空间和食物有限,个体间存在生存竞争,造成的结果是:具有有利性状的个体得以生存并通过繁殖传递给后代;具有不利性状的个体逐渐被淘汰。达尔文把自然界这种留优汰劣的过程称为自然选择。由于自然选择的长期作用,分布在不同地区的同一物种,就可能出现性状分歧,而且导致新的物种的形成。进入20世纪以来,随着科学技术的发展,特别是分子生物学、分子遗传学和群体遗传学的兴起,生物进化论又有许多新的发展。

生物进化论

【生物经济】(biological economy) 以生命科学和生物技术研究开发与应用为基础,建立在生命科学和生物技术产品及产业之上的新经济形态。是一个与农业经济、工业经济、信息经济相对应的新经济形态。基本特征是:(1)资源依赖性强。(2)产品多样性、垄断性差。(3)技术通用性强。其推动作用有:(1)形成新的经济增长点,使经济发展上一个新台阶。(2)推动医学技术进步,提高人类健康水平。(3)推动绿色革命,改善人类膳食水平。(4)创造新的生物品种,改善生态环境。(5)发展绿色能源,缓解能源短缺压力。(6)干细胞、组织工程、器官移植技术的应用,将对人们传统伦理观念产生强烈冲击。生物经济在医疗、农业和工业等领域广泛应用。

【生物可降解农用纺织品】(biological degradable farm textile) 可在土壤中可逐渐分解、不形成污染的农用非织造布。在农林和园艺方面应用广泛,如农用地膜、防草膜、防霜膜、果树上的雨披、育秧苗床等。

【生物可降解纤维】(biological degradable fiber) 受到自然界生物侵蚀后可以自行完全降解的高聚物纤维。由生物可降解聚合物纺制而成。其降解过程通常为聚合物首先与其表面增殖的微生物所产生的酶发生作用而产生裂解,或经水催化后水解,大分子链断裂。在酶和水的共同作用下,大分子链进一步瓦解成更小的片断。最后,这些分子量足够低的分子链小段被酶进一步代谢成水和二氧化碳。在其生产加工和使用过程中不会对环境造成不利影响。在医疗、农业、园林、家用纺织品及服装织物等领域得到广泛应用。

【生物恐怖】(biological terrorism) 通过散布致病性细菌、病毒,引发烈性传染病的暴发、流行,导致人群失能和死亡,制造社会动荡的威胁活动。其危害的特点是:(1)有致病作用,可造成失能或者死亡。(2)有传播性,可造成流行。(3)污染范围广,且不易被发觉。生物恐怖具有局限性:(1)自然界制约着生物战剂。(2)预防措施起防御作用。(3)生物武器通常不能立刻产生杀伤作用。生物恐怖的预防:(1)应急预防接种。(2)药物预防。生物恐怖的控制:(1)对疫区封锁、检疫。(2)杀虫、灭鼠。(3)重点检查水源食物。(4)对受污染的人员进行紧急处理,受污染的地区采取彻底消毒措施。

【生物控制论】(biocybernetics) 控制论的一个分支。应用控制论的思想和方法研究生物系统的调节、控制和信息处理规律的交叉学科。生物信息学、生物控制论与生物系统论,构成系统生物学的理论基础。它的主要内容和方法是:(1)反馈在生物系统正常工作中起着重要的作用。不仅可定性地确定生理和病理机制,而且着重从系统的、定量的、动态的角度研究生物系统。(2)生物反馈系统的定量的和动态的研究,是生物控制论的重要内容。为此需要建立描述各种生物系统的控制和信息处理过程的繁简不同的数学模型并进一步加以分析或进行系统仿真。这是生物控制论的主要方法。(3)除了用来阐明生物系统的机理外,还可应用于解决医学中的实际问题。近年来,在医疗中开始应用显示体内生理参量,通过训练达到自我控制机体状态的生物反馈方法。这种方法对于治疗高血压和神经痛等疾病已取得一定的疗效。还可以为设计测量与估计人体在不同情况下(如体育训练、航天飞行)的状态的自动装置提供科学依据。

【生物利用度】(biological availability) 在血管外经任何途径给予一定剂量的药物后能进入血液循环内药物的相对分量和速度。即药物制剂中活性药物被全身利用的程度。生物利用度是衡量一些不同制剂剂型疗效的一个重要指标。影响因素有剂型因素和生理因素。前者包括脂溶性、水溶性、剂型特性及制作工艺差别等;后者包括胃肠内液体的作用、药物在胃肠内的转运情况、吸收部位表面积和局部血流、肠道菌株及某些影响药物吸收的疾病等。

【生物滤池】(biofilter) 利用附着生长在过滤材料表面的微生物净化废水(或废气)的过滤池。是一种固定生物膜技术,由池体、滤料层床、布水(气)系统、排水(气)系统组成。按净化流体的不同可分为净化有机废气(VOCs)和净化有机废水的两种生物滤池;按水流方向的不同可分为升流式和下流式;按微生物的不同可分为厌氧生物滤池和好氧生物滤池;按其结构功能的不同可分为普通生物滤池、高负荷生物滤池、塔式生物滤池和曝气生物滤池等。常见的生物滤池有:(1)普通生物滤池。滤料由沙、石、炉渣或塑料制品等构成。池面上采用固定式喷嘴的布水系统;排水系统位于池底,用于通风和排水。有机废水缓慢流过滤料层,被滤料表面的微生物膜吸附、分解、净化。具有结构简单、抗冲击负荷能力强、净化效率高、基建投资省、易于管理等优点。其缺点是负荷较低、占地面积大、不适用于处理水量较大的废水。替代形式是高负荷生物滤池、塔式生物滤池。(2)曝气生物滤池(简称 BAF)。采用专用滤料和鼓风供气,将生物氧化与过滤结合在一起。滤池后不设沉淀池;通过反冲洗再生,实现滤池的周期运行。多用在废水的二级、三级处理中。其特点是处理负荷高、出水水质好、占地面积省、造价高。(3)厌氧生物滤池。密封的水池。池内放置填料,污水从池底进入、池顶排出。滤料可采用碎石、卵石、塑料。其优点是处理能力较高,不需另设泥水分离设备,出水口较低,设备简单,操作方便。缺点是滤料容易堵塞,不适用处理悬浮物高的废水。(4)废气生物滤池。利用微生物将恶臭气体和气体中的有机污染物(VOCs)降解或转化为无害或低害类物质。其工作过程是:将具有一定湿度的有机废气送入生物滤池底部的空气分布系统,使废气缓慢地通过活性生物滤床,污染物从气相转移到生物相,被微生物氧化分解。净化后的空气以扩散气流的形式离开滤床表面进入大气。使用的生物填料具有良好的结构稳定性、透气性和稳定性。滤池抗冲击负荷能力强,耐低温。易挂膜,启动快。

生物滤池

【生物酶处理技术】(biological enzyme treatment technology) 利用生物酶对纺织原料及其制品进行处理的技术。主要应用于印染前处理和纺织品后整理。前处理技术主要包括退浆、精炼、漂白;后整理主要包括棉织物的抛光、柔软、仿旧等。该技术还可用于靛蓝牛仔服的酶洗和对棉、黏胶、天丝、麻类及混纺织物的生物整理;蛋白酶用于羊毛的柔软、防毡缩整理。经酶处理的织物,可去除纤维表面的绒毛,或者使纤维减量,改善织物的外观和手感。整理效果永久,对环境污染程度低。

【生物膜】(biological membrane) ❶细胞的外周膜(质膜)和内膜系统的统称。包括细胞膜、核膜、内质网、高尔基体、线粒体等。生物膜结构是细胞结构的基本形式。生物中除某些病毒外,都具有生物膜。生物膜的基本结构大致相同,都呈双分子层的片层结构,即磷脂双分子层构成基本骨架,蛋白质分子位于其表面或镶嵌其中,厚度约 5～10nm;其化学成分相似,主要由蛋白质(包括酶)、脂质(主要是磷脂)和少量糖类通过共价键结合在脂质或蛋白质分子上组成。生物膜具有一定的流动性、选择透过性。不同细胞器或细胞结构的生物膜之间可以相互转变。不同的生物膜有不同的功能,细胞内的生物膜既各司其职,又相互协作,共同完成细胞的物质、能量及信息的形成、转换和传递等生理功能。研究生物膜有助于阐明细胞的生命活动规律。在农业上应用于研究农作物的抗寒、抗旱、耐盐的机理,寻找改善农作物品质的新途径。工业上研究模拟生物膜,用于海水淡化和污水处理等;医学上研究人工合成的膜材料,代替人体的病变器官行使正常的生理功能。(如人工肾中的血液透析膜等)❷细菌生物膜(bacterial biofilm BBF)又称生物膜、生物被膜。是单一或多种细菌附着于物体表面生长而形成的,由细菌细胞及其分泌的含水聚合性基质(主要为胞外多糖)等所组成的薄膜样细菌聚集体。细菌生物膜中的细菌分布并不均衡,而是聚集成微小菌落,被保护性的基质包裹。基质中有通道相连,允许营养、氧气、代谢物、废物和酶的运输。细菌生物膜是细菌为适应自然环境而形成的微菌落聚集

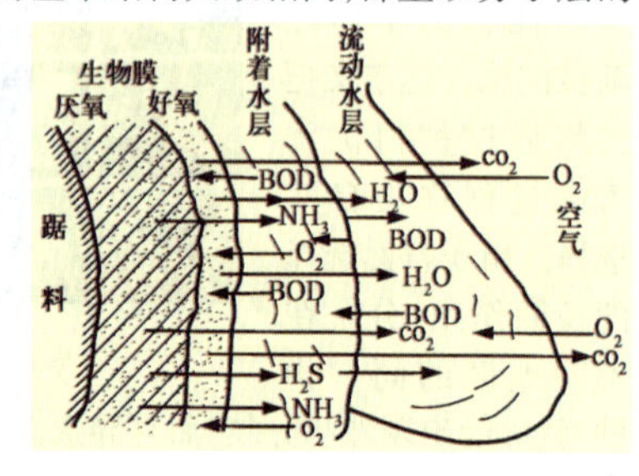

生物膜

物。由于生物膜内的细菌具有比浮游状态的同种细菌高达数百倍的抗药性,有害菌的生物膜可以导致严重的抗药性感染及难以控制的设备腐蚀。而有益菌的生物膜则因为对有毒化学物质的抵抗力强,而被用于对污染物的降解或生物燃料的生产。目前,人们对生物膜形成机理的认识还非常有限。对有害生物膜的控制还是一个尚未解决的课题。❸用于生物法废水处理中的细菌生物膜是附着于固体表面的微生物及微生物胞外多聚物形成的层状聚集体。在环境工程中称为生物膜。生物膜附着的固体介质称为载体、滤料或填料。按照水处理环境的不同可分为好氧生物膜和厌氧生物膜。附图是用于好氧法废水处理设施中的好氧生物膜,自载体向外可分为厌气层、好气层、附着水层、运动水层。厚度0.5~3mm。生物膜微生物以菌胶团为主要组分,辅以球衣菌、藻类等。生物膜表面还会有固着型的纤毛虫(如累枝虫、钟虫等)及游泳型纤毛虫。按照工作状态的不同可分为固定生物膜和悬浮生物膜。固定生物膜是在水池中设置固定的滤料(填料),其表面聚集生长的生物膜。废水不断流过滤料表面,实现生物膜与废水接触。应用在接触氧化池、生物转盘和生物滤池中。悬浮生物膜是微生物生长在密度大于1的细小惰性颗粒如砂、焦炭、陶粒、活性炭等载体的表面。废水自下向上流动,使载体处于流化状态,其上附着的生物膜能充分与废水接触。应用于各种流化床生物膜反应器和气提式悬浮生物膜反应器中。

【生物膜法】(method of biological film) 利用微生物群体沿固体表面生长成一定厚度的黏膜层来净化废水的方法。使废水连续流经固体填料(滤料),在填料上就会生成污泥状的生物膜。其上繁殖着大量微生物,主要由细菌、真菌和原生动物组成。当污水流经附着有生物膜的载体空隙时,污水中的有机物被生物膜吸附,并通过扩散进入膜内,进而被微生物降解。对污水曝气,空气中的氧也通过同样的途径传递给微生物,供微生物呼吸。微生物代谢的有机物产物则沿着相反方向从生物膜中排出。生物膜法有多种处理构筑物:如生物滤池、生物转盘、生物接触氧化、生物流化床等。根据构筑物的不同常使用不同的填料。一般采用有空隙率高、比表面积大的人工合成填料,如塑料制成的波纹薄板,蜂窝状片、块、球和管状填料以及取自天然材料的碎石、炉渣、卵石和焦炭,还有拉西环、鲍尔环、瓷环等。

【生物农场】(biological farm) 由社区居民入股兴办、并将生产出来的无公害产品定期分配给居民的一种农场。在生物农场的耕作中不施用化肥,仅施用专用有机肥。这些有机肥是将畜禽粪便、人类粪便和绿肥、剩饭剩菜等混合在一起,加上催化剂后发酵形成的。施用此类有机肥,不但能提高农作物营养,促进农作物生长,而且能减少化肥对环境的污染。在生物农场中,禁止施用杀虫剂。生物农场着力于对病虫害的预防,如依靠田园里多种植物吸引各种各样的昆虫,使农场昆虫间互有制约,并种植抗病虫害的品种等措施,有效减少农作物病虫害的发生。

【生物排水】(biological drainage) 又称植物排水。利用植物根系吸水和蒸腾作用消耗地下水,以降低地下水水位的措施。结合灌溉排水渠道和道路布置护田林网,是实施生物排水的主要方式。种植根深叶茂的牧草等植物,也能起到生物排水的作用。

【生物泡沫塑料】(biological degradable foam plastic) 由天然的可降解的生物物质制成的泡沫塑料。其中70%的成分是由玉米、大豆和蓖麻等多种原料提炼而成的,塑料、石油提取物仅占30%。可以用于轻型包装材料。它能够在大自然中迅速进行生物降解,可取代传统的泡沫塑料以消除白色污染。

【生物漂白】(biological bleaching) 利用微生物或其分泌的酶脱除纸浆中的木质素以提高纸浆白度的过程。生物漂白主要从三个方面进行:(1)微生物(白腐菌)直接作用纸浆进行生物漂白。(2)半纤维素酶参与的纸浆生物漂白。(3)木质素降解的生物漂白。用于生物漂白的酶有半纤维素酶(木聚糖酶和甘露聚糖酶)和木质素降解酶(木质素过氧化物酶、锰过氧化物酶和漆酶)。生物漂白除了提高纸浆的白度和可漂性外,主要目的在于节约化学漂白剂的用量,提高纸浆性能和减轻污染负荷。

【生物侵蚀】(bioerosion) 自然界中某些低等生物(真菌、细菌、苔藓等)或高等生物(爬山虎等)附着于岩石表面,在有水和适宜的温度下,产生斑迹等的多种侵蚀现象。一方面引起岩石的机械破坏,如植物根的生长对于岩石的压力可达10~15kg/cm^2,可深入岩石裂缝,劈开岩石;另一方面植物根分泌出的有机酸,也可以使岩石分解破坏。此外,植物死亡后形成的腐殖酸分解岩石的能力也很强。其形成的因素有:

生物侵蚀

(1)苔藓等植物的种子发芽、幼苗定居和生长过程造成侵蚀。如:地钱、葫芦藓、墙藓等。(2)某些藻类生物与真菌的共生系统中的一群特殊生物的生存造成侵蚀。如:地衣等。(3)某些高等植物的覆盖,其假茎附着在岩石表面所造成的侵蚀。如:爬山虎等。其主要表现是:(1)积累水分和浮尘而污染岩石。(2)分泌出酸性的代谢产物腐蚀岩石。(3)吸收光能和二氧化碳进行光合作用,生成碳水化合物腐蚀岩石。(4)当这些生物死亡后,其遗体腐烂可腐蚀岩石。不同的生物和不同的生物活动强度对岩石矿物的影响不同,产生的侵蚀也多种多样。

【生物圈】(biological sphere) 地球气候环境系统的一部分。地球表层有生命活动的圈层,包括植物、动物和人类,还包括有生物存在的部分岩石圈、水圈和大气圈。是地球表面上较薄的、维持生命的圈层,上至大气圈平流层的中部,下到延伸到大洋的深海裂口。生物圈是一个全球生态系统。该生态系统有活着的生物及赖以取得能力和营养物质的非生物因素所组成。生物只在一定的物理环境(大气、水、土壤、阳光、温度等)下才能生存,生物也起着保护和改变地球环境的作用。植物可以随着温度、辐射和降水的变化而发生变化,反过来又影响地面粗糙度和反射率以及蒸发、蒸腾和地下水循环。动物群体变化会影响植物生态和气候变化。人类活动既受大气、水、生物环境的影响,又通过工农业生产和城市建设不断改变土壤、水的利用状况,从而对大气、水和生态环境产生影响,并对气候变化产生影响。

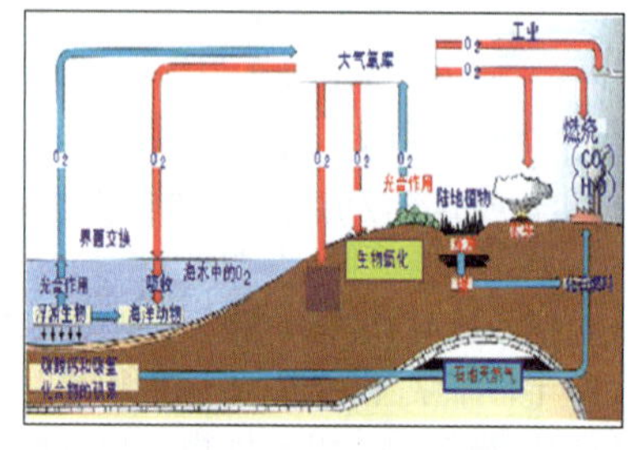

生物圈与其他圈层相互作用

【生物圈保护区】(zone of biosphere protection) 受到保护的陆地、海岸带或海洋生态系统的代表性区域。是联合国教科文组织在其"人与生物圈计划"中提出的。生物圈保护区是用来展示和推广人与自然界和谐相处的地区。具体来讲,一个生物圈保护区必须具有一块被立法保护的核心地区,周边必须有缓冲区域,缓冲地区之外还须有过渡区域。通过良好的管理,生物圈保护区的生态系统和生物多样性得到良好的保护。除了具有保护功能外,生物圈保护区更重要的是要具有促进资源可持续利用的发展功能和开展科学研究、监测、教育、培训、信息交流等后勤支持功能。若想成为生物圈保护区,某个地区必须经各国政府主管部门推荐,由本国向生物圈计划国家委员会提出申请,经人与生物圈国际协调理事会及联合国教科文组织总干事审议,得到批准确认。全球各个生物圈保护区自动成为世界生物圈保护区网络的成员,以达到国际间的合作与交流、信息和知识共享的目的。截至2007年,该组织已经认定了109个国家的527个地区为生物圈保护区。

【生物圈二号】(biological sphere Ⅱ) 由美国科学家设计并实施的一个生态实验工程。按照设计思想,地球是生物圈一号,生物圈二号是地球的缩影,人类如果能在这个模拟的地球中生活下去,就不怕地球环境恶化和资源枯竭。该项科学工程采用了全封闭的钢筋与玻璃结构,仅有阳光、电和信息与外界相通。其面积相当于三个足球场大,引入了3 800多种生物布置成森林生态系统、草地生态系统、水和沼泽生态系统、农田生态系统和海洋生态系统,还有供研究和生活用的楼房和人造风雨设施。科学家们希望通过人在这个系统中能实现长期自给自足的生活,从而为人类开发太空、建立生存模型、探讨人与生物间关系、保护生态环境、实现可持续发展等提供依据。实验工程最终得出的重要结论是:人类最发达的科学技术对地球生物圈大尺度生态过程的模拟和控制能力是非常有限的,用科学技术圈代替生物圈是不可能实现的。

生物圈二号

【生物群落】(biological community) 生存于一定地区或环境里的生物种群。包括植物和动物。是生态系统中的结构和功能单位。可指不同大小的生物集群,如陆地上不同类型的森林、草原群落、海洋生物群落等。同一生物群落内,在植被结构或外貌、环境特征及其动物群落的某些特征上都相似。关于世界生物群落类型的划分至今尚无一致意见。一般按植被类型来划分和命名,如热带雨林、热带季雨林、温带落叶林、亚热带常绿林、北方针叶林、灌丛、热带稀疏草原、温带草原、荒漠、冰原等。

生物群落

【生物入侵】(biological invasion) 外来物

种打破本地生态系统平衡、威胁本地物种并危害本地经济的现象。当某种生物通过人类有意或无意的行为,从外地引入或传到一个新的生态环境后,由于能很好地适应新环境,会较快地繁殖并形成种群,变成野生种,危害当地的生物群落。这种物种称为外来入侵种。外来入侵种不仅直接危害农业生产,造成巨大经济损失,而且损害生物多样性,破坏生态环境。部分外来入侵种还对人畜健康产生严重影响。如在美国声名狼藉的南美洲红蚂蚁,肆虐中国东北、华北等地的美国白蛾和松材线虫等森林害虫,以及壅塞河道、覆盖水面的水葫芦,都是典型的生物入侵事例。它们的危害之大已远远超出人们的想象,被称为整个生态系统的癌变。中国几乎所有的生态系统—森林、草地、水域、湿地、农田及城区等,都不同程度地受到了外来生物入侵的影响。

【生物沙障】(biological sand barrier) 又称活沙障。用活的灌木、草本植物建立的阻沙植物带。具有高立式机械沙障作用,可防风阻沙和改变微地貌状况。选择适宜植物种是建立生物沙障的关键。植物种选择有很强的地带性,不同自然带因气候、土壤、水文、植被等综合自然条件的差异,适宜生物沙障的植物种也不相同。在选择时,应依据植物抗旱性、耐沙埋程度、苗期及后期生长特点、繁殖特性以及其他相关生物学特性等。生物沙障的管护,主要是病虫害适时防治和适时平茬。经过多年实践,各自然带已选择出一批适宜的生物沙障植物种。草原地区东部有黄柳、差巴嘎蒿、胡枝子等,草原地区西部有沙柳、花棒、杨柴、油蒿等,荒漠地区有沙拐枣(东疆沙拐枣、红皮沙拐枣等)、花棒等。其建植方法是:(1)种子直播。适合于油蒿、差巴嘎蒿等植物。播种最好选择雨季。(2)扦插。已成为生物沙障建植最普遍采用的方法。适合于沙拐枣、沙柳等多数无性繁殖的植物种。(3)植苗。适合于大多数植物种。

生物沙障

【生物数学】(biomathematics) 以数学方法研究和解决生物学问题、并对与生物学有关的数学方法进行理论研究的学科。生物学与数学之间的边缘学科。生物数学的分支学科较多,从生物学的应用划分,有数量分类学、数量遗传学、数量生态学、数量生理学和生物力学等。这些分支是数学与生物学在不同领域相结合的产物,在生物学中有明确的研究范围。从研究使用的数学方法划分,生物数学又可分为生物统计学、生物信息论、生物系统论、生物控制论和生物方程等分支。这些分支与前者不同,它们没有明确的生物学研究对象,只研究那些涉及生物学应用有关的数学方法和理论。数学的介入把生物学的研究从定性的、描述性的水平提高到定量的、高水平。

【生物炭】(biological carbon) 固体生物质经过生物质气化、热解、干馏等高温加工(如)后形成的固体炭。生物质经过高温加工,如生物质气化、热解、干馏等,使其分子破裂,释放出一氧化碳、氢气等可燃烧气体后形成生物炭。生物炭密度小、表面积大,热值较高,容易燃烧,是良好的固体燃料。它还可吸附污水或气体中的固体悬浮微粒和有毒物质,常用于污水和空气的净化。木炭是生物炭的主要种类。

生物炭

【生物陶瓷】(biological ceramic) 与生物体或生物化学有关的新型陶瓷。包括精细陶瓷、多孔陶瓷、某些玻璃和单晶等。按其使用情况的不同可分为:与生物体相关的植入陶瓷和与生物化学相关的生物工艺学陶瓷。前者植入体内以恢复和增强生物体的机能,是直接与生物体接触使用的生物陶瓷;后者用于固定酶、分离细菌和病毒,以及作为生物化学反应的催化剂,是不直接与生物体接触使用的生物陶瓷。

【生物陶瓷复合材料】(biological ceramic composite) 由两种或两种以上不同的生物陶瓷材料复合而成的材料。在临床应用上,无论是生物医学金属材料、生物医学高分子材料或生物陶瓷,其力学性质或生物学性质,都不能很好地满足临床应用要求。利用不同性质的材料复合而成的复合材料,不仅兼具组分材料的性质,而且可以得到组分材料不具备的新特征。如模仿自然骨结构制成的羟基磷灰石颗粒增强高分子聚乙烯人工骨材料,可通过控制羟基磷灰石含量来调整材料的弹性模量、断裂强度和断裂韧度,使之达到自然骨水平。同时又因羟基磷灰石加入而使其具有表面生物活性,使得无生命的生物医学材料具有生物活性,从而促进被损坏组织的康复。

【生物统计学】(biological statistics) 用数理统计原理分析和解释生物学上的数量变化规律

的一门学科。有助于正确设计试验，正确处理试验结果，从而推导出较为客观的结论。主要内容有：(1)正确地收集试验资料，加以整理和分析。(2)根据概率统计原理，分析试验处理的效果是否存在显著差异。(3)规划田间试验。(4)对有关试验资料进行相关和回归分析，从而作出预测和预报，如某些病虫发生的预测预报。广泛应用于生物学、农艺学和医学的试验研究中，是科学试验的有效工具。

【生物危害】(biohazard) 一个或其中部分具有直接或潜在危害的传染因子，通过直接传染或者破坏周围环境间接危害人、动物和植物的正常发育过程。其来源主要有：来自人和动物、植物的各种致病微生物的危害的现象；来自外来生物的入侵；来自转基因生物可能的潜在危害；来自生物恐怖事件。中国于2003年，由国务院指派农业部牵头，协同林业部、原环保总局等部门，开始相关法规的制定工作。原国家环保总局会同有关部门和地方，组织开展一系列工作，组织制定《自然保护区法》、《转基因生物安全法》等，研究拟定生物多样性保护、外来入侵物种监管和生物遗传资源获取与惠益分享等方面的法律法规。

疯长的水葫芦

【生物伪装】(biological camouflage) 仿照生物的行为对目标进行伪装的现象。自然界中的生物都有着自己独特的生存“绝技”，伪装术就是其中之一。生物利用其自身结构及生理特性“隐真示假”，与军事伪装的初衷如出一辙。按照伪装方式的不同，生物伪装大致可分为三类：(1)隐身。生物的隐身可谓是军事隐身伪装的灵感源泉。生物隐身通常以外部自然环境为基准而随机应变，以改变自身的色调，达到保护自己、迷惑天敌或捕食猎物的目的。(2)拟态。拟态在一定程度上就是示假。在动物世界里，最善于拟态伪装的应是竹节虫。当竹节虫趴在植物上时，即能以自身的体形与植物形状相吻合，装扮成被模仿的植物。同时，它还能根据光线、湿度和温度的差异改变体色，让自身完全融入周围的环境中，使鸟类、蜥蜴、蜘蛛等天敌难以发现它们的存在。(3)干扰。乌贼施放烟幕避敌是生物采用主动干扰方法实施伪装以求生存的典范。

生物伪装

【生物武器】(biological weapon) 利用生物制剂杀伤有生力量和毁坏植物的武器。它包括装有生物黏剂的炮弹、航空炸弹、火箭弹、导弹弹头和航空布洒器等。生物武器主要通过气溶胶和带菌昆虫等方式施放，由呼吸道、消化道、皮肤和黏膜侵入人、畜体内，经一定潜伏期后使其发病以致死亡。此外，它也可大规模毁伤农作物。

【生物物理学】(biophysics) 由物理学与生物学相互结合而形成的一门交叉学科。应用物理学的基本理论、方法与技术研究生命物质的物理性质、生命活动的物理与物理化学规律以及物理因素对机体的作用的学科。其研究内容包括：分子生物物理、膜与细胞生物物理、感官与神经生物物理、生物控制论与生物信息论、理论生物物理、光生物物理、自由基与环境辐射生物物理、生物力学与生物流变学和生物物理技术。

【生物物种资源】(biological species resource) 具有实际或潜在价值的植物、动物和微生物物种以及种以下的分类单位及其遗传材料的统称。除了物种层次的多样性，还包含种内的遗传资源和农业育种意义上的种质资源。任何一个物种或基因一旦从地球上消失，都不能再创造出来。丰富的生物物种资源是人类繁衍和发展的最基本的物质基础，是地球上最宝贵的财富。生物物种资源的拥有和开发利用程度已成为衡量一个国家综合国力和可持续发展能力的重要指标之一。中国是世界上生物物种资源最丰富的国家之一。由于人口的快速增长、对生物物种资源的过度开发，以及外来物种的引进、环境污染、气候变化等原因，中国生物物种资源丧失和流失情况严重。在联合国《濒危野生动植物种国际贸易公约》列出的740种世界性濒危物种内，中国占了189种。

【生物芯片】(biological chip) 通过微加工技术和微电子技术在固相芯片表面构建的微型生物化学分析系统。是20世纪80年代在生命科学领域中迅速发展起来的高新技术。其主要功能是：实现对细胞、蛋白质、DNA以及其他生物组分等信息进行准确、快速检测。常用的生物芯片有：(1)基因芯片。(2)蛋白质芯片。(3)组织芯片。其主要特点是：(1)高通量。(2)微型化。(3)自动化。该芯片上集成的成千上万的密集排列的分子微阵列，能够在短时间内分析大量的生物分子，使人们快速准确地获取样品中的生物信息。

【生物信息学】（biological informatics）　生物学的一个分支。用数理学和信息科学的理论和方法研究生命现象的学科。组织和分析呈指数增长的生物学数据，是基因组学研究的基本手段。其研究范围主要包括：(1)基因组序列分析和解释。(2)药物设计。(3)基因多态性分析。(4)基因表达调控。(5)疾病相关基因鉴定。(6)基因产物结构与功能预报。(7)基因进化。(8)基于遗传的流行病学等。它利用数学、统计学、计算机等主要工具，对日益增长的DNA和蛋白质的序列以及结构，进行收集、整理、储存、发布、提取、加工、分析和发现，为识别、克隆和预测人类新基因奠定了基础。

【生物性污染】（biotic pollution）　由微生物、寄生虫及虫卵和昆虫引起的食品污染。使食品腐败发臭，物理性状变坏，营养价值降低。致病菌还可引起食物中毒或人畜共患的传染病。细菌、霉菌及其相应的毒素进入人体，直接对人体产生危害；寄生虫及虫卵污染，如蛔虫、绦虫、中华枝睾吸虫、旋毛虫等，会产生人畜共患的各种各样寄生虫病；昆虫污染，如甲虫、蛾类、螨类、蝇、蛆等，使食品感官性状破坏，营养价值下降，但对人体健康不造成直接危害。

生物性污染

【生物学容许渔获量】（allowable biological catch）　通过科学程序和假设，模型推算生物上所容许的渔获量。按其控制渔获量方法的不同可分为：(1)极限或养护生物学容许渔获量。在不损害渔业资源恢复能力的情况下，可获得的持续年最高渔获量。(2)目标或管理生物学容许渔获量。为防止过度捕捞，在管理上取低于极限或养护生物学容许渔获量。通过特殊的调查船，科学地设计监测方法，使用有效的数据及计算机模型可以评估鱼群的规模和特点。基于这些评估和种群的生物学特性，科学家可预测不同的捕捞强度产生的不同的经济效益。渔业管理者则可以据此决策用什么方法、于什么时间、在什么地点，捕多少鱼。由于决定可捕量是一个科学的问题，它应受管理者设定的长期目标的指导。这个目标既要考虑渔业，又要考虑生态。在渔业管理中，科学信息要尽可能详细和准确，并尽可能少受政治的影响。缺乏足够的科学信息，是许多过度捕捞案例的主要原因。

【生物学死亡期】（biological death）　又称全体死亡、细胞死亡、分子死亡。死亡过程的最后阶段。此期整个中枢神经系统发生不可逆的变化，功能永久停止。此后人体各脏器系统的新陈代谢相继停止，并出现不可逆的变化，整个机体已不可能复活。随着此期的进展，相继出现一些尸体现象，如尸冷、尸斑、尸僵、尸体腐烂等。

【生物学特性】（biological characteristics）　植物有机体生长、发育、繁殖的特点和有关性状。就作物而言，包括种子发芽、根茎叶生长、花果种子发育、生育期、分蘖或分枝特性、开花习性、受精特点，整个生育期间以及各个生育时期对环境条件温、光、肥、水、气的要求等。生产上可根据作物的生物学特性采用适宜栽培技术，以获取高产优质的产品。

生物学特性

【生物氧化】（biological oxidation）　糖、脂肪、蛋白质等有机化合物在体内进行氧化分解，逐步释放能量，最终生成CO_2和H_2O的过程。生物氧化过程中物质的氧化方式有加氧、脱氢、脱电子，完全遵循化学反应的一般规律。物质无论在体内或体外氧化时，耗氧量、终产物CO_2和H_2O的生成量，以及所释放的能量均相同。但生物氧化是在细胞内温和的环境中（体温37℃、pH近中性的体液中），在一系列酶催化下逐步进行的，能量逐步释放，有利于机体捕获能量，使腺苷三磷酸（ATP）生成的效率得以提高。在生物氧化过程中进行广泛的加水脱氢反应，使上述营养物质能间接获得氧，并增加脱氢的机会；生物氧化中产生的H_2O，是由脱下的氢经　系列递氢体和电子传递体的传递与氧结合而生成的。CO_2是由体内的有机酸脱羧产生。糖、脂肪、蛋白质等若在体外氧化（即燃烧）终产物CO_2和H_2O是由物质中碳和氢直接与氧结合生成，而且能量是骤然释放的。

【生物药剂学】（biopharmaceutics）　研究药物及其制剂在体内吸收、分布、代谢与排泄过程，阐明药物的剂型因素、机体生物因素与药效之间关系的学科。其研究的中心是剂型与疗效之间的关系。主要是研究药物及其制剂给药后，能否在体内吸收进入血液循环，能否及时地分布到某些特定的组织和器官，如何在体内消除（代谢和排泄），以及各种剂型因素和生物因素对这一体内过程和药效的影响。研究药物及其剂型的理化性质与药效之间的关系，可为剂型设计、药剂质量评价、合理制药和用药及充分发挥预期药效等提供依据和保证。

【生物药物】(biological pharmaceutics) 用生物体、生物组织、细胞、体液等制造的用于预防、治疗和诊断疾病的药物。其特点是:(1)药理活性高。(2)毒副作用小。(3)营养价值高。生物药物种类繁多。按其化学本质和特性的不同可分为:(1)氨基酸及其衍生物类。(2)多肽及蛋白质类。(3)酶与辅酶类。(4)核酸及其降解物和衍生物类。(5)糖类。(6)脂类。(7)细胞生长因子类。(8)生物制品类。按其原料来源的不同可分为:(1)人体组织。(2)动物组织。(3)植物组织。(4)微生物。(5)海洋生物。按其生理功能和临床用途的不同可分为:(1)治疗药物。(2)预防药物。(3)诊断药物。(4)其他生物医药用品。

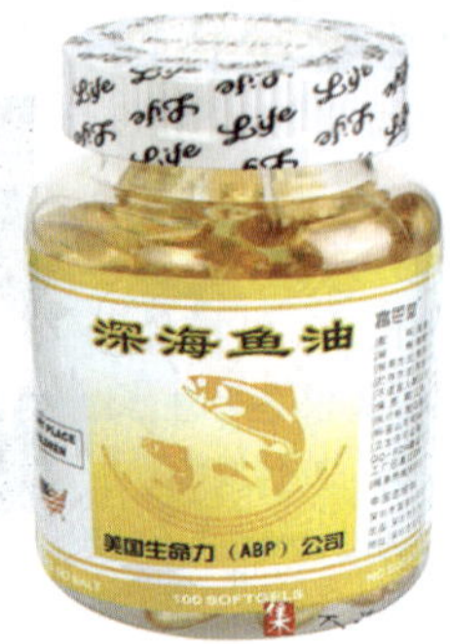

深海鱼油

【生物医学材料】(biological medical material) 一种和生物系统结合,以诊断、治疗或替换机体中的组织、器官或增进其功能的材料。与药物不同,其主要治疗目的无需通过在体内的化学反应或新陈代谢来实现,但可以结合药物,起药理活性物质的作用。与生物系统直接接合是生物医学材料最基本的特征,如直接进入体内的植入材料,人工心、肺、肝、肾等体外辅助装置中与血液直接接触的材料等。生物医学材料除应满足一定的理化性能要求外,还必须满足生物学性能要求,即生物相容性要求。它可以是天然材料,也可以是合成材料,或者是它们的结合,还可以是有生命力的活体细胞或天然组织与无生命的材料结合而成的杂化材料。按组成和性质的不同可分:为医用金属材料、医用高分子材料、生物陶瓷材料和生物医学复合材料等。按其应用方式的不同又可分为:可降解与吸收材料、组织工程材料与人工器官、控制释放材料、仿生智能材料等。生物医学材料的研究方向主要是改进和发展生物医用材料的生物相容性评价、新降解材料、具有全面生理功能的人工器官和组织材料以及新药物载体材料和表面改性材料等。金属、陶瓷、高分子及其复合材料是应用最广的生物医用材料。

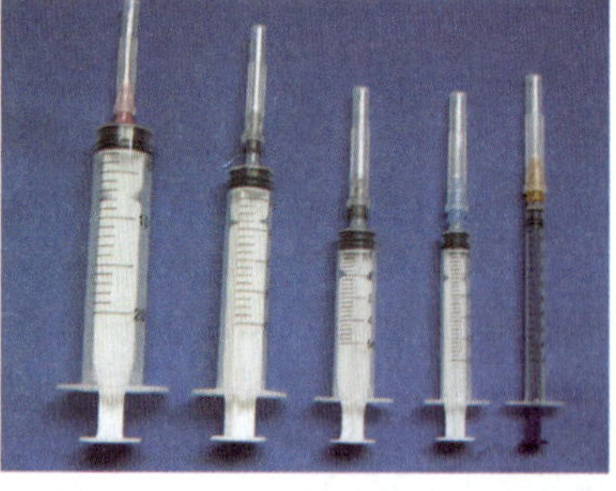
生物医学材料

【生物医学高分子材料】(biomedical polymer material) 人工合成的或天然的生物医学材料中的高分子材料及其复合材料。除应满足一般物理、化学性能要求外,还必须满足生物相容性要求。按其性质的不同可分为非降解型和生物降解型。前者包括聚乙烯、聚丙烯、聚丙烯酸酯、芳香聚酯、聚硅氧烷、聚甲醛等。在生物环境中,它们能长期保持稳定,不发生降解、交联或物理磨损并具有良好的物理力学性能。虽然不是绝对稳定的聚合物,但是可以要求其本身和降解产物不对机体产生明显的不良反应,同时不发生灾难性破坏。后者包括胶原、线性脂肪族聚酯、甲壳素、纤维素、聚氨基酸、聚乙烯醇、聚己内酯等。它们可在生物环境下,会发生结构破坏和性能蜕变,其降解产物能通过正常的新陈代谢被机体吸收利用或被排出体外。生物医学高分子材料主要用于药物释放送达载体及非永久性植入装置。

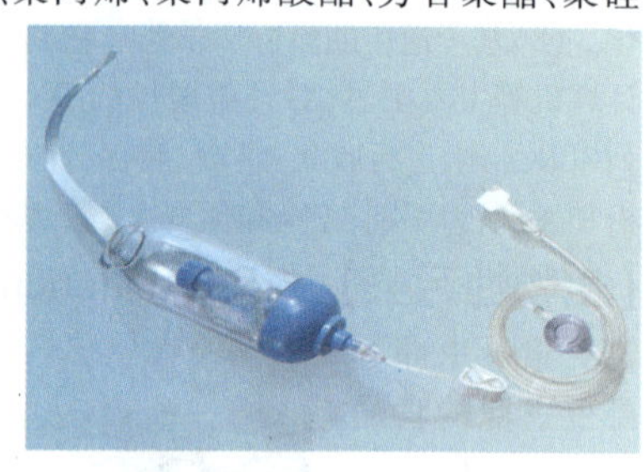
生物医学高分子材料

【生物医学工程】(biological medical engineering, BME) 运用现代自然科学、工程技术的原理和方法,从工程学角度研究生物体和其他生命现象的学科。科学技术与工程高度综合的新兴边缘学科。其主要任务是:从工程学角度解释生物体特别是人体的生理、病理过程,同时进行相应医疗仪器和生命科学仪器的研究和开发。其研究领域包括:(1)生物力学。(2)生物材料。(3)人工器官。(4)生物系统的建模与控制。(5)物理因子的生物效应。(6)生物系统的质量与能量传递。(7)生物医学信号的检测与传感器原理。(8)生物医学信号处

假肢

理方法。(9)医学成像和图像处理方法。(10)治疗与康复的工程方法等。在疾病的预防、诊断、治疗、康复等方面发挥重大作用。发展中国家均将其列入高技术领域,重点投资优先发展。

【生物医学金属材料】(biological medical metal material) 用作生物医学材料的金属或合金。是一类生物惰性材料,为临床应用最广泛的承力植入材料。除应具有极高的机械强度和抗疲劳性能及相关的物理性能外,还必须具有优良的抗生理腐蚀性和生物相容性。已应用于临床的医用金属材料主要有不锈钢、钴基合金和钛基合金三大类。此外,还有形状记忆合金、贵金属,以及纯金属钽、铌、锆等。

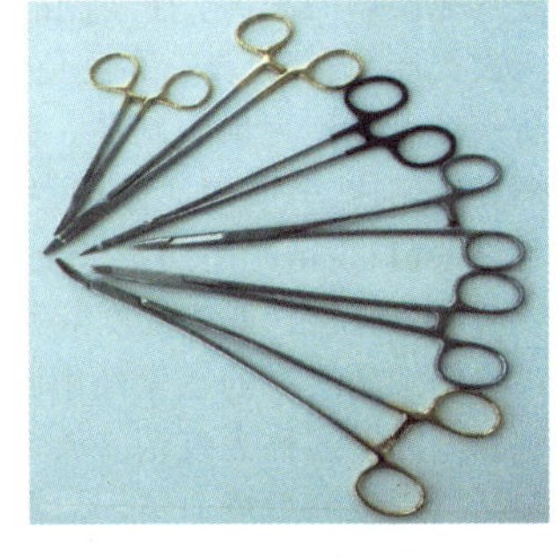
生物医学金属材料

【生物医用复合材料】(biological medical compound material) 由两种或两种以上不同材料复合而成的生物医学材料。主要用于修复或替换人体组织、器官或增进其功能,也用于人工器官的制造。根据材料植入人体后引起的反应类型和水平可分为生物惰性、生物活性和可生物降解与吸收三种类型。生物医用复合材料除应具有预期的物理化学性能之外,还必须满足生物相容性的要求。医用高分子材料、医用金属和合金及生物陶瓷,均既可作为生物医学复合材料的基材,也可作为其增强体或填料,相互搭配或组合形成性质各异的生物医学复合材料。利用生物技术,一些活体组织、细胞和诱导组织再生的生长因子被引入了生物医学材料,极大地增进了其生物学性能,已成为生物医学材料的一个发展方向。它们也是一类新型的生物医学复合材料。

【生物抑菌剂】(biological bacteriostat) 由微生物代谢产生的抗菌物质。主要是一些相对分子质量小,结构高度紧密的有机酸、多肽或前体多肽。其作用机制主要是在微生物细胞膜上形成微孔,导致其通透性增加和能量产生系统破坏。生物抑菌剂物质很容易进入微生物细胞,能迅速地抑制微生物的生长,甚至导致微生物的死亡。在食品中的应用方法有:(1)在使用时将生产抑菌物质的微生物直接作为生产菌种或配合菌种加入到食品中。(2)把抗菌基因转入发酵菌株,使其在生产过程中释放出抗菌物质。(3)将抑菌物质直接加入食品中,或共用几种生物抑菌剂。(4)将生物抑菌剂与来自动植物或矿物的天然防腐剂配合使用,利用它们的协同效应增强效果。(5)将其与某些络合剂、化学防腐剂结合使用,以扩展其抑菌谱和降低化学防腐剂的用量。用于食品工业的生物抑菌剂有:乳酸链球菌素、双歧杆菌素、溶菌酶、那他霉素、泰乐菌素、聚溶素、霉菌素。

【生物有机化学】(bioorganic chemistry) 有机化学的一个分支。应用有机化学的理论和方法在分子水平上研究生命现象的化学本质的一门新兴学科。是有机化学和生物化学的交叉学科。研究对象主要是核酸、蛋白质、多糖及其他参与生命过程的有机分子。它们是维持机体正常运转的最重要的基础物质。生物有机化学作为有机化学向生命科学渗透过程中形成的一个新的学科分支,取得了令人瞩目的成就,得到了迅速发展。其研究几乎涉及到生命科学的所有前沿领域,已经成为现代生命科学研究中的重要组成部分。同时生物有机化学的研究成果,又极大地丰富和发展了传统的有机化学,例如,抗体酶的发现,不仅证明了有机化学反应过渡状态理论的正确性,而且为有机合成提供了新的概念和途径。

【生物源农药】(biological pesticide) 利用生物资源开发的农药。按其材料来源的不同可分为:动物源农药、植物源农药和微生物源农药三大类。在学术界对生物源农药的含义和范围的认识大体趋于一致:(1)直接利用生物产生的天然活性物质,经提取加工作为农药。(2)鉴定生物产生的天然活性物质的化学结构之后,用人工合成方法模仿其化学结构生产的农药;或以天然活性物质作先导化合物的模型,进行衍生物的类似物合成,开发出比天然活性物质性能更好的仿生合成农药。(3)直接利用生物活体作为农药。比化学合成农药更适合在有害生物综合防治中应用。生物源农药一般在环境中较易降解,不少品种具有靶标专一的选择,使用后对人畜和非靶标生物相对安全。因某些生物源农药的作用方式是非毒杀性的,包括引诱、驱避、拒食、绝育、调节生长发育、寄生、捕食、感染等,所以比化学合成农药的应用范围广泛。

【生物灾害】(biohazard) 由于人类的生产生活不当破坏生物链或在自然条件下的某种生物的过多过快繁殖而引起的对人类生命财产造成危害的自然事件。广义地讲,由于微生物扰乱的自然环境对人类产生的间接性灾害也被包含在内。其分类大致为:农作物病虫害、森林病虫害、蝗灾与鼠害以及生物入侵等。最初是指一般病原体所具有的病原性,但是肿瘤、病毒和DNA重组体所携带的潜在危害也引起重视。其对策的关键,是对病原体的危险性进行科学的评价,并在此基础上对其危险性程度进行分类,然后根据各种危险性程度采取相应的遏制对策。我们应该科学地开发资源、使用资源,在符合客观规律的基础上,对各种自然资源进行改造,以改进我们的生活。在生产生活中及时进行监测,预防生物灾害的发生;在正常时期建立完善的自然灾害处理机制,以便在其发生以后快速高效地解决问题;积极结合实践的理论研究,以预见和防止因生产生活中的不当行为而造成生物灾害。

生物灾害

【生物炸弹】(biological bomb) 利用生物技术制造的炸弹。其生产过程简单,成本低,燃烧充分,爆炸力强,威力比常规炸药大3~6倍。用生物炸药制成的武器战斗部可使武器的战术、技术性能提高一个数量级。

【生物战剂】(biological warfare agent) 在军事行动中用以杀伤人畜和破坏农作物的致病微生物、毒素和其他生物活性物质的统称。是生物武器杀伤威力的决定因素。其特点是:(1)致病力极强,很小的剂量即能致病。(2)便于大规模生产,不受季节的限制。(3)在生产、储存、运输和施放中,其致病力保持稳定性。(4)病原体形较小,繁殖(复制)快,适应性强。(5)“工程致病菌”具有更强大杀伤力。(6)使用者有保护自我的有效手段,如预防性疫苗等,但某些毒力强的“工程致病菌”对抗生素或疫苗有抵抗力。现在国际社会禁止生产和使用生物战剂,但一些国家出于自身需要,仍在加紧研究、生产。有些恐怖分子也利用生物战剂来危害人们的生命安全,如近年来发现的炭疽就是其中的一种。

【生物制浆技术】(biological pulping technology) 利用微生物选择性地分解植物纤维原料中的木质素,使纤维素从木质素的胶黏包裹中分离出来的制浆技术。按其制浆方式的不同可分为:(1)纯生物制浆。利用降解木质素的酶微生物,在常温和常压条件下使木片中木质素的除去率达到75%~80%,纸浆获得率达60%的制浆法。(2)生物-机械制浆。又分为利用木质素降解菌的生物-机械制浆和利用漆酶的生物-机械制浆。(3)生物-化学制浆。通过生物方法预处理,减少化学药品用量和能量消耗,或者在化学药品用量不变的情况下,降低纸浆的蒸解度,以减少漂白化学品的用量和减轻漂白废水污染负荷的方法。生物制浆可以降低造纸生产的化学药品和能源消耗、降低排放废水中的生物耗氧量(BOD)和化学耗氧量(COD),减少对环境的污染。

【生物制品】(biological product) 从微生物、原虫、动物或人体材料直接制备,或用现代生物技术、化学方法制成,作为预防、治疗、诊断特定传染病或其他疾病的制剂。生物制品中菌苗、疫苗和类毒素三大类产品,都是具有高度免疫原性的抗原。用作预防疾病者又称为预防制品。菌苗是用相应的细菌或螺旋体制成,分减毒活菌苗、死菌苗和纯化菌苗或亚单位菌苗;疫苗是用病毒或立克次体制成,分减毒活疫苗、灭活疫苗、亚单位疫苗和基因工程疫苗等;类毒素是用细菌产生的毒素经解毒精制而成。以上三类制品国际上通称为疫苗。人工被动免疫的预防制剂包括抗毒素和免疫血清,是用细菌、病毒、类毒素、毒素等免疫动物或人体所产生的抗细菌、抗病毒和抗毒素的超免疫血清精制而成。

【生物质】(biological mass) 通过光合作用将太阳能转化成化学能并以有机质的形式固定储存起来的、可制取生物质能的原料。它包括植物和动物两大类(动物通过食用植物间接获得太阳能)。各种生物质间存在着相互依赖和相互作用的关系。生物质对人类有着广泛而重要的用途。

【生物质催化气化】(biological mass catalytic gasification) 通过催化剂来降低气化反应活化能并改变生物质热处理过程的化工技术。采用该技术可以使分解气化副产物—焦油成为小分子的可燃气体,增加煤气产量,提高气体热值,同时降低气化温度,提高气化速度和调整生物质气体组成,以便进一步加工制取甲醇或合成氨。

【生物质干馏】(carbonization of biological mass) 将生物质原料在缺氧条件下快速加热到400~500℃使生物质直接热解的过程。热解产物经快速冷却,可使中间液态分子在进一步断裂生成气体之前冷凝,从而得到高产量的生物质液体油。生物质干馏产生的生物油可通过进一步的分离、提取制成燃料油和化工原料。

【生物质固化成型技术】(densification and molding of biological mass) 利用各类生物质物料在一定温度和压力下压缩成较高密度的成型燃料的技术。如用农业的秸秆、稻壳,或林业废弃物的锯末、木屑等,粉碎后在加热或不加热和一定压力作用下,将原来松散、细碎和无定形的生物质原料,压缩成棒状、粒状、块状的各种细密成型燃料。其工艺是把自然状态下散抛物料挤压后,使其体积密度由

$100kg/m^3$ 以下增大到 $1\,100 \sim 1\,400kg/m^3$，即将同样重量的物料体积缩小1/14～1/10。使其储存、运输、燃烧稳定性和持久性发生了质的变化，接近于中质煤，故又称生物煤。该技术使用专用设备，在农村有很大的推广价值。

【生物质合成燃料】（biological mass syn-fuel） 通过先进的生物质气化工艺生产出高质量的生物质合成气，再调整其中的 CO/H_2 比和合成过程而制成的液体燃料。通过控制反应条件，如温度、压力和 CO/H_2 比等，在选择性催化剂的作用下，可以生产出不同的燃料产物——甲醇、二甲醚和烷烃（柴油）等。

【生物质化学水解技术】（chemical hydrolyzation of biological mass） 通过化学方法将生物质中的纤维素最终转化为燃料乙醇的技术。其过程是：先将纤维素降解为可发酵的葡萄糖，把半纤维素降解为戊糖，然后通过生物技术将它们转化为燃料乙醇。常用的技术包括：生物质稀酸水解技术、生物质浓酸水解技术和生物质有机溶剂快速糖化技术。

【生物质加压液化】（high pressure liquefaction of biological mass） 在较高的压力下通过热化学或生物化学方法将生物质部分或全部转化为液体燃料的技术。液化方法主要有热分解法、直接液化法、水解发酵法和植物油脂化法等。

【生物质能】（energy of biological mass） 绿色植物通过叶绿素将太阳能转化为化学能而储存在生物质内部的能量。树木茎叶、作物秸秆、人畜粪便和有机物垃圾都是生物质能资源。地球上的生物质能资源非常丰富。其中陆地上每年的干有机物净产量为 $1.2 \times 10^{11}t$，能量总值相当于目前全世界每年总能耗的5倍以上。中国每年生物质的生产量约为 $5 \times 10^{10}t$ 干物质，相当于年耗能总量的2.5倍。全世界每年实际上仅利用了生物质总量的10%左右，所以开发利用生物质能的潜力十分巨大。

生物质能

【生物质能转换】（conversion of biological mass） 利用物理、热化学或生物化学的方法将生物质能转换成二次能源和高品位能源的技术。即对生物质能进行深加工，使之成为高效的固态、气态或液态燃料。按生物质能转换方式的不同可分为：（1）直接氧化。即直接燃烧，是最简单、最原始的转换技术。通过直接燃烧可获得热能。（2）物理转换。利用物理的方法（压缩成型），改变生物质的容积，使其成为质地坚硬、结构致密的固体成型材料。（3）化学转换。用化学方法将生物质转换成可利用的能源。其常用的方法有气化法、热分解法、溶剂提取法等。（4）生物转换法。利用微生物分解技术，将生物质原料转换成为另一种形式的能源，常见的有生物质沼气转换技术、生物质制造酒精技术等。

【生物质气化】（gasification of biological mass） 生物质物料在完全隔离氧气或部分供氧条件下使低碳分子产生高温分解的过程。其具体过程是：生物质物料被加热发生分子解离，挥发物逸出，或物料部分燃烧引起氧化还原反应，使低碳分子高温分解。气化产物为不同成分、不同热值的可燃气体。按气化反应机理的不同可分为：（1）高温分解煤气，也称发生炉煤气。（2）低温热解煤气，也称干馏煤气。在完全隔离空气（绝氧）或接触部分空气（缺氧）条件下，产生均相与非均相的不同类型煤气。

【生物质气化发电技术】（technology of biological mass gasification power generation） 利用生物质气化产生的可燃气体发电的技术。是一种新能源开发技术。将农业、林业和工业废弃物等生物质原料经过气化，转化为可燃气体，并使之在锅炉内燃烧产生蒸气发电，或者直接推动燃气发电设备进行发电。

生物质气化发电技术系统

【生物质气化联合循环发电系统】（system of biological mass integrated gasification combined cycle） 由生物质原料预处理、循环流化床气化、裂解净化、燃气轮机发电、蒸汽轮机发电等设备组成的发电系统。其特点是：原料处理量大、自动化程度高、系统效率高、适合工业化生产。

【生物质热化学转换技术】（thermal chemical conversion technology of biological mass） 在加热条件下用化学手段将生物质转换成燃烧物质的技术。分为直接燃烧、气化、生物质热裂解和生物质加压液化四种技术。

【生物质热裂解】(biomass pyrolysis) 生物质在完全没有氧或者缺氧条件下的热裂解过程。通过热裂解最终生成生物油、木炭和可燃气体。一般说来,低温慢速热裂解(低于500℃),产物以木炭为主;高温闪速热裂解(700~1 100℃),产物以可燃气体为主;中温快速热裂解(500~650℃),产物以生物油为主。

【生物质炭化】(biological mass carbonization) 将固体生物质转化为炭化产物的过程。在隔绝空气的条件下,低温加热(250~450℃),物料受热分解,产生低温煤焦油和可燃煤气及80%以上的炭化物。成型后的炭化物是密度接近于1或大于1的小径林木或机械压制的固化棒料。

【生物质液化】(biological mass liquefacation) 将固体生物质转化为液体燃料的过程。按液化方式的不同分为间接液化和直接液化。前者指通过微生物作用或化学合成方法生成液体燃料,如乙醇、甲醇;后者指采用机械方法,用压榨或提取的工艺获得可燃烧的油品,如棉籽油等植物油,经提炼成为可替代柴油的燃料。

【生物质直接燃烧技术】(combustion technology of biological mass) 将生物质直接作为燃料燃烧用于发电或集中供热的技术。直接燃烧主要分为炉灶燃烧和锅炉燃烧。其特点是:(1)生物质燃烧所释放出的CO_2大体相当于其生长时通过光合作用所吸收的CO_2,因此可以认为是CO_2的零排放,有助于缓解温室效应。(2)生物质的燃烧产物用途广泛,灰渣可加以综合利用。(3)生物质燃料可与矿物质燃料混合燃烧,既可以减少运行成本,提高燃烧效率,又可以降低SO_X、NO_X等有害气体的排放浓度。(4)采用生物质燃烧设备可以最快速度实现各种生物质资源的大规模减量化、无害化、资源化利用,而且成本较低。生物质直接燃烧技术具有良好的经济效益和开发潜力。

【生物质制氢】(hydrogen making from biological mass) 利用生物质料裂解或微生物分解有机物制氢的方法。如将生物质原料如薪柴、锯末、麦秸、稻草等压制成型,在气化炉(或裂解炉)中进行气化或裂解反应来制得含氢燃料气。而微生物制氢,已发现有类似甲烷菌的制氢菌,只是其菌种繁育不如甲烷菌那样简单。若能建立合适的菌种群落,制造氢气就能像制造沼气一样简便。生物质制氢技术也是得到理想的清洁能源、氢气的很有潜力的途径之一。

【生物治疗】(biological therapy) 采用生物方式治疗疾病的方法。按具体治疗方式的不同可分为:(1)细胞素治疗。(2)抗细胞素治疗。(3)免疫保护治疗。(4)毒素导向治疗。(5)基因转录因子治疗。(6)单克隆抗体治疗。(7)寡核苷酸药物治疗。(8)基因治疗。(9)基因疫苗。其优点是:①毒性较低,副作用小。②成本低,投资少,产值高,周期短,见效快。③可治疗过去难以治疗的疾病,如α-2干扰素治疗乙型肝炎和丙型肝炎等。④一种细胞素在功能上可引起连锁反应,如白细胞介素-2不仅对治疗某些肿瘤有一定效果,而且对麻风病也有疗效。⑤开发生物治疗制剂的风险性比化学合成药物小得多。

【生物钟】(biological clock) 又称生理钟。在动物的生命活动中有节律变化的现象。生物生命活动的内在节奏性,是生命的特征之一。生物借此能感受自然界的周期性变化,如昼夜、季节和潮汐等,并调节自身生理活动的节奏,使生物在一定的时期开始进行或结束某项活动,如雄鸡啼鸣、候鸟季节性迁移和动物的繁殖季节等。体温的变化、血压与排尿量、血液中和尿液中的成分变化、呼吸与心跳节律,甚至大脑和各器官、肋骨关节的机能都表现出各自的节律性。药物疗效的高低也具有周期性,如给予相同小白鼠同样剂量的药物,下午14时给药的死亡率为67%,午夜2时给药的死亡率则为33%。现在"时间治疗"已崭露头角。

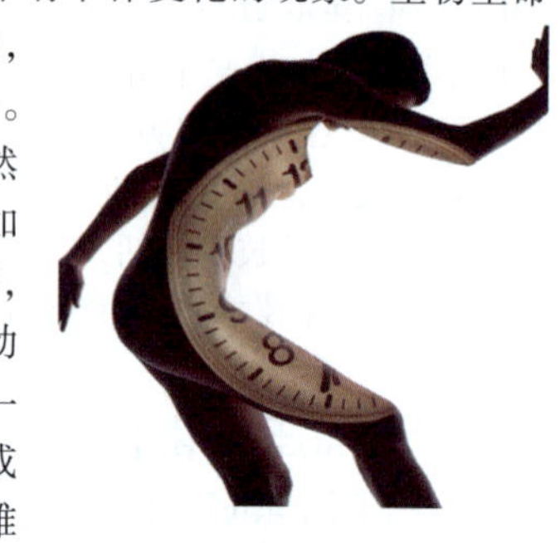

生物钟

【生物转化】(biotransformation) 又称代谢转化。各类非营养性物质(主要指药物和毒物)在体内的代谢转变。在日常生活中,有许多非营养性物质由体内外进入肝,其中包括物质代谢中产生的各种生物活性物质、代谢终产物以及由外界进入机体的各种异物(如药物、食物添加剂、农药及其他化学物品)、毒物及从肠道吸收的腐败产物等。它们均可在肝内进行代谢转变。这些物质如是水溶性,可从尿或胆汁排出;如是脂溶性,则会积存体内,影响细胞代谢,需将它们转变为易于排出的水溶性物质。广义地讲,激素的灭活、胆红素的结合等都在生物转化的范围之内。被转化的物质按其来源不同可分为两类:(1)内源性物质。如激素、神经递质、胺类等生物活性物质;氨、胆红素等有毒的代谢产物。(2)外源性物质。包括食品添加剂(如防腐剂等)、色素、药物、毒物及蛋白质在肠道中的腐败产物等。肝内含有催化生物转化的多种酶类,在生物转化中起非常重要的作用。肝脏内的生物转化反应主要可分为氧化、还原、水解与结合四种反应类型。一方面,很多有毒的物质进入人体后迅速集中在肝脏进行解毒;另一方面,正是由于这些有害物质容易在肝脏聚集,如果毒物的量过多,也容易使肝脏本身中毒。因此,对肝病患者,要限制服用主要在肝内解毒的药物,以免中毒。

【生物转盘法】(biological rotating disc) 又称转盘式生物滤池。通过长满生物膜的圆盘在水池上转动将有机废水净化处理的技术。属于固定生物膜法。主要设备生物转盘由圆形盘片、水平转轴与驱动装置和接触反应槽三部分组成。盘片垂直固定在水平轴上,约一半的盘面(转轴以下的部分)浸没在废水中。转盘连续缓慢地转动,交替与污水和空气相接触,在圆盘表面滋生出生物膜。废水沿着与转轴垂直的方向流过水槽。当圆盘的一部分浸入废水时,废水中的有机物被生物膜吸附、降解;当其转出水面时继续降解生物膜表面吸附水层中的有机物;同时,生物膜通过吸附水层从空气中吸收溶解氧。如此循环往复,废水中的有机污染物在好氧微生物的作用下得到氧化分解。盘片上老化的生物膜脱落后,随水流入二沉池中沉淀排除。生物转盘的圆盘通常用轻质耐磨塑料或玻璃钢制成的。盘片直径2~5m;轴长通常小于7.6m;盘片净间距为20~30mm。当系统要求的盘片总面积较大时,可分组安装。一组为一级,串联运行。驱动装置通常采用附有减速装置的电动机,也可以采用水轮驱动或空气驱动。生物转盘法的微生物浓度高,生物相丰富,能处理高浓度有机废水,耐冲击负荷,能耗小,不需曝气与污泥回流,便于维护管理。主要用于生活污水和工业废水的处理。新开发的组合形式有:与沉淀池合建的生物转盘,可利用微生物作用改善水质;与曝气池组合的生物转盘,可提高原有设备的处理效果和能力。

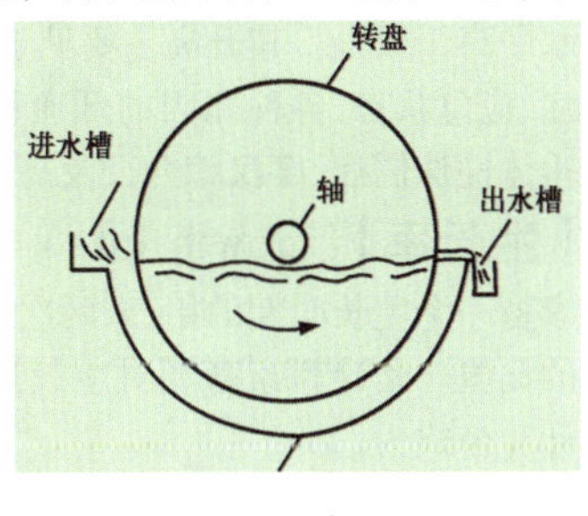

生物转盘法

【生物资源】(biological resource) 地球生物圈中植物、动物、微生物组成的生物群落总和。按其与人类社会生活和经济活动关系的不同可分为:(1)植物资源;(2)动物资源。按其研究和利用角度的不同可分为:(1)森林资源。(2)草场资源。(3)栽培作物资源。(4)野生植物资源。(5)水产资源。(6)驯化动物资源。(7)野生动物资源。(8)遗传基因(种质)资源。生物资源的特征是:(1)能够根据自身的遗传特点不断繁殖后代,以更新种群、延续种族。(2)在恶劣环境条件下或人为破坏及不合理利用时,会退化和衰亡。人类的衣食住行等都离不开生物资源。

【生鲜食品】(fresh food) 通过种植、采摘、养殖、捕捞形成的,未经加工或经初级加工,即可供人类食用的生鲜农产品。包括蔬菜、瓜果(林果)、食用菌、畜禽和水产品等。有代表性的是“生鲜三品”,即蔬菜水果、肉类和水产品。对这类商品,只做必要的保鲜和简单整理就可上架出售。未经烹调、制作等深加工过程,因此可归于生鲜食品类的初级产品。还有由西式生鲜制品衍生而来的面包和熟食等现场加工品类。由初级产品的“生鲜三品”和加工制品的面包、熟食,共同组合为“生鲜五品”。对生鲜食品的基本要求主要有:(1)生鲜食品种植和养殖基地。应当建立生鲜食品安全检验制度,对其生产的生鲜食品进行质量安全检测,符合安全标准的出具检验合格证明。(2)生鲜食品的采摘、收获、屠宰和捕捞,必须符合规定的安全间隔期、休药期。(3)生鲜食品及其初级加工。禁止使用色素和在浸泡过程中使用甲醛、甲醛次盐酸氢钠及其他有毒有害物质。(4)包装生鲜食品,应当在其包装物上附具标签。标签应当以中文标明产品标准代号、产品名称、净含量、生产基地、加工单位、生产日期和保质期等。(5)生鲜食品的流通。具有检验、检疫合格证明的生鲜食品方可销售。不能出具检验合格证明的,必须进入生鲜食品批发市场交易。批发市场对进场交易的每一批生鲜食品进行检验;经检验合格的,方可销售。

蔬菜

【生油岩】(source rock) 又称油源岩、生油母岩、生油岩层。泛指在过去地质时期中曾经生成过油气的岩石。具有以下特征:(1)因还原环境有利于有机质聚集、保存和转化成石油,所以生油岩的颜色一般多呈暗色,如黑、灰黑、暗褐等色。在岩层中常见的有黄铁矿、菱铁矿等自生还原环境的指相矿物(能指示沉积环境的矿物)。(2)生油岩的沉积环境多属流动不畅、较为闭塞的水体。一般以海相、湖相的细粒碎屑沉积和化学、生物化学沉积为主，如泥岩、页岩、粉砂岩、粉砂质泥岩、石灰岩、生物灰岩等。(3)生油岩的岩石中富含腐泥和腐殖型的有机质(生油母质)和生物遗体(化石)。(4)生油岩中及生油岩出露地区常见有各种油气显示或分散的沥青。此外，温度在石油的形成中也起有重要的作用。只有当温度达到一定门限值之后，作为生油母质的干酪根(又称油母、油母质，指沉积物中溶于非氧化的无机酸、碱和有机溶剂的一切有机质)才能转化成石油。

油页岩

【生育产仔率】(farrowing rate) 在一定时期内出生的仔畜数占其初有繁殖能力的母畜头数的百分比。衡量畜群繁殖能力的指标。一般按各种牲畜分别计算，其计算公式为：

$$产仔率=\frac{期内出生的仔畜数}{期初有繁殖能力的母畜数}\times 100\%$$

牲畜产仔率的高低取决于种畜的质量、配种率、受胎率、保胎率、管理水平等多种因素。

【生育期】(growth period) 作物自播种到子实成熟的总天数。不以收子实为目的的某些作物如麻类、薯类、甘蔗、甜菜等，则指自播种到主产品收获时期所需的总天数。有时也有自出苗算起的。生育期的长短，因作物、品种而异。同一品种的生育期也因栽培条件不同而有所变化。温、光是影响作物生育期长短的主要因素。了解作物品种在不同地区生育期的差异情况，对引种、茬口安排、品种布局都有重要意义。

【生长促进剂】(growth stimulant) 提高家畜生长速度的一类饲料添加剂。包括抗生素、抗菌药物、激素、酶制剂和其他促生长物质，对家畜生长有刺激和加快增重速度的作用。常用的生长促进剂有土霉素钙盐、杆菌肽锌、北里霉素、喹乙醇(快育灵)、乙烯雌粉、促生长素、砷制剂和硫酸铜等。

【生长抚育】(growing cutting) 又称疏伐。幼林经过透光抚育后，进入壮龄林阶段，林分组成外貌基本定型后所进行的抚育采伐。其任务是为了解决目的树种各个体间的矛盾，不断调整林分密度，使保留木得以良好生长，并提高木材质量，缩短成材期，实现优质、丰产的目的。生长抚育是人工林中最主要的一种抚育采伐，在透光抚育以后的混交林中，它还有进一步调整树种组成比例的作用。生长抚育虽相当于疏伐，但比疏伐的内容更广泛，包括了《森林抚育规程》中的疏伐与生长伐。该规程中的疏伐在中壮龄林阶段进行，而生长伐则在近熟林阶段进行。因为生长抚育是按林木级别确定采伐木与保留木的。所以为了进行生长抚育，首先要对林木进行分级，与此同时，还应了解林分在不同年龄阶段有着不同的径级结构，通过抚育采伐，将使这一结构更有利于林分生长量与保持环境的最佳状态。

【生长激素】(growth hormone, GH) 脑垂体中含量最多、分泌量最大的一种促进机体生长发育的激素。血中半衰期约 20min。其分泌呈脉冲式，但在清晨有一相对静止期。受血糖浓度、血氨基酸浓度及睡眠的影响，并直接受下丘脑分泌生长激素时所释放的激素及抑制激素的双重调节。其生理作用主要是促进机体的生长，并促进蛋白蛋合成及脂肪分解，抑制糖代谢成人空腹血清正常值一般男性46.5pmol/L，女性 139.5 pmol/L，儿童的 GH 水平高于成人。其升高主要见于：肢端肥大症及巨人症、应急状态、各种原因的低血糖症；降低主要见于：垂体性侏儒症、席汉综合征及高血糖症等。

生长激素

【生长率】(growth rate) 又称生长系数。以家畜一个生长时期的始、末两次所测定的累积生长值的比值。是计算家畜相对生长速度的方法之一。其计算公式为：

$$C=\frac{W_1}{W_0}\times 100\%$$

当始、末两次累积生长值相差过大时，可用生长加倍次数(n)来表示生长强度，计算公式为：$n=(\lg W_1-\lg W_0)/\lg_2$。式中 W_0 为前一次测定的累积生长值；W_1 为后一次测定的累积生长值。

【生长因子】(growth factor) 能调节细胞生长与其他细胞功能等多种效应的多肽类物质。存在于血小板和各种成体与胚胎组织及大多数培养细胞中，对不同种类细胞具有一定的专一性。生长因子有许多种，如血小板类生长因子、表皮生长因子等。各类生长因子都有其相应的受体，是普遍存在于细胞膜上的跨膜蛋白，不少受体具有激酶活性，特别是酪氨酸激酶活性。

由于生长因子是由正常细胞分泌而来,既无药物类毒性,也无免疫反应,因此在研究其生理作用机制的同时,有的已试用于临床治疗。如将表皮生长因子用于人体烧伤、创伤、糖尿病皮肤溃疡、褥疮、静脉曲张性皮肤溃疡和角膜损伤,可促进伤口愈合。

【生长锥】(growth cone) 又称顶端分生组织、生长点。树木的根和茎的芽轴顶端不断进行细胞分裂而增生细胞的部分。其细胞体积小,细胞壁薄,细胞核占的比例大,细胞质浓,液泡不明显,形状为等径的多面体,排列紧密,无细胞间隙,茎的生长点呈圆锥形。枝条由芽顶端生长点不断分生而成。生长点的生长使节数增加,节间延长,同时产生叶原基和腋芽原基。自18世纪中叶以来,出现了许多关于树木茎端组成的解释,如顶端细胞学说、组织原学说、体—帽学说、原套—原体学说和细胞—组织学分区概念等。但是,这些学说都没有对顶端分生组织的组成作出令人满意的概括。事实上,不同类群的植物存在区别,也很难用一种模式来说明。在研究植物形态发生中有关极性、对称和相关性,特别是分化和再生时,都涉及顶端分生组织的细胞分裂、组织分化和器官发生的机理。这些原理的阐明,有利于人类进一步控制植物的生长发育。

植物的生长点

【生殖毒性】(reproductive toxicity) 化学物质等环境因素对包括人类在内的动物的生殖过程及其下一代的发育过程产生有害反应时的毒害作用能力。包括环境因素对生殖细胞形成开始、受精、子宫内发育、出生、成熟至死亡全部发育过程中任一阶段,导致产生不妊等繁殖及发育障碍(早期死亡、发育延迟、形态异常、机能异常等)。有资料显示,已有五、六千种化学物质具有生殖毒性。二溴氯丙烷是典型的生殖毒物,可致精子减少、活力缺乏和性腺发育不全,以致不育;镉、邻苯二甲酸二乙基已酯可引起不同类型的睾丸损害,多环芳烃、博来霉素和二硫化碳可致雌性生殖系统的损害。

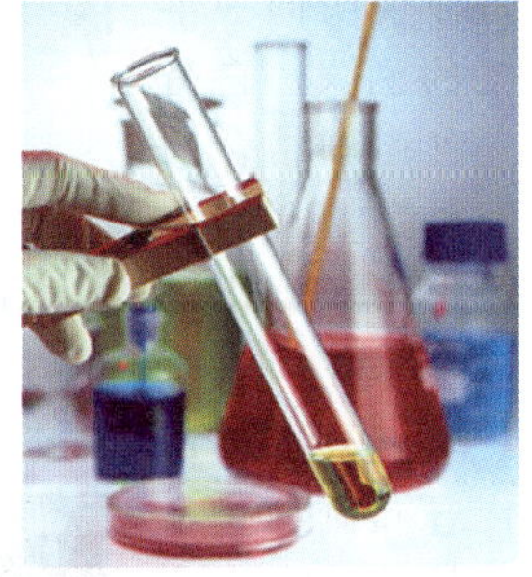

生殖毒性

【生殖毒性试验】(virulence test) 评价受试物对哺乳动物(啮齿类大鼠为首选)生殖影响的一种试验。与其他的药理学、毒理学研究资料综合分析比较,以推测受试物对人的生殖可能产生的毒性或危害性。包括三个阶段:(1)一般生殖毒性试验。在动物交配前给药,目的是评价生殖细胞接受药物后对受孕能力、生殖系统及子代有无不良影响。(2)致畸敏感期毒性试验。在器官发生期给药。旨在揭示药物可能存在的胚胎毒性和致畸性。(3)围产期毒性试验。在围产期和哺乳期给药,观察药物对胎仔出生后生长发育的影响。生殖毒性试验可以全面反映受试物对性腺功能、发情周期、交配行为、受孕、妊娠过程、分娩、授乳以及幼仔断奶后生长发育可能发生的影响。评定的主要依据是交配后母体受孕情况(受孕率)、妊娠过程情况(正常妊娠率)、子代动物分娩出生情况(出生存活率)、授乳哺育情况(哺育成活率)以及断奶后发育情况等。

【生殖隔离】(reproductive isolation) 使亲缘关系接近的类群之间在自然条件下不得交配,即使能交配也不产生后代或不能产生可育性后代的管理机制。若隔离发生在受精以前,就称为受精前的生殖隔离,其中包括地理隔离、生态隔离、季节隔离、生理隔离、形态隔离和行为隔离等;若隔离发生在受精以后,就称为受精后的生殖隔离,其中包括杂种不活、杂种不育和杂种衰败等。一般来讲,生殖隔离用以区分物种。而不具有生殖隔离的两个个体则最多以亚种加以区分。生殖隔离的实质是不同种群内的个体,因受不同基因型控制而有不同的生殖行为及相关生殖率,故种群间的基因流动受到限制或被阻止。根据影响基因流动障碍的不同分为:(1)外在生殖隔离。基因流动的障碍是个体受精前外在的影响,包括机械隔离、行为隔离、季节隔离和配子隔离。(2)内在生殖隔离。基因流动受到个体内部的影响。由不同群体的配子体、配子、染色体或基因间不能相互作用所致,包括不亲和性、杂种不存活、杂种不孕、杂种破落四种隔离。

【生殖健康】(procreation health) 生育者的生殖过程处于体格上、精神上和社会上完全健康的状态。主要内容包括:(1)当妇女希望怀孕时能安全有效地怀孕并妊娠。(2)在性生活的经历中不患病、无残疾、无恐惧和无痛苦、不因生殖和性活动而死亡。(3)根据生育者的愿望孕育健康的子女。

【生殖菌丝】(generative hyphae) 一类薄壁、分枝,有或无隔膜和锁状联合的菌丝。构成子实体最基本组织的菌丝。生殖菌丝可以发育成担子和形成担孢子。这菌丝还可转变为骨骼菌丝和联络菌丝。

【生殖器结核】(genital tuberculosis) 又称结核性盆腔炎。由结核杆菌引起的女性生殖器炎症。多见于20~40岁妇女。是全身结核的表现之一。常继发于身体其他部位结核,如肺结核、肠结核、腹膜结核等。其潜伏期长,可达1~10年。多数患者发现生殖器结核时,其原发病灶多已痊愈。血行传播为最主要的传播途径。青春期正值生殖器发育,血供丰富,结核菌易借血行传播。结核杆菌感染肺部后,大约1年可感染内生殖器。由于输卵管黏膜有利于结核杆菌潜伏感染,结核杆菌首先侵犯输卵管(占生殖器结核的90%以上),然后依次扩散到子宫内膜、卵巢,侵犯宫颈、阴道者较少见。其临床表现依病情轻重、病程长短而异,有的患者可无任何症状。其常见症状为不孕、月经失调、下腹坠痛。多数生殖器结核以不孕就诊,在原发不孕患者中生殖器结核是常见原因之一。若为结核活动期可有全身症状,如发热、盗汗、乏力、食欲缺乏、体重减轻等。本病应以预防为主。增强体质,作好卡介苗接种,可预防肺结核。其治疗应采用抗结核药物治疗为主、休息营养为辅的治疗原则。

【生殖医学】(procreation medicine) 医学的一个分支。研究与人类生产后代全过程相关的学科。其主要研究内容包括:辅助生殖技术、生殖相关的临床、遗传、免疫及分子基础研究,避孕技术及药物的研究,不育的遗传学基础研究,卵子冷冻技术、胚胎转移技术与人类胚胎干细胞的研究,性激素等以及与此相关的伦理学和法律的研究。生殖医学的研究对于生物体繁衍、生命的延续、人类的优生优育都有重要意义。

【声爆】(sound explosion) 飞机超声速飞行时在飞机上形成的激波传到地面时形成的雷鸣般爆响的现象。超声速飞行的飞机,头部和尾部产生的激波传到地面时,会使地面的压强在极短的时间内(0.1s)发生急剧变化,产生压力脉冲而形成爆响声。声爆强度同飞机的飞行高度、飞行速度、飞机重量、飞行姿态及飞行环境都有关系。如果飞机的飞行高度比较低,激波在地面上的压强变化很猛烈,会造成房屋玻璃甚至结构的破坏。为了防止噪声扰民和声爆危害,一般规定飞机在城市上空10km高度之下不得作超声飞行。

【声波】(sound wave) 物体发生的振动在弹性介质中传播的机械波。在气体和液体中传播的声波是纵波,在固体介质中传播的是声波可以是横波、纵波或二者的复合。声波的产生和传播需要声源和介质。在自然界中,闪电源、雨滴、刮风、随风飘动的树叶、昆虫的翅膀等各种可以活动的物体都可能是声源体;空气、水、金属、木头等都能够传递声波。它们都是声波的良好媒质。在真空状态中声波不能传播。声音是指可听声波的特殊情形,例如对于人耳的可听声波,当那种波达到人耳位置的时候,人的听觉器官会有相应的声音感觉。人能感觉的声波频率在20~20 000Hz之间,大于20 000Hz和小于20Hz的都无法听到,分别称为超声波和次声波。

【声浮标】(sound buoy) 一种能发出声频和接收声频的浮标。用于定位系统精确定位。浮标内装有高精度铷钟作为控制发射接收计时用,并有自动处理和存储信号装置。声浮标是海洋环境监测系统的一个重要站点。

【声画对位】(sound picture of the position) 又称声画对列。镜头画面与声音对列,并按照各自的规律彼此表达不同的内容,又在各自独立发展的基础上有机结合起来,造成单是画面或单是声音所不能完成的整体效果的音乐技巧。对位法原是音乐的技巧。声画对列的结构形式是声音和画面组合关系的一种升华飞跃。它使声音和画面不再互为依附,重复表现同一事物,而能各自发挥作用,大大扩大了电视传播的容量,打破了画面的时空局限。声画对位重印互补符合人们的视觉习惯。声音和画面形像分别表达不同的内容,各自独立发展,即在形式上不同步、不合一,但两者又彼此对列、彼此配合、彼此策应,分头并进而又殊途同归,从不同方面说明同一事物的涵义。它是一种声画结合的蒙太奇技巧,能产生声音和画面形像各自原来不具备的新的寓意,包括对比、象征、比喻等效果,给人以独特的审美享受。

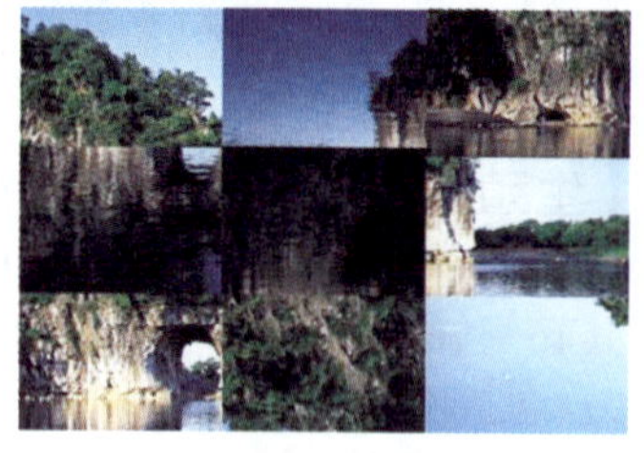
声画对位

【声画合一】(voice and picture unity) 声音和画面传播的具体内容完全一致的新闻报道方式。画面中出现的人和物就是声音的发音体,或声音就是在具体说明画面中的事物情景。这种声画合一的组合方式能加强传播内容的

声画合一

真实感、可信性、完整性、重要性，因此在新闻性电视节目中较多采用。在电视剧等艺术样式的节目中，用来表现主要内容和情节，以引起观众注意，加深印象。声画合一的组合方式是声音和画面的初级组合方式，也是基本组合方式。易于被视觉文化程度不高的人接受。电视新闻中的同期声讲话、同期声音响和电视实况转播都是声画合一。它常用来传播重大新闻事实。是目前国际电视新闻界普遍采用的报道方式。

【声卡】(sound card) 又称音频卡。计算机进行声音处理的适配器。作为实现声波/数字信号相互转换的一种硬件，把来自话筒、磁带、光盘的原始声音信号加以转换，输出到耳机、扬声器、扩音机、录音机等声响设备，或通过音乐设备数字接口使乐器发出美妙的声音。其基本功能有：(1)音乐合成发音功能；(2)混音器功能和数字声音效果处理器功能；(3)模拟声音信号的输入和输出功能。

【声呐】(sonar) 利用声学原理在水下对目标物进行探测、定位的设备。其工作原理是：利用水下声波传播的特点，通过电声转换和信号处理，实现对水下目标的探测、识别和定位。按其有无声源可分为主动声呐和被动声呐。前者也称有源声呐，由电声转换装置(换能器)发出一定频率的声波，并接受目标的回波以确定探测目标的方位和距离；后者也称无源声呐，即它本身不带声源，不发射声波，只接收来自海中不同方位的声波，经数据及信号处理后再确定发声目标的方位。影响声呐工作性能的因素除声呐本身的技术状况外，外界条件的影响很多。比较直接的因素有传播衰减、多路径效应、混响干扰、海洋噪声、自噪声、目标反射特征或辐射噪声强度等，它们大多与海洋环境因素有关。随着电子技术与计算机技术的不断推广和创新，各种现代化的声呐不断涌现。声呐在国防及现代海洋产业发展中具有重要意义。

【声强】(intensity of sound) 单位时间内通过垂直于声波传播方向的单位面积的平均声能。即声波的能流密度。声强 I 由幅度决定，其与声压 P 的关系为：$I=\frac{P^2}{\rho v}$。其中 ρ 为介质密度，v 为声速。声强的单位是瓦/平方米(W/m^2)。

【声全息术】(acoustical holography) 利用超声波的干涉原理记录和重现不透明物体的立体图像的声成像技术。其原理与光波的全息术基本相同，只是记录手段不同而已。用同一超声信号源激励两个放置在液体中的换能器，分别发射两束相干的超声波：一束透过被研究的物体后成为物波，另一束作为参考波。物波和参考波在液面上相干叠加形成声全息图。以后再用激光束照射声全息图，利用激光在声全息图上反射时产生的衍射效应而获得物的重现像。有时也可使两个步骤同时实现而达到实时成像。

【声速】(velocity of sound) 又称音速。声音在介质中微弱压强扰动的传播速度。其大小因媒质的性质与状态决定。空气中的声速在1个标准大气压和15℃的条件下约为340m/s。

【声速仪】(device of sound speed) 又称声速计。用于测量海水中声音传播速度的仪器。主要由发射换能器、接收换能器、计算机控制系统、数据存储器、温度压力传感器组成。其工作原理是通过声波在海水中固定距离内的传播时间来计算声速。声速仪工作方式有相位法和脉冲法两种。前者使用两个声学换能器，将发射和接收分置；后者仅使用一个声学换能器，发射与接收兼用。在已知距离处设置一个反射面来达到测定声波往返时间、进而计算出声速的目的。

声速仪

【声学】(acoustics) 研究媒质中声波的产生、传播、接收、性质及其与其他物质相互作用的学科。声音是自然界中非常普遍、直观的现象，很早就被人们所认识。声学是物理学中很早就得到发展的学科。现代声学日益密切地与多种的现代科学技术结合，形成众多的相对独立的分支学科。从频率上看，对频率在20～20 000Hz的可听声，有语言声学、音乐声学、房间声学、生理声学、心理声学和生物声学；频率超过20 000Hz的声音，有超声学、分子声学；频率低于20Hz的声音，有次声学。从振幅上看，有振幅足够小的线性声学，有大振幅的非线性声学。从传声的媒质上看，有以空气为媒质的空气声学，有以海水和地壳为媒质的水声学和地声学。从声与其他运动形式的关系来看，还有电声学等。

【声学多普勒海流剖面仪】(acoustic Doppler current profiler, ADCP) 一种利用多普勒效应测量海流的声学仪器。仪器换能器安装在船底或拖拽在船后。其工作流程是换能器按一定角度向斜上方发射声脉冲信号，接收器收到声波在不同深度的海水中的散射及海水反射回来的时间不同，在电路中区分出海流状况，即测量出各层海水的流速。其优点是能同步测量海流的垂直剖面，提供调查和研究用的海流结构，也可用来实时监测近海平台附近的海流，监测海湾、河流排水口和河口区的潮流。

声学多普勒海流剖面仪

【声学武器】(acoustic weapon) 利用声学原理制成的武器。声音是由物体的机械振动产生的，可以通过媒介产生声波，进行传播。一定频率的声波会使某些器官与之产生共振而伤及人体。声学武器是新概念武器中发明较晚、发展比较稳健、杀伤机理比较清楚的一种武器。它对建筑物和武器装备几乎没有破坏，但对人体则有破坏能力。使用声学武器会引起道德问题，因为声学武器没有识别能力，对士兵和平民都能造成伤害。

【声压】(sound pressure) 由声波造成的介质中的压强超过静压强的值。声波在传播时能够引起介质中各部分压强的周期性变化，且这种压强变化可以用瞬时声压、峰值声压以及有效声压(瞬时声压对时间的方均根值)来加以描述。一般情况下，声压是指有效声压。单位是帕(Pa)。

【声障】(sonic barrier) 飞机接近声速飞行时，进一步提高飞行速度时阻力急剧增加的现象。飞机突破声障时，不仅会遇到阻力激增，而且还会出现升力下降、力矩不稳定以及飞机机翼和尾翼出现抖动振颤现象。声障是一种物理现象。是飞行器逐渐追上自己发出的声波时，声波叠合累积的结果。是飞机设计和飞行时必须考虑的一个问题。

【声子】(phonon) 晶体中以声速传播的原子振动波的能量量子。晶体中的原子(或离子)都在其平衡位置附近微小振动。各原子之间存在互相作用，形成许多频率的波。一定频率的波可用相应频率的声子来表示。其能量 $\varepsilon = h\nu$，式中 ν 为声子频率，h 为普朗克常数。晶体的热学和电学性能均与晶体中所含声子数目和声子运动状况密切相关。

【省道】(provincial highway) 省级干线公路。具有全省政治、经济意义并由省、自治区公路主管部门负责修建、养护和管理。省道以满足本省经济发展和民众的需要为主，它经过的村庄、车站、码头比国道要多。编号因省而异。由各省、自治区公路主管部门制定。

【圣巴西利亚大教堂】(Moscow's Cathedral of Brasilia St.) 为纪念1552年伊凡雷帝胜利占领喀山而建造的俄罗斯最具代表性的纪念建筑。是一座造型奇特的伞形教堂。既像罗马教皇的圆形帽，又似印第安人的茅屋。露出地面部分的建筑，只是大教堂的屋顶。弧形的柱子是屋脊，整个教堂大厅是建在地下的。该教堂有9个不同的房间，每间都有其独特的穹顶。传说1560年教堂竣工后，伊凡弄瞎了所有参与兴建该教堂的建筑师，因为他不想让他们建出比该教堂更富丽堂皇的建筑。

圣巴西利亚大教堂

【圣保罗教堂】(St. Paul's Cathedral) 位于伦敦泰晤士河北岸纽盖特街与纽钱吉街交角处。巴洛克风格建筑的代表，以其壮观的圆形屋顶而闻名，是世界第二大圆顶教堂。它模仿罗马的圣彼得大教堂，被誉为英国古典主义建筑的纪念碑。圣保罗大教堂最早在604年始建，后经多次毁坏、重建，反反复复，最后由英国著名设计大师和建筑家克托弗.雷恩爵士(Sir Christopher Wren)于17世纪末完成了这一最伟大的教堂设计，整整花了45年的心血。圣保罗教堂的设计和建筑分别仅由一人完成。其主体建筑是两座长152 m、宽36m的2层十字形大楼。十字楼的交叉部分拱托着一座高110米穹顶建筑。教堂的平面由精确的几何图形组成，布局对称。中央穹顶高耸，由底下两层鼓形座承托。穹顶直径34.2m，有内外两层，可以减轻结构重量。正门的柱廊也分为两层，恰当地表现出建筑物的尺度。四周的墙用双壁柱均匀划分，每个开间和其中的窗子都处理成同一式样，使建

圣保罗教堂

筑物显得完整、严谨。大教堂正门向西。门前有一道由6对高大的圆形石柱组成的走廊。正门上部的人字墙上，雕刻着圣保罗到大马士革（今叙利亚首都）传教的图案。人字墙顶尖处立着圣保罗的石雕像。教堂正面建筑的两端，有一对钟楼彼此呼应。西北角的钟楼里，挂着一组教堂用钟；西南角的钟楼里，吊着一口重17t的英格兰最大的铜钟，每天凌晨1点，由教堂人员敲打5分钟。整座大教堂结构严谨，造型庄重，气势宏大，是英国古典主义建筑的代表作。

【圣彼得大教堂】（Saint Peter's cathedral） 罗马基督教的中心教堂。欧洲天主教徒的朝圣地与梵蒂冈罗马教皇的教廷。世界上最大的教堂。位于梵蒂冈，总面积约 $2.2 \times 10^4\ m^2$，主体建筑高45.4m，长约211m，可容纳近60 000人同时祈祷。该教堂最初由君士坦丁大帝于公元326～333年在圣彼得墓地上修建，称老圣彼得大教堂，333年落成。1506年教皇朱利奥二世决定重建圣彼得大教堂，由意大利最优秀的建筑师布拉曼特、米开朗琪罗、德拉·波尔塔和卡洛·马泰尔相继主持过设计和施工。1626年11月18日正式宣告落成。历时120年。教堂下面的廊檐上方有11尊雕像，中间是耶稣基督；两侧各有一钟，右边是格林威治标准时间，左边是罗马时间。

圣彼得大教堂

【剩余产量模型】（surplus yield model） 又称产量模型、平衡渔获量模型。以S型种群增长曲线为基础，在稳定环境和捕捞平衡时，描述资源量、平衡渔获量和捕捞努力量之间关系的数学表达式。常用Schaefer模型。其表达式为 $Y = qB_\infty f - q^2 B_\infty f^2 r$；Fox模型。其表达式为 $Y = qB_\infty - fe^{-bf}$。式中：Y为平衡产量，q为可捕系数，B_∞ 为未开发时的初始资源量，f为捕捞努力量，r为内禀增长率，b为待定系数。当某一水域的鱼类种群尚未被人们利用时，种群自身具有维持平衡的调节能力。在稳定的自然条件下，种群不断地增长，直到其饵料和空间等环境因子所能容纳的最 大限度为止，也即大致符合种群有限增长规律；当被人们适当开发利用后，其种群数量仍能维持一定水平。对鱼类种群资源不利用，或利用不充分，并不能使资源增加，这是对资源的一种浪费；但当人们对资源利用过度，超过种群的恢复能力，则其自然平衡就可能遭到破坏，以致造成资源下降，失去渔业利用价值，甚至造成资源严重衰竭，以至于灭绝。

【剩余渔获量】（surplus yield） ❶最大持续产量中未被捕捞的剩余部分。可为新增的捕捞单位所利用。❷《联合国海洋法公约》规定：在专属经济区内，沿海国在可捕量中无能力或不准备捕捞的剩余部分。通过协议可分配给其他国家捕捞。其数量取决于总可捕量、渔获量限额、沿海国的捕捞能力及经济、政治状况。合理利用鱼类资源，就是希望持久利用某一鱼类种群，在不危害种群资源再生产的前提下，获得稳定的最大渔获量，即寻求最大持续渔获量；通过对资源的科学管理，达到最适持续渔获量。使某一鱼类种群的合理利用达到这一要求，关键在于控制捕捞强度。如果任何一年，从某一种群中捕出鱼的数量等于其自然增长量，种群大小基本维持不变，这一年所捕出的鱼的数量就是剩余渔获量或称平衡渔获量。

【尸斑】（livor mortis） 死后血液循环停止，心血管血液因其本身重力而坠积于尸体低下部位的血管内，并于该处皮肤呈现紫红色瘢痕的现象。尸斑的出现初为云雾状、条块状，逐渐融合成片状。尸斑的颜色取决于血液和皮肤的颜色。一般多呈紫红色或暗紫红色；因煤气或氰化物中毒死亡的，尸斑呈樱红色；肤色浅的尸体，尸斑颜色鲜明些，肤色深的尸体，尸斑颜色暗淡些。尸斑的分布位置，与尸体的姿势直接相关。尸斑是较早出现的尸体现象之一，通常是在死亡后2～4h出现，经过12～14h发展到最高度，24～36h固定下来不再转移，一直持续到尸体腐败。其形成和发展过程大致分三期：坠积期、扩散期、浸润期。其在法医学上的意义是：(1)尸斑是较早出现的死亡确证。(2)根据尸斑的发展，可以估计死亡的时间。(3)根据尸斑的颜色和程度可作为分析死因的参考。(4)根据尸斑的位置可以推测死亡时的体位及尸体位置在死后有无变动等。

【失蜡法】（wax lost process） 见熔模铸造。

【失能武器】（incapacitating weapon） 见非致命武器。

【失认症】（agnosia） 由于各种因素导致大脑功能损伤而引起的、非因感觉功能缺陷、智力衰退、意识不清、言语困难等原因而引起的面对某事物不能以相应感官感受而加以识别的症状。其临床类型及表现是：(1)视觉失认。患者无

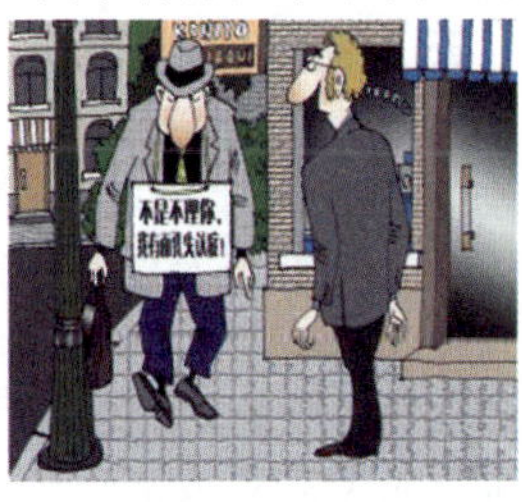

面孔失认症

视觉障碍,但看到原来熟悉的物品却不能正确识别、描述和命名。包括物品、颜色和面孔失认以及纯失读等。病变位于枕叶、纹状体周围和角回。(2)听觉失认。患者听力正常,却不能辨别原来熟悉的声音。病变位于双侧听觉联络皮质、双侧颞上回中部皮质。(3)触觉失认。患者触觉、本体觉和温度觉均正常,却不能通过手触摸识别原来熟悉的物体。(4)体象障碍。患者视觉、痛温觉和本体觉完好,却不能感知躯体各部位的存在、空间位置及各组成部分间的关系。表现为自体部位失认、偏侧肢体忽视、病觉缺失和幻肢症等。多见于非优势(右侧)半球顶叶病变。(5)Gerstmann 综合征。表现为双侧手指失认、肢体左右失定向、失写和失算。见于优势半球顶叶角回病变。其治疗方法有:(1)训练转移法。在治疗室作业台上重复地进行某种知觉作业,会得到能转移到相似知觉作业上去的改善,并有可能最后泛化或转用到每日功能活动中去。(2)神经发育法。从发育学的观点来看,知觉的发展和纯化是初期运动和运动感的结果,运动可促进知觉的发展。在治疗中,提倡抑制异常运动,恢复正常运动,鼓励采用双侧运动,恢复正常的姿势和身体形象等以促进知觉障碍的恢复。(3)感觉整合法。治疗师向患者提供控制好的感觉刺激,特别是来自肌肉、关节、皮肤和前庭的刺激,由患者整合这些刺激而作出适应性的反应。(4)功能法。重复地练习有现实功能意义的作业而不是距现实较远的模拟性作业,使患者在满足其基本需要方面较易于独立的方法。

【失速极限】(stall limit) 发动机压气机系统内产生的不会导致总功能损失的气流扰动的极限值。是限制发动机稳定工作飞行包线范围的重要边界条件之一。超过这个极限值,压气机就可能出现喘振,导致发动机性能恶化。严重时会造成发动机空中停车,甚至结构损坏。

【失速速度】(stall speed) 失速时飞机的速度。飞机的升力系数随飞机迎角的增加而增大。当其迎角增加到某一数值后,升力系数不升反降,导致飞机的升力迅速小于飞机的重力,飞机便很快下坠。这种现象称之为失速。

【失用症】(apraxia) 在运动力量、感觉、反射和协调正常的情况下不能完成一些熟悉的有目的运动的一种症状。完成任一复杂的随意运动,不仅需要上、下运动神经元与小脑系统及椎体外系的整合,还需要有高级神经活动如运动意念参与,是由联络区皮质的功能来完成的。一般认为,左侧缘上回是运动功能皮质代表区,发出纤维至同侧中央回,再经胼胝体到达右侧中央前回。因此,左顶叶缘上回病变产生双侧失用症,从左侧缘上回至同侧中央前回间病变引起右侧肢体失用,胼胝体前部或右侧皮质下白质受损时引起左侧肢体失用。其临床类型有:观念运动性失用症、观念性失用症、结构性失用症、穿衣失用症、肢体运动性失用症、口-面失用症。在临床上,这几种类型很少孤立地出现,往往同时兼有几个类型。

【失真度】(distortion) 一个未经放大器放大的信号与经过放大器放大的信号做对比,被放大信号与原信号之比的差值。其数值以百分比形式表示。对多媒体音箱来讲,有一定的失真度并不是什么坏事,只要在合理的范围内。通常来讲,多媒体音箱的失真度不应该大于1%,而低音炮音响不大于5%就可以了。

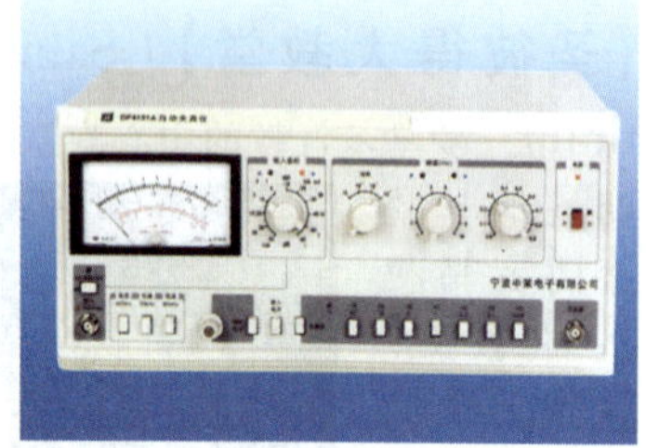

失真度仪

【失重生理学】(weightlessness physiology) 生理学的一个分支。主要研究失重对生理机能的作用和机理的学科。在航天飞行中,人处于失重(微重力)状态,与生活在地面上有很大不同,生理功能会发生一系列变化。1946 年,美国首先利用生物火箭进行失重生理研究。苏联也于 1949 年开始进行类似试验。中国于 1964 年开始利用生物火箭开展了这类研究。经过长期大量的动物和人体试验,现在了解到,失重对人体各生理系统都有一定影响,但对心血管系统、神经系统、骨骼肌肉系统、血液体液和电解质等影响更大。长时间的太空飞行(如数天以上),若不采取相应的防护措施,航天员将不能坚持太空飞行。一旦返回地面,还会引起不适应的反应。如何减轻这些反应,是失重生理学所要研究的一个重要内容。

【狮身人面像】(Sphinx) 埃及著名古迹,与金字塔同为古埃及文明最有代表性的遗迹。坐落在开罗西南的吉萨大金字塔近旁。像高 21m,长 57m,脸长 5m,头戴"奈姆斯"皇冠,额上刻着"库伯拉"(即 cobra:眼镜蛇)圣蛇浮雕,下颌有帝王的标志—下垂的长须,耳朵就有 2m 长。除了

狮身人面像

前伸达15m的狮爪是用大石块镶砌外，整座像是在一块含有贝壳之类杂质的巨石上雕成。面部是古埃及第四王朝法老胡夫的脸型。在古埃及，狮子是力量的象征。狮身人面像实际上是古埃及法老的写照。雕像坐西向东，蹲伏在胡夫的陵墓旁。原来的狮身人面像头戴皇冠，额套圣蛇浮雕，颏留长须，脖围项圈。经过几千年来风吹雨打和沙土掩埋，皇冠、项圈不见踪影，圣蛇浮雕于1818年被英籍意大利人卡菲里亚在雕像下掘出，献给了英国大不列颠博物馆。胡子脱落四分五裂，埃及博物馆存有两块，大不列颠博物馆存有一块（现已归还埃及）。像的鼻部已缺损了一大块。历经4 000多年的狮身人面像，现已痼疾缠身、千疮百孔，颈部、胸部腐蚀的尤其厉害。1981年10月，石像左后腿塌方，形成一个2m宽3m长的大窟窿。1988年2月，石像右肩上掉下两块巨石，其中一块重达2 000kg。

【狮子座】（Leo） 黄道十二星座之一。位于巨蟹座与室女座之间。中心位置赤经10时30分，赤纬+16°，面积约947平方度。座内有亮于四等的星18颗，主要亮星排成狮子的轮廓，其中α星（中名“轩辕十四”）是一等星、位于狮形的前爪黄道上。每年春季黄昏出现在中国中纬度地区天空。

【狮子座流星雨】（Leo meteor shower） 出现在夜空狮子座区域的流星雨。流星雨是指在短时间内夜空出现的大量流星，通常由低密度的物质组成。

狮子座流星雨

成群绕太阳运动的流星体（大多数是彗星瓦解后的破碎物），当其运行轨道与地球的运行轨道交叉时，闯入地球大气层的流星体就会因与空气摩擦而碎裂成流星雨。这时的夜空，四射的流星雨由一点辐射出去，十分壮观。人们常以这个辐射点所在的星座来命名该流星雨。最有名的流星雨是出现在狮子座的流星雨，以33年为一个周期，准时出现在狮子座上空。1966年的狮子座流星雨持续了4h，每小时有6万颗以上的流星。1999年该流星雨又再度降临。与狮子座流星雨近似的还有天琴座流星雨、宝瓶座流星雨、猎户座流星雨、英仙座流星雨、金牛座流星雨和仙女座流星雨等。

【施工安全防护】（construction safety protection） 建设工程施工过程当中，为避免各种因素可能对施工人员和财物产生威胁而采取的各种防护措施。大体上包括个人劳动保护和现场防护设施两个方面。前者是指施工人员在工作中必须具备的保护自身安全的用品，如工作服、安全帽、安全带、防护眼镜、口罩、面具等。后者的目的在于排除现场不安全及有损人体健康的因素，如设置灭火器、安全网、围栏、挡板、支撑及避雷装置等。

施工安全防护

【施工安全技术交底】（security technology of construction） 落实安全技术措施及建筑施工安全管理事项的手段。是工程施工安全管理的一项重要工作。是施工前由项目管理人员对参加施工生产的劳务队、组，针对某项施工过程或工作岗位可预见的不安全因素和危险源，以预防事故为重点，保证人员安全为目的，对施工中所采取的施工方法、防护措施和必须执行的安全操作规程及应急措施等提出的具体要求，并形成文字记录。对班组起到指导安全生产作用，也将安全生产的责任和目标具体明确的落实到作业班组和每一个操作人员。是保障工程施工安全生产不可缺少和不可忽视的重要环节。其内容是：（1）按施工组织设计（方案）已确定的安全技术措施或单项技术措施（方案）的有关要求进行。（2）按现行的安全生产规程、规范、标准和本企业安全生产规章制度及相关的应急预案的有关规定进行。（3）要结合施工生产实际，针对施工特点、施工方法、作业条件和在自然环境因素影响下可能存在或产生的各种危险因素，提出明确的并具有可操作性的具体要求。

【施工测量】（construction survey） 为使工程建设按设计要求施工所进行的测量。各种工程在施工阶段都要进行施工控制网的建立、工程建筑物或构筑物轴线端点与高程基点的测试、工程细部的施工放样、工程竣工测量及验收，以及工程建造期间和竣工后按规定的周期对建筑物进行的沉降观测及变形监测。

施工测量

【施工导流】(construction diversion) 在水利工程施工过程中,将原河水通过适当方式导向下游的工程措施。指在河道上修建水工建筑物时,为了避免在水中施工,常用围堰,使原河水通过导流设施,流向下游。导流方式大体分两类:(1)河床外导流。即用围堰一次拦断全部河床,用明渠或隧洞等将河道水流导向下游。(2)河床内导流。采用分期导流,即将河床分段用围堰挡水,使河道水流分期通过被束窄的河床或坝体底孔、缺口、坝下涵管、厂房等导向下游。按导流泄水建筑物的不同还可分明渠导流、隧洞导流、涵洞导流、底孔导流、缺口导流、厂房导流等。一个完整的施工导流方案,常由几种导流方式组成,以适应围堰挡水的初期导流、坝体挡水的中期分流和施工期拦洪蓄水的后期导流三个不同导流阶段的需要。

施工中的导流洞

【施工放样】(construction lofting) 又称施工放线。根据设计坐标、高程或其他数据,将设计图上建筑物的轴线、细部轮廓点和填挖轮廓点标定于实地的测量工作。在建筑施工中,是重要和必需的一道工序。是根据建筑物的设计尺寸,找出建筑物各部分特征点与控制点之间位置的几何关系,算得距离、角度、高程等放样数据,然后利用控制点,在实地上定出建筑物的特征点,据此施工。其主要工作有:平面位置放样、高程放样和竖直轴线放样。现场放线,一般分为龙门板定位尺量放线和仪器测量放线。按其建筑物施工阶段的不同可分为:建筑物定位放线、基础施工放线和主体施工放线。

【施工缝】(construction joint) 因施工中断而设置的一种接缝。在浇筑水泥混凝土路面时,如突然降雨、机械发生故障或其他原因,需间断半小时以上才能继续浇捣时,在衔接处须设置施工缝。按车道宽度施工时,纵缝也属施工缝。施工缝一般要求与缩缝相吻合(即设在原设计缩缝的位置上),横向施工缝一般做成平缝形式,并设置传力杆;纵向施工缝一般做成企口形式,并设置拉杆。预制构件和设计上提出抗裂抗渗要求的结构和部位,不得设置施工缝。

【施工工期】(construction period) 工程从开工起到完成承包合同规定的全部内容,达到竣工验收标准所经历的时间。以天数表示。是建筑企业重要的核算指标之一。工期的长短直接影响建筑企业的经济效益,并关系到国民经济新增生产能力的完成和经济效益的发挥。有如下两种计算方法:(1)从开工到竣工按全部日历天数计算,不扣除停工日数,称为"日历工期"。(2)从全部日历天数中扣除节假日未施工的天数及因设计、材料、气候等原因停工的天数,称为"实际工期"。一般承包合同规定采用日历工期,以便于检查合同执行情况;实际工期由于排除了客观因素的影响,便于分析工期定额执行情况。

【施工阶段测量】(constructionstage survey) 工程建设按设计要求施工所进行的测量工作。其内容包括:布设施工控制网;施工放样,将设计的建筑物、构筑物的轴线和细部点按设计的位置在实地测设;为保证建设质量和施工安全进行的沉降观测和位移观测等变形观测。施工阶段测量是为各种地下管线及其附属设施新建、扩建、改建的勘测设计、施工、竣工、验收、养护及营运管理等所进行的测量工作。

【施工控制网】(construction control network) 为工程建设施工放样而布设的测量控制网。通过施工控制测量完成。其内容包括:施工控制网坐标系统设计和精度设计、控制网布设、控制点标石或观测墩的埋设或建造、控制网的观测与平差计算,以及控制网的定期复测。布设施工控制网主要是测设工程建筑物的轴线端点和高程基点。其特点是:控制范围小,控制点密度大,精度要求高,使用频繁和受施工干扰大。具有很强的特殊性,通常须建立专用的施工坐标系,以便于进一步施工放样。

【施工控制网测量】(survey of construction control net) 用三角测量、三边测量、导线测量或建筑方格网测量等方法进行操作的测量方法。建筑方格网是由正方形或矩形格网组成的工业建筑场地的施工控制网。为了便于建筑物的定位放线,方格网的边和主要建筑物的轴线平行。方格的大小视建筑物的大小而定。方格点常设在设计道路的交叉处。测设时,通常先在设计的方格点附近埋设临时点,用三角测量或导线测量等方法测算临时点的坐标值,然后在临时点上把设计方格点的平面位置在实地测设出来,并埋设标石作为建筑场地的施工控制点。方格点的高程常用三、四等水准测量施测。

【施工前期预备】(pre-construction preparation) 为保证施工生产的正常进行而做的前期准备工作。是建筑施工管理的一个重要组成部分,是组织施工的前提,是顺利完成建筑工程任务的关键。按其施工对象的不同可分为:(1)全场性施工准备。

包括施工单位参与初步设计、技术设计方案的讨论，并据此组织编制施工组织设计；施工单位要和建设、设计单位签订合同和有关协议，在确定建设工期和经济效益的前提下，明确分工协作的责任和权限；调整部署施工力量；生产和生活基地的建设；确定建筑材料、成品、半成品的资源和运输方式，要尽量减少中间装卸环节，充分利用当地已有生产能力和运输力量；接通水源、电源、场内外交通道路、排水渠道。修建现场供水、排水、供电、供热干线、主要道路和防洪工程；进行建设区域的工程测量、放线定位，设置永久性的经纬坐标和水平基桩，补作必须的现场水文、地质勘定工作、清除现场施工障碍和平整场地。(2)单位工程的施工准备。包括审查施工图纸，修正图纸中的错误，解决图纸中不符合施工条件的问题；编制单项工程施工组织设计或施工方案；编制施工图预算，签订工程合同或补充合同；清理施工范围内的场地，接通水、电、交通道路，进行放线、抄平；组织材料、成品、半成品等进场，以满足连续施工的要求；组织施工机具进场，并经过检修能保证正常运转；安排基层劳动组织，做到工种配套，对工人进行技术、安全教育；在上述各项准备工作基本完成后，提出开工报告。

【施工水位】(working water stage) 为完成某项海洋工程建筑物施工作业所需要的水上作业时间而确定的相应水位。以某一累积频率为标准，在潮位历时曲线上读取。累积频率一般由施工或安装部门根据工程结构型式、施工方式、设备能力、当地水位变幅及其历时，并考虑功效、施工条件和施工工期等因素确定。如海上安装预制构件、船上抛填块石或水下灌注混凝土，为满足作业船舶吃水要求，常趁高潮作业，应采用较高的施工水位；对海上灌注混凝土、浆砌或干砌块石工程，常趁低潮作业，应采用较低施工水位。适当采用施工水位，能加快工程进度，降低工程造价，保证施工安全等。

【施工图】(working drawing) 按国家制定的制图标准进行绘制的作为施工依据的全部图纸。包括建筑施工图、结构施工图和给水排水、供暖、通风、电气、动力施工图等。其中建筑施工图包括：(1)总平面图。表示出构想中建筑物的平面位置和绝对标高、室外各项工程的标高、地面坡度、排水方向等，用以计算土方工程量，作为施工时定位、放线、土方施工的依据。工程复杂的，还应有给水、排水、供暖、电气等各种管线的布置图、竖向设计图等。(2)建筑平面图。用轴线和尺寸线表示出各部分的尺寸和准确位置，门窗洞口的做法、标高尺寸，各层地面的标高，其他图纸、配件的位置和编号及其他工种的做法要求。建筑平面图是其他各种图纸的综合表现，应详尽确切。(3)建筑立面图。表示出建筑外形各部分的做法和材料情况，建筑物各部位的可见高度和门窗洞口的位置。(4)建筑剖面图。主要用标高表示建筑物的高度及其与结构的关系。还包括建筑外檐剖面详图、楼梯详图、门窗等所有建筑装修和构造，以及特殊作法的详图。其详尽程度以能满足施工预算、施工准备和施工依据为准。

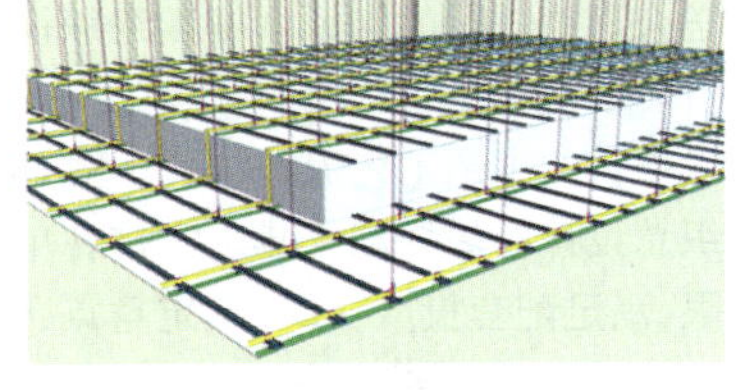

吊顶施工图

【施工图审查】(checkup of construction design) 对施工图设计文件中所涉及的公共利益、公众安全及工程建设强制性标准内容的检查核对。以此确保建筑工程设计文件的质量符合国家的法律法规，符合国家强制性技术标准和规范，以及建设工程的质量安全和人民的生命财产安全。其主要内容有：(1)建筑物的稳定性和安全性。(2)是否符合消防、节能、环保、抗震、卫生、人防等有关强制性标准或规范。(3)施工图是否达到规定的深度要求。(4)是否损害公众利益。

【施工图预算】(budget of construction drawing project) 又称设计预算。施工图设计阶段对工程建设所需资金作出较精确计算的设计文件。在中国，施工图预算既是建筑企业和建设单位签订承包合同和办理工程结算的依据，又是建筑企业编制计划、实行经济核算和考核经营成果的依据。用单位估价法编制。在实行招标承包制的情况下，是建设单位确定标底和建筑企业投标报价的依据。其编制需根据批准的设计图纸与确定的施工方法，计算出较准确的工程量，按照概预算编制办法及定额标准，综合确定工程造价和各种技术经济指标。一般均按单位工程项目分阶段进行编制。其预算造价必须控制在批准的工程概算限额之内，但允许在工程概算范围内进行必要的修改和调整。施工图预算是关系建设单位和建筑企业经济利益的技术经济文件，如在执行过程中发生经济纠纷，应经仲裁机关仲裁或按法律程序解决。

【施工现场安全生产保证计划】(on-site safety production quality assurance plan) 依据施工现场安全生产保证体系的要求，围绕项目经理部的安全目标，经过安全策划，规定采取控制措施、资源和活动顺序的文件。描述项目经理部对施工过程的安全控制,向相关方证实项目经理部的安全保证能力。是将施工全过程的安全管理的特定要求与现有的安全管理通用程序和行业、政府现行安全法律、法规及标准联系在一起的方法。其内容包括:(1)工程概况。(2)安全生产保证体系文件。包括适用的安全支持性文件清单、安全生产保证计划的适用范围和安全生产保证计划的管理要求。(3)实施。包括安全职责、教育和培训、文件控制、安全物资采购和进场验证、分包控制、施工过程控制和事故的应急救援。(4)检查和改进。项目经理部应建立安全检查制度,对施工现场的安全状况和业绩进行日常检查。具体控制要求包括:安全检查的控制、纠正措施和预防措施、内部审核和安全评估。(5)安全记录。包括工程项目经理部应在安全生产保证计划中明确安全记录的主管部门或岗位的职责与权限、本项目需建立的安全记录清单、如何从哪里获得安全记录、安全记录的填写和保管要求。

【施工现场安全生产保证体系】(on-site safety production guarantee system) 建筑工程施工现场安全管理所需的组织结构、程序、过程和资源。是施工企业内部对施工现场全过程实施安全生产管理的具有规范性质的安全生产管理文件,是对施工现场有关技术标准中关于安全技术要求的补充。其体系组成是:(1)组织结构。是一个组织为行使其职能按某种方式建立的职责、权限及其相互关系,通常以组织结构图予以规定。组织结构图应能显示其机构设置、岗位设置以及他们之间的相互关系。图中各机构、岗位的职责和权限应有书面的规定。(2)程序。是为了进行某项活动所规定的途径。程序可以形成文件。凡是形成文件的程序,称之为书面程序或文件化程序。其内容通常应包括:该项活动的目的和范围;做什么和谁来做,何时、何地、如何做;应使用什么材料、设备、设施和执行的文件、规范、规程或规章要求;如何对活动进行控制和记录等。程序有管理性和技术性之分。(3)过程。是将输入转化为输出的一组彼此相关的资源和活动。对工程施工整个过程中的每个阶段都可以视为一个过程,称之为直接过程。此外还有一些与工程施工相关的间接过程或支持性过程,其中包括与安全管理有关的过程。(4)资源。包括人员、设备、设施、资金、技术和方法。安全体系应提供适宜的各项资源,以确保过程和工程的安全完成。安全生产保证体系是建筑施工企业整个管理体系的一个组成部分,应将其纳入组织管理活动的整体,予以统筹规划与实施,以提高整个管理体系的效率,节约各方面的资源。因此在设计安全生产保证体系时,应考虑与其他管理体系(如质量体系)的兼容性,以便各体系协调运作和资源共享。

安全生产 人人有责

【施工项目成本动态控制】(dynamic control of construction project cost) 施工项目计划成本责任制的落实,施工项目成本计划执行情况的检查与协调和施工项目成本的核算等的总称。(1)落实施工项目计划成本责任体制。在工程开工前,根据工程的投资和往年工程实际成本的分析总结,首先确定成本计划。之后,按计划的要求,采用目标分解方法,由项目经理部将目标分配到各职能人员,施工队和施工班组,签订成本承包责任状或合同。然后由各承包者提出保证成本计划完成的具体措施。(2)加强成本计划执行情况的检查与协调。项目经理部应定期检查成本计划的执行情况,并在检查后及时分析,采取措施,控制成本支出,保证目标成本计划的实现。(3)项目经理部根据承包成本和计划成本绘制月度成本折线图。在成本计划实施过程中,按月在同一图上打点,形成实际成本折线,可以分析成本偏差. 每条折线在同时间的差值就是这一时期的成本偏差。

【施工验收规范】(norms of construction acceptance) 对施工过程中各工序进行质量验收的规定标准。通过控制分项工程的质量来保证整体工程质量的标准。是施工单位必须达到的质量指标,也是建设单位和质量监督机构验收工程质量所必须遵守的规定,同时又是解决施工纠纷仲裁的依据。

【施工组织设计】(planning and programming of project construction) 用来指导、规范施工全过程各项活动的技术、经济和组织的综合性的纲领性文件。是施工技术与施工项目管理有机结合的产物。是工程开工后施工活动能有序、高效、科学合理地进行的保证。施工组织设计必须在施工准备阶段完成。其基本原则是:(1)配套投产,根据建设项目的生产工艺流程、投产先后顺序,服从施工组织总设计的规划和安排。安排各单位工程开竣工期限,满足配套投产。(2)确定重点,保证进度。(3)建设总进度一定要留有适当的余地。(4)重视施工准备,有预见地把各项准备工作做在工程开工的前头。(5)选择有效的施工方法,优先采用新技术、新工艺,确保工程质量和生产安全。(6)充分利用正式工程,节省暂设工程的开支。(7)施工总平面图的总体布置和施工组织总设计规划应协调一致、互为补充。按其施工组织设计阶段的不同可分为:施工条件设计、施工组织总设计和各个建筑物等单位工程的施工设计。其内容包括:编制说明、编制依据、工程概况、施工总体组织及规划、施工进度计划安排、劳动力计划安排、主要施工机械设备配备、主要材料(设备)供应进度计划、主要分部分项工程施工方案、确保工程质量的技术组织措施、确保工期的技术组织措施、确保安全生产的技术组织措施、确保文明施工的技术组织措施、工程投入主要物资和施工机械设备及进场计划、劳动力安排计划。

【施害物】(things causing harm) 又称致害物、加害物。直接造成伤害的物体或物质。是由起因物促使其造成事故后果的。例如,在锅炉爆炸中,崩飞的炉门、炉砖等物将人打伤,锅炉是事故的起因物,炉门、炉砖等物是事故的施害物。施害物与人的不安全行为这两系列的轨迹交叉就形成事故现象。后者有时又派出生新的施害物而连续产生另一事故现象。如以电焊装置为起因物,造成连续发生事故现象是:(1)在焊装作业中有火花飞溅,引燃了聚氨酯橡胶而起火,火灾的高温物与人接触,烧伤了人员。(2)在焊接作业中因火花飞溅,先引燃聚氨酯橡胶,燃烧产物使人一氧化碳中毒事故。这一事故的起因物也是电焊装置,施害物是由火灾形成的CO,后果现象是中毒。(3)在电焊熔接作业中,火花飞散到另一喷漆作业的场所,引起清漆汽油着火,可燃物烧伤了工人。(4)焊接作业中火花飞散到汽油缸处,引燃汽油,蒸气爆炸,造成了铁片伤人。在两种以上物体撞击时,当一物体是静止的,另一物体为运动的,那么选运动的物体为致害物。比如,开动的叉车将人撞在机床上,选叉车为致害物;若两个物体都是静止的,选最后接触的物体。如,人从脚手架坠落,摔下时碰到几次物体,最后落到地面,地面就是致害物。记录致害物,就是记录直接造成人身伤害的物体和物质。

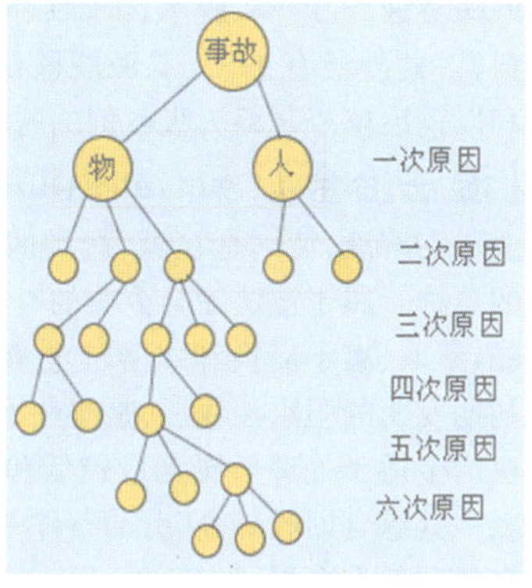

事故因果论

【湿地】(wetland) 天然或人工造成的、长久或暂时的沼泽地、泥炭地或水域地带。包括静止或流动的淡水、半咸水或咸水水体,以及低潮时水深不超过6m的浅海水域。湿地地表长期或季节性处在过湿或积水状态,生长有湿生、沼生、浅水生植物,生活着适应该特殊环境的生物和微生物类群,发育湿地独特的土壤。全世界约有湿地5.14 × 10^6km^2,其中加拿大的湿地面积最大,约有1.27 × 10^6km^2;其次是美国、俄罗斯。中国居亚洲第一位,约有天然湿地和人工湿地6.3 × 10^5km^2。湿地种类多种多样。根据湿地的分布及其性质,湿地公约缔约国将湿地分为三组:海洋与海岸湿地、内陆湿地和人工湿地。水塘、海湾、沼泽、三角洲、湖泊、浅湾、珊瑚礁、临海平原季节性河流等水陆相接的自然地域都是湿地。湿地具有巨大的资源潜力和环境调节功能。湿地的生物生产力很高,淡水沼泽的净初级生产力每年高达2 000g/m^2(干物质)以上。湿地是天然储水库,对江河起着重要的调节作用。湿地还是重要的物种基因库,是众多野生动物,特别是珍稀水禽的繁殖和越冬地。湿地有宝贵的淡水、生物、土地、旅游资源,而且在蓄洪防旱、调节气候、控制土壤侵蚀、促淤造陆、降解环境污染等方面都有重要作用。为了保护重要湿地系统,特别是珍稀水禽重要栖息地,挽救世界上急速消失的湿地及其濒临灭绝的水禽,早在1971年,苏联和英国、加拿大等六国在伊朗签署了《关于国际重要湿地特别是水禽栖息地的公约》,即《拉姆萨尔公约》。至2000年6月,该公约的缔约国成员已经发展到121个,列入国际重要湿地名录的湿地数目已经达到1 027个。中国于1992年成为《拉姆萨尔公约》的缔约国。黑龙江的扎龙、吉林的向海、湖南的洞庭湖、江西的鄱阳湖、青海的青海湖鸟岛、香港的米浦自然保护区等已列入国际重要湿地名录。

湿地

【湿度】(humidity) 空气中所含水蒸气多少的物理量。常见的表示方法有相对湿度、绝对湿度、水气压、露点温度、比湿、混合比和饱和差等,可分别用相应的方法计算。在一定的温度下在一定体积的空气里含有的水汽越少,则空气越干燥;水汽越多,则空气越

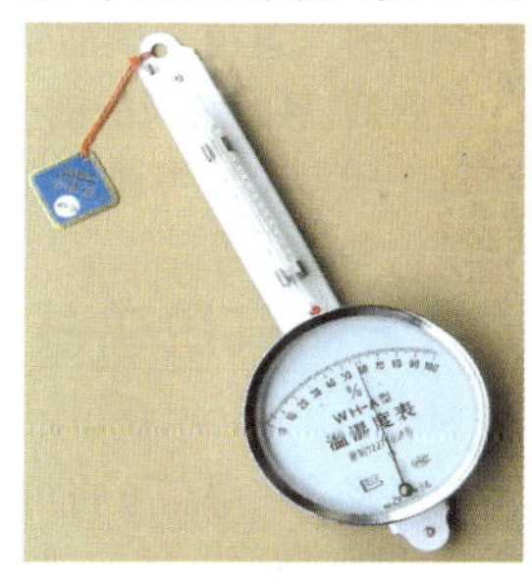

毛发湿度表

潮湿。在此意义下,常用绝对湿度、相对湿度、比湿度、露点等物理量来表示。大气中的湿度与许多大气现象(如云、雨、霜、露等)密切相关,大气湿度也影响农作物生长。许多工业生产过程(如纺织、造纸、印刷等)也必须控制环境中的湿度。地球大气中的水汽主要来自水面。所以,大气中湿度一般自沿海向内陆、自底层向高层逐渐减低。

【湿法成网】(wet webbing) 将纤维在水中搅拌制成悬浮浆输送到成网帘上成网,经烘干固结形非织造布的生产方法。其工艺原理和生产流程大体与造纸工艺相同,但所用纤维和黏合方式不一样。现代湿法成网生产线工作宽度已达 4m,生产速度超过 400m/min,最高达到 600 m/min。湿法非织造布具有生产速度高、成网均匀度好、成本低、织物过滤效果好等优点。但其设备一次性投资大,要求水源充足,能耗较大,生产灵活性差,产品的强度、手感等性能也不及干法成网非织造布。

【湿法纺丝】(wet spinning) 简称湿纺。将溶解制备的纺丝液,从喷丝头的喷丝孔中压出,呈细流状,在液体凝固浴中固化成丝的丝纺技术。化学纤维主要纺丝方法之一。湿法纺丝速度较慢。喷丝头孔数可多达五万孔以上,可以纺出很细的丝。由于液体凝固浴的固化作用,截面大多不呈圆形,且有明显的皮芯结构。大部分腈纶、维纶短纤、黏胶和铜氨纤维多采用此法。

【湿法涂层】(wet coating) 湿法纺丝实验室将基布制成仿真皮织物的整理过程。将基布经聚氨酯涂层剂涂刮或浸渍在溶液中凝固成连续的微孔结构,再经磨毛、压花、轧光等工序制成的酷似真皮织物的一种整理技术。经湿法涂层整理的产品具有柔软、透气、无味、防霉等特点,是制作高档服装、商标、鞋帽、箱包、车船装饰的理想材料。

【湿法脱硫】(desulfuration by wet process) 用多组分溶液脱硫剂脱硫的方法。一般用于净化含硫化氢和其他硫化物较高的气体。通常可分为:(1)化学吸收法,常用的有氨水催化法(以对苯二酚作催化剂)、蒽醌二磺酸钠(ADA)法(以碳酸钠溶液为吸收剂,蒽醌二磺酸钠为催化剂)、改良砷碱法(即 C-V 法)等。(2)物理吸附法,常用的有低温甲醇法、碳酸丙烯酯法等。

【湿法烟气脱硫技术】(wet flue smoke desulfurization technology) 用含有吸收剂的溶液或浆液在湿态下将烟气中的二氧化硫脱除的技术。用钙、钠、铝、镁的氢氧化物或氨作为脱硫剂,与烟气中二氧化硫在液态下发生反应,生成的副产品为湿态。按其所用脱硫剂的不同可分为:(1)石灰石-石膏法烟气脱硫技术。以石灰石浆液作为脱硫剂,在吸收塔内对烟气进行喷淋洗涤,使烟气中的二氧化硫反应生成亚硫酸钙,同时向吸收塔的浆液中鼓入空气,强制使亚硫酸钙转化为硫酸钙。脱硫剂的副产品为石膏。(2)氨法烟气脱硫技术。采用氨水作脱硫吸收剂,氨水与烟气在吸收塔中接触混合,烟气中的二氧化硫与氨水反应生成亚硫酸氨,氧化后生成硫酸铵溶液,经结晶、脱水、干燥后即可制得硫酸铵(肥料)。此外还有钠法、双碱脱硫法、海水烟气脱硫法和以铜冶炼渣浆料为吸收剂的脱硫法等。

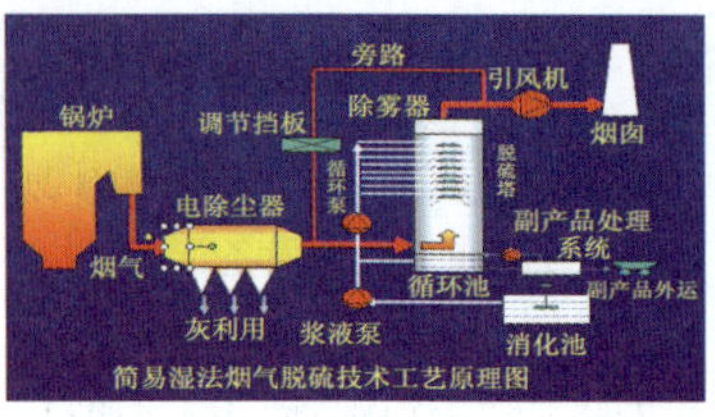

湿法烟气脱硫示意图

【湿法冶金】(wet metallurgy) 又称水法冶金。在溶液,特别是在碱、盐类的水溶液中冶金作业的总称。属于湿法冶金范畴的有浸出、过滤、沉淀、结晶、萃取、离子交换和水溶液电解等过程。中国北宋初期发明的胆水浸铜法,是湿法冶金技术的起源。湿法冶金适于处理金属含量较低和组分比较复杂的原料。其综合回收率高、劳动条件一般较好。广泛用于有色和稀有金属,如锌、铀、稀土金属等的生产。

【湿球温度】(temperature of wet-bulb) 标定空气相对湿度的一种方式。某一状态的空气同湿球温度计的湿润温包接触发生绝热热湿交换,使其达到饱和状态时的温度。在温度计测温探头上裹着湿纱布,在流速不大于 2.5m/s 且不受直接辐射的空气中,所测得的纱布表面温度,以此作为空气相对湿度接近饱和程度的一种度量。周围空气的相对湿度未饱和度愈大,湿球温度表上发生的蒸发愈强,而其相对湿度也就愈低。根据干球温度直接测得空气的湿度、根据湿球温度的差值,可以确定空气的相对湿度。

【湿热灭菌】(sterilization by moist heat) 与干热灭菌相对应。利用高压蒸汽或其他热力学灭菌手段杀灭细菌的方法。可分为:(1)煮沸法。(2)流通蒸汽灭菌法。(3)间歇灭菌法。(4)巴氏消毒法。(5)高压蒸汽灭菌法。在同样的温度下,湿热的杀菌效果和干热比,有以下优点:(1)蛋白质在含水多时易变性,含水量愈多,愈容易凝固。(2)湿热穿透力强,传导快。(3)蒸汽具有潜热,当蒸汽与被灭菌的物品接触时,可凝结成水而放出潜热,使湿度迅速升高,加强灭菌效果。适用于耐高温、耐水物品的灭菌,如药品、药品的溶液、玻璃器械、培养基、无菌衣、敷料等。

【湿式除尘器】(wet-type dust collector) 以水为介质将空气中粉尘分离和捕集的装置。通过尘粒与液滴的惯性碰撞进行除尘。利用化学纤维层滤料、尼龙网或不锈钢丝网作过滤层和不断地向过滤层喷射的水雾，在过滤层上形成的水珠或水膜，把纤维层过滤和水珠、水膜的除尘作用综合在一起的除尘装置。由于滤料中充满了水珠和水膜，气流中粉尘与之接触碰撞的概率增加，提高了捕尘效率。水滴碰撞附着在纤维上后，因自重而下降，在滤料内形成下降水流，将捕集的粉尘带下，起到了经常清灰的作用。同时，不断地向过滤层喷射水雾，可保持除尘效率和阻力的稳定，并能防止粉尘二次飞扬。

湿式除尘器

【湿疹】(eczema) 由多种内外因素引起的表皮及真皮浅层的炎症性皮肤病。是一种过敏性炎症性皮肤病。一般认为与变态反应有一定关系。其临床表现具有对称性、渗出性、瘙痒性、多形性和复发性等特点。以皮疹多样性，对称分布，剧烈瘙痒，反复发作，易演变成慢性为特征。可发生于任何年龄、任何部位、任何季节，但常在冬季复发或加剧。有渗出倾向。按皮损特点的不同可分为：急性、亚急性和慢性湿疹。三者并无明显界限，可以相互转变。湿疹的发病是多种因素互相作用所致。其可能的因素有：遗传因素、环境因素、感染因素、饮食因素以及药物因素等。目前西医对湿疹尚无特效疗法，多采用去除病因、对症治疗的方法。中医根据临床症状的不同，采用辨证论治的方法进行治疗，有一定效果。

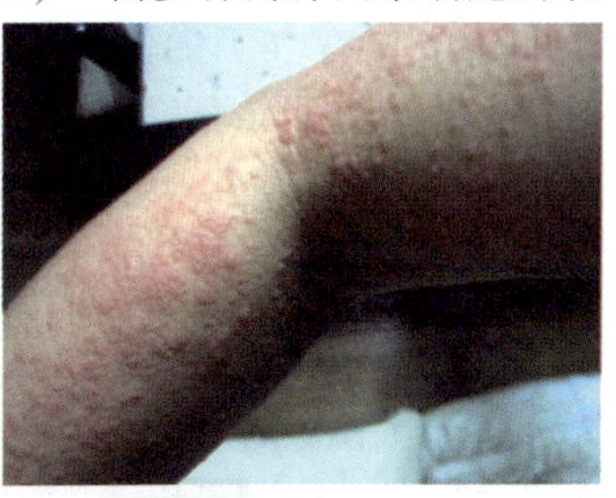

湿疹症状图片

【湿疹血小板减少伴免疫缺陷】(wiskolt-aedrich syndrome ，WAS) 胸腺和淋巴组织缺乏淋巴细胞而引起的疾病。是 X 连锁遗传性疾病。男性发病。患儿血中 IgG 正常，IgA 和 IgE 升高，IgM 降低，不易测出同族凝集素，周围血中 T 淋巴细胞减少，对多糖抗原不能产生抗体，血小板数少而且形态小。其主要临床表现是：(1)血小板减少。引起出血，出生时或出生后不久发现皮肤黏膜紫癜，严重时有内脏出血、尿血、便血、呕吐、腔内出血等，甚至出血死亡。常误诊为免疫性血小板减少性紫癜。(2)湿疹。正常小儿在生后几个月常湿疹，随年龄增长，湿疹慢慢消失。随年龄增长，湿疹逐渐加重。先是头面部、前臂、腘窝，逐渐遍布全身；伴有感染和出血。治疗非常困难。(3)反复感染。细菌感染，如肺炎、中耳炎、脑膜炎等；病毒感染多见单纯疱疹病毒，巨细胞病毒等。也可有卡氏肺囊虫感染。接种含细菌多糖的疫苗时可发生严重全身反应。(4)随着年龄的增长，可出现免疫性疾病，如免疫性溶血性贫血、关节炎等；及恶性疾病，如恶性淋巴瘤等。其治疗方法是：除对症治疗、输注血小板、抗感染外，可进行骨髓移植解决免疫缺陷问题。

【十八反】 中药术语。中药配伍中禁忌的一类。据文献记载有十八种药物相反：甘草反甘遂、大戟、海藻、芫花；乌头反贝母、瓜蒌、半夏、白蔹、白芨；藜芦反人参、沙参、丹参、苦参、玄参、细辛、芍药(反玄参系《本草纲目》增入，所以实有十九种药)。十八反是古人在实践中总结出来的经验，还有待进一步研究和验证。

【十城千辆工程】(1000 new energy vehicle program in10 cities) 由中国国家科技部、财政部、发改委、工业和信息化部于 2009 年元月共同启动的节能与新能源汽车大规模示范专项科技计划行动。其主要内容是：通过提供财政补贴，计划用三年左右的时间，每年发展 10 个城市，每个城市推出 1 000 辆新能源汽车开展示范运行，涉及这些大中城市的公交、出租、公务、市政、邮政等领域，力争使全国新能源汽车的运营规模到 2012 年占到汽车市场份额的 10%。其目的是：在全国范围推广应用新能源汽车，大大推进新能源汽车的商业化进程。2009 年 1 月，武汉举行“十城千辆”电动汽车启动暨百辆混合动力公交车投放仪式，上百辆混合动力公交车开始运营，标志着国家“十城千辆”电动汽车计划正式启动。目前，参与“十城千辆”计划的城市名单已经增至 13 个，分别为：北京、上海、重庆、长春、大连、杭州、济南、武汉、深圳、合肥、长沙、昆明和南昌。

【十城万盏工程】(10000 LED lights program in10 cities) 中国科技部应对国际金融危机，以应用示范拉动内需，促进半导体(LED)照明科技成果转化的一项活动。由中国科技部于 2008 年 12 月，在北京召开的全国地方科技工作会议上正式提出。其计划内容是：通过以半导体(LED)在市政照明的应用示范工程为载体，在全国选择10个城市，每个城市推广应用半导体(LED)功能照明灯（路灯、隧道灯、地铁(轻轨)、加油站、地下停车场等功能照明灯）1万盏以上。根据LED产品的技术效能、节能效果以及所获得的经济、社会效益，采取后补助的方式，按LED照明与传统照明相比投资增量的30%～50%进行后补贴。其目的在于通过政府引导和扶持，率先在试点城市面向公共照明领域推广半导体照明技术，以实现推动节能减排，有效引导中国半导体照明应用的健康快速发展，扩大半导体照明市场规模，迅速提升中国半导体照明产业的整体竞争力的战略目标。2009年3月，科技部在北京召开实施十城万盏LED照明应用示范城市方案座谈会，决定加大推进十城万盏试点示范工作力度和试点范围。2009年4月，科技部批复同意在天津、石家庄、保定、大连、哈尔滨、上海、扬州、宁波、杭州、厦门、福州、南昌、潍坊、郑州、武汉、深圳、东莞、成都、绵阳、重庆、西安等21个城市开展半导体照明应用工程试点工作。2009年8月，该工程试点工作启动仪式在山东潍坊举行。在2011年底前更换掉21个城市的600万盏路灯。此计划预计拉动全国150亿元人民币的内需商机，到2015年约有三成的国内通用照明采用LED灯。

【十二经脉】 又称正经。十二脏腑所属的经脉，是经络系统的主体。包括手三阴经(肺、心包、心)、手三阳经(大肠、三焦、小肠)、足三阴经(肝、脾、肾)、足三阳经(胃、胆、膀胱)。

【十剂】 原是北齐徐之才按功用归类药物的方法。宋代赵佶在《圣济经》中于每种之后添一剂字，就变为方剂的功用分类法。包括宣剂、通剂、补剂、泻剂、轻剂、重剂、滑剂、涩剂、燥剂和湿剂等十种方剂。

【十九畏】 中药配伍禁忌的一类。据文献记载有十九种药物相畏：硫黄畏朴硝，水银畏砒霜，狼毒畏密陀僧，巴豆畏牵牛，丁香畏郁金，川乌、草乌畏犀角，牙硝畏三棱，官桂畏石脂，人参畏五灵脂 。十九畏是古人在实践中总结出来的经验，有待进一步研究验证。

【十六烷值】(cetane number) 表征柴油机燃料喷入气缸后迅速着火能力的一个数值。在高速柴油机中，如果燃料的着火滞后期长，势必要产生爆燃，影响其安全性和经济性。测定燃料样品的十六烷值，是使给定的燃料在一台专门设计的柴油机中在特定的工况下运行，应将燃料在每循环的上死点前13°喷入发动机气缸，压缩比调整在上死点着火(有13°的延迟期)。然后，不改变压缩比，发动机跟着使用混合燃料工作，混合燃料则由延迟期短的燃料十六烷和延迟期长的环庚烷组成。总可以找到一种混合燃料，它使发动机的运行工况也有13°的着火延迟期，于是，根据混合物中所需的十六烷的数量就可计算出燃料样品的十六烷值。

十六烷值分析仪

【十全大补丸】 方剂名。组成：党参80g、白术(炒)80g 、茯苓80g、炙甘草40g 、当归120g、川芎40g、白芍(酒炒)80g 、熟地黄120g、炙黄芪80g、肉桂20g。制法：以上十味，粉碎成细粉，过筛，混匀。每100g粉末用炼蜜35～50g加适量的水泛丸，干燥，制成水蜜丸；或加炼蜜100～120g制成大蜜丸，即得。用量：口服，水蜜丸一次6g，大蜜丸一次1丸，一天2～3次。功能主治：温补气血。用于治疗气血两虚、面色苍白、气短心悸、头晕自汗、体倦乏力、四肢不温、月经量多等。

【十三陵】(The Ming Tombs) 明朝十三个封建皇帝的陵墓。坐落在北京西北郊昌平县境内的燕山山麓 。据京城约50km，总面积约120 km²。自永乐七年(1409)五月始作长陵，到明朝最后一帝崇祯葬入思陵止，长达230多年，先后修建了十三座金碧辉煌的帝王陵墓、七座妃子墓、一座太监墓。共埋葬了十三位皇帝、二十三位皇后、二位太子、三十余名妃嫔和一个太监。是当今世界上保存最完整埋葬皇帝最多的墓葬群。十三陵地处东、西、北三面环山的小盆地之中，陵区周围群山环抱，中部为平原，陵前有曲折蜿蜒的小河，山青水秀，景色宜人。十三座皇陵均依山而筑，分别建在东、西、北三面的山麓上，形成了体系完整、规模宏大、气势磅礴的陵寝建筑群。1992年，十三陵被北京旅游世界之最评选委员会评为世界上保存完整埋葬皇帝最多的墓葬群。

十三陵

【十四经】 针灸术语。十二正经和任脉、督脉的合称。十二正经有手太阴肺经、手少阴心经、手厥阴心包经、手阳明大肠经、手少阳三焦经、手太阳小肠经、足阳明胃经、足少阳胆经、足太阳膀胱经、足太阴脾经、足厥阴肝经、足少阴肾经。各经均有所属的穴位，针灸治病时可以循经取穴。

【十溴二苯乙烷】(decabromodipheny-lethane) 一种新型的塑料阻燃剂。白色粉末。熔点大于或等于345℃。阻燃效果好、热稳定性高。抗紫外线能力强、对被阻燃材料的物理性能影响小。毒性低、在热解时不会产生致癌物、剧毒物。被广泛应用于各种热固性、热塑性塑料中,特别是在高温条件、对抗紫外线要求严格的高端应用场合,如电视机、计算机显示器外壳、印刷电路板等;也可用于生产薄壁元件的HIPS和ABS塑料阻燃。

【十宣】 中医经外奇穴名。定位:位置在双手十指尖端,距趾甲角0.1寸处。主治:中风,昏迷,癫痫,高热,咽喉肿痛,小儿惊风,指端麻木等。刺灸法:针刺出血。

【石冰川】(stone glacier) 一种发育在高寒地区的冰缘地貌。在山体的中上部位因风化、尤其因寒冻风化而破碎的岩石块堆积体中侵入雨雪水后形成的冻土或冰体。当冻土和冰体在反复融—冻过程中,连同风化石碛堆积体在地球引力作用下缓慢地向下游蠕动。蠕动的石碛形成一条长长的舌状体,前端尖圆,两侧低薄,中部隆高,表面多成波浪起伏状。石冰川岩块的色泽多与附近山坡基岩相近,而非冰川冰碛物那样的混杂堆积物。其体内虽有冰体和冻土,但是主体物质80%以上由石碛构成。石冰川的运动特征与冰川类似,但其形态规模比冰川要小得多。

石冰川

【石材地面施工工艺】(stone ground construction technology) 天然或人造花岗石、大理石等地面的施工技术。室内地面所用石材一般为磨光的板材,板厚20mm左右,目前也有薄板,厚度在10mm左右。适于家庭装饰用。每块大为300mm×300mm~500mm×500mm。可使用薄板和1:2水泥砂浆掺107胶铺贴。其施工时基层应清洁,不能有砂浆、油渍等,并用水湿润地面。在铺装石材时,必须安放标准块,标准块应安放在十字线交点,对角安装。铺贴前将板材进行试拼,对花、对色、编号,使铺设出的地面花色一致。石材必须浸水阴干。以免影响其凝结硬化,发生空鼓、起壳等。铺贴完成后,2~3天内不得上人。

石材地面施工

【石膏】(gypsum) 又称生石膏。硫酸盐矿物。单斜晶系或粉末。化学式为$CaSO_4 \cdot 2H_2O$。相对分子质量172.172。密度2.32g/cm^3。微溶于水。不溶于有机溶剂。常有黏土、有机质等机械混入物。通常为白色或无色,有玻璃光泽。莫氏硬度2。150℃时失水转变为熟石膏(又称烧石膏$2CaSO_4 \cdot H_2O$)。石膏及其制品的微孔结构和加热脱水性,使之具优良的隔音、隔热和防火性能。石膏是一种用途广泛的工业材料和建筑材料。可用作硅酸盐水泥缓凝剂、石膏建筑制品、模型制作胶凝材料、医用食品添加剂、纸张填料、油漆填料等。化工上用于制备硫酸;农业上用于改良碱性土壤;中医用作清热泻火药。

【石花菜】(edible seaweed) 俗称琼枝、牛毛石花、石花草、冻菜、红丝、雪花菜、牛毛菜、洋菜、凤尾、石华、海菜、草珊瑚。红藻门,红藻纲,石花菜科,石花菜属。藻体红带紫色。单轴形。软骨质。丛生。高10~30cm。主枝亚圆柱形、侧扁。羽状分枝4~5次,互生或对生,分枝稍弯曲,也有平直,无规律,各分枝末端急尖,宽约0.5~2mm。石花菜属温暖性海藻类,适宜在8~28℃温度条件下生长。生长缓慢,1年长10~15cm。目前采用筏式养殖方法。供食用,也是提取琼胶的重要原料。琼脂又称洋菜、洋粉、石花胶,是一种重要的植物胶,可用来制作冷食、果冻或微生物的培养基。中医认为石花菜能清肺化痰、清热燥湿,滋阴降火、凉血止血,并有解暑功效。其所含的褐藻酸盐类物质具有降压作用;所含的淀粉类硫酸脂为多糖类物质,具有降脂功能。石花菜食用前可在开水中焯过,但不可久煮,否则会溶化掉。凉拌时可适当加些姜末或姜汁,以缓解其寒性。脾胃虚寒、肾阳虚者慎食。

【石化工业废水】(petrochemical industrial wastewater) 在石油开采和炼制过程中产生的含各种无机盐和有机物组成的排放废水。按废水的污染物种类的不同可分为:含油废水、含硫废水、含环烷酸废水、含氰废水、含酚废水、含苯废水、含氟废水、含氨氮废水、含砷废水和含酸碱废水。废水中的污染物成分复杂,排放量大,处理难度大。废水治理的原则首先从源头遏制废水的产生,提倡节约用水,循环用水、减少排水量。在实际水处理工程中常采用多级结合的水处理工艺,保证出水达到排放标准的要求。

【石灰土】(limestone soil) 由热带、亚热带

地区石灰岩分布地区岩石风化后形成的土壤。因含丰富的钙质,有利于有机质积累,表层有机质含量高,且质地黏细,土壤呈中性或弱碱性,有时呈不均匀的石灰反应(见酸起泡)。石灰土肥力较高,磷(P)、钾(K)、钙(Ca)、镁(Mg)养分较为丰富。但因土壤颗粒黏细且受喀斯特地貌及水文条件影响,耕作较为困难。石灰土分布地区易发生缺水干旱。根据其发育程度,可细分为黑色、棕色、红色石灰土。在中国,石灰土主要分布在云南、贵州及广东、广西部分地区。

石灰土

【石灰岩】(limestone) 以方解石为主要矿物组分的碳酸盐岩。岩石呈灰白色。性脆。硬度不大,遇稀盐酸会剧烈起泡。常混有黏土、粉砂等杂质。石灰岩有多种成因。按其成因的不同可分为生物灰岩、化学灰岩、粒屑灰岩等。石灰岩易溶蚀,在其分布的地区常形成以峰林和溶洞为代表的喀斯特地貌,成为风景优美的旅游胜地。石灰岩是烧制石灰、水泥的主要原料。还是冶炼钢铁的熔剂,制化肥、电石的原料。在制糖、陶瓷、制碱、化纤、玻璃等工业中也有广泛的应用。

石灰岩

【石蜡】(paraffin wax) 又称晶形蜡。将原油蒸馏所得的润滑油馏分经溶剂精制、溶剂脱蜡或经蜡冷冻结晶、压榨脱蜡制得蜡膏,再经溶剂脱油、精制而得的片状或针状的结晶物质。化学式 $C_{25}H_{32}$。碳原子数约为 18 ~ 30 的烃类混合物。主要组分为直链烷烃(约为 80% ~ 95%),还有少量带个别支链的烷烃和带长侧链的单环环烷烃(两者合计含量 20% 以下)。主要质量指标为熔点和含油量,前者表示耐温能力,后者表示纯度。每类蜡又按熔点,一般每隔 2℃,分成不同的品种,如 52、54、56、58 等牌号。按其加工精制程度的不同可分为:(1)全精炼石蜡。(2)半精炼石蜡。(3)粗石蜡。其中以前二者用途较广。主要用作食品及其他商品(如蜡纸、蜡笔、蜡烛、复写纸)的组分及包装材料,烘烤容器的涂敷料、化妆品原料,还用于水果保鲜、提高橡胶抗老化性和增加柔韧性、电器元件绝缘、精密铸造等方面,也可用于生成合成脂肪酸。粗石蜡由于含油量较多,主要用于制造火柴、纤维板、帆布篷等。石蜡中加入聚烯烃添加剂后,其熔点增高,黏附性和柔韧性增加 。广泛用于防潮、防水的包装纸、纸板、某些纺织品的表面涂层和蜡烛生产。

颗粒石蜡

【石蜡疗法】(paraffinotherapy) 用加热后的石蜡涂敷于患部以治疗疾病的方法。为热传导疗法中最常用的一种。石蜡是高分子碳氢化合物。医用石蜡为白色半透明无水的固体,呈中性反应,热容量大,导热系数小,是良好的导热体。其作用机制是:(1)温热作用。石蜡加温后吸收大量热,保温时间长,缓慢放热,具有强而持久的温热作用。因此,具有镇痛消炎、促进组织修复、缓解肌肉痉挛、减低纤维组织张力以及恢复组织弹性等作用。(2)机械压迫作用。石蜡具有很大的可塑性、延展性。加热到一定温度时为液体,涂于体表,在冷却过程中体积逐渐缩小,使组织产生机械压迫作用,可促进水肿吸收。(3)润滑作用。石蜡具有油性,可滑润皮肤、软化瘢痕。其临床适应证包括:关节炎、腱鞘炎、骨折后关节肿胀与功能障碍、软组织损伤、瘢痕增生挛缩以及神经痛等。

【石蜡切片】(paraffin section) 用融化后的石蜡将经过处理的组织块进行浸蜡、包埋以及切片等而制成的实验材料。是制作组织标本最常用、最基本的方法。对于组织形态保存好,且能作连续切片,有利于各种染色对照观察。是组织学常规制片技术中最为广泛应用的方法。活的细胞或组织多为无色透明,各种组织间和细胞内各种结构之间均缺乏反差,在一般光镜下不易清楚区别;组织离开机体后很快就会死亡和产生组织腐败,失去原有正常结构。因此,组织要经固定、石蜡包埋、切片及染色等步骤以免细胞组织死亡,而能清晰辨认其形态结构。光镜下观察切片标本多数是石蜡切片法制备的。石蜡切片不仅用于观察正常细胞组织的形态结构,也是病理学和法医学等学科用以研究、观察及判断细胞组织形态变化的主要方法,而且也已相当广泛地用于其他许多学科领域的研究中。

【石料破碎机械】(stone crusher) 排料中粒度大于3mm的含量占总排料量50%以上的粉碎机械。破碎作业按给料和排料粒度大小的不同可分为粗碎、中碎和细碎。常用的砂石设备有颚式破碎机、反击式破碎机、冲击式破碎机、复合式破碎机、单段锤式破碎机、立式破碎机,旋回破碎机、圆锥式破碎机、辊石破碎机双辊式破碎机、二合一破碎机、一次成型破碎机等。

【石林】(stone forest) 一种塔柱状的喀斯特侵蚀正地形地貌景观。狭义的石林原指中国云南的路南石林。作为喀斯特地貌的一种景观形态,石林地貌则分布于世界上几乎所有的喀斯特作用区。仅就中国石林地貌而言,除云南的路南石林外,比较著名的石林还有四川的兴文石林、重庆的万盛石林、浙江淳安县的千岛湖石林和福建大湖石林等。此外,湖北神农架、四川米仓山及甘孜州境内都有石林发育,只是规模和数量不如云南等处。由于旅游开发建设的需要,许多景区将石林作为景观品牌和景区名称,而实际上叫作石林的景区中包括许多其他的喀斯特地貌以及森林、湖泊和人文景观等内容。路南石林和贵州荔波、重庆武隆的峰林、溶洞等打捆申报并已于2007年被列为世界自然遗产。云南甚至将路南县直接更名为石林县,作为世界性的地貌景观科学词汇被人为地定格在一个狭小的地方范围内,在中国并非第一次。

石林

【石榴子石】(garnet) 又称石榴石。晶形与石榴子相似的一族岛状结构硅酸盐矿物的统称。一般化学式为 $A_3B_2[SiO_4]_3$,其中A代表二价阳离子钙(Ca^{2+})、铁(Fe^{2+})、镁(Mg^{2+})、锰(Mn^{2+})等,B代表三价阳离子铁(Fe^{3+})、铝(Al^{3+})、铬(Cr^{3+})。类质同象现象广泛存在。常见的矿物有镁铝榴石($Mg_3Al_2[SiO_4]_3$)、铁铝榴石($Fe_3Al_2[SiO_4]_3$)、钙铝榴石($Ca_3Al_2[SiO_4]_3$)等。石榴子石是典型的高温矿物和变质矿物,常出现在熔融岩浆与碳酸岩围岩接触形成的矽卡岩及深成变质岩中。

石榴子石

【石笼】(stonemesh construction) 又称蛇笼。在沟道纵坡陡急、两岸土质不佳的地段设置的网格笼状体护岸工程。适于流速大、边坡陡的山区。用铝丝铁丝等材料做成,一般为箱形或圆柱体,尺寸一般为0.5m×1m×3m,内填石块、砾石或卵石。笼的网格大小以不漏失填充的石料为度,铺设厚度为0.4~0.5m。其优点是:具有较好的强度与柔性,不需较大石料。护基工程常潜没于水中,时刻都受到水流的冲击与侵蚀,而石笼中空隙在高含沙山洪作用下,很快被泥沙淤满而形成坚固整体护层,增强了抗冲能力。其缺点是:笼网日久会锈蚀损坏,使石笼解体。镀锌铁丝石笼可使用8~12年,普通铁丝为3~5年。在沟道中有滚石的地段,不宜采用石笼,而应采用抛石、木框架装石等方法护基。其施工与抛石护基工程相同,内填石料以坚硬的石灰岩、花岗岩为宜,不得采用风化易碎岩石。石笼可保护沟岸免受山洪和泥石流的冲刷而发生横向侵蚀,防止水利工程和固床工程因沟岸崩塌而损坏。

石笼

【石漠化】(potential desertification) 又称岩漠、石质荒漠。岩石裸露、植物稀少,多蜂窝石、风蘑菇等的风蚀地貌。在土地很薄的岩区,因物理风化和强烈的风蚀作用,造成植被破坏、水土流失而形成大片岩石裸露、甚至寸草不生的土地退化现象。中国石漠化主要分布在广西、云南、贵州等省石灰岩分布地区,在昆仑山脉、祁连山脉山麓带也有分布。按石漠化程度的不同可分为:(1)全石漠化。全部为裸露的岩石。(2)半石漠化。在裸露突起的岩石裂隙中间尚有少量土植物生长。(3)准石漠化。在裸露的突起石芽之间尚有极少的土壤存在,有草木生长。

石漠化

【石墨】(graphite) 碳元素的一种同素异形体。灰黑色六方晶体,有金属光泽。质软。硬度为1~2。密度2.25 g/cm^3。3 850℃升华。石墨碳原子以sp^2杂化轨道与周边三个碳原子以σ键结合,形成六员环层状结构。每个碳原子均会放出一个电子,电子能够在层间自由移动。导电、导热性好，有润滑性，常温下有良好的化学稳定性，能耐酸、碱和有机溶剂的腐蚀，有可塑性和抗热震性。石墨在高温高压和催化剂存在下，可转变成金刚石粉末。可用作耐火材料、导电材料、耐磨润滑材料、铸造、翻砂、压模及高温冶金材料，可作为中子减速剂用于原子反应堆中，还可制作铅笔芯、颜料、抛光剂等。其应用领域还在不断拓宽，已成为高科技领域中新型复合材料的重要原料，在国民经济中具有重要的作用。

石墨

【石炭纪】(Carboniferous Period) 地质年代中古生代第五个纪。石炭纪名称最初源自于英国。由于这个时期地层中蕴藏着丰富的煤炭资源，故称为石炭纪。石炭纪始于距今3.54亿年，延续约5 900万年。这一时期陆生生物进一步发展，以植物界的空前繁盛为特点，其中以石松、楔叶、真蕨最为重要，是成煤的主要植物。由于森林广布，昆虫大量繁育，两栖动物出现。海生动物以珊瑚类出现和发展为其特征。石炭纪时期，中国南方为浅海环境，形成以石灰岩为主的海相地层；北方为滨海环境，形成一套含丰富煤层、铝土矿和铁矿的地层。石炭纪分为早、晚两个世，代表符号为“C”。

【石英】(quartz) 一种化学成分为 SiO_2 的矿物。玻璃光泽。断口贝壳状。呈油脂光泽。硬度为7。密度为2.65～2.66g/cm³。石英包括三方晶系的低温石英(α－石英)、六方晶系的高温石英(β－石英)和更高温度的鳞石英。三者在常压下的相变温度为573℃和870℃。一般石英均指低温石英，晶体呈六方柱，柱面有横纹。无色透明的石英晶体称为水晶。含杂质及包裹体时水晶可形成多种颜色。石英是自然界最主要的造岩矿物之一，分布极广。大的石英晶体，多出现在伟晶岩(构成岩石的矿物颗粒大)晶洞中，块状石英多见于石英脉内，粒状石英则是花岗岩、片麻岩和砂岩等众多岩石的主要矿物成分。

石英

【石英玻璃】(quartz glass) 以天然水晶、优质硅石或者以四氯化硅为主要原料制成的单一组分(SiO_2)的工业技术玻璃。具有一系列优良的光、声、电、热、化学特性。耐热性比一般玻璃高500℃，线膨胀系数仅有 5×10^{-6}/K，是一般玻璃的1/20。石英玻璃在紫外线、可见光线和近红外区有很高的透过率。其低温和高温绝缘性能都非常好，对全频率的介电损失微小。它还是良好的耐酸材料(磷酸和氢氟酸除外)。其耐酸腐蚀性能相当于耐酸陶瓷的30倍、不锈钢的150倍。近年来研究成功的掺杂石英玻璃，是在石英玻璃中掺入少量稀土元素，以改变其线胀系数、滤光性能。其中的超低膨胀石英玻璃，线胀系数只有 3×10^{-6}/K，具有特别好的耐温急变性能。

石英玻璃管

【石英岩】(quartzite) 石英含量大于85%的变质岩石。主要由石英砂岩或硅质岩经区域变质作用或热接触变质作用重结晶形成。具粒状变晶结构和块状构造，有时可具条带状构造。一般为白色或浅灰色。由于原岩所含杂质和变质条件的不同，岩石中除石英外，可含少量长石、绢云母、绿泥石、白云母、黑云母、角闪石、辉石等。石英含量小于75%、长石含量为10%～25%的称为长石石英岩。石英岩致密坚硬，是制玻璃的原料和优质建筑石材。

石英岩

【石油】(petroleum) 又称原油。从地下深处开采的棕黑色可燃黏稠液体。大量的微体生物遗骸与泥沙或碳酸质沉淀物埋藏在地下，经过长时期的物理化学作用，形成富含有机质的岩石。其中的生物遗骸转化为石油。石油由碳氢化合物为主混合而成，是具有特殊气味的、有色的可燃性油质体。

【石油成因学说】(origin theory of petroleum) 有关石油形成的原因的学说。有关石油的形成，有多种学说。按石油形成的物质来源的不同可分为：⑴有机成因说。石油是由有机物转化形成，是分散在沉积岩中的有机质，在适当的条件下随沉积岩的成岩、演化、转化而形成石油和天然气。⑵无机成因说。石油是由无机物转化形成，认为油气起源与地球深部的岩浆活动有关。岩浆中不仅存在碳和氢，而且还有氧、硫、氮及石油中的其他微量元素，在高温高压下形成氢和其他元素参与的烃类化合物。按石油形成的环境的不同可分为：⑴海相生油说。石油形成于海相沉积地层中，世界上绝大多数大油田的岩层属于海相沉积地层。⑵陆相生油说。石油形成于非海相沉积地层中，从20世纪60年代以来石油勘探的大量实践证明，陆相地层也有大型油田，陆相生油理论已为大部分学者所接受。按成油期早晚的不同还可分为：⑴早期成油说。石油是在有机沉积物埋藏不深的早期形成的。⑵晚期成油说。石油是有机质干酪根—生油母质—在成岩作用晚期于深部经降解作用而形成。李四光认为，油田的形成并不在于"海相"或"陆相"，也不在于"早期"或"晚期"，关键在于是否具有生油和储油的条件。石油成因不同，寻找石油的方向也不同。石油成因学说的意义正在于此。

【石油储量】（petroleum reserve） 储油地层中石油的储藏量。包括探明储量和指示储量。探明储量指在现有的技术经济和生产条件下，今后能相当可靠地从探明的储油层中采收液态原油的估计量。它既不包括今后某个时期将煤或油页岩转化而生成的合成石油产量，也不包括今后实现附加采收或提高采收率的计划所采收的石油产量。指示储量指能用已实施、但未经证实的提高石油采收率的方法采收的石油量，或用某些提高采收率的方法采收的石油量。这些方法已证实对类似的油藏能增加采收量。

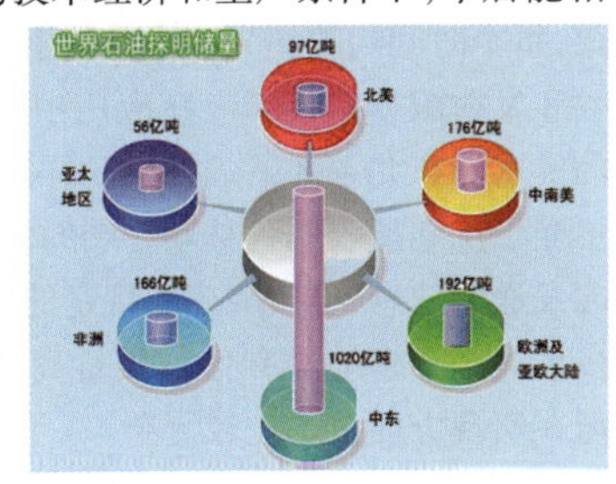

石油储量图

【石油地质学】（petroleum geology） 地质学的一个分支。研究地壳中石油及天然气形成和分布规律的学科。以地质理论为基础，利用沉积学、构造地质学、地球化学和地球物理学等学科的理论与方法，研究石油及天然气生成、运移、聚集和保存条件。通过对石油、天然气的物质成分和生油岩、储集岩、盖层、上覆岩层以及沉积盆地的地质发展史的研究，探索石油及天然气的成因、运移、聚集作用过程，阐明油气田在地壳中的分布规律，从而有效地指导油气田的调查、勘探和开发工作。广义的石油地质学包括气态烃的地质研究，狭义的石油地质学仅指液态烃的地质研究。

【石油工程】（petroleum engineering） 从含有碳氢化合物的储层中开采石油、天然气的工程技术。是一种涉及物理、化学、数学、地质学和化学工程等多学科的综合技术。目前该工程的范围已扩大到包括石油和天然气最佳开采方案的分析，以及对提高采收率的技术进行研究和实施，使采收率超过用常规方法所能达到的水平。

【石油化工】（petrochemical industry） 石油化学工业的简称。以石油及其天然气为原料生产化学制品的工业。生产化学制品的过程常被称为石油炼制，简称炼油。其主要炼油工艺有：(1)减压蒸馏。(2)催化裂化。(3)催化重整。(4)加氢裂化。(5)延迟焦化。(6)炼厂气加工。石油化工主要生产有机化工原料和产品。

【石油化工产品】（petrochemicals） 将炼油过程提供的原料油和气进行化学加工而获得的化工产品。其生产步骤是：(1)对原料油和气（如丙烷、汽油、柴油等）进行裂解，生成以乙烯、丙烯、丁二烯、苯、甲苯、二甲苯为代表的基本化工原料。(2)用基本化工原料生产多种有机化工原料及合成材料，如塑料、合成纤维、合成橡胶等。这两个步骤生产的产品属于石油化工的范围。有机化工原料继续加工可制得更多品种的化工产品，但这已不属于石油化工的范围。

【石油化学】（petroleum chemistry） 化学的一个分支。研究石油的组成、性质以及在加工成为燃料、润滑剂等石油化学品过程中的化学问题的学科。它与有机化学、物理化学及分析化学有着密切的联系。其研究领域包括：(1)石油及其产品的化学组成与性质。(2)石油中烃类和非烃类的反应，尤其是催化转化反应。(3)石油加工过程的化学理论基础。(4)合成燃料、润滑油、石油产品添加剂和其他石油化学品的原理等。其研究在能源、材料、工农业生产中具有重要作用。

【石油加工】（petroleum processing） 从成分复杂的原油中提取和加工各种有用馏分的技术。包括汽油、喷气发动机燃油、煤油、燃料油、沥青、润滑油等成分的提取技术。

【石油炼制】（petroleum refining） 采用催化裂解等技术将石油加工成化工原料和产品的过程。通过石油炼制可加工出汽油、喷气燃料、煤油、柴油、润滑油、润滑脂、石蜡、石油焦、石油沥青、液化石油气、苯、甲苯、二甲苯等。它是石油开发中的重要环节。石油炼制过程通常包括预处理、一次加工、二次加工及油品精制，有的也包括生产大量基本有机化工原料（如乙烯、丙烯等）的三次加工。在整个石油炼制过程中，一次加工、二次加工的主要目的是生产燃料油品，三次加工则是生产化工产品。

石油炼制

【石油农业】（oil agriculture） 又称无机农业。依靠投入石油和石油产品，获得农业高产的一种农业生产方式。是现代农业后期发展阶段的产物。能源密集型农业。在第二次世界大战后，随着科学技术的迅猛发展和廉价石油能源的使用，北美、欧洲和日本等一些经济发达国家，为提高农业产量，在农业现代化过程中，大量应用石油和石油产品，故名“石油农业”。其突出特点是：最大限度地投入石油能源，有力地刺激了农业劳动生产率和农产品商品率大幅度提高；石油农业的突起，是世界农业现代化进程中出现的一个阶段性飞跃，也是农业科技史上的一个伟大成就。它的出现，使农业生产提供更多的粮食，为解决地球上数十亿人口的吃饭问题，做出了贡献。但是，随着石油农业的飞速发展和大量能源的投入，环境污染越来越重，使农业生态经济系统受到很大影响，导致一系列的严重后果。

【石油天然气脱硫技术】（desulfurization of fuel） 在催化剂的作用下，通过高压加氢反应使氢气与硫作用生成硫化氢、再用吸收法除去的技术。天然气中的硫分大部分为硫化氢，并有少量的有机硫。该技术广泛用于天然气、石油伴生气、煤制气及其他工业气体的脱硫。

【石油用钢丝绳】（petroleum wire rope） 油田使用的钢丝绳。按使用场所的不同可分为：油田作业用以及油田辅助作业用钢丝绳。油田作业用主要指钻井和采油作业使用的钢丝绳，包括抽油杆和油管悬绳、捞砂绳、抽油机驴头绳、钻井绳、下套管绳、绞车绳等。具体用途不同，钢丝绳的直径和结构各不相同。主要用线接触钢丝绳。油田辅助作业用主要指运输、起重、建筑等作业用钢丝绳，属于常规用途钢丝绳。石油钻井钢丝绳的生产要点是：选用优质线材；选用特级剑麻作为纤维绳芯；选用润滑油，采用在股中涂油措施；控制钢丝绳直径。

石油用钢丝绳

【时差】（equation of time） ❶平太阳时和真太阳时的差。一年之中时差是不断改变的，最大正值是 +14′24″，最大负值是 -16′24″，有 4 次等于零。❷两个地区地方时之间的差别。地方时：随地球自转，一天中太阳东升西落，太阳经过某地天空的最高点时为此地的地方时 12 点，因此，不同经线上具有不同的地方时。同一时区内所用的同一时间是区时（本区中央经线上的地方时），全世界所用的同一时间是世界时（0° 经线的地方时）。区时经度每隔 15°差 1h，地方时经度每隔 1°差 4min。时差的计算方法：两个时区标准时间（即时区数）相减就是时差，时区的数值大的时间早。比如中国是东八区（+8），美国东部是西五区（-5），两地的时差是 13h，北京比纽约要早 13h；如果是美国实行夏令时的时期，相差 12h。

【时分多址】（time division multiple access，TDMA） 把每一个信道分成若干个时间间隙，每个时间间隙作为一个分信道为一个用户提供接收和发射服务的技术。在应用中要满足定时与同步的要求。在此条件下，通信基站可以在不同的时隙段不受干扰地接收到各移动终端的信号，基站向移动终端发送的信息，也按顺序在规定的时隙中传输。时分多址比频分多址具有信号质量高、保密较好等优点，但在实现方面技术比较复杂。

【时号】（time signal） 授时中心按时发播的时频传递与校准信号。按发播时号方式的不同可分为：(1)利用短波时号进行时频传递与校准。是一种廉价而方便的方法，对于要求同步偏差在 1ms 量级的用户特别有利。同时对于某些高准确度同步要求的用户，作为粗（初）同步方法也是必不可少的。短波授时的基本方法是由无线电台发播时间信号（简称时号），用户用无线电接收机接收时号，然后进行本地对时。中国目前有国家

国家授时中心长波授时系统

授时中心的 BPM，上海天文台的 XSG（每天世界时 3h，9h 前后发播几分钟，主要为附近航海者服务）以及台北的 BSF（每天世界时 1h 至 9h 发播）。BPM 的发射台位置位于陕西蒲城，发射频率为 2.5MHz，5.0MHz，10MHz，15MHz 交替全天发播。发播的是世界时 UT1 和协调时 UTC，全天 24h 连续发播。利用短波时号进行远距离时频校准，主要设备是短波接收机。另外，短波发播受电离层变化的影响和太阳活动的影响较大。接收时应避开日出、日落时间，电离层扰动期间应尽量接收载频较高的时号，以保证接收时号的清晰可辩和稳定。（2）利用长波（低频）进行时间频率传递与校准。是一种覆盖能力比短波强、校准的准确度更高的授时方法。中国在 20 世纪 70 年代初开始建设专门用于时频传递的罗兰－C 体制长波授时台，呼号为 BPL，其载频信号由国家授时中心铯原子钟组产生。BPL 从 1978 年开始小功率发播，1983 年起大功率发播。BPL 长波授时台是中国目前唯一微秒量级的高精度授时系统，信号覆盖中国整个陆地和近海海域。系统运行 20 多年来，为国民经济诸多行业和部门提供了可靠的高精度授时服务，发挥着极为重要的、不可替代的作用。发播信号时刻准确度：≤ ±1μs。发播时间：每天开机 10h，发播 8h，每天发播时间为13:30～21:30。覆盖范围：天地波结合为 3 000km。（3）语音报时。2004 年 5 月，国家授时中心开通标准时间语音报时服务，语音报时专线：029－83895117。众所周知，中国电信部门的语音报时电话是：117。然而，各地电信 117 所报时间与标准时间都有不同程度的误差，有的甚至相差数分钟之巨，这不仅对广大群众校时造成误导，而且会对某些商务活动造成损失。国家授时中心开通的标准时间语音报时服务，语音报时的时间源直接来自国家授时中心保持的国家授时时间基准，采用音频脉冲—“嘟”声作为秒信号提示音，使用户极为方便进行准确校时，报时误差小于 1s。

【时间】（time） 物质运动过程的持续性和顺序性。就宇宙而言，时间是无限的，无始无终。时间分为时刻和时段，前者指时间的迟早，后者指时间的间隔。时段通常用开始和终了的时刻来表示，其计量以地球自转和公转为标准定出时间单位，如年、月、日、时、分、秒等。随着现代自然科学的发展，人们又利用物质原子的内部过程来更精确地定义时间单位。

【时间分辨率】（time resolution） 对同一目标进行重复探测时，相邻两次探测的时间间隔。遥感器的一项性能指标。其周期越短，时间分辨率越高。时间分辨率能提供目标动态变化的信息。

【时间服务】（time service） 又称授时。提供标准时间和标准频率的工作。直接为测绘、航海、航空、空间科学及其他国民经济、科学研究和国防建设部门服务的一项工作。古代的时间服务采用鸣锣击鼓等简易的方式。近代的时间服务起源于无线电报时，以适应大地测量、航海事业发展的需要。为了统一全世界的时间服务，由国际时间局主持全球的世界时服务工作包括：（1）世界时服务。天文台利用精密天文测时仪器观测天体，经过严格的数据处理得到精确的时刻，用以校准精密的天文钟。再根据钟面所指示的时间，在每天一定的时刻通过无线电广播，将精确的时刻以时号的形式发播出去，供有关部门使用。一段时间以后，通过细致的分析研究，再发表一套时号改正数供各有关部门最后修正结果所用。（2）原子时服务。时间服务部门将原子钟指示的协调世界时或原子时（两者差整秒数）用无线电时号发播出去。发播时号可以在超高频和甚高频波段通过通信卫星、导航卫星、电视网等手段进行；也可以采用高频、低频和甚低频等波段，通过电离层反射，精度较低，但传递较远。进行时间服务的国际机构在 1988 年以前主要是国际时间局。在此之后，世界时服务由国际地球自转服务承担，原子时服务由国际计量局承担。世界大多数国家也都有自己的时间服务系统。

【时间同步】（time synchronization） 又称时钟同步。把分布在各地的时钟对准，使其绝对时间相同的措施。最直观的方法就是搬钟。可用一个标准钟作搬钟，使各地的钟均与标准钟对准。或者使搬钟首先与系统的标准时钟对准，然后使系统中的其他时针与搬钟比对，实现系统其他时钟与系统统一标准时钟同步。系统中各时钟的同步，并不要求各时钟完全与统一标准时钟对齐。只要求知道各时钟与系统标准时钟在比对时刻的钟差以及比对后它相对标准钟的漂移修正参数即可，勿须拨钟。只有当该钟积累钟差较大时才作跳步或闰秒处理。中国国内都使用北京时间，时钟同步设备就是调整本地的时间时钟，使之与北京时间严格同步，并使各地之间的时间时钟误差维持在很小的范围内，如小于 100ns。维持时间

与北京时间同步

同步比维持频率同步要困难得多。它要求在维持频率同步的同时，还要严格维持相位同步，不允许有相位积累。要消除时钟设备跟踪过程中带来的相位误差以及传输过程中引入的相位损伤，技术难度很大。

【时间统一系统】(timing system) 简称时统。为航天测控系统和战略导弹、常规武器试验的测控系统提供标准时间信号和标准频率信号的整套电子设备。测控系统在对航天器、战略导弹、常规武器进行测量和控制时，时统使整个测控系统在统一的时间尺度下进行工作。常用的时间尺度有两类：一类是以航天器或导弹发射时刻作为起点的相对时间尺度；一类是绝对时间尺度。常用的绝对时间尺度，是协调世界时(UTC)。它的时间尺度单位是原子时的秒长，时间间隔极为均匀和准确，其时刻与世界时的时刻相差不大于0.9s，采用跳秒方式调节。由于绝对时间尺度同步容易、使用方便、有利于实时或事后数据处理和交换，它越来越被广泛采用。航天器和战略导弹、常规武器试验的测控系统根据不同的测控精度和不同的测控体制，一般要求站间时间同步精度从毫秒(ms)量级到10纳秒(10ns)量级不等，频率同步精度从10^{-7}量级到10^{-12}量级不等。测控站的时间统一系统由定时校频接收机、频率标准源、时间码产生器和放大分配器等设备组成。定时校频接收机接收本国或外国发播的标准时间信号和标准频率信号来同步本地的时间和频率。传播标准信号的常用信道有有线、短波、长波、电视和卫星等。频率标准源产生高准确度和高稳定度的标准频率信号。它使一定的时间频率同步精度得以保持，其输出信号作为时间码产生器的信号源及作为标准频率信号提供给多普勒测速等测控设备。常用的频率标准源有石英晶体振荡器、铷原子频率标准、铯原子频率标准和氢原子频率标准；时间码产生器具有使本地时间和标准时间保持一定同步精度的功能并完成时间码信号的编码。最常用的信号是与标准时间同步的每秒一帧的时间码；放大分配器将时间码信号放大分路和匹配后，用电缆直接送至用户或经有线或无线电收发信设备传送到较远距离的用户。用户可直接使用时间码信号或将它解码后同步本机的时间码接口终端，以产生自己所需的各种信号。早期用户所需各种时统信号都由时统产生后分送给用户，现趋向于采用标准格式的时间码信号作为时统设备与测控设备的标准接口，这样有利于接口标准化并提高测控系统的可靠性。

【时间药理学】(chronopharmacology) 又称时辰药理学。时间生物学的一个分支。研究药物和生物周期相互关系的一门学科。是自20世纪50年代开始研究近年来得到迅速发展的一门边缘学科。属于药理学的范畴。主要包括两方面：(1)时间药效学。充分发挥药物的治疗作用而最大限度地减少不良反应。(2)时间药动学。探讨常用药物和新药影响生物节律的药动学作用。前者着重阐明药物的生物利用度、血药浓度、代谢与排泄等过程中的昼夜节律性变化。根据已阐明昼夜节律，考虑更合理的用药方法，提高疗效，减少不良反应。后者主要阐明有机体对药物的效应，包括作用与副作用及其所呈现周期性的节律变化。具体表现为时间效应性或时间能的差别，而时间效应性与时间药动学和时间感受性有一定关系。经研究证实，很多药物的作用与人们的生物节律有着极其密切的关系。同一种药物同等剂量因给药时间不同，作用也不一样。运用时间药理学知识制定合理的给药方案，对提高药物疗效，降低不良反应和药物用量具有很重要的临床价值。

【时量曲线下面积】(area under curve, AUC) 以浓度或对数浓度为纵坐标和以时间为横坐标作图得到的时量曲线某一时间区段的曲线下面积。是一个可用实验方法测定的药动学指标。反映进入体循环药量的多少。血浆药物浓度随时间的变化过程称时量关系。是独立于房室模型的药动学参数，常用于估算血浆清除率。

【时区】(time zone) 按经度把全球分成的24个区。分别称为中区、东1~11区、西1~11区及12区。其标准经度一律是15°的整数倍，每区跨经度15°。1884年国际经度会议规定，以格林尼治子午线为中区的标准线，东西两侧各7.5°为中区，其他时区依此类推。时区的界线都是经线，其标准时称为“区时”，相邻的两个时区的区时差为完整的1h。其中，12区被日界线分割成为两个半时区，即东12区和西12区。因地球自西向东自转，中区向东，每增加一个时区，时间增加1h，向西则相反。东12区的区时比西12区快24h。

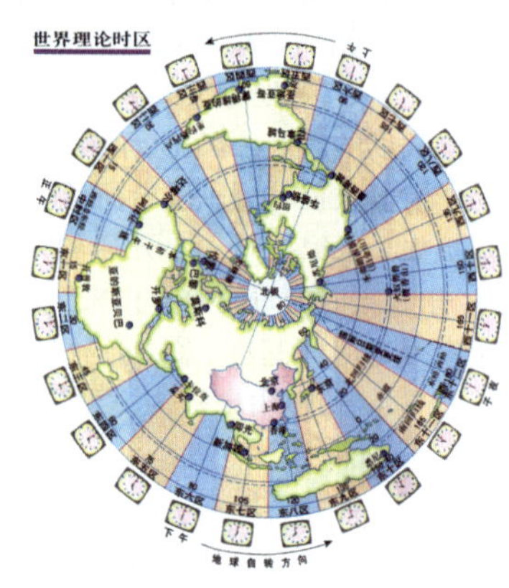

世界理论时区

【时效】(aging) 某些合金的过饱和固溶体，在室温下放置，或在较高温度下保温，溶质原子在一定的区域富集，或成为析出相析出的过程。时效后合金的强度和硬度增高，称为时效硬化。在室温下放置的称为自然时效，广泛用于铝合金；在高温度下保温的称为人工时效，用于铝合金、镁合金、铍青铜、奥氏体耐热钢等。另外还有应变时效，又称形变时效或机械时效。经冷变形后的金属材料，在放置或使用过程中，其强度、硬度升高而塑性、韧性降低的现象。

【时效处理】(aging treatment) 利用金属过饱和固溶体中溶质的脱溶析出聚集产生硬化的机理，提高其强度和硬度的方法。钢和合金能够进行时效的必要条件是固溶体的溶解度随温度的降低而减小。按时效之前处理方式的不同可分为淬火时效和应变时效。在室温下为自然时效。在高于室温下为人工时效。铝合金的人工时效温度一般为100～200℃之间。时效温度高，强化过程进行得快，但所得最大强度值低。时效温度低，所得最大强度值高。在－50℃以下，长期放置后各种性能没有明显变化，因此降温是抑制时效过程的有效措施。对于18Ni马氏体时效钢，人工时效温度为500℃左右。而对于沉淀硬化不锈钢，其人工时效温度可在400～500℃或570℃。时效处理的延续时间可从几十分钟到几天，甚至到10天。

【时移电视】(time-shifted TV) 观众在观看DVB数字电视节目时，可以随时按暂停或后退/快进键，也可以选择几天前的电视节目的电视系统。时移电视彻底颠覆了原有看电视的方式，给观众带来全新的收视体验；也使得数字电视成为真正的“我的电视”，摆脱了时间的束缚，顺应现代人越来越快的生活节奏。该业务具有投入小、见效快、受众广、运营简单、长期有效提高用户ARPU(平均每用户每月收入)值的特点，是广电运营商改变业务模式，提高收入，并借以切入其他交互电视业务的首选。

时移电视

【时钟频率】(clock frequency) 见处理器主频。

【实】(excess) 中医术语。邪气亢盛、以邪气盛为矛盾主要方面的一种病理现象。主要表现为致病邪气亢盛，而机体正气未衰，尚能积极与病邪抗争，故正邪相搏，斗争剧烈，反映明显，在临床上可以出现病理反应比较剧烈的症候表现。

【实变函数论】(theory of function of a real variable) 以实变函数(以实数作为自变量的函数)作为研究对象的数学分支。它是微积分学的进一步发展。它的基础是点集论，即专门研究点所成的集合的性质的理论。也可以说实变函数论是在点集论的基础上研究分析数学中的一些最基本的概念和性质的。比如，点集函数、序列、极限、连续性、可微性、积分等。实变函数论还要研究实变函数的分类问题、结构问题。实变函数论的内容包括实值函数的连续性质、微分理论、积分理论和测度论等。

【实际利率】(effective interest rate) 按实际计息期计息的利率。指用复利法将计息周期小于一年的实际利率i折成年实际利率。实际利率的计息期为不足一年，则有效年利率可用下式表示：

$$i=\frac{F-P}{P}=\frac{P(1+\frac{r}{m})^{m}-P}{P}=(1+\frac{r}{m})^{m}-1$$

式中，i为实际年利率，F为本利和，P为本金，r为名义利率，m为一年之中的计息周期数。公式反映了复利条件下实际年利率和名义利率之间的关系。一般实际年利率不低于名义利率。

【实际循环】(practical cycle) 取消理想化假设的循环。即工质为实际气体，比热容可变，循环中各热力过程为不可逆过程组成的循环。与理想循环相比，实际循环有很大的差别。这些差别由以下几项损失引起：(1)换气损失。更换工质要消耗功。(2)燃烧损失。不完全燃烧加高温分解。(3)实际工质泄露及比热随温度上升造成的损失。(4)传热损失。实际循环中，工质与燃烧室、工质与汽缸壁始终存在有热交换，其压缩与膨胀过程都不是绝热过程，都会产生传热损失。因此，实际循环的热效率远低于理想过程。研究实际循环与理想循环的差异，找出热量损失的部位，对提高热能的有效利用率十分重要。

【实生林】(sexual trees) 又称有性繁殖林。由种子繁殖更新而形成的林分。包括天然下种，人工栽植实生苗或直播后长起的林分。具特点是：(1)种子来源多，可大量繁殖，在短时间内能获得大量的苗木。(2)成本低、管理方便、技术要求低、小苗具有可塑性。(3)通过个体间的异交维持了较高的遗传多样性，有性后代扩散的距离较远，在拓殖新生境方面具有优势。(4)有性过程产生的种子，可通过休眠机制使植物安全地度过不利环境时期。(5)寿命长，采伐周期

银杏

长、采伐年龄大,树干通直,材质较好,可以培养贵重的木材。(6)生活力和抵抗病虫害的能力较强。其缺点是:(1)种子萌发易遭受不良环境影响,产生的后代在幼龄期死亡率较高。(2)幼年生长较慢,后期生长加快,需要加强抚育管理。(3)实生繁殖的后代变异较多,不易保持亲本的优良性状。

【实时操作系统】(system of actual time operating) 保证在一定时间限制内完成特定功能的操作系统。一般操作任务数是固定的,有硬实时和软实时之分。其特征是:(1)多任务。(2)有线程优先级。(3)多种中断级别。与通用操作系统的基本设计原则差别很大。其主要体现在:(1)任务调度策略。(2)内存管理。(3)中断处理。(4)共享资源的互斥访问。(5)系统调用以及系统内部操作的时间开销。(6)系统的可重入性。(7)辅助工具。该系统主要用在工业控制中。

【实时动态GPS测量】(GPS Real Time Kinematic,GPS RTK) GPS测量高精度实时定位的方法。在测量时,一般采用两套GPS接收机。一台安置在已知点上连续接收工作,称为基准站;另一台在未知点上进行测量,称为流动站。由基准站通过数据链(电台、无线网络等)实时将其载波观测量及测站坐标信息一同传送给流动站。流动站接收到卫星的载波相位与来自基准站的载波相位,组成相位差分观测值并进行实时处理,利用基准站和流动站之间观测误差的空间相关性,通过差分消除或削弱流动站观测数据中的大部分误差,实现GPS实时(1~2s)高精度(dm级甚至cm级)定位。常规实时动态GPS测量建立在流动站与基准站误差强相关这一假设条件的基础上。当流动站离基准站较近(不超过10~15km)时,上述假设条件一般均能较好地成立,此时利用一个或数个观测资料即可获得厘米级精度的结果。但误差的空间相关性随参考站和移动站距离的增加而逐渐变得越来越差。轨道偏差、电离层和对流层延迟的残余误差等都将迅速增加。当流动站和基准站间的距离大于50km时,常规实时动态GPS测量一般只能达到分米级的精度。为克服传统单机R作业距离有限的缺陷,保证定位结果的厘米级精度,1995年左右又提出了实时动态GPS测量网络技术。即在某一区域内建立多个(≥3)基准站,对该区域构成网状覆盖,并以这些基准站中的一个或多个为基准计算和发播差分改正信息,对该区域内的流动站进行实时改正。

【实时灌溉】(real-time irrigation) 一种短期适时预报灌溉方法。以田间水分状况、作物蒸发蒸腾量、地下水动态以及最新预测信息(如短期天气预报、作物生长趋势等)为基础,借助灌溉预报程序,确定在一周或一旬内作物所需要的灌水日期和灌水量。

【实时检测】(real time detection) 又称实时监测。能够随时跟踪显示被检测物质浓度或物理参数数值的检测。其特点是:传感器或检测器固定在被检测场所或设备的现场,检测输出信号或显示数值与被检测量的数值几乎同时变化。工厂采用的固定式气体检测报警系统就是其中一种。其作用是随时能了解被测量的数值。

【实时联机预报】(on-line real-time forecast) 通过对实时水文、气象等信息的遥测远传,在系统控制中心的直接控制下,迅速将实时信息数据自动传送输入电子计算机进行处理,并立即作出的预报。"实时"与"联机"的概念来源于通信和自动控制。实时指某一水文现象出现的实际时间;联机指所有有关的设备或装置联结置于系统中心计算机控制之下,使整个系统实现自动化。实时联机预报要求在降雨或洪水事件一旦发生,预报中心即能获得信息并使用预报模型由电子计算机自动进行计算,立即做出相应预报。实时联机预报系统的基础是实时资料自动采集、传递和处理,同时包括历史资料和各种参证资料,作业预报模型,预报的实时修正以及预报发布等,而电子计算机则是整个系统的"中枢"。

【实时流协议】(real time streaming protocol,RTSP) 多应用程序通过网络传送多媒体数据的协议。它是在体系结构上位于实时传输协议和传输控制协议之上,使用实时传输协议和传输控制协议完成数据传输。其功能与特点是:(1)与超文本传输协议相比,传输协议请求不同。(2)使用实时流协议,客户机和服务器都可发出请求,它是双向的。(3)它作为应用级协议,控制实时数据的发送,提供了可扩展框架,使实时数据的受控、点播成为可能。(4)它能够控制多个数据发送连接,为选择发送通道提供途径,并为选择基于实时传输协议的发送机制提供方法。

【实体化石】(body fossil) 由古生物遗体本身保存而形成的化石的统称。一般保留的仅是生物的硬体部分,如骨骼等。实体化石虽然保存了原生物的形态、构造特征,但物质成分或多或少已被其他物质所交代或

黄铁矿化菊石

填充，如软体动物的壳、脊椎动物的骨骼、牙齿等。但在密封、冷冻、干燥等特殊条件下，也可以保存完整的生物体，如西伯利亚冻土层中的猛犸象。

【实无限】(actual infinity) 完成的无限。把无限的整体本身作为一个现成的单位，构造完成了的东西；换言之，即是把无限对象看成为可以自我完成的过程或无穷整体。与此相对的是“潜无限”(potential infinity)，指对任何整数总存在一个比它大的整数，或把无限看作永远在延伸着的、一种变化着成长着被不断产生出来的东西来解释。它永远处在构造中，永远完成不了，是潜在的，而不是实在的。数学中无限的历史实际上是两者在数学中合理性的历史。

【实像】(real image) 物体发出的光线经光学系统(如凹面镜、凸透镜、透镜组)反射或折射后，重新会聚而造成的与原物相似(放大或缩小)的图景。实像可以显现在屏幕上，且倒立，是真实光线形成的像，能使底片感光。对凸透镜和凹镜而言，光源在主焦点以外时才能产生实像。

实像

【实验病理学】(experimental pathology) 病理学的一个分支。用实验方法阐明疾病发生的原因和条件、病理变化、发生机理及转归的一门学科。最常用的方法是动物实验。在一定条件下复制疾病，可多次重复，反复验证研究结果。还可用体外的实验方法，主要通过组织或细胞培养，研究离体的组织或细胞在致病因素作用后的机能、代谢和形态变化。

【实验动物】(laboratory animal) 经人工定向培养，对其携带的微生物和寄生虫实行控制，其遗传背景明确，来源清楚，并在相应的环境设施内饲养，用于科学研究、教学、生产、鉴定及其他科学实验的动物。选择实验动物的原则是：(1)尽量选择研究对象的功能、代谢、结构及疾病性质与人类相似的动物。(2)选用解剖、生理特点符合实验目的要求的实验动物。(3)根据实验动物不同品种、品系的特点选择动物。(4)根据对实验质量的要求选择标准化的实验动物。(5)符合实验动物选择的一般原则。(6)经济性原则。(7)动物实验结果的外推。(8)实验动物的选择应用应注意有关国际规范。实验动物的分类方法是：按实际用途的不同可分为：实验动物、经济动物、野生动物、观赏动物；按遗传学控制的不同可分为：近交系动物、突变种纯系动物、纯杂种动物；按微生物学控制方法的不同分为：无菌动物、悉生动物、无特殊病原体动物、清洁动物或最低限度疾病动物、普通动物。

实验动物

【实验动物环境】(laboratory animal environment control) 实验动物生长发育、繁殖交配所赖以生存发展的特定场所和外在条件。可将其分为外部环境和内部环境。前者指实验动物和动物实验设施以外的环境；后者指实验动物和动物实验设施内部，即动物直接生活的场所。内部环境又可分为内部大体环境和局部微环境。(1)实验动物内部大体环境，即设施内部大环境。是设施建造时所必须考虑的各种环境控制指标标定范围。(2)实验动物局部微环境。是指特定的、个别的或少数实验动物所生活的微小环境。包括实验动物笼舍结构款式、所处的位置、垫料的种类以及实验动物的密度等。在开放饲养条件下，外环境的变化直接影响内部环境。

【实验动物细胞工程】(experimental animal cell engineering) 主要以啮齿动物如小鼠、大鼠、仓鼠和家兔等为实验材料或模式动物，建立动物模型，开展的细胞工程学的基本理论和技术或方法等研究的工程技术。

【实验动物学】(laboratory animal science) 培育优质标准的实验动物和应用科学精确的实验方法使实验动物经过处理后获得重复性结果的一门综合性学科。其包含两个方面的内容：即实验动物和动物实验。前者是以实验动物为对象研究其驯养、育种、繁殖、饲养、管理、解剖、生理及动物各种疾病的表现和防治，以及对野生动物的开发和应用；后者是应用实验动物进行生命科学的研究，包括各种实验方法、技术操作及人类疾病的动物模型复制等。其基本内容包括：(1)实验动物育种学。主要研究实验动物遗传改良和遗传控制，以及野生动物和家畜的实验动物化。(2)实验动物医学。专门研究实验动物疾病的诊断、治疗、预防以及它在生物医学领域里如何应用的学科。(3)比较医学。比较研究所有动物(包括人的)基本生命现象的异同。(4)实验动物生态学。研究实验动物生存的环境与条件，如动物房舍、动物设施、通风、温度、湿度、光照、噪声、笼具、饲料、饮水以及各种垫料等。(5)动物实验技术。研究动物实验时的各种操作技术和实验方法，以及实验动物本身的饲养管理技术和各种监测技术等。

【实验科学】(experimental science) 又称经验科学。与理论科学相对应。把观测和实验作为获取与验证科学知识的基本手段的近代科学。它是在科学实验兴起的条件下形成的。19世纪是实验科学的世纪。伽利略的物理学、哥白尼的天文学、哈维的血液循环理论、波义耳的化学、牛顿的经典力学、吉尔伯特的磁学，都是近代实验科学兴起的重要标志。自20世纪以来，出现了以数学和理论思维方法为基本研究手段的理论自然科学。相对于理论自然科学而言，那些实验性较强的科学，如实验物理学、实验生物学等可归类于实验科学之中。

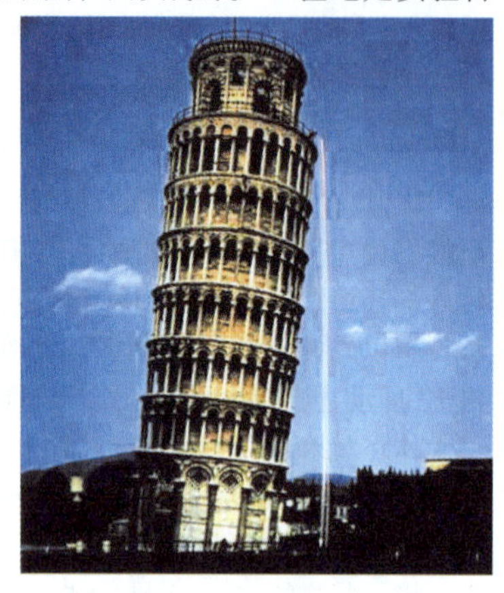
伽利略自由落体实验

【实验性动物模型】(experimental animal model) 又称诱发性动物模型。研究者通过使用物理的、化学的、生物的和复合的致病因素作用于动物，造成动物组织、器官或全身一定的损害，出现某些类似人类疾病的功能、代谢或形态结构方面的病变。即人为地诱发动物产生类似人类疾病的模型。如切断犬的冠状动脉分支复制心肌梗死模型；应用羟基乙胺复制大鼠急性十二指肠溃疡模型。

【实用温标】(practical temperature scale) 根据一些物质的具体属性建立的一种便于测定的温标。实用温度在每一个温标状态都很接近热力学温度。解决了直接测量热力学温度比较难的问题。

【食管癌】(esophageal cancer) 发生在食管上皮组织的恶性肿瘤。全世界每年约有20万人死于食管癌。中国是食管癌的高发区，食管癌病死率仅次于胃癌居第二位，发病年龄多在40岁以上，男性多于女性。但近年来40岁以下发病者有增长趋势。食管癌的确切病因不明。多数学者认为，食管癌的发生与进食含亚硝盐过多食物、食道局部创伤、霉菌作用、烟酒刺激、遗传因素及饮水、粮食和蔬菜中的微量元素含量有关。

【食管贲门失弛缓性综合征】(esophageal achalasia) 由食管神经肌肉功能障碍所导致的一种疾病。其主要特征是：吞咽时食管体部缺乏蠕动，食管下端括约肌不能正常地松弛，食物不能顺利地通过该处而滞留于食管内，逐渐引起食管肥厚、扩张以至扭曲等变化。该病发病率约十万分之一，发病年龄为13～77岁，最常见于20～39岁的年龄组。男女发病率相近。占食管疾病的4%～7.0%。其临床表现是：进食后胸骨下或上腹部疼痛由间歇性转为持续性，有咽下困难及食物反流等现象，尤以进冷食时明显。钡餐检查时钡剂在食管贲门部通过困难，食管下段有黏膜正常的漏斗性狭窄。

【食品】(food) 供人食用或者饮用的成品、原料以及按照传统既是食品又是药品的物品。不包括以治疗为目的的物品。主要由碳水化合物、蛋白质、脂肪、矿物质、维生素、水等营养素组成。包括天然食品和加工食品。天然食品是指在大自然中生长的、未经加工制作而可供人类食用的物品，如水果、蔬菜、谷物等；加工食品是指经过一定工艺的加工、制作后生产出来的，以供人们食用或者饮用的制成品，如大米、小麦粉、果汁饮料等。在营养学上，一般将食品分成酸性食品、中性食品、碱性食品三大类。凡含钾、钙、镁、钠等碱性元素较多的一般为碱性食品；凡含磷、氯、硫等酸性元素较多的一般为酸性食品；如提炼得很纯的油脂、糖、淀粉等，属中性食品。

食品

【食品QS认证管理】(food quality safety certification management) 中国对食品企业实行的市场准入制度。基本上等同于生产许可证或质量安全许可证。QS是食品质量安全(quality safety)的英文缩写。带有QS标志的产品就表明其已达到国家的批准。所有的食品生产企业必须经过强制性检验合格，且在最小销售单元的食品包装上标注食品生产许可证编号，并加印食品质量安全

QS标志

市场准入标志 QS 后才能出厂销售。没有食品质量安全市场准入标志的，不得出厂销售。自 2004 年 1 月 1 日起，中国首先在大米、食用植物油、小麦粉、酱油和醋五类食品行业中，实行食品质量安全市场准入制度。

【食品安全】(food safety) 包括食物量的安全和食物质的安全两个方面。食物量的安全是指能不能解决吃得饱的问题；食物质的安全是指确保食品消费对人类健康没有直接或潜在的不良影响。后者是食品卫生的重要部分。是食品的种植、养殖、加工、包装、储藏、运输、销售、消费等活动符合国家强制标准和要求，不存在可能损害或威胁人体健康的有毒有害物质以导致消费者病亡或者危及消费者及其后代的隐患。

【食品安全标准体系】(food safety standard system) 为保障食品安全而制订的一系列标准。中国现行食品相关标准由国家标准、行业标准、地方标准、企业标准四级标准构成。

【食品安全法律法规体系】(legislation system of food safety) 涵盖从农田到餐桌的全过程的食品安全法律、行政法规、地方法规、行政规章、规范性文件等多层次的完整体系。根据有关数据统计，目前中国现行相关食品的法律有 13 部，法规 26 个，主要集中在五个部门。中国基本形成了以《食品卫生法》、《产品质量法》、《标准化法》、《进出口商品检验法》等法律为基础，以涉及食品安全要求的大量技术标准、法规、规章为主体，以各省及地方政府关于食品安全的法规、规章为补充的食品安全法规体系。

【食品安全监测体系】(food safety monitoring system) 布局合理、结构科学、功能完善、技术先进的食品安全监测网络。这一体系的建立有助于食品安全监管部门开展食品安全风险分析和安全预警工作，提高对食品安全隐患的监测能力和反应能力，为政府研究和制定食品安全法律法规和政策提供依据。中国至今还没有形成完善、科学、统一、高效的食品安全监测体系。食品安全监测资源分散在多个食品安全监管部门，部门从属性强，资源共享性差，难以有效地为食品产业链各个环节提供高效技术监督服务。与发达国家相比，中国食品安全监测技术力量还明显不足，缺乏全面的、连续的对食品污染、食源性疾病、食品中的工业原料和添加剂的监测技术和手段，危险性评估知识的普及程度不高等，都严重制约着中国食品安全监测体系的建立和完善。

【食品安全监管体系】(food safety monitoring and management system) 为保证食品安全根据国家有关法律、法规和标准(或合同)而建立的一系列监督管理手段和措施。中国食品安全监管实行环节监管为主，品种监管为辅的监管模式。主要包括专门机构监管、法律法规监管、机构间协同监管、危险分析与关键控制点管理技术监管、缺陷食品召回制度等。中国依法履行食品安全监管职责的行政机关约有 20 个。

【食品安全科技支撑体系】(food safety supporting system of science and technology) 国家为保证食品安全，组织科研机构、高等院校和企业所开展的科学研究及研究成果。中国科技支撑体系建设方面仍落后于国际先进水平，不能适应当前食品安全监管的需要。在美国，食品药品管理局有 360 多种农药的残留检测方法，并拥有食源性疾病与食品污染的监测、溯源和预警等食品安全重要保障体系。中国已开始着手改变这一现状。科技部已设立食品安全关键技术的重大科技专项，危险性评估工作已经起步。危险性评估现已纳入世界卫生组织和联合国粮农组织以及中国食品安全法律法规之中。食源性危害检测技术已经有了一定的基础。危害分析与关键控制点等食品安全控制体系已经列入强制性国家标准并开始应用。

【食品安全认证认可体系】(food safety certification system) 为推行食品安全、规范食品市场管理、保证食品质量所采取的一系列有效手段和措施。主要包括无公害农产品生产基地认证、无公害农产品认证、绿色食品认证及有机食品认证等体系。中国国家质检总局开始对 28 类食品实行强制性市场准入，即 QS 认证。此外，ISO 系列认证和 HACCP 认证等一些国际通用认证也被采用。

【食品安全体系】(food safety system) 包括法律法规体系、标准体系、认证认可体系、监管体系、监测体系、信息交流体系、应急反应体系、科技支撑体系在内的八个方面的食品安全保障体系。这八个体系涉及食品安全的方方面面，构成了完整的食品安全体系。

【食品安全信息交流体系】(communication system of food safety information) 建立在政府公务网体系内的食品安全信息交流平台。包括食品安全信息的管理、发布和沟通等。具有方便快捷、多层次、多方位等特点。中国还没有建立透明、统一、高效的信息交流体系。

【食品安全性评价】(food safety evaluation) 对食品中的有害物质、食物新资源及其成分和新资源食品,可能使人体健康产生已知的或潜在的不良作用的强度进行科学判断的方法和结论。是运用毒理学动物试验结果,并结合人群流行病学调查资料来阐述食品中某种特定物质的毒性及潜在危害,对人体健康的影响性质和强度,预测人类接触后的安全程度。其主要目的是:评价某种食品是否可以食用,具体评价食品中的危害成分或者危害物质的毒性以及相应的风险程度。在20世纪50年代初期,是以急性和慢性毒性实验所获得的动物实验数据为基础进行综合评价的,难以确切定性和定量。近年来,食品安全性的评价已向危险性评估方面发展。以每周耐受量(PTWI)或每日最大耐受量(PMTDI)估计值,进行评估。

【食品安全应急反应体系】(food safety emergency response system) 国家及各级政府应对食品紧急突发事件的法规、制度、机构设置、应急措施等。中国食品安全应急处理方面还是一个薄弱环节。食品安全关乎国计民生,一旦发生重大食品安全事件,其应急处理机制不健全,必将对人民群众的财产和生命安全造成重大损失或受到严重威胁。为此,中国政府加快了食品安全应急机制建设,国务院出台了指导原则,食品安全应急处理有了法律保障。

【食品巴氏杀菌】(food pasteurization) 又称巴氏消毒法。一种食品低温消毒法。在规定时间内以不太高的温度(一般≤100℃),对食品进行加热杀菌的方法。此法可以达到消毒目的,又不致降低食品的质量。分低温法(60~65℃)消毒15~30min,高温法(70~80℃)消毒5~15min。牛奶、啤酒和葡萄酒等不耐高温的食品,不能加热到煮沸的温度,可采用较低的温度(70~80℃)灭菌。这种灭菌法首先由巴斯德发现,故得名。其基本原理是:利用病原体不耐热的特点,用适当的温度和保温时间处理,将其全部杀灭。较好地保留了食品的营养与天然风味。

【食品包装】(food package) 采用适当的包装材料、容器和技术,把食品包裹起来,使之在运输和储藏过程中保持其价值和原有状态的系统工程。是以食品为核心的系统工程,涉及到食品科学、食品包装材料、包装容器、包装技术、标准法则及质量控制等问题。

食品包装

食品作为日常生活中的特殊商品,其营养与卫生极其重要,又非常容易变质,所以食品包装必须保证食品作为商品在贮运和流通过程中的卫生质量、品质和风味。包装作为产品的附加物而成为商品的组成部分,在现代市场策略中占有重要地位。它作为市场竞争的一种手段,能提高商品的附加值,已成为企业营销战略的重要组成部分。它直接反映品牌及企业形象,对创名牌和树立良好企业形象有重要作用。在市场竞争中,它是企业与消费者之间的桥梁。

【食品包装材料】(food packaging material) 与食品接触或预期会与食品接触的食品内包装、销售包装、运输包装等包装材料。其主要性能是:对氧气、水汽和微生物有隔绝性,耐食品的腐蚀,符合食品安全卫生法规等。采用适当材料包装食品,可防止食品受到外界微生物或其他物质的污染,防止或减少食品的氧化和其他不良反应的发生,同时便于运输和保存。常用的食品包装材料主要有:纸、塑料、金属、复合材料(塑/塑、塑/纸、塑/铝箔、铝箔/纸/塑等各种类型的多层复合材料)、玻璃、陶瓷、木材、麻袋、布袋、竹等。其中,纸、塑料、金属、玻璃等已成为包装工业中的四大支柱材料。

食品包装材料

【食品包装容器】(food packaging container) 与食品直接接触的包装容器。食品在加工、运输、储藏、销售、消费者使用的过程中均需包装。使用包装容器或包装材料进行包装的食品称为包装食品。通常应具有一定的强度,可靠的密封性,良好的外观,适合食品充填机械生产,便利消费者使用等。现代食品包装容器主要类型有纸容器、金属容器、玻璃容器和塑料容器。传统的食品包装容器主要有木制容器、布制容器、陶瓷器具等。其作用是:保藏食品,使食品免受外界物理、化学和微生物的影响,保持食品质量,延长食品的储藏期;使得食品的加工、贮运、销售能按工业

食品包装容器

化方式进行;使零散的食品加工和技艺发展成为食品工程和工业。

【食品保存期】(food storage period) 在标签规定条件下食品可以食用的最终期限。超过此期后,食品的感官特性、理化指标、卫生指标都可能不再符合产品标准要求,甚至发霉、变质,就不宜食用和销售。根据食品标签通用标准规定,在任何情况下,食品的生产日期都不能省略,而保质期、保存期可以任选其一或同时标出。

【食品保鲜剂】(food antistaling agent) 防止生鲜食品脱水、氧化、变色、腐败变质等而在其表面进行喷涂、喷淋、浸泡或涂膜的物质。其作用机制和防腐剂有所不同。保鲜剂的种类及性质是:(1)蛋白质类。植物来源的蛋白质包括玉米醇溶蛋白、小麦谷蛋白、大豆蛋白、花生蛋白和棉籽蛋白等;动物来源的蛋白有角蛋白、胶原蛋白、明胶、酪蛋白和乳清蛋白等。可分别或复合制成可食性膜用于食品保鲜。(2)脂类化合物。包括石蜡油、蜂蜡、矿物油、蓖麻油、菜油、花生油、乙酰单甘酯及其乳胶体等,可单独或与其他成分混合在一起用于食品涂膜保鲜。(3)多糖类。由多糖形成的亲水性膜,有不同的黏性与结合性能,对气体的阻隔性好,但隔水能力差。纤维素中的衍生物可作为成膜材料。淀粉类可用于制造可食性涂膜。糊精是淀粉的部分水解产物,可作为成膜剂、微胶囊等。果胶制成的薄膜由于其亲水性,故水蒸气渗透性高。阿拉伯树胶、海藻中的角叉菜胶、褐藻酸盐、琼脂和海藻酸钠等都是良好的成膜或凝胶材料。(4)甲壳质类。将甲壳素分子中的乙酰基脱除后可制成脱乙酰甲壳质,称为壳聚糖。壳聚糖具有成膜性、人体可吸收性、抗辐射性和抑菌防霉等作用。(5)树脂类。天然树脂来源于树或灌木的细胞中。合成的树脂一般是石油产物。紫胶由紫胶桐酸和紫胶酸组成,与蜡共生,可赋予涂膜食品以明亮的光泽。紫胶在果蔬和糖果中应用广泛。紫胶和其他树脂对气体的阻隔性较好,对水蒸气一般。松脂可用于柑橘类水果的涂膜保鲜剂。在保鲜剂中常常加入一些其他成分或采取一些措施,以增加保鲜剂的功能。常用丙三醇、山梨醇增塑剂以及用苯甲酸盐、山梨酸盐作为防腐剂;用单甘酯、蔗糖脂作为乳化剂,用丁基羟基茴香醚、二丁基羟基甲苯、丙二醇作为抗氧化剂以及浸渍无机盐溶液如氯化钙溶液等。

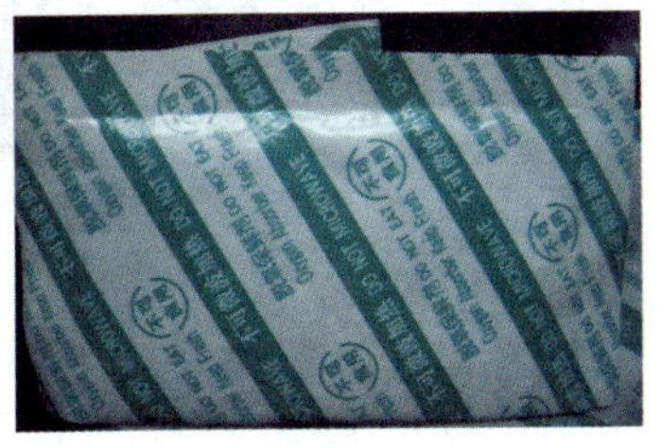

食品保鲜剂

【食品保质期】(food durability) 在标签规定条件下,从生产之日算起,保证食品质量的日期。在此期间,食品完全适合出售和食用。超过保质期的食品一般可以通过视、味、嗅、触等方法对其进行感官检验,如果食品没有不良气味或异味,无霉状物,无明显的色变,是可以食用的;反之则表明食品已腐败变质,不可食用。常见食品的保质期:(1)饼干。镀锡铁罐装的为3个月;塑料袋装的为2个月;散装为1个月。(2)罐头类。鱼类、禽类罐头为24个月;水果、蔬菜罐头为15个月;易拉罐、玻璃瓶装果汁、蔬菜汁饮料为6个月。(3)酒类。11~12度熟啤酒为4个月,普通的为2个月;14度啤酒为3个月;10.5度熟啤酒为50天;葡萄酒、果酒为6个月;汽酒为3个月;瓶装黄酒暂定为3个月;露酒为6个月。(4)麦乳精。镀锡铁罐装的为12个月;玻璃瓶装的为9个月;塑料袋装的为3个月。(5)奶粉。马口铁罐装的为12个月;玻璃瓶装的为9个月;500g塑料袋装的为4个月;马口铁罐装甜炼乳为9个月;玻璃瓶装甜炼乳为3个月。(6)糖果。第一、四季度生产的为3个月;第二、三季度生产的为2个月,梅雨季节生产的为1个月。(7)饮料。果汁汽水、果味汽水、可乐汽水玻璃瓶装为3个月;罐装为6个月。(8)其他。塑料袋装方便面为3个月;夹心巧克力为3个月;纯巧克力为6个月;油炸干果、番茄酱铁罐装、玻璃瓶装为12个月;酱油和食醋为6个月。

【食品比热】(food specific heat) 1kg食品温度升高或降低1℃时所吸收或放出的热量。与食品中的含水量、温度降低成正比,与含脂肪量成反比。所以,比热的大小直接与食品的冷却或冻结时所消耗的能量有关。在其他条件相同时,比热越大,冷却或冻结时所消耗的能量就越多,即需要较大的冷冻能力。反之,比热越小,消耗的能量越少。

【食品产品合格证】(qualification certificate of food products) 由生产厂出示的表明某一食品经检验符合产品标准或有关规定的凭证。是食品、产品质量保证文件的一种形式。

【食品厂卫生规范】(hygienic norm for food factory) 为保证食品安全,对食品企业的选址、设计、施工、设施、设备、操作人员、工艺等方面的卫生要求所作的统一规定。它规定了食品企业的食品加工过程、原料采购、运输、储存、工厂设计与设施的基本卫生要求及管理准则。规范适用于食品生产经营的企业,并作为制订各类食品企业的专业卫生规范的依据。

【食品超高温瞬时杀菌】(food ultra-high temperature instantaneous time sterilization) 对液体食品加热到135～150℃、加热时间为2～8s所进行的杀菌处理的一种技术。它和巴氏杀菌工艺的最大差别是超高温杀菌可以达到商业无菌，结合无菌包装工艺能够保证在常温下，食品的保质期达到六个月甚至更长时间。超高温杀菌已经成为液态食品的主要杀菌工艺，广泛应用于牛乳、果汁及果汁饮料、豆乳、茶、酒、矿泉水以及其他液态食品的生产。

【食品超高压技术】(food ultra-high pressure processing) 将食品密封于弹性容器或无菌泵系统中，经过高压作用达到加工保藏目的的一种加工方法。食品加压处理是否可行，其关键在于采用如水之类液体作为传递压力的介质。高压杀菌食品是先将食品原料充填到塑料等柔软的容器中，密封后再投入到高压装置中加压处理，在常温或较低温度下达到杀菌效果。符合新型食品的简便、安全特点，用途广泛。

【食品超滤技术】(food ultrafiltration technology) 在一定的压力下使食品溶液中的部分微粒分离的技术。是食品膜分离技术之一。已广泛应用于果蔬汁浓缩、牛奶浓缩、水处理等加工过程中。

【食品超微粉碎技术】(food ultrafine pulverization technology) 利用机械力或流体动力的方法克服固体内部凝聚力使之破碎，从而将粒径在3mm以上的物料颗粒粉碎至10～25μm的操作技术。它是20世纪80年代发展起来的物料粉碎加工新技术。超微粉碎原理与普通粉碎原理相同，只是细度要求更高。所谓超微粉碎，它是通过机械力和化学效应等作用，使食品物料的物理形态、化学结构发生变化，进而引起物理化学性质的改变。和传统的粉碎技术相比，其主要特点是产品的粒度微小，表面积剧增，物料的分散性、吸附性、溶解性、化学活性、生物活性等都有很大的改善。物料经过粉碎，表面积增加，引起了自由表面能的增加，更加不稳定。自由能有趋向于最小的倾向，故微粉有重新结聚的倾向，使粉碎过程达到一种动态平衡，即粉碎与结聚同时进行，粉碎便停止在一定阶段，不再向下进行。需要采取措施阻止其结聚，才可使粉碎顺利进行。超微粉碎技术在食品加工方面具有广泛的应用。

食品超微粉碎机

【食品成分】(food ingredient) 组成食品的各种化学成分。尽管食品种类很多，其成分可分为水分和固形物。固形物包括有机物和无机物。为分析方便，一般分五大类：水分、蛋白质、脂肪、糖和灰分。按食品化学和营养学又可细分为：糖、脂肪和类脂、蛋白质、水、无机盐、维生素、酶、乙醇、有机酸、生物碱、香精油、果胶、食品添加剂等。按食品卫生学观点，因食品原料和加工、贮运、销售过程的污染原因，实际上食品还含某些有害元素、毒素、残留农药、细菌、霉菌等。因此，对食品中各种有害成分的限量指标均有明确规定。

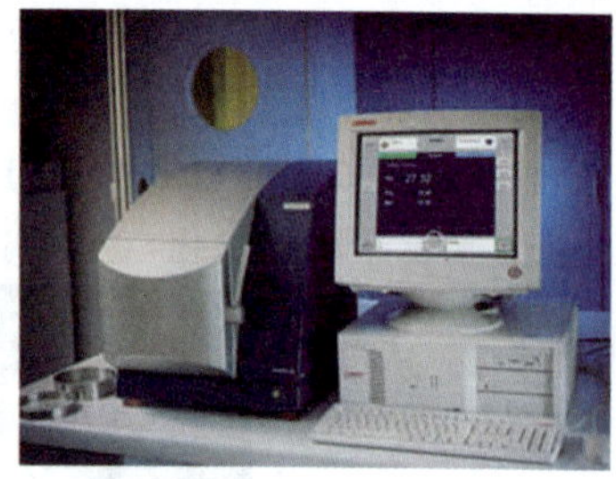

食品成分快速分析仪

【食品磁性金属物检测】(food magnetic metal detection of food) 对食品中含有磁性金属物的检测工作。食品中磁性金属物的含量，以每千克物料中含有磁性金属物的量表示(g/kg)。对食品原料或产品在生产加工(如：筛选、搅拌、切分和包装等)过程中混入的金属杂质，如铁及非铁磁性金属物品(铜、铝、不锈钢等有色金属)都应进行检测，确保产品达到国标规定的品质规格要求。

【食品低温冷藏链】(food cold storage chain) 食品从生产者到消费者之间流通的所有环节均保持适度低温状态的技术。即从原料采购、生产加工、储藏、运输到配送、销售直至消费者家庭等各个环节都能维持适度的低温状态。这种连续的低温处理好比用低温的链把各个环节连接起来，称为冷藏链。采用低温冷藏链技术，有利于延长易腐食品的保质期。主要为处于冻结温度带和冷却温度带的两类食品服务。冻结温度带的食品是指在－30℃以下温度能快速冻结，并在－18℃以下储藏的食品，包括各类冷冻食品及冰淇淋等冷饮品；而保鲜肉禽、果蔬、奶制品等往往需要在－3～－15℃的低温条件下加工和储藏。这类食品称为冷却温度带食品。

【食品冻藏技术】(food freezing technology) 使食品快速冻结并保持在冻结状态下(－18℃以下)进行的储藏保藏方法。在－18℃以下，微生物和酶对食品的作用变得很微小了。此时微生物丧失活力而不能繁殖，酶的反应受到严重抑制，食品的化学变化变慢，可以较长时间地储藏而不会腐败变质。冻藏技术广泛应用于肉类、水产、乳品、禽蛋以及蔬菜、水果等。其冻藏的保藏期较长，且能较好地保存食品本身的色香味、营养素和组织状态。该技术的主要缺陷在于需要一个冷冻链，温度波动对食品品质影响较大。

食品冷冻库

【食品毒理学】（food toxicology） 应用毒理学方法研究食品中外源化学物质的性质、来源与形成及其不良作用与可能的有益作用与机制，并确定这些物质的安全限量和评定食品的安全性的学科。其研究内容包括：急性食源性疾病，具有长期效应的慢性食源性危害，食物的生产、加工、运输、储存和销售的全过程的各个环节，食物生产的工业化，新技术的采用和对食物中有害因素的新认识。从毒理学的角度，研究食品中可能含有的外源化学物质对食用者的毒作用机理，检验和评价食品（包括食品添加剂）的安全性或安全范围，从而达到确保人类的健康目的。其研究方法包括：（1）生物试验。采用各种哺乳动物、水生动物、植物、昆虫和微生物等。但常用的仍是哺乳动物，如小鼠、大鼠、狗、家兔、豚鼠和猴等。（2）人群和现场调查。即采用流行病学和卫生学调查的方法。根据已有的动物实验结果和环境因素（如化学物的性质），选择适当的指标，观察生态环境变化和受试因素接触人群的因果关系和剂量关系。

【食品毒理学评价】（food toxicology evaluation） 利用毒理学的基本手段，通过动物实验和对人的观察，对食品中的毒性及其潜在危害作出评价。按毒理学的程序和方法，评价食品中有害物质对人体产生危害的程度（损伤、疾病或死亡），在通常条件下接触对人体和人群健康是否安全。其评价步骤是：初步工作→急性毒性试验→遗传毒理学试验→亚慢性毒性试验→慢性毒性试验（包括致癌试验）。

【食品发霉】（mouldy of food） 食品和食品原料表层或内部出现霉菌生长的现象。粮食、油脂、罐头、茶叶、饮料、果品、肉类等几乎所有食品均可受污染产生发霉现象。是食品变质的一种表现，有时也视为变质的原因。轻度的，经过清洗或消毒尚可食用，重度的必须销毁。发霉影响食品外观，出现各种斑点和醭膜，使食品变色变味。有些霉菌产生毒素，对人体有严重危害，食后会引起中毒或致癌。发霉原因很多。其中食品含水分较多，潮湿环境和杀菌不足等为主要原因。为防止食品发霉，可使用防腐剂、被膜剂或采取加热处理、辐射处理和干燥冷藏等。

食品发霉

【食品发色剂】（food colour former） 又称食品呈色剂。能使食品呈现良好色泽的一类化学物质。在食品加工过程中，添加适量的食品发色剂，与食品中某些成分作用，使之呈现良好的色泽。在使用发色剂的同时，常加入一些能促进发色的物质。这些物质称为发色助剂。发色剂有单独使用的，也有与发色助剂（抗坏血酸钠、异抗坏血酸钠等）并用的。发色剂可分为肉类使用的亚硝酸盐、硝酸盐和蔬菜、果实中使用的硫酸亚铁两类。在保证食品安全的条件下，发色剂的用量应限制在最低水平。

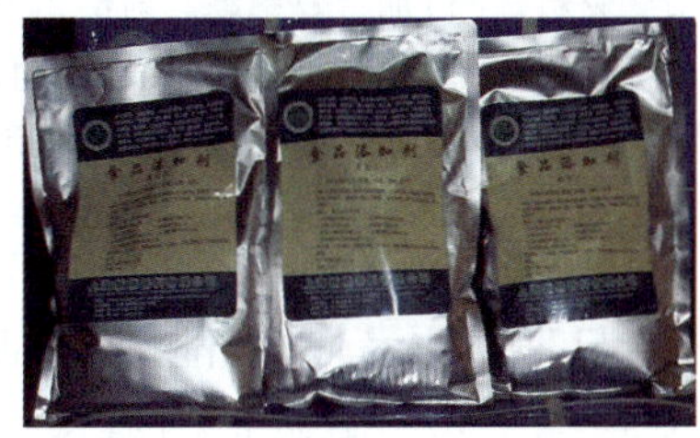
食品发色剂

【食品防腐剂】（food preservatives） 能防止食品由微生物所引起的腐败变质以延长其保存期的食品添加剂。它兼有防止微生物繁殖引起食物中毒的作用。因为这些物质在正常情况下对人体无害，通常被当做调味品对待。按具作用的不同可分为具有杀菌作用的杀菌剂和仅有抑菌作用的抑菌剂。二者常因浓度高低、作用时间长短和微生物种类等的不同而不易区分，作用都是抑制微生物酶系统的活性，破坏微生物细胞的膜结构。按来源和性质的不同可分为有机化学防腐剂和无机化学防腐剂。前一类主要包括苯甲酸及其盐类、山梨酸及其盐类、对羟基苯甲酸酯类、丙酸盐类、肽类等；后一类主要包括二氧化硫、亚硫酸及其盐类、硝酸盐及亚硝酸盐类等。世界各国所用的食品防腐剂约有 30 多种。

【食品沸腾干燥技术】（fluidized drying） 载热气流通过沸腾床的多孔板，将固体食品托起呈悬浮状态进行干燥的方法。食品干燥方法的一种。其干燥方式有圆筒式、卧式、喷雾式及喷雾气流式等多种。适于乳粉、固体饮料等制品的干燥。

【食品辐照保藏技术】(food irradiation technology) 利用射线辐照食品以便于其保存储藏的方法。其目的是:抑制发芽、杀虫灭菌、调节熟度、保持和延长食品鲜度,延长货架期和储存期,从而起到减少损失、保存食品的效果。由于辐射对食品安全、卫生有较高的要求,食品辐射有别于其他工业和医疗辐射,因而常采用"辐照食品"的称谓以示差别。辐照技术广泛应用于食品保藏。其优点是:(1)食品在受射线照射过程中的升温极微,可以忽略不计。在冷冻状态下进行处理,可以保持食品原有的新鲜感官特征。(2)适应范围广。在同一射线处理场所可以处理多种体积、形态、类型不同的食品。(3)经安全剂量射线照射的食品中无任何残留,射线也不会与产品产生化学作用。(4)食品可以在包装以后接受照射。对包装无严格要求,既可防止食品再污染,又能节约材料。(5)加工效率高。射线的穿透力强,可均匀深入物体内部,与加热相比,辐照过程可以精确控制,整个工序可连续进行,易于实现自动化。(6)节约能源。与传统的冷藏、热处理和干燥脱水相比,辐照处理可使能量节约70% ~90%。

【食品干燥技术】(drying technology of food) 在自然条件或人工控制条件下促使食品中水分蒸发的技术。包括自然干燥和人工干燥。自然干燥有晒干、风干等;人工干燥有加热干燥、真空干燥、喷雾干燥、冻结干燥、微波干燥等。食品干燥保藏是指将食品中的水分降低到足以防止腐败变质的水平后并始终保持低水分的保藏方法。

【食品干燥剂】(food desiccant) 能吸收水分、减低食品袋中的湿度,防止食品变质腐败的一类物质。食品中常用的干燥剂是氧化钙和硅胶。氧化钙也就是生石灰,是白色或灰白色的块状物,有很强的吸收空气中水分的功能。硅胶是由硅酸凝胶适当脱水而成的颗粒大小不同的多孔物质。硅胶具有开放的多孔结构,比表面(单位质量的表面积)很大,能吸附许多物质,是一种很好的干燥剂、吸附剂和催化剂载体。硅胶的吸附作用主要是物理吸附。硅胶可以再生和反复使用。

食品干燥剂

【食品感官检验】(food sensory analysis) 又称感官评价、感官检查。用人的感觉器官对食品的感官质量特征进行的检验。如味觉、嗅觉、视觉、听觉和触觉等。用语言、文字、符号和数据进行记录,再运用数理统计方法进行分析,从而对食品的色、香、味、形、质地和口感等各项指标做出评价。按其检验方法的不同可分为:差别检验法、标度检验法、类别检验法和分析描述性检验法。

【食品高压杀菌】(food sterilization with high pressure) 在高于一个大气压的条件下对食品进行的杀菌处理过程。分为高压蒸汽杀菌、高压水煮杀菌和空气加压蒸汽杀菌。高压杀菌使微生物的形态、结构、生物化学反应、基因机制以及细胞壁膜发生多方面的变化,进而使微生物的生理机能丧失或发生不可逆变化而致死,达到灭菌、长期安全保存的目的。

【食品高压水煮杀菌】(food high-pressure boiling sterilization) 利用空气加压下的水作为加热介质且主要用于玻璃瓶和软性材料为容器的低酸性罐头食品所进行的一种杀菌过程。杀菌(包括冷却)时罐头浸没于水中以使之传热均匀,并防止由于罐内外压差太大或温度变化过剧而造成的容器破损。杀菌时需要保持空气和水的良好循环以使温度均匀。杀菌设备主要是间歇式的。但罐头在杀菌时可保持回转。软罐头杀菌时则需要用特殊的托盘(架)放置,以利于加热介质的循环。

【食品高压蒸汽杀菌】(food sterilization with high steam pressure) 利用饱和水蒸气作为加热介质对罐头等食品所进行的一种杀菌过程。杀菌时,罐头处于饱和蒸汽中,温度高于100℃。由于杀菌时设备中的空气被排尽,有利于温度保持一致。在较高杀菌温度(罐直径100 mm以上,或罐直径100 mm以下温度高于121.1℃)情况下,冷却时一般采用空气反压冷却。杀菌设备有间歇式和连续式两种。罐头在杀菌设备中有静止的也有回转的。回转式杀菌设备可以缩短杀菌时间。

高压蒸汽杀菌锅

【食品工程】(food engineering) 粮食、油料加工,食品制造和饮料制造等工程技术的统称。包括食品生物技术、食品化学及应用、食品加工与保藏、食品检测与分析、食品分离与重组、粮食与油脂加工、水产品加工、畜产品加工、果蔬加工、食品机械与包装、功能性食品的理论研究和技术开发。涉及食品酶学、食品科学研究方法学、微生物学、生化工程与设备、水处理工程、食品分离与重组、食品物性学、食品风味化学、食品添加剂化学、食品包装技术、食品波谱学、功能性食品、食品科学研究的新进展、食品工业管理学等。该领域主要的研究方向有：食品生物技术、食品化学及应用、食品加工与保藏、食品分析与检测、食品分离与重组、粮食与油脂加工、水产品加工、畜产品加工、果蔬加工、食品机械与包装技术、食品工厂质量管理体系、功能性食品开发。

【食品工业】（food industry） 利用物理、化学或生物学等的工业技术方法，对农产、畜产、水产等和化学工业产品或半制品为原料，制造、提取、加工成食品或半成品的，能够进行连续而有组织的经济活动的工业体系。在国民经济中占有重要地位和国计民生中必不可少的工业部门之一。有的把食品工业列为轻工业的一部分。包括粮油工业、肉类工业、调味工业、饮料工业、水产加工业、罐头工业、冷藏工业、发酵工业、制糖工业、糕点加工业、乳品工业等。食品工业产品种类繁多。按其食品原料种类的不同可分为：粮食油脂类、肉禽蛋及其制品类、水产品及其制品类、水果蔬菜及其制品类、食用菌类、糖烟酒茶类、乳及乳制品类和蜂蜜花粉制品类等。按其食品加工保藏法的不同可分为：食品基础原料类、罐藏食品类、干藏食品类、冷冻食品类、焙烤挤压食品类、发酵食品类、辐照食品类、腊制食品类和饮料矿泉水类等。

食品生产车间

【食品关键点控制】（food critical control point） 用于对某一特定食品生产过程进行鉴别评价和控制的一种系统方法。能有效控制危害的点、步骤和程序，以防止、消除某一项食品安全的危害或将其降低到可接受水平。只有某一点或某些点能用来显著控制食品安全危害时，才被认为是关键控制点。是危害分析和临界关键控制点（HACCP）系统方法的基本内容。该方法通过预计哪些环节最可能出现的问题，或一旦出了问题对人危害较大，来建立防止这些问题出现的有效措施以保证食品的安全。

【食品关键限值】（food critical limit） 与一个食品关键控制点相联系的每个预防措施所必须满足的标准——确保食品安全的界限数值。在危害分析临界关键控制点系统方法中，区分可接受与不可接受的指标值。在关键控制点上，将生物的、化学的和物理的参数控制到最大值或最小值，以防止或消除食品安全危害的发生，或将其降低到可接受的水平。每个关键控制点必须有一个或多个关键限值。关键控制点的监控，是一种建立在良好操作规范和卫生标准操作规程基础之上的控制危害的预防性体系。它的主要控制目标，是食品的安全性。与其他的质量管理体系相比，可以将主要精力放在影响产品安全的关键加工点上，而不是将每一个步骤都放上很多的精力。

【食品化学】（food chemistry） 研究食品的组成、特性及其产生化学变化的学科。主要研究各种生鲜食品、食品原料、半成品与成品的化学成分及其加工处理与保藏中的动态变化，以分析检测各种食品原料及其制成品的天然化学成分和化学性质为主，同时也定性、定量监测分析食品添加剂、污染物、分解产物及其他异常成分及其对食品质量的影响。其内容涉及微生物学、化学、生物学和工程学等多个学科领域。

【食品化学保藏】（chemical preservation of food） 在食品中添加防腐剂、抑菌剂、抗氧化剂、脱氧剂等化学制品来抑制微生物的生长和延迟化学反应的发生，以提高食品耐藏性的保藏技术。食品常用的化学防腐剂有苯甲酸及其钠盐、山梨酸及其钾盐、丙酸及其盐、亚硝酸盐等；常用的抗氧化剂有丁基羟基茴香醚、二丁基羟基对甲酚，没食子酸甲酯、抗坏血酸及其衍生物等；常用的脱氧剂有铁系列和亚硫酸盐系列。

【食品火焰杀菌】（flame sterilization of food） 利用火焰直接加热食品，在常压下对食品进行高温短时杀菌的技术。杀菌时罐头经预热后在高温火焰（温度达1 300℃以上）上滚过，短时间内达到高温，维持较短时间后，经水喷淋冷却。罐内食品可不需要汤汁作为对流传热的介质，内容物中固形物含量高。食品火焰杀菌时，罐内压力较高，一般用于小型金属罐。此法的杀菌温度较难控制。

食品火焰杀菌

【食品机械】(food machinery) 加工食品过程中所应用的机械装置及设备的总称。分通用机械和专业机械两类。前者包括:热交换、搅拌、洗涤、杀菌、均质、研磨、粉碎、变速、冷却、冷凝、制冷、分离以及保鲜等类机械;分离机又包括过滤、分选、浓缩、干燥、筛理等;还有不锈钢槽、罐、泵、阀门等类。后者包括:粮食、油脂、烟草、酿酒、饮料、罐头、茶叶、蔬菜、水果、干果、屠宰、肉类、肉制品、水产品、乳品、代乳品、蛋品、糕点、糖果、制糖、豆制品、峰产品、淀粉、冷饮、制盐、调味料、食品添加剂等加工机械。由于用来加工的食品直接食用,所以其材质、润滑等均应符合中国食品卫生安全的要求。凡接触食品的部位应采用不锈钢、无毒工程塑料或玻璃、竹木等,并应便于拆卸、清洗。

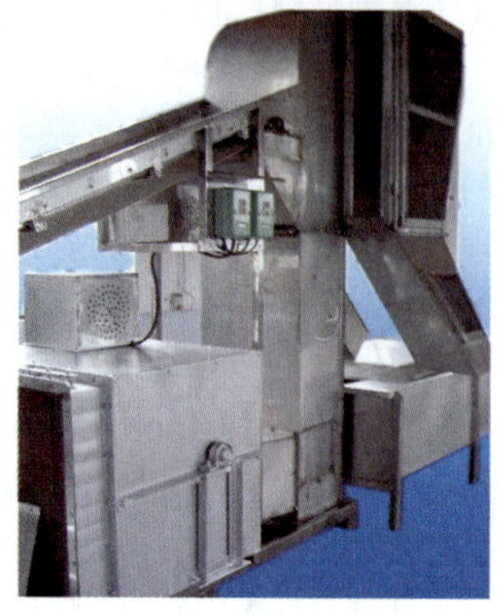
食品机械

【食品急性中毒】(food acute toxicity) 与食品慢性中毒相对应。食品中的毒物在短时间内大量进入人体而引起的中毒症状。机体(人或实验动物)一次(或24h内多次)接触受试物之后所引起的中毒反应。通常用"半数致死量(LD_{50})"来表示。LD_{50}是指能使一组被试验的动物(家兔、白鼠等)死亡50%的剂量。单位是mg/kg。急性中毒,即起病急骤、症状严重和变化迅速,如不及时抢救,可危及生命。因此,对于急性中毒的病人,应及时诊断和治疗,以挽救生命,减少后遗症。其急救原则是:(1)立即终止接触毒物,阻止毒物吸收。(2)清除体内毒物。(3)使用特效解毒剂。(4)对症及时治疗。

【食品加工废水处理】(wastewater treatment in food processing) 对食品加工过程中所产生的废水进行的处理。食品工业是以农、林、牧、渔业产品为主要原料的加工业。按加工原料的不同可分为:肉和肉制品加工业、禽蛋加工业、水产加工业、制糖业、水果蔬菜加工业、粮食加工业、淀粉工业、食用油脂工业、饮料工业、制酒工业、乳制品业等。食品工业都以水作为工业用水和清洗用水,用水量大,废水排放量也很大。废水主要来源于三个生产工段:原料清洗工段(废水中含根、叶、皮、鳞、肉、羽、毛等大量颗粒物和悬浮物)、生产工段(部分未被利用的原料进入废水中,有机物浓度高)和成形工段(进入废水中的食品添加剂等使水质更复杂)。其特征是:(1)废水的水质和水量随季节和时间变化大。(2)废水中可生物降解的有机成分多。(3)虽然废水本身无毒,但是含有多种微生物,容易腐败发臭。(4)废水的浓度高,氮、磷含量高。(5)企业规模大小不一,排放废水的水质和水量差别大。食品加工废水处理的原则是:不断改进食品加工生产工艺,提高管理水平,减少产品流失;综合利用高浓度有机废水,既可产生经济效益,又可减轻环境治理的负担。食品工业废水通常需要进行二级处理,才能达到国家规定的废水排放标准。即一级采用物理和化学法(过滤、絮凝、沉淀和气浮等)处理,二级采用生物法(厌氧和好氧法)的处理工艺。对于废水量不大、季节性强的小企业,需要使用管理和操作简单的废水处理工艺设备。

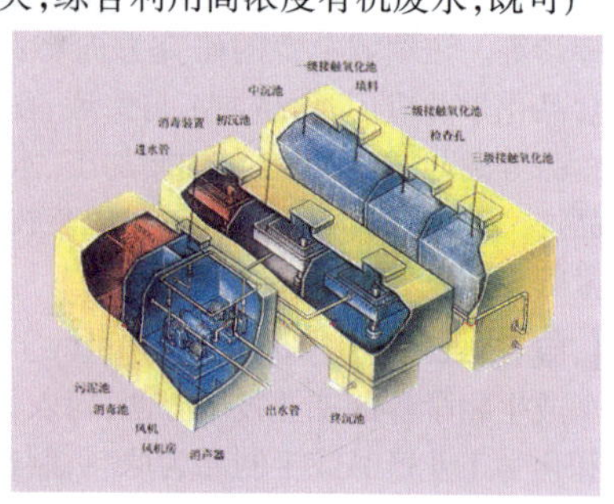
食品加工废水处理

【食品加工助剂】(food processing aid) 使食品加工能够顺利进行的各种辅助物质。它们与食品本身无关,主要有助滤剂、澄清剂、吸附剂、润滑剂、脱膜剂、脱色剂、脱皮剂、提取溶剂、发酵用营养物等。

【食品抗菌保鲜剂】(food anti-staling agent) 能抑制和杀灭食品中细菌的天然或合成保鲜剂。常用的化学保鲜剂有:苯甲酸、双乙酸钠、丙酸钙、富马酸二甲酯、丁基羟基茴香醚(BHA)、二丁基羟基甲苯(BHT)、没食子酸丙酯(PG)和叔丁基对苯二酚(TBHQ)等。高效安全的天然食品保鲜剂的开发已成为当今世界食品保鲜剂的重要研究领域。天然保鲜剂的毒性远远低于人工合成的保鲜剂。常用的天然保鲜剂主要有:茶多酚类、天然维生素E(生育酚混合物)、类黑精类、红辣椒提取物、香辛料提取物、果胶分解物、糖醇类、甘草黄酮类、植酸、蜂胶提取物、乳链球菌素、溶菌酶和壳聚糖(脱乙酰甲壳质)等。工业化生产的未经脱水干燥的面、米类制品,在流通过程中易受到大肠菌群和金黄色葡萄球菌感染、若在生产过程中适当添加抗菌保鲜剂可延长其保存期。丙二醇是常用的抗菌保鲜剂。它与酒精复配后使用保鲜效果更好。有机酸制剂如醋酸、乳酸、苹果酸、柠檬酸等,对耐热微生物菌能起到很好的抑制作用。在选择酸味剂时,要使用其pH值保持在规定的范围内。

【食品抗氧化剂】(food antioxidants) 能阻止或推迟食品的氧化变质、提高食品稳定性和延长其储存期的食品添加剂。按其来源的不同可分为天然抗氧化剂和人工合成抗氧化剂。前者一般指从植物组织中提取的具有抗氧化活性的物质，包括维生素类、黄酮类、苯酚类、皂苷类、鞣质类、生物碱类等；后者有特丁基对苯三酚(TBHQ)、丁基羟基茴香醚、二丁基羟基甲苯(BHT)和没食子酸、丙脂(PG)。按其溶解性的不同可分为油溶性以及水溶性两类。

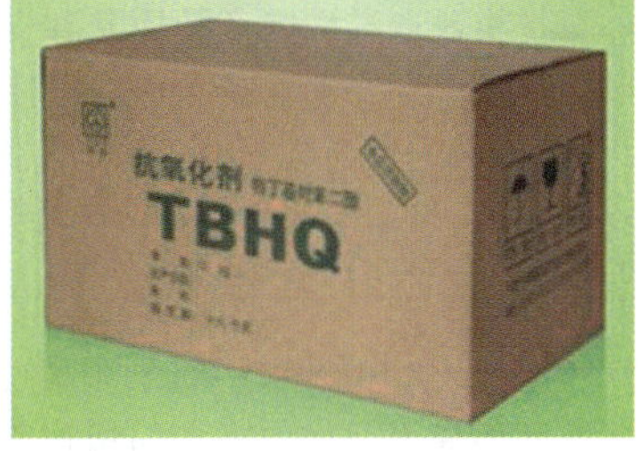

食品抗氧化剂

【食品科学】(food science) 一门以现代科学、技术与工程为基础，以食品生产、加工、包装、储藏、流通、消费、环保等为主要研究内容，以食品卫生、营养、感官品质等食品质量及其变化、维护、检验、评价等为研究中心，并与现代管理科学、人文科学、市场营销等学科密切联系的综合性科学。包括食品工艺、农产品加工工程和食品检测三个专业方向。其发展方向是在食品及相关领域内的食品生产技术管理、品质控制、产品开发、技术咨询、科学研究、工程设计等以及培养食品科学与工程学科的高级技术人才。

【食品可溶性固形物】(food soluble solid) 食品中所含的可以溶于水的固形物。通常指水果或果汁中能溶于水的糖、酸、维生素、矿物质等。可溶性固形物含量以百分率表示。它是反映罐头食品，果、蔬、乳饮料、果冻产品等主要营养物质多少的一个重要指标。

【食品矿物元素】(food mineral substance) 食品内所含各种无机物的总称。人体内约含有60多种元素，除了碳(C)、氢(H)、氧(O)和氮(N)组成的有机化合物外，其余元素均称为矿物质。是构成机体组织、维持机体代谢等生理功能必需的物质。是动植物体内无法自身产生、合成的。人体必需的矿物质主要是：钙(Ca)、磷(P)、钾(K)、钠(Na)、铁(Fe)、镁(Mg)和锌(Zn)等。缺乏时，可能会出现多种病症。按其物质含量的不同可分为两类；(1)常量矿物质元素。在体内含量大于体重0.01%的矿物质(元素)。包括钙(Ca)、磷(P)、钾(K)、钠(Na))、镁(Mg)和硫(S)等。都是人体必需的元素。有重要的生理功能。(2)微量矿物质元素。在体内含量小于体重0.01%的矿物质(元素)。目前，认为人体必需的微量元素有：锌(Zn)、铜(Cu)、铁(Fe)、铬(Cr)、钴(Co)、锰(Mn)、钼(Mo)、锡(Sn)、钒(V)、碘(I)、硒(Se)、锶(Sr)、镍(Ni)和硅(Si)14种。粮食中含有30种以上的矿物质元素。是人体中矿物质元素的主要来源。

【食品冷冻粉碎技术】(food freezing and smashing technology) 一项使食品原料在冻结状态下进行粉碎制成干粉的技术。是冷冻与粉碎两种技术相结合的产物。冷冻粉碎技术突破了常规粉碎工艺的局限性，利用物料在低温状态下的低温脆性，即物料随着温度的降低，其硬度和脆性增加，而塑性及韧性降低。在这种温度下，用很小的力就能将其粉碎。采用冷冻粉碎技术，不仅可以使常规粉碎无法处理的物料得以粉碎，而且大大减少了粉碎过程中有效成分的损失。此项技术已在保健食品的生产中得到广泛应用。其优点是：(1)可以粉碎含脂肪多的肉类、含水分多的蔬菜、软化点低的巧克力及在常温下难以粉碎的食品原料。这些物料在常温粉碎时容易产生黏结、堵塞和性质变化等问题，效果和效率差。(2)可以制成比常温粉粒体流动性更好、黏度分布更理想的产品。(3)不会发生常温粉碎时因发热、氧化等造成的变质现象。(4)粉碎时不会发生气味逸出、粉尘爆炸、产生噪声等现象。(5)利用物质的低温脆性进行粉碎，可做微细的粉碎，颗粒直径小于0.06mm。

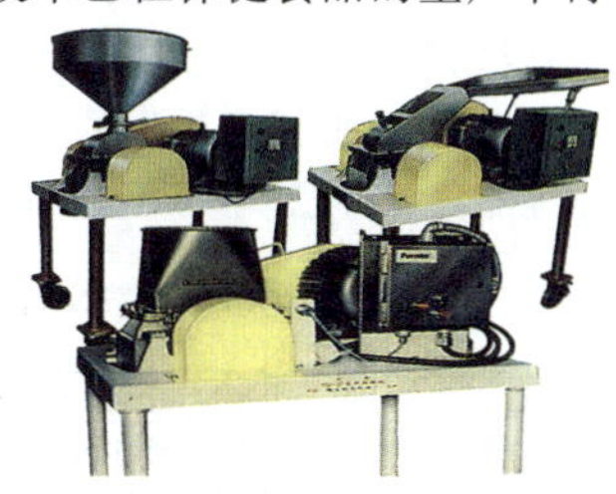
食品冷冻粉碎技术

【食品冷冻干燥技术】(food freezing and drying technology) 将干物料中的水分直接由冰晶体蒸发成水蒸气的干燥过程。食品冷冻十燥是先将待丁燥品速冻至-30～-25℃，再在高真空(610Pa，即三相点以下)状态下通过热辐射方式使物体中的水分由固态直接升华为气态，再经-40℃的捕水器捕集气态水，最后获得干燥制品。市场上常见的真空冻干食品有：冻干方便面、冻干汤料、粉末蔬菜、颗粒蔬菜等。冻干产品是国际上发展十分迅速的食品加工新品种，已有取代普通干制食品成为主流产品的

食品冷冻干燥技术

趋势。其国际贸易价格是普通干制食品的4～5倍。

【食品冷冻浓缩技术】(food freezing concentration technology) 在低温条件下利用冰与水溶液之间的固液平衡原理提高溶质浓度的浓缩方法。由于水分的排除在冷冻条件下进行，可以有效避免芳香物质挥发及热不稳定成分的破坏。因此，此技术适用于热敏液体食品的浓缩。其缺点是：(1)在加工中，细菌和酶的活性得不到抑制，所以制品还必须再经热处理或冷冻保藏。(2)该法受到溶液浓度的限制，浓度过高不宜采用。(3)操作过程中会造成溶质的损失，特别是黏度大的溶液分离比较困难。

【食品冷链】(cold chain of food) 易腐食品从产地收购或捕捞之后，在产品加工、储藏、运输、分销和零售各个环节始终处于所必需的低温环境下特殊供应链系统。是以冷冻工艺学为基础，以制冷技术为手段，在低温条件下的物流现象。由冷冻加工、冷冻储藏、冷藏运输及配送和冷冻销售四个方面构成。建立并完善食品冷链的目的是：防止食品腐败，防止污染，保证食品安全和减少损耗。适用的食品包括：(1)初级农产品。蔬菜、水果，肉、禽、蛋、水产品和花卉产品。(2)加工食品。速冻食品，禽、肉、水产品装熟食，冰淇淋、奶制品和快餐原料。(3)特殊商品和药品。

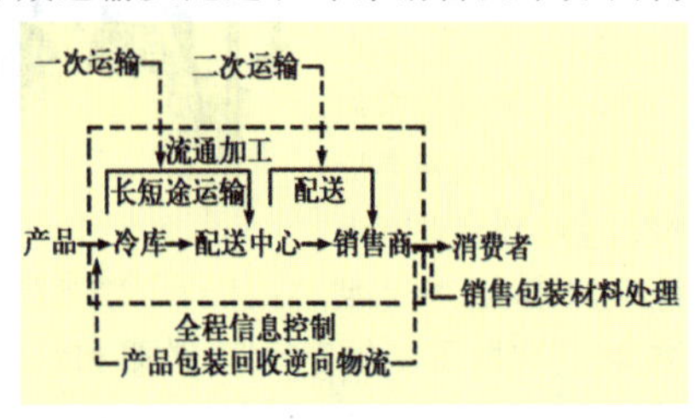

食品冷链

【食品冷链物流】(food cold-chain logistics) 根据食品特性，为保持食品品质而采用的从生产到消费的过程中始终处于低温状态的物流链条。是随着科学技术的进步而建立起来的。是以冷冻工艺学为基础、以制冷技术为手段的低温物流过程。是需要特别装置、注意运送过程、时间掌控、运输型态和物流成本所占成本比例非常高的特殊物流形式。通过采用铁路、公路、水路和航空等多式联运，建立包括生产、加工、储藏、运输和销售等在内的新鲜物品的冷冻冷藏系统，使新鲜物品的冷冻冷藏运输率及运输质量完好率都得到极大的提高。国际上较为成形的食品冷链模式主要有：(1)以企业为主体的食品冷链体系。这种模式在美国、日本和西欧比较普遍。(2)以保证大量食品的一般质量、降低在途损耗的价格与品质模式。这种模式一般为发展中国家采用。其适用范围包括：初级农产品、加工食品、速冻食品、快餐原料和特殊商品。

【食品良好生产规范】(fine manufacturing standard) 为保障食品安全而制订的贯穿于食品生产全过程的一系列措施、方法和技术要求。是一种注重制造过程中产品质量和安全卫生的自主性管理制度。它要求食品生产企业应具有良好的生产设备，合理的生产过程，完善和严格的卫生与质量的检测系统，以确保食品的安全性及其质量符合标准。

【食品流态化冻结技术】(food fluidization freezing technology) 利用高速冷空气把食品物料吹起形成流态化而将食品快速冻结的技术。设备由冻结隧道和多孔输送带组成。把被冻物料置于不锈钢丝网多孔输送带上，随输送而冻结。被冻物料在输送带上通过冻结隧道时被由下向上的强冷风吹拂形成流态化的单体，从而实现快速冻结。在该设备上装有机械脉冲装置，增强了流态化效果，有利于颗粒状、片状、块状、黏的、软的、易损物料的冻结。蔬菜的冻结时间一般为3～5min。由于冻结速度快，冻结后的食品具有质量好、便于包装和便于消费者食用等优点。

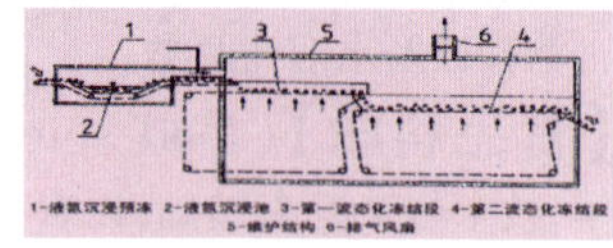

食品流态化冻结技术

【食品慢性中毒】(food chronic toxicosis) 与食品急性中毒相对应。连续多次小剂量摄入食品中的毒物，逐渐发生的中毒症状。经过的时间会很长，半月、数年或者更长。药剂或其他物质，对环境、水体、大气和食品原料造成污染后。少量长期反复作用于人畜肌体后在体内积累，引起内脏机能受损、正常生理代谢受阻和癌变中毒。甚至导致后代的遗传变异。

【食品密度】(food proportion) 单位体积食品与同体积的4℃时的水的重量之比。食品的密度与食品的营养组成及含水量有关。由于食品中含大量的水分，故大多数食品的密度与水相近，一般在0.9～1.1kg/m³之间。食品中含水越多，其密度越大。

【食品膜分离技术】(food membrane separating technology) 对食品中的溶质和水分进行分离、分级、提纯和富集的技术。它利用天然或人工合成的高分子薄膜或具有类似功能的材料，借助外界能量或化学位差实现分离。主要包括微滤、超滤、反渗透膜、蒸馏膜、萃取等技术。

【食品欧姆杀菌】(Ohmic heating sterilization) 将低频交流电流通过食品，使电能转化为热能而达到杀菌目的的一种技术。可用于酸性和低酸性食品及带颗粒(粒径小于25mm)食品的连续杀菌。欧姆杀菌与传统罐装食品的杀菌相比不需要传热面,热量在固体产品内部产生,适合于处理含大颗粒固体产品和高黏度的物料。该系统操作连续、平稳,易于自动化控制。其维护费用、操作费用低。其缺点主要在于杀菌过程依靠产品的传导性对产品加热,不能用于脂肪、油、酒精、骨或冰的处理,必须仔细控制产品配方以控制电阻。生产设备的设计必须针对具体产品,必须控制产品流速和温度以保证杀死微生物等。

【食品喷雾干燥技术】(food drying technique by spray)用喷雾的方法使食物中的水分迅速蒸发的技术。该技术能直接使溶液、乳浊液干燥成粉状或颗粒状制品,可省去蒸发、粉碎等工序。具有传热快、水分蒸发迅速、干燥瞬间的特点,且制品质量好,质地松脆,溶解性能也好,适用于热敏性产品,也可用于制备微胶囊。

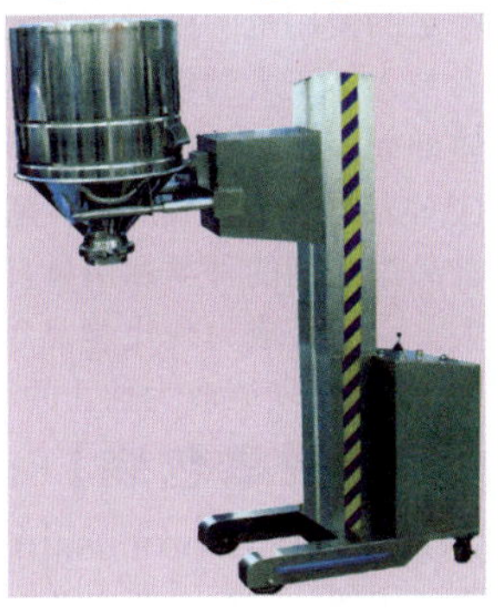

食品喷雾干燥器

【食品气体置换包装】(modified atmosphere packaging in food processing,MAP)又称真空充气包装。在抽真空后再充入2~3种按一定比例混合的惰性气体的包装技术。其适用范围远远大于真空包装。除包装后需要高温杀菌的食品或为了减少包装体积必须采用真空包装外,其余采用真空包装的食品均可用真空充气包装替代,而许多不宜采用真空包装的食品也可采用真空充气包装。许多食品虽然真空除氧就能达到延长保质期的目的,但又不宜采用真空包装,只需在抽真空后充入氮气(N_2)即可。氮气是一种惰性气体,化学性能极其稳定,主要起填充作用,使食品包装后抗压、阻气,另有保香作用。真空充氮包装应用广泛,主要用于茶叶、果仁、瓜子仁、肉松、膨化食品、果蔬脆片、奶粉、脱水蔬菜等的包装。

【食品乳化剂】(food emulsifier) 能使互不相溶的油和水形成稳定乳浊液的食品添加剂。乳化剂属于表面活性剂。使一些互不相溶的液体融合成稳定乳液的一类表面活性剂。添加于食品中,可显著降低油水两相界面张力,使互不相溶的油(疏水性物质)和水(亲水性物质)形成稳定乳浊液。它的分子中含有易溶于油的亲油基团和易溶于水的亲水基团。当它分散在分散介质的表面时,会在两相间形成薄膜,并使分散相带有电荷,可阻止分散相带的小液滴互相凝结,形成稳定的乳液。广泛应用于食品乳制品、饮料、面和米制品等多种产品。食品中常用的乳化剂有硬脂酰乳酸钠(ssl)、硬脂酰乳酸钙(csl)、双乙酰酒石酸单甘油酯(datem)、蔗糖脂肪酯(se)和蒸馏单甘酯(dmg)等。

【食品商业无菌】(food commercial sterilization) 食品经过适度杀菌后不含致病性微生物、也不含在常温下能在其中繁殖的非致病性微生物的状态。与医疗卫生、微生物研究方面灭菌的概念有一定区别。它并不要求达到无菌水平,而是不允许有致病菌和产毒菌存在。商业无菌要求产品中的所有致病菌都已被杀灭,耐热性非致病菌的存活概率达到规定要求,并且在密封完好的条件下在正常的销售期内不生长繁殖。

【食品渗透压】(osmotic pressure of food) 食品中的水分子经半透膜进入溶液(如蔗糖溶液)而产生静水压力。用符号 π 表示,单位帕(Pa)。是溶液的一个重要性质。提高食品的渗透压,可以起到防腐的效果。其大小与溶液的浓度、成分的种类、温度等有关。食品的盐腌和糖渍法,腌制速度与渗透压的大小密切相关,提高温度和盐或糖的浓度可加快腌制的速度。

【食品生产许可证】(food production license) 为保证食品的质量安全,由国家主管食品生产领域质量监督工作的行政部门制订并实施的一项旨在控制食品生产加工企业生产条件的监控制度。食品生产许可证是工业产品许可制度的一个组成部分。该制度规定:从事食品生产加工的公民、法人或其他组织,必须具备保证产品质量安全的基本生产条件,按规定程序获得食品生产许可证,方可从事食品生产。没有取得食品生产许可证的企业不得生产食品,任何企业和个人不得销售无证食品。

【食品生物技术】(food biotechnology) 食品工业领域应用的生物技术。包括:基因工程、蛋白质工程、酶工程、发酵工程、细胞工程等。为食品工业提供基础原料、食品添加剂、保健品的功能性基料,并在食品加工工艺和技术、包装、检测和污水处理等方面得到广泛应用。

【食品水分】(food moisture content) 食品中除去固形物后的部分。食品的重要组成部分之一。因食物品种不同,水分含量也各异。蔬菜、水果等所含水分,一般在90%以上;肉类中水分多在50%

以上;比较干燥的谷类,水分在10%以上。单纯的水,并无营养价值,故不受重视;唯动植物体内的水分,溶有若干糖类、盐类等可溶性物质面形成溶液,且不均匀的分布有其他高分子的淀粉、蛋白质、油脂等物质,生成胶质的凝胶而构成各种一定形态的膨润体,故水分与其他成分的关系甚为密切。动植物食品中的水分,可分两种。一种为可用简单方法或热力作用而与其他有机质相分离,保存于细胞间的水分,称为自由水或游离水;另一种为与构成食品成分的蛋白质或糖等以氢键相结合,水被束缚而共同构成组织物质,不易用普通方法分离,称为结合水。食品中的水分与食品储藏、风味、用途等关系极大。

【食品水油混合深层油炸】(frying food by water-oil submerged) 在同一敞口容器中加入油和水,相对密度小的油占据容器上半部,相对密度大的水则占据容器下半部的油炸技术。在水油混合深层油炸设备中,电热管水平地安置在容器的油层中,油炸时食品处在油层中,油水界面处设置水平冷却器以及强制循环风机对水进行冷却,使油水分界的温度控制在55℃以下。炸制食品时产生的食物残渣从高温油层落下,积存于底部温度较低的水层中,同时残渣中所含的油经过水层分离后又返回油层,落入水中的残渣可以随水排出。水油混合式深层油炸使油的氧化程度大为降低,油的重复使用率大大提高,且食品内部的温度一般不会超过100℃,因而水油混合深层油炸对食品营养成分的破坏很少。

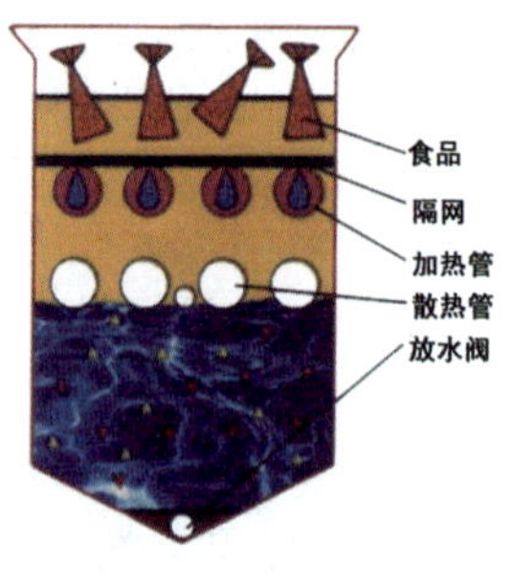

食品水油混合深层油炸

【食品速溶性】(food rapidlysis) 固态食品溶解速度快的特征。固态食品经适当润湿而再干燥后,可具海绵状组织,分散性优良,粒度均匀,产品纯度高,质量好。速溶后产品流动性良好。一般固体饮料均要求具速溶性。

【食品添加剂】(food additives) 为改善食品品质和色、香、味以及为防腐和加工工艺的需要而加入食品中的化学合成物质或者天然物质。食品添加剂的功能有:(1)增强食品的保藏性,防止腐败变质,保持或提高食品的营养价值。(2)改善食品的感官特征。(3)利于食品加工操作,适应生产的机械化和连续化。(4)满足其他特殊要求。按其来源的不同可分为天然食品添加剂和化学合成食品添加剂。按其功能的不同可分为酸度调节剂、抗结剂、消泡剂、抗氧剂、漂白剂、膨松剂、胶姆糖基础剂、着色剂、护色剂、乳化剂、酶制剂、增味剂、面粉处理剂、被膜剂、水分保持剂、稳定和凝固剂、甜味剂、增稠剂、香料等。作为食品添加剂使用的物质,其最重要的条件是使用的安全性,然后是工艺效果。食品添加剂本身应经过充分的毒理学评价,有严格的质量标准,证明在一定的使用范围内对人体无害。进入人体后,最好能参与人体正常的物质代谢,或经正常解毒过程后排出体外或因不吸收排出体外,不能在人体内因分解或反应对人体健康造成危害。随着食品工业的迅速发展,食品添加剂的种类和用量日益增多,使用范围日益扩大。它已经成为现代食品工业必不可少缺的组成部分,并逐渐发展成为独立的行业。

食品添加剂

【食品脱氧包装】(deoxidization packaging in food processing) 在密封的包装容器中使用能与氧气起化学作用的脱氧剂与之反应的一种新型除氧包装方法。所谓的脱氧剂,是一种游离氧去除剂。其目的是:除去包装容器中的游离氧和溶存氧,防止食品由于氧化而发霉、变质,以达到保护内装物目的。是继真空包装和充气包装之后出现的一种包装技术。食品脱氧包装适用于某些对氧气特别敏感的食品。对于这些食品来说,即使有微量氧气也会促使其品质变坏。

【食品脱氧剂】(food oxygen absorber) 又称食品驱氧剂。一种能吸收密封包装容器内游离氧及溶存于食品中氧的物质。随食品一起密封包装。因氧被脱除而能防止食品的氧化变质、霉变及虫害的发生。其种类较多,可分有机和无机两类。前者包括葡萄糖加葡萄氧化酶型及碱改性糖产物型;后者包括金属粉末型、铁化合物型及连二亚硫酸盐型。在食品储藏中,常用的脱氧剂主要有特制铁粉、连二亚硫酸钠和碱性糖制剂三类。脱氧剂性质活泼,吸氧能力强,与空气和水分接触容易失效。应密封隔氧包装,并在低温干燥处保存。在使用时,避免与食品直接接触,以防造成污染。

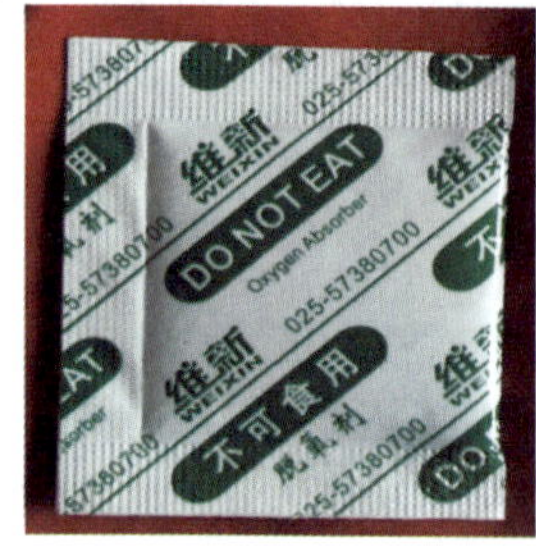

食品脱氧剂

【食品微波技术】(food microwave technology) 利用微波能量对食品进行干燥、杀菌、加热、蒸煮和膨化加工处理的技术。微波一般是指波长在0.1~1 000mm范围的电磁波。在微波电磁场的作用下,介质中的极性分子从原来的热运动状态转为跟随微波电磁场交变而排列取向。采用的微波频率为2 450MHz,介质中的极性分子就会出现每秒245亿次交变,通过激烈的摩擦而产生热。在这一微观过程中,微波能量转化为介质的热能,使介质呈现为宏观上的温度升高。为了不至于对通信等微波设施产生干扰,国际电气与电子工程师协会统一规定用于加热干燥及其他工农业生产和医疗等用途的微波频率为2 450MHz和915MHz。其优点是:加热均匀,时间短,热效率高,没有环境温升,便于自动控制及连续生产等,同时还具有杀菌消毒功效等。微波技术是食品加工中的一项新技术,广泛应用于食品的干燥、萃取、膨化、杀菌等方面。在食品和医药加工等行业广泛应用。

【食品微胶囊技术】(micro-capsulation technology of food) 将一种物料包覆在另一种物料之中的技术。被包裹的物料称为芯材,而包覆芯材的物料称为壁材。从理论上讲,大多数气体、液体、固体均可以被包裹。为达到不同的包裹效果,可以根据芯材的物理性质和胶囊的应用要求来选择壁材。一般而言,通过微胶囊化,可以改变和提高物质外观及其性质。改善被包裹物质的物理性质,提高其稳定性,使被包裹物质免受环境的影响。改善被包裹物质的反应活性、耐久性、压敏性、热敏性和光敏性,可以减少有毒物质对环境造成的不利影响,使药物具有靶向功能,屏蔽气味,降低物质毒性,根据需要持续释放物质进入外界环境,将不相容的化合物隔离等。这些功能使得微胶囊化成为许多工业领域中的一种有效的加工手段。利用该技术不仅使活性组分在制备过程中被保护,而且会在最终被消费者食用时,通过添加剂在口腔或胃肠中的扩散或涂层溶解而释放出来。其应用范围是:(1)饮料。(2)乳品。(3)糖果。(4)食品添加剂。

食品微胶囊技术

【食品卫生】(food hygienc) 为确保食品对人体安全无害、营养、卫生所采取的条件和措施。在生产、加工、运输、销售、供给等食品生产加工过程中,将可能存在或产生的生物性(如细菌、病毒、寄生虫等)、化学性(如亚硝酸盐、砷、农药等)、放射性等有害因素加以消除或控制,以确保食品对人体安全卫生、无毒无害,又使食品保持原有营养成分、自然风味,从而有益于人体健康的一种积极干预措施。加强食品卫生是实现食品安全的必要条件和保证。

【食品卫生标准】(food hygiene standard) 为保护人体健康,政府主管部门根据卫生法律法规和有关卫生政策,为控制与消除食品及其生产过程中与食源性疾病相关的各种因素所作出的技术规定。包括安全、营养和保健三个方面。这些规定通过技术研究,按照一定的程序进行审查,由国家主管部门批准,以特定的形式发布。有国家卫生标准、部颁卫生标准、地方卫生标准及生产经营主管部门或企业制定的卫生标准。食品卫生标准一般包括感官指标、理化指标及细菌指标三大内容。食品卫生标准的内容,应根据实际需要,由制定或颁发的部门及时进行修订和审定。

【食品卫生合格证】(food hygiene qualification pass) 由食品卫生监督机构按照食品卫生标准,对食品或食品生产、经营者进行审校,达到标准后签发的凭证。

【食品卫生评价】(food hygiene evaluation) 卫生部门依据食品卫生标准,对食品中存在的威胁人体健康的有害因素等情况进行科学判断的方法和结论。对原料、产品、设备、生产工艺、操作过程、检测过程和工作环境是否存在危害人体健康的因素进行检查,提出预防和改进措施,并做出综合性的安全评价。是以卫生科学为基础,卫生法律为依据产生和发展起来的评价食品卫生质量的手段。是食品卫生监督机构的职责。随着食品贸易的跨省市、跨区域甚至跨国流通的种类和数量的不断增加,对于这些流通过程中食品的营养以及卫生问题,如何做出正确的评价,事关法律法规是否严谨,人民健康能否得到有效保障,合法权益是否受到侵害等。

【食品卫生许可证】(food hygiene license) 由食品卫生监督机构,依照食品卫生法,按规定的程序对食品的生产、经营者进行食品卫生全面检查,达到要求后颁发的许可证书。

【食品味感】(food taste) 食品中的可溶性物质溶于唾液或液体食品刺激舌面味蕾所产生的感觉。食品味感的好坏,是判断食品的重要指标之一。味感对于消化液的分泌和食欲的刺激至关重要。食品的基本味分为酸、甜、苦、咸四种。相关因素有:(1)味觉神经在舌面分布不均匀。舌两侧边缘是普通酸味的敏感区,舌根对于苦味较敏感,舌尖对于甜味和咸味较敏感。(2)温度一般10～40℃之间较敏感,在30℃时最敏感。随着温度的降低或升高,各种味觉都会减弱。(3)与呈味物质的组合以及人的心理也有微妙关系。味精鲜味在有食盐时尤其显著。这是咸味对味精的鲜味起增强作用的结果。食盐和砂糖以相当的浓度混合,砂糖的甜味会明显减弱甚至消失。当尝过食盐后,随即饮用无味的水,会感到有些甜味,这是味的变调。

【食品稳定剂】(food stabilizer) 能改善、增加食品储藏稳定性,并保持其形态、质地稳定的食品添加剂。主要包括胶质、糊精、糖酯等糖类衍生物。广义的稳定剂,包括凝固剂和螯合剂等。常与其他功能的添加剂组成复合添加剂。如用于冰淇淋的添加剂,是由乳化剂和稳定剂等组成的复合添加剂。抗凝剂能防止可湿性粉剂的悬浮率,在储藏过程中降低。稳定剂和防腐剂都属于食品添加剂。食品本身并不含有,而是在加工过程中添加的。稳定剂的作用是使食品保持性状上的稳定。防腐剂的作用是防止食品腐败变质。它们两个的作用、功能和化学本质是完全不同的。

【食品污染】(food pollution) 食品中混进对人体健康有害或有毒物质的现象。污染食品的物质称为食品污染物。食品污染分为生物性污染、化学性污染和物理性污染。生物性污染包括微生物、寄生虫及虫卵和昆虫对食品的污染。造成化学性污染的常见污染源有化肥、农药等。物理性污染包括食品的杂物污染和放射性污染,后者主要来自高本底地区的放射性物质和放射性三废的排放。食用受污染的食品会对人体健康造成危害。防止食品污染的措施有:(1)开展卫生宣传教育。(2)食品生产经营单位要全面贯彻执行食品卫生法律和国家卫生标准。(3)食品卫生监督机构要加强食品卫生监督,严把质量关。(4)加强农药管理。(5)灾区要特别加强食品运输、储存过程中的管理,防止各种食品意外污染事故发生。

【食品无机杂质】(inorganic impurity of food) 原粮、油料中所含无机物杂质的总称。一般指泥土、砂石、砖瓦块及其他无机物等。

【食品无菌包装】(aseptic packaging in food processing) 将被包装食品、包装容器、包装材料及包装辅助材料分别杀菌,并在无菌环境中进行填充封合的一种包装技术。无菌包装的食品一般为液态或半液态流动性食品。其特点是:流动性食品可进行高温短时杀菌或超高温短时杀菌。通过这种包装技术加工的食品,可以不用防腐剂和无需冷藏来延长食品的保质期。

【食品物理保藏】(physical preservation of food) 通过控制环境温度、湿度、气体或利用电磁波等物理手段来实现食品的安全和长期保藏的技术。主要有脱水干燥保藏、冷藏和冷冻保藏、真空保藏、辐射保藏等。

【食品吸收】(absorption of food) 食物经分解后透过消化道管壁进入血液循环的过程。吸收是个复杂的过程,包括过滤、渗透等物理过程和生理过程。消化道不同部位的吸收能力与吸收速度是不同的。这主要取决于各部分消化道的组织结构,以及食物在各部位被消化的程度和停留的时间。口腔及食管一般不吸收任何营养素;胃可吸收酒精和少量的水分;结肠可吸收水分及盐类;小肠是吸收的主要部位,能吸收各种营养成分。

【食品消化】(food digestion) 食品在消化道内被分解成小分子的过程。消化分为机械性消化和化学性消化两种类型。机械性消化是通过牙齿的咀嚼和胃肠的蠕动,将食物磨碎、搅拌并与消化液充分混合;化学性消化主要是通过消化道腺体分泌的消化液完成。消化液中含有各种消化酶,能分别分解蛋白质、脂肪和糖类等物质,使之成为小分子物质。高等动物的消化系统由消化道和消化腺组成。不同来源的脂肪、糖类和蛋白质的消化率是不同的。

【食品消泡剂】(food disfoaming agent) 用于食品加工过程中消除泡沫的一类非离子表面活性剂。一种非挥发性、无色或略带黄色透明油状液体。难溶于水。能溶于乙醇、丙酮等多种有机溶剂。具有良好的热稳定性。在200℃之内的温度下加热,其分子量不发生变化。适用于豆制品、谷氨酸、V_C、柠檬酸、味精等食品生产过程中消泡、抑泡。

【食品新资源】(new resources of food) 在中国新研制、新发现、新引进的无食用习惯或仅在个别地区有食用习惯、符合食品基本要求的物品。主要有四类:(1)在中国无食用习惯的动物、植物和微生物。(2)以前中国居民无食用习惯的从动物、植物、微生物中分离出来的食品原料。(3)在食品加工过程中使用的微生物新品种。(4)因采用新工艺生产导致食物原有成分

食品新资源

或结构发生改变的食品原料。以食品新资源生产的食品称新资源食品。新资源食品的试生产及正式生产由中华人民共和国卫生部审批。新资源食品在获准正式生产前,必须经过试生产阶段。

【食品悬浮剂】(food suspension concentrate) 又称食品悬浊剂、流动剂、水悬剂、胶悬剂。由不溶于水的药剂原粉、载体、表面活性剂和水按一定比例混合,经超微粉碎而制成的一类食品浓缩悬浮液。悬浮剂通常是由:有效成分、分散剂、增稠剂、抗沉淀剂、消泡剂、防冻剂和水等组成。有效成分的含量一般为5%~50%。平均粒径一般为0.1~3μm。兼有可湿性粉剂和乳油的优点,加水后可成悬浮液供喷雾使用。适用于各类增加乳白度的食品中,如奶味饮料、布丁、奶冻、活性乳、面条、糖果等。其悬浮性能好,透明度高,口感滑爽,流动性好,因而是含果汁、果粒、悬浮饮料的最佳悬浮稳定剂。按其功能用途的不同可分为:普通型悬浮剂、透明护色型悬浮剂、高透明低稠型悬浮剂、高透明中稠型悬浮剂、酒饮料专用悬浮剂、八宝粥淀粉饮料增稠悬浮剂、淀粉类乳饮料悬浮剂、果汁饮料悬浮剂和酱油、冲调品增稠悬浮剂等。悬浮剂有以下优点:(1)无粉尘危害,对操作者和环境无损伤。(2)以水为分散介质,没有由有机溶剂产生的易燃和药害问题。(3)与可湿性粉剂相比,允许选用不同粒径的原药,以便使制剂的生物效果和物理稳定性达到最佳。(4)液体悬浮剂在水中扩散良好,可直接制成喷雾液使用。(5)密度大,包装体积小。(6)悬浮剂的分散性和展着性都比较好,悬浮率高,粘附在植物体表面的能力比较强,耐雨水冲刷,因而药效较可湿性粉剂显著且比较持久。(7)具有粒子小、活性表面大、渗透力强、配药时无粉尘、成本低、药效高等特点,并兼有可湿性粉剂和乳油的优点,可被水湿润,加水稀释后悬浮性好。

【食品烟熏保藏】(food smoked preservation) 利用木材不完全燃烧时产生的熏烟及其干燥、加热等作用,使食品具有较长时间的储藏性,并使之具有特殊的风味与色泽的食品保藏方法。最古老的食品储藏和加工方法之一。按熏制方法的不同可分为:冷熏、热熏和湿熏等。烟熏食品以动物性食品为主,主要有鱼类、贝类、肉类与肉制品、禽类、蛋品(如熏蛋)、乳品(干酪)、罐头食品(如罐头香肠与火腿)以及某些豆制品(如熏豆干)等。食品经熏制后,不仅其蛋白质发生变性,不易被人体吸收,而且还含有一定量的强致癌性物质—苯并芘。因此,烟熏食品不宜多用。

食品烟熏保藏

【食品营养】(food nutrition) 食物中所含各种营养素的统称。人体所需营养素包括蛋白质、脂肪、碳水化含物、无机盐、微量元素、各类维生素等。联合国和欧美等把热能也列为营养素,因热能不足,会影响人体正常生理状态,还会引起疾病。食品营养需要均衡,根据需要从外界摄入。过多过少的摄入均会引起各种不良反应和疾病。

【食品营养强化剂】(food nutrition enhancer) 为增强营养成分而加入食品中的添加剂的统称。包括加入食品中的天然的或者人工合成的天然营养素。在食品的生产、加工和保藏过程中,营养素往往遭受损失。为补充食品中营养素的不足,提高食品的营养价值,适应不同人群的需要,可添加食品营养强化剂。食品的营养强化剂兼有简化膳食处理、方便摄食和防病保健等作用。按其性质有不同可分为维生素、氨基酸和矿物质等。使用时主要遵循原则:(1)生产、经营和使用食品营养强化剂必须遵从国家颁发的有关质量标准、卫生标准和标志等法规。(2)强化的营养素应是大多数人膳食中含量低于需要量的营养素;添加营养强化剂的食品应是人们大量消费或消费量较大的食品。(3)应用工艺合理,在食品加工、保存等过程中确保营养强化剂不被分解、破坏,或转变成其他物质,也不影响其他营养成分和食品的色、香、味等感官性状。(4)易被机体吸收利用。(5)添加的营养强化剂量适当,不破坏机体营养平衡,更不致因摄食过量而中毒。食品营养强化剂主要包括:氨基酸、维生素、矿物质及其制品。食品营养强化剂可以弥补某些食品中营养成分存在的缺陷,补充食品加工中损失的营养素,使食品达到人们日常营养的需求。

【食品有机杂质】(organic impurity of food) 原粮、油料中所含的无食用价值的有机物的总称。一般指无食用价值的粮油籽粒、异种粮油籽粒、杂草种子、自然脱落的稃壳、植物体及其他有机物等。

【食品远红外加热技术】(food far-infrared ray heating technology) 利用远红外线照射食品的技术。即将热量通过热辐射传递给食品,同时引起食品内部水分及有机物质分子振动摩擦,导致食品内部温度上升的技术。该技术对于食品体系的作用可分为两个方面:(1)在远红外线照射时的热辐射作用,通过热辐射作用将热量传给食品,起到对体系加热的作用。(2)远红外线照射会引起蛋白质、碳水化合物等物质的分子振动,从而使其性质发生变化。食品远红外加热技术的优点有:(1)热辐射率高。(2)热损失小。(3)容易进行操作控制。(4)加热速度快。(5)有一定的穿透能力。(6)产品质量好。(7)食品的热吸收率高。另外,远红外线还具有表面加热的性能,可用于烘烤食品、食品杀菌等。远红外烘烤食品不会产生类似膨化造成其内外水分分布不均匀、口感较差的现象,且具有加热时间短、食品口感好等优点。远红外加热焙烤在国内外应用普遍。常见的远红外加热设备有远红外烤箱和远红外烤炉。

食品远红外加热器

【食品增效剂】(food synergist) 增加抗氧化剂的抗氧化性能,并具有降低过渡金属离子活性的物质。在油脂中,金属离子是分解脂肪的促发剂。降低过渡金属离子的活性,可以提高油脂的稳定性。常用的增效剂有磷酸、柠檬酸、酒石酸、脑磷酸、植酸、生育酚以及抗坏血酸等含羟基的酸性物质。

【食品召回制度】(food recall system) 食品的生产商、进口商、经销商在获悉其生产、进口或经销的食品存在可能危害消费者健康、安全的缺陷时,依法向政府部门报告,及时通知消费者,并从市场和消费者手中收回问题产品,予以更换或赔偿的积极有效的补救措施。食品召回制度是一种国际惯例,许多发达国家对有缺陷的食品都已实行了召回制度。实施食品召回制度的目的就是及时收回缺陷食品,避免流入市场的缺陷食品对广大民众人身安全的损害发生或扩大,维护消费者的利益。

【食品真空包装】(vacuum package in food processing) 使密封食品后的容器内基本没有空气的一种包装技术。即在将食品装入气密性容器后,在容器封口之前抽真空。按排气方法的不同,食品真空包装分为加热排气和抽气密封两种。前者是对装填了食品的包装容器先进行加热,通过空气的热膨胀和食品中水分的蒸发将包装容器中的空气排出,再经密封、冷却后,使包装容器内形成一定的真空度。抽气密封则是在真空包装机上,利用真空泵将包装容器中的空气抽出,在达到一定真空度后,立即密封,使包装容器内形成真空状态。与加热排气法相比,抽气密封法能减少内容物受热时间,更好地保全食品的色、香、味。抽气密封法应用较为广泛,尤其对加热排气传导慢的产品更为适合。在真空包装的食品容器内的真空度通常在600~1 333Pa。真空包装实际上是不能做到完全真空的,也是没有必要的。其特点是:(1)排除了包装容器中的部分空气,能有效地防止食品腐败变质。(2)采用阻隔性优良的包装材料及严格的密封技术和要求,能有效防止包装内容物质的交换,既可避免食品减重、失味,又可防止二次污染。(3)真空包装容器内部气体已排除,加速了热量的传导,既可提高热杀菌效率,也避免了加热杀菌时由于气体的膨胀而使包装容器破裂。

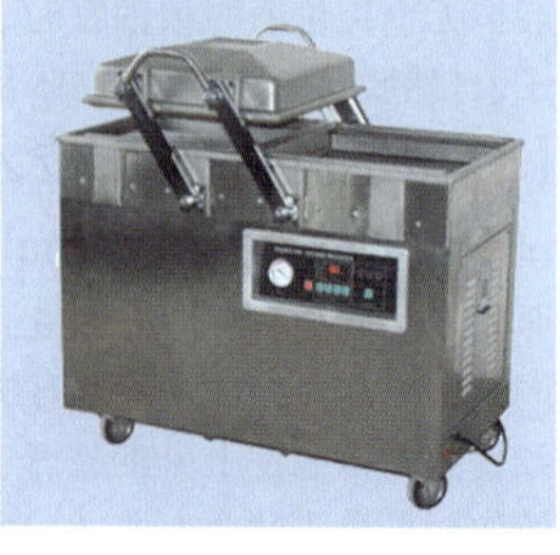
食品真空包装机

【食品真空浓缩】(food vacuum concentration) 利用真空系统将食品中水分抽出的浓缩方法。与常压浓缩相比,真空浓缩的温度低,不会导致食品色泽、风味及质量的下降。真空浓缩设备的主体由加热室和蒸发室组成。按加热蒸汽被利用次数的不同可分为单效、双效和多效浓缩设备。按加热器结构形式的可不同分为盘管式、中央循环管式、升膜式、降膜式、刮板式浓缩设备等多种。可用于果汁、牛乳、蜂蜜等液体食品物料的蒸发浓缩。

食品真空浓缩

【食品致癌性】(food carcinogenicity) 致癌食品导致机体肿瘤发生率和类型增加、潜伏期缩短的效应。研究结果发现,熏烤食品、腌制食品和发酵食品,具有致癌的危险性。如长期食用,对人体有一定的潜在危害。能在人和动物体中致癌的物质称为致癌物。按其致癌物的不同可分为化学性致癌物和生物性致癌物(如某些致癌病毒)。如发霉的花生和玉米常含有致癌物黄曲霉毒素,一些熏制食品中常含有多环芳烃类致癌物苯并芘等。熏制食品致癌性的主要因素是:(1)与食入量有关。吃得越多,摄入的苯并芘等致癌物也越多。所以熏制品不宜作为日常食品。(2)与熏烤方法有关。最好选用优质焦炭作为熏烤燃料。熏烤时食物不宜直接与火接触,熏烤时间也不宜过长，尤其不能烤焦。(3)和食物种类有关。肉类熏制品中致癌物质含量较多，而淀粉类熏烤食物，如烤白薯、面包等含量较小。

【食品致畸性】(food teratogenicity) 某种食品因素使人产生畸形胚胎的能力。由外界因素(致畸原)对妊娠母体内胎儿产生毒性，干扰了正常的胚胎发育，导致新生儿体形或器官方面如小头、无脑、耳聋、先天性心脏病和肢体残缺等畸变的效应。遗传因素、物理因素(如电离辐射)、化学因素、生物因素(如某种病毒)、母体营养缺乏和内分泌障碍等都可能引起先天性畸形。如粮食种植过程中残留的农药六六六、滴滴涕等均具有致畸性。人类致畸物有：乙醇、氨基喋呤、氨甲喋呤、雄性激素类、香豆素衍生物、己烯雌酚、二苯基乙内酰脲、甲基汞、恶唑烷-2,4-二酮、多氯联苯、孕酮类、四环素、反应停、碘化物和丙硫脲嘧啶等。

【食品致突变性】(food mutagenicity) 某种食品因素使机体突变的能力。外界物质或因素引起机体遗传物质复制错乱，发生突变的效应。突变的发生及其过程称为致突变作用。按其突变的效应的不同可分为基因突变和染色体突变。作用于体细胞能使细胞不正常地分裂，导致器官形态、结构、功能的改变和增生形成癌细胞。作用于生殖细胞，能引起遗传性疾病。许多致癌性化学毒物，也都具有致突变的作用。常见的致突变物有：黄曲霉毒素、苯并芘、亚硝胺和有机汞等。

【食人鲳】(red piranha) 俗称食人鱼。硬骨鱼纲，脂鲤科。体呈卵圆形，侧扁，尾鳍呈叉形。体呈灰绿色。背部为墨绿色。腹部为鲜红色。口大，下颌突出。上下颌均具1列锐利的三角形强牙，咬合时相互镶嵌如锯齿状。以凶猛闻名。有脂鳍。雌雄鉴别较困难。一般雄鱼颜色较艳丽，个体较小。雌鱼个体较大，颜色较浅，性成熟时腹部较膨胀。主要分布在安第斯山脉以东、南美洲的中南部河流；巴西、圭亚那的沿岸河流。巴西的亚马逊河流域，食人鱼被列入当地最危险的四种水族生物之首。食人鱼因其凶残特点被称为“水中狼族”、“水鬼”。成年食人鱼主要在黎明和黄昏时觅食，以昆虫、蠕虫、鱼类为主，但其有些相近种只吃水果和种子。适宜于水温较高的水域生活，低于10℃时出现休克乃至死亡。活动以白天为主，中午会到有遮蔽的地方休息。食人鱼常成群结队出没。每群有一个领袖，其他的会跟随领袖行动，连攻击的目标也一样。在旱季时，水域变小，使得食人鱼集结成一大群，经过此水域的动物或人也容易被攻击。曾作为观赏水族被非法输入中国，目前已明令禁养，也被不少国家明令禁止进口。应警惕这些有害生物的非法引进。

成年食人鲳

淡水白鲳与食人鲳的区别

项目	淡水白鲳	红腹食人鲳
分类学	脂鲤目、脂鲤科、巨脂鲤属	脂鲤目、脂鲤科、锯脂鲤属
食性	杂食性	肉食性
体色	鱼体为白色，胸、腹鳍为红色，各鳍均无刺	铁灰色，至侧腹部变为银灰，胸部和下腹呈橘红色
体形	体短、背较厚，近似卵圆形	身长20~60cm，体形椭圆
颌齿	上下颌齿各有两行，齿扁而宽；嘴闭合时，上下颌齿呈平行接触	上下颌齿只有一行，牙齿锐利，呈三角形；嘴闭合时，上下颌齿呈锯齿状嵌合
其他	养殖品种	非养殖品种

【食物安全毒理学评价】(toxicological evaluation on food safety) 通过动物实验及对人体的观察，对某一食物中可能含有的某种化合物的毒性及其对人体的潜在危害作出的评价。这种评价不仅是对人类食用这一食物的安全性作出评价，而且还为制订预防性措施和制定卫生标准提供理论依据。

【食物不耐受】(food intolerance) 由于机体不能充分地消化食物大分子而引发的抵抗性反应。食物不耐受与食物过敏不同，它不涉及免疫系统中的过敏反应，而只是对一些食物有不良反应，如有人对所吃食物产生胀气、打嗝或不愉快反应。常见的有蔗糖酶缺乏症、乳糖酶缺乏症、粥样泻、脂肪泻等。对于酒不耐受者，饮少量酒即可发生皮肤潮红、心率加快、头晕、耳鸣等症状；对咖啡不耐受者，饮少量的咖啡可发生心悸、兴奋、失眠等症状；对牛奶不耐受者，饮入牛奶会引起腹胀和腹泻。食物不耐受所表现的症状不像食物过敏那样剧烈，症状比较隐蔽，属于慢性病，通常较难意识到它的存在。许多人都是经过长时间体验，才明白头痛、周期性偏头痛、疲劳、抑郁等症状均可能与食物不耐受有关。

【食物蛋白质】(food protein) 存在于食物中的一类由一条或多条多肽链组成的生物大分子。每一条多肽链有20至数百个氨基酸残基不等，各种氨基酸残基按一定的顺序排列。按所含氨基酸的种类和数量的不同可分为：(1)完全蛋白质。这是一类优质蛋白质。它们所含的必需氨基酸种类齐全，数量充足，比例适当。这一类蛋白质不但可以维持人体健康，还可以促进生长发育。奶、蛋、鱼、肉中的蛋白质都属于完全蛋白质。(2)半完全蛋白质。这类蛋白质所含氨基酸虽然种类齐全，但其中某些氨基酸的数量不能满足人体的需要。它们可以维持生命，但不能促进生长发育。小麦中的麦胶蛋白便是半完全蛋白质。谷类蛋白质中的赖氨酸含量少，属于限制性氨基酸。(3)不完全蛋白质。这类蛋白质不能提供人体所需的全部必需氨基酸，单纯靠它们既不能促进生长发育，也不能维持生命，如肉皮中的胶原蛋白。

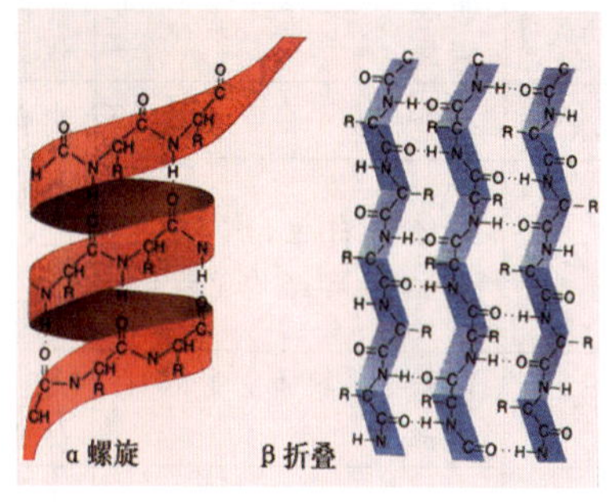

食物蛋白质

【食物的特殊动力效应】(specific dynamic effect of food) 又称食物特殊生热作用。机体在进食后的一段时间内所产生的热量比未进食时有所增加的现象。即从进食后1h左右开始，延续7～8h，虽然同样处于安静状态，但刺激机体产生额外能量消耗。这种额外的能量消耗是由进食所引起的。有关食物特殊动力效应产生的确切机制目前尚未清楚。一般认为，这部分能量被消化系统用于食物的消化、吸收、分解、代谢等做功的能量消耗。各种营养素或食物都表现出食物特殊动力作用。蛋白质作用最强，相当于蛋白质本身所产生能量的20%～30%，碳水化合物约为其本身所产生能量的5%～6%，糖类或脂肪约为4%～6%。各种营养素在普通的混合膳食情况下，食物的特殊动力作用引起的额外能量消耗约为6×10^5～8×10^5J，相当于基础代谢的10%。为了保存体内的营养储备，进食时必须考虑食物热效应额外消耗的能量，使摄入的能量与消耗的能量保持平衡。

【食物辐照抑制发芽】(food irradiation for sprout inhibition) 利用辐照技术对处于休眠期的某些食物进行处理，破坏细胞的正常代谢，抑制发芽所必需激素的合成反应的技术。辐照技术能延长食物的储藏期。马铃薯、洋葱、大蒜等蔬菜在收获后有一个休眠期，休眠期过后就会发芽。马铃薯发芽后会产生极强毒性的龙葵素；洋葱一经发芽很快就由鳞茎抽出叶子，把储存于鳞茎的营养物质转供叶子生长，致使洋葱大量腐烂；大蒜萌芽后就开始散瓣、干瘪。处于休眠期的马铃薯经γ射线照射就能有效地抑制发芽。辐射处理后的块茎色泽不变，品质很好，少量芽非常纤弱，一触即脱。如果不加处理，马铃薯不仅会大量出芽，而且严重萎缩脱水，失去食用价值。洋葱和大蒜经γ射线照射也具有良好的抑制发芽效果。

【食物过敏】(food hypersensitivity) 食物进入人体后，机体对之产生异常免疫反应，导致机体生理功能的失常或组织损伤，进而引发一系列临床症状的现象。食物过敏反应具有特异性，各种免疫病生理机制均可涉及。食物过敏反应是临床上最常见和最重要的过敏性疾患之一。发病快、症状明显属于急性病。食物过敏反应的典型症状包括口腔发痒、喉舌肿胀、呼吸困难、哮喘、荨麻疹、呕吐、腹部绞痛、腹泻、血压下降、失去知觉甚至死亡等。

【食物链】(food chain) 在生态系统中生物之间通过吃与被吃关系联结起来的链索结构。例如在稻田生态系统中，稻飞虱吃水稻，青蛙吃稻飞虱，蛇吃青蛙，老鹰吃蛇等。按其生物与生物之间关系的不同可分为：(1)捕食食物链。(2)碎食食物链（腐食性食物链）。(3)寄生性食物链。

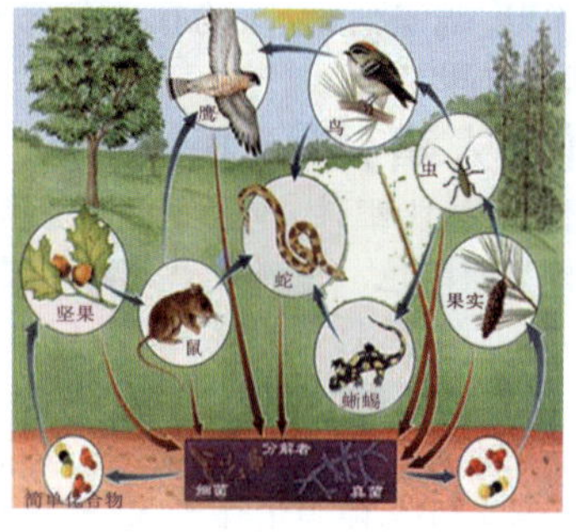

食物链

【食物网】(food web) 在生态系统中众多食物链彼此相互交错联结成的复杂营养关系。食物网能直观地描述生态系统的营养结构，是进一步研究生态系统功能的基础。例如，为杀灭害虫而使用农药，对生态系统中可能波及的生物及农药在系统中的转移，可通过食物网结构进行预估。

【食物营养价值】(nutritional value of food) 食物中所含的人体必需营养素与热能，能满足人体营养需要的程度。食物营养价值的高低，取决于食物中所含的营养素的种类、含量、组成比例及消化吸收程度等。不同的食物所含的营养素种类或数量各不相同,即使同种食物,也可由于种植或饲养条件,以及品系、采集部位及其成熟程度的不同,而使营养价值有很大差别。

【食物中毒症】(symptom of food poisoning) 吃了被致病菌污染或本身有毒的食物而引起疾病的现象。按引起食物中毒的物质的不同可分为:(1)细菌性食物中毒,如沙门菌,致病性大肠杆菌等。(2)有毒动植物食物中毒,如河豚毒素等。(3)化学性食物中毒,如重金属、亚硝酸盐及农药中毒等。(4)真菌毒素和霉变食物中毒,如霉变甘蔗等。食物中毒不包括传染病、寄生虫病、人畜共患传染病等引起的急性胃肠炎等疾病。那些被有害物质污染的食品,不论是一次大量摄取或经常不断地小量食用所引起的慢性毒害及致癌、致畸、致突变作用等也均不属于食物中毒的范围。

【食用调和油】(edible blend oil) 用几种脂肪酸组成不同的油脂调配成的油脂制品。可以有助于改善油品的营养价值或风味。将两种或两种以上精炼(香味油除外)过的油脂,根据某种需要按比例调配制成食用油。加工技术简单。即在一定温度下,通过搅拌配置即可。所用原料,一般采用一等或二等植物油。按其消费类型的不同可分为:经济调和油、风味调和油、营养调和油和煎炸调和油等品种。按其质量的不同可分为:(1)一等食用调和油。其质量指标指标包括:水分及挥发物≤0.10%,不溶性杂质≤0.05%,过氧化值≤6.0mmol/kg,酸值≤0.60mg(KOH)/g,溶剂残留量≤50mg/kg。(2)二等食用调和油。其质量指标指标基本与其他油相同。共设如下项目:色泽、气味、滋味、透明度、水分及挥发物、不溶性杂质、酸值、过氧化值和溶剂残留量等。在食用调和油中,不得添加任何香精、香料、色素和混有非食用油。

【食用海藻】(edible alga) 可以作为食品或食品添加剂的藻类。全世界可食用藻类100余种。中国沿岸可供食用的藻类有50多种。食用海藻主要有海带、裙带菜和紫菜等。有些藻类营养价值很高,例如,海带和紫菜,含有丰富的碳水化合物和蛋白质。每100g干海带含碳水化合物57g,粗蛋白8.7g;紫菜100g干品含蛋白质24.5g,碳水化合物31g。食用海藻在热带的南亚和东南亚得到广泛的利用,在日本达到顶峰。随着经济社会快速发展和人民生活质量的提高,中国食用海藻的范围不断扩大,生产消费量逐年上升。近年来,食用海藻养殖业、生产加工业规模在不断扩大。中国沿海主要以养殖海带、紫菜、裙带菜为主,日本、朝鲜半岛沿海主要养殖甘紫菜。

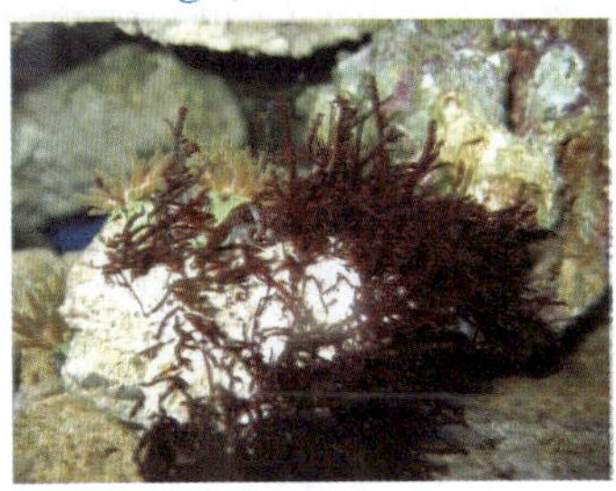
食用海藻

【食用花卉】(edible flowers plants) 植株或植株的某一部分可以食用的花卉。如菊花、玫瑰、荷花、兰州百合、羽衣甘蓝、红叶苋、茉莉花和栀子等。不同的花卉供食用的部位不同,所含的营养成分也不同,在制作食品(饮品)中的用途也不同。其中菊花的花瓣、荷花的根茎和种子、玫瑰花瓣、兰州百合的花蕾可制高级食品和菜肴。茉莉花、菊花和栀子花可以制成高级花茶。羽衣甘蓝、红叶苋的叶片已经在城市餐厅中作为特种蔬菜应用。目前还有一些花卉的花粉已经被开发制成花粉食品在市场上销售。

食用花卉

【食用菌】(edible fungi) 子实体或菌核可供人类佐餐的大型真菌。食用菌属异养型生物,多数为担子菌,如蘑菇、香菇、平菇、草菇、木耳、银耳、猴头菌、竹荪等;少数为子囊菌,如羊肚菌、马鞍菌、黑孢块菌等。世界五大食用菌中有4种(香菇、草菇、平菇、木耳)栽培始于中国。食用菌中蛋白质含量高,占干重30%~45%,氨基酸种类齐全,为餐中佳肴和低脂肪高蛋白的保健食品。

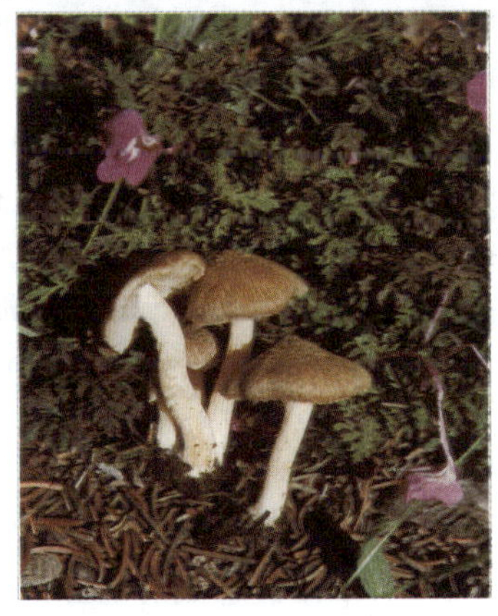
食用菌

【食用菌床架式栽培】(bed cultivation of edible fungi) 在菇房内搭建床架铺料栽培食用

菌的一种方法。适于蘑菇、平菇、竹荪等多种品种应用发酵料或生料的栽培。一般床面宽1～1.5m,层间距60cm左右,底层离地面约20cm,顶层距屋顶约1m,架四周要留60cm左右走道。床位安排须有利通风、采光和便于管理等。培养料上床前,菇房、床架必须严格消毒,铺料厚度及其栽培管理应根据各种菌类的特性而定。

【食用菌代料栽培】(cultivation of edible fungi with substitute material) 用农作物秸秆或农副产品下脚料取代木材栽培食用菌的方法。如用木屑栽培香菇;棉籽壳栽培木耳、银耳、金针菇;稻草栽培风尾菇;玉米芯栽培平菇;玉米秸秆栽培双孢菇;豆秸栽培巴西菇等。代料栽培的方式有瓶栽、袋栽、块栽、箱栽和床架栽等。代料栽培,不但可节省大量木材,降低成本,而且原料来源广泛,栽培周期短,受季节影响小,一年可种2～3次,产量较高,经济效益较显著。

花菇袋料栽培

【食用菌菌种】(spawn of edible fungi) 用来繁殖或直接用于栽培的食用菌纯培养体。按制种程序的不同可分为:(1)母种(试管种、一级种)。(2)原种(二级种),由母种菌丝体扩大繁殖而成。(3)栽培种(三级种、生产种)由原种菌丝体扩大繁殖而成。

【食用菌母种】(mother spawn of edible fungi) 用食用菌孢子分离、组织分离及基质分离法获得的性状优良和遗传性稳定的纯菌丝体。由试管培养而成,属菌种生产第一程序,又称食用菌试管种或食用菌一级种。纯菌丝在斜面培养基上再次扩大繁殖后,成为再生母种。供应生产上利用的母种实际上都是再生母种,既可用来繁殖原种,又适于纯种保藏。

【食用菌畦式栽培】(ridge cultivation of edible fungi) 室外作畦栽培食用菌的一种方法。如平菇大田畦式栽培。在温暖多雨的地区,选地势较高的地块,直接整地做成长3～5m(或不限)、宽100～120cm的畦。在寒冷干燥地区,应选背风向阳的地块,按坐北朝南向作畦(即畦宽方面为南北向),并要挖深30～50cm。畦面及四周撒生石灰粉消毒驱虫,然后铺料、播种。秋季播种,栽培料薄厚适宜,约15～20cm,以免培养料发酵温度过高;冬季或早春播种,培养料可以厚些,一般为20cm以上,以利培养料增温。播种方法以层播或穴播比较好,可使菌丝尽快长满整个培养料。播种后畦上要用竹片或木条搭弓形棚架,并覆盖塑料薄膜和草帘,通过掀、盖覆盖物调节畦床温度、湿度、透气和光线。

【食用菌室内栽培】(indoor cultivation of edible fungi) 在室内完成食用菌生产全过程的栽培方法。常用的栽培方式有床式栽培(如蘑菇、平菇、竹荪等)、袋式栽培(如香菇、木耳、银耳等)、箱式栽培或块式栽培(如平菇、滑菇等)、堆式栽培(如草菇等)。为提高空间利用率,菇房一般都设有多层菇架。室内栽培食用菌受外界环境影响较小,便于人工控制温、湿、气等条件,可以满足食用菌各个生育阶段的需要。因此,可以缩短单一品种栽培周期,增加复种指数。

食用菌室内栽培

【食用菌箱式栽培】(cultivation of edible fungi in trays) 用箱作容器栽培食用菌的方法。常用于平菇、蘑菇、滑菇、竹荪等的栽培。栽培箱用木板或硬质塑料等制成,规格(60～100)cm×(30～50)cm×(15～20)cm。先在箱底铺一张经消毒的塑料薄膜,再装入培养料,采用混播、层播或点播方式铺料接种,接种后3～7天的发菌期间重点控制料温,菌丝长满培养料后,置于室内或室外出菇,出菇前后应注意揭膜通气,加大昼夜温差,提高空气相对湿度。每采一茬菇后要注意补充养分和水分养菌。

【食用菌学】(edible mycology) 真菌学的一个分支。研究可食用大型真菌资源、分类、生态、形态、结构、生理、生化、遗传、育种栽培和产品加工的一门学科。旨在扩大野生食用菌资源的开发利用,不断提高栽培食用菌的产量和品质。中国是世界上利用食用菌最早的国家,已有2 000多年历史。

【食用菌压块栽培】(press piece cultivation of edible fungi) 将带菌丝体的培养料用模具压成块状让其出菇的一种食用菌栽培法。多用于香菇室内床架栽培。常用33cm×45cm规格的木模压块。其工艺是:(1)用玻璃瓶或塑料袋作容器制作栽培种。(2)从瓶或袋中挖出带培养料的栽培种放入木模中进行压块。(3)将压好的菌块移放到床架上脱模,并覆盖塑料薄膜保温、保湿使菌种定植。(4)进行转色和出菇管理。为了促使栽培种定植、现蕾和幼菇生长发育处于有利的自然条件下,其关键是要根据所用菌种的特性,准确计算制作栽培种和压块的时间,如香菇7 402菌株,在中国华南地区,宜7月下旬制栽培种,10月中旬压块栽培,10~12月收秋菇,翌年1~2月和3~6月收冬菇和春菇。每块菌块湿料重3.8~4.0kg,可产鲜菇1.5~2.0kg。

【食用菌原种】(stock spawn of edible fungi) 由试管斜面母种扩大繁殖而成的菌种。因属菌种生产的第二程序,故也称二级种。原种多呈固体状态,一般装于750ml专用蘑菇瓶中,如谷粒原种、木屑原种、棉籽壳原种等。在食用菌生产上,也有用摇床机摇瓶培养或采用发酵罐深层培养制作液体原种的,在食用菌生产上应用较晚。

【食用菌栽培种】(cultivation spawn of edible fungi) 由原种扩大繁殖而成的菌种。可直接用于食用菌生产的接种材料。因属菌种生产的第三程序,故又称三级种、生产种。通常是用塑料袋或玻璃瓶作容器,用固体培养基进行培养。也可采用液体培养基制成液体菌种,接入栽培料进行食用菌生产。

【食用牛油】(edible tallow) 健康的牛经屠宰后,取其新鲜、洁净和完好的脂肪组织(包括牛板油、内脏脂肪和含有脂肪的组织及器官),经炼制而成的油脂。是一种健康的食物。色泽清冽,透明,滋味清纯,馥郁香浓,加热时不起沫,不冒烟,富含丰富的维生素及人体必需的各种氨基酸,如丙氨酸,甘氨酸,饱和脂肪酸等。所用的脂肪组织不包含骨、碎皮、头皮、耳朵、尾巴、脏器、甲状腺、肾上腺、淋巴结、气管、粗血管、沉渣、压榨料及其他类似物,并应尽可能不含肌肉和血管。牛油的提炼方法是:最普通的就是加热提炼,并加入添加剂。另一种是通过离心把油脂离出再脱水。可以避免在加热提炼中产生的糊味,而且保存时间更长,可以进行工业化加工。牛脂味甘,性温,有微毒。可治各种疮疥癣等所致的白斑秃病。可以加入面类制品中,但是不宜多食,因有诱发旧病老疮等复发之患。

【食用色素】(food colouring matter) 又称食用染料、食品着色剂。能被人适量食用的可使食物在一定程度上改变原有颜色的食品添加剂。可分为天然和人工合成两种。使用产品质量必须符合国家食品卫生法的规定,不仅要求其本身没有毒性,而且不允许含有重金属和其他有毒杂质;在其被使用后,也不能产生任何毒性产物。天然的食用色素有:紫草红、安拉妥、花色苷类、辣椒红、焦糖色素、红花色素、叶绿素铜钠(钾)、β-胡萝卜素、β-阿朴-8′-胡萝卜醛、番茄红、姜黄色素、藏红花、郁金香、叶黄素等;合成的食用色素品种主要有食用柠檬黄、食用桔黄、食用胭脂红、食用苋菜红、食用靛蓝、食用亮蓝等。食用色素除主要用于食物着色外,也用于药物和化妆品的着色。

食用色素

【食用香精】(food flavour) 由各种食用香料和许可使用的附加物调和而成的食品添加剂。附加物包括载体、溶剂、添加剂。载体有蔗糖、糊精、阿拉伯树胶等。主要是模仿天然瓜果、食品的香和味,注重香气和味觉的仿真性。按其剂型的不同可分为固体和液体。固体香精有微胶囊香精等。液体香精又可分为水溶性香精、油溶性香精和乳化香精。食用香精参照天然食品的香味,采用天然或天然等同香料、合成香料经精心调配而成具有天然风味的各种香型的香精。包括水果类水质和油质、奶类、家禽类、肉类、蔬菜类、坚果类、蜜饯类、乳化类以及酒类等各种香精,适用于饮料、饼干、糕点、冷冻食品、糖果、调味料、乳制品、罐头、酒等食品。

【食用小麦麸】(wheat bran for food-used) 小麦在加工过程中所分离出来的除小麦粉以外的其他物质。包括小麦的种皮(果皮)、部分胚和极少量的胚乳等。在制粉过程中将麸皮分离出来,再经过磁选、金属探测、筛理和去除杂质,达到一定要求,可作为食品原料的小麦麸皮。含有丰富的膳食纤维和微量元素。膳食纤维是人体必需的营养元素。它可提高食物中的纤维成分,改善大便秘结情况。同时,可促使脂肪及氮的排泄。对临床常见纤维缺乏性疾病,有较好防治作用。其中的微量元素是人体不可缺少的矿物质。

食用小麦麸

【食用羊油】(edible mutton tallow) 健康的羊经屠宰后,取其新鲜、洁净和完好的脂肪组织包括羊板油、内脏脂肪和含有脂肪的组织及器官等,经炼制而成的油脂。所用的脂肪组织不包含骨、碎皮、头皮、耳朵、尾巴、脏器、甲状腺、肾上腺、淋巴结、气管、粗血管、沉渣、压榨料及其他类似物,并应尽可能不含肌肉和血管。用熬煮法制取。白色或微黄色蜡状固体。相对密度0.943～0.952。熔点42～48℃。碘值38～42。皂化值194～199。主要成分为油酸、硬脂酸和棕榈酸的甘油三酸酯。用于制肥皂、硬脂酸、甘油、脂肪醇、脂肪胺、脂肪酸、润滑油等。新鲜的经精制后可供食用。羊油味甘,性温、无毒,有补虚、润燥、祛风、化毒的作用。可用于治疗虚劳、消瘦、肌肤枯憔、久痢、丹毒、疮癣等症。内服可烊化冲服。外用熬炼入膏药涂敷。外感不清、痰火内盛者忌作药用。

【食用猪油】(edible lard) 又称大油、荤油、猪脂肪。健康的猪经屠宰后,取其新鲜、洁净和完好的脂肪组织(包括猪板油、内脏脂肪和含有脂肪的组织及器官)炼制而成的油脂。色泽呈白色或淡黄色。与一般植物油相比,有不可替代的特殊香味,可以增进人们的食欲。特别与萝卜、粉丝及豆制品相配时,可以获得用其他调料难以达到的美味。含有多种饱和脂肪酸和不饱和脂肪酸,具有一定的营养,能提供极高的热量。一般健康人可以食用。寒冷地区的人适合多食。老年人、肥胖和心脑血管病患者、外感诸病、大便滑泻者都不宜食用。不可与梅子共同食用。不宜用于凉拌和炸食。猪油原料来源有:肉联厂的生猪屠宰分割的板油、五花油;加工猪皮革时刮下的皮下脂肪及白条肉在市场上销售的下脚料;骨髓脂、骨间脂、爪脂、猪大肠脂、肉联厂分割的含脂肉皮等熬制的猪杂油;卫生检疫时截留的病腐猪炼制的油品;此外还有一些商贩收购的餐用植物油残液也被混作毛油原料。食用猪油只能用第一种猪油脂原料直接加工,后几种原料只能用来加工工业用油。猪油的存放时间不宜过长,特别在温度高的夏天极易与空气接触而发生氧化,致使酸败变质。酸败变质的猪油会产生"哈喇味",不宜食用。猪油味甘,性凉,无毒;有补虚、润燥、解毒的作用;可治脏腑枯涩、大便不利、燥咳、皮肤皲裂等症。可药用内服、熬膏或入丸剂。外用作膏油涂敷患部。

【食源性疾病】(foodborne disease) 通过摄食而进入人体的有毒有害物质(包括生物性病原体)等致病因子所造成的疾病。一般可分为感染性和中毒性两大类。包括常见的食物中毒、肠道传染病、人畜共患传染病、寄生虫病以及由化学性有毒有害物质所引起的疾病。其发病率居各类疾病总发病率的前列,是当前世界上最突出的卫生问题。其特征是:(1)在食源性疾病暴发流行过程中,食物本身并不致病,只是起了携带和传播病原物质的媒介作用。(2)导致人体罹患食源性疾病的病原物质是食物中所含有的各种致病因子。(3)人体摄入食物中所含有的致病因子可以引起以急性中毒或急性感染两种病理变化为主要发病特点的各类临床综合征。按其发病机制的不同可分为食源性感染和食源性中毒两种。这类疾患有一个共同的特征,就是通过进食行为而发病,这就为预防这类疾病提供了一个有效的途径。加强食品卫生监督管理,倡导合理营养,控制食品污染,提高食品卫生质量,可有效地预防食源性疾患的发生。

【鲥鱼】(reeves shad) 又称时鱼、三来鱼、三黎鱼、迟鱼、鲥刺。江海洄游型鱼类。属辐鳍鱼纲鲱形目、鲱科、鲥属。鲥属有5种。中国有鲥鱼1种。背黑绿色。鳞下多脂肪。是名贵的食用鱼。体长椭圆形,侧扁。头前端钝尖。口大。口端位。口裂倾斜。下颌稍长,上颌正中有一缺刻,后端达于眼后缘的下方。鳃耙细密。鳞片大而薄,上有细纹;无侧线,体侧纵列鳞41～47;横列鳞16～17。腹部狭窄,腹面有大形而锐利的棱鳞,排列成锯齿状的边缘,腹鳍前为17～19,腹鳍后为12～15。腹鳍极小。胸鳍、腹鳍基部有大而成长形的腋鳞。背鳍17～18,起点与腹鳍相对。臀鳍18～20。尾鳍深分叉,被有小鳞。体背及头部灰黑色,上侧略带蓝绿色光泽,下侧和腹部银白色。腹鳍、臀鳍灰白色。尾鳍边缘和背鳍基部淡黑色。在4～6月间生殖季节溯河而上,在江何的中、下游产卵繁殖。食物主要为浮游生物,有时亦食其他有机物。分布中国南海及东海,亦见于长江、珠江、钱塘江等流域的中、下游。营养丰富,具有很高的药用价值。为中国珍稀名贵经济鱼类。1988年被列入中国国家重点保护野生动物名录中的一级保护物种。

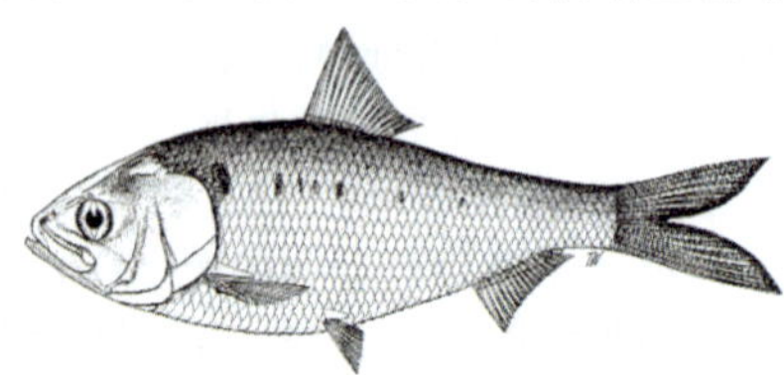
鲥鱼

【矢度】(rise-span ratio) 见矢跨比。

【矢高】(rise) 拱桥主拱圈从拱顶到拱脚的高差。包括计算矢高和净矢高两种。计算矢高是从拱顶截面形心至相邻两拱脚截面形心之连线的垂直距离,以f表示。净矢高是从拱顶截面下缘至相邻两拱脚截面下缘最低点之连线的垂直距离,以f_0表示。

矢高

【矢跨比】(rise-span ration) 又称矢度。即拱的矢高与跨径之比。用于表征拱的坦陡程度。它不但影响主拱圈内力,还影响拱桥施工方法的选择,同时影响拱桥与周围景观的协调。矢跨比小于1/5的拱称坦拱,矢跨比大于或等于1/5的拱称陡拱。

【矢量】(vector) 又称向量。线性空间中需要大小和方向才能完整表示的物理量。如位移、速度、加速度、力、力矩、动量和冲量等都是矢量。与标量不同,矢量在进行加法运算时一般需要采用平行四边形法则。关于矢量的合成法则,即两个共点矢量的合成等于以表示二者的有向线段为邻边所得到的平行四

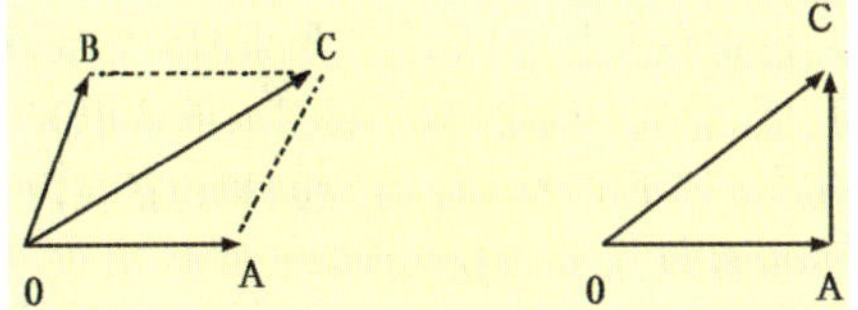

边形的共点对角线。如图所示。由平行四边形法则可知,两个共点力的合力不仅与两个力的大小有关,且与两个力的夹角有关。当两个力的大小一定时,其合力的大小将随两个力夹角的改变在两个力之和与两个力之差范围内变化。运用平行四边形法则分析一共点力系的作用效果时,可依次采用平行四边形的合成方法求出合力。

【矢量发动机】(vector engine) 又称推力转向发动机。喷口可以向不同方向转动以产生不同方向的加速度的发动机。作用在飞机上的推力是一个有大小、有方向的量,这种量被称为矢量。一般的飞机上,推力都顺飞机轴线朝前,方向并不能改变,发动机的喷流都是与飞机的轴线重合的,产生的推力也沿轴线向前,这种情况下发动机的推力只是用于克服飞机所受到的阻力,提供飞机加速的动力。采用推力矢量技术的飞机,则是通过喷管偏转,利用发动机产生的推力,获得多余的控制力矩,实现飞机的姿态控制。其特点是控制力矩与发动机紧密相关,而不受飞机本身姿态的影响。使用推力矢量技术的飞机不仅其机动性大大提高,而且还具有前所未有的短距起落能力。推力矢量技术的运用提高了飞机的控制效率,使飞机的气动控制面可以大大缩小,从而可以减轻飞机的重量。另外,垂尾和立尾形成的角反射器也因此缩小,飞机的隐身性能也得到了改善。如果发动机的喷管不仅可以上下偏转,还能够左右偏转,那么推力不仅能够提供飞机的俯仰力矩,还能够提供偏航力矩,这就是全矢量飞机。推力矢量技术是一项综合性很强的技术,目前世界上只有美国和俄罗斯掌握了这一技术。中国也展开了对推力矢量技术的研究,并取得了一定的成果。

【矢量化飞机】(vector aircraft) 部分或完全依赖发动机推力产生飞行控制力的飞机。发动机除产生前向推进力外,还可在偏航、俯仰、横滚等各个方向同时或分别产生控制力和力矩,实现完全推力矢量操纵。推力矢量化是未来超高机动性战斗机的关键技术。它可取消全部的气动操纵面,简化飞机外形和结构设计,并能在各种条件下有效进行操纵。当前重点研究的是部分矢量化飞机,它略去一种或几种推力矢量模态。试验机的设计与试验在20世纪80年代中期已经开始。美国的F-15S/MTD技术验证机于1988年9月7日进行了首次试飞,其战术性能比F-15战斗机有较大提高。F-22战斗机也采用了这一技术。

矢量化飞机

【矢量控制】(vector control) 通过测量和控制异步电动机定子电流矢量,根据磁场定向原理分别对异步电动机的励磁电流和转矩电流进行控制,从而达到控制异步电动机转矩目标的控制方法。其具体原理是:将异步电动机的定子电流矢量分解为产生磁场的电流分量(励磁电流)和产生转矩的电流分量(转矩电流)分别加以控制,并同时控制两分量间的幅值和相位,即控制定子电流矢量。矢量控制就是将磁链与转矩解耦,有利于分别设计两者的调节器,以实现对交流电机的高性能调速。按矢量控制方式的不同可分为:基于转差频率控制的矢量控制方式、无速度传感器矢量控制方式和有速度传感器的矢量控制方式等。这样就可以将一台三相异步电机等效为直流电机来控制,因而获得与直流调速系统同样的静、动态性能。矢量控制算法已被广泛地应用在各类变频器上。

【矢量数据】(vector data) 在直角坐标系中,用x、y坐标表示地图图形或地理实体的位置和形状的数据。一般通过记录坐标的方式来尽可能将地理实体的空间位置表现得准确无误。其优点是:(1)地理数据精度较高。(2)结构严密,数据量小。(3)能建立完整的网络连接关系。(4)图形输出精确美观。(5)图形数据和属性数据的恢复、更新和综合都能实现。其缺点是:技术复杂、数据结构复杂、数学模拟困难、显示和绘图费用高、空间分析不易实现。

【示假装备】(disguise equipment) 主要

用于模拟人员、武器装备、工程设施等目标的暴露征候欺骗和迷惑敌人的装备。其目的是:转移敌人注意力或吸引敌人的火力,使敌方盲目攻击,达不到攻击的目的。示假装备包括各种假目标、诱饵和角反射器等。

示假装备

【示温材料】(thermochromic material) 利用热敏染料制成的能可逆地显示温度的材料的总称。例如,将热敏染料和没食子酸丙酯混合发色,再混入高级醇加热溶解阻隔染料与酸的反应而消失,冷却后高级醇析出,染料和酸相遇出现颜色。它们的这种消失-发色现象,可以反复变换。其变色温度可由所用高级醇的熔点来控制,一般可在-40~100℃之间调节,适当调整配方也可达150℃左右。变色灵敏度可达0.5左右。示温材料广泛用于家庭用具、玩具和食品行业。

【世界地球日】(Word Earth Day) 每年4月22日世界各国人民尤其是环保人士宣传爱护地球、保护地球环境、建设美好家园的地球纪念日。1970年4月22日,由美国民主党参议员盖罗德·尼尔森和哈佛大学学生丹尼斯·海斯的倡议和组织下,发动了全美国有数十万人参加的、以建立一种“清洁、和平和轻松愉快的生活环境”为宗旨的地球日游行活动。在一些环保人士的支持下,这一活动每年举行一次。1990年,在第63届联合国大会上以全票通过决议,将每年的4月22日定为“世界地球日”,从此这一活动从美国扩展到全世界。截止2010年,“世界地球日”活动已经开展了41次。每次活动每个国家都有一个地球环保的主题,比如2009年中国的纪念主题是“认识地球,保障发展”;2010年的主题则是“珍惜地球资源,转变发展方式,倡导低碳生活”。

【世界地图集】(world atlas) 系统反映全球和各国各地区地理环境概况的地图集。现今世界地图集不仅反映地球自然带、海陆关系和相互影响、大气环流和自然资源等世界和各国、各地区的自然概况,而且还反映世界和各国、各地区的经济发展、人文特征和历史变迁等内容,有的还表示宇宙的结构。

【世界电信日】(World Telecommunication Day) 为纪念国际电信联盟的建立而开展活动的日子。1844年电报正式用于公众通信。为使电报发挥更大作用,欧洲一些国家先后成立了德奥电报联盟和西欧电报联盟。1865年3月上述两组织合并成国际电报联盟。1932年改名为国际电信联盟。为纪念国际电信联盟的建立,强调电信在国民经济发展和人民生活中的作用,在1968年第23届行政理事会上,决定将5月17日定为世界电信日,要求各会员国从1969年起根据确定的电信日主题开展纪念活动,宣传电信的重要性,普及电信科学技术,培养年青一代对电信的兴趣。

【世界观】(world outlook) 又称宇宙观。人们对整个世界,整个宇宙,包括自然界、社会和人类思维在内的根本观点。人们平常所讲的世界观,不仅内容很广泛,而且不确定,只要是对人的认识和行为具有一定支配作用的重大原则,都可以包括在内。作为哲学的世界观,是所有这些内容的集中、升华,是在更高层次上关于世界的根本性的观点。人们的世界观总是通过平常观察和处理各种具体事务、具体问题时所持的态度和所采取的方法而表现出来的。从这种意义上说,世界观又是方法论。

【世界海洋环流实验】(world ocean circulation experiment, WOCE) 根据全球国际合作海洋学研究计划所开展的实验研究工作。世界海洋环流实验(WOCE)进行为期10年(1990~2000年)的全球海洋准同步观测,通过数值模拟、经常性监测、专题调查三者有机结合,建立了解全球海洋环流变化及其对全球气候影响的机制。实验的总目标是建立可用于预报气候变化的模式,收集检验模式所需的资料,确定海洋长期动态的WOCE专题数据集的代表性,寻找确定大洋环流长期变化的方法。为达到总目标,世界海洋环流实验实施七个现场观测计划,即水文观测计划、卫星观测计划、现场海平面观测计划、漂流浮标和表层漂流器观测计划、定点测流计划、志愿观测船计划和声学多普勒海流剖面仪观测计划。整个实验已于2000年年底完成并达到预期的成果。

【世界时】(universal time) 又称格林尼治平时。相对于本初子午线的平太阳时。以地球自转为标准,通过天文观测确定的一种时间计量系统。以符号UT表示。由于受地极移动、地球自转季节性变化和其他不规则变化的影响,UT有三种形式:一是UT0,由天文台直接测定的世界时;UT1,修正了地极移动对经度影响后的世界时;UT2,对UT1再修正地球自转季节性变化影响的世界时。UT2仍然受某些不规则变化的影响。现在国际上采用协调世界时代替世界时。

【世界文化遗产】(world cultural heritage) 在人类发展过程中所创造并保留下来的、具有普遍价值的物质财富和精神财富的总和。根据《保护世界文化和自然遗产公约》规定,以下内容将被视为文化遗产:(1)文物。从历史、艺术及科学角度看,具有突出的普遍价值的建筑物、雕刻和绘画,具有考古性质的部件或结构、铭文、窟洞以及各种文物组合体。(2)建筑群。从历史、艺术及科学角度看,在建筑形式、统一性或与环境结合方面,具有突出的普遍价值的单独或相关联的建筑群体。(3)遗址。从历史、美学、人种学或人类学角度上看,具有突出的普遍价值的人造工程或自然与人造联合工程以及考古遗址的地区。根据《保护世界文化和自然遗产公约实施指南》要求,评定世界文化遗产的标准共有六条,只要符合其中之一就可列入《世界文化和自然遗产名录》。(1)代表一种独特的学术成就,一种创造性的天才杰作。(2)在一定的历史时期或某一文化地域内,对其建筑艺术、城镇规划、景观设计方面的发展产生过重大影响。(3)能为一种文化传统、一种尚存或已消失的文明提供唯一或特殊的见证。(4)是建筑学、建筑技术工艺或景观方面的杰出范例,能代表人类历史发展的一个(或几个)重要阶段。(5)是人类传统居住地或对土地使用方面的杰出范例。该范例在社会、经济、文化变动影响下,已濒临不可逆转的破坏。(6)与某些有特殊历史意义的事件或现存的生活方式、思想、信仰以及文学艺术作品有直接关系。此外,在评定过程中,还要考虑遗产的保护状况,要具有"真实性"。不仅限于最初的形态,而且也包括在以后的历程中具有历史、艺术价值的更改和补充。截至2009年6月,中国已列入《世界文化遗产名录》的有万里长城、北京故宫、敦煌莫高窟、秦始皇陵及兵马俑、周口店北京人遗址、承德避暑山庄及周围庙宇、曲阜孔庙、孔府及孔林、武当山古建筑群、布达拉宫、平遥古城、丽江古城、天坛、颐和园、大足石刻、青城山—都江堰、龙门石窟、明清皇家陵墓、云冈石窟、皖南古村落、高句丽王城及贵族墓葬、澳门历史城区、苏州古典园林、殷墟、开平碉楼与古村落、福建土楼和被列入双重遗产的泰山、黄山、庐山、峨眉山及乐山大佛、武夷山共30处。

中国龙门石窟

【世界自然遗产】(world natural heritage) 具有全球意义的自然形成的景物或现象。联合国教科文组织于1972年11月16日于巴黎通过《保护世界文化和自然遗产公约》,把具有全球意义的文化和自然遗产作为全人类的世界遗产的一部分加以特殊保护。公约第二条规定的自然遗产标准为:(1)从审美或科学角度看,具有突出的普遍价值的物质和物质结构群组成的自然景观。(2)从科学或保护角度评价,具有突出的普遍价值的地质和自然地理结构及明确划为受威胁的动物和植物生态环境区。(3)从科学、保护或自然美学角度看,具有突出的普遍价值的天然名胜或明确划分的自然区域。截至2009年6月底,中国境内被批准的世界自然遗产共有12处,其中自然遗产有武陵源、九寨、黄龙、三江并流、四川大熊猫栖息地、南方喀斯特和江西三清山共7处,文化和自然遗产有泰山、黄山、峨眉山—乐山、武夷山4处,文化景观庐山1处。

世界自然遗产

【市政】(municipal) 城市管理工作。包括工商业、交通、卫生、公共事业、基本建设和文化教育等。有广义和狭义之分。❶广义的市政是指城市中的国家政权机关,为实现城市自身和国家的政治、经济、文化和社会发展的各项管理活动及其过程。❷狭义的市政是指城市的国家行政机关对市辖区内的各类行政事务和社会公共事务所进行的管理活动及其过程。国内外许多学者从政治学、行政学、城市管理学等多种角度,对市政这个概念进行分析和定义,主要有城市政权说、城市行政说、城市事务说和城市政策说等许多不同或不完全相同的解释。所谓城市政权说,即把市政看作是城市政权,看作是国家整个地方政权的组成部分。所谓城市行政说,即把市政理解为城市的行政管理。所谓城市政治说,即从政治学角度强调政府活动的政治性,强调政治与行政的密切关系,把市政界定为城市中的政治决策和行政执行活动。所谓城市事务说,即是将市政简单理解为道路交通、卫生教育、供水供电、园林绿化等市政工程、市政建设、城市公用事业及其管理。所谓城市政策说,即从政策学角度言市政,认为市政是指城市政策,包括城市公共政策的形式、过程、选择等。市政的主体,主要是市的国家政权机关,是整个国家政权机关的一部分;市政的客体或内容，主要是城市的公共事业、公共事务的管理；市政的手段，主要是国家的法律、法规和规章。

【市政工程】(municipal project) 为城镇生产和居民生活服务的各种公用的工程建设的总称。包括供水、排水、道路、桥梁、隧道、电力、电信、燃气、热力和防洪等工程设施。

过街天桥

【市政工程测量】(public works survey) 城市各项公用设施在设计、施工、竣工和运营管理各阶段所进行的测量工作。在城市测量控制网和城市大比例尺地形图的基础上进行。各项市政工程的主要轴线点位，应采用城市的统一坐标和高程系统。城市道路网是城市平面布局的骨架。市政工程的用地范围，常以规划道路中线为依据来确定。规划道路中线的定线测量和以中线为依据确定建筑用地界址的拨地测量是市政工程测量的先行工序。各个单项市政工程测量，多在其中线附近的带状范围内施测，具有线路工程测量的特点。按其工程实施阶段的不同可分为：(1)设计测量。指对带状工程，如道路、给排水管线、电力和通信电缆、地下人防通道等的测量工作。(2)施工测量。首先是恢复和校测设计测量所定的中线桩位，然后以中线为准放样工程构筑物的各主要轴线，再根据各轴线进行细部放样，并设置用于施工的标志。(3)竣工测量。主要测定各项工程竣工时主要点位的平面位置和高程。隐蔽工程要在回填前施测。(4)变形观测。对重要桥梁、立体交叉、多层道路、堤防和地质条件不良地段的工程建筑物观测其沉降、位移、倾斜和裂缝等。为鉴定工程质量、安全运营和工程研究等提供资料。

【市政设施】(municipal facilities) 为城市居民提供服务的各种建筑物、构筑物和设备等设施。如铁路、公路、运河、港口、桥梁、机场、电力、邮电、煤气、供水、排水等。按其类型的不同可分为：(1)城市道路及其设施。城市机动车道、非机动车道、人行道、公共停车场、广场、管线走廊和安全通道、路肩、护栏、街路标牌、道路建设、道路绿化控制的用地及道路的其他附属设施。(2)城市桥涵及其设施。城市桥梁、隧道、涵洞、立交桥、过街人行桥、地下通道及其他附属设施。(3)城市排水设施。城市雨水管道、污水管道、雨水污水合流管道、排水河道及沟渠、泵站、污水处理厂及其他附属设施。(4)城市防洪设施。城市防洪堤岸、河坝、防洪墙、排涝泵站、排洪道及其他附属设施。(5)城市道路照明设施。城市道路、桥梁、地下通道、广场、公共绿地、景点等处的照明设施。(6)城市建设公用设施。城市供水、供气(煤气、天然气、石油液化气)、集中供热的管网、城市公共交通的供电线路及其他附属设施。

市政设施

【市政隧道】(municipal-service tunnel) 修建在城市地下，用作敷设各种市政设施地下管线的隧道。由于进一步发展工业和提高居民文化生活条件的需要，供市政设施用的地下管线越来越多，如自来水、污水、暖气、热水、煤气、通信、供电等。管线系统的发展，需要大量建造市政隧道，以便从根本上提高各种市政设施的地下管线系统的经营水平。在布置地下的通道、管线、电缆时，应有严格的次序和系统，以免在进行检修和重建时要开挖街道和广场。按用途的不同可分为：排水隧道、供水隧道、燃气隧道、暖气热水管线隧道、电线和电缆隧道和混合隧道。市政隧道可用明挖法、顶管法、盾构法或矿山法修建。市政隧道横断面的最小尺寸决定于施工条件。其横断面的轮廓主要决定于施工方法。用顶管法和盾构法开挖时，断面一般为圆形或椭圆形；用明挖法时，断面为矩形；用矿山法时，断面为拱形。用盾构法开挖时，装配式衬砌多用混凝土块、钢筋混凝土块做成，而很少采用金属管片。因金属管片造价高，而且在有酸性水的情况下易受侵蚀。在有侵蚀性水的情况下，用混凝土块或钢筋混凝土块做成的衬砌，要加沥青保护覆盖层。用明挖法和矿山法时，常采用整体式衬砌。用顶管法时，则采用预制管段。

市政隧道

【事故】(accident) 意外的变故或灾祸。造成人员伤害、死亡、职业病或设备设施等财产损失和其他损失的意外事件。在生活、生产活动中发生的死亡、疾病、伤害、损坏或者其他损失的意外事件。伯克霍夫(Berckhoff)认为，事故是人(个人或集体)在为实现某种意图而进行的活动过程中，突然发生的、违反人的意志的、迫使活动暂时或永久停止的事件。其含义包括：(1)发生在人类生产、生活活动中的特殊事件,人类的任何生产、生活活动过程都可能发生事故。(2)一种突然发生的、出乎人们意料的意外事件,具有随机性质。在一起事故发生之前,人们无法准确地预测什么时候、什么地方、发生什么样的事故。(3)一种迫使进行着的生产、生活活动暂时或永久停止的事件。事故中断、终止人们正常活动的进行,必然给人们的生产、生活带来某种形式的影响。事故是一种违背人们意志的事件,是人们不希望发生的。事故是一种动态事件,它开始于危险的激化。以一系列原因事件按一定的逻辑顺序流经系统而造成的损失。

【事故调查】(accident investigation) 在事故发生后,为了获取事故发生根本原因的全面材料,防止类似事故发生而进行的调查。通过调查可以揭示出新的或未被人注意的危险,为制定安全措施提供依据,以减少同类事故发生的可能。事故的性质不同,所需调查的内容及要求也不尽相同。对事故进行的综合分析,是调查事故的关键环节和重点。是事故预测,预防的主要手段。基本方法有综合分析法、个别案例技术分析法和系统安全分析法。其基本步骤是:(1)整理和阅读调查材料。(2)分析伤害方式。按以下几方面进行分析:受伤部位,受伤性质,起因物,致害物,伤害方式,不安全状态,不安全行为。(3)确定事故的直接原因。(4)确定事故的间接原因。

【事故间接损失】(accident indirect loss) 与事故事件间接相联系的、能用货币直接或间接定价的损失。包括事故间接经济损失和事故间接非经济损失。事故间接经济损失指与事故事件间接相联系的、能用货币直接估价的损失,包括事故现场抢救与处理费用,事故事务性开支,人员伤亡的丧葬、抚恤、医疗及护理、补助及救济费用,休工的劳动价值损失,事故罚款、诉讼费及赔偿损失,减产及停产的损失和补充新员工的培训费用等。事故间接非经济损失指与事故事件间接相联系的、不能用货币直接估价的损失,包括工效损失,声誉的损失,政治与社会安定的损失等。

【事故经济损失】(accident economic loss) 意外事件造成的一切经济价值的减少、费用支出的增加、经济收入的减少。分为事故直接经济损失和事故间接经济损失。按照事故直接经济损失大小及人员伤亡情况可以将事故分为四类:一般事故,指造成1 000万元以下直接经济损失,或者3人以下死亡,或者10人以下重伤的事故;较大事故,指造成1 000万元及以上5 000万元以下直接经济损失,或者3人及以上10人以下死亡,或者是10人及以上50人以下重伤的事故;重大事故,指造成5 000万元及以上1亿元以下直接经济损失,或者10人及以上30人以下死亡,或者50人及以上100人以下重伤的事故;特别重大事故,指造成1亿元及以上直接经济损失,或者造成30人及以上死亡,或者100人及以上重伤(包括急性工业中毒)的事故。

【事故模式】(accident mode) 对事故发生的过程所作的定性或定量的概括和描述。能显示事故过程的特征,并能显示出事故的后果。事故发生是由社会因素、管理因素和生产中的危险因素被偶然事件触发所造成。事故的直接原因是指人的不安全行为、物的不安全状态和环境的不安全条件。这些人、物、环境因素构成了生产中的危险因素(事故隐患)。间接原因是指管理缺陷,即管理失误和管理责任。基础原因包括经济、文化、学校教育、民族习惯、社会历史和法律等因素。偶然事件触发是指由于起因物和肇事人的作用,而造成一定类型的事故和伤害的过程。事故具有潜伏性、突发性、偶然性和因果性的特点。

【事故模型】(accident model) 采用各种可能的表达方式来描述事故及其多种影响因素之间的因果关系的实物或图形。是安全系统工程进行定性或定量分析的基础。其类型是:(1)因果关系的结构函数模型。是一种表达事故与其有关因素间的内在逻辑关系的模型。有两种基本形式。一是按照布尔代数的原理,将产生事故的复杂的多层次的诸因素和事故结果之间的因果关系以函数的形式表示。其优点是简洁明了,可直接进行定量计算,得出诸因素共同作用的结果。二是借助图论的原理与方法,将事故及其影响因素的因果关系,以图的形式表达出来,如事故树的模型。其优点是清楚直观,层次分明,能将众多因素及其相互之间的复杂关系形象地表达出来,整体性强,便于分析人员把握全局,作进一步的推理判断。(2)事故概率模型。这是表达事故系统是一种随机系统,其输入输出都属随机变量,其结果服从统计概率规律,表达安全系统各种随机变量的随机函数关系就是事故概率模型。这种模型有表格曲线式、数值形式和函数形式。(3)生产构成的物理化学模型。建立这种模型的目的在于,掌握生产过程中由于操作不当或设备缺

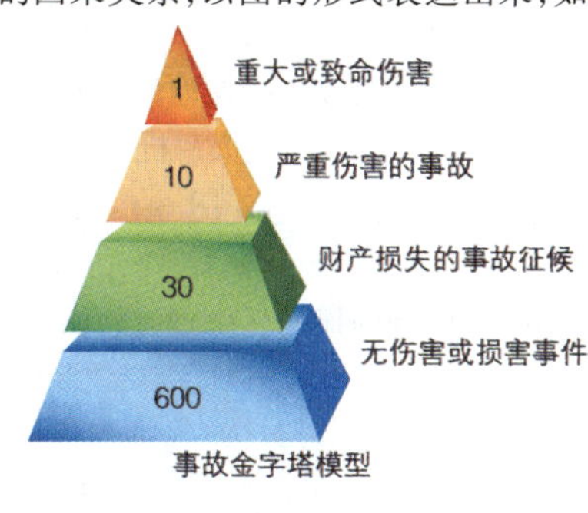

事故模型

陷等原因达到极限状态后的有关参数，定量估算失控后果严重程度和波及范围，以便采取防范措设。这样能在事故发生前便认识到生产系统一旦失常随带来的破坏力量及严重后果，以引起人们注意，更加重视生产安全问题。

【事故赔偿】（accident compensation） 事故责任者对事故受害者给予的经济上的补偿。其方式主要有：工伤事故伤残赔偿、职业病赔偿、事故财产损失赔偿等。从社会整体的角度，采取事故赔偿做法是对事故责任者的一种惩罚措施，能起到预防事故发生的作用；对于受害者，事故赔偿措施是一种补偿，能够缓解事故造成的社会和经济矛盾。普遍做法是通过保险来实施事故赔偿。

【事故倾向性理论】（accident proneness theory） 在相同的客观条件下，出事故次数比其他人多得多的一种事故致因理论。是历史最长和最广为人知的事故致因理论之一。这种理论认为，事故与人的个性有关。某些人由于具有某些个性特征，因而比其他人更易发生事故。1919 年格林伍德（Greenwood）等通过研究认为：（1）可以将有事故倾向的人与其他人区别开来。（2）某些人由于具有事故倾向性，无论从事什么工作都容易出事故。（3）易出事者具有下列特征：反抗、攻击性、轻率、敌对和不守时间等。铁尔曼（W. A. Tillman）等通过调查得出：易出事故者有明显的攻击性，有厌恶社交的倾向，多为年轻人等。但未能找出“易出事故者”与其他人有什么明显差异的个性特征。有研究表明，某些人在某些环境可能更容易发生事故，若换个环境则不一定容易出事故。事故倾向性可能是指特定的环境而言，而非所有环境的一般倾向。心理学家里森（J. T. Reason）等通过研究认为：事故倾向性如果存在的话，可能不单单是人的失误，而主要是人 - 机 - 环系统的失误。

【事故损失】（accident loss） 又称事故费用。意外事件造成的生命或健康的丧失、物质或财产的损坏、时间的损失、环境的破坏等。按损失与事故事件关系的不同可分为直接损失和间接损失；按损失经济特征的不同可分为：经济损失（或价值损失）和非经济损失（非价值损失）；按损失与事故的关系和经济的特征进行综合分类可分为：直接经济损失、间接经济损失、直接非经济损失、间接非经济损失；按损失承担者的不同可分为：个人损失、企业（集体）损失和国家损失；按损失时间特性的不同可分为：当时损失、事后损失和未来损失；按损失状态的不同可分为：固定损失与变动损失。

【事故通风】（emergency ventilation） 当发生事故时才开启使用的强制排风系统。为应对生产设备发生偶然事故或故障，能尽快地把可能突然散发出的大量有害气体或有爆炸性气体迅速排到室外而采取的措施。事故排风的吸风口，应布置在有害气体或爆炸性气体散发量可能最大的区域。当排出的气体有爆炸性时，应考虑风机防爆问题。事故排风系统的排风机的开关，应分别设置在室内和室外便于开启的地点。可不设专门的进风系统补偿所排出的空气。排出的空气一般都不进行处理。当排出有剧毒的有害物时，应排到 10m 以上的大气中稀释。仅在非常必要时，才采用化学方法处理。当排出的空气中含有可燃气体时，排风口应远离火源。事故排风时的排风量，应由事故排风系统和经常使用的排风系统共同保证，一般按房间的换气次数来确定。

事故通风

【事故心理救援】（accident psychology odi） 又称事故危机干预、灾后危机干预。对事故后处于心理危机状态的个体、家庭及群体采取的明确有效的心理救助措施。常见于对事故受伤害者进行的专门心理咨询和心理治疗、劝导与鼓励，特别是指对经受重大灾难者给予的物质和精神上的帮助、慰问等。事故心理救援具有疏通思想、救人于危难的性质。有研究表明，重大灾害后精神障碍的发生率为 10% ~20% ，一般性心理应激障碍更为普遍。灾后心理辅导已被列为正式的医疗救助手段和项目。其步骤是：（1）在危机发生的最初阶段，提供情感支持，以缓解紧张情绪。（2）指导其根据实际情况，寻求可能的援助。（3）通过心理辅导帮助受害者分析危机情境，指导其学习新的认识方法和应付方法，有效地处理危机事件。（4）提高心理适应能力，重建社会生活的目标。

【事故因果论】（causal theory of accident） 说明事故因果关系的一系列理论。事故致因理论之一。1936 年海因里希（Heinrich）提出了应用多米诺骨牌原理阐述发生伤亡事故因果顺序的模型。1936 年巴内尔（Barer）认为事故诸因素是一系列事件的链（事故链）。1970 年帝内逊（Driessen）明确地将事件链发展成为事件过程逻辑理论。这些理论都是说明事故因果关系的。伤亡事故作为随机事件，相互依存和相互制约的诸关系之一就是因果关系。因果论认为，事故因果有继承性，即第一阶段的结果往往是第二阶段的原因，随时间向后推移，由近因找到远因；由直接原因追踪到间接原因。人的不安全行为和物的不安全状态是事故的直接原因;管理缺欠则是造成直接原因的间接原因。后者以及社会环境往往是构成事故的本质原因或称基本原因。追踪事故原因的逻辑顺序是:深入调查研究事故→确认事实真相→找出潜在的直接原因(近因)→探求潜在的间接原因(远因)→造成事故的基本原因→采取预防措施→实施安全生产。

【事故应急管理】(accident management) 政府及其他公共机构在突发公共事件的事前预防、事发应对、事中处置和善后管理过程中,通过建立必要的应对机制,采取一系列必要措施,保障公众生命财产安全,促进社会和谐健康发展的有关活动。通过事前计划和应急措施,充分利用一切可能的力量,在事故发生后迅速控制事故发展并尽可能排除事故,保护现场人员和场外人员的安全,将事故对人员、财产和环境造成的损失降低至最低限度。自20世纪70年代以来,建立重大事故应急管理体制和应急救援系统受到国际社会普遍重视,许多先进国家和国际组织都制定了一系列关于重大事故应急救援的法规和政策,明确规定了政府有关部门、企业、社区的责任人在事故应急中的职责和作用,并成立了相应的应急救援机构和政府管理部门。将应急计划(预案)作为重大事故预防的必要措施。在职业安全卫生管理体系中,应急计划是关键的要素之一。按其过程管理的不同可分为:(1)预防。就是从应急管理的角度,防止紧急事件或事故发生,避免应急行动。如制定安全法律、法规、安全规划,强化安全管理措施、安全技术标准和规范,对员工、管理者及社区进行应急宣传与教育等。(2)预备。又称准备。就是在应急发生前进行的工作,主要是为了建立应急管理能力。它把目标集中在发展应急操作计划及系统上。(3)响应。又称反应。就是在事故发生之前以及事故期间和事故后立即采取的行动。响应的目的,是通过发挥预警、疏散、搜寻和营救以及提供避难所和医疗服务等紧急事务功能,使人员伤亡及财产损失减少到最小。(4)恢复。就是在事故发生后立即进行的使事故影响地区恢复原来最基本的功能,恢复到正常状态。包括食品供应、提供避难所和其他装备、清理废墟、事故损失评估、灾区重建和再发展等。

【事故原点】(accident origin) 构成事故的最初起点。某种隐患、危险或潜能在触发能量以及偶合条件存在作用下转化为事故。事故隐患转化为事故的具有初始性突变特征的,与事故发展过程有直接因果联系的点。如火灾事故的第一起火点,爆炸事故的第一起爆点,车辆伤害事故的第一接触点等。其特点是:(1)从事故隐患转化为事故的具有突变的点。(2)从事故隐患转化为事故的具有初始性的点。(3)在事故发展过程中与事故后果有直接因果联系的点。

事故原点

【事故原点理论】(theory of accident origin) 认为事故是由于事故原点在触发能量、偶合条件作用下转化而成的理论。事故致因理论之一。所谓事故原点是指某种隐患、危险或潜能,在触发能量、偶合条件作用下转化为事故,具有初始性、突发性并与事故终点结果有直接因果关系的点。所谓触发能量、偶合条件是指能使事故原点转化为事故过程直至事故终点的作用能量和存在的条件。其特点是:(1)任何事故的出现和结果都是一种物质运动、转化、变异的结果。这种运动、转化、变异过程有其变化的机理、倾向和结果。(2)事故原点只有在触发能量作用下,偶合条件成熟时才可以转化为事故。(3)事故原点理论不仅可以解释事故现象,剖析事故规律,并为事故分析,特别为特别复杂的事故分析建立一套技术分析的理论体系和操作系统,使事故的技术分析科学化。(4)为了查清事故发生的物变规律和技术原因,可以按照定义法、技术检验判断法、否定之分析法、逻辑推理法、综合鉴别法等方法寻找事故的原点和触发能量、偶合条件,定性或定量地判断事故原点存在的状态性、相互关系的作用机理和变化的动态过程。(5)为了进行定量分析和判断,事故分析的技术体系建立了事故原点支撑体系的概念、理论以及事故环境和事故终点的概念、理论体系。(6)事故原点理论的分析技术理论认为,在事故过程中,所谓人的失误和人的因果,只是人通过一种动作和行为作用于物体一种能量和给予一定条件,在事故过程中起作用的还是物的运动变化和作用。

【事故责任追究制度】(accountability system for accident) 依照安全生产法和有关法律、法规的规定,追究生产安全事故责任人员的法律责任的一种制度。在生产经营活动中发生安全事故的间接原因,则大多是由违反安全生产的法律、法规、标准和有关技术规程、规范等人为因素造成的。其内容是:(1)生产经营活动的作业场所不符合保证安全生产的规定;设施、设备、工具、器材不符合安全标准,存在缺陷。(2)未按规定配备安全防护用品。(3)未对职工进行安全教育培训,职工缺乏安全生产知识。(4)劳动组织不合理。(5)管理人员违章指挥;职工违章冒险作业等。鉴于生产安全事故对国家和人民群众的生命、财产安全造成的损失,对因人为原因造成的责任事故,必须依法追究责任者的法律责任,以示警戒和教育。事故的责任主要是:(1)行政责任。有违反有关行政管理的法律、法规的规定,但尚未构成犯罪的行为所依法应当承担的法律后果。分为行政处分和行政处罚两类。(2)民事责任。由于事故造成人员伤亡和财产损失,事故责任者承担的赔偿责任。(3)刑事责任。有依照刑法规定构成犯罪的严重违法行为所应承担的法律后果。2006 年新修订的刑法修正案,在"危害公共安全罪"一章中,对包括重大责任事故罪、重大劳动安全事故罪、危险物品肇事罪、建设工程重大安全事故罪等在内的重大责任事故犯罪的犯罪构成及刑事责任作了规定。

【事故闸门】(emergency gate) 在出现事故的情况下,能在动水中截断水流,以便处理或防止事故扩大的闸门。用于保护工作闸门、隧洞、钢管和其他设施。兼作检修闸门时,又称事故检修闸门。一般在静水中开启,开启前先由充水阀或旁通阀充水平压。当事故闸门与工作闸门相距较远时,也有用事故闸门在动水中先开启小开度以充水平压的。事故闸门为平面闸门,采用下游止水,降门时可利用水柱重;门后需设置通气孔,补给空气。事故闸门的行走支承可以用胶木滑道、定轮或链轮。当事故闸门和工作闸门尺寸相同时,两种闸门可用同一类型,互为备用。

【事故直接损失】(accident direct loss) 与事故事件直接相联系的、能用货币直接或间接定价的损失。包括事故直接经济损失和事故直接非经济损失。事故直接经济损失指与事件当时的、直接相联系的、能用货币直接估价的损失。包括设备、设施、工具等固定资产损失,材料、产品等流动资产的物质损失,资源(矿产、水源、土地、森林等)遭受破坏的价值损失。事故直接非经济损失指与事件当时的、直接相联系的、不能用货币直接估价的损失,包括人的生命与健康的价值损失和环境污染处理的花费及其未恢复的环境价值等。

【事故致因理论】(accident-causing theory) 探索事故发生、发展规律,研究事故始末过程,揭示事故本质的理论。着重解释事故发生的原因以及针对这些事故致因因素如何采取措施防止事故。是指导危险源辨识、控制和评价的基本理论之一,属于安全科学基础理论研究领域。1919 年格林伍德(Greenwood)提出有事故倾向的工人的概念。1926 年纽伯尔德和 1939 年法默等人都曾支持这种观点。这种"具有事故倾向的素质论"因受到广泛的批判,早已被排除事故致因理论的行列。1936 年海因里希(Heinrich)提出了多米诺骨牌原理,即伤亡事故顺序五因素论。1953 年巴内尔(Barer)提出的导致事故发生的诸因素是一环连一环的事件链理论,是事故因果理论的基础。1965 年科罗敦(Kolodner)介绍故障树分析(FTA)安全分析方法。1970 年帝内逊(Driessen)明确地将事件链理论发展为"分支事件过程逻辑理论"。1961 年由古布森(Gibson)提出能量转移理论。1966 年哈顿(Haddon)继续发展了能量转移理论。1972 年贝纳(Benner)提出 P 理论,进而又提出多重线性事件过程图解法。1972 年威格尔斯沃思(Wigglesworth)提出了人因事故模型。1974 年劳伦斯(Lawrence)根据人因事故模型提出了矿山以人失误为主因的事故模型。1975 年约翰逊(Johnson)提出了"管理失误和危险树(MORT)模型"。1980 年泰勒斯(Talanch)提出了变化论模型。1981 年佐藤吉信依管理失误和危险树(MORT)模型,引申出事故是一个连续过程的理论。1983 年瑞典工作环境基金会(WEF)对 1969 年萨利(Surry)提出的安全信息模型进行了修改。1998 年 R. 安德森(Andersson)综合了萨利、WEF 及新 WEF 模型,提出了新的"安德森模型",把安全信息方面的事故致因理论向前推进了一大步。事故致因理论是一定生产力发展水平的产物。在生产力发展的不同阶段,出现的安全问题不同,为了解决这些问题,人们努力探讨事故发生的机理,不断加深对危险源及其控制的认识,形成了带有时代特征的事故致因理论。

【事件树分析法】(event tree analysis,ETA) 又称事件序列分析法。一种从原因到结果的分析方法。从一个初始事件开始,交替考虑成功与失败的两种可能性,然后再以这两种可能性作为新的初始事件,如此继续分析下去,直到找到最后的结果。是一种图解形式,层次清楚。这种分析方法是事故树分析的补充,通过这两种分析可以把一些严重事故的动态发展过程全部揭示出来。其一般程序是:(1)确定初始事件。初始事件一般是指系统故障、设备失效、人的失误或工艺异常,它们都是经过事先设想或估计的。(2)编制事件树分析法图。把初始事件写在左边,各种设定的安全措施按先后顺序写在顶端横栏。每经

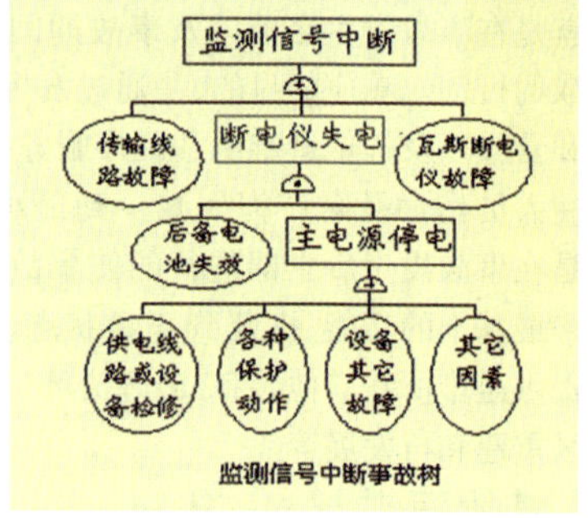

事件树分析法

过一个措施就是事件发展的一个阶段，因而就有成功与失败两个分支。(3)说明事故结果。通过事件树分析法可以得出由初始事件导出的各种事故结果。如果知道各个阶段事件的发生概率，则可以定量地作出事故结果严重程度的分级。其优点是：概率可以按照路径为基础分到节点；整个结果的范围可以在整个树中得到改善；事件树从原因到结果，概念上比较容易明白；事件树是依赖于时间的；事件树在检查系统和人的响应造成潜在事故时是理想的。

【势能】(potential energy) 又称位能。物质系统由于各物体之间(或物体内各部分之间)存在保守力的相互作用而具有的能量。按作用性质的不同可分为：引力势能、弹性势能、电磁势能和核势能等。在一定的相互作用下，系统的势能由各物体的相对位置决定。例如，地面附近物体与地球之间存在万有引力作用，要把两者分开，就必须克服引力做功，因此物体在离开地面较远时，具有较大的势能。重力势能的大小由重力的大小和重物与地球的相对位置即重物与地球距离决定。一般来讲，克服物体间相互作用力而发生位置变化时所做的功，会使系统的势能增大。由于势能与相对位置有关，为表示势能的大小，就必须规定一个作为标准的零点。

【饰面板】(veneer) 将木材刨切成一定厚度的薄片，粘贴于胶合板表面，然后热压而成的一种用于室内装修或家具制造的表面材料。采用的材料有石材、瓷板、金属和木材等。常见的饰面板分为天然木质单板饰面板和人造薄木饰面板。前者的纹理基本为通直纹理或图案有规则；而后者为天然木质花纹，纹理图案自然，变异性比较大、无规则。饰面板既具有木材的优美花纹，又充分利用了木材资源，降低了成本。如黑胡桃、白胡桃、红樱桃、白枫、白榉、红榉和泰柚等。好的饰面板具有清爽华丽的美感，色泽均匀清晰，材质细致，纹路美观。如有污点、毛刺沟痕、刨刀痕或局部发黄、发黑就很明显属于劣质或已被污染的板材。价格也根据木种、材料、质量的不同有很大差异，和纹路、厚度、内芯等有直接关系。

饰面板示意图

【饰面工程】(surface decoration) 对一个成型空间的地面、墙面、顶面及立柱、横梁等表面的装饰。附着在其上面的装饰材料和装饰物是与各表面成刚性地连接在一体的，它们之间不能产生分离和剥落现象。饰面工程包括基础施工、结构施工、表面处理以及门窗安装等。

【试管苗】(plantlet in test tube) 采用细胞培养和组织培养的方法，在玻璃试管中获得的幼苗。迄今，全世界已有1 000多种植物经细胞培养或组织培养获得了植株，其中已有大批的农作物和花卉树木的培养技术进入了实用化阶段，形成了商品化苗木输出工业。试管植物即采用组织培养技术，在灭菌培养基上，将植物的一个或多个细胞或一小部分组织进行培养，再生成多株完整的小植株。试管植物可以通过多次分割继代培养，实现一个细胞生产出几万乃至几十万小植株，从中培育出符合人类愿望的理想型新品种。目前，植物组织培养技术已发展为工业化生产规模，采用生殖反应器大量培养植物细胞以获取重要部位(器官)或其他有用成分。应用最普遍的是花卉业，其次是蔬菜、果树、林木和粮食作物，特别是一些名贵花卉、瓜果或草木。

试管苗

【试管婴儿】(test tube baby) 用腹腔镜从卵巢取出成熟卵子，在无菌条件下使精、卵在试管内结合并在人造环境下分裂、发育，然后再将胚胎移入母亲的子宫，使其在子宫内发育成长至分娩的婴儿。试管婴儿技术是由体外受精发展而来，最初由英国产科医生帕特里克·斯特普托和生物学家罗伯特·爱德华兹合作研究成功。1978年7月25日，世界上第一例试管婴儿布朗·路易丝在英国诞生。此后，该项研究迅速发展，中国也有多家医院和高等院校开展这方面的研究。这一技术给了那些可以正常产生精子、卵子，但由于某些原因却无法生育的夫妇带来了福音。

【试航航速】(trial voyage speed) 船舶试航时测得的航速。一般指满载试航速度。即主机在最大持续功率情况下，静止深水中的新船满载试航所测量得到的速度。新建造的或大修后的船舶均需进行试航，以检验其各项航行性能。测定试航航速时，要求船舶为预定排水量，主机在额定工况，无首纵倾，推进器有足够浸深，天气晴和。试航时，横倾区水面风力不超过三级，波浪不大于二级，试航水区的水深和航道宽度要满足试航要求，并按规定的试航程序和方法进行。

【试验饮食】(test diets) 又称诊断饮食。在特定时间内，通过对饮食内容的调整，以协助疾病的诊断和提高试验检查结果的正确性的一种饮食。

常见的有隐血试验饮食、胆囊造影饮食、肌肝试验饮食、尿浓缩功能试验饮食和甲状腺[131] Ⅰ试验饮食。

【视差】(parallax) 在摄影相片的立体相对上,同名像点(同一目标点在不同像片上的构像点)在左、右像片的像平面坐标系中或模型上的坐标差。其中,横坐标互差称为左右视差,又称横视差;纵坐标互差称为上下视差,又称纵视差。像对上某一点的左右较差相对于起始点的左右视差之较差,称为左右视较差。

【视距】(range of visibility) 从车道中心线上规定的视线高度,能看到该车道中心线上高为10cm的物体顶点时,沿该车道中心线量得的长度。分为停车视距、会车视距、超车视距三种。停车视距指的是汽车行驶时,驾驶人员自看到前方障碍物时起,至达到障碍物前安全停车止,所需的最短行车距离。停车视距由反应距离、制动距离和安全距离三部分组成。会车视距是指两辆对向行驶的汽车能在同一车道上相遇及时制动并停车所必须的安全视距。会车视距由双方驾驶员反应时间内所行驶的距离、双方汽车的制动距离和安全距离组成。超车视距是在双车道公路上,后车超越前车,从开始驶离原车道起,至超车后安全驶回原车道并与对向来车保持必要的安全距离所需的最短距离。超车视距全程可分:加速行驶阶段,超车汽车在对向车道上行驶的距离;超车汽车从开始加速到超车完了时对向汽车的行驶距离和超车完了时,超车汽车与对向汽车之间的安全距离四个阶段。高速公路、一级公路应满足停车视距的要求;其他各级公路应满足会车视距的要求。会车视距的长度不应小于停车视距的2倍。对向行驶的双车道公路,应根据需要并结合地形,在适当的距离内设置具有超车视距的路段。

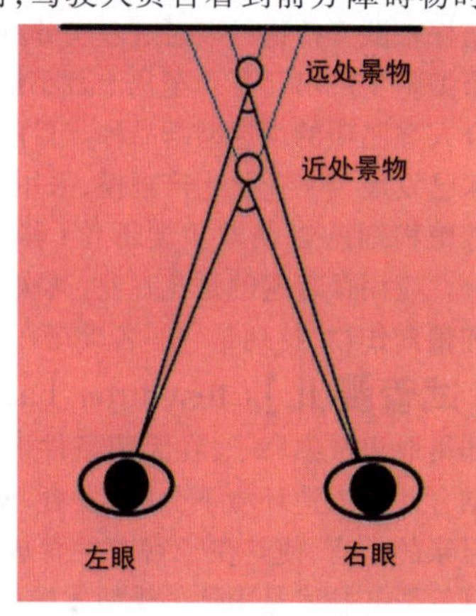

双眼视差

【视觉变量】(visual variable) 又称图形变量。地图上能引起视觉变化的基本图形和色彩因素。构成地图符号的基本元素。首先由法国人贝尔廷于1967年提出。他领导的巴黎大学图形实验室经20多年的研究,总结出一套图形符号规律——视觉变量,即形状、方向、尺寸、明度、密度和颜色。1984年,美国人鲁宾逊等在《地图学原理》中又提出的基本图形要素是:色相、亮度、尺寸、形状、密度、方向和位置。1995年,他又把基本图形要素改为视觉变量,认为其是由基本视觉变量(形状、尺寸、方向、色相、亮度、纯度)和从属视觉变量(网纹排列、网纹纹理、网纹方向)两部分组成。作为地图图形符号设计的基础,视觉变量在提高符号构图规律和加强地图表达效果方面起到很大作用,一经提出,即引起广泛重视。但目前国内外对符号视觉变量的构成看法还不一致。趋于相同的观点是:视觉变量是分析图形符号较好的方法;视觉变量至少应包括形状变量、尺寸变量、颜色变量和方向变量。

【视觉电生理学】(visual electrophysiology) 医学的一个分支。研究根据检查目的的不同采取各种不同的刺激方式并以特定仪器对视功能进行检查分析的一门学科。其主要目标是对视路疾病进行定位和定量。其检测方法包括:(1)视网膜电图。是定量检测视网膜功能的主要方法。用不同刺激方式分别检测周边视网膜病变和黄斑区病变。(2)视觉诱发电位。是定量检测视皮质电位的方法。(3)眼电图。是定量检测视网膜色素上皮功能的方法。

【视觉模拟评分法】(visual analogue scale, VAS) 一种简便、有效测量和评定疼痛强度的方法。通常采用10cm长的直线,左侧起点表示"无痛"(0),右侧终点表示"最剧烈的疼痛"(10)。病人根据自己所感受程度,在直线上相应部位做记号,从"无痛"端至记号之间的距离即为痛觉评分分数。是目前最常用的痛觉强度评估方法。

【视觉显示器】(visual display) 在人机系统中利用人的视觉通道向人传递信息的装置。按其所显示信息的不同可分为:动态显示器和静态显示器,定性显示器和定量显示器;按其功用的不同可分为:读数显示器、核查显示器、警戒显示器、追踪用显示器和调节用显示器等。其设计应醒目,清晰和易懂。其设计原则是:(1)准确性原则。即要求显示器的设计尽量使读数准确,误读率最小。(2)简单性原则。即根据显示器

视觉显示器

的不同使用目的,设计得越简单越好。(3)一致性原则。即要求所设计的显示器各部分的运动方向相一致。(4)排列性原则。即各种显示器的装配位置必须尽可能安排在人的视觉效率最优和最能引起人注意的地方。

【视力】(vision) 视网膜分辨影像的能力。是黄斑中心的视功能。视力的好坏由视网膜分辨影像能力的大小来判定。视力的基本特征在于辨别两点之间距离的大小。在健康检查时,主要检查远视力。视力正常的标准包括以下内容:(1)中心视力。即人们通常查看视力表所确定的视力,包括远视力(在5m以外看视力表)和近视力(在30cm处看视力表)。前者是指眼识别远方物体或目标的能力;后者是指识别近处细小对象或目标的能力。远视患者的表现是远视力比近视力好;近视眼患者则相反。散光患者的远视力和近视力均不好。当远近视力达到0.9以上时,才能说明其中心视力正常。(2)周围视力。当眼睛注视某一目标时,非注视区所能见到的范围大小。一般来讲,正常人的周围视力范围相当大,两侧达90°,上方为60°,下方为75°。近视、夜盲患者的周围视力比较差。一些眼底病也可致周围视力丧失。(3)立体视力。是一类最高级的视力。即在两眼中心视力正常的基础上,通过大脑两半球的调和,使自己感觉到空间各物体之间的距离关系。中心视力正常,立体视力异常者,为立体盲。在医学上,只有当中心视力、周围视力和立体视力都符合生理要求时,才能算作视力正常。然而当眼的屈光介质(如角膜、晶体、玻璃体等)变得混浊或存在屈光不正(包括近视、远视、散光等)时,即使视网膜功能良好的眼,视力仍会下降。眼的屈光介质混浊,可用手术来治疗;而屈光不正则需要用透镜来加以矫正。

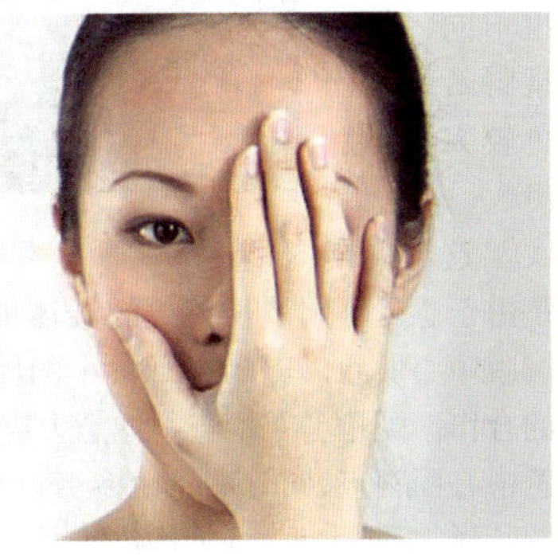
视力

【视疲劳】(watching tire) 又称眼疲劳。由于视觉器官、全身状况与工作环境相互作用产生的一组自觉症状。近距离工作不能持久,容易疲劳,视物模糊,看书复视串行,眼沉目胀,头痛头晕,甚至恶心呕吐,以及其他神经官能症症状,都是视疲劳的表现。

【视频采集卡】(video capture card) 一种可以对模拟视频信号进行采集、量化和编码的设备。按其用途的不同可分为:广播、专业和民用三个级别。其特点与作用是:(1)可在捕捉视频信息的同时录制伴音,保证同步保存、同步播放。(2)具备硬件压缩功能,提高了采集速度,实现每秒30帧的全屏幕视频采集。(3)可将录像带转换为电脑可以识别的数字化信息,或直接从摄像机、摄像头中获取视频信息,进而编辑、制作视频节目。

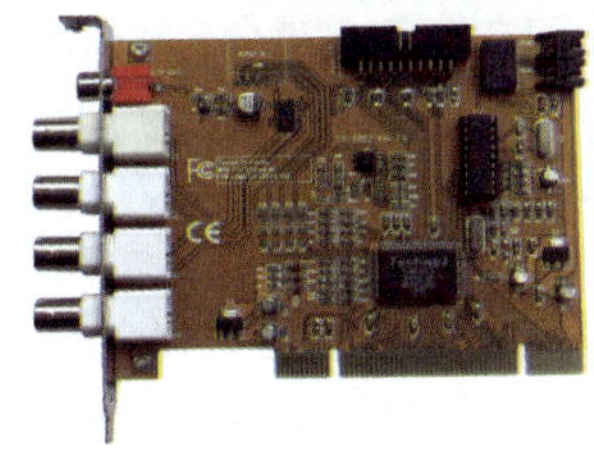
视频采集卡

【视频会议】(video conference) 利用计算机技术、多媒体技术和网络通信技术通过音频信息和视频信息的实时传输而实现的异地远程会议。必要时也可进行静止图像和文件的传送。它是一个实现远距离实时信息交流、协同工作的应用信息系统。如依据统一的H.323标准在各类网络上建立的视频会议系统打破了传统会议的时空界限,不仅可以大量节省会议费用,而且在远程自动办公、紧急求援、现场调度指挥等方面有着广泛应用。

【视频记录仪】(video recorder) 又称视频信号记录器。用于连续记录平视显示器或垂直情况显示器画面的仪器。其作用是飞行后检查武器投放效果或训练情况。它可以通过电荷藕合器件摄像机将图像加工处理成视频信号,并存储在记录设备中。视频记录仪可直接记录电视或前视红外传感器的视频信息,并可与机枪(炮)、火箭等武器协同工作。既可由射击按钮同步控制,也可由单独设置的按钮控制。

【视神经】(opticnerve) 由特殊躯体感觉纤维组成、传导视觉冲动的神经束。由视网膜节细胞的轴突在视神经盘处会聚,再穿过巩膜而构成视神经。视神经在眶内行向后内,穿视神经管入颅窝,连于视交叉,再经视束连于间脑。其可分为四段:(1)球内部。长1mm,包括视神经乳头及巩膜孔道内的部分。(2)眼眶部。长25mm,呈S型弯曲,以保证眼球能自如转动。(3)管内部。长5~6mm,与眼动脉及伴随的交感神经共同通过视神经孔管道;(4)颅内部。长约10mm,自视神经孔起至视交叉止。

【视神经乳头】(optic papilla) 又称为视盘。位于眼球黄斑区颞侧约3mm处,直径约1.5mm,境界清楚,呈淡红色、圆盘状的解剖结构。视网膜上视觉纤维在此汇集,组成视神经的起始端,并于此穿出眼球向视中枢传递。其没有视细胞,因而没有视觉,在视野中是生理盲点。视乳头中央有一小凹陷区,称为视杯或生理凹陷。视网膜中央血管由视神经乳头进入眼底。因为视神经与脑神经直接相连,当脑组织有疾病时,就会导致视神经发生改变。

【视神经乳头水肿】(choked nipple) 又称淤血乳头。视神经乳头无原发性炎症的被动性充血水肿。发病病因有:(1)颅内压增高。如颅内占位性病变、炎症,如急进性高血压病、肾性高血压、脑水肿。这是最常见、最主要的原因。(2)眶内压增高。如眶内肿瘤、眶蜂窝织炎等。(3)眼压下降。如穿孔性眼球外伤。该病的临床表现为:初期常有阵发性一过性视物朦胧,但视力表视力完全正常。随着病情发展,视力亦逐渐下降。视野检查可见生理盲点扩大。双眼视神经乳头水肿绝大多数由颅内占位病变或全身疾病引起,患者常有头痛、恶心、呕吐等相关症状与体征。单眼者多因眶内占位病变,而常伴有眼球突出。早期眼底改变:有乳头充血、鼻侧与上下侧境界欠清、生理凹陷变浅等,在数天内,乳头周围有白色条纹,并有视网膜静脉充盈,加压于眼球无静脉搏动,则诊断可以成立。

【视神经萎缩】(optic atrophy) 任何疾病引起的视网膜神经节细胞和其轴突发生病变,致使视神经全部变细的一种形态学改变。表现为视神经纤维的变性和消失,传导功能障碍,出现视野变化,视力减退并丧失。眼底检查尚可见:视乳头颜色为淡黄或苍白色,境界模糊,生理凹陷消失,血管变细等。其病因繁多。儿童期以脑部肿瘤或颅内炎症的病因居多;青年期则以遗传性视神经萎缩为主;中年人多为视神经炎、视神经外伤或颅内视交叉区肿瘤;而老年人双侧病变多为青光眼或脊髓痨引起,单侧病变多与血管性因素有关。其治疗以病因治疗为主。

【视网膜脱离】(retinal detachment) 一种严重的致盲性眼病。较常见。主要发生在高度近视眼、老年人以及曾受过外伤的眼球。其临床主要症状是:(1)网脱发生前常出现火花与闪光幻觉。(2)感到眼前有一层乌云般的黑影从一个方向朝着视野的中央推进。(3)视物模糊、变形。(4)视力突然下降。(5)眼压降低,眼球变软。按发病原因的不同可分为原发性和继发性两类。前者病因不明。一般认为关键在于视网膜裂洞的形成,使融化的玻璃体通过裂洞而侵入视网膜下空隙。该情况多发生在高度近视眼,也可发生在视网膜老年性变引起的退行性萎缩区及囊样变性使裂洞形成,造成视网膜脱离。后者是由眼部其他疾病所引起,如渗出性视网膜脉络膜炎、外伤、出血、脉络膜肿瘤等,病因较为明确;一旦去除病灶,视网膜即可恢复原位。

【视野】(visual field) 又称周边视力。眼球向正前方固视不动时所见的空间范围。是黄斑中心凹以外的视力。视野分中心视野和周边视野。前者指中央30°以内范围的视野;后者指中央30°以外范围的视野。双眼视野大于单眼视野。对于不种颜色,人的视野也不同,绿色视野最小,红色较大,蓝色更大,白色最大。这主要是由于感受不同波长光线的锥体细胞比较集中于视网膜中心所致。影响视野大小的因素有:(1)受检者的合作。受检者在检查中注意力应集中,必须始终注意中心固视点,同时不能太疲劳。(2)面形。受检者的脸形、睑裂大小,鼻梁的高低均可影响视野大小及形状。(3)瞳孔大小。缩小的瞳孔可使视野缩小(这对青光眼患者尤为重要),反之瞳孔散大则视野增大。(4)屈光不正。在平面视野计检查时,未矫正的屈光不正常使视野缩小等。视野检查对眼底病与视路病有重要的诊断价值。

视野

【视在功率】(apparent power) 电路元件端电压的有效值与电流的有效值的乘积。令 V 和 I 分别为两端元件电压和电流的有效性,S 为视在功率,则用 $S = VI$ 表示在视在功率一定的有效值电压和电流下,电路元件可能获得的平均功率的最大值。工频交流发电机和变压器等电工设备的额定电压,与绕组绝缘、铁芯的截面积及铁损耗有关,而其额定电流值则与绕组导线截面积和铜损耗有关。额定视在功率可以看成该电工设备的最大利用容量和设计极限值。

【适地适树】(tree species selected for suitable planting site) 根据因地制宜的原则在某种土地上选择适宜在其种植林木的一种理念。保持造林树种的生态学特性和造林地的立地条件相适应,以充分发挥其生产潜力,达到该立地在当前技术条件下可能取得的高产水平。在现代的“适地适树”概念中的“树”,已经不再停留在树种的水平上,还应做到与同一树种中的类型(地

适地适树移栽

理种源、生态类型)、品种和无性系相适应。

【适航管理】(airworthy management) 航空器的适航性工作。主要包括:(1)对航空器、发动机螺旋桨的制造进行生产许可审定,颁发生产许可证;对其他民用航空产品进行设计和生产审定,颁发制造人批准书或技术标准规定项目批准书。(2)制定各类适航规章、标准、程序、指令、通告和审定监督规则。(3)民用航空器的型号合格审定,颁发型号合格证书。(4)对已取得国籍登记证的航空器进行适航检查、鉴定并发给适航证,没有适航证的飞行是违法的。(5)对安全问题和事故进行调查,对违章和不符合适航标准的情况采取措施。(6)对维修企业进行审定,发给维修许可证。该维修企业要根据批准的维修大纲制定维修方案,对维修人员进行考核,发给执照。(7)掌握民用航空器的持续适航情况,颁发适航指令。上述适航管理内容,一般可分为初始适航管理和持续适航管理两部分。

【适航性】(airworthiness) 航空器在预期的运行环境中和在经申明并被核准的使用限制下运行时,应具备的安全性和物理完整性品质。这种品质使航空器始终处于符合其型号设计及安全运行的状态。为了保障安全,航空器首先要具备相应的适航性能。为了保障航空器的适航性,世界各国民航当局对航空器的设计、生产、使用和维修等制定了适航标准。适航标准是一类特殊的技术性标准,是为保证实现民用航空器的适航性而制定的最低安全标准,是政府管理部门或授权管理部门在民用航空实践,尤其是空难事故调查结果的基础上,为对航空器的安全性进行有效控制而制定的法规性文件,是国家民用航空法规的重要组成部分。

【适航证】(airworthiness certificate) 适航当局根据民用航空器产品和零件合格审定的规定,对民用航空器颁发的证明该航空器处于安全可用状态的证件。申领适航证的程序是:由申请人提交《适航申请书》和相关材料,由适航监察员对航空产品进行适航检查。适航当局对申报材料和适航监察员的适航检查报告进行审核,合格后颁发适航证。申报材料包括:适航申请书、航空设计批准文件、航空器制造批准文件、构型差异说明、运行设备符合性声明、民用航空器适航性评审和检查记录单及报告等。适航证分标准适航证和限制适航证。只拥有国籍证的航空器不能申请适航证,但可以申请特许飞行证。

【适航指令】(airworthiness directive) 由适航当局针对经审定合格后的民航产品制定的,要求该产品的设计、制造、使用及独立维修单位强制执行的有关检查要求、纠正措施或使用限制的指令性文件。当民航产品存在下列情况之一时,适航当局就会根据具体情况颁发适航指令:(1)某一产品存在不安全状态,且这种状态很可能存在于或发生于同型号设计的其他民航产品之中。(2)发现民航产品没有按照该产品型号合格证批准的设计生产时。(3)外国适航局颁发的适航指令涉及在中国登记注册的民航产品。适航指令是保证民航安全飞行的重要措施。民航产品在未满足所有有关适航指令的要求之前,任何人不得使用。

【适配器】(adapter) 允许电子接口与其他硬件或电子接口相连的转换器。常指插在计算机中的外设卡。其基本功能是:(1)从并行到串行的数据转换。(2)包的装配和拆装。(3)网络存取控制。(4)数据缓存和网络信号。它提供从计算机总线到另一种诸如硬盘或网络的介质的接口。

适配器

【适宜摄入量】(adequate intake, AI) 通过观察或实验获得的健康人群某种营养素的摄入量。主要作为个体的营养素摄入目标,同时用作限制过多摄入的标准。当健康个体摄入量达到 AI 时,出现营养缺乏的危险性很小;若长期摄入超过 AI,则有可能产生不良反应。

【适应控制】(adaptive control) 一种能连续和自动调节控制参数、实现机器人操作性能接近最优的控制方法。是在模型控制的基础上,增加一个适应控制规律部分。它不断地观测输出状态和伺服误差,并根据某种适应控制算法重新调整和更新非线性模型参数,直至消除伺服误差为止。采用适应控制,可以使机器人在较大的负载变动情况下消除伺服误差,从而改善机器人的动态性能。适应控制算法的分析与设计是机器人控制中的难点之一。

【适用技术】(appropriate technology) 为了达到一定目的,在可能采用的多种技术中选择的那些最适合本国、本地区或本企业实际情况,并能达到最好经济效益和社会效果的技术。原则上讲,适用技术,既包括先进技术,也包括中等水平的中间技术和较低水平的改良技术。每个国家都应该从本国国情出发,努力寻找技术与经济发展的最佳结合点,选择适用技术,建立合理的适用技术结构。

【室内隔断】(interior partition) 把一个室内房屋、房间或围栏的一部分同另一部分分开来的空间。空间作为室内非承重墙体的室内隔断(墙)系统,包括家居隔断、办公隔断、商业隔断、酒店隔断和橱窗隔断等。家居隔断有屏风隔断、珠帘隔断和柜隔断等。办公隔断有办公高隔断和办公低隔断之分。商业隔断广泛应用于超市、商场和展馆等场所。是分割空间的重要构件,是非承重墙体的一种。按其构造方式的不同可分为:砌块式室内隔断、立筋式室内隔断和板材式室内隔断三类。室内玻璃隔断材料为铝制型材框架或不锈钢边框,内置玻璃砖、玻璃板和钢化玻璃等,可达到隔声、隔热、阻燃和防潮等效果。

室内隔断示意图

【室内观叶花卉】(ornamental foliage house flower plants) 能在室内正常生长,以茎叶为主要观赏部位的花卉。应具备无毒、耐阴、株型紧凑合宜、观赏期长等特点。如喜林芋、常春藤、龟背竹和竹芋等。

巴西木

【室内净高】(net height of residence) 地面至上部楼板底面或吊顶底面之间的垂直距离。卧室净高不应低于2.40m,厨房、卫生间的净高不应低于2.20m。

【室内空气净化技术】(indoor air purification technology) 净化室内空气的各种方法。主要有吸附、静电、光催化、负离子、膜分离和低温等离子等,还有臭氧净化和紫外线杀菌等方法。其中,静电法是利用高压静电场形成电晕,在电晕区内有自由电子和离子逸出。这些带电粒子就会在运动中不断地碰撞和吸附到尘埃颗粒上,使尘埃颗粒带电,并在电场力的作用下沉积,使空气得到净化。静电技术适用于小环境的空气净化,具有高效的除尘和杀菌作用。负离子技术是利用负离子极易与空气中的微小污染颗粒相吸附,成为带电的大离子而沉降,使空气得到净化,同时也有杀灭细菌的作用。光催化技术是利用纳米TiO_2在紫外线照射下,能光解氯代物、醛类,酮类、醇类、芳香族化合物以及其他无机有害气体如CO、NO_X等。光催化的纳米TiO_2还具有杀灭微生物的功能,但是,不能除去空气中的颗粒物。室内空气污染来源广泛。这些治理技术各自都有其局限性,只有把它们组合应用才能起到更好的作用。

【室内空气生物污染】(indoor air living creature pollution) 由生物造成的室内空气质量下降的现象。污染源主要有病人、空调、宠物等。污染物主要包括细菌、真菌(包括真菌孢子)、花粉、病毒、生物体有机成分等。有一些细菌和病毒是人类呼吸道传染病的病原体,有些真菌(包括真菌孢子)、花粉和生物体有机成分能够引起人的过敏反应。迄今为止,已知的能引起呼吸道感染的病毒达200种之多。

【室内空气污染】(indoor air pollution) 室内空气中的物理、化学和生物污染。对人体身心健康会产生直接或潜在的有害影响。污染源分别来源于室外和室内。室外来源有:(1)室外空气中的各种污染物包括工业废气和汽车尾气通过门窗、孔隙等进入室内。(2)人为带入室内的污染物。室内来源主要有:(1)各种燃料燃烧、烹调油烟及吸烟产生的CO、NO_2、SO_2、悬浮颗粒物等。(2)室内淋浴、加湿空气产生的卤代烃等化学污染物。(3)建筑、装饰材料、家具和家用化学品释放的甲醛和挥发性有机化合物等。(4)家用电器和某些办公设备产生的电磁辐射等物理污染和臭氧等。(5)通过人体呼出气、汗液、大小便等排出的CO_2、氨类化合物、硫化氢等内源性化学污染物,通过咳嗽、打喷嚏等喷出的流感病毒、结核杆菌、链球菌等生物污染物等。(6)室内用具、床褥、地毯中孳生的尘螨及其产生的生物性污染等。

【室内空气质量监测】(indoor air quality monitoring) 对室内的空气质量进行定时观察、测定,并分析其变化及对环境影响的过程。室内环境可能存在有多种空气污染物,需要利用仪器对室内空气中最受关注的几类空气质量指标进行检测并分析其变化及对环境的影响。室内空气检测项目包括甲醛、苯、氨气、TVOC及其挥发物、氡共五项。

【室内判绘】(indoor interpretation and mapping) 根据遥感影像特征,参考有关地理资料,在室内将要表示的要素识别出来,并用规定的符号描绘在像片或图纸上的工作。其特点是:劳动强度小,对资料要求高,对作业员素质要求严,必须经过野外检查补绘。主要适用于图像资料新、比例尺适当、有参考资料及作业员具有丰富的野外调绘经验的场合。

【室内声学】(indoor acoustics) 建筑声学的一个分支。研究室内声波的传播规律、声场特性及控制室内音质的学科。现代建筑必须考虑剧场、电影院、会议室、录音棚、播音室等对声音有特殊要求的房间,对其进行科学的室内声学设计。同一个声源在室外和室内所产生的音响效果不同。主要是由于封闭的室内空间使声波产生多次反射引起某些频率声波的共振所致。这些共振的声波使声音在室内的强度和所含频率成分的分布产生变化,并且极大地影响了声场的建立和衰减过程。研究室内声学特性(音质)主要采用几何声学、统计声学和物理声学等方法。几何声学方法类似几何光学法,忽略声的波动性质,利用声线图分析房间的体形和反射面对音质的影响。统计声学方法同样忽略声的波动性质,并假设室内声场是扩散声场,从能量角度研究声传播的平均情况。厅堂音质设计的主要根据是统计声学方法所得到的公式。物理声学方法可以描述室内声场的本质,但尚未得到可以实用的简单公式。

【室女座】(Virgo) 黄道十二星座之一。位于狮子座与天秤座之间。中心位置:赤经13时20分,赤纬-5°,面积约1 294平方度,为全天空第二大星座。座内有亮于四等的星15颗,其中α星(中名"角宿一")是一等星。在春夏之交的黄昏,出现在正南的天空上。

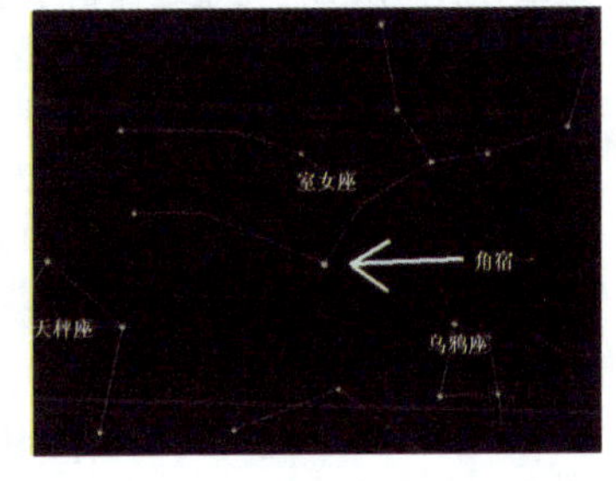

室女座

【释放负离子内墙涂料】(inner wall coating releasing negatine ion) 使用过程中能够释放负离子的装饰涂料。涂料在涂覆成膜后,空气中的水分子可以通过高分子膜的空隙与涂料中的负离子材料碰撞。在负离子粉体颗粒电极附近的强电场作用下,电离成氢氧根离子和氢离子。氢氧根离子进入空气,吸引空气中的水分子,形成水合羟基离子,即为空气负离子。如此就可以增加空气中负离子的浓度,达到改善环境的目的。这种涂料具有高强度、持久性和明显的装饰作用。

【嗜好性作物】(stimulant crop) 以收获物中含有一定量的刺激、兴奋或麻醉性物质,精制加工后用作饮料或燃吸品的一类作物。收获物中含有一定量的咖啡因,用作饮料时对人体有兴奋作用的一类作物专称为饮料作物,如茶叶、咖啡、可可等。大麻科的忽布,俗名啤酒花,本身不含咖啡因,但可作制啤酒时的调味添加物,也有人把它归入饮料作物。烟草等作物栽种后专供制烟用。烟草在燃吸、咀嚼或闻吸后具有刺激作用,有人称之为刺激作物。

嗜好性作物

【噬菌斑】(plaque) 病毒或噬菌体使宿主细胞裂解或生长迟缓而在细胞生长的背景上出现透光的斑点。通常病毒在宿主细胞生长背景上形成的透光斑点称为空斑,而噬菌体在感染菌菌苔背景上形成的斑点称为噬斑。如果感染菌被完全裂解就形成透明噬斑,如因感染菌生长缓慢而形成半透明的,称为混浊噬斑。澄清透明的噬菌斑为典型的烈性噬菌体,而浑浊的噬菌斑往往是温和噬菌体的特征。这些特性可作为鉴定噬菌体的依据之一。

【噬菌体】(bacteriophage) 寄生在活体微生物细胞内并复制增殖的一类生命体。其主要特征是:(1)结构简单,基因数少,个体微小,可以通过滤菌器。(2)没有完整的细胞结构,主要由蛋白质构成的衣壳和包含于其中的核酸组成。噬菌体分布极广,凡是有细菌的场所,就可能有相应噬菌体的存在。在人和动物的排泄物或污染的井水、河水中,常含有肠道菌的噬菌体。在土壤中,也可找到土壤细菌的噬菌体。噬菌体有严格的宿主特异性,只寄居在易感宿主菌体内,故可利用噬菌体进行细菌的流行病学鉴定与分型,追查传染源。常用于分子生物学与基因工程。

【噬菌体显示技术】(phage display) 外源蛋白质通过与丝状噬菌体外壳蛋白质融合而使其在噬菌体表面显示的技术。其主要优点是:(1)可在细菌外完成对外源多肽、蛋白质和抗体的研究并方便地获得目的分子DNA序列。(2)高度的选择性。(3)可以构建大的噬菌体文库。(4)克服了"研究蛋白质相互作用需要对筛选分子结构有详细了解"的限制。该技术应用范围广泛,主要包括:(1)筛选与特异抗体或受体相互作用的蛋白质。(2)研究抗体或受体的结合位点。(3)构建随机肽库、抗体库和蛋白文库。(4)改造和提高蛋白质、酶和抗体的生物学和免疫学特性。(5)研究新型多肽药物、疫苗和抗体。(6)研究涉及蛋白质与核酸相互作用的生物学过程和新型的基因治疗导向系统。

【收尘】(dust collection) 在选矿、冶金和化工作业中,收集悬浮于空气或炉气中的尘粒的过程。可提高金属回收率,改善劳动条件和环境卫生,防止爆炸,并可减少机械运转部分的磨损。按过程中用水与否,可分为干法收尘和湿法收尘两类。按其作用原理的不同可分为重力收尘、气体过滤、气体洗涤、静电收尘、超声波收尘等。为提高收尘效果,常将几种收尘设备联合使用。

收尘

【收获后病害】(post harvest disease) 又称储运病害、产后病害。植物及植物产品在收获以后的储藏、运输及市场销售期间所发生的病害。为防止此类病害的发生,应研究病害种类、发病原因、发病过程、病害损失及其综合治理措施。常见的如玉米及花生的霉变、甘薯软腐病(窖藏期)、大白菜软腐病及马铃薯腐烂病、苹果炭疽病等。

【手臂机构】(arm mechanism) 能够实现或部分实现具有拟人手臂操作运动功能的机构。包括臂机构、腕机构和手爪机构三部分。应用中根据需要进行组合。手臂机构决定机器人操作手可能的运动能力。它的运动能力通常用自由度、工作空间和可操作度等指标来衡量。其原形来源于人的手臂,但其机构组成与人手臂的组成并不完全相同。仿生是发明新型手臂机构的主要源泉之一。

【手动油压千斤顶】(hand hydraulic jack) 又称分离式液压千斤顶。普通千斤顶的升级替代品。采用全新架构及优质选材制造具有结构新、使用寿命长、维修方便等特点,广泛使用在电力维护、桥梁维修、重物顶升、静力压柱、基础沉降、桥梁及船舶修造、公路铁路建设及机械校调、设备拆卸等方面。紧凑扁平式设计用于其他液压缸不适用的场合,特别在空间位置狭窄的地方使用,具有轻便灵活、顶力大等特点。

手动油压千斤顶

【手工电弧焊】(hand arc welding) 利用电弧作为焊接热源的手工熔焊方法。焊接前将电焊机的两个输出端分别用电缆线与焊钳和焊件相连接,用焊钳夹牢焊条后,使焊条和焊件瞬时接触,随即提起一定的距离,即可引燃电弧。然后利用电弧高达6 000℃的高温使母材(焊件)和焊条同时熔化,形成金属熔池。随着母材和焊条的熔化,焊条应向下和向焊接方向同时前移,保证电弧的连续燃烧并同时形成焊缝。焊条上的药皮形成熔渣覆盖熔池表面,对熔池和焊缝起保护作用。手工电弧焊设备简单便宜,操作灵活方便,适应性强。但生产效率低,焊接质量不够稳定,对焊工操作技术要求较高,劳动条件较差。多用于单件小批量生产和修复,一般适用于2mm以上的常用金属的各种焊接位置的、短的、不规则的焊缝。

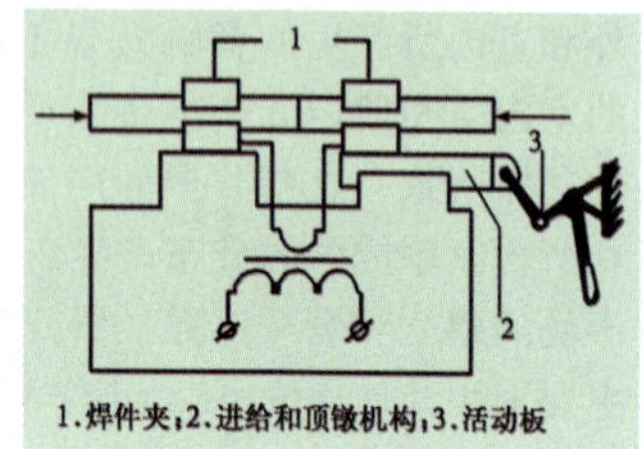

对焊机示意图

【手工造纸工艺】(paper hand making process by hand) 不用机械或仅用非常简单机械的手工造纸方法。该工艺完整地保留了造纸发明初期的五步流程、十一道工序。五步流程是:浸泡、蒸煮、捣浆、浇纸、晒纸。十一道工序是:采料、晒料、浸泡、拌灰、蒸煮、洗涤、捣浆、浇纸、晒纸、砑光,揭纸。手工造纸的主要原料是麻类、树皮、竹子和稻草。不论采用何种原料,生产工序基本大同小异。主要有:泡料、煮料、洗料、晒白、打料、捞纸、榨干和焙纸。

【手糊成型法】(hand pasting) 又称裱糊法。在涂有脱模剂的模具上以手工铺放结合剂而获得纤维增强复合材料的工艺方法。该成型法以加有固化剂的树脂混合液为基体,以玻璃纤维及其织物为增强材料,是树脂基复合材料生产中最早使用和应用最普遍的成型方法。基体树脂通常采用不饱和聚酯树脂或环氧树脂,增强材料通常采用无碱或中碱玻璃纤维及其织物。在手糊成型工艺中,使用机械设备较少,不受制品种类和形状的限制,适于多品种、小批量制品生产。但是由于生产受到操作人员经验和水平的限制,产品质量不够稳定。

【手机病毒】(cell phone viruse) 以手机为攻击目标的具有传染性和破坏性的程序。以手机为感染对象,以手机网络和计算机网络为平台,通过发送短信、彩信、电子邮件、浏览网站和下载铃声等方式,对手机进行攻击,造成手机异常。其危害途径有:

(1)攻击手机本身系统,影响其正常服务。(2)通过信息传播感染其他手机,对主机造成破坏。(3)攻击和控制"网关",向手机发送垃圾信息,致使网络运行瘫痪。

【手机电视】(mobile TV) 一项以手机为终端设备,传输电视内容的应用技术产品。是利用移动多媒体广播技术推出的便携式移动多媒体广播电视产品。因为用的是无线广播电视网的广播式传输方式,所以不会产生任何流量费,与传统的流媒体电视有本质的不同。手机电视业务的实现方式主要有三种:(1)利用蜂窝移动网络实现,如美国的Sprint、中国的中国移动和中国联通公司已经利用这种方式推出了手机电视业务。(2)是利用卫星广播的方式,韩国的运营商计划采用这种方式,中国的中广卫星移动广播有限公司已经采用这种方式。(3)是在手机中安装数字电视的接收模块,直接接收数字电视信号。

手机电视

【手性】(chirality) 实物与其镜像不能相互重合的现象。例如人的左手与右手互为镜像,但不能互相重合,即左手的手套不能戴在右手上,这种现象称为手性。具有手性的分子可以使透过偏振光的偏振面发生偏转。这种性质称为旋光性。

【手性分子】(asymmetric molecule) 与其镜像不能互相叠合的化合物的分子。其特殊结构决定了它们的特殊性质,互为手性的分子为一对立体异构体。手性是生命过程的基本特征。构成生命体的有机分子绝大多数都是手性分子。在药理领域,其中的一个手性分子可能具有疗效,而另一个可能无效甚至有害;想要左旋分子,就得想办法把另一半右旋分子转化成左旋分子。科学家用不对称催化合成的方法解决了这一问题。可广泛应用于制药、香精和甜味剂等化学行业。

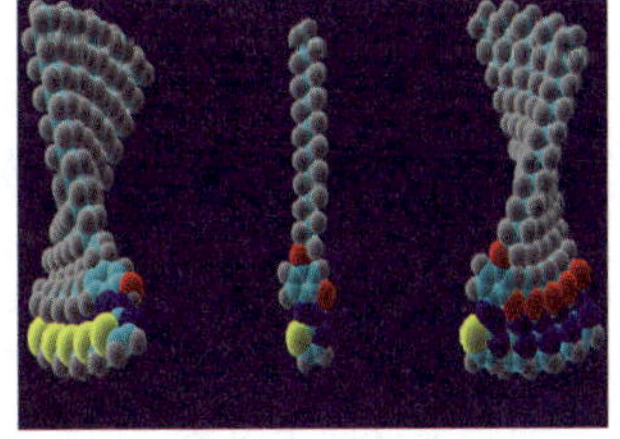
手性分子

【手性合成】(chiral synthesis) 在有机合成反应中,选择高效手性催化剂,进行立体选择性反应,合成手性分子的单一异构体的技术。自1968年诺尔斯实现第一例不对称催化反应以来,这一研究领域已取得了巨大的进展,成千上万个手性配体分子和手性催化剂已经合成。手性合成不仅是当前有机化学研究的热点之一,而且还拓展到超分子化学和化学生物学的研究领域中。手性合成技术已应用到几乎所有的有机化学反应类型中,并成为工业上,尤其是制药工业合成手性物质的重要方法。

【手性碳原子】(asymmetric carbon atom) 连接四个不同的原子或基团的碳原子。因其结构类似于镜面对称的左右手的关系,故称之为手性碳原子或不对称碳原子。手性碳原子及手性分子的发现,对于揭示细胞生物学、分子生物学在生命体方面的研究具有重要意义。

【手足搐搦症】(rickets) 又称佝偻病性低钙惊厥或婴儿手足搐搦症。由维生素D缺乏、甲状旁腺代偿功能不足导致血清钙离子降低、神经肌肉兴奋性增高引起的疾病。多见于两岁以下小儿。其临床典型症状是:(1)惊厥。一般为无热惊厥,突然发作。表现为肢体抽动,双眼上翻,面肌痉挛,意识暂时丧失,大小便失禁等。发作停止后多入睡,醒后活泼如常。每日发作次数不定,每次持续数秒至数分或更长。轻者仅有惊跳或短暂的眼球上翻,而意识清楚。多见于婴儿期。(2)手足搐搦。以幼儿及儿童多见。表现为双手腕屈曲,手指伸直,拇指内收贴近掌心,足踝关节伸直,足趾强直下曲,足底呈弓状。(3)喉痉挛。主要见于婴儿。声门及喉部肌肉突发痉挛引起吸气性呼吸困难和喉鸣,严重者可窒息死亡。六个月以内的婴儿有时可表现为无热阵发性青紫。

【手足口病】(hand-foot-and-mouth disease) 由柯萨奇病毒A5、A9、A10、A16及B2、B5(A16为多见)引起的以手、足部皮肤皮疹及口腔炎症为特征的一种传染病。多发生于4岁以下小儿,约占80%以上。一年四季均可发病,但以夏季多见。通过呼吸道而传染。传染性强,常见全家发病,并可造成局部爆发。潜伏期3~5天。其临床表现是:急性起病,发热。口腔黏膜出现散在疱疹,米粒大小,常分布于舌、颊黏膜、硬腭,也可在牙龈、扁桃体及咽部见到,不久疱疹破溃成溃疡,疼痛明显。手背指(趾)间亦出现米粒大小疱疹。偶见于躯干、大腿,呈离心分布,臀部或膝盖或可受累。疱疹周围有炎性红晕,疱内液体较少;2~3日可自行吸收不留痂,但可复发。部分患儿可伴有咳嗽、流涕、食欲不振、恶心、呕吐和头疼等症状。

【首剂现象】(first dose phenomenon) 又称首剂综合征、首剂效应。病人首次用药的90min内出现的体位性低血压现象。表现为心悸,晕厥,乏力,意识消失等。由于一些病人在初服某种药物时,由于机体对药物作用尚未适应而引起不可耐受的强烈反应。最初发现引起首剂效应的药物为α1受体阻滞剂哌唑嗪，该药引起的首剂效应表现为恶心、头晕、头痛、心悸、嗜睡、体位性低血压、休克等。β受体阻滞剂和钙拮抗剂也可引起首剂效应。为预防哌唑嗪的首剂效应，可采用临睡前给药，并从小剂量开始；一旦发生首剂效应，应使患者平卧，一般无须特殊处理。

【寿命表】（life table）　又称生命表、死亡表、死亡率表。据特定人群年龄组的死亡率编制的一种统计表。说明特定人群在年龄组死亡率条件下，人的生命（或死亡）的过程。按其编制过程中数据收集方式的不同可分为队列寿命表和现时寿命表。前者数据由纵向观察而得，反映该特地人群的死亡经历；数据由横断面观察而得，以获得的某年（或某一时期）所有年龄组的死亡率为已知数据，然后人为假定同时出生的一代人（一般为10万人），按照这些年龄组死亡率先后死去，直至死完为止，分别计算出这一代人在不同年龄组的“生存概率”和“期望寿命”等指标。后者又分为完全寿命表（以0岁开始，一岁为一组，直到某一特定人群的生命极限）和简略寿命表（一般以5岁为一组，但5岁前和80岁及以上稍特殊）。寿命表的特点及用途是：（1）其指标不受性别、年龄结构的影响，可相互比较。（2）既能综合地反映各个年龄组的死亡水平，又能以期望寿命长短的形式说明人群的健康水平。

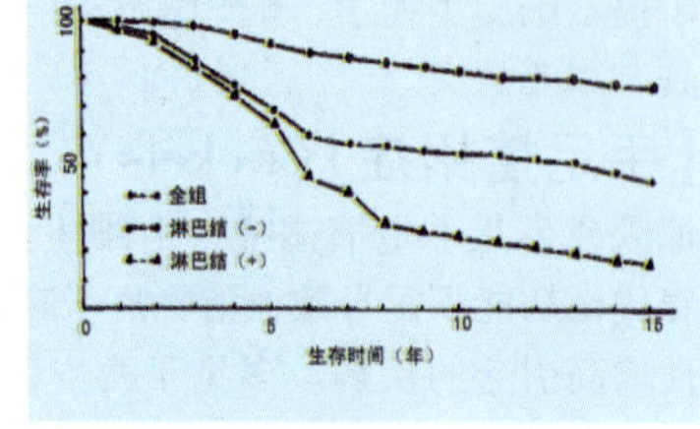

寿命表

【寿命周期成本】（life cycle cost）　用户购置机器所需的生产成本和使用成本的总和。所谓生产成本，即生产该机器所需的费用。所谓使用成本，即用户在使用该机器的过程中所支付的其他各种费用。

【寿星】（Canopus）　又称南极老人星、老人星。星名。为中国神话中福、禄、寿三星之一。有长寿之神的称号。西方天文学里的名字是船底座α星，位于南半天球南纬50°左右，在中国北方地区其实很难看到。司马迁《史记·天官书》中记载，秦朝统一天下时就开始在首都咸阳建造寿星祠，供奉南极老人星。但供奉他的理由，却与今天大不相同。大意是说见到寿星，天下太平；见不到就预示会有战乱发生。早期星相著作中，也讲到如果老人星颜色越是暗淡，甚至完全不见，就预示将有战乱发生。元明以来，道教神仙队伍不断壮大，而保佑长寿已是神仙的必做功课。南斗元明以来，道教神仙队伍不断壮大，而保佑长寿已是神仙的必做功课。如南极大帝，南斗北斗，十二生肖保命真君，三十六天罡，六十本命甲子神等等，都具有保佑长寿的职能。不加节制地造神，其结果就是导致权力分散，大大削弱了寿星的神性。虽然寿星不再具有威严的神性，却因为民间伦理生活的需求而代代相传。

船底座α星

【受光伐】（light cutting）　给在下种伐之后，林地上逐渐长起的幼苗、幼树增加光照而进行的采伐。此时幼树仍需一定的森林环境保护，林地上还需保留少量林木。采伐强度可为10%～25%，伐后郁闭度保持在0.2～0.4。这一期间采伐强度可以适当提高，保留较多林木至后伐时，对幼苗幼树的损害将会增加。从下种伐到受光伐的间隔期长短，主要取决于树种的生物学特性。耐荫树种的幼苗、幼树，生长缓慢，对高低温差等不良气候因素比较敏感，需要4～6年；对抵抗力强、幼树生长迅速的喜光树种，如油松、落叶松，间隔期宜为2～4年，甚至可以将受光伐省略，直接进行后伐。

【受激辐射】（stimulated radiation）　在组成物质的原子中，有不同数量的粒子（电子）分布在不同的能级上，在高能级上的粒子受到某种光子（外来光子的能量必须恰好是原子两能级的能量差）的激发，会从高能级跃迁到低能级上，同时辐射出与激发它的光相同性质光的现象。受激辐射的光子不是自发产生的，而是在入射光的扰动下被引发的。所以辐射光子和外来诱发光子是完全相同的光子，两者不可分辨。它们的频率、位相、传播方向以及偏振状态全相同。

【受激吸收】（stimulated absorption）　处于低能级的原子，在受到外来光子的激励下时，在满足能量恰好等于低、高两能级之差时，该原子就吸收这部分能量，跃迁到高能级的过程。光的受激吸收和受激辐射这两个过程，实际上是同时存在的，但是它们发生的概率却不同。这是因为在热平衡态下，物质中处于低能级的原子数总是比处于高能级的原子数要多。因此光的受激吸收过程占优势，以致通常观察到的是原子系统的光吸收现象，而不是光的受激辐射现象。

【受控核聚变】（controlled nuclear fusion）　把核聚变反应变成一个可控过程。使核聚变能够持续受控地进行，并且把生产的能量变成电能或其他形式能量。

【受控机构学】(science of controlled mechanism) 关于尺寸可调节机构、能输入可控单自由度机构及输入可由恒速电机和伺服电机驱动的多自由度机构的机构学。主要研究可调机构、伺服输入机构、混合输入机构、受控连杆机构的分析、综合以及控制方法、控制系统及其应用。它可满足现代机械装置对精确实现任意给定运动和机构智能化的要求。受控机构学的重点是开发结构简单、但功能优越的受控五杆结构。随着相关技术的进步和新用途、新要求的出现,作为一门新型机构学分支将得到进一步发展。

【受控源】(controlled source) 受电路中另一部分的电流或电压控制的电压源或电流源。一种无内阻的电压源或电流源。它的电压或电流不是独立的,而是某一支路的电压或电流的控制量。根据其控制量是电压还是电流,来确定受控源是电压源还是电流源。受控源分为四种:电压控制电压源、电压控制电流源、电流控制电压源和电流控制电流源。

【受迫振动】(forced oscillation) 又称强迫振动。振动系统在周期性的外力作用下所发生的振动。其中强迫系统振动的周期性外力称为驱动力。作受迫振动的物体一边克服阻力做功,一边从驱动力的做功中获得能量。只有当二者达到平衡时,系统才能处于稳定状态,即总量保持不变,振幅保持不变。

【受体】(receptor) 存在于靶细胞膜上或细胞内的一类能够识别信号分子并与之结合,进而触发靶细胞产生特异效应的特殊蛋白质分子。其化学本质大多是糖蛋白或糖脂。按其存在的细胞部位的不同可分为:(1)细胞内受体。(2)细胞膜受体。前者介导亲脂性信号分子的信息传递,如胞内的甾体类激素受体。后者介导亲水性信号分子的信息传递,可分为:(1)离子通道型受体。(2)G蛋白耦联型受体。(3)酶耦联型受体。细胞内受体多为转录因子,主要分布于胞核。这类受体与相应的配体结合后,能与DNA的顺式作用元件结合,在转录水平调节基因表达。能与该受体结合的信号分子,主要有类固醇激素、甲状腺激素等。人体内能与受体特异性结合的物质叫做配体,也叫第一信使。受体对相应的配体有极高的识别能力。一般至少包括两个功能区域,与配体结合的区域和产生效应的区域。当受体与配体结合后,构象改变而产生活性,启动一系列过程,最终表现为生物学效应。

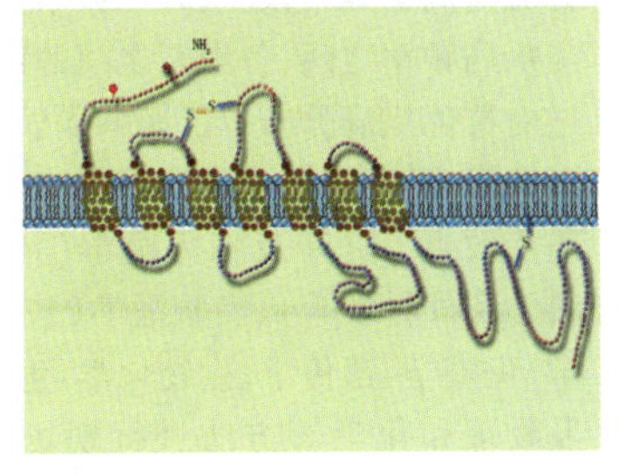
受体

【受体激动剂】(receptor agonist) 又称完全激动剂。对受体有较强亲和力和内在活性,能通过受体兴奋发挥最大效应的药物。如α-受体激动剂去甲肾上腺素。与受体有足够亲和力,但内在活性不强,只产生较弱的效应,却能对抗激动药部分效应的药物称为部分激动剂。如镇痛新对阿片受体的作用。

【受体拮抗剂】(receptor antagonist) 对受体有较强亲和力,但缺乏内在活性,本身不引起生理效应,却能阻断激动剂与受体结合的药物。其中与激动剂竞争同一受体,且与受体可逆性结合的拮抗剂,为竞争性拮抗剂。如阻断吗啡作用的纳诺酮。

【受体脱敏】(receptor desersitization) 又称受体向下调节。机体长时期使用一种激动药后,组织或细胞对激动药的敏感性和反应性下降的现象。当受体长时间的暴露于配体时,大多数受体会失去反应性,即产生脱敏现象。有两种类型:同源脱敏和异源脱敏。前者是指细胞与其特异配体结合后仅对其配体失去反应性,而仍保持对其他配体的反应性;后者是指细胞因与其特异配体结合后,对其他配体也失去了反应性。

【受体增敏】(receptor hypersitization) 可因受体激动药水平降低或长期应用拮抗药而造成的组织或细胞对激动药的敏感性和反应性增强的现象。是与受体脱敏相反的一种现象。如长期应用β-受体拮抗药普萘洛尔时,若突然停药可出现“反跳”现象。这是由于β-受体的敏感性增高出现的。

【授时】(timc service) 在相关单位间所进行的时间和频率服务的统称。天文台或时间频率实验室将由原子钟产生的标准频率、原子时时刻和由天文观测测定的世界时时刻,利用无线电播发出去,以供测量、航运、科学研究和日常生活使用。

【兽药残留】(residue of veterinary drug) 动物产品的任何可食用部分所含兽药的母体化合物或其代谢物,以及与兽药有关的杂质的残留。兽药残留物主要有抗生素类、呋喃药类、磺胺药类、抗秋虫药、激素药类和驱虫药类。造成动物性食品兽药残留超标的主要原因是非法使用违禁药

兽药残留样本

物，滥用抗菌药物和药物添加剂，不遵守休药期的规定。兽药残留对人体的危害是：(1)人体急、慢性中毒。(2)过敏反应和变态反应。(3)细菌耐药性。(4)菌群失调。(5)致畸、致癌、致突变作用。(6)激素作用。

【兽医病理学】(veterinary pathology) 又称动物病理学。研究动物患病机体的机能、代谢和形态变化，从而探讨病畜的生命活动规律的学科。包括兽医病理生理学和病理解剖学。

【兽医毒理学】(veterinary toxicology) 毒理学的一个分支。从兽医临床角度研究毒物与畜体之间相互作用的学科。主要研究毒物对畜体的危害和毒作用机理以及畜体对毒物的吸收、分布、排泄和代谢。也涉及毒物的发现、性质、检测和管理。可为中毒诊断和拟定防治措施提供依据。该学科建立较晚，过去只囿于牲畜中毒的研究。今后在环境毒理、比较毒理、食品毒理等领域尚有众多交叉研究的内容。由于动物也是环境污染的来源和传递者，故兽医毒理工作者在环境毒理和食品毒理领域中也有一定的研究内容。

【兽医寄生虫学】(veterinary parasitology) 研究寄生于动物的寄生虫及其所引起的疾病和防治的学科。研究范围包括：寄生于家畜、家禽、鱼类、蜂、蚕、野生动物的寄生虫的形态学、分类学、发育史、生理生化、流行病学、致病机理及其所引起的疾病和防治措施等。由于寄生虫种类繁多，该学科已发展为三个分支学科：兽医蠕虫学、兽医昆虫蜱螨学、兽医原虫学。其基础理论学科是寄生虫的分类学、形态学、生态学；寄生虫的生理学和生物化学。

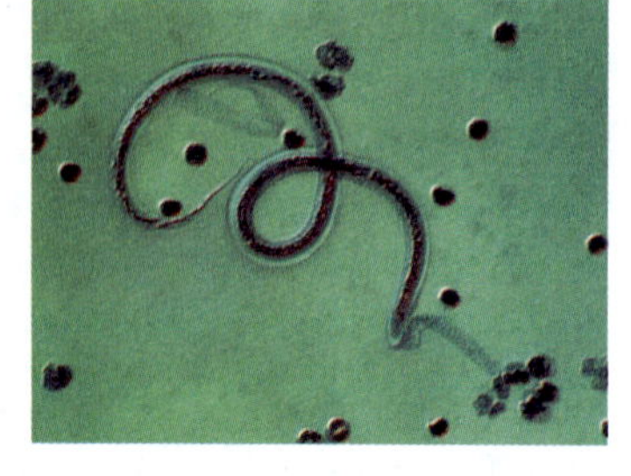

寄生虫

【兽医解剖学】(veterinary anatomy) 主要研究家畜、家禽机体形态、结构及其与功能的关系和发生规律的学科。兽医学的重要基础学科。分为系统解剖学和局部解剖学。前者将全身构造依据功能分若干系统，并按系统顺次叙述所属各器官的形态结构与功能关系；后者按机体的各个部位，由表及里、由浅入深地叙述该区域所有构造的综合位置关系。

【兽医理疗学】(science of veterinary physiotherapy) 研究各种人工的或自然的物理因子作用于畜体以防治动物疾病的一门学科。理疗范围包括直流电疗法、直流电离子透入疗法、感应电疗法、特定电磁波疗法、共鸣火花疗法、中波疗法、短波疗法、超短波疗法、微波疗法、红外线疗法、紫外线疗法、激光疗法、超声波疗法、水疗法、泥疗、蜡疗、冷冻疗法、放射疗法以及烧烙等。兽医理疗学以物理学、化学、家畜解剖学、生理学、生化学、病理学以及临床学科为基础，为临床各科疾病提供有效的治疗手段。应用时要求熟知不同物理因子的物理特性和作用机制、操作注意事项、剂量和疗程、适应证和禁忌证，才能避免事故，取得良好的疗效。

【兽医临床病理学】(veterinary clinical pathology) 研究应用病理学知识和技能，尤其是实验室方法，结合临床诊断，治疗和预后判断动物疾病的一门学科。内容包括临床血液学、临床化学、临床细胞学、毒物学、微生物学和寄生虫学等方面的检验。随着实验室检验技术的发展，利用实验室检验资料，解释动物疾病的发生和发展机理，已取得很大进展。实验室检验和了解病史及物理学诊断同样重要，在某些情况下，实验室检验结果更为重要。

【兽医流行病学】(veterinary epidemiology) 兽医预防医学的一个分支。研究动物群体疾病分布及其决定因素的一门学科。其内容包括：(1)描述流行病学。描述疾病在动物群体中的时间和地点的分布状态。(2)分析流行病学。解释疾病的分布，提出并检验假设，探索病历和流行规律。(3)实验流行病学。又称干预实验。验证疾病的病因(因素)和评价预防效果。(4)理论流行病学。又称流行病学数学模型，即以数学方程式表示各项因素与疾病频率之间，各因素之间的定量关系。本学科通过对群体疾病分布以及影响疾病分布因素的研究，借以探索病因，阐明疾病流行规律，拟定防治对策，检验防治效果。它涉及临床医学(传染病学、产科学、内科学和外科学等)、实验医学(应用微生物学、寄生虫学、免疫学、遗传学、生物化学、生物物理学、病理学以及物理和化学等方法进行现场和实验室实验的学科)和生物统计学等学科。

【兽医内科学】(veterinary internal medicine) 以研究动物非传染性内部器官(生殖器官除外)疾病为主的综合兽医临床学科。研究内容包括：消化、呼吸、心脏、血管、血液及造血、神经、泌尿、内分泌等器官，营养与代谢，遗传免疫和中毒等疾病的病因、发病机理、病理学变化、临床症状、病程、预后、治疗和预防措施等。由于畜牧业的发展，兽医内科学在传统个体医学(散发病)的基础上，正向群体医学(群发病)发展。

【兽医胚胎学】(veterinary embryology) 动物胚胎学的一个分支。用形态学和生理生化等研究方法探索阐明家畜、家禽、实验动物、伴侣动物、观赏动物、经济动物及珍禽异兽等动物胚胎发生规律的学科。根据研究方法、目的、对象和内容的不同可分为:叙述胚胎学、比较胚胎学、实验胚胎学、化学胚胎学与分子胚胎学等。(1)兽医叙述胚胎学。描述动物胚胎发生过程中的外部及内部的形态变化。包括配子发生、受精、卵裂、桑葚胚胎、囊胚、胚层形成及分化、器官形成等各个阶段的变化过程,以及胎膜、胎盘的发生和生理作用等。(2)兽医比较胚胎学。比较各种动物的胚胎发生过程的特征,揭示同源及同功器官的发生。探索生物的进化和亲缘关系。(3)兽医实验胚胎学。用分离、刺伤结扎分裂球等实验手段,研究胚胎发生及变化规律。(4)兽医化学胚胎学。是用化学分析方法测定胚胎发育时细胞中物质的化学变化与胚胎发育的关系。(5)兽医分子胚胎学,是一门新兴科学,是从遗传物质控制胚胎发育的观点研究胚胎发育。广义的兽医胚胎学,还包括研究出生后到成年动物器官系统的发育过程。

【兽医生物制品】(veterinary bioproduct) 根据免疫学原理,利用兽医微生物(或寄生虫)及其代谢产物或免疫应答产物制备的一类生物药品。这类制品专供相应动物疾病的诊断检疫、免疫预防或治疗使用。兽医生物制品可分为三类:(1)菌苗或疫苗,或统称为疫苗类。包括灭活苗、弱毒活苗、亚单位苗、基因工程苗、类毒素等。(2)抗病血清类,包括抗各种病原微生物所致疾病的血清和抗毒素血清等。(3)诊断液类,包括各种特异性抗原、标记抗体以及阳性血清和阴性血清等。

【兽医外科学】(veterinary surgery) 研究动物外科疾病的发生、发展、诊治预防规律的一门兽医临床学科。包括外疾病学、家畜外科手术学、家畜眼科学、矫形外科学、野战外科学等,其中家畜外科手术学已发展成为独立的学科。兽医外科学以家畜解剖学、生理学、病理学、微生物学及物理化学为基础,并为其他兽医学科生物学科提供研究手段。其范畴在整个兽医学发展过程中不断变化,只用简单的内和外来分已没有实际意义。

【兽医微生物学】(veterinary microbiology) 研究引起畜禽疾病的致病性微生物的生物学特性,并利用微生物学和免疫学的知识和技术来诊断、预防和治疗畜禽传染病和人畜共患病的学科。是传染病、卫生检验、生物制品、基因工程等学科的重要基础。

【兽医学】(veterinary medicine) 又称动物医学。以生物学为基础,研究动物生命活动及其疾病的发生、发展规律,并对疾病进行诊断和防治的综合性学科。其任务是:有效地防治家畜、伴侣动物、医学实验动物及其他观赏动物疾病的发生。它是生物医学及社会预防医学的重要组成部分。其分支学科包括:兽医解剖学、兽医组织学、兽医胚胎学、兽医生理学和兽医病理学等。

【兽医药理学】(veterinary pharmacology) 研究药物与动物机体或病原体相互作用的学科。其内容包括:药物在体内的转运和转化(即药物代谢动力学)、药物作用(即药效动力学)及临床用药的基本规律(适应证和禁忌症),为合理用药提供理论基础。此外,罗列药物的来源、性状、化学结构、制剂、用法和剂量等。

【兽医预防医学】(veterinary prevention medicine) 兽医学的一个分支。研究动物疾病预防理论和实践的学科。与兽医临床医学、兽医实验医学共同组成现代兽医学。其研究对象倾向于动物的群体。研究动物疾病发生、发展规律,以及与外界环境的关系,以采取兴利除弊措施。涉及内容包括兽医公共卫生学、兽医流行病学等学科。

【兽医诊断学】(veterinary diagnostics) 研究诊查、判断畜禽疾病基本方法和理论的学科。以动物正常和病理机能形态为基础,研究确定动物疾病的原理和建立诊断的依据。其诊断方法包括:询问病史、动物学诊断、X射线诊断和心电图、超声波、纤维镜等其他诊断技术,以及书写病例等几个方面。因此,兽医诊断学被认为是兽医临床各科的基础。

【瘦客户端】(thin client) 与胖客户端相对应。在客户端—服务器网络体系中,一个基本无需应用程序的计算机终端。通过一些协议和服务器通信接入局域网中。不同的客户端可同时登录到同一台服务器上。对每个终端用户而言,仿佛有一个单独占有的服务器工作环境。

处理器瘦客户端

【瘦肉精】(clenbuterol) 一种白色或类似白色的无臭、味苦的结晶体粉末。全名为盐酸克伦特罗。20世纪90年代初,国外曾将瘦肉精用于饲料添加剂。猪食用后在代谢过程中促进蛋白质合成,加速脂肪的转化和分解,提高了猪肉的瘦肉率。后因引起人的不良反应而被禁用。不法养猪户为了使猪不长肥膘,在饲料中掺入瘦肉精。瘦肉精会残留在猪的内脏中,尤以猪肺、猪肝、猪肾为甚。人长期食用这种含有瘦肉精成分的猪内脏或猪肉,会引起头痛、口吐白沫等症状;人体器官也会逐渐产生病变,造成代谢失常、酮中毒、酸中毒等症状,对高血压和心脏病患者更危险;儿童则会导致性早熟。消费者应从正规渠道购买猪肉,不要买颜色太鲜红的肉。家畜内脏中瘦肉精的残留量较高,应尽量少吃。

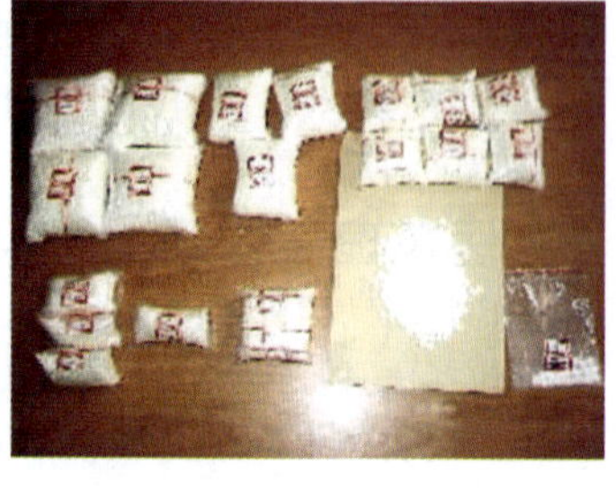
瘦肉精

【瘦肉精中毒】(clenbuterol poisoning) 因食用含有瘦肉精饲料添加剂的猪肉和内脏而引起人体心血管系统和神经系统的疾病。其临床表现是:急性中毒时有心悸和面颈、四肢肌肉颤动,手抖甚至不能站立,头晕,乏力。原有心律失常的患者更容易发生反应,如心动过速、室性早搏、心电图示S-T段压低与T波倒置;原有交感神经功能亢进的患者,如高血压、冠心病和甲状腺功能亢进者,上述症状更易发生;与糖皮质激素合用时,可引起低血钾,从而导致心律失常。

【梳并联】(combination of carding and drawing) 将梳棉和并条衔接起来达到相应的牵伸倍数,实现相应并合效应的新工艺。是有效缩减棉纺工程工序流程的一项新技术。其优点是:(1)产品在梳棉-并条工序中连续流水生产,棉条不调向,产品无工艺接头。(2)省去生条周转盛放的容器,杜绝由容器频繁周转使用带来的品质损害。(3)在梳棉和并条工序间省去一道操作工序,节省工费,减少人为差错。(4)并条机部分省去机后的条桶阵列以及备用条桶,减少空间占用。(5)可以利用加重生条定量的方法,使梳棉机的产量提高。(6)有利于梳棉机前部张力牵伸的合理减小和生条的输送。

【梳棉机】(carding machine) 将开松过的散纤维进行梳理、除杂、混合集束成均匀的棉条供后道工序使用的机械。一般都由机架、墙板、锡林、道夫、固定盖板、活动盖板、剥棉装置、锡林罩板、道夫罩板、吸口、风道等组成。锡林转速可达600r/min,道夫速度可达200r/min。出条速度最高可达400m/min,活动盖板回转方向一般和锡林反向。锡林、道夫多为钢板焊接结构,外包覆针布。剥棉装置、清洁装置为罗拉形式,外包覆针布,机器运转时内部保持负压状态。

【疏花疏果】(flower and fruit thinning) 一种在果树生产中,当花果量过大、坐果过多、树体负担过重时,运用疏除部分花果的方法,控制坐果数量、使树体合理负担、调节大小年和提高果实品质的技术措施。其作用是:(1)适当疏除花果,调节生长与结果的关系,达到连年丰产的目的。(2)节约养分,减少无效花,增加有效花,提高坐果率。(3)疏果减少了果数,促进留下果实的肥大。同时疏掉了病虫果、畸形果,因此提高了好果率和整齐度。(4)避免大量地消耗树体储藏的养分,使树体健壮,提高其抗冻、抗病能力。

【疏林地】(open forest land) 由乔木树种组成,郁闭度0.10~0.19的林地及人工造林三年、飞播造林5年后,保存株数达到合理株数的41%~79%的林地。低于有林地划分的株数标准,但达到该标准株数40%以上的天然起源的林地,也称为疏林地。经济林、竹林不划疏林地。它与有林地一般不应划在一个小班,而应单独划分。疏林地分布多呈块状、团块或条块状,分布分散,面积不一,且多与天然更新成林地、人工更新未成林地相互交错。其疏密度有较明显与不够明显之分。疏林地可通过改造造林、改良经营及封山育林等技术措施,以增加林分密度,加快林木生长。在改造过程中,充分利用原有的森林生态环境,造林容易成活。可调整树种组成,变非目的树种为目的树种,提高林地生产力和利用率,减少造林成本,形成人天混交林,减轻病虫害的发生。疏林地合理经营改造是增加森林资源、扩大有林地面积、改善生态环境的有效途径。对疏林地的小面积经营,也是林区未来必不可少的经营项目之一。

疏林地

【疏松】(porous) 钢液凝固时形成的孔隙。钢的一种宏观缺陷。按其分布状况的不同可分为一般疏松和中心疏松。一般疏松是指在横向低倍酸侵试样上的组织不致密。整个试片呈分散的小孔隙和小黑点。孔隙多呈不规则的多边形或圆形。有时也表现为在粗大发亮的树枝状晶主轴与各轴间的疏松。

形成原因是钢中气体及杂质析集和偏析。中心疏松是在酸侵试样的中心部位呈集中的空隙和暗黑小点。中心疏松不同于缩孔残余。后者是已经形成一个不连续的空洞,同时空洞中经常出现夹杂。而中心疏松只是中心部位组织不致密。在纵向酸侵试样上,中心疏松表现为不同长度的条纹。是钢液凝固时体积收缩引起的组织疏松,以及在钢锭中心部位因最后凝固而造成的气体析出和杂质集聚产生的。中心疏松一般出现在钢锭头部和中部。含碳量越高,中心疏松越严重。一般疏松和中心疏松都可以对照评级图进行评级。用电磁搅拌降低钢液温度梯度,在连铸时采用低过热度钢水和在凝固末端施加压力均可减轻疏松程度。

【输出设备】(output device) 用于数据输出、实现人机交互的一种装置。把各种计算结果、数据或信息以数字、字符、图像、声音等形式表示出来。常见的有显示器、打印机、绘图仪、影像输出系统、语音输出系统、磁记录设备等。

激光打印机

【输电】(electric power transmission) 电能的传输。它和变电、配电、用电一起,构成电力系统的整体功能。通过输电,把相距甚远的发电厂和负荷中心联系起来,使电能的开发和利用超越地域的限制。和其他能源的传输相比,输电的损耗小,效益高,灵活方便,易于调控,环境污染少。其线路按结构形式的不同可分为架空输电线路和地下输电线路。前者由线路杆塔、导线、绝缘子等构成,架设在地面上;后者主要用电缆,敷设在地下或水下。按照所送电性质的不同可分为直流输电和交流输电。输电电压的高低是输电技术发展水平的主要标志。输电是电能利用优越性的重要体现。在现代化社会中,它是重要的能源动脉。

【输电杆塔】(transmission tower) 输电线路的支架设施。一般采用钢材和复合材料装配构成。为了避免导体与钢部件接触,必须保持这些结构间的相对距离。例如,在风载增加时,导体的间距要求钢塔具有一个大的脚基,以保证要求的导体距离。在相邻钢塔间也必须具有足够的距离,以便在修建钢塔时有一定的相隔距离。按照其线路杆塔用途的不同可分为:直线塔、直线转角塔、耐张塔、转角杆塔、终端杆塔、分支杆塔、跨越塔、换位杆塔。按照其使用材料的不同可分为:普通离心制作的钢筋混凝土杆和预应力钢筋混凝土杆两种。按照其回路数的不同可分为:单回杆塔、双回杆塔和多回杆塔。

输电杆塔

【输电能力】(power transmission capacity) 见输电容量。

【输电容量】(capacity of power transmission) 又称输电能力。在规定的工作条件下输送允许通过的有功容量值。输电线路的输电容量,不仅与线路本身技术条件有关,而且与当时电力系统和线路的工作条件有关。同样技术条件的线路,作为发电厂输出线、作为某两连接点的连接线、作为向某一负荷点供电线或者作为两大电力系统之间的联络线,因其在电力系统不同发展阶段中所处的地位和所起的作用不同,其输电容量也不相同。在涉及具体输电线路的输出容量时,需要同时说明它在电力系统中所处地位、所起作用以及决定其输出容量的外部技术约束条件。

【输电网络】(network of power transmission) 由若干输电线路组成的将许多电源点与供电站连接起来的网络体系。它是按电压等级划分层次,组成网络结构,并通过变电所与配电网络连接,或与另一电压等级输电网络连接。国际上通常将150kV以上的电网称为输电网络。但在发展中国家,132kV或60kV电网也被称为输电网络。

【输电线路故障】(break-down in power transmission line) 输电线路发生的不能正常运行的现象。导线、架空地线、绝缘子、金具、杆塔、基础、接地装置等组成部件的输电线路由于受到损坏,而造成的不正常运行状态或退出运行状态。分瞬时性故障和永久性故障两类。输电线路发生故障的原因有:(1)大自然影响。(2)环境污秽影响。(3)鸟类活动影响。(4)其他物体对输电线路的机械性破坏或对导线的接近、接触。(5)部件材质不良或性能劣化。(6)部件被拆卸伤害、绝缘子劣化、冰害等引起的故障等。对于以上情况,必须采取相应的防范措施。

【输精】(insemination) 用器械适时而准确地把一定量精液输送到发情母畜生殖道内适当部位的操作过程。兽药学人工授精技术的最后一环。输精时要求操作正确,动作柔和,不使母畜有不适之感。输精器械要消毒,以免人为传染疾病。输精方法有:开膣器输精法、直肠把握子宫颈输精法、输精导管阴道插入输精法和胶管导入输精法。

【输配电】(power transmission and distribution) 输电与配电系统的统称。是电力系统中在发电厂与电力用户之间的输送电能与分配电能的组成部分。输电是从发电厂或发电厂群向供电区输送电力的主干渠道或不同电网之间互送电力的联网渠道。配电是在供电区之内将电能输送至用户的分配手段,并直接为用户服务。输配电设施包括输电线路、变电所、开关站和换流站等。

输配电

【输入法】(input method) 为了将各种符号输入计算机或其他设备而采用的编码方法。汉字输入的编码方法,基本上都是采用将音、形、义与特定的键相联系,再根据不同汉字进行组合来完成汉字的输入的。按输入设备的不同可分为键盘、手写、语音等。键盘输入是最基础的计算机输入方式。按语言的不同可分为中文输入法、日文输入法和手机输入法等。

【输入设备】(input device) 用于数据输入,实现人机交互的一种装置。把原始数据和处理这些数据的程序输入到计算机中。按其功能的不同可分为:字符输入设备、光学阅读设备、图形输入设备、图像输入设备和模拟输入设备。

【输入输出接口】(input/output interface) 又称外围设备接口。完成计算机主机与外围设备之间或两个外围设备之间的连接并实现数据交换功能的部件。通常由控制电路和相应的软件组成。其基本功能有:(1)地址译码的能力、数据缓冲和锁存功能。(2)数据转换功能。当外围设备以串行方式传送数据时,接口具备并行和串行转换的能力。当输入输出信号是模拟量时,接口具有数模和模数转换的能力。(3)传递控制命令和状态信息的能力,以便对外围设备进行查询和控制。按主机规模的不同可分为:微型计算机接口、小型计算机接口、大中型计算机接口和分布式计算机接口等。

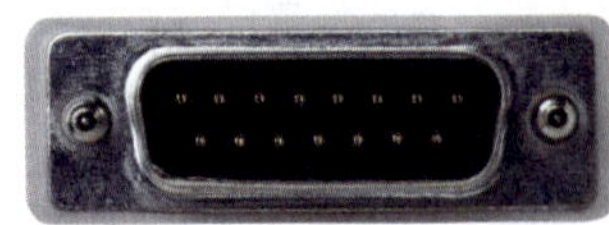
输入输出接口

【输入输出通道】(input/output channel) 计算机中用于处理主存储器和外围设备间数据传输的部件。能连接多台外围设备并接受中央处理器的控制和管理,与主机并行或交叉交换数据。其种类有:选择通道、成组多路通道、多路转换通道和字节多路转换通道。成组多路通道可连接和控制多台高速外围设备,以成组交叉方式分时传送数据。多路转换通道采用数据交叉方式,可同时传输多台低速外围设备的数据。字节多路转换通道连接和控制多台低速外围设备,以字节方式交叉传送数据。

【输穴】(shu acupoint) 五输穴之一。《灵枢·九针十二原》:"所注为输。"意为脉气至此已较强盛,犹如水流之注输于深处,故名。输穴多分布在腕、踝关节附近。

【输血反应】(blood transfusion reaction) 任何输血前不能预料或不能用原发病解释的、在输血过程中或输血后受血者发生的不良反应。反复输用全血,易出现输血反应。按发生时间的可分为:在输血当时和输血24h内发生的即发反应和在输血后几天或以后的迟发反应。按发生机制的不同可分为:(1)免疫反应,包括发热、过敏、溶血、紫癜等。(2)非免疫性反应,包括细菌污染、输血传播疾病等。

【输血医学】(blood transfusion medicine) 医学的一个分支。一门研究保证输血配对精准、确保输血安全的学科。到现在为止仍是以同种血象输为原则。关于人工血液很多国家都在积极研究中,如美国就已研究出了与全血和血浆功能雷同的血代。按输血内容的不同可分为全血输血和成分输血,按血液来源的不同又可分为同种异体输血和自体输血。

【输液反应】(infusion reaction) 在静脉输液时,由致热源、药物、杂质、药液温度过低、药液浓度过高及输液速度过快等因素引起的一系列反应。包括发热、心力衰竭、肺水肿、静脉炎、空气栓塞等。其临床表现主要是:发冷,寒战,面部和四肢发绀,继而发热,体温可达41~42℃。可伴恶心、呕吐、头痛、头昏、烦躁不安、谵妄等,严重者可有昏迷、血压下降,出现休克和呼吸衰竭等症状而导致死亡。发热反应发生的早晚,视致热源进入机体内的量、致热源的性质及患者的个体耐受性而异。常见的输液反应类型有:(1)热原反应。(2)热原样反应。(3)过敏反应。(4)细胞污染等。其原因有:药物、输液器材质量、输液速度、输液环境、患者因素(疾病、患者年龄、个体差异)等。其预防应从原因着手。

【输液微粒】(infusion microparticle) 在

输液过程中输入液体中含有的非代谢性颗粒杂质。其直径一般为1～15μm，大的直径可达50～300μm。随液体进入人体对人体造成严重危害。微粒污染液体所造成的人体危害不容忽视。输入含有大量不溶性微粒的液体，可造成血管栓塞、梗死、出血、肉芽肿、肺纤维化、过敏反应、癌反应、热原反应、静脉炎等。在配液过程中，针头切割胶塞、空气中所含微粒、粉针剂药物本身所含杂质等，均是造成输液微粒污染的重要因素。影响输液中不溶性微粒污染的因素有：(1)药物因素。如液体本身因素、输液中加入配伍禁忌药物、中药注射液的微粒等。(2)操作因素。无菌操作是减少输液微粒污染，预防输液反应发生的一种重要措施。(3)输注用具因素。注射器、输液器都可能带入微粒，最严重的是一次性输液器。(4)环境及空气对输液质量的影响。配液间及病房空气污染是不溶性微粒污染的重要原因。

【蔬菜】(vegetable) 可以做菜、烹饪成为食品的，除粮食以外的其他植物。多属于草本植物。少数木本植物的嫩茎嫩芽(如竹笋、香椿、枸杞的嫩茎叶等)、部分真菌和藻类植物也可作为蔬菜食用。按其可食用的组织器官及生长特性的不同可分为：瓜类、绿叶类、茄果类、白菜类、块茎类、真根类、葱蒜类、甘蓝类、豆荚类、多年生菜类、水生菜类、菌类等。蔬菜可提供人体所必需的多种维生素和矿物质。人体必需的维生素C，90%来自蔬菜；维生素A，60%来自蔬菜。世界上的蔬菜种类约800多种(包括野生及半野生蔬菜)，其中普遍栽培的只有五六十种。同一种类中有许多变种，每一变种又有许多栽培品种。随着人类食品结构的改善和动物性食品密度的不断增加，对蔬菜质量的要求将日益增高。

蔬菜

【蔬菜安全产地准出制度】(admisson for vegetable safety to the market) 蔬菜行政主管部门制定并监督各蔬菜产地环境条件必须达到无公害蔬菜生产要求，才能准许该地生产的蔬菜上市销售的规章制度。其内容包括：蔬菜产地加大检验检测力度，对高危地区予以重点监控，强化对重点品种的全批次抽检工作，逐步实施无缝隙监测。对检出的超标农残不合格蔬菜坚决予以就地销毁，并进行处罚。确保进入市场的蔬菜有认证、有标准、有检测，确保上市销售蔬菜的质量安全。

【蔬菜安全生产】(vegetable safety production) 在蔬菜栽培、生长生产以及运输储藏过程中，合理使用低毒、低残留的化学农药和化肥，确保上市蔬菜农药残留量、硝酸盐以及各种有害物质的含量都在符合国家规定的范围之内的生产过程。蔬菜安全生产要抓好以下几个环节：(1)选择无污染的地块做为蔬菜生产基地。应选择大气、水质、土壤无污染的地域。如果土壤被污染，则土壤中的有害物质就有可能或多或少地被蔬菜吸收，造成有害物质对蔬菜的污染。(2)选择优良蔬菜品种。选择抗旱、产量高、抗逆性强和品质好的优良蔬菜品种，能有效提高蔬菜的抗病减灾能力，减轻蔬菜病虫害的发生和危害，从而减少农药的使用。(3)种子和土壤的消毒处理。种子消毒能有效杀灭种子表面的病原菌。土壤消毒能有效杀死土传病害、地下害虫及恶性杂草。(4)加强栽培管理。蔬菜育苗采用大温差育苗法或嫁接育苗技术，以提高秧苗的抗逆性，减少病害发生。移栽前7天进行低温或变温锻炼，以加强秧苗的抗性。根据蔬菜作物的吸肥特性，进行有针对性的施肥，并做到平衡施肥。棚室蔬菜生产要采用低压软管滴灌等技术以减少水分蒸发。(5)综合防治病虫害。选用高效、低毒和低残留农药，严禁使用高毒、高残留和可能致癌的农药。要严格按照农药使用安全间隔、使用期限使用农药。

【蔬菜安全生产技术集成】(integration of vegetable production safety technology) 将蔬菜的种植、病虫害防治等技术集成的管理系统。以蔬菜安全生产管理为目的，使资源达到充分共享及其集中、高效和方便的管理。是利用先进的设施和种植技术等支持平台。其目的是：以优化蔬菜栽培技术为基础，以物理、生物防治为主、化学防治为辅的蔬菜病虫害综合防治，全面提升蔬菜产品的质量，进一步满足了消费者对安全蔬菜的需求。同时使蔬菜栽培技术整体水平普遍得到了提高，增加蔬菜种植效益。其主要内容是：(1)强化农业防治。包括选择抗病蔬菜品种，耕作改制和优化栽培措施。(2)大力发展物理防治。包括设施防护，诱杀技术和高温消毒等。(3)积极推广生物防治。包括天敌利用和抗生素利用等。(4)合理进行化学防治。包括优选农药，优选药械，严格安全间隔期和合理施药。(5)普及科学施肥技术。蔬菜生产中，要坚持平衡施肥、测土配方施肥、施配方肥，有条件的应实施推荐施肥，发展有机复合肥，防止超量偏施氮素化肥，严格氮肥施用安全间隔期。禁止施用未经无害化处理的有机肥和其他有毒肥料。

【蔬菜保护地栽培品种选育】(vegetable transplant production in protected bed) 利用蔬菜种质资源对不同生态条件适应性的遗传差异,通过一定的育种途径选育出适于保护地栽培的新品种的技术。保护地栽培的生态环境特殊,栽培的集约化程度高,对蔬菜品种性状有特殊的要求,如耐弱光性、耐低温性、抗病性强、异花授粉植物的单为结实等。因此,需选育专用品种,以保证保护地栽培达到高产、优质、低成本的目的。中国蔬菜保护地栽培历史悠久。在长期的栽培实践中,因自然变异人工选择和定向培育,在蔬菜资源中已逐渐形成了一批适于保护地栽培的品种,如北京小刺瓜、长春密刺等黄瓜品种。

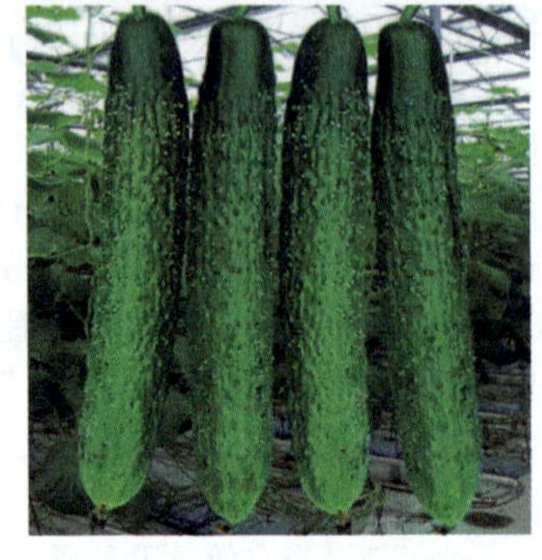
蔬菜保护地栽培品种选育

【蔬菜标准园】(standard garden of vegetable) 按照农业部统一规定的标准建成的蔬菜种植园。是农业部制定、发布、实施的重点农业科技项目创建活动,2009～2010年在中国蔬菜重点发展区域、全国无公害蔬菜生产示范创建县,创建400个蔬菜标准园,产品质量达到食品安全国家标准,节本增效10%以上。其中设施蔬菜标准园200个,露地蔬菜标准园200个。其标准是:(1)规模化种植。选择集中连片的蔬菜基地开展创建活动。推动规模化种植,发展适度规模经营,设施蔬菜集中连片面积(设施内面积)200亩以上,露地蔬菜集中连片面积1 000亩以上,水、电、路基础设施配套完善。(2)标准化生产。加快推广蔬菜优良品种、集约化育苗、防虫网、粘虫板、频振式杀虫灯、性诱剂、避雨栽培、防雾滴棚膜、膜下滴灌、高温闷棚等10项病虫害农业、物理和生物防控技术,使农药用量减少30%以上;建立产品质量安全和分等分级及生产技术规程标准体系,蔬菜100%推行标准化生产;完善投入品管理、生产档案、产品检测、基地准出、质量追溯等5项全程质量管理制度,形成产品质量安全管理长效机制。(3)商品化处理。大力发展蔬菜产品清洗、分等分级、包装等采后商品化处理和贮运保鲜。蔬菜标准园的产品100%实行商品化处理,有条件地区建立冷链系统,实行加工、运输、销售全程冷藏保鲜。(4)品牌化销售。搞好无公害、绿色、有机食品和良好的农业规范(GAP)认证及地理标志登记,加大产品品牌建设。通过品牌扩大影响,开拓市场,提高效益,使蔬菜标准园的产品做到100%品牌销售。(5)产业化经营。蔬菜标准园创建,以农民专业合作组织或龙头企业为载体,把一家一户的农民组织起来,实行统一品种、统一购药、统一标准、统一检测、统一标识和统一销售,并做到100%统防统治,100%测土配方施肥,100%产品订单生产。

蔬菜标准园

【蔬菜病虫害预测预防体系】(vegetable pest prediction and prevention system) 利用仪器设备和监测手段,将蔬菜病虫害进行监测和预防组合而成的网络系统。病虫害是严重危害蔬菜生产的自然灾害之一。采取仪器设备、合理设置病虫监测点、增加监测对象和先进的监测手段,形成对蔬菜病虫害进行调查、观察、记载、统计、上报和预测预报试验的网络。其功能作用是:(1)准确及时测报信息,广泛发布测报结果。(2)对病虫害进行取样、标本制作和测定,采取示范生态环境调控技术、生物防治技术、诱杀技术等综合防治技术。(3)提供有效防治措施,并及时地扼制重大病虫害的发生。

【蔬菜病虫害专业统防统治】(controlling measure for vegetable diseases and pests) 根据蔬菜的种植品种及病虫害发生面积等情况,实施有效的植物保护工作机制。是蔬菜种植实施绿色植保的平台。在病虫害发生情况测报的基础上,为蔬菜种植户提供专业统防统治技术指导。蔬菜病虫害统防工作,在专业人员指导下按照统一供药、统一时间、统一技术的规程方式进行。其工作要求是:做到组织到位、信息到位、技术到位、物资供应到位和督促检查到位。其目的是:达到防治水平提高、成效提高、效益提高和用工减少、费用减少、污染减少及人畜安全、作物安全和产品质量安全。

【蔬菜病虫害综防技术】(vegetable pest comprehensive preventing technology) 运用农业、生态、物理和化学等方法,防治蔬菜病虫害的技术。蔬菜的周年生产为病虫害越冬和繁殖提供了适宜的场所,导致病虫害发生多、蔓延快、危害重,对生产影响极大。综合防治措施以农业防治、物理防治为主,化学防治为辅 。其主要技术有:(1)选用抗(耐)病虫的品种。不同品种对病虫害的抵抗和忍耐能力不同。因地制宜地选用抗(耐)病虫的品种,是防治温室蔬菜病虫害最经济有效的方法。(2)实行深耕细作和轮作。种植前深翻土壤,经过冻垡和晒垡,可直接杀死土壤中的害虫和病原物。同时,制定合理的轮作制度,将病菌虫源减少到最低。(3)推广配方施肥。要施用充分腐熟的有机肥,注重氮磷钾肥配比应用,避免偏施氮肥。在蔬菜生长的中后期,要注意增施磷钾肥及其他微肥,增强蔬菜的抗病能力。(4)利用害虫趋性杀虫。(5)推广使用低毒、无残留农药和生物农药。应根据蔬菜的长势、生育期,结合气象预测预报,提早喷药预防。(6)要做好病虫害的系统监测。做到早发现、早防治,将其控制、消灭在初发阶段,以免造成较大的经济损失。(7)培育壮苗。在发挥植株内在抗性的基础上,通过水、肥、气、温、湿等因子的协调,达到控制病虫害的发生与为害的目的 。

【蔬菜补光栽培】(vegetable cultivation of supplementary light) 用人造光源来补充自然光照的不足,以促进蔬菜生长发育的一项栽培技术措施。为满足蔬菜对光质、光量及光周期的生物学要求,进行人工补充光照。包括两方面的内容:(1)用补充光照的方法抑制短日照蔬菜或促进长日照蔬菜花芽分化,调节花期。对光的照度要求较低,一般 20 勒克斯(Lx)即可。(2)作为光合作用的能源,补充太阳光照的不足,促进蔬菜作物正常生长和开花结果。所需光照强度大,应在 1×10^4lx 以上。在北方冬季保护地蔬菜栽培中,遇低温阴雨天气时很需要补充光照。补光有光源荧光灯、弧光灯、白炽灯、沼气灯、高压水银灯、金属卤化灯、高压钠灯、低压钠灯等。在进行人工补充光照以前,应对光源的光谱特性进行了解,根据作物对光质的需要选择性地进行补充光照。光照时数、光照强度,因蔬菜种类的不同而有差异。

蔬菜补光栽培

【蔬菜采种方式】(type of vegetable propagation) 蔬菜作物繁衍后代,维持种群延续的形式。按其采种方式的不同可分为:(1)有性繁殖。通过雌雄配子结合,形成结合子或受精卵而发育成新个体。(2)无性繁殖。利用母体植株的细胞、组织、器官等,通过分裂分化而形成新个体。两种方式最基本的不同点是:有性繁殖通过世代交替形成新的个体,具有完整的个体发育周期;无性繁殖是在母体植株发育的基础上,继续分裂分化形成新的个体,没有完整的时代交替。有性繁殖蔬菜按其授粉习性的不同可分为:自花授粉蔬菜、异化授粉蔬菜和常异花授粉蔬菜。

蔬菜采种方式

【蔬菜产量潜能】(vegetable yield potential) 蔬菜作物在最适宜栽培管理的条件下所表现出来的最高产量。在田间环境下,选择适宜的栽培蔬菜品种,在最小的田间生物或非生物的逆境下所表现出来的单位面积产量。生产上,以单位面积群体产量来衡量,蔬菜树则追求的是单株产量最大化。在实际生产中,环境变因多,要正确评估某蔬菜品种的最高产量水平非常困难。即使最精细的农艺操作,如环境控制、施肥、灌溉、病虫害防治等,也只是使产量接近而已。当然,栽培和管理条件越好,越能发挥品种的产量优势。在现有生产条件下,选用优良的蔬菜品种和栽培条件,采用科学配套的栽培技术,进行积极、合理的生产投入,有效延长蔬菜生育期,可以最大限度地发挥蔬菜的生产能力。真正挖掘蔬菜的增产潜力需要从遗传基因着手,才能不断提高蔬菜产量。

【蔬菜产量形成】(yield formation of vegetable) 蔬菜作物从种子萌发至收获的生长发育中,光合产物在可食用产品器官的积累过程。蔬菜的产量多以鲜重表示。不同蔬菜品种的产品器官不是在同一时期以同等速度生长和形成的。同一种蔬菜在不同的生长发育时期有不同的生长中心。当生长中心转移到产品器官的形成时,是构成蔬菜产量的主要时期。要获得产品器官的高产,植株要有生长良好,有大的叶面积、较强的光合势。适宜的温度、光照、肥水供应等环境条件有利于蔬菜的生长和产量形成。蔬菜单位面积产量由单株产量和种植株数构成。在一定范围内叶面积指数越大,光合产物愈多,产量愈高。生产上应注意合理密植。

【蔬菜产品器官形成期】(formation period of vegetable product organ) 又称蔬菜产量形成期。在蔬菜生长过程中食用部分形成的时期。即蔬菜作物从种子萌发至收获的生长发育中,光合产物在产品器官中的积累是蔬菜产量形成的关键时期。按形成期对栽培环境和养分要求的不同,蔬菜产品器官的形成方式可分为:(1)无明显养分储藏器官的绿叶菜类。以叶、叶柄和嫩茎为产品器官,生长期短,需氮肥量大。(2)有特化营养储藏器官的蔬菜。如大白菜、花椰菜、萝卜、洋葱、大蒜、马铃薯等。储藏器官的肥大需要充裕的时间、一定的昼夜温差和较多的磷、钾肥供给和适宜的土壤湿度。(3)果类蔬菜。如茄果类、瓜类、豆类蔬菜等。营养生长和生殖生长的协调平衡、成花性别控制、磷钾肥的供给和栽培环境的控制等,直接影响蔬菜产品器官的生长和形成期的长短及产量。

【蔬菜产品深加工】(vegetable advanced processing) 蔬菜产品经初步加工后进行更深层次的加工。如蔬菜压榨出原汁后,再进一步加工成浓缩蔬菜汁、蔬菜粉及提取某种有效成分等。深度加工可充分开发利用原料蔬菜中的有效成分,生产系列产品,增加效益。如用马铃薯提取淀粉及其衍生物,用于食品、制糖、纺织、造纸、化学、医药等方面。

【蔬菜产业】(vegetable industry) 对蔬菜和蔬菜产地实行区域化布局、专业化生产、一体化经营、社会化服务和企业化管理,形成贸工农一体化、产加销一条龙的蔬菜经济的经营方式。发展蔬菜产业是实现农民增收、农业增效、农村富裕的重要途径。其基本方法是:(1)科学制定规划。优化布局,突出特色,良种领先,规模发展,培育品牌,抢占市场。(2)坚持“五个结合”。即坚持把发展大规模的大市菜与反季、特色、加工蔬菜相结合,坚持业主开发与农民种植相结合,坚持面向本地市场的鲜销蔬菜与面向外地市场的特色、加工蔬菜相结合,坚持发展设施栽培与推广标准化、无公害生产相结合,坚持政府引导与市场推动相结合。(3)实现“四化”。即实现设施化栽培、标准化生产、专业化营销、产业化经营;确保农民增收、农业增效、农村进步,为新农村建设奠定坚实的产业基础。

【蔬菜储藏保鲜】(vegetable storage and freshness) 蔬菜采收后为保持其新鲜品质和延长其供应期而采取的保存措施。收获后的蔬菜虽不能继续得到水分和养分的供应,但仍是有生命的有机体。其主要的生命活动是营养物质的降解和氧化过程,并不断地趋向衰老和败坏。蔬菜储藏保鲜,应采取有效措施控制其正常而缓慢地生理代谢过程,达到延缓老化进程,延长储藏期限的目的。常见的储藏方式有堆藏、埋藏、窖藏、通风库储藏、冷库储藏、气调储藏和辐射储藏等。

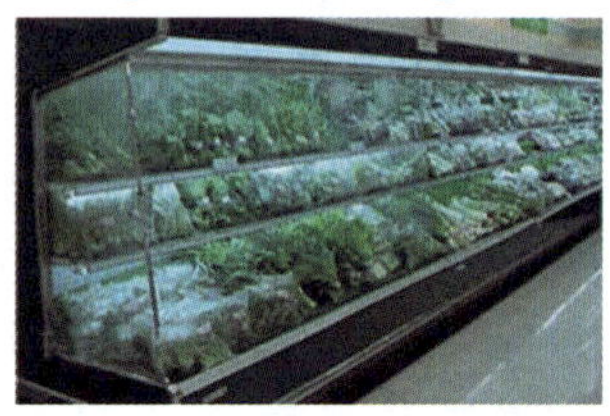
蔬菜储藏保鲜

【蔬菜雌雄同株异花】(both sex organs on the same vegetable) 同一株蔬菜植物上面既有雄花又雌花的现象。如南瓜,带小瓜的花是雌花没有小瓜的就是雄花。黄瓜也是雌雄同株异花。一般在植株低节位上开雄花,随着节位的增高雌、雄花比例逐渐增大。施用外源激素及一些化学物质可以调节雌、雄花的比例。研究结果表明,黄瓜单性花发育的早期有两性期,但最终只有一种性别的花原基会形成有功能的器官。冬瓜花多数为单性,极个别品种为两性花。一般先发生雄花,随后发生雌花,雌雄花的发生有一定规律。雄花萼片5个,近戟形,绿色,花瓣5片,椭圆形,黄色,雄蕊3枚,在花的中央三角形排列,顶生花药,极度弯曲开裂。雌花与雄花相同,子房下位。其形状因品种而不同,有长椭圆形,短椭圆形,绿色,密被茸毛,花柄较雄花柄短而粗,被茸毛,花柱短,柱头瓣状三裂,浅黄色。很多瓜类的性别具有可塑性,在低温短日照的条件下,可以促进雌花的分化和形成。在生产中常因条件不适,授粉不良而引起落花落果,应加以防范。

黄瓜雌雄同株异花

【蔬菜促成栽培】(forcing culture of vegetable) 在寒冷季节使蔬菜生长发育全过程都在保护地设施内完成的一种栽培方式。要求具有比较完善的生产设备,或根据不同的栽培季节采取合适的栽培方式。如在进行越冬栽培时,应采用增温和保温性能好的日光温室及覆盖材料,并配备加温设备等。在进行春季提前栽培时,应采用塑料棚,并配备简易保温覆盖材料等。其目的是:加快蔬菜生长,促进成熟,解决淡季蔬菜供应问题。

【蔬菜大株采种】(collecting seed from big vegetable plant) 又称母株采种。选用叶球或肉质根发育充分的植株为种株,进行良种繁殖的方式。大白菜、结球甘蓝、萝卜、胡萝卜等蔬菜繁殖原种及杂交亲本多采用此方式。大株采种法的种子质量最高,后代生活力强,结球率高,植株生长整齐,能够保持原品种的优良种性。但是,

蔬菜大株采种

其生产成本高，种子产量较低。

【蔬菜淡季】(vegetable offseason) 蔬菜供应状况不佳、出现青黄不接的季节的统称。形成淡季的原因主要是由于高温或低温等不良的气候条件不适于多数蔬菜生长。中国的蔬菜淡季有两大类型：(1)冬春严寒季节的2~3月。(2)夏、秋高温多雨的8~9月。随着现代农业技术的发展和交通运输条件的改善，蔬菜生产与供应的淡旺季矛盾已经得到缓解。

【蔬菜的四性】(four properties of vegetable in Chinese traditional medicine) 按中医辨证法，蔬菜可分为寒、凉、温、热四类。如吃完之后身体有发热感觉的蔬菜，称为温热性蔬菜；吃完之后有清凉感觉的蔬菜，称为寒凉性蔬菜。具有四性功效的主要蔬菜分类如下：(1)寒性蔬菜。具有清热降火、解暑除燥，能消除或减轻热症，如芹菜、大白菜、空心菜等。(2)凉性蔬菜。有利于生津止渴、清热泻火、排毒通便，如冬瓜、白萝卜、莴笋等。(3)温性蔬菜。可抵御寒冷、温中补虚、消除或减轻寒症。如生姜、韭菜、蒜、香菜、葱等。(4)热性蔬菜。与温性蔬菜的功效与适宜人群大体相类似，具有暖身、散寒祛风、抗菌驱毒、促进新陈代谢、有助血液循环等作用，如辣椒等。(5)平性蔬菜。各种体质的人都能食用。可开胃健脾、强壮补虚和容易消化，如黄花菜、银耳、胡萝卜等。

【蔬菜的五色】(five colors of vegetables) 具有青、赤、黄、白、黑五种颜色的不同种类蔬菜在中医理论范畴中的一种分类。不同颜色的蔬菜分别对五脏有不同的作用。各个脏腑之间互相关联，如肝太旺伤脾、脾太旺伤肾、肾太旺伤心、心太旺伤肺、肺太旺伤肝。所以在日常饮食中不能偏食某一色，

赤色蔬菜

要均衡摄取。即午餐多吃青、白，晚餐多吃赤、黄、黑。这样可以使五脏都能得到营养。从医学营养的角度讲，五色食物中青色蔬菜一般富含胡萝卜素，白色蔬菜富含黄酮素，黑色蔬菜则富含铁。(1)青色蔬菜可提高肝脏之气，排毒解毒。如菠菜、青椒等。(2)赤色蔬菜可提高心脏之气，补血、生血、活血。如辣椒等。(3)黄色蔬菜可提高脾脏之气，增强脏肝功能、促进新陈代谢。如韭黄、胡萝卜等。(4)白色蔬菜可提高肺脏之气，清热解毒、润肺化痰。如大白菜、白萝卜、银耳等。(5)黑色蔬菜可提高肾脏之气，能润肤、美容、乌发。如木耳、香菇、海带等 。

【蔬菜的五味】(five tastes of vegetables) 不同种类的蔬菜所具有的酸、苦、甘、辛、咸五种味道的一种分类称呼。中医将五种味道对应人体的五脏：即肝、心、脾、肺、肾。不论是食物本身的味道，还是佐料，都会对五脏起不同作用。五味食物虽各有好处，但食用过多或不当也有负面影响，要依据不同体质来食用。酸味蔬菜具有生津养阴、收敛的作用，如番茄等。苦味蔬菜具有降火除烦、清热解毒的功效，如苦瓜、芥兰等。甘味蔬菜具有健脾生肌、补虚强壮的功效，如玉米、甘薯等。辛味蔬菜具有补气活血、促进新陈代谢的作用，如姜、葱、辣椒等。辛味蔬菜如食得太多，而体质又本属燥热的人，便会发生咽喉痛、长暗疮等现象。咸味蔬菜具有通便补肾的功效，如海带、紫菜等。淡味蔬菜具有利尿、治水肿的功效，如冬瓜、薏仁等。

【蔬菜的颜色与营养】(relationship between clour and nutrition of vegetables) 蔬菜的不同颜色与其所含人体必需的维生素、铁、纤维素等营养物质的相互关系。通过对多种蔬菜营养成分的分析发现，蔬菜的颜色与营养关系十分密切。一般来讲，颜色深的蔬菜营养价值较高，颜色浅的营养价值较低。其排列顺序是绿色蔬菜、黄色蔬菜、红色蔬菜和白色蔬菜。在同类蔬菜中，由于颜色不同，营养价值也不同。如黄色胡萝卜比红色胡萝卜营养价值高，其中除含大量胡萝卜素外，还含有具强烈抑癌作用的黄碱素，有一定预防癌症的功用。同一株菜的不同部位，由于颜色不同，其营养价值也不同。如大葱的葱绿部分营养比葱白部分营养价值要高得多。每100g葱绿含维生素A1 750个国际单位；而葱白几乎不含维生素A，维生素B_1及维生素C的含量也不及葱绿部分的一半。颜色较绿的芹菜叶比颜色较浅的芹菜叶和茎含的胡萝卜素多6倍，维生素D多4倍。由于每种蔬菜所含营养素种类和数量各异，而人体的营养需要又是多方面的，所以在选用蔬菜时，除了要注意蔬菜的颜色深浅外，还应考虑多种蔬菜搭配并与其他食物混吃，才能充分发挥蔬菜的营养作用。

【蔬菜低温伤害】(low-temperatured injury of vegetables) 喜温蔬菜在0℃以上较低温度条件下出现生理障碍，致使蔬菜植株或产品受到伤害甚至死亡的现象。发生的临界温度因蔬菜种类、品种和产品的成熟度的不同而不同。发生的程度取决于蔬菜作物对低温的敏感性、环境低温程度和延续时

间三个因素及其相互作用程度。原产于热带、亚热带的蔬菜对低温比较敏感,容易发生。果类蔬菜生长期遇低温表现明显,如黄瓜常表现为沤根、花打顶、叶呈黄白色、化瓜等;番茄根系生长受阻、形成畸形花和畸形果、落花落果、果实不着色或着色浅、品质差等。转入常温后,需要较长的时间恢复。选用耐寒品种或幼苗期间进行低温锻炼等,可以增加植株的耐寒性。蔬菜在采后储藏期受害,常表现为生理机能衰退,容易感病。在转入常温后,产品的病症急速发展,最终导致腐烂。根据不同的蔬菜种类和品种对低温的适应性,合理安排生产,减少损失。

【蔬菜蹲苗】(hardening of seedling of vegetables) 蔬菜栽培中采取人工措施来抑制幼苗茎叶徒长、促进根系发育的技术措施。其目的是:促进根系深扎和适当控制蔬菜地上部生长,调节营养生长与生殖生长,实现蔬菜高产。常见的人工措施是:控制土壤(或基质)水分和加强中耕。通过控制土壤,可使土壤疏松透气、降温保墒、增加土壤蓄热量和增强土壤微生物活性,为根系发育提供一个疏松、温暖、肥沃、水分分布均衡的适宜的发育环境。使地上部分与地下部分达到平衡生长、促发强大根系和增强吸收功能,加速植物体内器官的分化与形成,积累营养物质、促进花芽分化和提高抗逆性能,为早熟高产打下良好基础。蹲苗的核心是促根发育,调节生长平衡。即通过中耕锄地松土,促进发根和根系的下扎;通过控水抑制营养生长,促进生殖生长的加快,调节营养生长与生殖生长的平衡。蹲苗技术性较强,在实施时应注意:(1)要掌握好时间长短,要根据植株长势、墒情大小、天气变化等情况灵活实施。土壤持水量大,肥足,植株长势旺,宜早蹲苗,做到不徒长而根深叶茂。反之,既要供给植株适度的水肥,又要结合中耕,做到供控结合。(2)对于瘦弱苗要以促为主,适当蹲苗,以赶上壮苗。对于育苗期间由于管理不当造成的大量弱苗,必须在定植前提前促苗,必要时可用赤霉素处理,以达到定植要求。(3)在蹲苗结束后,必须供给植株充足的水肥,并做到平衡施肥。对喜水肥的品种还须加大水肥。只有满足植株开花结果对水肥的需求,才能实现早熟高产。

蔬菜蹲苗

【蔬菜多倍体育种】(vegetable polyploidy breeding) 利用人工诱变或自然变异,通过细胞染色体组加倍选育出蔬菜新品种的技术。在生物细胞中,具有三个或三个以上染色体组的个体或群体称之为多倍体。多倍体可分为三倍体、四倍体、五倍体、六倍体、七倍体、八倍体等。多倍体可通过秋水仙碱处理和辐射处理等手段获得。在蔬菜育种中,多倍体育种的作用不仅用于选育丰产、优质的新品种,获得无子果实和创造新物种,还可作为克服远缘杂种不育性的有效手段。三倍体无子西瓜选育的成功是蔬菜多倍体育种中最突出的成果。

蔬菜多倍体育种

【蔬菜肥水一体化】(vegetable fertilizer-water integration) 借助压力管道系统,将肥料与灌溉水一起,均匀、准确地输送到作物根部土壤的技术。根据蔬菜生长对肥、水的需求规律,进行全生育期水、肥供给设计,把水分和养分定量、定时、按比例直接提供给蔬菜。压力灌溉系统有喷灌系统、滴灌系统和微灌系统等。目前使用最多的式滴灌系统,具有节水、省工、节肥、方便施用有机肥、改善微生态环境、减轻病虫害发生、增加产量和改善品质等特点,值得在生产上推广应用。

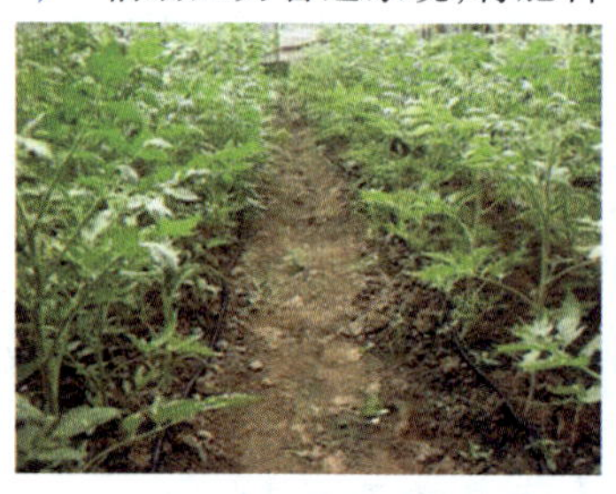
蔬菜肥水一体化

【蔬菜分级】(vegetable commodity grading) 将蔬菜产品按大小、重量、色泽、形状、成熟度、完整性、卫生及其他商品要求的规定标准分为若干等级的措施。是蔬菜产品商品化、标准化的要求。按国家或地区制定的分级标准进行。其等级一般分成:(1)特级品。应具有本种或本品种特有的形状和色泽,不存在会影响产品特有质地风味的内部缺陷,形状大小一致,误差不超过5%。(2)一级品。质量要求大致与特级品相似,允许个别产品在形状和色泽上稍有缺陷,并允许存在较小的不致影响外观和耐储藏性的外部缺陷,允许总误差低于10%。(3)二级品。可以有某些外表和内部缺点,只适于就地销售或短距离运输。分级有人工分级和机械操作两种。在人工分级时，操作者应预先熟悉掌握分级标准，必要时可辅以分级板、比色卡等简单工具。人工分级效率低，误差大，但产品不易遭受伤害，因而适用于不便采用机械分级的蔬菜种类。机械分级主要采用的是大小和重量分级机。由于蔬菜的种类多，大小、形状、质地差异大，难以设计出通用的分级机械设备，所以一般采用人工和机械相结合的方法。

【蔬菜分类】(classification of vegetables) 根据蔬菜栽培、育种和利用等需要对种类繁多的蔬菜作物进行归类、排列的方法。常用的分类方法有植物学分类、农业生物学分类、生态学分类、食用器官分类等。按植物学分类，中国栽培的蔬菜有35科180多种；按农业生物学分类，可将其分为白菜类、甘蓝类、根菜类、绿叶菜类、葱蒜类、茄果类、豆类、瓜类、薯芋类、水生蔬菜、多年生蔬菜、野生蔬菜和食用菌13类；按食用器官则可分为根菜、叶菜、茎菜、花菜和果菜5类；按其对温度的要求分为耐热、喜温、耐寒、半耐寒和耐寒且适应广5类；按其光周期反应则可分为长光性、中光性和短光性蔬菜等。

【蔬菜分期播种】(sowing vegetables at different periods) 又称排开播种。同一种蔬菜采用不同的品种、不同的栽培方式和播种期，以延长采收期，均衡供应蔬菜的一项生产措施。根据蔬菜种类和品种特性、气候条件、栽培方式及市场需要等因素，每间隔一定的时间播种一批种子，保证蔬菜产品及时均衡供应市场。同一种蔬菜的不同品种，可根据其早熟、中熟、晚熟、耐寒、抗热等特性或对同一品种采取多种栽培形式。在一年内进行提前、延后、中间排开、多次播种、多次栽培、分期收获，周年均衡供应市场。不同种类和品种的蔬菜，每年播种的间隔期有很大差异，如番茄、黄瓜、辣椒等采收期长达数月，播种间隔期长。一般分春播、夏播、秋播等。而叶类蔬菜等生育期短，不耐贮运，可每间隔1个月播种一次。以此实现分期上市，有利提高生产效益。

【蔬菜高效栽培】(high-efficient cultivation of vegetables) 以市场为导向，运用先进的农业生产管理技术，充分合理利用资源环境，实现蔬菜生产效益最大化的栽培方式。目的是尽可能提高蔬菜单位面积产量和效益，是蔬菜生产一向追求的生产方式。主要包括：(1)选用优良品种。从根本上提高蔬菜的产量和品质，提高市场竞争力和产品价格。(2)加强栽培管理，提高单位面积蔬菜产量。包括肥水管理、延长生长期、提高复种指数和间作套种等，以产量求效益。(3)反季节设施栽培。利用日光温室、塑料大棚、遮阳网棚、避雨凉棚等在不适宜蔬菜生产的低温季节和盛夏、雨季进行蔬菜生产，在蔬菜淡季供应市场，销路好，价格高。是一项高投入高产出的栽培方式。(4)特色蔬菜种植。根据市场需求状况，选种稀有或营养价值高的特色蔬菜，物以稀为贵，自然会有好的价格和效益。这类蔬菜的市场需求量小，通畅的销路显得更重要。(5)创品牌。严格按照无公害蔬菜、绿色蔬菜和有机蔬菜生产操作规程开展蔬菜生产，争创品牌蔬菜，向品牌要效益。(6)充分利用中国南方冬季温暖和高山地区夏季凉爽的气候条件，合理安排生产和组织调运，实现蔬菜生产低投入高效益。

【蔬菜工厂】(factory of vegetables) 由若干适于蔬菜不同生育期环境要求的连续性生产的厂房组成的生产单位。蔬菜产业现代化的重要组成部分。是中国“九五”工厂化高效农业科技产业示范工程项目的主要内容。自播种起，通过各个车间，最终收获蔬菜产品的生产全过程均为机械化操作。不用土，无污染，可以不断播种，连续收获。不受外界环境的影响，生产效率高。在生产过程中，通过可控条件下的营养液栽培，为蔬菜提供良好生长必需的营养和栽培环境条件，达到蔬菜高产、优质、高效益的周年均衡生产和销售的目的。

蔬菜工厂

【蔬菜工厂化育苗】(raise seading in factory scale) 在现代温室中人工控制环境条件，采用规范化技术措施和机械化操作，进行大批量专业化集中繁育菜苗的方式。一般包括土壤粉碎和消毒、培养土配制、装土或制钵、播种、移苗等操作过程。应配备如浇水、施肥、病虫害防治、运输等自动操作设施。采用这种方式不受自然条件的不良影响，可高密度、快速培育优质菜苗。

蔬菜工厂化育苗

【蔬菜观光园】(tourist vegetable garden) 一种由蔬菜与生态旅游自然结合起来，所形成的别具特色的新兴的蔬菜园林形式。是现代农业发展的重要组成部分。利用蔬菜不同品种在株型、果型、颜色等方面的特点和优势，以不同的栽培方式与不同园林设施搭配,在大型智能温室或田间进行有土和无土栽培,通过人工造型和景观设计成蔬菜园林,是供城镇居民游玩、观赏、休闲的重要农业观光场所。蔬菜观光园具有休闲、观光、教育和采摘等多种功能。园内的蔬菜植物类别多,具有先进性、代表性、不同形态特征及丰富造型等特点,还能给游园者科普知识教育。

蔬菜观光园

【蔬菜光合机理特性】(photosynthetic me-chanism of vegetables) 蔬菜利用叶绿素吸收光能以获得生长发育必需的养分并释放氧气的过程。是光反应和暗反应的综合过程。光反应是在光照下才能进行的、由光所引起的在类囊体膜上进行的光化学反应。暗反应是在暗处(也可在光下)进行的、由各种酶所催化的在叶绿体的基质中进行的化学反应。光合作用的机理是:(1)光能的吸收、传递和转换过程。(2)电能转化为活跃的化学能过程。(3)活跃的化学能转变为稳定的化学能过程。分C3型和C4型两类。绝大多数蔬菜作物的光合作用途径都是C3型的,具有明显的光呼吸过程。C3光呼吸的消耗比C4型的多。但是C4植物的光合强度(光合效率)比C3植物高出一倍以上。属于C4的蔬菜植物只有甜玉米、苋菜等很少几种。在温度高、光照强的环境下,C4植物表现出优势;在温度低而光照强的环境下,C3植物表现出优势;在温度低而光照弱的环境下,C4植物较高的光合效率潜力并不一定表现出优势。蔬菜作物单个叶片的光合作用,因不同品种、不同生育期、不同叶位、叶腋处有无果实而不同。大多数蔬菜光合呼吸的日变化呈“双峰”曲线,即在11:00时、13:30~14:00时各有一个光合高峰,而在13:00时左右有一光合“低谷”,即所谓的“午休”。各种蔬菜峰值和谷值均不同,且因季节而异。从生态角度来讲,低的空气湿度是光合强度在中午降低的重要生态因子;从生理方面来讲,主要有气孔限制和非气孔限制;从生化方面来讲,主要是二磷酸核酮糖(RuBP)活性降低,光化系数降低。蔬菜光合作用受温度、光照、二氧化碳、矿质元素和水分等因素的影响。

【蔬菜光周期】(photoperiod of vegetables) 蔬菜生长和发育对昼夜相对长度的反应。光周期对蔬菜发育起着促进或抑制的作用,也可表现在对某种产品器官(如块茎、鳞茎)形成的促进或抑制。按照蔬菜生长发育和开花对日照长度要求的不同可分为:(1)长日性蔬菜。需要较长时间的日照促进开花,在短日照条件下延迟开花或不开花。(2)短日性蔬菜。需要较短时间的日照促进开花,在长日照下不开花或开花延迟。(3)中光性蔬菜。在较短或较长时间的日照条件下都能开花。短日照蔬菜原产于低纬度地区。长日照蔬菜原产于高纬度地区。另外也与蔬菜原产地的海拔高度和光波的组成有关。了解蔬菜的光周期,有助于选择品种、确定适播期和诱导蔬菜开花,形成种子。

【蔬菜害虫诱杀剂】(vegetable pests bait) 利用害虫对气味敏感性诱杀蔬菜田间害虫的农药。如利用韭蛆对有些气味的敏感性进行诱杀,每30m^2放一盘,紧贴地面,便于韭蛆爬进。盘内倒入200ml药剂,5~7天更换一次诱杀液,每隔1天加一次醋。利用性诱剂引诱捕杀雄性成虫,破坏昆虫的交配,使其不能繁衍后代,降低虫口基数,从而达到防虫治虫的目的。主要诱杀小菜蛾、斜纹夜蛾。诱控面积单个在660 m^2左右。此项技术不会对蔬菜和环境造成任何污染。在成虫交配期应用效果明显,一劳永逸,是生产无公害、绿色蔬菜的一项实用技术。

【蔬菜机械化复式作业技术】(mechanization duplex technology in vegetable production) 在蔬菜生产过程中,直接运用机械设备进行多道作业工序的手段的总称。主要是指在菜田或大棚、温室中把旋耕、开沟、起垄以及施肥、覆膜、移栽等多道作业工序进行有机结合,一次完成其中二种或二种以上的作业技术。目前,已成功开发了适应设施菜地生产的有:耕作、播种、铺膜、移栽、植保、施肥等机械。这种作业技术的应用是提高劳动生产率,使广大菜农从繁重的体力劳动中解脱出来的必由之路,也是大幅度增产增效,设施农业向规模化和集约化发展的必要条件。目前,中国蔬菜栽培虽已初具规模,但是蔬菜生产作业机具设备不配套,调控能力差,各项作业仍以传统的人力、手工为主,严重影响蔬菜生产的稳定发展,也影响了经济效益的进一步提高;同时未来蔬菜栽培面广量大,精耕细作和高效率的工作要求更是促进了该项技术的发展和应用。

【蔬菜机械设备】(vegetable machinery equipment) 在蔬菜栽培、收获、产品处理等过程中所使用的机械。主要有耕整地机械、播种机械、栽植机械、中耕机械、灌溉机械、施肥机械、植保机械、收获机械、保护地栽培机械、无土栽培机械和采后处理机械等。

【蔬菜机械栽培品种选育】(vegetable breeding of cultives suitbale for mechanization) 采用适宜的蔬菜育种途径和程序,选育有关性状和适于机械化栽培、综合性状优良的蔬菜新品种的技术。蔬菜生产所花费的劳动力往往数倍于大田作物。因此,通过品种改良,以适应蔬菜生产的机械化,可以显著提高劳动生产率和降低生产成本。欧美一些国家,蔬菜机械化栽培水平较高,相应已育出一批适于机械化栽培的番茄、菜豆等优良品种。如美国、意大利等国已选育出植株矮生、果实成熟集中、大小整齐一致、无离层和适宜机械耕作与采收的番茄新品种 VC-82、RomaVF 等。

【蔬菜加工】(vegetable processing) 通过某种特殊工艺处理,保持或改进蔬菜食用品质的制作过程。主要方式有:腌制、罐藏、制汁、干制、糖制和速冻等。与之相适应的加工品有:腌渍菜、蔬菜罐头、菜汁、脱水菜、蔬菜蜜饯和速冻菜等。加工之后的蔬菜具有如下特点:便于携带和运输,方便食用和保存期长等。蔬菜加工的实质是抑制蔬菜的变质败坏。其基本原理是:(1)消灭蔬菜中存在的腐败微生物。(2)防止外界微生物的继发感染。(3)改变蔬菜内部环境条件,以抑制微生物活动和侵染。罐藏加工是采用热力杀菌;速冻是在快速降温下使蔬菜失去生命、化学变化微弱,同时杀死或抑制了蔬菜上的微生物;干制、糖藏和盐渍降低了加工品的水分活性,从而抑制微生物的活动,破坏了蔬菜产品中酶的活性;发酵性腌渍是蔬菜本身含有的糖在乳酸菌的作用下产生具有保藏作用的乳酸、乙醇等,抑制了杂菌的生长;防腐剂以及辐射处理等也是一种控制微生物的保藏法。

蔬菜加工

【蔬菜假植栽培】(cultivation of vegetable root) 将蔬菜植株整体储存在适宜条件下,利用营养体储存养分供应花球进一步长大形成产品的栽培方法。其目的是:延后延长蔬菜的播种期,延长蔬菜的供应期。秋、冬季节利用保护设施把在露地已长成或半长成的蔬菜连根掘起,密集囤栽在阳畦或小棚中,使其继续生长。如油菜、芹菜、莴笋、甘蓝、小萝卜、花椰菜等。经假植后,于冬、春供应新鲜蔬菜。少数蔬菜在假植栽培中,可起到软化作用。假植方法分为:(1)沟假植。在田间或院落背风向阳处挖深80cm,宽1m的长沟,每3m左右留一隔墙,四壁间断地打上木桩,捆上秸秆,以利通风。沟底铺7~10cm厚砂土,用水喷湿,挨个摆花椰菜植株,用砂土将根埋严,再喷一些水。植株之间不能太拥挤,呈半自然舒展状态,花球用折叶保护。沟上搭横杆,覆盖草苫,并随天气变冷逐渐加厚。(2)阳畦假植。在背风向阳处建阳畦,将选择处理好的植株,摆入畦内,埋根并浇1次水,上面覆盖薄膜。前期注意通风,天冷后加盖草苫。管理措施如下:夜间假植沟温度为0~3℃,阳畦假植5℃,相对湿度90%左右为适宜;低于0℃易受冻害,应增加覆盖物。依据天气变化,随时增加或减少覆盖厚度,并注意通风换气。花球长大后,可随时采收供应市场。为了不受污染,操作过程中应注意保持假植环境内清洁。当冬季来临时,将秋菜花进行假植,可于翌年1~2月上市,这样投资小,效益高。

【蔬菜嫁接育苗】(raising vegetable transplants by grafting) 又称抗病育苗。用嫁接法培育菜苗以增强蔬菜抗病能力的育苗方式。多用于黄瓜、西瓜、甜瓜、茄子、番茄等品种。该方法是用来预防土壤传染病害,如枯萎病、青枯病等,可使黄瓜、番茄等蔬菜在保护地中进行连作栽培时也能稳产高产;又可以增强菜苗耐低温的能力。使用这种育苗方式时,应选用抗病力强、与接穗亲和力强的砧木。应于小苗期嫁接,并根据不同的蔬菜种类,分别采用插接、靠插接、劈接法进行嫁接。如将黄瓜嫁接于黑籽南瓜上,或将西瓜嫁接于瓠瓜上。

蔬菜嫁接育苗

【蔬菜间套种】(vegetable intercropping) 把两种或两种以上的蔬菜隔畦、隔行或隔株有规则地栽培在同一块土地上或在一种蔬菜的生育后期,在行间或株间栽种另一种蔬菜的种植方法。套种与间作相比,套种的前后两种作物共同生长的时间较短。蔬菜间套种应根据蔬菜的不同种类、不同品种、不同特征、不同特性进行搭配。合理的群体结构,会使单位面积内植株总数增

蔬菜间套种

加，能有效的利用光能、地力、时间与空间，造成相互有利的环境，甚至减轻病虫杂草危害。要合理搭配蔬菜的种类和品种，必须安排合理的田间群体结构，采取相应的栽培技术措施，才能获得更高的经济效益。蔬菜间套种理想模式是：瓜套豆，菜套苗，大套小，菜套豆，高套矮，畦套沟，长套短，架套架，阴套阳，早套迟，深套浅和片套边。蔬菜实行套种，合理搭配品种，是充分利用光、热、气、肥和空间资源，提高产量、增添品种、增加收入的关键技术措施。

【蔬菜检验检测全覆盖】（full-coverage for vegetable inspection） 对生产、加工、流通的蔬菜产品全部进行质量安全检测的措施。其重点内容是：(1)蔬菜检验检测以提高蔬菜产品质量安全水平为核心。(2)在提升市、县两级农产品质检中心能力的基础上，按照区域规划，以建立镇级蔬菜质量快速检测室为重点。(3)建设集监管、检测为一体的基层综合蔬菜质检服务站点，实现农产品生产过程质量控制和监测。(4)全面提升区域内蔬菜质量安全水平，保障城乡居民消费安全。(5)在蔬菜产区实施蔬菜质量安全例行监测制度，把主要蔬菜生产基地、产地批发市场全部纳入监测范围 。

【蔬菜经济系数】（vegetable economic coefficient） 又称蔬菜相对生产率。蔬菜经济产量与其生物产量的比率。全部植物体的重量为生物产量。其中有经济价值、可食用产品器官的重量为经济产量。蔬菜经济系数因其自然条件和栽培措施的不同而不同。受蔬菜的种类、经济产量的形成过程及产品化学组成的影响很大。以叶菜类蔬菜最高，达0.9～0.95。有少数绿叶蔬菜，如菠菜、苋菜、小白菜等，由于光合作用所形成的叶、茎，甚至根等，每一部分都可以食用，所以其生物产量几乎等于经济产量。以种子为产品的蔬菜最低。在一般情况下，生物产量高，经济产量亦高；生物产量低，经济产量亦低。例如，在正常生长条件下，要使根菜类的肉质根产量高，其莲座叶生长要多；要使果菜类的果实产量高，其茎、叶的生长量也要高。

【蔬菜抗病性】（disease resistance of vegetable） 蔬菜能减轻和克服病原物有害作用的任何可遗传的特性及蔬菜抵抗病原物侵入、扩展和繁殖的能力。是蔬菜在与病原物长期共同演化过程中所获得和发展的适应特性。抗病性概念是相对的，是蔬菜或品种在一定条件下针对一定的病原物或其生理所表现出的不同方式和不同程度的抵抗性。

【蔬菜抗病育种】（vegetable breeding for disease resistance） 利用蔬菜不同种质对病害侵染反应的遗传差异，通过相应的育种方法选育耐病、抗病或免疫新品种的技术。始于19世纪中叶。20世纪中叶以来，蔬菜抗病育种已从单一抗病性转向广谱抗病性。选育和推广抗病品种，是预防蔬菜病害的主要措施，是获得蔬菜高产稳产的技术关键。其效果稳定、简单易行、成本低，且能减轻或避免农药对蔬菜产品和环境的污染，有利于保护生态平衡。

【蔬菜抗虫性】（vegetable insect resistance） 蔬菜作物对害虫的排趋性、抗生性或耐害性表现。在害虫为害较严重的情况下，蔬菜植株能避免受害、耐害或虽受害而有补偿能力的特性。按其对害虫反应的不同可分为生态抗性和遗传抗性。要注重对蔬菜种质材料抵御害虫能力的测试和评价。通过抗虫性鉴定可以选出对害虫具有抗性的品种，供生产利用；或选出具有抗虫性状的种质材料，供育种采用，培育出适合生产需要的抗虫品种。选用抗虫性蔬菜品种，目的在于减少使用或不用化学农药，以避免农药对蔬菜产品和环境的污染。

【蔬菜抗虫性育种】（pest resistance breeding of vegetable） 利用蔬菜不同种质对害虫的抗性差异，通过适宜的育种方法，选育出不易遭受虫害新品种的技术。自20世纪30年代以来才开始重视此项研究。60年代末，蔬菜抗虫性育种才取得了显著进展。如利用澳大利亚抗虫种质资源花椰菜PI234599，育成兼抗菜青虫、白菜粉纹夜蛾、小菜蛾等三种害虫的花椰菜和结球甘蓝新品种。选育推广抗虫品种，不仅可以少用或不用农药而实现稳产高产、改善品质、降低成本以及减少蔬菜产品和环境污染，而且有利于保护害虫的天敌，维持生态平衡，是生产无公害蔬菜的主要措施之一。

【蔬菜抗虫转基因育种】（vegetable breeding of insect-resistant transgenic） 通过重组DNA技术人工插入其他物种基因以创造出拥有抗虫新特性蔬菜品种的育种技术。利用分子生物学技术，将合适的抗虫基因导入蔬菜中，使其具有抗虫害的特性。如苏云金芽孢杆菌(Bt)抗虫基因、豇豆胰蛋白酶抑制剂基因等。以此类转基因蔬菜为基础，可以继续培育成市场需要的新品种。转基因蔬菜在外观上和普通蔬菜并没有什么区别，主要是一些性状的改变，比如口味、抗病虫害、抗

蔬菜抗虫转基因育种

寒、耐旱等。转基因技术的特点是:能最大限度地利用人们感兴趣的外源基因,使育种工作具有更强的针对性。

【蔬菜抗逆分子育种】(molecular breeding of vegetables resilience) 利用生物学技术进行蔬菜抗逆种质资源的分子创新,建立高效的蔬菜分子标记辅助育种的技术体系。其目的是:通过抗旱、耐低温、耐弱光、耐盐碱等抗逆蔬菜种质资源的实验和发掘,选育出能够适应或抵御干旱、湿涝、高温、低温、盐、碱等不良环境条件的抗逆蔬菜种质资源;利用分子生物学技术创制蔬菜抗逆种质资源,进行蔬菜品种选育及改良,并应用到蔬菜生产中。其作用是:(1)可使蔬菜在逆境条件下保持相对稳产。(2)抗逆品种的利用。(3)可以把某些蔬菜种植区域扩大。(4)使一些环境条件恶性劣的未耕地区得到利用。

【蔬菜抗性生理】(stress resistance physiology in vegetable crop) 蔬菜对逆境产生适应反应,形成抵抗不利环境的能力的规律和机理。抗性主要有避免性抗性和忍耐性抗性两种。前者是指以植物体的物理屏障阻碍外界不利因素的侵害的能力;后者指不利因素侵入活组织后植物体产生适应性变化,克服、降低或修复因逆境造成伤害的能力。引起蔬菜生理障碍的逆境有:不利的气候土壤条件,工矿烟雾及污水造成的环境污染,以及侵染性病、虫、杂草的危害。根据逆境的不同,抗逆性又分为抗冻性、抗寒性、抗热性、抗旱性、抗涝性、抗虫性和抗病性等。

【蔬菜矿质营养】(mineral nutrient of vegetable crop) 蔬菜通过根部从土壤中吸收的各种无机营养元素的统称。主要有氮、磷、钾、钙、镁、硫、铁、氯、锰、硼、锌、铜、钼等。蔬菜对氮、磷、钾的吸收量大,被称为大量元素;对钙、镁、硫的吸收量中等,叫中量元素;其他则为微量元素。在水培条件下,培养液中任何一种元素缺乏或含量不足,都会影响蔬菜的正常生长。在土壤栽培条件下,连作、偏施大量元素、土壤酸化等,会导致营养元素含量不平衡和微量元素缺乏,影响蔬菜的正常生长。蔬菜吸收无机营养元素,不仅受温度、光照、土壤pH值、根际氧气、盐类浓度和离子间相互作用等外因的影响,而且因作物的种类、本身的发育状况等有显著差异。研究蔬菜作物的矿质营养生理,是制定合理的施肥措施、提高蔬菜产量和质量的理论基础。

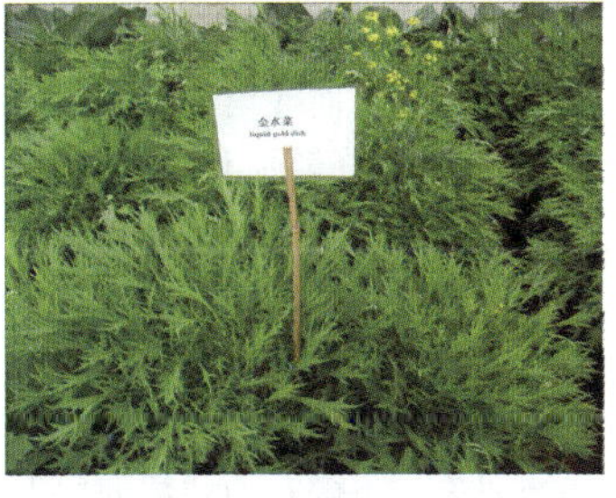

矿质营养丰富的蔬菜

【蔬菜立柱栽培】(vegetable cultivation around column) 蔬菜围绕着立柱种植,营养液从上往下渗透或流动的栽培形式。是无土栽培的一种。是立体化的无土栽培。由营养液槽、平面栽培床、立柱栽培钵和加液回液系统等几部分组成。是一种资源节约型农业和工厂化高效农业。是在不影响平面栽培的情况下,通过四周竖立起来的柱形栽培向空间发展;充分利用温室空间和太阳能,为农业发展开辟了广阔前景。提高了温室设施利用率。可提高土地利用率3~5倍。可提高单位面积产量2~3倍。

蔬菜立柱栽培

【蔬菜连作】(vegetable succession cropping) 一年内或连年在同一块土地上重复栽种相同蔬菜的种植制度。不同作物对连作的反应是不同的。有的作物适宜连作,如莲藕。有的作物耐连作,可以连作5~7年,甚至更长的时间。其优点是:有利于充分利用同一块土地的气候、土壤等自然资源;大量种植生态适应性好、经济效益高的作物,没有倒茬的麻烦;产品单一,管理简便,栽培技术由于反复重复而易达到熟练。其缺点是:连作后病虫害严重;土壤理化性状及肥力很快不良化,如土壤中某些营养元素变得很缺乏,而一些有害于植物生长和发育的物质积累,甚至达到"中毒"的程度;导致减产、降低产品品质,产生连作障碍。其克服途径是:轮作;能连作的蔬菜,也宜多施有机肥;采用无土栽培的,若要连作,应缩短更换培养基质的周期。

【蔬菜良种】(elite vegetable seed) 具有丰产性、优质性、抗逆性和早熟性的蔬菜种子。丰产性指在一定的条件下进行种植,能够获得比较高的理想产量。优质性指作为副食的蔬菜品种,必须在外观形态上和口味感觉上比较好,能够受到消费者的欢迎。抗逆性指如冬菜品种的抗寒性,夏菜品种的抗热性,以及各种蔬菜的抗病性,都应该达到比较高的水平。早熟性对于蔬菜品种来说,有着其特殊的重要性。早熟品种生长时间短,工耗物耗少,有利于提高土地利用率和劳动生产率,提高经济效益。在多数情况下,一个优良品种,总是具有自己的优势,总具有一种或几种优良的经济性状。但完美无缺的品种在实际中是不存在的。不同蔬菜有不同的良种标准，这些标准由国家、省专门机构制定或行业制定。如GB 16715.2－1999瓜菜作物种子白菜；GB 16715.3－1999瓜菜作物种子茄果类；GB 16715.4－1999瓜类作物种子甘蓝类；GB 16715.5－1999瓜类作物种子叶菜类；GB 18133－2000马铃薯脱毒种薯。

【蔬菜良种繁育】（elite seed growing of vegetable） 通过有性或无性繁殖加速扩大良种群体、确保蔬菜良种种性的生产技术。包括品种审定、制定繁育程序、品种复优、种子检疫、种子质量检验和种子加工等技术环节。蔬菜良种繁育技术是蔬菜良种繁育理论与方法的应用，是蔬菜种子生产与经营工作中的一个重要组成部分，也是蔬菜育种与利用过程中的一个重要阶段。

【蔬菜楼顶栽培】（vegetable planted on roof） 一种利用城镇楼房楼顶的特殊空间，采用堆土或容器栽培蔬菜的形式。在楼顶种植蔬菜，必须满足蔬菜植物生长对环境因子的要求，如水、肥、气、热和光照等。楼顶高空通风透光好，宜于辣椒、豆角和黄瓜等这些喜阳植物的生长。具有多种栽培形式。主要采用的形式有：基质栽培、容器栽培和水培等。基质要选择成本低、能透气、性能好、固根牢和保水性强的材料。一般选用炉渣、沙砾等无机粒状的基质较好。炉渣质轻、搬运方便和持水性好，适宜楼顶、平房顶等场地使用。容器栽培是在楼顶放置盆、钵等容器，并在其中装进珍珠岩、蛭石、草炭、岩棉等基质进行栽培。水培是在楼顶利用水培箱、水培槽进行栽培。

蔬菜楼顶栽培

【蔬菜露地栽培】（vegetable open cultivation） 与蔬菜设施栽培相对应。在没有人工设施保护的条件下，利用自然的露地环境进行蔬菜栽培的一种生产方式。其特点是：投资成本小，生产技术比较简单，与设施栽培相比不需要更多的生产资料和劳务，生产所需的光照、温度、水分、气体和土壤条件基本上不需人工控制，种植者只需按照传统的管理技术来进行栽培管理，在这种栽培方式下能够种植的蔬菜品种和种类局限性较大。按其栽培方式的不同可分为：耐寒蔬菜栽培、耐热蔬菜栽培和常规蔬菜栽培等。其最大的局限性是不能进行反季节蔬菜栽培，不能满足人们周年蔬菜生产的需要。

番茄露地栽培

【蔬菜蜜饯】（vegetable sweet meat） 一种用糖加工而成的中国传统蔬菜制品。在加工时，先将鲜料洗净、切分，然后加糖煮渍而成。如糖生姜片、糖莲子、糖藕片、糖冬瓜、蜜胡萝卜丝等。高糖制品含糖量达65%以上，形成高渗透压，能有效地抑制腐败菌活动，防止制品败坏。由于过多摄入食糖对健康不利，开发低糖制品已成趋势。

【蔬菜目标产量】（target yield of vegetables） 根据蔬菜作物品种、栽培管理条件和市场需要等，制定出在一定的生长期内所要达到的产量期望标准。蔬菜单位面积的产量由单位面积种植的株数和单株产量确定。产量指标确定后，需要有完善的生产管理措施来保证目标的实现。如选用优良的品种、确定适宜的栽培季节、合适的定植密度、运用先进的栽培设施和良好的栽培管理措施，以及计算实现目标产量需要的肥料数量和种类，并采用配方施肥，加强病虫害防治等。只有从各个环节上加强管理和生产投入，才能实现预期的产量目标。

【蔬菜耐贮性育种】（storage quality breeding of vegetable） 利用不同蔬菜种质对温度、水分、空气等环境条件反应的差异，通过一定的育种途径和程序选育出耐储藏新品种的技术。不同蔬菜种类和品种的产品采后生理生化的变化，如呼吸代谢、萎蔫、休眠和生长、酶的合成与活性变化，对低温和低氧、高二氧化碳等气体的忍耐力不同。选育和推广耐贮品种，可使蔬菜产品延长储藏期限，保持新鲜状态和原有品质不发生明显不良变化。

【蔬菜农残】（pesticide residue of vegetables） 又称蔬菜农药残留。在上市的蔬菜内，其农药没有被分解而残留于蔬菜产品中的微量农药原体、有毒代谢物、降解物和杂质的总称。蔬菜在生产过程中，为了防止病虫害的发生发展，常使用农药，尚未分解完成的农药常常以附着在蔬菜的表面和直接进入蔬菜的根茎叶中两种形式存在。要减少蔬菜的农残对消费者健康的危害，关键是要抓好种植关、选购关和处理关。防御农药残留的危害，通常应注意以下几点：(1)尽量到有卫生监督的正规市场买蔬菜。产品包装上有“质量安全”、“无公害产品”、“绿色食品”、

"有机食品"4种标志之一的，相对而言，更加安全可靠。(2)按季节购买蔬菜。反季节的蔬菜常大量施化肥、农药、催熟剂。(3)农药残留量跟蔬菜品种有关。一般叶茎类、瓜果、豆类农药残留较多，根茎类较少。(4)尽可能了解蔬菜产地。避免购买污染严重地区及公路两旁种植的蔬菜。(5)蔬菜要先冲洗后浸泡。即把蔬菜表面彻底清洗后再入清水浸泡10min，但不宜浸泡时间过长，以免表面农药进入水后返回蔬菜内部。(6)由于切口易受残留农药污染，所以蔬菜不要先切后泡；浸泡后的蔬菜用水冲洗几次之后再切。

蔬菜农残检测

【蔬菜配方施肥】(vegetable formula fertilization) 研究蔬菜作物高产优质栽培时肥料需要量和肥料养分种类配比的一种技术。包括"配方"和"施肥"两部分。配方的核心是根据不同的蔬菜达到一定产量和质量时吸收的养分种类和数量、土壤中可供给数量以及土壤状况等，综合平衡后提出施肥数量及养分最佳配比。蔬菜根系对养分的吸收能力强，除氮、磷、钾等大量营养元素外，钙、镁、硫、铁等中微量元素也是不可缺少的。施肥则是根据蔬菜的需肥特点、肥料特性和土壤特点等确定科学的施肥时期和施肥方法。在整地播种前就已经确定哪些肥料做基肥，哪些做追肥；是撒施、沟施还是穴施；基肥和追肥用量各多少等。该项技术的基础，是在对土壤供肥能力科学判定，即对土壤进行化验分析和在该土壤上进行作物试验的基础上进行的。不同作物、同一作物的不同品种，其需肥规律、需肥种类和需肥量各不相同，因而应提前进行试验测定。中国推广应用的主要是养分平衡配方施肥法。施肥量根据作物计划产量、单位经济产量作物的吸肥量、土壤供肥量、肥料利用率及肥料有效养分含量等确定。

【蔬菜品系】(vegetable strain) 在蔬菜选育品种过程通过自交、回交等育种手段所获得的、遗传性状比较一致、起源于共同祖先的一个优良群体。其特点是：(1)源于同一祖先，性状表现大致相同。(2)虽同一起源，但与原亲本或原品种性状有一定差别，尚未正式鉴定命名为品种的过渡性变异类型。(3)从蔬菜栽培品种群中发生基因突变或性状分离产生的新类型，以及在品种培育过程中，通过对近亲或自交后代进行多代单株选择而获得的新类型。(4)品系是品种形成的过渡类型。根据国际栽培植物命名法规的规定，明显区别于原亲本或原品种的栽培群体不能称为品系，而应该以品种形式予以命名。品系主要应用于品种鉴定、命名之前的阶段。因为从变型发现到品种确定，需要时间进行性状比较，所以品系是此阶段的一个惯用名词。

蔬菜品系

【蔬菜品质】(quality of vegetables) 蔬菜产品内在和外部质量的集中体现。反映了蔬菜对于人类的营养价值和作为商品销售中的经济价值。其品质受蔬菜品种以及温度、水分、光照、空气、土壤营养等环境条件的影响。蔬菜品质主要包括三个方面：(1)蔬菜的营养成分含量。包括蛋白质、糖类、矿物质、维生素、芳香物质及纤维素等的含量。决定着蔬菜的营养价值和风味，在一定程度上反映了蔬菜的质量。(2)卫生质量。指蔬菜产品内是否含有对人体健康产生不良影响的物质，如重金属、硝酸盐、亚硝酸盐、残留的农药以及有害微生物等。(3)商品质量。指蔬菜的外观形状、鲜嫩度、颜色、硬度、气味、耐储运性、货架期长短等。只有符合消费者和生产者要求的蔬菜产品才具有商品性。

【蔬菜品质育种】(vegetable quality breeding) 通过一定的育种程序和途径，以产品外观、风味、营养或特定加工性状为主要目标选育出适合需要的蔬菜新品种的技术。由于蔬菜种类繁多，产品各异，需求不同，其育种目标涉及产品器官的形态、结构及生化成分等方面，品质育种的难度较大。各国多以提高营养成分，改善食用风味品质及外观商品品质为主要目标进行新品种选育研究。

【蔬菜品种】(variety of vegetables) 在一定的栽培环境条件下，个体间的主要性状表现基本一致，并能稳定遗传的蔬菜作物群体。具有一定经济价值的农业生产资料。是农业生产上栽培植物特有的类别。是人类劳动的产物。具有一定的地区性和时间性。每个品种都有其最适

蔬菜品种

宜栽的培地区和条件。随着生产的发展和人民生活水平的提高,对蔬菜品种将会提出新的、更高的要求,品种也要不断更新。

【蔬菜品种区域试验】(vegetable variety regional trial) 又称蔬菜品种区域适应性试验。蔬菜品种在不同生态区域条件下进行种植比较的方法。在各级农作物品种审定委员会的领导下统一进行。新育成或引进的蔬菜品种经育种单位试验表现优良并有推广可能时,在同一生态区域内选有代表性的若干地点(一般5个试验点),采取同一试验设计(3次重复,不少于2个生产周期)进行联合品种比较试验,以鉴定品种的丰产性、适应性、抗逆性和品质等农艺性状。是品种选育与推广之间的中间环节。试验布点多、范围广,能在较多样的生态环境和接近大田生产的条件下进行,有助于迅速明确蔬菜新品种的推广价值和适应范围。其主要任务是:(1)鉴定出适于不同地区推广的优良新品种,以替换老品种。(2)明确新品种的适应范围,确定推广地区,为实现品种布局区域化提供科学依据。(3)了解新品种特性,制定一套相应的栽培技术。(4)系统积累基因型与环境互作等资料,为蔬菜生态区划、确定育种目标和区域试验地点的选择等提供依据。

【蔬菜品种审定】(vegetable varieties examined) 由政府专门机构组织专家对蔬菜育种单位或蔬菜育种个人新育成的蔬菜品种能否推广和在什么范围内合法推广而作出的审查决定。是向蔬菜生产者提供优秀品种,防止因品种多、乱、杂给蔬菜生产带来损失的重要措施。目的是加强蔬菜品种管理,保护蔬菜育种者、蔬菜种子经营者和蔬菜生产者共同的利益;因地制宜地推广蔬菜优良品种,充分发挥优良品种的作用。主要依据是区域试验和生产试验的结果。选育的蔬菜品系通过区域试验、生产试验、生产示范等,对表现优良的品系进行审定。报审品种的基本条件是:(1)主要遗传性状稳定一致,与其他品种有明显区别。(2)需经过连续2~3年的区域试验和1~2年的生产试验(两项试验可以交叉进行)。(3)产量水平要高于当地同类型主要推广品种的5%。或虽产量与当地同类型主要推广品种相近,但在品质、成熟期、抗病(虫)性、抗逆性等有一项乃至多项表现突出。通过审定的品种,由选育单位或个人建议,由品种审定委员会审议定名。经审定命名的新品种需经有关部门注册登记并正式公布。

【蔬菜品种退化】(degradation of vegetable variety) 由蔬菜品种遗传性变异引起原品种的优良性状、典型性状和一致性状部分或全部丧失的现象。常表现在产量降低、品质变劣、成熟期改变、生活力和抗逆性减弱及性状不整齐等方面。导致种子质量下降。不仅常规品种会发生退化,杂交种也会发生退化。其原因主要有:(1)栽培环境条件和栽培方法的影响。由于环境条件和栽培方法不适合某种蔬菜的遗传性要求,使品种性状得不到充分表现,影响种株选择和去杂保纯工作。如大白菜连续采用小株留种,容易导致品种退化。(2)自花授粉或营养繁殖的影响。长期自花授粉或营养繁殖,导致品种生活力降低。其中异花授粉蔬菜,由于在隔离留种时,种株太少,限制了自由授粉,退化最快。自花授粉蔬菜,也会发生这种退化,但速度较慢。(3)品种间、变种间自然杂交的影响。由于品种间、变种间、有些蔬菜还有种间的自然杂交所引起的品种退化。尤其是一些异花授粉的蔬菜,如大白菜很容易发生品种、变种间的自然杂交退化。

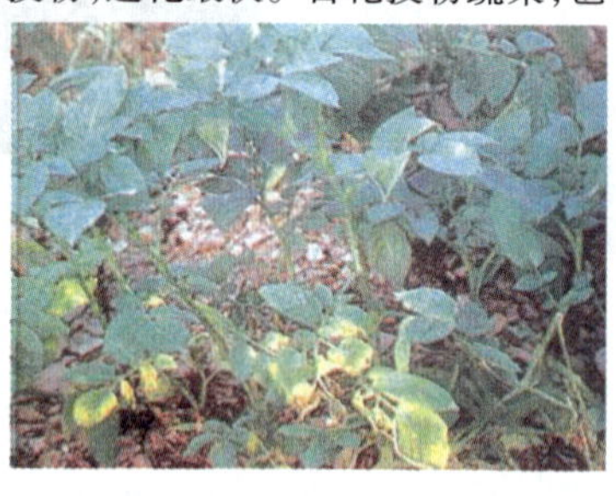
土豆退化

【蔬菜起源】(origin of vegetable plant) 蔬菜植物的发源地。栽培蔬菜是由野生种类演化而来,既与野生种类有着密切关系,又有很大不同。生产上栽培的蔬菜多数属于高等植物中的被子植物。古人类采食野生植物的地下根、茎、柔嫩的地上茎、叶、果实和种子等充饥。其中无毒、风味好、能佐食、易繁殖的种类就逐渐成为蔬菜。在人类定居后,一些野生蔬菜逐步被移植到园圃,便于采食。经过长期的驯化栽培和选择,形成了蔬菜的许多栽培品种。栽培蔬菜的野生种生长地区就是其起源中心。研究蔬菜的演化,确定其起源中心和栽培驯化地区,对了解和掌握各种蔬菜生物学特性的形成,优化栽培管理技术,对发掘、利用野生种和近缘野生种种质资源,开展多抗性育种、生态育种和品质育种等都具有十分重要的意义。中国的地理、气候条件复杂,在蔬菜植物"种"的组成上十分丰富,为世界蔬菜的研究做出了突出贡献。

【蔬菜强制休眠】(vegetable forced dormancy) 又称他发性休眠。由于不利的环境条件而引起蔬菜暂时停止生长的现象。与蔬菜自然休眠相对应。在自然休眠期过后,蔬菜的新陈代谢开始逐步恢复到生长期间的状态。就在恢复的过程中,若给予不利于生长的环境条件,蔬菜会继续保持休眠状态,不会发芽、生长。在蔬菜储藏过程中,常给予不利于生长的环境条件,如低温控制,低氧、高二氧化碳或氮气气调节储藏,较高剂量的γ射线照射等,以推迟发芽和生长,达到延长储藏期、减少储藏损失的目的。

【蔬菜区域规划】(vegetable regional planning) 在一个国家或地区内,对整个蔬菜产区进行的总体部署。其目的是:针对蔬菜生产季节性强,蔬菜产品新鲜易腐,贮运困难的特点,依托气候、区位优势,沿路、沿海、沿边建立规模蔬菜生产基地;逐步向优势区域集中,形成大生产、大市场、大流通的格局。实施蔬菜重点区域发展规划的特点是:有利于促进蔬菜产业向优势区域集中,优化生产布局,均衡市场供应,增加农民收入和提高国际竞争力。据中国农业部规划,将全国蔬菜产区划分为八大重点区域。具体包括:华南冬春蔬菜重点区域、长江上中游冬春蔬菜重点区域、黄土高原夏秋蔬菜重点区域、云贵高原夏秋蔬菜重点区域、黄淮海与环渤海设施蔬菜重点区域、东南沿海出口蔬菜重点区域、西北内陆出口蔬菜重点区域和东北沿边出口蔬菜重点区域。

【蔬菜杀虫灯】(vegetable pest-killing lamp) 一种利用害虫本身趋光性,进行诱杀蔬菜害虫的器具。分频振式杀虫灯和太阳能杀虫灯两种。频振式杀虫灯的原理是:利用蔬菜害虫具有较强的趋光、趋波、趋色、趋性信息的特性,将光的波长、波段、波的频率设定在特定范围内,近距离用光,远距离用波,引诱成虫扑灯。灯外配以频振式高压电网触杀,使害虫落入灯下的接虫袋内,达到杀灭害虫的目的。太阳能杀虫灯是通过灯顶部的光电板,白天将太阳能转化为电能,并储存在中间的蓄电池里。晚上,太阳能灯利用害虫的趋光特性,自动亮起来的灯管就成为诱杀害虫的猎手。每当凌晨两点多钟害虫天敌出来活动时,这种太阳能杀虫灯又会自动熄灭,不至于误杀害虫天敌。

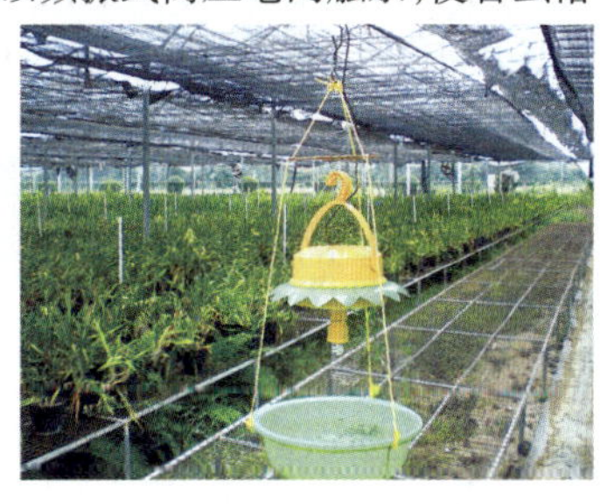

蔬菜杀虫灯

【蔬菜商品标准化】(standardization of vegetable product) 为适应蔬菜产品销售的需要,在蔬菜品质、产品规格和包装等方面规定统一的产品技术标准。其目的是使蔬菜商品生产、经营获得最佳秩序和效益。其主要内容和特点是:(1)在一定范围、一定时期内,规定蔬菜商品生产、加工、流通各个环节的技术和产品标准。(2)组织现代化蔬菜商品生产和发展专业化协作生产,实现蔬菜生产过程的科学管理和产品的全面质量管理提高蔬菜产品的商品率。(3)合理利用蔬菜产品资源和提高社会经济效益。(4)是推广应用新技术和促进技术进步的桥梁,也是国际经济技术交流的纽带和国际贸易的调节工具。中国蔬菜种类繁多、产销量大,迫切需要加强蔬菜商品标准的制定和实施,逐步与世界接轨,提高蔬菜生产效益。

【蔬菜商品器官】(vegetable product organ) 蔬菜植物体中具有经济价值、可食用的产品器官。蔬菜的种类很多,根、茎、叶、花、果实、种子等均可成为产品器官,如胡萝卜的肉质根、马铃薯的块茎、莴笋的肉质茎、洋葱的鳞茎、大白菜的叶球、花椰菜的花球、番茄的果实、蚕豆的种子、薯类的块根、芋头的球茎、莲菜的根状茎、竹笋的嫩茎等。这些产品器官虽然可以食用,但如果外观和内在质量达不到商品要求,就不具有经济价值,不能作为商品销售。

蔬菜商品器官

【蔬菜商品性】(vegetable commodity) 作为商品出售的蔬菜应具有的内在品质和外观特性。在商品质量构成中,蔬菜自身的品质特性是主体,商品化处理程度是客体,二者相辅相成共同影响着商品蔬菜的市场销售。选用优良品种、合理密植、疏花疏果、配方施肥、加强病虫无公害防治、适时采收等,可从整体上提高蔬菜产品的外观整齐度(如大小、色泽等)、内在品质和产量。优良的产品特性有利于消费者认可和市场销售。蔬菜作为一种具有生物活性的特殊商品,需要良好的感官、风味、营养和趣味等,加强采后包装、储运管理,可以减少生产损失、提高蔬菜商品价值,有利于市场销售和延长销售期,提高经济效益。随着蔬菜商品生产的发展和流通量的不断扩大,市场对蔬菜商品特性的要求将越来越高。

【蔬菜商品性生产】(vegetable trade production) 瞄准国内或国际蔬菜大市场为目标所组织的具有竞争性的大规模、专业化蔬菜基地生产。其主要特征是:蔬菜生产已形成了以追求市场效益为目标的庞大集团化产业。其生产目的是:满足城市、工矿区居民和外贸出口对商品蔬菜的需求。具有生产规模较大、设施和栽培技术先进、高产稳产等特点。依产地(或基地)距消费城市的远近和流通渠道的不同,可分为:(1)常年性蔬菜生产。多分布在城市郊区和工矿区附近,以鲜菜供应市场,是蔬菜生产最主要的形式。(2)季节性蔬菜生产。多由城市远郊农业区在栽种大田作物的同时兼营,是城市蔬菜供应的补充来源。(3)特产蔬菜生产。是由于某一地区独特的自然环境和社会条件而发展起来的蔬菜生产,种类少,但具有特殊的优良品质,如四川涪陵的榨菜。(4)加工用蔬菜生产。如作罐头食品原料用的番茄、菜豆等,作脱水菜用的胡萝卜、葱、蒜等。

【蔬菜设施栽培】(vegetable cultivation) 与蔬菜露地栽培相对应。在不适宜露地栽植蔬菜的季节和地区,利用特定的保护设施创造良好的小气候条件,以获取蔬菜高产、稳产的栽培方法。在无霜期短、冬春季漫长的高纬度地区,蔬菜设施栽培显得特别重要;在一些低纬度地区,虽然冬季不太寒冷,露地可以生长耐寒的蔬菜,但喜温蔬菜必须有防护保温增温设施才能正常生长;而在炎热、干旱的气候条件下栽培蔬菜,则需要遮阴降温设施。在蔬菜生产中,设施栽培、露地栽培和储运相结合,可以周年均衡地向市场供应多种新鲜蔬菜。其特点是:(1)需有特殊的保护设施,能保温、增温或遮光、防雨、降温。(2)一般是全程或半程在人工创造的小气候条件下生产的,设施里的光照、温度、水分、气体和土壤条件与露地不同。(3)投资大,生产技术比较复杂。设施蔬菜是在反季节里进行生产,要克服诸多的不利因素,要修建专用的设施,要采取不同于露地的栽培管理技术,要投入比露地下更多的生产资料和劳务。(4)特殊的品种和栽培管理技术。设施栽培必须有专用品种。这项工作目前在中国比较落后。所用品种大多是从露地栽培品种中筛选出来的。它们在适应设施地里的弱光、低温、高湿、高土壤溶液浓度等方面,都还有不足。因此,对品种进行管理就显得格外重要。在设施里形成与设施地环境条件相适应、与栽培目标相一致、与所用品种相匹配的栽培管理技术。不同类型的设施在使用栽培品种和栽培管理技术也不一样。由于设施蔬菜生产的特殊性,对从业人员的素质条件、劳动技能和经济基础都有一些特殊的要求。

蔬菜设施栽培

【蔬菜生产】(vegetable production) 以生物科学为理论基础,与应用技术相结合,按照蔬菜作物生长发育规律及相应的栽培管理技术,获得蔬菜产品的方式。蔬菜生产技术随着社会的发展而不断发展,从采集野菜开始,相继经历驯化、自给性生产阶段,进而向商品菜生产转化、逐渐达到蔬菜周年生产的阶段。按其目的、经营方式和专业化程度的不同可分为:自食性蔬菜生产、商品化蔬菜生产和专业化蔬菜生产。这些类型反映不同阶段蔬菜生产的发展程度及其作用。在一个地区,常以一种类型为主,兼顾其他。这在蔬菜供应上有相互补充的作用。

【蔬菜生产标准化】(vegetable production standardization) 为适应蔬菜生产发展的需要,在蔬菜产前、产中和产后等方面规定统一的生产技术标准。运用统一、简化、协调、优化的原则,对蔬菜生产以及加工、经营、销售等活动,进行全程控制,在各个生产环节建立和实施相应的标准体系,把先进的科技成果和成熟的经验推广到农户,转化为现实的生产力,实现蔬菜生产安全、高产、优质、生态和高效,取得最佳经济、社会和生态效益。主要内容包括:(1)蔬菜生产的基础标准,如检测技术标准、农业环境标准等。(2)产品等级标准。(3)栽培管理技术标准。(4)蔬菜的加工、包装、储藏、保鲜、运输和标识标准。(5)种子种苗的品种标准及农用生产资料质量标准。目前中国蔬菜的发展已经在数量上满足了市场需求,并逐步转入质量竞争阶段。把科研成果和先进生产技术转化为标准,在蔬菜生产和管理中加以实施,从而提升中国蔬菜生产水平和综合效益,是蔬菜产业发展的需要。

【蔬菜生产分区】(vegetable production zoning) 根据自然地理及气候条件等划分不同的蔬菜生产区域。中国蔬菜生产划分为:东北区、蒙新区、华北区、西北黄土高原区、青藏高原区、西南区、长江中下游区和华南区八个一级栽培区。有的栽培区东西或南北跨度较大,单主作区与双主作区、双主作区与三主作区以及三主作区与多主作区之间相互交叉、相互渗透。蔬菜种类繁多,栽培分散,生长所需要的温度、光照等环境条件复杂多样。通过蔬菜生产区域划分,有利于因地制宜,科学发展蔬菜生产,以最少的投入,取得较大的经济效益,达到地尽其利、集约经营和提高商品率和品质的目的。有利于建设各地主要蔬菜和名优特蔬菜生产基地,进行专业化生产。是提高中国蔬菜生产和供应现代化的一项基础工作。

【蔬菜生产基地】(vegetable production

base） 又称蔬菜基地。为满足人们对蔬菜的需要，在适宜地区建立起相对稳定、具有一定规模的蔬菜生产场所。按其用途的不同可分为：商品性蔬菜生产基地和自给性蔬菜生产基地。按其供应时期的不同可分为：常年性蔬菜基地和季节性蔬菜基地。按其距城市远近的不同可分为：近郊蔬菜基地、远郊蔬菜基地和农区商品性蔬菜基地。按其功能的不同可分为：名特优蔬菜产区蔬菜基地和出口加工专项蔬菜基地。

供港蔬菜生产基地

【蔬菜生产技术规程】（technical regulation for producing vegetable） 对蔬菜具体生产技术要求的落实和程序性规定。按照国家相关农业技术标准和技术规范的要求，各地针对不同的蔬菜种类、栽培方式等制定了相应的生产技术规定，以便于生产中实际操作。是实现蔬菜生产标准化的基础。主要从产地环境、土壤、种子、水肥管理、病虫害防治、采收、包装运输和生产档案建立等各个生产环节对蔬菜生产做出了科学、规范、严谨的要求，以保证最终生产出优质、高产和安全放心的蔬菜产品。

【蔬菜生产田】（production field of vegetables） 又称菜园。具有一定规模的蔬菜种植田地的统称。蔬菜是商品性很强的经济作物。对种植场地的选择必须考虑蔬菜的产量和品质、生产与消费的关系以及国民经济的发展水平。适宜种植蔬菜的田地，能够生产出品质好、产量高、成本低的蔬菜。一般要求土壤富有团粒结构、保水、保肥及通气良好，pH值6.5～7.5，排、灌方便，地下水位2m以下。周围环境不受废水、废气污染，交通便利，具有灌溉水源等。随着生产力水平的不断提高、交通运输业的发展以及信息技术的广泛应用，蔬菜种植场地逐渐从城市近郊转向地理条件、生态条件和土壤条件优良的地区，以生产廉价优质的蔬菜，并可进行地区间和国际间的调剂。

蔬菜生产田

【蔬菜生长发育】（vegetable growth and development） 蔬菜从小到大、从幼龄到衰老和在一定生长量的基础上进行花芽分化、进一步开花、结实（果）的过程。生长是发育的基础。发育是生长的结果。蔬菜生长发育取决于内在的遗传特性与外界的环境条件。影响蔬菜生长发育的主要环境因子有光照、水分、养分和空气等。在光照充足、温度高、水分适宜和土壤营养丰富的条件下，生长就快；反之则生长缓慢。在生长与发育之间和营养生长与生殖生长之间，存在着相互促进、相互制约的关系。如萝卜等菜类，若营养生长不良，会导致发育不好；若只有营养生长而没有适当的发育—开花、结实，就会出现徒长；反过来，过度的生殖生长，也会影响营养生长。如叶菜类，没有适当的营养生长—形成叶球和肉质根，而很快地发育，会造成未熟抽苔，也达不到栽培的目的。蔬菜的生长发育类型以年为周期可分为：一年生蔬菜、二年生蔬菜、多年生蔬菜。在栽培上，既要了解各个环境因子的单独作用，又要了解它们的相互作用。只有满足蔬菜发育和器官形成的需要，才能实现高产、优质和高效的综合目标。

蔬菜生长发育

【蔬菜生长环境调控】（vegetables growing environment control） 为适应蔬菜生长发育的需要，人为对其生长环境条件进行调节和控制的技术。蔬菜生长的环境条件主要包括：(1)温度。空气及土壤温度。(2)光照。光的组成、光的强度和光周期。(3)水分。土壤与空气湿度。(4)土壤。土壤肥力、化学组成、物理性质及土壤溶液的反应。(5)空气。大气及土壤中气体的成分，氧及二氧化碳的含量，有毒气体的浓度，风速及大气压。(6)生物条件。土壤微生物、杂草、病、虫害以及作物本身的自行遮荫等。这些方面不是孤立存在的，相互间联系密切。蔬菜植物的生长适应了长期系统发育所依赖的环境条件，当生长环境发生改变时，常出现生长不良，甚至死亡。为了达到生产目的，在蔬菜生长过程中需要进行人为的调解，如搭架、整枝打杈、浇水追肥、保护地通风换气、二氧化碳施肥、病虫害防治等。蔬菜在不同生育期对环境要求有所差别，管理应分别对待。通过人为调控，可以使蔬菜朝着有利于经济产量形成和特殊需要的方向生长。

【蔬菜生长相关】(correlation of vegetable growth) 同一株蔬菜的一部分或一种发育类型,与另一部分或另一种发育类型的关系。包括地上部与地下部、生长与分化、营养生长与生殖生长的相互关系。蔬菜生长所需的矿质营养及水分由根吸收,而碳水化合物等有机营养首先在叶子通过光合作用产生,但物质的积累集中在果实、叶球、肉质根等产品器官中。因此,在同一植株的不同器官之间,有着密切的物质运转关系。这种关系也联系到生长激素的相互制约、相互支配以及极性的生物电位能的关系。这些关系得到平衡发展,经济产量就可能高;否则,经济产量就可能低。在生产上,常通过对土壤、肥料、水分的管理,对温度和光照的控制、植株调整以及生长调节剂的应用等,来调节植株的生长。

【蔬菜生长周期】(life cycle of vegetable) 蔬菜从种子播种到新种子采收的整个生长发育过程。依生长周期长短的不同可分为一年生、二年生和多年生蔬菜。生长周期一般分为种子时期、营养生长期和生殖生长期。种子时期包括种子形成期,种子休眠期、发芽期;营养生长期包括幼苗期、营养生长盛期、产品器官形成与休眠期;生殖生长时期包括花芽分化期、开花期和结实期。一年生的果菜类常在一年中完成生长周期;二年生的根、叶菜类则是第一年为营养生长,次年春季开花结实,完成生长周期。无性繁殖的蔬菜,如马铃薯等,其生长周期为块茎(或根茎)开始萌芽到新的块茎(或根茎)形成为止,不一定都经上述三个生长阶段。生长周期的不同阶段对外界环境和栽培管理的要求不同。

【蔬菜生理】(vegetable physiology) 蔬菜生命活动的规律。主要是蔬菜的物质代谢、能量转化和生长发育规律与机理、调节与控制以及蔬菜体内外环境条件对其生命活动的影响。蔬菜的基本组成物质如蛋白质、糖、脂肪和核酸以及其的代谢都与其他生物大同小异。但是,蔬菜本身又有一些独特的地方。如:(1)能利用太阳能,用来自空气中的CO_2和土壤中的水及矿物质合成有机物,因而是现代地球上几乎一切有机物的原初生产者。(2)蔬菜扎根在土中固定式生活,趋利避害的余地很小,必须能适应当地环境条件并演化出对不良环境的耐性与抗性。(3)蔬菜的生长没有定限,虽然部分组织或细胞死亡,仍可以再生或更新,不断地生长。(4)蔬菜的体细胞具全能性,在适宜的条件下,一个体细胞经过生长和分化,就可成为一棵完整的植株。因此蔬菜生理在实践上、理论上都具有重要的意义。

【蔬菜生理障碍】(vegetable physiology obstruction) 又称蔬菜生理病害。栽培环境条件不当引起的非病原菌侵染所造成的蔬菜生育不正常的现象。如高温、强光引起果菜的落花落果、畸形果、日烧病等;缺水引起根菜类蔬菜的空心;缺钙引起大白菜的干烧心和引起番茄的脐腐病;缺硼引起芹菜的叶柄开裂等。在蔬菜保护地栽培中,由于土壤盐类的积聚和加温管道中泄流的一氧化碳(CO)、二氧化硫(SO_2)、氨气(NH_3)以及塑料制品中挥发的正丁脂(C_4H_{10})、邻苯二甲酸二异丁酯(DIBP)、己二酸辛酯($C_8H_{17}OOC(CH_2)_4COO_8H_{17}$)等都会形成蔬菜的生理性病害。

【蔬菜生态型】(ecotype of vegetable) 同种蔬菜长期受不同环境影响所形成的具有不同遗传性的类型。这些类型的蔬菜在其形态、生理生态特性上有差异。通常分为气候生态型和土壤生态型,且以前者为主。生态型的研究为蔬菜的引种、选种和育种提供了理论依据。

【蔬菜生物技术】(vegetable biotechnology) 对蔬菜有机体在分子水平、细胞水平、组织水平、个体水平上利用先进的科学技术手段进行不同层次的创造性设计和改造,使之能定向组建成具有特定性状的新物种或新品系,从而造福人类的现代应用技术。主要体现在蔬菜基因工程改良、细胞工程育种和快速无性繁殖上。例如转基因番茄的育成、花药培养和单倍体育种在茄子、辣椒、大白菜、甘蓝等蔬菜上的成功以及通过体细胞突变体的筛选获得抗马铃薯晚疫病的品种。用生长点培养获得无病毒植株进行种苗生产,已在马铃薯、大蒜等蔬菜上形成产业化。

黄瓜大孢子培养再生植株

【蔬菜食用器官】(vegetable consumption organ) 能供人们食用的蔬菜的器官。包括根、茎、叶、未成熟的花、未成熟或已成熟的果实、幼嫩的种子等。其中许多是变态器官,如肉质根、块根、根茎、块茎、球茎、鳞茎、叶球、花球等。这

蔬菜食用器官

些器官不但形态解剖结构有很大变化，而且在生理上也由原来的物质吸收、运输和光合等功能转变为物质储藏功能。

【蔬菜市场安全准入制度】(access system of vegetable market security) 蔬菜行政主管部门制定并监督上市蔬菜必须具备规定的质量安全条件，才允许进行经营销售的规章制度。是保证蔬菜的质量安全生产销售的监督机制。进入规定地区销售的蔬菜，必须具备县级以上人民政府指定的部门或委托乡镇人民政府、村民委员会、农民专业合作组织出具的产地证明和具备国家认可资质的检测机构出具的蔬菜质量安全检测合格报告单。各项指标必须符合国家或行业规定的质量安全标准。用追溯标识、检验检疫和信息化管理等先进手段保证优质产品进入市场。严格的市场准入，不仅可以有效阻止有毒有害蔬菜产品走上城乡居民餐桌，而且可以促进安全优质和无公害蔬菜产品的生产，促进农民增收。

【蔬菜试管育苗】(vegetable invitro transplant production) 应用植物组织栽培法在试管中培育幼苗的方式。在有培养基的试管中，取蔬菜的茎尖、叶、花药、花蕾等作为外植体，经消毒、无菌操作接种后，在人工控制的温度和光照条件下离体培养，使其分化出幼苗。此方式是现代植物繁殖的一项新技术，可用于良种保存、繁殖、育种和工厂化育苗。已在马铃薯、石刁柏、甘蓝类蔬菜、草莓等的生产上应用。如采用茎尖培养，使马铃薯种薯脱毒，解决了马铃薯退化问题。

【蔬菜树式栽培】(vegetable cultivated as a tree) 将单株蔬菜植株培养成树状或多株蔬菜在树形栽培架上种植的栽培方式。是一种纯观光、科普型的栽培模式。集成了设施、环境、生物、营养和信息等技术，最大限度地满足蔬菜生长发育的需求。将单株蔬菜培养成树时，要选择具有无限生长特性的直立和蔓生蔬菜，生长前期以培育蔬菜植株的个体为主，使营养体不断壮大，把株型培育成“树形”；其次，要努力实现植株多结果和周年均衡生长；第三是要尽可能延长生长结果的周期，追求株型和单株产量的最大化。目前栽培成功的有番茄树、茄子树、辣椒树、甜椒树、黄瓜树、甜瓜树、西瓜树、南瓜树、葫芦树、冬瓜树、蛇瓜树、佛手瓜树等。一些小型蔬菜，如彩色羽衣甘蓝等，可采用无土栽培，在树形栽培架上培养，或前期在营养钵或小花盆中培养，然后摆放在树状栽培架上，看上去好像“蔬菜树”一样。

蔬菜树式栽培

【蔬菜水分生理】(physiology of water in vegetable plants) 水在蔬菜植物体内的生理功能及其吸收、运输、蒸腾等代谢过程的规律。水是光合作用的主要原料，是细胞原生质的重要成分，又是植物对物质的吸收与运输的介质。植物体内各种有机物质的合成与分解等所有生理生化反应都必须在水的参与下进行。水维持细胞膨压，使植物保持固有的姿态，还能调节土温、影响肥料分解和改善田间小气候等生态功能，有利于蔬菜生长发育。

【蔬菜水分失调】(water imbalance of vegetables) 在蔬菜生长过程中由于水分供应失去平衡引起植株生长不良的现象。水与蔬菜生产关系密切，对蔬菜的产量和品质影响很大。蔬菜产品多是柔嫩多汁的器官，含水量在90%以上，生长过程中要求充足的水分供应。营养物质的吸收和运转要在水溶液中进行。蔬菜细胞内水分充足时促进光合产物的形成，缺乏时则促进光和产物的分解。叶片通过大量的水分蒸腾降低植株的体温，免受烈日的灼伤。水分大多来自土壤，通过根系吸收。根系对水分的吸收受土壤温度、pH值、根际氧气和空气相对湿度等的影响。在蔬菜生长发育的任何时期缺乏水分或连续一段时间水分过多，都会严重影响植株的生长发育，降低产量和品质，严重时还会导致死亡。果类蔬菜开花结果期水分不足，尤其是水分供应时干时湿，会引起落花落果和产生各种畸形果。如黄瓜开花后水分供应不及时，授粉不良，虽然过一段时间后土壤水分充足，但容易形成大肚瓜。

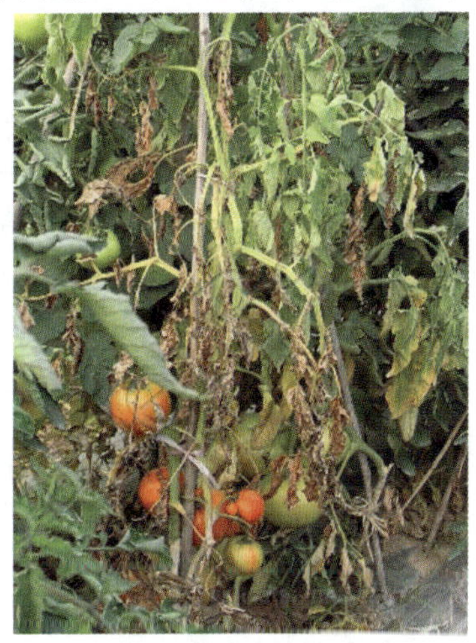
枯萎的西红柿

【蔬菜水培】(vegetable hydroponics) 又称蔬菜营养液栽培。蔬菜的根连续或断续地浸在营养液中，而不需要基质的栽培方法。蔬菜无土栽培方式的一种。栽培设备主要包括栽培床、营养液定时循环控制系统、聚苯乙烯带孔盖板和能固定蔬菜根部的少量基质、测试仪表等。为了防止营养液中氧气不足而影响蔬菜生长，需配有加氧设备或采取加氧措施。其核心是：将蔬菜根茎用少量基质固定放在栽培床内或盖板上的孔中，使根系在营养液中自然生长。营养液的浓度、供液间隔期、pH值、温度等依作物种类和生育期的不同有差异。其栽培形式有：营养液膜栽培、深液流栽培和漂浮栽培等。营养液膜栽培的原理是：将植株固定在栽培槽内，使一层很薄的营养液（液层厚0.3cm）不断流经根系；深液流栽培是将植株固定在槽上盖板的孔中，根浸在盖板下流动的营养液中。这两种方法较好地解决了营养液中氧气不足的问题，适合根系需氧量大的蔬菜栽培。漂浮栽培法中的营养液是静止的，栽培过程中需要及时补水，保持水深7~8cm；叶类蔬菜多采用这种栽培方式。按栽培形式的不同可分为：槽式栽培、箱式栽培、管道栽培和柱式栽培。适宜栽培的蔬菜品种是生菜、空心菜、观音菜、韭菜、油麦菜以及芹菜等。

蔬菜水培

【蔬菜旺季】（vegetable busy season） 蔬菜供应上出现产品充足、供过于求的季节的统称。形成旺季的原因主要是气候条件。中国位于亚欧大陆的东南部，东濒太平洋，具有明显的季风气候特点。在春秋两季，气候温和，光照充足，适合多种蔬菜生长，产品供应充足，形成蔬菜旺季。中国的蔬菜旺季有两大类型：(1)两旺两淡地区。从长江流域直到辽河流域，每年6~7月和10~11月为蔬菜供应的旺季；而冬春严寒季节的2~3月和夏、秋高温多雨的8~9月出现了两大淡季。(2)一旺一淡地区。一类为华南和西南南部，冬季月均温度在10℃以上，喜温和喜凉菜同时生长，形成旺季；而炎热多雨、台风频临的8~9月则为淡季；另一类是东北北部和高寒的西北、青海、西藏等地，无霜期短，形成夏秋旺季，冬春淡季。利用蔬菜旺季，储藏保鲜，产品加工，可以到淡季来临时供应市场，保证蔬菜均衡供应。如大蒜、蒜薹、洋葱的储藏，蔬菜罐头、蔬菜汁、蔬菜粉、脱水蔬菜的加工等。

【蔬菜温周期】（thermoperiodicity of vegetable） 蔬菜生长发育对一天中昼夜温度周期性变化的反应。温周期是作物长期在昼夜温度变化环境下的一种适应性。在自然情况下，白天较高的温度有利于光合作用，夜温较低能抑制呼吸作用而减少储藏物质的消耗，并有利于同化产物的运输。昼夜温差有一定的范围，夜温也不能过低。起源不同的蔬菜对昼夜温差的要求不同。一般热带植物昼夜温差要求3~6℃，温带植物要求5~7℃，而沙漠植物则要求10℃以上。温周期的理论是指导保护地蔬菜栽培掌握温度调控技术，以及掌握露地蔬菜栽培季节的依据。

【蔬菜无土育苗】（cultivating vegetables without soil） 一种用营养液培育菜苗的育苗方式。即将种子播于非土壤的基质中，控制苗期适应的环境条件，定期施浓度较稀的营养液，以培育成苗。常用的基质有蛭石、泥炭、稻炭、岩棉等。无土育苗可减少土壤传染的病害，且能使蔬菜根系发达，有利于育成壮苗。无土育苗适于专门的工厂化育苗，不仅为无土栽培提供所需菜苗。而且可供一般菜田用苗。

蔬菜无土育苗

【蔬菜硝酸盐积累】（vegetable nitrate accumulation） 蔬菜对摄入的硝酸盐不能充分同化而积聚于体内的现象。人畜食用富集硝酸盐的蔬菜，可在体内还原成亚硝酸盐，如不能正常代谢同化，亚硝酸盐能破坏血液的吸氧能力，患高铁血红蛋白症，严重的可致死。硝酸盐在体内还可能形成致癌物质亚硝胺。世界卫生组织和联合国粮农组织（WHO/FAO）1973年规定：人体内硝酸盐存留的日容许量（ADI值）为5mg/kg体重，亚硝酸盐的ADI值为0.13mg/kg体重。蔬菜中硝酸盐的含量依品种而异，高的可达2 000mg/kg以上，并与温度、光照、施肥种类和数量、污染情况以及加工技术有关。应针对原因，采取措施防止硝酸盐积累，生产无污染蔬菜。在绿色蔬菜、有机蔬菜的生产中，硝酸盐含量是检测的一个重要指标。

【蔬菜小株采种】（small plant seed collecting of vegetable） 使二年生蔬菜植株未形成产品器官时即使其开花结籽的良种繁殖方式。主要用于生产用种的繁殖。由于小株采种其品种的典型性状未能表现，无法准确选择种株，易造成优良品种种性的退化。但生产成本低,采种量大。生产上不宜连年采用此法采种,多用大株与小株结合方法进行采种。

【蔬菜信息库】(vegetable information bank) 利用计算机技术和其他条件,用来收集、存储和管理蔬菜品种资源的信息,建立以备使用者查用的蔬菜资源数据信息系统。在大量调查分析的基础上,进行蔬菜作物主要信息,如品种数量、亲本来源和特征特性等采集,并经过处理,录入信息库。使用者可随时、方便地查阅相关信息。这些数据通过信息网络,为科研人员提供服务。

【蔬菜学】(science of vegetables) 以生物学理论为基础,研究蔬菜作物生长发育和遗传规律的一门学科。主要对蔬菜种质资源、遗传育种、栽培、病虫害防治及采后处理、储藏、加工等应用技术与原理进行研究。诞生于19世纪初至19世纪40年代末。作为一门实验科学,其研究进展比较缓慢。但在20世纪70年代末,蔬菜学成了中国一门极具生命力的学科。为中国蔬菜产业的发展提供了强有力的技术支撑,从理论和实践上对中国蔬菜产业的发展起到了重大的推动作用。

【蔬菜循环栽培】(vegetable cultivation by cycle) 在蔬菜种植中,实行的一年四季连续种植的生产模式。在中国南方等气候温暖地区,从每年的11~12月开始种植冬春蔬菜,次年4月底上市销售;待早春蔬菜结束时,又种上第二季蔬菜;7月中旬又种植第三季蔬菜;9月初种植第四季蔬菜。这样连复种植,实行一年种四季蔬菜的循环栽培。其特点是:(1)减少蔬菜种植生产过程的物质量,节约资源使用。(2)提高土地利用效率。(3)提高蔬菜种植的质量和经济效益,达到经济发展与资源、环境保护相协调,并符合可持续发展战略的目标。蔬菜循环栽培应突出发展无公害蔬菜,重视菜田质量的保护和提高。

【蔬菜延后栽培】(retarding-cultivation of vegetables) 又称蔬菜抑制栽培。延长蔬菜收获期和延迟其供应期的一种栽培方式。秋季露地生长的喜温蔬菜在霜冻低温来临前,采用各种保护设备和利用蔬菜的特性来安排生产,不使蔬菜遭受冻害、延长其生育时间。提高产量的主要形式有温室、塑料薄膜大棚、塑料薄膜小棚、塑料薄膜地面覆盖、简易覆盖和防寒设施及蔬菜晚熟品种特性的利用、植物生长激素的应用等。秋季延后栽培的蔬菜,在生长前期常因高温干旱或台风暴雨,病虫害严重,植株生长发育不良所致;而后期由于温度逐渐降低,同样不能满足其生长发育的要求。所以在栽培管理上应该确定适宜的播种期,并采取深沟高畦栽培、畦面覆盖、病虫防治、扣膜保温等有效措施。

【蔬菜养分失调】(nutrient imbalance of vegetables) 在蔬菜生长发育过程中由于营养元素供应失去平衡引起植株生长不良的现象。蔬菜和其他作物一样,生长发育所需要的必须营养元素有碳、氢、氧、氮、磷、钾、硫、镁、钙、铁、锌、锰、铜、钼、硼、氯16种。这些营养元素的来源和存在状态各不相同,碳来自空气中的二氧化碳,氢来自水,氧来自二氧化碳、氧气和水,其他元素则来自土壤。不同蔬菜对营养元素的吸收因种类、生长特性、供食部位和各营养元素的特性而异。任何一种元素缺乏或过量都可以导致生长不良。连作、偏施大量元素而忽视微量元素的施用、干旱、单一元素过量、温度过高或过低、根部病害、缺乏养分、土壤透气不良、涝害、通风不良等都会影响土壤的供肥能力和蔬菜根系对营养的吸收以及叶片的光合作用,导致蔬菜生长发育不不良,影响产量和品质。如地温偏低或土壤缺磷时,常引起番茄花芽分化不良;氮肥施用过量,导致茎叶生长过旺,花芽分化推迟,坐果率降低等,同时影响钙、硼营养元素的吸收,导致果实发育和植株生长异常。涝灾可引起番茄根系褐变、枯死,不能正常吸收水分和钙元素,从而导致脐腐病的发生;温室二氧化碳浓度偏低导致果实膨大缓慢等。

【蔬菜移栽】(vegetable transplant) 又称定植。将蔬菜幼苗从苗床中移植到菜田的田间作业。蔬菜主要栽培方式之一。其目的是:扩大蔬菜幼苗的营养面积,改善光照、温度、水分、养分等环境条件,满足蔬菜作物生长发育和增加产量的需要。在移植前一周,逐渐降低苗床温度,控制浇水,使菜苗适应移植后的环境,以有利于定植后缓苗。同时要进行病虫害防治,防止将病害从苗床带到大田。在起苗移栽前,先浇水,并随水施入肥料。在起苗时,注意保护根系,并进行幼苗分级,剔除劣苗、病虫苗。在移植时,将弱苗和壮苗分开进行。多采用开穴或开沟移植,使根系和土壤密切接触,然后灌水,以水稳苗,加快缓苗。移植的深度以土面在幼苗子叶下为宜。多用于茄果类、瓜类和部分叶菜类蔬菜栽培。黄瓜、洋葱等浅根系蔬菜,在黏重土壤和土温较低时宜浅

蔬菜移栽

植;否则可适当深植。

【蔬菜营养价值】(nutritive value of vegetables) 蔬菜中各种营养元素的含量及其可被人体吸收和利用的程度。蔬菜是人体所需维生素、矿物质和纤维素的主要来源。各种蔬菜不同程度地含有维生素C(抗坏血酸)、维生素A原(胡萝卜素)、维生素B_1(硫胺素)、维生素B_2(核黄素)以及钙、铁、磷等矿物质,是调节人体生理功能、中和粮食和动物性食品过程中产生的酸性物质、维持血液酸碱平衡所必不可少的营养物质。还有促进胃肠蠕动、帮助消化以及其他医疗功能。有的蔬菜,如豆类、薯芋类蔬菜是人体所需热能、植物性蛋白、植物脂肪的补充来源。

【蔬菜营养生理】(nutrition physiology of vegetables) 蔬菜作物群体、个体、器官、组织、细胞、分子对营养元素的吸收、运输和利用机制功能。不同营养元素的生理功能及其对蔬菜产量、品质的调控机制不同。目前已发现植物体内有30~40种元素。其中碳、氢、氧、氮、磷、钾、钙、镁、硫、铁、氯、锰、硼、锌、铜、钼等16种是植物生长发育的必需元素。蔬菜吸收营养元素不仅受温度、光照、土壤、pH值、根际氧气、盐类浓度和离子间的相互作用等外因的影响,而且与蔬菜作物本身的发育状况和种类的不同有密切关系。不同蔬菜的营养元素的生理作用各不相同,缺少某种元素所引起的植株症状表现也各异。

【蔬菜育苗】(raising of vegetable seedling) 用苗床培育菜苗的技术。蔬菜移植栽培的第一个重要生产环节。其优点是:便于集中管理,培育壮苗,节约用种,提高土地利用率,可争取农时等。是否采用育苗法,应考虑土地安排、劳力和技术等因素。育苗方式分为保护地育苗和露地育苗。育苗方法有床土育苗、营养钵育苗、穴盘育苗、营养液育苗、嫁接育苗、扦插育苗和试管育苗等。育苗程序包括:选择优质的种子、播种(包括浸种、催芽等)、苗期管理(温、湿度和土壤水分管理、间苗、分苗、病虫害防治等)和起苗等。随着蔬菜生产的发展,育苗设备和程序趋于配套,育苗经营逐渐专业化,育苗技术逐渐标准化和机械化。栽培茄果类、瓜类、叶菜类和部分葱类、水生蔬菜、豆类蔬菜等常常采用育苗法。

蔬菜育苗

【蔬菜育种】(vegetable breeding) 利用蔬菜种质材料的自然变异或人为创造的变异类型培育新品种的技术。主要包括调查、引种、选种和育种四条途径。通过对现有品种的调查整理,发掘表现优良的品种应用于生产。引种是根据当地需要和当地气候、土壤等条件引进新品种,经过试种鉴定和生产示范后,推广表现优良的品种。选种是利用群体中的优良自然变异,通过定向选择,选育出新品种并进行推广。育种是采用人工创造变异的方法,进一步选育蔬菜新品种。蔬菜育种在提高蔬菜产量、改进品质、增强抗逆性和调节蔬菜的供应期等方面都有显著作用。

蔬菜育种

【蔬菜育种加代繁殖】(adding a generation reproduction for vegetable breeding) 利用不同地理位置的气候条件或人工创造的温度、光照等环境条件,使蔬菜作物完成阶段发育,开花,结子,以加速育种世代繁殖的方法。蔬菜新品种的选育,一般都要经过原始材料的收集与鉴定、发现或创造变异、选择纯化、品系比较、区域性试验和生产试验等程序。一个新品种的育成并应用于生产,最快需5~6年,一般7~8年,甚至10年以上。多数地区,一种蔬菜作物一年只能种植一次。为加速育种进程。可利用保护地栽培设施,或采用北种南繁,或利用完全人工环境调控的生长室来满足蔬菜作物完成阶段发育所需要的条件,进行一年多代繁殖、选择,如白菜、萝卜等蔬菜、已有一年可繁殖3~4代的人工加代方法,并应用于育种研究。

【蔬菜育种学】(vegetable breeding) 蔬菜园艺学的一个分支。研究蔬菜育种和良种繁育原理与方法的应用学科。以生物学和遗传学为理论基础,研究改良蔬菜品种、创新品种及改进良种繁育技术的原理与方法。其研究内容包括:蔬菜种质资源研究、引种驯化、杂交技术、人工诱变(包括生物技术、遗传工程等方法的应用)、培育及选择方法、性状鉴定、育种程序和良种繁育技术等。

【蔬菜园艺学】(olericulture) 又称蔬菜学。园艺学的一个分支。研究蔬菜的栽培、育种、采后处理、产品流通销售的技术与管理的应用学科。自20世纪80年代以来,蔬菜园艺学的发展非常迅速。例如:蔬菜育种已从常规育种向采用生物技术、基因工程的方向发展;栽培技术原理以性状描述向采后生理生态理论发展;产品采后与储藏加工,已从简易包装向采后生理控制方向发展。随着现代科学技术的发展,蔬菜科学也由传统的经验科学阶段上升到实验室科学阶段,因而进一步促进了蔬菜生产的发展。

【蔬菜栽培方式】(form of vegetable growing) 自然或人为条件下形成的种植蔬菜的形式。蔬菜生长发育和产品形成需要适宜的气候条件。在自然条件下,蔬菜生产具有明显的季节性,造成蔬菜的淡季和旺季,影响产品的周年均衡供应。随着社会经济、工业和科学技术的发展,人类对自然环境条件的控制和调节能力逐步提高,陆续创造出一些新的栽培形式,为解决蔬菜周年均衡供应提供了条件。一般分为露地蔬菜栽培和保护地蔬菜栽培两大类。前者是选择适宜蔬菜生长和产量形成的季节,利用自然光和自然热源进行露地直播或育苗移栽的栽培方式;后者是在不适宜蔬菜生长的季节或地区,利用保温、加温或降温设备,人为创造适宜蔬菜生长发育的小气候,以获取高产稳产的一种蔬菜栽培方式。后一种方式主要用于解决淡季蔬菜供应问题。

蔬菜栽培方式

【蔬菜栽培生理学】(vegetable cultivation physiology) 以蔬菜植物为对象,研究其在产量形成过程中,光合作用、水分代谢、矿质营养、生长发育与分化等的生理规律及其产品器官发生和建成的生理机制的学科。是以植物生理为理论基础,同时与蔬菜栽培学紧密结合的一分支学科。

【蔬菜栽培学】(vegetable growing) 以生物科学为理论基础并与应用技术相结合,研究蔬菜作物生长发育规律及与之相适应的栽培管理技术和原理的学科。以探索蔬菜作物生长发育规律为主要内容,把了解并掌握土壤、气象条件的变化规律及其控制原理,利用现代化的生物科学理论和先进的管理技术来协调蔬菜、土壤、气象三者的关系,以及努力创造适宜蔬菜生长的环境条件作为主要任务。其最终目的是获得高产、优质、无污染的蔬菜产品。

【蔬菜栽培制度】(growing system of vegetables) 又称蔬菜种植制度。一定时期内在同一块土地上,蔬菜栽培的季节茬口和土地茬口的计划布局和安排。包括蔬菜轮作、连作、复种及间作、套作等。根据当地的自然条件、市场需求和经济条件,合理地进行蔬菜栽培布局和安排,可以充分利用自然资源,保持良好的生态环境和土壤肥力,有利于蔬菜全面持续增产,增加品种数量和周年均衡供应能力。中国从北往南依次为东北寒冷区、西北干燥区及青藏高原区的一年一熟制;华北区一年两熟制;华中区及西南区、华南区一年多熟制。在正常的栽培季节中,还可通过间作、套作等增加栽培茬次,实现一年多熟制,增加市场蔬菜供应。

【蔬菜早期产量】(early yield of vegetables) 多次采收的果菜类蔬菜的前期产量。一般指开始采收以后一个月以内的产量。蔬菜产量有一次收获形成(如白菜类、根菜类等蔬菜)或多次收获形成(如茄果类、瓜类等)。多次采收的蔬菜有早期产量和后期产量之分。蔬菜的产量和大田作物的产量不同,不但要求总产量高,且要求早期产量高,可提前供应时令产品,满足消费者的需求。早熟丰产是蔬菜生产者努力追求的目标。早期产量高,可提前收获上市,获得更好的经济效益。

【蔬菜造型】(vegetable modeling) 利用蔬菜的形态、色彩,通过观察、想象进行艺术创意所塑造的特有形象。蔬菜经过创作加工,可以制作成各种生动有趣的动物及人物艺术造型。是一项极具想象力和创造力的活动。其主要材料有:菜椒、茄子、白萝卜、胡萝卜、土豆、大蒜头、生姜、包心菜和洋葱等。其辅助材料主要有:橡皮泥、大头针、牙签、棉签和纸片等。常见的蔬菜造型主要有:小猪、长颈鹿、小刺猬、蜗牛和外星人等,或用拟人化的方法制作各式各样的蔬菜娃娃。其目的是:供人们观赏,给人以美感;启发人们的想象力和创造力。

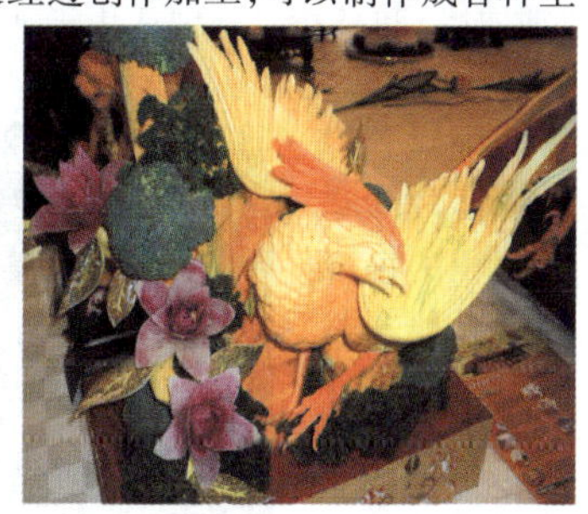
蔬菜雕刻

【蔬菜砧木】(vegetable stock) 蔬菜嫁接繁殖时承受蔬菜接穗的植株。是嫁接栽培必不可少的载体。砧木可以是整株蔬菜,也可以是蔬菜根或茎等部分枝段,主要起固定、支撑接穗并与接穗愈合后形成植株生长、结果的作用。嫁接用的砧木,要选择生育健壮、根系发达、适应当地环境条件、具有一定抗性

(如抗寒、抗旱、抗盐碱、抗病虫能力强)、与接穗具有较强亲和力和对接穗无不良影响的品种。如黄瓜可用黑籽南瓜作砧木;茄子用赤茄(野生茄子)作砧木,也可用耐低温性强的番茄作砧木;西瓜主要用葫芦作砧木,也可用南瓜、冬瓜作砧木;番茄也可用赤茄作砧木;甜瓜可用南瓜作砧木,温室及大棚甜瓜一般选用共砧品种等。在嫁接前先应作好砧木、接穗的育苗,一般将砧木和接穗的种子播于同一苗床,等长到能满足一定的要求时,便可在苗床进行嫁接。

蔬菜砧木

【蔬菜直播】(direct sowing of vegetables) 将蔬菜种子直接播于菜田的田间作业方式。在适宜蔬菜生长的季节,将精选和处理过的繁殖材料(或播种材料),按照特定的栽培密度,以一定的方法直接播入土中或其他基质中进行蔬菜生产的一项栽培技术。繁殖材料指各种繁殖用的器官和组织,主要有种子、果实、营养器官、真菌的菌丝组织等。要具有高的纯净度、发芽率、发芽势及活力。播种质量关系到成苗数、苗的整齐度和质量,进而影响蔬菜的成熟期、产量和品质。按播种方式的不同可分为:撒播、点播(或穴播)和条播。分别适用于速生的绿叶蔬菜、生长期长和需要较大营养面积的蔬菜、生长期较长并且需要中耕除草或需要较大营养面积的蔬菜等。播种深度与种子大小、土壤质地、土壤湿度和温度及气候条件等因素有关。其原则是:大粒种子宜深,小粒种子宜浅;沙质土和干燥季节宜深播;黏质土和湿度大时宜浅播;一般盖土厚度为种子大小的5~7倍。

蔬菜直播

【蔬菜植物保护】(plant protection of vegetables) 对蔬菜作物病虫害及菜田杂草进行有效预防、防治的策略和措施。根据病原生物、害虫和杂草的生物学特性、发生及消长规律,采用农业技术、化学药剂、物理的和生物的手段将菜田病原生物、害虫和杂草控制在经济阈值以下,使菜田生物群落处于有利于人类的生态平衡状态,以保护蔬菜正常生长发育。植物保护包括对现有的病虫草进行防治,还包括预防本地区尚未发生的病虫和草害。蔬菜植物保护措施中,对非侵染性病害主要采取改良环境条件,消除不利因素或增强植株的抵抗能力等。对因病原生物、害虫和杂草引起的伤(损)害的防治措施可采用:(1)消灭病虫草害的来源或抑制其繁衍,控制病原生物、害虫和杂草在菜田扩散蔓延。(2)培育抗性品种,增强寄主植物(蔬菜)的抗病性和抗虫性。(3)调整栽培制度,使寄主植物避开病虫的侵染或改变菜田环境条件,使之不利于病原生物、害虫和杂草的生长发育,从而达到保护蔬菜的目的。

【蔬菜植株调整】(plant regulation of vegetables) 为促进蔬菜产品器官的生长发育,或协调蔬菜营养生长和生殖生长的关系所采取的管理技术措施。主要包括:整枝、摘心、摘叶、束叶、压蔓、绑蔓、支架、疏花、疏果等。多用手工操作或生长调节剂处理。其目的是:(1)避免植株徒长和发枝过多引起的养分消耗。(2)加强田间通风透光,提高群体光能利用率和同化产物向蔬菜产品器官的输送、积累。(3)减少病虫和机械损伤。(4)增加单位面积株数。(5)提高结实率和促进产品器官(如叶球、肉质根、块茎等)的形成和生长。(6)促进早熟,防止花果过多引起的落花落果和果实营养不良,获得优质产品。

蔬菜植株调整

【蔬菜质量安全保障体系】(vegetable quality and safety guarantee system) 以蔬菜标准检验检测体系为基础,保障蔬菜质量安全的管理系统。依据国家标准、行业标准要求,通过政府管理、公共服务和市场引导等途径,对蔬菜从产地环境、投入品、生产过程、加工贮运到市场准入,实施全程质量安全控制。其原则是:(1)以全面提高蔬菜产品质量安全水平为核心,以建立健蔬菜全产品质量安全保障体系为基础。(2)采取有力措施,加快实施市场准入制度,杜绝有毒有害物质超标的产品和不安全的产品进入市场,努力实现生产无公害化,市场准入化,保障消费安全。(3)对产品质量安全实施监控,加强产品质量安全标准化生产、产品质量安全检测检验、产品质量安全执法监督、产品质量安全宣传和建立健全产品质量安全管理制度等环节的管理。

【蔬菜质量安全检验检测体系】(vegetable quality and safety inspection and testing system) 依据国家标准、行业标准要求,以先进的仪器设备为手段,可靠的实验环境为保障,对蔬菜生产和蔬菜质量安全实施科学、公正的监测、鉴定、评价的技术保障体系。是蔬菜质量安全体系的主要技术支撑。是政府实施蔬菜质量安全管理的重要手段。其任务是:(1)承担为政府提供技术决策、技术服务和技术咨询的重要职能。(2)对蔬菜生产和蔬菜质量安全实施科学、公正的监测、鉴定、评价。在提高蔬菜质量与安全水平方面发挥着关键和核心作用。加强蔬菜质量安全检验检测体系建设,对于确保蔬菜生产安全、消费安全、促进农业结构战略性调整、提高蔬菜市场竞争力和调节蔬菜进出口贸易等方面具有十分重要意义。蔬菜质量安全检验检测体系的建设,必须满足对蔬菜产前、产中和产后三个主要环节进行质量安全监控和监控技术研究的需要。目前,中国已初步形成部、省、县相互配套、互为补充的农产品质量安全检验检测体系,为加强农产品质量安全监管提供了坚实的技术支撑。很多省份在农产品生产基地、批发市场、农贸市场和超市配置了必要的速测设备或自检设备,有力地推进了基地到市场的质量安全监管工作。

【蔬菜质量安全信息化监控体系】(information monitoring system of vegetable quality and safety) 利用互联网技术对蔬菜质量安全检测站的检测数据进行网络化集中处理,提供多种相关服务的管理系统。通过互联网方式向监控信息系统传输检测站的各项检测数据。其主要数据包括:农药残留、甲醛和亚硝酸盐残留、肉类水分含量等信息。根据各检测点上传来的数据自动进行实时动态的汇总、统计、分类、查询等处理,并自动生成各种格式的统计图表。主管部门只需通过特定的用户名和密码登录到蔬菜质量安全信息化监控系统,按照相应的权限,即可浏览相关的数据信息,以加强对蔬菜安全生产的管理。

【蔬菜质量安全追溯系统】(vegetable quality and safety traceability system) 综合利用现代信息、网络和条码技术,对蔬菜生产、经营主体实行数字化和身份证管理全过程的系统。只要拿蔬菜包装上的条形码往仪器上一刷,马上可以知晓蔬菜的来源、检测时间、检测情况、种植农户等信息。生产经营的蔬菜产品,从生产到流通终端各个环节信息全程追踪与追溯。一旦发生产品安全问题,及时追踪到源头,实现产品召回和责任追究。蔬菜在同一个基地使用统一的包装和产品标签信息码。蔬菜到批发市场后,包装箱上除了有基本的产品信息外,还要在固定的位置上粘贴产品标签信息码。消费者通过上网、发短信等方式,就可以查到蔬菜来自哪一个基地及其药物残留等检测情况。

【蔬菜中耕技术】(vegetable tillage technique) 蔬菜作物生长期在株行间进行的土壤翻耕操作技术。常与除草、追肥、灌水及培土等田间操作配合进行,以保持土壤的通透性,利于增温、保墒和促进根系发育。不同的生长时期、不同的栽培季节,中耕的作用和方法有较大的差别。春季果菜类蔬菜定植时地温低,灌水后土壤易板结,应及早中耕,以疏松土壤,提高地温,促根发育。第一次中耕较深,以后依次渐浅。秋季直播的大白菜、萝卜,在出苗后生长1~2片叶时开始中耕,第一次中耕不宜过深,避免土壤水分损失和影响根系发育。随着幼苗生长,中耕深度渐深,以后又渐浅。垄作蔬菜常与培土或追肥相结合。雨后或洼涝地排除积水后应及早中耕,使土壤水分尽快蒸发,改善土壤通气性。以灭草为主的中耕,应在杂草幼小时浅锄。以提高地温为主的中耕,宜早、宜深和多次进行;以保墒为主的中耕,宜浅,且次数宜少。蔬菜中耕以人力为主,可根据蔬菜种类、种植方式等,与畜力和中耕机相结合。

蔬菜中耕技术

【蔬菜种质资源】(vegetable strain resource) 又称蔬菜品种资源、蔬菜遗传资源。有利用价值的蔬菜遗传物质的总称。蔬菜的种子、无性繁殖器官或用生物技术培育成植株的器官、组织和单个细胞都是携带蔬菜种质的材料。按其用途的不同可分为:(1)直接用于生产的古老的地方品种和育成的新品种、新品系及一代杂种。(2)育种上有利用价值的种、变种、品种、品系和杂种。(3)栽培和植保等方面有特定用途的材料,如蔬菜嫁接用砧木、病害鉴别上可用作指示植物的栽培种、变种和野生种。(4)有潜在利用价值而目前还不了解其用途的野生种和变种等。做好搜集、保存、研究和利用蔬菜种质资源的工作,对于增加和改进蔬菜品种、提高蔬菜产量、品质和扩大蔬菜用途具有重要意义,同时也为研究蔬菜起源、分类、生态和遗传进化等提供有用材料。

【蔬菜种质资源库】(pool of vegetable variety resource）　利用设施在适宜环境条件下储存蔬菜种质基因载体，使蔬菜种质保持生命力和遗传性的场所。主要储存蔬菜种子、无性器官或人工控制条件下采用组织培养产生的植株、器官或组织等。是当前最有效、最安全的蔬菜种质保存方式。包括种子低温保存、超低温保存及种质离体保存等方法。蔬菜种质资源库保存以种子为主体的作物种质资源及其近缘野生植物。这些材料可随时提供给科研、教学及育种单位研究利用及国际交换。种质库在接纳到种子后，需对种子进行清选、生活力检测、干燥脱水等入库保存前处理，然后密封包装存入冷库。国家蔬菜种质资源中期库，依托于中国农业科学院蔬菜花卉研究所。其库建筑面积 108m²，容积 246m³，库温 0～4℃，湿度＜65%。现保存有性繁殖蔬菜种质 30 000 多份。配套设施有种子质量检测、种子清选和干燥、种质信息处理、遗传多样性分析、基因挖掘和种质创新等实验室。

【蔬菜种子休眠】（vegetable seed dormancy）　具有生命力的蔬菜种子在适宜的温度、水分和氧气等萌发条件下仍不能发芽的现象。是植物自我保护重要的特性之一，也是植物在长期进化过程中自然选择的结果。按种子休眠产生的时间不同可分为：初生休眠（收获时即已具有的休眠现象）和次生休眠（原来无休眠或解除休眠后的种子由于高湿、低氧、高二氧化碳、低水势或缺乏光照等不适宜环境条件的影响诱发的休眠）。造成蔬菜种子休眠的原因有以下几点：(1)胚本身的因素造成的。包括胚发育未成熟、生理上未成熟、缺少必须的激素或存在抑制萌发的物质。用低温层积、变温处理、干燥、激素处理等方法可解除休眠。(2)种壳（种皮和果皮等）的限制造成的。包括种壳的机械阻碍、不透水性、不透气性以及种壳中存在抑制萌发的物质等原因。用物理、化学方法破坏种皮或去除种壳即可解除休眠。一般来讲，在温暖多湿的热带地区，气候条件比较温和，种子具有易发芽的特性，因而其休眠期短或没有休眠期；在冷热交替的北方地区，气候条件多变，种子要经过一些时间的休眠才能萌发，主要是在秋季形成种子后到翌年春发芽，从而避免了冬天严寒的伤害。

【蔬菜周年供应】（year-round marketing of vegetables）　全年各月份都能满足城乡人民对蔬菜在数量、品种、质量上需求的蔬菜供给举措。是针对蔬菜生产上存在季节性，供应上存在淡旺季，旺季时供过于求，淡季时数量不足、品种单调的状况采取的措施。如：异地调运、利用不同生态型品种组合全年排开播种、提高复种指数、采用保护地栽培和储藏加工等。中国地处寒、温、热三带，自然条件优越，形成了大中城市近郊、远郊、农区和特产区四大蔬菜基地，加上储藏保鲜，产品加工，互相调剂，基本上实现了城市、工矿区蔬菜的周年均衡供应。

【蔬菜专用复合肥】（compound fertilizer for vegetables）　适应蔬菜需肥规律和土壤供肥能力，含有蔬菜生长发育所必需的多种营养成分的专用肥。是根据蔬菜作物需要养分、土壤提供养分状况及化肥利用率三个重要因素而设定的计算式，用以确定氮、磷、钾比例及配合一定量微量元素而生产的专用肥料。综合了生物肥料、有机肥料和无机肥料的不同特点。通过复配、混配的方法制成的适用不同蔬菜种类生长的多元长效肥料。产品除含氮、磷、钾等大量营养元素外，还含锌、硼等微量元素以及促进蔬菜根系吸收能力和叶片光合作用的腐殖酸。产品养分配比合理。既能满足果实、球茎正常生长的营养需求，又能抑制营养体无序疯长，实现生殖生长与营养生长的合理协调。施用专用复合肥，是保障蔬菜优质、稳产和高产的重要措施。

蔬菜专用复合肥

【蔬菜子母种留种】（breed with young plants）　小株采种的主要方式之一。利用幼苗即可抽薹开花结实的特性进行种子繁殖。（详见蔬菜小株采种）。

【蔬菜自然休眠】（vegetable natural dormancy）　又称生理性休眠。为适应不利的环境条件，由蔬菜作物内在因素引起的暂时停止生长的现象。是植物在漫长进化过程中形成的生理特性。在此期间，生理代谢极低。不利的环境因素解除后，可重新发芽生长。其过程包括休眠诱导（前期）、生理休眠、强迫休眠（后期）和萌发四个时期。马铃薯、洋葱、大蒜等贮积营养物质的繁殖器官，休眠现象表现明显。不同种类的蔬菜合同中蔬菜的不同品种，休眠期长短有差异。如早熟马铃薯薯块休眠期短，晚熟品种休眠期长。休眠前期，往往表皮加厚，形成胶质、膜质或鳞片以加强保护而进入休眠诱导期。此时若给予适宜条件可抑制进入下阶段休眠而开始萌发。若不加处理，则进入生理休眠阶段，此时即使提供生长发育条件也不能萌发生长。到休眠后期，一旦条件适宜便迅速脱离休眠而萌发。植物激素可影响核酸或酶的变化，使生理代谢受到抑制或促进，从而可控制休眠的启动和解除。休眠有利于蔬菜产品的储藏运销。为抑制出芽、延长储藏期，应选育休眠期长的品种。外伤可加快蔬菜的代谢活动，缩短休眠期。

【熟铁】（bloomery iron） 由铁矿石用碳直接还原，或由生铁经过熔化并将杂质氧化而得到的产物。前者冶炼温度很低，采用较早；后者温度虽较高，但生铁去碳后由于熔点增高而变稠。两者都不易使渣与铁完全分离。由于熟铁中常含有少量的渣，在加工后显示纤维组织。中国在春秋、战国时代已使用生铁。估计熟铁的发展为时当更早。目前熟铁通常在反射炉中冶炼。具有较好的抗蚀性、较高的延性和展性。在国外，用转炉吹炼成的低碳钢液，冲入预先在平炉内制备的渣液中，成为合成熟铁。此法可以大量生产，且可加入合金元素（如镍、铬、钼、铜、硅等）以提高熟铁的性能。

【属间杂交】（intergeneric cross） 生物学上同科内不同属间的交配。其作用是：(1)创造新物种。如通过小麦与黑麦属间杂交和染色体加倍而育成小黑麦。(2)改良旧物种。如通过染色体的代换或易位将黑麦的抗条锈、叶锈、秆锈和白粉病基因转移到普通小麦中，如育成的洛夫林 13 号小麦等多抗代换系和易位系等。

【蜀锦】（Sichuan damask） 中国四大名锦之一。四川省生产的彩锦。桑蚕丝色织提花锦类丝织物，多用染色熟丝织成，色彩鲜艳，质地坚韧。古蜀郡（今四川省）生产的具有民族特色和地方风格的多彩织锦。蜀锦包括经锦和纬锦，常以经向彩条为基础，织出五彩缤纷的图案。多采用几何图案填花，配以明快、鲜艳的色彩。图案布局严谨庄重，纹样变化简洁，典雅古朴。蜀锦品种繁多，色彩丰满，织纹细腻，光泽柔和。常作为高级服饰和其他装饰用料。

蜀锦

【蜀绣】（Sichuan embroidery） 又称川绣。中国四大名绣之一。以成都市为代表的四川刺绣。蜀绣的纯观赏品相对较少，以日用品居多。取材多为花、鸟、虫、鱼以及民间吉语和传统纹饰等，颇具喜庆色彩。蜀绣用针工整，平齐光亮，丝路清晰，不加代笔，花纹边缘如同刀切，色彩鲜丽。多绣制在被面、枕套、衣服、鞋面及画屏之上。

蜀绣

【鼠标】（mouse） 一种通过控制显示器屏幕上光标位置来完成输入的设备。鼠标与计算机连通时，在显示屏上会出现一个光标。当鼠标在一个平面上移动时，光标作相应的运动。移动光标对准显示在屏幕上的命令或图形，按下按钮即可方便地完成操作。在驱动程序的支持下，鼠标能完成绘图等特殊功能。

鼠标

【鼠道排水】（mole drainage） 在地面以下适当深度借鼠道犁挤压土壤形成不加防护的洞道，用以控制地下水和土壤水的工程设施。适用于黏质土壤地区，要求有良好的排水出路。排水鼠道由刀缝和洞体构成。施工后，因黏质土壤失水收缩，在刀缝两侧及洞体周围逐渐形成许多不规则的裂隙，使土壤中或下渗过程中的重力水通过裂隙进入洞道而被排出农田。它可以加快地面积水的排除，调节土壤中的水气比例关系，防治农田渍害。鼠道的形状受塑孔器鼠道犁控制，多为圆形或椭圆形。塑孔器的尖端多为偏心式，可加强洞顶土壤的挤压作用以延长使用年限。鼠道的洞径一般小于 10cm，运用中可能由于土体在耕作机械的压力作用下产生变形甚至洞壁土块发生坍落而失效。其使用年限主要与土壤的黏粒含量有关，也受洞体的形状、大小、深度、水流条件和施工时的土壤含水量等因素的影响。鼠道排水在中国南方黏性土地区使用较多，东北三江平原试用后也有明显实效。鼠道洞深不可浅于犁底层，以 40～70cm 为宜，作物根系密集层深者应选用较大值；鼠道洞距以 2～5m 为宜，土壤渗透性较好和鼠道较深时应选用较大值；鼠道入明沟的出口部位多用管道保护。鼠道排水施工简便，造价低廉，但适用地区受土质条件限制，且使用年限较短。

【鼠咬热】（rat-bite fever） 因被鼠咬伤而引起的一种疾病。病原体有两种。一种为小螺菌，又称鼠咬热螺旋体。由其所致疾病为螺菌热。另一种为念珠状链杆菌，由其所致疾病为链杆菌热。人被鼠咬伤后，并不立即发病。经一段潜伏期后，被鼠咬伤已愈合的伤口又出现红肿和疼痛，或出现水疱、坏死和溃疡，同时局部淋巴结肿大。全身症状表现为：寒战，高热，发热呈间歇性，体温可达 39～40℃以上。发热持续 3～5 天后热退，间隔 1～2 周后重复发热，并出现各种形态的皮疹，伴有肌痛和关节疼痛。如此反复发作多次，症状一次比一次轻，体内产生抗体后自愈。

【薯类作物】(tuberous crops) 又称根茎类作物。以收获富含淀粉和其他多糖类物质的膨大块根、球茎或块茎为目的而栽培的一类作物。如旋花科的甘薯，茄科的马铃薯，大戟科的木薯，天南星科的芋，豆科的豆薯等。其地下根茎膨大，由薄壁细胞组成，以储存淀粉为主。除豆薯用种子繁殖外，其余均用根、茎繁殖。

薯类作物

【薯芋类蔬菜】(tuber vegetables) 以富含碳水化合物的植物地下器官供食用的蔬菜的总称。其地下器官主要是茎、块根、根茎、球茎等。中国栽培的薯芋类蔬菜包括10个科12个属。按其对气候要求和茎叶耐霜程度的不同可分为：(1)喜凉温蔬菜。耐轻微霜冻，如马铃薯、菊芋、草石蚕等。(2)喜温暖蔬菜。不耐霜冻，如芋头、姜、山药、豆薯、蕉芋、葛等。马铃薯的生长特性是：因喜凉爽怕炎热，在华中、华北、西南等地一年两作；以无性繁殖为主，用种量大，繁殖系数低；播种后保持土壤疏松湿润是早熟高产的关键措施；产品器官生长在地下黑暗处，要求土壤有机质充足、疏松、透气；在幼苗期、发棵期和产品形成初期，应逐步培土；产品器官形成盛期，要求光照充足、昼夜温差大，保持土壤湿润疏松。产品器官耐储藏和便于运输。

薯芋类蔬菜

【术后认知功能障碍】(postoperative cognitive disfunction, POCD) 术前无精神障碍的病人，术后出现大脑功能紊乱导致术后发生的一种波动性的急性精神紊乱综合征。作为术后中枢神经系统的并发症愈来愈受到人们的重视。其在年龄分布上以大于65岁的老年人为主。其症状包括：认知功能障碍、意识水平波动、精神活动改变和睡眠—觉醒循环的打断。其具体表现是：记忆受损、注意力难以集中易走神、行为性格改变，对时间、地点、甚至人物的辨别力下降，白天嗜睡、晚上清醒兴奋，还有些严重的病人表现为谵妄。其中记忆受损的表现最为普遍。其病因尚不明确，具体机制尚有争论，也没有有效的治疗方法。但大多数研究认为POCD只是一过性的神经功能障碍，可以自行恢复。

【术后疼痛】(postoperative pain) 手术造成组织损伤的一种复杂的病理生理反应。不仅给病人带来痛苦，而且还具有潜在的危害性。轻者病人可出现术后胃肠绞痛、腹胀、恶心、呕吐等不良反应；重者在大手术或高危病人，可能导致功能余气量明显减少(仅为术前的25%～50%)。尤其胸部和上腹部手术后，由于疼痛，病人不敢深呼吸和不愿咳嗽，最终可引起坠积性肺炎、肺不张、肺部感染等。更为严重的术后疼痛可使心率增快、外周阻力增加、心排出量增加、血压升高，最终可导致耗氧量增加和心肌缺血甚至可发生心肌梗死。

【术后镇痛】(postoperative analtesia) 解除或缓解手术后患者疼痛不适的一种治疗方法。其目的是消除术后疼痛带来的不良应激反应，减轻术后病人的痛苦，促进早日康复。其治疗应遵循下列原则：明确伤害刺激的来源和疼痛的原因，排除手术并发症引起的疼痛反应；镇痛方法和药物的选择应考虑安全、有效、对生理影响小、简便易行等因素；据疼痛程度选用镇痛药和镇痛方法，建立有效的镇痛药水平、保持镇痛效果；术后镇痛的药物，应从最低有效量开始，定时评估和调整镇痛方案，并注意个体差异。

【术中知晓】(awareness) 手术中的患者对客观环境所发生的事情能记忆与回忆，对施加身体的疼痛性刺激知道疼并能做出体动反应的一种状态。大脑皮层功能正常的主要客观标志是健全的意识状态。病人在术后能回忆起术中所发生的事，并能告知有无疼痛情况。

【束能武器】(bundle-powered weapon) 利用激光束、粒子束、微波束、等离子束、声波束的能量摧毁或损伤敌方目标的武器系统。束能武器利用激光束等束能产生的高温、电离、辐射、声波等综合效应，采取集束的形式，向一定方向发射，用以摧毁或损伤敌方目标。束能武器能以陆基、车载、舰载和星载的方式发射。由于能量集中、可迅速准确地射向目标，对精确制导高技术武器有直接的破坏作用，是战

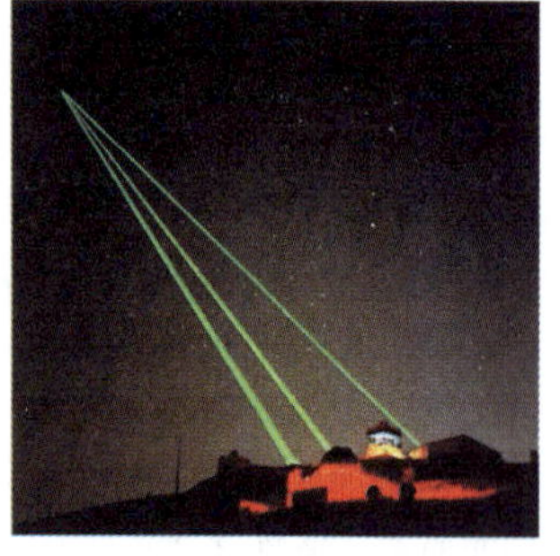

高能激光

术防空、反装甲、光电对抗乃至战略反导、反卫星、反一切航天器的多功能武器。

【树干解析】(tree stem analysis) 从树干基部到树梢顶端,每隔一定距离取其横切面并据此推测树木的生长过程。根据年轮可以调查直径生长经过。据此画出通过以树干中心而连接起来的纵切面图。目的是推测直径、树高和材积的生长过程。横切面一般取高0m、0.3m或1.3m,然后上边每隔2m取一横切面,但根据目的的不同可以变更。树干解析通常由外业工作和内业工作组成。外业工作包括解析木的选取与生长环境记录以及解析木的伐倒与测定和截取圆盘等。在测定树干全长的同时,将树干区分成若干段,分段的长度和区分段个数与伐倒木区分求积法的要求一致。通常采用中央断面区分求积法,在每个区分段的中点位置截取圆盘。内业工作包括查定各圆盘上的年轮个数,并通过髓心划出东西、南北两条直径线;然后查数各圆盘上的年轮个数。各龄阶直径的量测,常用直尺或读数显微镜量测每个圆盘东西、南北两条直径线上各龄阶的直径。两个方向上同一龄阶的直径平均数,即为该龄阶的直径。树龄与各圆盘的年轮个数之差,即为林木生长到该断面高度所需要的年数。根据断面高度以及生长到该断面高度所需要的年数可以绘出树高生长过程曲线。各龄阶的树高,可以从曲线图上查出,也可以用内插方法按比例算出;同时对各龄阶材积进行计算,算出各龄阶的形数,各龄阶的生长量并绘制出各种生长量的生长过程曲线等。

【树冠覆盖率】(rate of crown coverage) 树冠的垂直投影面积与栽培面积之比。以百分率表示。对果树而言,在一定范围内,覆盖率越高,产量越高。但覆盖率过高,树冠交接,树冠之间互相影响光照,会导致冠内光照条件变差,果品质量下降,同时也会妨碍果园的操作管理。在普通果园内,树冠的覆盖率以70%~80%为宜。机械化程度高的果园,树冠覆盖率通常在60%~70%。

【树胶植物资源】(gum plant resource) 在树皮、树干、块茎、鳞茎和种子中存在树胶的一类植物。树胶是由多糖类组成的胶质类物质,是一种复杂的混合物。天然树胶多从植物体中分离提取,是重要的工业原料。是植物新陈代谢的产物。树胶的种类较多,用途也较广泛。常用的树胶有阿拉伯胶(产自含羞草科的金合欢属)、瓜儿胶(产自长角豆、瓜儿豆中的半乳甘露聚糖胶)、桃胶(产自蔷薇科桃、李、杏、樱桃等)、黄蓍胶(产自小亚细亚蝶形花科的几种黄蓍)、田菁胶(产自豆科植物田菁)等。树胶属于多糖类物质,由可溶性和不溶性两部分组成。可溶性部分叫阿拉伯树胶素,不溶性部分叫黄蓍胶素。两部分含量比例因种类而异。树胶类也可根据这两部分含量的不同分为:(1)几乎完全溶于水的树胶。如阿拉伯树胶等。(2)部分溶于水的树胶。如樱桃胶、桃胶等。(3)混合树胶。如黄蓍胶等。(4)其他树胶。如含鞣质的树胶等。

树胶植物资源

【树木生长轮】(growth ring) 又称生长层。根与茎的木材横断面上同心圆的环纹。每一个包括早材和晚材两部分的圆环。春季,树木形成层恢复活动时,纺锤状原始细胞迅速向内分裂、分化成大量的木质部分子。此时分化的管胞或导管分子的直径较大,数目多,壁较薄,木纤维数量较少,因此材质显得比较疏松。这部分木材称为早材(春材)。到了同年夏秋季节,形成层的活动逐渐减弱,原始细胞平均分裂的速度也相应的减慢,分化的细胞直径较小,数量少,而木纤维的数量相应增多。这部分的材质比较致密,称晚材(夏材)。在双子叶植物的环孔材,如栎树和白蜡树中,早材部分的导管分子直径明显增大,而晚材的导管分子相当小。在散孔材与裸子植物木材中,由早材至晚材的变化,一般是逐渐进行并无显著界线。不过在上一个生长季的晚材与下一个生长季的早材之间却存在着明显的界线。温带地区树木的生长轮通常明显,特别是环孔材,如麻栎等。热带地区某些树木特别是散孔材的生长轮可能不明显,如榕树等。第一年的秋材和第二年的春材之间的界限为生长轮界线,表明材木每年生长交替的转折点。生长轮界线明显与否,主要依据头一年生长末期的木材与第二年早期生长的管孔大小和分布、木纤维或轴向管胞胞壁的厚薄和径向伸长的程度,以及轮界状薄壁组织存在和射线膨胀来决定。

树木生长轮

【树木生态型】(tree ecotype) 同一类树内

因适应不同生境而表现出具有一定结构或功能差异的不同类群。是遗传变异和自然选择的结果。因为它们代表不同的基因型,所以即使将它们移植于同一生境,仍保持其稳定差异。不过,不同生态型之间可以自由杂交,故型间差异尚不足以作为物种的分类标志。对生态型的研究可用以分析种内生态适应的形成,了解种内分化及定型的过程和原因。生态型的分化也是物种进化的基础,研究物种如何在不同生境条件下分化为不同的生态型,是研究新物种形成过程的重要内容。生态型的研究使引种、育种工作和作物栽培工作的着眼点由物种深入到生态型。例如,对广布种或经济植物的生态型分类工作在引种和栽培利用方面都极为重要。因为不同的生态型,引种成功率不同,栽培利用的经济效益也不同。生态型杂交产生的后代多具有更强的适应力,是育种工作发展的方向之一。

【树木学】(dendrology) 研究树木的形态、分类、地理分布、生物学特性与生态学特性、资源利用及其在林业生态工程和经济开发中的地位与作用的学科。树木是乔木、灌木、木质藤本的总称。树木学是林学的一个专业基础课程。现在已由树木分类学发展成一门综合性学科。其研究内容涉及树木的各个方面,并在不断地向纵深发展。树木学是既重视树木的基础理论,实践性又很强的一门学科。由于林业的兴起,树木学才独立成为一门学科。树木学作为一门独立学科是从欧洲开始的,词源来自希腊文 dendro(树木)logos(学理),最早出现于1708年。中国树木学成为一门独立学科起步较晚,直至20世纪初期才逐渐发展起来。

【树木园】(tree garden) 以调查、搜集、培育、引种驯化树种资源为目标的树木重要种质资源基因库。植物是人类赖以生存和发展的物质基础之一。然而,由于人类社会活动的加剧,人类对植物资源的盲目利用,造成了生态环境的严重破坏,加快了植物物种在地球上消失的速度,树木园正是在这样的背景下诞生的。树木园的建成可以为从事农林科学研究和生产部门的科技人员研究树种形态分类、生态习性等方面提供活的实物标本,为林木选种、育种提供珍贵的资源材料,同时也是科学普及教育基地。树木园在景观造林中具有重要的作用,它可构成美景,造出各种引人入胜的佳境。由于树木是活的有机体,随着一年四季的变化,即使在同一点也会表现出不同的景色,形成各异的情趣。树木本身就是大自然的艺术品,其叶、花、果、形等均具无比魅力。树木园本身就表现了生物多样性的美,古往今来许多诗人,画家无不为其讴歌作画。人们通过与不同树种的接触,可以纯洁心灵,陶冶情操,培养崇尚科学、尊重自然的精神。树木园是集森林旅游、科学试验、科普教育三位一体的功能区。

树木园

【树木种源】(resource of trees) 取得林木种子或其他繁殖材料的地理来源或产地。同一树种由于长期处在不同的自然环境条件下,必然形成适应当地条件的遗传特性和地理变异。如造林地条件与种源地条件差异太大,会出现林木生长不良,甚至全部死亡的现象。中国种源研究始于20世纪50年代,70年代后全国各地进行了大规模的种源试验和种子区划试验研究,涉及树种10多个。研究发现,同一树种由于地理起源不同,其生长特点、适应能力存在着明显的变异。例如,1958年北京引种新疆核桃成功后,全国十几个省(自治区)争相引种,一年调种量高达1×10^5kg以上,结果很多地方因气候条件不适而失败,给林业生产造成了巨大损失。大量研究证明,使用适宜种源区的优良种子造林,不仅能够保证造林用种的安全,而且可增加效益10%以上。

树木种源

【树突状细胞】(dendritic cell) 一类在显微镜下看到的像树根形状的细胞。具有规则的多分支的长突起,伸展于淋巴细胞之间,主要分布于胸腺髓质和周围淋巴器官的胸腺依赖区,是机体重要的抗原递呈细胞,在免疫反应中起关键作用。当机体遭遇病原微生物侵袭或体内有细胞发生恶变时,树突状细胞很快获知这些信息,将其及时传递给免疫系统,并将病原微生物或恶变细胞从体内清除出去。

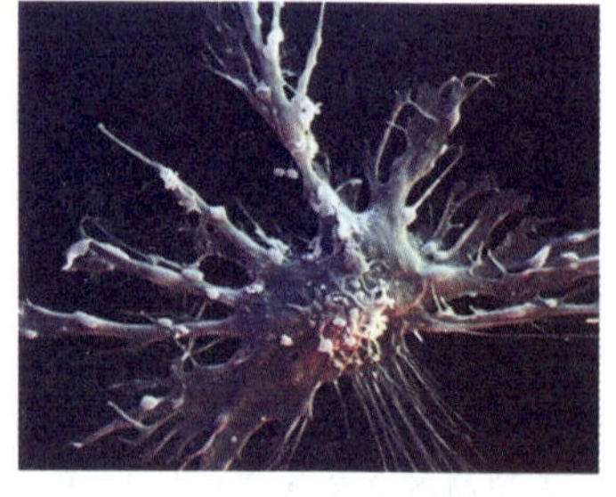

树突状细胞

【树枝状晶】(dendrite) 在稍大的冷却速度下所形成的一种晶体形态。常在金属和大多数盐类中出现。物质由液体结晶时,先形成晶核,然后向各方成长。由于散热、结晶速度及其他条件的不同,成长便以树枝状形式进行。即在最大速度方向上生成树干,与树干成一定角度处生长树枝,随即又于枝上生枝,如此继续不断,形成树枝状骨架。最后残余液体填充树枝间隙而形成树枝晶体。在树枝间隙没有填充以前,或得不到液体填充的情况下(如在缩孔中),树枝晶体常明晰可见。在铸造金属表面上也常出现树枝状晶。树枝状晶的存在可使零件的力学性能显著降低。

【树脂】(resin) 受热后软化或熔融,软化时在外力作用下有流动特性,常温下呈固态、半固态,有时是液态的有机聚合物。按其成因的不同可分为天然树脂和合成树脂。前者是自然界中动植物分泌物所生成的无定形有机物质,如松香、琥珀、虫胶等;后者指简单有机物经化学合成或某些天然产物经化学反应而得到的产物,如聚乙烯树脂、聚氯乙烯树脂、聚丙烯树脂、聚苯乙烯树脂和 ABS 树脂等。按其合成反应的不同可分为:(1)加聚物树脂。(2)缩聚物树脂。按其分子主链组成的不同可分为:(1)碳链聚合物树脂。(2)杂链聚合物树脂。(3)元素有机聚合物树脂。广泛应用于农业、林业、园艺、医药、医疗、生理卫生、石油、化工、环境保护、美容化妆、建材、生化技术和食品等领域。

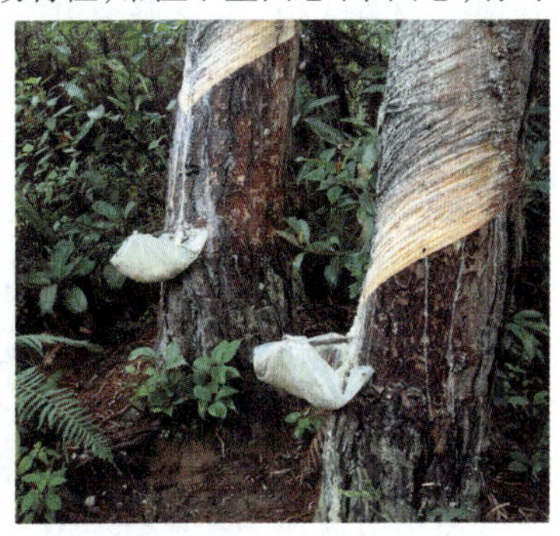
割采松脂

【树脂传递模塑成型】(resin transfer moulding, RTM) 将树脂注入到闭合模具中浸润增强材料并将其固化加工成增强复合材料的工艺方法。将以玻璃纤维织物为主的增强材料铺放到可以闭合的模腔内,在具有制件形状的模腔内壁涂有胶衣树脂。将液态热固性树脂及固化剂由计量设备分别从储桶内抽出,经静态混合器混合均匀,用液压泵注入模腔内使之浸渍已置于模腔中的纤维织物坯件的空隙之中,再固化成型,脱模、经后加工修整成为制品。其优点是:(1)制件尺寸精度高,外观质量好,制品有足够的精度与光洁度,一般不需再加工,可以制造两面光的制品。(2)工艺环节少,成型效率高。(3)可不用预浸料、热压罐,有效地降低设备成本、成型成本。(4)因是闭模操作,不污染环境,劳动条件好。(5)增强材料可以按制品受力状况铺放,原材料及能源消耗少;建厂投资少,见效快。但是模具设计和加工比较复杂。RTM 工艺多应用于建筑、交通、电信、卫生、航空航天等领域,并派生出多种分支,满足不同领域的应用需求。

【树脂基复合材料】(resin based composite material) 以树脂作基体的复合材料。常用的树脂体系有酚醛、环氧、聚酯等类型。增强纤维有玻璃纤维、碳纤维、硼纤维、氧化铝纤维、碳化硅纤维及芳纶等。按所用增强物的不同可分为:玻璃纤维复合材料(或称玻璃纤维增强塑料)、碳纤维复合材料、芳纶复合材料和混杂纤维复合材料等。树脂基复合材料是快速发展的新型工程材料,与常用金属结构材料最明显的区别在于其各向异性,即通过变动纤维排列方向和辅助次序来改变复合材料的性能,以获得最佳结构的制件。该材料具有重量轻、强度高、有优异的耐腐蚀性、热绝缘性和抗振动阻尼等特点。但与金属材料相比,其耐热性、韧性、导电性、导热性差。树脂基复合材料,尤其是碳纤维、芳纶复合材料被用于飞机、航天器、火箭、导弹、汽车及其他运输工具,体育运动器械、化工等领域。

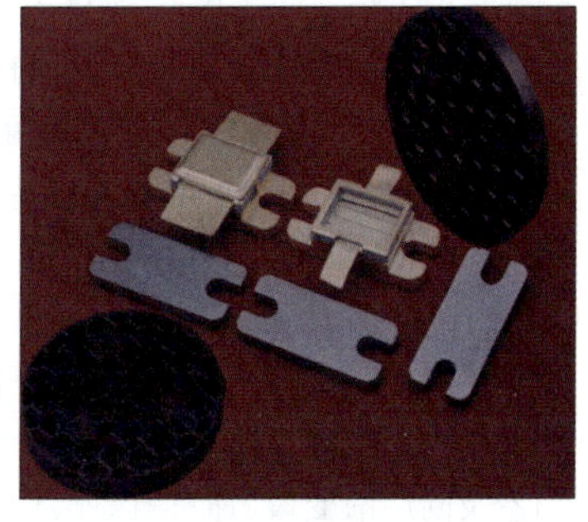
树脂基复合材料

【树脂植物资源】(resin plant resource) 在特殊管道、乳管、瘤等部位储存树脂的一类植物。当树脂植物被损伤后,树脂便流出体外。树脂的重要产品有松脂、生漆、枫脂、络石树脂等,其中尤以生漆和松脂更为重要。中国的采脂植物主要是松属中的马尾松、云南松、南亚松、红松和油松。全中国有 40 种以上生漆资源,按其形态及经济性状的不同可分为大木漆树和小木漆树。大木漆树均为野生,生长于高山区和草原森林中,其生漆燥性好,但年产量较低。小

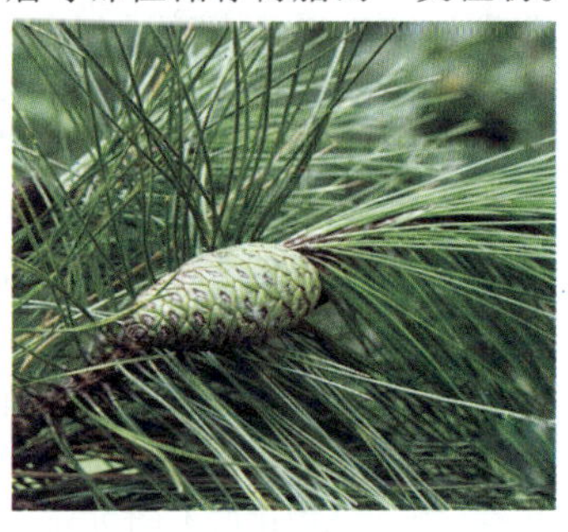
马尾松

木漆树均为人工栽培的家漆树，年产漆量较高，但生漆燥性差。树脂可分为树脂酸类、树脂醇类、碱不溶性物质三类。习惯上也可分为含芳香油成分的香树脂类（如松脂等）、不含芳香油的硬树脂类（如琥珀等）和含有能溶于水的树胶物质的树胶树脂三类。

【树种组成】（composition of tall trees） 乔木树种所占林分的比例。以十分法表示。由一个树种组成的林分称纯林，而由两个或两个以上的树种组成的林分称为混交林。为表达各树种林分组成，而分别以各树种的蓄积量（胸高断面积）占林分蓄积量（总胸高断面积）的比重来表示，这个比重叫树种组成系数（用整数表示）。树种由树种名称及相应的组成系数组成。例如杉木纯林的树种组成式为"10 杉"。在混交林中，蓄积比重最大的树种为优势树种，在组成式中，优势树种应写在最前面。例如，在某一林分组成中，松树占 60%，云杉占 30%，桦木占 10%，则林分组成式为：6 松 3 云 1 桦。如果某一树种的蓄积量不足林分总蓄积量的 5%，但大于 2% 时，则在组成式中用"+"号表示。如果某一树种的蓄积少于林分总蓄积量的 2% 时，则在组成式中用"-"号表示。一个林分中，不论树种多少，其组成式中，各树种组成系数之和都只能是"10"，大于或小于"10"都是错误的。

【竖井式进水口】（shaft intake） 在水工隧洞进口附近的岩体中开凿竖井，在井的底部设闸门以控制水流的取水建筑物。包括进水喇叭口、竖井、闸门室及闸后渐变段、通气孔、平压管。井的顶部设闸门启闭机室。进水口顶板高程应在水库最低运行水位以下，并有一定的淹没水深，以防产生漏斗状漩涡带入空气，引起结构振动。进口段的上唇与两侧边墙常采用收缩的椭圆曲线型，以减少局部水头损失。竖井的横断面多为矩形，一般需衬砌。作用在衬砌上的荷载主要有内水压力、外水压力、侧向山岩压力、温度荷载和地震荷载等。竖井式进水口属深式进水口，需在闸门后设置通气孔，在工作闸门与检修闭门之间设置平压管。这种进水口构造简单，不受风浪、冰冻的影响，稳定性好，抗地震。但竖井前进水段不便检修。

【竖炉】（vertical furnace） 炉身直立，炉内大部装满物料的冶金炉。炉气在炉内向上运动，与炉料之间进行逆流热交换。多数竖炉的炉料与燃料直接接触。按工艺用途的不同可分为熔炼竖炉和焙烧竖炉。常用的熔炼竖炉有：炼铁的高炉、炼铜、炼锌和炼铅的鼓风炉，以及熔化生铁的冲天炉等。炉体外层是钢壳，钢壳内砌筑耐火炉衬。炉体下部高温区的炉衬中有水冷箱。冲天炉和小型炼铜鼓风炉的横截面为圆形，大型鼓风炉的横截面为矩形。熔炼竖炉的炉缸有三种结构：高炉型、炼铅鼓风炉型和带有前室的结构。炉顶的构造，有敞开的和密闭的两种。废气出口位于炉顶中心或炉顶侧面。炼铜、炼镍鼓风炉的炉顶煤气含二氧化硫较多，可回收制酸。竖炉料柱应有良好的透气性，所以要求炉料粒度均匀，粉料不超过 10%。精矿粉必须经过烧结或制成球团，才能入炉。焙烧竖炉用于焙烧各种物料，如铁矿石、铁精矿球团、有色金属矿石、黏土矿物和石灰石等。物料在焙烧过程中始终保持为固态。

环保石灰竖炉

【竖炉熔炼】（shaft-furnace melting） 利用竖炉对金属炉料进行熔炼的方法。竖炉与冲天炉相似。炉料从炉顶装入。在炉料下降到炉膛的过程中吸收向上的炉气热量而被预热。在炉膛周围装有多排多个烧嘴。经过炉顶热交换器预热的煤气和空气从烧嘴喷出高温火焰，直接喷射到已经预热的炉料上，所以熔化率高。煤气与空气的比例可自动调控，达到完全燃烧并且没有过剩空气，从而不会对金属产生氧化。竖炉熔炼的特点是：不仅连续、快速熔化炉料和供给金属液，而且设备简单，操作方便，炉衬寿命长。竖炉主要用于紫铜线坯连铸连轧，以及铝线坯连铸连轧，也可以冶炼炼钢母液。

竖炉熔炼

【腧穴】（acupuncture points on the human body） 中医穴位的统称。人体脏腑经络之气输注于体表的特殊部位。文献上还有气穴、孔穴、骨穴、穴位、穴道等不同的名称。腧穴与经络、脏腑、气血有着密切的关系，也是针灸、推拿及其他一些外治疗法的施术部位。人体的腧穴总体上可归纳为十四经穴、奇穴、阿是穴三类。(1)十四经穴。指具有固定的名称和位置，且归属于十二经脉和任脉、督脉的腧穴。(2)奇穴。又称"经外奇穴"，指既有一定的名称，又有明确的位置，但尚未归入或不便归入十四经系统的腧穴。(3)阿是穴。指既无固定名称，亦无固定位置，而是以压痛点或病变部位或其他反应点等作为针灸施术部位的一类腧穴，又称“天应穴”、“不定穴”、“压痛点”等。

【数据安全】(data security) 通过采用各种技术和管理措施，使网络系统正常运行，从而确保网络数据的可用性、完整性和保密性。其目的是：确保经过网络传输和交换的数据不会发生增加、修改、丢失和泄露等。其基本含义是：(1)数据本身的安全。主要是指采用现代密码算法对数据进行主动保护。如数据保密、数据完整性、双向强身份认证等。(2)数据防护的安全。主要是采用现代信息存储手段对数据进行主动防护，如通过磁盘阵列、数据备份、异地容灾等手段保证数据的安全。是一种主动的包容措施。数据本身的安全必须基于可靠的加密算法与安全体系。主要有对称算法与公开密钥密码体系两种。数据处理的安全，是指如何有效地防止数据在录入、处理、统计或打印中由于硬件故障、断电、死机、人为的误操作、程序缺陷、病毒或黑客等造成的数据库损坏或数据丢失现象，以及某些敏感或保密的数据可能被不具备资格的人员或操作员阅读，而造成数据泄密等后果。

【数据报】(datagram) 通过网络传输的数据的基本单元。包含一个报头和数据本身。其中报头描述了数据的目的地以及和其他数据之间的关系。在数据报操作方式中，每个数据报自身携带有足够的信息。它的传送是被单独处理的。在整个数据报传送过程中，不需要建立虚电路，网络节点为每个数据报作路由选择，各数据报不能保证按顺序到达目的节点，有些还可能会丢失。数据报工作方式的特点是：(1)同一报文的不同分组可以由不同的传输路径通过通信子网。(2)同一报文的不同分组到达目的结点时可能出现乱序、重复与丢失现象。(3)每一个分组在传输过程中都必须带有目的地址与源地址。(4)数据报方式报文传输延迟较大，适用于突发性通信，不适用于长报文、会话式通信。

【数据备份】(data back-up) 将全部或部分数据集合从应用主机的硬盘或磁盘阵列复制到其他存储介质的过程。可防止系统出现操作失误或系统故障导致数据丢失。一般通过专业的数据存储管理软件结合相应的硬件和存储设备来实现。常见备份方式有：(1)定期磁带备份数据。(2)远程磁带库、光盘库备份。(3)远程关键数据+磁带备份。(4)远程数据库备份。(5)网络数据镜像。(6)远程镜像磁盘。数据备份必须考虑数据恢复的问题，包括采用双机热备、磁盘镜像或容错、备份磁带异地存放、关键部件冗余等多种预防措施。这些措施能够在系统发生故障后进行系统恢复。

【数据编码】(data coding) 把需要加工处理的数据库信息，用特写的数字来表示的一种技术。由于计算机要处理的数据信息十分庞杂，有些数据库所代表的含义使人难以记忆。为了便于使用，容易记忆，常常要对加工处理的对象进行编码，用一个编码符合代表一条信息或一串数据。对数据进行编码在计算机的管理中非常重要，可以方便地进行信息分类、校核、合计、检索等操作。因此，数据编码就成为计算机处理的关键。即不同的信息记录应当采用不同的编码。一个码点可以代表一条信息记录。可以利用编码来识别每一个记录，区别处理方法，进行分类和校核，从而克服项目参差不齐的缺点，节省存储空间，提高处理速度。

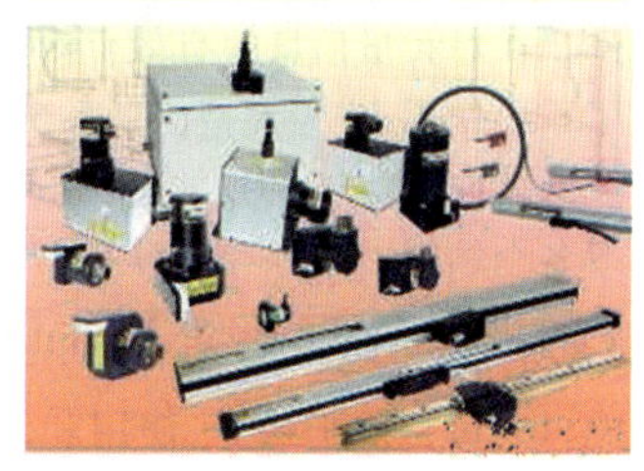
编码器

【数据处理语言】(data processing language) 见 COBOL 语言。

【数据更新】(data revision, data update) 以新数据项或记录，替换数据文件或数据库中与之相对应的旧数据项或记录的过程。在地理信息系统中，遥感数据是数据更新的主要数据源。

【数据加密标准】(data encryption standard, DES) 一种加密算法。DES 加密标准 1976 年 11 月被美国政府采用，随后被美国国家标准局和美国国家标准协会(ANSI)承认。1977 年 1 月以数据加密标准 DES 的名称正式向社会公布。DES 使用 56 位密钥对 64 位的数据块进行加密，并对 64 位的数据块进行 16 轮编码。在每轮编码时，一个 48 位的“每轮”密钥值由 56 位的完整密钥得出来。DES 用软件进行解码需要用很长时间，而用硬件解码速度非常快。DES 作为一种高速对称加密算法，具有重要意义，特别是 DES(密钥系统)和公钥系统结合组成混合密码系统，使 DES 和公钥系统(如 RSA)能够各自扬长避短，提高了加密系统的安全性和效率。

【数据结构】(data structure) 又称复合数据。由数据集合和数据之间各种关系集合组成的二元组。由数据元素依据某种逻辑联系组织起来,在数学上可用适当的数学形式加以描述。一个算法采用的数据结构对程序质量影响极大,包括程序的运行效率、数据所需用的存储空间大小及程序的易维护性等。它同高效的检索算法和索引技术有关,是程序设计和实现编译程序、操作系统、数据库系统及其他系统程序的重要基础。

【数据库】(database) 依照某种数据模型组织并存放在二级存储器中的数据集合。基本结构包括:物理数据层、概念数据层和逻辑数据层。其特点是:(1)实现数据共享。(2)减少数据的冗余度。(3)数据的独立性。(4)数据实现集中控制。(5)数据一致性和可维护性,以确保数据的安全性和可靠性。在对大量信息的有效储存和快速存取方面发挥了重要作用,成为大型信息系统的核心和基础。从传统的面向商业与事务处理,到科技、经济、社会、生活等各个领域,均有广泛应用。

【数据库管理系统】(database management system) 用于建立、使用和维护数据库的软件系统。对数据库进行统一的管理和控制,以保证数据库的安全性和完整性。按其功能的不同可分为:模式翻译、应用程序的编译、交互式查询、数据的组织与存取、系统运行管理、数据库的维护等。基于关系模型的数据库管理系统已日臻完善,并广泛应用于各行各业。

【数据库计算机】(database computer) 实现数据库的存储、管理和控制的一种专用计算机系统。能快速有效地完成各种数据库操作,适应大型数据库管理。多应用于大型数据库管理需要的计算机系统。

【数据类型】(data type) 以数据的表现方式和存储方式来划分的数据的种类。对数据的各种形态的描述。按照数据库管理系统中每个变量、参数、表达式的不同可分为:整数数据类型、浮点数据类型、二进制数据类型、逻辑数据类型、字符数据类型、文本和图形数据类型、日期和时间数据类型、货币数据类型、特定数据类型、用户自定义数据类型和新数据类型。不同类型决定所占存储空间的大小不同。使用什么样的数据类型要根据实际情况而定,既不要浪费存储空间,又不要丢失数据。

【数据链路层】(data link layer) 数据传输的通道。它定义了数据链路的建立、维持、拆除的规范和协议,同时定义了数据链路的物理寻址、网络拓扑、线路描述、顺序传输各帧和流量控制。其主要功能包括:(1)帧同步。(2)差错控制。(3)流量控制。(4)链路管理。(5)寻址等。数据链路层分成了两个子层:(1)介质访问子层。(2)逻辑链路控制子层。介质访问子层控制网络上多个设备共享传输信道的方法。逻辑链路控制子层建立和维护通信设备间的链路。

【数据流计算机】(data-flow computer) 采用数据流方式驱动指令执行的计算机。在数据流方式下,只有当一条或一组指令所要求的操作数全部准备就绪时,才启动相应指令的执行。指令的执行由数据驱动,利于并发性的开发。20 世纪 90 年代研制的数据流计算机大多为商品化的、采用精简指令集计算机技术的处理器和数据流混合体系结构。它推动了指令级并行优化编译与多线程体系结构的研究与发展。

【数据石英光纤】(data quartz optical fiber) 大芯径、大数值孔径的石英光纤。使用廉价、可靠和光功率大的发光二极管作为光源,具有高效、廉价、稳定可靠等优点。其工作窗口在 850~1 300nm,主要用于局域网的数据传输系统。

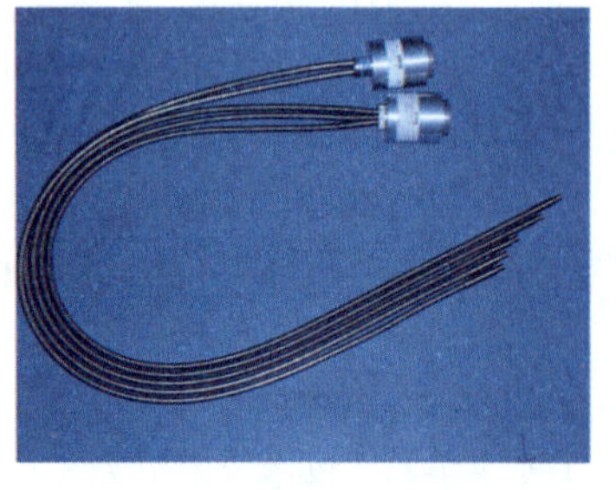
石英光纤

【数据通信设备】(data communication equipment, DCE) 在数据终端设备和传输线路之间提供信号变换和编码功能,并负责建立、保持和释放链路的连接的设备。数据通信设备和其与通信网络的连接构成了网络终端的用户网络接口。它提供了到网络的一条物理连接、转发业务量,并提供了一个用于同步 DCE 设备和 DTE(数据终端设备)设备之间数据传输的时钟信号。调制解调器和接口卡都是 DCE 设备的例子。

【数据挖掘】(data mining) 见知识发现。

【数据压缩】(data compression) 在不丢失信息的前提下,缩减数据量以减少存储空间,提高其传输、存储和处理效率的一种技术方法。经典的数据压缩算法包括道格拉斯 - 普克法、垂距法等。

【数据元素】(data element) 数据项的统称。是指在一个实体的描述过程中有意义的最小的信息单位。由于不同的数据库是由不同的计算机系统分析员在不同的时间设计的,因此,表示相同实体的数据项的名称可能有异。如“地址”一词,在一个数据库中指“位置”,而在另一数据库中则指“房产”。数据项又称“数据场”,是一个数据库或文件中某种记录上的物理存储位置。

【数据质量控制】(data quality control) 采用一定的工艺措施,使数据在采集、存储、传输中满足相关的质量要求的工艺过程。在地理信息系统中,数据质量是指数据产品满足一定使用要求的特性。主要包括数据源、点位精度、属性精度、要素完整性和属性完整性、数据逻辑一致性、数据现突性等。地理信息系统中的数据质量通常用空间数据的误差和正确率来度量。

【数据终端设备】(data terminal equipment, DTE) 具有一定的数据处理能力和数据收发能力的设备。位于用户网络接口用户端,能够作为信源、信宿或同时为二者。数据终端设备通过数据通信设备连接到一个数据网络上,并通常使用数据通信设备产生的时钟信号。数据终端设备包括计算机、协议翻译器以及多路分解器等设备。

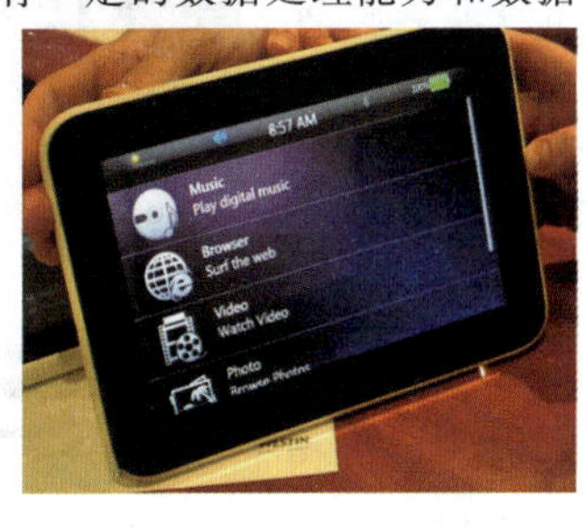

数据终端设备

【数控测量】(numerical control survey) 用计算机和数控技术对产品几何量进行的自动化检测。产品结构的复杂,必然导致模具零件形状的复杂。传统的几何检测手段已无法适应模具的生产。现代模具制造已广泛使用三坐标数控测量机进行模具零件的几何量的测量。三坐标数控测量机除了能高精度地测量复杂曲面的数据外,其良好的温度补偿装置、可靠的抗振保护能力、严密的除尘措施以及简便的操作步骤,使现场自动化检测成为可能。

【数控机床】(numerical control machine tool) 用数字化代码作指令、由数字控制系统进行处理而实现自动控制的机床。能够逻辑地处理具有使用号码或其他符号编码指令规定的程序。高度机电一体化的自动化机床产品。它较好地解决了形状复杂、高精密、生产批量不大且生产周期短及产品更换频繁的多品种小批量产品的制造问题。是计算机辅助设计与制造、群控、柔性制造系统、计算机集成制造系统等柔性加工的最重要的装置。常用的数控机床有数控车床、数控钻床、数控镗床、数控铣床、数控磨床和加工中心等。

【数控机器人】(numerical control robot) 操作人员通过数值、语言等对其进行顺序、条件、位置及其他信息的示教而进行作业的机器人。这类机器人并不由操作人员对其进行手动示教,而是由操作人员向它提供运动程序,执行给定的任务。这类机器人属第一代机器人。其控制方式与数控机床一样。数控技术是计算机应用的一个方面,主要是以专用或通用计算机来控制机械设备(如机床),使之实现过程的自动控制及自动化操作,从而生产出合格的产品。设备系统工作所需的信息(例如被加工零件的图样及工艺要求等)预先变换为数字、语言等形式,在生产准备阶段及过程中陆续输入到设备系统的数控装置或控制计算机中。将数控技术用于机器人的控制,可省去人工导引示教的麻烦,提高作业精度,降低机器人的成本。

数控机器人

【数控技术】(numerical control technology) 用数字化信息进行自动控制的技术。首先在机床行业获得广泛的应用,现在已有数控车床、数控铣床、数控磨床、数控加工中心、数控钻床、数控线切割机床等。在其他行业也出现许多数控设备,如火焰切割机、弯管机、压力机、检查机、绘图机、冲剪机、电火花加工机、数控工业窑炉等。

【数控加工】(numerical control machining) 在数控机床上,采用数字信息控制零件和刀具位移的机械加工方法。是解决零件品种多变、批量小、形状复杂、精度高等问题,实现高效和自动化加工的有效途径。数控加工具有工序集中、加工自动化、产品质量稳定、加工效率高、柔性程度高和加工能力强等特点。数控加工的缺点是:机床设备费用昂贵,要求维修人员具有较高的综合机电技术水平。

【数控伺服系统】(digital control servo system) 又称位置随动系统。一种以机械位移为直接控制目标的自动控制系统。主要有两种:(1)进给伺服系统。控制机床各坐标轴的切削进给运动,以直线运动为主。(2)主轴伺服系统。控制主轴的切削运动,以旋转运动为主。伺服系统的控制方式主要分为开环、闭环和半闭环三种。

【数控系统】(numerical control system) 数字控制系统的简称。用计算机控制数控机床的加工功能,实现数字控制的系统。由数控程序、输入装置、输出装置、计算机数控装置(CNC 装置)、可编程逻辑控制器(PLC)、主轴驱动装置和进给(伺服)驱动装置(包括检测装置)等组成。由于使用了计算机,使系统不仅更小巧,而且其灵活性、通用性、可靠性更好,易于实现复杂的数控功能,使用、维护也更方便,并具有与上位机连接及进行远程通信的功能。

【数理逻辑】(mathematical logic) 数学的一个分支。用数学方法研究逻辑或形式逻辑的学科。用数学的方法研究逻辑的系统思想一般可以追溯到莱布尼茨,他认为经典的传统逻辑必须改造和发展,使之更为精确和便于演算。后人基本是沿着莱布尼茨的思想进行工作的。数理逻辑就是精确化、数学化的形式逻辑。它是现代计算机技术的基础。数理逻辑的两个最基本的也是最重要的组成部分是“命题演算”和“谓词演算”。它对集合论、数论、代数、拓扑学等数学分支的发展有重大影响,推动了计算机科学的发展。

【数理统计】(mathematical statistics) 研究和解释随机现象统计规律的一门数学学科。在科学试验中,测量值是一个以概率取值的随机变量。由于各种不可控制的偶然因素的影响,使得测量数据具有波动性。应用数理统计方法处理数据的目的就是要从这些参差不齐的、表面看来杂乱无章的数据中发现其中的统计规律性。数理统计在试验数据处理中有着广泛的应用。

【数量性状】(quantitative character) 由多基因控制、易受环境影响、呈现连续变异的性状。数量性状在生物全部性状中占有很大的比重,一些极为重要的经济性状(如作物产量、生育期、籽粒重、乳牛泌乳量、羊毛长度等)都是数量性状。研究数量性状遗传规律的学科称为数量遗传学。一般认为数量性状是由微效多基因决定的,而其中的每一个数量性状基因,都仅能决定相应性状的一小部分。其表型特征是连续变化的,且受环境因素的影响。因为许多农作物和家畜的经济性状,都属于数量性状,所以数量性状的研究,在遗传学中具有相当重要的意义。

【数量遗传】(quantitative genetics) 用数学方法研究生物群体数量性状遗传规律的学科。主要是用生物统计学方法对群体的某种数量性状进行随机抽样测量,计算出平均数、方差等,并在此基础上进行数学分析。数量遗传学的另一个重要内容是研究各种不同遗传交配设计(如双列杂交、轮回选择、动物的各种交配系统等)以及在这些交配设计中数量性状的遗传动态。此外,基因型与环境的相互作用也是近年来数量遗传学的重要研究课题。由于经济性状绝大多数是数量性状,所以研究数量性状的遗传变异对于育种实践具有重要的指导作用。

【数码变焦】(digital zooming) 见数字变焦。

【数码双频彩电】(digital double frequency colorcast) 兼容数字信号与模拟信号的电视机。每秒钟显示的图像是普通模拟彩电的两倍,电视画面更数码双频彩电稳定清晰,降低眼睛疲劳程度。同时,接收模拟及数字广播,能电视、电脑双显示,比正常的上网速度更快;只需配一个机顶盒,即能够高效快速地进行网上操作;无需进行任何硬件转换,只需接上电视机的标准计算机接口,就能一机多用。它简化了计算机的多余功能,突出了用户常用的基本功能。其特点是:(1)图像清晰度更高,可达 800 线,接近电脑的清晰度。(2)开关机时可降低紫外线对人体的伤害。(3)物美价廉。

数码双频彩电

【数码印花】(digital printing) 在纺织面料上获得高精度印花机印花产品的过程。它须经过电脑分色印花系统处理,控制喷印系统将各种专用染料或颜料直接喷印到织物或其他介质上,经过处理加工后完成。其原理与计算机喷墨打印机基本相同。共有 4~6 个墨盒,利用一个喷头在布面或转移纸上打印。不受图案套数(色)、花型大小的局限,图案处理灵活,不需要制版制网,既节能、又环保。数码印花工艺流程短,对市场反应迅速,适合纺织品的小批量、多花色、快交货、个性化的生产需求。其产品的印制质量和独特的印花风格是当前任

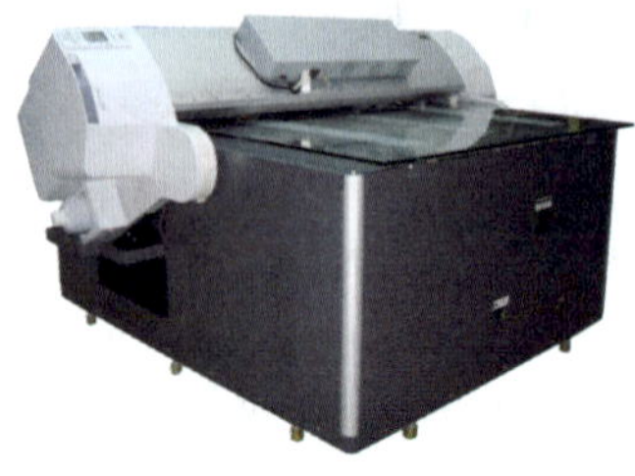
数码印花机

何其他印花技术无法比拟的。

【数码杂志】(digital magazine) 集声音、图像、动画、视频等元素综合而成的电子信息杂志。具有时效性强、信息量大、内容可调度大及可视性、交互性、多样性、娱乐性、传播速度快、免费等特点。是网络上新出现的杂志形式。它依靠网络为传播媒介,综合传统媒体与网络媒体的优势,呈现出良好的发展势头。

【数学】(mathematics) 研究现实世界数量关系和空间形式的科学。最早源于计数和度量。随着生产力的发展,人们越来越多地要求对自然现象作定量研究。同时由于数学自身的发展,使其具有高度的抽象性、严谨的逻辑性和广泛的适用性。现在数学大致分为基础数学(也称纯粹数学)和应用数学两大类。前者包括数理逻辑、数论、代数学、几何学、拓扑学、函数论、泛函分析和微分方程等分支;后者包括概率论、数理统计、计算数学、运筹学和组合数学等分支。随着人类社会的发展,人们对数学本质特征的认识也在不断变化和深化。早期,人们普遍认为数学是一门自然科学、经验科学,因为那时的数学与现实之间的联系非常密切。随着数学研究的深入,非欧几何、抽象代数和集合论等的产生,特别是现代数学向抽象、多元、高维发展,人们的注意力集中在这些抽象的对象上,数学与现实之间的距离越来越远,而且数学证明(作为一种演绎推理)在数学研究中占据了重要地位。因此认为数学是人类思维的自由创造物,是研究量的关系的科学,是研究抽象结构的理论,是关于模式的学问。现在人们对数学更加广义的理解则是"数学是一种文化体系","数学是一种语言"。数学科学已成为推进人类文明的不可缺少的重要因素,正越来越直接地为人类生活与物质生产作出更大的贡献。

几何分形

【数学地图学】(mathematical cartography) 地图学的一个分支。研究地图数学基础的建立与数学方法应用的学科。其主要研究内容是:(1)地图投影理论。即地图投影的设计原理,常用投影的标准化及投影变换的数学方法。(2)地图的各种数学模式。(3)地图概括中数理统计原理与方法。(4)表示数量特征的地图(如等值线图、统计地图)、评价地图、预报地图、合成地图的数学原理。(5)地图量算的数学方法。(6)计算机制图的数学原理与方法。(7)地图应用的各种数理统计方法与数学模型的建立。其中,地图投影理论已有较深入研究,数理统计方法、地图量算、机助制图数学方法的应用也有较好基础。地图应用的数学方法有待深入研究。

【数学归纳法】(mathematical induction) 通过递推归纳证明与自然数有关的命题的一种方法。数学中的一个重要证明方法。数学归纳法用下面两个步骤来证明命题的真实性:第一步,验证 $n=0$ 时命题成立;第二步,假设当 $n=k(k\geqslant0)$ 时命题成立,并以此为据,推证当 $n=k+1$ 时命题也成立。根据以上两步,断定对于所有自然数 n 命题都成立。上面的第一步称为归纳奠基。证明的起点 $n=n_0$ 可以换为 n_0 取何自然数,视命题的具体内容而定,有时甚至可以将其取值扩展到 0 和负数。第二步称为归纳递推,其中所做的假设 $n=k(k\geqslant1)$ 时命题成立称为归纳假设,可直接用作证明 $n=k+1$ 时命题成立的依据。这种归纳法所能证明的,只是命题对大于或等于 0 的所有自然数 n 成立,不管 n 有多大,它仍是有限数(基数),不可能推出命题对超限基数成立。故这种归纳法称为有限数学归纳法。

【数学基础】(foundation of mathematics) 研究数学的对象、性质和方法的学科。主要回答"数学是什么","数学的基础是什么","数学是否和谐"等一些数学上的根本问题。

【数学期望】(mathematical expectation) 又称期望值。随机变量按照其概率加权的加权平均值。是随机变量最重要的数字特征。它描述了随机变量取值的平均值,即表示一组测量值概率分布的中心位置。

【数学物理方程】(math-phyicat equation) 数学的一个分支。主要是研究在物理、力学和工程技术中经常出现的一些偏微分方程,如波动方程、热传导方程和拉普拉斯方程等的解的存在性、唯一性和求解等问题。

【数值逼近】(numerical approximation) 现代计算数学的基本组成部分。主要研究方向有:函数逼近、函数插值、数值微分和数值积分。函数逼近研究在某一种度量意义下,在某种较简单又便于计算的逼近函数类中寻求函数的近似表示;函数插值研究从一组离散数据出发,如何插出各种连续函数逼近已知的数据的插值方法;数值积分和数值微分研究定积分和导数近似计算的数值方法。

【数值方法】(numerical method) 见数值计算。

【数值分析】(numerical analysis) 又称数

值计算方法。计算数学的重要组成部分。主要为计算机提供切实可行的算法,并进行误差分析。其内容包括:数值逼近、非线性方程及方程组求根、线性方程组求根及微分方程数值解等。

【数值积分】(numerical intergration) 又称机械求积。根据被积函数在积分区间上的一些离散点上的函数值计算函数定积分的近似值的数值方法的总称。是数值逼近的一个组成部分。当被积函数以表格形式给出,即只知道其在若干离散点上的函数值,或被积函数的原函数不能有表达式给出,或被积函数原函数表达式比较复杂,通常用数值积分方法近似求出待求的定积分的近似值。

【数值计算】(numerical computation) 又称数值方法。有效使用数字计算机求数学问题近似解的方法与过程。主要研究如何利用计算机更好地解决各种数学问题,包括连续系统离散化和离散形方程的求解,并考虑误差、收敛性和稳定性等问题。研究领域包括:数值逼近、数值微分和数值积分、数值代数、最优化方法、常微分方程数值解法、积分方程数值解法、偏微分方程数值解法、计算几何和计算概率统计等。随着计算机的广泛应用和发展,计算物理、计算力学、计算化学和计算经济学等许多计算领域的问题,都可归结为数值计算问题。

【数值天气预报】(numerical range weather forecast) 又称数值预报。将当前的大气环流状态作为初始值,利用大型计算机求解流体动力学和热力学方程组所做的天气预报。其具体操作是:首先将不规则分布的测站观测资料合理精确地插值到规则的网格点上;再对不同气象要素进行初始化;确定合理的上下边界条件以及有限区域模式的侧边界条件;最后用数值方法求解大气动力学和热力学方程组。数值天气预报当前已经成为以短期、中期天气预报为主的客观定量的天气预报方法。

【数值微分】(numerical differentiation) 根据被积函数在一些离散点上的函数值计算它在某点的导数或某高阶导数近似值的数值方法的总称。是数值逼近的一个组成部分。当函数由表格形式给出,即只知道其在若干离散点上的函数值,或函数表达式十分复杂,其导数值难于计算时,通常用数值微分方法推算它在某点的导数以及高阶导数的近似值。

【数字变焦】(digital zooming) 又称数码变焦。通过数码相机内的处理器,把图片内的每个像素面积增大,从而达到放大目的的技术。即在数码相机内,把原来影像感应器上的像素使用插值处理手段,将部分画面放大到整个画面。与光学变焦不同,数码变焦是利用感光器件垂直方向上的变化,而给人以变焦效果。感光器件的面积越小,视觉上看到的景物图像也越小。但是由于焦距没有变化,图像质量相对于正常情况下较粗糙。

数字变焦

【数字测图】(digital mapping) 利用各种手段采集数据,并对所采集的数据进行计算机加工处理,测制数字地图方法。在较大区域内,通常采用航空摄影或遥感技术,将地面立体模型或航空(天)影像灰度数字化后再根据摄影测量原理用数字化测图设备测绘地形图;在测区较小时,多用电子平板仪或全站仪,实地将地貌、地物等数字化后,用数字化成图设备测绘地形图。

【数字城市】(digital city) 又称城市信息化。用数字形式表述城市概貌的信息化系统。其概念源于数字地球。它涉及城市信息化的方方面面,不仅包括信息化基础设施(网络、数据库、信息系统、政策法规与保障体系等),而且涉及信息化过程中所产生的社会关系和文化伦理观念的变化与调整。数字城市的核心技术是遥感、地理信息系统、全球定位系统、空间决策支持、管理信息系统、虚拟现实以及宽带网络等技术。

【数字磁带录音机】(digital tape recorder) 是运用数字技术进行记录和重放的磁带录音机。可分为旋转磁头式和固定磁头式两类。旋转磁头式是利用一个脉冲编码调制(PCM)处理器把模拟声频信号变为数字信号后转换为伪视频信号,再用U-matic或专业用VHS录像机进行记录。固定磁头式大多是多轨机,有两声道12轨机和16声道、24声道、32声道机,又分为PD格式和DASH格式,彼此不能兼容。小型盒带旋转磁头数字录音机(DAT)是把PCM处理器与旋转磁头记录器合二为一的机种。它的体积较小,有便携型可供流动录音用。小型盒带固定磁头数字录音机(DCC)是一种带盒大小与普

数字磁带录音机

通带盒一样，也可以重放普通模拟盒带的数字录音机。它采用精密自适应子频带编码（PASC）系统，利用人耳听觉特征，大大压缩了码率。数字磁带录音机的动态范围、信噪比都在 90dB 以上，无抖晃，频响为 20～20000Hz，音质优美。

【数字地面模型】（digital terrain model） 由一定结构组织在一起的数据组代表地形特征空间分布的模型。是地形起伏的数字表达。由对地形表面取样所得到的一组点的坐标数据和一套对地面提供连续描述的算法组成。是建立地形数据库的基本数据。数字地面模型可以用来制作等高线图、坡度图、专题图等多种图解产品。

【数字地球】（digital earth） 关于地球自然和人文因素的数字化的地理信息应用系统。是应用地理信息系统、遥感、全球定位系统等技术，以数字方式获取、处理和应用关于地球的各种空间数据构建而成的技术系统。其核心思想是：用数字化手段来处理整个地球自然和社会活动诸方面的问题，最大限度地利用资源，使人们能够方便地获得想要了解的有关地球的信息。其特点是：以计算机技术、多媒体技术和大规模存储技术为基础，以宽带网络为纽带，嵌入海量地理数据，对地球进行多尺度、多分辨率、多时空和多种类的三维描述；利用它作为工具来支持和改善人类的活动和生活质量，并在此基础上探索、解决各种全球性的技术问题。广泛应用于经济、社会、军事和科技等领域。

数字地球

【数字地图】（digital map） 按照一定的数据组织方式、带有坐标位置和属性标志，以地理空间数据集合形式表示的地图。是地理信息的数据表达。注重地理信息数据在计算机中组织、存储的方式，保证计算机能对其方便地进行加工、处理、传输和利用。在大地坐标系统、图幅分幅、地图投影、高程基准、内容表示和符号系统等基本原则问题上，保持同现有纸质地图的紧密联系。其特点是：信息丰富多样，正确及时，修改、检索、传输信息方便快速，并可以对系统中的数据作进一步的分析操作，提供人们关注的专题信息。数字地图显示的内容是动态的、可调整的，由使用者交互式地进行操作。其信息量远远大于普通地图，可以非常方便地对普通地图的内容进行任意形式的要素组合、拼接，形成新的地图。利用可视化技术，可以将数字地图变换成计算机屏幕和输出设备上可视化的地图（称电子地图）。经编辑修改和出版处理，通过喷墨绘图机绘图输出，或通过相应设备输出胶片、印刷版，印刷后得到纸质地图。

【数字电话】（digital phone） 一种采用数字技术的电话。采用高科技数字扩频、自动跳频技术，使信息接收、传输完全数字化，克服了普通模拟电话无法克服的问题。数字电话可以有效地防窃听、防盗打、抗干扰，与模拟电话相比质量好、通话清晰度高、信噪比高、传输距离不受限制。其主要功能是：重拨最后 10 个号码、电话静默、来电显示功能、电话记录本、房间监听功能、回叫追拨、呼叫转移、部分呼叫限制和全部限制等。

【数字电视】（digital television） 从演播室到发射、传输、接收的所有环节都是使用数字电视信号或对该系统所有的信号传播都是通过由 0、1 数字串所构成的数字流来传播的电视形式。数字信号的传播速率是每秒 19.39×10^6 字节，在保证数字电视的高清晰度的同时，还由于数字电视可以允许几种制式信号的同时存在，每个数字频道下又可分为几个子频道，从而既可以用一个大数据流，也可将其分为几个分流。数字电视的分类：(1)按信号传输方式的不同可分为：地面无线传输（地面数字电视）、卫星传输（卫星数字电视）和有线传输（有线数字电视）三类。(2)按产品类型的不同可分为：数字电视显示器、数字电视机顶盒和一体化数字电视接收机。(3)按清晰度的不同可分为：低清晰度数字电视（图像水平清晰度大于 250 线）、标准清晰度数字电视（图像水平清晰度大于 500 线）和高清晰度数字电视（图像水平清晰度大于 800 线，即 HDTV）。(4)按显示屏幕幅型的不同可分为：4∶3 幅型比和 16∶9 幅型比两种类型。(5)按扫描线数（显示格式）的不同可分为：HDTV 扫描线数（大于 1 000 线）和 SDTV 扫描线数（600～800 线）等。数字电视采用了双向信息传输技术，增加了交互能力，赋予了电视许多全新的功能，使人们可以按照自己的需求获取各种网络服务，包括视频点播、网上购物、远程教学、远程医疗等新业务，使电视机成为名副

数字电视

其实的信息家电。

【数字电位器】(digital potentiometer) 又称数控电位器。一种用数字信号控制其阻值改变的器件或集成电路。与机械式电位器相比,具有可程控改变阻值、耐震动、噪声小、寿命长、抗环境污染等优点。已在自动检测与控制、智能仪器仪表、消费类电子产品等许多重要领域得到成功应用。但是,数字电位器额定阻值误差大、温度系数大、通频带较窄、滑动端允许电流小(一般1~3mA)等。这在很大程度上限制了它的应用。数字电位器取消了活动件,是一个半导体集成电路。其优点是:(1)调节精度高。(2)没有噪声,工作寿命长。(3)无机械磨损。(4)数据可读写。(5)具有配置寄存器及数据寄存器。(6)多电平量存储功能,特别适用于音频系统。(7)易于软件控制。(8)体积小,易于装配。它适用于家庭影院系统,音频环绕控制,音响功放和有线电视设备等。

数字电位器

【数字多媒体广播】(digital multimedia broadcasting) 在数字音频广播基础上发展起来的广播技术。分为地面数字多媒体广播和卫星数字多媒体广播两种。地面数字多媒体广播,建立在欧洲厂商开发的尤里卡147数字音频广播系统的基础上。卫星数字多媒体广播,将数字视频或音频信息通过DMB卫星进行广播,由移动电话或其他专门的终端实现移动接收,可以在宽广的地区充分满足在移动环境下视听广播电视的个性化要求。前者投资额较小,适合于区域性应用;后者适用面比较广,可以覆盖整个国家,投资额较大。

【数字高程模型】(digital elevation model,DEM) 用一组有序数值阵列形式表示地面高程的数据集。可以真实完整地反映地表形态。通过它能够生成等高线、三维立体图,进行坡度、坡向、坡面、通视等分析计算。其生产方法有:(1)直接由野外地面测量获取,如用GPS、全站仪等设备进行测量等。(2)根据航空或航天影像,通过摄影测量途径获取。(3)从现有地形图上采集等高线,然后通过内插生成。(4)利用卫星、飞机和其他飞行器对地表直接进行高程测量。中国于20世纪90年代生产了全国范围的1:5万、1:25万和1:100万数字高程模型。在国民经济和国防建设中广泛应用。如在军事上,用于战场地形环境仿真等;在工程建设上,用于路址选择、土方量计算等;在防洪减灾方面,用于汇水分析、蓄洪计算、淹没分析等。

【数字光纤通信】(digital optical fiber communication) 把携带数字信息的光波用光纤传输的通信方式。要使光波成为携带数字信息的载体,就必须先用数字信号对光波进行调制,然后再通过光纤传输。与模拟通信相比较,数字通信灵敏度高,传输质量好。在光纤通信系统中,光纤中传输的是二进制光脉冲0码和1码,它由二进制数字信号对光源进行通断调制而产生。在接收端再把数字信息从光波中检测出来。

【数字化部队】(digitized force) 以计算机技术和数字通信技术为支撑,实现通信技术数字化、作战系统网络化、指挥控制实时化和侦察打击一体化的部队。使用各种数字化装备,把兵力和兵器通过数字化技术连接为一个整体。使部队从单兵到各级指挥员,使各种战斗、战斗支援和战斗保障系统都具备战场信息的获取、传输及处理功能。使整个战场上的信息系统相互兼容、及时可靠。使诸兵种的联合与合成作战行动成为密切协调的整体,从而提高部队的战斗力。

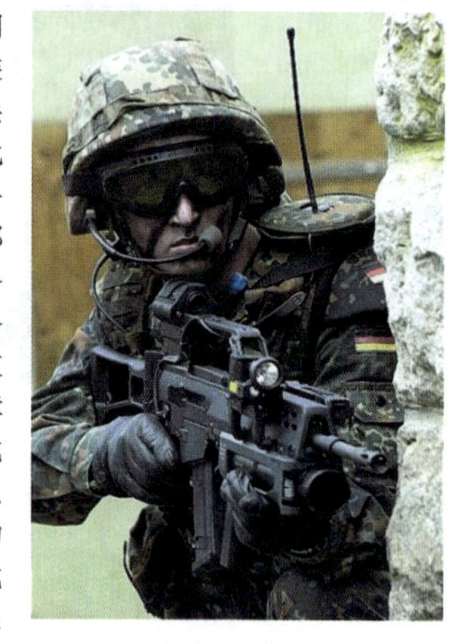

数字化兵

【数字化管理示范城市】(digital management model city) 在城市规划建设与运营管理以及城市生产与生活中充分利用数字化信息处理技术和网络通信技术,将城市的各种信息资源加以整合并充分利用的城市。数字化城市管理系统运用现代信息技术,GIS(地理信息系统)、GPS(卫星定位系统)、RS(遥感系统)等信息管理系统进行构建。这个系统将城市地理空间精确划分为以街道或居委会社区为基础的单元网格,将城市管理对象按"部件"(指公共设施、交通设施等)和"事件"进行详细分类,经过编码、定位,将所有城市管理问题都在数字化的地图上标明,落实到单元网格中。系统设立指挥中心和监督中心。在每一单元网格,都设立一名现场监督员。监督员在自己所辖领域内发现问题时,用“城管通”手机现场拍照,将情况(包括时间、地点和所发生的问题)迅速反映到监督中心。监督中心立案,并将信息批转到城管指挥中心。指挥中心根据信息确定责任单位,通知处理。整个过程要在确定的时间内完成,否则相关单位将承担相关责任,受到相应处罚。处理完毕后,指挥中心批转回待核查案卷,监督中心派出监督员现场核查,将核查结果传回监督中心,最终结案。数字化管理使得城市管理不留死角。从突击式管理走向无缝隙管理,从随意性管理走向规范化管理,降低了城市管理成本。

【数字化坦克】(digitized tank) 能在数字化战场上使用、具有战场态势感知能力并通过战术互联网与其他作战单位和战场指挥部实现信息共享的坦克。数字化部队的组成部分。是数字化战场信息网络中的节点和信息终端。除具备一般坦克的火力、机动性和防护能力外,还具有以下基本功能:(1)精确定位导航。利用安装在坦克上的导航卫星信号接收机和惯性导航系统进行定位。(2)信息传输。随时将目标及自身的定位数据、战斗报告以语音、文字、图形、图像等形式向上级及友邻数字化作战单元(坦克、步兵战车、自行火炮、直升机、保障车辆等)传送,并接收上级的命令和友邻单位传来的信息。(3)信息显示。实时显示各种信息、显示战场彩色地图和敌我态势。(4)战术任务处理功能。包括进行坐标计算、目标报告、火力呼叫、计划行驶路线和提出保障需求等。

数字化坦克

【数字化远程监控传输系统】(digital long-distance monitoring transmission system) 采用数字图像压缩编解码技术把图像、音频和数据集成在一个信道中进行远程实时传输的信息系统。是远程监控系统传输问题的全方位解决方案。它与HD300系统和HD500闭路电视监控系统或其他监控系统相结合,可以组成远程图像监控系统。用于视频会议、远程教学、远程医疗和远程测控等领域。

【数字化战场】(digitized battle field) 以计算机为核心、以数字通信系统为纽带建立起覆盖整个战场空间的综合信息网络。是实现信息共享的一种新型战场,也是数字化部队遂行作战任务的战场。计算机信息处理系统和数字化通信网络是构成数字化战场的两大支柱。计算机把各种侦察系统获取的语言、文字、图像等各种类型的战场信息进行数字化处理,转换成数字信号,并通过数字化通信网络进行传输。数字化通信网络由无线电台、光纤通信系统、卫星通信系统组成,把战场上的各级指挥部、参战部队、保障部队、单件武器装备直至单兵联系起来,充分发挥数字通信快速、准确、容量大的特点,最大限度地实现近实时的战场信息传递、交换和共享,为制定和实施作战计划提供可靠依据,全面提高部队的战斗力。

数字化战场

【数字化制造技术】(digital manufacturing technology) 将数字化技术用于支持产品全生命周期的制造活动和企业的全局优化运作的技术。数字化技术是以数字电子计算机硬软件、周边设备、协议和网络为基础的信息离散化表述、定量、感知、传递、存储、处理、控制和联网的集成技术。数字化制造技术的发展趋势是制造信息的数字化,实现计算机辅助设计、计算机辅助工艺规划、计算机辅助制造和计算机辅助工程的一体化,使产品向无纸质图纸制造方向发展。通过局域网实现企业内部并行工程,通过互联网建立跨地区的虚拟企业,实现资源共享,优化配置,使制造业向互联网辅助制造方向发展。

【数字会议系统】(digital meeting system) 集计算机、通信、自动控制、多媒体等技术于一体的会务自动化管理系统。将会议报到、发言、表决、摄像、音响、显示和网络等独立的子系统连接成一体,由中央控制计算机根据会议议程统一协调、管理。它为各种大型国际会议、学术报告会及远程会议提供了准确、即时的信息服务。

【数字计算机】(digital computer) 内部以电磁信号或数字信号表述其存储、传输和处理对象的计算机。是由硬件部分和软件部分共同组成的信息处理机。硬件部分由中央处理器、主存储器和输入/输出设备等辅助存储器组成。软件部分由程序和文档组成。运算速度和存储容量是其两个主要指标。其主要特

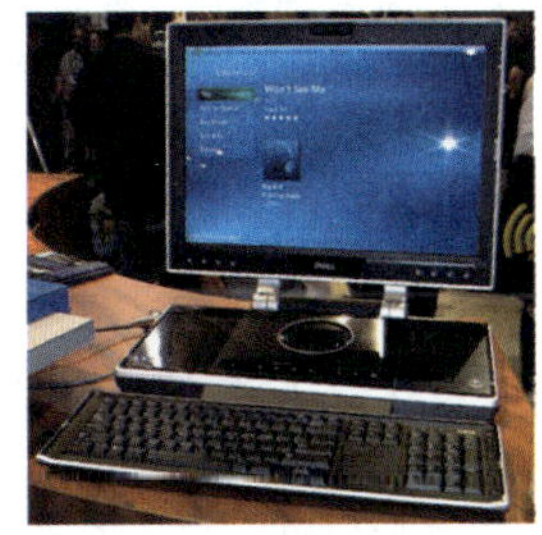
数字计算机

点是离散，在相邻的两个符号之间不可能有第三种符号存在。由于处理信号的差异，使得它的组成结构和性能优于模拟式电子计算机。

【数字林业】(digital forestry) 以林业空间数据为依托，用宽带网连接各分布式数据库，以虚拟现实技术为特征，具有三维显示和无边无缝多级分辨率浏览的开放式林业信息系统。是对林业资源及其工程建设等相关现象的统一的数字化表达与认识。数字林业系统在县、市、省，乃至国家当前的生态环境建设和将来的知识经济社会中具有重大作用。可以将空间数据和应用领域数据有机地结合在一起。提供的数据和信息在政府宏观决策和科学管理、林业资源利用、生态环境规划及建设、灾害监测、全球变化、生态系统和水文循环系统等方面应用广泛。

【数字模拟转换器】(digital-imitating converter) 能够将数字信号转换成模拟信号的转换器。其品质决定整个声卡的音质输出品质。一般分主取样、保持、量化和编码四个程序。可用于雷达的数据采集和处理，导弹和火箭的检测与控制，宇航和通信系统，人工智能和过程控制系统以及传感器封装、卫星与通信设备数字报警器、自动目标辨识器、光纤通信和信号处理等设备。

数字模拟转换器

【数字农业】(digital agriculture) 将遥感、地理信息、全球定位系统以及电脑、通信和网络、自动化设备等高新技术，与地理学、农学、生态学、植物生理学、土壤学等基础学科有机结合起来的系统。对农作物生长发育、病虫害发生、水肥状况变化及相应的环境因素进行实时监测，并定期获取信息，建立动态空间多维系统，从而模拟农业生产过程中的耕种现象，达到合理利用农业资源、降低生产成本、改善生态环境、提高农作物产量和质量的目的。数字农业是一个学术性很强的综合概念。与数字农业技术体系有关的理论基础与应用技术研究，已经成为主要发达国家发展农业高新技术的重点。

【数字判绘】(digital interpretation and mapping) 根据遥感影像特征，利用判绘软件系统，按照编码标准，将要表示的要素在屏幕上识别并采集出来的技术。其特点是：劳动强度小，智能化程度高，对图像及参考资料要求严，对作业员要求高。作业成果必须经过野外检核修改。

【数字摄像机】(digital camera, DITEC) 图像处理及信号记录全部使用数字信号完成的摄像机。其特征是：磁带上记录的信号为数字信号，而非模拟信号。摄取的图像信号经 CCD 转化为电信号后，马上经电路进行数字化，以后在记录到磁带之前的所有处理全部为数字处理，最后将处理完的数字信号直接记录到磁带上。其特点是：(1)图像质量佳。数字信号的使用可以将电路部分引入噪声的影响忽略不计。同时磁带的本底噪声对重放的图像信号的影响也几乎没有。(2)在记录过程中采用纠错编码，使重放时磁带的信号失落可以得到有效补偿，画面失落少。(3)记录密度高。机器体积小，数字记录能有效减小记录磁迹的宽度，提高磁带的记录密度。在标准的摄像机使用的 MiniDV 磁带仅火柴盒大小，可记录 60min 标准模式和 90min 慢录模式的内容。(4)可靠性高。数字电路的高度一致性以及数字信号对电路性能离散性的低敏感使得数字摄像机里使用机械方式进行调整的电路部分几乎为零，提高了机器的可靠性，延长了机器的使用寿命。(5)低使用成本。数字摄像机走带张力很小，对磁头及磁带的磨损相应地减小，作为最贵重元件之一的磁鼓的使用寿命大大延长，从而降低使用成本。(6)完美的录音音质。数字摄像机的音频部分采用数字 PCM 方式记录到磁带上，具有极高的保真度。由于数字摄像机具有模拟摄像机所不能比拟的诸多优点，因此近年来其市场占有率不断提高，必将完全取代模拟摄像机。

数字摄像机

【数字摄影测量】(digital photogrammetry) 以数字影像为数据源，根据摄影测量原理，通过计算机软件处理获取被摄物体的形状、大小、位置及其性质的测量技术。应用数字影像处理、影像匹配、模式识别等技术，具有全数字的特点。实用性强，能处理航空影像、航天影像和近景摄影所获取的图像信息。能为地图数据库的建立与更新提供地形数据，也可用于制作数字地形模型、数字地图等。

【数字式航空电子信息系统】(digital avionic information system) 数字化的航空电子信息综合系统。该系统以系统工程的理论和方法为指导，把航空电子系统作为一个整体来考虑。从信息出发,着重解决信息处理、信息传输和信息显示三个环节上的问题,构成完整的航空电子数字化、综合化系统,极大地提高了航空电子信息的处理能力。

【数字数据】(digital data) 模拟数据经量化后得到的离散值。在计算机中用二进制代码表示的字符、图形、音频与视频数据。数字信号是一种离散的、脉冲有无的组合形式,是负载数字信息的信号。常见的数字信号是幅度取值,只有两种波形,为二进制信号。数字数据的特点与作用是:(1)不同的数据必须转换为相应的信号才能进行传输;(2)模拟信号和数字信号之间可以相互转换。模拟信号数字化的过程是:(1) 抽样。对连续的模拟信号进行离散化处理,通常是以相等的时间间隔来抽取模拟信号的样值。(2)量化。将模拟信号样值变换到接近的数字值,把幅度上连续的抽样也变为离散的。(3)编码。把量化后的样值信号用一组二进制数字代码来表示,最终完成模拟信号的数字化。

【数字数据网】(digital data network, DDN) 利用数字信道传输数据的一种传输网络。是现在最常用的专线连网形式。它的传输媒介有光缆、数字微波、卫星信道。其用户端可用普通的电缆和双绞线。一个数字数据网主要由本地传输系统、交叉连接和复用系统、局间传输系统、同步定时系统、网络管理系统等五部分组成。主要为用户提供专用的中高速数字数据电路,包括规定速率的点到点或点到多点的数字专用电路和特定要求的专用电路,以及帧中继业务和压缩语音等业务。数字数据网一直保持链路连接,所以通信时不需要连接的建立与断开,数据传输质量、可靠性都有保障;传输速率由2.4、4.8、9.6、19.2、64、n×64kbps至2Mbps,可根据需要进行选择。数字数据网的基础是数字传输网。它必须采用以光缆、数字微波、数字卫星电路为基础,才能建立起数字传输网。与传统的模拟数据网相比,具有传输质量好、速度快、带宽利用率高、不需要价格昂贵的调制解调器等一系列优点。适用于大单位、专业数据传送的远程连接。随着科技与经济的发展,数据库及其检索业务也迅速发展,现代社会对电信业务的依赖性越来越强,数字数据网的作用日益突出。

【数字水印】(digital watermark) 一种能把版本、版权、作者等某些标志性信息或隐秘信息直接嵌入到以单一媒体或多媒体制作的原有数字作品中,且不影响原有内容与使用价值的信息隐藏技术。具有安全、隐蔽、鲁棒和不可见性等特征。其分类有:(1)按特性的不同可分为鲁棒数字水印和易损数字水印两类。(2)按所附载媒体的不同可分为图像水印、音频水印、视频水印、文本水印及用于三维网格模型的网格水印等。(3)按水印检测过程的不同可分为明文水印和盲水印。(4)按内容的不同可分为有意义水印和无意义水印。(5)按用途的不同可分为票证防伪水印、版权保护水印、篡改提示水印和隐蔽标志水印。已被广泛用于隐蔽信息传输、真伪识别和身份识别等领域。

【数字通信】(digital communication) 用数字信号作为载体来传输信息,或者用数字信号对载波进行数字调制后再传输的通信方式。与模拟通信相比,其优点是:(1)抗干扰能力强。(2)数字通信中的信息包含在脉冲的有无之中,只要噪声绝对值不超过某一门限值,接收端便可判别脉冲的有无,以保证通信的可靠性。(3)远距离传输能保证质量。(4)适应各种通信业务要求,便于实现统一的综合业务数字网,便于采用大规模集成电路,便于实现加密处理,便于实现通信网的计算机管理等。数字通信正向着小型化、智能化、高速大容量的方向迅速发展。

【数字图像处理】(digital image processing) 用计算机对数据化的图像进行修复还原、画质增强、提取特征、分割截取的技术。利用数字图像处理还可以对图像进行体积压缩,便于传输和保存。与常规处理方法相比,它更为灵活、方便。在航空航天、遥测遥感、土地测绘、案件侦查、产品检测、医疗诊断以及视频通信等领域具有广阔的应用前景。

【数字卫星电视】(digital satellite TV) 利用地球同步卫星将数字编码压缩的电视信号传输到用户端的一种广播电视形式。是近几年迅速发展起来的。主要有两种方式:一种是先将数字电视信号传送到有线电视前端,再由有线电视服务商转换成模拟电视传送到用户家中。这种形式已经在世界上普及应用多年。另一种是将数字电视信号直接传送到用户家中即DHT方式。与第一种方式相比,DTH方式卫星发射功率大,可用较小的天线接收,普通家庭即可使用。同时,可以直接提供对用户授权和加密管理,开展数字电视、按次付费电视(PPV)、高清晰度电视等类型的先进电视服务,不受中间环节限制。此外DTH方式还可以开展许多电视服务之外的其他数字信息服务,如因特网高速下载,互动电视等。

数字卫星电视天线

【数字信封】(digital envelopes) 用加密技术来保证只有特定收信人才能阅读通信内容的技术。是公钥密码体制在实际中的一个应用。在数字信封中,信息发送方采用对称密钥来加密信息内容,然后将此对称密钥用接收方的公开密钥来加密,之后,将它和加密后的信息一起发送给接收方。接收方先用相应的私有密钥打开数字信封,得到对称密钥,然后使用对称密钥解开加密信息。数字信封主要包括数字信封打包和数字信封拆解。数字信封打包是使用对方的公钥将加密密钥进行加密的过程;数字信封拆解是使用私钥将加密过的加密密钥解密的过程。

【数字信号处理器】(digital signal processor,DSP) 用于快速处理数字信号的专用处理器。因其将相关的算法固化在芯片上,能够高速实时完成某些由软件实现的数字信号处理。按其用途的不同可分为:(1)专用数字信号处理器。专门为实现某种数字信号处理算法而设计,仅适用于专门领域。(2)通用数字信号处理器。是可编程的信号处理器,可以实现多种数字信号处理算法。适用于多个领域。

【数字音频广播】(digital audio broadcasting) 对数字化了的广播音频及各种数据图像信号进行编码、调制、传递等处理的新一代广播。与模拟广播相比,其特征是:(1)可传送声音、文字、图片、短片等多媒体内容。(2)可高速行动接收。(3)信号与音质不受多路径传播的干扰,可确保音质。(4)频道负载透过较佳的压缩技术,一个频道可同时传送多套近CD音质的节目。(5)频谱可采用单频网。其优势表现在:(1)音质纯净,可与CD盘媲美。(2)覆盖面积大,任何地面广播系统无法与之相比,尤其对以中国、全球覆盖为目标的大台来说更为重要。(3)扩展以往广播频率数量的不足。(4)投资和运营费用低。(5)广播节目可根据不同音质的播出需要从最经济的角度任意选择播出带宽。它既可固定和便携接收,也可移动接收。这种广播已引起世界各国科技界、广播界、电子工业界的广泛关注。

数字音频广播

【数字印刷机】(digital printing machine) 将计算机制作完成的数字页面直接印刷得到印刷品的设备。按有无印刷版可分为:(1)有版(计算机直接成像)数字印刷机。其印版滚筒上有印刷版。当印刷机接收到计算机发送的页面信息后,首先在印刷机上通过合适的成像系统和板材直接成像产生印版,然后进行印刷。有版数字印刷机与传统印刷机在印刷过程上是相同的,其不同之处是需要在印刷装置中增加一些制版设备。(2)无版(计算机直接印品)数字印刷机。印刷机上不需要印刷版。当印刷机接收到计算机发出的页面信息后,按图文信息生成于纸上的方式的不同可分为两种:一种是先在滚筒上成像,然后再将图文转移到纸张上,每印一个印张,滚筒上的图文又重新生成一次;另一种是油墨直接在纸张上成像,制成印刷品。无版数字印刷机的印刷技术,均以静电成像、离子成像、磁记录成像和喷墨印刷等技术为基础。

数字印刷机

【数字影像地图】(digital image map) 又称数字正射影像地图。将正射影像与重要的地形要素符号及注记叠置,并按相应的地图分幅标准分幅,以数字形式表达的地图。军用地图的一种。综合了影像和地形图的优点,具有地形信息丰富、地物平面精度高、能显示地表的细微形状以及形象直观、易于判读、成图速度快等特点。军事上主要用于研究地形和判定目标点位。

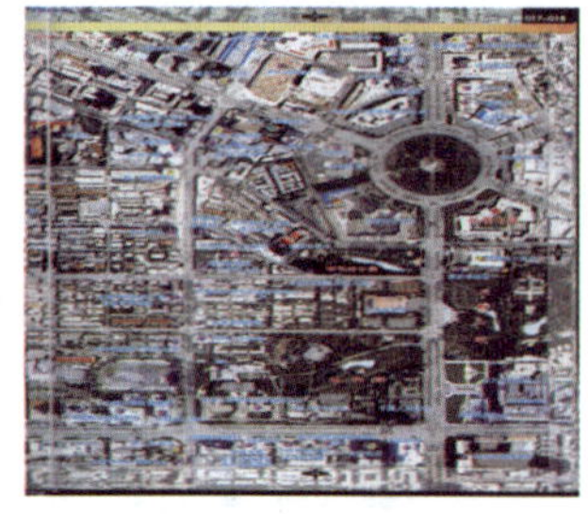
数字影像地图

【数字证书】(data certificate) 标志网络用户身份信息的一系列数据。由权威公正的第三方机构签发,利用一对互相匹配的密钥进行加密、解密。每个用户拥有一把仅为本人所掌握的私有密钥进行解密和签名;同时拥有一把公共密钥,可以对外公开,用于加密和验证签名。采用数字签名,能够确认两点:(1)保证信息由签名者自己签名发送,签名者不能否认或难以否认;(2)保证信息自签发后至收到为止未曾作过任何修改,确保签发文件的真实性。用于发送安全电子邮件、访问安全站点、网上证券、网上招标采购、网上签约、网上办公、网上缴费、网上税务等网上安全电子事务处理和电子交易活动。格式一般采用X.509国际标准。主要分为安全其电子邮件证书、个人和企业身份证书、服务器证书以及代码签名证书等类型。

【数字中国】(digital China) 又称数字化中国或信息化中国。以整个中国作为对象的数字地球技术系统。以国家信息基础设施(NII)和国家空间数据基础设施(NSDI)为基础,包括面向各部门的各种信息应用服务系统。可为国土规划、区域规划、资源调查评价、防灾减灾及公共应急体系的建设提供基础地理信息,为电子政务、电子商务建设提供基础平台。

【数组处理机】(array processor) 见阵列处理机。

【衰老】(aging) 生物体的退化变性过程。是不可逆的自然规律。衰老包括细胞、组织、器官功能的减退。分为生理性衰老和病理性衰老。前者以机体的功能改变为主,如活力减退,生物效率减低,对环境和应激反应的能力减低等;后者则以机体的退行性变化为主,如皮肤发皱、毛发变白、骨质疏松、脏器萎缩等。两者常互相作用,不能截然分开。

【衰退】(degeneration) 菌种在培养或保藏过程中,由于自发突变而出现某些原有优良性状的劣化、遗传标记丢失的现象。衰退原因有:(1)基因突变。(2)连续传代。(3)不适宜的培养和保藏条件。常见衰退现象有:(1)菌落和细胞形态的改变。(2)生长速度缓慢,产孢子越来越少。(3)抵抗力、抗不良环境能力减弱等。(4)代谢产物生产能力或对宿主寄生能力下降。防止衰退措施有:(1)控制传代次数。(2)创造良好的培养条件。(3)利用不易衰退的细胞移种传代。(4)采用有效的细菌保藏方法。(5)讲究菌种选育技术。(6)定期进行分离纯化。

【栓塞】(embolism) 在循环的血流中出现不溶于血液的异常物质,随着血液流动,到达某器官或组织后阻塞血管腔的现象。引起血管栓塞的异常物质称为栓子。栓子可以是固体、液体或气体。其中最常见的是血栓栓子,其次为脂肪栓子、空气栓子、细胞栓子、细菌栓子和羊水栓子等。栓子一般顺血流方向随血流运行,少数情况下可逆血流运行,引起栓塞。栓塞对机体的影响因栓子的类型、栓塞的部位以及侧枝循环建立的状况不同而异。如脑血栓引起的脑梗死、气体栓塞引起的急性心力衰竭、羊水栓塞引起的产妇肺水肿、恶性肿瘤细胞栓塞引起的局部血循障碍和血行转移等。

【双重交配】(double mating) 当母猪发情后用不同品种或同品种的两头公猪,先后间隔10 min左右,各配种一次的配种方式。家畜配种方式之一。主要用于猪的配种。这种配种方式可提高猪繁殖率和后代的生命力。主要在商品猪场采用。

【双重绝缘】(double insulation) 同时具有基本绝缘和附加绝缘的绝缘。是在基本绝缘的直接接触电击防护的基础上,通过结构上附加绝缘或加强绝缘,使之具备了间接接触电击防护功能的安全措施。按绝缘类型的不同可分为:(1)工作绝缘,又称基本绝缘。是保证电气设备正常工作和防止触电的基本绝缘。位于带电体与不可触及金属件之间。(2)保护绝缘。又称附加绝缘,是在工作绝缘因机械破损或击穿等而失效的情况下,可防止触电的独立绝缘。位于不可触及金属件与可触及金属件之间。(3)双重绝缘。是兼有工作绝缘和附加绝缘的绝缘。(4)加强绝缘。是基本绝缘经改进后,在绝缘强度和机械性能上具备了与双重绝缘同等防触电能力的单一绝缘,在构成上可以包含一层或多层绝缘材料。

【双重人格】(double personalities) 在相同时刻存在两种(或更多)思维方式,其中各种思维的运转和决策不受其他思维方式的干扰和影响,完全独立运行的人格表现。是多重人格的一种。是严重的心理障碍。通常其中一种占优势,但两种人格都不进入另一方的记忆,几乎意识不到另一方的存在。从一种人格向另一种的转变,开始时通常很突然,与创伤性事件密切相关。一般仅在遇到巨人的或应激性事件,或接受放松、催眠或发泄等治疗时,才发生转换。在2004年的统计结果中,3%的人明显感到有双重性格,13%的人感觉双重人格对生活产生了不利影响。患者在思考问题时常常有两套思路在运转,影响了信息的采集,对于结果的选择也有不利影响。患者可能不能选择或左右不定,引发焦虑、头晕头痛、失眠等症状。

双重人格

【双低油菜】(double-low rape) 菜籽油中芥酸含量低,菜籽饼中硫甙含量低的油菜。菜籽油中的主要脂肪酸包括油酸、亚油酸、亚麻酸和芥酸等。对“双低”油菜品种的要求,一是其菜籽油中芥酸的含量应小于

双低油菜

5%,二是其菜籽饼粕中硫代葡萄糖甙的含量应低于30μmol/g。芥酸含量高的油菜,对人体有益的油酸、亚油酸、亚麻酸成分就低。硫甙是油菜种子中的主要有害成分。它本身并无毒,但在酶的作用下会生成有毒物质。中国的双低育种工作,始于1980年前后,在华中农业大学和中国农科院油料研究所等单位共同努力下,取得显著成效。

【双酚A】(bisphenol A) 学名2,2-双(4-羟基苯基)丙烷。由两分子苯酚和一分子丙酮缩合而成的化学物质。由苯酚和丙酮在酸性介质中缩合而成。白色针状晶体。纯品溶点155~156℃。工业品溶点150~152℃。不溶于水。溶于丙酮。受热到180℃时分解。主要用于生产聚碳酸酯、环氧树脂、聚砜树脂、聚苯醚树脂、不饱和聚酯树脂等多种高分子材料。也可用于生产增塑剂、阻燃剂、抗氧剂、热稳定剂、橡胶防老剂、农药、涂料等精细化工产品。

【双酚A环氧树脂】(bisphenol-A epoxy resin) 由双酚A与环氧氯丙烷在碱性条件下缩合,经水洗、脱溶剂精制而成的高分子化合物。其特点是:黏度适中,特别适合制备云母绝缘材料、环氧玻璃钢绝缘板及增强材料等。常作为手糊法玻璃钢防腐衬里材料以及大型水泥槽、铁储缸、槽车等的防腐材料。广泛用于化工厂、酒厂、污水处理装置等要求防腐的场合。

【双酚F环氧树脂】(bisphenol-F epoxy resin) 用双酚F与环氧氯丙烷在碱性条件下缩合,经水洗、脱溶剂精制而成的高分子化合物。其特点是:黏度非常低,其固化物的性能除热变形温度比双酚A型的稍低之外,其他方面均略高于双酚A型树脂。在防腐蚀领域应用广泛。

【双酚型环氧树脂】(bisphenol epoxy resin)由双酚与环氧氯丙烷在碱性条件下缩合,经水洗、脱溶剂精制而成的高分子化合物。因其制成品具有良好的物理力学性能、耐化学药品性、电气绝缘性能,广泛应用于防腐涂料、胶黏剂、玻璃钢、层压板、电子浇铸、灌封、包封等方面。

双酚型环氧树脂

【双峰塔】(The Petronas Twin Towers) 又称佩重纳斯大厦、马来西亚国家石油大厦、国家石油双塔、双子塔等。位于马来西亚首都吉隆坡市。于1993年12月27日动工,1996年2月13日正式封顶,1997年建成使用。占地面积40hm²,高452m,地上88层,总造价20亿马币。由美国建筑设计师西萨·佩里(Cesar Pelli)所设计。大楼表面大量使用了不锈钢与玻璃等材质,并辅以伊斯兰艺术风格的造型,反映出马来西亚的伊斯兰文化传统。是吉隆坡的标志性城市景观之一,是世界上最高的双子楼。两座塔楼一座是马来西亚国家石油公司办公用房,另一座是出租的写字楼,拥有74.32万平方米办公面积,13.935万平方米购物与娱乐场所,4 500个车位的地下停车场,一个石油博物馆,一个音乐厅,以及一个多媒体会议中心。在第42层处设有一座长58.4m、距地面170m高的空中天桥,是连接双子塔的空中走廊,是目前世界上最高的过街天桥。从吉隆坡市内各处都很容易见到这座壮观的大厦。

双峰塔

【双工方式】(duplex separation) 移动设备之间的通信链路同时占用两个信道,即从终端到网络(上行链路)的传输信道和一个反向(下行链路)的信道,信号可以同时进行双向传输的通信方式。按传输方式的不同可分为:半双工和全双工等。在半双工方式下工作时,在任何指定的瞬间可以进行发送或者接受,但不能同时进行发送和接受。在全双工通信时,通信的双方可以同时发送和接受信息。早期的对讲机、以及早期集线器等设备都是基于半双工的产品。随着技术的不断进步,半双工已逐渐退出历史舞台。

【双核处理器】(dual core processor) 集成有两个运算核心的处理器。是基于单个半导体的一个处理器上拥有两个一样功能的处理器核心,从而提高计算能力。“双核”的概念最早是由IBM、HP、Sun等支持RISC架构的高端服务器厂商提出的,主要运用于服务器上。而台式机上的应用则是在Intel和AMD的推广下,才得以普及。多核处理器方案针对增进性能而不用提高实际硬件覆盖区的需求,提供更强的性能而不需要增大能量或实际空间。

【双核服务器】(dual-core server) 采用双核处理器的服务器系统。是基于单个半导体的一个处理器上拥有两个一样功能的处理器核心。它将两个物理处理器核心整合到一个内核中。即在一块中央处理器基板上集成两个处理器核心,并通过并行总线将各处理器核心连接起来。双核技术在服务器中的应用,提高了服务器系统的信息处理能力,降低了功耗,增强了系统的安全性,带动了服务器整体性能的提升。

【双黄连口服液】(shuanghuanglian oral solution) 方剂名。组成:金银花375g、黄芩375g、连翘750g。制法:以上三味,黄芩切片,加水煎煮三次,第一次2h,第二、三次各1h,合并煎液,滤过,滤液浓缩并在80℃时加入2mol/L盐酸溶液适量调节pH值至1.0~2.0,保温1h,静置12h,滤过。沉淀加6~8倍量水,用40%氢氧化钠溶液调节pH值至7.0,再加等量乙醇,搅拌使溶解,滤过,滤液用2mol/L盐酸溶液调节pH值至2.0,60℃保温30min,静置12h,滤过。沉淀用乙醇洗至pH值7.0,挥尽乙醇备用;金银花、连翘加水温浸30min后,煎煮二次,每次1.5h,合并煎液,滤过。滤液浓缩至相对密度为1.2,即得。用量:口服,一次20ml,一日3次;小儿酌减或遵医嘱。功能主治:辛凉解表,清热解毒。用于治疗外感风热引起的发热、咳嗽、咽痛等。

【双交】(double-cross) 又称双杂交。4个不同的亲本,先两两杂交产生单交,进而两个单交种再杂交产生的杂交方式。通过双交可以把分散在4个亲本中的有利基因集中到双杂种中。记录时常以本(甲×乙)×(丙×丁)或甲/乙//丙/丁表示。杂种优势利用的方式之一。其杂种优势低于优良单交种,但制种成本较低。

【双绞线】(twisted pair) 由两条相互绝缘的导线按照一定的规格互相缠绕在一起而制成的一种通用配线。属于信息通信网络传输介质。主要是应用于模拟信号、数字信号的传输。把两根绝缘的铜导线按一定密度互相绞在一起,不仅可以抵御一部分外界电磁波干扰,而且可以降低自身信号的对外干扰。因为每一根导线在传输中辐射的电波会被另一根线上发出的电波抵消一部分。"双绞线"的名字也是由此而来。在实际使用时,双绞线是由多对双绞线一起包在一个绝缘电缆套管里的。典型的双绞线有四对的,也有更多对双绞线放在一个电缆套管里的。按是否采用屏蔽可分为屏蔽双绞线与非屏蔽双绞线。屏蔽双绞线在双绞线与外层绝缘封套之间有一个金属屏蔽层,可减少辐射,防止信息被窃听,也可阻止外部电磁干扰的进入。双绞线常见的规格有3类线、5类线、超5类线和6类线。

【双金属轧制】(bemetal roll) 对两种不同的金属材料或浇铸在一起的两种不同金属材料的轧合过程。用以获得其不同部分具有 不同性能的"双金属"。例如,主要以板材或管材的形式用作耐腐蚀的结构的双金属,与腐蚀介质接触部分是由较贵的金属材料(如不锈钢)构成的薄的覆盖层,而承受主要负荷的基体则是价廉的普通金属材料(如普通碳钢),因而可节省大量价贵的金属。广泛用于化学等工业。由膨胀系数不同的两种金属材料(如黄铜和恒容合金)制成的、用作自动控制元件的双金属,广泛用于电工、仪表等方面。

双金属轧制

【双筋】(double rods) 在结构构件的同一截面内配置受拉钢筋和受压钢筋。这里所谓的"双筋"和"双向配筋"是两个不同范畴的概念。"双向配筋"是指在构件的同一截面内的同一位置上有两个方向的受力钢筋。它们的受力方向(拉或压)是一样的。"双筋"和"单筋"主要指梁中的配筋。在梁的计算中,当荷载不大时,其受压区的应力(压力)主要由混凝土承担,受拉区的应力(拉力)由钢筋承担。此时,只需在受拉区配置受力钢筋即可。在受压区配置的是构造钢筋(架力筋)。在计算中架力筋是不承担应力的。这种配筋的梁叫"单筋梁"。当荷载较大时,梁中受压区的混凝土不足以承担压应力时,就要在受压区也配置一部份钢筋与混凝土共同承担压应力,这种钢筋称为受压区的受力钢筋。为了平衡,在受拉区除了配置受压区的混凝土所对应的受拉钢筋外,还要增加与受压区的受压钢筋同等面积的受拉钢筋。这种在受拉区和受压区都有受力钢筋的梁称为"双筋梁"。在实际工程中,"单筋梁"是用得较多的,但有些双向受弯的梁,即荷载是向上作用还是向下作用不易区分的梁(如地基梁)也是配双筋。

【双晶】(twin crystal) 又称孪晶。两个或两个以上同一种晶体不完全平行一致的有规则的连生体。构成双晶的单体可借助双晶面或双晶轴,通过反映或旋转使彼此处于完全平行一致的方位。按其单体间接合关系的不同可分为:贯穿双晶(两个单体之间互相穿插)、接触双晶(两个相邻的单体相互接触连生在一起)、聚片双晶

锡石双晶

(一系列同种晶体的单体依次按同一双晶结合律反复接触连生而成)、轮式双晶(多个同种晶体单体连生在一起、接合面互不平行且依次成相等角度相交而成)等。双晶除在生长过程中形成外,还可在同质多像转变过程中形成。对于一些常呈双晶出现的矿物,双晶是鉴别它们的重要依据。此外,双晶对于某些晶体(如压电水晶、冰洲石等)的工业利用价值有很大的不利影响。

【双快型砂水泥】(double fast sand casting cement) 一种凝结快、硬化快、小时强度高的用于铸型砂的水硬性胶凝材料。浇铸后溃散性好,旧砂回收简单,清砂容易,不污染环境。将适当成分的生料烧至部分熔融状态后所得的以硅酸三钙为主料、氟铝酸钙为辅料的熟料,再加入适量的硬石膏共同粉磨制成。该水泥固化时迅速生成三硫型水化硫铝酸钙,数小时内就具有较高强度,凝结时间可用缓凝剂调节在15~45min内。双快型砂水泥具有提高劳动生产率、减轻劳动强度、改善劳动条件、降低生产成本和提高铸件质量等优点。广泛用于铸造工业中,代替传统的水玻璃和黏土类黏结剂胶结型砂。

双快型砂水泥

【双联法】(duplex steel-making) 用两种炼钢炉联合炼钢的方法。如转炉—平炉,转炉—电炉,平炉—电炉,真空感应电炉—真空自耗电弧炉等。利用各种熔炉的特性进行双联法炼钢,可更经济地生产高质量钢。若用三种炼钢炉联合炼钢的方法,则称为三联法,如转炉—平炉—电炉。

【双流地热发电】(dual flowing geothermal generation) 又称热交换法地热发电。通过热交换器利用地下热水来加热某种低沸点的工质,使之变为蒸汽推动汽轮机做功,带动发电机发电。它不直接利用地下热水所产生的蒸气进入气轮机做功。在这种发电系统中,采用两种流体:一种是采用地热流体作热源,另一种是采用低沸点工质流体作为一种工作介质。常用的低沸点工质有正丁烷、氯乙烷等。它们的沸点比水低得多,很容易被地下热水加热产生蒸气。

【双母线接线】(double buses connection) 由线路、变压器回路和两组主母线组成的电气主接线方式。其每一回路和主变压器回路,都通过一台断路器和两组母线隔离开关分别接到两组主母线上,并在两组主母线之间设置一台母线联络断路器。其运行方式是:(1)将两组母线分为工作母线和备用母线。正常运行的线路都连接在工作母线上。当工作母线或线路的母线隔离开关需要检修时,则将全部正常运行线路倒换到备用母线上。当线路断路器需要检修时,可以将该线路倒换到备用母线上,将检修的断路器断接,暂时利用母联断路器代替。(2)两组母线都是工作母线,同时运行,电源线路和其他线路可以根据具体情况合理地分别连到两组母线上,形成各回线路固定地与一组母线相连接的方式,以满足母线继电保护的要求。两组母线通过母联断路器并联运行。

【双盆法】(double flowerpots sowing method) 把蕨类植物的孢子播在小瓦盆中,再把小瓦盆置于大盆内的湿润水苔中,小瓦盆借助于盆壁吸取水苔中的水分,更有利于蕨类植物孢子萌发的一种播种繁殖方法。是蕨类植物孢子繁殖常用的播种方法。蕨类植物是最原始的维管植物,少数木本,大多都为草本植物。其分布很广。主要生长在湿润的地方,尤以亚热带和热带地区。蕨类植物的孢子体远比配子体发达,孢子体有根、茎、叶,但没有花器官,以无性世代占优势。所有的蕨类植物在其繁殖过程中都需要水。所以孢子繁殖均需要较高的水分条件要求。蕨类植物喜湿,要经常保持栽培土壤或培养基质潮湿,但也不可积水,同时还要保持较高的空气湿度。另外,蕨类对化学药剂敏感,应尽量不用化学药物。同时应通过改善通风条件减少病虫害的发生。

双盆法

【双拼别墅】(semi-detached villa) 由两个单元的别墅拼联组成的单栋别墅。它是联排别墅与独栋别墅的中间产品。目前,在美国比较流行的2-PAC别墅就是一种双拼别墅。其主要特征是:(1)降低了社区密度,增加了住宅采光面,使其拥有

双拼别墅

了更宽阔的室外空间。(2)低层小楼加上私家花园,在保证拥有私家花园的基础上,既加强了户外空间的交流,使私家小环境融合于社区大环境,又改变了兵营式排列的呆板面孔。(3)基本是三面采光,外侧的居室通常会有两个以上的采光面。窗户较多,通风较好,同时也具有更开豁的视野和良好的视觉体验。(4)公摊面积少,这方面的成本要低于联排别墅和叠加别墅。

【双曲拱坝】(double-curvature arch dam) 水平剖面和竖向剖面都弯曲的拱坝。是近代拱坝普遍采用的一种坝型。是高拱坝的发展趋势。在世界上 16 座 200m 以上拱坝中,双曲拱坝占大多数,且有不少属于薄拱坝。双曲拱坝的主要优点是利用壳体结构的力学特点,使应力分布比较均匀,结构安全度较高,坝体工程较少。但其施工较复杂。在水压力作用下,中间坝段悬臂梁上部的应力,常是上游面受压,下游面受拉;当稍向下游俯悬时,该部位的自重应力,常是上游面受拉,下游面受压。二者可以部分相互抵消。但若俯悬过多,需采取施工措施,避免封拱前上游面因自重产生的拉应力过大而出现裂缝。竖向弯曲的程度还与工程布置有关。如上部俯悬的拱坝、对布置自由跌落式的坝顶溢流比较有利。双曲拱坝亦可设置坝身泄水孔。较适用于 V 形或梯形河谷。

双曲拱坝

【双向配筋】(two-way reinforced steel) 在构件的同一截面内的同一位置上配置的两个方向的受力钢筋。它们的受力方向或拉或压是一样的。这里的"双向配筋"和"双筋"是两个不同范畴内的概念。"双筋"是指在构件的同一截面内既有受拉钢筋,又有受压钢筋。"双向配筋"指板中的配筋,主要指双向板中的配筋。双向板由于在两个方向的跨度接近,两个方向的钢筋均需承担应力,这种两个方向的钢筋均为受力钢筋。如果是单向板,只有一个方向的配筋是受力钢筋,另一个方向的钢筋称为"分布筋"(构造配筋)。这种配筋方法虽然两个方向也都有钢筋,但也只能叫"单向配筋",而不能称为"双向配筋"。

【双胎妊娠】(win pregnancytwin) 一次妊娠同时有两个胎儿的现象。多有家族史或用促排卵药物。按其卵子受精方式的不同可分为:(1) 双卵双胎。由 2 个卵子分别受精形成的双胎。约占双胎妊娠的2/3。2 个卵子可来源于同一卵巢的不同成熟卵泡,或两侧卵巢的成熟卵泡。因双卵双胎两个胎儿基因不同,胎儿性别、血型可以相同也可以不同,容貌同一般的兄弟姐妹相似。两个受精卵可形成自己独立的胎盘、胎囊,发育时可以紧靠或融合在一起,但两者之间血液循环并不相同。(2)单卵双胎。由 1 个受精卵分裂形成的双胎,约占双胎妊娠的 1/3。因单卵双胎两个胎儿基因相同,胎儿性别、血型、容貌相同。单卵双胎的发生原因不清,不受种族、遗传、药物的影响。双胎妊娠的孕妇同时孕育两个胎儿需要更多的蛋白质、铁、叶酸等营养物质,容易发生贫血,还易并发妊娠期高血压疾病、胎膜早破与早产(双胎妊娠早产率 30%)、低体重儿以及产后出血等。应定期产前检查,加强营养。B 超检查可早期诊断双胎妊娠。

【双糖】(disaccharide) 经水解后可产生二分子相同或不同单糖的碳水化合物。包括蔗糖、乳糖及麦芽糖等,其中麦芽糖由二分子葡萄糖缩水形成,蔗糖则是由一分子葡萄糖和一分子果糖组成的。

【双特异抗体】(bispecific antibody) 将两种不同特异性的抗体偶联在一起,组成具有不同功能的新型抗体。例如,利用基因工程重组技术,通过缩短单链抗体连接肽的方法,将抗红细胞和抗乙肝表面抗原改造成杂合抗体基因,组装于同一表达载体中,就构成了抗红细胞和抗乙肝表面抗原的双特异抗体。将其作为乙肝表面抗原检测试剂,即可检测血中乙肝表面抗原。

【双向拉伸聚丙烯薄膜瓶】(biaxially oriented polypropylene bottle) 又称 BOPP 瓶。由双向拉伸聚丙烯薄膜制成的耐热塑料瓶。BOPP 是一种新型透明软包装材料,属于结晶型聚合物产品。经双向拉伸后,由于分子链的作用,结晶度增加,拉伸强度、弹性模量、冲击强度、撕裂强度和曲折强度等性能明显提高。具有良好的透明性、光泽性、防潮性等优点,无色、无臭、无味、无毒、质地较轻,价格相对较低。其特点是:(1)可提高热灌装时的物料温度,能进行灌装前、

双向拉伸聚丙烯薄膜瓶

后两次热杀菌。(2)瓶壁的阻气性较好,可大幅度延长饮料产品的货架期。(3)可降低成本15%～20%。因瓶体、瓶盖以及标签都可使用同种材料,所以回收时不必进行分类。(4)适合需要进行热灌装的非碳酸饮料等产品的包装。

【双向选择】(two-way selection) 由同一个基础群开始,针对某一性状,向高低或优劣两个方向同时进行的选择。家畜育种中选择方式之一。也是检验某一性状遗传改良潜力方法之一。许多双向选择试验表明,其反应常是不对称的,主要取决于起始基因频率、基因种类、选择方法以及环境影响等因素。

【双星】(binary stars) 在天球上其位置比较靠近的两颗恒星。组成双星的两颗恒星都称为子星,较亮的子星称为主星,另一颗称为伴星。在已知恒星中,约有1/3是双星。双星又分"视双星"和"物理双星"两大类。视双星又称为"光学双星"、"假双星",是指用望远镜或肉眼能够看到、在天球上的投影十分接近,但实际相距遥远,并无相互绕转关系的两颗恒星。物理双星又称为"真双星",指两颗恒星异常接近,且因相互间的引力作用,互绕公共质量中心进行周期性的轨道运动。其中,相距特别近的称为"密双星",有相互掩食的称为"食双星"。

双星

【双液淬火】(double-stage quenching) 又称水淬油冷法。先将工件淬入水中冷却一定时间,当到达稍高于Ms点(马氏体转变开始温度)时,立即转入油中冷却的操作。目的是在水中以抑制非马氏体转变,并使工件在油中马氏体转变区温度下缓慢地冷却,减小淬火应力。特点是取长补短地综合利用了水和油这两种淬火介质的优点,分别满足了淬火工艺对高温和低温时不同的冷却速度要求。多用于形状复杂的碳钢工件或大截面工件。第二种冷却介质可以用热浴(熔盐等)中冷却,进一步减少变形与开裂的倾向。在水淬一定时间后取出在空气中冷却,也属双液淬火的范畴。

【双因素理论】(doublfactor theory) 一个有益的工作环境能增进安全,一个具有工作灵活性和机警的工人可以避免事故的理论。这种论点的持有者美国心理学家弗雷德里克·赫兹伯格、海因里希认为:事故常常起因于人的不安全行为和物的不安全状态。他们把造成这种状况的主要原因归结为四个方面的问题:(1)不正确的态度。(2)技术、知识不足。(3)身体不适。(4)不良的工作环境。针对这四个方面的原因,海因里希提出了四种对策;(1)工程技术方面的改进。(2)说服教育。(3)人事调整。(4)惩戒。但在现代企业管理中,影响职工工作积极性的因素可分为保健因素和激励因素两类。这两种因素是彼此独立的并且以不同的方式影响人们的工作行为。薪酬是被普遍强化的激励方式,是行为科学中激励理论的一个重要组成部分。广泛运用于企业人力资源管理。

【双鱼座】(Pisces) 黄道十二星座之一。位于宝瓶座与白羊座之间。中心位置:赤经0时40分,赤纬+10°。面积约899平方度。座内恒星都很暗,有亮于四等的星八颗,其中α星为双星。

双鱼座

【双源64排CT】(64-slice and dual-source CT) 通过两套X射线球管系统和两套探测器来采集CT图像的方法。CT是电子计算机X射线断层扫描技术的简称。双源CT改变了目前常规使用的一个X线球管和一套探测器的CT成像方法。其可以安全、简便、无创和快捷地使冠状动脉成像,对诊断冠状动脉狭窄的特异性和准确性,已得到国内外医学界的广泛认可。广泛用于医学上人体各系统的图像成像。

【双肢柱】(two legged column) 有两根主要受力竖向肢杆,沿柱高每隔一定距离用水平或斜杆联系所组成的整体混凝土柱。分平腹杆和斜腹杆双肢柱。此柱受力性能好、省材料。多用于吊车重量较大的单层工业厂房。重型厂房吊车起重量大于30t一般就要设计双肢柱。高柱为屋架支座,低柱为吊车梁

双肢柱

支座，两柱之间用薄壁联成一个构件。

【双轴补偿】(double axes equalize) 见单轴补偿。

【双轴向衬线经编骨架织物】(biaxial earp-knitted fabric) 经纱与纬纱互不交织，衬线由另外一组纱线所形成的经编线圈结构束缚在一起的新型经编结构。衬线无弯曲，伸直程度高。其缺点是剪切强度不足。

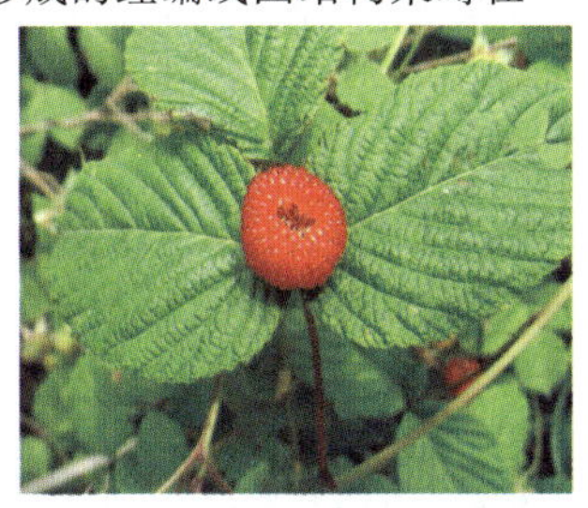
双子叶植物

【双子叶植物】(dicotyledonous plant) 种子的胚有两个子叶的植物。叶脉呈网状、有主根和侧根。包括大多数常见植物。其中很多与人类息息相关。如棉花、大豆、花生、向日葵、番薯、马铃薯、苹果、烟草、薄荷和各种瓜类。

【双子座】(Gemini) 黄道十二星座之一。位于金牛座与巨蟹座之间。中心位置：赤经7时10分，赤纬+24°。面积约514平方度。座内有亮于四等的星19颗，主要恒星排列成两条直线。其东北端有两颗亮星：β星为一等星，α星为二等星。每年冬季黄昏在中国境内均可看到。

【双组分纺纱】(bi-component spinning) 见赛络菲尔纺。

【霜】(frost) 又称白霜。贴地层空气中的水蒸气直接凝华在温度低于0℃地面上或近地物体上的白色松脆冰晶。有时先凝结成露，当温度降至0℃以下后又形成冰珠（冻露），也是霜的一种。霜通常出现在无云、静风或微风的夜间和清晨（有时傍晚和白天也出现）。按中国的习惯，出现在晚秋的霜称为早霜，出现在早春的霜称为晚霜。霜对农作物有害，无论早霜和晚霜，都需要认真预防。

【霜冻害】(frost injury) 一种农业气象灾害。在一年中的温暖时期，当土壤表面和植物表面的温度下降到0℃或0℃以下时，就会引起植物冻伤乃至死亡的农业气象灾害。早霜对水稻、棉花和玉米的结实影响很大。晚霜对春播作物和蔬菜有很大危害。其主要防御方法是：除根据霜冻预报采用烟熏、灌水、覆盖、喷洒化学药剂外，还可根据当地低温霜冻发生的规律，采取选择适宜种植地、选择合适作物品种和调整播种期等办法避开霜冻。

【水泵】(water pump) 输送液体或使液体增压的机械。将原动机的机械能或其他外部能量传送给液体，使液体能量增加，主要用来输送液体，包括水、油、酸碱液、乳化液、悬乳液和液态金属等，也可输送液体、气体混合物以及含悬浮固体物的液体。衡量水泵性能的技术参数有流量、吸程、扬程、轴功率、水功率、效率等。根据其工作原理的不同可分为：离心泵、旋涡泵、混流泵、轴流泵、电动泵、蒸汽泵、齿轮泵、螺杆泵、罗茨泵、滑片泵、喷射泵、升液泵、电磁泵、潜水泵等。根据其用途的不同可分为：清水泵、渣浆泵、排污泵、化工泵、输油泵等。根据其叶轮是否串联可分为单级和多级泵。根据其吸入口的不同可分为单吸泵和双吸泵等。

水泵

【水泵安装高程】(pump installation height) 满足水泵不发生汽蚀现象的水泵基准面高程。由水泵工作点对应的汽蚀性能参数来确定。水泵在任何工况下，装置所能提供的有效汽蚀余量必须大于水泵允许汽蚀余量。有效汽蚀余量是指水泵进口处能提供的超过汽化压力的余能；其大小以换算到水泵基准面上的水柱高来表示。

【水泵工作点】(pump operating point) 又称工况点。抽水装置所需要的能量(Hr)与水泵所提供能量(H)的平衡点。即水泵性能曲线与管路特性曲线的交点。水泵所提供的能量用于把液体提升到几何高度和克服管路的阻力损失上。用公式表示为：$H = H_j + h_f + h_j = H_j + SQ^2 = H_r$。式中$H_j$为水泵装置净扬程，即水泵装置进、出口水位差值(m)，抽水装置和水位一定时，H_j为常量；h_f、h_j分别为管路沿程和局部阻力损失，或统称水力损失(m)；S为管路阻力参数(s^2/m^5)，对于一定的管路系统，S为常数；Q为某一工况下通过水泵的流量，(m^3/s)。因此，管路阻力损失水头与流量的平方成正比。通常将$H' = H_j + SQ^2$的Q-H_r关系曲线称为抽水装置的需水扬程曲线，或叫管路特性曲线。该曲线与水泵性能曲线Q-H的交点，即为水泵的工作点。当水泵的Q-H性能曲线，进、出水池水位和管路特性三者之一发生变化时，水泵的工作点也随之发生变化。工作点参数可用来检验水泵是否满足供水需要，运行状况是否经济、安全等。

【水泵工作点调节】(operating point adjusting of pump) 当水泵运行中发生汽蚀、振动或效率偏低时，为满足运行要求而改变水泵工作参数的技术措施。包括有闸阀调节、车削调节、变速调节和变角调节等。(1)闸阀调节。关小出水管路上的阀门开度,减小水泵流量,解决动力机超载和水泵汽蚀问题。(2)车削调节。改变水泵叶轮的外径可改变水泵运行工作点,从而解决水泵运行中动力机超载、水泵汽蚀等问题,但车小叶轮直径会使水泵效率有所降低。(3)变速调节。改变水泵的转速可改变水泵工作点,从而解决水泵运行中动力机超载、负荷不足、水泵汽蚀和效率低等问题。(4)变角调节。改变叶片的安放角度可改变水泵运行工作点。当进、出水池水位差变大时,将叶片角度调小,在维持泵的效率较高的情况下适当减小出水量,使电动机不致过载;在进、出水池水位差变小时,将叶片角度加大,使电动机满载工作,增大水泵 流量。

【水泵汽蚀】(cavitation in pump) 水泵过流系统中低压区的气泡随水流到达高压区被压缩而迅速溃灭所引起的水力性能恶化和过流部件损坏的过程。导致水泵性能变坏、装置运行不稳定、金属表面材料疲劳剥蚀、噪声和振动加剧等不良后果。为防止或减轻水泵汽蚀,应从规划设计、水泵选型、制造工艺、材质和运行管理等方面采取措施。(1)正确选定水泵安装高程。(2)正确设计进水池和进水管道或流道。(3)及时清淤,避免拦污栅堵塞,以减小吸水管或进水流道的水力损失,提高装置的有效汽蚀余量。(4)避免使用进水管道的闸阀进行水泵工作点的调节,以免造成水泵进口压力减小,流态紊乱,引起水泵汽蚀。(5)正确进行调度,保证水泵在允许汽蚀余量范围内运行。(6)采取措施减小水源的含沙量,避免过流部件被泥沙磨损而使水泵汽蚀性能恶化。(7)注意观测和检查水泵汽蚀部位,如果水泵过流部件已经破坏,应及时进行修补。(8)提高水泵制造工艺,使过流部件表面光洁。(9)其他措施,如向泵内补气、增加诱导轮和采用抗汽蚀材料制造叶轮及泵壳等。

【水泵相似律】(similarity law of pump) 模型泵与原型泵性能参数的相似换算关系。两泵相似的条件是:几何相似、运动相似和动力相似。(1)几何相似。两台泵各对应的线性尺寸之间存在着相同的比值,几何图形的对应角相等。(2)运动相似。两台泵相应流线各对应点上的同名速度之间的比值相等,即各对应点上的速度三角形相似。(3)动力相似。两台泵中相应流线对应点上所作用的同名力之间的比值相等,方向相同。其中动力相似是主要控制条件。只有作用力相似,并满足几何相似,方能达到运动相似的目的。在实践中,利用水泵的相似律,通过模型试验,可以研究和试制新的水泵产品;或者由于自然条件和经济上的限制,不可能用原型泵尺寸进行直接试验,可以用模型泵试验作为原型泵验收的依据;或者同一台泵,当工作条件发生变化时,可利用相似关系确定和调节水泵工作点。由于尺寸效应的影响,总效率换算和原型实测结果仍有出入。为了提高相似水泵工作参数换算的精度,有时需对模型试验条件加以限定。利用相似律和比例律公式,可以很方便地求出相似水泵在不同尺寸和转速时的水泵性能曲线,同时也为模型试验提供了理论依据。

【水泵性能参数】(pump performance parameter) 表征水泵工作性能的数据。通常指流量、扬程、功率、效率、转速和汽蚀余量或吸上真空高度等。(1)流量。在单位时间内通过水泵出口的液体体积。(2)扬程。水泵传给单位重量液体的能量,由位能、压能和动能组成。(3)功率。单位时间内水泵对液体做功的大小,有轴功率、有效功率和配套功率之分。(4)效率。水泵输出功率和输入功率的比值,也可表述为水泵机械效率、容积效率和水力效率的乘积。(5)转速。单位时间内水泵叶轮旋转的周数。(6)汽蚀余量。在水泵进口处单位重量液体具有的超过汽化压力的余能。分临界汽蚀余量和允许汽蚀余量。(7)吸上真空高度。叶轮位于水面以上的水泵进口处压力低于大气压力的值。分临界吸上真空高度和允许吸上真空高度。

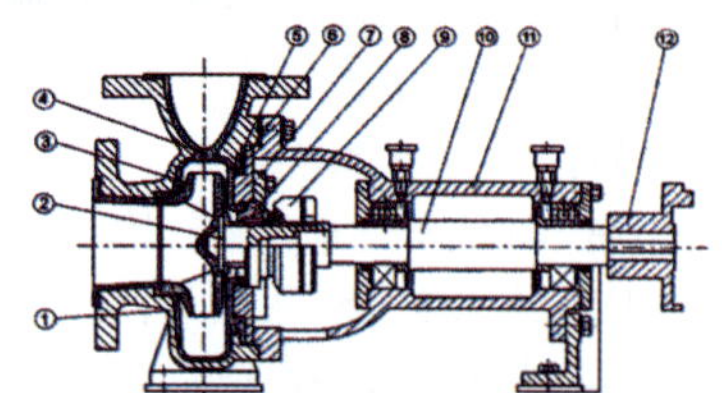

序号	名称	材料	序号	名称	材料
1	轴承盖	HT200	7	机封压盖	1Cr18Ni9Ti
2	轴承架	45#钢	8	静环	99.9%氧化铝陶瓷
3	进水段	聚全氟乙丙烯	9	动环	填充四氟乙烯
4	中段	聚全氟乙丙烯	10	泵轴	3Cr13
5	出水段导翼	聚全氟乙丙烯	11	轴承体	Ht200
6	出口段	Ht200	12	联轴器	Ht200

离心泵性能参数

【水泵性能曲线】(pump characteristic curves) 水泵各性能参数之间的关系曲线。一般有基本性能曲线、通用性能曲线和全面性能曲线三种。(1)基本性能曲线。在转速一定的情况下,水泵各性能参数随流量而变化的关系曲线。通常用流量 - 扬程曲线、流量 - 功率曲线、流量 - 效率曲线和流量 - 汽蚀余量或流量 - 吸上真空高度等四条性能曲线来表示。(2)水泵通用性能曲线。当水泵转速变化时,水泵的其他性能参数也随着发生相应的变化。可在同一张图上将这种变化表示出来。(3)水泵全面性能曲线。水泵性能参数值(正和负)随流量变化的关系曲线,通常用相对等扬程曲线和相对等转矩曲线来表示。

【水产保护学】(aquacultural protection)

水产学的一个分支。研究鱼类、甲壳类(虾、蟹)、贝类、两栖类(蛙)和爬行类(龟、鳖)等水产动物疾病发生的原因、流行规律以及诊断、预防和治疗的应用学科。其研究内容包括:水产动物疾病学、水产动物病原学、水产动物病理学、水产动物免疫学和水产动物药理学等。是动物医学的重要组成部分。对控制水产动物病害大规模暴发,提高水产品产量和质量,减少水域的污染和保持良好的生态环境具有重要意义。

【水产捕捞业】(fishing industry) 在海洋或内陆水域中利用网具、钓具、猎具以及其他捕捞工具,捕获野生鱼类及其他水产经济动物的生产部门。渔业的主要组成部分:按其生产水域的不同可分为远洋渔业、近海渔业、内陆水域捕捞业;按其捕捞对象栖息水层的不同可分为中上层渔业、底层渔业、深海渔业;按其捕捞所使用渔具的不同可分为拖网渔业、围网渔业、流刺网渔业、钓渔业、定置网渔业等。某些捕捞对象,在捕捞技术上具有特殊专业性,常用捕捞对象的名称来称谓,如捕鲸业、金枪渔业等。在科学技术和现代工业的支撑下,水产捕捞业装备了各种先进的机械、仪器和动力装置,以适应各种海区和海况的作业。水产捕捞业的发展,必须保持资源的消长平衡,使资源得到保护和增殖,以保持最大持续产量和最大经济效益。

水产捕捞业

【水产工程学】(aquacultural engineering) 水产学的一个分支。研究渔业船舶的性能与设计、助渔设备的特性、渔港和水产养殖场的规划、渔业设施等的应用学科。水产学与工程学的交叉学科。按其研究内容的不同可分为:渔业船舶工程、渔港工程、渔业机械工程、水产养殖工程、水产加工工程、渔网制造工程、海藻工程、海洋生物工程等。

【水产经济学】(aquacultural economics) 水产学的一个分支。研究渔业生产、分配、交换和消费等经济关系和经济活动规律的应用学科。水产学和部门经济学交叉学科。主要根据渔业自然环境和渔业资源状况以及社会经济制度,研究渔业经济体制、生产结构、经营方式、经济效益、市场与流通等。为建立科学的渔业经济体制、可持续发展渔业的决策、获得最佳投入和产出提供依据。

【水产品产量】(aquatic output) 又称渔业总产量。在核算期内,渔业生产活动的最终有效成果。包括水产养殖产量和天然生长的水产品的捕捞量。按其水域和作业方式的不同可分为:海洋捕捞产量、海水养殖产量、内陆水域捕捞产量和内陆水域养殖产量。按其捕捞或养殖品种产量的不同可分为:海水的鱼类、虾蟹类、贝类和藻类以及内陆水域的鱼类、虾蟹类和贝类。不包括淡水水生植物。在评估渔业资源时还采用单位努力量。从 20 世纪 90 年代中期起,中国采用联合国粮农组织统计标准,即鱼类等以鲜活重量,贝壳为带壳重量,藻类为湿重来统计。

【水产品储藏与加工学】(science of aquaproducts preservation and process) 水产学的一个分支。研究水产品原料的特性、保鲜、储藏与加工的原理及其技术工艺的应用学科。按其研究内容的不同可分为:(1)研究原料特性的水产品原料学。(2)研究水产生物的化学特性,以及储藏和加工过程中有关成分的化学变化或质变机理的水产食品化学。(3)研究加工水产食品和综合利用技术的水产品综合利用工艺学。(4)有关水产食品科学、水产食品工程学和水产冷藏工艺学等。

【水产品加工业】(aquatic products processing industry) 从事水产品储藏、加工与水产品综合利用加工的产业。前者从事水产品的冷冻、冷藏、腌制、干制、熏制、罐头食品以及各种生熟小包装食品的加工生产。后者从事饲料鱼粉、鱼油、鱼肝油、多烯脂肪酸制剂、藻胶、碘等各种医药、化工产品的生产。是渔业的组成部分。

【水产品可食部分】(edible portion of seefood) 生鲜水产原料中适宜于食用或加工成食品的部分。通常以所占原料全重的百分率表示。如鱼类、虾蟹类、头足类、贝类等水产动物的肌肉以及海带、紫菜、裙带菜等海藻的茎叶等。鱼类可食部分以附着于背脊两侧的肌肉为主,所占体重的比率因鱼种、年龄、季节而异,一般为50% ~70%。其他水产品,如贝类中的牡蛎、蛤仔和扇贝等,因壳体较重,可食部分分别约为 25%、15% 和 35%;虾类中的对虾为 45%,日本沼虾为 60%。

【水产品鲜度】(seafood freshness) 蟹、贝等水产品的新鲜程度。评定方法有感官法、物理学法、化学法和细菌学法等。感官法可对生鲜的及煮熟制品进行评定,物理学法和化学法是基于鲜度变化伴随的物理特性变化

水产品鲜度

及分解产物的形成进行分析检测，并结合感官的基准进行评价。鲜度下降主要由微生物引起。细菌学法是根据微生物中的细菌数作为指标，考察其鲜度变化。常用的评价指标主要有色泽、气味、肌肉组织弹性、挥发性盐基氮等。

【水产饲料学】（aquatic animal feeds） 水产学的一个分支。主要研究和阐明水产动物摄入和利用饲料中营养物质过程与生命活动的关系的一门应用科学。其研究内容是：揭示水产动物利用营养物质的量变质变规律，研究水产动物的饲料源及其营养结构和价值，配合饲料及饲料添加剂的配方与其营养价值，以及质量管理的应用等。

【水产学】（fishery science） 又称渔业科学。研究渔业生产技术、发展规律与经营管理的综合性应用学科。与农学、畜牧学、林学等组成广义的农业科学。其主要研究内容是：(1)水产经济动植物的生长繁殖、洄游分布和资源数量变动。(2)采捕和增养殖。(3)水产品储藏和加工利用等的理论与技术。(4)有关生产工具和设施的设计与应用。(5)渔业生产的经营与管理。(6)影响渔业生产的自然条件和人为因素等。既有农业学科的属性，又有工程、管理、经济、法学等学科的性质。其分支学科主要有水产增殖学、水产养殖学、水产饲料学、水产保护学、捕捞学、水产品储藏与加工学、水产工程学、水产资源学和水产经济学等。

【水产养殖模式】（aquaculture model） 经养殖生产实践检验、符合科学规划并可推广应用的规程化水产生产方式。按其养殖方式的不同可分为粗养、半精养和精养；按其生产水平的不同可分为传统养殖和现代集约化养殖；按其养殖对象的不同可分为鱼类养殖和虾类养殖等。因地域、养殖对象、苗种、饲料、水资源条件以及消费习惯等差异，形成的模式也各不相同。具有多样性、追求经济高效和循环合理利用资源的特点。多样化的模式构建成养殖生产的技术支撑体系。

水产养殖模式

【水产养殖容量】（aquaculture capacity） 在保护环境、节约资源、确保水产品质量与效益等方面均符合可持续发展要求的最大水产养殖产量。是环境、生态和经济等诸多因素的综合性概念。随水产养殖品种、水产养殖方法和技术以及水域的变化而变化。采用有效的水质调控技术与模式，合理的养殖方法与技术，避免物质浪费和养殖自身与周围环境的污染，形成结构优化与功能高效的水产养殖生态系统，水产养殖业才可能达到水产养殖容量的要求。

【水产养殖学】（aquaculture） 水产学的一个分支。研究水产养殖对象的生物学特性、生存规律及其与环境的内在联系、养殖理论与技术的一门学科。水产养殖以近代生物学为基础。该学科的发展融合了生命科学、生物技术、环境科学、计算机技术和信息科学等领域的研究成果。水产养殖包括淡水和海水养殖。在淡水养殖方面，从粗放养殖发展到多种形式的综合养鱼、生态养鱼和工厂化养鱼；湖泊、水库的增养殖更趋向合理利用天然资源、保持生态平衡与环境优化。鱼类的引种与驯化、品种的选育与改良以及现代高新技术的应用，对淡水渔业的发展起到了积极推功作用。近50年来，在海带、紫菜、贝类、对虾以及优质鱼类的人工繁育、养殖技术领域取得了重要突破，推动了海水养殖业的迅速发展。

【水产养殖业】（aquaculture） 利用各种水域或滩涂从事养殖或栽培水产经济动植物的生产部门。是渔业的组成部分。按其所利用水域的不同可分为淡水养殖业和海水养殖业。淡水养殖业中又可以分为池塘养殖业、天然大水面（湖泊、水库）增养殖业、工厂化养鱼业。按其养殖对象的不同可以分为鱼类养殖、贝类养殖、虾类养殖、蟹类养殖和藻类栽培等。在渔业发展中，水产养殖业比水产捕捞业形成晚。

水产养殖业

【水产业】（fishery） 又称渔业。开发和利用水域采集、捕捞与人工养殖各种有经济价值的水生动植物以获取水产品的生产部门。其开发利用的对象主要为鱼类，其次为虾、蟹、贝、藻、海兽以及其他水生经济动植物。水产业是广义农业的重要组成部分。按生产水域的不同可分为海洋渔业和淡水渔业；按其生产特性的不同可分为养殖业和捕捞业。广义的水产业包括：(1)直接渔业生产前部门。渔船、渔具、渔用仪器、渔用机械及其他渔用生产资料

水产业

的生产和供应部门。(2)直接生产后部门。水产的储藏、加工、运输和销售部门。渔业生产的主要特点是以各种水域为基地,以具有再生性的水生经济动植物资源为对象,具有明显的区域性和季节性,初级产品具有鲜活、易变腐和商品性的特点。渔业是国民经济的一个重要部门。所提供的蛋白质占世界蛋白质总消费量的6%,所提供的动物性蛋白质占世界动物性蛋白质总消费量的24%。还可以为农业提供肥料和饲料,为畜牧业提供精饲料,为食品、仪器、化工、医药等工业提供原料。

【水产增殖学】(fishery genesiology) 水产学的一个分支。研究在自然水域或人工水域中水产经济动植物增殖原理和技术、增殖水域生态环境的应用学科。其研究成果为扩大养殖品种、提高质量、资源增殖及其技术水平,水产增养殖业可持续发展提供依据。

【水产资源学】(science of fishery resources) 又称渔业资源学。水产学的一个分支。研究渔业资源特性、分布、洄游,以及在自然环境中和人为作用下的数量变动规律的应用学科。为可持续开发利用渔业资源提供依据。按研究内容的不同可分为:(1)研究渔业资源生物特性的渔业资源生物学。(2)评估渔业资源开发利用程度的渔业资源评估学。(3)研究鱼类种群数量变动规律的鱼类种群动力学等。为提高渔业资源的合理利用和管理水平、确定合理捕捞,为持续获得最佳渔获量提供科学依据。与水生生物学、鱼类学、水文学、气象学以及数理统计学等学科的发展密切相关。

【水产资源增殖保护】(reproduction and protection of fishery resources) 为增加群体数量而对水产经济动植物所采取的合理利用、增殖和保护的措施。保护对象主要是那些产量大、价值高、资源数量易受人类生产活动影响的鱼、虾、蟹、贝、藻类等渔业资源。重点是保护仔、幼鱼。增殖保护的方法分为直接和间接两类。直接的方法有人工增殖、放养、人工移植驯化等;间接的方法有设置禁渔区与禁渔期、防止水质污染、实行轮捕制、限制不适当的作业形式、规定网目大小和捕捞长度及捕捞定额等。中国已陆续在近海及大江、大河、湖泊、水库等重要水域实行了夏季休渔制度,规定了禁渔期和禁渔区,对重要水生动物进行了增殖放流等保护措施。

【水刺机】(spunlace machine) 在梳理、铺网后对纤维网进行高压水细流喷射的机器。由机架、托网架、压网辊、预刺头、水刺头、负压抽吸辊筒、水压检测箱、托网传动、托网纠偏、托网抽吸、气路及罩门等部件组成。水刺机利用高压水细流(俗称水针)对纤网喷射,以使纤维互相缠结。一般要经过预刺、辊筒水刺和最后平台水刺几个工序。

【水稻旱种】(rice planted in dry land) 在水源不足或灌溉不便的情况下,采用旱地旱播、苗期旱长、后期间歇灌溉的种稻方法。采用此种种稻方法应做到:(1)选用分蘖力强、耐旱、长势旺的品种。(2)根据降水情况安排播种期。(3)化学除草,保证稻苗正常生长。(4)四叶期以前可不灌水,进入雨季间歇灌溉。

水稻旱作

【水稻基因组计划】(rice gene project) 旨在对4.3亿个碱基对构成的水稻基因组精确测序,弄清所有水稻基因及其在染色体上的位置,破译水稻全部遗传信息的重大科研计划。其目的是通过对水稻12条染色体的基因组序列测定,最后绘制出全部基因图,最终弄清每个基因的功能,揭示水稻遗传信息奥秘,培育抗虫、抗病、抗自然灾害的高产优质水稻。1997年9月,水稻基因组测序国际联盟成立。1998年2月,中、日、美、英、韩五国代表制订了“国际水稻基因组测序计划”,2008年完成任务。水稻“基因天书”破译之后,科学家将进一步寻找水稻的遗传“秘密”和重要功能基因,从而引领基因育种新时代的到来。过去靠人工经验,10~15年才能育成一个水稻新品种,而依靠先进的分子育种技术,有望缩短为3~5年,对满足全世界日益增长的粮食需求具有重要意义。

【水稻抛秧】(throwing cultivation of rice) 将在钵盘或纸筒育出带有营养土块的、相互易于分散的水稻秧苗,采用人工或机械将秧苗连同营养土一起均匀撒抛在田间的一种栽植技术。因其可减少水稻移栽的用工,又可节省种子,并具有操作简单、效率高、返苗快、分蘖多等特点,故其发展较快。

水稻抛秧

【水稻土】(rice soil) 经人类淹水种稻生产活动发育起来的土壤。起源于各种土壤,经过水耕熟化后形成。季节性的灌溉,建立了土壤周期性氧化还原交替过程和相应的物质迁移转化条件。水稻土的有机质主要来自有机肥料,淹水期腐殖质积累较多,晒田期间分解较快;淹水期土壤中发生铁锰的还原淋溶,晒田期则发生氧化淀积,使土体中产生锈斑和脱色现象。水稻土还经历脱盐基与复盐基交错进行过程和黏粒的迁移过程,这与灌溉、施肥等措施相关。因水稻土起源复杂,分布广泛,各地农业气候条件不一,使各地的水稻土既有共性,又有明显的区域差异,均有各自的形成特点与理化性状。因此,水稻土的类型也很多。水稻土在世界分布广泛,各大洲均有分布,主要分布在南纬23°至北纬35°之间,其中亚洲占90%以上,尤其集中于东亚和东南亚。中国水稻土几乎遍布中国,但主要分布于秦岭—淮河以南。中国水稻土占中国耕地面积的20%以上。

【水的活度积】(activity product of water) 又称水的质子自递常数。水存在质子自递反应的平衡常数。以kW表示。水的活度积与温度有关,25℃时,$kW=1.0\times10^{-14}$。

【水电基地】(hydropower base) 中国对水能资源丰富、开发条件优越、可以规模性开发大中型水电站群的河流河段或地区的一种专称。中国水能资源丰富,主要分布于西部地区一些大江大河的干流及其主要支流,可以建设一系列规模巨大的梯级水电站。除向当地提供能源和电力外,还可向东部缺能地区远距离送电。东部地区一些省水能资源相对较丰富,也有条件建设一批大中型水电站,作为当地电力系统的重要电源。1979年,电力工业部根据中国水能资源的分布情况、开发条件和国民经济发展的需要,从水电开发战略角度出发,提出集中建设金沙江、雅砻江、大渡河、乌江、长江上游、南盘江、红水河、澜沧江、黄河上游、湘西和闽浙赣等10个大型水电基地的设想方案,编写了《十大水电基地开发设想》。1989年,中国能源部水利部水利水电规划设计总院根据实际情况,增加了东北及黄河北干流两个水电基地,编印了《十二大水电基地》。1994年,又根据新的河流规划和勘测设计成果,补充修正了12个大水电基地的规模和开发情况,并编制《中国大中型水电站规划图集》。

沅陵水电基地

【水电失常】(disorder of water and electrolyte) 机体内水、电解质代谢和酸碱平衡失常的一种病理过程。临床上常见。正常人体体液及其组分的波动范围很小,以保持体液的容量、电解质、渗透压和酸碱度等的相对恒定。水是体液的主要成分。正常人的总体液量与年龄有关。儿童高于成人,新生儿占体重75%~80%;成人为55%~60%;男性比女性略高5%。体液分为细胞外液(约占体重的25%,其中血浆占体重的4%~5%,组织间液占15%~20%)和细胞内液(约占体重的35%~40%)两部分。体液中的溶质分为电解质和非电解质两类。正常的体液维持着电荷的恒定。人体有完善的体液容量和渗透压的调节功能。当疾病因素破坏了机体的调节机制或超越了调节范围时,便会发生水、电解质、酸碱平衡失常,被称为内环境失常综合征。虽然其不是一个独立性疾病,但是却是许多疾病的进程中,特别是急重症患者几乎都伴有的病理过程。这种失常在临床中是错综复杂的:失水、失钠共存;水、电解质、酸碱平衡失常交错;与原发病互扰等。临床上常见的水与电解质代谢失常有:高渗性脱水、低渗性脱水、等渗性脱水、水肿、水中毒、低钾血症和高钾血症。许多器官系统的疾病及一些全身性的病理过程,都可以引起或伴有水电解质代谢失常;外界环境的某些变化,某些医原性因素,如药物使用不当,也常可导致水电解质代谢失常。如果得不到及时的纠正,水、电解质代谢失常本身又可使全身各器官系统,特别是心血管系统、神经系统的生理功能和机体的物质代谢发生相应的障碍,严重时常可导致死亡。

【水电枢纽】(hydroelectric hub) 又称水利枢纽。以水力发电为主要任务,由壅水建筑物、泄水建筑物、引水系统及水电站厂房、变压器场、开关站等组成的综合体。在多泥沙河流上,为了减少水库淤泥,防止有害泥沙进入水轮机和淤堵进水口,还需设置冲沙建筑物。一般在靠近发电站进水口处设有冲沙底孔。在通航、漂木河流上设置过坝设施。在有洄游鱼类的河流上设置过鱼设施。水电枢纽可以集中水流的发电水头,具有发电、变电、泄洪、蓄水、放水、排沙

丹江口水利枢纽

以及过船、过木、过鱼等功能。根据水资源综合利用的要求，水电枢纽应兼顾防洪、灌溉、发电、城镇和工业供水、航运和其他综合利用要求。以抽水蓄能发电为目的的建筑群也可包括在水电枢纽范围之内。

【水电站】（hydroelectric power station） 将水能转换为电能的综合工程设施。一般包括由挡水、泄水建筑物形成的水库和水电站引水系统、发电厂房、机电设备等。水库的高水位水经引水系统流入厂房推动水轮发电机组发出电能，再经升压变压器、开关站和输电线路输入电网。按水能来源的不同可分为常规水电站、抽水蓄能电站、潮汐电站、波浪能电站；按对天然径流的调节方式的不同可分为径流式水电站和蓄水式水电站；按水库调节周期的不同可分为多年调节水电站、年调节水电站、周调节水电站和日调节水电站；按发电水头的不同可分为高水头水电站、中水头水电站和低水头水电站；按发电水头形成方式的不同可分为坝式水电站、引水式水电站和混合式水电站。

【水电站厂房】（power house of hydropower station） 装置水轮发电机组及其辅助、控制设备的水电站建筑物。由主厂房和副厂房组成。按其总装机容量大小的不同可分为大型、中型和小型。连同附近的主变压器场地、引水道、尾水渠、交通道路和水电站高压开关站等，统称厂区枢纽。根据水库水文、地质、地形条件，水利枢纽布置形式各异，水电站水头、流量、装机容量、水轮发电机组形式也不尽相同。水电站厂房一般分为四类：(1)地面式厂房。厂房建于地面，如常见的坝后式厂房、河床式厂房和露天式厂房等。露天式厂房无上部排架结构，而是用防护罩盖住发电机，检修时用门式吊车。(2)地下式厂房。厂房位于地下洞室中。也有部分露出地面的，称半地下式。厂房一段在地面，另一段在地下的称为混合式。(3)坝内式厂房。厂房位于坝体内部或坝体空腔中。(4)溢流式厂房。厂房位于溢流坝后，厂房顶是泄水建筑物的一部分。此外，对引水式水电站或混合式水电站，其厂房一般远离挡水建筑物，可以是地面式或地下式；抽水蓄能电站也可以是地面式或地下式。

水电站厂房

【水电站动力设备】（power equipment of hydroelectric power station） 水电站中将水能转换成电能的机电设备。主要由水轮机、水轮发电机及其附属的电气、机械设备组成。水轮机和水轮发电机相连接的综合体称为水轮发电机组，简称机组。水轮机分为反击式和冲击式两大类。水轮发电机主要有悬式和伞式两类。机组附属电气机械设备包括调速器、油压装置、励磁设备、自动化及保护系统的设备等。现代抽水蓄能电站较多采用水泵水轮机。其动力设备由水泵水轮机和水轮发电电动机及其附属的电气、机械设备组成。除将水能转换为电能外，还具有将电能转换为抽水的功能。水轮发电机主轴与水轮机主轴的连接方式有两种。水轮发电机主轴与水轮机主轴装在同一轴线者称为直接连接；不装在同一轴线而通过传动连接者称为间接连接。与火电站相比，水电站动力设备的机组结构及其附属设备、辅助公用系统较简单，可靠性高，寿命较长，并能快速启动和增减负荷，能在电网中承担调峰、调频和事故备用任务，易于实现电站自动监控或遥控，而且不污染大气和水质，有利于环境保护。

【水电站工程造价】（cost of hydropower station） 建设水电站的费用成本总和。用于表示建设水电站项目的经济活动和花费的货币量时，与工程总投资同义。水电站工程造价工作作为一种社会分工，是建设工程造价行业的分支。按其形成固定资产相关性的不同可分为：枢纽工程投资和水库淹没处理补偿投资两部分。水库淹没处理补偿投资是对受到水库淹没及影响的人员和其他资源进行补偿所需的费用，包括移民安置、耕（林）地补偿、城（集）镇迁建和专业项目复建等。枢纽工程投资是建造水电站枢纽本体所需的费用。按其费用性质的不同可分为：(1)建筑工程费。由直接费、间接费、企业利润和税金组成。直接费是直接消耗在建筑物实物形态中的费用，如人工费、材料费和施工机械使用费等；间接费是施工过程中发生的但不直接消耗于建筑物实物形态的费用，如施工管理费等；企业利润是收入减去成本支出的盈余部分；税金是政府从工程费收取用于社会公益的部分。(2)安装费。是设备安装的费用，其构成与建筑工程费相同。安装费与建筑工程费合称为建筑安装工程费或称为建筑安装工作量（货币工作量），是衡量劳动含量的重要指标。(3)设备购置费。是用于购买直接形成水电站实物形态的成套设备或单件成品设备的费用。(4)独立费用。是在建筑安装工程费和设备购置费之外，建设水电站所必须的费用，如建设场地的征用费、勘测设计费和建设管理费等。此外，按其投资形态的不同可分为：静态投资和动态投资。

【水电站功率】(power of water energy generator) 水电站利用水力发电所产生的功率。按其计算方式的不同可分为:(1)水电站理论功率。水电站的功率(也称出力)理论值,等于每秒钟通过水轮机水的重量与水轮的工作水头的乘积。(2)水电站实际功率。水电站理论功率中扣除发电过程中的一系列能量损失,如水轮机叶轮转动损失、发电机转动损失、传动装置损失等剩下的功率。水电站功率是衡量一个水电站规模的重要指标。

【水电站环境监测】(environmental monitoring of hydo power station) 水电站建设前、建设期和运行期环境状况的监测工作。水电站的环境监测任务视其工程特性及其可能造成的环境影响而定,在工程环境影响评价基础上提出。监测站或采样点的布置、监测时段、监测分析项目、监测分析方法等要符合有关规定要求,要能反映水电站建设和运行期的环境质量情况,作为水电站合理运行的依据之一。水电站建设前实测环境状况数据需作为水电站建设后环境状况变化对比的背景值。因此,环境监测应在水电站建设前就开展。另外,水电站建设期除进行施工环境影响监测外,并要提前建设完成运行期需要的环境监测设施。在工程竣工投产后,环境监测是水电站管理工作的组成部分。在水电站环境影响评价阶段,要全面搜集工程影响地区的环境状况资料。应尽量搜集已有的监测成果,必要时需作补充监测。水电站建设期的环境监测工作应针对施工中可能影响的环境因子进行。

【水电站环境影响】(enviromental impact of hydropower) 建设水电站对周围地区自然和社会环境产生的有利和不利的作用。自然环境影响主要指对气候、对水文情势、水温、水质、泥沙、地质、水生生物和陆生生物等的影响。社会环境影响主要指对地区人口、交通、经济、人群健康、景观和文物等的影响。水电工程施工过程对环境也产生一定影响。按其工程对环境影响范围的不同可分为:

坝式水电站

(1)坝式水电站。包括水库及其周围地区、工程下游及河口地区等。引水式水电站工程还包括脱水段。(2)跨流域开发工程。包括调出流域和调入流域。另外,由于水库淹没、工程占地带来迁移居民对移入地区环境造成的影响。工程对环境影响的程度,与工程的规模、特性、地理位置等有关。水电工程环境影响研究,涉及自然科学和社会科学领域,是一项新兴的、多学科、综合性很强的工作。涉及这项工作的有气候学、水文学、水力学、地质学、陆生和水生生态学、医学、水库经济、环境经济、系统工程等。

【水电站计算机辅助设计】(computer aided design for hydropower station) 简称水电站 CAD。利用计算机,采用系统工程方法,以人机交互方式辅助设计人员完成水电站设计任务的理论、方法和技术。在水电站设计中采用计算机辅助设计(CAD)技术,将计算机的高速运算、存储和图形处理能力与设计人员的思维、分析、判断能力相结合,利用专用软件和通过交互式人机对话,进行分析计算和图形编辑,最后通过输出设备完成工作设计文档。在20世纪60年代,随着计算机技术的发展,CAD技术开始起步。最初它只是在飞机、汽车制造方面和电气线路设计方面做一些外形设计和制图工作。之后,又深入到分析计算和优化、决策等方面,并能输出设计文件和图纸,应用范围也扩展到土木建筑和水电工程。20世纪70年代后期,美国垦务局、加拿大不列颠哥伦比亚水电局等单位都逐步开展CAD技术在水电工程中的应用。中国的水电站CAD工作则是在1984年开始陆续引进一些小型微机和工作站之后才起步的。水电站CAD技术在中国发展很快。目前,开发了覆盖几乎所有水电站设计有关专业的专用软件,大中型水电站的设计制图已基本甩掉了图板,CAD出图率实现了100%。

【水电站进水口】(intake of hydropower station) 水轮发电机组从水库或河流中引水的水工建筑物。由进水口通道和上部结构所组成。进水口通道包括进口喇叭段、闸门段和渐变段。为了防止污物进入水轮机,在进口段的前缘设有拦污栅。在闸门段内设有检修闸门和事故闸门。当发生事故时,事故闸门能在动水中关闭,以保证引水管道和水电站的安全。能在动水中快速关闭的闸门称快速闸门。事故闸门的开启一般需要平压后在静

水电站进水口

水中开启。检修闸门的启闭均需在静水中进行。进水口上部结构设有工作平台、启闭机和清污设备。进水口的布置应考虑防泥沙、防污物和防冰冻(简称“三防”),同时还要保证进水畅通和流态平稳。以上是进水口设计中要考虑的最基本的问题。

【水电站经济评价】(economic evaluation for hydropower station) 应用工程经济学理论,结合水电站特点,分析论证水电站经济性和可行性的原则和方法。是项目建议书和可行性研究报告的重要组成部分,也是评价项目建设必要性和可行性的主要手段。其目的是:根据国民经济发展战略和电力发展规划的要求,在工程技术可行的基础上,计算水电建设项目投入的费用和产出的效益,进行经济评价,为项目的科学决策提供依据。按水电站经济评价组成的不同可分为:(1)国民经济评价。是在合理配置国家资源的前提下,从国家整体的角度分析计算项目对国民经济的净贡献,据以判别水电建设项目的经济合理性。(2)财务评价。从项目业主和项目所在企业的角度,根据国家现行财税制度、价格体系和建设机制,分析计算项目直接发生的财务效益和费用,编制财务报表,计算评价指标,考察项目的盈利能力、清偿能力以及外汇平衡等财务状况,据以判别项目的财务可行性。

【水电站年运行费】(generating electricity cost of hydropower station) 又称水电站发电成本。项目法人在生产电能经营活动过程中发生的物质消耗、劳动报酬和各项费用的总和。包括产品成本和财务费用。根据中国的财务制度规定,产品成本包括经营成本、折旧费和推销费。其中,经营成本包括:修理费、工资福利及劳保统筹费和住房基金、保险费、材料费、抽水电费(抽水蓄能电站)、库区维护费和库区后期扶持基金和其他费用等。财务费用是指为筹集资金而发生的各项费用,包括生产经营期间发生的利息、净支出、汇兑损失、相关的手续费及筹资发生的其他费用。其折旧费、推销费、财务费用、固定修理费、工资福利、劳保统筹费、住房基金、保险费、材料费和其他费用为固定成本;抽水电费、可变修理费、库区维护费和库区后期扶持基金为可变成本。发电成本一般按年计算,称为年发电成本。当按单位电量计算时,称为单位发电成本,是年发电成本与年电量的比值。

【水电站水库优化调度】(optimized operation for reservoir of hydropower station) 根据电力系统对水电站运行的要求,并顾及综合利用的各项目标,运用优化理论和方法所得到的相对优化的水电站水库长期运行的管理方法。是指导水电站水库实现最佳长期控制运用的一种科学管理方法。能较充分地反映面临时段的决策对未来时期运行的影响。比常规的水库调度图法优越。一般均可在满足规定的综合利用要求下,获得增加电量、提高保证出力和提高供电可靠性等效益。按其调度类型的不同可分为:单库优化调度和库群联合优化调度两种。后者比前者要复杂得多,所使用的具体数学方法也不尽相同。优化准则一般都是在满足运行可靠性及综合利用各项要求等一组约束条件下,使水电站总效益的数学期望值达到最大或使电力系统年支出费用的数学期望值达到最小。

【水电站尾水位】(tail tube water level of hydropower station) 水电站厂房尾水管出口处的河水位。是确定水电站工作水头的参数之一。其决定于水电站厂房尾水管出口处水位流量关系曲线及其下泄流量。在水电站下游无梯级电站、隘口或其他礁滩等回水顶托的情况下,水电站厂房尾水管出口处的水位流量关系曲线为自由水面的水位流量关系曲线;当存在上述回水顶托时,则为回水情况下的水位流量关系曲线;当电站下游有淤积现象发生时,水位流量关系曲线还应考虑淤积的影响。水电站下泄流量包括:电站发电流量和弃水流量。在电站施工时,应避免在厂房下游堆渣,引起电站尾水位抬高,而造成水电站能量和容量的损失。对于中、低水头水电站此问题尤其重要。

水电站尾水位

【水电站效益】(economic benefit of hydropower station) 水电站为国民经济提供物质产品和服务的价值。是水电站经济评价的重要计算内容。物质产品为电力和电量。服务主要是除害兴利等经济效益和社会效益。从业主角度计算可获得的财务收入,称为财务效益。根据业主经营范围确定效益计算范围。财务效益根据现行价格和税收制度

水电站效益:发电、拦洪、灌溉

计算,用于水电站财务评价。从国家经济整体角度计算水电站的效益,称为经济效益。经济效益包括直接效益和间接效益两个部分。其计算比较复杂。与一般工业项目相比,其计算特点是:(1)电是难以大量储存的产品。电力系统必须同时完成发电、输电、配电和消费等项任务。(2)在服务期内,水资源系统和电力系统可能有变化,如用电负荷的增长、在水电站上下游修建新水电站、综合利用任务的增减以及电力系统电源构成的变化等将导致水电站效益的变化。因此应计算服务期内水电站的总效益。(3)水能资源是具有一定分布规律的随机量。其满足系统负荷要求的程度是随机的。所以水电站效益要用数理统计方法计算。直接效益的计算主要用于水电站经济评价。直接效益包括内部效益和外部效益两部分。间接效益也称社会效益。发电效益计算是根据水电站向电力系统提供的电力和电量。相应的发电效益为容量效益和电量效益。

【水电站运行方式】(operation mode of hydropower station) 水电站在电力系统调度运行中承担的任务和工作方式。按其在电力系统中作用的不同可分为:带计划负荷运行方式、调频运行方式、备用运行方式和调相运行方式。按其时间周期的不同可分为:日运行方式、周运行方式和年运行方式。按其负荷特性的不同可分为:(1)系统日负荷特性。系统负荷在一天的24h中变化较大,其形状视系统用户组成及其用电特性(生产的连续性及生产班制)而异。通常有2或3个峰。2个峰的高峰负荷多出现在上午及晚上。3个峰的负荷,除上午、晚上外;下午还有一个峰。低谷多出现在凌晨及中午。电力系统一天中的负荷,除有峰谷的变化外,还有随机跳动。在电力电量平衡计算中,系统日负荷是先将锯齿形的跳动修匀后,根据需要,以1h或若干小时为单位,以柱状近似。一天中负荷的平均值与最大负荷的比值,称为日负荷率,常以γ表示。一天中的最小负荷与最大负荷的比值,称为日最小负荷,常用β表示。γ及β值越大,表示日负荷变化越小;反之,表示日负荷变化越大。中国较大的电力系统,值一般为0.75~0.85,γ值一般为0.5~0.70。电站在一天中担负某一固定的负荷,称为担基荷(基底负荷);电站在一天中担负系统负荷的变动部分,称为担峰荷,也称为调峰;若电站担负尖峰和基荷之间的部分,则称为担腰荷。在同样保证出力的情况下,担峰荷的水电站,其装机容量较大,担基荷的水电站的装机容量较小,担腰荷的水电站的装机容量则介于两者之间,水电站适于担负尖峰负荷。(2)系统周负荷特性。系统在周内的节假日,负荷明显下降,而工作日则维持较高的负荷,但也有一定的波动。一般假日的负荷低于其他工作日的负荷。系统一周的平均负荷除以周内日平均负荷的最大值,所得到的商,称为周不均衡系数。通常以σ表示。

【水电站自动化】(automation of hydraulic power station) 采用机械、电子设备按预定要求代替人工进行水电站生产作业的系统工程。自动地对水电站进行控制、监视、调节和管理,以提高水电站运行的安全性、经济效益、劳动生产率和供电质量。其内容包括:单机自动化、公用设备系统自动化、梯级电站自动化和全厂综合自动化。从功能上分,主要系统包括自动控制、安全监视、经济运行、维持电力系统稳定运行和运行管理自动化等。

【水动力弥散】(hydrodynamic dispersion) 溶质或示踪剂在多孔介质中超出平均流动空间范围的传播现象。在各个方向上不尽相同。沿平均水体流动方向的弥散称为纵向水动力弥散;垂直于平均水体流动方向的弥散称为横向水动力弥散。水动力弥散现象是无数个溶质的质点,流经复杂孔隙时所发生的各种机械的、物理的和化学现象综合作用后的宏观表现。从组成弥散过程的微观机制来看,有两种相互联系的基本溶质运移过程起着主要作用:因水体在复杂孔隙系统中流动产生的对流弥散和因浓度差异产生的分子扩散。溶质弥散现象可以通过野外试验和室内实验观察到:在地下水流动区域的上游,连续注入某种化学和物理性质相对稳定的示踪剂,在其投放点周围和下游,可逐渐观察到示踪剂在连续不断地逐渐传播开来,并不断占有比按平均地下水流动所预计要大的空间范围。

【水动力学】(hydrodynamics) 流体力学的一个分支。研究水及其他液体的运动规律及其与流场边界相互作用的学科。其研究的基本问题是:在给定液体的作用力、边界条件和运动起始条件下,确定液体的运动状态,及其对边界物体的作用力。其主要研究内容是:(1)理想液体运动。可忽略黏性的液体称为理想液体,边界层外的液体可视为理想液体,其运动符合理想流体运动规律。(2)黏性液体运动。分析大黏度液体(如润滑油)的流动状态、水流的能量损失、船舶的摩擦阻力、边界层和尾迹等都须考虑液体黏性。(3)空泡流。液体流经压强足够低的区域时,内部气化形成空泡,除空泡溃灭产生冲击,造成边壁材料剥蚀破坏外,还会形成空泡绕流现象。(4)多相流动。挟有固体颗粒、掺有气泡等物质的液体流动,如含沙水流、掺气水流等。(5)非牛顿流体流动。剪应力和剪切变形速率不成线性关系的液体(如加入高分子聚合物的水)的流动。(6)自由表面流动。流动液体的部分边界是液体和气体的分界面,其上的压力接近常数,明渠流、液体自由表面波、物体从空气进入水中时带入空气而形成的空泡流动等均属这种流动。(7)分层流。两层或多层密度不同的液体可形成分层流,密度差可由不同液体产生,也可由含盐、含沙量不同或温度不同所引起。(8)水弹性问题。在某些条件下,流过固壁的液体可引起边壁振动,这种振动又反过来改变流动特性;研究液体与弹性体相互作用的理论称为水弹性力学。主要用于水利水电工程、造船工程、海洋工程、近代水中武器、化工、环保工程、石油开采等领域。按其水流运动特点的不同可分为:(1)有压管流。研究输送液体的各种管道的流量和沿管压强变化的计算,也包含流动瞬变时发生水击的分析。(2)明槽流。包括河渠中正常均匀流动;非均匀渐变流动,主要为水面线的分析;急变流动,如水跃现象等;非定常流动,如洪水计算等。(3)孔流。各种小孔口和喷嘴在压力水头下的出流以及水工中闸门大孔泄流的计算。(4)堰流。各种量水堰和溢流坝等水工建筑物的顶上过流的计算。(5)渗流。研究多孔介质中主要是地下土壤中的渗流运动规律,也包括地下水对建筑物基础的浮托力计算。(6)挟沙水流。研究挟带泥沙的河渠中浑水的流动规律,也包括物料输送管道的流动。(7)水力机械中的流动。主要为水轮机和水泵等叶轮机械中的流动特性。(8)波浪。研究各种水波的运动特性和波浪对建筑物的波压力。

【水动力学实验】(hydrodynamic experiment) 利用各种实验设备和仪器测定表征水或其他液体流动及其同固体边界相互作用的各种物理参量,并对测定结果进行分析和数据处理,以研究各种参量之间的关系。其的目的是:揭示各种水流运动规律和机理,验证理论分析和数值计算结果,为工程设计和建设提供科学依据,并综合检验工程设计质量和工作状态。水动力学实验必须满足与实际流动相似的准则(相似准数相等),实验中的相似准数有:弗劳德数、雷诺数、斯特劳哈尔数、韦伯数、马赫数、空化数等(见流体力学相似准数)。但不可能同时满足全部相似准则,只能根据实验特点,满足主要的相似准则。这就造成模型实验与实际流动情况的差异。这种对应量之间差异的总和称为尺度效应。估计尺度效应的大小,寻求减小或修正它的方法是重要的研究课题。水动力学实验的设备有:水槽、水池、水洞、减压箱、水轮机实验台等。

【水分活度】(water activity) 食品中水蒸气的分压与相同温度下纯水的饱和蒸汽压之比。其值大小取决于食品水分含量、温度、成分、水与非水部分结合的强度等。水分活度比水分含量能更好地预测食品的稳定性,是决定食品腐败变质和保质期的重要参数,对食品的色香味、组织结构以及食品的稳定性都有重要影响。多数情况下,食品的腐败、酶解、化学反应等与水分活度密切相关。控制水分活度,可以提高产品质量,延长食品保藏期。

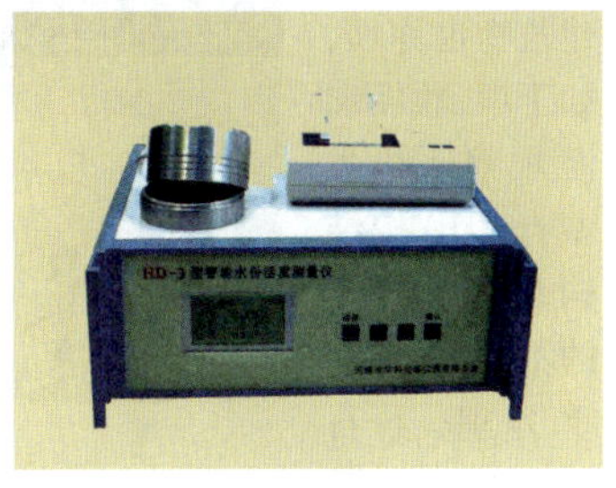

水分活度测量仪

【水分生产率】(water productivity) 在一定的作物品种和耕作栽培条件下,单位水资源量所获得的产量或产值。单位为 kg/m^3 或元/立方米。它反映了水量的投入产出效率。是衡量农业生产水平和农业用水科学性与合理性的综合指标,也是节水灌溉与高效农业发展的重要指标之一。近年来,国内外越来越多地采用"水分生产率"来衡量水资源利用状况或灌区的用水管理水平。广义的水分生产率还包含总降水量。降水利用率越高,水分生产率越高;同时,区域内水的重复利用率越高,水分生产率越高。狭义的水分生产率有作物水分生产率和灌溉水分生产率。作物水分生产率指作物消耗单位水量的产出。其值等于作物产量与作物净耗水量或蒸发蒸腾量之比值。灌溉水分生产率指单位灌溉水量所能生产的农产品的数量。它能综合反映灌区的农业生产水平、灌溉工程状况和灌溉管理水平,直接显示出在灌区投入的单位灌溉水量的农作物产出效果。实践中,往往采用灌溉水分生产率的多年平均值作为宏观评价指标。

【水封爆破除尘】(precaution against dust by water infustion blasting) 用充水的塑料薄膜袋代替或部分代替炮泥填塞炮眼,用以抑制粉尘产生的措施。其作用原理是爆破时水袋被爆裂并形成细小水雾,依靠水雾的作用将粉尘捕获。

【水封防爆箱】(explosion-proof box) 安装在瓦斯泵附近管道中作隔爆用的水箱式安全装置。正常工作时,井下抽出的瓦斯由进气口进入箱内,从水中流出,再由出气口通往瓦斯泵。一旦泵站、泵体内、排气管路发生爆炸,爆炸波冲入箱内,将安全盖冲开,爆炸压力消失,箱内的水还可阻止爆炸火焰沿管路向井下传播。

【水工坝】(hydraulic dam) 拦截江河渠道水流以抬高水位或调节流量的挡水建筑物。可形成水库,抬高水位、调节径流、集中水头,用于防洪、供水、灌溉、水力发电和改善航运等。调整河势、保护岸床的河道整治建筑物也称坝,如丁坝、顺坝和潜坝等。其类型有:(1)按结构和力学特点的不同,可分为重力坝、土石坝、拱坝、支墩坝、装配式坝和锚固坝。(2)按筑坝材料的不同,可分为混凝土坝、浆砌石坝、土石坝、草土坝、橡胶坝、钢坝和木坝等。其中混凝土坝和土石坝是常见的主要坝型。(3)按坝顶是否允许泄流可分为溢流坝和非溢流坝。(4)按坝高度的不同,可分为高坝、中坝和低坝。对此各国标准不一。中国规定坝高70m以上为高坝,30~70m为中坝,30m以下为低坝。坝的设计程序是:(1)选择坝址和坝型,初选坝体剖面。(2)对坝体和坝基进行稳定、应力、变形、沉陷、渗透、抗震等计算,并优化坝体剖面。(3)对溢流坝和坝身泄水孔口等进行水力学设计。(4)坝体构造设计,如重力坝的廊道系统、排水系统设计和坝体分缝等。(5)地基处理。(6)运行期大坝和基岩状态的观测设计。对于重要的坝还常辅以结构模型试验和水力模型试验等。坝的发展趋势是:(1)高土石坝和薄拱坝将会继续较快发展。(2)重力坝和支墩坝向简化和方便施工的方向发展。(3)钢筋混凝土面板堆石坝、碾压混凝土坝已成为极有发展前途的新坝型。(4)更加重视坝的安全监测和管理等。

土石大坝

【水工盖重】(toe weight) 在堤坝下游一定范围内,铺填足够重量的土石料,以防止发生流土及地基被抬动或产生滑移、液化等现象的防护设施。盖重不仅用于防止坝基渗透破坏,也常用于提高软土地基的抗滑稳定性。当地基内有透水层,采用防渗铺盖或悬挂式垂直防渗等设施后,作用在靠近下游表面不透水层上的剩余扬压力仍嫌过大时,可在堤坝下游坝脚附近加设盖重。在土石坝中常与减压井、排渗沟、褥垫式排水等排渗减压措施联合运用。由于它可以快速施工,在汛期护堤抢险中使用较多。盖重的厚度应使其重力超过渗流的扬压力。其长度按计算确定,向下游作成缓坡,以利排水。盖重的材料根据堤坝下游地面覆盖层的情况选定。当地基表层为透水层或不透水覆盖很浅时,选用透水材料作盖重,以免增加扬压力。当只有不透水料可用时,盖重下面需作好水平褥垫排水或坝趾排水,以避免增大扬压力。在地震烈度较高地区,如果地基内有均匀的粉细砂而又不能挖除时,可加设盖重,以防止粉细砂在地震时产生液化。盖重范围及厚度需经防液化试验分析确定。

【水工建筑物】(hydraulic building) 控制和调节水流、防治水害、开发利用水资源的建筑物。按其功能的不同可分为:(1)通用性水工建筑物。主要有挡水建筑物,如各种坝、堤和海塘;泄水建筑物,如各种溢流坝、溢洪道、泄水隧洞、分洪闸;进水建筑物,也称取水建筑物,如进水闸、深式进水口、水泵站;输水建筑物,如引(供)水隧洞、渠道及输水管道;河道整治建筑物,如丁坝、顺坝、护岸、导流堤。(2)专门性水工建筑物。主要有水力发电专用建筑物,如前池、调压室、压力水管、水电站厂房;灌溉和供水专用建筑物,如节制闸、沉沙池、冲沙闸;港口专用建筑物,如防波堤、码头、船坞、船台;过坝专用建筑物及设施,如船闸、升船机及筏道、鱼道等。上述两类均属于长期使用的永久性水工建筑物。另有一些仅在施工期短时间内发挥作用的建筑物,如围堰、导流隧洞等,称为临时性水工建筑物。水工建筑物的主要特点是:(1)受自然条件制约多。地形、地质、水文、气象等对工程选址、建筑物选型、施工、枢纽布置和工程投资影响很大。(2)工作条件复杂。如挡水建筑物要承受相当大的水压力,由渗流产生的渗透压力对建筑物的强度和稳定不利;泄水建筑物泄水时,对河床和岸坡具有强烈的冲刷作用等。(3)施工难度大。在江河中兴建水利工程,需要妥善解决施工导流、截流和施工期度汛。此外,水下工程的施工技术也较复杂。(4)大型水利工程的挡水建筑物失事,将会给下游带来巨大损失和灾难。水工建筑物设计包括:(1)选址。如坝址、闸址、洞线、渠线的选择。(2)选型。即选定建筑物的结构形式,如坝型选择。(3)水力计算。(4)结构计算。(5)工程细部设计。(6)确定地基处理方案。(7)观测设计以及合理布置各个建筑物等。对大中型和重要工程还应有水力模型试验和结构模型试验配合验证。

防洪穿堤涵闸

【水工建筑物荷载】(load on hydraulic structure) 作用在水工建筑物上的各种外力及其他产生内力和变形的因素。是水工建筑物设计的重要依据。作用在水工建筑物上的荷载主要有:(1)自重及位于其上的永久性固定设备的重力。(2)水压力。包括静水压力、动水压力、浪压力、扬压力和脉动压力。(3)冰压力。包括静冰压力和动冰压力。(4)土压力。(5)淤沙压力。(6)地震荷载。包括地震惯性力、地震动水压力、地震动土压力。(7)温度荷载。(8)渗透力。(9)风压力。(10)冻胀力。(11)雪荷载。按对建筑物所产生效应的不同可分为静荷载和动荷载。按其变异性的不同可分为恒定荷载和非恒定荷载。在设计应用时,这些荷载按其特性及出现概率分为基本荷载和特殊荷载两类。出现概率大、经常起作用的称为基本荷载;出现概率小、偶然起作用的称为特殊荷载。

【水工渠道】(hydraulie canal) 为输送水流而在地面上开挖、填筑或埋设的人工水道工程。按其功能的不同可分为灌溉、排水、航运、引水发电、城乡工农业供水等几大类型。按其布置形式的不同可分为明渠与暗渠两类。明渠修建在地面上,有自由表面;暗渠是埋设在地面以下的封闭式管道,可以是有压或无压的,多用于灌溉和排水等。按其断面形式的不同可分为五类。(1)梯形断面。为土渠中最常见的横断面形式,具有较好的水力性能,适用于各种流量的大中小型渠道,且造价低廉等优点。但占地多,蒸发渗漏损失大,因而应做好渠道防渗设施以减少输水损失。(2)U形断面。接近最佳水力断面,过水断面小,可以减少土方及衬砌工程量,整体性强,能适应地基不均匀变形,是中国中小流量渠道上普遍采用的形式。(3)弧形底梯形及弧形坡脚梯形断面。均属宽浅形式。由于适应冻胀变形的能力强,可以减轻冻胀变形的不均匀性,在中国北方地区得到广泛应用。(4)矩形断面,断面形式简单。常用于石渠或圬工砌筑的渠道上。(5)圆形暗管。占地少,在冻土地区,暗管可避免冻胀破坏,常用于地下排水暗渠。

水工渠道

【水工隧洞】(hydraulic tunnel) 在山体中或地下开凿的过水洞。可用于灌溉、发电、供水、泄水、输水、施工导流和通航。按其功能的不同分为:自水库、河道等水源取水的引水隧洞,人工河道、渠道穿过山岭时设置的输水隧洞,水利枢纽中为泄洪、排沙、施工导流、排泄电站尾水等而设置的泄水隧洞和通航过筏隧洞。按洞内水流状态的不同可分为无压隧洞和有压隧洞。发电隧洞一般是有压的;灌溉、供水和泄水隧洞,可以是无压的,也可以是有压的;渠道和运河上的隧洞则是无压的。水工隧洞主要由进水口、洞身和出口段组成。闸门可设在进口、出口或洞内的适宜位置。出口设有消能防冲设施。为防止岩石坍塌和渗水等,洞身段常用锚喷或钢筋混凝土做成临时支护或永久性衬砌。洞身断面可为圆形、城门洞形或马蹄形。有压隧洞多用圆形。进出口布置、洞线选择以及洞身断面的形状和尺寸,受地形、地质、地应力、枢纽布置、运用要求和施工条件等因素所制约,需要通过技术经济比较后确定。

【水工鱼嘴】(V-shaped dike) 中国古代无坝取水枢纽工程常用的分水建筑物。因形似鱼嘴而得名。鱼嘴修筑在河道江心洲或河滩滩脊的迎水端,根据地形决定其长度,其后部多与导流堤相连,一并起分水导流入渠的作用。鱼嘴布置的位置和导流堤的高低可大致决定引水水量。鱼嘴除了分水外,亦用于渠道配水。鱼嘴位置常并列布置,可粗略决定各支渠配水量的大小。古代四川都江堰从渠首到干、支、斗各级渠道多用鱼嘴分水、配水,是主要的工程设施。宁夏、内蒙古引黄灌渠也多采用这种分水形式。当地称之分迎水湃。鱼嘴多采用块石干砌或卵石散筑,在水流较急的河道修筑鱼嘴常用竹笼装石堆砌。现代无坝引水工程中的鱼嘴多改用铅丝石笼堆筑,成为半永久性工程。

【水沟】 中医穴位名。属督脉。定位:在面部,在人中沟的上1/3与下2/3交点处。主治:中风昏迷,急惊风,牙关紧闭,口眼歪斜;中暑,心绞痛,休克窒息,精神分裂症,癔病,晕车,口眼肌肉痉挛,急性腰扭伤等。刺灸法:向上斜刺0.3~0.5寸;艾炷灸3~5壮,或艾条灸3~5min。实验研究和临床观察证明:水沟穴对呼吸功能有特异性调整作用。对各种原因造成的呼吸暂停,针之均可使呼吸恢复,对呼吸中枢衰竭者有很好的疗效。动物实验中可得出同样的结论。

硬化水沟

【水果】(fruit) 又称肉质果。成熟时果肉肥厚多汁,可供食用的果实。按其果肉结构的不同可分为:(1)核果。是由单心皮上位子房发育形成的真果。具有肉质中果皮和木质化内果皮硬核。常见的核果有桃、李、杏、

水果

梅、枣、桩果、油橄榄、樱桃等。(2)仁果。是由多心皮下位子房与部分花被发育形成的假果。常见的仁果有梨、苹果、山楂、木瓜、枇杷等。(3)浆果。是由子房或子房与其他花器一起发育成柔软多汁的真果或假果。常见的浆果有葡萄、猕猴桃、柿、香蕉、无花果等。(4)柑果。是由多心皮上位子房发育形成的真果。具有肥大多汁的多个瓤囊(橘瓣)。常见的柑果有橙、柑橘、柚、柠檬、葡萄柚等。(5)荔枝果。是由上位子房发育形成的真果。其食用部分是肥大肉质多汁的假种皮。常见的有荔枝、龙眼等。

【水合抛光】(hydrate polishing) 利用在工件界面上生成水合化学反应的研磨方法。其主要特点是:不使用磨粒和加工液,而加工装置又与当前使用的研磨盘或抛光机相似,只是在水蒸气环境中进行加工。因此应极力避免使用可能与工件产生固相反应的材料作研具。

【水华】(water blooms) 又称湖靛、水花、藻花。在淡水水体中某些蓝藻、绿藻、硅藻等藻类过度生长,在水面形成一层厚厚的藻层的现象。是水域环境严重富营养化的表现。主要由于水体中氮、磷等营养物质过多所致。在蓝藻大量发生、死亡、腐败、分解时,会释放毒素,大量消耗水中溶解氧,使水体产生恶臭,危及水生生物的生存。某些工业有机废水、生活污水和农田化肥流失进入水体,都可引起水华的发生。对渔业资源和淡水养殖造成严重危害。

水华

【水化盐相变材料】(hydrate salt phase change material) 一种含一定量的结晶水的无机盐的水化物。这是目前用得较多的一种相变材料。其优点是:熔解热高,熔化时体积变化小,与其他非金属相变材料相比,导热系数高。其缺点是:含结晶水数会发生变化,从而导致熔点的不一致及熔化凝固过程不可逆。另外,水化盐往往具有较强的腐蚀性,使用中要考虑结构材料与相变材料的相容性。

【水环境保护功能区】(district of water environment protection) 又称水质功能区。为全面管理水资源、维护和改善水环境的使用功能而专门划定和设计的区域。通常由水域和排污及其控制系统组成。建立水质功能区的目的在于使特定的水污染控制系统在管理上具有可操作性,以便使水环境质量及其影响因素得到有效监测和科学管理。

【水环境规划】(water environmental planning) 在水环境系统分析基础上对水的开采、供给、使用、处理、排放等各个环节作出的统筹安排和决策。由水质控制规划和水资源利用规划组成。前者以实现水体功能为目标,是规划的基础;后者强调水资源的合理利用,以满足国民经济和社会发展需要为宗旨,是规划的落脚点。水环境规划的主要内容和步骤是:(1)分析并提出当前水质、水量和水资源保护的问题和根源。(2)根据国民经济和社会发展的要求及实际情况,从水量和水质两个方面拟订目标,做好水环境功能分区。(3)拟订调整经济结构与布局、提高水资源利用率、适宜增加污水处理设施等方面的措施。(4)综合考虑,提出可供选择的实施方案。水环境规划是解决水资源供需矛盾的有效手段。

【水环境容量】(water body capacity) 在不影响水的正常用途的情况下水体所能容纳的污染物的量。是制定地方性、专业性水域排放标准的依据之一,环境管理部门利用它确定在固定水域排入污染物的允许量。

【水浑浊度】(water turbidity) 反映用水和天然水清亮程度的参数。水的浑浊由微细的悬浮颗粒造成。水质参数之一。将用水与已知浊度的标准浑水相比较来测定。测定浊度的标准仪器是杰克孙烛光浊度计。它由带有浊度刻度的标准玻璃管、支持管子与遮蔽管壁的支架和标准烛等构成。杰克孙浊度计的刻度以当时的标准浑水为准。标准浑水用标准天然土,如漂白土配制,其含土量(mg/L)的值,即为浑浊度。只能直接用于测定浊度大于 25 度的水样,对低浊水使用很不方便。此外,测得结果往往因人而异。因此,大多改用光线照射浑水时的散射光强度比较水样和标准液来测定水的浊度,使用的仪器称散射浊度计。用这两种不同的方法测得的结果基本相同。为区别起见,国外分别以杰克孙烛光单位(符号 jtu)和散射浊度单位(符号 ntu)表示。近年来,国际上开始采用甲聚合物配制成的标准液和散射浊度计测定浊度,以甲浊度单位(符号 ftu)表示。对生活饮用水和某些高质量工业用水,浑浊度是一个重要的水质参数。1976 年,中国颁布的生活饮用水水质标准规定,浊度不得超过 5 度。

【水基环氧改性纳米聚氨酯】(watercraft epoxy modification nanometer polyurethane) 将端羟基环氧树脂、剥离的片层硅酸盐粒

子引入聚氨酯分子的主链,改变水基聚氨酯的分子结构而制得的成膜新材料。具有优良的耐磨性、柔韧性、耐水性、防腐性等性能。与特殊基材(如钢铁、铝合金、塑料等)的黏结强度高,附着牢固,同时又克服了传统水基聚氨酯树脂硬度不高、耐水性较差、易黄变和热稳定性不高的缺点。可直接应用于机械、纺织、皮革、塑料等行业中。

【水碱度】(water alkalinity) 水质质量指标之一。水中所含能与强酸定量作用的物质总量。影响水碱度的盐类有碳酸盐类、碳酸氢盐类及氢氧化物等。碱度有三种表示单位,只是含义有所不同。(1)毫摩尔/升。一升水中能与 H^+ 结合的物质的量,一般用 mmol/L 作单位。(2)毫克/升。一升水中能结合 H^+ 的物质所相当的$CaCO_3$的质量,用 mg/L 作单位。(3)德国度。一升水中含 10mg 的 CaO 为 1 德国度。中国习惯上常用度(德国度)表示。碱度高,可以中和饮料中的酸性,引起甜味变化,阻碍碳酸饮料对碳酸气的吸收、改变或失去新鲜味。水的碱度对水产养殖、农业灌溉等也有重要影响。

【水胶炸药】(water gel explosive) 以硝酸甲胺为主要敏化剂的溶液分散在含有空心微珠多孔性物质的氧化剂水溶液中,经稠化、交联而制成的凝胶状含水炸药。即将硝酸甲胺、氧化剂、可燃剂和消焰剂等材料溶解悬浮于有凝胶的水溶液中,再经化学交联而制成的一种凝胶状炸药。其外观呈凝胶状,富有弹性,具有做功能力大、抗水性能好、运输和使用安全、有毒气体少的特点。水胶炸药按沼气安全性分为五级。其安全性均高于 3 号煤矿安全炸药,

【水解】(hydrolysis) 化合物和水反应分解成其他化合物的过程。通常指盐类的水解。强酸弱碱盐、强碱弱酸盐和弱酸弱碱盐均易水解。强酸强碱盐不易水解。如碳酸铵水解成碳酸和氨水。有机物也有水解作用,如卤代烷的水解,卤离子被羟基取代生成醇。

【水解反应】(hydrolysis reaction) 中和或酯化反应的逆反应。水与另一化合物进行反应,得到两种或两种以上新化合物的反应过程。大多数有机化合物的水解,仅用水是很难顺利进行的,需添加水解剂。根据被水解物的性质,水解剂可以用 NaOH 水溶液、稀酸或浓酸,有时还可用 KOH、$Ca(OH)_2$、$NaHSO_3$等的水溶液,即加碱水解和加酸水解。水解可以采用间歇或连续式操作。前者常在釜式反应器中进行;后者则多用塔式反应器。典型的水解包括:(1)卤化物的水解。(2)芳磺酸盐的水解。(3)胺的水解。(4)酯的水解等。工业上应用较多的是有机物的水解,主要用于生产醇和酚类。

【水窖】(water cellar) 又称旱井。在干旱、半干旱地区土层较厚的山塬地下挖成井形,用于储存地表径流的一种坡面水土保持工程设施。修建于水源缺乏、水土流失严重的地方。由进水道、沉砂池、窖筒、窖台和窖身组成。按修窖条件、水窖形状的不同,可分为瓶式、坛式和窖洞式。在水窖建成后,防渗非常重要。防渗材料用重粉质黏土、三合土,用捶泥法夯实窖壁和窖底。要注意对水窖的管理养护:不使杂草、杂物流入窖内;坛式水窖蓄水不能高出最大直径处;收水后封闭进水道和窖口;窖水净化半年后方能饮用;水窖水深应经常保持在 0.3m。防止干裂和及时清除淤泥等。饮用水水窖要加明矾和漂白粉消毒。用水后及时加盖。

水窖

【水晶】(crystal) 宝石业中指透明的石英矿物晶体。其化学成分为二氧化硅(SiO_2)。密度 2.64~2.69g/cm^3。折光率 1.554~1.553。玻璃光泽。硬度 7。无解理,可有沿包裹体或双晶接合面的裂开。按其颜色的不同可分为:(1)紫晶。紫色的水晶,以深紫色者为佳。(2)黄晶。宝石级的黄色水晶,以呈啤酒黄色者为佳。(3)烟晶。又称墨晶、茶晶。呈深浅不一的烟灰色。其颜色既可以自然形成,也可以人工辐照而致。但受热时都会褪色。烟晶中呈较浅烟黄色者称作黄晶,色深而近于黑色者称作墨晶。对有特殊包裹体的无色水晶也有专门名称,如有纤维状、束状、丝状、针状、放射状的金红石、电气石、蓝线石、硅孔雀石、赤铁矿、钛铁矿、针铁矿、软锰矿等包裹体的称为发晶、鬃晶;在次生裂隙中填充有气液引致色散虹彩的称为虹彩水晶;含片状云母、赤铁矿呈现红黄色至淡黄色反射闪光的称为闪光水晶;内部含有大的液态包裹体的称为水胆水晶;含定向包裹体可加工出六射星光的称星彩水晶;能加工出猫眼闪光的称为石英猫眼。按其功能的不同可分

水晶

为:(1)压电水晶。(2)光学水晶。(3)熔炼水晶。(4)工艺水晶。压电水晶可制成谐振器、滤波器、超声波元件等,广泛用于频率合成、计数、导航、导向、传真、电脑、通信、计时等领域;光学水晶可制成光谱仪、石英折射仪等光学器件;熔炼水晶用于制造石英坩埚、光学玻璃等;工艺水晶又称仿水晶,用作工艺品的原料。

【水静力学】(hydrostatics) 研究水及其他液体在静止或相对静止状态下的压强平衡规律及其应用的学科。主要研究静水压强的分布规律,作用在平面和曲面上的总压力以及浮体和潜体的平衡和稳定性等。当作用在微小面积 ΔA 上的压力为 ΔP,静水压强 P 定义为:$P = \lim\limits_{\Delta A \to 0} \dfrac{\Delta P}{\Delta A}$。静止液体中任意点沿各个方向的压强都相等。以完全真空为计算基准称为绝对压强;以当地大气压为基准称为相对压强。压强的度量单位为 N/m^2,过去也常用液柱高度表示(如米水柱、毫米水银柱)等。静止液体在重力作用下的压强分布用下式计算:$P = P_0 + \gamma h$。式中 P_0 为液面的压强;P 为液面下深度为 h 的点压强;γ 为液体的重度(单位液体的重量);当液面压强为大气压时,γh 即为相对压强值。

【水库】(reservoir) 利用天然地形并修建水工建筑物所形成的人工湖泊。水工建筑物有挡水建筑物(坝、闸)、进水口和泄水建筑物等构成。有些水库还设有排沙建筑物或建有保护库岸的防护建筑物等。可起防洪、蓄水灌溉、供水、发电、养鱼等作用。常规水电站一般利用河谷、湖泊建库,可形成较大库容。如乌干达的欧文瀑布(Owen Falls)水电站利用维多利亚(Victoria)湖建库,库容2 048亿立方米,是世界上库容规模最大的水电站之一。中国黄河上游的龙羊峡水电站的水库库容247亿立方米;长江中游的三峡水电站的库容达393亿立方米,是中国已建成的最大水库。中国的镜泊湖水电站利用天然湖泊作水库,库容18.2亿立方米,六郎洞水电站利用地下天然溶洞修建成水库。潮汐电站的水库一般建在河口或海湾。抽水蓄能电站常利用湖泊或河谷建上、下水库(又称上池、下池),有时利用洼地,通过筑坝或开挖建成水库。这种水库的库容一般较小。

水库

【水库调度图】(dispatching graph of reservoir) 指导水库合理运行决策的调度线的集合。水电站水库的运行,必须合理利用流量和水头,以获得最大的发电效益。但由于水电站运行期长系列的河川径流是难以预知的,人们不可能预先做出长期的运行决策。故在径流调节的基础上,统计出水库蓄放水规律,对一年中的各时段,求出水库状态(库容或水位)与出力的关系线,以指导水库运行。在水库运行中,可以根据面临时段初的水库状态,做出面临时段的出力决策,以期在保证水电站的正常运行不遭人为破坏的前提下,尽可能增加发电效益。发电水库调度图分四个运行区,从下到上,分别为降低保证出力(即设计保证率以外水电站的时段最小出力)区、保证出力区、加大出力(大于保证出力)区和最大出力(电站满载运行)区。多年调节水库,保证出力区较大,其上调度线的最小库容为年库容,下调度线的最小库容为死库容。季(或年)调节水库,保证出力区较小,下调度线的最小库容称为死库容。

【水库防洪调度】(flood control operation of reservoir) 利用水库的调蓄作用和控制能力,有计划地控制调节洪水,以减轻下游防洪区洪灾损失的工作。不承担防洪任务的水库,为保证工程本身的防洪安全而采取的调度运用措施,通常也称为水库防洪调度。为满足下游防洪要求,其主要调度方式有以下四种:(1)固定泄洪调度。对于防洪区紧靠水库下游、水库至防洪区的区间面积小、流量不大或者变化平稳的情况,区间流量可以忽略不计或看作常量。对于这种情况,水库可按固定泄洪方式运行,当洪水不超过防洪标准时,控制下游河道流量不超过河道安全泄量。(2)防洪补偿调度。对于防洪区离水库较远、区间面积及洪水变化较大的情况,为有效地发挥防洪库容的作用,一般按补偿调度方式运行。(3)防洪预报调度。洪水预报精度及准确率较高,蓄泄运用较灵活的水库,可以采用防洪预报调度。即根据洪水预报提前腾出库容以蓄纳即将发生的洪水或根据入库洪水的洪峰或总量的预报进行水库调度。(4)防洪与兴利联合调度。防洪要求汛期预留库容以滞蓄洪水,兴利则希望汛期多蓄水以提高枯水期调节流量。为了解决这一矛盾,需要通过水库防洪与兴利的联合调度,使防洪与兴利库容得到最大限度的结合。防洪与兴利库容可以结合利用的部分称为重叠库容。重叠库容在汛期应经常腾空,仅当水库入流与区间流量汇合后将超过防洪区河道安全泄量时才允许蓄洪。洪水过后迅速放空,以调蓄随时可能再次发生的洪水;在汛末,则力争蓄满重叠库容。

【水库防洪高水位】(highest flood control

of water level in reservoir) 当水库遇到下游防洪保护对象的防洪标准洪水时坝前允许达到的最高库水位。是水库进行防洪调度的重要标志。据此区别调节洪水的目标。在汛期,当库水位处于汛期限制水位和防洪高水位之间时,水库按下游防护对象要求控泄出库流量,保证下游河道流量不超过防洪允许的安全泄量。当库水位达到或高于防洪高水位且入库流量仍继续上涨时,水库不再以下游安全泄量为约束,加大出库流量以保证大坝安全。汛期限制水位与防洪高水位之间的库容为防洪库容。防洪高水位在设计阶段选定。是有防洪任务水电站设计的重要内容。选择时要研究的内容主要是:(1)分析洪水特性,选择若干有代表性的设计洪水过程线,包括电站入库洪水过程及坝址到下游防护区的区间洪水过程。(2)分析防护区河道泄洪条件、建设堤防或蓄洪区条件等,拟定若干防洪标准和河道安全泄量方案。(3)研究水库设置防洪库容的条件,如坝体工程量、泄水建筑物工程量和水库淹没损失等,拟定若干防洪库容方案。(4)据以上研究分析得到的数据,经过方案比较,统一选择出防洪高水位、汛期限制水位、堤防或分蓄洪区设施规模、防洪标准和安全泄量。

【水库回水】(backwater of reservoir) 在河道修建闸坝形成水库后库区水位壅高的现象。其影响范围与坝前水位高低及入库流量大小有关。当入库流量固定时,坝前水位愈高回水影响愈远;当坝前水位不变时,入库流量愈大回水影响愈近。水库回水改变了库区自然环境和社会环境。局部地区气候的变化有利于库周农业和林业的发展;水位抬高有利于库边灌溉及城市供水;水域扩大,流速减缓可改善航运,并为发展养鱼和旅游业创造条件。

水库回水

水库回水将淹没农田、森林、房屋、厂矿、道路、通信设施和文物古迹,需要迁移居民,另外造成泥沙淤积及回水末端淤积上延。为估算水库淹没损失,预测回水对泥沙淤积和环境的影响,选定经济合理的工程规模,需要计算水库回水线。水库坝前水位及入库流量年内不断变化,各时期回水线也不同。水库回水线的计算属河道不恒定流问题,可用圣维南方程组计算不同时间的回水线。

【水库联合捕捞】(combined multi-gears fishing in reservoir) 又称联合渔法、水库赶拦刺张联合渔法。利用拦网、刺网、张网和拉网等多种渔具,把水库中分散的鱼群,赶向预定的集鱼区,被迫进入张网而被捕。由于水库大小不一,地貌复杂,库水深浅不同,单用一种网具捕捞,起捕率很低;采用几种网具联合作业,其捕捞效果较好,捕鱼量大而集中。是目前水库捕鱼的主要渔法,尤以捕捞鲢、鳙鱼的效果最佳。一般捕获率为60%~70%。按其作业方法的不同可分为:(1)“赶”。就是用三层刺网赶或用机船挂拖白板赶或电赶。其目的是通过惊吓和驱赶,引导鱼群进入捕捞区域。赶鱼的顺序由内向外,由浅水向深水,浮刺网和沉刺网交叉使用,轮流向驱赶方向推进。放网有横向和纵向,网与库岸相垂直,每隔20~100m的距离平行放网,横断水面,一个上午或一个下午各赶一两处,每当刺网全部放完,即将拦网沿最后一边刺网边放下去,把已经赶过的区域和未进行赶鱼的区域隔离开来。(2)“拦”。就是用拦网将鱼拦在捕鱼区域内。随着刺网不断向前驱赶,拦网也不断向前推进。(3)“刺”。就是用双层刺网或单层刺网在捕鱼区域内外张挂刺网,捕捉未被赶入张网内的鱼类。(4)“张”。就是事先把张网定置在集鱼区,当鱼被赶集到集鱼区后,在渔具的驱赶下,鱼就会沿着翼网(外接的拦网)、八字网通过八字网内口而进入箱内,将鱼捕捞。张网一般在傍晚下网,次日上午收网效果较好。

水库联合捕捞

【水库水文计算】(reservoir hydrological computation) 根据水文实测资料对水库的年径流、洪水、暴雨和固体径流等的有关量的分析与计算。目的在于预估长时期内可能出现的水文情势,为水资源开发利用的规划、设计、施工和运行提供水文设计数据。其主要内容是:(1)年径流计算。计算通过河流某断面符合设计标准的全年和分季、分月等时段径流量及多年、年、月径流系列。具有年调节水库的水电站,需要计算符合某一设计标准的河流年来水量及其年内月、旬分配;具有多年调节性能的水库,需估计径流年际的可能变化,提供多年、年、月径流系列;无调节性能的水电站和其他项目的引水、供水、航运工程,要求计算年内超过某一流量值的可能性。(2)设计洪水计算。计算符合指定防洪设计标准的洪水数值。主要有设计洪峰流量、不同时段的设计洪量和设计洪水过程线、设计洪水的地区组成分析计算及年内不同时期(如某些月份或施工期)的设计洪水。(3)设计暴雨计算。在由暴雨资料推求设计洪水时,需要推求符合设计标准的设计暴雨,进行推求设计洪水。包括各种历时的设计雨量及其时程分配和地区分布;对特别重要的工程,还应估算当地的可能最大暴雨,供推算可能最大的洪水用。(4)固体径流计算。固体径流指水流挟带的悬移质泥沙和推移质泥沙及其所附着的污染物。主要计算它们的多年平均值及其在年内的分配情况,为研究水库淤积和下游河道冲淤及水质变化提供依据。(5)其他水文计算。为工程设计需要,分析特定河段和断面的水位流量关系;北方河流要估算水工建筑物施工和运行时期可能出现的河流冰情;在感潮河段,要求确定设计最高、最低潮水位和潮型。

【水库死水位】(the lowest water level of reservoir) 水库运行允许的最低水位。正常蓄水位至死水位的高程差称消落深度。与之相应的库容称为调节库容,又称有效库容、兴利库容或活库容。死水位以下的库容为死库容。在水库运行中死水位出现的频率取决于其调节性能。日调节水电站,库水位一般每天都消落到死水位;年(季)调节水电站,库水位于每年的枯期末消落到死水位;多年调节水库,只在出现连续枯水年时,于枯水段末,库水位消落到死水位。其一般年份的最低水位,称为年消落水位,高于死水位。在水库正常蓄水位确定以后,水库的调节库容取决于死水位的高低,较低的死水位,水库调节库容较大,可相应提高调节流量,但相应降低了水电站的平均水头。在死水位较高,消落深度不大时,水库死水位每降低1m增加的库容较大,相应增加的调节流量也较大,而平均水头的减小值较小,因而其调节时段的平均出力增加。当死水位降低到某一数值后,降低1m死水位增加的调节流量较小,平均水头降低值较大,其调节时段平均出力将减小。对死水位来讲,调节时段的平均出力有一个最大值。保证出力的最大值出现在较低的死水位。年发电量最大值出现于较高的死水位。此外,当死水位过低时,可能由于水轮机的过水能力限制而减小水电站的预想出力。因此,死水位的选择,必须兼顾保证出力、年发电量和电站的容量效益,进行技术经济比较。

【水库特征库容】(characteristic capacity of reservoir) 相应于某水库特征水位以下或两特征水位之间的水库容积。中国SL104-95《水利工程水利计算规范》和DL/T5015-1996《水利水电工程动能设计规范》规定,水库特征库容主要有死库容、兴利库容(调节库容)、防洪库容、调洪库容、重叠库容和总库容等。(1)死库容。又称垫底库容。死水位以下的库容,水量除遇到特殊的情况外(如特大干旱年),不直接用于调节径流。(2)兴利库容。指正常蓄水位至死水位之间的水库容积,用以调节径流,提供水库的供水量或水电站的出力。(3)防洪库容。防洪高水位至防洪限制水位之间的水库容积,用以控制洪水,满足水库下游防护对象的防洪要求。当汛期各时段分别拟定不同的防洪限制水位时,这一库容指其中最低的防洪限制水位至防洪高水位之间的水库容积。(4)调洪库容。校核洪水位至防洪限制水位之间的水库容积,用以保证大坝安全。当汛期各时段分别拟定不同的防洪限制水位时,这一库容指其中最低的防洪限制水位至校核洪水位之间的水库容积。(5)重叠库容。正常蓄水位至防洪限制水位之间的水库容积。此库容在汛期腾空作为防洪库容或调洪库容的一部分,汛后充蓄,作为兴利库容的一部分,以增加供水期的保证供水量或水电站的保证出力。(6)总库容。校核洪水位以下的水库容积。它是一项表示水库工程规模的代表性指标,可作为划分水库等级、确定工程安全标准的重要依据。

水库特征库容

【水库特征水位】(characteristic water level of reservoir) 水库工程为完成不同任务在不同时期和各种水文情况下,需控制达到或允许消落的各种库水位。中国1977年颁布试行的SDJ11-77《水利水电工程水利动能设计规范》规定,水库特征水位主要有:(1)正常蓄水位。水库在正常运用情况下,为满足兴利要求在开始供水时蓄到的高水位。是水库最重要的一项特征水位。它决定水库的规模、效益和调节方式,也在很大程度上决定水工建筑物的尺寸、型式和水库的淹没损失。当采用无闸门控制的泄洪建筑物时,它与泄洪堰顶高程相同。(2)死

水库特征水位

水位。水库在正常运用情况下,允许消落到的最低水位。日调节水库在枯水季节水位变化较大,每24h内将有一次消落到死水位。年调节水库一般在设计枯水年供水期末才消落到死水位。多年调节水库只有在多年的枯水段末才消落到死水位。(3)防洪限制水位。又称汛期限制水位,是水库在汛期允许兴利蓄水的上限水位,也是水库在汛期防洪运用时的起调水位。它是协调防洪和兴利关系的关键,对工程防洪效益、发电灌溉等兴利效益、库内引水位高程、通航水深、泥沙淤积,以及水库淹没指标等均有直接影响。(4)防洪高水位。水库遇到下游防护对象的设计标准洪水时,在坝前达到的最高水位。只有当水库承担下游防洪任务时,才需确定这一水位。(5)设计洪水位。指水库遇到大坝的设计洪水时,在坝前达到的最高水位。是水库在正常运用情况下允许达到的最高水位,也是挡水建筑物稳定计算的主要依据。(6)校核洪水位。水库遇到大坝的校核洪水时,在坝前达到的最高水位。是水库在非常运用情况下,允许临时达到的最高洪水位,是确定大坝顶高及进行大坝安全校核的主要依据。

【水库淹没处理】(treatment of reservoir inundation) 对受到水库淹没及影响的土地、居民点、城集镇、工矿企业、文物古迹、各种设施及经济对象进行调查和处理的工作。是水电工程规划设计和建设的重要组成部分。河流规划开发方式、枢纽坝址选择和水库正常蓄水位的选定,均需考虑淹没及影响范围,淹没对象的重要性和淹地、移民的数量,淹没损失对当地社会经济的影响,淹没处理的技术可行性、经济合理性和移民妥善安置的现实可能性。淹没损失的大小取决于枢纽工程筑坝的高低,水库面积与容积的大小,库区的河谷地貌形态、自然资源、社会资源和经济发展状态。淹没损失的性质需视不同的经济对象及其所处库区不同部位而有区别。按其损失时间的不同可分为:永久性和临时性两类。按其损失程度的不同可分为:可迁移和不可迁移。后者则完全失去本身的使用价值。按其所在空间的不同可分为:直接损失和间接损失。在进行淹没处理时,应针对淹没对象的不同性质采取不同的处理措施。其规划设计工作包括:水库淹没处理范围的规定,水库淹没实物指标的调查,移民安置、城(集)镇迁建、专业项目复建的规划设计,水库水域的开发利用,库底清理的筹划,以及水库淹没处理补偿投资的筹措方案等。

水库淹没处理

【水库淹没实物指标】(material indexes of reservoir inundation) 受水库蓄水淹没及影响的人口、土地、房屋、专项设施等受损失的各种经济对象数量的统称。它表示水库淹没和影响损失的规模和特征。是研究、开发水电工程负面经济影响的重要指标,是论证工程效益、研究水库周国民经济及环境影响、进行水库移民安置规划、确定水库淹没处理补偿投资的基础资料。水库淹没实物指标的取得应进行实地的调查、统计。由于各项指标与时间推移和社会发展有着密切关系,有较强的时效性。对于建设周期较长的水电工程,实物指标的调查统计成果要注明相应的统计年份,在此基础上,根据需要,还要按工程和完建的时间预测人口、房屋等相关指标的动态增长量,分析推算移民安置规划水平的实物指标。水库淹没实物指标关系到准确估计损失与合理补偿问题,也涉及项目投资方和被补偿放的利弊得失,它的取得必须实事求是,准确可靠。

【水库淤积】(reservoir sedimentation) 在水库内因流速减缓使水流挟带的泥沙在水库内发生沉积的现象。是水库中的世界性问题。美国水库淤积量每年达到1.2×10^9t,年平均库容损失率达0.71%;日本库容大于$1\times10^6\mathrm{m}^3$的水库至1979年已淤去6.3%。中国有很多河流的含沙量高、输沙量大,水库淤积问题十分严重。据20世纪80年代初对231座大中型水库的调查,泥沙淤积量达$1.15\times10^{10}\mathrm{m}^3$,占这些水库总库容$8.04\times10^{10}\mathrm{m}^3$的14.2%。水库淤积的危害主要是:(1)库容减少,使水库防洪标准和兴利效益降低。(2)回水末端淤积向上游延伸,抬高洪水位,增加淹没损失和浸没损失。(3)变动回水区泥沙堆积会影响航运。(4)坝前淤积可能堵塞船闸的引航道和引水闸孔等。按其水库淤积纵剖面形态的不同可分为:三角洲淤积、带状淤积和锥体淤积。

【水库正常蓄水位】(normal storage water level of reservoir) 为开发水资源而设定的正常情况下允许的水库最高蓄水位。是坝式水电站和混合式水电站水库重要的特征值。在水库的运行中,水位达到正常蓄水位的频率,决定于水库的调节性能及其调节任务。无调节水电站,库水位经常维持在正常蓄水位。日调节水电站,每天至少有一次达到正常蓄水位。季或年调节水电站,每年至少有一次达到正常蓄水位。多年调节水电站,若遇到连续枯水年,则水库从库满开始消落一直到库空再充蓄到库满以前的整个周期的年份中，都蓄不到正常蓄水位。对于防洪与径流调节共用库容的水库，汛期水位常低于正常蓄水位。提高正常蓄水位的效益，不但可增加水电站的水头，而且还相应增加水库的调节库容，从而增加其调节流量，大幅度地提高其能量效益。位于梯级水电站上游的水电站或负有补偿调节任务的水电站的水库，提高其正常蓄水位，不仅增加其本身的能量效益，而且还可以增加梯级或电力系统中水电站群的能量效益。正常蓄水位的提高，不仅要受限制，而且还须付出相应的经济代价。其主要限制是：(1)坝址和水库地形地质条件和筑坝技术的限制，坝只能建到一定的高度。(2)重要城镇和密集居民点、重要交通干线、大片农田、文物古迹、自然保护区和旅游风景区等不允许淹没。

【水雷战】(mine warfare)　海上交战双方运用水雷进行的作战行动。舰船碰撞或经过水雷周围时产生的物理场会引爆水雷，炸损舰船以达到封锁海域或航道的作战目的。主要形式是布设水雷障碍和扫除敌方布设的水雷障碍。水雷战在战略、战役、战术层次上配合海上封锁反封锁、保护海上交通线和破坏海上交通线、登陆与反登陆等作战行动，成功与否将对整个作战进程产生重大影响。

水雷战

【水雷战舰船】(mine warfare ship)　用于布设水雷和使用扫雷、猎雷设备搜索、排除水雷或直接依靠舰体本身的各种物理特征信号引爆水雷的多种水雷作战舰艇。包括布雷舰船、扫雷舰艇、猎雷舰艇和破雷舰等。布雷舰船主要担负各种水雷的布设任务；扫雷舰艇主要使用扫雷具扫除或消灭布设于航道、港湾的水雷；猎雷舰艇使用舰载探测、摄像和定位系统搜索水雷目标，并使用遥控灭雷具销毁水雷；破雷舰直接依靠舰体碰撞或产生舰船物理场引爆水雷，多用于扫除水压水雷等感应水雷。

水雷战舰船

【水力采煤】(hydraulic coal mining)　简称水采。借助水力来开采煤炭的工艺方法。利用高压水射流破落煤体，并借助水力来完成煤炭的运输和提升工作。按水力落煤方式的不同分为水枪射流破煤和高压(超高压)细射流设备破煤两大类。水力采煤技术与其他采煤技术相比较，在井田开拓布置方面大同小异，在采区准备方面略有差异，而在回采巷道的布置和回采工艺技术方面存在很大差别。中国水采矿井普遍使用与高、中压细射流水力落煤工艺相适应的短壁无支护水力采煤技术(简称无支护水采)。按工作面推进方向的不同，无支护水力采煤技术基本有两种。一是倾斜短壁采煤技术(又称漏斗式采煤技术)，一是走向短壁采煤技术(又称小阶段式采煤技术)。水力采煤的生产系统主要包括：高压供水系统、煤水运提系统和脱水系统。水力采煤的优点是：(1)生产能力较高，增产潜力大。(2)工艺简单，效率较高。(3)设备简单，材料消耗少，吨煤成本较低。(4)安全条件较好。(5)对地质变化的适应能力较强。其缺点是：(1)采出率较低。(2)巷道掘进率较高。(3)通风系统不够完善。(4)电耗较大。

【水力冲孔】(boring with water jetting)　向具有自喷能力的煤层打钻孔，利用钻头切割煤体和用压力水冲刷煤体，激发喷孔，排出碎煤和瓦斯，释放突出潜能，以减少或消除突出危险性的技术。由于孔道周围煤体的移动变形，使煤体的应力重新分布，扩大了卸压范围。此外还可以诱发小型突出，使煤岩的潜在能量逐次释放，防止发生大型突出。水力冲孔适用于煤层厚、倾角小、煤质松散、易于粉化、矿山压力大、瓦斯压力大、有严重突出危险的自喷煤层。其注意事项是：(1)为了保证冲孔过程中的安全，可使用三通管，将煤、水、瓦斯引至回风流中。(2)在水力冲孔后进行爆破时，为了防止煤层内有空洞可能引起的瓦斯积聚，可用水、水泥砂浆预先充填严实。(3)冲孔时应进行考察，以便得出冲孔的有关参数，便于合理布置钻孔。(4)石门的安全岩柱厚度不小于3m，煤巷的安全煤柱距离不小于5m。(5)打钻喷煤时，钻杆应减速前进，如果喷出量大，应停止钻进，但不能停钻，必须反复冲洗，等不喷时再钻进。在不冲孔时，必须把钻杆全部退出。

【水力发电】(hydraulic power generation)　利用河川、湖泊等位于高处具有位能的水流至低处，将其中所含之位能转换成水轮机之动能，再以水轮机为原动机，带动发电机产生电能的技术。利用水力推动水力机械转动，将水能转变为机械能，再利用水力机械（水轮机）转动带动发电机便可发出电来，这时机械能又转变为电能。在某种意义上是水的势能变成机械能，又变成电能的转换过程。因水力发电厂所发出的电力其电压低，要输送到远距离的用户，必须将电压经过变压器提高后，再由架空输电路输送到用户集中区的变电所，再次降低为适合于家庭用户、工厂之用电设备之电压，并由配电线输电到各工厂及家庭用户。其发电方式有：(1)常规水电。(2)潮汐发电。(3)波浪发电。(4)抽水蓄能发电。

【水力发电站】（hydraulic power station） 利用水力进行发电的设施。按对水力利用方式的不同可分为：(1)堤坝式水电站。在河道上修建拦河坝（或闸），抬高水位，形成落差，用输水管或隧洞把水库里的水引至厂房，通过水轮发电机组发电。根据水电站厂房的位置，又将其分为河床式与坝后式两种。(2)引水式水电站。由引水建筑物集中水头，一般在河道上建引水低坝或闸，将河流引入渠道，引水渠道包括明渠、隧洞和管道。当电站水头较低时，可用渠道把水直接引至厂房；当水头较高时，在渠道末端修建压力前池，使水流经过压力水管进水轮机。(3)混合式水电站。由坝式水电站与引水式水电站的组合构成。水流的一部分落差由拦河坝集中；另一部分落差由引水渠道集中。当上游河段地形平缓、下游河段坡降较陡时，宜在上游筑钡，形成水库，调节水量；在下游修建引水渠道及设压力水管，以集中较大落差。多数混合式水电站，都与防洪、灌溉相结合。

【水力机械】（hydraulic machinery） 实现水流机械能和固体机械能之间互相转换的机械。最初的水力机械雏形是水车，又称为水轮，已有几千年历史。当时，水车主要用于提水和简单的加工劳动，如用于提水灌溉和水轮磨坊，为人们的生产和生活服务。现代水力机械源于18世纪，经过几百年的不断发展和完善，已在人们的生活和生产中发挥着不可取代的作用，如安装在水电站中的水轮机、安装在自来水厂中的加压水泵等。在水电工程中，按其水力机械类型的不同可分为：水轮机、水泵水轮机和蓄能泵等。根据水力机械相似理论，用水力机械模型在专门的试验装置上进行的用以判断原型的各种参数和性能。在工程上对大中型水力机械一般可采用模型试验方式验收原型的性能。在新型水力机械的研制过程中，使理论计算与模型试验相互验证、反复修改，进而提高水力机械的性能和水平。

水轮机转轮

【水力机械空蚀】（cavitation erosion of hydraulic machinery） 由于空化造成的水轮机、水泵水轮机或蓄能泵等水力机械过流表面的材料损坏。是水流通过水轮机、水泵水轮机或蓄能泵，其流向、流速随流道改变，在流速增高或脱流部位压力降至临界压力（一般接近汽化压力）时，水中气核成长为气泡，气泡的聚积、流动、分裂、溃灭过程的总称。在空化发生时，空化部位会发出特殊的噪声和撞击声；严重时水力机械会出现周期性的振动以及输出功率、效率下降；有时会见到由气泡圈引起的形似闪光的现象。对过流表面材料，按其破坏作用的不同可分为：(1)机械破坏作用。气泡溃灭时，造成几百甚至几千大气压的高频脉冲水锤压力，在无数个气泡溃灭的不间断打击下，金属表层遭到疲劳破坏。(2)化学破坏作用。气泡溃灭时，放出大量热量，使金属表面温度升高，可高达数百摄氏度，使金属表面受到氧化腐蚀。(3)电化学破坏作用。气泡溃灭产生的高温使金属结晶粒子间形成热电偶，金属表面产生电解腐蚀。

【水力机械泥沙磨损】（wear of hydraulic machinery） 通过水轮机、水泵水轮机或蓄能泵等水力机械的大量较坚硬的悬移泥沙颗粒撞击和磨削过流表面材料，使其因疲劳和机械破坏而损坏的过程。受泥沙磨损后，水力机械过流表面的形态主要取决于水流绕流该部件的流动状态。一般磨损初期在过流表面出现沿水流方向的划痕或麻点，发展后出现沟槽状或波纹状痕迹，之后形成鱼鳞坑，严重时可造成过流部件穿孔。泥沙磨损破坏导致水轮机转轮、导叶、密封环、抗磨板等过流部件迅速损坏，效率急剧下降甚至停机困难，使电站损失大量电能，被迫提前大修，造成人力、物力的大量损失。同时，水轮机过流部件被磨损后，将促进水流的局部扰动和空化的发展，进而使机组振动加剧。影响泥沙磨损强度的因素主要是：(1)水流特性。挟沙水流速度和方向是导致磨损的重要因素之一。(2)泥沙特性。包括含沙量、泥沙成分、硬度、颗粒大小和形状。含沙量愈大，泥沙愈硬如石英、褐铁矿、黄铁矿、石榴石等，粒径愈大、沙粒形状愈尖锐，磨损愈重。(3)材质特性。包括流道材料成分、金相组织和硬度等。

【水力机械效率】（efficiency of hydraulic machinery） 水力机械输出功率与输入功率之

比。水力机械将水流机械能与旋转机械能相互转换的过程中有三种损失:(1)容积损失。因旋转部件与固定部件间的间隙泄露产生的流量损失。(2)水力损失。水流在流动过程中因沿程摩擦、漩涡、脱流等引起的损失。(3)机械损失。因机械摩擦和转轮在空气中(冲击法)旋转引起的损失。全部计入上述三项损失的效率称为水力机械效率,仅计入第(1)、(2)项损失的效率称为水力机械的水力效率,仅计入第(3)项损失效率称为水力机械的机械效率。设计中采用的效率和模型试验中测量的效率一般指水力机械水力效率,而原型试验测量的效率一般为水力机械水力效率。理论上,水力机械效率小于水力机械水力效率。但在一般情况下,特别是大中型水力机械的机械损失相对比重较小,水力机械效率与水力机械水力效率的数值相当接近,故在水电站工程设计中往往习惯将它们统称水力机械效率。

【水力坡度】(hydraulic gradient) 又称水力比降。河流水面单位距离的落差。常用百分比、千分比、万分比表示。如河道上A、B两点的距离为100km,B点的水位比A点高20m,则水力坡度为万分之二(20m除以100km,即20m除以100 000m。)国外常用另一种表示方法,称每100km升高20m。在水力学中,水力坡度表明了实际液体沿元流单位流程上的水头损失,水力坡度也就是总水头线坡度。它是单位重量液体沿流程单位长度上的机械能损失。

【水力侵蚀】(water erosion) 土壤、土体或其他地面组成物质被降水、地表径流、地下径流破坏、剥蚀、搬运和沉积的过程。包括面蚀和沟蚀两种。降水是最重要的动力因素,尤其是暴雨对土壤的分散、破坏作用最大。严重的水力侵蚀一般发生在植被遭到严重破坏的地区。人为不合理的经营活动是引起水力侵蚀的主导因素,滥垦、

水力侵蚀

滥伐、滥牧和不合理的耕作方法均能加剧水力侵蚀。侵蚀因素的不同组合决定着水蚀的形式、强度、时空分布以及潜在危险的大小。主要分布在N50°~S40°间自然植被遭到严重破坏的地区。中国主要分布于西北黄土高原区、南方山地丘陵区、北方山地丘陵区及东北低山丘陵和漫岗丘陵区。其中以黄河中游和南方红黄壤区最为严重。其危害是导致土壤退化,土地资源劣化,生态系统失调,并引起泥沙沉积污染、淤塞河湖水库,毁坏农田,对农林牧业生产、水电航运事业危害极大。其防治措施是:(1)减少人为破坏活动,禁止滥垦、滥伐、滥牧。(2)改进耕作栽培技术。(3)增加地面覆盖。(4)通过水土保持措施减缓地面坡度,缩短坡长。(5)提高土壤入渗能力和抗侵蚀能力。(6)提高全民水土保持意识,强化生态环境建设和加强监督管理等。

【水力提升采矿系统】(hydraulic lift miling system) 又称吸扬式采矿系统。开采海底砂矿和多金属结核矿的一种装置。主要由电机、水泵、吸水管和扬水管组成。采矿的原理是通过船上的动力装置拖动水泵在采矿管道内抽吸海水,形成连续水法把矿砂吸扬到船上。该方法在滨海砂矿采矿中常用,在深海多金属结核矿的开采中也开始进行试验。

【水力学】(hydraulics) 流体力学的一个分支。研究水的平衡和机械运动规律及其应用的学科。按其研究内容的不同可分为:水静力学和水动力学两部分。(1)水静力学。研究水在静止状态下平衡规律和静水压强的分布规律。在水电站建设中,需根据水静力学的理论计算大坝上游水的推力及闸门所承受的水压力。(2)水动力学。主要研究水体流动的基本规律,包括反映质量、能量和动量三大守恒定律的连续方程、能量方程和动量方程,以及水流阻力和机械能损失的理论。对于不可压缩一维恒定总流,上述三个方程的形式为:

连续方程, $Q = V_1A_1 = V_2A_2$

(1) 能量方程,$Z_1 + \frac{P_1}{r} + \frac{a_1V_1^2}{2g} = Z_2 + \frac{P_2}{r} + \frac{a_2V_2^2}{2g} + h_{w(1-2)}$

(2) 动量方程, $\Sigma F_i = \rho Q(a_{02}v_2 - a_{01}v_1 i)$

(3) 式中Q为通过流量;V_1,V_2及$V_{1i}V_{2i}$为1,2断面的平均流速及其在i方向的分量;A_1,A_2为1,2断面处过水断面的面积;Z_1,Z_2为1,2断面形心点的高度;P_1,P_2为1,2断面形心点处的压强;r为水的重度;g为重力加速度;α_1,α_2及α_{01},α_{02}分别为1,2断面的动能修正系数及动量修正系数;$h_{w(1-2)}$为两断面间的能头损失;为水的密度。它广泛应用于水利水电工程建设、城乡建设和环境保护、船舶航运、机械制造、石油开采和运输、金属冶炼及化学工业等部门。

【水立方】(National Aquatics Center) 中国国家游泳中心。北京2008夏季奥运会的主游泳馆,标志性建筑之一。世界上最大的膜结构工程。位于北京奥林匹克公园内。与“鸟巢”分列北京城市中轴线北端的两侧。建设用地62 950m^2,建筑面积79 532m^2,长宽高分别为177m×177m×30m,有永久性固定座位4 000个、可拆除固定座位2 000个、临时座位11 000个。在奥运会及残奥会期间,用于游泳、

跳水、花样游泳等比赛。设计者针对各个年龄层次的人,探寻水可以提供的各种娱乐方式,将这种设计理念称作“水立方”。设计中不但利用了水的装饰作用,而且利用其独特的微观结构。基于“泡沫”理论的设计灵感,为国家游泳中心包裹上了一层建筑外皮,上面布满了酷似水分子结构的几何图形,表面覆盖的 ETFE 膜赋予建筑冰晶状的外貌,使其具有独特的视觉效果和感受,轮廓和外观变得柔和,水的神韵在建筑中得到完美体现。

水立方

【水利】(water conservancy) 利用水源,适应人类生产、满足人类生活需要的活动。采取各种人工措施对自然界的水进行控制、调节、治导、开发、管理和保护,以减轻和免除水旱灾害。其基本手段是建设各类水利工程和设施,如堤、坝、水闸、涵洞、渡槽、沟渠、井、泵站、管道、鱼道、码头、电厂、河道整治、水土保持、污水处理以及水产养殖、旅游和环境保护中与水利有关的工程与设施。建设水利工程称为水利建设。从事水利活动事业称为水利事业,主要包括:防洪、排水、灌溉、供水、水力发电、航运、水土保持以及水产、旅游和改善生态环境等。水利事业的发展趋势是运用现代科学技术,加强水利行业管理,充分发挥水利工程的经济效益、社会效益和环境效益。

【水利工程】(hydro-project) 又称水工程。为防治水害和开发利用水资源而修建的工程。按其服务对象的不同可分为:防洪工程、农田水利工程、水力发电工程、航道和港口工程、供水和排水工程、环境水利工程及海涂围垦工程等。可同时为防洪、供水、灌溉、发电等多种目标服务的水利工程,被称为综合利用水利工程。水利工程需要修建坝、堤、溢洪道、水闸、进水口、渠道、渡槽、筏道、鱼道等不同类型的水工建筑物,以实现其目标。水利工程按其对水作用的不同可分为:蓄水工程、排水工程、取水工程、输水工程、提水工程、调水工程、地下水源工程、集雨工程、水质净化和污水处理工程等。主要由各种类型的水工建筑物组成,多修建在江河、湖泊、海岸等水域中。既对水起控制作用,又承受水的作用。与其他工程相比,具有如下特点:(1)有很强的系统性和综合性。单项水利工程是同一流域,同一地区内各项水利工程的有机组成部分。这些工程既相辅相成,又相互制约;单项水利工程自身往往是综合性的,各服务目标之间既紧密联系,又相互矛盾。(2)对环境有很大影响。水利工程不仅通过其建设任务对所在地区的经济和社会发生影响,而且对江河、湖泊以及附近地区的自然面貌、生态环境、自然景观,甚至对区域气候,都将产生不同程度的影响。(3)工作条件复杂。水利工程中各种水工建筑物都是在难以确切把握的气象、水文和地质等自然条件下进行施工和运行的,它们又多承受水的推力、浮力、渗透力和冲刷力,工作条件较其他建筑物更为复杂。(4)效益具有随机性。根据每年水文状况不同而效益不同。农田水利工程还与气象条件的变化有密切联系。(5)一般规模大,技术复杂,工期较长,投资多。兴建时必须按照基本建设程序和有关标准进行。

灌溉水渠

【水利工程测量】(hydrographic projects survey) 在水利规划、设计、施工和运行各阶段所进行的测量工作。综合应用天文大地测量、普通测量、摄影测量、海洋测量、地图绘制及遥感等技术,为水利工程建设提供各种测量资料。按主要工作内容的不同可分为:平面－高程控制测量、地形测量(包括水下地形测量)、纵横断面测量、定线和放样测量、变形观测等。规划设计阶段的主要测量任务是对天然河道、河口、湖泊、坝区、库区、灌区、垦区等进行平面－高程控制测量、地形测量、纵横断面测量、地质勘察测量以及渠道和线路工程的初测。对水库工程,在设计阶段的后期,一般还要初测水库淹没界线。施工阶段的主要测量任务是布设施工控制网,测设工程建筑物轴线和轮廓点,进行设备安装测量和隧洞贯通测量,测定水库淹没界线,进行工程的竣工验收测量。在大坝变形观测设备埋设及地壳形变观测网布置完毕后,开始先期观测。工程运行阶段的主要测量任务是建筑物变形观测和地壳形变观测。

【水利工程施工详图】(detailed hydro-project drawing) 为水利工程绘制的具体施工图纸。是现场建筑物施工、构件和设备制作,以及采购和安装的依据。一般包括:建筑物地基开挖图、地基处理图、建筑物体形图和构造图、钢筋混凝土结构的钢筋图、监测设备的布置埋设图,金属结构的结构图和大样图,机电设备及管道的布置安装图等。图中应说明选用材料的型号规格、施工方法或加工工艺、质量要求和其他注意事项。对主要的施工项目，如混凝土施工、土石坝填筑、基础处理、止水设施的施工、监测设备的安装等，应单独编制施工技术要求。施工详图由设计单位提交项目法人供承包商使用。根据施工详图编制施工图预算，作为工程结算的依据。在施工过程中，设计单位根据客观条件的变化，可对施工详图进行合理的修改。重大的设计变更应经项目法人同意后，报上级主管部门批准。

【水利枢纽】（water control project）　在河流或渠道的适宜地段修建的不同类型水工建筑物的综合体。常以其形成的水库或主体工程的名称来命名，如密云水库、新安江水电站等；也有直接称水利枢纽的，如葛洲坝水利枢纽。按其承担任务的不同可分为防洪枢纽、水电站枢纽、灌溉枢纽和取水枢纽等。一个枢纽同时承担多项任务的，称为综合利用水利枢纽。按其所在地地貌形态的不同可分为平原地区水利枢纽和山区水利枢纽。枢纽中一般包括挡水、泄水、取水以及某些专门性水工建筑物。枢纽布置需要通过论证比较，确定最佳方案。根据 GB50201－94《防洪标准》和工程规模、效益及其在国民经济中的重要性，水利枢纽工程分为五等。

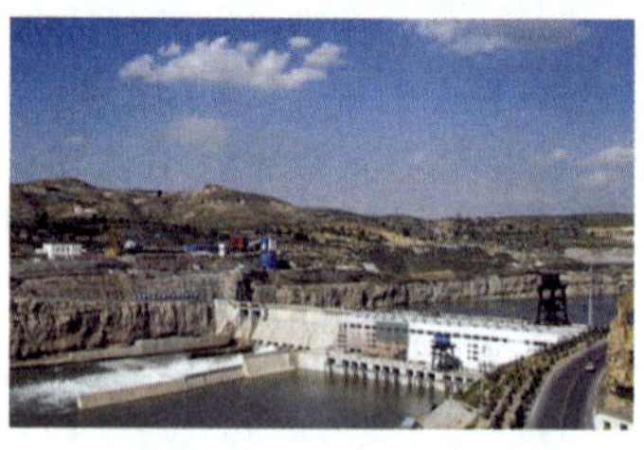

黄河龙口水利枢纽

水利枢纽工程等别

程等别	水库		防洪		治涝	灌溉	供水	水电站
	工程规模	总库容（10^3m^3）	城镇及工矿企业的重要性	保护农田（万亩）	治涝面积（万亩）	灌溉面积（万亩）	城镇及工矿企业的重要性	装机容量（10^4kW）
Ⅰ	大(1)型	≥10	特别重要	≥500	≥200	≥150	特别重要	≥120
Ⅱ	大(2)型	10～1.0	重要	500～100	200～60	150～50	重要	120～30
Ⅲ	中型	10～0.10	中等	100～30	60～15	50～5	中等	30～5
Ⅳ	小(1)型	0.10～0.01	一般	30～5	16～3	5～0.5	一般	5～1
Ⅴ	小(2)型	0.01～0.001		≤5	≤3	≤0.5		≤1

注：1 公顷＝15 亩。

【水疗法】（hydrotherapy）　利用水的温度、静压、浮力和水中所含的化学成分，以不同方式作用于人体而治疗疾病的方法。水的热容量大，导热能力强。在通常情况下，水为液体，能溶解各种物质；水为流体，可塑性大，能与身体各部密切接触，是传递冷热刺激极佳的一种介质。水的治疗作用有：温度刺激、机械刺激和化学刺激。人体对温度刺激的反应，受多种因素影响。水与人体作用面积和皮肤温度差越大，刺激越突然，反应也越强烈。在全身浸浴时，人体受到水静压的作用，可使血液重新分布；借助水的浮力能使功能障碍者在水中进行辅助性或抗阻性等各种运动锻炼；水流的冲击能起到按摩作用；在水中投放各种矿物盐类，能起到天然矿泉的功效等。

【水路交通突发事件】（emergency of waterborne traffic）　突然发生的、造成或可能造成航道或港口出现中断、瘫痪、重大人员伤亡、财产损失、生态环境破坏和严重社会危害，以及由于社会经济异常波动等造成重要物资需要由交通主管部门提供水路应急运输保障的紧急事件。包括水路运输事件（如航道堵塞或中断、港口瘫痪受损、港口危险品事故、港口环境污染损害、水运施工建设事故等）、社会安全事件（如恐怖袭击事件、严重破坏基础设施事件、群体性事件、偷渡、走私等涉外事件等）、公共卫生事件（如重大传染病疫情、群体性不明原因疾病、食品安全和职业危害、动物疫情以及其他严重影响公众健康和生命安全的事件）　和自然灾害（如水旱灾害、气象灾害、地震灾害、地质灾害、海洋灾害、生物灾害和森林草原火灾等）。按照其性质、严重程度、可控性和影响范围等因素，一般分为四级：Ⅰ级（特别重大）、Ⅱ级（重大）、Ⅲ级（较大）　和Ⅳ级（一般）。

【水轮泵】（turbine pump）　又称水力抽水机。由水轮机驱动水泵进行提水的机械。利用山区溪流、潮汐河道、渠道跌水或水库下游的水位落差进行工作。是一种将水轮机与离心泵结合为一体的中、小型输水泵。水轮机一般为轴流式。离心泵的压出室一般采用蜗壳式。泵设在水轮机之上，整机全部淹没在水中运转，因此无需吸水管。水轮泵的性能参数有：工作水头，指水轮机的净水头；工作流量，指单位时间内通过水轮机引水室经吸出管排至下游的水的体积；扬程，指水泵的提水高度；出水流量，指单位时间内水轮泵送往出水管道的水量；水头比，指水轮泵的扬程与工作水头的比值；效率，指水轮泵的输出功率与输入功率之比。中国国家标准 GB6490.1－81《水轮泵型式与基本参数》对水轮泵的性能范围、型式、型号系列作了如下规定：(1) 水轮泵性能范围。工作水头为 1～35 m；工作流量为 0.0318～13.4 m^3/s；扬程为 2.5～300m；出水流量为 0.0037～4.03 m^3/s；水头比为 1～40；效率为 44%～

水轮泵

75%。(2)水轮泵型式。按水轮机与水泵主轴的连接方式的不同可分为同轴型和非同轴型;按转轮的类型和相应工作水头的不同可分为:低水头轴流型(H = 1 ~ 6m)、中水头轴流型(H = 5 ~ 14m)、高水头轴流型(H = 10 ~ 20m)以及低水头混流型(H = 10 ~ 20m)、中水头混流型(H = 15 ~ 25m)、高水头混流型(H = 20 ~ 35m);按使用要求的不同可分为提水型和动力输出型。(3)水轮泵系列。按适用水头范围和轮转型式的不同可分为 D、Z、G、DH、ZH、GH 等 6 个系列。水轮泵结构简单,制造容易,操作方便,维修费用低。不抽水时接动力输出轴可带动加工机械或小型发电机,特别适合于山区农村使用。据统计,中国农村到 1980 年为止已建成水轮泵站 4 万多座,装机 6.3 万台。沿海还建有利用潮汐能的水轮泵站。

【水轮发电机】(turbogenerator)　利用水轮驱动、将机械能转换为电能的交流同步发电机。通常有发电、调相和进相三种运行方式。发电运行时可输出有功功率和无功功率;调相运行时,吸收少量有功功率,同时又向系统送出无功功率。水轮发电机甩负荷时转速上升。为了限制转速上升在一定范围内,要求机组有较大的转动惯量。水电站一般远离负荷中心,通过长距离高压输电线接入电力系统。因此,水轮发电机参数要考虑电力系统静态和动态的稳定性要求。

水轮发电机组

【水轮发电机电晕】(corona of hydrogenerator)　水轮发电机定子线棒端部表面,线棒与定子槽壁气隙中,气体介质在不均匀电场中的局部自激放电现象。在发生电晕处发生紫蓝色荧光,出现放电声及刺激性臭氧味。其原因主要是:(1)线棒未采用良好的防晕处理。(2)线棒与铁芯槽壁贴得不紧。在这样的空隙中,空气被电离,发生电火花。(3)臭氧和一氧化氮、二氧化氮与空气中水分结合,可形成具有腐蚀性的酸,电化作用造成电腐蚀,使绝缘表面烧伤。在 20 世纪 70 年代初期,中国的大型水轮发电机中,曾发生 5 次烧损事故。它们是:刘家峡水电站 1 号和 2 号机、拓溪水电站 4 号机、盐锅峡水电站 5 号和 6 号机。发生电腐蚀时间短的仅半年,发生绝缘损坏时间长的也只有2 ~ 3 年。电机中产生电晕的危害性很大,高压电机绕组绝缘材料中大部分含有有机物或高分子有机化合物成分。电晕发生后分解出的臭氧及氧化氮等气体和水汽的联合作用,对绝缘中有机物起着化学腐蚀作用。另外电晕产生后,还伴随着机械作用,热作用随同化学作用一起很快将绝缘损蚀乃至导致击穿,从而缩短电机寿命。造成线圈起晕电压低的主要原因是防晕结构不合理,电场分布不均匀,线圈端部电压梯度太大。所以只有改变现有的防晕结构,才能真正解决线圈的防晕质量问题。

【水轮发电机组】(turbine generator set)　由水轮机驱动的发电机组。由于水电站自然条件的不同,水轮发电机组的容量和转速的变化范围很大。通常小型水轮发电机组和冲击式水轮机驱动的高速水轮发电机组多采用卧式结构,而大、中型水轮发电机组多采用立式结构。水电站多数处在远离城市的地方,通常需要经过较长输电线路向负载供电。电力系统对水轮发电机组的运行稳定性提出了较高的要求:电机参数需要仔细选择;转子的转动惯量较大。水轮发电机组的外型与汽轮发电机不同,它的转子直径大而长度短。水轮发电机组启动、并网所需时间较短,运行调度灵活,它除了一般发电以外,特别适宜于作为调峰机组和事故备用机组。水轮发电机组的最大容量已达 7×10^5kW。

贯流式发电机机组

【水轮发电机组不对称运行】(unbalanced operation of turbine generator set)　水轮发电机组每相负荷的电流值及其相角处于互不相等情况下的一种运行方式。在三相电力系统中,可分解为正序、负序、零序三个对称系统。在对称运行时,负序和零序分量为零;在不对称运行时,出现负序及零序分量。负序电流引起的影响是:(1)定子绕组超温。由于负序电流出现后,和正序电流叠加,定子绕组会有一相相电流超过额定值,从而使该相绕组温升超过允许值。(2)转子附加发热。在负序电流出现后,其负序旋转磁场以同步速度与转子反方向旋转,在励磁绕组、阻尼绕组和转子本体中感应出两倍频率的电流,迫使这些部件产生附加损耗,引起局部发热。(3)机械振动。在负序电流出现后,负序磁场还能在转子轴上产生两倍频率的脉动转矩,使水轮发电机组产生振动并伴有噪声。不对称允许范围主要决定条件是:(1)负荷最大相定子电流不超过额定电流值。(2)转子任何一点温度不超过绝缘材料等级的允许温度。(3)出现的机械振动,不超过允许范围。由于水轮发电机组结构、材料、冷却方式不同,其允许范围也不同。通常水轮发电机组在不对称电力系统中运行时,任何一相电流不超过额定值,且其负序电流分量与额定电流之比不超过9%。

【水轮发电机组进相运行】(leading power factor operation of water turbine generator set) 水轮发电机组处于欠励运行,以吸取电力系统剩余的容性无功功率又送出有功功率的一种运行方式。对于长距离送电的超高压、特高压线路,在轻负荷时,由于剩余容性无功功率,引起送电端电压上升,接近或超过电力系统运行电压的上限,严重地影响电力系统电压质量与安全运行。为降低此电压,可以采用并联电抗器来吸收电力系统剩余的容性无功功率。虽也能达到降低电压的目的,但设备投资较大,不如水轮发电机组进相运行简单、安全、经济和方便。水轮发电机组进相运行,可以降低送端电压,节约电能,改善电网的的供电质量,保证用户设备安全,提高电站经济效益。由于定子电压下降,转子电流下降,使水轮发电机的铁损也随之下降,转子铜损也降低。虽然此时定子铜损也相应增大,但综合的结果,发电机总损耗还是下降的,节能效果是明显的。水轮发电机组进相运行能力的大小,受其静态稳定极限、定子铁芯、定子端部金属结构件的温升和定子过电流的限制。更主要的是受电厂厂用母线电压限制。发电机是否能进相运行,应按中国水利电力部1982年颁布的《发电机运行规程》和制造厂的规定执行。在无规定时,应通过试验来确定。

【水轮发电机组调峰】(peak load regulation of turbine generator set) 水轮发电机组对电力系统高峰负荷的增长量迅速做出响应的一种运行方式。由于昼夜用电负荷的不均衡性,电力系统负荷曲线形成高峰及低谷。在高峰时,要有机组解决高峰电力的需要,保证电力系统的供电质量。电力系统调峰机组,可以用水轮发电机组、燃气轮机组成汽轮发电机组,但以水轮发电机组最为经济合适。水轮发电机组具有开机停机简单迅速,增减负荷速度快,水电成本低廉等特点。自20世纪60年代以来,抽水蓄能电站的建设发展很快,其发电电动机组既能调峰,又能填谷,对电力系统负荷高峰低谷的调节,又多了一种手段。对于火电比重占绝对优势、水电比重小且调节性能又差的电网,尤为重要。抽水蓄能电站吸取夜间电力系统负荷低落时的剩余电能进行抽水,使火电机组不必降低输出功率或部分停机,同时也改善了火电机组运行条件;在高峰时利用抽上去的水量来发电,以解决电力系统调峰的负荷的增长量。以火电机组为主的电力系统,要解决系统调峰问题,一个有效的途径是建设抽水蓄能电站。

【水轮发电机组调频】(frequency regulating of turbine generator set) 水轮发电机组根据电力系统频率的变化随时调节其有功功率,以保持电力系统频率在合格范围内的一种运行方式。水轮发电机组具有调整有功功率迅速、范围大的优点。一般能在额定负荷的50%~100%随时变动。是电力系统的调频运行方式之一。其条件是:必须具有水库库容大、水库进水量丰富和机组容量大等。全部具有这些条件的可以作为常年调频机组;若只是季节性水量大,也可只作为季节性调频机组,而与大容量高效率火电机组共同对电力系统进行调频。按其调频操作方法的不同可分为:(1)手动调频。靠电站运行值班人员,根据电力系统频率变化、随时调整水轮发电机组有功功率。(2)自动调频。机组有功功率的调节自动受控于电力系统的频率进行升降,自动调频装置的基本功能是自动测量系统的频率和给定值之间的偏差,根据偏差大小控制水轮机调速器的调速机构,改变机组的有功功率,以维持频率为给定值。从20世纪80年代起,在水电站实现计算机系统监控后,可按功率或频率实现运行(AGC),以达到对电力系统进行调频的目的。

【水轮发电机组调相】(compensating operation of turbine generator set) 水轮发电机组只发无功功率,并消耗电力系统有功功率的一种运行方式。水轮发电机组的转轮在空气中或在水中都可作调相运行,根据中国官厅及密云两个水电站机组实测资料,在空气中运行一般吸取电力系统有功功率为水轮发电机额定功率的3%;在水中运行,吸取电力系统有功功率为空气中运行的10倍左右。所以,多采取水轮发电机组的转轮在空气中作调相运行。水轮发电机组作同步调相机运行时,先以水轮发电机运行方式投入电力系统,然后关闭水轮机导叶,并把压缩空气通入水轮机室将水压下,使水轮机转轮在空气中运行,再凭借励磁调节作用,向电力系统输出无功功率,起到调整电力系统电压的作用。在停止调相运行时,只要放出水轮机室压缩空气,水轮发电机组与系统解列,以水轮发电机组正常方式进行停机。

【水轮发电机组振动】(vibrations of hydroturbine-generator set) 由各种原因引起的水轮发电机组的周期或非周期振动。其振动的大小取决于激振力大小和振动部件的刚度及动力响应特性。

激振力的大小和水轮发电机组的工况、结构设计、制造、安装和维修质量有关。是旋转机械不可避免的现象。振动幅值应符合振动标准规定。振动幅值过大将会造成不良后果,如零部件疲劳断裂、转动部分与固定部分的碰擦,尾水管里衬的开裂,以至危及厂房建筑物的安全。其振动主要原因有:水力、机械和电气三个方面。按振动产生规律和特点的不同可分为:(1)不平衡引起的振动。(2)尾水管涡流引起的振动。(3)水轮机偏离最优工况时的振动。(4)轴系共振。(5)卡门涡共振。(6)止漏环间隙泄漏引起的自激振动。(7)引水管路水体共振引起的振动。(8)水轮发电机的磁振动。

【水轮机调速器】(turbine governor) 实现水轮机调节及相应控制的自动装置。通过调速器控制进入水轮机转轮的流量来调节水轮发电机的有功功率和转速,并实现机组启动、停机、发电、调相和甩负荷处理等操作控制及各种工况间的自动转换。其总的要求是:稳定性好,可靠性高,静动态品质优良,操作简单和维护方便。早期的调速器是机械液压型(简称为机调)。其测速、稳定及反馈信号均用机械方法产生,经机械综合后通过液压放大部分实现对水轮机接力器的驱动。其缺点是:静、动态特性较差,且存在机件磨损等问题。其优点是:操作简单,可靠性较高。20世纪40年代出现了电气液压调速器(简称为电液调速器、电调)。其测速、稳定及反馈信号均用电气方法产生,经电气综合、放大后通过电气液压放大部分实现对水轮机接力器的驱动。这种调速器在50年代以来获得了迅速发展,并经历了从电子管、晶体管到集成电路等几个发展阶段。与机调相比较,性能品质有了一定的提高,测量和控制精度、速动性及稳定性等方面均有较大改善,但可靠性没有明显提高。20世纪70年代,随着微机的出现与计算机应用技术的普及和发展,开始研制和推广微机的电液调速器(简称微机调速器)。

【水煤浆】(coal water slurry) 由70%左右的煤、1%的化学添加剂和29%的水经过一定的加工方法制成的一种煤基流体燃料。与煤相比具有流动性好、储存稳定、运输方便等优点。水煤浆有类似于重油的燃料特征,在雾化状态下可稳定燃烧,燃烧效率可达到98%以上。烟气中SO_2的排放量相当于燃用低硫油,NO_X的排放量只有燃油的50%,每2.2t水煤浆可替代1t重油。

水煤浆添加剂

【水面战】(water surface warfare) 交战双方使用水面战斗舰艇进行的作战行动。主要运用舰载武器和舰载机对敌方水面舰船、潜艇、岸上目标等进行攻击,以及为登陆作战提供火力支援。在现代海上作战中,水面舰艇作战一般都由多艘不同作战功能的舰艇组成机动作战编队实施海上作战行动。

【水面战斗舰艇】(surface warship) 以舰载导弹、鱼雷、舰炮和反潜深水炸弹为主要武器、具有较高航速和较强火力的水面舰艇。主要用于攻击敌方水面舰船、潜艇和岸上目标、负责己方舰船编队的防空反潜任务、为舰队或其他舰船编队护航、保卫己方海上交通线或破坏敌方海上交通线和支援登陆、抗登陆作战等方面。按其作战任务的不同可分为巡洋舰、驱逐舰、护卫舰和小型战斗舰艇几种类型。巡洋舰是一种以导弹攻防作战为主的海上作战平台,具备对空、对舰、反潜和对岸作战等多种功能,是战斗能力很强的大型水面舰艇。驱逐舰是一种具有多种作战功能的中型水面作战舰艇,是大多数国家海军的主力舰种。小型战斗舰艇配载武器较少,作战功能单一,但机动灵活,主要用于对敌舰船进行突击。

【水磨石机】(terrazzo machine) 又称水磨石砖机、水磨石地板砖机、水磨石压砖机。以模压或液压方式制作各种水磨石砖的专用设备。是一种对水泥和石粒原材料进行特殊加工的机器。模压水磨石机更换模具后,可以生产各种水泥彩瓦、水磨石广场砖、水磨石马路砖等。

【水幕】(water curtain) 又称净化风流水幕。在巷道中用喷雾器喷出的水雾屏障。在敷设于巷道顶部或两帮的水管上间隔地安上3~5个喷雾器喷雾,喷雾器的布置应以水幕布满巷道断面为原则,并尽可能靠近尘源,缩小含尘空气的弥漫范围。净化风流水幕应安设在支护完好、壁面平整、无断裂破碎的巷道段内。其具体安设位置是:(1)距井口20~100m巷道内安设矿井总入风流净化水幕。(2)风流分叉口支流里侧20~50m巷道内安设分区和采区入风流净化水幕。(3)距工作面回风口10~20m回风巷内安设采煤回风流净化水幕。(4)距工作面30~50m巷道内安设掘进回风流净化水幕。(5)巷道中产尘源净化水幕。尘源下风

水幕

侧5～10m巷道内安设巷道中产尘源净化水幕。水幕的控制方式可根据巷道条件，选用光电式、触控式或各种机械传动的控制方式。选用的原则是既经济合理又安全可靠。净化风流水幕是净化入风流和降低污风流粉尘浓度的有效方法。

【水能】（hydro-energy） 水体所具有的势能和动能。水能易受降水量变化的影响，随气候、季节和地形的变化有较大差异。水能是一种清洁、可再生能源。

【水能经济学】（hydro-energy economy） 研究水能开发、转换、传输和分配中经济分析与评价的理论和方法的新兴学科。目的在于经济合理地利用水能。主要研究内容是分析研究水电站规划、设计和运行管理过程中的费用和效益，以寻求最佳综合经济效益方案。

【水能利用学】（science of hydropower utilization） 又称水能学。研究经济合理地开发和利用水体的位能和动能发电的学科。是一门技术与经济相结合的边缘学科。其基础是水文学、水力发电工程学、动能经济学、水利工程学、工程经济学和系统工程学等。与水资源、电力和能源的开发、电力系统、社会科学及生态环境学等方面有紧密的联系。主要研究的内容是：水资源系统、一次能源系统、电力系统中与水能的合理利用有关的，从宏观到微观的一系列技术经济问题。其主要任务是：水能资源普查，河流梯级开发和综合利用规划，地区（或跨地区）一次能源和电源规划，地区（或跨地区）水电发展规划，水电站项目经济可行性评价，电站主要特征值（如正常蓄水位、装机容量等）优选，大型水电站合理供电范围，水电站的运行和调度方案等。其主要内容是：（1）集中自然界分散的水能的方式。（2）电力市场需求调查。（3）水库运行决策。（4）水电站运行决策。（5）水电站投资决策。

【水能利用优化】（optimization in hydropower utilization） 应用系统工程理论和系统分析优化方法，研究水能利用问题，以达到最合理地利用水能资源的理论和方法。研究任务涉及从一次能源开发、二次能源转换、电力传输及分配等各环节的技术经济问题。其内容包括：（1）电力系统能源的构成。（2）电力系统电源选择和水电站的开发时序。（3）河流水电开发方式和开发方案，抽水蓄能电站规划选点方案。（4）水电站主要特征值优选（如水位、装机容量、机组机型和装机程序等）。（5）水电站水库（群）的运行方式。（6）水电站在电力系统中的运行方式等问题。这些问题涉及空间和时间相互影响的两个范畴，并且很多关系都是非线性的，因此水能利用优化是一个非常复杂的问题。用常规方法难以求得满意的结果，故需要应用系统工程的理论和系统分析的优化方法。由于水电规划问题的复杂性，对一个规划问题的求解，往往需要根据问题的性质，应用多种数学规划的方法。按其规划方法的不同可分为：动态规划、线性规划、非线性规划、混合整数线性规划和纯整数规划等。

【水能资源】（hydro-energy resource） 从技术经济比较上可以被人类利用的水能。在中国，主要分布在西南地区。随着开发技术的进步，越来越多的水能被利用，如三峡工程等。

【水泥】（cement） 粉状矿物质胶凝材料的一种。与水拌和并在空气或水中逐渐硬化。按原料和生产方法的不同可分为硅酸盐水泥、矿渣硅酸盐水泥、火山灰质硅酸盐水泥、矾土水泥、超早强水泥、膨胀水泥、白水泥及彩色水泥等。广泛应用于土木建筑等工程中。

水泥

【水泥粉煤灰碎石桩】（cement ash-gravel pile） 由碎石、石屑、沙和粉煤灰掺适量水泥加水拌和，用成桩机械在地基中制成的桩体。强度等级为C_5～C_{25}。制成这种水泥粉煤灰碎石桩的方法，通常是在碎石桩体中添加以水泥为主的胶结材料。添加粉煤灰是为了增加混合材料的和易性，并起低强度等级水泥的作用。还可以添加适量的石屑以改善级配，使桩体获得胶结强度，从散体材料桩转化为具有某些柔性桩特点的高黏结强度桩，而使桩、桩间土和褥垫层一起构成复合地基。

【水泥混凝土路面】（road surface with concrete） 又称白色路面。由水泥混凝土混合料筑成的路面。该混合料是由水泥与水拌和而成的水泥浆为结合料，以碎（砾）石、砂为集料，再加适当的掺和料及外掺剂，经过一定时间的养护，水泥混凝土路面达到很高的强度与耐久

水泥混凝土路面

性。当车轮驶过时,水泥混凝土路面的板块作用将所受荷载均匀分布,不使路面产生较大的弯曲变形。荷载过后,又重新恢复原来的形状。这种性质的路面又称为刚性路面。水泥混凝土路面可分为普通混凝土路面、钢筋混凝土路面、碾压混凝土路面、钢纤维混凝土路面、连续配筋混凝土路面、复合式混凝土路面和预应力混凝土路面。水泥混凝土路面的强度高,稳定性好,耐久性好,有利于夜间行车,抗滑性能好,养护费用少,经济效益高。但其对水泥和水的需求量大。每1 000m^2厚度为25cm的C30水泥混凝土路面要耗费大约90t水泥和大约14t水,尚不包括养生用水。这对水泥供应不足和缺水地区会带来较大困难。由于混凝土路面在修建时要设置各种接缝,这不但增加施工和养护的难度,而且容易引起行车跳动,影响行车的舒适性。另外,它的噪声大,修复也困难。

【水泥木丝板】(cement wood board) 由水泥作为交联剂,木丝作为纤维增强材料,加入部分添加剂压制而成的板材。属于环保型绿色建材。从20世纪40年代开始,在欧洲广泛应用。目前,已成为国际上应用范围很广的建筑材料。具有耐腐、耐热、耐蚁蚀、易加工,与水泥、石灰、石膏配合性好和绿色环保等多种优点。用冷压法制成。其工序流程大致分为:木材处理、木丝制备铺装、压板成型养护、调湿处理裁切整形和饰面深加工等。主要用作吸音材料、保温材料、装饰材料和混凝土模板材料。在建筑中主要用作框架建筑结构墙体保温层,天花板,屋面板各种预制房屋,活动房屋及农用建筑,防火隔热,防火门,潮湿房间的内衬板和电、气装置的底板等。可做永久模板,替代钢模板进行混凝土浇注,而不用拆模。特别是作为外墙外保温材料,除保温、隔热外,还具有极好的防火作用。在交通方面,主要用于高速公路的隔音墙及铁路隧道的内衬板,电梯竖井壁板及管道护板,具有较好的隔音、防潮、防火等功能。在混凝土施工中,木丝板与混凝土浇注成一体,既当模板又不再拆除并起装饰作用。

水泥木丝板

【水泥砂浆抹灰工艺】(construction of cement mortar plastering) 水泥砂浆抹灰的施工技术。其基本工艺是:找规矩→对墙体四角进行规方→横线找平→竖线吊直→制作标准灰饼→冲筋→阴阳角找方→内墙抹灰→底层低于冲筋→中层垫平冲筋→面层装修。抹灰前必须制作好标准灰饼。冲筋是保证抹灰质量的重要环节,是大面积抹灰时重要的控制标志。阴阳角找方也是直接关系到后续装修工程质量的重要工序。

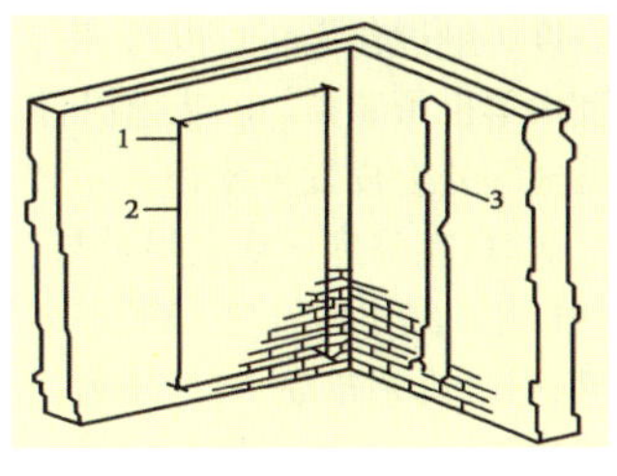

水泥砂浆抹灰施工艺示意图

【水泥窑外分解工艺技术】(kiln resolving technology) 将水泥生料粉的预热和绝大部分碳酸钙的分解过程置于窑外的预热器和分解炉中进行的技术。采用这种技术,可使料粉在预热器内与气流接触的面积较窑内增加数千倍,换热极快;生料中的碳酸盐组分在分解炉内可完成90%以上的分解,再进入回转窑内进行最后的烧结,进程会大大加快。其生产效率是传统的湿法或干法回转窑的四倍,单位熟料热耗可降低50%左右。窑外分解工艺技术是先进的、具有发展前途的水泥生产工艺技术。

【水泥砖】(cement block) 以粉煤灰、煤渣、煤矸石、尾矿渣、化工渣或者天然砂、海涂泥等作为主要原料,用水泥做凝固剂,不经高温煅烧而制造的一种新型墙体材料。该产品符合中国“保护农田、节约能源、因地制宜、就地取材”的发展建材总方针。由于该种材料强度高、耐久性好、尺寸标准、外形完整、色泽均一,具有古朴自然的外观,可做清水墙也可以做任何外装饰。是一种取代黏土砖的极有发展前景的更新换代产品。水泥砖自重较轻,强度较高,无须烧制,用电厂的污染物粉煤灰做材料,比较环保,国家在大力推广。此类砌块的唯一缺点就是与抹面砂浆结合不如红砖,容易在墙面产生裂缝,影响美观。施工时应充分喷水,要求较高的别墅类可考虑满墙挂钢丝网,可以有效防止裂缝。

水泥砖

【水疱性口炎】(vesicular stomatitis, VS)

由水疱性口炎病毒引起的多种哺乳动物的一种急性高度接触性传染病。以马、牛、猪等动物较易感，绵羊和山羊也可感染。临床上以舌、唇、口腔黏膜、乳头和蹄冠等处上皮发生水疱为主要特征。当马感染而不发病时，在临床症状上很难与口蹄疫(FMD)、猪水疱病(SV)、猪水疱性疹(VES)区别开来。人也偶有感染，引起流感样症状，严重者可引起脑炎。病毒为弹状病毒科水疱病毒属的成员。病毒粒子为子弹状或圆柱状，长度约为直径的3倍。大小为150～180 nm×50～70 nm。有囊膜，囊膜上均匀密布有长约10 nm的纤突。内部为紧密盘旋的螺旋对称的核衣壳。弹状病毒的RNA无感染性，病毒的核衣壳具有感染性。采用磷酸钙等可提高核衣壳的感染性。由于其相对简单的结构、较高的复制能力、快速的疾病过程，所以被广泛的应用于研究RNA进化的模型。该病的传播机制尚不清楚。该病毒并不分泌到尿、粪便或乳液中。可通过皮肤破损处的摩擦接触而感染，但感染并不能发生于上皮细胞完好的如齿龈、舌、蹄冠或乳房等处；蚊虫叮咬、吸乳时乳头部擦伤的皮肤等均可引起感染。实验室证明已有5种VSV属的病毒可通过昆虫叮咬而感染实验动物。通过感染的白蛉试验证明，Indiana、Carajas、Maraba、Chandipura 4种病毒株可经卵传播。

【水棚】(water barrier) 又称隔爆水棚。在巷道中安装的水槽或水袋组成的多排棚架。用以阻止爆炸传播的设施。按其隔绝煤尘爆炸作用保护范围的不同可分为：(1)主要隔爆棚。应设置在下列地点：矿井两翼与井筒相连通的主要运输大巷和回风大巷，相邻采区之间的集中运输巷道和回风巷道，相邻煤层之间的运输石门和回风石门。(2)辅助隔爆棚。应设置在下列地点：采、掘工作面进风、回风巷道，采区内的煤和半煤岩掘进巷道，采用独立通风并有煤尘爆炸危险的其他巷道。

【水平角】(horizontal angle) 测站点至两个观测目标方向线铅直投影在水平面上的夹角。在测量中，把地面上的实际观测角度投影在测角仪器的水平度盘上，然后按度盘读数求出水平角值。它是测量工作中推算边长、方位角和点位坐标的基本要素之一。水平角通常用光学经纬仪、电子经纬仪或全站仪进行测定。

【水平模铸造】(horizontal mould casting) 将铸模平躺放置的浇铸方法。金属液从上面浇铸。具有自下而上顺序凝固的优点。但其上表面容易氧化生渣，所以铸锭表面质量较差。适用于仅对轮廓外形有要求，并且尺寸、重量不大的铸锭的生产，例如铸造各种中间合金、金属及合金的重熔料或回炉料。也适用于浇铸容易产生气孔或热轧容易开裂的合金扁锭，如铅黄铜、锡黄铜、锌白铜等。铸模一般用铸铁整体制成，也可制成用水冷却铸模模底的水冷模。按其结构可分为整体模和组装模。

【水平畦灌】(level border irrigation) 向田埂围成的水平或近似水平的地块中快速灌水的一种地面灌水技术。可使地块内保持均匀的水层，直到水完全入渗到土壤中。

水平畦灌

它类似格田灌溉，但格田的宽度与长度大致相等，而水平畦田的长度可以是其宽度的数倍。水平畦灌适用于密植作物，适合于中等至低吸水速率和中等至高有效持水量的土壤。平坦的地面最适合采用这种灌水方法。与一般地面灌溉相比，它既不需要改变布置形式和运行方法，也不需要排放尾水，且可最大限度地利用降雨等。该方法适用于地面灌溉自动化的要求，可以获得较高的灌水效率。

【水平梯田】(bench terrace) 将坡地修平建成水平田面的阶台式梯田。是山丘地区重要的基本农田。修在土质较好、坡度小、距村较近、交通与水源较方便的地段。以道路为骨架(如有水源则结合渠道)划分耕作区，合理安排梯田区内田、渠、路的布局。道路一般要求要顺直，最小转弯半径不小于10m，上山路面坡度应小于15%。在山丘陡坡地上能通行小型拖拉机，在缓坡地上能通过较大型的农业机具，且要搞好路面排水。在干旱地区可分段引路水入田。在湿润地区，道路可砌石保护，兼作排水道。对有灌溉条件的梯田，应布设排水工程，做好蓄、排、灌系统的规划，实行节水灌溉，并做好渠面与渠道跌水的砌护等防冲、防渗工程。梯田设计要确定“最优断面”，以求耕作方便、埂坎安全和修筑省工。在修筑时注意：(1)要先定线。根据地面坡度与梯田宽度，沿等高线测定埂坎线，做到“大弯就势、小弯取直”，合理确定挖填分界线，以求填挖土方量尽量平衡。(2)要保留表土70%以上。针对陡、中、缓坡及地形较复杂的缓、中坡，采取逐台下翻、中间推置、逐行置换与轮翻开槽取

水平梯田

土等。(3)要修筑田坎。常用的筑坎材料为土料与石料。最后,坎内要填土。使填土部位的虚土略高于地面,待沉稳密实后,田面可达水平。水稻梯田还应修筑防渗层。新修梯田获丰产的技术是:(1)深翻改土。切土部位土质坚实,需深翻30cm,加深活土层,以利作物扎根生长。(2)增施肥料。多施有机肥,合理使用化肥。(3)套种绿肥。(4)选种优良作物。

【水平压条法】(horizontal layering) 压条繁殖方法之一。将要繁殖的枝条截去过长部分,春季时在树旁掘约5cm浅沟,将枝条水平压入浅沟内,用枝杈固定,使其生根和发梢。以后随着新梢的伸长加深覆土,及时抹去枝条基部强旺萌蘖,秋后剪离分植。靠近母株基部保留1~4根枝条,供来年再行水平压条之用。此法能使同一枝条上得到多数植株。葡萄、苹果矮化砧、紫藤、蔓越橘、蔓性蔷薇等常用此法繁殖。

水平压条

【水平仪】(spirit level) 一种以水平面为基准、利用重力现象测量微小倾角,确定被测对象的水平度、直线度与平面度的测量仪器。有水准泡式水平仪和电子水平仪两类。水准泡式水平仪将乙醇或乙醚等液体封入圆柱形玻璃管水准泡里,里边留有很小的气泡。当气泡管偏离水平面一个倾角时,气泡移动一个相应的距离。测量时,只要读出移动值便可得出倾斜的角度。常用的水平仪有框式水平仪、合相水平仪、电子水平仪等。电子水平仪分为电容式、电阻式和电感式水平仪。

【水平轴风力发电机】(level shaft wind generator) 风轮围绕水平轴旋转的风力发电机。其风轮轴与风向平行,风轮上的叶片是径向安置的,与旋转轴相垂直,并与风轮的旋转平面成一角度(称为安装角)。风轮叶片数目为1~4片(大多数为2片或3片),在高速运行时有较高的风能利用系数,但启动时需要较高的风速。

水平轴风力发电机

【水情自动测报系统】(automatic system of hydrological data telemetering and forecating) 应用遥测、通信、计算机和水文预报等技术,完成江河、水库流域内水文数据自动实时收集和处理并做出实时预报的系统。利用水情自动测报系统可以实现防洪、供水、发电等优化调度,提高防洪能力和水资源利用的社会经济效益。一般由一个中心站和若干遥测站组成。按其遥测站性能的不同可分为:水文遥测站(包括水文站、水库站、水闸站)和水位雨量遥测站。遥测站由各种传感器自动收集降水量、水位和闸门开度等实时数据,并按要求把这些数据发送到中心站。中心站集中各遥测站发来的各项数据,经计算机分析处理,及时做出水情预报。按其发送信息工作体制的不同可分为:(1)自报式。是各遥测站按约定方式自动向中心站发报。按其控制方法的不同又可分为:定时控制和增量控制两种。定时控制是按规定时间设置,时间到时即发报;增量控制是指降水量、水位等每变化一定数量即发报。(2)应答式。是遥测站等待中心站发来询问后再回答。根据具体情况和工作需要,也有的采用自报和应答兼容的方式,即系统内一部分遥测站为自报式发报,一部分遥测站为应答式发报,称为混合式。

【水圈】(hydrosphere) 地球形成过程中由于地表温度逐渐降低在地球表面积蓄了大量液态水而形成的圈层。在地球表层中,水圈上界可达大气对流层顶部,下界可至深层地下水的下限。水大部分以液态形式储存在地壳的低洼处,成为海洋;另一部分以固体形式(冰、雪)储存在地球的南北两极和陆地的高山上,或以液态形式储存在地壳陆地部分的上层成为地下水,或成为陆地表面水体,即地表水(河流、湖泊等)。围绕地球的大气层中还有以气态形式存在的大气水。生物体内还存在生物水。水圈中海洋水是最重要的部分,其体积占总水圈的97%。全球生物圈中的水仅占地球总水量的0.000 1%;一般可以忽略不计。水圈中的一小部分水处于不停的运动状态,经历从海洋蒸发到空气、通过降水回到陆地、通过地表和地下径流再回到海洋,整个过程构成封闭的水循环。因为海洋热容量非常大、又几乎是大气中所有水汽的来源,所以海洋对气候有显著的影响。据估计,到达地表的太阳辐射能约有80%被海洋表面吸收。100m深的表层海水,

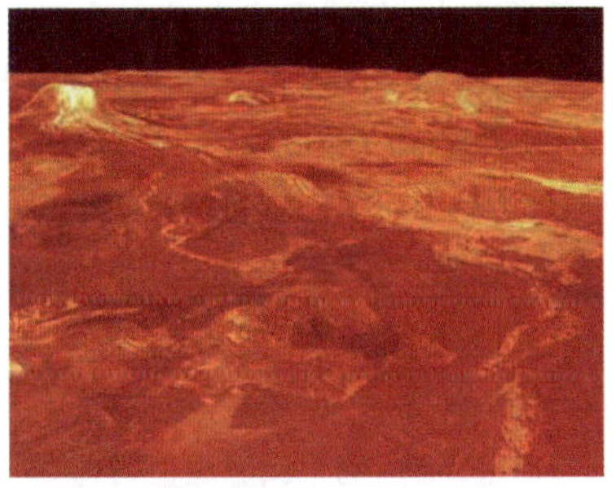
地球水圈

其总热量就占整个地球气候环境系统总热量的95.6%。因此在研究气候变化时,认真考虑海洋与大气相互作用的过程特别重要。根据观测事实,地球上气候的多次极端变化都与海洋温度变化有关,其中包含了非常复杂的海洋反馈过程。

【水溶性树脂】(water soluble resin) 能溶于水的树脂。品种较多。主要有:(1)低分子量的脲醛树脂和三聚氰胺甲醛树脂。可用作纺织品防皱防缩处理剂、胶黏剂、涂料等。(2)甲阶段酚醛树脂。可用作鞣革剂和胶黏剂等。(3)聚丙烯酸或聚甲基丙烯酸的盐类。可用作纺织品的上浆剂或增稠剂,聚丙烯酸钙可以改善飞机场跑道等的路面。(4)聚乙烯醇。可用作纸张的着色涂料、防油涂料、分散剂、胶黏剂、聚酰胺纤维的浆料,塑化聚乙烯醇可挤压成耐油脂、耐有机溶剂的管材和片材。(5)聚环氧乙烷。溶于水后生成黏性液体,可用作乳化剂和增稠剂、胶黏剂的膏料等,也可用作包装农药、墨粉、洗涤剂等的薄膜。(6)聚N-乙烯基吡咯烷酮。可配成水溶液,经药物处理后作为血浆代用品。(7)含有自由基的醇酸树脂。可用氨水或胺类处理成水溶性铵盐,用于制取电泳漆。

【水溶性维生素】(water-soluble vitamin) 一类易溶于水、在体内没有非功能性的单纯的储存形式的维生素。但当其在机体内饱和后,所摄入的维生素必然会从尿中排出。反之,若组织中的维生素枯竭,所给予的维生素将大量地被组织取用,故从尿中排出量就减少。因此,可利用负荷试验对水溶性维生素的营养水平进行鉴定。水溶性维生素一般无毒性,如摄入过少,可较快地出现缺乏症状。

【水三相点温度】(three-phase temperature of water) 水、冰和水蒸气三者共存时的温度。热力学绝对温度规定水三相点温度值为273.16K,对应的摄氏温度值为0.01℃。

【水色计】(color scale) 测定海洋、湖泊水的颜色色级标准的仪器。一般由蓝、黄、褐色三种溶液按一定比例配制21种由蓝至褐色的溶液,分别装入无色玻璃管,密封编号后作为测量水色的对比标本。观测水色时,用待测水样与水色计对比,确定海水的颜色。海色测量可作为识别水团的标志,还可为潜航设备的光学伪装隐身提供海水背景色等参考资料。

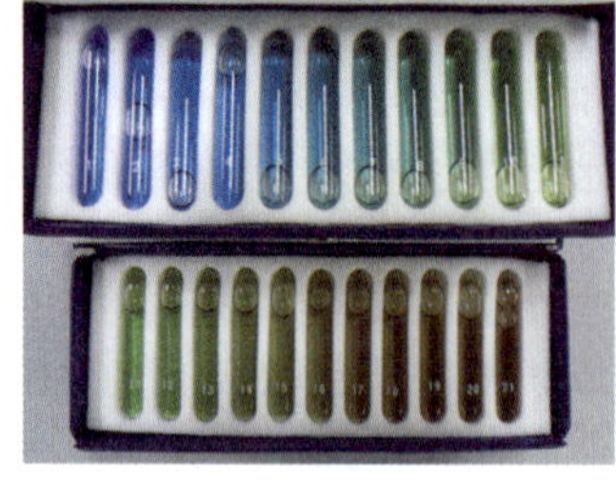

水色计

【水砂充填法采煤】(flushing system) 利用水力将充填材料通过管道输送到井下采空区的采矿方法。从采石场采下的石子经过破碎后送至砂仓储放。充填料在注砂室中与水混合成砂浆后,经过充填管道流入采空区充填,输送砂石的充填水经采场脱水流入沉淀池后送至地下水仓,再用水泵将水排至地面储水池循环使用。与干式充填相比较,水砂充填是用管道输送充填料,因而充填能力大,充填效率高,充填质量较好,而且充填可靠。但水力充填增加了充填料的加工制备和井下脱水、排泥的工作量。水砂充填采煤法的方案,其采矿方法构成要素、巷道布置、回采工艺与干式充填法各方案相似。根据矿体倾角、矿岩稳固程度、回采方法不同,水砂充填法可分为长壁水砂充填法、上向分层水砂充填法与下向分层水砂充填法。

【水上超限载运】(overloading of waterborne transportation) 超过船舶使用条件或超出有关管理规定的载运或者拖带超重、超长、超高、超宽、半潜物体的水上运输行为。《中华人民共和国内河交通安全管理条例》规定,水上超限载运船舶必须在装船或者拖带前24h报海事管理机构核定拟航行的航路、时间,并采取必要的安全措施,保障船舶载运或者拖带安全。船舶需要护航的,应当向海事管理机构申请护航。

【水上飞机】(seaplane) 能在水面上起飞、降落和停泊的飞机。其分为船身式(按水面滑行要求设计的特殊形状的机身)和浮筒式(把陆上飞机的起落架换成浮筒)两种。其主要优点是:(1)可在水域辽阔的河、湖、江、海水面上使用。(2)安全性好。(3)地面辅助设施较经济。(4)飞机吨位不受限制。其缺点为:(1)受船体形状限制不适于高速飞行。(2)机身结构重量大。(3)抗浪性要求高。(4)维修不便,制造成本高。

水上飞机

【水上交通事故】(maritime traffic accident) 又称水运交通事故。船舶、浮动设施在海洋、沿海水域和内河通航水域发生的交通事故。如碰撞、搁浅、进水、沉没、倾覆、船体损坏、火灾、爆炸、主机损坏、货物损坏、船员伤亡、海洋污染等。中国《水上交通事故统计办法》对水运交通事故统计范围进行了界定，共有碰撞、搁浅、触礁、触损、浪损、火灾及爆炸、风灾、自沉、其他引起人员伤亡和直接经济损失的事故等9类事故，并按照人员伤亡和直接经济损失的情况分为：小事故、一般事故、大事故、重大事故和特大事故等5个等级。

【水深测量】(sounding) 水面至水底垂直距离的测定。海洋和内陆水域测绘的重要内容之一。施测的主要技术方法为回声测深：声波在均匀介质中以匀速直线传播，在不同界面产生反射，利用此原理，在水的表层垂直向海底发射声信号，并记录从声波发射到信号由水底返回的时间间隔，通过模拟或直接计算，测定深度。新的测深方法有：机载激光测深，在飞机上装载激光测深仪实施的水深测量；激光声和雷达声测深，以机载激光声、雷达声技术获取水深数据；遥感测深，利用航天或航空遥感的摄影影像、多光谱影像、合成孔径雷达影像获取水深信息。在观测水深数据的同时，须实施位置测量以获得水深点的地理坐标；实施潮汐观测或内陆水域的水位观测，以确定深度基准面和瞬时水面高。测量后的数据处理包括对原始数据进行误差改正、质量评估和制作测深成果图。误差改正内容通常包括水位改正、声速改正、换能器吃水改正和测量船姿态修正。

【水生动物细胞工程】(aquatic animal cell engineering) 主要以海洋或河湖水生动物如鱼、海胆、海鞘，甚至包括两栖类动物如蛙等为研究对象，进行的细胞工程技术的理论和技术研究的工程技术。

【水生花卉】(marsh flowering plants) 生长于水中或沼泽地的观赏植物。其明显的习性是对水分的要求和依赖远远大于其他各类。种类繁多。中国有150多个品种。是园林、庭院水景园林观赏植物的重要组成部分。

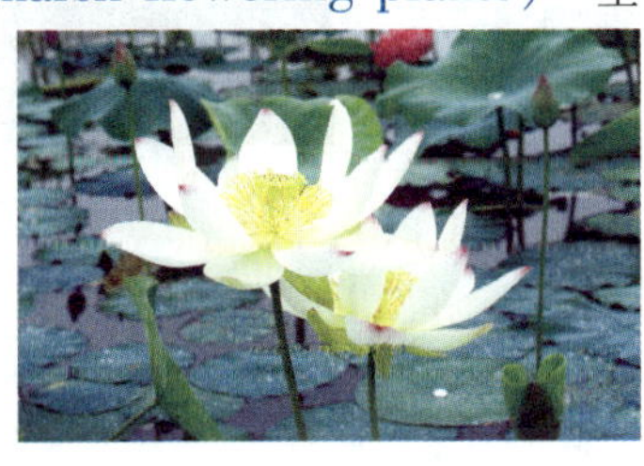

水生花卉

【水生生物】(hydrobiont) 生活在各类水体中生物的总称。种类繁多。有各种微生物、藻类以及水生高等植物、各种无脊椎动物和脊椎动物。其生活方式也多种多样，有漂浮、浮游、游泳、固着、底栖和穴居等。有的适于淡水中生活，有的则适于海水中生活。不同功能的生物种群生活在一起，构成特定的生物群落。不同生物群落之间及其与环境之间，进行相互作用、协调，维持特定的物质和能量流动过程，对水环境保护起着重要作用。水生生物为人类提供蛋白质和工业原料，有重要的经济价值。

【水生蔬菜】(aquatic vegetables) 适宜在淡水或海水环境中生长的蔬菜。在淡水环境中栽培的有莲藕、茭白、慈姑、荸荠、菱、芡、豆瓣菜、莼菜、水芹、蒲菜等；在海水环境中栽培的有海带、紫菜等。该类蔬菜分属于种子植物门和藻类植物门11个科13个属。除菱、芡及莲子以种子供食用外，多以变态茎或嫩茎、叶为食用器官。按其对环境要求的不同可分为：(1)喜温暖怕冷凉蔬菜。如莲藕、慈姑、荸荠、菱、芡、茭白、水芋、莼菜等，生长适温25～0℃，遇霜冻枯死。(2)喜冷凉怕炎热蔬菜。如水芹、豆瓣菜等，生长适温15～25℃，30℃以上生长停滞或枯萎。其多以无性器官为繁殖材料。海带和紫菜的生长要求浅海环境。

茭白

【水生维管束植物】(aquatic vascular plants) 生活在水中或水边湿地，生理上依附水环境，或至少部分生活周期发生在水中或水表面的、具有维管束的高等植物的总称是一个生态学而不是分类学名词。包括蕨类植物和种子植物两大类。根据其形态、构造及与其水环境关系的不同可分为：挺水植物、沉水植物、漂浮植物和浮叶植物四大生态类群。淡水和海水中均有分布。是水生生态系统初级生产力之一。在水体中发挥重要作用不仅可作为草食性鱼类的饲料、水生蔬菜、食品和天然的净水材料，而且可营建水域景观。水草丰富的水域还是鱼类的产卵、育肥和鸟类、水生哺乳动物栖息的场所。

【水生植被】(water grown vegetation) 生长在多水环境中的水生草本植物群落。自然界中，无论深水或浅水、咸水或淡水，凡有水且光线能透过的地方，均有水生植物的生长。按植物在水中生长方式的不同可分为：漂浮水生植物、悬浮水生植物和漂叶固定水生植物(植物根系扎于水底淤泥中，叶子漂浮于水面之上)。水生植被有较大的一致性，属于隐域性植被。

【水生植物】(water grown plant) 生理上依附于水环境、至少部分生殖周期发生在水中或水表面的植物类群。大型水生植物和除小型藻类以外所有水生植物类群。在分类群上由多个植物门类组成，包括非维管束植物，如大型藻类和苔藓类植物；低级维管束植物，如蕨类和蕨类同源植物；以及最高级的维管束植物—种子植物。典型的水生植物多为被子植物中的单子叶纲植物。它们常年生活在水中，形成了一套适应水生环境的本领。它们的叶子柔软而透明，多为丝状。丝状叶可以大大增加与水的接触面积，使叶子能最大限度地得到水里很少能得到的光照和吸收水里溶解得很少的二氧化碳，保证光合作用的进行。水生植物另一个突出特点是具有很发达的通气组织，莲藕是最典型的例子。它的叶柄和藕中有很多相连的孔眼，彼此贯穿形成为一个输送气体的通道网。这样，即使长在不含氧气或氧气缺乏的污泥中，仍可以生存下来。通气组织还可以增加浮力，维持身体平衡，这对水生植物也非常有利。

红树林

【水声定位系统】(underwater acoustic positioning system) 见海洋声学定位系统。

【水声干扰器】(underwater acoustic jammer) 能够发射大功率宽频带水下声波的水声干扰装置。主要用于压制敌方声呐或声自导鱼雷的声呐导引头。水声干扰器由大功率噪声发射机、浮力调整器和电源等部分组成。按产生噪声方式的不同可分为爆炸式、机械式和电子式。爆炸式水声干扰器利用炸药在水中爆炸产生强冲击波、大量气泡及持久的混响效果进行噪声干扰，其频率分布几乎可覆盖所有声呐的工作频率；机械式水声干扰器通常由电动机带动旋转机械装置产生宽频带噪声，通过干扰器壳体传入水中；电子式水声干扰器由可控电子电路产生噪声信号，通过宽频带水声换能器变成声波传入水中。按产生噪声频段的不同可分为高频水声干扰器和低频水声干扰器。前者能发出十几千赫以上的高频声波，主要用于干扰声自导鱼雷；后者发出的声波频率在几千赫至十几千赫频段，主要干扰敌方搜索或攻击声呐。水声干扰器通常由潜艇携带，根据战术需要投放，以掩护潜艇不被敌方声呐探测到和防范声自导鱼雷的攻击。也可由直升机携带投放，干扰敌方的搜索与跟踪。新型水声干扰器采用数字技术，可编程控制，干扰参数在投放前根据需要临时设定，可分时段发出不同频率的干扰噪声，对多种声呐实施干扰。

【水声通信】(underwater acoustic communication) 利用声波在水中传递信息的方式进行的通信。有语音通信（水声电话）和编码通信（水声通信机）两种工作方式。前者类似于无线电话，把讲话的低频信号调制在高频的超声波之上传送出去；接收机将信号检波，恢复成为讲话声。超声波载频一般在40～50kHz，作用距离可达200～800m，多用于潜水员与潜水员之间的互相联系。后者由发射机、接收机和换能器组成；使用低频（几千赫至几十千赫）窄频带声脉冲信号作载波，作用距离远；多用于潜艇与潜艇、潜艇与水面舰船之间的联络。

【水声学】(water acoustics) 声学的一个分支。研究水中声波的产生、传播、接收和计量等问题及其应用的学科。由于声波在水中传播时的衰减远较电磁波小，所以在航海和军事上对水中探测等方面有很大实用价值。

【水湿】(water-dampness) 中医术语。人体的津液在输布和排泄过程中发生障碍、停留于体内而形成的一种病理现象。湿是水液弥散浸渍于人体组织的状态，湿聚为水。这种病理产物一旦形成便作为一种新的致病因素作用于机体，导致脏腑功能失调继而引起各种复杂的病理变化。

【水体富营养化】(water body eutrophication) 因水体中氮、磷等植物营养物质含量过多而引起的水质污染现象。在水体出现富营养化现象时，引起浮游生物大量繁殖，往往使水体呈现蓝色、绿色、红色、棕色、乳白色等。江河湖泊的富营养化称为“水华”，海洋的富营养化称为“赤潮”。湖泊发生严重“水华”时，水面上会漂浮一层蓝、绿色如油漆状的藻类。在发生赤潮的水域里，一些浮游生物暴发性繁殖，使水变成红色。大量繁殖的“红潮生物”密密麻麻地覆盖在水面上，使水的透明度降低，阻碍了水生植物的光合作用，减少和隔绝了水中溶解氧的来源，造成溶解氧急剧减少，使水生动物出现缺氧窒息而死亡。富营养化虽是一个自然过程，但人类的活动（如大量生活污水直接排入水体）加速了这一过程。

水体富营养化

【水体透明度】(transparency) 光透入水体的程度。通常用透明度盘（萨氏盘）测定，即将直径20cm的黑白相间的圆盘沉入水中时所能看到的最大深度。其计量单位为cm。养殖水体透明度的高低，主要取决于水中悬浮物尤其是浮游植物的多少。故透明度大小不仅能影响水中浮游植物的光合作用，而且还能大致反映水中饵料生物丰歉程度和水质肥度。透明度越大,说明水体越瘦,水中浮游植物越少,光合作用也越弱。池塘中溶氧含量的绝大部分来自浮游植物的光合作用。透明度大时,光合作用的产氧量就会减少,会经常出现缺氧或低氧状态,影响生产力。一般养殖池塘的透明度在20~40cm,超过40cm时就要适当施加肥料,使水体有一定量的浮游植物,以维持光合作用增加溶解氧的浓度。

【水体污染】(waterbody pollution) 人类活动排放的污染物(特别是对生物有毒性的或造成水体水质恶化的物质)进入水域造成的污染现象。当进入水体的污染物含量超过水体的本底值或自然净化能力时,就会引起水质下降、水体使用价值降低。在环境科学领域,水体不仅是指地面水(河流、湖泊、沼泽、水库)、地下水和海洋,还包括水中的溶解物、悬浮物、水生生物和底泥。这些因素综合在一起构成一个完整的水体生态系统。水中污染物主要是来自生活污水、工矿企业污废水、农田排水中的有机物、化肥和农药、重金属和病原微生物等。水体污染会严重危害人体健康。世界卫生组织称,全世界75%左右的疾病与水有关。常见的伤寒、霍乱、胃炎、痢疾和传染性肝炎等疾病的发生与传播都和直接饮用污染水有关。

【水体污染防治】(waterbody pollution prevention and control) 预防和治理水体污染的技术标准和方法。中国制定的《地面水环境质量标准》是控制水体污染的依据。按照标准的要求,不同的水体水质应达到不同的要求。主要有以下几种:(1)维持自然状态。(2)符合饮用水源水要求。(3)适于鱼类的生存和繁殖。(4)适于农业灌溉。(5)适于游泳和其他水上文体活动。(6)符合各种工业用水原水的要求。(7)不呈现不洁状态等。水体污染的控制措施,除加强污染源的管理以降低废水量和污染量外,政府还制定和颁布法规以控制废水的排放。如《中华人民共和国水污染防治法》、《污水综合排放标准》以及针对各种行业的《水污染物排放标准》等。要求城镇应建设完善的排水管网系统和废水处理厂,并制定和实施管理制度;工业布局和生产工艺要考虑环境要求;生产废水必须经处理达标后才能排放。

【水体下采矿】(mining under water body) 采用专门的技术和安全措施开采地面水体和可采矿层以上的地下水体所压矿体的采矿方法。地面水体指江河湖海、沼泽坑塘、水库灌渠、山沟以及地表沉陷区的积水等;地下水体则主要包括松散层水体(主要有含水流沙层、沙砾层和砾石层等。其中含水砂层蓄水性强,直接受大气降水影响,补给条件好)和基岩水体(指多孔隙、裂隙的砂岩含水层、砂岩、岩溶化的灰岩以及老空区积水等)。其基本要求是:(1)保证在开采过程中不发生透水溃砂事故。(2)避免矿井涌水量突然增大,导致矿井排水费用增加。(3)要兼顾保护地面水体(包括水工建筑物)免遭破坏。应注意的主要问题是:采动前后各层地下水的运动规律及矿井充水特征、覆岩破坏规律、被采动的水工建筑物变形规律与有效维修措施和对开采措施及其他防护措施的有效性进行评价等。

【水体自净】(self-purification of water body) 水体依靠自身对水质的调节功能,使污染物含量与毒性降低与消除的过程。主要通过稀释、扩散、混合、吸附、沉降与挥发等物理作用,分解与化合、氧化与还原、水解与聚合等化学作用以及微生物、水草、鱼、虾、贝、藻等生物代谢作用进行降低与消除污染物。水中生物体为水体自净过程中最活跃、作用最显著的因素。水体的自净能力是有一定限度的。若进入水中的污染物浓度超过其负荷和自净能力,将造成水环境严重污染,甚至产生毁灭性的灾难。

【水听器】(echo sounder in water) 在水中接收声学信号的仪器。主要部件为声学换能器(将声能转变成电信号)。按结构和作用原理的不同可分为声压水听器、磁致伸缩水听器、压电水听器和振速水听器多种。水听器主要用来测定水中距离、进行水声定位及校正回声探测仪误差。

【水头】(water height fall difference) ❶水流的落差。对水力发电站而言指水电站上、下游水位之间的高度差。其单位是米(m)。作用在水电站水轮机的工作水头(或称静水头)还要从总水头中扣除水流进入水闸、拦污栅、管道、弯头和闸阀等所造成的水头损失。❷又称宝石透明度。中国宝玉石行业内对宝石透明度的称谓。水头是判定宝石品质的主要指标之一。宝玉石透明度好称为水长或水头好,透明度差称为水短或水头差。宝石水头的好坏直接影响到宝石的价值。

水头

【水土保持】(conservation of soil and water) 采用工程、生物和耕作等措施,增加地面植被覆盖,提高土壤抗蚀力,防止水土流失,保护水土维持和提高土壤生产力的活动。不同水土流失区,水土保持措施亦有差别。轻度流失区实行封山育林、植树种草；严重流失区首先采用工程措施，同时实施生物措施。坡耕农地采取等高耕作，带状种植和轮作套栽，以增加作物的地面覆盖。水土保持的关键是保持山丘坡面有良好的植被覆盖。水土资源是立国之本，是人类赖以生存和发展的最基本的物质基础。中国由于人口多，山地多，荒漠多，可利用的水土资源相对贫乏。在经济利益驱动下，不合理地开发和利用水土资源的现象随处可见，水土流失十分严重。其后果是：自然灾害频发，对国计民生造成严重损害。水土流失已经成为中国最大的生态环境问题，严重阻碍了国民经济的发展。因此，十分需要加快发展水土保持事业。水土保持对于保护土地资源，维护土地生产力，充分利用降水资源，提高抗旱能力，改善水土流失地区的农业生产条件，建设与改善区域生态环境，减少江河湖库非点源污染，保护与改善水质，减少江河湖库泥沙淤泥，减轻下游洪涝灾害，促进社会经济发展具有重要意义。

【水土保持措施】（conservation measures of soil and water） 为防治水土流失，保护、改良和合理利用水土资源而采用的农业技术措施、林草措施和工程措施的总称。各项措施之间应互相配合，相辅相成，互相促进，构成一个综合完整的防护体系。对不同的水土流失部位，应采取不同的治理措施，不能互相代替。各项水土保持措施必须统一规划，合理布局，互相配合，发挥综合治理作用。在水土保持的各项措施中，工程与林草、治坡与治沟是互相促进的。其中应用工程原理，为防治水土流失，保护、改良与合理利用山区、丘陵区和风沙区水土资源而修筑的各项设施称为工程措施。按修建目的及其应用条件的不同可分为四类：(1)山坡水土保持工程。其作用在于改变小地形，防治坡地水土流失，将雨水及融雪水就地拦蓄下渗，减少坡面径流，增加农作物、牧草以及林木可利用的土壤水分。将未能就地拦蓄的坡地径流引入小型蓄水工程，集中使用。在有重力侵蚀危险的坡地上，修筑排水工程或支撑建筑物防止滑坡。主要有梯田、拦水沟埂、水平沟、水平阶、鱼鳞坑、山坡截流沟、水窖（旱井）、挡土墙等。(2)沟道治理工程。在于防止沟头前进、沟床下切、沟岸扩张，减缓沟床纵坡，提高侵蚀基准面，调节洪峰流量，减少山洪或泥石流的固体物质含量，减少对下游危害。主要有沟头防护工程、谷坊、拦沙坝、淤地坝、沟道护岸工程以及引洪漫地等。(3)山洪和泥石流排导工程。在于防止山洪或泥石流危害沟口冲积扇上的房屋、工矿企业、道路及农田等。主要有排洪沟、导流堤等。(4)小型蓄水供水工程。在于将坡地径流及山沟径流及地下潜流拦蓄起来，减少水土流失，灌溉农田，满足人畜用水要求。主要有小水库、蓄水池、蓄水塘坝、引水工程等。水土保持措施的作用有：(1)蓄水保土，保护水资源和土地资源不受破坏。(2)对已遭到破坏的土地进行整治和改良，提高其利用率和生产率。(3)使水土资源得到充分、合理开发和利用，为发展农村生产、提高群众生活水平服务。

水土保持工程

【水土保持方案】（soil and water conservation plan for construction projects） 针对开发建设项目建设区和影响区域内已经存在或在工程建设和运行过程中可能产生的水土流失开展预防、保护和综合治理的设计文件。是开发建设项目总体设计的重要组成部分。是设计和实施水土保持措施的技术依据。是防止开发建设项目发生水土流失的基本保障。1991年6月29日第7届全国人大常委会第20次会议通过的《中华人民共和国水土保持法》和1993年8月1日国务院颁布的《中华人民共和国水土保持法实施条例》，规定开发建设项目必须编制水土保持方案。1994年11月22日，水利部会同国家计划委员会、国家环境保护局发布《开发建设项目水土保持方案管理办法》，规定开发建设项目必须编报水土保持方案，建设项目水土保持设施的竣工验收必须有水行政主管部门参加签署意见；水土保持设施未经验收或验收不合格的建设工程不得投产使用。

【水土保持管理】（soil and water conservation management） 预防和制止水土流失，保护、改良与合理利用水土资源的组织管理工作。《中华人民共和国水土保持法》规定：国务院和地方人民政府应当将水土保持工作列为重要职责，采取措施做好水土流失防治工作。国务院水行政主管部门主管全国的水土保持工作，县级以上地方人民政府水务行政主管部门主管本辖区的水土保持工作。经过多年努力，在中国已形成由国家、流域机构、地方各级水务行政主管部门、基层水土保持站组成的水土保持工作管理体系。其主要职责是：(1)贯彻执行水土保持法律法规。(2)组织编制水土保持规划。(3)管理水土保持治理项目。(4)水土保持建设成果的管护。(5)对水土流失进行动态监测。

【水土保持规划】(planning of soil and water conservation) 预防和治理水土流失,保护、改良和合理利用水土资源的专业规划。分两个层次:(1)大面积总体规划。以流域或其主要的一级支流,或以省、地区为单元,面积从几千到几十万平方千米。(2)中小面积的实施规划。对象是二级支流及小流域或以县、乡、村为单元,面积从几平方千米到几千平方千米。规划原则是:实事求是,因地制宜,区别对待,统筹兼顾,协调平衡,坡沟兼治,综合治理。依据自然情况、社会经济情况、水土流失情况、水土资源情况和水土保持现状进行规划。规划的内容和方法是:(1)研究土地利用方向,确定农、林、牧业等用地的比例,提出当地大农业生产优化结构和土地利用优化模式。(2)研究预防保护和治理措施布局,确定综合治理措施的优化配置。(3)研究各项预防保护和治理措施的分期实施步骤。(4)确定规划中的三项主要技术经济指标是:①进度指标。确定规划中不同时段内每年新增的各项治理措施的工作量,和每个时段末相继完成的工作量。②投入指标。按进度和工作量计算每个时段或每年需要投入的劳力、经费和物资。③效益指标。主要计算水土保持的经济效益、生态效益与社会效益。(5)提出保证规划实施的措施。包括加强组织领导与经济管理,落实水土保持责任制,搞好科技推广、技术服务与技术培训等。(6)对规划中的主要技术经济指标、效益分析等,要求有专题论证。

【水土保持监督】(soil and water conservation supervision) 行政执法机构对水土保持工作进行的合法的、有效的监察和督导。从广义角度讲,水土保持监督还包括群众监督和舆论监督。对象是从事可能引起水土流失的生产建设活动的单位和个人。监督的主要方面是:(1)修建铁路、公路、水利水电工程,输电(油、气)工程,开办各类矿山企业、电力企业和其他工业企业。(2)开垦草原,过度放牧,毁林开荒、烧山开荒,开垦坡地种植农作物。(3)采伐森林、垦殖油茶和油桐等经济林木。(4)在陡坡地和干旱地区铲草皮、挖树兜。(5)在水土流失易发区取土、挖沙和采石。(6)挖药材、养柞蚕、烧木炭、烧砖瓦等有可能造成水土流失的生产活动。

【水土保持林】(forest for erosion control) 防护林的一种。在水土流失或具有潜在危险的地区,营造以减缓地表径流、减少冲刷、防止水土流失、保持和恢复地力为主要目的的防护林。包括护坡林、库岸防护林、沟谷防护林、水流调节林等。其特点是片林或林带。树种组成多为混交林。结构多为乔灌木组成的复层林和深根或浅根性树种组成的具有多层大量交错树根盘结的森林。林中有大量凋落物,并能形成具有良好吸水性能的死地被物层。林下土壤结构发育、通透性良好,能发挥林冠截留暴雨、枯枝落叶吸收和减缓地表径流、根系固结土壤并促使水分下渗、增加地下水量等作用。依据中国森林资源调查主要技术规范规定,可划为水土保护林的有:(1)东北林区(包括内蒙古东部)坡度在31°以上;华北、西北等林区坡度在36°以上;华东、中南的防护用材林区坡度在46°以上;采伐以后将引起严重水土流失的部分森林。(2)坡度虽然在上项规定以下,但因土壤瘠薄,岩石裸露,采伐后易引起沼泽化形成石塘和难以更新的森林。(3)主要山脊分水岭两侧、高山针叶林林缘以下100~200m以及悬崖峭壁的森林。(4)常发生雪崩的高山地区的森林。(5)水土冲刷、地质结构疏松或泥石流严重地段的森林。(6)水土流失严重的黄土丘陵地区的塬面、侵蚀沟、分水岭、石质山区沟坡的残林。

水土保持林

【水土保持林草措施】(tree and grass planting for soil and water conservation) 又称水土保持植物措施。为保护、改良与合理利用水土资源,在水土流失地区采用的人工或飞播造林种草、封山育林育草等措施。小流域综合治理措施的组成部分。与水土保持农业技术措施、水土保持工程措施组成一个有机的综合防治体系。水土保持造林措施包括在水蚀、风蚀等地区营造的天然林、水土保持林、农田防护林、固沙造林、经济林等。水土保持林分为水源涵养林、坡地防护林、侵蚀沟防护林、梯田防护林、护牧林、薪炭林、道路防护林、护岸护滩林、封山育林、林粮间作等。水土保持种草措施包括封山育草、人工或飞播种草、天然草地改良与合理放牧等。其作用是:(1)保持水土,改良土壤,护岸固坡。(2)改善小气候,缩小温差,提高湿度,降低风速,减少水分蒸发,净化空气。(3)增加经济效益。其技术要点是:(1)在气候干旱、土壤贫瘠的水土流失区,应选择如刺槐、胡杨、柠条、沙棘、苜蓿、沙打旺等乔灌木树种和草种。(2)根据不同地貌部位水土流失的特点配置林种,使各林种形成有机综合防护体系。(3)采取水平沟、水平阶、反坡梯田、鱼鳞坑等水土保持工程整地造林或集水造林方法,有效拦截地表径流,为幼苗成活与生长创造有利条件。(4)林种与草种配置可营造乔木纯林、灌木林、乔灌混交林、乔灌草混交林或种草,以乔灌草混交林的效益最佳;林草配置可采用行间、株间、块状、带状等形式。(5)林草配置与混交应注意适地适树和种内种间的关系问题。(6)林草需加强抚育管理,以充分发挥其水土保持和改善生态环境等效益。

【水土保持农业技术措施】(farming measures for soil and water conservation) 又称水土保持农业耕作措施。在水蚀和风蚀农田中,采用改变小地形、增加植物被覆、地面覆盖和增强土壤抗蚀力等方法,达到保水、保土、保肥、改良土壤、提高产量的农业技术方法。其主要技术是:(1)改变小地形为主的耕作技术。(2)增加植物被覆为主的耕作技术。(3)增加地面覆盖物为主的耕作技术。(4)增强土壤抗蚀力为主的耕作技术。其主要作用是:拦蓄径流,减少冲刷,防风挡沙,改良土壤,增加产量。中国西北黄土高原,在一般年降雨量条件下,可减少径流50% ~80%,减少土壤冲刷50% ~90%。在南方丘陵区,可减少径流 50% ~70%,减少冲刷 50% ~80%。在东北风蚀为主地区,可保持土壤 71% ~93%,使土壤水分深度增加 1 倍。在经耕作治理的农田中,由于土壤中氮肥、磷肥、钾肥、有机质及水稳性团聚体增多,孔隙率增大,贮水层加深,可增产粮食20% ~50%。

【水土保持区划】(regionalization of soil and water conservation) 根据水土流失与治理的相似性及地域差异性,对水土保持区按类型划定的区域单位。是制订水土保持规划和综合治理水土流失的主要依据。区划原则是:(1)差异性与相似性相结合原则。同一分区内的地貌地形特征、地面组成物质、侵蚀类型及强度、植物被覆、土地利用、生产发展方向及治理措施等,应有必要的相似性;不同分区则要有明显的差异性。(2)主导因素原则。分区的评价指标应突出在土壤侵蚀中起主导作用的因素。如在影响侵蚀的几个主要自然因素中,主导因素是地貌。(3)层次性原则。如大范围的大江大河流域水土保持区划,还宜再进行二级或三级分区。(4)可操作性原则。区划要逻辑严密、概念明晰、界定正确、层次分明,以便于操作。其评价指标是:年降水量或暴雨量、径流模数、侵蚀模数、沟壑密度、森林覆盖率、农地与川台地比例、人均耕地密度、人口密度等。区划方法是:分经验方法和数值区划法两种。(1)经验方法。包括收集整理分析已有的各种区划、规划及调查报告。拟定考察大纲,开展以普查和典型调查相结合的综合考察工作,对某些跨区关键性问题进行专题调查研究,绘制分区图和编写区划报告。(2)数值区划法。如采用模糊聚类分区法,包括数据处理,对评价指标进行量纲归一化,建立各样本单元之间的模糊相容关系矩阵,对矩阵进行变换或合成运算等。

【水土保持效益】(benefit of water and soil conservation) 水土保持工程或措施所取得的经济效益和社会效益。主要包括:(1)防治土壤侵蚀,减少水、肥、土流失,提高土地生产能力等所增加的经济收入。可根据治理前后对比试验或调查资料分析计算。(2)减轻山洪、泥石流灾害及沙石压毁耕地的数量,减轻沙石对河道、水库等危害和减少涵洞、渠道清淤工作等所产生的效益。该效益可根据对典型地区调查资料分析估算。(3)改善和维护生态环境等效益。

【水土保持造林整地】(afforestation land preparation for soil and water conservation) 在水土流失地区进行人工造林时,对造林地进行的整理工程。是水土保持人工造林的重要组成部分。其作用是改善造林地土壤、水分、小地形等立地条件,蓄水保土、提高造林成活率和促进幼林生长。

水土保持造林整地

整地方式主要有:水平阶整地、水平沟整地、反坡梯田整地、撩壕整地、鱼鳞坑整地和穴状整地等。水平阶整地一般沿等高线将坡面修成狭窄的台阶状台面。阶面宽因地区而异:石质山地较窄,一般为0.5 ~0.6m;土石山地和纯土质山地较宽,可达1.5m。水平沟整地是沿等高线挖沟整地的一种方法。其横断面形状多呈梯形。沟上口宽为 0.5 ~1m,沟底宽为 0.3 ~0.5m,沟深 0.4 ~0.6m。沟缘有埂,埂顶宽 0.2m,外侧斜面坡度约 45°,内侧坡约 35°。沟长为 4 ~6m,沟间距为 2 ~2.5m。呈“品”字形交错排列,幼树栽在内侧坡中部。鱼鳞坑为半月形。大坑长径 0.8 ~1.5m,短径 0.6 ~1m;小坑长径 0.7m,短径 0.5m。外缘有土埂,半环形,高 0.2 ~0.25m。坑与坑呈“品”字形排列,以利于保土蓄水。穴状整地一般为圆形,面积较小。穴的直径为 0.3 ~0.5m,深 0.3 ~0.5m,适应于各种立地条件。常用于风蚀不严重的半固定沙地及砂壤土、平整缓坡地、水分充足又排水良好的林中空地及荒地等。

【水土保持种草】(grassing for soil and

water conservation) 在水土流失地区进行的草本植物培育工程。是小流域综合治理措施的组成部分。对以林牧业为主的地区尤为重要。水土流失地区土壤瘠薄,气候干旱,应选择根系发达、抗性强的草种。在中国黄土地区可种植苜蓿、草木樨、沙打旺、毛叶苕子、红豆草等;在南方土石山区可种植龙须草、糖蜜草、百喜草等;在北方石质山区可种植无芒雀麦、红豆等。种草可采取直播和栽培两种方式。直播可在春、秋和雨季进行,播种前应作种子发芽实验,测定其发芽率。为促使种子早发芽、苗全苗壮,需对不同种子进行催芽、浸种软化处理或根瘤菌接种。有些草种因受土壤、气候、水分等自然因素的影响或因种子过小而不宜直播,尚须进行栽植,如油沙草、沙打旺等。其作用是:(1)草本植物生长快,茎叶繁茂,能较快覆盖地表使其免受溅蚀。其密集的植株增加了地表粗糙度,能滞缓径流,拦滤泥沙;其地下根系网络固持土壤,增加抗蚀力;草的根、茎、叶腐烂后增加土壤腐殖质与团粒结构,改善土壤的理化性质,减小土壤密度,增加孔隙度、透水性与贮水能力。(2)在严重水土流失地区,一般缺乏饲料、肥料与燃料。种植优良草本植物既能保持水土,又能为发展畜牧业提供一定数量的饲料。还可用于编织,实行综合利用,开展多种经营,增加经济收入。

水土保持种草

【水土流失】(loss of water and soil) 在水、重力和风等外营力作用下使土壤母质及其他地面组成物质被破坏、剥蚀、转移和沉积的过程。多发生在山区、丘陵区。其影响因素包括自然因素及人类活动因素。自然因素主要是:气候、地形、地质、土壤和植被。人类活动是水土流失发生、发展或者使水土流失得以控制的主导因素。主要是:滥伐森林、不合理利用土地、陡坡开荒、顺坡耕地、过度放牧、铲挖草皮、乱弃矿渣废土等。中国是世界上水土流失最严重的国家之一。据2000年遥感普查结果,全国土壤侵蚀面积达3.56×10^6 km^2,占国土面积的37%。全国都不同程度地发生着水土流失,尤以长江上游和黄河中游最为严重。水土流失不仅存在于山区、丘陵区、风沙区,而且城市和平原区也日趋严重。根据自然界某一侵蚀外营力在某一较大区域内所起主导作用的不同,全国可分为三大水土流失类型区:(1)风力侵蚀区。包括新疆、甘肃河西走廊、青海柴达木盆地以及宁夏、陕北、内蒙古、东北西部等地的风沙区。全国风力侵蚀最为严重的沙漠及沙地面积达1.095×10^6 km^2。(2)冻融侵蚀区。包括青藏高原、新疆、甘肃、四川、云南等地分布有现代冰川的高原、高山地区。(3)水力侵蚀区。主要包括山地丘陵地区,是水土保持工作的重点。水土流失的危害是:(1)破坏土地资源,蚕食农田,威胁人类生存。(2)削减地力,加剧干旱发展。(3)泥沙淤积河床,加剧洪涝灾害。(4)泥沙淤积水库、湖泊,降低其综合利用功能。(5)影响航运,破坏交通安全。(6)水土流失与贫困恶性循环,同步发展。

黄土高原

【水土流失观测】(observation of soil erosion and water loss) 在水土流失地区通过定位观测、模拟实验和流域调查,收集基本资料的工作。其目的是为分析和研究水土流失规律提供科学依据。是水土保持事业中的基础工作。对合理利用水土资源、配置小流域综合治理措施,及水土保持学科的发展具有重要意义。其对象主要是坡地各类径流小区或流域面积在50km^{2}以下的小流域。主要了解观测断面处水文要素的变化,分析其变化原因;研究影响水土流失因素的物理机制及水土保持措施的效应,了解宏观变化。选择有代表性流域进行观测站网布局。布点方法有图析法、区域分析法、系统分析法等。对某一类型区的站点,可区分为重点观测站和一般观测站。前者侧重水土流失规律研究;后者侧重综合治理效益研究。以实验小流域为单元的观测站网包括雨量站网、不同坡面径流小区、大型径流场和各级沟道径流泥沙测站。必要时还进行流域土壤含水量、入渗量和沟道冲淤变化及重力侵蚀观测等。其观察方法是:(1)微地形水准测量法。(2)体积量测法。(3)天然降雨侵蚀力观测法。(4)径流小区观测法。(5)人工模拟降雨法。(6)水文法。(7)放射性同位素法。(8)遥感技术法。

【水土流失监测】(soil and water erosion monitoring) 对土壤侵蚀和水土保持措施进行的监视检测工作。其目的是及时、准确、全面、系统地掌握的水土流失现状、动态及相关信息,为国家定期发布水土流失公告提供数据,为各级政府制定防治水土流失的政策、计划、规划等提供信息。其主要内容有:(1)不同侵蚀类型区侵蚀面积、侵蚀程度、侵蚀强度、侵蚀量等。(2)水土流失危害监测。(3)水土流失防治措施及效益监测。监测方法是:遥感监测法、地面监测法和调查监测法。中国水土流失监测由各级水务行政主管部门负责统一管理。具体监测工作主要由国家水土保持监测网络承担。该网络由四级监测机构组成:一级是国家水土保持监测中心,二级是江河流域水土保持监测中心站,三级是省级水土保持监测总站,四级是省水土流失重点防治区监测分站。从事水土流失监测的单位,必须取得水务行政主管部门颁发的水土保持监测资格证书。国家在水利部设立水土保持监测中心,并在长江、黄河、松花江、辽河、海河、淮河、珠江、太湖等流域设立水土保持监测中心站。贵州、陕西、山西、甘肃、辽宁、黑龙江、福建、江西等省设有水土保持监测总站。

【水土流失预防】(prevention of soil erosion and water loss) 利用法律、行政和经济手段,防止和减轻水土流失的系统工程。是水土保持工作的重要组成部分。与水土流失治理构成水土保持工作两大方面。"预防为主"是中国水土保持工作的基本方针。主要通过制定鼓励水土保持的政策,制定水土保持法规及对全民进行水土保持宣传教育,提高水土保持意识,实行政府和社会的监督,开展水土流失监测。水土流失预防或者工作的主要内容是:(1)不得在25°以上的陡坡地种植农作物,已开垦的要逐步退耕。开垦的缓坡地要采取有效的水土保持措施。(2)采伐林木要采取防止产生水土流失的措施,对采伐区的植被进行恢复;在坡地上种植经济林木的,必须采取水土保持措施。(3)修建公路、铁路、水工程,开办矿山、电力和其他工业企业,必须报批水土保持方案并严格实施,使水土流失减少到最低程度。(4)各类建设活动的取土、采石、挖砂必须在规定的区域内进行,并采取防治水土流失的措施。

【水土流失总治理度】(degree of erosion control) 项目建设区内水土流失治理达标面积占水土流失总面积的百分比。水土流失面积包括:因开发建设项目和生产建设活动导致或诱发的水土流失面积,以及项目建设区内尚未达到容许土壤流失量的未扰动地表水土流失面积。水土流失防治面积是对水土流失区域采取水土保持措施使土壤流失量达到容许土壤流失量或以下的面积,以及建立良好排水系统,并不对周边产生冲刷的地面硬化面积和永久建筑物的占用面积。弃土弃渣场地是在采取挡护措施并进行土地整治和植被恢复,土壤流失量达到容许流失量的面积。水土流失总治理度是开发建设项目水土保持方案编制的设计目标控制、水土流失预测结果检验校核、水土流失防治措施布局合理性论证、水土流失防治效益分析以及开发建设项目竣工检查监督、验收中水土保持设施的总体评估与竣工达标验收的重要指标。

【水团】(water mass) 在一定条件下海洋中形成的规模宏大的水体。水团内海水的温度、盐度相对均匀,其物理、化学性质具有一定的稳定性和大体一致的变化趋势。水团与周围海水差异明显。海区的水团调查与分析,对海洋污染研究、海洋资源开发利用及国防建设有密切关系。

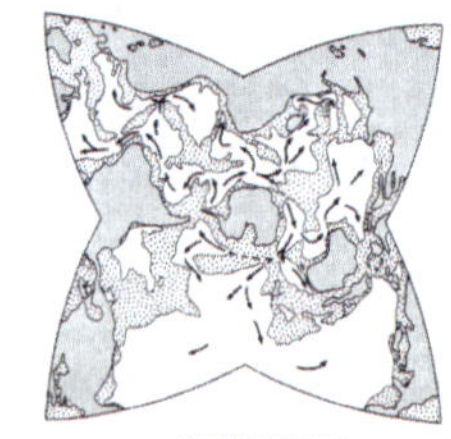

水团

【水位】(water level) 水体的自由水面在某地某时高出某一基面以上的高程。表示水位常用的基面有两种:绝对基面和相对基面。中国已统一采用青岛基面作为绝对基面。测站基面多采用观测地点最枯水位以下0.5~1m处作为零点来计算水面高程。这种基面是水文站专用的一种基面。河流水位时刻在变化,主要由流量的增减而引起。水位还受河道冲淤、风、潮汐、冰凌、植物生长、干支流汇合以及人类活动的影响。水位资料是防洪、排涝、灌溉、发电、航运、城市给水等水利工程所需的基本数据。

【水文】(hydrology) 研究地球水圈的存在与运动的学科。主要研究地球上水的形成、循环、时空分布、化学和物理性质以及水与环境的相互关系。为人类战胜洪水与干旱、充分合理开发和利用水资源,不断改善人类生存和发展条件,提供科学依据。

【水文地质】(hydrogeology) 地质学的一个分支。研究自然界中地下水的分布、变化、运动规律、对环境的影响和地下水资源及其合理利用的学科。其基本特征主要是:(1)与现代科学的新理论新学科紧密结合。比如系统论、信息论、控制论及相应产生的系统科学、环境科学、信息科学等,对水文地质学的发展产生了重大影响。(2)现代应用数学与水文地质学的结合,特别是数值模拟方法得到普遍应用。模型研究成为水资源研究的主要内容,使水文地质学从定性研究发展到定量研究的新阶段。(3)从地下水系统与自然环境系统相互关系的研究,扩大到与社会经济系统关系的研究。对地下水资源的研究,也从数学模型发展到管理模型与经济模型的研究。(4)许多新的分支学科的产生与发展。比如区域水文地质学、岩溶水文地质学、遥感水文地质学、环境水文地质学、医学环境地球化学、污染水文地质学以及数学水文地质学、水资源水文地质学。(5)新技术、新方法的应用。除计算机技术外,遥感技术、同位素技术、自动监测技术，室内模拟技术，以及高精度水质分析技术等，都得到普遍应用，推动了水文地质学的发展。根据水电工程中的水文地质特点，其工作主要是：水库渗透漏、浸没、坝基和绕坝渗漏、基坑涌水、地下建筑物的外水压力、地下水对库岸稳定的影响、引水隧洞和渠道的渗漏以及地下水对混凝土的侵蚀性等。

【水文地质条件】（hydrogeological condition） 一个地区内地下水埋藏、分布、运动以及水质、水量等特征及其影响因素的统称。一个地区地下水的状况是客观存在的，它对当地居民的生产、生活以及当地经济发展，会产生一定的影响。而这种影响可能有利也可能不利。只有查明当地的水文地质条件，才能合理地开发利用和改造地下水资源，促进当地的经济发展和人民群众生产生活的稳定、繁荣。按工作目的的不同可分为区域水文地质条件、供水水文地质条件、矿区水文地质条件等。

【水文地质钻探】（hydrogeologic drilling） 又称水文钻探。为查明地下水埋藏情况而进行的钻探工作。其目的在于查明地下水的埋藏条件、运移规律、水质、水量等水文地质条件，以获取合理开发利用地下水所需的各种资料。按钻探目的的不同可分为水文地质普查钻探、水文地质勘探钻探和探采结合钻探三种。与一般的地质钻探相比，水文地质钻探的特点是钻孔口径较大、钻井及成井工艺较复杂、使用的设备能力也比较大。

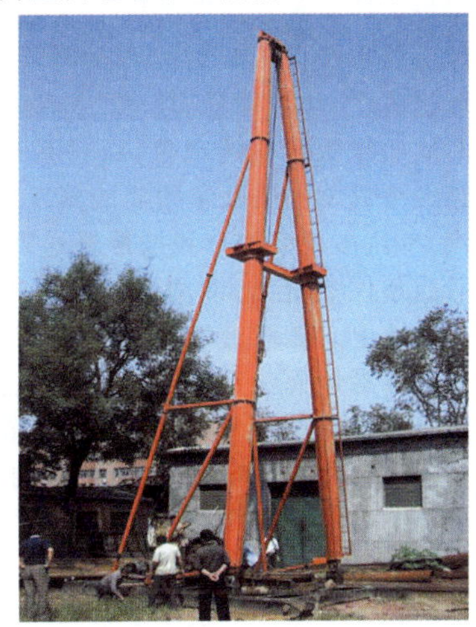

水文地质钻探

【水文调查】（hydrological investigation） 为弥补水文基本站网观测资料的不足，采用查访、考证、勘测等方式收集水资料的工作。广义的水文调查还包括流域地形、地质、泥沙来源、冰情和地下水等调查。中国近代水文调查始于1915年的西江洪水调查。20世纪50年代以来中国普遍开展了主要江河的水文调查，查证了长江1870年及黄河1843年特大洪水。1963年海河及1975年淮河两次特大洪水调查都取得系统资料，已整编刊印。中国主要江河洪水调查资料已于1988年汇编成《中国历史洪水》出版。按其调查内容的不同可分为：(1)暴雨调查。为复核大暴雨实测资料和延长暴雨资料系列，需要对无资料地区或缺测早期和近年大暴雨地区进行调查。调查的主要项目包括：暴雨中心位置、走向、暴雨量、强度、过程及笼罩面积等。(2)洪水调查。为计算模拟洪水并提高成果的可靠性，要求查明历史上和近代未测到的大洪水发生年份、时间，调查洪水痕迹、涨落过程、河床冲淤变化，并推算洪峰流量，再结合历史文献的考证，分析其重现期。(3)枯水调查。为论证水电站的保证出力，分析工农业用水、城市生活用水和环境用水的保证率以及航运规划，需要调查枯水期最低水位、最小流量、是否发生断流，并查明原因。(4)用水调查。水能规划及水资源评价中要进行水量平衡计算，需要调查流域或坝址以上调出和引入水量及过程，水库蓄、泄水量和过程，工农业用水、城市生活用水及环境用水的水量及时间分配等。

【水文计算】（hydrological computation） 又称水文分析计算。应用水文学的一个分支。按一定目的对水文资料进行整理、分析，提供工程规划、设计、施工和管理的水文数据和成果。通常专指为水资源开发利用（包括水力发电、灌溉、城市和工业供水等）、防洪、防凌、除涝、航运和桥涵等工程的规划、设计、施工、管理等提供的水文数据。广义上也包括为非工程措施提供的水文数据。

【水文模型】（hydrological model） 对自然界水文现象的一种概化和近似的模拟技术。水文现象是许多因素，包括自然地理因素、人为因素等相互作用的复杂过程。目前还不可能进行全部实际观测，因而不可能用严格的物理定律来描述水文现象的因果关系。而水文模型则可对一个水文系统的水文现象，如由暴雨产生的洪水进行近似模拟。目前，水文模型已成为进行水文计算和水文预报的重要途径之一。水文模型包括用实体模拟原型中某些物理性质的水文物理模型，以及用数学物理方法描述原型内部各物理量之间相互关系的水文数学模型或称概念性模型。(1)水文物理模型。又可分为实体模型和比拟模型。实体模型以原型和模型几何的和物理相似性为基础建造模型。例如人工降雨条件下的流域模型、土柱注水下渗试验模型等。比拟模型则以另一种物理量来比拟原型中的某些物理量，例如根据水同电的可比拟性，建立河道洪水演算模拟模型。(2)水文数学模型。根据特定水文现象的内在联系（因果关系）建立数学物理方程，在电子计算机上进行解算。水文数学模型可分为确定性模型和非确定性模型两大类。确定性模型又可分为集总式模型和分散式模型。集总式模型忽略输入变量与参数的空间分布差异;反之,分散式模型则考虑它们的差异。集总模型还可分为线性模型与非线性模型。如果数学模型的解满足叠加性和均匀性(保持比例因子),则称为线性模型;反之称为非线性模型。非确定性模型包括概率模型和随机模型两种。水文数学模型往往同水文系统联系在一起,认为水文模型就是表示水文系统特性的数学抽象。水文模型在中国已广泛应用。特别是反映流域降雨径流关系的流域水文模型,从20世纪70年代赵人俊研制的新安江模型开始,已有较大发展,并广泛应用于水文预报和水文分析计算的实践中。

【水文频率曲线】(hydrological frequency curve) 水文要素值与其发生频率之间的关系曲线。通过积分水文频率曲线可求出现大于或等于某一水文要素值的概率值,绘成概率分布曲线。推求工程水文设计值的重要依据。频率曲线可用数学公式来表示。其中所含参数能用统计法或与图解相结合的方法估计而得。

【水文气象】(hydrometeorology) 气象学的一个分支。水文学与气象学的交叉学科。研究与水文要素演变有关的大气层中各种物理现象的发生、发展及其分布规律的学科。其要研究内容包括:研究降水、暴雨、蒸发、温度、湿度及风等变化规律及其与水文要素变化之间的关系和水文状况变化的气象效应。水文气象主要用于水利工程设计、防洪、水力发电、灌溉、水资源开发利用等。现代水文气象的重点任务是:建立水文气象综合检测体系;暴雨洪水监测、预警和预报;江河冰情、凌汛、春汛监测和预报;水资源预测和评估以及水环境的监测和预测,如气候变化对水环境影响的评估。

【水文时间序列】(hydrologic time series) 各时刻或各时段水文值按日历时间顺序排列而成的序列。由离散的观测值或统计值组成,如日雨量、日平均水位时间序列;也可由连续的水文过程经离散化后读得,如从水位过程线上隔一定时间读得的值组成。由于水文气象是以年为周期,若将月径流时间序列移动12个月与本序列相关,会得到自相关系数较大的结果。因此,水文时间序列常具有自相关性。一般来讲,水文时间序列均包含两种成分:(1)确定性成分。包括周期成分,如以年为周期;趋势成分,如气候变暖、气温随时间上升的趋势和突变成分,如引水灌溉和破坝分洪等,可以用水文学、水力学和数学等方法进行分析。(2)随机性成分。包括平稳成分(确定性成分中带有的不规则随机变动)和非平稳成分(纯随机成分)。可以用概率统计方法进行处理。水文时间序列经分离确定性成分之后的剩余序列,可以用随机模型进行模拟和分析。常用的模型为自回归模型(*AR* 模型)。p 阶自回归模型 $AR(p)$ 公式为:$x_t = \beta_1 x_{t-1} + \beta_2 x_{1-2} + \cdots + \beta_p x_{t-p} + \varepsilon_t$。式中 x_t 为现时刻 t 的水文值;x_{t-j} 为与现时刻相距 j 个单位时段的先前时刻 $t-j$ 时的水文值,以离均差表示;β_j 为自回归系数;ε 为噪声或随机误差;$j = 1,2,\cdots,p$。现有水文时间序列常常较短,年内或年际丰枯水分配的各种组合(如连续枯水期、连续丰水期和丰枯水交替期等)不多。根据实测序列的特性,通过统计试验法,应用生成或模拟技术,可将序列虚拟外延,得到有足够长度的、相似于实测序列特性的模拟序列,为规划设计等工作提供比较全面反映水文时间序列的各种组合类型,供分析计算时选用。另外,模拟序列还可以为短期预报和对未来水文情势的预测提供参考信息。

【水文学】(hydrology) 研究地球大气层、地表、地壳内水的分布、运动和变化规律以及水与环境相互作用的学科。属于地球物理科学范畴。通过测验、分析计算和模拟,预报自然界中水量和水质的变化和发展,为开发利用水资源、控制洪水和保护水环境等方面提供科学依据。水文循环是地球上的水在太阳辐射能和地球引力场的作用下,通过蒸发、水汽输送、降水、入渗和径流等过程不断周而复始转化的现象,由一系列复杂的过程和路径组成。水从海洋和陆地蒸发形成大气中的水汽,水汽被气流抬升和携带输送到高空和各地,在适当条件下凝结,以雨、雪、雹等形式降落到海洋或陆地上。陆地上的降水一部分被植物截流;另一部分沿地面流动形成地面径流,或渗入地下补给土壤水和地下水,形成壤中流或地下径流。地面径流、壤中流和地下径流汇入河流,注入海洋或内陆湖泊,完成全球的水文循环。自然界的水文现象受太阳辐射、地球公转、大气环流、气候、自然地理和环境条件等众多因素的综合影响。这些因素在时间上和空间上不断变化并相互影响,致使水文现象具有周期性、随机性和地区性的特点。

【水文循环】(hydrological cycle) 又称水分循环、水循环。地球上的水分通过蒸发、水汽输送、降水、下渗、径流等过程不断转化、迁移的现象。由一系列复杂的过程和路径组成。海洋同大陆之间的水分交换过程称大循环或外循环;海洋或大陆上的降水同蒸发之间的垂向交换过程称为小循环。如图所示,水从海洋和陆地蒸发成为

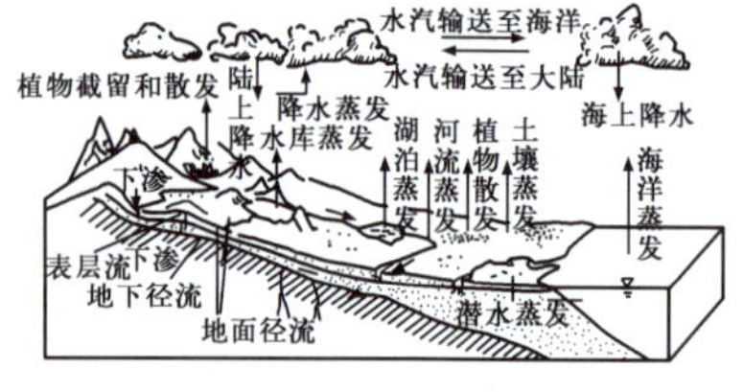

水文循环

大气中的水汽，水汽被气流抬升和携带输送到高空和各地，在适当条件下凝结，以雨、雪和雹等形式降落到海洋或陆上。陆地上的降水一部分被植物截留，另一部分或沿地面流动形成地表径流、或渗入地下补给土壤水和地下水，形成壤中流或地下径流。地表径流、壤中流和地下径流汇入河流，注入海洋或内陆湖泊，形成水文循环。其范围向上伸展到大气约15km高，向下深入到地壳平均约1.0km深之间的大气圈、岩石圈中。形成水文循环的内因是水在自然条件下能进行液态、气态和固态相互转化的物理特性。推动水文循环系统的能量，是太阳的辐射能和水在地球引力场所具有的势能。水文循环是水文学研究的主要对象和出发点，是自然界物质运动、能量转化和物质循环的重要方式之一。它对自然环境的形成、演化和人类的生存产生巨大的影响。自20世纪60年代以来，水文循环逐渐被视为一种动力平衡系统，并运用现代科学技术理论和方法对这种系统进行模拟，以期更清晰地揭示水文循环的物理机制。

【水文要素】(hydrological elements) 构成某一地点在某一时间的水文情势的主要因素。描述水文情势的主要物理量。包括各种水文变量和水文现象。降水、蒸发和径流是水文循环的三要素。有时，也把水位、流速、流量、水温、含沙量、冰凌和水质等列为水文要素。通常由水文站网通过水文测验来测定。

【水文预报】(hydrological forecasting) 应用水文学的一个分支。根据前期或现时的水文气象资料等信息，对某一水体、某一地区或某一水文站在未来一定时间内的水文情况做出定性或定量的预测。是一项重要的水利基本工作和防洪工程措施。水文预报与国计民生关系密切。直接为水资源的合理利用与保护、水利工程建设与管理，以及工农业生产服务。为做好河川湖泊的防洪防凌、水利水电工程的建设和运用、航运交通以及农田抗旱保墒等方面的工作，均需及时了解和掌握准确的水文信息和预报。自发布预报的时间到预报的水文现象出现的间隔时间为有效预见期。按其预见期长短的不同可分为：(1)短期预报。其预见期一般为几小时到几天，如洪水预报、河道相应水位(流量)预报、降雨径流预报等。(2)中期预报。10天以上，15天以内。(3)长期预报。一般认为预见期在15天以上，1年之内。(4)超长期水文预报。预见期在一年以上。水文预报一般运用经验和半经验方法、水文模型方法和统计预报方法。预报方案是作业预报的基本依据。开展水文预报，需先编制预报方案。根据有关规定，预报方案建立后，对其有效性和可靠度要进行评定和检验。按照许可误差标准衡量，合格率在70%以上的预报方案，可用于作业预报，合格率低于60%的不能用于作业预报，只能作参考性估报。按预报内容的不同可分为：洪水预报、枯水预报、冰情预报、台风暴潮预报和泥沙预报等。

【水文站网】(hydrological network) 按一定原则布设的水文测站体系。其密度及布局，对整个水文工作有极重要的影响。是经常收集和提供固定地点一项或多项水文资料的工作单元。中国把测站分为基本站、专用站两大类。基本站组成基本水文站网。其任务是：收集基本水文资料，探索基本水文规律，满足重要水利枢纽、重要河段水文情报预报的需要。基本站的特点是：统一规划，执行测验规范，资料编入水文年鉴，站点比较稳定。专用站是为专门目的而设立的，不具备基本站的特点。在中国，水文站网主要指基本站网。

水文观测站

【水文资料】(hydrological data) 水文站通过测验获得的各种水文要素的实测基本资料和由水文原始记录整理汇编成的水文年鉴。包括水位、流量、比降、河道糙率、纵横断面、泥沙、水温、水质和冰情等。广义的水文资料还包括经整理分析后的水文特征值统计、水文手册、水文图集以及有关洪枯水调查资料和记载历史洪涝水情的文献资料。是工业、农业、交通、国防和科研等各部门广泛应用的一种基本资料。如水资源的评价、河流的开发利用、江河防讯、航运、农田灌溉、城市供水等都要以水文资料作为依据。其要求条件是：(1)获得水文资料的站网布局要合理。这样才能取得一条河流或一个流域的具有代表性的完整资料。(2)资料系列要长期连续。这样才能反映出一条河流水文特征的变化规律。(3)实测的数据要力求准确，符合规定的精度。这样才有实用价值。

【水污染点源】(point source of water pollution) 以点状形式排放而使水体造成污染的发生源。一般工业污染源和生活污染源都是重要的水污染点源。

【水污染控制规划】(planning of water pollution control) 又称水系污染防治规划。对水体污染所制定的防治目标和措施。其对象是江河、湖泊、水库、海湾。其范围是河段、城市区段、河流、水系和流域等。其主要内容是:(1)按照不同的水质使用功能、水文条件、排放方式、水体自净特性,划分水质功能区,设置监控断面,建立功能区内水质管理信息系统。(2)规定水质目标与污染物的总量控制指标。(3)制定污水治理规划,推荐水域规划方案,提出分期实施的工程设施和投资概算等。

【水污染连续自动监测系统】(water pollution automatic monitoring) 以监测水质污染综合指标及某些特殊项目为基础的水质污染自动监测系统。即在一个水系或一个地区设置若干个装备有连续自动监测仪器的监测站,监测项目根据水源主要用途及监测站的主要任务而定。通常监测的项目有:(1)一般指标。水温、pH、电导、氧化还原电位、溶解氧、浊度、悬浮物等。(2)水质的污染程度指标。BOD、COD、TOC、TOD、UV 吸收等。(3)水质的污染物。金属离子、氰化物、酚、农药等。(4)水质的生物指标。大肠杆菌群数、细菌总数等。(5)水文气象参数。流量、流速、水深、潮级、风向、风速、气温、湿度、日照量和降水量等。

【水污染面源】(water pollution sources) 以面积形式分布和排放污染物而造成水体污染的发生源。坡面径流带来的污染物和农田灌溉水是水体污染的重要面源。湖泊等水体的富营养化,主要是由面源带来的大量氮、磷等所造成的。

水污染面源

【水污染指标】(water pollution index) 评价水体被污染程度的指标。主要有以下十个:(1)生化需氧量(BOD)。(2)化学需氧量(COD)。(3)总需氧量(TOD)。(4)总有机碳(TOC)。表示污水中有机污染物的总含碳量。(5)悬浮物(SS)。以悬浮状态存在于废水中的固形物。(6)有毒物质。指达到一定浓度后,对人体健康、水生生物的生长造成危害的物质,其中氰化物和砷化物及重金属中的汞、镉、铬、铅等是国际上公认的六大毒物。(7)pH。是反映水的酸碱性强弱的重要指标。(8)大肠菌群数。指单位体积水中所含的大肠菌群的数目。(9)溶解氧(DO)。水受污染越厉害,溶解氧越少。(10)氨氮。指以氨或铵离子形式存在的化合氨。氨氮是水体中的营养素,可导致水体发生富营养化,是水体中的主要耗氧污染物,对鱼类及某些水生生物有毒害。

【水稀释涂料】(water dilutable coating) 又称水溶性涂料。以用水可以稀释的树脂为主要成膜物质,并可用水稀释至施工黏度的涂料。其中还含有部分有助溶作用的溶剂。其主要品种有:醇酸、聚酯、环氧、丙烯酸、聚氨酯、聚丁二烯等。有的能自干,有的要烘干。主要用作工业涂料。其中最重要的是用于电泳工艺施工的电泳漆。

【水系】(water system) 河流的干流、支流和流域内的湖泊、沼泽或地下暗河等彼此连接组成的系统。它汇聚全流域的地表水和地下水,最终注入海洋、湖泊或消失于荒漠。水系的名称通常以它的干流或以注入的湖泊、海洋命名,如长江水系、太湖水系、太平洋水系等。水系的特征主要包括:河流长度(指河源到河口的轴线长度)、河网密度(是水系干支流总长度与流域面积的比值,即单位面积上的河流长度)、河流的弯曲系数(指某河段的实际长度与该河段直线长度的比值)等。它说明水系发育和河流分布疏密的程度。按干支流平面形态差异可将水系分为五种类型:扇状水系、羽状水系、树枝状水系、平行水系和格状水系。水系类型直接影响水情变化,尤其对洪水影响更大。扇状水系的支流洪水几乎同时汇入干流,易造成干流特大洪水,历史上海河多灾的原因之一即在于此。而羽状水系因支流洪水是先后汇入干流,洪水对干流威胁较小。一般较大的河流,难以用一种类型概括,而多由两种或两种以上的水系类型组成。

水系

【水下地形测绘】(underwater topographic survey) 测量江河、湖泊、水库、港湾和近海水底点的平面位置和高程,用以绘制水下地形图的测绘工作。工程测量中的一种特定测量。主要内容是在陆地建立控制网和进行水下地形测绘。水下地形测绘包括测深点定位、水深测量、水位观测和绘图。测深点定位的方法有断面索法、经纬仪或平板仪前方交会法、六分仪后方交会法、全站式速测仪极坐标法、无线电定位法、水下声学定位和差分GPS定位法等。水深测量采用测深杆、测深锤和回声测深仪等器具。水底高程是根据水深测量和水位观测成果计算,最后用等深线(等高线)表示水底的地形情况。

【水下电视】(underwater television) 又称水下视觉系统。用于探测水中物体并在水面上进行显示的光学观测装置。该系统由四部分组成:水下摄像及照相设备、传输电缆、显示器和控制器。依靠四部分的相互配合完成对水下物体的观察与探测。水下电视在水下作业中应用广泛,可以直观显示水下情况,帮助工作人员准确高效完成作业任务。

【水下电视监测系统】(monitoring system of underwater television) 一种利用遥控电视设备显示水下图像的系统。由水下电视摄像机、水下照明灯、电缆、控制器、显像管和录像机等构成,还配备有深度仪、方位指示器、声学测距仪等附属设备,以适应复杂的水下环境。照明灯和电视摄像机放置在水下,其他部分均安放在船上。按工作环境的不同水下电视监测系统可分为深海型和浅海型两种。深海型工作深度大于300m。按其工作方式的不同可分为便携式、固定式、拖曳式和自航式等。水下电视监测系统主要用于对沉船、海底资源等进行探测和研究。

【水下管道】(underwater pipeline) 敷设在江、河、湖、海的水下用来输送液体、气体或松散固体的管道。不受水深、地形等条件限制,输送效率高,耗能少。大多数埋于水下土层中,检查和维修较困难。登陆部分常处于潮差段或波浪破碎区,易受风浪、潮流、冰凌等影响,在规划和设计时要考虑预防措施。

【水下机器人】(underwater robot) 又称无人遥控潜水器。由水面遥控具有内部记忆能力和独立判断周围环境并能在水下综合控制作业的装置。水下机器人是在遥控潜水器的基础上发展起来的,由三个主要系统组成:(1)执行系统。包括机器人土动作用于周围介质的各种装置,如在水中靠近海底和沿海底移动装置、作业执行装置(机械手、采样器)等。(2)传感系统。用于搜集有关外界和系统工作全面信息的感觉器官。水下机器人可通过传感系统,在与周围环境进行信息交换的过程中建立外部环境的内部模型。(3)计算机控制系统。处理和分析内部和外部各种信息的综合装备,机器人可根据信息处理形成对执行系统的控制功能。应用于水下考察和工程作业,从事一些危险的、潜水员难以承担的工作,如在深海环境进行作业。按其工作类型的不同可分为有人和无人两大类。有人机器人机动灵活,能处理复杂的问题,但危险性大且价格昂贵;无人机器人就是水下无人潜水器,适于长时间、大范围的水下考察。按照无人潜水器与水面支持设备间联系方式的不同可分为两类:(1)有缆水下机器人。(2)无缆水下机器人。有缆机器人按其运动方式的不同可分为拖曳式、移动式和浮游式三种。无缆水下机器人是自治式的,只有观测型浮游式一种运动方式。水下机器人已成为开发海洋的重要工具。

水下机器人

【水下激光测量系统】(underwater laser surveying system) 用激光作脉冲发射源的水下测量系统。测量时采用激光发射器向海底发射光脉冲,光电管接收海底反射光波,根据光脉冲到达海底并返回的传播时间,使用专门的程序分析信息处理系统,就可计算出所需的测量数据。由于激光在水中透射率较高,但衰减较快,因此激光测量系统可以在水中进行多项近距离高精度测量及水下作业的定位及导引等。若与水下电视结合起来,可直接显示海中景物。

【水下激光器】(underwater laser) 适合于海水光谱透射窗的蓝绿波段激光器。为水下激光通信的关键设备。其特点是:脉冲能量高,寿命长,波长稳定,波谱窄,体积小和数据传输率高。在水下通信、海空通信中有广泛应用前景。

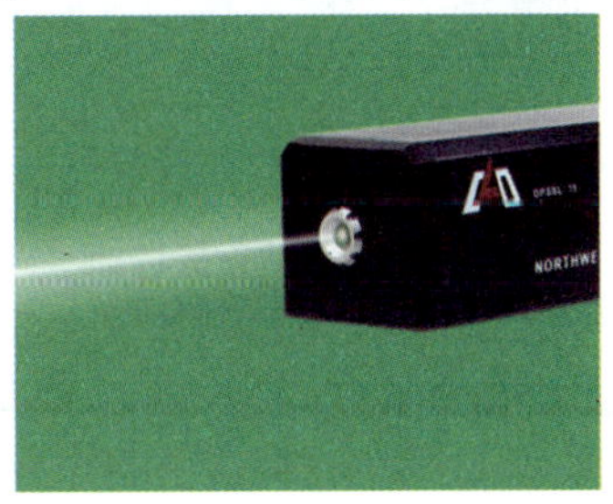

水下激光器

【水下激光通信】(underwater laser communication) 利用海水透射窗-蓝绿激光作为载波而进行的通信技术。水下激光通信系统流程为:信息-压缩编码-调制激光器-发射-水中传输-接收-滤波-解调-解码-恢复信息。蓝绿激光的特点是可穿透云层和海水。与电磁波相比,信息隐蔽性好,方向性强,传输率高。在国防建设中广泛应用于指挥通信和协同通信。

【水下居住实验室】(underwater dwelling laboratory) 又称水下居住舱或水下实验室。应用饱和潜水原理在水下设置的供科学家和潜水员工作、休息和居住的活动基地。其结构大多是钢质的圆筒、圆球或椭圆球,也有用尼龙橡胶等材料制成的充气结构。大多固定在海底上,少数漂浮于一定深度或可移动。通常由水面补给船、人员运载舱和水下实验室三部分组成。被称为水下实验室系统。水面补给船的任务是进行指挥、通信、安全保障和各种物资供应。人员运载舱是水下实验室同水面补给船之间的运载工具。水下实验室是潜水员工作、生活和休息的场所。在水下实验室进行测量和试验,不受外界环境、特别是天气状况和风浪的影响。测量精度高,能在水下有效地完成海洋生物、地质、污染、考古、湖沼或海洋药物等研究,是海洋科学研究的现代化工具。

【水下自航采矿车】(underwater self-propelled mining vehicle) 又称铁锰结核采矿机。开采海底多金属结核等松散沉积矿产的一种自航式装置。由推进系统、动力系统、自跟踪驾驶系统、矿石采集器等部分组成,还装有遥感、通信、自动控制等设备。该装置在动力系统的驱动下,沿海底缓慢移动采集矿石,并通过与海面的采矿船相连接的提升管道,把采集到的矿石输送到采矿船上。

水下自航采矿车

【水下作战】(underwater operation) 舰艇在水下空间进行的作战行动。通常由各类潜艇实施。弹道导弹核潜艇主要担负海基战略核突击、攻击敌方的战略目标。攻击型潜艇通常担负海区封锁和反潜作战等任务,使用潜载巡航导弹和制导鱼雷对敌舰船、濒海港口基地或其他陆上目标进行攻击。

【水写纸】(water writing paper) 可用清水在上面写字的纸。由普通纸张喷涂化工原料而成。化工原料主要包括5号树脂(又称5号丙烯酸乳液或5号聚丙烯酸树脂)和羧甲基纤维素等。字迹呈黑色,水干后消失,纸张恢复原状,可循环使用。常用于书法、绘画练习等。

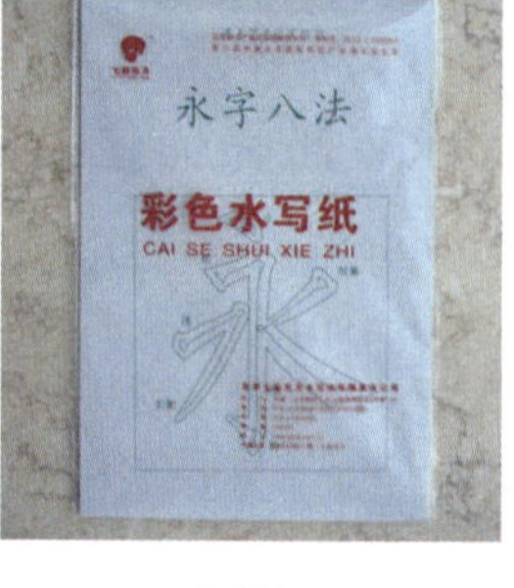

水写纸

【水星】(Mercury) 太阳系八大行星之一。距太阳平均距离为 5.79×10^7 km。水星公转周期为88天,在轨道上平均运行速度48km/s,是太阳系中距太阳最近、运动速度最快的一颗行星。自转速度很慢,相当于58.646个地球日。质量 3.33×10^{26} g,相当于地球质量的5.58%;半径为2 439km。平均密度为5.43g/cm^3,略低于地球,是除地球外密度最大的一颗行星。推测水星有一个含铁丰富的致密内核,其直径超过水星直径的2/3,有整个月球那么大。水星外貌酷似月球,有许多大小不一的环形山,还有辐射纹、平原、裂谷、盆地等地形。水星上只有稀薄的大气层,大气压极小。大气中含有氦(He)、氢(H_2)、氩(Ar)、氖(Ne)、氙(Xe)、碳(C)等元素。水星表面白天和夜晚温差极大。白天太阳直射时温度高达427℃,夜里可降到-173℃。水星磁场微弱,赤道上磁场强度为 4×10^{-7} T,是地球磁场的1/100,也是偶极性磁场。

水星

【水星表面特征】(surface feature on Mercury) 水星表面的地貌景观及分布特点。水星表面为固体物质,并覆盖有薄层表土,表面有许多圆形盆地和冲击坑。地表反照率8%~12%,明暗反差不大,且无大的地势起伏。但常出现长而高的断壁,长几百千米,高2~3km,多呈弧形,判断为水星壳收缩时挤压的断层。由于大气稀薄,地表温差变化剧烈。以赤道为例,白昼正午为430℃,下午降到180℃,黎明前会下降到-180℃,温差达610℃,是太阳系八大行星中地表温差最大的一颗行星。

【水星磁场】(Mercurian magnetic field) 水星内部产生的磁现象。1974年美国发射的“水手10号”探测器发现,当“水手10号”到达水星上空时,磁测仪器读数由水星磁场背景值快速上升,在距水星704km高空时达到最大值。由此推测出水星表面有一个相当于地球1%强度的磁场,并暗示水星内部有一个熔融的金属核存在。但是由于水星自转缓慢,很难使熔融金属核产生强大电流,其磁场是如何形成的尚未有统一的认识。

【水星大气】(Mercurian atmosphere) 水星的气体表层。由于水星重力加速度很小，其表面只有总压力小于2×10^{-7}Pa的极稀薄大气层，主要成分是He、Ar、Ne。一般认为，水星大气成分主要来源为水星内部U和K的放射性同位素衰变所致。水星表层因温度高，引力小，故大气中没有水分，即使水星内部能释放出水分，也无法保留在大气中。

【水性丁苯橡胶改性沥青防水涂料】(water borne tyrene-butadiene rubber modified asphalt waterproof coating) 以石油沥青为基料、以丁苯橡胶等为改性材料共混配制成改性沥青，再以膨润土为分散剂并经乳化而制成的冷作业防水涂料。按产品低温柔度的不同可分为Ⅰ型(-10℃)和Ⅱ型(-15℃)。该涂料固体物含量大于等于55%，耐热性好(85℃不流淌，无起泡)，不透水性0.1MPa水压30min合格，黏结强度大于等于0.2MPa，延伸性大于等于10mm。可广泛用于厕浴间、地下室、隧道等的防水及屋面补漏，也可与油毡配套使用形成复合防水层。

【水翼艇】(hydrofoil craft) 利用艇体下的水翼在高速航行时产生的水动升力将艇体托出水面航行的高速艇。排水量多在300t以下。航速38~60kn。水翼艇通常装有前后两组水翼。按翼航时水翼是否穿过水面，分割划式和全浸式；按前后两组水翼升力大小，又分为飞机式(前翼升力大于60%艇重)、鸭式(后翼升力大于60%艇重)和串列式(前后翼升力相当)。水翼艇具有速度快、阻力小、耐波性好、航迹小等优点，但不适合在海面有大量漂浮物或高海况下航行，使用费也较高。民用水翼艇用于内河和沿海运输，军用水翼艇可用作炮艇、导弹艇和猎潜艇。

水翼艇

【水硬度】(water hardness) 水质质量指标之一。水里含钙、镁离子浓度的总和。由于钙、镁碳酸氢盐煮沸可生成碳酸钙、碳酸镁沉淀，并放出CO_2，所以把钙和镁的碳酸氢盐构成的硬度称为暂时硬度。而钙和镁的氯化物、硝酸盐、硫酸盐所构成的硬度称为永久硬度。暂时硬度与永久硬度之和称为总硬度。含钾和钠的氢氧化物、碳酸盐、碳酸氢盐称为负硬度，其性质与总硬度相反。在中国使用的硬度表示法大致有两种，即度(1L水中含10mg的CaO为1度，亦称1德国度)和mg/L(1L水中含有1mg的$CaCO_3$称1mg/L)。水的硬度对工农业生产和人体健康均有直接影响，例如，和肥皂反应时产生不溶性的沉淀，降低洗涤效果；钙盐镁盐的沉淀会造成锅垢，妨碍热传导，严重时还会导致锅炉爆炸；长期饮用过硬或者过软的水都不利于人体健康等。中国的水质按硬度值的不同可分为：极软水(<4.2)、软水(4.2~8.4)、硬水(16.8~25.2)、高硬水(25.2~40)。

【水源涵养林】(forest of water source) 又称水源林。以发挥森林涵养水源功能为目的的特殊林种。通过林冠截流降水、地被植物层与土壤层涵养水源。对降水吸，收调节等作用，变地表径流为壤中流和地下径流，起到显著水源涵养作用。是以调节、改善水源流量和水质而经营和营造的森林。是国家规定的五大林种防护林中的二级林种。虽然任何森林都有涵养水源的功能，但水源涵养林具有特定的林分结构，并且处在特定的地理位置，即河流、水库等水源上游。针对水源涵养林理水调洪功能的经营目标，其树种的选择不仅要遵循“适地适树”原则，而且应坚持：(1)从实际出发，以乡土树种为主。(2)组成的树种寿命要长，且自我更新能力强，抗逆性强、生长迅速、深根性、多根量、根域广、树冠大、郁闭度高、枝叶繁茂、枯枝落叶量大、树种间相互协调和能够改善水质。(3)具有一定的经济功能。

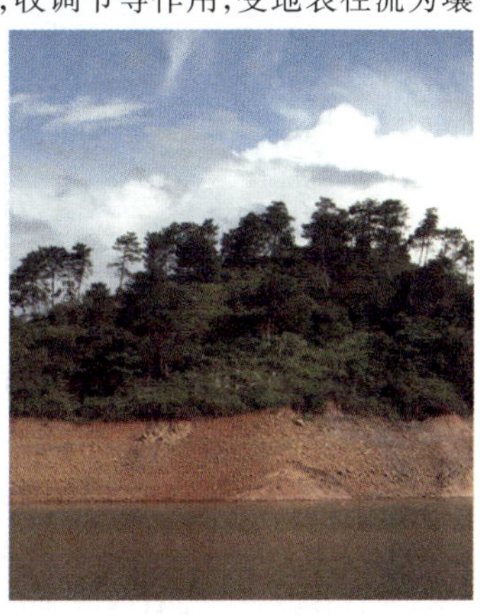

水源涵养林

【水跃】(hydraulic jump) 明渠中由急流过渡为缓流时发生的水流局部突变现象。从水闸或溢流坝下泄的急流受下游渠道缓流的顶托便发生水跃。明渠水流在由急流向缓流过渡时，自由水面出现阶跃旋滚使水体掺混，卷入空气，使水流的部分机械能转化为热能而耗散。泄水建筑物常利用水跃作为消能的主要手段之一。在实际工程中的水跃形态，按其结构物形式的不同可分为：面流旋滚、底流旋滚和戽流等。按其随下游水深变化的不同可分为远驱水跃、临界水跃和淹没水跃等。按其特殊形式的不同可分为：斜坡上的水跃、平面扩散的三元水跃和管道内的有压水跃等。影响水跃的水力因素是：跃前和跃后水深 h_1 和 h_2（亦称水跃的共轭水深），相应的断面平均流速 V_1 和 V_2，其中 hcr 为临界水深。跃后与跃前水深之差称为水跃高度。

【水运交通危险源辨识】（hazard identification of waterborne traffic） 针对船舶、浮动设施在海洋、沿海水域和内河通航水域的交通运行过程和特点，识别和分析危险、有害因素，确定危险、有害因素存在的部位、存在的方式、事故发生的途径及其变化的规律。

【水闸】（sluice） 修建在河道和渠道上控制流量和调节水位的低水头水工设施。关闭闸门，可以拦洪、挡潮或抬高上游水位，以满足灌溉、发电、航运、水产、环保、工业及生活用水需要；开启闸门，可以宣泄洪水、涝水、弃水或废水，并可对下游河道或渠道供水。在水利工程中，水闸可作为挡水、泄水或取水设施。应用广泛。

水闸

【水闸边荷载】（lateral load of sluice） 水闸闸室计算段底板左右两侧地基面土的荷载。分两种：(1)由缝隔开的相邻闸室，其重力互为边荷载。(2)边墩后基坑开挖面以上的填土荷载。水闸边荷载的作用范围，视实际荷载情况而定。一般边荷载的作用范围为一倍于底板计算段长度。边荷载作用下水闸底板的内力计算可采用弹性地基梁法。当边荷载不规则分布时，可以将它们变换为若干个集中荷载，查表计算。边荷载将引起闸室地基的变形，影响闸室底板的地基反力分布，故闸室底板的内力计算需要考虑边荷载的影响。边荷载是一个十分复杂的问题，目前尚无确切的办法确定。在设计中，为保证工程安全，可按以下原则处理：(1)在建造闸室计算段以前施加的边荷载。如使底板内力减小，其影响可不考虑；如使底板内力增加，在砂性土地基上考虑50%，在黏性土地基上应全部加以考虑。(2)在建成闸室计算段以后施加的边荷载。如使底板内力增加，需考虑全部影响；如使底板内力减小，在砂性土地基上考虑50%，在黏性土地基上可完全不考虑。在实际设计时，需根据具体情况，参考已建工程的运用经验确定。

【水闸底板】（base slab of sluice） 水闸闸室底部的承重和防护地基的基础板。其作用是：把闸室自重及其上的全部荷载传布于地基；保护地基免受水力冲刷；其底部与透水地基的接触线作为闸基地下轮廓线的组成部分。一般为钢筋混凝土结构，渠道上的中小型水闸底板也可用混凝土或浆砌石结构。水闸闸板型式按其表面形状的不同可分为宽顶堰和低实用堰。按承受荷载状态的不同可分为整体式、分离式和搭接式三种。整体式底板是把分段缝设在闸墩上，闸室的整体性好，适用于松软土基。分离式底板是在闸墩两侧设分段缝，一部分底板直接位于闸墩下，成为闸墩的扩大基础，承受闸墩传布的荷载。另一部分底板位于闸跨中间，不承受闸墩传布的荷载，仅起防渗和防冲作用；一般适用于岩基或压缩性极小的土基。搭接式底板的分段缝位置类似于分离式，但缝的构造有所不同。前两种底板的分段缝是直缝，既是温度缝也是沉陷缝。搭接式底板的分段缝是齿形缝，缝两侧的底板互相搭接，可传递剪力，不传递力矩，只能作温度缝，不能发挥沉陷缝的作用。水闸底板顺水流方向的长度，一般与闸墩相同，需满足上部结构布置的需要，并且通过稳定计算作适当调整。水闸底板厚度及配筋量由强度核算确定。在初拟尺寸时，可参考有关经验数据或根据工程类比选定。水闸底板是防渗结构的一部分，对大中型水闸需进行抗裂验算及限制裂缝宽度的验算。

水闸底板

【水闸闸室】（sluice chamber） 装设闸门、控制水位和流量的水闸主体部分结构。通常由水闸底板、闸墩、边墩、启闭台和交通桥等组成。有开敞式、胸墙式等类型。其类型需根据水闸的运用以及地形、地质条件选择。有排冰和过木要求时常用开敞式；挡水位远高于低水期间的闸前设计水位时宜用胸墙式。闸孔数目和尺寸需在满足泄洪、排冰、取水等要求的前提下，根据上下游水位和地形、地质条件，拟定若干个方案，进行水力计算，通过技术经济比较选定。闸室的过流总宽度需与河（渠）宽度相适

水闸闸室

应。为适应地基不均匀沉降和温度变形，闸室需分段设缝，通常2~3孔为一联，每联宽度不宜超过30m。闸室需进行整体稳定性、基底压力及各构件的强度验算。前两项取一联闸孔为计算单元，后者常将闸室分解为各构件单元，如底板、闸墩、边墩、胸墙和桥梁等分别进行结构内力和强度核算。实践表明，将闸室简化为平面问题，用材料力学和结构力学方法分别对各种构件进行计算，其精度一般能满足工程设计的要求。

【水蒸气】(steam) 由水气化或由冰升华而成的气体。等压下加热水，则其温度上升，达到一定温度后开始沸腾，并不断气化为水蒸气而温度保持不变。此温度称为这个压力下的饱和温度，而这个压力称为该温度下的饱和压力。将单位质量开始沸腾的水（饱和水）等压加热至全部变为蒸气（干饱和蒸汽）需要的热量称为气化潜热。对干饱和蒸汽继续等压加热，蒸汽温度则上升，成为过热蒸汽。比饱和温度高出的温度值，称为过热度。在一定压力下，开始沸腾点和气化结束点重合，水全部气化，这个点称为临界点，是气、液两相能够平衡共存的极限状态。在临界点上的压力和温度分别称为临界压力（22.12MPa）和临界温度（374.15℃）。水蒸气高于临界压力时，一般称为超临界状态。

【水质标准】(water quality standards) 国家规定的对各种用水在物理性质、化学性质和生物性质方面的要求。不同用途的水要求有不同的质量标准，如饮用水水质标准、农用灌溉水水质标准等。各种工业生产对水质要求的标准也各不相同。水质标准有国家标准，省、市一级颁布的地方标准，有不同行业统一颁布的行业标准和各大型全国性企业统一颁布的企业水质标准等。

【水质功能区】(water quality functional area) 见水环境保护功能区。

【水质模型】(water quality model) 描述水体中水质变化规律的数学表达式。主要以物质守恒原理为基础，模拟排入污染物后水体的水质在物理、化学、生物化学和生态学等方面发生变化的内在规律和相互关系。模型能反映污染物排放与水体质量的定量关系，描述环境污染物在水中的运动和迁移转化规律。主要用于水体污染特性、水体纳污容量的研究和水质预测，为水资源保护服务。

【水质生物监测】(biological monitoring of water quality) 通过监测水体中生物的存在情况掌握水生生态恢复的工作。是了解水污染防治的效果。监测方法包括采样、计数、种类鉴定。监测采用的指标主要有：浮游植物、浮游动物、原生动物、底栖动物、鱼类、水生维管束植物和大肠菌群。监测方法主要有：(1)利用指示生物监测。(2)利用水生生物群落监测。(3)水污染的生物测试。(4)生理生化指标测定。(5)测定水生生物体内污染物的含量，判断污染物在生物体内的积累情况。(6)利用微生物来指示水质卫生状况，如检测大肠菌群数，以判定是否受到粪便的污染。

【水坠坝】(sluicing-siltation earth dam) 又称自流式水力冲填坝。利用高于坝顶的土场造成泥浆，经输泥渠自流入坝体场面的畦块中，泥浆沉积固结而成的土坝。采用土水比约为2~3的高浓度泥浆，由坝端冲填，泥浆不能按粗细颗粒分置于坝壳和心墙部位，只能形成均质坝。要求坝轴线短，河谷宽度与坝高之比不大于6；坝址附近有充足的水源；造泥土场在坝顶以上15~20m，土料储量为坝体总方量的2倍以上。适宜土料有黄土、类黄土、粉质壤土、风化砾质土等。泥浆含水量以36%~41%为宜。在水坠坝施工时，首先在坝面上建围埂，边埂平行于坝轴线。用碾压法施工，中埂可不碾压或少碾压。围埂所形成的畦块面积约2 000~4 000m²。冲填方法有一岸（即单向）或两岸（即双向）冲填、间歇或连续冲填、一坝一畦或一坝多畦充填等。输泥渠多斜交等高线布置，纵坡一般为1:6左右。施工中应分层冲填，每层冲填厚度约0.6m，约需3~5天；当含水量约降为30%时，再冲填一层。为了加速固结，提高冲填速度，当坝高超过30m，土料含黏粒较多时，应加设坝体内部排水设施，如砂沟、砂井等。水坠坝虽固结较慢，填筑速度受到限制，但可充分利用土场条件，节省劳力、设备和能源。

水坠坝

【水准测量】(leveling measurement) 借助水准仪和水准标尺测定地面两点间高差的技术。沿水准路线逐站推进实施。普通水准测量一般使用普通水准仪和木质标尺进行观测，对仪器和外界的环境要求较低。精密水准测量一般使用带测微器的光学精密水准仪，配用膨胀系数极小的因瓦精密水准标尺。仪器至标尺的距离控制在30~50m之内，且距前后标尺的距离要基本相等。在测量时，应采用合理的观测程序进行，以减少各种误差对所测高差的影响。在水准测量观测结束后，要估算观测精度，并须按所采用的高程系统加入各项必要的改正，以求出正确的高程。水准测量主要用于建立国家和地区的高程控制网,为测制地形图和工程测量提供高程控制;也为监测地壳垂直运动,研究平均海水面变化和地球形状等提供精确的高程资料。

【水准面】(level surface) 静止的水面。水是均质流体,地球表面的水受重力作用,表面形成一个处处与重力方向垂直的连续曲面。水准面是重力等位面,又是一个曲面,与水准面相切的平面称为水平面。自由、静止的海洋和湖泊等的水面都是水准面。水准面因其高度不同而有无穷多个,但水准面之间因高度不同不会相交。

雪山镜湖

【水准网】(leveling network) 由一系列通过水准测量测定高程的大地点(又称水准点)构成的大地控制网。是高程大地控制网布设的主要形式。全国各地地面点的高程,不论是高山、平原及江河湖面的高程都是根据水准网统一传算的。

【水准仪】(levelling instrument) 建立水平视线、测定地面两点间高差的仪器。其主要部件有望远镜、管水准器(或补偿器)、垂直轴和基座等。按其结构的不同可分为:(1)水准器水准仪。是借助管水准器获得水平视线的仪器。仪器的望远镜和管水准器联结为一体,通过微倾螺旋可使其在竖直面内略作俯仰以置平视线。(2)自动安平水准仪。是借助补偿器安平视线的水准仪。其特点是当望远镜视准轴微有倾斜时,补偿器在重力作用下,自动使视线水平。(3)激光水准仪。是在自动安平水准仪望远镜内装一激光器。水平的激光束穿过望远镜物镜射向水准标尺,标尺上的自动跟踪光电接收靶对准激光束,即可进行水准测量。(4)数字水准仪。是利用数字图像处理技术,通过望远镜将条码标尺的条码分划影像,用行阵探测器替代观测员的肉眼,从而实现观测自动化。数字水准仪具有速度快、精度高、重量轻、操作简便、易于实现测量内外业一体化等优点,是水准仪的发展方向。水准仪是大地测量、工程测量、地震监测中测定高差的主要仪器。

水准仪

【水准原点】(levelling origin) 国家或地区控制网的高程起算点。水准网中各点的高程是以平均海水面起算的。平均海水面通过沿海验潮站长期对海水面观测的结果取平均值确定。为了明显而稳固标志出平均海水面的位置,要建立一个永久性水准点,并用精密水准测量将它与平均海水面联系起来,作为国家或地区控制网的高程起算点。中国的水准原点位于青岛观象山。由一个原点和五个附点构成水准原点网,附点用于监测原点的稳定性及保证联测精度。1959 年,中国颁布的《中华人民共和国大地测量法式》规定,国家水准点的高程以青岛水准原点为依据。按 1956 年的计算结果,原点高程定为高出黄海平均水面 72.289m。这个起算面通常称为“1956 年黄海平均水面”。1987 年 5 月,中国启用“1985 年国家高程基准”。新基准采用青岛验潮站 1952 ~ 1979 年的潮汐观测资料,用中数法计算该海域的黄海平均海水面位置。经过精密水准测量联测,青岛验潮站水准原点的高程为 72.260 4m。

【水资源】(water resource) 在当前经济技术条件下可为人类利用的那一部分水。具有一定数量和可用质量、并在某一地点能够长期满足某种用途的水源。水资源不仅限于地面水、地下水,也包括空气中的气态、液态和固态水。来自地球深处、由火山和温泉喷发的水汽也在其中。淡水资源对人类极其重要,但其数量有限。随着科学技术的进步,淡化海水和盐碱等矿化度较高的湖河水以补充淡水资源,已提上议事日程。

水资源

【水资源承载力】(bearing capacity of water resources) 在一定流域或区域内,其自身的水资源能够支撑经济社会发展规模,并维系良好生态系统的能力。具有明显的动态特征。除受当地地表水、地下水等水资源总量以及根据有关法律规定的分配给该地区可利用过境水量影响外,其他的主要影响因素有:(1)在不同发展阶段一定社会经济、技术与环境条件下可开发控制利用的水量。(2)在不同发展阶段的经济、技术条件下水资源的利用效率。

(3)不同发展阶段相应的工业、农业、城乡居民与环境需水总量。一定阶段的水资源承载力,以可供利用的水资源总量与需水总量之比值来表示,其表达式为 $W_{BC}=W_S/W_N$。式中 W_{BC} 为水资源承载能力;W_S 为可供水资源总量;W_N 为需水总量。当 $W_{BC}\geqslant 1$ 时,说明社会经济与环境总需水量在水资源可承载的能力范围内;当 $W_{BC}<1$ 时,说明需水总量超过水资源可承载的能力范围,需要对总需水量进行调整。研究水资源承载力是制订一个地区社会经济与环境发展规划和水资源供求规划的基础。它对社会经济发展规模,资源合理开发与优化配置,生产力布局,产业结构,生产设备与工艺,人口规模、城乡人口结构,城镇布局与发展规模,生态环境建设,以及居民生活方式都会产生巨大的影响。

【水资源分配】(water resources allocation) 在一个流域或特定区域内,对不同形式的可利用水资源,通过工程与非工程措施在各地区和各用水部门之间进行的科学分配。通过水资源的合理配置,促进区域经济社会可持续发展。其基本功能是以改变水资源的天然时空分布来适应生产力布局,协调各项竞争性用水,以促进区域可持续发展。其作用是:(1)在水资源余缺情况不同的地区,进行跨地区、跨流域调水。(2)在不同的国民经济用水部门之间,按照各部门协调发展的投入产出关系实行计划供水。(3)在近期目标和长远目标之间,既注重水资源开发利用以满足当前需要,又积极进行水资源的保护和治理,以形成水资源开发的良性循环。(4)在扩大供水能力的同时,积极开展节水,以控制需水的过度增长。(5)在水资源的开发利用模式上,既重视原水的开发,又注重废污水的处理和回用。(6)在除害与兴利的关系上,注重化害为利,将洪水、废污水转变为有用的水资源。实践证明,水资源的合理分配、优化配置、科学调度,是直接关系到能否发挥水资源的多功能作用,提高综合效益和用水需求的一个十分重要的问题。

向下游放水

【水资源管理】(water resources management) 各级水行政主管部门运用法律、政策、行政、经济、技术等手段对水资源开发、利用、治理、配置、节约和保护等活动的总称。广义的水资源管理包括:(1)法律。即立法、司法、水事纠纷的调处等。(2)政策。即体制、机制、产业政策等。(3)行政。即机构组织、人事、教育、宣传等。(4)经济。即筹资、收费等。(5)技术。即勘测、规划、建设、调度运行等。这五个方面构成了一个完整的水资源管理系统。

【水资源规划】(water resource planning) 根据经济建设、社会发展和生态环境对水的需求而制定的水资源开发总体方案。包括开发目的、拟定开发程序和方案实施后的影响及效益评价。其原则是:从大局入手,分清主次,统筹兼顾;综合开发,持续利用;因地制宜,因时制宜。根据规划对象和目的的不同,水资源规划可分为四类:流域及地下水系统水资源规划、地区水资源规划、专项水资源规划及跨流域调水规划。水资源规划的成果,既可作为编制水资源工程建设长期计划的依据,又可作为近期水资源开发利用和水利工程设计的指导。

【水资源决策支持系统】(decision supporting system for water resources) 针对水资源问题的决策特点,为提高管理人员的决策水平所提供的人机交互系统。其功能是:提供背景情况、协助明确问题、修改完善模型、列举可行方案、进行定量分析比较等。其特点是:(1)水资源决策对象与决策环境相互作用、相互制约的程度较强。(2)水资源开发利用具有明显的多目标决策性质。(3)水资源决策手段上要求在定量基础上的优化。(4)水资源决策影响周期较长,需要对决策进行大量的模拟。(5)水资源决策是来自不同层次的多个决策者参与的,为群决策过程。(6)在水资源决策中各种影响因素不断变化,需要进行滚动决策。水资源决策支持系统就是针对以上决策特点,以宏观经济为基础,以区域可持续发展为目标,模拟与优化相结合,可协调多方决策者意愿的,并可执行滚动决策的计算机系统。一般具有数据库、模型库、方法库和人机交互界面。把专家系统的知识库放入水资源支持系统,就形成了智能型的决策支持系统。其工作方式为人机对话。计算机的任务是执行定量计算,并生成若干方案让决策者选择;而专家和决策者的任务是定性判断并做出决策。由于水资源系统具有分布式特征,导致遥感(RS)、全球卫星定位系统(GPS)和地理信息系统(GIS)技术在水资源决策支持系统领域内发展很快,日益成为实时调度、规划和管理的主流。同时,"3S"技术在水资源领域的应用已经成为IT产业发展最为迅速的分支之一。正是这种相互促进作用,使得水资源决策支持系统正向可视化、实时化、数字化方向发展。

【水资源评价】(water resources assessment) 对某一地区或流域内水资源的数量、质量、时空分布特征、开发利用条件与现状和供需发展趋势作出的分析估价。是合理开发利用和保护管理水资源的基础工作，为水利规划提供依据。是在水资源不断开发、用水量不断增长、水污染加重、水供需矛盾日益突出、水生态环境不断恶化的背景条件下发展起来的。其评价内容随时代的前进而不断充实。根据社会经济可持续发展的要求，水资源评价的主要内容应包括水资源的数量和时空分布特征，水资源开发利用状况，对水质和水环境的影响及水资源的供需矛盾、发展趋势和相应的对策等。

【水资源优化调度】(optimal regulation on water resources) 采用系统分析方法及最优化技术选择满足用水既定目标和约束条件的最佳调度策略。是水资源开发利用过程中的具体实施阶段。其核心问题是水量调节。将位于某地区、具有某种水质、在一定时刻具有某种概率分布的天然径流，通过水工程调节成在指定地区、具有规定质量并在一定时刻具有一定保证率和破坏深度的供水量。这种调节通过水资源配置系统来完成。系统中同时具有硬件，如水库、大坝、水电站、井群等和软件，如水位、调度策略、水费制度等两方面的元件。在需水过程和系统硬件已定的情况下，水资源优化调度就是充分利用天然径流的不同步性和各个水库库容特性的差异，最大限度地发挥水资源的综合利用效益。水资源优化调度的工作步骤是：(1)明确调度目标及各类约束条件。(2)建立适当模型并选择优化方法。(3)分析结果并形成调度方案。(4)利用行政及经济手段促进调度方案的执行。(5)利用实际调查或其他调度方案的模拟，确定是否有必要改进目标、模型、求解方法、调度规则及水费体系等。进行水资源优化调度求解算法有数学规划方法、网络流方法、大系统分解协调方法和模拟技术。在实际工作中，应仔细研究水资源优化调度的目标并确定优先级，构造基本反映客观实际的数学模型并选择有效的求解方法，全面地分析优化结果并制定优化调度策略，辅之以水费杠杆并强化有关取用水法规，规范用户行为，从而使已建的水资源配置系统的运行方式，最大限度地满足一系列既定目标。

南水北调中线

【水资源综合利用】(comprehensive utilization of water resources) 以获得社会、经济和环境总体效益最优为原则，通过工程措施合理调配河流的流量和水位，多目标地开发利用水资源。包括兴利和除害两方面。兴利有水力发电、灌溉、供水、航运、漂木、水产养殖和旅游等；除害有防洪、除涝、防凌等。按其水资源综合利用可行性条件的不同可分为：(1)水资源具有多方面的功能。如水力发电要利用水体所蕴有的能量；航运、水产养殖、旅游等要利用水资源开发成有利的水域和水体；而灌溉和供水则需要消耗部分水量。只要经过合理调配，可以充分利用水的各种功能，实现一水多用。(2)各部门对水资源利用有共同的要求。如建造水库既壅高水位，又调节径流。水库壅高水位可为水电站提供发电水头，使水体蕴有的能量集中为水电站利用；为航运可加大库区水深，扩大水域，改善库区通航条件，提高通航能力；为灌溉和洪水提高取水高程，扩大供水范围；为水产养殖和旅游形成或扩大需要的水域面积和水体，改善水产养殖和旅游环境条件。水库调节径流，可储存汛期多余的水量，转到枯水期利用，既为发电、航运、供水和灌溉等增大了枯水期可利用的水量，又可以减少洪涝灾害。只要合理调度水库，可使一库多用。(3)发电、灌溉、供水、航运等部门都是国民经济整体中的一个组成部分，需要协调发展。所以国家或地区的国民经济发展要求综合利用水资源，以获得最佳的整体效益。

【税金】(taxes) 企业或纳税人根据国家税法规定应该向国家缴纳的各种款项。是企业和纳税人为国家提供资金积累的重要方式，也是国家对各项经济活动进行宏观调控的重要杠杆。税收是国家凭借政治权利参与国民收入分配与再分配的一种方式。具有强制性、无偿性和固定性的特点。中国现行税收制度包含的税种有 24 个，按其性质和作用的不同可分为七大类：(1)流转税类包括增值税、消费税、营业税和关税四种。(2)所得税类包括企业所得税、外商投资企业和外国企业所得税、个人所得税三种。(3)资源税类包括资源税和城镇土地使用税两种。(4)特定目的税类包括城市维护建设税、耕地占用税、固定资产投资方向调节税和土地增值税四种税。(5)财产税类包括房产税、城市居地产税。(6)行为税类包括车船使用税、车船使用牌照税、印花税、契税、屠宰税和筵席税六种。(7)农牧业税类包括农业税、农业特产税和牧业税。

【睡眠呼吸暂停综合征】(sleep breath-suspending syndrome) 由各种原因导致的在睡眠状态下反复出现呼吸暂停或低通气的临床症状。可引起低氧血症、高碳酸血症,从而使机体发生一系列病理生理改变。早期特征性表现主要是夜间呼吸暂停、打鼾、白天嗜睡。若打鼾同时合并呼吸暂停应引起重视。如果多导睡眠监测出现每晚7h睡眠中呼吸暂停时间超过10s以上且反复发作30次,或呼吸暂停低通气指数≥5次/小时,即可诊断为该综合征。根据呼吸暂停时胸腹是否运动可分为:(1)中枢型。呼吸暂停同时伴有胸腹运动消失。(2)阻塞型。呼吸暂停时胸腹运动仍存在。(3)混合型。两种形式交替出现。睡眠呼吸暂停综合征病情逐渐发展可出现肺动脉高压、肺心病、呼吸衰竭、高血压、心律失常等严重并发症,故应早期评估诊疗。

【睡眠养生】(sleeping health-keeping) 根据宇宙与人体阴阳变化的规律,采用合理的睡眠方法和措施进行养生的方法。其作用可概括为五个方面:消除疲劳,保护大脑,增强免疫,促进发育,利于美容。睡眠对养生的意义是任何其他方式难以取代的。其作用是保证睡眠质量,恢复机体疲劳,养蓄精神,从而达到强身益寿的目的。中国古人把睡眠经验总结为“睡眠十忌”:一忌仰卧;二忌忧虑;三忌睡前恼怒;四忌睡前进食;五忌睡卧言语;六忌睡卧对灯光;七忌睡时张口;八忌夜卧覆首;九忌卧处当风;十忌睡卧对炉火。

【顺磁物质】(paramagnetic material) 磁化率为正值的物质。其主要特点是:原子或分子中含有没有完全抵消的电子磁矩,因而具有原子或分子磁矩。但是原子(或分子)磁矩之间并无强的相互作用,因此原子磁矩在热骚动的影响下处于无规则排列状态,原子磁矩互相抵消而合磁矩为零。但是当受到外加磁场作用时,原子(或分子)磁矩便趋向外磁场方向排列,这样便使磁化率成为正值,但数值也是很小。一般顺磁物质的磁化率约为十万分之一,并且随温度的降低而增大。常见的顺磁物质有氧气、金属铂、一氧化氮、含掺杂原子的半导体、由辐照产生位错和缺陷的物质等。目前医学上有着重要应用的磁共振成像技术以及电子顺磁共振成像技术就是利用某些物质的顺磁性。

【顺式作用元件】(cis-acting element) 与受其调控的效应基因位于同一条染色体或DNA分子上的转录调控区的遗传元件。例如启动子中与转录因子结合的DNA序列。在原核生物中,大多数基因表达通过操纵子模型进行调控。其顺式作用元件主要由启动基因、操纵基因和调节基因组成。在真核生物中,与基因表达调控有关的顺式作用元件主要有启动子(被RNA聚合酶识别、结合并起始转录的一些DNA元件)、增强子(可增强基因转录频率的DNA元件)和沉默子(帮助降低或关闭临近基因表达活性的一段DNA元件)。顺式作用元件能够被转录调节蛋白特异识别和结合,从而影响基因表达活性。

【顺行轨道】(antegrade orbit) 从北极看,卫星飞行方向与地球自转方向相同的轨道。此时卫星从西北向东南或从西南向东北飞行,倾角小于90°。逆行轨道则正好相反,倾角大于90°。从运载火箭发射方向看,凡向东北或东南方向发射航天器将形成顺行轨道,向西北或西南方向发射则形成逆行轨道。

【顺序量表】(ordinal scaling) 将制图对象按某一标志排出顺序并表示在图上的方法。既无单位也无起始点,只是一个相对次序。在这类量表水平上,只能区分出对象的大小、主次、前后等相对等级。既可定性也可定量。一般用于地图上制图对象的分类分级表示。例如,在中国交通图上,可以用顺序量表的方法分出主要公路和一般公路;在粮食产量图上可以分出高产区和低产区等。

【瞬时单位线】(instantaneous unit hydrograph) 流域上均匀分布的、历时趋于零的单位净雨深在流域出口断面处形成的地表径流过程线。其主要优点是:可用数学公式表达,有较大弹性,能较好地拟合各种洪水过程线,便于进行地理综合和引入系统工程,是经验单位线的重要发展。在暴雨洪水计算和预报中,获得了广泛的应用。

【丝绸之路】(silkway) 中国古代通往中亚、西亚及地中海乃至欧洲的商贸之路。早在公元前202~208年,由汉使张骞出使西域时开辟了以长安(今西安)为起点,经甘肃、新疆到中亚、西亚并连接地中海沿岸各国的陆上通道。由于早在5 000年以前的商、周或更早的时候,中国南方和河南、山东一带就会植桑养蚕、缫丝织绸,

丝绸之路的起点

随着西域之路的辟通，中国的丝绸和其他商品还有中原文化便不断输往中亚、西亚乃至欧洲，西域各国的商品和文化也开始输往中国。1877 年德国地理学家迪南·冯·李奇霍芬在他的《中国》一书中意像化地称这条路为“丝绸之路”（简称丝路），从此成为这条延续两千多年的中西古道的专有名词。自汉唐以后，先后又开辟了从成都经汉源、西昌到昆明或经宜宾、昭通到昆明再经缅甸到印度的南方“丝绸之路”；从福建、广东沿海至越南，经马六甲海峡到阿拉伯及非洲以及从东南沿海东到朝鲜、日本，南到东南亚各国的“海上丝绸之路”。除了丝绸，通过丝绸之路，还有中国的瓷器，西方的香料和宝石来往于这些陆路水道之间，因此也有人将其称为“瓷器之路”、“宝石之路”和“香料之路”。除了贸易，丝绸之路还在中西文化、思想、宗教以及民族融合的交流中有着深远的历史意义。

【丝盖棉】（filament over cotton） 又称涤盖棉、丙盖棉。用添纱集圈等组织编织的一种两面由不同纤维的纱线构成的针织物。面料表面采用涤纶丝，里面用纯棉纱交织而成，它不但有纯棉产品吸湿透气、柔软舒适等优良性能，而且有涤纶面料美观光泽、抗皱免烫、坚牢耐磨、易洗快干、挺括等特点。被广泛用来缝制运动服装和外衣。

丝盖棉

【丝光处理技术】（mercerizing technology） 使棉纱线或织物获得光泽和吸附能力的加工技术。棉纤维经浓碱处理后，纤维发生剧烈溶胀，直径增大。截面由腰子形变为圆形，长度缩短，天然转曲消失，得到耐久的近似蚕丝的光泽。丝光使棉、麻纤维结晶度降低，无定形区比例增大，纤维吸附能力和反应活泼性增强。纤维产品在光泽、弹性、染色鲜艳度和尺寸稳定性等方面都有明显改进。

【丝网印刷】（silk-screen printing） 用丝网作基材的一种孔版印刷。通常是把蚕丝、尼龙丝、聚酯纤维或不锈钢丝编织成的丝网绷紧在框上，然后用手工或光化学法，在丝网上制成由通孔部分和胶膜填塞部分组成的图像印版。印刷时网框内的油墨在刮墨板的挤压下从网孔部分漏印到承印物上。

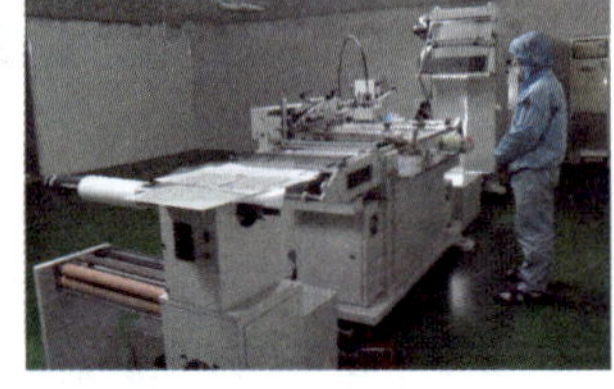

丝网印刷

【思维科学】（thinking science） 以人类思维领域为对象，研究人有意识思维的发展历史、形式、方法、特点和规律，以及思维的人工模拟的科学。由基础科学、技术科学和应用技术三个部分组成。基础科学称为思维学，它研究人的有意识思维的规律，由逻辑思维学、形象思维学、灵感思维学、社会思维学等分支组成；技术科学由科学方法论、数理语言学、结构语言学、模式识别等学科组成；应用技术，由人工智能、计算机模拟技术、情报资料库技术、计算机软件工程、密码技术等组成。思维科学的研究内容有思维的生理机制；逻辑思维、形象思维、灵感思维、社会思维的具体规律；思维规律在文学创作、科学研究、技术发明、人工智能、知识工程中的应用；思维科学在情报科学、语言科学、信息科学研究中的作用等。

【斯塔克效应】（Stark effect） 在电场中原子发射的谱线在电场影响下分裂成几条的现象。1913 年由德国物理学家斯塔克（Jhannes Stark，1874—1957）首先发现。在电场强度约为 1×10^5 V/cm 以内，每条谱线分裂的图案是对称的，其间隔大小与电场强度成正比。按照量子理论，斯塔克效应是由于外电场方向与原子的轨道动量矩间有不同的夹角，使原子获得不同的附加能量所致。

【斯忒潘-玻耳兹曼定律】（Stefan-Boltzmann law） 又称斯特藩定律。一个黑体表面单位面积在单位时间内辐射出的总能量与黑体本身的热力学温度 T 的四次方成正比。即：$Mo(T)=\sigma T^4$，式中 $\sigma=5.670\,51e^{-8}\ Wm^2K^{-4}$ 称为斯特潘常数。是热力学中的一个著名定律。由斯洛文尼亚物理学家约瑟夫·斯特藩（Jazef Stefan）和奥地利物理学家路德维希·玻耳兹曼（Ludvig Boltzmann）分别于 1879 年和 1884 年各自独立提出。提出过程中斯特藩通过的是对实验数据的归纳总结，玻耳兹曼则是从热力学理论出发，通过假设用光（电磁波辐射）代替气体作为热机的工作介质，最终推导出与斯特藩的归纳结果相同的结论。在天文学中常用斯特潘定律来计算恒星的半径。测得某恒星离地球的距离为 $4.3e^{17}$m，表面温度 5 200K，到达地球上每单位面积的辐射功率为 $1.2e^{-8}$ Wm^{-2}，将恒星视为黑体，估算该恒星的半径 R。

【斯特林循环】（Sterling cycle） 一种理想气体循环。由两个定温过程和极限回热过程组成。极限热效率与同温度之间的卡诺循环效率相等。在斯特林循环中，热能是由燃料在外部燃烧后通过气缸壁传给内部气体的，所以对燃料的要求比内燃机要低，甚至可用固体燃料，回热过程通过置换器完成。

【《斯瓦尔巴条约》】(The Svalbard Treaty) 1920年2月9日，由英国、美国、丹麦、瑞典、挪威、法国、意大利、荷兰及日本等18个国家在巴黎签订的有关斯匹次卑尔根群岛行政状态的条约。1925年，中国、苏联、德国、芬兰、西班牙等33个国家也成为该条约的签约国。该条约使斯匹次卑尔根群岛成为北极地区第一个、也是唯一的一个非军事区，规定该地区“永远不得为战争的目的所利用”。但各缔约国的公民可以自由进入，从事正当的科研、生产和商业活动。北极科学考察的历史和规模都远远超过南极，但直到1990年以前，北极却没有能够形成类似于南极条约体系的统一有效的国际政治或科学框架和组织。20世纪80年代后期，随着北极科学研究活动国际化趋势的发展，在北极圈内有领土和领海的加拿大、丹麦、芬兰、冰岛、挪威、瑞典、美国和苏联，经过四年的艰苦谈判，于1990年8月28日，在加拿大的雷孛柳特湾市签署了《国际北极科学委员会章程》，成立了第一个统一的非政府国际科学组织，国际上称为“八国条约”。北极科学委员会虽然是一个“非政府机构”，但章程条款明确规定，只有国家级别的科学机构的代表，才有资格代表所属国家参加该委员会。1991年1月，该委员会在挪威奥斯陆召开了第一次会议，并接纳法国、德国、日本、荷兰、英国等六个国家为其正式成员国。至此，人类在北极地区的国际科学合作，迈出了具有历史意义的一步。1996年4月23日，国际北极科学委员会通过决议，接受已在北极地区开展过实质性科学考察的中国为其第16个成员国。

【死亡海域】(dead sea area) 导致大量海洋生物死亡的海区。其形成的原因有两种：(1)与气候变暖有关。气候变暖形成大风，促使海洋形成上升洋流，把深海中富含养分但低氧的冷水水体带到海洋表层，促进浮游生物大量繁殖。浮游生物死亡分解又消耗大量的氧。这样，在海面就形成低氧区，从而导致大量海洋生物窒息死亡。(2)农用肥料排入江河，最后汇入大海，导致局部海域(河口附近)水体富营养化，海域污染形成了死亡海域。这种现象已在多个沿海国家海域出现。

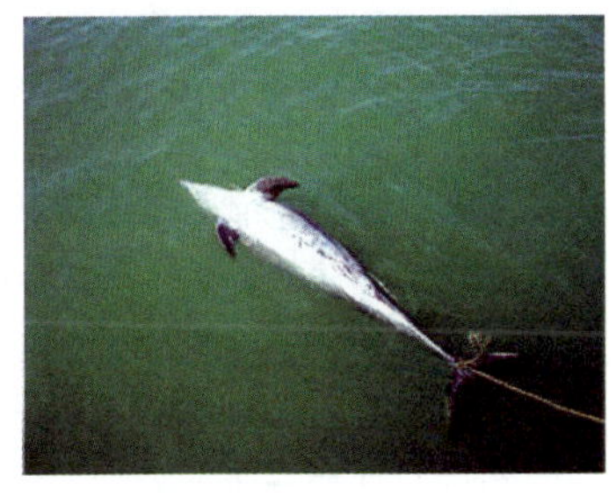

死亡海域

【死亡率】(mortality rate) 在一定期间内，某人群中总死亡人数在该人群中所占的比例。是测量人群死亡危险最常用的指标。死亡率 = 某人群某年总死亡人数/该人群同年平均人口数 × K，K = 100%、1 000‰……。是反映一个人群的总死亡水平的指标。用于衡量某一时期、某一地区人群死亡危险性的大小。既可反映一个地区不同时期人群的健康状况和卫生保健工作的水平，也可为该地区卫生保健工作的需求和规划提供科学依据。

【4C标准】(4C standard) 判别钻石质量的标准。决定一颗钻石品质的四个基本指标为：克拉重(carat)、颜色(color)、净度(claroty)和切工(cut)。四个英文单词的第一个字母均为“C”，所以称为“4C”标准。

【4级生物安全实验室】(biosafety level-4 laboratory) 专门用于开展烈性传染病研究的生物安全防护实验室。是全球生物安全最高级别的实验室。是从事致病性微生物实验的单位。目前中国尚无一家。其安全措施比3级生物安全实验室更严格，研究人员入内不仅要穿全封闭的防护服，还要携带氧气瓶。作为各类传染病菌(毒)研究操作的基本单元，实验室必须有防止致病性微生物扩散的制度和人体防护措施。不同危害群的微生物，必须在不同的物理性防护条件下操作。一方面防止实验人员和其他物品受污染，同时也防止其释放到环境中。

【四次成串刺激】(train of four stimulation，TOF) 以频率2Hz(每0.5s一次)的连续四次超强刺激组合成一组对患者进行刺激监测的方法。在每个刺激脉冲中，TOF法均可对神经肌肉阻滞进行准确、动态性的定性定量监测，且能持续反复进行。当应用去极化肌松药或非去极化肌松药后，根据四次刺激反应高度降低的不同，可用于鉴别两类不同性质的神经肌肉阻滞。此法不仅不能监测深度神经肌肉阻滞，并且超强刺激能引起清醒病人不适与恐惧感。

【四分历】(quarter calendar) 又称后汉四分历。中国东汉章帝元和二年(公元85年)颁布实施的历法。编欣、李梵等创制。规定一年(回归年)为365.25日，一月(朔望月)为29$\frac{499}{940}$日，19个太阴年插入7个闰月，因岁余为四分之一日，故名。因为当时所用的太初历(八十一分法)比四分历斗分大，可见疏阔，经使用一百八十几年后与天象已明显不符，故由编欣、李梵等编订新历，恢复古法。它以文帝后元三年(公元前161年)十一月夜半朔旦冬至为历元，把前代一直沿用下来的冬至点在牵牛初度这个天象数据，经实测改为斗二十一度又四分之一。由此推算，该历法的交气、合朔时刻比太初历提前了四分之三日，从而有利于太初历历法后天现象的校正。其后又经贾逵等人共同讨论和修订，取得了更显著的进步。这个历法后世一般称为"后汉四分历。"四分历用黄道度数来计算日、月的运行和位置；根据实测定下二十八宿距星间的赤道度数和黄道度数、二十四节气的太阳所在位置和昏旦中星、昼夜漏刻、晷表日影的长短等重要数据，并把这些内容列成表格，这也是以往历法所没有的。四分历虽然比起太初历来有了进步，但是它对当时已经发现的月行有迟疾等现象都未曾考虑进去，因而行用了一段时间以后，又不得不改历了。

【四分体】(tetrad) 又称四分子。减数分裂期一对同源染色体配对形成的具有四条染色单体的结构。可分为：(1)顺序四分子。(2)非顺序四分子。(3)不完整的四分子。每个四分体都有两条染色体，两对姐妹染色体，四个DNA分子。由于四分体时期同源染色体相互靠近，再分开时不一定维持染色体原来的形态和组成，有可能发生同源非姐妹染色体之间的交叉互换。这是在染色单体上、也是不久之后染色体上基因重组的原因。借助四分体可进行遗传学分析，为遗传学研究提供重要信息，如基因有无连锁与交换、基因间的重组率与距离、干涉是否发生和基因转换的发生等。

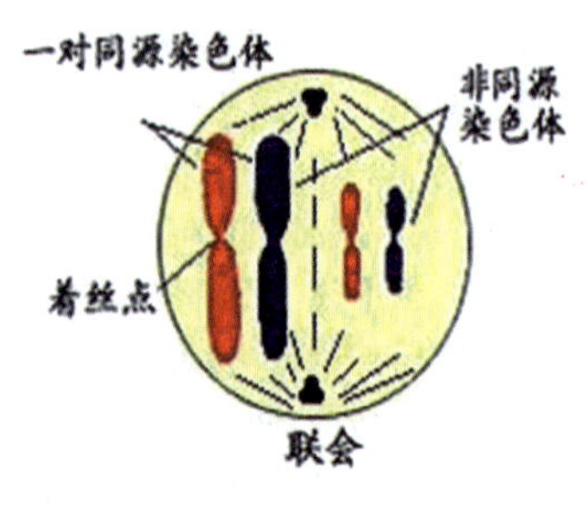

四分体

【四分位数间距】(inter-quartile range) 百分位数 P_{75} 和百分位数 P_{25} 之间的差值。记为 Q。理论上总体中有四分之一的观察值比 P_{25} 小，有四分之一的观察值比 P_{75} 大，因此 P_{75} 和 P_{25} 之间包含了中间50%观察值。是衡量定量资料变异程度的主要指标。Q 越大，意味着数据间变异越大。可用于任何分布的资料，但更常用于偏峰分布资料或者分布末端无确定数值资料离散趋势的统计描述。在统计学上，常把中位数和四分位数间距结合起来描述偏态分布资料的集中趋势和离散趋势。

【四分子】(quarter) 见四分体。

【四缝】(EX-UE10) 中医经外奇穴名。定位：在第二、三、四、五指掌面，近端指关节横纹中点。主治：小儿疳积，小儿百日咳，蛔虫症，小儿消化不良，手指关节炎等。刺法：点刺出血或挤出黄白色透明液。现代研究证明：针刺四缝穴治疗小儿营养不良合并佝偻病，可使患儿血清钙、磷升高，碱性磷酸酶活性降低，钙、磷乘积增加，从而促进骨骼的发育成长。另有报道，以四缝针治小儿蛔虫病，可使患儿小肠分泌功能增强，肠中胰蛋白酶、胰淀粉酶和胰脂肪酶含量升高。

【四个现代化】(the four modernizations) 在中国实现农业、工业、国防和科学技术现代化。1964年12月在第三届中国人民代表大会第一次会议上，周恩来根据毛泽东的建议，在政府工作报告中首次提出，把中国建设成为一个具有现代农业、现代工业、现代国防和现代科学技术的社会主义强国，并宣布了实现四个现代化战略目标的设想。

【四环素类抗生素】(tetracycline antibiotics) 由放线菌产生的一类广谱抗生素。包括金霉素、土霉素、四环素及半合成衍生物甲烯土霉素、强力霉素、二甲胺基四环素等。其结构均含并四苯基本骨架。为抑菌性广谱抗生素，除革兰阳性、阴性细菌外，对立克次氏体、衣原体、支原体、螺旋体均有作用。首选治疗立克次体感染、衣原体感染、支原体感染以及某些螺旋体感染，还可首选治疗鼠疫、布鲁菌病、霍乱、幽门杆菌感染引起的消化性溃疡、肉芽肿鞘杆菌感染引起的腹股沟肉芽肿，以及牙龈卟啉单胞菌引起的牙周炎。使用本类药物时多首选四环素。其不良反应有：(1)消化道反应。(2)肝损害。(3)肾损害。(4)影响牙齿及骨骼的发育，故8岁以下小儿禁用。(5)有局部刺激，故不可肌注，静滴宜充分稀释。(6)过敏反应。(7)使用时间稍长，易致肠道菌群失调。(8)含钙及二价以上金属离子之药物、食物，均可形成络合物而阻碍其利用。

【四环素牙】(tetracycline stained teeth) 由四环素族药物引起的着色牙。其病因是在牙发育矿化期服用四环素族药物，被结合到牙组织内，使牙着色。还可在母体通过胎盘引起乳牙着色。四环素对牙的影响主要是着色，有时也合并釉质发育不全。按其形成阶段、着色程度和范围的不同可分为四个阶段。(1)第一阶段(轻度四环素着色)，整个牙面呈黄色或灰色，且分布均匀，没有带状着色。(2)第二阶段(中度四环素着色)，牙着色的颜色由棕黄色至黑灰色。(3)第三阶段(重度四环素着色)，牙表面可见到明显的带状着色，颜色呈黄灰色或黑色。(4)第四阶段(极重度四环素着色)，牙表面着色深，严重者可呈灰褐色，任何漂白治疗均无效。四环素引起牙着色和釉质发育不全，均只在牙齿发育期给药才能显现出来。如果在6～7岁后再给药，则不致引起牙变色。其治疗方法是：(1)复合树脂修复法。注意磨去唇侧釉质0.1mm或不磨牙。(2)烤瓷冠修复。(3)脱色法可试用于不伴有釉质缺损者。

【四季养生】(health keeping according four seasons) 按照时令节气的阴阳变化规律，运用相应的养生手段保证健康长寿的养生方法。这种“天人相应，顺应自然”的养生方法，是中国养生学的一大特色。按四季的不同其养生原则可分为：(1)春夏养阳，秋冬养阴。所谓春夏养阳，即养生养长；秋冬养阴，即养收养藏。(2)春捂秋冻。(3)注意季节变化，慎避外邪。

【四旁植树】(four-sided planting) 利用路旁、村旁、渠旁和宅旁进行的零星植树和成片造林。中国农村虽一般没有大面积的土地用于造林，但其沟、渠、路旁以及房前屋后零星隙地不少，且水肥条件一般较好。充分利用这些隙地进行植树造林，生产潜力相当可观。对解决农村用材和薪炭有很大作用。并具有改善农区生态环境，保护农作物和美化作用。在四旁植树时应注意树种的选择和造林密度，否则就不能收到良好的结果。四旁植树虽然本身不算一个林种，但是它的重要性以及在林业工作计划中的地位，也相当于一个林种。由于四旁的空间较大，光照充足，土壤肥厚，因此生产潜力较大。据估计，1km路旁两侧单行树的木材产量相当于1hm^{2}较好林地的产量。在平原地区，如果与园田化、水利化相配套的四旁植树形成体系后，就可以实现农田林网化。这无论在保证农田高产稳产方面，还是在生产四料(木料、燃料、饲料与肥料)、增加收入、改善民生等方面，都有很大作用。

四旁植树

【四气】 又称四性。中药术语。寒、热、温、凉四种药性。它反映药物在影响人体阴阳盛衰、寒热变化方面的作用倾向。是说明药物作用性质的重要概念之一。

【四色猜想】(four colored conjecture) 任何平面图G的色数均不超过4，即$\chi(G)\leq 4$。换言之就是，每幅地图是否都可以用4种颜色着色，使得有共同边界的国家着上不同的颜色。它是图论中最著名的猜想之一。世界近代三大数学难题之一。阿佩尔和哈肯于1976年宣称他们已借助于计算机证明了这个猜想。四色问题最早是由英国格思里发现了并于1852年提出来的。凯莱于1879年在英国皇家地理学会的会刊上提出这一问题。不久，肯普发表了第一个“证明”。随之，泰特也提出来一个“证明”。前一个在10年后被希伍德否定，同时他用肯普的方法证明了五色定理：对于平面图G，有$\chi(G)\leq 5$。但在一个世纪之后被塔特否定。四色猜想的研究对于图论的发展已经产生并将继续产生深刻的影响。

【四色印刷】(four colored printing) 用减色法三原色颜色(品红、黄、青)及黑色进行的全彩色复制的平版印刷方法。是常用的彩色印刷方法。是中国大比例尺地图常采用的印刷方法，并有统一的色标。各要素用色规定为：地物、图廓整饰及注记用黑色；水涯线、单线河及注记用蓝色，水部普染部分用100线/2.54厘米15%的中蓝网点；等高线与特殊地貌符号及注记、公路内部普染用棕色；森林普染用100线/2.54厘米的绿色网线或网点。

四色印刷

【四碳植物】(four carbon plant) 又称C4植物。一类碳同化过程的植物。起源于热带地区的植物。它们的碳同化过程，先生成一个比较稳定的具有四个碳原子的草酰乙酸中间化合物，再经过一些变化，放出CO_2，然后再像三碳植物一样，通过磷酸甘油酸发生一系列同化反应，生成碳水化合物。高粱、玉米、甘蔗等都是四碳植物。C4植物主要是那些生活在干旱热带地区的植物。在这种环境中，植物若长时间开放气孔吸收二氧化碳，会导致水分通过蒸腾作用过快的流失。所以，植物只能短时间开放气孔，二氧化碳的摄入量必然少。植物必须利用这少量的二氧化碳进行光合作用，合成自身生长所需的物质。所以，该类型植物的优点是：二氧化碳固定效率比C3高很多，有利于植物在干旱环境生长。C4植物与C3植物的一个重要区别是C4植物的CO_2补偿点很低，而C3植物的补偿点很高，所以C4植物在CO_2含量低的情况下存活率更高。C4型植物有：单子叶植物禾本科、莎草科，双子叶植物菊科、大戟科、藜科和苋科。已经发现的四碳植物约有800种，广泛分布在开花植物的18个不同的科中。它们大都起源于热带。四碳植物能利用强日光下产生的 ATP 推动 PEP 与 CO_2 的结合，提高强光、高温下的光合速率，在干旱时可以部分地收缩气孔孔径，减少蒸腾失水，而光合速率降低的程度就相对较小，从而提高了水分在四碳植物中的利用率。这些特性在干热地区有明显的选择上的优势。

【四碳作物】（C_4 plant） 又称非光呼吸作物。以四碳代谢途径进行光合作用固定二氧化碳的作物。作物在进行光合作用同化二氧化碳时，产生的第一个产物含有四个碳原子的化合物——草酰乙酸。四碳作物固定二氧化碳时有两套相互联系但又空间隔离的机能，即除去有卡尔文循环的一套机能外，还有一套进行四碳代谢的机能。四碳作物一般没有明显的光呼吸现象，其二氧化碳补偿点低，而光合效率较高。栽培作物中属于这一类的作物有玉米、高粱、甘蔗等。

四碳作物

【四维制导系统】（four-dimension guidance system） 又称四维飞行管理系统。在三维（空间）制导的基础上，引入以终端时间为约束条件的制导系统。随着航空事业的发展，机场的拥挤程度日趋严重，高峰期间待降飞机往往需要在空中等30min甚至更长的时间。四维制导系统能在现行交通管制的限定条件约束下，使飞机按最优轨迹飞行，并能精确地控制到达时间，从而减少飞机在空中的等待时间，有效地降低运营成本。目前，四维制导系统还处于试验阶段。

【四诊】（four examinations） 中医术语。望诊、闻诊、问诊和切诊四种诊病方法的合称。四诊必须结合运用，互相参照，才能全面了解病情，为辨证和治疗提供充分的依据。

【四诊八纲】 中国传统医学诊断的基本方法。望、闻、问、切四种诊查疾病的方法为四诊，表里、寒热、虚实、阴阳四对相对立的辨证纲领为八纲。通过四诊对病人作全面检查，并从疾病发展过程中表现出来的症状、体征搜集辨证资料，再通过明确疾病的基本特性，指导对各种疾病的治疗和用药。例如虚证应补，实证宜攻，热证用凉药，寒证用热药。但就整个辨证论治来讲，八纲只是在一定程度上概括了疾病的普遍性，还必须结合脏腑、病因等，才能对疾病作出全面诊断。

【四诊合参】 一种将临床上通过望、闻、问、切四种诊法获得的资料加以归纳、综合分析而得出诊断结果的方法。四诊是从不同角度来检查病情和收集临床资料，各有其独特的方法与意义，不能相互取代。四诊并重，诸法合参，综合收集病情资料，才能确切地判断疾病的病机所在、寒热虚实、标本缓急，正确指导治疗。

【似然比值检验】（likelihood ratio test，LRT） 以似然比作统计量的检验方式。是用来评估两个模型中那个模型更适合当前数据分析。具体来讲，一个相对复杂的模型与一个简单模型比较，来检验它是不是能够显著地适合一个特定的数据集。如果可以，那么这个复杂模型的附加参数能够用在以后的数据分析中。LRT 应用的一个前提条件是这些待比较的模型应该是分级的巢式模型。即相对于简单模型，复杂模型仅仅是多了一个或者多个附加参数。增加模型参数必定会导致高似然值成绩。因此，根据似然值的高低来判断模型的适合度是不准确的。LRT 提供了一个客观的标准来选择合适的模型。为了检验两个模型似然值的差异是否显著，必须要考虑自由度。在 LRT 检验中，自由度等于在复杂模型中增加的模型参数的数目。这样根据卡方分布临界值表，可以判断模型差异是否显著。

【伺服电机】（servo motor） 一种辅助马达间接变速装置。在伺服系统中控制机械元件运转的电动机。内部的转子是永磁铁。转子在此磁场的作用下转动，同时电机自带的编码器反馈信号给驱动器。驱动器根据反馈值与目标值进行比较，调整转子转动的角度。其精度决定于编码器的精度。分为直流伺服电机和交流伺服电机两类。其特点是：(1)可准确控制速度和位置精度。(2)将电压信号转化为转矩和转速以驱动控制对象。(3)可实现不同控制方式的切换，具有输出检测、自动滤波、实时自整定、再生处理等功能。(4)可以和电脑进行通信，进行伺服参数的编辑、设定和各种监视等。伺服电机广泛应用于数控机床、冶金设备、激光加工设备、纺织机械、机器人、遥控飞机、遥控飞船以及军用随动系统等方面。

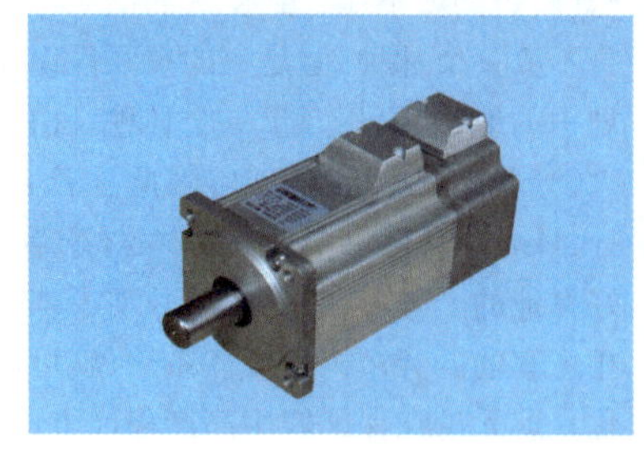
伺服电机

【伺服机构】（servo mechanism） 机电系统

中用于实现自动控制的相关电路与机械机构。在这类机构中,被控量为机械位置或其他物理量对时间的导数。当被控量出现误差时,可立即被伺服机构纠正,保持被控量处于正确的位置或值,保证系统正常运转。最基本的伺服系统包括一个伺服电机和一个伺服驱动器。但使之运转还需要一个上位机构给出伺服驱动器信号,以控制电机运转。伺服机构分交流伺服和直流伺服。交流伺服机构是正弦波控制,转矩脉动小;直流伺服机构采用梯形波,系统结构简单。但随着永磁交流伺服驱动技术的发展,交流伺服机构已成为当代高性能伺服系统的主要发展方向。

【伺服控制系统】(servo control system) 物体的位置、方位、状态等输出被控量能够跟随输入目标的任意变化而变化的自动控制系统。其主要任务是:按控制命令的要求对功率进行放大、变换与调控等处理,使驱动装置输出的力矩、速度和位置的控制灵活方便。最初用于船舶的自动驾驶、火炮控制和指挥仪中,后来逐渐推广到很多领域,特别是自动车床、天线位置控制、导弹和飞船的制导等。其主要目的是:(1)以小功率指令信号去控制大功率负载。火炮控制和船舵控制就是典型的例子。(2)在没有机械连接的情况下,由输入轴控制位于远处的输出轴,实现远距同步传动。(3)使输出机械位移精确地跟踪电信号,如记录和指示仪表等。其控制方式可以分为开环伺服系统和闭环伺服系统两大类。开环伺服系统主要由驱动电路、执行元件和被控对象三部分组成。驱动电路将输入量转化为驱动执行元件所需的信号,执行元件在信号控制下产生相应的动作,带动被控对象随输入量产生相应的变化。闭环伺服系统主要由驱动电路、执行元件、被控对象、检测装置和比较环节五部分组成。检测元件将被控对象实际状况测出并转换成电信号反馈给比较环节。比较环节将反馈量与输入量比较后发出调节信号,经驱动电路推动执行元件动作,使被控对象产生与输入量相应的变化。伺服系统的驱动元件采用步进电机、直流电动机和交流电动机等。常见检测元件有旋转变压器、感应同步器、光栅、磁栅和编码盘等。比较环节按其原理的不同可分为脉冲比较、相位比较、幅值比较和温度、压力、流量比较等。

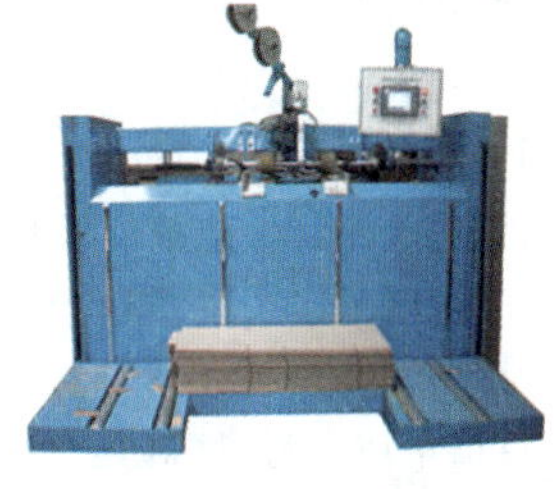
伺服控制系统

【伺服仪表】(servo instrument) 又称闭环仪表。利用伺服系统原理构成的仪表。所谓伺服系统,是使物体的位置、方位、状态等输出被控量能够跟随输入目标(或给定值)的任意变化的自动控制系统。其主要任务是按控制命令的要求、对功率进行放大、变换与调控等处理,使驱动装置输出的力矩、速度和位置控制灵活方便。按照组成原理,飞行器仪表可分为直读仪表、远读仪表、伺服仪表和综合仪表四类。伺服仪表采用伺服机构能够减小摩擦力矩对敏感元件的影响,进行力矩放大,提高仪表测量和指示精度,输出多路信号供各系统使用。伺服仪表也具有远读的特点。

【饲料】(feed) 家畜(禽)食物的统称。凡能被家畜(禽)消化利用且在合理使用下对家畜(禽)体质无毒害的物质。家畜(禽)通过采食饲料,将其中的营养物质转化成经济价值高的畜产品,如乳、肉、蛋、毛、皮等。饲料的适口性、可消化性、利用率和营养价值等是衡量饲料品质的重要指标。为改善饲料的适口性,减少对动物应激,提高畜(禽)产品的质量和产量以及有利于饲料保存等目的,常在家畜(禽)饲料中加入一些非营养性物质,这些物质属于特种饲料(添加剂)。按饲料来源的不同可分为植物性、动物性和矿物质饲料三类。国际上按饲料干物质的营养特性将其分为八大类,即粗饲料、青饲料、青贮饲料、能量饲料、蛋白质饲料、矿物质饲料、维生素补充饲料和添加剂。

【饲料报酬】(conversion efficiency) 又称饲料转化率、饲料增重比。家畜(禽)体重每增加1kg所消耗的饲料量或饲料单位量。可用下列公式计算:(1)饲料报酬=饲料消耗重(kg)/畜(禽)体增重(kg)。(2)饲料报酬=饲料单位消耗量/畜(禽)体增重(kg)。公式(2)更为精确。家畜(禽)每增加体重1kg所消耗的饲料量或饲料单位量越少,则饲料报酬越高;反之,则越低。

【饲料害虫】(injurious insects in feeds) 饲料中对畜禽健康造成危害的虫类的统称。畜禽喂饲受害虫寄生后的饲料或采食时,大量害虫与毒物进入畜禽胃肠中,从而引起畜禽中毒。主要是由于这些害虫可产生一些动物性毒物,如牧草上的蚜虫,可引起猫、牛、马、羊、鸭等中毒。一些仓库螨虫、谷象等也会引起中毒。其主要防治方法是:进

饲料害虫

行饲料干燥或缺氧杀虫,也可在塑料膜内投放磷化铝,熏蒸杀虫等。

【饲料抗氧化剂】(feed antioxidant) 在饲料中添加可防止某些养分氧化的化合物。属非营养性饲料添加剂。饲料中所含的脂肪及脂溶性维生素A和维生素D,在加工储存过程中很易被氧化。在高温季节或在高温潮湿地区,需要使用抗氧化剂,以保证饲料质量不致劣化。饲料中常用的抗氧化剂有二丁基羟基甲苯(BHT)、丁羟基茴香醚(BHA)和乙氧基喹啉、生育酚和抗坏血酸等。

【饲料能力转换效率】(feed energy conversion erriciency) 生产畜产品中所含能量与食入有效能之比。以产品能占食入有效能百分比表示。其计算公式为:

$$饲料能量转化率 = \frac{生产产品能}{食入饲料有效能} \times 100\%$$

上述有效能指消化能和代谢能。产品能占食入消化能百分数是:肉猪18%、肉鸡12%、鸡蛋12%、奶牛27%、肉牛6%。

【饲料添加剂】(feed additive) 在天然饲料的加工、调制、储存和喂饲过程中,加入的各种微量营养性或非营养性物质的统称。其主要功能是促进家畜生长发育,完善饲料营养的全价性,改善饲料的适口性,提高饲料的利用率,保健防病,防止饲料储存期品质劣化和改进畜产品的品质等。按照动物营养学观点,一般将饲料添加剂分为营养性添加剂和非营养性添加剂。前者包括微量元素、维生素和氨基酸添加剂等;后者包括生长促进剂、驱虫保健剂、着色剂、防霉剂和黏结剂等。

饲料添加剂

【饲料系数】(feed coefficient) 又称增肉系数。生产每单位重量水产品所需饲料数量的比值。如在一定时间内对鱼类投喂的饲料或混合饲料的总重量与鱼体在这段时间内所增重量的比值。其计算公式为:饲料系数=总投饲量/总增重量=总投饲量/(起捕时鱼的总重量-放养时的总重量)。饲料的营养效果,还可用饲料效率来表示。其公式为:饲料效率=鱼体增长的重量/所食饲料的重量×100%。饲料营养价值高,配比合理,其饲料系数低,饲料效率就较高。某一种成分固定的饲料,随外界条件(水温、溶解氧)不同,加工投喂方法不同,鱼类种类及年龄等不同,其饲料系数或饲料效率也会相应变化。

【饲料学】(feeding science) 应用动物营养学原理,研究可饲物质的理化特性、生物学效价、生产、加工、储存、卫生、质量控制、标准、法规、饲料数据库管理以及饲料经济等问题的学科。畜牧业与饲料工业的主要科学支柱。其任务在于阐明饲料的分类、物理化学特性、营养价值及其评定方法与原理、饲料营养成分分析方法与原理。

【饲料药物添加剂】(medicated feed additives) 简称饲料添加药。在饲料加工、储存、调配或饲喂过程中为防治疾病、促进生长及提高饲料利用率和质量,而添加的一类微量化学药物。主要有生长促进药和防病保健药,亦包括饲料保存剂(防霉药)和着色剂等。含此类添加剂的配合饲料称为加药饲料,有别于含营养添加剂(维生素、氨基酸等)的配合饲料。前者对生产食品动物存在休药期和允许残留量等问题。按规定,药物必须先制成预混剂,不得直接加入饲料中使用。

【饲料转化率】(feed conversion rate) 又称饲料转化比。生产单位质量畜(禽)产品的饲料消耗量。用比率作为度量单位。是商业常用的生产指标。其表示公式为:饲料转化率=饲料耗用量(kg)/增重或产蛋量(kg)。

【饲料资源】(feed resource) 可用作家畜(禽)饲料的物质资源。一般多指潜在的,待开发的和可利用的天然饲料物质。如各种天然动、植物和矿物质材料,经人工培育产生可作饲料的动、植物新品种,以及各种经适当加工、调制和处理后有望开发作为饲料的加工业副产品和人类生活废弃物等。

【饲养试验】(feeding experiments) 为了某种研究目的,用直接饲养动物和测定其反应的方法进行的试验。有狭义和广义之分。狭义的饲养试验,主要研究某种或某些因子,如种质、饲料、营养、环境、药物及其他处理措施等,在生产条件下对动物生产性能或抗病能力的影响。试验应在尽可能接近于生产的条件下进行。为了明确动物对试验因子的反应,常需应用对比的方法。可以把试验动物分组对比,也可分期或既分组又分期进行对比。为获得准确的结果,需要有科学的试验设计。设计饲养试验有三条基本原则:(1)要有足够数量的试验动物,以减少个体差异对试验结果的影响。(2)进行对比的组合,除了要进行比较的因子外,其他条件应尽可能相同,以免试验结果受其他因素的干扰。(3)应将试验动物随机地分配到对比的各组,不应掺杂主观意图。与试验有关的各种数据要详细、准确地记录，以便最后统计分析。这类试验由于适应面广，在畜牧科学领域被广泛应用。广义的饲养试验则还包括消化试验、代谢试验、比较屠宰试验在内。这些试验一般在实验室条件下进行，要求更为严格。饲养试验常用于评定饲料的营养价值和动物的营养需要。

【松江鲈】(roughskin sculpin) 俗称四鳃鲈、花鼓鱼、媳妇鱼。硬骨鱼纲、鲉形目、杜父鱼亚目、杜父鱼科、松江鲈属。属于中国国家Ⅱ级野生保护动物。一般体长20cm、体重200～350g。头和体前部平扁，向后侧扁而渐细。头大。口大。上颌较长，两颌有绒毛状细齿。两边鳃膜上各有两条橙黄色的斜条纹，似四片鳃叶外露。体无鳞。皮上遍布小突起或皮褶。背鳍2个，基部相连。胸鳍特大而圆，呈扇形。腹鳍胸位。尾鳍后缘稍圆。体深褐色，腹部灰白色，体侧有黑色条纹，头部和背鳍上有黑斑。松江鲈为降海产卵小型鱼类，每年4～6月幼鱼由海溯河生长肥育，栖息于清澈流水的底层。日间潜伏，夜晚活动。幼鱼主要摄食浮游动物，成鱼捕食虾类和小鱼。1龄即达性成熟，而后进行降海产卵洄游。中国四大淡水名贵食用鱼之一。以上海松江县所产者最为著名。个体不大，产量不多，但肉味鲜美，自古被誉为佳品。

【松土机】(loosener) 对地面进行疏松的建筑施工机械。主要由电动机、减速齿轮、行走机构、松土刀、深度调节机构等组成。电动机提供动力，通过联轴器与减速齿轮轴连接。工作部件由刀盘和立式松土刀组成，分为两组，由减速齿轮带动。深度调节机构由手柄、链轮及链条组成。通过改变机架的高度实现松土深度的调节。

松土机

【松牙固定术】(surgical splint) 通过牙周夹板将松动的患牙连接，并固定在健康稳固的邻牙上，形成一个咀嚼群体的一种牙齿固定术。当其中一颗牙受力时，𬌗力就会同时传递到被固定的相邻牙的牙周组织，从而分散𬌗力。是减轻患牙负担的一种治疗方法，旨在调动牙周组织的代偿能力，为牙周组织的修复和行使正常的功能创造条件。按其时间的不同可分为暂时性松牙固定和永久性松牙固定两大类。后者包括可摘式或固定式修复体夹板。该方法适用于轻中度牙周病或伴随少数牙缺失者。其优点是：(1)当其中某一颗牙受力时，咬合力就会分散到邻接牙上，从而避免个别牙受力过大。(2)能重建咬合关系及促进颌骨组织生长，有利于松动牙的长远健康。(3)美观舒适。但应注意必须在牙周病得到有效控制后再行固定，需要定期检查和牙周洁治(半年一次)以确保长期有效控制牙周病。暂时性松牙固定以往多采用不锈钢丝结扎法或不锈钢丝联合复合树脂结扎法，此法存在着夹板易折断、固定后牙面不易清洁、影响美观、制作时间长、费用高等缺点，目前在临床上已经很少使用。松牙固定术的适应证是：(1)外伤引起的松动牙但有保留价值者。(2)牙周常规治疗后仍然松动的前牙。(3)因急性炎症而松动的牙齿，已进行牙周应急处理者。(4)对重度牙周病进行根管内种植术的病例，可辅以牙周夹板。(5)牙周手术前，为预防手术使牙齿松动移位加重，可在术前固定患牙。

【宋锦】(Suzhou damask) 中国四大名锦之一。纯桑蚕丝等彩纬色织显花的锦类丝织物。产于苏州。宋朝时常用于宫廷服装，故得其名。宋锦采用的经纬丝一般有2～3组，均为色丝；花纹图案一般采用在圆形、多边形几何图案中织入传统的吉祥动物、装饰花朵、文字等。织物结构精细，古色古香，淳朴典雅，华丽端庄，光泽柔和，绸面平挺，富有民族特色。主要用作名贵字画、高级书籍的封面装饰，也可用于服装面料。

宋锦

【苏丹红】(Sudan Red) 一种人工合成的红色染料。为亲脂性偶氮化合物。主要包括Ⅰ、Ⅱ、Ⅲ和Ⅳ四种类型。常作为一种工业染料，被广泛用于溶剂、油、蜡、汽油的增色，以及鞋、地板等增光方面。国际癌症研究机构将苏丹红Ⅰ、Ⅱ、Ⅲ和Ⅳ归为三类致癌物，在食品中禁用。苏丹红诱发动物肿瘤的剂量是人体最大可能摄入量的10^5～10^6倍，因此对人体的致癌可能性极小。偶然摄入含有少量苏丹红的食品，引起的致癌危险性不大。但如果经常摄入含较高剂量苏丹红的食品，就会增加致癌的危险性，特别是由于苏丹红的有些代谢产物是人类可能的致癌物。目前，对这些物质尚没有耐受摄入量，应尽可能避免摄入这些物质。

苏丹红

【苏通大桥】(Su Tong Great Bridge) 位于苏州市和南通市之间、沈阳至海口国家重点干线公路跨越长江的重要通道。中国由桥梁建设大国向桥梁建设强国转变的标志性建筑。2003年始建，2008年6月30日通车，历时五年，是中国建桥史上工程规模最大，综合建设条件最复杂的特大型桥梁工程。主要由北岸接线工程、跨江大桥工程和南岸接线工程三部分组成，路线全长32.4km。创造四个世界之最：(1)最大主跨。跨径为1 088m，是当今世界跨径最大的斜拉桥。(2)最深基础。主墩基础由131根长约120m、直径2.5m至2.8m的群桩组成，承台长114m，宽48m，等于一个足球场面积。在40m水深以下厚达300m软土地基上建起，是世界上规模最大，入土最深的群桩基础。(3)最高桥塔。世界上已建的最高桥塔为多多罗大桥224m的钢塔，苏通大桥的桥塔为300.4m的混凝土塔。(4)最长拉索。长达577m，比日本的多多罗大桥拉索长100m。作为桥梁工程方面取得杰出成就的工程项目，苏通大桥获得国际桥梁大会的最高国际大奖。苏通大桥北岸连接盐通高速公路、宁通高速公路和通启高速公路；南岸连接苏嘉杭高速公路，不仅将南通与上海、苏南紧密联系在一起，形成沪苏通小“金三角”，而且拓展了上海对外辐射空间，开辟了新的北南辐射通道。

苏通大桥

【苏绣】(Suzhou embroidery) 中国四大名绣之一。创始于盛产丝绸的苏州吴县一带。苏绣制品图案秀丽，色彩和谐，线条明快，针法活泼，绣工精细，被誉为“东方明珠”。在刺绣的技艺上，苏绣大多以套针为主，绣线套接不露针迹。常用三、四种不同色线或邻近色相配，套绣出晕染自如的色彩效果。苏绣制品要求平、齐、细、密、匀、顺、和、光，涉及装饰画(如油画系列、国画系列、水乡系列、花卉系列、贺卡系列、鸽谱系列、花瓶系列)等，可用于服饰、手帕、围巾、贺卡等。

苏绣

【苏伊士运河】(Suez Canal) 在埃及贯通苏伊士地峡，连接地中海与红海，提供从欧洲至印度洋和西太平洋的最近航线。从1858年开凿到1869年竣工历时11年。运河北起塞得港南至苏伊士城，长195km。河面平均宽度为135m，平均深度为13m。是世界上使用最频繁的航线之一。是亚洲与非洲的交界线。是亚洲与非洲人民来往的主要通道。

【苏州园林】(Suzhou traditional garden) 具有苏州特色的当地古典园林景观。苏州古典园林的历史可上溯至公元前6世纪春秋时吴王的园囿。私家园林最早记载的是东晋(4世纪)的辟疆园。中国历代造园兴盛，名园日多。明清时期，苏州成为中国最繁华的地区之一，私家园林遍布古城内外，素以众多精雅的园林名闻天下。在16～18世纪全盛时期，苏州有园林200余处。现在保存尚好的有数十处。苏州素有“人间天堂”的美誉。作为苏州古典园林典型例证的拙政园、留园、网师园和环秀山庄等，均于苏州私家园林发展的鼎盛时期建造，以其意境深远、构筑精致、艺术高雅和文化内涵丰富而成为苏州众多古典园林的典范。在世界造园史上有其独特的历史地位和价值。苏州园林占地面积小，采用变换无穷、不拘一格的艺术手法，以中国山水花鸟的情趣，寓以唐诗宋词的意境，在有限的空间内点缀假山、树木，安排亭台楼阁、池塘小桥，使苏州园林以景取胜，景因园异，给人们呈现小中见大的艺术效果。苏州园林于1997年被列入世界文化遗产名录。

【素混凝土结构】(plain concrete structure) 普通混凝土材料制作的结构。主要用于承受压力而不承受拉力的结构，如重力堤坝、支墩、基础、挡土墙、地坪、水泥混凝土路面、飞机场跑道及砌块等。一般采用200号以下的普通混凝土。设计时应计算混凝土构件正截面强度，对承受局部荷载的部位还要进行局部承压验算。对偏心受压构件不仅考虑弯矩作用，还要以素混凝土构件的高厚比所规定的纵向弯曲系数进行控制。在结构或构件截面尺寸急剧变化处，均应设置构造钢筋，以防止开裂。根据预制或现浇以及是否配置构造钢筋的不同结构类别以及构件处于室内或露天的条件，按规范规定应设置伸缩缝，以防止因气候影响结构产生裂缝。水工建筑物还应考虑防冻、防渗和防腐蚀等因素。

素混凝土结构

【素数】(prime number) 又称质数。除了1和它本身以外不再有其他约数的正整数。例如2,3,5,7,11,…都是素数。在素数中只有唯一的一个偶素数2,其他都是奇素数。欧几里得在他的《几何原本》中就已经证明,素数有无穷多个。但至今不能写出任意大的素数来,亦找不到一个表达素数的通式来。

【素数判别法】(prime number and the discriminate) 若 a 是一个大于1的整数,而所有 $\leq\sqrt{a}$ 的素数都除不尽 a,则 a 是素数。使用这个判别方法可以大大减少判别素数时的计算工作量。因为通常要判别数 a 是否为素数时,根据素数的定义,要用大于1小于 a 的所有整数逐个进行试除,直到其中所有整数都不能整除 a 时,a 才是素数。本素数判别法省去了判别 a 是否为素数时的不少辛劳。

【速动比率】(quick liquid asscets ratio) 速动资产总额与流动负债总额的比值。反映企业快速偿付流动负债能力的指标。速动资产为流动资产减存货。它包括流动资产中的现金、短期投资、应收票据及应收账款等项目。它们的流动性较好,变现时间短。速动比率是对流动比率的补充。如果流动资产比率高,而流动资产的流动性低,则企业的偿债能力仍然不高。一般要求速动比率在100%以上。不同的行业应该有所差别。中国在20世纪90年代以后已降为0.8:1。

【速冻食品】(quick-frozen food) 在-25℃以下迅速冻结然后在-18℃或更低温度条件下进行储藏运输并长期保存的一类食品。其加工的原料均为新鲜食品,且采用先进的设备和严格的工艺条件。速冻食品可最大限度地保持天然食品原有的新鲜程度、色泽、风味及营养成分。主要种类有速冻水饺、速冻汤圆、速冻馒头、速冻馄饨、速冻粽子等。速冻食品是中国20世纪90年代以来发展最快的食品。但人均消费速冻食品的能力与发达国家相比,尚有很大差距。

【速冻食品3T原则】(frozen food 3T principle) 速冻食品的最终质量取决于在冷藏链中储藏与流通的时间、温度和产品耐藏性原则。时间(Time)、温度(Temperature)和产品耐藏性(Tolerance)英文的第一个字母均是"T",简称"3T"。"3T原则"指出了冻结食品的品质保持所容许的时间和温度之间存在的关系。冻结食品的品质变化主要取决于温度。冻结食品的温度越低,优良品质保持的时间越长。冻结食品在流通中因时间-温度的经历而引起的品质降低具有累积效应和不可逆性。因此,应该对不同的产品品种和不同的品质要求,提出相应的温度和储藏时间的技术经济指标。

【速冻蔬菜】(frozen vegetables) 用极速冷冻法制成的蔬菜制品。指蔬菜的中心温度在30min以内从-1℃降到-5℃再降到-15℃以下的蔬菜制品。否则只能称冷冻蔬菜制品。蔬菜的速冻工艺流程一般是:原料→清洗→去皮→切割→烫漂→冷却→沥水→速冻→装袋→装箱→冻藏。冻结的方法主要采用送风式冻结、间接接触冻结、浸渍和喷淋冻结。使用比较普遍的是送风式冻结。虽然冻结速度较慢,但生产成本较低。送风式冻结使用冷空气作为冷冻介质。采用冷风机使空气流动,提高冻结速度。送风式冻结装置主要有隧道式、流化床式、螺旋式、传送带式等几种。蔬菜冻结一般采用隧道式或流化床式。

【速度】(velocity) 描述物体位置变化快慢和方向的物理量。位移和所历时间之比,称为这段时间内的"平均速度"。如果这一时间段极短(趋近于零),这一比值的极限称为物体在该时刻的速度或"瞬时速度"。速度是矢量。它的方向在直线运动中沿直线方向,在曲线运动中沿运动轨道的切线方向,常用单位为m/s、cm/s、km/h等。在其他研究过程中,各种量随时间变化的快慢、各种过程进行的快慢也称为速度。

【速度传感器】(velocity sensor) 用于检测物体直线或旋转运动的速度的传感器。其特点是:(1)双路信号输出。(2)有极高的响应频率。可测量物体的运动速度和方向。可在高温、高湿、粉尘等恶劣环境中,用于测量齿轮、曲轴、凸轮轴的速度。在机器人及其自动化技术中,速度传感器应用较多。直流测速发电机是目前广泛使用的速度传感器。

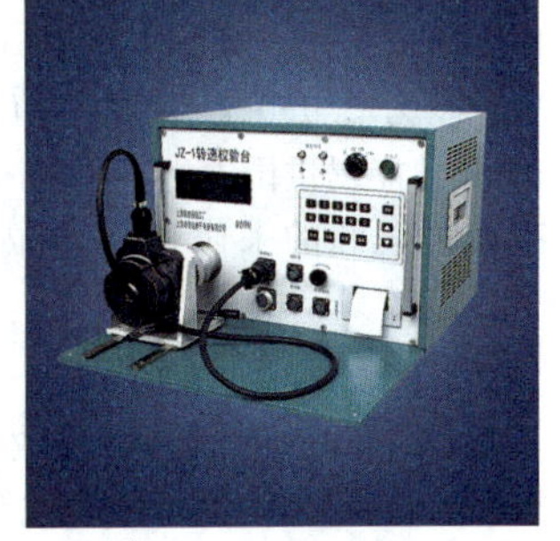

速度传感器

【速断保护】(instantaneous overcurrent protection) 为了克服过电流保护在靠近电源端的保护装置动作时限长,采用提高整定值,以限制动作范围的办法。这样就不必增加时限可以瞬时动作,其动作是按躲过最大运行方式下短路电流来考虑的,所以不能保护线路全长,它只能保护线路的一部分,系统运行方式的变化影响电流速断的保护范围。按速断保护类型的不同可分为:电压速断保护、电流速断保护、变压器差动速断保护和差动保护

【速生丰产用材林基地建设工程】(rapid and rich forest base construction) 中国为快生产、多生产用材林而制定的基地建设规划。新时期六大林业重点工程之一。2002年8月,速丰林基地

建设工程正式开始实施。根据森林分类区划的原则，在现有速生丰产用材林基地建设的基础上，优先安排600mm等雨量线以东范围内自然条件优越，立地条件好，地势较平缓，不易造成水土流失和对生态环境构成影响的热带与南亚热带的粤桂琼闽地区、北亚热带的长江中下游地区、温带的黄河中下游地区（含淮河、海河流域）和寒温带的东北内蒙古地区，具体建设范围涉及河北、内蒙古、辽宁、吉林、黑龙江、江苏、浙江、安徽、福建、江西、山东、河南、湖南、湖北、广东、广西、海南、云南等18个省、自治区的1 000个县（市、区）。工程建设总规模为 $1.333\times10^7hm^2$。其中，浆纸原料林基地 $5.86\times10^6hm^2$，人造板原料林基地 $4.97\times10^6hm^2$，大径级用材林基地 $2.50\times10^6hm^2$。总投资为718亿人民币。整个工程建设期从2001～2015年，分两个阶段，共三期实施。第一期2001～2005年，重点建设以南方为重点的工业原料林产业带，建设面积 $4.69\times10^6hm^2$；第二期2006～2010年，建设面积达到 $9.20\times10^6hm^2$；第三期2011～2015年，共建成速丰林 1.333×10^7 万 hm^2，完成南北方速生丰产用材林绿色产业带建设。根据每公顷年平均生长量 $15m^3$ 计算，全部基地建成后，每年可提供木材13 $337m^3$，可支撑木浆生产能力 1.386×10^7t、人造板生产能力 $2.150\times10^7m^3$，提供大径级材 $1.579\times10^7m^3$。能提供国内生产用材需求量的40%，加上现有森林资源的采伐利用，国内木材供需基本趋于平衡。

【速效肥料】（readily available fertilizer） 其养分易为植物吸收利用见效快的肥料。大多为水溶性的化学肥料，如尿素、氯化钾、重过磷酸钙等。有些弱酸溶性磷肥（如沉淀磷肥）在酸性土壤上施用，肥效较快，也属于这类肥料。易于分解腐熟的有机肥料，如人粪尿、饼肥等亦属速效肥料。速效肥料肥效持续时间一般较短，可作基肥和追肥。硫酸铵等化学肥料还可作种肥。尿素、磷酸二氢钾和水溶性微量元素肥料又可作根外追肥。

【宿根花卉】（perrennial flower） 植株地下部分宿存越冬而不形成肥大的球状或块状根，次春仍能萌蘖开花并延续多年的花卉。种类繁多。花色丰富艳丽。适应性强，对土壤的要求不高，如菊花等。根系较一二年生花卉强。耐旱。可供多年观赏。是园林布置的重要品种。

宿根花卉

【塑化】（plasticization） 塑料在注塑机料筒内经过加热、混料等作用后，由松散的粉状颗粒或粒状的固态转变成熔融状态并具有良好的可塑性的工艺过程。不同品种、不同牌号的塑料，其塑化的温度也不同。过高或过低都会造成塑化不良或塑料分解。温度设定过高会造成物料过塑化，其组分中部分分子量较低的成分会分解、挥发；温度过低其组分中各分子间没有完全熔合，组分结构不牢固。而喂料比例太大造成物料受热面积和剪切增大，压力增大，易引起过塑化；喂料比例太小造成物料受热面积和剪切减小，会造成欠塑化。无论是过塑化还是欠塑化，都会影响塑件的质量。

【塑化压力】（plasticization pressure） 见背压。

【塑料】（plastic） 利用单体原料以合成或缩合反应聚合而成的具有塑性性质的材料。其优点是：(1)抗腐蚀能力强，不与酸、碱反应。(2)制造成本低。(3)耐用，防水，质轻。(4)容易被塑化制成不同形状。(5)良好的绝缘体。(6)可以用于制备燃料油和燃料气。塑料从大的方面可分为热固性塑料和热塑性塑料。前者无法重新塑造使用；后者可一再重复生产。按其使用特性的不同可分为：(1)通用塑料。(2)工程塑料。(3)特种塑料。按其成型方法的不同可分为：(1)膜压塑料。(2)层压塑料。(3)注射塑料。(4)挤出塑料。(5)吹塑塑料。(6)浇铸塑料。(7)反应注射塑料。在工程建设、机械制造、装修装饰等领域广泛应用。

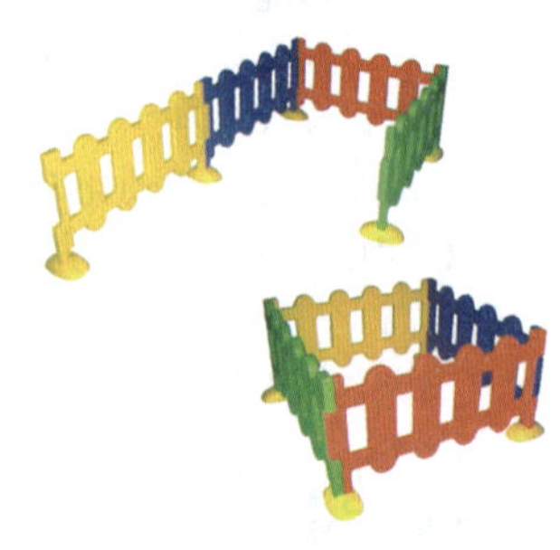
塑料制品

【塑料薄膜】（plastics film） 可熔或可溶的聚合物通过成型加工变成柔软、均匀、非常薄的片层材料。与长度和宽度相比厚度极小，可随意限定最大厚度的薄而平、软而透明或半透明的塑料制品，多以卷状提供。通常软质塑料薄膜的厚度不大于0.254mm，最薄的可达几个微米。硬质塑料薄膜则不大于0.07mm。厚度超过0.25 mm的通常称为片材。许多合成树脂都可制成塑料薄膜，但产量和用量最大的是聚乙烯和聚氯乙烯薄膜。可用压延法、挤出吹塑法、T形机头

塑料薄膜

挤出法、挤塑拉伸法和流延法等工艺生产，但以压延法和挤出吹塑法应用为广。主要用作各类包装材料、农用薄膜、电绝缘材料、感光胶片基材等。

【塑料大棚】(plastic house) 用塑料薄膜覆盖的大型拱形棚。棚高一般2～3m，宽6～15m，长40m。单棚面积300～1 000m²。造型上可分为拱圆形和屋脊形两种。可以是单栋的，也可以由两栋或两栋以上连接在一起成为连栋大棚。生产中应用最普遍的是拱圆形单栋大棚。其骨架常用钢材、钢筋混凝土、竹、木、硬质塑料等制成。投资少，建造容易，设备简单，取材方便，透光好，升温快，空间大，便于田间操作管理。主要热源是太阳辐射热。由于棚大，外部一般没有覆盖物，因此棚内温度随天气变化大。棚内不同部位的光照和温度状况有差异，这与棚的方位、结构等有关。气密性强。棚内空气湿度和土壤湿度大。由于施肥、农药、棚膜的使用以及作物呼吸等，气体组成变化大，有害气体含量高，要注意通风换气。生产上应注意轮作倒茬，合理施肥，夏季撤掉棚膜进行雨水淋溶，防止发生连作障碍。主要用于春早熟栽培、夏季避雨栽培、秋延后栽培和耐寒蔬菜越冬栽培等。

塑料大棚

【塑料地板铺贴工艺】(plastic floor tiling process) 塑料板装饰铺贴的施工技术。其施工要点是：基层应达到表面不起砂、不起皮、不起灰、不空鼓和无油渍。手摸无粗糙感。不符合要求的，应先处理地面。弹出互相垂直的定位线，并依拼花图案预铺。基层与塑料地板块背面同时涂胶，胶面不粘手时即可铺贴。块材每贴一块后，将挤出的余胶要及时用棉丝清理干净。铺装完毕，要及时清理地板表面，使用水性胶粘剂时可用湿布擦净，使用溶剂型胶粘剂时，应用松节油或汽油擦除胶痕。地板块在铺装前应进行脱脂、脱蜡处理。对于相邻两房间铺设不同颜色、图案塑料地板，分隔线应在门框踩口线外，使门口地板对称。铺贴后3天不得上人。PVC地面卷材应在铺贴前3～6天进行裁切，并留有0.5%的余量。

【塑料电镀】(plating on plastic) 在塑料制件上电沉积金属镀层的方法。其工艺过程为：塑料工件→去除应力→除油→水洗→粗化→除铬→清洗→敏化→活化→清洗→解胶→水洗→化学镀→清洗→电镀。按电镀过程的不同可将上述步骤分为化学镀前表面处理、化学镀和电镀三个部分。塑料制品电镀不仅可提高其装饰效果，而且，也能更好发挥塑料自身的特性，并提高制品的导电性能、导热性能及耐磨性能。用品质优良、价格较低的塑料制品代替金属材料，不仅可以降低生产成本，而且可减轻产品重量。因此，在要求电性能好的电子电器领域，塑料电镀制品越来越受欢迎。可电镀的塑料种类很多，如ABS塑料、PP塑料和聚丙烯、改性聚苯乙烯塑料等。

塑料电镀

【塑料合金】(plastic alloy) 为提高塑料的某种性能而采用两种或两种以上不同种类的树脂或橡胶以一定的方式混合而制成的一种新塑料。典型的塑料合金，如聚碳酸酯，综合性能好，具有优良的力学性能、电性能和较高的耐热及耐寒性，并且透明度高；其缺点是加工性能差，制品内应力大，易开裂，价格较高。PC/ABS合金则具有更高的耐冲击强度和优异的耐热性，因而明显地改善了加工性能，避免了开裂现象。其制品流动性和着色性优于ABS。塑料合金广泛应用于汽车仪表盘、内部装饰部件、

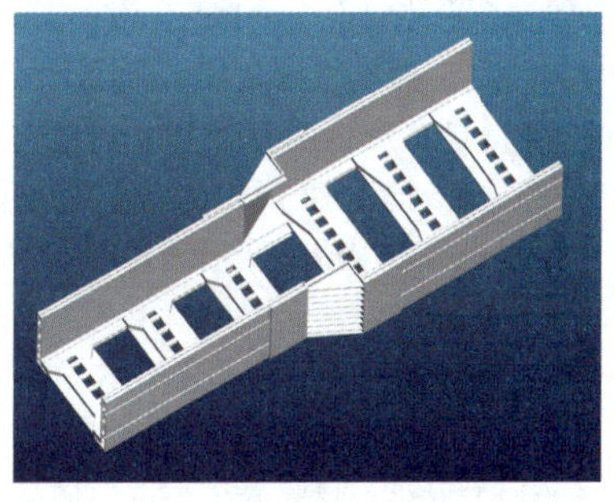
塑料合金

【塑料模具】(plastics mould) 成型塑料制件的模具。办公机器，如复印机、计算机外壳、键盘等。塑料模具是工业生产的重要工艺装备。由于用塑料模具加工成型塑料制件，具有生产高效、质量好、节约原材料和能源、成本低等一系列优点，已成为当代工业生产的重要手段和工艺发展方向。塑料模具不一定需要较贵的模具钢，有时用45#钢即可。

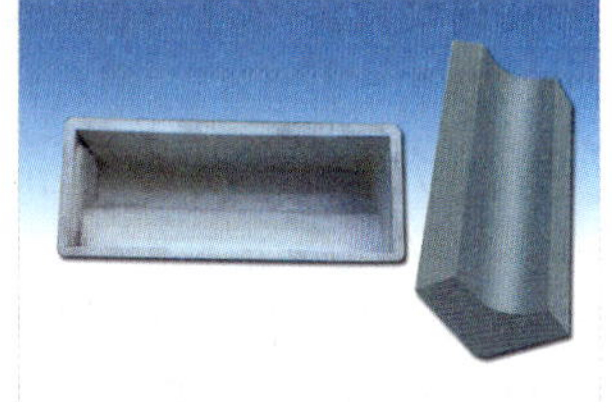
塑料模具

【塑料排水板法】(draining off water by plaslic plate) 按一定间距将排水板打入软土

中，通过施加预压荷载使地基中的超静水压力随即进入最近的排水板，从而加速软土固结的软土地基处理方法。排水板由滤膜和板芯组成。滤膜用以隔土和渗水；板芯的齿槽为排水通道。塑料排水板芯带的材质应为聚乙烯、聚氯乙烯或聚丙烯。滤膜的材质应为涤纶或丙纶等无纺织物。塑料排水板具有一定的强度和延伸率，适应地基变形的能力强。塑料排水板法具有打设简便、施工快、工期较短、造价低、工程质量稳定等优点。已经广泛应用于公路、铁路、港口、工民建等建设工程的地基加固工作。

【塑料王】（polytetrafluoroethyle） 见聚四氟乙烯。

【塑性】（plasticity） 在应力超过一定限度的条件下，材料或物体不断裂而继续变形的性质。工程上一般以延伸率或断面收缩率作为材料的塑性指标。通常将延伸率大于5%的材料划归为塑性材料。对大多数工程材料来讲，当其所受的应力水平达到屈服极限之后，随即进入塑性变形阶段。像冲击韧性那样，塑性也是材料抵抗脆性断裂的主要指标之一。

【塑性变形】（plastic deformation） 又称范性形变。一种不能恢复原状的变形。当金属受力的作用时，起初发生弹性变形。当应力达到一定大小时，即过渡到塑性变形。此时去除外力，也不能恢复变形前的状态。塑性变形通过滑移和孪生两种方式进行。

【塑性加工】（plastic processing） 材料在一定温度下通过锻压机械施加压力使其发生塑性变形的加工方法。材料发生不可复原的变形，称为塑性变形。塑性加工包括锻造、冲压、轧制、挤压、拉拔等生产工艺。现代塑性加工包括：(1)将不连续的工艺改进为连续工艺，如发展连铸连轧、型材连续轧制、连续冲压等。(2)采用高精度、高效益的无切削成型技术，如精密模锻、冷锻、精冲、等温锻造、超塑成型等。(3)探索新型合金和工程材料的成型技术等。

【塑性力学】（plastic mechanics） 固体力学的一个分支。研究物体超过弹性极限后所产生的永久变形及其与作用力之间的关系、物体内部应力和应变的分布规律的一门学科。塑性力学和弹性力学的区别在于，塑性力学考虑物体内产生的永久变形，而弹性力学不考虑；和流变学的区别在于，塑性力学考虑的永久变形只与应力和应变的历史有关，不随时间变化，而流变学考虑的永久变形则与时间有关。塑性力学在工程技术中有广泛的应用。例如研究如何发挥材料强度的潜力，如何利用材料的塑性性质合理选材，制定加工成型工艺及塑性成型工艺等。塑性力学理论还用于计算材料的残余应力等。

【塑性脂肪】（plastic fat） 固液两相比例适当，且不随温度（0～40℃）变化而发生太大变化的具有塑性的脂肪。制造人造奶油、起酥油、糖果脂等食品专用油脂的基料油脂。决定其塑性的因素是：(1)固体脂肪指数。即在一定温度下脂肪中固体和液体所占份数的比值，可以通过脂肪的熔化曲线来求出。此指数太大或太小，油脂的塑性都比较差，只有固液比适当时，油脂才会有比较好的塑性。(2)脂肪的晶形。β′晶形的油脂其塑性比β晶形的要好。这是因为β′晶形中脂分子排列比较松散，存在大量的气泡，而β晶形分子排列致密，无气泡存在。(3)熔化温度范围。熔化温度范围越宽，脂肪塑性越好。

【溯河洄游】（anadromous migration） 某些水产动物在性成熟时从海中向原出生的江湖水域所做的洄游。部分海产鱼类性成熟时，在性激素刺激作用下，为寻求适宜的产卵场，常集成大群，在一定季节，沿一定路线，进入江河生殖。生殖结束后，部分种类仍回归海洋，部分旋即死去（香鱼等）。在溯河洄游季节，常形成重要的鱼汛期。中国重要的溯河洄游鱼类逐渐减少，主要有银鱼、香鱼、鲚、鲥和鲑鱼等。

溯河洄游

【酸】（acid） 与碱相对应。在电离时生成的阳离子全部是氢离子（H^+）的化合物。一般有腐蚀性。能与金属、金属氧化物和盐反应。和碱发生中和反应。能使酸碱指示剂变色。按其在水溶液中电离度大小的不同可分为：(1)强酸。(2)弱酸。按其组成的不同可分为：(1)无机酸。(2)有机酸。按其电离出的氢离子数目的多少可分为：(1)一元酸。(2)二元酸。(3)多元酸。常见酸的酸性由强到弱依次为：(1)强酸，包括高氯酸、氢碘酸、氢溴酸、盐酸、硫酸、硝酸、碘酸。(2)中强酸，包括草酸（乙二酸）、

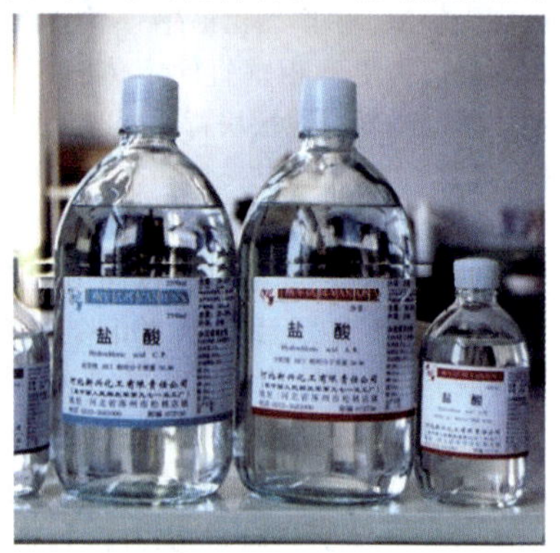

无机酸

亚硫酸、磷酸、丙酮酸、亚硝酸。(3)弱酸,包括柠檬酸、氢氟酸、苹果酸、葡萄糖酸、甲酸、乳酸、苯甲酸、丙烯酸、乙酸、丙酸、硬脂酸、碳酸、氢硫酸、次氯酸、硼酸、硅酸、苯酚。酸的用途很广。几乎重要的工业生产都要使用各种酸。酸对于人体的生理活动也至关重要,人的体液必须保持一定酸度。

【酸度计】(acidometer) 利用电位法测定溶液 pH 的仪器。当一对电极(一个指示电极如玻璃电极,一个参比电极如饱和甘汞电极)浸在溶液中时,它们产生的电位差值与溶液的 pH 有关。保持参比电极的电位恒定,则指示电极的电位随溶液的 pH 而改变。与电位差值改变相应的 pH,直接在仪表上显示出来。用此法测定溶液的 pH 值时,精密度较高,误差不超过 ±0.01 ~ ±0.02。

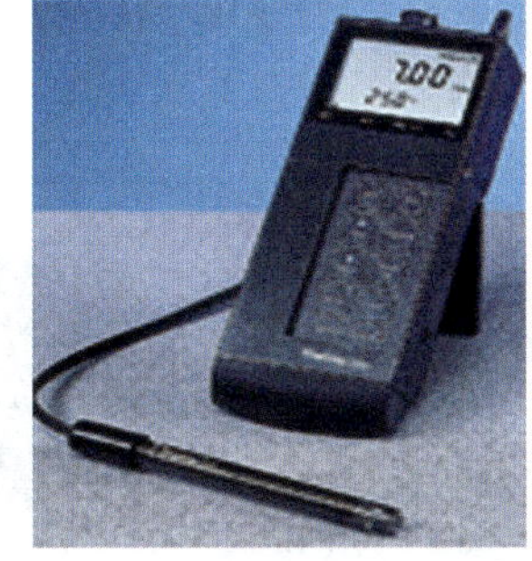

酸度计

【酸价】(acid value) 在油脂中游离的脂肪酸的含量。通常用中和 1g 油脂中的游离脂肪酸所需的 KOH 的毫克数表示。油脂在氧化过程中可降解产生游离脂肪酸和低级脂肪酸。对其测定,可在一定程度上了解油脂发生的状况。油脂中的酸价比例超过国家规定的质量标准称为酸价超标。引起酸价超标的原因有:(1)制造工艺不规范。(2)储存时间过长。中国食用油标准中规定了油脂的酸价和过氧化值的限量。例如色拉油卫生标准规定:酸价要小于或等于3。酸价超标的食用油,营养价值降低,对健康造成不利影响,严重的还会引起食物中毒。

【酸碱平衡】(acid-base balance) 健康人体血液的 pH 值保持在恒定范围(pH 值为 7.35 ~ 7.45)达到生理平衡的现象。是保障人体健康的必要条件。pH 值为 7 时是中性,所以血液是中性偏碱。人的体液,包括血液、细胞内液和细胞外液都必须保持适宜的酸碱度,才能维持正常的生理活动。一般情况下,人体具有自动缓冲系统,能自己调节好酸碱关系。但这种缓冲能力是有限的。在日常生活中,如果各种食品搭配不当,容易引起人体生理上酸碱平衡失调。人体血液中 pH 值高于7.45,称为碱中毒;pH 值低于 7.35,称为酸中毒。如酸性食品摄入量偏多,超过了人体酸碱平衡的调节能力,人体酸碱平衡就会遭到破坏,造成体内酸碱失衡甚至出现酸中毒反应。这就是常说的酸性体质。酸性体质有多种危害。它是产生高血压、糖尿病、心脏血管疾病、高血脂、痛风、癌症等疾病的主要根源之一。酸碱失衡还会影响孩子的智商。在日常生活中一定注意膳食的合理搭配。

【酸碱平衡失常】(disturbance of acid-base balance) 人体体液 pH 的异常变化。恒定的酸碱平衡是保持机体正常代谢和功能的重要条件。在生命活动中,体内不断生成或经常从外界摄入酸碱物质,以保持血液 pH 值衡定在 7.35 ~7.45 之间。但在疾病状态下,体内酸碱物质的增加或减少超过了机体的代偿调节能力,或酸碱调节机制发生障碍时,就破坏了体液酸碱度的相对稳定。按体液酸碱平衡失常原因的不同可分为代谢性酸、碱中毒及呼吸性酸、碱中毒。代谢性酸中毒是指细胞外液 H^+ 相对过多,代谢性碱中毒是指细胞外液 HCO_3^- 相对过多;呼吸性酸中毒是指 CO_2 排出过少;呼吸性碱中毒为大量 CO_2 从肺部大量丢失所致。体内酸性物质有可经肺排出的挥发酸—碳酸;可经肾排出的固定酸—包括硫酸、磷酸、尿酸、丙酮酸、乳酸、三羧酸、β—羟丁酸和乙酰乙酸等。体内碱性物质主要来源于氨基酸和食物中有机酸盐的代谢。机体酸碱平衡调节的机制主要包括血液缓冲系统、肺呼吸、肾脏排泄和重吸收以及细胞内外离子交换等。

【酸碱质子理论】(proton theory of acid and base) 由丹麦科学家布朗斯台德(Brönsted JN)和英国科学家劳瑞(T. M. Lowery)提出的用质子解释酸碱的理论。认为酸碱反应的实质是物质之间的质子转移,给出质子的物质为酸,或称作 Br. nsted 酸,如 HCl、NH_4^+;接受质子的物质为碱,或称作 Brönsted 碱,如 OH^-、NH_3。酸和碱具有共轭关系。酸给出质子变成其共轭碱,碱接受质子变成其共轭酸。按此理论,酸碱既可以是分子,也可以是离子,既可以存在于水中,也可以存在于非水溶液和气体中。

【酸蚀低倍试验】(acid attack macro test) 又称低倍试验、酸蚀试验。将制备好的金属试样用盐酸腐蚀,以显示其宏观组织的方法。一种宏观检验方法。是检查和评定钢坯、钢材及钢件质量的常用方法。简单易行,不需要特殊设备。通常取横向试样,有特殊要求时取纵向试样。在酸蚀后的试样上可发现各种皮下及内部缺陷。如疏松、偏析、气泡、翻皮、缩孔残余、夹杂、裂缝、白点和折叠等。金属与合金的不均匀性及缺陷之所以能在酸蚀后被显示出来,是因为它们被酸液浸蚀的速度及程度不同。根据酸液的温度不同可分为冷酸蚀和热酸蚀试验。冷酸蚀即在室温下试验。通常热酸蚀试验温度为 65 ~80℃。通用酸液成分为 50% 工业盐酸的水溶液。酸蚀时间视钢种的不同而不同。相关检验标准中有评级图供对照评级。炼钢厂也常把铸锭沿纵向中心面剖开，用酸液进行腐蚀，来检查缺陷和制造工艺的问题。用电解腐蚀试验可代替热酸蚀试验。用≤30V低压交流电解来促进钢在酸液中的腐蚀作用，优点是，不仅可以用较稀的盐酸在室温下进行试验，而且可以缩短腐蚀时间，改善劳动条件。

【酸性底吹转炉炼钢法】(acidic bottom-blown convertor smelting steel) 又称贝色麦法。用酸性炉衬，空气从炉底风眼吹入的大规模炼钢方法。英国冶金学家贝色麦所发明。对生铁成分要求较严，须含有足够的硅以供应吹炼所需热能，硫和磷含量也必须在限度以下。在吹炼初期，硅和锰迅速氧化，接着碳大量氧化沸腾。待碳降至所需含量时，停吹出钢。一般吹炼时间约15min。

【酸性食品】(acidic food) 食物中含非金属硫、磷、氯等元素的总量较高、在体内经代谢最终产生酸性物质使体液相对呈弱酸性的食品。高蛋白食物一般是酸性食品，因为蛋白质中的含硫氨基酸中的硫在体内氧化之后即成硫酸。常见的酸性食物有：鱼、贝、虾、蛋、禽、谷类和硬果中的花生、核桃、榛子，以及水果中的李、梅。酸性食品的酸性大小依次为：鱼、肉、蛋、糙米、大麦、精米、面粉。

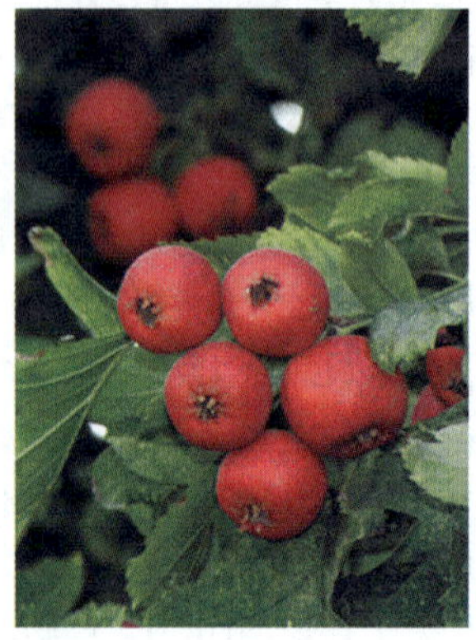
酸性食品

【酸性土花卉】(ornamental plants grown in acidic soil) 在土壤的pH值为4.0~6.5条件下生长良好的花卉植物。如八仙花、杜鹃花、蕨类、野菊、百合、兰科植物。其中，如八仙花原产中国，花大色美，是长江流域著名观赏植物。不耐寒。为短日照植物，每日10h以上置黑暗中，约6周即可形成花芽。适生于湿润肥沃、排水良好的酸性土壤。八仙花扦插繁殖不要使用海砂及盐碱地区的河砂，因为它们不适合此种花卉植物的生长。

酸性土花卉

【酸性岩】(acidic rock) 在全碱－二氧化硅分类中指SiO_2含量大于63%的一类岩石。火成岩的一个大类。但通常指SiO_2含量大于或等于70%的岩石。该类岩石色浅，硅铝浅色矿物含量远大于深色矿物。浅色矿物以钾长石、酸性斜长石和石英为主。其中石英的含量约占整个岩石的四分之一到三分之一。深色矿物主要是黑云母。常见的酸性岩有：深成岩有花岗岩、花岗闪长岩，浅成岩为花岗斑岩，火山岩为流纹岩。与酸性岩有关的矿产主要有钨(W)、锡(Sn)、钼(Mo)、铋(Bi)、铜(Cu)、铅(Pb)、锌(Zn)、铁(Fe)、铀(U)及稀有元素等多种金属矿产。

花岗岩山体

【酸性纸】(acidic paper) 在酸性条件下制成的纸。为了克服书写时的洇水性，在纸张生产过程中采用了松香和矾土(硫酸铝)的施胶工艺，使纸张显酸性。酸性纸以木浆和草浆的混合浆为原料，耐久性较差，绝大多数保存不超过50年，时间长久，纸面会变黄、发脆，容易破损。一般新闻纸属酸性纸。

【酸雨】(acidic rain) 酸性强于正常雨水的降水。pH值小于5.6。煤炭燃烧排放的二氧化硫和机动车排放的氮氧化物是形成酸雨的主要因素。气象条件和地形条件也是影响酸雨形成的重要因素。酸雨对自然资源、生态系统、材料、森林、湖泊、土壤、地表水、地下水、建筑物、文物古迹、大气能见度、水生生物和公众健康等都有很大危害。

【酸浴多级闪蒸装置】(acid bath multiple flash evaporator) 采用多级装置，靠溶液自身热能蒸发，将纤维素在还原过程中生成的水分除掉的设备。在黏胶纤维纺丝中，纤维素还原过程中的碱纤维素和凝固浴中的硫酸反应生成硫酸钠和水，破坏了凝固浴液的合理组成，须把这部分水蒸发除去。采用多级闪蒸装置用0.28~0.3t蒸汽就可以蒸发掉1t水，一次性地把酸浴加热

酸枣仁

到 102～105℃，然后逐级在各个蒸发室蒸发。多级闪蒸装置有 6 级和 11 级。由一系列的酸浴预热器和加热器，包括多个蒸发室在内的蒸发器、混合冷凝器、真空泵、蒸汽喷射泵组成一套完整的装置。酸浴的成分由硫酸、硫酸钠、硫酸锌和水组成，腐蚀性很强。为了防腐，预热器、加热器和蒸发器都用橡胶衬里，换热管采用石墨管。多级闪蒸装置的生产能力有 6t/h、7.5t/h、10t/h、12t/h、15t/h、20t/h。

【酸枣仁】（suanzaoren） 又称枣仁。中药名。药性：甘、酸、平。归心、肝、胆经。功效：养心益肝，安神，敛汗。用于虚烦不眠、惊悸多梦；体虚多汗、津伤口渴。用法与用量：9～15g，煎服。

【酸值】（acid value） 中和 1g 有机物中所含的游离脂肪酸所需的氢氧化钾的毫克数。用 mg KOH/g表示。有机物酸度的一项重要指标。酸值可分为强酸值和弱酸值，两者合称总酸值。人们通常说的酸值指总酸值。酸值主要用于油脂和蜡的测定，也用于肥皂、涂料、树脂、石油产品等的测定。酸值的大小反映了油脂的新鲜程度，即酸值越大，油脂的腐败程度越严重。

【蒜黄】（yellow garlic sheet） 在一定时期内受人工措施控制不接受日光的照射并在适当的温、湿度条件下培育出来的嫩黄叶片蒜苗。是黄化的大蒜幼苗的简称。品质好的蒜黄应柔软细嫩，植株肥壮，叶蜡黄色，叶尖稍带浅紫色，基部嫩白，叶尖不烂、不干，富有清香味，辣味不浓。蒜黄的产值较高。栽培蒜黄时应选用大瓣品种，以求发芽快，生长粗壮，产量高。选种时剔除冻、烂、伤、弱的蒜瓣。蒜黄主要在冬春低温季节栽培。多采用保温性能较差的塑料大棚、小拱棚、风障畦、空室、菜窖或在流水的河滩地、泉水地旁进行。在保护地内挖 30～40cm 深的栽培床，床宽 12～15m。在室内可用砖砌成 0.5～0.6m 的长方形栽培池。在河滩或泉水边，可挖成 1～1.5m 深的栽培地。栽培蒜黄可用细沙或砂壤土。在栽培床内铺沙或土 3～6cm，摊平。蒜黄可在 10 月上旬到翌年 3 月下旬连续不断地播种和收获。从种到收获，在适温条件下约 20～25 天。可根据上市期确定播种期。

蒜黄

【算法复杂性】（complexity of algorithm） 对算法效率的度量。在评价算法性能时，复杂性是一个重要的依据。算法复杂性的程度与运用该算法所需要的计算机资源的多少有关。所需要的资源越多，表明该算法的复杂性越高；所需要的资源越少，表明该算法的复杂性越低。算法复杂性的度量，包括计算复杂性、时间复杂性、空间复杂性等内容。计算复杂性描述算法从输入到输出结果，这个过程包含主要计算操作的次数所表现的数量及度量。时间复杂性是描述算法有效性的一个主要度量。从输入到输出结果，时间的长短与解决问题的规模直接相关，还有算法在实施过程中所涉及的初等操作的总数来度量。空间复杂性是算法从输入到输出所涉及存储的规模。问题的复杂性是对一类组合优化问题的复杂程度的度量。因此，它不能由此类问题的一个特别具体问题来度量，必须由此类问题中有效性最差的问题去度量。

【算术基本定理】（arithmetic fundamental theorem） 又称素数唯一分解定理。每个正整数 $a(a>1)$ 均可以分解成素数因数的连乘积。若不考虑这些素因子的大小排列顺序的话，这种分解是唯一的。若 a 本身就是素数 p，定理显然正确。当 a 是复合数时，也不难用反证法证明结论成立。即 $a=p_1p_2\cdots p_n$，其中 $n\geqslant 2$，p_i 为素数。若把彼此相同的素因数用幂的形式表示，则这种分解可写成唯一的形式：$p_1^{a1}p_2^{a2}\cdots p_n^{an}(n\geqslant 1)$。此式称为正整数 a 的标准分解式。例如，$a=180=2^2\times 3^2\times 5$；$a=2\,520=2^3\times 3^2\times 5\times 7$；$a=10\,725=3\times 5^2\times 11\times 13$。算术基本定理是数论中最基本的命题。理论上，它是论证数论乃至数学中许多其他命题的基础和出发点。实用上，把正整数进行素因数分解可用于求若干正整数的最大公因数和最小公倍数。

【算术均数】（arithmetic mean） 又称均数。将所有观察值相加，除以总例数所得的值。总体均数用希腊字母 μ 表示，公式为：

$$\mu=\frac{\Sigma X}{N}$$

N 为总体中的观察单位数；样本均数用 $\bar{X}$ 表示，其公式为：

$$\bar{X}=\frac{\Sigma X}{n}$$

n 为样本中的观察单位数。均数适用于正态分布资料集中趋势的统计描述，此时均数位于分布的中心，能反映全部观察值的平均水平。

【算术逻辑部件】（arithmetic logical unit） 见运算器。

【随机存取存储器芯片】（random access memory chip） 可随机地对给定地址的存储单元进行写入和读出操作的半导体存储器芯片。随机存取存储器由存储单元阵列和外围电路组成。前者存储数据，后者对给定地址所选择的存储单元进行读写操作控制。根据数据存储方式的不同可分为静态和动态两种。当机器电源关闭时，存于其中的数据会丢失。

随机存取存储器芯片

【随机化】（randomization） 采用随机的方式，使每个受试对象都有同等的机会被抽取或分配到不同的实验组和对照组。随机体现在三个方面：(1)抽样的随机。使每个符合条件的对象被抽取的机会相等，从而保证样本的代表性，使实验结论更有普遍意义。(2)分组的随机。即每个受试对象被分配到各组的机会均等，以提高组间的可比性。(3)实验顺序的随机。每个受试对象接受处理先后的机会相等，使实验顺序的影响也尽可能达到均衡。其意义是：使大量难以控制的非处理因素在试验组和对照组的影响相同，并可归于实验误差之中；也是对资料进行统计推断的前提，各种统计分析方法都是建立在随机化基础之上的。

【随机接入】（random access） 一种在计算机网络中使用的信道共享技术。该技术可以使所有用户都可以根据自己的意愿随机地向信道上发送信息。当两个或两个以上的用户都在共享的信道上发送信息的时候，就产生了冲突，它将导致用户的发送失败。随机接入技术主要就是研究解决冲突的网络协议。随机接入实际上就是争用接入，争用胜利者可以暂时占用共享信道来发送信息。随机接入的特点是：(1)站点可随时发送数据。(2)争用信道。(3)易冲突，但能够灵活适应站点数目及其通信量的变化。典型的随机接入技术有随机访问或者竞争发送协议（Aloha）、载波侦听多路访问（CSMA）、载波侦听多路访问/冲突检测方法（CSMA/CD）。

【随机扩增多态性 DNA】（random amplified polymorphic DNA，RAPD） 应用随机的寡核苷酸短片段做引物对基因组 DNA 进行 PCR（聚合酶链反应）扩增得到的一群长短不一的 DNA 片段扩增混合物。这种 PCR 扩增产物，经琼脂糖凝胶电泳后所呈现的带型，反映出用作扩增模板的 DNA 分子的总体结构特征。因此，RAPD 技术可以比较两个生物个体基因组之间的差异：亲缘关系越近，其扩增带型也就越相似，反之则差异也就越悬殊。其优点是：检测速度快，DNA 用量少，实验设备简单，不需 DNA 探针，设计引物也不需要预先克隆标记或进行序列分析，不依赖于种属特异性和基因组的结构，用一个引物就可扩增出许多片段，而且不需要同位素，安全性好。其缺点是：实验的稳定性和重复性较差。该技术可用于识别种群、家族、种内或种间的遗传变异，为生物血缘关系或分类提供依据，还可以进行混合基因样品的分析。

【随机区组设计 】（randomized block design） 又称配伍组设计。将受试对象按性质相同或相近分为若干个区组，再将每个区组中的受试对象随机分配到不同的处理组，设计时遵循“区组间差别越大越好，区组内差别越小越好”的原则的实验设计。其主要优点是：每个区组内的受试对象有较好的同质性，处理组间的均衡性较好；与完全随机设计相比，更容易察觉不同处理因素之间的差别，即检验效能高。如按动物的性别、体重、窝别，患者的病情、年龄、性别等非处理因素进行分组。

【随机事件】（random event） 在随机试验中，可能出现也可能不出现，可能这样出现也可能那样出现的事件。其结果具有不确定性，但在大量重复试验中往往具有某种规律性。研究其发生规律，是医学统计学的主要研究目的之一。

【随机试验】（random trial） 根据某一研究目的，在一定条件下对某一随机现象（不确定现象）所进行的观察或试验。有三个重要特征：(1)每次试验的可能结果不止一个，并且能事先明确试验的所有可能结果。(2)进行一次试验之前无法确定究竟哪一个结果会出现。(3)可在相同的条件下重复进行。如抛硬币试验，共有 2 种结果（正面朝上，反面朝上），但在抛硬币之前无法预知究竟会发生哪种结果。再如投掷骰子试验，共有(1,2,3,4,5,6)6 种可能结果，在投掷之前无法预知究竟会发生哪种结果。

【随机双盲对照试验】（randomized double blind control trial） 在随机对照试验的基础上再采取双盲法进行的对照试验研究。双盲法是指在临床试验结束前，病人和具体执行处理措施的医务人员均不知设计者的方案，亦不知病人中谁被分配在试验组或对照组。对照组所给予的对照处理措施还可采用安慰剂。安慰剂是一种无药理作用的“假药”，其外形、颜色、味觉、包装等均应与试验组药物相同，区别仅在于其不含试验药物。该法可以避免来自病人和具体执行任务的医务人员两方面的非试验因素的干扰。是目前国际上认可的临床试验设计方法。特别适用于观察治疗效果、疾病的预后和诊断试验的临床研究。如果临床试验设计中仅病人不知道具体的试验方案，则称单盲法。

【随机误差】（random error） 又称抽样误差。由测试过程中诸多因素随机作用而形成的误差。即在相同条件下多次重复测量同一被测量时，测量误差的大小没有规律。随机误差带有偶然性质，它影响试验的精确性。在一次测定中，随机误差的大小及其正负是无法预计的，没有任何规律性。但在多次测定中，随机误差的出现具有统计规律性。这种统计规律表现为四个方面：(1)随机误差的有界性。(2)随机误差的单峰性。(3)随机误差的对称性。(4)随机误差的抵偿性。随机误差的有界性是指绝对值很大的误差出现的概率很小，即误差的绝对值不会超过一定的界限；随机误差的单峰性是指绝对值小的误差出现的概率比绝对值大的误差出现的概率大；随机误差的对称性是指绝对值相等的正误差和负误差出现的概率接近相等；随机误差的抵偿性是指由于绝对值相等的正、负误差出现的概率接近相等，随着测量次数的增加，随机误差的算术平均值将趋于零。假设系统误差已经消除，而被测量本身又是稳定的，在同样条件下，多次重复测量，其结果彼此互有差异，这就是随机误差引起的。

【随机现象】（random phenomenon） 又称偶然现象。在相同的条件下重复观察同一对象时，其结果具有不确定性、无法确切预知的现象。概率论的基本概念之一。随机现象可通过随机试验进行研究，所得到数据有两个基本特征：一是在同样的条件下测得的数据参差不齐，具有波动性；二是在大量重复试验中得到的数据又具有统计规律性。

【随控布局飞机】（control configured vehicle） 应用主动控制技术的飞机。所谓主动控制技术是指用多输入、多输出反馈控制系统提高飞机性能的一种综合技术。广义指反馈控制技术。20世纪70年代以来，随着计算机、飞行控制系统、电传操纵系统和可靠性（余度）技术的发展，使得在飞机设计的最初阶段，就可把主动控制技术看作像气动、结构、发动机一样，成为飞机设计的基本要素来对飞机的总体布局进行最佳设计。在最近的二三十年里，各航空大国都对主动控制技术进行了大量的应用研究和飞行验证，逐渐形成了比较完整的随控布局概念。利用控制技术来改善飞机性能，改善稳定性与操纵品质，减少结构重量及阻力，提高飞行机动性。具体手段有放宽静稳定性控制、乘坐品质控制、机动载荷控制、结构振动控制和直接力控制等等。常为现代军用机所采纳。

随控布局飞机

【随遇花卉】（ornamental plants grown in any soil） 在土壤的 pH 值为 5.5～8.0 范围内都能够生长良好的花卉植物。如雏菊、紫罗兰等。其中雏菊，别名长命菊，原产于欧洲，其原种被视为丛生的多年生杂草，春季开花。雏菊以肥沃、富含腐殖质的土壤最为适宜；对土壤等条件要求不太严格，无论是遥远的北欧，还是中国，到处都可见到该种植物。其中文名是因为它和菊花相像，由于花瓣短小笔直就像是未成形的菊花，故名雏菊。

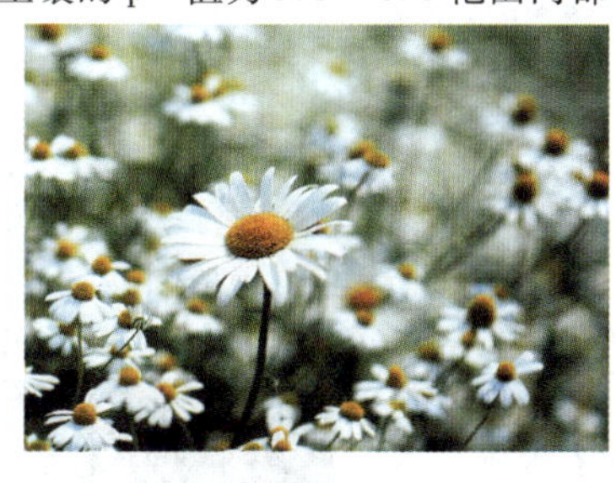

雏菊

【岁差】（precession of the equinox） 又称二分点岁差。地球上春分点向西缓慢运行而使回归年比恒星年短的现象。天文学中，地球自转轴绕黄道周旋转。地球椭球体的赤道部分较突出，赤道面与黄道面相交有23°26′32″的角度，白道面与黄道面不重合，有5°09′的角度。当太阳和月亮的引力作用于地球赤道上时，有使赤道面和黄道面相合的趋势。但地球的自转速度很快，导致对这种作用产生抵抗力。相互抗衡的结果使地轴绕黄道轴做圆锥形运动，使春分点沿黄道向西缓慢运行，速度为每年50.2s，约25 800年运行一周。该现象于公元前125年由喜帕斯首先发现。岁差分日月岁差和行星岁差两种：前者由月球和太阳的引力产生的地轴进动引起，后者由行星引力产生的黄道面变动引起。在中国，最早计入岁差的历法是祖冲之的《大明历》，已明确区分了恒星年和回归年。

【碎石摊铺机】（aggregate spreader） 将碎石均匀地摊铺在地基上的施工机械。由料斗、支承滚轮、滑橇、V形刮板、加宽侧板和运行轮等组成。料斗拖挂在自卸汽车后面，由其供料和牵引，进行摊铺作业。料斗前部支承于滚轮上，后部支承于滑橇上，以降低对地基的比压,并提高铺层的平整度。料斗下部的出料口装有斗门以调整开度。料斗后壁中央装有V形刮板,将碎石分向两侧。刮板后面为闸门,用以调节摊铺厚度。在料斗后方两侧壁上有铰链和加宽侧板,借以调节摊铺宽度。碎石摊铺机如作短距离拖运时,可将后部滑橇换成运行轮,以便牵引拖移。碎石摊铺机的主要技术参数是料斗容量、摊铺的宽度和厚度。

碎石摊铺机

【碎屑岩】(clastic rock) 一种沉积岩岩石。母岩的机械风化破碎物经搬运、沉积、成岩而形成的岩石。包括砾岩、角砾岩、砂岩、粉砂岩。岩石主要由四种基本组分组成:碎屑颗粒、杂质、胶结物和孔隙。其中碎屑物是碎屑岩的主要组分,一般占岩石组成的50%以上。按碎屑颗粒大小的不同可以把碎屑岩分成砾岩(粒径大于2mm的圆形、次圆形砾石经胶结而成的粗粒碎屑岩)、角砾岩(粒径大于2mm而未被磨圆的砾石经胶结而成的粗粒碎屑岩)、砂岩(粒径在0.025~2mm之间,还可按粒径大小的不同可分为粗粒、中粒、细粒砂岩)和粉砂岩(粒径为0.003 9~0.025mm)。碎屑岩是沉积岩分布地区广泛出露的一类岩石,还可根据碎屑物成分的不同划分出多种类型。

碎屑岩

【隧道测量】(tunnel survey) 在隧道工程的设计、施工和运营管理阶段所进行的测量工作。隧道建设过程中,测绘工作占有很重要的地位。在勘测设计阶段,为正确选择隧道位置和设计其几何形状,须在地面上进行地形测量取得地形图。在施工阶段,为保证相向开挖面正确贯通和各部位按设计施工,须进行定线放样测量。在运营阶段,对隧道本身及其附近地面进行变形观测,是保证隧道本身安全,并使地面建筑物免受影响的必要措施。隧道施工测量首先是在地面上进行控制测量,以确定各个入口的相对位置。由于隧道一般要穿过高山或水域,量距困难,其平面控制测量过去主要采用三角测量法,辅之以横基线尺视差导线测量。近年来,已逐步应用短程电磁波测距仪进行导线测量。高程控制测量,一般均采用水准测量方法。也有采用空间网(三维坐标一起测定)来建立隧道施工的地面控制网。隧道开挖的入口,可以是洞门式平洞,也可以是斜井或竖井。为了通过这些入口将地面上的坐标和高程传递到坑道中去,多采用导线测量和水准测量;对于竖井则采用联系测量的方法,也可以用陀螺经纬仪定向。

【隧道结构】(tunnel structure) 由周边围岩和支护结构两者组成共同的并相互作用的结构体系。各种围岩是具有不同程度自稳能力的介质,周边围岩在很大程度上是隧道结构承载的主体,其承载能力必须加以充分利用。在设计隧道的结构体系时,主要采用两类计算模型,一类是以支护结构作为承载主体,围岩作为荷载同时考虑其对支护结构的变性约束作用的模型;另一类则相反,视围岩为承载主体,支护结构则为围岩约束的模型。前者又称为传统的结构力学模型,后者称为岩体力学模型。

隧道结构

【隧道效应】(tunnel effect) 粒子在其能量小于势垒高度仍然贯穿势垒的现象。按经典力学原理,由于粒子本身动能较小,是绝对不可能穿过势垒的。但对于微观粒子,量子力学却证明它仍有一定的概率可以穿过势垒,实际也正是如此。于是形象化认为是粒子通过"隧道"而通过的,故称隧道效应。这是一种没有经典类比的纯量子效应,原子核的α衰变、金属电子冷发射等都属于隧道效应。隧道效应有很多用途,如制成扫描隧道显微镜、原子力显微镜等,实现原子级表面观测。

【隧洞】(tunnel) 又称隧道。在山体中或地下开凿的通道。隧洞广泛应用在铁路、公路、水运、水利等工程中。通水用的隧洞称为水工隧洞。铁路、

隧洞

公路等交通路线在地形上遇到高山峻岭时，穿过山体，开凿短而直的隧洞，可减少弯曲，缩短交通里程，便利车辆通行。在水利工程中，水工隧洞常用于引水、输水、泄洪和导流。隧洞洞线根据地形、地质条件和使用要求选定。隧洞的断面形状、尺寸及洞线纵坡根据运用要求及施工检修条件确定。隧洞一般需要衬砌，以保护洞壁围岩，防止渗漏或提高输水能力。当地质条件好、岩石坚硬完整且无其他要求时，可不衬砌。

【隧洞导流】（tunnel diversion） 在水利工程施工基坑的上下游修筑围堰挡水，使原河水通过隧洞导向下游的施工导流方式。多为河床外导流，用于山区河流，山高谷窄，两岸陡峻，地形不利于开挖明渠而有利于布置隧洞工程。导流隧洞的的断面形式主要取决于地质条件、隧洞的工作条件、施工条件及断面尺寸等。常见的断面形式有圆形、马蹄形和方圆形三种。隧洞的造价一般较高，通常均将导疏隧洞与永久性建筑物结合，达到一洞多用的目的。

【损害蓄积】（accumulation of function） 又称机能蓄积。有的化合物在机体内虽不能被测出，却在长期接触下出现了慢性中毒现象。某些毒物在体内解毒或排泄较快，停止接触后在体内检测不出该毒物或其代谢产物，但多次接触者仍可出现慢性中毒。这种情况可能是由于目前的分析检测方法尚不能测出残存的微量毒物，或是每次接触所产生的损害恢复较慢，并在反复接触中缓慢加重。可能是由于储存体内的化合物或其代谢产物的数量极微，不能检出，却能在体内蓄积或者是由于每次机体接触化合物之后所引起的损害累积所致。

【损伤容限设计】（damage tolerance design） 又称破损安全设计。保证含一定损伤的结构在使用寿命期或检修周期内飞机仍能安全飞行的一种结构设计方法。即构件某一部分材料有缺陷或已产生裂纹，但允许该构件仍可在原定载荷下正常工作至下次检修，在这段工作期间，裂纹不致于扩展到临界裂纹尺寸的设计方法。损伤容限设计的理论基础是断裂力学。它保证了飞机结构的可靠性和飞机飞行的安全性，并使未达到判废标准的构件继续使用，减少了报废率。损伤容限设计的概念于20世纪70年代由美国空军首先提出。它从飞行安全出发，考虑到结构、材料的初始缺陷和意外损伤的可能性，假定新的飞机结构存在初始缺陷，依据无损检测能力确定其尺寸，然后对裂纹结构进行断裂特性分析和试验，确定裂纹在变幅载荷下扩展到临界裂纹尺寸的周期（或飞行小时），由此制定飞机检修周期。损伤容限设计目前已在飞机结构中广泛应用。

【损益表】（loss and income statement） 又称利润损益表。反映企业在一定会计期的经营成果及其分配情况的会计报表。企业的经营成果通常表现为某个时期收入与费用配比而得的利润或亏损。为了正确地反映这一状况，编入损益表的必须是按照收入确认原则确定的当期收入和按照配比原则确定的与之相应的费用。编制损益表的目的是把企业经营成果的信息，提供给报表使用者。其作用是：(1)可作为经营成果的分配依据。损益表反映企业在一定期间的营业收入、营业成本、营业费用以及营业税金、各项期间费用和营业外收支等项目，最终计算出利润综合指标。损益表上的数据直接影响到许多相关集团的利益，如国家的税收收入、管理人员的奖金、职工的工资与其他报酬、股东的股利等。正是由于这方面的作用，损益表的地位曾经超过资产负债表，成为最重要的财务报表。(2)能综合反映生产经营活动的各个方面，可以有助于考核企业经营管理人员的工作业绩。企业在生产、经营、投资、筹资等各项活动中的管理效率和效益都可以从利润数额的增减变化中综合的表现出来。通过将收入、成本费用、利润与企业的生产经营计划对比，可以考核生产经营计划的完成情况，进而年评价企业管理当局的经营业绩和效率。(3)可用来分析企业的获利能力、预测企业未来的现金流量。损益表揭示了经营利润、投资净收益和营业外的收支净额的详细资料，可据此分析企业的盈利水平，评估企业的获利能力。同时，报表使用者所关注的各种预期的现金来源、金额、时间和不确定性，如股利或利息、出售证券的所得及借款得以清偿，都与企业的获利能力密切相关，所以，收益水平在预测未来现金流量方面具有重要作用。

【缩缝】（contraction joint） 在水泥混凝土路面上供路面板受冷收缩开裂而设置的接缝。目的是避免不规则裂缝的产生。无筋混凝土面层的缩缝间距通常为4～7m，一般都按等距离设置。横向缩缝大多与行车方向垂直，也可布置成斜向的“斜缝”。缩缝一般采用假缝形式，缝内设置拉杆，缝宽不大于1cm，成型后缝内要

缩缝

加入填料。较窄的由锯缝机锯成细缝。

【缩合反应】(condensation reaction) 两个或多个有机分子相互作用后以共价键结合成一个大分子、同时失去水或其他比较简单的无机或有机分子的反应。例如,醛或酮与伯胺生成席夫碱(含碳氧双键的亚胺),醛或酮与醇在酸作用下生成缩醛或缩酮的反应等。缩合反应可以通过取代、加成、消除等反应途径来完成。多数缩合反应是在缩合剂的催化作用下进行的。常用的缩合剂有碱、醇钠、无机酸等。缩合反应在有机合成中应用很广,是由较小分子合成较大分子有机化合物的重要方法。

【缩合物】(condensation substance) 在缩合反应中除去简单分子如水分子后的所得产物。如,醛或酮与醇在酸作用下生成的缩醛或缩酮即为此反应的缩合物。

【缩结系数】(hanging ratio) 纲索长度对网衣拉直长度之比。鱼网装配时,将拉紧的一定长度的网衣装配在相应长度的纲索上,使装配后的网衣的网目成一定形状,即用缩结系数来表示缩结的程度。是决定网渔具形状和捕鱼性能的主要因素之一。可分为横向缩结系数和纵向缩结系数。其表达式分别为:

$$E_t = \frac{B}{B_0} \text{和} E_n = \frac{L}{L_0}$$

式中,E_t 和 E_n 分别为横向缩结系数和纵向缩结系数,B 和 L 分别为横向和纵向纲索长度(m),或其网衣缩结后长度(m),B_0 和 L_0 分别为横向和纵向网片拉紧长度(m)。对菱形网目网片 E_t 和 E_n 的关系式为:$Et^2 + En^2 = 1$。

【缩聚反应】(condensation polymerization) 缩合聚合反应的简称。单体经多次缩合而聚合成大分子的反应。该反应常伴随着小分子的生成。按其反应条件的不同可分为:(1)熔融缩聚反应。(2)溶液缩聚反应。(3)界面缩聚反应。(4)固相缩聚反应。按其所用原料的不同可分为:(1)均缩聚反应。(2)混缩聚反应。(3)共缩聚反应。按其产物结构的不同可分为:(1)二向缩聚反应或线型缩聚反应。(2)三向缩聚反应或体型缩聚反应。缩聚反应的特征是:(1)缩聚反应通常是官能团间的聚合反应,反应中有低分子副产物产生,如水、醇、胺等。(2)缩聚物中往往留有官能团的结构特征,如-OCO-、-NHCO-,故大部分缩聚物都是杂链聚合物。(3)缩聚物的结构单元比其单体少若干原子,故分子量不再是单体分子量的整数倍。缩聚反应是合成高分子化合物的基本反应之一,在有机高分子化工领域有重要应用。

【缩孔】(shrinkage) 在铸造过程中,因注入铸型的金属熔液在冷凝时收缩,而又得不到金属熔液的补充所造成的缝隙。铸件或铸锭常见缺陷之一。存在于铸件或铸锭内部,有时暴露于表面。缩孔的存在可能使铸件成为废品。改进铸件的设计,或采用冒口、冷铁等措施可予防止。铸锭由于截面一般很大,冷却缓慢,缩孔常深入内部。因孔壁常被氧化,在热加工时不能焊合(如未被氧化,则可焊合,但这种情况很少),因而在铸锭中造成裂缝。有时缩孔附近偏析严重,则应在加工中把缩孔部分截去,造成浪费。常采用保温帽及其他措施,改变铸锭中缩孔的形状和位置,以减少损失。

【缩口】(tube contracting) 通过模具使筒形或管形件敞口处直径缩小的冲压成形方法。筒形件或管形件加工的一种主要方法。如炮弹壳和一些金属瓶等成形都采用缩口工艺。

【缩呢】(felting) 毛织物在一定的温度条件下,经过润湿剂润湿后,在机械外力的反复作用下,纤维彼此纠缠,使织物收缩,厚度增加,表面产生一层绒毛将织纹掩盖的工艺过程。是重要的粗纺呢绒后整理工序。其作用是:(1)使毛织物长、宽收缩,达到预定的长度、幅宽、单位重量,稳定织物的形态,控制织物规格。(2)充分体现粗纺毛织物的风格特征,使织物手感柔软、丰满。(3)提高织物的服用性能,使织物紧密、厚实,强度、耐磨性、弹性、保暖性等性能提高。(4)改善外观,使表面绒毛细腻,光洁,使提花织物花型柔和、雅致。(5)呢缩出的绒毛覆盖呢面,隐蔽织纹,可部分掩盖纱疵、织疵。(6)可混入更多的其他纤维,提高低质毛的利用价值。

【缩松】(shrinkage porosity) 又称缩孔。金属铸锭收缩时形成的孔洞。青铜及铝合金中的一种缺陷。常出现在铸锭的头部、中部、晶界及树枝状晶间。出现在晶界或树枝状晶间的称为显微缩松。其形状不规则,表面不光滑。产生的原因是铸锭凝固中发生的金属收缩。凡是结晶温度范围较大的合金,或凝固收缩率大、热熔大、结晶潜热大,在冷却强度不够大时,容易形成缩松。含气体和夹杂物多的轻合金更容易形成缩松。其防止方法是加大冷却强度、采用精炼除气及在压力下凝

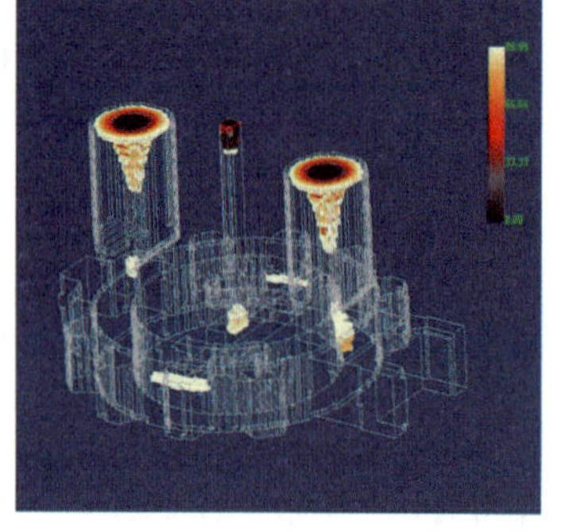
缩松

固铸造。

【所得税】(income tax) 以单位或个人在一定时期内纯所得为征收对象的一类税。对生产经营者的利润和个人的纯收入发挥调节作用。包括企业所得税、外商投资企业和外国企业所得税、个人所得税。常用的是企业所得税。企业所得税是指对中华人民共和国境内的一切企业(不包括外商投资企业和外国企业),就其来源于中国境内外的生产经营所得和其他所得而征收的一种税。企业所得税的税率有法定税率和优惠税率两种。法定税率为33%,优惠税率为15%、18%和27%。优惠税率是指对应纳税所得额在一定额度之下的企业给予低税率的照顾。2008年1月份起开始实施《中华人民共和国企业所得税法》,无论内资企业、外资企业,均按25%的税率征收企业所得税。

【索饵洄游】(migration for rich feed) 鱼类在肥育阶段向饵料生物丰富的水域所进行的移动。一般发生于产卵洄游之后与越冬洄游之前。某些水产经济动物如鲸、对虾等也有索饵洄游的习性。掌握了鱼类索饵洄游的路线和场所,就可以进行有效的捕捞。

【索赔】(claims) 承包人根据正当而充分的理由,向业主正式提出要求给以补偿的法律行为。索赔涉及面广,参与索赔人员应具有丰富的施工管理经验,熟悉施工中的各个环节,通晓各种建筑合同和建筑法律,并具有一定的财会知识。由于工程项目复杂多变,现场条件以及气候和环境的变化,标书及施工说明中的错误等因素的不可避免,索赔在承包施工过程中是经常发生。建筑承包企业要确保合理收入,增加效益,很大程度上取决于索赔能力。索赔必须坚持实事求是,不仅能证明承包人提出的索赔要求是正确的,而且要准确地计算出要求索赔的数额,并证明此数额合情合理,索赔才能有效。索赔一般有两种形式:一是要求延长工期;二是要求赔偿款项。可以索赔的工程项目的四项基本费用为人工费、材料费、设备费和分包费。其他费用包括保险费、保证金、管理费、工程贷款利息等。只要各种资料齐全,承包人在上述各项费用方面遭受的损失均可通过索赔得到补偿。

【锁𬌗】(scissors bite) 又称跨𬌗畸形。上颌个别后牙或多数后牙被锁结在下后牙的颊侧,或是下颌个别后牙或多数后牙被锁结在上后牙的颊侧的一种后牙错𬌗畸形。多见于恒牙,少见于乳牙。根据上下后牙的颊舌位置关系,可分为正锁𬌗和反锁𬌗。常见部位是上下颌第二磨牙,前磨牙区的锁𬌗也较常见。其病因是:(1)个别牙锁𬌗。常因个别乳磨牙早失、滞留或恒牙胚位置异常,导致恒牙错位萌出引起或因牙弓长度不足引起。(2)单侧多数后牙正锁𬌗。常因同侧多数乳磨牙重度龋坏或早失,使用对侧后牙咀嚼,日久废用侧易形成后牙正锁𬌗。其危害是:降低咀嚼功能、导致颜面不对称、诱发颞下颌关节紊乱病、导致深覆𬌗。其矫治原则是:在升高咬合的前提下移动上下后牙向颊侧或舌侧解除锁𬌗关系,达到正常的咬合。临床中常用的方法有:上下牙交互牵引、使用四眼扩弓簧进行扩弓以及种植体做支抗进行牵引,必要时可配合正颌外科手术。其矫治过程中应注意间隙问题和早接触的处理。

【锁相环】(phase-locking loop) 无线电发射中使用频率较稳定的一种电路或模块。组成和相应的运作机理是:(1)鉴相器。用于判断锁相器所输出的时钟信号和接收信号中的时钟的相差的幅度。(2)可调相/调频的时钟发生器。用于根据鉴相器所输出的信号来适当的调节锁相器,内部的时钟输出信号频率或者相位,使得锁相器完成上述的固定相差功能。(3)环路滤波器。用于对鉴相器的输出信号进行滤波和平滑,大多数情形下是一个低通滤波器,用于滤除由于数据的变化和其他不稳定因素对整个模块的影响。种类有数字、模拟、混合三种。它用在通信的接收机中,对接收到的信号进行处理,并从其中提取某个时钟的相位信息。可以用于恢复载波也可用于恢复基带信号钟。

【锁状联合】(clamp-connection) 真菌双核细胞形成分裂产生双核菌丝体的一种特殊形式。开始在细胞上产生突越并逐渐向下弯曲,然后与下部细胞连接形成锁状形态。如香菇、木耳等菌丝细胞具有明显的锁状联合。

T

【他励直流电动机】(separately-excited and direct-currentmotor) 由其他直流电源对励磁绕组供电的直流电机。励磁绕组接到独立的励磁电源供电,其励磁电流也较恒定,启动转矩与电枢电流成正比。转速变化为5% ~15%。按其调速方法的不同可分为:降低电枢电压调速、电枢回路串电阻调速和弱磁调速。电动机转速不超过允许限度。其特点是:(1)励磁绕组与电枢没有电的联系,励磁电路是由另外直流电源供给的。(2)励磁电流不受电枢端电压或电枢电流的影响。(3)可以通过磁场功率来提高转速,通过降低转子绕组的电压来使转速降低。广泛应用于收录机、录像机、影碟机、电动剃须刀、电吹风、电子表和电动玩具等。

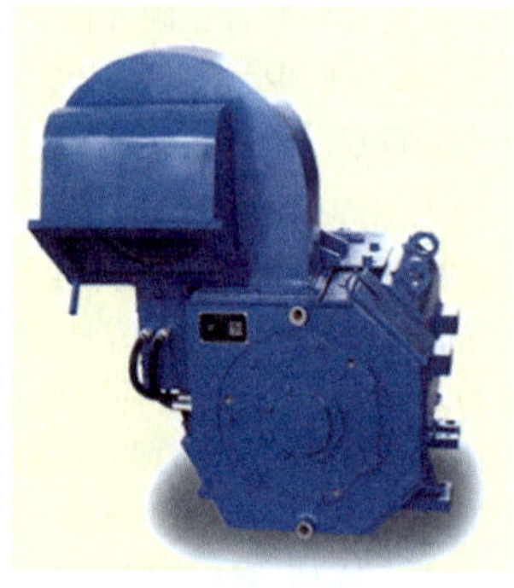

他励直流电动机

【他汀类药物】(statin medicine) 阿托伐他汀、辛伐他汀、路伐他汀、普伐他汀等一系列降脂类药物的总称。其药理作用是在肝脏竞争性抑制HMG - COA还原酶的活性,最终使胆固醇合成减少,LDL - C降低,同时也降低甘油三酯,使HDL - C升高。该类药物除了降脂作用外,还具有非降脂作用,即有明显的抗炎、抗血栓和神经保护效果,能改善血管内皮细胞,通过降低LDL - C、抗氧化等多种途径,稳定逆转斑块,减少急性心脑血管事件的发生。他汀的不良反应主要表现在肝脏毒性、肌肉毒性和出血性卒中三个方面。

【塔式结构】(tower structure) 下端固定、上端自由移动的高耸构筑物。以自重及水平荷载为结构设计的主要依据。按其材料的不同可分为:钢塔、钢筋混凝土塔、预应力混凝土塔、木塔和砖石塔。比如钢塔,常做成空间桁架或空间刚架,立面为上小下大的斜线形、曲线形或折线形。横断面形状有三角形、正方形、六边形、八边形或其他多边形。塔的底盘宽度直接影响塔的外观造型、结构刚度、自振周期以及基础受力。当刚度要求较严或地基承载力较差时,应采用较大的底盘宽度。在一般情况下,塔断面的边数越少,耗用钢材越少。但当塔顶工艺设备有较大的迎风面时,其风荷载以及由此引起的风力矩对塔的结构起控制作用,则塔身的边数多少对钢材用量影响不大。塔架腹杆有单斜杆式、交叉斜杆式、K式和再分式等。其中交叉斜杆又有刚性和柔性之分。柔性斜杆可预加拉力或不预加拉力。预加拉力斜杆的长细比不受限制,结构紧凑,刚度大,耗钢量小。应用广泛。

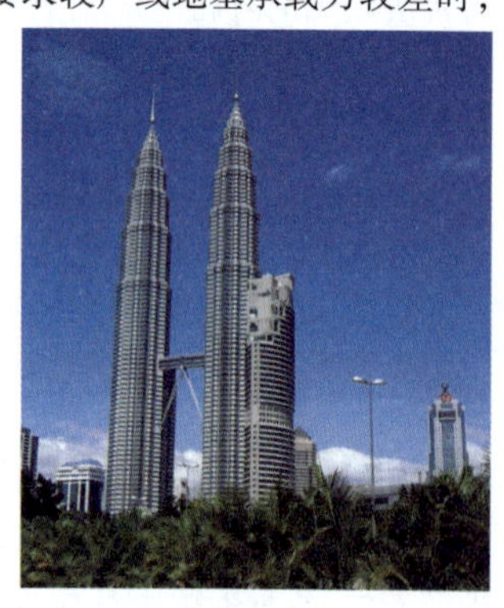

塔式结构

【塔式进水口】(tower intake) 在水工隧洞或坝下埋管的首部修建的竖立于水库中的塔形取水建筑物。属深式进水口。包括进水喇叭口、进水塔、闸门室、通气孔、平压管及门后渐变段。闸门置于塔的底部,塔顶设操作平台和闸门启闭机室。进水塔常用钢筋混凝土结构。其型式有封闭式和框架式两种。(1)封闭式塔身横断面可以是矩形的、圆形的或多边形的。进水口可分别设在不同高程,既减小闸门的启闭力,又可在不同库水位时引取表层温度较高的清水。塔身是直立的悬臂结构。受水、风、浪、冰及地震等荷载的作用,塔身需进行抗倾、抗滑计算;沿不同高程截取单位高度的横断面而按封闭框架计算水平应力。(2)框架式塔身结构轻便,但只有一个进水口,取水时闸门槽顶孔进水,流态不好,容易引起空蚀和振动,且只能在低水位时进行维修。塔身属于立体框架结构。根据需要在进口设置拦污栅及其起吊、清污设备。闸门孔口处多为矩形断面。为与门后断面形状、尺寸不同的洞身连接,需设渐变段。在闸门后需设通气孔补气,在检修闸门和工作闸门之间设平压管或在检修闸门上设平压阀。塔式进水口要求塔基有足够的承载能力。常在较缓的岸坡或挡水坝上游坝脚处独立建塔,并用交通桥与库岸或大坝连接。这种进水口适应性强,应用广泛。但受风、浪、冰冻及地震的影响较大。

塔式进水口

【塔式起重机】(tower crane) 塔身直立,起重臂安在顶部,可作360°回转的起重设备。具有较大的起重高度、工作幅度和起重能力。工作速度快,工作效率高,机械运转安全可靠,且操作和装拆方便。按其行走机构、变幅方式、回转机构位置及爬升方式的不同可分为:轨道式塔式起重机、爬升式塔式起重机和附着式塔式起重机等。在多层、高层房屋结构安装中应用最广。

塔式起重机

【塔形车削发纹检验】(tower sample turning hairline inspection) 将钢材用车床车成规定的塔形或阶梯形试样,而后用酸蚀法或磁粉法检验发纹的方法。一种宏观检验方法。用来检验钢材内部不同深度上发纹分布情况。发纹是钢中夹杂、气孔或疏松等在加工变形过程中,沿锻轧方向被延伸所形成的细小纹缕。经酸蚀后,发纹在试样的腐蚀面上呈现窄而深的细缝。对于在使用中会经受高交变重载荷的机器元件来讲,发纹的存在严重地危害其疲劳强度,引起过早损坏。塔形车削发纹检验已成为检验特殊用途或高级优质材料各部位发纹缺陷的主要手段。

【胎儿电子监护】(fetal heart monitoring) 妊娠期应用胎儿电子监护仪连续观察和记录胎心率(可描记胎心率曲线)动态变化的一种方法。同时可了解胎心率与胎动及子宫收缩之间的关系。是评估胎儿宫内安危情况的重要监护方法。其临床应用是:(1)检测胎心率。又可分为胎心率基线与胎心率过线变化检查。前者指在无胎动和无子宫收缩影响时,10min 以上的胎心率平均值。一般在120~160 次/分钟。后者指受胎动、子宫收缩、触诊等刺激,胎心率发生暂时性加快或减慢,随后又恢复到基线水平的现象。是判断胎儿安危的重要指标。(2)预测胎儿宫内储备能力。常用无应激试验(又称胎儿加速试验),指在无子宫收缩、无外界刺激下,对胎儿进行胎心率宫缩图的观察和记录,以了解胎儿宫内储备能力的方法。是以胎动时伴有一过性胎心率加快为基础。连续监护 20min 胎心率,20min 内≥3 次胎动伴胎心率加快≥160 次/分钟,持续时间≥15s 为正常。

【胎儿宫内窘迫】(fetal distress) 胎儿在宫内因急性或慢性缺氧危及其健康和生命的综合症状。按其发生时情况的不同可分为急性和慢性两类。前者多发生在分娩期,如前置胎盘、胎盘早剥、子宫收缩过强、脐带异常以及产程延长等;后者多发生在妊娠晚期,如妊娠期高血压疾病、过期妊娠和胎儿严重心血管疾病等。其主要临床表现是:(1)胎心率异常。胎心率大于 160 次/分或小于 120 次/分,胎儿电子监护出现晚期减速。(2)羊水胎粪污染。胎儿缺氧引起迷走神经兴奋、肛门括约肌松弛,使胎粪排入羊水中。羊水呈绿色、黄绿色,进而棕黄混浊色。(3)胎动异常。缺氧早期胎动频繁,继而胎动减弱及次数减少,进而胎动消失。

【胎儿生长受限】(fetal growth restriction, FGR) 胎儿受各种不利因素影响,未能达到应有的生长速率,表现为足月胎儿出生体重小于 2 500g的现象。按其发生时间、胎儿体重及病因等的不同可分为:(1)内因性均称型。属原发性胎儿生长受限。胎儿体重、身长、头径相称,但均小于该孕龄的正常值;外观无营养不良表现,但各器官细胞数均减少,脑重量轻。胎儿出生缺陷发生率高,新生儿多有脑神经发育障碍,伴小儿智力障碍。病因有染色体异常、病毒感染、接触放射线及其他有毒物质。(2)外因性不均称型。属继发性胎儿生长受限。胎儿早期发育正常,孕中晚期受到有害因素影响(如妊娠期高血压疾病所致的慢性胎盘功能不全)。新生儿外表呈营养不良状态,发育不对称,身长、头径与孕龄相符而体重偏低。胎儿常有宫内慢性缺氧及代谢障碍。(3)外因性均称型。为上述两型的混合型。因缺乏重要生长因素(如叶酸、氨基酸、微量元素)或有害药物影响。新生儿身长、体重、头径均小于该孕龄的正常值,外观有营养不良表现,新生儿生长与智力发育常受影响。孕期应定期检查,B 超监护胎儿发育情况。FGR 的孕妇,排除胎儿畸形后,孕 32 周前积极治疗效果好。

【胎儿先天畸形】(congenital anomaly)

胎儿在宫内发生的结构异常。与遗传、环境、药物、食品以及病毒感染等有关。其常见畸形发生顺序为：无脑儿、脑积水、脊柱裂、脑脊膜膨出、腭裂、先天性心脏病、21－三体综合征、腹裂、脑膨出。胎儿先天畸形的孕妇多无明显不适，合并羊水过多时可有压迫症状。应定期产前B超检查，确诊胎儿先天畸形后，根据畸形类型决定处理方法。

【胎儿血液循环】(blood circulation of fetal) 胎儿在体内特有的血液循环。其特点是：(1)胎儿期通过胎儿血液循环获得营养及氧气；胎儿的营养物质和气体（氧及二氧化碳等）来源的交换及运送是通过胎盘与母体之间以弥散方式进行交换。(2)脐静脉从胎盘发出进入胎儿（动脉血），脐动脉从胎儿返回胎盘（静脉血）。(3)胎儿心脏，在房间隔处有卵园孔未闭合，血流可从右心房流向左心房，但血不能从左心房流入右心房。因卵园孔上有扇门，门向左开，左心房的血向右流时门关闭，故不能向右流入。(4)动脉导管未闭，在主动脉和肺动脉之间有一个管，可使主动脉和肺动脉血相互流动。因胎儿期肺无呼吸功能，还未张开，阻力大，故血流只能从肺动脉流入主动脉。胎儿血液循环如下：脐静脉（动脉血）→下腔静脉、胎儿下肢、盆腔、腹部器官（静脉血）→右心房（上腔静脉血）（动静脉混合血）→卵园孔→左心房→右心房→肺动脉→ 动脉导骨→左心室→经主动脉三大分技→降主动脉→头、颈及上肢→脐动脉（静脉血）→胎盘。生后断脐，不能再从母体吸收营养及氧气。肺张开，开始自主呼吸。卵园孔和脉导管完成生理性闭合。从此，即开始终生的正常血液循环。

【胎粪】(fetal stool) 胎儿在母体子宫生活中形成的消化道排泄物。呈墨绿色，形状黏稠，糊状。正常儿应在出生后12h排出，大约2～3天排完。乳汁喂养后转为黄色。其组成有：主要成分为水（占75%），其次为胎儿脱落的肠道上皮细胞、浓缩的消化液、吞入的羊水以及胎毛。在20周以后胎儿肠道便有胎粪形成。出生后24h无胎粪排出，需检查消化道是否有畸形，如最常见的直肠盲端及无肛门等。在婴儿未出生时胎粪排入羊水中，是最严重的现象，易造成出生后胎粪吸入综合征，危及新生儿生命。其常见的原因有：胎盘老化、脐带功能不全、早破水、急产以及各种原因造成的胎儿缺氧等。

【胎粪吸入综合征】(meconium aspiration syndrome, MAS) 胎儿在宫内或分娩过程中吸入含胎粪的羊水，导致气道阻塞及肺部炎症等一系列脏器损伤的综合征。胎儿在宫内或分娩时由于缺氧，出现肠蠕动增大，肛门括约肌松弛，粪便排出，污染羊水。胎儿吸入含粪便的羊水，阻塞气道，引起肺不张、肺气肿，此时还有正常肺组织。生后1～2天，由于肺部胎粪中的胆酸、胆盐、胰酶等刺激，再加上继发感染，肺部病变加重。肺部阻塞导致肺动脉高压，使卵圆孔和颈动脉导管开放，血液右向分流，加重缺氧的症状。出生的新生儿被宫内含粪便羊水污染，导致皮肤、口鼻、指甲床污染上黄色的粪便；气管抽出分泌物有胎粪。新生儿表现呼吸急促、呼吸困难、鼻翼扇动、三凹征、青紫明显；双肺湿性啰音，持续肺动脉高压，青紫加重，心脏扩大，心衰；缺氧造成颅压增高，惊厥等多脏器性肺炎，并发肺气肿、肺出血而死亡。病程迁延可有间质性肺炎，肺纤维化。气管抽出胎粪就可诊断，但还需做肺部X线及肺CT检查，心脏彩超检查等可进一步判断吸入的多少及病变的轻重。其治疗原则是：先抽出气道的粪便，如黏稠可用生理盐水稀释，严重者可用肺内灌洗。吸氧不能纠正缺氧，需上呼吸机治疗。抗生素控制感染，纠正酸中毒、支持疗法等。

【胎膜早破】(premature rupture of membrane, PROM) 胎膜在临产前破裂的现象。其发生率约占分娩总数的6%～12%。常致早产、围产儿死亡、宫内及产后感染率升高。破膜时间离预产期越远则予后越差。其症状是：破膜后，孕妇突感阴道有液体流出；开始大量，继而间断少量排出。其处理措施是：(1)破膜后12h仍未生产者，应立即采用抗菌治疗以防感染。(2)24h仍无宫缩时可试用引产术。(3)产妇应绝对卧床休息，提高床尾，随时注意脐带脱垂的可能性。

【胎模锻】(loose tooling forging) 在自由锻锤上使用简单模具（称为胎模）生产锻件的锻造方法。介于自由锻和模锻之间胎模锻造生产的锻件，精度和形状的复杂程度较自由锻造高，加工余量小，生产率较高，且胎模结构简单，制造方便，无需昂贵的模锻设备。是一种既经济又简便的锻造方法。广泛应用于小型锻件的中小批量生产中。

胎模锻

【胎盘功能检查】(placental function test) 对反应胎儿在宫内健康状况指标的监测。其检查方法有：(1)胎动计数。妊娠20周后孕妇自觉胎动，随妊娠进展逐渐增强。胎动是评价胎儿宫内情况简便有效的方法。正常胎动计数3～5次/12小时。大于等于30次/12小时，少于10次/12小时提示胎盘功能低下。(2)孕妇尿雌三醇测定。24h尿大于等于15mg为正常；10～15mg为警戒值；小于10mg为危险值。(3)孕妇血清胎盘生乳素测定。足月妊娠者为4～11mg/L。若小于4mg/L，或突然降低50%，均提示胎盘功能低下。(4)B超检查。了解胎儿发育、胎心率(正常胎心音120～160次/分)、胎盘成熟度。(5)胎儿电子监护。连续观察和记录胎心率动态变化，评估胎儿宫内安危情况。

【胎盘屏障】(placental barrier) 胎盘绒毛与子宫血窦之间的屏障。胎盘中有子体与母体各自独立的两个循环系统。绒毛可视作半透膜，全部绒毛与母体血液接触的面积达7～14m^2。当母血在绒毛间隙以及子血在绒毛内流动的同时，即能进行物质交换。一般认为，氧、二氧化碳和许多小分子物质依靠扩散与渗透；大分子如蛋白质、抗体、激素等则依靠主动转运和吞饮转运。一些更大的分子一般不能转运，但在缺氧、创伤、特殊分娩的情况下，也可能发生窜流而混杂。正常妊娠期间母血与子血分开，互不干扰，同时又进行选择性的物质交换。事实上胎盘对药物的转运并无屏障作用，因为胎盘对药物的通透性与一般的毛细血管无明显差别，几乎所有的药物都能穿透胎盘进入胎儿体内。因此孕妇应禁用可引起畸胎或对胎儿有毒性的药物，对其他药物也应十分审慎。

【胎盘早剥】(placental abruption) 在妊娠20周后或分娩期，正常位置的胎盘在胎儿娩出前，部分或全部从子宫壁剥离的现象。是妊娠后期的一种严重的并发症。对母体及胎儿都有极大危险。其临床表现是：(1)轻型。以外出血为主，胎盘剥离面通常不超过胎盘的1/3，多见于分娩期。主要症状为阴道出血，出血量一般较多，色暗红，可伴有轻度腹痛或腹痛不明显，贫血体征不显著。(2)重型。以内出血为主，胎盘剥离面超过胎盘的1/3，同时有较大的胎盘后血肿。多见于重度妊高症。主要症状为突然发生的持续性腹痛和(或)腰酸、腰痛，其程度因剥离面的大小及胎盘后积血多少而不同，积血越多疼痛越剧烈。严重时可出现恶心、呕吐，以至面色苍白、出汗、脉弱及血压下降等休克征象。其病因是：与妊娠中毒症有密切关系；此外，与腹部内外创伤、脐带过短等均相关联。其主要预防措施是：产前注意孕妇有无妊娠中毒症的征兆，以防止其严重发展。

【胎盘滞留】(retention of placenta) 胎儿娩出后30min胎盘尚未娩出的现象。其主要症状是出血。是引起产后出血的第二个重要原因。按胎盘与子宫壁间关系的不同临床类型可分为：(1)剥离胎盘。因腹肌过分松弛而使腹压不足，或是膀胱充盈而使产道下段有暂时性的狭窄时，胎盘可以全部自子宫壁脱落，而滞留于子宫下段或阴道上部。(2)嵌闭胎盘。是由于子宫有局部收缩环而使胎盘阻塞于环的上部所致。收缩环较常见的部位是在子宫上下两段交接处及子宫颈外口处。它与产力异常或不恰当地使用了子宫收缩药有关，并可伴有隐性出血或大量外出血。(3)黏连胎盘。全部或部分胎盘不能及时从子宫壁的蜕膜剥离。可见于有过子宫炎症、子宫肌瘤的产妇或见于多胎、产程延长、宫缩不强等情况。当胎盘全部黏连时，往往出血不多或无出血，而部分黏连时则可有严重出血。(4)植入性胎盘。不多见。是由于子宫蜕膜缺如或发育不良造成的。此时胎盘的绒毛直接与子宫肌肉层接触，并有不同深度的侵入。引起子宫蜕膜发育不良的原因主要有：子宫内膜炎症、内膜损伤及黏膜下肌瘤。根据胎盘有无部分剥离，可有大量出血或不出血。

【胎圈钢丝】(tire ring wire) 作为加强轮胎胎圈用的镀铜钢丝。由胎圈钢丝和隔离胶编织成的钢丝圈使外胎紧密地稳固在轮辋上，在汽车行驶中承受拉伸、压缩、扭转和离心等作用力。对胎圈钢丝的要求是：(1)力学性能。包括强度、破断伸长率。(2)工艺性能。包括平直度、残余扭转。(3)黏合性能。主要是与橡胶的黏合力。其镀层可以是镀青铜、紫铜或黄铜。镀青铜黏合力好，耐蚀性、耐磨性也好，已成为发展方向。按照生产工艺的不同可分为冷拉胎圈钢丝和回火胎圈钢丝。回火工艺可用火焰加热或铅浴加热。回火处理后可以基本保持冷拉钢丝的强度，并能提高屈服强度和破断伸长率。

胎圈钢丝

【台北101大厦】(TAIPEI 101) 台北国际金融中心。位于中国台湾省台北市信义区。高508m。占地面积30 278 m^2。建筑面积$2.895\times10^5 m^2$。地上101层。地下3层。1999年7月开工，2003年10月17日竣工，建筑造价580亿元台币。由李祖原建筑师事务所设计。KTRT团队建造。其用途集购物中心、办公、观景于一体。该大厦为世界首创的多节式摩天大楼。第27层至第90层这64层中，每8层为一节，一共8节。每八层所组成的倒梯方块形状来自中国的“鼎”；每节顶楼向上展开的弧线，带来蓬勃向上的气氛；而向上开展花蕊式的造型，象征中华文化节节高升及蓬勃发展的经济；裙楼顶楼的采光罩，外型就是中国的"如意"；为了突出前"金融中心"的主题，24～27层的位置有直径近4层楼高的方孔古钱币装饰；此外还有处处可见的中国传统风格装饰物，表现出中华文化与西方科技融合的理念。该大厦是21世纪第一座世界第一高楼，也是世界上首度超越500m的摩天大楼。

台北101大厦

【台风】(typhoon) 发生于北太平洋西部、风力12级或以上的热带气旋。习惯上也泛指多种强度等级的热带气旋。台风的形成是由于大洋洋面上局部聚集的湿热空气大规模上升至高空，周围底层的空气趋势向中心流动，在科里奥利力作用下形成的空气大漩涡。台风的直径一般是200～1 000km，巨型台风可达1 000km以上，小型的则在100km以下。台风中心是"台风眼"，其直径多为15～40km，气压很低，风小浪低，空气下沉，云层变薄，甚至云消雨散，出现日月星光。而台风外围则云壁高耸，狂风暴雨。台风在太平洋上空形成后，常自东向西或西北移动，速度一般为10～20km/h。当进入中纬度西风带后。即转向向东或向东北移动。袭击中国的台风，多发生在每年的5～10月份，其中以7～9月最甚。如遇朔望，天文潮叠加其上，常导致风、雨、潮相遇的重大灾害。但深入内陆后，风力减弱，带来的雨水有时可缓和解除旱象。热带气旋在大西洋地区称为飓风。

【台盼蓝】(trypan blue) 又称台盼兰。一种检测细胞膜完整性最常用的生物染色试剂。分子式为：$C_{34}H_{24}N_6O_{14}S_4Na_4$。相对分子质量为：960.82。可溶于水(10mg/ml)。是组织和细胞培养中最常用的死细胞鉴定染色方法之一。常用于检测细胞膜的完整性。其机理是：正常的活细胞，胞膜结构完整，能够排斥台盼蓝，使之不能够进入胞内。而丧失活性或细胞膜不完整的细胞，胞膜的通透性增加，可被台盼蓝染成蓝色。通常认为细胞膜完整性丧失，即可认为细胞已经死亡。因此，借助台盼蓝染色可以非常简便、快速地区分活细胞和死细胞。

【抬梁式构架】(lift beam frame) 在柱顶或柱网的水平铺作层上，沿房屋进深方向架数层叠架的梁。梁逐层缩短，层间垫短柱或木块，最上层梁中间立小柱或三角撑，形成三角形屋架。中国古代建筑木构架的主要形式。相邻屋架间，在各层梁的两端和最上层梁中间小柱上架檩，檩间架椽，构成双坡顶房屋的空间骨架。房屋的屋面重量通过椽、檩、梁、柱传到基础。唐代已发展成熟，并出现了以山西五台佛光寺大殿和山西平顺天台庵正殿为代表的殿堂型和厅堂型两种类型。《营造法式》的大木作部分主要讲的是抬梁式构梁，明确提出较重要建筑的构架有殿堂型、厅堂型两个类型。其所形成的结构体系，对中国古代木构建筑的发展起着决定性的作用，也为现代建筑的发展提供了可借鉴的材料。

抬梁式构架

【太冲】 中医穴位名。属足厥阴肝经，本经输、原穴。定位：足背侧，当第一跖骨间隙的后方凹陷处。主治：头痛，眩晕，目赤肿痛，耳鸣耳聋，疝气，癃闭，遗尿，月经不调，崩漏，闭经，癫狂，痛证，肋痛，黄疸；肝炎，乳腺炎，肋间神经痛，高血压，神经衰弱，功能性子宫出血等。刺灸法：直刺0.5～0.8寸；艾炷灸3～5壮，或艾条灸5～10min。现代研究：肝病严重时可在太冲出现以结节为主的反应物。针刺太冲穴也有较好的降血压作用。

【太古宙】(Archean Eon) 曾称太古代，又称始生代。地质年代中隐生宙的第一个时代。时间跨度从原始地壳形成至距今25亿年前。可进一步划分为始太古代(距今36亿年前)、古太古代(距今36亿～32亿年)、中太古代(距今32亿～28亿年)和新太古代(距今28亿～25亿年)。研究认为，地球上的生物圈在距今38亿年之前已开始出现。

太古宙

【太赫兹波】(Terahertz, THz) 又称THz辐射、T射线、亚毫米波、远红外。通常简称THz。频率在0.1～10THz($1THz = 10^{12}Hz$，波长3mm～30μm)范围内的电磁辐射。是一种新的、有很多独特优点的辐射源。从频率上看，该波段位于毫米波和红外之间，属于远红外波段；从能量上看，在电子和光子之间。在电磁频谱上，太赫兹波段两侧的红外波段和微波波段的技术已经非常成熟并已广为应用，但是太赫兹波段的技术基本上还是一个"空白"。其原因是在此频段上，既不完全适合用光学理论来处理，也不完全适合微波理论来研究，从而形成了科学家们通常所说的“太赫兹空隙”。但由于太赫兹的频率很高，所以其空间分辨率也很高；又由于脉冲时间很短（飞秒级），具有了很高的时间分辨率，太赫兹成像技术及太赫兹波谱技术构成了太赫兹应用的两个主要关键技术。同时，太赫兹的能量很小，不会对物质产生破坏作用，与X射线相比更具优势。近年来，超快激光技术的迅速发展，为太赫兹脉冲的产生提供了稳定、可靠的激光光源，使太赫兹辐射的产生和应用得到了蓬勃发展。太赫兹的独特性能给通信（宽带通信）、雷达、电子对抗、电磁武器、天文学、医学成像、无损检测、安全检查等领域带来了深远的影响。国际上对太赫兹辐射已经达成共识：太赫兹技术是一个非常重要的交叉前沿领域，对技术创新、国民经济发展和国家安全意义重大。当前，美国、英国、德国、俄罗斯以及亚洲的韩国、新加坡等国都积极开展这方面的研究．一个研究太赫兹技术的高潮正在世界范围内形成。

【太湖石】（Taihu stone） 中国古代四大名石之一。产于中国江苏省太湖地区、经岩溶作用形成的灰白、灰黑色石灰岩。多溶孔、溶沟，造型奇特，位居中国古代四大名石之首。文人墨客常用空、灵、通、透来形容其美妙。太湖石具有造型美、意境美、传神美，恰似鬼斧神工而成。

太湖石

【太极拳】 中国的一种传统的武术健身和体育运动项目。集拳架、推手、散手为一体，寓技击、修身、养性于一身。其运动特点是：中正安舒、轻灵圆活、松柔慢匀、开合有序、刚柔相济，动作如行云流水，连绵不断。太极拳在中国有着悠久的历史。其起源有多种说法，大致有唐朝许宣平、元末明初张三丰、清初陈王廷所创等。在太极拳传承历史上占有重要地位的则是河南省温县县东清风岭上的陈家沟。陈氏十四世的陈长兴，在陈王廷编的一至五路太极拳的基础上精炼归纳，依据太极之理，由无极到太极，由无相生有相，由静而生动，每个招式都分阴阳（即虚、实、刚、柔、静、动等），形成完整套路。这些套路被后人称之为“老架”。他还大胆打破门规，收河北外姓人杨露禅为徒，传授拳技。杨露禅艺成回乡后，“闯天下、打天下”，广收徒众，为太极拳的定名、成型、传播和发展，居功至伟。可见太极拳并非一人、一时、一地所创，而是由无数的传人不断总结、整理、创新、发展而来。太极拳的来源有三个方面：(1)综合吸收了明代名家拳法。明代武术极为盛行，出现了很多名家、专著和新拳种。太极拳就是吸取了当时各家拳法之长，特别是戚继光的三十二势长拳而编成的。(2)结合了道家导引、吐纳之术。太极拳讲究意念引导气沉丹田，讲究心静体松、重在内壮，所以被称为“内家拳”之一。(3)运用了道家的阴阳学说和中医经络学说。以意行气，通任督二脉，练带脉、冲脉。传世的太极拳除陈氏太极拳外，还有杨氏、吴氏、武氏、孙氏等流派。新中国成立后，在杨式太极拳的基础上创编了简化24式和88式太极拳，对太极拳的传播和普及起到了重要作用。如今，打太极拳的人遍及全国，吸引了大批爱好者。太极拳在国外也受到普遍欢迎。太极拳是中华民族辩证的理论思维与武术、艺术、引导术的完美结合，是高层次的人体文化。其拳理来源于中国传统哲学、医术、武术等经典著作，并在其长期的发展过程中又吸收了道家、儒家等文化的合理内容，故太极拳被称为“国粹”。这种运动既自然又高雅，可亲身体会到音乐的韵律，哲学的内涵，美的造型，诗的意境，使人在高级的享受中，消除疾病，健康身心。现代医学、生理、生化、解剖、心理、力学等多学科的研究证明，太极拳对防治老年摔跤、高血压、心脏病、肺病、肝炎、关节病、胃肠病、神经衰弱等慢性病有很好的疗效。

太极拳

【太空城】（space city） 在地球之外的轨道上运行、适合于人类长期生活、工作、居住的大型人空设施。1974年，美国普林斯顿大学教授奥尼尔在美国《今日物理》杂志上发表文章，首次阐述太空城设计思想。最初的设计是由一对圆筒组成的，以相反的方向旋转，提供类似于地球表面的重力环境。太空城直径6.4km，长32km，可容纳2 000人居住。圆筒内壁上构建适于植物生长的自然环境，上面种有上百种草和树木，有河流和湖泊。除人工自然环境外，城内还有道路、居住区、娱乐区、商业区、工作区等。太空城外有太阳光反射板，用计算机控制进入太空城内的光量，使内部同时具有与地球相似的白天和黑夜，以及四季交替的感觉。太空城一端有一个大型太阳能发电站，另一端是供航天飞机或宇宙飞船停泊的舱口。奥尼尔的太空城设想引发了一场太空城热，并出现了许多设计方案。但因为建造太空城有许多未知的因素，耗资巨大，到20世纪80年代后期，太空城研究陷入低潮。

【太空居住舱】(space living capsule) 用于科研或航天员居住和活动的非自主航天器。由航天飞机携带入轨。目的是开展微重力科学研究和技术实验活动。运行方式与空间实验室相似，但规模较小。不进行对地观测和天文观测。研制费用较低。

太空居住舱

【太空升降舱】(space elevator) 又称太空电梯。设想中人员和设备能像乘电梯一样往返于空间站和地球之间的一根将卫星(或空间站)和地球连接起来的缆绳(或管道)。这是一项人类最伟大的构想，也是最划算的工程。迄今为止，人类还只是通过火箭推动克服地球引力，以将自己猛力“抛出”大气层的方式进入太空。这是一种低效的方式。太空电梯可以大规模地运送人员和物资，可以产生规模效应，使得将物体送入太空的成本降低至目前各种运载工具开销的“零头”。一旦太空电梯问世，届时太空旅行也许将真正进入大众消费。太空升降舱上天不需要携带大量燃料，预计所耗能量不过宇宙飞船发射的1%。据英国方面一项测算显示，用太空升降舱运送人和行李的费用仅相当于目前用航天飞机运送的0.25%。建造太空升降舱的构想早就引起了全世界科学家和各个政府机构的兴趣，有可能成为世界历史上最伟大的技术进步。

【太空蔬菜】(space vegetable) 将普通蔬菜种子搭载航天卫星，经过太空失重、缺氧等特殊环境处理，内部结构发生激变，在返回地面后，经农业专家多年培育而成的蔬菜。其维生素含量高于普通蔬菜二倍以上，对人体有益的微量元素含量铁提高7.3%、锌提高21.9%、铜提高26.5%、磷提高21.9%、锰提高13.1%、胡萝卜素提高5.88%。太空蔬菜比普通蔬菜更加美味可口。如太空甜椒可直接生吃，味道微甜，清脆爽口。太空紫红薯生食味甜，水分充足，为优质水果；熟食集香、软、甜于一体，色、香、味俱佳，是城市居民、宾馆、饭店的上等保健食品。

【太空行走】(space walking) 航天员离开载人航天器乘员舱、只身进入太空的出舱活动。舱外行走有两种方式：一是用早期研制的脐带式生命保障系统与乘员舱连接，航天员身穿航天服，航天员所需要的氧气、压力、冷却工质、电源和通信等都是通过脐带由“母”载人航天器提供；二是后期发明的装在航天服背后的便携式环控与生命保障系统。航天员出舱后可到距离航天器100m远处活动。修复载人航天器或其他航天器上的受损部件、建造空间站，都需要航天员出舱行走进行太空作业。

太空行走

【太空移民】(space immigrant) 一种将人类移居到地球之外的设想。齐奥尔科夫斯基在20世纪初就曾提出太空移民设想。1928年，英国科学家贝尔纳也提出过类似设想。1974年，美国科学家奥尼尔提出太空城的设想后，太空移民又引发了一轮研究热潮。研究的主要课题有：太空城、太空基地、月球基地、火星基地、恒星际飞行以及与之相关的技术，如生物医学、社会学、哲学和伦理学等诸多问题。20世纪80年代后，美国和苏联都进行了人工生物圈试验，以检验创建适于人类生活和工作的人工环境的可能性。美国的“生物圈2号”计划经过10年试验得出的结论是：人类目前对生物圈和生态系统还缺乏深入的认识，以目前的科学技术水平，人类还无法建造完全自给的、适于长期或是永久居住的人工生物圈。

【太空育种】(space breeding) 利用航天器把植物种子带入太空，使其在太空环境中产生内部结构和染色体的变化，从而选择培育出综合性状优良的农作物新品种的作物育种方法。与常规育种相比，太空育种可以加速育种过程，提高产量，改善农作物品质和缩短生育期，得到常规育种无法产生的变异。自1987年以来，中国已多次在自行研制的返回式遥感卫星上搭载植物种子进入太空，研究空间条件对植物种子的诱变。通过太空育种，已经培育出多个系列的农作物新品种。

【太空战】(space warfare) 又称天战、空间战。敌对双方在太空或利用太空所进行的军事对抗活动。有狭义和广义之分。狭义的太空战是指在太空内进行的作战。具体地讲，是敌对双方部署在太空的天基空间作战系统之间进行的攻防行为，又称天际作战。广义的太空战是指利用太空进行的作战。它不仅包括天际作战，而且还包括天地作战。具体地讲，是一方使用部署在太空的天基空间作战系统，对敌方的空中、地面、水下目标的攻击行动和导弹的拦截行动。以地球为基地使用地基作战系统对敌方的航天器进行打击和为防止对方的天基空间作战系统的打击而进行的防御行为，也是太空战的作战行为。

【太平洋航线】(Trans-Pacific Line) 跨越太平洋的国际贸易航线。主要包括以下六条航线:(1)澳新－北美东西海岸航线。由澳新至北美海岸多经苏瓦、火奴鲁鲁等太平洋上重要航站;由澳新至北美东海岸则取道社会群岛中的帕皮提,过巴拿马运河而至。(2)远东－加勒比、北美东海岸航线。该航线常经夏威夷群岛南北至巴拿马运河后到达。(3)远东－澳大利亚、新西兰航线。东至澳大利亚东南海岸分两条航线。中国北方沿海港口经朝、日到澳大利亚东海岸和新西兰港口的船只,需走琉球久米岛,加罗林群岛的雅浦岛进入所罗门海、珊瑚湖;中澳之间的集装箱船需在香港加载或转船后经南海、苏拉威西海、班达海、阿拉弗拉海,后经托雷斯海峡进入珊瑚海。(4)远东－北美西海岸航线。包括从中国、朝鲜、日本、俄罗斯远东海港到加拿大、美国、墨西哥等北美西海岸各港的贸易运输线。从中国的沿海各港出发,偏南的经大隅海峡出东海;偏北的经对马海峡穿日本海后,或经清津海峡进入太平洋,或经宗谷海峡,穿过鄂霍茨克海进入北太平洋。(5)远东－东南亚航线。是中、朝、日货船去东南亚各港,以及经马六甲海峡去印度洋,大西洋沿岸各港的主要航线。东海、台湾海峡、巴士海峡、南海是该航线船只的必经之路,航线繁忙。中、日去澳大利亚西海岸航线经菲律宾的居民都洛海峡、望加锡海峡以及龙目海峡进入印度洋。(6)远东－南美西海岸航线。从中国北方沿海各港出发的船只多经琉球庵美大岛、硫黄列岛、威克岛、夏威夷群岛之南的莱恩群岛穿越赤道进入南太平洋,至南美西海岸各港。

【太平洋环流】(Pacific Ocean Circulation) 太平洋中首尾相接的环流系统。太平洋横跨南北两半球,在低中纬度海域,形成北太平洋顺时针环流和南太平洋逆时针两大环流,称作太平洋亚热带环流系统。前者主要由北赤逆流、黑潮、北太平洋暖流(西风漂流)及加利福尼寒流构成;后者主要由南赤道流、东澳暖流、南太平洋西风漂流和秘鲁寒流等构成。

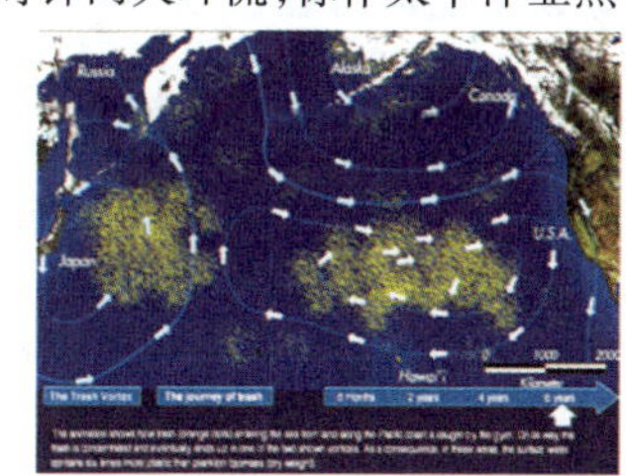

太平洋环流

中高纬度海域,北太平洋的逆时针方向环流由阿拉斯加暖流、阿留中海流和千国寒流构成。而南太平洋则由于与印度洋、太平洋相连,无法形成独立的环流。

【太平驿水电站】(Taipingyi Hydropower Station) 位于四川省汶川县境内。是岷江上游河段规划中的第二个梯级电站。距成都市约97km。电站装机容量2.6×10^5kW,保证出力1.05×10^5kW,年平均发电量1.53×10^9kW·h。电站为低闸引水。河床覆盖层最深约86m,两岸滑坡基岩裸露,卸荷带深约50～60m。引水隧洞位于岷江右岸,其围岩主要由坚硬的花岗岩和花岗闪长岩组成。隧洞引线由几条支沟切割,长年有水,其中箩筐沟覆盖层深达40～70 m。地下厂房位于岷江左岸太平驿沟上游侧。厂区地质处于第三、第四两期侵入的呈混染状的角砾岩、网状花岗闪长岩中。取水口布置在左岸,设四个宽12m、高4m的底孔。紧靠取水口的下游侧布置一孔宽12m的开敞式冲沙闸。冲沙闸以左布置一孔宽12m的漂木道。冲沙闸右侧布置四孔宽12m的开敞式溢洪闸,闸顶高程1 082.5m,闸底板高程1 065m。电站取水口后分设引渠闸和引水隧洞进水口。引水建筑物包括引水隧洞、压力室和压力管道等。相应洪水流量为2 080m^3/s,施工导流设计流量标准按5年一遇设计。

太平驿水电站

【太史院】 中国元代官署名。掌管观测天象、编制历法节气等天文历数事务的机构。至元十五年(公元1278年)始置。设有太史令和同知太史院史、佥院、院判别等官,并设有推算局、测验局、漏刻局、印历局等部门。太史院除掌察天文,定历数、占侯、推步,观日月星辰、风云气象的变化外,还将其体应到地上,预测国运及帝王之家的兴衰迭替。

【太息】(sighing) 又称叹息。情志抑郁,胸闷不畅时发出的长吁或短叹声。太息之后自觉宽舒。是情志不遂、肝气郁结所致。可用逍遥丸等治疗。

【太溪】 中医穴位名。属足少阴肾经,本经原穴、输穴。定位:在足内侧,当内踝尖与跟腱之间的凹陷处。主治:头痛目眩,咽肿,齿痛,耳聋,耳鸣,咳喘,咯血,胸痛,消渴,失眠,遗精,阳痿,月经不调,小便频数,腰脊酸痛,足踝肿痛,脚气;不孕症,先兆流产,习惯性流产,尿路感染,肥大性脊柱炎,再生障碍性贫血,耳源性眩晕,支气管哮喘,神经衰弱等。刺灸法:直刺0.5～0.8寸;艾炷灸3～5

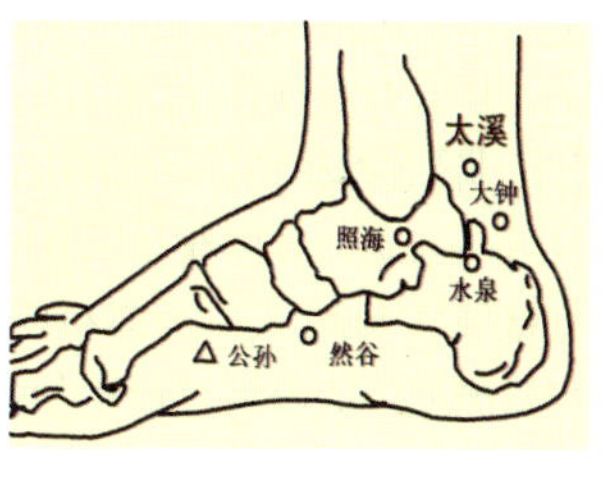

太溪

壮或艾条灸5～10min。现代研究证明:针刺太溪穴对肾功能有调整作用。针刺肾炎病人的太溪,配列缺穴,可使肾泌尿功能增强,酚红排出量增多,尿蛋白减少,高血压下降,浮肿减轻或消失。

【太阳】(sun) 太阳系的中心天体。距地球最近的一颗恒星。地球上光和热的主要来源。太阳的直径为1 390 000km,质量为地球的33万倍,平均密度为1.43g/cm³。太阳是一个炽热的球体,由表及里,愈向内部温度愈高,表面温度约5 800K,中心温度可达1.56×10⁷K。由氢核聚变成氦的热核反应提供的巨大能量,以辐射的方式,由内部到表面,再发射到宇宙空间。太阳有自转,在日赤道带周期约25地球天,在两极区周期约35地球天。太阳的化学组成和地球近似,但比例有差异。作为一颗恒星,太阳总体上是稳定的,但大气层局部有剧烈的运动。最明显的是太阳活动区黑子群的出没和各类日珥的发生、日冕物质抛射和耀斑的出现。这些都会给地球的环境和气候带来影响。

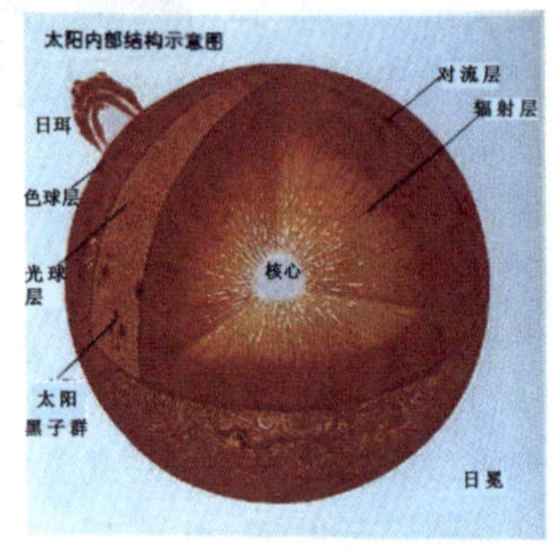

太阳

【太阳常数】(solar constant) 表示太阳辐射能量的一个物理量。在地球大气层外在离太阳一个天文单位距离处,垂直于太阳光线1cm² 面积上1min内所接受的太阳辐射能量,其值为8.21J/(cm²·min)。太阳常数在太阳黑子活动期有微小变化,活动极大时比活动极小时有微量减小。

【太阳池热电站系统】(solar energy thermal generating system with solar pool) 应用太阳池原理进行发电的系统。具体做法是:将天然盐水湖建成太阳池,就成了一个巨大的平板太阳集热器。利用它吸收太阳能,再通过热交换器加热低沸点工质产生过热蒸汽,驱动汽轮发电机组发电。形成太阳池热发电系统。

【太阳磁场】(solar magnetic field) 太阳具有的磁场。主要存在于太阳大气层－光球、色球和日冕低层中,在太阳内部和日冕外部很弱。太阳磁场与构成太阳的等离子体中的带点质点的运动和变化密切相关。其基本磁场强度约为0.1mT,但局部磁场(如黑子磁场)很强,可达0.3T。黑子群周围的光球区显示复杂的磁场分布,对物质运动有一定支配作用。太阳大气层整体都布满磁力线,其活动的主要原因就是磁场所致,活动区的演变就是磁场逐步瓦解和新磁场逐步形成的过程。整个日面可分为几个区域,相邻区域的极性相反,各区分界线大致与日面经度线平行。由于日冕等离子体范围很大、导电率很高,磁场被"冻结"在等离子体内,使太阳磁场扩展到行星际空间。太阳自传使整个行星际空间分成几个扇形磁场区,并随太阳一起转动,约27天转一周,形成阿基米德螺旋状结构,磁场强度也随扇形结构的变化而变化。

【太阳电池】(solar cell) 用半导体硅等材料制成、能将太阳能转变成电能的器件。目前作为商品普及的是硅系太阳池此外,还有GaAs(砷化镓)、Cds(硫化镉)、CdTe(碲化镉)等太阳池。硅基太阳电池包括多晶硅、单晶硅和非晶硅电池三种。产业化晶体硅电池的效率可达到14%～20%(单晶体硅电池16%～20%,多晶体硅14%～16%)。目前产业化太阳电池中,多晶硅和单晶硅太阳电池所占比例近90%。硅基电池广泛应用于并网发电、离网发电、商业应用等领域。(1)单晶硅太阳电池。本材料为纯度达0.999 999、电阻率在10Ω·cm以上的P型单晶硅。包括PN结、电极和减反射膜等部分。受光照面加透光盖片(如石英或渗铈玻璃)保护,防止电池受外层空间范爱伦带内高能电子和质子的辐射损伤。单体电池尺寸从2cm×2cm至5.9cm×5.9cm,输出功率为数十至数百毫瓦。它的理论光电转换效率为20%,实际已达到11.2%～14.8%。(2)多晶硅太阳电池。电池成本低,转化效率较高(14%～16%),生产工艺成熟,占有主要光伏市场,是现在太阳电池的主导产品。多晶硅太阳电池已经成为全球太阳电池占有率最高的主流技术。但多晶硅太阳电池效率低于单晶硅电池。比较单位成本发电效率,两者接近。(3)非晶硅太阳电池。其优点是对于可见光谱的吸光能力很强(比结晶硅强500倍),所以只要薄薄的一层就可以把光子的能量有效吸收。这种非晶硅薄膜生产技术非常成熟,不仅可以节省大量的材料成本,也使得制作大面积太阳电池成为可能。但其缺点是转化率低(5%－7%),且存在光致衰退(光电转换效率会随着光照时间的延续而衰减,使电池性能不稳定)。因此在太阳能发电市场上没有竞争力,而多用于功率小的小型电子产品市场。如电子计算器、玩具等。

太阳电池

【太阳电磁爆发】(massive magnetic solar

eruption） 太阳电磁辐射急剧增加的现象。主要发生在与太阳活动区有关的表面局部区域内。与宁静期相比，爆发期太阳电磁辐射流量可增加几倍到几十万倍，持续时间从几毫秒到几天至十几天。爆发范围从长波到微波，还包括紫外线、X 射线和 γ 射线。主要由太阳耀斑产生，能引起地球电离层和高层大气变化，影响短波通信、卫星表面涂层和太阳能电池帆板。

【太阳动力发电系统】（solar power generation system） 利用太阳辐射产生的热能发电的系统。与利用光电效应，使用太阳能电池将太阳辐射能直接转换成电能的发电方式不同，太阳动力发电是由太阳能集热器将所吸收的热能转换成工质的蒸汽，再驱动汽轮机发电。前者称为“光－电直接转换方式”，后者称为“光－热－电转换方式”。太阳动力发电系统由聚能器、带相变蓄热的吸热器、电力转换设备、散热设备以及控制和电力调节设备等组成。其发电原理是闭式布雷顿循环（燃气轮机运行所依循的热力循环）。在日照期，通过一个反射聚能器把入射太阳辐射聚集在一个空腔式吸热器内作为热源，沿吸热器圆周分布的换热管外的封壳内含有相变盐，吸收太阳能后熔化。利用其融解热加热惰性气体工质进行闭式布雷顿循环发电，同时储存能量，保证飞行器在阴影期的能量连续供应。由于太阳动力系统具有集能器面积小、结构紧凑、可靠性好、有较高的能量转换效率、较长的寿命和较低的长期运行维护费用等优点，特别是在应用太阳电池阵会导致阻力过大和升轨动力需求很高的情况下，成为大功率航天器电源的发展方向。

太阳动力发电系统

【太阳帆推进】（solar sail propulsion） 不需要火箭也不需要燃料，而以阳光为能源的推进方式。装有太阳帆的航天器以阳光作动力，只要展开一个仅有100个原子厚的巨型超薄航帆，即可从取之不尽的阳光中获得持续的推力飞向宇宙空间。改变帆的倾角即可调整前进方向。只要几何形状和倾角适当，它可以飞向包括光源在内的任何方向。借助阳光的推力，这种航天器可以飞向太阳系的边缘并进入星际空间。如果辅以从地球轨道射出的强力激光束，它可以飞得更远，直至到达离太阳系最近的恒星。20 世纪初，几位科学幻想小说家曾写过有关用反射镜面推动宇宙飞船的故事。1924 年，俄国航天事业的先驱齐奥尔科夫斯基及其同事灿德尔明确提出：“用照到很薄的巨大反射镜上的阳光所产生的推力获得宇宙速度”，而且灿德尔提出了太阳帆的结构设想——一种包在硬质塑料上的超薄金属帆，成为今天建造太阳帆的基础。2001 年 7 月 20 日，俄罗斯北方舰队成功地发射了“宇宙”1 号太阳帆航天器，并按预设程序对其飞行性能进行了测试。目前，美国国家海洋与大气管理局和美国空军已提出建造用于监视太阳表面活动的太阳帆计划。

太阳帆推进

【太阳风】（solar wind） 从日冕向星际空间辐射的等离子体微粒流。在地球附近，平均每立方厘米含质子 5～10 个，质子温度可达 105K，风速 250～450km/s 不等，物理参数随太阳活动相位而变化。太阳风与日冕不断膨胀有关。日冕物质抛射所喷射的粒子也是太阳风的重要来源。每年太阳风抛射出的物质可达 3×10^{-14} 个太阳质量。

【太阳风暴】（solar storm） 太阳在黑子活动高峰阶段产生的剧烈爆发活动。爆发时释放大量带电粒子所形成的高速粒子流，严重影响地球的空间环境，破坏臭氧层，干扰无线通信，对人体健康也有一定的危害。太阳风暴在黑子活动的高峰时产生，这一现象是由美国“水手 2 号”探测器于 1962 年发现的。它是太阳因能量增加而使得自身活动增强的标志。科学家把这一现象比喻为太阳“打喷嚏”。“打喷嚏”的结果是产生强大的太阳风自太阳向周边辐射。向地球方向涌来的太阳风在抵达地球时，其带点粒子流大部分会被地球自身的磁场推开。但还是有一些会进入大气层，从而引起磁暴、极光和各种电现象。太阳风还会使彗星产生尾巴。彗星靠近太阳时，星体周围的尘埃和气体会被太阳风吹到后面去，使其产生一个长长地彗尾。太阳的活动对地球至关重要，因而太阳一打“喷嚏”，地球往往会发“高烧”。有关资料显示，20 世纪 70 年代的一

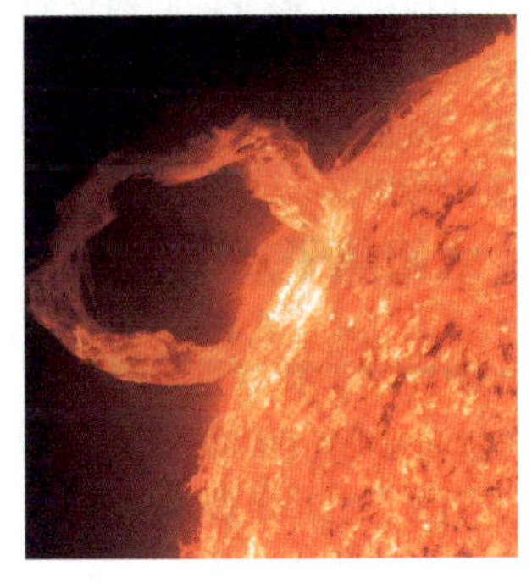
太阳风暴

次太阳风暴导致大气活动加剧，增加了当时属于苏联的“礼炮”号空间站的飞行阻力，从而使其脱离了原来的轨道。1989年的太阳风暴曾使加拿大魁北克省和美国新泽西州的供电系统受到破坏，造成的损失超过10亿美元。由太阳黑子活动引起的太阳风暴对商业卫星也是重大的考验。目前，各国科学家都十分重视研究太阳风暴，但是对太阳剧烈活动、太阳黑子爆发、太阳风暴对地球的具体影响以及如何预防，还有很多问题没有解决。此外，太阳风暴随太阳黑子活动周期每11年发生一次。据此，有天文学家预测，2013年太阳会再次爆发太阳风暴。到时给人类带来的经济损失，预计将是卡特里娜飓风的20倍(2005年卡特里娜飓风重创美国新奥尔良州，造成1 250亿美元损失)。

【太阳辐射强度】(solar radiation strength) 太阳以辐射形式放射出的能量的多少。据计算，一年之中，整个地球可以由太阳获得5.44×10^{24}J的热量。太阳辐射能是地球表面和大气最主要的能量源泉，是引起大气中各种现象和演变过程的最根本的动力。由于大气层对太阳辐射的影响，到达地面的太阳辐射有两种：-是太阳的直射辐射(指被地球表面接收到的、且方向未改变的太阳辐射强度)，另-种是散射辐射(指被地球表面接收到的、被大气层反射和散射后已改变方向的太阳辐射强度，它来自半球天空的各个方向)。这两种辐射之和是太阳的总辐射。

【太阳高度角】(solar altitude angle) 地球表面的观测点与太阳连线和地平面的夹角。在一日内，太阳高度角一直处在变化之中。太阳移动到中天时，其高度达到极大值，称为“正午太阳高度”。在一年内，除了南北回归线之间的纬度带外，正午太阳高度都以所在半球的夏至日为最高，以冬至日为最低。测量太阳高度角是计算观测点太阳辐射能量的重要参数。

【太阳黑子周期】(sunspot cycle) 太阳黑子活动规律性变化的周期。长度为两个极小值之间的时间。主要为11年周期，有时也出现长周期(14年)和短周期(8.5年)。一个周期来临，开始4年，黑子不断产生并增多，活动不断加剧，以后7年中，黑子和黑子群活动逐渐减弱、消失。国际上规定，第一个周期从1755年算起，往后依次排出11年周期的顺序号。考虑到太阳黑子群磁场极性的变化，还有22年周期、80年周期甚至更长周期的说法。

【太阳活动】(solar activity) 太阳大气里一切活动的总称。包括太阳黑子、耀斑、日珥和日冕抛射物质等变化。一般多集中发生在太阳活动区内的局部地区。(1)太阳黑子。指太阳光球层上的黑暗斑点，温度比光球层其他部分低1 000～2 000K，常成对出现，具有相反磁极，磁场强度极高。大黑子周围还可有一些小黑子，形成复杂的黑子群，以后缓慢地消失。黑子平均寿命一天，少数可达数月甚至一年。大黑子群的出现，常和耀斑、日冕物质抛射等剧烈活动同时发生，并造成地球上的磁暴和电离层扰动。(2)耀斑。指太阳大气中局部区域亮度突然增加的现象。多数耀斑发生在低日冕区，多由活动区磁场相互作用引起，寿命从几分钟到十几小时。太阳黑子多时耀斑也多，也有11年的周期；出现时常抛射出大量的高能电子和质子，发射出很强的紫外线、X射线和射电爆发；产生的高能粒子辐射和短波辐射对载人航天有一定危害。(3)日珥。指太阳边缘的明亮突出物；具有篱笆、树枝、云彩、圆环等各式各样的形态；其多少也与太阳活动有关，周期为11年；根据运动形态的不同可分为宁静日珥和活动日珥。日冕是指太阳大气层最外层最厚、最稀薄的一层。日冕物质抛射可延伸到几个太阳半径甚至更远；主要由质子、高度电离的离子和自由电子组成。(4)日冕物质抛射。指日冕中局部高密度的磁化等离子体从日冕向外喷射的过程。一次物质抛射喷出的质量可达$1\times10^{14}\sim1\times10^{16}$g，速度为300～2 000km/s，能量为$1\times10^{23}\sim1\times10^{25}$J。

【太阳及日球观测台】(solar observatory) 欧洲和美国共同研制的太阳观测卫星。1995年12月2日，由美国宇宙神-2AS发射升空。观测台呈六面体结构。质量1 875kg。主要探测太阳色球、日冕、太阳表面、太阳风和太阳内部结构。其研究内容包括：太阳风对地球磁场和导航通信的影响，太阳色球、日冕的结构和特性，太阳内部结构等。1996年3月14日，观测台到达距地球约1.5×10^{6}km的第一个拉格朗日点。在这一点，地球、太阳和月球的引力相抵消，观测台进入一条绕拉格朗日点旋转，并与地日轴线垂直的轨道上。观测台取得的重要成果有：拍摄了大量太阳风、太阳外层、太阳耀斑爆发和太阳黑子照片，观测到太阳表面的振动和物质抛射。研究了太阳辐射特性、星际物质的化学组成、太阳风对地球磁场的影响并获得了大量清晰照片。

【太阳炉】(solar stove) 一种将太阳光高倍聚焦、在焦斑处获得最高达3 500℃左右高温的装置。太阳炉按聚光方式的不同可分为直接入射型和定日镜型。前者指利用聚光器跟踪太阳，使太阳辐射直接投射在聚光器上；后者指借助于跟

太阳炉

踪太阳的定日镜,将太阳辐射反射到固定的聚光器上。定日镜型太阳炉按其聚光器的光轴位置又可分为水平光轴式和垂直光轴式。目前,大型太阳炉一般都采用水平光轴的定日镜型。利用太阳炉能进行冶金、耐火材料、高温化学反应等实验。

【太阳能】(solar energy) 在太阳内部连续不断的核聚变反应过程中所产生的能量。海平面上标准峰值强度为 $1kW/m^2$。尽管太阳辐射到地球大气层的能量仅为其总辐射能量(约为 $3.75\times10^{26}W$)的 2.2×10^{-9},但却高达 $3\times10^{17}W$,即太阳每秒钟照射到地球上的能量相当于 5×10^6t 标准煤。地球上的风能、水能、海洋温差能、波浪能和生物质能及部分潮汐能都来自于太阳。地球上的化石燃料(如煤、石油、天然气等)也是远古以来储存的太阳能。太阳能既是一次能源,又是可再生能源,资源丰富,既可免费使用,又无需运输,无环境污染。但太阳能有两个主要缺点:一是能流密度低,二是其强度受各种因素(季节、地点、气候等)影响较大,因而限制了对其的利用。目前人类对太阳能的利用仅包括对太阳能的光热利用、光电利用和光化学利用等。

【太阳能池】(solar pond) 深3m左右、面积适中的可利用太阳能的盐水池。它从上到下形成稳定的盐的浓度梯度,在中部存在一个完全不发生对流的盐水层,起绝热保温作用。阳光透过不对流层而被下层的浓盐水吸收,使之温度提高,之后再通过换热器将热量取出。是一种可大规模利用太阳能的途径。

【太阳能储能】(solar energy storage) 将太阳能以各种形式储存起来的技术的统称。储存太阳能的方式有很多,可以按热能、电能、化学能、机械能等方式储存。其中,以太阳能热利用最为广泛。因此,太阳能热储存技术最为成熟,商业化程度最高。其优点是:效率高,成本低,安全可靠,技术成熟。太阳电池系统是用蓄电池储存电能;植物储存着由太阳能转化来的生物质能;太阳能制氢属于化学能储存;利用太阳能水泵向高处提水,储存了可做功的势能。

【太阳能电池帆板】(solar energy panel) 又称太阳能帆板或太阳翼。将太阳光能转换成电能的装置。航天器上的仪器设备,多数是靠电工作的。航天器上的供电装置有电池、核发电和太阳能电池帆板三种。太阳能帆板广泛应用在航天器上。它的面积很大,像翅膀一样在航天器的两边展开。帆板上贴有半导体硅片或砷化镓片,依靠它们将太阳光的光能直接转换成电能。太阳能帆板实际上就是太阳能电池阵。早期航天器上的太阳能电池阵是设置在航天器的外表面上,后来由于航天器用电量的增加,才发展成为巨大的帆板,而且其面积仍在不断增大。

太阳能电池帆板

【太阳能电池芯片】(solar energy battery chip) 具有光电效应的半导体器件。当光直射太阳能电池芯片时,其中一部分被反射,一部分被吸收,一部分透过电池芯片。被吸收的光激发被束缚的高能级状态下的电子,使之成为自由电子。这些自由电子在晶体内向各方向移动,余下空穴(电子以前的位置)。空穴也围绕晶体飘移,自由电子在N结聚集,空穴在P结聚集。当外部环路闭合时,电流产生。常用砷化镓半导体材料作发电元件。其光电转换效率高,耐温性优于硅质材料,批量生产成本低。

【太阳能电站】(solar energy power station) 利用太阳能发电的电站。包括使用太阳能的光能和热能发电的电站。但由于目前世界上以热能发电的太阳能电站数量很少,所以太阳能电站主要是指利用太阳能光能发电的电站,也称为光伏电站或光电站。一般电站功率为几千瓦,大的可达几兆瓦。按其供电方式的不同可分为独立电站和并网电站。其发展前景是建立大的并网电站。另外,卫星太阳能电站已在进行探索性研究。它应用大的太阳电池方阵在空间接收太阳光,并将其能量以微波束方式送回地面,供用户使用。

太阳能电站

【太阳能发电技术】(solar energy generation technology) 将吸收的太阳辐射热能转换成电能的技术。其类型有:(1)利用太阳能直接发电。这一类型的特点是发电装置本身没有活动部件。目前其功能很小,有的还处于试验阶段。(2)用太阳热能热机带动发电机发电。其基本组成与常规发电设备类似,只是热能是从太阳能转换而来的。

【太阳能房】(solar energy house) 利用太阳辐射能代替部分常规能源、使室内升温的建筑物。分为

太阳能房

主动式和被动式两类。前者是由太阳能集热器收集太阳能,经蓄热系统储存并通过常规采暖系统供暖的建筑物;后者是加大建筑物的朝阳窗户或附加温室等来收集太阳能,以达到供暖的目的的房屋。

【太阳能飞机】(solar energy airplane) 以太阳辐射能作为推进能源的飞机。动力装置由太阳能电池组、直流电动机、传动装置、螺旋桨和控制系统等组成。为了得到足够的能量,需要安排较大的采光面。太阳能飞机作为高空无人驾驶飞机来使用,在军用、民用方面都有巨大的应用前景。

太阳能飞机

【太阳能服装】(solar energy clothing) 用能吸收太阳光能量的纤维制成的服装。可将吸收的太阳能储存起来转变成热能,慢慢释放出来。用太阳能吸收纤维面料制成的登山服、睡袋,轻便保暖,特别适合在高寒、干燥、露天工作的环境中使用。海拔越高,光照越强,产生的热量越大,御寒能力越强。

太阳能服装

【太阳能辐射】(solar energy radiation) 太阳能以直射、漫射或反射光的形式从太阳传播到地球上的能量。其辐射强度以单位面积在单位时间内所接受的太阳能数量来计算。

【太阳能干燥器】(solar energy dryer) 利用太阳能对物料进行干燥的装置。按利用太阳能方式的不同可分为:(1)温室型。集热器和物料干燥室合为一体的太阳干燥器。(2)集热器型。集热器与干燥室分离的太阳干燥器,用风机进行空气循环。(3)聚光型。利用线聚焦聚光集热器干燥物料的太阳干燥器。(4)混合型。太阳能和辅助能源联合供能的太阳干燥器。

太阳能干燥器

【太阳能固体吸附式制冷】(refrigeration of solar energy solid absorption) 以太阳能为热源,利用吸附制冷原理实现制冷的系统。该系统以太阳能为热源,利用太阳能集热器吸附床加热后用于脱附制冷剂,通过加热脱附、冷凝、吸附、蒸发等几个环节实现制冷。

【太阳能光伏效应】(solar energy photovoltaic effect) 以太阳光辐射到半导体材料上产生电动势为特征的光电效应。其原理是在两种不同导电类型(N 型和 P 型)的半导体相互接触时在交界面(即 PN 结)附近形成内建电场,太阳光辐射到半导体后使半导体原子释放出电子,相应出现空穴并产生电子-空穴对,形成电动势,产生光伏效应。

【太阳能火箭发动机】(solar energypowered rocket engine) 利用一面(或两面)大型抛物面型镜面收集太阳能并聚焦在热交换器系统加热发动机工质使之产生推力的火箭发动机。镜面可以绕自身轴线转动采集阳光,不受发动机方向的限制。整个系统可以分成光学采集和发动机两个独立系统。发动机系统基本上是一种热能转换装置。其作用是迅速地使工质加热,减少系统的热损失。

【太阳能集热器】(heat collector of solar energy) 一种可以拼装合成不同采光面积的集热装置。按集热的方式的不同分为:干法热管式太阳能集热器、U 形管式太阳能集热器及联集管式太阳能集热器几种。

太阳能集热器

【太阳能建筑】(solar energy building) 利用太阳能供暖和制冷的建筑。在建筑中应用太阳能供暖、制冷,可以节省大量电力和煤炭等能源,而且不污染环境。在年日照时间长、空气洁净度高、阳光充足而缺乏其他能源的地区,采用太阳能供暖、制冷,尤为有利。目前太阳能建筑还存在投资大,回收年限长等问题。在建筑中,按其供暖和制冷方式的不同可分为:(1)主动式太阳能系统。靠常能泵、鼓风机运行的系统,由集热器、蓄热器、收集回路、分配回路组成,通过平板集热器,以水为介质收集太阳热。吸热升温的水,储存于地下水柜内,柜外围以石块,通过石块将空气加热後送至室内,用以供暖。如将蓄热器埋于地层深处,把夏季过剩的热能储存起来,可供其他季节使用。按其传热介质的不同可分为空气循环系统、水循环系统和水、气混合系统。(2)被动式太阳能系统。用建筑物的一部分实体作为集热器和储热器,利用传热介质对流分配热能的系统。利用建筑材料的吸热性、蓄热性和传热介质的对流收集热能，储存热能，分配热能。在冬季吸收热能作为供暖的热源，在夏季把建筑物内的热量散发出去，作为调节室内温度的冷源。可分为直接收益式、水墙式、蓄热墙式、太阳温室式和屋顶水池式等。能量利用比较充分，效率较高，经济实惠，且简而易行，发展前途比较广阔。在中国新疆、内蒙、天津和甘肃等地区已有多处采用。

太阳能建筑示意图

【太阳能热泵】(heat pump of solar energy) 作为太阳能热利用系统辅助装置的热泵系统。包括独立辅助热泵和以太阳辐射热能作为蒸发器热源的热泵。太阳能热泵多数以供热为主，包括建筑采暖、生活热水供应及工业用热等应用领域。该系统对太阳能集热温度要求不高，而且具有灵活多样的形式、合理的经济技术性能和良好的商业应用前景。

【太阳能热发电】(thermal generation by solar energy) 将太阳能转换成热能进行发电的技术。太阳能热发电站由集热、输热、储热、热交换系统和汽轮发电机组成。一些工业发达国家对太阳能热发电进行了开发研究，建立一批试验电站，其中容量最大的为10MW。太阳能热发电站投资大，技术尚不成熟，目前还未投入商业运行。

【太阳能热发电系统】(solar energy thermal generating system) 利用太阳光线的热能进行发电的技术与设备。设想利用一种太阳能锅炉，将太阳辐射能收集起来并转变为热能，取代常规燃料发电系统中的锅炉，就成为太阳能热发电系统。其基本工作原理为：利用太阳能集热器将太阳能收集起来，加热工质，产生过热蒸汽，驱动热动力装置带动发电机发电，从而将太阳能转换为电能。按太阳能集热器形式的不同可分为：(1)塔式太阳能热发电系统。利用众多的平面反射镜阵列，将太阳辐射反射到置于高塔顶部的太阳能接收器上，加热工质产生过热蒸汽，驱动汽轮机发电机组发电，从而将太阳能转换为电能。阵列中的平面反射镜数目越多，则其聚光比越大，接收器的集热温度也就愈高。(2)槽式太阳能热发电系统。将众多的槽型抛物面聚光集热器，经过串并联的排列，可以收集较高温度的太阳能，加热工质，产生过热蒸汽，驱动汽轮发电机组发电。(3)盘式太阳能热发电系统。以单个旋转抛曲面反射镜为基础，构成一个完整的聚光、集热和发电单元。由于单个旋转抛物面反射镜不可能做得很大，因此这种太阳能热发电装置的单个功率都比较小，一般为5～50kW。它可以分散地单独进行发电，也可以由多个组成一个较大的发电系统。由多个独立盘式太阳能热发电装置组成的发电系统称作盘式太阳能热发电站。

【太阳能热利用】(heat utilization of solar energy) 将太阳辐射能收集起来加以利用的技术。包括将太阳辐射能与工质（主要是水或者空气）相互作用转换成热能，用来驱动汽轮机发电。目前，应用最多的太阳能收集装置主要有平板型集热器、真空集热器和聚焦集热器三种。

太阳能热利用

【太阳能热气流电站】(thermal steam generation of solar energy) 应用太阳能热气流原理进行发电的电站。具体做法是：在以大地为吸热材料的巨大攫式地面太阳空气集热器的中央，建造高大的竖直烟囱。烟囱的底部在近空气集热器透明盖板的下面开吸风口，上面安装风轮。地面空气集热器根据温度效应生产热空气，从吸风口进人烟囱，形成热气流，驱动安装在烟囱内的风轮带动发电机发电。太阳能热气流电站的实际构造由三部分组成：大篷式地面空气集热器、烟囱和风力发电机组机。

【太阳能热水器】(water heater of solar energy) 利用集热器接收太阳能并产生热水的装置。集热器上面有一层玻璃，下面是集热板。集热板表面涂上选择性吸收涂料，以最大限度地吸收太阳光谱中的辐射能。玻璃使波长较短的太阳光几乎全透过，而波长较长的红外辐射几乎是不能透过的。阳光透过玻璃被集热板下的水吸收，水温升高后向外辐射的红外线又被玻璃挡回，从而产生热水。

太阳能热水器

【太阳能生物质能转换】(biomass conversion of solar energy) 地球上植物通过光合作用将太阳辐射能转化为生物质能的过程。树木茎叶、荆棘杂草及农作物秸秆都是生物质能源。

【太阳能水解制氢】(hydrogen production of solar energy water decomposition) 利用太阳光辐射中的紫外光和可见光来分解水制取氢气的技术。有三种途径:(1)光电化学池法。(2)光助络合催化法,即人工模拟光合作用分解水的方法。(3)半导体催化法,即将 TiO_2(二氧化钛)或 CdS(硫化镉)等光半导体微粒直接悬浮在水中进行光解水反应。

【太阳能蒸馏器】(solar energy distiller) 将太阳辐射能变成热能直接加热海水或咸水,经蒸发、冷凝,制取淡水或蒸馏水的装置。太阳能海水淡化技术最常用的设备。分为浅盆型(也称为顶棚式、水平型)、倾斜型和多效型(含热扩散型)三种。

【太阳能制冷】(solar energy refrigeration) 利用太阳能集热器为吸收式制冷机的发生器提供所需热媒水的制冷系统。热媒水的温度越高,则制冷机的性能系数越高,制冷效率也越高。

【太阳同步轨道】(sun-synchronous orbit) 轨道面向东转动、角速度与地球公转角速度每天 0.985 6°或每年360°一致的卫星轨道。轨道倾角大于 90°(属逆行轨道),最大为 180°,轨道高度最高不超过6 000km。太阳同步轨道的特点是卫星以相同方向经过同一纬度的当地时间相同。

【太阳同步卫星】(sun-synchronous satellite) 在太阳同步轨道上运行的人造地球卫星。所谓太阳同步轨道是指卫星的轨道平面和太阳始终保持相对固定的取向。在这种轨道上运行的卫星,每次通过同纬度地面的平太阳时相同,太阳高度角相近。由于这种轨道的倾角接近 90°,卫星要在极地附近通过,所以又称它为近极地太阳同步卫星轨道。

【太阳系】(solar system) 以太阳为中心天体的天体系统。大体上是一个球体。半径在 100 000 个天文单位距离以上。太阳是这个系统的主体,其质量约占太阳系总体质量的 99.86%。其他行星、小行星、流星、彗星以及星际物质的质量之和,仅占太阳系总质量的 0.13%。太阳系中共有八大行星,到太阳的距离由近及远分别为水星、金星、地球、火星、木星、土星、天王星和海王星。万有引力把该系统所有的天体联结起来。地球化学年代法测定表明,地球及整个太阳系的年龄大约为 47 亿年。即 47 亿年前,太阳系在银河系中诞生。

太阳系

【太阳系起源】(origin of the solar system) 太阳系的形成过程。有关太阳系起源的假说达几十种,归结起来分为三大类:星云说、灾变说和俘获说。星云说认为太阳系是由一个旋转的原始星云在收缩过程中逐渐形成的,即原始星云的初始自转和自吸引收缩,使中心部分形成太阳,外部聚合扁化为星云盘,盘中凝聚物逐渐凝聚成行星、卫星和太阳系内其他天体。灾变说认为太阳系的形成是宇宙间某种偶然事件的后果。如一颗星体运行到原太阳恒星附近或与之相撞,使原太阳上产生了很大的引力潮,导致原太阳抛出大量物质形成太阳系等。俘获说认为约 20 亿年前有一颗恒星运行到距太阳非常近的地方,由引力从太阳拉出大量物质,形成一个条状物,以后分裂成一些气块,并逐渐形成行星及其他太阳系天体。上述学说虽各有差异,但近些年的观测与研究成果,各种学说在太阳形成年龄、太阳系的稳定性和各行星的化学组成等问题上已有共识。目前能被普遍接受、比较完整、能解释一些太阳系现象的是星云学说。

【太阳系小天体】(small celestial body of solar system) 围绕太阳运转但不符合行星和矮行星条件的天体。太阳系小天体是国际天文联合会在 2006 年重新解释太阳系内的行星和矮行星时,产生的新天体分类项目。除了矮行星外的所有小行星和彗星都可被称为太阳系小天体。该分类的上界并不是很明确,但肯定不包括行星,下界是否包含流星体也不是很确定。按小天体成分、质量、运行轨道的不同可分为:(1)小行星。是太阳系内类似行星环绕太阳运动,但体积和质量比行星小得多的天体。小行星由于质量小而无法籍自身重力形成椭球体表面。至今为止,在太阳系内一共已经发现了约 70 万颗小行星,但这可能仅是所有小行星中的一小部分。据估计,小行星的数目应该有数百万个。(2)彗星。又称扫帚星,是一种由太阳系外围行星形成后所剩余的物质(如冰冻的气体、冰块、尘埃)组成的天体。彗星质量很小,只有地球质量的几千亿分之一,通常沿着扁平的轨道围绕太阳运行。绕行一周所需的时间由几年至几百万年不等。彗星由彗核、彗发和彗尾组成。彗核和彗发构成彗头。其轨道多数是抛物线,少

太阳系小天体

数是极为狭长的椭圆或双曲线。具有椭圆轨道的彗星,周期性地在太阳附近出现。彗星依照轨道周期的长短区分为短周期彗星与长周期彗星两种,周期少于200年者为短周期彗星。(3)流星体与宇宙尘。太阳系内,小至沙尘,大至巨砾,成为颗粒状的碎片。流星体进入地球(或其他行星)的大气层之后,在路径上发光并被看见的阶段则被称为流星。许多流星来自相同的方向,并在一段时间内相继出现,则称为流星雨。流星体、流星、陨石,都是太阳系的碎屑,只是在不同状态下有不同的名称。许多流星体可能是彗星留在轨道上的碎屑,因此有着相似的轨道并汇聚成流而成为流星雨;还有其他的流星体不和任何天体有关,相互间也没有关联。

【太阳耀斑】(solar flare) 又称色球层爆发。太阳表面局部区域的突然增亮的现象。常出现在太阳表面大黑子或黑子群上空及其附近,与黑子活动有密切关系,也有11年的周期,太阳黑子多时耀斑出现的也多。多数耀斑可能发生在低日冕区,由活动区磁场相互作用或由下面上浮磁环与原先存在的磁环相互作用引起。寿命从几分钟到数小时甚至十几小时。一般常用氢单色光或X射线观测,极少数用白光也能观测到。按亮度强弱、面积大小和寿命长短等特征可分为5个等级,大耀斑出现时,能抛射出大量的高能电子和质子,发射出很强的紫外线、X射线和射电爆发,有时还伴随有日冕物质抛射,对地球大气物理影响很大,磁暴、极光频繁出现,无线电通信受到严重干扰,宇宙射线有时也增强,产生的高能粒子辐射和短波辐射对载人宇宙飞行构成很大危害。

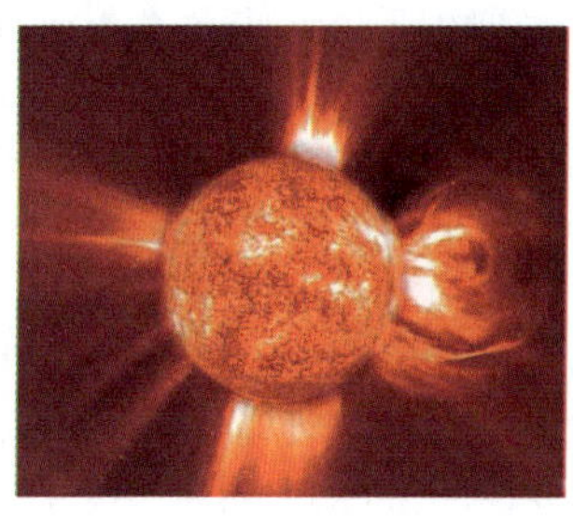
太阳耀斑

【太阳翼】(solar wing) 航天器上可展开式的太阳电池翼。安装太阳电池的构件。这种结构分为刚性折叠、柔性折叠和柔性卷式三种。刚性折叠式结构由刚性板通过铰链连接而成,以铰链弹簧为动力展开成翼状。柔性折叠式结构由薄膜和折臂式的展开机构组成。薄膜用玻璃纤维布或碳纤维布增强的聚酰亚胺制成。柔性卷式结构由薄膜和支杆组成,可用卷筒卷成很小体积,靠电机和传动装置展开成具有一定刚度的长直杆。

太阳翼

【太阳灶】(solar energy cooker) 一种供炊事使用的太阳能集热器。已开发应用的有聚光式、箱式和平板式几种。其中应用最多的是聚光式。聚光式太阳灶是将太阳辐射由旋转抛物面反射到一个焦点上产生高温,将锅或水壶置于焦点上即可炒菜、烧水和做饭。

太阳灶

【太乙神针】(taiyi moxa stick moxibustion) 药艾条的一种。方用艾绒100g,硫黄6g,麝香、乳香、没药、松香、桂枝、杜仲、枳壳、皂角、细辛、川芎、独活、穿山甲、雄黄、白芷、全蝎各1g。共研成细末,和匀;用30cm见方的桑皮纸1张,摊平,先取艾绒24g,均匀铺在纸上,次取药末6g,均匀掺在艾绒里,然后卷紧如爆竹状,外用鸡蛋清涂抹,再糊上桑皮纸1层,两头留空3cm,捻紧即成。在使用时,点燃,用布七层裹之,按于应灸穴位或痛处。用于治疗风寒湿痹,痿弱无力,以及虚寒性疾病等。

【肽】(peptide) 氨基酸分子间通过氨基与羧基间脱水生成以酰胺键相连接的化合物。由两个氨基酸通过一个肽键所形成的化合物称为二肽;由三个氨基酸通过两个肽键形成的化合物称为三肽;三肽以上的肽统称多肽。α-氨基酸的数目决定肽链的长短,如二肽,三肽;α-氨基酸的种类决定肽链的结构、肽链的数目,如同种氨基酸组成的二肽只有一种二肽,两种氨基酸组成的二肽有两种二肽。

【肽键】(peptide bond) 由一个氨基酸的羧基与另一个氨基酸的氨基脱去一分子水形成的酰胺键。其结构特点是:(1)酰胺氮上的孤对电子与相邻羰基之间的共振作用,形成共振杂化体,稳定性高。(2)肽键具有部分双键性质,不能自由旋转,具有平面性。(3)肽键亚氨基于pH值在0~14之间时不解离。(4)肽链中的肽键一般是反式结构。氨基酸通过肽键彼此联结构成蛋白质。

【肽链】(peptide chain) 一些氨基酸通过羧基和氨基脱水后,缩合而成的肽所呈现的一维伸展形式。10个以下氨基酸组成的称为寡肽。大分子蛋白质多是组成氨基酸超过100的长肽链。肽键就是氨基酸的α-羧基与相邻的另一氨基酸的α-氨基脱水缩合的共价键。故肽链两端有自由的α-氨基或α-羧基;二者分别称为氨基末端或羧基末端。随着组装氨基酸单元的不同,其性质和功能有很大差别。

【钛合金】(titanium alloy) 以钛为基的合金的总称。具有密度小、高的室温强度和高温强度、优良的抗蚀性等特点。钛合金可分为三类:(1)α 钛合金。(2)α+β 钛合金。(3)β 钛合金。α 钛合金不能通过热处理强化,但具有较高的高温强度和高温长期工作时机械性能的稳定性。后两类钛合金可以热处理强化,在室温和中温时具有很高的强度,但高温长期工作时的机械性能的稳定性较差。钛合金是航空、造船和化工等工业方面的重要结构材料。

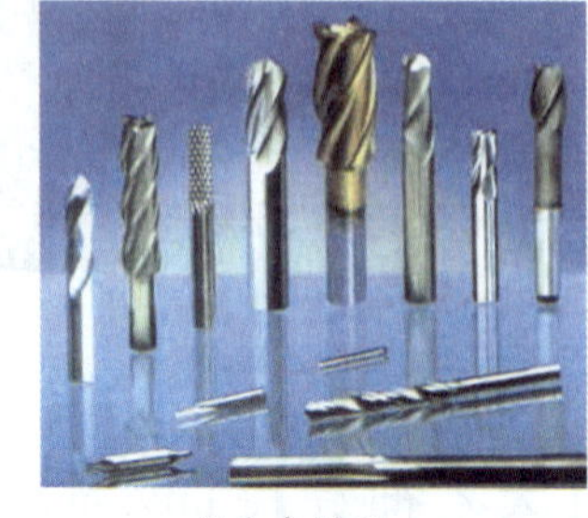

钛合金制品

【钛基储氢合金】(stockpile hydrogen titanium alloy) 具有吸收和释放氢气性能的钛合金。具有很强的捕捉氢的能力。在一定的温度和压力条件下,能够大量“吸收”氢气,反应生成金属氢化物,同时放出热量。金属氢化物被加热,又会发生分解,将储存在其中的氢释放出来。应用于镍氢电池、汽车、内燃机等。

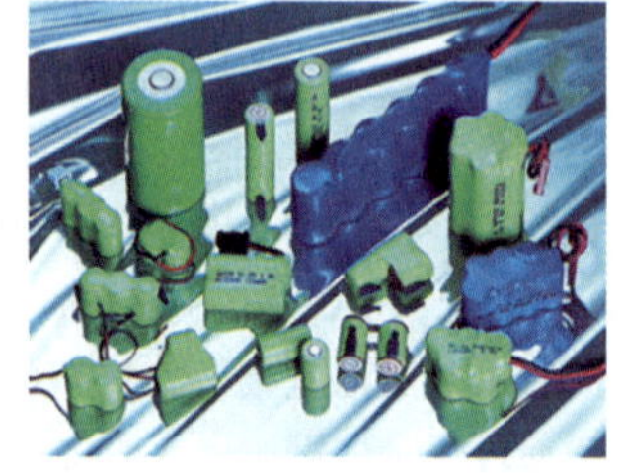

镍氢电池

【泰姬陵】(Taj Mahal) 全称泰吉·玛哈尔陵。莫卧儿帝国国王沙杰汗为他死去的皇妃蒙太姬修建的陵墓。莫卧儿帝国著名建筑。位于今印度,距新德里约 200km 外的北方邦的阿格拉(Agra)城内,亚穆纳河右侧。公元 1630 年始建,1653 年建成。是印度伊斯兰建筑的主要代表。与埃及金字塔、中国万里长城、巴比伦空中花园、罗马大斗兽场、亚历山大墓和圣索菲亚教堂并称为世界七大建筑奇迹。它由殿堂、钟楼、尖塔、水池等构成,全部用纯白色大理石建筑,用玻璃、玛瑙镶嵌,绚丽夺目,有极高的艺术价值。陵园中央是一座正方形台基。台基之上是一座圆顶寝宫。用白色大理石筑成,墙上镶嵌五彩宝石。寝宫连同台基高约 74m。台基四角耸立四座高 41m 的光塔。塔与塔之间耸立了镶满 35 种不同类型的半宝石的墓碑。最引人瞩目的是用纯白大理石砌建而成的主体建筑.皇陵上下左右工整对称,中央圆顶高 62m。陵园占地 17hm²,略呈长形。四周为红沙石墙,进口大门也用红岩砌建,大约两层高,门顶的背面各有十一个典型的白色圆锥形小塔。大门一直通往沙杰汗王和王妃的下葬室,室中央摆放着石棺,壮严肃穆。前面是一条清澄水道,水道两旁种植有果树和柏树,分别象征生命和死亡。

泰姬陵

【滩地治理】(river beach reclamation) 利用河滩修堤和河道改造变荒滩为良田的工程措施。采取统一规划和引洪、防洪相结合,工程措施与林草措施相结合,组织实施。重要的是做好渠畦布设。干渠渠首工程分河岸开口、拦河筑坝、导流堤引水三种。干渠坡度一般为 1:300,渠深 1~1.5m,底宽 1~2m,上口宽 2~3.5m,边坡比 1:1 左右。支渠和毛渠,按引洪造田规模,决定渠道级别。一般不设固定的渠道建筑物,采用土码子、草包或石头来调节引、排水量。渠道采用梯形断面。其断面的大小由来水量决定。引洪落淤后的清水,由专门修建的排水渠道排水,断面大小按引水渠道流量的 50% 设计。在渠道布好后,按照河滩面积和形状修筑田畦工程。用石头或土筑埂划方,每方面积为0.13~0.27 hm²,每隔10~20m加修小畦,畦埂高 0.5m 左右,以便均匀落淤。每畦要设进、退水口,退水口低于畦埂 0.1~0.2m。滩地造田一般都有灌溉条件,可种植水稻;旱作可种植小麦、玉米、高粱和豆类等。其作用是:(1)扩大耕地、增加产量。(2)固定河岸、减免洪灾。

【弹簧钢】(spring steel) 制造弹簧用的钢种的总称。通常含碳量为 0.50% ~ 0.85%。具有高的弹性极限和疲劳极限以及足够的塑性。常用的合金弹簧钢含有硅、锰、铬、钒或钼等。其中,以含铬、硅或钒的弹簧钢的弹性为最好。

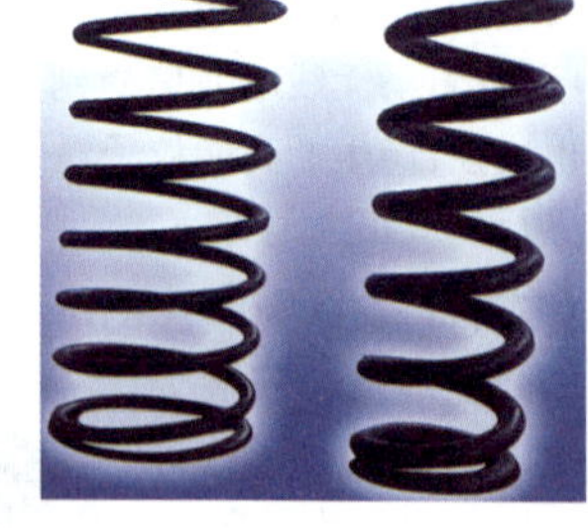

弹簧钢

【弹簧现象】(springing) 当一物体受到某种外力作用时改变其形状或体积、外力失去时又回复到原始状态的现象。是自然界中普遍存在的一种现象。比如在道路建设中,路基在碾压时出现明显下陷,去压后又回升;路面在车载作用下会出现变形,车过后又基本恢复原状等现象。当出现道路弹簧现象时,一般采用开挖边沟或盲沟排水来处理。

【弹簧振子】(spring oscillator) 由一质量可忽略不计的弹簧与一物块构成的振动系统。其中弹簧一端固定,物块可以在光滑平面上滑动,此时由于物块所受到的弹力与其相对平衡位置的位移成正比且方向相反,故而作简谐振动。如果进一步假定物块的质量为m,弹簧的恢复系数为k,则弹簧振子的振动方程为:$x = A\cos(\omega t + \phi)$。式中$A$为弹簧振子的振幅,$\omega = \sqrt{k/m}$为弹簧振子振动时的角相频率。弹簧振子不仅具有振动动能,同时还具有弹性势能,其总能量表达式为:

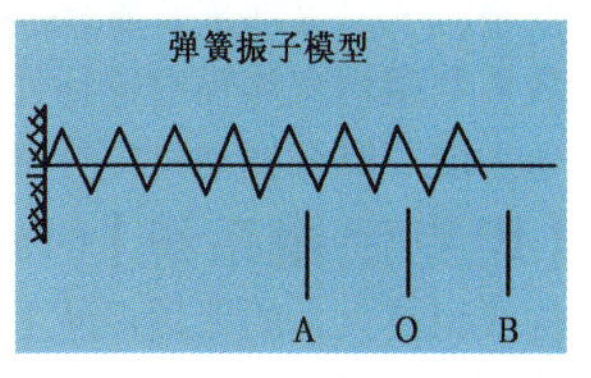

弹簧振子模型图

$$E = \frac{1}{2}mx^2\omega^2 + \frac{1}{2}kx^2 = \frac{1}{2}kA^2$$

【弹力】(elastic force) 发生弹性形变的物体对致使其产生形变的物体所产生的力。物体在力的作用下发生的形状或体积改变叫做形变。在外力作用停止后,能够恢复原来形状的形变叫做弹性形变。弹力只存在于相互接触且发生相互作用的物体之间。

【弹射救生系统】(ejection seat rescue system) 保障飞行员安全的弹射式应急救生系统。典型的弹射救生系统由弹射坐椅、救生伞、弹射通道清除装置、个体防护装置和必要的应急物品组成。(1)弹射坐椅是利用弹射动力装置。在应急情况下将飞行员及其装备一起弹离飞行器的坐椅,由骨架、头靠、靠背、椅盆、坐椅安全带、弹射动力装置、坐椅点火系统、坐椅稳定装置、程序控制装置、坐椅升降机构和人椅分离系统等组成。(2)救生伞。又称保险伞。是保证飞行人员应急离机后安全降落到地(水)面的重要救生装置。由柔性纺织物制成,平时置于包内,装在弹射坐椅上,通过连接部件,经过肩、腰、裤裆缚在人的躯干上,使用时展开以增大人体或物体的运动阻力,减低速度,稳定运动的姿态,达到安全着陆的目的。(3)弹射通道清除装置。是为了防止乘员在弹射离机时因障碍物受到损伤而清除障碍物使用的设备。(4)个体防护装置。是指在飞行、应急离机、营救等过程的有害环境因素下保障飞行员的生存、安全、操作和作战的装置。包括氧源、氧气调节器、加压头盔、供氧面罩等供氧装置,抗荷服、抗荷调压器等的抗荷设备,救生背心、腋下和围脖救生器、抗暴露服等海上救生设备,防护头盔、防闪光装置、通风服、沙漠及森林防护装置等其他防护装备。(5)应急物品。包括救生船、自救自卫用具、医学用品、救生联络设备、维持生活的必需品及其他用品。应急用品一般置于救生包中,与乘员相连,以便着陆或着水后能迅速使用。

弹射救生系统

【弹塑性力学】(plastoelasticity) 固体力学的一个分支。研究弹性和弹塑性物体变形规律的一门学科。分析和解决众多工程技术问题的基础和依据。研究弹塑性力学问题需要从几何学、运动学、动力学、物理学四方面来进行。工业生产和其他科学技术的发展对弹塑性力学提出了大量课题,从而推动了弹塑性力学的发展。同时也为力学的发展提供了更为可靠的测量方法和更为先进的计算工具。弹塑性力学现已在土木、机械、水利、航空、造船、核能、冶金、采矿、材料等工程领域广泛应用。

【弹性】(elasticity) 物理、机械学中,物体在外力作用下产生形变,但在外力除去后形变随即消失的性质。

【弹性波】(elastic wave) 弹性介质中物质粒子在弹性力的作用下产生振动并在其中传播的过程。在弹性介质中,当某处物质粒子离开平衡位置,即发生应变时,该粒子在弹性力的作用下发生振动,同时又引起周围粒子的应变和振动。这样形成的振动在弹性介质中的传播就产生了弹性波。

【弹性蛋白】(elastin) 细胞外基质中不溶性、大分子纤维状蛋白质。弹性纤维的重要组成成分。由两种类型的短肽段交替排列构成。其主要功能是赋予所在组织以伸缩性和可逆的变形能力。在经常受力而变形的器官,如肺、大动脉及皮肤中都有大量弹性蛋白存在,它对维持这些器官的功能起着重要作用。在人的皮肤弹性纤维组织中的弹性蛋白,青春期含量与活性最大,皮肤富有光泽和弹性;随着年龄的增长,皮肤组织中蛋白减少,导致其退化,缺少弹性,出现皱纹。

【弹性力学】(elastic mechanics) 固体力学的一个分支。研究弹性物体在外力和其他外界因素作用下产生变形和内力的理论的学科。材料力学、结构力学、塑性力学和某些交叉学科的基础。弹性力学所依据的基本规律有三个:变形连续规律、应力-应变规律和运动(或平衡)规律。它们被称为弹性力学三大规律。弹性力学中许多定理、公式和结论等,都可以从三大规律推导出来。广泛应用于建筑、机械、化工和航天等工程领域。

【弹性模量】(elastic modulus) 又称弹性模数。材料在弹性极限内应力同应变的比值。描述物质弹性的一个物理量。是包括杨氏模量、剪切模量、体积模量等的总称。线应变:对一根细杆施加一个拉力 F,这个拉力除以杆的截面积 S,称为线应力,杆的伸长量 dL 除以原长 L,称为线应变。线应力除以线应变就等于杨氏模量。剪切应变:对一块弹性体施加一个侧向的力 f,弹性体会由方形变成菱形,这个形变的角度 α 称为剪切应变,相应的力 f 除以受力面积 S 称为剪切应力。剪切应力除以剪切应变就等于剪切模量。体积应变:对弹性体施加一个整体的压强 p,这个压强称为体积应力,弹性体的体积减小量 $(-dV)$ 除以原来的体积 V 称为体积应变,体积应力除以体积应变就等于体积模量。弹性模量反映了材料的性质。在工程建设和材料加工中具有重要的意义。

【弹性碰撞】(elastic collision) 又称完全弹性碰撞。在理想情况下,发生于物体间或粒子间没有动能损失的碰撞。在现实中,真正的弹性碰撞并不存在。只有在碰撞发生后,参与碰撞的物体或粒子的总动能损失很小,以致可以忽略不计时,才可以将它们的碰撞看成弹性碰撞。

【痰饮】(phlegm-fluid retention) 中医术语。痰和饮都是津液代谢障碍形成的病理产物。稠浊的称为痰,清稀的称为饮。因人体脏腑功能失调,以致津液气化失常,水湿停聚凝结于机体某些部位而成的病理产物。由多种原因引起,如外邪侵犯肺、脾、肾等内脏,使水液输布,排泄失常,或致三焦水道失畅,影响水液的正常代谢,乃至水湿停聚,酿成痰饮,成为常见病症。

【坦克防护系统】(tank protection system) 坦克装甲壳体和其他防护装置、器材的总称。包括车体和炮塔、三防装置、防后效装置以及伪装器材等。用以保护坦克及其内部乘员。车体和炮塔是坦克防护力的基础,用以直接抵御反坦克武器和特种武器的攻击,安装武器和各部机件,承受射击和行驶时的负荷,并形成乘员的活动空间。车体多由轧制装甲板焊接而成。炮塔有用装甲钢铸造的和轧制装甲板焊接的两种。三防装置用以保护乘员和车内机件免遭或减轻核、生物、化学武器的杀伤和破坏。由车内密封装置(密封组合件、自动关闭机等)、滤毒通风装置和探测报警仪器等组成。防后效装置主要包括弹药保护装置和自动灭火抑爆装置。其功能是减轻中弹后效和二次效应的杀伤破坏作用。伪装器材用于隐蔽自己,欺骗和迷惑敌人,以降低被发现的概率。主要有烟幕装置,迷彩伪装和遮障等。为避免敌方利用坦克热辐射进行侦察和自动跟踪,有的坦克还采取了降低发动机废气温度的措施。

【坦克武器系统】(tank weapon system) 构成坦克火力的武器及火控系统的综合体。用以迅速、准确地发现、瞄准和摧毁目标。坦克武器包括:(1)坦克炮。是坦克的主要武器。一般为线膛或滑膛加农炮,通常安装在旋转炮塔内。主要以直接瞄准射击毁伤装甲目标。(2)坦克机枪。坦克的辅助武器。通常有并列机枪和高射机枪。并列机枪口径多为 7.62mm,用以歼灭近距离的敌有生力量。高射机枪口径多为 7.62mm 或 12.7mm,用以对付低空目标和地面轻型装甲车辆。(3)坦克弹药。包括炮弹和枪弹。坦克炮配用的弹种有穿甲弹、破甲弹、杀伤爆破弹、碎甲弹等,有的采用半可燃或可燃药筒。坦克火控系统用以搜索目标、控制坦克武器瞄准和射击,缩短射击反应时间,提高射击精度。一般包括。观察瞄准仪器、测距仪、传感器、计算机、坦克炮稳定器和操纵机构等。火控系统按工作方式的不同可以分为扰动式、非扰动式和指挥仪式三种。前两种火控系统,结构简单,精度低,适用于停止间射击。指挥仪式火控系统的瞄准镜有独立的稳定装置,火炮随动于瞄准镜,系统精度高,结构较复杂,适用于行进间对运动目标射击。坦克观察瞄准仪器用以观察战场,搜索、跟踪、瞄准目标和观察射击效果。坦克测距仪用以测量目标的距离,主要有激光测距仪和光学测距仪。光学测距仪体积较大,测距精度低。激光测距仪测程远,测距精度高,操作简便。传感器用以测量影响射击精度的某些参数,并自动输入计算机。有目标角速度角位移传感器、炮耳轴倾斜传感器和横风传感器等。

坦克武器系统

【炭疽】(anthrax) 一种由炭疽杆菌引起的急性传染病。牛、羊、骆驼、骡等食草动物是其主要传染源。当人直接或间接地接触病畜和染菌的皮、毛、肉等,也会感染炭疽。人感染炭疽,主要是由于与病畜或染菌的产品接触所造成的。炭疽主要分三种:(1)皮肤炭疽。开始表现为类似蚊虫叮咬的小疱,但是一两天之后则呈疱疹状，然后溃破成溃疡。其直径通常为1～3cm，并且中间有黑色的坏死区域，周围也会出现淋巴结肿胀。在没有接受任何治疗的皮肤炭疽患者中，死亡率大约是20%。如及时诊治，几乎不会有死亡的情况发生。（2）肺炭疽。主要的症状与感冒类似，出现病症几天后，患者出现严重的呼吸困难和中风。肺炭疽通常可以致人死亡。（3）肠炭疽。主要是由于进食带菌肉类所致，以急性肠道感染为特征。其主要症状为恶心、厌食、呕吐和发热，重者腹痛、吐血并有严重的水样便。肠炭疽导致的死亡病例占患者的25%～60%。为预防该病，在炭疽病相对易发生地区，或动物预防接种水平较低的地区，人们应该尽量避免与牲畜和动物产品接触，少吃处理不当或烹饪不够火候的肉类。此外人们也可以接种人类用的炭疽疫苗。这种疫苗抵抗各种炭疽感染的有效性可达到93%。

【探测器】（detector） 采用物理或化学手段探知物体（质）的存在、状态等信息的装置。根据其探测对象的不同可分为：金属探测器、地质矿产探测器和航空航天探测器等。比如探测地球以外太阳系天体的无人航天器。绕太阳飞行并进行探测的为太阳探测器；绕月球飞行并进行探测的为月球探测器；绕金星飞行并进行探测的叫金星探测器。绕金星飞行并进行探测的“麦哲伦号”、绕火星飞行并进行探测的“海盗号”、“勇气号”和“机遇号”等探测器等。

卡西尼探测器

【探测月球水资源】（mine exploration of lunar water resource） 探测月球上是否有水体存在的活动。1961年，美国科学家沃特森等三人曾指出，在月球两极一些撞击坑的永久阴影区，有可能存在水冰。这个观点在1994年4月被美国“克莱门汀号”绕月卫星初步证实。当卫星运行到月球南极上空200km时，雷达反射信号呈现出了冰的特征。但仅依这一点还不能肯定水的绝对存在。1998年，美国又发射了“月球勘探者”号探月卫星。探测结果表明，在月球两极撞击坑的永久阴影区中，月壤中水的含量为0.3%～1%，且富集在地下10cm处。这些水中有20%～50%以冰的形式存在。在某些地区存在水冰的富集区。估计月球上水冰的总储量约为6.6×10^9t。为了进一步证实这一判断，美国航空航天局下令，在“月球勘探者”号即将结束任务之际，让卫星以6 115km/h的速度冲向月球表面，希望能撞出一团水蒸气。但结果是地基探测设备没有探测到任何水气信息。此后的解释是，卫星撞到了岩石层上。到目前为止，有关月球上水的探测工作仍在继续。

【探矿工程】（exploration engineering） 以探矿为目的、用钻探工程或坑探工程的勘察手段完成获取矿产地质资料所采用的工程技术手段。在地质矿产勘探中，探矿工程以直接采取岩矿样品或通过仪器测试，来获取矿产地质赋存条件、矿产品位、储量等评价资料。广义的探矿工程也指一切向地下进行的探查施工的工程以及所使用的各种技术方法与手段，含钻探、坑探等。

【探伤】（flaw detection） 对材料缺陷进行无损检验的方法。用于检查金属材料和工件内部或表面的各种宏观缺陷（孔洞、裂纹、偏析、夹杂物等）。一般有X射线探伤、γ射线探伤、荧光探伤、磁粉探伤、超声波探伤、着色探伤、涡流探伤和液晶探伤等。

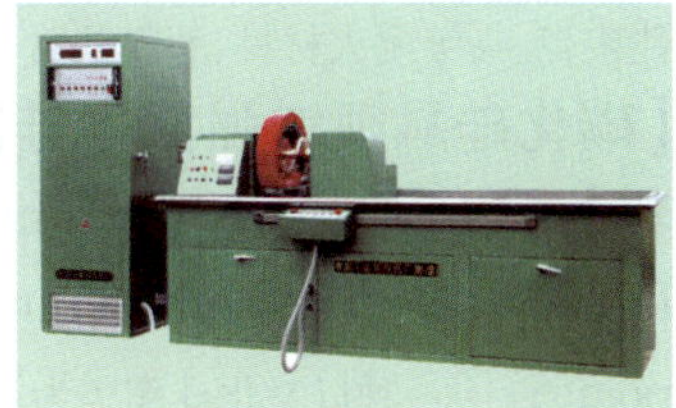

大型固定探伤机

【碳-14（^{14}C）测年法】（method of ^{14}C radiocarbon determine year） 又称放射性碳法。同位素地质年龄值的一种测定方法。自然界中的放射性碳同位素^{14}C，主要是在高空中的宇宙射线作用下生成的，同时它又以半衰期5 568±30年的衰变速度衰变为^{14}N。自然界的^{14}C的含量实际上处于动态平衡之中。与氧结合成CO_2，通过大气的对流、生物的吸收以及溶解于水中的CO_2，与大气中的CO_2不断进行同位素交换，使得^{14}C均匀地分布于大气圈、水圈和生物圈之中。当生物死亡或水中的CO_2转化为碳酸盐沉淀之后，上述同位素交换过程即行终止。此后，生物遗体及碳酸盐中的^{14}C因衰变而减少。生物死亡时间愈久，遗体中^{14}C含量愈低。通过测定埋藏在地下的生物遗体或碳酸盐中的^{14}C的放射性强度，并和现代同类生物中^{14}C放射性强度进行对比，即可根据衰变方程计算出样品的年龄值。^{14}C测年法具有精度高、可测样品多、数据可靠等优点，适用于考古学和第四纪地质研究。常用的样品有木炭、泥炭、木材、贝壳、骨骼、纸张、皮革、衣服以及某些沉积碳酸盐等。

【碳化硅材料】（silicon carbide material）

一种以 SiO_2 含量不少于 97% 的天然硅石与焦炭(或无烟煤)为原料、加少量食盐和木屑、在 2 000 ~ 2 500℃下合成的材料。工业生产的碳化硅为 N 型和 P 型的混合物,颜色多为黑、绿两种,呈多角结晶状,有金属光泽。针状体越大越好。其优点是:耐火度高,导热性好,耐急冷急热性好,机械强度高,热膨胀系数小,制成窑具有很高的荷重软化点(1 750 ~ 1 850℃);其缺点是:在高温下易氧化分解,且颗粒越细越易氧化。碳化硅材料主要用于制造功能陶瓷、高级耐火材料、磨料及冶金原料等。

碳化硅材料

【碳化硅晶须增强氮化硅陶瓷基复合材料】(silicon carborundum whisker reinforced silicon nitride ceramic matrix composite) 一种以氮化硅陶瓷为基体、以碳化硅晶须为增强体的复合材料。有很高的硬度、强度、优良的抗热震性和抗化学腐蚀性。在氮化硅中引入碳化硅晶须的目的是提高其断裂韧性和高温强度。碳化硅晶须补强陶瓷复合材料的室温强度为 800 ~ 1 000MPa,具有高强度、高硬度、高断裂韧性,可用于 1 350℃以上使用的燃气涡轮转子、叶片以及各种陶瓷发动机部件、陶瓷刀具、拉丝模具、轴承等。

【碳化硅纤维】(silicon carbide fibre) 由硅和碳两种化学元素经特殊工艺制成的高比强度、高模量的复合材料增强纤维。与碳纤维相比具有更高的高温稳定性和抗氧化性,并具有电磁波吸收特性,是航天、航空、兵器、能源、船舶等工业部门中有广泛应用前景的一种新材料。

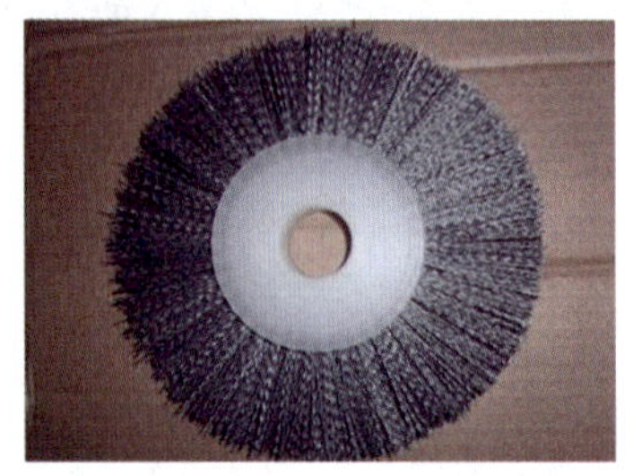
碳化硅纤维

【碳化物液析】(liquation carbide) 钢锭凝固时,在碳及合金元素富集处,由于树枝晶液态偏析而产生的亚稳定共晶莱氏体。是从钢液直接形成的一次碳化物。高碳高合金钢中的一种内部缺陷。在热加工后破碎形成沿热加工方向分布的小块碳化物。具有高的硬度和脆性。可显著降低轴承零件的耐磨性和疲劳强度,并易于产生淬火裂纹。对照评级图可以对其评级。钢锭或钢坯经过充分的高温扩散退火,可使这种缺陷减少。

【碳排放系数】(carbon emission factor) 每单位经济产出所排出的二氧化碳数量。通常以一种货币计量的国内生产总值(GDP)代表经济产出,温室气体二氧化碳排放量以吨计。中国承诺在 2020 年前将大幅削减每 1 美元国内生产总值(GDP)中的温室气体排放量。通过降低碳排放系数,中国能够满足国际上对其计算并控制二氧化碳排放量的要求,同时不放弃经济的持续发展。同意控制碳排放有助中国铺开碳市场道路,因碳排放的精确计量是许可证交易市场运作的关键基石。

【碳水化合物】(carbohydrate) 由碳、氢、氧三种元素的原子组成的有机化合物。数量庞大。是自然界存在最多、分布最广的一类重要的有机物。食物中的碳水化合物分为两类:(1)人体可以吸收利用的有效碳水化合物,如单糖、双糖、多糖。(2)人体不能消化的无效碳水化合物。如纤维素。其主要生理功能是:(1)提供热能。(2)调节食品风味。(3)维持大脑功能必需的能源。(4)调节脂肪代谢。(5)提供膳食纤维。

大米

【碳素材料】(carbon material) 由单质碳所制成的材料。碳有多种同素异构体。它们性能不同,可以成为不同的材料:石墨是层状结构,它是最好的固体润滑剂,也是优良的导电材料,作为石墨电极,耐高温而抗腐蚀;金刚石是迄今已知的最硬物质,用作磨料、钻头、切割工具,大块的是名贵的宝石;活性炭是物美价廉的吸附材料;碳黑广泛应用于橡胶、颜料、印刷油墨及电池等工业;玻璃态碳质轻坚硬,是优良的阻氦材料;球碳有望用来制备超导材料和某些生物活性材料;纳米碳管是前景很好的制作微电子器件材料。碳素材料具有十分突出的生物相容性和适中的机械性能,可作为假体植入到体内修复或替代被破坏的器官。

【碳素钢】(carbon steel) 又称碳钢。含碳量低于 2% 的铁碳合金的总称。常含有锰、硅、磷、硫和氧等杂质。按含碳量的不同可分为:低碳钢(含碳 0.1% ~0.25%)、中碳钢(含碳 0.25% ~0.60%)、高碳钢(含碳0.60%以上);按其用途的不同可分为:碳素结构钢(用于制造金属结构及机器零件)和碳素工具钢(用于制切削刀具、量具和模具)。随含碳量增加,钢的强度、硬度升高,而延性、冲击韧性和可焊性等则降低。

碳素钢

【碳酸】(carbonic acid) 二氧化碳溶于水形成的酸。只存在于溶液中。化学式 H_2CO_3。相对分子质量62.03。二氧化碳在溶液中大部分以微弱结合的水合物形式存在,只有一小部分形成碳酸。属二元弱酸(假定溶解了的二氧化碳完全转化为碳酸),电离常数 $K_1=4.2\times10^{-7}$,$K_2=5.6\times10^{-11}$。在常温、常压下,二氧化碳饱和溶液的浓度约为0.033mol/L,pH为5.6。热稳定性差,加热时全部分解释放出二氧化碳。与碱反应生成酸式碳酸盐和碳酸盐。对于碳酸是有机物还是无机物存在争议。由于碳酸更多显现无机物的性质,故现在定义碳酸为无机酸。但碳酸也具有某些有机酸的性质,如能和醇发生酯化反应。

【碳酸钠】(sodium carbonate) 易溶于水、且溶液呈碱性,纯品是白色粉末或细粒的物质。分子式Na_2CO_3。其吸湿性很强,吸水后结合成硬块,并逐渐吸收二氧化碳而变成碳酸氢钠,俗称小苏打。碳酸钠用途极广。是玻璃、造纸、肥皂、洗涤剂、纺织、制革等工业的重要原料,在冶金工业中用作助熔剂,在水的净化中用作软化剂等。

碳酸钠

【碳酸盐岩地貌】(carbonate rock landform) 又称地表喀斯特。碳酸盐岩分布地区发育的地貌形态。从空中俯瞰,地表喀斯特是由多崖壁陡坡分割的石山丘陵、嶙峋的石芽或石林、封闭的洼地、河流无出口的盲谷和喀斯特盆地组成,并叠套着众多的漏斗和落水洞,通过竖井与地下洞穴系统相连接。地表形态是通过与地下水流动力带相连接的各洼地、落水洞为动力中心塑造的。从分水高地到河谷盆地平原,依次又可分为峰林高原、峰丛洼地、峰林谷地和峰林孤峰平原,或滨海峰林。峰林在国外称为锥状与塔状喀斯特,是一种热带地区的喀斯特地貌。指高耸林立的锥状喀斯特山丘,相对高度为100~200m,坡度大多在60°以上,群体与多边形(星状)洼地伴生,组合成麻窝状喀斯特。而峰丛是未切割到底的联座峰林。云南石林县的喀斯特地貌则是典型的石林,属巨型石芽。它与马来西亚的沙捞越穆鲁、巴布亚新几内亚的凯正德、坦桑尼亚东部等地耸立在赤道热带雨林中的剑状喀斯特,属同一类热带喀斯特。在中国北方,喀斯特具有干谷和大泉的特征,如山东济南的四大泉群(总流量为3.5~4.0m^3/s)和山西娘子关泉(流量12.6m^3/s)。

碳酸盐岩地貌

【碳酸饮料】(carbonated beverage) 含二氧化碳气体的一种软饮料。其种类很多,大都制成罐装或瓶装。按中国软饮料的分类标准可分为:(1)果汁型。原果汁含量不低于2.5%的碳酸饮料,包括橘汁汽水、橙汁汽水、菠萝汁汽水或混合果汁汽水等。(2)果味型。以果香型食用香精为主要赋香剂,原果汁含量低于2.5%的碳酸饮料,包括柠檬汽水等。(3)可乐型。含有焦糖色、可乐香精或类似可乐果和水果香型的辛香、果香混合香型的碳酸饮料。(4)低热量型。以甜味剂全部或部分代替糖类的各型碳酸饮料和苏打水,适合老年人、肥胖人饮用。(5)其他型。含有植物中的抽提物或非果香型的食用香精为赋香剂以及补充人体运动后失去的电解质、能量等的碳酸饮料,适合运动后饮用。

汽水

【碳纤维】(carbon fiber) 在纤维的化学组成中碳元素占总质量90%以上的纤维。1879年,爱迪生通过纤维素的炭化制取碳纤维作为灯丝。其单丝直径为5~7μm,一般成束使用。生产碳纤维的原材料人造丝、聚丙烯腈和沥青经过炭化和石墨化后,可以得到高强度碳纤维。根据原材料、含碳量及石墨化条件的不同,其密度在1.6~2.18g/cm^3,可耐3 000~3 500℃高温弹性模量保持不变。耐腐蚀性极好，不生锈，不受王水的侵蚀。耐温度骤变，热膨胀系数小，常用于航空航天领域所用复合材料中的增强材料、防烧蚀材料和宇宙探测中的精密仪器、高级运动器材、导电材料、高炉发热体、燃料电池的电极、电子管的栅极和扩音材料。碳纤维较脆，耐冲击性能和抗氧化性能差。

【碳纤维补强氮化硅基陶瓷复合材料】（nitrogen fiber reinforced silicon nitride ceramic matrix composite） 以氮化硅陶瓷为基体，以石墨碳纤维作为增强体，通过适当的复合工艺而组成的一类复合材料。碳纤维的加入可以提高氮化硅陶瓷的韧性。碳纤维在高温下会和氮化硅反应，但可以在碳纤维上涂碳化硅作为保护层。在氮化硅中加入添加剂如氧化锆，可降低烧结温度并减轻纤维和基体的热损失。该复合材料具有良好的力学性能和抗热冲击、抗蠕变性能。例如，热压法制造的单向碳纤维/氮化硅复合材料，在室温和1 200℃时的弯曲强度分别为481MPa和443MPa，断裂韧性29MPa·$m^{1/2}$。这类复合材料可用于航天和航空工业。

【碳纤维补强碳化硅基陶瓷复合材料】（carbon fiber reinforced silicon carbide ceramic matrix composite） 以碳化硅陶瓷为基体，以石墨碳纤维作为增强体，通过适当的复合工艺而组成的一类复合材料。具有轻质、高强、高韧性、抗热冲击等特点，在真空状况或惰性气氛下可使用到1 200℃以上。例如，用热压法制造的单向碳纤维/碳化硅复合材料，室温强度为500MPa，在1 200℃时的强度达700MPa，断裂韧性达26MPa·$m^{1/2}$。用化学气相沉积法制造的高强石墨纤维/碳化硅复合材料，室温强度达600MPa。这类复合材料可用于航天和航空工业。

【碳纤维弹】（carbon fiber projectile） 又称石墨弹。利用碳纤维丝或束毁伤电力系统的弹药。碳纤维弹多采用子母弹结构。子弹由碳纤维丝团、壳体、引信和稳定伞等组成。精制的碳纤维柔软，易于制成长条或其他适宜的形状，经特殊工艺处理后制备成弹。利用导弹、火箭、航空器等运载工具将母弹发送至敌方输电网、变电站、发电厂等区域上空，通过适时引爆技术，母弹将大量碳纤维子弹抛出。子弹在特定高度借助击发点火机构并通过特殊的抛撒技术，将大量碳纤维细丝或束抛撒出来。质轻的碳纤维丝或束缓慢飘落至输电线路上，造成输电线路短路，使供电中断，电力系统瘫痪，甚至发生火灾。主要用于毁伤发电厂、变电站和高压输、配电力网以及其他电力设备。

碳纤维弹

【碳纤维复合材料】（composite material of carbon fiber） 碳纤维与树脂、金属、陶瓷等材料复合，经特殊工艺加工而成的复合材料。具有高比强度、高比模量、耐高温、耐腐蚀、耐疲劳、抗蠕变、导电、传热和膨胀系数小等优异性能。既可以作为结构材料承载重荷，又可作为功能材料发挥作用。碳纤维复合材料已广泛应用于飞机、卫星的结构材料、汽车的零部件、文体用品等各种工业及民用产品中。

【碳纤维增强陶瓷瓦】（reinforced ceramic tiles of carbon fiber） 用碳纤维作为填充剂制造的陶瓷瓦。确保航天飞机飞行安全的重要部件。可以反复经受1 700℃的高温，并具有很强的抗冲击性和耐化学性。另一突出优点是大尺寸下性能稳定，没有裂纹。新型陶瓷瓦在俄罗斯发射的“联盟号”飞船火箭上首次使用，取得理想的效果。这种增强陶瓷还可用于制造刹车系统中的耐高温陶瓷刹车片。

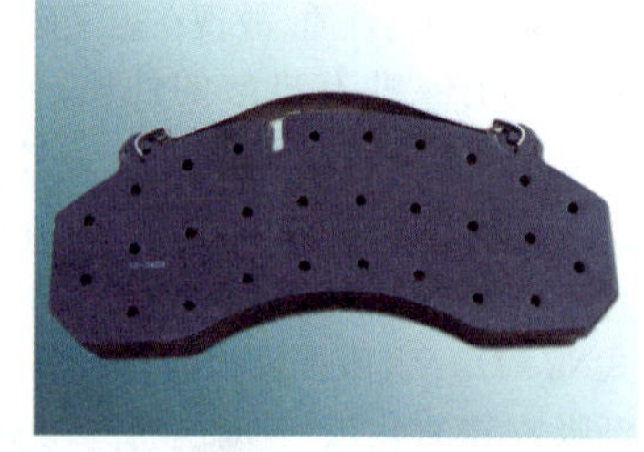

碳纤维增强陶瓷瓦

【碳质储氢】（hydrogen storage with carbon） 利用活性炭和碳纳米材料吸附储氢的技术。是根据吸附理论发展起来的物理储氢方法。

【碳足迹】（carbon footprint） 一个人、一个团体或者一个国家的碳耗用量。在生活中的每一项活动，从生火做饭、取暖，到使用电器、乘坐车、船、飞机旅行等，都是消耗能量的过程。这些能量大多源于碳元素构成的自然资源（如石油、煤炭、木材等）的氧化过程。这一过程必然排放一定量的二氧化碳，所以可以用“碳足迹”来度量其程度。“碳”耗用得多，二氧化碳也排放得多，“碳足迹”就大；反之，“碳足迹”就小。知道了自己的“碳足迹”及其来源，可以帮助每个人有意识地检查自己日常生活中的习惯性行为，继而采取行动减少二氧化碳的排放。比如尽可能地节省能源使用,购买节能环保冰箱,交通出行尽量选择公交,购买小排量或混合动力机动车,参加“少开一天车”活动减少二氧化碳排放等。在应对全球气候变暖、提倡低碳经济发展模式的大背景下,“碳足迹”的重要性不仅在于给人们提供一个精确的计算公式,而是倡导一种责任理念。

【汤圆】(sweet soup ball) 又称元宵。一种用糯米粉制作的小吃。可分实心和带馅的两种。带馅的又有甜、咸之分。甜馅一般有猪油豆沙、白糖芝麻、桂花什锦、枣泥、果仁、麻蓉、杏仁、白果、山楂等;咸馅一般有鲜肉丁、火腿丁、虾米等。用芥、葱、蒜、韭、姜组成的菜馅元宵,称为五味元宵,寓意勤劳、长久、向上。

汤圆

【羰化法】(carbonyl process) 利用羰化物提纯金属的一种气相析出法。将矿石或中间产物先制成羰化物,然后加热分解成纯金属。如羰化法提纯镍是基于镍能与一氧化碳生成易挥发并且也容易分解的一种化合物-四羰基合镍。先将粗镍在高压和423~493K下进行羰化生成四羰基合镍,然后精馏,与杂质分离,最后热分解,就可以得到99.998%的高纯镍。分解出来的一氧化碳可返回使用。铁等许多过渡金属也可用此法提纯。

【羰基化作用】(carbonylation) ❶一氧化碳与许多金属和非金属反应生成含羰基化合物的过程。如一氧化碳与氯气反应生成光气,与硫反应生成硫化羰,与氟、溴、硒反应生成碳酰氟、碳酰溴和硒化羰。一氧化碳与金属反应生成羰基金属,如在50℃和1大气压下,与镍反应生成四羰基镍;在200℃以上,200~450大气压下,与铁、钴、钼、钨等金属反应生成五羰基铁、八羰基二钴、五羰基钼和六羰基钨等。❷又称羰基合成。在有机化合物分子中引入羰基的反应。是制备醛、酮、酸等的重要方法。如以Co、Rh、Ir等过渡金属络合物催化烯烃生成醛的氢甲酰化反应;以Fe、Co、Ni等过渡金属络合物催化烯烃、炔烃生成酸的氢羧基化反应等。

【镗床】(boring machine) 主要用镗刀在工件上镗孔的机床。也可加工平面、车外圆、钻孔、铣、拉槽等。通常镗床上的镗刀旋转为主运动,镗刀或工件的移动为进给运动。其加工精度和表面质量高于钻床。镗床是大型箱体零件加工的主要设备。其加工特点是:加工过程中工件不动,让刀具移动,将刀具中心对正孔中心,并使刀具转动(主运动)。镗床主要分为三类:(1)卧式镗床。是镗床中应用最广泛的一种。(2)坐标镗床。是高精度机床的一种。(3)金刚镗床。特点是以很小的进给量和很高的切削速度进行加工,因而加工的工件具有较高的尺寸精度(IT6),表面粗糙度可达0.2μm。

镗床

【镗铣加工中心】(milling center of boring machine) 带有刀库和自动换刀装置的数控镗铣床。通过自动换刀,可使工件在一次装夹后,自动连续完成铣削、钻孔、镗孔、铰孔、攻丝和切/拉槽等加工。如果加工中心带有自动分度回转台,还可使工件在一次装夹后自动完成多个平面的多工序加工。加工中心除可加工各种复杂曲面外,特别适用于各种箱体类和板类等复杂零件的加工。与传统的机床相比,采用加工中心在提高加工质量和生产效率,减少加工成本等方面,效果显著。

镗床加工中心

【镗削加工】(boring machining) 镗削是一种用刀具扩大孔或其他图形轮廓的内径车削工艺。常用来加工机座、箱体、支架等外形复杂的大型零件上的直径较大的孔,特别是有位置精度要求的孔和孔系。镗削加工灵活性大,适应性强,可以用于不同生产类型、不同精度要求的孔加工。但镗削加工操作技术要求高,生产率低。要保证工件的尺寸精度和表面粗糙度,除取决于所用的设备外,也取决于工人的技术水平。

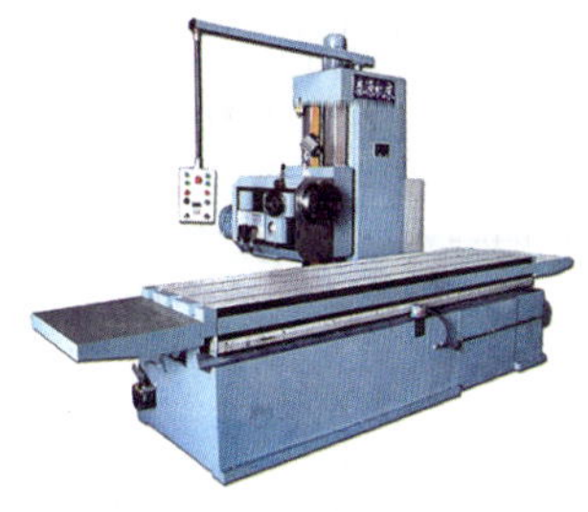
镗削加工

【唐蕃古道】(Tang-bo ancient road) 中国古代从内地到西藏的道路系统。主要路线是:东起西安(古称长安),先沿古丝绸之路的东段,经咸阳,过甘肃天水、兰州或临洮,在永靖炳灵寺度黄河后入青海,经西宁,翻日月山,过切吉草原、大河坝抵黄河源经扎陵湖、鄂陵湖,翻巴颜喀拉山进入玉树后,西渡长江上游通天河然后经杂多,过澜沧江上游的当曲河,翻唐古拉山进入西藏的聂荣、那曲南下到达拉萨。唐蕃古道自拉萨向西、向南还可以通向尼泊尔和印度等南亚国家。此外,自四川到西藏,自甘肃的安西、敦煌到西藏的道路也可归类为唐蕃古道。唐蕃古道主道长度 3 000km 以上,最早可以追溯至汉代以前。唐代初期因文成公主与藏王松赞干布和亲后更成为内地到西藏的官民商旅人员来往的通驿官道。如今的唐蕃古道已被青藏公路和青藏铁路以及多条航空线路所取代,但是,和茶马古道一样,唐蕃古道于中华民族的融合、统一和繁荣的历史功绩将永驻史册。

唐蕃古道

【唐氏综合征】(Downs syndrome)

又称先天愚型。先天性染色体异常,患儿的 21 对染色体多一个,即细胞内有 47 个染色体而引起的一组综合征。新生儿的平均发病率为 1/800。患儿一般会有中、重度的智力障碍,智商通常只有 40 ~ 60,且发育迟缓,肌肉张力低,造成其学习坐立及走路都比正常儿迟。但其性格温顺。患儿有特殊容貌,通常双眼距离较远,眼睛向上斜,鼻架平坦,嘴、牙齿及耳朵均细小,大部分患儿手掌纹呈猿型(俗称断掌),手指指纹呈特殊的蹄状纹。大约二分之一的患儿并发有先天性心脏病、心脏中隔缺损,伴有肠胃道系统畸形的概率为 6% ~10% ,泌尿道异常为 3% ~5% 。其他较少见的合并症有白血病、甲状腺功能低下症、痉挛、视力异常等。有些患儿由于体温中枢机能不良,体温不稳定,极易患夏季热。该病目前没有任何特定的治疗方法,只能通过产前筛选检查及羊水检测,预防生出“唐宝宝”。唐筛是通过化验孕妇的血液来判断胎儿是否患有唐氏综合征,但只是一种风险估计;而羊水检测则是一种明确的诊断,可以测出胎儿是否存在染色体异常。一旦查出异常,应立即终止妊娠。产妇到 35 岁,“唐宝宝”出生的概率为 1/300,而 40 岁就可达到 1/40。

【糖】(sugar)

❶用甘蔗或甜菜等植物加工而成一种具有甜味的调味品。主要成分是蔗糖。可分为蔗糖(红糖、白糖、砂糖、黄糖)、葡萄糖、果糖、半乳糖、乳糖、麦芽糖、淀粉、糊精和糖原棉花糖等。其中,除了葡萄糖、果糖和半乳糖能被人体直接吸收外,其余的都要在体内转化为葡萄糖后才能被吸收利用。按其结构单元数目的不同,又可分为单糖、寡糖、多糖、结合糖和糖的衍生物。。广东、福建、台湾等省和东北地区是中国主要产糖区。糖的主要功能是提供热能,每克葡萄糖在人体内氧化产生约 70.1J 的能量,人体所需要的 70% 左右的能量由糖提供。此外,糖还是构成组织和保护肝脏功能的重要物质。❷多羟基的醛类或酮类化合物。水解后能变成以上两者之一的有机化合物。因其由碳、氢、氧元素构成,类似于“碳”与“水”聚合,故又称为碳水化合物。

红糖

【糖胺聚糖】(glycosaminoglycan, GAG)

由含己糖醛酸和己糖胺的二糖单位重复连接而成的聚糖。由于其二糖单位含有糖胺而得名。可以是葡萄糖胺或半乳糖胺。糖胺聚糖曾被称为黏多糖、氨基聚糖、酸性多糖等。人体内重要的糖胺聚糖有 6 种:(1)透明质酸。分布于关节滑液、眼睛的玻璃体及疏松的结缔组织中。(2)硫酸软骨素。哺乳动物体内含量丰富,大量存在于软骨、皮肤、角膜、巩膜、骨、动脉、心瓣膜及脐带中。(3)硫酸皮肤素。主要存在于皮肤、血管、心瓣膜、肌腱、关节囊、纤维软骨、韧带、脐带等组织中。(4)硫酸角质素。具有两种类型,硫酸角质素Ⅰ(是角膜中唯一的糖胺聚糖)和来自骨、软骨等支架组织的硫酸角质素Ⅱ,常与硫酸软骨素一起构成蛋白聚糖,分布于软骨和结缔组织。(5)肝素。由紧靠血管的肥大细胞产生,并储存于肥大细胞的颗粒中,应一定的刺激而释放,具有抗凝血作用。(6)硫酸乙酰肝素。存在于各种细胞的表面,参与膜结构、细胞之间和细胞与基质之间的相互作用,又可向细胞内传递信息,几乎没有抗凝血作用。实验表明:透明质酸及硫酸软骨素随年龄增长逐渐减少,硫酸角质素逐渐取代硫酸软骨素,从而导致组织的保水能力及弹性减弱。可见,糖胺聚糖与老化过程有关。动脉壁中硫酸皮肤素的含量随年龄增长而增多,可在生理条件下与低密度脂蛋白结合。有动脉粥样硬化块的主动脉组织中可见硫酸皮肤素含量异常增高。后者由病变部位增殖的平滑肌细胞产生。

【糖醇】(sugar alcohol) 由还原糖制得的多元醇。品种有山梨醇、甘露醇、木糖醇和麦芽糖醇等。甜度比蔗糖低。主要做疗效食品的甜味剂。山梨醇广泛分布于自然界植物中,可由还原葡萄糖制得,白色粉末,吸湿性大,甜度为蔗糖的一半;甘露醇也广泛分布于自然界植物中,甜味约是砂糖的60%,因体内不吸收,多用于规定饮食的食品;木糖醇通过还原木糖制得,甜味与山梨醇相同;麦芽糖醇用麦芽糖氢化后制得,甜度接近蔗糖,但热能低,食用后血糖值不上升,不增加胆固醇。糖醇虽然不属于糖,但具有某些糖的属性,外形是白色粉状,浆状产品也和糖浆相似,有一定的甜度和热量。不仅可以1:1地代替食糖,制取相似的糖果、点心和饮料,而且在烘焙加工过程中变化较小。

【糖蛋白】(glycoprotein) 由寡糖链与多肽链共价相连构成的复合糖。包括酶、激素、载体、凝集素、抗体等。可以是胞溶性的,也可以是膜结合型的;可以存在于细胞内,也可存在于细胞间质中。具有种属专一性:一种蛋白质在某种动物中是以糖蛋白形式存在,在另一种动物中则不同。即使同是糖蛋白,它们的糖组分含量也可能不同。其主要功能是:(1)携带某些蛋白质代谢去向的信息。(2)细胞质膜、细胞间质、血浆黏液等的重要组分。(3)在细胞识别、信号传递中起关键作用。(4)参与肿瘤特异性抗原活性的鉴定。

【糖化】(saccharification) 用酸或酶作催化剂,使含淀粉原料中的淀粉变为糖的水解反应。其催化剂称糖化剂,水解液称糖化液。有酸糖化、酶糖化和酸酶糖化等几种工艺。酸糖化速度较快,酶糖化产物纯度较高。根据淀粉糖化程度的不同,可制取饴糖、麦芽糖、葡萄糖和果糖。它们统称淀粉糖。糖化作业还广泛用于发酵工业。

【糖酵解】(glycolysis) 酶促反应将葡萄糖降解成丙酮酸并伴有三磷酸腺苷生成的过程。其生理意义是:(1)普遍存在于生物体中,是有氧呼吸和无氧呼吸途径的共同部分。(2)其产物丙酮酸的化学性质十分活跃,可以通过各种代谢途径,生成不同的物质。(3)在糖酵解过程中,除了由己糖激酶、磷酸果糖激酶、丙酮酸激酶等所催化的反应以外,多数反应均可逆转,为糖异生作用提供基本途径。其作用是:通过糖酵解,生物体可获得生命活动所需的部分能量。对于厌氧生物来说,糖酵解是糖分解和获取能量的主要方式。如三磷酸腺苷,是生命活动能量的直接来源。但其在体内含量并不高,人体预存的三磷酸腺苷能量只能维持15s,跑完100m后就全部用完,不足的可以继续通过糖酵解途径合成。

【糖料作物】(sugar crops) 以收获植物体的含糖部位供作制糖原料而栽培的一类作物。含糖部位因作物而异,如甘蔗、芦粟在茎部,甜菜在块根等。其所含糖分的主要成分为蔗糖、葡萄糖和果糖。世界上栽培的工业制糖原料,在低纬度地区为甘蔗,在高纬度地区为甜菜。它们的含糖量均在12%～20%。近代发现菊科中的甜叶菊的叶部含高甜度物质糖苷。其甜度为蔗糖的300倍,可作甜味剂。现在也有人把它归入糖料作物。

甘蔗

【糖耐量】(sugar tolerance) 人体对葡萄糖的耐受能力。正常人在进食米、面主食或服葡萄糖后,几乎全被肠道吸收,使血糖升高,刺激胰岛素分泌、肝糖原合成增加,分解受抑制,肝糖输出减少,体内组织对葡萄糖利用增加。饭后最高血糖不超过10.0mmol/L,且进食或多或少时血糖都保持在一个比较稳定的范围内。这是由于体内胰岛素的分泌量能随着需要而自动增减,达到控制血糖的目的。若胰岛素分泌不足,则不能控制升高的血糖,即葡萄糖耐量降低。糖耐量试验,多用于可疑糖尿病病人。正常人服用一定量葡萄糖后,血糖先升高,但经过一定时间后,人体即将葡萄糖合成糖原加以储存,血糖即恢复到空腹水平。如果服用一定量葡萄糖后,间隔一定时间测定血糖及尿糖,观察给糖前后血糖浓度的变化,可推知胰岛素分泌情况和糖耐量。

【糖尿病】(diabetes) 一组以慢性血葡萄糖(简称血糖)水平增高为特征的代谢疾病群。其病因尚未完全明确。目前认为,糖尿病不是单一病因所致的疾病,而是多因素引起的综合症。高血糖是由于胰岛素分泌缺陷和(或)胰岛素作用缺陷而引起。除碳水化合物外,尚有蛋白质,脂肪代谢异常。久病可引起多系统损害,导致眼、肾、神经、心脏、血管等组织的慢性进行性病变,而引起相应系统的功能缺陷及衰竭。当疾病严重或应激时可发生急性代谢失常,如酮症酸中毒、高渗性昏迷等。本病使患者生活质量降低,寿命缩短,病死率增高。因此,应积极防治。该病分为四大类型:Ⅰ型糖尿病、Ⅱ型糖尿病、其他特殊类型及妊娠期糖尿病。国际糖尿病联盟提出的糖尿病现代治疗的5个要点是:饮食控制、运动疗法、血糖监测、药物治疗和糖尿病教育。目前强调早期治疗，长期治疗，综合治疗。治疗措施应遵循个体化的原则。

【糖尿病酮症酸中毒】（diabetic ketoacidosis） 当胰岛素依赖型糖尿病人胰岛素治疗中断或剂量不足、非胰岛素依赖型糖尿病人遭受各种应激时发生的代谢性酸中毒。在发生中毒时，糖尿病的代谢失常加重，脂肪分解加快，酮体生成增多，超过利用而发生积聚。若病情严重，可发生昏迷，称糖尿病酮症酸中毒昏迷。糖尿病酮症酸中毒是糖尿病的严重并发症。在胰岛素应用之前是糖尿病的主要死亡原因。在胰岛素问世后其病死率大大降低，仅占糖尿病人病死率的1%。

【糖皮质激素】（glucocorticoids，GCS） 由肾上腺皮质中束状带分泌的一类甾体激素。主要为皮质醇。具有调节糖、脂肪、和蛋白质的生物合成和代谢的作用，还具有抑制免疫应答、抗炎、抗毒、抗休克作用。称其为"糖皮质激素"是因为其调节糖类代谢的活性最早为人们所认识。目前是临床应用较多的一类药物。多用于以下疾病：(1)急慢性肾上腺皮质能功不全，垂体前叶功能减退和肾上腺次全切除术后的补充替代疗法。(2)严重急性感染及炎症。(3)自身免疫性和过敏性疾病。(4)对感染中毒性休克效果最好，其次为过敏性休克，对心原性休克和低血容量性休克也有效。(5)对急性淋巴细胞性白血病疗效较好，对再障、粒细胞减少、血小板减少症、过敏性紫癜等也能明显缓解，但需长期大剂量用药。(6)恶性肿瘤。恶性淋巴瘤、晚期乳腺癌、前列癌等均有效。急性淋巴细胞白血病是常见的白血病之一，由糖皮质激素组成的方案是临床上常用的化疗方案。(7)皮肤病。对牛皮癣、湿疹、接触性皮炎，可局部外用；但对天疱疮和剥脱性皮炎等严重皮肤病则需全身给药。糖皮质激素在长期大量应用引起的不良反应有以下几种：(1)皮质功能亢进综合征。满月脸、水牛背、高血压、多毛、糖尿、皮肤变薄等。为GCS使代谢紊乱所致。(2)诱发或加重感染。(3)诱发或加重溃疡病。(4)诱发高血压和动脉硬化。(5)骨质疏松、肌肉萎缩、伤口愈合延缓。(6)诱发精神病和癫痫。在停药时会发生的停药反应有：(1)医源性肾上腺皮质功能不全。当长期应用，尤其是连日给药的病人，减量太快或突然停药，特别是当遇到感染、创伤、手术等严重应激情况时，可引起肾上腺皮质功能不全或危象。表现为恶心、呕吐、乏力、低血压和休克等，需及时抢救。(2)反跳现象。其发病原因可能是病人对激素产生了依赖性或病情尚未完全控制，突然停药或减量过快而致原病复发或恶化。常需加大剂量再行治疗，待症状缓解后再缓慢减量、停药。其禁忌证有：抗生素不能控制的病毒、真菌等感染，活动性结核病，胃或十二指肠溃疡，严重高血压，动脉硬化，糖尿病，角膜溃疡，骨质疏松，孕妇，创伤或手术修复期，骨折，肾上腺皮质功能亢进症，严重的精神病和癫痫，心或肾功能不全者。使用中有以下用法：(1)大剂量突击疗法。用于急症，如严重感染和休克。(2)一般剂量长期疗法。用于自身免疫性、过敏性疾病。(3)小剂量替代疗法。适用于急、慢性肾上腺皮质功能不全症，脑垂体前叶功能减退及肾上腺次全切除术后。

【糖异生】（gluconeogenesis） 生物体将非糖物质转变为葡萄糖或糖原的过程。经糖异生转变为糖的非糖物质有：(1)生糖氨基酸。(2)乳酸。(3)丙酮酸。(4)甘油。肝是糖异生的主要器官，肾糖异生能力仅占肝的1/10，但在长期饥饿时肾脏也成为糖异生的重要脏器。糖异生作用的重要意义在于补充糖供应的不足，以维持血糖水平的稳定。另外，糖异生作用可消除肌肉中乳酸的积累。剧烈运动后，骨骼肌中产生大量的乳酸，经血液循环运至肝脏，在肝脏通过糖异生作用再次生成葡萄糖被利用。糖异生具有重要的生理意义：(1)空腹或饥饿体内糖来源不足的情况下，主要依赖非糖物质转变为葡萄糖，以维持血糖浓度。(2)在剧烈运动或某些原因导致缺氧时，肌糖原酵解产生大量乳酸，在肌肉内不能重新合成糖，大部分经血液运输至肝，通过糖异生转变成葡萄糖补充血糖。(3)在饥饿或禁食时脂肪分解加速，产生甘油和脂肪酸，甘油被运至肝脏，组织蛋白质分解加强，产生的生糖氨基酸，也以一定的方式入肝，经糖异生转变为葡萄糖，以补充肝糖原。(4)有助于维持酸碱平衡，防止酸中毒。

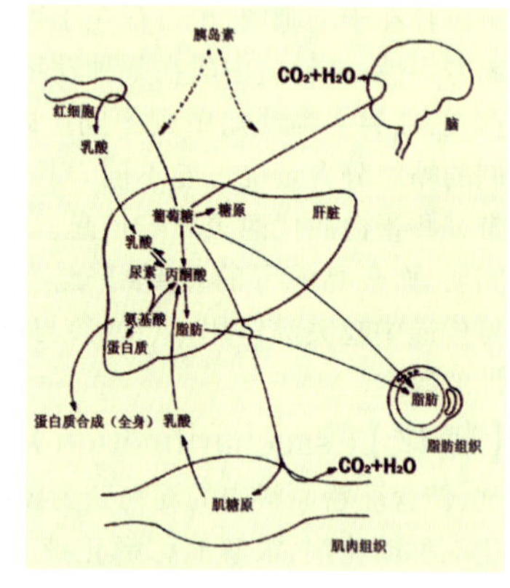

糖异生

【糖有氧氧化】（aerobic oxidation） 葡萄糖或糖原在有氧条件下彻底氧化分解生成CO_2和H_2O，并释放大量能量的过程。糖氧化供能的主要方式。体内绝大多数组织细胞中的葡萄糖均进行有氧氧化而使细胞获得能量。肌肉等组织进行无氧氧化（即糖酵解）产生的终产物乳酸，仍需在有氧时彻底氧化成水和二氧化碳。糖有氧氧化反应分为三个阶段。第一阶段在胞液中进行，一分子葡萄糖转变成二分子丙酮酸。第二阶段丙酮酸进入线粒体内氧化脱羧生成乙酰辅酶A(乙酰CoA)，在丙酮酸氧化脱羧酶体系中，共有四种B族维生素(维生素B_1、B_2、PP、泛酸)参与。这些维生素缺乏时，势必影响这一阶段的代谢过程。当维生素B_1缺乏时，丙酮酸氧化脱羧受阻，乙酰辅酶A生成减少，血中丙酮酸及乳酸堆积，影响组织细胞的功能。特别是以糖有氧氧化供能的神经组织，由于供能不足，可使神经细胞膜髓鞘磷脂合成受阻，导致慢性末梢神经炎及其他神经肌肉变性病变，即称脚气病。严重者可出现水肿，心力衰竭等。第三阶段为三羧酸循环。

【糖原】(glycogen) 又称糖元、动物淀粉。由许多葡萄糖缩合成的支 链多糖。动物体内糖的储存形式。按其储存器官组织的不同可分为：(1)肝糖原。(2)肌糖原。肝糖原含量可达肝重的5%（总量为90～100g)；肌糖原含量为肌肉重量的1%～2%(总量为200～400g)。人类食物中的糖，一般以淀粉为主，被消化成葡萄糖后在小肠吸收，经门静脉入肝，肝中葡萄糖丰富时，肝细胞将其大部分转变成脂肪以血浆脂蛋白形式运至脂肪组织储存，一部分氧化供能，另一部分合成糖原储以备用。其生物学意义在于当机体糖的供应不足或能量需求增加时，储存的肝糖原可迅速启动以供急需。肝脏和肌肉虽同为储存糖原的主要器官，但肝糖原和肌糖原的生理意义有很大不同。前者是空腹血糖的重要来源，对于某些依赖葡萄糖作为能量来源的组织，如脑、成熟红细胞等尤为重要；后者主要供肌肉收缩时急需。糖原呈无定形、无色粉末状，较易溶于热水，形成胶体溶液。糖在动物的肝脏和肌肉中含量最大。当动物血液中葡萄糖含量较高时，就会结合成糖原储存于肝脏中；当葡萄糖含量降低时，糖原就可分解成葡萄糖而供给机体能量。

【糖原累积病】(glucogen storage disease, GSD) 由于酶缺陷，导致体内糖原不能分解成葡萄糖，糖原沉积于各个器官而导致的疾病。糖原的合成和分解需要很多酶参与，目前已知的酶有8种。由于酶的缺陷，糖原不能分解成葡萄糖。糖原主要沉积在肝、心、肌肉及肾脏。酶缺陷的不同，临床表现不同，共分12型。Ⅰ、Ⅲ、Ⅳ、Ⅵ、Ⅸ型以肝脏病变明显，Ⅱ、Ⅴ、Ⅶ型肌肉组织受损明显。其中Ⅰ型最常见，约占25%。故以Ⅰ型为例其临床特征是：常染色体隐性遗传，家族可数人受累。是因葡萄糖-6-磷酸酶缺陷，不能将糖原分解及糖原异生过程中产生的6-磷酸葡萄糖水解成葡萄糖。肝脏内95%糖原分解成葡萄糖靠此酶，在维持血糖水平上起重要作用。由于6-磷葡萄糖堆积，促进糖旁路代谢，造成高尿酸血症。新生儿期可发病，表现为肝肿大、低血糖、酸中毒等。轻者1岁左右发病，出现身材矮小、肥胖、肝大、骨质疏松、骨龄落后；肌肉发育差、侏儒、四肢伸侧常见黄色瘤；智力正常；经常低血糖抽搐。随着年龄增长，低血糖抽搐减少。5～6岁后，经常感染、鼻衄等。肝大，低血糖、高血脂，酸中毒可提示此病。肝检可确定诊断。无特殊疗法。多次少量进食，主要食淀粉类食物，可维持血糖正常水平。

【烫漂】(blanching) 又称杀青。在食品加工和储藏前，将原料用热水浸泡或用蒸汽处理，以破坏酶的活性，防止酶促褐变的处理方法。主要用于蔬菜，如经烫漂的菠菜，干制后可保持绿色，且干制速度较快，收缩较少，复原性能较好。还具有洗涤效果，并可使表面软化，除去涩味及蜡质。若在热水中添加氯化钙或聚磷酸盐，则能增进原料的硬度和改善咀嚼性。烫漂时间及介质与原料质地、组织结构有关。一般采用95～100℃热水，时间为1～5min。应在最短时间内破坏酶活性，时间过长会导致质量下降；若酶未经彻底破坏，则无法抑制褐变。热处理后的食品应立即移入5～10℃的冷水槽中迅速降温。会造成维生素C和其他可溶性成分一定量的损失。

【掏槽眼】(cut hole) 在工作面上首先爆破以造成第二个自由面的一组炮眼。掏槽工作是关系到全断面爆破能否取得预想效果的重要一环。由于掏槽眼的爆破是在岩石夹制下无第二个自由面的条件下进行的，一般只能爆出炮眼深度80%～90%的槽洞。所以，掏槽眼深度应根据岩石性质、循环进度及掏槽方式比炮眼深度加长200～300mm。掏槽眼一般位于巷道断面中央靠近底板。这样便于钻眼时掌握方向，有利于上部炮眼爆破时岩石借自重而崩落。如断面中存在软、硬夹层时，则掏槽眼应位于软岩层中。根据掏槽眼与工作面之间的夹角，掏槽方法可分为斜眼掏槽法、直眼掏槽法和混合掏槽法三种。其中斜眼掏槽法是最常用的一种掏槽方法。斜眼掏槽形式的选择主要取决于巷道断面和地质条件，有锥形掏槽、楔形掏槽、半楔形掏槽、扇形掏槽和剪形掏槽。

掏槽眼

【逃逸飞行器】(escape vehicle) 又称救生塔或逃逸塔。载人飞船的发射初始阶段，为应急救生而设在飞船顶端的塔形逃逸装置。是载人飞船发射救生系统的主要设备。载人飞船位于火箭上端,一般采用分舱段设计的构型,各舱段可以按需要分离。当运载火箭发生危险故障时可用分离头部的方式救生,使位于最前端的飞船轨道舱-座舱与其后面的推进舱分离,由逃逸塔将飞船拉离运载火箭飞离危险区。再利用返回座舱本身的回收系统返回地面而使航天员获救。逃逸飞行器主要由塔架和数台固体火箭发动机组成。若飞船发射正常,则飞行到一定高度后,救生塔即被抛弃,以便尽量减少设置逃逸塔而付出的有效载荷代价。1983年9月27日,苏联的联盟T-10号飞船发射时,运载火箭第一级点火后即爆炸。但在临爆炸前,救生塔将飞船拖离危险区使两名航天员获救。这是载人航天史上第一次使用救生塔救生的记录。

逃逸飞行器

【桃皮绒】(peach wool) 超细纤维织物中的一种新颖的薄型起绒织物。从人造麂皮织物中脱胎而来。不需要经过聚氨酯湿法处理,质地柔软,外观细腻,别致高雅,给消费者一种新奇感。不仅可以作为服装(夹克衫、衣裙等)面料,而且也是包箱、鞋帽和家具装饰的良好材料。

平纹桃皮绒

【桃仁】(peach kemel) 又称核桃仁。中药名。药性:苦、甘,平。有小毒。归心、肝、大肠经。功效:活血祛瘀,润肠通便,止咳平喘。用于瘀血阻滞诸证:经闭、痛经、癥瘕痞块、跌扑损伤;肺痈、肠痈;肠燥便秘;咳嗽气喘。用法与用量:4.5~9g,煎服。孕妇慎用。

桃仁

【陶瓷】(ceramics) 用硅酸盐矿物或某些氧化物等为主要原料,通过特定的化学工艺在高温下制成的具有一定形状的人工制品。陶和瓷的区别在于其吸水率不同。吸水率小于0.5%者为瓷;大于10%者为陶;介于两者之间者为半瓷,也称炻器(如水缸、沙锅等)。按其用途的不同可分为:(1)日用陶瓷。如餐具、茶具、盆、罐等。(2)艺术陶瓷。]如花瓶、雕塑品、陈设品等。(3)工业陶瓷。又分为建筑陶瓷(面砖、浴盆等)、化工陶瓷(耐酸容器、泵、阀等)、化学瓷(蒸发皿、研钵等)、电工陶瓷(绝缘子等)、耐火陶瓷(耐火砖)和特种陶瓷等。

陶瓷

【陶瓷材料】(ceramic material) 非金属材料(包括单质和化合物)粉体经过成型、烧结工艺制备的多相多晶材料。其发展经历了三个阶段。第一个阶段是传统的硅酸盐工业生产,将陶土或者瓷土粉体经过成型、烧结形成的传统陶瓷材料。传统陶瓷具有耐腐蚀、耐高温的性能,但其物理性能单一,比较脆,机械强度不大。第二个阶段是在传统陶瓷工艺的基础上发展成的精细陶瓷。其主要的改进是原料的变革,采用了有特殊物理性质或生物功能的粉体,通过成型和烧结得到多晶材料,使其不仅继承了传统陶瓷的一些优点而且还具有特殊的生物功能、光学功能和电学功能等。第三个阶段是采用克服陶瓷脆性的制作工艺,以特殊的陶瓷为基材,加入增强材料制备复合陶瓷和改变陶瓷粉体粒度,把粉体控制到纳米数量级后采用烧结、成型两种方法以提高陶瓷的强度及韧性。将陶瓷材料的缺陷尺度控制在纳米数量级,是陶瓷材料的一次革命,也是陶瓷材料的发展进入第三个阶段的标志。

【陶瓷地面砖铺贴工艺】(ceramic tile laying process) 陶瓷地面砖铺贴的施工技术。铺贴陶瓷地砖的施工要点是:(1)混凝土地面应将基层凿毛,凿毛深度5~10mm,凿毛痕的间距为30mm左右。之后,清净浮灰,砂浆和油渍。(2)铺贴前应弹好线,在地面弹出与门道口成直角的基准线,弹线应从门口开始,以保证进口处为整砖,非整砖置于阴角或家具下面,弹线应弹出纵横定位控制线。(3)铺贴陶瓷地面砖前,应先将陶瓷地面砖浸泡阴干。(4)铺贴时,水泥砂浆应饱满地抹在陶瓷地面砖背面,铺贴后用橡皮棰敲实。同时,用水平尺检查校正,擦净表面水泥砂浆。(5)铺贴

陶瓷地面砖铺贴工艺

完2～3h后,用白水泥擦缝。

【陶瓷基复合材料】(ceramic based composite material) 以陶瓷为基体,以氧化物、碳素等无机材料纤维增强的陶瓷。既具有陶瓷的耐高温、抗压强度大、弹性模量高和耐氧化性强等优点,又克服了陶瓷性脆的主要缺点;既耐高温和耐氧化,又有一定韧性;既耐超高压,又不变形;既耐腐蚀,又不易老化;既耐低温,又耐烧蚀等。如石墨增强的氧化镁,其抗冲击强度比纯氧化镁高15倍。硼纤维增强的氧化钛比钛合金轻33%。碳纤维增强的氧化铝比铝轻40%,而强度与钢接近。陶瓷基复合材料目前大多处于研究和试用阶段。在军用飞机、卫星、导弹及体育运动器械等方面用得较多,有的已作为正式商品用于飞机和汽车工业。

陶瓷基复合材料

【陶瓷膜分离技术】(separation technology of ceramic membrane) 基于多孔陶瓷介质的筛分效应而进行的物质分离技术。其优点是:(1)可以耐受更高的过滤温度。(2)可以通过高温蒸气对膜组件进行杀菌。(3)过滤孔径一般在0.01～4μm。(4)耐强酸、强碱。(5)根据物料的黏度、悬浮物含量可选择不同通道的陶瓷膜进行应用。其缺点是造价较高。其应用领域包括:(1)茶汁类的澄清过滤。(2)葡萄酒、生啤酒的澄清过滤。(3)牛奶的澄清过滤。(4)果汁澄清。已在石油化工、食品、生物和医药等领域广泛应用。

【陶瓷燃料】(ceramic fuel) 以铀、钚等元素为基质制成的氧化物。核燃料的一种。常用的陶瓷燃料有二氧化铀和二氧化钚。具有耐高温、耐辐照等特点。在不同核反应堆中均有应用。

【陶瓷型铸造成型】(ceramic shape casting) 在一般砂型铸造基础上发展起来的一种新的精密铸造工艺。在模具制造中,常用来成型锻模、玻璃模、塑料模和拉深模等模具的型腔。其浇铸铸铁时的尺寸误差为0.1～0.5mm,表面粗糙度一般在1.25～10μm之间。陶瓷型铸造用陶瓷浆料作造型材料,灌浆成型,经喷烧和烘干后即完成造型工作。在陶瓷型铸造成型中,实际应用的陶瓷型仅为型腔表面一层是陶瓷材料,其余仍由普通铸造型砂构成。在陶瓷造型中,一般先将这个砂型造好,即所谓"砂套"。砂套造型时用粗母模,砂套造型完成后与精母模配合,形成5～8mm的间隙。此间隙即为所需浇注的陶瓷层厚度。

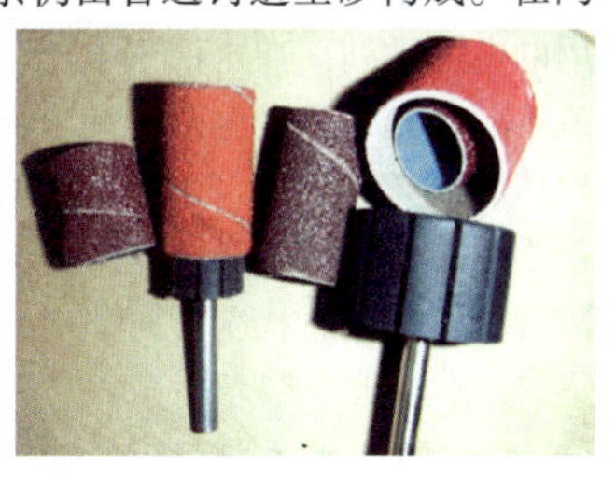
陶瓷型铸造成型

【套筒冠义齿】(telescope denture) 以套筒冠为固位体的可摘义齿。套筒冠固位体由内冠和外冠组成,内冠黏在基牙上,外冠和活动义齿连成整体,通过内冠和外冠之间的嵌合作用产生固位力,使义齿取得良好的固位与稳定。义齿的支持由基牙与基托下组织共同承担。其组成部件是套筒冠固位体、人工牙或桥体、基托、连接体等。其发展经历较长历史,已推出多种结构形式的套筒冠固位体。Korber. K. H(1958)提出的圆锥型套筒冠被修复学界认为是较为理想的固位体。其内冠为圆锥型,内冠与外冠之间形成契合作用,固位力可以调节,义齿稳定性好,能较好恢复咀嚼效能。但也存在牙体预备量较大,修复体取出后内冠金属暴露影响美观以及制作复杂、费用高等缺点。在选择适应证时,应根据缺牙区、基牙、牙周组织健康状况,保护口腔硬软组织的原则,患者的经济承受能力以及对修复体的要求等,综合分析,慎重选择。对于牙周病未治疗者、倾斜伸长的活髓牙以及龋易感者等则不易采用此种修复方式。

【套种】(relay cropping) 又称套作。在前季作物生长后期的株、行或畦间播种或栽植后季作物的一种种植方式。不同作物的共生期只占其生育期的一小部分时间,如小麦行间套种玉米、水稻行间套播绿肥等。是解决前后季作物间季节矛盾的一种复种方式,可争取时间提高光能和土地利用率;有利于后季作物的适时播种和栽培;有些地区可避旱、涝或冷害;能缓和农忙期间的用工矛盾。套种共生期间作物也存在激烈竞争,应选配适当的作物,采取适当的田间配制方式(预留套种行的宽窄、作物的行比等)和合适的套种时间,以协调其相互间的关系。

套种

【特低电压】(extra-low voltage) 又称安全

电压。为了防止触电事故而由特定电源供电时所采用的电压系列。在这系列电压下,可能通过人体的电流不超过允许的安全范围。电压系列的上限值,即两导体间或任一导体与地之间的电压,在任何情况下,都不超过交流有效值50V。国际电工委员会IEC标准规定,在通常状况下,接触电压上限值为交流50V或无波纹直流120V。在特殊状况下,接触电压上限值为交流25V或无波纹直流60V。中国规定安全电压额定值的等级为42V、36V、24V、12V、6V。按使用环境的不同可分为:(1)凡手提照明灯、危险环境和特别危险环境的携带式电动工具,如无特殊安全结构或安全措施,应采用42V或36V安全电压。(2)金属容器内、隧道内、矿井内等工作地点狭窄、行动不便,以及周围有大面积接地导体的环境,应采用24V或12V安全电压。(3)水下作业等特殊场所应采用6V安全电压。(4)当电气设备采用的电压超过安全电压时,必须按规定采取防止直接接触带电体的保护措施。安全电压值决定于人体允许电流和人体电阻的大小。人体允许电流是在人体遭受电击后可能延续的时间内不致危及生命的电流。在一般情况下,人体允许电流可按摆脱电流考虑;在装有防止触电的速断保护装置的场合,人体允许电流可按30mA考虑;在容易发生严重二次事故的场合,应按不至引起强烈反应的5mA考虑。

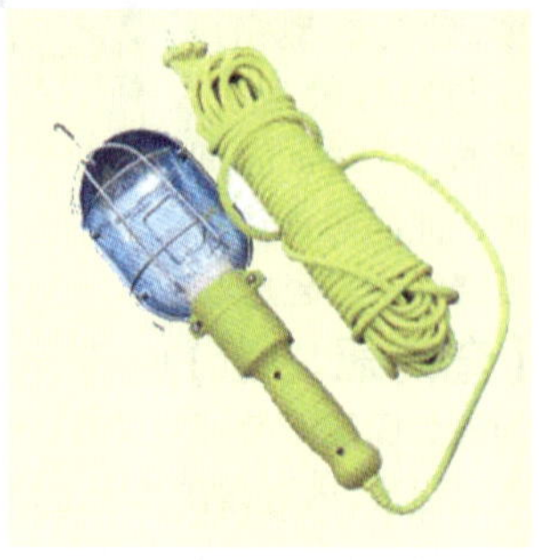

矿用安全行灯

【特丁基对苯二酚】(tert-butylhydroquinone,TBHQ) 可有效抑制枯草芽孢杆菌、金黄色葡萄球菌、大肠杆菌、产气短杆菌以及黑曲菌、杂色曲霉、黄曲霉等微生物生长的新一代的油脂抗氧化剂。国际上公认最好的食品抗氧化剂之一。分子式 $C_{10}H_{14}O_2$。分子量166.22。熔点125~130℃。沸点273℃。闪点171℃。白色至灰白色粉末状结晶。有轻微的特殊气味。几乎不溶于水(约为5‰)。溶于乙醇、乙酸、乙酯、乙醚及植物油、猪油等。适用于动植物脂肪和富脂食品,特别适用于植物油中,是色拉油、调和油、高烹油首选的抗氧化剂。其特点是:(1)有效延缓油脂氧化。可提高食品的稳定性,显著地延长油脂及富脂食品的货架期。(2)耐高温。可用于方便面、糕点及其他油炸食品,最高承受温度可达230℃以上。(3)一剂多能。能有效抑制细菌及霉菌生长。在添加应用范围内,能抑制几乎所有细菌和酵母菌生长,对黄曲霉等危害人体健康的霉菌有很好的抑制作用。广泛应用于油脂、食品、医药和饲料。中华人民共和国食品添加剂使用卫生标准GB2760(0.4.007)规定,TBHQ可用于食用油脂、油炸食品、干鱼制品、饼干、方便面、速煮米、干果罐头、腌制肉制品等。最大使用量为0.2g/kg。一般建议使用量为油脂总量的0.01%~0.02%。

【特定目的监测】(monitoring with specified purpose) 又称应急监测、特例监测。一种为某种特定目的而进行的监测。其主要内容包括:(1)污染事故监测。在发生污染事故时及时深入事故地点进行应急监测,确定污染物的种类,扩散方向与速度,污染程度及危害范围并查找出污染发生的原因,为控制污染事故提供科学依据。常采用流动监测(车、船等)、简易监测、低空航测、遥感等手段。(2)纠纷仲裁监测。主要针对污染事故纠纷、环境执法过程中产生的矛盾进行监测,提供公证数据。(3)考核验证监测。包括人员考核、方法验证、新建项目的环境考核评价、排污许可证制度考核监测、“三同时”项目验收监测、污染治理项目竣工时的验收监测。(4)咨询服务监测。为政府主管部门、科研机构、生产单位所提供的服务性监测;为政府部门制订环境保护法规、标准、规划提供基础数据和手段。

【特定穴】(specially appointed acupoint) 十四经中具有特殊性能和治疗作用并有特定称号的腧穴。根据其不同的分布特点、含义和治疗作用,将特定穴分为“五输穴”、“原穴”、“络穴”、“郄穴”、“下合穴”、“背俞穴”、“募穴”、“八会穴”、“八脉交会穴”和“交会穴”等10类。

【特发性肺间质纤维化症】(idiopathic pulmonary fibrosis, IPF) 一种原因不明的进行性的以两肺间质纤维化伴蜂窝状改变为特征的疾病。为原发性,绝大多数无遗传及家族史。其他有可能致病的危险因素有:病毒感染、自身免疫、吸烟和化学物质刺激(金属、纺织、石料的粉尘)等。其发病机制尚不完全清楚。目前认为是肺损伤、免疫反应、炎症反应和纤维生成的平行综合作用所致。其病理学检查显示:早期肺泡壁水肿、白细胞及纤维蛋白渗出等急性炎症改变;继之肺泡结构破坏、纤维化伴蜂窝肺形成。其主要症状有:

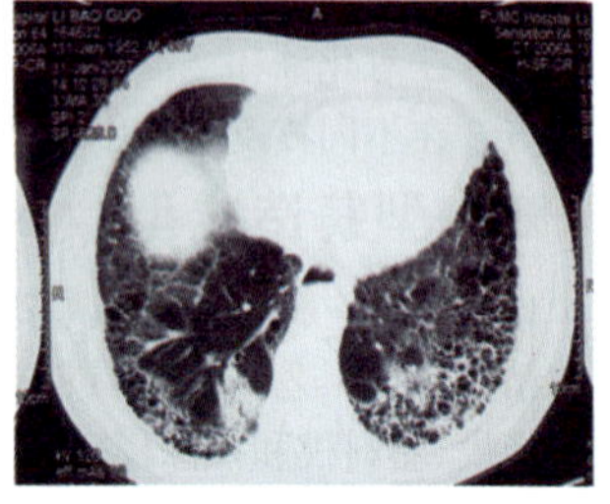

特发性肺间质纤维化症

(1)呼吸困难,并进行性加重,可有鼻翼扇动和辅助肌参与呼吸。(2)咳嗽、咳痰。(3)全身消瘦、乏力。(4)两肺中下部 Velcro 啰音,具有一定特征性。(5)杵状指(趾)。(6)终末期呼吸衰竭和右心衰竭的相应征象。

【特快硬调凝铝酸盐水泥】(ultra-rapid hardening and regulated set aluminate cement) 在以铝酸钙为主要组分的水泥熟料中,加入适量硬石膏和促硬剂,经磨细制成的一种铝酸盐水泥。具有凝结硬化快、小时强度高、微膨胀、抗冻和长期稳定性好等特性。这种水泥三氧化硫含量不得低于7.0%,不得高于11.0%;水泥的比表面积不得低于500m^2/kg;初凝不得早于2min,终凝不得迟于10min。当加入0.2%酒石酸钠时,初凝不得早于15min,终凝不得迟于40min。磨制该类水泥时可加入不超过水泥重量1.0%的木炭作为助磨剂。该类水泥标号以2h抗压强度表示。主要用于抢建、抢修、桥梁和海港工程以及堵漏、喷射施工等工程。

【特里科织物】(tricot) 用特里科经编机生产的针织物的统称。织物从编织区牵引出来的方向相对于织针运动方向成近似直角(115°左右)。针法精密,机号高、编织速度快,常用来编织平纹、网眼、绣纹和毛绒类等较简单的细薄衣物等轻便经编产品,如女士内衣、蚊帐、头巾、床单和小花纹家用织品。也用于编织小山羊皮布和天鹅绒等毛绒织物。由于经编高速,使用短纤纱比较困难。因其梳栉少,此设备不能像多梳栉拉舍尔经编机和贾卡提花经编机那样编织花纹复杂的提花类织物。

特里科织物

【特洛伊木马】(trojan horse) 又称木马。潜伏在用户计算机中,受外部用户控制以窃取本机信息或者控制用户计算机的程序。是恶意软件的一种。其名称取自希腊神话《特洛伊木马》的故事。通常伪装成了正常的程序,但是当这程序运行时,就会获取系统的整个控制权限,进而占用系统资源,降低计算机效能,危害信息安全,将本机作为工具来攻击其他设备等。完整的木马程序一般由两个部分组成:一个是服务端,即被控制端;一个是客户端,即控制端。“中了木马”就是指安装了木马的服务端程序。若你的电脑被安装了服务端程序,则拥有相应客户端的人就可以通过网络控制你的电脑、窃取信息。木马的核心技术有:(1)植入技术。(2)隐藏技术。(3)启动技术。(4)通信技术等。

【特纳综合征】(Tumer's syndrome) 性染色体异常表现为原发性闭经。缺少一条X染色体或其分化不完全,核型为X染色体单体(45XO)或嵌合体(45,XO/46,XX或45,XO/47,XXX)。患者表现为双侧卵巢不发育,原发性闭经和第二性征发育不良,身材矮小;常有蹼颈、盾胸、后发际低、肘外翻、腭高耳低以及鱼样嘴等临床特征;可伴主动脉狭窄及肾、骨骼畸形。

【特色农业】(characteristic agriculture) 其生产方式与传统的、自然的、普通的农业相比具有某些特色的农业。包括:利用农业设施进行生产的设施农业、实行农产品无公害生产的无公害农业、保持生态及生物动态平衡的生态农业、讲求可持续发展的可持续农业、进行立体种养的立体农业、追求高投入高产出的集约农业、以观光旅游为主要目的的观光旅游农业、以生产农产品中之精品的精品农业、进行精密种养的精准农业、订单农业、信息农业等。

蔬菜观赏树

【特殊毒性试验】(special toxicity test) 检测受试物的致突变性、致癌性、致畸性、依赖性和生殖系统毒性的试验。受试物的这几种毒性需要经过较长潜伏期或在特殊条件下才会暴露出来,虽发生率较低,但造成后果较严重而且难以弥补。包括以下试验:(1)致突变实验。包括微生物回复突变试验、哺乳动物培养细胞染色体畸变试验和整体试验(常选用微核试验)。作用于生殖系统的药物,需进行动物显性致死试验。(2)致癌实验。短期致癌实验和长期致癌实验。(3)致畸胎试验。于孕鼠或孕兔胚胎的器官形成期给药,观察对子代的影响。

【特殊工种】(special jobs) 从事特种作业人员岗位类别的统称。容易发生人员伤亡事故,对操作者本人、他人及周围设施的安全有重大危害的工种。中国国家劳动部将从事井下、高空、高温、特重体力劳动或其他有害身体健康的工种定为特殊工种,并明确特殊工种的范围由各行业主管部门或劳动部门确定。如:焊工、电工、锅炉工、驾驶员、起重工等。特殊工种的范围在不同地区或不同行业是不一样的;其名称也有差异。在某些地方政府制定的行政规章中,有将特殊工种与特种作业相混淆的现象，如某地的《工业园区劳动管理暂行办法》就将特殊工种解释成特种作业。有些采用 IS09000 族标准的企业把对产品质量有影响的人员所从事的工作，在手册或程序文件中规定为特殊工种，如质检人员、计量人员、内审员、重要部件的装配工等。因此，特殊工种不是一个正式的概念，只是约定俗成。中国劳动部和国务院有关行业主管部门规定的特殊工种退休的范围是：从事高空和特别繁重体力劳动工作累计满 10 年的；从事井下、高温等工作累计满 9 年的；从事其他有害身体健康工作累计满 8 年的；男年满 55 周岁，女年满 45 周岁，连续工龄满 10 年的可办理特殊工种退休；审批表和相关材料统一交劳动保障部门核准，受理后经核准符合规定的办理提前退休手续。

焊工

【特殊配合力】（specific combining ability） 某一杂交组合 $F1$ 的实际值与根据双亲在一般配合力估测的 F1 预期值的偏差。精确的配合力测定须采用双列杂交等设计的试验进行分析。试验设计方法不同，分析的公式也不同。由基因的显性效应、上位性效应及基因和环境的互作效应综合决定。选择一般配合力和特殊配合力都高的优异杂交组合，$F1$ 代可以直接用于杂种优势。在不考虑误差的前提下，计算公式是：某组织特殊配合力 = $F1$ 实际值 - 各组合 $F1$ 的总平均值 - 父本一般配合力 - 母本一般配合力。选择一般配合力和特殊配合力都高的优异杂交组合，$F1$ 代可直接用于杂交优势。

【特殊性土】（special earth） 具有特殊的物理和化学性质、并影响工程地质条件的土。主要包括软土、黄土、膨胀土、液化土、盐渍土和多年冻土等。这些天然形成的特殊性土的地理环境分布有一定的规律性和区域性，故称区域特殊性土。特殊性土由于具有不同的地质特点，工程性质差别很大。如黄土的湿陷性，杂填土的不均匀性，软土的低强度和高压缩性以及膨胀土的胀缩性等。由于公路是一种延伸长度极大的线形建筑物，不可避免地要穿越各种不同的特殊性土地区，公路的稳定性和正常营运常受到各种特殊性土的影响。所以，研究特殊性土对搞好公路工程有着重要意义。

黄土

【特殊作业】（special cutting） 竹林、混农林、混牧林等特殊的作业法类型。（1）竹林作业。竹林均为异龄林，通常实行连年择伐作业，偶尔也进行皆伐作业。采伐年龄，因竹种、用途、立地条件而异。采伐季节以冬末、春初为宜。采伐强度，视竹种、立地条件、经营集约度、竹龄等而异。如毛竹，在中国中心分布区用材竹通常采伐龄为 6～8 年。在一般条件下，立竹数以 2 300～4 500 株/公顷为宜。竹林可以天然更新，但以人工更新应用较广。（2）混农林作业。即在育林过程中兼种农作物以改善林地条件，提高林木生产力，并获得农产品收益。如意大利杨树造林，混农作业连续8～10 年。头 3～4 年混种玉米、甜菜等作物，其后再种小麦、青稞等。（3）混牧林作业。营林过程中在林间种植饲料作物如玉米、苜蓿、燕麦和可充作饲料的灌木等。幼林时期为避免林木受害，以割草饲养为宜。待林木长大后，可在林中轮牧，以保证牧草的旺盛生长。是世界不同国家因经济、社会情况、营林要求、森林树种和立地条件均有不同，其长期惯用的作业法也各异。所以对乔林、矮林和中林 3 种作业法的优劣，很难作出统一评价。但减少大面积皆伐，应用小面积皆伐，加强人工更新，扩大荒山荒地造林，研究最优的森林作业法，强化集约经营，实现永续利用，充分发挥森林的多种效益，以改善人类生活、生产和生存的环境条件，则已成为现代各国林业的共同发展趋势。

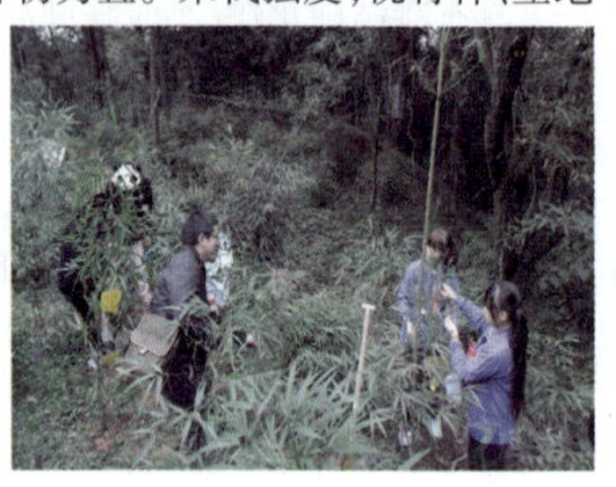
竹林作业

【特提斯海】（Tethys Sea） 又称特提斯洋、古地中海。地史上的中生代存在于欧亚大陆之间的一个巨大的、主要呈东西方向延伸的海洋。特提斯是古希腊神话中女海神之名，也是大洋神之女的名字。1893 年，地质学家徐士首先根据喜马拉雅地区发现和阿尔卑斯山脉相同的侏罗纪菊石化石，敏感地觉察到两地之间必然存在深水海洋联系，就将这个中生代时期存在的古海洋称为特提斯海。徐士据此还提出了冈瓦纳大陆和劳亚大陆等古地理术语，在建立全球构造古地理概念方面起了重要作用。特提斯海位于劳亚古陆和冈瓦纳古陆之间。范围包括今天的比利牛斯山、阿尔卑斯山、喀尔巴阡山、小亚细亚、伊朗南部、喜马拉雅山、中南半岛西部和印度尼西亚一带。可能早在新元古代晚期就已存在,中生代开始加深,晚三叠世至早白垩世进一步扩大,白垩纪中期开始缩小,古近纪时大部分封闭,形成高峻的山系,直到现代仅残留一些内海,如黑海、地中海等。

地中海

【特异性免疫】(specific immunity) 又称获得性免疫。机体在个体发育过程中接触抗原后发展而成的免疫力。包括产生特异性抗体(体液免疫)和致敏淋巴细胞(细胞免疫)两方面的免疫作用。其主要特点是免疫作用有针对性。即机体受到某一种病原体或抗原刺激后产生的免疫力,只能对该特定病原体或抗原有作用,而对其他病原体或抗原不起作用。在抗原刺激下,机体的特异性免疫应答不论是体液免疫还是细胞免疫都有其共同的发展规律,一般分为感应、应答和效应三个阶段。感应阶段是识别和处理抗原的阶段,是抗原第一次进入体内,经巨噬细胞处理后将抗原信息传递给免疫活性细胞(T细胞和B细胞)的阶段。应答阶段是免疫活性细胞接受抗原刺激后,进行分化、增殖和产生大量致敏T细胞和B细胞的阶段。除产生致敏淋巴细胞外,尚有小部分细胞转变为记忆细胞。效应阶段是指致敏的淋巴细胞再次受到相应抗原刺激时产生抗体和(或)淋巴因子,发挥体液免疫和细胞免疫效应的阶段。

【特异性免疫治疗】(specific immunotherapy) 又称脱敏疗法。针对I型变态反应性疾病的一种治疗方法。(1)当进行异种免疫血清脱敏治疗而皮试又呈阳性反应时,可采用少量多次脱敏法。使体内靶细胞表面的IgE(免疫球蛋白E)大部分甚至全部被结合而消耗掉,当再注射多量、浓度高的变应原时,就不会发生变态反应,达到了暂时脱敏。但经过一定时间后,IgE又能再产生,重建致敏状态,如再次使用该血清时,必须重做脱敏试验。(2)特异变应原脱敏。在测知引起支气管哮喘、过敏性鼻炎的变应原为花粉或尘螨后,患者又不可能完全避免再接触时,根据病情用相应变应原小剂量、低浓度、间隔一定时间(7~10天)反复多次皮下注射,可减轻甚至根治疾病。其机制可能是:(1)变应原注射后产生高浓度IgG类循环抗体,后者可与再次入侵的变应原结合。(2)变应原注入体内后,偏向于刺激产生Ts细胞,抑制IgE的合成。(3)效应细胞的非特异性脱敏。(4)注射小剂量、低浓度 变应原后,体内发生程度不同的抗原抗体反应,这是一种不产生症状的对病人无害的亚临床性"微休克"。经反复"微休克",以后再进入变应原则不产生强烈反应。

【特异质反应】(idiosyncratic reaction) 个别人对某种或某类物质具有无法预测的,并不取决于剂量的反应。如瞌睡、欣快、脸红,甚至痉挛或呼吸暂停等。是一种性质异常的药物反应。通常是有害的,甚至是致命的。常与剂量无关,即使很小剂量也会发生。这种反应只在极少数病人中出现,如氯霉素导致的再生性贫血发生率约为1/50 000。

【特征谱线】(characteristic line) 化学元素标识性的原子光谱谱线。一种化学元素具有特有的原子结构和相应的原子能级。当受到外界激发时,核外电子在各能级之间的跃迁所产生的原子光谱反映了其原子结构具有标识性。当核外电子从基态跃迁至能量最低的激发态(也就是第一激发态)时所产生的吸收谱线,称为共振吸收线;当核外电子从第一激发态跃回基态时,则发射出同样频率的光辐射,其对应的谱线称为共振发射线。共振吸收线与共振发射线统称为共振线。对大多数元素来说,共振线也是元素的最灵敏线,可据此鉴别该元素。

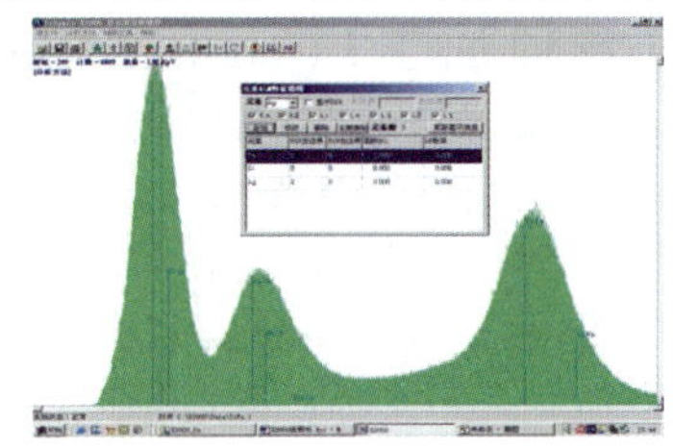
特征谱线

【特种表面活性剂】(special surfactant) 利用氟碳链或硅链为疏水基的表面活性剂以及含有金属的表面活性剂的统称。可分为氟表面活性剂、硅表面活性剂和含钛、锡等金属表面活性剂。在新产品中,硅系产品降低表面张力值高于氟系产品,平滑性能也很好。多缩二元醇型硅系产品可用作聚氨酯泡沫的整泡剂以及用于化妆品。也可用作硅油乳化剂及增强塑料用的玻璃纤维表面处理剂。氧化钛和环氧乙烷的加成物,可用作无机染料在有机溶剂中的分散剂。

【特种地图】(special map) 利用特殊材料制成的地图。如绸质地图、夜光地图、塑料模压立体地图、光栅立体地图等。为适应一些特殊环境所需而制作。如在航空飞行时,因速度快,需随时抽换和折叠地图,故导航员常用绸质地图。在内容上与常规地图差别不大,主要是在地图基质材料和生产工艺上有特殊要求，制作比较复杂和困难，成本亦高。又如光栅立体地图，其制作过程需经制作立体模型、立体摄影、制版套印、叠压光栅模等工序，对每一道工序精度要求都很严格，超过一定误差即成废品。随着特种用途和现代科学技术的发展，其应用领域不断扩大。如在屏幕上显示活动地图等。

光栅立体地图

【特种工程结构】(special engineering structure) 具有独特用途的工程结构。包括高耸结构、海洋工程结构、管道结构和容器结构等。随着科学技术的发展，将会出现越来越多的、具有新用途的特种工程结构。

【特种加工】(nontraditional machining) 将电、磁、声、光、化学等能量或其组合施加在工件的被加工部位上，实现材料被去除、变形、改变性能或被镀层覆盖等非传统加工方法的统称。其内容包括：化学加工、电化学加工、电化学机械加工、电火花加工、电接触加工、超声波加工、激光束加工、离子束加工、电子束加工、等离子体加工、电液加工、磨料流加工、磨料喷射加工、液体喷射加工、快速原型制造(RPM)、生物工程制造、爆炸成型及各种复合加工等。具有如下特点：(1)加工材料范围广，金属、非金属，硬的、脆的、难熔的、耐热的、易氧化的各种材料均能进行特种加工。(2)适合加工薄壁件、弹性件；某些方法则可精确控制能量，适于进行超高精密加工和微细加工；还有一些方法在可控制的气氛中进行加工，适于要求无污染的纯净材料加工。(3)一些特种加工方法可以应用于工件表面改性，从而提高工件的使用性能和寿命。特种加工解决了大量普通加工方法难以解决甚至不能解决的问题，一些基于生物工程、电子信息技术的新型加工方法正处于快速发展中。

电火花加工

【特种胶黏剂】(special adhesive) 一种可在极端条件下(超高温及超低温等)用于导电、导磁、导热、点焊、应变、光敏等方面的黏接剂。大多以合成树脂为基料制成。具有特殊的性能，用于特定的场合，可满足特殊的需要、黏接特定的对象。

【特种设备】(special equipment) 由国家认定的，因设备本身和外在因素影响容易发生事故，并且一旦发生事故会造成人身伤亡或重大经济损失的危险性较大的设备。包括其附属的安全附件、安全保护装置和与安全保护装置相关的设施。可分为涉及生命安全、危险性较大的锅炉、压力容器(含气瓶)、压力管道、电梯、起重机械、客运索道、大型游乐设施和场(厂)内专用机动车辆。其中，锅炉、压力容器(含气瓶)、压力管道为承压类特种设备。电梯、起重机械、客运索道、大型游乐设施和场(厂)内专用机动车辆为机电类特种设备。特种设备在高温、高压、高载荷、高疲劳以及高空作业条件下运行，设计的不合理，制造的不规范，安装调试的不细致，检测手段的不完善和检验人员素质不高及监管的力度不到位，使用单位只追求经济效益致使设备超负荷、超期服役，日常维护及定期检修不到位，管理制度不健全和安全保护及防护措施不到位，特别是安全保护装置失效等，都会导致事故的发生。一旦发生事故，就会危及人民的生命健康和财产安全，造成设备毁坏、企业停工停产，有时还会给人们带来恐慌，给国家、社会、个人造成严重的经济损失和不良后果。

客运索道

【特种设备安全管理】(special equipment safety management) 为了规范特种设备质量监督与安全监察工作，确保特种设备的产品质量和安全使用，保障人身和财产安全，促进经济发展和社会稳定，对由国家认定范围内的特种设备，在设计、制造、安装、使用、监督、检验、维修保养和改造方面的管理。特种设备的安全管理分为两层含义，一是国家宏观的安全管理，为了防止和减少特种设备事故，保障人民群众生命和财产安全，促进经济发展，根据《中华人民共和国安全生产法》、《中华人民共和国产品质量法》、《特种设备安全监察条例》等法律、行政法规的规定，政府部门应当加强对特种设备安全管理工作的领导，特种设备安全监察管理部门应该履行职责，加强管理。特种设备的检验检测机构，应当依法报经国务院特种设备安全监督管理部门核准。特种设备作业人员、检验检测人员，应当按照国家有关规定经特种设备安全监督管理部门考核合格，取得特种作业人员证书、检验检测人员证书。二是企业的安全管理，特种设备的生产、使用单位，应当严格按照有关特种设备安全生产的法律、法规、规章的规定和安全技术规范的要求进行生产、使用，保证特种设备的产品质量和安全使用。特种设备的生产单位，应当依法报经国务院或者省特种设备安全监督管理部门许可；特种设备的使用单位，应当依法向设区的市特种设备安全监督管理部门办理登记；特种设备生产、使用单位的主要负责人，依法对本单位特种设备的安全全面负责。

【特种设备安全监察】（special equipment safety supervision） 负责特种设备安全的政府行政机关为实现安全目的而从事的决策、组织、管理、控制和监督检查等活动的总和。对特种设备实行安全监察是国务院授予质检部门的职责和权力。它区别于工业主管部门、行业组织（总会、联合会） 及大企业的安全管理。由于特种设备的潜在危险性，从设计、制造、安装、改造和维修、维护保养到使用、检验检测诸环节中的任何一个环节出了问题，都将有可能给社会带来难以预计的损失。因此，特种设备的安全监察工作与其他安全生产工作不同，哪一个环节没有监控好、把握住，都有可能发生大的事故。国外对于特种设备的安全监察管理也都是由一个机构自始至终进行的。由国家设置专门的安全监察管理机构，制订专门法规，实施专门的管理。这是世界上各国基本的做法。确立全方位、全过程监督管理的特种设备安全监察制度，能够保障安全监察工作的协调统一、高效运转，以便于随时发现问题、及时解决问题，尽可能避免特种设备事故的发生。中国特种设备安全监察始于建国初，1955 年设立专门机构，实行专项监察。1955 年 7 月经国务院批准，在劳动部设立锅炉安全检查总局，开始了对锅炉、压力容器、起重机械等特种设备进行专门监督管理、实行国家安全监察。在 1982 年 2 月 6 日国务院颁布的《锅炉压力容器安全监察暂行条例》中正式使用了安全监察概念，使其法制化。《特种设备安全监察条例》于 2003 年 3 月 11 日第 373 号国务院令公布，并于 2003 年 6 月 1 日起实施。2009 年 5 月 1 日起施行最新修订的《特种设备安全监察条例》。

【特种设备分类】（special equipment classification） 对易发生人身伤亡事故的特种设备的划分。按其用途的不同可分为生产设备和非生产设备。按其技术特性的不同可分为高精度、大型、重型稀有设备。按其对企业的生产、质量、成本、安全等方面影响程度的不同可分为：重点设备（A 类设备）、主要设备（B 类设备）和一般设备（C 类设备）。按设备本身形成的不同可分为：承压类特种设备和机电类特种设备。

【特种蔬菜】（special vegetable） 简称特菜。从国外引进的“西菜”和中国某些地区的名、独特、优、新型或野生蔬菜的统称。这类蔬菜大多含有特别营养，风味独特，有的还有一定的保健防病作用。广义的特菜可分为：(1) 西菜。由国外直接引进的品种。如菊苣、结球生菜、西芹、青花菜、球茎茴香、羽衣甘蓝、牛蒡等。(2) 中国农业科技工作者利用先进育种技术培育出的新品种。如彩色大椒、无刺黄瓜、桔红心白菜等。(3) 中国某些地区的名、特、优蔬菜品种。如东北雌性红萝卜、莼菜、紫菜薹、豆薯、榨菜、菜心、芥蓝、紫背天葵、节瓜、佛手瓜、心里美萝卜等。(4) 风味独特的野生蔬菜 。如华北的蕨菜，江苏、湖北的芦蒿，甘肃、内蒙古的沙芥、口蘑，安徽、江苏的马兰菜以及各地的荠菜、马齿苋、苣荬菜、蒲菜、豆瓣菜等。(5) 微型蔬菜。又称袖珍蔬菜。形状小巧玲珑。如樱桃番茄、樱桃萝卜、迷你黄瓜、指形西葫芦、朝天小辣椒等。

樱桃萝卜

【特种陶瓷】（special ceramic） 在陶瓷坯料中加入特别添加物、经 1 360℃ 以上高温熔结成型而获得的性能稳定可靠的新型陶瓷。按其性质的不同可分为结构陶瓷材料和功能陶瓷材料两大类。已成为解决能源、资源问题的重要材料，还是微电子、激光、光纤、生物、医学、海洋、宇航、新能源、仿人机等尖端技术发展不可缺少的新材料。按其化学组成的不同可分为：(1) 氧化物陶瓷。如氧化铝、氧化锆、氧化镁、氧化钙、氧化铍、氧化锌、氧化钇、氧化钛、氧化钍、氧化铀及复合氧化物等。(2) 氮化物陶瓷。如氮化硅、氮化铝、氮化硼和氮化铀等。(3) 碳化物陶瓷。如碳化硅、碳化硼和碳化铀等。(4) 硼化物陶瓷。如硼化锆、硼化钙和硼化镧等。(5) 硅化物

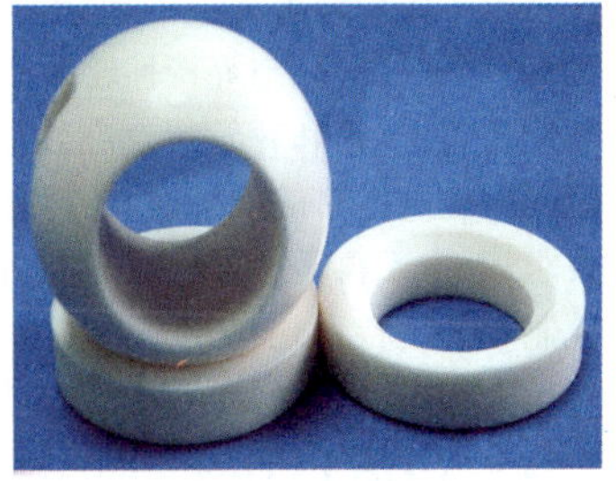
特种陶瓷

陶瓷。如硅化钼等。(6)氟化物陶瓷。如氟化镁、氟化钙和氟化镧等。(7)硫化物陶瓷。如硫化锌和硫化铈等。此外,还有砷化物陶瓷、硒化物陶瓷和碲化物陶瓷等。除了主要由一种化合物构成的单相陶瓷外,还有由两种或两种以上的化合物构成的复合陶瓷,以及在陶瓷中添加金属而生成的金属陶瓷。为了降低陶瓷的脆性,在陶瓷基体中添加了补强陶瓷复合材料、金属纤维和无机纤维,生产出了陶瓷家族中的新成员。按性能的不同,特种陶瓷可分为高强度陶瓷、高温陶瓷、高韧性陶瓷、铁电陶瓷、压电陶瓷、电解质陶瓷、半导体陶瓷、电介质陶瓷、光学陶瓷(即透明陶瓷)、磁性陶瓷、耐酸陶瓷和生物陶瓷等。

【特种用途林】(forest for special use) 以国防、环境保护、科学实验和生产繁殖材料等为主要目的的森林。包括国防林、实验林、母树林、风景林、环境保护林、名胜古迹和革命纪念地的森林和林木。从森林培养的角度,就要根据具体的用途确定其培育方式,并采取相应的培育技术对其进行繁育。

红松母树林

【特种油井水泥】(special cement for oil well) 具有特定组成和性能的专用于油井的水泥。包括超深井水泥、地热水泥、抗盐水泥、堵漏水泥、矿渣砂质水泥、赤泥砂质水泥、膨胀油井水泥和耐热油井水泥等。这类水泥能满足固井施工的要求,一般没有统一的技术标准,主要以满足实际工程需要为准。

【特种轧制】(special rolling) 在针对成品轧件的外形专门设计的轧机上对单个成型坯进行的成形轧制。是一种少或无切屑、高质量、高效率的生产技术。应用较为普遍的包括多辊轧制、辊锻、螺纹滚轧、螺旋孔型轧制等特种轧制技术。多辊轧制包括轧制齿轮、车轮和轮箍等。在轧制过程中,不同的轧辊同时轧制各自的加工面,轧制完成后外形尺寸达到要求,基本不再需要进行切削加工。钢球轧制、钻头轧制也属于特种轧制方法,是近年来发展较快的金属加工方法,具有金属损耗小,生产率高的特点。

【特种铸造】(special casting) 有别于普通砂型铸造、以金属模取代砂型模,以非重力浇注取代重力浇注的铸造方法。可使铸件尺寸精确,表面光洁,组织致密,可实现无切削加工。特种铸造方法很多,各有其特点和适用范围,从各个不同的侧面来弥补普通砂型铸造的不足。常用的有失蜡法熔模铸造、树脂发泡材料消失模铸造、金属型铸造、压力铸造和离心铸造等。

【疼痛】(pain) 一种由于机体实际存在或潜在的组织损伤所引起的或相关联的不愉快感觉和情感体验。是临床常见的症状之一。疼痛一方面引起机体的防御性反应,具有避免机体受到伤害的保护作用;另一方面,疼痛常常伴有组织细胞的损伤和对机体造成的不良影响,又使病人的肉体和精神遭受痛苦,剧烈的或长期的疼痛常常使病人难以忍受,甚至产生轻生的念头。因此,治疗和消除疼痛,解除病人痛苦,是一项十分重要的临床工作。

【藤本花卉】(bine flower) 茎细长,不能直立,常匍匐依附别的植物或支持物,缠绕或攀缘向上生长的花卉。按藤本茎质地的不同可分为:木质藤本(如紫藤等)与草质藤本(如牵牛花等)。

【藤本植物】(liana) 茎干细小,不能直立,只能依附支持物缠绕或攀缘向上生长的植物的统称。按其性状、特征的不同可分为:(1)木质藤本植物。其茎较粗大,木质较硬,如紫藤、葡萄、鸡血藤等。(2)草质藤本植物。其茎长而细小,草质柔软,如葫芦、何首乌、白扁豆等。(3)攀缘藤本植物。用卷须、小根、吸盘或其他特有的卷附器官攀爬于其他物上的植物,如丝瓜、爬山虎、凌霄花。(4)缠绕藤本植物。以茎身缠绕于其他物上的植物,如葎草、牵牛花、紫藤等。藤本植物具有净化空气、保护水土、遮阴覆盖、调节气候等生态环保功能。

藤本植物

【梯度】(gradient) 一个体系中某处的物理参数(如温度、速度、浓度等变化和程度)为 W,不妨设 $W=w(x,y,z)$,称$\left[\frac{\partial w}{\partial x},\frac{\partial w}{\partial y},\frac{\partial w}{\partial z}\right]$为 W 的梯度。如果参数为速度、浓度或温度,则分别称为速度梯度、浓度梯度或温度梯度。在向量微积分中,标量场的梯度是一个向量场。梯度一词有时也用于斜度(坡度),也就是一个曲面沿着给定方向的倾斜程度。可以通过取向量梯度和所研究的方向的点积来得到斜度。

【梯度复合材料】(gradient composite material) 采用材料复合技术使材料呈现梯度变化的新型材料。通过控制材料的组成、结构以减小和克服两种材料结合部位性能差异，使材料性能呈现梯度变化。如隔热性耐热材料，是在耐热金属表面涂覆一层耐高温陶瓷，在高温下由于二者热膨胀系数的差异很大而在界面处产生很大的热应力。该应力可能导致二者剥离。在二者之间通过连续控制内部组成和微细结构的变化，消除两者间界面，缓和热应力，使整体材料耐热性和力学性能均得到提高。梯度复合材料在核能、电子、光学、化学、电磁学、生物医学乃至日常生活领域，都有着广阔的应用前景。

【梯度功能材料】(functional gradient material) 通过连续改变两种不同功能材料的组织使其结合部位的界面消失而获得的其功能随组织变化而变化的非均质材料。研发此种材料的目的是减小结合部位的热应力。例如，金属和陶瓷制成的板块，从一面看是金属的，但从另一面看则是陶瓷的。从板块端面看，板块材料是从金属侧渐渐地、连续不断地过渡到陶瓷侧。结构不像金属和陶瓷贴合在一起的复合材料，而是一种全新结构的材料。这种材料具有绝缘与导电、绝热与导热等双重性能。航天飞机超音速燃烧冲压式发动机燃烧室壁接触数千摄氏度的高温气体。它一面使用的是耐热性优良的陶瓷，赋予材料耐热性能；而用液态金属或液态氢冷却的另一面则采用金属材料，赋予材料导热性和机械强度。梯度功能材料可用于核领域、生物领域、传感器领域、发动机中金属与陶瓷部件的连接及民用等方面。

【梯度流】(gradient current) 见地转流。

【梯恩梯当量】(TNT equivalent) 又称TNT当量。用释放相同能量的梯恩梯炸药的质量表示核爆炸释放能量的一种习惯计量。也可用于表示非核爆炸释放的能量。核弹爆炸释放的能量，即核弹威力大小，通常用“吨梯恩梯当量”作计量单位。1 000g梯恩梯炸药爆炸时释放的能量约为4.19MJ；1 000g^{235}U全部裂变时释放的能量约为81.9TJ，而1 000g^{239}Pu全部裂变时释放的能量约为83.3TJ，都接近20 000t梯恩梯当量；1 000g氚全部聚变时释放的能量约为239TJ，约60 000t梯恩梯当量。在美、俄两国的核武器库中，威力最小的核武器只有几十吨梯恩梯当量。如美国的特种核地雷，威力仅10t梯恩梯当量左右；威力最大的核武器是俄罗斯的SS－9及其后继型SS－18陆基洲际弹道导弹的核弹头，其威力高达2×10^7～2.5×10^7t梯恩梯当量。

【梯级水电站】(cascade hydropower station) 分布在一条河流的上下游有水流联系的水电站群。按其梯级类型的不同可分为：坝式水电站、引水式水电站和混合式水电站。各类水电站有各自的优缺点，组成梯级水电站后，则可取长补短，获得梯级效益，如提高资源的利用率、协调水资源综合利用之间的矛盾、缩短总体工期和减少总投资等。梯级衔接是梯级水电站布置中的一个重要问题，它关系到能否合理利用河流的水能资源，也关系到河流的通航能力。按其梯级衔接方式的不同可分为：(1)齐平衔接。下级水电站正常蓄水位与上级水电站尾水位齐平。(2)重叠衔接。下级水电站正常蓄水位高于上级水电站尾水位。采用这种衔接，上级水电站减少的水头，全部增加到下级水电站，并不损失可利用的水头。当上、下两级电站间有支流汇入，且下级水电站的库水位经常低于正常蓄水位时，采用重叠衔接比采用齐平衔接更能充分利用水能资源。(3)不衔接。下级水电站正常蓄水位低于上级水电的站尾水位，有一部分水头未被利用，降低河流水能资源的利用率。

梯级水电站

【梯田】(terrace field) 在丘陵山坡地上沿等高线方向，修筑的条状阶台式或波浪式断面的田地。是垦殖利用山坡地，促进农、林、牧、副业全面发展的合理方式。按梯田断面形式的不同，可分为阶台式与波浪式两类。中国、印度、日本以及东南亚等国的梯田绝大多数属于前者。即沿等高线修筑地坎，使相邻两坎间的田面变平或具有顺坡、反坡，分别称水平梯田、坡式梯田和反坡梯田。还有一种相邻两阶台之间隔一斜坡的梯田，称隔坡梯田。波浪式梯田又称软埝或宽埂梯田，在相邻两软埝之间仍保留原来坡面，主要盛行于美国。软埝的边坡和缓，形似波浪，便于机耕，适宜在缓坡地上修建。按地坎建筑材料的不同可分为：土坎梯田、石坎梯田、草坎梯田和土石混合坎梯田。按种植利用情况的不同可分为：水稻梯田、旱作梯田、造林梯田、果树梯田、茶园梯田、桑园梯田和橡胶梯田等。其作用是：减缓坡度和截短坡长，改变坡地的地形条件；减小水流流速，增加土壤水分的入渗，减少地表径流的形成与冲刷，防止水、土、肥的流失，为作物的生长创造必要的条件；适应机耕与灌溉要求，增产显著。

龙胜梯田

【梯田地坎造林】(afforestation on bank

of terrace field） 在梯田地坎上植树造林的方法。是应用林木固持梯田地坎并获得部分经济收益的造林方法。选择的树种或草种有板栗、核桃、花椒、柿子、枣、蒲葵、桑条、白蜡金银花、金针花、龙须草等。一般在地坎高度的1/2或2/3处，栽植或扦插1～2行灌木。灌木枝叶覆盖地坎，根系固结土体。栽植乔木或经济树木，实行林农、果农复合经营，提高单位面积土地的利用率和生产力。树木一般栽植在梯田外缘地坎上，株距5～6m；有的在地坎上栽植1～2行臭椿、泡桐、楸树等乔木树种，株距5～6m。因这些树发芽晚，枝粗叶大，根系深长，对梯田作物影响较小。在地坎上造林可以固持埂坎土体，不仅可防止其因雨水冲刷而崩塌破坏，而且还能利用部分土地，增加经济收益。

梯田地坎造林

【梯子间】（ladder compartment） 井筒内设有梯子用作上下通路的隔间。梯子间两平台之间的垂距不得大于8m，梯子斜度不得大于80°。除作为安全出口外，梯子间可用来检修井筒装备和处理卡罐事故。

【锑化铟晶体】（indium antimonide crystal） 由金属锑和金属铟在真空中经高温熔合而成的半导体材料。属面心立方结构。具有高电子迁移率和小的电子有效质量的特点。适合于制备光导型、光磁型和光伏型三种工作方式的探测器。光导型探测器可在室温和低温下工作；光磁型探测器可在室温下工作，而且响应速度快，不需偏置，而需要磁场，因此结构复杂，性能也较低；光伏型探测器在直流和零偏压条件下工作。它的探测率很高，响应时间很长。锑化铟晶体材料剩余杂质少，晶体完整性好，是制作波长为3～5μm的红外探测器的重要材料。可用于制作光伏型或光导型单元、多元及焦平面红外探测器以及磁敏器件。

【提纯复壮】（rejuvenation） 防止品种退化，提高品种质量，保持原品种各性状的一种农业措施。其方法是：(1)建立留种田制度，选种留种科学化。(2)采取三圃制或二圃制生产原种。这是复壮的主要方法。按照良种标准和选种要求，严格选择，加强培育，使其优良性状保持原有品种种性，克服遗传漂变、突变和自然选择等作用而导致退化现象。

【提花】（jacquard weaving） 在织物上织造各种花型图案的工艺技术。最复杂的织物组织，分为小提花和大提花。小提花花型图案较小，主要以三原组织为基础的变化组织，按不同方式联合而成，如平纹变化组织、斜纹变化组织、缎纹变化组织以及两种或两种以上三原组织的变化组织。在织物外观上形成具有一定几何图形的小花纹效应，如蜂巢组织、绉组织等。小提花织物一般在多臂织机上完成织造。大提花的花型图案极为复杂，如人物、花鸟和山水风景画等，需采用专门的提花机构，控制每一根经纱的起落，形成梭口，完成与纬纱的交织。在老式提花织机上装有提花龙头，通过纹板上的小孔来控制单根经纱的升降。新式的电子提花机构，是由计算机控制经纱的开口，可以织造非常复杂的花型图案。提花织物主要用于服装、沙发布、窗帘、床罩、被面、毛毯、桌布和餐巾等。

提花

【提拉法】（czochralski method） 又称丘克拉斯基法。由波兰化学家丘克拉斯基发明的从熔体中生长高质量单晶的方法。将构成反应物放在坩埚中加热熔融，将一粒固定在拉杆上的籽晶与熔体表面接触，拉杆在旋转中缓慢向上提拉，使籽晶和熔体的交界面上不断进行原子或分子的重新排列，随降温逐渐凝固而生长出单晶体。通过调节拉杆的提拉速度和旋转速度来控制晶体生长的快慢和质量。其优点是：晶体生长速度较快、位错密度低、光学均一性高，且在晶体生长过程中可以直接进行测试与观察，有利于控制生长条件。其缺点是：坩埚材料、熔体的液流作用、传动装置的振动和温度的波动都会对晶体的质量产生影响。可用此法生长许多重要晶体，如红宝石、蓝宝石、钇铝榴石、钆镓榴石、变石和尖晶石等。

【体尺】（body measurement） 用测量工具在家畜体表测得不同部位的数值。如体高、荐高、体长、头长等。体尺的种类很多，可根据各种不同的目的或用途选用。为了观察和检查家畜的生长发育，可测5～8种体尺；专门研究某一品种的特征时，所测体尺数目还要多；估计家畜的体重，可通过测量体长和胸围推算。

【体腔动物】（body cavity animal） 又称真体腔动物。体壁与消化道之间具有由中胚层包围而成的体腔的动物。在多细胞动物胚胎发育过程中，中胚层及体腔形成的方式主要有:(1)裂体腔法。在原口的两侧,内、外胚层交界处各有一个细胞分裂成很多细胞,形成索状伸入到内外胚层之间,称中胚层细胞。在中胚层之间形成的空腔即为体腔。(2)肠体腔法。内胚层(即原肠壁)两侧的细胞向外突出,形成了成对的腔肠囊。该囊和内胚层脱离后,在内外胚层之间发展为中胚层。由中胚层所包围的腔就是体腔。体腔的产生对消化、循环、排泄、生殖及器官的进一步复杂化都有重大意义,被认为是高等动物的重要标志之一。

【体外受精】(invitro fertilization) 哺乳动物的精子和卵子在体外人工控制的环境中完成受精的过程。与胚胎移植技术密不可分。在生物学中,把体外受精胚胎移植到母体后获得的动物称试管动物。体外受精已成为哺乳动物胚胎移植、克隆、转基因和性别控制等现代生物技术不可缺少的组成部分。对动物生殖机理研究、畜牧生产、医学和濒危野生动物保护等具有重要意义。

【体外循环】(extracorporeal circulation, ECC) 又称心肺转流术。将人体静脉血上、下腔静脉引出体外,经人工肺氧合并排出二氧化碳,再将氧合后的血液经人工心脏泵入体内动脉的系统循环方式。ECC不仅维持心脏以外其他重要脏器的血液供应,而且保证了手术野安静、清晰,和心脏大血管手术的安全实施。其基本装置包括:血泵、氧合器、变温器、微栓过滤器和附属装置五部分。

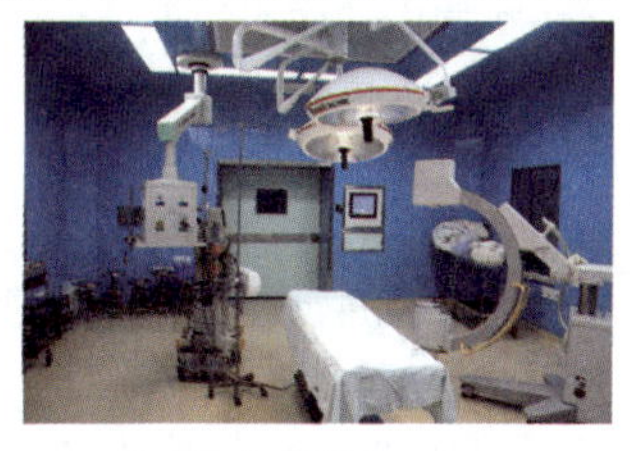

体外循环机

【体外预应力结构】(prestressed structure) 对布置于承载结构主跨本体之外的钢索施加应力所形成的预应力结构体系。后张预应力结构体系的重要分支之一,与传统的预应力筋布置于混凝土截面内的内预应力结构相对应。优点是:(1)由于预应力筋布置在构件截面以外,预应力筋套管的布置、调整容易并简化了后张法操作,从而大大缩短了施工时间。(2)除端部锚固区和转向块外,力筋与结构无接触,减少了预应力摩擦损失,当混凝土受拉出现裂缝时也不会影响预应力筋的防护。(3)体外预应力筋的预应力对混凝土构件而言可以明确为外部作用,构件内部不考虑力筋布设,设计、计算、构造和施工可按普通混凝土构件要求进行,从而有效减小截面尺寸,并保证混凝土部分施工质量。(4)由于预应力筋设在混凝土截面外,施工阶段的灌浆和修补均容易进行,结构服役期内便于检查灌浆质量和预应力筋锈蚀状况。易于割断更换。但体外预应力筋无混凝土保护易遭火灾,转向和锚固装置因承受巨大的纵、横向力而特别笨重。

【体微机械加工】(micromachining) 对硅衬底的某些部位用腐蚀技术有选择地除去一部分以形成微结构的加工技术。常用的有湿法腐蚀和干法腐蚀两种类型。湿法腐蚀是应用化学腐蚀的方法对硅片进行加工的技术,一般用各向同性化学腐蚀、异性化学腐蚀和电化学腐蚀。干法腐蚀是另一种体微机械加工技术,是利用粒子轰击对材料的某些部位进行选择性地腐蚀的方法,即采用等离子体腐蚀、离子束和溅射腐蚀、反应离子束腐蚀等工艺来腐蚀多晶硅膜、氧化硅膜、氮化硅膜以形成微机械结构。随着干法腐蚀技术的发展,IT行业已形成以干法为主,干、湿法结合的刻蚀工艺。

【体位性低血压】(orthostatic hypotension) 又称直立性低血压。从卧位到立位,体位变换后,收缩压降低2.6kPa(20mmHg)和(或)舒张压降低1.3kPa(10mmHg)而引起的脑部一过性缺血现象。身体直立时血液大量流向下肢,使心输出量减少25%,心搏出量减少40%,心率代偿性增加25%。血液的10%~15%流向下肢,主要进入肌肉和肌间静脉系统,使静脉压增加1.2kPa。下肢细胞外间隙的血浆容量增加更加重了体液分配的作用。即使如此正常人血压不变或略有升高。但是如果因血压调节机制中任何一处出现问题时,都会出现直立时血压不同的反应。其发生机制有很多方面:血液大量由肺转向下肢是原始的诱因;交感肾上腺系统障碍;长期卧床心血管功能减低等。按其预后的不同可分为两种类型:一种是因长期卧床导致的心血管系统废用所致的体位性低血压。这种情况可给予反复适应性的训练,在短时间内可以从根本上改善。另一种是因各种疾病所致的不可逆的自主神经损伤引起的体位性低血压。这种情况单纯反复的适应性训练是不能从根本上改善的,通常要给予代偿性的措施。如应用腹带、双下肢的弹力袜以阻止血液在双下肢的过多的聚集。通常需要一段时间的康复治疗,机体才会有一定的适应性的改变。

【体位引流】(postural drainage) 将患者置于特殊的体位,借重力使肺部及深部支气管的痰液引流至较大的支气管而咳出痰液的方法。其目的主要是促进脓痰的排出,使病肺处于高位,其引流支气管的开口向下,促使痰液借重力作用,顺体位引流气管咳出,有助于痰液的引流。根据病变部位采取不同姿势作体位引流。如病变在下叶、舌叶、或中叶者，取头低足高略向健侧卧位；如位于上叶，则采取坐位或其他适当姿势，以利引流。适用于分泌物或细胞滞留引起的大块性肺不张，肺结构异常而引起分泌物聚集，长期无法排除（如支气管扩张，囊性肺纤维化或肺脓肿）；由于用力呼气受限（如 COPD、肺纤维化）而无力排出分泌物的患者；急性感染时；咳嗽无力（如老年或恶病质患者、神经肌肉疾病、术后或创伤性疼痛、或气管切开术患者）；支气管碘油造影检查前后。

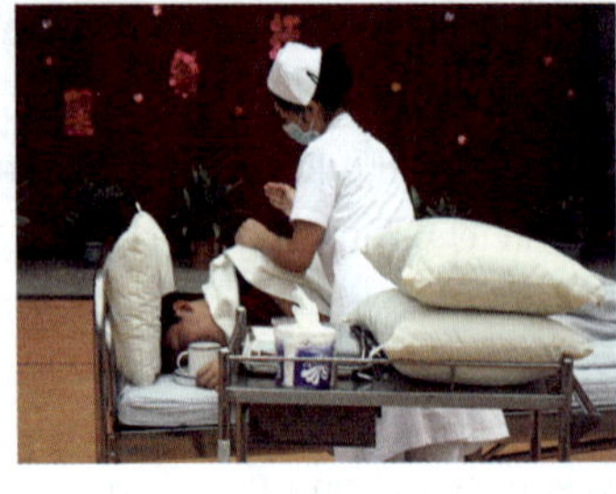

体位引流

【体温过低】（hypothermia） 体温低于正常范围。若体温低于35℃称为体温不升。其临床表现是：发抖，皮肤苍白冰冷，血压降低，呼吸及心跳减慢，躁动不安，嗜睡意识障碍，甚至昏迷等。引起体温过低的原因有散热过多：如长时间暴露在低温环境中；产热减少：如重度营养不良、极度衰竭等；体温调节中枢受损，如颅脑外伤、药物中毒等。常见于早产儿及全身衰竭的危重病人。

【体温过高】（hyperthermia） 又称发热。由多种原因引起产热过多、散热减少、体温调节障碍、致热原作用于体温调节中枢使调定点上移而引起的体温升高，并超过正常范围。正常人的体温相对稳定，但可随昼夜、年龄、性别、活动、药物等出现生理性变化。其变化范围一般不超过0.5～1.0℃。当腋下温度超过37℃或口腔温度超过37.5℃，一昼夜体温波动在1℃以上时，可称为体温过高。其临床表现是：畏寒、全身不适、乏力、四肢关节酸痛等。引起体温过高的原因甚多。按致热源的性质和来源的不同可分为：感染性发热和非感染性发热两大类。发热程度以口腔温度为标准可划分为：低热37.3～38℃、中度热38.1～39℃、高热39.1～41℃、超高热41℃以上。按体温曲线形态的不同可分：为稽留热、弛张热、间歇热、不规则热等热型。发热不是独立的疾病，而是疾病的信号和重要的临床表现，对机体防御功能的影响是利弊共存。

【体细胞】（somatic cell） 生物体中除了生殖细胞（精子、卵子）以外的所有活细胞。最初从受精卵分裂得到，是一个相对于生殖细胞的概念。其遗传信息不会像生殖细胞那样遗传给下一代，遗传信息的改变不会对下一代产生影响。体细胞可在基因治疗中发挥作用，如体细胞治肝技术，不仅在杀灭乙肝病毒上显现出威力，而且对阻止和逆转早期肝硬化方面也显现出优势，确保患者的生命不再受到威胁。

【体细胞杂交】（somatic mutation） 体外二倍体细胞或原生质体融合的过程。按杂交材料的不同可分为：(1)大多数体细胞杂交。采用人的细胞与小鼠、大鼠或仓鼠的体细胞进行杂交。新产生的融合细胞称为杂种细胞。它含有双亲不同的染色体。其特点是：在繁殖传代过程中只保留啮齿类一方染色体而人类染色体则逐渐丢失，最后只剩一条或几条，因此该杂种细胞是进行基因连锁分析和基因定位的有用材料。(2)植物体细胞杂交。又称原生质体融合。将植物不同种、属，甚至科间的原生质体通过人工方法诱导融合，然后进行离体培养，使其再生杂种植株的技术。植物细胞具有细胞壁，未脱壁的两个细胞很难融合。植物细胞只有在脱去细胞壁成为原生质体后才能融合，所以植物的细胞融合又称原生质体融合。

【体液免疫】（humoral immunity） 以B细胞产生抗体来达到保护目的的免疫机制。属后天的免疫机制。其作用机制是：当抗原（病菌或病毒）第一次感染人体时，会被先天免疫的细胞所吞噬，而其中一部分特称抗原呈递细胞（APC），除了能吞噬、分解抗原外，还能将分解后的碎片呈现给B细胞，使之活化、分裂，并经选择筛选出对抗原最具亲和力的抗体（IgM）。活化的B细胞经一段时间（通常大于4周）后会把所分泌的抗体由IgM转变为IgG。IgG在人体的寿命远较IgM长，约6个月。经受第一次刺激的B细胞在4周后变为记忆B细胞。后者能在第二次受感染时，于短时间内产生更多的抗体，并能对特定抗原的感染有终身的保护作用。

【体液调节】（humoral regulation） 机体内细胞产生的特殊化学物质通过体液的传送，对人和动物体的生理活动进行的调节。特殊化学物质包括激素、二氧化碳等；体液包括血浆、组织液、淋巴等。体液调节可分为全身性体液调节和局部性体液调节。它与神经调节的区别是：神经调节比较迅速而精确，而体液调节比较缓慢、持久而弥散，两者相互配合可使生理功能调节更趋于完善。体液调节主要是激素调节。许多内分泌细胞所分泌的各种激素，就是借体液循环的通路，对机体的功能进行调节。例如，胰岛β细胞分泌的胰岛素能调节组织、细胞的糖与脂肪的新陈代谢，有降低血糖的作用。体内血糖浓度之所以能保持相对稳定，主要依靠体液调节。

【体育建筑】（sports building） 供体育教育、竞技运动、身体锻炼和体育娱乐等活动用的建筑。

包括建筑物和场地设施。它起源于古希腊，那里有建筑史上占居重要地位的奥林匹亚城体育建筑群。公元前776年开始，每4年在此举行一次奥林匹克运动会。欧洲中世纪体育运动衰落。直至19世纪初，随着体育运动的复兴，体育建筑重新发展起来。1811年在柏林建成世界上第一座现代化体育馆。1896年，现代第1届奥林匹克运动会在雅典重建的体育场举行。场地为狭长形，可容观众7万人。此后历届奥运会的承办国都新建或改建了一批体育设施。在城市建设总体规则中，体育建筑应布点均衡，位置适中，交通方便，并尽量与公园绿地相结合，美化城镇。选地应充分利用自然地形，利用原有市政设施。总体布局有集中式和分散式两种形式。为大、中、小学校的体育教育和城镇居民身体锻炼服务的体育建筑，以分散布局为主；供比赛用的大型体育场、体育馆，则须既有集中的，也有分散的。历届奥运会体育建筑布局，多采用集中式，如德国慕尼黑、加拿大蒙特利尔的等城市的体育建筑。这种布局便于使用和管理，并能形成一组独具特色的建筑群。但在举行盛大的运动会时，城市交通组织比较困难，群众平时使用不便，利用率低。一般由比赛场地、运动员用房（休息、更衣、浴室、厕所等）和管理用房（办公、器材、设备等）三部分组成。供竞技用的体育建筑还有观众座席和裁判、贵宾座席以及休息用房。其中场地设施是最基本的内容。随着体育项目的增加，体育建筑类型也日益增多。规模一般按观众席数量划分，中国将多于25 000席位的划为大型，少于5 000席位的为小型，介于两者之间为中型。

河南省体育中心

【体育用纺织品】（sports textile） 应用于田径、体操、球类、野营、攀岩等方面的运动服、体育器材和各种竞技设施的纺织材料及其制品。在体育用品中使用的纺织材料种类很多，经历了天然纤维、化学纤维与高性能纤维及其制品几个阶段。运动装不但要求具有动人的外观，而且具有隔热性、防水透气性、拒水性、吸湿性、吸汗性、速干性、防紫外线性、抗菌去臭性及拉伸特性等特点。近年来除采用功能性纤维外，纺织复合材料制作体育器材，还将机织物、针织物、非织造物通过涂层、黏合、浸渍、薄膜层压、针刺复合等工艺方法制成柔性及刚性复合材料，赋予体育纺织品独特的功能和综合性能。体育设施用纺织品包括人工草坪、运动场地土工布、运动场地覆盖材料、降落伞、滑翔伞和热气球等。

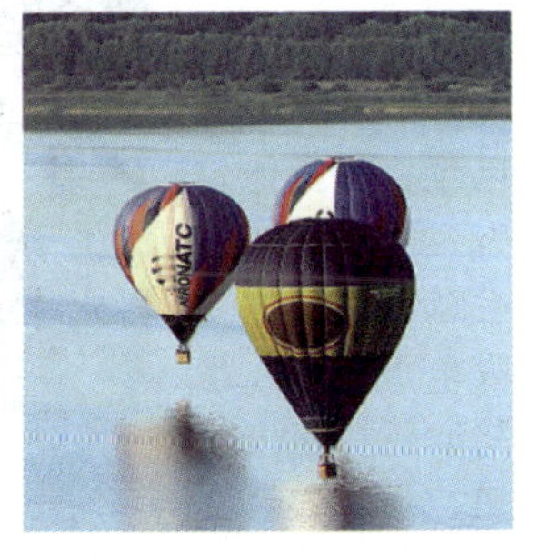

热气球

【体质学说】（body theory） 用现代实验手段研究不同人群生物学基础体质的学说。体质是人的有机体在遗传变异和后天获得性的基础上所表现出来的功能和形态上相对稳定的特征。体质可以反映人体的生命活动、运动能力的水平。在20世纪80年代中期以后，开始注意用实验手段来探寻不同体质人群的生物学基础，为促进人体健康提供理论依据。

【体重指数】（body mass index，BMI） 又称身体质量指数、体质指数。用体重（Kg）除以身高（m^2）得出的数字。其公式是：体质指数（BMI）= 体重（kg）/身高^2（m^2）的平方。是目前国际上常用的衡量人体胖瘦程度以及是否健康的一个标准。适用于2～20岁的人。其过重及过轻指标，并非由一个固定的BMI值决定。这是因为不同地区的儿童有不同的成长速度，若使用一个固定数值，容易做成错误判断。主要用于统计用途。当我们需要比较及分析一个人的体重对于不同高度的人所带来的健康影响时，BMI是一个中立而可靠的指标。成人的BMI数值：男性低于20，女性低于19为过轻；男性20～25，女性19～24为适中；男性25～30，女性24～29为过重；男性30～35，女性29～34为肥胖；男性高于35，女性高于34为非常肥胖。最理想的体重指数是22。由于存在误差，所以BMI只能作为评估个人体重和健康状况的多项标准之一。由于BMI没有把一个人的脂肪比例计算在内，所以一个BMI指数超重的人，实际上可能并非肥胖。

【替代定理】（substitution theorem） 用独立电源替代电路中某个二端元件的定理。当一个二端元件和一个有源网络相连时，在确定的工作状态下，可以用一个独立电压源或独立电流源来代替这个二端元件，而不影响有源网络中的电压和电流。此独立电压源或电流源的数值和方向与这二端元件上的电压和电流的数值和方向分别相同。替代定理不仅限于用电压源或电流源替代二端元件，也可推广用于替代二端网络，其端口电压、电流可以是任一时间函数。利用替代定理可以简化网络，可以给网络的分析和计算带来方便。在应用替代定理时，要求替代后的电路有唯一解，以及原网络中两侧网络之间无控制关系。

【替代医学】(alternative medicine)　医学的一个分支。各种新的不同于传统西医的医学观念和治疗方法的学科。提倡注重饮食、呼吸、情绪、排便和运动在健康中的作用,讲究个体化和针对现代医学的标准化。如许多药物在使用方面有严格的量的要求,传统西医是根据临床病例运用统计方法得出药物使用标准,而替代医学则根据个人的具体素质给药。因此要求医务人员有较高的素质。

【替牙期】(dentition period)　又称为混合牙列期。儿童在6岁前后,恒牙开始萌出,乳牙依次替换,到12周岁左右,乳牙替换完毕的一个阶段。这一阶段,儿童的口腔内即有乳牙又有恒牙。是儿童颌骨和牙弓主要的发育成长期,也是建立恒牙殆建立的关键时期。预防错殆畸形,早期矫治、诱导建立正常咬合关系是该期的重要任务之一。因在该期,恒牙已经开始萌出,也是恒牙开始患龋的时期,应早期防治。

【天安门】(Tian An Gate)　坐落在中华人民共和国首都北京的市中心,故宫的南侧,与天安门广场隔长安街相望,是明、清两代皇城的大门。始建于明永乐十五年(1417年),称"承天门"。清顺治八年(1651年)重修,改称"天安门"。红色城墙上升有五个拱门洞,城上有九开间的重檐歇山城楼,红柱黄瓦,巍峨壮丽。前后各有华表一对。门前有金水河,跨桥有汉白玉桥五座。桥前为天安门广场。天安门城楼为全国重点文物保护单位。1949年10月1日,中华人民共和国在这里举行了开国大典。它由此成为现代中国的象征。天安门以其500多年厚重的历史内涵,高度浓缩的中华古代文明和现代文明,新中国的象征和无与伦比的政治瞩目和神往,是中国各族人民向往的地方。它记录了中华民族不惧流血和牺牲,争取独立自由的勇气和坚强;写下了新中国诞生的光辉一页和中华民族走向强盛的壮丽诗篇。

天安门

【天保工程】(tianbao project)　中国实施的天然林资源保护工程。中国政府因应生态环境变化,为促进和优化生态平衡、提高国家减灾防灾能力而实施的一项历史性生态保护工程。1998年中国长江中下游发生特大洪水灾害后,针对天然林资源长期过度砍伐和消耗引起的生态环境恶化、水土流失严重的客观现状,中国政府决定由中央财政支持实施全国性的天然林保护工程。其主要内容有:实施对天然林的全面禁伐措施;大幅减少商品木材的产量;有计划地分流和安置各大林区原来以砍伐为主的林业工人;大面积实施退耕还林、退牧还草政策;对区内坡度25°以上的山地全面封山育林;对一些林区居民实行移民搬迁。工程实施范围为长江流域以三峡库区为界的上游地区,包括云南、四川、重庆、贵州、湖北和西藏等6省、市、区的相关区域;黄河流域以小浪底库区为界的上游地区,包括山西、河南、陕西、甘肃、宁夏、青海和内蒙古等7省区的相关区域;还包括中国东北的吉林、黑龙江、内蒙古的兴安岭林区及新疆和海南岛林区,共涉及17个省、区、市的734个县和163个森林工业局,总面积达$6.82 \times 10^7 hm^2$。天保工程实施后,中国天然林面积得到全面恢复,生态效益、社会效益和经济效益十分明显,长江和黄河中上游的水土流失得到一定缓解。从长远看,天保工程的持续实施不仅对中国,而且对东亚和南亚,甚至对全世界都是一项有利于生态环境良性循环的伟大工程。

天保工程

【天秤座】(Libra)　黄道十二星座之一。位于室女座与天蝎座之间。中心位置:赤经15时10分,赤纬-15°。面积约538平方度。座内有亮于四等的星7颗。每年夏季黄昏,中国全境都能看到。

【天赤道】(celestial equator)　天球上的一个大圆。地球的赤道平面与天球相割而成,是天球赤道坐标系的基圆。

【天敌昆虫】(insect natural enemy)　一类寄生或捕食其他昆虫的昆虫。分为捕食性天敌昆虫和寄生性天敌昆虫。捕食性天敌昆虫包括鞘翅目、脉翅目、膜翅目、双翅目、半翅目、蜻蜓目中的捕食性昆虫。其虫体较寄主(猎物)大,吞噬猎物肉体或吸取其体液,猎物被破坏速度较快。典型的捕食性昆虫常需取食多只害虫才能完成个体发育(例如一只瓢虫可取食几百只蚜虫),幼虫和成虫常常同为捕食性,甚至捕食同一猎物。寄生性天敌昆虫包括膜

七星瓢虫

翅目和双翅目中的寄生性昆虫。寄生性昆虫几乎都是以其幼体寄生,并且只需一只寄主就可完成个体发育,寄主被破坏一般较慢。寄主昆虫成虫在大多数情况下自由生活,以花蜜、蜜露,有时以寄主昆虫体液的食料为食。天敌昆虫的主要来源途径是:自然天敌的保护利用、人工大量繁殖释放和国外引进或国内移植。

【天地一体化故障诊断系统】(integrated earth fault diagnosis system) 载人航天器上的故障诊断小型系统与地面故障诊断系统组成的一体化闭环回路故障诊断系统。地面故障诊断系统对载人航天器在轨飞行判断有着重要作用,但对一些发生在非测控时段的突发性故障来说,它在时效性等方面仍会显得力不从心。为了解决这个问题，可在载人航天器上建立一个小型故障诊断系统，以实现在轨运行故障检测、故障诊断、故障定位、故障隔离、故障恢复等。载人航天器上的故障诊断小型系统与地面故障诊断系统组成天地一体化闭环回路,二者相互支持,优势互补，形成一个完整的故障诊断系统。随着载人航天器的发展急技术复杂性与飞行任务多样性的提升，天地一体化故障诊断系统越来越受到人们重视。

【天鹅绒针织物】(velours knitting) 由酷似鹅毛细密直立的纤维或纱形成绒面覆盖的纬编针织物。绒毛高度为1.5~5cm，手感柔软。是由毛圈针织物经割圈或由带纱圈的衬垫针织物经割圈而成。其产品由地纱和绒纱组成。地纱的弹性有利于固定绒毛,防止脱落。绒纱一般采用棉纱,涤棉混纺纱或其他短纤维纱。衬垫组织使用的绒纱一般粗于地纱。该产品用于外衣、童装和装饰织物等。

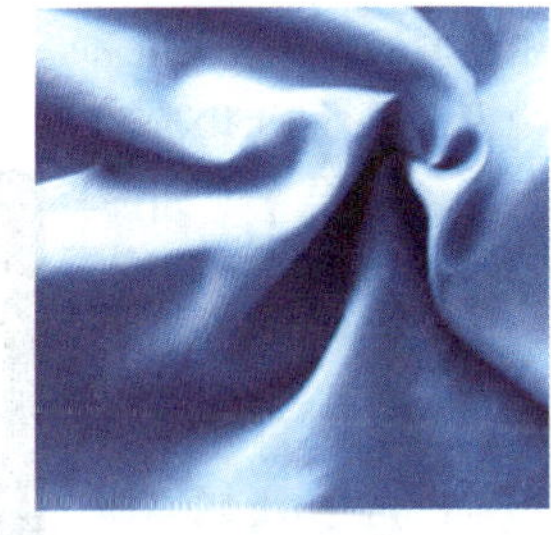
天鹅绒针织物

【天鹅绒纸】(velvet paper) 见植绒纸。

【天鹅座】(Cygnus) 北天主要星座之一。位于银河之中。中心位置:赤经 20 时 30 分,赤纬 +44°。面积约 804 平方度。座内有亮于四等的星 22 颗,其中 α 星、β 星等五颗星形成十字形(称为“北十字”),位于银河上。在北半球夏季黄昏,出现在纬度天顶附近。

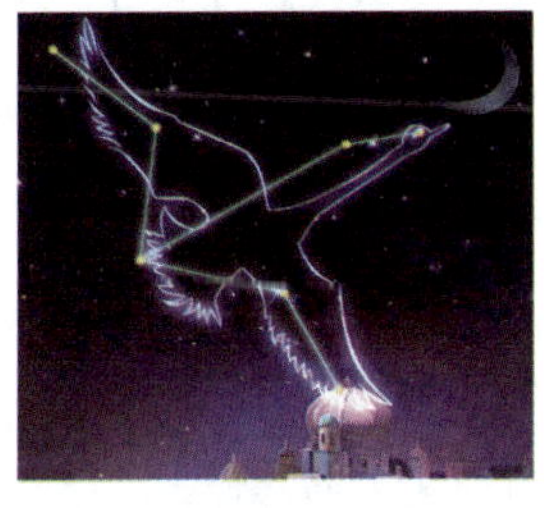
天鹅座

【天癸】(tiangui /heavenly tenth) 又称元阴、元气。中医术语。促进人体生长和生殖机能发育所必需的精气。男子二八(16 岁)、女子二七(14 岁)天癸至,肾气旺盛,始有精液和月经的发育。它与肾气盛衰有关,来源于男女之肾精,受后天水谷精微的滋养而逐渐充盛。

【天河一号超级计算机】 (Tianhe no. 1 super computer)由中国国防科技大学研制的峰值运算速度为 4 700 万亿次的超级计算机。采用了"多阵列可配制协同并列体系结构"等 7 项关键创新技术。其综合技术水平位居世界前列。北京时间 2010 年 11 月 17 日,国际超级计算机 TOP500 组织正式发布第 36 届世界超级计算机 500 强排名榜,安装在国际超级计算天津中心的"天河一号"超级计算机系统,以其峰值速度 4 700万亿次每秒,持续速度 2 566 万亿次每秒浮点运算的优异性能位居世界第一,成为全球最快计算机。做个换算比;"天河一号"运算 1 小时,就相当于全国 13 亿人同时计算 340 年以上的时间。"天河一号"运算 1 天,就相当于 1 台双核的高档桌面电脑运算 620 年以上的时间。作为"国家超级计算天津中心"的业务主机的"天河一号",已在石油勘探、高端装备制造、生物制药、天气预报、地震预报、动漫设计等方面获得成功应用。

天河一号超级计算机

【天花】(smallpox) 由天花病毒引起的一种烈性传染病。是到目前为止在世界范围被人类消灭的第一个传染病。患者在痊愈后脸上会留有麻子,“天花”由此得名。天花病毒外观呈砖形,约 200nm × 300nm。抵抗力较强,能对抗干燥和低温。在痂皮、尘土和被服上,可生存数月至一年半之久。病毒繁殖快,能在空气中以惊人的速度传播。没有患过天花或没有接种过天花疫苗的人,不分男女老幼包括新生儿在内,均能感染天花。主要通过飞沫吸入或直接接触而传染。当人感染了天花病毒以后,大约有 10 天左右潜伏期。潜伏期过后,病人发病很急。多以头痛、背痛、发冷或寒战、高热等症状开始,体温可高达 41℃以上;伴有恶心、呕吐、便秘、失眠等。小儿常有呕吐和惊厥。发病 3~5 天后,病人的额部、面颊、腕、臂、躯干和下肢出现皮疹。开始为红色斑疹,后变为丘疹,2~3 天后丘疹变为疱疹,以后疱疹转为脓疱疹。脓疱疹形成后 2~3 天,逐渐干缩结成厚痂,大约

1个月后痂皮开始脱落,遗留下疤痕,俗称“麻斑”。重型天花病人常伴并发症,如败血症、骨髓炎、脑炎、脑膜炎、肺炎、支气管炎、中耳炎、喉炎、失明以及流产等,是天花致人死亡的主要原因。

【天基观测系统】(space-based observation system) 以高、低轨道卫星作为观测平台对地球大气圈、水圈、生物圈、冰冻(雪)圈和岩石圈等五大圈层进行监测的观测系统。卫星携带有传感器如可见光、红外扫描辐射计、中分辨率成像光谱仪、合成孔径雷达和多通道扫描微波辐射计等。可对大范围自然灾害和生态、环境变化、全球气候变化等进行适时的监测。天基气象观测是气象观测的最重要的组成部分。中国天基观测系统包括:建立以极轨、静止两个系列气象卫星和气象小卫星为主的综合对地观测系统,实现对地球进行全天候、多光谱和三维的定量探测;在“风云一号”极轨气象卫星基础上,发展中国第二代极轨气象卫星“风云三号”,建立由上午和下午两个轨道系统组成的极轨卫星星座,探索低倾角轨道卫星探测技术;在发展“风云二号”02批静止气象卫星的同时,发展第二代静止气象卫星“风云四号”,建立“风云四号”光学星系列和微波星系列;发展气象小卫星,使之成为大卫星的有效补充;不断提高卫星的使用寿命和可靠性,拓展卫星监测领域,提高卫星遥感应用水平和卫星资料的获取与共享能力,推进卫星遥感业务工作。

【天忌】(time contraindicating therapy) 中医术语。人生活在自然界中对日月天时应当“避忌”的时间。如年有“年衰”,月有“月空”之类。在治病过程中应注意天气对身体的影响。《素问·八正明神论篇》中有“以身之虚,而逢天之虚,两虚相感,其气至骨,入则伤五脏,工候救之,弗能伤也,故曰天忌不可不知也。”这是古代医学家根据天时气候和日月星辰的变化影响人体气血的变化总结出的针刺宜忌。如天寒天阴,卫气内沉,不要针刺;月黑无光,人的肌肉减弱,经络空虚,卫气虚弱,不应该针刺。针灸时要避免八方的虚邪贼风的侵袭,以免伤体。

【天津四】(Deneb) 天鹅座α星。是全天最亮的21颗恒星之一。是一颗变星。视星等为1.25,距太阳系距离约1 740光年。天津四在天球上的具体位置约为赤经20时40分,赤纬+46°。属中国古代二十八宿中的女宿。

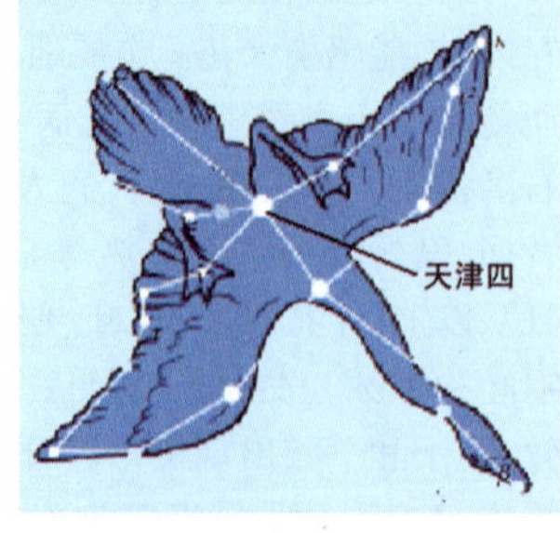

天津四

【天坑】 又称旋窟窿。具有巨大容积,四周为陡峭而封闭的岩壁围成,上无顶盖呈井状或桶状的喀斯特负地形地貌景观。规模较大的喀斯特漏斗地貌形态。“天坑”一词于2001年中国重庆奉节县小寨天坑科学探险考察时广泛见诸媒体,2005年汉语拼音“tiankeng”一词被国际喀斯特学术界认可。天坑的形成一是在温暖而充足的雨水和地表径流直接作用于石灰岩体表面,通过天长日久的水解溶蚀,使坚硬的岩石(碳酸钙)形成可溶于水的碳酸氢钙而流失并终成规模;另一种可能就是碳酸钙岩体内部由同样的水化学过程形成穹窿状溶洞,当溶洞顶盖被溶蚀到不能承受自身的重量时发生顶盖坍塌而形成天坑。天坑内均有暗河发育。中国是天坑发育比较多的国家,多分布在广西、云南、贵州、重庆和四川等省区市。重庆小寨天坑深666.2m,坑口直径622m,是目前在中国发现的最深的天坑。在广西乐业县,发育有规模宏大、数量密集的天坑群。乐业天坑群由20多个天坑组成,占地20多平方千米,最大的大石围天坑深达613m,坑口东西长600m,南北宽420m,坑底生长有茂密的原始森林。天坑和一般喀斯特漏斗地貌如何在规模上进行量的区隔有待专家进一步论证和界定。

天坑

【天狼星】(Sirius) 又称犬星。大犬座α星。为全天最亮的恒星。目视星等为-1.46,距太阳系距离约8.65光年。在天球上的具体位置约为赤经6时40分,赤纬-15°。属中国古代二十八宿中的牛宿。

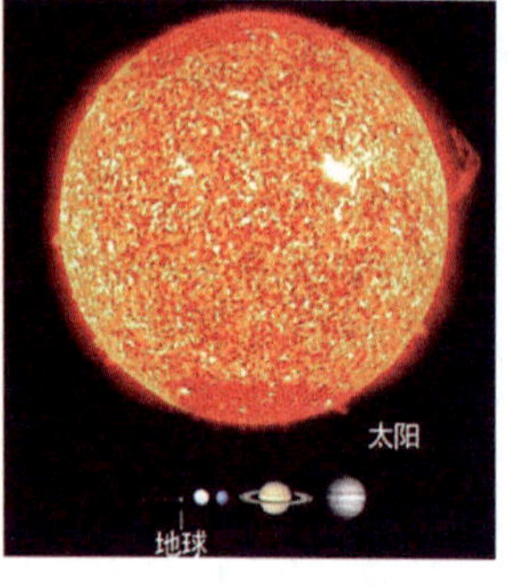

天狼星

【天疱疮】(pemphigus) 一种严重的以皮肤黏膜上出现不易愈合的大疱性损害为特征的慢性自身免疫性疾病。按其皮肤损害特点的不同可以分为:寻常型、增殖型、落叶型和红斑型。其中口腔黏膜损害以寻常型天疱疮最为多见,且最早出现,对早期诊断具有重要的意义。发病率一般约为每年20万分之一。可发生于任何年龄、种族和民族。犹太人群发病率明显升高。临床上最多见于40~60岁人群,少年儿童少见。无性别差异或女性较男性稍多。其临床表现是:患者口腔或(和)皮肤尼氏征阳性或者揭皮试验阳性,同时伴随有局部疼痛、瘙痒、糜烂等症状。病程中可出现发热、无力等全身症状。随着病情的加重,体温逐渐升高,并不断出现新的水疱。由于大量失水、电解质和蛋白质消耗,可出现恶病质,并伴发感染。通过临床表现、细胞学、活体组织检查或者免疫学检查可辅助诊断。其治疗是一个长期的过程。由于患者的病情、机体状况、对皮质类固醇的敏感性存在差异,因此应力求个体化治疗方案的原则。在临床上,可以采用支持疗法、肾上腺皮质激素、免疫抑制疗法,以及血浆置换疗法等进行治疗,但其缓解的比例尚不清楚。多数患者获得完全且长期的病情缓解是可能的,部分患者可以安全地停止系统治疗而不引起复发。

【天气】(weather) 一定区域短时段内的大气状态(如干湿、晴阴、风雨和冷暖等)及其变化的总称。包括大气中各种气象要素(如气温、气压、湿度、风、云雾、降水和能见度等)的空间分布及其伴随现象的综合状况;各种气象要素随时间的变化;影响人类日常生活、生产的大气现象和状态,如阴、晴、冷、暖、干和湿等。

【天气分析】(weather analysis) 依据各种天气资料和天气图表,运用气象学和天气学的原理和知识,分析研究各种气象要素和天气系统演变的过程。是进行天气预报的基本依据。其基本内容有:分析技术、通过分析获得的天气系统结构和关于天气过程发展的结论。结论包括地面天气图分析、等压面图分析、温度场分析和天气现象分析。只有经过正确的天气分析,才能够做出准确的天气预报。

【天气过程】(weather process) 某种重要天气及其相应天气系统的发生、发展和消亡的全部演变过程。如寒潮天气过程、梅雨天气过程、暴雨天气过程和大风天气过程等。了解各种重要天气过程的发展规律,揭示其发展的物理机制,是天气学研究的重要内容,对于做好天气预报有重要意义。与天气系统相一致,天气过程具有不同的空间尺度和时间尺度。尺度较大的天气过程是较小的天气过程的背景,制约着尺度较小的天气过程的发展。尺度较小的天气过程也可对尺度较大的天气过程产生反馈作用。

【天气警报】(weather warning) 对灾害性或者可能对生命有威胁的天气状况所公开提供的一种高等级警告信息。常以警报的形式发布。其内容主要指将要发生的危险天气、灾害性天气和其他重要天气的性质、强度、出现和持续时间、影响地区等,以备受影响地区采取预防措施,规避灾害性天气带来的危险。

【天气图】(weather chart) 反映一定时刻、一定地区天气实况或天气形势的专用图。如地面天气图、高空天气图、雨量图等。其中高空天气图又有850hPa、700hPa、500hPa、300hPa、200hPa、100hPa的不同高度的等压面天气图。它是把同一时刻各地气象站观测到的天气实况以相应的数字或符号填写在天气图底图上,并描绘出等值线、定出天气系统、标出降水、大风等天气区而形成。是综合分析、预测未来天气形势和天气变化的主要工具。

【天气系统】(weather system) 大气中引起天气变化的各种参数的系统。一般多指温度、气压和风等大气要素的空间分布而划分的具有典型特征的大气运动系统,如大气长波、气旋、反气旋、锋面、高压脊、低压槽以及台风、龙卷风等。各种天气系统都有一定的空间范围,一定的产生、发展和消亡的过程以及伴随系统各阶段出现的天气现象。根据水平尺度的大小和生命史的长短,可以对天气系统进一步分类。

暖湿气流

【天气现象】(weather phenomenon) 在测站上和视区内出现的能够观测到的天气特征。如降水现象、水汽凝结物(云除外)现象、冻结物、大气尘粒现象、光、电的现象及一些风的特征。具体表现为雨、毛毛雨、雪、冰雹、冰粒、冰针、霰、烟、浮尘、霾、吹雪、沙尘暴、雪暴、极光、龙卷和大风等。

雪

【天气形势】(weather situation) 大气中高、低空环流状况和高、低压及锋面等天气系统的分布状况。由各种不同的天气系统所组成。一般指比较大的范围或地区的形势。是一个动态过程,每天每时每刻都在不停地运动和变化着。可分为地面气压形势和高空环流形势。但就大范围而言,按不同特征,仍可归纳出纬向环流型、经向环流型等不同类型。而每种类型(天气型)都有与之对应的天气过程和天气分布。

【天气学】(synoptic meteorology) 气象学的一个分支。研究天气及其系统的发生、演化、预报原理和分析的学科。是天气分析和天气预报的基础。

由于天气变化受地理纬度、海陆分布和地形的影响显著,所以它是一门区域性很强的学科。

【天气预报】(weather forecast) 应用大气变化规律并根据当前及近期的天气形势对未来某时段内某一地区或部分空域可能出现的天气状况所作的预报。一般根据天气图进行分析,结合有关气象资料、地形及季节特点以及以往经验,经综合研究后所作出的天气形势判断。按预报时效长短的不同可分为五种:(1)临近预报。预报时效:0~2h;预报内容:灾害性天气警报,明确灾害性天气的种类、强度、影响区域和时间等。(2)短时预报。预报时效:0~6h;预报内容:灾害性天气及与气象相关灾害预报,明确灾害性天气的种类、强度、影响区域和时间等。(3)短期预报。预报时效:0~72h;预报内容:灾害性天气落区及与气象相关灾害预报(画落区线),明确灾害性天气种类、强度、落区和影响时间等。(4)中期预报。预报时效:3~15天;预报内容:主要针对降水、气温和灾害性天气、转折性天气的变化。一般有3~5天的预报、周报、旬报等。(5)长期预报。预报时效:10~15天以上;预报内容:有旱涝、冷暖、雨量和气温等天气趋势展望,有月、季、汛期和年度预报等多种。此外,因特殊需要,还有时效超过1年甚至5~10年的超长期天气预报(也称作气候展望)。按天气预报范围的大小,也可将天气预报分为全国、省区及市县等不同区域的天气预报。随着计算机技术及探测技术的发展,天气预报正向着全面数字化、自动化的方向发展。

【天气预报专家系统】(weather forecast expert system) 将气象专家平时预报天气行之有效的各种可靠预报依据资料(如临界条件、判定标准、模式、方程等)综合整理,输入到计算机中作为预报天气的计算机系统。在操作时,将当时实际气象资料和预报要求输入该系统,通过运算即可获得所需的专家天气预报。

【天桥水电站】(Tianqiao hydropower station) 位于山西省保德县。在内蒙古河口镇下游,是黄河中游北干流上一座低水头、大流量、河床式径流试验性水电站。电站于1970年4月1日正式开工兴建,1977年2月13日第一台机组投产发电,1978年8月全部机组并网发电。电站装有四台轴流转桨式水轮发电机组,总装机容量1.28×10^5kW,年设计发电量6.07×10^8kW·h。设计库容为$0.67\times10^8\mathrm{m}^3$。枢纽主要由左岸混凝土重力坝、发电厂房、泄洪闸、岛上重力坝和右岸土坝等五部分组成。电站以发电为主,兼有排凌、排沙、排污等综合功能。在山西电网中承担着重要的调峰、调频作用。枢纽洪水标准为百年一遇。

天桥水电站

【天琴座】(Lyra) 北天中纬度主要星座之一。位于银河北侧,与天鹰座隔“河”相望。中心位置:赤经18时50分,赤纬+36°。面积约286平方度。座内有亮于四等的星8颗,其中α星(中名“织女一”)即为民间著名的“织女星”,是北天最亮的星。它与牛郎同为北半球夏季黄昏天空主要的亮星。

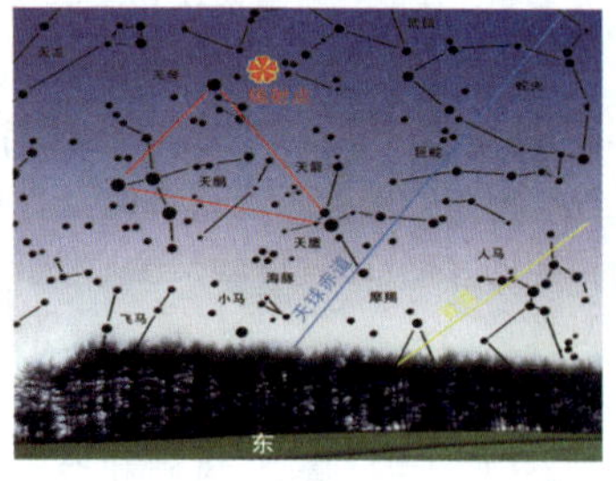

天琴座

【天然宝石】(natural gem) 有广义、狭义之分。广义天然宝石指自然界产出的珠宝玉石及其加工品;狭义的天然宝石仅指宝石原石－矿物单晶及其加工品,不包括玉石及有机宝石。

【天然彩棉】(natural colorful cotton) 利用生物工程技术选育出的棉纤维。天然具有红、黄、绿、棕、灰、紫等天然色彩的棉花。用其织成的布不需染色,无化学染料毒素,可降低纺织成本,质地柔软而富有弹性,制成的服装经洗涤和风吹日晒不易变色,耐穿耐磨,穿着舒适,且不污染环境。但彩棉的颜色色谱不全,品质难以保障。其天然色素在加工过程中的稳定性和牢度需进一步提高。

彩棉花

【天然草地改良】(improvement of natural grassland) 对退化的草地,采取人工灌溉、施肥、松土、补播等方式促进牧草生长、恢复生产力的草地经营活动。退化草地可造成以下危害:(1)建群种类成分变化。原有的建群种和优势种逐渐减退,非食性和有害的植物种增加,最后被次、劣植物种侵入取代。(2)草种中优良牧草生长减弱,可食植物的产草量下降,非可食植物的产草量增多。(3)草地环境条件恶化，地面裸露、沙化，土壤干燥，肥力下降。(4) 鼠害、虫害蔓延。草地退化的原因，有自然和人为两种。主要是人为的不合理经济活动，引起草地急剧退化。草地的改良措施是：(1) 改善草地的状况，清除石块，消灭鼠害。(2) 改善土壤水分和通气性，提高肥力，如排水、灌溉、松耙、浅耕、施肥等。(3) 改善草群状况，采用除莠、烧荒、补播等措施，清除杂草和有毒、有害植物种，培育复壮优质牧草。草地改良的作用是：调节草地植物生存的水、肥、气、热等环境状况，改善牧草生长发育的条件，提高牧草的产量和质量，促进牧业发展。

【天然地基】(natural foundation) 自然状态下即可满足承担基础全部荷载要求，不需要人工处理的地基。天然地基土分岩石、碎石土、砂土和黏性土四大类。

天然地基

【天然放射性元素】(natural radioactive element) 从天然产物中发现的放射性元素。包括钋、氡、钫、镭、锕、钍、镤和铀。铀和钍半衰期很长，^{238}U 的半衰期为 4.468×10^{9} 年，^{232}Th 的半衰期为 1.405×10^{10} 年，与地球的年龄(4.6×10^{9} 年)相近。所以可在自然界中长期存在。有些天然放射性元素的半衰期相对于地球而言比较短，但是作为与铀或钍衰变的产物，也可在自然界中长期存在。如钋、氡、钫、镭、锕和镤。天然放射性元素的应用范围从早期的医学和钟表工业扩展到核工业、航天、农业等领域，可用作核燃料、中子源、辐照源等。

【天然更新】(natural regeneration) 利用森林自然恢复的能力在采伐迹地上重新形成幼林的过程。可分为天然有性更新和天然无性更新两种方式。天然更新是由老树下种生出实生苗或在大树伐去后由树桩或树根发出萌生条。它的优点是更新的费用少，能保持地表与土壤的良好状态，常可形成稳定的适应性强的混交林结构；缺点是实生幼苗生长慢，更新过程较迟缓，并且往往有较多的次生非目的树种滋生，会降低商品林中目的树种的产量。森林更新与森林采伐密切相关，有什么样的采伐方式就有相应的更新方式。渐伐与择伐作业，一般都是采用天然更新方式，有时辅以人工更新，而矮林则完全依靠天然更新。森林更新方法的选用应根据森林培育的目的与各地区森林类型的特点如树种特性、更新过程与演替方向等，加以考虑合理安排。

【天然胶黏剂】(natural adhesive) 不经过化学反应直接从动、植物体内或其他物质中提取的具有黏性的物质。来源丰富，品种较多。按其来源的不同可分为：(1) 动物胶。(2) 植物胶。(3) 矿物胶。动物胶中有皮胶、骨胶、虫胶、酪素胶、白蛋白胶、鱼鳔胶等。植物胶中有淀粉、糊精、松香、阿拉伯树胶、天然橡胶等。矿物胶中有矿物蜡、沥青等。由于其价格低廉、毒性低，广泛应用于家具、装订、包装和工艺品生产中。

阿拉伯树胶

【天然焦】(natural coke) 煤在高温的烘烤和岩浆中热液、挥发气体等的影响下，受热干馏而成的天然焦炭。煤层在地下自燃也可以生成天然焦。天然焦为灰至深灰色，多孔隙，有时也可呈六方柱状。较人工焦炭致密，气孔小，视密度大。中国不少煤田产有天然焦。一般用作燃料，或用于地方工业。

天然焦

【天然金刚石】(natural diamond) 在距地面130～180km以下经高温900～1 300℃、高压$(45 \sim 60) \times 10^{8}$Pa由碳结晶而成的物质。存在于金伯利岩或榴辉岩中。借助于火山喷发的熔岩流将含有钻石的岩浆带至地球近地表处形成原生管状矿，或沉淀于河流沙土之中形成冲积矿。主要产地集中在澳洲、非洲，次为亚洲和南美洲。纯净的金刚石无色透明，含杂质时有蓝色、紫色、金黄色、褐色、黑色等。是已知的最硬的物质，莫氏硬度为10。毛坯金刚石中仅有20%左右可作首饰用途的钻坯，大部分用作工业中的切割工具、地质钻头、研磨材料等。

天然金刚石

【天然抗体】(natural antibody) 又称正常抗体。人或动物未经明显感染或人工注射抗原而天然存在于体内的各种抗体。不仅包括针对病原微生物及其产物的抗体，也包括针对非病原性物质的抗体,如血型抗体。除血型抗体主要是受遗传因素的影响外,其余的天然抗体可能是因隐性感染或因受共同抗原刺激而产生的。由于人或动物在出生后总是不断地接触各种抗原,所以有人认为天然抗体的产生与细菌、食物、花粉或异物的刺激有关。在一个地区内,天然抗体的平均水平对诊断疾病有一定的参考价值。

【天然抗氧化剂】(natural antioxidant) 生物体中自行合成的,在低浓度下具有延迟氧化过程或抑制活性氧化物形成的物质。由天然物中提取。是最早用于食品的抗氧化剂。这类抗氧化剂安全性好,一般没有添加限量,但来源受限制,价格偏高。水果和蔬果中都含有丰富的天然抗氧化剂。自然界存在的天然抗氧化剂多种多样。维生素类是很重要的一类。如类胡萝卜素(包括β-胡萝卜素、番茄红素和虾青素等)、维生素C和维生素E是其中的代表。植物中普遍存在抗坏血酸、类胡萝卜素、生育酚、阿魏酸、茶多酚、棉酚、芝麻酚和角鲨烯等。很多香辛料和中草药都用含有抗氧化剂。天然抗氧化剂可以帮助人类预防心脏病和癌症等多种疾病,并能增进脑力,延缓衰老。

【天然抗原】(natural antigen) 天然存在的能刺激机体产生抗体的一类物质。一般是大分子,由多种、多个抗原表位组成。是多价抗原,可以和多个抗体分子结合。与机体抗感染和血清学诊断有关的主要天然抗原有细菌抗原、病毒抗原、毒素、动物血清、各种酶和激素等。其对疾病的诊断、治疗以及防治具有重要研究意义。如在细菌抗原中,同一种细菌可以有很多不同的血清型,细菌的血清型鉴定在流行病的调查和防治中,有着极其重要的意义。

【天然沥青】(natural asphalt) 又称地沥青。石油在自然界长期受地壳挤压并与空气、水接触逐渐变化而形成的以天然形态存在的石油沥青。其中常混有一定比例的矿物质。按其形成环境的不同可分为:(1)湖沥青。(2)岩沥青。(3)海底沥青。(4)油页岩。主要成分是沥青质和树脂,或多或少含有一些矿物杂质。在自然界中有三种形态:(1)沥青脉。存在于直立岩石的裂缝中。一般比较纯净而坚硬,可用于涂料、塑料、橡胶等工业。(2)天然堆积地沥青。呈糊状。与黏土混杂而成乳状物。精制后方可使用。(3)埋藏在岩石或土壤中的地沥青。含杂质很多。一般用于铺筑路面。

油页岩

【天然林】(natural forest) 自然繁殖和变异形成的森林。其特点是:环境适应力强,森林结构分布较稳定,但成长时间较长。分为原始林和次生林。原始林是未经开发利用,仍保持自然状态的森林;次生林是经人为采伐和破坏后,天然恢复起来的森林。天然林在保持水土、涵养水源、防止荒漠化、保持生物多样性等方面有着人工林无可替代的作用。目前,中国的天然林面积约为8 726hm², 占中国森林面积的65.3%;大部分是次生林,原始林仅占2%。主要分布在内蒙古、四川和西藏一带。

竹溪天然林

【天然毛皮】(natural fur) 自然界动物的毛皮。一般由表皮层及其表面密生的针毛、绒毛、粗毛组成。因动物种类不同,组成比例不同,从而决定了毛皮质量的高低。

天然毛皮

【天然培养基】(natural medium) 来自动物体液或利用其组织分离提取的培养基。如血浆、血清、淋巴液、鸡胚浸出液等。配制天然培养基常用的原料有:(1)农副产品。如山芋粉、玉米粉、麸皮、米糠和豆饼粉等。(2)动植物组织的加工制剂。如蛋白胨、牛肉膏、麦芽汁和血清等。(3)微生物制品。如酵母粉和酵母膏等。其优点是:含有丰富的营养物质及各种细胞生长因子、激素类物质等,渗透压、pH等也与体内环境相似。其缺点是:其成分为不明确的混合物,受其来源及法规等问题的限制,制作过程复杂,批次间差异大。

【天然皮革】(natural leather) 兽皮、鱼皮等真皮经鞣革过程制成的皮革。服装革和鞋用革多以猪、羊、牛、马、鹿皮革为主要原料。此外,鱼类皮革和爬虫类皮革也常用于

天然皮革制品

服装的装饰及箱包的包装等。

【天然气】(natural gas) 储藏在地层中以甲烷、乙烷为主要成分的气体。分纯气田天然气和油田伴生天然气两种。其成分是可燃的低相对分子质量的链烷烃族碳氢化合物,主要是甲烷和乙烷,带有少量丙烷和丁烷,有时有氮气等杂质。其发热量高达36 600～54 400kJ/m^3。

【天然气地质学】(natural gas geology) 研究地壳中天然气藏及其形成机理和分布规律的地质学科。以前,人们将天然气、特别是烃气仅当做原油的伴生物。随着地质研究的深入,除与原油伴生的烃气外还发现有煤层气、生物成因气和无机成因气等多种成因类型烃气,而且分布广、储量大。由于天然气与石油理化性质上具有明显的差异,其运移和聚集条件明显地有别于石油,因而在分布上两者亦有相当大的差别。因此,自20世纪80年代以来,逐渐将天然气地质学从石油地质学中分离出来,形成一门独立的新兴学科。

【天然气管道】(gas pipeline) 将气井开采出来的天然气运输到净化厂处理后再送至工业用户或居民用户的管道。由气井至用户,天然气都在密闭状态下输送,形成一个输气系统。由站场、线路和辅助工程设施组成。首站是输气干线起点,它接收气田处理厂来的天然气,经过升压、计量后输往下一站。在气田开发初期,地层压力较高而输气量较小,当地层压力足以输气至下一站时,首站可不设压缩机组。输气过程中沿程压力不断下降,一定距离后需设中间压气站增压。末站为终点配气站,将天然气计量、调压后供给城市配气管网。为满足沿线地区用气,在中间压气站或分输站引出支线分气。其特点是:(1)从气田至用户是一个密闭的输气系统。(2)输气管道建设向大口径、高压力和长运距方向发展。(3)大型、高压输气管道破裂事故的后果严重。(4)足够的调峰能力是保证输气系统平稳运行的重要环节。

【天然气化工】(chemical industry of natural gas) 天然气化学工业的简称。以天然气为原料生产化学产品的工业。是石油化工的一个重要组成部分。以天然气为原料生产的产品主要有:合成氨、甲醇、甲醛、尿素、醋酸、乙烯、丙烯和丁二烯等。中国天然气化工始于20世纪60年代,现已初具规模。主要是生产氮肥,其次是甲醇、甲醛、乙炔、二氯甲烷和二硫化碳等。

天然气化工

【天然气水合物】(hydrate of natural gas) 见可燃冰。

【天然乳胶】(natural latex) 橡胶树割胶时流出来的一种乳白色液体。有时带淡黄、粉红或灰色。是带负电荷的胶乳微粒在水中的分散体。化学成分受树龄、土质、气候等因素影响而有波动。天然乳胶的产地主要是热带地区,如中国海南省、东南亚,非洲及美洲热带地区等。其优点是:(1)超高弹性而软硬度适中。(2)透气防菌。(3)矫形功能。(4)经久耐用。(5)超静音。天然乳胶可直接用于表面涂层、胶黏剂等方面,还可加工制成乳胶制品和生橡胶等。

天然乳胶

【天然树脂】(natural resin) 由自然界中动植物分泌的无定形有机物质。如松香、琥珀、虫胶等。按其基本组分的不同可分为:(1)纯树脂。即由萜类物质及粗香精油组成的树脂类物质。一般不溶于水,而溶于有机溶剂,如松香等。(2)含树胶脂或称树胶树脂。是由多糖类物质组成。可溶于水或遇水溶胀,而不溶于醇及有机溶剂,如乳香等。(3)含油树脂或称香胶。是指含有较多精油、能溶于油中的树脂。按其形成历史时期的不同可分为:(1)化石树脂。(2)半化石树脂。(3)新鲜树脂。后者是最重要的天然树脂来源。主要用于涂料、纸张、医药、绝缘材料和胶黏剂等方面。

天然树脂

【天然纤维】(natural fiber) 自然界天然形成的或通过人工培育而成的纤维。包括植物纤维、动物纤维和矿物纤维。植物纤维因主要成分是纤维素,所以又称纤维素纤维,主要有棉花和麻类等;动物纤维的主要化学成分是蛋白质,所以又称蛋白质纤维,主要有绵羊毛、山羊绒、骆驼绒、兔毛、牦牛绒、桑蚕丝和柞蚕丝等动物毛发和腺分泌物;矿物纤维是无机类纤维,主要有石棉纤维等。天然纤维是纺织工业的重要原料。在强度、耐磨损和耐腐蚀等方面不如化学纤维。

【天然香料】(natural perfume) 利用纯天然植物或动物体内分泌物为原料开发、提炼、加工出的香料物质的统称。来自动物的香料有:麝香、灵猫香、海狸香、龙涎香等。这类香料来自动物体内分泌物。一般制作为酊剂,也可制作为浸膏和净油使用,是日用香精中最理想的定香剂。来自植物的香料有:香膏、浸膏、精油、净油、酊剂和香树脂等。提取方法有:水蒸气蒸馏、压榨;浸提和吸附。天然香料以其安全性及合成香料难以替代的嗅感等感官特性受到广大消费者的青睐。

天然香料

【天然橡胶】(natural rubber) 从橡胶树上采集的天然胶乳,经过凝固、干燥等工序加工制成的弹性固状物。按其形态的不同可分为:(1)固体天然橡胶(胶片与颗粒胶)。(2)浓缩胶乳。在常温下具有较高的弹性,稍带塑性,具有非常好的机械强度,滞后损失小,电绝缘性能良好。是一种化学反应能力较强的物质。不耐老化是天然橡胶的致命弱点。天然橡胶有较好的耐碱性能,但不耐浓强酸。其主要特点是:(1)具有较高的莫尼黏度。(2)无一定熔点。(3)具有高弹性。(4)加工性能好。(5)耐油、耐溶剂性差。(6)化学活性高,易于交联和氧化,耐老化性差等。天然橡胶是应用最广的通用橡胶。在日常使用中,固体天然橡胶占了绝大部分的比例。市售的天然橡胶主要是由三叶橡胶树的乳胶制得。由于天然橡胶具有上述一系列物理化学特性,经过适当处理后还具有耐油、耐酸、耐碱、耐热、耐寒、耐压、耐磨等性质,所以具有广泛用途。

天然橡胶

【天然橡胶胶黏剂】(natural rubber adhesive) 由天然烟胶片、硫化剂、促进剂、防老化剂和溶剂等配成的溶液型胶黏剂。其黏结强度不高,主要用于一般要求不高的天然硫化胶之间的黏合,如力车内胎、雨鞋的修补等。通过化学改性以提高天然橡胶黏结性性能。比如,氯化天然橡胶,即由含氯量60%左右的氯化天然橡胶溶于有机溶剂的而制得。改性后其黏结性能大大提高,可用于黏结法极性橡胶和金属等。

【天然药物】(natural drug) 植存在于自然界可供药用的物质。包括直接应用或经简单加工的矿物、物和动物的本体或其分泌物、排泄物,如明矾、石膏、黄连、五倍子、麝香等;也包括天然产品中提得的化学药物,如肾上腺素、麻黄碱、薄荷脑等。

百部

【天然药物化学】(medicinal chemistry of natural product) 运用现代科学理论与方法研究天然药物中化学成分的一门学科。其研究内容包括:(1)各种天然药物化学成分和活性成分的结构特点、理化性质、提取分离方法及结构鉴定等知识。(2)有效成分在植物体内随生态环境、生长季节、时间消长以及发育阶段的动态变化。(3)中草药在加工炮制和储藏过程中的成分变化。(4)有效成分的构效关系。

【天然铀】(natural uranium) 在自然界中存在的铀。是铀的3种同位素的混合物。其中铀-238占99.28%,铀-235占0.71%,其余为铀-234。天然铀存在于岩石和海水中。少数富铀矿约含1%~4%的铀。利用水冶法和化学转换法可从铀矿石中提取和转换成六氟化铀(UF_6)或金属铀。天然金属铀可制成燃料元件用于重水堆和石墨堆,生产电力及新的核燃料和同位素。

天然铀

【天然有机化学】(natural organic chemistry) 研究动物、植物、昆虫、海洋生物及微生物代谢产物化学成分的学科。包括人与动物体内许多内源性成分的化学研究。是在分子水平上揭示自然奥秘的重要学科。与人类的生存、健康和发展息息相关。其主要研究内容包括:(1)生物碱。(2)萜类化合物。(3)甾族化合物。(4)激素与信息素。(5)海洋产物及其他。其研究目的是:希望发现有生理活性的有效成分,或是直接用于临床药物和农业作为增产剂和农药,或是把发现有效成分的主结构作为先导化合物,进一步研究其各种衍生物的结构、组成、分类和性质及其在不同领域中的应用。

【天然植被】(natural vegetation) 与人工植被相对应。覆盖一个地区的、自然形成的植物群落。主要取决于该地区的气候和土壤条件,特别是水、热的组合状况。与一定的自然环境相适应,有森林、草原、荒漠、冻原、草甸、沼泽等几大类型。按照其是否受人类活动影响又分为未经人类破坏或改变的原生植被和受破坏后又自然恢复的次生植被。

天然植被

【天人相应】(correspondence between nature and human) 人对天地自然的依存和适应关系。人的生命活动必须与天地自然的阴阳变化相适应,能适应则健康,不适应即为病。人体内部的生理活动和病理变化与天地自然的变化有相类似、可类比之处,因此可以通过研究天地自然的现象来推论和阐明人体的生理和病理变化。在这种观点指导下,辨证论治时必须重视天时、地理环境对人体生理、病理的影响,因时、因地制宜。其核心是人的生存应适应于自然环境。

【天生桥】(natural bridge) 悬空且横跨在地面上的桥状地貌景观。有因地质构造形成两侧断裂、中间崩塌形成的天生桥,但更多的则是喀斯特地貌中一种特殊的溶洞形态。当溶洞两端被侵蚀(或构造崩塌)到一定距离、即顶盖只剩下窄窄的一条穹带状岩层时,就会出现天生桥景观。天生桥分布范围很广,但数量远不如溶洞多。因为其形态奇特,又发育在地表之上,极具观赏价值。许多国家和地区都将其作为重要的旅游资源进行建设开发,以吸引更多的游客观光。在一些边远的山区,一些天生桥也曾作为当地居民进出和动物迁徙的通道。

天生桥

【天枢】 中医穴位名。属足阳明胃经,大肠募穴。定位:在腹中部,距中2寸。主治:腹痛绕脐,肠鸣腹胀,呕吐,便秘,泄泻,痢疾,水肿,月经不调,癥瘕;急、慢性胃肠炎,急性胰腺炎,肠道蛔虫症,肠梗阻,阑尾炎,肠粘连,肠麻痹,子宫内膜炎等。刺灸法:直刺0.8~1.2寸;艾炷灸7~15壮,或艾条灸10~20min。现代研究证明:针刺天枢穴可使肠功能趋向正常化。电针急性菌痢患者的天枢穴,3min后肠鸣音就有明显变化,有的减弱,有的增强,但于15~30min后,肠鸣音明显降低,停针后又恢复到针前水平。针刺天枢穴对急、慢性肠炎,菌痢,泄泻,便秘等疾病有显著疗效,可使症状明显减轻,加快康复。

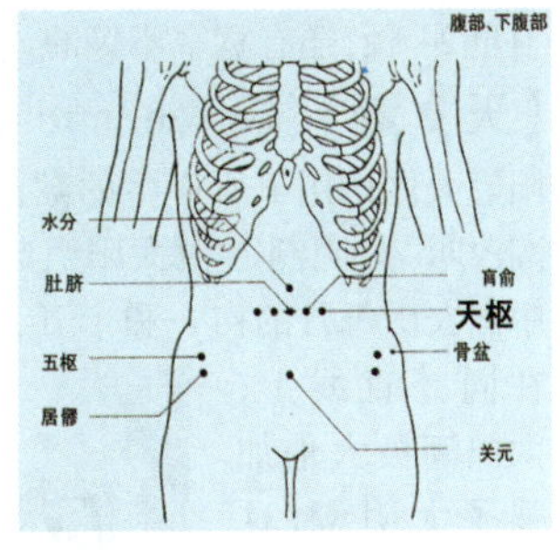

天枢

【天丝纤维】(tencel fiber) 见tencel纤维。

【天坛】(the Temple of Heaven) 中国明、清两朝历代皇帝"祭天""祈谷"之地。世界上最大的古代祭天建筑群。位于北京市故宫正南偏东,正阳门外东侧。始建于明朝永乐十八年(1420年)。总占地面积约为$2.73\times10^6m^2$。有两重垣墙,形成内外坛。建造在南北纵轴上的主要建筑有祈年殿、皇穹宇、圜丘。坛墙南方北圆。象征天圆地方。圜丘坛在南,祈谷坛在北,二坛同在一条南北轴线上,中间有墙相隔。圜丘坛内主要建筑有圜丘坛、皇穹宇等,祈谷坛内主要建筑有祈年殿、皇乾殿和祈年门等。天坛的设计展示了中国传统文化所特有的寓意和象征的表现手法。北圆南方的坛墙和圆形建筑搭配方形外墙的设计,寓意着传统的"天圆地方"的宇宙观。主要建筑上广泛使用蓝色琉璃瓦,以及圜丘坛重视"阳数",祈年殿按天象列柱等设计,也是这种表现手法的具体体现。1961年,国务院公布天坛为"中国重点文物保护单位"。1998年被联合国教科文组织确认为"世界文化遗产"。

天坛

【天王星】(Uranus) 太阳系八大行星之一。距太阳平均距离2.87×10^9km,即为159.19光分。天王星公转周期为84.01年,赤道面与轨道面交角98°;逆向自转,周期约17h。质量为地球的14.6倍。赤道直径为地球的4.10倍。平均密度为$1.24g/cm^3$。表面重力加速度为地球的1.17倍。逃逸速度为

21.4km/s。大气层主要成分是氢，氦只占15%。表面温度为-180℃；有磁场，但强度仅为地球的1/10。卫星24颗，还有宽窄不等的光环20条。

【天文潮】（astronomical tide） 在月球和太阳等天体作用下所产生的潮汐。其中由月球引起的潮汐叫"太阴潮"，由太阳引起的叫"太阳潮"。每逢中国农历每月的初一和十五，太阳、地球和月球运行在同一直线上，太阳潮极大地加强了太阴潮，这时海水涨得高落得低，形成的潮汐叫大潮。由于海底的摩擦，大潮到达海岸的时间往往会靠后2~3天。农历每月初八和二十三，为上弦月和下弦月，太阳、地球和月球的位置形成直角，太阳引潮力作用和月球引潮力作用方向垂直，太阳潮最大限度的削弱了太阴潮，这时形成的潮汐叫"小潮"。天文潮是海洋潮汐的主要组成部分。

天文潮

【天文大地网】（astro-geodetic network） 又称国家大地控制网。在全国领土范围内由互相连系的大地点所构成的国家大地控制网。大地点的水平位置按国家统一的大地测量规范测定，并设有固定标志，以便长期保存，同时还要用天文观测方法测定天文经度、纬度和方位角。天文大地网一般采用三角测量方法，有时也兼用导线测量或三边测量方法。采取由大到小，逐级控制的原则来布设。天文大地网为国家经济建设、国防建设和地球科学研究提供地面点的精确几何位置，是全国性地图测制的控制基础，也是远程武器发射和航天技术必不可少的测绘保障。

【天文单位距离】（astronomical unit） 天文学上的一种距离单位。指从地月系质心到太阳的平均距离，相当于1.495 978 70×10^8km或8.3光分，或499光秒。天文单位距离通常用来表示太阳和行星之间的距离，如水星距太阳0.387个天文单位距离。

【天文导航系统】（celestial navigation system） 通过观测天体来确定飞行器位置和航向的导航系统。根据天体的辐射能（可见光、红外线等）进行自主导航。主要使用一种高精度的自动星体跟踪仪来实现。它能从天空背景中搜索和跟踪目标天体，将星空影像与已知的星空图比较，从而达到导航的目的。天文导航易受天气条件的影响，适合于高空飞行的飞机及在外太空飞行的各种航天器。

【天文地理坐标】（astronomical coordinates） 又称天文坐标。是以大地水准面为基准面，铅垂线为基准线，表示地面点在大地水准面上的位置的坐标系。以天文经度λ和天文纬度φ表示。

【天文观测】（astronomical observation） 用肉眼或观测仪器设备对天体和天文现象进行观察、记录、测量和分析研究的工作。是整个天文学研究的基础。17世纪以前，传统的天文观测全是靠肉眼进行的。直到1609年天文望远镜的出现，人们才开始用光学望远镜进行天文观测。到了20世纪40年代，射电望远镜问世，天文观测又增加了新的手段。随着技术的进步，今天不仅能在地球、而且能在太空，不仅能在可见光波段、而且能在整个电磁波段，对天体、天象进行观测。

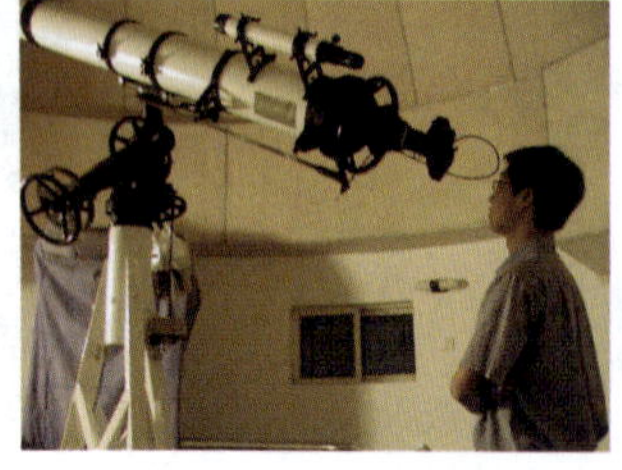
天文观测

【天文经纬度】（long latitude of astronomy） 以地面某点铅垂线和地球自转轴为基准的经纬度。包含地面某点A的铅垂线和地球自转轴的平面称A点的天文子午面，此子午面与本初子午面间的夹角λ称A点的天文经度，A点的铅垂线与地球赤道平面的夹角φ称A点的天文纬度。同一点的不同类型的经纬度（天文经纬度、大地经纬度和地心经纬度）不唯一，不同点的同一类型的经纬度唯一。其中，（1）天文经度为观测点天文子午面与本初子午面之间的两面角；天文纬度：铅垂线（重力线）与赤道面之间的夹角。（2）大地经度为观测点大地子午面与本初子午面之间的两面角；大地纬度：椭球垂直线（法线）与赤道面之间的夹角。（3）地心经度：观测点大地子午面与本初子午面之间的两面角；地心纬度：观测点和球心连线与赤道面之间的夹角。天文经纬度、大地经纬度和地心经纬度定义不同，参考系统不同，适用于不同的情况。

【天文罗盘】（celestial compass） 靠太阳或星体定向而获得飞行器真实航向的导航仪表。在航海天文罗盘的基础上发展起来。按其测量方法的不同，可将天文罗盘分为地平式和赤道式两种。前者的定向面与天体地平经圈重合，后者的定向面与天体的赤经

天文罗盘

圈重合。

【天文台】(observatory) 从事天文观测和研究的机构。台中有各种天文望远镜，安装在圆顶室内，用以观测天体。还有各种测量仪器和电子计算机，用以分析观测资料。为减少地球大气干扰，天文台大多建造在山上。近年来，为了进一步克服地球大气对紫外线、X射线、γ射线和部分红外辐射的吸收，人们发射了围绕地球运行的轨道天文台(如美国的哈勃望远镜)和轨道空间站，进行自动的和载人的太空天文观测。

天文台

【天文制导】(astronomy guidance) 根据导弹、地球、星体三者之间的运动关系，来确定导弹的运动参量，将导弹引向目标的一种自主制导技术。天文制导有两种。一种是一个光电六分仪跟踪一个星体的制导；另一种是用两部光电六分仪分别观测两个星体，根据两个星体等高圈的交点，确定导弹的位置，引导导弹飞向目标。

【天文坐标系】(astronomical coordinate system) 大地天文测量中以通过测站的大地水准面及其铅垂线为基准建立的坐标系。用天文经度、天文纬度及天文方位角表示。天文经度为测站点天文子午面与本初子午面(又称首天文子午面，即格林尼治平均天文台子午面)之间的夹角。天文经度由本初子午圈向东和向西度量；向东度量的为东经；向西度量的为西经；其值均由0°~180°。在中国的测绘工作中习惯以东经为正，西经为负。天文纬度为该点的铅垂线与赤道面的交角。天文纬度自赤道面向北量为北纬，向南量为南纬；其值为由0°~90°；北纬为正，南纬为负。天文方位角是通过测站和目标的垂直面与测站子午面之间的夹角。由北天极起算，按顺时针方向量；其值由0°~360°。

【天线增益】(antenna ratio) 在输入功率相等的条件下，实际天线与理想的辐射单元在空间同一点所产生的信号的功率密度之比。它定量地描述一个天线把输入功率集中辐射的程度。增益显然与天线方向图有密切的关系。方向图主瓣越窄，副瓣越小，增益越高。天线增益是用来衡量天线朝一个特定方向收发信号的能力。它是选择基站天线最重要的参数之一。增益的提高主要依靠减小垂直面向辐射的波瓣宽度，而在水平面上保持全向的辐射性能。天线增益对移动通信系统的运行质量极为重要，因为它决定蜂窝边缘的信号电平。增加增益就可以在一确定方向上增大网络的覆盖范围，或者在确定范围内增大增益余量。任何蜂窝系统都是一个双向过程，增加天线的增益能同时减少双向系统增益预算余量。另外，表征天线增益的参数有dBd和dBi。dBi是相对于点源天线的增益，在各方向的辐射是均匀的；dBd相对于对称阵子天线的增益dBi = dBd + 2.15。在相同的条件下，增益越高，电波传播的距离越远。一般来讲，GSM定向基站的天线增益为18dBi，全向的为11dBi。

【天线指向控制】(antenna pointing control) 通过指向控制器控制方位俯仰双轴驱动装置使天线主瓣始终指向通信卫星的一种天线的定向控制方法。主要用来抵消由于运动载体的摇摆、转弯等运动姿态变化，使移动通信终端天线主瓣偏离卫星而造成数据传输中的误码增加甚至通信信号的中断。指向控制单元由指向控制器、电机驱动器、天线座组成。指向控制器记录天线在载体站心坐标系中的当前方位俯仰角，并与数字信号处理器发来的天线指向数据相比较，实时计算出补偿载体姿态变化的天线当前方位、俯仰轴的转动角度和转向数据。控制天线驱动装置对天线的方位俯仰指向进行调整，使天线不论其载体的姿态如何变化，始终指向卫星，从而保证通信链路的通畅。

【天蝎座】(Scorpius) 黄道十二星座之一。位于天秤座与人马座之间。中心位置：赤经16时40分，赤纬-36°。面积约497平方度。座内有亮于四等的星22颗。其中α星(中名角"大火")是一等星，星光呈红色。天蝎座夏季黄昏出现在南方夜空，是最引人注目的一个星座，中国全境都能看到。

天蝎座

【天鹰座】(Aquila) 天赤道附近主要星座之一。位于银河东南侧，与天琴座隔"河"相望。中心位置：赤经19时40分，赤纬+3°。面积约652平方度。座内有亮于四等的星13颗，其中α星(中名"河

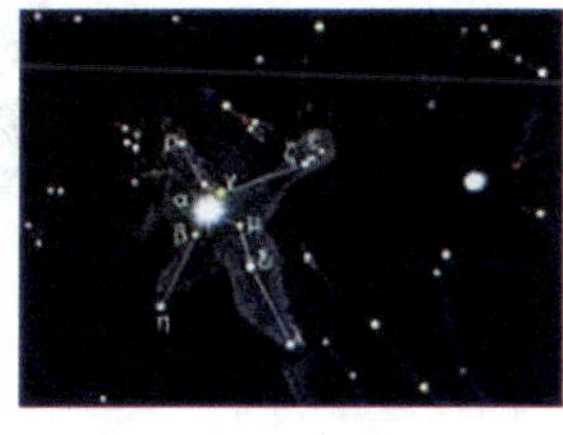
天鹰座

鼓二"或"牛郎星")为一等星,与两旁间隔均匀的小星β星、γ星排列成一直线,俗称"牛郎三星"或"扁担星",与天琴座的织女星一起构成中国北半球夏季天空主要的亮星。

【田测法】(field measurement method of crop water requirement) 通过对作物生长某一时段内田间土壤含水量和各项来水量的测定,确定作物需水量或进行各种灌溉试验的方法。土壤水分测定一般用取土烘干称重法或中子水分仪测定。灌水量多用水表或体积法量测,也可用三角堰量测。有效降雨量与地下水利用量要用专门的设施测定。水稻田可用测量田面水深的办法来确定作物需水量。田测地块的面积一般为200~300m^2,每个试验地块周围要设保护区。保护区内的作物与田测区内的作物要一致,以减少边界效应的影响。另外,试验地块要选在土坡均匀、地面平整的地方,距离建筑物和树木一般要在200m以上。田测地块的农业措施要与周围大田一致。除了利用田测法测定作物需水量外,还要在田间布置小区,进行灌溉、排水试验。通过试验对比不同处理的效果,为制订最优的灌溉、排水方案提供科学依据。

【田间持水量】(field water capacity) 孔隙全部充满水的田间土壤经过一定时间排水后所能持留的水量。常以一定土层内的平均土壤含水率来表示。是土壤水分常数的一种。被认为是土壤的一个特有性质,并作为有效土壤水范围的上限。土层内超过田间持水量的土壤水会较快地渗入深层,难以被植物利用,而剩余的土壤水则能在较长时间内持留在土层中。为了避免水分流失,常以田间持水量作为控制田间灌水的允许最大土壤含水量。

【田螺】(snail) 俗称螺蛳、田嬴、香螺。泛指田螺科的软体动物。属于软体动物门,腹足纲,前鳃亚纲,栉鳃目,田螺科。其代表种是中国圆田螺。中型个体。身体分为头部、足、内脏囊等3部分。头上长有口、眼、触角以及其他感觉器官。体外有一个外壳。高约44.4mm,宽27.5mm。贝壳近宽圆锥形,具6~7个螺层。螺旋部的高度大于壳口高度,体螺层明显膨大。壳面无滑无肋。壳口近卵圆形,边缘完整、薄,具有黑色框边。田螺的足肌发达,位于身体的腹面。足底紧贴着的膜片,称为厣,像一个圆盖子。生活在淡水水草茂盛的湖泊、水库、沟渠、稻田、池塘内。以宽大的腹足爬行。对干燥、寒冷、酷暑有极大的适应能力。摄食水生植物的叶、低等藻类等。卵胎生,体内受精发育。从受精卵到仔螺的产生,大约需要在母体内孕育一年时间。分批产卵,每年3~4月开始繁殖。在产出仔螺的同时,雌、雄亲螺交配受精,又在母体内孕育次年要生产的仔螺。一只母螺全年约产出100~150只仔螺。田螺在中国大部地区均有分布。国外分布在朝鲜、北美等。肉供食用,螺壳及肉可供药用。冻螺肉还供出口。此外尚可作禽畜的饲料,亦是青鱼、鲤的天然饵料。

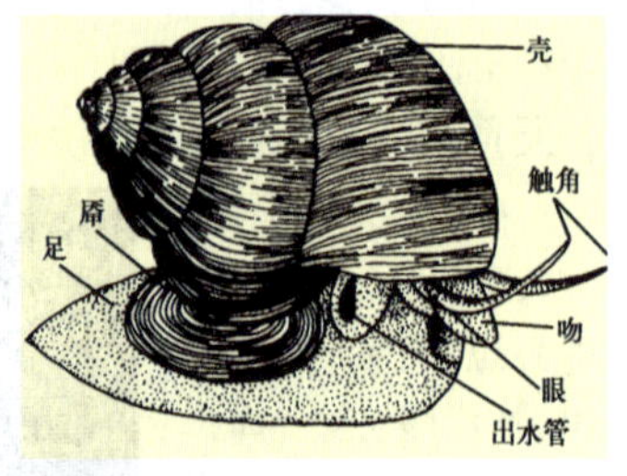

田螺

【甜味剂】(sweetening agent) 能赋予食品或饲料以甜味的食物添加剂。按其来源的不同可分为:(1)天然甜味剂。(2)人工合成甜味剂。天然甜味剂如蔗糖、果糖、葡萄糖、麦芽糖、淀粉浆、麦芽糖醇、山梨酸糖醇、木糖醇等;人工合成甜味剂如糖精、糖精钠、环已基氨磺酸钠、天门冬酰醇苯丙氨酸甲酯等。按其营养价值的不同可分为:(1)营养型甜味剂。(2)非营养型甜味剂。营养型甜味剂的甜度与蔗糖的甜度基本相等,其热值略高于蔗糖。主要包括各种糖类(如葡萄糖、果糖、麦芽糖等)和糖醇类(山梨糖醇、木糖醇等)。非营养型甜味剂是指与蔗糖甜度相等时的含量,其热值低于蔗糖热值2%,包括甜叶菊糖苷、甘草苷等天然物质和糖精、甜蜜素、安赛蜜等化学合成物质。按其化学结构和性质的不同可分为:(1)糖醇类甜味剂。(2)非糖醇类甜味剂。糖醇类甜味剂多由人工合成,其甜度与蔗糖差不多。因其热值较低,或因其与葡萄糖有不同的代谢过程,尚可有某些特殊的用途。非糖醇类甜味剂甜度很高,用量少,热值很小,多不参与代谢过程。

甜味剂

【甜味剂植物资源】(sweet plant resource) 体内具有甜味物质的一类植物。分为糖和非糖两类。糖包括蔗糖、葡萄糖、果糖、乳糖和麦芽糖等。它们是植物新陈代谢的产物,普遍存在于植物体中。非糖包括糖甙类、糖醇类、甜味蛋白等。它们是一些高分子化合物,存在于一些植物器官中。非糖甜味剂具有低热值和无热值的特性。能阻止因多量的糖而引起的糖尿病、肥胖症、心脏病和龋齿等疾病。因此，被广泛应用于食品工业、保健饮料、医药以及日常生活中。目前已开发利用或有开发利用价值的甜味剂植物主要有：(1)糖甙类甜味剂植物，主要有甜叶菊、掌叶悬钩子、罗汉果、甘草等。(2)甜味蛋白类甜味剂植物，主要有水槟榔、奇遇果、西非竹芋等。(3)糖醇类甜味剂植物，主要有野甘草，含有木糖醇，其甜味与蔗糖相似。

甜味剂织物资源

【甜玉米】(sweet corn) 又称蔬菜玉米、水果玉米。一种富含水溶性多糖、维生素A、维生素C、脂肪和蛋白质等的甜质型亚种玉米。甜玉米具有营养丰富、甜、鲜、脆、嫩等特色，深受欧美各国、韩国和日本等国家欢迎，也是中国餐桌上常见的食用蔬菜。甜玉米植株较矮，分蘖力较强；果穗苞叶上有旗叶；子粒淡黄或乳白色，胚较大，乳熟期子实柔嫩，味美，富含水溶性多糖、维生素A、维生素C、脂肪和蛋白质等。其主要类型有：(1)普通型甜玉米。含糖量约8%。多用于糊状或整粒加工制罐，也用于速冻。(2)超甜型玉米。含糖量20%以上。果皮较厚，多用于整粒加工制罐、速冻或鲜果穗上市。(3)加强型甜玉米。含糖量12%～16%。多用于整粒或糊状加工制罐、速冻、鲜果穗上市。其栽培方法和普通玉米同，但须隔离300m以上种植，严防异品种花粉传入，并须适时采收嫩果穗。采收时子粒中水分的含量：糊状制罐用的为68%～70%；整粒制罐、速冻、鲜果穗上市的均为70%～72%。主要以嫩果籽粒加工制罐后供菜用，或以嫩果煮食。甜玉米营养价值是：(1)富含脂肪，含亚油酸60%以上。可减少胆固醇在血管中的沉积，防止高血压、冠心病和心肌梗塞等疾病的发生，并对糖尿病有积极的防治作用。(2)含有丰富的维生素E(2.44mg/kg)。它不仅是维生素，还可防止皮肤色素沉着和先期发皱，具有延缓衰老的良好作用。(3)含谷氨酸(0.59%)。能促进脑细胞的呼吸，有利于脑组织里氨的排除，有很好的键脑和增强记忆力的功效。(4)纤维素含量较高，可促进肠道蠕动，减轻毒腐质在肠道内的积累，能有效地降低便秘、痔疮、结肠癌和直肠癌的发病率；另外，玉米中的纤维素还能预防高血压、心脏病、糖尿病、肥胖症等许多疾病。(5)玉米还含有公认的抗癌因子－谷胱甘肽。它可与人体内多种致癌物质结合，使其失去致癌能力，然后通过消化道排除体外。

【填充床反应器】(packed bed reactor) 见固定床反应器。

【填料】(packing) ❶产品中的填充物。用以改善制成品的力学性能、加工性能并(或)降低成本的固体物料。譬如掺在混凝土、橡胶、塑料、药片、涂料、化妆品、纸张和除垢剂等中的起充填作用的砂石、石棉、滑石、锯末、炭黑、淀粉、碳酸钙和钛白粉等。❷安装在容器内的传质元件。具有比表面积大、传质效率高、空隙率大、气体压力降小、化学性质稳定、耐腐蚀、机械强度高和取材容易、价格便宜的物料。其表面会形成液膜，使气、液或液、液两相之间进行紧密接触，达到相际传质及传热的目的。包括散堆填料如拉西环、鲍尔环、阶梯环、弧鞍填料、矩鞍填料、金属填料、球形填料和陶粒；以及规整填料如波折填料和网格填料等。多用于化工、冶金、煤气、制氧、火电等行业的干燥塔、吸收塔、冷却塔、再生塔等。❸水处理工艺中微生物的载体。为生物法降解水中有机物的一种高效核心部件，有一定的生物膜附着力，比表面积大，空隙率高，生物和化学性能稳定，不会溶出有害物质，形状规整，尺寸均一，在填料间能够形成均匀的水流，方便运输。安装在生物反应器(池)中成为微生物生长聚集的载体。常用的填料有弹性填料、半软性填料、蜂窝填料和悬浮填料等。

【填料塔】(packed tower) 精馏塔的一种。在圆筒形塔体下部设置承重板，其上充填一定高度的填料的塔状气－液接触装置。在操作时，液体在塔顶经分布器向下喷淋，并沿填料表面形成往下流动的液膜，最后由塔底部流出；气体由塔底部承重板下面进入塔筒体，靠压力差通过填料层的空隙，并与填料上的液膜进行动量、质量和热量交换，最后由塔顶部排出。广泛用于精馏分离、气体吸收和萃取等。

填料塔

【条干均匀度】(evenness, regularity) 纱线、条子或粗纱沿轴向在一定长度范围内粗细或重量的均匀程度。纺织品的质量与纱线条干均匀度密切有关。条干均匀度好，纱线粗细均匀，质量较好；反之，则较差。细纱条干不匀会使纺纱和织造的断头率提高，以至降低劳动生产率。其原因是：由于纤维原料性质差异、纤维随机排列、纺纱工艺参数选择不良和纺纱机械缺陷等。在纺纱生产中常用的条干不匀率测定方法有切段称重法、黑板条干目测法和仪器检测法三种。切段称重法可用于各道半制品和细纱；黑板条干目测法主要用于细纱；仪器检测法又可分为电容式检测、光电式、CCD 扫描式、微波式和机械式检测等多种。电容式、光电式、CCD 扫描式和微波式检测适用于条子、粗纱和细纱，机械式检测仅适用于条子和粗纱。

【条件反射】(conditional reflex) 原来不能引起某一反应的刺激，通过学习过程，即把这个刺激与另一个能引起反应的刺激同时给予，彼此建立其联系，即在条件刺激和无条件反应之间的联系。是高级神经活动的基本调节方式。是后天获得的。是人和动物共有的生理活动。形成条件反射的基本条件是非条件刺激与无关刺激在时间上的结合。任何无关刺激与非条件刺激多次结合后，当无关刺激转化为条件刺激时，条件反射也就形成。诺贝尔奖获得者、俄国生理学家伊凡·巴甫洛夫，在 19 世纪末期通过研究狗产生唾液的种种方式，揭示了一些学习行为的本质，最早提出了经典性条件反射。在生命活动中，单纯的非条件反射是不存在的；机体在复杂多变的环境中，不断在非条件反射的基础上建立新的条件反射。所以条件反射与非条件反射是密切地联系在一起的。条件反射与非条件反射相比，前者的数目是无限的，后者是有限的。条件反射扩展了机体对外界复杂环境的适应范围，使机体能够识别还在远方的刺激物的性质，预先作出不同的反应。因此，条件反射使机体具有更大的预见性、灵活性和适应性。

伊凡·巴甫洛夫

【条件致死突变】(conditional lethal mutant) 突变后在特定条件下能生长，在原来条件下不能繁殖而被致死的突变现象。其中最主要是的是温度敏感条件致死突变，而野生型在两种温度下均能增殖。营养缺陷型也是条件致死突变。在细菌、藻类、果蝇、动物病毒、培养细胞中都可得到这类突变型。条件致死突变常用于核酸、蛋白质等大分子的遗传学研究。在抗生素、酶制剂、某些氨基酸和核酸类物质的发酵生产中，可选育温度敏感突变株，在高温下进行生产，在低温下形成孢子，进行保存与传代。

【条图】(bar chart) 用等宽直条的高度来表示几个对比组某研究指标的数值大小。有单式条图和复式条图之分。分组标志只有一个时，采用单式条图；分组标志有两个时，采用复式条图。在绘制条图时，横轴是分组标志。各直条的宽度应一致，间隙宽度也应一致。间隙宽度一般与直条宽度相等或为其宽度的一半，各直条的排列顺序往往依某一指标的大小排列以便比较。纵轴表示被研究指标数值的大小。要有单位，纵轴刻度必须从 0 开始，中间不能折断。

【条形基础】(strip foundation) 基础长度大于或等于基础宽度 10 倍的基础形式。按上部结构的不同可分为墙下条形基础和柱下条形基础。其特点是：(1) 布置在一条轴线上且与两条以上轴线相交，有时也和独立基础相连，但截面尺寸与配筋不尽相同。(2) 横向配筋为主要受力钢筋，纵向配筋为次要受力钢筋或者是分布钢筋。主要受力钢筋布置在下面。

逆作法施工

【调和函数】(harmonic function) 在平面区域 D 上定义的函数 $u=u(x,y)$。其中函数满足：有二阶连续偏导数，且满足二阶拉普拉斯方程：

$$\Delta u=\frac{\partial^2 u}{\partial x^2}+\frac{\partial^2 u}{\partial y^2}=0$$

【调𬌗】(occlusal adjustment) 一种通过选磨牙体组织改变其形态以消除𬌗异常因素、改变咬合状态的技术。其基本原则是：(1) 去除咬合早接触。(2) 去除下颌前伸和侧颌运动时的𬌗干扰。(3) 使后退接触位的𬌗接触达到双侧均匀接触，自后退接触位向前至牙尖交错𬌗的滑动中没有干扰。(4) 形成正确的正中𬌗接触区。(5) 改善尖窝及𬌗面的生理形态。𬌗异常因素引起牙及牙周组织创伤、食物嵌塞、肌肉及颞下颌关节失常，修复前调𬌗，成人正畸、外科正畸、修复治疗后调𬌗，改善切牙和尖牙的外貌，因𬌗磨损出现的牙冠形态异常以及为减少牙体预防食物嵌塞调𬌗。天然牙的调𬌗是一种不可逆转的使𬌗发生改变的治疗，调𬌗时应制定详细计划，原则上限于牙釉质范围内，一般不降低功能牙尖的高度。如存在咀嚼肌功能失常，一般在戴用咬合板一周后再复查和调𬌗。

【调节保证】(regulation guarantee) 保证水轮发电机组的转速上升率和引水系统的压力上升率不超过允许值的技术。水电站引水管中由于水流速度迅速改变而产生的压力聚升聚降的现象,称为水锤。机组甩负荷瞬间,水轮机导叶紧急关闭截断水流,引水管中流动着的水体在惯性作用下在管中造成水压升高,在尾水管首部造成负压甚至真空,升压和负压值随导叶关闭时间的缩短而增大,危及引水系统的安全;同时,由于负荷瞬间甩去,压力水流逐渐减小,使得运行中的机组出现转速上升,其值随导叶关闭时间的增长而增大,危及机组安全。在水电站设计中要进行调节保证计算,包括压力上升率和转速上升率计算。选用合适的引水管特性系数,机组的飞轮力矩和导叶关闭时间以满足调节要求。改善调节保证的措施是:设置调压井、装设调压阀、加大机组的飞轮力矩以及导叶分段关闭等。

【调解池】(mediation pool) 用来调节水量、均匀水质的构筑物。由于工业废水的排放量时常不均匀,水中污染物的浓度也会发生很大变化。调解池能保证废水处理系统正常运行,不受废水流量和浓度变化的影响。例如,酸碱废水可以在调解池内中和,高温废水也可以通过调解池均衡水温。常见的调解池有对角线出水调解池和折流调解池等。广泛应用于工业废水处理系统中。

【调亏灌溉】(regulated deficit irrigation) 简称 RDI。在作物生长发育的某些阶段,主动施加一定的水分胁迫,促使作物光合产物的分配向人们需要的组织器官倾斜,以提高其经济产量的节水灌溉技术。在 20 世纪 70 年代中期,由澳大利亚持续灌溉农业研究所 Tatura 中心研究成功,并正式命名为调亏灌溉。它的节水增产机理,依赖于植物本身的调节及补充效应。属于生物节水和管理节水的范畴。从生物生理角度考虑,水分胁迫并不总是表现为负面效应,适时适量的水分胁迫对作物的生长、产量及品质有一定的积极作用。国外对调亏灌溉的研究应用大多集中在果树方面,而中国从 20 世纪 80 年代末开始研究,并将其应用范围由果树、蔬菜,推广到冬小麦、玉米和棉花等主要农作物。与充分灌溉相比,调亏灌溉具有节水增产作用。

【调频】(frequency modulation) 使载波按照调制信号改变的调制方式。随调制信号而在一定范围内变化,其幅值则是一个常数。调频波虽受干扰后幅度有变化,但在接收端可以用限幅器将信号幅度上的变化削去,调频波的抗干扰性好。已调波频率变化的大小由调制信号的大小决定,变化的周期由调制信号的频率决定。已调波的振幅保持不变。载波的瞬时频率按调制信号的变化而变,但振幅不变。载波经调频后成为调频波。用调频波传送信号可避免幅度干扰的影响而提高通信质量。广泛应用在通信、调频立体声广播和电视中。

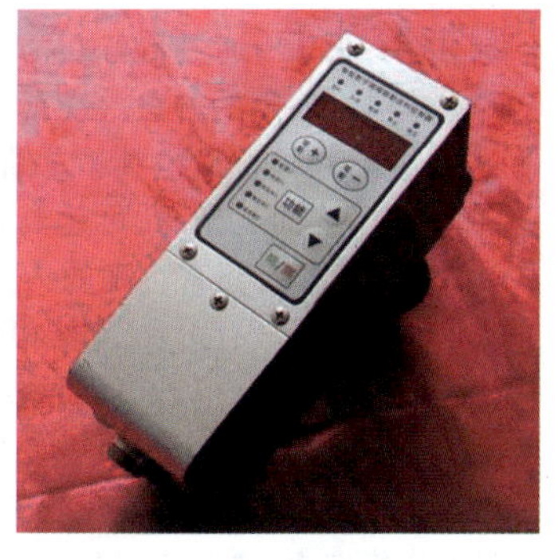

调频控制器

【调频广播】(frequency modulation broadcasting) 高频振荡频率随音频信号幅度而变化的广播技术。以调频方式进行音频信号传输。发射系统先将音频信号和高频载波调制为调频波,使高频载波的频率随音频信号发生变化,再对所产生的高频信号进行缓冲放大、激励、功放和一系列的阻抗匹配,经天线将信号发送出去。调频波的载波随着音频调制信号的变化而边变化,每秒钟的频偏变化次数和音频信号的调制频率一致。如音频信号的频率为 1kHz,则载波的频偏变化次数出为每秒 1 000 次。频偏的大小是随音频信号的振幅大小而定。中国的调频频率范围为 87 ~ 108MHz。传播音乐和声音调频广播比调幅广播具有更高的保真度。抗干扰力强,失真小,设备利用率高,但所占频带宽。

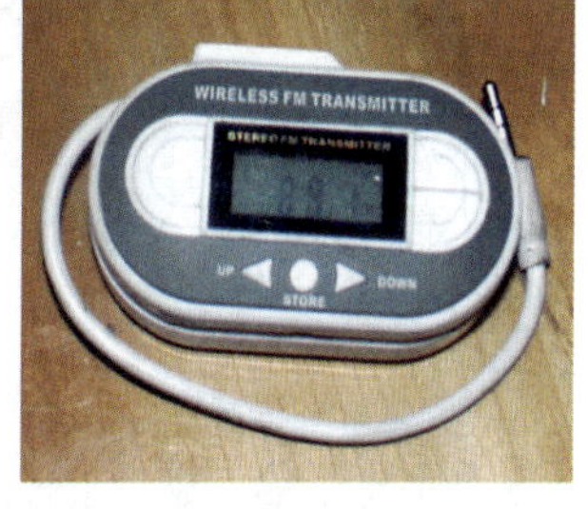

调频广播器

【调气养生】(regulating qi and health) 用调养真气的办法达到延年益寿目的的养生方法。《黄帝内经》提倡调摄真气以治病延年。持此主张的学派认为,气是生命的根本和动力。气充满全身,无处不到,具有治邪防病的功效。气,贵在运行不息,升降有常。调节气机升降,维持其正常功能,足以强身健体。调养元气的方法包括慎起居、顺四时、戒过劳、防过逸、调饮食、和五味、调七情、省言语、习吐呐、行导引等方面。人体元气有化生、推动与固摄血液、温养全身组织、抗拒病邪、增强脏腑机能的作用。营养失衡、劳逸失当、情志失调、病邪夹击等诸多因素,可致元气虚、陷、滞、逆,进而使机体发生病理变化。通过调养真气,可以达到健康长寿的目的。

【调神养生】 通过怡养心神、调摄情志、调济生活等方式进行养生的方法。按具体方式的不同可分为:(1)清静养神。指精神情志保持淡泊宁静的状态,因神气清净而无杂念,可达真气内存,心神平安。(2)立志养德。指要有正确的人生观。只有对生活充满信心,有目标、有追求,才能很好地进行道德风貌的修养和精神调摄。(3)开朗乐观、调畅情志。乐观向上的心态是养生的法宝。(4)保持心理平衡。面对激烈的社会竞争,长期处在快节奏的竞争环境中,容易产生焦虑、心力疲劳、神经质等心理现象。为了适应社会的发展,保证健康的体魄,就必须培养在竞争中保持心理平衡的能力。

【调速系统】(speed control system) 用来检测转速偏差,并将它按一定特性转换成主接力器行程偏差的特定装置的组合体。可用于减小某些机器非周期性速度波动的自动调节装置,使机器转速保持定值或接近设定值。水轮机、汽轮机、燃气轮机和内燃机等与电动机不同,其输出的力矩不能自动适应本身的载荷变化,因而当载荷变动时,由它们驱动的机组就会失去稳定性。例如当汽轮机发电机组的馈电量突然减少时,汽轮机轴上的阻力矩将急剧下降,如不及时调节汽轮机的进汽量,则机组将加速运转,改变发电频率,导致机组损坏。这类机组必须设置调速器,使其能随着载荷等条件变化,随时建立载荷与能源供给量之间的适应关系,以保证机组作正常运转。

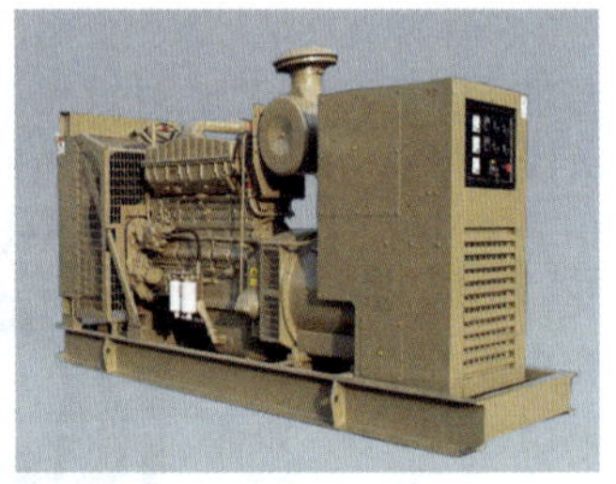
调速系统

【调味料】(flavouring agent) 又称佐料。在饮食、烹饪及食品中广泛使用的,用以去腥、除膻、增香、调和滋味的辅助原料。是菜肴组成的三大原料之一,主要作用是调解菜肴的口味。按其来源的不同可分为植物、动物和人工合成;按其添加味道的不同可分为酸、甜、苦、辣、咸和鲜;按其添加香气的不同可分为甜香、辛香、薄荷香和果香等。在面制品中常以小包形式出现。方便面常用的调味料主要有基本调味料(盐、酱油、糖等)、鲜味料(味精等)、旨味料(植物水解蛋白、酵母提取物等)、香辛料(姜、葱、蒜、花椒、茴香等)、天然抽取物(肉类、水产品、植物类)、调味香精(美拉德反应肉类香精、鸡精粉等)、色素(焦糖色素、栀子黄色素、辣椒红等)、脱水制品和油脂等。

调味料

【调味品】(spice) 用来调节食品滋味和气味一类副食品的总称。能增加菜肴的色、香、味,促进食欲,有益于人体健康的辅助食品。包括咸味剂、酸味剂、甜味剂、鲜味剂和辛香剂等。像食盐、酱油、醋、味精、糖、八角、茴香、花椒、芥末等都属此类。按其生产工艺的不同可分为发酵调味品和非发酵调味品。在食品加工中,可去除或遮掩食品原料的异味,使之具有各种美味;有的还有一定的营养和保健功能;有的还可以使食品具有诱人的彩色及保鲜作用。

【调味油】(seasoning oil) 以天然食品香辛料和植物油为原料,经一定方式加工制得并具有较强嗅感和味感特性的风味油脂。是集油脂与调味品于一身的一种食油产品。其生产方法主要有:(1)以一等植物油为溶剂。在一定条件下,对天然香辛料或蔬菜进行提取,然后分离固形物得到调味油产品。(2)先对香辛料进行水蒸汽蒸馏,得到香辛料精油,然后按一定比例将精油与一等植物油进行一定调配,得到调味油。其特点是:使用方便,卫生,能充分满足人们的生活需要。作为油脂深加工产品的延伸,具有广阔的市场前景。目前已有一些企业在进行专业化的加工生产.

【调温服装】(air-conditional clothing) 采用相变调温纤维制成的,可调整人体衣服微气候圈产生"冬暖夏凉"效果的服装。在纤维表面涂上一层含有相变材料的微胶囊,在正常体温状态下,该材料固态与液态共存。在制成服装后,当气温升高时,相变材料由固态变成液态,吸收热量;当温度下降时,相变材料又从液态变成固态,放出热量,从而减缓人体体表温度的变化,保持舒适感。

【调血脂药】(lipid regulator) 通过调整血液中各种脂蛋白比例,维持脂质、脂蛋白浓度相对恒定,从而起到预防和治疗动脉粥样硬化作用的药物。按其作用效果的不同可分为:(1)羟甲基戊二酸甲酰辅酶A还原酶抑制剂。是肝细胞合成胆固醇过程中的限速酶。通过竞争性拮抗羟甲戊酰辅酶还原酶,可抑制内源性胆固醇合成,同时激活细胞表面低密度脂蛋白受体,使血中低密度脂蛋白转移至肝脏,从而降低血浆胆固醇和低密度脂蛋白水平。本类代表药为他汀类的辛伐他汀。(2)影响胆固醇吸收和转化的药物。胆固醇在体内代谢的主要去路是在肝脏内转化为胆汁酸,其中约95%可被重吸收形成肝肠循环。胆固醇生成胆汁酸的过程需α-羟化酶催化,胆汁酸能反馈性抑制此酶活性从而减少胆汁酸的合成。本类药物作为阴离子交换树脂，口服后不被消化道吸收，在肠道内与氯离子和胆汁酸进行离子交换，形成胆汁酸螯合物，从而阻断胆汁酸的重吸收，间接降低血浆和肝脏中胆固醇的含量。本类代表药有考来烯胺和考来替泊。(3)影响脂蛋白合成、转运及分解的药物。本类药作用机制尚未完全阐明，目前认为通过以下四种途径：① 抑制脂肪酸合成的限速酶。即乙酰辅酶A羧化酶，减少脂肪组织释放脂肪酸，使肝脏合成三酰甘油的原料缺乏，进而导致肝脏合成极低密度脂蛋白减少。② 增加脂蛋白脂肪酶活性。加速乳糜微粒和极低密度脂蛋白的分解代谢，使甘油三酯水平降低。③ 减弱由胆固醇酯转移蛋白介导的脂质交换。产生颗粒大小正常的极低密度脂蛋白和低密度脂蛋白，并使高密度脂蛋白增高。④ 促进肠道胆固醇的排泄。本类代表药为贝特类的吉非贝齐。尽管调血脂药物品种较多，但疗效确切且不良反应轻微的药物主要为两类：贝特类和他汀类。前者既可降甘油三酯又可降胆固醇；后者则以降胆固醇为主。故在选药时应熟悉各类药物的适应证。

【调压器】(voltage regulator) 利用改变电磁感应的方法，在一定范围内调节输出电压的电器。按其电流性质的不同可分为：交流调压器和直流调压器；按其结构的不同可分为：机电式调压器和静止式调压器。机电式调压器是在调节过程中需用机构来进行传动的调压器。交流机电式调压器又分为接触调压器、感应调压器及移圈调压器。静止式调压器分为磁性调压器和半导体调压器。主要用于需要调节电源电压的电器和设备中。

调压器

【调压室】(surge chamber) 水利设施中减少压力管道和有压尾水道水击作用的建筑物。多利用水体调压。位于地面以上的称为调压塔；位于地面以下的称为调压井。近年来出现的气垫式调压室，在封闭的洞室中储存压缩空气，利用水、气体调压。位于机组上游侧的称为上游调压室；位于机组下游侧的称为尾水调压室。当水电站的负荷变化，导叶开度改变产生水击时，调压室既可防止水击压力传播到压力引水道或尾水隧洞中，又可减小高压管道、蜗壳及尾水管中的水击压力。并可减少机组转速变化率，改善运行条件。是否应当设置调压室，应由调节保证计算和技术经济比较来决定。利用调压室的容积容纳或补充由于负荷变化所减少或增加的进入水轮机的水体，从而减小水击作用，并截断或减小水击波继续向前传播。这时调压室内的水面会产生波动。为了保证调压室水面波动逐渐衰减，调压室断面应大于稳定断面。

【调音台】(sound console) 又称调音控制台。对多路输入信号进行放大、混合、分配、音质修饰和音响效果加工系统中的设备。是现代电台广播、舞台扩音、音响节目制作等系统中进行播送和录制节目的重要设备。按信号出来方式不同可分为模拟式调音台和数字式调音台。由输入部分、母线部分、输出部分三大部分组成。一套专业音响系统往往是以调音台为核心的。常用的调音台能同时接受8～24路不同的信号，并分别对这些信号在音色和幅度上进行调整加工处理。其主要功能是：(1)对节目信号进行放大。(2)分别对各种信号进行频率调整（即调音）。(3)信号合并。(4)信号分配功能。按使用目的和使用场合的不同可分为：(1)立体声现场制作调音台。(2)录音调音台。(3)音乐调音台。(4)数字选通调音台。(5)带功放的调音台。(6)无线广播调音台。(7)剧场调音台。(8)扩声调音台。(9)有线广播调音台。(10)便携式调音台。

【调渣剂】(conditioned slag agent) 在溅渣护炉炼钢工艺中，为达到溅渣层的要求所加入的镁质造渣材料。目的是调整溅渣层中镁、铁的含量和碱度，以增强其对炉衬的保护作用。包括白云石、菱镁矿和镁砂。均为含镁物质。调渣剂的使用，要根据炼钢结束后炉渣的状况、黏稠度和流动性来确定。由于炼钢炉的大小、冶炼钢种及终渣成分的不同，调渣剂的加入分为直接在炼钢过程中加入和在出钢后加入两种工艺。

【调制解调器】(modem) 又称猫。实现调制与解调的电子设备。调制，就是把数字信号转换成电话线上传输的模拟信号；解调，即把模拟信号转换成数字信号合称调制解调。计算机内的信息是由“0”和“1”组成数字信号，而在电话线上传递的却只能是模拟电信号。于是，当两台计算机要通过电话线进行数据传输时，就需要一个设备负责数模的转换。这个数模转换器就是调制解调器计算机在发送数据时，先由调制解调器把数字信号转换为相应的模拟信号，然后在线路上进行传输。在传送到另一台计算机之前，也要经由接收方的调制解调器负责把模拟信号还原为计算机能识别的数字信号，从而实现了两台计算机之间的远程

调制解调器

通信。

【调质钢】(hardened and tempered steel) 具有中等含碳量的碳素钢和合金钢的总称。结构钢的一类。制件经调质处理(即淬火和高温回火)后可获得强度和韧性都好的综合机械性能。

【挑梁】(cantilever beam) ❶土木工程中从主体结构延伸出来、一端主体端部设有支承的水平受力构件。为了支承挑廊、阳台、雨篷等,常设有埋入砌体墙内的钢筋混凝土悬臂构件。当埋入墙内的长度较大且梁相对于砌体的刚度较小时,梁发生明显的挠曲变形,这种挑梁称为弹性挑梁,如阳台挑梁,外廊挑梁等。当埋入墙内的长度较短,埋入墙内的梁相对于砌体刚度较大,挠曲变形很小,主要发生刚体转动变形,这种挑梁称为刚性挑梁。嵌入砖墙内的悬臂雨篷梁属于刚性挑梁。❷现浇钢筋混凝土结构中,从连续梁端支座延伸出来一定长度的梁段或者直接从柱子连接出来端部设有支承的梁。前者称外伸梁或称悬臂梁。按其破坏形态的不同可分为:(1)挑梁倾覆破坏。当挑梁埋入端的砌体强度较高且埋入段长度较短,则可能在挑梁尾端处的砌体中产生阶梯形斜裂缝。如挑梁砌入端斜裂缝范围内的砌体及其他上部荷载不足以抵抗挑梁的倾覆力矩,此斜裂缝将继续发展,直至挑梁产生倾覆破坏。发生倾覆破坏时,挑梁绕其下表面与砌体外缘交点处稍向内移的一点O转动。(2)挑梁下砌体局部受压破坏。当挑梁埋入端的砌体强度较低且埋入段长度较长,在斜裂缝发展的同时,下界面的水平裂缝也在延伸,使挑梁下砌体受压区的长度减小、砌体压应力增大。若压应力超过砌体的局部抗压强度,则挑梁下的砌体将发生局部受压破坏。(3)挑梁本身弯曲破坏或剪切破坏。挑梁根部由于正截面受弯承载力或斜截面受剪承载力不足引起弯曲破坏或剪切破坏。

挑梁示意图

【挑流消能】(trajectory bucket energy dissipation) 利用泄水建筑物出口部分的挑流鼻坎,将下泄的急流抛向空中,然后落入离建筑物较远的河床与下游水流相衔接的消能方式。鼻坎形式很多,常用的有连续式鼻坎、差动式鼻坎,还有扭曲鼻坎、斜切鼻坎、扩散式鼻坎和窄缝式鼻坎等。能耗大体分三部分:急流沿固体边界的摩擦消能,射流在空中与空气摩擦、掺气、扩散消能,射流落入下游尾水中淹没紊动扩散消能。挑流消能通过鼻坎可在挑流范围内有效地控制射流落入下游河床的位置、范围及流量分布,对尾水变幅适应性强,结构简单,施工、维修方便。但其下游冲刷较严重,堆积物较多,尾水波动与雾化都较大。其设计的主要内容有:选择鼻坎形式,确定鼻坎高程、反弧半径、挑角,计算挑距和下游冲刷坑深度等。挑流鼻坎的高程,根据建筑物布置、工程结构和水力条件等综合要求确定,一般可略高于下游最高水位。挑流鼻坎反弧半径多采用反弧最低点水深的8~10倍。挑距是指鼻坎末端至冲刷坑最深点间的水平距离,可根据抛射体理论进行估算。冲刷坑深度与射流的单宽流量、落差、岩基构造和特性以及水力因素有关。其中单宽流量最为主要。挑流消能应用较广,适于中、高水头,大、中、小流量的各类建筑物。

【挑檐天沟】(cave gutter) 在屋面挑檐上收集雨水且使其沿沟溢流到室外的沟状设施。与屋面板和楼板连接的,以外墙为分界线;与圈过梁连接的,以梁外边线为分界线。外墙边线以外或梁外边线以外的为挑檐天沟。其作用是:避免屋面的雨水向下排放时浇到墙面上。按雨水排放方式的不同可分为有组织排水和无组织排水两种。有组织排水方式的挑檐形成天沟,无组织排水的挑檐没有天沟。除了挑檐在屋面的其他部分也有天沟,如女儿墙与屋面交界处、两个不同高度屋面交界处、高低跨交界处等。有组织排水一般是把雨水集到天沟内再由雨水管排下,集聚雨水的沟就被称为天沟。按其形式的不同天沟可分为:(1)内天沟。在外墙以内的天沟,一般有女儿墙。(2)外天沟。是挑出外墙的天沟,一般没女儿墙。天沟多用白铁皮或石棉水泥制成。挑檐是建筑物屋面处,以防屋面雨水顺外墙面漫流而污染墙面,使屋面雨水有组织进行排水。两者合在一起,共同完成有组织的排水。

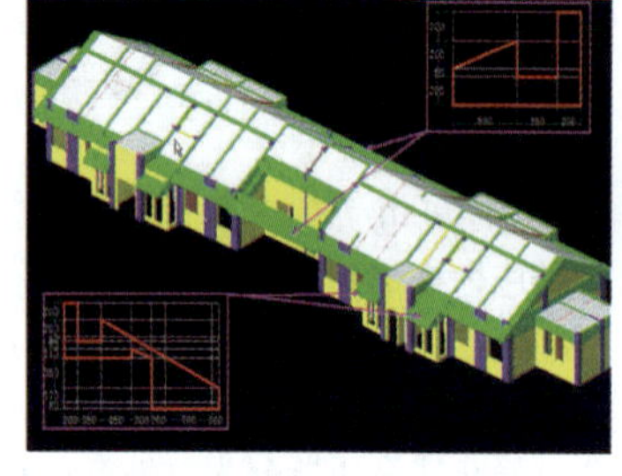
挑檐天沟

【跳频】(frequency hopping, FH) 用一定码序列进行选择的多频率频移键控,用扩频码序列去进行频移键控调制,使载波频率不断地跳变的频率。跳频系统占用了比信息带宽要宽得多的频带。其优点是:跳频图案的伪随机性和跳频图案的密钥量使跳频系统具有保密性。即使是模拟话音的跳频通信,只要敌方不知道所使用的跳频图案就无法获取通信内容,具有一定的保密能力。其缺点是:(1)信号的隐蔽性差。因为跳频系统的接收机除跳频器外与普通超外差式接收机没有什么差别。它不仅要求接收机输入端的信号噪声功率比是正值,而且要求信号功率远大于噪声功率。所以在频谱仪上是能够明显地看到跳频信号的频谱。(2)抗多频干扰及跟踪式干扰能力有限。当跳频的频率数目中有一半的频率被干扰时,对通信会产生严重影响,甚至中断通信。抗跟踪式干扰要求快速跳频,使干扰机跟踪不上而失效。(3)快速跳频器的限制。产生宽的跳频带宽、快的跳频速率、伪随机性好的跳频图案的跳频器在制作上遇到很多困难,且有些指标是相互制约的。因此,使得跳频系统的各项优点也受到了局限。

【跳频通信干扰设备】(frequency hopping communication jamming equipment) 一种利用载波跳变实现频谱展宽的扩频技术。实施干扰跳频通信的通信对抗设备。其跳频方法是:把一个宽频段分成若干个频率间隔(称为频道,或频隙),由一个伪随机序列控制发射机在某一特定的驻留时间所送信号的载波频率。按其工作波段的不同可分为:短波、超短波和微波跳频通信干扰设备。按其干扰方式的不同可分为:跟踪式和拦阻式跳频通信干扰设备。跟踪式跳频通信干扰设备,是基于跳频通信的传输信道频率在预定的频率集中伪随机地跳变,而频率集在短时期内不会发生变化的前提下实施干扰的设备。能在宽频带范围内快速搜索识别和自动信号分析处理,具有快速转换、跟踪干扰等功能。拦阻式跳频通信干扰设备主要是采用锯齿波信号调制干扰频率,产生宽频带均匀频谱的干扰信号,以压制跳频通信信号的频率集。广泛应用于抗干扰的通信系统中。

【跳时】(time hopping, TH) 以伪随机码控制射频信号的发送时刻和持续时间所实现的扩频。与跳频相似,跳时是使发射信号在时间轴上跳变。首先把时间轴分成许多时片。在一帧内哪个时片发射信号则由扩频码序列去进行控制。因此,也可以把跳时理解为:用一定码序列进行选择的多时片的时移键控。由于采用了窄得很多的时片去发送信号,相对来说,信号的频谱也就展宽了。在发送端,输入的数据先存储起来,由扩频码发生器的扩频码序列去控制通-断开关,经二相或四相调制后再经射频调制后发射。在接收端,由射频接收机输出的中频信号经本地产生的与发端相同的扩频码序列控制通断开关,再经二相或四相解调器,送到数据存储器和再定时后输出数据。只要收发两端在时间上严格同步进行,就能正确地恢复原始数据。跳时也可以看成是一种时分系统,所不同的地方在于它不是在一帧中固定分配一定位置的时片,而是由扩频码序列控制的按一定规律跳变位置的时片。跳时系统的处理增益等于一帧中所分的时片数。尽管跳时系统也是一种扩展频谱技术,但因其抗干扰性能不强通常并不单独使用。通常在时分多址通信系统中利用跳时来减少网内干扰,改善系统中存在的远近效应。

【贴壁培养】(anchorage-culture) 将细胞贴附在某种基质上进行增殖的培养方法。细胞一经贴壁就迅速铺展,然后开始有丝分裂,并很快进入对数生长期。一般在数天后铺满表面,形成致密的细胞单层。这种培养方法适用于一切贴壁细胞,也适用于兼性贴壁细胞。大多数动物细胞,包括非淋巴组织的细胞和许多异倍体细胞属于这一类型。其主要优点是:(1)细胞可贴附于培养介质内外表面,能有效地表达产品。(2)容易进行培养液更换,采用灌流培养模式,不断添加新鲜培养液,去除代谢产物,使单位体积内细胞密度增高。(3)与悬浮培养相比可维持的培养周期相对较长。贴壁细胞培养主要是解决培养工艺的放大问题。

【贴坡排水】(drain on embankment slope) 又称表面排水。铺设在土石坝下游坡面底部的表面排水设施。可保护下游坝坡底部及附近坝基,防止在渗透水流逸出表面时出现管涌与流土。施工时,先按要求将反滤层铺设在土石坝下游坡脚附近,然后在其上堆放或砌筑块石。排水体顶部比浸润线逸出点高0.5~1.0m。下游有水时,底部比下游最高水位高1.5~2.0m。贴坡排水不能降低坝体浸润线。适用于下游坝体含有细颗粒的透水料,且不需要降低浸润线的心墙坝、斜墙坝及多种土质坝。当坝体很低或石料缺乏时才考虑采用均质土坝。贴坡排水构造简单,施工方便,需石料少,易于观察和检修,与大坝填筑不发生干扰。

贴坡排水

【贴体包装】(skin packaging) 又称贴体吸塑包装、皮式包装。包装方式之一。将产品放在能透气并涂有热溶胶的纸板或塑料薄片(膜)制成的底板上,上面覆盖热塑性塑料薄片,通过局部加热和底板抽真空使其紧密包贴产品并四周封合在底板上的包装。具有包装紧凑、保护性好、透明度高、便于运输等优点。可用于餐具、肉类、糖果、干菜等成品的包装。

贴体包装

【贴药法】(posting drug method) 又称薄贴法。将药物贴于患者经穴部位或患处,用以治疗疾病的一种常用方法。其剂型有膏贴、饼贴、叶贴、皮贴、花贴、药膜贴等。其中临床上使用最多的是膏贴。膏贴的种类很多,有白膏药、黑膏药、油膏药、松香膏药、胶膏药等。其共同特性是:遇热则软化而具有黏性,敷贴部位固定,应用方便,药效持久,便于收藏携带。贴药疗法具有疏经通络、祛风逐湿、利气导滞、活血祛瘀、散结止痛、消肿拔毒等作用。适用于内、外、妇、儿、骨伤科等多种疾患,如疖肿、疮疡、瘰疬、乳核、风湿痹痛、哮喘、胸痹、偏头痛、口眼呙斜、癥瘕积聚、腰腿病、腹痛、腹泻等。

【萜类化合物】(terpenoid) 具有$(C_5H_8)_n$通式以及其含氧和不同饱和的衍生物。可以看成是由异戊二烯或异戊烷以各种方式联结而成的一类天然化合物。是挥发油的主要成分。是从植物的花、果、叶、茎、根中得到有挥发性和香味的油状物。具有一定的生理活性和药用价值,如祛痰、止咳、驱风、发汗、驱虫、镇痛。

【萜烯树脂】(polyterpene resin) 由α-蒎烯或β-蒎烯经阳离子聚合而得的线型聚合物。一种黄色透明、脆性的热塑性固体。具有无毒、无臭、耐辐射和抗结晶等性能。对氧、热和光较稳定;对各种合成物质有良好的相溶性,耐稀酸、稀碱,增黏性强,电绝缘性强,不溶于水和乙醇。在橡胶、胶黏剂、压敏胶黏带、热溶涂料、油漆、高级油墨、包装、防锈油和口香糖等工业领域广泛应用。

萜烯树脂

【铁磁谐振电路】(ferroresonance circuit) 由带铁芯的电感线圈和电容所组成的电路。在正弦电源激励和电路参数合适的条件下,铁磁谐振电路可产生对基波、高次谐波或次谐波的谐振现象。在电力系统中,如果某部分的结构和参数配合不当,就有可能使带铁芯的线圈与线路对地电容形成铁磁谐振,产生过电压,从而使电气设备的绝缘受到威胁。

【铁磁性材料】(ferromagnetic material) 受到外磁场作用时显示很强磁性的材料。包括铁、钴、镍和它们的一些合金,稀土族金属以及一些氧化物。只有在居里温度以下才具有铁磁性;在居里温度以上,转变为顺磁性。具有高磁导率,且有明显的磁滞效应。高磁导率是铁磁材料应用特别广泛的主要原因。磁滞特性使永磁体的制造成为可能,但在许多其他应用中却带来不利影响。当铁磁材料处于交变磁场中时将沿磁滞回线反复被磁化。在反复磁化的过程中要消耗额外的能量,以热的形式从铁磁材料中释放,这种能量损耗称为磁滞损耗。磁滞损耗不仅造成能量的浪费,而且使铁芯的温度升高,导致绝缘材料的老化。广泛用于电工设备和电子设备中,如发电机、变压器等。

铁磁性材料

【铁弹体】(ferroelastic crystal) 具有自发应变,且在应力作用下,应变方向可重新取向,显示出有类似于磁滞回线的弹滞回线的弹性晶体。铁弹相变(居里温度时铁弹相和顺弹相间的相互转变)温度可随应力或外电场改变,且在相变温度附近弹性常数反常,通常具有形状记忆效应。除纯铁弹体(如NdP_5O_{14}、$BiVO_4$、$CaTe_2O_5$等)外,还有铁电铁弹体(如$BaTiO_3$、KH_2PO_4等)、铁弹半导体(如VO_2)、铁弹超导体(如Nb_3Sn)、铁光弹体$Gd_2(MoO_4)_3$等。在能量转换、信息变换和存储等方面都有着广泛的应用前景,可制成高效声光器件、电控位移器、声学延迟线、自动控制器等。

【铁电陶瓷】(ferroelectric ceramics) 一种具有自发极化且随外电场而取向的介电材料。具有异常高的介电常数,是高比容电容器重要的介质材料。如以改性$BaTiO_3$为基的铁电陶瓷,是当前应用最广泛的

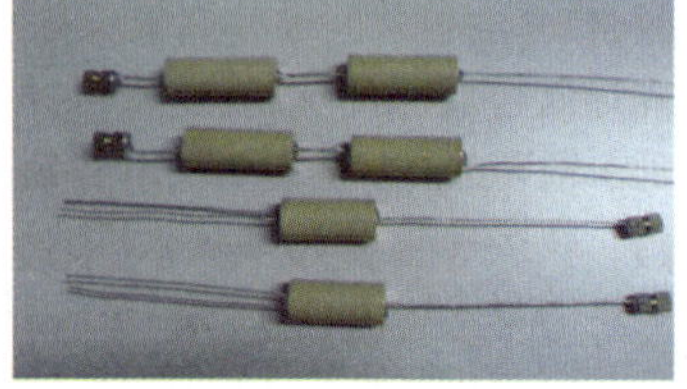
铁电陶瓷

多层陶瓷电容器的介质材料。这类陶瓷在电场下呈现的极化反转特性是铁电存储器的应用基础，而可逆非线性则应用于相移器等可调谐微波器件。由铁电陶瓷制作的铁电体通常以薄膜形式用于这些器件中，被称为铁电薄膜。铁电薄膜是当前功能陶瓷领域中最活跃的研究领域之一。

【铁电体】(ferroelectric crystal) 具有自发极化，且在外电场作用下，其极化方向可沿几个特定的晶向重新取向，显示出有电滞回线的晶体。当温度超过居里温度时，铁电性消失。一般有固定居里温度，不同晶体的居里温度差别很大，如酒石酸铊锂为 -261.5℃，钛酸镧则为1 500℃。居里点以上服从居里-韦斯定律，相对电容率也较大，在应力或声波作用下表现出强的压电效应和声光效应，在强电场下表现出电光效应。常见的有磷酸二氢钾型、钙钛矿型、钨青铜型、钛酸铋型、铌酸锂型等。可采用提拉法和熔融法制备。多用于光学器件，如铁电存储器、铁电显示器、激光调制器、倍频器、光开关、非线性电容、超声换能器、高频振荡器等。

【铁铬铝合金】(Fe-Cr-Al alloy) 一种含13%~27%铬、4%~7%铝及少量其他元素的铁基合金。有高的电阻率($1\sim1.30\Omega\cdot mm^2/m$)和热稳定性。随着铬铝等含量的增加，其电阻率和热稳定性亦增高。可用作电炉发热体、变阻器、精密电阻和应变电阻等。由于这类合金不含镍，且使用温度比镍铬合金高(可达1 400℃)，因此在许多应用中可代替镍铬合金。这类合金焊接性较差，高温使用后易变脆，且一般不宜在含氮、氯等气氛中应用。

铁铬铝合金

【铁合金】(iron alloy) 由铁和其他金属或类金属组成的合金的总称。如锰铁、硅铁、钨铁、钼铁、钛铁等。通常其中所含的合金元素量较高。主要用作炼铁或炼钢的脱氧剂或合金加入剂。

【铁焦】(iron coke) 含铁的块焦。一种炼铁炉料。由弱黏性的煤与铁矿粉和(或)炉尘按一定比例均匀混和，在炼焦炉内烧结而成。可减少粉矿和炉尘的造块工作，降低焦比，并能扩大炼焦用煤的资源。

【铁路】(railway) 使用机车牵引车辆组成列车循轨行驶的交通线路。按照轨距的不同可分为：标准轨距铁路(在直线地段，轨距为1 435mm的铁路)、宽轨距铁路(在直线地段，轨距大于1 435mm的铁路)、窄轨距铁路(在直线地段，轨距小于1 435mm的铁路)。牵引用的机车有蒸汽机车、内燃机车、电力机车、燃气轮机车等。1881年筑成的唐胥铁路是中国第一条标准轨距铁路。

铁路

【铁路等级】(railway classification) 根据铁路线在铁路网中的作用、性质和远期客货运量，以及最大轴重和列车速度等，对铁路划定的级别。是铁路的基本标准。设计铁路时，首先要确定铁路等级。铁路的技术标准和装备类型都要根据铁路等级去选定。世界各国划定铁路等级的依据不尽相同。铁路等级划分可根据单项指标和多项指标进行。包括铁路自身的技术特征和参数，设计线在铁路网中的地位和意义，以及设计线担负的客货运量等。中国《铁路线路设计规范》中规定，新建铁路和改建铁路(或区段)的等级，应根据他们在铁路网中的作用、性质和远期的客货运量确定。中国铁路建设标准共划分为Ⅰ级、Ⅱ级和Ⅲ级。具体划分见下表。

中国铁路建设标准

等 级	铁路在路网中的意义	远期年客货运量(百万吨)
Ⅰ级铁路	在路网中起骨干作用的铁路	≥20
Ⅱ级铁路	1. 在路网中起骨干作用的铁路	<20
	2. 在路网中起联络、辅助作用的铁路	≥10
Ⅲ级铁路	为某一区域服务，具有地区运输性质的铁路	<10

【铁路轨道】(railway track) 位于铁路路基上的钢轨、轨枕、轨排、连接零件、道床、道岔和其他附属设施的统称。钢轨指钢材轧制成一定长度的工字形断面型钢，用以直接支承铁路列车荷载和引导火车车轮行驶；轨枕指支承钢轨，保持轨距并将列车荷载传布于道床的构件；轨排指两根钢轨和轨枕用扣件连接成的整体结构件；道床指支承和固定轨枕，并将其支承的荷载传布于铁路路基面的轨道组成部分；道岔指将一条铁路轨道分

铁路轨道

支为两条或两条以上的设备。

【《铁路货物运输国际公约》】(Convention on International Carriage of Goods by Rail) 在1890年制定的《国际铁路货物运送规则》的基础上发展起来的关于铁路货物运输的国际公约。1890年欧洲各国外交代表在瑞士首都伯尔尼举行的会议上制定。目前生效的是1970年外交代表大会通过并于1975年1月1日生效的大会公约文本。国际铁路运输中央事务局总部设在伯尔尼。《铁路货物运输国际公约》分为6部分,共70条和4个附件。该公约第1部分为公约的目的和适用范围,第2部分为运输合同,第3部分为责任、法律诉讼,第4部分为各种规定,第5部分为特殊规定,第6部分为最终规定。附件1为危险物品铁路运输国际规章,附件2为国际铁路运输中央事务局规章,附件3为委员会和专家委员规则,附件4为仲裁规则。

【铁路技术站】(railroad technical station) 区段站和编组站的统称。区段站多设在中等城市和铁路网上牵引区段的起点或终点。其主要任务是为邻接的铁路区段供应及整备机车,为无改编中转货物列车办理规定的技术作业,并办理一定数量的列车解编作业及客货运业务。区段站所办理的作业,无论从数量上或种类上,都远较中间站繁多。而在所办理的解编及中转列车中,无改编中转列车所占的比重大。编组站是铁路网上办理大量货物列车解体和编组作业,并设有比较完善调车设备的车站。按列车编组计划的要求,编解各种类型的列车,合理组织车流服务,是一个编组列车的"工厂"。编组站通常设在几条主要干线的汇合处,也可以设在有大量装卸作业地点的大城市、港口或大工矿企业附近。

【铁路联锁】(railway interlocking) 铁路系统中信号设备与相关因素的制约关系。是铁路信号保证行车安全的重要技术措施。其基本内容包括:(1)防止建立会导致机车车辆相冲突的进路。(2)必须使列车或调车车列经过的所有道岔均锁闭在与进路开通方向相符合的位置。(3)必须使信号机的显示与所建立的进路相符。进路上各区段空闲时才能开放信号。如果进路上有车占用,却能开放信号,则会引起列车、调车车列与原停留车冲突。进路上有关道岔在规定位置才能开放信号。如果进路上有关道岔开通位置不对却能开放信号,则会引起列车、调车车列进入异线或挤坏道岔。信号开放后,其防护的进路上的有关道岔必须被锁闭在规定位置,而不能转换。敌对信号未关闭时,防护该进路的信号机不能开放。否则列车或调车车列可能造成正面冲突。信号开放后,与其敌对的信号也必须被锁闭在关闭状态,不能开放。

【铁路联锁设备】(railway interlocking equipment) 控制车站的道岔、进路和信号,并实现他们之间的联锁关系的设备。可以采用机械的、机电的或电气的方法来实现。可以分散控制也可以集中控制。联锁设备有继电集中联锁和计算机联锁两大类设备。若是用继电器组成的电路来进行控制并实现联锁的设备,称为继电式电气集中联锁,简称继电集中联锁。继电集中联锁采用色灯信号机,道岔由转辙机转换,进路上所有区段均设有轨道电路,在信号楼进行集中控制和监督。计算机联锁大大提高了继电集中联锁的功能,并方便设计、施工、维修和使用。计算机联锁正在迅速发展,是车站联锁设备的发展方向。联锁功能包括联锁逻辑运算、轨道电路信息处理、进路控制、道岔控制和信号机控制。

【铁路列车调度指挥系统】(train operation dispatching command system, TDCS) 又称铁路运输调度指挥管理信息系统。实现铁路各级运输调度对列车运行实行透明指挥、实时调整、集中控制的现代化信息系统。由铁道部、铁路局TDCS中心局域网及车站基层网组成。该系统利用信息技术、网络技术、控制技术等现代科学技术手段取代了传统落后的行车指挥手段,在保证网络安全的前提下,与相关系统紧密结合、互联互通、信息共享,实现了铁路运输组织的科学化、现代化,增加了运能,提高效率,减轻了调度人员的劳动强度,改善了调度指挥的工作环境。并对列车在车站和区间运行实时监视,动态调整,自动生成列车运行三小时阶段计划,实现列车调度命令的自动下达和实际运行图的自动描绘;实现分界口交接列车数、列车运行正点率、行车密度、早晚点原因、重点列车跟踪等实时宏观统计分析并形成相关统计报表;显示铁路路网、沿线线路、车站、救援列车分布等主要技术资料和气象资料,为铁路事故救援、灾害抢险、防洪等提供决策参考。以铁路列车调度指挥系统为平台,组建分散自律、智能化、高安全、高可靠的新一代调度集中系统,是实现铁路提速、高速以及减员增效的跨越式发展的根本保证。中国铁路将以集中调度为核心,构建铁路现代化的调度指挥管理信息系统,以现代运输的理念大力推动铁路运输调度指挥系统建设。

【铁路路外伤亡】(injuries outside railways) 火车与乘客、铁路工作人员之外的人碰撞发生伤亡事故。常见的路外伤亡主要有:(1)因铁路行车事故或其他运营事故造成的路外伤亡,如火车脱轨、倾轧、冲撞导致铁路线路旁的人的伤亡。(2)行人违章侵入行车界限,被正常运行中的火车碰撞导致的伤亡。路外伤亡属一般侵权案件,理论和司法实践中不存有争议。根据《火车与其他车辆碰撞和铁路路外人员伤亡事故处理暂行规定》,铁路路外人员伤亡事故指并非正在岗位执行任务的铁路职工和未持有效乘车凭证的旅客伤亡事故。发生铁路路外伤亡事故的,首先应成立事故调查委员会,负责调查处理事故。在处理时,凡属于伤亡者本人或所属单位责任的,伤者的医疗费、住院期间的伙食费、死者丧葬费由伤者本人或单位承担,因伤者致残、经济确有困难的,可根据伤残等级,由铁路部门酌情给予一次性救济费,死亡者家庭确有生活困难,由铁路部门酌情给予丧葬费,还可给予一次性救济。凡属于铁路方面责任造成事故伤亡者,其医疗费和住院期间伙食费,由铁路部门承担,并根据情况,由铁路部门给予一次性抚恤费。标准参照《铁路旅客意外伤害强制保险条例》办理,最高标准不得超过条例规定。

【铁路牵引供电安全】(power supply safety of railway traction) 在铁路运营过程中,铁路的牵引供电系统处于正常工作,能够避免发生事故的状态。影响牵引供电系统安全运行的因素包括系统自身设备的可靠性和外部条件。前者是系统内部因素,是可控制的,应在设计过程中通过优化设计方案,针对具体工程要求提高设计标准,完善设备选择,严把施工质量关等措施保证系统的安全可靠。后者是系统外部因素,是无法预见的,无法在设计过程中完全控制,只能在设计过程中设置监测设施加以预防;一旦外部条件发生变化,可尽量减少对牵引供电设施及列车运行的影响。根据《牵引供电事故管理规则》规定,在牵引供电系统中,凡由于工作失误、设备状态不良或自然灾害致使牵引供电设备破损、中断供电,以及严重威胁供电安全者,均列为供电事故。

【铁路枢纽】(railway hub) 在铁路与铁路交会处,或铁路与港口、工矿企业的专用铁道衔接点,由车站、联络线以及进出站线路等设施构成的铁路运输综合体。其主要任务是:组织客流、货流的集散和中转,包括办理各种列车的到发和通过,车辆的改编和交换,旅客的上下和换乘,以及货物的承运、交付和换装等作业。铁路枢纽一般拥有以下主要设施:(1)若干专业车站(编组站、客运站、货运站)或一个兼办各类作业的联合车站。(2)车站间的联络线。(3)在铁路枢纽范围内引入车站的进出站线路。常采用的简单枢纽布置图式有一站式、三角形、顺列式、并列式和十字形等。较复杂铁路枢纽的布置图式有环形、半环形图式和混合式图式。

铁路枢纽

【铁路隧道】(railway tunnel) 在铁路线路上用来克服山岭高程(海拔高度)障碍,或遇江河、海峡不适宜修建桥梁时,在山岭、江河下建造的构筑物。分别称为山岭隧道和水底隧道。按其长度的不同可分为短隧道(500m以下)、中隧道(500~3 000m)、长隧道(3 000~10 000m)和特长隧道(10 000m以上)四种。按修建位置的不同可分为傍山隧道、越岭隧道、水底隧道和地下隧道。按隧道内铁路线多少的不同可分为单线、双线和多线隧道等。铁路隧道结构由以下几部分组成:洞身、衬砌、洞门和附属建筑物。铁路隧道可使铁路线路在较低的高程位置穿过山岭,避免开挖大量土石方修筑深路堑;使铁路线路在江河水下通过,避免修建大桥时通航高度受限而妨碍大吨位船舶航行,和发生船只与桥墩相撞事故;避免线路迂回山岭,缩短线路长度,加大线路曲线半径,降低纵向坡度,使列车运行平顺;增加列车牵引质量和提高行车速度,提高运输能力和节省运营费用。

铁路隧道

【铁路危险货物运输】(railway transport of dangerous goods) 铁路办理易燃、易爆炸、有腐蚀性、有毒、有放射性及易于分解放氧等货物的运输。危险货物在运输过程中要分别按其特性妥善防护管理,以免伤害人员或损坏物资、设备。中国铁道部门将危险货物分为爆炸品及军火、易着火的流质品、危险腐蚀并有毒性的化学品、各项杂品等四类,并对允许装运的危险货物规定了包装要求和不得与他种货物混装的限制。凡具有爆炸、易燃、毒害、腐蚀、放射性等特性,在运输、装卸和储存保管过程中,容易造成人身伤亡和财产毁损而需要特别防护的货物,均属危险货物。按其危险性和运输要求的不同可分为:(1)爆炸品。分为具有整体爆炸危险的物质和物品以及无整体爆炸危险的物质和物品。(2)气体。分为具有易燃气体、非易燃无毒气体和毒性气体。(3)易燃液体。分为一级易燃液体和二级易燃液体。(4)易燃固体。易于自燃的物质和遇水放出易燃气体的物质。(5)氧化性物质和有机过氧化物。(6)毒性物质和感染性物质。(7)放射性物质。(8)腐蚀性物质。分为酸性腐蚀性物质、碱性腐蚀性物质和其他腐蚀性物质。(9)杂项危险物质和物品。包括危害环境的物质,高温物质,经过基因修改的微生物或组织,不属感染性物质,但可以非正常的天然繁殖结果的方式改变动物、植物或微生物物质。铁路危险货物运输实行资质认证制度。办理铁路危险货物运输的托运人和承运人必须分别取得铁路危险货物托运人资质和铁路危险货物承运人资质。

【铁路下采矿】(mining under railway) 采用专门技术和安全措施开采铁路下矿体的采矿方法。要控制好两方面的问题:一是要防止线路突然下沉。为此,要采取相应的措施,使地表的移动与变形平缓、渐变、大范围。只要地表不出现突然下沉而是大范围的平缓整体移动,位于其上的路基也就随着整体移动,而不会发生局部松动,就不易发生线路破坏的现象。二是要及时采取措施消除地表渐变移动的影响。地表大面积平缓渐变移动,虽然每天变化量很小,但如不及时消除,积累起来就会超过《铁路工务规则》的规定。其主要安全技术措施包括:-是开采前措施,二是在开采过程中的线路维修措施。前者基本与建筑物下采矿的开采措施相同;后者主要包括开采前的准备工作(包括线路移动和变形预计、组织维修力量、加宽路基、加强线路上部建筑、准备维修材料、设置线路观测站等)和开采过程中的维修工作(包括消除影响地表下沉的维修措施、消除影响地面横向水平移动的维修措施、消除地表纵向水平移动影响的维修措施、加强巡道工作等)。

【铁路运输计划信息管理系统】(railway transportation planning system) 针对铁路运输计划,通过引进科学的现代化管理理论和先进的电子计算机技术,而建立的科学化、民主化、现代化决策的信息管理系统。包括数据管理系统、客货流图处理系统、综合分析系统、模型管理系统和决策支持系统。其主要功能是:(1)数据采集功能。通过铁路局、分局计算机网对基础数据、社会经济信息进行采集,运用多媒体技术将站场设施、资源分布等文字、图像信息输入计算机。(2)数据处理功能。采用多维数据模型,二进制压缩存储,快速定位算法,具有数据更新、查询、台帐处理等功能。(3)指标分析及客货流图功能。可及时、准确地提供旬、月、季、年的各种分析情况和经济效益情况,自动生成计划及实际客货流图。(4)指标预测功能。运用灰色预测、谱分析等多种数学模型,对客货运量等主要指标进行预测,可为计划建议及多目标动态决策提供科学依据。(5)计划建议、计划分劈功能。综合运用数据库、模型库、知识库及方法库的多种信息、方法、知识,对运输计划进行测算、分析,通过人机交互、反复对比、逐次逼近的方法,生成运输计划建议,计划分劈方案,实现运输计划结构化、半结构化或非结构化的决策支持。(6)模拟功能。对提出的计划建议、计划分劈方案进行计算机模拟,考察其可行性,并进行再优化。

【铁路运营安全】(railway operation security) 在铁路运输生产过程中,能将人或物的损失控制在可接受水平的状态。人或物遭受损失的可能性是可以接受的。是以列车装载旅客和货物,沿着铁路线路运行,从而实现旅客和货物的位移。有关旅客和货物的位移以及机车、车辆和列车的移动,都属于铁路运营活动。为安排、组织铁路运营活动所进行的各种工作,统称为铁路运营工作,在中国又称为铁路运输组织工作。是综合运用线路、车站、机车、客车、货车、通信信号等各种运输技术设备,统筹协调各个专业部门和各个生产环节的关系,完成铁路旅客运输和铁路货物运输任务。具体包括铁路旅客运输、铁路货物运输和铁路行车。其基本任务是:采用优化的运营方式方法,合理组织运输生产过程,充分发挥各种运输技术设备效能,不断改善客货运输业务,并对运输生产过程进行有效的计划、组织和控制,以最小的运输耗费取得最佳的运营效果,尽可能满足广大旅客和货主的安全运输需求。

【铁路运营工作分析】(railway operation analysis) 按一定的技术要求,对铁路运营工作指标实际完成情况及组织铁路运输生产的各项工作方法所做的分析。其基本任务是:(1)发现先进经验和先进典型。(2)研究运输生产规律,以促进铁路运输计划的完成和超额完成。(3)检查和监督铁路运输计划的完成情况,找出影响计划完成的因素。(4)发掘可用于增加生产、提高铁路运输效率的运输潜力。采用的方法是:(1)数的比较分析法。指将反映两个相互间具有一定联系的数进行对比,从而揭示事物间所具有的对比关系。在铁路运输计划、统计和运营工作技术分析中均有极为广泛的应用。(2)动态数列分析法。指借助于一定形式的动态数列,并通过对这一动态数列的分析研究,从而揭示铁路运营工作的发展过程及其规律性的方法。主要包括指标水平和增长量,指标平均发展速度和平均增长速度等。(3)图示分析法。指将反映某一现象和发展过程的大量数字资料,利用几何图形的形式表达出来,从而显示现象的规模、发展趋势、依存关系等的分析方法。利用图示分析法不但生动活泼、通俗易懂,而且形象化、具体化,使人一目了然,易于理解,给人以明晰而概括的深刻印象。(4)指标因素影响分析法。指在铁路运营工作技术分析中,为进一步揭露一定指标状态和动态的原因,以便据以拟定改善铁路运输工作的措施。

【铁路中间站】(railway intermediate station) 为铁路沿线城乡人民及工农业生产服务,提高铁路区段通过能力,保证行车安全而设的车站。是铁路上数量最多的车站。一般位于中小城镇,是城乡联系的重要纽带,在联系工业和农业、加强城乡人民的往来和物资交流中起着重要的作用。此外,铁路中间站还可以提高铁路区段通过能力,保证行车安全。铁路中间站的作业主要包括货物的承运、保管、装卸与交付;接发列车作业;旅客的乘、降和行李、包裹的承运、保管、装卸与交付;摘挂列车的车辆摘挂作业以及向货物线、专用线取送车辆的调车作业。铁路中间站的设备应根据作业的性质和工作量的大小而定。一般包括客运设备,如旅客站舍、旅客站台、雨棚和跨越设备等;货运设备,如货物仓库、货物站台和货运室、装卸机具等;站内线路,如到发线、牵出线和货物线等。他们分别用于接发列车、进行调车和货物的装卸作业。

铁路中间站

【铁路重载运输安全】(railway heavy-haul transportation safety) 用于运载大宗散货的总重大、轴重大的列车、货车行驶或行车密度和运量特大的铁路运输的可靠性和安全性。重载运输是指在先进的铁路技术装备条件下,扩大列车编组,提高列车重量的运输方式。重载铁路必须满足以下三条标准中的至少两条:经常、定期开行或准备开行总重至少为 5×10^3t 的单元列车或组合列车;在长度至少为 150km 的线路区段上,年计费货运量至少达 2×10^7t;经常、正常开行或准备开行轴重 25t 以上(含25t)的列车。重载运输是未来铁路发展的方向之一。为保证重载运输的安全就要求铁路线路的最大坡度不能超过 8‰~9‰,必须铺设或更换 60kg/m 以上的高强度钢轨,并配套同等强度的其他轨道构件。在有条件的线路地段,尽可能地铺设全断面淬火钢轨无缝线路,采用弹性扣件、硬质碎石道床、钢筋混凝土轨枕以及强化路基等。车辆要采用新材料、新结构和新工艺,尽可能减轻车辆本身的自重,增加货物的载重量。另外,在车辆体积不超过一定的轮廓范围之内(即机车车辆限界)的同时,尽可能扩大车辆的容积。重载列车中的部分车辆必须安装双管制动系统,使一部分车辆参与机车的制动,才能和其余的车辆下滑力相平衡,确保下坡地段的列车安全。重载列车一般均是固定编组循环往复运行。这种固定编组循环运行列车的车辆结构必须牢固可靠,无需经常修理。

【铁-镍-铬系耐蚀合金】(Fe-Ni-Cr corrosion-resistant alloy) 抗氧化性介质腐蚀的铁-镍-铬合金钢系列产品。例如国家标准 GB/T15007-1994 中 NS111、NS112、NS113 等牌号的品种。能抗氧化性介质腐蚀和抗高温渗碳性能好。主要用于加热管及核电站蒸汽发生器等。

铁-镍-铬系耐蚀合金

【铁鸟】(iron bird) 装有实际飞机飞行操纵系统或飞行控制系统的仿真试验设备。设备的台架为型钢结构,所装的试验用的实际飞行操纵系统或飞行控制系统,并具有与实际飞机上相同的布局以及相似的外形,故称"铁鸟"。驾驶员可以在铁鸟上的座舱内通过操纵杆和脚蹬或通过飞行控制系统操纵各个舵面。各舵面转角的信号经计算机解算得到飞行器的运动参数又传送给座舱内驾驶员面前的仪表。计算机还可按照试验方案通过负载仿真器对各舵面施加绞链力矩。铁鸟主要用于飞行操纵系统或飞行控制系统对飞行器的稳定性和操纵性的影响的研究,同时也可用于驾驶员的训练。

铁鸟

【铁水炉外脱硫】(external desulfurization of melted-iron) 在高炉之外对铁水进行去硫的操作。随着天然优质原燃料的逐渐贫乏,其中硫含量及碱金属含量高的也要使用。高碱度炉渣有利于脱硫,但不利于排除碱金属。采用炉外脱硫的方法,既能有效地保持生铁的质量,还能采用低碱度炉渣操作,增加排碱能力减小碱害,提高炉衬寿命。当前主要是在铁水罐中进行。加入苏打、石灰、电石或它们的混合物,使之与铁水中的硫化合为炉渣并排掉,从而在高炉炉内脱硫的基础上进一步降低生铁含硫量。真空脱硫、电解脱硫等炉外脱硫技术正在研发中。

【铁水预处理】(melted-iron pretreatment) 在进入炼钢炉之前去除铁水中有害元素的工艺过程。主要是去除硫、磷和硅等元素。当考虑综合因素,不能在高炉中完成某些元素的去除时,例如原料的碱负荷重时,使用高碱度炉渣有利于脱碳,但不利于排碱的情况下,就在出铁沟、铁水罐或鱼雷车中继续对铁水去除这些元素。包括:(1)使用不同的去除剂。例如石灰粉(CaO)、电石(CaC_2)和苏打(Na_2CO_3)等去除硫、磷;氧化铁皮、烧结矿粉和氧气等去除硅。(2)搅拌可以提高处理效果。常采用机械搅拌或通氮气搅拌的方法。

【铁素体】(ferrite) 铁-碳合金中的一种基本相。是碳溶于 α-Fe 或 δ-Fe 中形成的间隙固溶体。以符号 α 或 δ 表示。是体心立方晶格。在金相显微镜下呈现出具有明显晶界、大小不一的颗粒状结构。具有典型的纯金属的多面体金相特征。存在于 912℃ 以下和 1 394 ~ 1 538℃ 之间的温度范围内。在低温区的称 α 铁素体,而在高温区的则称 δ 铁素体。如不加说明,则多指 α 铁素体。碳在铁素体中的溶解度极小,常温下不超过 0.005%。在 727℃ 时具有最大溶解度,为 0.021 8%。因此可以把铁素体近似地看做纯铁。铁素体的力学性能、物理性能与纯铁相似。铁素体在低于 770℃ 时具有铁磁性,高于此温度则铁磁性消失。固溶有合金元素时的铁素体能提高强度和硬度。

铁素体

【铁素体区轧制】(ferrite region rolling) 在轧件的显微组织为铁素体时进行的轧制。主要用来轧制厚度为 1.0 ~ 1.2mm 的薄带钢。将粗轧后的带钢坯快速冷却到较低温度,使带钢坯完成从奥氏体到铁素体的转变,以完全铁素体送入精轧机,在 700℃ 左右的终轧温度下轧制,然后空冷卷取。避免了在奥氏体转变为铁素体过程中进行轧制而出现流变应力突变的危害,使超低碳钢热轧薄带钢能够轻易实现。与通常的奥氏体区轧制相比,其主要优点是:能耗低,氧化皮少,减少了轧辊的磨损;提高了带钢的表面质量;产品强度低,延伸率高,适于对其深冲加工,可代替冷轧带钢。

【铁碳合金】(iron and carbon alloy) 由铁和碳组成的合金的总称。按其含碳量的不同可分为两大类:(1)钢。含碳量一般在 2% 以下,可以锻造。(2)生铁(或铸铁)。含碳量在 2% 以上(一般可达 4%),不可锻造,只能铸造。在工业用铁碳合金中,除铁和碳之外,经常含有一定量的锰和硅,以及有害杂质硫及磷等。为改善其力学性能或获得某些特殊的物理或化学性能,常加入一种或几种合金元素,如铬、钼、镍等而成为合金钢和合金铸铁。

【铁氧体】(ferrite) 又称铁淦氧、磁性陶瓷。一般指以铁的氧化物为主要成分的强磁性复合氧化物。广义讲也包括过渡金属的磁性硫族化合物。常见的强磁性复合氧化物有如下三种晶体类型:(1)尖晶石型。如 $NiFe_2O_4$($NiO \cdot Fe_2O_3$)、磁铁矿 Fe_3O_4($FeO \cdot Fe_2O_3$)。(2)石榴石型。如 $Y_3Fe_5O_{12}-Y_3Fe_2(FeO_4)_3$)。(3)磁钡石型。如 $BaFe_{12}O_{19}$($BaO \cdot 6Fe_2O_3$)。按其磁性的不同可分为:软磁(如 Fe_2O_3)、永磁(如 $BaFe_{12}O_{18}$)、旋磁(如 $Y_3Al_5O_{12}$)、矩磁(如 $MgMnFe_2O_4$)、压磁(如 $NiZnFe_2O_4$)等。通常具有亚铁磁性,电阻率高于金属磁性材料。但其电阻温度系数大且为负值,饱和磁化强度和居里温度较低,有较强的磁性耦合,磁损耗低。抗拉强度低,易折断,易加工,性能稳定。采用与生产陶瓷类似的烧结法制备,用气相或液相外延法可在单晶基板上生成薄膜。适用于高频和微波,在计算机、记录技术、通信与广播电视等方面广泛应用。

【听觉显示器】(auditory display) 利用听觉通道向人传递信息的装置。常见的有蜂鸣器、扬声器、耳机、哨子、喇叭、号角、汽笛和铃等。在许多作业中,操作者的视觉负担往往过重,倘若能用听觉通道传递一部分信息,就可以减轻视觉负担而有利于提高工作效率。听觉信号具有强迫注意的特点,所以特别适合传递告警信息。它也可用于导航、追踪等较为复杂的传信工作,效果并不比视觉信号差。应遵循的原则是:(1)听觉信号的含义应尽量与人们习惯的或自然的联系相一致,例如尖叫声同紧急情况相联系,高频声同“向上”相联系。(2)尽量使用间歇的或变化的声音信号,避免使用连续稳态信号。(3)听觉信号的强度应相对高于背景噪声的水平,以防止产生声音掩蔽效应。(4)在使用两个或两个以上听觉信号时,各信号之间应有明显差别,并且相同信号在所有时间里应代表同样的意义。(5)对必须同时呈现的信号应

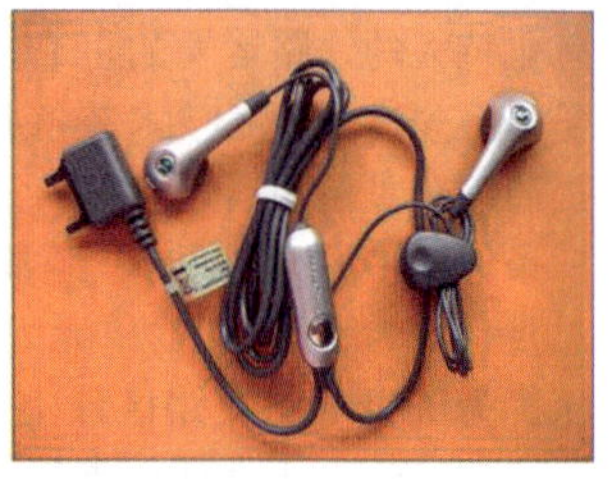
听觉显示器

将其声源的空间位置分离，或按其对系统的重要程度提供优先注意的指示。(6)选用的信号与以前使用过的信号在意义上不矛盾。

【烃】(hydrocarbon) 又称碳氢化合物。仅由碳和氢两种元素组成的有机化合物。种类很多，结构已知的烃在2 000种以上。按其分子结构的不同可分为：(1)脂肪烃。脂肪烃又分为脂链烃和脂环烃。脂链烃包括烷烃、烯烃、炔烃。脂环烃包括环烷烃、环烯烃、环炔烃等。(2)芳香烃。芳香烃包括单苯、多苯、联苯等。烃是有机化合物的母体。其他各类有机化合物可以看作是烃分子中一个或多个氢原子被其他元素的原子或原子团取代而生成的衍生物。它能和氯气、溴蒸气、氧等反应，而不与强酸、强碱反应。如甲烷和氯气在光照条件下反应可生成一氯甲烷、二氯甲烷、三氯甲烷和四氯甲烷(四氯化碳)等衍生物。

【庭荫树】(shade tree) 在园林、居住区或其他风景区中起庇荫和装点空间作用的冠大荫浓乔木的统称。其遮荫效果，可用遮光率、降温率和荫度的数值高低来衡量。庭荫树应具备树形美观、枝叶茂密、有一定的枝下高、冠幅较大，且有花、果可赏等条件。中国园林中常见的庭荫树有梧桐、银杏、广玉兰、樟树、榕树等。

庭荫树

【庭院经济】(courtyard economy) 农户充分利用家庭院落的空间和多种资源，从事高度集约化商品生产的一种经营方式。包括种植业、养殖业和加工业。有的以其中一业为主从事专业化生产，有的种、养、加并举，综合经营，有的利用有限空间发展立体种养业。其主要特点是：(1)经济性。可以利用院落占用的土地资源、利用闲散劳力，通过系统组合，使生产中的各种废弃物得到充分利用，用较少投入获得比较高的效益。(2)满足社会的各种需求，增加农户的经济收入。庭院经济通过适当改造，能尽快生产出各种名、优、特产品。一个普通庭院通过3～5年的时间就可以较快地转变成为高效的院落生态系统。(3)美化居住环境。庭院经济可以把经济建设和环境建设有机地结合起来，既可获得较高的经济效益，又美化了生活环境，使经济效益、生态效益和社会效益实现高度统一。(4)庭院经济还为新技术在农村的推广提供了一个有效的试验点。

庭院经济

【庭院栽培】(yard cultivation) 在庭院及阳台等闲置空间内实现的一种新兴的小规模栽培种植模式。集观赏和食用于一体的小规模栽培模式。主要指花卉、食用花卉、观赏蔬菜、蔬菜等，通过盆栽或无土栽培方式，在庭院及阳台等处种植。旨在充分利用庭院，阳台空间。既可以起装饰作用，又能改善其气候条件，同时还能陶冶情操。

阳台栽培

【停电】(power cut) 供电发生中断的现象。供电设施遇有下列事件，都有可能引发停电：(1)超过电力设施设计标准的自然灾害。(2)外力破坏。(3)设备质量问题引起的短路。(4)运行维护人员的误操作、误整定和误接线等引起的短路或保护动作。(5)用户内部发生的事故。(6)供电设备正常检修试验以及新用户接入电网等工作必须的断电。(7)窃电或违章用电而施行的中止供电。

【停电损失】(outage loss) 对用户停电而造成的经济和社会损失。由于电力供应不足(包括频率降低和电压降低)或电力系统发生故障所导致停电对用户的影响主要与用户的类型、用电性质、用户的生产过程以及停电的特点等有关。工业用户的停电可能造成生产损失、设备损坏、材料报废、产品次品和危害人身安全等。商业用户停电可能导致销售减少、库存产品损坏、危害职工和用户人员的安全。住宅停电时间过长可能造成经济上的损失。对现代高层建筑的办公楼等停电则造成办公营业和生活的极大不便和混乱。

【停药反应】(withdraw reaction) 又称撤药综合征。骤然停用某种药物而引起的不良反应。长期连续使用某些药物，可使人体对药物的存在产生适应。骤然停药，人体不适应此种变化，就可能发生停药反应，主要表现是症状反跳。如长期应用肾上腺皮质激素者，由于脑垂体前叶促皮质素的释放受抑制，骤然停药可表现皮质激素不足的反应。一些血管扩张药，如硝酸甘油、曲克芦丁的骤然停用，可造成反跳性血管收缩而致心绞痛发作。很多起调整机体功能作用的药物都可致本类不良反应。长期应用可致停药反应的药物后，应采取逐渐减量的办法来过渡而达到完全停药的目的，以免发生意外。

【通道控制】(traffic control) 使整体交通处于最佳状态的一种交通管制方式。以高速公路为主体,把匝道及附近的平行道路、连接道路、城市干道等整合成一个整体系统,通过系统进行控制。

【通断键控】(on-off keying, OOK) 又称二进制振幅键控。是幅移键控(ASK)调制的一个特例。它是以单极性不归零码序列来控制正弦载波的开启与关闭。该调制方式的出现比模拟调制方式还早,Morse 码的无线电传输就是使用该调制方式。由于 OOK 的抗噪声性能不如其他调制方式,所以该调制方式在目前的卫星通信、数字微波通信中没有被采用。但是由于该调制方式的实现简单,在光纤通信系统中,振幅键控方式却获得广泛应用。该调制方式的分析方法是基本的,因而可从 OOK 调制方式入门来研究数字调制的基本理论。

【通风工程】(ventilation project) 送风、排风、除尘以及排烟系统工程的统称。由一系列设备、设施和管道等组成。消除工业和民用建筑空气中所含有害物的各种通风方法,包括自然通风、全面通风、局部通风、隧道通风、防烟排烟通风、空气净化原理与设备、通风管道设计计算、测量调试等内容。其任务是:用通风方法改善室内空气环境,就是在建筑室内把不符合卫生标准的污浊空气排至室外,把新鲜空气或经过净化符合卫生要求的空气送入室内。实施通风的目的在于通过控制空气传播污染物,采用净化、排除或稀释的技术,保证环境空间具有良好的空气品质。全面通风可分为稀释通风、单向流通风、均匀流通风和置换通风等。

通风工程

【通风系统】(ventilation system) 利用自然界空气来置换某一特定空间内空气并使其空气环境参数达到预定要求的应用技术系统。其目的是保证该空间内有良好的空气品质。按动力来源的不同可分为机械通风和自然通风。按通风作用范围的不同可分为局部通风和全面通风。按通风方式的不同可分为排风和送风。典型的通风系统是由通风机、风管、吸气口、排气口、空气处理设备等部分组成。其功能是:(1)提供人呼吸所需要的氧气。(2)稀释室内污染物或气味。(3)有效排除室内生产过程中产生的有害物质,并保证其浓度在规定的卫生标准以下。(4)除去室内多余的热量或湿量,但利用通风系统除去室内余热和余湿的功能是有限的,它受室外空气状态的限制。(5)提供室内燃烧设备燃烧所需的空气。(6)循环使用的空气必须经过净化处理。(7)排出的有害物质经过净化处理达到规定的要求而不污染环境。(8)系统不得对人产生不良影响(如机械噪声或震动),设备不妨碍工人操作。通风系统可根据实际需要,完成上述任务中的一项或几项。

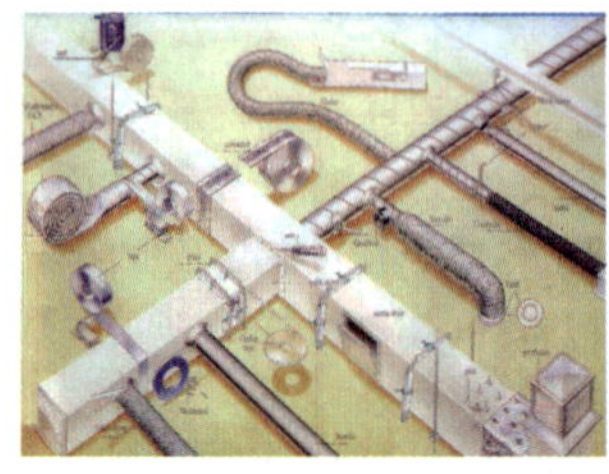
通风系统

【通航建筑物】(shipping building) 克服集中水位落差、地形障碍(升降)及通过船舶的水工建筑物的统称。按其功能的不同可分为升降船舶的建筑物和通过船舶的建筑物两类。升降船舶的建筑物又分为船闸与升船机两种基本类型。此两种类型的通航建筑物在水利枢纽中,用以克服拦河坝的水位差,使船舶从一个水位提升或下降至另一个水位,以使船舶航行过坝。通过船舶的建筑物包括航运隧洞与航运渡槽。当人工运河穿越高山时,为减少大量开挖,需开凿隧洞过船。当人工运河跨越山谷或须架空时,则需建设航运渡槽,以使船舶在架空的渡槽中通过 。

通航建筑物

【通航净空】(navigable clearance) 为满足通航条件,桥孔范围内所规定的从设计通航水位算起的最低区间。分为净跨 B、顶部净宽 b 和净空高度 H 等几个部分。对不同的航道等级与河流类型,通航要求各不相同。

【通货膨胀】(inflation) 纸币的发行量超过商品流通中所需要的货币量而引起的货币贬值、物价上涨的状况。是纸币流通条件下特有的一种社会经济现象。其特点是:(1)纸币因发行过多而急剧贬值。(2)物价因纸币贬值而全面上涨。其类型有:(1)需求拉动型通货膨胀。(2)成本推进型通货膨胀。(3)结构性通货膨胀。(4)输入型通货膨胀。(5)抑制性通货膨胀。

【通信、指挥、控制与情报系统】(communication, command, control and information system, C³I）　运用于军事领域的大型人-机电子信息系统。该系统将各种情报数据通过通信链连接到指挥和控制中心,为各级指挥员提供准确、实时和可靠的信息,并进行处理、显示、分析、评价与辅助决策,向下属部队发送命令并监督 执行的大型人-机电子信息系统。

【通信控制器】（communication controller）　又称前台处理器。管理主机或计算机网络数据输入输出的控制器。其功能与特点是:(1)在终端与网络节点之间建立通信会话。(2)管理通信链路上的数据通信和控制数据的流动。(3)集中群控器的连接。(4)为数据的输入或输出提供缓冲。(5)检错和纠错。(6)提供数据传送到目的地的路由选择功能。它可以是复杂的前台大型计算机接口,也可以是多路复用器、桥接器和路由器等简单设备。这些设备把计算机的并行数据转换为通信线上传输的串行数据,完成所有必要的控制功能、错误检测和同步。

通信控制器

【通信设备】（communication device）　支持实现通信的设备。分有线通信设备和无线通信设备两种。有线通信设备主要解决工业现场的串口通信、专业总线型的通信、工业以太网的通信以及各种通信协议之间的转换设备。无线通信设备主要是无线AP、无线网桥、无线网卡、无线避雷器和天线等设备。按其用途的不同可分为:电子通信设备、通信导航设备、邮电通信设备、通信监听设备、网络通信设备 、通信测试设备、邮电通信设备、卫星通信终端设备和消防通信设备。

【通信卫星】（communication satellite）　利用]中继站来转发无线电波,在两个或若干个地球站之间进行通信的卫星。卫星通信系统由卫星和地球站两部分组成。它一般采用地球静止轨道,位于地球赤道上空35 786km。以3 075m/s的速度自西向东绕地球旋转,绕地球一周时间恰好与地球自转一周一致,从地面看如同静止不动一样。接收站的天线可以固定对准卫星,昼夜不间断地进行通信业务和电视传输。按其用途的不同可分为一般通信卫星、广播卫星、海事卫星、跟踪和数据中继卫星以及各种军用卫星。

通信卫星

【通用部件】（universal unit）　具有特定功能,按标准化、系列化和通用化原则设计制造的标准化基础部件。在组合机床设计中被大量采用。它有较好的互换性,便于用户使用、维修和更换。按其功能的不同可分为:动力部件、支撑部件、输送部件、控制部件和辅助部件五类。动力部件是为组合机床提供主运动和进给运动的部件,主要有动力箱、切削头和动力滑台。支撑部件是用以安装动力滑台、带有进给机构的切削头或夹具等的部件,由侧底座、中间底座、支架、可调支架、立柱和立柱底座等组成。输送部件是用以输送工件或主轴箱至加工工位的部件,主要有分度回转工作台、环形分度回转工作台、分度鼓轮和往复移动工作台等。控制部件是用以控制机床的自动工作循环的部件,由液压站、电气柜和操纵台等组成。辅助部件由润滑装置、冷却装置和排屑装置等组成。

【通用冲模】（universal die）　通用于某一定材料厚度和冲压件尺寸范围内的冲压模具。一个冲裁件的轮廓线,必须用数个通用冲模,经过数次冲裁加工才能完成。如通用剪切模,可以冲切不同材料厚度的直边;通用矩形槽冲裁模,通过调整活动拼块及其组合,可以冲裁不同尺寸、不同厚度的矩形槽以及不同尺寸的落料件等。通常通用冲模只能完成一种冲压工序,如只能冲圆孔或只能冲直角边等。产品的品种越多,更新换代越频繁,通用模具的优越性就越大。

【通用飞机】（general airplane）　从事客、货运输的定期航线飞行以外的所有民用飞机。飞机分有普通型和豪华型,起飞重量大多在6 000kg以下,飞行速度100 ~800 km/h不等。这类飞机应用范围很广,大多为多用途飞机。主要包括为工业、农业、林业生产服务飞行,为政府部门、企业、个人办理公、私业务的公务和商务飞行及租赁飞行、体育飞行等。为完成不同的工作,飞机可轻易进行改动,如乘座型可方便的改为货运型。通用飞机多为行政机关、企业、个人或飞机租赁公司所拥有,

通用飞机

在航管部门的管理之下进行飞行。

【通用机器人】(universal robot) 具有独立控制系统，通过改变控制程序能完成多种作业的机器人。其结构复杂，工作范围大，定位精度高，通用性强，适用于不断变换生产品种的柔性制造系统和其他生产及服务领域。

通用机器人

【通用夹具】(universal fixture) 普通机床上广泛采用的各种已经规格化了的夹具。如三爪自定心卡盘、四爪单动卡盘、中心架、跟刀架、平口钳、回转工作台、铣床分度头等夹具及其配套的附件。通用夹具的适应性强，无需经特殊调整，就可以用于安装不同尺寸和形状的工件。使用通用夹具，可以减少专用夹具的品种，缩短生产准备时间。

通用夹具

【通用水泥】(conventional cement) 用于一般土木建筑工程的水泥。按其主要水硬性矿物、混合材料名称的不同可分为：(1)硅酸盐水泥。以硅酸钙为主的水泥熟料、5%以下的石灰石或粒化高炉矿渣、适量石膏磨细制成的水硬性胶凝材料。(2)普通硅酸盐水泥。由硅酸盐水泥熟料、6%～15%混合材料、适量石膏磨细制成的水硬性胶凝材料。(3)矿渣硅酸盐水泥。由硅酸盐水泥熟料和粒化高炉矿渣、适量石膏磨细制成的水硬性胶凝材料。(4)火山灰硅酸盐水泥。由硅酸盐水泥熟料和火山灰质混合材料、适量石膏磨细制成的水硬性胶凝材料。(5)粉煤灰硅酸盐水泥。由硅酸盐水泥熟料和粉煤灰、适量石膏磨细制成的水硬性胶凝材料。(6)复合硅酸盐水泥。由硅酸盐水泥熟料、两种或两种以上规格的混合材料、适量石膏磨细制成的水硬性胶凝材料。

【通用土壤流失方程】(universal soil loss equation) 表示坡地土壤流失量与其主要影响因子间定量关系的数学模型。在20世纪40年代津格(R. W. Zinger)、史密斯(D. D. Smith)和马斯格雷夫(G. W. Musgrava)等人早期研究的基础上，1960年初美国维希迈耶(W. H. Wis－chmier)和史密斯(D. D. Smith)通过系统整理分析美国万余个实验小区土壤流失资料，建立了土壤流失方程。方程式为 $A=RKLSCP$。式中：A 为任一坡耕地在特定的降雨、作物管理方法及所采用的水土保持措施下，单位面积年平均土壤流失量(t/hm^2)；R 为降雨侵蚀力因子，K 为土壤可蚀性因子，对于一定土壤，等于标准小区上单位降雨侵蚀指标的土壤流失率(在美国，选用22m坡长、9%均匀坡度的裸露连续休闲地作为标准小区)；L 为坡长因子，等于其他条件相同时实际坡长与22m坡长相应土壤流失量的比值；S 为坡度因子，等于其他条件相同时实际坡度与9%坡度相应土壤流失量的比值；C 为植物被覆与经营管理因子，等于其他条件相同时，特定植被和经营管理地块上的土壤流失与标准小区土壤流失之比；P 为水土保持措施因子，等于其他条件相同时实行等高耕作、等高带状种植或修地埂、梯田等水土保持措施后的土壤流失，与标准小区上土壤流失之比。该方程的用途是：指导选择适用于当地具体条件的水土保持措施，也可预报农地、公路、矿区等的年平均土壤流失量。通用土壤流失方程只是一个以实验数据为基础的回归统计模型，即一个经验公式，缺乏比较严密的理论推导。它只能计算面蚀所产生的年平均土壤流失量。

【通用小麦粉】(all purpose flour) 与专用小麦粉相对应。又称通用粉。可以制作任何面制食品的小麦粉。一般为家庭所直接消费。中国的“特制粉”、“标准粉”均为通用小麦粉。按其加工精度的不同可分为：特制一等小麦粉、特制二等小麦粉、标准粉和普通粉；按其用途的不同可分为饺子粉、面包粉、饼干粉、馒头粉等。在选购及储存时应注意：(1)选购有“QS”(质量安全)标志的产品。(2)小麦粉的包装要完好。选购小麦粉时查看包装上的标识标注内容应完整，包括品名、厂名、厂址、生产日期、保质期、执行的产品标准、配料表、净含量等。(3)尽量挑选近期生产的小麦粉。家庭用尽量选择小包装，保证食用的新鲜度。(4)正常的色泽为白中略带浅黄色，不正常的为灰白色或青灰色。用手握紧成团，久而不散的散装小麦粉含水分较高，不易储存。(5)正常小麦粉应无酸、霉等异味。取少量入口品尝应无牙碜的感觉。(6)在干燥通风处保存，并尽快食用。

【同病异护】(the same disease with different cares) 同一种病，在病程发展的不同阶段，出现不同证候时所采取不同的护理措施。是中医护理的原则之一。一般情况下，相同的病证，应该用相同的护法。但由于病因及病理发展阶段的不同，或由于个体反应的差异，同一种病也可出现不同的证候，而护法也不同。如感冒有风寒感冒与风热感冒的不同，在护理上也有辛温解表和辛凉解表的区别。

【同病异治】(different treatments for the

same disease） 中医治则名。相同的疾病，因体质、天气、地域的不同，或由于病情发展阶段、证型病机的各异，以及用药过程中正邪消长等差异，治疗上采用不同的治法。如同患感冒，由于有风寒证和风热证的不同，治疗有辛温解表和辛凉解表之分。

【同步电动机】（synchronous motor） 运行时的转速与所接电源频率之比为恒定值的交流电动机。在电动机运行时，转速恒等于同步电动机的转速。其功率达数千瓦。其特点与作用是：（1）体积较小。（2）功率因数高，可以通过调节励磁电流使它在超前功率因数下运行，有利于改善电网的功率因数。在大型空气压缩机、粉碎机、鼓风机和电动－发电机组等不要求调速的大功率生产机械中广泛应用。

同步电动机

【同步发电机】（synchronous generator） 由原动机带动以直流励磁的磁极转子旋转，使静止部分的定子绕组感应出交流电动势从而输出电力的交流电机。是利用电磁感应原理，使机械能转变为电能的旋转机械。它输出的电流频率与转速之比为恒定值，与其他同步发电机并联发电时，频率必须相等，也就是必须同步旋转。同步发电机最初是单相的，在19世纪80年代初应用于电力照明。19世纪80年代末三相异步电动机发明后，同步发电机也改为三相。早期的同步发电机由蒸汽机、柴油机、水轮机或汽轮机驱动。容量都不大。随后透平发电机和水轮机发电机的单机容量增长很快，在电力工业中得到日益广泛的应用。同步发电机按驱动发电机原动机的不同可分为：透平发电机、水轮发电机和柴油发电机等。按其转子结构特点的不同可分为：凸极式发电机和隐极式发电机两种基本类型。

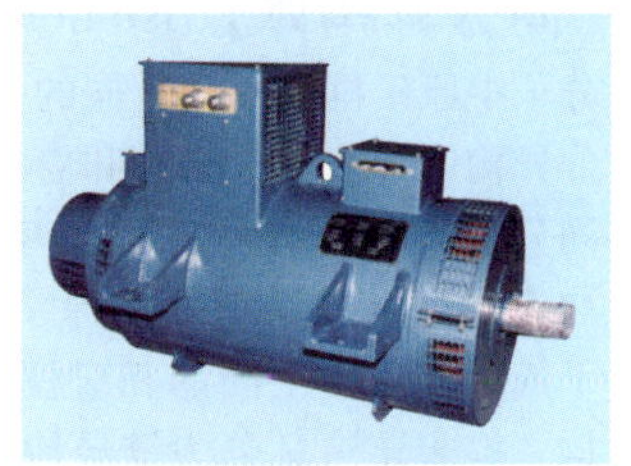
同步发电机

【同步光网络】（synchronous optical networking，SON） 使用光纤进行数字化信息同步传输的标准。是替代准同步数字体系，在光纤上传送大量的电话和数据业务的技术标准。同步联网不同于准同步数字体系的地方，就在于用来传送数据的多个精确的速率严格的同步于基于网络的时钟，这样整个网络就同步地运作。原子时钟的出现使得SDH（同步数字体系）的产生成为可能。基本同步光网络信号运行在51.840Mbps的速率，且被指定为同步传送信号第一级数据帧。该帧的两个基本组成部分是传送开销和同步载荷包封。

【同步光纤网】（synchronous optical network） 适于光纤也适于微波和卫星传输的通用技术体制。是宽带综合数字网B－ISDN的基础之一。其优点是：（1）拥有世界统一的网络节点接口，是真正的数字传输体制上的国际性标准。（2）拥有一套标准化的信息结构等级，采用同步复用方式，使得利用软件就可以从高速复用信号中一次分出低速支路信号，简化了上下话路的业务，使交叉连接得以方便实现。（3）拥有丰富的开销比特，用于网络的运行、维护和管理。它具有自愈保护功能，可大大提高网络的通信质量和应付紧急情况的能力。

【同步控制器】（synchronous controller） 按照一定比率来协调主机和从机之间的位置、转速、扭矩等量的装置。一般有两类。一类是和张力系统连同一起来使用的同步控制器件。这类型的同步是以转速和扭矩等量的同步来实现的。另一类是空间定位控制器。就是位置同步。一般应用于机器人，数控机床，飞剪等系统的轴间联动使用。是一种轴间的位置跟踪定位。目前同步控制器有嵌入式设定参数的，也有直接可编程的。随着技术的发展，可编程类的应用超过了前者，代表同步技术的发展方向。它可以通过现场总线等通信技术和其他设备进行连接和操作。

同步控制器

【同步控制系统】（synchronous control system） 实现辊间或者轴间的位置、速度或者电流之间按照一定比率去协调的系统。是一种工控设备的常用系统。一般通过可编程逻辑控制器（PLC）、伺服系统、变频器、编码器、工控机、触摸屏、直流调速器等元件来组合而成。是一种系统集成。广泛应用于冶金、线材、薄膜、加工中心、机器人、造纸等行业。是工控自动化控制技术发展的一个高端方向。

【同步软件】（synchronous software） 用于手机与电脑连接后编辑电话本和短信的软件。若一个数据源的数据经过添加、修改和删除等操作发生改变，为使两个数据源的数据保持一致，必须进行一个让两个数据源的数据保持一致的操作。同步操作结束之后，两个设备上的数据就完全一致，处于同步状态。两个数据源是服务器端和客户端。服务器端由于其计算功能和处理功能强大，在同步过程中要比客户端做更多的计算和处理工作。其过程是：客户端发出自己的全部联系人给服务器端，服务器将收到的所有联系人同自己的联系人进行比较和分析。分析结束以后，服务器向客户端发出客户端没有的联系人，这样客户端就有了服务器端有而同步之前自己没有的联系人，而服务器端也将客户端有的而同步之前自己没有的联系人增加进来，这样同步结束之后，两个设备上的联系人信息完全一致，处于同步状态。

【同步生长】（synchronous growth） 在培养物中所有微生物细胞都处于同一生长阶段、并同时分裂的生长方式。这是在许多组织中所见到的生长方式。获得同步生长的方法是：(1)选择法。将处于不同生长阶段的细胞通过差异离心法或过滤法将它们分开。(2)诱导法。控制环境条件如温度、营养物等，使细胞继续生长，但抑制细胞分裂。改善环境条件，可使大多数细胞同时出现分裂。

【同步数字体系】（synchronous digital hierarchy，SDH） 数字通信网的每个节点都保证严格同步的数字传输体系。不同速度的数字信号的传输提供相应等级的信息结构，包括复用方法和映射方法，以及相关的同步方法组成的一个同步数字传输技术体制。其前身是美国贝尔通信技术研究所提出来的同步光网络，国际电话电报咨询委员会于1988年接受了同步光网络概念并重新命名为同步数字体系，使其成为不仅适用于光纤，而且适用于微波和卫星传输的通用技术体制。它可实现网络有效管理、实时业务监控、动态网络维护、不同厂商设备间的互通等多项功能，能大大提高网络资源利用率，降低管理及维护费用，实现灵活可靠和高效的网络运行与维护。采用的最基本的信息模块等级称为同步传送模块。传输速率为155.520 Mbps。同步传送模块可以同步利用构成的新同步传送模块，提高传送速率。

【同步调相机】（synchronous capacitor） 一种不带机械负载也不带原动机，专用于向电力网供电或吸收无功功率的同步电机。同步调相机过励磁运行时，相当于并联电容器，为电力网提供无功功率。在欠励磁运行时，相当于并联电抗器，吸收电力网的无功功率。其工作原理与同步发电机基本相同。其优点是：(1)无功出力调节平滑，便于控制母线电压。(2)既能供应无功又能吸收无功，而且调节幅度大，一般可以供应150%或吸收50%的额定容量。(3)电压稳定性好，在端电压突变时能立即作出反应，以减少电压变动。(4)有较大的短时过负荷能力，能在电网故障电压下跌时，强行励磁支撑电压。(5)单台容量大，足以满足系统需要。其缺点是：投资较大，运行维修复杂，损耗大，需冷却水源，启动和响应速度较慢、噪声较大。

同步调相机

【同层排水】（same floor draining） 在同楼层内平面敷设使污水顺利进入排水总管的排水设施。一旦发生堵塞，在本层套内就能解决问题。是卫生间排水系统中的一项新技术。排水管道在本层内敷设，采用了一个共用的水封管配件代替诸多的P弯和S弯，整体结构合理，不易发生堵塞。卫生器具的布置不受限制、排水噪声小。按其墙体结构安装方式的不同可分为降板、墙排和垫层式。同层排水系统主构成件为总管、多通道接头、支管、座便接入器、多功能地漏、多功能顺水三通等。

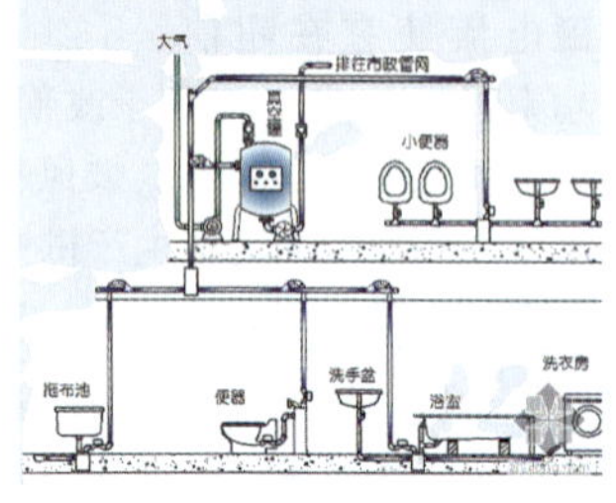

同层排水

【同分异构体】（isomer） 具有相同分子式而分子中原子排列方式不同的化合物。有机物中的同分异构体分为构造异构和立体异构两大类。具有相同分子式，而分子中原子或基团连接的顺序不同的，称为构造异构；在分子中原子的结合顺序相同，而原子或原子团在空间的相对位置不同的，称为立体异构。构造异构又分为链异构、位置异构和官能团异构。立体异构又分为构象和构型异构，而构型异构还可分为顺反异构和旋光异构。两化合物互为同分异构体的条件是：(1)两者分子式相同 。(2)两者结构不同。互为同分异构体的两化合物，其物理性质肯定不同，但化学性质有的相似（如正丁烷和异丁烷），有的不同（如乙醇和二甲醚）。两化合物互为同分异构体，则两化合物的相对分子质量及各元素的组成（含量）必然相同，但相对分子质量相同的两化合物不一定是同分异构体（如 CO 和 C_2H_4不是同分异构体）。

【同分异构现象】（isomerism） 在化合物中具有相同的分子式，但具有不同化学结构的现象。常见的异构类型有构造异构和立体异构。前者包括碳链异构、官能团异构和位置异构；后者包括顺反异构、旋光异构以及构象异构。同分异构现象是形成有机化合物种类繁多的主要因素之一。

【同工酶】(isozyme) 催化的化学反应相同而酶蛋白的分子结构、理化性质、分子量、免疫学特征、酶促反应动力学、电泳行为等不同的一组酶。按其产生酶分子结构形式的原因的不同可分为：(1)基因性同工酶或原级同工酶。(2)次生同工酶或转译后同工酶。同工酶是生物长期进化过程中基因分化的产物。虽然其蛋白质一级结构存在一定的差异，但该酶活性中心的空间结构相同或相似，故可以催化相同的化学反应。它们多为两个或两个以上多肽链(亚基)聚合而成。同工酶存在于同一种属或同一个体的不同组织或同一细胞的不同亚细胞结构中。它使不同的组织、器官及不同的亚细胞结构具有不同的代谢特征。在生物学中，同工酶可用于研究物种进化、遗传变异、杂交育种和个体发育、组织分化等。在医学方面，同工酶是研究癌瘤发生的重要手段。癌瘤组织的同工酶谱常发生胚胎化现象，即合成过多的胎儿型同工酶。如果这些变化可反映到血清中，则可利用血清同工酶谱的改变来诊断癌瘤。

【同功 tRNA】(cognate tRNAs) 见 tRNA。

【同化激素类药】(anabolic hormone medicine) 以同化作用为主，男性作用较弱的睾酮的衍生物。雄激素有较强的同化作用，但用于女性或性腺功能不全的男性，常出现女性男性化现象，使其临床应用受到一定限制。如苯丙酸诺龙、斯坦唑醇、美雄酮等。临床上主要用于蛋白质同化或吸收不良，以及蛋白质分解亢进或损失过多病例。如营养不良、严重烧伤、术后恢复期、老年骨质疏松及恶性肿瘤晚期等。用药时应同时增加食物中的蛋白质成分。长期应用可引起水、钠潴留，女性病人男性化，偶可见胆汁淤积性黄疸。肾炎、心力衰竭和肝功能不良病人应慎用，孕妇及前列腺癌病人禁用。

【同名像点】(corresponding image points) 又称同名点、相应点。任意地面点 A 在立体像对上的一对构像点 $a_{左}$、$a_{右}$。同名像点坐标值的量测是立体测图的基础。在全数字摄像测量中，影像匹配是关键技术，而影像匹配的过程实质上就是寻找同名像点的过程。

【同时的相对性】(relative character of simultaneity) 同时性因与参照系的运动状态有关而体现出的相对意义。在狭义相对论中，由于联系两个惯性参照系坐标关系的变换是洛伦兹变换，因而反映两个物理事件发生时间跨度的时间间隔 Δt 不再是一个不变量，即

$$\Delta t' = \frac{\Delta t - \frac{u}{c^2}\Delta x}{\sqrt{1 - \frac{u^2}{c^2}}}。$$

该式表明，即便两个物理事件在惯性系 S 中同时发生($\Delta t = 0$)，即时间间隔为零。那么，在与其相对运动速度为 u 的 S' 系中观察时，这两事件也并不同时发生($\Delta t' \neq 0$)。由此表明，同时具有相对性。然而，在牛顿世界里，同时性是绝对的，也就是在一个惯性系里同时发生的两个事件，在另一个惯性系里看来也必然是同时发生的。

【同时率】(simultaneous probability) 同类用电对象在同一时间开机用电的概率。用于描述同类用电对象可能出现相互叠加用电的程度。根据用电对象的不同，常用的有用电设备同时率、最大负荷同时率等。电力系统出现的用电最大负荷小于电力系统各单位不同时间出现的最大负荷之和。最大负荷同时率一般小于 1。

【同素异构体】(allotropy) 同一元素在不同的温度条件下所形成的具有不同晶体结构的化合物。这种特性称为同素异构性(在合金和化合物中则称为多形性)。不少元素具有这种特性。如铁具同素异构性，在 910℃ 以下为体心立方晶格的 α 铁，在 910～1 400℃之间则为面心立方晶格的 γ 铁，而在 1 400℃ 以上又为体心立方晶格的 δ 铁。

【同素异形体】(allotrope) 由同种元素组成的结构不同的单质。例如金刚石和石墨是碳的同素异形体。许多元素都能形成同素异形体。其形成方式有：(1)分子里原子个数不同，如氧气 O_2 和臭氧 O_3。(2)晶体里原子的排列方式不同，如金刚石和石墨。(3)晶体里分子的排列方式不同，如斜方硫和单斜硫。同素异形体之间物理性质不同，化学性质略有差异。例如氧气是没有颜色、没有气味的气体，而臭氧是淡蓝色、有鱼腥味的气体；氧气的沸点 -183℃，而臭氧的沸点 -111.5℃；氧气比臭氧稳定，没有臭氧的氧化性强等。

金刚石

【同位素】(isotope) 具有相同核电荷但不同原子质量的原子(核素)。同位素就是同一种元素存在的质子数相同，而中子数不同的几种原子。由于质子数相同，所以它们的核电荷和核外电子数都是相同的(质子数 = 核电荷数 = 核外电子数)，并具有相同电子层结构，因此同位素的化学性质相同。但由于它

们的中子数不同，造成了各原子质量有所不同，涉及原子核的某些物理性质（如放射性等）也有所不同。同位素的发现，使人们对原子结构的认识更加深一步，不仅使元素概念有了新的含义，而且使相对原子质量的基准也发生了重大的变革，再一次证明了决定元素化学性质的是质子数（核电荷数），而不是原子质量数。

【同位素地质学】（isotope geology） 地质学的一个分支。一门研究自然界元素同位素丰度、组成、分布及变化规律，并将这些研究成果应用于地球和行星研究的基础学科。同位素地质学有两大分支学科：同位素地质年代学和同位素地球化学。同位素地质年代学在地球岩石圈研究、特别是在地壳物质研究中广泛应用，许多重大的基础地质问题的提出与解决都与其密切相关。同位素地球化学在行星科学研究中也有着广泛的应用前景。同位素地质学是目前地质学领域最为活跃的学科之一。

【同位素分布规律】（isotope distributing law） 有关自然界中存在的各种元素的同位素的组成、丰度、稳定性等的客观规律。其研究主要包括：（1）同位素稳定性规律。研究地球上存在的300多种同位素的稳定范围和稳定性规律。（2）同位素丰度。研究地球物质中各种元素的同位素丰度的一般规律。（3）地球上同位素分布的涨落。在自然界中，元素不论是游离状态还是化合状态，其同位素组成基本是恒定的，其涨落规律也是同位素化学的研究课题之一。（4）元素的起源和演化。为了弄清宇宙中各种同位素的分布规律，就必须研究元素的起源和演化过程。

【同位素分离】（isotope separation） 将某元素的一种或多种同位素与该元素的其他同位素分离或富集的过程。其分离方法有：（1）根据分子或离子的质量差进行分离。有电磁法、离心分离法等。（2）根据分子或离子运动速度的不同进行分离。有孔膜扩散、质量扩散、热扩散、喷嘴扩散、分子蒸馏和电泳等方法。（3）根据热力学同位素效应进行分离。有精馏化学交换、气相色谱、离子交换、吸收、溶剂萃取、分级结晶和超流动性等方法。（4）根据动力学同位素效应进行分离，有电解法、同位素化学交换法、光化学法和激光分离法等。（5）根据生物学同位素效应进行分离。

【同位素分析】（isotope analysis） 利用仪器对同位素的种类、结构、丰度、存在形态及其与物质性质之间关系进行分析测定的过程。其方法有：（1）质谱法。不仅精密度高，而且可分析多种同位素。（2）光谱法。主要采用气相色谱法，用于分析氕、氘等，迅速而灵敏，可测全部浓度范围的氘含量。（3）核磁共振谱法。用于测量重水中的微量氕，精密度可达±0.01%，也可用于分析碳-13、氮-15等同位素。（4）中子活化分析。可用于测定硼-10和铀-235等同位素。（5）密度法。仪器设备简单，测量精度高。（6）红外光谱法。

【同位素化学】（isotope chemistry） 化学的一个分支。研究同位素在自然界的分布，对同位素进行分析和分离，研究同位素效应和同位素应用的学科。用于同位素分析的方法有：（1）质谱法。（2）光谱法。（3）气相色谱法。（4）核磁共振谱法。（5）中子活化分析。同位素分离技术包括：（1）根据分子或离子的质量差进行分离。（2）根据分子或离子运动速度的不同进行分离。（3）根据热力学同位素效应进行分离。（4）根据动力学同位素效应进行分离。（5）根据生物学同位素效应进行分离。同位素效应研究一般可分为：（1）光谱同位素效应。（2）热力学同位素效应。（3）动力学同位素效应。（4）生物学同位素效应。在应用上主要是利用化学合成法、同位素交换法和生物合成法等制备标记化合物。

【同位素效应】（isotope effect） 由于质量或自旋等核性质不同而造成同一元素的同位素原子或分子之间物理和化学性质有差别的现象。可分为：（1）光谱同位素效应。因同位素核质量不同使原子或分子的能级发生变化，从而引起光谱谱线位移；光谱谱线位移效应不仅用于分析同位素，还可用于研究分子结构。（2）热力学同位素效应。（3）动力学同位素效应。同位素的取代使反应物的能态发生变化，引起化学反应速率的差异。此效应可用于分离同位素、研究化学反应机理和溶液理论。（4）生物学同位素效应。以氘的同位素效应最为显著。但尚未观察到碳-13、氮-15和氧-18等生命重要元素的重同位素有显著的生物学同位素效应。

【同源器官】（homologous organ） 起源相同、基本结构和部位相似，而形态和功能不同的器官。例如，鸟的翅膀、蝙蝠的翼膜、鲸的胸鳍、狗的前肢以及人的上肢，虽然具有不同的外形，功能也并不尽同，但却有相同的基本结构，内部骨骼都是由肱骨、前臂骨（桡骨、尺骨）、腕骨、掌骨和指骨组成；各部分骨块和动物身体的相对位置相同；在胚胎发育上从相同的胚胎原基以相似的过程发育而来。它们的一致性证明这些动物是从共同的祖先进化来的。

鸟

【同源染色体】(homologous chromosomes) 形态、结构和遗传组成基本相同,并在第一次减数分裂中彼此联合的两个染色体。其中一个来自母本,另一个来自父本。每种生物染色体的数目是一定的。它们的同源染色体的对数也一定。例如豌豆有14条染色体,7对同源染色体。同源染色体上常含有不同的等位基因,减数分裂时又进行了交换并随机地分配到不同的性细胞中去,这对于遗传重组有重要意义。

【同质选配】(mating like to like) 选用有共同优良性状,性能表现一致,或育种值相似的优秀公母畜进行的交配。家畜选配方法之一。其目的是获得与双亲相似的优秀后代。其作用在于使亲本的优良性状能稳定地遗传给后代,在畜群中增加具有优良性状的个体。在杂交育种中当出现理想型个体后,即可采用同质选配,使理想型得以固定。

【同轴电缆】(coaxial cable) 内外由相互绝缘的同轴心导体构成的电缆。其名称与它的结构相关,通常内导体为铜线,外导体为铜管或网。是有线电视网、计算机网络以及各种通信系统中广泛使用的一种线材。在主线外包裹绝缘材料,在绝缘材料外面又有一层网状编织的屏蔽金属网线,电磁场封闭在内外导体之间。不仅能很好地阻隔外界的电磁干扰,而且辐射损耗小。有两种广泛使用的同轴电缆。一种是50Ω电缆,用于数字传输,由于多用于基带传输,又称基带同轴电缆;另一种是75Ω电缆,用于模拟传输,又称宽带同轴电缆。这种区别是由历史原因造成的,而不是由于技术原因或生产厂家。

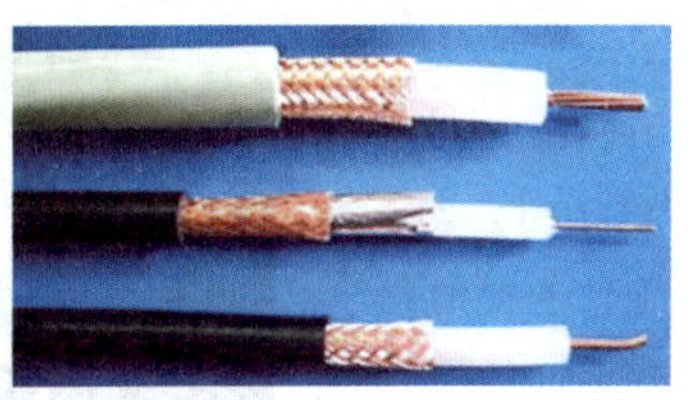
同轴电缆

【同宗配合】(homothallism) 由同型孢子萌发的两条菌丝相互结合,经质配、核配产生子实体的有性繁殖方式。而由两种不同型的菌丝相互结合,经核配而产生子实体的有性繁殖方式则称为异宗配合。

【铜污染】(copper pollution) 重金属元素铜引起的环境污染。铜是淡红色金属,富延展性,抗腐蚀。进入环境的铜元素,数量或浓度超过一定限度就会引起污染。铜是生命所必需的微量元素之一。正常人体中总含铜量为100~150mg。但摄入过量,会引起腹痛、呕吐,甚至死亡。水中铜含量达0.01mg/L时,对水体自净有明显的抑制作用。当进入环境的铜元素数量或浓度超过一定限度就会引起污染:超过3.0mg/L会产生异味;超过15mg/L,就无法饮用。铜在土壤和农作物中累积,会造成农作物生长不良,并会污染粮食子粒,对水生生物的毒性也很大。铜污染来自冶炼、金属加工、机器制造、有机合成及其他工业生产的废水。冶炼过程中,铜及其化合物的烟尘随烟道气进入大气,也会对大气造成污染。

【铜鱼】(brass gudgeon) 俗称尖头、水密子、尖头棒、尖头水密子、退鳅、假肥沱、麻花鱼、桔棒、竹鱼、黄道士、铜钱扣、金鳅。鲤科、鮈亚科、铜鱼属的一种。体细长。前端圆棒状,后端稍侧扁。头小,锥形。眼细小。口下位,狭小呈马蹄形。头长为口宽的7~9倍。下咽齿末端稍呈钩状。须1对,末端超过眼后缘。胸鳍后伸不达腹鳍起点。体呈黄铜色。鳍浅黄色。铜鱼栖息于江河流水的下层,习惯于集群游弋。冬季至深水河槽或深潭的岩石间隙越冬。性成熟年龄为2~3龄。生殖期为4~6月,多在水流湍急的江段繁殖,受精卵随江水漂流发育。怀卵量为2万~20万粒。杂食性。中国黄河产的北方铜鱼口较宽,头长为口宽的6倍以下;下咽齿末端斜切。分布仅限于黄河。铜鱼在长江上游、汉水中游及黄河流域的清远一带产量曾经很高,现已少见。黄河自2000年以后已未曾发现。铜鱼肉质细嫩,味腴美,体内富含脂肪,骨刺较少,因而列为上等鱼品。特别在黄河流域,铜鱼久负盛名,为黄河特有鱼类之一。

铜鱼

【童期】(juvenile phase) 从种子播种后萌发开始,到实生苗具有分化花芽潜力和开花结实能力为止需要经历的时期。有性繁殖果树个体生长必须度过的性发育成熟前的一个时期。在这一时期,植株只营养生长而不开花结果。对处于童期的果树,无论采取任何措施也不能使其开花结果。但可以采用一些方法来缩短童期,促使实生树提前开花。童期结束后,实生苗具有在正常的自然条件下稳定持续开花的能力。

【酮体】(acetone body) 在肝脏中由乙酰辅酶A合成的燃料。包括β羟基丁酸、乙酰乙酸和丙酮。在饥饿时,酮体是包括脑在内的许多组织的燃料,但酮体过多会导致中毒。酮体由于人体内脂肪大量分解而产生,并由尿液排出体外。人体如果在短时间内产生大量的酮体并在体内堆积,将会引起代谢性酸中毒。除饥饿外，糖尿病患者在体内胰岛素严重缺乏时，也会出现酮体堆积。通过测定尿液中的酮体含量，可以反映人体是否产生了过多的酮体。

【统筹法】（overall planning method） 对全部工程任务进行统筹安排、协调计划的一种科学管理方法。系统工程中重要的技术方法之一。主要包括：关键路线法、计划评审技术、成本计划评审技术、随机计划评审技术及过程决策程序图等。其共同特征是：应用网络技术画出工作流程图，使人们能够在流程图上总揽全局，明确各种工序和事项之间的技术顺序和逻辑关系，并能据此预先分析和估算可能发生的各种影响工程进度和资源利用率的变化因素，从而为统筹安排、达到工程任务优化的目标提供科学的方法。在经济建设与科学研究等领域应用广泛。

【统计规律】（statistical rule） 在大量随机现象中存在的概率性。对于统计规律而言，随机现象不能被忽略，某种必然的趋势往往是通过大量的随机现象表现出来的。例如投掷一个质量均匀的硬币，每一次正面与反面的出现都是随机性的，但经过大量重复投掷，正面与反面出现的概率都趋于1/2。统计规律不仅在自然界大量随机现象中发生作用，而且也作用于社会领域中的随机现象。在科学研究等领域广泛应用。

【统计假设】（statistical hypothesis） 根据样本的观察结果对总体分布的某个命题的真伪作出判断的方法。是统计推断的一种基本方法。如果随机变量分布形式已知，而仅涉及分布中的未知参数的统计假设称为参数假设。检验统计假设的过程，称为假设检验；检验参数假设的过程，称为参数检验。

【统计推断】（statistical inference） 根据样本的测试结果，对样本源自总体的某个或某些特征从统计上作出的推断。包括参数估计与假设检验。前者是指随机变量分布函数已知，根据样本数据估计总体参数的值；后者是根据样本数据来检验关于总体参数的假设，以判断总体是否具有指定的特征。

【统一码】（unicode） 见万国码。

【统一威胁管理】（unified threat management，UTM） 由硬件、软件和网络技术组成的，将多种安全特性集成于一体，提供一项或多项安全功能的一个针对多种威胁的管理平台。即将防病毒、入侵检测和防火墙等安全设备全部融合到统一威胁管理的概念当中，而且更注重于对威胁的管理，致力于将各种各样的威胁消弥于无形之中，以达到防患于未然的终极目标。其基本功能是：(1)防火墙。(2)入侵检测。(3)防病毒。(4)内容过滤。(5)安全策略管理。(6)日志等。其特点是：(1)能够防御混合型攻击。(2)更高的检测技术。(3)降低了复杂性，减少了维护量。(4)应用更加灵活。(5)整合降低了成本。

【统一资源定位器】（uniform resource locator，URL） 又称网页地址、网址。是用于完整地描述互联网上网页和其他资源的地址的一种标识方法。URL由协议类型、主机名、端口号、路径及文件名组成。协议类型指定使用的传输协议，最常用的是超文本传输协议，其他还有文件传输协议等。端口号是所使用协议的连接端口，如果省略则使用所用协议的默认端口。主机名是指存放资源的服务器的域名或IP地址。有时，在主机名前也可以包含连接到服务器所需的用户名和密码。路径及文件名用来表示主机上的一个目录或文件地址。典型的URL如：http://baike.baidu.com/view/1496.htm。

【筒仓】（silo） 储存松散固体的立式建长筑物。可节约仓储用地，有利于实现装卸机械化和自动化，降低劳动强度，提高劳动生产率，减少物料的损耗和粉尘对环境的污染。期储存粮食和饲料的筒仓需定期进行熏蒸灭虫，应具有气密性。粮食的粉尘和某些化学品有爆炸危险，应采取防爆措施。物料从仓顶的进料口入仓，一般靠物料的自重从仓底漏斗泻出。但煤炭、矿石和水泥等由于其内摩擦角较大，常会起拱，难以自动下落。广泛用于工农业生产和储运部门。

筒仓

【筒测法】（tube method for measurement of crop water requirement） 通过称重测筒来测定作物需水量或进行灌溉试验的方法。测筒的形状可为圆形、方形和长方形。一般用镀锌铁皮或硬质塑料制成，由一个有底的外筒和一个有活动网底的内筒组合而成。内筒的直径稍小于外筒。外筒比内筒低5cm。用橡皮圈封闭内外筒之间空隙的上端。内筒上口截面积按田间作物种植密度所占营养面积计算，一般为0.2m^2左右。内筒装土有两种方式：第一种是装原状土，即在田间削一土柱，土柱直径稍大于内筒的直径，而后把内筒套在土柱上，用力下压，直至土柱表面与筒沿相平为止；第二种是装扰动土样，筒内的土容重应接近大田土的实际容重。装土前在筒的底部应铺设20cm厚滤层。测筒要放在坑内，使测筒上口与大田相平。测筒上面应架设活动防雨棚，晴天推开，雨天盖上，防止雨水进入筒内。坑的周围设有保护区，保护区的作物与大田和筒内生长一致，以减少边际效应的影响。筒测法一般5天称重一次，前后两次的重量差即为期内的蒸发量（作物需水量）。筒测法操作比较方便，但由于其面积太小，测量结果与大田实际情况误差较大。20世纪70年代以来，很多国家开始使用各种称重式的大型蒸渗器。采用大型容器（上口截面积多在4m^{2}以上）作为测筒置于配有称重传感设备的台秤上。其负重可达几吨到几十吨，精确度可到几十克或几克，测定的结果接近于大田实际情况。20世纪80年代以来，中国很多灌溉试验站使用水力蒸发器测定作物需水量。该仪器主要根据阿基米德原理制造。在水中处于平衡状态的浮体，由于蒸发产生的水分消耗或灌溉产生的水分增加使浮体上升或下降，据此来测定作物需水量。

【筒井】（short well） 开采浅层地下水的取水建筑物。其径较大，深度较浅，形似圆筒。筒井是一种历史悠久的常见井型。其结构和施工方法简单，便于就地取材，易于检查。常为人工开挖。一般只穿过部分含水层，其出水量有限，多用于人畜饮水。

井

【筒体成型】（main body forming） 采用弯板方法来生产各种用途的筒体或筒体段的金属薄板成型方法。传统的卷板机有3个辊，其中有一对可调辊，可根据钢板厚度进行调整，第3个辊，即弯曲辊，控制成型筒体的直径。还有一种是这种机器的变型，采用的也是三个辊，辊的配置是宝塔形。底辊为传动辊，顶辊是通过顶辊和工件间所产生的摩擦进行旋转的。底辊直径通常为顶辊直径的一半。

【筒体-剪力墙结构】（cylinder shear wall structure） 由筒体和剪力墙共同承担结构的水平荷载和竖向荷载的高层建筑结构体系。在高层建筑中，随着层数、高度增大，高层建筑结构承受的水平地震作用大大增加，框架、剪力墙以及框架－剪力墙等结构体系往往不能满足要求。可将剪力墙在平面内围合成箱形，形成一个竖向布置的空间刚度很大的薄壁筒体-剪力墙结构，从而形成具有很好的抗风和抗震性能的筒体结构体系。

【筒体结构】（tube structure） 由一个或数个筒体作为主要抗侧力构件而形成的结构。筒体是由密柱高梁空间框架或空间剪力墙所组成，在水平荷载作用下起整体空间作用的抗侧力构件。可分为筒体－框架、框筒、筒中筒、束筒四种结构。它比剪力墙或框架－剪力墙结构具有更大的强度和刚度。它的受力特点如一个固定于基础上的封闭的箱形悬臂构件，具有很好的抗弯、抗扭刚度。其适用于平面或竖向布置繁杂、水平荷载大的高层建筑。

筒体结构

【痛经】（dysmenorrhea） 行经前后或月经期出现下腹部疼痛、坠胀，伴有腰酸或其他不适，症状严重影响生活质量者。是妇科最常见的症状之一。分为原发性和继发性两类。前者指生殖器官无器质性病变，占痛经90%以上；后者指盆腔器质性疾病引起的痛经（常见于子宫内膜异位症）。原发性痛经主要与其子宫内膜前列腺素含量增高有关。前列腺素可引起子宫平滑肌收缩过强、血管痉挛、子宫缺血、缺氧而出现痛经。增多的前列腺素进入血循环，还可引起心血管和消化道症状（恶心、呕吐、腹泻、头晕乏力，严重时面色苍白、出冷汗）。此外痛经还受精神、神经因素影响。应重视精神心理治疗，使患者了解月经期有轻度不适是生理反应，消除紧张和顾虑；如疼痛不能忍受时辅以药物治疗，如布洛芬（前列腺素合成酶抑制剂）。

【头孢菌素类抗生素】（cephalosporins antibiotics） 分子中含有头孢烯的半合成抗生素。曾译为先锋霉素。属于β－内酰胺类抗生素。是β－内酰胺类抗生素中的7－氨基头孢烷酸（7－ACA）的衍生物，因此它们具有相似的杀菌机制。本类药可破坏细菌的细胞壁，并在繁殖期杀菌。对细菌的选择作用强，而对人几乎没有毒性。具有抗菌谱广、抗菌作用强、耐青霉素酶、过敏反应较青霉素类少见等优点。是一类高效、低毒、临床广泛应用的重要抗生素。按其抗菌谱、抗菌强度、对β－内酰胺酶的稳定性及对肾脏毒性的不同可分为四代：（1）第一代头孢菌素。包括头孢噻吩、头孢唑啉、头孢氨苄等。（2）第二代头孢菌素。包括头孢呋辛、头孢孟多、头孢克洛等。（3）第三代头孢菌素。包括头孢噻肟、头孢曲松、头孢他啶等。（4）第四代头孢菌素。包括头孢匹罗等。头孢菌素为杀菌药，抗菌原理与青霉素类相同，能与细菌细胞膜上的PBPs（青霉素结合蛋白）

结合,妨碍黏肽的形成,抑制细胞壁合成。细菌对头孢菌素可产生耐药,并与青霉素类有部分交叉耐药。第一代孢菌素对革兰阳性菌作用较二、三代强,但对革兰阴性菌作用弱。可被细菌产生的β-内酰胺酶破坏,主要用于治疗敏感菌所致呼吸道感染和尿路感染、皮肤及软组织感染。第二代头孢菌素对革兰阳性菌作用逊于第一代,对革兰阴性菌有明显作用,对厌氧菌有一定作用,但对铜绿假单胞菌无效。对多种β-内酰胺酶比较稳定。可用于治疗敏感菌所致肺炎、胆道感染、菌血症、尿路感染和其他组织器官感染。第三代头孢菌素对革兰阳性菌作用不及第一代、第二代,对革兰阴性菌包括肠杆菌类、铜绿假单胞菌及厌氧菌有较强的作用,对β-内酰胺酶比较稳定。可用于危及生命的败血症、脑膜炎、肺炎、骨髓炎及尿路感染的治疗,能有效控制严重的铜绿假单胞菌感染。第四代头孢菌素对革兰阳性菌、革兰阴性菌均有高效,对β-内酰胺酶高度稳定。可用于治疗对第三代头孢菌素耐药的细菌感染。头孢菌素类药物毒性较低,不良反应较少。常见的是过敏反应,多为皮疹、荨麻疹等,过敏性休克罕见,但与青霉素类有交叉过敏现象。口服给药可发生胃肠道反应,静脉给药可发生静脉炎。第一代可出现肾脏毒性;第二代较之较轻;第三代对肾脏基本无毒;第四代则几乎无肾毒性。

【头大畸形】(macrocephaly) 又称巨脑症。头围比同龄、同性别正常儿童大2个标准差以上者。小儿头颅发育有一定规律:正常儿童生后头围32~34cm,1岁时46cm,2岁48cm,15岁55cm,以后逐渐接近成人头围。并不是头越大越聪明。头大畸形是指先天性大脑皮质增厚及神经胶质细胞增生,大脑异常增大,出生时大脑重1 500g(正常为390g)。此病少见。生后头迅速增大,前卤闭合晚,体格发育和智力发育有不同程度障碍,视力、听力差,半数患儿可发生惊厥。头大身体小,预后和脑发育程度有关。脑CT无脑室扩大等异常表现。应和以下疾病进行鉴别:(1)脑积水。是脑脊液容量增加,前囟大,前额突出,落日眼,头皮静脉明显,脑萎缩,智力落后。(2)颅内占位性疾病。如肿瘤,血管瘤等,除头围大,还有呕吐、烦躁、尖叫等颅内压增高表现。(3)软骨发育障碍。常染色体显性遗传。四肢短小,头围相对大,表现为头大、面宽、塌鼻、前额突出等特殊面容。应用脑CT、B超、MRI(核磁共振成像)及大脑造影等和以上疾病进行鉴别并作出诊断。

【头盔钢】(steel helmet) 防弹头盔专用钢。新型头盔钢为中碳的Si-Mn-Cr-Ni-Mo-V-Nb钢。具有高强度(σb≥1 800MPa)和高弹性模量(E=210~220GPa)。由于稀土元素的添加,使钢进一步洁净化、组织细化、高度均匀化,兼具良好的强度和韧性,因而具有良好的防弹性能。

【头盔显示器】(helmet display) 又称3DVR图形显示与观察装置。固定连接在头盔上、把视频图像及字符信息垂直投影到透明显示媒体(如半反光镜、护目镜)上并显示给驾驶员的虚拟现实光电显示装置。可单独与主机相连以接受来自主机的图形信号,由图像信息显示源、图像成像光学系统、定位传感系统、电路控制及连接系统、头盔及配重装置组成。使用方式为头戴式,辅以三个自由度的空间跟踪定位器,可以进行输出效果观察,观察者可做空间上的自由移动。头盔显示器于1986年由美国哈佛大学的科学家首先提出,并设计出名为"达摩克利斯之剑"的头盔显示器。经过多年的发展,已取得巨大进步。特别是在微型液晶显示器、虚拟现实、袖珍计算机以及可视移动电话等快速发展的情况下,头盔显示器已装备到数字化部队中。

头盔显示器

【头颅血肿】(cephalohematoma) 由于产伤造成颅骨骨膜下血管破裂而形成的血肿。出血的主要原因是难产、胎头负压吸引助产、产钳助产、胎位不正、头盆不称以及急产等。血肿在生后数小时至2~3天,逐渐扩大,血肿饱满,有波动感,表面皮肤无异常改变。血肿边界清楚,不超过骨缝。血肿的部位,顶部多见,颞、枕、额部少见,多是一侧。必要时可查血浆,颅骨摄片,B超及颅CT检查。应和以下疾病进行鉴别:(1)产瘤。又称先锋头。是因分娩时头皮挤压,血管通透增加,淋巴液回流受阻,引起皮下水肿。多发生在头先露部位。无界限,柔软无波动,手触有指凹形水肿,生后2~3天可消失。(2)帽状腱膜下水肿。出血量大,无界线。可累及整个头皮,皮肤青紫色,出现严重的贫血,高胆红素血症,休克,甚至死亡。血肿小不需治疗。随着出生时间延长,血肿边缘部开始钙化,在血肿周边可触到硬的钙化带,中央仍有波动感,大约生后2~3个月,血肿全部吸收、自愈。血肿太大,可在无菌操作下抽吸血肿,抽后要加压包扎2~3天,同时要治疗贫血等,并给维生素K1mg,肌注,每日1次,共3次。

【头小畸形】(microcephaly) 头围较同龄正

常小儿低2个标准差以上者。引起头小畸形的原因很多。(1)孕期感染、中毒、营养不良、接触放射线等,导致胎儿中枢神经发育障碍。(2)胎儿遗传代谢病,染色体异常如21三体、18三体等常合并头小畸形。(3)出生时和生后各种原因,如缺氧、感染、外伤等,损伤脑发育。(4)遗传或不明原因。典型的头形:头小而尖,也称尖头畸形。头顶部小而尖,前额狭窄,颅穹隆小,枕部平坦,前囟及颅缝闭合早,可生后即闭合;面部及耳看上去相对较大。头部CT检查可见脑萎缩,脑室大和蛛网膜下腔增宽。也有脑体积小,结构正常者。绝大部分小儿智力落后,运动障碍:抬头,直立,行走及语言落后,情绪不稳,口齿不清,随着年龄增长出现运动性共济失调、锥体束征。部分小儿合并惊厥或脑瘫表现。另一类头小综合征,称Rettm综合征。1984年维也纳国际专题学术会制定的诊断标准是:女孩,出生时头围基本正常,生后6月~4岁进行性脑发育迟滞呈小头,智力逐渐退步,特异性双手拍打,行走困难,共济失调,进而出现癫痫及锥体束征。病因不明,无法治疗。

【头足类】(cephalopod) 软体动物门头足纲动物的统称。身体左右对称,由发达的头部、足部和胴部组成。头部两侧有一对发达的眼睛,顶部中央有口。足部转化为腕和漏斗,多数种类的头前和口周环列8只或10只腕。胴部呈圆锥形、盾形和卵圆形等。多数种类的胴部两侧具肉鳍。大多具内壳,有的已完全退化。重要的海洋经济动物。分布在大西洋、印度洋、太平洋各海域。从几米深的近岸到数千米的大洋深渊均有。有鹦鹉螺目、枪形目、乌贼目、八腕目、旋壳乌贼目、僧头乌贼目和幽灵蛸目等。共50科154属718种和42亚种。中国近海记录的约100种。具有经济价值的有柔鱼科、枪乌贼科、乌贼科和蛸科。除鲜食外,也可制成干品。其内壳可作为药用和工业原料。

鹦鹉螺

【投标价】(bid price) 投标人投标时报出的工程造价 。是在工程采用招标发包的过程中,由投标人按照招标文件的要求,根据工程特点,并结合自身的施工技术、装备和管理水平,依据有关计价规定自主确定的工程造价。是投标人希望达成工程承包交易的期望价格,它不能高于招标人设定的招标控制价。

【投影变换】(projection transtormation) 将一种地图投影点的坐标变换为另一种地图投影点的坐标的过程。在常规编图作业中,为将基本制图资料转绘到新编图经纬网中,常用照相、缩放仪、光学投影和网格等转绘法,以达到地图投影变换的目的。其基本方法是:(1)解析变换法。即找出两投影间的解析关系式。通常有反解变换法(或称间接变换法),即$\{xi,yi\}\rightarrow\{i,\lambda i\}\rightarrow\{Xi,Yi\}$;正解变换法(或称直接变换法),即$\{xi,yi\}\rightarrow\{Xi,Yi\}$。(2)数值变换法。根据两投影间的若干离散点或称共同点,运用数值逼近理论和方法建立它们间的函数关系,或直接求出变换点的坐标。(3)数值解析变换法。将上述两类方法相结合,即按数值法实现$\{xi,yi\}\rightarrow\{i,\lambda i\}$的变换,再按解析法实现$\{i,\lambda i\}\rightarrow\{Xi,Yi\}$的变换。随着计算机辅助建立地图数学基础及地图投影变换软件研究的深入,计算机辅助地图投影变换将代替传统的变换方法。这是制图生产中具有突破性的变革。

【投影变形】(distortion of projection) 地球球面投影到平面(可展曲面)后所产生的长度变形、面积变形和角度变形的总称。在将地球球面投影到平面的过程中,投影变形是无法避免的。但这一过程是可控的。比如,可以使投影后的角度不变,控制长度变形和面积变形等。根据投影变形可将地图投影分为等角投影、等积投影和等距投影。

【投影仪】(projector) 一种用来测量和显示图像的装置。主要由液晶体、光路和电路系统三部分组成。先将光线照射到图像显示元件上产生影像,然后通过镜头投影到屏幕上。根据显示源性质的不同可分为教育、家用视频型和商用数据型三类。广泛应用于机械制造业、电子行业和仪器仪表业等及教学、科研、展览、会议等领域。

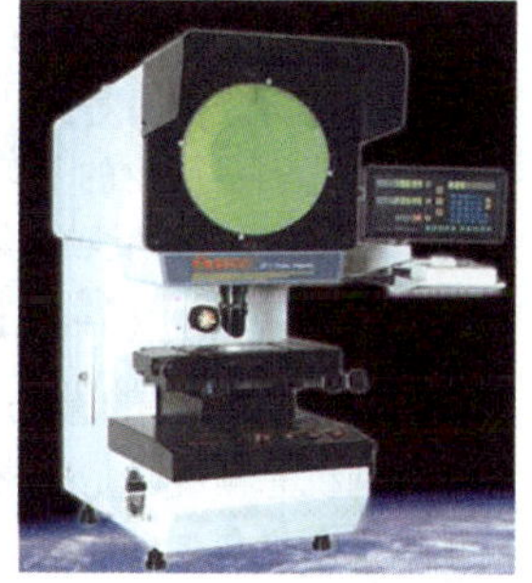
投影仪

【投资估算指标】(estimated investment indicator) 在编制项目建议书可行性研究报告和编制设计任务书阶段进行投资估算、计算投资需要量时使用的一种定额。具有较强的综合性、概括性,往往以独立的单项工程或完整的工程项目为计算对象。它的概略程度与可行性研究阶段相适应。它的主要作用是为项目决策和投资控制提供依据,是一种扩大的技术经济指标。投资估算指标是确定和控制建设项目全过程各项投资支出的技术经济指标。其范围涉及建设前期、建设实施期和竣工验收交付使用期等各个阶段的费用支出,内容因行业不同而各异。一般可分为建设项目综合指标、单项工程指标和单位工程指标三个层次。建设项目综合指标一般以项目的综合生产能力单位投资表示。单项工程指标一般以单项工程生产能力单位投资表示。单位工程指标按专业性质的不同采用不同的方法表示。

【投资回收期】(recovery period of investment) 又称返本期、投资返本年限。通过项目的净收益来回收总投资所需的时间。通常以"年"表示。是反映项目或方案投资回收速度的重要指标。投资回收期一般从投资开始年算起。如果从投产年算起时,应予说明。如果一个工程项目的投资回收期不大于期望的投资回收期时,可以考虑接受这个项目;否则,这个项目不可行。根据是否考虑资金的时间价值,投资回收期分为静态和动态两种。

【投资利润率】(earnings ratio of investment) 建设项目达到设计生产能力后的一个正常生产年份的年息税前利润总额,或运营期内年平均息税前利润与项目总投资额的比率。是考察项目融资前单位投资盈利能力的静态指标。对于生产期内各年的利润总额变化幅度较大的项目,应计算生产期年平均息税前利润总额,并通过年平均息税前利润总额与总投资额计算比率。项目投资总额是建设投资与流动资金之和。在财务评价中,投资收益率要与同行业的基准投资收益率对比,以判别项目单位投资盈利能力是否达到本行业的平均水平。只有大于等于行业的基准投资收益率,项目才是可以接受的。

【投资利税率】(earnings and tax ratio of investment) 项目的年利税总额与总投资的比率。年利税总额可以是正常生产年份的年利润总额与销售税金之和,也可以是生产期平均年利润总额与销售税金之和。年利税总额 = 年产品销售收入减去年总成本费用;总投资包括固定资产投资、建设期利息及流动资金。计算出的投资利税率应与行业的平均投资利税率进行比较,若大于(或等于)行业的平均投资利税率,项目是可以接受的。

【透光抚育】(transparent cutting) 又称透光伐。天然混交林在完全郁闭前进行的抚育采伐。主要是砍去非目的树种和压制幼树生长的灌木,以调整林分组成为主要目标,又称组成抚育。对于纯林,主要是间密留稀,留优去劣,但其内容比从前的透光伐更广泛。主要有下列四方面:(1)伐掉抑制主要树种生长的次要树种、灌木、藤木,甚至高大的草本植物。(2)伐去树干纤细、生长落后、干形不良的植株。(3)伐去萌芽起源的植株;在萌芽更新的林分中,萌条丛生,择优而留,伐去其他多余的萌条。(4)砍除上层老龄过熟木,以解放下层新一代的目的树种。在决定砍伐对象时,不仅要考虑树种间的相互竞争关系,而且还要考虑树种间的互相适应关系。有些树种或植株虽无长远的培养前途,但对遮护土壤、减少林地杂草滋生、调节小气候以促进主要树种的生长,均有一定益处。不能一次将上述对象全部砍去。如在施行红松林透光抚育时,对于林地上天然发生的乔、灌木,应按"挨着别挤着"的原则为红松侧枝,按"护着别盖着"的原则决定红松的砍伐强度。它正确运用了红松与天然发生的阔叶树种种间的对立统一关系,不仅把红松从阔叶树的压抑下解放出来,而且又合理地利用后者为前者创造良好的生长条件。

【透镜星系】(lens galaxy) 在椭圆星系中,更扁、并开始出现旋涡特征的星系。透镜星系是椭圆星系向旋涡星系或者椭圆星系向棒旋星系的过渡时的一种过渡型星系。据美国《探索》杂志报道,天文学家发现一个大质量星系,可能打破纪录,成为迄今为止在地球附近宇宙区域发现的质量最大的星系。这个星系的具体质量可能是太阳的 13 万亿倍,银河系的 20 倍。距地球 14 亿光年,由数百个星系构成,所有这些星系通过自身引力聚集在一起。星系团的中部主星系被称之为"ESO 146 - IG 005"。银河系也是一个大星系,质量可能是太阳的 4 000 亿倍,但与质量更为巨大的146 - IG 相比,银河系简直不值一提。146 - IG 的质量远远超过我们在同样距离内发现的其他任何星系。146 - IG 005 最近非常忙绿,忙于吞噬其他较小星系,上演"同类相残"的一幕。它已经吞下星系团内其他很多成员,这也就是为什么它的质量会如此巨大。天文学家认为,宇宙内的绝大多数大型星系均通过吞噬其他星系的方式才拥有当前的体积。这正是透镜星系产生的原因。当光线穿过附近一个大质量天体时,其路径会发生弯曲,产生干扰作用的星系就是透镜星系,能够像透镜一样对光线产生各种各样的怪异影响。这正是确定透镜星系的一个重要特征。

透镜星系

【透明尼龙】(ansparent nylon) 一种透明的聚酰胺工程塑料。因抑制结晶体的生成而透明。

一般采用在高分子主链上引入侧链取代基或与不同单体进行共缩聚的方法来制取。一种综合性能良好的透明工程塑料。其透光率达90%以上，优于聚碳酸酯，接近有机玻璃；其吸水率为0.41%，比普通尼龙要低；还有低雾度、耐磨耗、耐抓伤、耐热水和自熄性等优良性能。在光学仪器、计量仪表、精密部件、汽车、电气、机械等方面广泛应用。

【透明陶瓷】(transparent ceramics) 能够透过光线的陶瓷。陶瓷一般情况下不透明，但适当控制成分和合成工艺，可使某些陶瓷透明。与普通透明材料相比，透明陶瓷的优点是：高密度、无玻璃相、耐腐蚀、机械加工时具有更高的表面光洁度，能在高温和高压下工作，还具有强度高、介电性能优良、低电导率和高热导性等特点。当前开发出的透明陶瓷有氧化铝、氧化镁、氧化钙和二氧化钛等氧化物透明陶瓷，以及氮化铝、硫化锌、硒化锌、氟化镁和氟化钙等非氧化物透明陶瓷等。在照明技术、光学、特种仪器制造、无线电子技术及高温技术等领域广泛应用。

透明陶瓷

【透明橡胶】(transparent rubber) 具有一定透明度的特种橡胶。制备时要选用与橡胶折射率完全相同的配合剂。如对天然橡胶，应选用无定形的碳酸镁作填充剂，选用透明氧化锌作为促进剂等。为提高其透明度，也可加入透明活性剂，如硫代乙酰胺等。透明橡胶在制鞋工业中广泛应用。

【透明牙本质】(transparent dentin) 又称硬化性牙本质。牙本质小管内的成牙本质细胞受到外界刺激后变性及矿盐沉积而形成的一种病理性结构。当牙本质受到磨损和较缓慢发展的龋刺激后，除了刺激成牙本质细胞分泌牙本质基质继而矿化为修复性牙本质外，还可引起牙本质小管内的成牙本质细胞突起发生变性，变性后有矿物盐沉着而矿化封闭小管，这样可阻止外界的刺激传入牙髓，同时，其管周的胶原纤维也可发生变性。由于其小管和周围间质的折光率没有明显差异，故在磨片上呈透明状而称之为透明牙本质，是牙齿受到刺激后的一种防御反应性变化。电镜显示在透明牙本质形成时，成牙本质细胞突起发生矿化。此过程可能是细胞损伤或死亡引起。进入受损突起的钙，在胞质内磷酸盐基团存在的情况下发生沉淀。

【透明质酸】(hyaluronic acid, HA) 相对分子质量约600 000(60kDa)、由成纤维细胞合成的细胞基质成分。其血清半衰期2.5～5.5min。广泛分布于组缔组织中。其血清正常值 < 110μg/L。肝炎时HA的降解减少，纤维化病变(肝硬化、尘肺等)中，HA的合成增加，均能使血HA水平升高。其升高程度与纤维化的程度密切相关。在恶性肿瘤中，由于癌细胞HA的合成及癌周组织HA的释放增加，使HA酶的活性下降，降解减少，也导致血清HA升高。

【透皮给药】(percutaneous administration) 药物涂布或敷贴于皮肤表面的一种给药方法。除作为皮肤患处的局部给药以外，还可以作为全身性给药。用于后者时可将药膏或贴片置于皮肤较薄的部位，如耳后、臂内侧、胸前区、阴囊等处。此时药物可直接由皮肤角膜层，以及皮肤的附属结构如毛囊、汗腺导管的开口等透入皮下，进入毛细血管，经体循环分布于全身。这种给药途径具有方便、简单和药效持久等优点。某些心血管系统药能够透皮吸收，如硝酸甘油贴片敷贴于心前区后能较好地预防心绞痛发作。其吸收药量与药物接触皮肤面积成正比。药物脂溶性增加可加速透皮吸收；皮肤角质层湿润时可增加药物的吸收率。用于敷贴透皮吸收的药物通常要制成缓释剂型，使药物缓慢而平稳地释放，以达到药效持久发挥之目的。

【透平发电机】(turbogenerator) 由汽轮机或燃气轮机驱动的发电机。与锅炉、汽轮机合称火电厂的三大主机。是三相交流同步发电机。利用电磁感应原理，将汽轮机或燃气轮机的机械能变为电能输出。由旋转和静止两部分构成。嵌有很多，并按一定方式排列连接的线圈组成的绕组。在旋转的转子上的励磁绕组通入直流电流，在转子外周产生接近正弦分布的励磁磁场。其大部分磁通穿过气隙与静止的定子电枢绕组相交链。当原动机驱动转子以一定速度旋转时，在定子绕组内就感应出基本上按时间的正弦函数变化的交流电动势。按透平发电机转子磁极数目的不同可分为：二极式和四极式两种。按转子轴数目的不同可分为：单轴式和双轴式两种。

透平发电机

【透平机械】(turbomachinery) 装有叶片的转子作高速旋转运动，流体(气体或液体)流经叶片之间通道时，叶片与流体之间产生力的相互作用，从而实现能量转化的动力式流体机械。按能量转化方向的不同，透平机械可分为原动机和从动机。原动机将流体的能量(热能、势能或动能)转化为机械能，通过主轴带动发电机或其他从动机做功。原动机有汽轮机、燃气轮机、透平膨胀机、水轮机和风力机等。从动机由电动机或其他原动机拖动，将机械能转换为流体的能量，即提高流体的压力、速度等。从动机有通风机、透平压缩机、离心泵和轴流泵等。从动机和原动机在原理和结构上基本相同，只是工作过程相反。透平机械的工质可以是气体，如蒸气、燃气、空气和其他气体或混合气体，也可以是液体，如水、油或其他液体。透平机械主要分为轴流式、径流式和斜流式三种。在轴流式机械中，流体沿轴向流动。在径流式机械中，流体主要沿着径向流动。在斜流式机械中，流体的流动方向介于轴流式和径流式之间。

【透射】(transmission) 电磁波穿透介质的能力。穿透深度与入射辐射波长和介质的吸收特性有关，波长越长，吸收系数越小，穿透深度越大。在透明或半透明介质(如玻璃、水、滤色片等)中，可见光的穿透深度可以很大；而在不透明的介质中，可见光、红外光的穿透深度仅为微米级。

【透射率】(transmittance) 又称透射因数、透射比。辐射能与入射光辐射能之比。介于 0 与 1 之间，用小数或百分数表示。由于气态、液态和固态的各种各样的介质对入射辐射(包括可见光)的反射、吸收和透射各不相同，对遥感的影响也各不相同。

【透视法】(scenography) 用透视投影绘制地图的一种方法。绘画法的理论术语。“透视”一词源于拉丁文“perspclre”(看透)。最初研究透视是采取通过一块透明的平面去看景物的方法，将所见景物准确描画在这块平面上，即成该景物的透视图。随后，将在平面画幅上根据一定原理，用线条来显示物体的空间位置、轮廓和投影。

【透视投影】(perspective projection) 又称透视。用中心投影法将形体投射到投影面上，从而获得的一种较为接近视觉效果的单面投影。其特点是：具有消失感、距离感，相同大小的形体呈现出有规律的变化等一系列的透视特性，能逼真地反映形体的空间形象。在建筑设计过程中，透视图常用来表达设计对象的外貌，帮助设计构思，研究和比较建筑物的空间造型和立面处理，是建筑设计中重要的辅助图样。

【透水层】(permeable stratum) 天然条件下重力水流能够透过的土层或岩层。其透水性强弱主要取决于空隙的大小及空隙的连通程度，一般用渗透系数来衡量。透水层具有相对性，通常将透水性每天大于 0.001m 的岩(土)层视作透水层。出露地表的透水层是降水或地表水补给地下水的通道，处于地下水面以下的透水岩层则可构成含水层。

【突变】(mutation) 一种遗传现象。遗传的 DNA 结构发生永久性的改变。任何一种突变都是因为 DNA 结构中碱基发生改变。根据 DNA 碱基序列改变的多少可分为单点突变和多点突变。前者只涉及一个碱基对的改变；后者有两个或两个以上碱基对发生改变。诱发突变的原因是：(1)细胞分裂时遗传基因的复制发生错误。(2)受化学物质、射线或病毒的影响。突变会导致细胞运作不正常或细胞死亡，甚至在较高等生物中引发癌症。突变又是物种进化的推动力，不理想的突变会经天择过程被淘汰，而对物种有利的突变则会累积下去。中性的突变对物种没有影响，而逐渐累积导致间断平衡。

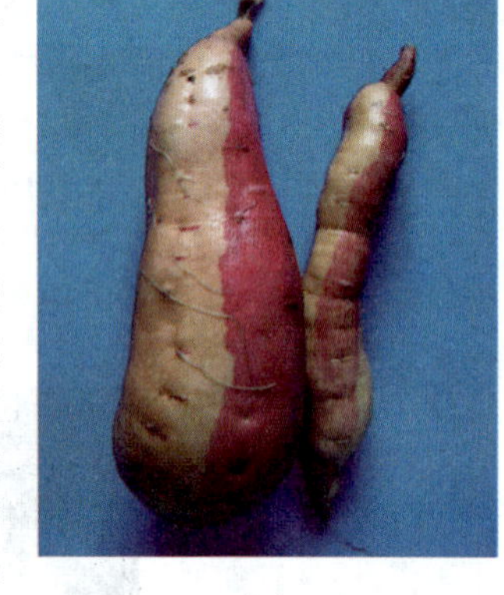

突变

【突变蛋白质】(mutein) 基因发生突变后产生的蛋白质。例如由定点突变或者 DNA 体外重组技术产生的突变体蛋白。蛋白质工程即是以蛋白质结构功能关系的知识为基础，通过周密的分子设计，把蛋白质改造为合乎人类需要的新的突变蛋白质。

【突变体】(mutant) 带有突变基因的细胞、病毒或细菌。有时也指发生突变的基因。在遗传分析中，为了获得某一组分的功能，而将其敲除形成的个体叫做突变体。突变体往往具有与野生型不同的表型，这样就为缺失组分的功能提供了有益的信息。有时也会将某一组分过表达的个体称为突变体。

【突变系动物】(maiant strain animal) 保持特殊突变基因的品系动物。即正常染色体的基因发生了变异、具有各种遗传缺陷的品系动物。生物在长期繁殖过程中，子代基因突变发生变异，其变异的遗传基因等位点可遗传下去，或即使没有明确的遗传基因等位点，但经过淘汰和选拔后，仍能维持稳定的遗传形质。这种变化了的能保持遗传基因特性的品系，即为突变品系。在小鼠和大鼠中，通过自然突变和人工定向突变，已培育出很多突变品系动物，特别像无毛、无

突变系动物

胸腺裸鼠在生物医学研究领域中倍受瞩目，并被广泛地应用于肿瘤等研究。

【突变育种】(mutation breeding) 见诱变育种。

【突出预测预报】(outburst prediction) 利用煤层的煤结构、煤的物理力学性质、瓦斯、地应力等的某些特征参数及其变化或利用工作面的某些特征、突出前的预兆，预测采掘工作面突出的危险性的工作。分为区域突出危险性预测和工作面突出危险性预测。煤与瓦斯突出是有规律可循的。煤与瓦斯突出前一般都有预兆。因此，可以根据煤与瓦斯突出的“规律”和“预兆”等内容进行预测和预报工作，防患于未然。突出的预测工作，是根据采矿、地质资料和突出发生的规律等确定矿井、煤层和区域的突出危险程度；突出的预报工作则是指在预测的基础上，根据钻探、采掘以及专门测试的有关资料，进一步确定局部地点的突出危险程度。预报还包含根据突出预兆等有关参数发出的突出危险警报。

【突发公共卫生事件】(sudden public health event) 突然发生的，造成或可能造成社会公众健康严重损害的重大传染病疫情、群体性不明原因疾病、重大食物和职业中毒以及其他严重影响公众健康的事件。为了有效预防、及时控制和消除突发公共卫生事件的危害，保障公众身体健康与生命安全，维护正常的社会秩序，中国于 2003 年 5 月 9 日颁布了《突发公共卫生事件应急条例》。本条例对突发公共卫生事件的报告、医疗卫生机构对因突发事件致病的人员提供医疗救护和现场救援时提出了具体的要求；制定了全国突发事件应急预案的具体内容；并规定在突发事件中需要接受隔离治疗、医学观察措施的病人，疑似病人和传染病病人密切接触者，在卫生行政主管部门或有关机构采取医学措施时应当予以配合；拒绝配合的，由公安机关依法协助强制执行。

【突发性地质灾害】(paroxysmal geological disaster) 突然发生、并在较短时间内完成灾害过程的地质灾害。主要有火山爆发、地震、崩塌、滑坡、泥石流、岩爆、地面塌陷、矿井突水和瓦斯突出等。由于这一类地质灾害发生突然，前兆现象不明显，且多数灾害活动强烈，难以预测、预防，常使人们猝不及防，造成严重破坏和损失。

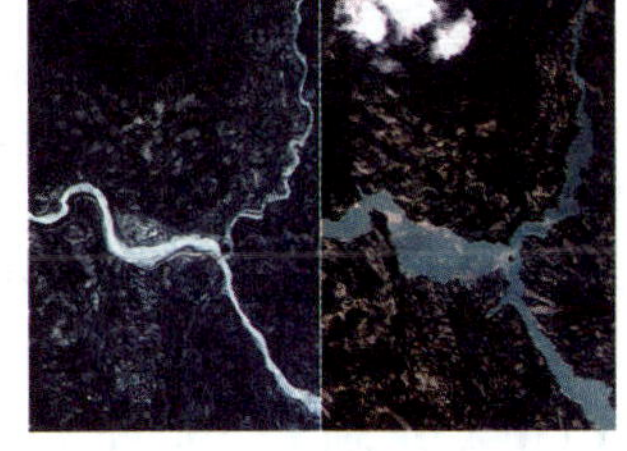

堰塞湖

【突发性耳聋】(sudden deafness) 又称暴聋。一种突然发生而原因不明的感音神经性聋。目前多认为急性血管阻塞和病毒感染是引起本病的常见原因。1944 年，De Klevn 首先描述此病。其发病率逐年增加。在 1 万人中，约有 10.7 人发病，占耳鼻喉科初诊病例的 2%。两耳发病占 4%，其中一半两耳同时发病。也有报告高达 17% 者。性别、左右侧发病率无明显差异。随年龄增加发病率亦增加，患病时年龄在 40 岁或 40 岁以上者占 3/4。病变可累及螺旋器，甚或前庭膜、蜗窗膜破裂。其发病急，进展快。耳聋可在瞬间显现，也可在数小时、数天内迅速达到高峰。同时伴耳鸣，有的可伴眩晕、自发性眼震、耳堵塞等。治疗效果直接与就诊时间有关。就诊时间以一周内为宜，十日后就诊效果不佳。

【图】(graph) 一个集合上的一种二元关系。是图论的研究对象。这个集合的元素称为图的节点，若两个节点之间有这种确定的二元关系，则称有一条边连这两个节点。一个图的节点的数目称为这个图的阶，图的边的数目称为它的边数。若有一条边连一个图的某两个节点，则称两个节点相邻，并称这两个节点为这两个边的端点。若某一节点是某一条边的端点，则称这个节点和这条边关联。若两条边和同一节点关联，则称这两条边相邻。两个端点是同一个节点的边称为环。若某条边的两个端点不是同一个节点，且只有一条边连这两个节点，则称这条边为杆。只有一个节点而没有边的图，称为平凡图，没有边的图称为孤立图。以某两个节点为端点的边可能不止一条，这时称连这两个节点的边为重边。既没有重边也没有环的图，称为简单图。若一个图的阶是有限的，则称这个图为有限图；否则称这个图为无限图。每两个节点都相邻的简单图称为完全图。若在每个图的边上赋予一个实数，或者对每个节点赋予一个实数，则称它为赋权图。一个图上某节点的次（或度）是指与这节点关联的边的数目。若用 $v_0, v_1, \cdots, v_r$ 表示一个图上的 $r+1$ 个节点，而 v_iv_{i+1} $(0 \leqslant i \leqslant r-1)$ 表示 vi 和 $vi+1$ 为端点的边，则称边序列 $v_0v_1, \cdots, v_{r-1}v_r$ 为这个图上的一条迹，并称 v_0 和 v_r 分别为这条迹的始节点和终结点。若所有这些边两两不同，则称这条迹为径。若所有这些节点都不相同，则这条径为路。并称这条路的长为 r。若一个图上任意两节点均有路连接，则称该图连通。始节点和终结点是同一节点的径称为闭径或游。没有重复节点的闭径成为圈。没有圈的连通图称为树。

【图斑】(block) 同一土地使用类型的连片土地在地籍图上形成的一个斑形图块。同一图斑的土地必须归属同一行政单位、同一权属单位。图斑中不能有线状地物(如道路、河流、水渠)、行政界线穿过。图斑是土地面积量算的基本单元。

【图根控制】(mapping control) 为地形测图而建立的平面控制和高程控制。一般是在高级控制点之间加密控制点,以满足测图的需要。建立平面图根控制常用的方法有三角测量、边角测量、导线测量、全球定位系统(GPS)等;建立高程图根控制常用的方法是三角高程测量和水准测量。

【图灵机】(turning machine) 一种计算机的数学模型。分确定型与非确定型两类。其构成是:(1)一条双向、可无限长的被分为一个个小方格的磁带。(2)一个有限状态控制器。(3)一个读写磁头和一个状态寄存器。它作为计算机的理论模型,以简明直观的数学概念刻画了计算过程的本质。在计算理论及计算复杂性研究方面得到广泛应用。

【图论】(graph theory) 组合学的一个分支。一门研究一个集合连同其上的一个二元关系所形成的模型(称之为图)的专门学科。图论的早期发展多起于数学游戏。历史上最早以这种抽象的图的模型研究问题的是欧拉。1736年他以这种抽象的模型解决了哥尼斯堡七桥问题,并且发现了一个图存在欧拉环的条件。欧拉之后半个世纪,高斯提出棋盘上的8后问题,实际上相当于在一个图上求一个最大独立集。英国数学家柯克曼以他解决的15女生问题而著称。实际上这个问题可以转化为确定一个图的色数问题。从19世纪中叶起,德国物理学家基尔霍夫从电网络的研究中发现图中的圈可以用基本圈表示,并且得到了基本圈的数目与图的节点数和边数的线性关系。凯莱第一次引进树,并研究了各种树的计数,他在这方面的工作一直影响到1935年波利亚关于一般图的计数理论的建立。20世纪初,开始跨入平面图的理论。1947年,塔特建立了图的因子分解理论的成熟基础。图论在近半个世纪以来的发展是空前的,相继还出现了极图理论、随机图论、代数图论和拓扑图论等新的分支。图论还广泛而且愈来愈深入地渗透和应用到其他科学中去。

【图面配置】(map layout) 主图及图上所有辅助元素,包括图名、图例、比例尺、插图、附图、附表、文字说明及其他内容在图面上放置的位置和大小。首先应根据出版地图的纸张规格和开本大小、地图比例尺确定主图范围。辅助元素尽量简明扼要,充分利用主图或制图范围以外的空余地方,因图而异,合理安排,恰当布置,并对它们作必要的装饰。其目的是:要做到使整个图面层次分明,既明显又不突出,美观协调,构成一个有机整体,并便于阅读。

【图上作业法】(graphical method transportation) 一种在运输图上求解运输问题的方法。20世纪50年代初,中国粮食调运部门的调度人员从经验中发现的。交通运输以及类似的线性规划问题,都可以首先将交通网看成一个网络,画出流向图。假设供求平衡,即发量总和等于收量总和。每一条边都有一个容量限制,根据一定的规则进行必要调整,直至求出最小运输费用或最大运输效率的解。这种求解方法,就是图上作业法。图上作业法的内外圈流向箭头,要求达到重叠且各自之和都小于或等于全圈总程度的一半,这时的流向图就是最佳调运方案。20世纪50年代末,中国数学工作者从理论上证明了这条经验的正确性。

【图文电视】(teletext) 一种电视广播的附属业务。主要由编辑部分、传输部分和接收部分组成。利用电视播放时不传送画面的间隙(电视播送时部分回扫行的信道容量),播送简短的文字和图形信息,并将这些信息传送到图文电视用户,为用户提供信息服务。它与电视节目同时播放,并不影响正常的电视节目。

图文电视

在接收端观众使用专用的图文电视解码器可以在屏幕上收看到所传送的信息。也可以通过配接的专用设备,将该页信息复印和录制下来。

【图像编码】(image coding) 采用模拟处理并通过模拟-数字转换对图像进行编码的技术。为满足传输和存储的要求对图像信息进行的编码。编码能压缩图像的信息量,且图像质量几乎不变。采用数字编码技术,其方法有对图像逐点进行加工的方法,也有对图像施加某种变换或基于区域、特征进行编码的方法。脉码调制、微分脉码调制、预测码和各种变换也都是常用的编码技术。

【图像变换】(image transformation) 为用正交函数或正交矩阵表示图像而对原图像所作的二维线性可逆变换。一般称原始图像为空间域图像,变换后的图像为转换域图像。转换域图像可反变换为空间域图像。经过变换后的图像往往更有利于特征抽取、增强、压缩和图像编码。

【图像分割】(image segmentation) 将图像划分为一些互不重叠、但其像素是一个连续集区域的技术。通常采用区域法(把像素分入特定区域)或境界法(寻求区域之间边界)进行图像分割。前者根据被分割对象与背景的对比度进行阈值运算，将对象从背景中分割出来。有时用固定的阈值不能得到满意分割效果时，可根据局部的对比度调整阈值。这个称为自适应阈值。境界法是利用各种边缘检测技术，即根据图像边缘处具有很大的梯度值进行检测。两种方法都可以利用图像的纹理特性实现图像分割。图像分割是从图像处理到图像分析的关键步骤，其结果的好坏直接影响到对图像的理解。此项技术在军事、遥感、气象等领域有广阔的应用前景。

【图像分析】(image analysis) 又称景物分析图像理解。用模式识别和人工智能方法对物景进行分析、描述、分类和解释的技术。其目的是：从图像中抽取某些有用的度量、数据或信息，得到某种数值结果，而不是产生另一个图像。分析的内容和模式识别、人工智能的研究领域有交叉，但图像分析与典型的模式识别有所区别。图像分析不限于把图像中的特定区域按固定数目的类别加以分类，主要是提供关于被分析图像的一种描述。需要用图像分割方法抽取出图像的特征，然后对图像进行符号化的描述。这种描述不仅能对图像中是否存在某一特定对象作出回答，还能对图像内容作出详细描述。

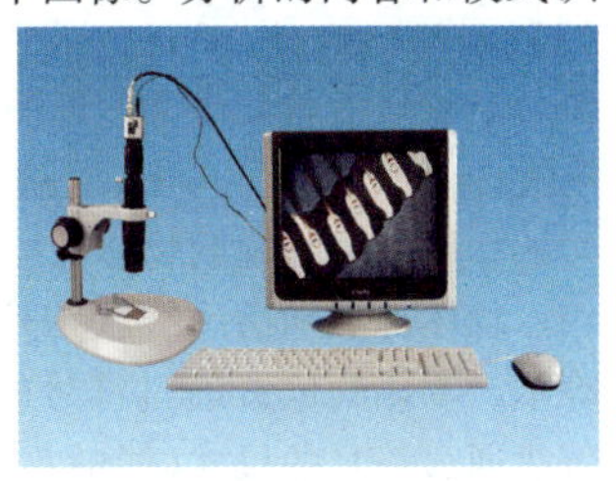

图像分析仪

【图像复合】(image overlaying) 将不同时相、不同波段或不同传感器系统获取的同一地区图像按同名像点精确叠合在同一图面上的图像处理方法。

【图像复原】(image restoration) 除去或减少在获得图像过程中因各种原因产生的退化的技术。其主要原因是：光学系统的像差或离焦、摄像系统与被摄物之间的相对运动、电子或光学系统的噪声以及介于摄像系统与被摄像物间的大气湍流等。其常用方法有两种：当不知道图像本身的性质时，可以建立退化源的数学模型，然后施行复原除去或减少退化源的影响；当有了关于图像本身的先验知识时，可以建立原始图像的模型，然后在观测到的退化图像中通过检测原始图像而复原图像。

【图像几何纠正】(geometric rectification of imagery) 对遥感图像的几何畸变进行校正的工作。其目的是校正图像像元的几何位置或地理位置。其实质是一种几何变换。按校正方法的不同可分为光学处理和数字处理两类。前者用光学机械校正仪和正射投影仪等按摄影处理方法进行；后者是根据图像的几何畸变特征，建立图像坐标与参考坐标之间的数学关系，即变换函数或校正函数，对图像做几何变换。

【图像几何配准】(geometric registration of imagery) 又称图像配准。将不同时间、不同波段、不同遥感器系统所获得的同一地区的图像(数据)，经几何变换使同名像点在位置上和方位上完全叠合的操作。同一传感器不同波段之间的配准称为光谱配准；不同时相、不同传感器图像之间的配准称为空间配准。图像配准的过程是以参考图像活地图为标准进行几何变换或几何映射。其一般步骤是：控制点选择－控制点编辑－图像几何变换－重采样。

【图像匹配导航系统】(image matching navigation system) 利用地表特征信息和数字地图对照导航的系统。其原理是：预先将飞行器经过的地域，通过各种测量方式或已有地形图，将地形数据(主要指地形位置和高度数据)制成数字化地图，存储在飞行器中。飞行器在飞越已经数字化的预定空域时，携带的探测设备再次对该地域进行实测，取得实际的地表特征图像，与预存的数字地图进行比较，由此确定飞行器位置，对飞行器进行导航。系统分地形匹配导航和景象匹配导航两种方式。前者以地形高度为轮廓特征，通过无线电高度表测量沿航线的高度数据达到导航目的；后者采用摄影摄像等成像装置录取航迹周围或目标附近的地物地貌特征，达到导航目的。

【图像融合】(image fusion) 将多源信道所采集到的关于同一目标的图像数据经过图像处理和计算机技术处理等，最大限度地提取各自信道中的有利信息，最后综合成高质量的图像的技术系统。其目的是：提高图像信息的利用率、改善计算机解译精度和可靠性、提升原始图像的空间分辨率和光谱分辨率，以利监测的技术系统。高效的图像融合方法可以根据需要综合处理多源通道的信息，发展系统对目标探测识别的可靠性和系统的自动化程度。其目的是：将单一信源的针对同一目标的不同时间的图像信息或不同类传感器所提供的同一目标的信息加以融合，消除多传感器信息之间存在的冗余信息和矛盾，并通过一系列图像处理技术和方法(在图像融合步骤中都有体现)，增强影像中信息的透明度，改善解译图像的精确度、可靠性和使用率，以形成对目标的清晰、完整、准确的描述，为军事和非军事应用提供更为准确的指导。

【图像识别】(image recognition) 又称图像再认。图形刺激作用于人的感觉器官、使人们辨认出它是某一图形的过程。在图像识别中，既要有当时进入感官的信息，也要有记忆中存储的信息。只有通过存储的信息与当前的信息进行比较的加工过程，才能实现对图像的再认。

【图像数字化】(image digitization) 通过取样和量化将一个以自然形式存在的图像变换为适合计算机处理的数字形式的过程。图像在计算机内部被表示为一个数字矩阵。矩阵中的每一元素称为像素。常用的专门设备有：各种电子的和光学的扫描设备、机电扫描设备和手工操作的数字化仪。

【图像增强】(image enhancement) 将原来不清晰的图像变得清晰或强调某些有价值的特征、抑制元价值的特征的图像处理方法。其作用是：改善图像质量，丰富信息量，加强图像判读和识别效果。图像增强并不要求忠实地反映原始图像。相反，含有某种失真(例如，突出轮廓线)的图像可能比无失真的原始图像更为清晰。常用的方法有：(1)灰度等级直方图处理。可使加工后的图像在某一灰度范围内有更好的对比度。(2)干扰抑制。通过低通滤波、多图像平均、施行某类空间域算子等处理，抑制叠加在图像上的随机性干扰。(3)边缘锐化。通过高通滤波、差分运算或某种变换，使图形的轮廓线增强。(4)伪彩色处理。将黑白图像转换为彩色图像，从而使人们易于分析和检测图像包含的信息。

【图形处理器】(graphics processing unit，GPU) 是显卡的独立处理器。由于在现代的计算机中，特别是家用系统、游戏系统，图形的处理变得越来越重要，需要一个专门的以图形处理为核心的处理器。这就产生了图形处理器。其图形处理器使显示卡减少了对CPU的依赖，并进行部分原本CPU的工作，尤其是在3D图形处理时。GPU所采用的核心技术有硬件几何转换和光照处理、立方环境材质贴图和顶点混合、纹理压缩和凹凸映射贴图、双重纹理四像素256位渲染引擎等。

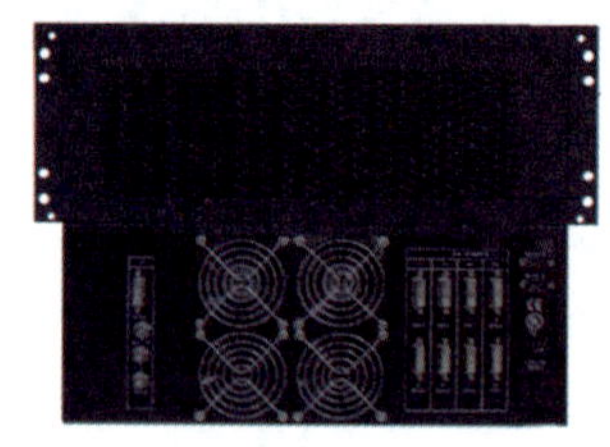
图形处理器

这是2D显示卡和3D显示卡的区别依据。2D显示卡在处理3D图像和特效时主要依赖CPU的处理能力，称为“软加速”。3D显示卡是将三维图像和特效处理功能集中在GPU内，也即所谓的“硬件加速”功能。GPU的主要生产厂商是nVidia与ATI。

【图形符号】(graphic symbol) 地图上各种图形、记号和文字的总称。由形状、尺寸、色彩、定位点和文字标注构成。用来表示地图要素的空间位置及其质量和数量特征。按其形状的不同可分为：(1)点状符号。用来表示可视为点的地物或现象的符号。符号的大小与地图比例尺无关但具有定位特征。其作用主要是说明物体的含义、位置及物体的重要性。物体的含义通过点状符号形状或颜色的色相表示。物体的位置通过符号的定位表示。物体的重要性等级或数量值通过符号的尺寸表示。在普通地图上，点状符号的几何中心与地物实际位置是一致的。例如，测量控制点、独立地物、窑洞符号等。在专题地图上，点状符号的位置只要求合理，不仅不一定在数据的中心位置上，而且如果点状符号代表的是一个区域的数据，通常定位在这个区域的重心位置上。(2)线状符号。用来表示可视为线的地物或现象的符号。符号沿着某个方向延伸，其长度与地图比例尺有关。例如，河流、沟渠、道路、境界等符号。线状符号的作用主要是说明物体的类别、位置特征及物体等级。物体的类别通过线状符号的形状或颜色的色相表示。物体的位置通过符号的中心线表示。物体的等级通过符号的尺寸(线的粗细)或颜色的亮度变化表示。在地图上线状符号的几何中心与地物实际位置是一致的。(3)面状符号。地图上用来表示呈面状分布的地物或现象的符号。符号的范围同地图比例尺有关。用面状符号表示的有水域范围、森林范围、各种区划范围、动植物和矿藏分布范围等。其作用主要是说明物体(现象)的性质和分布范围。物体的性质通过面状符号内部的颜色的色相、亮度、饱和度或是网纹的变化或是内部点状符号的形状变化表示。物体的分布范围通过面状符号的外围轮廓线表示。(4)象形符号。图形构成可使读者联想到制图对象的形状特征的符号。例如，地图上港口的符号用锚的简化符号来表示。(5)抽象符号。图形构成与所指制图对象的形状无联系的符号。例如，在地图上首都的符号用五角星来表示。此五角星符号即为抽象符号。

【图形交换格式】(graphics interchange format，GIF) 以8位色，即256种颜色重现真彩色的图像。是由CompuServe公司开发的图形文件格式。是目前广泛应用于网络传输的图像格式之一。采用无损压缩技术，只要图像不多于256色，则可既减少文件的大小，又保持成像的质量，有效地减少了图像文件在网络上传输的时间。分为两个版本：GIF 87a和GIF 89a。GIF格式普遍适用于图表，按钮等只需少量颜色的图像。图像交换格式文件使用GIF作为文件扩展名，称GIF图像。

【涂层刀具】(coat cutting tool) 把某些特殊性能的化合物涂覆到刀具基体表面上所制成的刀具。这种刀具采用化学气相沉积(CVD)或物理气相沉积(PVD)法,在强度和韧性较好的硬质合金或高速钢基体表面上,涂覆一薄层耐磨性高的难溶金属(或非金属)化合物而制得。常见的有 TiN、TiC、Al_2O_3 等硬涂层材料。这种材料具有硬度高、耐热、耐磨、耐氧化和化学性能稳定等特性,较好地解决了刀具硬度与耐磨性及强度与韧性之间的矛盾。用涂层技术制成的刀具寿命比不涂层刀具提高 3~5 倍以上,切削速度提高 20%~70%,在加工高硬度材料时其优势更为明显。切削加工使用的各种车刀、镗刀、铣刀、铰刀、拉刀、钻头、丝锥和齿轮加工刀具等,都可采用涂层方法来提高其使用性能。涂层材料正向复合、多元、超薄和超多层的交替涂层方向发展。涂层新技术不断出现,如采用 PVD/CVD 相结合的 PACVD(等离子体化学气相沉积,可把涂覆温度降到 400℃以下)的方法已有应用。新开发的 TiAlN、CrN 和 TiAlCrN 等多元、超薄、超多层交替涂层和纳米级超薄、超多层涂层材料(涂层可达 2 000 层、每层约 1nm)等先后出现,其切削性能更好。具有特殊性能的软涂层材料,其主要成分为硫族化合物(MoS_2、WS 等),能减小摩擦力,适合制造丝锥和钻头等刀具。软涂层刀具适用于加工高强度铝合金和钛合金等材料。

涂层刀具

【涂层整理】(coating finishing) 在织物表面黏合一层高聚物材料使其产生独特功能的整理工艺。涂布的高聚物称为涂层剂,而黏合的高聚物称为薄膜。涂层整理织物所用的涂层剂,主要有聚氯乙烯、聚丙烯酸酯、聚氨酯、有机硅弹性体、合成橡胶和天然橡胶等,均具有一定黏附力,并能形成连续薄膜。涂层整理织物中代表性品种有仿羽绒织物、防水透湿织物、遮光绝热织物、阻燃和导电织物等。

【涂料喷涂机】(paint sprayer) 用于墙面涂料喷涂施工的机械。包括喷盘、混合器、送料管、涂料罐、送料泵和行走车车上有可伸进管道内壁的悬臂架,悬臂架的顶端装有电动旋转喷盘,喷盘内同轴安装螺旋混合器。车上安装两个带有加热搅拌机构的涂料罐,涂料罐下口各自连接电动送料泵。送料泵的出料口连接双路保温送料管及保温回流管。送料管穿过悬臂架进入旋转喷盘内,通过旋转喷盘凹面上的多个出料小孔,将涂料靠离心力甩出实现喷涂施工。回流管则通过控制阀将不喷涂时的涂料返回涂料罐,防止涂料沉淀和凝结。整车由链传动实现驱动。能够高效率的喷涂石英砂含量高的。双组份化学成膜涂料,适用于管道内外壁的防腐喷涂,也可用于其他材质内外表面的喷涂,并且结构合理、简单耐用,操作方便。

涂料喷涂机

【涂料染色】(pigment dyeing) 又称颜料染色。通过黏合剂将颜料黏着在织物表面的过程。其优点是工艺简单,纤维的适用性好。不论是单一的天然、合成纤维织物,还是各种纤维的混纺织物,只需涂料一次染色,染后不需水洗或只需轻度水洗,废水少。其缺点是手感差,部分黏合剂对人体有毒。在涂料染色时,应选用无害的涂料和黏合剂。

涂料染色

【涂料印花】(pigment printing) 采用全涂料配成色浆的印花工艺。在印制后无需水洗。具有无(少)废水排放、清洁环保等优点。

【屠体重】(killing-out weight) 又称胴体重。家畜屠宰后经过冷却 24h 的重量。其重量标准不一。猪的屠体重标准是除去头(第一颈椎与枕骨交界处)、尾、内脏、前肢腕关节和后肢飞节以下部分的躯干,包括板油和肾脏的重量。牛、羊屠体重是指除去皮、骨骼后的净肉重量。

【屠宰率】(dressing percentage) 畜禽的屠体重与宰前活重的百分比。评定畜禽产肉力的重要指标之一。也是育种指标与经济指标之一。其计算公式为:

$$家畜屠宰率=\frac{屠体重}{活重(宰前空腹重)}\times 100\%$$

$$家禽屠宰率=\frac{去血去羽毛的屠体重}{活重(宰前空腹中)}\times 100\%$$

猪的屠宰率一般为 65%~75%;牛、羊 50% 左右;家禽屠宰率与品种类型、饲养管理水平等有关。

【土坝】(earth dam) 由土、砂或石块构成主体部分和不透水材料构成坝心的坝。主要是用坝址附近的土料,经碾压、抛填等方法筑成的挡水建筑物。这类坝的坝体具有柔性,能适应地基变形,对地基的地质条件要求比混凝土坝、浆砌石坝等刚性坝要低。结构比较简单,工作可靠,便于维修、加高和扩建。施工技术也容易掌握,便于机械化快速施工。它是国内外广泛采用的一种坝型。按坝体材料及防渗体设置的不同可分为均质土坝、黏土斜墙坝、黏土心墙坝及多种土质坝。按施工方法的不同可分为碾压土坝、水力冲填坝、水坠坝、水中倒土坝及土中灌水坝等。土坝形式的选择,应根据坝址的地形地质条件、建筑材料的数量、性质和运距、气候条件和施工条件等因素综合研究确定。

土坝

【土传病害】(soil-borne disease) 由土壤中存活的病原物侵染所引起的一类植物病害。根据病原物在土中存活时间长短和存在状态的不同可分为:土壤寄居菌和土壤习居菌两类。前者如谷子白发病菌,只能在植物根部或未腐熟的残余病组织中存活较短时间;后者如棉花枯萎菌、茄科青枯病菌、小麦全蚀病菌和烟草花叶病毒等,可在土中存活多年,在没有合适寄主的条件下,还可休眠多年。还有一类病原物是存活在土中介体生物的体内,如小麦土传花叶病毒存活在禾谷多黏菌体内,当多黏菌浸染麦苗时,病毒也同时侵染到麦苗体内而形成复合侵染。

【土地承包】(contract for land use) 中国农村将国有或集体所有的土地承包给农户家庭经营的一种土地使用形式。使土地所有权与使用经营权适当分离,适应当前农村的生产力水平和社会化程度。既坚持了社会土地公有制,又有利于劳动者与土地的直接结合,从而调动了农民经营土地的积极性和充分发挥农村合作经济的优越性。

【土地承包经营权】(rights of land conteact and management) 承包人因从事某种事业或生产经营项目而承包使用集体所有或国家所有土地的权利。反映中国经济体制改革中农村承包经营关系的新型物权。民法通则规定了公民、集体的承包经营权受法律保护。土地承包经营权的特征是:(1)承包经营权包括集体所有或国家所有的土地或森林、山岭、草原、荒地、滩涂、水面的权利。(2)承包经营权是为农业生产或其他生产经营项目而承包使用集体或国家所有的土地等生产资料并获得收益的权利。(3)承包经营权是有一定期限的权利。

【土地出让金】(land-transferring fee) 土地使用权的交易价格。各级政府土地管理部门将土地使用权出让给土地使用者的价款。包括按规定向受让人收取的土地出让的全部价款,或土地使用期满,土地使用者需要续期而向土地管理部门缴纳的续期土地出让价款,或原通过行政划拨获得土地使用权的土地使用者,将土地使用权有偿转让、出租、抵押、作价入股和投资,按规定补交的土地出让价款。土地出让金不是简单的地价。对于住宅等项目,采用招标、拍卖的方式,可通过市场定价,土地出让金就是地价。可是对于经济适用房、廉租房、配套房等项目,以及开发园区等工业项目,往往不是依靠完全的市场调节,土地出让金就带有税费的性质,是定价。土地出让金已成为地方政府预算外收入的主要来源。其价格高低取决于土地市场的供求关系。现行的土地出让金的实质是一个既有累计若干年的地租性质,又有一次性收取的似税非税性质的矛盾复合体。土地出让金具有地租而非税性质。税收是国家作为管理者对纳税人为国家缴纳的经济义务,具有强制性、无偿性和固定性。

【土地登记】(land register) 又称土地权利登记。由国家专门机关依法对土地的各项权利(权属关系、用途、面积、使用条件、等级、价值)实行登记的制度。中国土地登记是指国家依法对国有土地使用权、集体土地所有权、集体土地使用权和土地他项权利的登记。其内容包括:土地权属性质与来源、土地权利主体、土地权利客体以及与这三方面直接相关的其他内容。其具体项目包括:土地所有者、使用者及他项权利者,土地权属性质,土地权属来源,土地使用期限,土地面积,土地坐落及四至,土地用途,土地等级、地价,建筑占地面积,建筑容积率,建筑密度,建筑物类型等。土地登记的基本程序是:土地登记申请、地籍调查、权属审核、注册登记和核发证书五个步骤。

【土地调查】(land survey) 以了解土地的实际情况、采集土地信息为目的的各种调查的总称。其内容包括:土地条件调查、土地利用现状调查和土地权属调查。

【土地分等定级】(boundary mark) 为特定目的,根据土地的自然属性和经济特征进行综合分析鉴定,并使鉴定结果等级化的过程。是宗地界线土地分等定级。按土地区位的不同可分为城镇土地分等定级和农用土地分等定级两种。前者指对城镇土地利用适宜性的评定,其等级反映城镇土地在不同区位条件下的土地价值差异;后者是通过对农业生产条件的综合分析,对农用土地生产潜力及其差异程度进行评估,为指导农用土地利用和农业生产服务。

【土地估价】(land evaluation) 又称土地评估。依据土地估价的原则、理论和方法,综合评定出某宗地或多宗地的价格。土地估价人员在充分掌握土地市场交易资料的基础上,根据土地的经济和自然属性,按土地的质量、等级及其在现实经济活动中的一般收益状况,充分考虑社会经济发展、土地利用方式、土地预期收益和土地利用政策等因素对土地收益的影响,综合评定出某宗地或多宗地在某一权利状态下的某一时点的价格。土地估价方法有:收益还原法、市场比较法、剩余法和路线价法等。

【土地管理】(land management) 国家为维护土地制度,调整土地关系,合理组织土地利用所采取的行政、经济、法律和技术的综合措施。国家把土地管理权授予土地行政主管部门。土地行政主管部门依据法律和运用法定职权,对社会组织、单位和个人占有、使用、利用土地的过程或行为进行组织和管理。其目的是:维护土地所有制,调整土地关系,保障土地的合理利用,促进社会经济的可持续发展。其主要内容包括对土地资源的开发、利用、整理、保护,对土地资产的流转、收回等各项活动进行综合计划和管理。

【土地规划】(land planning) 又称土地利用规划。根据经济发展的需要和当地的自然条件,在土地利用方面进行的有计划的安排。其目的是为了实现土地、环境、人口、经济的协调发展。按规划范围的不同可分为:(1)国土规划。从宏观角度对全国或地区国土资源的综合开发利用进行长远性、战略性的筹划。其内容包括:国土资源综合评价、地区资源开发和经济发展方向、工农业生产布局、人口与城市居民点规划、交通运输规划及环境治理与保护规划等。(2)国土区域规划。在一定范围内对国民经济建设进行的总体部署。其内容更为具体,是落实国民经济的重要手段,也是编制国土规划的重要依据。按规划区域生产、生活条件的不同又可分为城市规划和农业区规划。其规划内容各有所侧重。

土地规划图

【土地规划测量】(land planning survey) 为土地规划设计及将规划内容标定于实地所进行的测量。主要包括规划区地形图测绘、土地规划界限测设和各种土地面积的测定。

【土地开发费】(cost for land development) 投资开发改良土地的费用。主要包括:(1)三通一平费用。指临时施工道路、施工用电、施工用水的安装和修建以及平整场地的费用。(2)市政基础设施工程费。土地投资中用于平整土地、修筑道路、桥涵、地下管道、园林绿化等基础设施兴建部分的费用,属于土地资本的一部分。它应通过土地的拍卖、转让而得到补偿。市政基础设施工程费主要是指这一部分的土地投资,而用于通水、通电、通气、电讯等投资形成的基础设施。由于它们本身具有营业性,应通过自身的营运收回投资,不能计人地价中。(3)利息和税金。利息是指土地开发投资利息,是国家资金积累的来源之一。税收是国家财政收人的重要来源。利息和税金对于国家来说是一种收人,而对于土地开发企业来说,是进行土地开发过程中实际发生的费用,属于一种支出,应列人土地开发费中。(4)利润。利润和土地开发费一样,是土地的增殖部分。它的一部分以所得税的形式上缴国家,一部分用作企业扩大再生产。

【土地利用】(land use) 根据土地资源的特性和一定的经济目的所决定的土地功能而对土地进行的使用、保护和改造。反映着一定区域内人和土地、人和生态环境之间的相互关系。土地是人类社会赖以生存和发展的基本资源。土地利用必然涉及整个区域内的所有社会经济发展问题。因此,土地利用不仅与农业生产有关,而且与工业、城市、交通等一系列社会经济活动有关。在土地利用中,人与土地的关系呈现相互交织作用的状况,既受经济规律的制约,又受自然规律的支配,必须从人地关系的动态发展着眼,从时间和空间上综合考虑人地关系的相互作用。

【土地利用规划】(land use programme) 又称土地规划。对生产、建设用地的设计。其范围包括:全国的总体规划,区域性(包括按行政区划和按经济区划)的总体规划和生产单位内部的土地利用规划。其具体内容因范围的不同而有差异。如区域性总体总体规划的内容主要是:确定各类土地的用途和利用方式,划定各类土地利用的规模和界限并配置全区性的工业、农业、交通、文化、教育、卫生等各种设施,以保证区内各项事业的发展。在区域性土地规划中,主要是农业用地的规划。土地规划,一般遵循先总体后内部和全面规划、局部推进的规划程序。对每一规划项目,应提出几个设计方案并加以比较,以便择优实施。

【土地利用结构】(land use structure) 在一个国家、地区或生产单位的土地总面积中,各种用地所占的比重及其组成情况。如直接生产用地(耕地、牧地、林地等),间接生产用地(道路、渠道等和非生产用地(沙漠、冰川、沼泽地等)的面积各占土地总面积的比重;农业内部的农、林、牧、渔各业用地分别占总面积的比重等。在不同的历史时期、不同的自然经济条件和社会经济条件下,人类杜会对土地资)源开发利用的广度和深度不同。土地利用结构不断发生变化,其结构也出现很大差别。土地利用结构直接反映一定时期内的土地利用状况,可用以分析土地在国民经济、区域经济、企业经济中各部门的作用程度、经济效益及其潜力,以及开发的可能性。它反映一个国家或地区土地资源的可利用和已利用的程度及其开发利用潜力。

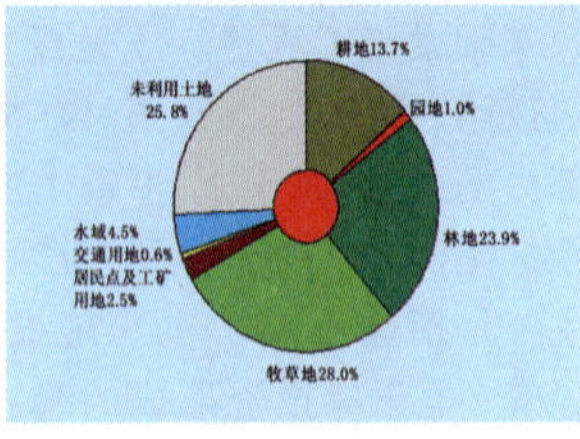

土地利用结构

【土地利用类型】(land use type) 反映土地用途、性质及其分布规律的基本地域单位。是土地利用方式相同的土地资源单元。根据土地利用的地域差异划分。是人类在改造利用土地进行生产和建设的过程中所形成的各种具有不同利用方向和特点的土地利用类别。反映了土地的经济状态。是土地利用分类的地域单元。其特点是:(1)一定的自然、社会经济、技术等各种因素综合作用的产物。(2)在空间分布上具有一定的地域分布规律,不一定连片或重复出现,同一类型必然具有相似的特点。(3)可变性。随着社会经济条件的改善、科学技术水平的提高或受自然灾害和人为的破坏而呈动态变化。(4)地域性。根据土地利用现状的地域差异划分。反映土地利用方式、性质、特点及其分布的基本地域单元。通过研究和划分土地利用类型,可查清各类用地的数量及其地区分布,评价土地的质量和发展潜力;可阐明土地利用结构的合理性,揭示土地利用存在问题,为合理利用土地资源,调整土地利用结构和确定土地利用方向提供依据。

【土地利用率】(land use capability) 已利用的土地面积与土地总面积之比。反映土地利用程度的指标。一般用百分数表示。衡量土地利用率的主要指标有:农业土地利用率、非农业土地利用率、垦殖指数和复种指数等。在土地开发利用的过程中,必须在不造成水土流失和破坏生态环境的原则下,将一切可以开发利用的土地资源,因地制宜地充分合理地开发利用,以提高土地利用率。土地利用率的高低取决于多种因素,主要是:(1)土地的自然条件。包括地势的高低,土壤的肥瘠,降水的多少,气温的高低,以及动物、植物、矿产的分布情况等。(2)经济条件与利用技术水平。土地利用受经济因素的影响很大,且和技术水平有密切关系。土地的利用程度可因技术条件而改变。技术进步可以使土地利用率提高。目前,有许多土地人类尚不能利用,如高山、沙漠、峭壁、陡坡、未经风化的岩石、积雪深厚的冰川等。(3)生产关系与社会制度。包括土地所有制,土地经营制度,地租制等。

【土地流转】(land circulation) 有土地承包经营权的农户将土地经营权(使用权)转让给其他农户或经济组织,保留承包权、转让使用权的行为。在土地承包期限内,用地可以通过转包、转让、入股、合作、租赁、互换等方式出让使用权。鼓励农民将承包的土地向专业大户、合作农场和农业园区流转,发展农业规模经营。集体建设用地可通过土地使用权的合作、入股、联营、转换等方式进行流转。鼓励集体建设用地向城镇和工业园区集中。在不改变家庭承包经营基本制度的基础上,把股份制引入土地制度建设,建立以土地为主要内容的农村股份合作制,把农民承包的土地从实物形态变为价值形态,让一部分农民获得股权后安心从事第二、第三产业;另一部分农民可以扩大土地经营规模,实现传统农业向现代农业转型。

【土地评价】(land evaluation) 根据国民经济发展及某个特定领域发展的要求,对土地的自然、经济性状及生产性能进行的综合评定,并按一定的标准对土地进行的分等定级。按评价目的的不同可分为:(1)土地自然评价。对土地的自然属性进行的分析和评价,包括地面上下多种要素的状况和特点,如气候、地形、地貌、海拔高度、地表坡度、岩石构成、土壤类型、土层厚度、植被类型、水文及地质条件等。(2)土地经济评价。运用可比经济指标对土地的投入与产出效果进行的评定。(3)土地生产力评价。对一定条件下土地的生产能力与产出效益进行的评定。(4)土地潜力评价。对土地生产限制性因素降低到最低程度时而可能达到的生产能力进行的评定。是土地资源科学合理开发利用的基础。

【土地使用权】(land use right) 依照法律对土地加以利用并获得收益的权利。国家机关、团体、企业、农村集体经济组织及公民对其占用的土地,只有使用权而无所有权。土地所有权属于国家。因此,国有土地所有权与使用权是相互分离的。在农

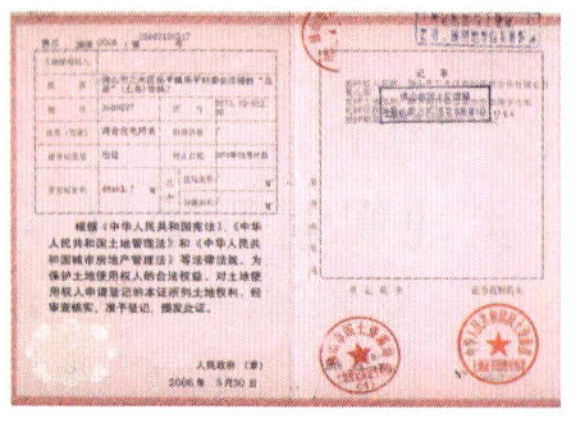
土地使用权证书

村实行联产责任制和土地承包以后，土地所有权与使用权亦相互分离，使土地与劳动者紧密结合，调动农民的生产积极性。土地使用权可以依照法律的规定转让。

【土地使用权转让】(transfer right of land use) 土地使用者将土地使用权进行再转让的行为。包括出售、交换和赠与。在土地使用权转让时，土地使用权出让合同和登记文件中所载明的权利、义务随之转移。土地使用者通过转让方式取得的土地使用权，其使用年限为土地使用权出让合同规定的使用年限减去原土地使用者已使用年限后的剩余年限。在土地使用权转让时，地上建筑物、其他附着物所有权随之转让。

【土地所有权】(ownership of land) 土地所有者在法律规定的范围内占有、支配、使用和处置土地的权利。是土地所有制在法律上的表现。中国现行的土地所有制是社会主义土地公有制，即社会主义全民所有制和社会主义劳动群众集体所有制，在法律上表现为国有土地所有权和集体土地所有权。国有土地所有权的主体是国家。农村集体土地所有权的主体是农村集体经济组织。后者所属土地包括农户长期使用的自留地、自留山和宅基地等。

【土地统计】(land statistics) 利用数据和图件等形式对土地的数量、分布、权属、利用状况及其动态变化进行系统的调查、整理、分析和预测。其特点是：统计数据不仅反映在文字和数字上，同时一定要在相应的图纸上得到证实，表示其空间位置，做到图数相符。是土地管理的重要内容之一。按统计科目的不同可分为土地数量统计和土地质量统计。按统计时段的不同又分为原始统计和年度统计。

【土地托管】(land trusteeship) 把土地承包给种粮大户集中经营，或者交由村集体统一规划开发，以腾出劳动力经营其他产业的经营方式。有利于统一种植与机械化管理，节约投资和提高效益。

【土地资源】(land resource) 由地形、气候、土壤、植被、岩石和水文等因素组成的自然综合体。人类生产与生活中不可缺少的自然资源，也是人类过去和现在生产劳动的产物。按地形的不同可分为高原、山地、丘陵、平原和盆地。这种分类展示了土地利用的自然基础。山地宜发展林牧业，平原、盆地宜发展耕作业。地形对工业、交通和城镇建设也有直接的影响。按土地利用类型的不同可分为耕地、林地、草地、工矿交通居民点用地，宜开垦荒地、宜林荒地、宜牧荒地、沼泽滩涂水域以及暂时难以利用土地包括戈壁、沙漠和高寒山地等。这种分类着眼于土地的开发、利用，着重研究土地利用所带来的社会效益、经济效益和生态环境效益。

土地资源

【土地资源调查】(survey of land resource) 查清某一国家或某以地区、某一单位土地数量、质量和分布的工作。其主要内容包括：(1)利用地形图和测量资料，了解土地利用现状，编制土地利用现状图，测量计算土地总面积和各类土地的面积，查清土地的数量和分布。(2)通过土壤普查，并利用水文、地质、气候、农业、林业、水利等专业调查资料，查清土地资源的质量。(3)根据土地的自然和经济特点，对土地进行评价和分析等。

【土钉墙】(soil-nail wall) 由设置在坡体中的加筋杆件与其周围土体牢固黏结形成的复合体以及面层构成的类似重力挡土墙的支护结构。一种原位土体加筋技术。其墙面坡度不宜大于1∶0.1。土钉必须和面层有效边接，应设置承压板或加强钢筋等构造措施，承压板或加强钢筋应与土钉螺栓连接或钢筋焊接连接。土钉墙基坑侧壁安全等级宜为二、三级的非软土场地，基坑深度不宜大于12m。当地下水位高于基坑底面时，应采取降水或截水措施。土钉墙属于重力式支护结构。

土钉墙

【土方机械】(earthwork machinery) 挖掘、铲运、推运或平整土壤和砂石的机械。18世纪蒸汽机的出现，使各种土方机械相继问世。动力从蒸汽机发展到汽油机和柴油机，结构逐步完善，性能日益提高。按土方机械功能的不同可分为：准备作业机械、铲土运输机械、挖掘机械、平整作业机械、压实机械和水力土方机械等。广泛用于建筑施工、水利建设、道路构筑、机场修建、矿山开采、码头建造和农田改良等工程中。

【土工合成材料】(earth synthetic material) 以合成材料为原材料制成的应用于岩土工程的各种产品的统称。原材料是高分子聚合物(由煤、石油、天然气或石灰石中提炼出来的化学物质制成)，再进一步加工成纤维或合成材料片材，最后制成各种产品。制造土工合成材料的聚合物主要有聚乙烯、聚酯、聚酰胺、聚丙烯和聚氯乙烯等。将上述材料置于土体内部、表面或各种土体之间,起到加强和保护土体的作用。

【土工膜】(membrane for seepage preventing) 又称防渗膜。一种以聚合物或沥青为材料制造而成的基本不透水的薄膜状土工合成材料。主要用于防渗。为满足不同强度和变形的需要,分为不加筋和加筋两类:(1)聚合物膜一般在工厂制造。所用材料有热塑塑料。如聚氯乙烯。结晶热塑塑料,如高密度聚乙烯;热塑弹性体,如氯化聚乙烯和弹性体、氯丁橡胶等。(2)沥青膜大多在现场制造。制造土工膜时还需加入一定量的添加剂,以改善性能和降低成本,如掺入炭黑以提高抗日光老化能力。对于沥青土工膜,可掺入一些填料或纤维以降低成本和提高强度。由于土工膜很薄(几毫米至零点几毫米),容易损坏,故有时在其两侧或一侧覆有无纺织物或有纺织物的保护层或垫层(支持层),使其成为复合土工膜。根据使用要求有一布一膜、二布一膜、三布二膜等不同品种。复合土工膜的适应性更强,用途更广。用作挡水建筑物的防渗层时,应在底部做好垫层,防止尖角物体顶破。土工膜之间应作好黏接,并在其上覆盖厚25~30cm土层,以防止老化。据研究测定,聚合物土工膜在土下和水中的使用寿命可达50年以上。

【土工织物】(geotextile) 应用于土木工程中的透水性土工合成材料。广义上的土工布包括土工工程中可渗透的土工布和不可渗透的土工膜。按制造方法的不同可分为织造土工织物和非织造(无纺)土工织物。土工布已同水泥、钢材和木材一起成为“四大建筑材料”。土工布主要用于道路路基的增强,治理铁路翻浆冒泥,应急公路的铺设,解决软土地区的施工,水利岸坡的防护,水库水坝排水沟的反滤层,发电厂灰坝,矿山矿坝,矿井的支柱成形,保护植被,治理水土流失,治理环境污染等。使用土工布,可以提高工程质量,缩短施工时间,降低工程造价,延长工程寿命和简化工程维护等。

土工织物

【土谷坊】(earth check dam) 用土料在沟道上游段修筑的小土坝。其高度一般小于3m。按其修筑土料及施工方法的不同可分为:均质土谷坊、黏土心墙土谷坊、黏土斜墙土谷坊、混凝土心墙土谷坊、塑料薄膜心墙土谷坊、尼龙袋心墙土谷坊等。修筑土谷坊要清除坝基处的虚土、草皮、树根及含腐殖质较多的土壤,使坚实土层或基岩露出。再沿坝轴线挖结合槽,使坝体与基础紧密结合。清基后将底部坚实土面挖松约5cm,然后分层填土夯实。每层厚30cm,夯实到20cm。在填第二层土料前,将原夯面耙松1~2cm。土谷坊不允许洪水从顶部溢流,应修溢水口。一般修筑在沟岸坚实的土层上,以保证坝身安全。如果沟岸土质松软,溢流水深较小(10~20cm),可种草皮防冲。如果溢流水深较大,可用浆砌石在坝面修筑溢水口。土谷坊的作用是防止沟床下切。

土谷坊

【土拦沙坝】(earth check dam for sediment storage) 用土料修筑的拦沙坝。分为均质坝、心墙坝、斜墙坝等坝型。其施工技术简单,便于就地取材。其断面设计要符合土方量小、施工方便、节省费用和运用安全的要求。坝的迎水坡和背水坡坡度稳定。土拦沙坝的坝顶宽度与坝高相关。当坝高为6~15m时,坝顶宽为2~3m。坝高的确定主要考虑拦沙库容、溢洪道最大过水深度、波浪爬升高和安全超高。土坝坝坡应根据筑坝土料、地基等情况决定。基础较好(如岩基),坝坡可陡;基础松软(如软黏土),则坝坡可缓。土料较好,抗剪强度大,碾压密实,土壤的干密度大,坝坡可陡;反之则缓。建有心墙并加修棱柱体排水的拦沙坝浸润线低,下游坝坡可较陡;土坝越高,坝坡应逐段放缓。坝高小于10m的均质坝,上游坝坡一般为1:1.5~2,下游坝坡一般为1:1.5,迎水坡可修建干砌块石或大卵石护坡。在土坝背水坡可铺种草皮以防止冲刷。坝高大于10m或重要的拦沙坝,其坝坡、溢洪道等要通过专门的计算来确定。

【土木工程】(civil engineering) 工程学的一个分支。建造各类工程设施的科学技术的统称。一门范围极广的综合性学科。既指所应用的材料、设备和所进行的勘测、设计、施工和保养维修等技术活动,又指工程建设的对象,即建造在地上、地下、水中等直接或间接地为人类生活、生产、军事、科研服务的工程设施。随着科技的进步和工程实践的发展,土木工程这一学科也已发展成为内涵广泛、门类众多、结构复杂的综合体系。中国将土木工程分为:房屋工程、铁路工程、道路工程、机场工程、桥梁工程、隧道及地下工程、特种工程结构、给排水工程、城市供热供燃气工程、交通工程、环境工程、港口工程、水利工程和土方工程等。土木工程伴随着人类社会的发展而发展起来,是社会历史发展的见证之一。它所建造的工程设施反映出各个历史时期社会、经济、文化、科学、技术发展和进步的不同面貌。

【土壤】(soil) 地球陆地表面岩石经长年累月的物理和化学风化而形成的一层疏松物质 。岩石由大块变成细小颗粒,其成分和性质发生变化,形成成土母质,进而在生物等作用下变成具有肥力的土壤。由于岩石种类多种多样,植物类型丰富多彩,以及各地区气候、地形、成土时间和人类耕垦利用的程度不同,土壤的种类多种多样。中国自 20 世纪 90 年代开始,结合中国范围内土壤的特点,建立了适应中国特点的土壤分类系统。该系统共分七个级别,分别是土纲、土亚纲、土类、土亚类、土属、土种和土亚种。土纲是分类系统中最高层阶,主要以土壤成土过程及重大环境因素的影响为依据,划分出铁铝土、淋溶土、干旱土、漠土、盐碱土和人为土等 12 个土纲;亚纲主要考虑成土过程水热条件,在土纲的基础上共分出 28 个亚纲。土壤分类最终是分到土种及土亚种(后者是土种的变种)。土种是土壤分类的基本单元,只有各方面特征均相同或相似,才能划入同一个土种。受成土条件的制约,不同的土壤有特定的地理分布区。与地理分布区中的热量和水分条件严格相关的土壤称为地带性土壤;反之,则称非地带性土壤。中国自北向南依次分布着灰化土、暗棕壤、棕壤、褐壤(或黄褐土)、红壤与黄壤、砖红壤性红壤和砖红壤;由东向西依次为森林土壤、草原土壤和荒漠土壤。随着山地海拔的增加,土壤类型也有垂直地带性分布。

土壤

【土壤次生盐碱化】(secondary salinization of soil) 由于人类活动的影响耕作土壤转化为盐碱土的过程。其发生和发展主要是由于水利和农业措施不当,灌水量过多,排水量不足,地下水动态平衡遭到破坏,造成地下水水位抬高而引起的。随着地下水的蒸发,盐分迅速在土壤表层积累,从而引起土壤次生盐碱化。气候、土壤以及水文地质等自然条件也是产生土壤次生盐碱化的重要因素。土壤次生盐碱化常发生在干旱、半干旱地区。这些地区降雨量少,蒸发量大,为可溶性盐分向表层积聚创造了条件。特别是在土壤质地较轻的地区,土壤水分的毛细管上升高度较大,盐分易随水分移至土壤表层。在地下水埋深较浅、且其矿化度较高的地区,也易发生土壤次生盐碱化。

土壤次生盐碱化

【土壤地理学】(soil geography) 研究土壤与地理环境相互关系的土壤学分支学科。主要研究土壤发生、发育、特征、分类和分布规律。是自然地理学与土壤学的交叉学科。其研究内容包括:(1)土壤发生分类。研究土壤在母质、气候、生物、地形和时间五种自然成土因素和人类的生产活动影响下的发生、发育过程,土壤类型特征其科学分类。(2)土壤分布规律。土壤受诸多成土因素的制约,表现出地带性和地域性的分布特征,地带性土壤又可分纬度地带性土壤、经度地带性土壤和垂直地带性土壤,受生物和气候条件的影响特别明显。地域性土壤则主要受地形、母质、水文地质和人为耕垦作用等因素的影响。(3)土壤调查、制图及土壤信息系统。(4)土壤资源评价、利用和保护。

【土壤调查】(soil survey) 对一定地区的土壤类型及其成土因素进行实地勘察、描述、分类和制图的全过程。是认识和研究土壤的一项基础工作和手段。通过调查了解土壤的一般形态、形成和演变过程,查明土壤类型及其分布规律,查清土壤资源的数量和质量,可为研究土壤的发生与分类,以及合理规划、利用、改良、保护和管理土壤资源提供科学依据。按调查目的和要求的不同可分为详查与概查。土壤详查是指在一定区域范围内用大比例尺的地形图(≥1/2.5 万)为底图的土壤调查;具有调查范围较小、成图精度要求高的特点,通常采用航片结合地形图的方法进行。土壤概查是在县以上区域或中小河流域范围内,以中、小比例尺地形图(≤1/5 万)为底图的土壤调查;具有区域范围广、工作流动性大和综合性强等特点,多采用卫星图片结合地形图的方法进行。土壤调查一般采用点线结合的办法。调查路线的选择应垂直等高线布置。在山区,选定路线要从山麓到山顶,以便通过不同坡向和坡度以及局部地形对土壤形成

土壤调查

和发育所造成的影响;在平原区,最好能垂直于河流进行,以便通过不同的地貌单元、地形部位和母质类型,全面地调查各种类型的土壤。无论是路线观察还是定点观察都有必要对周围环境进行调查。其内容包括:植被类型和优势植物的种类;地貌类型和地形部位;地表状况和侵蚀类型及程度;基岩和成土母质以及地面排水状况和水质等。

【土壤肥力】(soil fertility) 土壤供应和协调植物生长发育所需水分、养分、空气和热量的能力。土壤的物理、化学、生物化学和物理化学特性的综合表现,也是土壤不同于母质的本质特性。在母质、气候、生物、地形和时间等自然成土因素作用下形成的土壤肥力,称自然肥力。在耕种、施肥、灌溉和土壤改良等人为因素作用下形成的土壤肥力称人为肥力。在土壤肥力因子中,能供植物生长及时利用的称有效肥力;不能及时利用的称潜在肥力;潜在肥力在一定条件下可转化为有效肥力。

【土壤肥力监测】(soil fertility monitoring) 观测土壤肥力因子动态变化的过程。土壤水、肥、气、热等肥力因子,随着气候,水文等自然环境条件的变化以及农业生产活动的影响,不断地产生变化。有些变化对植物生长发育有利,有些变化则不利。掌握土壤肥力因子的动态变化,及时预测和调控,可使土壤肥力的发展与作物的需求经常处于协调状态,以取得作物高产稳产的效果。

【土壤分布】(soil distribution) 土壤类型分布随地理位置、地形高度变化而呈有规律更替的现象。土壤类型的分布,与生物气候地带性条件相吻合,表现为广域的水平分布和垂直分布规律,同时又受地域性、局部性的地形、母质、水文地质等因素的影响,表现为地域分布和微域分布,并分别称之为地带性土壤和非地带性土壤。其分布类型是:(1)土壤水平分布。指土壤类型的分布与演替同地理位置(纬度、经度)的变化相一致的现象。(2)土壤垂直分布。指山地土壤类型的分布与演替同海拔高度的变化相一致的现象。(3)土壤地域分布。包括土壤中域分布和微域分布。土壤中域分布是指中地形范围地带性土壤与非地带性土壤按其发生演变方向呈有规律地更替的现象。微域分布则主要是因小地形的变化以及母质、水文地质等条件的差异,而呈现的土壤分类基层单元的分布。

【土壤分类】(soil classification) 将陆地表面或一定地区范围内分布的多种土壤群体按其发育特征及其形成过程和属性进行系统的归纳和区分。不同国家和地区的土壤学者制订的土壤分类方案常有差异,按学术观点的不同可分为:(1)以俄罗斯为代表的地理发生学土壤分类。(2)以西欧国家为代表的形态发生学土壤分类。(3)以美国为代表的诊断指标土壤分类。中国 1991 年提出的"中国土壤系统分类"方案,是以土壤诊断层和诊断特征为基础,以土壤发生学为指导而制订的土壤分类,中国土壤科学发展水平的标志,也是土壤调查制图的基础和土壤改良的科学依据。

【土壤改良】(soil amelioration) 针对土壤的不良性状和障碍因素进行改造的过程。其目的是:采取相应的农业、水利、生物等措施,改善土壤性状,提高土壤肥力,增加作物产量,以改善人类生存的土壤环境。其具体措施有:(1)通过适时耕作、增施肥料(特别是有机肥),改良贫瘠土壤。(2)通过客土、漫沙、漫淤和施用有机肥等,改良过砂过黏土壤。(3)通过平整土地、设立灌和排渠系、排水洗盐和种稻洗盐等,改良盐碱土以及通过种树种草、营造防护林、设立沙障和固定流沙等,改良风沙土。

土壤改良

【土壤耕作力学】(soil mechanics in tillage) 研究耕层土壤在切削、破碎、翻转、压实和支承等过程中,能量消耗及土壤应达到某种状况的学科。是农业土壤力学的一部分。主要分析土壤在各种耕作部件作用下,所产生的土壤变形、运动和应力,以探讨工作部件的几何形状、受力状况、能耗计算和磨损等问题,同时也从农业上研究如何提高土壤肥力,以获得作物高产。

【土壤耕作制】(soil cultivation system) 又称土壤耕作体系。使用农具以改善土壤耕层构造和地面状况等的综合技术体系。是耕作制度中土地保护培养制度的重要环节。包括基本耕作(翻耕、旋耕和深松耕等)和表土耕作(耙地、耢耱、整地、镇压和耖田等)两类。各个单项土壤耕作措施有其各自的独特效能,要达到良好的耕层结构和地面状况,必须根据当地自然条件和作物种植方式等,采用一系列互相配套的土壤耕作综合措施。综合土壤耕作措施可改良土壤耕作层的物理状况和耕层构造,根据当地自然条件和不同作物的栽培要求,使地表保持符合农业要求的状态。

【土壤含水量】(water content of soil) 土壤水分含量占田间持水量的百分数。田间持水量为农田土壤可能保持的最大水量，常因土壤的质地、结构不同而异，砂质土壤一般为16%～22%，壤质土壤为22%～30%，黏重土壤为28%～35%。以占田间持水量的百分率表征的土壤相对含水量，可以平衡各种土壤持水性能的差别，是衡量不同土壤供给植物水分的统一尺度。一般作物适宜的土壤相对含水量是田间持水量的70%～80%；在成熟期，则宜保持在60%左右。

【土壤含水率】（ratio of soil moisture） 又称土壤墒情。土壤中所含水分数量占干土总量的百分数。用以表示土壤湿度。土壤的重要物理指标之一。是分析土壤力学性质和土壤水、盐运动不可缺少的参数。有两种常用表示方法：(1)以重量百分数表示。即以土壤中水重占干土重的百分数。(2)以体积百分数。即以土壤水分体积占土样总体积的百分数表示。其测定方法有两种：(1)直接测定。用称重法直接确定土壤中水分的含量。分别称出原土样重量和经过干燥处理后的土重，以计算出土壤重量含水率。烘箱法、酒精燃烧法以及红外线热烘干法均属此类。这类方法简单，易于掌握，精度较高，常作为其他测定方法的校核标准。其缺点是取土样时会扰动原状土。(2)间接测定。通过有关物理量（如土壤的电阻值、土壤温度、γ射线强度等）的测定，间接推算土壤含水率。使用这类方法，虽可以保持原状土不受扰动或破坏，但需事先对所测物理量与土壤含水率的对应关系进行确定。

【土壤呼吸】（soil respiration） 土壤中因生物呼吸与生命活动而消耗、吸收氧气和产生并放出二氧化碳的过程。其强度主要取决于土壤各种生物的中生命活动状况和土壤通气以及环境温度变化等。由于土壤的空间变异性与生物呼吸作用的动态变化复杂多变，所以很难取得稳定可比的数据。因此，土壤呼吸速率一般不能用作土壤通气性的指标，只有在相同的可比条件下才可以大致反映土壤的通气状况与生物活性指标。

【土壤环境保护】（environmental protection of soil） 保护土壤资源免受自然因素侵蚀及人类活动破坏，以保持土壤优良性质所采取的预防和治理措施。其内容是：(1)合理利用土壤资源，保护植被，预防水土流失。(2)对已发生水土流失的地方，因地制宜采用工程和发展植被等措施，进行水土保持工作。(3)在农、林、牧生产中，把用土与养土，改土与保土结合起来，重视有机肥的施用。(4)对土壤进行环境质量调查与评价，研究制定土壤环境质量标准，限制工业“三废”（废气、废水、废渣）的污染，合理施用化肥、农药和腐熟废弃物，对已受污染的土壤采取排毒、解毒和控制措施。

【土壤环境监测】（soil environmental monitoring） 采用先进技术手段和方法对土壤受污染状况进行监测。其主要目的是：分析土壤污染对粮食污染、地下水污染及对生长于其上及周边生物，尤其是对人体的危害，分析土壤环境质量现状和变化趋势，为控制土壤污染提供依据。

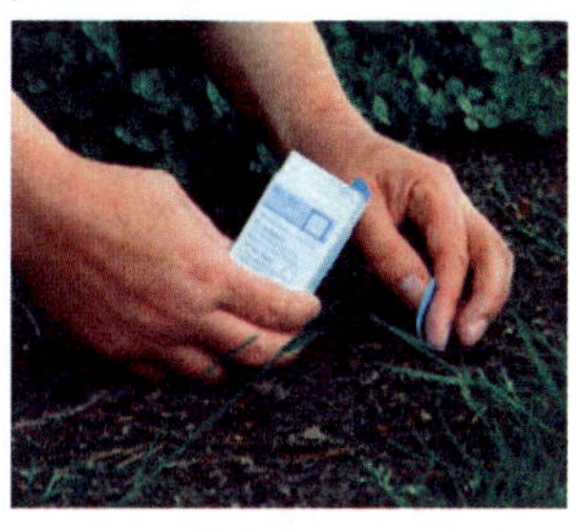

土壤环境监测

【土壤环境容量】（soil loading capacity） 又称土壤负载容量。遵循环境质量标准、在既保证农产品质量又不污染环境的前提下，一个土壤单元在一定时限内所能容纳污染物的最大负荷量。不同土壤其环境容量是不同的。同一土壤对不同污染物的容量也不尽相同。

【土壤环境质量】（soil environment quality） 土壤受污染的程度以及对人类及陆地生物的生存和繁衍的适宜程度。衡量土壤环境质量的内容是指：(1)土壤中氮酶活性和呼吸作用的强弱。(2)土壤中、作物中镉、铬、铅、汞等重金属含量及有机、无机污染物的含量等。土壤环境质量是环境科学和土壤环境保护研究中的热门课题，是环境土壤学的核心内容，是土壤质量的重要组成部分。除了以上描述外，一般是指在一定的时间和空间范围内，土壤自身性状对其持续利用以及对其他环境要素，特别是对人类或其他生物的生存、繁衍以及社会经济发展的适宜性的量度。和土壤质量一样，土壤环境质量是一个发展中的概念，目前尚无统一的认识，也无土壤环境质量的具体标准。

【土壤环境质量评价】（soil environmental quality assessment） 按一定原则、方法和标准对区域土壤环境质量进行的评定。包括现状评价、外源污染的影响评价、特定利用功能需要的健康评价、土壤对其他环境要素的影响评价、土壤环境质量变化趋势的预测评价和风险评价等。在土壤环境质量风险评价中，人们最为关心的是土壤中持久性有机污染物危害人体健康的可能性，通过概率估计，提出减少风险的方案和决策。其评价的一般方法是先进行背景值调查，同时或然后进行污染源调查，了解进入土壤的污染物种类、数量及其迁移、扩散和转化的过程及规律，然后建立数学模式，求出污染指数进行评价。

【土壤计划湿润层】(planned moist layer in soil) 根据旱作物生长发育对土壤水分的要求,灌水时计划湿润的土层深度。该土层深度随各种作物各个发育阶段主要根系深度的不同而变化。土壤计划湿润层是用水量平衡法确定旱作物灌溉制度的重要依据之一。对其选择的适当与否,直接影响着灌水定额的大小和灌溉水利用系数的高低。在确定土壤计划湿润层时,除了考虑根系垂直分布深度外,还应考虑土壤微生物活动、盐分冲洗和储水灌溉时的特殊要求。作物生长初期的根系很浅,为了维持土壤微生物活动,并为以后根系生长创造条件,需要在一定土层深度内有适当的湿润层,一般为 30 ~ 40cm。作物生长盛期土壤计划湿润层的深度一般采用 80 ~ 100cm。在地下水位较高的盐碱土地区,计划湿润层的深度一般不宜大于 60cm,以防止土壤返盐。在某些地下水埋藏较深的半干旱地区,采用储水灌溉时,其计划湿润层可达 200cm。几种主要旱作物的土壤计划湿润层见表。

冬小麦、玉米和棉花的土壤计划湿润层深度

作物	生育阶段	土壤计划湿润层深度(cm)
冬小麦	出苗 ~ 三叶	30 ~ 40
	分　蘖	40 ~ 50
	拔　节	50 ~ 60
	抽　穗	50 ~ 80
	开花 ~ 成熟	60 ~ 100
玉米	幼苗 ~ 拔节孕穗	40
	抽穗开花	50 ~ 60
	灌　浆	50 ~ 80
	成　熟	60 ~ 80
棉花	幼　功	30 ~ 40
	现　苗	40 ~ 60
	开花 ~ 吐絮	60 ~ 80

【土壤结构】(soil structure) 土壤颗粒(包括团聚体)的排列与组合形式。在田间鉴别时,通常指那些不同形态和大小,且能彼此分开的结构体。是在成土过程或利用过程中由物理的、化学的和生物的多种因素综合作用而形成。按其形状的不同可分为块状、片状和柱状三大类型;按其大小、发育程度和稳定性等的不同可分为团粒、团块、块状、棱块状、棱柱状、柱状和片状等结构。观察土壤剖面中的结构类型,可大致判别土壤的成土过程,如淀积层中有柱状或圆柱状结构则可能与碱化过程有关。土壤结构影响着土壤中水、气、热以及养分的保持和移动,也直接影响植物根系的生长发育。改善土壤结构,应根据不同土壤存在的结构问题,相应采用增施有机物料、合理耕作、轮作和灌溉排水等具体措施。

【土壤颗粒】(soil particle) 又称土粒。构成土壤固相的物质。按其来源与组成的不同可分为。矿物质的、有机质的及有机与无机复合的群体。一般来讲,矿质部分约占土壤固相重量的 95% 以上,有的高达 99%。土壤颗粒起着支撑植株生长的作用。其粒径大小、组合比例与排列状况直接影响土壤的基本性状。

土壤颗粒

【土壤空气】(soil air) 土壤中各种气体的统称。在土壤中的存在状态以土壤孔隙中自由态空气为主。其活性强,少量溶于土壤水和被土粒所吸附。土壤空气的组成与近地大气基本相同。其中:氧(20.99%)、二氧化碳(0.15% ~ 0.65%)、氮(78%)及少量惰性气体与水蒸气;二者的重要差别在于土壤空气中氧含量低于大气,二氧化碳含量则高于大气。在通气不良或积水的土壤中,土壤空气中还有甲烷、硫化氢等还原性气体存在。土壤中生物呼吸及其他活动要消耗氧,最后其代谢产物为二氧化碳,土壤空气与近地大气因其中氧与二氧化碳浓度差而不断进行相互扩散交换,使得土壤空气不断更新。土壤空气是肥力因素之一。对种子萌发、根系生长发育、养分转换等过程都有重要影响。

土壤空气

【土壤孔隙】(soil pore) 土壤中除固相所占容积以外的空间。储存水分、空气和养分的场所,也是植物根系伸展的空间。是土壤重要的物理性质之一。按土壤孔隙的大小和性质的不同可分为:(1)非活性孔隙。孔径约小于 0.002mm,所持水分不易为植物根系吸收。(2)毛管孔隙。孔径为 0.02 ~ 0.002mm,其间保持着毛管水。(3)通气孔隙。孔径大于 0.02mm,其间水分可因重力作用排出。毛管孔隙的多少往往决定土壤的储水性能;而通气孔隙的多少则表征土壤通气排水能力。在制定农业措施时,对黏质土应创造较多的通气孔隙;对沙质土宜增多毛管孔隙。

【土壤矿物】(soil mineral) 土壤中具有特

征结构和一定化学成分的各种天然无机固态物质的总称。是土壤的主要组成物质。构成土壤的"骨骼"。一般占土壤固相部分重量的95%～98%。按土壤矿物来源的不同可分为:原生矿物和次生矿物。按矿物结晶状态的不同可分为:结晶质和非晶质。土壤矿物质的组成、结构和性质,对土壤的物理性质、化学性质以及生物与生物化学性质均有深刻影响。如土壤质地、孔隙、通气性、透水保水性和供肥保肥性等。土壤矿物组成也是鉴定土壤类型、识别土壤形成过程的基础。

【土壤流失量】(soil loss amount) 溅蚀、片蚀和细沟侵蚀使一定面积土地上的土壤及其母质产生位移和径流输移的泥沙数量。受气候、地形、土壤、植被、土地经营管理以及水土保持措施等因子所制约。其数值通过实测或计算获得。单位是t或m^3。通过野外径流实验小区的测流取沙设备,由实测径流及沙量或直接量测泥沙淤积量确定。应用各种土壤流失数学模型进行估算或预报。最基本的估算模型有统计回归模型和参数演进模型两种。前者是应用数理统计中的回归分析方法,整理分析试验小区和自然集水区实测资料,建立土壤流失量与主要影响因子之间的数学表达式。这类模型具有代表性的是美国的通用土壤流失方程。后者是在模拟地表径流过程及泥沙输移过程基础上建立的,随时间、空间变化的土壤流失量数学模型。

【土壤培肥】(improvement of soil fertility) 通过人为措施提高土壤肥力的过程。在一定地区的耕作制度下,通过精耕细作,合理施肥和灌溉等措施,使土壤不断增进肥力,向获得高产、稳产的方向发展。如太湖地区的鳝血黄泥土、珠江三角洲的泥肉田和华北平原的蒙金土等,都是人为定向培育的结果。

土壤培肥

【土壤剖面】(soil profile) 自地表垂直向下直到土壤母质的纵断面。可分为若干发生层次。自然土壤的剖面,可分为枯枝落叶层、淋溶层、淀积层和母质层。农业土壤的剖面由上而下一般可分为耕作层、犁底层、心土层及底土层。土壤剖面的形态特征,是土壤特性的表现。由剖面形态的研究可以得知土壤的形成过程、土壤肥力特性、土壤耕性以及土壤的生物性状、物理化学特性等。土壤剖面特征用以观察土壤形态特征,划分土层和采集土壤样品,是识别土壤类型的主要依据。

土壤剖面

【土壤普查】(general detailed soil survey) 以全面清查土壤资源,合理利用和改良土壤为目的,由专业队伍和群众相结合进行的土壤调查。是在全国或某一地区范围内,有统一的组织领导,按统一的调查规程,从行政区由下而上逐级实施土壤调查、制图、编制汇总土壤资料和成果验收的过程。

【土壤侵蚀】(soil erosion) 土壤或其他地面组成物质在水力、风力、冻融、重力等外营力的作用下,被剥蚀、破坏、分离、搬运和沉积的过程。按土壤侵蚀发生时期的不同可分为:古代侵蚀和现代侵蚀。按侵蚀营力的不同可分为:水力侵蚀、风力侵蚀、重力侵蚀、冻融侵蚀和混合侵蚀。按土壤侵蚀强度及危害程度的不同可分为:自然侵蚀和加速侵蚀。其影响因素包括自然因素和人为因素。自然因素包括:地质、地形、气候、土壤和植被5个因素。人为因素是导致土壤侵蚀的主导因素。其表现为人类对自然植被的破坏,如滥伐森林、垦植陡坡、过度放牧、开矿、采石、修路、建房及其他工程建设等。中国土壤侵蚀主要分布于西北黄土高原、南方山地丘陵区、北方山地丘陵区及东北低山丘陵和漫岗丘陵区、四川盆地及周围山地丘陵区。中国水蚀区主要分布于北纬20°～50°之间的地区。风蚀主要发生在草原和荒漠地带。中国风蚀区主要分布在东北、西北和华北的干旱和半干旱地区以及沿海沙地。土壤侵蚀的危害是:使养分流失、土壤退化、土地资源劣化、生态系统失调和泥沙淤塞河流、湖泊、水库等,同时带来频繁的水涝、干旱、风沙灾害及面源污染等,严重影响农林牧业、水利和航运事业的发展。

土壤侵蚀

【土壤侵蚀程度】(degree of soil erosion) 土壤原生剖面被侵蚀的厚度。反映土壤侵蚀总的结果和目前的发展阶段以及土壤的肥力水平。土地分级的主要依据,并决定土地利用方向。不同的土壤侵蚀类型,反映土壤侵蚀发展过程不同阶段及其严重程度,面蚀较轻,沟蚀较重,泥石流侵蚀则是一种最严重的土壤侵蚀形式。面蚀以土壤发生层段被蚀去的厚度或残留厚度,作为划分其程度的标准。即:以无明显侵蚀的土壤剖面作为标准剖面，利用剖面比较法确定土壤侵蚀程度。不同学者有不同的划分标准和方法。一般将其分为轻度、中度、强度、极强度、剧烈等5级。如以A层及过渡层全部被侵蚀、B层裸露为极强度剖面面蚀；C层出露并遭受侵蚀为剧烈剖面面蚀。不同的土类，土壤剖面中有机质层的厚度不同。有些专家对不同的土类拟定了不同的土壤侵蚀程度划分标准。沟蚀以单位面积上的沟道长度或沟道面积占坡面面积的百分数作为划分其程度的标准。风蚀与土壤面蚀程度的划分方法相同。土壤侵蚀程度的划分是土壤侵蚀调查和制图的基础，同时可为水土保持规划和土壤改良工作提供科学依据。

土壤侵蚀过程

【土壤侵蚀量】(amount of soil erosion) 土壤及其母质在侵蚀营力的作用下从地表处被击溅、剥蚀或崩落而产生位移的物质量。其单位为t或m^3。侵蚀营力指降雨、水流、风力、冻融和重力等作用。按侵蚀源地区部位及场所的不同可分为：面蚀量、沟蚀量、河道侵蚀力的统称量以及工矿、道路、城镇建设等其他来源的土壤侵蚀量。了解和掌握土壤侵蚀量的地域分布及其变化情况，并进行动态监测，是国土整治规划的基础，也是计算泥沙输移比及流域产沙量不可缺少的内容。其量测方法主要是：(1)水准测量法。测定土壤剖面被剥蚀的速率，常通过一组固定标记(如土层里埋钉子、树根着色等)直接观测微地形的高程变化。(2)容积测量法。度量细沟、浅沟和切沟的纵横断面变化计算其侵蚀量。(3)水文测量法。测量水库泥沙淤积量，结合泥沙输移比进行推算。(4)立体摄影测量法。利用立体摄影仪多次重复照相进行对比分析求算。

【土壤侵蚀模拟】(simulation of soil erosion) 在实验室或野外在人工控制条件下，重现自然界某些特定的土壤侵独现象。为探求其侵蚀、产沙机制或有关水土保持措施的防治功能及蓄水保土效益，进行定性和定量分析。目的是研究水蚀、风蚀、重力侵蚀及泥石流的发生、发展与演变规律及主要侵蚀因子之间的定量关系。为防治水土流失采取对策措施，制定治理规划和估算水土保持效益提供科学依据。用人工模拟降雨装置可大大缩短试验周期，控制影响主导因素。模拟装置的形式与组成分野外及室内两大类。(1)野外人工模拟降雨装置分小型、中型和大型三种：①小型装置的喷洒面积小于$4m^2$。②中型装置的喷洒面积为$1.8m\times22.6m$或$3m\times25m$。③大型装置的喷洒面积可达$200m^2$。大中型装置一般为框架式单元结构，可进行任意组合。(2)室内人工模拟降雨装置分小型及中型两种。中国科学院地理科学与资源研究所建立的室内模型模拟降雨设施，测试仪表半自动化，数据处理全自动化。喷洒面积为$2.77m\times7.73m$。

土壤侵蚀模拟

【土壤侵蚀模数】(modulus of soil erosion) 单位面积土壤及土壤母质在单位时间内侵蚀量的大小。表征土壤侵蚀强度的定量指标。单位通常有两类：(1)表征单位面积年度侵蚀量大小的单位为$t/(km^2\cdot a)$或$m^3/(km^2\cdot a)$。(2)表征某区域在某次降雨条件下，单位面积侵蚀量大小的单位为t/km^2或m^3/km^2。其获得方法是：(1)测验法。通过径流场长年野外观测记录从小流域试验站以及流域把口站观测资料中获取。(2)比较法。利用不同期地形图或地面标志进行重复测量，经过前后期数量比较求得。(3)同位素^{137}Cs法。具有快速测量特点，中国已开始试验使用。(4)3S法。采用RS(遥感)、GIS(地理信息系统)及GPS(全球定位系统)进行土壤侵蚀模数计算。具有即时、便捷及高效等优点。是进行大范围土壤侵蚀模数估算的最主要方式。土壤侵蚀模数是衡量某一区域侵蚀状况的重要指标。为不同区域侵蚀状况定量比较提供依据。可反映某区域土地利用的合理程度。已成为水土保持科学研究、水土保持规划与治理以及科学决策的重要指标。据此指标，可以划分轻度侵蚀、中度侵蚀、强度侵蚀、极强度侵蚀和剧烈侵蚀等。

【土壤侵蚀模型】(soil erosion model) 表示土壤侵蚀产沙的发生、发育、演化过程及侵蚀量与其主要影响因子间定量关系的数学表述。合理测算土壤侵蚀量的有效途径。为流域侵蚀产沙预测、水土保持规划、水土流失的动态监测以及土地利用与管理等提供科学依据。按建立模型方法、途径和应用目的的不同可分为：经验性模型和机理性模型。经验性模型建立在大量观测和试验数据基础之上，对土壤侵蚀影响因素进行分析。采用数理统计的方法，从大量的试验观测数据中拟合出与土壤侵蚀模型的有关方程和参数。它虽然在试验模拟地区具有较大的准确性和适用性，能反映出本地区的特点，但是在推广和外延时受到较大的限制。机理性模型是从侵蚀的机理出发，建立在坚实的物理试验观测分析和数理分析基础之上，以土壤侵蚀过程试验为依据，推导出侵蚀模型的雏形，并用大量试验观测数据来加以拟合、修正和检验，从而使其具有更大的适用性。随着GIS（地理信息）技术及RS（遥感）技术的广泛应用，土壤侵蚀模型具备了强大的空间模拟能力，对侵蚀过程的模拟进一步细化。这类模型充分考虑了流域的非均匀性，流域侵蚀产沙过程和数量的计算，最充分地利用了近现代的计算和模拟技术。GIS与土壤侵蚀模型的结合方式主要有三种：GIS与模型分立式结合；GIS与模型部分结合和GIS与模型紧密结合。

【土壤侵蚀强度】（soil erosion intensity） 地壳表层土壤在水力、风力、重力、冻融等自然营力和人类活动的影响下，单位面积和单位时段内被剥蚀并发生位移的土壤侵蚀量。用土壤侵蚀模数作为衡量指标。其中土壤流失量可以用重量、体积或厚度来表示。中国的土壤侵蚀强度分级，按照1997年5月1日水利部颁布的SL190－96《土壤侵蚀分类分级标准》进行。该标准系参照世界各国土壤侵蚀标准资料和中国的实际情况拟定。它确定了允许土壤流失量与最大流失量两个极值和内插分级。内插值照顾到各大流域过去曾经使用过的临界值限，分为微度、轻度、中度、强度、极强度、剧烈等6级。

【土壤侵蚀区划】（regionalization of soil erosion） 根据某一地区的土壤侵蚀类型、成因、强度以及影响土壤侵蚀的各种因素的相似性和差异性，所划分的地域单元。是反映土壤侵蚀区域分异规律，研究不同地区土壤侵蚀特征和水土流失治理途径的基础工作，为水土保持规划和分区治理提供科学依据。《中国水土保持概论》将中国划分为三大水土流失类型区，即以水力侵蚀为主的类型区、以风力侵蚀为主的类型区和以冻融侵蚀为主的类型区。在以水力侵蚀为主的类型区中，又划分出6个二级区，即西北黄土高原区、东北低山丘陵与漫岗丘陵区、北方山地丘陵区、南方山地丘陵区、四川盆地及周围山地丘陵区和云贵高原区。这个分区方案和分区图，为进一步编制全国土壤侵蚀区划提供了重要的基础资料。在进行土壤侵蚀区划时，不同学者所强调的主导因素不同，因此区划方案也不尽相同。土壤侵蚀研究工作的逐步深入以及大量观测资料的积累，为土壤侵蚀区划工作提供了良好条件。遥感、计算机和信息系统等现代技术的发展，使土壤侵蚀区划图的编制提高到一个新的水平，并逐步走向规范化。

【土壤侵蚀营力】（soil erosion force） 导致土壤和土壤母质发生侵蚀的作用力。包括内营力和外营力。内营力表现为地壳运动、岩浆活动、地震等。具体形式有垂直运动、水平运动、褶皱运动、断裂运动等，在时空上交替出现或同时出现。内营力主要通过使土壤侵蚀基准面发生变化、控制地形演化过程、改变重力势、重新塑造地表过程、直接破坏表土岩体结构等方面影响土壤侵蚀过程，促使土壤侵蚀的发生和演化。土壤侵蚀内营力受人类活动影响较小，通常是在一个相对长的时间尺度内对土壤侵蚀产生影响。外营力指土壤侵蚀发生的外在作用力。主要能源来自太阳能。地壳表面直接与大气圈、水圈、生物圈接触，它们之间发生复杂的相互作用，从而使地表形态不断发生变化。外营力作用的总趋势是通过侵蚀、堆积等作用使地面变为平地。各种形式的外营力对地貌形态的改变方式虽各不相同，但从其过程的实质来看，都经历了风化、剥蚀、运移和沉积几个环节。外营力分自然营力和人为活动两种。（1）自然营力。分为水力、风力、冻融、重力和动物活动等。（2）人为活动。指人类直接影响土壤侵蚀的作用，主要是挖掘和运移土（岩）体来改变地表形态以及通过耕作、砍伐及放牧来改变土地利用情况，导致土壤侵蚀过程的发生。人类活动是影响土壤侵蚀发生的重要外营力。内营力形成地表起伏，外营力则对地表进行夷平加工。内营力产生隆起和沉降，外营力将隆起部分物质剥离、运移，使其在低地、湖盆和海盆堆积起来。内营力与外营力相互影响、彼此消长的过程，是地表形态与土壤侵蚀发生、发展和演化的过程。

【土壤侵蚀预报】（soil erosion prediction） 依靠不同类型的数学模型，对无泥沙测验资料地区产沙量的预估。这项技术以水土流失观测及土壤侵蚀模拟为基础，并依赖于计算机技术、仿真技术及遥感技术实验。土壤侵蚀预报是水土保持科学试验中的水土流失规律研究的重要内容，并为防治水土流失，保护、改良与利用土地资源提供科学依据。它包括坡面土壤流失预报、沟壑侵蚀预报及小流域产沙预报等。预报的方法依靠不同类型的数学模型。按建立模型所应用的数学方法的不同分为两种：（1）确定性模型。依据侵蚀力学、水文学、水力学等的基本原理，模拟有明确物理概念的侵蚀、输移和沉积过程的数学物理模型。确定性模型又分经验性模型与概念性模型。经验性模型又分为宏观范围产沙的二元回归模型、多元回归的产沙及输移比模型，和以小区及坡地研究为基础的经验模型。概念性模型是通过输入与输出的关系推断系统的作用，用电

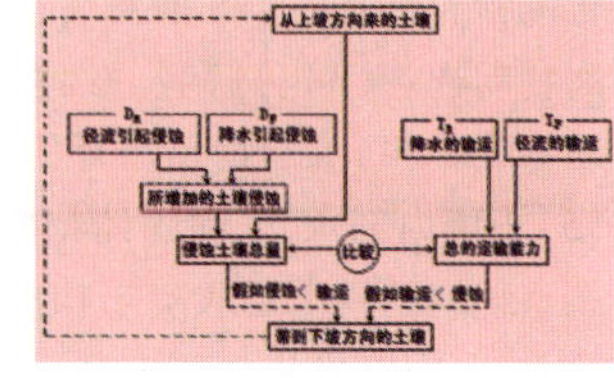

土壤侵蚀预报

学中脉冲线性响应系统模拟水文学线性响应系统。(2)随机性模型。系统的变量具有随机分布的性质，一般可根据观测资料，采用数理统计的方法建立模型。按模型描述对象的不同可分为：面蚀模型、沟蚀模型、块体运动模型和径流输沙模型等。其预报研究方法是：(1)加强基础工作，规范观测及数据处理工作的标准，合理调整站网布局，以扩大信息来源，提高信息可靠度。(2)建立土壤侵蚀与流域产沙的数据中心和水文泥沙数据库。(3)利用航天航空遥感技术，进行土壤侵蚀动态监测，建立地理信息数据库。(4)应用系统工程的分析方法，结合侵蚀力学原理，进行模型结构分析，并根据野外观测实测数据，进行参数优选。

【土壤区划】(soil regionalization) 土壤类型的区域划分。包括高层区划单元和基层区划单元。根据土壤的发生、分布、特性和生产力等，把一定范围的土壤按等级划分出不同的分布区域，并制定土壤区划图，作为综合自然区划和农业区划的一项基础工作，以便因地制宜地充分利用土地资源。其主要依据是：土壤地带性、地区性及土壤组合原则和规律。

【土壤生产力】(soil productivity) 土壤对农、林、牧业生产表现出的经济产量、生物量及产品质量高低的能力。其含义包括：(1)土壤基础生产力，即在自然状态下，土壤靠自身的基础肥力，能够获得的产品量和生物量。(2)经过耕作管理和培肥措施，能够获得的产品量和生物量。

【土壤生态系统】(soil ecosystem) 土壤中生物与非生物环境的相互作用、能量转换和物质循环所构成的整体。陆地生态系统的一个亚系统。其结构组成包括：(1)生产者。高等植物根系、藻类和化能营养细菌。(2)消费者。土壤中的草食动物和肉食动物。(3)分解者。细菌、真菌、放线菌和食腐动物等。(4)参与物质循环的无机物质和有机物质。(5)土壤内部水、气和固体物质等环境因子。土壤生态系统的结构主要取决于构成系统的生物组成及其数量，生物组成分在系统中的时空分布和相互之间的营养关系，以及非生物组成分的数量及其时空分布。土壤生态系统的功能主要表现在系统内物质流和能流的速度、强度及其循环和传递方式。不同土壤生态系统的功能各不相同，反映了土壤生产力相异的实质。土壤生态系统的结构和功能可通过人为管理措施加以调节和改善。

【土壤适耕性】(workability of soil) 又称土壤宜耕性。土壤适宜耕作与否的物理性状。土壤黏结性、黏着性和可塑性在耕作时的综合反映。土壤黏结性强，农具不易入土，土块不易散碎；黏着性大，易黏着农具，耕作阻力大；可塑性强，易成泥条，干后土壤板结。上述性状主要决定于土壤的质地、结构和含水率。黏土的可塑下限含水率低于16%；适耕的含水量范围小，宜耕期短；砂性土可塑下限值高达23%左右，宜耕的含水量范围大，宜耕期长；壤土则居于二者之间。

【土壤适宜含水量】(optimal water content of soil) 有利于作物正常发育的土壤含水量。各种作物在不同的阶段有着不同的土壤适宜含水量。它是制订作物灌溉制度的重要依据，一般通过试验确定。表中列出了几种主要旱作作物的适宜含水量。由于作物需水的持续性和灌水或降雨的间歇性，土壤含水量不可能经常保持某一最优含水量不变。为了保证作物正常生长，土壤含水量应控制在允许最大和允许最小含水量之间。允许最大含水量一般取等于田间持水量，允许最小含水量一般取田间持水量的55%～60%。在土壤盐碱化较严重的地区，往往由于土壤溶液浓度过高，而妨碍作物吸取正常生长所需的水分，因此还要以作物不同生育阶段允许的土壤溶液浓度作为控制条件。

【土壤水】(soil moisture) 吸附于土壤颗粒上和存在于土壤孔隙中的水。主要为液态水，少量为寒冷季节冻结的固态水和以水汽形式存在的气态水。是水文循环中的一部分，也是植物需水的基本来源。主要来源于大气降水和灌溉等。大气中的水汽凝结和借毛细管上升的地下水，也可成为土壤水。研究土壤水的变化规律，对除涝防渍、治理盐碱地和改善生态环境有一定的作用。

【土壤水分特征曲线】(soil moisture characteristic curves) 又称土壤特征曲线、土壤持水曲线土壤pF曲线。土壤水吸力随土壤含水量变化的关系曲线。是研究土壤水分运动、调节利用土壤水、进行土壤改良等方面的最重要和最基本的工具。当土壤水分饱和时，土壤水吸力或基质势为零。若对饱和土壤施加微小的吸力，土壤中尚无水排出，但当吸力增加至某一临界值 Sa 后，土壤开始排水，相应的含水率开始减小。可见土壤水吸力与土壤含水量之间有着函数关系。将这种关系表达在坐标纸上，就是土壤水分特征曲线。它受土壤质地影响最大。相同吸力下，土壤中黏粒含量越高，土壤含水量越大。

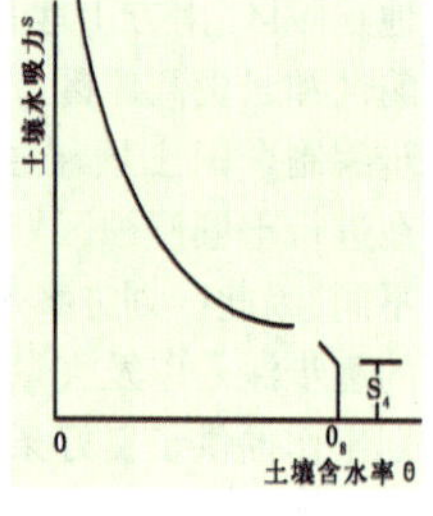

土壤水分特征曲线

此外，土壤温度、土壤结构、土壤含水量变化过程等因素也对土壤水分特征曲线产生影响。目前，土壤水分特征曲线尚不能根据土壤的基本性质从理论上分析得出，而只能通过试验方法测定。包括用张力计、压力膜仪和离心机测定等。

【土壤水分滞后作用】（hysteresis of soil moisture） 土壤含水量和土壤水吸力关系中呈现出的非单值性或不可逆现象。对任何土壤，都可测出其在吸湿过程和脱湿过程中的土壤水分特征曲线。一般来讲，这两种过程的水分特征曲线不相重合，对应于同一含水量的土壤水吸力不止一个，即非单值性。在吸湿时，每个含水量会对应一个土壤水吸力。但在脱湿时，同样含水量对应的土壤水吸力会有所增加。这称为不可逆现象。在物理学上称为滞后作用。土壤水分存在滞后作用的主要原因有：(1)土壤孔隙的几何形状和大小不均一，产生所谓的“瓶颈作用”。(2)在土壤吸湿时，水与矿物表面接触角较大，脱湿时接触角较小。(3)土壤中有封闭的空气，影响了含水量与水势的平衡关系。(4)土壤湿胀与干缩产生的结构变化等。

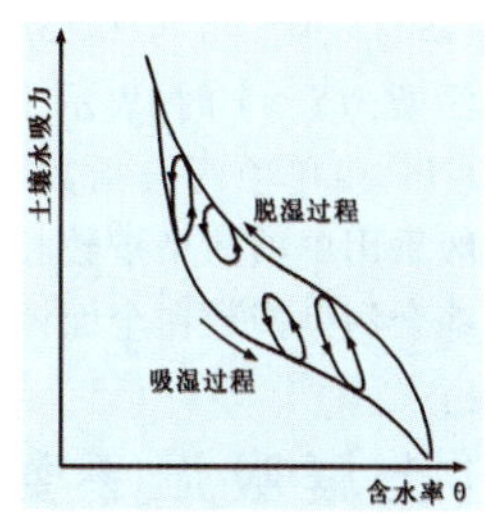

土壤水分滞后作用

【土壤水势】（soil water potential） 以纯自由水为参照状态，单位数量土壤水所具有能量的相对水平。若以纯自由水的能量为零，饱和土壤的水势多为正值，而非饱和土壤的水势则多为负值。土壤饱和时土壤水势的绝对值小，土壤含水量低时土壤水势的绝对值大。因此，土壤水势绝对值的大小反映了土壤水分运动和植物吸水的难易。土壤水总是从水势高处向低处流动。从土壤水势的分布情况可以判断水流的方向。按影响土壤水势因素的不同可将其分为以下几个分势：(1)压力势。土壤承受的压力超过参照状态下标准压力而产生的势。(2)基质势。由土壤基质的吸附力和毛管力而产生的势。(3)重力势。土壤水受重力作用而产生的势。(4)溶质势。土壤水含有可溶性盐类时，会使土壤水分失去一部分自由活动的能力，由此而产生的势（负值）。在恒温条件下，以上四个分势的代数和成为土壤总水势。在实际应用中，为方便起见，将基质势和溶质势的绝对值之和称为土壤水吸力(s)。土壤水势的测定，一般是先测出各个分势，再综合为总水势。

【土壤调理剂】（soil conditioner） 又称土壤结构改良剂。可以改善土壤物理性状的物质。其主要作用是：(1)促进土壤团粒结构的形成，改善土壤内部空隙间关系，协调土壤中固、液、气三相比例。(2)增强土壤微生物的活动，增加速效养分的释放。(3)使土壤有适宜的坚实度、酸碱度、温度和水分条件，有利于作物的生长发育。

【土壤通气性】（soil aeration） 又称土壤透气性。土壤空气与近地大气相互交换及允许其通过土壤的能力。土壤中植物根系和微生物的呼吸作用及其他生命活动都要消耗氧，产生的二氧化碳从土壤中排出，进入近地大气中。若通气受阻，土壤中生物活动即受抑制，对土壤养分转化不利，还会产生还原性有毒物质，植株不能正常发育，甚至死亡。影响土壤通气性的主要因素是通气孔隙的数量与土壤含水量。

【土壤图】（soil map） 构绘出各类土壤分布边界，反映土壤空间分布规律的不同比例尺的图件。分为普通土壤图和专门土壤图两大类。前者包括土壤类型图、土壤区划图等，综合性强，内容全面，用途广泛，是土壤图中最基本的图种；后者着重反映土壤的某种特性或某一特定服务对象所需要的内容，如森林土壤图，工程土壤图、土壤养分图、土壤酸碱度图、土壤渗透图、土壤盐渍化程度图和土壤侵蚀图等。土壤图一般指土壤类型图。其基本内容是表示土壤覆盖层的发生学类别一土类、亚类、土属（组）、土种及变种的地理分布及土壤的机械成分和成土母质。土壤图不仅应映土壤发生学类型的水平和垂直地带性规律，而且也反映耕作土壤的地理分布规律。

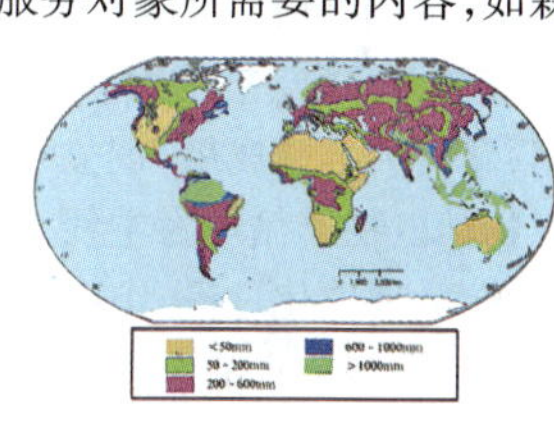
土壤图

【土壤退化】（soil degradation） 又称土壤衰竭。因土壤肥力衰退而导致其生产力下降的过程。是土壤环境和土壤理化性状恶化的综合表征。其表现为有机质含量下降，营养元素亏缺、土壤结构破坏、土壤遭受侵蚀、土层变浅、土体板结、土壤盐化、酸化、沙化等。其中，有机质含量下降，是土壤退化的一项重要标志。如在干旱、半干旱地区，原来稀疏的植被遭受破坏，土壤沙化，大风卷起尘暴侵袭农田、道路和村庄等。

土壤退化

【土壤微生物】（soil microorganism） 在

土壤中生活的细菌(包括蓝细菌)、放线菌、真菌、藻类和原生动物的统称。每克农田土壤中含有几亿至几十亿个微生物。聚居于土壤中的这些微生物,不停地生长、繁殖和消亡,不断地与周围环境进行物质交换。其代谢活动不仅影响自然界的物质循环和生态平衡,而且会推动土壤肥力的变化和植物营养元素的转化。有些土壤微生物还是人类或动、植物的病原体。土壤微生物按其区系稳定性的不同可分为土著性和发酵性两大类。前者数量比较稳定,不受加入土壤的新鲜有机质的影响;后者数量波动较大,受加入有机质的影响。在一定生态环境中,土壤微生物的组成和数量处于动态平衡之中。当新鲜有机质存在时,发酵性土壤微生物会爆发性地旺盛发育,随着新鲜有机质的逐步消失,土著性土壤微生物又占优势。各种土壤微生物有不同的生活习性,并且有着错综复杂的相互关系。

【土壤微生物学】(soil microbiology) 是土壤学的一个分支。研究土壤微生物的生命活动及其对土壤肥力和土地生产力影响的学科。也是微生物学的一个分支。从19世纪20年代开始,许多学者相继努力,研究土壤微生物在土壤物质转化中的作用,获得了丰硕成果,创立了土壤微生物学。土壤微生物学以物质循环为主线,介绍微生物的种类、数量分布、生理生化过程、作用功能和生态环境,以促进农业生产发展为目的。另一方面也涉及有关微生物综合利用,微生物对污染物的转化与环境净化问题。

【土壤污染】(soil pollution) 人类活动产生的污染物进入土壤并积累到一定程度引起土壤质量恶化并造成农作物中某些限量指标超过国家标准的现象。土壤污染具有隐蔽性与滞后性、累积性和地域性、难于逆转性和长期性。其主要危害是:(1)导致严重的经济损失。(2)导致农产品污染超标,品质下降。(3)导致大气环境的次生污染。(4)导致水体富营养化并成为水体污染的祸患。土壤污染物有下列四类:(1)化学污染物。包括无机污染物和有机污染物,如汞、镉、铅和砷等,过量的氮、磷植物营养元素以及氧化物和硫化物,各种化学农药、石油及其裂解产物,以及其他各类有机合成产物等。(2)物理污染物。指来自工厂、矿山的固体废弃物和工业垃圾等。(3)生物污染物。指带有各种病菌的城市垃圾和由卫生设施(包括医院)排出的废水、废物以及厩肥等。(4)放射性污染物。主要存在于核原料开采和大气层核爆炸地区,锶和铯等放射性元素在土壤中可长期存在。

土壤污染

【土壤污染指数】(index of soil pollution) 土壤中污染物实测值与其标准值的比值。用来划分土壤污染等级。是评价土壤污染程度或土壤环境质量等级所用的一种相对的无量纲指数。以单因子表示土壤污染程度或土壤环境质量的等级为单项污染指数(P_i),也称分指数,直接反映超标倍数和污染程度。是确定土壤环境管理时的重要依据。数学表达式是土壤污染的实测值(C_i)与评价标准(S_i)之比。$P_i = C_i/S_i$。当$P_i \leqslant 1$时,表示土壤未受污染,$P_i > 1$时,表示土壤受到污染。综合污染指数(P)由单项污染指数综合而成。在简单处理时,一般采用单项污染指数相加,或相加后再平均的方法。综合污染指数在全面评价土壤环境质量方面有重要意义。

【土壤吸湿系数】(coefficient of soil moisture absorption) 当气温为20℃、空气湿度接近饱和时,风干土靠吸收空气中的水汽所能达到的最大土壤含水量。以占干土重或土壤体积的百分数表示。土壤的这种水以水膜状态吸附在土粒表面,吸附力很大(约1 000MPa),不能在重力下流动,且很难被植物吸收利用。吸湿系数可用于度量土壤比表面积的大小,也可间接估计凋萎系数,计算土壤中的有效含水量。其测定方法是:将风干土样放入盛有10%硫酸溶液,或硫酸钾饱和溶液的干燥器中,使土壤充分吸湿直至达到恒重,最后测定的土壤含水量即为吸湿系数。

【土壤学】(soil science) 研究土壤的发生、分类和分布,以及与植物生长有关的土壤的物理、化学和生物等特性的综合性学科。包括土壤化学、土壤物理学、土壤微生物学、土壤调查与制图、土壤发生分类学、土壤微形态学、土壤矿物学、土壤生态学、土壤管理和土壤改良等分支学科。与数学、物理学、化学和生物学等基础学科和作物学、园艺学、草地学、森林学、水利学、肥料学和耕作学等应用学科都有密切关系。

【土壤养分】(soil nutrition) 土壤为植物提供生长发育所必需的各类营养元素的总称。土壤肥力的重要物质基础。一般分为丰富、中等和贫瘠等级别。植物体内已知的化学元素达40余种。按照植物体内的含量多少,可分为大量元素和微量元素

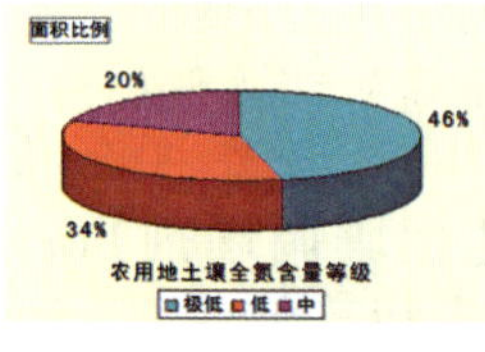

土壤养分

两类。目前已知的大量元素有 C、H、O、N、P、K、Ca、Mg、S 等，微量元素有 Fe、Mn、B、Mo、Cu、Zn、Cl 等。除上述必需营养元素之外，禾谷类作物还需要较多的硅，甜菜需要较多的钠，而一些藻类则需要钒和硒。随着测试手段与分析精度的提高，必需营养元素的种类还会不断增加。测定土壤养分，对改良土壤和农作物配方施肥有指导意义。

【土壤养分流失】(loss of soil nutrient) 坡地土壤颗粒表面的营养物质随径流泥沙向沟道及下游输移而造成养分损失的自然现象。在径流和土壤侵蚀作用下，土壤日益贫瘠、土壤肥力和土地生产力降低，并造成下游水体污染或富营养化。流失养分包括氮、磷、钾、中等含量的钙、镁和微量的锰、铁、铜、锌、钼等元素。其中有离子态速效性养分，也有经过分解转化的无机或有机速效性养分。其控制措施是做好坡面水土保持以减少水分损失，增强土壤持水能力。

【土壤氧化还原电位】(soil redox potential) 以电位反映土壤溶液中氧化还原状况的一项指标。用 Eh 表示。单位为 mV。其高低取决于土壤溶液中氧化态和还原态物质的相对浓度。一般采用铂电极和饱和甘汞电极电位差法进行测定。影响土壤氧化还原电位的主要因素有：(1)土壤通气性。(2)土壤水分状况。(3)植物根系的代谢作用。(4)土壤中易分解的有机质含量。旱地土壤的正常 Eh 为 200 ~ 750mV，若大于 750mV。则表明土壤完全处于氧化状态，有机质消耗过快，有些养料由此丧失有效性，应灌水适当降低 Eh；若小于 200mV，则表明土壤水分过多，通气不良，应排水或松土以提高其 Eh 值。水田土壤 Eh 变动较大。在淹水期间 Eh 值可低至 -150mV，甚至更低；在排水晒田期间，土壤通气性改善，Eh 可增至 500mV 以上。一般来讲，稻田适宜的 Eh 值为 200 ~ 400mV 之间。若 Eh 经常在 180mV 以下或低于 100mV，则水稻分蘖或生长发育受阻；若长期处于 -100mV 以下，水稻会严重受害甚至死亡，此时应及时排水晒田以提高其 Eh 值。

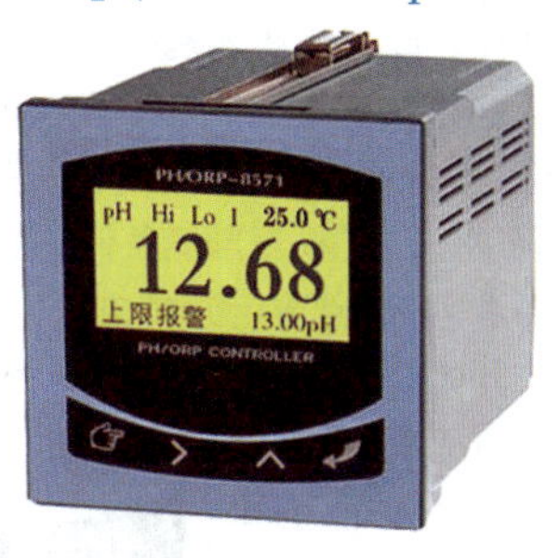

土壤氧化还原电位

【土壤遥感】(soil remote sensing) 对应用空间飞行器(飞机、卫星等)和现代光学、电子仪器所获土壤的遥感图像进行处理和识别的技术。包括两部分：(1)遥感土壤调查制图。分航片土壤判读制图和卫片土壤解译制图。基本的判读技术有目视判读和计算机数字图像自动分类识别两种。目视判读的主要程序为：资料和物质装备准备、野外建立判读标志、室内判读勾绘草图、野外校核修正草图，直至转绘成图；数字图像自动分类识别的内容为：图像恢复和校正、信息增强和提取、非监督分类和监督分类。(2)遥感土壤定位监测。即利用不同时间的遥感图像对同一地区的某些土壤性状进行连续的观测，以掌握其变化动态，对出现的问题(如土壤侵蚀、次生盐渍化等)及早采取对策。

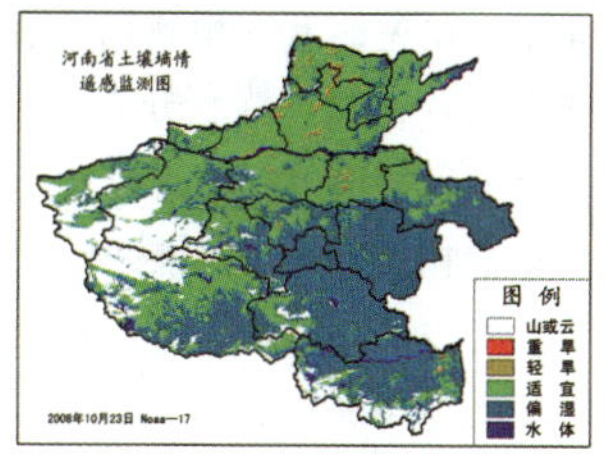

土壤遥感

【土壤有机质】(soil organic matter) 土壤中各种有机物质的统称。包括：暂保持形态学特征的动、植物残体；微生物及其分解动植物残体的产物和代谢产物(如肽、简单有机酸、脂蜡和碳水化合物)；动、植物残体经复杂的腐殖化过程所形成的腐殖物质。在土壤有机质中，腐殖物质是主要成分，占有机质总量的 50% ~ 85%。土壤有机质是土壤中最活跃的成分，矿质土壤的有机质含量一般在 1% ~ 5%。土壤有机质是土壤肥力的重要物质基础，对土壤的物理、化学性状和生物特性的影响极大。增施有机肥料、种植绿肥、合理轮作和换茬，是更新、提高和调节农田土壤有机质的有效途径。

【土壤 - 植物 - 大气系统】(soil-plant-atmosphere continuum) 水分在土壤、植物、大气三者之间不断迁移的系统。最早被澳大利亚学者 J. R. Philip 于 1966 年命名为土壤 - 植物 - 大气连续体，简称为 SPAC 系统。研究 SPAC 系统中水分迁移的基础是水势理论。水势是单位数量的水所具有的势能。该理论认为，水分总是自发地由水势高处向水势低处运移。系统中的各种流动过程就像连环一样，互相衔接，而且完全可以用统一的能量指标 - 水势来定量研究整个系统中各个环节能量水平的变化。SPAC 系统中任意两点间的水势差正是克服介质阻力造成水分运移的驱动力。由于植物根系在土壤中的错综分布及植物组织的复杂构造，用纯理论的

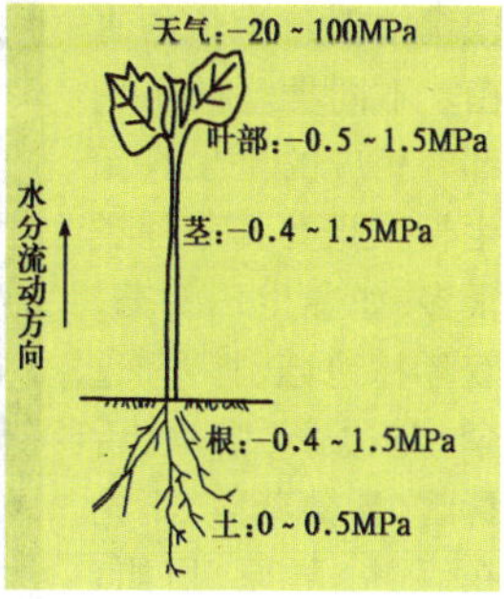

SPAC 系统中的水势分布

方法定量地研究 SPAC 系统中水分迁移是困难的。目前,只能用半理论、半经验的方法分析每单位地表面积上单位时间内植物所蒸腾的水量和大气条件、植物生长状况及土壤水分之间的关系。

【土壤质地】(soil texture) 土壤中各级土粒含量的相对比例及其所表现的土壤砂黏性质。土壤中砂粒、粉粒和黏粒三组粒级含量的比例,是土壤较稳定的自然属性,也是影响土壤一系列物理与化学性质的重要因子。土壤质地不同对土壤的结构、孔隙状况、保肥性、保水性、耕性等均有重要影响,尤以黏粒含量的影响最大。因为它具有巨大比表面,并由此产生较强的物理化学活性。根据土壤中砂粒、粉粒和黏粒三级含量,并参考砾石量,可划分为三大质地类型,即沙土类、壤土类和黏土类(其下各细分若干质地名称)。不同国家的土粒分级与质地名称的划分标准尚不统一。使用较多的土壤质地分类有国际制、美国农部制或沿用苏联卡庆斯基制。

【土壤资源】(soil resource) 具有农、林、牧业生产能力的各种类型的土壤。包括森林土壤、草原土壤、农业土壤等分布面积和质量状况,是供人类开发利用而不断地创造物质财富的一种自然资源。土壤资源具有再生性、可变性、多宜性和最宜性等多种属性。再生性又称"可更性",即土壤中养分和水分被植物不断吸收,同化为植物有机体,其残体再归还到土壤中,如此不断循环、演替更新,使土壤保持永续生产的活力。可变性是指土壤经过人们的利用管理,可以向好的方向转化;利用管理不当,也可使土壤退化,成为一种可变的自然资源。多宜性是指某些土壤的适应能力较强,能够适应多种利用方式和适宜种植多种作物。最宜性,即按土壤属性的特点,最适宜于某一种利用方式或种植某些作物。

【土生真菌】(geophilous fungi) 适宜在富含腐殖质、有机物的土壤中繁殖生长的真菌。不同类型的土壤都有相应的土生真菌生长。此类真菌种类很多,如春生田头菇、双环林地菇、杯伞、鬼伞、花边伞、腊伞、舌囊蘑、环柄菇等,不论在森林、草原、田野、公园或道旁等处均会发现。而鹅膏菌、红菇、乳菇、牛肝菌等,这些真菌属树木的菌根菌,则只能生长在有森林树木的土壤中。

土生真菌

【土石坝】(earth-rock dam) 又称填筑坝。以土、石等当地材料填筑的坝。可建于基岩,也可建于河流冲击层上。具有就地取材,对地形、地质条件适应性强等特点。按坝体采用的材料不同可分为:土坝、堆石坝以及土石料均占相当比例的土石混合坝。按防渗体材料的不同可分为:黏土或壤土防渗材料、钢筋混凝土或沥青混凝土防渗体,以及不设防渗体的均质土坝。坝型选择需要根据地形、地质、筑坝材料、气候及施工条件、抗震要求等,进行技术经济比较后确定。

土石坝

【土石方开挖】(earth-rock excavation) 将土和岩石进行松动、破碎、挖掘并运出的工程。按岩土性质的不同,土石方开挖可分为土方开挖和石方开挖。按施工环境是露天、地下或水下,可分为明挖、洞挖和水下开挖。是工程初期以至施工过程中的关键工序。在施工前,需根据工程规模和特性,地形、地质、水文、气象等自然条件,施工导流方式和工程进度要求等,研究选定开挖方式。明挖有全面开挖、分部位开挖、分层开挖和分段开挖等。在水利工程中,土石方开挖广泛应用于场地平整和削坡,水工建筑物地基开挖,地下洞室开挖,河道、渠道、港口开挖及疏浚,填筑材料、建筑石料及混凝土骨料开采,围堰等临时建筑物或砌石、混凝土结构物的拆除等。

土石方开挖

【土石方填筑】(earth-rock placement) 将土、砂、石等天然材料,通过开挖、装料、运输、卸料、铺散并压实的工程。在水利工程中,主要用于土石坝、土石围堰、堤防等水工建筑物以及挡墙后土的回填等。分为土料填筑和石料填筑。土料填筑是以黏性土、砾石土、砂砾料、风化石料、反滤料等作为材料进行的填筑。石料填筑是以天然的卵漂石或爆破的石块作为材料进行的填筑。

【土体结构】(structure of soil mass) 土体内的各组分(主要是固体组分)在空间上的分布和存在形式。工程地质学中的土体,是指在一定工程范围内,分布于地壳表层尚未固结硬化成岩的松散沉积物。土体可以是单一土层的均质土体,也可以是由多种成因、多样岩性、多层土层构成的复杂土体。土体结构分微观结构和宏观结构。土体性质较均匀时,土样结构可以代表土体结构,如黄土、黏土、淤泥、红黏土等,其结构控制土体的变形破坏机理。对于复杂的土体,要研究其宏观结构,包括土层组合、界面特征、产状和相互关系,以及透水、含水、隔水特性、岩性岩相变化等。这些结构特性控制着土体整体的稳定性。具体类型划分,视不同工程、不同土体,依据上述内容进行。

【土卫】(Saturn's satellite) 土星的卫星。已发现31颗,其中14颗为不规则卫星。就与土星距离而言,土卫十五最近,平均距离为1.38×10^5km,绕土星转动周期为14时27分;土卫九最远,平均距离为1.295×10^6km,绕土星转动周期为550天,自东向西逆行。在土星的卫星中,有5颗直径超过100km。其中土卫六最大,直径达5 150km,其上还有大气层,厚达2 700km,密度小于地球,主要成分是氮气。

土卫

【土卫六】(Titan) 又称提坦。太阳系八大行星中唯一有浓厚大气层的卫星。土卫六固体云盖上面有一约200km后的薄霾,云层成分可能是冰冻的甲烷。半径2 575km^2,质量3.359×10^{23},平均密度1.9g/cm^3。据推算,土卫六的大气成分主要有:分子氮(N_2,占82%~90%),氩(Ar,10%~12%)和甲烷(CH_4,1%~6%);微量成分有分子氢、乙烷、丙烷、氮化物、一氧化碳和二氧化碳等。其表面大气压为1.5×10^5Pa,比地球上的大气还要浓厚。科学家认为,上述成分有形成生命有机物的可能性,因此备受研究者的关注。根据土卫六的大小、质量和平均密度等资料,估计其总质量的45%可能是冰,其余是岩石质。由于土卫六比水星还大,形成后内部可能有足够的热量使构成物质发生分异,形成岩石核、液态水的幔(也溶有甲烷和氮)和冰壳三个圈层。但随着热量从幔到冰壳的散失,其幔早已冻结,形成了目前由岩石核、相态不同、密度不同的水(冰)冻层和表面为甲烷海洋与甲烷冰极冠构成的构造特征。有关土卫六研究的最新进展是:美国航空航天局(NASA)表示,他们已经在土星最大的卫星-土卫六提坦上发现生命存在的迹象。利用"卡西尼号"土星探测器上先进的红外光谱技术对土星及其卫星的地表特征、大气层、光环和磁场等进行了深入研究,发现提坦南极地区存在一个比北美安大略湖还要大出许多的湖泊,不过湖泊里的液体不是水,而是甲烷。这样土卫六就成为人类迄今为止在太阳系中发现的第二颗存在液体的星球。"卡西尼号"土星探测器深入分析了土卫六表面的化学成分,最终发现这个面积比月亮大1.5倍的星球遍布有机化学物质。因此他们估计曾经生活在提坦上的生命是以甲烷为基础的。对于是否存在生命这一点,NASA认为土卫六大气中的氢气在吹拂到星球表面时就没有了,这表明氢气是被"提坦虫子"呼吸掉了;其次,"卡西尼号"土星探测器发现土卫六表面缺少一种特殊的化学成分,它们很可能是被某种生命所消耗。科学家们相信,土卫六的化学组成非常适合生命的进化和成长。再过40亿年,地球就会被膨胀的太阳吞没。不过到那时,土卫六已然发展为另一颗适合地球生命生存的星球,成为人类第二个理想的家园。

土卫六

【土星】(Saturn) 又称镇星或填星。太阳系八大行星之一。距太阳1.414×10^9km,即79.18光分。公转周期为29.46年,轨道倾角2°5′;自转周期为10时14分,倾角26°44′。质量5.688×10^29g,为地球的95.18倍。赤道半径为60 000km,体积为地球的755倍。平均密度0.7g/cm^3。表面重力加速度为地球的1.15倍。逃逸速度为35.6km/s。土星形态很扁,表面的云雾比木星更规则。大气层很厚,主要成分是沼气和少量的氨。土星上空闪电频繁,表面最高温度为-150℃,有磁场,强度为地球的1 000倍。观测已证实,土星有31颗卫星,其中14颗为不规则卫星。还有明显的草帽状光环。

土星

【土星磁场】(Saturn's magnetic field) 土星内部产生的磁现象。土星有较强的磁场,但比木星弱。其偶极磁场的极性与地球相反,磁轴与自转轴交角小于1°。延展的磁层顶可达土星半径的17倍,磁尾延伸更远。磁层的主要特征与木星相似，仅细节上有差别，如磁层中的电离子因散失到光环中而密度变小。土星也有类似木星的辐射带，从中漏出的等离子体形成了土星的内外等离子层。土星磁层中含有中性气体和等离子体及高能带电尘粒，且大多在轮状环和等离子层中，分布不均匀，边界也不明显。在7个土星半径处，等离子层的磁场与土星偶极磁场处在同一量级。土星有来自极光很强的极区的射电现象，其变化周期(10小时39.4分)反映了土星的自转。

【土星大白斑】(Saturn's great white spot) 土星大气中一种周期性出现的白色斑状物。土星彩色云带之一。经常出现在赤道上。大白斑叶卵形，长度可达土星直径的1/5。大白斑出现后，不断被拉长、扩大，几乎蔓延至整个赤道。白斑的出现约30年为一个周期，这正好与土星绕太阳公转周期相一致。

【土星大气】(Saturn's atmosphere) 土星外部的气体物质。土星大气成分和温度的垂直分布与木星类似。其主要成分也是氢(92.4%)和氦(7.4%)，另有少量甲烷(0.2%)和氨(0.02%)等。大气中也有结晶微粒的氨、氢硫化氨、水冰及“烟雾”。土星大气温度随高度升高而升高，大气层分为对流层、平流层、中层、热层和外大气层。由于土星接受的太阳辐射比木星更少，且其引力场比木星弱，所以其大气自下而上多形成由水冰晶、氨冰晶和氢硫化氨冰晶组成的云层。土星大气中在2 200～2 800km的高空存在有一个电子密度最大的电离层。木星大气也有东西向风流，且风速比木星大得多，但由于土星的云层位置较低，大气浓厚且不很透明，所以其亮带和条纹不如木星清晰。土星的热辐射是其接受太阳能的1.78倍。这证明其内部有一个比木星更强的热源存在。

【土星辐射带】(Saturn radiation zone) 土星磁场俘获的高能带电粒子带。由土星磁场与太阳相互作用而形成，强度小于地球辐射带。在位于7～8个土星半径处的一个带区，那里的粒子被强烈吸收。据推测，有一个等离子体云在环绕土星旋转。据测定，土星辐射带能量是它吸收太阳能的2.5倍。与木星一样，土星有内在的热源存在。

【土星光环】(Saturn's ring) 环绕土星的明亮光环。观测土星很容易看到土星上有三个明亮而扁平的光环：外环、中环和内环。三个环环环相套、薄而宽，环与环之间还有暗黑的环缝相隔。外环宽16 000km，外径274 000km；中环宽26 000km，外径234 000km；内环宽21 000km，外径179 000km。内环最薄(3～10km)，较暗；中环最厚(<100km)，最亮。环带的成因有多种说法，由卫星进入土星洛希极限(卫星抵抗万有引力破坏的最大结构强度)内崩溃形成一说为多数人接受。也有学者认为，光环是由被土星俘获的星际物质所致。

土星光环

【土星号运载火箭】(Saturn carrier rocket) 美国航天局于20世纪60年代初专为载人登月的阿波罗工程而研制的巨型运载火箭。1964年研制成功“土星1号”两级运载火箭，曾用来发射阿波罗飞船模型。1966年，改进型号“土星-1B”研制成功，这也是一种两级火箭，发射能力又进一步提高。从1966～1975年共发射了九次将航天员送上天空实验室，一次发射阿波罗载人飞船与苏联的联盟号飞船对接飞行。“土星-5”从1962年开始研制，1967年11月9日首次发射成功。这是世界上最大的三级火箭，全长110.6m，直径10.1m，起飞质量达2 930t，发射推力3 398t，近地轨道有效载荷达127t，飞往月球轨道的有效载荷为48.8t。至1973年共发射了13次，曾先后将12名航天员送上月球，谱写了航天史上光辉的一页。

土星号运载火箭

【吐舌】(tongue-thrust) 患儿经常将舌头放在上下牙之间，使牙开骀间隙多呈与舌外形一致的楔形间隙的一种口腔不良习惯。多发生于儿童时期。患儿颊肌张力增大，导致上牙弓缩窄。由于后牙咬合打开使后牙继续萌出常导致下颌向下、向后旋转生长。如果其发生部位为牙弓侧方，则表现为相应的侧方开骀。其治疗方法有：(1)教育儿童改正不良吞咽和吐舌习惯，教导患儿正常的吞咽方法外，对有扁桃体过大、慢性扁桃体炎、佝偻病的患儿，治疗其局部及全身疾病后再作正畸治疗。(2)必要时可做腭刺、腭网或腭屏破除吐舌习惯。(3)进行必要的肌功能训练。

【吐水】(guttation) 植物从毫无损伤的叶片内

分泌出液体的现象。由根压引起。作物生长健壮,根系活动较强,吐水量也较多。其作用是:(1)可以作为根系正常生理活动的指标,用以判断苗长势的好坏。(2)能把植物体内过多的矿物质排泄出去。露水和吐水的区别是:露水水滴很小,总是盖满整张叶片表面;吐水通常是大滴液珠,位置一般在叶尖或叶缘。

吐水

【钍钨电极材料】(thorium tungsten electrode material) 在钨丝中加入1% ~2.5%的二氧化钍(ThO_2)制成的直热式阴极材料。其特点是:可以降低丝材的脆性,提高其强度及阴极电子发射能力。常用的品种有WT7、WT10和WT15三种牌号,主要用于制备抗震灯灯丝以及发射管、放电管、X光管和磁控管皮的直热式阴极及阴极栅丝等。

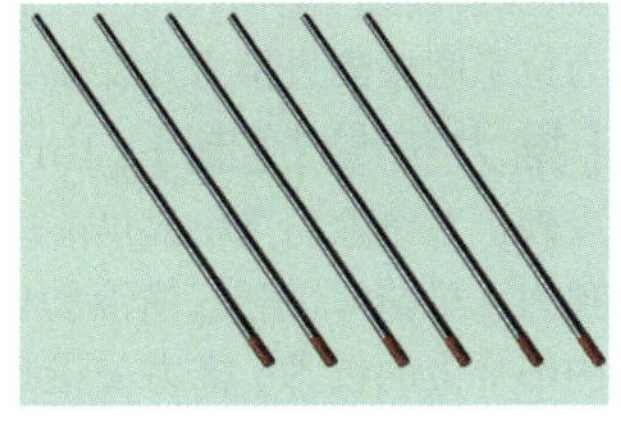
钍钨电极材料

【兔病毒性出血病】(rabbit viral haemorrhagic disease) 由兔出血症病毒引起兔的急性、热性、败血性、高度接触传染性、高度致死性传染病。以全身实质器官出血、肝脾肿大为主要特征。世界动物卫生组织将其列为B类疫病。该病毒对紫外线及干燥等不良环境抵抗力较强。传染源为病兔与带毒兔。传播途径可经消化道、呼吸道、伤口、黏膜及生殖道传染。尚无由昆虫、啮齿动物或经胎盘传播的证据。一年四季均可发生,北方以冬春季多发。主要侵害2月龄以上的青年兔,成年兔和哺乳母兔病死率高,哺乳期仔兔则很少发病死亡。本病发病急,高死率高,常呈暴发流行。传播迅速,一旦发病,常在2~3天内迅速传遍全群,发病率和病死率均高达95%以上。本病潜伏期自然感染为2~3天,人工感染为1~3天。(1)最急性型。多见于非疫区或流行初期。病兔常无明显症状而突然死亡。(2)急性型。病初高热达41℃以上,而后体温急剧下降,病兔抽搐、尖叫。病程约1~2天。死后呈角弓反张,鼻孔流出红色泡沫状液体。(3)慢性型。多见于老疫区或流行后期。潜伏期和病程较长,体温轻度升高,精神不振,迅速消瘦,衰弱而死。有的耐过,但仍带毒成为传染源。接种灭活疫苗可控制本病,在本病的常在地区和国家应选用感染家兔的肝脏制成的灭活疫苗接种免疫。一旦发生,应按《动物防疫法》的规定,将与感染群接触者全部扑杀,并进行无害化处理。

【湍流减阻】(turbulent drag reduction) 通过改变湍流边界层结构降低摩擦阻力的技术。通过设计特殊的机翼形状或安装特殊部件,改变湍流结构,减小剪切应力,达到减阻的目的。集中研究的湍流减阻技术主要有沟槽减阻和横向小肋减阻。沟槽减阻是沿机翼表面弦向(顺气流方向)开一系列有规则的V形沟槽。沟槽的深度和宽度为十万分之几毫米到几百万分之几毫米的量级。沟槽的存在,抑制了气流的横向扩展和湍流的运动,有利于减弱边界层内的动量交换,使其理顺流畅达到减阻目的。横向小肋是在机翼表面,沿气流方向安装一条或几条小翼片,可设计成机翼形状,高度约为边界层厚度的80%。这种小肋,可以打碎边界层内大涡结构,使流动变得规则,达到减阻目的。湍流减阻技术能显著降低摩擦阻力。目前比较成熟的湍流技术是沟槽减阻。这项技术已经进行了飞行试验。空中客车A320飞机采用纵向沟槽减阻技术,净阻力减少了1.5% ~2%,从而降低了油耗。湍流减阻技术遇到的最大困难是对湍流尚缺乏深入的认识,影响到减阻技术措施的改进和完善。

湍流减阻

【团粒结构】(aggregated structure) 土壤中的近似圆形、表面粗糙、直径为0.25~10mm的结构体。自然土壤团粒结构的形成与长期生长植物、腐殖质积累密切相关;耕种土壤的团粒结构则与人类精心培肥、尤其是种植禾本科与豆科混播牧草、增施有机肥料有关。具有团粒结构的土壤通气孔隙和毛管孔隙并存,既能通气又能保蓄水分,对植物生长非常有利。过多的耕耙、机具碾压、长期单施化肥都会破坏团粒结构,使土壤肥力降低。

【团头鲂】(bluntnose black bream) 俗称武昌鱼、团头鳊、平胸鳊。属鲤形目,鲤科,鲌亚科,鲂属。体高,甚侧扁,呈菱形。头后背部隆起。体长为体高的2.0~2.3倍。头小。吻圆钝。口端位。口裂宽,上下颌等长。腹棱从腹鳍基部至肛门(区别于鳊鱼)。背鳍具光滑硬刺。臀鳍长,具27~32根分枝鳍条。尾柄高而短。体背部青灰色。两侧银灰色。体侧每个鳞片基部灰黑,腹部银白,各鳍条灰黑色。生长快。杂食性。幼鱼以甲壳类,成鱼以水生植物为主。产黏性卵于水草上。分布于长江中、下游附属中型湖泊。以湖北梁子湖出产的品质最为优良。已移植各地养殖。中国与团头鲂相似的种还有鲂属的鲂、广东鲂,鳊属的鳊、辽河鳊。有时通称为鲂鱼或鳊鱼。

团头鲂

【团状抚育法】(group cutting) 在有主要树种的群团内砍除抑制主要树种幼树生长的次要树种的抚育方式。主要树种的幼树生长在林地上分布不均匀,数量又不多的情况下可采用此法。无主要树种幼树的地方则不进行抚育,这样可节省劳力和费用。

【推荐摄入量】(recommended nutrient intake,RNI) 可以满足某一特定群体中绝大多数(97%~98%)个体生理需要的膳食营养素的摄入量。长期摄入量达到RNI水平可以维持人体组织中有适当的储备。RNI是健康个体的膳食营养素摄入量的目标,也是一个参考值。如果个体摄入量低于RNI时,并不一定表明该个体未达到适宜营养状态。

【推进风洞】(propulsive wind tunnel) 一种可放置整个推进系统和飞行器机体的有关部分的大型风洞。能模拟飞行器机体的有关部分(内部和外部),以及模拟飞机推进系统在飞行条件下在流动的亚声速、跨声速或超声速气流中的动力学特征。

【推进升力技术】(lifting force technology) 利用发动机推力产生气动升力的技术。在传统飞机设计中,发动机只用于产生推进力。在战斗机机动性、起降性能不断提高的情况下,人们又探索利用发动机的推力和内流产生操纵力和高升力的技术。利用喷气发动机产生附加升力的设想提出得很早。进入20世纪80年代以后,许多推进升力的设想和技术问世。其中比较典型的是:(1)机翼展向吹气。(2)机翼弦向吹气。(3)喷气襟翼。(4)切向边界层控制。(5)翼上矢量可调发动机。(6)上表面吹气。(7)外部吹气襟翼。(8)横向推进升力放大等。推进升力技术应用的原理是:利用从发动机引出的部分气量,向升力面或襟翼吹气,使之改变气动弯度而产生高升力。这项技术目前仍处在探索和试验阶段。

【推力控制系统】(thrust control system) 控制发动机推力的控制系统。发动机推力控制一般是通过控制油门来控制转速实现的。转速采用闭环控制回路,可分为两种:一种是直接测量转速并反馈,当飞行条件变化或受其干扰时,通过伺服机构适时调整转速,保持转速基本不变;另一种是通过感受发动机压力比来间接测量推力并反馈,达到保持转速的目的。

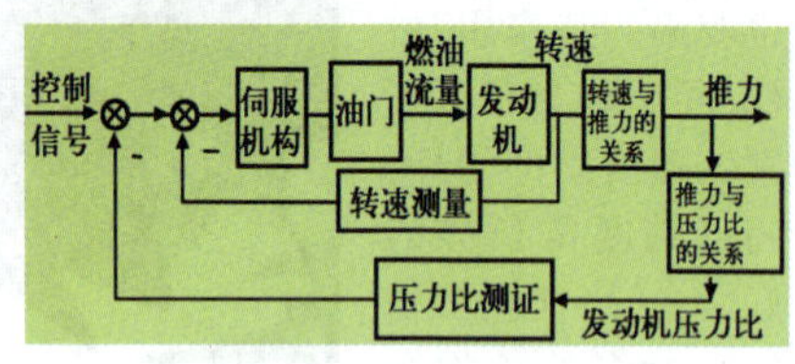

推力控制系统1

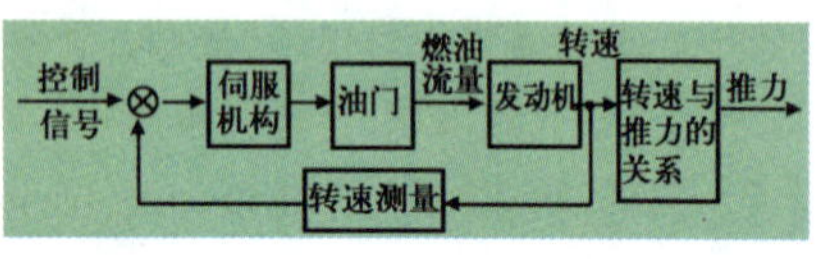

推力控制系统2

【推力矢量控制】(thrust vector control) 发动机系统除为飞机提供前进推力外,尚能同时或单独为飞机俯仰、偏航、横滚和反推力方向提供发动机内部推力的技术。推力矢量控制可采用矩形二元喷管或圆形轴对称喷管。利用喷管转向、安装喷管出口调整片、沿喷管侧部开口或在管口安装燃气舵等方式,使发动机推力方向偏转,实现推力矢量控制。推力矢量控制具有以下优点:(1)改善大迎角和低动压条件下飞机的机动性和操纵性。(2)降低超声速和跨声速下的尾部阻力。(3)可大角度俯冲,提高投射武器精度。(4)有利于降低红外特性和雷达信号特征,对隐身有利。(5)可大大缩短飞机起飞和着陆滑跑距离。目前,二元推力矢量喷管只能实现俯仰和反推力矢量控制,发展全功能的或全向矢量的推力喷管技术是今后的发展目标。

【推力重量比】(thrust to weight ratio) 简称推重比。发动机单位重量与所产生的推力的比值。是衡量发动机性能优劣的一个重要指标。推重比越大,发动机的性能越优良。当前,先进战斗机的发动机推重比一般都在10以上。

【推拿】(massage) 又称按摩、按跷。医生用手或上肢协助病人进行被动运动的一种医疗手法。具有调和气血,疏通经络,促进新陈代谢,提高抗病能力,改善局部血液循环和营养状态等作用。通常手法有:按、摩、推、拿、揉、掐、搓、摇、滚和抖等。用于关节炎、神经痛、软组织损伤和

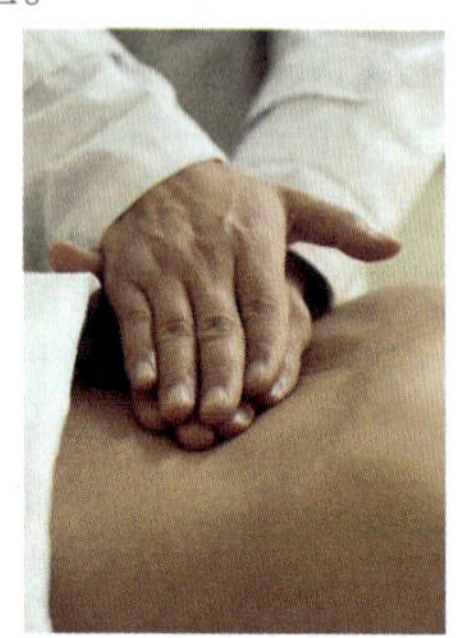
推拿

其他多种疾病的治疗。

【推算预产期】(expected date of confinement, EDC) 按孕妇末次月经日等推算出分娩日期的一种方法。其具体方法是:按末次月经的第一日算起,月份减3或加9,日数加7。如末次月经的第一日是2009年9月10日,预产期应为2010年6月17日。若以农历推算预产期,月份仍是减3或加9,日数则加15。实际分娩日期与预产期可以相差1～2周。若孕妇记不清末次月经日期,或哺乳期闭经而受孕者,可根据早孕反应开始的时间、或胎动开始时间和首次B超检查胎儿大小估计。

【推土机】(bulldozer) 平整场地回填基坑的施工机械。按行走机构的不同可分为履带式和轮胎式;按推土刀的操纵方式的不同可分为机械传动式和液压式;按推土刀功能的不同可分为固定式和回转式。根据作业要求,推土机还可以配装多种作业装置,如松土器,除根机等。推土机具有构造简单、功率大、操作灵活、运转方便、工作面小和生产效率高等优点。

推土机

【退耕还林工程】(project of returning farmland to forest) 中国为解决重点地区的水土流失问题、减弱北方地区风沙危害、保障国土生态安全而实施的工程。覆盖了中西部所有省(自治区)、市及部分东部地区。其规划时间是:2001～2010年,退耕还林$1.47\times10^6hm^2$,宜林荒山荒地造林$1.73\times10^6hm^2$。该工程建成后,将增加林草覆盖率五个百分点,水土流失控制面积达$8.67\times10^6hm^2$,防风固沙控制面积为$1.03\times10^7hm^2$。

【退耕还林还草】(stop farming for afforestation or grassing) 对水土流失严重的坡耕地停止农业利用,通过人工方法恢复乔、灌、草植被的政策和措施。是减少水土流失,改善生态环境的重要举措,也是中国西部大开发的重点基础建设。不仅能够减少自然灾害,改善当地生态环境,而且能推进林业和畜牧业的发展,有利于形成农林牧各业互相促进的效应。对于促进土地资源的合理利用,土地结构的合理调整,优化人们的食品结构,提高生活质量,发展当地经济起到积极作用。它受自然、社会经济、人类生存条件等因素制约。因此,要以区域或流域为单元,充分把握、分析诸如人口增长、农田基本建设、粮食产量、经济收入、地形地貌、土壤肥力等约束条件,拟定退耕还林还草的规划并逐步实施。在中国西部地区,国家对退耕还林还草的农民在一定年限内无偿提供粮食,实行以粮代赈,以粮食换森林、换草地。按照"谁造林、谁管护、谁受益"的原则,实行责、权、利挂钩,把植树种草和管护任务长期承包到户、到人,50年不变。在退耕地造林种草后,由当地县级人民政府逐块登记造册,及时核发林草权属证明,并纳人规范化管理。在有条件的地方,农民除负责退耕造林外,还要承担一定面积的宜林荒山、荒地造林种草的任务。

退耕还林还草

【退火】(annealing) 将金属或合金加热到适当温度,并保持足够时间,然后缓慢冷却的热处理工艺。其主要目的是:使经过铸、锻、焊或切削加工的工件的化学成分和组织均匀,晶粒细化,硬度降低,残余应力消除,改善其塑性和韧性。退火工艺随目的不同而有多种,如重结晶退火、等温退火、均匀化退火、球化退火、去除应力退火、再结晶退火,以及稳定化退火和磁场退火等。

【退休综合征】(retirement syndrome) 退休人员因产生心理障碍而发生的疾病。退休(离休)后,生活规律突然改变,精神失去依托,体内调节失常,容易产生心理生理病变。其主要症状是:头晕、失眠、抑郁、易激动等,甚至于惶惶不可终日,与更年期综合征相类似。在临床上大都误诊为更年期综合征并进行治疗,但疗效不佳。退休综合征可促使老年性疾病的发生和发展,降低机体的免疫功能,增加疾病的易感性。退休综合征一般在退休后一年之内发病。以后随着对退休后生活适应性的增强,发病机会就越来越少。对退休综合征的治疗,除了采用适当的药物治疗外,主要使用精神治疗和心理治疗,如采用心理疗法、生物反馈疗法和气功疗法等。

【吞咽障碍】(dysphagia) 由多种原因引起的、可发生于不同部位的吞咽时咽下困难。吞咽的生理过程分为制备相、口腔相、咽相、食管相四个阶段。各种影响正常吞咽生理的因素均可导致吞咽功能障碍。口、咽、食管疾患以及脑神经、延髓病变、假性延髓麻痹、椎体外系疾病以及肌病等均可引起吞咽障碍。X线电影照相术可详细地看到吞咽的结构和运动,确定吞咽障碍的时相所在;30ml饮水试验等方法可评定吞咽功能。其治疗方法包括:(1)直接训练法。又称摄食训练。使用食物同时并用体位、食物形态等补偿手段,以加强吞咽行为的治疗。(2)间接训练法。又称基础训练。不用食物、针对功能障碍直接进行训练,以提高器官功能的治疗。

【臀先露】(breech presentation) 又称臀位。分娩时,胎儿臀部最先露出的一种胎位。是最常见的异常胎位。按胎儿两下肢所取的姿势不同可分为:(1)单臀或腿直先露。胎儿双髋关节屈曲,双膝关节伸直,双腿贴近胸腹部,先露为臀部。最多见。(2)完全或混合臀先露。胎儿双髋关节及双膝关节均屈曲,如同盘膝坐,先露为臀部和双足。较多见。(3)不完全臀先露。先露为胎儿一足或双足、一膝或双膝、一足一膝。较少见。妊娠30周以前臀位较多见,30周以后多能自然转成头先露。臀先露时由于胎臀形状不规则,不能紧贴子宫下段及宫颈内口,容易发生胎膜早破、子宫收缩乏力及产程延长,使手术产率和产后出血机会增多。分娩时后出胎头困难,易发生新生儿臂丛神经损伤、胸锁乳突肌损伤导致的斜颈、颅内出血等并发症。如妊娠30周后仍为臀位应予纠正。其方法有:胸膝卧位、艾灸、外转胎儿。如果仍不能纠正位头位,同时有骨盆狭窄、高龄初产妇、妊娠合并症、胎儿体重≥3 500g以及不完全臀先露等,均应择期剖宫产。B超检查能准确探清臀先露类型及胎儿大小。

【拖挂运输】(truck combination transportation) 采用汽车列车进行的运输方式。汽车运输业的发展,要求增大车辆的载重量。而增加单辆汽车的载重量,要受到轴数、轴负荷和道路、桥梁承载能力等条件的限制。使用汽车列车,可以在不提高轴负荷的情况下增加车辆的载重量。在载重量相同的条件下,汽车列车与单辆汽车相比,其优点是:(1)结构简单,制造、修理和保养费用较低。(2)车辆重量利用系数(额定载重量与自重的比值)较高。(3)车厢装货面积较大,车辆有效载重量能够充分利用。(4)可根据运输需要和条件灵活地调配车辆。(5)可以提高劳动生产率,降低汽车运输成本。

【拖网】(trawl) 用渔船拖曳网具,迫使捕捞对象进入网内的渔具。由网翼、网盖、网身和网囊组成。按其结构的不同可分为:单片、单囊、多囊、有翼单囊、有翼多囊、桁杆和框架七种类型;按其作业船数和作业水层的不同可分为:单船表层,单船中层、单船底层,双船表层、双船中层、双船底层和多船七种形式。其中,单囊型由网身和单一网囊构成,常用于中层和底层拖网;多囊型由网身和若干网囊构成,常用于大型湖泊。桁拖网是专门捕虾的拖网,由桁杆或桁架、网身和网囊构成。东海、黄海、渤海渔轮和机帆渔船拖网都是双拖作业,南海在北部湾外水深100m以内的狭窄水域和国营渔轮多为单拖网作业。各海区有部分单船桁拖网捕虾、蟹和乌贼作业。20世纪80年代以后发展了中层、变水层拖网和浮拖网,但数量不多。20世纪50年代拖网以捕小黄鱼为主,60年代以捕带鱼为主。70年代发现东海资源,机轮拖网越过80m等深线水域,向外海发展生产。1986年拖网产量南海居首位,占海区产量的63%。东海、黄海分别占海区产量的31.5%和42.7%。

拖网

【脱毒植株】(virus-free plant) 见植物脱毒技术。

【脱硫】(desulfuration; desulfurization) 脱除物料中游离硫黄或硫化物的过程。一般可分为:(1)燃烧前脱硫。(2)燃烧中脱硫。(3)燃烧后脱硫。其中燃烧后脱硫又称烟气脱硫。在烟气脱硫中,按其所用脱硫剂种类的不同可分为:(1)以$CaCO_3$(石灰石)塔为基础的钙法。(2)以MgO为基础的镁法。(3)以Na_2SO_3为基础的钠法。(4)以NH_3为基础的氨法。(5)以有机碱为基础的有机碱法。按吸收剂及脱硫产物在脱硫过程中干湿状态的不同可分为:(1)湿法。(2)干法。(3)半干(半湿)法。按脱硫产物的用途可分为:(1)抛弃法。(2)回收法。在合成气(包括合成氨原料气)、煤气、黏胶纤维、染料和橡胶等工业中应用广泛。

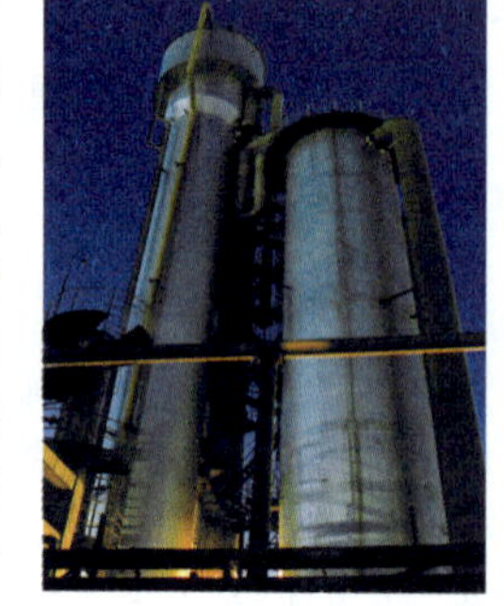

脱硫

【脱模剂】(release agent) 又称脱模润滑剂、离模润滑剂。防止橡胶胶料、树脂与模具黏着而使制品容易脱离的物质。不溶于橡胶或树脂。多为液体或低熔点物质。用时可涂刷模具内壁或衬板表面,也可在生产中直接加入物料中。常用的脱模剂如硅油、矿物油、油酸、肥皂脂、甘油、葡萄糖液等。

【脱黏孵化】(deviscose incubation) 受精卵经去黏处理后进行孵化的方法。人工孵化方式之一。多用于黏性卵的孵化。按其脱黏剂的不同可分为泥浆脱黏法和滑石粉脱黏法两种。后者方法简便,效果良好。将经脱黏处理后的受精卵放入孵化器中孵化,具有孵化率高的优点。将人工授精卵在黄泥浆水中受精、脱黏后用孵化环道、孵化槽和孵化桶(缸)进行流水孵化。

【脱漆剂】(stripper) 又称去漆药水。由氯代烃、酮、醇、苯等溶剂混合而成的可去除物体表面漆膜的溶剂。具有较高的溶解、溶胀漆膜的性能。按其主要成分的不同可分为热浸型脱漆剂和触变型脱漆剂。由氯代芳烃及酚类为主要组成的混合物是热浸型脱漆剂。其脱漆效率高,适用于金属材料上旧涂层的脱除,如环氧树脂、聚氨酯、酚醛等难脱除的涂层。以二氯甲烷、石蜡及增稠剂为主要组分的糊状混合物是触变型脱漆剂。可使溶剂在漆膜上保持较长时间,具有较好的脱漆效果。

【脱气精炼】(degassing refining) 利用物理化学原理从有色金属熔体中去除气体的工艺方法。如果有色金属及其合金熔体在熔炼过程中存在气体,会影响金属的结净度,使铸锭产生气孔,造成金属制品的各种性能降低。为获得气体含量低的金属熔体,一方面采用覆盖剂减少吸气,另一方面必须在熔炼后期进行有效的脱气精炼,尽可能多地去除溶解在熔体中的气体。溶于有色金属的气体80% ~90% 是氢。氢在铝、镁及一些高熔点金属中的溶解度比较高,而在铅、锌等低熔点金属中的溶解度比较低。影响气体溶解度的因素主要是压力和温度。在一定温度条件下,某种气体的溶解度与金属和气相接触之处该气体的分压力的平方根成正比。当气体分压一定时,若溶解是吸热反应,则随温度的升高而增大,如氢在铝、铜、镁中的溶解;若溶解是放热反应,则随温度升高而降低,如氢在钛、锆和钒中的溶解。因此,适当地控制这两个因素,就可以达到除气的目的。气体从金属熔体中脱除的途径有三种:一是气体原子扩散至金属表面,然后脱离吸附状态而逸出;二是以气泡形式排出;三是与加入金属中的元素形成化合物,以非金属夹杂物的形式排除。按其机理的不同可分为:分压差脱气、化合脱气、电解脱气、振荡脱气和预凝固脱气等方法。

【脱溶】(precipipitation) 从过饱和的溶液或固溶体中析出新相的过程。这些新相可能是固溶体、纯组元或化合物。

【脱水蔬菜】(evaporate vegetable) 经过人工加热脱去蔬菜中大部分水分后而制成的一种干菜制品。采收的新鲜蔬菜含水量高达 90% 以上,菜中酶的活性很强,其养分被大量消耗,不能保存。如将其干燥,重量和体积都大为减少,酶的活动停止,便于储运,又可使受季节限制的蔬菜供全年利用。如蘑菇等干燥后还会产生特有风味。在干燥前,需先用热水或蒸汽进行钝化处理。钝化具有除涩、软化组织和易于干燥的效果。干燥法有日光干燥和人工干燥。人工干燥的蔬菜复原性好,水分可降低至12% 以下,但成本高。在保存过程中,要采取防湿包装,以抑制微生物的繁殖。保存温度超过 30℃ 会产生褐变,风味将显著下降。因此,应尽量低温保存。脱水蔬菜可作烹调原料、二次加工原料及即席食品等。

脱水蔬菜

【脱水药】(dehydrant agent) 又称渗透性利尿药。一组具有高渗透压的小分子非电解质化合物。这种药物在体内不被代谢或代谢较慢,静脉给药后,可使血浆内渗透压迅速增高,引起组织脱水。这些药物在相同浓度时,分子量愈小,所产生的渗透压愈高,脱水能力也愈强,如甘露醇、山梨醇、尿素等。脱水药具有减轻或消除脑水肿、降低颅内压的作用,其利尿作用并不明显,而且在心功能不全的患者禁用。脱水药增加血浆渗透压,通过血脑屏障可以控制脑脊液的压力和容量,达到消除脑水肿、减低颅内压的目的。常用于治疗不同病因引起的脑水肿,也可作为颅内肿瘤的姑息治疗或青光眼术前降眼压。

【脱碳】(decarbonizing) 向钢液通入氧气或其他能使钢液中的碳氧化生成气体排出的反应。生铁是炼钢的主要原料,其中含有约 4.0% 的碳。而各种钢所要求的碳含量是:普碳钢,0.1% ~0.6%;合金工具钢,0.5% ~2.0%;不锈钢,0.010% ~0.20% 甚至更低。因此,碳的氧化是贯穿于整个炼钢过程的一个最重要的反应,也是完成诸多炼钢任务的重要手段。在氧气转炉炼钢中,氧气与钢液中的碳进行氧化反应,放出大量的热,是转炉炼钢的重要热源。在转炉和电弧炉炼钢吹氧脱碳时,会使 Fe 氧化成 FeO。FeO 也与钢液中的碳反应。在转炉的泡沫渣和电弧炉用铁矿石脱碳的渣内,含有大量的 FeO,向钢液扩散,与碳反应。脱碳反应产物 CO、CO_2 气体使熔池产生沸腾,能够均匀钢液的成分和温度,有利于炼钢中各种化学反应的进行。同时,气体的上浮有利于

脱碳

清除钢中N、H气体和夹杂物。是去除钢中气体与夹杂物的必要手段。除了炼钢过程中采用各种手段使钢液中的碳含量降低外，还可能会发生工件在例如热处理温度过高、时间过长时，不希望的含碳量降低的情况。通常发生在工件表层，称为工件表面脱碳。会使硬度、强度降低，甚至报废。通过金相检验等方法可以判断其脱碳层的深度及严重程度。

【脱氧】(deoxidize) 向钢液中加入脱氧物质使之与氧发生反应，生成不溶于钢水的脱氧产物，进入渣中并排掉的工艺。各种炼钢方法都是用氧化法去除钢中杂质元素和有害物质的。就会使氧化后期钢中溶入过量的氧。当钢液凝固时将会析出，形成夹杂物或气泡。因此必须进行脱氧。脱氧过程包括：(1)利用对氧的亲和力比Fe大的元素，如Mn、Si、Al等脱氧剂把钢液中的氧夺走，转变成难熔于钢液的氧化物如MnO、SiO_2等，降低钢中氧含量。(2)将脱氧产物排出钢液之外。(3)调整钢液成分和合金化。脱氧方法包括：(1)沉淀脱氧法(强制脱氧法、直接脱氧法)。即把块状脱氧剂加入钢液中。优点是操作简便，脱氧速度快，节省时间。缺点是部分脱氧产物来不及上浮进入渣中，需要炉外精炼来去除。转炉炼钢脱氧常采用此法。(2)扩散脱氧法(炉渣脱氧法)。即把粉状脱氧剂撒在渣液面上，形成还原渣，间接使钢液脱氧。优点是不污染钢液，能提高钢的洁净度。缺点是过程慢、时间长。碱性电弧炉炼钢的还原期常采用此法。(3)真空脱氧法。即把已炼成的钢液，置于真空条件下，使脱氧反应继续进行。利用钢液中的C进行脱氧。最大优点是它的产物CO不留在钢液中。上浮过程中还有去除气体和夹杂物的作用。是转炉和电弧炉炉外精炼的手段。(4)综合脱氧法。即沉淀加扩散二者联合使用的脱氧方法。是电弧炉炼钢常用的脱氧方法。

脱氧

【脱氧剂】(deoxidation agent) 又称游离氧吸收剂或游离氧驱除剂。用于吸除食品袋中的氧，防止氧化的一种食品保鲜剂。不同于作为食品添加剂的抗氧化剂。不直接加入食品中，而是在密封容器中与食品呈隔离状态。最常用的有铁系列脱氧剂和亚硫酸盐脱氧剂。其除氧原理是依据一定的化学反应，有适当的氧化反应速度。吸除氧的能力随反应级数、时间、温度等条件不同而异。速效脱氧剂在密封的包装容器内适量存在时，大约在1h内能使游离氧降至1%以下，最终降到0.2%。缓效脱氧剂需要12～24h，最终游离氧也可能降至0.2%以下。

【脱脂乳粉】(dried skim milk) 以脱脂乳为原料，经杀菌、浓缩、喷雾干燥或滚筒干燥制成的一种乳粉。外观白色。含水分4%～5%、蛋白质约36%、脂肪1%和乳糖52%等。脂肪含量低，保存期长，不易氧化变质。多用作饼干、糕点、面包、冰淇淋、酸奶、再制奶及干酪等食品的原料。

【陀螺仪】(gyroscope) 能够精确地确定运动物体方位的仪器。绕一个支点高速运动的刚体，在一定的初始条件和一定外力矩作用下，它会在不停自转的同时，还绕着另一个固定的转轴不停地旋转。这就是陀螺的旋进，又称回旋效应。人们利用陀螺的这一力学性质(无外力影响时旋转轴所指方向不会改变)制成了各种功能的陀螺仪以指示移动中物体的方向。现代陀螺仪是能够精确确定物体方位的导航仪器。其基本结构部件有陀螺转子、内外框架和附件(指力矩马达、信号传感器等)。按框架数目和支撑形式的不同可分为三自由度陀螺仪和二自由度陀螺仪。前者具有内外两个框架，转子自转轴有两个自由度；后者有一个框架，转子只有一个自由度。按作用方式的不同，陀螺仪又可分为机械式陀螺仪、光纤陀螺仪、振动陀螺仪、激光陀螺仪和现代集成式陀螺仪等，成为现代航空、航海、航天和国防工业广泛使用的一种惯性导航仪器。

陀螺仪

【驼峰】(hump) 铁路编组站供解体和编组货物列车使用的调车线路设备。由于它的纵断面形状很像骆驼的峰背，而得名。其线路平面和纵断面，由推送部分、峰顶平台、溜放部分和调车场四部分组成。按货车溜放时所使用的调速工具及其控制方式的不同，驼峰主要分为非机械化驼峰、机械化驼峰和自动化驼峰；按线路的平面布置及其作业特征的不同可分为单溜放驼峰和双溜放驼峰。驼峰线路的配套设备有调车机车、调速工具以及相应的信号和通信设备。解体和编组货物列车时，机车将车列推上峰顶，然后借助重力作用，用较低的推送速度(一般为3 000～5 000m/h)，使摘开车钩的车辆溜下驼峰，到达调车场内指定的线路上，以备编组新的车列。

【驼绒】(camel hair) 从骆驼身上自然脱落或经梳绒采集获得的纤维。骆驼身上的外层毛粗而坚韧，称为骆驼毛。在外层粗毛之下有细短柔软的绒毛,称为骆驼绒。骆驼绒的平均直径为 14 ~ 23 m,平均长度为 40 ~ 70mm,相当于 70 支的羊毛粗细。驼绒表面有鳞片,但数量少于羊绒,更少于羊毛。驼绒色泽杏黄,有天然卷曲,柔软蓬松,抗静电性差,电阻率 $1.003\times10^9\Omega\cdot m$。具有中空竹节状结构,更利于保暖御寒,是制作高档毛纺织品的重要原料之一。驼绒制品具有轻、柔、暖的特点。因其柔软、质轻、稀有被称为"软黄金"。

【驼丝锦】(doeskin) 一种细洁而紧密的中厚型素色毛织物。名称来自英文 doeskin 的音译,意为母鹿的皮。比喻品质精美。驼丝锦是一种高级毛织物,色泽有黑色、深藏青、白色和紫红等。以黑色为主。按其所用纱线的不同可分为:精纺驼丝锦、粗纺驼丝锦和精粗交织驼丝锦三种。精纺驼丝锦呢面平整,织纹细致,光泽肥亮,手感结实柔滑,紧密,弹性良好。所用羊毛支数一般在 70 支以上。采用缎纹类组织,并多采用条染工艺和高档光洁整理。驼丝锦用作礼服、套装等。

驼丝锦

【椭球定位】(orientation of reference ellipsoid) 在地球椭球的形状、大小确定之后,进一步确定地球椭球与大地体的最佳拟合位置。地球是一个两极略扁、赤道略鼓的不规则球体。从整体上看,地球体却十分接近于一个规则的旋转椭球体,即一个椭圆绕着它的短轴旋转而成的旋转椭球体,称为地球椭球。

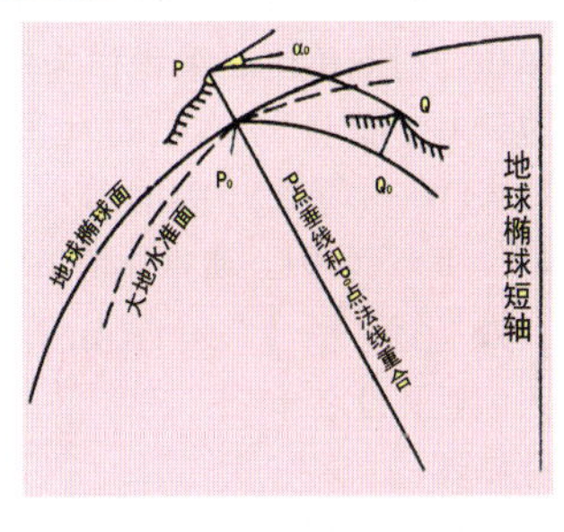

椭球定位

【椭圆星系】(elliptical galaxy) 外形呈不同扁率椭圆的一类河外星系。按扁率的大小分为 8 个次型。该星系多存在于星系团中,由星族Ⅱ天体组成。其直径为 0.65 ~ 65 光年,但质量差别很大。巨椭圆星系的质量可大到 1×10^{12} 太阳质量,而矮椭圆星系的质量可小到 1×10^6 太阳质量。绝对星等为 −8 ~ −23 星系内含有不超过星系总质量0.2% 的星际气体。

【拓扑变换】(topological transformation) 见拓扑学。

【拓扑空间】(topological space) 从一般的观点来研究极限与连续性等概念的一种结构。确切地讲,设 X 是一集,τ 是 X 的子集构成的集族,且满足:(1)集 X 与空集 ϕ 属于 τ。(2)τ 中任意一个集的并集属于 τ。(3)τ 中任意有穷个集的交集属于 τ。称 τ 是 X 中的一个拓扑,集 X 上定义了拓扑称它是一个拓扑空间。凡属于 τ 中的集称为开集,每一个距离空间是一个拓扑空间,同一集可以引进不同的拓扑从而得到不同的拓扑空间。

【拓扑学】(topology) 数学的一个分支。研究几何图形一对一的双方连续变换下不变的性质的学科。它只考虑物体之间的位置关系而不考虑其距离和大小。起初是几何学的一个分支,研究几何图形在连续变形(允许伸缩和扭曲等变形,但不许割断和粘合)下保持不变的性质;现在已发展成为研究连续性现象的数学分支。由于连续性在数学中的表现方式与研究方法的多样性,拓扑学又分成研究对象与方法各异的若干分支。包括点集拓扑学、组合拓扑学、代数拓扑学、微分拓扑学和几何拓扑学。拓扑学与研究对象的长短、大小、面积、体积等度量性质和数量关系都无关。一般来讲,对于任意形状的闭曲面,只要不把曲面撕裂或割破,它的变换就是拓扑变换,就存在拓扑等价。画的图形就不考虑它的大小、形状,仅考虑点和线的个数。这些就是拓扑学思考问题的出发点。

【唾液腺肿瘤】(salivary gland tumor) 在分泌唾液的唾液腺组织所生的肿瘤。以腮腺、颌下腺及舌下腺三对大的唾液腺的肿瘤居多。按肿瘤性质的不同可分为良性及恶性肿瘤。常在脸颊、下颌内或口腔中发现无痛性的肿块,若为恶性肿瘤则常有并发症,包括颜面神经麻痹、肿瘤质硬或固定于骨或皮肤上、感觉疼痛及颈部淋巴结转移。常用的诊断方法是:断层及磁共振成像,可判定原发肿瘤的位置及侵犯范围;术前的针吸细胞学检查则有助于鉴别诊断。

W

【瓦尔特相律】(Walther phase law) 在没有大的沉积间断情况下,只有在平面上互相邻接的相才能在纵向上叠置在一起的现象。即相的纵向相序也是它的横向相带。19 世纪末,瓦尔特从陆相海相连续过渡沉积平面上侧向过渡与垂向过渡的一致性总结得出这一规律。由于地球表面各种自然沉积环境的组合与彼此之间的过渡是有规律的,因此沉积环境的古代产物 - 沉积相,在纵向或横向上彼此之间的过渡也有规律。在研究古代沉积环境、特别是在对于那些沉积特征相似而又可以多解的沉积环境进行判别时,必须考虑其上下左右相邻沉积相的特征。这时,瓦尔特相律有着重要指导作用。

【瓦斯爆炸界限】(gas explosion limit) 又称瓦斯爆炸极限。在空气中瓦斯遇高温火源能引起爆炸的浓度范围。可燃气体和空气或氧气混合后,遇有引火源会产生爆炸现象的可燃气体的极限浓度。瓦斯能发生爆炸的最低浓度称为爆炸下限,最高浓度称为爆炸上限。试验证明,瓦斯的爆炸下限为 5% ~ 6%,上限为 14% ~16%。当瓦斯浓度低于 5% ~6% 时,混合气体无爆炸性,遇火源能燃烧。当瓦斯浓度在 5% ~6% 至 14% ~16% 时,混合气体有爆炸性。当瓦斯浓度大于 14% ~16% 时,混合气体既无爆炸性,也不燃烧。当瓦斯浓度为 9.1% ~9.5% 时,爆炸最猛烈。在一般情况下,瓦斯爆炸的条件是:瓦斯浓度必须为 5% ~16 % 的混合气体,氧气含量在 12% 以上,温度为 650 ~750℃ 的火源。这三个条件同时具备,瓦斯才能爆炸。

【瓦斯风化带】(gas weathered zone) 由于风化作用,煤层相对甲烷涌出量小于 $2m^3/t$ 或煤层瓦斯组分中甲烷体积百分比小于 80% 的地带。即一方面由于煤层内的瓦斯逐步向大气排放,造成煤层瓦斯含量和压力由深而浅降低;另一方面由于空气和地下水不断向煤层内渗入,改变着瓦斯的原始成分。这种空气和瓦斯的长期缓慢交换,从而引起浅部瓦斯成分的带状分布。煤层瓦斯成分由浅入深大体可分为四带:氮气 - 二氧化碳带、氮气带、氮气 - 沼气带、沼气带。前三带统称为瓦斯风化带。其深度随岩层的空气透入条件、上部煤岩层的风化、氧化情况以及地下水活动的强弱程度不同,各地差异很大。因此,瓦斯风化带深度各矿要具体测定。在瓦斯风化带以下,煤的瓦斯含量、压力和涌出量,随着煤层埋藏深度的增加而有规律地增大,通常两者呈线性关系。

【瓦斯预测】(gas prediction) 对矿区瓦斯状况进行的预测工作。通过对矿区工作面瓦斯涌出进行的实测考察与分析实现。是工作面通风设计与瓦斯防治与管理的基础。决定着巷道的断面、风机能力的选择和瓦斯灾害治理的决策等。

【瓦特小时】(Watt hour) 能量单位。符号 W·h。指 1W 的功率在 1h 内所做的功。中国规定瓦特小时是暂时与国际单位制并用的单位,即以功率单位与时间单位之乘积作为能量的单位。在国际单位制中,能量的单位是焦耳,简称焦,符号是 J。1J = 1W·s。若时间以小时为单位,则 1W·h = 3 600J。通常所谓 1 度电即 1 000 W·h。

【外部设备】(peripheral) 计算机系统中输入、输出设备和外存储器的统称。是计算机系统中的重要组成部分。主要作用是实现计算机系统、人及其信息设备的信息交换。计算机主机系统只有通过外部设备才能与外界交换信息。常用的外部设备有键盘、鼠标、扫描仪、打印机、显示器、音箱等。

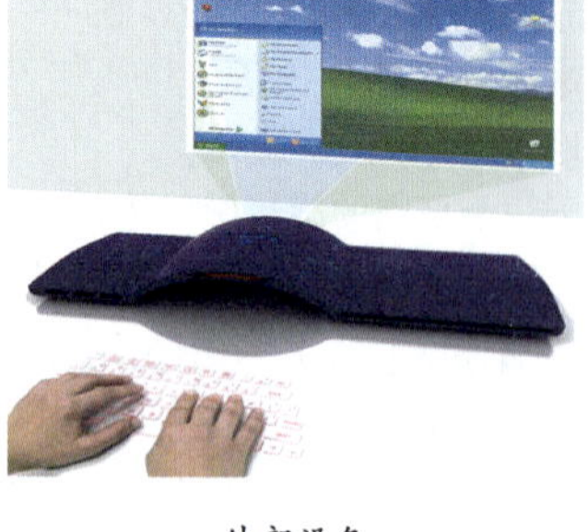

外部设备

【外部网关协议】(exterior gateway protocol, EGP) 与内部网关协议相对应。一种在自主系统之间的相邻两个网关主机间交换路由信息的协议。是一个轮询协议,利用消息交换路由器的可达地址以及路径开销,从而可以选择最佳路由。每个路由器每间隔120s或48s访问其邻居一次。邻居通过发送完整的路由表以示响应。是一种简单的(网络)可达性协议,其与现代的距离-矢量协议和路径-矢量协议不同,它仅限适用于树状拓扑的网络。

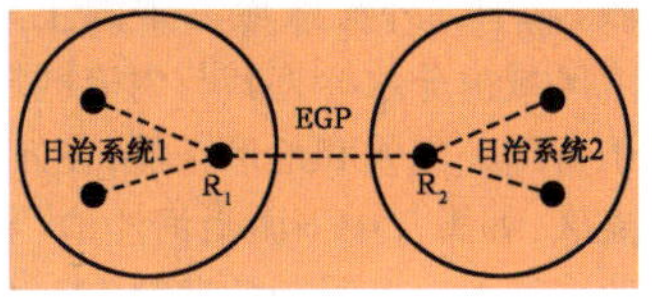

外部网关协议

【《外层空间条约》】(Treaty of Outer Space) 1966年12月17日由联合国大会通过、1967年10月10日生效的有关外层空间活动的基础性条约。全称为《关于各国探索和利用包括月球和其他天体在内外层空间活动的原则条约》。条约规定了各国航天活动应遵守的10项原则是:(1)为所有国家谋福利。(2)自由探索和利用空间。(3)不得将空间据为己有。(4)不在空间布设核武器和大规模毁灭性武器。(5)各国承担空间活动的国际责任。(6)载人航天发生事故时救援航天员并送还发射国。(7)发射国对其所登记的航天器有管辖权和控制权。(8)航天器登记。(9)保护空间环境。(10)国际合作互助。中国于1983年12月30日正式加入该条约。

【外毒素】(exotoxin) 某些病原菌生长繁殖过程中分泌到菌体外的代谢产物。为次级代谢产物。其主要成分为可溶性蛋白质。许多革兰阳性菌及部分革兰阴性菌等均能产生外毒素。如在人类疾病中,产生于破伤风、白喉和肉毒中毒等。其毒性作用强。不同种细菌产生的外毒素对机体的毒性作用有明显不同。不耐热、不稳定、抗原性强;可刺激机体产生抗毒素,可中和外毒素,用作治疗。经甲醛处理可脱毒,制成类毒素,用作免疫预防剂。大多数外毒素是产毒菌进行新陈代谢过程中在细胞内合成后分泌到菌体外的。但也有少数外毒素合成后保存在体内,菌体死亡溶溃后释放至周围环境中。痢疾志贺菌和肠产毒素型大肠埃希氏菌的外毒素就属于这种类型。不同病原菌产生的外毒素,对机体的组织器官具有选择性(医学上称为亲嗜性),引起特殊的病理变化。如肉毒梭菌产生的肉毒毒素,能阻断神经末梢释放的起传递信息作用的乙酰胆碱,使眼肌、咽肌等麻痹,引起眼睑下垂、复视、吞咽困难等,严重的可因呼吸肌麻痹不能呼吸而死亡;白喉棒状杆菌产生的白喉毒素,特别易结合在外周神经末梢、心肌等处,使那些容易受感染的细胞中蛋白质的合成受到影响,从而导致外周神经麻痹和心肌炎等。

【外关】 中医穴位名。属手少阳三焦经,本经络穴,八脉交会穴之一,通于阳维脉。定位:在前臂背侧,当阳池与肘尖的连线上,腕背横纹上2寸,尺骨与桡骨之间。主治:热病,头痛,目赤颊痛,耳聋耳鸣,胸胁痛,臂肘屈伸不利,手指疼痛,手颤;感冒,肺炎,角膜炎,腮腺炎等。刺灸法:直刺0.5~1寸或透内关穴;艾炷灸3~5壮,或艾条灸5~10 min。现代研究:针刺外关穴有一定的镇痛作用。动物实验中用钾离子透入法测痛,发现电针"外关"、"合谷",施以强、弱二种刺激法,针刺20min的痛阈提高率分别为140%和150%。

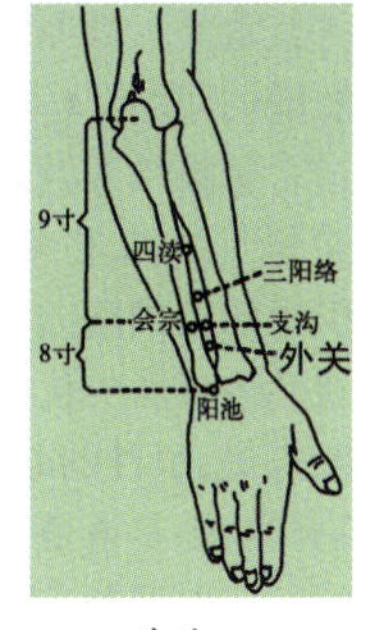

外关

【外来入侵物种】(intrusive alien species) 那些出现在其过去或现在的自然分布范围及扩散潜力以外的物种、亚种或以下的分类单元。包括其所有可能存活、继而繁殖的部分、配子或繁殖体。外来入侵物种具有生态适应能力强、繁殖能力强、传播能力强等特点;被入侵生态系统具有足够的可利用资源、缺乏自然控制机制、人类进入的频率高等特点。随着国家、地区间经济、文化交往的日益频繁密切,随着全球环境不稳定因素的不断增多,一切没有硝烟的生态战争-"外来物种入侵"正在全世界范围悄悄打响,其造成的生态灾难正严重威胁着世界各国的经济发展及全球的生态安全。被喻为"紫色恶魔"的凤眼莲即中国人俗称的"水葫芦",在全世界水域的肆虐繁殖即是外来物种入侵最典型的一个例子。此外,澳大利亚的"兔灾",地中海的"毒藻",美国五大湖的"斑马贻贝",夏威夷的"蛙声"以及入侵中国的"紫茎泽兰"、"大米草"、"松材线虫"、"加拿大一枝黄花"、"克氏螯虾"、"美国白蛾"等外来物种入侵的事例举不胜举。由于缺少自然天敌的制约,这些外来入侵者不仅破坏食物链,威胁其他生物的生存,而且还给全球带来了巨大的经济损失。据国际自然资源保护联盟的报告,外来物种入侵给全球造成的经济损失每年超过4 000亿美元。

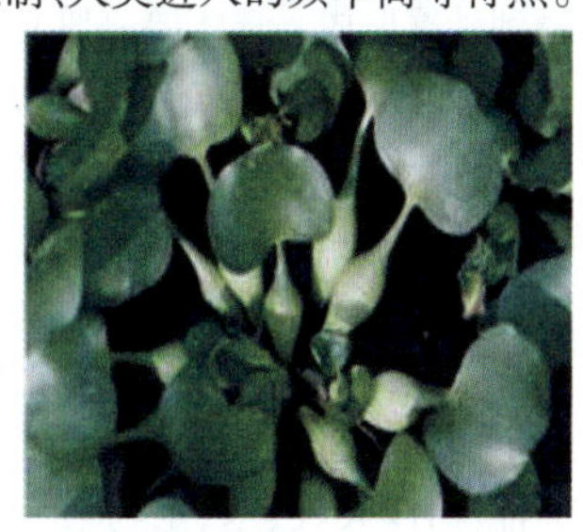
外来入侵物种

【外来树种】(exotic tree species) 在一定区域内历史上没有自然分布而被人类活动直接或间接引入的树种。引进自然界现存的、经济价值和生产力高的、能适应当地环境条件的树种资源,是最迅速最廉价地获得较大遗传增益的一条重要途径。对于那些树种资源贫瘠、有价值的树种不多或当地乡土树种发生病虫害等严重危机的地区来说，引进外来树种尤其重要。其原因是：(1)引种得当较快地解决木材短缺的问题。(2)轮伐期可大大地缩短。(3)外来种适合于集约经营栽培。(4)外来种的木材品质与用途是明白的，在栽培经营技术上也没有困难，如中国引种的美国南方松就是例证。(5)有些外来种，经过遗传改良后的优良遗传型可直接加以利用。(6)一般来讲，引种的外来树种都是栽培的重要树种，其生物学特性是清楚的，如开花结实习性、种子采收、储藏的特点以及繁殖特性等。为了避免或减少失败，首先必须收集分析资料，并通过引种试验。外来树种都具有不同程度的入侵性，但只有当它发生生物入侵后，才成为入侵树种。对于树木，从林业角度而言，入侵树种的定义只强调外来树种种群扩散的参数，以至于外来种的负面影响常常是先入之见，缺少长期的科学观测与研究。克朗克于1995年提出植物入侵的六个阶段，即引入、自然化、促进、扩散、互作、稳定。由于生长缓慢、生命周期长，外来树种形成入侵的各个阶段都要比其他生物长得多。外来物种从引入新的环境到种群形成入侵需要一段时间，这段时间被称为时滞或潜伏期。时滞的长短随物种和地区而异，从几年到几十年或上百年。中国引进的火炬树、桉树等是否构成入侵威胁，尚待评价。

【外力作用】(effect of external force) 由外部作用力引起的作用。外部作用力包括外动力、外营力和地球表面以太阳辐射能、重力能、日月引力能为能源，以大气、水、生物活动为介质所产生的作用力。外力作用发生在地壳表层，是在常温常压下发生的。它使地表形态发生变化，削平山岭，填塞低地，还使地壳表层的化学元素发生迁移、分散和富集，形成一些外生矿床。按其性质的不同可分为：流水作用、波浪作用、海流作用、地下水作用和风力作用等；按其作用方式的不同可分为：风化作用、剥蚀作用、搬运作用和沉积作用等。

外力作用

【外流河】(drain river) 流入海洋的河流。如中国的长江。外流河与内流河的水系构成、水汽来源、水分循环方式及水文变化规律均显著不同。外流河往往形成庞大水系，河流水量大，大多数为常流河。外流河分布的区域称外流区域(或外流流域)。中国外流区域占中国土地总面积的64%。外流区域由分水岭将其与内流区域分开，但不绝对。由于特殊的气候和地形条件，在外流区域内有小面积内流区，如嫩江中下游沿河洼地、鄂尔多斯高原北部、藏北高原上一些封闭的湖盆等。在一定条件下，外流河可转化为内流河，如青海湖水系，原与黄河沟通，后因地质构造变动和湖面降低，遂变成内流水系。

外流河

【外流湖】(drain lake) 与外流河相通、最后汇入海洋的湖泊。外流河的干、支流沿岸，气候比较温暖和湿润，降水丰富，河川补给多以雨水为主。加之河流水量丰沛，对湖泊的补给量大，湖泊水位明显受河流水情控制，通常二者变化过程密切吻合。外流湖的水量平衡特点是：补给部分主要来自入湖径流，损耗部分主要是出湖径流，湖面降水、蒸发和渗漏所占比例较小。湖泊对河川径流有明显的调节作用，使下游河流水位变化相对平缓，洪峰滞后。外流湖最高水位多出现在雨季，一般为八九月份；最低水位多出现在少雨或农业用水季节。中国的外流湖主要分布于东北、华东、华南和西南地区。著名的外流湖有鄱阳湖、洞庭湖和洪泽湖等。

外流湖

【外胚叶发育不全综合征】(ectodermal dysplasia syndrome) 牙齿先天缺失，毛发稀疏和皮肤异常等的一组综合症。是口腔科较多见的一类遗传性疾病。Clouston(1939)将其分为两类：无汗型外胚叶发育不全和有汗型外胚叶发育不全。前者患者皮肤无汗腺或少汗腺，体温调节障碍；后者患者汗腺正常，但牙齿、毛发和皮肤等结构异常。本病为遗传性疾病。遗传方式未完全明了。多数是伴X隐性遗传，也可为常染色体显性或隐性遗传。男多于女。其临床表现是：(1)无汗型外胚叶发育不全。患儿全身汗腺缺少或缺失，不出汗或很少出汗，不能耐受高温，在运动、轻度感染时，可出现明显的不适或高热；患儿缺少毛囊和皮脂腺，皮肤干燥而多皱纹；毛发、眉毛、汗毛干枯稀少；指(趾)甲发育不良；躯体发育迟缓、矮小；前额部和眶上部隆凸而鼻梁下陷，口唇突出，耳廓明显；性发育正常，30%～50%患儿智能较差。(2)有汗型外胚叶发育不全。又称毛发－指甲－牙齿综合征。患儿汗腺正常，指甲发育迟缓，菲薄脆弱，有条纹而无光泽，常出现甲沟感染。(3)两者的口腔表现是，牙齿先天缺失，缺失数目不等，或形态发育异常，牙形小，呈圆锥状，或釉质发育不良，釉质薄，横纹明显或出现小陷窝。其治疗方法是：使用活动性义齿修复体来恢复患儿的咀嚼功能，修复体需随患儿牙颌的生长发育和年龄的增长而不断更换；或正畸牙段调整牙位为修复治疗创造条件。

【外腔半导体激光器】（external cavity semiconductor laser） 一种在普通激光二极管的端面之外加上光反馈元件而构成的激光器。与染料激光器和掺钛蓝宝石激光器等其他可调谐激光器相比，具有能耗低、效率高、寿命长、可靠性好、使用方便和性能价格比高等优点。外腔的利用能确保半导体激光器以单模或以单频方式运行。

【外墙外保温工程】（external thermal insulation on outer walls） 将外墙外保温系统通过组合、组装、施工或安装固定在外墙外表面上所形成的建筑物实体。是一项节能环保绿色工程。有保温和隔热两大功能。建筑物围护结构，如屋顶、外墙和门窗等的保温和隔热性能对于冬、夏季室内热环境和采暖空调能耗有着重要影响。围护结构保温和隔热性能优良的建筑物，不仅冬暖夏凉室内环境好，而且采暖、空调能耗低。外墙外保温还可以改善人居住环境的舒适度。在进行外保温后，由于内部的实体墙热容量大，室内能蓄存更多的热量，使诸如太阳辐射或间歇采暖造成的室内温度变化减缓，室温较为稳定，生活较为舒适；也使太阳辐射得热、人体散热、家用电器及炊事散热等因素产生的“自由热”得到较好的利用，有利于节能。而在夏季，外保温层能减少太阳辐射热的进入和室外高气温的综合影响，使外墙内表面温度和室内空气温度得以降低。

【外燃机】（external-combustion engine） 与内燃机相对应。又称斯特林发动机。一种外燃的闭式循环往复活塞式热力发动机。1816 年由苏格兰人 R·斯特林所发明。新型外燃机使用氢气作为工质，在四个封闭的气缸内充有一定容积的工质。气缸一端为热腔，另一端为冷腔。工质在低温冷腔中压缩，然后流到高温热腔中迅速加热，膨胀做功。燃料在气缸外的燃烧室内连续燃烧，通过加热器传给工质，工质不直接参与燃烧，也不更换。由于外燃机避免了传统内燃机的震爆做功问题，从而实现了高效律、低噪声、低污染和低运行成本。外燃机可以燃烧各种可燃气体，如天然气、沼气、石油气、氢气、煤气等，也可燃烧柴油、液化石油气等液体燃料，还可以燃烧木材，以及利用太阳能等。只要热腔达到 700℃，设备即可做功运行，环境温度越低，发电效率越高。其优点是：出力和效率不受海拔高度影响，非常适合于高海拔地区使用。该设备目前有下列型号可供选择：热电联产型、太阳能－外燃混合发电型、余热利用型，以及车用型和流动现场电源。

斯特林发动机

【外设组件互连标准】（peripheral component interconnect，PCI） 32 位、64 位体系结构的高性能局部总线标准。于 1990 年前后开始于英特尔公司。1992 年发布 PCI 1.0 标准。1993 年发布 PCI-X 标准。而最新的标准是 PCI-E，在 2002 年完成并发布。PCI 是为了满足外设间以及外设与主机间高速数据传输而提出来的。在数字图形、图像和语音处理，以及高速实时数据采集与处理等对数据传输率要求较高的应用中，采用 PCI 总线来进行数据传输，可以解决原有的标准总线数据传输率低带来的瓶颈问题。其优点是地址总线与数据总线是分时复用的。这样做的好处是，一方面可以节省接插件的管脚数，另一方面便于实现突发数据传输。根据实现方式的不同，PCI 控制器可以与 CPU 一次交换 32 位或 64 位数据，并允许智能 PCI 辅助适配器利用一种总线主控技术与 CPU 并行地执行任务。PCI 允许多路复用技术，即允许一个以上的电子信号同时存在于总线之上。按数据宽度的不同可分为 32 位、64 位。按总线速度的不同可分为 33MHz、66MHz 两种，一种传输速率达 133MBps，另一种传输速率达 266MBps。PCI-X 标准总线速度可达 133MHz，传输速率达 4.2GBps。PCI-E 采用了目前业内流行的点对点串行连接，比起 PCI 以及更早期的计算机总线的共享并行架构，每个设备都有自己的专用连接，不需要向整个总线请求带宽，而且可以把数据传输率提高到一个很高的频率，达到 PCI 所不能提供的高带宽。PCI-E 技术规格允许实现 X1，X2，X4，X8，X12，X16 通道规格，X16 通道规格的传输速率可达 8Gbps。

【外太空】（outer space） 简称太空，又称为宇宙空间。地球稠密大气层之外的空间区域。通常用来和领空（领土）划分区别。外太空和地球大气层並没有明确的边界。因为大气随著海拔增加而逐渐变薄。假設大气层温度固定，大气压会由海平面的 1 000mPa，随着高度增加而呈指数化减少至零为止。国际航空联合会定义在 100km 的高度为卡门线（此线以匈牙利裔美国工程師和物理学家西奥多·冯·卡门命名），为现行大气层和太空的界线定义。美国认定到达海拔 80km 的人为太空人。在太空船重返地球的过程中,120km 是空气阻力开始发生作用的边界。

【外推力发射】(external thrust emission) 见冷发射。

【外围设备接口】(peripheral interface) 见输入输出接口。

【外显子】(expressed region) 见内含子。

【外向型农业】(export-oriented agriculture) 国家或地区面向国际市场,借助国际分工实现扩大再生产的农业。其发展的出发点、立足点是同国际市场进行广泛的生产要素和最终产品的双向交流,借助于国际市场来完成再生产的循环活动,建立起同国际市场需求变化相适应的生产结构、产品结构、技术结构和组织结构,形成符合国际规范、有利于双向交流的农业运行机制和宏观管理机制。

【外消旋体】(raceme) 与内消旋体相对应。互为对映体的左旋体和右旋体等量混合而形成没有旋光性的混合物或分子复合物。如组成外消旋体的两种分子除旋光方向相反外,其他物理、化学性质相同。例如,由丙酮酸制乳酸,可得外消旋乳酸,其中 D-型和L-型两种产物完全相等。外消旋体与右旋体或左旋体在物理性质上有差别,右旋体或左旋体的乳酸熔点 53℃,而外消旋体乳酸熔点 18℃;但化学性质基本相同。外消旋体可通过物理 、生物或化学方法拆分成纯净的左旋体和右旋体。外消旋体和内消旋体是两个不同的概念。虽然两者都不显旋光性,但前者是等量对映体的混合物;后者是纯净化合物。外消旋体可以拆分;内消旋体不能拆分。

【外因火灾】(exogenous fire) 由外部火源引起的火灾。由外部火源如明火、爆破、电流短路等引起的火灾。由外部火源,如明火、放炮、机械摩擦、撞击、电气设备产生的电弧火花、瓦斯或煤尘爆炸等引起的火灾。一般地讲,在电气化程度较低的中、小型煤矿,大多数外因火灾是由于使用明火或违章爆破等引起的。在机械化、电气化程度较高的矿井,则大多是由于机电设备管理维护不善、操作使用不当、设备运转故障等原因所引起的。随着矿井电气化程度的不断提高,机电设备引起的外因火灾的比重也有增长的趋势。在井下吸烟、取暖、违章放炮、电焊及其他原因引起的外因火灾,也时有发生。外因火灾大多容易发生在井底车场、机电硐室、运输及回采巷道等机械、电气设备比较集中,且风流比较畅通的地点。这类火灾一般发生得比较突然,发展速度也快。一个小火源,稍有疏忽,火势就可能蔓延扩大到很大的范围。如果发现不及时,处理方法不当,或是行动措施不果断,会给矿井带来严重损失以至发生惨痛的人身伤亡事故。

外因火灾

【外圆磨床】(cylindrical grinding machine) 一种能加工各种圆柱形、圆锥形外表面及轴肩端面的磨床。其基本的磨削方法有纵磨法和横磨法。前者在磨削时,工件作圆周进给运动,并随工作台作往复纵向进给;横向进给运动为周期性间歇进给。当每次纵向行程或往复行程结束后,砂轮作一次横向进给,磨削余量经多次进给后被磨去。纵磨削的磨削效率低,但能获得较小的表面粗糙度。后者又称切入磨法。磨削时,工件作圆周进给运动,工作台不作纵向进给运动,横向进给运动为连续进给。横磨法的磨削效率高,但磨削力大,磨削温度高,必须供给充足的冷却液。普通外圆磨床的自动化程度较低,只适用于中小批量单件生产和修配工作。

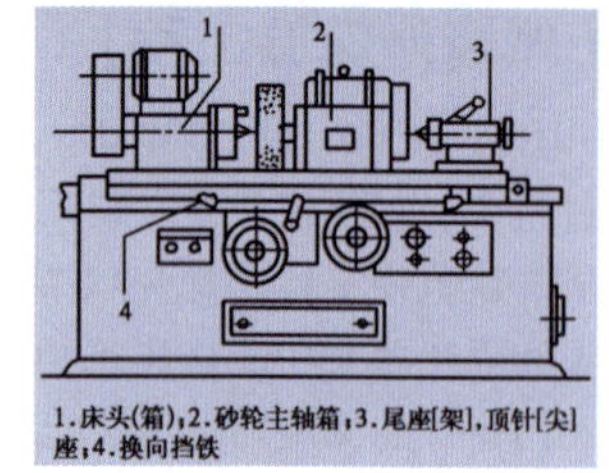

外圆磨床

【外植体】(explant) 用于离体培养进行无性繁殖的各种植物材料的总称。从植物体切取的外植体,可以是植物体各个部位的组织片断,也可以是来自种子萌发所形成的小苗、植物芽、叶和茎的切段器官等。可分为带芽的外植体和由分化组织构成的外植体。前者产生植株的成功率高,而且很少发生变异,容易保持材料的优良特性;后者常常要经过愈伤组织阶段再分化出芽或胚状体而形成植株,形成的后代可能有变异。其培养方法主要有:(1) 固体培养。(2)液体培养。(3)单细胞培养。由于种子与植物的各部分器官、组织一般都暴露在自然环境之中,故在制备外植体之前,必须对这些材料进行表面灭菌处理。

【外治】(external treatment) 治疗学术语。除口服药物以外施于体表或从体外进行治疗疾病的方法。包括药摩、物理、手术、手法、固定法、功能锻炼、针灸和拔罐等治疗方法。

【弯曲带】(sagging zone) 位于裂隙带之上,

产生弯曲下沉或少量裂隙的岩层分带。采空区上方岩层中只产生弯曲沉降,但并不破裂,这部分岩层带就叫弯曲带。带内岩层是整体移动,岩层仍为层状结构,层内不产生裂缝。岩层移动过程连续而有规律,并且缓慢出现,是一连续变形带。其内可局部充水,因无裂隙而不导水,具有隔水保护层的作用。与之相比,冒落带和裂缝带则称为非连续变形带。弯曲带可直达地表,在地表形成了一定范围的洼地(地表移动盆地),会破坏地面道路及建筑物。所以建筑物及铁路下采矿主要研究的是弯曲带。弯曲带越厚,地表的移动变形值越小,对下采矿越有利。

【弯曲工艺】(bending technology) 将板料、型材、管材或棒料等弯成一定角度或一定曲率,形成一定形状工件的加工方法。弯曲属于变形工序。弯曲工艺在冲压生产中占有很大的比例,可以利用模具在压力机上进行,也可在其他专用的折弯机、滚弯机、拉弯机和弯管机等设备上进行。各种弯曲方法尽管所用设备与工具不同,但其变形过程及特点有一些共同的规律,应根据工件材质和厚度,计算好最小的弯曲半径后再加工,以防止弯裂。

弯曲工艺

【弯曲件回弹】(bending rebound) 板料的塑性弯曲和任何一种塑性变形过程所伴随的弹性变形现象。当外加弯矩卸去时,变形区外层纤维因弹性恢复而缩短,内层纤维因弹性恢复而伸长,结果使制件的形状和尺寸发生与加载时变形方向相反的变化,这种现象称为回弹。回弹使制件的曲率和角度发生显著变化,不再同模具的形状和尺寸一致,从而直接影响到弯曲件的精度。在设计弯曲模具时,应考虑回弹因素,把模具的弯曲角度减去回弹角。弯曲工艺中回弹值很难事先确定出来,必须经过多次反复试模确定。

【弯曲模】(flexure mould) 使板料毛坯或其他坯料沿着直线或弯曲线产生弯曲变形,从而获得一定角度和形状工件的冲压模具。

【完全肥料】(complete fertilizer) 同时含有植物所必需的各种营养元素的肥料。有机肥料,如牲畜粪尿肥、绿肥和堆肥是完全肥料;化肥中,氮、磷和钾俱全的复(混)合肥料或兼含中量元素(如钙、镁和硫)和添加锌和硼等微量元素的肥料,也属完全肥料。

【完全培养基】(complete medium) 进行细胞培养时,具备可使其最大限度地生长和繁殖条件的培养基。培养基是供微生物、植物和动物细胞生长和维持其生命的人工配制的养料。其组成可按生物种类和目的而异。培养基一般都含有碳水化合物、含氧物质、无机物(微量元素)以及维生素和水等。具体而言,一般是由酵母浸膏、麦芽汁、牛肉膏、蛋白胨、胰蛋白胨和酪蛋白氨基酸等营养物中选几种配合而成。有的培养基还根据需要添加含有抗生素和色素。完全培养基用于短期内无性增殖大量细胞,以及分离和增殖营养缺陷突变型。它与基本培养基相互配合,可分离、筛选微生物的营养缺陷型突变株。

【完全随机设计】(completely random design) 又称简单随机设计。采用完全随机化分组的方法将同质的实验单位分配到各处理组,然后观察各组的实验效应的一种实验设计类型。是最为常见的考察单因素两水平或多水平效应的的实验设计方案。采用完全随机设计,可以保证大量难以控制的非处理因素在对比组间尽可能均衡,以提高组间的可比性;各组的样本含量可以相等,也可不等,但相等时检验效率较高。其优点是:设计简单,易于实施,通过查阅随机数字表或者计算机编程即可实现完全随机分组;其缺点是:小样本时,可能均衡性较差,与配对设计或随机区组设计相比,效率较低。

【烷化剂】(alkylating agent) 在体内能形成正碳离子的亲电子基团,以攻击生物大分子的负电子位点的物质。按其生理作用的不同可分为:双功能基团烷化剂和单功能基团烷化剂。前者分子上有两个烷化基团,可与细胞内各种功能基团,如蛋白质分子上的巯基、氨基、羟基和羧基发生烷化反应。细胞的毒性作用主要是由于 DNA 受到烷化作用的结果。DNA 分子上最容易发生烷化的部位是鸟嘌呤碱基的 N-7。DNA 分子双链或单链上鸟嘌呤 N-7 的烷化可引起 DNA 链内、链间或分子间的交叉联结,阻碍 DNA 的复制,并使细胞的有丝分裂受到破坏。也可引起碱基脱失或 DNA 链的断裂,或复制时碱基配对错误。后者分子上仅有一个烷化基团,不能使 DNA 链交叉联结,所以双功能基团烷化剂比单功能基团烷化剂抗癌作用更强。它们是周期非特异性药物,对快速增殖的细胞杀灭作用更强。但共有致突变和致癌作用,长期应用可引起第二种恶性肿瘤如急性白血病的发生,另一种长期毒性反应为不育。包括氮芥、环磷酰胺和异环磷酰胺等。

【晚期产后出血】(late postpartum hemorrhage) 分娩 24h 后,在产褥期内发生子宫大量出血的现象。以产后1~2周发病最常见。其原因及处理方法是:(1)胎盘、胎膜、蜕膜残留。多发生于产后7~10天。残留的胎盘、胎膜变性、坏死、机化,并影响子宫收缩。当坏死的组织脱落时,会引起大量出血,并使子宫复旧不全。在治疗时,应先清宫,将刮出物送病理检查以明确诊断;术后应用抗生素和子宫收缩剂。(2)子宫胎盘附着面感染或复旧不全。多发生于产后2周。其表现为突然大量出血。在治疗时,应用广谱抗生素和子宫收缩剂。(3)剖宫产术后子宫伤口裂开。多发生于产后2~3周。此时应住院治疗。应用抗生素并严密观察病状。在必要时应采取腹手术。

【万古霉素类抗生素】(vancomycin antibiotics) 于1956年自定向链霉菌分离出的一种三环糖肽抗生素。对革兰阳性菌具有强大的抗菌作用。1958年即在临床广泛使用,由于当时的制剂含有杂质,常引起寒战、高热、低血压等不良反应,以及20世纪60年代耐青霉素酶青霉素问世,故临床应用大大减少。本药的制剂已经提纯,不良反应显著减少,现已被认为是比较安全的药物。万古霉素能有效地对抗革兰阳性细菌,包括金葡菌、表皮葡萄球菌、肺炎链球菌、草绿色链球菌及肠球菌等。炭疽杆菌、白喉杆菌、破伤风杆菌、梭状芽胞杆菌等均对其敏感,但对大多数革兰阴性菌、立克次氏体、衣原体、菌质体、真菌等均无效。此药很少产生耐药性,即使产生也发展很慢,并且与其他抗生素不出现交叉耐药现象。对其他多种抗生素耐药的金葡菌、表皮葡萄球菌、肺炎链球菌亦对其敏感,故用于治疗这类耐药菌引起的感染在临床上有重要意义。万古霉素不可逆地与细菌细胞壁黏肽的侧链终端形成复合物,阻断细胞壁蛋白质的合成,进而使细菌死亡。此种机制与青霉素类、头孢菌素类有所不同,故对青霉素类和头孢菌素类耐药的菌株对万古霉素仍敏感。毒副反应包括三个方面:(1)耳毒性。常先出现耳鸣,相继有高频范围听力丧失,若不及时停药则可导致耳聋。血药浓度超过80μg/ml易出现耳聋,维持在30μg/ml以下则较安全。(2)肾毒性。肾功能不良时半衰期明显延长,但其峰浓度并不高于肾功能正常病人的血峰浓度。本药是否有毒性尚无一致意见,但在用药期间应定时监测肾功能。(3)其他反应。偶有荨麻疹、嗜酸细胞增多症、粒细胞减少症及静滴后恶心、面部潮红、皮肤痒疹等。临床主要用于治疗耐多种抗生素的金葡菌重症感染及对青霉素过敏的链球菌性心内膜炎的患者。另外,口服对难辨梭形芽胞杆菌性肠炎有较好疗效。以上感染均是临床上较难治疗的疾病,而万古霉素有较好的疗效,故本药在治疗这类感染性疾病中有重要的地位。万古霉素还可作为以下情况的预防用药:人工合成材料体内植入手术预防金葡菌感染;对青霉素过敏的病人进行口腔或上呼吸道手术;青霉素过敏的病人进行胃肠道、泌尿道手术或白血球减少伴发烧的免疫低下的病人。

【万国码】(unicode) 又称统一码。在计算机或其他信息处理设备上使用的一种字符编码。为世界上各种语言文字中用到的每个字符规定一个唯一的进制编码,有利于在各种语言文字、各种信息处理平台之间实现文本转换。当前实际使用的万国码为UCS-2标准,采用双字节(16位)编码空间,最多可表示65 536个字符,基本满足各种语言文字的需要。已经公布的UCS-4标准采用4字节编码空间,可表达上千万个字符编码。

【万能工具显微镜】(universal tool microscope) 用瞄准显微镜对工件进行精确定位,并进行纵横两个方向长度测量的光学计量仪器。由显微镜、纵横向工作台及读数系统、纵横导轨、立柱和底座等组成。显微镜放大倍率为10~50倍。可以用于测量长度和角度,也可以检验几何形状复杂的零件。该仪器带有多种附件,以扩大万能工具显微镜的应用范围。其主要附件有:(1)分度台、分度头。可进行圆周分度测量。(2)光学测孔器。可进行小孔和盲孔测量。(3)测量刀。可以进行轴切法测量。(4)双像目镜。可进行孔心距测量。(5)轮廓目镜。可进行轮廓的比较测量等。比较先进的工具显微镜的读数系统采用光栅及光电转换数字显示系统,并用电子计算机进行测量控制和测量数据处理。

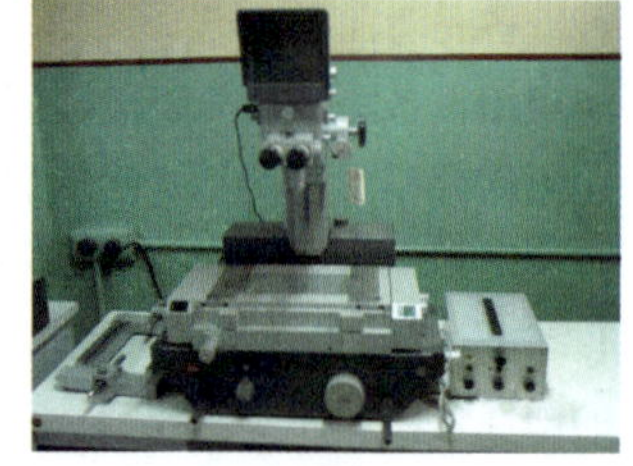
万能工具显微镜

【万能轧机】(universal rolling mill) 由一对水平辊和一对立辊组成的,轧辊轴线在同一垂直平面内的型材轧机。立辊可以是主动辊,也可以是被动辊,但需保证辊面线速度与水平辊的一致。在万能轧机作为主机的前或后一般安装有一架二辊式水平轧机,作为辅助成形机架,即轧边端机。主、辅机均为可逆式轧机,在轧制过程中形成连轧。其优点是:(1)由四个轧辊所组成的复杂断面孔型,可以使轧件断面上的各组成部分同

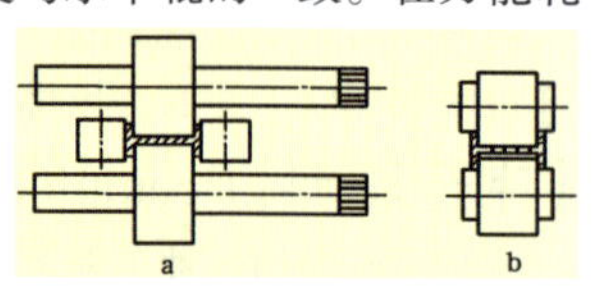

a-主机座;b-辅机座
轧制钢梁的万能式轧机

时受到压缩，因而轧件变形较均匀，轧件断面上各部分的速度差较小，轧件的内应力小。(2)可用小直径轧辊轧制大号钢材，例如可轧出腿部较宽、腰部较高的工字钢，并可轧制腿内侧无斜度的H型钢。(3)腿部和腰部的压下量可以单独调整，简化了调整工作，使产量提高。

【万用表】(multi-meter) 测量交直流电压、电流及电阻、电容和电感等电参数的多功能多量程电表。主要由测量机构、测量线路和转换开关三部分组成。测量机构用以指示被测量的数值；测量线路用以把各种被测之量转换到适合于测量机构的微小直流电流值；转换开关实现对不同测量线路的选择，以适应各种测量要求。万用表分为磁电式和数字式。磁电式万用表采用磁电系微安表头为测量机构。它的满偏电流一般为40～200mA，最小只有几微安。电表满偏电流越小，测量机构灵敏度越高，因此组成电压表时的电表内阻也越高。内阻以Ω/V来表示，乘以量值即为总内阻值。此值越大对被测电路的影响也就越小。

万用表

【万有引力】(universal gravitation) 物体之间由于其具有的质量而产生的相互吸引力。地面上物体所受的重力，就是地球与地面物体之间的相互吸引力。地球、行星绕太阳运行，月球、人造卫星绕地球运行，也与它们之间的引力有关。牛顿在开普勒定律的基础上首先肯定了这样一种吸引力的存在，并确定了质量分别为m_1和m_2，相距为r的两质点间，这力的大小为$F=Gm_1m_2/r^2$，方向沿着两质点的连线，称为万有引力定律。其中G称为万有引力常数，等于$6.67259\times10^{-11}\text{m}^3/(\text{kg}\cdot\text{s}^2)$。地面上两物体间的万有引力，一般很小(从$G$是一个很小的常数可看出)，但对质量大的天体，这个力就很大，所以在天文学和宇宙学研究中万有引力特别重要。

【腕管综合征】(carpal tunnel syndrome) 正中神经受压情况下的一种症状。患者手桡侧有三个半手指有感觉异常、麻木或刺痛，一般夜间加剧，特别是当手部温度增高时更明显。偶然向上放射至臂或肩部。劳动时症状加剧。冷天尚可见患者手指发冷、发绀、活动不便、拇指外展肌力差。严重者可见鱼际萎缩、皮肤发亮、指甲增厚等症状。

【网点】(stipple) 用于印刷上灰色调的点状表现。网屏切割光线后在感光片上形成的点子。通过点的大小、疏密，表现图形浓淡色调的层次。在印刷过程中，对于连续调图像必须通过加网的方式转变成网目调图像才能完成印刷。这是因为在传统的模拟印刷中，印刷过程的实现都必须要有印版的存在，而印版上永远只有两个元素－图文部分和非图文部分(也称空白部分)。如果印版上的两个元素没有任何微观上的变化，那么通过该印版印刷出来的印刷品只有两个层次－黑与白，颜色也只能表现出两种－黑色与白色(单色黑墨印刷时，如果是四色印刷颜色最多也只有8种)。这样就无法表现出原稿上丰富的阶调层次和多彩的色彩。如果能将印版上的图文部分分割成无数面积大小不同的小点，并使之着墨，则着墨的多少就不同，在视觉效果上也就表现出了不同的阶调层次。同样，着墨的多少，也反映出了色彩的千变万化。这些小点就是印刷上一定要采用的网点。它是为了复制连续调图像的中间层次而采用的一种技术手段，是构成印刷图像的最小单位。

【网格地理信息系统】(geography information system based on grid，GIS) 网格技术支持下的新一代地理信息系统。在网格计算环境下，系统的体系结构及使用方式都将发生革命性变化。不论用户在何种客户端上，地理信息系统都将根据用户需求，向用户提供优化聚合后的协同计算资源和及时的个性化服务。用数据融合、信息过滤、数据挖掘和知识发现等功能，为用户提供从数据、信息、知识到决策支持服务。实现为用户提供计算资源，就像水、电、煤气的供应一样，用户只需了解系统的使用和支付方式，而不必关心具体的细节。实现真正意义上的跨平台、互操作、资源共享与协同工作。

【网格法】(grid method) 以地理网格为制图单元反映制图对象特征的一种地图表示方法。按照一定的数学法则，将地球椭球体面用一定间隔划分经线与纬线所形成的网格。该法制图精度取决于网眼大小：网眼越小，精度越高。网眼大小的确定，取决于制图目的、比例尺和掌握制图资料的详细程度等。在使用该法编图时，首先把制图区域按照一定原则，用规定的网眼尺寸画出格网，然后根据掌握的制图资料、野外考察得到的制图对象的分布特征，分别用每个网眼赋值。当表示数量差异时，填入分级级别；表示质量特征时，填入类型代码等。最后用色彩或面状网线符号区分。这种方法既可表示制图对象的数量特征，也可表示其质量特征。在计算机辅助制图、统计制图中广泛应用。

【网格计算】(grid computing) 又称分布式计算。是一种针对复杂科学计算课题而兴起的计算模式。研究如何把一个需要非常巨大的计算能力才能解决的问题分成许多小的部分,然后把这些部分分配给许多计算机进行处理,最后把这些计算结果综合起来得到最终结果。这种计算模式利用互联网把不同电脑组织成一个虚拟的超级计算机,每个参与计算的计算机都是一个节点,整个计算是由成千上万个节点组成的一个网格。其功能与优点是:(1)数据处理能力强,可充分利用网上闲置资源的能力。(2)稀有资源可共享。(3)可在多台计算机上平衡计算负载。(4)可把程序放在最适合运行的计算机上。网络计算多在大型科学部门和航天、气象等部门应用。

【网关】(gateway) 又称协议转换器、网间连接器。在网络传输层上对两个不同通信协议的网络进行连接并完成协议转换的网络设备。一般用于连接两个具有不同的网络协议且物理上互相独立的网络,实现一对一的协议转换。既可以用于广域网互联,也可以用于局域网互联。常用于电子邮件、文件传送和远程登录等不同协议之间的转换。

【网架结构】(grid structure) 多根杆件按照一定的网格形式通过节点联结而形成的空间结构。具有空间受力、重量轻、刚度大和抗震性能好等优点。可用作体育馆、影剧院、展览厅、候车厅、体育场看台雨篷、飞机库和双向大柱距车间等建筑的屋盖。其缺点是:交汇于节点上的杆件数量较多,制作安装较平面结构复杂。

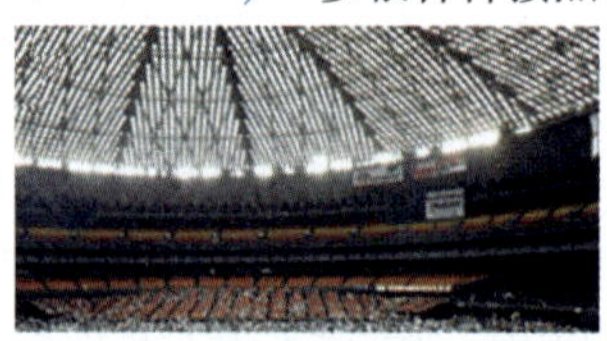
网架结构

【网架屋顶结构】(truss roof structure) 由多根杆件按照一定的网格形式通过节点连接而成的大跨度屋顶结构。这种结构整体性强,稳定性好,空间刚度大,防震性能好。网构架高度较小,能利用较小杆形构件拼装成大跨度的建筑,有效地利用建筑空间。适合工业化生产的大跨度网架结构,按其外形的不同可分为:平板型网架和壳形网架两类。能适应圆形、方形、多边形等多种平面形状。平板型网架多为双层,壳形网架有单层和双层之分,并有单曲线、双曲线等屋顶形式。20 世纪50 年代后期,上海同济大学曾建造了装配整体式钢筋混凝土单层联方网架壳形结构建筑,大厅部分净跨度为 40m,外跨度 54m。上海文化广场的改建设计采用钢结构球节点平板型网架,1970 年建成。1976 年建成的美国新奥尔良市体育馆,圆形平面直径达 207.3m,是当今世界上较大的钢网架结构建筑。

网架屋顶结构

【网间连接器】(gateway) 见网关。

【网卡】(network interface card,NIC) 又称网络适配器。在计算设备的本地网络硬件和传输媒体之间传输电子信号的一个硬件设备。无论采用双绞线、同轴电缆或光纤等何种方式连接,均需通过网卡。每一块网卡都有唯一的由网卡生产厂家置入的只读存储器芯片中的硬件地址。其主要功能是:实现计算机的网络接入、向网上发送和接收信息、进行访问控制以及数字信号的编码、译码等。

【网孔救援管道】(safety net pipe) 网孔状救援滑道装置。管道由凯芙拉纤维制成,由金属环握持,能耐 400℃的高温。处于滑道内的人员下滑速度最大可达 1m/s。该织物还可用于直升机的海上搜救或海上作业等。

【网络安全审计产品】(network security audited product) 见安全审计产品。

【网络层】(network layer) 在数据链路层提供的两个相邻端点之间的数据帧的传送功能上,进一步管理网络中的数据通信层。将数据设法从源端经过若干个中间节点传送到目的端,从而向传输层提供最基本的端到端的数据传送服务。网络层的目的是实现两个端系统之间的数据透明传送。其主要功能有:(1)路由选择和中继。(2)激活、终止网络连接。(3)分段和合段。(4)在一条数据链路上复用多条网络连接,多采取分时复用技术。(5)服务选择。(6)网际互连。(7)拥塞控制。(8)加速数据传送。(9)复位。开放系统互联参考模型的第三层。

【网络地板】(network floor) 又称布线地板。一种为适应现代化办公,便于网络布线而专门设计的地板。按其产品种类的不同可分为塑料网络地板和全钢 OA 网络地板。其产品特点是:高度低、安装方便、自然形成布线槽,同时比传统高架地板更节省净空。适用于写字楼等大空间办公场所,是一种随着网络技术的发展而开始应用起来的新产品。它具有安装简单快捷,无需专用工具,安装人员不需专门培训和非常低的净高(45cm)等优点,可以很方便地为网络提供各种强电、弱电的走线路径。能够有效克服对电子元件有巨大破坏力的静

网络地板示意图

电的危害,将电子设备的稳定性提高了一个层次。主要由吸音毯,网络地板主体和表面铺设材料三部分组成。网络地板主体由主面板、侧盖板、中心盖板、中心连接器、线桥以及辅件组成。中国的信息发展速度快,综合布线随时会进行更改、维修、增加和扩容等,必须考虑网络地板的灵活性、方便性。

【网络地图】(network map) 在万维网(WWW)上浏览、制作和使用的地图。电子地图的一种特殊形式。具有电子地图的一般特点,如动态性、交互性和超媒体结构等特点。因网络地图是基于因特网的电子地图,所以,它较一般电子地图具有更广泛的用户群体和易于下载传播的特点。网络地图有静态只读地图、静态交互地图、动态只读地图和动态交互地图等类型。

【网络地址转换】(network address translation,NAT) 将私有地址转化为合法 IP 地址的转换技术。私有地址,又称内部地址,是指在企业内部网络中分配给节点的私有 IP 地址。这个地址只能在企业内部网络中使用。合法 IP 地址,又称全局地址,由互联网网络号分配机构或者网络服务提供商分配的地址,是全球统一的可寻址的 IP 地址。借助于 NAT,只拥有私有地址的企业内部主机发送数据包时,私有地址被转换成合法的 IP 地址,即可实现企业内部网的所有计算机与互联网的通信需求。按其转换方法的不同可分为:(1)静态地址转换。(2)动态地址转换。(3)复用动态地址转换。

【网络电话】(network telephone) 又称 IP 电话。将语音数据打包压缩并通过网络进行传输的一种语音传输技术。其工作过程是:(1)将声音通过网关转换为数据信号,并压缩成数据包。(2)将数据包通过互联网传送出去。(3)接收端收到数据包后,通过解压缩,重新转换成声音。它提供了一种经济便捷的方式来和世界各地通话。在一般情况下,必须下载专用软件进行设置后方可拨打,此时除网络信息费用和市话费外,软件公司一般还要收取通话费;另一种情况是直接通过 Web 方式拨打网络电话,无须安装任何软件,通过访问网站即可拨号,提供此类服务的网站一般都是免费的。

网络电话

【网络电视】(internet protocol television,IPTV) 基于 IP 通信协议通过宽带网络传输音视频节目的数字电视传播形式。与以往的电视相比,观众除被动接收电视节目外,还可随时点播那些预期的或已经播放过的电视节目,并具有节目快进、慢放等调节和控制功能。此外,用户还可在节目播放过程中以文本方式进行互动,可用个人电脑或 IP 机顶盒加普通电视机作为终端设备接收网络电视节目。

网络电视

【网络分析】(network analysis) 对地理网络、城市基础设施网络进行的地理分析和模型化。通过定位与分配模型,根据需求点的空间分布,在一些候选点中选择给定数量的供应点以使预定的目标方程达到最佳结果。在运筹学的理论中,定位与分配模型常可用线性规划求得全局性的最佳结果。由于其计算量以及内存需求巨大,所以在实际应用中常用一些启发式算法来逼近或求得最佳结果。其目的是:研究、筹划一项网络工程如何安排,并使其运行效果最好。如一定资源的最佳分配,从一地到另一地的运输费用最低等。又如对交通网络、城市基础设施网络(如各种网线、电力线、电话线、供排水管线等)进行地理分析和模型化,以求达到最佳效果。

【网络附加存储】(network attached storage,NAS) 将磁盘阵列和磁带设备等集成的存储系统,直接通过局域网接口连入信息通信网络的技术。是网络存储的的一种模式。由文件服务器、网络通信设备和存储装置组成。它使用 TCP/IP 信息通信协议,可配置在各种不同的网络环境中。网络节点上的服务器或终端计算机,可以用不同的格式跨平台在面向文件存储设备上存取任意格式的文件。

【网络互联设备】(internet working equipment) 用来将两个或多个计算机网络或网段连接起来的一类设备。当若干个计算机网络需要互联时,必须通过中间的互联设备来实现。在开放系统互联参考模型或 TCP/IP 通信协议的每个层级上都需要不同的网络互联设备。除传输介质用的互联设备外,主要的网络互联设备有以下几种:(1)物理层的中继器和集线器。(2)数据链路层的网桥和交换器。(3)网络层的路由器。(4)应用层的网关等。

【网络化作战】(network war) 通过各类相关网络将全部作战和保障力量联结成一个整体,以实现各种作战力量整体联动、协调一致地遂行作战行动。通过统一的网络协议,组成强大的计算机信息网格,将分布在陆、海、空、天、电广阔空间和区域内的各种探测传感装置、指挥中心、作战部队、各种武器系统都链接起来,形成一个统一高效的大系统,实现战场态势的信息共享和武器的高效优化使用。在网络环境中作战,作战节奏加快、持续时间缩短、毁伤破坏变小、一体化程度增高,作战行动得以在全维空间进行,信息在作战中的主导作用大大增强。网络化作战的本质,是通过有效连接作战空间的各种实体,将信息优势转化为战斗能量。“网络化”不仅意味着提供部队各组成部分之间的连通性,把战场空间上分散的平台或部队通过网络连接在一起,而且还涉及条令和相关战术、技术与程序的制定,以及开发分布式的协同过程,从而确保指挥员能够共享所有相关的有用信息,掌控所有相应的武器装备,以实施主宰机动、精确交战、全维保护和集中式后勤。网络化作战是基于全新思维方式的作战,包含着深刻的战役战术思想。它具有作战信息共享、分散配置集中打击、整体作战优势跃升、风险降低\负担减轻等特点。其构成要素主要包括:包含物理域、信息域、认知域的对抗领域;包含“信息网”、“传感器网”、和“交战网”的结构模式。网络化作战是信息化作战高级阶段的作战景象。在信息化作战的初级阶段,还不具备网络化作战的条件。当前出现的针对国际互联网和战场局域网进行的网络攻防作战,只是处于原始状态、一定范围、极小规模的网络对抗行动,还不具备网络化作战的典型意义。

【网络货币】(internet currency) 见电子货币。

【网络基本输入输出系统】(network basic input and output system, NBIOS) 局域网上应用程序访问低级网络服务的一种接口标准。由 IBM 公司开发,工作在开放系统互联参考模型的会话层。给局域网提供网络以及其他特殊功能的服务的标准接口,几乎所有的局域网都是在网络基本输入输出系统协议的基础上工作的。以网络控制块的形式提供,网络控制块中包含了信息存放位置和目标名称等信息。支持两种通信模式:(1)会话。(2)数据报。会话模式是指两台计算机为“对话”建立一个连接,允许处理大量信息,并支持差错监测和恢复功能。数据报模式面向“无连接”操作,发送的信息较小,由应用程序提供差错监测和恢复功能。此外数据报模式也支持将信息广播到局域网中的每台计算机上。

【网络经济】(network economy) 以信息技术为手段、以互联网为平台开展的经济活动。是信息社会化特有的一种经济现象和经济运行模式。其优点是:(1)打破了传统经济模式的时空界限,缩短了时空距离,降低经济成本,提高经济运行效率和经济效益。(2)能更好地满足经济社会对产品和服务日益多样化和个性化的需求。

【网络流】(network flow) 图论中的一种理论与方法。研究网络上的一类最优化问题。是在研究铁路最大通量时首先提出的,即在一个给定的网络上寻求两点间最大运输量的问题。1956 年,L. R. 福特和D. R. 富尔克森等人给出了解决这类问题的算法,建立了网络流理论。怎样安排才能使总运输量为最大的问题称为最大流问题。最大流问题的研究密切了图论和运筹学,特别是与线性规划的联系,开辟了图论应用的新途径。网络流的理论及其应用与发展,出现了具有增益的流、多终端流、多商品流以及网络流的分解与合成等新课题。网络流的应用已遍及通信、运输、电力、工程规划、任务分派、设备更新以及计算机辅助设计等众多领域。

【网络摄像机】(web camera) 一种利用自身拥有的独立 IP 地址和嵌入式操作系统,通过 LAN、DSL 连接或无线网络适配器连接到网络,实现网络监控的智能产品。由镜头、光学过滤器、影像感应器、数字化压缩控制器以及嵌入式操作系统组成。其工作过程是:(1)采集图像。(2)把图像转换成光电信号。(3)经压缩处理后,传送至网络。

网络摄像机

【网络适配器】(network adapter) 见网卡。

【网络收藏夹】(network collecting folder) 用于计算机网络上的信息存储工具。通常采取会员登记制管理方式,把网址直接保存到网络数据库中。其主要功能与特点是:(1)信息分类统计。(2)自动添加新网址。(3)会员认证管理。(4)信息导入和导出。广泛用于防范采用普通文件夹存储信息时,因计算机等信息设备发生故障造成的信息丢失,提高信息存储的安全性。

【网络数据库】(network database) 在网络上运行的数据库。包含其他用户地址的数据库和数据记录可以以多种方式相互关联的一种数据库。是跨越电脑在网络上创建、运行的数据库。允许两个节点间的多个路径,任何一个记录可指向多个记录,而多个记录也可以指向一个记录。其数据之间的关系存在着一对多的关系。这种关系有多种路径或从属的关系。

【网络协议】(network protocol) 计算机之间的相互通信需要共同遵守的网络规则。一台计算机只有遵守网络协议,才能在网络上与其他计算机进行正常的通信。常见的有传输控制协议/网间协议、传输控制协议/互联网络协议、传输控制协议/网际协议等。协议组成要素有:(1)语法。用来规定信息格式。(2)语义。用来说明通信双方应当怎么做。(3)时序。详细说明事件的先后顺序。

【网络信标】(web beacon) 又称网络臭虫。一个放在网页或电子邮件上的1个像素大小的透明图片对象。用于监测用户的行为。用户查看网页或电子邮件时,由于图片只有1个像素大小并且是透明的,肉眼无法判断网络信标的存在。用户只有查看网页或电子邮件的源码,才会发现网络信标的链接。网络信标可以获得用户的以下信息:(1)用户的IP地址。(2)用户的访问时间。(3)用户的浏览器类型等。网络信标也经常被垃圾邮件发送者用来验证电子邮件地址。当收件人打开一封有网络信标的电子邮件时,返回给发件人的信息就会显示邮件已被打开,这样就可以确认电子邮件地址是有效的。

【网络延长器】(network extender) 能有效延长网络传输距离的设备。其功能特点是:(1)突破传统以太网传输距离100m以内的限制。(2)可以将以太网介质标准的双绞线电信号延长到350m以上。(3)可简便地实现集线器、交换机、服务器、终端机与远距离终端机之间的互联。(4)上联口和下联口分别支持双绞线传输。网络延长器高效率地实现了以太网传输距离的延长,解决了宽带建设初期成本较高、普及率低的问题。

【网络银行】(internet bank) 以计算机软硬件系统和网络系统为技术平台,在互联网环境下运行的银行综合业务信息管理系统。通过互联网向客户提供开户、销户、查询、对账、转账、信贷和投资理财等服务项目。用户也可使用信用卡、电子支票等电子货币方便地完成自己的资金流通业务。其优点是:打破了传统银行业务的时空界限,通过数字化的服务方式,缩短了资金流转周期,提高了工作效率和经济效益。

【网络语言】(network language) 网络用户通过谐音、寓意、拟形和幽默等方式演变出来的一类非标准语言。多以单个词汇的形式出现。其特点是:(1)词素的组成以字词为主,英文字母、数字和少量图形加入其中。(2)由网络人群新创或约定俗成。(3)在不停地丰富和淘汰中发展。

【网络杂志】(network magazine) 又称电子杂志。以信息技术、多媒体技术和网络技术为支撑,集音频、视频、文本、图片和动画于一体的一种新型信息媒体。其特点是:(1)发行方式简洁。(2)互动性强。(3)具有较强的视觉冲击力和较好的阅读性。(4)易于传播。其流动的阅读方式,是杂志发展的一个趋势。

【网络中心战】(network central warfare) 以高速信息网络为中心组织起来实现战略使命的一种作战方式。由于战场信息感知系统、指挥决策系统、信息传输系统的网络化、智能化和实时化,使整个作战部队及其协同部队和支援系统能够以高速信息网络为中心组织起来,联合完成作战任务。

【网目】(mesh) ❶筛子在单位长度内所具有的筛孔数目。用以表示筛孔的大小。如常用的泰勒标准筛,其200网目即2.54cm(1英寸)的筛网长度内有200个筛孔,称200号筛。❷在一般器具中,也有用“筛孔数/平方厘米”表示孔目大小的。由于各种标准筛的制作材料和技术规格不同,网目相等而标准不同的筛子,其筛孔大小也不一致。

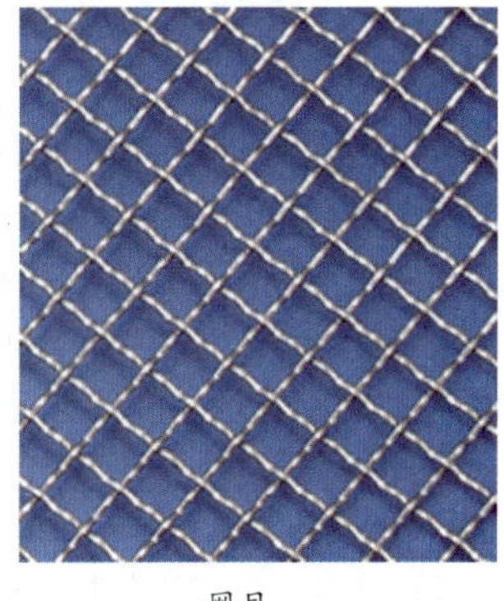
网目

【网目尺寸】(mesh size) 单个网目在预加张力伸直时的长度。可标示网目的大小。通常表示方法有:(1)目脚长度。即两个相邻的网结中心或连接点中心之间的距离。符号为a。单位为mm。(2)网目长度。简称“目大”。当网目被充分拉直而不变形时,其两对角网结或连接点中心之间的距离。符号为2a。单位为mm。(3)网目内径。当网目被充分拉直而不变形时,其两对角网结或连接点内缘之间的距离。符号为Mj。单位为mm。渔业管理上依此为标准。按中国国家标准,在测量网目尺寸时,每个目脚上所平均预加的张力应等于相同材料、规格网线的250±25m长度的自重。

【网盘】(web disk) 又称网络U盘、网络硬盘。一个放在互联网上的类似硬盘或U盘的存储空间。是一些互联网服务提供商、互联网内容提供商推出的在线存储服务,提供给用户文件存储、访问、备份、共享等文件管理功能。互联网服务提供商、互联网内容提供商将其服务器的硬盘或硬盘阵列中的一部分容量分给注册用户使用。用户无论在家中、单位或其他任何地方,只要能够访问互联网,就可以管理、编辑网盘里的文件,而不需要随身携带实物形式的硬盘或U盘,不用担心数据的丢失。

【网片】(web) 用网线或细绳编织成具有网目结构的片状编结物。是制作网渔具的主要原材料。由机织或手工编织而成。其构成的基本单元是网目。按其目脚交叉时作结的不同可分为有结网片和无结网片两大类。网线是由若干根线股或单纱,经捻合或编织而成。具有一定的粗度、强度、伸长度、良好的柔挺性、弹性、耐腐性和结构稳定性。按其材料性质的不同可分为天然纤维和合成纤维。天然纤维包括蚕丝、棉、麻、棕榈、稻秸和竹篾等。20世纪70年代以来多被合成纤维替代。渔用合成纤维主要有聚酰胺(PA)、聚脂(PES)、聚乙烯(PE)、聚丙烯(PP)、聚氯乙烯(PVC)、聚偏二氯乙烯(PVDC)和聚乙烯醇(PVA)等,经过熔融、纺丝、牵伸而成。

【网片强力】(netting strength) 表示网片断裂时所的受力。是网片品质的重要指标单位。主要取决于网线品质和网结类型等。通常采用试样进行测试求得。其指标主要有:(1)网片断裂强力。规定尺寸的矩形网条试样被加载断裂时的拉力。(2)网目强力。单个网目加载断裂时的拉力。(3)网片撕裂强力。在规定条件下,连续撕破网片试样上若干个网目所需的力。

【网桥】(bridge) 又称桥接器。工作在数据链路层,将两个相似的网络连接起来,并对网络数据的流通进行管理的专门硬件设备或软件。在延长网络跨度的功能上类似于中继器,然而它能提供智能化连接服务,即根据帧的终点地址处于哪一网段来进行转发和滤除。不仅能扩展网络的距离或范围,而且可提高网络的性能、可靠性和安全性。利用网桥可以将网络分段,各网段相对独立,一个网段的故障不会影响到另一个网段的运行。

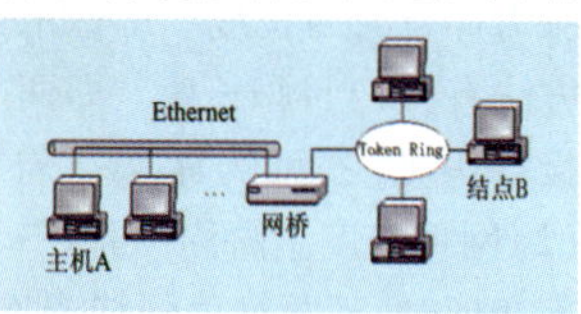

网桥

【网上交易】(online trade) 以计算机与信息技术为支撑,以网络为平台开展的金融、证券、产品、技术、服务等交易活动。按其交易对象的不同可分为商家对商家、商家对顾客和顾客对顾客等类型。已成为现代经济生活中的一种重要交易形式。

【网损】(transmission loss) 电力从发电厂输送到用户过程中在主干网络中所引起的电能损耗。电能损耗一般通过功率损耗来计算。功率损耗可分为线路功率损耗、变压器功率损耗、输电功率损耗、配电功率损耗、有功功率损耗和无功功率损耗等。有功功率损耗必然伴随着电能损耗,使能源消费量增加。因此,采取各种措施降低电力系统有功功率损耗,具有很大的经济意义。无功功率损耗不直接引起电能损耗,而是通过增大的电流而增加有功功率损耗,从而加大了电能损耗。

【网线】(ruling) ❶网络技术中局域网的连接线。按其构造的不同可分为:(1)双绞线。是由许多对线组成的数据传输线。其特点是价格便宜,应用广泛。如常见的电话线等。用来和RJ45水晶头相连。(2)同轴电缆。由一层层的绝缘线包裹着中央铜导体的电缆线。其特点是抗干扰能力好,传输数据稳定,价格也便宜,同样被广泛使用。如闭路电视线等。同轴电缆用来和BNC头相连。(3)光缆。目前最先进的网线。由许多根细如发丝的玻璃纤维外加绝缘套组成。价格较贵。在家用场合很少使用。由于靠光波传送,抗电磁干扰性极好,保密性强,速度快,传输容量大等。❷又称网目、网点。组成印刷品图像浓淡层次的要素。印刷技术中的术语。按其形式的不同可分为阴网、阳网、横网、直网、斜网等数种。以每平方英寸容纳多少线来计算;线数越多,网目越密。

【网箱养殖】(culture in net cage) 利用网箱进行水生动物养殖的生产方式。网箱一般由合成纤维网线编织而成,装置在网箱架上,有浮动式、固定式和沉水式等。其形状有长方形、方形、八角形和圆形等。其面积一般为数平方米到数十平方米,大的也有达到几百平方米的。网箱的高度在淡水中一般为2.5m,而在海水中可达30m。适宜网箱养殖的水生动物品种包括池塘可养的种类(鲫、鳊、鲤和鳙)、引进种(虹鳟、罗非鱼和斑点叉尾)、肉食性鱼类(鲈、鳜和鲌),以及海水养殖品种等。由于网箱内外水体能不断交换,因此适于高密度放养,可获得很高的产量。如网箱养鲤可达200kg/m^3。

网箱养鱼

【网状碳化物】(network carbide) 过共析钢钢材热加工后在冷却过程中,碳在奥氏体中溶解度降低,过饱和碳化物在晶界上析出所形成的网络。是先共析二次碳化物。钢的一种内部缺陷。如碳素工具钢、合金工具钢和铬轴承钢等随着其成分、热加工终了温度和冷却速度的不同,其网络粗细及连续程度也不同。一般来讲,热加工终了温度越高以及随后的冷却速度越慢,其析出程度越严重。网状碳化物增加钢的脆性,使冲击韧性降低,从而缩短工具和轴承的使用寿命。对照评级图可以对其评级。控制热加工终了温度和冷却方式并进行正火以减少这种缺陷。

【危害分析关键控制点】(hazard analysic critical control point,HACCP) 对某一特定食品生产过程进行鉴别评价和控制的一种系统方法。HACCP是一个为国际认可的、保证食品免受生物性、化学性及物理性危害的预防体系。产生于20世纪60年代的美国宇航食品生产企业,已被联合国食品法典委员会采纳并向全球推广。该方法通过预计哪些环节最可能出现问题,或一旦出了问题对人危害较大,来建立防止这些问题出现的有效措施以保证食品的安全,即通过对食品生产及销售的全过程的各个环节进行危害分析,找出关键控制点,采用有效的预防措施和监控手段,使危害因素降到最小限度,并采取必要的验证措施,使产品达到预期的要求。它不是一个独立存在的体系,必须建立在食品安全项目的基础上才能正常运行。由于其建立在许多操作规范(如标准操作规范、卫生操作规范等)上,形成了比较完整的质量保证体系。

【危机矿山】(crisis mine) 因资源短缺或其他原因无法正常生产而面临停产闭坑的矿山。既有"地域"的含义,即在矿区的范围之内可供矿产资源的短缺;又有技术经济的含义,即矿山生产与经营总体处于衰落阶段,大多出现于矿山服务周期的中晚期时段。按导致危机主要原因的不同可划分为六种矿山类型,即资源短缺型、自然灾害型、安全事故型、市场风险型、生态环境型、人为因素型。危机矿山产生的原因有:(1)矿区范围内可供的矿产资源短缺。(2)可采储量逐渐枯竭。(3)安全、环境和技术制约。(4)矿产品价格波动、供求关系变化等市场条件改变导致矿山产量持续下降、产能明显过剩、经营状况恶化、矿山保有服务年限低于警戒线等。危机矿山还有"社会安定"的含义,涉及企业转产和人员就业,直接影响经济可持续发展与社会稳定。解决危机矿山的问题具有经济和社会的双重意义。

【危险度评价法】(risk assessment method) 综合运用检查表法、基准定量法、类比法等,为工程装置各单元全面分析、评价的一种初步方法。是借鉴日本劳动省"六阶段"的定量评价表,结合中国国家标准GB 50160-1992《石油化工防火设计规范》(1999修订版)、《压力容器中化学介质毒性危害和爆炸危险度评价分类》(HG 20660-1991)等技术规范标准,编制了"危险度评价取值表",规定了危险度由物质、容量、温度、压力和操作等5个项目共同确定。其危险度分别按A=10分,B=5分,C=2分,D=0分赋值计分,由累计分值确定单元危险度。16点以上为1级,属高度危险;11~15点为2级,需同周围情况用其他设备联系起来进行评价;1~10点为3级,属低危险度。

【危险废物】(dangerous waste) 根据国家有关规定的鉴别标准和鉴别方法认定的具有危险特性的固体废物。是指具有易燃、易爆、腐蚀性、急性毒性、浸出毒性、反应性和传染性等一种及一种以上危害特性的废物,包括医疗废物、电子类危险废物等。这些物质排入环境将造成严重危害,是后患无穷的污染源。联合国于1989年3月22日通过了《控制危险废物越境转移及其处置巴塞尔公约》,中国政府于1991年9月4日批准实施。产生危险废物的单位,必须按照国家有关规定制定危险废物管理计划,并向所在地县级以上地方人民政府环境保护部门申报危险废物的种类、产生量、流向、储存和处置等有关资料。

危险废物标志

【危险废物处理】(hazardous waste disposal) 处理危险废物的相关规定和技术方法。根据《控制危险废物越境转移及其处置巴塞尔公约》要求,缔约国应将危险废物的产生和越境转移减至最少量,实行产生、运输、储存、处理和处置全过程的严格管理,经无害于环境的安全处置后方可排出。欧美国家的标准规定,焚烧危险废物的破坏去除率应达到99.99%。填埋场地除严格控制水文地质条件外,还需采用防渗漏人工垫衬,浸出液要有收集、处理和集排气系统。填埋场地关闭后还要进行长期监测和管理。对液体废物要求采用物理、化学和生物等综合方法处理。

危险废物处理站

【危险废物鉴别标准】(identification

standards for hazardous waste） 为贯彻《中华人民共和国固体废物污染环境防治法》，加强对危险废物的管理，保护环境，保障人体健康而制定的标准。。危险废物鉴别标准包括三种：(1)腐蚀性鉴别(GB5085.1－1996)。引用标 GB/T15555.12－95 固体废物腐蚀性测定玻璃电极法。腐蚀性鉴别值：当固体废物的 pH 值大于或等于 12.5，或者小于或等于 2.0 时，则该废物是具有腐蚀性的危险废物。(2)急性毒性初筛(GB5085.2－1996)。引用标准 GB7919－87 化妆品安全性评价程序和方法。急性毒性初筛鉴别值：按照附录 A《危险废物急性毒性筛试验方法》进行试验，对小白鼠(或大白鼠)经口灌胃，经过 48h，死亡超过半数者，则该废物是具有急性毒性的危险废物。(3)浸出毒性鉴别(GB5085.3－1996)。本标准所指浸出毒性是固态的危险废物遇水浸沥，其中有害的物质迁移转化，污染环境。浸出的有害物质的毒性称为浸出毒性。测定方法按照 GB/T15555.12－95 固体废物腐蚀性测定玻璃电极法进行测定。本标准由县以上地方人民政府环境保护行政主管部门负责监督实施。

【危险废物经营许可制度】(management licensing system of dangerous waste) 取得许可证后方可从事危险废物经营活动的一整套管理措施和方法。该制度要求从事收集、储存和处置危险废物经营活动的单位，必须事前经过申请、取得许可证后方可从事经营活动。申请许可证的主体只限于单位。受理许可证申请的机关是县级以上环境保护行政主管部门。

【危险废物填埋预处理技术】(pretreatment of hazardous waste landfill) 使危险废物中的所有污染组分呈现化学惰性或被包容起来，便于运输、利用和处置的技术。其作用是减小废物的毒性和迁移性，改善处理对象的工程性质。预处理技术是危险废物安全填埋处置的必要步骤，主要有氧化还原处理技术、中和处理技术、油水分离技术、固化、稳定化技术。

【危险废物最终处置技术】(final treatment of technology hazardous waste) 经过预处理后最终处置危险废物的技术。最常用的是土地安全填埋技术。另外还有焚烧技术、等离子体处理技术和危险废物稳定化技术等。国家进行最终处置的危险废物主要是没有利用价值、且危险较大的废物，或者是虽然具有一定的利用价值，但是限于目前的条件和技术水平而无法进行充分利用的废物。目前，国内专业性处置设施和企业附属的处置设施还很少，大部分危险废物是在较低水平的最终处置。

【危险化学品】(hazardous chemical) 具有爆炸、燃烧、助燃、毒害、腐蚀等性质且对接触的人员、设施、环境可能造成伤害或者损害的化学品。包括爆炸品、压缩气体、液化气体、易燃液体、易燃固体、自燃物品和遇湿易燃物品、氧化剂和有机过氧化物、有毒品、腐蚀品等。主要表现在易燃易爆性、有毒有害性和腐蚀性上。常见危险化学品有：连二亚硫酸钠(保险粉)、氰化钠、氰化钾、液氯、甲苯二异氰酸酯(TDI)、汽油、丙酮、苯、二甲苯、乙醇、乙酸乙烯、油漆(含易燃溶剂)、胶黏剂(含易燃溶剂)、油墨(含易燃溶剂)、稀料(苯、二甲苯等混合剂)和香蕉水(正丁醇、甲苯、乙醇、丙酮等混合剂)、液化石油气、乙炔、一氧化碳、漂白粉(次氯酸钙)、溶剂油(主要成分二甲苯)、过氧化氢、氧(压缩的、液化的)、氨(压缩的、液化的)、盐酸、硫酸、硝酸、氢氧化钠(烧碱、火碱)、甲醛(福尔马林，含 20%～40% 甲醛)等。

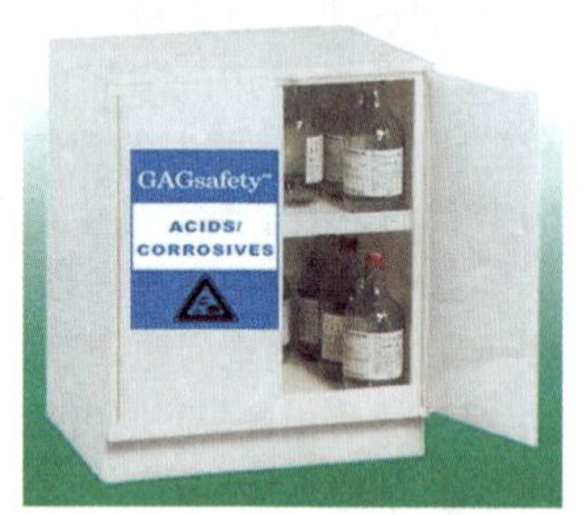

危险化学品

【危险化学品安全管理法律法规】(safety management laws and regulations of hazardous chemicals) 危险化学品生产、经营企业必须遵守的一系列安全管理法律、法规。危险化学品种类繁多、性质复杂，在生产、运输、使用过程中稍有疏漏，就会对人体健康和生态环境造成巨大危害。从 20 世纪 60 年代开始，世界各工业国家和一些国际组织纷纷制定有关法规、标准和公约，旨在强化化学品的安全管理，有效预防和控制化学品的危害和事故。随着中国化学品工业的发展，在化学品安全管理方面制定的系列法律法规包括：(1)《危险化学品安全管理条例》。自 2002 年 3 月 15 日起施行。(2)《危险化学品建设项目安全许可实施办法》。自 2006 年 10 月 1 日起施行。(3)《作业场所安全使用化学品公约》。1990 年 6 月 25 日国际劳工组织通过该公约。1994 年 10 月 27 日中国全国人大常委会批准该公约 。(4)《工作场所安全使用化学品规定》。1997 年 1 月 1 日实施。

【危险化学品泄漏事故】(leakage accident of hazardous chemicals) 装有危险化学品的密闭容器、管道或装置，因密封性破坏，出现非正常的介质外泄或渗漏而引发的事故。危险化学品泄漏，容易引发中毒或转化为火灾爆炸事故。造成危险化学品泄漏的主原因是：(1)自然灾害。如自然界的地震、海啸、火山爆发、台风、龙卷风、洪水、山体滑坡、泥石流、雷击以及太阳黑子周期性的爆发等。(2)勘测、设计方面存在缺陷。如选址不当、安全间距不足等。(3)设备技术方面存在问题。如设备质量达不到有关技术标准的要求，防爆炸、防火灾、防雷击、防污染等设施不齐全、不合理，维护管理不落实，设备老化、带故障运行等。(4)违反操作规程。从业人员素质不高、未经过严格系统的培训、规章制度不落实和劳动纪律涣散，导致危险化学品泄漏事故发生。(5)交通运输事故引发危险化学品泄漏。运输车辆达不到规定的技术标准，超限超载，混装混运，不按规定路线、时段运行，甚至违章驾驶等。(6)人为破坏。(7)战争。

【危险货物包装标志】(package signs of dangerous goods) 一种在危险货物包装上粘贴安全标签，进行安全管理的方法。当一种货物具有一种以上的危险性时，应用主标志表示主要危险性类别，并用副标志来表示重要的其他的危险性类别。凡具有爆炸、易燃、毒害、腐蚀、放射性等性质，在运输、装卸和储存保管过程中，容易造成人身伤亡和财产损毁而需要特别防护的货物，均属危险货物。危险货物分为9类。第1类为爆炸品；第2类为压缩气体和液化气体；第3类为易燃液体；第4类为易燃固体、自燃物品和遇湿易燃物品；第5类为氧化剂和有机过氧化物；第6类为毒害品和感染性物品；第7类为放射性物品；第8类为腐蚀品；第9类为杂类。《危险货物包装标志》(GB190－90) 规定了危险货物包装图示标志的种类、名称、尺寸及颜色等。适用于危险货物的运输包装标志的图形共21种，19个名称。其图形分别标示了9类危险货物的主要特性。

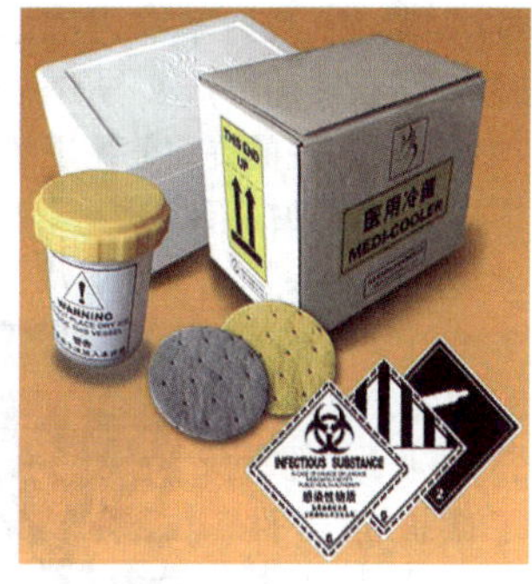

危险货物包装标志

【危险物质】(hazardous material) 由于其化学、物理或毒性特性，使之具有易导致火灾、爆炸或中毒危险的物质。如腐蚀性物质、易爆物质、放射性物质、致癌物质、诱变物质、致畸物质或危害生态环境的物质等。在气体工业名词术语中，指那些对人体有害或对健康有害的化学物品或物质。对气体而言，可区分为有毒气体和剧毒气体。砷烷、磷烷、乙硼烷、光气、锗烷、硒烷等均系剧毒气体，即使是短时间的曝露也可能导致严重中毒甚至致死。在这些气体的生产、充装、储存、运输和使用中，均应遵循有关安全规程和法规。凡接触这些物质的有关人员，必须经过严格培训，掌握使用中的安全规程、急救处理等方面的专业知识。在爆炸危险物质中，按其类别的不同可分为：(1)Ⅰ类。矿井甲烷。(2)Ⅱ类。爆炸性气体、蒸气、薄雾。(3)Ⅲ类。爆炸性粉尘、纤维。危险物质的类别和组别是根据其性能参数来划分的。这些性能参数包括：危险物质的闪点、燃点、引燃温度、爆炸极限、最小点燃电流比、最小引燃能量、最大试验安全间隙等。

炸药包

【危险有害因素】(hazardous factor) 能对人造成伤亡或对物造成突发性损害的因素。有害因素是指能影响人的身体健康、导致疾病或对物造成慢性损害的因素。通常情况下，二者并不加以区分而统称为危险、有害因素。根据《生产过程危险和有害因素分类与代码》(GB/T13861-1992)的规定，将生产过程中的危险和有害因素分为六大类。(1)物理性危险和有害因素。(2)化学性危险和有害因素。(3)生物性危险和有害因素。(4)心理、生理性危险和有害因素。(5)行为性危险和有害因素。(6)其他危险和有害因素。

【危险与可操作性研究】(hazard and operability analysis) 英国帝国化学工业公司(ICI)于1974年开发的，以系统工程为基础，主要针对化工设备、装置而开发的危险性评价方法。其基本过程是：以关键词为引导，寻找系统中工艺过程或状态的偏差，然后再进一步分析造成该变化的原因、可能的后果，并有针对性地提出必要的预防对策措施。运用该分析方法，可以查处系统中存在的危险、有害因素，并能以危险、有害因素可能导致的事故后果确定设备、装置中的主要危险、有害因素。也能作为确定事故树“顶上事件”的一种方法。其目的主要是：调动生产操作人员、安全技术人员、安全管理人员和相关设计人员的想象性思维，使其能够找出设备、装置中的危险、有害因素，为制定安全对策措施提供依据。其操作步骤是：(1)成立分析小组。(2)收集资料。(3)划分评价单元。(4)定义关键词。(5)分析产生偏差的原因及其后果。(6)制订相应的对策措施。

【危险源】(hazards resource) 又称不安全因素。一个系统中具有潜在能量和物质释放危险的、可造成人员伤害、财产损失或环境破坏的、在一定的触发因素作用下可转化为事故的部位、区域、场所、空间、岗位、设备等。是具有潜在危险的源点或部位,是爆发事故的源头,能量、危险物质集中的核心。由潜在危险性、存在条件和触发因素三个要素构成。具有物质作用、能量作用和信息作用。按事故发生危险源的不同可分为:固有危险源和人为危险源。按危险源在事故发生、发展中的作用的不同可分为:(1)第一类危险源。是指系统中存在的、可能发生意外释放的能量或危险物质。它是事故发生的前提,并且决定事故后果的严重程度。(2)第二类危险源。是指导致约束、限制能量措施失效或破坏的各种不安全因素。它是第一类危险源导致事故的必要条件,决定了事故发生可能性的大小。(3)第三类危险源。是指不符合安全的组织程序、结构、文化、制度等。反映在组织不安全行为和组织失误等方面,是事故发生的深层原因和本质根源。重大危险源的核心因素是危险物品的数量是否等于或者超过临界量。所谓临界量,是指对某种或某类危险物品规定的数量,若单元中的危险物品数量等于或者超过该数量,则该单元应定为重大危险源。具体危险物质的临界量,由危险物品的性质决定。重大危险源分为生产场所重大危险源和储存区重大危险源两种。涉及到易燃、易爆、有毒的危害物质,并且在一定范围内使用、生产、加工和储存超过了临界数量的这些物质。由于工业生产的复杂性,特别是化工生产的复杂性,决定了有效地控制重大危险源需要采用系统工程的理论和方法。其辨识方法是:(1)参照法。对火灾、爆炸及毒物泄漏三类重大危险源,参照有关的标准、规范、规程结合经验来辨识。(2)系统安全分析法。对某些复杂的重大危险源,使用安全评价方法进行辨识。(3)专门方法。对于某些特殊的重大危险源使用专门的方法进行辨识。其辨识程序包括:危险因素调查、选择辨识依据和定性定量判定。

危险源

【威客】(wit key) 通过互联网把自己的智慧、知识、能力、经验转换给实际收益的人。他们在互联网上通过解决科学、技术、工作、生活和学习中的问题,从而让知识、智慧、经验和技能体现经济价值。威客理论的提出基于其创始人刘锋的三个发现:(1)发现电子公告牌功能分离现象。(2)确认互联网知识价值化时代的到来。(3)互联网是人类大脑的联网而非仅仅是机器的联网。根据参与方式的不同可分为:知识问答型威客、悬赏型威客、点对点威客和威客地图等四种。

【威慑】(deterrent) 国家或政治集团之间通过显示武力或表示准备使用武力的决心迫使对方不敢采取敌对行动或使行动升级的军事行为。是军事斗争的一种方式。构成有效威慑的要素有:(1)实力(如核武器的数量、水平和生存能力)。(2)使用实力的决心。(3)使对手明确无误地了解上述两点。三者缺一不可。威慑的成功不仅取决于实力和使用实力的决心,而且取决于对手对这两点的认知和评估。如果对手不认知,或者错误评估,或者对手是一个战争狂,威慑就可能失败。

【微波】(microwave) 波长约从1m到1mm的电磁波。包括分米波、厘米波和毫米波等波段。现在一般认为短于1mm的电磁波(即亚毫米波)也属于微波范围,而且是现代微波研究的一个重要领域。当波长远小于物体的尺寸时,微波的特点和几何光学的相似。利用这个特点,在微波波段能制成高方向性的系统(如抛物面反射器)。当波长和物体的尺寸有相同量级时,微波的特点又与声波相近。在分子、原子与核系统所表现的许多共振现象都发生在微波范围内,因而微波成为探索物质基本特性的手段。微波技术的形成以波导管的实际应用为标志。在第二次世界大战中,微波研究的焦点集中在雷达上,并带动了微波元器件、高功率微波管、微波电路和微波测量技术的研发。微波振荡源的固体化以及微波系统的集成化是现代微波技术发展的两个重要方向,向更短波长推进仍是微波研究和发展的主要趋势。现代技术已能产生从微波到光的整个电磁频谱的辐射功率。微波的最重要应用是雷达和通信。应用微波技术的射电望远镜,微波加速器等对于天文学、物理学等的研究具有重要意义。微波遥感已成为研究天体、气象和资源勘探等的重要手段。微波在工业、农业、生物学和医学等方面的应用与发展都很迅速。若干重要的边缘学科(如微波天文学、微波气象学、微波波谱学和量子电动力学、微波半导体电子学和微波超导电子学等)已趋成熟。微波声学已成为一个活跃的领域。微波光纤技术的发

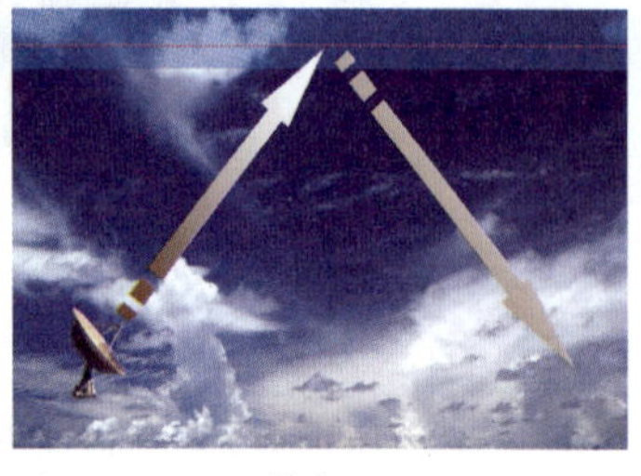
微波

展具有技术变革的意义。

【微波半导体器件】(microwave semiconductor device) 具有微波功能的半导体器件。包括微波功率模块、微波晶体管和微波二极管。具有体积小、重量轻、可靠性好和耗电省等优点。用半导体工艺制作在砷化镓或其他半导体材料芯片上,形成功能块。在固态相控阵雷达、电子对抗设备、导弹电子设备、微波通信系统和超高速计算机中,有着广阔应用前景。

【微波常压合成反应技术】(normal microwave forged composed reacting technology) 将微波技术应用于常压有机合成反应中的技术。选择一个长颈的锥形瓶,在锥形瓶内放置反应的化合物溶剂,再在微波炉上端中间打孔,装上漏能抑制装置,防止微波漏能。反应容器由微波炉上打孔处与外界的搅拌和滴加装置及冷凝管相连,利用此装置能完成一系列反应的研究。微波反应需要特定的反应技术并在微波炉中进行。微波有机合成反应技术一般分为密闭合成和常压合成。其所采用的装置简单、方便和安全,适用于大多数有机合成反应。

【微波萃取】(microwave extraction) 用适合的溶剂在微波反应器中从某些组分中提取某种化学成分的方法。其工作机理是:根据不同物质吸收微波能力的差异使得基体物质的某些区域或萃取体系中的某些组分被选择性加热,从而使得被萃取物质从基体或体系中分离,进入到介电常数较小、微波吸收能力相对差的萃取剂中,达到提取的目的。其优点是:溶剂用量少、快速、设备简单并可同时测多个样品;其缺点是:被萃取物质必须能吸收微波,萃取容器需要冷却。该方法常用于环境分析、化工分析、食品分析、生化分析、药物分析和天然产物分析等。如从土壤中萃取有机污染物、重金属、农药残留以及从天然产物中萃取生物碱类、有机酸类和多糖类物质等。

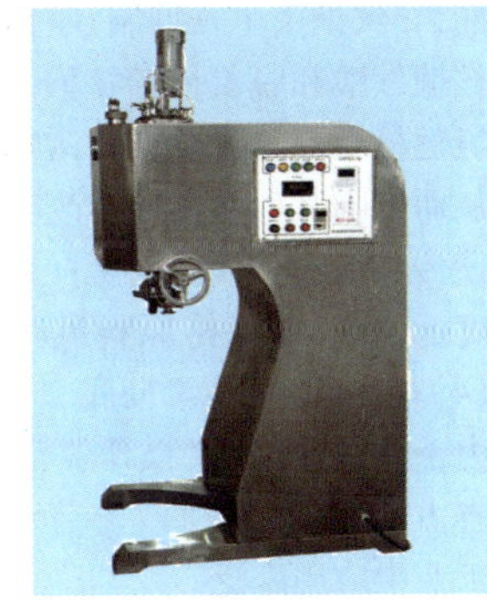

微波萃取器件

【微波辐射】(microwave radiation) 具有一定温度的物体在可见光波段和红外波段发射辐射能的同时在微波段也发射出的辐射能。波长在1~100mm。其特点是:(1)与红外线相对,是物体低温条件下的重要辐射特性,温度越低,微波辐射越强。(2)其强度比红外辐射弱得多,需要经过处理才能够使用接收器接收。(3)在遥感技术运用中,不同地物间的微波辐射差异较红外辐射差异更大。因此,微波可以帮助识别在可见光与红外波段难以识别的地物。微波辐射对人体健康有一定影响。卫生部门规定的作业场所微波辐射标准为:(1)平均功率密度(微波在单位面积上一个工作日内的平均辐射功率)及日剂量(一日接受微波辐射的总能量):连续波一日8h暴露的平均功率密度不得大于50μW/cm^2;脉冲波(固定辐射)一日8h平均功率密度不得大于25μW/cm^2。(2)肢体局部辐射(不区分连续波和脉冲波)一日8h暴露的平均功率密度不得大于500μW/cm^2。(3)短时间暴露最高功率密度的限制:当需要在大于1mW/cm^{2}辐射强度的环境中工作时,除按日剂量容许强度计算暴露时间外,还需使用个人防护,但操作位最大辐射强度不得大于5mW/cm^2。

【微波干燥技术】(microwave drying technology) 利用微波能量对食品进行干燥的技术。微波干燥不同于热风及其他干燥方式。食品吸收微波后内部直接升温,形成较小的正温度梯度,有利于内部水分的扩散,使干燥速度大大的加快。其特点是:(1)加热时间短、干燥速度快。(2)反应灵敏、易控制。(3)热能利用率高,设备占地少,节省能源和有利于环保。(4)利于保持食品营养和风味。微波干燥经常与热风干燥相联合,以提高干燥过程的效率和经济性。因为热空气可以有效地排除物料表面的自由水分,而微波干燥提供了排除内部水分的有效方法,两者结合就可以发挥各自的优点使干燥成本下降。与普通干燥方法的联合方式有:(1)预热。首先用微波能对物料进行预热,然后用普通干燥器进行干燥。(2)增速干燥。当干燥速度进入降速阶段时将微波能加入普通干燥器,此时物料表面是干的,水分都在内部。加入的微波能使物体内部产生热量和蒸汽压,把水分驱至表面并迅速排除。(3)终端干燥。普通干燥器在接近干燥终了时效率最低。在普通干燥器的出口处加一个微波干燥器,可提高普通干燥器的处理量。

微波干燥食品

【微波功率模块】(microwave power module) 采用固态功率合成技术将多个固态微波功率

器件组合形成的器件。用于微波和毫米波频段的高度小型化和全集成的放大器,将三种传统的不同器件行波管、电源和固体放大器集成于一个组件中。是微波系统中的重要器件,是电子装备的心脏。具有效率高、小型化、耗电少、成本低和使用方便等优点。广泛用于雷达、通信和电子对抗等电子装备中。

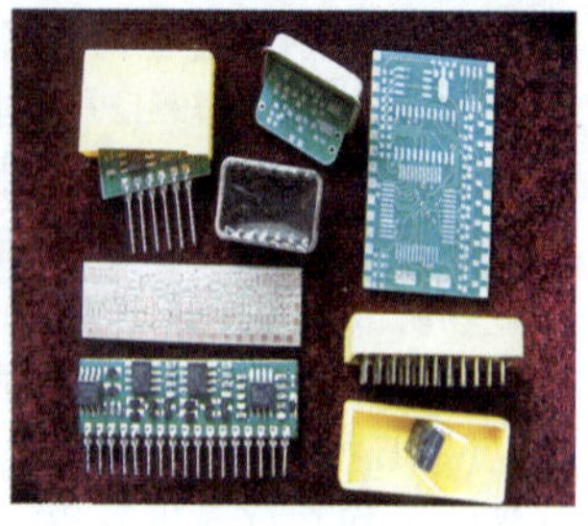
微波功率模块

【微波解冻】(microwave thawing) 利用微波加热使冷冻食品迅速解冻的方法。其原理是:由于细胞间的水分吸收微波能快,首先升温并融化,然后使细胞内冻结点低的冰晶融化。由于细胞内的溶液浓度比细胞外的溶液浓度高,细胞内外存在着渗透压差,水分便向细胞内扩散和渗透,这样既提高了解冻速度又降低了失水率。而一般的解冻过程是细胞内冻结点较低的冰晶首先融化。另外,微波解冻作用是内外一起进行的,因此速度要比传统的由外向内进行的解冻过程快得多。

【微波介质陶瓷】(microwave dielectric ceramic) 应用于微波和毫米波频段的陶瓷材料。通常在微波频段内具有较高的介电常数(10~100)、非常低的介质损耗(或高的品质因数)和接近零的谐振频率温度系数。按其介电特性的不同可分为:高介电常数、中等介电常数和高 Q(Q 为高品质因子,即低损耗因子)微波陶瓷。最常用的高介电常数微波介质陶瓷主要有:钨青铜结构的 Ba－La－Ti－O 系材料;中等介电常数材料有:多钛钡($BaTi_4O_9$、$Ba_2Ti_9O_{20}$)陶瓷和钛锡锆[$(Zr,Sn)TiO_4$]陶瓷;高 Q 材料有 $Ba(Mg_{1/3}Ta_{2/3})O_3$、$Ba(Zn_{1/3}Ta_{2/3})O_3$ 等。微波介质陶瓷可作为谐振器、滤波器、微波基板和微波电容等的材料。广泛应用于微波通信领域。

【微波/毫米波单片集成电路】(microwave/millimeter-wave monolithic integrated circuit,MMIC) 把多个场效应晶体管和其他电路元件集成在一块砷化镓或磷化铟基片上的单片整体集成电路。与传统的微波/毫米波电路相比,具有体积小、重量轻、可靠性高、工作频带宽和耗电少等优点。广泛应用于武器系统、广播电视卫星接收机、卫星通信、微波通信和空间遥感等高技术领域。

【微波马弗炉技术】(technology of microwave Muffle furnace) 在马弗炉内利用微波能熔融和灰化样品的技术。在样品容器周围放一些可100%地吸收微波的材料,在两分钟内温度升高可达到1 000℃高温。与普通马弗炉相比,用微波马弗炉进行高温下熔融和灰化升温更快,而且耗能较少;操作人员在放入和取出样品时还可避免热辐射。适用于煤炭、焦化产品、化工原料的焦炭灰分挥发和全硫测定以及煤灰成分分析,饲料和食品的水分分析等。

微波马弗炉

【微波灭菌】(microwave sterilization) 利用微波有效杀灭食物中细菌的技术。其杀菌机理是:(1)微波热效应杀菌机制。生物细胞是一种凝聚态介质,在微波加热下温度升高,使其空间结构发生变化或破坏,蛋白质变性,失去生物活性,从而使菌体死亡或受到严重干扰而无法繁殖。(2)微波非热效应杀菌机制。微波作用能使微生物在其生命化学过程中所产生的大量电子、离子和其他带电粒子的生物性排列聚合状态及其运动规律发生改变。微波场感应的离子流,会影响细胞膜附近的电荷分布,导致膜的屏障作用受到损伤,影响 $Na^+－K^+$ 泵的功能,产生膜功能障碍,从而干扰或破坏细胞的正常新陈代谢功能,导致细菌生长抑制、停止或死亡。另外,细胞中的核糖核酸和脱氧核糖核酸在微波场力作用下可导致氢键松弛、断裂或重组,诱发基因突变或染色体畸变,从而影响其生物活性的改变、延缓或中断细胞的稳定遗传和增殖。其优点是:(1)时间短、速度快。(2)温度低,有利于保持原料风味和营养。(3)节约能源。(4)加热均匀,消毒彻底。(5)便于控制,没有常规热力杀菌的热惯性,操作灵活方便。(6)设备简单,节省占地面积。(7)改善劳动条件。微波灭菌在食品工业中应用广泛。

【微波器件】(microwave device) 利用微波波段的频率特性研发和应用微波技术所采用的器件。按工作原理和所用材料、工艺的不同可分为微波电真空器件、微波半导体器件、微波集成电路和微波功率模块。微波电真空器件包括速调

微波器件

管、行波管、磁控管、返波管、回旋管和虚阴极振荡器等。微波半导体器件包括微波晶体管和微波二极管等。微波集成电路主要有混合微波集成电路和单片微波集成电路两种。微波功率模块是通过采用固态功率合成技术,将多个固态微波功率器件组合形成的器件,具有效率高、使用方便等优点。微波器件主要应用在微波通信、航空航天、能量输送、化学化工、环境保护和食品加工等领域。

【微波染色】(microwave dyeing) 利用微波加热并固色的染色技术。当浸轧染料溶液的织物受到微波照射后,纤维中的极性分子(如水分子)的偶极子受到微波高频电场的作用,发生反复极化和改变排列方向,在分子间反复发生摩擦而发热,迅速地将吸收电磁波的能量转变为热能;一些染料分子在微波的作用下,发生诱导而升温,达到快速上染和固色。微波染色可采用织物或丝束加工方式。染料采用活性染料、直接染料和阳离子染料等。染色后的处理与常规方法相同。微波染色具有加热时间短、避免无意义升温、热效率高、染料易溶解和扩散等优点。

【微波散射计】(microwave dispersion apparatus) 通过测量风引起的粗糙海面对微波的回向散射特性来推算风场的仪器。海面上毛细波叠加在重力波上,风的变化引起海表面粗糙度的变化,使接收到的回向散射随之变化。根据回向散射与风矢量之间的相关模式,经过地球物理定标后就能得出海面风场。卫星微波散射计风场数据对于海洋环境数值预报、海洋灾害监测、海气相互作用、气象预报和气候研究等都具有重要意义。

【微波烧结】(microwave sintering) 用微波辐照代替传统热源对物料进行的高温烧结。均匀混合的物料或预先成型的料坯通过自身对微波能量的吸收(或耗散)达到一定的高温,从而引发燃烧合成反应或完成烧结过程。与传统烧结相比,其特点是:均匀性好,速度快,效率高,耗能低,易控制和能量利用率极高,比常规烧结节能80%左右。主要应用于微波陶瓷烧结,也可用于其他物品的微波加热、烧结、灭菌、干燥及微波化学处理等。

【微波食品】(microwave food) 对食品原料采用科学的配比和组合,加工成适合微波炉加热或调制的食品。包括速冻熟食制品及加工半成品。微波食品在美国、日本等发达国家及中国台湾等地区取得较大发展,在中国大陆尚处于起步发展阶段。国内市场上的微波食品大多为冷冻微波食品,即经选料、调配后冷冻或冷却的冷冻冷藏制品,食用时仅需打开包装或直接连包装放入微波炉解冻、加热即可,比如速冻面食,以及爆米花等一些休闲类食品。

【微波通信】(microwave communication) 使用波长在0.1mm~1m之间的电磁波进行的通信。不需要固体介质,当两点间直线距离内无障碍时就可以使用微波传送。利用微波进行通信具有容量大、质量好并可传至很远的距离,适用于各种专用通信网。最新的微波通信设备,其数字系列标准与光纤通信的同步数字系列完全一致。具有良好的抗灾性能,对水灾、风灾以及地震等自然灾害,一般不受影响。主要用于电话、电报、数据、传真以及彩色电视等各种电信业务的传送。

微波通信

【微波统一系统】(unified microwave system) 共用微波信道、一套天线,完成对航天器的测轨、遥测、遥控、通信和传输电视图像等任务的无线电系统。该系统由地面设备和航天器上相应的设备组成。其基本工作原理是:地面设备将上行测距、遥控指令、通信等信号,先分别调制到不同的副载波上,然后将已调的各个副载波再调制到同一个载波上,经放大后由天线发射至空间。航天器应答机收到信号后,先对载波解调;遥控接收设备解调出遥控指令送至相应的执行机构执行;通信设备解调出语音信号送给航天员;解调出的测距信号,与调制在各自副载波上的航天器的遥测信号、航天员语音信号等一起调制到同一个下行载波上,经共用的射频系统发向地面。地面设备将接收到的信号,经统一信道放大后送宽带解调器,进行载波解调,再通过与各副载波频率相应的滤波器进行分路,分别送各终端设备解调。测轨终端在检测出测距信号后即可测出航天器到测控站的径向距离;遥测及通信终端将各自的副载波信号经二次解调即可获得遥测数据和语音信号;从双向锁定的载波中测出双程多普勒频率,即可测出距离变化率(径向速度)。此外,在地面设备中还可用同一收发信道接收多个载波信号,如数据信息(电视图像、话音及综合信息)或多载波遥测信息。

【微波橡胶硫化】(microwave rubber vulcanization) 采用微波热源对橡胶进行硫化的新技术。工艺流程为:将挤出机挤出的成型品送入微波硫化装置,使橡胶迅速升温到硫化温度。然后进入二次硫化的热风槽,保持一定时间即完成硫化过程。橡胶的传热性能很差,常规方法是先加热气体和流体,再将它们与橡胶接触进行加热,加热时间较长,且不容易使温度均匀分布。用微波加热的能量产生在橡胶内部,不是由外面传导到内部,不仅加热时间较短,而且比较均匀。

【微波遥感】(microwave remote sensing) 利用微波波段(波长 1~1 000mm)进行地物探测的遥感。通过接收地面物体发射的微波辐射能量,或接收遥感器发出的电磁波束的回波信号,对物体进行探测、鉴别。前者称为被动(无源)遥感,如微波辐射计;后者称为主动(有源)遥感,如雷达、高度计等。其特点是:对云层、地表植被、松散砂层和干燥冰雪有一定穿透作用,能全天候地工作,在热带雨林、极区、沙漠和海洋地区能发挥重要作用。

【微波诱导催化反应】(microwave induced catalytic conversion reaction) 在微波辐照下选用某种能强烈吸收微波的敏化剂来实现的催化反应。许多有机化合物都不能直接明显地吸收微波,但可以利用某种强烈吸收微波的敏化剂把微波能传给这些物质,诱发其发生化学反应。它与通过微波的热效应而使反应加速的情况不同。微波热效应没有敏化剂参与,而微波诱导的条件是要有敏化剂的存在,微波通过敏化剂或其载体发挥其诱导作用。

【微波照射法】(microwave irradiation method) 一种利用微波合成纳米材料的方法。指利用微波技术将特殊的化学原料合成为纳米棒和纳米线。利用微波的特点可以将能量直接传递给分子。用这种方法制出的纳米棒和纳米线,可以自动组装成排列整齐的队列,每根纳米棒之间的距离也很好控制。这在测量每根纳米棒的导电性和荧光性时很重要。这种技术应用在医疗、药物输送、传感器、通信和光学器件等诸多领域,能极大地提高工作效率。

微波照射法

【微博】(microblog) 又称微博客、围脖。一种迷你型博客。用户可以通过网站、手机或其他微博发布途径,以 140 字左右的文字更新微博上的信息,并实现即时分享。最早、最有名的微博是美国的 Twitter。相对于强调版面布置的博客来讲,微博的内容组成只是由简单的只言片语组成。从这个角度来讲,对用户的技术要求门槛很低,而且在语言的编排组织上,没有博客那么高,只需要反应自己的心情,不需要长篇大论,更新起来也方便。

【微成型技术】(particulate molding technology) 将激光烧结快速成型技术与纳米技术、激光技术和计算机控制技术结合起来,应用分层叠加/堆积制造方法成型三维微结构的加工技术。是激光快速成型技术在微观领域的应用和发展。微成型技术在微型机械加工中的一个重要技术指标是分辨率。在快速成型微细加工中,把分辨率区分为扫描分辨率以及成型分辨率。扫描分辨率指扫描机构移动的最小距离;对光敏树脂工艺来说成型分辨率是指成型的最小单位,也称为光固化单元。微成型技术是 21 世纪科学技术发展的趋向之一,即向微小方向发展,由毫米级、微米级继而到纳米级。

【微创外科】(minimally invasive surgery) 通过微小创伤或入路,将特殊器械、物理能量或化学药剂送入人体内部而达到治疗目的的外科技术。可完成对人体内病变、畸形、创伤的灭活、切除、修复或重建等外科手术。其特点是对病人的创伤明显少于传统外科手术。最常开展的是内镜技术。该技术具有不开刀、出血少、手术快、恢复迅速、创伤少和痛苦小等优点,已广泛应用在内脏器官疾病的治疗上。此外,物理微创外科,如伽马刀、X 刀、超声聚能刀、微波刀、射频刀和体外震波碎石;化学微创外科如药物注射和导管介入等也已广泛应用。其中体外震波碎石可将肾、输尿管和膀胱结石通过体外震波将其击碎后经尿路随尿排出体外,不用开刀,几乎无创伤。

【微电子技术】(microelectronic technology) 在实现超小型化和微型化过程中形成和逐步发展起来的一门新兴的综合性技术。包括系统和电路设计、器件物理、材料制备、微精细加工、自动测试、封装和组装等。集成电路是其核心。自从 20 世纪 60 年代集成电路问世以来,微电子技术得到飞速发展,在军事上得到广泛应用,促成了精确制导武器等一系列高技术武器装备的发展,并渗透到国民经济和社会生活的各个领域。微电子技术和微电子工业的发展水平,代表着国家的生产力水平,是综合国力竞争的一个热点。

【微电子学】(microelectronics) 电子学的一个分支。研究并实现信息获取、传输、存储、处理和输出的学科。以实现电路的系统和集成为目的。其特点是:(1)高集成度、低功耗、高性能和高可靠性是发展的方向。(2)要求系统获取和存储海量的多媒体信息、以极高速度精确可靠地处理和传输这些信息并及时地把有用信息显示出来或用于控制。(3)超高容量、超小型、超高速、超高频和超低功耗是追求的目标。(4)渗透性强,与其他学科结合产生出了微机电、生物芯片等新的交叉学科。微电子学包括半导体器件物理、集成电路工艺和集成电路及系统的设计、测试等内容,涉及固体物理学、量子力学、热力学与统计物理学、材料科学、电子线路、信号处理、计算机辅助设计、测试和加工、图论和化学等领域。

微电子学

【微发泡注塑成型技术】(microcellular foaming injection molding technology) 以热塑性塑料为基体,通过特殊的加工工艺,使形成的塑料制品中密布从小于一微米到几十微米的封闭微孔的注塑成型技术。微发泡成型过程分三阶段:(1)将超临界流体溶解到热融胶中,形成单相溶体。(2)通过开关式射嘴射入温度和压力较低的模具型腔,使超临界流体在制品中形成大量的气泡核。(3)气泡核逐渐长大,生成微小的孔洞。该技术突破了传统注塑成型的诸多局限,通过在制品中产生高密度分布泡孔,从而减少材料用量,同时提高构件刚性,减轻制件重量,且成型周期短,锁模力低,制件的内应力和翘曲变形小,平直度高,无缩水现象,尺寸稳定,成型窗口大,不易产生表面缺陷,尤其适合壁厚差异较大的制品。

保鲜盒

【微分】(differential) 函数 $y=f(x)$ 在 x 点的某邻域内有定义,函数 y 在点 x 的导数定义为 $f'(x)=dy/dx$,则函数 $y=f(x)$ 的微分定义为 $dy=f'(x)dx$。dx 称为自变量 x 的微分。从几何上看,函数 $f(x)$ 在 点的导数,表示了曲线 $y=f(x)$ 在该点的切线的斜率。

【微分方程】(differential equation) 含有未知函数的导数或偏导数的方程。在微分方程中,如果未知函数是一元函数,称为常微分方程。常微分方程是数学的一个重要分支。它研究常微分方程的求解方法和解的性质。其主要内容有:定性理论、稳定性理论、解析理论、摄动理论及初值问题、边值问题。如果未知函数是多元函数,就称为偏微分方程。微分方程中出现的未知函数的导数或偏导数的最高阶数,称为微分方程的阶。早在16～17世纪,几何学和力学的研究中就已经出现微分方程。随着生产力的发展和微积分的建立,在物理学、力学、工程技术以及其他数学分支中提出了大量的微分方程问题,从而推动了微分方程求解方法和关于解的性质的研究,并形成两个重要的数学分支:常微分方程和偏微分方程。

【微分几何学】(differential geometry) 数学的一个分支。应用微分学来研究三维欧几里得空间中的曲线、曲面等图形性质的学科。与微积分学同时起源于17世纪。单变量函数的几何形象是一条曲线,函数的导数就是曲线切线的斜率。函数的积分在几何上则可理解为一曲线下的面积。这种把微积分应用于曲线、曲面的研究,实质上就是微分几何学的开端。L. 欧拉、G. 蒙日、J. L. 拉格朗日以及 A. L. 柯西等数学家都曾为微分几何学的发展作出过重要贡献。在此基础上,C. F. 高斯奠定了曲面论基础,并使微分几何学成为一门新的数学分支。微分几何学的研究对数学其他分支以及力学、物理学和工程学等的影响是不可估量的。微分几何学的研究工具大部分是微积分学。尽管微分几何学主要研究三维欧几里得空间中的曲线、曲面的局部性质,但它形成了现代微分几何学的基础则是毋庸置疑的。

【微分控制器】(derivative controller) 在微分控制中,控制器的输出与输入误差信号的微分即误差的变化率成正比关系的装置。其控制规律是在一定界限内控制作用的变化量与输入偏差的变化速度(即对时间的导数)成比例,是一个纯微分环节。由于纯微分作用的控制器当偏差变化一停止,微分作用即消失,故实际的微分控制器具有比例和微分两个控制作用,只是比例度恒定不变而已。自动控制系统在克服误差的调节过程中可能会出现振荡甚至失稳。其原因是由于存在有较大惯性组件(环节)或有滞后组件,具有抑制误差的作用,其变化总是落后于误差的变化。解决的办法是使抑制误差的作用的变化"超前",即在误差接近零时,抑制误差的作用就应该是零。这就是说,在控制器中仅引入"比例"项往往是不够的。比例项的作用仅是放大误差的幅值,而目前需要增加的是"微分项"。后者能预测误差变化的趋势。这样,具有比例+微分的控制器,就能够提前使抑制误差的控制作用等于零,甚至为负值,从而避免了被控量的严重超调。所以对有较大惯性或滞后的被控对象,比例+微分控制器能改善系统在调节过程中的动态特性。

【微分学】(differential calculus) 主要研究有关导数的理论计算及其应用的学科。在17世纪,随着生产与科学的发展提出了三类数学问题需要解决。第一类是已知物体运动时路程和时间的关系,求物体运动的速度,加速度;第二类是光学研究中在研究透镜反射定律时要考虑光线和曲线的法线切线的夹角;第三类是在发射炮弹时如何取发射角能使射程最远,求行星与太阳的最短距离与最远距离等。在研究以上各类问题中产生了微分学。微分学的主要内容包括:极限理论、导数和微分等。

【微分中值定理】(mean value theorem of differentials) 罗尔中值定理、拉格朗日中值定理和柯西中值定理的统称。都是关于函数在区间端点的值和区间内部某点导数之间的关系。微分中值定理在理论上十分重要,是导数应用的理论基础。

【微观科学】(micro science) 以微观世界为研究对象的科学。微观源于希腊文 mikros,意为“小”。空间线性尺度小于 1×10^{-7} cm、质量小于 1×10^{-7} g 的粒子,称为微观粒子。分子是微观系统的“极大值”,宏观系统中的“极小值”。微观现象一般指微观粒子及其相应的场在其微小的空间范围内的客观现象,如原子中电子绕原子核运动,粒子的相互作用等。微观粒子和微观现象总称微观世界。量子化与波粒二象性是微观科学揭示出的微观世界的基本特征。量子力学、量子化学和量子场论均属微观科学。理论性、数学性、探索性强和推断待检验性是微观科学的重要特色。

【微光夜视技术】(low-light-level night vision technique) 研究低光照图像信息的转换、增强和应用于夜间观察的技术。采用这种技术可以扩展人眼在低照度下的视觉能力,将人眼不可见的图像转变为可见图像,使人们便于在夜暗条件下进行活动。军事上主要用于夜间侦察、瞄准、驾驶车辆和其他战场作业,并可与红外、激光、雷达等技术结合,组成光电侦察和武器的光电火控系统。还可用于天文、航天、海洋考察、暗室作业和物理实验等。

【微光夜视侦察设备】(faint night light vision reconnaissance equipment) 可在夜暗条件下对人眼看不到或看不清的目标进行观测的一种光电侦察设备。其工作原理是:将目标反射的少量自然光(天文学称为夜天光、微光,如月光、星光和大气辉光等)信号转换成电信号进行放大,再转换成人眼能看得见的光信号。设备本身不带光源,因此比较隐蔽,安全。通常使用的有微光夜视仪及微光电视。微光夜视仪是利用目标反射的微光通过物镜进入影像增强管,通过光电转换,使其呈现在荧光屏上。人眼可通过目镜观察和监视黑夜里的目标。在有星光和月光的条件下,可观测到800m以上距离的人员和1 500m以上距离的车辆。微光电视是利用目标反射的微光通过光电转换成像显示在电视屏幕上,由摄像机、监视器和控制器三部分组成,通过有线或无线传输将各部分连接起来。微光电视是微光夜视仪影像增强技术与电视摄像技术相结合的产物,自然条件好时作用距离可达十多千米。如果用无线传输,通过天线可将目标图像传送给50km以外的电视接收设备,可避免近敌侦察带来的危险。

微光夜视侦察设备

【微核试验】(micronucleus test) 检测染色体或有丝分裂器损伤的一种遗传毒性试验方法。无着丝粒的染色体片段或因纺锤体受损而丢失的整个染色体,在细胞分裂后期仍留在子细胞的胞质内成为微核。最常用的是啮齿类动物骨髓嗜多染红细胞(PCE)微核试验。以受试物处理啮齿类动物,然后处死,取骨髓,制片、固定、染色,于显微镜下计数PCE中的微核。如果与对照组比较,处理组PCE微核率有统计学意义的增加,并有剂量-反应关系,则可认为该受试物是哺乳动物体细胞的致突变物。人体外周淋巴细胞微核试验,可用于接触环境致突变物的人群的监测和危险性评价。用微核试验来评价药物、放射线、有毒物质等对人体细胞或体外培养细胞遗传学损伤仍是一个直观有效可行的方法,在遗传毒理、医学、食品、药物、环境等诸多方面得到了广泛的应用。微核计数经济、迅速、简便,不需要特殊技能,可以统计更多的细胞并实现计算机自动计数。微核试验技术的种类很多,包括常规微核试验、细胞分裂阻滞微核分析法、荧光原位杂交试验与DNA探针与抗着丝粒抗体染色等方法。

【微机电技术】(micro-electromechanical technology) 以微光机电系统加工技术和材料为基础制造出微电子器件、微型光学器件和微型机械器件并组成微机电系统的技术。它将微电路、微机械功能要求集成在芯片或微模块中。具有重量轻、功耗低、尺寸小、价格低和耐用性好等优点。在军事、微机器人、医疗微系统、微型工厂、微分析系统和芯片实验室等领域有着广阔的应用前景。

【微机电系统】(micro electro mechanical system) 集微型机构、微型传感器、微型执行器以及信号处理和控制电路、直至接口、通信和电源等为一体的微型器件或系统。是随着半导体集成电路微细加工技术和超精密机械加工技术的发展而发展起来的。其特点是:(1)微型化。器件体积小,重量轻,耗能低,惯性小,谐振频率高,响应时间短。(2)以硅为主要材料,机械电器性能优良。(3)批量生产。用硅微加工工艺在一片硅片上可同时制造成百上千个微型机电装置。(4)集成化。可以把不同功能、不同敏感方向或致动方向的多个传感器或执行器集成于一体,形成复杂的微系统。(5)多学科交叉。涉及电子、机械、材料、制造、信息与自动控制、物理、化学和生物等多种学科,并集约了当今科学技术发展的许多尖端成果。发展目标是通过微型化、集成化来探索新原理、新功能的元件和系统,开辟一个新技术领域和产业。该系统在工农业、信息、环境、生物工程、医疗、空间技术、国防和科学发展领域有广阔应用前景。

【微积分】(calculus) 微分学和积分学的总称。研究函数的微分、积分以及有关概念和应用的数学分支。微积分的系统发展是从17世纪开始的。通常认为牛顿和莱布尼茨是微积分的创始人。现在一般已习惯于把数学分析和微积分等同起来,数学分析成了微积分的同义词。

【微积分基本定理】(fundamental theorem of calculus) 微积分中建立微分(导数)和积分之间的联系的一个非常重要的定理。确切地讲,设f在$[a,b]$上连续,令$F(x)=\int_0^x f(t)\,dt, x\in[a,b]$,则$F$在$[a,b]$上连续;又如果$f$在$[a,b]$上某点$x$连续,则$F$在$x$点可导且$F'(x)=f(x)$。

【微加工】(micromanufacturing) 将制造业的常规性尺度由微米级精度下移到亚微米及纳米级精度的加工技术。亚微米及纳米级精度的制造及测量将成为未来制造工艺的主流。制造业对高新技术发展的支撑将越来越体现在微米纳米制造方面。许多高新技术的制造概念只有在微观尺度上才变得可能,如分子制造和纳米生长。随着信息技术的进一步发展、生物技术的工程应用、海洋工程、航空航天、军事国防、生活消费和健康娱乐,处处都需要微米纳米制造。微加工技术与微机电系统已越来越多地应用于汽车、医疗和环境、通信、结构工程和过程自动化等方面,而正在开拓的应用领域是家用安全、化学配药和食品加工等诸多领域。

【微胶囊染整技术】(technology of microcapsule dyeing and finishing) 利用固着在织物上的微胶囊进行染整的技术。某些物质可用高分子化合物或无机化合物采用机械或化学方法包覆起来,制成在常态下稳定的固体颗粒(直径1~500μm),而该物质原有的性质不变。在外部压力、摩擦、酸碱值、酶、温度、燃烧等条件刺激下,微胶囊的破裂或通过微胶囊壁的扩散作用,使被包裹的染料或整理剂释放出来,达到染整效果。该技术应用范围是:(1)采用微胶囊中含有的升华染料进行印花。(2)微胶囊染料的非水系染色法以及在高介电常数液体中的染料微胶囊进行静电染色等。(3)热敏变色染料微胶囊染色和印花。(4)通过香料微胶囊或洗涤剂,赋予织物耐久的香味和卫生性能(包括杀菌、杀真菌和杀昆虫等整理)。(5)采用微胶囊制成的化学药剂以阻燃和预报火警。

【微胶囊杀虫剂】(microcapsule insecticide) 利用成膜材料把杀虫剂包裹成微小胶囊形式的一种杀虫剂剂型。是一种缓释剂。是目前具有恒定释放率比较好的剂型之一。微胶囊技术是将显微大小的液体或固体粒子包裹在保护膜中,使杀虫药在使用时,通过囊壁缓慢地释放出来。包覆所得的微胶囊粒子大小一般在5~400μm之间。包在微胶囊内部的杀虫剂称为囊芯。成膜材料称为壁材。壁材通常由天然或合成的高分子材料制成。通过调整芯材料与壁材料的比率、加入稳定剂的性质和浓度、凝聚相的黏度和温度以及搅拌速度等,可对产品粒度、囊壳厚度以及释放速度进行控制,以可满足不同使用方法和防治对象的需要。具有降低毒性、延长药效、缓释控释、减少污染、掩蔽气味、减低外界影响、提高稳定性、减少防治次数和施用量、经济、安全、高效的特点。

【微接触印刷工艺】(microcontact printing, μCP) 在微接触条件下进行纳米压印的工艺。其基本过程是:先通过光学或电子束光刻得到模版,然后在模版表面涂一层选定的液体,待其聚合成型、固化后从模版中脱离,得到进行微接触印刷所要求的压模;接着,使压模浸墨,然后将浸过墨的压模印刷到镀金衬底上(衬底可用玻璃、硅和聚合物等多种材料)。此方法不但具有快速、廉价、操作灵活的优点,而且不需要洁净的空间和苛刻的条件,也不需要绝对平整的表面。用此工艺可加工生物传感器。

【微晶玻璃】(microcrystalline glass) 以二氧化硅为主体成分、添加不同的金属氧化物而制成的具有微晶体的玻璃。膨胀系数变化范围大,机械强度高,化学稳定性及热稳定性好。按所用材料的不同可分为基础微晶玻璃和矿渣微晶玻璃。前者是用一般的玻璃原料制成；后者是用炉渣、矿渣和灰渣等原料制成。按晶化原理的不同可分为光敏微晶玻璃和热敏微晶玻璃；按微晶玻璃外观的不同可分为透明微晶玻璃及不透明微晶玻璃。还可以按性能的不同可分为耐高温、耐热冲击、高强度、高硬耐磨、可切削、耐腐蚀、低膨胀或零膨胀、低介电损耗和强介电性等各种微晶玻璃。微晶玻璃已广泛地应用于国防、航空运输、建筑、工矿企业和日常生活等领域。

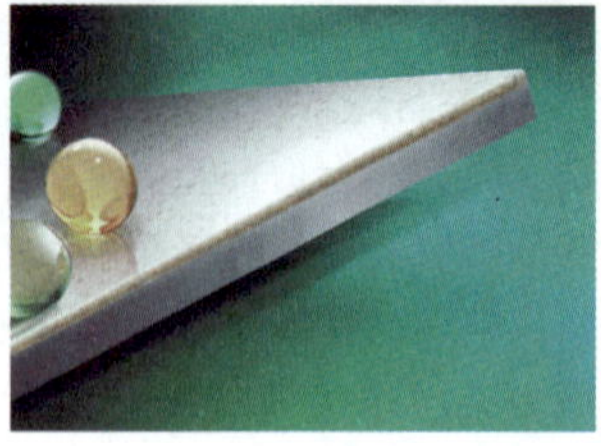
微晶玻璃

【微晶玻璃砖】(micro crysfalline glass ceramic brick) 用陶瓷和微晶玻璃组合成的一种砖。底层为陶瓷材料，面层为微晶玻璃。采用二次布料成型技术，先将微晶玻璃加入模具内，再加陶瓷材料压制而成。其特点是：底部是陶瓷原料，可以直接放在辊道窑内烧成，不用垫板，不会黏辊，大大降低成本，并可克服微晶玻璃铺贴的不便。

微晶玻璃砖

【微晶超塑性】(microcrystalline super plastic quality) 特定条件下由微细晶粒组成的合金所具有的塑性。金属的延伸率通常不超过90%，而且只在特定条件下才显示出超塑性，如在一定的变形温度范围内进行低速加工时会出现超塑性。超塑性材料的最大延伸率可高达1 000% ~2 000%，个别的甚至达到6 000%。

【微晶合金】(microcrystalline alloy) 快速冷却得到的微晶结构的合金。金属熔液在冷凝过程中，冷却速度较慢时可得到树枝状晶体。在冷却速度较快(104 ~106℃/s)时，便可得到细胞状的微晶体。它是在研究金属玻璃基础上发现的一种新型工程材料。制作方法与非晶态合金相似：扩大非晶态材料的短程有序区域，并且可得到比多晶体更小的晶粒尺寸，但仍保持非晶态合金的许多优点。微晶合金的主要成分是过渡族金属元素(Fe、Co、Ni)和类金属元素(B、P、C、Si)。类金属元素约含5% ~13%，主要是B。微晶合金晶粒细，偏析小，强度高，可用于制作高强度结构材料。微晶合金具有很高的热稳定性，有些微晶(如Ni40Co10Fe10Cr25 Mo5B10等)在700℃、时效200h时，硬度仍无变化，是一种新型热模具钢和高速钢材料。因其具有优异的耐蚀性，成为普通不锈钢和沉淀硬化不锈钢的良好代用品。

【微孔陶瓷】(microporous ceramic) 陶瓷内部或表面含有大量开口或闭口微孔的陶瓷体。其孔径一般为微米或亚微米级。功能型硅酸盐微孔结构陶瓷，具有吸附性、透气性、耐腐蚀性、环境相容性和生物相容性等特性。广泛应用于各种液体和气体过滤，以及固定生物酶和生物适应性载体。

微孔陶瓷

【微控制器】(microcontroller) 见单片计算机。

【微粒子循环提取技术】(corpuscule circulation extraction technology) 采用微粒子循环法从物料中提取某种有效成分的技术。]是提取工艺技术领域中一项新的清洁生产技术。微粒子循环提取彻底解决了传统工艺一直未能解决的从废母液中回收皂素和成品烘干过程中溶剂汽油回收两大难题，同时消除了传统工艺中自然发酵时间长、发酵不彻底、易霉变、皂素回收率低、半成品流失严重和废水排放量大等缺点。其特点是：(1)采用新型的裂解工艺技术设备。(2)采用新的工艺条件。(3)采用CO_2作溶剂在超临界状态直接萃取皂素。(4)用微生物处理提取皂素后的废渣，制成生物有机肥。(5)建立新型的检测方法。(6)该工艺技术流程合理完整，技术可靠，具有创新性。

【微量元素肥料】(micronutrient fertilizer) 含铜、锰、锌、钼、硼、铁和稀土等微量元素的肥料。由于微量元素在土壤中的含量较低，且对作物的生长发育又有着极为重要的作用，所以在农业生产中应根据土壤肥料的缺乏程度和植物的需求，适时合理地施用此类肥料，以获得理想的作物产量和质量。

【微量元素锌】(microelement zinc) 一种在人体内含量及需求量均较少(2 ~2.5g)，却又是人体中不可缺少的化学元素。锌在人的眼、毛发、骨骼和男性生殖器官等组织中含量最高，在肾、肝、肌肉中中等。人体血液中的锌有75% ~85%在红细胞里，3% ~5%在白细胞中，其余在血浆中。锌主要在小肠吸收，平均每天从膳食中摄入约15 mg，吸收率为20% ~30%。锌的吸收率会受食物中植酸和钙的影响。因锌可与其生成不易溶解的化合物或复盐。纤维素也会影响锌的吸收。锌主要通过胰脏外分泌排出,另有小部分随尿排出。汗中一般每升含锌1mg。大量出汗时,一天随汗丢失的锌可达4mg。锌具有以下功能:(1)参加人体内许多金属酶的组成。(2)促进机体的生长发育和组织再生。(3)促进食欲。(4)缺乏时可导致味觉迟钝。(5)促进性器官和性机能保持正常。(6)保护皮肤健康。(7)参加免疫功能过程。人类锌缺乏的体征是由一种或多种锌的生物学功能降低的结果。常见的体征为:生长缓慢、皮肤伤口愈合不良、味觉障碍、胃肠道疾患和免疫功能减退等。

含微量元素锌食物

【微流体测试技术】(micro-liquid testing technology) 一种利用流体力学原理,通过体液探头、测试棒和诊断测试盒快速完成对致病病原体检测的技术。能够让液体在如人头发丝细的通道中流动。微流体诊断测试能够检测血液、唾液、尿液中是否存在特定的病原体,如艾滋病、SARS或禽流感病毒等。美国邮政总局已经应用微流体技术安装检测系统。这套系统主要用途是在几个邮件处理中心检测炭疽病菌。位于马里兰州的Akonni Biosystem公司研发的微流体结核菌检测技术,已经用于微流体SARS病毒检测仪的产品开发。

【微滤】(ultrafiltration) 见超滤。

【微磨料射流加工技术】(micro abrasive jet machining) 通过由空气(或水)携带喷射磨料微粒形成高速介质流冲击工件表面而去除工件多余材料、达到加工目的的加工技术。在加工制作脆性材料微构件、微机电系统、微器件、脆性材料的平面图案、微细孔槽结构和硬脆材料微细加工时,具有高效率、低成本、环境好、灵活性强、易于控制、无应力、无热影响区和切口质量好等优点。特别是对复杂的三维微细结构的加工,是有潜力的加工技术。在精密零件的光整加工中广泛应用。

【微囊】(microcyst) 又称超微脂质体、液晶微囊。一种由磷脂、胆固醇构成的双分子膜结构的微型泡囊。具有靶向性、缓释性、细胞亲和性、组织相容性、淋巴定向性和保护基质稳定性的特点。通过如下两种方式与细胞发生作用:(1)内吞。即微囊完全被细胞吞噬,特意地将营养直接送达细胞内。(2)融合。即在融合过程中部分内容物进入细胞内,部分内容物被释放在细胞间隙中。

【微喷灌】(microspray irrigation) 通过低压管道将水送到作物根部附近,并用微喷头将水喷洒在土坡表面的一种局部灌水技术。最初作为滴灌的改进方案而出现,但由于它兼具喷灌和滴灌的优点,得到广泛推广应用,并逐渐形成一种独特的灌水技术。微喷灌系统与滴灌系统相似,由水源、控制首部、输配水系统和微喷头等部分组成。所不同的是由于微喷头的出流孔口较大,对过滤的要求略低于滴灌。微喷头的特点是:体积小,压力低,射程短,雾化好。小的微喷头外形直径只有0.5~1.0 cm,大的10cm左右。工作压力一般为50~200kPa。由于微喷头工作压力低,射程不大,只灌溉作物根部周围。微喷灌有如下优点:(1)工作压力低,节约能源,对管道材质要求低。(2)结构比较简单,造价低,安装和维修方便。(3)雾化程度高,水滴直径一般小于1~2mm,降落速度低,对作物和土壤的冲击力小。(4)在树下喷灌时,喷射的轨迹低,受风的影响小。(5)与滴灌比较,其出流孔口较大,出流速度较快,不容易堵塞,对水质过滤的要求较低。(6)每个微喷头的湿润范围比滴头大,有看得见的湿润面积,便于检查微喷头的工作情况。微喷灌在多数情况下适用于局部灌溉,但有时也用于全面灌溉。常用于果树、草坪、花圃、胡椒、食用菌等的灌溉,还可用于防霜冻、降温和除尘等。

微喷灌

【微喷头】(mini-sprinkler) 将有压水喷到空中,消散喷出水滴能量,洒在周围地面以达到节水灌溉目的的设备。是微灌系统的灌水器。绝大部分都是用塑料注塑而成。其外形尺寸一般为0.5~7cm。工作压力一般为50~200kPa。射程一般为50~500cm。微喷头的种类很多,结构各异。按其工作原理的不同可分为射流式、离心式、折射式和缝隙式等。

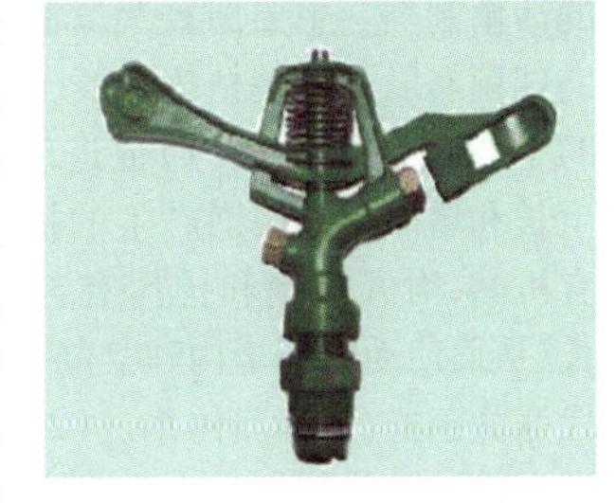
微喷头

【微乳】(micro emulsion) 由油相、水相、表面活性剂及乳化助剂以适当比例自发形成的油水混合系统。是一种液-液分散体系。其特点是:(1)透明或半透明状。(2)低黏度。(3)热力学及动力学性能稳定。(4)具有各向同性。微乳液液滴可以是分散在水中的油溶胀粒子(O/W 微乳液,即水包油型微乳液),也可以是分散在油中的水溶胀粒子(W/O 微乳液,即油包水型微乳液),或是一种无序的随机结构。微乳广泛应用于日用化工、酶催化、药物制剂及临床等方面。

【微软基础类】(microsoft foundation classes, MFC) 微软为 Windows 程序员提供的一个面向对象的 Windows 编程框架和引擎。随微软 Visual C++开发工具发布,目前版本号 9.0。MFC 提供一组通用的可重用的类库供开发人员使用,大部分类均从 CObject 直接或间接派生,只有少部分类例外。其应用程序的总体结构通常由开发人员从 MFC 类派生的几个类和一个应用程序类对象 CWinApp 对象组成。以面向对象的方式封装了 API 函数库,并把一些常用的功能实现,如默认消息处理、窗口创建等。用户使用 MFC 时不用面对条目众多的 API 函数,使得编程更加简单方便。其特点是:(1)该类集以层次结构组织。(2)封装了Windows API 和Windows 控件。(3)向应用程序提供了访问 API 的一种模拟面向对象的访问方式。(4)在程序中,程序员很少需要直接调用 API 函数,而是通过定义 MFC 类的对象并调用对象的成员函数来实现相应的功能。(5)提高代码重用性,大大简化 Windows 编程,提高效率。其类型有:(1)CWnd,窗口类。(2)Cdocument,文档类。(3)Cview,视图类。(4)Cdialog,对话框类。(5)CwinApp,应用程序类等。

【微生态制剂】(microbial eco-logical agent) 又称微生态调节剂、益生素等。一类可改善动物消化道菌群、增进宿主动物消化代谢和免疫功能的活菌制剂。主要菌种为乳酸杆菌属、双岐杆菌属、链球菌属以及某些枯草杆菌、酵母菌、芽孢杆菌等,其的主要作用机理是:(1)促进动物肠道内有益菌群的生长和增殖。活菌剂产生的抗菌物质及过氧化氢和有机酸,均可抑制和排斥有害菌群如大肠杆菌等生长,从而使动物肠道内建立起有利于机体健康和消化代谢的菌群,平衡新体系。(2)增进肠道内活性物质的合成。活菌剂不仅产生各种消化酶,如蛋白酶、淀粉酶、纤维酶等,并能合成大量的 B 族维生素、维生素 K 和有机酸,从而使宿主动物猪消化代谢功能得以增强,营养状况得到改善。(3)活菌剂可通过提高抗体水平,刺激动物机体的免疫系统和提高免疫力,增强动物的抗病力,强化免疫功能。(4)减少动物肠道内的氨及其他有害物质的产生,并可中和大肠杆菌产生的毒素,有利于动物体内环境的改善和健康。微生态制剂安全高效,无毒副作用,用于猪的饲养,对刺激猪的生长、降低仔猪下痢、提高饲料报酬等均有一定作用。

【微生物】(microorganism) 必须借助显微镜放大数百倍甚至数万倍才能观察到的微小生物的总称。按其结构、化学组成及生活习性的不同可分为:(1)细菌。(2)病毒。(3)真菌。(4)放线菌。(5)立克次氏体。(6)支原体。(7)衣原体。(8)螺旋体。其特点是:(1)体形微小。(2)结构简单。(3)繁殖迅速。(4)容易变异。(5)适应环境能力强。微生物在自然界中无处不在。既能致病、造成食品腐烂变质,也可提供有用菌,造福人类。广泛应用于工业、农业、医药和环保等领域。如利用微生物的特性生产生物药品和进行污水处理等。

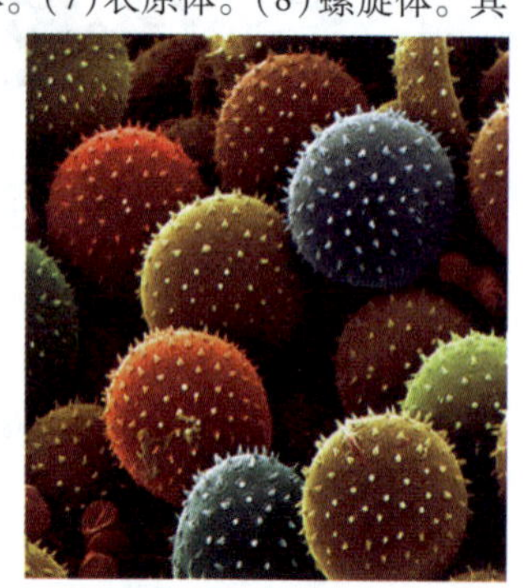
微生物细胞

【微生物毒素】(microbial toxin) 微生物在食品中产生的有毒代谢产物和内毒素。包括细菌毒素和真菌毒素。种类很多。科学家们正陆续发现新的毒素。随着生物医学技术的发展,许多毒素的致病性及致病机制会逐步弄清。现已知有 300 多种结构非常不同的真菌毒素。

【微生物固定化技术】(microbial immobilization technology) 通过物理或化学的手段将游离的微生物固定在限定的空间区域,使其保持活性并可反复利用的一项生物技术。固定化微生物由于具有微生物密度大、反应速度快、污泥产量低、耐环境冲击、反应过程比较容易控制等优点,在废水处理方面得到广泛的研究和应用。废水处理中常用的微生物固定化方法主要有:吸附法、包埋法、交联法和共价结合法等。常用的固定化载体可分为无机载体、有机高分子载体和复合载体三类。常见无机载体如硅藻土、多孔玻璃、石英砂、活性炭等;有机载体如琼脂、海藻酸钠和一些有机合成高分子凝胶(如聚乙烯醇凝胶、聚丙烯酰胺凝胶、光硬化树脂)等。

【微生物农药】(microbial pesticide) 微

生物及其代谢产物，以及由其加工而成的具有杀虫、杀菌、除草、杀鼠或调节植物生长等活性的物质。根据用途或防治对象的不同，微生物农药可分为微生物杀虫剂、微生物杀菌剂、微生物除草剂、微生物杀鼠剂和微生物植物生长调节剂。细菌杀虫剂是应用得最早的微生物农药。与化学农药相比，其优点是：(1)研发的选择余地大，开发利用途径多。(2)无公害，无残留，安全环保。(3)特异性强，不杀伤害虫天敌及有益生物，有利于维持生态平衡。(4)不易产生抗药性。(5)环境相容性好。(6)生产工艺简单。

【微生物培养】(microorganism culture) 微生物在培养装置内大量繁殖的过程。微生物的生长繁殖需要适宜的碳源、氮源、无机盐、微量元素和生长因子等；缺少任何一种，微生物便不能正常生长和繁殖。在实验室条件下，人们常用人工配制的培养基来培养微生物。影响微生物生长的主要因素有：温度、氧气和 pH。根据各种微生物对养料、温度、空气、水分和 pH 等条件的不同要求，可分别设计不同的培养方法，如高温培养法、通气培养法和厌氧培养法等。

微生物培养器

【微生物屏障】(microbial barrier) 由寄居在皮肤和黏膜表面的正常菌群组成的屏障。这些正常菌群可通过与病原体竞争结合上皮细胞和营养物质的作用方式，或者通过分泌某些杀、抑菌物质产生屏障作用，或对病原体产生抗御作用。如口腔唾液链球菌能产生 H_2O_2，可杀伤白喉杆菌和脑膜炎球菌；肠道大肠杆菌能产生细菌素，可抑制、杀伤某些厌氧菌和 G^+ 菌。是机体抵御外来病原菌感染的因素之一。属于机体屏障功能的一部分。健康个体的机体肤具有维持局部微生态稳定的能力，其目的也是保持机体内环境的生理性稳态。

【微生物杀虫剂】(microbiological insecticide) 用微生物或其代谢产物制成的一类防治害虫的制剂。微生物寄生于害虫体内，可使害虫致病和死亡，代谢产物也可直接杀死害虫。其优点是：害虫不易产生抗药性，特异性强，一般对脊椎动物和人类无害，有自然传播感染能力，不污染环境，能保护害虫的天敌，容易进行生产等。其种类主要有：病毒杀虫剂、细菌杀虫剂、真菌杀虫剂及放线菌生产的杀虫毒素等。在粮食储存行业中，国外已经使用的品种有苏云金杆菌(BT)制剂、多杀菌素等。在自然界，存在着许多对害虫有致病作用的微生物。利用这种致病性来防治害虫是一种有效的生物防治方法。从这些病原微生物中筛选出施用方便、药效稳定、对人畜和环境安全的菌种，进行工业规模的生产开发，从而制成微生物杀虫剂。微生物杀虫剂与化学合成杀虫剂相比，具有以下特点：(1)防治对象专一，选择性高。(2)药效作用较缓慢。(3)药效易受外界因素(温度、湿度、光照等)的影响。(4)对生态环境的影响小。这些特点使微生物杀虫剂成为适用于害虫综合防治的一类农药。

【微生物饲料】(microorganism feed) 在淀粉渣和其他饲料中培养曲霉、乳酸菌或其他霉类、细菌及酵母等，然后再进行加工处理而成的饲料。通过这种方法可增加饲料中蛋白质的含量及其适口性。

微生物饲料

【微生物絮凝剂】(microbe flocculant) 由微生物产生的一类具有絮凝功能的高分子有机物。利用生物技术通过细菌、真菌等微生物发酵、抽提、精炼获得的。主要成分有糖蛋白、黏多糖、纤维素和核酸等。由于其组分非常复杂，至今对其絮凝机理还不十分清楚。它不仅可以提高被絮凝物质的沉降性能，而且对环境无二次污染，使用方便、安全，应用范围广，尤其适合于医药、食品加工、生物产品分离等领域。迄今为止，研究较多的是细菌和酵母。研究开发无毒、高效、经济的微生物絮凝剂是今后的热点。

【微生物学】(microbiology) 生物学的一个分支。研究各类微小生物的形态、生理、生物化学、分类和生态的学科。按其研究内容和目的的不同可分为：(1)微生物形态学。(2)微生物分类学。(3)微生物生理学。(4)微生物遗传学。(5)微生物生态学。按其研究微生物各个类群的不同可分为：(1)细菌学。(2)真菌学。(3)藻类学。(4)原生动物学。(5)病毒学。按其在实践中应用的不同可分为：(1)医学微生物学。(2)工业微生物学。(3)农业微生物学。(4)食品微生物学。(5)乳品微生物学。(6)石油微生物学。(7)土壤微生物学。(8)水的微生物学。(9)饲料微生物学。(10)环境微生物学；(11)免疫学。由于微生物学各分支学科的相互配合、互相促进以及与生物化学、生物物理学和分子生物学等学科的相互渗透，使其在基础理论研究和实际应用方面有了迅速的发展。

【微生物油脂】(fermented oil and fat) 又称单细胞油脂。在菌体内发酵或培养产生的油脂。以碳水化合物、碳氢化合物和普通油脂为碳、氮源,辅以无机盐生产的油脂。由酵母、霉菌、细菌和藻类等微生物,在一定条件下利用碳水化合物和普通油脂为碳源产生的。其脂肪酸组成和一般植物油基本相同。在有些微生物油脂中,多不饱和脂肪酸如亚麻酸、花生四烯酸、二十碳五烯酸(EPA)和二十二碳六烯酸(DHA 俗称脑黄金)等含量特别高。这些多不饱和脂肪酸,在人体内具有重要的生理功能。与传统的油脂生产工艺相比,不仅利用微生物生产的油脂具有油脂含量高、生产周期短和生产成本低等优点,并且可以利用细胞融合和细胞诱变等技术,使微生物生产的油脂比动植物油脂更符合人们对高营养油或某些特定脂肪酸油脂的需求。因此,开发微生物油脂这一新的油脂资源具有重要的意义。目前,在微生物油脂生产中,在筛选菌种、提高转化率和利用的安全性等方面还存在较大的问题。

【微生物制氢】(hydrogen produced from microorganism) 利用微生物在常温常压下进行酶催化反应制取氢气的技术。其主要方法有厌养微生物制氢和光合微生物制氢。厌养微生物制氢指各种发酵类型的(一些纯菌种厌氧菌和兼性厌氧菌)发酵微生物制氢,放氢的原始基质是各种碳水化合物、蛋白质等;光合微生物制氢指用既有叶绿素又有氢化酶的蓝绿藻通过光合作用制氢。小球藻、固氮蓝藻、柱泡鱼腥藻和它的共生植物红萍等,都能用太阳光作动力,用水做原料,源源不断地释放出氢气。

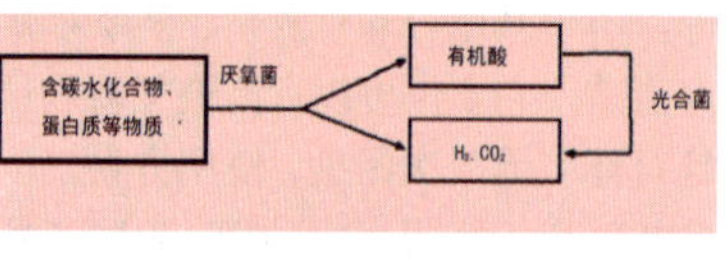

微生物制氢原理

【微生物转化】(microorganism transformation) 某种微生物将一种物质(底物)转化成为另一种物质(产物)的过程。其实质是由某种微生物产生的一种或几种特殊的胞外或胞内酶作为生物催化剂进行的一种或几种化学反应。其优点是不需要酶的分离纯化和辅酶再生。其缺点是副产物较多,产物的分离纯化比较麻烦。在有机酸、氨基酸、核苷酸、抗生素、维生素和甾体激素等工业化生产中应用广泛。

【微生物资源】(micro organism resource) 人类可以利用或可能利用的以菌类为主的微生物。其内容包括:(1)非细胞生物中的类病毒与病毒。(2)原核生物中的细菌、立克次氏体、支原体、衣原体、螺旋体和蓝细菌。(3)真核生物中的单细胞藻类、酵母和霉菌。(4)原生动物。微生物资源是国家战略性生物资源之一。是农业、林业、工业、医学、医药和兽医微生物学研究、生物技术研究及微生物产业持续发展的重要物质基础,是支撑微生物科技进步与创新的重要科技基础条件,与国民食品、健康、生存环境及国家安全密切相关。微生物资源十分丰富,在医药卫生、工农业生产和环境保护等领域应用广泛。

【微缩胶片】(micro-film) 采用微缩技术制作的能汇集书籍或文字出版物内容的微型胶片。通常由聚酯材料制成。分黑白和彩色两种。有 16mm 和 35mm 两种型号。具有高解像力、高反差、低灰雾、高感亮度、保存时间长(在温度 21℃、相对湿度 50% 下至少可以保存 500 年)、便于查阅和方便分类等特点。常用于图书馆和档案馆等图书保存机构。

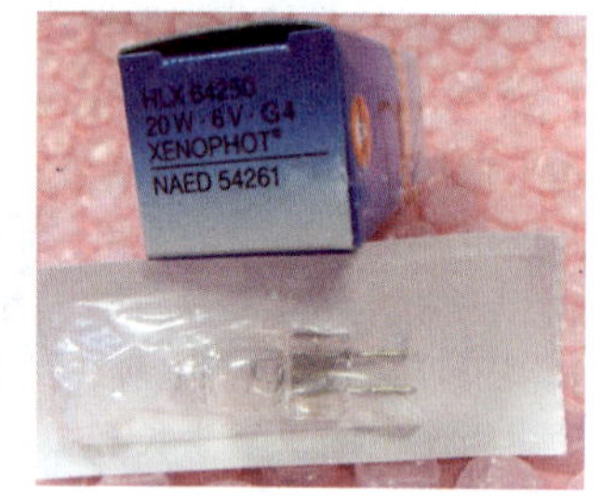

微缩胶片

【微体化石】(microfossil) 个体微小、需要在显微镜下才能进行观察和研究的古生物化石。包括微小生物的整个遗体,还包括一些大生物体的幼年类型或某些微小部分。前者如有孔虫、苔藓虫、介形虫等,后者如牙形石、虫颚、棘皮动物的骨板、轮藻、孢子、花粉等。此类化石个体微小,数量众多,钻井岩心中易于发现,可大量采集,广泛用于地层的划分与对比。以微体化石为研究对象的学科称为微体古生物学。

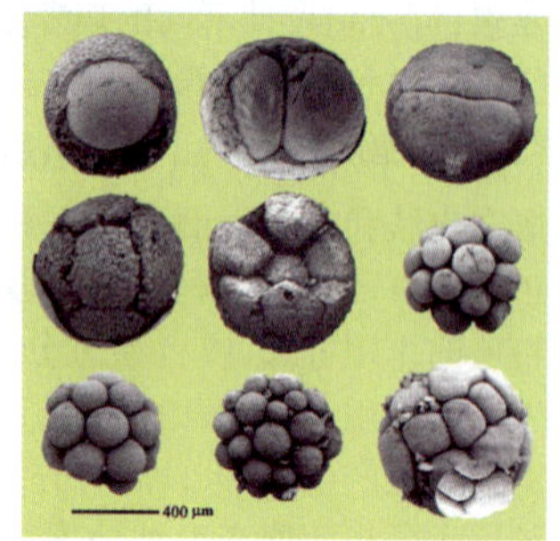

微体化石

【微小癌】(very small carcinoma) 体积很小的癌。各种器官的微小癌的标准不一。如肝脏微小癌或称小肝癌,是指单个癌结节或相邻两个癌结节的直径之和不超过 3cm,临床上多无症状,又称亚临床肝癌。胃微小癌是指直径在 1cm 以下的癌。

【微小病毒】(parvovirus) 目前已知最小的 DNA 病毒。为微小病毒科中的一个属。在 1975 年,Cossart 首先从供血员中发现了直径为 20～25nm 的圆形病毒颗粒,依该供血员的名字命名为人类微小病毒 B19。病毒具有裸露的核衣壳,内含单股 DNA,基因组为 5.45kb。后来在两例发热性疾病的士兵血中找到这种病毒，明确了本病毒对人的致病性。其后相继初步确认，该病毒与再障危象、传染性红斑、紫癜等疾病有关。本病毒组织培养尚未成功，仅可在人骨髓细胞中的晚红母细胞核中生长复制。输入本病毒的血及血制品亦可感染。

【微型机构】(micromechanism) 采用精密加工或半导体加工技术实现微米级运动的机构。随着生物传感技术、微驱动技术和新材料技术的发展，人们实现了机构、驱动器、传感器和控制器一体化的高度集成，创造出新型的机械，建立了一门概念全新的学科，使机械进入了微观领域。微型机构研究领域包括：(1)在生物医学界，若干种传统机械微型化微操作仪器已进入实用阶段，完成了细胞植入或显微手术操作。(2)利用半导体技术研制微型机构用多晶硅制成转动关节和移动关节，通过优化组合实现各式各样的微型机构。(3)分子机构，探索生物驱动机构原理，启发人们研制新的微型机构。(4)机构选型。微型机构在农业、医学、工业、航天和军事等方面有着十分广阔的应用前景。

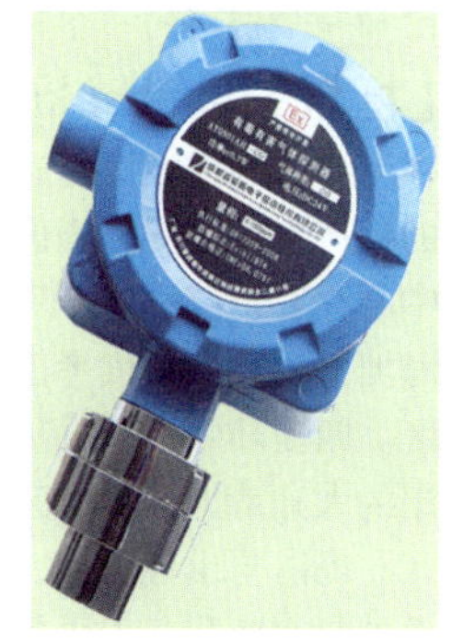

微型机构

【微型机械加工技术】(micromachining) 制作微型机械或装置的微细加工技术。对微电子工业而言，就是一种加工尺度从微米到纳米量级的制造微小尺寸元器件或薄膜图形的先进制造技术。微型机械加工技术主要有基于从半导体集成电路微细加工工艺中发展起来的硅平面加工工艺和体加工工艺，并在光刻电铸加工、准光刻电铸加工、超微细机械加工、微细电火花加工、等离子体加工、激光加工、离子束加工、电子束加工、快速原型制造(RPM)以及键合技术等微细加工工艺方面取得了较大的进展。

【微型燃气轮机】(microturbine) 单机功率范围为25～300kW，采用径流式叶轮机械及回热循环的小型热力发动机。具有多台集成扩容、多燃料、低燃料消耗率、低噪声、低排放、低振动、低维修率、可遥控和诊断等一系列先进技术特征。不仅用于分布式发电，而且还可用于备用电站、热电联产、并网发电和尖峰负荷发电等。是提供清洁、可靠、高质量、多用途、小型分布式发电及热电联供的最佳方式。无论对中心城市还是远郊农村甚至边远地区均能适用。此外，微型燃气轮机在民用交通运输(混合动力汽车)、军车以及陆海边防方面均具有优势。从国家安全讲，发展微型燃气轮机也是非常重要的。目前美国和日本都有多家企业在积极开发制造相应的设备。在美国，卡普斯顿公司已经制造出65kW级微型燃气轮机发电装置，发电效率达到26%，年产量1万台；霍尼威尔公司开发成功了75kW级的发电设备，发电效率为28.5%。日本的多家企业，如东京电力、丰田汽车、三菱重工、出光兴产、东京瓦斯和大阪瓦斯等公司，都在使用美国卡普斯顿公司的技术开发热电并用型系统。为促进该技术的发展，日本通产省已计划在明年春减小对小型自用发电业的限制。目前，在中国科学技术部“863”项目支持下，由中国科学院工程热物理研究所、哈尔滨东安集团、西安交通大学等组成的产学研联合体，已经完成100kW级微型燃气轮机的样机设计，并通过了验收，预计在不久的将来推向市场。

微型燃气轮机

【微型卫星】(micro-satellite) 通常是指质量在100kg以下的小卫星。其中，10kg以下的称为“纳型卫星”，1kg以下称为“皮型卫星”。微型卫星是以微机电一体化技术和由数个微机电系统组成的专用集成微型仪器为基础的一种全新概念的卫星。实质是一种分布式的卫星结构体系。其特点是：新技术含量高，研制周期短，体积小，重量轻，小型运载工具就可发射，研制经费低，且可以进一步组网，以分布式的星座形成“虚拟大卫星”。微型卫星的应用前景非常广阔，传统卫星的侦察、预警、通信、导航、气象等功能都将可能被微型卫星取代。它的出现，相当于在航天领域中实现了计算机从大型机到微型机所引起的技术革命。随着一系列高新技术的发展，微型卫星、纳型卫星甚至皮型卫星的研究已成为航天技术研究的热点。

【微型制导炸弹技术】(subminiature guiding bomb technology) 一项微型灵巧弹药技术。旨在将一种重113.4kg的炸弹装入隐形飞机内。这种炸弹与重907.2kg炸弹具有同等的毁伤力，而飞机的运载负荷却降低了70%～80%。美国研制的微型炸弹的直径为0.152m，长度为1.8m，采用激光雷达寻找目标。该项目所涉及的关键技术是高威力炸药、GPS抗干扰装置以及激光雷达末端制导技术。

【微悬浮体染色技术】(micro-suspension dyeing technology) 染料分子微悬浮体颗粒通过助剂向纤维渗透、固着染色的技术。是中国研究人员自主开发的一种新型染色技术。该工艺上染率达95%以上,上染均匀,节省染料并明显减少染色废水处理量,符合清洁生产要求,染色时间及能源均减少了1/3,纤维损伤小,所染纤维手感蓬松柔软、色泽亮丽鲜艳。但该技术仅限于蛋白质纤维的染色。

【微循环】(microcirculation) 微动脉和微静脉之间的血液循环。是血液与组织细胞进行物质交换的场所。其途径及其作用是:(1)迂回通路(营养通路)。①组成:血液从微动脉→后微动脉→毛细血管前括约肌→真毛细血管→微静脉的通路;②作用:是血液与组织细胞进行物质交换的主要场所。(2)直捷通路。①组成:血液从微动脉→后微动脉→通血毛细血管→微静脉的通路;②作用:促进血液迅速回流。此通路骨骼肌中多见。(3)动-静脉短路。①组成:血液从微动脉→动-静脉吻合支→微静脉的通路;②作用:调节体温。此途径在皮肤分布较多。微动脉、后微动脉、毛细血管前括约肌和微静脉的管壁主要含有平滑肌,其舒缩活动直接影响到微循环的血流量。在正常情况下,微循环的血流量与组织器官的代谢水平相适应,保证各组织器官的血液灌流量并调节回心血量。如果微循环发生障碍,将会直接影响各器官的生理功能。

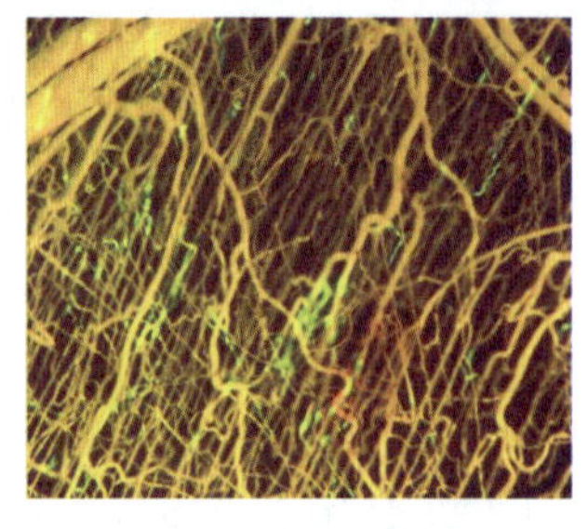

微循环

【微重力科学】(microgravity science) 空间科学的一个分支。空间科学的一个前沿领域。主要研究微重力环境中物质运动的规律。在地面实验室中,物质的运动都受到地球重力的影响。重力是一个体积力,可以使物体产生运动,也可以使物体中产生应力;可以在流体中产生热对流,也可以使不同密度的流体倾向于分层,造成压力梯度等。在微重力环境中,物体受到的与质量成正比的体积力极大地减小了,物体可以自由地悬浮在空间,处于无应力状态。由温度不均匀引起的热对流也几乎消失,不同密度的物质能均匀地混合,在相当大的空间可维持均匀的压强。这种极端的物理条件为科学发展和应用提供了新的机遇。

【韦达定理】(Vieta's theorem) 设一元二次方程 $ax^2+bx+c=0$($a\neq0$ 且 $b^2-4ac\geqslant0$)的两个根为 x_1 和 x_2,则有 $x_1+x_2=-b/a$ 和 $x_1x_2=c/a$。也就是说,两根之和等于一次项的系数 b 除以二次项的系数 a 所得商的相反数;两根之积等于常数项 c 除以二次项系数 a 之商。定理的证明也很简单,因为 x_1,x_2 是方程的根,所以有 $a(x-x_1)(x-x_2)=0$,通过比较系数法即可证明韦达定理。事实上,按照代数学基本定理已经证明了韦达定理也适用于任何一元 n 次代数方程有复数根的情况。韦达定理揭示了代数方程根与系数的关系。由于该定理是法国数学家韦达(1540~1603年)最早发现的,因此人们把这个关系称为韦达定理。由于韦达定理的逆定理也是成立的,所以可用它验证所得一元二次方程两根的正确性,或已知一个根求另一个根等多种演算。

【圩垸】(embankment surrounded region) 在河、湖、洲滩及滨海边滩近水地带修建堤防所构成的生产生活活动封闭区域。在长江下游称圩,在长江中游称垸,在珠江中下游称堤围或圈,在沿海地区称海塘。从防洪角度考虑,圩垸可分为两类。(1)纯圩区。四面环水,集中面积在堤防保护范围内。如洞庭湖的大通湖垸、太湖区的大部分圩垸等。(2)半圩区。堤防与山丘相连,集水面积除圩内平原外还有山丘的集水面积。中国圩区主要分布在南方大河中下游冲积平原,土地平坦肥沃,水资源丰富,工农业发达,城镇、交通线路、工矿企业密布,圩区地面比河湖洪水位低得多,常受到洪水侵袭和内涝灾害。防洪治涝是圩区的重要任务。圩垸堤防高程一般超过或接近当地历史最高洪水位,重要、重点圩堤超高1~2m,一般能抗御5~20年一遇的洪水。圩内有重要城镇、重要交通干线、工矿企业的,防洪标准更高。为适应经济发展需要,圩垸将逐步加强管理,整治水系,合理联圩并垸,以提高抗洪能力。为保护湖泊资源,发展综合利用,维护生态平衡,满足河湖防洪的需要,限制盲目围垦江河湖泊洲滩,有重要意义。

【违章】(breaking rules and regulations) 在生产过程中不严格遵守安全操作规程和有关法律法规,违反安全管理制度、规范、章程,违反安全技术措施的动作或行为。包括作业违章、指挥违章和失职违章。作业违章是指从事各类活动的人员在过程中出现的违章行为;指挥违章是指各级承担管理职能的人员,在活动过程中出现的违章指挥行为;失职违章是指承担安全管理、监督职责的人员,在活动过程中,不履行安全管理责任而出现失职、渎职行为。违章可以分为无意识违章和有意识违章。这里的有意识不是有意,是指意识清醒;无意识是指个体或行为人在意识不清的状态下作出的违章行为,如突发性癫痫患者、精神病人在发作期间,这时发生的行为是无意识的。有意识违章是个体在意识清醒下的违章,或由于无知、忘记(无意违章)或由于明知故犯(有意违章)。另外,还有失控违章和被迫违章。其危害是:引起事故后对人身安全及设备造成的直接伤害，给企业带来的潜在风险与间接危害，潜在性给本企业带来后患，甚至给相关企业带来灾难。必须控制违章的风险，把违章的风险控制在可接受的水平。

【违章操作】(illegal operation) 在操作中，违反安全工作规程所规定的安全操作技术或操作程序的行为。是无视国家、企业的安全法规和规章制度，不负责任的行为。在生产活动中，很多安全事故都是因职工的违章操作引起的。按其心理状态的不同可分为：(1)偷懒心理。存在这种心理的职工总认为按章作业耗费精力，所以简化作业程序，降低作业标准。(2)图快心理。存在这种心理的职工不讲安全，不顾质量，只讲速度。(3)侥幸心理。在作业时，心存侥幸，不按程序进行，因此安全难以保证。(4)糊涂心理。在平时不加强规章制度、岗位标准和作业程序的学习，根本就不知道哪些是违章作业，在作业的时候稀里糊涂，于是安全事故就会接踵而来。只有使职工根除违章心理，始终绷紧安全这根弦，始终保持"安全第一"的思想，违章行为和现象才能彻底消除掉。

【违章指挥】(violation) 安排或指挥职工违反国家有关安全的法律、法规、规章制度、企业安全管理制度或操作规程进行作业的行为。在发生事故的原因中，违章指挥约占60%～70%。其危害最大，造成的影响和损害的程度也较为严重，具有一定的隐蔽性和不可抗拒性。是管理岗位上的管理者安全意识淡薄，视国家安全法规和企业的安全规定及各项规章制度而不顾，重效益、轻安全的一种行为。造成的损失是无法弥补的，造成的影响是无法挽回的。这种行为害国、害企、害自己。所以杜绝违章指挥，首先必须从每一位管理者做起，认真贯彻执行国家安全法规和企业的各项规章制度及安全规定，提高自身的安全素质和安全责任心，为员工做表率，在生产实际运行中按章指挥，"安全"当头，切记"安全就是生产的保证，安全就是最大的效益"的思想，才能杜绝违章指挥的行为。

【围海工程】(reclam sea works) 将一定的海域用封闭的围堤包围起来改做他用的工程。除了海堤外，还包括闸门及专用附属建筑物。按用途的不同可分为围海用海工程和围海造陆工程。前者仍作海区使用，多用于海产品的养殖；后者则为造成供建设或其他目的的陆地，如港口、农田、居民区和市政工程用地。无论哪种用途，围海工程都要满足防护要求。

围海工程

【围护结构】(building envelope) 建筑及房间各面的围挡物。按其布置作用的不同可分为透明和不透明两种。不透明维护结构有墙、屋顶和楼板等；透明围护结构有窗户、天窗和阳台门等。按其是否同室外空气接触，又可分为外围护结构和内围护结构。外围护结构是指同室外空气直接接触的维护结构，如外墙、屋顶、外门和外窗等；内维护结构是指不同室外空气直接接触的维护结构，如隔墙、楼板、内门和内窗等。围护结构具有保温、隔热、隔声、防水防潮和耐火等功能。

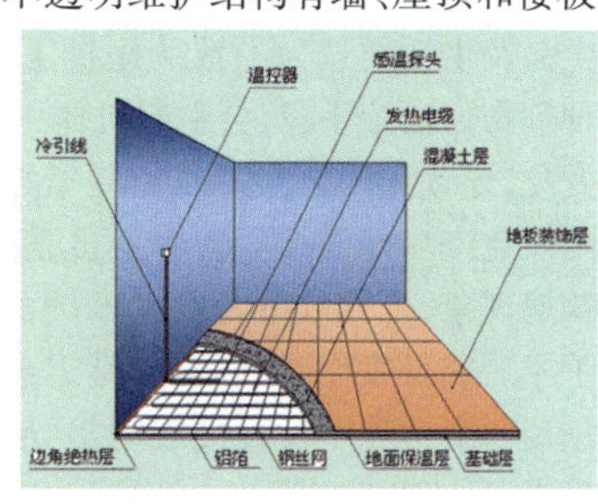

围护结构

【围绝经期】(peri-menopause) 又称更年期。妇女40岁以后卵巢功能逐渐衰退，生殖器官亦开始萎缩，出现与绝经有关的内分泌和临床特征起至绝经1年的期间。此期长短不一，因人而异，可历时10余年。包括绝经前后的一段时间，分为三个阶段：(1)绝经前期。多数妇女在绝经前月经周期不规律，卵巢内卵泡数明显减少且卵泡发育不全，常为无排卵性月经。(2)绝经期。自然绝经指女性生命中最后一次月经。中国妇女平均绝经年龄为49.5岁，80%在44～54岁。绝经提示卵巢功能衰退，卵泡自然耗竭，生殖能力终止。(3)绝经后期。卵巢进一步萎缩，其内分泌功能逐渐消退，生殖器官萎缩。围绝经期由于卵巢功能逐渐衰退，雌激素缺乏，妇女可出现潮热、出汗、焦虑不安、激动易怒、睡眠障碍等。远期易发生骨质疏松、高血脂、动脉粥样硬化以及心肌缺血。

【围生医学】(perinatal medicine) 医学的一个分支。从确诊妊娠起对孕妇和胎儿进行监护、预防和治疗的学科。对降低胎儿、婴儿病死率，保证母婴健康，提高民族素质有着非常重要的意义。开展围生医学的关键，就是做好孕妇、产妇的管理，即从怀孕早期到产后42天止，对孕妇、产妇进行系统的管理。首先，做好产前咨询门诊，对不宜妊娠的孕妇劝其做人工流产；其次，对妊娠中可能有危险的高危孕妇进行重点监视护理；第三，对高危孕妇一旦确定胎儿已经成熟(不一定足月)，便要抓住对母婴都有利的时机，采取"适时的计划分娩"；第四，加强分娩期的监护，尤其对高危孕妇，必须严密地观察产程的进展，加强接产、抢救和重点护理技术,以确保母婴安全。

【围手术期】(perioperative) 泛指手术前后的一段时期。包括术前准备和术后恢复两个阶段,没有特别明确的时限。是围绕需要手术的病人展开的术前准备以及术后治疗与康复等各项以安全和维护生命及生活质量为主旨的医护工作内容。手术是一种创伤性治疗手段,会引起机体一系列内分泌和代谢变化,导致体内营养物质消耗增加、营养状况水平下降及免疫功能受损。营养不良是外科住院患者中的普遍现象,可导致患者对手术的耐受力下降,因此在手术后容易发生感染、切口延迟愈合等并发症,影响预后。由营养不良直接或间接导致死亡的外科住院患者可达30%。所以,在围手术期中加强对病人的营养尤为重要。

【围网类渔具】(purse seine) 由网片和纲索等组成的,由网翼和取鱼部或网囊构成的用以包围集群对象的渔具。由网衣、绞括装置(有环围网)和属具组成。按其结构的不同可分为有囊和无囊两个类型;按其作业船数的不同可分为:单船、双船和多船三种形式。用于围捕水域中上层集群性鱼类。其捕鱼原理是:当发现鱼群后,机轮围绕鱼群所在区域呈园形快速行驶,同时放出长带形网具,网衣垂直张开在水中形成园柱形网壁包围鱼群,然后逐步缩小包围面积或收括网封锁底口,使鱼集中到取鱼部而被捕捉。是捕捞生产中仅次于拖网的重要网渔具。世界围网渔业的年渔获量约占海洋总渔获量的20%~30%。中国围网分布以东海较多,占海区产量的23.4%。1979~1984年围网渔业平均渔获量约占海洋总渔获量的20%。世界围网渔业的捕捞对象主要有:金枪鱼、沙丁鱼、鲐和鲱等。大多数沿海国家都有此种作业,以美国、日本、挪威、法国、西班牙和秘鲁等国家较发达。

围网类

【围岩压力】(adjoining rock pressure) 又称山岩压力。地下洞室开挖后由于围岩的变形、松动和破坏而作用在支护或衬砌土的压力。有变形压力、松动压力、膨胀压力和岩爆时的冲击压力之分。(1)变形压力是由于围岩变形产生的。大多发生于中等质量的岩石以及整体性良好的坚岩中。(2)松动压力是由于围岩的松动与坍落引起的。大多发生于破碎与软弱岩石中。(3)膨胀压力主要产生在围岩为膨胀岩的情形中。(4)在高地应力区的坚硬岩石中易发生岩爆,因骤然释放所储存的弹性能,可对支护产生强大的冲击压力。影响山岩压力的因素主要有:地质构造与围岩的岩体结构;洞室的跨度、埋深、形状与洞轴取向;支护衬砌结构的型式、刚度与设置时间以及开挖施工方法等。对不同类型的围岩压力常采用不同的方法及理论进行分析和计算。适当允许塑性圈有一定发展,变形压力可以减小。适时采用刚度适宜的衬砌是减少变形压力的有效方法。对于复杂地质构造情况,可用赤平投影等作图方法分析围岩崩塌体或滑动体的高度及形状,计算其松动压力。在现场实测山岩压力时,主要是采用钢弦压力盒测量衬砌周围的接触压力,以及采用支柱测力计量测单体支护柱体承受的压力。

【围堰】(coffer) 为方便水中施工而修建的临时挡水建筑物。根据施工的安排,围堰可围占一部分河床或全部拦断河床。按其与水流方向的不同可分为:基本垂直水流方向的横向围堰和顺水流方向的纵向围堰;按其是否允许过水可分为:过水围堰和不过水围堰;按其所用材料的不同可分为:土石围堰、草土围堰、混凝土围堰、木笼围堰和钢板桩围堰五种。对围堰的基本要求是:(1)具有足够的稳定性、防渗性、抗冲性及一定的强度。(2)造价低,工程量较少,构造简单,修建、维护、拆除方便。(3)围堰之间接头以及与岸坡的联结,要安全可靠。

围堰

【桅杆结构】(guy mast structure) 由直立的细长杆身和沿高度方向斜向布置的数层纤绳所组成的高耸结构。由纤绳、杆身和基础组成。纤绳层数一般随桅杆高度增大而加多。纤绳结点间距以杆身长细比等于80~100左右为宜,可等距或不等距布置。不等距布置时,宜从下到上逐层加大间距,使杆身各层应力大致相等,结构较为经济。杆身按材料的不同可分为钢、木和钢筋混凝土结构。基础分杆身下面的中央基础和固定纤绳的地锚基础。中央基础为圆的或方的阶梯形基础,承受杆身传来的力。地锚基础承受纤绳拉力。有重力式、挡土墙式和板式。

桅杆结构

【桅杆式起重机】(mast crane) 将起重支

杆设立于地面进行起吊构件的起重机械。制作简单，装拆方便，起重量可达 100t 以上。受地形限制小，能用于其他起重机械不易安装的地点。但它的灵活性差，服务半径小，移动困难，需要拉设较多的缆风绳，只适用于安装工程量比较集中的地段，或无电源的地方及无大型设备的施工企业。桅杆式起重机按其构造的不同可分为：独脚拔杆、人字拔杆、悬臂拔杆和牵缆式拔杆起重机等。

桅杆式起重机

【唯物辩证法】（materialistic dialectics） 关于自然界、人类社会和思维发展最一般规律的科学。是正确的世界观和方法论，是辩证法思想发展的科学形式。有时与辩证唯物主义通用，只是侧重于世界的发展问题。是在古代辩证法和近代辩证法的基础上建立起来的。古希腊的一些哲学家直观地认识到一切事物都在运动变化之中，猜测到对立面的统一和斗争。赫拉克利特提出："一切皆流，无物常住"的命题，认为"统一物是由两个对立面组成的"；柏拉图在客观唯心主义的基础上，提出了"有" 和"无"、"一"和"多"、"同"和"异"等对立统一范畴，认为辩证法就是从低级的、矛盾的理念逐步上升到最高的理念；亚里士多德认为实体是运动变化的，并将运动区分为本质上的运动、数量上的运动、性质上的运动和位置上的运动四个类型。近代德国的康德、费希特和黑格尔等人进一步发展了古希腊的辩证法思想。尤其是黑格尔，从客观唯心主义出发，第一次系统地阐述了观念的辩证法，把自然和社会看做是绝对精神自我运动的发展阶段。他全面提出并论证了质量互变、对立统一和否定之否定的规律。他反对将辩证法与相对主义的诡辩论等同起来。马克思和恩格斯总结了自然科学的新成就，批判地继承了古代和近代、尤其是黑格尔辩证法的优秀成果，创立了唯物辩证法。唯物辩证法抛弃了黑格尔辩证法的唯心主义外壳，将辩证法建立在唯物主义的基础上，认为辩证规律是物质世界自己运动、发展的规律，主观辩证法或辩证的思维是客观辩证法在人类思维中的反映。唯物辩证法的核心是对立统一规律。

【唯物主义】（materialism） 与唯心主义相对应。哲学的两个基本派别之一。主张存在第一性、思维第二性，存在是思维的根源，思维、意识是存在的派生物的哲学体系。在不同的历史条件下，唯物主义有不同的表现方式，没有抽象的唯物主义。在中国，唯物主义曾在战国时期的荀子、东汉的王充、南朝的范缜、明清之际的王夫之、清代的戴震等人的哲学理论中得以体现。在西方，唯物主义主要经历了三个发展阶段：古希腊罗马的朴素唯物主义；16 ~ 18 世纪的形而上学唯物主义或机械唯物主义；19 世纪以来的辩证唯物主义，即马克思主义哲学。

【唯心主义】（idealism） 与唯物主义相对应。哲学的两个基本派别之一。主张思维或意识是第一性的，存在或物质是第二性的，思维或意识是存在或物质的根源，存在或物质是思维或意识的派生物的哲学体系。从其思维萌芽来看，是源于原始人的无知和对自然界的敬畏和神秘感。作为一种哲学体系，它既有社会根源，又有认识论的根源。其社会根源主要是脑力劳动与体力劳动的分离，阶级和剥削的产生；其认识论根源主要在于主观、片面、表面地去看问题，把意识、观念和物质形而上学地割裂开来，无限夸大意识的独立性和能动作用，从而否定意识、观念的物质基础。

【帷幕灌浆】（curtain grouting） 在岩石或砂砾石地基中，用灌浆的方法建造连续防渗体的工程。幕顶部与混凝土闸底板或坝体连接，底部深入相对不透水岩层一定深度，以阻止或减少地基中地下水的渗透。与位于其下游的排水系统共同作用，还可降低渗透水流对闸坝的扬压力。帷幕灌浆使用的胶凝材料主要是水泥，特殊情况时使用高分子化学溶液，对砂砾石地基多用水泥黏土浆液。按防渗帷幕灌浆孔排数的多少可分为两排孔帷幕和多排孔帷幕。在地质条件复杂且水头较高时，多采用三排以上的多排孔帷幕。按灌浆孔底部是否深入相对不透水岩层可划分为封闭式帷幕和悬挂式帷幕。混凝土坝岩基帷幕灌浆都在两岸坝肩平洞和坝体内廊道中进行。土石坝岩基帷幕灌浆，有的先在岩基顶面进行，然后填筑坝体；有的在坝体内或坝基内的廊道中进行。其优点是与坝体填筑互不干扰，竣工后可监测帷幕运行情况，并可对帷幕补灌。帷幕灌浆的钻孔灌浆按设计排定的顺序，逐渐加密。两排孔或多排孔帷幕，大都先钻灌下游排，再钻灌上游排，最后钻灌中间排。灌浆方法均采用全孔分段灌浆法。其设计工作内容是：（1）查清工程地质与水文地质情况。（2）进行现场灌浆试验，以确定灌浆方法、压力、孔距、排距、材料、质量标准与检查方法，并论证灌浆效果。（3）确定帷幕轴线位置、帷幕深度、厚度（排数）及平面上的长度。（4）为以后对帷幕的检查或补强加固创造条件。20 世纪以来，帷幕灌浆一直是水工建筑物地基防渗处理的主要手段，对保证水工建筑物的安全运行起着重要作用。

【维恩位移定律】(Wien's displacement law) 由德国物理学家威廉·维恩(Wilhim Wien)于1893年通过对实验数据的经验总结提出的当绝对黑体的温度升高时,辐射本领的最大值向短波方向移动的定律。在一定温度下,绝对黑体的与辐射本领最大值相对应的波长 λ 和绝对温度 T 的乘积为一常数。即 $\lambda(m)T = b(\mu m)$。式中,$b = 0.002\,897m \cdot K$,称为维恩常量。维恩位移定律仅与黑体辐射的实验曲线的短波部分相符合。针对黑体来讲,黑体越热,其辐射谱光谱辐射力(及某一频率的光辐射能量的能力)的最大值所对应的波长越短,而除了绝对零度外其他的任何温度下物体辐射的光的频率都是从零到无穷的,只是各个不同的温度对应的"波长-能量"图形不同,而实际物体都是黑体乘以黑度所对应的理想情况。譬如在宇宙中,不同恒星随表面温度的不同会显示出不同的颜色,温度较高的显蓝色,次之显白色,濒临燃尽而膨胀的红巨星表面温度只有2 000K ~ 3 000K,因而显红色。太阳的表面温度是5 778K。与太阳表面相比,通电的白炽灯的温度要低数千度,所以白炽灯的辐射光谱偏橙。至于处于"红热"状态的电炉丝等物体,温度要更低,所以更加显红色。温度再下降,辐射波长便超出了可见光范围,进入红外区。譬如人体释放的辐射就主要是红外线。军事上使用的红外线夜视仪就是通过探测这种红外线来进行"夜视"的。

维恩位移定律

【维护】(maintenance service) 保养机器、设备使之处于正常状态。例如航空器在外场以及外站有限条件下进行不包括修理工作在内的例行检查、一般勤务和简单的排除故障工作。维护是保证航空器安全飞行的经常性的普通工作,也是航空器安全飞行必不可少的最重要的基础性工作。

【维生素】(vitamin) 又称维他命。维持人体生命活动必需的一类有机物质。也是保持人体健康的重要活性物质。维生素在体内的含量很少,但在人体生长、代谢和发育过程中却发挥着重要的作用。除了极少数以外,大多数维生素不能在人体内产生或合成,只能从食物中摄取。维生素分为脂溶性和水溶性两大类。脂溶性维生素包括维生素A、维生素D、维生素E和维生素K等;水溶性维生素包括维生素B_1、维生素B_2、维生素PP、维生素B_6、维生素B_{12}和维生素C等。当膳食中供给维生素不足或缺乏时,会产生相应的维生素缺乏症。缺乏维生素A,会出现夜盲症、干眼病和皮肤干燥等疾病,并使儿童生长受阻;缺乏维生素D易患佝偻病和软骨病;缺乏维生素B_1易患脚气病;缺乏维生素B_2易患舌炎;缺乏维生素B_{12}易患恶性贫血;缺乏维生素C易出现坏血病;缺乏维生素PP则有可能患糙皮病等。

【维生素A】(viamin A) 一种脂溶性维生素。仅存在于动物性食品中,如鱼肝油、牛乳及肝脏等。有些植物中含胡萝卜素,在肠内经胆汁酸盐的帮助,可吸收至体内转变为维生素A,故又称维生素A元。包括维生素A_1、A_2两种。维生素A_2功效仅为维生素A_1的1/3。故通常所谓维生素A,多指维生素A_1而言。口服易吸收,因其为脂溶性的,故在脂肪吸收障碍时,吸收受影响。维生素A为生长发育所必须,可维持上皮组织如皮肤、角膜及多种黏膜的正常功能和结构的完整;参与视紫质的合成,增强视网膜的感光性。本品缺乏时,生长停止,骨骼发育不良,皮肤粗糙干燥、角膜软化,并出现干眼症及夜盲症。近几年的研究表明,维生素A缺乏还能从多方面影响免疫系统功能,如淋巴器官萎缩,机体对入侵微生物产生的特异性抗体明显减少,细胞因子产生异常,上皮组织的屏障功能降低,易被细菌、病毒、寄生虫侵袭,巨噬细胞清除病原体的功能及NK(自然杀伤)细胞活性降低。动物实验表明,维生素A的衍生物可以限制移植肿瘤的生长,在接种肿瘤病毒后减少肿瘤的发生率,对化学致癌物质的致癌作用有一定的对抗效应,可增强环磷酰胺的抗肿瘤作用等。

【维生素A缺乏病】(vitamin A deficiency) 由于维生素A缺乏导致眼视网膜、皮肤黏膜等一系列病变的疾病。维生素A是视黄醇。视黄醇参于皮肤黏膜上皮细胞健全过程。是视网膜上视紫红质感光物质成分;能维持正常生长发育和免疫细胞的功能。婴儿易产生维生素A缺乏,是因为母体维生素A不能通过胎盘输给胎儿,因此需通过食物给予补充。在食品中,乳、蛋及动物内脏、深色蔬菜中维生素A的含量较高。维生素A缺乏症的早期表现是眼部病变;暗光视物不清,夜盲,逐渐出现眼结膜及角膜干燥,泪少,痒,失去光泽。检查眼时可见毕脱斑。病情再进展,会出现角膜混浊、软化形成溃疡,角膜穿孔;虹膜、晶状体脱出,形成角膜葡萄肿,导致失明。与此同时,出现皮肤干燥、脱屑、上皮角化,汗腺分泌减少及生长发育障碍;免疫力低下,易感染全身性疾病等。口服维生素A及多食含维生素A的食物可治愈。

【维生素D缺乏病】(vitamin D dificiency) 体内钙、磷代谢失常,导致骨骼病变的一种慢性营养性疾病。维生素D是脂溶性类固醇衍生物,包括维生素D_2和D_3。维生素D_2来源于植物;维生素D_3来源于动物皮肤。人体皮肤中的维生素D经阳光中紫外线照射后,变为维生素D_3元,再进入体内经肝肾二次羟化后,变成有活性的1,25–二羟维生素D(维生素D_3)。维生素D_3在体内的主要作用是:促进钙、磷在肠道吸收;增加肾小管对钙、磷的重吸收;促进血中钙、磷进入骨中参加骨形成。因维生素D缺乏引起的骨骼改变有:肋外翻、鸡胸、漏斗胸、"X"型腿、"O"型腿等,称为维生素D缺乏性佝偻病。如果小儿甲状旁腺参加钙、磷代谢失代偿,则会引起低钙抽搐,称为维生素D缺乏性婴儿手足搐搦症。多表现为惊厥,双眼上翻,四肢抽动,短暂发作;小婴儿可出现喉痉挛,间断呼吸困难,青紫;较大儿出现手足搐搦,双手指伸直,拇指内收入掌心,膝屈曲状,双踝关节伸直,足趾向下呈弓形。其治疗要先补钙,后补维生素D。小儿应多户外活动,多晒太阳,行日光浴。口服维生素D,每日400单位,可预防此病。

【维生素E】(vitamin E) 又称生育酚。一种脂溶性维生素。最主要的抗氧化剂之一。能维持生殖器官正常机能,对机体的代谢有良好的影响;促进卵泡的成熟,使黄体增大;并可抑制孕酮在体内的氧化,从而增加孕酮的作用。此外,该药对月经过多、外阴瘙痒、夜间性小腿痉挛和痔疮症等都具有辅助治疗作用。近年来,又被广泛用于抗衰老方面。认为其可消除脂褐素在细胞中的沉积,改善细胞的正常功能,减慢组织细胞的衰老过程。

【维生素T恤】(vitamin T-shirt) 与皮肤接触能产生可被人体吸收的维生素的一种T恤衫。其面料将含有可以转换为维生素C的维生素原引入传统的纺织面料中。维生素原与人体皮肤接触反应生成维生素C。一件T恤衫产生的维生素C和两个柠檬产生的一样多。穿着这种T恤,能通过皮肤直接摄取维生素C。

【维他命】(vitamin) 见维生素。

【维修工程】(maintenance engineering) ❶维护和修理。维修房屋、机器等。❷在航空业中称机务工程。航空维修的理论和实践、技术和管理全部活动的总称。包括预防性维修、视情维修、航线维修和定期维修等。预防性维修指在航空器使用时限前安排的检查、测试以及其他维修工作,包括例行的、定期的或专门规定的维修工作。视情维修指在航空器的使用寿命内,按照技术状况作为维修时机控制标准,为发现潜在故障而进行的维修活动。航线维修又称外场维修,指航空器在航线作业环境下进行的维修工作,包括始发站、中途站、目的站的停机坪或旅客登机坪上进行的维修工作。定期维修指为保证航空器经常处于良好状态,按时间周期执行的计划维修。

【维修性】(maintainability) 产品在规定的条件下和规定的时间内,按规定的程序和方法进行维修时,保持或恢复执行状态的能力。机器、设备的重要性能指标之一。例如根据设计要求,航空器通过维修应能保持和恢复其在使用中的可靠性。航空器在设计和制造过程中都要充分考虑设备的可维修性能。可行、有效和方便的维修性能是保证机器、设备的使用寿命和使用安全可靠性的重要措施。

【《维也纳保护臭氧层公约》】(Vienna Convention for Protection of the Ozone Layer) 又称《保护臭氧层维也纳公约》。保护臭氧层的全球性国际公约。联合国环境规划署理事会于1985年3月18日到22日在维也纳举行了保护臭氧层全权代表会议通过该公约,并于1985年9月22日生效。中国于1989年9月11日加入。公约的宗旨是要保护人类健康和环境免受由臭氧层的变化所引起的不利影响。为此,公约规定:各缔约国应采取适当措施,使人类和环境免受足以改变或可能改变臭氧层的人类活动所造成的或可能造成的不利影响;各缔约国应按其能力范围,通过有系统的观察、研究和资料交换,在采取相应的立法和行政措施等方面进行合作。

【伪彩色图像】(pseudo color image) 又称假彩色图像。同一地区、同一比例尺的多谱段影像,配合不同的滤光片,使影像准确重叠投影合成的非真彩色影像。图像的每个像素值实际上是一个索引值或代码。该代码值作为色彩查找表中某一项的入口地址。根据该地址可查找出包含实际R、G、B的强度值。这种用查找映射的方法产生的色彩称为伪彩色。用这种方式产生的色彩本身是真的,不过它不一定反映原图的色彩。伪彩色图像是影像增强技术的重要方法之一。可以任意组合、配比,构成假彩色的特殊显示,提高对地物的识别能力。在专题制图、资源调查、地学研究

伪彩色图像

和环境监测和在遥感工作中广为使用。

【伪距导航】(pseudo range navigation) 由卫星接收机在某一时刻测出到四颗以上卫星的伪距、采用距离后方交会法确定接收机三维坐标的导航方法。是目前国内外卫星导航系统常用的定位技术。导航卫星按预定格式发播测距码。测距码经过一定时间的传播后到达接收机。与此同时,接收机在自己的时钟控制下产生一个结构与卫星测距信号完全一样的参考测距信号。接收机通过时延器使得参考测距信号延迟一定时间,并将接收到的测距信号与参考测距信号进行相关处理,计算出卫星至接收机的距离。由于受卫星钟差、接收机钟差以及信号传播过程中电离层、对流层的影响,卫星到接收机的几何距离有一定的差值,一般称其为伪距。伪距观测量是站星几何距离与钟差等效距离、电离层延迟改正、对流层延迟改正的总和。在伪距定位中,可以由卫星导航电文计算卫星的位置和钟差,电离层延迟改正和对流层延迟改正可以按照一定的模型进行计算。因此,未知量为接收机的三维位置和钟差,需要至少 4 个伪距观测量来确定未知量。如果观测卫星数多于 4 个,需要用最小二乘方法来解算定位结果。卫星导航系统一般使用两种测距码:粗捕获码(C/A 码)和精码(P 码)。用 C/A 码进行定位时的精度为 10 ~ 15m,供民用用户使用;用 P 码进行定位时的精度约为 5m,供军方或特许用户使用。虽然定位精度不是很高,但是因使用设备价格低廉、测量方式灵活、定位速度快、无模糊度问题等优点,伪距导航仍是最基本的定位方法之一。

【伪膜性肠炎】(pseudomembranous) 又称假膜性肠炎。主要发生于结肠的覆有伪膜的急性黏膜坏死性炎症。常见于应用抗生素治疗之后,故为医源性并发症。发病年龄多在 50 ~ 59 岁,起病大多急骤,病情轻者仅有轻度腹泻,重者可呈暴发型,病情进展迅速,严重者可能致死。伪膜性肠炎患者粪中分离出的难辨梭状芽孢杆菌,能产生具有细胞毒作用的毒素和肠毒作用的毒素。前者是伪膜性肠炎的重要致病因素。毒素可造成局部肠黏膜血管壁通透性增加,致使组织缺血坏死,并刺激黏液分泌,与炎性细胞等形成伪膜。在健康人群的粪便中,难辨梭状芽孢杆菌阳性率 5%。应用广谱抗生素,特别是林可霉素、氯林可霉素、氯苄西林、阿莫西林等之后,抑制了肠道内的正常菌群,使难辨梭状芽孢杆菌得以迅速繁殖并产生毒素而致病。本病还可发生于抗病能力和免疫能力极度低下,或因病情需要而接受抗生素治疗的患者。

【伪年轮】(false annul ring) 又称假年轮。晚材带不仅向内是由早材渐变,且向外至第二次生长轮也是渐变的年轮。双轮或复轮中的一个生长轮。在热带和亚热带地区,季节之间的温度差异不大,但降雨量则有明显的季节分布,因此,形成层的活动主要与干、湿季节一致。若一年中,雨季和干季多次交替,则树木的年轮就与树木的生长环境有关。当树木在生长过程中,遇到火灾、病虫害、某种气候异常时,正常的生长规律受到破坏,生长变慢,产生质地致密的木材,形成一圈颜色较深的纹印。危害消失后,树木又能正常生长,产生质地疏松的木材,又形成一圈颜色较浅的纹印,结果在一年里就出现了两个或多个"年轮",即"假年轮"。如晚霜后树木暂时落叶的霜轮;长期干旱后下雨和有适合树木生长的气温的旱轮等;而真年轮的晚材带与第二个生长轮的早材带,其细胞的大小和壁厚均为急变。

【伪随机序列】(pseudo random sequence) 具有某种随机特性的确定的序列。其特点是:(1)可确定性。能够预先确定。(2)可重复性。能够重复地生产和复制。(3)随机性。这些特性使伪随机序列得到广泛应用,特别是在码分多址系统中作为扩频码已成为码分多址技术中的关键问题。

【伪装涂料】(camouflage coating) 涂敷在军事装备及设施上以降低敌方发现目标能力而保护自身的涂料。其伪装能力主要是通过选用合适的颜料及其合理组合来实现的。按其使用地点和要求的不同可分为:(1)迷彩伪装涂料。(2)防红外线涂料。(3)防雷达涂料。(4)吸收声呐涂料。上述涂料各有特点,应根据具体情况选用。

伪装涂料应用

【尾桨】(tail rotor) 又称尾旋翼。单旋翼机械驱动式直升机用以平衡旋翼反扭矩和实现航向操纵的装置。尾桨轴一般垂直于直升机对称平面、指向直升机侧面。尾桨旋转时产生水平力,以尾梁为力臂,平衡旋翼旋转时空气动力产生的反扭

尾桨

矩；改变尾桨桨叶桨距，可改变其水平力大小，实现直升机的航向操纵。尾桨构造与旋翼相似，由尾桨叶、尾桨毂及变距操纵机构组成。尾桨叶的结构形式也与旋翼桨叶相似。尾桨桨叶多为2～6片;桨盘直径最小约1m,最大可达6m以上。单旋翼带尾桨式直升机是世界上应用范围最广的直升机。这种型式的直升机约占世界直升机总数的70%左右。在20世纪70年代,法国研制出了尾桨桨叶被包覆起来的函道尾桨。它是在垂尾中制成筒形涵道,在涵道内装尾桨叶和尾桨毂,利用涵道产生附加气动力。这种尾桨直径小,桨叶数多,当直升机在超低空机动飞行时可防止尾桨的桨叶碰着地面物体,大大提高了飞行的安全性。但直升机在悬停和低速飞行时,其气动效率较低。目前这种尾桨在直升机上已广泛应用。到20世纪80年代,美国又研制出了无尾桨直升机。它与共轴式直升机不同,是用空气代替尾桨,用空气平衡旋翼转动时产生的反作用力矩。无尾桨直升机安全可靠、振动和噪声小,效率高、使用维护方便、操纵性好。目前这种直升机已经进入实用阶段。

【尾矿】(tailings) 在选矿流程中经分选作业的产品之一。是将精矿、中矿提取后的残留物质。其有用成分的含量最低。在当前的技术经济条件下,不宜再分选。但随着科学技术的发展,尾矿中的某些有用成分有可能进一步回收,或可作为建筑材料或采矿时的充填料而逐步获得广泛应用。因此,相当多的选矿厂的尾矿都集中储存在尾矿场,既防止环境污染,又备将来回收利用。

【尾矿坝】(tailing dam) 尾矿和水的尾矿库外构筑物围坝、尾矿库初期坝和堆积坝的总称。初期坝是指在基建中用作支撑后期尾矿堆存体的坝。堆积坝是指生产过程中在初期坝坝顶以上用尾矿充填堆筑而成的坝。在设计尾矿坝时,宜以滤水坝为初期坝,当遇到尾矿颗粒很细、黏粒含量大,不能筑坝或由尾矿库后部放矿合理时,可以采用当地土石料或废石建坝;当尾矿库与废石场结合考虑,用废石筑坝合理。在确定初期坝高度时,除满足初期堆存尾矿、澄清尾矿水、尾矿库回水和冬季放矿要求外,还应满足初期调蓄洪水要求,坝基处理应满足渗流控制和静力、动力稳定要求。筑坝方式一般分为初期坝和子坝。子坝又为后期筑坝方式。后期坝筑坝方式有上游式、中线式和下游式三类。筑坝上升速度应满足库内沉积滩面上升速度和防洪的要求。

尾矿坝

【尾矿库】(tailing storehouse) 筑坝拦截谷口或围地构成的用以储存金属、非金属矿山矿石选别后排出的尾矿或其他工业废渣的场所。一般由尾矿堆存系统、尾矿库排洪系统、尾矿库回水系统等几部分组成。按其筑坝类型的不同可分为:山谷型尾矿库、傍山型尾矿库、平地型尾矿库和截河型尾矿库。尾矿库使用期的设计等级,应根据该期的全库容和坝高分别按《尾矿库安全技术规程》确定。库址不宜位于工矿企业、大型水源地、水产基地和大型居民区上游;不应位于全国和省重点保护名胜古迹的上游;应避开地质构造复杂、不良地质现象严重区域;不占或少占农田,不迁或少迁村庄;不宜位于有开采价值的矿床上面;汇水面积小,有足够的库容和初、终期库长;筑坝工程量小,生产管理方便;尾矿输送距离短,能自流或扬程小。其特点是:(1)矿山选矿厂生产不可缺少的设施。(2)基建投资及运行费用巨大。(3)矿山企业生产最大的危险源。按其尾矿坝坝体稳定性的不同可分为危库、病库、险库和正常库四级。

尾矿库

【尾矿库闭库】(tailing pond closure) 对停用的尾矿库按正常库标准,进行闭库整治设计。其防洪能力和尾矿坝稳定性系数满足《尾矿库安全技术规程》要求,维持尾矿库闭库后长期安全稳定。一般包括闭库设计、施工及验收和尾矿库闭库后的维护三部分。依据《尾矿设施施工及验收规程》和其他有关规程对尾矿库的闭库工程进行施工及验收。对闭库后的尾矿库必须做好坝体及排洪设施的维护;未经论证和批准,不得储水;严禁在尾矿坝和库内进行乱采、滥挖、违章建筑和违章作业;闭库后的尾矿库,未经设计论证和批准,不得重新启用或改作他用。在已经批准闭库的尾矿库重新启用或移作他用时,必须按照《尾矿库安全技术规程》中尾矿库建设的规定进行技术论证、工程设计、安全评价,并经安全生产监管部门批准。

【尾矿库观测设施】(observing facilities in tail storehouse) 为掌握尾矿设施各部分构筑物的运行情况而设置的安全设施。主要包括库水位观测、坝体位移观测、浸润线观测、构筑物变形观测、渗流水与孔隙水观测、坝体固结观测、排水水量及水质监测。尾矿坝一部分可用肉眼对坝坡有无明显变形、塌坑、沼泽化、渗水、裂缝及蚁穴、鼠洞等进行观测,对于重要的尾矿坝必须借助仪器设备进行。其坝体变形观测是为了及时掌握尾矿坝的变形情况,研究其有无滑坡破坏的趋势,以确保尾矿坝运行的稳定和安全。坝体内浸润线的位置变化情况,直接影响坝体的稳定程度,对于坝体安全非常重要。渗流量观测通过观测汇入坝体下游集渗池的水量,掌握坝体渗流量变化的情况。加强对排洪系统各构筑物的巡视、检查,发现问题及时处理。

【尾矿库排洪设施】(tailing storehouse drain off floodwaters facilities) 尾矿库必须设置的排洪安全设施。其功能在于将汇水面积内的洪水安全地排至库外,保证尾矿库在洪水期的安全运行。安全性和可靠性直接关系到尾矿库防洪安全。尾矿库内存放有尾矿浆带来的水,尾矿库汇水面积内的水都会以地表径流的渠道进入尾矿库。在设计尾矿库时,应按设计规范计算洪水量。由于洪水季节地表径流量大,为了防止意外情况,则应修筑截流沟渠,把一部分地表径流在上游截出库外。在一些老尾矿库,沿尾矿库的纵坡方向修建一些排水井,井井相连,并通过井下排水管或排水沟渠把多余的澄清水排往库外。尾矿堆到一定高度时则从尾矿坝端向上游顺次序封闭已经完成任务的排水井。该系统一般包括截洪沟、溢洪道、排水井、排水管和排水隧洞等构筑物。初期坝旁修筑防洪道,在尾矿库的中后部设置备用的浮动泵站。尾矿库的排洪方式,应根据地形、地质条件、洪水总量、调洪能力、回水方式、操作条件与使用年限等因素,经过技术比较确定。尾矿库宜采用排水井(斜槽) 或排水管(隧洞)排洪系统。有条件时也可采用溢洪道或截洪沟等排洪设施。

尾矿库排洪设施

【尾矿库渗流控制】(tailing storehouse influent controlling) 控制坝体浸润线埋深及其出逸点的变化情况和分布状态在设计的控制范围内,并且坝面和坝体无渗透破坏的迹象。在尾矿库运行过程中,如坝体浸润线超过控制线,应经安全技术论证增设或更新排渗设施。常规渗流控制措施分为上游面节制和下游面疏导两类。上游式尾矿堆积坝控制渗流采取的措施是:(1)在尾矿筑坝地基设置排渗褥垫、水平排渗管(沟)及排渗井等。(2)在尾矿堆积体内设置水平排渗管(沟)或垂直排渗井、辐射式排渗井等。(3)在与山坡接触的尾矿堆积坡脚处设置贴坡排渗或排渗管(沟)等。(4)适当降低库内水位,增大沉积滩长。(5)坝前均匀放矿。当坝面或坝肩出现集中渗流、流土、管涌、大面积沼泽化、渗水量增大或渗水变浑等异常现象时,采取的处理措施是:(1)在渗漏水部位铺设土工布或天然反滤料,其上再以堆石料压坡。(2)增设排渗设施,降低浸润线。在渗流控制中,渗流水质的控制十分重要,若发现渗透的水质有变化,应立即查明原因,彻底解决。

【尾矿库生产运行】(tailings pond safety operation) 包括安全生产管理职责 、应急救援预案、尾矿排放与筑坝和尾矿库水位控制与防汛的生产运行。其运行内容是:(1)建立健全尾矿设施安全管理制度;对从事尾矿库作业的尾矿工进行专门的作业培训,并持证上岗。(2)编制年、季作业计划和详细运行图表,统筹安排和实施尾矿输送、分级、筑坝和排洪的管理工作。(3)做好尾矿库放矿筑坝、回水排水、防汛、抗震等安全生产管理。(4)做好日常巡检和定期观测,并进行及时、全面的记录。发现安全隐患时,应及时处理并向企业主管领导报告。应关注尾矿排放与筑坝,包括岸坡清理、尾矿排放、坝体堆筑、坝面维护和质量检测等环节。控制尾矿库内水位在满足回水水质和水量要求前提下,尽量降低库内水位。汛期前应对排洪设施进行检查、维修和疏浚,确保排洪设施畅通。

【尾翼】(empennage) 安装在飞机后部起稳定和操纵作用的装置。一般分为垂直尾翼和水平尾翼。前者简称“垂尾”或“立尾”。由固定的垂直安定面和可动的方向舵组成。在飞机上主要起方向安定和方向操纵的作用。根据垂尾的数目的不同,一般可将飞机分为单垂尾、双垂尾、三垂尾和四垂尾。后者简称“平尾”,由固定的水平安定面和可动的升降舵组成。主要起纵向安定和俯仰操纵的作用。

平水尾翼

【纬编织物】(weft knitted fabric) 由一根或几根纱线循序、连续地沿着纬向弯曲成线圈套结而成的织物。其工艺好似人们手工编织毛衣。这样的线圈是沿着纬向,连续不断地相互套结,所以称为纬编。纬编织物主要是采用台车棉毛机、罗纹针织机、大圆机和各种横机来织造。纬编织物应用较广,主要用来制作内衣裤、羊毛衫、紧身服装、游泳衣、运动衣、手套、袜子和休闲服装等。

【委中】 中医穴位名。属足太阳膀胱经,本经合穴。定位:在腘横纹中点,当股二头肌腱与半腱肌肌腱的中间。主治:腰脊强痛,股膝挛痛,下肢痿痹,中风昏迷,半身不遂,癫痫,中暑,衄血,腹痛吐泻,遗尿,丹毒,湿疹,腰扭挫伤,坐骨神经痛,胃肠炎,腓肠肌痉挛,下肢麻痹,脑出血,乳腺炎等。刺灸法:直刺0.5~1寸;或于浅静脉上点刺出血。现代研究结果证明:针刺委中穴对膀胱功能有调整作用。对处于高度紧张状态的膀胱,针刺能使其松弛,内压下降;对松弛状态的膀胱或尿潴留患者,针之可引起膀胱收缩,内压升高。

【卫气】(defence qi) 又称卫阳。中医术语。行于脉外之气。来自脾胃运化而生的水谷精微,性慓疾滑利,活动力强,流动迅速。卫气的主要功能是温养人体,维持体温相对恒定;司汗孔之开合,调节汗液排泄;抗御外邪入侵。此外,卫气的循行与人的睡眠也有密切的关系。

【卫气营血辨证】(defence qi nutrient and blood pattern identification) 中医诊法名。用于外感温热病的辨证施治方法。外感温热病的辨证纲领,也是外感温热病证候分类的一种方法。这是清代叶桂在《内经》的理论指导下,总结前人及自己的经验而创立的一种辨证方法。他把温病的产生、发展、演变过程,划分为卫分、气分、营分和血分四个阶段,用来说明温病病位的浅深、病情的轻重和传变的规律,以指导临床用药。

【卫生保健织物】(health care fabrics) 具有保健理疗作用的纺织品。包括抗菌、除臭、高吸水和防污织物等。通过后整理剂或微胶囊技术将药物附着在服装织物上。在穿着中,通过呼吸或药物渗透进入人体或通过热疗、电疗、磁疗和远红外辐射,对人体某些部位产生卫生保健作用。这类织物适用于血液循环不良、皮肤病、扭伤和神经官能症等。

【卫生阀】(sanitarg felling) 又称卫生采伐。以改善森林卫生状况,促进森林监控生长为目的的采伐。将枯立木,受病虫危害严重的树木,以及遭致风、雪危害受机械损伤将要死亡的树木砍去。一般与其他抚育采伐结合进行,如因某种原因不能结合时,亦可单独进行。

【卫生器具】(plumbing fixtrure) 供水或接受、排出污水或污物的容器或装置。是建筑内部给水排水系统的重要组成部分,是收集和排除生活及生产中产生的污、废水的设备。按其作用的不同可分为以下几类:(1)便溺用卫生器具,如大便器、小便器等。(2)盥洗、淋浴用卫生器具,如洗脸盆、淋浴器等。(3)洗涤用卫生器具,如洗涤盆、污水盆等。(4)专用卫生器具,如医疗、科学研究实验室等特殊需要的卫生器具。

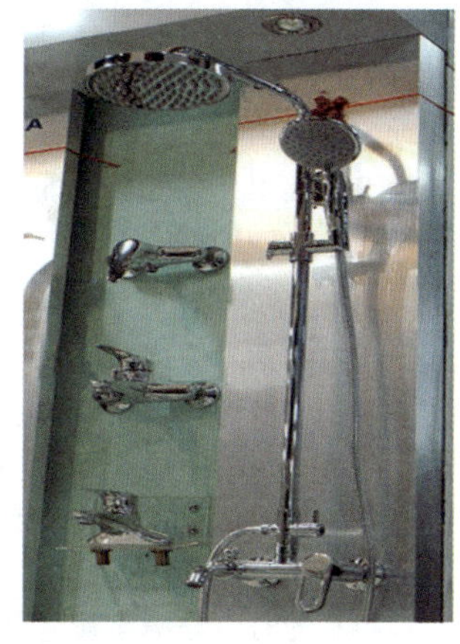

土壤资源

【卫星】(satellite) 围绕行星公转的天体。本身不发光,只能反射太阳光,如月球是地球的卫星。太阳系八大行星中,除了水星和金星之外,其他行星都伴有卫星。卫星又分规则卫星和不规则卫星两种。前者运动特性规则,绕行星转动方向与行星自转方向基本一致,轨道偏心率较小或轨道面与行星赤道面交角小于90°,如土卫一~土卫七,木卫一~木卫五等。后者运动特性不规则,转动方向与行星自转方向不一致,轨道偏心率较大,轨道面与行星赤道面倾角也大,如木卫六~木卫十,土卫八、土卫九等。地球除有天然卫星月球外,自1957年苏联发射第一颗人造地球卫星以来,还有许多人造地球卫星在各自的轨道上围绕地球运行。

卫星

【卫星病毒】(satellite virus) 一类基因组缺损,需要依赖辅助病毒,其基因才能复制和表达,完成增殖的亚病毒。一般大小在300个核苷酸左右(194~393bt个),通过内部碱基配对形成复杂的多种结构。不单独存在,常伴随着其他病毒一起出现。如大肠杆菌噬菌体P4,缺乏编码衣壳蛋白的基因,需辅助病毒大肠杆菌噬菌体P2同时感染,且依赖大肠杆菌噬菌体P2合成的壳体蛋白装配成含大肠杆菌噬菌体P2壳体1/3左右的大肠杆菌噬菌体P4壳体,与较小的大肠杆菌噬菌体P4 DNA组装成完整的大肠杆菌噬菌体P4颗粒,完成增殖过程。丁型肝炎病毒必须利用乙型肝炎病毒的包膜蛋白才能完成复制周期。常见的卫星病毒还有:腺联病毒、卫星烟草花叶病毒、卫星玉米白线花叶病毒、卫星稷子花叶病毒等。正如病毒利用寄主细胞的能量、原料及酶一样,可以认为卫星病毒是寄生于辅助病毒的小分子寄生物。迄今为止,已发现有26种植物的病毒支持它们各自的卫星病毒,有些卫星病毒还有不同株系。

【卫星测高】(satellite altimetry) 利用安装在卫星上的雷达测高仪测量卫星至其正下方瞬时海面的垂直距离的技术。是直接测量海水面,间接测量平均海水面、海面地形与海洋大地水准面的空间大地测量方法,也是测定海洋重力场的重要手段之一。能以很高的时空分辨率确定出详细的海面形状及其变化。卫星测高数据在大地测量学、地球物理学和海洋学中具有重要的应用价值。利用卫星测高的数据,能推算出海洋大地水准面、重力异常、垂线偏差和地球位模型等,填补了海洋重力测量的空白。

【卫星差分定位】(satellite differential positioning) 通过消除或减弱观测量中误差影响的方法大幅度提高卫星定位精度和完好性的技术。能够提高定位精度是基于同步、同轨的原理。对于两个相距不远的测站观测同一颗卫星,两站的观测值存在着时空相关性,即它们在一定时间内所包括的误差源及影响大体相同。在坐标为已知的基准站安置卫星接收机对所有可见的卫星进行连续观测,同时根据基准站的已知坐标和观测量计算出观测量的改正信息并发播给流动站的用户。流动站根据接收到的改正信息来修正同步观测的相应观测量,削弱卫星星历误差、信号传播误差的影响,进而获得高精度的流动站坐标。卫星差分定位还可明显地改善各类卫星定位系统的完好性,降低用户使用卫星定位的风险。卫星差分定位主要有两种方式:一是局域差分,另一种是广域差分。前者一般通过单个基准站、数据通信链向流动站用户提供综合的卫星差分改正信息。其作用范围较小,一般在150km以内。当基准站和用户间隔小于100km时,相对定位的误差约为$3\times10^{-5}\sim1.0\times10^{-4}$。其算法简单,技术成熟,能够有效地提高局域定位精度。但随着用户和基准站之间距离的增加,会出现误差与距离的不相关并导致精度的降低。广域差分的基本原理是:对卫星观测量的误差源加以区分,并对每一误差源分别“模型化”;然后将计算出来的每一误差源的数值及其变率,通过数据通信链传输给用户,对用户定位的各类误差分别加以改正,以达到削弱这些误差、改善用户定位精度的目的。所改正的误差源主要有:卫星星历误差、卫星钟误差和电离层延迟。广域差分定位通过一个中心站、若干个监测站及其相应的数据通信网络实现。在作用范围内用户的定位精度能提高到3~5m。其技术特点是:作用范围大,定位精度均匀,但硬件设备及通信工具较昂贵,技术复杂,运行和维持费用较高。

【卫星大地测量】(satellite geodesy) 利用人造地球卫星测定地面点位坐标以及确定地球形状、大小和重力场的技术。使用的主要测量设备包括星载无线电信标机、雷达测高仪、重力梯度仪、卫星跟踪卫星、卫星激光测距等测量系统等。按其测量原理的不同可分为:(1)几何法。将卫星作为空间基准目标,由几个地面站同步观测,即可按三维三角测量法计算这些站的相对位置,实现远距离的大地联测。这种方法称为卫星大地测量几何法。(2)动力法。如果将卫星作为对地球引力的敏感器,观测卫星运行轨道的摄动,可以推算地球形状和引力场参数,同时可以精确计算卫星轨道和确定地面站的坐标。由于卫星沿着以地球为质心的轨道运行,所以这样测定的地面站坐标是相对于地球质心的绝对位置。这种测量方法称为卫星大地测量动力法。目前正在发展和应用的卫星大地测量技术有全球定位系统、卫星对电干涉测量系统、卫星重力梯度测量和卫星跟踪卫星技术等。主要用于全球大地测量、地球动力学、常规大地测量、海洋大地测量、地球物理观测等。

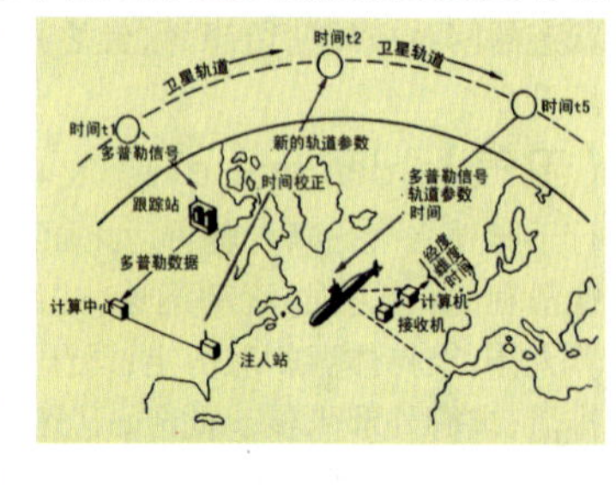

卫星大地测量

【卫星单点定位】(satellite absolute positioning) 又称卫星绝对定位。利用卫星和用户接收机之间的距离观测量,直接确定用户接收机天线在协议地球坐标系中相对与坐标系原点(地球质心)绝对坐标的一种定位技术。其实质是测量学中的空间距离后方交会。从几何原理分析,只需要三颗卫星就能确定用户接收机天线的位置。由于大部分卫星导航系统采用单程测距原理,卫星钟和接收机钟又难以保持严格同步,所以,实际观测的接收机至卫星之间的距离均含有卫星钟和接收机钟不同步的影响。对于卫星钟差,可以应用导航电文中给出的钟差修正参数进行改正;对于接收机钟差,一般难以预先准确地确定,所以,在实际应用中常把接收机钟差和接收机天线的位置一并作为未知量。这样求解四个未知参数就需要四个观测量,即接收机需同时观测至少四颗卫星。根据用户接收机天线所处的状态不同,单点定位又分成静态单点定位和动态单点定位。卫星动态单点定位的精度为10～15m；静态单点定位因可以重复观测，其定位精度可以提高到米级。在运动载体的导航、交通管理、公共服务等领域广泛应用。

【卫星导航定位】(satellite navigation and positioning) 利用人造地球卫星发射的无线电信号确定用户位置矢量的技术。卫星导航定位有多普勒、RDSS和RNSS三种不同的定位原理。GPS和GLONASS全球定位系统采用RNSS定位原理。这一原理基于伪距和伪距变化率实现定位测速。导航卫星在星载原子钟控制下按时间序列发射无线电导航信号，用户完成对3颗导航卫星的距离测量，以卫星发射天线相位中心为球心，以距离为半径形成3个球面，3个球面的交点即为用户位置。由于观测量中含有卫星钟与接收机钟之差，所以至少需要4颗卫星才能解算出用户位置和钟差。RDSS定位仍然基于三球定位原理，但距离测量和用户位置解算由用户以外的控制系统完成。控制系统通过两颗地球静止轨道卫星转发器连续发射询问信号，经用户机应答后测出经卫星至用户的往返信号传播时延。控制系统计算出用户至卫星的距离，以卫星天线相位中心为球心，距离为半径形成两个球面。再以地心为球心，地心至用户的距离为半径形成第三个球面。三个球面的交点即为用户位置。地心至用户的距离由控制系统的高程数据库提供。由于用户发射应答信号，因此为通信和识别创造了条件。在航天、航空、航海等多个领域广泛应用。

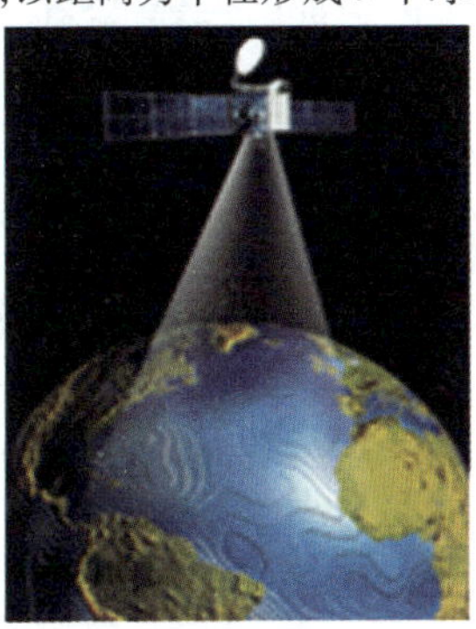

卫星导航定位

【卫星导航抗干扰技术】(anti-jamming technology of satellite navigation system) 在复杂电子环境下提高卫星导航信号与干扰信号比值以获得可靠定位、测速能力的技术。干扰信号包括恶意干扰和电磁环境干扰两种。前者有压制干扰和欺骗干扰两种方式。后者有多用户干扰、多径干扰和其他系统引起的邻近干扰。它们都影响到用户的导航定位。抗干扰的手段有：(1)系统级抗干扰技术。包括卫星信号长周期的导航信号测距码设计、卫星信号功率增强和导航电文加密等手段。(2)用户终端级抗干扰技术。包括调零天线技术和时频域滤波技术。前者又称空域滤波技术，根据信号的空间特征来区分信号，以抑制与卫星信号不同方向的宽带干扰，使接收机抗干扰能力提高30～50dB；后者采用时域、频域数字信号处理方法，根据导航信号和干扰信号的不同特性有效抑制干扰信号。此外，卫星导航与惯性导航的组合、多频段导航信号设计，也是提高卫星导航抗干扰能力的有效措施。其发展趋势是优化系统信号体制设计，用户终端采用多种滤波技术和组合导航技术，从而达到可靠导航定位的目的。

【卫星导航系统】(satellite navigation system) 由专用的导航卫星取代地面导航台发射导航信号的导航系统。主要由导航卫星、地面站组和用户设备三部分组成。导航卫星高度高、信号覆盖面广，具备地面导航台无法实现的功能。卫星导航系统通过用户设备接收到多颗导航卫星发出星历（信号），通过计算机运算即可确定用户的位置和各项运动参数，从而达到导航的目的。卫星导航系统可以全天候工作，用户数量不受限制，用户设备是被动式工作，便于隐蔽。

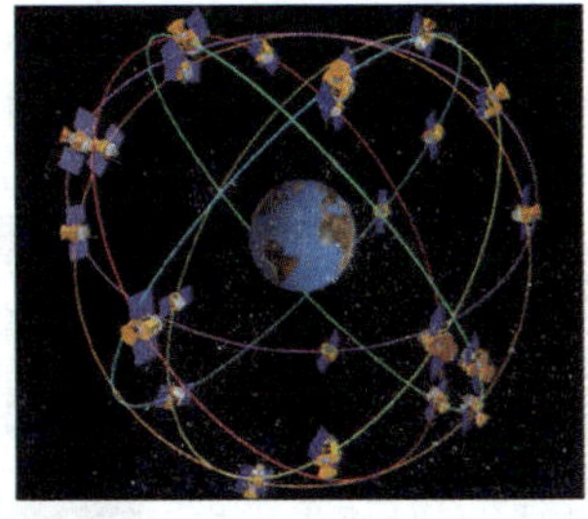

卫星导航系统

【卫星导航信号处理与测量】(processing and surveying of satellite navigation signal) 由接收终端恢复出卫星发射信号和调制信息并完成伪距测量的技术。导航信号一般采用伪随机序列直接扩频信号处理，采用非相干延迟锁相环恢复扩频码，利用科斯塔斯环恢复载波信号，实现对接收信号的时间提取和信息解调。具有同时接收多颗卫星信号、测量距离远、精度高等特点。其原理是：在接收机开始搜索卫星信号时，接收机和卫星之间存在钟差和距离的不确定性。为了产生与卫星信号相同的频率和相位以实现对卫星信号的跟踪锁定，通常采用将接收机载波频率固定设在卫星信号多普勒频率变化范围内。移动接收机伪码的相位，从时域上对伪码进行相关积累，通过判断相关峰值来确定是否捕获到信号。如果未能捕获到卫星信号，设定新的载波频率，重复上述工作，直到完成对伪码的初步捕获。影响卫星信号测量精度的主要误差有接收机通道时延误差、多路径误差、热噪声误差和载体动力学误差。提高伪距测量精度，可采用以下几种处理方法：(1)载波相位平滑伪距技术。利用测量载波相位的变化量对伪距观测量进行修正，可明显提高测量精度。(2)载波辅助码环跟踪技术。可以消除伪码的动态应力，降低码环跟踪带宽，减少热噪声测量误差。(3)窄相关技术。可以抑制多路径信号，降低热噪声带来的测距误差。(4)多径估计延迟锁定环(MEDLL)技术。不仅能够提供高精度的测量数据,有效消除多路径影响,还可给出完整的信号相关波形,用于分析卫星发射信号的质量。不同用途的接收机对卫星信号跟踪与处理技术不尽相同。高精度、高动态、抗干扰及其综合处理是该技术发展的方向。

【卫星导航增强技术】(satellite navigation augment technology) 提高卫星导航系统应用性能的技术。通过对导航卫星观测量进行差分改正及完好性监测,增加地球同步轨道卫星、伪卫星等导航信号源来实现。其目的是提高卫星导航的精度、完好性、连续性、可用性等性能,以确保系统满足特定用户的导航定位精度需求,及时通告用户系统故障或误差超限等情况,保证用户应用的可靠性、安全性。该技术包括:(1)差分技术。通过参考站连续观测获得导航卫星差分改正数据,从而提高用户导航定位精度。(2)完好性监测技术。通过对卫星星历误差、卫星钟差、电离层传播延迟误差等的监测处理,提供系统误差超限报警。(3)增加信号源技术。包括增加空间或地面伪卫星及地球同步轨道卫星,从而提供用户附加测距信号,以改善观测点的几何结构,增强系统连续性、可用性。随着卫星导航技术的推广应用以及用户对导航性能需求的不断提高,卫星导航增强技术正朝着多技术联合兼容、多元星座优化组合等方向发展。其目的是进一步提高卫星导航系统的精度、完好性、连续性和可用性。

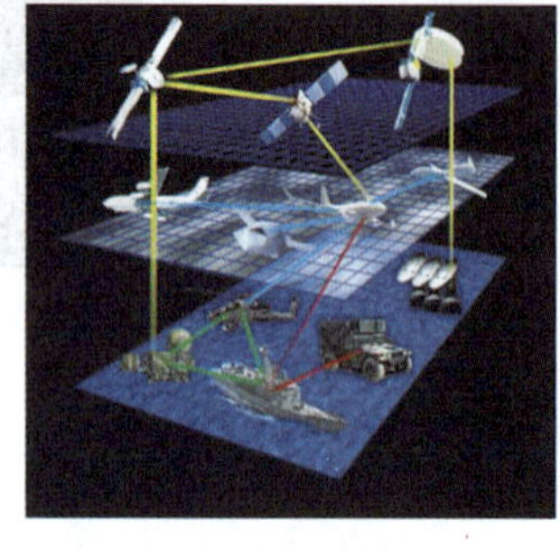
卫星导航增强技术

【卫星导航增强系统】(satellite navigation augment system) 实现卫星导航增强的综合卫星导航应用系统。其目的是:改善卫星导航系统定位精度、完好性、连续性和可用性。主要有三种增强系统性能的方式:(1)对卫星观测数据进行差分改正处理,增强系统定位精度。(2)对卫星及其差分改正信息进行监测,增强系统完好性。(3)增加导航信号源,增强系统的可用性、连续性。按其运用差分技术的不同可分为:(1)广域增强系统。在广域差分技术的基础上,通过一定数量的参考站和地球同步卫星,建立一个覆盖一定区域的满足导航用户较高性能需求的卫星导航应用系统。主要由导航卫星、地球同步卫星、参考站、中心站、数据链路、用户等组成。其工作原理是:通过监测导航卫星及地球同步卫星,在中心站计算广域差分改正并获得完好性信息,然后通过地球同步卫星数据链广播给用户;用户根据接收的差分改正及完好性信息,以及导航卫星及地球同步卫星观测信息综合处理得到精确的用户位置。(2)局域增强系统。在局域差分技术的基础上,通过几个参考站和伪卫星,建立一个在特定区域能够有效提高用户定位精度、完好性、连续性及可用性的卫星导航应用系统。主要由导航卫星、伪卫星、参考站、中心站、数据链路、用户等组成。其工作原理是:通过监测导航卫星及伪卫星,在中心站计算局域差分改正并获得完好性信息,然后通过数据链广播给用户;用户根据接收的差分改正及完好性信息,以及导航卫星及伪卫星观测信息综合处理得到精确的用户位置。

卫星导航增强系统

【卫星导航装备】(satellite navigation equipment) 实现卫星导航定位的系统设施与用户终端的统称。包括导航卫星、地面运控系统和用户终端。中国卫星导航装备分两代。第一代有地球同步轨道卫星、地面应用系统。地面应用系统包括中心控制系统、标校系统和应用终端。第二代有地球同步轨道卫星、地球倾斜同步轨道卫星和中圆地球轨道卫星、运行控制系统和应用系统。运行控制系统包括主控站、时间同步注入站、监测站;应用系统包括基本型用户机、双模型用户机、兼容型用户机和各种专用型用户机。目前,卫星导航装备正向着多功能、多系统集成方向发展,其应用终端向着多传感器组合应用和嵌入式系统集成方向发展。导航、通信、识别的高度集成也已经成为卫星导航系统和用户机的发展趋势。

【卫星地面测控】(satellite ground observation) 由测控中心和分布在各地的测控台、站(测量船和飞机)对卫星进行测控的全部工作。如在卫星发射过程中,在卫星与运载火箭分离的一刹那,测控中心要根据各台站实时测得的数据,算出卫星的位置、速度和姿态参数,判断卫星是否入轨。在其入轨后,测控中心要立即算出其初轨参数,并根据各测控台站发来的遥测数据,判断卫星上各种仪器工作是否正常,以便采取对策。在卫星正常工作后,测控中心和测控台站的作用是:(1)不断地对卫星的速度姿态参数进行跟踪测量,不断地精化其轨道参数;

(2)对星上仪器的工作状态进行测量、分析和处理;(3)接收卫星发回的科学探测数据;(4)受大气阻力、地球形状和日月等天体引力的影响,卫星轨道会发生振动而偏离,地面测控中心要对此加以测量和调控。

【卫星多普勒测量】(satellite Doppler measurement) 通过测量卫星发射的无线电信号的多普勒频移(卫星发射信号与接收机接收信号的频率差值)确定测站坐标的技术。其原理是:根据卫星多普勒接收机与多对卫星位置之间的距离差值确定测站的位置。卫星位置是已知的,利用测量的多普勒频移求出到一对卫星之间的距离差,就能确定出一个三维空间的双曲线。用户就位于多对卫星确定的多个双曲线的交点上。其测量的主要误差包括卫星轨道误差、电离层和对流层误差、天线相位中心偏差、本振不稳定、相对论效应和地球自转等。是卫星大地测量的成熟方法之一。其核心作用是能够取得测站高精度的地心坐标。在大地测量控制、摄影测量和地球物理学的控制点、海洋和极地的大地测量、极移等领域广泛应用。

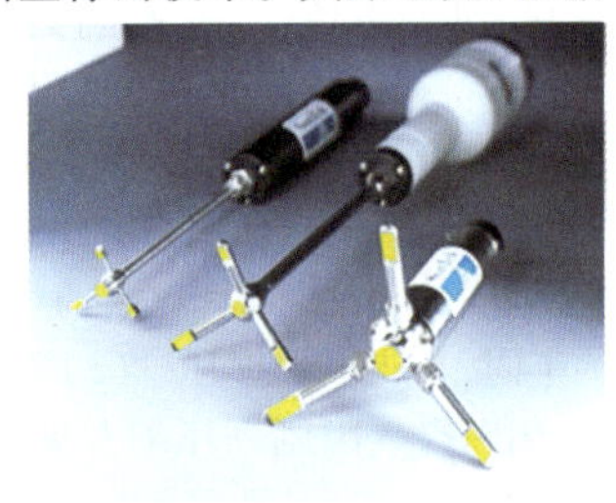
卫星多普勒测量仪

【卫星高度计】(satellite altimeter) 安装在卫星上的高度测量仪器。由脉冲发射器、灵敏接收器和精确计时器构成。通过对海平面高度、有效波高、后向散射的测量,可同时获取海流、海浪、海潮、海面风速等重要动力参数。卫星高度计还可应用于地球结构和海域重力场研究。经常使用的卫星高度计主要是激光高度计。它主要由激光发射、激光接受和数据处理三个模块组成。发射模块射出的激光束首先打到海(洋)面和冰块等探测目标上,海面等探测目标反射的激光信号被激光接受模块接受并把它转换成电信号,处理模块就可精确地测量出被测目标的高度。

卫星高度计

【卫星跟踪卫星测量】(satellite to satellite tracking measurement) 测定低轨道卫星的三维位置、速度、加速度或再测定低轨道卫星间的距离变化率,以确定地球引力场参数的技术。卫星重力测量的方法之一。卫星跟踪卫星测量的优点是:(1)卫星之间可以连续跟踪,避免了对流层折射的影响。(2)卫星间的距离变化率直接敏感地球重力场的细部结构。(3)星下点轨迹可以很好地覆盖全球,便于高精度恢复地球重力场信息。按观测模式的不同可分为高-低卫星跟踪卫星测量和低-低卫星跟踪卫星测量。它们主要测量检验质量(卫星、重力传感器内的载荷)的相对运动、相对距离、相对速度和相对加速度之一种或多种观测量。前者是由地面跟踪站观测高轨道卫星(GPS、GLONASS、Galileo 等)并精确定轨,同时由高轨道卫星跟踪观测低轨道上的重力卫星。主要观测量是伪距、相位与高轨卫星的导航电文。据此信息可精密确定重力卫星的轨道。它借助于高轨卫星由地面间接跟踪,是地面跟踪技术的空间扩展,克服了地面跟踪的局限性,实现了连续实时跟踪。国际上第一个实施的高-低卫星跟踪观测计划是 CHAMP。后者是由两颗低轨道卫星的相互跟踪,即在同一轨道上相距约 200~500km 一前一后运行的两颗卫星的相互跟踪。通常它们是两个质量、大小和形状完全相同的组合。在两星上增加了单程或双程微波跟踪或激光跟踪设备,以测定星间距离的变化率,从而更加敏感地球重力场的中短波长影响。国际上第一个实施的低-低卫星跟踪观测计划是 GRACE。

【卫星轨道确定】(satellite orbit determination) 确定卫星轨道根数的技术。利用地面测控站获得的卫星在某一时刻的高度角、方位角、测站到卫星的距离及径向速度等多种观测资料,根据卫星和测站的几何关系及卫星运动动力学规律,解算卫星轨道根数。卫星轨道确定包括初轨确定和轨道改进。前者通过少量的测量数据直接计算出卫星轨道根数,作为卫星轨道确定的初步结果;后者用大量的观测量来提高卫星某一时刻六个轨道根数的精度,得到其最优估计值,同时对测站坐标进行改正。

【卫星海表温度遥感】(satellite remote sensing of sea surface temperature) 利用海面热红外辐射用卫星测量海面温度的技术。该技术通过卫星海表温度系统,可从卫星上获取海洋环境参数。它是卫星海洋遥感系统中最成熟且用途最广泛的技术。

【卫星海洋遥感系统】(marine satellite remote sensing system) 利用电磁波与大气和海洋的相互作用原理从卫星平台观测和研究海洋的信息收集系统。该系统由空间平台及轨道、卫星传感器、数据传输、卫星地面接收站、图像处理与数据处理、海洋卫星资料的反演六部分组成。中国的卫星海洋遥感工作起步较晚,研究基础薄弱,与先进国家还有明显的差距。但在海洋卫星的研制方面有着自己的特色。2002年发射了第一颗海洋卫星。随着科学技术的进步;这方面的差距已大大缩小。

【卫星号运载火箭】(“Satellite ”Carrier Rocket) 苏联1957年10月4日发射人类第一颗人造地球卫星-“卫星1号”使用的运载火箭。是利用苏联的P-7洲际导弹改装的。火箭由一枚芯级火箭和四台助推火箭捆绑组成,全长29.17m,能将1 400kg的有效载荷送入低地球轨道。苏联利用这种火箭分别在1957年11月3日和1958年5月15日成功发射了第二颗和第三颗卫星。此后,这种火箭经过改进,派生出一个统称-“东方号”运载火箭系列。“东方号”火箭系列包括7种型号的火箭,即“卫星号”、“月球号”、“东方号”、“上升号”、“联盟号”、“进步号”和“闪电号”。它们组成了世界上用途最广、使用次数最多的运载火箭系列。

卫星号运载火箭

【卫星回收程序】(satellite retrieving process) 回收卫星的步骤。可分为六个步骤:(1)精确测算出卫星的飞行轨道,确定开始回收程序的时间。(2)地面遥控站发出返回指令,卫星调整姿态。(3)抛掉多余舱段。(4)反推火箭点火,卫星减速后进入返回轨道。(5)在一定高度上释出并打开降落伞,使卫星进一步减速。(6)用飞机、舰船、车辆等将卫星收回。

【卫星回收方式】(satellite recycling method) 回收卫星的各种方法。按回收场所的不同可分为:(1)空中回收。卫星落地前飞机在空中用钩子钩住卫星降落伞的绳子(美国早期采用这种回收方式)。(2)陆地回收。降落伞使卫星以每秒几米的速度落地(中国和苏联常用这种方式)后进行回收。(3)海上回收。卫星用降落伞降落在海面上,借助密封装置在海面上漂浮,并施放海水染色剂,舰船和飞机遁迹将卫星收回。

【卫星回收技术】(satellite retrieving technology) 使卫星按预定时间、预定地点和预定路线返回地面的技术。所谓卫星回收,实际上是指回收舱的回收。回收技术是载人航天的基础技术。要使卫星在预定时间、预定地点返回,其基本条件是:(1)运载火箭要有很高的导航精度,能准确地把卫星送到预定轨道,使卫星飞行的最后一圈,正好经过预定回收地区上空。对于低轨道卫星,由于受大气阻力和地球形状等因素的影响,轨道会发生偏离(摄动)。因此,还必须精确测算出卫星的实际轨道,才能向卫星发出返回指令。(2)执行返回使命的各种仪器设备必须准确无误地工作。由于卫星要在几分钟之内走完数千千米的航程,以接近8km/s的速度进入稠密大气层,强大的气动阻力和反推火箭点火、熄火,会产生剧烈的冲击、振动和过载,卫星的结构和仪器设备必须牢固,才能不被损坏。(3)卫星在大气层中高速穿行,周围空气因剧烈压缩和摩擦而升温,温度可达8 000~10 000℃,卫星表面也有几千摄氏度。因此,卫星表面必须有很好的烧蚀和耐热防热层。(4)在卫星接近地面时,仍有每秒几百米的速度,降落伞等减速装置必须绝对可靠。否则,卫星落地时还会被撞得粉碎。(5)信号装置必须可靠,以便尽快发现其踪迹。

【卫星激光测距】(satellite laser ranging) 利用激光测距仪测量地面测站与卫星之间距离的技术。其原理是:从地面测站的激光测距仪向卫星发射一束激光,经过卫星上的反射器反射后,由测站的接收设备接收,测出激光往返的时间间隔,从而推算出测站至卫星的距离。按发射激光方式的不同可分为脉冲测距和连续波相位测距两种。前者测量光脉冲在待测距离上往返传播的时间间隔;后者测量光束上调制信号在待测距离上往返传播时所发生的相位变化,间接测量时间间隔。在进行激光测距的卫星上必须安装若干个激光角反射器(一种光学四面体棱镜,用以增大反射能量,并使反射光沿着与入射光平行的方向反射回地面的激光测距仪)。卫星是高速运动的目标,为使窄激光束对准卫星目标,激光测距仪必须安装在精密的万向跟踪架上或安装在电影经纬仪、卫星跟踪摄影机上,接收回波就可以达到既测距又测角,实现单台定位。卫星激光测距需要进行的误差改正量包括地面偏心改正、卫星偏心改正、地面系统信号延迟、大气折射改正等。其主要缺点是地面站设备复杂,造价高,技术难度大,同时还易受到天气的影响。卫星激光测距是目前精度最高的绝对(地心)定位技术。

【卫星摄动运动】(satellite perturbing motion) 卫星偏离设计轨道或长或短的周期性扰动。由于地球为不规则的椭球体,作用于卫星的地球引力不通过地心,还有月球及太阳引力、地球大气阻力、太阳光压等的作用，使卫星的运动轨道偏离开普勒轨道而形成周期性扰动。

【卫星通信】(satellite communication) 把卫星作为设置在空中的通信中继站来开展多种信息传输业务的通信系统。由通信卫星和通信地面站两大部分组成。卫星把从地面站发来的电磁波信号经过放大后再由卫星转发器发射到其覆盖区内的地面站。地面站再把接收到的信息通过与网络的接口经公网送入千家万户。具有视野开阔、覆盖面大和经济实用等优点。已在军事、电视传播等领域广泛应用。

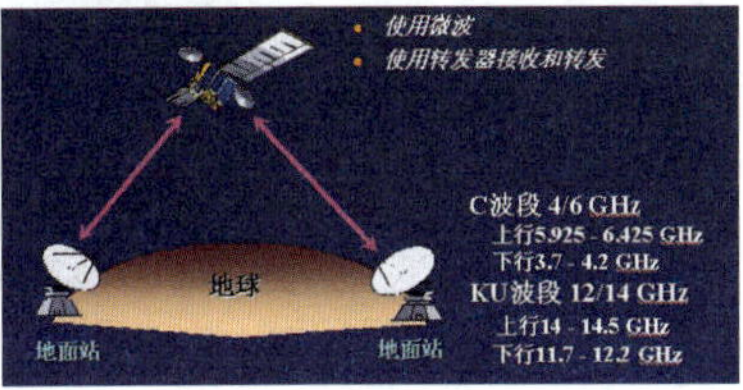

卫星通信

【卫星图像】(satellite image) 又称卫星像片、卫片。各种人造地球卫星在运行过程中，使用各种摄影器材或多光谱扫描仪等设备，对地面物体进行摄影或扫描所获得的图像资料。其回收方式有两种：一种是通过回收运载工具取得摄影相片；另一种是通过电子仪器将图像资料转变成电信号记录在磁带上，在卫星运行的过程中下传到地面接收设备，然后经过处理系统变换为胶片影像。

卫星图像

【卫星相对定位】(satellite relative positioning) 利用卫星定位方法确定两点之间相对位置的技术。其原理是：使用两台接收机，其中一台置于已知坐标的测站上，另一台安置在未知点测站上，同步观测相同的卫星，确定两接收机天线组成的基线端点在协议地球坐标系中的相对位置或基线向量。该方法可以推广到多个接收机安置在若干条基线的端点。在两个或多个测站上同步观测相同卫星，卫星的轨道误差、卫星钟差、接收机钟差以及电离层、对流层折射延迟等，对观测量的影响具有一定的相关性。利用这些观测量的不同组合进行相对定位，可有效地消除或削弱上述误差的影响，提高相对定位的精度。按用户接收机在定位过程中所处状态的不同，相对定位可分为静态相对定位和动态相对定位。按使用观测量的不同，相对定位可分成伪距相对定位和载波相位相对定位。伪距相对定位的精度为米级，载波相位相对定位精度最高，在一定范围内，精度可达1～2cm。如果使用高精度的卫星星历数据、合适的数据处理软件，载波相位相对定位精度可达毫米级。载波相位相对定位可广泛应用于大地测量、精密工程测量、科学研究、现代化农业耕种、地球物理勘探、建筑等领域。

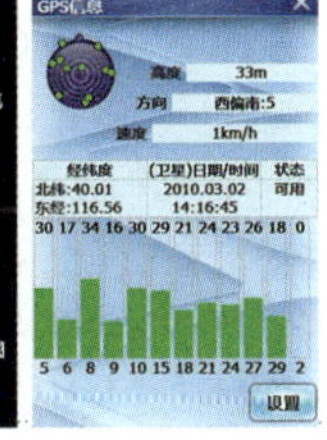

卫星定位

【卫星有效载荷能力】(satellite payload capacity) 卫星的有效载荷就是直接执行特定卫星任务的仪器、设备或分系统。有效荷载能力就是指这些仪器、设备或分系统的性能和探测能力。同一种类型的有效载荷，设备性能差别也很大。遥感卫星的有效载荷有多光谱扫描仪、红外扫描仪、合成孔径雷达、微波辐射计、微波散射计、雷达高度计、超光谱和天线。导航卫星的有效载荷有卫星时钟、导航数据存储器及数据注入接收机。侦察卫星的有效载荷有可见光胶片型相机、可见光CCD相机、雷达信息信号接收机(信道化接收机、测向接收机)和天线阵及大幅面测量相机等。随着航天技术的不断发展，有效载荷也在逐步向低功耗、小质量和小体积的方向发展。

【卫星照明技术】(satellite illumination technology) 在人造卫星上利用反射太阳光形成"人造小月亮"或"人造小太阳"的照明技术。人们设想在地球静止轨道上配置一颗人造地球卫星，由直径为数百米的十几个反射镜组成。反射镜面用镀铝涤纶薄膜等材料制成，能百分之百地反射太阳光，在夜间把太阳光反射到地面，为城市和野外活动提供照明。其亮度可达满月的10倍，反射到地面上的光和月光一样为"冷光"。带到地面上的热量很少，照亮的地球表面积也不大，不会破坏地球的生态平衡。

【卫星制导】(satellite guidance) 接收导航卫星信号，控制导弹飞向目标的技术。卫星制导系统由卫星、地面站及弹上的控制设备组成。按工作方式的不同可分为：(1)有源卫星制导系统。是指导弹接收到卫星信号后，还要转发信号给卫星，再回到地面

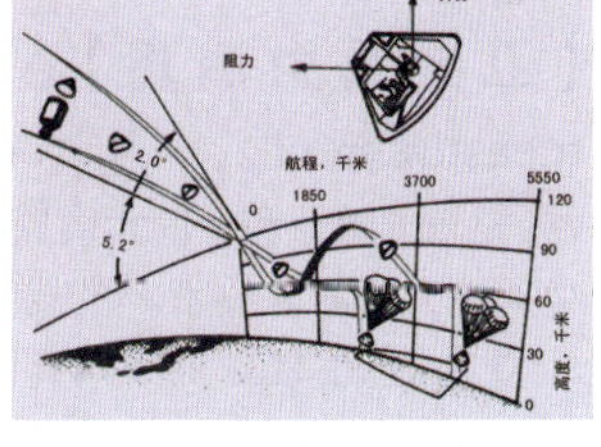

"阿波罗"号飞船载入过程示意图

站。地面站对接收的信号进行处理后,将导弹的实时状态参数发回导弹,经弹上制导计算机进行处理,形成制导指令。这种系统弹上设备简单、运算量小,因而价廉,但发射信号易被发现和干扰。(2)无源卫星制导系统。是指导弹接收到卫星的无线电信号后,不再回答信号,由弹上制导计算机进行实时状态参数计算,形成制导信号。因此,采用这种系统的导弹不易被发现,抗干扰能力强,但要求有足够运算速度及容量的弹上制导计算机。此外,还可按测量体制的不同分为测角系统、测距系统、测速系统和测量多种参数的系统。卫星制导精度较高,但受卫星工作状况的影响。全球定位系统作为卫星制导是比较理想的,它具有全球、全天候、高精度、实时定位与测速等优点,是典型的无源卫星制导系统。

【卫星钟同步】(synchronization of satellite clocks) 通过对导航卫星星载原子钟的精密时间观测序列,确定卫星钟的钟差并给出相应的预报参数。卫星钟差是卫星钟相对于系统时间的偏差,是导航定位的重要参数。卫星钟同步并非真正意义上的物理同步,而是指经过钟差修正后的同步。确定卫星钟差的方法有:(1)倒定位法。通过4个以上地面站的观测伪距,在已知地面钟差的前提下求解卫星钟差。(2)双向无线电法。通过卫星接收地面站无线电信号和地面接收卫星无线电信号的方法确定卫星钟差。卫星钟差参数通常由地面主控站进行处理,并注入卫星,由卫星以广播电文的形式提供给用户使用。卫星钟差的参数值通常需要控制在一定的限差之内,当参数值大于或接近限差时,卫星钟要进行相应的频率或相位调整。卫星钟的同步精度取决于卫星钟差参数的测定精度、参数龄期(测定时刻到预报时刻)和卫星钟的长期频率稳定度。卫星钟的长期频率稳定度越高,卫星钟的同步精度越高,钟差的可预报时间也就越长。

卫星钟

【卫星重力测量】(satellite gravimetry measurement) 利用星载重力传感器、定位传感器、姿态传感器和星间距离跟踪传感器组合系统进行空间重力测量的技术。星载重力传感器包括加速度计和重力梯度仪。星间距离跟踪传感器包括波段测距仪和激光测距仪。按观测原理的不同,卫星重力测量可分为卫星跟踪卫星测量和卫星重力梯度测量。卫星重力测量是陆地、海洋、航空重力测量的拓展和补充,也是重力测量的发展方向之一。具有成本低廉、全球覆盖的优点。可用于建立全球和区域高精度重力场模型和大地水准面、地球动力学和重力场的时间变化、海洋环流和海面变化、大气研究等。广泛应用于固体地球物理学、海洋学、冰川学、水文学和大地测量学等领域。

卫星重力测量

【卫星重力梯度测量】(satellite gravity gradiometry) 通过在低轨道卫星上安装重力梯度仪,由梯度测量获取地球引力位的二阶偏导数分量。卫星重力测量的方法之一。为了减弱卫星姿态误差、位置误差以及转换到地固坐标系的换算误差,通常尽可能将梯度仪固定在卫星的质量中心,x 轴指向卫星的水平最大惯性主轴,y 轴指向卫星次惯性主轴(或 xy 交换),z 轴指向卫星最大惯性主轴。这些观测量显著地包含重力场中、短波长的信息,可以较高的精度确定重力场相应的位系数。

【未病】(sub-health) 中医术语。机体处于尚未发生疾病的时段及其状态以及疾病在动态变化中可能出现的趋向和未来时段可能表现出的状态。中医所说的“未病”按含义的不同包括三方面的含义:一是无病的健康状态;二是已病但未转变确已能预知其将要转变趋向的疾病状态;三是非健康又非患病的所谓“第三状态”即亚健康状态。中医“治未病”包括未病先防、既病防变和病后康复三个方面。

亚健康

【未病先防】(preventing before disease appears) 在人未发生疾病之前,采取各种有效措施,做好预防工作,以防止疾病的发生。预防疾病发生的一种理念。主要关系到邪正盛衰。正气不足是疾病发生的内在因素,邪气是发病的外在条件。未病先防主要是从增强人体正气和防止病邪侵害两方面入手。这是中医学预防疾病思想最突出的体现。

【未成年人劳动保护】(labor protection of minors) 年满16周岁不满18周岁的劳动者保护。由于未成年工的身体还没有完全发育成熟,从事某些工作会危害生长发育和身体健康。因此,国家对未成年人就业做出了一些保护性的规定，主要包括：(1) 用人单位不得安排从事矿山井下及有毒有害的工作。(2) 不得安排从事重体力劳动。(3) 不得安排从事其他禁忌从事的劳动，包括森林业伐木及流放作业、高空作业、放射性物质超标的作业以及其他会影响生长发育的作业。(4) 要对未成年工定期进行健康检查。一般来讲，这些未成年人虽然已经可以参加工作，但生理上和心理上还不成熟，家长最好不要让他们过早参加工作。如果能让他们在就业之前参加一两年的职业技术培训，掌握一些实用技术，在外出以后就能发挥自己的优势。

【未熟抽薹】(immature bolting) 又称先期抽薹。在蔬菜产品器官形成以前或形成过程中发生的抽薹现象。结球甘蓝、洋葱等因冬前幼苗过大易感受低温而通过春化阶段，于翌年抽薹；在北方高寒地带秋播的大白菜和大型萝卜，因遇较低温度和较长的日照，在收获前发生抽薹。未熟抽薹会影响蔬菜的产量和品质。

【未遂事故】(attempted accident) 有可能造成严重后果，但因某种偶然因素，实际上没有造成严重后果的事件。其发生的原因及其发生、发展的过程与某个特定的会造成严重后果的事故是完全相同的，只是由于某种偶然因素，没有造成该类严重的人身伤害和经济损失。在同类事故中，未遂事故发生概率较大，对其发生原因和发展规律进行调查、统计、分析、研究是预防、控制发生严重事故的重要手段之一。

【位错】(dislocation) 晶体中原子有规律地错排的现象。在晶体滑移时出现在已滑移部分与未滑移部分的滑移面上的分界处。晶体的 种缺陷。晶体在结晶时，受到杂质、温度变化或振动产生的应力作用，或由于晶体受到打击、切削和研磨等机械应力的作用，使晶体内部质点排列变形，原子行之间相互滑移而形成的缺陷。按其几何结构的不同可分为刃型位错和螺旋位错。均属于晶体的线缺陷。刃型位错是晶体上下两部分的原子排的数量不等，相当于某一晶面上插入了一个原子平面，但没有插到底而形成刀刃形状。螺旋位错是晶体中上下两部分原子的排列位置发生了错动，造成某一部分原子排列不规则分布，呈螺旋线形状。在位错附近，由于原子的规则排列发牛变化会引起晶格歪扭，因而对金属的塑性变形、强度等具有很大影响。在晶体中，位错越多，则变形阻力越大，材料强度也越高。在一般纯铁中位错密度约为 $1\times10^{6}\sim1\times10^{8}/cm^{2}$，而在冷加工后可达 $1\times10^{11}\sim1\times10^{12}/cm^{2}$，即使在细心培育的晶体中也有 $1\times10^{3}/cm^{2}$。位错的存在，对晶体生长、相变、扩散和形变等都有重要影响。对多晶体金属，少量位错促成其塑性流动。当位错过多或是受金属强化手段而被钉扎时，会阻碍塑性流动而增强金属强度。在不希望出现位错的单晶体生产中，选择合理的生长参数、选择正确的晶体生长方向、控制精确的温度与小的温度梯度或掺入元素生成络合物等，都是降低甚至消除位错的方法。

【位错强化】(dislocation strengthening) 形成位错使金属或合金的强度增加的方法。塑性变形中不断形成新的位错，形成晶体内部缺陷和晶格畸变，使位错密度不断增加。溶质原子围绕着位错的聚集以及位错区域的未熔质子的沉淀，阻碍了变形的滑移，使强度增加。例如冷拔线材、冷拔钢材、预应力钢筋和深冲薄板异形件等，均是通过增加位错来达到加工硬化。奥氏体钢以及经过形变热处理的钢，其位错强化作用更大。

【位图文件】(bitmap file, BMP) 一种基于像素点的，采用位映射存储方式的图像格式。位图可以模仿照片的真实效果，具有表现力强、细腻、层次多和细节多等优点。同时由于位图是由多个像素点组成，采用位映射存储格式，除了像深度可选以外，不采用其他任何压缩，因此，BMP 图像所占用的空间很大。BMP 图像的深度可选 1bit、4bit、8bit 及 24bit。BMP 文件存储数据时，图像的扫描方式是按从左到右、从下到上的顺序。由于 BMP 图像格式是 Windows 环境中交换与图像有关数据的一种标准，因此在 Windows 环境中运行的图像软件都支持 BMP 图像格式。典型的 BMP 图像文件由三部分组成：位图文件头数据结构（包含 BMP 图像的类型、显示内容等信息），位图信息数据结构（包含有 BMP 图像的宽、高、压缩方法），以及定义颜色等信息。位图文件使用 BMP 作为文件扩展名，称 BMP 图像。

【位温】(potential temperature) 海洋中某一深度的海水微团绝热上升到海面时该水团所具有的温度。位温在研究深层、底层海水运动方面具有重要意义，用位温分析比用现场水温分析更为合理。如各层水体位温一致，则表明海洋处于完全对流状态。

【位移】(displacement) 描述质点位置变化的物理量。质点在某一时间内的位移，用它在这时间内的初位置指向末位置的有向直线段表示。位移是矢量。是一个有大小和方向的物理量。大小是

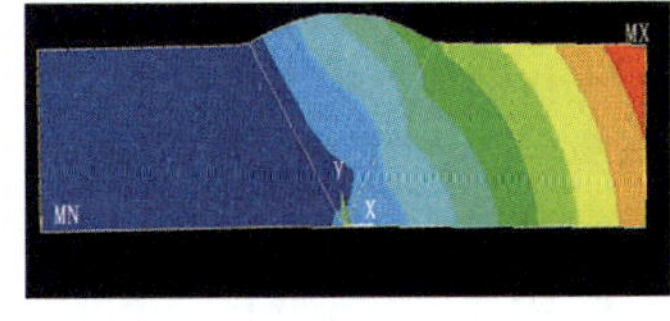

位移

运动物体初位置到末位置的直线距离。方向是从初位置指向末位置。位移只与物体运动的始末位置有关,而与运动的轨迹无关。如果质点在运动过程中经过一段时间后回到原处,则质点运动的路程不为零而位移为零。在国际单位制中,位移的单位为米(m)。

【位置传感器】(position sensor) 用于测量机器人自身位置或位移的传感器。是机器人作业中位置设定与控制的关键部件。分为直线位移传感器与角位移传感器。前者具有工作原理简单、测量精度高和可靠性强的特点;后者具有可靠性高、成本低的优点。位置传感器已在机器人控制系统中广泛应用。

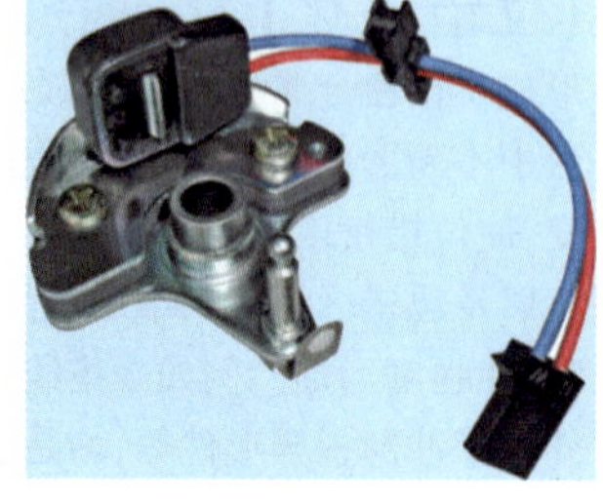

曲轴位置传感器

【位置公差】(position tolerance) 零件关联实际要素的位置对基准所允许的变动全量。包括:定向公差(关联实际要素对基准在方向上允许的变动全量),其项目有平行度、垂直度、倾斜度;定位公差(关联实际要素对基准在位置上允许的变动全量),其项目有同轴度、对称度、位置度;跳动公差(关联实际要素绕基准轴线回转一周或连续回转时允许的最大跳动量),其项目有圆跳动(端面圆跳动、径向圆跳动)和全跳动。

【位置随动系统】(stellungsservosteuerung) 见数控伺服系统。

【味精】(monosodium glutamate) 又称味素。主要成分为谷氨酸钠的一种调味料。一种氨基酸-谷氨酸的钠盐。无嗅无色的晶体。在232°C时解体熔化。谷氨酸钠的水溶性很好,在100ml水中可以溶解74g。如果在100℃以上的高温中使用,鲜味剂谷氨酸钠会转变为对人体有致癌性的焦谷氨酸钠。如果在碱性环境中,味精会起化学反应产生一种称为谷氨酸二钠的物质,遂失去鲜味。所以要适当地使用和存放。

味精

【胃癌】(stomach cancer) 起源于胃上皮的恶性肿瘤。消化道最常见的恶性肿瘤之一。可发生于胃的任何部位,半数以上发生于胃窦部,其次在贲门部。发病率在不同国家、不同地区差异很大。病因与下列因素有关:(1)环境因素。包括食物、土壤和水源等,其中最主要的是饮食因素。胃液中亚硝酸盐(如腌制食物)的含量与胃癌的患病率明显相关,而高盐饮食、吸烟、低蛋白饮食、较少进食新鲜的蔬菜和水果,则可能增加患胃癌的危险性。同时有吸烟嗜好的人,其发病率亦明显高于不吸烟者。(2)感染因素。幽门螺杆菌(Hp)感染,已被世界卫生组织列为I类致癌物。调查表明,胃癌发病率与Hp感染呈正相关。(3)遗传因素。其发病率有家族聚集倾向。其家属的发病率高于一般人的2~4倍。(4)癌前疾病。能演变为胃癌之良性胃部疾病,如胃溃疡、慢性萎缩性胃炎、胃息肉和残胃炎等。胃癌晚期有发热、衰竭和恶病质等症状。上腹部可摸到质硬的肿块,常有压痛。

【胃排空】(gastric emptying) 食物由胃排入十二指肠的过程。胃的排空取决于幽门两侧的压力差(直接动力)。胃运动产生的胃内压增高是胃排空的动力(原始动力)。胃排空速度与食物性状和化学组成有关,糖类>蛋白质>脂肪;稀的、流体食物>固体、稠的食物。影响胃排空的因素有:(1)促进因素。包括胃内食物容量、胃泌素。(2)抑制因素。包括肠胃反射、肠抑胃素(促胰液素,抑胃肽,胆囊收缩素)等。小肠内因素起负反馈调节作用。胃排空的具体过程是:食物刺激胃壁是促进胃排空的动力。当幽门括约肌开放,胃运动加强,胃内压大于十二指肠压时,胃内容物即可进入十二指肠。而进入十二指肠的胃内容物通过肠壁的各种感受器,反射性引起胃运动减弱,排空减慢,对胃的运动和排空起抑制作用。当进入十二指肠的盐酸被中和,消化的食物被吸收,对胃的抑制作用便逐渐消失,胃的运动又逐渐增强,直至另一部分胃内容物被排到十二指肠。所以胃的排空是间断进行的。一般情况是,对于混合性事物,胃完全排空的时间约需4~6h。因此,在饮食时应该细嚼慢咽,不宜多食脂肪,以利于胃排空,减轻胃的负担。

【胃食管反流】(gastroesophageal reflut, GER) 胃内容物,包括十二指肠流入胃的胆盐和胰酶等再流入食道的现象。分生理性和病理性。生理性是由于婴儿食道短、宽,下端喷门括约肌发育不成熟,神经肌肉协调功能差,喷门松驰,胃呈水平,故胃中食物及奶流入食道。多在吃奶后呕吐,称"溢乳"。病理性是由于食道下端喷门括约肌功能障碍,组织结构异常,出现胃食道反流,多在睡眠时、仰卧位及空腹时出现反流,称胃食道反流病。小儿多在2岁时,60%的可自行缓解,部分患儿可持续到4岁。其主要的表现是:呕吐。85%在生后1周出现,10%生后6周内出现;常在餐后,有时在夜间及空腹时,严重时呈喷射状;呕吐为胃内容物,有时有少量胆汁;食物反流入食道,引起食道的症状是烧心、咽下困难,严重时呕血、便血;食道反复受损,出现溃疡、狭窄,甚至食道气管瘘;呕吐物流入气管,出现肺炎、哮喘等。长期呕吐,80%的小儿体重不增,营养不良,贫血等。年长儿可述有反胃、反酸、嗳气等。诊断较困难。应和呕吐性疾病鉴别。生理性和病理性胃食道反流鉴别更困难,必须借助食道钡餐造影、食道内镜及B超探明食道黏膜及其他异常。其治疗原则是:上身抬高,前倾,右侧卧位,少食多餐,稠食物;年长儿睡前2h禁餐;可口服吗叮啉、普瑞博思增加胃动力;服抗酸及抑酸药处理;用保护黏膜药物如硫糖铝等。用上述药无效而出现严重并发症可考虑手术治疗。

【胃食管喉气管综合征】(gastroesophagolarungotracheal syndreme,GELRS) 又称两管一腔综合征。一种胃、十二指肠内容物返流入食管引起的,以胃食管交接处为启动器、以咽为反应器、以口鼻为效应器、以喉气管为喘息形成器的临床综合征。由中国中科院汪忠镐院士于2006年提出。其临床特点是:(1)男性多于女性;(2)老年人居多;(3)哮喘发作因进食、运动而诱发,没有季节性、夜间频繁;(4)抗哮喘治疗无效;(5)多有消化道症状。其临床表现是:有食管返流症状,如反酸、烧心等,并伴有食管外症状,如慢性咳嗽、声音嘶哑、咽部异物、打鼾、夜间窒息和(或)进食不当诱发的发作性呼吸困难以及哮喘样发作等表现。其机制是:胃、十二指肠内容物反流至咽部时,可形成细微颗粒或雾状物而被喷入喉头,吸入气管、支气管和肺部,导致严重的咳嗽、咯痰和呼吸困难。其基本生理是:强力的胃酸和胃酶为消化食物的根本,唯有胃黏膜才具备特有的抗胃酸和胃酶的功能;而食管黏膜却不能承受胃酸的刺激,胃酸反流可立即引起烧心的感觉;喉、气管、支气管等呼吸道黏膜,对胃酸更无抵御的能力,一旦接触胃酸,立即引起呼吸道平滑肌的强烈收缩和黏膜的大量分泌以及反射性的剧烈咳嗽。其治疗方法是:首先治疗胃食管反流病。其目的是控制症状、治愈食管炎、减少复发和防止并发症。如改变生活方式:卧位时取斜坡位、餐后2h再躺下、减少导致腹压增高的因素、尽量不食高脂肪食物等;药物治疗包括:促进胃肠动力药、胃黏膜保护剂、H2受体拮抗剂和质子泵抑制剂等。其次治疗呼吸道并发症。如用缓释茶碱、酮情吸入富马酸福莫特罗粉吸入剂等,以及抗生素的适当应用。对于以上治疗疗效不佳或病情加重或呼吸道并发症严重而不能控制者,需通过腹腔镜或开腹或偶有开胸行胃底折叠术在食管下段形成一抗反流瓣膜,实现控制或减少反流的目的。

【胃腧】 中医穴位名。属足太阳膀胱经,胃的背腧穴。定位:在背部,当第十二胸椎棘突下,旁开1.5寸。主治:胸胁痛,胃脘痛,腹胀,肠鸣,食不化,呕吐,泄痢,胃痉挛,胃炎,胃溃疡,胃下垂,进行性肌营养不良,肝炎,肝硬化等。刺灸法:直刺0.5~0.8寸;艾炷灸3~7壮,或艾条灸10~20min。现代研究结果证明:针刺胃俞穴对胃肠蠕动有较好的调整作用。实验表明,对胃溃疡和十二指肠溃疡患者针刺胃腧穴多数使胃电发生抑制作用,并可明显促进溃疡愈合。

【胃潴留】(gastric retention) 又称胃排空延迟。胃内容物积储而未及时排空的病理状态。凡呕吐出4~6h以前摄入的食物,或空腹8h以上,胃内残留量>200ml者,均表示有胃潴留存在。分为器质性与功能性潴留两种。临床上以后者常见。功能性胃潴留多由于胃张力缺乏所致。正常胃内压有赖于正常胃的收缩运动,胃蠕动的节律迟缓或失常均可引起胃内压降低。呕吐为本病的主要表现。呕吐物常为宿食,一般不含胆汁。上腹饱胀和疼痛亦多见。急性患者可致脱水和电解质代谢紊乱;慢性患者则可有营养不良和体重减轻。长期呕吐者可引起碱中毒,并致手足抽搐。

【喂棉箱】(cotton feeding box) 产生均匀的棉筵并喂给各台梳棉机的一种装置。输棉风机将清棉机处理好的纤维均匀地分配到上棉箱,经进一步开松落入下棉箱,借循环风机的作用将棉筵分配到各台梳棉机。喂棉箱是开清棉联合机的连接设备,位于梳棉机的后部,由机架、配棉道、排尘道、给棉开松打手、上下棉箱、循环风机、静压箱、打手保险、出棉罗拉和安全罩门等部件组成。

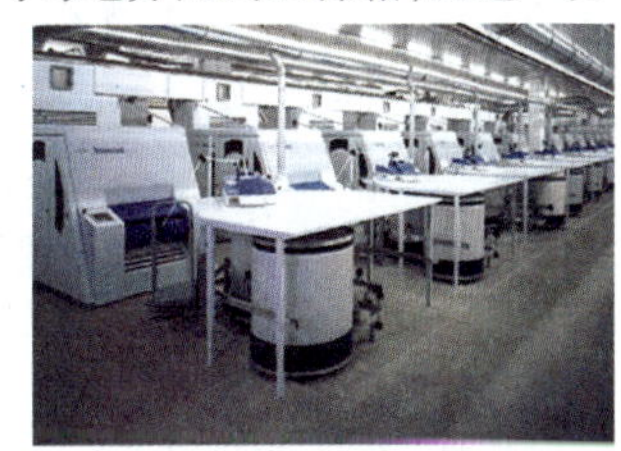

喂棉箱

【魏氏组织】(Widmanstätten structure) 德国人魏德曼施泰登(A. J. Widmanstätten)首先在陨石中发现的一种金相组织。所以用他的姓来命名。钢中的一种缺陷。亚共析钢和过共析钢,如果由于过热或其他原因引起钢的奥氏体晶粒粗大,则在一定冷却条件下,在过饱和固溶体晶粒内将沿着某些晶面上析出与母相保持一定结晶学关系的新相。在光学显微镜下呈针状或条状,并排列成为有规则的几何形状。嵌入母相晶粒构成的基体内所形成的金相组织。在亚共析钢中为铁素体,在过共析钢中为渗碳体。魏氏组织严重时会使钢的冲击韧性、断面收缩率下降,使钢变脆。为了防止在热轧条件下的钢材生成魏氏组织，可以采用控制轧制和控制冷却的措施，以细化晶粒，并控制轧后冷却防止晶粒长大，也可采用完全退火或正火使之消除。

【温差电池】(range of temperature cell) 利用温度差异使热能直接转化为电能的装置。按其使用材料的不同可分为：(1)用金属制成的温差电池。这种电池赛贝克效应(两种不同金属导体接成闭合电路，两个接点分别置于温度不同的环境时，电路中有电流产生的现象)较小，常用于测量温度、辐射强度等。在使用时，常把若干个温差电偶串联起来，把其中一头暴露于热源，另一个接点固定在一个特定温度环境中。这样产生的电动势等于各个电偶产生的电动势之和。(2)用半导体制成的温差电池。赛贝克效应较强，热能转化为电能的效率也较高。将多个这样的电池组成温差电堆，可作为小功率电源。温差电池的工作原理是：将两种不同类型的热电转换材料N型和P型半导体的一端结合并将其置于高温状态，另一端开路并给以低温时，由于高温端的热激发作用较强，空穴和电子浓度也比低温端高。在这种载流子浓度梯度的驱动下，空穴和电子向低温端扩散，从而在低温开路端形成电势差。如果将许多对P型和N型热电转换材料连接起来组成模块，就可得到足够高的电压，形成一个温差"发电机"。温差发电已被证明为性能可靠、维修量小、可在极端恶劣环境下长时间工作的动力技术。近几年来，温差电池不仅在军事和高科技方面，而且在民用方面也表现出了良好的应用前景。

【温床】(hotbed) ❶一种既利用太阳热也用人工简易加温培育蔬菜、花卉幼苗的苗床。一般为南低北高的框式结构。主要结构为床框和床盖。床框以砖、水泥、木材和稻草制成。北高60～80cm，南高45～65 cm，宽约1.2m。床盖用木制窗架，嵌以玻璃，做成玻璃窗盖，一般长宽约为80～100cm为宜。园艺栽培上应用较多。温床做扦插或播种用，也可以用于秋播草花和盆花的越冬。❷比喻对某种事物产生或发展有利的环境。如海洋是孕育原始生物的温床。

【温带】(temperate zone) 地球回归线(南纬23°26′和北纬23°26′)和极圈(南纬66°34′和北纬66°34′)之间的地区。北回归线与北极圈之间称为北温带。南回归线与南极圈之间称为南温带。此带不受太阳的直射，昼夜长短和四季变化明显，也无两极地区的极昼和极夜的现象。温带是地球各带面积最大的地区，占地球表面积的50%。温带冬季气温可达0℃以下，多霜冻及降雪天气。温带靠近寒带的地区有冻土分布，但夏季仍然温暖多雨。植被种类丰富，从落叶阔叶到针阔混交林及针叶林以及草原、灌丛都有分布。温带气候复杂多样，按地理环境和降水量的不同可分为：(1)温带大陆性气候带。主要分布在欧亚大陆和北美洲的内陆区。这里冬季寒冷，夏季炎热，空气干燥，降水量较少，动植物种类稀有且总量较少，是地球上生态最为脆弱区之一。(2)温带海洋性气候带。主要分布在欧洲西海岸，南美洲智利南部沿海以及新西兰，北美阿拉斯加南部等地区。这里冬季温暖夏无酷暑，全年湿润多雨且年内降水分配均匀。(3)温带季风气候带。主要分布在北纬35°～55°之间的欧亚大陆东海岸包括中国的华北、东北和朝鲜半岛以及俄罗斯远东地区。本区冬春季节风从内陆吹向海洋，大部分地区干旱少雨；夏季风从海洋吹向内陆，湿润多雨。中国大部分地区属于这个气候带。与世界上同纬度国家和地区相比，中国冬季最冷，夏季最热。如英国西海岸的利物浦与中国北方黑龙江省的漠河镇基本上处于同一纬度，但1月平均气温前者为4.3℃，而漠河镇则低达-15～-40℃。温带是世界上分布最为广泛的地理气候带类型，世界上大多数喜热、喜温、喜凉、耐寒、耐旱的动植物和人类生活在温带。(4)地中海气候带。主要分布在地中海沿岸和地球南、北纬30°～40°间大陆西岸，如美国加利福尼亚西岸、非洲南部西岸、智利中部西岸等地区。由于夏季气压带、风带北移，这些地区在副热带高压控制下，气流下沉，高温少雨，炎热干燥，平均气温在21～27℃；而冬季气压带、风带南移，受来自海洋的盛行西风的影响，气候温和湿润，降水丰富，平均气温5～10℃，年降水量多集中于该季。这种气候特点以地中海地区最为典型。

温带植物

【温度】(temperature) 表示物体冷热程度的量。在热力学中，温度是系统之间是否达到热平衡的标志。当两个系统相互接触达到热平衡时，必然具有相同的温度。为了表示系统或工质的温度，人们定义了多种温标，常用的温标有摄氏温标、华氏温标等。

【温度距平】(temperature departure) 某时段(如年或月)平均温度与常年同时段平均温度的差值。差值取小数点后一位。差值为正时称正距平；差值为负时称负距平。正距平表示该时段温度比累年值大；负距平则相反。温度距平是衡量一个地区气候状况的指标之一。

【温度控制系统】(temperature control

system） 又称温控系统。保证空调系统中某部位或区域的介质温度（或壁面温度）在规定范围内，以满足座舱或设备热力学要求的成套调控设备。是飞机空调系统的分系统。该系统又分为温度预调控制系统、管道温度控制系统、座舱温度控制系统等子系统。控制设备由温度传感器、温度选择器、温度控制器和温度控制活门等组成。其工作方式一般采用定值控制或随动控制。近期发展起来的数字式温度控制系统可与机载计算机联网管理，已在先进的大中型客机上应用。

【温锻】（warm forging） 在高于常温但又不超过工件材料再结晶温度的状态下进行的锻造。其精度较高，表面较光洁，且因变形抗力不大而大幅度降低设备的动力消耗。

【温经散寒】（warm the meridian to dissipate cold） 中医温通经络、祛散寒邪的治法。寒邪凝滞经络，肢体关节疼痛，痛有定处，日轻夜重，行走不便。常用麻黄、桂枝、苍术、附子和细辛等医治。伤寒寒中少阴之经，涉及太阳经，用麻黄附子细辛汤医治。妇女冲任虚寒而月经不调或月经后期，用吴茱萸、桂枝、附子、生姜、当归、川芎、白芍和炙甘草等医治。

【温室】（greenhouse） 又称暖房。能透光、保温或加温，用来栽培植物的设施。在不适宜植物生长的季节，能提供生育期和增加产量。温室的种类多。按其屋架材料、采光材料、外形及加温条件的不同可分为：玻璃温室、塑料温室；单栋温室、连栋温室；单屋面温室、双屋面温室；加温温室、不加温温室等。按其用途的不同可分为：观赏温室、生产温室和科研温室等。多用于低温季节常温蔬菜、花卉、林木等植物的栽培和育苗。

现代化温室

【温室花卉】（greenhouse flower） 在北方寒冷地区必须在温室内培养或冬季需要在温室内保护越冬的花卉。原产于热带、亚热带以及南方温暖地区的花卉。茉莉在中国南方为露地花木，而在华北、东北地区则为温室花木。为促成冬季开花而利用温室栽培的非洲菊、香石竹、花烛和报春等，习惯上也归入温室花卉。

温室花卉

【温室气体】（greenhouse gas，GHG） 大气中自然或人为产生的、对太阳辐射中的短波波谱透明、但却能够有效地吸收地气系统所发射的红外长波辐射的气体成分。这种能够吸收长波辐射的大气气体犹如温室的透明玻璃可透过太阳可见光但又能将反射的热能保持在温室内，故名温室气体。温室气体使地球增温的效应为温室效应。水汽（H_2O）、二氧化碳（CO_2）、一氧化二氮（N_2O）、甲烷（CH_4）和臭氧（O_3）等是地球大气中主要的温室气体。此外，大气中还有许多完全由人为因素产生的温室气体，如卤烃和其他含氯、含溴物质。除 CO_2、N_2O 和 CH_4 外，《京都议定书》还将六氟化硫（SF_6）、氢氟碳化物（HFCs）和全氟碳化物（CF_4）定为温室气体。

温室气体

【温室无土育秧】（soilless rice nursery in greenhouse） 简称无土育秧。在育秧盘内垫纸或塑料薄膜，不铺泥土，将植物种子均匀播于其上，并将秧盘平放于温室内的层架上而培育秧苗的一种育秧方式。此法不仅要求保持秧盘内湿润而不积水，并且每日变换其在层架上的位置，使其均匀接受光温。

【温室消毒】（greenhouse disinfection） 在温室休闲期间对室内的土壤、墙壁等进行杀灭病虫害的处理。温室是相对固定的建筑，建造成本比较高，管理费用也大。因此多用来种植经济效益比较高的蔬菜品种，土地利用率高，连作严重。连作的土壤和残株落叶是许多病虫害的传播媒介。同时，室内一年四季温暖适宜的环境条件有利于病虫的繁殖、循环侵染和蔓延危害。如黄瓜的枯萎病、白粉病和番茄叶霉病、灰霉病以及根结线虫、白粉虱等，严重威胁着温室蔬菜的产量和质量。为此，生产中常在夏季温室休闲季节进行杀灭病虫害处理。其方式主要有：（1）用甲醛、溴甲烷等化学药剂处理土壤或熏蒸。（2）高温蒸气处理土壤。一般每 4 年处理一次。（3）普通化学农药或高温焖棚处理土壤及环境。

【温室效应】（greenhouse effect） 低层大气由于对长波和短波辐射的吸收特性不同而引起的增温现象。大气能使太阳短波辐射到达地面，但地表向外放出的长波热辐射线却被大气中的温室气体吸收。这样就使地表与低层大气温度增高。自工业革命以来,过多燃烧煤炭、石油和天然气,放出大量的二氧化碳气体进入大气,人类活动和大自然还排放其他温室气体,如氯氟烃(CFCs)、甲烷、臭氧和氮氧化物气体等,大气的温室效应也随之增强,已引起全球气候变暖等一系列严重问题,引起了全世界各国的关注。

【温室育秧】(rice nursery in greenhouse) 又称水稻温室无土育秧、蒸汽育秧、暖房快速育秧。水稻育秧方式之一。温室须能保温,通风和透光,并有加温设备和层架。用竹、木或塑料制成的育秧盘内垫纸或薄膜,稻种均匀播于其上后,平放在层架上。按稻谷发芽和秧苗快速生长所需条件调控温度和水分。稻种入室第1天保持35~38℃,以后逐日递降3℃左右,约7天成秧,有2~3叶,高约10cm。第1叶完全展开后喷0.5%尿素液提苗。其后,通风炼苗,再移至室外。常用寄秧方式延长秧龄,等田栽插。温室育秧秧苗生长快,成秧率高,适于工厂化生产。

温室育秧

【温跃层】(thermocline) 海水温度在铅直方向上短距离内存在显著差异(达到或超过0.2℃/m)的水层。产生温差的原因主要有:外界条件引起的跃层和不同性质水体叠置形成的跃层。在大洋中,无论在表层或中间过渡层,都存在有温跃层。

【温针灸】(warm acupuncture) 中医施灸方法之一。其操作方法是:在针刺得气后,留针于适当深度,针柄上穿置长约1.5cm的艾卷点燃施灸;或在针尾搓捏少许艾绒点燃,直至燃尽,除去灰烬,再将针取出。留针时,在针柄上着艾绒燃烧,热力通过针身传入体内,发挥针与灸的协同治疗作用,适用于既需针刺留针、又需施灸的疾病。治疗时需嘱患者勿移动体位,并在施灸下方垫一纸片,以防艾火掉落灼伤皮肤或烧坏衣物。

【文昌鱼】(amphtoxus) 又称海矛。属于脊索动物门,头索动物亚门,文昌鱼纲,文昌鱼科。中国国家二级保护野生动物。外形似无眼无明显头部的体细长的小鱼。幼体及成体均显示脊索动物的特征。形似小鱼,体侧扁,两端尖。一般体长5cm。头端有眼点,下为前庭及口,前庭外缘有须多条。有背鳍、尾鳍和臀鳍。身体腹面有一对皮褶。栖息海底,常钻在泥沙内,露出头端。以浮游生物为食。文昌鱼分为文昌鱼属和偏文昌鱼属,共有12种。分布在地球热带、亚热带的8~16m的浅水海域中,特别在北纬48°至南纬40°之间的环形地区内较多。中国厦门、青岛、威海和烟台沿海处也很多。其他象地中海、马来西亚、日本、北美洲海洋边岸都有出产。产量不多,故视为珍品。

文昌鱼

【文化地图】(cultural map) 反映文化、教育、科研、医疗、卫生事业发展状况的地图。一种专题地图。其主要内容是:表示制图区域内各类学校、科学研究机构、卫生机构、体育设施、文化娱乐场所、图书馆、展览馆、博物馆、广播电台站、出版机构、古迹等的分布状况、数量以及按人口计算的文化设施拥有量。反映一个国家或地区的人民文化水平状况和文化事业发展水平。

【文件】(file) 存放信息技术术语。在磁盘或光盘上的有完整意义的一部分数据。可以进行建档、修改、删除、复制、移动等多种操作。编写的程序、拷贝的软件、制作的图像等都可称为数据,它以文件的形式储存在磁盘上。每个文件都有一个名字,称为文件名,由字母、数字或字符组成。分为主文件名和扩展文件名。以COMMAND.COM为例,COMMAND是主文件名,主要说明文件的内容;COM为扩展文件名,主要说明文件的性质;中间的小数点为主文件名和扩展文件名的分隔符。

【文件传输协议】(file transfer protocol) 用于在两台装有不同操作系统的机器中传输计算机文件的软件标准。实现在本地和远程计算机之间传输文件的一种方法。其作用和特点是:(1)促进文件的共享。(2)鼓励间接或者隐式地使用远程计算机。(3)向用户屏蔽不同主机中各种文件存储系统的细节。(4)可靠和高效地传输数据。分为主动和被动两种模式。

【文件分配表】(file allocation table, FAT) 又称文档分配表。基于文件存储所用簇的位置信息的一个简单文件系统。微软公司发明并拥有部分专利。考虑当时计算机性能有限,所以未被复杂化,因此几乎所有个人计算机的操作系统都支持这种文件系统。这一特性使它成为理想的软盘和存储卡所用的文件系统,也适合用作不同操作系统中的数据交流。按所采用的簇地址大小的不同可分为FAT12、FAT16与FAT32。FAT32采用了32位宽的簇地址，故其容量可达约 8.7TB，但 WINDOWS2000 以上的操作系统已经不直接支持将超过 32GB 的分区格式化成 FAT32。一个文件分配表(FAT)文件系统包括四部分：(1)保留扇区，位于最开始位置，其中的第一个扇区称引导区。(2)文件分配表区域，包含两个指示簇是如何存储的表，即文件分配表。(3)根目录区域，存储根目录文件信息与目录信息的区域。(4)数据区域，实际文件和目录数据存储区域。其缺点是：当文档删除后写入新数据，不会将文件整理成完整片段再写入，长期使用会使文件数据变得逐渐分散，而减慢了读写速度，需要进行重组来提高效率。

【文件格式】(file formal) 又称文件类型。电脑为了存储信息而使用的对信息的特殊编码方式。用于识别内部储存的资料。如有的储存图像，有的储存程序，有的储存文字信息。每一类信息，都可以以一种或多种文件格式保存在电脑存储中。每一种文件格式通常会有一种或多种文件扩展名可以用来识别，但也可能没有文件扩展名。对于任何电脑存储来讲，有效的信息只有 0 和 1 两种。所以电脑必须设计有相应的方式进行信息位元的转换。对于不同的信息有不同的存储格式。如存储图像的文件格式有位图文件(BMP)、图像交换格式(GIF)与标签图像文件格式(TIFF)等。

【文件共享】(file sharing) 在中央计算机或服务器中的文件供不同计算机用户共同使用。作为文件系统提供的一项重要功能，最早出现在分时多用户操作系统中。其优点是：(1)完成共同的任务所必须。(2)节省空间。(3)减少输入输出操作，方便用户。文件共享从分时共享模式应用，演变为资源共享和客户－服务器模式应用。考虑到系统的可靠性和用户的安全，文件共享多是有控制的共享，多通过密码保护、安全保证或文件锁定等方式来限制。

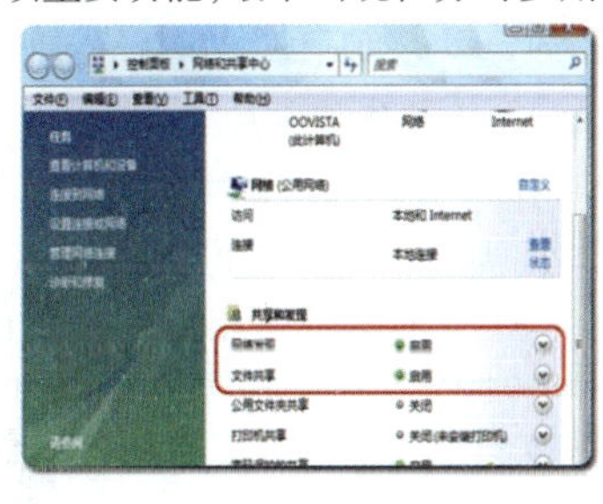

文件共享

【文件关联】(file association) 一种类型的文件与一个可以打开它的程序建立起来的一种依存关系。如位图文件在 Windows 中的默认关联程序是“画图”程序。如果将其默认关联改为用其他程序来打开，那么另一个就成了它的默认关联程序。一个文件可以与多个应用程序发生关联。可以利用文件的打开方式进行关联选择；也可以删除由于误操作而引起的错误文件关联；可以根据需要新建文件关联，在有些软件中还可以恢复文件的关联。文件关联也是很多流行病毒经常利用的隐藏和自动运行手段。

【文件系统】(file system, FS) 操作系统中负责管理和存储文件信息的一套系统。由与文件管理有关的软件、被管理的文件以及实施文件管理所需的数据结构组成。文件系统是对文件存储器空间进行组织和分配，负责文件的存储并对存入的文件进行保护和检索的系统。具体地来讲，它负责为用户建立文件及其存入、读出、修改、转储，控制文件的存取，当用户不再使用时撤销文件等。常用的文件系统有文件分配表(FAT)、新技术文件系统(NTFS)等。一个硬盘或硬盘分区在能作为文件系统使用前，需要初始化，并将记录数据结构写到磁盘上。这个过程称为建立文件系统。而相应的分区就称为相应文件系统类型的分区，如文件分配表(FAT)分区、新技术文件系统(NTFS)分区等。

【文丘里效应】(Venturi effect) 当风吹过阻挡物时，在阻挡物的背风面上方端口附近气压相对较低，从而产生吸附作用并导致空气的流动现象。意大利物理学家发现并利用这种效应的原理创制了可通入液体的文丘里管、作为测量仪表的文丘里流量计和用于除尘的文丘里洗涤器等设备。

【文体疗法】(recreation therapy) 又称体育娱乐疗法。采用体育运动项目和文艺娱乐项目作为治疗手段对患者进行治疗，复原其功能，使患者得到娱乐，锻炼身体、参与集体活动机会的一种治疗方法。选择患者力所能及的一些文娱、体育活动，对患者进行功能训练，一方面恢复其功能，另一方面使患者得到娱乐、同时锻炼了身体等，因而是康复医学与体育和娱乐活动互相交叉、融合后产生的一种治疗方法。在康复治疗中起补充和延伸运动疗法、作业疗法的作用。在恢复机体的功能，消除或改善不良心理状态，增强或重新树立起生活的勇气和信心，提高生存质量，并最终促进其重返社会等方面均起着非常积极、重要的作用。还能使患者积极参与社会活动，远离日常能够引起烦恼的事物、人和环境，暂时把困难和问题放在一边，消除孤独、提高适应力激发机智、完美形体。其后果是减轻紧张，增加乐趣和积极性，克服失望和抑郁情绪，重新获得身、心的平衡。

【紊流】(turbulent flow) 又称湍流。流体质点的一种带有随机运动的流动。湍流中充满不同尺度的旋涡，但其最小尺度也远比分子的直径大得多，因此湍流运动与分子的无规则运动有区别。湍流中最重要的现象是由随机脉动引起的质量、动量和能量的传递，其传递速率比层流中的传递速率大得多，因此湍流中的扩散、剪切应力和传热也比层流中的大得多。在黏性的作用下,湍流的能量会耗散,若不从外部补充能量,则湍流运动必然衰减。近代实验表明:湍流中除了存在无序的小尺度脉动外,还存在有一定规律的三维大尺度旋涡运动。紊流的这些特性,特别是它的高度的扩散,对飞行器的气动力和传热特性有重要影响。在宇宙空间,也存在带磁导电流体中的湍流。紊流研究虽是一个困难的研究课题,但对自然科学和工程技术的各个领域,如航空航天、无线电技术、水利、船舶、机械、天气预报、大气声学等都具有重要意义。

【稳定器】(stabilizer) 保证钻机钻头沿固定方向钻进、防止钻头偏斜和摆动的组件。是一段中间局部加大、具有控制钻具轴线作用的装置。在结构上分为直棱、螺旋和辊子三种形式。一般安装在靠近钻头一段钻杆柱的适当位置上。其直径接近钻头直径。在水平或接近水平状态下,这些稳定器相当于支点,斜孔也是如此。稳定器之间的钻杆在重力、给进力及离心力的作用下产生变形,使钻头上仰、下倾或基本保持原方向。稳定器与钻头、岩芯管、钻杆等一起组成稳定组合钻具。好的组合方式能发挥防斜与纠斜的作用。在直井钻进时,稳定器设置在领眼钻头和扩孔器之间。在竖井钻进时,稳定器对钻头起扶正及导向作用。中国多用旋转式稳定器,钻井时随钻头旋转。也有采用非旋转式稳定器的,即钻具旋转时导向架不旋转。

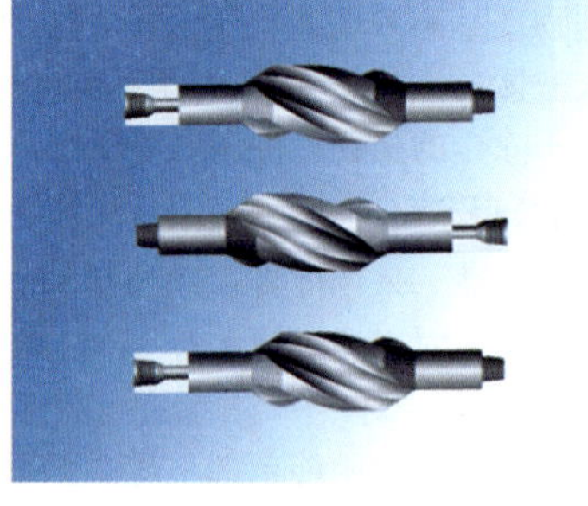

稳定器

【稳恒磁场】(steady magnetic field) 空间各点磁感应强度的方向和大小都不随时间变化的磁场。稳恒电流激发的磁场就是一种稳恒磁场。

【稳态血药浓度】(steady plasma-drug concentration) 人体血液中药物浓度保持相对稳定时的浓度。为了使药物达到治疗需要的血药浓度水平,临床用药大都是多次用药,其间血药浓度可以逐次叠加,直到其维持一定水平或在一定水平的范围内上下波动。

【稳压电源】(stabilized voltage supply) 能为负载提供稳定交流电源或直流电源的电子装置。包括交流稳压电源和直流稳压电源两大类。随着电子技术的发展,特别是电子计算机技术应用到各工业、科研领域后,各种电子设备都要求稳定的交流(或直流)电源供电。电网直接供电已不能满足需要,交流稳压电源的出现解决了这一问题。常用的交流稳压电源有铁磁谐振式交流稳压器、磁放大器式交流稳压器、滑动式交流稳压器、感应式交流稳压器、晶闸管交流稳压器等。具有良好隔离作用,可消除来自电网的尖峰干扰。

【稳压器】(stabilizer) 稳定电源电压的电器。当电网电压或负荷发生变化时,稳压器能使供给负荷的电源电压近于恒定。按其输出电压的不同可分为直流稳压器和交流稳压器两类。前者是将交流电或不稳的直流转化为稳定的直流电压输出的电器,分为线性稳压器和开关稳压器;后者是将电网的交流电压转化为稳定的交流输出电压的电器,分为铁磁谐振式稳压器、稳压变压器、磁放大器或稳压器、数控式稳压器、自耦变压器式稳压器等。在电力系统中,常被用在对供电电源电压稳定性要求较高的场合。

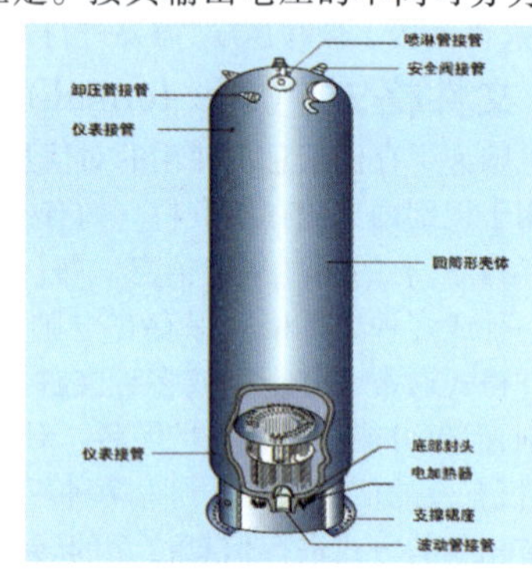

稳压器

【涡街流量计】(vortex shedding flow meter) 在流体中安放一根非流线型游涡发生体,流体在发生体两侧交替地分离释放出两串规则地交错排列的游涡的仪表。按频率检出方式的不同可分为应力式、应变式、电容式、热敏式、振动体式、光电式及超声式等。属于新的一代流量计。但其发展迅速,目前已成为通用的一类流量计。其优点是:(1)结构简单。(2)适用流体种类多。(3)精度较高。(4)范围度宽。(5)压损小。其主要缺点是:(1)不适用于低雷诺数测量。(2)需较长直管段。(3)仪表系数较低(与涡轮流量计相比)。(4)仪表在脉动流、多相流中

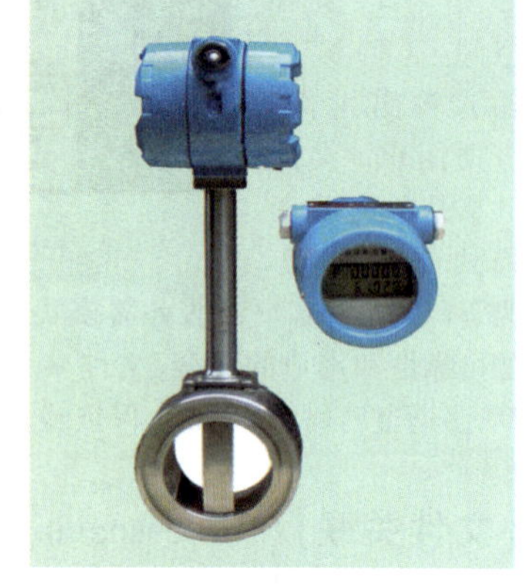

涡街流量计

尚缺乏应用经验。

【涡襟翼】(vortex flap) 用于进行涡控制的特殊襟翼装置。20 世纪 70 年代中期美国兰利中心提出涡襟翼概念,以求适应不同的飞行状态。其特点是:在低速、跨声速和超声速情况下,前缘涡襟翼上的诱导压强会产生更大的吸力,从而产生大的推力而使阻力下降。采用涡襟翼后,可以推迟主涡的破裂。涡襟翼能在有效利用涡升力的前提下,降低阻力。设计良好的涡襟翼可减小阻力 30%。

【涡流】(eddy-current) 当金属块处在变化的磁场中或相对于磁场运动时,其内部所产生的感应电流。导体静止而磁场变化或导体在磁场中运动均可引起涡流。在电机、变压器运行时,磁路中由于都有交变磁场而产生涡流。这种涡流,既可导致电能损耗,又可使这种损耗以焦耳热的形式耗散,因而导致电气设备温升。涡流引起温升的原理常用于感应加热。由于涡流所产生的热量源于导体内部,所以其浪费最少,加热效率高,被加热物体的氧化损失少。涡流广泛应用于冶金工业,特别适用于难熔金属或容易被氧化金属的加工过程。

涡流机

【涡流磁透析系统】(eddy cunent megnetic dialysis system) 利用生物磁透析效应将前列腺脂质包膜高精度透析性液化溶解,同时使堵塞的前列腺管口直接通开,解除脂质包膜对药物的天然屏障作用的一种治疗技术。是目前国际上治疗前列腺炎、前列腺增生最为先进的诊疗技术之一。前列腺管口通开后,能迅速将药物通过血液循环输送到前列腺内,使药物离子深达前列腺组织下 10～15mm;在局部形成高浓度的药物离子堆,杀灭致病菌,并不断冲洗将其排出体外,达到其他方法无法达到的局部给药浓度和疗效,从而全面解除因前列腺炎引起的尿频、尿急、尿痛等症状。该技术还对神经具有独特的激活和调节作用,能解除肿大变形的小腺体对神经的压迫,以改善前列腺的内部环境。此技术完全符合国际医学界提倡的"无痛、微创、安全、高效、便捷"的治疗要求。

【涡流纺纱】(vortex spinning) 利用固定的涡流纺纱管代替高速回转的纺纱杯的新型纺纱技术。利用该技术纺出的纱弯曲,纤维较多,染色性、透气性和耐磨性较好,但强度较弱,条干均匀度较差。它多用于起绒织物的原材料。纱纤多用于绒衣和运动衣等服饰制作。

【涡流检测】(eddy current testing) 常规无损探伤技术中的一种检测方法。基于电磁感应原理,利用涡流来检测物体表面是否存在缺陷的方法。当交变电流输入一个线圈时,该线圈将产生垂直于电流方向(平行于线圈轴线)的交变磁场,这时的线圈就成为涡流检测的激磁线圈。将此线圈靠近导电的工件时,线圈产生的交变磁场会在工件中感应出涡电流(简称涡流),其方向垂直于磁场并与线圈电流方向相反。涡流的分布及大小与激磁条件(包括检测线圈的形状、尺寸及交变电流的频率等)、工件的形状与尺寸、自身的电导率、磁导率以及与激磁线圈间的距离、表面或近表面缺陷的存在等都有密切关系。通过监测线圈中电流的变化即可探知涡流的变化,可获得工件的材质、缺陷、几何尺寸和形状等变化的信息。涡流检测适用于钢铁、有色金属及石墨等导电材料制成的管材、线材、棒材、轴承及锻件等工件的表面与近表面缺陷检测,还可以用于壁厚、涂层厚度及深内孔表面缺陷检测。但难于检测形状复杂的工件。

【涡轮风扇发动机】(turbofan engine) 一种由喷管排出燃气、由风扇排出空气共同产生反作用推力的航空发动机。在涡轮螺桨发动机基础上改进发展起来的一种燃气涡轮发动机。它克服了涡轮螺桨发动机螺旋桨过大带来的缺点,将其直径大大缩短,增加桨叶的数目和排数,并将所有桨叶叶片包在机匣内,形成了能在较高速度下很好地工作的"风扇"。这种发动机的涡轮分高压涡轮和低压涡轮。前者带动压气机转动,后者带动风扇转动,排出的燃气速度比较低,动能损失较小,噪声也小,在亚声速飞行时具有经济性,适合民航机使用。对于超声速飞行的歼击机,常采用加力涡轮风扇发动机以提高飞机的加速性能。

涡轮风扇发动机

【涡轮桨扇发动机】(turboprop fan engine) 可以用于 800km/h 以上速度飞行的一种燃气涡轮螺旋桨风扇发动机。这种发动机介于涡轮螺旋桨发动机和涡轮风扇发动机之间,产生推力的装置是桨扇。桨扇无外罩壳,一般有8～10片桨叶,桨叶薄而后掠,桨盘直径仅为普通螺旋桨的 40% ~ 50%,质量减轻到原来的 50% ~ 60%,可以有效提高桨扇的转速。涡轮桨扇发动机的优点是油耗低,推进效率高,与涡轮风扇发动机相比,可节约油耗 20%。

【涡轮螺桨发动机】(turboprop engine) 一种主要由螺旋桨提供拉力和燃气喷气提供推力的燃气涡轮发动机。结构与涡轮喷气发动机相似,只不过在此基础上增加了减速装置和螺旋桨。发动机启动后,涡轮除了带动前面的压气机工作外,还要带动发动机前部的螺旋桨旋转。由于螺旋桨转速比较低,所以发动机上还要安装一套减速装置,使高速旋转的涡轮和螺旋桨的转速匹配。发动机前进的动力主要由螺旋桨旋转产生的拉力提供,约占 90%,而尾喷管高速气流产生的推力只占 10%。与活塞式发动机相比,涡轮螺桨发动机具有重量轻、推重比大、油耗低、振动小和高空性能好的优点。但与涡轮喷气发动机相比,它在亚声速飞行时效率较高,当飞行速度提高到 800km/h 时,螺旋桨高速下的缺点(产生激波和波阻)就显现出来,具有的优势就有所降低。

【涡轮喷气发动机】(turbojet engine) 一种主要由燃气喷气提供推力的燃气涡轮发动机。由进气道、压气机、燃烧室、涡轮和尾喷管等部件组成。其工作过程是:空气由进气道进入发动机,空气流速降低、压力升高,经压气机后压力可以提高几倍到几十倍。具有较高压力的空气进入燃烧室与从喷嘴喷出的燃油充分混合燃烧,产生高温高压气体驱动涡轮工作。涡轮出口燃气直接在尾喷管中膨胀,使燃气可用能量转变为高速喷流产生反作用力。涡轮喷气发动机速度高,推力大,适用于较高速飞行的飞机。其主要推力是靠由尾喷管高速喷射出来的高温高压燃气气流产生的反作用力形成的。其缺点是:油耗较高,在较低速度下飞行,很不经济。

涡轮喷气发动机

【涡轮轴发动机】(turboshaft engine) 安装在现代直升机上的燃气涡轮发动机。结构与涡轮螺桨发动机相似,不同的是燃气的可用能量几乎全部转变成涡轮的轴功率,用于通过减速器带动直升机的旋翼和尾桨转动。涡轮轴发动机与活塞式发动机相比,优点是功率大,质量轻,体积小。由于没有活塞往复运动,所以振动小,噪声低,经济性也好。

【涡旋电场】(vortex electric field) 又称有旋电场、感应电场。在变化的磁场周围激发的电场。有旋电场是麦克斯韦为解释感生电动势而提出的概念。它深刻地揭示了电场和磁场的相互联系、相互依存。有旋电场和静电场是两种不同的电场。它们的共同点是都能对其中的电荷有作用力。静电场对电荷的作用力称为静电力或库仑力。有旋电场对电荷的作用力则是一种非静电力。它们的区别是产生原因不同。有旋电场是变化磁场产生的,电力线是闭合的曲线。总的电场是静电场和有旋电场之和。它是既有源又有旋的矢量场。

【窝沟封闭】(pit and fissure seal) 不去除咬合面牙体组织,在其上涂布一层黏结性树脂,保护牙釉质不受细菌及代谢产物侵蚀,增强牙齿抗龋能力,从而达到预防龋病发生的一种有效防龋方法。窝沟封闭剂形成一层保护性屏障,阻止细菌及食物残渣进入窝沟,同时使窝沟内原有细菌因断绝营养而逐渐死亡,从而预防窝沟龋的发生,还可使早期龋损停止发展。其适应证是:(1)深窝沟,特别是可以卡住探针的(包括可疑龋)窝沟。(2)患者其他牙齿,特别是对侧同名牙患龋或有患龋倾向的人。(3)儿童牙齿萌出后达到咬合平面即适宜作窝沟封闭,一般在萌出 4 年之内。其最佳封闭时间是:乳磨牙 3 ~ 4 岁,第一恒磨牙 6 ~ 7 岁,第二恒磨牙 11 ~ 13 岁,双尖牙 9 ~ 13 岁。对口腔卫生不良的残疾儿童,虽然年龄较大或牙齿萌出口腔时间较久,可考虑放宽窝沟封闭的年龄。其非适应证是:咬合面无深的窝沟点隙,自洁作用好,患较多邻面龋损者,牙萌出 4 年以上未患龋,牙齿尚未正常萌出、被牙龈覆盖,病人不合作和已做完充填的牙。

【《我们共同的未来》】(Our Common Future) 联合国环境与发展委员会 1987 年 4 月发表的报告的总题目。该报告分为“共同的问题”、“共同的挑战”和“共同的努力”三大部分。它系统地阐述了人类面临的人口、粮食、物种和遗传、资源、能源、工业和人类居住等一系列重大经济、社会和环境问题,提出了可持续发展的概念。这一概念在 1992 年联合国环境与发展大会上达成共识。

【卧式车床】(horizontal lathe) 主轴水平布置的车床。其主轴转速和进给量调整范围大。主要由人工操作。用于车削圆柱面、圆锥面、端面、螺纹、成型面和切断等。卧式车床使用范围广,生产效率低,适于

卧式车床

单件小批量生产和修配车间。

【卧式水轮发电机】(horizontal shaft hydrogenerator) 转轴与地面平行布置的水轮发电机。其特点是:水轮机与水轮发电机布置在同一水平面上,因此占地面积比较大。在结构上,要考虑转子自重引起的挠度,轴的刚度要求相应高些。卧式机组可降低厂房高度,节省开挖量。多用于中、小容量机组、贯流式机组、高转速机组(375r/min 以上),也用于个别大容量机组。卧式水轮发电机的轴承承受转动部件的重量,推力轴承承受转动部件的轴向力,通常要设置两个或三个轴承。两个轴承结构的机组轴向长度短,结构紧凑,安装调整方便。当轴承负荷较大时,则采用三轴承结构。轴系临界转速应大于机组飞速转速的1.2倍。轴承型式多采用座式滑头轴承,对于大、中容量的贯流式机组采用具有推力轴承的复合式轴承。小容量卧式水轮发电机定子多为整体结构。大、中容量卧式水轮发电机由于外形较大,定子常采用分瓣结构。卧式水轮发电机的冷却方式常用的有:表面冷却式通风冷却式、管道通风冷却式和循环冷却式。

卧式水轮发电机

【握手鉴权协议】(challenge handshake authentication protocol, CHAP) 通过三次握手校验对端的身份的协议。在初始链路建立时完成,也可以在链路建立之后的任何时候重复进行。其过程是:(1)链路建立阶段结束之后,认证者向对端发送“挑战”消息。(2)对端用经过单向哈希函数计算出来的值做应答。(3)认证者根据自己计算的哈希值来检查应答,如果值匹配,认证得到承认;否则,连接应该终止。(4)经过一定的随机间隔,认证者发送一个新的挑战给对端,重复(1)到(3)。通过递增改变的标识符和可变的挑战值,握手鉴权协议防止了来自端点的重放攻击,使用重复校验可以限制暴露于单个攻击的时间。在鉴权过程中,由认证者控制验证频度和时间。该认证方法依赖于只有认证者和对端共享的密钥。密钥不是通过该链路发送的。虽然该认证是单向的,但是在两个方向都进行 CHAP 协商,同一密钥可以很容易地实现相互认证。

【乌东德水电站】(Wudongde Hydropower Station) 位于云南省禄劝县和四川省会东县交界的金沙江干流上。是金沙江下游河段四个梯级水电站的第一个梯级电站。上距观音岩水电站253km,下距白鹤滩水电180km。坝址位于陆车林至乌东德长约12.6km的河段内。本工程为Ⅰ等工程。是流域开发的重要梯级工程。有一定的防洪、航运和拦沙作用。建设乌东德水电站有利于改善和发挥下游梯级的效益,增加下游梯级电站的保证出力和发电量。

乌东德水电站

【乌斯特条干均匀度仪】(Uster uniform tester) 瑞士乌斯特公司生产的用于测定细纱、粗纱、条子或长丝质量变异的测试仪器。纤维材料的介电系数大于空气的介电系数。当纱条试样以一定的速度进入由两平行金属板组成的空气电容器时,会使电容器的电容量增大。当连续通过电容器极板间的纱条的线密度变化时,电容器的电容量也相应变化。将电容量的变化转化成电量变化,即可得到纱条线密度的不匀率。电子均匀度仪附有绘图仪,可作出纱条的不匀率曲线。再由波谱仪直接作出波谱图,进一步对纱条不匀率的结构进行分析,并判断不匀率产生的原因和对织物的影响,以便检查和调整纺纱工艺。新型的条干均匀度仪采用光电法从两个相互垂直的方向测量纱条的直径变化以判断均匀度的变化。仪器上附有疵点仪,可记录纱条上的粗节、细节和棉结的数量。

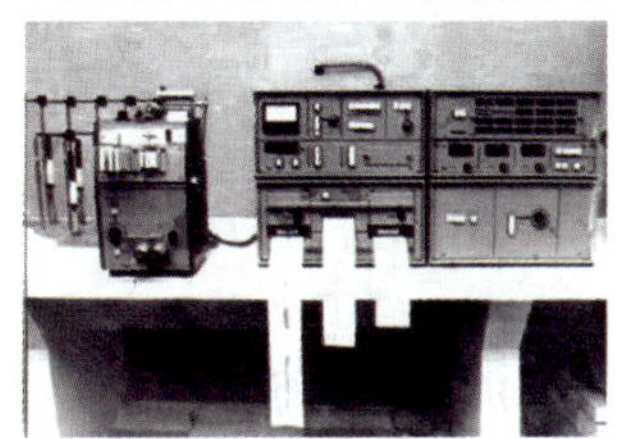
乌斯特条干均匀度仪

【乌头碱类植物中毒】(aconitum dunsiekte)]因食乌头碱类植物引起的全身中毒症状。主根为乌头,支根为附子。同科野生的有草乌头,雪上一枝蒿等。乌头全株有毒,毒性依根、种子、叶次序递减。一般中毒剂量:附子30~60g、川乌3~90g,草乌3~4.5g、雪上一枝蒿0.5~3g。乌头类植物的主要有毒成分为二萜类生物碱。口服0.2mg即能使人中毒,口服3~5mg或20~50ml乌头酊即可致死。乌头碱可经破损皮肤和胃肠道迅速吸收。但一般煎煮3~4h后,乌头碱几乎全部被破坏。中毒症状主要为神经和心血管系统:口服中毒时先有口腔和咽喉黏膜烧灼感和疼痛,继而口、舌、四肢麻木,麻木由指尖波及四肢和全身;皮肤感觉先减退后消失;瞳孔先缩小后扩大,并有复视等神经系统症状,严重时四肢抽搐,呼吸肌痉挛,最终可窒息致死。心血管症状大多为血压后期下降，心律失常，传导阻滞或因阿斯综合征而突然死亡。

【乌贼】（sepia） 又称花枝、墨斗鱼、墨鱼。乌贼科动物的总称。属软体动物门头足纲乌贼目。与章鱼和枪乌贼近缘。区别为有一厚的石灰质内壳（乌贼骨、墨鱼骨或海螵蛸）。乌贼遇到强敌时会以“喷墨”作为逃生的方法，伺机离开，因而有“乌贼”、“墨鱼”等名称。其皮肤中有色素小囊，会随“情绪”的变化而改变颜色和大小。现代的乌贼出现于2 100万年前的中新世，祖先为箭石类。约有100种。体长2.5～90cm。稍扁。两侧有狭窄的肉质鳍。共有10条腕，有8条短腕，还有两条长触腕以供捕食用，并能缩回到两个囊内；腕及触腕顶端有吸盘。生活在热带和温带沿岸浅水中，冬季常迁至较深海域。常见的乌贼在春、夏季繁殖，约产100～300粒卵。

【圬工桥】（masonry bridge） 以石料、砖或水泥混凝土作为主要建筑材料修建的桥梁。其取材方便，节约水泥和钢材，一般不用模板，节省木材。具有良好的耐久性，维修养护工作量小，抗冲击能力强，振动小。但圬工桥自重大，强度低，截面尺寸大，砌筑工作繁重，费工费时。

【污泥处理方法】（sludge treatment） 减少污泥中水分含量，降低污泥的容积，使污泥卫生化、稳定化，改善污泥的成分和性质的各种处理方法。污泥处理方法有污泥浓缩、污泥消化、污泥脱水、污泥干燥、污泥焚烧、污泥固化及污泥的最终处置。还可采取热处理、冷冻处理、化学处理、辐射处理、低温杀菌、湿式氧化及堆肥处理等方法。

现行污泥处理方法堆填

【污泥消化】（sludge digest） 污泥在微生物代谢作用下去除臭味、杀死寄生虫卵、将复杂有机物降解为稳定物质、使污泥体积减小并产生沼气的过程。其目的是：使污泥变得稳定，不易腐化，易于脱水，利于污泥的资源化，并在消化过程产生沼气，作为能源加以利用。污泥消化分为好氧消化和厌氧消化，它们分别利用需氧微生物和厌氧微生物的代谢作用，使污泥稳定化。

污泥消化

【污染防治技术政策】（policy of pollution control technology） 根据国民经济发展一定阶段的环境保护工作需要和经济技术的发展现状和趋势，按照可持续发展的思想，针对不同行业和不同的污染防治目标，提出的污染防治的技术原则和技术路线。用以引导、约束、协调各行业、企事业单位、社会团体和公众在经济和社会活动中的环境行为。技术政策包括污染防治最佳可行技术导则、环境工程技术规范等环境技术指导文件，为环境管理和环境标准的制订提供合理的技术参数，指导各行业选择污染防治技术路线，满足污染物排放标准要求，促进行业污染防治技术进步；也为环保产业提供明确的技术导向，推动环保产业发展，提高环境管理和决策的科学性。制订技术政策涉及的是污染物排放量大、涉及面广、属于国家环境保护重点控制的行业或领域。自1998年开始，原国家环保总局会同科技部、原建设部等有关部门已共同发布了包括草浆造纸工业、机动车排放、城市污水处理、城市生活垃圾处理等22项技术政策，向社会推荐先进有效的污染源控制技术、污染治理技术和修复技术，产生了良好的社会影响，在环境保护工作中发挥了积极作用。

【污染集中控制制度】（centralized pollution control system） 在一个特定的范围内，为保护环境所建立的集中治理设施和采用的管理措施。是强化环境管理的一种重要手段。污染集中控制，以改善流域、区域等控制单元的环境质量为目的，依据污染防治规划，按照废水、废气、固体废物等的性质、种类和所处的地理位置的不同，以集中治理为主，用尽可能小的投入获取尽可能大的环境、经济和社会效益。

【污染土壤修复】（remediation of contaminated soil） 通过物理、化学或生物方法去除土壤中污染物，使其性质、状况得以恢复的方法。根据土壤条件和污染状况的差异，所采用的修复措施也不同。按实施修复地点的不同可分为原位修复技术（在污染的地点就地采取修复措施）和异位修复技术（将污染的土壤挖出处理后再回填）；按污染物处理方式的不同可分为相转移技术（污染物从土壤转移到空气、水相中）和降解转化技术（将污染物分解或转化为无害的产物）；按采取措施的不同可分为工程措施（用物理）、物理化学原理修复污染土壤，常见的方法有：客土、换土、去表土、翻土法、隔离法、清洗法、热处理法和电化学处理法）、生物措施（用某些特定的动、植物和微生物,较快地吸走或降解土壤中的污染物质)和农业措施(增施有机肥、提高土壤环境容量、施用改良剂、减少植物对污染物的吸收、控制土壤水分等)。

【污染物】(pollutant) 在特定环境中达到一定的数量或浓度、且在一定的时间内对环境、人类和其他生物造成危害的或者具有潜在危害的物质。这类污染物包括:(1)化学性污染物。10万种以上,是环境的主要污染物,如各种有害气体、重金属、有机或无机化合物和农药等。(2)物理性污染物。如噪声、振动、光污染和电磁辐射等。(3)生物性污染物。如各种病原微生物、寄生虫等。污染物的毒性取决于其在环境中的浓度和存在形态。有的污染物进入环境后,通过物理或化学反应或在生物作用下会转变为危害性更大的新污染物,也有的可能会降解成无害物质。不同污染物同时存在时,会有综合作用,如拮抗作用、协同作用、相加作用,而导致污染物的毒性和危害性降低或增大。

化学污染物

【污染物排放标准】(standard of pollutant discharge) 为达到环境质量标准、结合技术经济条件或者环境特点而制定的允许排放的污染物的最高限额。污染物排放标准是确认某排污行为是否合法的根据。国家级污染物排放标准,是在考虑技术经济可行性和环境特点后,由国家环境保护(部)总局制定。技术可行性以是否能达到的先进技术为根据,经济可行性是指企业在采用上述先进技术后能否获利。

【污染源】(pollution source) 对环境产生不良影响的物质和产生污染物的根源。分天然污染源和人为污染源。环境科学着力解决和控制的是后者。按其来源的不同可分为工业污染源、农业污染源、交通污染源和生活污染源;按环境要素不同分为大气污染源、水体污染源和土壤污染源;按污染因子分布形态不同分为点源污染源、线源污染源、面源污染源和扩散污染源;按污染因子物理化学性质的不同可分为热源污染源、噪声污染源、有机污染源、无机污染源和混合污染源。

污染源

【污染转嫁】(pollution transfer) 一定区域内的人类行为(作为或不作为)直接或间接地对该区域外的环境造成污染损害或将自己造成的环境污染的治理责任推给他人而使自己不承担或少承担污染损害治理责任的社会行为。污染转嫁主要是由于发达国家向发展中国家转移污染行业和污染物引发的。危险废物的越境转移也已成为严重的全球环境问题。

【污水】(waste water) 又称废水。在使用过程中受到不同程度的污染、改变了原有的化学成分和物理性质的水。按照来源的不同可分为生活污水、工业废水和降水(雨水及冰雪融化水)三类。污水量以升(L)或立方米(m^3)计量,污水流量是单位时间里流过的污水量.污染物浓度以单位体积污水中所含污染物的量表示,计作 mg/L 或 g/m^3。城市污水是指排入城镇污水排水系统中的生活污水和工业废水,是一种混合污水。水质随着生活污水的混合比例和工业废水中污染物质的特性不同而异。城市污水需经过处理后才能排入水体或再利用。

污水

【污水泵站】(sewage pump station) 设置于污水管道系统中用以抽升城市污水的泵站。不包含污水处理厂内部的污水泵站。其工作特点是:连续进水、水量变化较大且水中污染物含量多。常用的泵站的种类有:合建式、分建式、地下式、半地下式等。从平面形状来看,有圆形和矩形泵房。智能环保型污水泵站采用了污物粉碎型格栅机,潜水泵、水力旋流水面漂浮物清扫技术,水位、电流、轴温、堵塞、盗窃等异常情况的监控报警技术。

【污水灌溉】(sewage irrigation) 利用经过处理的生活污水和工业废水进行灌溉的方法。污水中通常含有多种微量元素和丰富的有机质。在缺水地区修建污水处理灌溉工程,充分利用这些水、肥资源,不仅必要,而且可行。但是,污水中往往含有一些有毒、有害物质,如果不经处理引入田间,将导致作物产量和品质下降,土壤物理、化学性状恶化,传染病和寄生虫病蔓延以及人畜中毒等严重后果。对污水的处理方法因水质不同而异。一般生活用水有毒有害物质较少,经沉淀、拦污、稀释后即可用于灌溉。工业废水有较多的有害物质,需经过复杂的处理过程,使水质符合农田灌溉水质标准后,才能引入渠道进行灌溉。用污水灌溉要严格控制灌溉时间和灌水定额。一般大苗多灌、小苗少灌，生长后期少灌或不灌，避免作物后期贪青倒伏和残毒积累。污水灌溉以大田作物为宜，蔬菜尤其是生食瓜菜类和块根作物不宜使用。渗漏性较大的沙土区、地下水埋藏浅和离水源地较近的地方，也不宜使用污水灌溉，以免造成地下水污染。

【钨的生产】(tungsten production) 从矿石中提取金属钨的工艺方法。中国的钨矿资源非常丰富。工业价值最高的是黑钨矿和白钨矿。含量最高的钨矿含 WO_3 为2% ~3%。钨冶金主要以钨精矿为原料，生产纯钨粉、钨条、钨丝和钨锭。钨的熔点高，并且在高温下又易于和其他物质化合，所以不能像炼钢一样直接冶炼，而是分为三个阶段进行：一是生产氧化钨 WO_3。其过程是：(1)用苏打烧结法烧结。在 800 ~ 900℃使精矿中的元素相互作用，生成钨酸钠和铁、锰的氧化物。(2)用水浸洗烧结块。使其中的钨酸钠溶于水，而铁、锰的氧化物不溶于水，经过滤除去。(3)净化除去其他溶于水的杂质。(4)从钨酸钠溶液中制取钨酸沉淀物。有两种方法：一种是向钨酸钠溶液加入氯化铵使钨以铵钠复盐结晶析出，再用盐酸分解复盐得到钨酸沉淀物，即 WO_3 与 H_2O 的化合物；另一种是把氯化钙溶液加入钨酸钠溶液，沉淀出钨酸钙，使钨酸钙与盐酸作用得到钨酸沉淀物。(5)从钨酸沉淀物制取 WO_3。有两种方法：一种是在在 750 ~ 850℃煅烧得到工业纯的 WO_3；另一种是将钨酸溶解于氨水中，然后蒸发溶液，析出钨酸铵晶体，再将其焙解，可获得化学纯或高纯 WO_3。二是还原 WO_3 生产钨粉。即用氢还原法生产钨粉。使 H_2 在高温下与 WO_3 中的氧发生反应生成水蒸气挥发，将钨还原出来。三是用粉末冶金的方法生产钨条、钨丝和钨锭。主要由压制成形和烧结两个工序组成：先将钨粉装入具有一定尺寸和形状的模具中，施加压力制成致密的坯块，然后高温烧结成致密金属钨。

【钨铈电极】(W-Ce electrode) 由钨铈合金制成的电极材料。与钍钨电极相比，其韧性好，加工时脆断少，易于加工成型。其着火电压比钍钨电极低13% ~16%，激活温度比钍钨电极低400℃左右。钨铈电极的弧柱压缩程度比钍钨电极好，弧柱亮带狭长，弧光较明亮。钍钨电极的最小起弧电压为 30V，而钨铈电极仅 12V，相当于钍钨电极起弧电压的 40%，且不污染环境，对人体无害。多用于氩弧焊、等离子弧焊接和切割、喷涂、熔炼、电光源和激光器等方面。

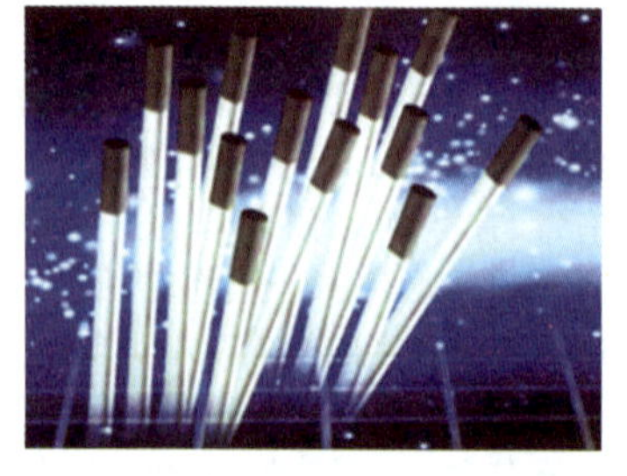
钨铈电极

【屋顶花园】(roof garden) 在各类建筑物、构筑物、桥梁等的顶部、阳台、天台、露台上种植草木花卉所形成的景观。其不但降温隔热效果优良，而且能美化环境、净化空气、改善局部小气候；还能丰富城市的俯仰景观；能补偿建筑物占用的绿化地面，提高了城市的绿化覆盖率，是一种值得大力推广的屋面形式。屋顶花园的设计和建造要巧妙利用主体建筑物的屋顶、平台、阳台、窗台、女儿墙和墙面等开辟绿化场地，并使之有园林艺术的感染力。由于屋顶花园的空间布局受到建筑固有平面的限制和建筑结构承重的制约，与露地造园相比，其设计既复杂又关系到相关工种的协同。建筑设计、建筑构造、建筑结构和水电等工种配合的协调是屋顶花园成败的关键。屋顶花园的规划设计是一项难度大、限制多的园林规划设计项目。

屋顶花园

【屋架】(roof truss) 用木料、钢材或钢筋混凝土等材料制成承载屋面的构件。有三角形、梯形、拱形等形状。通常屋架搁置在房屋纵向外墙或柱墩上，使建筑有较大的使用空间。屋架一般按照房屋的开间为相等间距排列，房屋开间的选择与建筑平面以及立面设计都有关系，大量民用建筑通常采用 3 ~4.5m；大跨度建筑可达 6m 或更多。其类型主要有：中杆式屋架、豪华式屋架、三支点屋架、四支点屋架和钢筋混凝土屋架等。按其结构形式的不同可分为：中式屋架、人字架、钢屋架和钢混屋架等几大类。中式屋架又分为七檩柁、五檩柁、平台柁和硬山搁等几种。人字架又可分为木屋架、小型木屋架、钢木屋架和小型钢木屋架等几种。钢屋架根据其跨度不同进行等级区分，钢混结构分为钢混屋架及钢屋架两种。在房地产拆迁评估中，屋架平台柁与腊阡柁不予区分，中式柁没有

屋架

柱子,按木屋架计分。将屋盖荷载传递到墙、柱、托架或托梁上的桁架式构件。

【屋面板】(roof board) 直接承受屋面荷载的板。房屋的屋顶,一般使用铝、镁、锰或合金制成多功能单翼盖缝箱型屋面板,用到房屋的屋盖上后,使屋盖基本上不渗漏且具有御寒隔热效果。该项屋盖系将屋面板做成单体箱型在顶部下坡设单翼。在屋面板内部做成单孔或多孔的空腔,其空腔内衬垫保温隔热材料或以板内空腔来提高屋面板的御寒隔热性能。屋面板在房屋顶层的山墙斜梁上组装后,翼板则搭接遮盖使多个单体箱型屋面板不出现见光的垂直缝,形成整体性良好的坡屋顶铝镁锰屋面板是一种极具性价比的屋面和外墙材料。铝合金在建筑业中得到广泛的应用,为现代建筑向舒适、轻型、耐久、经济、环保等方向发展发挥了重要的作用。AA3004 铝镁锰合金由于结构强度适中、耐候、耐渍、易于折弯焊接加工等优点,被普遍认可作为建筑设计使用寿命50 年以上的屋面和外墙材料;因应海洋性气候建筑设计,可选用耐腐蚀性能更强的 5 052 船舶级铝合金材料。铝镁锰屋面板的特点是:重量轻、强度高、耐腐蚀,表面处理多样美观,可塑性好,导电性能强,安装方便和环保。

屋面板

【无坝取水】(diversion headworks without dam) 不设拦河闸或壅水坝,从天然河道中取水的取水枢纽。一般适用于河流水量较丰富、引水比不大,水位及河势能满足或基本满足引水要求的情况。水工程简单、投资少。对天然河道的影响较小,与航运、渔业等其他国民经济部门的要求之间矛盾较小,在水利建设中得到广泛应用。按取水口数目的不同可分为一首制及多首制取水两种。(1)一首制取水仅设一条引渠取水。根据渠首是否设进水闸而分为有闸及无闸一首制取水。无闸的一首制取水在岸边开挖明渠或隧(涵)洞引水。其工程简单,但不能控制进流量及进沙量。有闸的一首制取水能比较准确地控制进流量,避免引入过多水量,在一定程度上减少了渠道淤积。在是工程中广泛应用。(2)多首制取水。一般设 2~3 条引渠取水,各引渠在下游一定距离处汇合成一条干渠。进水闸设在每条引渠进口或设在引渠汇合处。枯水期由几条引渠同时引水可以保证设计流量;洪水期一条引渠工作,其他引渠则轮流进行清淤。多首制取水多用于流量不稳定的多沙河流。它能克服由于引渠淤塞而无法引水的缺点,保证灌区正常供水。但引渠易淤积,管理不便,维修费用大。

无坝取水

【无氮浸出物】(nitrogen-free extract) 又称可溶性碳水化合物。饲料有机物中除去脂肪和粗纤维的无氮物质。包括单糖、双糖和多糖(淀粉和糖元)等物质。在常规饲料分析中,一般不直接测定无氮浸出物的含量,而是通过计算,从干物质重量中减去粗蛋白质、粗脂肪、粗纤维、粗灰分后所得的差数。单糖主要存在于植物的果实中,一般饲料中含量很少。单糖主要有葡萄糖、果糖、半乳糖、阿拉伯糖、核糖、木糖和甘露糖等;双糖中最重要的成分是蔗糖。后者大量存在于甘蔗和甜菜中,许多水果和蔬菜中也含有蔗糖。此外,乳糖、麦芽糖和纤维二糖也属于双糖。多糖有淀粉和糖元。淀粉是大多数植物的主要储存物质,大量储存在种子、果实和根茎中。它是畜禽主要的能量来源。糖元则是动物体内储存的多糖,又称为动物淀粉。

【无纺布】(non-woven fabrics) 见非织造布。

【无纺布梳理机】(non-woven fabrics carding machine) 对经过开松混合的棉纤维进行梳理,制成非制造布所需棉网的装置。该梳理机主要由喂入装置、胸锡林装置、主锡林装置、道夫装置、杂乱装置和出网装置控制系统等组成。

无纺布梳理机

【无废工艺】(non waste technology) 在生产过程中采用的不产生或少产生废弃物及污染物的工艺。目的是节能,降耗,减污。其主要措施是:(1)在原有工艺基础上,适当改变工艺条件,如温度、流量、压力、停留时间、搅拌强度、必要的预处理等,实现过程连续操作,减少开车、停车造成的不稳定状态。(2)配备自动控制装置,实现过程的优化控制。(3)改变原料配方,采用精料,替代原料,对原料进行预处理。(4)改善原料的质量管理;换用高效设备,改善设备布局和管线。(5)开发或应用新技术、新工艺，如生化技术、高效催化技术、电化学有机合成、膜分离技术、光化学技术、等离子体化学过程等。(6)采用组合工艺流程，如化工－冶金流程，化工－动力流程和动力－工艺流程等。

【无缝钢管生产】(seamless steel tube production) 将实心的管坯或钢锭穿孔并轧制成空心断面的钢管的制造方法。热轧无缝钢管的生产工艺过程包括：管坯准备、加热、穿孔、轧管、定径、减径和精整。(1)管坯准备。包括切成定尺长度和在前端面中心钻定心孔。(2)加热。碳素钢的加热温度为1 250℃左右，使管坯具备良好的热塑性而减小塑性变形阻力。(3)穿孔。辊式穿孔机的轧辊为双锥形，两个轧辊同向旋转使管坯螺旋向前运动，在由顶杆支撑固定的带有锥度的顶头的作用下穿成空心，顶杆直径小于顶头直径，可以容纳空心钢管继续向前螺旋运动，直到将定尺管坯穿成空心的钢管，称为毛管或荒管。顶杆的长度应大于毛管的长度。(4)轧管。将毛管在轧管机上轧制，工件辊孔型与顶头配合使毛管减径、减壁、延伸，使其壁厚接近成品尺寸。(5)定径、减径和精整。是指控制成品管的外径和圆度、矫直和切头。冷轧或冷拔无缝钢管是用热轧的毛管作为管料用冷轧管机轧制，或用芯棒套在毛管内一起从冷拔模孔拔出而成。冷轧或冷拔无缝钢管具有尺寸精确、表面光洁、性能良好的优点。无缝钢管的生产设备包括：自动轧管机组、周期式轧管机组、连续式轧管机组、热挤压机组、扩管机组和冷轧管机组。热轧无缝钢管直径为6～1 400mm，壁厚为2～60mm。冷轧冷拔生产的精密无缝钢管直径为4～200mm，壁厚为0.5～12.5mm。

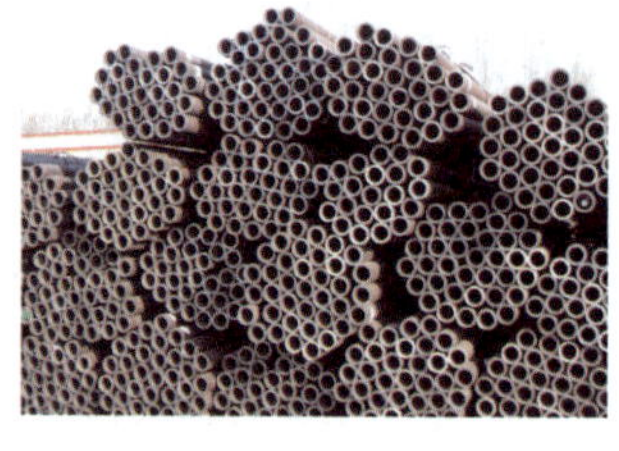

无缝钢管生产

【无缝线路轨道】(continuous welded rail track) 用焊接长轨条铺设的轨道。分为温度应力式与放散温度应力式两种。前者指由一根焊接长轨条及其两端连接2～4根标准轨，接头采用高强度螺栓连接所铺成的轨道。后者分自动放散式和定期放散式两种。自动放散应力式无缝线路在焊接长轨条的两端连接钢轨伸缩调节器，中间扣件的扣紧程度由设计来确定，不设防爬器。定期放散应力式无缝线路的结构形式与温度应力式相同，但缓冲区的钢轨不是标准轨，而是根据年轨温变化幅度大小设计的一组一定长度的短轨，一般用于年轨温差很大的寒冷地区。该技术排除了钢轨接头轨缝，具有行车平稳、机车车辆与轨道维修费用降低、设备使用寿命延长和适合高速行车等优点。

【无氟制冷剂】(freon-free refrigerant) 不含氟元素的制冷剂。其主要成分为异丁烷等。异丁烷是一种碳氢化合物，制冷效果好，蒸发温度低，又不环境污染。同样规格的冰箱，使用无氟制冷剂，耗电量可以节约30%左右。可用作制冷剂的物质有80多种。其中最常用的制冷剂是氨、氟利昂类、水和少数碳氢化合物等。

【无公害标准化生产】(non-pollution standardization production) 按照无公害农产品标准组无公害蔬菜织生产、加工、储藏、运销农产品的过程。无公害是指农产品在生产或加工过程中，没有污染或有毒有害物质含量(残留量)控制在安全允许值的范围之内。无公害农产品标准，是指国家或地区制定的旨在保证农产品质量安全的标准体系。一般由三部分组成，即无公害农产品(或原料)产地环境标准、无公害农产品操作技术规程和无公害农产品质量标准。

【无公害鸡蛋国家标准】(national standard of non-pollution egg) 于2006年出台、于2007年正式实施的针对鸡蛋市场的准入和准出制度。按照该标准的要求，鸡蛋生产企业必须要强制执行无公害鸡蛋国家标准，市民可放心购买贴有“有机鸡蛋”或“无公害鸡蛋”标志的产品。判断鸡蛋里是否存在有毒、有害物质，是这个标准的核心。此外，标准还要求鸡蛋里不得含有对人体危害较大的氯霉素及沙门氏菌。对鸡蛋里的抗生素、重金属、农药等有毒、有害物质，国家标准规定了最高限量。新标准还将制定严格的生物安全制度，要求工作人员进入生产区要严格通过紫外线消毒，保证每年定期进行体检，传染病患者不得从事养鸡工作。同时要求鸡饲料来源无污染，用药方面也有限制；鸡的“居住环境”方面要空气清新、干净。鸡蛋国家标准采取国际普遍认可的身份识别标志，在鸡蛋上喷涂食用级红色油墨。

【无公害农产品】(pollution-free agricultural product) 产地环境、生产过程、产品质量符合国家有关标准和规范的要求，经认证合格获得认证证书并允许使用无公害农产品标志的未经加工或初加工的食用农产品。既要有优质农产品的营养品质，又要

无公害农产品标志

有健康安全的环境品质。这就是无公害农产品的商品特殊性。广义的无公害农产品包括有机农产品、自然食品、生态食品、绿色食品、无污染食品等。在其生产过程中允许限量、限品种、限时间地使用人工合成的安全的化学农药、兽药、肥料、饲料添加剂等。它符合国家食品卫生标准,但比绿色食品标准要宽。无公害农产品是保证人们对食品质量安全最基本的需要,是最基本的市场准入条件,普通食品都应达到这一要求。其认证分为产地认定和产品认证。由农业部门认证。其标志的使用期为三年。无公害农产品标志是加施于获得无公害农产品认证的产品或者其包装上的证明性标记。无公害农产品标志图案主要由麦穗、对勾和无公害农产品字样组成,麦穗代表农产品,对勾表示合格,金色寓意成熟和丰收,绿色象征环保和安全。标志必须经当地无公害管理部门申报,经省级无公害管理部门批准才可获得使用权。开发无公害农产品必须有一套完善的运作机制,并能很好地适应现代市场经济的发展环境。其开发工作必须遵循以下基本原则:(1)统一完善的系统管理原则。(2)严谨规范的生产技术原则。(3)循序渐进的产品开发原则。

【无公害农产品生产过程控制技术】(process control technology of the non-pollution agricultural product) 主要指农用化学物质使用限量的控制及其替代技术。其重点是生产环节的病虫害防治和肥料施用。病虫害防治要以不用或少用化学农药为原则,强调以预防为主,以生物防治为主。在肥料施用中,强调以有机肥和底肥为主,按土壤养分库动态平衡需求调节肥量和用肥品种。在生产过程中,要求制定相应的无公害生产操作规范,建立相应的文档。

【无公害农产品生产基地环境控制技术】(environment control technology of the non-pollution agricultural production base) 控制无公害农产品生产基地在土壤、大气、水质等方面必须符合无公害农产品产地环境标准的技术。其中,对土壤而言,主要是指其重金属含量指标;对大气而言,主要是指其硫化物、氮化物和氟化物等含量指标;对水质而言,主要是指其重金属、硝态氮、含盐量和氯化物等含量指标。无公害农产品产地环境评价,是选择无公害农产品基地的依据。只有通过环境评价,才具有生产无公害农产品的条件和资格。

【无公害农产品质量控制技术】(quality control technology of the non-pollution agricultural product) 在农产品的收获、加工、包装、储藏和运输等后续过程中,所制定的保证其无公害的技术规范和执行标准。产品是否无公害要通过检测来确定。营养品质可以依据相应检测机构的结果,而环境品质、卫生品质检测要在指定机构进行。

【无公害农药】(green pesticide) 对人畜及各种有益生物毒性小或无毒、易分解、不会对环境及农产品造成污染的高效、低毒、低残留和安全的农药。包括生物农药和矿物源农药。

【无公害农业】(green agriculture) 所生产的粮食、蔬菜、畜牧产品等农产品中残留对人体有害的物质低于国家规定的允许量,或不含有有害物质的农业。即具有安全、优质和无污染的特点的农业。随着现代工业的发展,工业“三废”的排放,农田大量施用农药、化肥、激素和除草剂等,致使不少农田、养殖场等生产环境的空气、水质和土壤受到严重污染。这种环境里所生产的农产品中农药、重金属、硝酸盐及亚硝酸盐含量超标,严重危害了人体健康。为了保护人体健康、保护环境,为了农业的可持续发展,发展无公害农业势在必行。

无公害农业生产

【无公害食品】(green food) 源于良好的生态环境,按特定的无公害生产技术操作规程生产,且有害有毒物质含量控制在安全允许范围,并经法定职能部门检验认定符合标准的食品、农产品或以此为主要原料加工而成的食品。分为AA级和A级两种。其主要区别是在生产过程中,AA级不使用任何农药、化肥和人工合成激素;A级则允许限量使用限定的农药、化肥和合成激素。2001年4月26日由中华人民共和国农业部首先提出《无公害食品行动计划》,并于2002年4月29日发布《无公害农产品管理办法》。

【无公害蔬菜】(vegetable without permitted harmful material) 蔬菜中有害物质如农药残留、重金属、亚硝酸盐等的含量,控制在国家规定的允许范围内,人们食用后对人体健康不造成危害的蔬菜。当前无公害蔬菜的标准主要有:(1)农药残留量不超标。即不能含有禁用的高毒农药,其他农药残留量不超过允许标准。(2)硝酸盐含量不超标。不能超过标准允许量,一般在万分之四以下。(3)“三废”等有害物质不超标。“三废”和病原微生物等有害物质不超过规定允许量。蔬菜的污染主要是来自于环境污染和生产污染。环境污染主要是指环境中大气、水源、土壤的污染。生产污染主要是指生产过程中由农药和肥料施用不当造成的污染。生产无公害蔬菜的基本要求是:(1)选择环境条件达标的地区建立蔬菜基地。应根据环保部门提供的资源,切实把好水质、大气、土壤关。(2)采用合理的农业生产技术措施。提高蔬菜的抗逆性,减轻病虫危害,减少农药施用量。(3)采用综合防治病虫害的技术措施。(4)采用科学合理的配方施肥技术措施。(5)采用科学合理的采收处理技术。

无公害蔬菜

【无公害水产养殖】(pollution-free aquaculture) 确保生产过程和生产的产品对人类健康与自然环境都不会有危害的养殖方式。对水产经济动植物的养殖环境、生产过程和产品上市流通的全过程都遵照有关标准和法规实行有效监控,所有投入品都符合有关标准或法规,避免养殖生产对环境造成污染。其主要特征是充分利用自然复原力和保持水域生态动态平衡。其主要依据法规和标准有:(1)产地环境应符合《农产品安全质量 无公害水产品产地环境要求》的规定。(2)水产苗种生产与引进应符合《渔业法》和农业部颁布的《水产苗种管理办法》之规定。(3)饲料应符合《饲料和饲料添加剂管理条例》、《渔用配合饲料安全限量标准》。(4)使用药物添加剂应符合农业部《饲料药物添加剂使用规范》中的规定。(5)渔用药物的使用应符合《无公害食品 渔用药物使用准则》和《食品动物禁用的兽药及其化合物清单》的规定。

【无公害畜产品】(green livestock product) 畜牧业生产的无污染、无残留、对人类健康无损害的畜产品。可分为三大类:(1)在无任何污染的自然条件下生产的畜禽产品。(2)在自然条件下,通过添加对人体无害的生物制剂生产的畜禽产品。(3)在生产过程中,通过添加作用小、残留最低的非人用药品和添加剂而生产的符合绿色食品要求的畜产品。

【无功功率】(reactive power) 用于电路内电场与磁场的交换,并用来在电气设备中建立和维持磁场的电功率。不对外做功,而是转变为其他形式的能量。凡是有电磁线圈的电气设备,要建立磁场,就要消耗无功功率。其符号用 Q 表示,单位为乏或千乏。电动机需要建立和维持旋转磁场,使转子转动,从而带动机械运动。电动机的转子磁场就是靠从电源取得无功功率建立的。变压器也同样需要无功功率,才能使其一次线圈产生磁场,在二次线圈感应出电压。没有无功功率,电动机就不会转动,变压器也不能变压,交流接触器不会吸合。在正常情况下,用电设备不但要从电源取得有功功率,同时还需要从电源取得无功功率。如果电网中的无功功率供不应求,用电设备就没有足够的无功功率来建立正常的电磁场。用电设备不能维持在额定情况下工作,端电压就要下降,从而影响其正常运行。无功功率对供、用电产生一定的不良影响。其主要表现在:(1)降低发电机有功功率的输出。(2)降低输、变电设备的供电能力。(3)造成线路电压损失增大和电能损耗的增加。(4)造成低功率因数运行和电压下降,使电气设备容量得不到充分发挥。从发电机和高压输电线供给的无功功率,远远满足不了负荷的需要。所以,在电网中要设置一些无功补偿装置来补充无功功率,以保证用户对无功功率的需要,使用电设备在额定电压下正常工作。

【无轨电车】(trolley bus) 一种以电为动力、在道路上行驶的公共交通车辆。车身跟公共汽车相似。使用的电力一般是通过架空电缆,经车上的集电杆取得。其优点是:(1)不排放废气,对环境污染较小,有绿色公交之称。(2)攀斜能力较强,且节省能源。以电动机推动的无轨电车比柴油发动机推动的公共汽车有更高的攀斜能力。且可以使用再生制动,刹车时把动能转化为电能,供其他电车使用。(3)无需对道路进行大量改造,投资较少。其缺点是:(1)运行的弹性和灵活性较差。(2)无轨电车的架空电缆有碍观瞻。(3)跟轻便铁路相比,载客量较少。

无轨电车

【无害处理】(harmless process) 处理有条件食用肉的各种方法的总称。最常用的方法是高温处理,其他为冷冻、盐腌和产酸处理。在处理某些特定的病畜胴体时,要做好场地、设备、工具等的消毒和衣着卫生,以免交叉感染。

【无火花型电气设备】(non-sparking electrical apparatus) 正常运行条件下不会点燃周围爆炸性混合物,且一般不会发生有点燃作用的故障的防爆电气设备。其防爆原理是:设备在正常运行条件下(指设备在电气、机械上符合设计规范要求,并在规定的限度内使用)不产生电弧或火花,也不产生超过电气设备相应温度组别最高温度的热表面或灼热点,不会点燃周围爆炸性混合物,并且一般不会发生点燃周围爆炸性混合物的故障。无火花型电气设备属于Ⅱ类电气设备,适用于工厂或露天场地的防爆电气设备,不能用于煤矿井下。无火花型电气设备在安装前,应进行下列检查:(1)设备的型号、规格应符合设计要求;铭牌及防爆标志应正确、清晰。(2)设备的外壳和透光部分,应无裂纹、损伤。(3)设备的紧固螺栓应有防松措施,无松动锈蚀,接线盒盖应紧固。(4)保护装置及附件应齐全、完好。

【无机非金属材料】(inorganic nonmetallic material) 无机材料中除金属材料以外的各种材料。传统的无机非金属材料又称为硅酸盐材料,主要包括陶瓷、玻璃、水泥和耐火材料四大类。在传统硅酸盐材料基础上,一大批具有各种功能(机械、电、声、光、热、磁、铁电、压电和超导等)和特性的材料相继出现,如人工晶体材料、非晶态材料、先进陶瓷材料(包括功能和结构)、无机涂层材料、碳材料、超硬材料和无机复合材料等,逐步发展成为现今在材料科学研究前沿中最具活力的新领域。

【无机肥料】(inorganic fertilizer) 又称矿质肥料。采取提取、机械粉碎和合成等工艺加工制成的无机盐态肥料。除尿素、石灰氮及某些缓释氮肥(如脲甲醛)外,绝大多数化学肥料均属于无机肥料,如硫酸铵、过磷酸钙、氯化钾等。这种肥料大多能溶于水或弱酸中,呈离子态。施入土壤后,一部分被植物吸收利用;另一部分被土壤胶体所吸附固定或随土壤溶液迁移。无机肥料所含的养分量一般比有机肥料高,但不含有机质。宜与有机肥料配合施用。

【无机合成】(inorganic synthesis) 又称无机制备。通过化学方法合成新的无机化合物以及研究新的合成方法的学科。研究对象除一般无机化合物之外,已扩展到无机固体材料、原子簇化合物、金属有机化合物、生物无机化合物等。其方法有常规经典合成(水溶液合成、电解法等)、极端条件下的合成(高温合成、低温合成、真空合成、水热合成、高压合成等)、定向设计合成、缺陷与价态控制、组合化学、理想合成、仿生合成等。在化工、新材料等领域广泛应用。

【无机合成化学】(inorganic synthesis chemistry) 无机化学的一个分支。研究各种无机化合物的结构、性能、合成方法和理论以及无机化合物之间相互转变规律的学科。是无机化学和材料科学的基础学科。其研究内容主要是提供新的合成反应、新的合成方法和新的合成技术,合成与制备新的化合物、新的凝聚态和聚集态以及具有可控性能的新材料。其研究热点集中在极端条件下的合成、软化学合成、特殊凝聚态和聚集态制备、形貌与尺寸修饰、缺陷与价态控制、组合化学合成、水热合成、计算机辅助合成、理想合成与生物模拟等方面。每一种新的合成方法或一种新型结构的发现,不仅都会产生一系列新的无机化合物,如夹心式化合物、笼状、簇状、穴状化合物等,而且很多无机化合物都具有特殊的功能,如激光发射、发光、高密度信息存储、永磁性、超导性、能源、传感等,均有广泛的应用前景。无机合成化学学科本身的系统而规律性的研究,必将成为推动无机化学及相关学科发展的重要基础。

【无机化工】(inorganic chemical industry) 无机化学工业的简称。化学工业的重要组成部分。以天然资源和工业副产物为原料生产硫酸、硝酸、盐酸、磷酸等无机酸以及纯碱、烧碱、合成氨、化肥以及无机盐等化工产品的工业。包括硫酸工业、纯碱工业、氯碱工业、合成氨工业、化肥工业和无机盐工业。广义上也包括无机非金属材料和精细无机化学品如陶瓷、无机颜料等的生产。其基本特点是:(1)化学工业中发展较早的工业。(2)主要产品是用途广泛的化工原料。(3)与其他化工产品相比,其产品的种类繁多,数量庞大。

【无机化合物】(inorganic compound) 简称无机物。除碳元素以外的各种元素的化合物。例如水、氯化钠、硫酸等。但也包括少数含碳化合物,如一氧化碳、二氧化碳、碳酸盐和碱式碳酸盐等。无机化合物可分为氧化物、酸、碱和盐四大类。随着无机化学的发展,除酸、碱、盐、氧化物外,许多新型化合物,如金属羰基化合物、原子簇化合物、夹心化合物和层间化合物等,也被纳入无机化合物范畴。

【无机化学】(inorganic chemistry) 化学的一个分支。化学学科中四大基础学科之一。研究元素、单质和无机化合物的来源、制备、结构、性质、变化和应用的学科。发展趋向主要是新型化合物的合成和应用,以及新研究领域的开辟和建立。无机化学处在发展的时期,研究范围不断扩大,许多边缘学科迅速崛起,已形成无机合成化学、丰产元素化学、配位化学、有色金属化学、无机固体化学、生物无机化学和同位素化学等。无机化学对矿物资源的综合利用、无机原材料及功能材料的生产和研究等都具有重大意义。

【无机农药】(inorganic pesticide) 农药中属于无机化合物的品种的统称。这一类农药现用的品种已很少,如硫黄、砷酸钙、亚砷酸钠、硫酸铜及氟化钠等。由于无机农药的药效差，且容易杀伤植物，发生药害，现已被有机农药取代。

【无机农业】(inorganic agriculture) 又称高能农业。主要靠输入农业以外的无机能量和无机物质，以推动农业生产中物质能量循环的速度来提高产量的农业生产技术体系。其特点是：以石油、煤等作为能源和原料，大量生产和使用人工合成的化学肥料、农药、生长调节剂及机电动力。无机农业对提高土地生产率和劳动生产率有显著的作用。但如果使用化肥、农药过量，忽视有机肥料，会使生产成本上升，不仅易造成土壤、大气、水源和农产品的污染，使一些地区的生态环境变坏，危害人畜健康，而且对水土保持、土壤结构、土壤肥力等造成不良后果。所以，无机农业要与有机农业相结合。

【无机酸】(inorganic acid) 又称矿酸。能解离出氢离子的无机化合物。无机化合物的酸类的总称。按其组成的不同可分为含氧酸和不含氧酸。按其电离程度的不同可分为强酸和弱酸。按其可电离的氢离子数目的不同可分为一元酸、二元酸、三元酸等。二元以上的酸合称多元酸。常见的无机酸有盐酸、硫酸、硝酸、磷酸等。前三个是工业上用途最广的三大强酸。在工农业生产、医药、科研等领域广泛应用。

【无机涂层】(inorganic coating) 用陶瓷或玻璃态物质以及部分金属涂敷在金属或陶瓷表面以达到增效和延寿目的的一种膜层。如航空、航天方面应用的耐热、抗氧化涂层，卫星上应用的温控涂层，机械工业上应用的耐磨涂层，人工机体上应用的生物涂层，以及化学工业中应用的耐酸碱涂层等。

【无机盐】(inorganic salt) 又称矿物质。无机化合物中盐类的统称。营养学上指机体所必须的无机盐中的某些元素。其中主要的钙、磷、铁、钠、钾等。因这类盐的摄入不足而致病的，称为矿物质营养缺乏病。如缺碘引起的地方性甲状腺肿大，称为大脖子病。但过多也会致病，如氟过多可引起斑牙病，还能阻碍骨骼的骨化过程，使人体骨质疏松。

【无节幼虫】(nauplius stage) 某些甲壳类个体发育中最早的幼虫形态。如对虾的发育过程，有六个幼虫期，即：无节幼虫、后无节幼虫、前蚤状幼虫、中蚤状幼虫、后蚤状幼虫和糠虾期等。无节幼虫为孵化后第一个极重要的幼虫形态。其体不分节，有三对简单的附肢，有单眼。幼虫需经蜕皮六次才变为前蚤状幼虫。

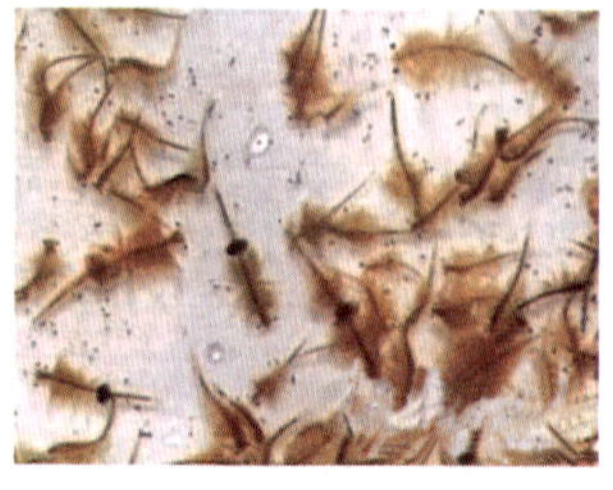
丰年虫

【无结网片】(knotless web) 与有结网片相对应。由网线或线股相互交织而成的网片。按其交织方式的不同可分为：(1)经编网片。又称套编网片。由两根相邻网线，沿网片纵向各自形成线圈并相互交替串连而成。(2)辫编网片。由两根相邻目脚的网线各股作相互交叉并辫编而成。(3)绞捻网片。由两根相邻目脚的网线各股作相互交叉并捻合而成。(4)插捻网片。纬线插入经线的线股中，经捻合经线而成。(5)平织网片。经线和纬线上下相互交织而成。(6)成型网片。用热塑性合成材料挤压成型，经双向牵伸而成。与有结网片相比，具有质量轻、耐磨性好、断裂强度较高、拖曳阻力低和较易清洗等优点。其缺点是磨损后易扩展且修补困难。

【无菌操作】(aseptic technique) 用于防止微生物进入人体组织或其他无菌范围的操作技术。其要求是：(1)操作前将界面上的细菌和病毒等微生物杀灭。(2)操作过程中是界面与外界隔离，避免微生物的侵入。其原则是：(1)在无菌操作时，必须明确物品的无菌区和非无菌区。(2)在进行无菌操作前，先戴帽子、口罩、洗手，并将手擦干，注意空气和环境清洁。(3)夹取无菌物品，必须使用无菌持物钳。(4)在进行无菌操作时，凡未经消毒的手、臂、均不可直接接触无菌物品或超过无菌区取物。(5)无菌物品必须保存在无菌包或灭菌容器内，不可暴露在空气中过久。(6)无菌包应按消毒日期顺序放置在固定的柜橱内，并保持清洁干燥，与非灭菌包分开放置，并经常检查无菌包或容器是否过期，其中用物是否适量。(7)无菌盐水及酒精、新洁尔灭棉球罐每周消毒一次，容器内敷料如干棉球、纱布块等，不可装得过满，以免取用时碰在容器外面被污染。

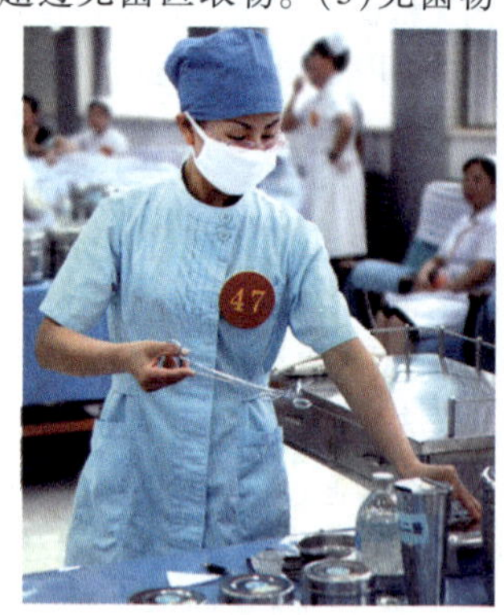

无菌操作

【无菌动物】(germ free animal) 不能检出任何活的微生物和寄生虫的动物。是在无菌屏障系统中，剖腹取出胎儿，饲养繁育在无菌隔离器中，饲料、饮水经过消毒，定期检验，证明动物体内外均无一切微生物和寄生虫(包括大部分病毒)的动物。无菌动物的“菌”主要是指细菌，而严格来讲，还包括真菌、立克次氏体、支原体和病毒等微生物及各种寄生虫。从微生物学的观点看，通常实验动物的体内和体外带有寄生虫，体内还常带有细菌和病毒，而且还都难于排除某些潜在的传染病。此外，普通实验动物的血清中含有抗体。所以用普通动物进行医学科学研究，将会存在各种各样的干扰，实验结果往往不确切。使用无菌动物作实验就可以克服普通动物所存在的缺点，使实验结果正确可靠。

【无菌灌装系统】（asepsis racking system） 进行无菌灌装作业的工作系统。由食品预杀菌、冷却、容器杀菌、无菌灌装、密封等装置组成。有用于金属灌装、纸塑复合薄膜及塑料容器装等多种。多用于纯净水、果汁、乳品等饮料的生产。包装形式为砖形。本系统中多采用高温瞬时杀菌及快速冷却工艺。因此食品品质优于常规灌装。无菌灌装大致可分两种：一种是无菌冷灌装法，即食品在装罐前进行杀菌及冷却，并在无菌条件下装入已充分杀菌的容器中，然后在无菌条件下密封；另一种是无菌热灌装法，即食品在灌装前进行预热，几秒钟内使食品温度升至40～150℃并保持1～2min，后进入冷却器快速冷却至121～127℃，再进入无菌压力室装罐密封，最后进行冷却。系统中常采用的预杀菌设备有：用于低黏度食品的蒸汽间接加热的盘管式、列管式或片式热交换器；用于高黏度食品的刮板式热交换器以及直接蒸汽加热并经真空蒸发冷却的装置。可用于液态食品和固态食品。此设备同时配有相应的用于冷却的热交换器和无菌清洗消毒系统等。

【无菌软包装机】（asepsis liquid packing machine） 一种将料液包装成四面体的无菌包装机。由包装材料消毒、成型、热合、灌装、封口、切割和供料、自动控制等装置组成。卷纸经过氧化氢水溶液杀菌槽消毒杀菌、红外线干燥；也有用消毒净化的空气刮刀将残余过氧化氢液去除。卷纸消毒也可用紫外线照射。卷成筒形、横向热压封合、灌装、侧向封合、切断、包装成四面体形后进出。如料液、包装材料等出现不正常现象，可自动停机报警。附自动日期打印器。包装材料用聚乙烯薄膜、纸及铝箔等复合制成。保存期可长达数月。适合消毒奶、水果汁等液态饮料的包装。

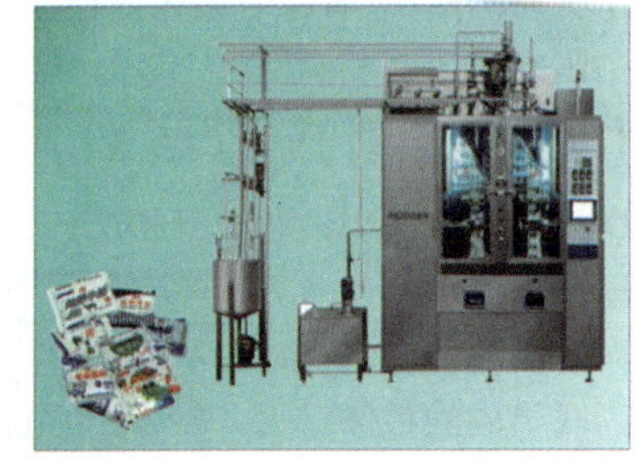
无菌软包装机

【无抗奶】（antibiotics free milk） 用不含抗生素的原料生产出来的牛（羊）奶。“抗”是指用来治疗牛（羊）病所用的各类抗生素，常见的有青霉素、链霉素等。奶牛（羊）在每年换季时易患乳腺炎，而且采用机械榨乳也比人工挤奶更易患乳腺炎，向牛（羊）乳房部位直接注射抗生素，奶牛（羊）能尽快恢复健康。经过抗生素治疗的奶（羊）牛，在一定时间内产生的牛（羊）奶会残存少量抗生素。这种奶不能作为食用奶原料进行加工生产。如果长期饮用有抗奶，会造成人体生理失常，对抗生素产生耐药性。有些先天对抗生素过敏的人长期喝有抗奶之后，会造成过敏性休克。

无抗奶

【无理数】（irrational number） 一个含有无限不循环小数的数。和有理数统称为实数。在2 000多年以前，无论在中国还是在古希腊均发现了无理数的存在。无理数的出现是基于实践和理论两个方面的需求对数域的一次拓展。从数学的角度来看，这种拓展最初是从代数和几何两个方面开始的。从代数角度来讲，当人们对方程$x^2-2=0$求解时，发现它没有有理数根。换句话讲，对2开平方开不尽，且不会循环。从几何角度来讲，人们发现正方形的对角线与边长之比不能用整数之比来表示。而当边长为1时也归结为对2开平方的运算。也就有了$\sqrt{2}$这个非有理数，于是就称其为无理数。同样还有$\sqrt{3}$、$\sqrt{5}$、$\sqrt{7}$等开方开不尽的数以及$\pi=3.141\,592\,6\cdots$、$e=2.718\,28\cdots$这些无理数。现代数学已经证明，在任何两个有理数之间都存在有无穷多个无理数。换句话将，无理数是稠密的。当发现了无理数之后，在实数域中，不但能进行四则运算，而且能进行“取极限”运算。事实上，任何一个无理数都可视为一个有理数数列的极限。例如，$\sqrt{2}$就是数列1，1.4，1.41，1.414，1.414 2，1.414 21，… 的极限。古希腊的毕达哥拉斯学派崇尚有理数的完整性。他们认为一切数乃至一切事物都能归结为有理数，并以此作为本学派的信条。具有讽刺意味的是，正是这个学派的希伯索斯发现并阐明了正方形的对角线与边长之比这个数不能用整数之比来表示，不是有理数。然而这一发现却招来杀身之祸，不但这一发现被学派同仁认为是违背了学派的信条而被拒绝，发现者本人也遭到被抛入大海的厄运。

【无梁楼盖】（flat slab floor） 不设梁而双向受力的板柱结构。把原来集中受力的梁变成无数分散空间受力的工字结构体系，使楼层空间布置摆脱梁的制约，使同高的楼层扩大净空，节省建材，加快施工进度，且质地更密，抗压性更高，抗振动冲击性更强，结构更合理。无梁楼盖根据施工方法的不同可分为现浇式和装配整体式两种。无梁板结构板面负载直接由板传至柱。具有结构简单、传力路径简捷、净空利用率高、造型美观、利于通风、便于布置管线和施工等优点。但需要较厚的板和钢筋混凝土结构。另外其结构延性较差。

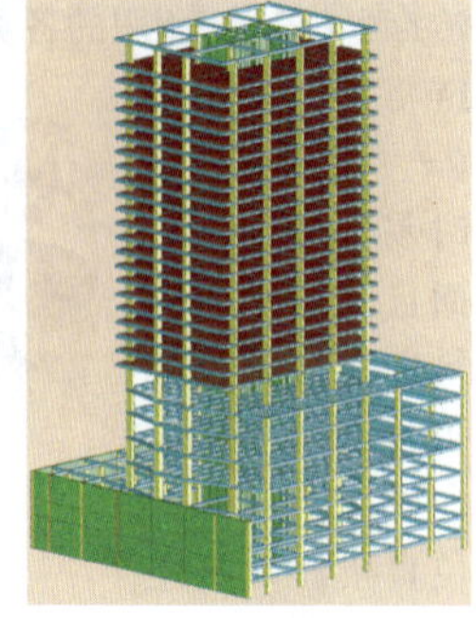
无梁楼盖

【无林地】(non-stocked land) 由于采伐或其他原因所造成的空旷而暂时没生长森林的林业用地。虽有零星散生木，但其郁闭度小于0.1的林地，以及造林成活率严重不足的林地也称为无林地。主要包括有以下六种情况：(1)采伐后保留木郁闭度达不到疏林地标准、尚未人工更新或天然更新而达不到中等等级的林地。(2)火灾后活立木达不到疏林地标准，尚未更新，或天然更新达不到中等等级的林地。(3)造林更新后，成林年限前达不到未成林造林地标准的林地。(4)造林更新到成林年限后，未达到有林地、灌木林地或疏林地标准的林地。(5)已经整地但还未造林的林地。(6)虽不符合上述林地区划条件，但有林地权属证明，因自然保护、科学研究等需要而保留的土地。

【无流铸造】(non-fluid casting) 浇注时使金属液流注很短，近似无流注的浇铸方法。铸模是由与铸模底固定在一起的可以移动的三面长模壁及一个固定在地面的短模壁组成。浇注时金属液从漏斗经过分配槽下面的小孔进入铸模。浇注前将铸模底升至尽量接近分配槽的位置，使浇注时流柱尽量短。浇注过程中，模内金属液面始终与短模壁顶端平齐。带着铸模底的三面长模壁则随着金属液的凝固而不断下降，同时，金属液从上部连续补充，直至长模壁顶端与短模壁处于同一高度为止。因为金属液流柱短，并且用多孔分配槽使其均匀流下，可以减少金属液氧化和混入气体，铸锭致密度较高。但是短模壁一侧的表面质量较差。适用于铸造容易氧化生渣和产生气孔的合金扁锭，如铍青铜、锡磷青铜和铅黄铜。

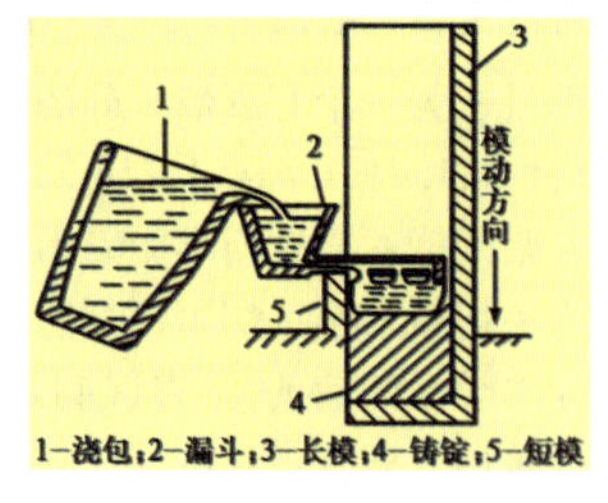

无流铸造

【无卤化】(halogen free, HF) 产品中不含卤素相关物质。生产产品所使用的零件、涂层以及加工过程都不添加含卤素化合物，并且成品中卤素化合物的含量低于一定限值(如IEC 61249-2-21:2003中规定无卤线路板中卤素含量为：氯≤9×10^{-4}，溴≤9×10^{-4}，总体卤素≤1.5×10^{-3})。卤素是第Ⅶ A族非金属元素，包括了氟、氯、溴、碘和砹五种元素。其中砹为放射性元素，人们通常所指的卤素是氟、氯、溴、碘四种元素。卤素化合物经常作为阻燃剂、制冷剂、溶剂、有机化工原料、农药杀虫剂、漂白剂、羊毛脱脂剂等。此类卤素化合物会影响人体免疫系统、内分泌系统、生殖和发育，并对人类具有致癌作用和其他毒性。大量使用卤素化合物会严重威胁人体健康和环境。无卤化处理成为用户越来越关心的问题。无卤的要求大部分是针对阻燃作用，在原料中添加卤素，提高了燃点，但是燃烧时却产生卤化物气体、二恶英等。这些产物能在环境中存在多年，破坏臭氧层。无卤化的要求主要来源于《关于持久性有机污染物的斯德哥尔摩公约》和《关于消耗臭氧层物质的蒙特利尔议定手册》等。不同的产品对卤素有不同的限量标准。

【无囊围网】(bagless purse seine) 与有囊围网相对应。由取鱼部和网翼组成的围网。没有网囊。其中取鱼部也是单片网衣，但网目和网线粗度比网翼小而粗，一般处于网翼的一端，是集中渔获物的部位。一般网具的前端接有带网纲，末端接有跑纲。按其下纲结构的不同可分为环围网和无环围网两种。前者在下纲有叉纲与圆形底环相连，中间穿有括纲，通过收绞括纲能够较快地封闭网具底部，多用于机动渔船；后者在下纲无底环，用于风帆船操作，如中国山东风网和圆网，广东赤鱼围网等。

【无黏结预应力结构】(unbond prestressed structure) 预应力钢筋与混凝土之间不通过混凝土传递剪力而与混凝土在端部锚固联结成的整体。无黏结预应力钢筋与施加预应力的混凝土之间没有黏结力，可以永久地相对滑动，预应力全部由两端的锚具传递。采用无黏结预应力结构有利于降低建筑物层高和减轻结构自重；改善结构的使用功能，楼板挠度小，几乎不存在裂缝；大跨度楼板可增加使用面积，

无黏结预应力结构

也较容易改变楼层用途；施工方便，速度快；节约钢材和混凝土；可用平板代替肋形楼盖而降低层高等，适用于办公楼、商场、旅馆、车库、仓库和高层建筑等。

【无铅汽油】（lead-free gasoline） 在精炼过程中不添加含铅化合物，并使含铅量小于0.013 2g/L的汽油。车用无铅汽油有90号、93号、95号、97号和98号等牌号。选用汽油应根据发动机的压缩比确定。如：压缩比在8.5～9.0用90号或93号汽油；9.0～9.5用93号或97号汽油；9.5～10用97号或98号汽油；10以上用98号汽油。使用无铅车用汽油能够减少汽车尾气排放中的铅化合物，减少空气污染，对保护环境有积极作用。

【无穷大量】（infinite） 又称 α 的极限为无穷大。极限过程中变量 α 的绝对值无限增大的量。记为 $\lim\alpha=\infty$。类似地可定义正无穷大量和负无穷大量。如果 $\alpha(\alpha\neq 0)$ 为无穷小量，则 $\frac{1}{\alpha}$ 为无穷大量。

【无穷小量】（infinitesimal） 极限为0的变量。对于数列 $\{x_n\}$，若 $\lim\limits_{n\to\infty}x_n=0$，则称当 $n\to\infty$ 时，x_n 为一个无穷小量。对于函数 $f(x)$，若 $\lim\limits_{x\to x_0}f(x)=0$，则称当 $x\to x_0$ 时，$f(x)$ 为一个无穷小量。在同一极限过程中有限个无穷小量的和差积仍为无穷小量，无穷小量和有界变量的积也为无穷小量。

【无人飞船】（unmanned air ship） 往返于太空与地面的无人航天器。主要目的是为载人飞船做技术试验，其结构与载人飞船基本一致。苏联在1961年4月12日发射第一艘载人宇宙飞船“东方号”之前，曾进行过5次无人宇宙飞船试验。美国在1961年5月15日发射的第一艘载人宇宙飞船“水星号”之前，共发射了8艘无人宇宙飞船。中国在2003年10月15日首次发射的载人航天飞行器“神舟五号”飞船之前，共发射了4艘无人飞船。中国自行研制的第一艘试验飞船“神舟一号”1999年11月20日发射，次日在内蒙古中部地区成功着陆，标志着中国载人航天技术获得了重大突破。“神舟二号”是中国发射的第二艘实验飞船，它也是中国第一艘正样无人航天飞船。“神舟二号”飞于2001年1月10日发射升空，在轨运行7天后成功返回地面。“神舟三号”由推进舱、返回舱和轨道舱组成。飞船上搭载了一个模拟宇航员，其技术状态与载人状态一致。北京时间2002年3月25日22时15分，该飞船成功发射升空后，于2002年4月1日，在太空绕地球飞行107圈后，准确降落在内蒙古中部的着陆场。“神舟四号”飞船是在“神舟一号”、“神舟二号”、“神舟三号”飞行试验成功的基础上，经进一步完善研制而成，是中国载人航天工程第三艘正样无人飞船，除没有载人外，技术状态与载人飞船完全一致。北京时间2002年12月30日0时40分在酒泉卫星发射中心发射升空并成功进入预定轨道。按预定计划在太空飞行了6天零18小时，环绕地球108圈。2003年1月5日19时16分飞船平稳地在内蒙古中部飞船着陆场场区内着陆，搜救人员对飞船返回舱进行了回收。无人飞船除了为载人飞船做技术试验外，美国还曾使用无人飞船完成修复卫星等使命；并曾向月球、火星发射无人飞船，进行观察与探测。

无人飞船

【无人机系统】（unmanned vehicle system） 又称无人驾驶飞机、空中机器人。无驾驶员或“驾驶”（控制）员不在其内的一类现代飞行器系统。包含无人机本身、机外遥控（通信）站、起飞（发射）和回收装置等。它可以专门设计，也可以用已有的飞机或导弹改装。无人机系统的组成有控制系统、导航通信系统、动力系统、回收系统和与无人机功能有关的有效载荷。

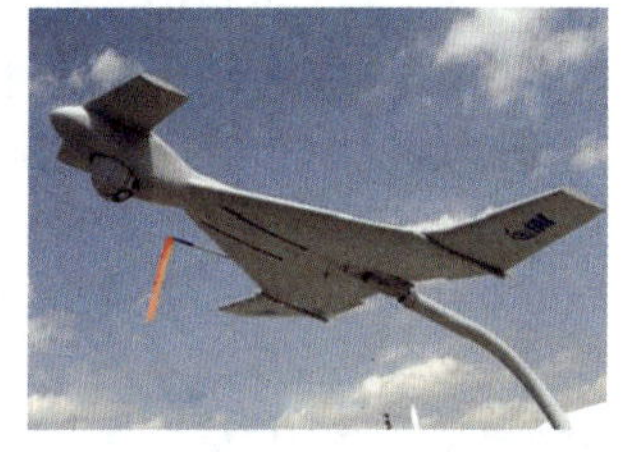

灰蜂－Ⅱ型无人机系统

【无人驾驶深海巡航探测器】（unmanned marine submerging detector） 一种无人驾驶、能在深海进行探测作业的潜航设备。探测器用高能电池作动力，安装有高精度的导航装置及观测仪器，可以完成设定的各项深海探测任务。

【无人无缆潜水器】（underwater and unmanned diving device） 既不载人、又没有脐带电缆的潜水装置。与工作母船没有机械上的联系，自己提供动力，具有在三维空间里自由运动的能力。按其控制方式的不同可分为声控式、自控式和混合式三种。在军事、海洋工程及海洋学研究中有重要作用。中国2006年研制的世界最大潜深的无缆载人潜水器，实现了载体性能和作业要求一体化。与世界上现有的五台最大潜深6 000～6 500m的载人潜水器相比，它具有7 000m的最大工作深度和悬停定位能力，可达到世界99.8%的洋底。此外，它还具备先进的水声通信和海底地貌地形探测、高速传输语音和图像以及探测海底小目标的能力。

【无舌织针松弛针织技术】(slack knitting technology) 在纬编工艺中加强钩子对纱线控制的针织技术。采用此种技术,纱线不再由针舌控制,而受积极导向的钩子控制,减小了作用在纱线上的张力,纱线不再受针舌的作用而延伸。与传统的针舌翻转相比,该针两部分的上下运动更为可靠,减少了织针的磨损,降低了由织针故障引起的织疵。采用该针将增加一条三角跑道,机构较为复杂。

【无收缩快硬硅酸盐水泥】(non-shringkage and rapid-hardening portland cement) 以硅酸盐水泥为熟料、与适量的二水石膏和膨胀剂共同磨粉制成的具有快硬、无收缩性能的水硬性胶凝材料。该类水泥适用标准为ZBQ11009,对早期强度有要求。初凝不得早于30min,终凝不得迟于6h。该水泥在净浆试体水中标准养护时,自由膨胀率一天不得小于0.02%,28天不得大于0.3%。该水泥具有早期强度增长快、微膨胀、后期强度高的特点,而其他的性能与硅酸盐水泥相似。膨胀性能与水化硬化初期的环境湿度有密切关系,湿度越大,膨胀率越大;反之,则膨胀率越小,还可能产生收缩现象。使用时必须加强早期养护。这种水泥适用于配制装配式框架节点的后浇混凝土工程及各种现浇混凝土工程的接缝工程、机器设备安装的灌浆,以及要求快硬、高强、无收缩的混凝土工程,还可用于抢修、修补及补强工程等。

【无刷电机】(brushless electric machine) 一种典型的机电一体化产品。由电动机主体和驱动器组成。电动机的转子上粘有已充磁的永磁体,为了检测电动机转子的极性,在电动机内装有位置传感器。驱动器由功率电子器件和集成电路等构成。其功能是:(1)接受电动机的启动、停止、制动信号,以控制电动机的启动、停止和制动;(2)接受位置传感器信号和正反转信号,用来控制逆变桥各功率管的通断,产生连续转矩;(3)接受速度指令和速度反馈信号,用来控制和调整转速;(4)提供保护和显示等等。其特点与作用是:(1)自控式运行;(2)具有直流有刷电机的特性,运转效率高,低速转矩和转速精度高;(3)可以解决产业界节电与高性能驱动的需求。

无刷电机

【无刷直流电动机】(brushless direct-current motor) 采用半导体开关器件来实现电子换向的电动机。用电子开关器件代替传统的接触式换向器和电刷。由永磁体转子、多极绕组定子和位置传感器等组成。位置传感按转子位置的变化,沿着一定次序对定子绕组的电流进行换流。采用电磁式位置传感器的无刷直流电动机,是在定子组件上安装有电磁传感器部件。当永磁体转子位置发生变化时,电磁效应将使电磁传感器产生高频调制信号。这类电动机具有可靠性高、无换向火花和机械噪声低等优点。广泛应用于高档录音座、录像机、电子仪器及自动化办公设备中。

无刷直流电动机

【无霜期】(frost-free period) 终霜(当年入春后最末出现的一次霜)和初霜(当年入秋最早出现的一次霜)前的一整段时期。与此相对应,一年中剩下的时段就是霜期。无霜期与农业生产关系密切。无霜期越长,农作物的生长期也越长。无霜期的长短与地理位置关系密切。纬度越高,无霜期越长。寒带大部分地区终年冰冻严寒,不存在无霜期。相反,纬度越低,无霜期越长。在热带、亚热带的大部分地区,终年高温炎热,全年都为无霜期。在中国,南岭以南和四川盆地一带,无霜期最长;南岭以北,则随着纬度的升高无霜期越来越短。各地无霜期的长短除受地理位置的影响外,还会因冷空气活动、地形因素而有所差异。

【无水染色技术】(anhydrous dyeing technique) 重复利用非水染色介质进行纺织品染色的技术。非水介质在染色过程中起着分散和溶解染料与助剂、润湿和溶胀纤维等重要作用。是环境友好染色的重要技术,是减少染色废水的一条重要途径。其主要方法是:(1)超临界二氧化碳流体染色。(2)溶剂染色。但有些溶剂,如卤代烃本身污染环境,不能应用。(3)气相或升华染色。在较高温度或真空条件下使染料升华成气相,吸附和扩散于纤维中,并在一定温度下扩散进入纤维内部固着上色。

【无水乙二醇生产新技术】(anhydrous glycol production technology) 在碳酸乙烯

酯合成无水乙二醇的工艺基础上,采用新型离子液催化剂体系同时生产出高品质的无水乙二醇和高附加值产品碳酸二甲酯的技术。此项技术不仅降低了现有乙二醇合成工艺中的原料消耗和能耗,而且联产的碳酸二甲酯充分地利用了环氧乙烷生产中产生的二氧化碳,节省了二氧化碳废气排放的环保费用,降低了乙二醇生产中的操作费用,并使碳酸二甲酯的价格大幅度下降,技术潜力和经济效益明显。该技术还可以利用其他环氧化合物合成多种环碳酸酯,如乙烯基碳酸酯、环己基碳酸酯和苯基碳酸酯等;也可与不同碳数的醇,甚至高碳链的醇,进行酯交换反应,合成二烷基碳酸酯,如用于润滑油、化妆品添加剂的二(异)辛基碳酸酯、用于润滑油的C_{13}~C_{18}醇的二烷基碳酸酯等一系列精细化学品。

【无丝分裂】(amitosis) 真核细胞内不出现纺锤丝和染色体变化的一种分裂方式。其特点是:(1)分裂速度快。(2)能量消耗少。(3)过程较简单。其分裂过程是:(1)细胞核先延长,从核的中部向内凹进,缢裂成为两个细胞核。(2)整个细胞从中部缢裂成两部分,形成两个子细胞。在胚乳发育过程中,以及在植物形成愈伤组织时,频繁出现。

【无损检测】(nondestructive testing, NDT) 不损伤被检测对象的各种检测。其原理是:当物体内部或表面存在结构异常或缺陷时,会引起施加于被检测物体的热、声、光、电、磁等效应发生变化。无损测出这些变化并评估它们的存在及其造成的危害程度是该检测的主要任务。其目的是:掌握结构异常、缺陷与强度的关系;预测评估构件的允许负荷、寿命或剩余寿命;检测各工艺制造过程中导致的结构不完整性及缺陷产生的原因,以便改善制造加工工艺等。无损检测是保证产品质量和使用安全的强有力的手段。常用的无损检测方法有射线检测、超声波检测、磁粉检测、涡流检测和渗透检测五种。

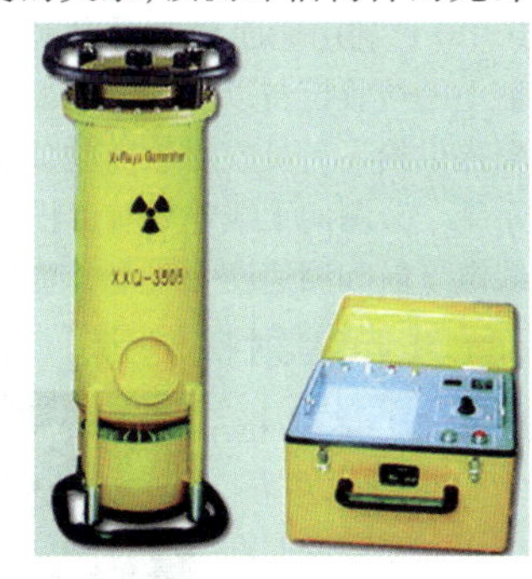

无损检测仪器

【无损伤机械化学抛光法】(scatheless mechanical chemical polishing) 在 NaOH 溶液中加入适量的细金刚石粉和更细微的(纳米级)硅粉,使细微硅粉吸附在单个金刚石微粒上,形成金刚石磨料并涂敷在多孔的铸铁磨盘上,对被加工金刚石进行研磨的抛光方法。在研磨时,吸附在金刚石微粒上的硅粉一方面可阻止金刚石微粒对被加工金刚石表面的直接冲击,保护金刚石表面不产生深度损伤;另一方面可与被加工金刚石表面发生反应,并通过其微弱的磨削作用将反应层去除。该抛光法的磨削速度非常低,仅为每分钟一个原子层。

【无梭织机】(non-shuttle loom) 直接从固定的筒子上将纬纱引入梭口的织机。不同于传统梭子,或引纬介质,以体积小、重量轻的引纬器或者高速空气流、高速水流引纬,梭口高度和筘座动程减小,对经纱的磨损减少,织机高速运行。剑杆引纬织机、射流引纬(喷气引纬、喷水引纬)织机和片梭织机等均属无梭织机。

无梭织机

【无特定病原体动物】(particular pathogen free animal) 机体内无特定的微生物和寄生虫存在、容许非特定的微生物和寄生虫存在的动物。即无传染病的健康动物。既可来自于无菌动物繁育的后裔,又可经剖胎取后,在隔离屏障设施的环境中,由 SPF 亲代动物抚育。该动物由于排除了传染病和寄生虫,因此实验结果准确可靠,在生物医学各个领域的研究中得到肯定和广泛的应用。

【无土栽培】(soilless culture) 又称营养液栽培。利用营养液栽培植物的方法。一种现代先进的作物栽培方式。能提供植物生长所需的营养、水分和氧,并能固定植物。分为无基质栽培(以水培为主)和基质(固体基质)栽培两大类。主要用于蔬菜和花卉的栽培。其优点是:(1)产量高。水培法比耕地栽培的作物或蔬菜,单位面积产量要高出几倍乃至几十倍。(2)品质好。水培法可以根据作物的需要施用各种矿质营养元素。无土栽培营养液含有植物生长发育所需的各种营养元素,并使离子浓度始终处于相对平衡状态。使用无底孔容器可解决一般容器渗漏的问题。无土栽培技术不仅可以使植物生长迅速、健壮,而且还可以节约用水。既不污染环境,也不被环境污染。(3)不受自然条件的约束。无土栽培向空间立体发展,只要保持适宜的阳光和温度,均可应用

无土栽培

此法。

【无尾飞机】(tailless airplane) 没有水平尾翼和前翼的飞机。由于这种飞机只有机翼和机身，俯仰平衡和操纵靠机翼后缘的升降副翼来完成。因为没有水平尾翼，有可能减小飞机的总阻力，机身载荷也随之减小。但只靠偏转后缘来获得配平所需的力矩，使起飞着陆性能变差。通常采用增大机翼面积以减少机翼载荷来弥补。这类飞机的机翼大多采用三角平面形状。为了获得必需的纵向操纵能力，机翼必须后掠，用以增大操纵面的力臂。超声速无尾飞机采用小展弦比大后掠三角机翼、低翼载的无尾布局，可以减小飞机的总阻力。前缘增升装置，可以显著改善无尾飞机的机动性和起飞着陆性能。美国的F－106A、法国的幻影2000 都是典型的无尾飞机。

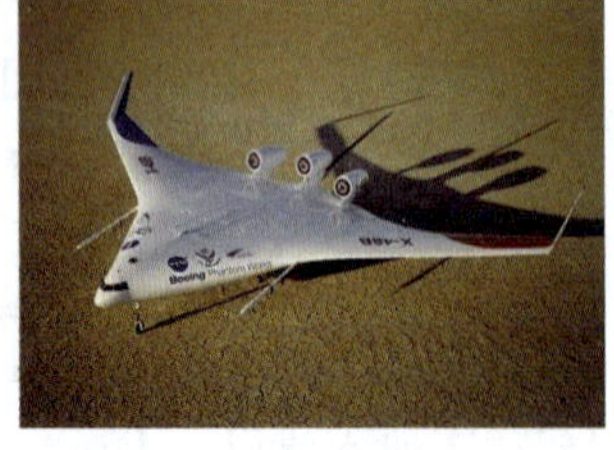

无尾飞机

【无尾桨直升机】(tailless helicopter) 没有尾桨系统的直升机。在取消尾桨后，平衡旋翼力矩的方式是：起飞和悬停阶段利用尾梁前端安装的风扇增压气体喷射产生平衡力矩；飞行阶段依靠风扇装置排气和垂直尾翼的气动力矩共同平衡；偏航运动则靠尾梁后端安装的喷气舵或喷气口排出增压气体产生的侧向力实现。安全性、维护性好，结构简单，部件少，气动效率高，噪声低，是无尾桨直升机的发展方向。

无尾桨直升机

【无污染装置】(non-pollution installation) 不产生或仅产生极少量污染物的工艺装置或设备。分为两大类：一类是在新设计的装置中包含有防治污染的附属设备，如将催化燃烧装置应用于四色胶印机的整体设计中，以消除煤油所产生的污染；将三元催化转化器安装在汽车上，将汽车尾气中的碳氢化物和一氧化碳、氮氧化物转化为二氧化碳、氮气和水，以消除汽车尾气的污染。另一类是对原装置结构和所使用材料加以变革，使之不产生或少产生污染物。如用自控装置调节锅炉的燃烧条件，减少气体污染物的生成。正在研制和推广的太阳能集热器、光解水制氢器、燃料电池等，都是无污染的能源装置。

【无线车次号校核系统】(wireless train-number checking system) 实现由行进中的列车向调度中心可靠地传送列车车次号、机车号、速度和列车位置等运行信息的系统。是铁路移动无线数据传输在列车运行监控信息自动化领域中的实际应用，也是通信信号一体化的范例。系统设备由机车安全信息综合监测装置、无线列调机车电台、机车数据采集编码器、车站数据接收解码器、车站 TDCS 分机和铁路局 TDCS 通信服务器等构成。其中无线列调机车电台和车站 TDCS 分机、铁路局 TDCS 通信服务器分别属于无线列调系统和 TDCS。无线车次号校核系统从机车(列车)向地面方向可靠地传送机车(列车)的车次号、机车类型、机车号、所在公里标、速度、总重、换长和辆数。

【无线电】(radio) ❶无线电技术的简称。电子技术中利用无线电波来传送各种信号的技术。主要研究信号设计、处理和分析；电磁波的辐射、传播和接收；电振荡的产生、调制、检波、鉴频和放大；电子元件、器件和集成电路；电路和网络理论；设备、装置和整机的设计与应用。❷日常生活中作为无线电广播、无线电收音机的俗称。如听无线电、修理无线电等。

【无线电波】(radio wave) 在自由空间(包括空气和真空)传播的射频频段的电磁波。其频率范围约在3kHz～3 000GHz。实现导体中电流强弱的改变会产生无线电波。利用这一现象，通过调制可将信息加载于无线电波之上。当电波通过空间传播到达收信端，电波引起的电磁场变化又会在导体中产生电流。通过解调将信息从电流变化中提取出来，信息传递。

【无线电导航系统】(radio navigation system) 利用地面导航台发射的导航信号，通过飞行器上的接收设备以测定飞行器的飞行参数，通过显示器提供给飞行员或自动驾驶仪、完成飞行过程的导航系统。分测向无线电导航、测距无线电导航、测距差无线电导航和测速度无线电导航几种类型。

【无线电辐射探测器】(radio radiation detector) 测量来自电脑及电话的电磁辐射的仪器。装备有全频道侦测天线，能对无线数字通信进行覆盖，同样能记录下 UMTS 网络的信号，并可传输大量的图像数据。若将该仪器系在胳膊上还能够记录电台发射塔及无线网络设备的辐射量，把24 h记录下

无线电辐射探测器

来的各种电器辐射的数据,通过本身计算机系统,准确地分析计算出一天内人体受到辐射的平均值,进而指导人们采取相应的防护措施。

【无线电航标】(radio aid) 利用无线电波向船舶提供定位导航信息的助航设施。主要包括无线电指向标、无线电导航台、雷达应答标、雷达指向标和雷达反射器等。无线电指向标是供船舶测向用的无线电发射台,有全向无线电指向标和定向无线电指向标两种。无线电导航台是船舶无线电定位和导航系统的地面设备。雷达应答标被船用雷达波触发时,能发回编码信号。在船用雷达荧光屏上显示该标方位、距离和识别信息。雷达指向标是一种连续发射无方向信号的雷达信标。雷达应答标和雷达指向标安装在需要与周围物标回波区别开的航标上。雷达反射器为反射能力很强的、能向原发射方向反射雷达波的无源工具,安装在灯船或浮标上,可以增大反射作用的距离。

无线电航标

【无线电技术】(radio navigation techno logy) 见无线电。

【无线电力传输技术】(wireless power transmission technology) 在空间实现无线电力传输、供电的技术。按传输方式的不同可分为:(1)通过电磁感应和磁共振进行短程传输的短程无线供电技术。(2)将电能以电磁波"射频"或非辐射性谐振"磁耦合"等形式进行中程传输的中程无线供电技术。(3)将电能以微波或激光形式发射到远端的接收天线,然后通过整流、调制等处理后使用的远程无线供电技术,如不用电源线即可驱动电视机等电子产品。人类利用卫星技术,在太空把太阳能转化成电能,然后以微波和激光等方式传回地球供人类使用的太空太阳能电站等的研究也在进行中。

【无线电密语通信】(radio cryptoword communication) 使用数码、字母、词组等密语为通话内容的无线电通信。保密通信的方式之一。是团以下部队、分队在无保密设备条件下,实施无线电台通话的主要方法。无线电密语通信是依据事先编好的无线电密语表进行的。密语表通常由军或师司令部统一编拟,下级司令部可根据作战任务的需要作必要的补充,报请上级批准后使用。密语表的内容由作战部门提出,通信部门加密。密语内容通常包括作战部署、战术动作、部队番号、首长职务名称和兵力、兵器、时间、地点、方向、数量等。密语表的种类和编排方法常见的有条密式、纵横坐标式等。条密式是用一组数码表示一个完整的指挥用语;纵横坐标式是将指挥用语的词和词组编排在方格内,给各方格纵横坐标规定一组数码作为代密,使用时可任意组合。对编拟密语表的要求是便于使用、利于保密。

【无线电气候学】(radio climatology) 大气科学的一个分支。无线电学和气候学的交叉学科。研究无线电波在大气中的传播特性随地区和季节的变化规律的学科。实际上是大气无线电折射率气候学,即从气候的观点来研究大气无线电波折射率的空间变化及其时间变化的平均特性。大气中折射率随时间和空间的变化,可以分成规律性分量和随机性分量。规律性分量可以用对一定的空间和时间范围的统计平均求得。这是无线电气候学的主要研究内容,如折射率沿高度和水平的分布、日变化和季节变化等特性。无线电气候学在通信、定位测速等方面广泛应用。

【无线电通信对抗】(radio communication counter-measure) 又称通信对抗。为削弱、破坏敌方无线电通信系统的使用效能和保护己方无线电通信系统的使用效能所采取的措施和行动的统称。是电子对抗的重要内容。其实质是敌对双方在无线电通信领域内,为争夺无线电频谱控制权而展开的斗争。

【无线广播】(wireless broadcasting) 通过无线电加载信息向大众进行传送节目的广播。其主控设备由智能编码控制主机、发射机、调音台、天线、电脑组成。其工作原理是:(1)将声音变成相应的电信号,通过调制把音频电信号转换到一个较高的频段,然后通过发射天线,以无线电波的形式发送到空间。(2)接收器通过检波接受广播信号所携带的音频信号,再经过放大等一系列处理,将收到的信号播放出来。其功能和特点是:(1)无线调频技术。(2)多路音源输入和定时广播。(3)任意分区点对点广播。(4)教室编排课件功能。(5)话筒及线路输入扩音功能。主要应用于高校、中小学、工矿企业、乡村街道和旅游景区公园等场所进行背景音乐广播、讲话通知、音乐打铃、外语教学、听力考试和消防紧急广播等。

智能无线广播

【无线接入点】(access point,AP) 又称无线网关。集成了无线局域网接入点功能的网关路由器设备。用于无线局域网的无线交换机。是无线局域网的核心。用于无线网络用户接入有线网络。符合 802.11 系列标准。单纯性无线 AP 的工作原理是将网络信号通过双绞线传送过来,经过 AP 产品的编译,将电信号转换成为无线电信号发送出来,形成无线网的覆盖。根据不同的功率,其可以实现不同程度、不同范围的网络覆盖。一般无线 AP 的最大覆盖距离可达 300m。通过不同设置可完成无线网桥和无线路由器的功能,也可以直接连接外部网络。适用于众多的中小办公室、家庭、大企业的分支机构等市场。

无线接入点

【无线接入技术】(broadband wireless access technology) 通过无线介质将用户终端与网络节点连接起来,实现用户与网络间的信息传递的技术。无线信道传输的信号应遵循一定的协议。这些协议即构成无线接入技术的主要内容。按照接入类型的不同可分为:(1)模拟调频技术。工作在 470MHz 频率以下,通过 FDMA 方式实现,因载频带宽小于 25kHz,其用户容量小,仅可提供话音通信或传真等低速率数据通信业务,适用于用户稀少、业务量低的农村地区。(2)数字直接扩频技术。工作在 1 700MHz 频率以上,宽带载波可提供话音通信或高速率、图像通信等业务,其具有通信范围广、处理业务量大的特点,可满足城市和农村地区的基本需求。(3)数字无绳电话技术。可提供话音通信或中速率数据通信等业务,既可用于公众网无线接入系统,也可用于专用网无线接入系统。(4)蜂窝通信技术。利用模拟蜂窝移动通信技术,组建无线接入系统,但不具备漫游功能。这类技术适用于高业务量的城市地区。

【无线局域网】(wireless local area networks, WLAN) 又称 Wi-Fi 无线宽带。应用无线通信技术将计算机设备互联起来,构成可以互相通信和实现资源共享的网络体系。其特点是:不再使用通信电缆将计算机与网络连接起来,而是通过无线的方式连接,从而使网络的构建和终端的移动更加灵活。其技术要求有:(1)可靠性。(2)兼容性。(3)数据速率高。(4)保密性强。(5)节能管理。(6)小型化。其硬件设备一般有:(1)无线网卡。(2)无线接入点。(3)无线天线。802.11 标准是无线局域网的原始标准,采用直接序列扩频技术或跳频扩频技术,工作在 2.4GHz,提供 1Mbps、2Mbps 的传输速率。802.11a 是 802.11 的衍生版,工作在 5.8GHz,提供最高 54 Mbps 的传输速率。802.11b 是高速无线局域网标准,工作在 2.4GHz,提供11 Mbps 的传输速率。现在,802.11 系列标准已经有 20 多个。Wi-Fi 是一个无线网路通信技术的品牌,由 Wi-Fi 联盟所持有。目的是改善基于 IEEE 802.11 标准的无线网路产品之间的互通性。从应用层面来讲,要使用 Wi-Fi,用户首先要有 Wi-Fi 兼容的用户端装置。

【无线路由器】(wireless router) 带有无线覆盖功能的路由器。不仅具备单纯性无线接入点(AP)所有功能,如支持动态主机配置协议(DHCP)客户端、支持虚拟专用网(VPN)、防火墙、支持有线等效保密(WEP)等,而且还包括了网络地址转换(NAT)功能,可实现家庭无线网络中的互联网连接共享,实现非对称数字用户环路(ADSL)和小区宽带的无线共享接入。一般情况下内置有简单的虚拟拨号软件,可以存储用户名和密码拨号上网,可以提供自动拨号功能,而无需手动拨号或占用一台电脑做服务器使用。此外,无线路由器一般还具备相对更完善的安全防护功能。

无线路由器

【无线应用协议】(wireless applicationprotocol, WAP) 移动通信领域中数字移动电话、互联网、个人数字助理机(PDA)、计算机应用乃至信息家电之间进行通信的全球性开放标准。是移动通信与互联网结合的第一阶段性产物。具有 WAP 功能的终端设备,如具备 WAP 功能的手机,通过手机内置的微型浏览器,经由数字无线网络,如 GSM 网络,登陆互联网。WAP 内容用无线标记语言(WML)编写,在手机上显示的内容以文字为主,没有很多的图像和色彩。WAP 的最大优点是移动性,手机用户可以在任何时候,任何地点上网,可以进行阅读新闻、收发电子邮件等。WAP 定义可通用的平台,把目前互联网上 HTML 语言的信息转换成用 WML 描述的信息,显示在移动电话的显示屏上。WAP 只要求移动电话和 WAP 代理服务器的支持,而不要求现有的移动通信网络协议做任何的改动,因而可以广泛的运用于多种移动网络。

【无线增值业务】(wireless value-added service) 专向经营者提供接入移动网络的服务。建立在移动通信网络基础上、除语音以外的数据服务,包括娱乐、游戏、短信、彩信、铃声下载、商业信息和定位信息等。其特点与作用是:(1)短信。通过手机或移动网发送和接收文本形式信息的业务。(2)手机银行。货币电子化与移动通信业务的结合,客户可随时随地通过操作手机实现客户账户情况的查询、同银行内账户间的转账。(3)手机证券。利用手机发送和接收短信息功能来完成股票交易,股市行情查询,证券资讯点播,到价提示等。(4)手机邮箱。除提供普通电子邮箱的主要功能外,还支持多种终端尤其是移动终端的访问,并可支持多种移动数据业务。(5)彩信。通过移动通信数据网络传送包括文字、图像、声音、数据等各种多媒体格式的信息。(6)随e行。基于笔记本电脑和PDA终端,通过GPRS,WLAN方式无线接入互联网/集团客户网,获取信息、娱乐或移动办公业务的业务产品。(7)手机加笔记本上网。客户通过手机加笔记本或PDA等无线终端设备拨号接入互联网进行网上信息浏览,享受互联网信息服务。(8)语音在线。利用移动电话的随身性,为客户提供虚拟性的语音聊天方式,用以满足客户之间的沟通交流。

【无心外圆磨床】(centreless external grinding machine) 主要用于磨削工件外圆表面的精加工机床。在进行磨削时,工件不是支撑在顶尖上或夹持在卡盘中,而是直接置于砂轮和导轮之间的托架上,以工件自身外圆为定准基准,其中心略高于砂轮和导轮的中心连线。在磨削时,导轮转速远低于磨削砂轮转速,由于工件和导轮之间的摩擦力较大,所以工件以接近于导轮的转速回转,在砂轮与工件间形成很大的速度差,据此产生磨削作用。无心外圆磨床磨削的工件,尺寸精度和几何精度都较高,且有很高的生产率。如果配备自动上下料机构,很容易实现单机自动化,适用于大批量生产。

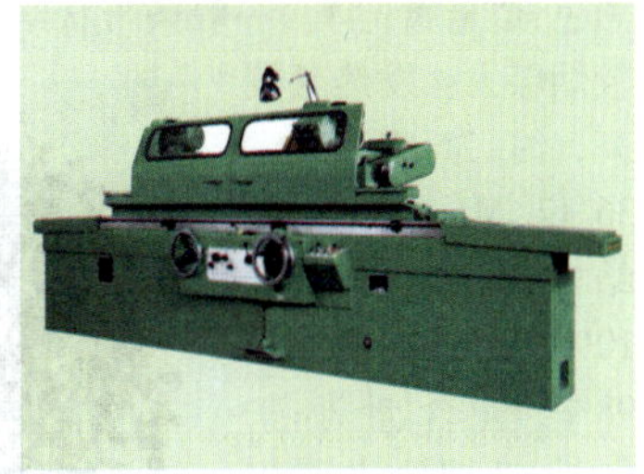

无心外圆磨床

【无形资产】(intangible assets) 企业拥有或者控制的没有实物形态的可辨认非货币性资产。具有以下特征:(1)由企业拥有或者控制并能为其带来未来经济利益的资源。(2)不具有实物形态。(3)有可辨认性。(4)属于非货币性资产。符合以下条件之一的,应认定其具有可辨认性:(1)能够从企业中分离或者划分出来,并能单独用于出售或转让等。(2)产生于合同性权利或其他法定权利,无论这些权利是否可以从企业或其他权利和义务中转移或分离。无形资产主要包括专利权、非专利技术、商标权、著作权、土地使用权、特许权等。2006年前,商誉属于无形资产,而商誉是唯一的无法脱离企业单独存在的资产。在2006年的新准则中,商誉从无形资产中分离出来单独作为一项资产,不再归入此列,这样剩下的无形资产均可单独辨认。可辨认性就变成了无形资产的一个共性。

【无性繁殖】(asexual reproduction) 又称营养繁殖。不经生殖细胞结合的受精过程,利用母体营养器官的一部分作为繁殖材料的繁殖方式。如进行分生、扦插、压条、嫁接繁殖和组织培养快速繁殖及植物的无融合生殖等,使之形成一个新的个体。分营养繁殖、单性生殖和细胞分裂等。无性繁殖系可以是从一株苹果树嫁接产生的所有苹果树;从一条匍匐茎产生的所有草莓植株;从一块植物组织的外植体、一团愈伤组织或一个细胞产生的所有愈伤组织或细胞群。这一概念最近又扩大到从一个脱氧核糖核酸(DNA)分子的片段增殖的结构和功能完全相同的所有DNA分子。从愈伤组织或悬浮培养细胞产生的无性系,在局部的结构、颜色或生长速度等方面,可能有明显的差异,经过选择培养,可分离出无性系变异体,但是它们在遗传性状方面不一定有差异,克隆原意是用“嫩枝”或“插条”繁殖。时至今日,“克隆”的含义已不仅仅是“无性繁殖”,凡是来自同一个祖先,无性繁殖出的一群个体,也称“克隆”。这种来自同一个祖先的无性繁殖的后代群体也称“无性繁殖系”,简称无性系。其优点是:(1)繁殖数量大,根系完整,生长健壮。(2)能保持品种的优良特性、生长快。其缺点是:(1)一些通过异花授粉的花卉容易发生变异,不易保持原品种的优良特征。(2)繁殖方法不如有性繁殖简便。无性繁殖的种类有:(1)分裂生殖。由一个生物体直接分裂成两个新个体,这两个新个体大小形状基本相同,如变形虫、草履虫、细菌等。(2)出芽生殖。在母体的一定部位上长出芽体,芽体长大以后会从母体脱落,成为与母体一样的新个体,如酵母菌、水螅等。(3)孢子生殖:真菌和一些植物,能够产生无性生殖的细胞-孢子在适宜的环境条件下,能够萌发并生长新个体,如青霉、曲霉、衣藻等。(4)营养生殖。植物体的营养器官(根茎叶)的一部分,在与母体脱落后,能够发育成为一个新的个体,如马铃薯的块茎、草莓的匍匐茎等。

【无性生殖】(asexual reproduction) 生物体不经过生殖细胞的结合,由母体直接产生新个体的生殖方式。如用根、茎、芽和叶等组织,通过扦插、压条、分株、嫁接、组织培养和细胞工程等技术繁殖后代。无性生殖可分为:(1)分裂生殖。(2)断裂生殖。(3)孢子生殖。(4)出芽生殖。(5)营养生殖。其特点是:(1)速度快。(2)产量高。(3)后代的遗传物质来自一个亲本，有利于保持亲本的性状。在生产实践中，人们经常利用植物的无性生殖来栽培农作物和园林植物。常见的方式有扦插和嫁接等。

【无性系】（clone） 又称无性繁殖系、营养系。英语音译为克隆。通过有丝分裂，从一个共同的细胞或营养器官繁殖而得的，基因型完全相同的细胞群或生物品系。无性繁殖作物的品种都是无性系品种。其群体遗传组成特点为群体同质、个体杂合。无性系有很多类型，如在园艺上，用无性繁殖或其他营养体增殖的方法，使产生的后代仍保持原来的性状，再继续应用无性繁殖，自成一系。尤其对于不能结实的植物，或即使结种子，所形成的后代发生显著变异，不能遗传原有的优良性状时，培养无性系是目前最主要的手段。在细胞培养中，由单细胞形成的无性系，称为单细胞无性系，也属于无性系的一种。

【无性杂交】（asexual hybridization） 又称营养杂交。通过营养器官的结合使不同个体交换营养物质以产生杂种的杂交方式。特别是不能有性杂交的植物，可以采用无性杂交方法，培育出新的植物类型。无性杂交选择杂交亲本的范围比有性杂交更广泛，遗传基础更复杂。

【无胸腺裸鼠】（nude mouse） 又称裸鼠。其主要特征表现为无毛、裸体和无胸腺的实验鼠类。目前已成为医学生物学研究领域中不可缺少的实验动物模型。特别是在肿瘤学、免疫学、药品与生物制品的安全性评价及有效药品的筛选等实验方面，有着特殊的价值。裸鼠在科学研究中之所以能成为有巨大潜力的试验模型，是由于其 nu 基因有独特的遗传特性。经过世界各国实验动物遗传育种学家的努力，目前已将 nu 基因导入不同近交系动物，成为系列动物模型。仅小鼠模型一种，已建立了二十余种近交系裸鼠。由于其具有不同的遗传背景和 nu 基因的遗传特性，使医学生物学研究者获得一种极其宝贵的试验材料。

无胸腺裸鼠

【无压隧洞】（non-pressure tunnel） 洞内水流呈明流状态的水工隧洞。可用来引水灌溉、城镇供水，以及通航等，也可用于引水式水力发电。在水利枢纽中，还常用于泄洪和施工导流。人工河道、渠道上的输水隧洞多为无压隧洞。无压隧洞洞内水压力较小，多采用圆拱直墙式断面。当地质条件差时，可采用马蹄形或圆形断面。为保证呈明流状态，当洞内为低流速恒定流且通气条件良好时，水面以上空间不宜小于隧洞断面面积的 15%，且净空高度一般不小于 40cm。在高流速非恒定流条件下，要考虑掺气及涌浪的影响。在采用圆拱直墙式断面时，尽量将水面及冲击波波峰限制在直墙范围内。无压泄洪隧洞的进口可以是开敞式的，与开敞式溢洪道相似。进口为堰流，下游以竖曲线与高程较低的洞身衔接，呈龙抬头型式，也称为溢洪洞；更多的是深式的，进口低，经常淹没在水下，工作闸门设在隧洞进口。无压隧洞要求线路尽量平直，不变坡或少变坡。由于地形或地质原因需要转弯时，可将工作闸门设在转弯段之后隧洞的中间某处。这样门前为有压流段，流速低。门后为无压流段，既可保持水流稳定，又能利用较好的岩体承受水压力。

青岛海底隧道洞口效果

【无烟煤】（anthracite） 由烟煤变质而形成的一个煤种。腐殖煤的一种。有的由腐泥煤变质而成。燃烧时无烟或少烟，火焰短。深灰到钢灰色，条痕为深黑色，似金属光泽。一般条带状结构不太明显。硬度较烟煤大。发热量较高，约为 31.36 ~ 36.17 MJ/kg。无黏结性。挥发分小于 10%，碳含量 90% ~ 98%，氢含量小于 4%。无烟块煤可用作制取合成氨的原料，低灰分的无烟煤可用于制造石墨、电石和碳化硅，有的可用于炼铁和用于配焦。不适于上述用途的可作民用燃料。

无烟煤

【无氧呼吸】（anaerobic respiration） 与有氧呼吸相对应。在无氧或相对缺氧条件下，生物细胞对有机物进行的不完全氧化的过程。按其最终电子受体的不同可分为：(1)硝酸盐呼吸。(2)硫酸盐呼吸。(3)硫呼吸。(4)碳酸盐呼吸。(5)延胡索酸呼吸。其中最典型的是硝酸盐呼吸。无氧呼吸最终会使植物受到危害，一方面由于有机物进行不完全氧化、产生的能量较少，会造成不完全氧化产物的积累，对细胞产生毒性；另一方面也加速了对糖的消耗，有耗尽呼吸底物的危险。无氧氧化是生物界普遍具有的供能途径,如人在激烈运动缺氧时,部分高等植物在被水淹时,均采取此种低效率的供能方式以应急需。

【无义突变】(nonsense mutation) 在基因的 DNA 编码序列中,由于碱基突变而形成三种无义密码子(UAG、UAA、UGA)之一的突变。例如,DNA 分子模板链中 ATG 的 G 被 T 代替时,相应的 mRNA 上的密码子便从 UAC 变成终止信号 UAA,因此翻译便到此为止。其结果导致多肽链的合成提前终止,造成多肽链的组成结构残缺及蛋白质功能的异常或丧失,最终会体现为导致遗传表型改变的致病效应。

【无意引种】(unintentional introduction) 某个物种利用人类或人类传送系统为媒介,扩散到其自然分布范围以外的地方而形成的引种方式。很多外来入侵生物是随人类活动而无意传入的。通常是随人及其产品通过飞机、轮船、火车、汽车等交通工具,作为“偷渡者”或“搭便车”被引入到新的环境。尤其是近年来,随着国际贸易的不断增加,对外交流的不断扩大,国际旅游业的快速升温,外来入侵生物借助这些途径越来越多地传入中国。除交通工具外,建设开发、军队转移、快件服务、信函邮寄等也会无意引入外来物种。有的入侵生物并不是只通过一种途径传入,而是通过两种或多种途径交叉传入,在时间上并非只有一次传入,可能是两次或多次传入。多途径、多次数的传入加大了外来生物定植和扩散的可能性。

【无源定位系统】(passive positioning system) 本身不发射电磁波、但可利用接收目标的电磁辐射对目标进行探测、定位的无线电侦察系统。主要由侦察探测设备和定位处理设备构成。前者由天线、接收机、参数测量部件和其他辅助部件组成;后者则利用前者给出的测量参数计算出辐射源(目标)的位置。按其定位方式的不同可分为:一点定位、动态定位和交叉定位三种。为提高定位精度,常使用多个配置在不同地点的无源定位系统组成无源探测定位网。各系统之间有通信和数据传输设备相连。无源定位系统具有隐蔽性好、不易被干扰等优点,适合于平时对敌方进行长期的秘密侦察监视,战时用于侦察敌方的预警机、电子干扰飞机和隐身飞机等目标。现代军事装备和军事设施大量使用雷达、无线电台等辐射电磁波的设备,使无源定位成为可能。该系统还可通过接收目标反射的电视信号和调频广播信号对目标进行侦察定位。

【无源二端元件】(passive two-terminal element) 具有两个端口且又是无源的电路元件。通常指电阻器、电容器和电压器。电阻器是用来提供电阻的器件。其元件特性用元件的电压与其电流的关系来表示。根据其伏安特性是否呈线性,电阻器可分为线性电阻器和非线性电阻器;根据其伏安特性是否随时间变化,电阻器又可分为时变电阻和非时变电阻。电容器是用来提供电容的器件。其元件特性用元件两端的电荷与其电压的关系来表示。这种特性称为库伏特性。根据其库伏特性是否呈线性,电容器可分为线性电容和非线性电容;根据其库伏特性是否随时间变化,电容器又可分为时变电容和非时变电容。电压器其元件的磁链与其电流的关系,称为韦安特性。根据其韦安特性是否呈线性,电压器可分为线性电压器和非线性电压器;根据其韦安特性是否随时间变化,电压器又分为时变电压和非时变电压器。

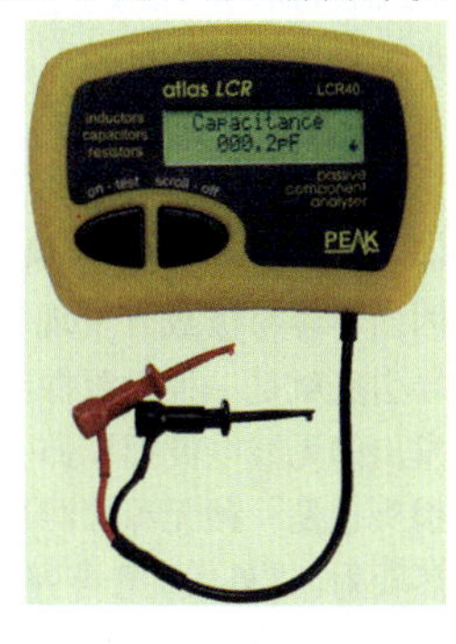

无源二端元件

【无源光网络】(passive optical network, PON) 与有源光网络相对应。不含有任何有源电子器件及设备的光纤接入网。从电信运营商中心机房至用户的整个接入网为无源网络。光配线网全部由光分路器等无源器件组成,不需要贵重的有源电子设备。其突出优点是:(1)消除了户外的有源设备,所有的信号处理功能均在交换机和用户宅内设备完成。(2)这种接入方式的前期投资小,大部分资金要推迟到用户真正接入时才投入。(3)造价低,无须另设机房,维护容易。但是它的传输距离比有源光纤接入系统的短,覆盖的范围较小。按其传输协议的不同可分为:ATM(异常传输)无源光网络、以太网无源光网络、千兆无源光网络三种技术标准。

【无源雷达】(passive radar) 又称无线电辐射计。本身不发射电磁波,依靠直接接收被测目标及其背景环境所辐射的电磁波来探测目标位置的雷达。主要工作于厘米波和毫米波波段。其工作原理与用于同样目的的红外系统类似。每个温度高于绝对零度的物体都辐射电磁能,它们大部分处于红外区,但是在整个频谱都有少量辐射,辐射量取决于物体的绝对温度和辐射系数。被测目标和其背景物体的温度不同,辐射系数不同,对来自天空或其他辐射源的微波辐射的反射系数也不同。无源雷达天线接收的

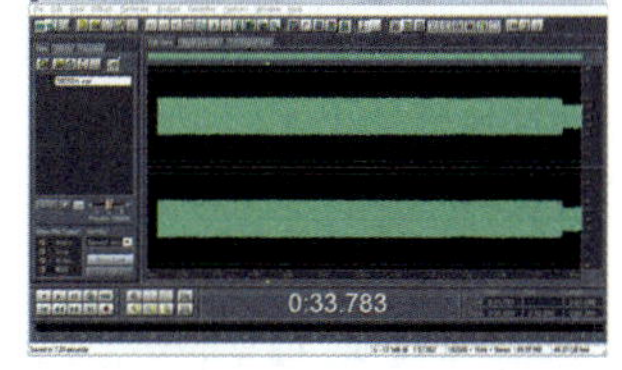

无源雷达

总辐射为目标自身的辐射和反射其他辐射源的能量之和,据此可鉴别不同的目标。其特点是:保密性好、体积小、重量轻、成本低,可靠性高,耗电少,但获得目标的距离信息较困难。无源雷达可用于导航、搜索、监视地面和海面情况、探测宇宙空间目标等。

【无源探测器】(passive detector) 又称被动探测器。利用目标自身的辐射(无线电波、红外线、可见光或反射的自然光)对目标进行探测的仪器。常用的无源探测器有无源雷达、红外探测器和音响探测器等。由于体积小,重量轻,耗电省,本身不辐射能量,因而不容易被敌方发现和干扰。例如,反辐射导弹的导引头就是一种无源探测器,靠接收和跟踪敌方雷达发出的无线电波把导弹引向目标。空空导弹的红外导引头也是一种无源探测器,靠跟踪敌机发动机喷气的热辐射(红外线)把导弹引向目标。但无源探测器对目标的定位精度不如有源探测器高。二者配合使用,可构成探测定位精度高、抗干扰和隐蔽性好的探测系统。

【无源元件】(passive component) 无需外接能量源就能实现自身功能的电子元件。常见的有电阻器、电位计、电容器、电感器、连接器、开关和继电器等。微型化、集成化及高性能需求是其发展重点。主要应用在电子、IT、通信和汽车电子等行业。

【五车二】(Capella) 御夫座α星。全天最亮的21颗恒星之一。视星等为0.08,距太阳系距离约43光年。为一对密近双星。在天球上的具体位置约为赤经5时10分,赤纬+53°。属于中国古代二十八宿中的毕宿。

五车二

【五迟】(five retardations) 中医术语。小儿发育迟缓的各种症候的总称。《医宗金鉴·幼科心法要诀》:"小儿五迟之证,多因父母气血虚弱,先天有亏,致儿生下筋骨软弱,行步艰难,齿不速长,坐不能稳,此皆肾气不足之故。"可分为立迟、行迟、发迟、齿迟、语迟。

【五夺】(five exhaustions) 中医术语。气血津液严重耗损、元气不支、禁用泻法的五种情况。《灵枢·五禁》:"形肉已夺,是一夺也;大夺血之后,是二夺也;大汗出之后,是三夺也;大泄之后,是四夺也;新产及大血之后,是五夺也。此皆不可泻。"

【五角大楼】(The Pentagon) 美国国防部即美国最高军事指挥机关所在地。由5幢5层楼房连接呈五角形,故名。坐落在华盛顿市西南部波托马克河畔的阿灵顿镇。始建于1941年8月,1943年1月15日竣工投入使用。占地面积235.9万平方米,大楼高22m,共有5层,总建筑面积60.8万平方米,使用面积约34.4万平方米,耗资8 300万美元。可供2.3万工作人员包括军人和文职人员在此办公。楼内设有150部电梯、13部升降机、19部自动楼梯。大楼南北两侧各有一个大型停车场,可同时停放一万辆汽车。楼内餐饮、商店、邮局、银行、书店等设施俱全。1947年9月美国第33届总统杜鲁门建立国防部开始在此办公,从此五角大楼便成了美国国防部的代称。1993年5月12日美国内政部把五角大楼定为国家历史标志。2001年9月11日恐怖分子劫持民航客机冲撞五角大楼,致使西南角被毁。

五角大楼

【五劳】(five strains) ❶久视、久卧、久坐、久立、久行五种过劳致病因素。《素问·宣明五气篇》:"久视伤血,久卧伤气,久坐伤肉,久立伤骨,久行伤筋。是谓五劳所伤。"❷《诸病源候论》中指志劳、思劳、心劳、忧劳、瘦劳(《千金要方》作疲劳);❸五脏的劳损。即心劳、肝劳、脾劳、肺劳、肾劳五种虚劳病证。《证治要诀》:"五劳者,五脏之劳也。"

【五轮学说】(theory of five wheels) 观察肉轮、血轮、气轮、风轮和水轮形色变化,以诊察相应脏腑病变的中医学说。中医理论中的肉轮指眼睑,属脾,脾主肌肉,与胃相表里,故其疾患多与脾胃有关;血轮指两眦血络,属心,心主血脉,与小肠相表里,故其疾患多与心、小肠有关;气轮指白睛,属肺,肺主气,与大肠相表里,故其疾患多与肺、大肠有关;风轮指黑睛,属肝,肝主筋,为风木之脏,与胆相表里,故其疾患多与肝胆有关;水轮指瞳孔,属肾,肾主水,与膀胱相表里,故其疾患多与肾、膀胱有关。五轮学说对眼科临床和内科疾病的诊断具有指导意义。

【五羟色胺】(5-hydroxytryptamine,5-HT) 又称血清素。机体内参与调节胃肠关系密切运动和分泌功能的,可增加血液中复合胺生成的一种重要的色胺酸。5-HT在自然界广泛存在,除了动物的血液和肠道外,马蜂、蝎子和蛇的毒液、蟾蜍的皮肤、鱼的唾液腺,以及菠萝和香蕉等多种植物中都存在含量不等的5-HT。人体内90%的5-HT存在于消化道黏膜,8%~10%在血小板,仅有1%~2%存在于中枢系统中。另有一部分存在于各种组织的肥大细胞中。

5－HT作为人体的内源性活性物质，与人体很多生理病理活动密切相关。作为神经递质的5－HT，在脑内可参与多功能及病理状态的调节，如睡眠、摄食、体温、精神情感性疾病的调节等。

【五禽戏】(five animal boxing) 中国古代体育锻炼的一种方法。创始人是东汉末年名医华佗。华佗认为，人的大多疾病都是由于气血不畅和瘀塞停滞而造成的，如果人体也经常活动，让气血畅通，就会增进健康，不易生病。他参照当时古人锻炼身体的“导引术”，专心致志地研究锻炼身体的方法，不断琢磨改进，最后根据各种动物的动作，创造一套模仿虎、鹿、猿、熊、鸟五种动物的拳法。这套拳法，模仿猛虎猛扑呼啸，模仿小鹿愉快飞奔，模仿猿猴左右跳跃，模仿黑熊慢步行走，以及模仿鸟儿展翅飞翔等动作，通过这一系列的运作，能清利头目，增强心肺功能，强壮腰肾，滑利关节，促进身体素质的增强。五禽戏简便易学，不仅具强身延年之功，还有祛疾除病之效，男女老幼均可选练。近年来，五禽戏作为康复医疗的一种手段，已广泛应用于中风后遗症、风湿性关节炎、类风湿性关节炎、骨质增生症、脊髓不全性损伤等患者的辅助治疗中。

【五软】(five limpnesses) 头软、项软、手软、脚软和肌肉软五种病症的合称。多系禀赋不足，气血不充，故骨脉不强，筋肉痿弱。

【五色】(five colours) 反映五脏病变及各种证候的青、赤、黄、白和黑五种病色。按五行学说，青属木属肝，黄属土属脾，赤属火属心，白属金属肺和黑属水属肾。五脏六腑在面部的反映有一定的位置，根据面部各个相应部位色泽的变化，可以推测脏腑的病变。

【五声】(five voices) 呼、笑、歌、哭和呻五种声音。与五脏相关系。肝在声为呼；心在声为笑；脾在声为歌；肺在声为哭；肾在声为呻。

【五输穴】(wushu acupoint) 中医穴位分类名。十二经脉肘、膝关节以下井、荥、输、经、合五个特定穴位。《灵枢·九针十二原》：“所出为井，所溜为荥，所注为输，所行为经，所入为合，二十七气所行，皆在五输也。”这是以水之源流，比喻脉气流行有从小到大，由浅入深，自远而近的特点。脉气起始有如泉水初出，称为“井”，其穴多在四肢末端；脉气稍大，像水成小流，称为“荥”，其穴在指(趾)掌(跖)附近；脉气较盛，像水流由浅向较深处灌注，称为“输”，其穴靠近腕、踝关节；脉气流注，像水之长流，称为“经”，其穴多在前臂或小腿部；脉气汇集如水流汇入江河，称为“合”，其穴在肘、膝关节附近。

【五味】(five flavors) 中药学术语。药物的辛、甘、酸、苦、咸五种味道。药物以味不同，其作用便不同。辛味药能散能行，有发汗解表、开窍醒神等作用；甘味能补能缓，有调和脾胃、补养气血等作用；酸味可收敛固涩、生津止渴；苦味能泻能燥，有泻火燥湿作用；咸味可下，有软坚、散结、润下作用。

【五心烦热】(vexing heat in the chest, palms and soles) 心中烦热伴两手足心有发热的感觉。虚损劳瘵等病的常见症候表现，多由阴虚火旺，火热内郁或病后虚热不清引起，治宜滋阴退热，清热养阴。

【五行学说】(five phase theory) 以金、木、水、火、土五种物质的特性及其“相生”和“相克”规律来认识世界、解释世界和探求宇宙规律的一种世界观和方法论。行者，行动之意，谓此五者相互生、克、制、化，循环不已。五行学说认为世界是物质的，是由金、木、水、火、土五种基本物质所构成。它们之间有内在和外在的联系，即所谓相生、相克关系。用取类比象的方法，以功能属性配之以人体各部分功能的关系，进而推断疾病之产生、变化及诊断和用药。20世纪50年代以来，中国医学专家对五行学说进行了继承整理，并挖掘五行学说的内涵，探讨其理论和实用价值。到20世纪80年代，五行学说已作为自然科学的内容加以研究。

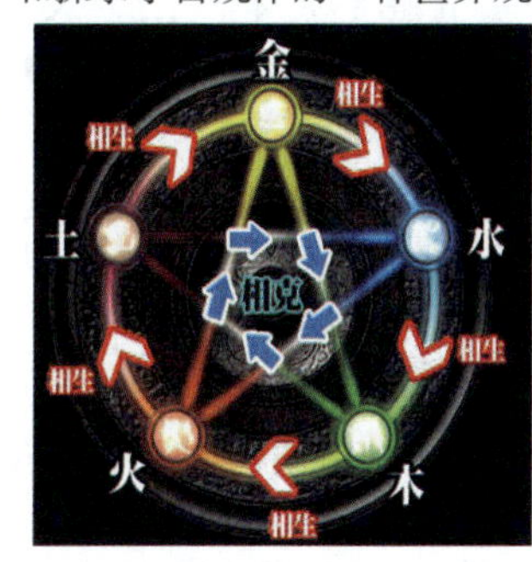

五行学说

【五液】(five fluids) 五脏所化生的液体。即汗、涕、泪、涎、唾。《素问·宣明五气篇》：“五脏化液：心为汗，肺为涕，肝为泪，脾为涎，肾为唾。”

【五音】(five notes) 宫、商、角、徵、羽。中国民族音乐的基本音。它和五行的关系：角为木音，方位应在东方，在时应为春天，在人体应肝；徵为火音，方位应南方，在时应夏天，在人体应心；宫为土音，方位应中央，在时应长夏，在人体应脾；商为金音，方位在西方，在时应秋，在人体应肺；羽为水音，在方位应北方，在时应冬天，在人体应肾。

【五运六气】(five circuits and six qi) 又称运气、运气学说。古代研究气候变化规律与发病关系的学说。五运指木、火、土、金、水五行的运行；六气指风、热、湿、火、燥、寒六种气象的流转。其演绎方法是指甲、乙、丙、丁、戊、己、庚、辛、壬、癸，十天干以定运,子、丑、寅、卯、辰、巳、午、未、申、酉、戌、亥十二地支以定气。每年的年号都由一个天干和一个地支组成,代表运与气的结合。根据运气相邻的逆顺情况,运用阴阳相反相成和五行生克的理论,推测每年气象的特点及气候变化的周期性,进而探讨气候变化对发病因素和人体的影响,概括出六淫发病的一般规律。

【五脏】(five viscera) 心、肝、脾、肺、肾五个脏器的统称。脏是指胸腹腔内组织充实致密,并能储存、分泌或制造精气的脏器。根据脏象学说,五脏是人体生命活动的中心,精神意识思维活动分属于五脏,加上六腑的配合,把人体的表里器官联系起来,构成一个统一的整体。

五脏图

【五志】(five minds) 中医术语。喜、怒、忧、思、恐五种情绪的变动。《内经》认为情志和五脏相关,即心志为喜,肝志为怒,脾志为思,肺志为忧,肾志为恐。五志过极、精神活动过度,可造成脏腑气机障碍而产生疾病。

【五志化火】(transformation of the five minds into fire) 喜、怒、忧、思、恐等各种精神活动失调所变生的火征。情志和气的活动息息相关,长期精神活动过度兴奋或抑郁,使气机失常,脏腑真阴亏损,出现烦躁、易怒、头晕、失眠、口苦、胁痛,或吐血、衄血和喘咳等症,都属于火的表现。

【武广高速铁路】(Wuhan-Guangzhou High-speed Railway) 连接武汉和广州,途经湖北、湖南和广东三省的铁路客运专线。全长约1 068.8km,途经200多座隧道,投资总额1 166亿元。广东省境内重点工程包括大瑶山隧道、牛岭隧道、高岭隧道、黄秋山隧道、山天尾隧道、坪岭隧道、大窝山隧道、北乡特大桥、梅村特大桥、武江特大桥、大燕河特大桥、狮岭特大桥、花都特大桥等。湖南省境内的重点工程包括五尖大山隧道、新墙河特大桥、汨水特大桥、浏阳河隧道、株洲湘江特大桥、衡阳湘江特大桥、丹水岭隧道、吊沟岭隧道、海棠隧道、九子仙隧道、新南岭隧道、金星冲特大桥、大禾特大桥等。湖北省境内重点工程包括天兴洲长江大桥、淦河特大桥、汀泗河特大桥、胡家湾特大桥、沪蓉高速公路特大桥、陆水特大桥。武广高速铁路的建成缓解了京广铁路的巨大客运压力。成为中国目前里程最长、技术标准最高、投资最大、票价最高的铁路客运专线。

武广高速铁路

【武器系统】(weapon system) 由若干功能上相互关联的武器、技术装备等有序组合,协同完成一定作战任务的有机整体。武器是直接用于杀伤敌有生力量和破坏敌方各种设施的工具,是武器系统的核心。武器系统的出现,使武器的威力、射程和命中精度、自动化程度等空前提高。其形成和发展,是科学技术进步和武器装备多样化、现代化发展的结果。武器系统的组成方式直接影响武器装备的运用效果。它通常具有目的性、集合性、关联性和环境适应性等特征。武器系统可分为战略武器系统和战术武器系统两大类。每类武器系统又可根据作战任务的不同,分为进攻武器系统和防御武器系统。各种武器系统按其总体功能的不同,构成不同的层次。任何一个武器系统都可视为它所从属的武器装备体系的一个子系统。例如,高射炮与炮瞄雷达、光电跟踪测距装置、火控计算机(或射击指挥仪与电源机组)等结合起来可组成高炮系统。高炮系统与地空导弹系统等结合起来,又可组成高一级层次的防空武器系统。它们各自的组成部分均可视为各该武器系统的一个子系统。不同类型的武器系统,由于任务目的、使用条件及构造特点不同,系统结构有很大差别。除武器本身外,还包括为发射或投掷至目标的各种运载、发射、观瞄、测距、检测和指挥、控制、通信等装备与设施等。武器系统往往与人、机、环境有密切的联系。在现代战争条件下,一个复杂的武器系统,不仅是一个技术系统,它还和军事战略思想、战术原则、作战指挥、经济实力、科技水平、资源条件、环境影响以及人员素质等因素发生密切的联系。随着军事技术的不断发展,现代武器系统越来越先进,自动化程度越来越高,对指挥、操作使用人员的要求也越来越高。

坦克

【武器装备】(equipment of weapons) 武

装力量用于实施和保障战斗行动的武器、武器系统和与之配套的其他军事技术器材的统称。包括用以杀伤敌有生力量、破坏敌方各种设施的战斗装备和实施技术与后勤保障的各种保障装备。前者如刺刀、枪械、火炮、坦克和其他装甲战斗车辆、作战飞机、战斗舰艇、鱼雷、水雷、地雷、火箭、导弹、核武器、化学武器、生物武器等各种武器和武器系统;后者如通信指挥器材、侦察探测器材、雷达、声呐、电子对抗装备、情报处理设备、军用计算机、辅助飞机、勤务舰船、运输车辆以及防核、化学、生物武器的观测、侦察、防护、洗消等"三防"装备;布雷、探雷、扫雷器材、爆破器材、渡河器材和军用工程机械等工程装备;军用测绘器材和气象保障器材等。现代武器种类繁多,有多种分类方法。按主要装备对象的不同可分为陆军武器、海军武器、空军武器等;按能源和构造原理可分为射击武器、爆炸武器、生物武器、化学武器、激光武器和粒子束武器等;按用途的不同可分为压制武器、反坦克武器、防空武器、反舰武器、反潜武器、反导武器和反卫星武器等;按杀伤范围可分为大规模杀伤破坏性武器(核武器、化学武器、生物武器等)和常规武器等;按操作人员数量的不同可分为单兵武器(手枪、步枪、手榴弹等)和兵组武器(火炮、坦克等);按可携行程度的不同可分为轻武器(枪械、火箭筒、榴弹发射器等)、重武器(坦克、火炮)等。武器装备是建设武装力量和进行战争的物质基础和技术手段。其发展水平体现了一个国家的军事、经济实力和科学技术水平。武器装备的现代化是国防现代化的重要标志。

武器装备

【武器装备信息化】(weapon equipment informationization) 在武器装备的各个领域广泛应用信息技术的国家行为。在国家和军队的统一规划和组织下,以信息化战争的军事需求为牵引,在武器装备的各个领域广泛、有效地开发利用相关的信息技术和资源,使信息技术在武器装备及其体系中占据核心和支配地位,在数量和质量上达到信息化武器装备标准。武器装备信息化的内容包括陆、海、空、天平台(含单兵)的信息化,弹药的精确制导化和灵巧化,系统的信息化和战场的信息化。

【武仙座】(Hercules) 北天中纬度主要星座之一。位于天琴座和牧夫座之间。中心位置:赤经17时20分,赤纬+32°。面积约1 225平方度。武仙座内有亮于四等的星23颗,其中α星是一颗不规则变星,亮度仅为四等。

【武装直升机】(armed helicopter) 配备机载武器和火控系统、用于空战或对地面、水面和水下目标实施空中攻击的直升机。包括专门设计制造的各种攻击直升机、战斗直升机,以及加装机载武器和火控系统的其他直升机。按作战使命的不同可分为:反坦克武装直升机、反舰武装直升机、反潜武装直升机、火力支援武装直升机和空战武装直升机。

武装直升机

【舞蹈病】(chorea) 又称风湿性舞蹈病。由锥体外系功能失调所致,以不自主的舞蹈样动作为临床特征的疾病。常发生于链球菌感染后,为急性风湿热中的神经系统症状。主要影响大脑皮层、基底节及小脑。多见于儿童和青少年,尤以5~15岁女性多见。青年期后发病率迅速下降,偶有成年妇女发病,主要为孕妇。脑炎、白喉、水痘、麻疹、百日咳等感染,以及系统性红斑狼疮和一氧化碳中毒等偶可引起本病。其临床症状是:早期症状常不明显,表现为不安宁,注意力不集中,肢体动作笨拙,手中持物经常失落等。继而出现舞蹈样动作起于一侧面部或一肢,逐渐扩大到一侧,再蔓延至对侧。严重的病例可有语言、咀嚼及吞咽困难。注意力集中或情绪激动时加重,入睡后消失。其治疗以抗风湿、镇静及对症治疗为主。

【戊聚糖】(pentosan) 又称谷物胶。由脱水戊糖组成的聚合碳水化合物。在粮油籽粒中含量相对较少的非淀粉多糖重要组分。主要由戊糖(木糖和阿拉伯糖)构成。有的还含有微量的己糖及其衍生物。在许多谷物中均有戊聚糖的存在。如小麦、玉米、黑麦、燕麦、稻谷和高粱等。学术界主要集中于对小麦和黑麦中的戊聚糖进行研究。主要集中于小麦的糊粉层和果皮及种皮部分,胚乳中含量较少。在小麦籽粒中,戊聚糖含量一般在5%~8%。在面粉中,戊聚糖含量较少,一般在2%~3%。在麸皮中,含量较多,一般在20%左右。戊聚糖常与粮油籽粒内的蛋白质直接交联或通过交联剂交联形成分子量巨大的大分子,对小麦面团的黏稠度和持水保气能力有重大影响。戊聚糖对维持植物生命,具有极其重要的作用。广泛应用于食品和化工领域。

【戊型肝炎病毒】(hepatitis E virus,

HEV） 引起人类急慢性戊型肝炎的 RNA 病毒。在分类学上为属于杯状病毒科。是单股正链 RNA 病毒。基因组长 7.6kb。呈球形，直径 27～34nm。无囊膜，核衣壳呈二十面体立体对称。目前尚不能在体外组织培养，但黑猩猩、食蟹猴、恒河猴、非洲绿猴以及须狨猴对其敏感，可用于分离病毒。HEV 在碱性环境中稳定，有镁、锰离子存在情况下可保持其完整性，对高热敏感，煮沸可将其灭活。HEV 随病人粪便排出，通过日常生活接触传播。并可经污染食物，水源引起散发或暴发流行。发病高峰多在雨季或洪水后。潜伏期为 2～11 周，平均 6 周。临床患者多为轻中型肝炎，常为自限性，不发展为慢性 HEV。主要侵犯青壮年，65% 以上发生于 16～19 岁年龄组。儿童感染表现亚临床型较多，成人病死率高于甲型肝炎，尤其孕妇患戊型肝炎病情严重，在妊娠的后三个月发生感染病死率达 20%。感染后可产生免疫保护作用，防止同株甚至不同株 HEV 再感染。有研究报告称，绝大部分患者康复后，血清中抗 HEV 抗体持续存在4～14 年。

【物候期】（phenological phase） 在果树年生长周期中，植物生长发育有规律的形态变化与季节性气候变化相适应的时期。在生产和科研上，常用的果树生长季重要物候期包括萌芽期、开花期、新梢生长期、花芽分化期、果实发育期和落叶期。地下部根系物候期包括根系开始活动期、生长高峰期、生长缓慢期和停止活动期。温度是影响果树物候期变化的主要因子。在高纬度和高海拔地区以及山地的北坡，均因为温度低，春季果树的物候期会延迟出现。

【物候学】（phenology） 又称生物气候学。生物学的一个分支。气候学与生物学的交叉学科。研究周期性重现的生物现象及其与气候特别是季节变化的关系。中国西周初期，已有不少物候知识的记载，到战国时代已有完整的一年 72 候的物候历。中国系统的物候观测始于 1963 年，比欧洲要晚。按研究对象的不同物候学可分为动物物候学、植物物候学和生活物候学。按其学科性质的不同物候学又可分为物候遗传学、物候生态学和物候地理学。

【物理变化】（physical change） 物质只有形态的变化而不发生质的改变的变化类型。在物理变化中，没有新物质的生成。如水汽、水、冰，只有气态、液态和固态的变化，没有质的改变，其分子组成都是 H_2O。

【物理变性淀粉】（physical modified starch） 通过加热、挤压和辐射等物理方法，使淀粉微晶结构发生变化而生成工业所需要功能性质的变性淀粉。经过物理方法处理的淀粉，包括预糊化淀粉和 γ 射线、超高频辐射处理淀粉、机械研磨处理淀粉和湿热处理淀粉等。按其加工工艺的不同所生产的变性淀粉可分为：α 变性淀粉、β 变性淀粉、油脂变性淀粉、烟熏变性淀粉、挤压变性淀粉、金属离子变性淀粉和超高压辐射变性淀粉等。

【物理层】（physical layer） 定义物理链路的建立、维持、拆除的规范和协议，同时定义物理层接口通信的标准。包括机械的、电气的、功能的和规范的特性。简单地讲，物理层确保原始的数据可在各种物理媒体上传输。为数据链路层提供一个物理连接，以透明地传送编织物流。物理层的功能是：(1) 为数据端设备提供传送数据的通路。(2) 传输数据。(3) 完成物理层的一些管理工作。主要任务是确定传输媒体的以下特性：(1) 机械特性。(2) 电气特性。(3) 功能特性。(4) 规程特性。

【物理大地测量学】（physical geodesy surveying） 又 1]称大地重力学。大地测量学的一个分支。研究用物理方法测定地球形状及其外部重力场。18 世纪中叶以前，人们单纯采用几何大地测量方法测定地球形状的学科。1743 年，法国的 A. C. 克莱洛在《地球形状理论》中假设地球内部处于静力平衡状态，地球的质量密度分布是从地球质心向外，随距离的增加而减小的。在这种假定下，他认为地球的外表面应是一个水准椭球，即椭球表面上各点的重力位相等，从而论证了重力值（物理量）和地球扁率（几何量）之间的数学关系。这一论证称为克莱洛定理，奠定了用物理方法研究地球形状的理论基础，成为物理大地测量学的核心内容。它为计算人造地球卫星和远程弹道导弹等的运行轨道提供精确的地球形状及其外部重力场的数据，还为地球物理学和地质学提供有关地球内部构造和局部特征的信息。

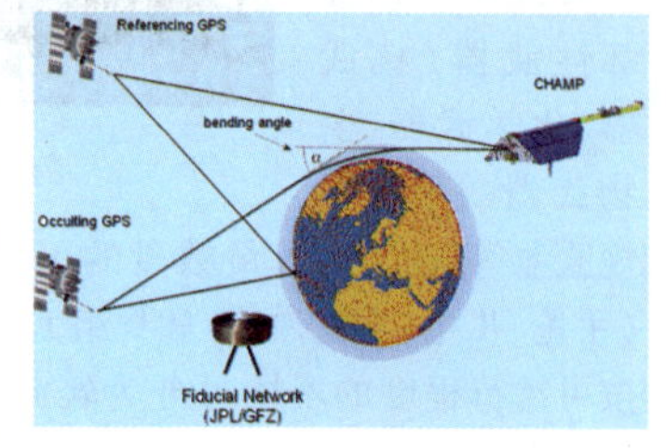

物理大地测量学

【物理防治】（physical control） 通过创造不利于病虫发生但却有利于或无碍于作物生长的生态条件的防治方法。可通过病虫对温度、湿度、光谱、颜色和声音等的反应能力，用调控办法来控制病害发生，杀死、驱避或隔离害虫。物理防治与化学防治相比具有对环境污染小、无残留和不产生抗性等特点，适应有机农业生产的要求。采用物理方法防治农作物病虫害是一种较理想的无公害防治方法。采取的方法有光、高温、电磁波、物理阻隔和人工器械防治等。还有气调杀虫法、低温冷藏法、湿度处理法、土壤消毒、扣紫外线阻断膜、遮阳网和喷高脂膜等。

【物理风化】(physical weathering) 又称机械风化、崩解作用。岩石只有物理状态的改变而没有明显化学变化的破坏作用。地表岩石受太阳辐射能的影响,发生干湿、冷热、冻融长期反复交替的作用,使组成岩石的颗粒物质之间的结合遭到破坏,使之由大变小,由粗到细,直至松散破碎。随着岩石机械破碎程度的加强,岩石的力学性质(孔隙度、表面积和密度等)也会逐步发生变化。物理风化又可分为热力风化(岩石因内部热应力作用而产生的机械破碎)和冻融风化(高寒地区因季节性气候和昼夜温差,使岩石中裂隙水发生冻融交替作用而使岩石机械破碎)。植物的根劈作用(高等植物的根系随生长变粗使岩石裂隙扩大加深,以至崩解)和动物的挖掘作用也属于物理风化作用。在气候干燥的高温及高寒地区,岩石的物理风化作用最为显著。

物理风化作用

【物理光学】(physical optics) 研究光的属性及其在媒质中传播时各种性质的学科。以光是一种波动为基础的物理光学,称为波动光学;以光是一种粒子为基础的物理光学,称为量子光学。在物理光学中,认为光是一种电磁波。在光的电磁场理论基础上,研究光在介质中的传播规律,如光的干涉、光的衍射和光的偏振等物理现象,进而研究这些规律和现象的应用。它是一门经典理论与近代技术相结合的应用性很强的学科。

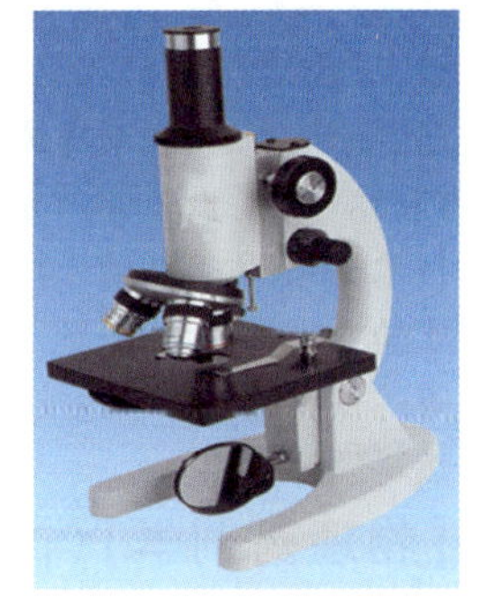
物理光学仪器

【物理海洋学】(physical oceanography) 海洋物理学的一个分支。以物理学的理论、方法和技术,研究海洋中的物理现象及其变化规律,以及海洋水体与大气圈、岩石圈和生物圈的相互作用的学科。其研究内容可概括为:(1)海洋热盐结构。主要研究海洋水体的热量平衡和物质平衡,海水温度、盐度、压力和密度的时空变化、铅直分布。海洋中的海水混合、扩散和层结,锋面和跃层的形成,海冰成因和消长等。(2)海水宏观运动。主要研究重力场中海水非周期和周期性运动,一般分为海洋环流、海洋波动、海洋潮汐等的形成机制、时空变化及分布特征。(3)海－气相互作用。主要研究海－气界面分子过程的动量、热量、水汽和其他物质输送,大气与海洋间的动量和能量传递及其与风海流和风浪生成的关系。大、中尺度运动及其相互作用与天气预报及海况预报关系。海洋对大气反馈作用,对全球大气环流及气候变化的影响等。(4)海洋湍流。主要研究湍流在海洋的上混合层、内层和近底边界层中的发生机制,海洋湍流的谱结构,湍流能量的转换和守恒等。

【物理化学】(physical chemistry) 化学的一个分支。化学学科中四大基础学科之一。以物理原理和实验技术为基础,研究化学体系的性质和行为,发现并建立化学体系中特殊规律的学科。其研究内容有化学热力学、化学动力学、结构化学和量子化学。与物理学、无机化学和有机化学等基础学科存在着难以准确划分的界限,从而不断地产生新的分支学科,如物理有机化学、生物物理化学和化学物理等。物理化学还与许多非化学的学科有着密切的联系,如冶金学中的物理冶金,实际上就是金属物理化学。其研究内容包括三个方面:(1)化学体系的宏观平衡性质。涉及的分支学科有化学热力学、胶体和表面化学。主要研究宏观化学体系在气态、液态、固态、溶解态以及高分散状态的平衡物理化学性质及其规律性。(2)化学体系的微观结构和性质。涉及的分支学科有量子化学和结构化学。主要研究原子和分子的结构、空间结构、表面相的结构,以及结构与物性的关系。(3)化学体系的动态性质。涉及的分支学科有化学动力学、电化学、催化化学、光化学等。主要研究由于化学或物理因素的扰动而引起体系中发生的化学变化过程的速率和变化机理。随着科学的迅速发展和各门学科之间的相互渗透,产生了许多新的分支学科,如物理有机化学、生物物理化学、化学物理等。

【物理力学】(physical mechanics) 一门新的边缘学科。利用物理学和化学实验方法从微观角度研究物质材料的力学和热力学性质,而建立的工程材料和介质的微观结构理论。用来解决高温、超高温、深低温、高压和超高压等特殊条件下的力学问题。

【物理农业】(physical agriculture) 又称阳光农业。一种用物理方法实现农业持续发展的农业生产方式。以物理的技术和方法提高光合作用的效率,促进植物生长,减少化肥、农药的使用量,从而保持作物稳定增产,恢复耕地质量,阻止环境恶化与生态退化。这里所说的农业是广义的,包括农、林、草、花和园林等人工栽培和种植业。物理农业涉及物理学(如激光、电磁、纳米)和材料科学等领域的诸多方面,是与植物学、农学领域的育种、栽培、土壤和遗传等多学科交叉和综合产生的一门新兴学科。物理农业的探索内容有:通过用磁场或激光处理水和种子、采用磁性肥料添加剂、研制农用电磁机械,促进植物发芽、出苗和生长,以达到增产、增效的效果等。

【物理气候学】(physical climatology) 气候学的一个分支。用物理学方法分析、研究气候的形成及其现象的学科。主要研究内容包括:辐射过程及大气同地球表面间物理量的垂直交换过程,全球地气系统的辐射平衡、能量平衡与水分循环等问题。强调揭示气候的因果关系,解释气候现象的物理规律。

【物理侵蚀】(physical erosion) 在自然条件下,水、风、温度变化、冰川活动和重力等物理动力(或营力),对土壤及母岩所产生的侵蚀现象。经过物理侵蚀后,土壤及母岩的数量和形态会发生改变,其成分和结构不发生变化。多数自然侵蚀,例如风力侵蚀、水力侵蚀、重力侵蚀、冻融侵蚀都属物理侵蚀。一些结晶水合物在空气中部分或全部失去结晶水而使之原晶形转变或破坏,最终变成粉末的现象也是物理侵蚀的一种。与化学侵蚀相比,土壤及母岩的成分和结构不发生改变;与生物侵蚀相比,在侵蚀过程中没有生物参与。物理侵蚀、化学侵蚀和生物侵蚀经常同时存在于一种侵蚀中。例如,在土壤的水力侵蚀中,就同时存在化学侵蚀和物理侵蚀。在水流速较小时,以化学侵蚀为主,物理侵蚀为辅;在水流速度较大时,以物理侵蚀为主,化学侵蚀为辅。

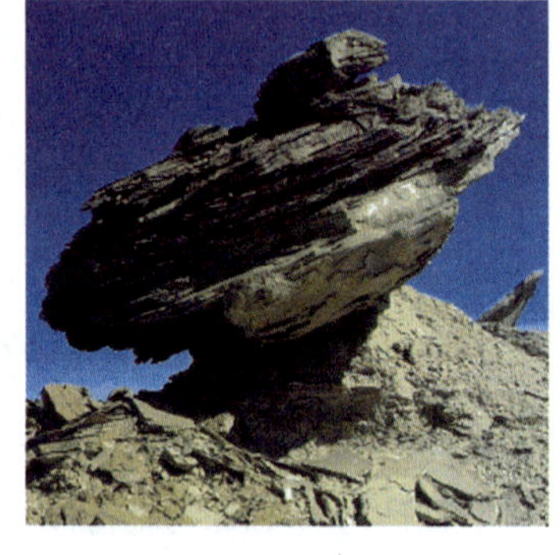
物理侵蚀

【物理声学】(physical acoustics) 声学的一个分支。研究声振动的基本理论,声波在各种介质和各种边界条件下的传播及其与物质相互作用的学科。

【物理图谱】(physical map) 以精确的物理长度为单位(通常是以脱氧核糖核苷酸的数目)表示的,沿着染色体或 DNA 分子排列的不同位点之间实际距离和位置的特定图谱。其用途是:(1)根据遗传学提供的信息,可在物理图谱上把所需的基因限定在一定的范围内,并结合定位克隆技术获得所需的基因。(2)通过对组成物理图谱的 DNA 片段逐一进行测序可以完成对生物基因组的全顺序测定,有利于人类在核苷酸水平上全面解开生物的遗传之谜。

【物理危害】(physical hazards) 高温、低温、高湿、高气压、低气压、噪声、振动、电磁辐射、放射性辐射等物理因素对人员、设施和环境造成的危害。更多的是通过物理性质的危害,如粉尘阻塞肺、大分贝噪声对耳膜造成的伤害等。生产环境中的物理因素包括:气象条件,如气温、气湿、气流及气压;电磁辐射,如 X-射线、γ-射线、紫外线、可见光、红外线、激光、射频和微波辐射;噪声和振动等。物理因素对人体的作用,在正常条件下(如强度低、剂量小或作用时间短) 对人体无害,有些还是维持人体器官生理功能所必需的条件;当强度、剂量超过一定限度或接触时间过长,则会对人体产生不良影响,甚至引起病损。在一般情况下,多为功能性损害,脱离接触后可恢复,但严重时可产生永久性的不可恢复的损害。

【物理吸附】(physical adsorption) 见吸附。

【物理学】(physics) 研究自然界的物质结构、物体之间的相互作用和物体运动的最一般规律的科学。自然科学的基础学科之一。物理学研究对象的空间和时间跨度非常大:空间尺度 1×10^{-15} ~ 1×10^{28} m,时间范围 1×10^{-24} ~ 1×10^{18} s。按照所研究的物质运动形式和具体对象的不同可分为:力学、热学、分子物理学、电磁学、光学、原子和原子核物理学、量子力学等。随着科学技术的发展,逐渐形成了许多新的学科领域,如半导体物理学、凝聚态物理、激光物理和粒子物理等;并产生了许多高新技术,如新材料技术、核能技术和纳米技术等。物理学的基本理论和实验方法又为化学、地学、生命科学、天文学、宇宙学等的发展提供了理论支持。可以说物理学是所有自然科学的基础。

【物理药剂学】(physical pharmaceutics) 又称理论药剂学。将物理化学的基本原理应用于药剂学的一门学科。运用各种化学的以及物理的变化规律与机理来指导药剂实践。如对药剂稳定性的研究,已广泛采用化学动力学原理和方法;许多属于不均匀分散体系的剂型,已利用胶体化学及流变学的原理来阐明;缓释制剂,则采用溶出速率与扩散原理来阐明。其包含的内容主要有:溶液、胶体、不均匀分散系、固体;溶解度、离子平衡、界面现象、药物分解因素、药物分子的物理性质;微粉学、热力学、化学动力学和流变学等。许多属于不均匀分散体系的剂型,如混悬型、乳剂和半固体制剂等已利用胶体化学及流变学原理来阐明。

【物理冶金】(physical metallurgy) 采用物理方法从矿石或其他原料中提取金属的工艺。其研究范围包括:广义的金相学、金属物理学、金属压力加工和热处理。采用的研究方法基本上与金相学、金属物理学等相同。目的在于了解金属及合金的成分、组织结构和性能的关系,在不同环境中所受的影响和原因以及预测新型合金的性能。

【物理有机化学】(physical organic chemistry) 又称理论有机化学。有机化学的一个分支。用物理学和物理化学的方法定量地研究有机化学问题的学科。研究内容主要包括反应机理研究、结构和性能关系研究以及环境对反应活性的影响。物理有机化学所建立的概念、理论和方法指导着有机化学以及相关学科的发展,可以指导设计、合成新的物种,预见和发现新的有机化学现象。时间分辨技术(时间分辨的吸收光谱、发射光谱、红外光谱和拉曼光谱,以及X射线衍射)和空间分辨技术(各种显微技术)的发展和普及,以及计算化学的发展,为物理有机化学创造了新的发展机遇,有望在活泼中间体与有机化学反应的机理,分子聚集体化学,有机化合物的结构与性能的关系及新分子、新材料分子设计、合成,生命过程中的化学问题等方面取得飞速进展。

【物理治疗】(physical therapy) 又称物理疗法。应用躯体运动、按摩、牵引、机械设备训练等力学因素和电、光、声、磁、冷热等物理因素预防和治疗伤病的方法。世界公认中国古代武术中的功夫,是物理治疗中运动疗法的先驱。东汉三国的名医华佗编有虎、鸟、鹿、熊、猿等五种禽类的五禽戏,实质上就是中国最早的体疗。国外公元前4世纪Hippocrates已在著作中谈到利用矿泉、日光、海水及"体育"来治病。按物理因素性质的不同可分为力学类和其他物理因素类治疗两种。前者有躯体运动、按摩、牵引和器械运动等;后者有电、光、声、磁、冷和热疗等。分类不同治疗的侧重又有所不同。力学类多为主动性的康复治疗,物理因素类则被视为被动的康复治疗。不论是主动的还是被动的,只要对患者功能恢复有用,均应适时地采用。

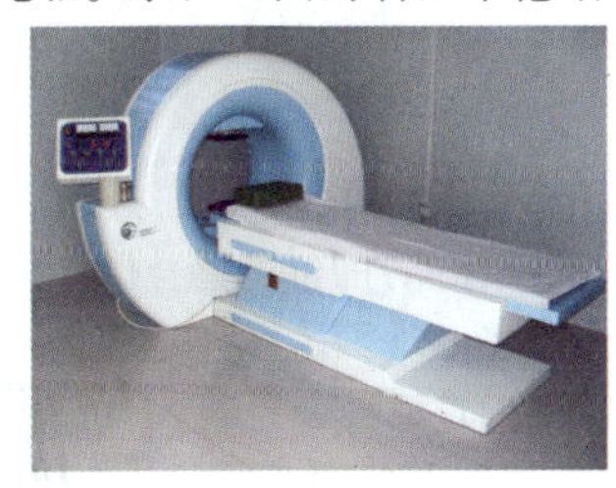
热疗仪

【物联网】(the internet of things) 通过射频识别、红外感应器、全球定位系统、激光扫描器等信息传感设备,按约定的协议,把任何物品与互联网连接起来,进行信息交换和通信,以实现智能化识别、定位、跟踪、监控和管理的一种网络。是在1999年提出的概念。就是"物物相连的互联网"。其含意是:(1)物联网的核心和基础仍然是互联网,是在互联网基础上的延伸和扩展的网络。(2)其用户端延伸和扩展到了任何物品与物品之间,进行信息交换和通信。这里的"物"要满足以下条件才能够被纳入"物联网"的范围:(1)要有相应信息的接收器。(2)要有数据传输通路。(3)要有一定的存储功能。(4)要有CPU(中央处理器)。(5)要有操作系统。(6)要有专门的应用程序。(7)要有数据发送器。(8)遵循物联网的通信协议。(9)在网络中有可被识别的唯一编号。

物联网

【物流】(logistics) 商品流通过程中商品实体运动的经济活动。以最低的成本,通过运输、保管和配送等方式,实现原材料、半成品、成品及相关信息由商品的产地到商品的消费地所进行的计划、实施和管理的全过程。由商品的运输、仓储、包装、搬运装卸、流通加工,以及相关的物流信息等环节构成。物流活动的具体内容包括:用户服务、需求预测、订单处理、配送、存货控制、运输、仓库管理、工厂和仓库的布局与选址、搬运装卸、采购、包装和情报信息等。第二次世界大战时的"后勤"是将战时物资生产、采购、运输和配给等活动作为一个整体进行统一布置,以求战略物资补给的费用更低、速度更快和服务更好。后来,将"后勤"体系移植到现代经济生活中,逐步演变为今天的物流。现代物流具有以下特点:(1)电子商务与物流的紧密结合。(2)现代物流是物流、信息流、资金流和人才流的统一。(3)电子商务物流是信息化、自动化、网络化、智能化和柔性化的结合。另外,物流设施、商品包装的标准化,以及物流的社会化、共同化也是电子商务下物流模式的新特点。

【物流产业】(logistics industry) 以物流活动或各种物流支援活动为经营内容的营利性事业。按物流系统的构成要素的不同可分为:运输业、仓储业、包装业、装卸业、流通加工业和物流信息业。按物流产业主体的不同可分为:铁路物流业、公路物流业、航运物流业、航空物流业和邮政物流业等。按物流客体的不同可分为:生产资料物流业与消费品物流业。按物流经营方式的不同可分为:自营物流业与物流代理业。前者指物流经营主体利用自有物流设施与物流工具开展的物流经营事业;后者指物流经营主体利用他人物流设施与物流工具开展的物流经营事业,如各种货运代理业等。

【物流管理】(logistics management) 物流活动的计划、组织、协调与控制。其基本目标是以最低成本向用户提供满意的物流服务。从多层面开展物流战略管理,物流系统设计与运营作业管理。其特征是:(1)以实现顾客满意为宗旨;(2)关注整个流通渠道的商品运动;(3)对商品活动进行一元化管理,重视效率。

【物流结点】(logistics node) 物流网络中连接物流线路的结节之处。从发展的角度来看,它不仅执行一般的物流职能,而且越来越多地执行指挥、调度、信息等企业神经中枢的职能,是整个物流网络的灵魂。物流结点被誉为物流据点和物流中枢或物流枢纽。

【物流企业】(logistics enterprise) 专门从事物流经营活动的具有法人资格的实体。其特征是:(1)国民经济流通产业机体的细胞,具有健全机能和旺盛的生命力。(2)在市场经济的运行和发展过程中,专门从事与实体商品交换活动有关的各种经济活动的经济组织。(3)为维系生存和发展,具有自身的利益驱动机制。(4)具有流通服务职能、平等参与竞争和享有合法权益的法人。按作业类别的不同可分为:运输企业、仓储企业、流通加工企业和配送企业等;按所有制形态的不同可分为:外资或合资物流企业、国有物流企业和民营物流企业;按组织管理水平的不同可分为:传统物流企业和现代物流企业。

【物位计】(nuclear radiation levelmeter) 对工业生产过程中封闭式或敞开容器中物料固体或液位的高度进行检测的仪表。如果是对物料高度进行连续的检测,称为连续测量。如果只对物料高度是否到达某一位置进行检测称为限位测量。按其类型的不同可分为:(1)静压型物位计。用于槽罐或容器内的物位测量,可直接安装或通过远传密封组件安装。(2)超声波物位计。用于液体和颗粒状固体等物位的监控。(3)电容式物位计。高温、高压条件下的物位测量。

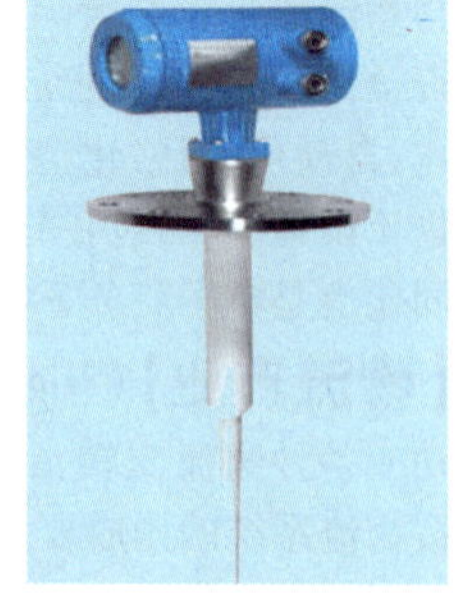

物位计

【物质波】(matter wave) 又称德布罗意波。德布罗意为描述实物粒子波动性的需要而引入的波。是一种概率波。1923年德布罗意将爱因斯坦的光量子理论推广后指出,包括光量子在内一切实物粒子都具有波粒二象性的特征,并且满足基本关系 $E = h\nu$, $p = \frac{h}{\lambda}$,从而把粒子反映粒子整体性的能量 E 和动量 P 分别与反映粒子波动性的频率 ν 和波长 λ 联系起来。1927年,戴维逊和革末等人通过电子衍射实验证实了德布罗意的理论。

【《物种起源》】(《*the origin of species*》) 英国博物学家进化论的奠基人查尔斯·达尔文论述生物进化的著作。出版于1859年11月24日。该书是19世纪最具争议的著作,其中的观点大多数为当今的科学界普遍接受。在该书中,达尔文首次提出了进化论的观点。他使用自己在环球科学考察中积累的资料,证明了物种的演化是通过自然选择和人工选择的方式实现的。

物种起源

【误差理论】(theory of errors) 研究测量误差的性质、传播规律、削弱误差影响、求取最佳估值和估算误差影响的理论。测量误差又称真误差,指测量值与其真值之差,包括随机误差(又称不可定误差、偶然误差,由一系列不可能严格控制的因素的随机扰动引起的测量误差)、系统误差(相同测量条件下的测量中,各测量值的误差数值、符号保持不变或按某种规律变化变化的测量误差)和粗差(在相同观测条件下所做的观测值的绝对值超过容许误差的测量偏差)

【雾】(fog) 悬浮于近地面大气中的大量微细水滴(或冰晶)的可见集合体。雾和云的区别仅仅在于是否接触地面。雾使地面的水平能见度显著降低。雾可通过两种途径形成:(1)空气温度的降低,从而产生平流雾、辐射雾和上坡雾等;(2)空气中水蒸气的增加,从而产生蒸发雾、锋面雾和生物雾等。按其微结构和温度的不同可以分为:(1)暖雾。由温度高于0℃的水滴组成。(2)过冷雾。由温度低于0℃的过冷水滴组成。(3)冰雾。由冰晶组成。

雾

【雾灌】(mist irrigation) 以喷雾的形式实施

农田灌溉的节水灌溉方法。其特点是:喷洒水的雾化程度高,水滴直径仅为0.5mm,可以增加农作物的棵间湿度,调节棵间温度,同时也增加了土壤水分。其耗能低,对地形适应性广,平地、坡地均可使用。雾灌兼具喷灌、滴灌技术之长,更能省水、节能,投资和运行费用也较低。雾灌多用于果树和茶叶等经济作物。一般能增产20% ~80%。是坡岭地经济作物理想的灌溉技术之一。

【雾化吸入法】(ingalation method) 用雾化装置将药液分散成细小的雾滴以气雾状喷出,由呼吸道吸入,达到预防和治疗疾病目的的给药方法。通过雾化吸入给药,可以达到缓解支气管痉挛、稀化痰液、防治呼吸道感染的作用。按雾化装置的不同可分为:超声波雾化吸入法、氧气雾化吸入法、压缩雾化吸入法、手压式雾化吸入法等。由于雾化吸入具有药物起效快、用药量少、局部药物浓度高而全身不良反应少等优点,目前已广泛应用于临床。

【雾凇】(rime) 低温时空气中水汽直接在物体上凝华或过冷雾滴直接冻结在物体上的乳白色冰晶沉淀物。雾凇有两类:一类是在微风严寒(-15℃)的天气里,如果湿度很大,超过冰面饱和时,空气中的水汽可直接在地面物体上凝华,形成针状雾凇。其外形为白色毛茸茸的针状晶体,有冰晶闪光,厚度一般较小;另一类是在微寒(-5℃)、浓雾、有风的天气里,过冷雾滴碰在物体(如树枝等)的迎风面和突出部位上很快冻结。由于保持了雾滴外形,结果形成表面起伏不平的粒状乳白色水层,形成粒状雾凇。中国东北地区的长春市、吉林市的雾凇十分壮观。

雾凇